U0919677

光学手册

上卷

主 编 李景镇

HANDBOOK OF OPTICS

陕 西 出 版 集 团
陕西科学技术出版社

内容简介

本书在浩如烟海的光学文献资料中，精炼光学成就，构筑发展光学学科的基础，提供几乎所有光学分科的基本概念、基本原理、基本公式、基本数据和基本方法，做到一本手册具有几十本书的功能，方便实用。

全书38章，49门光学分科，7 200多个公式，3 200余幅插图，800多个表格和3 300条参考文献，分上、下两卷，为从事光学科研、设计、教学的科技人员、工程人员、广大教师和高等院校有关专业的研究生，光学行业的技术工人，以及相关学科的科技工作者，提供一部有实用价值的工具书。

图书在版编目(CIP)数据

光学手册／李景镇主编．—西安：陕西科学技术出版社，2010.7
ISBN 978-7-5369-4857-0

Ⅰ．光…　Ⅱ．李…　Ⅲ．光学—手册　Ⅳ．043-62

中国版本图书馆CIP数据核字(2010)第131996号

出版人　张会庆
策　划　杨　波　　责任编辑　杨　波　　封面设计　曾　珂
责任校对　秦　延　　质量总监　邵仁发　　印制总监　张一骏

出版者　陕西出版集团　陕西科学技术出版社
　　　　西安北大街131号　邮编710003
　　　　电话(029)87211894　传真(029)87218236
　　　　http://www.snstp.com
发行者　陕西出版集团　陕西科学技术出版社
　　　　电话(029)87212206　87260001
印　刷　万裕文化产业有限公司
规　格　889mm×1194mm　1/16开本
印　张　189.75
字　数　5800千字
版　次　2010年7月第1次版
　　　　2010年7月第1次印刷
定　价　555.00元(上、下卷)

传承创新
循优学进

王大珩
二〇〇七年九月

聚前人之智、启後人
之勇、完成此項巨著实
属不易 光学老又新
高举创新的旗帜勇
往直前

母国光书
2010 05 30

继往开来
启迪创新
发展光学
服务社会

周炳琨

2010.7.1

严济慈院士为 1986 年版《光学手册》题词

光學是一門很老的科學，又是一門很新的科學。

讓我們努力發展光學科學技術，為振興中華做出更大的貢獻。

應 龔祖同同志囑為《光學手册》題詞。

嚴濟慈

一九八四年二月廿五日

王大珩院士为 1986 年版《光学手册》题词

应龚祖同所长之邀
为「光学手册」题词
一本兼顾光学工
作者和非光学科
技工作者的参
考书

王大珩
一九八四年
十一月十日

这是我国编写的第一本基础性光学手册。从历史上看，一本手册的出现，是学科及其推动的工业发展到一定水平的产物。同志们要我写一个导论，我首先要表达我激动的心情，陕西科学技术出版社编辑部的雄心壮志，主要是中青年光学工作者来承担起这样内容丰富的手册编写任务，这本身就是一个伟大的壮举……

1983 年 9 月

（摘自 1986 年版《光学手册》导论）

怀念《光学手册》的倡议者龚祖同院士

龚祖同先生(1904—1986)于 1930 年毕业于清华大学物理系并留校工作；1932 年进清华研究生院，在赵忠尧先生指导下从事二次 γ 辐射的研究，研究成果发表在《Nature》上。1934 年 7 月赴德国柏林工业大学学习应用光学，1936 年毕业，获“优秀毕业生”称号及“特准工程师”头衔；随即在应用光学权威 F. Weidert 教授的指导下攻读博士学位。1937 年抗日战争爆发，国内急需军用光学仪器，龚先生毅然放弃即将举行的博士论文答辩，于 1938 年 6 月回国，投入到昆明兵工署 22 厂(即昆明光学仪器厂)的组建工作并旋即设计部队急切需要的军用双筒望远镜。他克服种种困难，仅用半年多的时间就制造出了我国首批军用双筒望远镜，之后又相继研制成功机枪瞄准镜、炮队镜等，培养了我国第一批光学技术骨干和工人；同时，于 1939 年和 1942 年先后两次试制过光学玻璃。1951 年他受王大珩先生邀请，任中国科学院长春仪器馆研究室主任，负责光学玻璃的研制，并于 1952 年亲自成功试制出了我国第一炉光学玻璃，结束了我国光学玻璃依赖外国、受制于人的历史。在长春期间，他先后担任过室主任和副所长，指导研制成功我国第一台电子显微镜和红外夜视望远镜。1962 年，根据国家部署，龚先生来西安协助组建了中国科学院西安光学精密机械研究所，并担任所长，为我国原子能事业成功研制了系列耐辐射玻璃、堆顶潜望镜、多种达到国际水平的高速摄影机、我国第一根光导纤维、第一只自聚焦透镜等。他还主持研制 20 世纪在东亚号称第一的口径为 2.16 m 的大型天文望远镜。

由于他在学术上的突出贡献，龚先生获得过 1978 年全国科学大会授予的技术重大贡献先进工作者称号、陕西省科学大会奖和 1985 年国家科技进步特等奖。1980 年当选中国科学院学部委员。由于在组织和指导研究高速摄影技术和研制高速摄影机方面的巨大贡献，龚先生获得过国际高速摄影与光子学大会设立的“光声成就奖”，担任国际高速摄影与光子学会议的中国国家代表直至 1984 年。

龚先生不仅学术造诣高深，对我国应用光学与光学工程事业贡献巨大，而且十分重视科技人才的培养。他除重视研究生这种科班训练外，还十分重视光学工程从业人员的继续教育。20 世纪 80 年代初，龚先生提出编辑出版《光学手册》的建议并为该手册撰写了导论。正是在他的建议与督促和严济慈与王大珩先生的支持下，我国第一本大型《光学手册》才得以在李景镇教授等的具体努力下顺利出版。没有龚先生的建议及他的崇高学术声望与人格魅力的感召，组织那么多专家编写这本手册是不可能的。值此《光学手册》与时俱进地出版它的更新与大大扩展了的第二版时，谨以此文深切怀念我国现代光学工程事业的主要先驱者和创业者、《光学手册》的出版倡议者——龚祖同院士。

侯洵

2010 年 7 月 13 日

色度学彩插

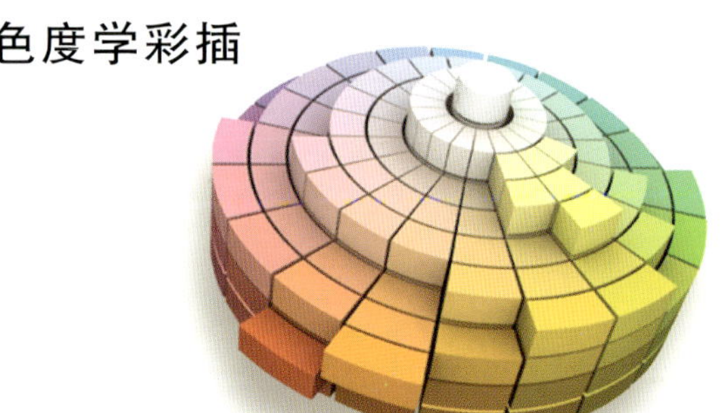

中国颜色体系色立体

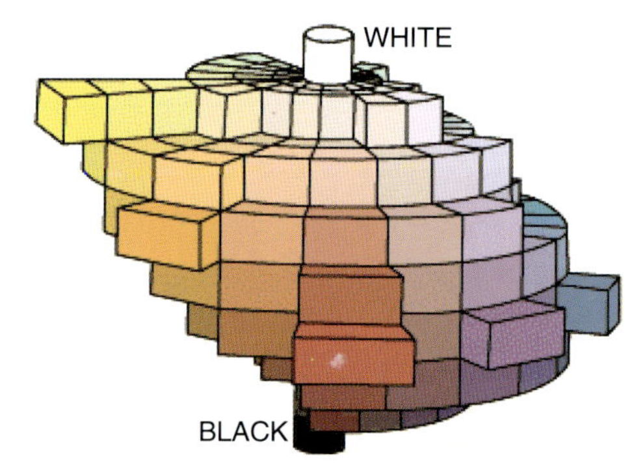

孟塞尔颜色立体示意图

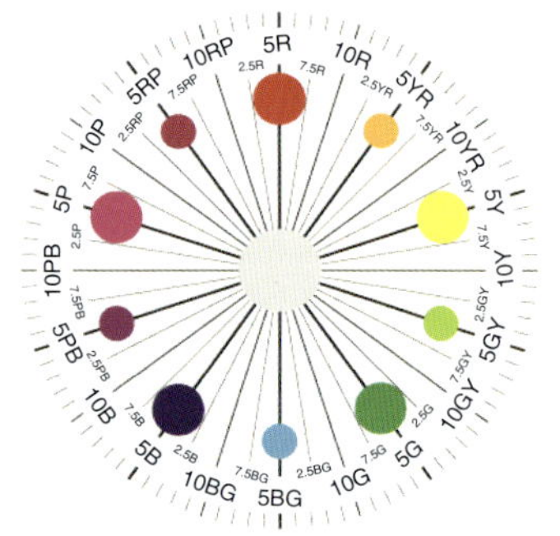

孟塞尔颜色立体的水平剖面

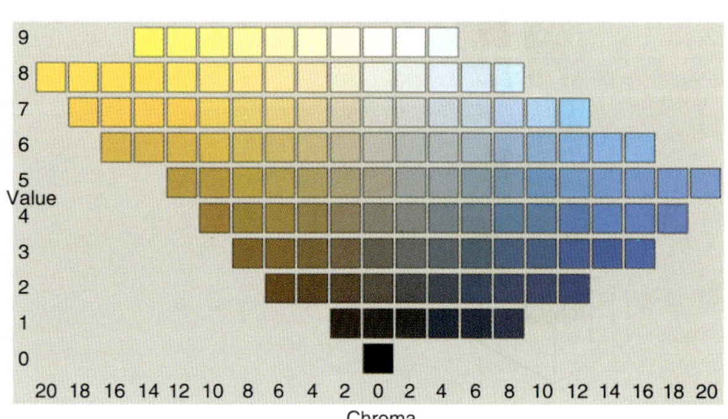

孟塞尔颜色立体的垂直剖面

奥斯特瓦尔德色调环

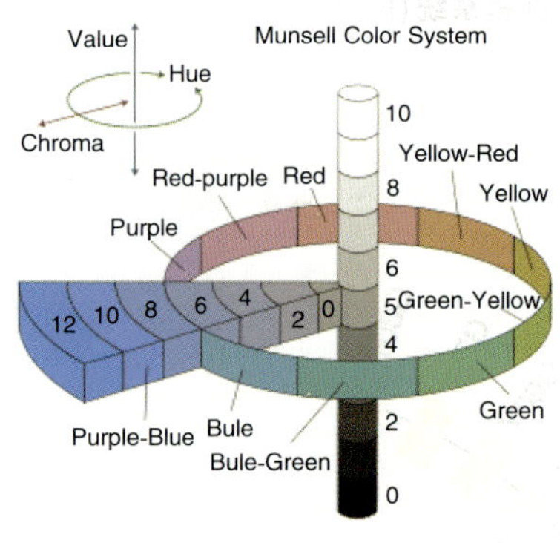

孟塞尔颜色立体示意图

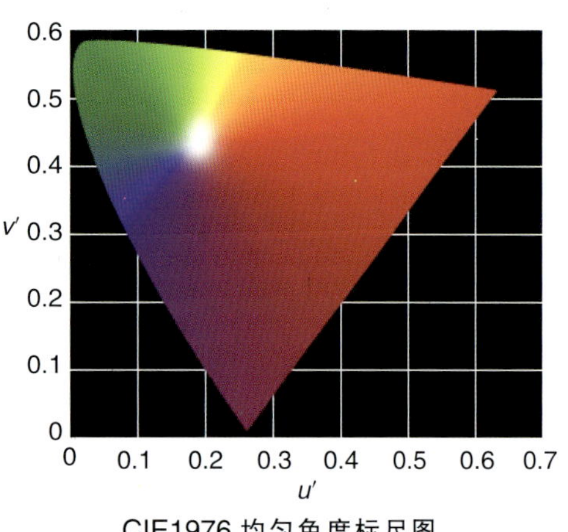

CIE1976 均匀色度标尺图

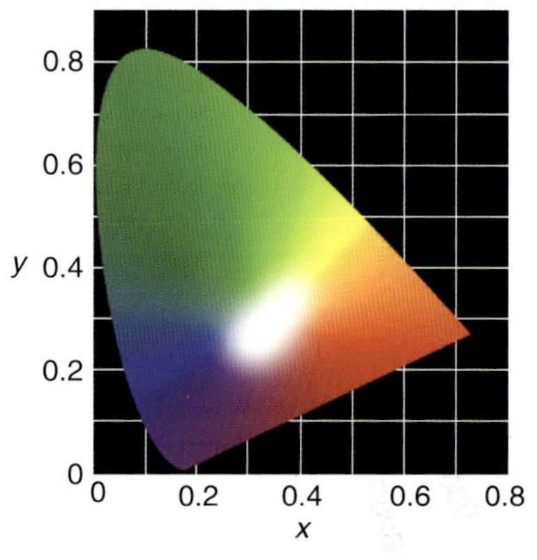

CIE1931 色品图

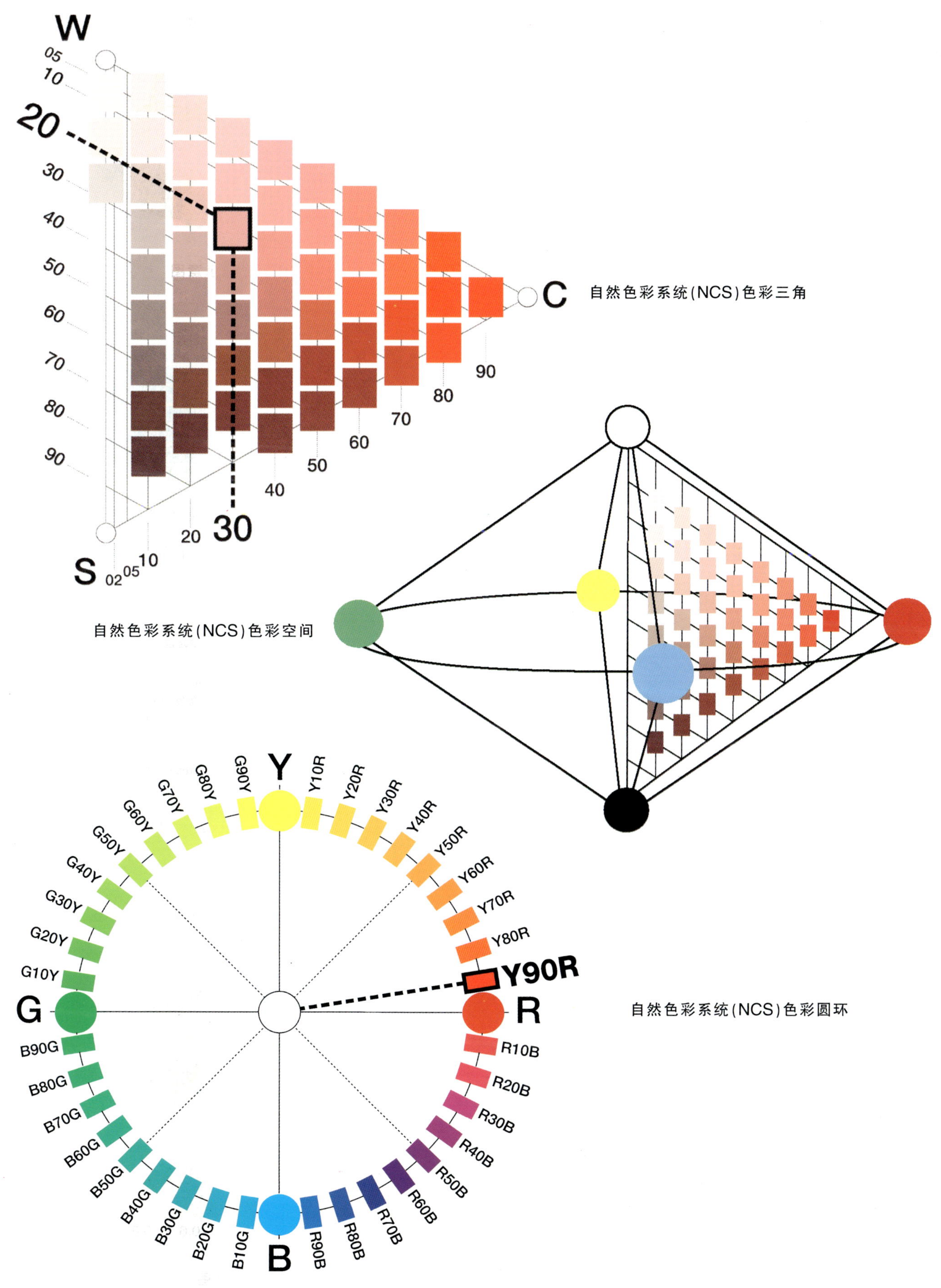

自然色彩系统(NCS)色彩三角

自然色彩系统(NCS)色彩空间

自然色彩系统(NCS)色彩圆环

前 言

王大珩院士认为，光学手册是光学学科的“基础工程”。20 世纪 80 年代初，当时流行国内的美国《Handbook of Optics》（主编 W. G. Driscoll 博士及 W. Vaughan 博士）和日本《光学技術ハンドブック》（主编久保田広博士、浮田佑吉博士及會田軍太夫博士），由于出版时间较早，龚祖同院士提出我国要编写能反映光学进展的光学手册，得到了严济慈院士、王大珩院士的积极响应和大力支持，我国第一本《光学手册》就这样于 1986 年应运而生。自那时以来，光学科学和光学应用发生了深刻变化，取得了重大进展，研究的广度和探索的深度已达新的境界。光学突破了传统的束缚，把可见光的概念扩宽到 X 光、紫外、红外、太赫兹波，直到激光、光存贮和光通信的各个波段，完成了从传统光学向现代光学的过渡和转变。现代光学是以光线、光波和光子为信息载体和能量载体的一门科学，包括传统光学、光电子学与光子学。新版《光学手册》与时俱进，反映光学的这种变化和进展，紧紧把握时代的脉搏。

25 年来，光学领域获得诺贝尔物理学奖和化学奖的科学家有 22 位，包括基础研究、应用研究和科学仪器诸方面，其中华人科学家有高锟“在光学通信领域光在纤维中传输方面的突破性成就”获得 2009 年诺贝尔物理学奖，朱棣文“用激光冷却和俘获原子的方法”获得 1997 年诺贝尔物理学奖。那么在光学领域，今后获奖的走向会是如何呢？

各种迹象表明，本世纪上半叶光学基础科学将和 20 世纪一样，必然还会有预料不到的重大突破。已经初见端倪的有量子信息的理论、实验和冷原子技术，纳米光子学理论、纳米器件和实现光路集成的理论与技术，极弱光非线性光学效应增强数个量级以达实用的理论、材料与器件，以光子为探针的微观世界四维信息观测和阿秒量级的原子壳层内电子动力学，用光学方法在实验室环境中形成极端的物理天文条件来研究诸如黑洞、宇宙之初之类的基础科学问题，大型天文观测装置的相继问世对宇宙的演变、构成和引力、时间、空间本质的探索……毫无疑问，本世纪初期极有可能还会产生、诱发出新的科学问题。这部书应能全面、深刻和精炼地提供这些方面的基础知识。

一

理论是学科发展的基础。本书力图理清光学理论发展的脉络，阐明光学理论的内涵。光学理论经历了从几何光学、波动光学、电磁光学到量子光学的发展过程，人类对光有了较为全面的认识。

几何光学处理光的直线传播性质，又称为光线光学。几何光学适合于光学设计、光学加工和光学测试，这是因为常规的光学元件尺寸和通过光学元件的光程都远远大于光波的波长，采用几何光学就能相当准确地反映光传输的实际情况。因此，几何光学是应用光学和工程光学的基础。可是几何光学不能解释光的干涉和衍射，而将光表示为标量波函数的波动光学，成功地解释了光的直线性、干涉和衍射现象。但是，波动光学没有反映光的矢量本质，不能解释光的双折射、偏振和旋光等现象。

认识到光是电磁场，是光学学科发展的里程碑。电磁光学是建立在麦克斯韦电磁场方程组基础上的严格的光学理论。光的全部宏观经典光学性质都可从电磁光学得到准确的描述和解释,光和物质相互作用的经典理论、半经典理论,遵从光的电磁理论。但是,电磁光学不能给出光的发射和接收的微观机理和定量解释,不能解释光场的量子性质,不能处理光子纠缠和非局域性问题,不能反映光的波粒二象性的本质。

量子光学全面而完整地包括了光的微观和宏观的全部性质,可以解释所有已知的全部光学现象。但是,这并不意味着光学学科已经发展到了顶点。对光量子态的认识和理解有待深入,量子纠缠、量子远距传输、量子退相干、量子计算和量子通信的研究还有相当长的路要走,纳米尺度光子学规律的探索还刚刚开始,光与物质相互作用的深层次研究正在诱发出新的光学现象和规律,光学研究新的领域还在不断地扩展,等等,这些都在推动光学学科的发展。对光本质的认识直接关系到对整个自然科学的认识,它依然是自然科学技术的前沿。

几何光学、波动光学、电磁光学和量子光学之间没有截然分开的界限,它们有着内在的联系。在电磁光学和量子光学中,折射率可以表示为微观参量的函数;非线性光学是基于电磁场理论发展起来的,也可以用量子力学的算符处理;衍射极限的光斑和变换限制的脉冲也可以用不确定原理证明;光散射问题也可以用傅里叶方法分析;腔模理论已经用了量子力学的量子化条件,等等。这种一致性,是因为从不同的角度正确地反映了相同的自然现象。

二

王大珩院士曾多次指出,就国际而言,大型学科性的手册(不仅仅是光学手册)应为这一学科的结晶,有助于这一学科的发展,为这一学科发展的基础工程;这种手册是源于学术专著而精于之,多为大家之所为;手册的撰写是对浩如烟海的文献资料进行理性取舍、提炼升华、系统整理,是一项再创造工程。这就要求光学手册在具有专著的全面、深度的同时,更要有凝练、易查阅的特点,它着重于改造世界,而不仅仅是认识世界的工具。

这本《光学手册》编写的宗旨是以 1986 年版《光学手册》为蓝本,保留其精华,参考美国新旧世纪交接相继出版的 4 卷《Handbook of Optics》(Michael Bass 主编),着重于收纳、充实国内外光学理论、光学实验、光学技术、光学系统和光学设备这 25 年的成就,特别是最新的成就,经过专家学者创造性地分析与综合、凝练与提升,探索光学的内在联系,建立大光学学科体系,期望形成具有中国特色的权威性学术专著。

这部书定位于基础性光学手册,有别于国内已经出版的几部大型光学学科的经典工具书。本手册精炼光学成就,构筑发展光学学科的基础,为科研、设计、教学和学习人员提供几乎所有光学分科的基本概念、基本原理、基本公式、基本数据和基本方法,使其能在较短的时间里了解某门光学分科的主要内容、现状和趋势,如想知其来龙去脉和进行更为深入细致的研究,也能找到进一步攻读的钥匙,一本手册具有几十本书的功能,方便有用。光学手册强调其内容的基础性、前沿性、科学性和实用性,是因为“基础”是发展的基石,能够长久;“前沿”是发展的主题,有时代特征;“科学”需要理性思维,反复提炼;“实用”是终极目标,以赢得读者。本书在具体选材、撰写、侧重、创新上有以下诸点需要说明:

1. 撰写逻辑和篇章布局。本书撰写逻辑是章、节二级,章上无篇;全书 38 章,依序排开:先是光学理论基础类分科,后按光源类分科、光学成像及处理类分科、光学调制类分科、光学传输类分科、观测光学类分科和记录探测类光学分科,最后是光学材料、光学测试和光学制造三门支撑性分科。这个“序”基本上是遵循由光的产生到光的探测所经历的路径,由光的理论到光的应用。

王大珩院士曾建议章上有篇，形成篇、章、节的三级结构，并建议请教黄尚廉院士和庄松林院士。虽然在三级结构上做了许多尝试，力图完成使命，终因光学学科扩展迅速、纵深发展极快、交叉学科过多、你中有我我中有你而未能成行；二位院士认为难以用界定范围较为明确的不多的光学篇来涵盖所有的光学章，而且光学篇的名称也难以做到准确到位，如果篇较多，则意义不大。看来我们这一代人尚无完成这一使命的智慧，只能留给后人。

2. 光学学科的迅速延伸、交叉和深化，导致本书扩展到49门光学分科。和1986年版的《光学手册》相比，本书增加了电磁光学、磁光学、纳米光子学、太赫兹波光学、红外光学、紫外光学、X射线光学、中子光学、同步辐射光学、非成像光学、自由曲面光学、衍射光学、二元光学、晶体光学、导波光学、金属表面等离子体光学、空间光学、自适应光学、生物光子学和生物光子检测、显示光学、飞秒光学和超短激光脉冲、近场光学、光学测试计量学等23门光学分科，删除了光学计量仪器一章，从先进光学制造的角度重新撰写了光学(零件)工艺学，其余23门光学分科易人重写，3门光学分科则由原作者修订充实。

本书保留了原版《光学手册》的精华，注入了新的理论、新的数据、新的进展；不仅如此，其中大部分分科还从新的视角改变原来的撰写结构，融入中国的数据、中国的成果和更多的"中国元素"。激光和红外是两门内容相当庞大的光学分科，本书仅对其基本概念、基本原理、基本性质、基本数据和基本器件进行了论述，但是飞秒光学中的超短激光脉冲和光电探测器中的红外探测器则突出了在理论、技术及器件上的最新发展。

3. 侧重基础、突出前沿，不仅体现在章的设立上，而且融入每章的内容里。目前愈来愈多的光学前沿成果要依靠对光的矢量性质进行深入研究和应用，电磁光学日趋重要。电磁光学是基于麦克斯韦方程组的严格的光学理论。但是本书只论述电磁光学的基本问题，企图建立电磁光学的基本理论框架，能体现出电磁场方程在处理光场时这20多年来从齐次方程到非齐次方程、从线性到非线性、从较为简单的边界条件和初始条件到更多类型、更加细致的边界条件和初始条件的进展，以求抛砖引玉。

纳米光子学是最有潜力的前沿学科之一，对于它的内涵、理论、技术、器件和体系的阐述本书谨慎地进行了初步尝试，以飨读者。金属表面等离子体光学只是众多名称的一种，每天都在产生新的概念、新的理论、新的器件和新的应用，是目前最有活力的学科之一，本书力求准确论述其概念、理论模型、等离子体激元的性质、亚波长周期结构的电磁辐射和在交叉学科中的应用，为研究人员搭好深入探索的"阶梯"。生物光子可以理解为生命活动的一种"损耗"，生物光子辐射关联到许多基本的生命过程，生物光子辐射的基本特征、它的相干理论及量子理论、它的探测及应用本书在生物光子学一章都做了深入论述，读者会感到生命的闪烁。这三门前沿学科的发展，都离不开电磁光学的深入研究及量子光学的成就。光学理论的日趋完善和光学基础的日益积累，支撑着光学基础科学将和20世纪一样，还会有预料不到的重大突破。

4. 取材先进，立足于世界光学文库。光学文献的数量呈指数上升，在进行提炼、整理的过程中，要紧紧抓住世界光学发展的脉络，吸纳光学文库中的精华。本书力图包括所有基本的、重要的、先进的、前沿的和创新的相关光学内容；同时，也注意到选取中国光学专家的科研成果，特别重视中国学者和华人学者的创新性成就。本书在大气光学中增加了中国有关城市上空的大气测量参数；在海洋光学中增加了中国沿海海水参数的测量，增加了渤海、东海、珠江口及邻近海区非色素颗粒物的光谱斜率；在同步辐射中增加了中能能区(2.5～3.5 GeV)的标志性成果上海光源；在电磁光学、统计光学、信息光学、导波光学、晶体光学、金属表面等离子体光学、空间光学、自适应光学、瞬态光学、飞秒光学、近场光学和非银盐记录介质中，增加了有着中国特色的创新性成果。对以中国人和海外华人的名字来命名的科研成果本书也慎重地予以推出。

对于中国学者和华人学者的创新性成就，给予合适的及应有的肯定和体现是本书的历史性任务。经专家提出、第十三届全国光学测试学术会议（2010 年 7 月 19 日，武汉）大会讨论，把测量玻璃的折射率精度可达$\pm 2\times 10^{-5}$的 V 棱镜折光法命名为王（大珩）氏 V 棱镜折光法，该方法是王大珩院士于 1945 年在英国留学时发明的。由于德籍华人顾樵教授所提出的描述生物样品延迟发光公式的理论基础可靠、使用精确、数据分析简单，这一公式受到国际上的重视；它所包含的 3 个参数 A、B、C 被国际上称为“顾参数(Gu Parameters)”，本书给予确认。

5. 在撰写过程中，不仅注意到全书的科学性、系统性和完整性，而且贯彻少而精的原则，力求叙述洗练，内容条文化、图表化，数据公式化，参数准确可靠。本书 38 章，49 门光学分科，7 200 多个公式，3 200 余幅插图，800 多个表格和 3 300 条参考文献，为从事光学科研、设计、教学的科技人员、工程人员、广大教师和高等院校有关专业的研究生，光学行业的技术工人，以及相关学科的科技工作者提供一本有实用价值的工具书。

数据公式化是指大量的繁杂的数据可以通过有限参数的公式计算而得。例如，光学材料、光学谱线日益增多（多光谱扫描仪可多到 400 多条），不同材料、不同波长的折射率愈来愈难以一一列表查阅，但是可以通过有限的参数计算得到。第三十六章《光学材料》中有近 400 种光学材料的各种波长的折射率都可通过直接计算得到，大大方便了需要色散参数的科研人员。

学科交叉是光学学科发展的特点，有分科之间的交叉和与其他学科之间的交叉。学科交叉是创新的节点之一，同时学科交叉带来了相关分科之间的重复，有悖精炼的原则。但是考虑到有关光学分科的系统性和完整性，有一定的重复不可避免，关键是合适。本书力求做到通盘考虑、相互呼应、重复得当，如果是几个光学分科对同一个命题或者术语都有叙述，仅仅保留从不同观点、用不同方法来论述的同一内容，有助于读者从不同的角度来理解。

全书的有关定义和符号尽可能统一。但是不同的光学分科有时对同一概念有不同的定义方法。本手册尊重各个分科的习惯定义法，为了使读者在进一步阅读有关参考文献时不致造成混乱，保留了各个分科的惯用定义和符号。

6. 为了全书的系统性、完整性和易用性，努力做到统一撰写宗旨、统一选材原则、统一形式格式、统一名词姓氏、统一风格用语和统一贯通呼应。虽然作者、主编、责任编辑和校对人员已经殚精竭虑，但是难以做到标准到位、阐明臻赅、如同出自一人。统一风格最为困难。

名词术语要统一，有必要标注出英文时，仅在第一次出现时标注。名词索引仅仅收录主要的、重要的、易混的和新出现的名词术语，同时给出英文译名；遵循准确、规范和约定俗成的原则，力求全书统一，但是对个别名词在各个分科中的习惯叫法，在相应分科中标出。名词索引按汉语拼音顺序排列。

外国姓氏的中译名，同样遵循准确、规范和约定俗成的原则，力求全书统一；正文中仅在第一次出现时标注英文名，以后不再标注；如果没有中译名，或者中译名很生疏，则直接用外文名。

三

光学手册的成功撰写是集体辛勤耕耘的成果，是齐心协力大联合、大团结的胜利，是科学发展观指导下联合攻关的一曲胜利交响乐。编委会成员是在《光学手册》成书过程中积极参与组织、推荐、撰写的部分光学专家。撰写者是各自领域的专家，多为这一领域的著名学者，有出版专著的经历，是本书高水平的基础。下面按章依序排列各章的撰写者。

第一章《电磁光学》，廖常俊、李景镇、陈红艺；第二章《量子光学》，张智明；第三章《统计光学》，陈家璧；第四章《非线性光学》，石顺祥；第五章《分子光学和磁光学》，张纪岳；第六章《纳米光子学》，李淳飞；第七章《太赫兹波光学和红外光学》，张存林；第八章《紫外光学、X射线光学和中子光学》，王占山；第九章《辐射度学和光度学》，林延东；第十章《色度学》，马煜；第十一章《光谱学》，王雨三；第十二章《光源》，卢亚雄、夏绍建；第十三章《非成像光学和自由曲面光学》，李林、安连生、黄一帆、程灏波；第十四章《成像光学》，高志山；第十五章《信息光学》，赵建林；第十六章《衍射光学和二元光学》，郭永康、谭峭峰、高福华、杜惊雷；第十七章《偏振光学和偏光器件》，张纪岳；第十八章《晶体光学》，廖延彪；第十九章《薄膜光学和滤光片》，曹建章；第二十章《光学调制器》，赵明山、韩秀友、武震林；第二十一章《纤维光学和变折射率光学》，刘德森；第二十二章《导波光学和集成光学》，曹庄琪、金国良；第二十三章《金属表面等离子体光学》，罗先刚、吴世法；第二十四章《海洋光学》，郑荣儿；第二十五章《大气光学》，龚知本、魏合理、胡欢陵、饶瑞中、高晓明；第二十六章《空间光学》，韩昌元；第二十七章《自适应光学》，姜文汉、饶长辉、李新阳；第二十八章《生物光子学和生物光子检测》，顾樵；第二十九章《视觉光学》，白琨璞；第三十章《显示光学》，应根裕；第三十一章《瞬态光学和高速成像》，李景镇；第三十二章《飞秒光学和超短激光脉冲》，魏志义；第三十三章《显微光学和近场光学》，吴世法；第三十四章《光电探测器和光电探测》，安毓英、曹长庆、赵宝升；第三十五章《感光材料》，赵亚东、朱建华；第三十六章《光学材料》，姜中宏、蒋亚丝、陈伟、徐世祥；第三十七章《光学测试计量学》，杨照金；第三十八章《光学零件工艺学》，舒朝濂、田爱玲、郭忠达。

本书是以1986年版《光学手册》为蓝本的，想借此机会记录下这部蓝本的提出者、编辑和撰写者，没有他们开创性的工作，很难设想会有今日的成果。他们是龚祖同院士，安毓英、白琨璞、陈沅、方湖宝、封开印、郭乐群、过巳吉、蒋德宾、郎丰和、雷印生、李复新、李景镇、刘德森、刘可凤、舒贤治、舒朝濂、苏世学、孙承永、孙寄中、孙伟仁、汪景昌、王诺、许金伙、肖正祥、杨葆塘、张锦山、赵俊民、周衍勋。

四

对于国家出版基金委员会和深圳大学给予本书出版的鼎力资助，深表敬意。这种资助体现了国家层面上对学科性大型工具书撰写、出版的重视，有利于我国文化繁荣、科学进步和技术发展。

《光学手册》的编著、出版得到了王大珩院士、母国光院士、周炳琨院士和侯洵院士的鼓励、指导和支持，在此表示衷心感谢。王大珩院士多次指出《光学手册》是光学学科的基础工程，呼吁国家相关部门应重视此类工具书的撰写、出版、奖励，并为《光学手册》题词"传承 辟新 循优勇进"。母国光院士为本书抱病书写"聚前人之智，启后人之勇，完成此项巨著实属不易；光学老又新，高举创新的旗帜勇往直前"。中国光学学会理事长周炳琨院士为本书欣然命笔"继往开来，启迪创新，发展光学，服务社会"。侯洵院士为编著《光学手册》的提出者、中国应用光学的开拓者之一龚祖同院士撰写小传，以资纪念。

聘请为《光学手册》编纂顾问的专家还有中国科学院院士干福熹研究员、王启明研究员、刘盛纲教授、刘颂豪教授、陈星旦研究员、姚建铨教授、郭光灿教授、姜中宏研究员、褚君浩研究员、薛永祺研究员，中国工程院院士金国藩教授、姜文汉研究员、龚知本研究员、李同保教授、薛鸣球教授、庄松林教授、牛憨笨教授、许祖彦研究员和已经过世的黄尚廉教授。他们的建议推荐、执笔编著、组织撰写、审稿把关，提高了本书的学术水平和实用价值，有可能成就本书为上乘之作。在此，一并表示深深的谢意。

参加编、著、审的学者近百人，他们分别来自中国科学院信息学部、中国科学院长春光学精密机械与物理研究所、中国科学院西安光学精密机械研究所、中国科学院上海光学精密机械研究所、中国科学院上海技术物理研究所、中国科学院上海应用物理研究所、中国科学院安徽光学精密机械研究所和中国科学院大气成分与光学重点实验室、中国科学院光电技术研究所、中国科学院半导体研究所、中国科学院北京物理研究所以及中国科学院北京理化研究所，来自主编所在单位深圳大学和清华大学、北京理工大学、首都师范大学、南开大学、天津大学、上海交通大学、上海理工大学、同济大学、华东师范大学、浙江大学、苏州大学、南京理工大学、中国科学技术大学、山东大学、四川大学、电子科技大学、哈尔滨工业大学、大连理工大学、中国海洋大学、华南师范大学、西南师范大学、西安电子科技大学、西北大学、西北工业大学及西安工业大学，以及来自北京光学学会、德国国际生物物理研究所、中国计量科学研究院光学和激光计量科学研究所、兵器工业部第二〇五研究所、中国机械装备集团总公司秦皇岛视听机械研究所。这么多单位对本书编撰、出版工作的支持和关心，保证了本书的进度和质量，促进了出版工作的顺利进行，我代表编辑、撰写和出版的同仁们在此表示衷心的谢意。

感谢深圳市、深圳大学和中国光学学会各级领导的关怀和支持，感谢李汉卿教授、章必功校长，他们的鼓励和支持坚定了为我国光学界，为深圳市、深圳大学增光的信念。我还要感谢我的学生陆小微、杨帆、谭露雯、章雯晶、朱超凡、梁瑞锋、马璐和艾月霞、潘国兵、何铁峰、王双斌，他们为本书的成功撰写付出了辛勤劳动，特别是博士研究生陆小微，输入数十万字而几无差错，其严谨认真可见一斑。我们不会忘记那些在本书各章撰写过程中完成了大量资料收集、文字输入、绘图制表、核对勘误工作的李武研究员、丁永耀研究员、楔正才研究员、陈赤博士、崔建伟博士、王纳秀博士、朱义博士、穆宝忠博士、张众博士、瀚海年博士、王兆华博士和马莹编辑，他们的工作是平凡的、繁杂的，却是伟大的。我想借此机会感谢我的妻子田洁，她永远是那样满面春风地支持我，鼓励我，默默操劳，无怨无悔。

最后，我要感谢廖常俊教授和黄德云老师，在前言成稿过程中曾多次悉心磋商，使我受益匪浅。

这部凝聚着撰写者、审稿者和编校者智慧和心血的570余万字的著作，虽然力图不留遗憾，但终因光学博大精深，兼之水平有限，不足和欠妥之处在所难免，敬请广大读者批评指正。

李景镇

于荔园*

2010年7月20日

---

*荔园，深圳大学之别称，因1 200棵荔枝树而得名。园中湖光山色、花香四季，虽学子数万，然可领略“穿花蛱蝶深深现，点水蜻蜓款款飞”之意境，实为做学问的好地方。

1986 年版《光学手册》

前　言

一

为了适应四化建设的迫切需要，我们编写这部基础性的《光学手册》。这部手册包括二十五个光学分科，有二千七百多个公式，一千四百余幅插图和四百多个数据表格，为从事光学教学、科研和工程技术的广大教师和科技人员，高等院校有关专业的学生和研究生，光学行业的工人，以及有关的科技工作者，提供了一本有实用价值的工具书。我们相信，在酝酿着以信息科学为中心的"第四次产业革命"和"第三次浪潮"的今天，《光学手册》的出版将会为我国的四化建设做出积极的贡献。

二

"光学是一门很老的科学，又是一门很新的科学"。在光学发展的漫长岁月里，人们永远不会忘记那些做出杰出贡献的人们：我国先秦时代的墨翟和古希腊的欧几里德，我国北宋时代的沈括和阿拉伯的阿尔哈曾，他们的著作《墨经》、《光学》、《梦溪笔谈》和《光学宝鉴》，都是人类文明的佐证和劳动人民辛勤劳动的结晶，十七世纪以来，还有荷兰的斯涅耳和法国的笛卡尔，英国的牛顿和荷兰的惠更斯，法国的菲涅耳和德国的夫琅和费，苏格兰的麦克斯韦和德国的普朗克，大科学家爱因斯坦和全息术的奠基人伽伯，等等。他们的工作大大促进了光学的发展，他们所做出的卓越贡献是今天光学取得如此重大成就的基石。

我国近代光学的兴起是半个世纪以前的事情，但是近代光学的飞速发展和进步，近代光学工业的崛起，则是在解放以后。在中国近代光学发展的历史中，我国近代光学的开拓者严济慈教授、龚祖同教授、钱临照教授、王大珩教授等老前辈，为建立有着一大批优秀光学专家为其中坚的光学队伍，为我国近代光学工业的蓬勃发展，倾注了满腔的热忱，付出了辛勤的劳动，建立了卓著的功勋，

三

光学资料浩如烟海，当今光学的发展更是日新月异，如何从中提炼出二百余万字的实用手册，的确是一项艰巨的任务。我们试图在占有较为丰富资料的基础上，经过分析和归纳，尽可能把基本概念、主要定义，有指导意义的理论和实用的技术数据，用简捷的方式表达出来，使各方面的光学工作者和有关技术人员，能方便地从中找到以前需要几部工具书才能找到的答案，能在较短的时间里了解某门光学分科的主要内容、现状和趋势，如想知其来龙去脉和进行更为深入的研究，也能找到进一步攻读的钥匙。便于查阅，利于理解，是我们处理各类问题的准绳。尽管如此，这本手册也难以做到概括罄尽，阐明臻赅。本书在编写上尚有以下诸点需要说明：

1. 我们参阅了美国德里斯科尔博士（W. G. Driscoll）和沃恩博士（W. Vaughan）主编的《光学手册》和日本久保田広博士，浮田佑吉博士和會田軍太夫博士主编的《光学技術ハンドブック》，吸取了它们的长处。

2. 手册是按二十五个光学分科来论述的，但是个别的内容有交叉，同一个命题几个光学分科都有叙述。我们仅仅保留了从不同的观点、用不同的方法来论述的同一内容，以利读者理解。

3. 全手册的有关定义和符号尽可能统一。但是不同的光学分科有时对同一概念有不同的定义方法。本手册尊重各个分科的习惯定义法，为了使读者在进一步阅读有关参考文献时不致造成混乱，保留了各个分科

的惯用定义和符号。

4. 名词索引仅仅收录主要的、重要的、易混的和新出现的名词术语，同时给出英文译名。名词及其译名力求准确，规范，全书统一，但是对个别名词也尊重各个分科中的习惯叫法。在编写名词索引的过程中，主要参考了《物理学词典》(原子能出版社，1980 年)、《英汉物理学词汇》(科学出版社，1975 年)和有关著作。名词索引按汉语拼音顺序排列。

5. 姓名索引也按汉语拼音顺序排列，标出西文姓名。汉语译名主要根据《英语国家姓名译名手册》(商务印书馆，辛华编，1973 年)、《德语姓名译名手册》(商务印书馆，辛华编，1973 年)和《俄语姓名译名手册》(商务印书馆，辛华编，1982 年)。但是，对于不甚符合规范却已约定俗成并多见于一些重要著作中的，仍用传统的译名。

四

《光学手册》编写过程中，承蒙中国光学界老前辈严济慈副委员长、中国应用光学的开拓者龚祖同教授和中国著名光学专家王大珩教授的关怀和指导，得到了张本祯、林毓桃、薛鸣球、张季涛、耿明清、侯洵诸同志和中国光学学会、陕西省光学学会、中国科学院西安光学精密机械研究所等十多个单位的支持和帮助，提高了手册的学术水平和实用价值，促进了手册编写工作的顺利进行，在此，表示衷心的感谢。

王应宗，秦秀香等同志分别参与了个别章节部分内容的资料收集和撰写工作，蔡用舒、李寰章、罗毅、张显炽、陈邹生、祝颂来等同志为手册的编写提出了宝贵意见，周泗忠，李邦鑫，王峻岭等同志为手册的编写付出了辛勤的劳动，在此一并表示志谢。

鉴于我们的水平有限，不足和欠妥之处在所难免，敬请广大读者批评指正。

《光学手册》编委会* 一九八五年九月

* 执笔李景镇，时任中国科学院西安光学精密机械研究所龚祖同所长的学术助理，基础研究组副组长。

目　录

上　卷

第一章　电磁光学

第二章 量子光学

第三章 统计光学

第四章　非线性光学

第五章 分子光学和磁光学

第六章 纳米光子学

第七章 太赫兹波和红外光学

第八章 紫外光学、X 射线光学和中子光学

第九章 辐射度学和光度学

第十章 色度学

第十一章　光谱学

第十二章　光源和同步辐射

第十三章 非成像光学和自由曲面光学

第十四章 成像光学

第十五章 信息光学

第十六章 衍射光学和二元光学

第十七章　偏振光学和偏光器件

第十八章 晶体光学

第十九章 薄膜光学和滤光片

第二十章　光学调制器

下　卷

第二十一章　纤维光学和变折射率光学

第二十二章　导波光学和集成光学

第二十三章　金属表面等离子体光学

第二十四章　海洋光学

第二十五章 大气光学

第二十六章　空间光学

第二十七章　自适应光学

第二十八章 生物光子学和生物光子检测

第二十九章　视觉光学

第三十章 显示光学

第三十一章　瞬态光学和高速成像

第三十二章　飞秒光学和超短激光脉冲

第三十三章　显微光学和近场光学

第三十四章 光电探测器和光电探测

第三十五章 感光材料

第三十六章 光学材料

第三十七章 光学测试计量学

第三十八章 光学零件工艺学

第一章　电磁光学

电磁光学是基于麦克斯韦方程组的严格的光学理论。麦克斯韦方程本身来自实验，它的理论结果可由实验证明，被视为描述电磁场的完善的经典理论。光的全部宏观经典光学性质都可以从麦克斯韦方程出发，经过严格的理论处理，得到准确的解析表达式或者数值结果，并能给出合理的物理图景，而理论推导的结果或预测都可以通过实验证明。

本章只论述电磁光学的基本问题，以求建立电磁光学的理论框架。波动光学和光线光学（或几何光学）可以作为电磁光学的近似表达；与增益和损耗相关的问题需要用量子光学理论来处理，但是唯象考虑介电系数为复数张量时，这方面的内容仍然可以作为电磁光学的一部分。本章先从麦克斯韦方程组出发，建立电磁场的运动方程，得到场的一般表达方法，引入基本定义，建立基本概念；然后由边界条件和包络演化方程，讨论几种常见情形下（界面，腔，各向异性，色散，非线性等）光作为电磁场的成形和演化；最后讨论光作为电磁场的基本性质，以求对电磁光学有一个比较全面的认识。

第一节　电磁光学的内涵

目前光学领域内遇到的绝大部分现象和技术，都能从电磁光学得到很好的解释。描述光和物质相互作用的经典理论、半经典理论，均把光辐射视为经典电磁波，遵从光的电磁理论。

在整个电磁频谱中，可见光只占很小一部分。由表 1-1 可以知道可见光在电磁频谱中的位置和份额。表中，无线电波谱由国际通讯联盟（International Telecommunication Union，ITU）划分频段[1]，其中 0.3 GHz～3 THz频段又称为微波；太赫兹波是近年兴起的一个研究热点，其频段还没有统一的定义，表中所列出的频段范围是目前比较一致的看法；而可见光谱由国际照明委员会（International Commission on Illumination）进行定义[1]。但是通常，将紫外和红外也计算到光频率范畴，紫外拓展到 X 射线波段，红外拓展到太赫兹波段。这是因为，这些频段的处理方法基本上与可见光频段相同，其区别主要表现为与传输介质的相互作用，因为介质对不同波段的响应是有很大区别的。

表 1-1　电磁波谱

名　称	频　段	频　率	波　段	波　长	用　　途
无线电波	极低频(ELF)	3～30 Hz	极长波	10～100 Mm	
	超低频(SLF)	30～300 Hz	超长波	1～10 Mm	
	特低频(ULF)	300～3 000 Hz	特长波	100～1 000 km	
	甚低频(VLF)	3～30 kHz	甚长波	10～100 km	越洋长距离通信和导航
	低频(LF)	30～300 kHz	长波	1～10 km	
	中频(MF)	300～3 000 kHz	中波	100～1 000 m	调幅广播(535～1700 kHz)
	高频(HF)	3～30 MHz	短波	10～100 m	短波广播，导航，业余爱好者使用，民用电台，电报
	甚高频(VHF)	30～300 MHz	米波	1～10 m	电视，遥控，调频广播(88～108 MHz)，对讲机，无线电导航
	特高频(UHF)	300～3 000 MHz	分米波	10～100 cm	手机，寻呼机，无绳电话，GPS，UHF 电视频道，微波炉
	超高频(SHF)	3～30 GHz	厘米波	1～10 cm	雷达，卫星通信
	极高频(EHF)	30～300 GHz	毫米波	1～10 mm	
	至高频(THV)	300～3 000 GHz	亚毫米波	100～1 000 μm	

续表

名　称		频　段	频　率	波　段	波　长	用　　途
太赫兹波			0.1·10 THz		30～3 000 μm	
红外			3～300 THz		1～100 μm	光纤通信(1.55 μm)
可见光	红		385～484 THz		620～780 nm	
	橙		484～500 THz		600～620 nm	
	黄		500～517 THz		580～600 nm	
	绿		517～612 THz		490～580 nm	
	蓝		612～667 THz		450～490 nm	
	紫		667～789 THz		380～450 nm	
紫外			750 THz～30 PHz		10～400 nm	
X 射线			30～3 000 PHz		100 pm～10 nm	
γ射线			＞3 000 PHz		＜100 pm	

电磁光学反映了光的矢量本质，能够演绎出几何光学、波动光学的全部理论，能够解释光的偏振、色散、散射、双折射和旋光等现象，能够从定性和定量两个方面给出宏观光学过程的精确结果。但是电磁光学不能解释光场的量子性质，不能给出光的发射和接收的微观机理和定量解释，不反映光的波粒二象性的本质。而量子光学能处理光的微观特性，合理地包含了光的波动性质和微粒性质，能够包括光的微观和宏观的全部性质，第二章给出了这一领域较为详细的论述。图 1-1 表示了几何光学、波动光学、电磁光学和量子光学之间的联系和各个学科的研究重点。

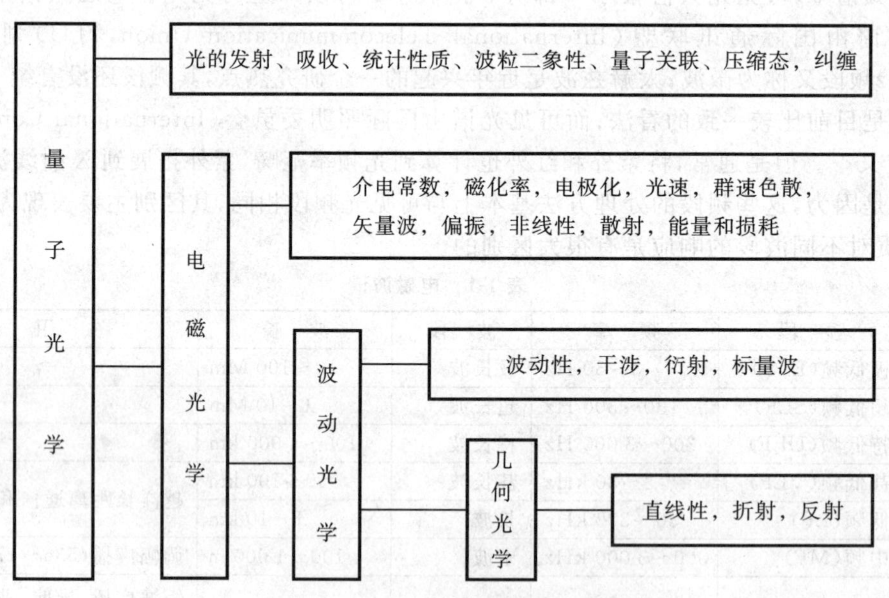

图 1-1　光学学科的发展与研究内容

第二节　电磁场方程

麦克斯韦方程组是电磁光学的根基。麦克斯韦方程组描述了电磁现象的规律，并指出任何随时间变化的电场，将在周围空间产生变化的磁场，任何随时间变化的磁场，将在周围空间产生变化的电场，变化的电场和磁场之间互相联系、互相激发，并且以一定的速度向周围空间传播，这就是电磁波。

物质对电磁波的响应通过物质方程来体现。不同的物质对电磁波的响应不同，表现为物质方程的不同。在界面处，物质对电磁波的响应发生突变，电磁场满足的边界条件可由积分形式的麦克斯韦方程组结合界面两侧的物质方程得到。

通过引入矢势和标势，在洛伦兹条件(Lorentz condition)约束下，可以把麦克斯韦方程组中不同电磁场矢量变量的耦合方程组变为矢势和标势的无耦合方程，从而方便求解。如果能够确定电磁场的矢势和标势，就可以完全确定电磁场。

在无源区域，由麦克斯韦方程组可以直接得到电场和磁场满足的波动方程。波动方程是分析光场传播和演化的出发点。

一、麦克斯韦方程

在国际单位制的体系下，麦克斯韦方程组有最简单的形式：

$$\nabla\times\boldsymbol{H}=\boldsymbol{J}+\frac{\partial\boldsymbol{D}}{\partial t} \tag{1-1}$$

$$\nabla\times\boldsymbol{E}=-\frac{\partial\boldsymbol{B}}{\partial t} \tag{1-2}$$

$$\nabla\cdot\boldsymbol{D}=\rho \tag{1-3}$$

$$\nabla\cdot\boldsymbol{B}=0 \tag{1-4}$$

$$\nabla\cdot\boldsymbol{J}=-\frac{\partial\rho}{\partial t} \tag{1-5}$$

式中，$\boldsymbol{H}(\boldsymbol{r},t)$是磁场强度矢量(magnetic field vector，单位：A/m)，$\boldsymbol{E}(\boldsymbol{r},t)$是电场强度矢量(electric field vector，单位：V/m)，$\boldsymbol{B}(\boldsymbol{r},t)$是磁位移矢量(magnetic displacement vector)或磁感应强度矢量(magnetic induction 或 magnetic flux density，单位为 $\mathrm{Wb/m^2}$)，$\boldsymbol{D}(\boldsymbol{r},t)$是电位移矢量(electric displacement vector)或电感应强度矢量(electric induction 或 electric flux density，单位为 $\mathrm{C/m^2}$)，$\boldsymbol{J}(\boldsymbol{r},t)$是电流密度(the current density，单位为 $\mathrm{A/m^2}$)，$\rho(\boldsymbol{r},t)$是电荷密度(electric charge density，单位为 $\mathrm{C/m^3}$)。场矢量$\boldsymbol{H}$、$\boldsymbol{E}$、$\boldsymbol{B}$、$\boldsymbol{D}$通过上述方程组联系在一起，求解方程组可以确定任一点的电场和磁场，也可以得到电磁波在任意介质中的传播特性。

由于光波在各种介质中的传播过程实际上就是光与介质相互作用的过程，因而在运用麦克斯韦方程处理光的传播问题时，必须考虑介质的特性，即传输介质对电磁场的响应。描述介质特性对电磁场影响的关系式由物质方程表示。对各向同性介质，物质方程为

$$\boldsymbol{D}=\varepsilon\boldsymbol{E}=\varepsilon_0\boldsymbol{E}+\boldsymbol{P} \tag{1-6}$$

$$\boldsymbol{B}=\mu\boldsymbol{H}=\mu_0(\boldsymbol{H}+\boldsymbol{M}) \tag{1-7}$$

$$\boldsymbol{P}=\varepsilon_0(\boldsymbol{\chi}^{(1)}\cdot\boldsymbol{E}+\boldsymbol{\chi}^{(2)}:\boldsymbol{E}\boldsymbol{E}+\boldsymbol{\chi}^{(3)}\vdots\boldsymbol{E}\boldsymbol{E}\boldsymbol{E}+\cdots) \tag{1-8}$$

式中，$\boldsymbol{P}(\boldsymbol{r},t)$是电极化强度(electric polarization density，单位为 $\mathrm{C/m^2}$)，已经考虑到可能的非线性响应，具体写到了第 3 阶；$\boldsymbol{M}(\boldsymbol{r},t)$是磁极化强度(magnetization density，单位为 A/m)；$\varepsilon_0\approx(1/36\pi)\times10^{-9}$是真空中的介电常数(electric permittivity of free space，单位为 F/m)，也称为真空电容率；$\mu_0\approx4\pi\times10^{-7}$，是真空中的磁导率(magnetic permeability of free space，单位为 H/m)；ε是介质的介电常数(electric permittivity of a medium)；μ是介质的磁导率(magnetic permeability of a medium)。在大多数情况下，电磁光学仅处理非铁磁材料中的光学现象，即仅考虑磁导率为常数，不产生磁滞现象的情况。而且，在光频段，非铁磁材料的μ和μ_0的差异通常可以忽略不计。因此，介电常数直接表达了介质响应的具体形式和物理内涵，影响光的速度和传播方向。介电常数为复数时，虚部表示增益或损耗。它的张量形式表示材料的各向异性。材料对光响应的非线性性质表现为各阶非线性极化率系数(coefficient of i-th order optical nonlinearity)$\boldsymbol{\chi}^{(i)}$，$i=2$，3，… 也表现为各阶张量①。例如，对于各向同性、均匀、非损耗线性介质，介电常数是一个常数：

---

① 在各向异性介质和非线性介质中电场矢量和电极化强度矢量可能不在同一个方向上，因此，通常不用极化率的概念，而用极化系数。它与方向有关，但不是矢量，而是张量。

$$D = \varepsilon E = \varepsilon_0 (1 + \chi^{(1)}) E \tag{1-9}$$

而对于各向异性介质，介电常数就要写为二阶张量的形式。电感应强度矢量的张量形式为

$$D_k = \sum_l \varepsilon_{kl} E_l, \quad k,l = x,y,z \tag{1-10}$$

或写为矩阵形式：

$$\begin{bmatrix} D_x \\ D_y \\ D_z \end{bmatrix} = \begin{bmatrix} \varepsilon_{xx} & \varepsilon_{xy} & \varepsilon_{xz} \\ \varepsilon_{yx} & \varepsilon_{yy} & \varepsilon_{yz} \\ \varepsilon_{zx} & \varepsilon_{zy} & \varepsilon_{zz} \end{bmatrix} \begin{bmatrix} E_x \\ E_y \\ E_z \end{bmatrix} \tag{1-11}$$

总的电场矢量 $\boldsymbol{E}$ 的方向和电位移矢量 $\boldsymbol{D}$ 的方向只在特定的条件下是相同的。例如，在单轴各向异性介质中，不在光轴方向传输时，寻常光的 $\boldsymbol{E}$ 和 $\boldsymbol{D}$ 的方向仍然相同，而非常光的 $\boldsymbol{E}$ 和 $\boldsymbol{D}$ 的方向是不同的，其结果导致材料出现双折射。

应用能量守恒原理于晶体内部所发生的电磁过程，可以证明介电常数是一个对称张量（对称矩阵），因此总存在一个坐标变换，可将其变换成一个如下的对角矩阵：

$$\varepsilon = \begin{bmatrix} \varepsilon_x & 0 & 0 \\ 0 & \varepsilon_y & 0 \\ 0 & 0 & \varepsilon_z \end{bmatrix} \tag{1-12}$$

相应的 3 个坐标轴称为各向异性介质的主轴。

对各向同性或各向异性介质，物质方程将电位移矢量和电场强度矢量通过一个标量或一个张量联系起来。在超材料（metamaterial）等人工材料中，需要考虑介质的磁化效应，类似地可以给出磁各向异性介质的物质方程。一个双各向异性介质可以将电场和磁场交叉联系起来。双各向异性介质的物质方程可以写成[2]

$$\left.\begin{aligned} \boldsymbol{D} &= \varepsilon \boldsymbol{E} + \xi \boldsymbol{H} \\ \boldsymbol{B} &= \zeta \boldsymbol{E} + \mu \boldsymbol{H} \end{aligned}\right\} \tag{1-13}$$

手征物质，包括许多种糖的溶液、氨基酸、DNA 等许多自然物质，都具有如下物质方程[2]：

$$\left.\begin{aligned} \boldsymbol{D} &= \varepsilon \boldsymbol{E} - \zeta \frac{\partial \boldsymbol{H}}{\partial t} \\ \boldsymbol{B} &= \mu \boldsymbol{H} + \zeta \frac{\partial \boldsymbol{E}}{\partial t} \end{aligned}\right\} \tag{1-14}$$

式中，ζ 是手征参数。

用相对论的观点来看，描述物质的双各向异性是非常重要的。相对论原理假定所有物理定律都可以用固定形式的数学方程来描述且不依赖于参考系的变化。物质方程用双各向异性的形式写出，其形式可以保证在不同参考系下具有不变性。

麦克斯韦方程组(1-1)式至(1-5)式可以应用于任何连续介质内部。在其导数不连续处，需要提供边界条件。边界条件如下：

$$\left.\begin{aligned} D_{1\mathrm{n}} - D_{2\mathrm{n}} &= \rho_{\mathrm{S}} \\ B_{1\mathrm{n}} - B_{2\mathrm{n}} &= 0 \\ E_{1\mathrm{t}} - E_{2\mathrm{t}} &= 0 \\ \boldsymbol{n} \times (\boldsymbol{H}_1 - \boldsymbol{H}_2) &= \boldsymbol{J}_{\mathrm{S}} \end{aligned}\right\} \tag{1-15}$$

式中，$\boldsymbol{n}$ 为在界面上由第二介质指向第一介质的单位法向矢量，ρ_{S} 为界面上的面电荷密度，$\boldsymbol{J}_{\mathrm{S}}$ 为界面上的面电流密度。下角标 n 表示法向分量，下角标 t 表示切向分量。

电流密度 $\boldsymbol{J}$、电荷密度 ρ 以及电极化的高阶项是能量转化和新电磁场产生的激励源。在光学的许多应用领域里，经常处理的是电磁辐射在远离源的区域中的传播，在这种情况下，$\boldsymbol{J}$ 和 ρ 可视为 0。

在真空中，$\boldsymbol{D} = \varepsilon_0 \boldsymbol{E}, \boldsymbol{B} = \mu_0 \boldsymbol{H}$，电磁能流用玻印亭矢量（Poynting vector，单位为 $\mathrm{W/m^2}$）表示为

$$\boldsymbol{S}=\boldsymbol{E}\times\boldsymbol{H} \tag{1-16}$$

电磁场对带电粒子有作用力，称为洛伦兹力(Lorentz force)：

$$\boldsymbol{F}=q(\boldsymbol{E}+\boldsymbol{v}\times\boldsymbol{B}) \tag{1-17}$$

式中，q 为带电粒子的电荷量(charge，单位为 C)，$\boldsymbol{v}$ 为带电粒子的速度(velocity of the charged particle，单位为m/s)。

二、矢势和标势

磁感应强度矢量的散度等于 0，这表示它本身是由矢量的旋度产生的。因为对于任意矢量都有：$\nabla\cdot(\nabla\times\boldsymbol{A})=0$，所以，(1-4)式表示有矢量势的存在，令

$$\boldsymbol{B}=\nabla\times\boldsymbol{A} \tag{1-18}$$

$\boldsymbol{A}(\boldsymbol{r},t)$ 是矢量势(vector potential，单位：Vs/m)，是坐标和时间的函数。利用(1-18)式，(1-2)式可以写为

$$\nabla\times\left(\boldsymbol{E}+\frac{\partial\boldsymbol{A}}{\partial t}\right)=0 \tag{1-19}$$

因此，电场由矢量势和标量势的组合表示为

$$\boldsymbol{E}=-\frac{\partial\boldsymbol{A}}{\partial t}-\nabla\varphi \tag{1-20}$$

式中，$\varphi(\boldsymbol{r},t)$ 是标量势(scalar potential，单位：V)函数。将(1-18)式和(1-20)式代入麦克斯韦方程组中，利用矢量运算公式 $\nabla\times\nabla\times\boldsymbol{f}=\nabla(\nabla\cdot\boldsymbol{f})-\nabla^2\boldsymbol{f}$，并考虑在真空中的情况，令 $\boldsymbol{H}=\boldsymbol{B}/\mu_0$，$\boldsymbol{E}=\boldsymbol{D}/\varepsilon_0$，(1-18)式改写为

$$\boldsymbol{H}=\nabla\times\boldsymbol{A}/\mu_0 \tag{1-21}$$

这里的 $\boldsymbol{f}$ 是任意矢量函数，$\nabla^2=\nabla\cdot\nabla=\frac{\partial^2}{\partial x^2}+\frac{\partial^2}{\partial y^2}+\frac{\partial^2}{\partial z^2}$ 是拉普拉斯算符(Laplacian operator)。(1-1)式变为

$$\nabla\times\boldsymbol{H}=\boldsymbol{J}+\varepsilon_0\frac{\partial\boldsymbol{E}}{\partial t} \tag{1-22}$$

将(1-20)式和(1-21)式代入此式，得

$$\nabla\times\nabla\times\boldsymbol{A}=\mu_0\boldsymbol{J}-\frac{1}{c^2}\frac{\partial^2\boldsymbol{A}}{\partial t^2}-\frac{1}{c^2}\nabla\frac{\partial\varphi}{\partial t} \tag{1-23}$$

利用矢量运算公式得到

$$\nabla^2\boldsymbol{A}-\frac{1}{c^2}\frac{\partial^2\boldsymbol{A}}{\partial t^2}-\nabla\left(\nabla\cdot\boldsymbol{A}+\frac{1}{c^2}\frac{\partial\varphi}{\partial t}\right)=-\mu_0\boldsymbol{J} \tag{1-24}$$

用同样的方法，改写(1-2)式：

$$\nabla^2\varphi-\frac{1}{c^2}\frac{\partial^2\varphi}{\partial t^2}+\frac{\partial}{\partial t}\left(\nabla\cdot\boldsymbol{A}+\frac{1}{c^2}\frac{\partial\varphi}{\partial t}\right)=-\rho/\varepsilon_0 \tag{1-25}$$

值得注意的是，电磁场不能用唯一的矢量势 $\boldsymbol{A}$ 和标量势 φ 来描述，即给定的 $\boldsymbol{E}$ 和 $\boldsymbol{B}$ 并不对应唯一的 $\boldsymbol{A}$ 和 φ。每一组 $(\boldsymbol{A},\varphi)$ 称为一种规范。就是说，矢量势和标量势不是唯一确定的，但这并不影响电场和磁场是确定的。电场和磁场具有规范不变性。

如果取洛伦兹规范：

$$\nabla\cdot\boldsymbol{A}+\frac{1}{c^2}\frac{\partial\varphi}{\partial t}=0 \tag{1-26}$$

则(1-24)式和(1-25)式简化为两个非均匀波动方程(inhomogeneous wave equations)，分别表示电流激励的磁场矢量势和电荷激励的电场标量势：

$$\nabla^2\boldsymbol{A}-\frac{1}{c^2}\frac{\partial^2\boldsymbol{A}}{\partial t^2}=-\mu_0\boldsymbol{J} \tag{1-27}$$

$$\nabla^2\varphi-\frac{1}{c^2}\frac{\partial^2\varphi}{\partial t^2}=-\rho/\varepsilon_0 \tag{1-28}$$

用这种规范时，$\boldsymbol{A}$ 和 φ 的方程具有相同形式，而且可以在相对论中方便地写成四维协变形式。

如果取库仑规范：

$$\nabla\cdot\boldsymbol{A}=0 \tag{1-29}$$

则在这规范中 $\boldsymbol{A}$ 为无源场，因而电场表达式(1-20)式中的第一项 $-\dfrac{\partial\boldsymbol{A}}{\partial t}$ 是无源场(横场)，而第二项 $-\nabla\varphi$ 为无旋场(纵场)。库仑规范的特点在于 $\boldsymbol{E}$ 的纵场部分完全由 φ 决定，而横场部分由 $\boldsymbol{A}$ 决定，这在讨论电磁场的量子化等问题时是方便的。采取库仑规范，标势满足的方程为 $\nabla^2\varphi=-\rho/\varepsilon_0$，如果入射光的光源远离相互作用的区域，可以认为 ρ 为 0，从而 φ 可取为 0，电磁场完全由矢势确定。库仑规范在光场与原子相互作用的半经典理论中常被采用。

在经典电动力学中，电磁场的基本物理量是电场强度 $\boldsymbol{E}$ 和磁感应强度 $\boldsymbol{B}$。矢势 $\boldsymbol{A}$ 和标势 φ 并不具有直接观测意义，仅仅是为了数学上的方便而引入的辅助量。但实验证明，$\boldsymbol{A}$ 可以使两束电子波束的干涉条纹发生移动。这一效应在 1959 年由阿哈罗诺夫(Aharonov)和玻姆(Bohm)首先提出，称为 A-B 效应。A-B 效应的根源在于 $\boldsymbol{A}$ 可以影响电子波束的相位，这必须在量子力学框架下才能予以解释。在量子力学中，矢势 $\boldsymbol{A}$ 具有可观测的物理效应，其地位也比在经典电动力学中重要得多。

三、波动方程

麦克斯韦方程组表示电场和磁场的相互转化。当不存在源时，电场与磁场之间具有一一对应的确定关系，并且电场和磁场具有相同的运动形式，都满足波动方程，通常是求解电场的波动方程得到电场，再由电场求出磁场。

考虑完善的、包括各种因素的理想波动方程的求解是非常复杂的。这种复杂性起源于介质对电磁场响应的复杂性。但是，介质的选择及其分布是可以控制的，这也正是研究电磁光学及其应用的基本工作。所以，对于实际情况，通常首先是简化方程。简化方程首先就要对传输介质的性质作一些限制。通常考虑的假设条件包括线性性质、色散、均匀性、各向同性等。具体定义如下：

线性介质：介质的电位移矢量不含高阶项，仅由(1-9)式表示，即 $\boldsymbol{D}=\varepsilon_0(1+\chi^{(1)})\boldsymbol{E}$，电极化强度只是电场的线性函数 $\boldsymbol{P}=\varepsilon_0\chi^{(1)}\boldsymbol{E}$，方程为线性方程，适用叠加原理。

时间非色散介质：电极化与产生电极化的电场之间没有时延，即介质对作为电磁场的光的响应没有滞后，结果是不同频率的光传播的速度完全相同。

空间非色散介质：假定电极化强度仅是该点电场强度的函数，是局域的。

均匀介质：介电常数不是位置的函数，在整个空间都是相同的。

各向同性介质：电极化强度矢量与电矢量之间的关系不因电矢量方向的改变而改变，它们总是在同一个方向上，而且在任何方向上都相同。通常，非晶态材料被认为对光是各向同性的。

实际上，所有光学玻璃都是根据这些要求制造的，也就是说，这些理论假设也是光学系统中的实际情况，是有实际意义的。

(一)线性、非色散、均匀和各向同性介质

波动方程首先研究没有场源存在的介质中电磁波的传播。在线性、非色散、均匀和各向同性的介质中，假定介质中不存在电流、空间电荷，不考虑铁磁性，也不考虑电极化的高阶项。这时，麦克斯韦方程组变成

$$\left.\begin{aligned}\nabla\times\boldsymbol{H}&=\varepsilon\frac{\partial\boldsymbol{E}}{\partial t}\\ \nabla\times\boldsymbol{E}&=-\mu_0\frac{\partial\boldsymbol{H}}{\partial t}\\ \nabla\cdot\boldsymbol{E}&=0\\ \nabla\cdot\boldsymbol{H}&=0\end{aligned}\right\} \tag{1-30}$$

式中，介电常数和磁导率都是常数。对上面第二个方程再取旋度运算，得到

$$\nabla\times\nabla\times\boldsymbol{E}=\nabla(\nabla\cdot\boldsymbol{E})-\nabla^2\boldsymbol{E}=-\varepsilon\mu_0\frac{\partial^2\boldsymbol{E}}{\partial t^2} \tag{1-31}$$

注意到电场的散度为0,就得到该介质中的波动方程:

$$\nabla^2\boldsymbol{E}-\frac{1}{v^2}\frac{\partial^2\boldsymbol{E}}{\partial t^2}=0 \tag{1-32}$$

式中,$v=1/(\varepsilon\mu_0)^{1/2}$ 是光在介质中的速度。所以,介质中的光速

$$v=\frac{c}{n} \tag{1-33}$$

这就是(1-6)式定义折射率公式的另一种表达形式。其中,折射率

$$n=\left(\frac{\varepsilon}{\varepsilon_0}\right)^{1/2}=(1+\chi)^{1/2} \tag{1-34}$$

真空中的光速

$$c=\frac{1}{(\varepsilon_0\mu_0)^{1/2}} \tag{1-35}$$

折射率是真空中光速与介质中的光速的比值,也是介质中相对介电常数的平方根。

由矢量波动方程(1-32)式容易求得,在直角坐标系下,$\boldsymbol{E}$ 的各个分量满足标量波动方程:

$$\nabla^2 u-\frac{1}{v^2}\frac{\partial^2 u}{\partial t^2}=0 \tag{1-36}$$

标量波动方程是波动光学的基础。值得注意的是,$\boldsymbol{E}$ 需要满足 $\nabla\cdot\boldsymbol{E}=0$,因此它的各个笛卡儿分量并不是独立的。

(二)非均匀介质中的波动方程

在考虑色散、非均匀或者各向异性介质中的传输时,介电张量和磁导率都不能认为是常数,而是与位置和方向相关的函数。对于无增益、无损耗的非均匀、非铁磁介质,麦克斯韦方程组是

$$\left.\begin{aligned}\nabla\times\boldsymbol{H}&=\varepsilon\frac{\partial\boldsymbol{E}}{\partial t}\\ \nabla\times\boldsymbol{E}&=-\mu_0\frac{\partial\boldsymbol{H}}{\partial t}\\ \nabla\cdot\varepsilon\boldsymbol{E}&=0\\ \nabla\cdot\mu_0\boldsymbol{H}&=0\end{aligned}\right\} \tag{1-37}$$

式中第二式可写为

$$\frac{1}{\mu_0}\nabla\times\boldsymbol{E}=-\frac{\partial\boldsymbol{H}}{\partial t} \tag{1-38}$$

对方程两边分别作旋量运算,有

$$\nabla\times\left(\frac{1}{\mu_0}\nabla\times\boldsymbol{E}\right)=-\frac{\partial}{\partial t}\nabla\times\boldsymbol{H}=-\varepsilon\frac{\partial^2\boldsymbol{E}}{\partial t^2} \tag{1-39}$$

利用 $\nabla\times\nabla\times\boldsymbol{E}=\nabla(\nabla\cdot\boldsymbol{E})-\nabla^2\boldsymbol{E}$,再考虑(1-37)式中的第三式:$\nabla\cdot\varepsilon\boldsymbol{E}=\varepsilon\nabla\cdot\boldsymbol{E}+\boldsymbol{E}\cdot\nabla\varepsilon=0$,于是得到非均匀介质中的波动方程为

$$\nabla^2\boldsymbol{E}-\frac{1}{v^2(\boldsymbol{r})}\frac{\partial^2\boldsymbol{E}}{\partial t^2}+\nabla(\boldsymbol{E}\cdot\nabla\ln\varepsilon)=0 \tag{1-40}$$

其中

$$v(\boldsymbol{r})=\frac{1}{\sqrt{\mu_0\varepsilon(\boldsymbol{r})}}=\frac{c}{n(\boldsymbol{r})} \tag{1-41}$$

如果介质的介电常数 $\varepsilon(\boldsymbol{r})$ 是缓变的,在一个波长范围内可以认为是常数,则(1-40)式的第三项可以忽略,$v(\boldsymbol{r})$ 表示光在介质中的速度受到介质折射率变化的调制。

第三节　光场的表征

场的表达是电磁光学的一个基本问题。场的表达式可以作为初条件，通过运用光的基本定理，研究光作为电磁场的演化规律。也可以作为初条件，代入运动方程，根据具体的边界条件，得到场的具体表达式，研究光作为电磁场的演化规律。光学场的表达，可以是一项光学工程，一个光学系统，或者一个简单的光学元件的性能研究过程的起点和终点，并贯穿于整个过程之中。因此，光场的表达方式也代表了光的学科分类的基本特征，如表 1-2 所列。

电磁波的场矢量都应满足描述电磁波传播规律的波动方程，反之，电磁波动方程的解就是电磁光学中场的矢量波函数。在一定条件下，电磁光学可以简化为波动光学和几何光学。

表 1-2　光场的表达方式

名称	几何光学	波动光学	电磁光学	量子光学
表达方式	实数直线	复数，标量波函数	复数，矢量波函数	完全、正交、归一化的复数矢量

一、光场是复数矢量波

场的概念，本质上是非局域的。就是说，所有光学场共享一个空间，而这个空间是由性质不同的介质分布充满的。共享的概念不是简单的数学相加，而是相干叠加，相位和相位分布起着相当重要的作用。电磁光学的基本任务，就是研究电磁场在充满不同介质的空间中的运行规律，从而实现对电磁场的测量与控制。但是，并不是所有这些共存的电磁场都可以同时得到控制，背景和噪声永远存在，表现为一种随机过程。利用滤波方法消除噪声或者从复杂图形中提取信号属于电磁光学的基本理论和技术。用常规方法原则上无法去除的背景噪声，可归结为量子噪声。而且，在电磁光学中，光是复数矢量场，需要考虑偏振，这是电磁光学和波动光学的基本区别。

在充满均匀、无损耗的各向同性介质的无源、无界空间中，单色平面波是上述电磁波动方程的一种特解形式，它是最简单的一种光波，并且是研究任意实际光波的基础。单色平面波电磁场矢量的表达式为

$$\boldsymbol{E}_{\mathrm{p}}(\omega,t)=\mathrm{Re}\left\{\boldsymbol{e}E_{\omega}\exp\left[-\mathrm{i}(\omega t-\boldsymbol{k}\cdot\boldsymbol{r})\right]\right\} \tag{1-42}$$

$$\boldsymbol{H}_{\mathrm{p}}(\omega,t)=\mathrm{Re}\left\{\boldsymbol{h}H_{\omega}\exp\left[-\mathrm{i}(\omega t-\boldsymbol{k}\cdot\boldsymbol{r})\right]\right\} \tag{1-43}$$

式中，$\boldsymbol{E}_{\mathrm{p}}(\omega,t)$、$\boldsymbol{H}_{\mathrm{p}}(\omega,t)$ 是角频率(angular frequency)为 ω 的单色平面波(monochromatic plane wave)的复数电矢量和复数磁矢量；$\boldsymbol{e}$、$\boldsymbol{h}$ 是电场和磁场振动方向上的单位矢量，代表偏振；E_{ω}、H_{ω} 是电场和磁场的复数振幅(electric field complex amplitude)，它们不随时间变化，其幅角代表相位，绝对值为振幅的大小；$\boldsymbol{r}$ 是位置矢量(position vector)；t 是时间；$\boldsymbol{k}$ 是光波矢量(wave vector)，其方向表示波的传播方向，对于单色平面波，波矢量 $\boldsymbol{k}$ 是常矢量。所以，单色平面波是理想的、充满全部空间和全部时间的基础波。在实际系统中，要考虑传输介质对单色平面波的影响。

在无电荷的均匀各向同性介质中，麦克斯韦方程组(1-30)式中的散度方程是 $\nabla\cdot\boldsymbol{E}=0$ 和 $\nabla\cdot\boldsymbol{H}=0$。应用于单色平面波表达式(1-42)式和(1-43)式，并利用旋度麦克斯韦方程对矢量的进一步限制，得到

$$\boldsymbol{e}\cdot\boldsymbol{k}=\boldsymbol{h}\cdot\boldsymbol{k}=\boldsymbol{e}\cdot\boldsymbol{h}=0 \tag{1-44}$$

这表示 $\boldsymbol{E}$、$\boldsymbol{H}$ 都垂直于传播方向，这种波称为横波。从(1-44)式还可以得出，$\boldsymbol{e}$、$\boldsymbol{h}$、$\boldsymbol{k}$ 形成一组正交矢量，$\boldsymbol{E}$ 和 $\boldsymbol{H}$ 同相。对确定的 $\boldsymbol{k}$、$\boldsymbol{e}$，存在两个独立的振动方向，因此电磁光学中的光场需要用复数矢量波来描述。对于均匀各向同性介质，$\boldsymbol{E}$、$\boldsymbol{D}$、$\boldsymbol{H}$、$\boldsymbol{B}$ 都和传播方向 $\boldsymbol{k}$ 垂直。而在一般的各向异性介质中，只有 $\boldsymbol{D}$、$\boldsymbol{H}$、$\boldsymbol{B}$ 垂直于传播方向。

上面一段的讨论假定了 $\boldsymbol{k}$ 是一个实矢量。如果 $\boldsymbol{k}$ 是复矢量，则沿某些方向，波按指数增长或衰减，这种波叫做非均匀平面波。具有恒定振幅和恒定相位的面仍然是平面，但这两类面不再互相平行。此时，(1-44)式仍然成立，但通常不再把 $\boldsymbol{k}$ 作为波的传播方向，而是把 $\boldsymbol{k}$ 的实部作为波的传播方向，因此 $\boldsymbol{E}$、$\boldsymbol{H}$ 都垂直于传播方向的结论不再成立。在全反射、波导等空间受限情形以及介质存在增益或损耗时，波无法均匀地充满

全部空间，就需要用到非均匀平面波，即 $\boldsymbol{k}$ 是复矢量。

单色平面波角频率 ω 的单位是 $\mathrm{rad\cdot s^{-1}}$，它与单位为每秒次数的光振动频率 ν（frequency，单位：Hz）的关系是

$$\nu = \frac{\omega}{2\pi} = \frac{1}{T} \tag{1-45}$$

这里，T 是振动周期（period of oscillation）。以传播速度为 v 的光经过一个周期的传播长度称为光的波长：

$$\lambda = vT \tag{1-46}$$

通常用真空中的波长定标，在真空中，

$$\lambda_0 = cT \tag{1-47}$$

这里，c 是真空中的光速，$c = 299\,792.458\ \mathrm{km/s} \approx 2.998\times10^8\ \mathrm{m/s}$。光在不同介质中的速度是不同的，光的速度与传输介质的折射率有关：

$$\frac{\lambda_0}{\lambda} = \frac{c}{v} = n \tag{1-48}$$

式中，n 称为介质的绝对折射率（refractive index），或介质相对于真空的折射率，是表征材料光学特征的基本参数。不同波长在材料中的折射率也不相同。折射率随波长不同而变化的特性称为色散，是光学材料的又一个特征参数。波数 κ（wave number）也是常用的一个参数，表示在真空中单位长度上光波振动的次数：

$$\kappa = \frac{1}{\lambda_0} = \frac{\nu}{c} \tag{1-49}$$

κ 常用于光谱学中，所以又称为光谱数。波矢量是

$$\boldsymbol{k} = k\boldsymbol{s} \tag{1-50}$$

式中，$\boldsymbol{s}$ 是传播方向的单位矢量，$k = \dfrac{2\pi}{\lambda}$ 是波矢量的长度，这使得我们方便用弧度来计算光程的长度。由(1-48)式，可以得到

$$\boldsymbol{k} = \frac{2\pi n}{\lambda_0}\boldsymbol{s} \tag{1-51}$$

光的复数矢量波的一般表达式是

$$\boldsymbol{E}(\boldsymbol{r},t) = \int \mathrm{d}\boldsymbol{k}\int \boldsymbol{E}_{\mathrm{p}}(\omega,t)\,\mathrm{d}\omega \tag{1-52}$$

式中，$\boldsymbol{E}$ 是光场的复数电矢量（electric field complex vector）。

(1-52)式表明一个基本事实，即某一时刻在空间某个位置上光的振幅是所有可能频率的电磁场所有方向的复振幅的线性叠加。在不加限制的条件下，应该考虑时间和空间的全域。在实际应用中，(1-52)式应理解为主值意义上的全积分，即在研究域界定的范围之外的电磁场对积分的贡献实际上趋于零。电磁光学的具体任务，就是要找到这个由相干叠加形成的场的复振幅的具体表达式，或者找到确定场分布的具体方法和途径。探测器本质上是能量探测，测量的是能量或强度分布。但是要解释强度分布，就必须考虑表示光场的波函数的复数矢量本质。理想情况下，复振幅有解析表达式，是严格的理论结果。解析表达式使得我们能方便地研究光的传输和演化，对于理论研究有重要意义。在实际应用中，数值结果更为常用。而且，有些情况得不到解析结果。因为在很多情况下，写不出边界条件的具体表达式。或者有具体表达式，但是得到的是超越方程，只能有自洽（self-consistence）的结果，这就需要用数值迭代的方法得到数值结果。

对矢量波的偏振特性的讨论见本章第六节。需要强调的是，如果光场不是平面单色波，在场中不同地点偏振态一般不一样，此时偏振指的是场中某一特别点的行为。

(1-42)式中，电场复振幅可以写成

$$E_\omega = |E_\omega|\,\mathrm{e}^{\mathrm{i}\varphi} \tag{1-53}$$

式中，相位 φ（phase）在表示初相位或相位差时是常数。

对于确定的传播方向，(1-52)式中对角频率积分的部分，表示沿波矢量传播方向的波群，或复杂波形的波包。波包的相位通常随传输而发生变化，即 φ 成为时间的函数，导致载波频率的变化，称为啁啾（chirp）。

这是由于构成波群的不同频率传输过程中的色散造成的。通常考虑线性啁啾就能得到比较好的结果。线性啁啾可以是正的也可以是负的。超短脉冲传输时,要考虑高阶啁啾。

二、光场的标量波理论

光本质上是相干的。不同偏振方向的光的干涉表现为光的偏振状态的改变,例如线偏振、椭圆偏振、圆偏振状态之间的演化及偏振面的旋转等。而相同偏振方向光的干涉,表现为强度的变化,形成强度分布,称为干涉图形,例如脉冲波包形状的变化、干涉条纹、光束、斑点,等等。因此,在研究光因干涉、衍射等导致的强度变化时,可以假定光场具有相同的偏振方向,在理论分析中不计光矢量的方向性而只用一个标量表示光振动,或者说只考虑光矢量的任一个直角坐标分量。而且,为了提高干涉对比度,也要消除不同偏振方向波的干扰,方法是采用偏振器件,或者使互相垂直的两个偏振分量有完全相同的干涉图形。这种情况下,采用标量波的形式,在数学处理上比较方便,所得的结果也相当精确地与实际情况相符。

或者,对于各向同性的介质,互相垂直的两个方向有完全相同的传输性质,得到相同的图形。一般的成像系统,光学元件由玻璃制作,也可以用标量波的形式。光纤通信系统中,两个偏振方向的传输速度不同,称为偏振模色散。但这个色散很小,不考虑偏振模色散的时候,也可以用标量波的形式。实际上,所有复振幅矢量都可以分解为正交的两个偏振方向,分别用标量波理论处理,然后合成得到最终的偏振状态。因此,标量波理论是复数矢量波理论很好的近似。

但是,在界面处,边界条件必须考虑电磁场的矢量特性。在各向异性的介质中,电磁场的偏振方向也起着至关重要的作用。因此,在讨论光的反射、折射以及光在波导、各向异性介质中的传播特性时,只能用矢量波理论来处理。

在均匀各向同性的介质中,在没有电流和电荷的区域,电场矢量的每个直角分量 $E(\boldsymbol{r},t)$ 都满足标量波动方程

$$\nabla^2 E-\frac{1}{v^2}\frac{\partial^2 E}{\partial t^2}=0 \tag{1-54}$$

频率为 ω、沿 z 方向传播的简谐平面波的标量波动方程可以写成

$$E(\omega,t)=\mathrm{Re}\,\{a_\omega \exp\,[-\mathrm{i}(\omega t-kz)]\} \tag{1-55}$$

式中,a_ω 为复数,叫做波的复振幅。

在标量波理论中,根据实际的光学信号,波都有有限的频带宽度,一维情况下带宽为 $\Delta\omega$ 的光场的标量形式为

$$E(z,t)=\mathrm{Re}\left[\int_{\Delta\omega} a_\omega \mathrm{e}^{-\mathrm{i}(\omega t-kz)}\mathrm{d}\omega\right] \tag{1-56}$$

式中,$\Delta\omega$ 代表 a_ω 显著不为 0 的频率区间,范围很小,其平均频率为 $\overline{\omega}$($\Delta\omega/\overline{\omega}\ll 1$)。(1-56)式积分的结果形式为

$$E(z,t)=\mathrm{Re}\,[A(z,t)\mathrm{e}^{-\mathrm{i}(\overline{\omega}t-\overline{k}z)}] \tag{1-57}$$

式中,$\overline{k}=n(\overline{\omega})\overline{\omega}/c$ 是 $\overline{\omega}$ 相应的波数(波矢量的长度),$A(z,t)$ 是以平均角频率为载波的复振幅(electric field complex amplitude)。在处理实际问题时,通常分别在时域和空域处理比较方便,也比较直观。实际上处理的都是光的相位,体现麦克斯韦方程组时空的等效性。处理有限个光波的相干叠加,可以将积分变为求和。例如,两个不同频率等振幅同向传播的光波相干叠加产生拍频的情况,可在时域处理:

$$E(t)=\mathrm{Re}\,[(a\,\mathrm{e}^{-\mathrm{i}\omega_1 t}+a\,\mathrm{e}^{-\mathrm{i}\omega_2 t})] \tag{1-58}$$

从而得到

$$E(t)=\mathrm{Re}\,[a\,\mathrm{e}^{-\mathrm{i}\frac{\omega_1+\omega_2}{2}t}(\mathrm{e}^{\mathrm{i}\frac{\omega_1-\omega_2}{2}t}+\mathrm{e}^{-\mathrm{i}\frac{\omega_1-\omega_2}{2}t})]=\mathrm{Re}\left[a\cos\left(\frac{\omega_1-\omega_2}{2}t\right)\mathrm{e}^{-\mathrm{i}\overline{\omega}t}\right] \tag{1-59}$$

由此得到如图 1-2 所示的载波和调制波。这里,波的振幅是时间的实变函数:

$$E(t)=\mathrm{Re}\,[A(t)\mathrm{e}^{-\mathrm{i}\overline{\omega}t}] \tag{1-60}$$

其中

$$\left.\begin{aligned} A(t) &= a\cos\left(\frac{\omega_1-\omega_2}{2}t\right) \\ \bar{\omega} &= \frac{\omega_1+\omega_2}{2} \end{aligned}\right\} \tag{1-61}$$

(a)载波

(b)调制波

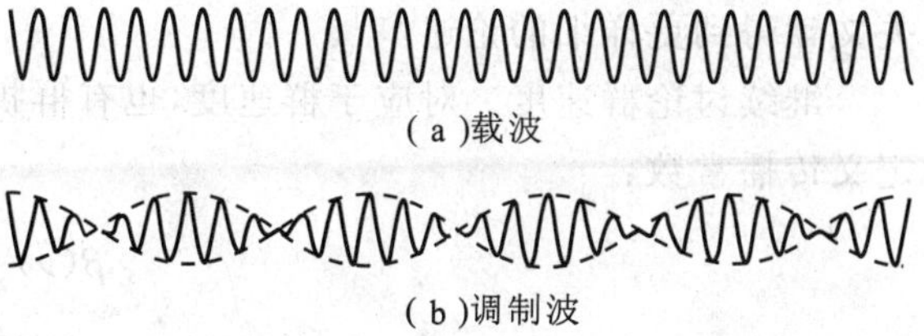

图 1-2　载波和调制波

如果我们研究相同频率或单色波的空间干涉现象，我们可以略去时间因子，研究在空间某一点的光场，表示为

$$E(s) = \mathrm{Re}\,(a_0 e^{ik_0 s} + a_1 e^{ik_1 s} + a_2 e^{ik_2 s} + \cdots) \tag{1-62}$$

在设计和分析法布里-珀罗干涉仪、多层介质光学薄膜等需要用到多光束干涉理论。对于空间点阵或光栅，可以用多光束干涉理论得到一系列衍射相干极大值出现在空间的角分布。衍射光波长、衍射极大值出现的方向和周期结构参数之间的关系满足布拉格条件(Bragg condition)：

$$2nd\sin\theta = m\lambda_0 \tag{1-63}$$

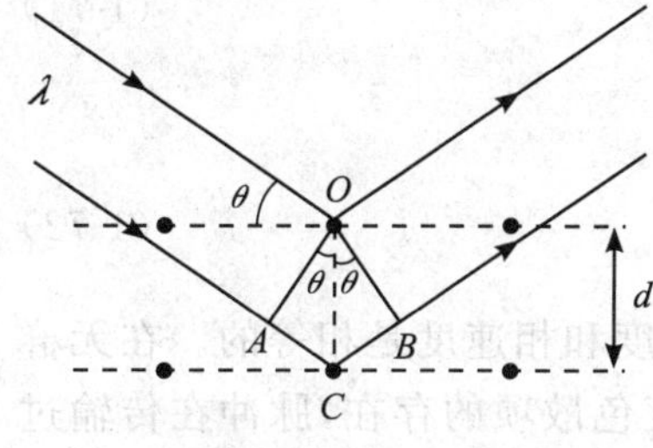

图 1-3　布拉格衍射

式中，n 为材料的折射率；d 为周期结构参数；θ 为入射光与衍射极大值方向夹角的一半，如图 1-3 所示；m 为整数，代表衍射级次。这就是光子晶体材料中出现光子带隙的物理基础，即光子晶体的基本性质是由周期结构参数决定的。

通信中有载波的概念，载波对应确定的信道。(1-56)式可改写为对应信道为 ω_0 的信号波：

$$E(z,t) = \mathrm{Re}\left\{e^{-i\omega_0 t + ik_0 z}\int_{\Delta\omega} a_\omega e^{-i[(\omega-\omega_0)t-(k-k_0)z]}\,d(\omega-\omega_0)\right\} \tag{1-64}$$

通常，一个通信信道占有很小的带宽，$\Delta\omega/\omega_0 \ll 1$。积分以后得到与(1-57)式同样的表达式：

$$E(z,t) = \mathrm{Re}\left[A(z,t)e^{-i\omega_0 t + ik_0 z}\right] \tag{1-65}$$

式中，$A(z,t)$ 是复振幅，是一个包络函数。包络函数的宽度，直接决定了通信系统的容量。

载波的相位传播速度称为相速度(phase velocity)：

$$v_p = \frac{\bar{\omega}}{\bar{k}} = \frac{\omega_0}{k_0} = \frac{c}{n(\omega_0)} \tag{1-66}$$

值得注意的是，介质的折射率通过波矢量影响到相速度的大小，光波的振动频率是保持不变的。复振幅 $A(z,t)$ 通常表现为脉冲。包络或脉冲运动的速度称为群速度(group velocity)：

$$v_g = \left(\frac{d\omega}{dk}\right)_{k_0} = \frac{c}{n(\omega_0) + \omega_0(dn/d\omega)_{\omega_0}} \tag{1-67}$$

如果介质没有强烈的色散，一个包络或者脉冲将能传播相当长一段距离而不发生显著的改变。只有在这种情况下，才可以认为群速是包络或脉冲作为一个整体传播的速度，它也是光能量传播的速度，其中能量速度定义为电磁场的能流的时间平均与电磁场的能量密度的时间平均的比值，即

$$v_e = \frac{\langle S\rangle}{\langle U\rangle} \tag{1-68}$$

式中，S 为电磁场的能流，是玻印亭矢量 $\boldsymbol{S}$ 的大小；$U = \frac{1}{2}(\varepsilon E^2 + \mu_0 H^2)$，为电磁场的能量密度。

在反常色散区域，$dn/d\omega$ 可以变得很大，群速度可能超过光速或变成负的。在这种情况下，强色散导致脉冲迅速畸变，(1-67)式定义的群速度也就不再有任何明显的物理意义了。

无论是(1-66)式定义的相速度还是(1-67)式定义的群速度，出现超光速都不违背因果性和相对论。与因果性和相对论直接相关的是信号速度。精密地确定信号是一件复杂的事情，而且我们不可能给信号的到达下一个明确的定义。但信号传播的定性特征可以描述如下：波的很小一部分以真空中的光速传播。这种初始信号(所谓第一波峰或索末菲波峰)是很小的，且快速振荡。在稍后的时间，具有较大振幅和较长周期的第二波峰或布里渊波峰到达。这两个峰的出现与介质特性没有关系。在更后的一些时间(取决于 $n(\omega)$ 和入射波的详细情况)，信号具有预期的稳恒态特性。通常探测器在此时才获得信号，因此对波形不发生强烈畸变的情形习惯上把中心频率的群速度去作为信号速度和能量输运速度。但用十分灵敏的探测器显然可以推出信号速度接近于真空中的光速，并且与媒质无关。无论如何，信号速度不可能超过光速。读者可以查阅有

关文献得到更详细的论述[3-4]。

继续讨论群速度。对应于群速度，也有群折射率以及群速度色散系数。群色散在这里表现为脉冲展宽。定义传播常数：

$$\beta(\nu)=n(\nu)\frac{2\pi\nu}{c}=\frac{2\pi n}{\lambda_0} \tag{1-69}$$

在色散介质中，传播常数随载波频率或折射率的频率特性会有缓慢的改变，作为近似，展开为泰勒级数(Taylor series expansion)：

$$\beta(\nu_0+\Delta\nu)=\beta(\nu_0)+\frac{d\beta}{d\nu}\Delta\nu+\frac{1}{2}\frac{d^2\beta}{d\nu^2}(\Delta\nu)^2+\cdots \tag{1-70}$$

由此得到常用的群速度倒数的表达式：

$$\frac{1}{v_g}=\frac{1}{2\pi}\frac{d\beta}{d\nu}=\frac{d\beta}{d\omega} \tag{1-71}$$

以及频率群速色散系数的表达式：

$$D_\nu=\frac{1}{2\pi}\frac{d^2\beta}{d\nu^2}=2\pi\frac{d^2\beta}{d\omega^2}=\frac{d}{d\nu}\left(\frac{1}{v_g}\right) \tag{1-72}$$

频率群色散系数的单位是 s/(m·Hz)。从(1-70)式看，如果群色散为 0，群速度和相速度是相等的。在无群色散和无损耗介质中，脉冲在传输过程中形状保持不变。但是，由于有群速度色散项的存在，脉冲在传输过程中，波形会发生变化，虽然也有脉冲变窄的情况，但总的趋势是脉冲展宽。

(1-71)式表示的是频率群色散系数。由(1-48)式经过变数变换，得到波长群色散系数：

$$D_\lambda=-\frac{\lambda_0}{c}\frac{d^2 n}{d\lambda_0^2} \tag{1-73}$$

波长群色散系数的单位是 s/(m·nm)。在使用时要注意单位，不同的书上的定义可能会有所差别。例如，广泛使用于非线性纤维光学中的传播常数是在角频率中展开为泰勒级数的，即

$$\beta(\omega)=n(\omega)\frac{\omega}{c}=\beta_0+\beta_1(\omega-\omega_0)+\frac{1}{2}\beta_2(\omega-\omega_0)^2+\cdots \tag{1-74}$$

其中

$$\beta_m=\left(\frac{d^m\beta}{d\omega^m}\right)_{\omega=\omega_0},\qquad m=0,1,2,\cdots \tag{1-75}$$

于是有

$$\beta_1=\frac{1}{c}\left(n+\omega\frac{dn}{d\omega}\right)=\frac{n_g}{c}=\frac{1}{v_g} \tag{1-76}$$

式中，n_g 是群折射率，β_2 为

$$\beta_2=\frac{1}{c}\left(2\frac{dn}{d\omega}+\omega\frac{d^2n}{d\omega^2}\right)\approx\frac{\omega}{c}\frac{d^2n}{d\omega^2}\approx\frac{\lambda^3}{2\pi c^2}\frac{d^2n}{d\lambda^2} \tag{1-77}$$

也称为群速色散参数(group-velocity dispersion parameter)，它与波长色散系数的关系是

$$D_\lambda=-\frac{2\pi c}{\lambda^2}\beta_2 \tag{1-78}$$

三、光线和程函方程

在忽略光的波长时，光场的性质可以用几何光学来处理。在几何光学中，光场的能量沿着一定的曲线(光线)传输，光场用光线来表征。几何光学是电磁光学的短波近似，它的所有规律都可以从麦克斯韦方程出发并取 $\lambda_0\to 0$ 极限得到。几何光学将有专门的一章讨论，这里仅简要阐述几何光学跟电磁光学的内在联系。

由麦克斯韦方程，各向同性非导体介质中一个一般的时谐场可以写成

$$\boldsymbol{E}(\boldsymbol{r},t)=\mathrm{Re}\left[\boldsymbol{E}_0(\boldsymbol{r})e^{-i\omega t}\right] \tag{1-79}$$

$$\boldsymbol{H}(\boldsymbol{r},t)=\mathrm{Re}\left[\boldsymbol{H}_0(\boldsymbol{r})e^{-i\omega t}\right] \tag{1-80}$$

式中，$\boldsymbol{E}_0$、$\boldsymbol{H}_0$ 代表位置的复数矢量函数。对于沿单位矢量 $\boldsymbol{s}$ 方向在折射率为 n 的介质中传播的均匀平面波，有

$$\boldsymbol{E}_0 = \boldsymbol{e}\,\mathrm{e}^{\mathrm{i}k_0 n(\boldsymbol{s}\cdot\boldsymbol{r})}\ ,\ \boldsymbol{H}_0 = \boldsymbol{h}\,\mathrm{e}^{\mathrm{i}k_0 n(\boldsymbol{s}\cdot\boldsymbol{r})} \tag{1-81}$$

式中，$\boldsymbol{e}$、$\boldsymbol{h}$ 是常数复矢量。在远离场源很多波长的地方，场的更普遍的形式可以写成

$$\boldsymbol{E}_0 = \boldsymbol{e}(\boldsymbol{r})\mathrm{e}^{\mathrm{i}k_0 S(\boldsymbol{r})} \tag{1-82}$$

$$\boldsymbol{H}_0 = \boldsymbol{h}(\boldsymbol{r})\mathrm{e}^{\mathrm{i}k_0 S(\boldsymbol{r})} \tag{1-83}$$

式中，$S(\boldsymbol{r})$ 称为光程(optical path length)，是位置的实数标量函数，而 $\boldsymbol{e}(\boldsymbol{r})$、$\boldsymbol{h}(\boldsymbol{r})$ 是位置的复数矢量函数。把(1-82)式代入(1-79)式，然后代入波动方程(1-32)式，注意到 $\boldsymbol{E}_0$ 对坐标的微分包含 $\boldsymbol{e}(\boldsymbol{r})$ 和 $\mathrm{e}^{\mathrm{i}k_0 S(\boldsymbol{r})}$ 分别对坐标的微分，k_0 很大(波长很小)时，后者远大于前者，忽略 $\boldsymbol{e}(\boldsymbol{r})$ 对坐标的微分后，方程化为

$$(\nabla S)^2 = n^2 \tag{1-84}$$

函数 S 常叫做程函，而(1-84)式称为程函方程(eikonal equation)，是几何光学的基本方程。而 $S(\boldsymbol{r})$＝常数可称为几何波面或者几何波阵面。由程函方程，波阵面法线方向单位矢量 $\boldsymbol{s}$ 为

$$\boldsymbol{s} = \nabla S/n \tag{1-85}$$

几何光线定义为几何波阵面 $S(\boldsymbol{r})$＝常数的正交轨线，即光线方向就是 ∇S 的方向。把(1-82)式和(1-83)式代入麦克斯韦方程组，可知在 k_0 很大(波长很小)时，$\boldsymbol{e}(\boldsymbol{r})$、$\boldsymbol{h}(\boldsymbol{r})$ 和 ∇S 互相垂直，因此光线方向处处都与平均玻印廷矢量方向相重合。设 $\boldsymbol{r}(\boldsymbol{s})$ 代表光线上某一点的位置矢量，并作为光线弧长 s 的函数，则 $\mathrm{d}\boldsymbol{r}/\mathrm{d}s = \boldsymbol{s}$，而光线方程可以写成

$$n\frac{\mathrm{d}\boldsymbol{r}}{\mathrm{d}s} = \nabla S \tag{1-86}$$

这个方程用程函 S 确定光线。由这个方程两边对 s 微分，可以得到用折射率函数 $n(\boldsymbol{r})$ 来确定光线的方程：

$$\frac{\mathrm{d}}{\mathrm{d}s}\left(n\frac{\mathrm{d}\boldsymbol{r}}{\mathrm{d}s}\right) = \nabla n \tag{1-87}$$

光线方程(1-87)式可以解释光在均匀介质中的直线传播，以及界面上的反射、折射定律等。光线方程也可以处理梯度折射率介质中光线的传播。

光程是光学中一个很重要的概念。由(1-82)式可以看出，光程与光传播时的相位变化相联系。因此光程不仅用在几何光学中，在波动光学中也经常用到。在光学设计和计算中，通常需要几何厚度或长度，以便于加工和制造。在处理光学问题时，需要把几何厚度或长度换算为光程，以便用光程计算相位差，这样才能确切地知道由相干造成的光场强度分布和偏振状态。光从 A 点到 B 的光程的定义是

$$l = \int_A^B n(\boldsymbol{r})\mathrm{d}s \tag{1-88}$$

式中，$\mathrm{d}s$ 是微分几何厚度，$n(\boldsymbol{r})$ 是光在实际经过位置处材料的折射率。光程与相位差的关系是

$$l = \frac{\lambda}{2\pi}\varphi \tag{1-89}$$

由于其他因素(例如全反射)导致的相位变化，也可以转换为等效光程，从而使得很多问题仍然可以用几何光学来简化处理。

四、光场的线性相干叠加

构成光学波函数基础的单色平面波为各种光场分布函数共享，核心问题就是要找到相对应的一组复振幅，方法就是谐波分析。复振幅的谐波分析称为傅里叶光学(Fourier optics)。对线性介质，在无源区域，麦克斯韦方程组是齐次线性方程组，因此电磁场具有相干叠加性质。电磁场线性相干叠加的性质是傅里叶光学的物理基础，而傅里叶光学是处理电磁场相干叠加的完整的数学理论和方法。傅里叶变换是光学信号处理中常用的方法。(1-55)式所述各单色平面波的复振幅容易由傅里叶变换求得。时域-频域的傅里叶变换是

$$F(\nu) = \int_{-\infty}^{\infty} f(t)\exp(-\mathrm{i}2\pi\nu t)\mathrm{d}t \tag{1-90}$$

得到一组复振幅以后，可以通过逆变换恢复原函数：

$$f(t)=\int_{-\infty}^{\infty}F(\nu)\exp\,(\mathrm{i}\,2\,\pi\nu t)\mathrm{d}\nu \tag{1-91}$$

空间区域和空间频率之间也有类似的傅里叶变换。通常在光学系统的输入端，对已知的原函数求出各傅里叶分量的复振幅，计算该复振幅表示的单色平面波通过光学系统以后的复振幅，利用这一组经过演化的复振幅，再经过逆傅里叶变换，就得到新的原函数。傅里叶光学是信息光学的核心，在处理光学问题的过程中，傅里叶谐波分析本身也有很大的发展。它与计算技术结合，仍然是光学应用科学中继续发展的一个领域。

更多相关知识请参考本节的主要参考文献[2]至[7]的基础部分。

第四节　光场的传输

电磁光学的基础是麦克斯韦方程组。光速是麦克斯韦方程组中出现的常数，体现了光速不变性的本质。同时，体现了时空的等效性，也是狭义相对论的基础。因为，在波动方程的特解波函数中，时间变量和空间变量对相位的贡献处于等价的地位。方程组表明，自由空间中传播的电场、磁场和波矢量互相垂直，形成右旋正交体系，电磁场是矢量场。由于复数矢量场的正交性质，场的探测和分析也会变得复杂，需要同时配备相位调制和偏振器件的能量探测器，才能通过测量到的干涉图形和偏振状态得到传输光的振幅、偏振状态和相位信息，或者解释光场的传输与演化。

均匀平面光波在传播过程中，由于介质空间分布的不均匀性，会发生反射、折射、衍射、散射等现象。光的偏振特性对光波的传输特性或多或少有所影响，但在大多数情况下可以忽略。光波在各向异性介质中的传播规律跟各向同性情形有很大的不同，此时光的偏振是必须考虑的因素。

在很多情形(如波导、谐振腔等)中只有满足一定条件的光场才能够存在，这种光场称为模式。不同模式的光场有不同的波长、偏振、传播常数、空间分布等，不再是均匀平面波。确定模式的特性通常需要严格求解麦克斯韦方程组，但模式条件可以仅仅根据平面波的反射特性就可以确定。求解近轴亥姆霍兹方程，可以得到光学谐振腔的模式。模式的特性及其传输规律，是激光理论的重要组成部分。

一、光的反射和折射

光在介质中的反射和折射是光的最基本的性质。而由光的反射和折射构成的各种光学元件，更是一个非常广阔和仍然在发展中的一个重要领域，其中包括波导和谐振腔。反射和折射现象本身也包含着丰富的物理内容。

(一)反射和折射定律

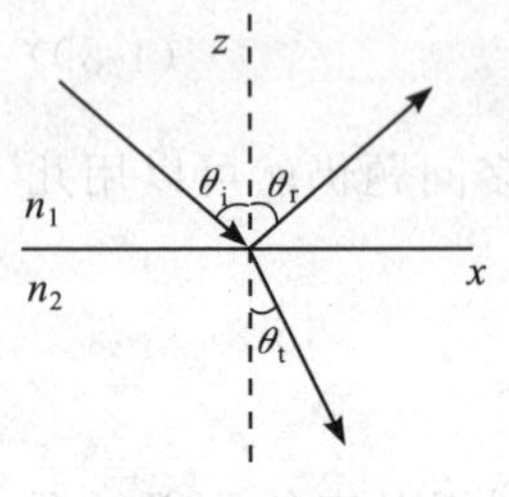

图 1-4　光在界面上的反射和折射

假定光是在两种不同折射率材料的水平界面(x,y)上反射，入射光从界面之外入射到(x,y)平面上，入射光线与(x,y)上入射点的法线所构成的平面称为入射面。设材料为线性、均匀、各向同性、无耗散、非磁性的，折射率分别为n_1和n_2，在入射平面的光路如图 1-4 所示。

光场的电矢量表示为

$$E(\boldsymbol{r},t)=\mathrm{Re}\left\{\boldsymbol{A}\exp\left[-\mathrm{i}2\pi\nu\left(t-\frac{\boldsymbol{r}\cdot\boldsymbol{s}}{v}\right)\right]\right\} \tag{1-92}$$

式中的s是沿传播方向的单位矢量。在任意时刻t，界面上的任意一点$\boldsymbol{r}(x,y,0)$都要满足边界条件(1-15)式，这要求入射、反射、透射光保持同相位，于是有[6]

$$t-\frac{\boldsymbol{r}\cdot\boldsymbol{s}^{(\mathrm{i})}}{v_1}=t-\frac{\boldsymbol{r}\cdot\boldsymbol{s}^{(\mathrm{r})}}{v_1}=t-\frac{\boldsymbol{r}\cdot\boldsymbol{s}^{(\mathrm{t})}}{v_2} \tag{1-93}$$

即

$$\frac{xs_x^{(\mathrm{i})}-ys_y^{(\mathrm{i})}}{v_1}=\frac{xs_x^{(\mathrm{r})}-ys_y^{(\mathrm{r})}}{v_1}=\frac{xs_x^{(\mathrm{t})}-ys_y^{(\mathrm{t})}}{v_2} \tag{1-94}$$

式中，x、y 是独立变量。(1-94)式对界面(x,y)上的任意一点均成立。分别令 $x=0$ 和 $y=0$，就得到

$$\left.\begin{aligned}\frac{s_x^{(i)}}{v_1}=\frac{s_x^{(r)}}{v_1}=\frac{s_x^{(t)}}{v_2}\\ \frac{s_y^{(i)}}{v_1}=\frac{s_y^{(r)}}{v_1}=\frac{s_y^{(t)}}{v_2}\end{aligned}\right\}\tag{1-95}$$

如果如图 1-4 所示，选取入射面为(x,z)平面，即 $s_y^{(i)}=0$，几个方位角的数值则是

$$\left.\begin{aligned}s_x^{(i)}=\sin\theta_i,\quad s_y^{(i)}=0,\quad s_z^{(i)}=\cos\theta_i\\ s_x^{(r)}=\sin\theta_r,\quad s_y^{(r)}=0,\quad s_z^{(r)}=\cos\theta_r\\ s_x^{(t)}=\sin\theta_t,\quad s_y^{(t)}=0,\quad s_z^{(t)}=\cos\theta_t\end{aligned}\right\}\tag{1-96}$$

于是，得到

$$s_z^{(i)}=\cos\theta_i=-s_z^{(r)}\tag{1-97}$$

和

$$\frac{\sin\theta_i}{v_1}=\frac{\sin\theta_r}{v_1}=\frac{\sin\theta_t}{v_2}\tag{1-98}$$

利用折射率的定义(1-48)式，得到

$$n_1\sin\theta_i=n_1\sin\theta_r=n_2\sin\theta_t\tag{1-99}$$

(1-97)式至(1-99)式表述了几何光学中的折射定律和反射定律：入射光线、反射光线和折射光线同在包含界面法线和入射光线的入射平面内，反射角等于入射角，入射角的正弦与折射角的正弦值之比是一个常数，等于两介质折射率之比，称为相对折射率：

$$\frac{\sin\theta_i}{\sin\theta_t}=\frac{v_1}{v_2}=\frac{n_2}{n_1}=n_{21}\tag{1-100}$$

这就是折射定律的解析表达式，也称为斯涅尔定律(Snell's law)。

(二)菲涅耳公式

根据电磁场理论，由边界条件(1-15)式，在边界上电场矢量 $\boldsymbol{E}$ 和磁场矢量 $\boldsymbol{H}$ 的切向分量连续，电感应矢量 $\boldsymbol{D}$ 和磁感应矢量 $\boldsymbol{B}$ 的法向分量连续。

对一个波矢量 $\boldsymbol{k}$，电磁场的电场矢量可以分解为如下特定的两个彼此正交的分量，电场的两个分量在界面上穿过时有各自的透射系数和反射系数。如图 1-5 所示，按照图 1-4 设定的坐标系统，第一个分量的电矢量沿 y 方向(垂直于入射面)。学术界约定，这个状态称为横电波(transverse electric polarization，TE)。它的特征是：在入射光、反射光和透射光中，不但保持电磁波作为横波的特性，而且保持电矢量方向不变。另外一种状态是：电矢量在入射平面内(与 y 方向垂直)，在反射和折射以后，由于传播方向的改变，为保持电磁场是横波的性质，电矢量在入射面内旋转了一个角度，但是保持了垂直于入射面的磁矢量的方向不变，所以称为横磁波(transverse magnetic polarization，TM)。TE 和 TM 最早是在波导中定义的，其含义跟这里有所区别。早期的科学文献中称 TE 波为正交偏振波或 s 波(s 取自德文 senkrecht，意为垂直)，称 TM 波为平行偏振波或 p 波(p 取自 parallel)。

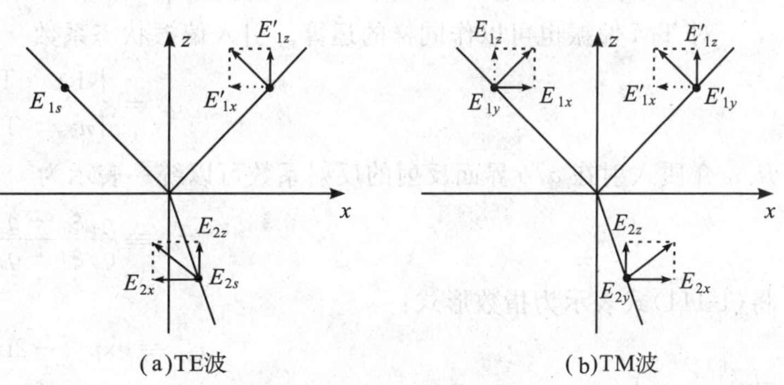

图 1-5　TE 波和 TM 波

不同的偏振状态有不同的反射和透射过程，其中，

$$E_{2TM}=t_{TM}E_{1TM},\quad E_{2TE}=t_{TE}E_{1TE}\tag{1-101}$$

分别是透射的 TM 波和 TE 波的复振幅。反射的 TM 波和 TE 波的复振幅分别是

$$E_{3TM}=r_{TM}E_{1TM},\quad E_{3TE}=r_{TE}E_{1TE}\tag{1-102}$$

现在,利用电磁场的横波特性(1-44)式和在边界上的连续性条件(1-15)式,分别对 TE 偏振和 TM 偏振写出电磁场的连续性方程并与(1-101)式和(1-102)式联立,再考虑到反射角 $\theta_r = \pi - \theta_i$,就可以得到表达反射系数和透射系数的菲涅耳公式(Fresnel formulae)。这时,TE 偏振的反射和透射系数为

$$\left.\begin{aligned} r_{TE} &= \frac{n_1\cos\theta_1 - n_2\cos\theta_2}{n_1\cos\theta_1 + n_2\cos\theta_2} \\ t_{TE} &= 1 + r_{TE} \end{aligned}\right\} \tag{1-103}$$

TM 偏振的反射和透射系数为

$$\left.\begin{aligned} r_{TM} &= \frac{n_2\cos\theta_1 - n_1\cos\theta_2}{n_2\cos\theta_1 + n_1\cos\theta_2} \\ t_{TM} &= 1 - r_{TM} \end{aligned}\right\} \tag{1-104}$$

(1-103)式和(1-104)式就是菲涅耳公式。公式中,折射角可以通过折射定律用入射角表达,即

$$\cos\theta_2 = (1-\sin^2\theta_2)^{1/2} = \left[1-\left(\frac{n_1}{n_2}\right)^2\sin^2\theta_1\right]^{1/2} \tag{1-105}$$

因为(1-103)式和(1-104)式有加减,(1-105)式有开方,运算的结果可以得到正数、负数或者虚数,即复振幅反射系数可能是正数、负数或者虚数,反射、折射可能伴随相位的变化。

对 TE 偏振,令 $\xi_j = n_j k_0 \cos\theta_j\ (j=1,2)$ 表示波矢量的法向分量,将(1-103)式改写为

$$r_{TE} = \frac{\xi_1-\xi_2}{\xi_1+\xi_2} = \frac{(\xi_1-\xi_2)^2}{\xi_1^2-\xi_2^2} = \left[\frac{\xi_1+\mathrm{i}(\mathrm{i}\xi_2)}{\sqrt{\xi_1^2+(\mathrm{i}\xi_2)^2}}\right]^2 \tag{1-106}$$

即

$$r_{TE} \equiv \exp\{-2\mathrm{i}\varphi_{12}\} \tag{1-107}$$

而

$$\varphi_{12} = \arctan\left(\frac{\xi_2}{\mathrm{i}\xi_1}\right) \tag{1-108}$$

ξ_j 满足

$$\beta_j^2 + \xi_j^2 = k_0^2 n_j^2 \tag{1-109}$$

式中,β_j 是平行于反射界面方向的波矢量分量。$\beta_j = n_j k_0 \sin\theta_j$。由(1-100)式,$\beta_1 = \beta_2$,因此下角标可以省略。

对 TM 偏振也可以作同样的运算。引入偏振状态系数

$$q_k = \begin{cases} 1, & \text{TE} \\ n_k^2, & \text{TM} \end{cases} \tag{1-110}$$

从 a 介质入射在 a/b 界面反射的反射系数可以统一表示为

$$r_{ab} \equiv \frac{q_b\xi_a - q_a\xi_b}{q_b\xi_a + q_a\xi_b} \tag{1-111}$$

将(1-111)式表示为指数形式:

$$r_{ab} \equiv \exp\{-2\mathrm{i}\varphi_{ab}\} \tag{1-112}$$

其中,φ_{ab} 为

$$\varphi_{ab} = \arctan\left(\frac{q_a\xi_b}{\mathrm{i}q_b\xi_a}\right) \tag{1-113}$$

从高折射率一侧入射时,透射波波矢量的法向分量可能变为虚数,因为

$$\xi_b^2 = n_b^2 k_0^2 - \beta^2 < 0 \tag{1-114}$$

透射波波矢量法向分量为虚数是全反射的特征。电磁场在全反射时,在边界上满足连续性条件,透射波电磁场不是突然降到 0,而是以指数的形式衰减,即

$$E_b \propto \mathrm{e}^{-\alpha z}, \qquad z > 0 \tag{1-115}$$

其中 $\alpha = -\mathrm{i}\xi_b < 0$。全反射界面外的场称为倏逝场(evanescent field),在耦合波器件中有重要应用。倏逝场的存在使得我们能用经典电磁场理论解释导波耦合现象,这种现象类似于量子力学中的隧道效应。波导之间或谐振腔之间可以通过倏逝场耦合实现共振能量的转移。

多界面的反射、透射系数也可以由边界条件得出，但界面数不多时，从单界面的反射透射系数递推得出更为方便。对双界面情形，三种介质有关的量分别用下标1、2、3表示，其中介质2的厚度为h，θ_2为介质2内光线与界面的夹角，定义

$$\eta=\frac{2\pi}{\lambda_0}n_2h\cos\theta_2 \tag{1-116}$$

式中，η表示光场在介质2内传播单程距离产生的相移。光场从介质1入射，总的反射、透射系数为

$$r=\frac{r_{12}+r_{23}\mathrm{e}^{2\mathrm{i}\eta}}{1+r_{12}r_{23}\mathrm{e}^{2\mathrm{i}\eta}} \tag{1-117}$$

$$t=\frac{t_{12}t_{23}\mathrm{e}^{\mathrm{i}\eta}}{1+r_{12}r_{23}\mathrm{e}^{2\mathrm{i}\eta}} \tag{1-118}$$

式中，r_{12}、r_{23}、t_{12}、t_{23}对TE波和TM波分别由(1-103)式和(1-104)式给出。

当介质层数较多时，用特性矩阵的方法来处理比较方便。假设每个界面都垂直于z轴，其中一种介质的介电常数为ε，磁导率为μ，折射率为n。令θ为该介质内光线与z轴的夹角，对于TE波，定义

$$p=\sqrt{\frac{\varepsilon}{\mu}}\cos\theta \tag{1-119}$$

如果光向正z方向传播，则该介质的特性矩阵为

$$M(z)=\begin{bmatrix}\cos(k_0nz\cos\theta) & -\dfrac{\mathrm{i}}{p}\sin(k_0nz\cos\theta)\\ -\mathrm{i}p\sin(k_0nz\cos\theta) & \cos(k_0nz\cos\theta)\end{bmatrix} \tag{1-120}$$

假设紧邻的一连串分层介质第一个区域从$z=0$到$z=z_1$，第二个区域从$z=z_1$到$z=z_2$，…，第N个区域从$z=z_{N-1}$到$z=z_N$。这些区域所含介质的特性矩阵依次为M_1，M_2，…，M_N，则分层介质总的特性矩阵是

$$M(z_N)=M_1(z)M_2(z_2-z_1)\cdots M_N(z_N-z_{N-1}) \tag{1-121}$$

如果分层介质两边各与一个均匀的半无穷大介质接界，它们的介电常数和磁导率以及光线与界面的夹角分别为ε_k、μ_k、θ_k和ε_l、μ_l、θ_l，则反射系数和透射系数为

$$r=\frac{(m_{11}+m_{12}p_l)p_k-(m_{21}+m_{22}p_l)}{(m_{11}+m_{12}p_l)p_k+(m_{21}+m_{22}p_l)} \tag{1-122}$$

$$t=\frac{2p_k}{(m_{11}+m_{12}p_l)p_k+(m_{21}+m_{22}p_l)} \tag{1-123}$$

式中，m_{11}、m_{12}、m_{21}、m_{22}是$M(z_N)$的相应元素。

TM波的相应公式可由(1-119)式经代换立即得到，其中每一个p_i要换成

$$q_i=\sqrt{\frac{\mu_i}{\varepsilon_i}}\cos\theta_i \tag{1-124}$$

这时r和t是磁矢量的振幅之比，而不是电矢量的振幅之比。

(三)反射和折射性质

1. 外反射

从低折射率材料入射到高折射率材料与低折射率材料界面产生的反射现象称为外反射。图1-6是计算的TM偏振光和TE偏振光在外反射时的反射系数绝对值随入射角变化的曲线。这里，依然假定两种介质都是各向同性、均匀透明的，并取$n_2/n_1=1.5$。

对于TE偏振，外反射系数是负实数，反射系数绝对值随入射角的增大而增大。反射系数为负，表示反射系数有π的相变。

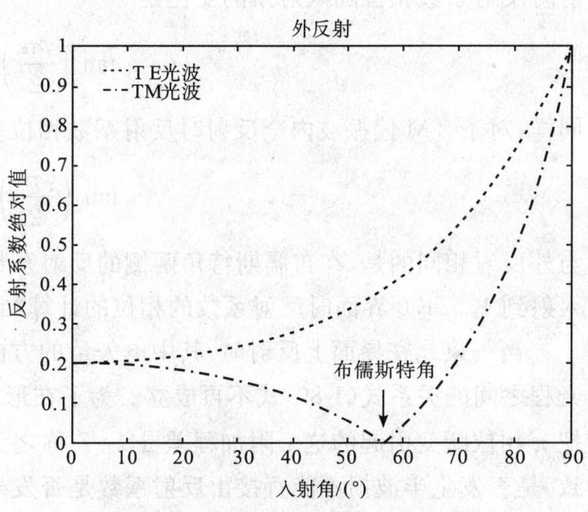

图1-6　光在界面的外反射特性

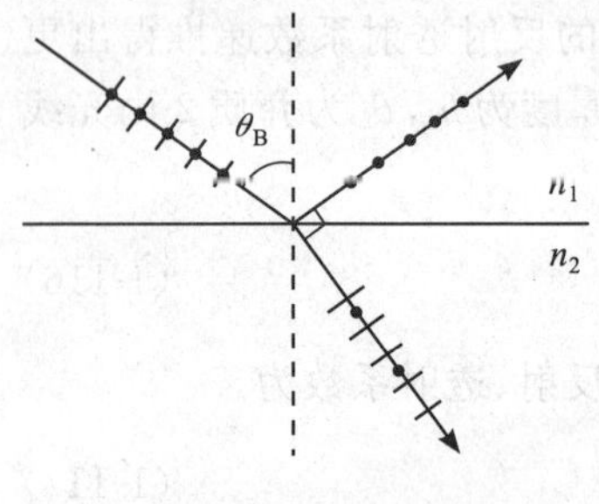

图 1-7 布儒斯特角

对于 TM 偏振，反射系数绝对值也是实数。但是这里明显存在一个特征入射角，反射系数等于 0。这个入射角称为布儒斯特角(Brewster angle)，如图 1-6 和图 1 7 所示。由菲涅耳公式可推导得到布儒斯特角：

$$\theta_B = \arctan\frac{n_2}{n_1} \tag{1-125}$$

在布儒斯特角的两侧，反射系数改变符号。入射角大于布儒斯特角时，反射系数有 π 的相变。入射角小于布儒斯特角时，反射系数没有相位变化。布儒斯特角的存在直接证明了电磁场是横波的本质。因为对 TM 偏振，边界条件要求的电场矢量的方向正好在反射波的波矢量方向上，横波性条件要求这一方向上反射波的电场矢量大小为 0，即不存在反射波。也就是说，当任意偏振状态的光以布儒斯特角入射时，反射光是 TE 偏振光，这也是一种简单的产生偏振光的方法。因此布儒斯特角又称为起偏角。

2. 内反射

从高折射率一侧入射在界面的反射称为内反射。内反射情形也存在布儒斯特角，(1-125)式仍然适用。与外反射相比，存在临界角是其特点。根据(1-100)式，得到临界角：

$$\theta_c = \arcsin\left(\frac{n_2}{n_1}\right), \quad n_1 > n_2 \tag{1-126}$$

光从折射率 $n_1 = 1.5$ 的玻璃内入射到玻璃/空气界面产生反射，临界角是 41.8°。图 1-8 是在这个界面上产生内反射的反射特性曲线。入射角大于临界角时，不论 TM 偏振还是 TE 偏振，都发生了全反射，称为内全反射，反射系数绝对值等于 1。但是，在这里自动地假设了低折射率材料的厚度比较厚。如果低折射率材料是薄层，紧接着又是可以出现透射的高折射率材料，就会有部分透射，反射系数绝对值小于 1，称为受抑内全反射(frustrated internal total reflection)或者衰减的内全反射(attenuated internal total reflection)，这是设计波导、波导耦合器件以及复合结构材料时必须考虑的基本光学现象。这一现象可用(1-117)式来进行分析。受抑内全反射在测量技术中也得到了应用，例如可以在弱耦合近似下保证波导在正常工作条件下测量波导的传输特性。

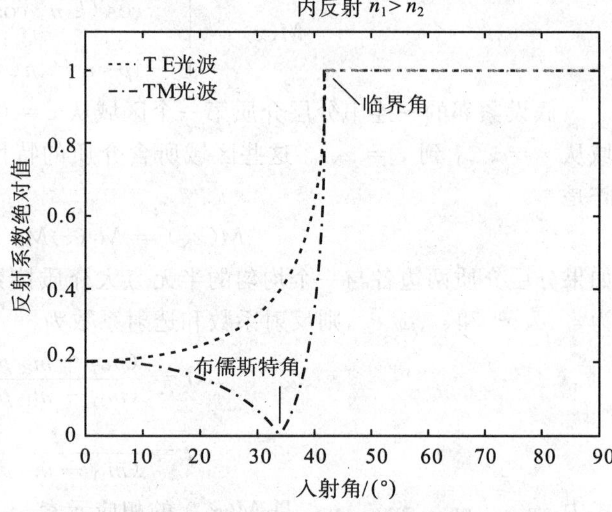

图 1-8 光在界面的内反射特性

内反射时，反射系数的相位变化也与外反射不同。从(1-105)式和(1-113)式，容易导出 TE 偏振波内全反射时反射系数相位随入射角的变化是

$$\tan\left(\frac{\varphi_{TE}}{2}\right) = \frac{(\sin^2\theta_1 - \sin^2\theta_c)^{1/2}}{\cos\theta_1} \tag{1-127}$$

同样，对于 TM 偏振波内全反射时反射系数相位变化与入射角的关系为

$$\tan\left(\frac{\varphi_{TM}}{2}\right) = \frac{(\sin^2\theta_1 - \sin^2\theta_c)^{1/2}}{\cos\theta_1\sin^2\theta_c} \tag{1-128}$$

与外反射相同的是，在布儒斯特角两侧的反射系数有一个 π 的变化，只是变化的方向相反。对于从折射率 1.5 入射到 1.5/1.0 界面时反射系数的相位的计算结果如图 1-9 所示。

当一束光在界面上反射时，其中电矢量的方向可能发生突然的反向，即振动的相位突然改变 π，使得相位和光程之间的关系式(1-89)式不再成立。为了在形式上使(1-89)式依然成立，需要给光程添加一项 $\pm\lambda_0/2$。通常把 π 相位跃变引起的这个附加程差 $\pm\lambda_0/2$ 称之为半波损。注意电矢量的相位变化和反射系数的相位并不一致，是否发生半波损不能直接由反射系数是否发生 π 相变决定，因为计算反射、透射系数时对 TM 波定义的入射光、反射光和透射光的电矢量正方向并不相同。结合电矢量正方向的定义和反射、透射系数的相位分析可知，在正入射和掠入射的情况下，外反射时反射光有半波损，内反射时反射光无半波损；在任何情况下透射光都没有半波损。讨论一列波的相位改变，说到底是为了处理它与其他波列的相干叠加问题。在一般斜入射的情况下，三光束的 p 分量成一定角度，因此，比较它们的相位没有什么绝对的意义。光入射于薄膜时，就上下两个反射光束来说，在薄膜两侧折射率相同的情况下，它们之间总是有半波损的，有效程差中总要添加一项 $\pm\lambda_0/2$ [8]。

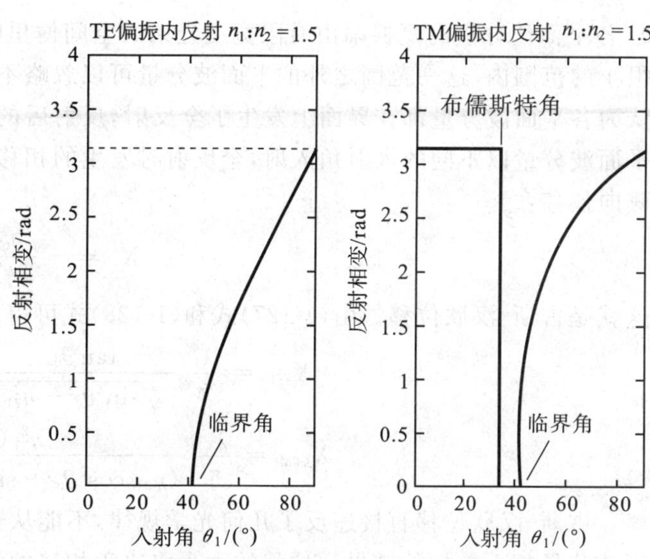

图 1-9　内反射时发生的相变

3. 反射率与透射率

通常，反射和透射的测量是测量能量，即测量的是功率反射本领或能量反射率，而功率反射本领由反射率表示。反射率的定义是在表面法线方向反射光强度对入射光强度之比，所以，在 a/b 界面的反射率是

$$R_{ab}=|r_{ab}|^2 \tag{1-129}$$

根据反射系数与入射角的关系(1-103)式、(1-104)式和(1-129)式可以得到反射率曲线，如图 1-10 所示。

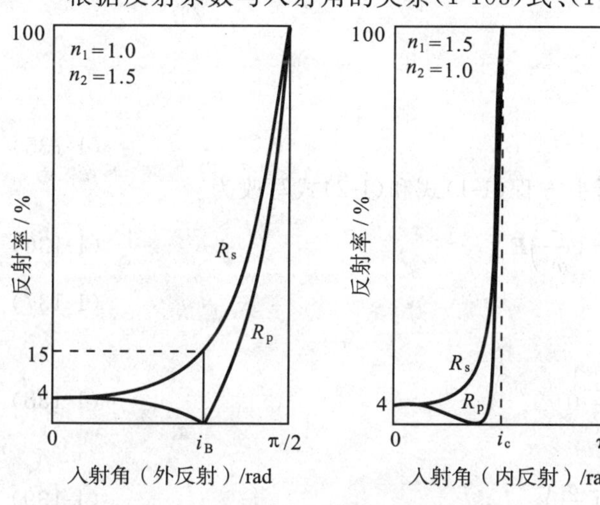

图 1-10　反射率曲线

透射率可以根据能量守恒定律得出，即

$$T=1-R \tag{1-130}$$

值得注意的是，透过率一般不等于复振幅透射系数的平方，这是因为传播方向和折射率对功率密度都有影响。

在正入射条件下，TM 偏振和 TE 偏振的反射率相同，有

$$R=\left(\frac{n_1-n_2}{n_1+n_2}\right)^2 \tag{1-131}$$

光学系统中，利用横向和纵向周期性结构的面产生的多束反射光或透射光的相干叠加具有很重要的应用。比如，纵向多层膜周期结构，光束的相干叠加产生增透、高反射或滤波作用，光在多层膜结构中传播特性的研究领域称为薄膜光学。横向周期结构构成光栅。在光的波长尺度，三维周期结构构成光子晶体材料，光的分布反射相干叠加直接决定了光子晶体的光学性质。另外，随机分布的反射构成闪斑，也用于分析光学系统的性质。

4. 古斯-汉欣位移

光的反射相变是电磁光学的必然结果。但是，入射光线、反射光线等使用了几何光学的概念。几何光学中，相位变化在空间上表现为沿光线传播方向光程的变化；电磁光学中，相位变化的干涉效应导致光强的重新分布。电磁光学预言，反射光束在界面上相对于几何光学预言的位置有一个很小的侧向位移，这就是所谓的古斯-汉欣位移[9-10]，如图 1-11 所示。古斯-汉欣位移的理论、实验和应用在第二十二章中有较为集中的论述。

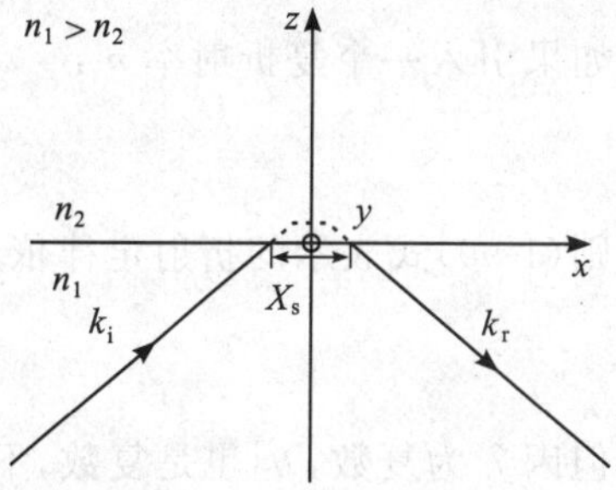

图 1-11　古斯-汉欣位移

前面的讨论假设入射波是具有无限空间延展的平面波，还假设辐射是纯单色的。而且，两种介质的分界面也是无限大的。实际上，我们遇到的是延续有限时间的有限宽光束。具有有限宽度的波矢为 $\boldsymbol{k}(k\sin\theta_0, k\cos\theta_0)$ 的光束在空间一点的复振幅可以表示为具有不同波矢量的平面波分量的线性叠加。有限宽度光束的入射角为 θ_0，波矢量为 $\boldsymbol{k}(k\sin\theta, k\cos\theta)$ 的平面波分量相应的入射角为

θ。各平面波分量的复振幅由有限宽度光束的空间傅里叶变换决定，平面波分量主要集中在入射角在 θ_0 附近很小的范围内，这一范围之外的平面波分量可以忽略不计。因此，如果 θ_0 大于 θ_c 且离 θ_c 不是特别近，则可以认为各平面波分量都在界面上发生了全反射，反射后的各平面波分量重新线性叠加成有限宽反射光束。各平面波分量以不同的入射角入射，全反射时发生的相移不同，反射后叠加的结果相当于沿 x 方向产生了一个侧向位移：

$$X_s = -\left.\frac{\partial\varphi}{\partial k_x}\right|_{k_x = k\sin\theta_0} \tag{1-132}$$

这就是古斯-汉欣位移。由(1-127)式和(1-128)式可得

$$X_{sTE} = \frac{\lambda_1}{\pi}\frac{\tan\theta_0}{\sqrt{\sin^2\theta_0 - n_{21}^2}} \tag{1-133}$$

$$X_{sTM} = \frac{\lambda_1}{\pi}\frac{n_{21}^2(1-n_{21}^2)\tan\theta_0}{(n_{21}^4\cos^2\theta_0 + \sin^2\theta_0 - n_{21}^2)\sqrt{\sin^2\theta_0 - n_{21}^2}} \tag{1-134}$$

古斯-汉欣位移直接违反了几何光学规律，不能从光线光学分析得到解释，其实质是不同相移的反射平面波分量相干叠加的结果。位移的大小取决于相移的大小随入射角变化的快慢。(1-133)式和(1-134)式给出的古斯-汉欣位移在波长量级。在特殊设计的结构中的共振激发(表面等离子体波共振、导波共振等)可以通过模式耦合使反射系数为复数，并在共振点附近利用波矢匹配条件使之强烈依赖于入射方向，从而使古斯-汉欣位移可以增强几个数量级[9]。

(四)金属界面上光的反射

光在金属界面上反射时金属中有电流：

$$\boldsymbol{J} = \sigma\boldsymbol{E} \tag{1-135}$$

考虑单色平面波的情况，将对时间的微分替换为 $\mathrm{i}\omega$，麦克斯韦方程(1-1)式和(1-2)式写改为

$$\nabla\times\boldsymbol{H} = -\mathrm{i}\omega\left(\varepsilon - \mathrm{i}\frac{\sigma}{\omega}\right)\boldsymbol{E} \tag{1-136}$$

$$\nabla\times\boldsymbol{E} = \mathrm{i}\omega\mu\boldsymbol{H} \tag{1-137}$$

同样可以得到

$$\nabla^2\boldsymbol{E} + \hat{k}^2\boldsymbol{E} = 0 \tag{1-138}$$

这里

$$\hat{k}^2 = \frac{\omega^2\mu}{c^2}\left(\varepsilon - \mathrm{i}\frac{\sigma}{\omega}\right) \tag{1-139}$$

这些方程在形式上和不导电介质的相应方程完全相同，但对于金属需要把介电常数换成复数形式：

$$\hat{\varepsilon} = \varepsilon - \mathrm{i}\frac{\sigma}{\omega} \tag{1-140}$$

如果引入一个复折射率 $\hat{n}$：

$$\hat{n} = \frac{c}{\omega}\hat{k} \tag{1-141}$$

则(1-99)式表示的折射定律依然成立：

$$\sin\theta_t = \frac{n_i}{\hat{n}}\sin\theta_i \tag{1-142}$$

但因 $\hat{n}$ 为复数，θ_t 也是复数，不再具有简单的折射角的意义。反射透射系数也可以通过 $\hat{n}$ 表示出来，其结果也是复量，导致折射波在金属内部迅速衰减，而反射波的偏振会发生改变。

$\hat{n}$ 可以用 μ、ε 和 σ 表示出来。令 $\hat{n} = n(1+\mathrm{i}\kappa)$，这里 n 和 κ 都是实量。代入(1-139)式和(1-141)式，可以求解得

$$n^2 = \frac{1}{2}\left(\sqrt{\mu^2\varepsilon^2 + \frac{\mu^2\sigma^2}{\omega^2}} + \mu\varepsilon\right) \tag{1-143}$$

$$n^2\kappa^2 = \frac{1}{2}\left[\sqrt{\mu^2\varepsilon^2 + \frac{\mu^2\sigma^2}{\omega^2}} - \mu\varepsilon\right] \tag{1-144}$$

对于良导体，$\sigma/\varepsilon\omega \gg 1$。考虑光波从真空正入射到金属界面，有

$$R = \left|\frac{\hat{n}-1}{\hat{n}+1}\right|^2 = \frac{n^2\kappa^2 + n^2 + 1 - 2n}{n^2\kappa^2 + n^2 + 1 + 2n} \approx 1 - 2\sqrt{\frac{2\omega\varepsilon_0}{\sigma}} \tag{1-145}$$

所以良导体的 $R \approx 1$，具有很高的反射率。电导率越高，反射系数越接近于1。

对于(1-139)式，良导体情形 $\hat{k}^2$ 的实部可以忽略，从而有

$$\hat{k}^2 \approx \mathrm{i}\omega\mu\sigma \tag{1-146}$$

$\hat{k}$ 是复数矢量。为简单起见，只考虑垂直入射的情形，$\hat{k}$ 可以用复数标量来表示：

$$\hat{k} = \beta + \mathrm{i}\alpha \approx \sqrt{\mathrm{i}\omega\mu\sigma} \tag{1-147}$$

由此得

$$\alpha \approx \beta \approx \sqrt{\frac{2}{\omega\mu\sigma}} \tag{1-148}$$

波幅降至导体表面原值 1/e 的传播距离称为穿透深度 δ：

$$\delta = 1/\alpha = \sqrt{\frac{\omega\mu\sigma}{2}} \tag{1-149}$$

对于高频电磁波，光进入金属的深度非常浅，这种现象称为趋肤效应。由于趋肤效应和高反射率，只有很小部分的电磁能量进入导体内部而被吸收，绝大部分能量被反射回去。

（五）左手材料和超材料

虽然到目前为止并没有在自然界中发现介电常数 ε 和磁导率 μ 都为负值的介质，但早在1968年，苏联科学家 Veselago 就在理论上研究了这类介质的电磁学性质[11]。事实上，麦克斯韦方程组是宏观电磁现象的普遍理论，因此介电常数 ε 和磁导率 μ 取负值时麦克斯韦方程组仍适用。各向同性介质中，考虑磁导率 μ 后，对于单色平面波，麦克斯韦方程组(1-30)式中的旋度方程可以写成如下形式：

$$\boldsymbol{k} \times \boldsymbol{E} = \omega\mu\boldsymbol{H} \tag{1-150}$$

$$\boldsymbol{k} \times \boldsymbol{H} = -\omega\varepsilon\boldsymbol{E} \tag{1-151}$$

而且，只要 ε 和 μ 同号，则 $k^2 = \omega^2\varepsilon\mu/c^2 > 0$，$k$ 取实数，平面波能在介质中传播。

如图1-12所示，由(1-150)式和(1-151)式可知，对介电常数和磁导率为正的常规材料，$\boldsymbol{E}$、$\boldsymbol{H}$ 和 $\boldsymbol{k}$ 三者之间构成右手螺旋关系，现在这类材料被称为右手材料(right-handed material，RHM)。而对于介电常数和磁导率为负的非常规材料，电场 $\boldsymbol{E}$、磁场 $\boldsymbol{H}$ 和波矢 $\boldsymbol{k}$ 三者之间构成左手螺旋关系，这类材料被称为左手材料(left-handed material，LHM)。

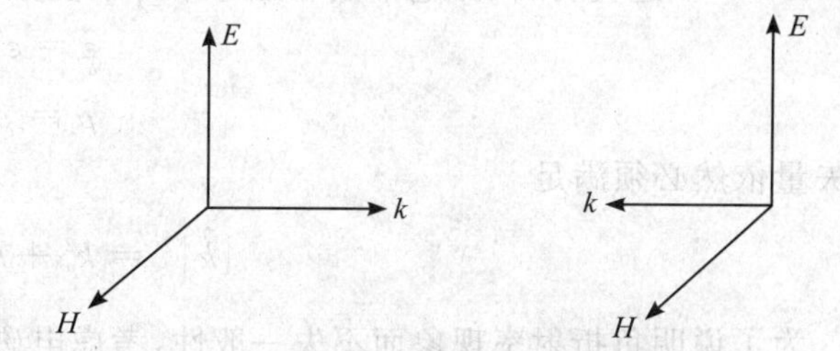

图1-12　右手材料和左手材料

在左手材料中，玻印廷矢量 $\boldsymbol{S}$ 和电场 $\boldsymbol{E}$、磁场 $\boldsymbol{H}$ 的关系(1-16)式仍然成立。所以，在左手材料中，波矢 $\boldsymbol{k}$ 和玻印廷矢量 $\boldsymbol{S}$ 反向。由于 $\boldsymbol{k}$ 代表相位传播方向，$\boldsymbol{S}$ 代表能流传播方向，所以左手材料中相速度方向和群速度方向正好相反。

电磁波在左手材料中传播时会发生一系列的反常现象，包括负折射现象、逆多普勒效应、逆切伦科夫辐射等。

电磁波从介质1入射到左手材料2，应用边界条件(1-15)式，可知经过界面后电磁场切向分量方向不变，而法向分量方向反向。再考虑左手材料的 $\boldsymbol{E}$、$\boldsymbol{H}$、$\boldsymbol{k}$ 满足左手螺旋关系，因此，入射光和折射光将出现在分

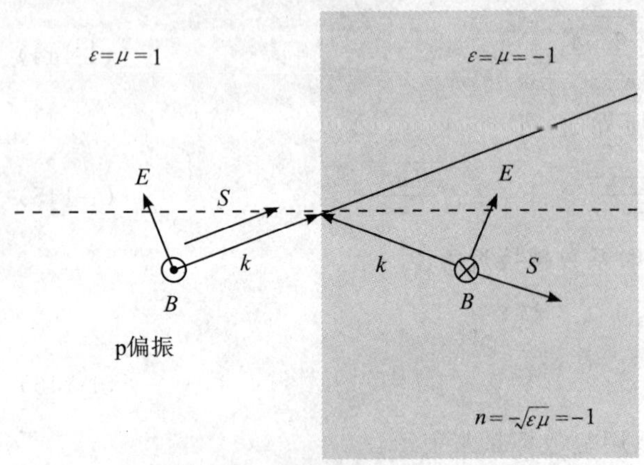

图 1-13 负折射现象

界面法线的同一侧,即出现负折射现象,如图 1-13 所示。

如果定义左手材料的折射率为负值:

$$n=-\sqrt{\varepsilon\mu} \tag{1-152}$$

并在折射光线跟入射光线在法线同一侧时取 $\theta_t<0$,则折射定律仍然成立。正因如此,左手材料又称作负折射率(negative index of refraction, NIR)介质。

目前左手材料需要人工合成,而且通常由形成负介电常数 ε 和负磁导率 μ 的单元结构复合而成。利用等离子体,包括气体等离子体和金属内自由电子的等离子体激元(plasmon),在一定条件下,可以使材料的介电常数为负[12]。而利用开口环共振器(split ring resonator,SRR)则有可能实现磁导率为负值[13]。

2001 年 Smith 等科学家人工合成了左手材料,并通过实验观察到微波的负折射现象[14]。Smith 等制造的左手材料如图 1-14 所示。2003 年,左手材料的逆多普勒效应被实验观察到[15]。2009 年,两个科研小组同时报道了实验观察到左手材料中的逆切伦科夫现象[16-17]。

图 1-14 Smith 等制造的左手材料

左手材料的合成需要利用金属对电磁波的共振效应,这时,金属导致的吸收通常不可避免。而且,左手材料的负介电常数 ε 和负磁导率 μ 通常使用不同的结构单元产生。利用这些特点,可以人工合成介电常数和负磁导率的其他组合的材料,这些材料同样具有一些反常的功能。采用薄金属与介电质的纳米复合结构,能得到很多奇特的光学性质,包括隐形性质的光学材料,这类材料称为超材料(metamaterial)。在介电材料上镀制很薄的金属层,使得光可以穿透金属薄层传输,这种结构保留了金属材料的光学性质,称为蓬罩体(cloaks)。这类材料,介电常数和磁导率都取复数的形式:

$$\left.\begin{aligned}\hat{\varepsilon}&=\varepsilon'+\mathrm{i}\varepsilon''\\ \hat{\mu}&=\mu'+\mathrm{i}\mu''\end{aligned}\right\} \tag{1-153}$$

波矢量依然必须满足

$$|\hat{k}|^2=k_x^2+k_y^2+k_z^2=\varepsilon\mu\frac{\omega^2}{c^2} \tag{1-154}$$

为了说明负折射率现象而不失一般性,考虑电磁波矢量 $(k_x,0,k_z)$ 从真空一侧($z<0$)入射的情况。这时,在界面上 k_x 是不变量,但是

$$k_z=\pm\sqrt{\varepsilon\mu\frac{\omega^2}{c^2}-k_x^2} \tag{1-155}$$

开方的取值可以正可以负,而且是作为复数的介电常数和磁导率的开方,它可能是实数的传播场,也可能是虚数的倏逝场,于是有

$$\hat{\varepsilon}\hat{\mu}=(\varepsilon'\mu'-\varepsilon''\mu'')+\mathrm{i}(\varepsilon'\mu''+\varepsilon''\mu') \tag{1-156}$$

式中的虚数部分表示场有衰减和增益的两种情况。对于穿过薄金属膜进入介质之后的光的性质,在复波矢的复数空间,表现为双叶黎曼曲面(Riemann surface)上的 8 个分区[18],如图 1-15 所示。其中:

第一区:$0<\arg(k_z)<\pi/4$,对应于 $0<\arg(k_z^2)<\pi/2$,属于有吸收的正折射率材料中传输的通常情况。这里,$\varepsilon'\mu''+\varepsilon''\mu'>0$,并且 $\varepsilon'>0,\mu'>0$,为正折射率衰减区。

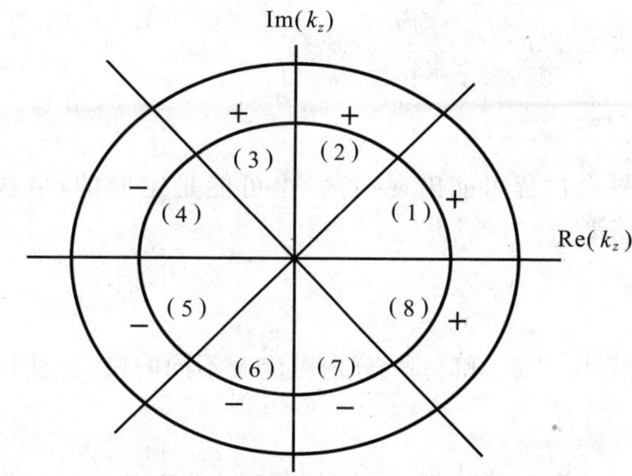

图 1-15 复数波矢量在双叶黎曼面上的 8 个分区

加减号各代表黎曼面上一叶，对应开方前面的符号

第二区：$\pi/4 < \arg(k_z) < \pi/2$，对应于 $\pi/2 < \arg(k_z^2) < \pi$，这里，$\varepsilon'\mu'' + \varepsilon''\mu' > 0$，开方取正号，含两种情况：正折射率的衰减和负折射率的放大，但从总体来看属于倏逝场衰减区。

第三区：$\pi/2 < \arg(k_z) < 3\pi/4$，对应于 $\pi < \arg(k_z^2) < 3\pi/2$，这里，$\varepsilon'\mu'' + \varepsilon''\mu' < 0$，与第二区相似，开方依然取正号。但是对应于对负折射率的吸收和对正折射率的放大，总体来看仍属于倏逝场衰减区。

第四区：$3\pi/4 < \arg(k_z) < \pi$，对应于 $3\pi/2 < \arg(k_z^2) < 2\pi$，从这里进入黎曼曲面的第 2 叶，开方前面取负号。这里是负折射率区 $\varepsilon' < 0$，$\mu' < 0$ 和有吸收损耗 $\varepsilon'\mu'' + \varepsilon''\mu' < 0$ 的传播波。

第五区：$\pi < \arg(k_z) < 5\pi/4$，对应于 $2\pi < \arg(k_z^2) < 5\pi/2$，开方取负号，是负折射率介质中的传播波。注意到 $\varepsilon'\mu'' + \varepsilon''\mu' > 0$，实部取负值意味着虚部 $\varepsilon'' < 0$ 并且 $\mu'' < 0$，总效应会有放大作用。

第六区：$5\pi/4 < \arg(k_z) < 3\pi/2$，对应于 $5\pi/2 < \arg(k_z^2) < 3\pi$。相当于指数增长的倏逝场区。这在半无限的区域上在物理上是不可能的。但是，在有限区域，例如小尺寸的薄片，可以对近场衰逝波进行放大，也是一个允许解，而且被认为是理想的透镜效应。

第七区：$3\pi/2 < \arg(k_z) < 7\pi/4$，对应于 $3\pi < \arg(k_z^2) < 7\pi/2$，这也对应于一个物理上不可能的、在半无限介质内指数增长的倏逝场区。

第八区：$-\pi/4 < \arg(k_z) < 0$，对应于 $-\pi/2 < \arg(k_z^2) < 0$，在此返回双叶黎曼曲面的第 1 叶。平方根取正号，是通常正折射率中传播的情况。$\varepsilon'\mu'' + \varepsilon''\mu' < 0$，属于有放大作用的正折射率区。

值得注意的是，在这里是复介电常数和复磁导率共同决定着这种复合介质中光的传输性质。这是一个仍然处于发展中的研究领域。

(六)波导和谐振腔

光场的约束是通过边界的存在来实现的。反射、折射导致波的相干叠加，相长干涉条件使光场分裂为特征的模场，典型的应用包括波导和谐振腔。下面仅从边界反射的角度来分析波导和谐振腔并获得模式条件，模场分布则需要严格求解麦克斯韦方程组来获得。

1. 光波导

波导能实现光的定向传输而且损耗很小，是光通信的基础。光波导主要有两大类：长程传输的光纤和短程互联的集成波导。

与光传输方向平行的成对的界面，在界面上的全反射将损耗减到最低，能保证光传输很长的距离而不消失，称为平板波导，是最简单的波导。光在平板波导内传输时，在垂直于导波方向的波矢量分量不为 0，而且因为两相对界面的约束，该分量只能取分立的值。这可以解释为两反射面之间的反射波相干叠加形成共振态，传播常数只能取离散的特征值。相干叠加形成的特征场分布，称为模式。对于每一个模式，有一个确定的传播常数本征值。对于简单的基于内全反射的平板波导，模式条件为

$$2\xi_m d + 2\varphi_{\text{in}} = 2\pi m, \qquad m = 0,1,2,\cdots \tag{1-157}$$

式中，ξ_m 为垂直于导波方向的波矢量分量，d 为波导芯材料的厚度，φ_{in} 为反射相变，由(1-113)式计算得出。由此，可以得到波导中的传播常数 β_m 满足

$$\beta_m^2 + \xi_m^2 = k_0^2 n_1^2 \tag{1-158}$$

式中，k_0 为自由空间的波数，n_1 是波导芯材料的折射率。离散的传播常数称为模式的本征值。对应每一个本征值，有一个特征的模场分布。在波导内部，各个模式的传输是彼此独立的。模式之间的能量交换，只能通过波导之间的耦合和波导耦合器来实现。耦合过程可以用如下的耦合波方程来描述：

$$\left.\begin{aligned}\frac{\partial A_1}{\partial z}-\mathrm{i}\beta_1 A_1&=\mathrm{i}\kappa A_2\\\frac{\partial A_2}{\partial z}-\mathrm{i}\beta_2 A_2&=-\mathrm{i}\kappa A_1\end{aligned}\right\}\tag{1-159}$$

耦合过程可能出现振荡，也可能是定向的，取决于耦合区的耦合强度分布。耦合效率可以用重叠积分来计算：

$$\eta=\frac{|\langle\psi\mid\varphi\rangle|^2}{|\langle\psi\mid\psi\rangle|\,|\langle\varphi\mid\varphi\rangle|}\tag{1-160}$$

式中，$|\psi\rangle$ 和 $|\varphi\rangle$ 分别对应于不同的模场，使用狄拉克矢量算符表示积分比较简洁明了，例如：

$$\langle\psi\mid\varphi\rangle=\int\psi^*\varphi\,\mathrm{d}v\tag{1-161}$$

是对空间的全积分，其中 ψ 和 φ 分别代表两互相耦合光场的空间分布函数。(1-160)式是一个普适的计算耦合效率的公式，已经被成功地用于光模场的耦合计算，例如波导耦合器的设计[19]。

传播常数只能取离散的数值，跟量子力学中的束缚态类似。波导间的耦合是通过倏逝场耦合模共振来实现的。这在量子理论中描述为隧穿效应，被视为典型的量子力学性质。波导模式的出现和模场的耦合，说明经典物理和量子物理之间并没有不可逾越的边界。但是，在这里是用电磁场理论处理的，也就是用宏参量处理的。模式的出现是电磁场相干叠加的结果。在布拉格反射、衍射和多层膜周期结构中，实际上考虑周期长度就可以得到相干加强光场的特征值。相干加强要求周期长度乘波矢量在该方向分量的乘积，即一个周期的光程长度，必须是波长的整数倍。于是，布拉格条件的(1-63)式写为

$$k_d d=m\pi,\qquad m=1,2,\cdots\tag{1-162}$$

式中，$k_d=2\pi n\sin\theta/\lambda_0$。同样，在波导中，波导边界反射相变等效于有效光程的增加，也可以将模式的本征值方程写为

$$\xi_m d'=\pi m,\qquad m=0,1,2,\cdots\tag{1-163}$$

式中，$d'=d+\varphi_{\mathrm{in}}/\xi_m$。对于波矢量的一个分量，只要在该分量方向上有物理约束存在，就会导致分立的本征值存在。

以上分析采用了光在波导中传播的光线模型，并且引入了全反射的相位和相干等波动概念。这一模型简单直观，而且给出的模式条件和严格的电磁光学理论是一致的。但这种理论是不完善的，它无法给出波导的模场分布、波导所携带的功率等概念。而模场分布等知识对于光波导和光波导器件等大部分研究课题是必须具备的。从麦克斯韦方程的边值问题出发，可以推导波导各类模式的场分布、携带功率以及模式本征方程等，详见本书的有关章节。

2. 谐振腔

把两个反射镜片适当地放置，就构成了一个最简单的光学谐振腔。由两块平行平面高反射镜组成的平行平面腔是最常见的一种共振腔，称为法布里-珀罗腔或 F-P 腔。F-P 腔又称为法布里-珀罗干涉仪(Fabry-Perot interferometer)，也是用电磁波相干叠加原理来处理的。这种干涉仪可以得到很精细的干涉条纹，所以又称为标准具(etalon)。干涉条纹的级次 m 为整数：

$$m=\frac{2nh\cos\theta}{\lambda_0}+\frac{\varphi}{\pi}\tag{1-164}$$

这里，h 是两个反射镜之间的距离。除去表示反射相变的一个常数因子外，也可以表示为在垂直标准具方向(z 方向)上的光程是波长的整数倍，简单地写为

$$k_z h'=m\pi\tag{1-165}$$

这里，h' 为等效光程。由两个反射界面形成的一维共振条件，对应于量子理论中的一维量子阱。

当受到空间约束的波矢量的 3 个互相正交的分量都能实现共振增强时，就形成了三维谐振腔。最简单的是三维无限深方腔(理想导体边界条件)，模式条件是

$$\left.\begin{aligned}k_x d_x&=m_x\pi,\\k_y d_y&=m_y\pi,\qquad m_x,m_y,m_z=0,1,2,\cdots\\k_z d_z&=m_z\pi,\end{aligned}\right\}\tag{1-166}$$

式中，$d_j(j=x,y,z)$ 是腔的几何尺度。波矢量满足

$$k^2=k_x^2+k_y^2+k_z^2=\left(\frac{2\pi\nu}{c}\right)^2 \tag{1-167}$$

(1-166)式也可以写为

$$2(k_xd_x+k_yd_y+k_zd_z)=2m\pi,\qquad m=0,1,2,\cdots \tag{1-168}$$

就是说，在谐振腔中场往返一周应该返回原来的状态，形成共振，是自洽(self-consistency)的。这一结论虽然是通过分析三维无限深方腔得到的，但对其他类型的腔也适用。光学谐振腔的模式经一次往返所产生的相移等于 2π 的整数倍，这就是模式的谐振条件。例如，图 1-16(a)所示的共焦腔的环路总光程可以表示为各段光程之和，因此模式条件为

$$k_ad_a+k_bd_b+k_cd_c+k_dd_d=2m\pi,\qquad m=0,1,2,\cdots \tag{1-169}$$

式中，$k_j(j=a,b,c,d)$是波矢量；$d_j(j=a,b,c,d)$是对应波矢量 k_j 在两次反射之间传输的距离。同样，图 1-16(b)所示的平凹腔，闭合回路是往复式的，模式条件可以写为

$$k_ad_a+k_bd_b+k_cd_c+k_dd_d=m\pi,\quad m=0,1,2,\cdots \tag{1-170}$$

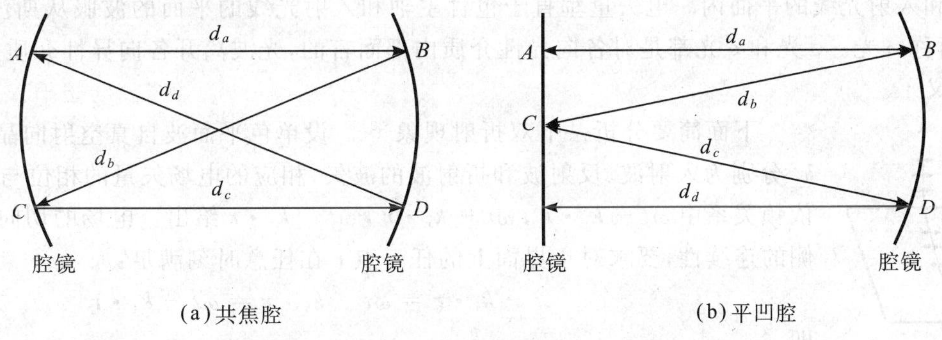

图 1-16　共焦谐振腔和平凹腔中的原理光路图

实际的模场分布是根据边界条件求解麦克斯韦方程组得到的。在一定的近似条件下，少数谐振腔可用厄米多项式(例如方形镜稳定球面腔)或拉盖尔多项式(例如圆形镜稳定球面腔)准确求解，而实际的激光腔常用数值方法设计。将电磁场的基本理论应用于宏观领域处理激光谐振腔的问题，以及各种各样谐振腔的设计，都非常成功。针对不同的应用，腔的形式也有很多种。但是，腔中的模场基本上可以区分为横模和纵模。在腔的横截面场形成一种横向分布，表现为光斑，称为横模。沿腔的轴线方向(纵向)场形成驻波，腔内纵向场的分布称为腔的纵模，可以用驻波的波节数来表征。

当腔内放置增益介质，并使增益大于损耗，就能得到相干受激辐射输出，称为激光。实际的激光腔除了包含增益介质外，还可能包含控制元件(例如电光调制器和声光调制器)。腔的长度也是可以改变和控制的。受激发射过程中产生的热量形成一种热分布，会改变腔的谐振条件，因此往往需要配备温度控制系统。而且，不同的激光器需要专用的电源和电控制系统，等等。激光器本身是一门独立的技术科学，激光器的设计和制造是一项细致的系统工程。这里仅从谐振腔的模式特性出发对激光器作了一些简要的分析。

二、单轴各向异性介质中的折射和反射

由上面的讨论可以看到，外反射不发生全反射，而内反射会发生全反射。由于金属的电导率非常高，电磁波在其中强烈衰减，以致金属实质上是不透明的。强的吸收伴随着高的反射，所以金属面可作为优良的反射镜。在左手材料中，折射率为负值，光在其中的一些传播特性和折射规律与普通折射率为正的材料甚至截然相反。可见，介质的性质直接影响光的反射折射规律。各向异性介质的反射折射规律与各向同性情形相比有很大的不同，会有双折射现象的存在等。本小节简要讨论各向异性介质，但仅限于讨论其反射折射规律，且仅限于讨论单轴介质。

对于各向异性介质，例如晶体，其中原子和分子的规则排列和对称性导致了光传输的各向异性。这时，介电常数是张量，电位移矢量与电场矢量的关系表示为(1-10)式。存在两两垂直的三个方向，光的电场方向

和电位移矢量方向相同。定义这三个方向分别为 x 、y 、z 方向，则电位移矢量和电场矢量的相应分量满足

$$D_x = \varepsilon_x E_x,\quad D_y = \varepsilon_y E_y,\quad D_z = \varepsilon_z E_z \tag{1-171}$$

x 、y 、z 方向就是晶体的主轴，对应主轴的折射率称为主折射率，有

$$n_x = \left(\frac{\varepsilon_x}{\varepsilon_0}\right)^{1/2},\quad n_y = \left(\frac{\varepsilon_y}{\varepsilon_0}\right)^{1/2},\quad n_z = \left(\frac{\varepsilon_z}{\varepsilon_0}\right)^{1/2} \tag{1-172}$$

式中，ε_0 是真空的介电常数。如果这三个主折射率有两个相等，这种各向异性介质就称为单轴各向异性介质。不失一般性，我们假定 $n_x = n_y \neq n_z$，则 z 方向就是单轴晶体的光轴方向。通常记 $n_x = n_y = n_o$，$n_z = n_e$。

介电张量 $\boldsymbol{\varepsilon}$ 的各分量本身皆为频率的函数。于是，介质各向异性的程度以及光轴的方向一般也是频率的函数。我们不考虑由色散造成的复杂情况，假定 $\boldsymbol{\varepsilon}$ 的各分量不随频率而变。

(一)双折射

如果光不是在主轴方向传播，即使是垂直于界面从各向同性介质入射到单轴各向异性介质，折射光也分成两束，如图 1-17 所示。产生偏折的那束光不服从斯涅尔折射定律，称为非常光，简称 e 光。非常光的电矢量在包含主轴和入射光线的平面内。电矢量垂直于包含主轴和入射光线的平面的波服从斯涅尔折射定律，称为寻常光，简称 o 光。o 光和 e 光都是对各向异性介质内部而言的，光波离开各向异性介质，o 光和 e 光的说法就没有意义了。

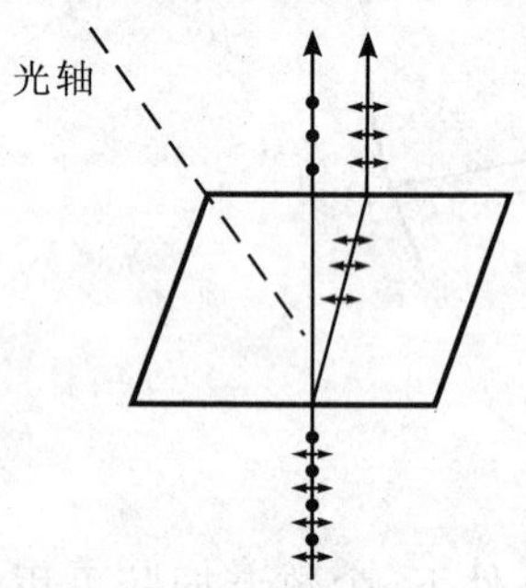

图 1-17　双折射

下面简要分析一下双折射现象[20]。设单色平面波自真空射向晶体。令 $\boldsymbol{k}_i$、$\boldsymbol{k}_r$、$\boldsymbol{k}_t$ 分别为入射波、反射波和折射波的波矢，相应的电场矢量的相位与时间和空间的依赖关系由 $\omega t - \boldsymbol{k}_i\cdot\boldsymbol{r}$，$\omega t - \boldsymbol{k}_r\cdot\boldsymbol{r}$，$\omega t - \boldsymbol{k}_t\cdot\boldsymbol{r}$ 给出。电场的切向分量在界面两侧的连续性，要求对于界面上的任一点 $\boldsymbol{r}$ 在任意时刻满足：

$$\omega t - \boldsymbol{k}_i\cdot\boldsymbol{r} = \omega t - \boldsymbol{k}_r\cdot\boldsymbol{r} = \omega t - \boldsymbol{k}_t\cdot\boldsymbol{r} \tag{1-173}$$

即

$$(\boldsymbol{k}_i - \boldsymbol{k}_r)\cdot\boldsymbol{r} = (\boldsymbol{k}_i - \boldsymbol{k}_t)\cdot\boldsymbol{r} = 0 \tag{1-174}$$

因而矢量 $(\boldsymbol{k}_i - \boldsymbol{k}_r)$ 和 $(\boldsymbol{k}_i - \boldsymbol{k}_t)$ 都必须垂直于界面。这说明 $\boldsymbol{k}_i$、$\boldsymbol{k}_r$、$\boldsymbol{k}_t$ 和界面法线共面，即反射光和折射光的波矢都在入射面内。

设 θ_i、θ_r、θ_t 分别为入射角、反射角和折射角，则有

$$k_i \sin\theta_i = k_r \sin\theta_r = k_t \sin\theta_t \tag{1-175}$$

即

$$n_i \sin\theta_i = n_r \sin\theta_r \tag{1-176}$$

$$n_i \sin\theta_i = n_t \sin\theta_t \tag{1-177}$$

(1-176)式和(1-177)式在形式上与各向同性介质的情形并无不同。在单轴各向异性介质中，对 o 光，有

$$n' = n_o \tag{1-178}$$

o 光的反射、折射规律跟各向同性介质的情形类似。但是对于 e 光，各向异性介质中光传播的方向不同，所对应的折射率 n'' 也不同：

$$n''^2 = \frac{n_o^2 n_e^2}{n_o^2 \sin^2\varphi + n_e^2 \cos^2\varphi} \tag{1-179}$$

式中，φ 为光轴与波矢的夹角。对光从真空入射的情形，n_t 不是常数；对光从各向异性介质入射的情形，n_i 和 n_r 不是常数，且 n_i 一般不等于 n_r，所以波矢入射角不等于波矢反射角。

其次，在单轴各向异性的介质中，e 光波矢方向和光线方向一般不同，而(1-176)式和(1-177)式中入射角 θ_i、反射角 θ_r、折射角 θ_t 都是对波矢而言的。反射波和折射波的波矢在入射面内，但它们的光线却有可能不在入射面内。

由于单轴介质中 e 光的性质与 o 光的性质不同，从真空中入射的一束光可以在单轴介质中形成两束折射光，这就是双折射现象。

当光轴在入射面内的时候，可以证明三束光波的光线都在入射面内。只要给出入射光波矢的方向(θ_i

已知)和晶体光轴的方向(由此可以确定 φ),由(1-176)式至(1-179)式就可以求出反射光波矢的方向和折射光波矢的方向。光线方向可以通过波矢方向和光线方向之间的夹角 ψ 给出,有

$$\tan\psi = \frac{1}{2}\frac{n_e^2 - n_o^2}{n_o^2\sin^2\varphi + n_e^2\cos^2\varphi}\sin 2\varphi \tag{1-180}$$

$n_o > n_e$ 的单轴晶体称为负单轴晶体,$n_e > n_o$ 的单轴晶体称为正单轴晶体。(1-180)式中,取 φ 为锐角,对负单轴晶体 $\psi < 0$,表示波矢方向在光线方向和光轴方向之间;对正单轴晶体 $\psi > 0$,表示光线方向在波矢方向和光轴方向之间。

需要强调的是,只有光轴在入射面内的情形,o 光才是前面所述的 TE 波,e 光才是前面所述的 TM 波。真空中的 TE 波(TM 波)入射到单轴介质时,折射波只有 o 光(e 光),反射波是 TE 波(TM 波);反之,o 光(e 光)从单轴介质入射到真空中,折射波只有 TE 波(TM 波),反射波只有 o 光(e 光)。如果光轴不在入射面内,则 TE 波或 TM 波从真空中入射到单轴介质时,折射波既有 o 光成分也有 e 光成分,反射波既有 TE 波成分也有 TM 波成分;o 光或 e 光从单轴介质入射到真空中,折射波既有 TE 波成分也有 TM 波成分,反射波既有 o 光成分也有 e 光成分。而且,e 光(无论入射光、反射光还是折射光在晶体内)光线不在入射面内。

对光轴不在入射面内的情形,确定 e 光反射、折射的光线方向的详细推导比较繁琐,这里仅根据文献提供以下几种思路和方法:

方法一[21]:

光路图仍如图 1-4 所示。已知光轴方位 (x_0, y_0, z_0),光从真空中向单轴介质入射,入射角 θ_1,各向异性介质的折射率为 n_o 和 n_e。设 θ_e 为波矢折射角,则波矢与光轴的夹角 φ 可以写成

$$\cos\varphi = z_0\cos\theta_e + x_0\sin\theta_e \tag{1-181}$$

联合(1-177)式、(1-179)式和(1-181)式,可以得到 θ_e 的关系式为

$$\cot\theta_e = \frac{x_0 z_0(n_o^2 - n_e^2) \pm n_o\sqrt{\dfrac{n_o^2 n_e^2 + n_e^2 z_0^2(n_e^2 - n_o^2)}{\sin^2\theta_1} - [n_o^2 + (n_e^2 - n_o^2)(x_0^2 + z_0^2)]}}{n_o^2 + z_0^2(n_e^2 - n_o^2)} \tag{1-182}$$

正负号的取值只有一个是合理的,取决于所建立的坐标系。根据(1-181)式和(1-182)式,可以确定 φ。假设光线方位用 (S_x, S_y, S_z) 表示,则有

$$S_x^2 + S_y^2 + S_z^2 = 1 \tag{1-183}$$

光线与波矢夹角 ψ 可以联合(1-180)式和(1-181)式求得。同时,ψ 满足

$$S_z\cos\theta_e + S_x\sin\theta_e = \cos\psi \tag{1-184}$$

光线、波矢、光轴共面要求

$$\begin{vmatrix} S_x & S_y & S_z \\ x_0 & y_0 & z_0 \\ \sin\theta_e & 0 & \cos\theta_e \end{vmatrix} = 0 \tag{1-185}$$

联立(1-183)式至(1-185)式,可以定出光线的方位为

$$S_x = \cos\psi\sin\theta_e - \frac{\cos\theta_e\sin\psi(z_0\sin\theta_e - x_0\cos\theta_e)}{\sqrt{y_0^2 + (z_0\sin\theta_e - x_0\cos\theta_e)^2}} \tag{1-186}$$

$$S_y = \frac{y_0\cos\psi}{\sqrt{y_0^2 + (z_0\sin\theta_e - x_0\cos\theta_e)^2}} \tag{1-187}$$

$$S_z = \cos\psi\cos\theta_e + \frac{\sin\theta_e\sin\psi(z_0\sin\theta_e - x_0\cos\theta_e)}{\sqrt{y_0^2 + (z_0\sin\theta_e - x_0\cos\theta_e)^2}} \tag{1-188}$$

由(1-187)式可知,如果光轴在入射面内,则 $y_0 = 0$,从而 $S_y = 0$,即此时光线也在入射面内。

方法二[22]:

建立与方法一一样的坐标系,根据光轴的方位角,把单轴晶体内的波阵面用界面上的坐标系表示出来。光线方向由波阵面的某一切面的切点的方位给出。这一切面要求平行于 y 轴。设入射角为 θ_1,则 $t = 1/c$ 时刻的波阵面的这一切面要求经过 $(1/\sin\theta_1, 0, 0)$。由此可以求出切面和切点,从而确定 e 光光线的方向。

方法三[23]：

已知界面坐标系和主轴坐标系之间的方位角以及入射角 θ_1，利用折射率表达式和菲涅耳波法线方程得

$$\frac{s_x^2}{\frac{1}{n''^2}-\frac{1}{\varepsilon_x}}+\frac{s_y^2}{\frac{1}{n''^2}-\frac{1}{\varepsilon_y}}+\frac{s_z^2}{\frac{1}{n''^2}-\frac{1}{\varepsilon_z}}=0 \tag{1-189}$$

可以求得波矢折射角 θ_e 以及 n'' 关于方位角和 θ_1 的表达式。其中 (s_x,s_y,s_z) 为 e 光波矢方位。光线方位为

$$S_k=\frac{v_p}{v_r}\frac{v_k^2-v_r^2}{v_k^2-v_p^2}s_k,\qquad k=x,y,z \tag{1-190}$$

式中，$v_p=c/n''$，$v_k=c/n_k(k=x,y,z)$，v_r^2 为

$$v_r^2=v_p^2+1/v_p^2/[s_x^2/(v_p^2-v_x^2)^2+s_y^2/(v_p^2-v_y^2)^2+s_z^2/(v_p^2-v_z^2)^2] \tag{1-191}$$

各向异性的物理起源以及双折射的应用等，详见本书有关晶体的第十八章。

(二)负折射[24-25]

由(1-175)式，入射波矢位于法线一侧，而反射波矢、折射波矢位于法线的另一侧；而且，随着波矢入射角的逐渐减小，波矢反射角和波矢折射角也逐渐减小。当 $\theta_i=0$ 时，$\theta_r=\theta_t=0$。由(1-180)式，单轴晶体内 e 光光线与波矢不重合。对光从各向同性介质入射到单轴晶体的情形，可以选择合适的光轴取向，对负单轴晶体使折射波矢位于光轴和界面法线之间，对正单轴晶体使折射波矢与光轴位于界面法线两侧。于是，对于较大的 θ_i，折射光线与折射波矢位于法线同侧，但折射光线比折射波矢更靠近界面法线，光线折射角 θ_{st} 小于 θ_t。随着入射角 θ_i 的不断减小，折射波矢不断靠近界面法线，折射光线将越过法线，与折射波矢位于法线的两侧，而与入射光线位于法线同侧。这就是单轴晶体的负折射现象[24-25]。它的机理与左手材料的负折射现象的机理[11]完全不同。与单轴晶体的负折射现象类似，单轴晶体中还会发生负反射现象[26-27]，这将在下一小节讨论。

所谓负折射，就是入射光线和折射光线位于法线的同侧。单轴晶体负折射现象的实验结果如图 1-18[25] 所示。

假设界面为 (x,y) 平面，仅讨论光轴在入射面 (x,z) 平面内的情形。光从折射率为 n_1 的各向同性介质入射，入射角为 θ_1，各向异性介质的折射率为 n_o、n_e。假设光轴与 x 轴的夹角为 θ，定义

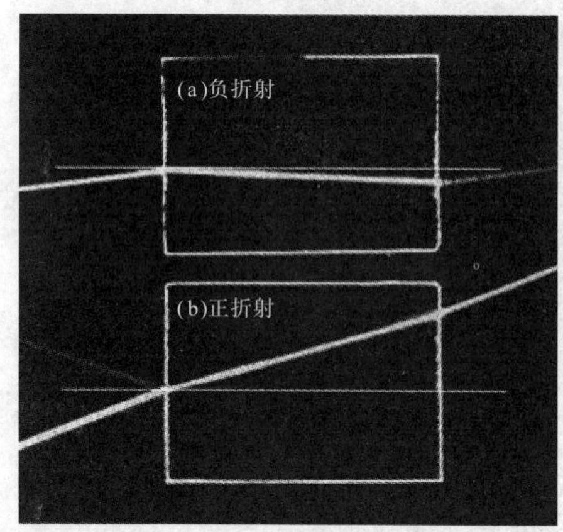

图 1-18　单轴晶体的折射现象

$$\alpha=n_e^2\cos^2\theta+n_o^2\sin^2\theta \tag{1-192}$$

$$\beta=(n_e^2-n_o^2)\sin 2\theta \tag{1-193}$$

$$\gamma=n_o^2\cos^2\theta+n_e^2\sin^2\theta \tag{1-194}$$

式中，α、β、γ 都随 θ 的改变而改变。其中 α、γ 分别是沿 z 轴方向和沿 x 轴方向的光线折射率[6,20]的平方。对各向同性的介质取 $n_o=n_e=n$，即 $\alpha=\gamma=n$，$\beta=0$。可以求得波矢折射角的具体表达式为

$$\tan\theta_t=\frac{2\gamma n_1\sin^2\theta_1}{\beta n_1\sin\theta_1+2n_o n_e\sqrt{\gamma-n_1^2\sin^2\theta_1}} \tag{1-195}$$

光线折射角的具体表达式为

$$\tan\theta_{st}=\frac{\beta\sqrt{\gamma-n_1^2\sin^2\theta_1}+2n_o n_e n_1\sin\theta_1}{2\gamma\sqrt{\gamma-n_1^2\sin^2\theta_1}} \tag{1-196}$$

由(1-195)式可以看出，波矢折射角随入射角的变化曲线总是通过原点，波矢不会发生负折射。但是，单轴介质内光线与波矢发生分离，光线折射角的表达式跟波矢折射角的表达式不一样，当波矢发生正折射($\theta_1\theta_t>0$)时，光线有可能发生负折射($\theta_1\theta_{st}<0$)。光线折射角的大小取决于 n_o、n_e、n_1、θ_1 和 θ。实现光线负折射的入射角范围为

$$0\leqslant\theta_1\leqslant\theta_{1c} \tag{1-197}$$

其中临界角为

$$\theta_{1c}=\arcsin\left|\frac{\beta}{n_1}\sqrt{\frac{1}{\gamma}}\right| \tag{1-198}$$

对确定的 n_o、n_e 和 n_1，为使 θ_{1c} 最大，θ 的最优取值为

$$\theta_{opt\text{-}c} = \arccos\left[\sqrt{1/(n_e/n_o+1)}\right] \tag{1-199}$$

这时最大的临界角为

$$\theta_{1c}^{max} = \arcsin\left|\frac{n_e-n_o}{n_1}\right| \tag{1-200}$$

光线折射临界角由 $\theta_1 = 0$ 给出：

$$\theta_{stc} = -\arctan|\beta/2\gamma| \tag{1-201}$$

光线折射临界角的最优值也可以通过选取 θ 得到

$$\theta_{opt\text{-}st} = \arcsin\left[\sqrt{n_o^2/(n_o^2+n_e^2)}\right] \tag{1-202}$$

相应的折射临界角最大负值为

$$\theta_{stc}^{max} = -\arctan\left|\frac{n_e^2-n_o^2}{2n_on_e}\right| \tag{1-203}$$

$\theta = 45°$时，真空和单轴钒酸钇晶体（YVO_4）界面的负折射计算结果如图 1-19 所示[24]，其中钒酸钇晶体的 $n_o^2 = 4.07103$，$n_e^2 = 5.06614$。

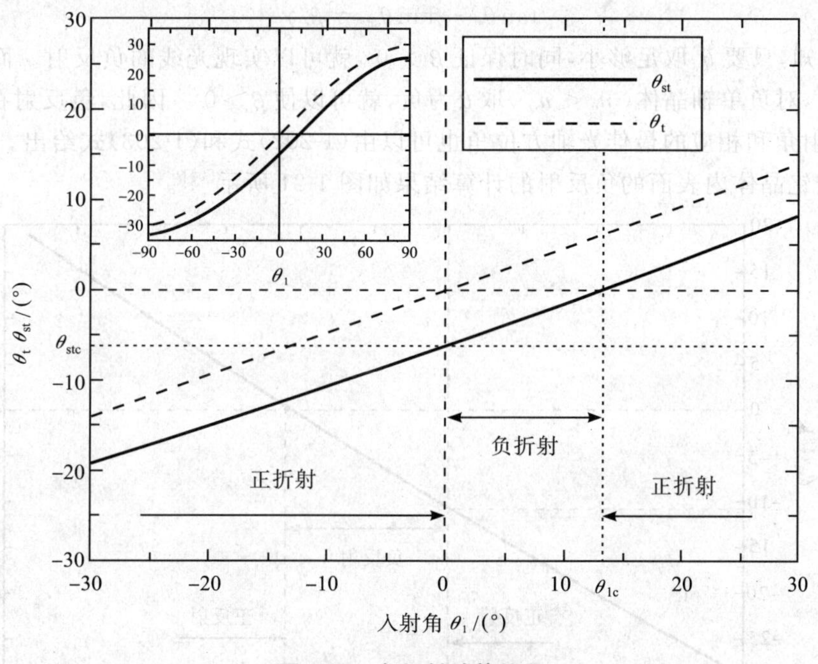

图 1-19 负折射计算结果

（三）负反射[26-27]

负反射是指入射光线和反射光线位于法线同侧的现象。单轴晶体负反射的实验结果如图 1-20 所示[27]。

仅考虑光轴在入射面内的情形。光在折射率为 n_o、n_e 的单轴介质内入射，这里仅讨论入射角和反射角的关系，所以界面另一侧的介质的性质并不重要。光轴和界面的夹角为 θ，B 是入射波矢和反射波矢沿界面方向的分量：

$$B = k_{ix} = k_{rx} \tag{1-204}$$

定义

$$A = n_on_e(\gamma k_0^2 - B^2)^{1/2}/\gamma \tag{1-205}$$

式中，k_0 是真空中的波矢长度，γ 的定义见(1-194)式。则波矢入射角反射角可以写成

$$\cot\theta_{i,r} = A/B \mp \beta/2\gamma \tag{1-206}$$

不失一般性，上式已经对波矢入射角取负号，对波矢反射角取正号。由(1-206)式可得波矢入射角和波

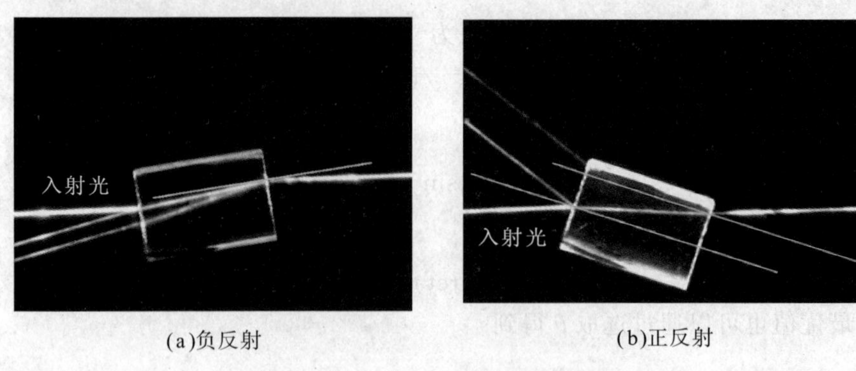

(a)负反射　　(b)正反射

图 1-20　单轴晶体的反射现象

矢反射角的关系满足

$$\cot\theta_r - \cot\theta_i = \beta/\gamma \tag{1-207}$$

光线入射角和光线反射角分别满足

$$\tan\theta_{si} = \beta/2\gamma + Bn_o^2n_e^2/A\gamma^2 \tag{1-208}$$

$$\tan\theta_{sr} = -\beta/2\gamma + Bn_o^2n_e^2/A\gamma^2 \tag{1-209}$$

由(1-172)式和(1-173)式得光线入射角和光线反射角的关系为

$$\tan\theta_{si} - \tan\theta_{sr} = \beta/\gamma \tag{1-210}$$

由(1-210)式可知，只要 θ_{si} 取足够小，同时保证 $\beta>0$，就可以实现光线的负反射。而只要对正单轴晶体($n_e>n_o$)取 θ 为正，对负单轴晶体($n_e<n_o$)取 θ 为负，就可以使 $\beta>0$。因此，负反射在单轴晶体内总可以发生。最大的负反射角和相应的最佳光轴方位角也可以由(1-202)式和(1-203)式给出。

$\theta=30°$时，钒酸钇晶体内表面的负反射的计算结果如图 1-21 所示[26]。

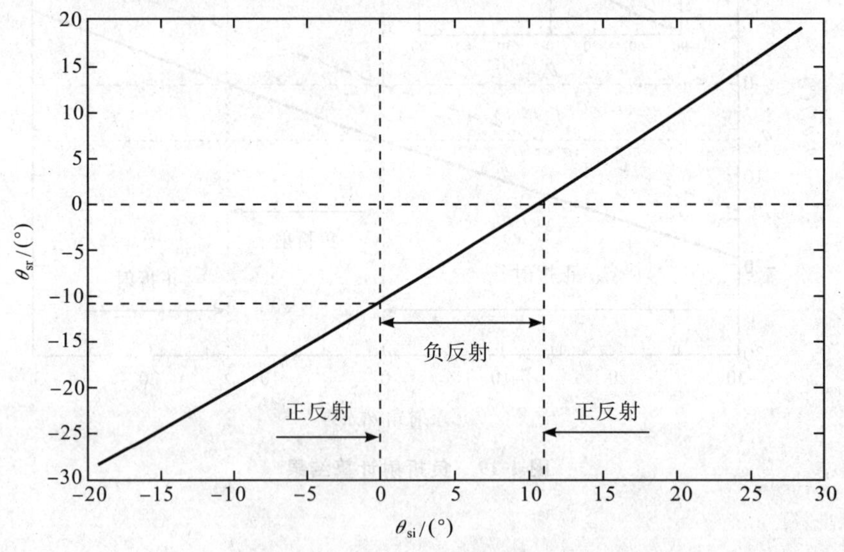

图 1-21　负反射的计算结果

(四)全方位常数透射和布儒斯特角[28]

只考虑光轴在入射面内的情形。光从折射率为 n_o、n_e 的单轴介质内入射到介电常数为 ε_1 的各向同性的介质内，振幅反射、透射系数分别为

$$r = H_r/H_i = \left(\frac{\gamma A}{n_o^2n_e^2} - \frac{(\varepsilon_1k_0^2 - B^2)^{1/2}}{\varepsilon_1}\right)\Big/\left(\frac{\gamma A}{n_o^2n_e^2} + \frac{(\varepsilon_1k_0^2 - B^2)^{1/2}}{\varepsilon_1}\right) \tag{1-211}$$

$$t = H_t/H_i = \frac{2\gamma A}{n_o^2n_e^2}\Big/\left(\frac{\gamma A}{n_o^2n_e^2} + \frac{(\varepsilon_1k_0^2 - B^2)^{1/2}}{\varepsilon_1}\right) \tag{1-212}$$

各符号的含义可以参考(二)(三)小节。(1-211)式和(1-212)式很容易推广到从各向同性介质入射到各

向异性介质的情形，以及两各向异性介质的情形。

如果界面两侧介质 1 和介质 2 满足

$$\gamma_1 = \gamma_2 \tag{1-213}$$

且

$$n_{o1}^2 n_{e1}^2 = n_{o2}^2 n_{e2}^2 \tag{1-214}$$

那么无论光的入射角如何变化，光能全部透过，这就是全方位全透射。(1-213)式和(1-214)式中，可以把各向同性介质看作是单轴晶体的特例。如果介质 1 为各向同性介质，则记它的折射率为 n_1，同时省略 n_{o2}、n_{e2}、γ_2 的下标"2"。发生全方位全透射时，通常透射光的光线方向相对于入射光会发生改变。另一方面，(1-213)式和(1-214)式这两个条件很难同时满足。满足这两个条件的两种特殊情形是同样的各向同性介质，或者同样的各向异性介质，且 $\theta_1 = -\theta_2$。

如果仅(1-213)式满足，则对确定的 n_{o1}、n_{e1}、n_{o2}、n_{e2}，强度反射系数和透射系数分别为

$$r = \left(\frac{1}{n_{o1}n_{e1}} - \frac{1}{n_{o2}n_{e2}}\right) \Big/ \left(\frac{1}{n_{o1}n_{e1}} + \frac{1}{n_{o2}n_{e2}}\right) \tag{1-215}$$

$$t = \frac{2}{n_{o1}n_{e1}} \Big/ \left(\frac{1}{n_{o1}n_{e1}} + \frac{1}{n_{o2}n_{e2}}\right) \tag{1-216}$$

式中，r、t 与光的入射角没有关系。对应于全方位全透射，可以称之为全方位常数透射，实际上不仅透射系数，反射系数也同样是不随入射角改变的常数。γ 可以通过改变光轴与界面的夹角 θ 来改变。如果 n_1 在 n_o、n_e 之间，可以选择 θ 为

$$\theta = \pm \arcsin\left[(n_1^2 - n_o^2)/(n_e^2 - n_o^2)\right]^{1/2} \tag{1-217}$$

从而实现全方位常数透射。

布儒斯特角可以通过强度反射透射系数求得。由(1-211)式可以确定 $r=0$ 时 B 的取值为

$$B^2 = (n_o^2 n_e^2 - n_1^2\gamma)n_1^2 k_0^2/(n_o^2 n_e^2 - n_1^4) \tag{1-218}$$

由(1-218)式可以得出有关从各向同性介质入射的布儒斯特角的关系式为

$$\tan^2\theta_{B1} = \frac{n_o^2 n_e^2 - n_1^2\gamma}{n_1^2\gamma - n_1^4} \tag{1-219}$$

联合(1-208)式、(1-209)式和(1-218)式，得到波矢从各向异性介质在法线两侧入射，存在两个不同的布儒斯特角的关系式为

$$\tan^2\theta_{B1} / (\tan\theta_{B2\pm} \pm |\beta|/2\gamma)^2 = n_1^4/\gamma^2 \tag{1-220}$$

式中已经设定 $\theta_{B2+} < \theta_{B2-}$。在一定条件下，通过改变 θ 而改变 γ，可以实现 θ_{B1} 从 0 到 90°的连续变化，而 θ_{B2+} 可以取负值。

硝酸钡($Ba(NO_3)_2$，$\varepsilon_1 = 1.571\,4^2$)和方解石($\varepsilon_{e2} = 1.486^2$，$\varepsilon_{o2} = 1.658^2$)界面的布儒斯特角计算结果如图 1-22 所示[28]。

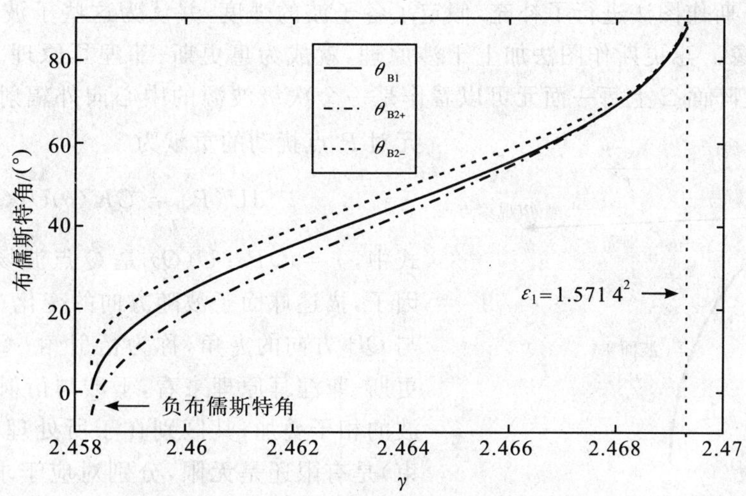

图 1-22 单轴晶体布儒斯特角的计算结果

对于光轴不在入射面的情形的反射、透射系数，也可以利用边界条件结合 o 光和 e 光的性质求出，具体可以参看参考文献[29]。

三、光的衍射

光的衍射研究探索更一般的光场分布和演化规律。衍射研究的是一个波场自身传播的行为，介质起到切割波阵面或者调制波面振幅分布的作用，介质本身可以游离于波场演化的方程之外。衍射现象指的是波场受限或者波面上振幅分布不均匀时出现的与几何光学规律有差异的现象。

光能绕过障碍物，偏离直线传播的方向，称为光的衍射。衍射是波动的基本现象之一。实际上，衍射不仅使物体的几何阴影失去了清晰的轮廓，而且在边缘附近还出现了一系列明暗相间的条纹。衍射效应使光强发生了重新分布，在几何阴影区和几何照明区的分界线附近衍射效应的影响尤为明显。干涉是有限个波束的相干叠加，而衍射是无限多相干子波的叠加效应。光的衍射也是傅里叶光学、信息光学、近场光学和二元光学的物理基础。

衍射现象的明显程度跟光波的波长 λ 与引起衍射的障碍物（或孔径）的线度 a 之比密切相关。若比值 λ/a 小于 10^{-3}，则衍射现象不明显，用几何光学就能很好描述；若比值在 10^{-2} 到 10^{-1} 数量级，衍射现象显著；若粒子或孔径的线度接近或小于波长量级，则衍射光强对空间方位的依赖关系逐渐减弱，这时衍射现象过渡为散射现象。

（一）衍射的基本原理

波场传播的初级模型首先由惠更斯给出。惠更斯指出，如果已经知道某一时刻的波阵面，那么波阵面上的每一点都可以看作是新的子波波源，这一族子波的公切面（包络）就是下一时刻的波阵面。这就是惠更斯原理，如图 1-23 所示。

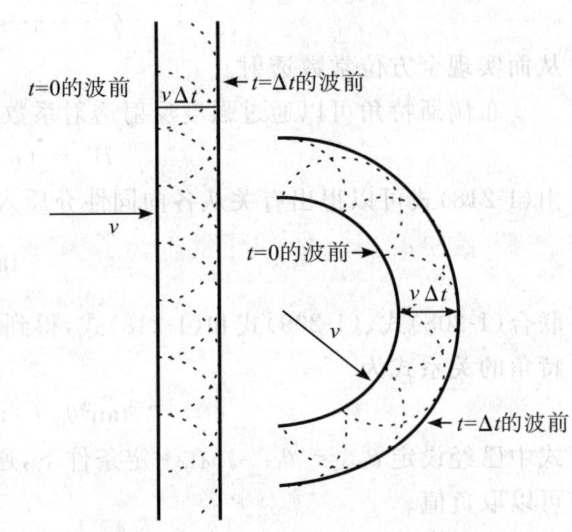

图 1-23 惠更斯原理

利用惠更斯原理，用作图法就可以很方便地确定波传播的方向，可以成功地解释几何光学中的一些基本规律。但是，用惠更斯原理得不到光波的强度分布，无法说明干涉和衍射现象，更无法解释为什么波在传播过程中没有由波面指向波源的倒退波。所以惠更斯原理实质上只是一种确定波面的几何作图法或几何光学原理。实际上，惠更斯原理对于一般的波场并不是严格成立的。例如，高斯光束在束腰处波阵面是平面，按惠更斯原理以后的波阵面都应该是平面，但实际上却是球面。

惠更斯原理的关键不足在于没有把各子波的强度考虑进去。后来菲涅耳对惠更斯作图法进行了补充，假定了各子波的强度，并认为这些子波是相干的，各子波相互干涉，就出现了衍射现象。惠更斯作图法加上干涉原理，就成为惠更斯-菲涅耳原理。如图 1-24 所示，根据惠更斯-菲涅耳原理，波阵面 Σ 上每一面元可以看作是一个次级波源的中心向外辐射球面子波。Q 点 $d\Sigma$ 面元对 P 点扰动的贡献为

$$dU(P)=CK(\theta)U(Q)\frac{e^{-ikr}}{r}d\Sigma \tag{1-221}$$

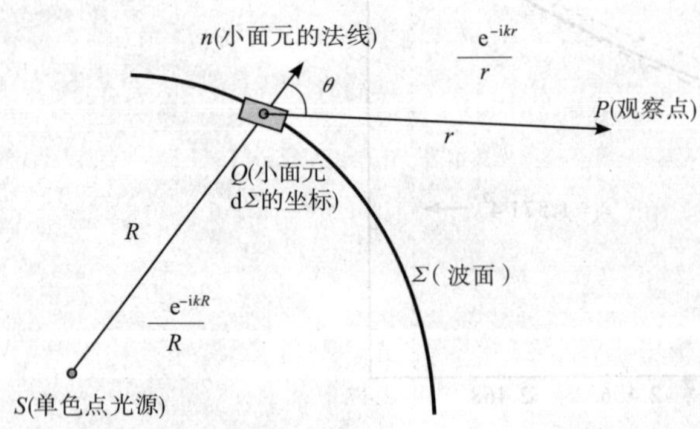

图 1-24 惠更斯-菲涅耳原理示意图

式中，$r=QP$；$U(Q)$ 是 Q 点波场的振幅；$K(\theta)$ 是倾斜因子，描述球面子波随方向的变化；θ 是 Σ 面上 Q 点法线 n 与 QP 方向的夹角，称为衍射角；C 为一比例常数。从惠更斯-菲涅耳原理来看，干涉与衍射本质上是一样的，都是波的相干叠加；其区别在于所处理的次波源数（或相应光束）是有限还是无限，分别对应于求和和积分。但菲涅耳只是给出了 $K(\theta)$ 的定性要求，并没有给出它的准确表达

式。而且,菲涅耳对 $K(\theta)$ 的假定具有主观的人为性,缺乏理论依据。常数 C 的形式也未能确定。

惠更斯和菲涅耳提出的概念缺乏坚实的数学基础。后来,基尔霍夫从标量波动方程出发,利用场论的一些数学定理,并对边界条件作简化和近似,推导出了惠更斯-菲涅耳原理的数学表达式——基尔霍夫衍射积分公式:

$$U(P)=\frac{1}{4\pi}\int_{\Sigma}\frac{\mathrm{e}^{-ikr}}{r}\frac{\partial U(Q)}{\partial n}-U(Q)\frac{\partial}{\partial n}\left(\frac{\mathrm{e}^{-ikr}}{r}\right)\mathrm{d}\Sigma \tag{1-222}$$

这里 Σ 是包围 P 点的任意曲面,实际计算中 Σ 可依计算方便而定。

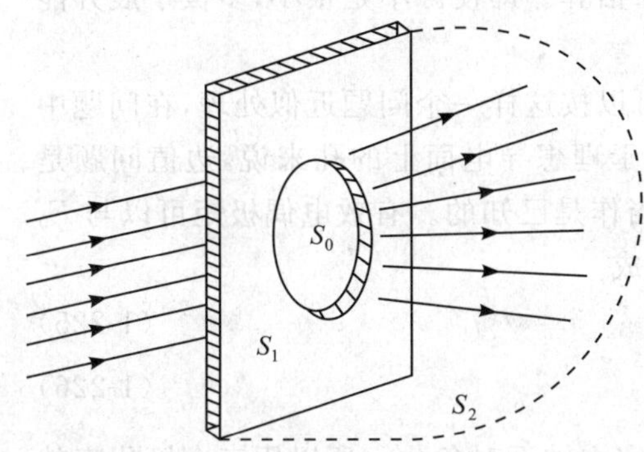

图 1-25　不透明屏上具有开孔的衍射

选定了曲面 Σ 之后,还必须知道曲面上 U 和 $\frac{\partial U}{\partial n}$ 的值,否则积分仍然无法进行。对于不透明屏上具有开孔的衍射问题,如图 1-25 所示,利用索末菲辐射条件,可以证明 S_2 上的积分的贡献为 0[20]。通常人为假定:

$$\left.\begin{aligned}&U=\frac{\partial U}{\partial n}=0,\text{在屏的背面}S_1\\&U=U_0,\frac{\partial U}{\partial n}=\frac{\partial U_0}{\partial n},\text{在屏开孔的部分 }S_0\end{aligned}\right\} \tag{1-223}$$

式中,U_0 是不存在屏时自由空间中的原波场。(1-223)式就是基尔霍夫边界条件。可以预期,屏的存在会干扰原波场,在屏边界附近 U 和 $\frac{\partial U}{\partial n}$ 的值将偏离(1-223)式。但是,U 和 $\frac{\partial U}{\partial n}$ 的值与(1-223)式有严重偏离的区域只在孔边缘附近一个很窄的环域(波长量级)。只要开孔远大于波长,且 P 点距离边缘不是很近,从而对边缘的积分所占的权重不大,这种偏离对积分的贡献仍然是可以忽略的。

由(1-222)式和(1-223)式,点光源照明的基尔霍夫衍射的积分公式为

$$U(P)=\frac{\mathrm{i}A}{2\lambda}\int_{\Sigma}\left[\cos(n,R)-\cos(n,r)\right]\frac{\mathrm{e}^{-\mathrm{i}k(R+r)}}{Rr}\mathrm{d}\Sigma \tag{1-224}$$

式中,A 为入射光在距点光源单位距离处的振幅,Σ 面为衍射孔,R 为点光源到 Σ 面上任意一点的距离,n 为 Σ 面上任意一点指向光源的法向单位矢量。此时,子波、倾斜因子等都由理论自然给出,不需要人为假定,而是波动方程体现的光的波动本性的逻辑结论。倾斜因子为 $[\cos(n,R)-\cos(n,r)]/2$,常数 $C=\mathrm{i}/\lambda$。基尔霍夫衍射积分公式(1-222)式以波动方程为基础,其理论依据是严格的。

利用基尔霍夫衍射积分公式,可以得到一个重要的结论:如果一衍射屏 Σ_1 的透光部分正是另一衍射屏 Σ_2 的遮光部分,则这两个衍射屏造成的衍射场的复振幅之和等于自由波长的复振幅。这个结论称为巴比涅原理。这样的一对衍射屏称为互补屏。巴比涅原理对由点光源照明的成像系统的衍射分析特别有意义。由于自由光场在像平面上除了几何像点外复振幅皆为 0,因此除几何像点外,两个互补屏在像平面产生的衍射图样(光强分布)完全一样。

需要指出的是,基尔霍夫理论对边界条件的假定是没有理论依据的,而且并不自洽[30]。只有当开孔尺寸远大于波长时,对于到屏的距离远大于开孔尺寸的远场观察点,这些简化和近似才是合理的,所得结论也和实验高度相符。

惠更斯原理、惠更斯-菲涅耳原理和基尔霍夫衍射理论的比较见表 1-3。

表 1-3　三种衍射理论的比较

理　论	理论出发点	人为假设	解释现象	存在问题
惠更斯原理	次波、包络面		几何光学规律	不给出强度
惠更斯-菲涅耳原理	次波的相干性	倾斜因子、待定常数	许多平面孔径衍射的相对光强分布	倾斜因子理论依据不足
基尔霍夫理论	场论积分公式	基尔霍夫边界条件	孔径远大于波长时的远场衍射	边界条件不自洽

(二)亚波长小孔的衍射

当衍射孔径与波长可以比拟时,基尔霍夫衍射积分公式不再适用。这时候,问题的处理方法也完全不一样。下面分析这类问题的处理方法[3]。

亚波长小孔和光场的相互作用形成一个源。如果孔的尺寸比起场发生明显变化的距离来是充分地小,那么这个源可以用其最低阶多极矩(通常是电偶极子和磁偶极子)来近似描写。电偶极矩或者磁偶极矩往往可以同静态或准静态边值问题的解联系起来计算,甚至用几何方法来估算。即使源不是很小,多极子展开能对源的性质给出一种定性的,通常还是半定量的解释。

如果孔比起场有明显变化的距离来是非常小的,那么边值问题可以按这样一个问题近似处理,在问题中"远离孔"(以孔的线度为单位度量的)处的场是无孔时存在的场。对于理想导电面上的孔来说,边值问题是由无孔时存在的法向电场 E_0 和切向磁场 B_0 规定的,而 E_0 和 B_0 被当作是已知的。有效电偶极矩可以与 E_0 联系起来,而有效磁偶极矩可以与 B_0 联系起来。有效偶极矩可以写成

$$\boldsymbol{P}_{\text{有效}} = \gamma^{\mathrm{E}} \boldsymbol{E}_0 \tag{1-225}$$

$$(\boldsymbol{m}_{\text{有效}})_\alpha = \sum_\beta \boldsymbol{\gamma}^{\mathrm{M}}_{\alpha\beta} (\boldsymbol{B}_0)_\beta \tag{1-226}$$

式中,γ^{E} 是电极化率标量,$\boldsymbol{\gamma}^{\mathrm{M}}_{\alpha\beta}$ 是 2×2 磁极化率张量,这个张量在一定主轴下对角化。所以用三个极化率就可以表征一个任意的小孔。如果孔平面两侧都存在场,则可以应用线性叠加法求出。对于最低阶近似来说,可以作准静态近似,忽略 E_0 和 B_0 对时间的依赖关系。所谓准静态,指的是除了按时谐方式做简谐振荡外,其他性质都是静态的。对一个半径为 R 的圆孔来说,根据静态解,可以得到的结果为

$$\boldsymbol{P}_{\text{有效}} = -\frac{R^3}{3\pi} \boldsymbol{E}_0 \tag{1-227}$$

$$\boldsymbol{m}_{\text{有效}} = \frac{2R^3}{3\pi} \boldsymbol{B}_0 \tag{1-228}$$

于是,电极化率和磁极化率分别为

$$\gamma^{\mathrm{E}} = -\frac{R^3}{3\pi} \tag{1-229}$$

$$\gamma^{\mathrm{M}}_{\alpha\beta} = \frac{2R^3}{3\pi} \delta_{\alpha\beta} \tag{1-230}$$

场在孔周围的确切形式与孔的形状有关。在包住孔的一个球面外,场可以用一个多极子展开式来表示,其主要项是偶极场。当然,用有效偶极场只限于离孔一定距离的区域。正好在孔内的场与偶极场无相似之处。

1944 年 Bethe 推导了无限薄理想导体屏上圆形小孔附近电磁场的解析解[31]。当孔的半径 a 远小于波长 λ 时,孔内的电磁场可以看作是均匀的。设光从 $x<0$ 的半空间入射,E_0 和 B_0 是不存在屏时的电磁场,屏所在处为 $x=0$ 平面,$\boldsymbol{r}=r\hat{\boldsymbol{r}}$ 表示 $x>0$ 处一点,且满足 $kr\gg0$。通过计算小孔上的面电流密度和面电荷密度,Bethe 进一步得到

$$\boldsymbol{E}(\boldsymbol{r}) = \frac{1}{3\pi} k^2 a^3 \varphi_0 \hat{\boldsymbol{r}} \times (2c\boldsymbol{B}_0 + \boldsymbol{E}_0 \times \hat{\boldsymbol{r}}) \tag{1-231}$$

$$\boldsymbol{B}(\boldsymbol{r}) = -\frac{1}{3\pi} k^2 a^3 \varphi_0 \hat{\boldsymbol{r}} \times (2\boldsymbol{B}_0 \times \hat{\boldsymbol{r}} - \boldsymbol{E}_0/c) \tag{1-232}$$

式中的 c 为真空中的光速,

$$\varphi_0 = \frac{\mathrm{e}^{\mathrm{i}kr}}{r} \tag{1-233}$$

衍射场的玻印廷矢量为

$$\boldsymbol{S} = \frac{1}{9\pi^2\mu_0} \frac{k^4 a^6}{r^2} \hat{\boldsymbol{r}} (2\hat{\boldsymbol{r}} \times \boldsymbol{B}_0 - \hat{\boldsymbol{r}} \times \hat{\boldsymbol{r}} \times \boldsymbol{E}_0/c)^2 \tag{1-234}$$

因此,衍射到 $x>0$ 的半空间的总功率为

$$P = \frac{4}{27\pi\mu_0} k^4 a^6 \overline{(4B_0^2 + E_0^2/c^2)} \tag{1-235}$$

Bethe 同时指出，亚波长圆孔衍射的远场发射场(1-231)式和(1-232)式等于位于孔中心的一个电偶极子(1-227)式和一个磁偶极子(1-228)式的辐射场，其中电偶极子仅在激发平面波斜入射时被激发。

考虑线偏振平面波入射的情形，设 θ 为入射角，定义衍射截面为透射光功率与入射光玻印廷矢量的比值。当入射波电场垂直于入射面时，衍射截面为

$$A_{\perp} = \frac{64}{27\pi} k^4 a^6 \cos^2\theta \tag{1-236}$$

当入射波电场在入射面内时，衍射截面为

$$A_{\parallel} = \frac{64}{27\pi} k^4 a^6 \left(1 + \frac{1}{4}\sin^2\theta\right) \tag{1-237}$$

如果入射波是自然光，衍射截面为

$$A = \frac{64}{27\pi} k^4 a^6 \left(1 - \frac{3}{8}\sin^2\theta\right) \tag{1-238}$$

因此，总的透射光与 a^6/λ^4 成正比，圆孔单位面积的透射光与 $(a/\lambda)^4$ 成正比，其中 λ 为波长。

但 1950 年 Bouwkamp 指出，Bethe 得到的电场在孔处是不连续的，不符合相关的边界条件[32]。为了推导正确的解，Bouwkamp 首先计算了圆盘的解，得到金属屏上的电流和电荷。对应于小孔，他根据巴比涅原理用磁流和磁荷代替电流和电荷，以此计算磁标势和磁矢势，并进一步由序列展开及圆盘边缘的奇性条件得到电场和磁场。另一种求解圆盘附近电场的方法可以参考文献[33]。

实际上，对于亚波长小孔，媒质与电磁场的耦合和对透射光的扰动比大孔情形强烈而复杂得多。在周期亚波长孔径阵列[34]、具有周期形貌调制的单一孔径[35]等情形，单位面积透射光偏离与 $(a/\lambda)^4$ 成正比的规律而出现透射峰。这种效应被称作透射增强效应。通常认为透射增强效应与表面等离子体激元有关[36-37]，但也有复合衍射衰减波解释[38]和倒模共振解释[39-40]等。透射增强效应仍然是目前理论上和实验上研究的最新课题。

（三）矢量衍射理论

基尔霍夫标量衍射理论把电磁场当作标量波来处理。在远场区，一方面各子波的波矢方向几乎平行，另一方面衍射光强分布通常是一种长时间的平均效应，标量波近似是可以接受的。更严格的处理需要用矢量衍射理论，这可以由矢量波动方程结合场论的矢量积分定理得到[3]。

光波入射到无限大不透明带孔的平面衍射屏上时，其矢量衍射场的精确解可以表示为[41-43]

$$\boldsymbol{E}(x,y,z) = \iint \exp\left[\mathrm{i}(\boldsymbol{\rho}\cdot\boldsymbol{k}_\rho + zk_z)\right]\left\{\widetilde{\boldsymbol{E}}_\perp(\boldsymbol{k}_\rho) - \left[\frac{\widetilde{\boldsymbol{E}}_\perp(\boldsymbol{k}_\rho)\cdot\boldsymbol{k}_\rho}{k_z}\right]e_z\right\}\mathrm{d}^2\boldsymbol{k}_\rho \tag{1-239}$$

式中，$\boldsymbol{\rho} = x\boldsymbol{e}_x + y\boldsymbol{e}_y$，$\boldsymbol{k}_\rho = k_x\boldsymbol{e}_x + k_y\boldsymbol{e}_y$，$k_z = \sqrt{k^2 - k_x^2 - k_y^2}$；$\widetilde{\boldsymbol{E}}_\perp(\boldsymbol{k}_\rho)$ 为衍射孔内场的横向分量 $\boldsymbol{E}_\perp(x, y, 0)$ 的二维傅里叶变换：

$$\widetilde{\boldsymbol{E}}_\perp(\boldsymbol{k}_\rho) = \frac{1}{(2\pi)^2}\iint \exp\left[-\mathrm{i}(\boldsymbol{\rho}\cdot\boldsymbol{k}_\rho)\right]\boldsymbol{E}_\perp(x,y,0)\,\mathrm{d}^2\boldsymbol{\rho} \tag{1-240}$$

如果忽略倏逝波，可将 $\exp(\mathrm{i}k_z z)$ 展开为

$$\exp(\mathrm{i}k_z z) = \exp\left\{\mathrm{i}kz\left[1 - \frac{1}{2}\left(\frac{k_\rho}{k}\right)^2 - \frac{1}{8}\left(\frac{k_\rho}{k}\right)^4 + \cdots\right]\right\} \tag{1-241}$$

将(1-241)式保留至第二项，代入(1-239)式中，且近似取 $k_z = k$，便可求得衍射场纵向分量级数解的一级近似：

$$E_z^{(1)}(x,y,z) \approx -\frac{1}{k}\exp(\mathrm{i}kz)\iint \exp\left[\mathrm{i}\left(\boldsymbol{\rho}\cdot\boldsymbol{k}_\rho - \frac{k_\rho^2}{2k}z\right)\right]\widetilde{\boldsymbol{E}}_\perp(\boldsymbol{k}_\rho)\cdot\boldsymbol{k}_\rho e_z\,\mathrm{d}^2\boldsymbol{k}_\rho \tag{1-242}$$

将(1-241)式保留至第三项，代入(1-239)式中，衍射场的横向分量可以近似表示为

$$\boldsymbol{E}_\perp(x,y,z) \approx \exp(\mathrm{i}kz)\iint \exp\left[\mathrm{i}\left(\boldsymbol{\rho}\cdot\boldsymbol{k}_\rho - \frac{k_\rho^2}{2k}z\right)\right]\exp\left(-\mathrm{i}\frac{k_\rho^4}{8k^3}z\right)\widetilde{\boldsymbol{E}}_\perp(\boldsymbol{k}_\rho)\,\mathrm{d}^2\boldsymbol{k}_\rho \tag{1-243}$$

进一步采用近似 $\exp\left(-\mathrm{i}\dfrac{k_\rho^4}{8k^3}z\right)\approx 1-\mathrm{i}\dfrac{k_\rho^4}{8k^3}z$，便可求得衍射场横向分量的二级近似级数解为

$$\boldsymbol{E}_\perp^{(2)}(x,y,z)\approx\exp(\mathrm{i}kz)\iint\exp\left[\mathrm{i}\left(\boldsymbol{\rho}\cdot\boldsymbol{k}_\rho-\frac{k_\rho^2}{2k}z\right)\right]\left(1-\mathrm{i}\frac{k_\rho^4}{8k^3}z\right)\tilde{\boldsymbol{E}}_\perp(\boldsymbol{k}_\rho)\mathrm{d}^2\boldsymbol{k}_\rho \tag{1-244}$$

若将(1-241)式保留至更高阶项，便可求得衍射场横向分量的更高阶的近似级数解。

当光栅周期接近或小于所使用的光波波长时，其衍射特性具有明显的矢量效应，衍射能量的分布与入射波的偏振态有关，已不能用标量理论来解释，而必须用矢量衍射理论来分析。求解光栅矢量衍射特性的方法包括积分法[44]、微分法[45]、耦合法[46]、等效介质理论[47]和模式匹配法[48]等。但总的来说，目前电磁矢量衍射理论还不完备和成熟。

归根结底，亚波长光栅的矢量衍射问题属于电磁场的边值问题。如果这类问题按 TE、TM 态分别求解，会具有直角坐标投影分解的便利。但遗憾的是，不论是电场分量还是磁场分量，除了在少数特殊情况下一般不能通过它们在欧氏空间的投影得到能分离的标量偏微分方程组，因此需预先对电磁场的入射方向和偏振态加以限制，简化麦克斯韦方程组，才能按 TE、TM 态分别求解。要把问题一般化，矢量场需要使用 Hansen 矢量波函数进行分解[49-51]。带有边界条件的亥姆霍兹矢量方程 $(\nabla^2+k^2)\boldsymbol{F}=0$ 的 Hansen 矢量波函数由以下方式得到：首先根据所采用的坐标系统求出相应的标量亥氏方程的解 $\boldsymbol{\Psi}$，$\boldsymbol{\Psi}$ 称为生成函数。则 Hansen 矢量波函数为 $\{\boldsymbol{L},\boldsymbol{M},\boldsymbol{N}\}$，其中 $\boldsymbol{L}=\nabla\boldsymbol{\Psi}$，$\boldsymbol{M}=\nabla\boldsymbol{\Psi}\times z_0$，$\boldsymbol{N}=\dfrac{1}{k}\nabla\times\boldsymbol{M}$，$z_0$ 为 z 坐标轴的单位矢量。由此得到的 $\{\boldsymbol{L},\boldsymbol{M},\boldsymbol{N}\}$ 是正交完备的[52]，因此可将电磁场矢量以 $\{\boldsymbol{L},\boldsymbol{M},\boldsymbol{N}\}$ 矢量函数为基矢展开。无源时，$\boldsymbol{L}=0$。用这种分解方法，可以处理任意入射方向和偏振态的场的光栅衍射问题。

Hansen 矢量波函数理论的出发点是经典场论中的一个基本点：一个任意的矢量函数一定可以通过三个独立的标量函数来表示。换言之，一个完备的矢量函数空间一定是三维的，由三个完备的标量函数空间来构成。$\{\boldsymbol{L},\boldsymbol{M},\boldsymbol{N}\}$ 函数系中每一个矢量波函数各代表了矢量函数空间的一个维度。$\boldsymbol{L}$ 代表纵场，$\boldsymbol{M}$、$\boldsymbol{N}$ 分别代表横场。从数学观点来看，实质上是从矢量偏微分算子所属的矢量本征函数空间中求解带有边值条件的麦克斯韦方程组。通过对矢量偏微分算子矢量本征函数系的投影得到能分离的标量偏微分方程组，最终就可得到严格的矢量场解。

衍射问题可以用麦克斯韦方程组加边界条件来严格处理，但能给出解析解的情形只有少数特例[30]，包括：①平面波入射到导体球上；②平面波入射到无限大导体直劈上；③平面波入射到导体圆片上；④平面波入射到开有圆孔的无限大导体平面屏上；⑤平面波入射到无限大导体圆柱上。

（四）边界和光阑

光能绕过障碍物产生衍射图形。各种光学元件、狭缝、光阑等对光都有限制作用。这种限制作用通常用孔径函数表示。例如，沿 z 方向传输的光 $U(x,y)$ 经过孔径函数的调制得到的光场分布是

$$f(x,y)=U(x,y)p_a(x,y) \tag{1-245}$$

这里，在孔径位置处孔径函数的作用可表述为

$$p_a(x,y)=\begin{cases}1, & \text{孔径内}\\ 0, & \text{孔径外}\end{cases} \tag{1-246}$$

孔径函数的空间傅里叶变换是

$$p(\nu_x,\nu_y)=\int_{-\infty}^{\infty}p(x,y)\mathrm{e}^{\mathrm{i}2\pi(\nu_x x+\nu_y y)}\mathrm{d}x\mathrm{d}y \tag{1-247}$$

于是，具有空间调制的波在远离孔径的地方产生衍射，在几何阴影处出现衍射图形，例如像散、条纹以及干涉环等。研究由于衍射造成的像散是成像系统设计的重要工作。

设无限大不透光开孔衍射屏为 (x_0,y_0) 平面，无限大观察屏为 (x_1,y_1) 平面，二者互相平行，距离为 z。在计算衍射图形时，在光源和图像距孔径都很远的情况，用平面波近似球面子波，称为夫琅禾费衍射(Fraunhofer diffraction)。夫琅禾费近似的限制条件为

$$z \gg \frac{k\,(x_0^2+y_0^2)_{\max}}{2} \tag{1-248}$$

夫琅禾费衍射方程为

$$U(x_1,y_1)=C\iint_{-\infty}^{\infty}U(x_0,y_0)\exp\left[\mathrm{i}\frac{2\pi}{\lambda z}(x_1x_0+y_1y_0)\right]\mathrm{d}x_0\mathrm{d}y_0 \tag{1-249}$$

其中

$$C=\frac{\mathrm{i}}{\lambda z}\exp\left(-\mathrm{i}kz\right)\exp\left[-\mathrm{i}\frac{k}{2z}(x_1^2+y_1^2)\right] \tag{1-250}$$

考虑到有限距离，但 z 仍然足够大，球面子波的 r 用 z 展开并保留到级数展开式中的第二阶，称为菲涅耳衍射(Fresnel diffraction)。

$$U(x_1,y_1)=\frac{\mathrm{i}}{\lambda z}\exp\left(-\mathrm{i}kz\right)\iint_{-\infty}^{\infty}U(x_0,y_0)\exp\left\{-\frac{\mathrm{i}k}{2z}\left[(x_1-x_0)^2+(y_1-y_0)^2\right]\right\}\mathrm{d}x_0\mathrm{d}y_0 \tag{1-251}$$

两种衍射的对比见表 1-4。

表 1-4 夫琅禾费衍射和菲涅耳衍射的区别

	夫琅禾费衍射	菲涅耳衍射
源点和场点满足傍轴近似	是	是
源点和场点满足远场近似	是	不同时是
源点和场点在无限远	是	至少二者之一不是
平行光衍射	是	不是
光源面和接收平面是物像共轭面	是	不是

菲涅耳衍射可以用半波带法来近似处理，对处理规则孔径(圆孔、矩形孔等)的衍射尤为方便。菲涅耳衍射公式要求对波前作无限分割再作积分，数学上繁杂；半波带法则对波前作有限分割，并把积分式化为有限项求和，结果虽然不够精细，却可以很方便地得到衍射图样的特征。相邻波带因相位相反，对观察点的场强的贡献是相干相消。利用这一性质，可以制成菲涅耳波带片，把透明胶片的相间半波带涂黑，可以使轴上一定距离的场点的光强增加几个数量级。

处理衍射是一个复杂问题，通常都包含有近似。这些近似包括孔径光阑的突变边界，光阑材料的光学性质及其与光的相互作用，光阑边界的不规整性质等。实际的衍射图形，也表现为一种模糊。通常说的得到了衍射极限的光斑，即是说系统设计已经达到最佳，因为即使是准确的平行光和尽可能完善的聚光系统，在焦点处的光斑都具有一定的尺度。当然，突破衍射极限的高分辨率也是成像系统研究前沿的一个课题。

(五)周期结构

周期结构的衍射实际上可以看作是干涉和衍射的混合问题，是结构单元的衍射光的多光束干涉。多光束干涉的结果导致干涉条纹非常细锐，因此基于周期结构衍射的光栅光谱仪的色散率和分辨率都很高。

(1-63)式介绍了布拉格衍射对传输波长的选择作用，这里讨论同一波长的光通过周期结构形成的多级衍射。一般情况下是在两种材料之间由表面的几何形貌改变形成的周期结构。例如波导表面的周期结构，分布反射半导体激光器的周期结构，以及用于光谱分析而刻制的光栅等。这时，周期结构两侧的折射率是不同的，如图 1-26 所示。

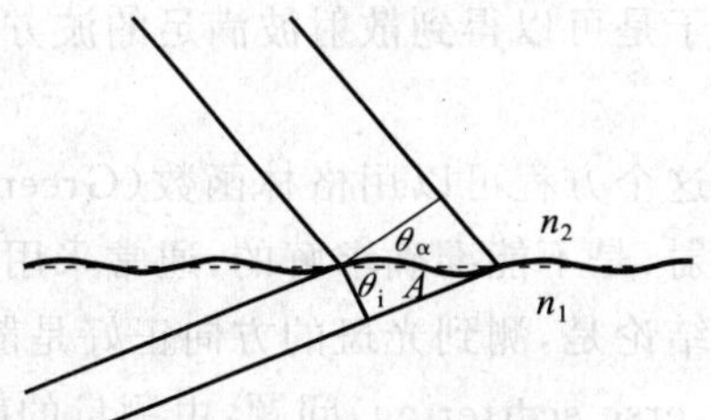

图 1-26 光在两种材料的周期分布界面上的衍射

按照图上标出的条件计算相邻周期衍射的光的光程差，可以得到衍射角同入射角的关系：

$$n_2\sin\theta_\alpha = n_1\sin\theta_i + m\,\frac{\lambda}{\Lambda}\,,\qquad m=0,\pm1,\pm2,\cdots \tag{1-252}$$

这里，0 级衍射符合光在界面的折射规律，Λ 为周期的几何长度。随着周期长度的增加，衍射角间距变小，衍射的最大级次增高，衍射光束的数量增加。

由于光学材料成分的周期变化导致的折射率的周期变化，或者由于声波的作用，导致材料密度的变化引起折射率的周期变化，造成的衍射具有相同的性质，理论处理是相似的。

四、光的散射

散射研究的是介质与波场相互作用导致介质成为新的辐射源，向外辐射不同波矢、不同频率的电磁波的现象，介质的性质会出现在波场演化的方程中。无论是衍射还是散射都是各子波相干叠加的结果。研究光的衍射和散射，更深刻地揭示了光的电磁场相干本质。电磁场本质上是非局域的和相干的。在相干相消的位置，场仍然存在。在统计光学和傅里叶光学中定义了相干长度和相干时间，也只是说在那个相干时间或相干长度之外不能通过光强分布准确确定相位关系。这种不能准确确定相位关系的趋势，称为消相干。

（一）散射的方程

光的散射是统计光学和量子光学研究的一个主题，分弹性散射和非弹性散射。光与物质相互作用的结果，是向空间不同方向发射出不同幅度的相同频率或不同频率的光，散射光的频率和空间分布由不同物理机制制约。但是散射问题也可以用经典的电磁场理论进行研究。散射产生不同频率的光用非线性波动方程处理；散射为同频率但是不同方向的光，用非均匀介质中的波动方程处理。特别是对于弹性散射，即散射光频率不发生变化的情况，可以得到很多直观和有用的结果。只考虑折射率空间分布引起单色平面波散射的情况，波动方程变为

$$\nabla^2 \boldsymbol{E} - k^2 \varepsilon(\boldsymbol{r}) \boldsymbol{E} + \nabla(\boldsymbol{E} \cdot \nabla \ln \varepsilon) = 0 \tag{1-253}$$

这里，介电系数为空间坐标的函数。这个方程因为有第三项的存在，依然很难求解。实际情况是，光波长通常都比传输介质变动的尺度小，即在一个波长范围内，介质可以看成是均匀的。大气湍流、声波粗糙表面和材料的不均匀等，都可以这样考虑。这样可以忽略第三项，得到研究散射的波动方程：

$$\nabla^2 \boldsymbol{E}(\boldsymbol{r},\omega) + k^2 n^2(\boldsymbol{r},t) \boldsymbol{E}(\boldsymbol{r},\omega) = 0 \tag{1-254}$$

通常，还是方便地用标量波方程来讨论，近似地将折射率分为常数项和随空间变动的一项微扰，写为

$$\nabla^2 E(\boldsymbol{r},\omega) + k^2 E(\boldsymbol{r},\omega) = -4\pi F(\boldsymbol{r},\omega) E(\boldsymbol{r},\omega) \tag{1-255}$$

其中

$$F(\boldsymbol{r},\omega) = \frac{1}{4\pi} k^2 [n^2(\boldsymbol{r},\omega) - 1] \tag{1-256}$$

称为介质的散射势(scattering potential)，对应于量子理论中使用的术语。同时，还将总电磁场写为入射场和散射场之和[6]：

$$E(\boldsymbol{r},\omega) = E^{(i)}(\boldsymbol{r},\omega) + E^{(s)}(\boldsymbol{r},\omega) \tag{1-257}$$

于是可以得到散射波满足的波方程：

$$(\nabla^2 + k^2) E^{(s)}(\boldsymbol{r},\omega) = -4\pi F(\boldsymbol{r},\omega) E(\boldsymbol{r},\omega) \tag{1-258}$$

这个方程可以用格林函数(Green function)求解。但是，大多数问题都是处理未知的或随机分布参数的散射，是不能准确求解的，通常采用各种近似方法。用微扰方法加迭代方法可以得到需要的结果。一个重要的结论是，测到光斑的方向正好是散射势一级近似空间傅里叶分量衍射的方向。这立刻就引申出逆散射(inverse scattering)问题：由测量的散斑，通过微扰函数的设计研究散射机制。各种散射问题可以归结为周期结构的衍射问题。因此，在这里衍射和散射没有本质的区别。

（二）米氏散射

线性散射问题也可以用分区均匀介质内的麦克斯韦方程组加上边界条件来求解，但只有球形粒子、导体柱等少数情形可以精确求解[2]。任意直径、任意成分的单个均匀球体的平面波散射问题可以通过匹配边界条件严格求解，一般称之为米氏散射(Mie scattering)。如果多个球体之间的散射光没有确定的相位关系，总散射能量就等于各个球体散射能量之和。米氏理论在研究海洋光学中的光传输和大气尘埃、云及雾等对光透射的影响等方面有广泛应用[6]。下面简要阐述米氏散射的电磁理论[2,6,53]。

为了简单起见，设介质和散射球体都是非磁性的。一束沿 z 方向传播、沿 x 方向偏振的单色平面波入射到散射球体，其电场矢量为

$$\boldsymbol{E}=\hat{\boldsymbol{x}}E_0\mathrm{e}^{\mathrm{i}kz}=\hat{\boldsymbol{x}}E_0\mathrm{e}^{\mathrm{i}kr\cos\theta} \tag{1-259}$$

散射波是球面波。可将球面波分解为 $\hat{\boldsymbol{r}}$ 方向的 TM 波和 $\hat{\boldsymbol{r}}$ 方向的 TE 波，这两个场分量分别满足

$$\left.\begin{aligned}&{}^{\mathrm{e}}E_{\mathrm{r}}=E_{\mathrm{r}}\quad {}^{\mathrm{e}}H_{\mathrm{r}}=0\\&{}^{\mathrm{m}}E_{\mathrm{r}}=0,\quad {}^{\mathrm{m}}H_{\mathrm{r}}=H_{\mathrm{r}}\end{aligned}\right\} \tag{1-260}$$

为方便求解，引入德拜电势 π_{e} 和磁势 π_{m} 。π_{e} 和 π_{m} 都满足标量亥姆霍兹方程：

$$(\nabla^2+k^2)\pi_{\mathrm{e,m}}=0 \tag{1-261}$$

在球坐标下

$$\nabla^2=\frac{1}{r}\frac{\partial^2}{\partial r^2}r+\frac{1}{r^2\sin\theta}\frac{\partial}{\partial\theta}\sin\theta\frac{\partial}{\partial\theta}+\frac{1}{r^2\sin^2\theta}\frac{\partial^2}{\partial\varphi^2} \tag{1-262}$$

对 $\hat{\boldsymbol{r}}$ 方向的 TM 波：

$$\boldsymbol{A}=\boldsymbol{r}\pi_{\mathrm{e}} \tag{1-263}$$

$$\boldsymbol{H}=\nabla\times\boldsymbol{A}=\hat{\boldsymbol{\theta}}\frac{1}{\sin\theta}\frac{\partial}{\partial\varphi}\pi_{\mathrm{e}}-\hat{\boldsymbol{\varphi}}\frac{\partial}{\partial\theta}\pi_{\mathrm{e}} \tag{1-264}$$

对 $\hat{\boldsymbol{r}}$ 方向的 TM 波：

$$\boldsymbol{Z}=\boldsymbol{r}\pi_{\mathrm{m}} \tag{1-265}$$

$$\boldsymbol{E}=\nabla\times\boldsymbol{Z}=\hat{\boldsymbol{\theta}}\frac{1}{\sin\theta}\frac{\partial}{\partial\varphi}\pi_{\mathrm{m}}-\hat{\boldsymbol{\varphi}}\frac{\partial}{\partial\theta}\pi_{\mathrm{m}} \tag{1-266}$$

应用麦克斯韦方程组和(1-262)式，可以得到球坐标下的场分量为

$$\left.\begin{aligned}E_r&=\frac{\mathrm{i}}{\omega\varepsilon}\left(\frac{\partial^2}{\partial r^2}r\pi_{\mathrm{e}}+k^2r\pi_{\mathrm{e}}\right)\\E_\theta&=\frac{\mathrm{i}}{\omega\varepsilon}\frac{1}{r}\frac{\partial^2}{\partial r\,\partial\theta}r\pi_{\mathrm{e}}+\frac{1}{\sin\theta}\frac{\partial}{\partial\varphi}\pi_{\mathrm{m}}\\E_\varphi&=\frac{\mathrm{i}}{\omega\varepsilon}\frac{1}{r\sin\theta}\frac{\partial^2}{\partial r\,\partial\varphi}r\pi_{\mathrm{e}}-\frac{\partial}{\partial\theta}\pi_{\mathrm{m}}\end{aligned}\right\} \tag{1-267}$$

$$\left.\begin{aligned}H_r&=-\frac{\mathrm{i}}{\omega\mu}\left(\frac{\partial^2}{\partial r^2}r\pi_{\mathrm{m}}+k^2r\pi_{\mathrm{m}}\right)\\H_\theta&=-\frac{\mathrm{i}}{\omega\mu}\frac{1}{r}\frac{\partial^2}{\partial r\,\partial\theta}r\pi_{\mathrm{m}}+\frac{1}{\sin\theta}\frac{\partial}{\partial\varphi}\pi_{\mathrm{e}}\\H_\varphi&=-\frac{\mathrm{i}}{\omega\mu}\frac{1}{r\sin\theta}\frac{\partial^2}{\partial r\,\partial\varphi}r\pi_{\mathrm{m}}-\frac{\partial}{\partial\theta}\pi_{\mathrm{e}}\end{aligned}\right\} \tag{1-268}$$

为了与球面边界条件相匹配，需要把入射波用球谐函数表示。利用球谐函数的性质，有

$$\mathrm{e}^{\mathrm{i}kr\cos\theta}=\frac{1}{kr}\sum_{n=0}^{\infty}\mathrm{i}^n(2n+1)\psi_n(kr)\mathrm{P}_n(\cos\theta) \tag{1-269}$$

式中，$\psi_n(x)=\sqrt{\pi x/2}\,\mathrm{J}_{n+1/2}(x)$，$\mathrm{J}_{n+1/2}(x)$ 为第一类柱贝塞尔(Bessel)函数；$\mathrm{P}_n(\cos\theta)$ 是勒让德多项式。利用(1-269)式，可以把 E_r 用球谐函数表示为

$$E_r=E_0\sin\theta\cos\varphi\,\mathrm{e}^{\mathrm{i}kr\cos\theta}=\frac{E_0\cos\varphi}{(kr)^2}\sum_{n=1}^{\infty}\mathrm{i}^{n-1}(2n+1)\psi_n(kr)\mathrm{P}_n^{(1)}(\cos\theta) \tag{1-270}$$

式中，$\mathrm{P}_n^{(1)}(\cos\theta)$ 为连带勒让德函数。由(1-270)式，可知入射光场(1-259)式的德拜电势为

$$\pi_{\mathrm{e}}^{\mathrm{i}}=\frac{E_0\cos\varphi}{k^2r}\sum_{n=1}^{\infty}\frac{\mathrm{i}^{n-1}(2n+1)}{n(n+1)}\psi_n(kr)\mathrm{P}_n^{(1)}(\cos\theta) \tag{1-271}$$

同理可得德拜磁势为

$$\pi_{\mathrm{m}}^{\mathrm{i}}=\frac{E_0\sin\varphi}{\eta k^2r}\sum_{n=1}^{\infty}\frac{\mathrm{i}^{n}(2n+1)}{n(n+1)}\psi_n(kr)\mathrm{P}_n^{(1)}(\cos\theta) \tag{1-272}$$

式中，$\eta=\sqrt{\mu_0/\varepsilon_0}$ 。

因此，球外($r>a$)的散射场的德拜电势和磁势可以假设为

$$\left.\begin{aligned}\pi_{\mathrm{e}}^{\mathrm{s}} &= \frac{E_0\cos\varphi}{k^2 r}\sum_{n=1}^{\infty}\frac{\mathrm{i}^{n-1}(2n+1)}{n(n+1)}A_n\zeta_n(kr)\mathrm{P}_n^{(1)}(\cos\theta)\\ \pi_{\mathrm{m}}^{\mathrm{s}} &= \frac{E_0\sin\varphi}{\eta k^2 r}\sum_{n=1}^{\infty}\frac{\mathrm{i}^{n}(2n+1)}{n(n+1)}B_n\zeta_n(kr)\mathrm{P}_n^{(1)}(\cos\theta)\end{aligned}\right\}\tag{1-273}$$

式中，$\zeta_n(x)=\sqrt{\pi x/2}\,\mathbf{H}_{l+1/2}^{(1)}(x)$，$\mathbf{H}_{l+1/2}^{(1)}(x)$ 为柱汉克尔函数；A_n、B_n 为待定系数。

在 $r<a$ 的球内区域，定义 $m^2=\varepsilon_r$，则球内场相应的德拜电势和磁势假定为

$$\left.\begin{aligned}\pi_{\mathrm{e}}^{n} &= \frac{E_0\cos\varphi}{k^2 r m^2}\sum_{n=1}^{\infty}\frac{\mathrm{i}^{n-1}(2n+1)}{n(n+1)}C_n\psi_n(krm)\mathrm{P}_n^{(1)}(\cos\theta)\\ \pi_{\mathrm{m}}^{n} &= \frac{E_0\sin\varphi}{\eta k^2 r m^2}\sum_{n=1}^{\infty}\frac{\mathrm{i}^{n}(2n+1)}{n(n+1)}D_n\psi_n(krm)\mathrm{P}_n^{(1)}(\cos\theta)\end{aligned}\right\}\tag{1-274}$$

式中，C_n 和 D_n 是待定系数。

A_n、B_n、C_n 及 D_n 可以通过 $r=a$ 处的电磁场切向分量连续给出。但这里只对表征散射波特性的 A_n 和 B_n 感兴趣。由边界条件可以确定 A_n 和 B_n 分别为

$$A_n=\frac{\psi_n(\alpha)\psi'_n(\beta)-m\psi_n(\beta)\psi'_n(\alpha)}{\zeta_n(\alpha)\psi'_n(\beta)-m\psi_n(\beta)\zeta'_n(\alpha)}\tag{1-275}$$

$$B_n=\frac{m\psi_n(\alpha)\psi'_n(\beta)-\psi_n(\beta)\psi'_n(\alpha)}{m\zeta_n(\alpha)\psi'_n(\beta)-\psi_n(\beta)\zeta'_n(\alpha)}\tag{1-276}$$

式中，$\alpha=ka$，$\beta=kam$。由(1-267)式、(1-268)式及(1-273)式、(1-275)式和(1-276)式，可以确定散射电磁场各分量的解析表达式即米氏公式为

$$\left.\begin{aligned}E_r^{\mathrm{s}} &= \frac{E_0\cos\varphi}{k^2 r^2}\sum_{n=1}^{\infty}\mathrm{i}^{n-1}(2n+1)A_n\zeta_n(kr)\mathrm{P}_n^{(1)}(\cos\theta)\\ E_\theta^{\mathrm{s}} &= \frac{E_0\cos\varphi}{kr}\sum_{n=1}^{\infty}\frac{\mathrm{i}^{n}(2n+1)}{n(n+1)}\left(A_n\frac{\mathrm{d}\zeta_n(kr)}{\mathrm{d}r}\frac{\mathrm{dP}_n^{(1)}(\cos\theta)}{\mathrm{d}\theta}+B_n\zeta_n(kr)\frac{\mathrm{P}_n^{(1)}(\cos\theta)}{\sin\theta}\right)\\ E_\varphi^{\mathrm{s}} &= \frac{E_0\sin\varphi}{kr}\sum_{n=1}^{\infty}\frac{\mathrm{i}^{n}(2n+1)}{n(n+1)}\left(A_n\frac{\mathrm{d}\zeta_n(kr)}{\mathrm{d}r}\frac{\mathrm{P}_n^{(1)}(\cos\theta)}{\sin\theta}+B_n\zeta_n(kr)\frac{\mathrm{dP}_n^{(1)}(\cos\theta)}{\mathrm{d}\theta}\right)\end{aligned}\right\}\tag{1-277}$$

$$\left.\begin{aligned}H_r^{\mathrm{s}} &= -\frac{H_0\sin\varphi}{k^2 r^2}\sum_{n=1}^{\infty}\mathrm{i}^{n-1}(2n+1)B_n\zeta_n(kr)\mathrm{P}_n^{(1)}(\cos\theta)\\ H_\theta^{\mathrm{s}} &= -\frac{H_0\sin\varphi}{kr}\sum_{n=1}^{\infty}\frac{\mathrm{i}^{n}(2n+1)}{n(n+1)}\left(A_n\zeta_n(kr)\frac{\mathrm{P}_n^{(1)}(\cos\theta)}{\sin\theta}+B_n\frac{\mathrm{d}\zeta_n(kr)}{\mathrm{d}r}\frac{\mathrm{dP}_n^{(1)}(\cos\theta)}{\mathrm{d}\theta}\right)\\ H_\varphi^{\mathrm{s}} &= \frac{H_0\cos\varphi}{kr}\sum_{n=1}^{\infty}\frac{\mathrm{i}^{n}(2n+1)}{n(n+1)}\left(A_n\zeta_n(kr)\frac{\mathrm{dP}_n^{(1)}(\cos\theta)}{\mathrm{d}\theta}+B_n\frac{\mathrm{d}\zeta_n(kr)}{\mathrm{d}r}\frac{\mathrm{P}_n^{(1)}(\cos\theta)}{\sin\theta}\right)\end{aligned}\right\}\tag{1-278}$$

远场处散射光波场的切向分量 E_θ^{s} 和 E_φ^{s} 的米氏散射公式可以简化为

$$\left.\begin{aligned}E_\theta^{\mathrm{s}} &= \frac{\mathrm{i}E_0\mathrm{e}^{\mathrm{i}kr}\cos\varphi}{kr}\sum_{n=1}^{\infty}\frac{(2n+1)}{n(n+1)}\left(A_n\frac{\mathrm{dP}_n^{(1)}(\cos\theta)}{\mathrm{d}\theta}+B_n\frac{\mathrm{P}_n^{(1)}(\cos\theta)}{\sin\theta}\right)\\ E_\varphi^{\mathrm{s}} &= -\frac{\mathrm{i}E_0\mathrm{e}^{\mathrm{i}kr}\sin\varphi}{kr}\sum_{n=1}^{\infty}\frac{(2n+1)}{n(n+1)}\left(A_n\frac{\mathrm{P}_n^{(1)}(\cos\theta)}{\sin\theta}+B_n\frac{\mathrm{dP}_n^{(1)}(\cos\theta)}{\mathrm{d}\theta}\right)\end{aligned}\right\}\tag{1-279}$$

散射光波切向分量与距离成反比，而散射场的径向分量 E_r^{s} 则与距离平方成反比。因此在距离远大于波长时，散射光的径向分量与切向分量相比可以忽略，散射光是横波。

远场处，散射截面和粒子的实际几何截面 πa^2 之比为

$$\frac{\sigma_{\mathrm{s}}}{\pi a^2}=\frac{2}{k^2a^2}\sum_{n=1}^{\infty}(2n+1)(|A_n|^2+|B_n|^2)\tag{1-280}$$

不同粒径球形散射体经米氏散射后散射光的角分布如图 1-27 所示。当半径 a 与入射光波长 λ 之比 a/λ

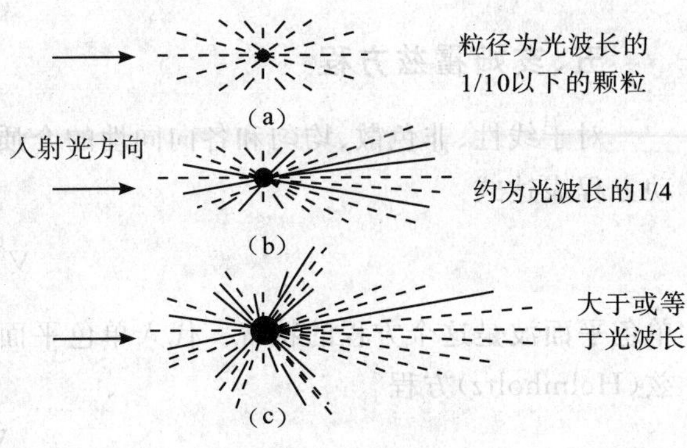

图 1-27　米氏散射

很小(小于 0.1)时,散射光强与波长的关系与瑞利散射定律一致;如果 a/λ 在 0.1～10 之间,随着粒子线度的增大,散射光强随波长的变化出现起伏,但幅度逐渐减小;当 a/λ 大于 10 时,散射光强基本上与波长无关。而且,随着粒子的增大,散射光将主要集中在入射光前方。

(三)瑞利散射

当球形粒子尺寸远小于波长时,散射场基本上可以看成是由点源散射产生的。外加电场在粒子上感生偶极矩,粒子作为偶极子天线产生再辐射,形成散射场。这就是瑞利(Rayleigh)散射。用偶极辐射场就可以很好地描述瑞利散射的特性。在入射平面波作用下,感生偶极矩为[2]

$$p=-4\mathrm{i}\pi ka^3\sqrt{\frac{\varepsilon}{\mu}}\frac{\varepsilon_s-\varepsilon}{\varepsilon_s+2\varepsilon}E_0 \tag{1-281}$$

式中,a 为粒子半径,ε、μ 为环境的介电常数和磁导率,ε_s 为粒子介电常数,E_0 为入射平面波电场振幅。

利用偶极辐射公式,可以得到粒子总的散射功率为

$$P=\frac{4\pi}{3}\sqrt{\frac{\varepsilon}{\mu}}\left(\frac{\varepsilon_s-\varepsilon}{\varepsilon_s+2\varepsilon}E_0k^2a^3\right)^2 \tag{1-282}$$

因此,总的散射功率和波矢 ($k=2\pi/\lambda$) 大小的四次方成正比,即与波长的四次方成反比,而散射波的振幅与光波长平方的倒数成比例。同时,散射功率与半径的六次方成正比。这一点和亚波长小孔衍射是一致的。

散射截面为

$$\sigma_s=\frac{P}{\frac{1}{2}\sqrt{\frac{\varepsilon}{\mu}}E_0^2}=\frac{8\pi}{3}\left(\frac{\varepsilon_s-\varepsilon}{\varepsilon_s+2\varepsilon}k^2a^3\right)^2 \tag{1-283}$$

粒子散射截面和粒子的实际几何截面 πa^2 之比的表达式称为瑞利公式,为

$$\frac{\sigma_s}{\pi a^2}=\frac{8(ka)^4}{3}\left(\frac{\varepsilon_s-\varepsilon}{\varepsilon_s+2\varepsilon}\right)^2 \tag{1-284}$$

瑞利公式只在粒子半径远小于波长时成立。

实际上,对几何形状不规则的散射体,只要足够小就可以认为是它的感生偶极矩在辐射散射场,都可以认为是瑞利散射。宏观均匀物体在小范围内存在固有的均匀性热涨落,因此瑞利散射普遍存在。

设 α、β、γ 是散射方向(即观察方向)与 x、y、z 轴正向的夹角。利用偶极辐射公式,当入射光沿 z 轴正方向传播时,对 x 方向的线偏振光,散射光强度的空间分布为

$$I\propto\sin^2\alpha \tag{1-285}$$

对 y 方向的线偏振光,散射光强度的空间分布为

$$I\propto\sin^2\beta \tag{1-286}$$

这两种情形下,各方向的散射光都是线偏振光,但在入射光电矢量的振动方向上,散射光强为 0。如果入射光是自然光,则散射光强度的空间分布为

$$I\propto(1+\cos^2\gamma)/2 \tag{1-287}$$

散射光的偏振态是 x 方向的线偏振光和 y 方向的线偏振光的贡献的叠加。在垂直于入射方向的 (x,y) 平面内,散射光都是振动方向在该平面内的线偏振光;沿 z 轴的散射光仍是自然光;在其他方向上的散射光为部分偏振光。

在信息技术中关心由于散射造成的损耗,这个损耗是所有各个方向散射的积分。在玻璃中,分子的位置有一个无序的微小的局域变化,导致折射率非均匀变化,形成微小散射中心,产生瑞利散射,被视为本征损耗。瑞利散射的特征就是长波损耗比短波损耗小,光通信波长的发展从 0.85 μm、1.31 μm 到 1.55 μm,以至将来可能发展到 2.5 μm,都说明了这种散射特性。

五、亥姆霍兹方程

对于线性、非色散、均匀和各向同性的介质,(1 40)式的第二项等于 0,光速也变为常数,得到典型的波动方程表达式

$$\nabla^2 \boldsymbol{E} - \frac{1}{v^2}\frac{\partial^2 \boldsymbol{E}}{\partial t^2} = 0 \tag{1-288}$$

单色平面波是这个方程的特解。代入单色平面波,完成对时间的微商,即令 $\partial \boldsymbol{E}/\partial t = \mathrm{i}\omega \boldsymbol{E}$,得到矢量亥姆霍兹(Helmholtz)方程

$$\nabla^2 \boldsymbol{E} + k^2 \boldsymbol{E} = 0 \tag{1-289}$$

其中

$$k = \omega(\varepsilon\mu_0)^{1/2} = nk_0 = \frac{2\pi n}{\lambda_0} \tag{1-290}$$

是各向同性介质中的传播常数。方程(1-288)式的通解是单色平面波的线性叠加,这是由线性微分方程的性质决定的。方程的求解变为根据边界条件求出各单色平面波叠加时的加权系数。

如果忽略场的矢量性,就得到标量亥姆霍兹方程:

$$\nabla^2 E + k^2 E = 0 \tag{1-291}$$

单色平面波也是标量亥姆霍兹方程的解。除了单色平面波外,球面波也是标量亥姆霍兹方程的解。由 $r = |\boldsymbol{r}| = \sqrt{x^2+y^2+z^2}$,从直角坐标变换到球坐标,作变数变换(例如,$\partial/\partial x = (\partial r/\partial x)(\partial/\partial r) = (x/r)(\partial/\partial r)$),经过直接计算,得到

$$\nabla^2 E = \frac{1}{r}\frac{\partial^2}{\partial r^2}(rE) \tag{1-292}$$

于是,标量亥姆霍兹方程变为

$$\frac{\partial^2}{\partial r^2}(rE) + k^2(rE) = 0 \tag{1-293}$$

(1-293)式的球面波解是

$$E(r) = \frac{A}{r}\mathrm{e}^{-\mathrm{i}kr} \tag{1-294}$$

这里自动假定了坐标从零点开始。球面波的等幅面和等相面重合,而且都是球面。

但是,无论是球面波还是平面波,物理实验上是无法严格实现的,只能近似实现。对于球面波来说,(1-294)式所示的球面波应该由位于一个坐标原点的点源来实现。但实际上并不存在点源。其次,对于标量波,球对称形式的标量波还是可以近似实现的。然而光波是横波,光波的基元波源是振荡的偶极子而不是球对称的波源。而偶极子发出的波根本不是球对称的。偶极子辐射的电磁场可以用麦克斯韦方程组严格求解,也可以通过辅助矢势 $\boldsymbol{A}$ 来求得[2,5]:

$$\boldsymbol{A} = A_0 U(r)\hat{\boldsymbol{z}} \tag{1-295}$$

式中,A_0 为常数,$\hat{z}$ 是 z 方向的单位矢量,而

$$U(r) = \frac{1}{r}\mathrm{e}^{-\mathrm{i}kr} \tag{1-296}$$

表示以原点为源点在单位半径处强度为 1 的球面波。参考(1-294)式,显然 $U(r)$ 满足标量亥姆霍兹方程(1-291)式,从而 $\boldsymbol{A}$ 满足矢量亥姆霍兹方程(1-289)式。

电场 $\boldsymbol{E}$、磁场 $\boldsymbol{H}$ 可以由矢势 $\boldsymbol{A}$ 通过(1-20)式和(1-21)式得到。取球坐标 (r,θ,φ) 为

$$\hat{\boldsymbol{r}} = \sin\theta\cos\varphi\,\hat{\boldsymbol{x}} + \sin\theta\sin\varphi\,\hat{\boldsymbol{y}} + \cos\theta\,\hat{\boldsymbol{z}} \tag{1-297}$$

$$\hat{\boldsymbol{\theta}} = \cos\theta\cos\varphi\,\hat{\boldsymbol{x}} + \cos\theta\sin\varphi\,\hat{\boldsymbol{y}} - \sin\theta\,\hat{\boldsymbol{z}} \tag{1-298}$$

$$\hat{\boldsymbol{\varphi}} = -\sin\varphi\,\hat{\boldsymbol{x}} + \cos\varphi\,\hat{\boldsymbol{y}} \tag{1-299}$$

则在远离源点的区域($r \gg \lambda$),有

$$\boldsymbol{E}(\boldsymbol{r}) \approx E_0 \sin\theta U(r)\hat{\boldsymbol{\theta}} \tag{1-300}$$

$$\boldsymbol{H}(\boldsymbol{r}) \approx H_0 \sin\theta U(r)\hat{\boldsymbol{\varphi}} \tag{1-301}$$

式中，$E_0 = (\mathrm{i}k^2/\omega\varepsilon)A_0$，$H_0 = (\mathrm{i}k/\mu_0)A_0$。由(1-300)式和(1-301)式可知，在远离源点的区域，电偶极子辐射场的波阵面是球面，而且电场 $\boldsymbol{E}$、磁场 $\boldsymbol{H}$ 的方向与 $\hat{\boldsymbol{r}}$ 的方向两两垂直。但是，不像球面波((1-294)式)，电偶极子辐射场的电磁场的振幅会随 $\sin\theta$ 而变化。

在 z 轴附近：

$$\boldsymbol{E}(\boldsymbol{r}) \approx -E_0 U(r)\left(-\hat{\boldsymbol{z}} + \frac{z}{y}\hat{\boldsymbol{y}}\right) \tag{1-302}$$

对于很大的 y，可以进一步近似为

$$\boldsymbol{E}(\boldsymbol{r}) \approx E_0 U(r)\hat{\boldsymbol{z}} \tag{1-303}$$

$$\boldsymbol{H}(\boldsymbol{r}) \approx H_0 U(r)\hat{\boldsymbol{x}} \tag{1-304}$$

而此时 $U(r) \approx \dfrac{1}{y}\mathrm{e}^{-\mathrm{i}ky}$ 为平面波。这样，结合(1-303)式和(1-304)式，我们就得到了 TEM 波。

只有在不考虑衍射效应时，在距离物理点光源较远处，在一个不大的立体角范围内，才可以把光波近似为均匀球面波来处理。球面波的实际应用也在于此。在离开光源很长距离后，球面波就可以看成是平面波。而通过聚焦透镜，又可以使平面波变为球面波。

单个偶极子发出的光波虽然不具有球对称性，但实际光源是由大量沿任意方向的偶极子组成的，它发出的光波则可以认为是对称的，不过不是在解析意义下而是在统计意义下这么认为。

如果考虑衍射效应，一定范围内的均匀平面波或球面波在传播过程中都会因为衍射而偏离平面波或球面波。在凹面镜构成的谐振腔中产生的激光束既不是均匀平面波，也不是均匀球面波，而是在等相面内光强不均匀分布的高斯光束。

除了平面波和球面波外，常用的还有柱面波。

（一）高斯光束

现在用亥姆霍兹方程来处理傍轴光线(paraxial ray)或傍轴光波(paraxial wave)的情况。傍轴光线的定义是光波振幅随传输距离变化很小，即

$$\frac{\partial A}{\partial z} \ll kA \tag{1-305}$$

同时假定

$$\frac{\partial^2 A}{\partial z^2} \ll k^2 A \tag{1-306}$$

那么满足这个条件的光束就可以表示为

$$E(r) = A(r)\mathrm{e}^{\mathrm{i}kz} \tag{1-307}$$

这里振幅 $A(r)$ 为实数。代入亥姆霍兹方程，得到

$$\nabla_{\mathrm{T}}^2 A - \mathrm{i}2k\frac{\partial A}{\partial z} = 0 \tag{1-308}$$

这就是近轴亥姆霍兹方程。这是采用了“慢变包络近似”，忽略了高阶项以后得到的包络方程。其中，$\nabla_{\mathrm{T}}^2 = \partial^2/\partial x^2 + \partial^2/\partial y^2$，称为横向拉普拉斯算符。

近轴亥姆霍兹方程一个简单的解是近轴球面波：

$$A(\boldsymbol{r}) = \frac{A_0}{z}\exp\left(-\mathrm{i}k\frac{x^2+y^2}{2z}\right) \tag{1-309}$$

式中，A_0 是常数。$A(\boldsymbol{r})/A_0$ 是球面波(1-296)式在 x、y 远小于 z 时的傍轴近似。

近轴亥姆霍兹方程一个重要的解是高斯光束(Gaussian beam)。高斯光束可以在近轴球面波(1-309)中用 $z+\mathrm{i}z_0$ 代替 z 得到

$$A(\boldsymbol{r})=\frac{A_0}{z+\mathrm{i}z_0}\exp\left(-\mathrm{i}k\frac{x^2+y^2}{2(z+\mathrm{i}z_0)}\right) \tag{1-310}$$

高斯光束的复振幅表示为

$$A(\boldsymbol{r})=A_0\frac{W_0}{W(z)}\exp\left[-\frac{s^2}{W^2(z)}\right]\exp\left[-\mathrm{i}kz-\mathrm{i}k\frac{s^2}{2R(z)}+\mathrm{i}\zeta(z)\right] \tag{1-311}$$

其中

$$W(z)=W_0\left[1+\left(\frac{z}{z_0}\right)^2\right]^{1/2} \tag{1-312}$$

是光束宽度随传输距离的变化。其中，$z_0=\pi W_0^2 n/\lambda$，定义为束腰长度的一半，它界定的范围称为瑞利区(Rayleigh range)。光束沿 z 方向传输，$s^2=x^2+y^2$。束腰半宽度是

$$W_0=\left(\frac{\lambda z_0}{\pi}\right)^{1/2} \tag{1-313}$$

波前曲率半径随传输距离的变化是

$$R(z)=z\left[1+\left(\frac{z_0}{z}\right)^2\right] \tag{1-314}$$

与传输距离相关的相位因子是

$$\zeta(z)=\arctan\frac{z}{z_0} \tag{1-315}$$

高斯光束沿 z 方向传播时，严格来说并不能认为它的电场矢量在 (x,y) 平面内，因为这违反了 $\nabla\cdot\boldsymbol{E}=0$。当球面波沿 $\hat{z}$ 方向傍轴传播时，其电场(1-302)式改写成

$$\boldsymbol{E}(\boldsymbol{r})\approx E_0U(r)\left(-\hat{\boldsymbol{x}}+\frac{x}{z}\hat{z}\right) \tag{1-316}$$

高斯光束的电场矢量可以由(1-309)式和(1-316)式并用 $z+\mathrm{i}z_0$ 代替 z 得到：

$$\boldsymbol{E}(\boldsymbol{r})\approx E_0A(\boldsymbol{r})\left(-\hat{\boldsymbol{x}}+\frac{x}{z+\mathrm{i}z_0}\hat{z}\right) \tag{1-317}$$

式中，$A(\boldsymbol{r})$ 由(1-310)式给出。

— 高斯波前
- - 球面波前

图 1-28 高斯光束宽度及波前随传输距离的变化

弧形虚线是球面波的波前，用作参照

高斯光束是激光腔单横模时的理想形状。实际上，实现傍轴光波的条件就要求由两个小尺度的镜片组成光学腔。图 1-28 是假定这种腔输出为薄球面透镜时的高斯光束的形态。波前开始近似于球面，曲率半径逐渐减小到一个最小值，快到束腰时迅速变大；在束腰处，变为无穷大，波前趋于平面，然后开始向反方向弯曲。

高斯光束的强度分布为

$$I(s,z)=I_0\left[\frac{W_0}{W(z)}\right]^2\exp\left[-\frac{2s^2}{W^2(z)}\right] \tag{1-318}$$

光强的横向分布是由高斯函数表示的，因此得名高斯光束。仔细设计和调试好的高斯光束发散角很小，光能量被约束在一个近似柱形的锥状区域传输很远的距离。

(二)厄米-高斯光束

高斯光束不是傍轴亥姆霍兹方程的唯一可能解。当光学腔的孔径比较大，腔内出现多模，在直角坐标中求解方程，模场分布由厄米特多项式表达，依然是傍轴亥姆霍兹方程的解，称为厄米-高斯光束(Hermite-Gaussian beam)。厄米-高斯光束的复振幅为

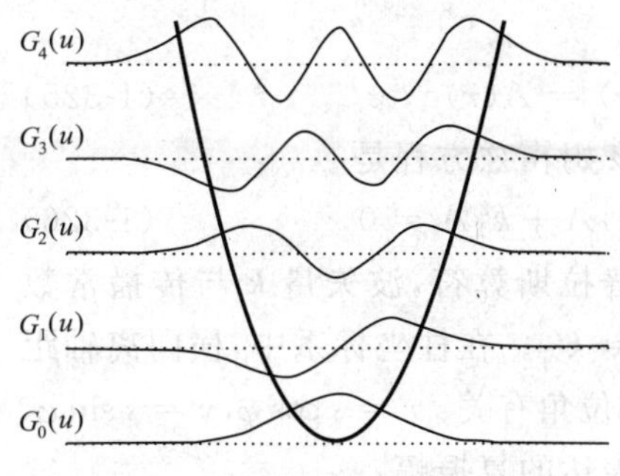

图 1-29 几个低阶厄米-高斯函数

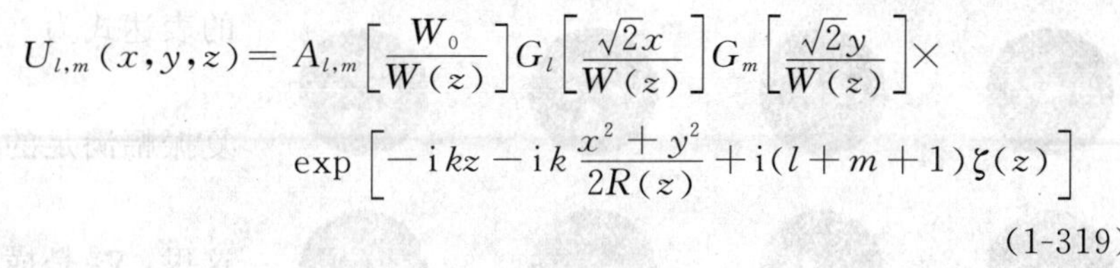

$$U_{l,m}(x,y,z)=A_{l,m}\left[\frac{W_0}{W(z)}\right]G_l\left[\frac{\sqrt{2}x}{W(z)}\right]G_m\left[\frac{\sqrt{2}y}{W(z)}\right]\times \exp\left[-\mathrm{i}kz-\mathrm{i}k\frac{x^2+y^2}{2R(z)}+\mathrm{i}(l+m+1)\zeta(z)\right] \tag{1-319}$$

其中

$$G_l(u)=\mathbf{H}_l(u)\mathrm{e}^{-\frac{u^2}{2}},\quad l=0,1,2,\cdots \tag{1-320}$$

称为厄米-高斯函数。厄米-高斯光束含空间对称分布的光斑，强度分布为

$$I_{l,m}(x,y,z)=|A_{l,m}|^2\left[\frac{W_0}{W(z)}\right]^2G_l^2\left[\frac{\sqrt{2}x}{W(z)}\right]G_m^2\left[\frac{\sqrt{2}y}{W(z)}\right] \tag{1-321}$$

图 1-29 是 0 至 4 阶厄米-高斯函数的图形。图 1-30 是对应的光强度分布图[5]。

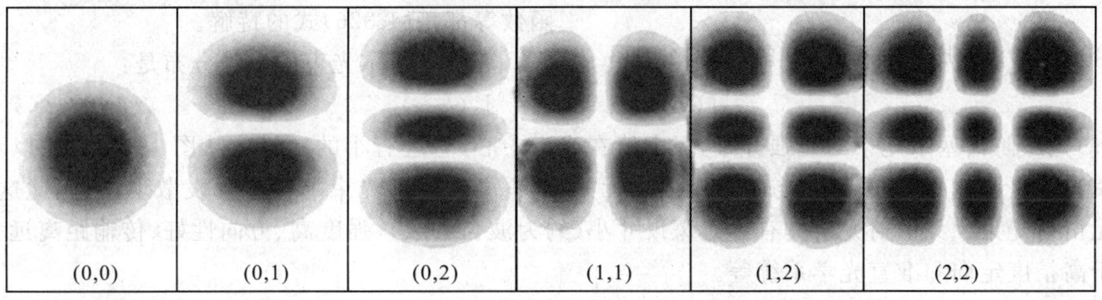

图 1-30 几个低阶厄米高斯光束的强度分布

（三）拉盖尔-高斯光束

除了厄米-高斯光束是傍轴亥姆霍兹方程的一组完全解之外，在柱坐标系统 (r,φ,z) 中求解傍轴亥姆霍兹方程，还可以得到另外一组完全解，那就是拉盖尔-高斯光束(Laquerre-Gaussian beam)。最低阶拉盖尔-高斯光束也就是高斯光束。

拉盖尔-高斯光束的复振幅为[54]

$$U_{p,l}(r,\varphi,z)=A_{p,l}\left[\frac{W_0}{W(z)}\right]\left(\sqrt{2}\frac{r}{W(z)}\right)^l\mathrm{L}_p^l\left[\frac{2r^2}{W^2(z)}\right]\exp\left(-\frac{r^2}{W^2(z)}\right)\times \exp\left[-\mathrm{i}kz-\mathrm{i}k\frac{r^2}{2R(z)}+\mathrm{i}(2p+l+1)\zeta(z)\right]\begin{cases}\cos l\varphi\\ \sin l\varphi\end{cases} \tag{1-322}$$

式中，$\begin{cases}\cos lp\\ \sin lp\end{cases}$ 表示既可以取 $\cos lp$ 也可以取 $\sin lp$，$\mathrm{L}_p^l\left[\frac{2r^2}{W^2(z)}\right]$ 为关联拉盖尔多项式：

$$\mathrm{L}_n^m(x)=\mathrm{e}^x\frac{x^{-m}}{n!}\frac{\mathrm{d}^n}{\mathrm{d}x^n}(\mathrm{e}^{-x}x^{n+m}),\qquad n=0,1,2\cdots \tag{1-323}$$

拉盖尔-高斯光束的强度分布是

$$I_{p,l}(r,\varphi,z)=|A_{p,l}|^2\left[\frac{W_0}{W(z)}\right]^2\left\{\left[\sqrt{2}\frac{r}{W(z)}\right]^l\mathrm{L}_p^l\left[\frac{2r^2}{W^2(z)}\right]\right\}^2\exp\left[-\frac{2r^2}{W^2(z)}\right]\begin{cases}\cos^2 l\varphi\\ \sin^2 l\varphi\end{cases} \tag{1-324}$$

还有第三组旁轴光束的完全解，是在椭圆柱坐标中得到的，称为茵色-高斯光束(Ince-Gaussian beam)，可以方便地研究从矩形柱坐标(厄米-高斯)到对称圆柱坐标(拉盖尔-高斯)之间的横模演化。

图 1-31 是几个低阶拉盖尔-高斯光束的光强分布图[55]，其中 01* 模表示两个 φ 相差 $\pi/2$ 的 01 模的叠加。

（四）贝塞尔光束

各类高斯光束的波前不再是平面。但实际上，一直保持波前是平面的非均匀平面波是存在的。设光束

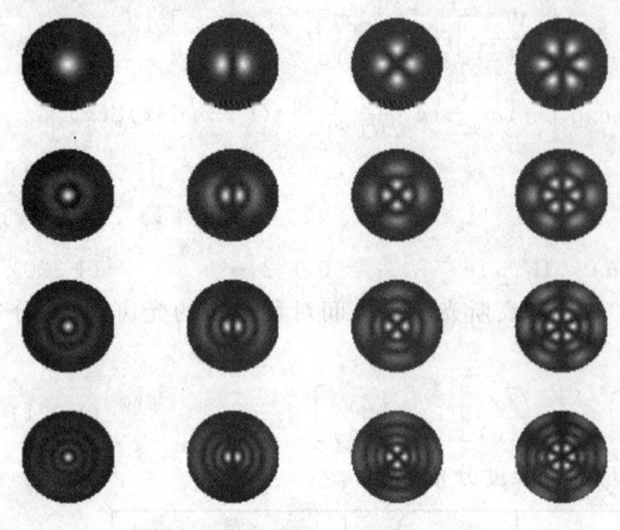

图 1-31 几个低阶拉盖尔-高斯光束的光强度分布图

的表达式为

$$E(r) = A(r)e^{i\beta z}z_{max} \tag{1-325}$$

复振幅满足的傍轴亥姆霍兹方程是

$$\nabla_T^2 A + k_T^2 A = 0 \tag{1-326}$$

这里，∇_T^2 是横向拉普拉斯算符，波矢量 $\boldsymbol{k}$ 与传播常数 β 的关系是 $k_T^2 + \beta^2 = k^2$。在柱坐标系中，横向离轴距离 $s^2 = x^2 + y^2$ 和方位角有关：$x = s\cos\varphi, y = s\sin\varphi$，得到由贝塞尔函数表达的复振幅：

$$A(x,y) = A_m J_m(k_T s)e^{im\varphi}, \quad m = 0, \pm 1, \pm 2, \cdots \tag{1-327}$$

式中，J_m 是第一类 m 阶贝塞尔函数。因此，这类光束就叫做贝塞尔光束。此外，Weber 函数、修正贝塞尔函数等都是(1-326)式的特解。

零阶贝塞尔光束的光强分布是：

$$I(s,\varphi,z) = |A_0|^2 J_0^2(k_T s) \tag{1-328}$$

图 1-32(a)是零阶贝塞尔光束的光强分布，极大值在光束中心，旁边有小的次峰。从图 1-32(b)可以看到，贝塞尔光束光强呈圆对称分布，并且与传输距离 z 无关，而不会像高斯光束那样出现发散现象，因此这种光束又叫做无衍射光束。无衍射光束具有主光斑尺寸小(约为波长量级)、强度高、方向性好、传输距离远等特点，可以用于高精度定向和准直光学系统等。

但是，贝塞尔光束和无限大平面波一样，是非平方可积的，物理上意味着它携带了无穷多的能量，这显然是不可能的。衍射是光场的普遍特性。理想无衍射光束不可能实现，正好说明衍射是不可避免的。而且，即使是理想无衍射光束，在通过有限孔径光学系统时也会出现衍射效应。

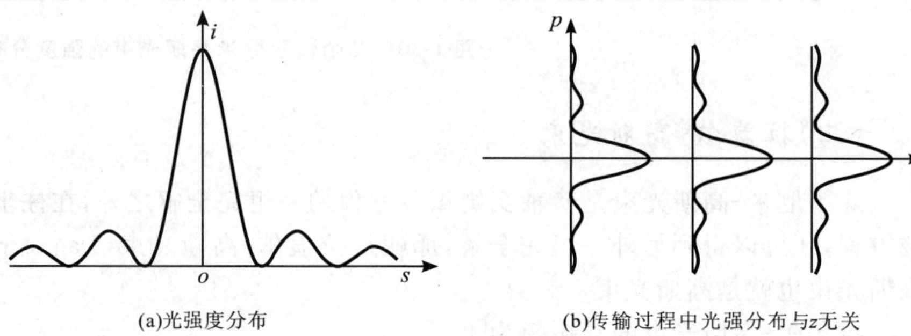

图 1-32 零阶贝塞尔光束

但有限束宽的近似无衍射光束的实现却不违反物理规律。所谓"近似无衍射光束"是指光束是有限束宽，携带有限能量，并且在其传输的最大准直范围 z_{max} 内，横截面上的光强分布随传输距离不变化或者变化甚少。但是，一旦超过最大准直范围，横截面上光强分布的变化就不能忽略不计，这意味着光束开始发散。产生近似无衍射光束的实验方法有环缝-透镜系统、法布里-珀罗腔、计算全息术、轴棱锥等[54]。

第五节 光场的演化

电磁场的演化应包括振幅、相位和偏振状态的演化，这些演化的规律由波动方程描述，而波动方程是由麦克斯韦方程组推导出来的。电磁场强度分布的演化包含振幅演化和相位演化，具体表现为复振幅演化。复振幅的相干叠加形成复振幅包络，描述复振幅包络演化的方程是包络方程，例如脉冲演化方程。非线性薛定谔方程就是包络方程，是在慢变包络近似条件下得到的。模式光场的相互作用和演化通常用耦合波方程。

一、介质的非线性响应

物质对光的响应是一个复杂的过程，非线性过程是光和物质相互作用的特征。线性过程作为非线性过程的近似，是一种有效的处理方法，因为非线性响应在通常情况下都很微弱。但是，非线性过程总是存在的，它代表了更一般的情况。对于作为电磁场的光来说，由于非线性效应，不同频率的光之间会出现能量的交换,新的频率会产生,传输光束会出现增益和损耗。由于有新的频率产生,非线性过程通常需要考虑介质的色散,甚至要考虑高阶色散,而且色散和非线性之间的相互作用贯穿于整个非线性相互作用过程之中。非线性的起源也相当复杂,光、声、电、磁、热等诸多效应都会对非线性有贡献。色散也是一个复杂的过程,微观原子、分子的结构和宏观几何结构对色散都有贡献。电磁光学研究非线性效应,也是研究非线性过程的宏效应,即用宏观参数研究宏参量具有的非线性响应和演化过程,并且在这里具体化为增益、损耗、非线性极化和色散及其对光传输和演化的作用。

描写光在非线性介质中传输的方程要考虑几个重要参数:损耗和增益,色散和非线性。增益和损耗在不同频率光的能量交换中不可避免,也是很多非线性的一种表现形式,而非线性与色散总是密切相关的。在通信系统中,非线性相位调制导致频带展宽,产生频移啁啾,脉冲展宽。但是,选择相应的色散补偿技术,却可以消除啁啾,使脉冲又变窄。利用色散补偿非线性的负面影响是在光通信中成功地得到应用的技术,它使得通信容量有了几个数量级的提高。

(一)损耗和增益

光传输过程中的衰减用一个总的衰减系数(attenuation coefficient) α 表达。针对具体情况,需要分析损耗的各种来源。衰减可以是由于吸收、散射、衍射、分束、散焦等各种过程导致的局部光强的减弱。在 α 为常数的均匀介质中,总功率随传输距离呈指数形式衰减,即

$$P_{\mathrm{T}} = P_0 \exp(-\alpha L) \tag{1-329}$$

研究光强度减小实际上使用的单位为 dB,定义为

$$\alpha_{\mathrm{dB}} = -\frac{10}{L}\lg\left(\frac{P_{\mathrm{T}}}{P_0}\right) = 4.343\,\alpha \tag{1-330}$$

其中的换算因子来自自然对数到以 10 为底的对数的转换。同样的表达式可表示光增益。增益的产生可以是由于非线性相互作用,也可以是由于受激辐射。对于传输系统,聚焦、光束并合等,也都可以用宏参量形式表示为增益,用增益系数表示。在数学上,增益和衰减处于相同的地位,只是符号不同。增益系数是

$$g(z) = \frac{1}{I(z)}\frac{\mathrm{d}I(z)}{\mathrm{d}z} \tag{1-331}$$

增益系数为常数时,有

$$I(z) = I_0 \mathrm{e}^{gz} \tag{1-332}$$

同样,增益也可以用分贝表示,这样会为计算带来很多方便。甚至光源的强度也可以用分贝表示。例如,10 dBm 是用 1 mW 作基准计算的光源的强度,指激光输出功率为 10 mW,而 1 dBm 光强度对应的输出功率为 1.25 mW。非线性过程产生新频率的光或者不同方向的光。结果,有些频率的光强度增加了,有些频率的光强度又减少了。在非线性过程中,增益和损耗是同时发生的,表现出一种能量守恒的形式。

(二)色散

光在均匀介质中传播的速度与光的波长或频率有关,称为该材料的色散。折射率与光频率的函数关系为

$$n^2(\omega) = 1 + \sum_j \frac{B_j\,\omega_j^2}{\omega_j^2 - \omega^2} \tag{1-333}$$

式中,ω_j 是共振频率,B_j 是相应的强度系数,由实验测定。色散关系用波长表示为

$$n^2(\lambda) = 1 + \sum_k \frac{\rho_k}{c^2}\frac{\lambda^2\lambda_k^2}{\lambda^2 - \lambda_k^2} \tag{1-334}$$

式中,ρ_k 是与 λ_k 相关的强度系数,也是由相关实验测定的。在本书的光学材料部分中能找到常用光学材料的折射率曲线,这是光学材料研究的基本内容,也是光学工程设计的最基本的数据。

因此,即使在线性系统中,电极化强度也是频率的函数:

$$\boldsymbol{P} = \varepsilon_0\chi(\nu)\boldsymbol{E} \tag{1-335}$$

式中,$\chi(\nu)$ 是傅里叶变换

$$\chi(\nu)=\int_{-\infty}^{\infty}x(t)\exp(-\mathrm{i}2\pi\nu t)\mathrm{d}t \tag{1-336}$$

式中，$x(t)$ 是线性系统的一个标量函数，来自时间色散电极化强度对脉冲电磁场的脉冲响应函数 $\varepsilon_0 x(t)$。相应地，电位移矢量为

$$\boldsymbol{D}=\varepsilon(\nu)\boldsymbol{E} \tag{1-337}$$

其中

$$\varepsilon(\nu)=\varepsilon_0[1+\chi(\nu)] \tag{1-338}$$

所以，色散介质和非色散介质之间的唯一区别就是极化系数，具体表现为介电系数和折射率都变成了频率的函数。对应的亥姆霍兹方程的波矢量有如下形式：

$$k=\omega[\varepsilon(\nu)\mu_0]^{1/2}=n(\nu)k_0 \tag{1-339}$$

从(1-333)式和(1-334)式可以看到，在特定的频率或波长，折射率会出现共振点。对应于共振点的那些波长，出现了共振吸收的情况。对于有吸收的介质，电极化率用复数形式表示为

$$\chi=\chi'+\mathrm{i}\chi'' \tag{1-340}$$

相应地，用于亥姆霍兹方程的波矢量变为

$$k=\omega[\varepsilon(\nu)\mu_0]^{1/2}=k_0(1+\chi)^{1/2}=k_0(1+\chi'+\mathrm{i}\chi'')^{1/2} \tag{1-341}$$

于是，波矢量变为复数，导致振幅和相位都会随空间发生变化。将波矢量写为虚部和实部，有

$$k=k_0(1+\chi'+\mathrm{i}\chi'')=\beta-\mathrm{i}\frac{\alpha}{2} \tag{1-342}$$

(1-342)式表示了波矢量的实部和虚部与传播常数和功率衰减系数之间的对应关系。实部是传播常数 β，虚部则为功率衰减系数 α 的一半，其中虚部的负号表示吸收。因此，在存在吸收的介质中，有效折射率 n 定义为

$$\beta=nk_0 \tag{1-343}$$

折射率的色散就是起源于极化系数对于频率的依赖关系。

色散与吸收是密切相关的。色散材料是指具有与波长相关的折射率的材料。所有色散材料都具有与波长相关的吸收和相应的吸收系数。色散和吸收之间的关系表现为极化系数实部和虚部之间的关系。这个关系称为克拉茂-克朗尼希(Kramers-Kronig)关系：

$$\left.\begin{aligned}\chi'(\nu)&=\frac{2}{\pi}\int_0^{\infty}\frac{s\chi''(s)}{s^2-\nu^2}\mathrm{d}s\\ \chi''(\nu)&=\frac{2}{\pi}\int_0^{\infty}\frac{\nu\chi'(s)}{\nu^2-s^2}\mathrm{d}s\end{aligned}\right\} \tag{1-344}$$

克拉茂-克朗尼希关系是由线性系统理论导出的。针对电磁场理论，电极化强度与电场强度的关系是一个线性变换不变系统，传递函数就是电极化系数 $\varepsilon_0\chi(\nu)$。极化系数满足对称性条件 $\chi(-\nu)=\chi^*(\nu)$，由因果关系，实部和虚部就满足克拉茂-克朗尼希关系。这是一个普适的关系式。

以上讲的都是材料色散。除了材料色散外，还有结构色散。例如光纤和波导中的模色散，甚至会比材料色散更大。大的色散元器件，例如棱镜和光栅，主要利用了结构色散。因此，可以通过材料结构的设计改变光传输的色散性质。对于光纤，已经有色散位移光纤、色散渐变光纤、色散平坦光纤和零色散光纤等，分别有特定的用途。通常，利用传播常数研究光纤的总色散特性。

在波导中，传播常数的定义为

$$\beta(\omega)=n(\omega)\frac{\omega}{c}=\frac{2\pi n(\omega)}{\lambda} \tag{1-345}$$

在光脉冲传输几千米甚至几百千米的情况下，色散和非线性性质就不可忽略了，特别是考虑到色散与非线性相互作用时，更要考虑高阶色散的影响。将传播常数在载波频率或中心频率附近用泰勒级数展开，有

$$\beta(\omega)=\beta_0+\beta_1(\omega-\omega_0)+\beta_2(\omega-\omega_0)^2+\cdots \tag{1-346}$$

其中

$$\beta_m = \left(\frac{\mathrm{d}^m \beta}{\mathrm{d}\omega^m}\right)_{\omega=\omega_0} \qquad m = 0,1,2,\cdots \tag{1-347}$$

展开式的前三项都有确切的物理意义。第一项对应相速度,第二项与光的群速度相关,有

$$\beta_1 = \frac{1}{c}\left(n + \omega\frac{\mathrm{d}n}{\mathrm{d}\omega}\right) = \frac{n_g}{c} = \frac{1}{v_g} \tag{1-348}$$

即 β_1 等于群速度的倒数,n_g 是群折射率。第三项导致脉冲展宽,有

$$\beta_2 = \frac{1}{c}\left(2\frac{\mathrm{d}n}{\mathrm{d}\omega} + \omega\frac{\mathrm{d}^2 n}{\mathrm{d}\omega^2}\right) \approx \frac{\omega}{c}\frac{\mathrm{d}^2 n}{\mathrm{d}\omega^2} \approx \frac{\lambda^3}{2\pi c^2}\frac{\mathrm{d}^2 n}{\mathrm{d}\lambda^2} \tag{1-349}$$

脉冲展宽是由于群速度的色散,因此 β_2 又称为群速度色散参数,利用(1-348)式,有

$$\beta_2 = \frac{\mathrm{d}\beta_1}{\mathrm{d}\omega} = \frac{\mathrm{d}}{\mathrm{d}\omega}\left(\frac{1}{v_g}\right) = -\frac{1}{v_g^2}\frac{\mathrm{d}v_g}{\mathrm{d}\omega} \tag{1-350}$$

群速度色散系数为 0,称为零色散。但是要注意的是,"群速度色散系数为 0"并不表示真的没有群速度色散,而是意味着要考虑高阶色散。群速度色散系数为负,称为负群速色散或反常色散。负群速色散产生红移啁啾,使脉冲展宽,如图 1-33 所示,分别展示了零群速度色散介质中调制脉冲波包和负群速度色散介质中红移啁啾脉冲波包。

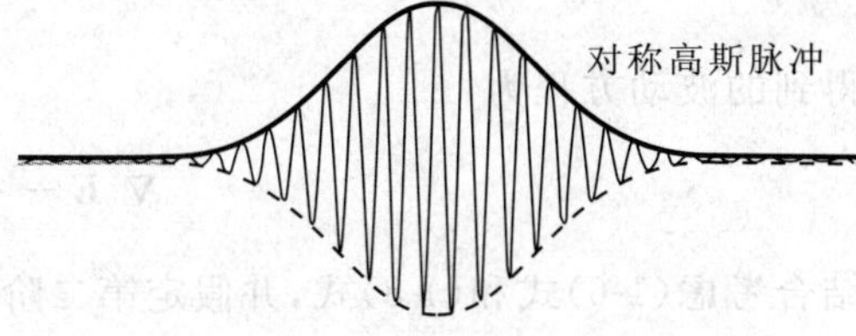

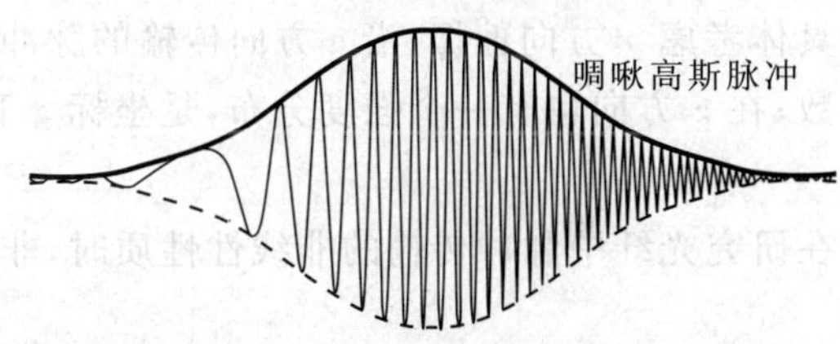

图 1-33 群速度色散为 0 时的调制脉冲和群速度色散不为 0 时产生啁啾导致脉冲展宽的情况

传输更长距离和更大色散时,波包继续发散,出现多峰。通常使用的色散系数 D 与群速度色散参数之间的关系为

$$D = \frac{\mathrm{d}\beta_1}{\mathrm{d}\lambda} = -\frac{2\pi c}{\lambda^2}\beta_2 = -\frac{\lambda}{c}\frac{\mathrm{d}^2 n}{\mathrm{d}\lambda^2} \tag{1-351}$$

色散系数的单位为 ps/(km·nm)。

结构色散还可以导致不同偏振方向的光传播速度的不同。例如,光纤并不是理想的圆柱形,圆度在制造过程中总是有微小的、随机的变化,就会出现这种情况。这称为偏振模色散或模双折射,其大小可以定义为

$$B = \frac{|\beta_x - \beta_y|}{k_0} \tag{1-352}$$

式中,β_x、β_y 分别为 x 偏振和 y 偏振模式的传播系数。

(三)非线性极化

研究光强度比较高或传输距离比较长时,必须考虑非线性效应对光信号传输的影响,具体到研究一个光脉冲波形随传输距离的演化。激光是强的相干光,与自然光相比,激光与材料相互作用,就容易见到非线性效应的影响。(1-8)式具体用级数的形式表示了电极化强度对电场响应的非线性性质。通常情况下,只需要考虑最低阶的非线性效应。可以从理论上证明,在具有中心对称的介质中,二阶非线性系数为 0,此时非线性效应应考虑到第三阶。因此,用于倍频、和频、参量放大、频率上转换需要利用二阶非线性效应时,可以从构成晶体材料的分子的非对称性入手,或者从构成光子晶体的结构的非对称性入手,寻求或者研究具有高的二阶非线性系数的材料。而对于通常的光学材料,例如玻璃,二阶非线性系数为 0,则需要考虑第三阶非线性效应。这时,包含非线性效应的折射率可表示为

$$n(\omega, I) = n_0(\omega) + n_2 I \tag{1-353}$$

研究线偏振光在光纤中传输时,三阶非线性系数的四阶张量只有一个元素有贡献,非线性折射率 n_2 的定义为

$$n_2 = \frac{3}{8n}\mathrm{Re}\left(\chi^{(3)}_{xxxx}\right) \tag{1-354}$$

实际使用的非线性折射率通常是实验测定值。二阶非线性效应对折射率也有贡献,这在非线性光学中会详

细讨论。非线性的起源是一个复杂的问题，也需要在非线性光学中进行专题讨论。

在非线性与色散相互作用过程中，结构色散比较容易在技术上实现，有利于非线性效应的应用。例如，利用耦合结构和三阶非线性效应会出现光限幅效应[56]，增强的非线性光学效应应该用渐变波导和啁啾光栅，而啁啾光栅可实现方向相关的光开关[58]。完整的理论处理需要求解非线性波动方程。

二、非线性波方程

脉冲是激光工作的一个重要方式。脉冲状态可以有更高的峰值功率。在信息领域，一个脉冲传输一个比特。因此，比特率随脉冲的变窄而升高。越短的光脉冲可实现越精密的测量。因此，光脉冲的形成和演化依然是受关注的研究课题。光脉冲长途传输，衰减、非线性和色散都必须同时考虑。研究光脉冲的非线性演化可以得到典型的非线性波方程。将(1-8)式的电极化强度表示为线性与非线性两部分之和：

$$\boldsymbol{P}=\boldsymbol{P}_{\mathrm{L}}+\boldsymbol{P}_{\mathrm{NL}} \tag{1-355}$$

得到的波动方程为

$$\nabla^2\boldsymbol{E}-\frac{1}{v^2}\frac{\partial^2\boldsymbol{E}}{\partial t^2}=\mu_0\frac{\partial^2\boldsymbol{P}_{\mathrm{L}}}{\partial t^2}+\mu_0\frac{\partial^2\boldsymbol{P}_{\mathrm{NL}}}{\partial t^2} \tag{1-356}$$

结合考虑(1-6)式和(1-8)式，并假定第二阶非线性系数为0，得到考虑了第三阶非线性折射率的电位移矢量：

$$\boldsymbol{D}=\varepsilon_0\boldsymbol{E}+\varepsilon_0\boldsymbol{\chi}^{(1)}\cdot\boldsymbol{E}+\varepsilon_0\boldsymbol{\chi}^{(3)}\vdots\boldsymbol{EEE} \tag{1-357}$$

具体考虑 x 方向偏振、沿 z 方向传输的脉冲光。设光在(x, y)平面上有一个强度分布，它是坐标 x 和 y 的函数；在 z 方向也有一个强度分布，是坐标 z 和时间 t 的函数。得到非线性极化强度的表达式：

$$P_{\mathrm{NL}}(\boldsymbol{r},t)=\varepsilon_0\varepsilon_{\mathrm{NL}}E(\boldsymbol{r},t) \tag{1-358}$$

在研究光纤中脉冲传输的非线性性质时，非线性介电系数定义为

$$\varepsilon_{\mathrm{NL}}=\frac{3}{4}\chi^{(3)}_{xxxx}\left|E(\boldsymbol{r},t)\right|^2 \tag{1-359}$$

在慢变包络近似下非线性介电系数可以作为常数处理，代入波动方程(1-356)式，并通过傅里叶分析求出频谱，方程就容易求解了。傅里叶变换为

$$\tilde{E}(r,\omega-\omega_0)=\int_{-\infty}^{\infty}E(r,t)\exp\left[\mathrm{i}(\omega-\omega_0)t\right]\mathrm{d}t \tag{1-360}$$

代入波动方程，即可以得到

$$\nabla^2\tilde{E}+\varepsilon(\omega)k_0^2\tilde{E}=0 \tag{1-361}$$

根据得到的频谱的演化，经过逆变换，就可以得到光波演化的结果。由于介电系数是非线性的，折射率和吸收系数也都变成光强度的函数，有

$$\left.\begin{aligned}\tilde{n}&=n+n_2\left|E\right|^2\\ \tilde{\alpha}&=\alpha+\alpha_2\left|E\right|^2\end{aligned}\right\} \tag{1-362}$$

对横向分布和纵向传输包络进行变量分离，傅里叶频谱表达式改写为

$$E(\boldsymbol{r},\omega-\omega_0)=F(x,y)A(z,\omega-\omega_0)\mathrm{e}^{\mathrm{i}\beta_0 z} \tag{1-363}$$

由此，便得到横向包络演化的方程：

$$\frac{\partial^2F}{\partial x^2}+\frac{\partial^2F}{\partial y^2}+\left[\varepsilon(\omega)k_0^2-\tilde{\beta}^2\right]F=0 \tag{1-364}$$

和纵向包络演化的方程：

$$2\mathrm{i}\beta_0\frac{\partial\tilde{A}}{\partial z}+(\tilde{\beta}^2-\beta_0^2)\tilde{A}=0 \tag{1-365}$$

这个纵向包络传输的方程中，已经将二阶导数 $\partial^2\tilde{A}/\partial z^2$ 作为二阶小量略去了，这在慢变包络近似下是可以的，因为即使是40 Gb/s的通信，在常规通信波段，一个脉冲已经包含了上千个振动周期。但是，对于更短的脉冲(达到飞秒量级的脉冲)，高阶项就不能忽略了。微分方程取逆傅里叶变换的形式：

$$A(z,t)=\frac{1}{2\pi}\int_{-\infty}^{\infty}\widetilde{A}(z,\omega-\omega_0)\exp\left[-\mathrm{i}(\omega-\omega_0)t\right]\mathrm{d}\omega \tag{1-366}$$

这时，对时间的导数不能简单地用常数替换，高阶色散和非线性也必须出现在方程中，代入含高阶色散和非线性极化的具体表达式，在慢变包络的近似下，就得到脉冲包络的非线性演化方程：

$$\frac{\partial A}{\partial z}+\beta_1\frac{\partial A}{\partial t}+\frac{\mathrm{i}}{2}\beta_2\frac{\partial^2 A}{\partial t^2}+\frac{\alpha}{2}A=\mathrm{i}\gamma|A|^2A \tag{1-367}$$

其中

$$\gamma=\frac{n_2\omega_0}{cA_{\mathrm{eff}}} \tag{1-368}$$

是非线性系数，而

$$A_{\mathrm{eff}}=\frac{\left(\iint_{-\infty}^{\infty}|F(x,y)|^2\mathrm{d}x\,\mathrm{d}y\right)^2}{\iint_{-\infty}^{\infty}|F(x,y)|^4\mathrm{d}x\,\mathrm{d}y} \tag{1-369}$$

是脉冲波包有效截面。对于高斯分布，有效截面容易用光束的半宽度计算：

$$A_{\mathrm{eff}}=\pi W^2 \tag{1-370}$$

如果(1-367)式采用运动坐标系，并且不考虑损耗，得到一个形式上与量子力学中薛定谔方程相同的形式，非线性项对应于薛定谔方程中的势能项，即

$$\mathrm{i}\frac{\partial}{\partial z}A-\frac{1}{2}\beta_2\frac{\partial^2}{\partial\tau^2}A+\gamma|A|^2A=0 \tag{1-371}$$

这个方程称为非线性薛定谔方程，其中，

$$\tau=t-z/v_{\mathrm{g}}=t-\beta_1 z \tag{1-372}$$

是将方程变换到运动坐标系中，使方程更简洁，便于计算和研究脉冲的演化过程。同样，采用运动坐标系，处理脉冲长途传输或者飞秒量级极短光脉冲，需要包括高阶色散和高阶非线性，包络传输方程为

$$\frac{\partial A}{\partial z}+\frac{\alpha}{2}A+\frac{\mathrm{i}}{2}\beta_2\frac{\partial^2 A}{\partial\tau^2}-\frac{1}{6}\beta_3\frac{\partial^3 A}{\partial\tau^3}=\mathrm{i}\gamma\left[|A|^2A+\frac{\mathrm{i}}{\omega_0}\frac{\partial}{\partial\tau}(|A|^2A)-T_{\mathrm{R}}A\frac{\partial|A|^2}{\partial\tau}\right] \tag{1-373}$$

式中，包含 β_3 的一项考虑到了高阶色散。包含高阶非线性效应的三项分别对应非线性自相位调制、自变陡效应和脉冲边沿的抖动，以及拉曼自频移。T_{R} 是与拉曼增益斜率相关的一个量，在光纤中大约 5 fs[7]。(1-373)式被称为广义非线性薛定谔方程。这个方程可以处理 50 fs 以上的超短脉冲。但是，对于皮秒级脉冲，用下面的近似方程就可以得到很好的结果：

$$\mathrm{i}\frac{\partial A}{\partial z}+\frac{\mathrm{i}}{2}\alpha A-\frac{1}{2}\beta_2\frac{\partial^2 A}{\partial\tau^2}+\gamma|A|^2A=0 \tag{1-374}$$

为了数值计算方便，上述方程还可以通过变数变换，进一步简化为无量纲的方程。

三、耦合波方程

增益、损耗、能量交换和非线性，实际上都是两个或者更多的物理过程相互作用的结果，都可以用耦合波方程更好地表示。例如，(1-365)式、(1-367)式、(1-371)式和(1-373)式以及很多类似的演化方程，都可以在形式上写成更简化、更概括，同时又能更好地描述的耦合演化方程。方程的简洁形式为

$$\frac{\partial\widetilde{A}}{\partial z}+\mathrm{i}\widetilde{K}\widetilde{A}=0 \tag{1-375}$$

式中，$\widetilde{K}=\beta+\mathrm{i}g$ 或者 $\widetilde{K}=\beta-\mathrm{i}\alpha$ 是复传播常数，分别对应于有增益和有损耗的情况，增益和损耗应根据具体情况写出具体的表达式。例如，有非线性相互作用的情况，一个光场的振幅增加是与另一个光场振幅的减小相对应的，这是一个动态过程。设总场的振幅是两个场振幅的线性叠加：$A=A_1+A_2$，复传播常数分别对应于 $\widetilde{k}_1=\beta_1+\mathrm{i}\Gamma$ 和 $\widetilde{k}_2=\beta_2-\mathrm{i}\Gamma$，代入(1-375)式，得到

$$\frac{\partial(A_1+A_2)}{\partial z}+\mathrm{i}(\beta_1+\mathrm{i}\Gamma)A_1+(\beta_2-\mathrm{i}\Gamma)A_2=0 \tag{1-376}$$

改写为

$$\left[\frac{\partial}{\partial z}+\mathrm{i}(\beta_1+\mathrm{i}\Gamma)\right]A_1=-\left[\frac{\partial}{\partial z}+\mathrm{i}(\beta_2-\mathrm{i}\Gamma)\right]A_2 \tag{1-377}$$

等式成立的条件是等式两侧各自等于0。方程的左边和右边以Γ为参变量,其他是各自的独立变量,与为两个互为参变量的方程,有

$$\left.\begin{aligned}\frac{\partial A_1}{\partial z}+\mathrm{i}\beta_1 A_1&=\Gamma A_1\\ \frac{\partial A_2}{\partial z}+\mathrm{i}\beta_2 A_2&=-\Gamma A_2\end{aligned}\right\} \tag{1-378}$$

这就是耦合波方程。式中,Γ称为耦合系数。在非线性过程中耦合波方程的具体形式是[7]

$$\left.\begin{aligned}\frac{\partial A_1}{\partial z}+\frac{1}{v_{\mathrm{g1}}}\frac{\partial A_1}{\partial t}+\frac{\mathrm{i}}{2}\beta_{21}\frac{\partial^2 A_1}{\partial t^2}+\frac{\alpha_1}{2}A_1&=\mathrm{i}\gamma_1(|A_1|^2+2|A_2|^2)A_1\\ \frac{\partial A_2}{\partial z}+\frac{1}{v_{\mathrm{g2}}}\frac{\partial A_2}{\partial t}+\frac{\mathrm{i}}{2}\beta_{22}\frac{\partial^2 A_2}{\partial t^2}+\frac{\alpha_2}{2}A_2&=\mathrm{i}\gamma_2(|A_2|^2+2|A_1|^2)A_2\end{aligned}\right\} \tag{1-379}$$

基于同样的考虑,也可以推导出亥姆霍兹方程的耦合波方程。耦合波方程通常用数值方法求解。基于同样的分析,可以得到三波耦合波方程和多波耦合波方程。

四、数值方法

电磁场方程通常只在特定的边界条件和初始条件下有解析解。对于大量的实际遇到的情况,光场的时空分布状态靠数值解。因此,数学模拟有特殊重要的意义。例如,近代很多光学实验都是首先在计算机上完成的,很多新型的光学器件也是首先在计算机上被证明的,新型光学器件的设计更是要靠计算机。大量计算机的应用研究,推动着电磁场的计算方法本身的不断发展,正在不断加深对电磁光学的认识和理解,探索和发现新的电磁光学现象。下面介绍两种常用的算法:分步傅里叶算法和有限差分法。

(一)分步傅里叶算法

分步傅里叶算法(split-step Fourier method)是一种比较直接并且被广泛使用的方法,实用于各种光传输问题和传输系统的设计。例如,经常用于光子晶体光纤器件设计与结构特性研究[59-62]。在其他相关领域使用也都很成功,例如光时延[63]、太赫兹表面电磁波的产生[64]、非线性效应的定量研究[65]、激光等离子体研究[66],等等。

使用分步傅里叶算法时,将(1-373)式写成如下形式:

$$\frac{\partial A}{\partial z}=(\hat{D}+\hat{N})A \tag{1-380}$$

于是,有

$$\hat{D}=-\frac{\alpha}{2}-\frac{\mathrm{i}}{2}\beta_2\frac{\partial^2}{\partial\tau^2}+\frac{1}{6}\beta_3\frac{\partial^3}{\partial\tau^3} \tag{1-381}$$

和

$$\hat{N}=\mathrm{i}\gamma\left[|A|^2+\frac{\mathrm{i}}{\omega_0 A}\frac{\partial}{\partial\tau}(|A|^2A)-T_{\mathrm{R}}\frac{\partial|A|^2}{\partial\tau}\right] \tag{1-382}$$

这样,在一段很小的传输距离上,将非线性效应和色散效应分为两步处理,第一步令色散为0,仅计算非线性作用,第二步令非线性为0,仅计算色散的作用。计算色散时利用傅里叶分量,可以直接将对时间的导数换成傅里叶频率,然后经过逆变换准确求得所需要的解。方程(1-379)式形式上准确的解为

$$A(z+h,\tau)=\exp\{h(\hat{D}+\hat{N})\}A(z,\tau) \tag{1-383}$$

分步傅里叶算法与步长和域的选取以及采用的迭代方法有关,适当选取步长和迭代方法,可以在计算精度和节约计算时间方面得到很大的改进[7]。

(二)有限差分法

非线性薛定谔方程的推导,利用了慢变包络近似,忽略了复振幅的二阶导数,而且通常是考虑一维传输情况。根据实际情况,会考虑用有限差分法(finite-difference methods)取代分步傅里叶计算方法,直接从麦克斯韦最基本的波动方程求解。例如集成波导器件的设计与分析[67]、三维光束的传输[68]、三维形貌分析[69]、激光与物质的相互作用[70]和全息存储[71]等。这些拓展的算法克服了为求得解析解而必需的假设条件的限制,能包括光的双向传输、光的矢量性质和偏振性质、光与物质的相互作用等。新发展的算法尽可能地少使用近似条件,自然是更准确,唯一的问题是增加了计算的工作量。因此,用最少的计算机资源做更大容量、更高速、更精确的计算,发展计算技术,仍然是电磁光学学科发展必不可少的组成部分。

有关波动方程更多的知识见参考文献[1]至[7]、[11]、[30]和[72]中的相关内容。

第六节 光场的基本性质

由线性微分方程表达的麦克斯韦方程组奠定了用傅里叶变换描述光作为电磁场时空分布的物理基础,任何光场都可以表示为基础光场的相干叠加。同时,基础光场也具有光作为电磁场的全部特征。最典型和常用的基础光场是单色平面波。单色平面波是由麦克斯韦方程组在自由空间的波动方程得到的特解。单色平面波的电场矢量、磁场矢量和表征波传播方向的波矢量形成的右旋正交体系是一个整体,是认识和计算光场分布及其演化的基础。光的全部性质都可以在单色平面波的基础上准确描述。这一节通过单色平面波比较系统而扼要地介绍光场最基本的性质,包括偏振、辐射压力、时空相对性质、多普勒效应,等等。

假定真空中偏振光沿 z 方向传播,这种单色平面波的实数形式可以表述为

$$\boldsymbol{E}(z,t)=\mathrm{Re}\left\{\boldsymbol{A}\exp\left[\mathrm{i}\,2\pi\nu\left(t-\frac{z}{c}\right)\right]\right\} \tag{1-384}$$

其中,复振幅为

$$\boldsymbol{A}=A_x\hat{\boldsymbol{x}}+A_y\hat{\boldsymbol{y}} \tag{1-385}$$

这是垂直于传播方向的平面内的复数矢量。$\hat{\boldsymbol{x}}$ 和 $\hat{\boldsymbol{y}}$ 分别为 x 方向和 y 方向的单位矢量。

一、光的偏振

光的偏振可以参阅第十七章的内容,那里有详细的论述,本节仅仅从理论上作一般性的介绍。沿 z 方向传输、互相正交的复振幅表示为

$$\left.\begin{aligned}A_x&=a_x\,\mathrm{e}^{\mathrm{i}\varphi_x}\\A_y&=a_y\,\mathrm{e}^{\mathrm{i}\varphi_y}\end{aligned}\right\} \tag{1-386}$$

现在考虑单色平面波的电场矢量分量

$$\left.\begin{aligned}E_x&=\mathrm{Re}\left\{a_x\exp\left[\mathrm{i}2\pi\nu\left(t-\frac{z}{c}\right)+\varphi_x\right]\right\}\\E_y&=\mathrm{Re}\left\{a_y\exp\left[\mathrm{i}2\pi\nu\left(t-\frac{z}{c}\right)+\varphi_y\right]\right\}\end{aligned}\right\} \tag{1-387}$$

由此可以得到椭圆参数方程[1]:

$$\frac{E_x^2}{a_x^2}+\frac{E_y^2}{a_y^2}-2\cos\varphi\,\frac{E_xE_y}{a_xa_y}=\sin^2\varphi \tag{1-388}$$

式中,$\varphi=\varphi_y-\varphi_x$ 是两分量之间的相位差。这个方程表示了电场矢量端点的运行轨迹。典型的情况是两分量强度相等,相位差为 0°时的倾斜 45°的线偏振,相位差为 180°时的倾斜 −45°的线偏振。而 $\varphi=\pm\frac{\pi}{2}$ 时分别得到左旋和右旋圆偏振。

偏振光的偏振状态用琼斯矢量(Jones vector)表达很方便[5]。(1-386)式和(1-387)式所示偏振光的琼斯矢量为

$$\boldsymbol{J}=\begin{bmatrix}A_x\\A_y\end{bmatrix} \tag{1-389}$$

相应的归一化琼斯矢量为

$$\boldsymbol{J}=\frac{1}{\sqrt{|A_x|^2+|A_y|^2}}\begin{bmatrix}A_x\\A_y\end{bmatrix} \tag{1-390}$$

几个典型的偏振态的归一化琼斯矢量表达式如表 1-5 所示。

表 1-5 所列出的几个基础琼斯矢量中，有两组满足如下关系，即

$$\boldsymbol{J}_x^{\mathrm{T}}\boldsymbol{J}_y^{*}=0 \tag{1-391}$$

和

$$\boldsymbol{J}_+^{\mathrm{T}}\boldsymbol{J}_-^{*}=0 \tag{1-392}$$

满足这样关系的两个偏振光互为正交偏振态。

表 1-5　典型的归一化琼斯矢量表达的偏振态

偏振态	琼斯矢量
x 方向线偏振光	$\boldsymbol{J}_x=\begin{bmatrix}1\\0\end{bmatrix}$
y 方向线偏振光	$\boldsymbol{J}_y=\begin{bmatrix}0\\1\end{bmatrix}$
与 x 轴成 θ 角的线偏振光	$\boldsymbol{J}_\theta=\begin{bmatrix}\cos\theta\\\sin\theta\end{bmatrix}$
右旋圆偏振光	$\boldsymbol{J}_+=\frac{1}{\sqrt{2}}\begin{bmatrix}1\\\mathrm{i}\end{bmatrix}$
左旋圆偏振光	$\boldsymbol{J}_-=\frac{1}{\sqrt{2}}\begin{bmatrix}1\\-\mathrm{i}\end{bmatrix}$

利用琼斯矢量可以很方便地计算两个完全偏振光的相干叠加。若两偏振光的琼斯矢量分别为 $\boldsymbol{J}_1$ 和 $\boldsymbol{J}_2$，则两偏振光之叠加的琼斯矢量为

$$\boldsymbol{J}=\boldsymbol{J}_1+\boldsymbol{J}_2 \tag{1-393}$$

把一个偏振光分解为正交偏振光的叠加，在讨论很多问题时是方便的。

任何偏振器件或偏振操作，可以方便地用琼斯矩阵表示为

$$\begin{pmatrix}A_{2x}\\A_{2y}\end{pmatrix}=\begin{pmatrix}T_{11}&T_{12}\\T_{21}&T_{22}\end{pmatrix}\begin{pmatrix}A_{1x}\\A_{1y}\end{pmatrix} \tag{1-394}$$

或

$$\boldsymbol{J}_2=\boldsymbol{T}\boldsymbol{J}_1 \tag{1-395}$$

例如，x 线偏振器的琼斯矩阵表达为

$$\boldsymbol{T}=\begin{pmatrix}1&0\\0&0\end{pmatrix} \tag{1-396}$$

相对于 x 快轴的波延迟器操作是

$$\boldsymbol{T}=\begin{pmatrix}1&0\\0&\exp(-\mathrm{i}\Gamma)\end{pmatrix} \tag{1-397}$$

偏振旋转器的操作是

$$\boldsymbol{T}=\begin{pmatrix}\cos\theta&-\sin\theta\\\sin\theta&\cos\theta\end{pmatrix} \tag{1-398}$$

这个操作使得线偏振光的偏振方向旋转一个角度 θ。

偏振态也可以用斯托克斯矢量和邦加球来表示[6]。

电矢量在空间转动或具有空间相位分布，表明光场具有角动量，场中贮藏的角动量是由电场矢量做圆周旋转形成的，这是光子自旋的简单、直观的物理解释[73]。为满足角动量(包括自旋角动量和轨道角动量)守恒，左旋偏振光和右旋偏振光在界面反射时都会发生垂直于入射面的微小横向位移，但这两种光的位移不一样，这称之为光的自旋霍尔效应[74]。

在电磁光学中研究光的矢量波特性，更应关注光束的相位空间非均匀分布(例如涡旋光学)，光束的偏振空间非均匀分布的光场(例如径向偏振(radial polarization)、角向偏振(azimuthal polarization)和混合偏振)。这些矢量光束所具有的属性，对于光场调控极为重要。

二、光辐射压力

光是电磁场，具有能量和动量。因此，光与物质的相互作用，例如吸收和反射，都会有作用力，称为辐射压力(radiation pressure)或光压[75]。这个光的作用力，开普勒(Kepler)和牛顿(Newton)都考虑到了，麦克斯韦从理论上证明了光压的存在。第一个证明光压的实验是1901年报道的。光压很小，例如太阳辐射在地球表面的辐射压强仅为10^{-6}Pa量级，实验上很难测量到。但是随着激光功率的提高，这个作用力不容忽视。还有，在微观领域，例如对于原子、分子的操作或细菌、病毒的作用力，就有考虑光压的必要。在天文领域，光压起着重要作用。光压在星体内部可以和万有引力相抗衡，从而对星体构造和发展起着重要作用。对于极微弱力的测量，例如引力场、弱相互作用力等的测量，也可以考虑采用光的辐射压力，由此可以达到极高的灵敏度。在量子物理研究中，激光冷却和原子捕获已经在实验上成功使用。在激光聚变那样的强激光系统中，光压是必需考虑的一个重要设计参数。图1-34是激光聚变示意图。

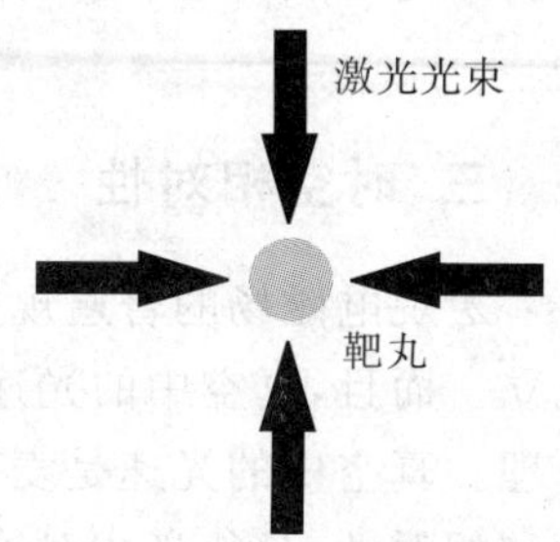

图1-34 激光聚变示意图

考虑一个简单情况：设y方向偏振的单色平面波垂直入射到(y,z)平面上。在原子和分子水平研究光与原子系统的相互作用，应该考虑光的诱导电流。这时，麦克斯韦方程组关于磁场的方程(1-1)式的具体表达式为

$$\nabla\times\boldsymbol{H}=\boldsymbol{J}+\frac{\partial\boldsymbol{D}}{\partial t} \tag{1-399}$$

现在考虑电位移矢量和诱导电流在y方向的具体情况：

$$-\frac{\partial H_z}{\partial x}=j_y+\frac{\partial D_y}{\partial t} \tag{1-400}$$

式中，诱导电流与磁场梯度和电位移矢量的变化相反，改写为

$$j_y=-\frac{\partial H_z}{\partial x}-\frac{\partial D_y}{\partial t} \tag{1-401}$$

光的磁场分量与这个电流元相互作用产生洛伦兹作用力：

$$\mathrm{d}F_x=-\mu H_z\left(\frac{\partial H_z}{\partial x}+\frac{\partial D_y}{\partial t}\right)\mathrm{d}x\mathrm{d}y\mathrm{d}z \tag{1-402}$$

根据等式

$$\frac{\partial}{\partial t}(\boldsymbol{H}\times\boldsymbol{D})=\boldsymbol{H}\times\frac{\partial\boldsymbol{D}}{\partial t}+\boldsymbol{D}\times\frac{\partial\boldsymbol{H}}{\partial t} \tag{1-403}$$

以及麦克斯韦方程组关于电场的方程(1-2)式，结合这里考虑的具体情况，取能流玻印廷矢量为常数，利用麦克斯韦方程组，就可以得到平均辐射压力：

$$\overline{\mathrm{d}F_x}=-\frac{\partial}{\partial x}\overline{\left(\frac{1}{2}\mu H_z^2+\frac{1}{2}\varepsilon E_y^2\right)}\mathrm{d}x\,\mathrm{d}y\,\mathrm{d}z \tag{1-404}$$

由于电磁波的电场能和磁场能相等，即$\mu H_z^2=\varepsilon E_y^2$，易得光压的平均值为

$$\overline{\mathrm{d}F_x}=-\frac{\partial}{\partial x}(\varepsilon\overline{E_y^2})\mathrm{d}x\,\mathrm{d}y\,\mathrm{d}z \tag{1-405}$$

光辐射压强

$$p=\frac{\overline{\mathrm{d}F_x}}{\mathrm{d}y\mathrm{d}z}=-\frac{\partial}{\partial x}(\varepsilon\overline{E_y^2})\mathrm{d}x \tag{1-406}$$

由于是垂直入射，所以

$$p=\Delta\overline{w}=\overline{w_1}-\overline{w_2} \tag{1-407}$$

其中，$\overline{w_1}$是入射光所在介质1在界面处的平均能流密度，$\overline{w_2}$是折射光所在介质2在界面处的平均能流密度。介质1中既有入射波也有反射波，但入射波和反射波的干涉项对空间各点平均后对平均能流密度的贡献为零[76]，因此总平均能流密度$\overline{w_1}$等于入射波能流密度$\overline{w_i}$加上反射波能流密度$\overline{w_r}$。对电磁波在表面上被全部反射的情形，有

$$p = 2\,\overline{w_i} \tag{1-408}$$

对表面完全吸收电磁波的情况，有

$$p = \overline{w_i} \tag{1-409}$$

三、时空相对性

宏观电磁场的普遍规律可以用麦克斯韦方程组来描述。实验证明，这组方程在所有的惯性参考系中都成立。而且，真空中的光速相对于任意惯性参考系沿任一方向恒为 c，并与光源运动无关。这就是光速不变原理。真空中的光速是麦克斯韦方程组中出现的常数，体现了光速不变性的本质，同时也体现了时空的等效性和相对性，是狭义相对论的基础。

爱因斯坦于 1905 年提出了两条相对论的基本假设：一条是光速不变原理，另一条是相对性原理。相对性原理指出，所有的惯性参考系都是等价的，物理规律对于所有惯性参考系可以表现为相同的形式，即物理规律具有协变性。

时空相对性要求在惯性参考系坐标变换时，需要同时考虑时间和空间的变换性质，不同参考系的时间不再是相同的。在相对论中时间和空间不可分割，当参考系改变，时空坐标互相变换，三维空间和一维时间构成一个统一体——四维时空。时空点用四维坐标 (x,y,z,t) 表示。对任意参考系，选取发出光信号时参考系的时空点为原点，探测器接收到光信号的时空坐标为 (x,y,z,t)。由于在任意参考系上测出的光速都是 c，因此有

$$x^2 + y^2 + z^2 = c^2t^2 \tag{1-410}$$

现在，任取两个相对运动的惯性系统，可得到

$$x^2 + y^2 + z^2 - c^2t^2 \equiv x'^2 + y'^2 + z'^2 - c^2t'^2 = 0 \tag{1-411}$$

最简单的情况是选取如下两个坐标系统的 z 轴和 z' 轴都沿着两坐标系的相对运动方向，u 是相对运动速度。在这种情况下：

$$x' = x, y' = y \tag{1-412}$$

将(1-412)式代入，得到(1-411)式的简化表达式：

$$z^2 - c^2t^2 - z'^2 + c^2t'^2 = 0 \tag{1-413}$$

将相对运动项取为对称的表达形式：

$$z = \gamma'(z' + ut'), z' = \gamma(z - ut) \tag{1-414}$$

式中，γ' 和 γ 是常数。于是得到

$$t' = \gamma\left[t - \frac{z}{u}\left(1 - \frac{1}{\gamma\gamma'}\right)\right] \tag{1-415}$$

将 z' 和 t' 代入，得到恒等式：

$$z^2 - c^2t^2 - \gamma^2(z^2 - 2zut + u^2t^2) + c^2\gamma^2\left[t^2 - \frac{2zt}{u}\left(1 - \frac{1}{\gamma\gamma'}\right) + \frac{z^2}{u^2}\left(1 - \frac{1}{\gamma\gamma'}\right)^2\right] \equiv 0 \tag{1-416}$$

整理后，得到

$$z^2\left[1 - \gamma^2 + \frac{1}{u^2}\left(1 - \frac{1}{\gamma\gamma'}\right)^2\right] - t^2(c^2 + u^2\gamma^2 - c^2\gamma^2) + zt\left[2u - \frac{2c^2\gamma^2}{u}\left(1 - \frac{1}{\gamma\gamma'}\right)\right] \equiv 0 \tag{1-417}$$

恒等式要求独立变量的系数为 0。对(1-417)式分别取 $t = 0$ 和 $z = 0$，于是得到

$$\gamma' = \gamma = \frac{1}{\sqrt{1 - \beta^2}} \tag{1-418}$$

其中

$$\beta^2 = \frac{u^2}{c^2} \tag{1-419}$$

最后得到的洛伦兹变换(Lorentz transform)的基本关系式[76]为

$$\left.\begin{aligned} z' &= \frac{z-ut}{\sqrt{1-\beta^2}} \\ t' &= \frac{t-\beta z/c}{\sqrt{1-\beta^2}} \end{aligned}\right\} \tag{1-420}$$

洛伦兹变换公式是狭义相对论最基本的公式。应用洛伦兹变换公式,可以把惯性参考系中的物理规律写成协变形式,也可以得到不同参考系中物理量的变换关系。

如果形式上引入第四维虚数坐标:

$$x_4 = \mathrm{i}ct \tag{1-421}$$

则沿 z 轴方向的洛伦兹变换(1-420)式的变换矩阵为

$$a = \begin{pmatrix} 1 & 0 & 0 & 0 \\ 0 & 1 & 0 & 0 \\ 0 & 0 & \gamma & \mathrm{i}\beta\gamma \\ 0 & 0 & -\mathrm{i}\beta\gamma & \gamma \end{pmatrix} \tag{1-422}$$

相应的逆变换的变换矩阵为

$$a^{-1} = a^{\mathrm{T}} = \begin{pmatrix} 1 & 0 & 0 & 0 \\ 0 & 1 & 0 & 0 \\ 0 & 0 & \gamma & -\mathrm{i}\beta\gamma \\ 0 & 0 & \mathrm{i}\beta\gamma & \gamma \end{pmatrix} \tag{1-423}$$

对坐标轴平行的两个参考系以任意速度 $\boldsymbol{u}$ 相对运动,定义

$$\boldsymbol{\beta} = \boldsymbol{u}/c \tag{1-424}$$

$$\beta = |\boldsymbol{\beta}| \tag{1-425}$$

洛伦兹变换为

$$\boldsymbol{r}'_{\perp} = \boldsymbol{r}_{\perp}\ \gamma(\boldsymbol{r}_{\perp} - \mathrm{i}x_4\boldsymbol{\beta}) + \frac{\gamma-1}{\beta^2}(\boldsymbol{\beta}\cdot\boldsymbol{r})\boldsymbol{\beta} - \mathrm{i}x_4\boldsymbol{\beta} \tag{1-426}$$

$$x'_4 = \gamma(x_4 - \mathrm{i}\boldsymbol{\beta}\cdot\boldsymbol{r}) \tag{1-427}$$

(1-426)式的实质就是 $\boldsymbol{r}$ 垂直于运动方向的分量不变,平行于运动方向的分量按(1-420)式变换,即

$$\boldsymbol{r}'_{\parallel} = \gamma(\boldsymbol{r}_{\parallel} - \mathrm{i}x_4\boldsymbol{\beta}) \tag{1-428}$$

$$\boldsymbol{r}'_{\perp} = \boldsymbol{r}_{\perp} \tag{1-429}$$

对应于时空相对性,电流密度 $\boldsymbol{J}$ 和电荷密度 ρ 这两个物理量也有相对性。当粒子静止时,只有电荷 ρ_0;当粒子运动时,产生电流 $\boldsymbol{J}$,同时体积元由于相对论效应发生改变。实验表明,带电粒子的电荷与它的运动速度无关。因此,不同参考系中电流密度 $\boldsymbol{J}$ 和电荷密度 ρ 都会发生改变。

对应于四维空间矢量

$$x_\mu = (\boldsymbol{x}, \mathrm{i}ct) \tag{1-430}$$

有电流密度四维矢量

$$J_\mu = (\boldsymbol{J}, \mathrm{i}c\rho) \tag{1-431}$$

电荷守恒定律(1-5)式用四维形式表示为

$$\frac{\partial J_\mu}{\partial x_\mu} = 0 \tag{1-432}$$

上式已经用到了现代物理中通用的爱因斯坦求和约定,即除特别声明外,凡有重复下标时都意味着要对它求和。接下来为了书写方便起见,我们都采用这一约定。

根据(1-27)式和(1-28)式,在洛伦兹规范(1-26)式下,电流密度 $\boldsymbol{J}$ 激发矢势 $\boldsymbol{A}$,电荷密度 ρ 激发标势 φ。$\boldsymbol{J}$ 和 ρ 构成一个四维矢量,故 $\boldsymbol{A}$ 和 φ 自然也可以统一为一个满足相对论协变性的四维势矢量:

$$A_\mu = \left(\boldsymbol{A}, \frac{\mathrm{i}}{c}\varphi\right) \tag{1-433}$$

引入洛伦兹标量微分算符:

$$\Box \equiv \nabla^2 - \frac{1}{c^2}\frac{\partial^2}{\partial t^2} = \frac{\partial}{\partial x_\mu}\frac{\partial}{\partial x_\mu} \tag{1-434}$$

则(1-27)式和(1-28)式可以合写为

$$\Box A_\mu = -\mu_0 J_\mu \tag{1-435}$$

而洛伦兹规范(1-26)式可以用四维形式表示为

$$\frac{\partial A_\mu}{\partial x_\mu} = 0 \tag{1-436}$$

这两个方程都具有协变性。

四维矢量 J_μ、A_μ 有和 x_μ 类似的变换关系。

电磁场构成一个四维张量：

$$F_{\mu\nu} = \begin{pmatrix} 0 & B_3 & -B_2 & -\frac{\mathrm{i}}{c}E_1 \\ -B_3 & 0 & B_1 & -\frac{\mathrm{i}}{c}E_2 \\ B_2 & -B_1 & 0 & -\frac{\mathrm{i}}{c}E_3 \\ \frac{\mathrm{i}}{c}E_1 & \frac{\mathrm{i}}{c}E_2 & \frac{\mathrm{i}}{c}E_3 & 0 \end{pmatrix} \tag{1-437}$$

用电磁场张量可以把麦克斯韦方程组写成明显的协变形式。麦克斯韦方程组中的 $\nabla\cdot\boldsymbol{E}$、$\nabla\times\boldsymbol{B}$ 满足的一对方程可以用电磁场张量合写为

$$\frac{\partial F_{\mu\nu}}{\partial x_v} = \mu_0 J_\mu \tag{1-438}$$

而 $\nabla\times\boldsymbol{E}$、$\nabla\cdot\boldsymbol{B}$ 满足的一对方程可以合写为

$$\frac{\partial F_{\mu\nu}}{\partial x_\lambda} + \frac{\partial F_{\nu\lambda}}{\partial x_\mu} + \frac{\partial F_{\lambda\mu}}{\partial x_v} = 0 \tag{1-439}$$

电磁场的变换关系为

$$\boldsymbol{E}'_\parallel = \boldsymbol{E}_\parallel \ ,\ \boldsymbol{B}'_\parallel = \boldsymbol{B}_\parallel \tag{1-440}$$

$$\boldsymbol{E}'_\perp = \gamma(\boldsymbol{E} + \boldsymbol{u}\times\boldsymbol{B})_\perp \tag{1-441}$$

$$\boldsymbol{B}'_\perp = \gamma(\boldsymbol{B} - \boldsymbol{u}\times\boldsymbol{E}/c^2)_\perp \tag{1-442}$$

关于电磁场量在不同惯性参考系中的相互变换问题，至此完全获得解决。

四、多普勒效应

在电磁场理论中，真空中的光速是常数，不随参考系而改变。但是，如果光源或者被测量物体处于运动之中，或者探测器自己处于运动之中，探测到的信号光频率都会有一个变化。运动物体对光的影响是由光源和探测器之间的相对速度决定的。设相对速度沿 x 轴方向，大小为 u，波矢 $\boldsymbol{k}$ 和 x 轴方向的夹角为 θ，$\boldsymbol{k}'$ 和 x 轴方向的夹角为 θ'。在相对论理论中相对运动的影响表现为频率发生变化以及波矢和 x 轴夹角发生变化[76]：

$$\omega' = \omega\gamma(1 - u\cos\theta/c) \tag{1-443}$$

$$\tan\theta' = \frac{\sin\theta}{\gamma(\cos\theta - u/c)} \tag{1-444}$$

这称为相对论的多普勒效应(Doppler effect)和光行差公式。

取 $\omega' = \omega_0$ 为光源相对观察者静止时探测得到的辐射角频率，则光源相对观察者以大小为 u 的速度相对运动时，观察者探测到的辐射角频率为

$$\omega = \omega_0/[\gamma(1 - u\cos\theta/c)] \tag{1-445}$$

此时 θ 表示该观察者看到的辐射方向和光源运动方向的夹角。当 $u \ll c$ 时，(1-445)式变为运动光源的经典多普勒效应公式：

$$\omega \approx \omega_0/(1-u\cos\theta/c) \tag{1-446}$$

相应的频移为

$$\delta\omega = \omega - \omega_0 \approx \omega_0 u\cos\theta/c \tag{1-447}$$

这个频移是光源相对观察者运动产生的。运动方向不同,频移的方向就不同:相向运动,频移为正;背向运动,频移为负。频移的大小取决于光源相对于观察者运动的速度和方向。

在垂直于光源运动方向观察辐射时,(1-445)式给出:

$$\omega = \omega_0\sqrt{1-u^2/c^2} \tag{1-448}$$

观察到的频率小于静止光源的辐射频率。这种现象称为横向多普勒效应。此时经典公式给出 $\omega=\omega_0$,因此横向多普勒效应是纯粹的相对论效应。

测量多普勒频移时,对运动目标发射一束光,将反射光与发射光重叠,如果出现拍频,就可以从发射光频率和拍频算出物体运动的速度和方向,这就是雷达测速。旋转物体轴心两侧运动方向相反,从两侧反射光的拍频就可以算出转速。测量是非常精密和方便的。

光源谱线展宽有一种机制就是多普勒展宽。这种展宽是由于发光原子热运动产生的。即使静止原子发射的频率相同,但是,由于多普勒效应,向观察者方向运动的原子发射光向高频方向有一个频移,远离观察者方向运动原子发射的光向低频方向有一个频移,而在垂直于观察方向运动的光的频率不发生变化(原子的运动属于低速运动,(1-443)式中 $\gamma=1$)。如果大量原子处于热运动状态,不同原子产生不同的频移,导致谱线展宽,这种展宽称为非均匀展宽。特定运动速度或多普勒频移的原子的吸收受该速度原子数的调制,导致局部增益饱和,在增益的线型函数曲线上表现为局部下陷,称为光谱烧孔效应(hole burning),在激光稳频技术中得到应用。

多普勒展宽掩盖了发光原子本征的光谱特性。用精细调谐的窄线宽激光,使激光频率略低于原子本征吸收频率,可以使得以一定速度范围面向激发激光方向运动的原子由于多普勒频移正好可以吸收并跃迁到高能级形成一个新的激发态。当这个激发态经过自发辐射回到基态时,由于自发辐射频率高于激发频率,原子动能的一部分也释放了。回到基态的原子又重复上述过程,使得原子动能不断减小。但由于原子的自然线宽和激发激光的线宽都很窄,原子速度改变一定程度后,该原子就不能再吸收该激发频率的光子。在多个相对方向用相同频率的激光照射原子团,并利用塞曼效应通过调节磁场对原子的本征吸收频率进行调谐,已经成功地将原子冷却并囚禁在确定的小区域内,实现了对原子的捕获。但由于原子谱线自然线宽的存在,多普勒冷却存在极限。进一步冷却需要使用亚多普勒冷却机制,包括偏振梯度冷却、速度选择相干布居捕陷冷却、蒸发冷却等。这些冷却机制需要考虑光的偏振并使用量子理论才能得到解释[77]。亚多普勒激光冷却技术可以使被捕获原子团的温度降低到 1 nK 以下的低温,已被成功地用于基础物理的实验研究。

参考文献

[1]Sophocles J Orfanidis. Electromagnetic Waves and Antennas[OL]. 2009:939-940. http://www.ece.rutgers.edu/～orfanidi/ewa/

[2]Jin Au Kong. 电磁波理论[M]. 吴季,等译//Jin Au Kong. Electromagnetic Wave Theory. 北京:电子工业出版社,2003:1-103,452-510

[3]杰克逊 J D. 经典电动力学(上册)[M]. 朱培豫,译 // J. D. Jackson. Classical Electrodynamics. 北京:高等教育出版社,1978:297-368

[4]Brillouin L. Wave Propagation and Group Velocity[M]. New York: Academic Press,1960

[5]Bahaa E A Saleh,Malvin Carl Teich. Fundamental Of Photonics[M]. New York: John Wiley & Sons, Inc. 1991:80-381,739-796

[6]Max Born,Emil Wolf. Principles of Optics[M]. 7th ed. 北京: 世界图书出版公司,1999:1-129,596-713

[7]Gowund P Agrawal. Nonlinear Fiber Optics. 2nd ed. New York: Academic Press, 1995:1-192

[8]赵凯华,钟锡华. 光学(上册)[M]. 北京:北京大学出版社,1982:140-166

[9]曹庄琪. 导波光学[M]. 北京:科学出版社,2007:1-11,235-247

[10]伽塔克，谢伽拉扬. 近代光学[M]. 袁一方，等译. 北京：高等教育出版社，1987：358-383

[11]Veselago V G. The electrodynamics of substances with simultaneously negative of ε and μ[J]. Sov. Phys. Usp., 1968, 10: 509-514

[12]Pendry J B, Holden A J, Stewart, Youngs I. Extremely Low Frequency Plasmons in Metallic Mesostructures[J]. Phys. Rev. Lett., 1996, 76: 4773-4776

[13]Pendry J B, Holden A J, Robbins D J, Stewart W J. Magnetism from conductors and enhanced nonlinear phenomena[J]. IEEE Transactions on Microwave Theory & Techniques, 1999, 47: 2075-2084

[14]Shelby R A, Smith D R, Schultz S. Experimental Verification of a Negative Index of Refraction[J]. Science, 2001, 292: 77-79

[15]Seddon N, Bearpark T. Observation of the Inverse Doppler Effect[J]. Science, 2003, 302: 1537-1540

[16]Xi Sheng, Chen Hongsheng, Jiang Tao, et al. Experimental Verification of Reversed Cherenkov Radiation in Left-Handed Metamaterial[J]. Phys. Rev. Lett., 2009, 103: 194801

[17]Sergey N Galyamin, Andrey V Tyukhtin. Alexey Kanareykin, and Paul Schoessow. Reversed Cherenkov-Transition Radiation by a Charge Crossing a Left-Handed Medium Boundary[J]. Phys. Rev. Lett., 2009, 103: 194802

[18]Anantha Ramakrishna S, Olivier J F Martin. Resolving the wave vector in negative refractive index media[J]. Optics Letters, 2005, 30(19): 2626-2628

[19]Liao Changjun, Zhang Y D. Spherically tapered prism-waveguide coupler[J]. Applied Optics, 1985, 24(20): 3315-3316

[20]廖延彪. 光学原理与应用[M]. 北京：电子工业出版社，2006：1-70，217-301

[21]Liang Quanting. Simple ray tracing formulas for uniaxial optical crystals[J]. Applied Optics, 1990, 29(7): 1008-1010

[22]张之翔. 晶体转动时非常光的轨迹[J]. 物理学报，1980，29(11)：1483-1489

[23]Zhang Weiquan. General ray-tracing formulas for crystal[J]. Applied Optics, 1992, 31(34): 7328-7331

[24]Luo Hailu, Hu Wei, Yi Xunong, et al. Amphoteric refraction at the interface between isotropic and anisotropic media[J]. Optics Communications, 2005, 254: 353-360

[25]Chen X L, He Ming, Du Yinxiao, et al. Negative refraction: An intrinsic property of uniaxial crystals[J]. Physical Review B, 2005, 72: 113111

[26]Chen Hongyi, Xu Shixiang, Li Jingzhen. Negative reflection of waves at planar interfaces associated with a uniaxial medium[J]. Optics Letters, 2009, 34(21): 3283-3285

[27]Du Yinxiao, He Ming, Chen X L, et al. Uniaxial crystal slabs as amphoteric-reflecting media[J]. Physical Review B, 2006, 73: 245110

[28]Chen Hongyi, Xu Shixiang, Li Jingzhen. Omnidirectional constant transmission and negative Brewster angle at planar interfaces associated with a uniaxial medium[J]. Optics Express, 2009, 17(21): 19791-19797

[29]John Lekner. Reflection and refraction by uniaxial crystals. Journal of Physics: Condensed Matter, 1991, 3: 6121-6133

[30]程路. 光学原理及发展[M]. 北京：科学出版社，1990：86-124

[31]Bethe H A. Theory of diffraction by small holes[J]. Phys. Rev., 1944, 66: 163-182

[32]Bouwkamp C J. On Bethe's theory of diffraction by small holes[J]. Philips Res. Rep. 1950, 5: 321-332

[33]Tai C T. Quasi-static solution for diffraction of a plane electromagnetic wave by a small oblate spheroid[J]. Trans IRE Antenn. Prop., 1952, PGAP-1: 13-36

[34]Ebbesen T W, Lezec H J, Ghaemi H F, Thio T, Wolff P A. Extraordinary optical transmission through sub-wavelength hole arrays[J]. Nature, 1998, 391: 667-669

[35]Degiron A, Lezec H J, Yamamoto N, et al. Optical transmission properties of a single subwavelength aperture in a real metal[J]. Opt Commun, 2004, 239: 61-66

[36]Genet C, Ebbesen T W. Light in tiny holes[J]. Nature, 2007, 445: 39-46

[37]Evgeny Popov, Nicolas Bonod, Michel Nevière, et al. Surface plasmon excitation on a single subwavelength hole in a metallic sheet[J]. Appl Opt, 2005, 44(12): 2332-2337

[38]Gay G, Alloschery O, Viaris de Lesegno B, et al. The optical response of nanostructured surfaces and the composite diffracted evanescent wave model[J]. Nat Phys, 2006, 2: 262-267

[39]Astilean S, Ph Lalanne, Palamaru M. Light transmission through metallic channels much smaller than the wavelength[J]. Opt. Commun., 2000, 175: 265-273

[40]Takakura Y. Optical Resonance in a Narrow Slit in a Thick Metallic Screen[J]. Phys Rev Lett, 2001, 86:5601-5603

[41]邓小玖,李怀龙,刘彩霞,胡继刚,王飞.矢量衍射理论的比较研究及标量近似的有效性[J]. 量子电子学报, 2007,24(5): 543-547

[42]Chen C G, Konkola P T, Ferrera J, et al. Analyses of vector Gaussion beam propagation and the validity of paraxial and spherical approximations[J]. J. Opt. Am. A, 2002, 19(2):404-412

[43]Ciattoni A, Crosignani B, Porto P D. Vectorial free-space optical propagation: a simple approach for generation all-order nonparaxial corrections[J]. Optics Communications, 2000, 177(1):9-13

[44]Maystre D. A new general integral theory for dielectric coated gratings[J]. J. Opt. Soc. Am,1978,68(4):490-495

[45]Chandezon J,Dupuis M T,Cornet G. Multicoated grating:A differential formalism applicable in the entire optical region [J]. J. Opt. Soc. Am,1982,72(7):839-846

[46]Gaylord T K,Baird W E,Moharam M G. Zero-reflectivity high spatial-frequency rectangular-groove dielectric surface-relief gratings[J]. Appl. Opt,1986,25(24):4562-4567

[47]Grann E B,Moharam M G. Hybrid two-dimensional subwavelength surface-relief grating-mesh structures[J]. Appl. Opt, 1996,35(5):795-800

[48]傅克祥,王植恒,张大跃,等.位相光栅衍射的矢量解法[J].光学学报,1997,17(12):1652-1659

[49]杨宝成,庄松林,周学松. 矩形槽光栅的矢量模式理论[J].光学学报,1989,9(3):270-277

[50]林维德,庄松林,周学松.金属光栅的矢量模态理论[J].光学学报,1993,13(2):170-174

[51]林维德,朱文勇,高景,等.半圆形金属光栅的矢量模态理论[J].光学学报,1997,17(6):641-648

[52]宋文淼. 并矢格林函数和电磁场的算子理论[M].合肥:中国科学技术大学出版社, 1991

[53]石顺祥,刘继芳,孙艳玲. 光的电磁理论——光波的传播与控制[M]. 西安:西安电子科技大学出版社,2006:129-132

[54]吕百达. 激光光学——光束描述、传输变换与激光光学物理[M]. 3 版. 北京:高等教育出版社,2003:98-198,250-267

[55]http:// www. phy sicsdaily. com / physics / Transverse-made

[56]Liao C,Stegeman G I. Nonlinear prism coupler[J]. Applied Physics Letters,1984, 44(2): 164-166

[57]Liao C, Stegeman G I, Seaton C T, et al. Nonlinear distributed waveguide couples[J]. J. Opt. Soc. Am. A. 1985, 2 (4): 590-594

[58]Liu Junmin, Liao C, Liu S, et al. Dynamics of direction-dependent Switching in nonlinear chirped gratings[J]. Optics Communications, 1996, 130: 295-301

[59]Hu Minglie,Wang Chingyue,Li Yanfeng,et al. Polarization-and Mode-dependent Anti-Stokes Emission in a Birefringent Microstructure Fiber[J]. IEEE Photonics Technology Letters, 2005, 17(3):1141-1142

[60]Li Yanfeng, Yao Yuhong, Hu Minglie,et al. Improved fully effective index method for photonic crystal fibers[J]. Applied Optics, 2008, 47(3):399-406

[61]Li S G,Xing G L, Zhou G Y,et al. Ataptive split-step Fourier method for simulating ultrashort laser pulse propagation in photonic crystal fibers[J]. Chinese Physics, 2006, 15(2):437-443

[62]Wang Yuebin, Wang Changlei, Xing Qirong,et al. Periodic optical delay line based on a tilted parabolic generatrix helicoids reflective mirror[J]. Applied Optics, 2009, 48(11):1998-2005

[63]Roman R Musin, Xing Qirong,Li Yangfen,et al. Design rules for phase-matched terahertz surface electromagnetic wave generation by optical rectification in a nonlinear planar waveguide[J]. Applied Optics, 2008, 74(4):489-494

[64]Tian Zhen, Wang Changlei, Xing Qirong,et al. Quantitative analysis of Kerr nonlinearity and Kerr-like nonlinearity induced via terahertz generation in ZnTe[J]. Applied Physics Letters, 2008, 92(4):041106-1-3

[65]Borhanian J,Sobhanian S, Kourakis I,et al. Evolution of linearly polarized electromagnetic pulses in laser plasmas[J]. Physics of Plasmas, 2008, 15(9):93108-1-7

[66]Beche B,Jouin J F,Grossard N,et al. PC software for analysis of versatile integrated optical waveguides by polarized semi-vectorial finite difference method[J]. Sensors and Actuators. A,Physical,2004,114(1):59-64

[67]Dai Daoxin,Shi Yaocheng,He Sailing,et al. Characteristic analysis of nanosilicon rectangular waveguides for planar lightwave circuits of high integration[J]. Appied Optics, 2006, 45(20):4941-4946

[68]Guizar-Sicairos M,Gutierrez-Vega J C. Boundless finite-difference method for three-dimenssional beam propagation[J]. Journal of the Optical Society of America A, Image Science, and Vision, 2006, 23(4):866-781

[69]Fukui Y,Yamamoto T,Kato T,et al. Anelysis of light propagation in a three dimensional realistic head model for topo-

graphic imaging by finite difference method[J]. Optical Review, 2003, 10(5):470-473

[70]Crochet J J,Gnyyawali S C,Chen Y C,et al. Temperature distribution in selective laser-tissue interaction[J]. Journal of Biomedical Optics, 2006, 11(3):34031-1～10

[71]Kelly J V,Gleeson M R,Close C E,Sheridan J T. Optimized scheduling for holographic data storage[J]. Journal of Optics. A, Pure and Applied Optics, 2008, 10(11): 115203-1-7

[72]Amnon Yariv. Quantum Electronics[M]. 3rd ed. New York: John Wiley & Sons, 1989:83-149

[73]郭光灿. 量子光学[M]. 北京:高等教育出版社,1990:1-71

[74]Qin Yi,Li Yan, He Huangyu,Gong Qihuang. Measurement of Spin Hall Effect of Reflected Light[J]. Optics Letters, 2009,34(17):2551-2553

[75]马蒂厄 J P. 光学[M] // J P Mathieu, Optics. 范少卿,于美文,张怀玉,译. 北京:科学出版社,1987:1-185,305-335

[76]郭硕鸿. 电动力学[M]. 3 版. 黄迺本,李志兵,林琼桂,修订. 北京:高等教育出版社,2008:153-249

[77]李师群. 超冷原子物理学与原子光学[J]. 物理与工程,2002,12(1):1-4

第二章 量子光学

量子光学是研究光场的量子性质以及光与物质相互作用的一门学科,能定量描述光的发射和接收的微观机理,反映光的波粒二象性本质,处理光子纠缠和非局域性问题。从光学理论的发展历史来看,量子光学涵盖了几何光学、波动光学和电磁光学的全部理论,能够解释已知的全部光学现象。

传统的量子光学研究光场的量子统计性质、量子相干性质,以及量子光场与物质(主要是原子、离子、分子)的相互作用。近年来量子光学与其他学科相结合,产生了两个非常活跃的研究领域:量子信息科学(包括量子通信与量子计算等)和冷原子物理(包括离子和中性原子的激光冷却与囚禁、原子光学、玻色-爱因斯坦凝聚、相干原子波激射等)。量子光学的内容大体上可分为下面 5 个部分:

1)量子光学的基本内容[1-25]:电磁场的量子化;电磁场的量子态,包括光子数态、相干态、压缩态、热光场态等;电磁场量子态的准概率分布函数,包括 P 函数、Q 函数、Wigner 函数等;电磁场的相干性,包括一阶相干性和高阶相干性;电磁场与原子的相互作用,包括经典电磁场和量子电磁场与原子的相互作用;耗散的量子理论及消相干性。

2)在量子光学发展史上曾很活跃但目前已相对成熟的论题:激光理论[9-10,16],光学双稳态[26-27],共振荧光和超荧光[28-29]。

3)量子光学与量子相干操纵:腔量子电动力学[30-34]与囚禁离子[35],原子相干和干涉效应(包括电磁感应透明、无反转激光等)[18,36-38]。

4)量子光学方法在量子力学研究中的应用:量子态重构[39-42],量子非破坏性测量[43],量子力学基本原理的量子光学方法检验[39-43]。

5)量子光学在交叉学科中的应用:量子信息科学[44-45],冷原子物理[51-60]。

本章对量子光学只作精炼介绍:已相当成熟且自成体系的内容不予介绍(如上述 2)中的内容);虽然基本或活跃但占篇幅较大的内容不予介绍(如上述 1)中的耗散量子理论和 4)中的大部分内容)。阅读本章要具有量子力学的基础知识,在本章最后,我们将给出各部分的参考文献,以供有兴趣的读者参考。

第一节 电磁场的量子化

本节我们从经典的麦克斯韦(Maxwell)方程组出发,将电磁场的电场强度 $\boldsymbol{E}$ 和磁感应强度 $\boldsymbol{B}$ 分别用驻波和行波展开,计算电磁场的总能量 H,通过与谐振子的能量表达式进行比较,发现在形式上电磁场的一个模式与一个一维谐振子相同,从而利用一维谐振子的量子化方法,可将电磁场量子化。具体来讲,通过引进光子湮灭算符 a 和产生算符 a^+,把描述电磁场的物理量——电场强度、磁感应强度,以及总能量等——用算符表示。

在真空中,无源电磁场用下列麦克斯韦方程组描述:

$$\nabla\times\boldsymbol{E}=-\frac{\partial\boldsymbol{B}}{\partial t}\tag{2-1}$$

$$\nabla\times\boldsymbol{B}=\mu_0\varepsilon_0\frac{\partial\boldsymbol{E}}{\partial t}\tag{2-2}$$

$$\nabla\cdot\boldsymbol{B}=0\tag{2-3}$$

$$\nabla\cdot\boldsymbol{E}=0\tag{2-4}$$

式中,μ_0 和 ε_0 分别为真空磁导率和真空介电常数。

一、驻波(正则模)形式

首先考虑一维谐振腔中的电磁场,如图 2-1 所示。设腔轴沿 z 方向,腔长为 L。

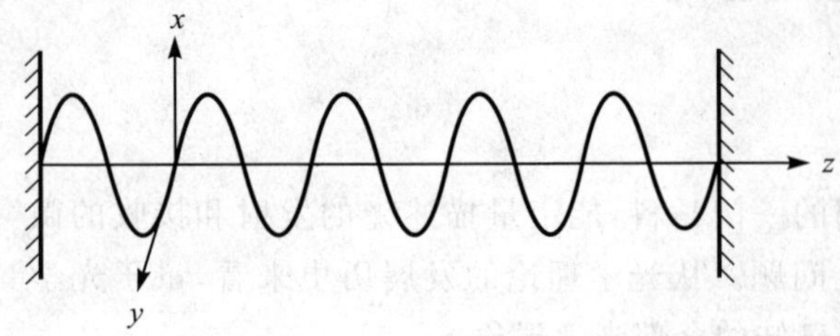

图 2-1 一维谐振腔中的电磁场

设电场沿 x 方向偏振,即 $\boldsymbol{E}(\boldsymbol{r},t)=\boldsymbol{e}_x E_x(z,t)$,这里 $\boldsymbol{e}_x$ 为 x 方向的单位矢量。将 $E_x(z,t)$ 用正则模(驻波)展开为

$$E_x(z,t)=\sum_j A_j q_j(t)\sin(k_j z)\equiv\sum_j E_j \tag{2-5}$$

式中,$k_j=j\pi/L$(由 $E_x(L,t)=0$ 定出)为第 j 个场模的波数,$q_j(t)$ 具有长度的量纲,A_j 为待定常数。由麦克斯韦方程组可知,对现在考虑的情况,磁场沿 y 方向,即 $\boldsymbol{B}(\boldsymbol{r},t)=\boldsymbol{e}_y B_y(z,t)$,且有

$$B_y(z,t)=\frac{1}{c}\sum_j\frac{A_j}{m_j\omega_j}p_j(t)\cos(k_j z)\equiv\sum_j B_j \tag{2-6}$$

式中,$c=1/\sqrt{\mu_0\varepsilon_0}$ 为真空中的光速,$\omega_j=ck_j$ 为第 j 个场模的角频率,$p_j(t)/m_j=\mathrm{d}q_j(t)/\mathrm{d}t$,$m_j$ 具有质量的量纲,$p_j(t)$ 具有动量的量纲。电磁场的总能量为

$$H=\frac{1}{2}\int(\varepsilon_0\boldsymbol{E}^2+\mu_0\boldsymbol{B}^2)\mathrm{d}v=\frac{1}{2}\int(\varepsilon_0E_x^2+\mu_0B_y^2)\mathrm{d}v=\sum_j\frac{V\varepsilon_0A_j^2}{2m_j\omega_j^2}\frac{1}{2}\left(m_j\omega_j^2q_j^2+\frac{p_j^2}{m_j}\right) \tag{2-7}$$

式中,V 是腔的体积。可见,如果令 $\frac{V\varepsilon_0A_j^2}{2m_j\omega_j^2}=1$,即 $A_j=\sqrt{2m_j\omega_j^2/V\varepsilon_0}$,则有

$$H=\sum_j\frac{1}{2}\left(m_j\omega_j^2q_j^2+\frac{p_j^2}{m_j}\right)\equiv\sum_j H_j \tag{2-8}$$

式中,H_j 为第 j 个场模的能量。可见,在形式上一个场模与一个一维谐振子相同,因此可仿照一维谐振子的量子化方法把电磁场量子化。将 q_j 和 p_j 看作是算符(注:只在容易引起混淆的情况下,我们才在表示算符的字母上加"^"号),并令其满足对易关系:

$$[q_j,p_k]=\mathrm{i}\hbar\delta_{jk},\ [q_j,q_k]=0,\ [p_j,p_k]=0 \tag{2-9}$$

再引入算符

$$a_j(t)=\sqrt{\frac{1}{2m_j\hbar\omega_j}}[m_j\omega_jq_j(t)+\mathrm{i}p_j(t)] \tag{2-10}$$

$$a_j^+(t)=\sqrt{\frac{1}{2m_j\hbar\omega_j}}[m_j\omega_jq_j(t)-\mathrm{i}p_j(t)] \tag{2-11}$$

其逆变换为

$$q_j=\sqrt{\frac{\hbar}{2m_j\omega_j}}(a_j+a_j^+) \tag{2-12}$$

$$p_j=-\mathrm{i}\sqrt{\frac{m_j\hbar\omega_j}{2}}(a_j-a_j^+) \tag{2-13}$$

a_j 和 a_j^+ 满足对易关系:

$$[a_j,a_k^+]=\delta_{jk},\ [a_j,a_k]=0,\ [a_j^+,a_k^+]=0 \tag{2-14}$$

将 a_j 和 a_j^+ 代入 H_j、E_j 和 B_j 的表达式可得

$$H_j=\hbar\omega_j\left(a_j^+a_j+\frac{1}{2}\right) \tag{2-15}$$

$$E_j(z,t)=E_j^{(s)}\sin(k_jz)[a_j(t)+a_j^+(t)] \tag{2-16}$$

$$B_j(z,t)=-\mathrm{i}\frac{E_j^{(s)}}{c}\cos(k_jz)[a_j(t)-a_j^+(t)] \tag{2-17}$$

式中,$E_j^{(s)}=\sqrt{\hbar\omega_j/V\varepsilon_0}$,其上标(s)表示驻波(standing wave)。可见,$E_j/B_j\propto c$,因此,在考虑电磁场与物质相互作用时,许多情况下只考虑电场的作用,而不考虑磁场(严格来讲,根据是磁偶极相互作用/电偶极相

互作用 $\propto \alpha \approx 1/137$，但用到了 $E/B \propto c$）。

我们知道，任意算符 O 随时间的演化服从海森堡方程：

$$\frac{\mathrm{d}O}{\mathrm{d}t} = \frac{\mathrm{i}}{\hbar}[H,O] \tag{2-18}$$

将(2-15)式代入(2-18)式可得

$$a_j(t) = a_j(0)\mathrm{e}^{-\mathrm{i}\omega_j t} \tag{2-19}$$

$$a_j^+(t) = a_j^+(0)\mathrm{e}^{\mathrm{i}\omega_j t} \tag{2-20}$$

二、行波(平面波)形式

为了讨论在自由空间中电磁场的量子化，可以考虑存在于一个大而有限的立方体(设边长为 L)中的电磁场。将电磁场用行波(平面波)展开，其形式为

$$\boldsymbol{E}(\boldsymbol{r},t) = \sum_k \boldsymbol{e}_k E_k^{(\mathrm{r})} a_k \exp[-\mathrm{i}(\omega_k t - \boldsymbol{k}\cdot\boldsymbol{r})] + \mathrm{H.c.} \tag{2-21}$$

$$\boldsymbol{B}(\boldsymbol{r},t) = \sum_k \left(\frac{\boldsymbol{k}}{|\boldsymbol{k}|} \times \boldsymbol{e}_k\right)\frac{E_k^{(\mathrm{r})}}{c} a_k \exp[-\mathrm{i}(\omega_k t - \boldsymbol{k}\cdot\boldsymbol{r})] + \mathrm{H.c.} \tag{2-22}$$

式中，H. c. 表示厄密共轭(Hermitian conjugate)；$E_k^{(\mathrm{r})} = \sqrt{\hbar\omega_k/2V\varepsilon_0}$，其上标(r)表示行波(running wave)；$\boldsymbol{e}_k$ 表示第 k 个场模偏振方向的单位矢量；$\boldsymbol{k}$ 表示第 k 个场模的波矢量。根据 $\nabla\cdot\boldsymbol{E}=0$，可知 $\boldsymbol{k}\cdot\boldsymbol{e}_k=0$，即电磁波是横波。因此，对于每一个给定的波矢量 $\boldsymbol{k}$，存在两个独立的偏振方向 $\boldsymbol{e}_k$。利用周期性边界条件，可知波矢量 $\boldsymbol{k}$ 的 3 个分量分别为

$$(k_x,k_y,k_z) = (n_x,n_y,n_z)\frac{2\pi}{L} \qquad n_x,n_y,n_z = 0,\pm 1,\pm 2,\cdots \tag{2-23}$$

从上面的讨论可知，在电磁场的电场强度算符 $\boldsymbol{E}$、磁感应强度算符 $\boldsymbol{B}$，以及能量算符(哈密顿量) H 的表达式中均出现算符 a_j 和 a_j^+。因此，算符 a_j 和 a_j^+ 在量子光学中起着非常重要的作用。由后面的讨论我们将会知道，a_j 和 a_j^+ 分别为电磁场的光子湮灭算符和产生算符。

另外，有时将(2-21)式分解成所谓的正频部分和负频部分：

$$\boldsymbol{E}(\boldsymbol{r},t) = \boldsymbol{E}^{(+)}(\boldsymbol{r},t) + \boldsymbol{E}^{(-)}(\boldsymbol{r},t) \tag{2-24}$$

其中

$$\boldsymbol{E}^{(+)}(\boldsymbol{r},t) = \sum_k \boldsymbol{e}_k E^{(\mathrm{r})}{}_k a_k \exp[-\mathrm{i}(\omega_k t - \boldsymbol{k}\cdot\boldsymbol{r})] \tag{2-25}$$

$$\boldsymbol{E}^{(-)}(\boldsymbol{r},t) = [\boldsymbol{E}^{(+)}(\boldsymbol{r},t)]^+ \tag{2-26}$$

注意，正频部分 $\boldsymbol{E}^{(+)}(\boldsymbol{r},t) \propto a_k$，而负频部分 $\boldsymbol{E}^{(-)}(\boldsymbol{r},t) \propto a_k^+$。这种分解不只是为了数学上的方便，而是具有重要的物理意义(见后面有关部分)。

第二节　电磁场的量子态

本节我们将以单模电磁场为例，讨论电磁场的几种量子态。

一、光子数态

引入光子数算符 $\hat{n} = a^+a$，则单模电磁场的哈密顿量为 $H = \hbar\omega(\hat{n}+1/2)$。由于 $\hat{n}$ 和 H 彼此对易，故二者具有共同本征态，定义此共同本征态为光子数态(Fock 态)，用光子数 n 标记状态。光子数算符 $\hat{n}$ 的本征方程为

$$\hat{n}\,|\,n\rangle = n\,|\,n\rangle,\ n = 0,1,2,\cdots \tag{2-27}$$

其中 $n=0$ 的状态 $|\,0\rangle$ 称为真空态。

容易证明：

$$a\,|\,n\rangle = \sqrt{n}\,|\,n-1\rangle,\ a^+\,|\,n\rangle = \sqrt{n+1}\,|\,n+1\rangle \tag{2-28}$$

因此，称 a 为光子湮灭算符，a^+ 为光子产生算符。一般的 Fock 态可以由真空态产生：

$$|n\rangle=\frac{(a^+)^n}{\sqrt{n!}}|0\rangle \tag{2-29}$$

(一)电磁场的真空涨落

对单模电磁场,利用

$$E(z,t)\equiv E^{(s)}\sin(kz)(a\mathrm{e}^{-\mathrm{i}\omega t}+a^+\mathrm{e}^{\mathrm{i}\omega t}) \tag{2-30}$$

可得

$$\langle E\rangle\equiv\langle n|E(z,t)|n\rangle=0 \tag{2-31}$$

$$\langle E^2\rangle\equiv\langle n|E^2(z,t)|n\rangle=2(E^{(s)})^2\sin^2(kz)\left(n+\frac{1}{2}\right) \tag{2-32}$$

电磁场的涨落可用其方差描述:

$$V(E)\equiv\langle E^2\rangle-\langle E\rangle^2 \tag{2-33}$$

可见,即使对于真空态 ($n=0$),电场的方差也不等于 0,对应的涨落称为真空涨落。

(二)电磁场的正交分量算符

引入算符

$$X_1=\frac{1}{2}(a+a^+) \tag{2-34}$$

$$X_2=\frac{1}{2\mathrm{i}}(a-a^+) \tag{2-35}$$

则(2-30)式可写成

$$E(z,t)=2E^{(s)}\sin(kz)[X_1\cos(\omega t)+X_2\sin(\omega t)] \tag{2-36}$$

可见,X_1 和 X_2 分别为余弦项和正弦项的系数算符,因此通常称 X_1 和 X_2 为电磁场的两个正交分量算符(或正交相位算符),简称正交分量或正交算符。由 a 和 a^+ 的对易关系 $[a,a^+]=1$,可得 X_1 和 X_2 的对易关系

$$[X_1,X_2]=\frac{\mathrm{i}}{2} \tag{2-37}$$

由不确定度原理

$$V(A)V(B)\geqslant\frac{1}{4}|\langle[A,B]\rangle|^2 \tag{2-38}$$

可得

$$V(X_1)V(X_2)\geqslant\frac{1}{16} \tag{2-39}$$

式中,$V(X_i)(i=1,2)$ 为正交分量 X_i 的方差。使上式取等号的态称为最小不确定度乘积态。

引入标准方差 $\Delta A\equiv\sqrt{V(A)}$,则(2-38)式和(2-39)式又可分别表示成

$$(\Delta A)(\Delta B)\geqslant\frac{1}{2}|\langle[A,B]\rangle| \tag{2-40}$$

$$(\Delta X_1)(\Delta X_2)\geqslant\frac{1}{4} \tag{2-41}$$

计算可得,在 Fock 态 $|n\rangle$ 中正交分量 X_1 和 X_2 的平均值和方差分别为

$$\left.\begin{aligned}&\langle X_1\rangle=\langle X_2\rangle=0\\&V_{\mathrm{Fock}}(X_1)=V_{\mathrm{Fock}}(X_2)=\frac{1}{4}(2n+1)\end{aligned}\right\} \tag{2-42}$$

显然满足(2-39)式。且对真空态($n=0$),有

$$\Delta X_1=\frac{1}{2},\Delta X_2=\frac{1}{2},(\Delta X_1)(\Delta X_2)=\frac{1}{4} \tag{2-43}$$

可见真空态为最小不确定度乘积态,其量子涨落称为量子噪声极限。

二、相干态

自从 1963 年 Glauber 提出光场相干态的概念以来，相干态获得了广泛的研究和应用。下面介绍相干态的定义和有关性质：

(一)相干态是光子湮灭算符的本征态

$$a\mid\alpha\rangle=\alpha\mid\alpha\rangle \tag{2-44}$$

由于光子湮灭算符 a 不是厄密算符，因此 α 一般来说是复数，可表示成 $\alpha=|\alpha|e^{i\theta}$。

(二)相干态可以通过将真空态平移(或位移)来产生

$$\mid\alpha\rangle=D(\alpha)\mid 0\rangle \tag{2-45}$$

式中，$D(\alpha)$ 称为平移算符(或称位移算符)，定义为

$$D(\alpha)=\exp(\alpha a^{+}-\alpha^{*}a) \tag{2-46}$$

平移算符 $D(\alpha)$ 具有下列重要性质：

$$D^{+}(\alpha)=D^{-1}(\alpha)=D(-\alpha) \tag{2-47}$$

$$D^{+}(\alpha)aD(\alpha)=a+\alpha \tag{2-48}$$

$$D^{+}(\alpha)a^{+}D(\alpha)=a^{+}+\alpha^{*} \tag{2-49}$$

$$\begin{aligned}D(\alpha)D(\beta)&=\exp\left[-\frac{1}{2}(\alpha\beta^{*}-\alpha^{*}\beta)\right]D(\alpha+\beta)\\&=\exp\left[-\mathrm{i}\,\mathrm{Im}(\alpha\beta^{*})\right]D(\alpha+\beta)\end{aligned} \tag{2-50}$$

(三)相干态中的平均光子数和光子数方差

$\mid\alpha\rangle$ 中的平均光子数 $\bar{n}$ 和光子数方差 $V_{\mathrm{coh}}(n)$ 分别为

$$\bar{n}\equiv\langle n\rangle_{\mathrm{coh}}\equiv\langle\alpha\mid\hat{n}\mid\alpha\rangle=\alpha^{*}\alpha \tag{2-51}$$

$$V_{\mathrm{coh}}(n)=\langle n^{2}\rangle_{\mathrm{coh}}-\langle n\rangle_{\mathrm{coh}}^{2}=\bar{n} \tag{2-52}$$

(四)相干态的 Fock 态展开

相干态可以用 Fock 态展开：

$$\mid\alpha\rangle=\sum_{n}c_{n}\mid n\rangle,\ c_{n}=e^{-\frac{1}{2}|\alpha|^{2}}\frac{\alpha^{n}}{\sqrt{n!}} \tag{2-53}$$

(五)相干态中的光子数分布

相干态中的光子数分布服从泊松(Poison)分布：

$$p_{n}=|c_{n}|^{2}=e^{-\bar{n}}\frac{\bar{n}^{n}}{n!} \tag{2-54}$$

(六)亚泊松分布和超泊松分布的概念

引入(Mandel) Q 参数：

$$Q\equiv\frac{V(n)}{\langle n\rangle}-1 \tag{2-55}$$

可见，对泊松分布有 $Q=0$。若对某种光场态有 $Q>0$，则称该态的光子数分布为超泊松分布；若对某种光场态有 $Q<0$，则称该态的光子数分布为亚泊松分布。光子数亚泊松分布是光场的一种典型的非经典效应(另外两种典型的非经典效应分别是光子反聚束效应和光场压缩态)。

(七)相干态是最小不确定度乘积态

在相干态 $\mid\alpha\rangle$ 中计算正交分量 X_1 和 X_2 的平均值和标准方差，可得

$$\left.\begin{array}{l}\langle X_1\rangle=\dfrac{1}{2}(\alpha+\alpha^*),\langle X_2\rangle=\dfrac{1}{2\mathrm{i}}(\alpha-\alpha^*)\\ \Delta X_1=\dfrac{1}{2},\Delta X_2=\dfrac{1}{2},(\Delta X_1)(\Delta X_2)=\dfrac{1}{4}\end{array}\right\}\tag{2-56}$$

可见,在相干态 $|\alpha\rangle$ 中正交分量 X_1 和 X_2 的平均值与 α 的取值有关,而涨落与 α 的取值无关(与在真空态中相同)。相干态也是最小不确定度乘积态。考虑到相干态由真空态平移而来,这一结果表明平移算符只改变 X_1 和 X_2 的平均值,而不改变它们的涨落性质。利用(2-34)式和(2-35)式可得

$$a=X_1+\mathrm{i}X_2\tag{2-57}$$

可见,电磁场的正交分量算符 X_1 和 X_2 也可分别看作是光子湮灭算符 a 的实部算符和虚部算符。(2-57)式在真空态中的平均值等于0,在相干态中的平均值为

$$\alpha=\langle X_1\rangle+\mathrm{i}\langle X_2\rangle\tag{2-58}$$

真空态和相干态的量子涨落在相空间的表示分别如图 2-2 和图 2-3 所示。

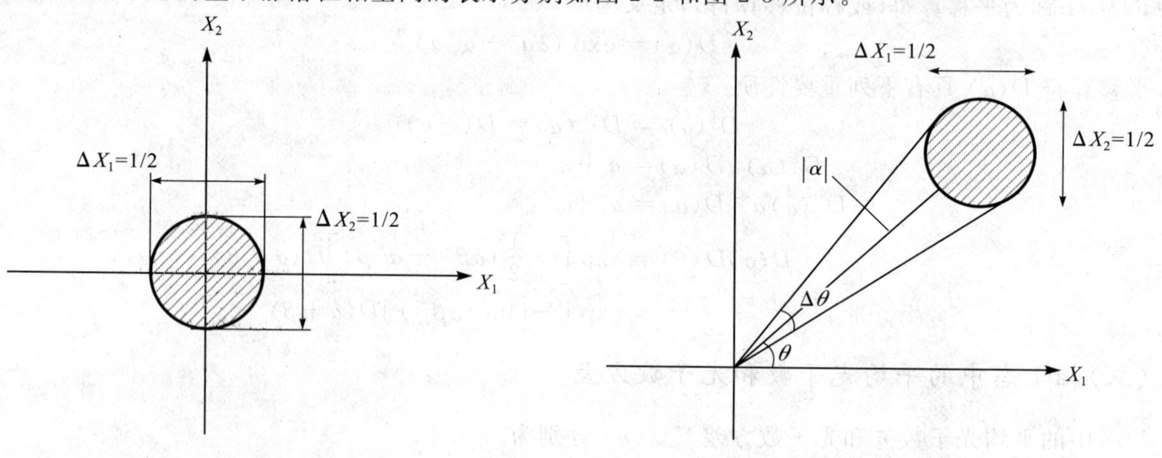

图 2-2 真空态的量子涨落

图 2-3 相干态的量子涨落

由于涨落圆的大小与 α 无关,由图 2-3 可知,$|\alpha|$ 越大,$\Delta\theta$ 越小;当 $|\alpha|\to\infty$时,$\Delta\theta\to 0$,对应于经典电磁场有完全确定的相位。

(八)两个本征值不同的相干态是不正交的

设有两个本征值分别为 α 和 β 的相干态 $|\alpha\rangle$ 和 $|\beta\rangle$,容易证明

$$\langle\beta\mid\alpha\rangle=\exp\left[-\frac{1}{2}(|\alpha|^2+|\beta|^2)+\beta^*\alpha\right]\tag{2-59}$$

$$|\langle\beta\mid\alpha\rangle|^2=\exp(-|\alpha-\beta|^2)\tag{2-60}$$

可见,两个本征值不同的相干态是不正交的。只有当 $|\alpha-\beta|\gg 0$ 时,相干态 $|\alpha\rangle$ 和 $|\beta\rangle$ 才可近似看作是正交的。

(九)相干态构成一个完备集

相干态构成一个完备集(有时也称为超完备集),从而构成一个表象。不难证明如下完备性关系:

$$\frac{1}{\pi}\iint|\alpha\rangle\langle\alpha|\,\mathrm{d}^2\alpha=1\tag{2-61}$$

由于 α 的取值是连续的,因此相干态表象是一个连续态表象。相干态表象在量子光学中有着重要的、广泛的应用。

三、压缩态

从上面的讨论可知,在真空态和相干态中,电磁场正交算符 X_1 和 X_2 的标准方差满足:

$$\Delta X_1=\frac{1}{2},\Delta X_2=\frac{1}{2},(\Delta X_1)(\Delta X_2)=\frac{1}{4}$$

在压缩态概念提出之前，人们认为 $\Delta X_i = 1/2\ (i=1$ 或 $2)$ 是量子涨落可能达到的最小值，并称其为量子涨落极限。后来人们提出这样的问题：是否存在这样的量子态，在不违背不确定度关系 $(\Delta X_1)(\Delta X_2) \geqslant 1/4$ 的情况下，使得 $\Delta X_i < 1/2\ (i=1,2)$。研究表明，这样的量子态是存在的，这种量子态称为压缩态。

（一）压缩真空态

首先考虑压缩真空态（其名称可从下面讨论的性质看出）：

$$|\xi\rangle = S(\xi)|0\rangle \tag{2-62}$$

其中

$$S(\xi) = \exp\left[\frac{1}{2}(\xi^* a^2 - \xi(a^+)^2)\right] \tag{2-63}$$

称为压缩算符。$\xi = re^{i\theta}$，ξ 称为压缩参量；$0 \leqslant r < \infty$，称为压缩幅，描述压缩的强弱；$0 \leqslant \theta \leqslant 2\pi$，称为压缩角，描述压缩的方向。压缩算符具有下列性质：

$$S^+(\xi) = S^{-1}(\xi) = S(-\xi) \tag{2-64}$$

$$S^+(\xi)aS(\xi) = a\cosh r - a^+ e^{i\theta}\sinh r \tag{2-65}$$

$$S^+(\xi)a^+ S(\xi) = a^+\cosh r - ae^{-i\theta}\sinh r \tag{2-66}$$

计算可知，在压缩真空态中的平均光子数为

$$\langle n\rangle = \sinh^2 r \tag{2-67}$$

在压缩真空态中，电磁场正交算符 X_1 和 X_2 的平均值和方差分别为

$$\langle X_1\rangle = \langle X_2\rangle = 0 \tag{2-68}$$

$$V(X_1) = \frac{1}{4}(\cosh^2 r + \sinh^2 r - 2\sinh r\cosh r\cos\theta) \tag{2-69}$$

$$V(X_2) = \frac{1}{4}(\cosh^2 r + \sinh^2 r + 2\sinh r\cosh r\cos\theta) \tag{2-70}$$

特例：当 $\theta = 0$ 时，有

$$V(X_1) = \frac{1}{4}e^{-2r},\ V(X_2) = \frac{1}{4}e^{2r} \tag{2-71}$$

相应的标准方差为

$$\Delta X_1 = \frac{1}{2}e^{-r},\ \Delta X_2 = \frac{1}{2}e^{r},\ (\Delta X_1)(\Delta X_2) = \frac{1}{4} \tag{2-72}$$

可见，当 $\theta = 0$ 时，正交算符 X_1 的涨落压缩，而正交算符 X_2 的涨落增大。从类似的讨论可知，当 $\theta = \pi$ 时，正交算符 X_2 的涨落压缩，而正交算符 X_1 的涨落增大。这两种情况在相空间可分别用图 2-4 和图 2-5 表示。可以看出，压缩出现在 $\theta/2$ 方向。

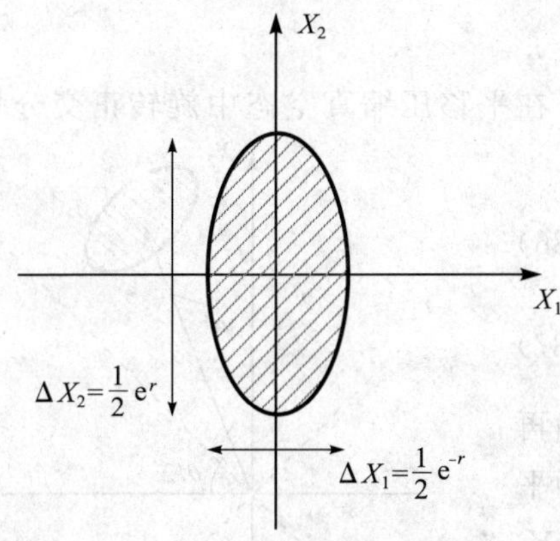

图 2-4　θ=0 时的量子涨落

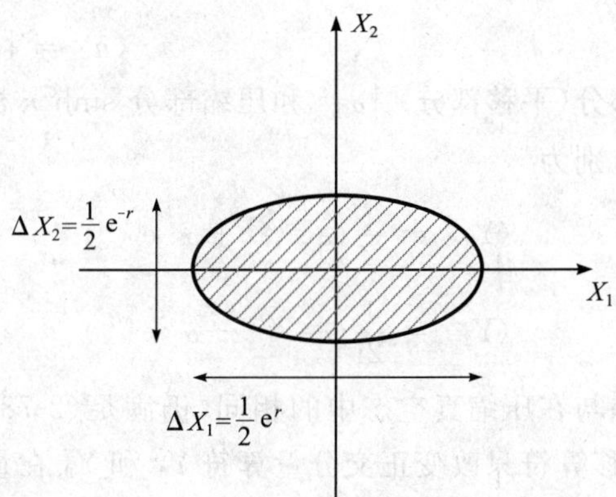

图 2-5　θ=π 时的量子涨落

为了描述在一般方向的压缩，引入下列旋转正交分量：

$$Y_1 = \cos\frac{\theta}{2}X_1 + \sin\frac{\theta}{2}X_2 \tag{2-73}$$

$$Y_2 = -\sin\frac{\theta}{2}X_1 + \cos\frac{\theta}{2}X_2 \tag{2-74}$$

若用 a 和 a^+ 表示，则有

$$Y_1 = \frac{1}{2}(a\mathrm{e}^{-\mathrm{i}\theta/2} + a^+\mathrm{e}^{\mathrm{i}\theta/2}) \tag{2-75}$$

$$Y_2 = \frac{1}{2\mathrm{i}}(a\mathrm{e}^{-\mathrm{i}\theta/2} - a^+\mathrm{e}^{\mathrm{i}\theta/2}) \tag{2-76}$$

计算可得，在压缩真空态中，算符 Y_1 和 Y_2 的平均值和标准方差分别为

$$\langle Y_1\rangle = \langle Y_2\rangle = 0 \tag{2-77}$$

$$\Delta Y_1 = \frac{1}{2}\mathrm{e}^{-r},\ \Delta Y_2 = \frac{1}{2}\mathrm{e}^{r},\ (\Delta Y_1)(\Delta Y_2) = \frac{1}{4} \tag{2-78}$$

可见，压缩真空态也是最小不确定度乘积态（尽管不要求一般压缩态是最小不确定度乘积态）。Y_1 和 Y_2 的量子涨落在相空间如图 2-6 所示。

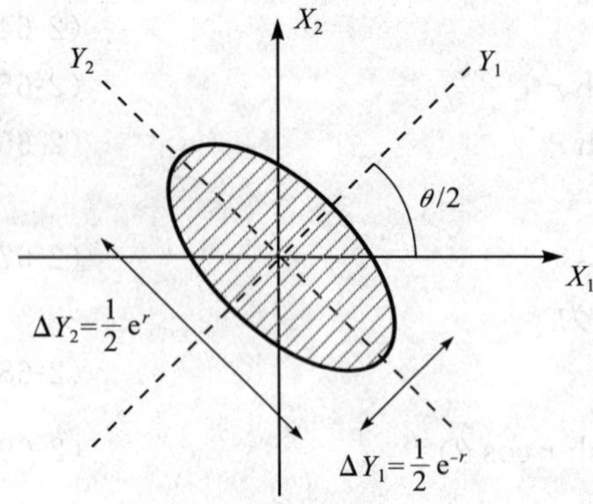

图 2-6　压缩真空态中 Y_1、Y_2 的量子涨落

可以证明，压缩真空态 $|\xi\rangle$ 满足下列本征方程：

$$(\mu a + \nu a^+)|\xi\rangle = 0 \tag{2-79}$$

$$\mu = \cosh r,\quad \nu = \mathrm{e}^{\mathrm{i}\theta}\sinh r \tag{2-80}$$

压缩真空态可以用光子数态展开：

$$|\xi\rangle = \sum_m C_{2m}|2m\rangle \tag{2-81}$$

$$C_{2m} = \frac{1}{\sqrt{\cosh r}}(-1)^m\left(\frac{1}{2}\mathrm{e}^{\mathrm{i}\theta}\tanh r\right)^m\frac{\sqrt{(2m)!}}{m!} \tag{2-82}$$

可见，在压缩真空态中只可能探测到偶数个光子，其光子统计分布为

$$P_{2m} = |C_{2m}|^2 = \frac{1}{\cosh r}\left(\frac{1}{2}\tanh r\right)^{2m}\frac{(2m)!}{(m!)^2} \tag{2-83}$$

（二）平移压缩真空态

考虑如下的平移压缩真空态：

$$|\alpha,\xi\rangle = D(\alpha)S(\xi)|0\rangle \tag{2-84}$$

式中，$D(\alpha)$ 和 $S(\xi)$ 分别是前面引入的平移算符和压缩算符。计算可得，在平移压缩真空态中的平均光子数为

$$\langle n\rangle = |\alpha|^2 + \sinh^2 r \tag{2-85}$$

它由相干部分（平移部分）$|\alpha|^2$ 和压缩部分 $\sinh^2 r$ 相加而成。在平移压缩真空态中旋转正交分量 Y_1 和 Y_2 的平均值分别为

$$\langle Y_1\rangle = \frac{1}{2}(\alpha\mathrm{e}^{-\mathrm{i}\theta/2} + \alpha^*\mathrm{e}^{\mathrm{i}\theta/2}) \tag{2-86}$$

$$\langle Y_2\rangle = \frac{1}{2\mathrm{i}}(\alpha\mathrm{e}^{-\mathrm{i}\theta/2} - \alpha^*\mathrm{e}^{\mathrm{i}\theta/2}) \tag{2-87}$$

其标准方差与在压缩真空态中的相同，仍满足（2-78）式。我们再次看到，平移算符只改变正交分量算符 Y_1 和 Y_2 在量子态中的平均值，而不改变它们的涨落性质。在平移压缩真空态中，Y_1 和 Y_2 的量子涨落在相空间中如图 2-7 所示。

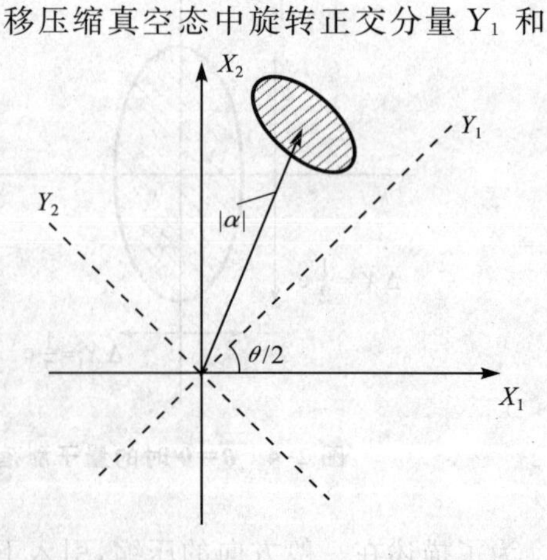

图 2-7　平移压缩真空态中 Y_1、Y_2 的量子涨落

可以证明，平移压缩真空态 $|\alpha,\xi\rangle$ 满足下面的本征方程：

$$(\mu a + \nu a^+)|\alpha,\xi\rangle = (\mu\alpha + \nu\alpha^*)|\alpha,\xi\rangle \tag{2-88}$$

平移压缩真空态可以用光子数态展开：

$$|\alpha,\xi\rangle=\sum_n C_n|n\rangle \tag{2-89}$$

$$C_n=\frac{1}{\sqrt{\cosh r}}\exp\left\{-\frac{1}{2}|\alpha|^2-\frac{1}{2}\tanh r\alpha^{*2}e^{i\theta}\right\}\left(\frac{1}{2}e^{i\theta}\tanh r\right)^{\frac{n}{2}}\frac{1}{\sqrt{n!}}H_n\{\beta[e^{i\theta}\sinh(2r)]^{-\frac{1}{2}}\} \tag{2-90}$$

其光子数统计分布为

$$P_n=|C_n|^2=\frac{1}{\cosh r}\exp\left\{-|\alpha|^2-\frac{1}{2}\tanh r(\alpha^{*2}e^{i\theta}+\alpha^2e^{-i\theta})\right\}\left(\frac{1}{2}\tanh r\right)^n\frac{1}{n!}\left|H_n\{\beta[e^{i\theta}\sinh(2r)]^{-\frac{1}{2}}\}\right|^2 \tag{2-91}$$

式中，$H_n(z)$ 是宗量为 z 的 n 次厄密多项式：

$$\beta=\mu\alpha+\nu\alpha^*=\cosh r\alpha+e^{i\theta}\sinh r\alpha^* \tag{2-92}$$

（三）压缩相干态

压缩相干态(曾称为双光子相干态)定义为

$$S(\xi)|\alpha\rangle=S(\xi)D(\alpha)|0\rangle \tag{2-93}$$

式中，$S(\xi)$ 和 $D(\alpha)$ 分别是前面引入的压缩算符和平移算符。与平移压缩真空态比较，压缩算符和平移算符调换了次序。由于一般来说，压缩算符和平移算符互不对易，因此一般来说，压缩相干态不等于平移压缩真空态，即

$$S(\xi)|\alpha\rangle\equiv S(\xi)D(\alpha)|0\rangle\neq D(\alpha)S(\xi)|0\rangle \tag{2-94}$$

但可证明：

$$S(\xi)|\beta\rangle\equiv S(\xi)D(\beta)|0\rangle=D(\alpha)S(\xi)|0\rangle \tag{2-95}$$

式中，β 与 α 之间的关系由(2-92)式给出。因此，经过适当的参数变换，压缩相干态可化作平移压缩真空态，从这个意义上来说，两者是等价的。

（四）压缩态的产生

在各类压缩态中，最基本的是压缩真空态。这里我们讨论如何在实验上产生压缩真空态。压缩真空态由(2-62)式和(2-63)式定义。为了便于讨论，我们把这两个公式重新写在这里：

$$|\xi\rangle=S(\xi)|0\rangle$$

$$S(\xi)=\exp\left[\frac{1}{2}(\xi^*a^2-\xi(a^+)^2)\right]$$

在量子力学中，量子态随时间的演化是幺正演化，即

$$|\psi(t)\rangle=U(t)|\psi(0)\rangle \tag{2-96}$$

其中

$$U(t)=\exp\left(-\frac{i}{\hbar}Ht\right) \tag{2-97}$$

是体系的时间演化算符，H 是体系的哈密顿量。设体系初始处于真空态，即 $|\psi(0)\rangle=|0\rangle$，则(2-96)式变成

$$|\psi(t)\rangle=U(t)|0\rangle \tag{2-98}$$

将(2-98)式与(2-62)式比较可以发现，如果时间演化算符 $U(t)$ 具有压缩算符 $S(\xi)$ 的形式，则 t 时刻体系将处于压缩真空态。再进一步比较(2-97)式与(2-63)式，发现如果体系的哈密顿量 H 描述某种双光子过程，则该过程就可产生压缩真空态。下面我们具体考虑两种双光子过程：

1. 简并参量下转换过程

描述简并参量下转换过程的哈密顿量为

$$H=\hbar\omega a^+a+\hbar\omega_p b^+b+i\hbar\chi^{(2)}[a^2b^+-(a^+)^2b] \tag{2-99}$$

式中，ω 和 a 分别是信号场的频率和光子湮灭算符，ω_p 和 b 分别是泵浦场的频率和光子湮灭算符，$\chi^{(2)}$ 是二阶非线性极化率。一般来说，泵浦场较强，可作经典描述(称为参量近似)，即令 $b \to \beta e^{-i\omega_p t}$。于是，哈密顿量 H 可写成

$$H = \hbar\omega a^+ a + i\hbar[\eta^* e^{i\omega_p t} a^2 - \eta e^{-i\omega_p t}(a^+)^2] \tag{2-100}$$

式中，$\eta = \chi^{(2)}\beta$。变换到相互作用绘景，则有

$$H_I = i\hbar[\eta^* e^{i(\omega_p - 2\omega)t} a^2 - \eta e^{-i(\omega_p - 2\omega)t}(a^+)^2] \tag{2-101}$$

考虑共振情况：$\omega_p = 2\omega$，则有

$$H_I = i\hbar[\eta^* a^2 - \eta(a^+)^2] \tag{2-102}$$

于是有

$$U(t) = \exp\left(-\frac{i}{\hbar}H_I t\right) = \exp[t\eta^* a^2 - t\eta(a^+)^2] \tag{2-103}$$

令 $\xi = 2t\eta = 2t\chi^{(2)}\beta$，则 $U(t) = S(\xi)$，于是，当体系初始处于真空态时，t 时刻体系将演化到压缩真空态，即

$$|\psi(t)\rangle = U(t)|0\rangle = S(\xi)|0\rangle = |\xi\rangle \tag{2-104}$$

2. 简并四波混频过程

描述简并四波混频过程的哈密顿量为

$$H = \hbar\omega a^+ a + \hbar\omega_p b^+ b + i\hbar\chi^{(3)}[a^2(b^+)^2 - (a^+)^2 b^2] \tag{2-105}$$

作与简并参量下转换过程类似的讨论：取参量近似、变换到相互作用绘景、考虑共振情况 $\omega_p = \omega$，则可得到与(2-102)式形式相同的公式，只需将 $\eta = \chi^{(2)}\beta$ 换成 $\eta = \chi^{(3)}\beta^2$。

(五)压缩态的探测

利用平衡零差探测法可探测光场压缩态，其实验系统如图 2-8 所示。图中 a 表示待测信号光的光子湮灭算符，b 表示本地振荡光的光子湮灭算符，c 和 d 表示光学分束器输出光的光子湮灭算符。D_c 和 D_d 为光子探测器，“－”号表示减法器。

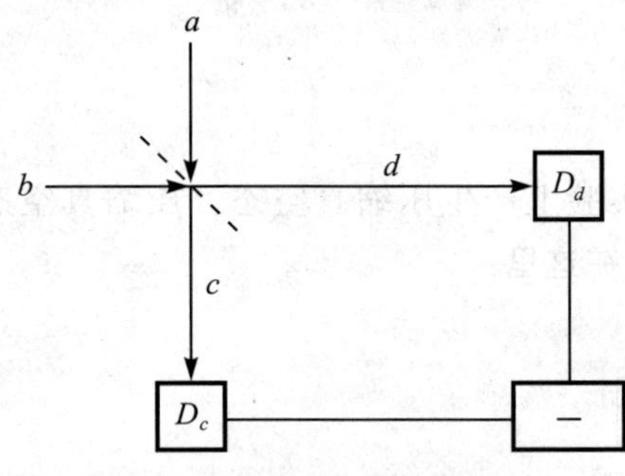

图 2-8 利用平衡零差探测法探测光场压缩态

假设分束器的透射率和反射率相等(即所谓的 50∶50 分束器；关于分束器的详细讨论，参见本节后面的讨论)，则有

$$c = \frac{1}{\sqrt{2}}(a + ib) \tag{2-106}$$

$$d = \frac{1}{\sqrt{2}}(b + ia) \tag{2-107}$$

到达光子探测器 D_c 和 D_d 的光场的光子数算符分别为 $\hat{n}_c = c^+ c$ 和 $\hat{n}_d = d^+ d$，描述减法器处信号的算符为 $\hat{n}_{cd} = \hat{n}_c - \hat{n}_d$。利用(2-106)式和(2-107)式可得

$$\hat{n}_{cd} = i(a^+ b - b^+ a) \tag{2-108}$$

通常，本地振荡光很强，可作经典描述，即 $b \to \beta e^{i\varphi}$，取 β 为实数，则有

$$\hat{n}_{cd} = i\beta(a^+ e^{i\varphi} - a e^{-i\varphi}) = \beta(a^+ e^{i\theta/2} + a e^{-i\theta/2}) = 2\beta Y(\theta) \tag{2-109}$$

式中，$\theta/2 = \varphi + \pi/2$，$Y(\theta)$ 是我们前面引入的旋转正交分量算符：

$$Y(\theta) = \frac{1}{2}(a e^{-i\theta/2} + a^+ e^{i\theta/2})$$

(2-109)式表明，减法器处的探测信号正比于入射信号光的正交分量。具体来讲有下面的关系：

$$\langle\hat{n}_{cd}\rangle = 2\beta\langle Y(\theta)\rangle,\ \langle\hat{n}_{cd}^2\rangle = 4\beta^2\langle Y^2(\theta)\rangle \tag{2-110}$$

其方差的关系为

$$V(\hat{n}_{cd}) = 4\beta^2 V[Y(\theta)] \text{ 或 } V[Y(\theta)] = \frac{1}{4\beta^2}V(\hat{n}_{cd}) \tag{2-111}$$

通过调节本地振荡光的相位 φ(从而 θ)，测量 $V(\hat{n}_{cd})$，计算 $V[Y(\theta)]$，如果发现对某个 θ 角有 $V[Y(\theta)] < 1/4$，则表明入射信号光处于压缩态。

四、双模压缩真空态

上面讨论的几种压缩态都是对单模光场而言。实际上还存在多模场的压缩态。这里介绍双模压缩真空态。

类似于单模压缩真空态的讨论，首先引入双模压缩算符：

$$S_2(\xi)=\exp\left(\xi^* ab-\xi a^+ b^+\right) \tag{2-112}$$

式中，$\xi=r\mathrm{e}^{\mathrm{i}\theta}$，$a$ 和 b 分别为模 a 和模 b 的光子湮灭算符。将双模压缩算符作用到双模真空态 $|0\rangle_a|0\rangle_b\equiv|0,0\rangle$ 上即可得双模压缩真空态：

$$|\xi\rangle_2=S_2(\xi)|0,0\rangle \tag{2-113}$$

由于双模压缩算符 $S_2(\xi)$ 不能分解为两个单模压缩算符的乘积，所以双模压缩真空态也不能分解为两个单模压缩真空态的乘积。由下面的讨论将会看到，双模压缩真空态实际上是一种双模纠缠态(关于纠缠态的定义见附录 C)，处于双模压缩真空态的两个场模间存在强关联。

定义下列两个双模正交分量算符：

$$X_1=\frac{1}{2^{3/2}}(a+a^++b+b^+) \tag{2-114}$$

$$X_2=\frac{1}{2^{3/2}\mathrm{i}}(a-a^++b-b^+) \tag{2-115}$$

X_1 和 X_2 满足下列对易关系：

$$[X_1,X_2]=\frac{\mathrm{i}}{2} \tag{2-116}$$

从而它们的标准方差满足下列不确定度关系：

$$(\Delta X_1)(\Delta X_2)\geqslant\frac{1}{4} \tag{2-117}$$

(2-116)式和(2-117)式在形式上与单模情况中的(2-37)式和(2-41)式相同(注意：在双模情况中和单模情况中 X_1 和 X_2 的定义不同)。

利用双模压缩算符 $S_2(\xi)$ 的下列性质：

$$S_2^+(\xi)aS_2(\xi)=a\cosh r-b^+\mathrm{e}^{\mathrm{i}\theta}\sinh r \tag{2-118}$$

$$S_2^+(\xi)bS_2(\xi)=b\cosh r-a^+\mathrm{e}^{\mathrm{i}\theta}\sinh r \tag{2-119}$$

可以发现，在双模压缩真空态 $|\xi\rangle_2$ 中，X_1 和 X_2 的平均值和方差分别为

$$\langle X_1\rangle=\langle X_2\rangle=0 \tag{2-120}$$

$$V(X_1)=\frac{1}{4}(\cosh^2 r+\sinh^2 r-2\sinh r\cosh r\cos\theta) \tag{2-121}$$

$$V(X_2)=\frac{1}{4}(\cosh^2 r+\sinh^2 r+2\sinh r\cosh r\cos\theta) \tag{2-122}$$

特例：当 $\theta=0$ 时，有

$$V(X_1)=\frac{1}{4}\mathrm{e}^{-2r},\quad V(X_2)=\frac{1}{4}\mathrm{e}^{2r} \tag{2-123}$$

相应的标准方差为

$$\Delta X_1=\frac{1}{2}\mathrm{e}^{-r},\quad \Delta X_2=\frac{1}{2}\mathrm{e}^{r},\quad (\Delta X_1)(\Delta X_2)=\frac{1}{4} \tag{2-124}$$

当 $\theta=0$ 时，正交算符 X_1 的涨落压缩，而正交算符 X_2 的涨落增大。双模压缩真空态也是最小不确定度乘积态。我们注意到，(2-120)式至(2-124)式在形式上与单模情况中的(2-68)式至(2-72)式相同。

可以证明，双模压缩真空态 $|\xi\rangle_2$ 可以用双模光子数态 $|n\rangle_a|m\rangle_b\equiv|n,m\rangle$ 展开为

$$|\xi\rangle_2=\sum_n C_{n,n}|n,n\rangle \tag{2-125}$$

$$C_{n,n}=\frac{1}{\cosh r}(-\mathrm{e}^{\mathrm{i}\theta}\tanh r)^n \tag{2-126}$$

可见，双模压缩真空态是一种双模纠缠态，两个场模间存在强的关联，表现在求和中只出现两模光子数相同的项，由于这一原因，双模压缩真空态也称为孪生光子态。双模压缩真空态的联合光子数分布和每个模的光子数分布均为

$$P_{n,n}^{(a,b)} = P_n^{(a)} = P_n^{(b)} = |C_{n,n}|^2 = \frac{1}{\cosh^2 r}(\tanh^2 r)^n \equiv P_n \tag{2-127}$$

在双模压缩真空态中两个模的平均光子数相等，为

$$\langle n_a \rangle = \langle n_b \rangle = \sinh^2 r \tag{2-128}$$

利用(2-127)式，又可将(2-128)式写成

$$P_n^{(k)} = \frac{\langle n_k \rangle^n}{(\langle n_k \rangle + 1)^{n+1}}, \quad k = a,b \tag{2-129}$$

可见，双模压缩真空态中每个模的光子数分布与单模热光场态（见后面的讨论）的光子数分布形式相同。

在双模压缩真空态中两个模的方差相等，为

$$V(n_a) = V(n_b) = \sinh^2 r \cosh^2 r = \frac{1}{4}\sinh^2(2r) \tag{2-130}$$

可以看出，$V(n_k) > \langle n_k \rangle$ $(k = a,b)$，因此，双模压缩真空态中的两个模均呈现超泊松分布。

上面谈到，双模压缩真空态是一种双模纠缠态，纠缠度可用 von Neumann 熵度量（见附录 C）：

$$S_k(r) = -\sum_n P_n^{(k)} \ln P_n^{(k)} = -\sum_n \frac{(\tanh^2 r)^n}{\cosh^2 r} \ln \frac{(\tanh^2 r)^n}{\cosh^2 r}, \quad k = a,b \tag{2-131}$$

简单的计算表明，$S_k(r)$ 随 r 的增大而增大，即纠缠度随压缩度的增大而增大。

下面讨论双模压缩真空态的实验产生。双模压缩真空态可利用非简并参量下转化过程来产生。描述这个过程的哈密顿量为

$$H = \hbar\omega_a a^+ a + \hbar\omega_b b^+ b + \hbar\omega_p p^+ p + i\hbar\chi^{(2)}(abp^+ - a^+ b^+ p) \tag{2-132}$$

式中，ω_a 和 ω_b 分别是模 a 和模 b 的频率，ω_p 和 p 分别是泵浦场的频率和光子湮灭算符，$\chi^{(2)}$ 是二阶非线性极化率。一般来说，泵浦场较强，可作经典描述（称为参量近似），即令 $p \to \gamma e^{-i\omega_p t}$。于是，哈密顿量 H 可写成

$$H = \hbar\omega_a a^+ a + \hbar\omega_b b^+ b + i\hbar(\eta^* e^{i\omega_p t} ab - \eta e^{-i\omega_p t} a^+ b^+) \tag{2-133}$$

式中，$\eta = \chi^{(2)}\gamma$。变换到相互作用绘景，则有

$$H_I = i\hbar[\eta^* e^{i(\omega_p - \omega_a - \omega_b)t} ab - \eta e^{-i(\omega_p - \omega_a - \omega_b)t} a^+ b^+] \tag{2-134}$$

考虑共振情况：$\omega_p = \omega_a + \omega_b$，则有

$$H_I = i\hbar[\eta^* ab - \eta a^+ b^+] \tag{2-135}$$

于是有

$$U(t) = \exp\left(-\frac{i}{\hbar}H_I t\right) = \exp[t\eta^* ab - t\eta a^+ b^+] = S_2(\xi) \tag{2-136}$$

式中，$\xi = \eta t = \chi^{(2)}\gamma t$。于是，当体系初始处于双模真空态时，$t$ 时刻体系将演化到双模压缩真空态，即

$$|\psi(t)\rangle = U(t)|0,0\rangle = S_2(\xi)|0,0\rangle = |\xi\rangle_2 \tag{2-137}$$

由于双模压缩真空态是一种纠缠态，因此它在量子力学基本问题的研究和在量子信息科学和技术的发展中均有着重要的应用。

五、热光场态

前面讨论的电磁场的量子态都可用某个态矢量 $|\psi\rangle$ 来描述，这类量子态称为纯态。在量子力学中还存在另外一种情况是，体系并不处于某个确定的纯态，而是以不同的概率 P_ψ 处于不同的纯态 $|\psi\rangle$，这类量子态称为混合态，它们不能用态矢量表示，而要用所谓的密度算符描述（关于纯态、混合态和密度算符的详细讨论，见附录 A）。

作为混合态的一个例子，我们考虑热辐射的量子态——热光场态。众所周知，量子概念起源于普朗克关于黑体辐射的研究，而一个理想的黑体模型是一个带有小孔的空腔。当空腔内的电磁辐射（假设是频率为 ω 的单模场）与温度为 T 的腔壁处于热平衡状态时，根据统计力学和量子论，辐射场具有 n 个光子的概率为

$$P_n = (1-e^{-x})e^{-nx} \tag{2-138}$$

式中，$x \equiv \hbar\omega/(kT)$，$k$ 为玻耳兹曼常数。可见，概率随 n 的增大而按指数减小，这是热光场态的一个显著特征。利用光子数态 $|n\rangle$，可将热光场态的密度算符表示为

$$\rho_{\text{th}} = \sum_n P_n |n\rangle\langle n| \tag{2-139}$$

可求得在热光场态中，光子数的平均值、方差和 Q 参数分别为

$$\bar{n} = \frac{1}{e^x - 1} \tag{2-140}$$

$$V(n) = \bar{n}(\bar{n}+1) \tag{2-141}$$

$$Q \equiv \frac{V(n)}{\bar{n}} - 1 = \bar{n} > 0 \tag{2-142}$$

故在热光场态中，光子数的分布服从超泊松分布。利用平均光子数的表达式(2-140)式，又可将热光场态中，光子数概率分布(2-138)式表示为

$$P_n = \frac{(\bar{n})^n}{(\bar{n}+1)^{n+1}} \tag{2-143}$$

我们注意到，双模压缩真空态中每个模的光子数分布(2-129)式与单模热光场态的光子数分布(2-143)式在形式上相同。

除了上面介绍的几种电磁场的量子态外，电磁场还有其他的量子态，如薛定谔猫态、相位算符的本征态以及正交分量算符的本征态等(可参阅有关参考文献)。

六、光学分束器及其对电磁场量子态的变换

在量子光学实验中，经常要用到光学分束器及其对电磁场量子态的变换，因此我们对这一问题作一些简单介绍。

(一)光学分束器的经典描述

在经典光学中，常用光学分束器将入射光束分成透射部分和反射部分，如图 2-9 所示。

设光学分束器的强度反射系数为 r，透射系数为 $t=1-r$，入射光、透射光、反射光的振幅和相位分别为 $(\alpha_{\text{in}},\varphi_{\text{in}})$、$(\alpha_{\text{t}},\varphi_{\text{t}})$、$(\alpha_{\text{r}},\varphi_{\text{r}})$，当不考虑 u 光时有

$$|\alpha_{\text{r}}|^2 = r|\alpha_{\text{in}}|^2,\ |\alpha_{\text{t}}|^2 = (1-r)|\alpha_{\text{in}}|^2,\ |\alpha_{\text{r}}|^2 + |\alpha_{\text{t}}|^2 = |\alpha_{\text{in}}|^2 \tag{2-144}$$

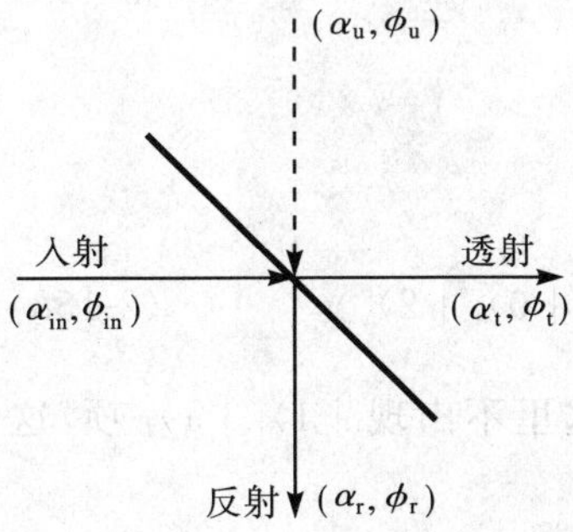

图 2-9　分束器原理

现在考虑有 u 光存在的情况。设 u 光的振幅和相位分别为 $(\alpha_{\text{u}},\varphi_{\text{u}})$，另设

$$\left.\begin{aligned} \varphi_{\text{in,t}} = \varphi_{\text{in}} - \varphi_{\text{t}},\ \varphi_{\text{in,r}} = \varphi_{\text{in}} - \varphi_{\text{r}} \\ \varphi_{\text{u,t}} = \varphi_{\text{u}} - \varphi_{\text{t}},\ \varphi_{\text{u,r}} = \varphi_{\text{u}} - \varphi_{\text{r}} \end{aligned}\right\} \tag{2-145}$$

则有

$$\alpha_{\text{r}} = \sqrt{r}\,\alpha_{\text{in}}e^{i\varphi_{\text{in,r}}} + \sqrt{1-r}\,\alpha_{\text{u}}e^{i\varphi_{\text{u,r}}} \tag{2-146}$$

$$\alpha_{\text{t}} = \sqrt{1-r}\,\alpha_{\text{in}}e^{i\varphi_{\text{in,t}}} + \sqrt{r}\,\alpha_{\text{u}}e^{i\varphi_{\text{u,t}}} \tag{2-147}$$

若忽略损耗，则有能量守恒式：

$$|\alpha_{\text{r}}|^2 + |\alpha_{\text{t}}|^2 = |\alpha_{\text{in}}|^2 + |\alpha_{\text{u}}|^2 \tag{2-148}$$

要求

$$e^{i(\varphi_{\text{in,t}} - \varphi_{\text{u,t}})} + e^{i(\varphi_{\text{in,r}} - \varphi_{\text{u,r}})} = 0 \tag{2-149}$$

通常取 $\varphi_{\text{u,t}} = \pi$，其他的等于 0，则(2-146)式和(2-147)式简化成

$$\left.\begin{aligned} \alpha_{\text{r}} &= \sqrt{r}\,\alpha_{\text{in}} + \sqrt{1-r}\,\alpha_{\text{u}} \\ \alpha_{\text{t}} &= \sqrt{1-r}\,\alpha_{\text{in}} - \sqrt{r}\,\alpha_{\text{u}} \end{aligned}\right\} \tag{2-150}$$

值得指出的是，各 $\varphi_{j,k}$ 角的值除了这种取法外，在不违背(2-149)式的条件下还可以有其他取法，例如，

取 $\varphi_{u,r}=\varphi_{in,t}=0$，$\varphi_{in,r}=\varphi_{u,t}=\pi/2$，则有

$$\left.\begin{aligned}\alpha_r&=\mathrm{i}\sqrt{r}\,\alpha_{in}+\sqrt{1-r}\,\alpha_u\\ \alpha_t&=\sqrt{1-r}\,\alpha_{in}+\mathrm{i}\sqrt{r}\,\alpha_u\end{aligned}\right\}\tag{2-151}$$

若进一步取 $r=1/2$，并将 α_j 用算符 a_j 代替，则可得(2-106)式和(2-107)式。

(二)光学分束器的量子力学描述

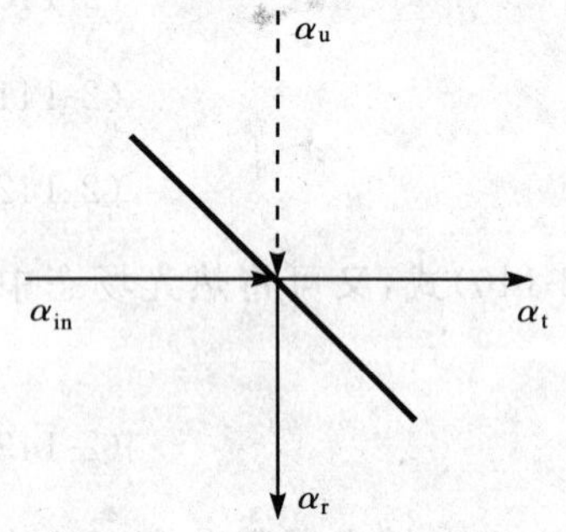

图 2-10　光学分束器的量子力学模型

光学分束器的量子力学模型如图 2-10 所示。图中 $a_k(k=\mathrm{in,u,r,t})$ 为相应光束的光子湮灭算符。假设没有光束 a_u，则

$$a_r=\sqrt{r}\,a_{in},a_t=\sqrt{1-r}\,a_{in}\tag{2-152}$$

容易证明，上式不能保证光子湮灭算符和产生算符之间的对易关系，因此是不正确的。这表明在量子力学模型中，两个入射光束都是必要的，尽管其中一束往往处于真空态(这与经典模型形成强烈对照)。仿照(2-150)式，(2-152)式应修正为

$$a_r=\sqrt{r}\,a_{in}+\sqrt{1-r}\,a_u\tag{2-153}$$

$$a_t=\sqrt{1-r}\,a_{in}-\sqrt{r}\,a_u\tag{2-154}$$

(三)光学分束器对电磁场量子态的变换

我们常用到的是(2-153)式和(2-154)式的逆变换。在抓住问题本质的情况下，我们考虑 $r=1/2$ 的简单情况(所谓的 50∶50 分束器)。在这种情况下，有

$$a_{in}^{+}=\frac{1}{\sqrt{2}}(a_r^{+}+a_t^{+})\tag{2-155}$$

$$a_u^{+}=\frac{1}{\sqrt{2}}(a_r^{+}-a_t^{+})\tag{2-156}$$

1)设入射态为 $|1\rangle_{in}|0\rangle_u$，则量子态的变换过程为

$$\begin{aligned}&|1\rangle_{in}|0\rangle_u=a_{in}^{+}|0\rangle_{in}|0\rangle_u\\ &\Rightarrow\frac{1}{\sqrt{2}}(a_r^{+}+a_t^{+})|0\rangle_r|0\rangle_t=\frac{1}{\sqrt{2}}(|1\rangle_r|0\rangle_t+|0\rangle_r|1\rangle_t)\end{aligned}\tag{2-157}$$

可见，反射光束和透射光束处于单光子态和真空态的纠缠态。

2)设入射态为 $|1\rangle_{in}|1\rangle_u$，则量子态的变换过程为

$$\begin{aligned}&|1\rangle_{in}|1\rangle_u=a_{in}^{+}a_u^{+}|0\rangle_{in}|0\rangle_u\\ &\Rightarrow\frac{1}{\sqrt{2}}(a_r^{+}+a_t^{+})\frac{1}{\sqrt{2}}(a_r^{+}-a_t^{+})|0\rangle_r|0\rangle_t=\frac{1}{\sqrt{2}}(|2\rangle_r|0\rangle_t-|0\rangle_r|2\rangle_t)\end{aligned}\tag{2-158}$$

可见，反射光束和透射光束处于双光子态和真空态的纠缠态。值得注意的是，这里不出现 $|1\rangle_r|1\rangle_t$ 项，这是一种量子干涉效应，起因于量子不可区分性。

3)设两束入射光均处于相干态，即入射态为 $|\alpha\rangle_{in}|\beta\rangle_u$，则量子态的变换过程为

$$\begin{aligned}&|\alpha\rangle_{in}|\beta\rangle_u=D_{in}(\alpha)D_u(\beta)|0\rangle_{in}|0\rangle_u\\ &\Rightarrow D_r\left[\frac{1}{\sqrt{2}}(\alpha+\beta)\right]D_t\left[\frac{1}{\sqrt{2}}(\alpha-\beta)\right]|0\rangle_r|0\rangle_t=\left|\frac{1}{\sqrt{2}}(\alpha+\beta)\right\rangle_r\left|\frac{1}{\sqrt{2}}(\alpha-\beta)\right\rangle_t\end{aligned}\tag{2-159}$$

可见，当两束入射光处于相干态的直积态时，两束出射光也处于相干态的直积态(而不是纠缠态)，相干态幅度的变化与经典情况相同。考虑到相干场是最接近经典场的量子场，这一结论是不足为奇的。

光学分束器对电磁场其他量子态的变换较为复杂，这里从略。

第三节　电磁场量子态在相空间的准概率分布函数

上面介绍了电磁场的相干态，相干态构成了一个非常有用的表象。下面介绍几种由相干态描述的电磁场量子态的准概率分布函数。

一、P 函数

在附录 A 中介绍了量子态的密度算符 ρ，对于统计混合态，有

$$\rho = \sum_i P_i \mid \psi_i\rangle\langle\psi_i \mid \tag{2-160}$$

式中，P_i 是在统计混合态 ρ 中纯态 $\mid \psi_i\rangle$ 出现的概率，满足

$$\mathrm{tr}\,\rho = \sum_i P_i = 1 \tag{2-161}$$

任意算符 A 的平均值为

$$\langle A\rangle = \mathrm{tr}(\rho A) = \sum_i P_i\langle\psi_i \mid A \mid \psi_i\rangle \tag{2-162}$$

密度算符在光子数态表象中表示为

$$\rho = \sum_{m,n} \rho_{mn} \mid m\rangle\langle n \mid,\ \rho_{mn} = \langle m \mid \rho \mid n\rangle \tag{2-163}$$

密度算符也可以用相干态表示为

$$\rho = \iint \mid \alpha\rangle\langle\alpha \mid P(\alpha)\mathrm{d}^2\alpha \tag{2-164}$$

式中，$P(\alpha)$ 是一个权重函数，称为 Glauber-Sudarshan P 函数，$\mathrm{d}^2\alpha \equiv \mathrm{d}(\mathrm{Re}\,\alpha)\mathrm{d}(\mathrm{Im}\,\alpha)$。$P(\alpha)$ 满足：

$$\mathrm{tr}\,\rho = \iint P(\alpha)\mathrm{d}^2\alpha = 1 \tag{2-165}$$

因此 $P(\alpha)$ 类似于统计力学中的概率分布函数。然而应当指出的是，统计力学中的概率分布函数总是非负的和非奇异的，而对有些量子态，在相空间（α 平面）的某些区域，$P(\alpha)$ 可能是负的或者是非常奇异的（具有比 δ 函数更奇异的特性），因此称 $P(\alpha)$ 为准概率分布函数。具有负的或者非常奇异的 $P(\alpha)$ 的量子态常称为非经典态。

我们更关心的是如何从一个量子态的密度算符 ρ 计算准概率分布函数 $P(\alpha)$。取(2-164)式在相干态 $\mid -u\rangle$ 和 $\mid u\rangle$ 中的矩阵元，得

$$\langle -u \mid \rho \mid u\rangle = \iint\langle -u \mid \alpha\rangle\langle\alpha \mid u\rangle P(\alpha)\mathrm{d}^2\alpha = \mathrm{e}^{-|u|^2}\iint P(\alpha)\mathrm{e}^{-|\alpha|^2}\mathrm{e}^{u\alpha^* - u^*\alpha}\mathrm{d}^2\alpha \tag{2-166}$$

这里利用了

$$\langle\beta \mid \alpha\rangle = \exp\left[-\frac{1}{2}(|\alpha|^2 + |u|^2) + \beta^*\alpha\right] \tag{2-167}$$

引入

$$g(u) \equiv \langle -u \mid \rho \mid u\rangle \mathrm{e}^{|u|^2} \tag{2-168}$$

$$f(\alpha) \equiv \pi P(\alpha)\mathrm{e}^{-|\alpha|^2} \tag{2-169}$$

(2-166)式可改写成二维傅里叶变换的形式

$$g(u) = \frac{1}{\pi}\iint f(\alpha)\exp(u\alpha^* - u^*\alpha)\mathrm{d}^2\alpha \tag{2-170}$$

其逆变换为

$$f(\alpha) = \frac{1}{\pi}\iint g(u)\exp(\alpha u^* - \alpha^* u)\mathrm{d}^2 u \tag{2-171}$$

于是得

$$P(\alpha) = \frac{\mathrm{e}^{|\alpha|^2}}{\pi^2}\iint\langle -u \mid \rho \mid u\rangle \mathrm{e}^{|u|^2}\exp(\alpha u^* - \alpha^* u)\mathrm{d}^2 u \tag{2-172}$$

下面计算几种具体量子态的 $P(\alpha)$：

1. 相干态

相干态 $|\beta\rangle$ 的密度算符为 $\rho=|\beta\rangle\langle\beta|$，将其代入(2-172)式并利用(2-167)式，得

$$P(\alpha)=\frac{1}{\pi^2}\mathrm{e}^{|\alpha|^2-|\beta|^2}\iint\exp[(\alpha-\beta)u^*-(\alpha^*-\beta^*)u]\mathrm{d}^2u \tag{2-173}$$

注意到二维 δ 函数的定义为

$$\delta^2(\alpha-\beta)=\frac{1}{\pi^2}\iint\exp[(\alpha-\beta)u^*-(\alpha^*-\beta^*)u]\mathrm{d}^2u \tag{2-174}$$

则有

$$P(\alpha)=\delta^2(\alpha-\beta) \tag{2-175}$$

即相干态 $|\beta\rangle$ 的 $P(\alpha)$ 为二维 δ 函数。

2. 光子数态

光子数态 $|n\rangle$ 的密度算符为 $\rho=|n\rangle\langle n|$。将其代入(2-172)式并利用下式

$$\langle n|\alpha\rangle=\mathrm{e}^{-\frac{1}{2}|\alpha|^2}\frac{\alpha^n}{\sqrt{n!}} \tag{2-176}$$

可得

$$\begin{aligned}P(\alpha)&=\frac{1}{\pi^2}\mathrm{e}^{|\alpha|^2}\frac{1}{n!}\iint(-u^*u)^n\mathrm{e}^{\alpha u^*-\alpha^*u}\mathrm{d}^2u\\&=\frac{\mathrm{e}^{|\alpha|^2}}{n!}\frac{\partial^{2n}}{\partial\alpha^n\partial\alpha^{*n}}\frac{1}{\pi^2}\iint\mathrm{e}^{\alpha u^*-\alpha^*u}\mathrm{d}^2u=\frac{\mathrm{e}^{|\alpha|^2}}{n!}\frac{\partial^{2n}}{\partial\alpha^n\partial\alpha^{*n}}\delta^2(\alpha)\end{aligned} \tag{2-177}$$

δ 函数的导数比 δ 函数本身具有更强的奇异性，因此光子数态是一种非经典态。

3. 热光场态

第二节曾给出了热光场态的密度算符和光子数概率分布函数(2-139)式和(2-143)式：

$$\rho_{\mathrm{th}}=\sum_n P_n|n\rangle\langle n|,\ P_n=\frac{(\bar{n})^n}{(\bar{n}+1)^{n+1}}$$

将其代入(2-172)式计算，可得

$$P(\alpha)=\frac{1}{\pi\bar{n}}\mathrm{e}^{-|\alpha|^2/\bar{n}} \tag{2-178}$$

可见，热光场态的 $P(\alpha)$ 是以坐标原点为中心，实部和虚部的方差均为 $\bar{n}/2$ 的高斯函数，完全具有经典统计力学中概率分布函数的性质。从这个意义上来讲，有时把热光场态称为“经典的”。从上面的讨论已知，相干态的 $P(\alpha)$ 为二维 δ 函数，而相干态是最接近经典态的量子态，有时也把相干态称为“经典的”。光子数态的 $P(\alpha)$ 为 δ 函数的导数，它比 δ 函数本身具有更强的奇异性，因此称光子数态是“非经典的”。应当特别强调的是，光子数态、相干态、热光场态都是量子态，这里只不过是根据它们的 $P(\alpha)$ 的性质将其区分为“经典态”和“非经典态”。为了不引起混淆，也许更合适的区分是，仍然把热光场态和相干态称为量子态，而把光子数态称为“超量子态”(super-quantum state)，而不引入“非经典态”的概念。

$P(\alpha)$ 可以用来计算所谓“正序排列”算符的平均值。“正序排列”算符指的是具有下列形式的算符：

$$G^{(N)}(a^+,a)=\sum_{m,n}C_{mn}^{(N)}(a^+)^m a^n \tag{2-179}$$

即所有的光子产生算符 a^+ 都在光子湮灭算符 a 的左面。显然，利用对易关系 $[a,a^+]=1$，任意算符都可表示成正序排列形式。算符 $G^{(N)}(a^+,a)$ 的平均值为

$$\begin{aligned}\langle G^{(N)}(a^+,a)\rangle&=\mathrm{tr}[G^{(N)}(a^+,a)\rho]\\&=\mathrm{tr}\left[\iint P(\alpha)\sum_{m,n}C_{mn}^{(N)}(a^+)^m a^n|\alpha\rangle\langle\alpha|\mathrm{d}^2\alpha\right]\\&=\iint P(\alpha)G^{(N)}(\alpha^*,\alpha)\mathrm{d}^2\alpha\end{aligned} \tag{2-180}$$

其中

$$G^{(N)}(\alpha^*,\alpha)=\sum_{m,n}C_{mn}^{(N)}(\alpha^*)^m\alpha^n \tag{2-181}$$

为经典函数，通过把算符 $G^{(N)}(a^+,a)$ 中的算符 a^+ 和 a 分别换成复数 α^* 和 α 得到。可见，当知道了量子态的 $P(\alpha)$ 时，只需将算符 $G^{(N)}(a^+,a)$ 换成经典函数 $G^{(N)}(\alpha^*,\alpha)$，然后按(2-180)式进行积分，就可得到算符 $G^{(N)}(a^+,a)$ 在该量子态中的平均值。

二、Q 函数

Q 函数定义为密度算符在相干态中的期望值，即

$$Q(\alpha)=\frac{1}{\pi}\langle\alpha\mid\rho\mid\alpha\rangle \tag{2-182}$$

显然

$$0\leqslant Q(\alpha)\leqslant 1/\pi \tag{2-183}$$

$$\iint Q(\alpha)\,\mathrm{d}^2\alpha=1 \tag{2-184}$$

因此，$Q(\alpha)$ 具有与经典统计力学中的概率分布函数完全相同的性质：非负性、有限性以及归一性。

下面计算几种具体量子态的 $Q(\alpha)$：

1. 相干态

相干态 $|\beta\rangle$ 的密度算符为 $\rho=|\beta\rangle\langle\beta|$。将其代入(2-182)式并利用(2-167)式，得

$$Q(\alpha)=\frac{1}{\pi}\,\mathrm{e}^{-|\alpha-\beta|^2} \tag{2-185}$$

它是以 β 为中心，实部和虚部的方差均为 1/2 的高斯函数。

2. 光子数态

光子数态 $|n\rangle$ 的密度算符为 $\rho=|n\rangle\langle n|$。将其代入(2-182)式并利用(2-176)式，得

$$Q(\alpha)=\frac{\mathrm{e}^{-|\alpha|^2}}{\pi}\,\frac{|\alpha|^{2n}}{n!} \tag{2-186}$$

3. 热光场态

热光场态的密度算符和光子数概率分布函数分别由(2-139)式和(2-143)式给出，将其代入(2-182)式，可得

$$Q(\alpha)=\frac{1}{\pi(\bar{n}+1)}\exp[-|\alpha|^2/(\bar{n}+1)] \tag{2-187}$$

它是以坐标原点为中心，实部和虚部的方差均为 $(\bar{n}+1)/2$ 的高斯函数。

$Q(\alpha)$ 可以用来计算所谓“反序排列”算符的平均值。“反序排列”算符指的是具有下列形式的算符：

$$G^{(A)}(a,a^+)=\sum_{m,n}C_{mn}^{(A)}a^m(a^+)^n \tag{2-188}$$

即所有的光子产生算符 a^+ 都在光子湮灭算符 a 的右边。显然，利用对易关系 $[a,a^+]=1$，任意算符都可表示成反序排列形式。算符 $G^{(A)}(a,a^+)$ 的平均值为

$$\begin{aligned}\langle G^{(A)}(a,a^+)\rangle&=\mathrm{tr}[G^{(A)}(a,a^+)\rho]\\&=\mathrm{tr}\Big[\sum_{m,n}C_{mn}^{(A)}a^m(a^+)^n\rho\Big]=\mathrm{tr}\Big[\sum_{m,n}C_{mn}^{(A)}(a^+)^n\rho a^m\Big]\\&=\frac{1}{\pi}\iint\sum_{m,n}C_{mn}^{(A)}\langle\alpha\mid(a^+)^n\rho a^m\mid\alpha\rangle\mathrm{d}^2\alpha\\&=\frac{1}{\pi}\iint\sum_{m,n}C_{mn}^{(A)}(\alpha^*)^n\alpha^m\langle\alpha\mid\rho\mid\alpha\rangle\mathrm{d}^2\alpha\\&=\iint Q(\alpha)G^{(A)}(\alpha^*,\alpha)\,\mathrm{d}^2\alpha\end{aligned} \tag{2-189}$$

式中，$G^{(A)}(\alpha,\alpha^*)=\sum_{m,n}C_{mn}^{(A)}\alpha^m(\alpha^*)^n$ 为经典函数，通过把算符 $G^{(A)}(a,a^+)$ 中的算符 a^+ 和 a 分别换成复数 α^* 和 α 得到。可见，当知道了量子态的 $Q(\alpha)$ 时，只需将算符 $G^{(A)}(a,a^+)$ 换成经典函数 $G^{(A)}(\alpha,\alpha^*)$，然后

按(2-189)式进行积分，就可得到算符 $G^{(A)}(a,a^{+})$ 在该量子态中的平均值。

三、Wigner 函数

另外一种重要的(实际上也是最早的)相空间准概率分布函数为 Wigner 函数，其最初的定义为

$$W(q,p)\equiv\frac{1}{2\pi\hbar}\int\left\langle q+\frac{1}{2}x\mid\rho\mid q-\frac{1}{2}x\right\rangle \mathrm{e}^{\mathrm{i}px/\hbar}\mathrm{d}x \tag{2-190}$$

式中，$\mid q\pm\frac{1}{2}x\rangle$ 为位置算符的本征态。如果所考虑的量子态为某个纯态 $\rho=\mid\Psi\rangle\langle\Psi\mid$，则有

$$W(q,p)\equiv\frac{1}{2\pi\hbar}\int\Psi^{*}\left(q-\frac{1}{2}x\right)\Psi\left(q+\frac{1}{2}x\right)\mathrm{e}^{\mathrm{i}px/\hbar}\mathrm{d}x \tag{2-191}$$

式中，$\Psi\left(q+\frac{1}{2}x\right)=\langle q+\frac{1}{2}x\mid\Psi\rangle$ 为量子态 $\mid\Psi\rangle$ 在位置坐标表象中的波函数。将上式对动量积分，可得

$$\begin{aligned}\int W(q,p)\mathrm{d}p&\equiv\int\Psi^{*}\left(q-\frac{1}{2}x\right)\Psi\left(q+\frac{1}{2}x\right)\mathrm{d}x\,\frac{1}{2\pi\hbar}\int\mathrm{e}^{\mathrm{i}px/\hbar}\mathrm{d}p\\&=\int\Psi^{*}\left(q-\frac{1}{2}x\right)\Psi\left(q+\frac{1}{2}x\right)\delta(x)\mathrm{d}x=\left|\Psi(q)\right|^{2}\end{aligned} \tag{2-192}$$

这正是在量子态 $\mid\Psi\rangle$ 中位置分布的概率密度。类似的，有

$$\int W(q,p)\mathrm{d}q=\left|\varphi(p)\right|^{2} \tag{2-193}$$

为在量子态 $\mid\Psi\rangle$ 中动量分布的概率密度，其中 $\varphi(p)$ 为量子态 $\mid\Psi\rangle$ 在动量表象中的波函数。$\varphi(p)$ 和 $\Psi(q)$ 互为傅里叶变换关系。

Wigner 函数可用来计算所谓的 Weyl 排序(或对称排序)算符 $\{G(\hat{q},\hat{p})\}_{W}$ 的平均值，即

$$\langle\{G(\hat{q},\hat{p})\}_{W}\rangle=\iint\{G(q,p)\}_{W}W(q,p)\mathrm{d}q\mathrm{d}p \tag{2-194}$$

例如

$$\{\hat{q}\hat{p}\}_{W}=\frac{1}{2}(\hat{q}\hat{p}+\hat{p}\hat{q}) \tag{2-195}$$

$$\langle(\hat{q}\hat{p}+\hat{p}\hat{q})\rangle=\iint(qp+pq)W(q,p)\mathrm{d}q\mathrm{d}p \tag{2-196}$$

四、特征函数

首先考虑一个经典随机变量 x 的概率分布函数 $p(x)$，它满足

$$0\leqslant p(x)\leqslant 1,\quad\int p(x)\mathrm{d}x=1 \tag{2-197}$$

x 的 n 阶矩为

$$\langle x^{n}\rangle=\int p(x)x^{n}\mathrm{d}x \tag{2-198}$$

引入特征函数

$$C(k)\equiv\langle\mathrm{e}^{\mathrm{i}kx}\rangle=\int\mathrm{e}^{\mathrm{i}kx}p(x)\mathrm{d}x \tag{2-199}$$

则

$$p(x)=\frac{1}{2\pi}\int\mathrm{e}^{-\mathrm{i}kx}C(k)\mathrm{d}k \tag{2-200}$$

另一方面

$$C(k)\equiv\langle\mathrm{e}^{\mathrm{i}kx}\rangle=\sum_{n}\frac{(\mathrm{i}k)^{n}}{n!}\langle x^{n}\rangle \tag{2-201}$$

$$\langle x^{n}\rangle=\left.\frac{\mathrm{d}^{n}C(k)}{\mathrm{d}(\mathrm{i}k)^{n}}\right|_{k=0} \tag{2-202}$$

上列诸式表明了 $p(x)$、$C(k)$ 及各阶 $\langle x^n\rangle$ 之间的关系，知道了其中一个就可求得其他。

下面讨论量子力学特征函数。经常用到的是下面三类特征函数：

Wigner 特征函数 $$C_W(\lambda)=\mathrm{tr}[\rho\, e^{\lambda a^+-\lambda^* a}]=\mathrm{tr}[\rho D(\lambda)] \tag{2-203}$$

正序排列特征函数 $$C_N(\lambda)=\mathrm{tr}[\rho\, e^{\lambda a^+}e^{-\lambda^* a}] \tag{2-204}$$

反序排列特征函数 $$C_A(\lambda)=\mathrm{tr}[\rho\, e^{-\lambda^* a}e^{\lambda a^+}] \tag{2-205}$$

三者之间的关系为

$$C_W(\lambda)=C_N(\lambda)e^{-\frac{1}{2}|\lambda|^2}=C_A(\lambda)e^{\frac{1}{2}|\lambda|^2} \tag{2-206}$$

上面三个特征函数可以统一写成以 s 为参数的形式：

$$C(\lambda,s)=\mathrm{tr}[\rho\, e^{\lambda a^+-\lambda^* a}e^{s|\lambda|^2/2}] \tag{2-207}$$

显然，$C(\lambda,0)=C_W(\lambda)$，$C(\lambda,1)=C_N(\lambda)$，$C(\lambda,-1)=C_A(\lambda)$。

利用这些特征函数，可以计算各种排序算符的平均值：

$$\langle (a^+)^m a^n\rangle=\mathrm{tr}[\rho\,(a^+)^m a^n]=\frac{\partial^{m+n}}{\partial\lambda^m\,\partial(-\lambda^*)^n}C_N(\lambda)\big|_{\lambda=0} \tag{2-208}$$

$$\langle a^m\,(a^+)^n\rangle=\mathrm{tr}[\rho\, a^m\,(a^+)^n]=\frac{\partial^{m+n}}{\partial(-\lambda^*)^m\,\partial\lambda^n}C_A(\lambda)\big|_{\lambda=0} \tag{2-209}$$

$$\langle\{(a^+)^m a^n\}_W\rangle=\mathrm{tr}[\rho\,\{(a^+)^m a^n\}_W]=\frac{\partial^{m+n}}{\partial\lambda^m\,\partial(-\lambda^*)^n}C_W(\lambda)\big|_{\lambda=0} \tag{2-210}$$

可以证明，准概率分布函数与特征函数之间的关系是二维傅里叶变换：

$$P(\alpha)=\frac{1}{\pi^2}\iint C_N(\lambda)e^{\alpha\lambda^*-\alpha^*\lambda}d^2\lambda \tag{2-211}$$

$$Q(\alpha)=\frac{1}{\pi^2}\iint C_A(\lambda)e^{\alpha\lambda^*-\alpha^*\lambda}d^2\lambda \tag{2-212}$$

$$W(\alpha)=\frac{1}{\pi^2}\iint C_W(\lambda)e^{\alpha\lambda^*-\alpha^*\lambda}d^2\lambda \tag{2-213}$$

前面给出了几种量子态的 P 函数和 Q 函数，下面给出几种量子态的 Wigner 函数。

相干态 $|\beta\rangle$ 的 Wigner 函数为

$$W(\alpha)=\frac{2}{\pi}\exp(-2|\alpha-\beta|^2) \tag{2-214}$$

它是以 β 为中心，实部和虚部的方差均为 1/4 的高斯函数。

光子数态 $|n\rangle$ 的 Wigner 函数为

$$W(\alpha)=\frac{2}{\pi}(-1)^n L_n(4|\alpha|^2)\exp(-2|\alpha|^2) \tag{2-215}$$

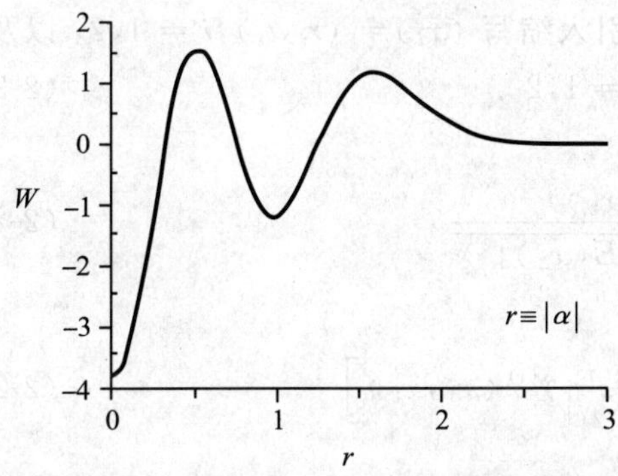

图 2-11　光子数态 $|n=3\rangle$ 的 Wigner 函数

式中，$L_n(\zeta)$ 是拉盖尔多项式。值得指出的是，光子数态的 Wigner 函数可以取负值，这一方面反映了 Wigner 函数不是真正意义上的概率分布函数，另一方面反映了光子数态是一种非经典态。作为一个例子，图 2-11 给出了光子数态 $|n=3\rangle$ 的 Wigner 函数。请注意光子数态的 Wigner 函数只是 $r\equiv|\alpha|$ 的函数，其三维图像可以将图 2-11 绕纵轴旋转 1 周得到。

五、$P(\alpha)$、$Q(\alpha)$ 和 $W(\alpha)$ 的比较

从上面的讨论可知，$Q(\alpha)$ 具有非负性和非奇异性，因此具有与经典统计力学中的概率分布函数完全相同的性质，可以看作是真正意义上的概率分布函数。但是 $Q(\alpha)$ 随量子态的变化不够灵敏，因此它有时不能

很好地区分不同的量子态。对有些量子态，$P(\alpha)$ 可以取负值或具有奇异性，因此它是一种准概率分布函数。但有些量子态(例如光子数态)的 $P(\alpha)$ 往往过于奇异，以致于不符合通常意义上函数的定义。对有些量子态，$W(\alpha)$ 可以取负值，因此它也是一种准概率分布函数。相比之下，对常见的量子态，$W(\alpha)$ 是非奇异的，且它随量子态的变化比 $Q(\alpha)$ 灵敏，因此可以很好地区分不同的量子态。$W(\alpha)$ 还具有其他一些优点，因此它是一类重要的准概率分布函数。

第四节　电磁场的相干性

电磁场的相干性是电磁场的重要性质之一。本节介绍电磁场的经典相干性和量子相干性。将引入光子反聚束这一重要的物理概念。

一、经典一阶相干函数

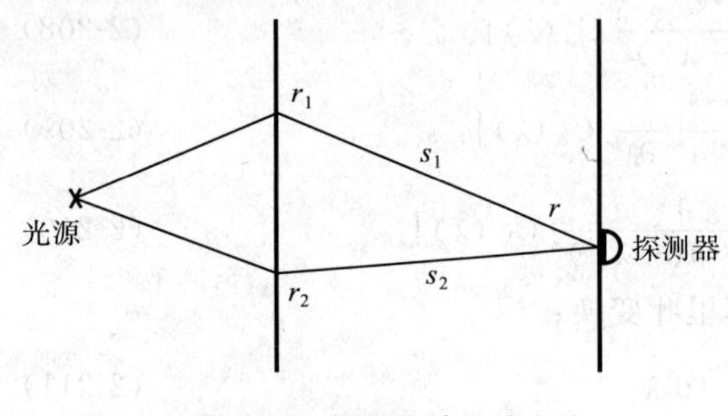

图 2-12　杨氏双缝干涉实验

首先考虑杨氏双缝干涉实验，如图 2-12 所示。满足某些条件时，在接收屏上会观测到干涉条纹。设光源的频宽为 $\Delta\omega$，两条光程之差为 $\Delta s=|s_1-s_2|$，当 $\Delta s \leqslant \Delta s_{\mathrm{coh}} \equiv c/\Delta\omega$ 时产生干涉条纹。这里 Δs_{coh} 称为相干长度。$\Delta t_{\mathrm{coh}}=\Delta s_{\mathrm{coh}}/c=1/\Delta\omega$ 称为相干时间。

t 时刻在屏上 $\boldsymbol{r}$ 处的电场来自早些时刻 $t_1=t-s_1/c$ 和 $t_2=t-s_2/c$ 在两个狭缝处的电场的叠加，即

$$E(\boldsymbol{r},t)=K_1E(\boldsymbol{r}_1,t_1)+K_2E(\boldsymbol{r}_2,t_2) \tag{2-216}$$

式中，K_1 和 K_2 是两个依赖于 s_1 和 s_2 的几何因子。为了简单起见，这里我们假设电场为标量场，相当于假设两个场的偏振方向相同。一般来说，探测器测到的只是平均光强：

$$I(\boldsymbol{r})=\langle|E(\boldsymbol{r},t)|^2\rangle \tag{2-217}$$

这里的平均是对时间的平均，即

$$\langle f(t)\rangle=\lim_{T\to\infty}\frac{1}{T}\int_0^T f(t)\mathrm{d}t \tag{2-218}$$

根据各态历经假设，时间平均等价于系综平均。由(2-216)式和(2-217)式，可得

$$\begin{aligned}I(\boldsymbol{r})=&|K_1|^2\langle|E(\boldsymbol{r}_1,t_1)|^2\rangle+|K_2|^2\langle|E(\boldsymbol{r}_2,t_2)|^2\rangle+\\&2\mathrm{Re}[K_1^*K_2\langle E^*(\boldsymbol{r}_1,t_1)E(\boldsymbol{r}_2,t_2)\rangle]\end{aligned} \tag{2-219}$$

前两项分别表示来自两个狭缝的光强，而第三项引起干涉效应。引入缩写 $(x_i)=(\boldsymbol{r}_i,t_i)$，$i=1,2$，以及

$$I_i=|K_i|^2\langle|E(x_i)|^2\rangle\quad i=1,2 \tag{2-220}$$

定义归一化的经典一阶相干函数为

$$\gamma^{(1)}(x_1,x_2)=\frac{\langle E^*(x_1)E(x_2)\rangle}{\sqrt{\langle|E(x_1)|^2\rangle\langle|E(x_2)|^2\rangle}} \tag{2-221}$$

则(2-219)式可以写成

$$I(\boldsymbol{r})=I_1+I_2+2\sqrt{I_1I_2}\,\mathrm{Re}\left[\frac{K_1^*K_2}{|K_1||K_2|}\gamma^{(1)}(x_1,x_2)\right] \tag{2-222}$$

设 $K_j=|K_j|\mathrm{e}^{\mathrm{i}\Psi_j}$，$j=1,2$，以及

$$\gamma^{(1)}(x_1,x_2)=|\gamma^{(1)}(x_1,x_2)|\mathrm{e}^{\mathrm{i}\varphi_{12}} \tag{2-223}$$

则有

$$I(\boldsymbol{r})=I_1+I_2+2\sqrt{I_1I_2}|\gamma^{(1)}(x_1,x_2)|\cos(\varphi_{12}-\Psi) \tag{2-224}$$

式中，$\Psi=\Psi_1-\Psi_2$ 表示由光程差(假设其小于相干长度)引起的相位差。当 $|\gamma^{(1)}(x_1,x_2)|\neq 0$ 时，将产生干涉。根据 $|\gamma^{(1)}(x_1,x_2)|$ 的大小可对相干性进行分类：

完全相干

$$|\gamma^{(1)}(x_1,x_2)|=1 \tag{2-225}$$

部分相干　$$0 < |\gamma^{(1)}(x_1, x_2)| < 1 \tag{2-226}$$

完全不相干　$$|\gamma^{(1)}(x_1, x_2)| = 0 \tag{2-227}$$

干涉条纹的对比度(可见度)定义为

$$V = \frac{I_+ - I_-}{I_+ + I_-} \tag{2-228}$$

其中

$$I_\pm = I_1 + I_2 \pm 2\sqrt{I_1 I_2}\,|\gamma^{(1)}(x_1, x_2)| \tag{2-229}$$

于是有

$$V = \frac{2\sqrt{I_1 I_2}}{I_1 + I_2}|\gamma^{(1)}(x_1, x_2)| \tag{2-230}$$

可见,对完全相干光,对比度取极大值:$V = 2\sqrt{I_1 I_2}/(I_1 + I_2)$;而对完全不相干光,$V = 0$。

下面考虑经典一阶相干性的例子。首先考虑在空间某固定点光场的时间相干性。假设有一束单色平面光沿 z 方向传播,t 时刻和 $t+\tau$ 时刻 z 处的电场分别为

$$E(z, t) = E_0 \mathrm{e}^{\mathrm{i}(kz - \omega t)} \tag{2-231}$$

$$E(z, t+\tau) = E_0 \mathrm{e}^{\mathrm{i}[kz - \omega(t+\tau)]} \tag{2-232}$$

可求得

$$\gamma^{(1)}(x_1, x_2) = \gamma^{(1)}(\tau) = \mathrm{e}^{-\mathrm{i}\omega\tau} \tag{2-233}$$

$$|\gamma^{(1)}(\tau)| = 1 \tag{2-234}$$

因此单色平面光具有完全时间相干性。

然而,绝对的单色光是不存在的。我们考虑具有洛伦兹(Lorentz)线型的光源,对这种光源可求得

$$\gamma^{(1)}(\tau) = \mathrm{e}^{-\mathrm{i}\omega_0\tau - \tau/\tau_0} \tag{2-235}$$

$$0 < |\gamma^{(1)}(\tau)| = \mathrm{e}^{-\tau/\tau_0} < 1 \tag{2-236}$$

式中,ω_0 为谱线的中心频率,$\tau_0 = 1/\Delta\omega$ 为相干时间,$\Delta\omega$ 为谱线宽度。可见,一般来说,这种光源发出的是部分相干光。这种光场称为混沌光。当延迟时间 $\tau \ll \tau_0$ 时,光场趋于完全相干光;当 $\tau \gg \tau_0$ 时,光场趋于完全非相干光。

二、量子一阶相干函数

在第一节我们已把量子化的电场分解成所谓的正频部分和负频部分(见(2-24)式至(2-26)式):

$$\boldsymbol{E}(\boldsymbol{r}, t) = \boldsymbol{E}^{(+)}(\boldsymbol{r}, t) + \boldsymbol{E}^{(-)}(\boldsymbol{r}, t)$$

其中

$$\boldsymbol{E}^{(+)}(\boldsymbol{r}, t) = \sum_k \boldsymbol{e}_k E_k^{(\mathrm{r})} a_k \exp[-\mathrm{i}(\omega_k t - \boldsymbol{k}\cdot\boldsymbol{r})]$$

$$\boldsymbol{E}^{(-)}(\boldsymbol{r}, t) = [\boldsymbol{E}^{(+)}(\boldsymbol{r}, t)]^+$$

从量子光学的观点来看,对光场进行探测的过程对应于探测器吸收光场光子的过程,即光场光子湮灭的过程,而与光子湮灭算符对应的是电场的正频部分。设光场的初态为$|\mathrm{i}\rangle$,末态为$|\mathrm{f}\rangle$,则光场由初态$|\mathrm{i}\rangle$跃迁到末态$|\mathrm{f}\rangle$的概率正比于 $|\langle \mathrm{f}|\boldsymbol{E}^{(+)}(\boldsymbol{r}, t)|\mathrm{i}\rangle|^2$。在实际问题中往往只对探测结果(相当于探测器的末态)感兴趣,而对光场的末态不感兴趣,因此我们将该量对光场的末态求和:

$$\begin{aligned}\sum_f |\langle \mathrm{f}|\boldsymbol{E}^{(+)}(\boldsymbol{r}, t)|\mathrm{i}\rangle|^2 &= \sum_f \langle \mathrm{i}|\boldsymbol{E}^{(-)}(\boldsymbol{r}, t)|\mathrm{f}\rangle\langle \mathrm{f}|\boldsymbol{E}^{(+)}(\boldsymbol{r}, t)|\mathrm{i}\rangle \\ &= \langle \mathrm{i}|\boldsymbol{E}^{(-)}(\boldsymbol{r}, t)\boldsymbol{E}^{(+)}(\boldsymbol{r}, t)|\mathrm{i}\rangle\end{aligned} \tag{2-237}$$

这里利用了完备性条件 $\sum_f |\mathrm{f}\rangle\langle \mathrm{f}| = 1$ 以及负频部分表达式(2-26)式。上式表明,跃迁概率正比于算符 $\boldsymbol{E}^{(-)}(\boldsymbol{r}, t)\boldsymbol{E}^{(+)}(\boldsymbol{r}, t)$ 在初态$|\mathrm{i}\rangle$中的期望值。一般来说,光场初始不一定处于纯态$|\mathrm{i}\rangle$,而是处于某个统计混合态 $\rho = \sum_i P_i |\mathrm{i}\rangle\langle \mathrm{i}|$,因此,上式应该用下式代替:

$$\mathrm{tr}[\rho \boldsymbol{E}^{(-)}(\boldsymbol{r},t)\boldsymbol{E}^{(+)}(\boldsymbol{r},t)] = \sum_i P_i \langle \mathrm{i} \mid \boldsymbol{E}^{(-)}(\boldsymbol{r},t)\boldsymbol{E}^{(+)}(\boldsymbol{r},t) \mid \mathrm{i}\rangle \tag{2-238}$$

为了方便起见，在下面的讨论中，我们把电场作为标量处理，并利用缩写形式 $(x)=(\boldsymbol{r},t)$。定义函数

$$I(x) = G^{(1)}(x,x) = \mathrm{tr}[\rho E^{(-)}(x)E^{(+)}(x)] \tag{2-239}$$

其物理意义为在时空点 $(x)=(\boldsymbol{r},t)$ 的光强。对前面讨论过的杨氏双缝实验，我们用下式代替(2-216)式：

$$E^{(+)}(x) = K_1 E^{(+)}(x_1) + K_2 E^{(+)}(x_2) \tag{2-240}$$

则在探测屏上的光强为

$$\begin{aligned} I(x) &= G^{(1)}(x,x) = \mathrm{tr}[\rho E^{(-)}(x)E^{(+)}(x)] \\ &= |K_1|^2 G^{(1)}(x_1,x_1) + |K_2|^2 G^{(1)}(x_2,x_2) + 2\mathrm{Re}\,[K_1^* K_2 G^{(1)}(x_1,x_2)] \end{aligned} \tag{2-241}$$

其中

$$G^{(1)}(x_i,x_j) = \mathrm{tr}[\rho E^{(-)}(x_i)E^{(+)}(x_j)] \tag{2-242}$$

(2-241)式中前两项分别表示来自两个狭缝的光强，而第三项引起干涉效应。类似于经典情况，定义归一化的量子一阶相干函数：

$$g^{(1)}(x_1,x_2) = \frac{G^{(1)}(x_1,x_2)}{[G^{(1)}(x_1,x_1)G^{(1)}(x_2,x_2)]^{1/2}} \tag{2-243}$$

它满足

$$0 \leqslant |g^{(1)}(x_1,x_2)| \leqslant 1 \tag{2-244}$$

类似于经典情况，可以根据 $|g^{(1)}(x_1,x_2)|$ 的大小对相干性进行分类：

完全相干 $$|g^{(1)}(x_1,x_2)| = 1 \tag{2-245}$$

部分相干 $$0 < |g^{(1)}(x_1,x_2)| < 1 \tag{2-246}$$

完全不相干 $$|g^{(1)}(x_1,x_2)| = 0 \tag{2-247}$$

下面考虑量子一阶相干性的例子：

对单模量子化电磁场，由(2-25)式，有

$$E^{(+)}(\boldsymbol{r},t) = E_0 a \exp[\mathrm{i}(\boldsymbol{k}\cdot\boldsymbol{r} - \omega t)] \tag{2-248}$$

式中，$E_0 = \sqrt{\hbar\omega/2V\varepsilon_0}$，$V$ 为量子化体积。

若光场处于光子数态 $|n\rangle$，则有

$$G^{(1)}(x_j,x_j) = \langle n \mid E^{(-)}(x_j)E^{(+)}(x_j) \mid n\rangle = E_0^2 n,\ (j=1,2) \tag{2-249}$$

$$\begin{aligned} G^{(1)}(x_1,x_2) &= \langle n \mid E^{(-)}(x_1)E^{(+)}(x_2) \mid n\rangle \\ &= E_0^2 n \exp\{\mathrm{i}[\boldsymbol{k}\cdot(\boldsymbol{r}_1-\boldsymbol{r}_2) - \omega(t_1-t_2)]\} \end{aligned} \tag{2-250}$$

从而有

$$\begin{aligned} g^{(1)}(x_1,x_2) &= \exp\{\mathrm{i}[\boldsymbol{k}\cdot(\boldsymbol{r}_1-\boldsymbol{r}_2) - \omega(t_1-t_2)]\} \\ |g^{(1)}(x_1,x_2)| &= 1 \end{aligned} \tag{2-251}$$

若光场处于相干态 $|\alpha\rangle$，则有

$$G^{(1)}(x_j,x_j) = \langle \alpha \mid E^{(-)}(x_j)E^{(+)}(x_j) \mid \alpha\rangle = E_0^2 |\alpha|^2,\ (j=1,2) \tag{2-252}$$

$$\begin{aligned} G^{(1)}(x_1,x_2) &= \langle \alpha \mid E^{(-)}(x_1)E^{(+)}(x_2) \mid \alpha\rangle \\ &= E_0^2 |\alpha|^2 \exp\{\mathrm{i}[\boldsymbol{k}\cdot(\boldsymbol{r}_1-\boldsymbol{r}_2) - \omega(t_1-t_2)]\} \end{aligned} \tag{2-253}$$

从而也有

$$\begin{aligned} g^{(1)}(x_1,x_2) &= \exp\{\mathrm{i}[\boldsymbol{k}\cdot(\boldsymbol{r}_1-\boldsymbol{r}_2) - \omega(t_1-t_2)]\} \\ |g^{(1)}(x_1,x_2)| &= 1 \end{aligned} \tag{2-254}$$

可见，当单模量子电磁场处于相干态和光子数态时，均具有完全相干性，换句话说，只利用一阶相干函数不足以区分具有不同性质的量子态。

三、经典二阶相干函数

一阶相干函数是光场振幅之间的关联函数，它只能区分具有不同光谱性质的光场，而不能区分具有不同

光子统计的光场(例如,处于相干态和光子数态的单模光场具有相同的一阶相干函数)。

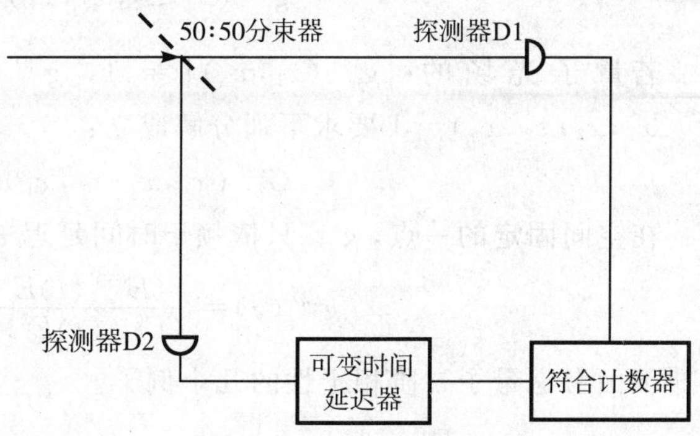

图 2-13　Hanbury Brown-Twiss 实验示意图

20 世纪 50 年代,Hanbury Brown 和 Twiss 实现了一种能够测量光场强度之间关联的实验。其实验如图 2-13所示。探测器 D1 和 D2 离分束器等距。这个实验测量延迟了的符合记数速率,即一个探测器在 t 时刻有一次记数,而另一个探测器在 $t+\tau$ 时刻有一次记数。如果延迟时间 τ 小于入射光的相干时间 τ_0,则该实验可确定入射光的光子统计。

符合记数速率正比于 $\langle I(t)I(t+\tau)\rangle$,这里 $I(t)$ 和 $I(t+\tau)$ 分别为两个探测器上的瞬时光强,符号 $\langle\rangle$ 表示时间平均或系综平均。假设场是稳恒的,则符合记数速率正比于如下定义的经典二阶相干函数:

$$\gamma^{(2)}(\tau)=\frac{\langle I(t)I(t+\tau)\rangle}{\langle I(t)\rangle^2}=\frac{\langle E^*(t)E^*(t+\tau)E(t+\tau)E(t)\rangle}{\langle E^*(t)E(t)\rangle^2} \tag{2-255}$$

如果探测器 D1 和 D2 离分束器的距离不相等,则经典二阶相干函数定义为

$$\gamma^{(2)}(x_1,x_2;x_2,x_1)=\frac{\langle I(x_1)I(x_2)\rangle}{\langle I(x_1)\rangle\langle I(x_2)\rangle}=\frac{\langle E^*(x_1)E^*(x_2)E(x_2)E(x_1)\rangle}{\langle|E(x_1)|^2\rangle\langle|E(x_2)|^2\rangle} \tag{2-256}$$

如果光场的 $|\gamma^{(1)}(x_1,x_2)|=1$,$\gamma^{(2)}(x_1,x_2;x_2,x_1)=1$,则称光场是二阶相干的。显然,$\gamma^{(2)}(x_1,x_2;x_2,x_1)=1$ 要求下列分解成立:

$$\langle E^*(x_1)E^*(x_2)E(x_2)E(x_1)\rangle=\langle|E(x_1)|^2\rangle\langle|E(x_2)|^2\rangle \tag{2-257}$$

值得指出的是,与一阶相干函数受限于 $0\leqslant|\gamma^{(1)}(\tau)|\leqslant 1$ 不同,由(2-255)式可知,二阶相干函数满足

$$0\leqslant|\gamma^{(2)}(\tau)|<\infty \tag{2-258}$$

当延迟时间 $\tau=0$ 时,(2-255)式变为

$$\gamma^{(2)}(0)=\frac{\langle I^2(t)\rangle}{\langle I(t)\rangle^2} \tag{2-259}$$

由于 $\langle I^2(t)\rangle\geqslant\langle I(t)\rangle^2$,因此有

$$1\leqslant|\gamma^{(2)}(0)|<\infty \tag{2-260}$$

又由于 $\langle I(t)I(t+\tau)\rangle\leqslant\langle I^2(t)\rangle$,因此有

$$\gamma^{(2)}(\tau)\leqslant\gamma^{(2)}(0) \tag{2-261}$$

对于由大量原子独立辐射的光源(混沌光源),可以证明,二阶相干函数与一阶相干函数之间有下列关系:

$$\gamma^{(2)}(\tau)=1+|\gamma^{(1)}(\tau)|^2 \tag{2-262}$$

由于 $0\leqslant|\gamma^{(1)}(\tau)|\leqslant 1$,因此对这类光源有

$$1\leqslant|\gamma^{(2)}(\tau)|\leqslant 2 \tag{2-263}$$

特别是,对于具有洛伦兹线型的光源,由(2-254)式可知 $|\gamma^{(1)}(\tau)|=e^{-\tau/\tau_0}$,因此

$$\gamma^{(2)}(\tau)=1+e^{-2\tau/\tau_0} \tag{2-264}$$

可见,当 $\tau=0$ 时,$\gamma^{(2)}(0)=2$,而当 $\tau\to\infty$时,$\gamma^{(2)}(\tau)\to 1$。

四、量子二阶相干函数

仿照关于量子一阶相干函数的讨论,光场在时空点 $(x_1)=(\boldsymbol{r}_1,t_1)$ 和 $(x_2)=(\boldsymbol{r}_2,t_2)$ 各湮灭一个光子,而从初态$|\mathrm{i}\rangle$跃迁到末态$|\mathrm{f}\rangle$的概率正比于 $|\langle\mathrm{f}|E^{(+)}(x_2)E^{(+)}(x_1)|\mathrm{i}\rangle|^2$,将其对光场的末态求和,得

$$\sum_f|\langle\mathrm{f}|E^{(+)}(x_2)E^{(+)}(x_1)|\mathrm{i}\rangle|^2=\langle\mathrm{i}|E^{(-)}(x_1)E^{(-)}(x_2)E^{(+)}(x_2)E^{(+)}(x_1)|\mathrm{i}\rangle \tag{2-265}$$

将纯态$|\mathrm{i}\rangle$推广到统计混合态 ρ,引入量子二阶关联函数:

$$G^{(2)}(x_1,x_2;x_2,x_1)=\mathrm{tr}[\rho E^{(-)}(x_1)E^{(-)}(x_2)E^{(+)}(x_2)E^{(+)}(x_1)] \tag{2-266}$$

可定义量子二阶相干函数:

$$g^{(2)}(x_1,x_2;x_2,x_1)=\frac{G^{(2)}(x_1,x_2;x_2,x_1)}{G^{(1)}(x_1,x_1)G^{(1)}(x_2,x_2)} \tag{2-267}$$

若量子光场的 $|g^{(1)}(x_1,x_2)|=1$，$g^{(2)}(x_1,x_2;x_2,x_1)=1$，则说光场是量子二阶相干的。$g^{(2)}(x_1,x_2;x_2,x_1)=1$ 要求下列分解成立：

$$G^{(2)}(x_1,x_2;x_2,x_1)=G^{(1)}(x_1,x_1)G^{(1)}(x_2,x_2) \tag{2-268}$$

在空间固定的一点，$g^{(2)}$ 只依赖于时间延迟 $\tau=t_2-t_1$：

$$g^{(2)}(\tau)=\frac{\langle E^{(-)}(t)E^{(-)}(t+\tau)E^{(+)}(t+\tau)E^{(+)}(t)\rangle}{\langle E^{(-)}(t)E^{(+)}(t)\rangle\langle E^{(-)}(t+\tau)E^{(+)}(t+\tau)\rangle} \tag{2-269}$$

下面考虑量子二阶相干性的几个例子。

(一)单模量子化电磁场

对由(2-248)式描述的单模量子化电磁场，可求得

$$g^{(2)}(\tau)=\frac{\langle a^+a^+aa\rangle}{\langle a^+a\rangle^2}=\frac{\langle\hat{n}(\hat{n}-1)\rangle}{\langle\hat{n}\rangle^2}=1+\frac{V(n)-\langle\hat{n}\rangle}{\langle\hat{n}\rangle^2} \tag{2-270}$$

式中，$V(n)\equiv\langle\hat{n}^2\rangle-\langle\hat{n}\rangle^2$ 为光子数方差。对单模情况，$g^{(2)}(\tau)=g^{(2)}(0)$，与 τ 无关。

对单模光场的几种量子态可分别求得

相干态 $$g^{(2)}(0)=1 \tag{2-271}$$

热光场态 $$g^{(2)}(0)=2 \tag{2-272}$$

光子数态 $|n\rangle$ $$g^{(2)}(0)=\begin{cases}0, & n=0,1\\ 1-1/n, & n\geqslant 2\end{cases} \tag{2-273}$$

可见，对单模光子数态，恒有 $g^{(2)}(0)<1$。

相干态的光子数分布为随机分布(泊松分布)，对应的 $g^{(2)}(0)=1$。通常，$g^{(2)}(0)>1$ 的光场量子态称为光子群聚态，意味着光子倾向于成对到达探测器；$g^{(2)}(0)<1$ 的光场量子态称为光子反群聚态，意味着光子倾向于以均匀的时间间隔到达探测器。因此，热光场态是一种光子群聚态，而光子数态是一种光子反群聚态。光子反群聚态效应是一种所谓的非经典效应，因为 $g^{(2)}(0)<1$ 超出了由(2-260)式所描述的经典二阶相干函数的范围。

值得指出的是，对单模光场，$g^{(2)}(0)<1$ 对应着 $V(n)<\langle\hat{n}\rangle$，这表明对单模光场来说，光子反群聚态效应对应着光子数亚泊松分布。

(二)多模量子化电磁场

对多模相干态，可求得

$$g^{(2)}(\tau)=g^{(2)}(0)=1 \tag{2-274}$$

对具有洛伦兹线型的混沌光源，可求得

$$g^{(2)}(\tau)=1+e^{-2\tau/\tau_0} \tag{2-275}$$

可见，对这种光源有 $1=g^{(2)}(\infty)<g^{(2)}(\tau)<g^{(2)}(0)=2$。有时也把 $g^{(2)}(\tau)<g^{(2)}(0)$ 的光场量子态称为光子群聚态，而把 $g^{(2)}(\tau)>g^{(2)}(0)$ 的光场量子态称为光子反群聚态。

五、量子高阶相干函数

类似于量子二阶相干函数，可定义量子 n 阶相干函数：

$$g^{(n)}(x_1,\cdots,x_n;x_n,\cdots,x_1)=\frac{G^{(n)}(x_1,\cdots,x_n;x_n,\cdots,x_1)}{G^{(1)}(x_1,x_1)\cdots G^{(1)}(x_n,x_n)} \tag{2-276}$$

其中

$$G^{(n)}(x_1,\cdots,x_n;x_n,\cdots,x_1)=\mathrm{tr}[\rho E^{(-)}(x_1)\cdots E^{(-)}(x_n)E^{(+)}(x_n)\cdots E^{(+)}(x_1)] \tag{2-277}$$

如果某电磁场对所有的 $n\geqslant 1$，均有

$$|g^{(n)}(x_1,\cdots,x_n;x_n,\cdots,x_1)|=1 \tag{2-278}$$

则称该电磁场是 n 阶相干的。如果当 $n\to\infty$ 上式仍然成立，则称该电磁场是完全相干的。可以证明，处于相干态的电磁场是完全相干的，这正是“相干态”这一名称的由来。

由(2-276)式可见，(2-278)式成立的充分条件是

$$G^{(n)}(x_1,\cdots,x_n;x_n,\cdots,x_1)=G^{(1)}(x_1,x_1)\cdots G^{(1)}(x_n,x_n) \tag{2-279}$$

即各高阶关联函数可分解成一阶关联函数的乘积。

第五节 电磁场与原子的相互作用

前面几节介绍了电磁场的量子统计性质和量子相干性质。量子光学的另一部分主要内容是电磁场与原子(也可以是分子和离子等)的相互作用。在量子光学中，原子总是作量子力学处理的。若对电磁场作经典处理，则描述原子与电磁场相互作用的理论称为半经典理论；若对电磁场作量子处理，则描述原子与电磁场相互作用的理论称为全量子理论。因为二者经常都要用到，且许多时候需要将二者的结果进行比较，因此下面分别予以介绍。

一、经典电磁场与原子的相互作用

(一)哈密顿量的一般形式

设原子的自由哈密顿量为 H_{A}，它可以用其本征态 $|k\rangle$ 展开为

$$H_{\mathrm{A}}=H_{\mathrm{A}}\sum_k|k\rangle\langle k|=\sum_k\hbar\omega_k|k\rangle\langle k| \tag{2-280}$$

我们知道，原子的线度 r 为 10^{-10} m 数量级，可见光的波长 λ 为 $(4\sim7)\times10^{-7}$ m，显然 $r\ll\lambda$。因此在原子范围内光场可以看作是均匀的。在这种情况下，原子与光场的相互作用可以取电偶极近似，相互作用哈密顿量为

$$V=-\boldsymbol{d}\cdot\boldsymbol{E}=-(-e\boldsymbol{r})\cdot\boldsymbol{E}=e\boldsymbol{r}\cdot\boldsymbol{E} \tag{2-281}$$

这里我们取电子电荷为 $-e$(e 为正值)，原子核的位置为坐标原点，核外电子的位置矢量为 $\boldsymbol{r}$，原子的电偶极矩为 $\boldsymbol{d}=-e\boldsymbol{r}$，光场的电场强度为 $\boldsymbol{E}$(在原子范围内不随位置变化)。原子的电偶极矩又可表示为

$$\boldsymbol{d}=\sum_j|j\rangle\langle j|\boldsymbol{d}\sum_k|k\rangle\langle k|=\sum_{j,k}\boldsymbol{d}_{jk}|j\rangle\langle k| \tag{2-282}$$

式中，$\boldsymbol{d}_{jk}=\langle j|\boldsymbol{d}|k\rangle$ 为电偶极矩阵元。

在电偶极近似下，原子与经典电磁场相互作用系统的哈密顿量为

$$H=H_{\mathrm{A}}+V=\sum_k\hbar\omega_k|k\rangle\langle k|-\boldsymbol{E}\cdot\sum_{j,k}\boldsymbol{d}_{jk}|j\rangle\langle k| \tag{2-283}$$

(二)单模电磁场与两能级原子的相互作用

电磁场与原子相互作用的最简单模型是一个单模电磁场与一个两能级原子的相互作用。经典单模电磁场可以表示为

$$\boldsymbol{E}(t)=\boldsymbol{E}_0\cos(\omega t+\varphi) \tag{2-284}$$

原子的两个能级可记为：上能级 $|\mathrm{e}\rangle$，其能量为 $\hbar\omega_{\mathrm{e}}=\hbar\omega_0/2$；下能级 $|\mathrm{g}\rangle$，其能量为 $\hbar\omega_{\mathrm{g}}=-\hbar\omega_0/2$，则两能级原子的自由哈密顿量为

$$H=\hbar\omega_{\mathrm{e}}|\mathrm{e}\rangle\langle\mathrm{e}|+\hbar\omega_{\mathrm{g}}|\mathrm{g}\rangle\langle\mathrm{g}|=\frac{1}{2}\hbar\omega_0\sigma_z \tag{2-285}$$

式中，$\sigma_z=|\mathrm{e}\rangle\langle\mathrm{e}|-|\mathrm{g}\rangle\langle\mathrm{g}|$ 为原子布居差算符。

两能级原子的电偶极矩为

$$\boldsymbol{d}=\boldsymbol{d}_{\mathrm{eg}}|\mathrm{e}\rangle\langle\mathrm{g}|+\boldsymbol{d}_{\mathrm{ge}}|\mathrm{g}\rangle\langle\mathrm{e}|=\boldsymbol{\mu}(\sigma^++\sigma) \tag{2-286}$$

式中，$\sigma^+=|\mathrm{e}\rangle\langle \mathrm{g}|$ 和 $\sigma=|\mathrm{g}\rangle\langle \mathrm{e}|$ 分别为原子的上跃算符和下跃算符。为了简单起见，这里我们取 $\boldsymbol{d}_{\mathrm{eg}}=\boldsymbol{d}_{\mathrm{ge}}=\boldsymbol{\mu}$。$(\sigma_z,\sigma^+,\sigma)$ 具有泡利(Pauli)算符 $(\sigma_z,\sigma_+,\sigma_-)$ 的性质(关于泡利算符可参阅附录 B)。

系统的哈密顿量为

$$H=\frac{1}{2}\hbar\omega_0\sigma_z+\hbar\Omega_{\mathrm{R}}(\sigma^++\sigma)\cos(\omega t+\varphi) \tag{2-287}$$

式中，$\Omega_{\mathrm{R}}\equiv-\boldsymbol{\mu}\cdot\boldsymbol{E}_0/\hbar$。变换到相互作用绘景，可得相互作用绘景中的相互作用哈密顿量为

$$\begin{aligned}H_{\mathrm{I}}&=\hbar\Omega_{\mathrm{R}}(\sigma^+\mathrm{e}^{\mathrm{i}\omega_0 t}+\sigma\mathrm{e}^{-\mathrm{i}\omega_0 t})\cos(\omega t+\varphi)\\&=\frac{1}{2}\hbar\Omega_{\mathrm{R}}(\sigma^+\{\mathrm{e}^{\mathrm{i}[(\omega_0-\omega)t-\varphi]}+\mathrm{e}^{\mathrm{i}[(\omega_0+\omega)t+\varphi]}\}+\sigma\{\mathrm{e}^{-\mathrm{i}[(\omega_0-\omega)t-\varphi]}+\mathrm{e}^{-\mathrm{i}[(\omega_0+\omega)t+\varphi]}\})\end{aligned} \tag{2-288}$$

一般来说(特别是对可见光)，由于 $(\omega_0+\omega)\gg|\omega_0-\omega|$，在上式中可略去以频率 $(\omega_0+\omega)$ 振荡的项(称为取旋转波近似)。记 $\Delta=\omega_0-\omega$，则上式简化成

$$H_{\mathrm{I}}=\frac{1}{2}\hbar\Omega_{\mathrm{R}}[\sigma^+\mathrm{e}^{\mathrm{i}(\Delta t-\varphi)}+\sigma\mathrm{e}^{-\mathrm{i}(\Delta t-\varphi)}] \tag{2-289}$$

考虑共振相互作用($\Delta=0$)，则有

$$H_{\mathrm{I}}=\frac{1}{2}\hbar\Omega_{\mathrm{R}}(\sigma^+\mathrm{e}^{-\mathrm{i}\varphi}+\sigma\mathrm{e}^{\mathrm{i}\varphi}) \tag{2-290}$$

设原子初始处于量子态 $|\Psi(0)\rangle$，则 t 时刻的量子态为

$$|\Psi(t)\rangle=U(t)|\Psi(0)\rangle \tag{2-291}$$

式中，$U(t)$ 为时间演化算符，其形式为

$$U(t)=\exp\left(-\frac{\mathrm{i}}{\hbar}H_{\mathrm{I}}t\right)=\exp\left[-\frac{\mathrm{i}}{2}\Omega_{\mathrm{R}}t(\sigma^+\mathrm{e}^{-\mathrm{i}\varphi}+\sigma\mathrm{e}^{\mathrm{i}\varphi})\right] \tag{2-292}$$

可以证明，上式可展开为

$$U(t)=\cos\left(\frac{1}{2}\Omega_{\mathrm{R}}t\right)I-\mathrm{i}\sin\left(\frac{1}{2}\Omega_{\mathrm{R}}t\right)(\sigma^+\mathrm{e}^{-\mathrm{i}\varphi}+\sigma\mathrm{e}^{\mathrm{i}\varphi}) \tag{2-293}$$

式中，I 为恒等算符。下面取 $\varphi=0$，并考虑一种具体的初态。

设原子初始处于上能态，即 $|\Psi(0)\rangle=|\mathrm{e}\rangle$，则 t 时刻原子的量子态为

$$|\Psi(t)\rangle=\cos\left(\frac{1}{2}\Omega_{\mathrm{R}}t\right)|\mathrm{e}\rangle-\mathrm{i}\sin\left(\frac{1}{2}\Omega_{\mathrm{R}}t\right)|\mathrm{g}\rangle \tag{2-294}$$

原子处于上下能态的概率分别为

$$\left.\begin{aligned}P_{\mathrm{e}}(t)&=\cos^2\left(\frac{1}{2}\Omega_{\mathrm{R}}t\right)=\frac{1}{2}[1+\cos(\Omega_{\mathrm{R}}t)]\\P_{\mathrm{g}}(t)&=\sin^2\left(\frac{1}{2}\Omega_{\mathrm{R}}t\right)=\frac{1}{2}[1-\cos(\Omega_{\mathrm{R}}t)]\end{aligned}\right\} \tag{2-295}$$

原子的布居数反转为

$$W(t)\equiv P_{\mathrm{e}}(t)-P_{\mathrm{g}}(t)=\cos(\Omega_{\mathrm{R}}t) \tag{2-296}$$

可见，原子以频率 Ω_{R} 在上下能态间做简谐振荡，称为拉比(Rabi)振荡，Ω_{R} 称为拉比频率。从 $\Omega_{\mathrm{R}}\equiv-\boldsymbol{\mu}\cdot\boldsymbol{E}_0/\hbar$ 可知，Ω_{R} 正比于电场振幅和两个能级间的电偶极矩阵元。

由(2-294)式可知，当 $\Omega_{\mathrm{R}}t=\pi/2$ 时(称为 $\pi/2$ 脉冲)，有

$$\left|\Psi\left(\frac{\pi}{2\Omega_{\mathrm{R}}}\right)\right\rangle=\frac{1}{\sqrt{2}}(|\mathrm{e}\rangle-\mathrm{i}|\mathrm{g}\rangle) \tag{2-297}$$

当 $\Omega_{\mathrm{R}}t=\pi$ 时(称为 π 脉冲)，有

$$\left|\Psi\left(\frac{\pi}{\Omega_{\mathrm{R}}}\right)\right\rangle=-\mathrm{i}|\mathrm{g}\rangle \tag{2-298}$$

当 $\Omega_{R}t=2\pi$ 时(称为 2π 脉冲)，有

$$\left|\Psi\left(\frac{2\pi}{\Omega_{\mathrm{R}}}\right)\right\rangle=-|\mathrm{e}\rangle \tag{2-299}$$

上述结果表明，当原子初始处于上能态时，在一般的时刻 t，原子将处于上下能态的叠加态((2-294)

式)。特别地,在时刻 $t=\pi/(2\Omega_R)$,原子将处于上下能态的叠加态((2-297)式);在时刻 $t=\pi/\Omega_R$,原子将处于下能态((2-298)式);在时刻 $t=2\pi/\Omega_R$,原子将返回到上能态((2-299)式)。类似地可讨论原子初始处于下能态的情况。这些结果在量子纠缠态的制备、量子逻辑门的实现等方面均有着重要的应用。

二、量子电磁场与原子的相互作用

(一)哈密顿量的一般形式

前已给出了原子的自由哈密顿量((2-280)式):

$$H_A = H_A \sum_k |k\rangle\langle k| = \sum_k \hbar\omega_k |k\rangle\langle k|$$

量子电磁场的自由哈密顿量为

$$H_F = \sum_j H_j = \sum_j \hbar\omega_j \left(a_j^+ a_j + \frac{1}{2}\right) \tag{2-300}$$

在电偶极近似下,量子电磁场与原子的相互作用哈密顿量为

$$V = -\boldsymbol{d}\cdot\boldsymbol{E} \tag{2-301}$$

其中

$$\boldsymbol{d} = \sum_j |j\rangle\langle j| \boldsymbol{d} \sum_k |k\rangle\langle k| = \sum_{j,k} \boldsymbol{d}_{jk} |j\rangle\langle k| \tag{2-302}$$

$$\boldsymbol{E} = \sum_\lambda \boldsymbol{e}_\lambda E_\lambda^{(s)} \sin(k_\lambda z)(a_\lambda + a_\lambda^+) \tag{2-303}$$

因此,系统总的哈密顿量为

$$\begin{aligned} H &= H_A + H_F + V \\ &= \sum_k \hbar\omega_k |k\rangle\langle k| + \sum_\lambda \hbar\omega_\lambda \left(a_\lambda^+ a_\lambda + \frac{1}{2}\right) + \sum_{j,k}\sum_\lambda \hbar g_{jk,\lambda} |j\rangle\langle k| (a_\lambda + a_\lambda^+) \end{aligned} \tag{2-304}$$

其中

$$g_{jk,\lambda} = \left(\frac{-\boldsymbol{d}_{jk}\cdot\boldsymbol{e}_\lambda E_\lambda^{(s)}}{\hbar}\right)\sin(k_\lambda z) \tag{2-305}$$

为耦合常数。这里拉丁字母下标 j、k 表示原子能级,希腊字母下标 λ 表示光场模式。

(二)单模量子电磁场与两能级原子的相互作用

单模量子电磁场与两能级原子的相互作用是量子电磁场与物质相互作用的最简单可精确求解模型,称为 Jaynes-Cummings 模型(简称 JC 模型)。该模型的哈密顿量为

$$H = \frac{1}{2}\hbar\omega_0\sigma_z + \hbar\omega a^+ a + \hbar\lambda(\sigma^+ + \sigma)(a^+ + a) \tag{2-306}$$

这里我们已略去了无关紧要的常数项 $\hbar\omega/2$,并用 λ 取代 g 表示互作用常数(要用 $|g\rangle$ 表示原子的下能态)。4 个互作用项的意义分别为:$\sigma^+ a$ 表示原子吸收一个光子从下能态跃迁到上能态,$a^+\sigma$ 表示原子从上能态跃迁到下能态发出一个光子,$\sigma^+ a^+$ 表示原子从下能态跃迁到上能态的同时发出一个光子,$a\sigma$ 表示原子从上能态跃迁到下能态的同时吸收一个光子。

显然,$\sigma^+ a^+$ 和 $a\sigma$ 对应的过程能量不守恒,故可以略去(对应于旋转波近似)。于是,(2-306)式变为

$$H = \frac{1}{2}\hbar\omega_0\sigma_z + \hbar\omega a^+ a + \hbar\lambda(\sigma^+ a + a^+ \sigma) \tag{2-307}$$

变换到相互作用绘景,可得互作用绘景中的相互作用哈密顿量

$$H_I = \hbar\lambda(\sigma^+ a e^{i\Delta t} + a^+ \sigma e^{-i\Delta t}) \tag{2-308}$$

式中,$\Delta = \omega_0 - \omega$。下面分别讨论两种极限情况:共振情况和色散情况(大失谐情况)。

1. 共振情况($\Delta = 0$)

在共振情况下,(2-308)式变为

$$H_I = \hbar\lambda(\sigma^+ a + a^+ \sigma) \tag{2-309}$$

设系统(原子+光场)初始处于量子态 $|\Psi(0)\rangle$，则 t 时刻的量子态为

$$|\Psi(t)\rangle = U(t)|\Psi(0)\rangle \tag{2-310}$$

式中，$U(t)$ 为时间演化算符，其形式为

$$U(t)=\exp\left(-\frac{\mathrm{i}}{\hbar}H_1 t\right)=\exp\left[-\mathrm{i}\lambda t(\sigma^+ a+a^+\sigma)\right] \tag{2-311}$$

可以证明，上式可展开为

$$U(t)=\cos\left(\lambda t\sqrt{a^+a+1}\right)|\mathrm{e}\rangle\langle\mathrm{e}|-\mathrm{i}a^+\frac{\sin\left(\lambda t\sqrt{a^+a+1}\right)}{\sqrt{a^+a+1}}|\mathrm{g}\rangle\langle\mathrm{e}|-$$

$$\mathrm{i}\frac{\sin\left(\lambda t\sqrt{a^+a+1}\right)}{\sqrt{a^+a+1}}a|\mathrm{e}\rangle\langle\mathrm{g}|+\cos\left(\lambda t\sqrt{a^+a}\right)|\mathrm{g}\rangle\langle\mathrm{g}| \tag{2-312}$$

下面考虑几种具体的初态：

1)设初始原子处于上能态 $|\mathrm{e}\rangle$，光场处于光子数态 $|n\rangle$，则系统的初态为 $|\Psi(0)\rangle=|\mathrm{e},n\rangle$，$t$ 时刻的状态为

$$|\Psi(t)\rangle=\cos\left(\frac{\Omega_n}{2}t\right)|\mathrm{e},n\rangle-\mathrm{i}\sin\left(\frac{\Omega_n}{2}t\right)|\mathrm{g},n+1\rangle \tag{2-313}$$

式中，$\Omega_n=2\lambda\sqrt{n+1}$ 称为量子拉比频率。

系统处于状态 $|\mathrm{e},n\rangle$ 和 $|\mathrm{g},n+1\rangle$ 的概率分别为

$$P_{\mathrm{e},n}(t)=\cos^2\left(\frac{\Omega_n}{2}t\right)=\frac{1}{2}\left[1+\cos(\Omega_n t)\right] \tag{2-314}$$

$$P_{\mathrm{g},n+1}(t)=\sin^2\left(\frac{\Omega_n}{2}t\right)=\frac{1}{2}\left[1-\cos(\Omega_n t)\right] \tag{2-315}$$

可见，系统以量子拉比频率 Ω_n 在状态 $|\mathrm{e},n\rangle$ 和 $|\mathrm{g},n+1\rangle$ 之间进行拉比振荡。特别是，当光场初始处于真空态 $|0\rangle$ 时，原子将在上下能态之间以真空拉比频率 $\Omega_0=2\lambda$ 进行周期性振荡，即自发辐射呈周期性振荡。这与处于激发态的原子在自由空间的自发辐射呈指数性衰减形成鲜明的对照。这反映了量子光学中的一个基本问题，即自发辐射的性质和自发辐射的速率与量子电磁场的模密度密切相关。在自由空间，电磁场以连续的多模形式存在，因此原子在自由空间的自发辐射呈指数性衰减。而当电磁场处于有限空间(广义的"腔")时，原子自发辐射的性质将会发生改变。在不同性质的腔中原子具有不同性质的自发辐射。特别是当腔中只存在一个光场模式(单模腔)时，原子的自发辐射呈周期性振荡。关于原子在不同性质的有限空间中的自发辐射的研究构成腔量子电动力学的基本内容。

另外，由(2-313)式可知：

当 $\Omega_n t=\pi/2$ 时(称为量子 $\pi/2$ 脉冲)，有

$$\left|\Psi\left(\frac{\pi}{2\Omega_n}\right)\right\rangle=\frac{1}{\sqrt{2}}(|\mathrm{e},n\rangle-\mathrm{i}|\mathrm{g},n+1\rangle) \tag{2-316}$$

当 $\Omega_n t=\pi$ 时(称为量子 π 脉冲)，有

$$\left|\Psi\left(\frac{\pi}{\Omega_n}\right)\right\rangle=-\mathrm{i}|\mathrm{g},n+1\rangle \tag{2-317}$$

当 $\Omega_n t=2\pi$ 时(称为量子 2π 脉冲)，有

$$\left|\Psi\left(\frac{2\pi}{\Omega_n}\right)\right\rangle=-|\mathrm{e},n\rangle \tag{2-318}$$

上述结果表明，当系统初始处于直积态 $|\mathrm{e},n\rangle$ 时，在一般的时刻 t，系统将处于由(2-313)式描述的纠缠态。特别地，在时刻 $t=\pi/(2\Omega_n)$ 时，系统将处于由(2-316)式描述的最大纠缠态；在时刻 $t=\pi/\Omega_n$，系统将处于由(2-317)式描述的直积态；在时刻 $t=2\pi/\Omega_n$ 时，系统将返回其初始直积态。关于直积态和纠缠态的概念可参阅附录 C。这些结果在量子纠缠态的制备、量子逻辑门的实现等方面均有着重要的应用。

2)设初始原子处于上能态 $|\mathrm{e}\rangle$，光场处于光子数态的某种叠加态 $|\Psi\rangle=\sum_n c_n|n\rangle$，其相应的光子数概

率分布函数为 $p_n = |c_n|^2$。例如对相干态 $|\alpha\rangle$，$p_n = e^{-|\alpha|^2}|\alpha|^{2n}/n!$。仿照上面的推导过程，可得 t 时刻原子处于上下能态的概率分别为

$$\left.\begin{aligned} P_e(t) &= \sum_n p_n \cos^2\left(\frac{\Omega_n}{2}t\right) = \frac{1}{2}\left[1 + \sum_n p_n \cos(\Omega_n t)\right] \\ P_g(t) &= \sum_n p_n \sin^2\left(\frac{\Omega_n}{2}t\right) = \frac{1}{2}\left[1 - \sum_n p_n \cos(\Omega_n t)\right] \end{aligned}\right\} \tag{2-319}$$

原子的布居数反转为

$$W(t) \equiv P_e(t) - P_g(t) = \sum_n p_n \cos(\Omega_n t) \tag{2-320}$$

上式是以各种量子拉比频率 Ω_n 振荡的成分的加权求和，求和的结果使得 $W(t)$ 呈现所谓的崩塌-复苏(collapse-revival)现象。这种现象反映了电磁场的量子性。图 2-14 给出了一个例子：初始光场处于平均光子数为 $\bar{n} = |\alpha|^2 = 10$ 的相干态 $|\alpha\rangle$。

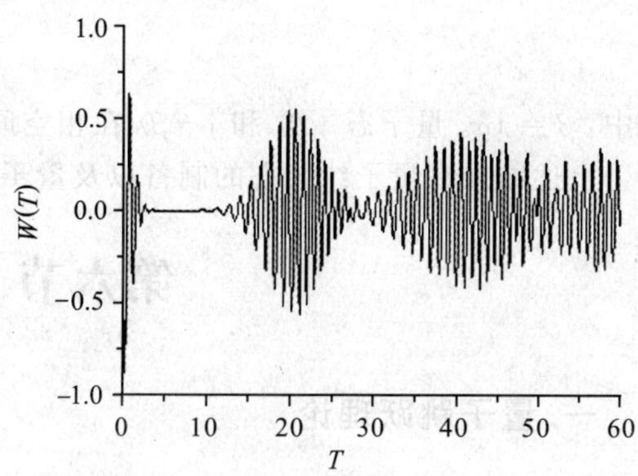

图 2-14　原子布居反转的时间演化

$T \equiv \lambda t$，初场为相干态 $|\alpha\rangle$，$\bar{n} = |\alpha|^2 = 10$

值得强调的是，量子单模场情况下的(2-320)式与经典单模场情况下的(2-296)式形成鲜明的对照。经典情况下的(2-296)式预言原子的布居数反转随时间的演化呈现拉比振荡(简谐振荡)，而量子情况下的(2-320)式预言原子的布居数反转随时间的演化呈现崩塌-复苏现象。

2. 色散情况

在色散(大失谐)情况下，具体来说，当 $\Delta \gg g\sqrt{\langle a^+ a\rangle}$ 时，(2-308)式可化成下面的有效哈密顿量：

$$H_{\text{eff}} = \hbar\chi[(a^+ a + 1)|e\rangle\langle e| - a^+ a|g\rangle\langle g|] \tag{2-321}$$

式中，$\chi = \lambda^2/\Delta$。相应的时间演化算符为

$$U(t) = \exp\left[-\frac{i}{\hbar}H_{\text{eff}}t\right] \tag{2-322}$$

注意到 $|g,n\rangle$ 和 $|e,n\rangle$ 均为 H_{eff} 的本征态，即

$$H_{\text{eff}}|g,n\rangle = -\hbar\chi n|g,n\rangle \tag{2-323}$$

$$H_{\text{eff}}|e,n\rangle = \hbar\chi(n+1)|e,n\rangle \tag{2-324}$$

于是，当系统(原子＋光场)初始处于量子态 $|\Psi(0)\rangle = |g,n\rangle$ 时，t 时刻的状态为

$$|\Psi(t)\rangle = U(t)|\Psi(0)\rangle = \exp\left[-\frac{i}{\hbar}H_{\text{eff}}t\right]|g,n\rangle = e^{in\chi t}|g,n\rangle \tag{2-325}$$

而当系统初始处于量子态 $|\Psi(0)\rangle = |e,n\rangle$ 时，t 时刻的状态为

$$|\Psi(t)\rangle = U(t)|\Psi(0)\rangle = \exp\left[-\frac{i}{\hbar}H_{\text{eff}}t\right]|e,n\rangle = e^{-i(n+1)\chi t}|e,n\rangle \tag{2-326}$$

上述结果表明，在大失谐情况下，当原子初始处于其能量本征态 $|g\rangle$ 或 $|e\rangle$，而光场初始处于光子数态 $|n\rangle$ 时，系统在时间演化中将保持其初态不变(只是产生了一个整体的相位因子)。然而，当光场初始处于相干态 $|\alpha\rangle$ 时，情况就不同了，现讨论如下：

当系统初始处于量子态 $|\Psi(0)\rangle = |g,\alpha\rangle$ 时，t 时刻的状态为

$$\begin{aligned} |\Psi(t)\rangle &= \exp\left[-\frac{i}{\hbar}H_{\text{eff}}t\right]|g,\alpha\rangle \\ &= \exp\left[-\frac{i}{\hbar}H_{\text{eff}}t\right]|g\rangle e^{-|\alpha|^2/2}\sum_n \frac{\alpha^n}{n!}|n\rangle \\ &= |g\rangle e^{-|\alpha|^2/2}\sum_n \frac{\alpha^n}{n!}e^{in\chi t}|n\rangle = |g\rangle|\alpha e^{i\chi t}\rangle \end{aligned} \tag{2-327}$$

类似的，当系统初始处于量子态 $|\Psi(0)\rangle = |e,\alpha\rangle$ 时，t 时刻的状态为

$$|\Psi(t)\rangle = \exp\left[-\frac{i}{\hbar}H_{\text{eff}}t\right]|e,\alpha\rangle = e^{-i\chi t}|e\rangle|\alpha e^{-i\chi t}\rangle \tag{2-328}$$

我们注意到,对应于原子的初态$|g\rangle$或$|e\rangle$,t时刻相干态$|\alpha\rangle$在相空间分别旋转了$\pm\theta(\theta=\chi t)$。

更有趣的是,当光场初始处于相干态$|\alpha\rangle$,而原子初始处于$|g\rangle$和$|e\rangle$的叠加态$(|g\rangle+e^{i\varphi}|e\rangle)/\sqrt{2}$时,系统在$t$时刻的状态为

$$|\Psi(t)\rangle=\frac{1}{\sqrt{2}}[|g\rangle|\alpha e^{i\chi t}\rangle+e^{i\varphi}e^{-i\chi t}|e\rangle|\alpha e^{-i\chi t}\rangle] \tag{2-329}$$

这是原子和光场的一种纠缠态。如果我们选择$\varphi=\chi t=\pi/2$,则有

$$\left|\Psi\left(\frac{\pi}{2\chi}\right)\right\rangle=\frac{1}{\sqrt{2}}[|g\rangle|i\alpha\rangle+|e\rangle|-i\alpha\rangle]$$
$$=\frac{1}{\sqrt{2}}[|g\rangle|\beta\rangle+|e\rangle|-\beta\rangle] \tag{2-330}$$

式中,$\beta=i\alpha$。量子态$|\beta\rangle$和$|-\beta\rangle$在相空间相差180°,它们是可最大限度区分开的量子态。

上述结果在量子纠缠态的制备以及量子信息的研究中有着重要的应用。

第六节　量子耗散和消相干

一、量子跳跃理论

在前面几节的讨论中我们没有考虑阻尼(或损耗)对量子体系演化的影响。换句话说,我们考虑的是孤立系统。而在实际问题中,我们所感兴趣的系统不可避免地要与周围环境发生相互作用。因此,要使理论预言可以与实验结果进行比较,有必要在理论中考虑阻尼的影响。阻尼的量子理论在量子光学中占有相当大的篇幅,这里不可能系统地介绍阻尼的量子理论,而将采用一种较简单的方法——量子轨道(quantum trajectory)理论,又称量子跳跃(quantum jump)理论——处理量子阻尼问题。

考虑处于单模腔中的光子,光子可以被腔壁吸收,为简单起见,假设腔壁处于绝对零度。量子跳跃理论的基本步骤可叙述如下:

1)假设跳跃前腔场处于量子态系综中的某一个成员态$|\Psi\rangle$,显然,在时间间隔δt内一个光子被吸收的概率δP应正比于δt的大小以及在$|\Psi\rangle$中的平均光子数,即有

$$\delta P=\gamma\langle\Psi|a^+a|\Psi\rangle\delta t \tag{2-331}$$

式中,γ表示腔场光子的损耗速率。

2)当一个光子被吸收后(称为发生了跳跃),腔场跳跃到如下归一化量子态$|\Psi_{jump}\rangle$:

$$|\Psi\rangle\to|\Psi_{jump}\rangle=\frac{a|\Psi\rangle}{[\langle\Psi|a^+a|\Psi\rangle]^{1/2}}=\sqrt{\frac{\gamma\delta t}{\delta P}}a|\Psi\rangle \tag{2-332}$$

3)在时间间隔δt内一个光子不被吸收的概率为$(1-\delta P)$(δt要取得足够小,使得在时间间隔δt内最多只可以发生一次跳跃,即只有一个光子被吸收或者不被吸收)。设描述腔场非幺正演化的有效哈密顿量为$H_{eff}=H-i\frac{\gamma}{2}a^+a$(取$\hbar=1$),式中第二项表示腔场能量的耗散。则当光子不被吸收时(即没有发生跳跃),腔场演化到如下归一化量子态$|\Psi_{no\ jump}\rangle$:

$$|\Psi\rangle\to|\Psi_{no\ jump}\rangle=\frac{e^{-iH_{eff}\delta t}|\Psi\rangle}{[\langle\Psi|e^{iH_{eff}^+\delta t}e^{-iH_{eff}\delta t}|\Psi\rangle]^{1/2}}=\frac{e^{-iH_{eff}\delta t}|\Psi\rangle}{[\langle\Psi|e^{-a^+a\gamma\delta t}|\Psi\rangle]^{1/2}}$$
$$\approx\frac{(1-iH_{eff}\delta t)|\Psi\rangle}{[\langle\Psi|(1-a^+a\gamma\delta t)|\Psi\rangle]^{1/2}}=\frac{[1-iH\delta t-a^+a(\gamma/2)\delta t]|\Psi\rangle}{(1-\delta P)^{1/2}} \tag{2-333}$$

4)记$|\Psi(t)\rangle\equiv|\Psi\rangle$,$|\Psi(t+\delta t)\rangle\equiv|\Psi(\delta t)\rangle$。注意到$|\Psi\rangle\to|\Psi_{jump}\rangle$的概率为$\delta P$,$|\Psi\rangle\to|\Psi_{no\ jump}\rangle$的概率为$(1-\delta P)$,则有

$$|\Psi\rangle\langle\Psi|\to|\Psi(\delta t)\rangle\langle\Psi(\delta t)|$$
$$=\delta P|\Psi_{jump}\rangle\langle\Psi_{jump}|+(1-\delta P)|\Psi_{no\ jump}\rangle\langle\Psi_{no\ jump}|$$
$$=\gamma\delta t a|\Psi\rangle\langle\Psi|a^++[1-iH\delta t-a^+a(\gamma/2)\delta t]|\Psi\rangle\langle\Psi|[1+iH\delta t-a^+a(\gamma/2)\delta t]$$

$$\approx|\Psi\rangle\langle\Psi|-\mathrm{i}\delta t[H,|\Psi\rangle\langle\Psi|]+\frac{\gamma}{2}\delta t\{2a|\Psi\rangle\langle\Psi|a^{+}-a^{+}a|\Psi\rangle\langle\Psi|-|\Psi\rangle\langle\Psi|a^{+}a\}\tag{2-334}$$

5)对量子态系综中的所有成员态求平均，则得到

$$\rho(t+\delta t)=\rho(t)-\mathrm{i}\delta t[H,\rho(t)]+\frac{\gamma}{2}\delta t\{2a\rho(t)a^{+}-a^{+}a\rho(t)-\rho(t)a^{+}a\}\tag{2-335}$$

当 $\delta t\to 0$ 时，有

$$\frac{\mathrm{d}\rho}{\mathrm{d}t}=-\mathrm{i}[H,\rho]+\frac{\gamma}{2}\{2a\rho a^{+}-a^{+}a\rho-\rho a^{+}a\}\tag{2-336}$$

上式称为量子力学主方程，描述了有损耗存在时，在绝对零度情况下单模腔中光场随时间的演化。

为了加深对量子跳跃理论的理解，下面举两个例子(假设除了能量耗散外，再无别的相互作用，即 $H=0$)。

例 1 假设腔场初始制备在相干态 $|\alpha\rangle$，当光子被吸收(发生跳跃)时：

$$|\alpha\rangle\to|\Psi_{\text{jump}}\rangle=\frac{a|\alpha\rangle}{[\langle\alpha|a^{+}a|\alpha\rangle]^{1/2}}=\frac{\alpha}{|\alpha|}|\alpha\rangle\tag{2-337}$$

即跳跃前后腔场的状态不变。当光子不被吸收(不发生跳跃)时，腔场演化为

$$|\alpha\rangle\to|\Psi_{\text{no jump}}\rangle=\frac{\mathrm{e}^{-a^{+}a(\gamma/2)\delta t}|\alpha\rangle}{[\langle\alpha|\mathrm{e}^{-a^{+}a\gamma\delta t}|\alpha\rangle]^{1/2}}=|\alpha\mathrm{e}^{-(\gamma/2)\delta t}\rangle\tag{2-338}$$

即腔场仍保持为相干态，但其振幅按指数规律衰减。经过一系列的跳跃－非跳跃演化－跳跃－非跳跃演化……当 $t\to\infty$时，腔场衰减到真空态 $|0\rangle$。

例 2 相干态的如下形式的叠加态分别称为偶、奇相干态：

$$|\Psi_{\mathrm{e}}\rangle=N_{\mathrm{e}}(|\alpha\rangle+|-\alpha\rangle)\tag{2-339}$$

$$|\Psi_{\mathrm{o}}\rangle=N_{\mathrm{o}}(|\alpha\rangle-|-\alpha\rangle)\tag{2-340}$$

式中，N_{e} 和 N_{o} 为归一化常数，下标“e”和“o”分别表示偶(even)和奇(odd)。偶、奇相干态可统称为薛定谔猫态(Schrödinger cat states)。注意到

$$a(|\alpha\rangle\pm|-\alpha\rangle)=\alpha(|\alpha\rangle\mp|-\alpha\rangle)\tag{2-341}$$

则当发生跳跃时，腔场的状态由偶(奇)相干态变到奇(偶)相干态。再注意到

$$\mathrm{e}^{-a^{+}a(\gamma/2)\delta t}(|\alpha\rangle\pm|-\alpha\rangle)=|\alpha\mathrm{e}^{-(\gamma/2)\delta t}\rangle\pm|-\alpha\mathrm{e}^{-(\gamma/2)\delta t}\rangle\tag{2-342}$$

则当不发生跳跃时，腔场状态的偶奇性不变，不过发生了“收缩”，即两个成分相干态的振幅都按指数规律衰减。经过一系列的跳跃－非跳跃演化－跳跃－非跳跃演化……当 $t\to\infty$时，腔场衰减到真空态 $|0\rangle$。

二、消相干

体系由于与环境的相互作用，在其随时间的演化过程中，将从量子纯态变到统计混合态，这种现象称为消相干。作为一个简单例子，考虑腔场(体系)初始处于偶相干态，环境初始处于状态 $|\varepsilon\rangle$，则复合系统(腔场＋环境)的初态为

$$|\Psi(0)\rangle\propto(|\alpha\rangle+|-\alpha\rangle)|\varepsilon\rangle\tag{2-343}$$

根据前面的讨论可知，t 时刻复合系统状态将为

$$|\Psi(t)\rangle\propto(|\beta(t)\rangle|\varepsilon_1\rangle+|-\beta(t)\rangle|\varepsilon_2\rangle)\tag{2-344}$$

式中，$\beta(t)=\alpha\mathrm{e}^{-\gamma t/2}$。说明腔场与环境产生了纠缠。复合系统的密度算符为

$$\rho=|\Psi(t)\rangle\langle\Psi(t)|\tag{2-345}$$

对环境变量求迹，并假设 $\langle\varepsilon_j|\varepsilon_k\rangle=\delta_{jk}$，可得腔场的约化密度算符(关于复合系统和约化密度算符的概念可参阅附录 C)为

$$\begin{aligned}\rho_F&=\mathrm{tr}_{\mathrm{e}}\,\rho=\sum_j\langle\varepsilon_j|\Psi(t)\rangle\langle\Psi(t)|\varepsilon_j\rangle\\&\propto|\beta(t)\rangle\langle\beta(t)|+|-\beta(t)\rangle\langle-\beta(t)|\end{aligned}\tag{2-346}$$

可见，尽管腔场初始处于纯态(偶相干态)，但由于与环境的相互作用，在以后的时刻腔场将处于统计混合态，

即发生了消相干。值得注意的是，当 $t\to\infty$时，腔场衰减到真空态 $|0\rangle$，这是一个纯态。

下面从量子力学主方程(2-336)式进行讨论。当 $H=0$ 时，(2-336)式变为

$$\frac{\mathrm{d}\rho}{\mathrm{d}t}=\frac{\gamma}{2}\{2a\rho a^{+}-a^{+}a\rho-\rho a^{+}a\} \tag{2-347}$$

1)假设腔场初始处于相干态 $\rho(0)=|\alpha\rangle\langle\alpha|$，可以求得，$t$ 时刻腔场的状态为

$$\rho(t)=|\alpha\mathrm{e}^{-\gamma t/2}\rangle\langle\alpha\mathrm{e}^{-\gamma t/2}| \tag{2-348}$$

这表明尽管有损耗存在，但初始处于相干态的腔场将保持在相干态，只是其振幅按指数规律衰减。这个衰减相干态的平均光子数为

$$\bar{n}=|\alpha|^2\mathrm{e}^{-\gamma t} \tag{2-349}$$

可见，腔场能量(对应于平均光子数)的衰减速率为 γ，衰减时间为 $T_{\mathrm{decay}}=1/\gamma$。

2)考虑腔场初始处于偶相干态，其密度算符为

$$\begin{aligned}\rho(0)&=|\Psi_{\mathrm{e}}\rangle\langle\Psi_{\mathrm{e}}|=N_{\mathrm{e}}^{2}(|\alpha\rangle+|-\alpha\rangle)(\langle\alpha|+\langle-\alpha|)\\&=N_{\mathrm{e}}^{2}(|\alpha\rangle\langle\alpha|+|-\alpha\rangle\langle-\alpha|+|\alpha\rangle\langle-\alpha|+|-\alpha\rangle\langle\alpha|)\end{aligned} \tag{2-350}$$

可以求得，t 时刻腔场的状态为

$$\begin{aligned}\rho(t)=&N_{\mathrm{e}}^{2}(|\beta(t)\rangle\langle\beta(t)|+|-\beta(t)\rangle\langle-\beta(t)|)+\\&N_{\mathrm{e}}^{2}\exp[-2|\alpha|^{2}(1-\mathrm{e}^{-\gamma t})](|\beta(t)\rangle\langle-\beta(t)|+|-\beta(t)\rangle\langle\beta(t)|)\end{aligned} \tag{2-351}$$

式中，$\beta(t)=\alpha\mathrm{e}^{-\gamma t/2}$。腔场能量的衰减速率与腔场初始处于相干态的情况相同，仍为 γ。现在，密度算符存在相干项(非对角元)，其前面有衰减因子 $\exp[-2|\alpha|^{2}(1-\mathrm{e}^{-\gamma t})]$。当 t 较小时，$\exp[-2|\alpha|^{2}(1-\mathrm{e}^{-\gamma t})]\approx\exp[-2|\alpha|^{2}\gamma t]$，其衰减速率为 $2|\alpha|^{2}\gamma$，衰减时间 $T_{\mathrm{decoh}}=1/(2|\alpha|^{2}\gamma)=T_{\mathrm{decay}}/2|\alpha|^{2}$，即经过 T_{decoh} 长的时间，相干性基本消失。可见，腔场初态的 $|\alpha|$ 越大，相干性消失得越快。在大多数情况下，$|\alpha|^{2}\gg1$，因此有 $T_{\mathrm{decoh}}\ll T_{\mathrm{decay}}$，即有效相干性的存在时间要远远短于有效能量的存在时间，换句话说，消相干速率要远远大于能量衰减速率。当 t 较大时，相干性已基本上完全消失，而能量尚未完全消失，这时(2-351)式变为

$$\rho(t)=\frac{1}{2}(|\beta(t)\rangle\langle\beta(t)|+|-\beta(t)\rangle\langle-\beta(t)|) \tag{2-352}$$

即腔场从(2-350)式表示的纯态演化到(2-352)式表示的混合态。当然，当 $t\to\infty$时，腔场最终演化到真空态(纯态)。

在实际问题中，特别是在量子态制备和量子信息处理中，如何减小消相干速率有着非常重要的意义。

第七节 腔量子电动力学和囚禁离子

第五节讨论了在无耗散情况下单模量子电磁场与二能级原子的相互作用，第六节讨论了在耗散腔中量子电磁场的演化。本节讨论在有耗散情况下单模腔场与二能级原子的相互作用。这些内容是腔量子电动力学(简称 cavity QED 或 CQED)的重要组成部分。这类实验最主要的组成部分是处于里德堡(Rydberg)态的原子(简称里德堡原子)，具有高品质因子(低损耗)的微波谐振腔，以及选择性电离方式的原子状态探测器。

一、腔量子电动力学

(一)里德堡原子的有关性质

所谓里德堡态指的是主量子数 n 很大的态(注意在这里 n 表示原子的主量子数，在前面我们曾用它表示光场的光子数，不要将二者相混淆)。对一定的主量子数 n，角动量量子数 l 和磁量子数 m 分别取其最大值 $l=n-1$ 和 $|m|=n-1$ 的量子态称为所谓的“圆态”。实验上常用的是主量子数 $n\approx50$ 的“圆里德堡态”。里德堡原子具有下列性质：

1)构成一个有效的二能级系统。根据电偶极跃迁的选择定则，$l\leftrightarrow(l-1)$，$|m|\leftrightarrow(|m|-1)$，即跃迁

只发生在两个相邻能级之间，从而构成一个有效的二能级系统。

2)相邻能级之间的跃迁产生或吸收微波波段的电磁辐射。

主量子数为 n 的量子态的能量为

$$E_n \approx -\frac{R}{n^2} \tag{2-353}$$

这里"$\approx$"的含义是忽略了由原子实引起的量子亏损，$R = 13.6\ \mathrm{eV}$ 为里德堡常数。相邻能级之间的跃迁产生的电磁辐射的频率为

$$\nu_0 = \frac{E_n - E_{n-1}}{h} \approx \frac{2R}{hn^3} \tag{2-354}$$

对 $n \approx 50$，可得 $\nu_0 \approx 53\ \mathrm{GHz}$，相应的波长为 $\lambda_0 = \nu_0/c \approx 6\ \mathrm{mm}$，处于微波波段，有利于实现单模腔。

3)具有大的电偶极跃迁矩阵元：

$$\mu \equiv d_{n,n-1} = \langle n \mid d \mid n-1 \rangle \sim \langle n \mid er \mid n-1 \rangle \sim n^2 e a_0 \propto n^2 \tag{2-355}$$

式中，e 为电子电荷，a_0 为玻尔半径。二能级原子与单模电磁场相互作用的耦合常数 $\lambda \propto \mu \propto n^2$，因此，$n$ 越大，原子与电磁场的耦合越强。

4)具有长的能级寿命。

原子在自由空间中的自发辐射速率为

$$\Gamma_{\text{free}} = \frac{\mu^2 \omega_0^3}{3\pi \varepsilon_0 \hbar c^3} \propto n^{-5}, \quad \Gamma = \Gamma_0 n^{-5} \tag{2-356}$$

式中，$\Gamma_0 \approx 10^9\ \mathrm{s}^{-1}$ 为低激发态的自发辐射速率，相应的低激发态的寿命为 $\tau_0 = 1/\Gamma_0 \approx 10^{-9}\ \mathrm{s}$。对 $n \approx 50$ 的里德堡态，其寿命 $\tau = 1/\Gamma = n^5 \tau_0 \approx 10^{-1}\ \mathrm{s}$，这是一个相当长的时间。

5)里德堡原子具有较小的电离能，而相邻能级具有不同的电离能，因此可以利用选择性电离方法探测并区分原子的两个状态。

(二)耗散腔中二能级原子与单模腔场的相互作用

在第五节讨论了二能级原子与单模腔场的共振相互作用，在相互作用绘景中的相互作用哈密顿量为(取 $\hbar = 1$)

$$H = \lambda(\sigma^+ a + a^+ \sigma) \tag{2-357}$$

式中，λ 为原子与腔场的耦合常数。当不考虑损耗，且初始原子处于上能态 $|\mathrm{e}\rangle$，腔场处于真空态 $|0\rangle$ 时，在以后的时刻，系统将在状态 $|\mathrm{e},0\rangle$ 和 $|\mathrm{g},1\rangle$ 之间以真空拉比频率 $\Omega_0 = 2\lambda$ 进行拉比振荡。

第六节讨论了有损耗谐振腔中单模腔场的时间演化，其密度算符满足的量子力学主方程((2-336)式)为

$$\frac{\mathrm{d}\rho}{\mathrm{d}t} = -\mathrm{i}[H, \rho] + \frac{\gamma}{2}\{2a\rho a^+ - a^+ a\rho - \rho a^+ a\}$$

现在讨论在有损耗的谐振腔中二能级原子与单模腔场的相互作用。引入 $|1\rangle \equiv |\mathrm{e},0\rangle$ 和 $|2\rangle \equiv |\mathrm{g},1\rangle$，由前面两式可得如下的密度矩阵元方程：

$$\frac{\mathrm{d}}{\mathrm{d}t}\rho_{11} = \mathrm{i}\lambda V \tag{2-358}$$

$$\frac{\mathrm{d}}{\mathrm{d}t}\rho_{22} = -\gamma\rho_{22} - \mathrm{i}\lambda V \tag{2-359}$$

$$\frac{\mathrm{d}}{\mathrm{d}t}V = \mathrm{i}2\lambda(\rho_{11} - \rho_{22}) - \frac{\gamma}{2}V \tag{2-360}$$

式中，$V \equiv \rho_{12} - \rho_{21}$。上式可以写成如下的矩阵形式：

$$\frac{\mathrm{d}}{\mathrm{d}t}\begin{pmatrix} \rho_{11} \\ \rho_{22} \\ V \end{pmatrix} = \begin{pmatrix} 0 & 0 & \mathrm{i}\lambda \\ 0 & -\gamma & -\mathrm{i}\lambda \\ \mathrm{i}2\lambda & -\mathrm{i}2\lambda & -\gamma/2 \end{pmatrix}\begin{pmatrix} \rho_{11} \\ \rho_{22} \\ V \end{pmatrix} \tag{2-361}$$

上式中矩阵的本征值方程为

$$\left(\Lambda+\frac{\gamma}{2}\right)(\Lambda^2+\gamma\Lambda+4\lambda^2)=0 \tag{2-362}$$

其本征值为

$$\Lambda_0=-\frac{\gamma}{2} \tag{2-363}$$

$$\Lambda_{\pm}=-\frac{\gamma}{2}\pm\frac{\gamma}{2}\sqrt{1-\frac{(2\lambda)^2}{(\gamma/2)^2}}=-\frac{\gamma}{2}\pm\frac{\gamma}{2}\sqrt{1-\left(\frac{\Omega_0}{(\gamma/2)}\right)^2} \tag{2-364}$$

设初始原子处于上能态$|e\rangle$，腔场处于真空态$|0\rangle$，即$\rho_{11}(0)=1$，$\rho_{22}(0)=0$，$V(0)=0$，如果谐振腔的损耗较小，使得$(\gamma/2)\ll\Omega_0$，则有

$$\Lambda_{\pm}\approx-\frac{\gamma}{2}\pm\mathrm{i}\,\Omega_0 \tag{2-365}$$

即本征值$\Lambda_{\pm}$是复数，原子处于上能级的概率将近似地以衰减速率$\gamma/2$、真空拉比频率Ω_0进行衰减振荡，这表明自发辐射是近似可逆的。如果谐振腔的损耗较大，使得$(\gamma/2)>\Omega_0$，则3个本征值均为负值，原子处于上能级的概率$P_e(t)=\rho_{11}(t)$将作指数衰减，即自发辐射是指数衰减形式的，其中最小的衰减速率(对应最大的时间常数)是$|\Lambda_+|\approx\Omega_0^2/\gamma$，定义它为原子在腔中的自发辐射速率，即$\Gamma_{\text{cavity}}=|\Lambda_+|\approx\Omega_0^2/\gamma$。注意到$\Omega_0$的定义：

$$\Omega_0=2\lambda=2\frac{\mu}{\hbar}\sqrt{\frac{\hbar\omega_0}{V\varepsilon_0}}\sin(kz) \tag{2-366}$$

这里V为腔的量子化体积。考虑原子处于驻波的波幅处，即$\sin^2(kz)=1$。另外，引入谐振腔的品质因子$Q=\omega_0/\gamma$，则原子在腔中的自发辐射速率为

$$\Gamma_{\text{cavity}}=\frac{4\mu^2Q}{\hbar V\varepsilon_0} \tag{2-367}$$

由(2-367)式和(2-356)式可得原子在腔中的自发辐射速率与原子在自由空间中的自发辐射速率之比为

$$\frac{\Gamma_{\text{cavity}}}{\Gamma_{\text{free}}}=\frac{12\pi Qc^3}{V\omega_0^3}\propto Q\frac{\lambda_0^3}{V} \tag{2-368}$$

式中，λ_0是腔场的波长。对低阶模，$\lambda_0^3\approx V$，则原子在腔中的自发辐射速率将是原子在自由空间中的自发辐射速率的Q倍，而实验上所用的腔具有很大的Q值(例如$Q\sim10^8$)，因此，腔的存在大大增强了原子的自发辐射。不过应当注意，这一结论是在腔场与原子发生共振相互作用的情况下得到的。如果腔中不存在与原子跃迁频率共振的电磁波，则原子的自发辐射将受到抑制。自发辐射的增强和抑制效应均已得到实验的验证。

(三)JC模型的实验实现

德国慕尼黑的Walther小组和法国巴黎的Haroche小组分别在实验上观测到可逆的(衰减振荡形式的)自发辐射和JC模型所预言的崩塌-复苏效应。1987年Walther小组进行了一个想要观测崩塌-复苏效应的实验，由于当时用的是热光场，且未能达到足够宽的互作用时间范围，因此只观测到衰减振荡形式的自发辐射，即崩塌现象，而没有观测到明显的复苏现象。1996年，Haroche小组采用相干态光场，且能够达到足够宽的互作用时间范围，因此观测到清晰的崩塌-复苏现象。下面简单介绍Haroche小组的实验。

Haroche小组的实验系统如图2-15所示。从原子炉射出的原子被一束激光制备到圆里德堡态；处于圆里德堡态的原子在腔中与腔场发生相互作用；原子束要足够弱，以保证任意时刻腔中最多只能有1个原子(故这种实验系统也称为单原子脉塞或微脉塞)；从腔中出来的原子由场电离探测器进行探测，其中第1个探测器只探测处于上能态的原子，第2个探测器只探测处于下能态的原子。

实验中用的是处于圆里德堡态的铷原子，主要涉及3个能级：$|e\rangle$、$|g\rangle$和$|f\rangle$，其主量子数n分别为51、50、49。其中$|e\rangle\leftrightarrow|g\rangle$之间的跃迁频率为51.1 GHz，$|g\rangle\leftrightarrow|f\rangle$之间的跃迁频率为54.3 GHz。腔场与原子的$|e\rangle\leftrightarrow|g\rangle$跃迁相共振。谐振腔为由超导铌做成的法布里-珀罗腔，球面镜的半径为50 mm，曲率半径为40 mm，两镜之间的距离为27 mm，腔的品质因子$Q=3\times10^8$，腔中光子寿命约为$T_r=1$ ms。原子与腔场的互作用时间在几十微秒。因此，腔中光子寿命远远大于原子与腔场的互作用时间。腔壁被冷却到1 K，对应

的平均热光子数 $\bar{n}_{\text{th}} \approx 0.7$，采用进一步的方法可达到 $\bar{n}_{\text{th}} \approx 0.1$。微波源 S 可给谐振腔提供相干态光场。给腔加上一个静电场可调节腔场的频率，使其与原子 $|e\rangle \leftrightarrow |g\rangle$ 跃迁频率共振或非共振。

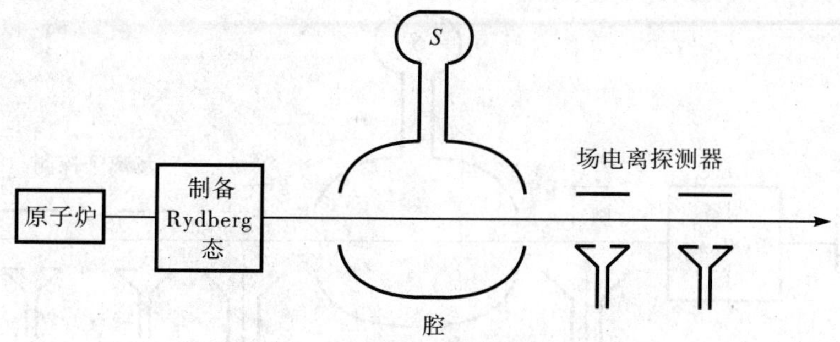

图 2-15 实现 JC 模型的单原子脉塞

利用该实验系统，对不同的腔场，Haroche 小组分别观测到清晰的衰减振荡形式的自发辐射和崩塌-复苏现象。

(四)制备原子的纠缠态

利用上述腔 QED 实验系统，让两个原子先后与腔场发生相互作用，可以制备原子的纠缠态。设初始原子 1 处在上能态 $|e\rangle_1$，腔场处于真空态 $|0\rangle$，当原子 1 与腔场发生共振相互作用时，根据(2-313)式，系统按下列方式演化：

$$|e\rangle_1|0\rangle \Rightarrow \cos(\lambda t_1)|e\rangle_1|0\rangle - i\sin(\lambda t_1)|g\rangle_1|1\rangle \tag{2-369}$$

式中，下标“1”表示原子 1。选择原子 1 的速度，使得 $\lambda t_1 = \pi/4$ (量子 $\pi/2$ 脉冲)，则有

$$|e\rangle_1|0\rangle \Rightarrow \frac{1}{\sqrt{2}}(|e\rangle_1|0\rangle - i|g\rangle_1|1\rangle) \tag{2-370}$$

这时送入处于下能态 $|g\rangle_2$ 的原子 2，则系统的状态为 $\frac{1}{\sqrt{2}}(|e\rangle_1|g\rangle_2|0\rangle - i|g\rangle_1|g\rangle_2|1\rangle)$。

设原子 2 也与腔场发生共振相互作用，利用

$$|g\rangle_2|1\rangle \Rightarrow \cos(\lambda t_2)|g\rangle_2|1\rangle - i\sin(\lambda t_2)|e\rangle_2|0\rangle \tag{2-371}$$

选择原子 2 的速度，使得 $\lambda t_2 = \pi/2$ (量子 π 脉冲)，则有

$$|g\rangle_2|1\rangle \Rightarrow -i|e\rangle_2|0\rangle \tag{2-372}$$

从而系统的状态变为

$$\frac{1}{\sqrt{2}}(|e\rangle_1|g\rangle_2 - |g\rangle_1|e\rangle_2)|0\rangle = |\Psi^-\rangle|0\rangle \tag{2-373}$$

其中

$$|\Psi^-\rangle = \frac{1}{\sqrt{2}}(|e\rangle_1|g\rangle_2 - |g\rangle_1|e\rangle_2) \tag{2-374}$$

是两个原子的纠缠态。上述讨论表明，让两个原子先后与腔场发生共振相互作用，可以制备原子的纠缠态。这种实验方案已被 Haroche 小组实现。

(五)制备腔场的薛定谔猫态

在图 2-15 中，谐振腔的前后分别加一个经典光场 R_1 和 R_2 可构成一个 Ramsey 干涉仪，如图 2-16 所示。这个实验系统可用来制备薛定谔猫态。

(2-321)式曾给出了在大失谐情况下二能级原子与单模量子腔场相互作用的有效哈密顿量(取 $\hbar = 1$)：

$$H_{\text{eff}} = \chi[(a^+a+1)|e\rangle\langle e| - a^+a|g\rangle\langle g|]$$

这里我们考虑 Haroche 小组的三能级系统 $|e\rangle$、$|g\rangle$、$|f\rangle$，其能量关系为 $E_e > E_g > E_f$。腔场与原子跃迁 $|e\rangle \leftrightarrow |g\rangle$ 发生大失谐相互作用，而与 $|g\rangle \leftrightarrow |f\rangle$ 跃迁不发生相互作用(失谐更大)。如果能态 $|e\rangle$ 不被布居，则

有效哈密顿量变为

$$H_{\text{eff}}=-\chi a^{+}a\,|\,g\rangle\langle g\,| \tag{2-375}$$

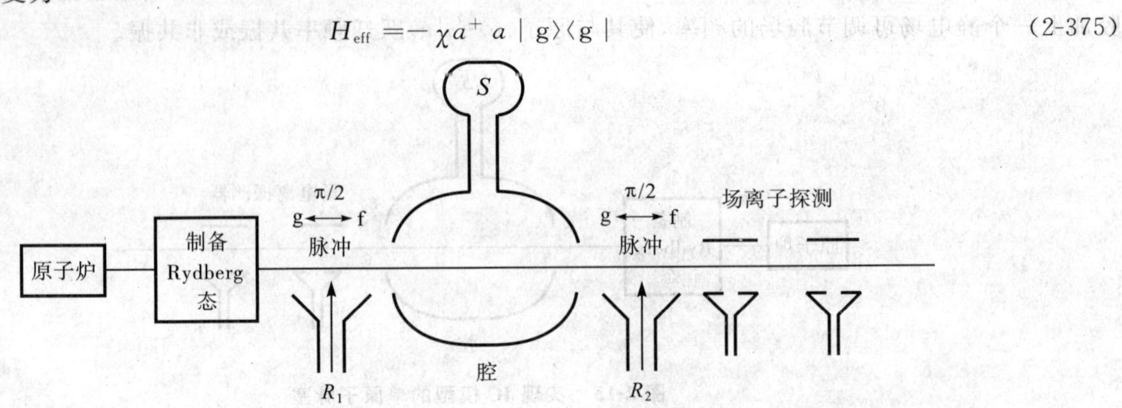

图 2-16 制备腔场薛定谔猫态的单原子脉塞

现在考虑图 2-16。假设经典电磁场 R_1 和 R_2 均与原子的 $|g\rangle\leftrightarrow|f\rangle$ 跃迁发生共振相互作用，其 Rabi 频率为 Ω_R。在(2-293)式中取 $\varphi=\pi/2$，$\sigma=|f\rangle\langle g|$，$\sigma^{+}=|g\rangle\langle f|$，则得

$$U(t)=\cos\left(\frac{1}{2}\Omega_R t\right)I+\sin\left(\frac{1}{2}\Omega_R t\right)(|f\rangle\langle g|-|g\rangle\langle f|) \tag{2-376}$$

设原子进入 R_1 时处于能态 $|g\rangle$，则经过 $\pi/2$ 脉冲（$\Omega_R t=\pi/2$），原子将处于状态

$$|\Psi_{\text{atom}}\rangle=\frac{1}{\sqrt{2}}(|g\rangle+|f\rangle) \tag{2-377}$$

处于该状态的原子进入制备在相干态 $|\alpha\rangle$ 的谐振腔，则系统的初态为

$$|\Psi(0)\rangle=|\Psi_{\text{atom}}\rangle|\alpha\rangle=\frac{1}{\sqrt{2}}(|g\rangle+|f\rangle)|\alpha\rangle \tag{2-378}$$

原子与腔场发生色散相互作用后，系统的状态为

$$|\Psi(t_c)\rangle=U(t_c)|\Psi(0)\rangle=e^{-iH_{\text{eff}}t_c}\frac{1}{\sqrt{2}}(|g\rangle+|f\rangle)|\alpha\rangle$$

$$=\frac{1}{\sqrt{2}}(|g\rangle|\alpha e^{i\chi t_c}\rangle+|f\rangle|\alpha\rangle) \tag{2-379}$$

式中，t_c 为原子与腔场的相互作用时间。原子从谐振腔出来后进入经典场 R_2。设原子与经典场 R_2 的相互作用时间为 t_2，并引入 $\theta=\Omega_R t_2$，则根据(2-376)式，R_2 有下列作用：

$$|g\rangle\rightarrow\cos\left(\frac{\theta}{2}\right)|g\rangle+\sin\left(\frac{\theta}{2}\right)|f\rangle \tag{2-380}$$

$$|f\rangle\rightarrow\cos\left(\frac{\theta}{2}\right)|f\rangle-\sin\left(\frac{\theta}{2}\right)|g\rangle \tag{2-381}$$

于是，经过经典场 R_2 后，系统的状态为

$$|\Psi(t_c,\theta)\rangle=\frac{1}{\sqrt{2}}\left[\cos\left(\frac{\theta}{2}\right)|g\rangle+\sin\left(\frac{\theta}{2}\right)|f\rangle\right]|\alpha e^{i\chi t_c}\rangle+$$

$$\frac{1}{\sqrt{2}}\left\{\left[\cos\left(\frac{\theta}{2}\right)|f\rangle-\sin\left(\frac{\theta}{2}\right)|g\rangle\right]|\alpha\rangle\right\}$$

$$=|g\rangle\frac{1}{\sqrt{2}}\left[\cos\left(\frac{\theta}{2}\right)|\alpha e^{i\chi t_c}\rangle-\sin\left(\frac{\theta}{2}\right)|\alpha\rangle\right]+$$

$$|f\rangle\frac{1}{\sqrt{2}}\left[\sin\left(\frac{\theta}{2}\right)|\alpha e^{i\chi t_c}\rangle+\cos\left(\frac{\theta}{2}\right)|\alpha\rangle\right] \tag{2-382}$$

选择 $\chi t_c=\pi$，$\theta=\pi/2$，则有

$$|\Psi(\pi/\chi,\pi/2)\rangle=|g\rangle\frac{1}{2}(|-\alpha\rangle-|\alpha\rangle)+|f\rangle\frac{1}{2}(|-\alpha\rangle+|\alpha\rangle) \tag{2-383}$$

利用选择性电离探测原子的状态，若探测到原子处于$|f\rangle$态，则腔场处于偶相干态：

$$|\Psi_e\rangle \propto (|\alpha\rangle + |-\alpha\rangle) \tag{2-384}$$

若探测到原子处于$|g\rangle$态，则腔场处于奇相干态：

$$|\Psi_o\rangle \propto (|\alpha\rangle - |-\alpha\rangle) \tag{2-385}$$

上述讨论表明，将原子与腔场(量子化电磁场)的色散相互作用和原子与两个经典电磁场的共振相互作用相结合，可以产生腔场的薛定谔猫态。

(六)光子数的非破坏性测量

在一般的量子测量中，测量将改变(或破坏)系统原来的状态。例如，利用光电探测器探测量子光场的光子数，光电探测器将吸收光场的光子，从而改变了光场原来的量子态。下面介绍利用腔量子电动力学的方法，可以达到不吸收光子而能够确定腔场光子数的目的。这属于所谓的量子非破坏性测量。

假设腔场处于确定的但未知的光子数态$|n\rangle$，让一个处于叠加态$(|e\rangle+|g\rangle)/\sqrt{2}$的里德堡原子进入腔场，则系统的初态为

$$|\Psi(0)\rangle = \frac{1}{\sqrt{2}}(|e\rangle + |g\rangle)|n\rangle \tag{2-386}$$

假设原子与腔场发生色散相互作用，作用时间为t，则作用后系统的状态为

$$|\Psi(t)\rangle = e^{-iH_{\text{eff}}t}|\Psi(0)\rangle = \frac{1}{\sqrt{2}}(e^{-i(n+1)\chi t}|e\rangle + e^{in\chi t}|g\rangle)|n\rangle \tag{2-387}$$

然后让原子与一个经典场发生共振相互作用，经历一个$\pi/2$脉冲后，系统的状态变为

$$\begin{aligned}|\Psi(t,\pi/2)\rangle &= \frac{1}{2}[e^{-i(n+1)\chi t}(|e\rangle+|g\rangle)+e^{in\chi t}(|g\rangle-|e\rangle)]|n\rangle \\ &= \frac{1}{2}[|e\rangle(e^{-i(n+1)\chi t}-e^{in\chi t})+|g\rangle(e^{-i(n+1)\chi t}+e^{in\chi t})]|n\rangle\end{aligned} \tag{2-388}$$

这时，探测到原子处于$|e\rangle$态和$|g\rangle$态的概率分别为

$$\left.\begin{aligned}P_e(t) &= \frac{1}{2}[1-\cos(2n+1)\chi t] \\ P_g(t) &= \frac{1}{2}[1+\cos(2n+1)\chi t]\end{aligned}\right\} \tag{2-389}$$

它们呈现随时间的振荡行为，称为Ramsey条纹。可见振荡频率依赖于n，因此可通过振荡频率来确定光子数n。这种实验方案已被Haroche小组实现。

上述讨论表明，将原子与腔场(量子化电磁场)的色散相互作用和原子与经典电磁场的共振相互作用相结合，可以实现光子数的非破坏性测量。

二、囚禁离子

囚禁离子实验是量子光学中的另一类重要实验。本小节讨论利用囚禁离子实现JC模型的理论与实验。

假设一个质量为M的离子被激光冷却并囚禁在射频Paul势阱中，如图2-17所示。

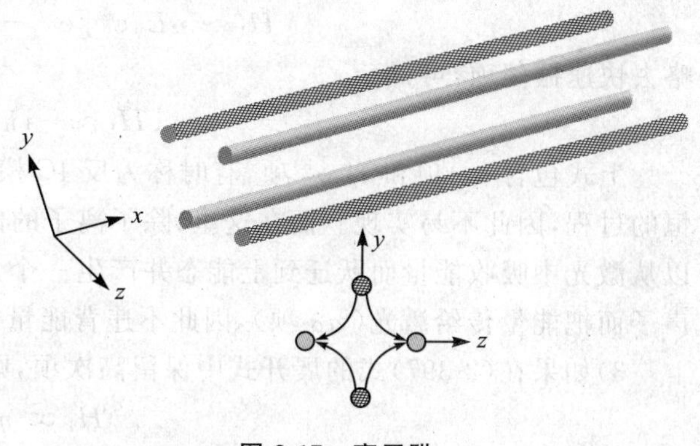

图2-17　离子阱

与腔量子电动力学的情况不同，这里要考虑离子的两类运动：内部运动和外部运动。所谓内部运动指的是离子中电子态之间的跃迁，假设离子有两个电子能态$|e\rangle$和$|g\rangle$，构成两态系统。所谓外部运动指的是离子整体的运动(或质心运动)。设势阱可以近似看作是谐振子势阱，离子在其中做频率为ν的简谐振动，ν的取值由势阱的参数决定，谐振子量子(声子)的湮灭算符和产生算符

分别用 a 和 a^+ 表示，离子的质心位置用算符 $\hat{x}$ 表示。与量子电磁场的形式类似，$\hat{x}$ 与 a 和 a^+ 之间的关系为

$$\hat{x}=\sqrt{\frac{\hbar}{2\nu M}}(a+a^+) \tag{2-390}$$

设沿势阱的轴向（x 方向）施加一束频率为 ω_L 的激光（作经典处理），则系统的哈密顿量为

$$H=H_0+V \tag{2-391}$$

式中，H_0 为离子内部运动的自由哈密顿量和外部运动的自由哈密顿量之和，即

$$H_0=\frac{1}{2}\hbar\omega_0\sigma_z+\hbar\nu a^+a \tag{2-392}$$

V 为互作用哈密顿量：

$$V=\mu E^{(-)}(\hat{x},t)\sigma+\text{H. c.} \tag{2-393}$$

式中，μ 为 $|e\rangle\leftrightarrow|g\rangle$ 跃迁的偶极矩阵元，$E^{(-)}(\hat{x},t)$ 为电场的负频部分：

$$E^{(-)}(\hat{x},t)=E_0\exp[i(\omega_L t-k_L\hat{x}+\varphi)] \tag{2-394}$$

将(2-390)式代入(2-394)式，可得

$$E^{(-)}(\hat{x},t)=E_0 e^{i(\omega_L t+\varphi)}e^{-i\eta(a+a^+)} \tag{2-395}$$

式中，$\eta=k_L\sqrt{\hbar/(2\nu M)}$ 称为 Lamb-Dicke 参数。一般情况下，$\eta\ll 1$ 称为 Lamb-Dicke 范围或 Lamb-Dicke 极限。在 Lamb-Dicke 范围，离子的振荡幅度（$\propto\sqrt{\hbar/(2\nu M)}$）远远小于激光的波长（$\lambda_L=2\pi/k_L$），因此在离子的振荡范围内激光强度可看作是常数。利用 $U(t)=\exp(-iH_0t/\hbar)$，可得互作用绘景中的哈密顿量为

$$\begin{aligned}H_I&=U^+HU+i\hbar\frac{dU^+}{dt}U\\&=\mu E_0e^{i\varphi}e^{i\omega_L t}\exp[-i\eta(ae^{-i\nu t}+a^+e^{i\nu t})]\sigma e^{-i\omega_0 t}+\text{H. c.}\end{aligned} \tag{2-396}$$

在 Lamb-Dicke 极限下，

$$\exp[-i\eta(ae^{-i\nu t}+a^+e^{i\nu t})]\approx 1-i\eta(ae^{-i\nu t}+a^+e^{i\nu t})+\cdots \tag{2-397}$$

将(2-397)式取到 η 的一次方项并代入(2-396)式，可得

$$H_I\approx\mu E_0e^{i\varphi}e^{i(\omega_L-\omega_0)t}[1-i\eta(ae^{-i\nu t}+a^+e^{i\nu t})]\sigma+\text{H. c.} \tag{2-398}$$

下面分 3 种情况对上式进行讨论：

1）调节激光频率，使得 $\omega_L=\omega_0-\nu$，则(2-398)式变为

$$H_I\approx\mu E_0e^{i\varphi}[e^{-i\nu t}-i\eta(ae^{-i2\nu t}+a^+)]\sigma+\text{H. c.} \tag{2-399}$$

相对于常数项，快速振荡项 $e^{-i\nu t}$ 和 $e^{-i2\nu t}$ 平均为 0，可以略去，从而有

$$H_I\approx -i\hbar\eta\Omega_R e^{i\varphi}a^+\sigma+\text{H. c.} \tag{2-400}$$

式中，$\Omega_R\equiv\mu E_0/\hbar$ 是经典 Rabi 振荡频率。上式具有 JC 模型的形式，不过应当注意，腔量子电动力学中的 JC 模型描述的是一个二能级原子与一个单模量子电磁场的相互作用；而上式描述的是离子的内部运动 (σ,σ^+) 和外部运动 (a^+,a) 之间的相互作用。

2）调节激光频率，使得 $\omega_L=\omega_0+\nu$，则上式变为

$$H_I\approx\mu E_0e^{i\varphi}[e^{i\nu t}-i\eta(a+a^+e^{i2\nu t})]\sigma+\text{H. c.} \tag{2-401}$$

略去快速振荡项，可得

$$H_I\approx -i\hbar\eta\Omega_R e^{i\varphi}a\sigma+\text{H. c.} \tag{2-402}$$

上式包含 $a\sigma$ 项和 $a^+\sigma^+$ 项，有时称为反 JC 模型。在腔量子电动力学的 JC 模型中它们对应于能量不守恒的过程，因此不易实现。而在这里，除了离子的内部运动 (σ,σ^+) 和外部运动 (a^+,a) 外还有激光，离子可以从激光中吸收能量而跃迁到上能态并产生一个声子（$a^+\sigma^+$ 项），或者离子可以跃迁到下能态并湮灭一个声子而把能量传给激光（$a\sigma$ 项），因此不违背能量守恒，从而是可以实现的。

3）如果在(2-397)式的展开式中保留高次项，则可实现多声子过程。当 $\omega_L=\omega_0-l\nu$ 时，有

$$H_I\propto\eta^l(a^+)^l\sigma+\text{H. c.} \tag{2-403}$$

当 $\omega_L=\omega_0+l\nu$ 时，有

$$H_1 \propto \eta^l a^l \sigma + \text{H. c.} \tag{2-404}$$

可见，利用囚禁离子可以研究丰富的物理过程。

第八节　量子信息科学

近年来，量子力学与信息科学相结合，产生了一个非常活跃的研究领域——量子信息科学。量子信息科学的内容相当丰富，但大体上可以归为两大类：一类涉及信息的传输，可以统一归入量子通信；另一类与计算问题有关，可以统一归入量子计算。量子信息科学中的许多方案可以用量子光学的方法来实现。本节先介绍量子信息科学中的一些基本概念，然后分别介绍量子通信和量子计算中的若干问题，最后介绍量子光学方法在量子信息科学中的应用。

一、量子信息科学中的若干基本概念

(一)经典比特和量子比特

比特(bit)是信息科学中的一个基本概念，它有两重含义：一种含义是表示信息的单位；另一种含义是代表一个经典的两态系统，如一个开关的“开”状态和“关”状态。经典系统的两个状态可以分别用“0”和“1”表示。与经典的两态系统相对应，一个量子的两态系统称为一个量子比特(qubit)。常见的量子两态系统的两个状态分别是：描述电子自旋相对于某个外场方向的自旋向上态 $|\uparrow\rangle$ 和自旋向下态 $|\downarrow\rangle$；描述光子偏振方向的两个正交偏振态(水平偏振态 $|H\rangle$ 和垂直偏振态 $|V\rangle$，45°偏振态 $|\nearrow\rangle$ 和－45°偏振态 $|\searrow\rangle$，左旋偏振态和右旋偏振态)；原子中的两个特殊能态：基态(或下能态) $|g\rangle$ 和激发态(或上能态) $|e\rangle$。各种量子两态系统的两个状态可统一分别用 $|0\rangle$ 和 $|1\rangle$ 表示。一个经典的两态系统只能要么处于“0”态，要么处于“1”态。与此形成鲜明对照的是，一个量子的两态系统一般来说可以处于 $|0\rangle$ 态和 $|1\rangle$ 态的线性叠加态：

$$|\Psi\rangle = a|0\rangle + b|1\rangle \tag{2-405}$$

式中，a 和 b 一般为复数，且满足归一化条件 $|a|^2 + |b|^2 = 1$。正是量子比特的这一性质，构成了量子信息并行处理的基础。

(二)量子态不可克隆定理

所谓克隆指的是原来的量子态不被破坏，而在另一个系统中产生一个完全相同的量子态。

定理 1　假设 $|\alpha\rangle$ 和 $|\beta\rangle$ 是两个不同的非正交态，则不存在一个物理过程可以作出二者的完全拷贝。

证明(反证法)：假设存在一个物理过程，能够作出二者的完全拷贝，即存在一个幺正算符 U，使得

$$U(|\alpha\rangle|0\rangle) = |\alpha\rangle|\alpha\rangle, \quad U(|\beta\rangle|0\rangle) = |\beta\rangle|\beta\rangle \tag{2-406}$$

求二者的内积得

$$\langle 0|\langle\alpha|U^+U(|\beta\rangle|0\rangle) = \langle\alpha|\langle\alpha|\beta\rangle|\beta\rangle \tag{2-407}$$

即有

$$\langle\alpha|\beta\rangle = (\langle\alpha|\beta\rangle)^2, \quad \langle\alpha|\beta\rangle(\langle\alpha|\beta\rangle - 1) = 0 \tag{2-408}$$

上式的解为 $\langle\alpha|\beta\rangle = 0$ 和 $\langle\alpha|\beta\rangle = 1$，前者表示两个态正交，后者表示两个态相同，均与定理的假设相矛盾，故定理得证。

定理 2　一个未知的量子态不能够被完全拷贝。

证明(反证法)：假设 $|\alpha\rangle$ 是一个未知的量子态，有一个物理过程可以完全拷贝它，即有

$$U(|\alpha\rangle|0\rangle) = |\alpha\rangle|\alpha\rangle \tag{2-409}$$

同理，对另外一个未知的量子态 $|\beta\rangle \neq |\alpha\rangle$，也应该有

$$U(|\beta\rangle|0\rangle) = |\beta\rangle|\beta\rangle \tag{2-410}$$

则对于量子态 $|\gamma\rangle = |\alpha\rangle + |\beta\rangle$，有

$$U(|\gamma\rangle|0\rangle) = U[(|\alpha\rangle + |\beta\rangle)]|0\rangle = |\alpha\rangle|\alpha\rangle + |\beta\rangle|\beta\rangle \tag{2-411}$$

另一方面，

$$\begin{aligned}|\gamma\rangle|\gamma\rangle &= (|\alpha\rangle+|\beta\rangle)(|\alpha\rangle+|\beta\rangle) \\ &= |\alpha\rangle|\alpha\rangle+|\alpha\rangle|\beta\rangle+|\beta\rangle|\alpha\rangle+|\beta\rangle|\beta\rangle\end{aligned} \tag{2-412}$$

可见

$$U(|\gamma\rangle|0\rangle)\neq|\gamma\rangle|\gamma\rangle \tag{2-413}$$

即该物理过程不能够完全拷贝 $|\gamma\rangle$。由于 $|\alpha\rangle$ 和 $|\beta\rangle$ 都是未知的量子态，因此 $|\gamma\rangle$ 也是未知的量子态。这表明，这样的物理过程是不存在的，定理得证。

量子态不可克隆定理保证了信息传输的安全性。假设信息的发送者和接收者分别为 A(Alice)和 B(Bob)，窃听者为 E(Eve)。如果量子态可以被克隆，则当发送者给接收者发送信息时，窃听者可以在途中截取信息，进行拷贝，并将一份拷贝发送给接收者，从而合法的通信双方就不能发现窃听者的存在。

保证信息传输安全性的另一个物理原理是人们熟知的海森堡不确定度关系。设 A 和 B 是彼此不对易(即 $[A,B]\neq 0$)的一对共轭物理量(例如坐标和动量)，则海森堡不确定度关系指出，A 和 B 的不确定度服从下列关系：

$$(\Delta A)(\Delta B)\geqslant\frac{1}{2}|\langle[A,B]\rangle| \tag{2-414}$$

式中，$(\Delta Q)\equiv\sqrt{\langle Q^2\rangle-\langle Q\rangle^2}$ $(Q=A,B)$ 表示物理量 Q 的不确定度。不确定度关系告诉我们，对一个物理量的测量，将不可避免地影响到与其共轭的物理量。若想要提高对一个物理量的测量精度，则必然使其共轭物理量的不确定度增大。在通信问题中，窃听者截取信息的过程实质上是对某一个物理量进行测量的过程，对这个物理量进行测量将使得其共轭物理量的不确定度增大，从而使合法的通信双方发现窃听者的存在。

(三)Bell 态(或称 Bell 基)

考虑由两个量子比特 A 和 B 组成的复合系统，它们可以处于直积态 $|0,0\rangle\equiv|0\rangle_A|0\rangle_B$，$|0,1\rangle\equiv|0\rangle_A|1\rangle_B$，$|1,0\rangle\equiv|1\rangle_A|0\rangle_B$，$|1,1\rangle\equiv|1\rangle_A|1\rangle_B$，也可以处于这些直积态的线性叠加态：

$$|\varphi^{\pm}\rangle=\frac{1}{\sqrt{2}}(|0,0\rangle\pm|1,1\rangle) \tag{2-415}$$

$$|\Psi^{\pm}\rangle=\frac{1}{\sqrt{2}}(|0,1\rangle\pm|1,0\rangle) \tag{2-416}$$

由(2-415)式和(2-416)式表示的量子态称为 Bell 态(也称 Bell 基)，它们是纠缠态。Bell 态也称为 EPR 态，处于 EPR 态的两个量子比特称为 EPR 对。Bell 态在量子信息科学中有着非常重要的意义。下面两小节介绍两个典型的例子。

二、量子通信

(一)量子密集编码

量子密集编码指的是，通过传输一个量子比特而传输两个比特的经典信息。方案如下：

1)制备 EPR 对。例如

$$|\varphi^{+}\rangle=\frac{1}{\sqrt{2}}(|0,0\rangle+|1,1\rangle) \tag{2-417}$$

并将其中一个量子比特(例如粒子 A)发送给 Alice，另外一个量子比特(例如粒子 B)发送给 Bob。

2)Alice 对她的粒子 A 可进行 4 种可能的操作(编码过程)：$I^{(A)}$，$\sigma_x^{(A)}$，$\sigma_y^{(A)}$，$\sigma_z^{(A)}$，其中 I 表示恒等操作，$\sigma_i(i=x,y,z)$ 具有 Pauli 算符的性质(关于 Pauli 算符及其性质可参阅附录 B)。注意：

$$I^{(A)}|\varphi^{+}\rangle=|\varphi^{+}\rangle,\quad \sigma_x^{(A)}|\varphi^{+}\rangle=|\Psi^{+}\rangle \tag{2-418}$$

$$\sigma_y^{(A)}|\varphi^{+}\rangle=-\mathrm{i}|\Psi^{-}\rangle,\quad \sigma_z^{(A)}|\varphi^{+}\rangle=|\varphi^{-}\rangle \tag{2-419}$$

3)Alice 把粒子 A 发送给 Bob。

4)Bob 对粒子 A 和粒子 B 进行 Bell 基测量,即可以区别不同 Bell 态的测量(解码过程),从而就知道 Alice 进行了哪一种操作。

由于 Alice 的 4 种可能操作对应 2 个比特的经典信息,因此该方案通过传输 1 个量子比特而传输了 2 个比特的经典信息。

(二)量子隐形传态

量子隐形传态指的是,不传输粒子而把其量子态从发送者传给接收者,在这个过程中,这个粒子的状态将发生变化(从而不违背量子态不可克隆定理)。方案如下:

1)设最初 Alice 拥有一个粒子(粒子 1),这个粒子处于未知量子态:

$$|\Psi\rangle_1 = a|0\rangle_1 + b|1\rangle_1 \tag{2-420}$$

2)制备粒子 2 和粒子 3 处于 EPR 态,例如

$$|\Psi^-\rangle_{23} = \frac{1}{\sqrt{2}}(|0,1\rangle_{23} - |1,0\rangle_{23}) \tag{2-421}$$

并将粒子 2 发送给 Alice,将粒子 3 发送给 Bob。于是,三粒子复合系统的总状态为

$$\begin{aligned}|\Psi\rangle_{123} &= |\varphi\rangle_1 |\Psi^-\rangle_{23} \\ &= (a|0\rangle_1 + b|1\rangle_1)\frac{1}{\sqrt{2}}(|0,1\rangle_{23} - |1,0\rangle_{23}) \\ &= \frac{1}{\sqrt{2}}(a|0,0\rangle_{12}|1\rangle_3 - a|0,1\rangle_{12}|0\rangle_3 + b|1,0\rangle_{12}|1\rangle_3 - b|1,1\rangle_{12}|0\rangle_3)\end{aligned} \tag{2-422}$$

利用 Bell 态的逆变换

$$\left.\begin{aligned}|0,0\rangle &= \frac{1}{\sqrt{2}}(|\varphi^+\rangle + |\varphi^-\rangle), \ |1,1\rangle = \frac{1}{\sqrt{2}}(|\varphi^+\rangle - |\varphi^-\rangle) \\ |0,1\rangle &= \frac{1}{\sqrt{2}}(|\Psi^+\rangle + |\Psi^-\rangle), \ |1,0\rangle = \frac{1}{\sqrt{2}}(|\Psi^+\rangle - |\Psi^-\rangle)\end{aligned}\right\} \tag{2-423}$$

则有

$$\begin{aligned}|\Psi\rangle_{123} = &\frac{1}{2}[|\Psi^-\rangle_{12}(-a|0\rangle_3 - b|1\rangle_3) + |\Psi^+\rangle_{12}(-a|0\rangle_3 + b|1\rangle_3)] + \\ &\frac{1}{2}[|\varphi^-\rangle_{12}(b|0\rangle_3 + a|1\rangle_3) + |\varphi^+\rangle_{12}(-b|0\rangle_3 + a|1\rangle_3)]\end{aligned} \tag{2-424}$$

3)Alice 对粒子 1 和粒子 2 进行 Bell 基测量,测得每个 Bell 基的概率均为 1/4。由上式可知,当 Alice 测到某个 Bell 基时,Bob 处的粒子(粒子 3)的状态就完全确定了。可见,粒子 3 现在的状态由粒子 1 原来的状态经由某种幺正变换而来(而粒子 1 现在与粒子 2 处于某种纠缠态)。例如,若测得粒子 1 和粒子 2 处于纠缠态 $|\varphi^-\rangle_{12}$,则粒子 3 相应地处于量子态 $(b|0\rangle_3 + a|1\rangle_3)$,通过对它进行幺正操作 $\sigma_x^{(3)}$,则得 $\sigma_x^{(3)}(b|0\rangle_3 + a|1\rangle_3) = (a|0\rangle_3 + b|1\rangle_3)$,即经过幺正操作,粒子 3 现在处于粒子 1 原来的状态。

4)Alice 经由经典信道(例如电话)把她的测量结果告诉 Bob,Bob 只需对粒子 3 的状态进行相应的幺正操作就可使粒子 3 处于粒子 1 原来的状态。从效果上来讲,这等同于将量子态从 Alice 处的粒子 1 传给了 Bob 处的粒子 3。

值得再次说明的是:①在整个过程中,粒子 1 始终处于 Alice 处,而粒子 3 始终处于 Bob 处;②过程的结果是,粒子 3 获得了粒子 1 原来的状态,而粒子 1 与粒子 2 处于某种量子纠缠态,从而不违背量子态不可克隆定理。

(三)量子密钥分发

保密通信的一般过程是,信息的发送者(设为 Alice)利用密钥对想要传递的信息(明文)进行加密(成为密文),然后通过信道传递给信息的接收者(设为 Bob),Bob 利用与 Alice 同样的密钥对密文进行解密,从而获得所传递的信息。但问题是,Alice 怎样将密钥安全地传递给 Bob。传递密钥的问题称为密钥分发。因

此，密钥分发是保密通信中的一个核心问题。传统的密钥分发的安全性基于一些数学上难解（而非原则上不可解）的问题（如大数分解）。但是，随着将来量子计算机的出现，这些数学上难解的问题将不再难解，从而传统的密钥分发将不再安全。这就要求人们去寻找新的方法以保证密钥分发的安全性。幸运的是，量子力学的基本原理提供了这种可能性，这就是量子密钥分发。量子密钥分发的安全性受到量子力学基本原理的保证，因此原则上是绝对安全的。

几种典型的量子密钥分发协议包括 BB84 协议、B92 协议和 EPR 协议（或 Ekert 协议）。其中 BB84 协议和 B92 协议均依赖于发送和探测单个光子的状态，而 Ekert 协议则利用纠缠光子对。下面分别予以介绍。

1. BB84 协议

Bennett 和 Brassard 在 1984 年提出了第一个量子密钥分发协议，现称为 BB84 协议。为了叙述方便，我们假设所用的量子比特是光子。该协议如下：

1）Alice 随机地把一系列光子编码于下面四个量子态，并将其发送给 Bob。

$$0 \rightarrow |\updownarrow\rangle,\ 1 \rightarrow |\leftrightarrow\rangle \tag{2-425}$$

$$0 \rightarrow |\nearrow\rangle,\ 1 \rightarrow |\searrow\rangle \tag{2-426}$$

式中，$|\updownarrow\rangle$ 表示垂直偏振态，$|\leftrightarrow\rangle$ 表示水平偏振态，$|\nearrow\rangle$ 表示 $+45°$ 偏振态，$|\searrow\rangle$ 表示 $-45°$ 偏振态。$0 \rightarrow |\updownarrow\rangle$ 表示将比特 0 编码于量子态 $|\updownarrow\rangle$，其他类推。例如，把一系列光子编码于量子态 $|\updownarrow\rangle|\nearrow\rangle|\searrow\rangle|\leftrightarrow\rangle|\nearrow\rangle$ 表示比特串 00110。注意，(2-425)式的两个量子态构成一组正交完备基，称为 $\oplus$ 基；(2-426)式的两个量子态构成另一组正交完备基，称为 $\otimes$ 基。而 $\oplus$ 基和 $\otimes$ 基中的量子态是非正交的。

2）Bob 随机地采用 $\oplus$ 基和 $\otimes$ 基对这些光子进行测量。显然，对某个光子，若 Bob 的测量基碰巧与 Alice 的编码基相同（其概率为 50%），则 Bob 测量到的量子态将与 Alice 发送的量子态相同；反之，若 Bob 的测量基与 Alice 的编码基不同，则 Bob 测量到的量子态将与 Alice 发送的量子态不同。

3）在测量完成后，Alice 和 Bob 通过公开信道比较他们的编码基和测量基（但不公开编码的态和测量到的态），然后两人都只保留他们采用了相同基的那些光子的信息，于是就得到一个较短的比特串（约为总比特串长度的 50%）。这个比特串就构成 Alice 和 Bob 的原始共享资料。如果不存在窃听者，则这个比特串就可作为 Alice 和 Bob 的共享密钥。

4）现在考虑窃听者 Eve 存在的情况。由于在 Alice 和 Bob 通过公开信道交换信息之前，对任意的光子，Eve 并不知道 Alice 编码时所采用的基，因此她只能靠猜测，或者采用 $\oplus$ 基，或者采用 $\otimes$ 基对所传递的光子进行测量。如果她的测量基碰巧与 Alice 的编码基相同，则她通过"先截取－再发送"的方式传给 Bob 的信息与 Alice 想要传给 Bob 的信息相同，从而 Bob 将不会发现 Eve 的存在（这里我们假设 Eve 的窃听技术非常高明，可以采用非破坏性测量）。但若 Eve 采用的测量基与 Alice 采用的编码基不同，则她通过"先截取－再发送"的方式传给 Bob 的信息将会不同于 Alice 想要传给 Bob 的信息。

5）为了判断是否有窃听者存在，Alice 和 Bob 从他们的原始共享资料中拿出一部分进行公开比较，通过检测误码率的大小就可以判断是否有窃听者存在。如果误码率较小，他们可以对剩余的共享资料进行"保密增强"而得到一个安全的共享密钥。反之，如果误码率太大，表明被严重窃听，他们可宣告这次密钥分发失败。

BB84 协议可以用图 2-18 来概括。

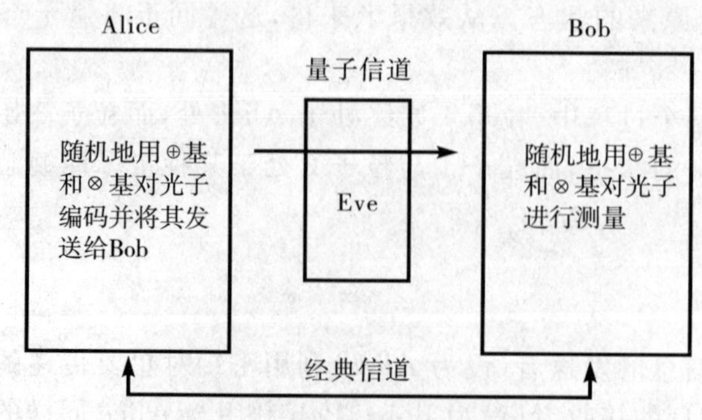

图 2-18　BB84 协议示意图

2. B92 协议

量子密钥分发协议的 BB84 协议后来被推广到其他基或其他态的情况，其中之一是 Bennett 在 1992 年提出的，称为 B92 协议。这个协议只用到两个非正交态：$|u_0\rangle$ 和 $|u_1\rangle$。定义两个投影算符：

$$P_0 = 1 - |u_1\rangle\langle u_1|,\quad P_1 = 1 - |u_0\rangle\langle u_0| \tag{2-427}$$

它们具有下列性质：

$$\left.\begin{aligned}\langle u_1|P_0|u_1\rangle = 0,\quad \langle u_0|P_0|u_0\rangle = 1 - |\langle u_0|u_1\rangle|^2 > 0\\ \langle u_0|P_1|u_0\rangle = 0,\quad \langle u_1|P_1|u_1\rangle = 1 - |\langle u_0|u_1\rangle|^2 > 0\end{aligned}\right\} \tag{2-428}$$

B92 协议可叙述如下：

1)Alice 随机地对一串量子比特进行编码，用 $|u_0\rangle$ 表示比特 0，用 $|u_1\rangle$ 表示比特 1，并将其发送给 Bob。

2)Bob 随机地用 P_0 和 P_1 对这串量子比特进行测量。如果不存在窃听者，利用(2-428)式可知，仅当 Alice 发送 $|u_0\rangle$($|u_1\rangle$)，而 Bob 进行 P_0(P_1)测量时，才能得到非零的测量结果。

3)Bob 通过公开信道告诉 Alice，对哪些量子比特，他得到了非零的测量结果(不告诉进行了哪种测量)。

4)Alice 和 Bob 两人都只保留这些非零测量结果对应的量子比特的信息。这样就得到了一个比特串，这个比特串就构成 Alice 和 Bob 的原始共享资料。

5)判断窃听者是否存在，进而获得共享密钥的过程与 BB84 协议类似。

B92 协议可以用图 2-19 来概括。

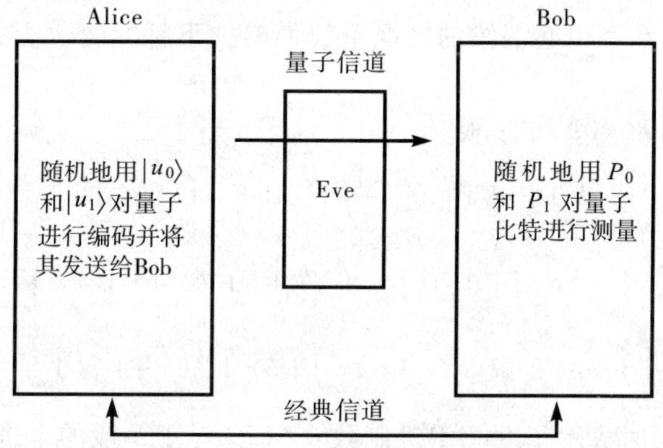

图 2-19　B92 协议示意图

3. EPR 协议

上面介绍的 BB84 协议和 B92 协议均依赖于发送和探测单个光子的状态。1991 年 Ekert 提出了另一种协议，该协议要用到 EPR 纠缠光子对，故称为 EPR 协议或 Ekert 协议。该协议可简单描述如下：

光子源产生纠缠光子对(例如偏振纠缠)，其中一个光子发送给 Alice，另一个光子发送给 Bob。假设 Alice和 Bob 共享 n 个处于下列纠缠态的光子对：

$$|\Psi\rangle = \frac{1}{\sqrt{2}}(|\uparrow\rangle_A|\uparrow\rangle_B + |\downarrow\rangle_A|\downarrow\rangle_B)$$

Alice 和 Bob 各自独立地、随机地用 $\oplus$ 基或 $\otimes$ 基对各自的光子进行测量，并记下测量结果。Alice 和 Bob 通过公开信道比较彼此的测量基，然后只保留他们采用了相同基的那些测量结果，这些测量结果就构成他们的原始共享资料。判断窃听者是否存在，进而获得共享密钥的过程与 BB84 协议类似。

从上面介绍的三种具体的量子密钥分发协议可以看出，量子密钥分发过程实际上是量子密钥产生过程，这是因为在此过程之前，通信双方(Alice 和 Bob)都不拥有密钥，只是在此过程完成之后，通信双方才拥有了共享密钥。

三、量子计算

(一)量子寄存器

前面介绍了量子密集编码、量子远程传态和量子密钥分发,都涉及信息的传输,可以统一归于量子通信。量子信息科学中的另一大类可归于量子计算。这里介绍量子计算方面的一些基本问题。下面首先介绍量子寄存器。

我们仍用所谓的计算基 $|0\rangle$ 和 $|1\rangle$ 表示量子比特,单个量子比特的纯态可以一般地表示为

$$|\Psi\rangle = c_0|0\rangle + c_1|1\rangle \tag{2-429}$$

式中,$|c_0|^2+|c_1|^2=1$。一个量子寄存器是一些(N个)量子比特的集合。例如,如下形式由3个量子比特构成的寄存器可以表示十进制的数字5:

$$|1\rangle\otimes|0\rangle\otimes|1\rangle \equiv |101\rangle = |5\rangle \tag{2-430}$$

如果第一个量子比特处于所谓的平衡叠加态 $(|0\rangle+|1\rangle)/\sqrt{2}$,则有

$$\begin{aligned}\frac{1}{\sqrt{2}}(|0\rangle+|1\rangle)\otimes|0\rangle\otimes|1\rangle &= \frac{1}{\sqrt{2}}(|001\rangle+|101\rangle)\\ &= \frac{1}{\sqrt{2}}(|1_{10}\rangle+|5_{10}\rangle)\end{aligned} \tag{2-431}$$

式中,x_{10}表示十进制的数 x,在不引起混淆的情况下我们略去下标"10"。上式表明,这个3-量子比特寄存器同时表示了十进制的数字1和5。

如果3个量子比特均处于平衡叠加态,则有

$$\begin{aligned}&\frac{1}{\sqrt{2}}(|0\rangle+|1\rangle)\otimes\frac{1}{\sqrt{2}}(|0\rangle+|1\rangle)\otimes\frac{1}{\sqrt{2}}(|0\rangle+|1\rangle)\\ &=\frac{1}{2^{3/2}}(|000\rangle+|001\rangle+|010\rangle+|011\rangle+|100\rangle+|101\rangle+|110\rangle+|111\rangle)\\ &=\frac{1}{2^{3/2}}(|0\rangle+|1\rangle+|2\rangle+|3\rangle+|4\rangle+|5\rangle+|6\rangle+|7\rangle)\end{aligned} \tag{2-432}$$

于是这个3-量子比特寄存器同时表示了8个十进制数0～7。对于一般的十进制的数

$$a = a_0 2^0 + a_1 2^1 + a_2 2^2 + \cdots + a_{N-1}2^{N-1} \tag{2-433}$$

记

$$|a\rangle = |a_{N-1}\rangle\otimes|a_{N-2}\rangle\otimes\cdots\otimes|a_1\rangle\otimes|a_0\rangle = |a_{N-1}a_{N-2}\cdots a_1 a_0\rangle \tag{2-434}$$

则最一般的N-量子比特寄存器的状态为

$$|\Psi_N\rangle = \sum_{a=0}^{2^N-1} c_a|a\rangle \tag{2-435}$$

它同时表示了2^N个十进制数字$0\sim(2^N-1)$。对这个量子态进行操作就同时对2^N个数进行了操作,这构成了量子并行计算的基础。

(二)量子逻辑门

众所周知,经典逻辑门把输入数据变换成输出数据。与此类似,量子逻辑门把输入量子态变换成输出量子态,不同的功能要求不同的逻辑门。经典逻辑门可以是可逆的,也可以是不可逆的。与此不同,由于量子态的演化必须是幺正的,因此,相应的量子逻辑门必须是可逆的。研究表明,任意的量子逻辑操作都可以用由几个单量子比特逻辑门和双量子比特受控非门构成的一组所谓的通用逻辑门组来实现。下面介绍几个常用的单量子比特逻辑门和双量子比特受控非门。

1. 单量子比特逻辑门

一个单量子比特逻辑(简称一位门)门U在电路中用下图表示:

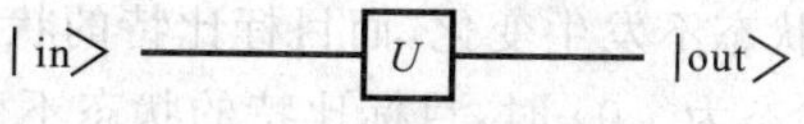

$|\text{in}\rangle$ —[U]— $|\text{out}\rangle$

图 2-20　单量子比特 U 门

图中，$|\text{in}\rangle$和$|\text{out}\rangle$分别表示输入态和输出态。现将几个常见的单量子比特门介绍如下：

(1)量子非门 X

能完成下列功能的逻辑门 X 称为量子非门：

$$\left.\begin{aligned} X\mid 0\rangle &= \mid 1\rangle \\ X\mid 1\rangle &= \mid 0\rangle \end{aligned}\right\} \tag{2-436}$$

显然，X 可表示成

$$X = \mid 0\rangle\langle 1\mid + \mid 1\rangle\langle 0\mid = \begin{pmatrix} 0 & 1 \\ 1 & 0 \end{pmatrix} \tag{2-437}$$

它具有 Pauli 矩阵 σ_x 的形式和性质。由前面的讨论可知，对由两能级原子构成的量子比特，一个经典的 π 脉冲就可以实现量子非门的功能。

(2)量子相位门 $P(\theta)$

量子相位门 $P(\theta)$ 具有下列功能：

$$\left.\begin{aligned} P(\theta)\mid 0\rangle &= \mid 0\rangle \\ P(\theta)\mid 1\rangle &= \mathrm{e}^{\mathrm{i}\theta}\mid 1\rangle \end{aligned}\right\} \tag{2-438}$$

上式也可以统一写成

$$P(\theta)\mid x\rangle = \mathrm{e}^{\mathrm{i}x\theta}\mid x\rangle \tag{2-439}$$

式中，$x\in\{0,1\}$。显然，$P(\theta)$ 可表示成

$$P(\theta) = \mid 0\rangle\langle 0\mid + \mathrm{e}^{\mathrm{i}\theta}\mid 1\rangle\langle 1\mid = \begin{pmatrix} 1 & 0 \\ 0 & \mathrm{e}^{\mathrm{i}\theta} \end{pmatrix} \tag{2-440}$$

注意到，$P(\pi) = \begin{pmatrix} 1 & 0 \\ 0 & -1 \end{pmatrix} \equiv Z$，它具有 Pauli 矩阵 σ_z 的形式和性质。由前面的讨论可知，两能级原子与真空电磁场的色散相互作用可以实现量子相位门的功能。

(3)Hadamard 门 H

Hadamard 门 H 具有下列功能：

$$\left.\begin{aligned} H\mid 0\rangle &= \frac{1}{\sqrt{2}}(\mid 0\rangle + \mid 1\rangle) \\ H\mid 1\rangle &= \frac{1}{\sqrt{2}}(\mid 0\rangle - \mid 1\rangle) \end{aligned}\right\} \tag{2-441}$$

即 Hadamard 门把一个计算基变成两个计算基的叠加态。上式也可以统一写成

$$H\mid x\rangle = \frac{1}{\sqrt{2}}[(-1)^x\mid x\rangle + \mid 1-x\rangle] \tag{2-442}$$

不难看出，H 可表示成

$$\begin{aligned} H &= \frac{1}{\sqrt{2}}(X+Z) = \frac{1}{\sqrt{2}}\begin{pmatrix} 1 & 1 \\ 1 & -1 \end{pmatrix} \\ &= \frac{1}{\sqrt{2}}(\mid 0\rangle\langle 0\mid + \mid 0\rangle\langle 1\mid + \mid 1\rangle\langle 0\mid - \mid 1\rangle\langle 1\mid) \end{aligned} \tag{2-443}$$

由前面的讨论可知，对由两能级原子构成的量子比特，一个经典的 $\pi/2$ 脉冲就可以实现 Hadamard 门的功能。

2. 双量子比特逻辑门(简称二位门)

(1)受控非门 $U_{\text{C-NOT}}$

受控非门是由两个量子比特组成的逻辑门，其中一个量子比特称为目标比特，另一个量子比特称为控制

比特。在量子操作前后，控制比特的状态不发生变化，而目标比特的状态是否发生变化由控制比特的状态所决定。这里我们假设当控制比特的状态为 $|0\rangle$ 时，目标比特的状态不变，而当控制比特的状态为 $|1\rangle$ 时，目标比特的状态发生变化，即有

$$U_{\text{C-NOT}}\,|x\rangle\,|y\rangle = |x\rangle\,|\,\text{mod}_2\,(x+y)\rangle \tag{2-444}$$

式中，第一个态矢 $|x\rangle$ 表示控制比特的状态，第二个态矢 $|y\rangle$ 表示目标比特的状态，$(x,y)\in\{0,1\}$。受控非门 $U_{\text{C-NOT}}$ 在电路中用图 2-21 表示。

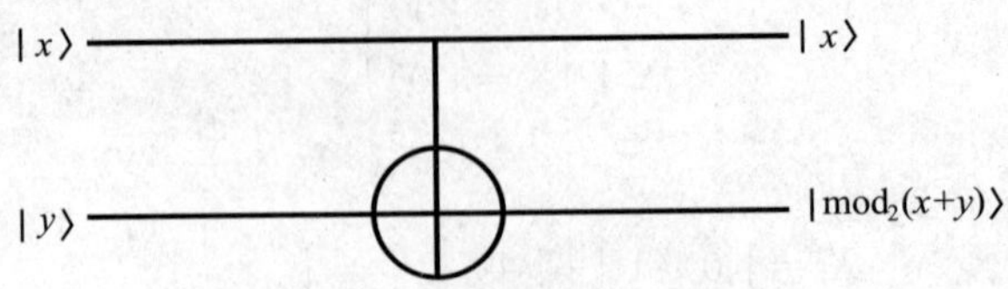

图 2-21　受控非门 $U_{\text{C-NOT}}$

若我们先给控制比特的状态 $|0\rangle$ 作用 Hadamard 门 H，使其变为叠加态 $H|0\rangle=(|0\rangle+|1\rangle)/\sqrt{2}$，然后对控制比特和目标比特共同作用受控非门 $U_{\text{C-NOT}}$，则可产生如下的纠缠态：

$$\left.\begin{aligned} U_{\text{C-NOT}}(H\,|0\rangle)\,|0\rangle &= U_{\text{C-NOT}}\frac{1}{\sqrt{2}}(|0\rangle+|1\rangle)\,|0\rangle = \frac{1}{\sqrt{2}}(|00\rangle+|11\rangle) \\ U_{\text{C-NOT}}(H\,|0\rangle)\,|1\rangle &= U_{\text{C-NOT}}\frac{1}{\sqrt{2}}(|0\rangle+|1\rangle)\,|1\rangle = \frac{1}{\sqrt{2}}(|01\rangle+|10\rangle) \end{aligned}\right\} \tag{2-445}$$

(2)受控相位门 $U_{\text{C-P}}$

受控相位门 $U_{\text{C-P}}$ 的功能可用下式表示：

$$U_{\text{C-P}}\,|x\rangle\,|y\rangle = \mathrm{e}^{\mathrm{i}xy\theta}\,|x\rangle\,|y\rangle \tag{2-446}$$

显然，仅当 $x=y=1$ 时才出现相位因子 $\mathrm{e}^{\mathrm{i}\theta}$。

(三)量子算法

量子计算中的另一个重要问题是量子算法。典型的量子算法有 Deutsch 算法、Deutsch-Jozsa 算法、Shor 的大数分解算法以及 Grover 搜索算法。这里我们只介绍最简单的 Deutsch 算法。

考虑一个函数 $f:\{0,1\}\rightarrow\{0,1\}$，它只有 4 种可能的取值：$f(0)=0, f(0)=1, f(1)=0, f(1)=1$。希望只用一次测量，就可以确定这个函数是否是常数，即 $f(0)=f(1)$ 还是 $f(0)\neq f(1)$。

设用 $|x\rangle$ 表示输入量子比特，用 $|y\rangle$ 表示计算机硬件的量子比特。首先将这两个量子比特制备在下列直积态：

$$\begin{aligned} |\Psi_{\text{in}}\rangle &= |x\rangle\,|y\rangle = \frac{1}{\sqrt{2}}(|0\rangle+|1\rangle)\frac{1}{\sqrt{2}}(|0\rangle-|1\rangle) \\ &= \frac{1}{2}(|0\rangle\,|0\rangle-|0\rangle\,|1\rangle+|1\rangle\,|0\rangle-|1\rangle\,|1\rangle) \end{aligned} \tag{2-447}$$

然后要求计算机实现下列变换：

$$|x\rangle\,|y\rangle \rightarrow |x\rangle\,|\,\text{mod}_2\,(y+f(x))\rangle \tag{2-448}$$

则有

$$\begin{aligned} |\Psi_{\text{out}}\rangle &= \frac{1}{2}(|0\rangle\,|f(0)\rangle-|0\rangle\,|\overline{f(0)}\rangle+|1\rangle\,|f(1)\rangle-|1\rangle\,|\overline{f(1)}\rangle) \\ &= \frac{1}{2}[\,|0\rangle(|f(0)\rangle-|\overline{f(0)}\rangle)+|1\rangle(|f(1)\rangle-|\overline{f(1)}\rangle)] \end{aligned} \tag{2-449}$$

式中，数字上面的一横表示取逆，即 $\bar{0}=1, \bar{1}=0$。如果函数 f 是常数，即 $f(0)=f(1)$，则有

$$|\Psi_{\text{out}}\rangle_{\text{const}} = \frac{1}{2}(|0\rangle+|1\rangle)(|f(0)\rangle-|\overline{f(0)}\rangle)$$

$$\equiv|+\rangle\frac{1}{\sqrt{2}}(|f(0)\rangle-|\overline{f(0)}\rangle) \tag{2-450}$$

如果函数 f 不是常数,即 $f(0)\neq f(1)$,或 $f(0)=\overline{f(1)}$,则有

$$|\Psi_{\text{out}}\rangle_{\text{non-const}}=\frac{1}{2}(|0\rangle-|1\rangle)(|f(0)\rangle-|\overline{f(0)}\rangle)$$

$$\equiv|-\rangle\frac{1}{\sqrt{2}}(|f(0)\rangle-|\overline{f(0)}\rangle) \tag{2-451}$$

注意到 $|+\rangle$ 和 $|-\rangle$ 是正交的,因此只需对第一个量子比特进行一次测量就可确定函数 f 是否是常数。

(四)用量子光学方法实现若干量子逻辑门

上面我们提到,若将量子比特取为二能级原子,则利用其与电磁场(经典的或量子的)的相互作用,可以实现量子非门 X、量子相位门 $P(\theta)$ 以及 Hadamard 门 H。这里我们考虑利用全光学的方法实现几种量子逻辑门。

1. 用光学分束器实现 Hadamard 门

如图 2-22 所示,设分束器的两个输入模分别用 a 和 b 表示,两个输出模分别用 a' 和 b' 表示,分束器是 50∶50 的,则有

$$a'=\frac{1}{\sqrt{2}}(a+b),\ b'=\frac{1}{\sqrt{2}}(a-b) \tag{2-452}$$

其逆变换为

$$a=\frac{1}{\sqrt{2}}(a'+b'),\ b=\frac{1}{\sqrt{2}}(a'-b') \tag{2-453}$$

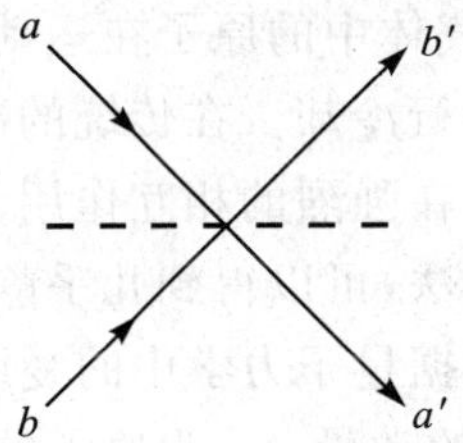

图 2-22 用光学分束器实现 Hadamard 门

这里我们采用计算基的所谓"双轨"形式,即令计算基 $|0\rangle\equiv|1\rangle_a|0\rangle_b$ 表示模 a 处于单光子态而模 b 处于真空态,计算基 $|1\rangle\equiv|0\rangle_a|1\rangle_b$ 表示模 a 处于真空态而模 b 处于单光子态。注意,在这里两个场模构成一个量子比特。分束器具有下列逻辑功能:

$$|0\rangle\equiv|1\rangle_a|0\rangle_b=a^+|0\rangle_a|0\rangle_b$$

$$\Rightarrow\frac{1}{\sqrt{2}}(a'^++b'^+)|0\rangle_{a'}|0\rangle_{b'}=\frac{1}{\sqrt{2}}(|1\rangle_{a'}|0\rangle_{b'}+|0\rangle_{a'}|1\rangle_{b'})=\frac{1}{\sqrt{2}}(|0\rangle+|1\rangle) \tag{2-454}$$

$$|1\rangle\equiv|0\rangle_a|1\rangle_b=b^+|0\rangle_a|0\rangle_b$$

$$\Rightarrow\frac{1}{\sqrt{2}}(a'^+-b'^+)|0\rangle_{a'}|0\rangle_{b'}=\frac{1}{\sqrt{2}}(|1\rangle_{a'}|0\rangle_{b'}-|0\rangle_{a'}|1\rangle_{b'})=\frac{1}{\sqrt{2}}(|0\rangle-|1\rangle) \tag{2-455}$$

若用 U_{BS} 表示分束器的逻辑操作,则上面两式可分别表示为

$$\left.\begin{aligned}U_{\text{BS}}|0\rangle&=\frac{1}{\sqrt{2}}(|0\rangle+|1\rangle)\\U_{\text{BS}}|1\rangle&=\frac{1}{\sqrt{2}}(|0\rangle-|1\rangle)\end{aligned}\right\} \tag{2-456}$$

可见,分束器操作 U_{BS} 具有 Hadamard 门 H 的功能。

2. 用光学移相器实现量子相位门 $P(\theta)$

如图 2-23 所示,在光束 b 的路径上插入一个光学移相器 θ,其算符为 $P(\theta)=e^{i\theta b^+b}$,就可实现量子相位门。

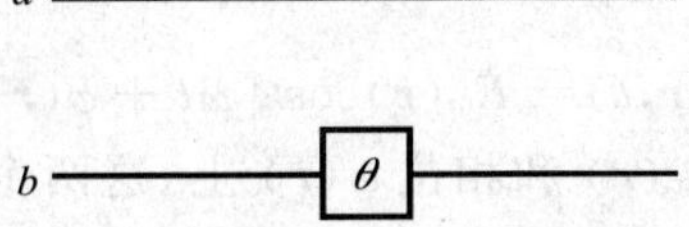

图 2-23 用光学移相器实现量子相位门 $P(\theta)$

$$P(\theta)\mid 0\rangle = e^{i\theta b^{+}b}\mid 1\rangle_a \mid 0\rangle_b = \mid 1\rangle_a \mid 0\rangle_b = \mid 0\rangle \tag{2-457}$$

$$P(\theta)\mid 1\rangle = e^{i\theta b^{+}b}\mid 0\rangle_a \mid 1\rangle_b = e^{i\theta}\mid 0\rangle_a \mid 1\rangle_b = e^{i\theta}\mid 1\rangle \tag{2-458}$$

事实上，利用量子光学方法已实现了多种量子门，有兴趣的读者可参阅有关参考文献。

第九节 冷原子物理

冷原子物理是基于用激光冷却和囚禁原子而发展起来的一门新兴学科，其研究涉及原子质心运动的波动性，即量子性[54]。

物理学的基本任务是研究物质的各种性质(运动、结构及其变化)。而要进行研究，就需要对研究对象进行观察和测量。特别是，要研究原子、离子、分子等(下面统称“原子”)的性质，理想的情况应该是：①原子处于静止状态，以便对其进行仔细观测；②原子处于“孤立”状态，即不受其他原子的影响。然而自然存在的情况并非如此。由气体分子运动论我们知道，一般情况下气体中的原子在做高速运动，运动的剧烈程度与温度密切相关。具体来说，原子运动的平均动能正比于温度：$\overline{E}_k \propto T$ ($\overline{E}_k$ 为平均动能，T 为热力学温度)；另一方面，气体中的原子在运动过程中会不断发生碰撞，即原子不是孤立的。为了使原子慢下来，就需要对原子系统进行冷却。在传统的冷却过程中，原子系统会发生相变：由气态到液态再到固态，而在液态和固态时原子间存在强烈的相互作用。因此，利用传统的冷却方法不能得到静止的孤立原子。而研究发现，利用激光冷却的方法，可以得到几乎静止的孤立原子。

根据量子力学中的爱因斯坦-德布罗意关系式 $\lambda_{dB} = h/p$(h 为普朗克常数，p 为原子(实际上可以是任意粒子)的动量，λ_{dB} 为原子的物质波波长)，当原子运动得足够慢时，其波动性就充分表现出来了。利用原子的波动性质，可以进行类似于电磁波的实验(例如干涉、衍射等)，从而产生了“atom optics”(一般译为“原子光学”，笔者认为译为“原子波动学”较好)这一新兴学科。

从应用的角度来讲，如果能使原子处于几乎静止的孤立状态，通过对原子性质的精密测量，可以精确地确定基本物理常数，从而大大提高光谱分辨率和基于原子钟的时间频率测量的精密度和准确度。利用原子的波动性，可以研制原子干涉仪、进行原子刻印等。

随着研究工作的不断深入，人们已实现了原子的激光冷却与囚禁，观测到原子的波动性质，实现了早在20世纪20年代就从理论上预言了的玻色-爱因斯坦凝聚(BEC)现象，进一步实现了“atom laser”(一般译为“原子激光(器)”，笔者认为译为“相干原子波激射(器)”较好，类似于传统的激光器是相干电磁波激射器)，观测到相干原子波的四波混频等现象，进而衍生出非线性原子光学(非线性原子波动学)这一类似于传统非线性光学(电磁波)的新兴学科。总而言之，基于原子的激光冷却与囚禁的冷原子物理的研究是一个非常活跃的研究领域，无论在基础研究还是应用研究方面，都具有重要的意义，都取得了重大进展和成果，1997年、2001年和2005年3年的诺贝尔物理学奖授予该研究领域的科学家就充分反映了这一点。

一、光场对原子的作用力

激光冷却与囚禁原子依靠电磁场对原子的机械作用力(辐射压力)，而这种力的本质是电磁相互作用。考虑二能级原子(上能态|e〉，下能态|g〉)与电磁场的相互作用，在电偶极近似下，相互作用能量为

$$V_E(\boldsymbol{r},t) = -\boldsymbol{d}\cdot\boldsymbol{E}(\boldsymbol{r},t) \tag{2-459}$$

式中，$\boldsymbol{d}$ 为原子的电偶极矩。若电磁场具有空间不均匀性，则原子将受到电磁场的作用力

$$\boldsymbol{F} = -\nabla V_E(\boldsymbol{r},t) \tag{2-460}$$

电场的一般形式为

$$\boldsymbol{E}(\boldsymbol{r},t) = \boldsymbol{E}_0(\boldsymbol{r})\cos\left[\omega t + \varphi(\boldsymbol{r})\right] \tag{2-461}$$

即电场随空间位置的变化反映在振幅 $\boldsymbol{E}_0(\boldsymbol{r})$ 和相位 $\varphi(\boldsymbol{r})$ 上，这两个量的空间不均匀性导致光场作用于原子的两种不同性质的力：

$$\boldsymbol{F} = \boldsymbol{F}_1 + \boldsymbol{F}_2 = \frac{\hbar\Omega}{2}\left(v\,\nabla\varphi + u\,\frac{\nabla\Omega}{\Omega}\right) \tag{2-462}$$

式中，$\Omega = \boldsymbol{d}_{eg} \cdot \boldsymbol{E}_0(\boldsymbol{r})/\hbar$ 为拉比频率，$\boldsymbol{d}_{eg}$ 为原子在上下能态之间的电偶极矩矩阵元，v 和 u 均为频率失谐量、拉比频率以及原子激发态寿命的函数。可见，$\boldsymbol{F}_1 \propto \nabla\varphi$（相位梯度），称为散射力；$\boldsymbol{F}_2 \propto \nabla\Omega$（振幅梯度），称为偶极力。

下面讨论两种特殊的电磁场，即行波场和驻波场。

1. 行波场

行波场可表示为

$$\boldsymbol{E}(\boldsymbol{r},t) = \boldsymbol{E}_0 \mathrm{e}^{-\mathrm{i}(\boldsymbol{k}\cdot\boldsymbol{r}-\omega t)} + \mathrm{c.c.} \tag{2-463}$$

式中，$\boldsymbol{k}$ 为波矢量，c. c. 表示复数共轭。对行波场，振幅 $\boldsymbol{E}_0$ 不随空间变化，相位 $\varphi(\boldsymbol{r}) = -\boldsymbol{k}\cdot\boldsymbol{r}$。可以求得在这种情况下原子感受到的辐射力为

$$\boldsymbol{F}_1 = \hbar\boldsymbol{k}\left[\frac{\Gamma}{2}\frac{\Omega^2/2}{\delta^2+\Omega^2/2+(\Gamma/2)^2}\right] \tag{2-464}$$

其中，Γ 为原子上能级的自发辐射速率（$1/\Gamma$ 为原子上能级的寿命），$\delta = \omega - \omega_0 \pm \boldsymbol{k}\cdot\boldsymbol{v}$ 是失谐量，这里 ω_0 是原子的跃迁频率，$\boldsymbol{v}$ 是原子的运动速度，这里考虑了原子以速度 $\boldsymbol{v}$ 运动时的多普勒效应。$\boldsymbol{F}_1$ 的物理意义讨论如下：$\hbar\boldsymbol{k}$ 表示光子的动量，方括号中的因子表示原子在单位时间内吸收的光子数。行波场的光子是完全定向的，原子吸收光子引起其总动量的变化即为原子感受到的辐射力。原子吸收光子后跃迁到激发态，随后自发辐射到基态。自发辐射光子要对原子产生反冲，也会改变原子动量。但自发辐射光子的方向是各向同性的，大量自发辐射光子引起原子总动量的变化为 0。而定向光子产生的原子动量变化可以积累，从而得到可观的辐射力。若原子运动方向与定向光子的运动方向相反，则原子减速。这个力由原子先吸收光子然后自发辐射而形成，即由光子散射过程形成，因此被称为散射力或自发辐射力；该过程引起光场和原子系统能量的耗散，因此又被称为耗散力。

2. 驻波场

驻波场可表示为

$$\boldsymbol{E}(\boldsymbol{r},t) = \boldsymbol{E}_0\cos(\boldsymbol{k}\cdot\boldsymbol{r})\cos(\omega t) \tag{2-465}$$

其相位 $\varphi(\boldsymbol{r}) = 0$，振幅 $\boldsymbol{E}_0(\boldsymbol{r}) = \boldsymbol{E}_0\cos(\boldsymbol{k}\cdot\boldsymbol{r})$ 是随空间位置变化的，这导致拉比频率 $\Omega(\boldsymbol{r}) = \boldsymbol{d}_{ed}\cdot\boldsymbol{E}_0\cos(\boldsymbol{k}\cdot\boldsymbol{r})/\hbar$ 随空间位置变化。可以求得在这种情况下原子感受到的辐射力为

$$\boldsymbol{F}_2 = -\frac{\hbar\delta}{4}\left[\frac{\nabla\Omega^2}{\delta^2+\Omega^2/2+(\Gamma/2)^2}\right] \tag{2-466}$$

$\boldsymbol{F}_2$ 的物理意义讨论如下：它来源于光场振幅（从而光场强度）的空间不均匀性。由于光场强度的空间不均匀性，原子在光场中不同位置时将具有不同的能量，原子自然要向低能量位置移动。本质上，这个力是原子的感生电偶极矩在不均匀光场中所感受到的力，因此称为偶极力。从另一个角度来看，不均匀光场可看成是由许多不同模的光场叠加而成的。原子与光场作用时可以从一个场模吸收光子而向另一个场模受激发射一个光子。这样，光子就在不同的场模之间转移，在不同的场模中重新分布。由于不同场模的光子的动量不同，这个过程就会引起原子动量的变化，即原子感受到力的作用。基于这种分析，这种力又称为重新分布力或受激辐射力。

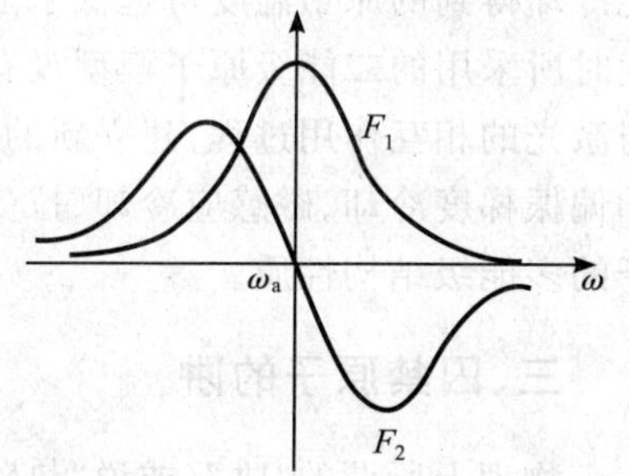

图 2-24　F_1 和 F_2 随电磁场频率 ω 的变化

F_1 和 F_2 随电磁场频率 ω 的变化如图 2-24 所示。

二、光学黏团、激光冷却原子的机理和温度极限

光场对原子的作用力可以使原子减速，由于原子运动的平均动能正比于温度：$\overline{E}_k \propto T$（$\overline{E}_k$ 为平均动能，T 为热力学温度），因此从统计的意义上来讲，等价于使原子系统冷却。

设想用 6 束相互垂直、两两对射的激光束照射原子，处于激光束交汇处的原子受到激光的作用力，一方面被减速，一方面被黏住，难以逃脱激光束的禁锢。Hänsch 和 Schawlow 于 1975 年最先提出了这一设想，

朱棣文等人最先利用该设想在实验上对原子实现了冷却。他们把 6 束激光交汇处的这团原子与光子的集合体称为“光学黏团”。用 6 束激光冷却原子如图 2-25 所示。朱棣文小组的光学黏团实验装置如图 2-26 所示。

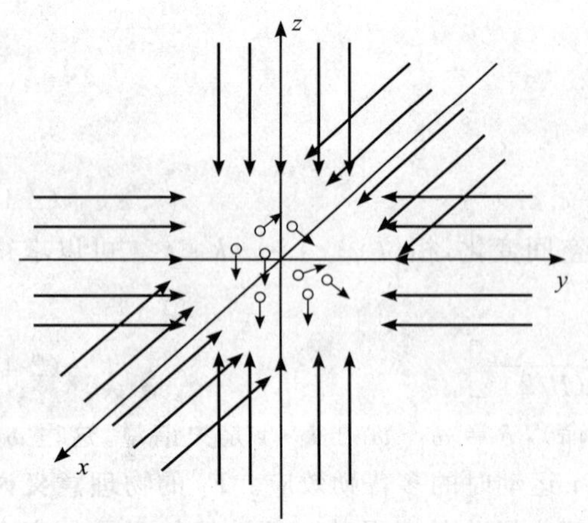

图 2-25　用 6 束激光冷却原子示意图

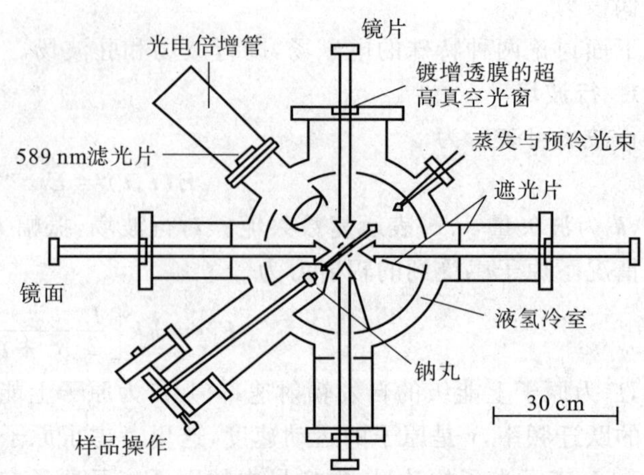

图 2-26　朱棣文小组的光学黏团实验装置

根据激光与二能级原子相互作用模型，考虑到原子运动的多普勒效应，理论上可以导出激光冷却原子的一个极限温度 $T_{\min}$，称为多普勒冷却极限温度，满足下式：

$$k_B T_{\min} = -\hbar\Gamma/2 \tag{2-467}$$

式中，k_B 为玻耳兹曼常数，Γ 为原子上能级的衰减速率。对碱金属原子，$T_{\min}$ 在10^2 μK 数量级。

还存在另外一些限制冷却温度的物理过程。例如，假设某一瞬间原子碰巧处于静止状态，这时原子发射一个动量为 $\hbar\boldsymbol{k}$ 的光子（或者被一个动量为 $\hbar\boldsymbol{k}$ 的光子“击中”），由于反冲，原子将获得 $\hbar k$（k 为波矢量 $\boldsymbol{k}$ 的模）的动量改变，即获得反冲速度 $v_R = \hbar\kappa/m$（m 为原子质量），根据 $kT/2 = mv_R^2/2$，可得

$$T_R = \frac{(\hbar k)^2}{mk_B} \tag{2-468}$$

式中，T_R 称为反冲温度。对碱金属原子，T_R 在(0.1～1)μK 数量级，远低于多普勒冷却极限温度。

最初的几个激光冷却原子实验的确没有突破多普勒冷却极限温度。然而，随着实验研究的深入，发现激光冷却得到的原子温度可远低于多普勒冷却极限温度，甚至低于反冲温度。这表明导出多普勒冷却极限温度时所采用的二能级原子模型没有正确地反映原子的实际情况。这促使人们认真分析原子的实际情况以及与激光的相互作用过程，建立新的物理模型，正确解释实验结果。由此发展出一系列激光冷却原子的机理，如偏振梯度冷却、磁感应冷却、拉曼跃迁冷却、速度选择性相干布居囚禁冷却等。这些冷却机理均利用到原子的多能级结构性质。

三、囚禁原子的阱

物理上所谓的“阱”（或说“势阱”），指的是能把物体限制在一定范围内运动的装置。在量子力学中我们曾遇到过各种形式的“势阱”。当原子系统被激光冷却之后，要对它进行观测，就需要将它装入一个“阱”中，以免它逃逸出去，并避免它与周围环境发生接触而升高温度。在激光冷却与囚禁原子中常用的阱有激光阱、静磁阱以及磁光阱等。

1. 激光阱

前面谈到，原子由于具有电偶极矩，因而会受到电磁场的电场分量的作用力，

$$V_E(\boldsymbol{r},t) = -\boldsymbol{d}\cdot\boldsymbol{E}(\boldsymbol{r},t) \tag{2-469}$$

特别是，当光场强度在空间不均匀时，会受到偶极力的作用。偶极力的表达式(2-466)式可改写为

$$\boldsymbol{F}_2(\boldsymbol{r}) = -\frac{\hbar\delta}{2}\left\{\frac{\nabla[I(\boldsymbol{r})/I_s]}{1+I(\boldsymbol{r})/I_s+(2\delta/\Gamma)^2}\right\} \tag{2-470}$$

其中，$I(\boldsymbol{r})$ 为光强，I_s 为饱和光强。偶极力具有以下性质：①与光强成正比。②在红失谐情况（$\delta<0$），力

指向强光处；在蓝失谐情况（$\delta>0$），力指向弱光处。利用这些性质，可以制成激光阱。将上式积分，可得阱势的表达式：

$$V_{\mathrm{dip}}(\boldsymbol{r})=\frac{\hbar\delta}{2}\ln\left[1+\frac{I(\boldsymbol{r})/I_s}{1+(2\delta/\Gamma)^2}\right] \tag{2-471}$$

这个势能的最大值称为阱深。激光阱如图 2-27 所示。

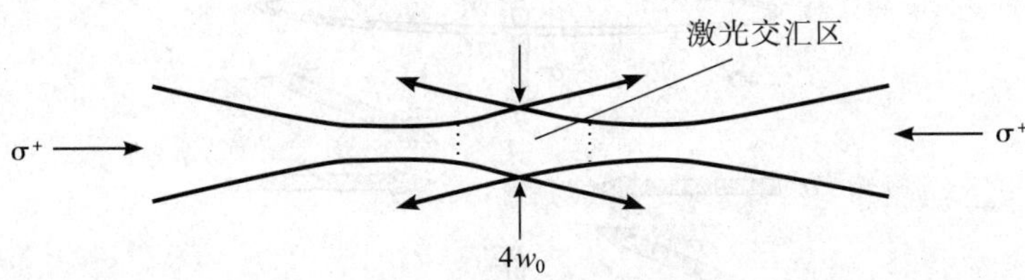

图 2-27　激光阱示意图

2. 静磁阱

一些原子具有磁矩，因而会受到磁场的作用力，设磁场为静磁场：

$$V_B(\boldsymbol{r})=-\boldsymbol{\mu}\cdot\boldsymbol{B}(\boldsymbol{r}) \tag{2-472}$$

式中，$\boldsymbol{\mu}$ 为原子的磁偶极矩。如果磁场在空间不均匀，则原子会受到磁场力：

$$\boldsymbol{F}=-\nabla V_B(\boldsymbol{r}) \tag{2-473}$$

据此可制作静磁阱。用于捕获和囚禁原子的磁阱的结构基本上可分为两类：①具有零点的四极型磁阱，它由 1 对载有反向电流的亥姆霍兹线圈构成，如图 2-28 所示；②具有非零极小值的 Ioffe-Prichard 型阱，它由 4 条载流直导线和 2 个载有同向电流的线圈构成，如图 2-29 所示。

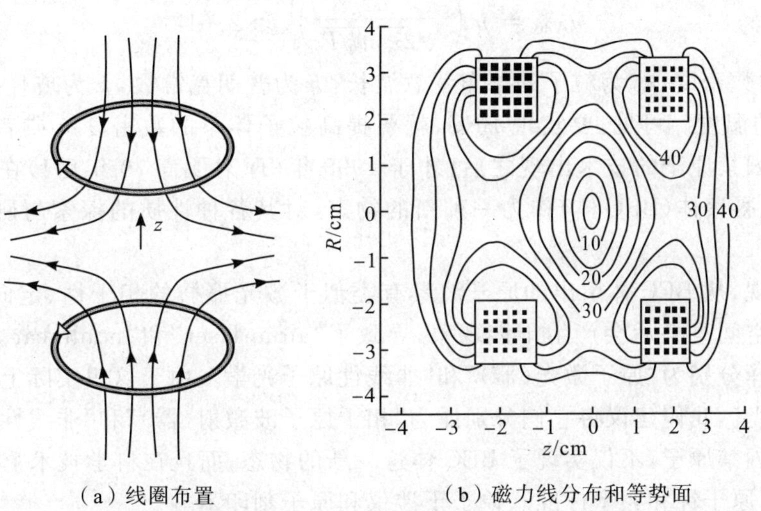

图 2-28　四极型磁阱的线圈布置及磁力线分布和等势面

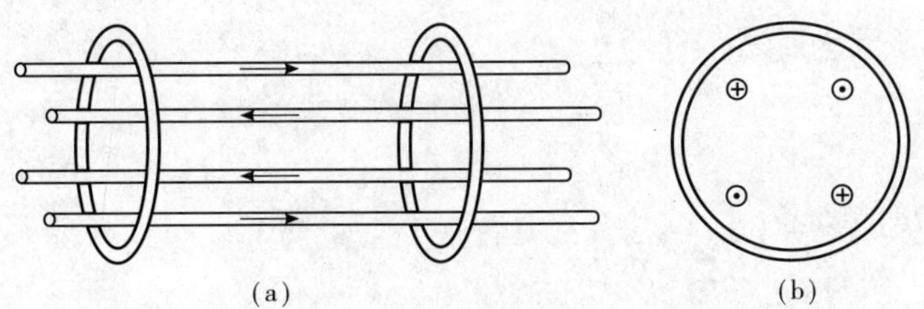

图 2-29　Ioffe-Prichard 型阱示意图

3. 磁光阱

利用激光束与静磁场相结合构成的阱被称为磁光阱，如图 2-30 所示。

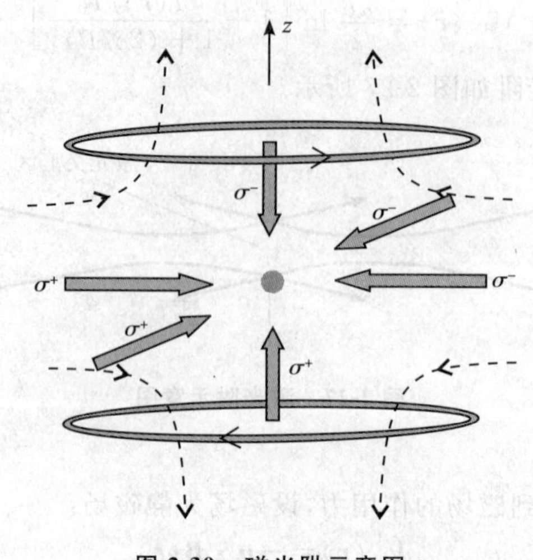

图 2-30　磁光阱示意图

四、稀薄气体的玻色-爱因斯坦凝聚和相干原子波激射器

1925 年，爱因斯坦通过理论研究发现，由玻色子组成的粒子体系在低温下将集聚到能量最小(动量也最小)的状态，后人将此现象称为玻色-爱因斯坦凝聚(简记为 BEC)。实现 BEC 的条件为

$$n\lambda_{\mathrm{dB}}^{3}=n\left(\frac{h}{\sqrt{2\pi mkT}}\right)^{3}\geqslant 2.612 \tag{2-474}$$

式中，n 为粒子体系的数密度，λ_{dB} 为粒子的德布罗意波长，h 为普朗克常数，k 为玻耳兹曼常数，m 为粒子的质量，T 为粒子体系的温度。可见，要实现 BEC，就要提高粒子体系的数密度 n 或者降低粒子体系的温度 T。直到激光冷却与囚禁原子的技术出现之后，才于 1995 年(理论预言 70 年后!)在实验上观测到了 BEC 现象。玻色-爱因斯坦凝聚体(BEC 体)作为一种新的物态，对其各种性质的探索与研究引起了人们极大的兴趣。

进一步的研究发现，从 BEC 体引出的原子波具有类似于激光那样的相干性、定向性和亮度，从 BEC 体引出的两束原子波在空间重叠后会产生干涉现象，导致了“atom laser”和“nonlinear atom optics”等概念的提出。这两个名词直译分别为“原子激光(器)”和“非线性原子光学”(由于这里实际上指的是“具有相干性的原子物质波”而不是“光”，我们建议将它们分别译为“相干原子波激射(器)”和“非线性原子波学”)。

利用激光冷却与囚禁原子，不仅实现了 BEC 体这一新的物态，而且在科学技术上有广泛的应用，例如时间和频率的精确测量(原子钟和频率标准)、原子干涉仪和原子刻印术等。

本章一开始曾经谈到，量子光学与其他学科相结合，产生了两个非常活跃的研究领域：量子信息科学和冷原子物理。近年来，冷原子物理与量子信息科学又有进一步结合的趋势，主要是利用冷原子体系实现量子信息处理。

附录A 纯态、混合态、密度算符

在量子力学中有两大类量子态：其中一类可以用态矢量 $|\Psi\rangle$ 表示，这类量子态称为纯态；另外一种情况是，体系并不处于某个确定的纯态，而是以不同的概率 P_Ψ 处于不同的纯态 $|\Psi\rangle$，这类量子态称为混合态。它们不能用单一态矢量表示，而要用下面的密度算符描述：

$$\rho_{\mathrm{ms}} = \sum_\Psi P_\Psi |\Psi\rangle\langle\Psi| \tag{2. A-1}$$

下标"ms"表示混合态(mixed states)。P_Ψ 为实数，表示纯态 $|\Psi\rangle$ 在混合态 ρ_{ms} 中出现的概率，满足 $\sum_\Psi P_\Psi = 1$。当然，在形式上，纯态 $|\Psi\rangle$ 也可用下面的密度算符描述：

$$\rho = |\Psi\rangle\langle\Psi| \tag{2. A-2}$$

不难证明，纯态的密度算符 ρ 具有下列性质：

(1)厄密性

$$\rho^+ = \rho \tag{2. A-3}$$

(2)正定性

在任意态 $|\varphi\rangle$ 中，有

$$\langle\varphi|\rho|\varphi\rangle \geqslant 0 \tag{2. A-4}$$

(3)幺迹性

$$\mathrm{tr}\,\rho = 1 \tag{2. A-5}$$

(4)幂等性

$$\rho^2 = \rho \tag{2. A-6}$$

而混合态的密度算符 ρ_{ms} 满足厄密性、正定性和幺迹性，但不满足幂等性，即

$$\rho_{\mathrm{ms}}^2 = \sum_i \sum_j P_i P_j |\Psi_i\rangle\langle\Psi_i||\Psi_j\rangle\langle\Psi_j| = \sum_i P_i^2 |\Psi_i\rangle\langle\Psi_i| \neq \rho_{\mathrm{ms}} \tag{2. A-7}$$

另外

$$\mathrm{tr}\,\rho_{\mathrm{ms}}^2 = \sum_i P_i^2 \leqslant 1 \tag{2. A-8}$$

式中，等号对应于纯态。

在任意纯态 $|\Psi\rangle$ 中，任意力学量算符 A 的平均值为

$$\langle A\rangle = \langle\Psi|A|\Psi\rangle = \mathrm{tr}(|\Psi\rangle\langle\Psi|A) = \mathrm{tr}(\rho A) \tag{2. A-9}$$

在任意混合态 ρ_{ms} 中，任意力学量算符 A 的平均值为

$$\langle A\rangle = \mathrm{tr}(\rho_{\mathrm{ms}}A) = \mathrm{tr}\Big(\sum_\Psi P_\Psi |\Psi\rangle\langle\Psi|A\Big) = \sum_\Psi P_\Psi \langle\Psi|A|\Psi\rangle = \sum_\Psi P_\Psi \langle A\rangle_\Psi \tag{2. A-10}$$

式中，$\langle A\rangle_\Psi = \langle\Psi|A|\Psi\rangle$ 表示在纯态 $|\Psi\rangle$ 中的平均值。可见，在混合态中的平均值为双重平均，其一为量子力学平均，另一为经典统计平均。

注意不要将混合态与叠加态形式的纯态相混淆。设有某力学量的一组完备本征态 $|\Psi_n\rangle$，则任意纯态 $|\Psi\rangle$ 可表示为

$$|\Psi\rangle = \sum_n c_n |\Psi_n\rangle \tag{2. A-11}$$

式中，$c_n = \langle\Psi_n|\Psi\rangle$ 称为概率幅，一般为复数。而混合态 ρ_{ms} 表示为

$$\rho_{\mathrm{ms}} = \sum_n P_n |\Psi_n\rangle\langle\Psi_n| \tag{2. A-12}$$

式中，P_n 为实数，表示本征态 $|\Psi_n\rangle$ 在混合态 ρ_{ms} 中出现的概率。

(2. A-11)式的纯态若用密度算符表示，则为

$$\rho = \sum_{m,n} c_m c_n^* |\Psi_m\rangle\langle\Psi_n| \tag{2. A-13}$$

将(2. A-12)式表示的混合态与(2. A-13)式表示的纯态进行比较，发现在混合态的密度算符中只出现对

角项，而在纯态的密度算符中除了出现对角项外，还出现非对角项。非对角项引起干涉效应，称为相干项。在实际问题中，量子体系由于与周围环境的相互作用，描述其量子态的密度算符在随时间的演化过程中要发生衰减，其对角元的衰减往往伴随着能量的耗散，而非对角元的衰减往往伴随着相干性的消退，因此，非对角元的衰减常称为消相干(decoherence)。消相干性是量子光学和量子信息中的一个重要问题。

态矢量随时间的演化用薛定谔方程描述为

$$i\hbar \frac{d}{dt} | \Psi(t) \rangle = H | \Psi(t) \rangle \tag{2. A-14}$$

式中，H 为量子体系的哈密顿量。由上式可以导出，纯态的密度算符随时间的演化可用下列方程描述：

$$i\hbar \frac{d}{dt}\rho = [H,\rho] = H\rho - \rho H \tag{2. A-15}$$

而对混合态，只需将上式中的 ρ 换成 ρ_{ms}。

附录B　两态系统、泡利算符

两态系统在量力光学与量子信息中有着极其重要的作用。常见的两态系统的两个量子态有：描述电子自旋相对于某个外场方向的自旋向上态 $|\uparrow\rangle$ 和自旋向下态 $|\downarrow\rangle$，描述光子偏振方向的两个正交偏振态(水平偏振态 $|H\rangle$ 和垂直偏振态 $|V\rangle$，$+45°$偏振态 $|\nearrow\rangle$ 和 $-45°$偏振态 $|\searrow\rangle$，左旋偏振态和右旋偏振态)；原子中的两个特殊能态：基态(或下能态)$|g\rangle$和激发态(或上能态)$|e\rangle$。各种两态系统的两个量子态可统一分别用 $|0\rangle$ 和 $|1\rangle$ 表示。注意，不要将这里的 $|0\rangle$ 态和 $|1\rangle$ 态与零光子态(真空态)和单光子态相混淆。

设电子的自旋用自旋算符 $\boldsymbol{S}$ 表示，它在直角坐标系中的三个分量满足角动量的对易关系：

$$[S_\alpha, S_\beta] = i\hbar S_\gamma \tag{2. B-1}$$

式中，α、β、γ 均可取 x、y、z，但须按 $x \to y \to z \to x$ 的次序排列。

利用下式引入泡利算符：

$$\boldsymbol{S} = \frac{1}{2}\hbar\boldsymbol{\sigma} \tag{2. B-2}$$

则泡利算符在直角坐标系中的三个分量满足如下对易关系：

$$[\sigma_\alpha, \sigma_\beta] = i2\sigma_\gamma \tag{2. B-3}$$

由对易关系可证明下列有用的公式：

$$\sigma_\alpha\sigma_\beta = -\sigma_\beta\sigma_\alpha,\ (\alpha \neq \beta) \tag{2. B-4}$$

$$\sigma_\alpha\sigma_\beta = i\sigma_\gamma \tag{2. B-5}$$

另外，由于 S_α 的本征值为 $\pm\hbar/2$，因此 σ_α 的本征值为 ± 1，故有

$$\sigma_x^2 = \sigma_y^2 = \sigma_z^2 = I \tag{2. B-6}$$

式中，I 为恒等算符。最后，由于自旋是可观测量，因此 $\boldsymbol{\sigma}$ 应为厄密算符，即

$$\boldsymbol{\sigma}^+ = \boldsymbol{\sigma} \tag{2. B-7}$$

经常也用到下列算符：

$$\sigma_\pm = \frac{1}{2}(\sigma_x \pm i\sigma_y) \tag{2. B-8}$$

在 σ_z 表象中，上述各算符的矩阵表示分别为

$$\sigma_x = \begin{pmatrix} 0 & 1 \\ 1 & 0 \end{pmatrix},\ \sigma_y = \begin{pmatrix} 0 & -i \\ i & 0 \end{pmatrix},\ \sigma_z = \begin{pmatrix} 1 & 0 \\ 0 & -1 \end{pmatrix} \tag{2. B-9}$$

$$\sigma_+ = \begin{pmatrix} 0 & 1 \\ 0 & 0 \end{pmatrix},\ \sigma_- = \begin{pmatrix} 0 & 0 \\ 1 & 0 \end{pmatrix} \tag{2. B-10}$$

在 σ_z 表象中，σ_z 的本征态分别表示为

$$|\uparrow\rangle=\begin{pmatrix}1\\0\end{pmatrix},\ |\downarrow\rangle=\begin{pmatrix}0\\1\end{pmatrix} \tag{2.B-11}$$

即

$$\sigma_z|\uparrow\rangle=|\uparrow\rangle,\ \sigma_z|\downarrow\rangle=-|\downarrow\rangle \tag{2.B-12}$$

另外可证：

$$\sigma_x|\uparrow\rangle=|\downarrow\rangle,\ \sigma_x|\downarrow\rangle=|\uparrow\rangle \tag{2.B-13}$$

$$\sigma_y|\uparrow\rangle=\mathrm{i}|\downarrow\rangle,\ \sigma_y|\downarrow\rangle=-\mathrm{i}|\uparrow\rangle \tag{2.B-14}$$

$$\sigma_+|\uparrow\rangle=0,\ \sigma_+|\downarrow\rangle=|\uparrow\rangle \tag{2.B-15}$$

$$\sigma_-|\uparrow\rangle=|\downarrow\rangle,\ \sigma_-|\downarrow\rangle=0 \tag{2.B-16}$$

(2.B-12)式至(2.B-16)式分别表明：$|\uparrow\rangle$ 和 $|\downarrow\rangle$ 分别是 σ_z 的本征值分别为 ±1 的本征态；σ_x 使自旋反转，相当于逻辑非门；σ_y 在使自旋反转的同时产生 $\pm\pi/2$ 的相移；σ_+ 和 σ_- 分别是自旋升、降算符。

由于各类量子两态系统在数学上是等价的，所以都可以用泡利算符描述。

附录C 复合系统、纠缠态、约化密度算符、von Neumann 熵

在量子光学和量子信息中，经常要遇到复合系统(或多组分系统)。这里我们以由子系 A 和子系 B 构成的两体系统为例，引入纠缠态、约化密度算符等概念。

设子系 A 和子系 B 的状态分别为 $|\Psi_A\rangle$ 和 $|\Psi_B\rangle$，复合系统的态矢为 $|\Psi_{AB}\rangle$，简单来说，若 $|\Psi_{AB}\rangle$ 可写成 $|\Psi_A\rangle$ 和 $|\Psi_B\rangle$ 的直接乘积形式，即 $|\Psi_{AB}\rangle=|\Psi_A\rangle|\Psi_B\rangle$，则称复合系统处于直积态；若 $|\Psi_{AB}\rangle\neq|\Psi_A\rangle|\Psi_B\rangle$，则称复合系统处于纠缠态。纠缠态在量子信息中有着非常重要的作用。

设复合系统处于由密度算符 ρ 描述的状态，O_A 为子系 A 的一个力学量算符，则在状态 ρ 中 O_A 的平均值为

$$\langle O_A\rangle=\mathrm{tr}(\rho O_A)=\mathrm{tr}_A[\mathrm{tr}_B(\rho)O_A]=\mathrm{tr}_A(\rho_A O_A) \tag{2.C-1}$$

其中

$$\rho_A=\mathrm{tr}_B(\rho) \tag{2.C-2}$$

称为子系 A 的约化密度算符。同理，$\rho_B=\mathrm{tr}_A(\rho)$ 称为子系 B 的约化密度算符。

设复合系统处于下列纯态(也是纠缠态)：

$$|\Psi\rangle=\frac{1}{\sqrt{2}}(|0\rangle_A|1\rangle_B+|1\rangle_A|0\rangle_B) \tag{2.C-3}$$

$$\rho=|\Psi\rangle\langle\Psi| \tag{2.C-4}$$

则子系 A 的约化密度算符为

$$\begin{aligned}\rho_A&=\mathrm{tr}_B(\rho)={}_B\langle0|\rho|0\rangle_B+{}_B\langle1|\rho|1\rangle_B\\&={}_B\langle0|\Psi\rangle\langle\Psi|0\rangle_B+{}_B\langle1|\Psi\rangle\langle\Psi|1\rangle_B=\frac{1}{2}(|0\rangle_A\langle0|+|1\rangle_A\langle1|)\end{aligned} \tag{2.C-5}$$

同理，可求得子系 B 的约化密度算符为

$$\rho_B=\mathrm{tr}_A(\rho)=\frac{1}{2}(|0\rangle_B\langle0|+|1\rangle_B\langle1|) \tag{2.C-6}$$

可见，尽管复合系统处于纯态，但其子系统却处于混合态。

熵是热力学中熟知的一个概念，通常作为系统无序程度的度量。而从统计力学和信息论的观点来看，熵可看作是缺少信息(或从测量可获得的信息)的度量。从下面的讨论可以看出，熵也可作为系统纠缠度的度量。

对于由密度算符 ρ 描述的状态，von Neumann 熵定义为

$$S(\rho)=-\mathrm{tr}[\rho\ln\rho] \tag{2.C-7}$$

对于纯态，$S(\rho)=0$，表示对纯态进行重复测量不能得到任何新的信息。而对于混合态，密度算符 ρ 可表示成对角形式，其熵为

$$S(\rho)=-\sum_k\rho_{kk}\ln\rho_{kk} \tag{2.C-8}$$

由于 $0 \leqslant \rho_{kk} \leqslant 1$，因此 $S(\rho) \geqslant 0$。

作为一个例子，考虑两体系统的下列纠缠态：

$$|\Psi\rangle = \frac{1}{\sqrt{1+|\xi|^2}}(|0\rangle_1|0\rangle_2 + \xi|1\rangle_1|1\rangle_1) \tag{2.C-9}$$

由于复合系统处于纯态，故复合系统总的熵 $S=0$。两个子系的约化密度算符分别为

$$\rho_1 = \frac{1}{(1+|\xi|^2)}(|0\rangle_1\langle 0| + |\xi|^2|1\rangle_1\langle 1|) \tag{2.C-10}$$

$$\rho_2 = \frac{1}{(1+|\xi|^2)}(|0\rangle_2\langle 0| + |\xi|^2|1\rangle_2\langle 1|) \tag{2.C-11}$$

两个子系的熵为

$$S(\rho_1) = S(\rho_2) = -\left\{\frac{1}{(1+|\xi|^2)}\ln\frac{1}{(1+|\xi|^2)} + \frac{|\xi|^2}{(1+|\xi|^2)}\ln\frac{|\xi|^2}{(1+|\xi|^2)}\right\} \tag{2.C-12}$$

可见，当 $\xi=0$ 时，有 $S(\rho_1)=S(\rho_2)=0$，注意这对应于直积态 $|\Psi\rangle=|0\rangle_1|0\rangle_2$。容易验证，对形如(2.C-9)式的纠缠态，当 $|\xi|=1$ 时，有 $S(\rho_1)=S(\rho_2)=\ln 2$，且这是 $S(\rho_1)$ 和 $S(\rho_2)$ 可能达到的最大值。注意，当 $|\xi|=1$ 时，(2.C-9)式简化为

$$|\Psi\rangle = \frac{1}{\sqrt{2}}(|0\rangle_1|0\rangle_2 \pm |1\rangle_1|1\rangle_1) \tag{2.C-13}$$

由于在这种形式的纠缠态中，子系的熵取最大值，故称这种形式的纠缠态为最大纠缠态。

参考文献

(一)关于量子光学(包括激光理论)

[1]Bachor H-A, Ralph C T C. A Guide to Experiments in Quantum Optics[M]. Weinheim: Wiley, 2004

[2]Barnett S M, Radmore P M. Methods in Theoretical Quantum Optics[M]. Oxford: Oxford University Press, 1997

[3]Carmichael H. An Open Systems Approach to Quantum Optics[M]. Berlin: Springer, 1993

[4]Cohen-Tannoudji C, Dupont-Roc J, Grynberg G. Photons and Atoms[M]. New York: Wiley, 1989

[5]Cohen-Tannoudji C, Dupont-Roc J, Grynberg G. Atom-Photon Interaction[M]. New York: Wiley, 1992

[6]Gardiner C W, Zoller P. Quantum noise[M]. Berlin: Springer, 2000

[7]Gerry G, Knight P. Introductory Quantum Optics[M]. Cambridge: Cambridge University Press, 2005

[8]Haken H. Light: Volume 1: Waves, Photons, and Atoms[M]. Amsterdam: North-Holland, 1981

[9]Haken H. Laser Theory[M]. Berlin: Springer, 1984

[10]Louisell W H. Quantum Statistical Properties of Radiation[M]. New York: Wiley, 1989

[11]Loudon R. The Quantum Theory of Light[M]. 3rd ed. Oxford: Oxford University Press, 2000

[12]Mandel L, Wolf E. Optical Coherence and Quantum Optics[M]. Cambridge: Cambridge University Press, 1995

[13]Meystre P, Sargent III M. Elements of Quantum Optics[M]. 3rd ed. Berlin: Springer, 1999

[14]Orszag M. Quantum Optics: Including Noise, Trapped Ions, Quantum Trajectories, and Decoherence[M]. Berlin: Springer, 2000

[15]Puri R R. Mathematical Methods of Quantum Optics[M]. Berlin: Springer, 2001

[16]Sargent III M, Scully M O, Lamb Jr. W. E. Laser Physics[M]. Reading: Addison-Wesley, 1974

[17]Schleich W P. Quantum Optics in Phase Space[M]. Berlin: Wiley, 2001

[18]Scully M O, Zubairy M S. Quantum Optics[M]. Cambridge: Cambridge University Press, 1997

[19]Vogel W, Welsch D-G, Wallentowitz S. Quantum Optics: An Introduction[M]. Berlin: Wiley, 2001

[20]Walls D F, Milburn G J. Quantum Optics[M]. Berlin: Springer, 1994

[21]Yamamoto Y, Imamoglu A. Mesoscopic Quantum Optics[M]. New York: Wiley, 1999

[22]郭光灿. 量子光学[M]. 北京：高等教育出版社，1990

[23]李福利. 高等激光物理学[M]. 合肥：中国科学技术大学出版社，1992

[24]彭金生，李高翔. 近代量子光学导论[M]. 北京：科学出版社，1996

[25]谭维翰. 非线性与量子光学[M]. 北京：科学出版社，1996

(二)关于光学双稳态,除了(一)中所列文献的有关章节外,还可参阅以下文献

[26]Gibbs H M. Optical Bistability: Controlling Light with Light[M]. New York: Academic Press, 1985

[27]Lugiato L A. Theory of Optical Bistability, in Progress in Optics[M]. Wolf E. Amsterdam: North-Holland, 1984, XXI: 69

(三)关于共振荧光与超荧光,除了(一)中所列文献的有关章节外,还可参阅以下文献

[28]Bonifacio R. Dissipative Systems in Quantum Optics: Resonance Fluorescence,Optical Bistability, Superfluorescence[M]. Berlin: Springer, 1982

[29]彭金生. 共振荧光与超荧光[M]. 北京:科学出版社,1993

(四)关于腔量子电动力学,除了(一)中所列文献的有关章节外,还可参阅以下文献

[30]Berman P R. Cavity Quantum Electrodynamics[M]. New York: Academic Press, 1994

[31]Meystre P. Cavity Quantum Optics and the Quantum Measurement Process, in Progress in Optics[M]. Wolf E. Amsterdam: North-Holland, 1992, XXI: 261

[32]Raimond J M, Brune M, Haroche S. Manipulating entanglement with atoms and photons in a cavity[J]. Rev. Mod. Phys. 2001 3(3): 565-582

[33]张智明. 微脉塞研究进展[J]. 量子电子学报,2004,21(2):224-236

[34]张智明. One-atom maser and One-atom laser:Experimental platforms for cavity quantum electrodynamics[J]. 量子光学学报,2006,12(4):194-206

(五)关于囚禁离子,除了(一)中所列文献的有关章节外,还可参阅以下文献

[35]Leibfried D, Blatt R, Monroe C, Wineland D. Quantum dynamics of single trapped ions[J]. Rev. Mod. Phys. 2003, 75(1): 281-324

(六)关于原子相干和干涉效应,可参阅文献[18]以及以下文献

[36]Fleischhauer M,Imamoglu A, Marangos J P. Electromagnetically induced transparency[J]. Rev. Mod. Phys. 2005, 77(2): 633-673

[37]Kocharovskaya O. Amplification and lasing without inversion[J]. Phys. Rep. 1992, 219 (3-6): 175-190

[38]Scully M O. From lasers and masers to phaseonium and phasers[J]. Phys. Rep. 1992, 219 (3-6): 191-202

(七)关于量子态重构,除了(一)中所列文献的有关章节外,还可参阅以下文献

[39]Leonhardt U. Measuring the Quantum state of Light[M]. Cambridge: Cambridge University Press, 1997

[40]Welsch D-G , Vogel W, Opatrny T. Homodyne Detection and Quantum-State Reconstruction, in Progress in Optics[M]. Wolf E. Amsterdam: North-Holland, 1999,XXXIX,63

[41]Zhang Z M. Recent progress of quantum-state reconstruction of electromagnetic fields[J]. Mod. Phys. Lett. B, 2004, 18(10): 393-409

[42]Lvovsky A I, Raymer M G. Continuous-variable optical quantum-state tomography[J]. Rev. Mod. Phys. 2009, 81(1): 299-332

(八)关于量子非破坏性测量,除了(一)中所列文献的有关章节外,还可参阅以下文献

[43]Braginsky V B, Khalili F Y. Quantum Measurement[M]. Cambridge: Cambridge University Press, 1992

(九)关于量子信息

[44]Bouwmeester D, Ekert A, Zeilinger A. The Physics of Quantum Information[M]. Berlin: Springer, 2000

[45]Alber G, et al. QuantumInformation[M]. Berlin:Springer,2001

[46]Nielssen M A, Chuang I L. Quantum Computation and Quantum Information[M]. Cambridge: Cambridge University Press, 2000

[47]Vedral V. Introduction to Quantum Information Science[M]. New York: Oxford University Press,2006

[48]Lambropoulos P, Petrosyan D. Fundamentals of Quantum Optics and Quantum Information[M]. Berlin: Springer,2007

[49]Desurvire E. Classical and Quantum Information Theory[M]. Cambridge: Cambridge University Press, 2009

[50]Childs A M, Dam W V. Quantum algorithms for algebraic problems[J]. Rev. Mod. Phys, 2010, 82(1): 1-51

(十)关于激光冷却原子

[51]Arimondo E, Philips W D, Strumia F. Laser Manipulation of Atoms and Ions[M]. Amsterdam: North-Holland, 1992

[52]Metcalf P, Van der Straten P. Laser Cooling and Trapping[M]. New York: Springer, 1999

[53]Meystre P. Atom Optics[M]. New York: Springer, 2001

[54]王义遒. 原子的激光冷却和陷俘[M]. 北京:北京大学出版社,2007

[55]Chu S. The manipulation of neutral particles[J]. Rev. Mod. Phys, 1998, 70(3): 685-706

[56]Cohen-Tannoudji C N. Manipulating atoms with photons[J]. Rev. Mod. Phys, 1998, 70(3): 707-719

[57]Phillips W D. Laser cooling and trapping of neutral atoms[J]. Rev. Mod. Phys, 1998, 70(3): 721-741

[58]Cornell E A, Wieman C E. Bose-Einstein condensation in a dilute gas, the first 70 years and some recent experiments[J]. Rev. Mod. Phys, 2002, 74(3): 875-893

[59]Ketterle W. When atoms behave as waves: Bose-Einstein condensation and the atom laser[J]. Rev. Mod. Phys, 2002, 74(4): 1131-1151

[60]Cronin A D, Schmiedmayer J, Pritcgard D E. Optics and interferometry with atoms and molecules[J]. Rev. Mod. Phys, 2009, 81(3):1051-129

第三章 统计光学

光场从本质上讲是随机的。无论是在光的产生与传播中，还是在光的检测即光与物质的相互作用过程中，都会发生由许多不确定的随机因素造成的光场涨落现象。不确定的随机因素对光的传播到接收的整个物理过程起着决定性的影响。因此只能用统计方法才能对与光相联系的现象进行准确的描述与分析，进而有效地利用光来为我们服务。

统计光学[1-3]发展成为光学学科的一个独立分支的直接原因是，激光器的发明提供了相干时间很长的光源，同时，高速弱光光电探测器的问世，为观测光场的随机涨落提供了一个实用的手段。在使用激光器和新型光电探测器的光学系统中，不可避免地要考虑光场随机涨落的影响，因此从理论上描述与光场有关的各种统计现象，寻求克服光场随机涨落对光学仪器性能的影响，并利用光的随机涨落现象制造新型的光学仪器就十分必要了。

统计光学研究的内容包括下述几个方面：光波的一阶统计性质，光的相干性即高阶统计性质[4-6]，部分相干对于成像系统的影响，透过非均匀媒质成像，光电子计数[6]以及与散斑有关的现象与测量技术[7-8]。从光波的一阶统计性质出发研究是因为它是光场的各种统计现象的基础。

第一节 光波的一阶统计性质

一、非单色光波的表示与传播

（一）用解析信号表示单色光的传播

统计光学涉及的光场基本上是非单色的，在非单色光场情况下，对应于原来的实值信号所构造的复指数函数通常称作解析信号。首先回顾一下单色光的表示与传播。令 $u(P,t)$ 为单色光振动相应电场某一偏振分量的标量振幅，用 $U(P,t)$ 表示其相应复振幅，则表示单色光的对应解析信号 $\boldsymbol{u}(P,\mathrm{t})$ 为

$$\boldsymbol{u}(P,t) = U(P,t)\exp(-\mathrm{i}2\pi\nu t) \tag{3-1}$$

式中，P 为考察点，t 为时间，ν 为光波频率。如图 3-1 所示，光波由 Σ 面从左向右传播时，P_0 点复振幅可由 Σ 面上 P_1 点复振幅表示为[9]

$$U(P_0,t) = \frac{1}{\mathrm{i}\lambda}\iint_{\Sigma} U(P_1,t)\,\frac{1}{r}\exp(-\mathrm{i}2\pi r/\lambda)\chi(\theta)\mathrm{d}s \tag{3-2}$$

这就是惠更斯-菲涅耳公式。其中，$\lambda = c/\nu$ 是光的波长，r 是由 P_1 到 P_0 的距离，θ 是 $\overline{P_1P_0}$ 与 Σ 面在 P_1 点法线的夹角，$\chi(\theta)$ 是倾斜因子。

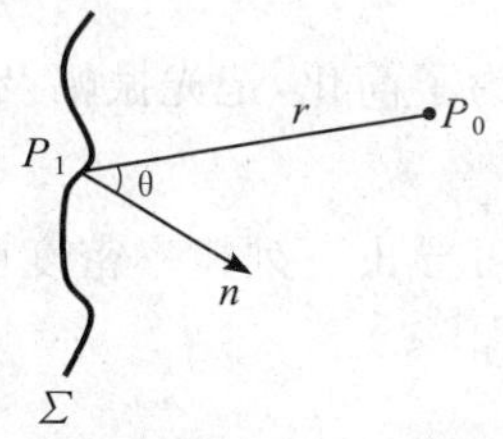

图 3-1 由 Σ 传播到 P_0 点的光振动

（二）非单色光的传播

对于实值的非单色光场 $u^{\mathrm{r}}(t)$，若其傅里叶谱为 $\tilde{u}^{\mathrm{r}}(\nu)$，定义 $\boldsymbol{u}(P,t)$ 为 $u^{\mathrm{r}}(t)$ 的解析信号，表示为

$$\boldsymbol{u}(P,t) = 2\int_0^{\infty} \tilde{u}^{\mathrm{r}}\exp(-\mathrm{i}2\pi\nu t)\mathrm{d}t \tag{3-3}$$

上式定义说明 $u^{\mathrm{r}}(t)$的解析信号不含有 $u^{\mathrm{r}}(t)$的负频分量，其正频分量则是 $u^{\mathrm{r}}(t)$的 2 倍，即便 $\tilde{u}^{\mathrm{r}}(\nu)$在零点的值为 δ 函数，复数信号 $\boldsymbol{u}(t)$的实部也可保证与原来的实值信号 $u^{\mathrm{r}}(t)$相同。如果由图 3-1 中的 Σ 面传播到 P_0 点，非单色实信号 $u(P_0,t)$相对应的解析信号 $\boldsymbol{u}(P_0,t)$可以由 P_1 点的实信号 $u(P_1,t)$相对应的解析信号 $\boldsymbol{u}(P_1,t)$通过下式表示：

$$\boldsymbol{u}(P_0,t)=\iint_{\Sigma}\frac{(\mathrm{d}/\mathrm{d}t)\boldsymbol{u}[P_1,t-(r/c)]}{2\pi cr}\chi(\theta)\mathrm{d}s \tag{3-4}$$

应当注意到,(3-4)式与(3-2)式一样,只在 r 比 λ 大得多时成立。

(三)窄带光的传播

当非单色光的频带宽 $\Delta\nu$ 比中心频率 $\bar{\nu}$ 小得多时,称为窄带光。若定义平均波长 $\bar{\lambda}=c/\bar{\nu}$,则窄带光由图3-1中 Σ 面传播到 P_0 时,表示 P_0 与 P_1 两点光振动的解析函数 $\boldsymbol{u}(P_0,t)$ 与 $\boldsymbol{u}(P_1,t)$ 可由类似于惠更斯-菲涅耳原理的关系式联系起来:

$$\boldsymbol{u}(P_0,t)\approx\iint_{\Sigma}\frac{1}{\mathrm{i}\bar{\lambda}r}\boldsymbol{u}[P_1,t-(r/c)]\chi(\theta)\mathrm{d}s \tag{3-5}$$

二、偏振热光和非偏振热光

(一)偏振热光

由热光源发出的光通过起偏器以后变成偏振热光。若将起偏器的主方向定为 X 轴,则透过的光场中点 P 处的光振动 $u_x(P,t)$ 都在 x 方向上振动,而且可看作是每个发光原子的独立贡献 $u_i(P,t)$ 之和:

$$u_x(P,t)=\sum_i u_i(P,t) \tag{3-6a}$$

根据中心极限定理,$u_x(P,t)$ 是一个高斯随机过程。相应的解析函数与复包络同样有

$$\boldsymbol{u}_x(P,t)=\sum_i \boldsymbol{u}_i(P,t) \tag{3-6b}$$

$$\boldsymbol{A}_x(P,t)=\sum_i \boldsymbol{A}_i(P,t) \tag{3-6c}$$

且

$$\boldsymbol{A}_x(P,t)=\boldsymbol{u}_x(P,t)\exp(\mathrm{i}2\pi\bar{\nu}t)$$

式中,$\bar{\nu}$ 为光波的中心频率,$\boldsymbol{u}_x(P,t)$ 和 $\boldsymbol{A}_x(P,t)$ 都是圆高斯随机过程。

因为一般探测器只对光功率即光强有响应,故定义瞬时光强为

$$I_x(P,t)\equiv|\boldsymbol{u}_x(P,t)|^2=|\boldsymbol{A}_x(P,t)|^2 \tag{3-7}$$

一般来讲,$\boldsymbol{u}_x(P,t)$ 具有各态历经性,探测到的光强作为时间平均与其统计平均相等:

$$I_x(P,t)\equiv\langle I_x(P,t)\rangle=\overline{I_x(P,t)} \tag{3-8}$$

为了简化,记光振幅及瞬时光强为

$$A\equiv|\boldsymbol{A}_x(P,t)|,I\equiv I_x(P,t) \tag{3-9}$$

从而可导出下列概率密度函数:

$$p_A(A)=\begin{cases}\dfrac{A}{\sigma^2}\exp(-A^2/2\sigma^2), & A\geqslant 0\\ 0, & 其他\end{cases} \tag{3-10}$$

及

$$p_I(I)=p_A(A=\sqrt{I})\left|\frac{\mathrm{d}A}{\mathrm{d}I}\right|=\begin{cases}-\dfrac{1}{2\sigma^2}\exp\left(-\dfrac{I}{2\sigma^2}\right), & I\geqslant 0\\ 0, & 其他\end{cases} \tag{3-11}$$

式中,σ^2 代表 $\boldsymbol{A}_x(P,t)$ 的实部及虚部的方差。由于光强的标准差和统计平均相等,所以

$$\sigma_I=\bar{I}=2\sigma^2 \tag{3-12}$$

瞬时光强的概率密度函数可简写为

$$p_I(I)=\begin{cases}\dfrac{1}{\bar{I}}\exp\left(-\dfrac{I}{\bar{I}}\right), & I\geqslant 0\\ 0, & 其他\end{cases} \tag{3-13}$$

（二）非偏振热光

如果通过检偏器后的光强与检偏器的主方向无关，而且无论如何选择 X-Y 坐标方向，无论时延 τ 多大，时间互相关函数 $\langle \boldsymbol{u}_x(P,t+\tau)\boldsymbol{u}_y^*(P,t)\rangle$ 总是 0，则称进入检偏器以前的光为非偏振热光。非偏振热光的相互垂直的两个偏振分量 $\boldsymbol{u}_x(P,t)$ 及 $\boldsymbol{u}_y(P,t)$ 都是圆形复高斯随机过程，而且相互独立，其瞬时光强为

$$I(P,t) \equiv |\boldsymbol{u}_x(P,t)^2| + |\boldsymbol{u}_y(P,t)|^2 = I_x(P,t) + I_y(P,t) \tag{3-14}$$

而且 $I_x(P,t)$ 与 $I_y(P,t)$ 都服从负指数分布，其统计平均值之间有如下关系：

$$\overline{I_x(P)} = \overline{I_y(P)} = \frac{1}{2}\overline{I(P)} \tag{3-15}$$

总瞬时光强的概率密度函数为

$$p_I(I) = \begin{cases} \left(\dfrac{2}{\overline{I}}\right)^2 I \exp\left(-2\dfrac{I}{\overline{I}}\right), & I \geqslant 0 \\ 0, & \text{其他} \end{cases} \tag{3-16}$$

相应地有

$$\frac{\sigma}{\overline{I}} = \sqrt{\frac{1}{2}} \tag{3-17}$$

三、部分偏振热光

（一）窄带光通过偏振器件[10]

与单色光相同，只要窄带光的各谱分量受到偏振器件同样的作用，窄带光及偏振器件就可用琼斯矢量矩阵来表示：设通过器件前在 P 点的光振动的 X 与 Y 分量分别为 $\boldsymbol{u}_x(t)$ 及 $\boldsymbol{u}_y(t)$，通过器件后在对应 P' 点两个分量分别为 $\boldsymbol{u'}_x(t)$ 及 $\boldsymbol{u'}_y(t)$，并定义琼斯矢量[11] $\boldsymbol{U}$ 与 $\boldsymbol{U'}$ 分别表示通过器件前后的两个偏振状态：

$$\boldsymbol{U} = \begin{bmatrix} \boldsymbol{u}_x(t) \\ \boldsymbol{u}_y(t) \end{bmatrix}, \boldsymbol{U'} = \begin{bmatrix} \boldsymbol{u'}_x(t) \\ \boldsymbol{u'}_y(t) \end{bmatrix} \tag{3-18}$$

两者之间可以用琼斯矩阵 $\boldsymbol{L}$ 联系起来：

$$\boldsymbol{U'} = \boldsymbol{L}\boldsymbol{U} = \begin{bmatrix} I_{11} & I_{12} \\ I_{21} & I_{22} \end{bmatrix}\boldsymbol{U} \tag{3-19}$$

琼斯矩阵就表示了偏振器件的作用。下面列举典型的琼斯矩阵。

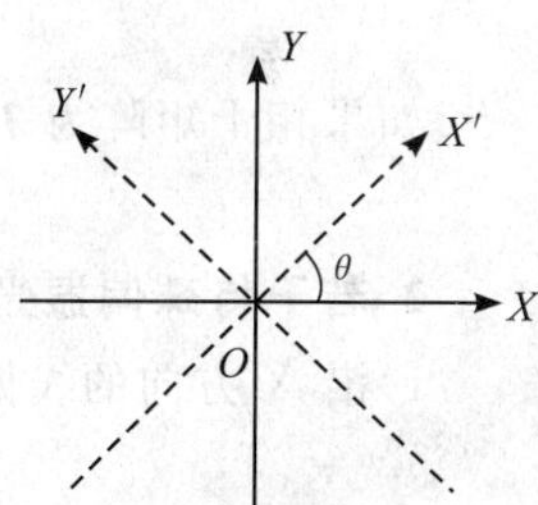

图 3-2　旧坐标系 X-Y 与新坐标系 X'-Y' 之间的转角 θ

1. 坐标轴旋转

$$\boldsymbol{L} = \begin{bmatrix} \cos\theta & \sin\theta \\ -\sin\theta & \cos\theta \end{bmatrix} \tag{3-20}$$

θ 为如图 3-2 所示的 $\boldsymbol{U}$ 的坐标 X-Y 与 $\boldsymbol{U'}$ 的坐标 X′-Y′之间的转角。

2. 波片

$$\boldsymbol{L} = \begin{bmatrix} e^{i\delta/2} & 0 \\ 0 & e^{-i\delta/2} \end{bmatrix} \tag{3-21}$$

其中

$$\delta = \frac{2\pi dc}{\overline{\lambda}}\left(\frac{1}{v_x} - \frac{1}{v_y}\right)$$

式中，d 为波片厚度，c 为真空中的光速，$\overline{\lambda}$ 为平均波长，v_x 和 v_y 为沿 X 及 Y 轴的两个偏振分量在波片介质内传播的速度。

3. 起检偏器

$$\boldsymbol{L} = \begin{bmatrix} \cos^2\alpha & \sin\alpha\cos\alpha \\ \sin\alpha\cos\alpha & \cos^2\alpha \end{bmatrix} \tag{3-22}$$

式中，α 为起偏器主方向与 X 轴的夹角。

光线连续通过琼斯矩阵为 $\boldsymbol{L}_1,\boldsymbol{L}_2,\cdots,\boldsymbol{L}_N$ 的 N 个偏振器件后得到的光振动的琼斯矢量为

$$\boldsymbol{U}'=\boldsymbol{L}_N\cdots\boldsymbol{L}_2\boldsymbol{L}_1\boldsymbol{U}=\boldsymbol{L}\boldsymbol{U} \tag{3-23}$$

这 N 个器件等效于一个琼斯矩阵为 $\boldsymbol{L}$ 的器件。

(二)相干矩阵[11]

定义：若表示光振动状态的琼斯矢量为 $\boldsymbol{U}$，其相干矩阵定义为

$$\boldsymbol{J}=\langle\boldsymbol{U}\boldsymbol{U}^*\rangle \tag{3-24}$$

式中，〈〉表示对乘积矩阵每个元素做时间平均，而 $\boldsymbol{U}^*$ 为 $\boldsymbol{U}$ 的共轭转置矩阵。将(3-18)式代入上式可以得到另一个等效的定义：

$$\boldsymbol{J}=\begin{bmatrix}\boldsymbol{J}_{xx} & \boldsymbol{J}_{xy}\\ \boldsymbol{J}_{yx} & \boldsymbol{J}_{yy}\end{bmatrix} \tag{3-25}$$

其中

$$\boldsymbol{J}_{xx}=\langle\boldsymbol{u}_x(t)\boldsymbol{u}_x^*(t)\rangle,\quad \boldsymbol{J}_{yx}=\langle\boldsymbol{u}_y(t)\boldsymbol{u}_x^*(t)\rangle,\quad \boldsymbol{J}_{xy}=\langle\boldsymbol{u}_x(t)\boldsymbol{u}_y^*(t)\rangle,\quad \boldsymbol{J}_{yy}=\langle\boldsymbol{u}_y(t)\boldsymbol{u}_y^*(t)\rangle \tag{3-26}$$

由(3-26)式可以看出，相干矩阵的对角元素为 X 与 Y 两偏振分量的(平均)光强，而另外两个元素为两个偏振分量的互相关。

1. 相干矩阵的性质

1) $\boldsymbol{J}_{xx}$ 与 $\boldsymbol{J}_{yy}$ 为非负实数。

2) $\boldsymbol{J}_{yx}=\boldsymbol{J}_{xy}^*$，因而 $\boldsymbol{J}$ 为厄米矩阵。

$$\boldsymbol{J}=\begin{bmatrix}\boldsymbol{J}_{xx} & \boldsymbol{J}_{xy}\\ \boldsymbol{J}_{x}^* & \boldsymbol{J}_{yy}\end{bmatrix} \tag{3-27}$$

3)
$$\det[\boldsymbol{J}]=\boldsymbol{J}_{xx}\boldsymbol{J}_{yy}-|\boldsymbol{J}_{xy}|^2 \tag{3-28}$$

因而 J 是非负定的。

4)相干矩阵的迹 $\mathrm{tr}[\boldsymbol{J}]$ 等于光的平均强度 I，即

$$\mathrm{tr}[\boldsymbol{J}]=I \tag{3-29}$$

如果相干矩阵为 $\boldsymbol{J}$ 的光通过琼斯矩阵为 $\boldsymbol{L}$ 的偏振器件，出射光的相干矩阵 $\boldsymbol{J}'$ 可表示为

$$\boldsymbol{J}'=\boldsymbol{L}\boldsymbol{J}\boldsymbol{L}^* \tag{3-30}$$

2. 若干特殊偏振光的相干矩阵

1)沿 X 方向的线偏振光：

$$\boldsymbol{J}=\bar{I}\begin{bmatrix}1 & 0\\ 0 & 0\end{bmatrix} \tag{3-31}$$

2)沿 Y 方向的线偏振光：

$$\boldsymbol{J}=\bar{I}\begin{bmatrix}0 & 0\\ 0 & 1\end{bmatrix} \tag{3-32}$$

3)沿与 X 成 45°角方向的线偏振光：

$$\boldsymbol{J}=\frac{\bar{I}}{2}\begin{bmatrix}1 & 1\\ 1 & 1\end{bmatrix} \tag{3-33}$$

4)右旋圆偏振光沿 X 轴和 Y 轴两个振动方向的解析信号 $\boldsymbol{u}_x(t)$ 及 $\boldsymbol{u}_y(t)$ 分别为

$$\left.\begin{aligned}\boldsymbol{u}_x(t)&=\boldsymbol{A}(t)\exp(-\mathrm{i}2\pi\bar{\nu}t)\\ \boldsymbol{u}_y(t)&=\boldsymbol{A}(t)\exp\left[-\mathrm{i}\left(2\pi\bar{\nu}t+\frac{\pi}{2}\right)\right]\end{aligned}\right\} \tag{3-34}$$

其相干矩阵为

$$J=\frac{\bar{I}}{2}\begin{bmatrix}1 & \mathrm{i}\\ -\mathrm{i} & 1\end{bmatrix} \tag{3-35}$$

5)左旋圆偏振光的$\boldsymbol{u}_x(t)$及$\boldsymbol{u}_y(t)$为

$$\left.\begin{aligned}\boldsymbol{u}_x(t)&=\boldsymbol{A}(t)\exp(-\mathrm{i}2\pi\bar{\nu}t)\\ \boldsymbol{u}_y(t)&=\boldsymbol{A}(t)\exp\left[-\mathrm{i}\left(2\pi\bar{\nu}t-\frac{\pi}{2}\right)\right]\end{aligned}\right\} \tag{3-36}$$

其相干矩阵为

$$J=\frac{\bar{I}}{2}\begin{bmatrix}1 & -\mathrm{i}\\ \mathrm{i} & 1\end{bmatrix} \tag{3-37}$$

左右两种圆偏振光的两个分量$\boldsymbol{u}_x(t)$与$\boldsymbol{u}_y(t)$是完全相关的,因而其相关系数为1,即

$$|\boldsymbol{\mu}_{xy}|=1 \tag{3-38}$$

6)自然光在任何偏振方向上平均光强也都相同,但与圆偏振光不同的是自然光在所有方向上都随时间涨落,它的两个偏振分量对于任何时间间隔都不相关,可写成

$$\left.\begin{aligned}\boldsymbol{u}_x(t)&=\boldsymbol{A}(t)\cos\theta(t)\exp(-\mathrm{i}2\pi\bar{\nu}t)\\ \boldsymbol{u}_y(t)&=\boldsymbol{A}(t)\sin\theta(t)\exp(-\mathrm{i}2\pi\bar{\nu}t)\end{aligned}\right\} \tag{3-39}$$

式中,$\boldsymbol{A}(t)$为缓慢变化的包络,而θ为缓慢变化的偏振角度,一般均分布于$(-\pi,\pi)$区间。相干矩阵则可写成

$$J=\frac{\bar{I}}{2}\begin{bmatrix}1 & 0\\ 0 & 1\end{bmatrix} \tag{3-40}$$

如果自然光通过一个由幺正变换琼斯矩阵描述的偏振器件,例如坐标旋转、波片等,得到的仍是用原矩阵描述的自然光。

相干矩阵的各个元素都是可测量的。因为对角元素与总光强可测出,根据下式能计算出互相关J_{xy}的实部:

$$\mathrm{Re}\{\boldsymbol{J}_{xy}\}=\bar{I}-\frac{1}{2}(\boldsymbol{J}_{xx}+\boldsymbol{J}_{yy}) \tag{3-41}$$

再使光线通过一块1/4波片,并测量总光强$\bar{I}'$,按下式可计算出互相关的虚部:

$$\mathrm{Im}\{\boldsymbol{J}_{xy}\}=\bar{I}'-\frac{1}{2}(\boldsymbol{J}_{xx}+\boldsymbol{J}_{yy}) \tag{3-42}$$

从而得到互相关函数:

$$\boldsymbol{J}_{xy}=\mathrm{Re}\{\boldsymbol{J}_{xx}\}+\mathrm{i}\,\mathrm{Im}\{\boldsymbol{J}_{yy}\} \tag{3-43}$$

(三)偏振度

已知相干矩阵的部分偏振光的偏振度用相干矩阵的两个本征值λ_1、$\lambda_2(\lambda_1\geqslant\lambda_2)$定义为

$$P\equiv\frac{\lambda_1-\lambda_2}{\lambda_1+\lambda_2} \tag{3-44}$$

作为本征方程的根,本征值可由下式计算:

$$\lambda_{1,2}=\frac{1}{2}\mathrm{tr}[\boldsymbol{J}]\left[1\pm\left(1-4\frac{\det[\boldsymbol{J}]}{(\mathrm{tr}[\boldsymbol{J}])^2}\right)^{\frac{1}{2}}\right] \tag{3-45}$$

因而偏振度为

$$P=\left(1-4\frac{\det[\boldsymbol{J}]}{(\mathrm{tr}[\boldsymbol{J}])^2}\right)^{1/2} \tag{3-46}$$

本征值也可用(平均)光强表示为

$$\left.\begin{aligned}\lambda_1&=\frac{1}{2}\bar{I}(1+P)\\ \lambda_2&=\frac{1}{2}\bar{I}(1-P)\end{aligned}\right\} \tag{3-47}$$

(四)瞬时光强的一阶统计特性

任意部分偏振热光都可分解成为两个互不相关的相互垂直的偏振分量之和:

$$I(P,t)=I_1(P,t)+I_2(P,t) \tag{3-48}$$

这两个分量的(平均)光强就是相干矩阵的两个本征值,因而有

$$\left.\begin{aligned}\bar{I}_1=\lambda_1=\frac{1}{2}\bar{I}(1+P)\\ \bar{I}_2=\lambda_2=\frac{1}{2}\bar{I}(1-P)\end{aligned}\right\} \tag{3-49}$$

每一个独立的偏振分量都是圆型复高斯场,它们分别满足下列负指数统计:

$$\left.\begin{aligned}p_{I_1}(I_1)=\frac{2}{(1+P)\bar{I}}\exp\left[-\frac{2I_1}{(1+P)\bar{I}}\right]\\ p_{I_2}(I_2)=\frac{2}{(1-P)\bar{I}}\exp\left[-\frac{2I_1}{(1-P)\bar{I}}\right]\end{aligned}\right\} \tag{3-50}$$

作为两者之和的总瞬时光强则满足下列分布:

$$p_I(I)=\frac{1}{P\bar{I}}\left\{\exp\left[-\frac{2I}{(1+P)\bar{I}}\right]-\exp\left[-\frac{2I}{(1-P)\bar{I}}\right]\right\} \tag{3-51}$$

总瞬时光强的方差可由总(平均)光强及偏振度表示为

$$\sigma_I=\sqrt{\frac{1+P^2}{2}}\,\bar{I} \tag{3-52}$$

四、激光

(一)单模激光的3种基本模型

1)单模激光的最简单模型假设振幅 S 和频率 ν_0 为常数,每个样本的初相位 φ 为分布于 $(-\pi,\pi)$ 区间上的随机变量,且激光是线偏振的。因此这样一个信号 $u(x)$ 是平稳而各态历经的随机过程,可以用下述实信号表示:

$$u(x)=S\cos(2\pi\nu_0 t-\varphi) \tag{3-53}$$

其特征函数 $M_U(\omega)$ 与概率密度函数为

$$M_U(\omega)=\mathrm{J}_0(\omega S) \tag{3-54}$$

$$p_U(u)=\begin{cases}(\pi\sqrt{S^2-u^2})^{-1}, & |u|<S\\ 0, & \text{其他}\end{cases} \tag{3-55}$$

式中,J_0 为零阶第一类贝塞尔函数,瞬时光强及其概率密度函数[13]分别为

$$I=S^2 \tag{3-56}$$

$$p_I(I)=\delta(1-S^2) \tag{3-57}$$

2)单模激光最常用的模型认为振幅与频率为常数,但初相位随时间涨落,其光振动可表为

$$u(t)=S\cos[2\pi\nu_0 t-\theta(t)] \tag{3-58}$$

其中随机相位 $\theta(t)$ 的结构函数为

$$D_\theta(t_2,t_1)=[\theta(t_2)-\theta(t_1)]^2=8\pi^2\tau\int_0^\tau\left(1-\frac{\eta}{\tau}\right)\Gamma_\nu(\eta)\mathrm{d}\eta\approx 8\pi^2\tau\int_0^\infty\Gamma_\nu(\eta)\mathrm{d}\eta \tag{3-59}$$

式中,$\tau=t_2-t_1$,Γ_ν 为随机涨落频率 $\nu_{\mathrm{R}}(t)=\dfrac{1}{2\pi}\dfrac{\mathrm{d}\theta(t)}{\mathrm{d}t}$ 的自相关函数,近似式在 τ 比 Γ_ν 的相关时间大得多时成立。因为随机相位 $\theta(t)$ 仍然均布于 $(-\pi,\pi)$ 区间,$u(t)$ 及瞬时光强 I 的概率密度函数仍然可用(3-55)式及(3-57)式表示。

3)更复杂一些的模型是把单模激光振幅看成是随时间涨落的,其相应的实信号可表示为

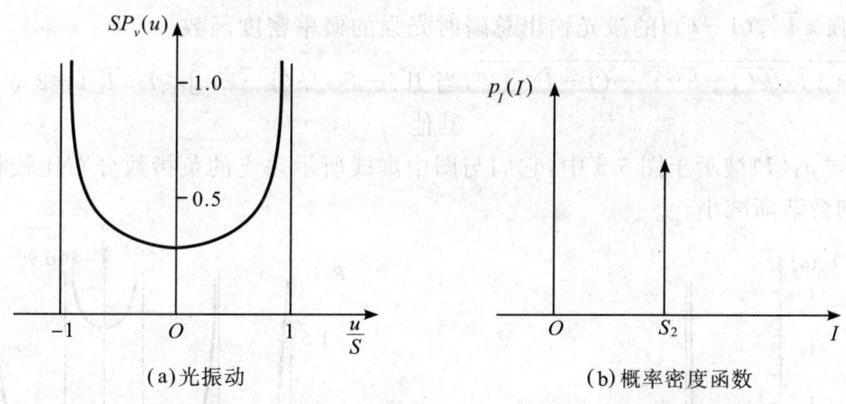

(a)光振动　　(b)概率密度函数

图 3-3　初相位随机变化的单色激光的光振动与瞬时光强的概率密度函数

$$u(t)=S\cos(2\pi\nu_0 t-\theta(t))+u_n(t) \tag{3-60}$$

式中，$u_n(t)$为表示振幅涨落的弱噪声项，服从高斯分布且与$\theta(t)$相互独立。若A_n为高斯噪声项的复包络，其瞬时光强为

$$\boldsymbol{I}=|\boldsymbol{S}+\boldsymbol{A}_n|^2=|\boldsymbol{S}|^2+2\mathrm{Re}\{\boldsymbol{S}^*\boldsymbol{A}_n\} \tag{3-61}$$

其中

$$\boldsymbol{S}=S\exp(\mathrm{i}\theta),\boldsymbol{A}_n=A_n\exp(\mathrm{i}\varphi_n) \tag{3-62}$$

式中，A_n、θ、φ_n均相互独立，则光强的概率密度函数与方差分别为

$$P_I(I)=\frac{1}{\sqrt{4\pi I_S\overline{I}_n}}\exp\left[-\frac{(I-I_S)^2}{4I_S\overline{I}_n}\right] \tag{3-63}$$

$$\sigma_I^2=2I_S\overline{I}_n \tag{3-64}$$

式中，$I_S=S^2$，$\overline{I}_n=\overline{A_n^2}$。

（二）多模激光

设多模激光器以N个模式稳定输出，其输出的总的光振动可用下式表示：

$$u(t)=\sum_{i=1}^{N}S_i\cos[2\pi\nu_i t-\theta_i(t)] \tag{3-65}$$

式中，S_i、ν_i为第i个模式的振幅与中心频率，$\theta_i(t)$为第i个模式的随时间变化的相位。在完全不存在相位锁定，即每个模式之间完全不相关时，实信号$u(t)$为N个相互独立的随机变量（过程）的叠加，每一个独立模式的振幅的特征函数为

$$M_i(\omega)=\mathrm{J}_0(\omega S_i) \tag{3-66}$$

总的光振动的特征函数则为

$$M_U=(\omega)=\prod_{i=1}^{N}\mathrm{J}_0(\omega S_i) \tag{3-67}$$

当N个模式的平均光强都等于$\overline{I}/N$时，可简化为

$$M_U(\omega)=\mathrm{J}_0^N(\omega\sqrt{\overline{I}/N}) \tag{3-68}$$

通过傅里叶反变换可求其概率密度函数，特别是当$N=2$时得到[14]

$$p_U(u)=\begin{cases}\dfrac{1}{\pi^2}\sqrt{\dfrac{2}{\overline{I}}}K\left(\sqrt{1-\dfrac{u^2}{2\overline{I}}}\right), & |u|<\sqrt{2\overline{I}}\\ 0, & \text{其他}\end{cases} \tag{3-69}$$

其中K为第一类完全椭圆积分。对于不同N的情况下用数值方法计算出的$p_U(u)$被示于图 3-4 中。由该图可以看出，当$N=5$时，$p_U(u)$已很接近高斯分布。这就是说，对于$N\geqslant5$的多模光来讲，只要不采用锁模技术，其输出光特性与热光特性之间的区别已很小。

多模激光瞬时光强的概率密度函数比其振幅的概率密度函数更加复杂，这里列出只有两个独立模式，两

者分别具有平均光强 $k\bar{I}$ 与 $(1-k)\bar{I}$ 的激光输出总瞬时光强的概率密度函数

$$p_I(I)=\begin{cases}\left[\pi\sqrt{(2\bar{I}\sqrt{k(1-k)})^2-(I-\bar{I})^2}\right]^{-1}, & \text{当 } \bar{I}\left[1-2\sqrt{k(1-k)}\right]<I<\bar{I}\left[1+2\sqrt{k(1-k)}\right]\\ 0, & \text{其他}\end{cases} \tag{3-70}$$

对于不同 k 值的不同 $p_I(I)$ 被示于图 3-5 中，它们与图中虚线所示热光的负指数分布比较相去甚远。但是当 N 增大时，两者差别会渐渐减小。

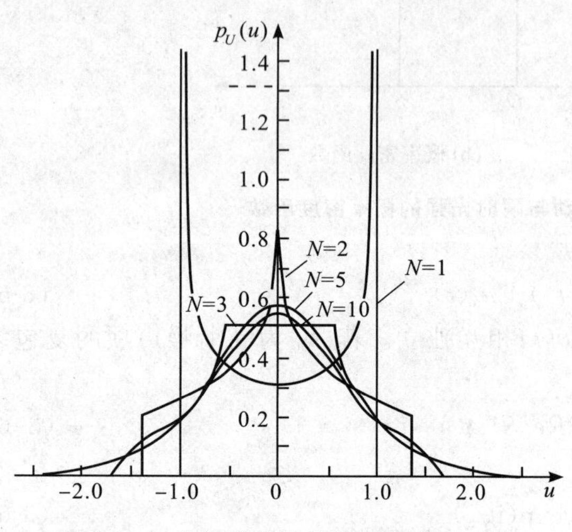

图 3-4　N 个模式等强度时，多模激光输出光振幅的概率密度函数曲线

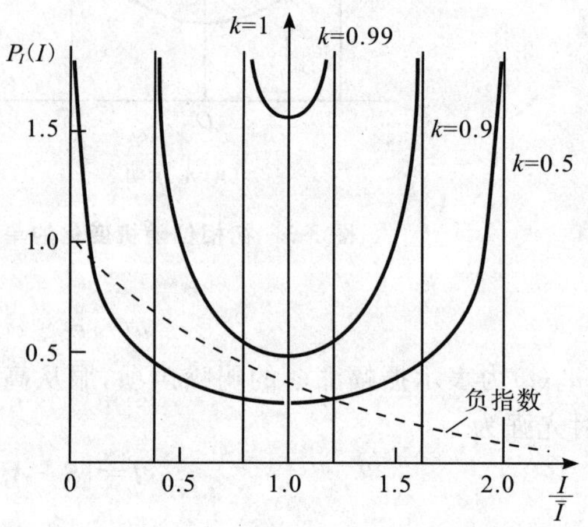

图 3-5　多模激光仅有两个强度为 $k\bar{I}$ 及 $(1-k)\bar{I}$ 的模式时总瞬时光强的概率密度函数曲线

尽管在有多于两个独立模式时，概率密度函数很复杂，但是对于有等强的 N 个独立模式时，总瞬时光强的标准差却不难由下式算出：

$$\frac{\sigma_I}{\bar{I}}=\sqrt{1-\frac{1}{N}} \tag{3-71}$$

式中，N 为等光强的模式个数。由图 3-6 可以看出当 N 增大时，$\frac{\sigma_I}{\bar{I}}$ 逐渐接近偏振热光 $\frac{\sigma_I}{\bar{I}}=1$。

(三)激光通过运动散射板产生的赝热光

利用如图 3-7 所示的装置，可以产生与偏振热光一阶统计性质相同而光波带宽窄许多倍的偏振赝热光。这是因为由散射板产生的相位涨落使在 P_0 点的元贡献叠加成具有圆形复高斯统计的光振动，其瞬时光强服从负指数统计。当散射板运动时，P_0 点光强就随时间按负指数统计涨落，因而与热光一阶统计性质完全相同。但作为激光叠加的结果，其带宽当然比普通热光要窄得多。

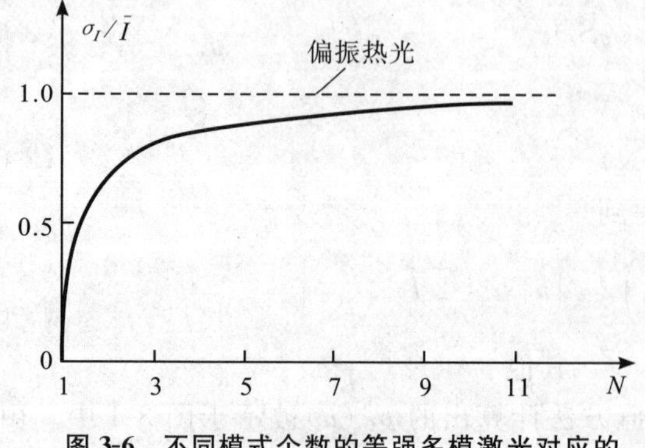

图 3-6　不同模式个数的等强多模激光对应的 $\frac{\sigma_I}{\bar{I}}$ 与偏振热光 $\frac{\sigma_I}{\bar{I}}$ 的比较

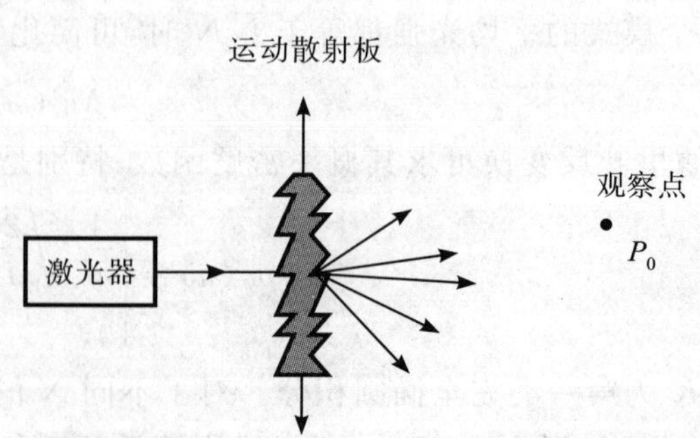

图 3-7　利用运动散射板由激光产生赝热光

第二节　光的相干性[15]

一、时间相干性

（一）时间相干性的定义

在分振幅干涉的情况下，点光源发出的一束光被延迟后的部分与未被延迟的光束本身在干涉场中相叠加，光波以这种形式发生干涉的能力称为光的时间相干性。迈克尔逊干涉仪是最典型的利用时间相干性产生干涉现象的仪器，图 3-8 是其原理图。仪器中探测器 D 接受的光强随程差 $2h$ 呈余弦形变化。由于有限的相干长度（时间）的限制，该余弦曲线的振幅逐渐减小，如图 3-9 所示。这种 I_D-h 曲线称作干涉图，它描述了由时间相干性产生的干涉现象。

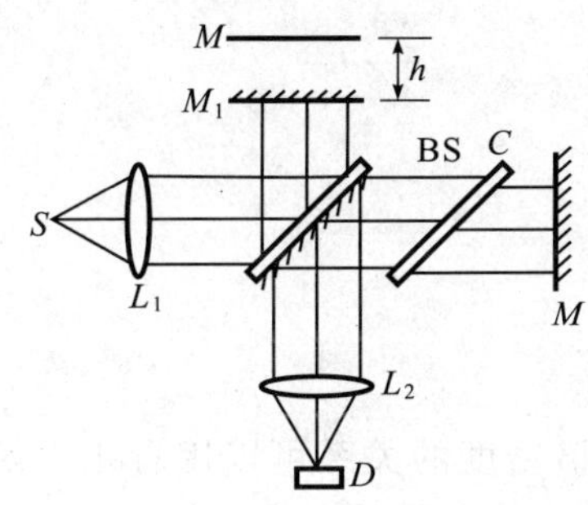

图 3-8　迈克尔逊干涉仪原理图

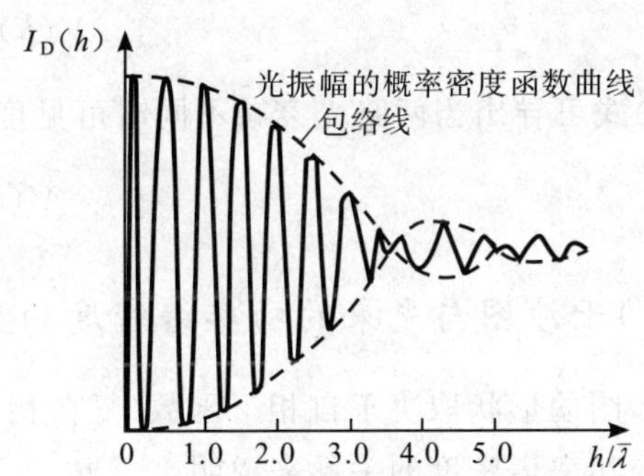

图 3-9　典型的分振幅干涉形成的干涉图

（二）自相干函数与复自相干度

衡量时间相干性的物理量有如下几种：

自相干函数

$$\Gamma(\tau)\equiv\langle u(t+\tau)u^*(t)\rangle \tag{3-72}$$

复自相干度

$$\gamma(\tau)\equiv\Gamma(\tau)/\Gamma(0) \tag{3-73}$$

相干时间[16]

$$\tau_c\equiv\int_{-\infty}^{\infty}|\gamma(\tau)^2|\,\mathrm{d}\tau\approx\frac{1}{\Delta\nu} \tag{3-74}$$

相干长度

$$l_c\equiv c\tau_c\approx\frac{c}{\Delta\nu}=\frac{\bar{\lambda}^2}{\Delta\lambda} \tag{3-75}$$

式中，$u(t)$为表示光波的解析信号，τ 为相对时延，$\Delta\nu$ 与 $\Delta\lambda$ 分别为光波的频带宽度与波长范围，$\bar{\lambda}$ 为中心波长，c 为光速。利用自相干函数与复相干度，干涉场中接收器 D 处（平均）光强可表示为

$$\begin{aligned}I_D(h)&=\left\langle\left|K_1u(t)+K_2u\left(t+\frac{2h}{c}\right)\right|^2\right\rangle\\&=(K_1^2+K_2^2)I_0+2K_1K_2\mathrm{Re}\left\{\Gamma\left(\frac{2h}{c}\right)\right\}\\&=(K_1^2+K_2^2)I_0\left[1+\frac{2K_1K_2}{K_1^2+K_2^2}\mathrm{Re}\left\{\gamma\left(\frac{2h}{c}\right)\right\}\right]\end{aligned} \tag{3-76}$$

式中，$2h$ 为干涉仪两路光之间的光程差，K_1、K_2 分别为两路光的衰减系数。I_0 则由下式定义：

$$I_0\equiv\langle|u(t)^2\rangle=\left\langle\left|u\left(t+\frac{2h}{c}\right)\right|^2\right\rangle \tag{3-77}$$

利用复自相干度的幅值 $\gamma(\tau)=|\gamma(\tau)|$，中心频率 $\bar{\nu}$ 及在中心频率附近的相位变化 $a(\tau)$，可把复自相干度表示成一般形式：

$$\boldsymbol{\gamma}(\tau)\equiv\gamma(\tau)\exp\{-\mathrm{i}[2\pi\bar{\nu}\tau-a(\tau)]\} \tag{3-78}$$

当两路光衰减相同时干涉场光强可简化为

$$I_{\mathrm{D}}(h)=2K_0^2I_0\left\{1+\gamma\left(\frac{2h}{c}\right)\cos\left[2\pi\left(\frac{2h}{\bar{\lambda}}\right)-a\left(\frac{2h}{c}\right)\right]\right\} \tag{3-79}$$

显然(3-79)式与图 3-9 是完全一致的，其中 $\gamma\left(\frac{2h}{c}\right)$ 表示了余弦函数包络线的相应函数形式。

进一步定义条纹可见度为

$$V\equiv\frac{I_{\max}-I_{\min}}{I_{\max}+I_{\min}} \tag{3-80}$$

式中，$I_{\max}$ 与 $I_{\min}$ 分别为干涉条纹光强的最大值与最小值。由(3-79)式可见，当两路光强度相等时，有

$$V(h)=\left|\boldsymbol{\gamma}\left(\frac{2h}{c}\right)\right|=\gamma\left(\frac{2h}{c}\right) \tag{3-81}$$

由(3-76)式可导出当两路光衰减不同时可见度为

$$V(h)=\frac{2K_1K_2}{K_1^2+K_2^2}\gamma\left(\frac{2h}{c}\right) \tag{3-82}$$

（三）干涉图与光束的功率谱密度的关系

干涉图的形状取决于自相干函数（复自相干度），干涉图与功率谱密度的关系可以用自相干函数及复自相干度与功率谱密度的关系来说明：

$$\Gamma(\tau)=\int_0^{\infty}4G^{(\mathrm{r,r})}(\nu)\exp(-\mathrm{i}2\pi\nu\tau)\mathrm{d}\nu \tag{3-83}$$

式中，$G^{(\mathrm{r,r})}(\nu)$ 为实光扰动 $u^{(\mathrm{r})}(t)$ 的功率谱密度。进一步定义归一化功率谱密度：

$$\hat{G}(\nu)=\begin{cases}\dfrac{G^{(\mathrm{r,r})}(\nu)}{\int_0^{\infty}G^{(\mathrm{r,r})}(\nu)d\nu}, & \nu>0\\ 0, & \text{其他}\end{cases} \tag{3-84}$$

从而可建立复自相干度与归一化功率谱密度的关系如下：

$$\boldsymbol{\gamma}(\tau)=\int_0^{\infty}\hat{G}(\nu)\exp(-\mathrm{i}2\pi\nu\tau)\mathrm{d}\nu \tag{3-85}$$

3 种典型的谱线的功率谱密度、复自相干度及相干时间列于表 3-1 中，图 3-10 为其相应的曲线。

表 3-1 三种典型谱线的 $\hat{G}(\nu)$，$\boldsymbol{\gamma}(\tau)$ 及 τ_c

	$\hat{G}(\nu)$	$\boldsymbol{\gamma}(\tau)$	τ_c
高斯型谱线	$\frac{2\sqrt{\ln 2}}{\sqrt{\pi}\Delta\nu}\exp\left[-\left(2\sqrt{\ln 2}\frac{\nu-\bar{\nu}}{\Delta\nu}\right)^2\right]$	$\exp\left[-\left(\frac{\pi\Delta\nu\tau}{2\sqrt{\ln 2}}\right)^2\right]\exp(-\mathrm{i}2\pi\bar{\nu}\tau)$	$\sqrt{\frac{2\ln 2}{\pi}}\frac{1}{\Delta\nu}=\frac{0.664}{\Delta\nu}$
洛伦兹型谱线	$\frac{2(\pi\Delta\nu)^{-1}}{1+\left(2\frac{\nu-\bar{\nu}}{\Delta\nu}\right)^2}$	$\exp[-\pi\Delta\nu\lvert\tau\rvert]\exp(-\mathrm{i}2\pi\bar{\nu}\tau)$	$\frac{1}{\pi\Delta\nu}=\frac{0.318}{\Delta\nu}$
矩形谱线	$\frac{1}{\Delta\nu}\mathrm{rect}\left(\frac{\nu-\bar{\nu}}{\Delta\nu}\right)$	$\mathrm{sinc}(\Delta\nu\tau)\exp(-\mathrm{i}2\pi\bar{\nu}\tau)$	$\frac{1}{\Delta\nu}$

注：$\bar{\nu}$ 为中心频率，$\Delta\nu$ 为半功率带宽。

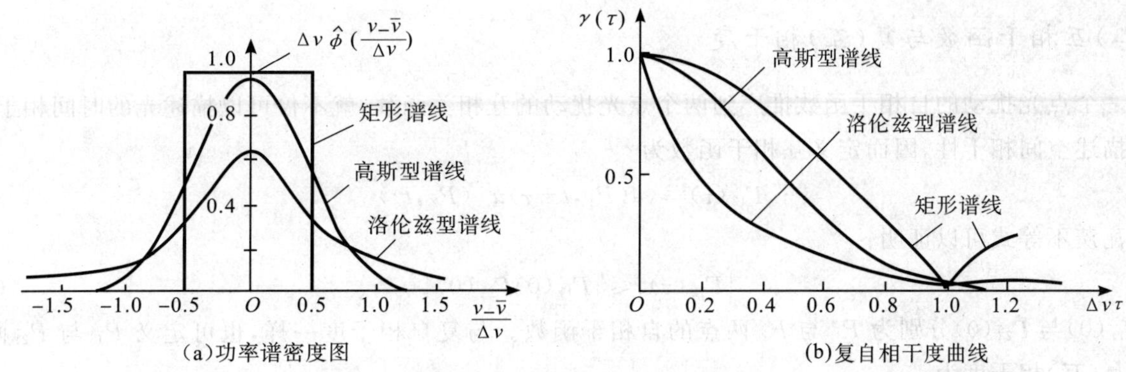

图 3-10　3 种典型谱线的功率谱密度与复自相干度曲线

(四)傅里叶光谱学

(3-85)式中两个物理量 $\gamma(\tau)$ 与 $\hat{G}$ 都是可以测量的，我们不仅可以由已知光源的功率谱密度计算其复自相干度用于干涉计量，也可以反过来，由干涉仪记录的干涉图来计算光源的功率谱密度从而得到光谱曲线，这种方法就是傅里叶光谱学的基础[17]。傅里叶频谱变换技术取消了狭缝的限制，可以充分利用光能，分辨率高，信噪比大，特别适用于红外吸收光谱作气体分析，目前已发展得相当成熟，并已被用于工业生产中。

二、空间相干性

(一)空间相干性的定义

在分波面干涉的情况下，由窄带非单色扩展光源发出的光的波面分成不同部分通过不同路径而后在干涉场中重新相遇，光波以这种形式在接近零程差条件下发生干涉的能力被称作光的空间相干性。著名的杨氏实验就是最典型的分波面干涉实验(图 3-11)。当光源是一个几何点且接近单色时，在观察屏上会产生如图 3-12(a)中虚线所示的余弦型亮度分布。当扩展为两个相互独立的点光源 S_1 与 S_2 时，即使它们的中心波长相同，也将分别产生两组余弦条纹而按强度叠加，结果使条纹的可见度降低。进而当两个针孔 P_1 与 P_2 的距离加大时，会导致两组条纹相抵消，可见度降低到 0(图 3-12(b))。这表明尽管光源相同，波面上不同点之间发生干涉的能力可能不同。光的空间相干性决定了分波面产生的两束光之间是否能产生干涉现象。但是应当注意到，在光程差不等于 0 的情况下，杨氏干涉实验中限制干涉场的不仅有空间相干性，也有时间相干性。

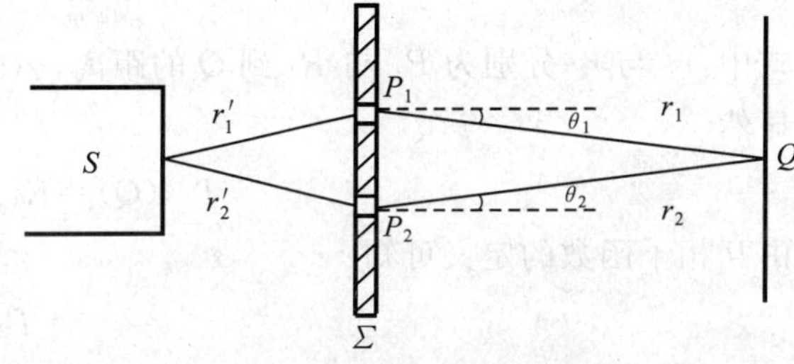

图 3-11　杨氏干涉实验

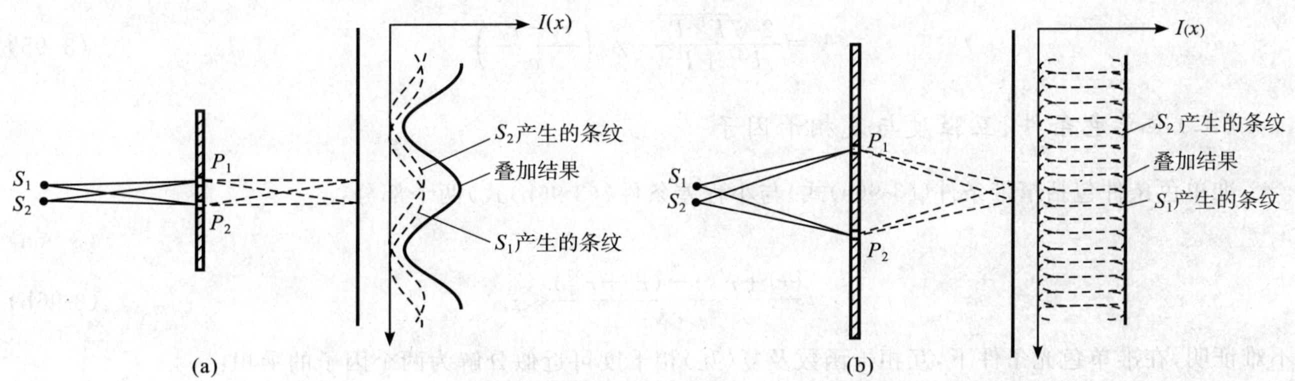

图 3-12　同一窄带扩展光源照明下，空间不同点对之间发生干涉的能力

(二)互相干函数与复(互)相干度

由一个点光扰动的自相干函数推广到两个点光扰动的互相关函数,就不仅可以描述光的时间相干性,同时也能描述空间相干性,因而定义互相干函数为[18]

$$\Gamma_{12}(\tau) \equiv \langle u(P_1, t+\tau) u^*(P_2, t) \rangle \tag{3-86}$$

利用施瓦茨不等式可以证明:

$$|\Gamma_{12}(\tau)| \leqslant |\Gamma_{11}(0)\Gamma_{22}(0)|^{\frac{1}{2}} \tag{3-87}$$

式中,$\Gamma_{11}(0)$与$\Gamma_{22}(0)$分别为P_1与P_2两点的自相干函数。与复自相干度一样,也可定义P_1与P_2两点光扰动的复(互)相干度为

$$|\gamma_{12}(\tau)| \equiv \frac{\Gamma_{12}(\tau)}{[\Gamma_{11}(0)\Gamma_{22}(0)]^{\frac{1}{2}}} \tag{3-88}$$

利用这两个参数可以把P_1及P_2两点光扰动传播到Q点相干涉后得到的光强表示为

$$\begin{aligned} I(Q) &= I^{(1)}(Q) + I^{(2)}(Q) + 2K_1K_2 \mathrm{Re}\left\{\Gamma_{12}\left(\frac{r_2-r_1}{c}\right)\right\} \\ &= I^{(1)}(Q) + I^{(2)}(Q) + 2\sqrt{I^{(1)}(Q)I^{(2)}(Q)}\,\mathrm{Re}\left\{\gamma_{12}\left(\frac{r_2-r_1}{c}\right)\right\} \end{aligned} \tag{3-89}$$

式中,$I^{(1)}(Q)$与$I^{(2)}(Q)$分别为光波由P_1与P_2点单独传播到Q点产生的光强。$K_1=|K_1|$和$K_2=|K_2|$分别为按下式定义的传播常数:

$$K_1 \approx \iint\limits_{\substack{\text{针孔}P_1\\\text{的面积}}} \frac{\chi(\theta_1)}{\mathrm{i}\bar{\lambda} r_1}\mathrm{d}s,\quad K_2 \approx \iint\limits_{\substack{\text{针孔}P_2\\\text{的面积}}} \frac{\chi(\theta_2)}{\mathrm{i}\bar{\lambda} r_2}\mathrm{d}s \tag{3-90}$$

式中,r_1与r_2分别为P_1与P_2到Q的距离,$\chi(\theta_1)$与$\chi(\theta_2)$分别为P_1与P_2两孔到Q的方向因子(图3-11)。显然

$$I^{(1)}(Q) = K_1^2\Gamma_{11}(0),\ I^{(2)}(Q) = K_2^2\Gamma_{22}(0) \tag{3-91}$$

由互相干函数的定义可知

$$\Gamma_{21}(-\tau) = \Gamma_{12}^*(\tau) \tag{3-92}$$

复(互)相干度也可用其模与在中心频率$\bar{\nu}$附近的相位变化$a_{12}(\tau)$表示:

$$\gamma_{12}(\tau) = |\gamma_{12}(\tau)|\exp\{-\mathrm{i}[2\pi\bar{\nu}\tau - a_{12}(\tau)]\} \tag{3-93}$$

从而Q点光强也可表示成余弦形式:

$$I(Q) = I^{(1)}(Q) + I^{(2)}(Q) + 2\sqrt{I^{(1)}(Q)I^{(2)}(Q)}\,\gamma_{12}\left(\frac{r_2-r_1}{c}\right)\cos\left[2\pi\bar{\nu}\left(\frac{r_2-r_1}{c}\right) - a_{12}\left(\frac{r_2-r_1}{c}\right)\right] \tag{3-94}$$

这说明当$\gamma_{12}=|\gamma_{12}|>0$时就可以在$Q$点附近看到余弦型干涉条纹,而且其可见度为

$$V = \frac{2\sqrt{I^{(1)}I^{(2)}}}{I^{(1)}+I^{(2)}}\gamma_{12}\left(\frac{r_2-r_1}{c}\right) \tag{3-95}$$

(三)准单色条件、互强度与复相干因子

准单色条件包括窄带条件((3-96a)式)与小程差条件((3-96b)式)两个部分:

$$\Delta\nu \ll \bar{\nu} \tag{3-96a}$$

$$\frac{(r_2+r'_2)-(r_1+r'_1)}{c} \ll \tau_c \tag{3-96b}$$

不难证明,在准单色光条件下,互相干函数及复(互)相干度可近似分解为两个因子的乘积:

$$\Gamma_{12}\tau = \Gamma_{12}(0)\exp(-\mathrm{i}2\pi\bar{\nu}\tau) \tag{3-97a}$$

$$\gamma_{12}\tau = \gamma_{12}(0)\exp(-\mathrm{i}2\pi\bar{\nu}\tau) \tag{3-97b}$$

式中，$\Gamma_{12}(0)$与$\gamma_{12}(0)$为只和P_1与P_2两点光扰动有关的量，而指数部分则只与程差及$\bar{\nu}$有关。前者体现了空间两点光扰动之间关联的程度，而后者与(3-78)式对照可以发现相当于$\gamma(\tau)=1$及$a(\tau)=0$时的$\gamma(\tau)$，即频率为$\bar{\nu}$的单色光的自相干度，其时间相干性是没有限制的。这就是说，在准单色条件下，空间两点的光扰动相叠加以后是否产生干涉现象完全取决于其空间相干性。我们定义表征准单色条件下空间相干性的物理量为互强度J_{12}：

$$J_{12}\equiv\Gamma_{12}(0)=\langle u(P_1,t)u^*(P_2,t)\rangle=\langle A(P_1,t)A^*(P_2,t)\rangle \tag{3-98a}$$

以及复相干因子μ_{12}：

$$\mu_{12}=\gamma_{12}(0)=J_{12}/[I(P_1)I(P_2)]^{\frac{1}{2}} \tag{3-98b}$$

式中，A为解析信号u的复包络，I为光强。利用准单色条件及上述定义，(3-89)式表达的光强分布$I(Q)$在傍轴近似情况下可简化为

$$\begin{aligned}I(Q)&=I(x,y)\\&=I^{(1)}+I^{(2)}+2K_1K_2J_{12}\cos\left[\frac{2\pi}{\bar{\lambda}z_2}(\Delta\xi x+\Delta\eta y)+\varphi_{12}\right]\\&=I^{(1)}+I^{(2)}+2\sqrt{I^{(1)}I^{(2)}}\,\mu_{12}\cos\left[\frac{2\pi}{\bar{\lambda}z_2}(\Delta\xi x+\Delta\eta y)+\varphi_{12}\right]\end{aligned} \tag{3-99}$$

式中，$J_{12}=|J_{12}|$，$\mu_{12}=|\mu_{12}|$，而且

$$\varphi_{12}=\arg\{J_{12}\}=\frac{\pi}{\bar{\lambda}z_2}(\rho_2^2-\rho_1^2)=a_{12}(0)-\frac{\pi}{\bar{\lambda}z_2}(\rho_2^2-\rho_1^2)$$

这里，P_1、P_2、Q的位置已由在小孔平面及观察平面上建立的坐标(ξ,η)及(x,y)来表示(图3-13)，而ρ_1、ρ_2分别为P_1、P_2到(ξ,η)坐标原点的距离。在准单色条件下，干涉条纹的可见度仅取决于表征空间相干性的复相干因子：

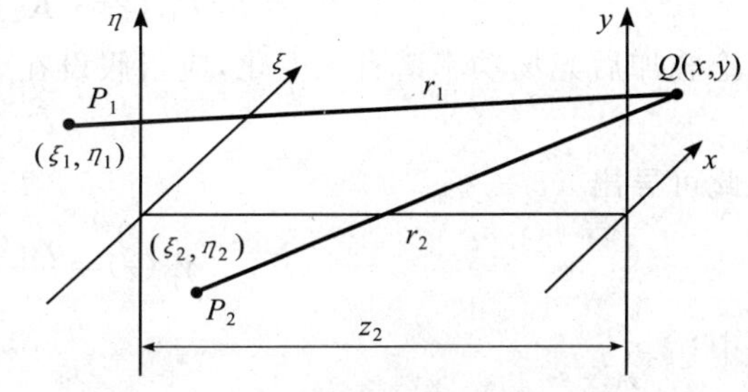

图 3-13 杨氏干涉实验的几何关系

$$V=\begin{cases}\dfrac{2\sqrt{I^{(1)}I^{(2)}}}{I^{(1)}+I^{(2)}}\mu_{12}, & \text{当 } I^{(1)}\neq I^{(2)}\\ \mu_{12}, & \text{当 } I^{(1)}=I^{(2)}\end{cases} \tag{3-100}$$

与时间相干性的度量——相干长度——相类似，可以定义空间相干性的度量——相干面积——为

$$A_c\equiv\iint_{-\infty}^{\infty}|\mu(\Delta\xi,\Delta\eta)|^2\,\mathrm{d}\xi\mathrm{d}\eta \tag{3-101a}$$

设相干面积为正方形，还可定义空间相干间隔d_c为

$$d_c=\sqrt{A_c} \tag{3-101b}$$

对于任意形状，面积为A_c的均匀非相干光源，在离光源z_1处，垂直于光传播方向上的相干面积可由范西特-泽尼克定理(参阅(12-134)式)求出：

$$A_c=\frac{(\bar{\lambda}z)^2}{A_s}=\frac{(\bar{\lambda})^2}{\Omega_s} \tag{3-102}$$

式中，Ω_s为光源对(ξ,η)面原点所张立体角。

(四)有限针孔尺寸的影响

当考虑杨氏实验中两个针孔具有有限的尺寸时，如果光源的线度D满足下列条件：

$$D\ll\frac{\bar{\lambda}z_1}{\delta} \tag{3-103}$$

式中，z_1为光源到针孔屏距离，δ为针孔直径，衍射效应不会因为光源的有限尺寸造成的平滑化作用而消失。由于衍射，两个孔会产生不完全重叠的两个衍射图，单孔衍射光强可表示为

$$I^{(i)}(Q)=\left(\frac{A}{\bar{\lambda}\tau_2}\right)^2 I(P_i)\left\{2\frac{\mathrm{J}_1\left[\frac{\pi\delta}{\bar{\lambda}z_2}\sqrt{\left(x-\frac{z_1+z_2}{z_1}\xi_i\right)^2+\left(y-\frac{z_1+z_2}{z_1}\eta_i\right)^2}\right]}{\frac{\pi\delta}{\bar{\lambda}z_2}\sqrt{\left(x-\frac{z_1+z_2}{z_1}\xi_i\right)^2+\left(y-\frac{z_1+z_2}{z_1}\eta_i\right)^2}}\right\} \tag{3-104}$$

式中，$A=\pi(\delta/2)^2$ 为针孔面积，$I(P_i)$为针孔上入射光强度，J_1 为一阶第一类贝塞尔函数。观察面上光强分布及干涉条纹可见度需通过(3-99)式及(3-100)式计算。

三、交叉谱纯度

如果复相干度能被分解为以空间和时间为变量的两个独立因子的乘积，则准单色光的叠加光场的功率谱不随传播距离而改变，具有这种性质的光称为交叉谱纯的光[19]。

(一)两个光场叠加的功率谱

在杨氏干涉实验(图 3-11)中，延迟为 $\tau_1=\frac{r_1}{c}$ 及 $\tau_2=\frac{r_2}{c}$ 的两束光在 Q 点叠加后，在 Q 点得到的光扰动用解析信号可表示为

$$u(Q,t)=K_1u(P_1,t-\tau_1)+K_2u(P_2,t-\tau_2) \tag{3-105}$$

则 Q 点光扰动的自相干函数为

$$\begin{aligned}\Gamma_Q(\tau)&=\langle u(Q,t+\tau)u^*(Q,t)\rangle\\&=K_1^2\Gamma_{11}(\tau)+K_2^2\Gamma_{22}(\tau)+2K_1K_2\mathrm{Re}\{\Gamma_{12}(\tau_2-\tau_1+\tau)\}\end{aligned} \tag{3-106}$$

讨论叠加后光场功率谱有无变化，应当假设在 P_1 及 P_2 两针孔处光的功率谱密度相同，即

$$\hat{G}_1(\nu)=\hat{G}_2(\nu)\equiv\hat{G}(\nu) \tag{3-107}$$

由此可导出

$$\gamma_Q(\tau)=\frac{\gamma_{11}(\tau)+A\mathrm{Re}\{\gamma_{12}(\tau_2-\tau_1+\tau)\}}{1+A\mathrm{Re}\{\gamma_{12}(\tau_2-\tau_1)\}} \tag{3-108}$$

其中

$$A=\frac{2\sqrt{I^{(1)}I^{(2)}}}{I^{(1)}+I^{(2)}}$$

经过傅里叶变换得到 Q 点光扰动功率谱密度为

$$\hat{G}_Q(\nu)=\frac{\hat{G}(\nu)+A\mathrm{Re}\{\hat{G}_{12}(\nu)\exp[\mathrm{i}2\pi\nu(\tau_1-\tau_2)]\}}{1+A\mathrm{Re}\{\gamma_{12}(\tau_2-\tau_1)\}} \tag{3-109}$$

式中，$\mathrm{Re}\{\hat{G}_{12}(\nu)\}=\mathscr{F}\{2\gamma_{12}{}^{(r,r)}(\tau)\}=\mathscr{F}\{\mathrm{Re}[\gamma_{12}(\tau)]\}$ 中 $\hat{G}(\nu)_{12}$ 为两个光扰动之间互谱密度(参阅(3-120)式)，但只有对于单边解析信号，这一等式才成立。

(二)交叉谱纯及其条件

当两束光不相干，也就是 $\hat{G}_{12}(\nu)=0$，$\gamma_{12}(\tau_2-\tau_1)=0$ 时，(3-109)式右端即为 $\hat{G}(\nu)$，因而叠加产生的功率谱密度与原两束光本身的功率谱密度相同。

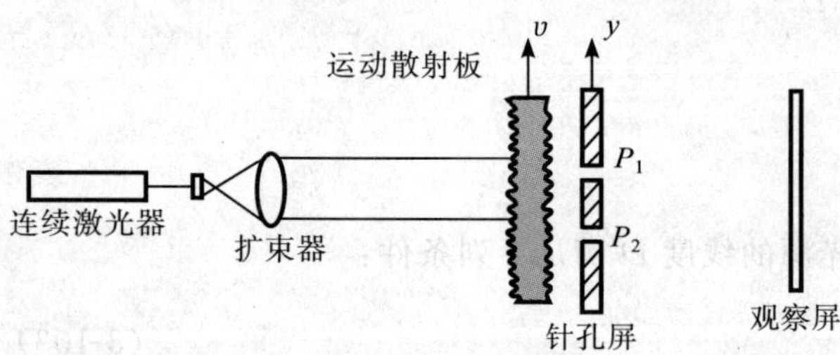

图 3-14　通过运动散射板的激光在 P_1 与 P_2 两点产生的光扰动的相干性

但是，在准单色条件下，只要满足下列条件：

$$\gamma_{12}(\tau)=\mu_{12}\gamma(\tau) \tag{3-110}$$

就可使得

$$\hat{G}_Q(\nu)=\hat{G}(\nu) \tag{3-111}$$

从而两束光是交叉谱纯的。(3-110)式说明准单色光交叉谱纯的条件是互相干度可以被分解为互相干因子与自相干度的乘积。这在许多需要同时考虑空间相干性与时间相干性的问题中是很有益的。

通常假定光具有交叉谱纯度并不予以严格证明，但应当注意在许多情况下交叉谱纯假设是不合适的，例如被运动散射板调制的激光就不是交叉谱纯的(图 3-14)，只有在激光通过两块相对以同样速度运动的散射板时，透过的光才具有交叉谱纯性质。

四、互相干性的传播

(一)由惠更斯-菲涅耳原理导出的解

图 3-15 示意了光波从左至右由 Σ_1 面传播到 Σ_2 面时，由 P_1 与 P_2 两点互相干函数导出 Q_1 与 Q_2 两点互相干函数的有关参数。r_1、r_2 分别为由 P_1 到 Q_1 及由 P_2 到 Q_2 的距离，θ_1 与 θ_2 分别为 P_1Q_1 与 P_2Q_2 和 P_1 与 P_2 点处 Σ_1 面法线之间夹角。根据惠更斯-菲涅耳原理，如果光波满足窄带条件 $\Delta\nu \ll \bar{\nu}$，则互相干函数 $\Gamma_{Q_1Q_2}$ 可用 P_1P_2 互相关函数 $\Gamma(P_1,P_2,\tau)$ 表示为

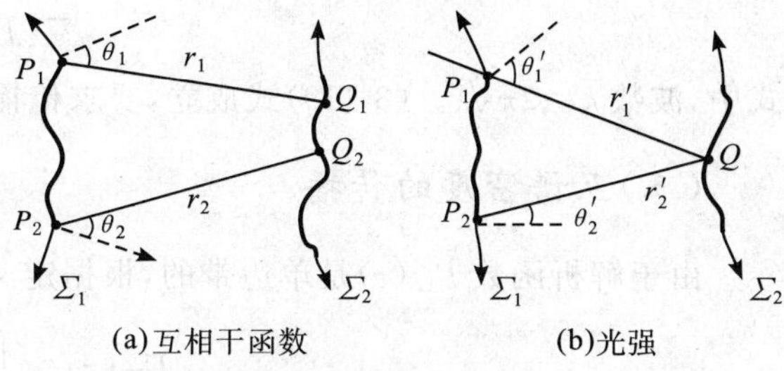

图 3-15　计算光波传播到 Σ_2 面上 Q_1、Q_2 两点之间的互相干函数与 Q 点光强的参数

$$\Gamma(Q_1,Q_2,\tau)=\langle u(Q_1,t+\tau)u^*(Q_2,t)\rangle$$

$$=\iint_{\Sigma_1}\iint_{\Sigma_2}\Gamma\left(P_1,P_2;\tau+\frac{r_2-r_1}{c}\right)\frac{\chi(\theta_1)}{\bar{\lambda}r_1}\frac{\chi(\theta_2)}{\bar{\lambda}r_2}\mathrm{d}s_1\mathrm{d}s_2 \tag{3-112}$$

式中，$\chi(\theta_1)$和 $\chi(\theta_2)$为方向因子，$\bar{\lambda}$ 为窄带光中心波长。若为不满足窄带条件的宽带光，则有

$$\Gamma(Q_1,Q_2,\tau)=-\iint_{\Sigma_1}\iint_{\Sigma_2}\frac{\partial^2}{\partial\tau^2}\Gamma\left(P_1,P_2,\tau+\frac{r_2-r_1}{c}\right)\frac{\chi(\theta_1)}{2\pi cr_1}\frac{\chi(\theta_2)}{2\pi cr_2}\mathrm{d}s_1\mathrm{d}s_2 \tag{3-113}$$

对于进一步要求在问题中涉及的光程差远远小于相干长度的准单色光，可导出 P_1、P_2 两点互强度与 Q_1、Q_2 两点互强度之间的关系为

$$J(Q_1,Q_2)=\iint_{\Sigma_1}\iint_{\Sigma_2}J(P_1,P_2)\exp\left[-\mathrm{i}\frac{2\pi}{\bar{\lambda}}(r_2-r_1)\right]\frac{\chi(\theta_1)}{\bar{\lambda}r_1}\frac{\chi(\theta_2)}{\bar{\lambda}r_2}\mathrm{d}s_1\mathrm{d}s_2 \tag{3-114}$$

当 Q_1 与 Q_2 合并为一点时(图 3-15(b))，则得 Q 点光强为

$$I(Q)=\iint_{\Sigma_1}\iint_{\Sigma_2}J(P_1,P_2)\exp\left[-\mathrm{i}\frac{2\pi}{\bar{\lambda}}(r'_2-r'_1)\right]\frac{\chi(\theta_1)}{\bar{\lambda}r'_1}\frac{\chi(\theta_2)}{\bar{\lambda}r'_2}\mathrm{d}s_1\mathrm{d}s_2 \tag{3-115}$$

式中，r'_1 与 r'_2 分别为 P_1 与 P_2 到 Q 点距离。

(二)互相干传播的波动方程

由于实信号 $u^{(\mathrm{r})}(P,t)$表示的单色偏振光扰动在自由空间中传播时满足下述波动方程：

$$\nabla^2u^{(\mathrm{r})}(P,t)-\frac{1}{c^2}\frac{\partial^2}{\partial t^2}u^{(\mathrm{r})}(P,t)=0 \tag{3-116a}$$

根据希尔伯特变换性质，相应解析函数 $u(P,t)$及其虚部 $u^{(\mathrm{i})}(P,t)$也满足同样的波动方程：

$$\nabla^2u^{(\mathrm{i})}(P,t)-\frac{1}{c^2}\frac{\partial^2}{\partial t^2}u^{(\mathrm{i})}(P,t)=0 \tag{3-116b}$$

$$\nabla^2u(P,t)-\frac{1}{c^2}\frac{\partial^2}{\partial t^2}u(P,t)=0 \tag{3-116c}$$

式中，拉普拉斯算符$\nabla^2=\partial^2/\partial x^2+\partial^2/\partial y^2+\partial^2/\partial z^2$，进一步定义

$$\left.\begin{aligned}\nabla_1^2&\equiv\frac{\partial^2}{\partial x_1^2}+\frac{\partial^2}{\partial y_1^2}+\frac{\partial^2}{\partial z_1^2}\\ \nabla_2^2&\equiv\frac{\partial^2}{\partial x_2^2}+\frac{\partial_2}{\partial y_2^2}+\frac{\partial_2}{\partial z_2^2}\end{aligned}\right\} \tag{3-117}$$

则可导出互相干函数也满足波动方程：

$$\left.\begin{aligned}\nabla_1^2\Gamma_{12}(\tau)=\frac{1}{c^2}\frac{\partial^2}{\partial\tau^2}\Gamma_{12}(\tau)\\ \nabla_2^2\Gamma_{12}(\tau)=\frac{1}{c^2}\frac{\partial^2}{\partial\tau^2}\Gamma_{12}(\tau)\end{aligned}\right\}\tag{3-118}$$

而互强度则满足亥姆霍兹方程：

$$\left.\begin{aligned}\nabla_1^2J_{12}+\overline{k^2}J_{12}=0\\ \nabla_2^2J_{12}+\overline{k^2}J_{12}=0\end{aligned}\right\}\tag{3-119}$$

式中，波数 $\bar{k}=2\pi\sqrt{\lambda}$。(3-119)式成立，要求传播的光满足准单色条件，而(3-118)式则无此限制。

(三)互谱密度的传播

由于解析函数 $\Gamma_{12}(\tau)$ 是单边带的，根据定义，互谱密度与互相干函数之间满足下列变换关系：

$$\Gamma_{12}(\tau)=\int_0^\infty G_{12}(\nu)\exp(-\mathrm{i}2\pi\nu\tau)\mathrm{d}\nu\tag{3-120}$$

代入波动方程(3-118)式，立即导出互谱密度函数满足一对亥姆霍兹方程：

$$\left.\begin{aligned}\nabla_1^2G_{12}(\nu)+\left(\frac{2\pi\nu}{c}\right)^2G_{12}(\nu)=0\\ \nabla_2^2G_{12}(\nu)+\left(\frac{2\pi\nu}{c}\right)^2G_{12}(\nu)=0\end{aligned}\right\}\tag{3-121}$$

比较(3-119)式与(3-121)式可以发现，互强度与互谱密度满足同样的亥姆霍兹方程，区别仅在于把准单色光的中心频率 $\bar{\nu}$ 换成各单色光成分的 ν。

五、互相干函数的极限形式

在实际工作中考虑相干性的极限情况，确定相干场与非相干场的概念是很重要的。

(一)相干场

观察光场中所有的点对 P_1 和 P_2，无论相对时延 τ 为多大，都有

$$|\gamma_{12}(\tau)|=1\tag{3-122}$$

则这个光场是严格相干的。这个条件要求一个完善的单色波，事实上没有一个实验能满足这个要求，因而没有实际意义。下面要集中讨论另一个比较实用的完全相干条件。对于任意观察场中的点对(P_1，P_2)，总可以有一个时延，使得 $|\gamma_{12}(\tau)|$ 为 1，即

$$\max|\gamma_{12}(\tau)|=1\tag{3-123}$$

若满足交叉谱纯条件，由于无论如何总可以找到一个 τ 使自相干度得到 $|\gamma(\tau)|=1$，故(3-123)式等价于与 τ 无关的复相干因子 μ_{12} 的模为 1，即

$$|\mu_{12}|=1\tag{3-124}$$

利用复包络的概念还可导出另一个等价的完全相干条件是

$$A(P_2,t)=k_{12}A(P_1,t+\tau)\tag{3-125}$$

这就是说在完全相干场中要保证任意一对点的光扰动的复包络，在某一个相对时延后变得仅仅相差一个复常数因子。

在较常见的准单色光情况下，完全相干条件进一步简化为

$$A(P_2,t)=k_{12}A(P_1,t)\tag{3-126}$$

即特定的时延 τ 为 0。进一步选定参考点 P_0，利用傅里叶光学中常用的不随时间变化的复振幅 $A(P_1)$ 与 $A(P_2)$，可以把每个点的光扰动通过参考点光扰动复包络 $A(P_0)$ 来表示：

$$A(P_1,t)=A(P_1)\frac{A(P_0,t)}{[I(P_0)]^{\frac{1}{2}}}$$

$$A(P_2,t)=A(P_2)\frac{A(P_0,t)}{[I(P_0)]^{\frac{1}{2}}} \tag{3-127}$$

这时互强度也可表示成复振幅的形式：

$$J_{12}=\langle A(P_1,t)A^*(P_2,t)\rangle=A(P_1)A^*(P_2) \tag{3-128}$$

复相干因子则简化为

$$\mu_{12}=\exp\{\mathrm{i}[\varphi(P_1)-\varphi(P_2)]\} \tag{3-129}$$

式中，$\varphi(P_1)=\mathrm{ang}\{A(P_1)\}$，$\varphi(P_2)=\mathrm{ang}\{A(P_2)\}$。

准单色光杨氏实验干涉条纹的光强分布在完全相干条件下变成

$$I(Q)=I^{(1)}(Q)+I^{(2)}(Q)+2\sqrt{I^{(1)}(Q)I^{(2)}(Q)}\cos\left[\frac{2\pi(r_2-r_1)}{\bar{\lambda}}+\varphi(P_1)-\varphi(P_2)\right] \tag{3-130}$$

（二）非相干场

完全非相干场所要求的严格非相干性是对于观察光场中任意点对、任意时延，都有

$$|\Gamma_{12}(\tau)|=0 \tag{3-131}$$

这意味着无论传播到何处的两个点都有 $\Gamma(Q_1,Q_2;\tau)\equiv 0$（参阅(3-112)式），从而 $I(Q_1)=I(Q_2)=0$。因而一个完善的非相干光场是不能辐射的，对应着无限小独立发光体的集合所发出的完善非相干光从物理意义上讲是不存在的。

实际应用中，假使光学系统对于观察区域的分辨率比 $\bar{\lambda}$ 粗糙得多，一般把准单色光非相干场的互强度用 δ 函数与光强的乘积来表示：

$$J_{12}(P_1,P_2)=kI(P_1)\delta(\xi_1-\xi_2,\eta_1-\eta_2) \tag{3-132}$$

式中，$k=(\bar{\lambda})^2/\pi$，$\xi_1-\xi_2$ 和 $\eta_1-\eta_2$ 分别为 P_1 与 P_2 的坐标，$I(P_1)=I(P_2)$ 为相距十分近的两点 P_1 与 P_2 的光强。常数 k 只影响互强度的大小，并不影响其空间分布，通常简化为 1。

六、范西特-泽尼克定理

当光场由 Σ_1 面传播到 Σ_2 面时（图 3-16），Σ_2 面上任何一点 Q_1（或 Q_2）的光扰动都是由 Σ_1 面上各点贡献叠加而成的。因此即使 Σ_1 面上光场分布是非相干的，在 Σ_2 面上各点对(Q_1,Q_2)的光扰动之间都有一定的联系，也就有一定的相干性。作为近代光学中最重要的定理之一，范西特-泽尼克定理[20-21]就是讨论由这样一种准单色非相干光源照明而产生的光场的互强度。

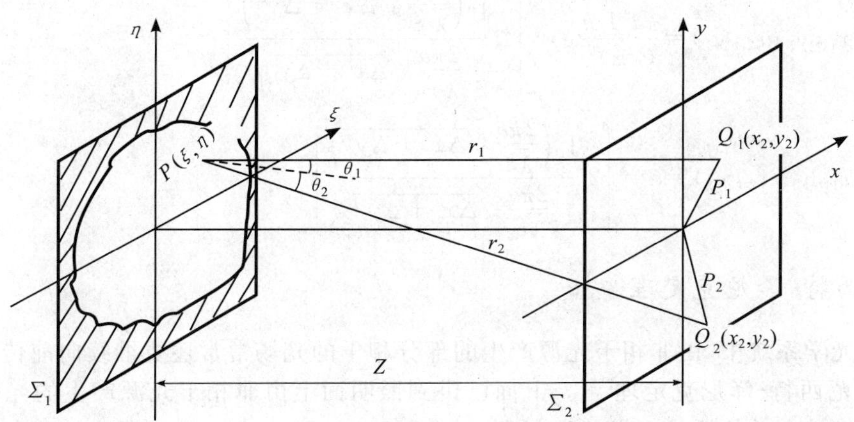

图 3-16　范西特-泽尼克定理的几何关系

（一）定理的导出与讨论

根据非相干条件(3-132)式及描述互相干传播的(3-114)式，传播到 Σ_2 面上 Q_1 点与 Q_2 点的光扰动之间

的互强度可以表示为下列二重积分：

$$J(Q_1,Q_2)=\frac{k}{(\bar{\lambda})^2}\iint_{\Sigma_1} I(P)\exp\left[-\mathrm{i}\,\frac{2\pi(r_2-r_1)}{\bar{\lambda}}\right]\frac{\chi(\theta_1)}{r_1}\frac{\chi(\theta_2)}{r_2}\mathrm{d}s$$

利用菲涅尔近似(近轴近似)：

1)分母上：$\frac{1}{r_1}\frac{1}{r_2}\approx\frac{1}{z^2}$。

2)方向因子上：$\chi(\theta_1)\approx\chi(\theta_2)\approx 1$。

3)指数中：$r_2=\sqrt{z^2+(x_2-\xi)^2+(y_2-\eta)^2}\approx z+\frac{(x_2-\xi)^2+(y_2-\eta)^2}{2z}$，

$$r_1=\sqrt{z^2+(x_1-\xi)^2+(y_1-\eta)^2}\approx z+\frac{(x_1-\xi)^2+(y_1-\eta)^2}{2z}$$

代入积分内就得到范西特-泽尼克定理的基本表达式：

$$J(x_1,y_1;x_2,y_2)=\frac{k\mathrm{e}^{-\mathrm{i}\psi}}{(\bar{\lambda}z)^2}\iint_{-\infty}^{\infty} I(\xi,\eta)\,\exp\left[\mathrm{i}\,\frac{2\pi}{\bar{\lambda}z}(\Delta x\xi+\Delta y\eta)\right]\mathrm{d}\xi\,\mathrm{d}\eta \tag{3-133}$$

式中，$\psi=\frac{\pi}{\bar{\lambda}z}[(x_2^2+y_2^2)-(x_1^2+y_1^2)]=\frac{\pi}{\bar{\lambda}z}(\rho_2^2-\rho_1^2)$，$\Delta x=x_2-x_1$，$\Delta y=y_2-y_1$，$k=\frac{\bar{\lambda}^2}{\pi}$。

规一化后写成复相干因子的形式：

$$\mu(x_1,y_1;x_2,y_2)=\frac{\mathrm{e}^{-\mathrm{i}\psi}\iint_{-\infty}^{\infty} I(\xi,\eta)\exp\left[\mathrm{i}\,\frac{2\pi}{\bar{\lambda}z}(\Delta x\xi+\Delta y\eta)\right]\mathrm{d}\xi\,\mathrm{d}\eta}{\iint_{-\infty}^{\infty} I(\xi,\eta)\,\mathrm{d}\xi\,\mathrm{d}\eta} \tag{3-134}$$

由(3-133)式看出，范西特-泽尼克定理揭示出这样一个规律，即除了一个复系数而外，照明面上的互强度与光源光强分布互为傅里叶变换。这个规律与夫琅禾费衍射类似，但物理内容完全不同，而且只需满足近场(菲涅耳)衍射条件。另外，由(3-133)式及(3-134)式容易证明空间相干性的绝对值($|J|$与$|\mu|$)只与坐标差Δx及Δy有关，而照明面上的光强分布是常数。

对于常用的(ξ,η)面上的圆形光源：

$$I(\xi,\eta)=I_0\,\mathrm{circ}\,\frac{\sqrt{\xi^2+\eta^2}}{a} \tag{3-135}$$

由(3-133)式、(3-134)式可计算出照明面上的互强度和复相干因子按贝塞尔函数形式的分布：

$$J(x_1,y_1;x_2,y_2)=\frac{\pi a^2 I_0 k}{(\bar{\lambda}z)^2}\,\mathrm{e}^{-\mathrm{i}\psi}\left|2\,\frac{\mathrm{J}_1\left(\frac{2\pi a}{\bar{\lambda}z}\sqrt{\Delta x^2+\Delta y^2}\right)}{\frac{2\pi a}{\bar{\lambda}z}\sqrt{\Delta x^2+\Delta y^2}}\right| \tag{3-136}$$

$$\mu(x_1,y_1;x_2,y_2)=\mathrm{e}^{-\mathrm{i}\psi}\left|2\,\frac{\mathrm{J}_1\left(\frac{2\pi a}{\bar{\lambda}z}\sqrt{\Delta x^2+\Delta y^2}\right)}{\frac{2\pi a}{\bar{\lambda}z}\sqrt{\Delta x^2+\Delta y^2}}\right| \tag{3-137}$$

(二)广义范西特-泽尼克定理

在实际的复杂光学系统中，由非相干光源产生的部分相干的光场常常还要继续向前传播，解决这个问题就需要进一步推广范西特-泽尼克定理[22]。上面已讲到照明面上由非相干光源产生的光强是一个常数，因此我们可以假设要继续向前传播的光场互强度为

$$J(\xi_1,\eta_1;\xi_2,\eta_2)=I(\bar{\xi},\bar{\eta})\mu(\Delta\xi,\Delta\eta) \tag{3-138}$$

对于一般情况，部分相干光源尺寸比相干面积大得多，而且光强变化比复相干因子变化也慢得多，因而(3-138)式的假设总是近似成立的。用导出(3-133)式同样的方法可导出广义范西特-泽尼克定理：

$$J(x_1,y_1;x_2,y_2)=\frac{k(\bar{x},\bar{y})\mathrm{e}^{-\mathrm{i}\psi}}{(\bar{\lambda}z)^2}\iint_{-\infty}^{\infty} I(\bar{\xi},\bar{\eta})\exp\left[\mathrm{i}\,\frac{2\pi}{\bar{\lambda}z}(\Delta x\xi+\Delta y\eta)\right]\mathrm{d}\xi\,\mathrm{d}\eta \tag{3-139}$$

式中，$\bar{x}=\frac{x_1+x_2}{2}$，$\Delta x=x_2-x_1$，$\bar{y}=\frac{y_1+y_2}{2}$，$\Delta y=y_2-y_1$，$\bar{\xi}=\frac{\xi_1+\xi_2}{2}$，$\Delta\xi=\xi_2-\xi_1$，$\bar{\eta}=\frac{\eta_1+\eta_2}{2}$，$\Delta\eta=\eta_2-\eta_1$，

$k(\bar{x},\bar{y})=\iint_{-\infty}^{\infty}\mu(\Delta\xi,\Delta\eta)\times\exp\left[\mathrm{i}\,\frac{2\pi}{\bar{\lambda}z}(\bar{x}\,\Delta\xi+\bar{y}\,\Delta\eta)\right]\mathrm{d}\Delta\xi\,\mathrm{d}\Delta\eta$。

由(3-139)式可见，$|J|$与$|\mu|$不再只是Δx与Δy的函数。除了近轴条件以外，广义范西特-泽尼克定理成立还要满足下述条件：

$$z>4\,\frac{\bar{\xi}\,\Delta\xi}{\bar{\lambda}}\qquad 及\qquad z>4\,\frac{\bar{\eta}\,\Delta\eta}{\bar{\lambda}} \tag{3-140}$$

如果用D代表部分相干光源面积的尺度，用d_0代表光源相干面积的尺度(参阅(3-101)式)，则要求

$$z>2\,\frac{Dd_0}{\bar{\lambda}} \tag{3-141}$$

七、部分相干光的衍射

假设部分相干准单色光垂直入射到衍射屏上(图3-17)，衍射孔径函数为

$$P(\xi,\eta)=\begin{cases}1, & (\xi,\eta)在孔径内\\ 0, & 其他\end{cases} \tag{3-142}$$

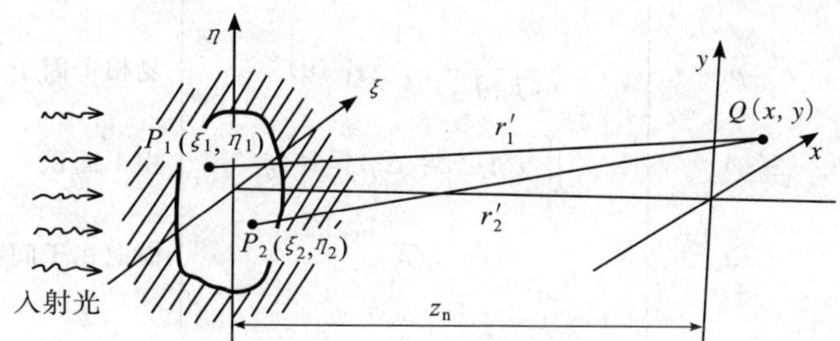

图 3-17　部分相干光的衍射

若入射光互强度为$J_i(\xi_1,\eta_1;\xi_2,\eta_2)$，则离开孔径出射的光的互强度为

$$J_t(\xi_1,\eta_1;\xi_2,\eta_2)=P(\xi_1,\eta_1)P^*(\xi_2,\eta_2)J_i(\xi_1,\eta_1;\xi_2,\eta_2) \tag{3-143}$$

由(3-115)式可导出光强分布为

$$I(x,y)\approx\frac{I_0}{(\bar{\lambda}z)^2}\iint_{-\infty}^{\infty}P(\Delta\xi,\Delta\eta)\mu_i(\Delta\xi,\Delta\eta)\exp\left[\mathrm{i}\,\frac{2\pi}{\bar{\lambda}z}(\Delta x\xi+\Delta y\eta)\right]\mathrm{d}\Delta\xi\,\mathrm{d}\Delta\eta \tag{3-144}$$

其中

$$P(\Delta\xi,\Delta\eta)\equiv\iint_{-\infty}^{\infty}P\left(\bar{\xi}-\frac{\Delta\xi}{2},\bar{\eta}-\frac{\Delta\eta}{2}\right)P^*\left(\bar{\xi}+\frac{\Delta\xi}{2},\bar{\eta}+\frac{\Delta\eta}{2}\right)\mathrm{d}\bar{\xi}\,\mathrm{d}\bar{\eta}$$

$$\mu_i(\Delta\xi,\Delta\eta)\equiv\frac{1}{I_0}J_i(\xi_1,\eta_1;\xi_2,\eta_2),\quad \Delta\xi=\xi_2-\xi_1,\quad \Delta\eta=\eta_2-\eta_1,\quad \bar{\xi}=\frac{\xi_2+\xi_1}{2},\quad \bar{\eta}=\frac{\eta_2+\eta_1}{2}$$

(3-144)式成立的条件比广义范西特-泽尼克定理更严格，类似于夫琅禾费衍射的远场条件：

$$z>\begin{cases}2D^2/\bar{\lambda}^2, & 若\ d_c>D\\ 2Dd_c/\bar{\lambda}, & 若\ d_c<D\end{cases}$$

D与d_c的定义与(3-141)式相同。

作为统计光学讨论的基本内容，本章介绍的概念非常多，现把其中关于相干性的几个主要参数列于表3-2中，予以强调。

八、与高阶相干性有关的问题

(一)高阶相干性的定义

解析信号$u(P,t)$所表示的光波的$n+m$阶相干函数定义为

$$\Gamma_{1\cdot 2\cdots n+m}(t_1,t_2,\cdots,t_{n+m})\equiv\langle u(P_1,t_1)\cdots u(P_n,t_n)u^*(P_{n+1},t_{n+1})\cdots u^*(P_{n+m},t_{n+m})\rangle \tag{3-145}$$

对于热光来讲，根据圆型复高斯随机变量的矩定理及其各态历经性，$u(P,t)$的$2n$阶相干函数可按下式分解而简化：

$$\Gamma_{1\cdot 2\cdots 2n}(t_1,t_2,\cdots,t_{2n})=\sum_n\Gamma_{1p}(t_1,t_p)\Gamma_{2p}(t_2,t_p)\cdots\Gamma_{nr}(t_n,t_r) \tag{3-146}$$

式中，$\sum_n$表示对$(n+1,n+2,\cdots,2n)$这n个元素的$n!$个可能排列$(p,q,\cdots,r)$求和。

表 3-2 光的相干性参数

符 号	定 义	名 称	用 途	示意图
$\Gamma_{11}(\tau)$	$\langle u(P_1,t+\tau)u^*(P_1,t)\rangle$	自相干函数	时间相干性	
$\gamma_{11}(\tau)$	$\Gamma_{11}(\tau)/\Gamma_{11}(0)=\Gamma_{11}(\tau)/I(P_1)$	复自相干度	当 $K_1=K_2$ 时，可见度 $V=\|\gamma_{11}(\tau)\|$	$t+\tau$；P_1；Q；t
τ_c	$\int_{-\infty}^{\infty}\|\gamma_{11}(\tau)\|^2\mathrm{d}\tau\approx\frac{1}{\Delta\nu}$	相干时间		
l_c	$c\tau_c\approx\frac{c}{\Delta\nu}=\frac{\overline{\lambda^2}}{\Delta\lambda}$	相干长度		
J_{12}	$\langle u(P_1,t)u^*(P_2,t)\rangle=\Gamma_{12}(0)$	互强度	准单色条件下的	
μ_{12}	$\frac{J_{12}}{(J_{11}J_{22})^{1/2}}=\gamma_{12}(0)$	复相干因子	空间相干性，当	$t+\tau$；P_1；Q；t；P_2
A_0	$\iint_{-\infty}^{\infty}\|\mu(\Delta\xi,\Delta\eta)\|^2\mathrm{d}\xi\mathrm{d}\eta$	相干面积	$I^{(1)}(Q)=I^{(2)}(Q)$	
d_c	$\sqrt{A_c}$	横向相干间隔	时，可见度：	
			$V=\|\mu_{12}\|$	$\Delta\nu\ll\nu$ $\delta\ll l_c(\tau\ll\tau_c)$
$\Gamma_{12}(\tau)$	$\langle u(P_1,t+\tau)u^*(P_2,t)\rangle$	互相干函数	时间相干性与	P_1；$t+\tau$；Q；t；P_2
$\gamma_{12}(\tau)$	$\Gamma_{12}(\tau)/[\Gamma_{11}(0)\Gamma_{22}(0)]^{1/2}$	复(互)相干度	空间相干性	

(二)热光和赝热光的积分强度的统计性质

1. 积分强度的定义

$$W(t)=\int_{t-T}^{t}I(\xi)\mathrm{d}\xi \tag{3-147}$$

式中，T 为测量时间，t 为测量终了的时刻，而 $I(\xi)$ 为瞬时光强。对于各态历经的热光来讲，积分强度与时间无关，可改写为

$$W=\int_{-T/2}^{T/2}I(\xi)\mathrm{d}\xi \tag{3-148}$$

2. 积分强度的数学期望与方差

积分强度的数学期望 $\overline{W}$ 常常就是我们要测量的信号强度，而方差 σ_W^2 则是在数学期望附近变化的涨落，它是测量时需要避免与减少的噪声，因而均方根信噪比[23]为

$$\left(\frac{S}{N}\right)_{\mathrm{rms}}=\frac{\overline{W}}{\sigma_W} \tag{3-149}$$

由于所讨论的问题具有平稳性，因而

$$\overline{W}=\overline{I}T \tag{3-150}$$

式中，$\overline{I}$ 为瞬时光强的统计平均值。方差则为

$$\sigma_W^2=T\int_{-\infty}^{\infty}\Lambda\left(\frac{\tau}{T}\right)\Gamma_I(\tau)\mathrm{d}\tau-(\overline{W})^2=\frac{1+p^2}{2}(\overline{W})^2\left[\frac{1}{T}\int_{-\infty}^{\infty}\Lambda\left(\frac{\tau}{T}\right)|\gamma(\tau)|^2\mathrm{d}\tau\right] \tag{3-151}$$

式中，Λ 为三角形函数，$\Gamma_I(\tau)$ 为光强的自相关函数(因而是解析信号 $u(P,t)$ 的四阶相关函数)：

$$\Gamma_I(\tau)=\langle I(t)I(t+\tau)\rangle=(\overline{I})^2\left[1+\frac{1+P^2}{2}|\gamma(\tau)|^2\right] \tag{3-152}$$

P 为偏振度，$\gamma(\tau)$为部分偏振热光（或赝热光）的偏振分量的复相干度，这里假设两个分量的复相干度相同。

3. 相干元胞数

将(3-151)式中方括号内函数的倒数定义为相干元胞数：

$$M=\left[\frac{1}{T}\int_{-\infty}^{\infty}\Lambda\left(\frac{\tau}{T}\right)|\gamma(\tau)|^{2}\mathrm{d}\tau\right]^{-1} \tag{3-153}$$

则均方根信噪比可表示为

$$\left(\frac{S}{N}\right)_{\mathrm{rms}}=\left[\frac{2M}{1+P^{2}}\right]^{\frac{1}{2}} \tag{3-154}$$

在极限情况下可作下述简化：

$$\left.\begin{aligned}&\text{当 } T\gg\tau_{c}\text{ 时} && M\approx\left[\frac{1}{T}\int_{-\infty}^{\infty}|\gamma(\tau)|^{2}\mathrm{d}\tau\right]^{-1}=\frac{T}{\tau_{c}}\\&\text{当 } T\ll\tau_{c}\text{ 时} && M\approx\left[\frac{1}{T}\int_{-\infty}^{\infty}\Lambda\frac{\tau}{T}\mathrm{d}\tau\right]^{-1}=1\end{aligned}\right\} \tag{3-155}$$

(3-155)式表明，当测量时间 T 比相干时间 τ_c 长得多时，参数 M 就是测量时间内可包含的相干时间间隔的数量，这就是 M 被称为相干元胞数的原因。

4. 积分强度概率密度函数的近似形式

积分强度概率密度函数与其积分时间长度关系密切。与相干时间相比较积分时间很长与很短的两种特殊情况下，这一概率密度函数较为简单。积分时间比相干时间小许多时，可认为积分时间内光强不变，因而积分强度与瞬时光强概率密度分布相同，根据其偏振状态不同，可分别表示为(3-13)式、(3-16)式、(3-51)式的形式。当积分时间远远长于相干时间时，由于不同相干时间内光强的相互独立性，积分强度作为大量独立随机变量之和，其统计特性近似为高斯分布。介于这两者之间，可以用直方函数来近似表示随时间变化的光强(图 3-18)，从而积分强度变化为和式：

$$W=\int_{-T/2}^{T/2}I(t)\mathrm{d}t\approx\sum_{i=1}^{m}I_{i}\Delta t=\frac{T}{m}\sum_{i=1}^{m}I_{i} \tag{3-156}$$

式中，Δt 为把积分时间 T 均分为 m 个小区间形成的时间间隔，而 I_i 则为第 i 个小区间的瞬时光强。Δt 应足够小，以保证小区间内光强变化不大；同时 Δt 又要足够长，以使两个子区间内的光强互相独立。这样选择 Δt 可以导出偏振热光积分强度概率密度函数的近似形式：

$$P_{W}(W)=\begin{cases}\left(\dfrac{m}{\bar{I}T}\right)^{m}\dfrac{W^{m-1}\exp\left(-m\dfrac{W}{\bar{I}T}\right)}{\Gamma(m)}, & W>0\\ 0, & \text{其他}\end{cases} \tag{3-157}$$

式中，Γ 为伽玛函数，$\bar{I}$ 为整个测量时间内的平均光强。而特征函数为

$$M_{W}(\omega)=\left[\frac{1}{1-\mathrm{i}\omega\dfrac{\bar{I}T}{m}}\right]^{m} \tag{3-158}$$

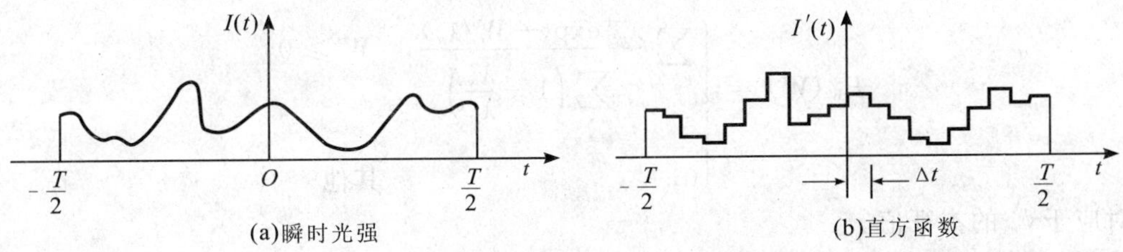

图 3-18　用直方函数近似表示瞬时光强

积分强度的数学期望及方差分别为

$$\overline{W}=\bar{I}T \tag{3-159}$$

$$\sigma_W^2=\frac{(\overline{I}T)^2}{m} \tag{3-160}$$

比较(3-160)式与(3-151)式可见，当选择 m 值为相干元胞数 M 时，由近似概率密度(3-157)式导出的积分强度数学期望和方差才与真实的数学期望与方差相同。但是因为 m 为整数而 M 却不一定是整数，近似概率密度函数导出的结果会有一定的误差。尽管如此，将(3-157)式中的 m 代之以 M 得到的近似概率密度函数还是颇为实用的。

对于偏振度为 P 的热光来讲，用类似的方法可导出其特征函数：

$$M_W(\omega)\approx\left\{\left[1-\mathrm{i}\,\frac{\omega}{2}(1+P)\frac{\overline{I}T}{M}\right]\left[1-\mathrm{i}\,\frac{\omega}{2}(1-P)\frac{\overline{I}T}{M}\right]\right\}^{-M} \tag{3-161}$$

及概率密度函数：

$$P_W(W)=\frac{\sqrt{\pi}}{\Gamma(M)}\left(\frac{MW}{P\overline{W}}\right)^M\left[\frac{4PM}{(1-P^2)W\overline{W}}\right]^{\frac{1}{2}}\exp\left[-\frac{2MW}{(1-P^2)\overline{W}}\right]\mathrm{I}_{M-\frac{1}{2}}\left[\frac{2PM}{(1-P^2)\overline{W}}\right],\quad W\geqslant 0 \tag{3-162}$$

式中，$\mathrm{I}_{M-\frac{1}{2}}$ 为第一类、$M-\frac{1}{2}$ 阶修正的贝塞尔函数。在 $P=0$ 时，可进一步简化为

$$M_W(\omega)=\left[1-\mathrm{i}\,\frac{\omega}{2}\frac{\overline{I}T}{M}\right]^{-2M}$$

$$d_W(\omega)=\begin{cases}\left(\dfrac{2M}{\overline{W}}\right)^{2M}\dfrac{W^{2M-1}\exp\left(-2M\dfrac{W}{\overline{W}}\right)}{\Gamma(2M)}, & W\geqslant 0\\ 0, & \text{其他}\end{cases} \tag{3-163}$$

5. 积分强度概率密度函数的准确形式

积分强度也可表示成解析函数的复包络的形式：

$$W=\int_{-T/2}^{T/2}A(t)A^*(t)\,\mathrm{d}t \tag{3-164}$$

用 K-L 变换能进一步把复包络展开：

$$A(t)=\sum_{n=0}^{\infty}b_n\phi_n(t) \tag{3-165}$$

式中，$\phi_n(t)$ 为下列积分方程的本征函数：

$$\int_{-T/2}^{T/2}\Gamma_A(t_2-t_1)\phi_n(t_2)\,\mathrm{d}t_2=\lambda_n\phi_n(t_1) \tag{3-166}$$

而 b_n 则可由下式求出：

$$b_n=\int_{-T/2}^{T/2}A(t)\phi_n^*(t)\,\mathrm{d}t \tag{3-167}$$

积分强度因而可表示为互不相关的 $|b_n|^2$ 之和：

$$W=\sum_{n=0}^{\infty}|b_n|^2 \tag{3-168}$$

由于 b_n 也是圆型复高斯随机变量，由此可导出 W 的准确概率密度函数：

$$P_W(W)=\begin{cases}\displaystyle\sum_{n=0}^{\infty}\frac{\lambda_n^{-1}\exp(-W/\lambda_n)}{\displaystyle\sum_{\substack{m=0\\m\neq n}}^{\infty}\left(1-\frac{\lambda_m}{\lambda_n}\right)}, & W\geqslant 0\\ 0, & \text{其他}\end{cases} \tag{3-169}$$

式中，λ_n 为对应于 ϕ_n 的本征值。

对于给定谱密度函数的热光源，其自相干函数 $\Gamma_A(\tau)$ 可由维纳-辛钦定理求出，再由(3-170)式求出本征值，便可得到上述概率密度函数。

(三)有限测量时间互强度的统计特征

有限测量时间互强度定义为

$$J_{12}(T)=\frac{1}{T}\int_{-T/2}^{T/2} u(P_1,t)u^*(P_2,t)\mathrm{d}t \tag{3-170}$$

因而

$$\lim_{T\to\infty} J_{12}(T)=J_{12} \tag{3-171}$$

而且作为复函数，$J_{12}(T)$可用其实部$R_{12}(T)$与虚部$I_{12}(T)$表示为

$$J_{12}(T)=R_{12}(T)+\mathrm{i}I_{12}(T) \tag{3-172}$$

如果所考察的光场是偏振热光，可以证明有限测量时间互强度实部与虚部的数学期望等于真实即无限测量时间互强度的实部与虚部：

$$\overline{R_{12}(T)}=\mathrm{Re}\{J_{12}\},\overline{I_{12}(T)}=\mathrm{Im}\{J_{12}\} \tag{3-173}$$

应当注意到由于$|J_{12}(T)|$是$\overline{R_{12}(T)}$与$\overline{I_{12}(T)}$的非线性函数，有限测量时间互强度的模的数学期望即使重复测量无限次也不同于无限测量时间得到的真实互强度的模。

当讨论的偏振热光同时又满足交叉谱纯条件时，可进一步假设真实复相干因子是实数，从而把$R_{12}(T)$与$I_{12}(T)$的方差表示为

$$\left.\begin{aligned}\sigma_R^2(T)=I_1I_2\frac{1+\mu_{12}^2}{2M}\\ \sigma_I^2(T)=I_1I_2\frac{1-\mu_{12}^2}{2M}\end{aligned}\right\} \tag{3-174}$$

式中，M为相干元胞数。实部$R_{12}(T)$与虚部$I_{12}(T)$之间协方差恒为0，即

$$C_{RI}\equiv 0 \tag{3-175}$$

(四)强度干涉仪

1. 强度干涉仪原理

斐索星体干涉仪和迈克尔逊星体干涉仪，是从相隔它们一定距离处的光场产生的干涉条纹的可见度及位置获取两光瞳处光场的复相干系数，再根据范西特-泽尼克定理计算星体角半径的。强度干涉仪[24]则直接测量出两光瞳处光场的强度，利用电子技术求两光强的相关从而确定复相干系数的模。其原理如图3-19所示，光瞳P_1与P_2处的两个光电倍增管接收到的光强信号，转为电信号后通过对称的两个平均滤波器$a(t)$产生平均光电流输出$\langle i_1\rangle$与$\langle i_2\rangle$。同时瞬时光电流由于光电倍增管及后续电路的频率特性相当于通过一个低通滤波器$h(t)$。减去相应的平均光电流便产生了Δi_1及Δi_2。再进行相关运算并通过$a(t)$的平滑滤波后得到第三个协方差信号$\langle\Delta i_1,\Delta i_2\rangle$。

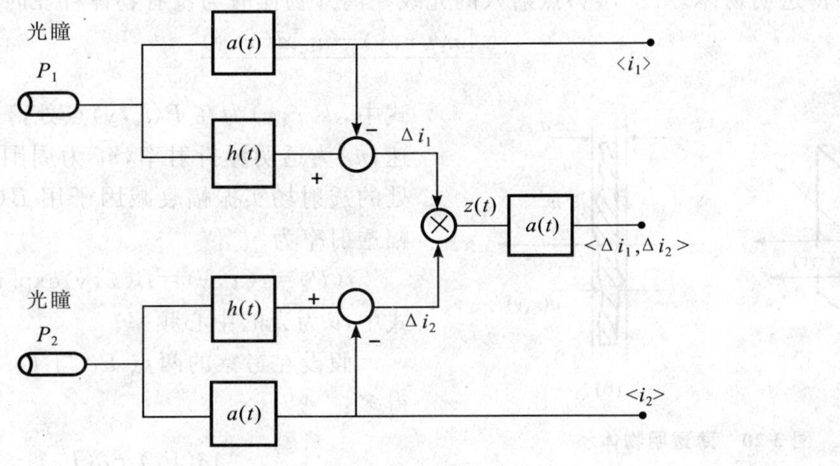

图3-19　强度干涉仪的原理

假设偏振热光源是交叉谱纯的而且光谱密度为矩形函数：

$$\hat{\xi}(\nu)=\frac{1}{\Delta\nu}\mathrm{rect}\frac{\nu-\bar{\nu}}{\Delta\nu} \tag{3-176}$$

其中，$\bar{\nu}$ 为中心频率，而 $\Delta\nu$ 为频带宽度。若低通滤波器 $h(t)$ 的传递函数也是矩形函数：

$$H(\nu)=\mathrm{rect}\,\frac{\nu}{2B},\quad B\ll\Delta\nu \tag{3-177}$$

则两光瞳处光场之间复相干系数的模为

$$|\mu_{12}|=\left[\frac{\langle\Delta i_1,\Delta i_2\rangle\Delta\nu}{2\langle\Delta i_1\rangle\langle\Delta i_2\rangle B}\right]^{\frac{1}{2}} \tag{3-178}$$

2. 强度干涉仪的经典噪声

强度干涉仪的噪声有两类，由光电统计产生的散粒噪声以后在第五节中讨论，这里只介绍入射光波随时间变化的随机涨落产生的经典噪声。这种噪声可以通过计算输出 $z=\Delta i_1\Delta i_2$ 的自相关函数，再根据维纳-辛钦定理求 z 的功率谱密度来进行分析。假设平均滤波器 $a(t)$ 的传递函数为

$$A(\nu)=\mathrm{rect}\,\frac{\nu}{2b},\quad b\ll B \tag{3-179}$$

则信号功率 P_S 与噪声功率 P_N 分别为

$$P_S=\left[\bar{i}_1\bar{i}_2|\mu_{12}|^2\,\frac{2B}{\Delta\nu}\right]^2 \tag{3-180}$$

$$P_N=\bar{i}_1^2\bar{i}_2^2(1+|\mu_{12}|^4)\frac{4bB}{\Delta\nu^2}\left(1-\frac{b}{4B}\right) \tag{3-181}$$

均方根信噪比则为

$$\left(\frac{S}{N}\right)_{\mathrm{rms}}=\frac{|\mu_{12}|^2}{\sqrt{1+|\mu_{12}|^4}}\sqrt{\frac{B/b}{1-\frac{b}{4B}}} \tag{3-182}$$

实际上，对于部分偏振热光(3-182)式同样适用。

第三节　部分相干对于成像系统的影响

一、部分相干成像[25-27]过程中的几个基本关系

(一)薄透明物体对互相干的作用

如果一条光线在一透明物体上的入射点与出射点具有基本相同的横向坐标(x,y)(参见图 3-20)，则称这样的物体为薄透明物体。在(x,y)点射入的光线在离开物体时与没有物体存在时相比较受到的延迟为

$$\delta=\frac{[n_2(x,y)-n_1]d(x,y)}{c} \tag{3-183}$$

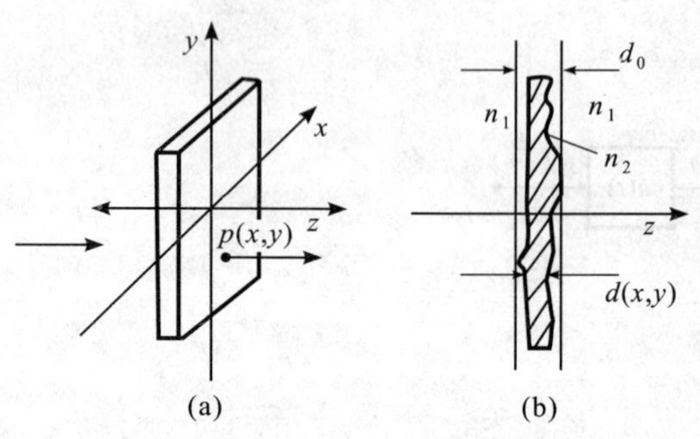

图 3-20　薄透明物体

式中，$d(x,y)$为在 $P(x,y)$点处薄透明物体的厚度，c 为光速，n_2 为透明体折射率，n_1 为周围介质折射率。若在该点处的透射场实振幅衰减因子用 $B(x,y)$来表示，则其复振幅透射率为

$$t(P)=t(x,y)=B(x,y)\exp[\mathrm{i}2\pi\bar{\nu}\delta(x,y)] \tag{3-184}$$

式中，$\bar{\nu}$ 为光的中心频率。

假设在考察的两点 P_1 与 P_2 相对延迟比相干时间小得多：

$$|\delta(P_1)-\delta(P_2)|\ll\frac{1}{\Delta\nu}\approx\tau_0 \tag{3-185}$$

则入射光场的互相干函数 $\Gamma_i(P_1,P_2;\tau)$与出射光场的互相干函数 $\Gamma_t(P_1,P_2;\tau)$之间满足下述关系：

$$\Gamma_t(P_1,P_2;\tau)=t(P_1)t^*(P_2)\Gamma_i(P_1,P_2;\tau) \tag{3-186}$$

如果再进一步假设在整个成像的物理过程中涉及的延迟 τ 总是比相干时间小得多，那么入射光场和出

射光场的互强度 $J_i(P_1,P_2)$ 与 $J_t(P_1,P_2)$ 之间有下述关系：

$$J_t(P_1,P_2)=t(P_1)t^*(P_2)J_i(P_1,P_2) \tag{3-187}$$

（二）薄透镜的复振幅透射率

若透镜满足薄透明物体条件，根据近轴近似可把其时间延迟 $\delta(x,y)$ 表示为

$$\delta(x,y)\approx\frac{n_2 d_0}{c}-\frac{x^2+y^2}{2cf} \tag{3-188}$$

式中，d_0 为透镜中心厚度，(x,y) 为取透镜光轴为 z 轴时透镜上被考察点的坐标，f 为透镜焦距。省去与 (x,y) 坐标无关的常数因子后，薄透镜的复振幅透射率 $t_l(x,y)$ 为

$$t_l(x,y)=\exp[\mathrm{i}\,2\pi\bar{\nu}\delta(x,y)]=\exp\left[-\mathrm{i}\frac{\pi}{\bar{\lambda}f}(x^2+y^2)\right] \tag{3-189}$$

应当说明的一点是，在把薄透镜看作薄透明物体而利用(3-189)式、(3-186)式及(3-187)式时，原则上要满足(3-185)式的条件。但是，只要分析问题涉及的总的传播时间相对延迟满足(3-184)式，尽管对于单个透镜有时这一条件并不满足，(3-184)式就仍然成立。

（三）焦平面上光场相干性之间的关系

薄透镜的前后焦面（图 3-21 中的(ξ,η) 面与(u,v)面）上的互强度 $J_0(\xi_1,\eta_1;\xi_2,\eta_2)$ 和 $J_f(u_1,v_1;u_2,v_2)$ 组成四维傅里叶变换对：

$$J_f(u_1,v_1;u_2,v_2)=\frac{1}{(\bar{\lambda}f)^2}\iiiint_{-\infty}^{\infty}J_0(\xi_1,\eta_1;\xi_2,\eta_2)\exp\left[\mathrm{i}\frac{2\pi}{\bar{\lambda}f}(\xi_2u_2+\eta_2v_2-\xi_1u_1-\eta_1v_1)\right]\mathrm{d}\xi_1\mathrm{d}\eta_1\mathrm{d}\xi_2\mathrm{d}\eta_2 \tag{3-190}$$

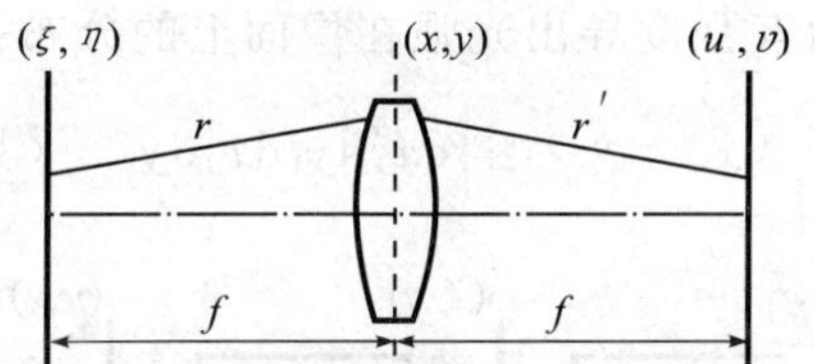

图 3-21 焦平面上光场相干性之间的关系

式中，f 为透镜焦距，$\bar{\lambda}$ 为光的平均波长。由上式可见，后焦面上坐标与傅里叶变换的空间频率之间的关系为

$$\nu_1=-\frac{u_1}{\bar{\lambda}f},\ \nu_2=-\frac{v_1}{\bar{\lambda}f},\ \nu_3=\frac{u_2}{\bar{\lambda}f},\ \nu_4=\frac{v_2}{\bar{\lambda}f} \tag{3-191}$$

令 $u_1=u_2=u$，$v_1=v_2=v$，则可由前焦面上的互强度分布计算出后焦面上的光强分布：

$$I_f(u,v)=\frac{1}{(\bar{\lambda}f)^2}\iiiint_{-\infty}^{\infty}J_0(\xi_1,\eta_1;\xi_2,\eta_2)\exp\left\{\mathrm{i}\frac{2\pi}{\bar{\lambda}f}[u(\xi_2-\xi_1)+v(\eta_2-\eta_1)]\right\}\mathrm{d}\xi_1\mathrm{d}\xi_2\mathrm{d}\eta_1\mathrm{d}\eta_2 \tag{3-192}$$

在这种情况下，准单色条件简化为

$$\left|\frac{\xi_2u_2+\eta_2v_2-\xi_1u_1-\eta_1v_1}{fc}\right|\ll\tau_c \tag{3-193}$$

（四）单个薄透镜物像面上相干性之间的关系

如图 3-22 所示，设薄透镜的光瞳函数为 $P(x,y)$，在孔径外有 $P=0$，而在孔径内一般取 $P=1$，则透镜的复振幅透射率为

$$t_l(x,y)=P(x,y)\exp\left[-\mathrm{i}\frac{\pi}{\bar{\lambda}f}(x^2+y^2)\right] \tag{3-194}$$

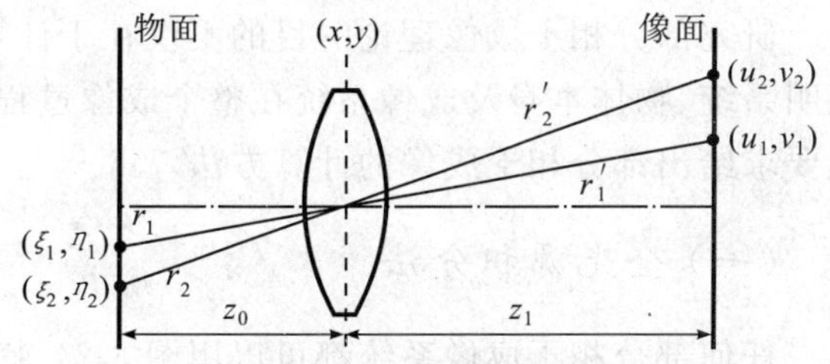

图 3-22 单个薄透镜的物像关系

根据互强度的传播公式及(3-188) 式的透射率，不难由物面的互强度 $J_0(\xi_1,\eta_1;\xi_2,\eta_2)$ 计算出像面的互强度：

$$J_i(u_1,v_1;u_2,v_2)=\iiiint_{-\infty}^{\infty}J_0(\xi_1,\eta_1;\xi_2,\eta_2)K(u_1,v_1;\xi_1,\eta_1)K^*(u_2,v_2;\xi_2,\eta_2)\mathrm{d}\xi_1\mathrm{d}\eta_1\mathrm{d}\xi_2\mathrm{d}\eta_2 \tag{3-195}$$

式中

$$K(u,v;\xi,\eta)=\frac{\exp\left[\mathrm{i}\frac{\pi}{\bar{\lambda}z_i}(u^2+v^2)\right]\exp\left[\mathrm{i}\frac{\pi}{\bar{\lambda}z_i}(\xi^2+\eta^2)\right]}{(\bar{\lambda}z_i)(\bar{\lambda}z_o)}\times$$

$$\iint_{-\infty}^{\infty}P(x,y)\exp\left\{-\mathrm{i}\frac{2\pi}{\bar{\lambda}z_i}\left[\left(u+\frac{z_i}{z_o}\xi\right)x+\left(v+\frac{z_i}{z_o}\eta\right)y\right]\right\}\mathrm{d}x\,\mathrm{d}y$$

像面光强则为

$$I_i(u,v)=\iiiint_{-\infty}^{\infty}J_0(\xi_1,\eta_1;\xi_2,\eta_2)K(u,v;\xi_1,\eta_1)K^*(u,v;\xi_2,\eta_2)\mathrm{d}\xi_1\mathrm{d}\eta_1\mathrm{d}\xi_2\mathrm{d}\eta_2 \tag{3-196}$$

式中，z_o 和 z_i 分别为物距和像距。

在这里准单色条件为

$$\frac{(\xi_2^2+\eta_2^2)-(\xi_1^2+\eta_1^2)}{2z_o}+\frac{(u_2^2+v_2^2)-(u_1^2+v_1^2)}{2z_i}\ll l_e \tag{3-197}$$

式中，l_e 为准单色光源的相干长度。

（五）出瞳与像面互强度之间的关系

与前面几种情况略有不同，出瞳面的互强度 J_p 指的是在以轴上像点为中心，出瞳面与像面距离为半径的球面上（图 3-23）的互强度分布。在小角度近似条件下有

$$J_f(u_1,v_1;u_2,v_2)=\frac{1}{(\bar{\lambda}z_i)^2}\exp\left\{\mathrm{i}\frac{\pi}{\bar{\lambda}z_i}\left[(u_1^2+v_1^2)-(u_2^2+v_2^2)\right]\right\}\times$$

$$\iiiint_{\Sigma}J_p(x_1,y_1;x_2,y_2)\exp\left[\mathrm{i}\frac{2\pi}{\bar{\lambda}z_i}(x_2u_2+y_2v_2-x_1u_1-y_1v_1)\right]\mathrm{d}x_1\mathrm{d}y_1\mathrm{d}x_2\mathrm{d}y_2 \tag{3-198}$$

式中，积分号下的 Σ 表示为出瞳所限制的球面上的部分。同样可以由互强度导出光强在像面上的分布：

$$I_i(u,v)=\frac{1}{(\bar{\lambda}z_i)^2}\iiiint_{\Sigma}J_p(x_1,y_1;x_2,y_2)\exp\left\{\mathrm{i}\frac{2\pi}{\bar{\lambda}z_i}\left[(x_2-x_1)u+(y_2-y_1)v\right]\right\}\mathrm{d}x_1\mathrm{d}y_1\mathrm{d}x_2\mathrm{d}y_2 \tag{3-199}$$

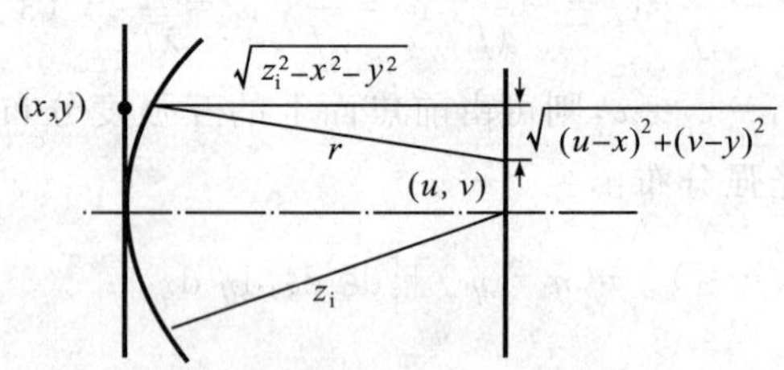

图 3-23 由出瞳面到像面互强度的计算

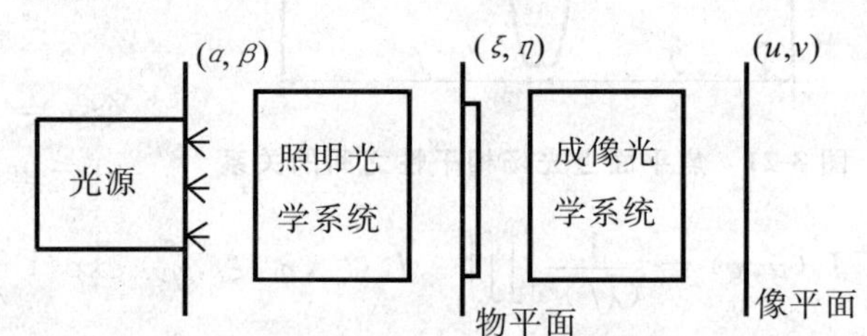

图 3-24 部分相干成像系统

二、部分相干成像的计算方法

研究部分相干成像理论的目的不仅在于计算给定各种不同的条件下像平面光强的分布，而且在于了解照明系统、物体本身及成像系统在整个成像过程中各自的作用，以寻求提高成像对比度与分辨率的途径，这就要求给出部分相干成像的计算方法。

（一）全光源积分法

任何部分相干成像系统都可以用图 3-24 来表示，光源通过照明光学系统照亮物体，而后再通过成像光学系统形成像平面上光强分布。一般情况下，光源都是准单色、空间非相干的，因而成像过程的最直观的物理模型是，把像面总的光强分布看成是光源上每一个点照明物体通过成像系统形成的对像面光强的贡献的加权非相干叠加。

假设物体的复振幅透射率为 $t_o(\xi,\eta)$，照明与成像光学系统的复振幅点扩散函数分别为 $F(\xi,\eta;\alpha,\beta)$ 及 $K(u,v;\xi,\eta)$，光源的光强分布为 $I_S(\alpha,\beta)$。在整个成像过程中，涉及的光程差远小于相干长度时，用上述物理

模型不难计算出像面光强分布：

$$I_{\mathrm{i}}(u,v)=\iint_{-\infty}^{\infty}I_{\mathrm{s}}(\alpha,\beta)\iiiint_{-\infty}^{\infty}K(u,v;\xi_1,\eta_1)K^*(u,v;\xi_2,\eta_2)\times F(\xi_1,\eta_1;\alpha,\beta)F^*(\xi_2,\eta_2;\alpha,\beta)t_{\mathrm{o}}(\xi_1,\eta_1)t_{\mathrm{o}}^*(\xi_2,\eta_2)\mathrm{d}\xi_1\mathrm{d}\eta_1\mathrm{d}\xi_2\mathrm{d}\eta_2\mathrm{d}\alpha\mathrm{d}\beta \tag{3-200}$$

下面是光学系统中最常见的两种照明方式的点扩散函数：

1）临界照明（见图 3-25（a））：

$$F(\xi,\eta;\alpha,\beta)=\frac{\exp\left[\mathrm{i}\frac{\pi}{\bar{\lambda}z_1}(\alpha^2+\beta^2)\right]}{\bar{\lambda}z_1}\frac{\exp\left[\mathrm{i}\frac{\pi}{\bar{\lambda}z_2}(\xi^2+\eta^2)\right]}{\bar{\lambda}z_2}\times \iint_{-\infty}^{\infty}P_{\mathrm{o}}(\tilde{x},\tilde{y})\exp\left\{-\mathrm{i}\frac{2\pi}{\bar{\lambda}z_2}[(\xi+M\alpha)\tilde{x}+(\eta+M\beta)\tilde{y}]\right\}\mathrm{d}\tilde{x}\mathrm{d}\tilde{y} \tag{3-201}$$

式中，P_{o} 为聚光系统的光瞳函数，$M=z_2/z_1$ 为照明系统的横向放大率。

2）柯勒照明（见图 3-25（b））：

$$F(\xi,\eta;\alpha,\beta)=\frac{1}{\bar{\lambda}f}\exp\left[-\mathrm{i}\frac{2\pi}{\bar{\lambda}f}(\xi\alpha+\eta\beta)\right] \tag{3-202}$$

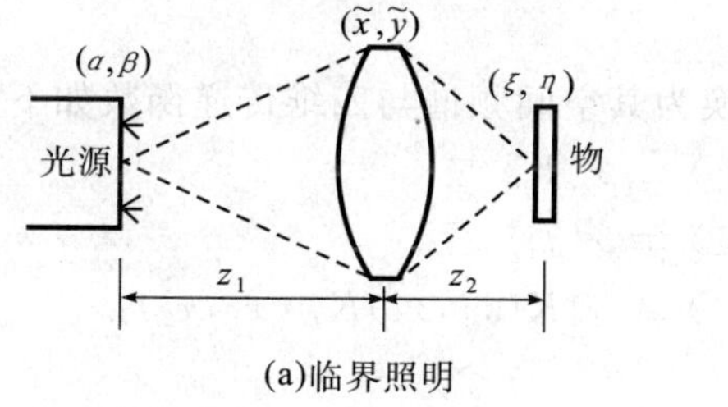

(a)临界照明

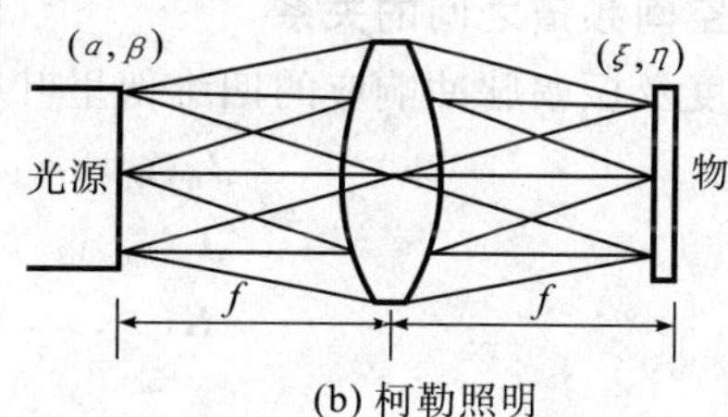

(b) 柯勒照明

图 3-25　两种照明系统

（二）照明互强度法

尽管光源大部分都是准单色非相干的，物面照明严格地讲都是部分相干的。只要通过一定途径得到照明光在物面上的互强度分布，总可以利用(3-187) 式及(3-196) 式求得像面上的光强分布，这就是照明互强度法的基本思路。设照明光的互强度分布（图 3-24）为 $J_0(\xi_1,\eta_1;\xi_2,\eta_2)$，则有

$$I_{\mathrm{i}}(u,v)=\iiiint_{-\infty}^{\infty}K(u,v;\xi_1,\eta_1)K^*(u,v;\xi_2,\eta_2)t_0(\xi_1,\eta_1)\times t_{\mathrm{o}}^*(\xi_2,\eta_2)J_0(\xi_1,\eta_1;\xi_2,\eta_2)\mathrm{d}\xi_1\mathrm{d}\eta_1\mathrm{d}\xi_2\mathrm{d}\eta_2 \tag{3-203}$$

下面介绍两种典型照明方式产生的物面互强度分布：

1. 大面积非相干光源照明

光路仍如图 3-25（a）所示，不过这时光源与物体并非物像共轭关系，由范西特-泽尼克定理可以导出：

$$J_{\mathrm{o}}(\xi_1,\eta_1;\xi_2,\eta_2)=\frac{k'\exp\left\{-\mathrm{i}\frac{\pi}{\bar{\lambda}z_2}[(\xi_2^2+\eta_2^2)-(\xi_1^2+\eta_1^2)]\right\}}{(\bar{\lambda}z_2)^2}\times \iint_{-\infty}^{\infty}|P_{\mathrm{o}}(\tilde{x}_1,\tilde{y}_1)|^2\exp\left[\mathrm{i}\frac{2\pi}{\bar{\lambda}z_2}(\Delta\xi\tilde{x}_1+\Delta\eta\tilde{y}_1)\right]\mathrm{d}\tilde{x}_1\mathrm{d}\tilde{y}_1 \tag{3-204}$$

式中，k' 为常数，$\Delta\xi=\xi_2-\xi_1$，$\Delta\eta=\eta_2-\eta_1$，其他参数与(3-201) 式中的相同。应当注意到，在考虑聚光镜像差时，$P_{\mathrm{o}}(\tilde{x}_1,\tilde{y}_1)=|P_{\mathrm{o}}(\tilde{x}_1,\tilde{y}_1)|\exp[-\mathrm{i}W(\tilde{x}_1,\tilde{y}_1)]$ 的相位畸变在(3-204) 式中自动消除，因而聚光镜的像差对于照明光互强度分布没有影响。这一结论是照明光学系统设计的重要理论根据。另外一点需要指出的是，(3-204) 式成立的条件为

$$\left(\frac{z_2}{z_1}\right)^2A_{\mathrm{s}}\gg A_{\mathrm{o}} \tag{3-205}$$

式中，A_{s} 与 A_{o} 分别为光源与物体的面积。

2. 柯勒照明

$$J_{\mathrm{o}}(\xi_2-\xi_1,\eta_2-\eta_1)=\frac{k}{(\bar{\lambda}f)^2}\iint_{-\infty}^{\infty}I_{\mathrm{s}}(\alpha,\beta)\exp\left\{\mathrm{i}\,\frac{2\pi}{\bar{\lambda}f}[(\xi_2-\xi_1)\alpha+(\eta_2-\eta_1)\beta]\right\}\mathrm{d}\alpha\,\mathrm{d}\beta \tag{3-206}$$

在这两种情况下光源仍是非相干的,但作为照明互强度法并不要求光源是严格非相干的,因为原则上讲,任何互强度分布由光源到照明物面的传播都可以由广义的范西特-泽尼克定理计算出来。

(三) 四维线性系统法

1. 等晕条件

归一化物点坐标使(ξ,η)与相应的像点坐标(u,v)在数值上相等,同时适当选取物方坐标轴的方向,使得放大率为1,而且要求不含有(3-195)式的复振幅点扩散函数K中积分前的空间变二次因子。

2. 物像互强度关系的卷积形式

满足等晕条件时成像光学系统(图3-24)对于互强度是四维空间不变线性系统,有

$$J_{\mathrm{i}}(u_1,v_1;u_2,v_2)=\iiiint_{-\infty}^{\infty}J'_{\mathrm{o}}(\xi_1,\eta_1;\xi_2,\eta_2)K(u_1-\xi_1,v_1-\eta_1)K^*(u_2-\xi_2,v_2-\eta_2)\mathrm{d}\xi_1\mathrm{d}\eta_1\mathrm{d}\xi_2\mathrm{d}\eta_2 \tag{3-207}$$

式中,J'_{o}是透过物体在物平面上光场的互强度。

3. 物像互强度空间频谱之间的关系

定义物像互强度及振幅脉冲响应的四维傅里叶变换为其空间频谱与四维传递函数如下:

$$\boldsymbol{J}_{\mathrm{o}}(\nu_1,\nu_2,\nu_3,\nu_4)\equiv\mathscr{F}\{J_{\mathrm{o}}\} \tag{3-208a}$$

$$\boldsymbol{J}_{\mathrm{i}}(\nu_1,\nu_2,\nu_3,\nu_4)\equiv\mathscr{F}\{J_{\mathrm{i}}\} \tag{3-208b}$$

$$\boldsymbol{K}(\nu_1,\nu_2,\nu_3,\nu_4)\equiv\mathscr{F}\{K(x_1,x_2)K^*(x_1,x_2)\} \tag{3-208c}$$

其中

$$\mathscr{F}\{\}=\iiiint_{-\infty}^{\infty}\{\}\times\exp\left[\mathrm{i}2\pi\sum_{i=1}^{4}\nu_i x_i\right]\mathrm{d}x_1\mathrm{d}x_2\mathrm{d}x_3\mathrm{d}x_4$$

由于(3-203)式是可分离函数的傅里叶变换,可用K的二维傅里叶变换即相干传递函数$\boldsymbol{H}(\nu_1,\nu_2)$来表示:

$$\boldsymbol{H}(\nu_1,\nu_2,\nu_3,\nu_4)=\boldsymbol{H}(\nu_1,\nu_2)\boldsymbol{H}^*(-\nu_3,-\nu_4) \tag{3-208d}$$

根据卷积定理有

$$\boldsymbol{J}_{\mathrm{i}}(\nu_1,\nu_2,\nu_3,\nu_4)\doteq\boldsymbol{H}(\nu_1,\nu_2)\boldsymbol{H}^*(-\nu_3,-\nu_4)\times\boldsymbol{J}_{\mathrm{o}}(\nu_1,\nu_2,\nu_3,\nu_4) \tag{3-209}$$

令成像光学系统的光瞳函数为P,则有

$$\boldsymbol{H}(\nu_1,\nu_2)=P(\bar{\lambda}z_{\mathrm{i}}\nu_1,\bar{\lambda}z_{\mathrm{i}}\nu_2) \tag{3-210}$$

$$\boldsymbol{J}_{\mathrm{i}}(\nu_1,\nu_2,\nu_3,\nu_4)=P(\bar{\lambda}z_{\mathrm{i}}\nu_1,\bar{\lambda}z_{\mathrm{i}}\nu_2)P^*(-\bar{\lambda}z_{\mathrm{i}}\nu_3,-\bar{\lambda}z_{\mathrm{i}}\nu_4)\boldsymbol{J}_{\mathrm{o}}(\nu_1,\nu_2,\nu_3,\nu_4) \tag{3-211}$$

4. 物互强度谱的组成

当照明光互强度仅与坐标差$\Delta\xi=\xi_2-\xi_1$和$\Delta\eta=\eta_2-\eta_1$有关(例如柯勒照明)时,物互强度谱可由物透射率及照明光互强度谱来计算:

$$\boldsymbol{J}_{\mathrm{o}}(\nu_1,\nu_2,\nu_3,\nu_4)=\iint_{-\infty}^{\infty}\boldsymbol{T}_{\mathrm{o}}(p+\nu_1,q+\nu_2)\boldsymbol{T}_{\mathrm{o}}^*(p-\nu_3,q-\nu_4)J_{\mathrm{o}}(p,q)\mathrm{d}p\mathrm{d}q \tag{3-212}$$

其中

$$\boldsymbol{T}_{\mathrm{o}}(\nu_1,\nu_2)=\mathscr{F}\{t_{\mathrm{o}}(\xi,\eta)\}$$

$$J_{\mathrm{o}}(\nu_1,\nu_2)=\mathscr{F}\{J_{\mathrm{o}}(\Delta\xi,\Delta\eta)\}=C\mid P_{\mathrm{o}}(-\bar{\lambda}z_2\nu_1,-\bar{\lambda}z_2\nu_2)\mid^2$$

均为二维傅里叶变换。式中,P_{o}为照明光学系统的光瞳函数,z_2为聚光镜到物面距离,如图3-25(b)所示。因为$\boldsymbol{T}_{\mathrm{o}}$及$J_{\mathrm{o}}$通常都是限带的,(3-207)式的积分域实际为图3-26(a)所示的重叠面积,因而当照明光互强度仅为$\Delta\xi$、$\Delta\eta$、函数时,像互强度谱可表示为

$$\boldsymbol{J}_{\mathrm{i}}(\nu_1,\nu_2,\nu_3,\nu_4)=\boldsymbol{H}(\nu_1,\nu_2)\boldsymbol{H}^*(-\nu_3,-\nu_4)\times\iint_{-\infty}^{\infty}\boldsymbol{T}_{\mathrm{o}}(p+\nu_1,q+\nu_2)\boldsymbol{T}_{\mathrm{o}}^*(p-\nu_3,q-\nu_4)\boldsymbol{J}_{\mathrm{o}}(p,q)\mathrm{d}p\mathrm{d}q \tag{3-213}$$

5. 像面光强及强度傅里叶谱的计算

像面光强可通过像互强度谱用下式计算:

$$\boldsymbol{I}_{\mathrm{i}}(u,\nu)=\iiiint_{-\infty}^{\infty}\boldsymbol{J}_{\mathrm{i}}(\nu_1,\nu_2,\nu_3,\nu_4)\exp\{\mathrm{i}2\pi[u(\nu_1+\nu_3)+v(\nu_2+\nu_4)]\}\mathrm{d}\nu_1\mathrm{d}\nu_2\mathrm{d}\nu_3\mathrm{d}\nu_4 \tag{3-214}$$

像面光强傅里叶谱定义为

$$\boldsymbol{I}_{\mathrm{i}}(\nu_u,\nu_v)\equiv\iint_{-\infty}^{\infty}I_{\mathrm{i}}(u,v)\exp[\mathrm{i}2\pi(\nu_u u+\nu_v v)]\mathrm{d}u\mathrm{d}v \tag{3-215}$$

因而像面光强傅里叶谱与像互强度谱之间存在下述关系：

$$\boldsymbol{I}_{\mathrm{i}}(\nu_u,\nu_v)=\iint_{-\infty}^{\infty}\boldsymbol{J}_{\mathrm{i}}(\nu_1,\nu_2,\nu_u-\nu_1,\nu_v-\nu_2)\mathrm{d}\nu_1\mathrm{d}\nu_2 \tag{3-216}$$

由照明光互强度谱、物透射率谱及成像光学系统相干传递函数来计算像面光强谱的公式为

$$\begin{aligned}\boldsymbol{I}_{\mathrm{i}}(\nu_u,\nu_v)=&\iint_{-\infty}^{\infty}\boldsymbol{T}_{\mathrm{o}}(z_1,z_2)\boldsymbol{T}_{\mathrm{o}}^{*}(z_1-\nu_u,z_2-\nu_v)\times\\&\left[\iint_{-\infty}^{\infty}\boldsymbol{H}(z_1-p,z_2-q)\boldsymbol{H}^{*}(z_1-p-\nu_u,z_2-q-\nu_v)J_{\mathrm{o}}(p,q)\mathrm{d}p\mathrm{d}q\right]\mathrm{d}z_1\mathrm{d}z_2\end{aligned} \tag{3-217}$$

应当说明，上式中 z_1 与 z_2 仅为积分哑元，并非照明系统中聚光镜到光源及物面的距离。式中方括号内的量与物体透射率分布无关，仅与光源到像面的整个光学系统有关，被称为部分相干光学系统的投射交叉函数。由于相干传递函数 $\boldsymbol{H}$ 与照明光互强度谱 $\boldsymbol{J}_{\mathrm{o}}$ 取决于光瞳函数，方括号内的积分域为如图 3-26 所示的重叠面积。其积分结果不仅与空间频率有关，这说明部分相干光成像的像面光强频谱不可能通过某一特定的反映光学频率特征的传递函数保持空间不变的线性关系，从而体现了部分相干照明的非线性。

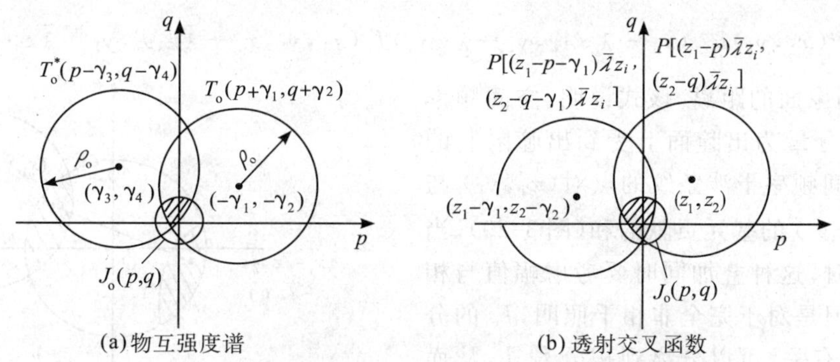

图 3-26　物互强度谱和透射交叉函数的积分域

（四）部分相干成像系统照明的相干性

图 3-24 所示的部分相干成像系统照明的相干性，常常用照明系统与成像系统的数值孔径（图 3-27）的比值 R 来表示：

$$R=\frac{\text{照明系统 NA}}{\text{成像系统 NA}}=\frac{n\sin\theta_{\mathrm{s}}}{n\sin\theta_{\mathrm{i}}} \tag{3-218}$$

当 $\theta_{\mathrm{s}}\ll\theta_{\mathrm{i}}$，$R\gg1$ 时，可近似看作相干照明，反之当 $\theta_{\mathrm{s}}\gg\theta_{\mathrm{i}}$，$R\ll1$ 时，十分接近完全非相干照明。由照明互强度法很容易讨论（完全）相干与（完全）非相干两种极限情况下的成像问题，分析光学系统的频谱特性。其结果与傅里叶光学完全一致，但方法简单，概念清楚，这里不再赘述。

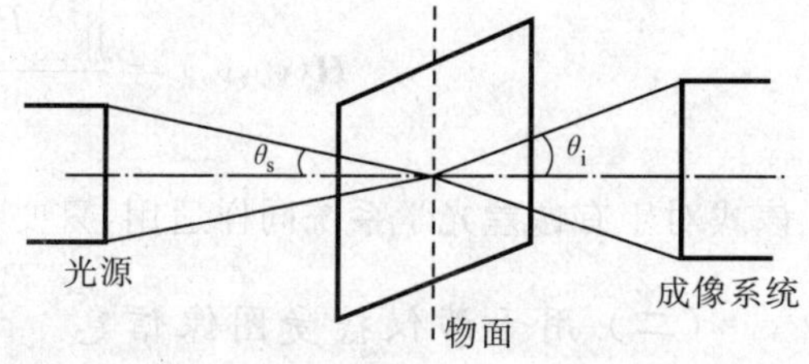

图 3-27　照明系统与成像系统数值孔径示意图

应当说明，应用光学设计中通常提到的“光管匹配原则”，使照明系统数值孔径与成像系统数值孔径一致，以便充分利用光能，这时 $R=1$，必然为部分相干照明，普通显微镜和投影系统都是这种情况。

（五）表观传递函数

部分相干光成像系统对于物像面互强度呈线性关系（(3-207) 式），但对于物像面的光强分布却存在非线性（(3-217) 式）。无论对于振幅型还是对于光强型的余弦物体，部分相干光所成的像都不仅具有原物体的

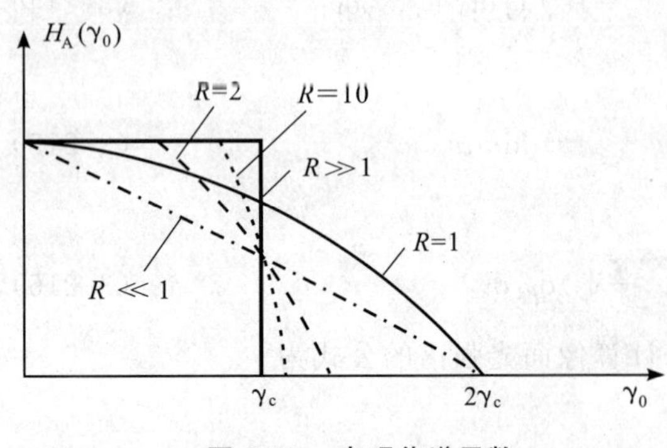

图 3-28 表观传递函数

空间频率成分，而且会产生原来不具有的高次谐波。原则上讲，不能用传递函数的概念来描述这一成像过程。但是，如果不计及高次谐波的存在与影响，仅考虑系统对物体基频成分对比度的传递能力，还是可以在很大程度上反映该成像系统的性能。这种根据基频成分传递能力来定义的传递函数被称为表观传递函数：

$$H_A(\nu_u,\nu_v)=\frac{\text{输出中频率为}(\nu_u,\nu_v)\text{的分量的可见度}}{\text{输入中频率为}(\nu_u,\nu_v)\text{的分量的可见度}} \tag{3-219}$$

图 3-28 以余弦振幅光栅为例，说明了相干参数 R 变化时表观传递函数有不同的特性。

三、干涉成像理论[28-30]

(一) 成像系统是一种干涉系统

对于用成像系统出瞳上互强度分布来计算像面光强分布的(3-199)式进行傅里叶变换，并考虑出射光瞳函数 $P(x_1,y_1)$ 的限制可得到像面光强频谱：

$$I_i(\nu_u,\nu_v)=\iint_{-\infty}^{\infty}P(x_1,y_1)P^*(x_1-\bar{\lambda}z_i\nu_u,y_1-\bar{\lambda}z_i\nu_v)J_p(x_1,y_1,x_1-\bar{\lambda}z_i\nu_u,y_1-\bar{\lambda}z_i\nu_v)\mathrm{d}x_1\mathrm{d}y_1 \tag{3-220}$$

式中，z_i 为出瞳面到像面的距离。该式说明，空间频率为 (ν_u,ν_v) 的光强谱分量为出瞳面上受到出瞳限制的所有能产生同样空间频率干涉条纹的点对 (x_1,y_1) 与 $(x_1-\bar{\lambda}z_i\nu_u,y_1-\bar{\lambda}z_i\nu_v)$ 的基元贡献的和(图 3-29)。当照明光为部分相干时，这种叠加同时要考虑幅值与相位，是相当复杂的。但是对于完全非相干照明，J_p 的分布只与 Δx_1 和 Δy_1 有关，可以分离到积分号外，从而(3-218)式可简化为

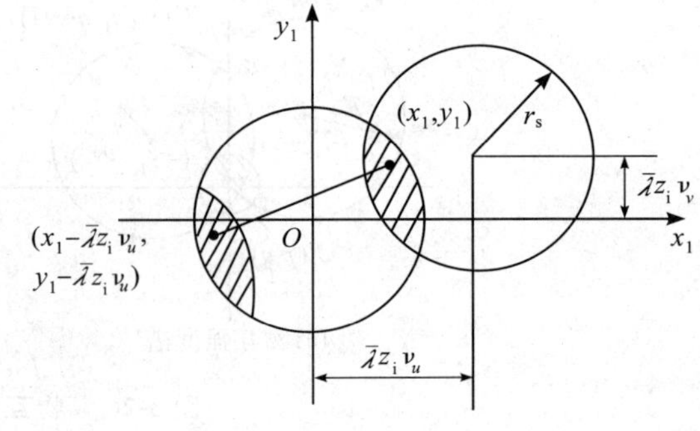

图 3-29 光强谱空间频率为 (ν_u,ν_v) 的分量的积分域

$$\boldsymbol{I}_i(\nu_u,\nu_v)=J_p(\bar{\lambda}z_i\nu_u,\bar{\lambda}z_i\nu_v)\times\iint_{-\infty}^{\infty}P(x_1,y_1)P^*(x_1-\bar{\lambda}z_i\nu_u,y_1-\bar{\lambda}z_i\nu_v)\mathrm{d}x_1\mathrm{d}y_1 \tag{3-221}$$

而归一化后可得到传递函数：

$$\boldsymbol{H}(\nu_u,\nu_v)=\frac{\iint_{-\infty}^{\infty}P(x_1,y_1)P^*(x_1-\bar{\lambda}z_i\nu_u,y_1-\bar{\lambda}z_i\nu_v)\mathrm{d}x_1\mathrm{d}y_1}{\iint_{-\infty}^{\infty}|P(x_1,y_1)|^2\mathrm{d}x_1\mathrm{d}y_1} \tag{3-222}$$

该式对于有像差光学系统同样适用，只要考虑 $P(x_1,y_1)$ 为包括波相差在内的广义光瞳函数即可。

(二) 用干涉仪接受图像信息

上述对于完全非相干光成像的频谱分析说明，某一特定空间频率的信息(条纹)来自出瞳面内所有间隔的大小、方向都相同的点对。实际上只要有一对点就可以产生这样的信息，其余点对都是多余的，这就是光学系统的冗余度。冗余度的存在可以提高条纹的可见度，增加信噪比，但不提供新的信息，而且在有像差或在随机均匀介质中成像时，因为 $P(x_1,y_1)$ 中相位因子的作用(参阅(3-220)式)反而可能由于冗余度而降低可见度。另一方面，在某些实际应用中，并不需要显示出具有全部细节的像，而只要求提取物的某些信息，例如，在某些特定的方向上有较高的分辨率。应用干涉法，原则上可以消除光学系统冗余度的不利影响，收集到必要的图像信息。最典型的两个例子就是斐索星体干涉仪和迈克尔逊星体干涉仪(图 3-30)，当斐索星体干涉仪

主镜上对应的光瞳间距增大到 s_0 或迈克尔逊星体干涉仪的两个动镜间距增大到 s_0 时，焦面上干涉条纹第一次消失，所观察到的图形星体的角直径 θ_s 可用下式计算：

$$\theta_s = \frac{2r_s}{z} = 1.22\,\frac{\bar{\lambda}}{s_0} \tag{3-223}$$

式中，r_s 为星体半径，z 为星体距离，$\bar{\lambda}$ 为星光的中心波长。在存在大气扰动的情况下，观察由部分孔径形成的干涉条纹消失而测定角直径，确实比由全口径产生的模糊像测量来得准确。

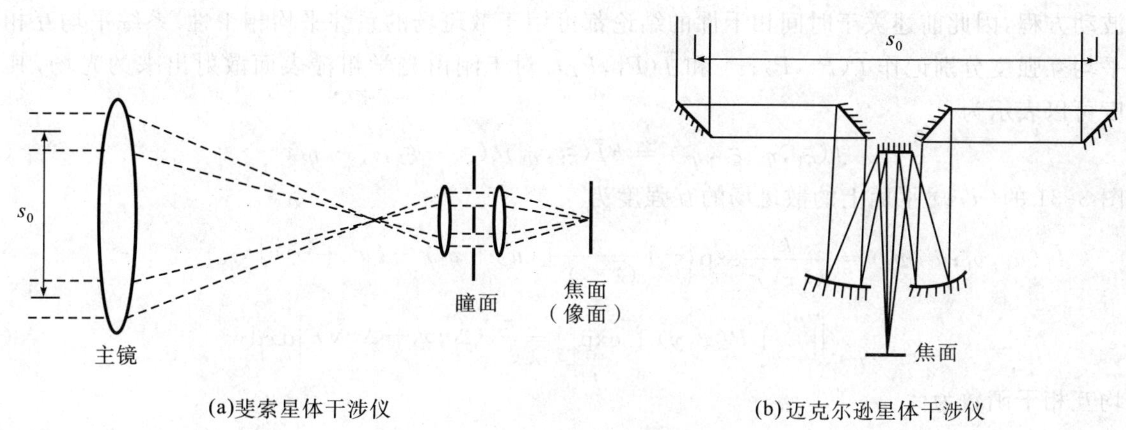

图 3-30　斐索与迈克尔逊星体干涉仪

（三）相位恢复

为了得到像(物）的光强分布，仅仅了解其频谱（在星体干涉仪中表现为复相干因子）的某些值，例如若干零点位置，甚至了解全部频谱的模，都是不够的。除一些特殊情况外，一般说来，没有相位频谱信息，就不可能由振幅谱获得一个完善的像。近年来"相位恢复"问题已成为一个热门课题，解决这个问题主要依靠迭代技术。其中一个最简单的方法是假定已知频谱的模而且像(物）是空间限带、非负的函数。首先对频谱的模的离散采样配以随机相位形成的初始频谱。然后作傅里叶逆变换得到强度分布，舍去空间带宽以外的值，并将带宽以内的负值代之以 0，再作傅里叶变换得出新的包括振幅谱和相位谱在内的完成频谱。显然这一次得到的振幅谱与已知的不同，相位谱也不再是赋予的初始值，重复上述程序。如此反复迭代，原则上讲，大多数情况下结果是收敛的，并且会收敛到光强分布的准确值。

四、相干成像中散斑的影响

光学粗糙表面（表面随机不平度为波长数量级）用相干光照明成像时，在像面上可观察到宏观看不到的细微的无数明暗颗粒。这个现象也可在相干光透过透明散射体（毛玻璃）时，于散射体后的光场中看到。这就是所谓的散斑[7]。

（一）散斑的起因及其一阶统计

相干成像中，散斑产生于点扩散函数覆盖范围内，对于某一像点给予贡献的物面上微元光场相位的随机分布（图 3-31）。假设这些相位随机分布在(π，－π）区间，而照明光是线偏振单色光，则其合成复振幅是一个圆高斯随机变量，瞬时光强服从负指数统计：

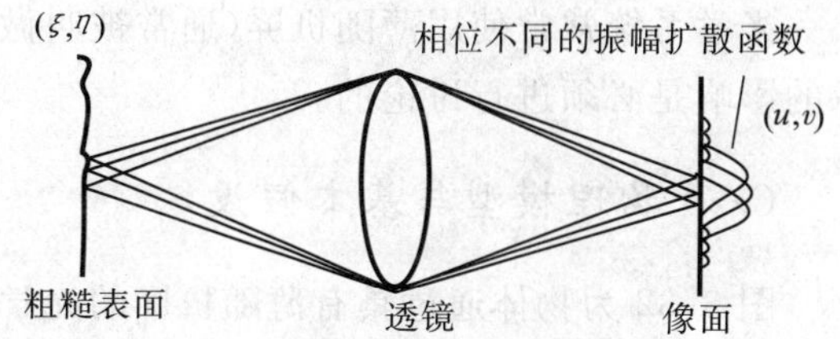

图 3-31　粗糙表面相干成像中散斑的形成

$$p_I(I) = \begin{cases} \dfrac{1}{\bar{I}}\exp\left(-\dfrac{I}{\bar{I}}\right), & I \geqslant 0 \\ 0, & \text{其他} \end{cases} \tag{3-224}$$

若定义光强的标准差与数学期望之比为散斑图的对比度 C，对于偏振光照明形成的散斑，有

$$C = \frac{\sigma_I}{\overline{I}} = 1 \tag{3-225}$$

(二) 系统平均相干性

当单色偏振光照明光学粗糙表面时,因为时间平均与系综平均不再相等,透射(反射)光波对于时间变量来讲不是各态历经的,必须区别时间平均相干性与系综平均相干性。可以证明这两种相干性在传播时服从同样的波动方程,因此前述关于时间相干性的结论都可用于散斑场的系综平均相干性。系综平均互相干函数与系统平均互强度分别记作 $\overline{\Gamma}(P_1,P_2;\tau)$ 和 $\overline{J}(P_1,P_2)$。对于刚由光学粗糙表面散射出来的光场,其系综平均互强度可以表示为

$$\overline{J}(\xi_1,\eta_1;\xi_2,\eta_2) = k\overline{I}(\xi_1,\eta_1)\delta(\xi_1-\xi_2,\eta_1-\eta_2) \tag{3-226}$$

成像在图 3-31 的 (u,v) 平面上的散斑场的互强度为

$$\overline{J}_1(u_1,v_1;u_2,v_2) = \frac{k}{(\overline{\lambda}z_2)^2}\exp\left\{-\mathrm{i}\frac{\pi}{(\overline{\lambda}z_2)^2}\left[(u_2^2+v_2^2)-(u_1^2+v_1^2)\right]\right\}\times$$
$$\iint_{-\infty}^{\infty}|P(x,y)|^2\exp\left[\mathrm{i}\frac{2\pi}{\overline{\lambda}z_2}(\Delta ux+\Delta vy)\right]\mathrm{d}x\mathrm{d}y \tag{3-227}$$

系综平均互相干函数为

$$\overline{\Gamma}_{\mathrm{i}} = \overline{I}_{\mathrm{i}}^2(1+|\mu_{\mathrm{i}}|^2) \tag{3-228}$$

式中,系综平均光强 I_{i} 和互相干因子 μ_{i} 可以由(3-217)式算出。

若定义归一化光瞳函数为

$$\hat{P}(x,y) = \frac{P(x,y)}{\left[\iint_{-\infty}^{\infty}|P(x,y)|^2\mathrm{d}x\mathrm{d}y\right]^{\frac{1}{2}}} \tag{3-229}$$

则散斑图的归一化空间频率谱密度为

$$\overline{\boldsymbol{G}}_{\mathrm{i}}(\nu_u,\nu_v) = \overline{I}_{\mathrm{i}}\left[\delta(\nu_u,\nu_v)+(\overline{\lambda}z_2)^2\iint_{-\infty}^{\infty}|\hat{P}(x,y)|^2|P(x-\overline{\lambda}z_{\mathrm{i}}\nu_u,y-\overline{\lambda}z_{\mathrm{i}}\nu_v|^2\mathrm{d}x\mathrm{d}y\right] \tag{3-230}$$

最后要说明一点,在照明光均匀分布的条件下,同一个系综的光学粗糙表面在像平面内形成的散斑场具有同样的统计性质,其系综平均相干性与空间平均相干性是相等的,因而这种散斑场对于空间变量是各态历经的。

第四节　透过非均匀媒质成像

一、薄随机屏对成像质量的影响[31]

光学系统常常使用薄随机屏(通常被叫做毛玻璃),最典型的实例就是散射板干涉仪,因此薄随机屏对成像的影响是必须进行讨论的。

(一) 物理模型与基本假设

图 3-32 为物体通过具有薄随机屏的光学系统成像的典型光路。这一模型中有如下基本假设:

1) 照明光源是空间非相干的。

2) 随机屏不均匀的尺度(即相关长度)比所用光源的波长大得多。

这两条假设将用于本章的全部分析中,为了简化随机屏对成像质量影响的分析的另外两条假设是:

3) 照明光源带宽足够窄,因而对于所有的光频分量,随机屏具有同样的复振幅透射率 $t_s(x,y)$。

4) 随机屏足够薄,因而入射到屏上的光线将在同一坐标点出射。

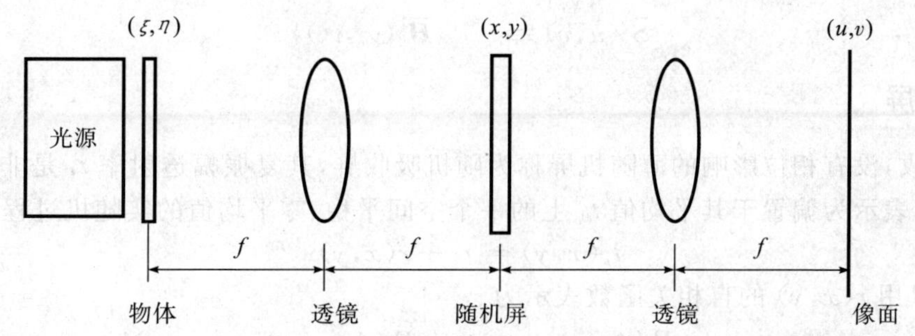

图 3-32　带有薄随机屏的光学成像系统

（二）平均光学传递函数（OTF）

非相干光成像系统的空间频率响应一般用光学传递函数（OTF）表示，不带随机屏的光学系统 OTF 定义为

$$\boldsymbol{H}_0(\nu_u,\nu_v)=\frac{\iint_{-\infty}^{\infty}P(x,y)P^*(x-\bar{\lambda}f\nu_u,y-\bar{\lambda}f\nu_v)\mathrm{d}x\mathrm{d}y}{\iint_{-\infty}^{\infty}|P(x,y)|^2\mathrm{d}x\mathrm{d}y}\tag{3-231}$$

式中，f 为焦距（图 3-32），$\bar{\lambda}$ 为光波中心波长。光瞳函数 $P(x,y)$ 在带有薄随机屏时变为

$$P(x,y)=P(x,y)t_s(x,y)\tag{3-232}$$

因而，带有薄随机屏的光学系统的 OTF 为

$$\boldsymbol{H}(\nu_u,\nu_v)=\frac{\iint_{-\infty}^{\infty}P(x,y)P^*(x-\bar{\lambda}f\nu_u,y-\bar{\lambda}f\nu_v)t_s(x,y)t_s^*(x-\bar{\lambda}f\nu_u,y-\bar{\lambda}f\nu_v)\mathrm{d}x\mathrm{d}y}{\iint_{-\infty}^{\infty}|P(x,y)|^2\,|t_s(x,y)|^2\mathrm{d}x\mathrm{d}y}\tag{3-233}$$

由于随机屏的透射率 $t_s(x,y)$ 的确定函数是无法知道的，(3-233) 式定义的 OTF 并无实际意义。在已知透射率 $t_s(x,y)$ 的统计特性的条件下，有意义的是系综平均光学传递函数。平均 OTF 定义为

$$\overline{\boldsymbol{H}}(\nu_u,\nu_v)=\frac{E[\boldsymbol{H}(\nu_u,\nu_v)\text{ 的分子}]}{E[\boldsymbol{H}(\nu_u,\nu_v)\text{ 的分母}]}\tag{3-234}$$

定义(3-234) 式与 $E[\boldsymbol{H}(\nu_u,\nu_v)]$ 不同，但是在大多数情况下，只要光瞳线度比屏的相关长度大得多，(3-234) 式与严格的系综平均是一致的。显然前者大大简化了系综平均的运算，因而以下的分析全部采用 (3-234) 式的定义。将(3-233) 式代入(3-234) 式后，对于具有广义平稳性的薄随机屏可得

$$\overline{\boldsymbol{H}}(\nu_u,\nu_v)=\boldsymbol{H}_0(\nu_u,\nu_v)\overline{\boldsymbol{H}}_s(\nu_u,\nu_v)\tag{3-235}$$

其中与屏有关的平均 OTF 定义为

$$\overline{\boldsymbol{H}}_s(\nu_u,\nu_v)\equiv\frac{\Gamma_t(\bar{\lambda}f\nu_u,\bar{\lambda}f\nu_v)}{\Gamma_t(0,0)}\tag{3-236}$$

而屏的空间自相关函数 Γ_t 定义为

$$\Gamma_t(\Delta x,\Delta y)\equiv E[t_s(x,y)t_s^*(x-\Delta x,y-\Delta y)]\tag{3-237}$$

（三）平均点扩散函数

$\overline{\boldsymbol{H}}(\nu_u,\nu_v)$ 的傅里叶反变换定义为平均点扩散函数(PSF)：

$$\overline{S}(u,v)\equiv\mathscr{F}^{-1}\{\overline{\boldsymbol{H}}(\nu_u,\nu_v)\}\tag{3-238}$$

由卷积定理可以导出：

$$\overline{S}(u,v)=S_0(u,v)*\overline{S}_s(u,v)\tag{3-239}$$

其中，$*$ 表示卷积，而且

$$\overline{S}_0(u,v)\equiv\mathscr{F}^{-1}\{\overline{\boldsymbol{H}}_0(\nu_u,\nu_v)\}$$

$$\overline{S}_s(u,v) \equiv \mathscr{F}^{-1}\{\overline{\boldsymbol{H}}_s(\nu_u,\nu_v)\}$$

二、随机吸收屏

对光场只有吸收，没有相位影响的薄随机屏称为随机吸收屏，其复振幅透射率 t_s 是非负实数，数值分布在 0 与 1 之间，可以表示为偏置于其平均值 t_0 上的一个空间平稳、零平均值的实随机过程 $r(x,y)$：

$$t_s(x,y) = t_0 + r(x,y) \tag{3-240}$$

t_s的自相关函数可以用 $r(x,y)$ 的自相关函数表示为

$$\Gamma_t(\Delta x,\Delta y) = t^2 + \Gamma_r(\Delta x,\Delta y) \tag{3-241}$$

定义归一化自相关函数为

$$\gamma_r(\Delta x,\Delta y) \equiv \frac{\Gamma_r(\Delta x,\Delta y)}{\sigma_r^2} \tag{3-242}$$

则带有随机吸收屏的光学成像系统(图 3-32) 的平均 OTF 为

$$\overline{\boldsymbol{H}}(\nu_u,\nu_v) = \frac{t_0^2}{t_0^2+\sigma_r^2}\boldsymbol{H}(\nu_u,\nu_v) + \frac{\sigma_r^2}{t_0^2+\sigma_r^2}\boldsymbol{H}_0(\nu_u,\nu_v)\gamma_r(\bar{\lambda} f\nu_u,\bar{\lambda} f\nu_v) \tag{3-243}$$

式中，σ_r 为 $r(x,y)$ 的方差。相应的平均 PSF 则为

$$\overline{S}(u,v) = \frac{t_0^2}{t_0^2+\sigma_r^2}S_0(u,v) + \frac{\sigma_r^2}{t_0^2+\sigma_r^2}S_0(u,v) * \overline{S}_r(u,v) \tag{3-244}$$

式中，$\overline{S}_r(u,v) \equiv \mathscr{F}^{-1}\{\gamma_r(\bar{\lambda} f\nu_u,\bar{\lambda} f\nu_v)\}$。

图 3-33 所示为典型的带有随机吸收屏的光学成像系统的平均 OTF 与 PSF，其中 $\boldsymbol{H}_0$ 为光瞳呈圆形的衍射受限光学成像系统的 OTF，γ_r 为典型的归一化自相干函数。

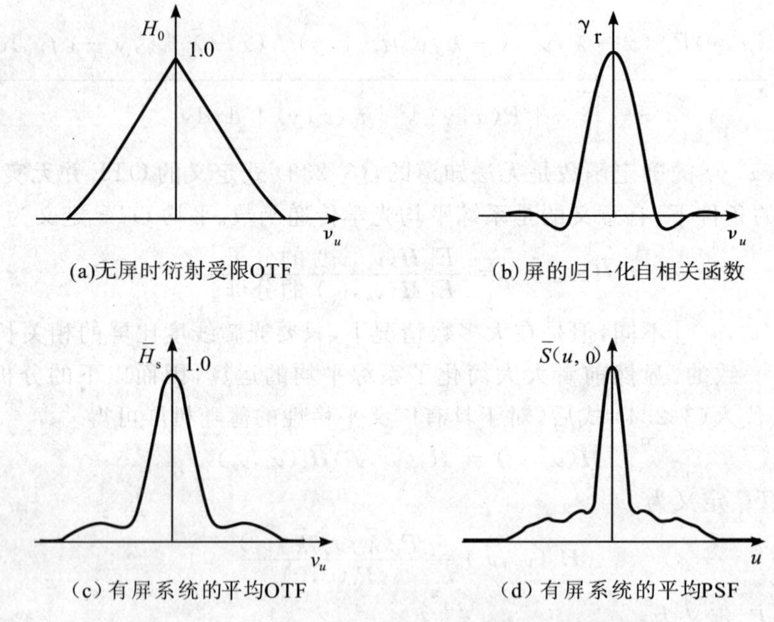

图 3-33　随机吸收屏对成像特性的影响

三、随机相位屏

(一) 随机相位屏

在实践中，更为重要的是使透射光场的相位随机变化而吸收可忽略不计的随机相位屏，其复振幅透射率可表示为

$$t_s(x,y) = \exp[i\varphi(x,y)] \tag{3-245}$$

式中，$\varphi(x,y)$ 为(x,y) 处的随机相位。复振幅透射率的自相关函数可以表示为

$$\Gamma_r(x_1,y_1;x_2,y_2) = E[\exp(i\varphi_1 - i\varphi_2)] = E[\exp(i\Delta\varphi)] \tag{3-246}$$

（二）高斯随机相位屏

高斯随机相位屏的相位均值是 0 的高斯随机过程，因而，φ_1、φ_2 及 $\Delta\varphi$ 均为高斯随机变量，并且有

$$E[\Delta\varphi]=0,\sigma_{\Delta\varphi}^2=(E[\Delta\varphi])^2 \tag{3-247}$$

对于广义平稳的随机过程 $\varphi(x,y)$，若其归一化自相关函数为 $\gamma_\varphi(\Delta x,\Delta y)$，因而含高斯随机相位屏的成像光学系统和高斯随机相位屏的平均 OTF(图 3-34) 分别为

$$\overline{\boldsymbol{H}}(\nu_u,\nu_v)=\boldsymbol{H}_0(\nu_u,\nu_v)\exp\{-\sigma_\varphi^2[1-\gamma_\varphi(\bar{\lambda}f\nu_u,\bar{\lambda}f\nu_v)]\} \tag{3-248a}$$

和

$$\boldsymbol{H}_s(\nu_u,\nu_v)=\exp\{-\sigma_\varphi^2[1-\gamma_\varphi(\bar{\lambda}f\nu_u,\bar{\lambda}f\nu_v)]\} \tag{3-248b}$$

一般来讲，高斯随机相位屏平均 OTF$\boldsymbol{H}_s(\nu_u,\nu_v)$ 的宽度比归一化自相关函数 γ_φ 的宽度小得多，由此可以导出含高斯随机相位屏的成像系统的平均 PSF：

$$\overline{S}(u,v)\approx S_0(u,v)\exp(-\sigma_\varphi^2)+S_h(u,v) \tag{3-249a}$$

其中

$$\overline{S}_h(u,v)=\mathscr{F}^{-1}(\exp(-\sigma_\varphi^2)\{\exp[\sigma_\varphi^2\gamma_\varphi(\bar{\lambda}f\nu_u,\bar{\lambda}f\nu_v)]\}) \tag{3-249b}$$

如图 3-34 (d) 所示，就是这种成像系统的平均点扩散函数。与图 3-33(d) 所示的随机吸收屏不同，当相位 $\varphi(x,y)$ 的方差增大时，中央亮斑很快减弱，以致不复存在，显示了相位屏的强散射作用。

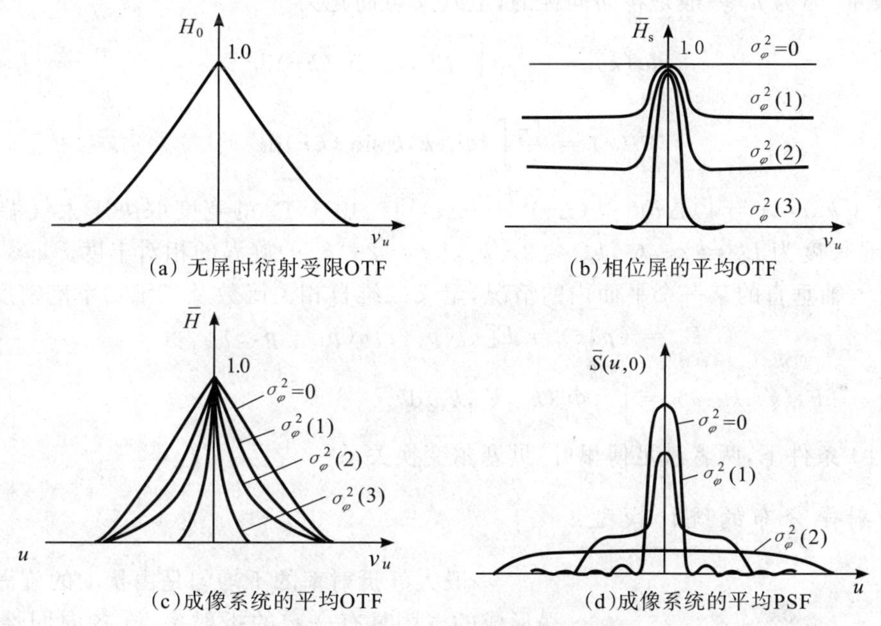

图 3-34　高斯随机相位屏对成像特性的影响

四、随机非均匀媒质对波动传播的影响

如图 3-35 所示，非相干光通过广延的非均匀随机变化的媒质（主要是大气湍流）时，随机非均匀媒质会对波的传播产生很大的影响[32-34]。这是第二十五章《大气光学》讨论的内容，本节主要从统计光学的角度说明其研究方法。

（一）符号定义

本节下面的若干符号与其他几节不同，在此特别加以定义。

大气折射率随空间位置矢量 $\boldsymbol{r}$、时间 t 及波长 λ 变化，可以分为与时间无关的确定函数 n_0 与随时间变化的随机量 n_1 两个部分：

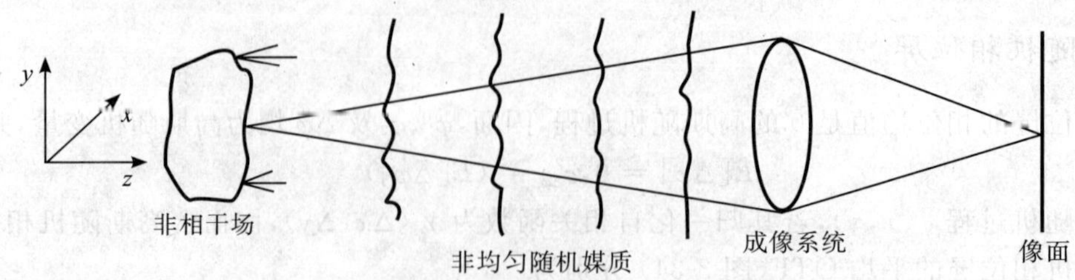

图 3-35　非相干光通过随机非均匀媒质成像

$$n(\boldsymbol{r},t,\lambda)=n_0(\boldsymbol{r},\lambda)+n_1(\boldsymbol{r},t)=n_0(\boldsymbol{r},\lambda)+n_1(\boldsymbol{r}) \tag{3-250}$$

后一个等式说明，由于光速很快，n_1 随时间的变化可以不考虑而只看成是一个空间分布随机过程。由于其在统计意义上是均匀的，其自相关函数可以看作是坐标差的函数：

$$\Gamma_{\mathrm{n}}(\boldsymbol{r})=E[n_1(\boldsymbol{r}_1)n_1(\boldsymbol{r}_1-\boldsymbol{r})] \tag{3-251}$$

式中，$\boldsymbol{r}=\boldsymbol{r}_1-\boldsymbol{r}_2=(\Delta x,\Delta y,\Delta z)$。根据维纳-辛钦定理，广义平稳的功率谱密度为 $\Gamma_{\mathrm{n}}(r)$ 的三维傅里叶变换的定义如下：

$$\Phi_{\mathrm{n}}(\boldsymbol{k})=\frac{1}{(2\pi)^3}\iiint_{-\infty}^{\infty}\Gamma(\boldsymbol{r})\exp(\mathrm{i}\boldsymbol{k}\cdot\boldsymbol{r})\mathrm{d}^3\boldsymbol{r} \tag{3-252}$$

式中，$\boldsymbol{k}$ 称为波数矢量。因为 n_1 一般是各向同性的，上式又可简化为

$$\Phi_{\mathrm{n}}(k)=\frac{1}{2\pi^2 k}\int_0^{\infty}\Gamma(n)r\sin(kr)\mathrm{d}r \tag{3-253a}$$

$$\Gamma_{\mathrm{n}}(r)=\frac{4\pi}{r}\int_0^{\infty}\Phi_{\mathrm{n}}(k)k\sin(kr)\mathrm{d}k \tag{3-253b}$$

式中，$k=(k_x^2+k_y^2+k_z^2)^{\frac{1}{2}}$，$r=[(\Delta x)^2+(\Delta y)^2+(\Delta z)^2]^{\frac{1}{2}}$。由于 Γ_{n} 的宽度取决于大气湍流旋涡的大小，$\Phi_{\mathrm{n}}(k)$ 的物理意义是尺度为 $L_x=2\pi/k_x$，$L_y=2\pi/k_y$，$L_z=2\pi/k_z$ 的旋涡的相对丰度。

有时要研究与 z 轴垂直的某一个平面内的情况，定义二维自相关函数及二维功率谱密度为

$$B_{\mathrm{n}}=(\boldsymbol{p},z)=E[n_1(\boldsymbol{p}_1,z)n(\boldsymbol{p}_1-\boldsymbol{p},z)]$$

$$F_{\mathrm{n}}(k_x,k_y;z)=\int_{-\infty}^{\infty}\Phi_{\mathrm{n}}(k_x,k_y,k_z)\mathrm{d}k_z \tag{3-254}$$

在圆对称（各向同性）条件下，两者满足傅里叶-贝塞尔变换关系。

（二）大气折射率分布的统计模型

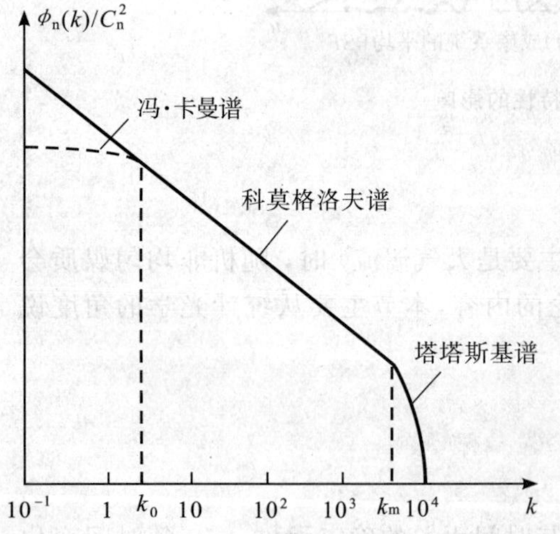

图 3-36　大气折射率变化的功率谱密度

一般大气折射率的不均匀是由扰动的旋涡造成的，每个旋涡形成的气团具有一定的折射率。在各向同性湍流的情况下，旋涡的相对丰度 Φ_{n} 仅是波数 k 的函数，因而仅是旋涡尺度 $L=2\pi/k$ 的函数。

关于扰动大气的经典的科莫格洛夫理论[35]认为：Φ_{n} 分为 3 个区域。当 k 值很小时，不能认为湍流是各向同性的，不可能用数学形式作理论预测；而当 k 值很大时，旋涡的尺度很小，由于黏滞力的作用，这种旋涡能量迅速下降而使相对丰度迅速减少。当 k 值适中时，处于所谓惯性亚区之中，Φ_{n} 在对数标尺图上为一直线（图 3-36），可用下式表示：

$$\Phi_{\mathrm{n}}(k)=0.033\,C_{\mathrm{n}}^2\,k^{-11/3},\ k_0<k<k_{\mathrm{m}} \tag{3-255a}$$

式中，C_{n}^2 称为折射率涨落的结构参数。对应于 k_0 的 $L_0=2\pi/k_0$ 称为湍流的外部尺度，在靠近地面的大气中有 $L_0\approx h/2$（h 为离地面的高度），数值在 1 ～ 100 m 之间。对应于 k_{m} 的 $L_0=2\pi/k_{\mathrm{m}}$ 被称作涡流的内部尺度，在 1 mm 左右。

塔塔斯基把 $k > k_m$ 的曲线部分(图 3-36)也包括进来,建立了下述近似公式:

$$\Phi_n(k) = 0.033\,C_n^2\,k^{-11/3}(-k^2/k_m^2), \quad k_0 < k \tag{3-255b}$$

冯·卡曼把 3 个部分统一用一个公式表示:

$$\Phi_n(k) \approx \frac{0.033\,C_n^2}{(k^2 + k_0^2)^{11/6}} \exp(-k^2/k_m^2) \tag{3-255c}$$

应当指出,(3-255c) 式对 $k < k_0$ 情况的描述并无实验根据,而只能对某些特殊需要提供一点方便。

描述折射率涨落的另一个统计参数——折射率涨落的结构参数 D_n——在下面研究大气湍流对成像系统的影响时非常有用,其定义为

$$D_n(\boldsymbol{r}_1, \boldsymbol{r}_2) = E[\{n_1(\boldsymbol{r}_1) - n_1(\boldsymbol{r}_2)\}^2] \tag{3-256}$$

在各向同性条件下,可以导出 $D_n(\boldsymbol{r}) = C_n^2\, r^{2/3}$。

显然结构常数 C_n^2 在上述理论中起着重要的作用。C_n^2 与天气条件及海拔高度有关,在近地面时它的典型数值对于强湍流为 $10^{-13}\,\mathrm{m}^{-2/3}$,对于弱湍流为 $10^{-17}\,\mathrm{m}^{-2/3}$,一般取平均值 $10^{-15}\,\mathrm{m}^{-2/3}$。

(三) 电磁波经过扰动大气的传播

因为湍流的内部尺度远大于光波长,作为电磁波的光在湍流大气中的传播仍然满足矢量亥姆霍兹波动方程,其标量形式为

$$\nabla^2 \boldsymbol{U} + \frac{\omega^2 n^2}{c^2}\boldsymbol{U} = 0 \tag{3-257}$$

式中,n 为空间位置的函数。假定折射率中非随机涨落的部分 $n_0(r)$ 在传播的区域中是常数,则有

$$n(\boldsymbol{r}) = n_0 + n_1(\boldsymbol{r}) \tag{3-258}$$

(3-256) 式中的 $\boldsymbol{U}$ 作为复扰动,可以代表电磁波矢量的任意一个分量 E_x、E_y或 E_z。这个方程可以用微扰法来解。因为 $|n_1| \ll n_0$,$\boldsymbol{U}$ 的解可以分为两个部分:一部分对应于常数 n_0 的解 $\boldsymbol{U}_0$,另一部分为折射率涨落产生的影响 $\boldsymbol{U}_1$,即

$$\boldsymbol{U} = \boldsymbol{U}_0 + \boldsymbol{U}_1 \tag{3-259}$$

代入(3-252) 式并省去高阶项即可得到 $\boldsymbol{U}_1$ 满足的方程:

$$\nabla^2 \boldsymbol{U}_1 + k_0^2 \boldsymbol{U}_1 = \frac{2k_0^2 n_1 \boldsymbol{U}_0}{n_0} \tag{3-260}$$

式中,$k_0 = \omega^2 n^2 c^2$。方程(3-260) 的解可以用求解数理方程的格林函数方法表示成为自由空间脉冲响应函数 $\exp(\mathrm{i}k\,|\,\boldsymbol{r}\,|)/|\,\boldsymbol{r}\,|$ 与场(光) 源项的卷积:

$$\boldsymbol{U}_1(\boldsymbol{r}) = \frac{1}{4\pi}\iiint\limits_V \frac{\exp(\mathrm{i}k\,|\,\boldsymbol{r} - \boldsymbol{r}'\,|)}{|\,\boldsymbol{r} - \boldsymbol{r}'\,|}[2k_0^2 n_1(\boldsymbol{r}')\boldsymbol{U}_0(\boldsymbol{r}')]\mathrm{d}^3\boldsymbol{r}' \tag{3-261}$$

式中,V 为散射体积,$\boldsymbol{r}'$ 为散射体中每个散射基元的位置坐标矢量。在菲涅耳近似条件下,可改写为

$$\boldsymbol{U}_1(\boldsymbol{r}) = \frac{k_0^2}{2\pi}\iiint\limits_V \frac{\exp\left\{\mathrm{i}k_0\left[(z - z') + \dfrac{|\,\boldsymbol{\rho} - \boldsymbol{\rho}'\,|}{2(z - z')}\right]\right\}}{z - z'} n_1(\boldsymbol{r}')\boldsymbol{U}_0(\boldsymbol{r}')\mathrm{d}^3\boldsymbol{r}' \tag{3-262}$$

式中,$\boldsymbol{\rho}$ 与 $\boldsymbol{\rho}'$ 为 $\boldsymbol{r}$ 与 $\boldsymbol{r}'$ 偏离 z 轴的横向矢量。实际上,由于多次散射的效应,(3-257) 式的解中还应当包括更高阶的项,如 $\boldsymbol{U}_2$,$\boldsymbol{U}_3$,…,(3-262) 式表示的解忽略了这些项,称为波恩近似。

波恩近似是把扰动产生的噪声项 $\boldsymbol{U}_1$ 看成是加性噪声,引入里托夫变换[32-33] 并作近似,产生的则是乘性噪声。里托夫变换是定义一个复数场 ψ 为场 $\boldsymbol{U}$ 的自然对数:

$$\psi = \ln \boldsymbol{U}$$

波动方程(3-257) 式转化为

$$\nabla^2\psi(\boldsymbol{r}) + \nabla\psi(\boldsymbol{r}) \cdot \nabla\psi(\boldsymbol{r}) + \frac{\omega^2}{c^2}n^2(\boldsymbol{r}) = 0 \tag{3-263}$$

省去高阶项,假设方程的解是

$$\psi = \psi_0 + \psi_1 \tag{3-264}$$

可以得到

$$\psi_1 = \ln\left(1 + \frac{\boldsymbol{U}_1}{\boldsymbol{U}_0}\right) \approx \frac{\boldsymbol{U}_1}{\boldsymbol{U}_0} \tag{3-265}$$

利用(3-262)式的结果便得出

$$\psi_1(\boldsymbol{r}) = \frac{k_0^2}{2\pi \boldsymbol{U}_0(\boldsymbol{r})} \iiint_V \frac{\exp\left\{\mathrm{i}k_0\left[(z-z') + \frac{|\boldsymbol{\rho} - \boldsymbol{\rho}'|^2}{2(z-z')}\right]\right\}}{z-z'} n_1(\boldsymbol{r}')\boldsymbol{U}_0(\boldsymbol{r}')\mathrm{d}^3\boldsymbol{r}' \tag{3-266}$$

(3-266)式的结果与直接解方程(3-257)的结果是相同的,这就是里托夫近似的解。

为了进一步说明这两种近似的区别及里托夫近似的含义,下面把实际波动$\boldsymbol{U}$与自由空间解的波动$\boldsymbol{U}_0$表示为振幅与相位的形式:

$$\boldsymbol{U} = A\exp(\mathrm{i}S), \qquad \boldsymbol{U}_0 = A_0\exp(\mathrm{i}S_0)$$

因而 $\psi_1 = \psi - \psi_0 = \ln\dfrac{A}{A_0} + \mathrm{i}(S - S_0)$。定义对数振幅涨落 χ 及相位涨落 S_δ 为

$$\chi \equiv \ln\frac{A}{A_0}, \qquad S_\delta \equiv S - S_0 \tag{3-267}$$

则里托夫解可表示为

$$\psi_1 = \chi + \mathrm{i}S_0 \tag{3-268}$$

也就是说

$$\begin{bmatrix}\chi \\ S_\delta\end{bmatrix} = \begin{bmatrix}\mathrm{Re} \\ \\ \mathrm{Im}\end{bmatrix}\left\{\frac{k_0^2}{2\pi\boldsymbol{U}_0(\boldsymbol{r})}\iiint_V \frac{\exp\left\{\mathrm{i}k\left[(z-z') + \frac{\boldsymbol{\rho}-\boldsymbol{\rho}'}{2(z-z')}\right]\right\}}{z-z'} n_1(\boldsymbol{r}')\boldsymbol{U}_0(\boldsymbol{r}')\mathrm{d}^3\boldsymbol{r}'\right\} \tag{3-269}$$

比较(3-262)式与(3-269)式可以发现,前者把散射元的贡献之和看作是复振幅的涨落,后者则把同一贡献之和看作是对数振幅的涨落。许多实验证明后者是对的,因为 χ 及 S_0 确实满足由中心极限定理所预测的高斯分布,而 $\boldsymbol{U}_1$ 则不然。尽管如此,由于理论上的不完善,仍然存在争议。

(四) 对数正态分布

对数振幅涨落χ满足正态分布,设其数学期望为$\overline{\chi}$,方差为σ_x^2,则光场振幅A的概率密度函数及光强$I = A^2$的概率密度函数可计算出为

$$P_A(A) = \frac{1}{\sqrt{2\pi\sigma_x}A}\exp\left[-\frac{\left(\ln\frac{A}{A_0} - \overline{\chi}\right)^2}{2\sigma_x^2}\right], \qquad A \geqslant 0 \tag{3-270}$$

$$P_I(I) = \frac{1}{2\sqrt{2\pi\sigma_x}I}\exp\left[-\frac{\left(\ln\frac{I}{I_0} - 2\overline{\chi}\right)^2}{8\sigma_x^2}\right], \qquad I \geqslant 0 \tag{3-271}$$

振幅A与光强I均服从对数正态分布。(3-270)式与(3-271)式中分别有三个参数A_0、$\overline{\chi}$、σ_x或I_0、$\overline{\chi}$、σ_x,可以证明只有两个参数是独立的。在湍流大气中传播时,若能保持能量守恒,即$I = I_0$,则有

$$\overline{\chi} = -\sigma_x^2 \tag{3-272}$$

五、长时间曝光平均 OTF

如图3-35所示的光学系统对无穷远处物体的成像问题与薄随机屏不同,随机非均匀媒质随时间缓慢变化。在长时间曝光情况下,可以看作是在时间域各态历经的。根据里托夫近似的解,射到成像系统入瞳上的光场可用入射平面波的强度I_0表示为

$$\boldsymbol{U}(x,y) = \sqrt{I_0}\exp[\chi(x,y) + \mathrm{i}S(x,y)] \tag{3-273}$$

用类似分析随机屏对成像质量影响的方法，可以把长时间曝光的 OTF 表示为

$$\overline{\boldsymbol{H}}(\nu_u,\nu_v)=\boldsymbol{H}_0(\nu_u,\nu_v)+\overline{\boldsymbol{H}}_{\mathrm{L}}(\nu_u,\nu_v) \tag{3-274}$$

式中，$\overline{\boldsymbol{H}}_0(\nu_u,\nu_v)$ 为不存在随机非均匀媒质时光学系统的 OTF，而 $\overline{\boldsymbol{H}}_L(\nu_u,\nu_v)$ 为随机非均匀媒质通常就是扰动大气的长时间曝光 OTF。$\overline{\boldsymbol{H}}_L(\nu_u,\nu_v)$ 可以用平均自相关函数表示为

$$\overline{\boldsymbol{H}}_L(\nu_u,\nu_v)=\frac{\overline{\Gamma}(\bar{\lambda}f\nu_u,\bar{\lambda}f\nu_v)}{\overline{\Gamma}(0,0)} \tag{3-275}$$

其中

$$\Gamma(\Delta x,\Delta y)=E[\exp\{(\chi_1,\chi_2)+\mathrm{i}(S_1+S_2)\}]$$

$$\chi_1=\chi(x,y),\chi_2=\chi(x-\bar{\lambda}f\nu_u,y-\bar{\lambda}f\nu_v)$$

$$S_1=S(x,y),S_2=S(x-\bar{\lambda}f\nu_u,y-\bar{\lambda}f\nu_v)$$

若定义相位结构函数、对数振幅结构函数及波结构函数分别为

$$D_S=\overline{(s_1-s_2)^2},\quad D_\chi=\overline{(\chi_1-\chi_2)^2},\quad D=D_\chi+D_S \tag{3-276}$$

则可以导出

$$\overline{\Gamma}(r)=\exp\left[-\frac{1}{2}D(r)\right],\overline{\Gamma}(0)=1 \tag{3-277}$$

因而光学成像系统的平均 OTF 在长时间曝光条件下为

$$\overline{\boldsymbol{H}}(\nu)=\boldsymbol{H}_0(\nu)\exp\left[-\frac{1}{2}D(\bar{\lambda}f\nu)\right] \tag{3-278}$$

式中，$r=[\Delta x^2+\Delta y^2]^{\frac{1}{2}},\nu=[\nu_u^2+\nu_v^2]^{\frac{1}{2}}$。

除了物置于无穷远以外，进一步假设大气涨落只发生在离成像系统有限距离处，而且各向同性，假设每一条入射光线都不发生弯曲，而只有由于传输介质折射率变化造成的延时。忽略大气的吸收，即 $D_\chi(r)=0$ 以后，可以计算出相位结构函数：

$$D_S(r)=2.91(\bar{k})^2C_{\mathrm{n}}^2zr^{5/3}=D(r) \tag{3-279}$$

从而得出

$$\overline{\boldsymbol{H}}_L(\nu)=\exp\left[-57.4C_{\mathrm{n}}^2\frac{zf^{5/3}}{\bar{\lambda}^{1/3}}\nu^{5/3}\right] \tag{3-280}$$

令空间角频率 $\Omega=f\nu$，可以进一步简化扰动大气的长时间曝光 OTF：

$$\overline{\boldsymbol{H}}_{\mathrm{L}}(\Omega)=\exp\left[-57.4\frac{C_{\mathrm{n}}^2z}{\bar{\lambda}^{1/3}}\Omega^{5/3}\right] \tag{3-281}$$

使 $\overline{\boldsymbol{H}}_{\mathrm{L}}(\Omega)$ 降到 1/e 的空间角频率为

$$\Omega_{1/\mathrm{e}}=\frac{\bar{\lambda}^{1/5}}{(57.4C_{\mathrm{n}}^2z)^{3/5}} \tag{3-282}$$

(3-282) 式说明在上述假设条件下，平均 OTF 的带宽仅与波长的 $\frac{1}{5}$ 次方有关，可见该带宽主要不决定于波长。

当光学传递函数为实函数而且圆对称时，光学系统的分辨本领 R 可以用光学传递函数下面所包含的体积来表征：

$$R=2\pi\int_0^\infty\Omega\boldsymbol{H}(\Omega)\mathrm{d}\Omega \tag{3-283}$$

对于长曝光时间，无穷远处物发出的非相干光经长距离扰动大气传播进入光学系统成像的总的平均 OTF 为

$$\overline{\boldsymbol{H}}(\Omega)=\boldsymbol{H}_0(\Omega)\exp\left[-57.4\frac{\int_0^z C(\xi)\mathrm{d}\xi}{\bar{\lambda}^{1/3}}\Omega^{5/3}\right] \tag{3-284}$$

对于直径为 D_0 的圆形光瞳，没有扰动存在，即无大气时的衍射受限光学传递函数为

$$\boldsymbol{H}_0(\Omega)=\begin{cases}\dfrac{2}{\pi}\left[\arccos\left(\dfrac{\Omega}{\Omega_0}\right)-\dfrac{\Omega}{\Omega_0}\sqrt{1-\left(\dfrac{\Omega}{\Omega_0}\right)^2}\right], & \Omega\leqslant\Omega_0\\ 0, & \text{其他}\end{cases}\tag{3-285}$$

式中，$\Omega_0=D_0/\bar{\lambda}$ 为该光学系统的截止频率。令 $u=\Omega/\Omega_0$，并定义大气相干直径[36]为

$$r\equiv 0.185\left[\frac{\bar{\lambda}^2}{\int_0^z C_n^2(\xi)\mathrm{d}\xi}\right]\tag{3-286}$$

则该光学系统在考虑大气扰动时的分辨本领可表示为

$$R=4\left(\frac{D_0}{\bar{\lambda}}\right)\int_0^1 u\left[\arccos u-u\sqrt{1-u^2}\right]\exp\left[-3.44\left(\frac{D_0}{r_0}\right)^{\frac{5}{3}}u^{5/3}\right]\mathrm{d}u\tag{3-287}$$

数值计算表明，当 $D_0/r_0\ll 1$ 时，R 随 D_0/r_0 的平方增大，当 $D_0/r_0\gg 1$ 时，R 趋近于一个常数(图 3-37)。由此可见，大气扰动的影响使光学系统的分辨本领受到极大的限制。典型的大气相干直径仅为 10 cm 左右，过分增大望远系统的口径是没有意义的。

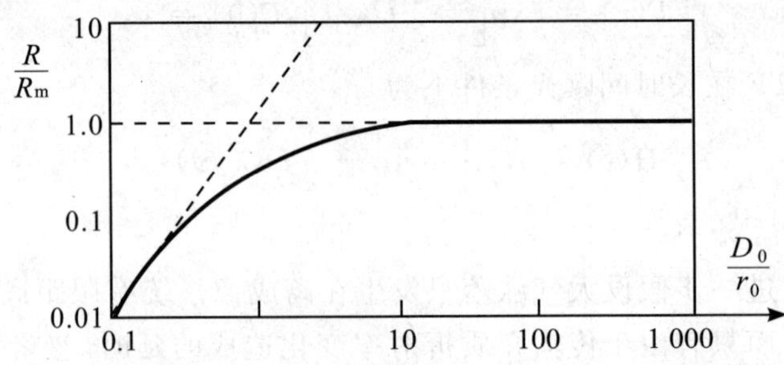

图 3-37 长时间曝光成像的光学系统中归一化分辨率 R/R_m 与归一化孔径 D_0/r_0 的关系

六、短时间曝光的平均 OTF

与长时间曝光不同，在短时间曝光情况下，仅有大气扰动的某一个样本影响到光学系统的成像过程。不存在时间平均作用，也就不存在对于时间的各态历经概念，只存在系综意义下的平均 OTF 及 PSF。由于某一个特定时刻大气扰动样本造成的相位偏离不一定是对称分布的，这就导致了所成像会偏离理想像点。在长时间曝光条件下，不同样本随机偏离的对称性，使叠加后的平均 PSF 展宽，而减小了平均 OTF 的通带。但在短时间曝光条件下，相位偏离对应的倾斜分量除了使像点偏离以外，并不会降低系统的分辨本领；其系综平均 OTF 只受到扰动大气散射大小的影响，数量上决定于消除倾斜分量后得到的系综平均 PSF。如图 3-38(a) 所示为长时间曝光的平均 PSF 与 OTF，图 3-38(b) 为短时间曝光的某一个样本的 PSF 与 OTF。应当注意，短时间曝光不消除倾斜分量的平均 PSF 就是长时间曝光的平均 PSF。

根据(3-233) 式，短时间曝光的 OTF 可以用对数振幅涨落与相位涨落表示：

$$\boldsymbol{H}(\nu_u,\nu_v)=\frac{\iint_{-\infty}^{\infty}\boldsymbol{P}(x,y)\boldsymbol{P}^*(x-\bar{\lambda}f\nu_u,y-\bar{\lambda}f\nu_v)\exp[(\chi_1-\chi_2)+\mathrm{i}(S_1-S_2)]\mathrm{d}x\mathrm{d}y}{\iint_{-\infty}^{\infty}|\boldsymbol{P}(x,y)|^2\exp(2\chi)\mathrm{d}x\mathrm{d}y}\tag{3-288}$$

入射到成像系统入瞳上的光波倾斜分量仅取决于 $S(x,y)$，用最小二乘法可以找到这个分量：

$$\left.\begin{aligned}a_x&=\frac{64}{\pi D_0^4}\iint_{-\infty}^{\infty}xP(x,y)S(x,y)\mathrm{d}x\mathrm{d}y\\ a_y&=\frac{64}{\pi D_0^4}\iint_{-\infty}^{\infty}yP(x,y)S(x,y)\mathrm{d}x\mathrm{d}y\end{aligned}\right\}\tag{3-289}$$

式中，$P(x,y)$ 为无相差影响(孔径内为 1，孔径外为 0) 的光瞳函数，D_0 为 $P(x,y)$ 是圆域函数时的直径。

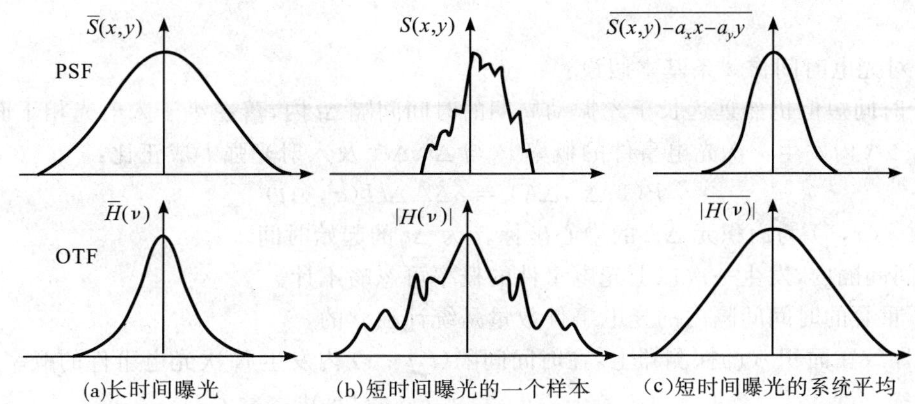

图 3-38 长短时间曝光 PSF 与 OTF 的比较

用$(S_1-a_x\chi_1-a_y y_1)-(S_2-a_x\chi_2-a_y y_2)$取代(3-288)式中的$(S_1-S_2)$，以便在入瞳上的光波相位中扣除倾斜分量的影响，对这个修正后的公式进行计算，最终可得出短时间曝光时大气扰动的系综平均 OTF：

$$\overline{\boldsymbol{H}}_s(\nu)=\exp\left\{-3.44\left(\frac{\overline{\lambda} f\nu}{r_0}\right)^{\frac{5}{3}}\left[1-a\left(\frac{\lambda f\nu}{D_0}\right)^{\frac{1}{3}}\right]\right\} \tag{3-290}$$

式中，a 对于近距离短时间曝光为 1，对于远距离短时间曝光为 0.5，对于长时间曝光为 0；其他参数与前面相同。若利用角空间频率 Ω 来表示则变为

$$\overline{\boldsymbol{H}}_s(\Omega)=\exp\left\{-3.44\left(\frac{\overline{\lambda}\Omega}{r_0}\right)^{\frac{5}{3}}\left[1-a\left(\frac{\Omega}{\Omega_0}\right)^{\frac{1}{3}}\right]\right\} \tag{3-291}$$

短时间曝光归一化分辨本领 R/R_m 与归一化孔径的关系被示于图 3-39 中，$a=0$ 对应于长时间曝光。由图可见，当孔径增大时，归一化分辨本领都趋近于同一个数值 R_m，但在某一个孔径附近，短时间曝光会具有较高的分辨率。

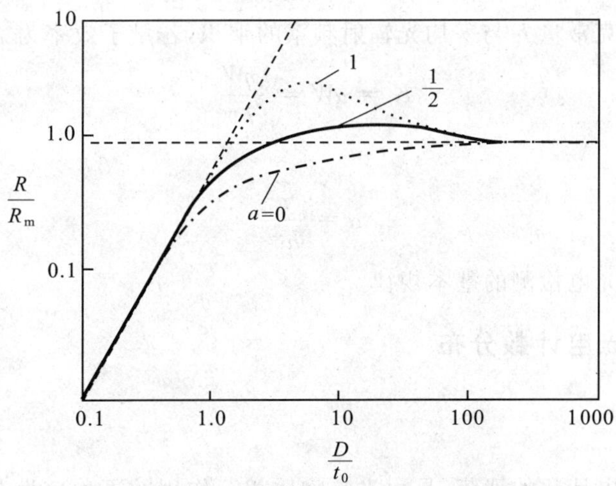

图 3-39 短曝光和长曝光下大气扰动造成的归一化分辨率与归一化孔径的关系

第五节 光电检测的基本限制

一、光电检测的半经典模型

光电检测的半经典模型[37-38] 不是对整个电磁场进行量化，而是仅对经典的电磁场模型与物质的相互作用进行量子化。其结果与用量子电动力学的严格分析得到的结果完全一致，但数学方法简单，物理意义也较

为直观。

半经典理论对光电时间作 3 条基本假设：

1) 在比相干时间短但仍然远远长于光振动周期的时间间隔 Δt 内，落在小于入射光相干面积的光电探测器表面的面积元 ΔA 内发生一次光电事件的概率 P 与 Δt、ΔA 及入射光强 I 成正比：

$$P(1;\Delta t,\Delta A)=\alpha\Delta A\,\Delta t\,I(x,y;t) \tag{3-292}$$

式中，α 为常系数，(x,y) 为面积元 ΔA 的中心坐标，t 为 Δt 的起始时间。

2) 在 Δt 时间间隔内，发生一次以上光电事件的概率可忽略不计。

3) 发生在不重叠的时间间隔内的光电事件数量是统计独立的。

这 3 条假设导致在面积 A 的探测器上，在时间间隔 $(t,t+\tau)$ 内发生 K 次光电事件的概率服从泊松分布：

$$P(K)\equiv P(K;t,t+\tau)=\frac{(\overline{K})^K}{K!}\mathrm{e}^{-\overline{K}} \tag{3-293}$$

其中，平均光电事件数

$$\overline{K}=\alpha\iint\limits_A\int_t^{t+\tau}I(x,y,\xi)\,\mathrm{d}\xi\,\mathrm{d}x\,\mathrm{d}y=\alpha W \tag{3-294}$$

式中，W 表示落到探测器表面的总光能。本节在光电检测问题中把 W 叫做积分强度，这与第二节(3-147) 式定义的积分强度不同，多一次对面积的二维积分，应予以注意。当光强均匀分布时两者仅相差一个常数，本节中，

$$W=A\int_t^{t+\tau}I(\xi)\,\mathrm{d}\xi \tag{3-295}$$

若进一步假设光强也不随时间变化，则

$$W=I_0A\tau \tag{3-296}$$

利用积分强度 W，探测器上观察到 K 次光电事件的概率分布函数可以记作

$$P(K)=\frac{(\alpha W)^K}{K!}\mathrm{e}^{-\alpha W} \tag{3-297}$$

由于单个光子的能量是普朗克常量 h 与平均光辐射频率的乘积，若量子效率为 η，则有

$$\overline{K}=\alpha W=\frac{\eta W}{h\bar{\nu}} \tag{3-298}$$

也就是说

$$\alpha=\frac{\eta}{h\bar{\nu}} \tag{3-299}$$

这就是当光强随时空变化的光电检测的基本规律。

二、光强随机变化的光电计数分布

(一) 几个基本关系

光强随机变化引起的光电计数的涨落，是由光与物质相互作用的不确定性和射在探测器表面的光的经典涨落组成的，因而这种光电事件构成一个双重随机泊松过程。这时光电计数的概率分布 $P(K)$ 取决于光强确定时条件概率 $P(K\mid W)$（即泊松分布）和光强本身的概率密度函数 $P_W(W)$ 。

(1) 计算 $P(K)$ 的蒙代尔公式[39]

$$P(K)=\int_0^\infty P(K\mid W)P_W(W)\mathrm{d}W=\int_0^\infty\frac{(\alpha W)^K}{K!}\mathrm{e}^{-\alpha W}P_W(W)\mathrm{d}W \tag{3-300}$$

式中，α 由(3-299) 式给出。(3-300) 式是以后分析所有光电事件统计规律的基础。$P(K)$ 又称为概率密度函数 $P_W(W)$ 的泊松变换。

(2)$P(K)$ 的 n 阶阶乘矩定理

$$E[K(K-1)\cdots(K-n+1)]=\int_0^\infty(\alpha W)^nP_W(W)\mathrm{d}W=\alpha^n\overline{W^n} \tag{3-301}$$

(3)K 的数学期望与方差

$$\overline{K}=\alpha\overline{W},\ \sigma_K^2=\alpha\overline{W}+\alpha^2\sigma_W^2 \tag{3-302}$$

(二) 稳定的单模激光器辐射的光电计数分布

这种情况下,积分强度 W 不随时间与空间变化,其概率密度为 δ 函数:

$$P_W(W)=\delta(W-I_0A\tau) \tag{3-303}$$

因而其光电计数统计为(3-295)式所表示的泊松分布,数学期望与方差分别为

$$\overline{K}=\alpha I_0A\tau,\quad \sigma_K^2=\overline{K} \tag{3-304}$$

定义数学期望与标准差之比为信噪比,则有

$$\frac{S}{N}=\frac{\overline{K}}{\sigma_K}=\sqrt{\overline{K}} \tag{3-305}$$

(三) 计数时间比相干时间短得多的偏振热光辐射的光电计数统计

在计数时间很短时,可以认为光强不随时间变化,因而积分强度 $W=I(t)A\tau$。但是光强由于其偏振热光的本质,遵从负指数统计,积分强度随之也遵从负指数统计,即

$$P_W(W)=\frac{1}{\overline{W}}\exp\left(-\frac{W}{\overline{W}}\right),\qquad W\geqslant 0 \tag{3-306}$$

代入蒙代尔公式(3-300),便知上述条件下的光电计数符合波色-爱因斯坦统计:

$$P(K)=\frac{1}{1+\overline{K}}\left(\frac{\overline{K}}{1+\overline{K}}\right)^K \tag{3-307}$$

并满足下述阶乘矩定理:

$$E[K(K-1)\cdots(K-n+1)]=n!(\overline{K})^n \tag{3-308}$$

数学期望、方差、信噪比分别为

$$\overline{K}=\alpha\overline{W},\quad \sigma_K^2=\overline{K}+(\overline{K})^2,\quad \frac{S}{N}=\frac{\overline{K}}{\sigma_K}=\sqrt{\frac{\overline{K}}{1+\overline{K}}} \tag{3-309}$$

对于真正的热光来讲,相干时间极短,计数时间更短,是无法实现的。但对于由激光源产生的赝热光,计数时间有可能比相干时间更短,因而上述讨论已具有一定的实际意义。

(四) 任意长计数时间的偏振热光光电计数统计

用直方函数近似表示瞬时光强,可以导出偏振热光的积分强度具有伽玛概率密度分布(3-157)式。其中参数 m 应当取为相干元胞数 M(参见(3-153)式),这里又把 M 称为自由度数。把伽玛概率函数代入蒙代尔公式(3-300),积分便可导出任意长时间的偏振热光光电计数满足负二项分布:

$$P(K)=\frac{\Gamma(K+M)}{\Gamma(K+1)\Gamma(M)}\left(1+\frac{M}{\overline{K}}\right)^{-K}\left(1+\frac{\overline{K}}{M}\right)^{-M} \tag{3-310}$$

这是一个极好的近似。当时间间隔短于相干时间时 $M=1$,负二项分布退化为波色-爱因斯坦分布;M 很大时负二项分布则趋近泊松分布。

(五) 偏振度的影响

一般情况下热光不会完全偏振,而有一定的偏振度 P。这时总的积分强度可以分解为两个相互垂直而且统计独立的偏振分量的积分强度之和:

$$W=W_1+W_2 \tag{3-311a}$$

且

$$\overline{W}=\overline{W}_1+\overline{W}_2 \tag{3-311b}$$

式中，$\overline{W}_1 = \dfrac{\overline{W}}{2}(1+P)$， $\overline{W}_2 = \dfrac{\overline{W}}{2}(1-P)$。$W$、$W_1$、$W_2$ 三者的概率密度函数之间有卷积关系：

$$P_W(W) = p_1(W_1) * p_2(W_2) \tag{3-312}$$

三者相对应的光电计数的概率分布则有离散卷积关系：

$$P(K) = \sum_{k=0}^{K} P_1(k) P_2(K-k) \tag{3-313}$$

自由度为 M、偏振度为 P 的热光光电计数概率分布可由(3-310) 式及(3-313) 式导出：

$$P(K) = \left[1 + \frac{2M}{\overline{K}(1+P)}\right]^{-K} \left[1 + \frac{K}{M} + \left(\frac{K}{2M}\right)^2 (1-P)^2\right]^{-M} \times \sum_{k=0}^{K} \frac{\Gamma(K-k+M)}{\Gamma(K-k+1)\Gamma(M)} \frac{\Gamma(K+M)}{\Gamma(K+1)\Gamma(M)} \left[\frac{\overline{K}(1-P^2) + 2M(1-P)}{\overline{K}(1-P^2) + 2M(1+P)}\right]^k \tag{3-314}$$

当完全偏振，即 $P = 1$ 时，(3-314) 式退化为自由度 M 的负二项分布；而当完全非偏振，即 $P = 0$ 时，则退化为自由度 $2M$ 的负二项分布。

（六）空间部分相干性的影响

上述的讨论一直假设射入光电探测器的光是完全空间相干的，也就是半经典模型的第一条基本假设，光敏面积小于入射光的空间相干面积。当光敏面积大于相干面积时就需要考虑空间部分相干性的影响。为了简化讨论，首先假设入射光是偏振热光，而且是交叉谱纯的。还要假设入射光的时间与空间涨落具有广义平稳性。这时其复互相干度可以表示为复相干因子和复自相干度的乘积：

$$\gamma_{12}(\Delta x, \Delta y, \tau) = \mu_{12}(\Delta x, \Delta y)\gamma(\tau) \tag{3-315}$$

类似时间相干元胞数可定义空间相干元胞数：

$$M_s = \left[\frac{1}{A}\iint_{-\infty}^{\infty} R(\Delta x, \Delta y) \mid \mu_{12}(\Delta x, \Delta y) \mid^2 \mathrm{d}\Delta x \, \mathrm{d}\Delta y\right]^{-1} \tag{3-316}$$

式中，R 为一个和光敏面积相联系的有效“光瞳函数” $P(x,y)$ 的归一化自相关函数：

$$R(\Delta x, \Delta y) = \frac{\displaystyle\iint_{-\infty}^{\infty} P\left(x + \frac{\Delta x}{2}, y + \frac{\Delta y}{2}\right) P\left(x - \frac{\Delta x}{2}, y - \frac{\Delta y}{2}\right) \mathrm{d}x \, \mathrm{d}y}{\displaystyle\iint_{-\infty}^{\infty} P^2(x,y) \mathrm{d}x \, \mathrm{d}y}$$

$$P(x,y) = \begin{cases} 1, & \text{当}(x,y)\text{位于光敏面内} \\ 0, & \text{其他} \end{cases}$$

这时积分强度仍然服从伽玛分布，但其自由度数也就是总的相干元胞数等于时间相干元胞数与空间相干元胞数的乘积：

$$M = M_t M_s \tag{3-317}$$

因而在空间部分相干条件下，光电计数的概率分布为自由度 M 的负二项分布。

三、光电计数的简并参数

（一）简并参数与光电子集聚效应

能够区别高稳定单模激光与热光之间不同光电计数统计特性的计数简并参数定义为

$$\delta_c = \frac{\overline{K}}{M} \tag{3-318}$$

它可以解释为在入射光的每一相干时间间隔内发生的平均光电事件次数。利用计数简并参数，偏振热光的光电计数方差可以表示成

$$\sigma_K^2 = \overline{K}(1 + \delta_c) \tag{3-319}$$

与高稳定单模激光光电计数的泊松分布中 $\sigma_K^2 = \overline{K}$ 比较，增加了一项 $\delta_c \overline{K}$。泊松分布的方差 $\overline{K}$ 被称作散粒噪声，

而 $\delta_c\overline{K}$ 被称作额外噪声，即由于热光积分强度的随机变化而造成的超越泊松分布的涨落之外的附加噪声。

当 $\delta_c \ll 1$ 时，每一个相干时间间隔内发生多于 1 次光电事件的概率极小。当 $\delta_c \gg 1$ 时则相反，会有可能在一个相干时间内发生多次光电事件。尽管总的平均光电事件数量不变，这种光电事件由于积分强度的涨落而趋于集聚靠拢的现象被称为光电事件的集聚效应。

由于 δ_c 不仅与 $\overline{K}$ 成正比，也正比于量子效率 η，定义波简并参数为

$$\delta_W = \frac{\delta_c}{\eta} \tag{3-320}$$

这是使用 η 为 1 时的理想光电探测器的计数简并参数。因此波简并参数消除了探测器的影响。

将 $M=\dfrac{\overline{K}}{\delta_c}$ 代入(3-310)式，便得到用简并参数 δ_c 表示的偏振热光的光电计数概率分布函数。显然，它仍然是负二项分布，而且不难证明，当光电计数简并参数接近于 0 时，这一分布将趋近于泊松分布。

(二) 黑体辐射的简并参数

窄带光源黑体辐射的波简并参数为

$$\delta_W = \frac{1}{\exp(h\bar{\nu}/kT)-1} \tag{3-321}$$

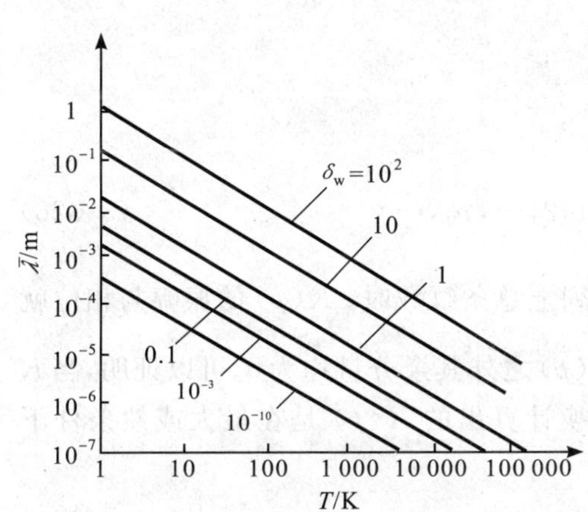

图 3-40　波简并参数一定时光源温度与中心波长关系

式中，h 为普朗克常量($6.626\,196\times10^{-34}$ J·s)，k 为波耳兹曼常数(1.38×10^{-23} J/K)，T 为绝对温度，$\bar{\nu}$ 为光的中心频率。由(3-321)式可以看出，当 $h\bar{\nu}\ll kT$ 时，δ_W 非常大，而 $h\bar{\nu}\gg kT$ 时，δ_W 则非常小。图 3-40 所示为不同 δ_W 情况下的 T-$\bar{\lambda}$ 曲线。当 $\bar{\lambda}$ 在微波波段，即 10^{-1} m 附近时，常温下 δ_W 就大于 10^2，因而散粒噪声远远小于额外噪声。但在光波波段，即 5×10^{-7} m 附近，常温下 δ_W 极小，因而光噪声主要来自散粒噪声，即量子噪声。

进一步考虑有效测量面积 A 与相干面积 A_c，光电计数简并参数则变为

$$\delta_c = \begin{cases} \dfrac{\eta}{e^{h\bar{\nu}/kT}-1}, & A > A_c \\ \dfrac{A}{A_c}\dfrac{\eta}{e^{h\bar{\nu}/kT}-1}, & A < A_c \end{cases} \tag{3-322}$$

式中，η 为量子效率。

四、低照度下振幅干涉仪的噪声限制

(一) 关于测量系统及被测量的几点说明

这里讨论的振幅干涉仪的测量系统如图 3-41 所示，由具有 N 个面积为 A 的单元的计数探测器阵列以及计数处理器组成。第 n 单元在 τ 秒计数周期后接收到 $K(n)$ 个光电计数信号。全部 N 个 $k(n)$ 组成计数矢量 $\boldsymbol{K}$。光电计数矢量 $\boldsymbol{K}$ 输入计数处理器后，进行估值运算，得到条纹的可见度估值 $\hat{V}$ 及相位估值 $\hat{\varphi}$ 输出。

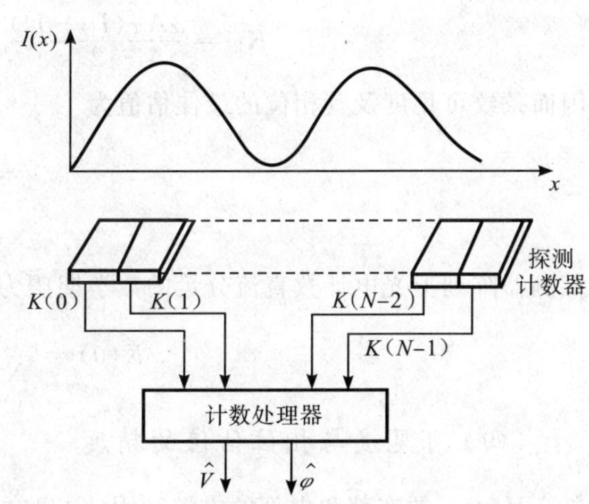

图 3-41　典型振幅干涉仪的检测与估值系统

为了简化分析，假设这个系统有如下特点：第一，干涉条纹的空间频率是已知的；第二，条纹的幅值(可见度)在探测器阵列上是个常数；第三，条纹的空间周期大于单个探测器单元的尺寸；第四，在整个探测器长度内形成的条

纹数是整数。显然这几个特定的假设并不难满足，而且基于这些假设得到的结论也具有一般性。

（二）光电计数矢量 $\boldsymbol{K}$ 的统计性质

在上述假设条件下，入射到探测器阵列上的光强分布可表示为

$$I(x,y)=(I_1+I_2)\left[1+V\cos\left(\frac{2\pi x}{L}+\varphi\right)\right] \tag{3-323}$$

式中，I_1 与 I_2 为两束相干光的时间平均光强，是常数；L 为条纹空间周期。不难看出，每个探测器单元上的光电计数次数 $K(n)$ 的数学期望和二阶矩分别为

$$\left.\begin{aligned}\overline{K}(n)&=\alpha A\tau(I_1+I_2)\left[1+V\cos\left(\frac{2\pi np_0}{N}+\varphi\right)\right]\\ \overline{K}^2(n)&=\overline{K}(n)+[\overline{K}(n)]^2\left(1+\frac{1}{M}\right)\end{aligned}\right\} \tag{3-324}$$

式中，p_0 为探测器上观察到的条纹总数，M 为测量时间内的时间相干元胞数。两探测器单元之间光电计数的相关函数为

$$\overline{K(m)K(n)}=\overline{K}(m)\overline{K}(n)\left(1+\frac{1}{M}\right),\qquad m\neq n \tag{3-325}$$

（三）用离散傅里叶变换进行估值

光电计数矢量 $\boldsymbol{K}$ 的离散傅里叶变换 $K(p)$ 为

$$K(p)=\frac{1}{N}\sum_{n=0}^{N-1}K(n)\mathrm{e}^{\mathrm{i}2\pi np/N},\qquad p=0,1,2,\cdots,p_0,\cdots \tag{3-326}$$

频谱分量 $K(p)$ 的周期为 $\dfrac{N}{p}$ 个单元，因而当 $p=p_0$ 为光电探测器阵列上总条纹数时，$K(p)$ 的振幅与相位就是被测条纹的振幅与相位。如果 K 是严格按(3-323)式分布，则除 $K(p)$ 之外其余分量均为0。可以证明，当 K 的实际值与没有噪声存在时的理想值相差不大时，用离散傅里叶变换计算出的 $K(p)$ 是在最大或然条件下对 K 的最佳估值。定义 $K(p_0)$ 的实部与虚部分别为

$$\left.\begin{aligned}K_{\mathrm{R}}&\equiv\mathrm{Re}\{K(p_0)\}=\frac{1}{N}\sum_{n=0}^{N-1}K(n)\cos\frac{2\pi np_0}{N}\\ K_{\mathrm{I}}&\equiv\mathrm{Im}\{K(p_0)\}=\frac{1}{N}\sum_{n=0}^{N-1}K(n)\sin\frac{2\pi np_0}{N}\end{aligned}\right\} \tag{3-327}$$

则

$$\overline{K}_{\mathrm{R}}=\frac{\alpha A\tau(I_1+I_2)}{2}V\cos\varphi,\ \overline{K}_{\mathrm{I}}=\frac{\alpha A\tau(I_1+I_2)}{2}V\sin\varphi$$

因而条纹可见度及其相位的最佳估值为

$$\left.\begin{aligned}\hat{V}&=\frac{2(K_{\mathrm{R}}^2+K_{\mathrm{I}}^2)^{\frac{1}{2}}}{\alpha A\tau(I_1+I_2)}\\ \hat{\varphi}&=\arctan(K_{\mathrm{I}}/K_{\mathrm{R}})\end{aligned}\right\} \tag{3-328}$$

探测器阵列上光电计数直流分量的数学期望为

$$\overline{K}(0)=\frac{1}{N}\sum_{n=0}^{N-1}K(n)=\alpha A\tau(I_1+I_2) \tag{3-329}$$

（四）可见度与相位估值的精度

$K(p_0)$ 的实部和虚部的方差利用(3-324)式及(3-325)式可以计算出（假设 $\overline{\varphi}=0$）：

$$\delta_{\mathrm{R}}^2=\frac{\overline{K}_1+\overline{K}_2}{2N^2}\left(1+\frac{\overline{K}_1+\overline{K}_2}{2M}V^2\right) \tag{3-330}$$

$$\delta_{\mathrm{I}}^{2}=\frac{\overline{K}_{1}+\overline{K}_{2}}{2N^{2}} \tag{3-331}$$

式中，$\overline{K}_1=\alpha A\tau NI_1$，$\overline{K}_2=\alpha A\tau NI_2$。计算还表明，协方差 $E[(K_{\mathrm{R}}-\overline{K}_{\mathrm{R}})(K_{\mathrm{I}}-\overline{K}_{\mathrm{I}})]\equiv 0$。

如果进一步假设接收的光辐射为可见热光辐射，则

$$\frac{\overline{K}_{1}+\overline{K}_{2}}{2M}\ll 1$$

因而有

$$\delta_{\mathrm{R}}^{2}\approx\delta_{\mathrm{I}}^{2} \tag{3-332}$$

在信噪比较高，即在下述条件下：

$$\frac{\overline{K}_{1}+\overline{K}_{2}}{2N}V\gg\sqrt{\frac{\overline{K}_{1}+\overline{K}_{2}}{2N^{2}}}\quad \text{或}\quad V\gg\sqrt{\frac{2}{\overline{K}_{1}+\overline{K}_{2}}} \tag{3-333}$$

条纹振幅估值的均方信噪比为

$$\left(\frac{S}{N}\right)_{\mathrm{rms}}\approx\frac{\overline{K}_{\mathrm{R}}}{N}=\sqrt{\frac{\overline{K}_{1}+\overline{K}_{2}}{2}}V \tag{3-334}$$

条纹相位测量的均方差为

$$\sigma_{\varphi}\approx\frac{\sigma_{\mathrm{I}}}{K_{\mathrm{R}}}=\sqrt{\frac{2}{\overline{K}_{1}+\overline{K}_{2}}}\frac{1}{V} \tag{3-335}$$

若两光束等强度，$\left(\frac{S}{N}\right)_{\mathrm{rms}}$ 可用简并参数 δ_c 及相干时间 τ_c 和测量时间 τ 表示为

$$\left(\frac{S}{N}\right)_{\mathrm{rms}}=\sqrt{\frac{\tau}{\tau_{\mathrm{c}}}}\sqrt{\delta_{\mathrm{c}}}V \tag{3-336}$$

当然，利用(3-336)式可以由所要求的信噪比、条纹可见度及相干时间、简并参数来估算所需的测量时间。

五、低照度下强度干涉仪的噪声限制

(一) 强度干涉仪的光电计数形式

在低照度情况下，强度干涉仪接收的光电信号不再是连续的电流而呈现为分离的光电计数形式，其原理如图3-42所示。每 τ_0 时间间隔内由探测器收到的光电事件数 K_1 与 K_2 为计数器所记录，减去 N 个 τ_0 时间间隔内平均的每 τ_0 时间发生的平均光电事件数 $\overline{K}_1$ 与 $\overline{K}_2$，得到 ΔK_1 与 ΔK_2。再把两个臂中得到的 ΔK_1 与 ΔK_2 乘起来，累加求平均得到 $\frac{1}{N}\sum\limits_{N}\Delta K_1\Delta K_2$ 即 $\overline{\Delta K_1\Delta K_2}$。与 K_1、K_2 一起，可以导出计算可见度的公式如下：

$$V=\left[M\,\overline{\Delta K_{1}\Delta K_{2}}\left(\frac{2}{\overline{K}_{1}+\overline{K}_{2}}\right)^{2}\right]^{\frac{1}{2}}=M^{\frac{1}{2}}\,\overline{\Delta K_{1}\Delta K_{2}}^{\frac{1}{2}}\,\frac{2}{\overline{K}_{1}+\overline{K}_{2}} \tag{3-337}$$

式中，M 为 τ_0 时间间隔内所包含的相干元胞数。应当说明的是，光电计数形式的强度干涉仪也不能得到条纹的相位信息，而只能得到可见度，也就是复相干因子的幅值。还要强调一下，上述结论((3-337)式)是在假设入射光为偏振热光而且具有交叉谱纯性质时得到的。

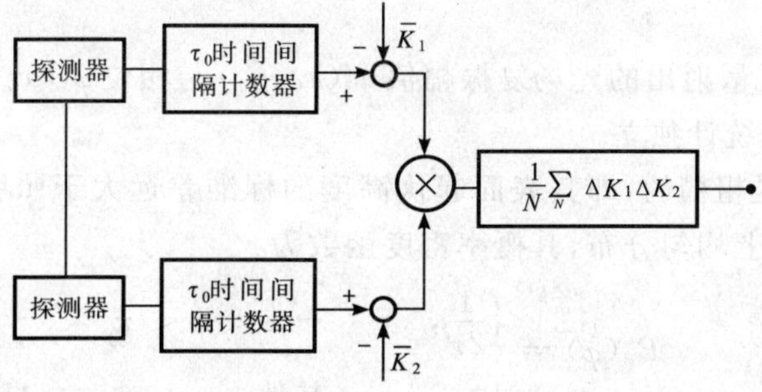

图 3-42　强度干涉仪的光电计数形式

(二) 可见度估值的信噪比

尽管可见度估值的噪声不仅受到光电计数器的量子噪声的影响,而且受到经典的光强涨落的影响,但由热光源发出的光简并参数非常小,光电计数的涨落几乎完全决定于散粒噪声,因此可以忽略光强涨落对光电计数的影响而只讨论散粒噪声造成的信噪比。

首先计算单次光电计数后 $\Delta K_1\Delta K_2$ 的信噪比:

$$\left(\frac{S}{N}\right)_1=\frac{\overline{\Delta K_1\Delta K_2}}{\left[\overline{(\Delta K_1\Delta K_2)^2}-\overline{(\Delta K_1\Delta K_2)}^2\right]^{\frac{1}{2}}} \tag{3-338}$$

利用 ΔK_1 与 ΔK_2 的相互独立性并忽略光强涨落后光电计数 k 的泊松分布性质,可以导出

$$\left(\frac{S}{N}\right)_1=\delta_c V^2 \tag{3-339}$$

式中,δ_c 为光电计数的简并参数。由于 δ_c 很小,V 又小于 1,$\left(\frac{S}{N}\right)_1$ 总比 1 小得多,而且不会因为单次计数时间 τ_0 得延长而提高。但是由于每次计数之间是相互独立的,在 N 次计数后所得到的可见度估值的信噪比会提高:

$$\left(\frac{S}{N}\right)_N=\sqrt{N}\delta_c V^2=\sqrt{\frac{T}{\tau_0}}\,\delta_c V^2 \tag{3-340}$$

式中,T 为 N 次测量的总测量时间。同上面得到的(3-336)式比较,要在同样条件下得到同样的信噪比,测量时间要长许多个数量级!但是强度干涉仪可以使用较大的入瞳(口径),且具有较低的装配精度要求,对于大气扰动不敏感等优点,故仍然受到实际应用的重视。

第六节　统计散斑及其应用

第三节中已经说明了散斑对成像过程的影响,并简述了散斑的一阶统计性质。本节将对散斑的统计性质及其应用作进一步阐述,并用统计光学方法建立散斑干涉测量的数理模型[40-41] 以取代经典的用光程差分析为基础的条纹形成理论。

一、光学粗糙表面散射光场的统计特性[7,42]

(一) 物面系综上物表面散射光场的统计特性

假设生成散斑的物表面位于(x_0,y_0)平面,照明光场复振幅为 $A_L(x_0,y_0)$,散射函数为 $R(x_0,y_0)=r(x_0,y_0)\exp[\mathrm{i}\varphi(x_0,y_0)]$,物表面散射光场可表示为

$$A_0(x_0,y_0)=R(x_0,y_0)A_L(x_0,y_0)=a_0(x_0,y_0)\exp[\mathrm{i}\varphi_0(x_0,y_0)] \tag{3-341}$$

式中,$r(x_0,y_0)$ 与 $\varphi(x_0,y_0)$ 是与表面特定散射基元有关的量,在物表面系综意义上,它们都是随机变量。由于照明光场一般都是空间缓变的量,散射光场特性主要由反射特性决定。光学粗糙表面上的散射光场具有以下统计特性:

1) 被测表面上各散射基元散射出的光场复振幅值 $a_0(x_0,y_0)$ 与相位 $\varphi_0(x_0,y_0)$ 彼此统计独立,不同散射基元散射出的光场复振幅彼此统计独立。

2) 被测表面从光学上讲是粗糙的,即其表面起伏高度的标准差远大于照明光波的波长,以至于可以认为 $\varphi_0(x_0,y_0)$ 在区间$[-\pi,\pi]$上均匀分布,其概率密度函数为

$$P_\varphi(\varphi)=\begin{cases}\dfrac{1}{2\pi}, & -\pi<\varphi<\pi\\ 0, & \text{其他}\end{cases} \tag{3-342}$$

3) 被测表面散射基元非常细微,与照明区域及测量系统在物面上所形成的点扩散函数的有效覆盖区域

相比足够小，但与光波波长相比又足够大。由被测表面散射出的光场在物面上的相关函数可以表示为

$$J_{A0}(\boldsymbol{r}_{02}-\boldsymbol{r}_{01})=\langle A_0(\boldsymbol{r}_{01})A_0^*(\boldsymbol{r}_{02})\rangle=\langle I_0(\boldsymbol{r}_0)\rangle\delta(\boldsymbol{r}_{02}-\boldsymbol{r}_{01}) \tag{3-343}$$

式中，$\boldsymbol{r}_{01}$ 和 $\boldsymbol{r}_{02}$ 为两散射基元的位置矢量。(3-343) 式表明，散射后物面光场不再是激光器发出的空间相干场，而变成了严格空间非相干的。

(二) 散射光场的强度自相关函数

为了描述散斑场的空间结构的粗糙程度，需要讨论其光强的自相关函数，这是散斑场的二级统计特性。光强分布的自相关函数定义为

$$R_I(x_1,y_1;x_2,y_2)=\langle I(x_1,y_1)I(x_2,y_2)\rangle \tag{3-344}$$

自相关函数的宽度给散斑的“平均宽度”提供了一个合理量度。当 $x_1=x_2,y_1=y_2$时，R_I 总是达到最大值；而当 R_I 达到最小值时，散斑场相关运算相错开的值 x_1-x_2,y_1-y_2 相当于散斑颗粒的宽度，这是很自然的。由于在每一点处散斑场复振幅 $A(x,y)$ 都是圆复高斯随机变量，根据圆复高斯矩定理，光强的自相关函数可以进一步表示为

$$R_2(x_1,y_1;x_2,y_2)=\langle I(x_1,y_2)\rangle\langle(I(x_2,y_2)\rangle+|\langle A(x_1,y_1)A^*(x_2,y_2)\rangle|^2$$

无论对于自由空间传播产生的散斑场(所谓客观散斑场)，还是对于成像过程产生的散斑场(所谓主观散斑场)，都可以导出光强的自相关函数为

$$\begin{aligned}R_I&=(\Delta x,\Delta y)=\langle I(x,y)\rangle^2\{1+|\mu(\Delta x,\Delta y)|^2\}\\&=\langle I(x,y)\rangle^2\left\{1+\left|\frac{\iint|P(\xi,\eta)|^2\exp\left[\mathrm{i}\dfrac{2\pi}{\lambda z}(\xi\Delta x+\eta\Delta y)\right]\mathrm{d}\xi\,\mathrm{d}\eta}{\iint|P(\xi,\eta)|^2\mathrm{d}\xi\,\mathrm{d}\eta}\right|^2\right\}\end{aligned} \tag{3-345}$$

式中，复自相干度 $\mu(\Delta x,\Delta y)$，也就是散斑场的复振幅自相关函数。对于面积为 $L\times L$ 的均匀方形散射表面生成客观散斑场的情况，有

$$|P(\xi,\eta)|^2=\mathrm{rect}\left(\frac{\xi}{L}\right)\mathrm{rect}\left(\frac{\eta}{L}\right)$$

相应的光强自相关函数为

$$R_I(\Delta x,\Delta y)=\langle I\rangle^2\left(1+\mathrm{sinc}^2\frac{L\Delta x}{\lambda z}\mathrm{sinc}^2\frac{L\Delta y}{\lambda z}\right)$$

散斑的“平均宽度”，即通常讲的散斑颗粒大小，用 δ_x 表示，则有

$$\delta_x=\frac{\lambda z}{L} \tag{3-346}$$

对于生成主观散斑场用的成像光学系统，若光瞳为直径为 D 的圆孔，有

$$|P(\xi,\eta)|^2=\mathrm{circ}\left(\frac{\sqrt{\xi^2+\eta^2}}{D/2}\right)$$

相应的光强自相关函数为

$$R_I(\Delta x,\Delta y)=\langle I\rangle^2\left[1+\left|2\mathrm{J}_1\left(\frac{\pi Dr}{\lambda z}\right)\Big/\left(\frac{\pi Dr}{\lambda z}\right)\right|^2\right]$$

式中，J_1 为一阶贝塞尔函数，$r=[(\Delta x)^2+(\Delta y)^2]^{\frac{1}{2}}$，这时散斑大小为

$$\delta_x=1.22\frac{\lambda z}{D} \tag{3-347}$$

总之，(3-345) 式中 $P(\xi,\eta)$ 为自由空间传播时的散射光场的光强分布，或成像过程中的光瞳函数。

二、散斑干涉测量技术

散斑干涉是激光散斑现象的主要应用，常用于变形、应力及应变等力学量测量，因此首先要介绍被照明表面的变形与由其散射出的光场特性之间的关系。有关散斑干涉测量的具体应用和实验，第十五章《信息光学》有较多论述。

(一) 表面变形特性与散射光场特性的关系[40]

光学粗糙表面可以看成是由大量散射点组成的。这些散射点位置与取向均不相同，形成相互独立的散射基元。可以将散射基元等效分布在一个平面散射物面上，将其反射率表示为

$$R(\boldsymbol{r}_0) = r(\boldsymbol{r}_0)\mathrm{e}^{\mathrm{i}\varphi(\boldsymbol{r}_0)} \tag{3-348}$$

式中，矢量 $\boldsymbol{r}_0$ 代表 (x_0, y_0)，$r(\boldsymbol{r}_0)$ 和 $\varphi(\boldsymbol{r}_0)$ 分别表示反射率的振幅和相位特性。若物表面发生微小变形（在干涉计量中测量的变形量都很小），由于变形物相对于散射基元空间位置是个缓慢变化的函数，可以认为，变形只会改变每个散射基元的位置，并不改变其散射特性，因而变形只会使散射基元产生附加的相位变化。根据图 3-43，这一相位变化可表示为 $\Delta(\boldsymbol{r}_0, \boldsymbol{S}, \boldsymbol{r}) = \boldsymbol{k}_1 \cdot \boldsymbol{r}_1 + \boldsymbol{k}_3 \cdot \boldsymbol{r}_3 - \boldsymbol{k}_2 \cdot \boldsymbol{r}_2 - \boldsymbol{k}_4 \cdot \boldsymbol{r}_4$，式中，$\boldsymbol{r}_0$、$\boldsymbol{r}$、$\boldsymbol{S}$ 分别为散射基元变形前后位置和光源位置，$\boldsymbol{r}_j (j = 1,2,3,4)$ 为相应点的距离矢量，$\boldsymbol{k}_j = \dfrac{2\pi \boldsymbol{r}_j}{\lambda \mid \boldsymbol{r}_j \mid}$ 为传播矢量，并且有 $\boldsymbol{r}_2 - \boldsymbol{r}_1 = \boldsymbol{r}_3 - \boldsymbol{r}_4 = \boldsymbol{d}(\boldsymbol{r}_0)$，令 $\boldsymbol{k}_2 = \boldsymbol{k}_1 + \Delta\boldsymbol{k}_1$，$\boldsymbol{k}_4 = \boldsymbol{k}_3 + \Delta\boldsymbol{k}_3$，$\Delta\boldsymbol{k}_1$ 与 $\Delta\boldsymbol{k}_3$ 分别为照明光束与照明光束由于变形引起的微小传播矢量变化，$\boldsymbol{d}(\boldsymbol{r}_0)$ 为表面变形矢量。在实际系统中，$\mid \boldsymbol{r}_1 \mid$ 及 $\mid \boldsymbol{r}_2 \mid$ 远远大于 $\mid \boldsymbol{d} \mid$，可以认为 $\Delta\boldsymbol{k}_1$ 和 $\Delta\boldsymbol{k}_3$ 分别垂直于 $\boldsymbol{r}_2(\boldsymbol{k}_2)$ 和 $\boldsymbol{r}_4(\boldsymbol{k}_4)$，因而可以导出

$$\Delta(\boldsymbol{r}_0, \boldsymbol{r}) = \boldsymbol{d}(\boldsymbol{r}_0) \cdot \boldsymbol{k} \tag{3-349}$$

式中，$\boldsymbol{k} = \boldsymbol{k}_3 - \boldsymbol{k}_1$ 称为灵敏度矢量。如照明光源与观察点处于远场位置，可以近似地认为灵敏度矢量是一个常量。(3-349) 式表示的由变形引起的光场相位变化，可以等效为变形后物表面散射特性分布的变化，即

$$R_d(\boldsymbol{r}_0) = r[\boldsymbol{r}_0 - \boldsymbol{d}_2(\boldsymbol{r}_0)]\mathrm{e}^{\mathrm{i}\{\varphi[\boldsymbol{r}_0 - \boldsymbol{d}_2(\boldsymbol{r}_0)] + \Delta(\boldsymbol{r}_0)\}} = R[\boldsymbol{r}_0 - \boldsymbol{d}_2(\boldsymbol{r}_0)]\exp[\mathrm{i}\Delta(\boldsymbol{r}_0)] \tag{3-350}$$

式中，$\boldsymbol{d}_2$ 为 $\boldsymbol{d}$ 的面内分量（$\boldsymbol{d}$ 在 (x_0, y_0) 平面上的投影）。变形前后表面散射光场之间的关系可表示为

$$A_{02}(\boldsymbol{r}_0) = A_{01}[\boldsymbol{r}_0 - \boldsymbol{d}_2(\boldsymbol{r}_0)]\exp[\mathrm{i}\Delta(\boldsymbol{r}_0)] \tag{3-351}$$

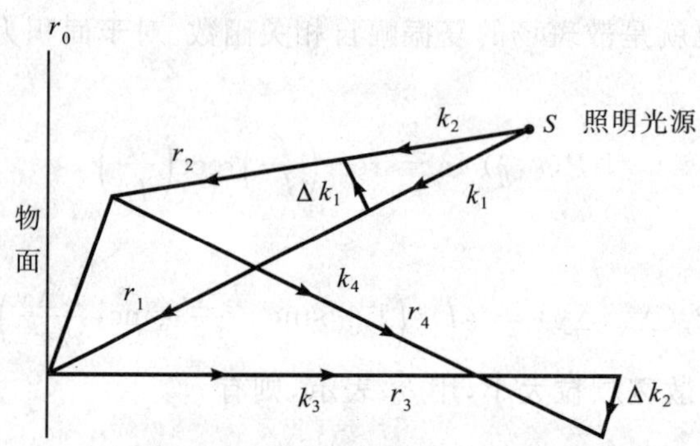

图 3-43　物面变形产生的附加相位

在许多实际应用中，照明光源到物面的距离要远大于被测区域的线度，测量系统的有效工作视场也很小，因而在整个被测区域上，照明光的传播矢量、散射光的传播矢量以及灵敏度矢量均可视为常量。相位的变化 $\Delta(\boldsymbol{r}_0)$ 只与表面的变形状态 $\boldsymbol{d}(\boldsymbol{r}_0)$ 有关。

(二) 散斑干涉术

1970 年，Leenderz 开创了一类新的以干涉方法实现光学粗糙表面检测的方法，称为散斑干涉计量[43]。它的记录和再现在本质上与全息干涉计量相同，在形式上更加灵活，即不仅可以用光学方法实现，还可以用电子学和数字方法实现。在光学方法中，原始散斑场用光学胶片记录，用光学信息处理技术提取信息，而在电子学及数字方法实现中原始散斑用光电器件（通常是CCD光电探测器）记录，用电子学和数字信息处理技术实现信息的提取。习惯上称光学实现方法为散斑干涉测量，而将电子学和数字实现方法称为电子散斑干涉测量，或数字散斑干涉测量。这里首先介绍光学方法，即散斑干涉测量。

Leenderz 提出的散斑干涉记录方法分为散斑参考束和平滑参考束两种，其光路区别在于参考束是直接照射记录平面，还是由散射面反射后再照明记录面上的感光胶片。后面要讨论的电子散斑干涉仪就是平滑参考束散斑干涉，下面还要详细分析。这里先讨论散斑参考束型散斑干涉方法。散斑参考束型散斑干涉的记录

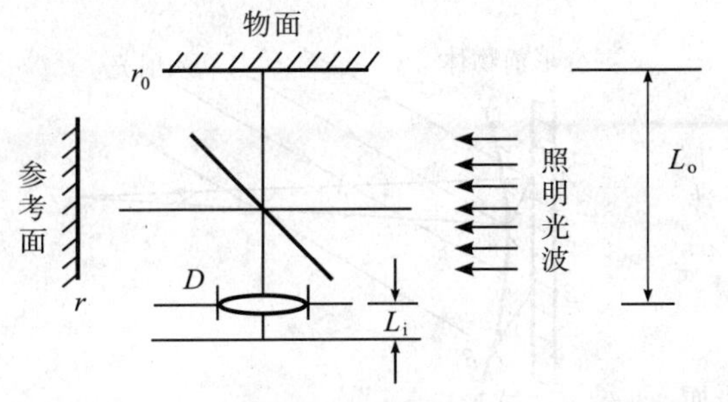

图 3-44　散斑参考束型记录光路

光路是一种迈克尔逊干涉仪的变型(图 3-44)。相干照明光被分束镜 BS 分为两束,分别照明被测表面 $\boldsymbol{r}_0$ 与参考散射面 $\boldsymbol{r}$,由两表面散射出的光场在其共轭像面上叠加形成散斑干涉场。若变形前物光束在像面上某点形成的光振动复振幅为 $A_{11}=a_{11}\exp(\mathrm{i}\varphi_{11})$,参考光复振幅为 $A_{21}=a_{21}\exp(\mathrm{i}\varphi_{21})$,则在该点的合成光强为

$$I_1=a_{11}^2+a_{21}^2+2a_{11}a_{21}\cos(\varphi_{11}-\varphi_{21}) \tag{3-352}$$

变形后物表面的离面位移造成物光复振幅的相位改变 $\Delta\varphi$,有 $A_{12}=a_{11}\exp\mathrm{i}(\varphi_{11}+\Delta\varphi)$,该点的合成光强为

$$I_2=a_{11}^2+a_{21}^2+2a_{11}a_{21}\cos(\varphi_{11}-\varphi_{21}+\Delta\varphi) \tag{3-353}$$

比较(3-352)式和(3-353)式可以发现,由于引入参考光,光强被余弦函数调制。当 $\Delta\varphi$ 为 2π 的整数倍时,变形前后散斑干涉图不发生变化。当 $\Delta\varphi$ 为 $(2n+1)\pi$ 时,变形前后合成光强变化最大。$\Delta\varphi$ 为表面离面位移的函数,散斑干涉图的变化情况就反映了物面变化情况。用二次曝光方法将变形前后两幅散斑干涉图叠加在一起,物表面将会分布着与 $\Delta\varphi$ 有关的条纹。这种条纹与干涉条纹有着本质的不同,反映出两次散斑干涉光强之间的相关性,称之为"相关条纹",通过对相关条纹的识别可以测量出 $\Delta\varphi$ 和与 $\Delta\varphi$ 有关的表面变形信息。作为粗糙表面散射出的光场,叠加在一起的两幅干涉图仍然被散斑场所调制。图像相加还会使背景和噪声叠加,所以图像相加得到的相关条纹质量很差。为了提高相关条纹质量,一般用图像相减技术。两散斑图像相减时,在 $\Delta\varphi=2n\pi$ 的位置,两散斑图样完全相同,相减后光强为 0,散斑也看不到了。在 $\Delta\varphi=(2n+1)\pi$ 的位置,相减以后仍有散斑,并呈现出最大的对比度和最大的平均强度。物表面也会产生相关条纹,只是与相加得到的条纹相比是反相的,但条纹对比度要好得多。用光学方法实现图像相减比较麻烦,电子学和数字方法实现图像相减却很容易,进一步的图像处理也较方便,现已制成实用的电子(数字)散斑干涉仪。

(三) 剪切散斑干涉测量方法

剪切散斑干涉最早也是由 Leenderz 提出的[44],Hung[45] 作了具有重大实际意义的发展,并制成了工业用的在线检测设备。这里只介绍后来用以制成实用仪器的双光楔剪切法,图 3-45 是其典型的光路。物体被准直激光照明后,散射出的光场被透镜成像。透镜前放置一个双光楔,使上、下两半透镜所成的像在像平面上错位,产生剪切干涉。置于像平面上的记录介质对于变形前后的物体做两次曝光。与散斑参考束型散斑干涉相同,两次曝光剪切散斑干涉图显示的也是图像相加得到的相关条纹。在相位差的相对变化 $\Delta\varphi=2n\pi$ 的位置,光强达到最大值。在 $\Delta\varphi=(2n+1)\pi$ 的位置,光强最小。

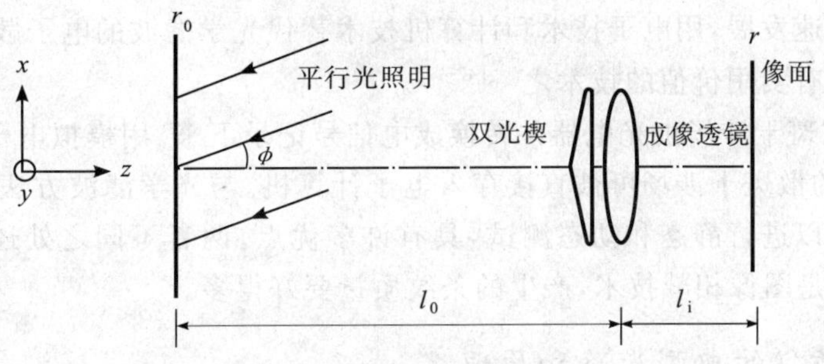

图 3-45　双光楔剪切散斑干涉记录光路

处理后的两次曝光剪切散斑干涉图用图 3-46 所示的 $4f$ 光学信息处理光路作带通滤波(或高通滤波),便可得到反映两次曝光之间发生的应变场分布的干涉条纹的图像。其分布为

$$\Delta\varphi(\boldsymbol{r})=\begin{cases}2n\pi & \text{,出现亮条纹}\\(2n+1)\pi & \text{,出现暗条纹}\end{cases}\qquad n=0,1,2,\cdots \tag{3-354}$$

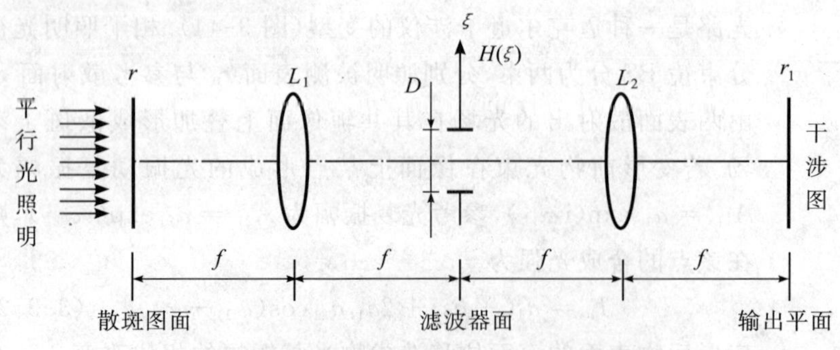

图 3-46 带通滤波 $4f$ 光学信息处理系统

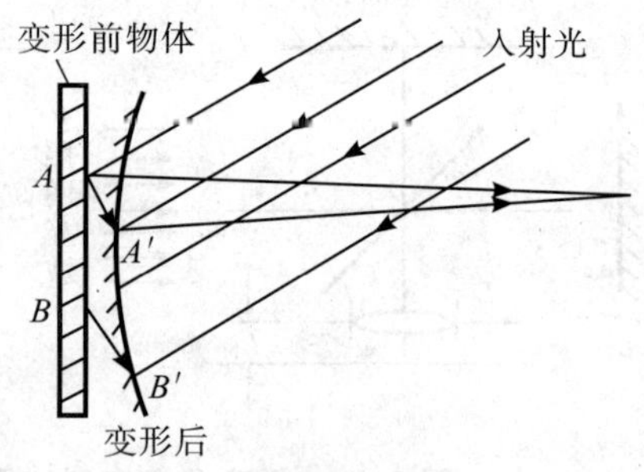

图 3-47 变形前后的物面及剪切量

剪切干涉图是相干照明下错位的两物面本身之间的干涉，其干涉图质量比散斑参考束型散斑干涉好。两次曝光剪切散斑干涉图也是由变形前后两张散斑干涉图叠加生成的，每张干涉图上任一点发生干涉的两条光线来自物面上 y 坐标（y 坐标垂直纸面）相同的 A、B 两个点（图 3-47），它们的 x 坐标相距为

$$\delta x = 2l_0(n_0 - 1)\alpha \tag{3-355}$$

式中，n_0 为光楔玻璃折射率，α 为楔角，l_0 为物距。该点变形前后的合成光强仍可用(3-352) 式和(3-353) 式表示。相位差的相对变化为

$$\begin{aligned}\Delta\varphi &= (\varphi_{A2} - \varphi_{B2}) - (\varphi_{A1} - \varphi_{B1}) \\ &= (2\pi/\lambda)\{(1+\cos\psi)[\omega(x+\delta x, y) - \omega(x,y)] + \sin\psi[u(x+\delta x, y) - u(x,y)]\}\end{aligned}$$

式中，ψ 为入射光与观察方向 z 的夹角，而 $\omega(x,y)$ 及 $u(x,y)$ 分别为 (x,y) 点沿 z 及 x 方向变形产生的位移分量。当剪切量 δx 不大时，可以近似为

$$\Delta\varphi = (2\pi/\lambda)\{(1+\cos\psi)(\partial\omega/\partial x) + \sin\psi(\partial u/\partial x)\}\delta x \tag{3-356}$$

这就是说，只要测量出 $\Delta\varphi$，就可以得到 $\partial\omega/\partial x$ 及 $\partial u/\partial x$。前者可以采用 $\psi = 0$ 的垂直照明方式得到，后者则可以通过改变 ψ 的两次测量分离出来：

$$\frac{\partial u}{\partial x} = \frac{\lambda}{2\,\delta x}\left[\frac{N_1(1+\cos\psi_2) - N_2(1+\cos\psi_1)}{\sin\psi_1(1+\cos\psi_2) - \sin\psi_2(1+\cos\psi_1)}\right] \tag{3-357}$$

式中，N_1 和 N_2 分别为同一点对应不同照明角度 ψ_1 和 ψ_2 的条纹级数。如果要测量关于 y 的导数，可将光学系统绕 z 轴转 90° 来实现。式中 u 改为沿 y 方向的位移 v。两次曝光剪切散斑干涉图用图 3-46 所示的 $4f$ 光学信息处理系统作带通滤波后，输出面上光强分布呈余弦型条纹，其条纹分布主要取决于相位差的相对变化 $\Delta\varphi$，但也含有面内变形 u 的影响[46]。

三、电子散斑干涉测量技术

随着计算机技术的高速发展，用电子技术和计算机技术替代光学滤波的电子散斑干涉技术（ESPI）已成为全息散斑计量技术中最有实用价值的技术之一[47-48]。

在 ESPI 中，原始的散斑干涉场由光电器件转换成电信号记录下来。用模拟电子技术或数字电子技术方法实现信息的提取，形成的散斑干涉场可被直接存入电子计算机。与光学滤波方法相比，ESPI 操作简单、实用性强、自动化程度高，可以进行静态和动态测试，具有许多优点。两者不同之处还在于获取变形信息的原理，ESPI 采取的主要方法是图像相减技术，产生的条纹质量要好得多。

（一）电子散斑干涉仪的典型光路和原理

如图 3-48 所示为一种电子散斑干涉仪的原理图。激光束由分束镜 S_1 透过的一束，被反射镜 M_2 反射并经由透镜 L_2 扩束照明物面。物面散射的激光被透镜 L_3 成像到摄像管接收面上。由分束镜 S_1 反射的另一束光被角锥棱镜反射到 M_3 上，经透镜 L_1 扩束后，由分束镜 S_2 转向，与物光合束到摄像管靶面上，成为参考光 R。角锥棱镜可以前后移动以调节光程，保证两束光之间的相干性。由物表面散射的激光成像到摄像机靶面上成为主观散斑场与参考光相干涉，形成平滑波面参考束散斑干涉系统。对变形前后两次散斑干涉光强分布作图

像相减可得到"相关条纹"。相减以后，为避免产生负值，一般作一次平方运算，再作带通滤波，以得到较好的相关条纹对比度。

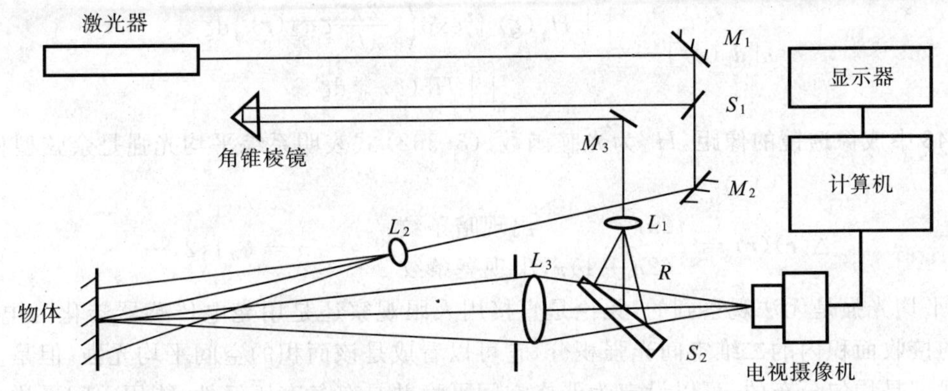

图 3-48 电子散斑干涉仪原理图

上面介绍的典型系统是测量离面位移的平滑参考束型散斑干涉系统。其他散斑干涉系统，也都可以改造成电子散斑干涉仪。改造的方法与图 3-48 类似，这里不再赘述。

(二) 电子散斑干涉相减技术的统计分析

上节对减法处理产生相关条纹的分析只是一种定性的原理说明。为了严格说明相关条纹产生的原因，要采用统计分析的方法来描述电子散斑干涉的物理过程[40]。在图 3-48 所示光学系统中，变形前摄像机探测器接收到的光强信号为

$$S_1(\boldsymbol{r}) = \frac{1}{A_w}\int |A_{11}(\zeta) + A_{21}(\zeta)|^2 W(\boldsymbol{r}-\zeta)\mathrm{d}\zeta \tag{3-358}$$

式中，A_{11} 和 A_{21} 分别为物光和参考光落在探测器上的复振幅，$W(\boldsymbol{r})$ 为窗函数，A_w 为窗的面积，$\boldsymbol{r}$ 是建立在接收器平面上的二维坐标，一般有

$$W(\boldsymbol{r}) = \begin{cases} 1, & \boldsymbol{r} \in A_w \\ 0, & \text{其他} \end{cases} \tag{3-359}$$

变形以后，参考光是不变的，即 $A_{22}(\boldsymbol{r}) = A_{21}(\boldsymbol{r})$。物光场变形后的变化有两个方面：一是变形在灵敏度矢量方向上投影产生的相位差；二是变形造成的随机散斑场在面内移动，可用(3-351) 式表示。在归一化坐标条件下，$\boldsymbol{r}$ 与物面上坐标 $\boldsymbol{r}_0$ 是一致的。因而变形后接收到的光强信号为

$$S_2(\boldsymbol{r}) = \frac{1}{A_w}\int |A_{11}[\zeta - d_2(\zeta)]\mathrm{e}^{\mathrm{i}\Delta(r)} + A_{21}(\zeta)|^2 W(\boldsymbol{r}-\zeta)\mathrm{d}\zeta \tag{3-360}$$

如图 3-48 所示的光路中，A_{21} 为平滑参考波，是一个确定的变量。A_{11} 为物面散射光波，在探测器面上是一个空间二维随机变量。两者叠加的结果仍然是二维随机变量。一般考虑在探测器窗口内只能探测到一个散斑，或者说，探测器可以分辨散斑颗粒。这时积分作用并不改变散斑场的基本性质，卷积式(3-358) 与(3-360) 式的结果可用原函数表示为

$$S_1(\boldsymbol{r}) = |A_{11}(\boldsymbol{r}) + A_{21}(\boldsymbol{r})|^2,\quad S_2(\boldsymbol{r}) = |A_{12}(\boldsymbol{r}) + A_{21}(\boldsymbol{r})|^2$$

相减后再作一次平方运算得到的仍是散斑场

$$I(\boldsymbol{r}) = [|A_{12}(\boldsymbol{r}) + A_{21}(\boldsymbol{r})|^2 - |A_{11}(\boldsymbol{r}) + A_{21}(\boldsymbol{r})|^2]^2$$

作为随机过程，仍然考察系综平均值

$$\langle I(\boldsymbol{r})\rangle = \left\langle [A_{12}A_{12}^* + A_{12}A_{21}^* + A_{12}^*A_{21} - A_{11}A_{11}^* - A_{11}A_{21}^* - A_{11}^*A_{21}]^2 \right\rangle \tag{3-361}$$

该式一共有 36 项，只有 21 项是独立的。注意到 $A_{21} = A_{22}$ 是确定的函数，这 21 个四阶矩中许多是三阶矩并等于 0，还有和等于 0 的 6 项二阶矩，不为 0 的独立分量只有 7 项。根据复随机变量高斯距定理，进一步分项计算后可得到

$$\langle I(\boldsymbol{r})\rangle = 2\langle I_0\rangle^2\{1+4K-2K\mu[\boldsymbol{d}_2(\boldsymbol{r})]-\mu^2[\boldsymbol{d}_2(\boldsymbol{r})]-2K\mu[\boldsymbol{d}_2(\boldsymbol{r})]\cos\Delta(\boldsymbol{r})\} \tag{3-362}$$

式中，K 为参物光强比；$\langle I_0\rangle$ 为物面反射光平均光强；而 μ 为相关系数，定义为

$$\mu[\boldsymbol{d}_2(\boldsymbol{r})] = \frac{\int |H_0(\zeta)|^2 \exp\left(\mathrm{i}\,\frac{2\pi}{\lambda l_i}\zeta \boldsymbol{d}_2(\boldsymbol{r})\right)\mathrm{d}\zeta}{\int |H_0(\zeta)|^2\mathrm{d}\zeta} \tag{3-363}$$

式中，l_i 为图 3-48 中成像透镜的像距，H_0 为光瞳函数。(3-362) 式表明系综平均光强是余弦型相关（干涉）条纹，其分布为

$$\Delta(\boldsymbol{r})(\boldsymbol{r}) = \begin{cases} 2n\pi, & \text{出现暗条纹} \\ (2n+1)\pi, & \text{出现亮条纹} \end{cases} \qquad n = 0,1,2,\cdots \tag{3-364}$$

当然，系综平均光强是无法观察到的，无论是直接用人眼观察还是用光电传感器转化为电信号，观察的都是在一个小的接收面积内的二维空间光强积分，它可以看成是该面积的空间平均光强。但是产生干涉信号的二维空间光强都是均匀分布的，可以设定为严格空间平稳并具有各态历经性，能用空间平均来代替系综平均，从空间平均得到的条纹分布提取被测物体的变形信息。大量物理实验的正确性可以作为证明这一设定的充分条件。

四、散斑照相测量术

当物表面变形时，它散射出的光场强度也发生变化，这种强度变化表现为散斑点的位置变化。散斑点位置变化与物面变形之间的对应关系为散斑照相测量奠定了基础。在散斑照相计量中，首先记录下物表面不同状态下的散射光场的强度分布，然后以某种方法将记录下的光场之间强度分布的相对变化提取出来，就可得到物体的变形信息。散斑照相测量术的研究工作于 1968 年由 Burch[49] 等最早开展，包括在成像面上记录散斑场的主观散斑照相方法和在菲涅耳衍射面上记录散斑场的客观散斑照相方法。信息提取开始是用光学方法，之后发展成数字方法[48,50]。激光照明产生的相干光散斑场可用于散斑照相测量，白光照明的“人造”散斑场也可以用来进行散斑照相测量[51]。

（一）像面二次曝光激光散斑图的记录及其透射率函数

典型的像面激光散斑照相，用一束光照明被测物面，如图 3-49 所示，通过光瞳直径为 D_0 的照相物镜，被测粗糙表面成像在像面(x,y)上。由于用相干光照明，(x,y)处形成散斑场。在物变形前后各曝光一次，便记录下一张二次曝光散斑图。当对二次曝光散斑图作线性处理时，舍去常数因子及透射率偏置，其复振幅透射率可表示成

$$t(\boldsymbol{r}) = I_1(\boldsymbol{r}) + I_2(\boldsymbol{r}) = I_0(\boldsymbol{r}) + I_0(\boldsymbol{r} - \boldsymbol{d}_2(\boldsymbol{r})) \tag{3-365}$$

式中，$\boldsymbol{d}_2(\boldsymbol{r})$ 为面内变形分布，I_1 与 I_2 分别为变形前后像面上的光强分布，均为主观散斑场。作为两个随机过程的叠加，$t(\boldsymbol{r})$ 也是一个随机过程。而且叠加的两个随机过程表示的散斑结构相同，仅仅位置不同，因此可以统一用 I_0 表示。应当特别注意，与前边所有的情况都不同，这里不再有参考光，不再有干涉项出现。

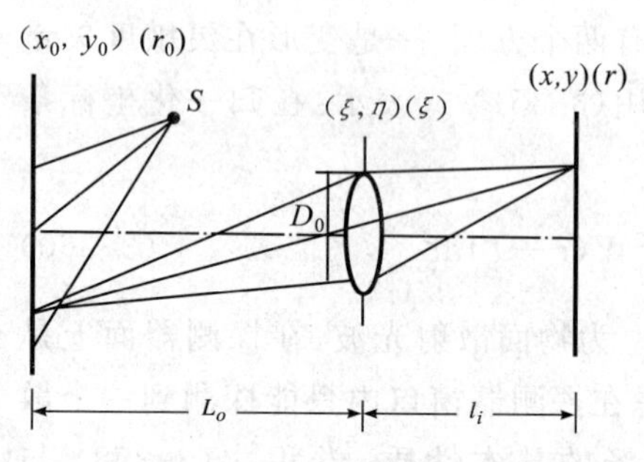

图 3-49 像面激光散斑照相记录光路原理图

（二）二次曝光散斑图的逐点滤波

逐点滤波是由二次曝光散斑图中提取面内变形信息的定量方法，它用一束未经扩束的氦氖激光垂直照射处理好的二次曝光散斑图（图 3-50）。在离散斑图距离 z 处观察远场衍射的夫朗禾费衍射花样。由于二次曝光散斑图中散斑场的作用，远场衍射产生一个衍射晕，相对被照射点的张角为拍摄散斑图所用光学系统相对孔径的 1 倍。又因为变形的影响，在照明区域内包含着大量的变形前后形成的散斑点对。每个点对形成一组基元杨氏条纹，使得衍射晕上调制了这些基元杨氏条纹的叠加。通常照明区域并不太大，可以认为这个区域内物表面变形是个常量。所有的散斑点对具有相同的间距和方向，因此它们形成的基元杨氏干涉条纹具有相

同的间距和取向，合成后便成为调制在散斑衍射晕上的杨氏条纹。

通过对杨氏条纹间距和方向的检测就可得到物体变形参数。变形的方向与条纹的走向垂直，其间距 s、逐点滤波的工作距离 z 变形量之间的关系为

$$|\boldsymbol{d}_2(\boldsymbol{r}_c)| = \lambda z/s \tag{3-366}$$

式中，λ 为激光波长。当 $|\boldsymbol{d}_2(\boldsymbol{r}_c)|$ 增大时，条纹对比度下降，直到散斑点对之间的距离 $|\boldsymbol{d}_2(\boldsymbol{r}_c)|$ 大于未经扩束的激光光束直径 d_c，使条纹完全消失。即从理论上讲，最大可测变形量为照明区域的直径 d_c，最小可测变形量与条纹识别方法有关。假设识别技术能够识别干涉场中至少包含一个条纹的情况，将只有一个条纹时对应的变形作为最小可测变形，这时干涉场中两个第一级暗条纹与衍射晕的边缘相切。衍射晕的半径为 $D_i/2 = zD_0/l_i$（D_0是像面激光散斑图记录时透镜的直径，l_i 是像距），因而最小可测变形量为 $\lambda l_i/2D_0$。此外，透射率函数（(3-365) 式）中省略的偏置常数项在平面波照明情况下会形成一个中心亮斑。在实际测量中，为了尽可能利用光电探测器件的动态范围，可使中心亮斑处于饱和区，仅用其外围条纹分布进行测量。

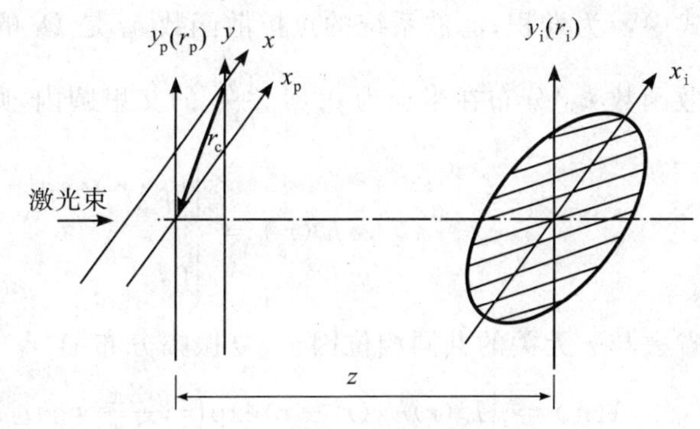

图 3-50　逐点滤波光学原理图

（三）二次曝光散斑图的全场滤波[52]

逐点滤波技术可以测量变形场内各点位移的准确数值，但是每个点都要作一次实验分析，效率很低。全场滤波可以克服这个缺点，利用光学信息处理技术，把物体的面内变形全场显示在输出平面上。这种方法精度不十分高，但很方便、直观。全场滤波使用如图 3-51 所示的 $4f$ 光学信息处理系统。二次曝光散斑图置于其输入面上用平面波照明。在空间频谱面上放置一个偏心滤波器 D_f，在系统的输出面上就获得表征 x_f 方向（在纸面内）一维面内变形场的散斑干涉图。将滤波孔在滤波平面内转到 y_f 轴方向将得到 y_f 方向的另一维面内变形场。

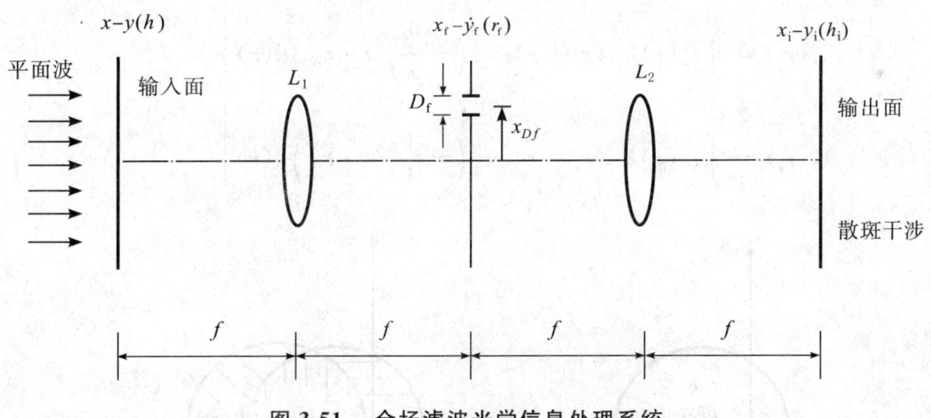

图 3-51　全场滤波光学信息处理系统

首先说明全场滤波的物理过程。位于输入面上的二次曝光散斑图可以划分成大量的子区域。在每个子区域中包含大量的分别对应着不同位置的散斑点对，这些散斑点对具有相同的间距和取向。在平面波照明下，每个子区域在系统谱面上将产生一个散斑杨氏条纹分布。该条纹分布的间距和取向由子区域中散斑点对之间的距离和方向决定。当滤波器固定位置后滤波器处对应着一根亮条纹，则该子区域在滤波后成像是亮的。如果滤波器处为一根暗条纹，该区域的像是暗的。因而就全场而言，子区域的散斑点对相对移动大小是由产生的条纹间距为滤波器坐标参数所对应变形量 d 的整数倍时，这些子区域都是亮的，连在一起形成不同级次的亮条纹。当子区域的散斑点对相对移动是 $d/2$ 的奇数倍的那些点在输出面上形成暗条纹分布。因而，通过对条纹的识别，就可以得到变形场在滤波方向上的分量信息。如果滤波器位置发生变化，它产生的亮暗条纹所代表的变形量也会改变，因而给出不同的测量灵敏度。

在图 3-51 所示的系统中，谱面上滤波孔可以表示为

$$D_f(\boldsymbol{r}_f-\boldsymbol{r}_{f0})=\begin{cases}1, & |\boldsymbol{r}_f-\boldsymbol{r}_{f0}|\}\leqslant D_f/2\\ 0, & \text{其他}\end{cases} \tag{3-367}$$

式中，$\boldsymbol{r}_{f0}$ 为滤波孔中心坐标。输出面上的强度分布 $I(\boldsymbol{r}_i)$ 和复振幅分布 $A(\boldsymbol{r}_i)$ 有如下关系：

$$\boldsymbol{I}(\boldsymbol{r}_i)=|A(\boldsymbol{r}_i)|^2=|t(\boldsymbol{r}_i)*h_f(\boldsymbol{r}_i)|^2 \tag{3-368}$$

式中，$*$ 为卷积；滤波系统的点扩散函数 h_f 是 D_f 的傅里叶变换。一般可以合理地假设滤波孔在原点时的点扩散函数 h_{f0} 分布在半径为 $0.61\dfrac{\lambda f}{D_f}$ 的艾里圆内，则偏心滤波孔的点扩散函数表示为

$$h_f(\boldsymbol{r}_i)=\begin{cases}h_{f0}(\boldsymbol{r}_i)\exp\left(-\mathrm{i}\dfrac{2\pi}{\lambda f}\boldsymbol{r}_i\cdot\boldsymbol{r}_{f0}\right), & r_i<0.61\dfrac{\lambda f}{D_f}\\ 0, & r_i\geqslant 0.61\dfrac{\lambda f}{D_f}\end{cases} \tag{3-369}$$

省去与 $\boldsymbol{r}$ 无关的共同相位因子，复振幅分布 $A(\boldsymbol{r}_i)$ 作为艾里圆 S 内的积分可表示为

$$A(\boldsymbol{r}_i)=\int_S I_0(\boldsymbol{r})h_{f0}(\boldsymbol{r}_i-\boldsymbol{r})\exp\left(-\frac{2\pi}{\lambda f}\boldsymbol{r}_i\cdot\boldsymbol{r}_{f0}\right)\mathrm{d}\boldsymbol{r}+\int_S I_0(\boldsymbol{r}-\boldsymbol{d}_2(\boldsymbol{r}))h_{f0}(\boldsymbol{r}_i-\boldsymbol{r})\exp\left(-\frac{2\pi}{\lambda f}\boldsymbol{r}\cdot\boldsymbol{r}_{f0}\right)\mathrm{d}\boldsymbol{r}$$

通过坐标变换，第二个积分可表示为 $\int_{S'} I_0(\boldsymbol{r})h_{f0}(\boldsymbol{r}_i-\boldsymbol{r}-\boldsymbol{d}_2(\boldsymbol{r}))\exp\left(-\dfrac{2\pi}{\lambda f}(\boldsymbol{r}+\boldsymbol{d}_2(\boldsymbol{r}))\cdot\boldsymbol{r}_{f0}\right)\mathrm{d}\boldsymbol{r}$，其中，$S$ 为以 $P(\boldsymbol{r})$ 点为圆心的艾里圆面积，S' 为以点 $P(\boldsymbol{r}+\boldsymbol{d}_2(\boldsymbol{r}))$ 为圆心的艾里圆面积。由于 S 与被测物面积相比小得多，可将 $\boldsymbol{d}_2(\boldsymbol{r})$ 在积分域内近似为常量，进而将积分域分为如图 3-52 所示的 S_0、S_1 和 S_2 三个部分，复振幅分布可进一步化为

$$A(\boldsymbol{r}_i)=\left[1+\exp\left(-\mathrm{i}\frac{2\pi}{\lambda f}\boldsymbol{r}_{f0}\cdot\boldsymbol{d}_2(\boldsymbol{r}_i)\right)\right]A_0(\boldsymbol{r}_i)+A_1(\boldsymbol{r}_i)+\exp\left(-\mathrm{i}\frac{2\pi}{\lambda f}\boldsymbol{r}_{f0}\cdot\boldsymbol{d}_2(\boldsymbol{r}_i)\right)A_2(\boldsymbol{r}_i) \tag{3-370}$$

其中

$$\left.\begin{aligned}A_0(\boldsymbol{r}_i)&=\int_{S_0} I_0(\boldsymbol{r})h_{f0}(\boldsymbol{r}_i-\boldsymbol{r})\exp\left(-\frac{2\pi}{\lambda f}\boldsymbol{r}\cdot\boldsymbol{r}_{f0}\right)\mathrm{d}(\boldsymbol{r})\\ A_1(\boldsymbol{r}_i)&=\int_{S_1} I_0(\boldsymbol{r})h_{f0}(\boldsymbol{r}_i-\boldsymbol{r})\exp\left(-\frac{2\pi}{\lambda f}\boldsymbol{r}\cdot\boldsymbol{r}_{f0}\right)\mathrm{d}(\boldsymbol{r})\\ A_2(\boldsymbol{r}_i)&=\int_{S_2} I_0(\boldsymbol{r})h_{f0}(\boldsymbol{r}_i-\boldsymbol{r})\exp\left(-\frac{2\pi}{\lambda f}\boldsymbol{r}\cdot\boldsymbol{r}_{f0}\right)\mathrm{d}(\boldsymbol{r})\end{aligned}\right\} \tag{3-371}$$

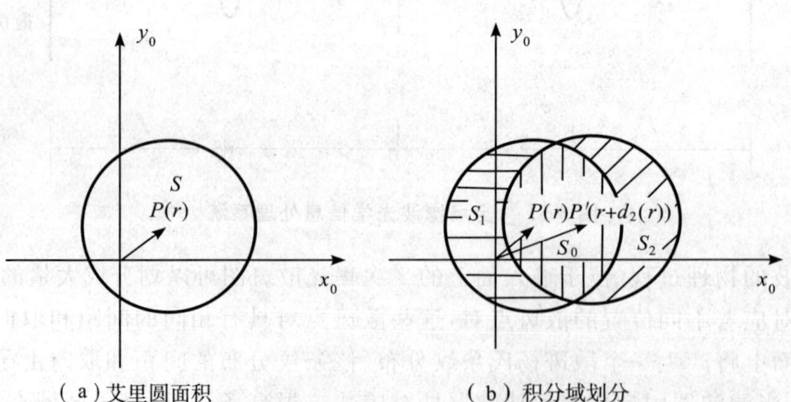

（a）艾里圆面积　　（b）积分域划分

图 3-52　复振幅分布 $A(\boldsymbol{r}_i)$ 的积分域

散斑颗粒的线度比积分域少很多，根据中心极限定理，(3-371) 式的 3 个积分结果是复高斯随机过程。主观散斑场 I_0 是一个随机过程，均匀照明时 $\langle I_0\rangle$ 是一个常数，(3-371) 式的 3 个积分对应的光强分布的系综平均都是常数，记作

$$\langle I_k(\boldsymbol{r}_i)\rangle=\langle A_k(\boldsymbol{r}_i)\rangle=C_k,\quad k=0,1,2$$

对输出面上的强度分布 $I(\boldsymbol{r}_i)$ 作系综平均运算，考虑到 s_0、s_1 和 s_2 三个部分互不相关，交叉项的统计平均为0，有

$$\langle I(\boldsymbol{r}_i)\rangle = 2C_0 + C_1 + C_2 + 2C_0\cos\left(\frac{2\pi}{\lambda f}\boldsymbol{d}_2(\boldsymbol{r}_i)\cdot\boldsymbol{r}_{f0}\right) \tag{3-372}$$

该式表明，变形场在滤波器所处方向上分量的分布表现为散斑场光强平均上调制的余弦条纹。条纹的调制度由变形量和滤波系统联合决定，而干涉场的强度与滤波孔的大小及位置有关。条纹分布遵循下式：

$$\boldsymbol{d}_2\cdot\boldsymbol{r}_{f0} = \begin{cases} N\lambda f, & \text{亮条纹} \\ N+\dfrac{1}{2}, & \text{暗条纹}\end{cases} \tag{3-373}$$

全场滤波测量灵敏度为 $S=\lambda f/|\boldsymbol{r}_{f0}|$。这就是说，测量方法灵敏度取决于滤波器的位置，因而是可变的。但是 $|\boldsymbol{r}_{f0}|$ 也不能无限制地提高。这是因为在滤波平面上，频谱分布是有限的，它为记录光学系统的相对孔径所限制。而且随着滤波器偏离光轴越来越远，谱面强度分布越来越弱，能够透过滤波器的光能也越来越少。最大的灵敏度 $S_{\max}=\lambda l_i/D$。从测量范围角度来讲，最大的灵敏度对应着最小的可测变形量，这个最小可测量的变形正是记录时候得到的散斑点直径。另一方面，最大可测量的变形取决于条纹的调制度，当 $\boldsymbol{d}_2$ 大到点扩散函数的直径时，变为0。因而可测量的最大面内变形为 $|\boldsymbol{d}_2|_{\max}=1.22\lambda f/D_f$。当然这个极限值是达不到的。有意思的是，这也代表散斑场的颗粒大小，即滤波孔径产生的所谓二次散斑的直径。全场滤波可以测量范围的上限不能大于二次散斑直径。

五、白光散斑照相测量术

用非相干的白光照明具有颗粒状反射率分布的表面时，散射光场也在空间形成复杂的颗粒状结构。当散射表面发生变化时，这种颗粒状散射光场会发生变化，物表面的变化信息也存在于这种散斑场的变化之中。用白光照明产生的这种散斑场变化来测量表面变形的方法就是白光散斑照相测量术。和相干光散斑照相测量术一样，散斑图记录光路也是由图3-49所示的系统完成的，但其中相干光源用白光光源来取代，因而在两种情况下形成散斑图的机理不同。信息提取的方法同样可用逐点滤波和全场滤波两种方式。白光散斑照相测量术是 Burch 等人发明的，Asundi 和 Chiang[51] 做了许多工作。

为了实现白光散斑照相测量，被测表面应具有颗粒状的反射率分布。对于那些并不具备这种条件的被测表面，必须进行处理以产生这种特性，这个过程称为表面的散斑化。因此含玻璃微珠的白色散斑又被称为“人造”散斑。表面散斑化的方法很多，最常用的是在物表面上敷一层某种含玻璃微珠的白色反射涂料。无论天然具有散射特性，或散斑化后的表面，它的反射率分布都可以看成是一些离散的散射中心经过一个空间不变的低通滤波器形成的。这些散射中心的分布为

$$f(\boldsymbol{r}_0) = \sum_{K=1}^{\infty}\delta(\boldsymbol{r}_0 - \boldsymbol{r}_{0K}) \tag{3-374}$$

不失一般性，可以认为在一个充分小的面元内存在一个反射中心的概率为该面元面积与一个常数 λ 之积，同时存在多于一个反射中心的概率忽略不计。不相重叠的两个小面元中的反射中心数是相互统计独立的。因而这些散射中心在统计上服从泊松分布。当物表面由强度分布为 $I(\boldsymbol{r}_0)$ 的白光照明时，记录光学系统像面上的散斑强度分布为

$$I(\boldsymbol{r}) = \int I(\zeta)f(\zeta)h(\boldsymbol{r}-\zeta)\,\mathrm{d}\zeta \tag{3-375}$$

式中，h 为从散射中心到像面强度之间的总的点扩散函数。它的有效覆盖区域的大小由像面上散斑点的平均大小直接确定。当物体发生变形时，可以认为它只改变散射中心的位置，不改变散射特性，因而变形前后像面光强度分布有如下关系：

$$f_2(\boldsymbol{r}_0) = f_1(\boldsymbol{r}_0 - \boldsymbol{d}_2(\boldsymbol{r}_0)) \tag{3-376}$$

在线性记录下同样得到(3-365)式表示的二次曝光散斑图。而后用逐点滤波和全场滤波两种方式提取信息的原理和分析与上述第二、三小段相同，不再赘述。

以上对逐点滤波和白光散斑照相的分析基本上是定性的，通过透射率自相关函数的计算可对它们作严

格的统计光学分析，有兴趣的读者可参阅文献[41][53]和[54]。

六、数字散斑照相测量术

与电子散斑干涉测量方法类似，数字散斑照相技术[55]用光电探测器件直接记录相干光或白光散斑场[56]在变形前后的分布，用数字信息处理技术实现信息的提取（或者按习惯称作条纹识别）。信息提取的方法同样有全场滤波与逐点滤波两种，但在逐点滤波技术中除了形成杨氏条纹的方法而外，还有相关技术[57]。本节仅对各种提取信息的方法作简要的介绍。

（一）数字全场滤波技术

数字散斑照相与其他散斑照相系统一样，在与物面共轭的像面上记录散斑图。不同的是记录时用摄像机（一般是CCD）把光强模拟信号转化为数字信号，送入计算机中进行处理。在靶面上输出的信号可表示为

$$S(\boldsymbol{r})=\frac{\eta}{A_{\mathrm{T}}}\int I(\zeta)W_{\mathrm{T}}(\boldsymbol{r}-\zeta)\mathrm{d}\zeta \tag{3-377}$$

式中，I为光强分布，η为光电转换效率，W_{T}为探测器窗函数，A_{T}为窗函数的面积。该信号由图像采集卡采样后变成数字信号。根据奈奎斯特条件，只要采样频率为$S(\boldsymbol{r})$频谱分布的2倍，数字信号就可携带$S(\boldsymbol{r})$的全部信息。在实际工作中，总能满足奈奎斯特条件。因而对数字散斑照相分析可转化为对模拟量$S(\boldsymbol{r})$的分析。

数字全场信息提取，是以二维数字偏心滤波技术对变形前后两散斑场的合成场进行处理，将变形场在滤波方向上的分量信息以等位移线的形式表现出来。其原理与光学全场滤波方法完全相同。首先对变形前后两散斑场的合成场转化的二维数字信号进行离散傅里叶变换得到其频谱，再用频率响应函数为

$$H(\boldsymbol{f}-\boldsymbol{f}_0)=\begin{cases}1, & |\boldsymbol{f}-\boldsymbol{f}_0|\leqslant f_{\mathrm{w}}\\ 0, & \text{其他}\end{cases} \tag{3-378}$$

的滤波器取出以$\boldsymbol{f}_0$为圆心，f_{w}为半径的圆域中的部分频谱。对这部分频谱作离散傅里叶反变换，并用局部空域平均消除散斑，便可得到在$\boldsymbol{f}_0$与原点连线方向上变形场分量分布的数字表示。这种变形场分量分布呈现为余弦条纹的形式。在实际测量中，为了充分利用记录时的光能，探测器单元常常大于散斑点，这时的信号频谱分布取决于探测器窗口函数的大小。

（二）逐点滤波技术

数字散斑照相的逐点滤波技术除了与光学方法类似的杨氏条纹方法以外，还有相关分析方法。在用双脉冲技术或频闪技术得到数字散斑照相图时，变形前后两散斑场叠加在一起是没有办法分开的。为了从这种叠加成一幅的数字散斑图提取其中某一点的变形信息，必须利用杨氏条纹技术。与光学方法一样，以数字散斑图上要测量的点为中心设置一个窗口，对该小区域内的图像作离散傅里叶变换，在其傅里叶谱分布中就会产生杨氏条纹。这种条纹也存在于频谱光强分布的系综平均之中，就是说在得到傅里叶谱分布后要对其作局部空域平均以消除散斑。

在可以得到分离的两个散斑场的情况，相关分析方法更具灵活性，是数字散斑照相的特点之一。这种方法选取数字散斑图上被测点为中心的小区域的子图像，对变形后散斑图该点附近的一个小区域做相关匹配扫描，即

$$R(\boldsymbol{r},\boldsymbol{r}_{\mathrm{c}})=\frac{1}{A_{\mathrm{w}}}\int S_2(\zeta)S_1(\zeta-\boldsymbol{r}_1)W(\zeta-\boldsymbol{r}_{\mathrm{c}}-\boldsymbol{r})\mathrm{d}\zeta \tag{3-379}$$

其中

$$W(\zeta-\boldsymbol{r}_{\mathrm{c}})=\begin{cases}1, & |\boldsymbol{r}-\boldsymbol{r}_{\mathrm{c}}|_x\leqslant D_x/2\ \text{及}\ |\boldsymbol{r}-\boldsymbol{r}_{\mathrm{c}}|_y\leqslant D_y/2\\ 0, & \text{其他}\end{cases}$$

为变形前散斑图被测点$\boldsymbol{r}_{\mathrm{c}}$处子图像所用的窗函数，$A_{\mathrm{w}}$为窗函数面积，$\boldsymbol{r}$在一个小区域内变化。由于被测场是缓慢变化的小变形场，位于窗口内的各散斑点均有相同的变形量，在变形后散斑图内发生总体平移。当变形前的子图像与相应变形后的图像完全重合时，这两个区域的相关性最好，相关运算出现最大值。由最大值

的位置可得出变形量。由于 $S(\boldsymbol{r})$ 为随机过程，相关信号 $R(\boldsymbol{r},\boldsymbol{r}_c)$ 也是随机的，它的统计平均代表变形量分布。相关分析方法的一个重要特点是没有光学滤波方法相应的测量上限的限制。这从物理上是很好理解的，因为这个方法不像在光学滤波过程中那样会产生二次散斑场。只要是在两幅散斑图产生与接收之间发生的变形，基本上不影响散斑场微观结构，相关分析总是可以用的。当然，变形只要存在，散斑场的微观结构总不会完全保持不变，具体影响的大小这里就不再分析了。

还有一种提取数字散斑照相信息的方法是所谓的限幅散斑技术，将数字散斑图像处理二值化以后用相关技术提取信息，处理速度快得多。Pedersen[58]，Marron 和 Morris[59] 对限幅散斑的有关理论做了大量研究。

七、散射板干涉仪

散射板干涉仪是一种共光路干涉仪，曾被成功地用来检验过直径近 1 m 的 F/4 物镜[60]，有重要的实用价值。伯奇(J. M. Burch) 于 1953 年发现散射板干涉现象并制成了最初的散射板干涉仪[61-62]。散射板干涉的机制，一般都用光程差分析来说明，其条件是要求两块散射板的二维散射性能分布完全一致而且在光路装配和校正后满足严格的点对点一一对应的物像共轭关系。加工与装校的困难使这种精度达到微米量级的共轭关系不可能得到满足，尽管如此，实际上并不会影响散射板干涉仪干涉条纹的生成。散射板干涉仪在使用时还可以将一块散射板相对另一块散射板平移，完全破坏了其共轭关系，但它还是能够产生平行直条纹，这些都是光程差分析不能解释的。1969 年斯科特(R. M. Scott) 提出了一种傅里叶分量分析方法[63]，只完成了不很完善的半定量分析。其后，很多研究者不断进行研究，直到 1997 年 Rasanen[64] 等人用标量衍射理论对散射板干涉仪进行了数字模拟，将散射板看成是一半像素为 0 相位一半像素是 $\pi/2$ 相位的随机相位板，其结果也没有能够解决共轭关系要求过高的矛盾。2007 年陈家璧[65] 从傅里叶光学与统计光学原理出发，对散射板干涉仪的基本光路进行了严格分析。用傅里叶光学证明先散射后透射与先透射后散射两条光路在被测镜无像差时传播光的等价性，给出存在波像差时先散射后透射与先透射后散射两条光路传播光场的变化。而后用统计光学的方法导出了在散斑条件下干涉条纹产生的机理，建立了干涉条纹与被检验物镜的波像差之间的关系，干涉条纹对比度与两散射板透射率相关性之间的关系，给出了散射板干涉仪在使用时可以将一块散射板相对另一块散射板平移，产生平行直条纹的原因，从而完成了散射板干涉仪干涉原理的基本分析。

（一）散射板干涉仪的基本光路

由原理型的散射板干涉仪到实际应用的散射板干涉仪，有多种光路[60]，它们都可以展开为如图 3-53 所示的典型光路。图中被测透镜(或被测反射镜的等价透镜) 置于(x_0,y_0)平面上，两块散射板分置于放大率为 1 的 2 倍焦距处的(x_{s_1},y_{s_1}) 与(x_{s_2},y_{s_2}) 两平面处，满足物像共轭关系。成像物镜置于(x_1,y_1) 平面上，被测透镜是物面，对应的像平面是(x_i,y_i)。照明激光聚焦在被测透镜的光心(或被测凹镜顶点)，经过第一块散射板 S_1 时，一部分光能被散射到整个被测透镜上，一部分被聚焦于 O 处。通过 A 点散射到 B 的光线是散射场中的一根光线。而 AO 则是直透的光线。BC 光线在通过第二块散射板 S_2 时又分为两部分，其直透光到达(x_1,y_1) 上的 D 点，而且在透镜作用下射到(x_i,y_i) 上的 E 处。OC 光线被 S_2 散射后总有一条散射光会通过 D 点也在透镜作用下射到 E 处。这样由 S_1 散射后又由 S_2 透过的光线 ABC 与由 S_1 透过后又由 S_2 散射的光线 AOC 将在 E 处形成干涉场。另一方面，从光的散射与衍射的角度分析，可以证明散射板干涉现象的产生不取决于单个点，而取决于一个小区域中的相关性，两散射板间微米级精度的严格共轭关系并不必要。

（二）干涉条纹形成的数理模型

在输出平面上产生的光场有四项分量。其中两次都由散射板直透过的光场分布是会聚在像面中心的一个光点，对整个干涉场没有贡献。两次通过散射板都散射时，产生的是与另两个散斑场统计无关的散斑场，只会给干涉测量场带来背景光噪声，不影响散斑干涉条纹分布。这两个分量以下不再予以讨论。

当被检透镜无像差，在 S_2后的两部分光，前一次直透后一次散射的光场分布与前一次散射后一次直透的光场分布，除了一个常系数以外完全相同。这说明存在一个等价关系，即前一次直透第二次散射的光场可以用被检透镜无像差的情况下前一次散射第二次直透产生的光场来代替，用以分析干涉条纹形成过程。

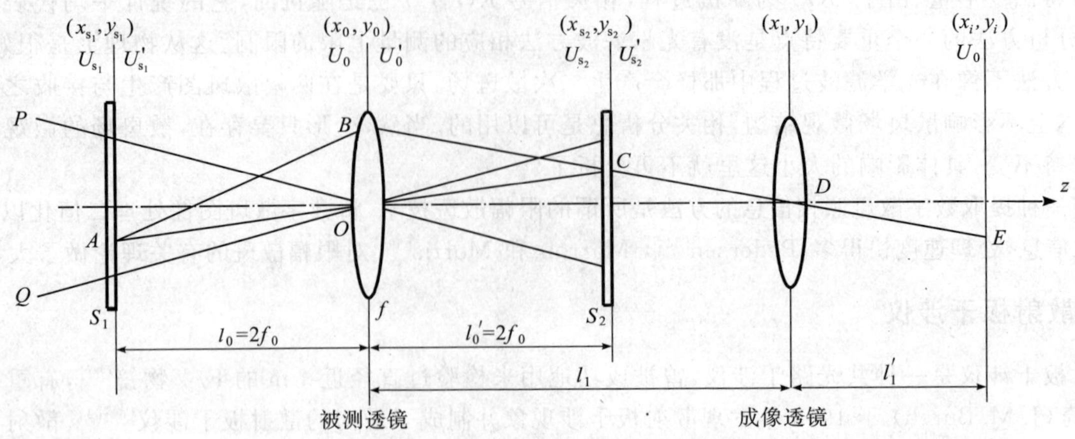

图 3-53　散射板干涉仪的基本光路

根据等价关系，前一次直透第二次散射和前一次散射第二次直透产生的光场分别为

$$U_{\mathrm{ITS}} = \frac{C_1 A_0}{\mathrm{i}M} \exp\left[-\mathrm{i}\frac{k}{2M^2}(x_i^2 + y_i^2)\right] \times$$

$$\iint T_2(-x_{s_1}, -y_{s_1}) \exp\left[-\mathrm{i}2\pi\left(\frac{x_i}{M}\frac{s_{s_1}}{\lambda l_0} + \frac{y_i}{M}\frac{y_{s_1}}{\lambda l_0}\right)\right] \mathrm{d}\frac{x_{s_1}}{\lambda l_0}\mathrm{d}\frac{y_{s_1}}{\lambda l_0} \tag{3-380a}$$

$$U_{\mathrm{IST}} = \frac{C_2 A_0}{\mathrm{i}M} \exp\left[-\mathrm{i}\frac{k}{2M^2}(x_i^2 + y_i^2)\right] \exp\left[\mathrm{i}kW\left(\frac{x_i}{M}, \frac{y_i}{M}\right)\right] \times$$

$$\iint T_1(x_{s_1}, y_{s_1}) \exp\left[-\mathrm{i}2\pi\left(\frac{x_i}{M}\frac{x_{s_1}}{\lambda l_0} + \frac{y_i}{M}\frac{y_{s_1}}{\lambda l_0}\right)\right] \mathrm{d}\frac{x_{s_1}}{\lambda l_0}\mathrm{d}\frac{y_{s_1}}{\lambda l_0} \tag{3-380b}$$

式中，$M = d_i/d_o$，为成像物镜的放大率。两者具有对称的形式，但后式中包含被检透镜波像差分布函数 $W(x_0, y_0)$，而前式没有。两式都包含对散射率分布函数 T_1 和 T_2 的积分，说明 U_{ITS} 和 U_{IST} 两项都是散斑场。

输出面上的光强分布是二维空间随机过程，并不能直接表现为干涉条纹。但实际接受到的是积分光强，因为各态历经性，其大小等于统计平均值，可进行统计平均运算求得输出面上的光场分布：

$$\langle I(x_i, y_i)\rangle = \frac{A_0^2 S_\Sigma}{\lambda^2 l_0^4 M^2}\left\{(C_1^2 \mid T_2\mid^2 + \mid T_1\mid^2 C_2^2 + \mid T_1 T_2\mid^2) + 2\frac{C_1 C_2 \mid T_1 T_2 \mid S'_\Sigma}{S_\Sigma}\cos\left[kW\left(\frac{x_i}{M}, \frac{y_i}{M}\right)\right]\right\} \tag{3-381a}$$

其中

$$S'_\Sigma = \iiiint C_{T_1T_2}(x_{s_1}, y_{s_1}, x'_{s_1}, y'_{s_1}) \times \exp\left\{-\mathrm{i}2\pi\left[\frac{x_i}{M}\left(\frac{x_{s_1}}{\lambda l_0} - \frac{x'_{s_1}}{\lambda l_0}\right) + \frac{y_i}{M}\left(\frac{y_{s_1}}{\lambda l_0} - \frac{y'_{s_1}}{\lambda l_0}\right)\right]\right\}\mathrm{d}\frac{x_{s_1}}{\lambda l_0}\mathrm{d}\frac{y_{s_1}}{\lambda l_0}\mathrm{d}\frac{x'_{s_1}}{\lambda l_0}\mathrm{d}\frac{y'_{s_1}}{\lambda l_0}$$

$$C_{T_1T_2}(x_{s_1}, y_{s_1}, x'_{s_1}, y'_{s_1}) = \langle T_1(x_{s_1}, y_{s_1}) T_2(-x'_{s_1}, -y'_{s_1})\rangle \tag{3-381b}$$

式(3-381a) 表明输出面上呈现出余弦型条纹，干涉条纹的分布取决于被检验物镜的波像差，而(3-381b) 式说明干涉条纹对比度取决于两散射板的相关性，为

$$\mathrm{Cont} = \frac{2C_1C_2 \mid T_1 T_2\mid}{C_1^2 \mid T_1\mid^2 + \mid T_1\mid^2 C_2^2 + \mid T_1 T_2\mid^2}\frac{S'_\Sigma}{S_\Sigma} \tag{3-382}$$

一般说来，对比度不能达到最大值也不会变为 0，散射板干涉仪总可以工作。利用上述结果很容易解释，散射板干涉仪在使用时将一块散射板相对另一块散射板平移时产生平行直条纹的原因。根据傅里叶变换的位移定理，积分将产生一个附加的线性相位因子。这一线性相位因子将导致余弦函数的自变量增加一线性附加项，因而会产生平行直条纹。被检验物镜的波像差对应的干涉条纹则调制在平行直条纹上。

参考文献

[1]Goodman J W. Statistical Optics[M]. New York:John Wiley & Sons,1985
[2]戚康男,秦克诚,程路.统计光学导论[M]. 天津:南开大学出版社,1987
[3]Marathay A S. Elements of Optical Coherence Theory[M]. New York:John Wiley & Sons,1982
[4]马科斯·波恩,埃米尔·沃耳夫.光学原理(上)[M].杨葭荪,等译.北京:科学出版社,2005
[5]马科斯·波恩,埃米尔·沃耳夫.光学原理(下)[M].杨葭荪,等译.北京:科学出版社,2006
[6]Saleh B. Photoelectron Statistics[M]. Berlin:Springer-Verlag, 1987
[7]Dainty J C. Laser Speckle and Relative Phenomena[M]. Berlin:Springer-Verlag,1975
[8]Francon M. Laser Speckle and Applications in Optics[M]. New York:Academic Press, 1979
[9]Goodman J W. Introduction to Fourier Optics[M]. 3rd ed. Roberts & Company, 2005
[10]Klein M V. Optics[M]. New York:John Wiley & Sons,1970
[11]Jones R C. JOSA, 1941. 31,488
[12]Wolf E. Nuovo Cimento,1959,13,1165
[13]Bracewell R M. The Fourier Transform and its Applications[M]. McGraw-Hill,1965
[14]Mandel L. Phys. Rev. 1965,138,B753,
[15]Mandel L, Wolf,E. Selected Paper on Coherence and Fluctuations on Light[M]. Dover Publications, 1970:1-2
[16]Mandel L. Proc. Phys. Soc. ,1959,74,223
[17]Vanasse G A, Sakai H. Fourier Spectroscopy[M]//Progress in Optics Ⅱ. Amsterdam:North Holland Publishing Company,1967,Ⅵ:261-237
[18]Wolf E. Nature,1953, 172,535
[19]Mandel L. JOSA,1961,51,1342
[20]Van Cittert P H. Physica, 1934, 1, 201
[21]Zernike F. Physica,1938, 5, 785
[22]Carter W H, Wolf E. JOSA, 1977, 67, 785
[23]Mandel L Proc. Phys. Soc. ,1958, 72,1037
[24]Hanbury Brown R. The Intensity Interferometer[M]. Taylor and Francis, 1974
[25]Thompson B J. Image Formation with Partially Coherent Light[M]//Progress in Optics Ⅲ. Amsterdam:North Holland Publishing Company, 1969
[26]Hopkins H H. Proc. Roy. Soc. , 1951, A208:263-277
[27]Hopkins H H. Proc. Roy. Soc. , 1953, A217:408-432
[28]Bracewell R N. Radio Astronomy Techniques[M]//Encyclopedia of Physics. Berlin:Springer-Verlag,1959,54
[29]Special issue on radio astronomy[J]. Proc. IEEE, 1973,61
[30]Rogers G L. Proc. Phys. Soc. ,1963, 81(2):323-331
[31]O'Neill E L. Introduction to Statistical Optics[M]. Addison-Wesley, 1963:99-101
[32]Tatarski V I. Wave Propagation in a Turbulent Medium[M]. McGraw-Hill,1961
[33]Tatarski V I. The Effect of the Turbulent Ptmosphere on Wave Propagation[R]. National Science Foundation Report, 1968,TT-68-50464
[34]Chernoff L A. Wave Propagation in a Random Medium[M]. McGraw-Hill,1960
[35]Kolmogorov A. In Turbulence, Classic Paper on Statistical Theory[M]. Wiley-Intersience,1961
[36]Fried D L. JOSA,1966, 56, 1372
[37]Mandel L, Sadarshan E C G, Wolf E. Proc. Phys. Soc. , 1964, 82,435
[38]Mandel L. The Case for and against Semiclassical Radiation Theory[M]//Progress in Optics Ⅷ. Amsterdam:North Holland Publishing Company, 1976, 27-68
[39]Mandel L. Proc. Phys. Soc. , 1959, 74:233
[40]陈家璧,苏显渝.光学信息技术原理及应用[M]. 北京:高等教育出版社,2002:363-396
[41]方强,陈家璧.全息散斑计量学[M]. 北京:科学出版社, 1995
[42]刘培森.散斑统计光学基础[M]. 北京:科学出版社, 1987:5-8

[43]Leendertz J A. Interferometric Displacement on Surface Utilizing Speckle Effect[J]. J. Phys., 1970, E3:214

[44]Leendertz J A, Butters J N. An Image-shearing Speckle Pattern Interferometer for Measuring Bending Moments[J]. J. Phys., 1973, E6:1107

[45]Hung Y Y, Rowlands R E, Dainiel I M. Speckle-shearing Interferometric Technique: a full-field strain guage[J]. Appl. Opt., 1975, 14:618

[46]陈家璧,周维祯,裴敏. 剪切散斑干涉术的统计分析[J]. 光学学报,1989,9:333

[47]Butters J N, Leendertz, J A. Holographic and Video Technique Applied to Engineering Measurement[J]. J. of Measurement and Control,1971,4:344

[48]Jones R, Wykes G. holographic and Speckle Interferometry[M]. Cambridge:Cambridge Univ. Press,1983

[49]Burch J M, Tokarski J M. Production Multiple Beam Fringes from Photographic Scatters[J]. Opt. Acta,1968, 15:101

[50]Erf R E. Speckle Metrology, Academic press, 1978

[51]Asundi A, Chiang F P. Theory and Applications of the White Light Speckle Method for Strain Analysis[J]. Opt. Eng., 1982, 21:570

[52]Chen J B, Chiang F P. Statistical Analysis of Whole Field Filtering of Specklegram and its Upper Limit of Measurement [J]. JOSA(A), 1984, 1:845

[53]陈家璧,方强. 二次曝光散斑图透射率自相关函数[J]. 实验力学, 1989, 4:127

[54]方强,陈家璧,谭玉山. 散斑照相计量中点信息分布的统计学模型[J]. 西安交通大学学报, 1991, 25, 27

[55]Peters W H, Ranson W F. Digital Imaging Technique in Experimental Stress Analysis[J]. Opt. Eng., 1982 , 21:427

[56]方强,谭玉山. 白光数字散斑照相术[J]. 光学学报, 1990,10, 857

[57]Fang Q, Yao H, Tan Y S. A fast deformation analysis method by digital correlation technique[J]. SPIE, 1988, 954

[58]Petersen H M. Theory of speckle-correlation measurements using nonlinear detectors[J]. JOSA(A), 1984, 1:839

[59]Marron J, Morris G M. Correlation Properties of Clipped Laser Speckle[J]. JOSA(A), 1985, 2:964

[60]Malacara D. The Third Chapter in Optical Shop testing[M]. New York: John Wiley & Sons, 1978

[61]Burch J M. Scatter fringes of equal thickness[J]. Nature, 1953, 171:889-890

[62]Burch J M. Interferometry with scattered light[M]//Dickson J H. Optical instruments and techniques. Oriel Press,1969, 213

[63]Scott R M. Scatter plate interferometry[J]. Appl. Opt., 1969, 8:531-537

[64]Rasanen J, Abedin K M, Kawazoe M, et al. Computer simulation of the scatter plate interferometer by scalar diffraction theory[J]. Appl. Opt., 1997, 36:5335-5339

[65]Chen J. Statistical analysis of scatter plate interferometer[J]. JOSA. (A) 24(7), 2007,7, 2082-2788

第四章 非线性光学

光学现象与其他任何物理现象一样，从根本上讲都是非线性的。光在介质中的传播过程就是光与物质相互作用的过程，对于这个动态过程可以采用极化理论来描述，按介质对光的响应和介质的辐射过程进行，即认为光在介质中传播时，将产生感应极化强度，这个感应极化强度作为激励源将产生光辐射，也就是在介质中传播的光波。如果介质对光的响应呈线性关系，所产生的光学现象属于线性光学范畴：光在介质中的传播规律满足独立传播原理和线性叠加原理。如果介质对光的响应呈非线性关系，所产生的光学现象属于非线性光学范畴：光在介质中的传播会产生新的频率，不同频率的光波之间会产生耦合，独立传播原理和线性叠加原理不再成立。表 4-1 列出了线性光学和非线性光学之间的主要区别。

表 4-1 线性光学与非线性光学的主要区别[1]

线性光学	非线性光学
光在介质中传播，通过干涉、衍射、折射可以改变光的空间能量分布和传播方向，但与介质不发生能量交换，不改变光的频率	一定频率的入射光，可以通过与介质的相互作用而转换成其他频率的光（倍频等），还可以产生一系列在光谱上周期分布的不同频率和光强的光（受激拉曼散射等）
多束光在介质中交叉传播，不发生能量相互交换，不改变各自的频率	多束光在介质中交叉传播，可能发生能量相互转移，改变各自频率或产生新的频率（三波与四波混频）
光与介质相互作用，不改变介质的物理参量，这些物理参量只是光频的函数，与光场强度变化无关	光与介质相互作用，介质的物理参量（如极化率、吸收系数、折射率等）是光场强度的函数（非线性吸收和色散、光克尔效应、自聚焦）
光束通过光学系统，入射光强与透射光强之间一般成线性关系	光束通过光学系统，入射光强与透射光强之间呈非线性关系，从而可以实现光开关（光限制、光学双稳、各种干涉仪开关）
多束光在介质中交叉传播，各光束的相位信息彼此不能相互传递	光束之间可以相互传递相位信息，而且两束光的相位可以互相共轭（光学相位共轭）

从光与物质相互作用的基本观点出发，非线性光学有 3 种理论研究体系：经典理论体系，半经典理论体系，全量子理论体系。在经典理论体系中，认为光场是经典波场，用麦克斯韦理论描述；介质由经典粒子组成，用经典力学描述。在半经典理论体系中，光场是经典波场，用麦克斯韦理论描述；介质是由具有量子性的粒子组成的，用量子力学描述。在全量子理论体系中，光场是量子化的场，用量子电动力学描述；介质是由具有量子性的粒子组成，用量子力学描述。实际应用中，利用经典理论、半经典理论已经能够处理目前遇到的大部分非线性光学问题。本章将依据半经典理论体系，研究非线性光学的基本理论、基本效应，介绍当前几个重要的非线性光学研究领域。

第一节 非线性光学概述

非线性光学过程实际上是光场和由原子、分子等粒子组成的物质的相互作用过程，表现为介质的极化。介质的极化实质上是光场 $\boldsymbol{E}$ 在介质中产生感应极化强度 $\boldsymbol{P}$，极化率张量 $\boldsymbol{\chi}$ 表征了介质的极化特征。对于线性光学现象，光在介质中产生的感应极化强度 $\boldsymbol{P}$ 与光电场 $\boldsymbol{E}$ 的关系为

$$\boldsymbol{P} = \varepsilon_0 \boldsymbol{\chi} \cdot \boldsymbol{E} \tag{4-1}$$

式中，表征介质极化特性的极化率张量$\boldsymbol{\chi}$是与光电场$\boldsymbol{E}$无关的常量。对于非线性光学现象，感应极化强度$\boldsymbol{P}$与光电场$\boldsymbol{E}$的关系为

$$\boldsymbol{P} = \varepsilon_0 \boldsymbol{\chi}(\boldsymbol{E}) \cdot \boldsymbol{E} \tag{4-2}$$

式中，表征介质极化特性的极化率张量$\boldsymbol{\chi}(\boldsymbol{E})$与光电场$\boldsymbol{E}$有关。

考虑非线性光学过程，如果入射光频率远离介质共振区或者入射光场比较弱，感应极化强度与入射光电场的关系可以采用下面的级数形式表示：

$$\begin{aligned}\boldsymbol{P} &= \varepsilon_0 \boldsymbol{\chi}^{(1)} \cdot \boldsymbol{E} + \varepsilon_0 \boldsymbol{\chi}^{(2)} : \boldsymbol{EE} + \varepsilon_0 \boldsymbol{\chi}^{(3)} \vdots \boldsymbol{EEE} + \cdots \\ &= \boldsymbol{P}^{(1)} + \boldsymbol{P}^{(2)} + \boldsymbol{P}^{(3)} + \cdots\end{aligned} \tag{4-3}$$

式中，$\boldsymbol{\chi}^{(1)}$是一阶极化率或线性极化率，它是二阶张量；$\boldsymbol{\chi}^{(2)}$是二阶极化率，它是三阶张量；$\boldsymbol{\chi}^{(3)}$是三阶极化率，它是四阶张量…… $\boldsymbol{P}^{(1)}$、$\boldsymbol{P}^{(2)}$、$\boldsymbol{P}^{(3)}$……分别是一阶（或线性）、二阶、三阶……极化强度。由非线性光学理论可以证明[2]，上式中相邻两项值之比为

$$\left|\frac{P^{(r+1)}}{P^{(r)}}\right| \propto \left|\frac{E}{E_{原子}}\right| \tag{4-4}$$

式中，$E_{原子}$是介质的原子内场，典型值为3×10^{10} V/m。在激光出现之前，一般光源所产生的光场即使经过聚焦也远小于$E_{原子}$，因此，很难观察到非线性光学现象。1960年激光器诞生，所产生的激光很容易达到这样强度的光场。1961年，美国密执安大学的夫朗肯(Franken)等人[3]利用红宝石激光器首次进行了二次谐波产生的非线性光学实验；之后，布卢姆伯根(Bloembergen)等人[4]在1962年对光学混频等非线性光学现象进行了开创性的理论研究工作。从这时起，非线性光学开始诞生，并逐渐成为现代光学的一门重要学科分支。经过人们近50年的研究，非线性光学作为一门崭新的科学得到了飞速的发展，并使古老的光学焕发了青春。

非线性光学的发展经历了几个阶段[5]：20世纪60年代是非线性光学发展的早期阶段，这一阶段主要进行了二次谐波产生（倍频）、和频、差频、受激拉曼散射、受激布里渊散射、饱和吸收、双光子吸收、光参量振荡器、自聚焦、光子回波、自感应透明等非线性光学现象的观察和研究；70年代后，非线性光学经历了深入发展的阶段，相继发现了许多重要的非线性光学效应，进行了自旋反转受激拉曼散射、光学悬浮、消多普勒加宽、双光子吸收光谱技术、相干反斯托克斯拉曼光谱学、非线性光学相位共轭技术、光学双稳效应等非线性光学现象的研究；80年代，备受人们注意的非线性光学新研究课题是光学分叉与混沌、光学压缩态、多光子原子电离现象、光纤孤子等，并且非线性光学材料的研究也取得了重大进展，在以往大量使用KDP、$LiNbO_3$等非线性光学晶体的基础上，相继发现了KTP、BBO、LBO等新型非线性光学晶体，并开展了有机非线性晶体材料的研究、非线性光子晶体理论和器件的研究；90年代以来，最引人注目的非线性光学进展是利用新型非线性晶体研制出宽波段可调谐连续或脉冲光参量振荡器、光参量放大器，开展了飞秒非线性光学的研究，推动了飞秒激光在多学科研究领城内的应用，基于光学压缩态的成功产生，开展了压缩态光学在高精度原子光谱、低噪声光通信、高精度测量等方面的应用研究。目前，非线性光学已逐渐由基础研究阶段进入应用基础研究和应用研究阶段。

非线性光学研究的发展趋势是[1]：研究对象从稳态转向动态；从连续、宽脉冲转向纳秒、皮秒和飞秒甚至阿秒超短脉冲；从强光非线性研究转向弱光非线性研究；从基态—激发态跃迁非线性光学研究转向激发态—更高激发态跃迁非线性光学研究；从共振峰处现象研究转向非共振区现象研究；从二能级系统研究转向多能级系统研究；研究介质从宏观尺度到介观尺度、再到微观尺度。非线性光学材料研究的发展趋势是：从晶体材料到非晶体材料，从无机材料到有机材料，从对称材料到非对称材料（手性材料），从单一材料到复合材料，从高维材料到低维材料，从宏观材料到纳米材料等。

研究非线性光学的意义在于[6]：首先，可以开拓新的相干光波段，提供从远红外（8～14 μm）到亚毫米波、从真空紫外到X射线的各种波段的相干光源。其次，可以解决诸如自聚焦、激光打靶中的受激拉曼散射、受激布里渊散射等损耗的激光技术问题。第三，可以提供一些新技术，并向其他学科渗透，促进这些学科的发展。例如，伴随非线性光学的发展，出现了非线性激光光谱学，大大提高了光谱分辨率；通过非线性光学

相位共轭的研究，发展起了非线性光学相位共轭技术，促进了自适应光学的发展；在光纤和光波导非线性光学中，研究了光纤光弧子的产生和传输，推动了光弧子通信的发展；对于表面、界面与多量子阱非线性过程的研究，已成为探测表面物理和化学的工具。第四，由于非线性光学现象是光与物质相互作用的体现，因而可以利用非线性光学研究物质结构，对于许多非线性光学现象的研究，已经成为获取原子、分子微观性质信息的一种手段。

在此，特别推荐几本非线性光学领域的经典著作，这就是非线性光学创始人、诺贝尔物理学奖获得者 N. Bloembergen 在 1965 年出版的《Nonlinear Optics》[4]，P. N. Butcher 教授在 1965 年出版的《Nonlinear Optical Phenomena》[7]，非线性光学权威专家 Y. R. Shen 在 1984 年出版的《The Principles of Nonlinear Optics》[2]。

第二节　非线性光学的基本理论

根据极化理论，光在介质中传播时，将产生感应极化强度，并以此为激励源产生光辐射，其光场就是在介质中传播的光波场。

由光的电磁理论，在均匀、不导电、非磁性介质中，光与介质的相互作用遵从麦克斯韦方程和物质方程：

$$\nabla\times\boldsymbol{H}=\frac{\partial\boldsymbol{D}}{\partial t}\tag{4-5}$$

$$\nabla\times\boldsymbol{E}=-\frac{\partial\boldsymbol{B}}{\partial t}\tag{4-6}$$

$$\boldsymbol{D}=\varepsilon_0\boldsymbol{E}+\boldsymbol{P}\tag{4-7}$$

以极化强度 $\boldsymbol{P}$ 为激励源所产生的光波场，满足波动方程

$$\nabla\times\nabla\times\boldsymbol{E}=-\mu_0\varepsilon_0\frac{\partial^2\boldsymbol{E}}{\partial t^2}-\mu_0\frac{\partial^2\boldsymbol{P}}{\partial t^2}\tag{4-8}$$

该方程就是描述非线性光学现象的基本方程。

在本章中，除了特别指明外，单色波光电场和相应的极化强度采用如下形式表示：

$$\boldsymbol{E}(\boldsymbol{r},t)=\boldsymbol{E}(\omega)\mathrm{e}^{-\mathrm{i}\omega t}+\boldsymbol{E}^*(\omega)\mathrm{e}^{\mathrm{i}\omega t}\tag{4-9}$$

$$\boldsymbol{P}(\boldsymbol{r},t)=\boldsymbol{P}(\omega)\mathrm{e}^{-\mathrm{i}\omega t}+\boldsymbol{P}^*(\omega)\mathrm{e}^{\mathrm{i}\omega t}\tag{4-10}$$

式中，$\boldsymbol{E}(\omega)$ 和 $\boldsymbol{P}(\omega)$ 分别为光电场和极化强度的频域复振幅。对于一般的复色波光电场及相应的极化强度的表示式为

$$\boldsymbol{E}(\boldsymbol{r},t)=\sum_n\boldsymbol{E}(\omega_n)\mathrm{e}^{-\mathrm{i}\omega_n t}+\mathrm{c.\,c.}\tag{4-11}$$

$$\boldsymbol{P}(\boldsymbol{r},t)=\sum_n\boldsymbol{P}(\omega_n)\mathrm{e}^{-\mathrm{i}\omega_n t}+\mathrm{c.\,c.}\tag{4-12}$$

这里，根据非线性光学的半经典理论体系，采用量子力学方法讨论非线性介质的极化特性，采用波动光学理论研究光在非线性介质中的传播特性。

一、非线性介质的极化特性

（一）介质极化率的微扰理论

光在介质中传播时，由于光电场的作用，将产生感应极化强度，该感应极化强度包含有线性项和非线性项，即

$$\boldsymbol{P}=\boldsymbol{P}_{\mathrm{L}}+\boldsymbol{P}_{\mathrm{NL}}\tag{4-13}$$

当光电场强度很低、可以忽略非线性项 $\boldsymbol{P}_{\mathrm{NL}}$ 仅保留线性项 $\boldsymbol{P}_{\mathrm{L}}$ 时，属于线性光学范畴研究的问题；当光电场强度较高，在非线性光学领域内，必须考虑非线性项 $\boldsymbol{P}_{\mathrm{NL}}$ 的作用。在利用微扰理论处理非线性光学问题时，可以将非线性极化强度表示成级数形式：

$$\boldsymbol{P}_{\mathrm{NL}}=\boldsymbol{P}^{(2)}+\boldsymbol{P}^{(3)}+\cdots+\boldsymbol{P}^{(r)}+\cdots\tag{4-14}$$

其中，$\boldsymbol{P}^{(r)}$ 是与光电场 $\boldsymbol{E}$ 的 r 次方有关的非线性极化强度分量，称为 r 阶非线性极化强度。在这里，只考虑电偶极矩近似，完全忽略电四极矩及多极矩的影响。当光与介质共振作用或光电场强度很高时，上述级数形式不再成立。特别是，当光电场强度非常高，光作用于介质将会产生许多新的光学现象，例如，激光产生和加热等离子体，激光感生粒子发射，激光产生气体击穿等，此时的光学现象可归于强光光学的研究范畴。

1. 非线性极化率

(1)介质极化的响应函数

1)线性极化响应函数

根据因果性原理，光在介质中传播时，t 时刻所感应的线性极化强度 $\boldsymbol{P}(t)$ 不仅与 t 时刻的光电场 $\boldsymbol{E}(t)$ 有关，还与 t 时刻之前所有光电场(历史)有关，其表示式为

$$\boldsymbol{P}(t)=\varepsilon_0\int_0^{\infty}\boldsymbol{R}(\tau)\cdot\boldsymbol{E}(t-\tau)\mathrm{d}\tau \tag{4-15}$$

式中，$\boldsymbol{R}(\tau)$ 为线性极化响应函数，是二阶张量。因为光电场 $\boldsymbol{E}(t)$ 和极化强度 $\boldsymbol{P}(t)$ 都是实函数，所以线性极化响应函数 $\boldsymbol{R}(\tau)$ 必须是实函数，这就是响应函数所满足的真实性条件。

2)非线性极化响应函数

按照因果性原理，二阶非线性极化强度 $\boldsymbol{P}^{(2)}(t)$ 与光电场 $\boldsymbol{E}(t)$ 满足如下关系：

$$\boldsymbol{P}^{(2)}(t)=\varepsilon_0\iint_{-\infty}^{\infty}\boldsymbol{R}^{(2)}(\tau_1,\tau_2):\boldsymbol{E}(t-\tau_1)\boldsymbol{E}(t-\tau_2)\mathrm{d}\tau_2\mathrm{d}\tau_1 \tag{4-16}$$

式中，$\boldsymbol{R}^{(2)}(\tau_1,\tau_2)$ 为介质的二阶极化响应函数，是三阶张量。对于 r 阶非线性极化强度 $\boldsymbol{P}^{(r)}(t)$，有

$$\boldsymbol{P}^{(r)}(t)=\varepsilon_0\iint\cdots\int_{-\infty}^{\infty}\boldsymbol{R}^{(r)}(\tau_1,\tau_2,\cdots,\tau_r)\mid\boldsymbol{E}(t-\tau_1)\boldsymbol{E}(t-\tau_2)\cdots\boldsymbol{E}(t-\tau_r)\mathrm{d}\tau_r\cdots\mathrm{d}\tau_2\mathrm{d}\tau_1 \tag{4-17}$$

式中，$\boldsymbol{R}^{(r)}(\tau_1,\tau_2,\cdots,\tau_r)$ 为介质的 r 阶极化响应函数，是$(r+1)$阶张量，$\boldsymbol{R}^{(r)}(\tau_1,\tau_3,\cdots,\tau_r)$ 与 $\boldsymbol{E}(t-\tau_1)$ 之间的竖线表示 r 个点。

如果已知介质极化的响应函数，原则上可以对介质的光学性质给出完整的描述。

(2)介质极化率张量

在实际工作中，特别是对于稳态非线性光学现象的研究，通常是在频率域内进行，因此，经常采用的参量是介质极化率张量。

1)线性极化率张量

对于(4-15)式所表示的线性极化强度关系，取 $\boldsymbol{E}(t)$ 和 $\boldsymbol{P}^{(1)}(t)$ 的傅里叶变换，可得

$$\begin{aligned}\boldsymbol{P}^{(1)}(t)&=\int_{-\infty}^{\infty}\boldsymbol{P}^{(1)}(\omega)\mathrm{e}^{-\mathrm{i}\omega t}\mathrm{d}\omega=\varepsilon_0\int_{-\infty}^{\infty}\boldsymbol{R}^{(1)}(\tau)\cdot\int_{-\infty}^{\infty}\boldsymbol{E}(\omega)\mathrm{e}^{-\mathrm{i}\omega(t-\tau)}\mathrm{d}\omega\mathrm{d}\tau\\&=\varepsilon_0\int_{-\infty}^{\infty}\boldsymbol{\chi}^{(1)}(\omega)\cdot\boldsymbol{E}(\omega)\mathrm{e}^{-\mathrm{i}\omega t}\mathrm{d}\omega\end{aligned} \tag{4-18}$$

式中的积分遍及所有光电场频率成分，有

$$\boldsymbol{\chi}^{(1)}(\omega)=\int_{-\infty}^{\infty}\boldsymbol{R}(\tau)\mathrm{e}^{\mathrm{i}\omega\tau}\mathrm{d}\tau \tag{4-19}$$

称为线性极化率张量，它也可以表示为 $\boldsymbol{\chi}^{(1)}(-\omega,\omega)$，其意义是频率为 ω 的光场，通过 $\boldsymbol{\chi}^{(1)}(-\omega,\omega)$ 的作用，产生频率为 ω 的极化强度，其中负号表示产生的意思。$\boldsymbol{\chi}^{(1)}(\omega)$ 通常是频率的复函数，所表征的介质频率色散特性乃是因果性原理的直接结果。

2)非线性极化率张量

对于非线性极化强度进行类似的处理，可以得到非线性极化率张量的表示式。其中，二阶非线性极化强度和二阶非线性极化率张量表示式分别为

$$\boldsymbol{P}^{(2)}(t)=\varepsilon_0\iint_{-\infty}^{\infty}\boldsymbol{\chi}^{(2)}(\omega_1,\omega_2):\boldsymbol{E}(\omega_1)\boldsymbol{E}(\omega_2)\mathrm{e}^{-\mathrm{i}(\omega_1+\omega_2)t}\mathrm{d}\omega_2\mathrm{d}\omega_1 \tag{4-20}$$

和

$$\boldsymbol{\chi}^{(2)}(\omega_1,\omega_2)=\iint_{-\infty}^{\infty}\boldsymbol{R}^{(2)}(\tau_1,\tau_2)\mathrm{e}^{\mathrm{i}(\omega_1\tau_1+\omega_2\tau_2)}\mathrm{d}\tau_2\mathrm{d}\tau_1 \tag{4-21}$$

r 阶非线性极化强度和 r 阶非线性极化率张量表示式分别为

$$\boldsymbol{P}^{(r)}(t)=\varepsilon_0\iint\cdots\int_{-\infty}^{\infty}\boldsymbol{\chi}^{(r)}(\omega_1,\omega_2,\cdots,\omega_r)\mid\boldsymbol{E}(\omega_1)\boldsymbol{E}(\omega_2)\cdots\boldsymbol{E}(\omega_r)\mathrm{e}^{-\mathrm{i}(\omega_1+\omega_2+\cdots+\omega_r)t}\mathrm{d}\omega_r\cdots\mathrm{d}\omega_2\mathrm{d}\omega_1 \tag{4-22}$$

和

$$\boldsymbol{\chi}^{(r)}(\omega_1,\omega_2,\cdots\omega_r)=\iint\cdots\int_{-\infty}^{\infty}\boldsymbol{R}^{(r)}(\tau_1,\tau_2,\cdots,\tau_r)\mathrm{e}^{\mathrm{i}(\omega_1\tau_1+\omega_2\tau_2+\cdots+\omega_r\tau_r)}\mathrm{d}\tau_r\cdots\mathrm{d}\tau_2\mathrm{d}\tau_1 \tag{4-23}$$

如果光波场包含有 N 个不连续的频率分量，极化强度表示式中的积分应由求和代替：

$$\boldsymbol{P}^{(1)}(t)=\sum_{n_1}\varepsilon_0\boldsymbol{\chi}^{(1)}(\omega_{n_1})\cdot\boldsymbol{E}(\omega_{n_1})\mathrm{e}^{-\mathrm{i}\omega_{n_1}t} \tag{4-24}$$

$$\boldsymbol{P}^{(2)}(t)=\sum_{n_1,n_2}\varepsilon_0\boldsymbol{\chi}^{(2)}(\omega_{n_1},\omega_{n_2}):\boldsymbol{E}(\omega_{n_1})\boldsymbol{E}(\omega_{n_2})\mathrm{e}^{-\mathrm{i}(\omega_{n_1}+\omega_{n_2})t} \tag{4-25}$$

$$\vdots$$

$$\boldsymbol{P}^{(r)}(t)=\sum_{n_1,n_2,\cdots,n_r}\varepsilon_0\boldsymbol{\chi}^{(r)}(\omega_{n_1},\omega_{n_2},\cdots,\omega_{n_r})\mid\boldsymbol{E}(\omega_{n_1})\boldsymbol{E}(\omega_{n_2})\cdots\boldsymbol{E}(\omega_{n_r})\exp\left(-\mathrm{i}\sum_{l=1}^{r}\omega_{n_l}t\right) \tag{4-26}$$

式中，n_1、n_2、…、n_r 对所有的 $\pm N$ 取值。

在实际运算中，常常将上面的矢量关系表示成分量形式。例如，二阶极化强度分量的表示式为

$$P_{\mu}^{(2)}(t)=\varepsilon_0\sum_{n_1,n_2,\alpha,\beta}\chi_{\mu\alpha\beta}^{(2)}(\omega_{n_1},\omega_{n_2})E_{\alpha}(\omega_{n_1})E_{\beta}(\omega_{n_2})\mathrm{e}^{-\mathrm{i}(\omega_{n_1}+\omega_{n_2})t} \tag{4-27}$$

式中，$\chi_{\mu\alpha\beta}^{(2)}(\omega_{n_1},\omega_{n_2})$ 是二阶极化率张量分量，μ、α、β 分别可为 x、y、z。在该式中的任意一项 $\chi_{\mu\alpha\beta}^{(2)}(\omega_{n_1},\omega_{n_2})E_{\alpha}(\omega_{n_1})E_{\beta}(\omega_{n_2})\mathrm{e}^{-\mathrm{i}(\omega_{n_1}+\omega_{n_2})t}$ 表示由频率为 ω_{n_1}、振动方向为 α 的光电场分量 $E_{\alpha}(\omega_{n_1})$ 和频率为 ω_{n_2}、振动方向为 β 的光电场分量 $E_{\beta}(\omega_{n_2})$，通过二阶非线性相互作用产生在 μ 方向上振动、频率为 $(\omega_{n_1}+\omega_{n_2})$ 的二阶极化强度分量 $P_{\mu}^{(2)}(\omega_{n_1}+\omega_{n_2},t)$。$\chi_{\mu\alpha\beta}^{(2)}(\omega_{n_1},\omega_{n_2})$ 也可表示为 $\chi_{\mu\alpha\beta}^{(2)}(-(\omega_{n_1}+\omega_{n_2}),\omega_{n_1},\omega_{n_2})$。实际上，考虑到爱因斯坦求和规则，通常可以省略(4-27)式中对 α、β 的求和号，表示为

$$P_{\mu}^{(2)}(t)=\varepsilon_0\sum_{n_1,n_2}\chi_{\mu\alpha\beta}^{(2)}(\omega_{n_1},\omega_{n_2})E_{\alpha}(\omega_{n_1})E_{\beta}(\omega_{n_2})\mathrm{e}^{-\mathrm{i}(\omega_{n_1}+\omega_{n_2})t} \tag{4-28}$$

对于 r 阶非线性极化强度 $\boldsymbol{P}^{(r)}(t)$，其分量表示形式为

$$P_{\mu}^{(r)}(t)=\varepsilon_0\sum_{n_1,n_2,\cdots,n_r}\chi_{\mu\alpha_1\alpha_2\cdots\alpha_r}^{(r)}(\omega_{n_1},\omega_{n_2},\cdots,\omega_{n_r})E_{\alpha_1}(\omega_{n_1})E_{\alpha_2}(\omega_{n_2})\cdots E_{\alpha_r}(\omega_{n_r})\exp\left[-\mathrm{i}\left(\sum_{l=1}^{r}\omega_{n_l}t\right)\right] \tag{4-29}$$

3)介质极化率的单位

关于介质极化率的单位，通常都采用国际单位制(MKS/SI)。但因某些领域和许多文献中仍采用高斯单位制(cgs/esu)，为便于进行这两种单位制的变换，此处给出它们之间的关系：

在国际单位制中，$\chi^{(r)}$ 根据 $P^{(r)}=\varepsilon_0\chi^{(r)}E^r$ 定义，单位为 $\left(\frac{\mathrm{m}}{\mathrm{V}}\right)^{r-1}$；在高斯单位制中，$\chi^{(r)}$ 根据 $P^{(r)}=\chi^{(r)}E^r$ 定义，单位为 $\left(\frac{\mathrm{cm}^{1/2}}{\mathrm{g}^{1/2}}\mathrm{s}\right)^{r-1}$。在这两种单位制中，线性极化率 $\chi^{(1)}$ 都是无量纲的，其他阶非线性极化率之间的关系为

$$\frac{\chi^{(r)}(\mathrm{SI})}{\chi^{(r)}(\mathrm{esu})}=\frac{4\pi}{(3\times10^4)^{r-1}} \tag{4-30}$$

(3)准单色波的极化[8]

上面讨论了光波在介质中传播时的极化过程，强调了极化强度与光电场之间的因果性关系。由(4-18)式可以看出，只有单色波才满足瞬时关系：

$$\boldsymbol{P}^{(1)}(t)=\varepsilon_0\boldsymbol{\chi}^{(1)}(\omega)\cdot\boldsymbol{E}(\omega)\mathrm{e}^{-\mathrm{i}\omega t}+\mathrm{c.c.} \tag{4-31}$$

而在实际的非线性光学中，应用最多的是准单色波(例如，调 Q 脉冲、ps 脉冲)。对于准单色波，在一般情况下必须考虑上述因果性关系。但是可以证明，当满足绝热近似条件时，准单色波也可以近似表示成瞬时关系。显然，这对于非线性光学的实际应用非常重要。

准单色波是指表观频率为 ω_0，振幅包络随时间慢变化的光波，其光电场和极化强度表示式为

$$E(t)=\overline{E}_{\omega_0}(t)\mathrm{e}^{-\mathrm{i}\omega_0 t}+\mathrm{c.c.} \tag{4-32}$$

$$P(t)=\overline{P}_{\omega_0}(t)\mathrm{e}^{-\mathrm{i}\omega_0 t}+\mathrm{c.c.} \tag{4-33}$$

对(4-32)式两边进行傅里叶变换，可得

$$E(\omega)=\overline{E}_{\omega_0}(\omega-\omega_0)+\overline{E}^{*}_{\omega_0}(\omega+\omega_0) \tag{4-34}$$

式中的 $E(\omega)$ 和 $\overline{E}_{\omega_0}(\omega-\omega_0)$ 分别为准单色波光电场傅里叶分量和其包络傅里叶分量的复振幅。由(4-18)式和(4-33)式，可以得到线性极化强度包络与光电场包络的傅里叶分量之间的一般关系：

$$\overline{P}^{(1)}_{\omega_0}(t)=\varepsilon_0\int_{-\infty}^{\infty}\chi^{(1)}(-\omega,\omega)\overline{E}_{\omega_0}(\omega-\omega_0)\mathrm{e}^{-\mathrm{i}(\omega-\omega_0)t}\mathrm{d}\omega \tag{4-35}$$

该式表征了极化强度与光电场间的因果性关系。

假定准单色波位于介质的透明区域，在 ω_0 附近 $\chi^{(1)}(-\omega,\omega)$ 是频率的慢变化函数，可将 $\chi^{(1)}(-\omega,\omega)$ 围绕 ω_0 展开成泰勒级数，(4-35)式变为

$$\begin{aligned}\overline{P}^{(1)}_{\omega_0}(t)&=\varepsilon_0\int_{-\infty}^{\infty}\left[\chi^{(1)}(-\omega_0,\omega_0)+\left.\frac{\mathrm{d}\chi^{(1)}(-\omega,\omega)}{\mathrm{d}\omega}\right|_{\omega_0}(\omega-\omega_0)+\cdots\right]\overline{E}_{\omega_0}(\omega-\omega_0)\mathrm{e}^{-\mathrm{i}(\omega-\omega_0)t}\mathrm{d}\omega\\&=\varepsilon_0\chi^{(1)}(-\omega_0,\omega_0)\overline{E}_{\omega_0}(t)+\mathrm{i}\varepsilon_0\left.\frac{\mathrm{d}\chi^{(1)}(-\omega,\omega)}{\mathrm{d}\omega}\right|_{\omega_0}\frac{\mathrm{d}\overline{E}_{\omega_0}(t)}{\mathrm{d}t}+\cdots\\&=\varepsilon_0\,\overline{\chi^{(1)}}(\omega_0)\overline{E}_{\omega_0}(t)\end{aligned} \tag{4-36}$$

其中

$$\overline{\chi^{(1)}}(\omega_0)=\chi^{(1)}(-\omega_0,\omega_0)+\mathrm{i}\left.\frac{\mathrm{d}\chi^{(1)}(-\omega,\omega)}{\mathrm{d}\omega}\right|_{\omega_0}\frac{1}{\overline{E}_{\omega_0}(t)}\frac{\mathrm{d}\overline{E}_{\omega_0}(t)}{\mathrm{d}t}+\cdots \tag{4-37}$$

应当注意，这里的 $\overline{\chi^{(1)}}(\omega_0)$ 不是介质的极化率。由(4-36)式可见，如果能够使得

$$\overline{\chi^{(1)}}(\omega_0)=\chi^{(1)}(-\omega_0,\omega_0) \tag{4-38}$$

则 t 时刻介质所感应的极化强度只与 t 时刻的瞬时场有关，这种情况叫做绝热极限。在绝热极限下，有如下近似的瞬时关系：

$$\overline{P}^{(1)}_{\omega_0}(t)=\varepsilon_0\chi^{(1)}(-\omega_0,\omega_0)\overline{E}_{\omega_0}(t) \tag{4-39}$$

分析(4-37)式可见，如果满足条件

$$\left|\left(\frac{1}{x^{(1)}(-\omega_0,\omega_0)}\left.\frac{\mathrm{d}\chi^{(1)}(-\omega,\omega)}{\mathrm{d}\omega}\right|_{\omega_0}\right)\left(\frac{1}{\overline{E}_{\omega_0}(t)}\frac{\mathrm{d}\overline{E}_{\omega_0}(t)}{\mathrm{d}t}\right)\right|\ll 1 \tag{4-40}$$

则式中的第二项及高阶项均可以忽略。由 $\chi^{(1)}(\omega)$ 的表示式可以求得上式第一个因子为 $1/(\Delta-\mathrm{i}\Gamma)$，这里的 Δ 是频率失谐，Γ 是阻尼系数；由 $\mathrm{d}\overline{E}_{\omega_0}(t)/\mathrm{d}t$ 是光场包络函数的变化率，可将上式中第二个因子理解为脉冲长度(或脉冲上升时间)的倒数 τ_c^{-1}。这样，(4-40)式可改写为

$$|\Delta-\mathrm{i}\Gamma|\tau_c\gg 1 \tag{4-41}$$

式中，$|\Delta-i\Gamma|^{-1}$ 具有时间的量纲，表征介质对 ω_0 脉冲光的响应时间。(4-41)式就是绝热极限的条件。可见，脉冲长或介质响应时间短，易满足绝热极限条件，可以认为脉冲光电场瞬时地感应极化强度。

对于准单色波的高阶非线性极化，也可以类似地进行分析。例如，对于准单色波的三次谐波产生过程，由极化强度的一般表示式，有

$$\overline{P}^{(3)}_{3\omega_0}(t)\mathrm{e}^{-\mathrm{i}3\omega_0 t}=\varepsilon_0\iiint_{-\infty}^{\infty}\chi^{(3)}(-3\omega,\omega,\omega,\omega)\left[\overline{E}_{\omega_0}(\omega-\omega_0)\right]^3\mathrm{e}^{-\mathrm{i}3\omega t}\mathrm{d}^3\omega \tag{4-42}$$

当满足绝热极限条件(4-41)式时，可以得到三次谐波极化强度的包络函数与基波光电场包络函数间的瞬时关系：

$$\overline{P}^{(3)}_{3\omega_0}(t)=\varepsilon_0\chi^{(3)}(-3\omega_0,\omega_0,\omega_0,\omega_0)\left[\overline{E}_{\omega_0}(t)\right]^3 \tag{4-43}$$

2. 非线性极化率的量子力学描述[6]

(1)非线性极化率的一般表示式

由上面的讨论可知，为了得到非线性极化率 $\boldsymbol{\chi}$ 的表示式，首先应根据光与物质的相互作用理论得到由光电场 $\boldsymbol{E}$ 感应产生的极化强度 $\boldsymbol{P}$ 的表示式。根据量子力学理论，要得到极化强度 $\boldsymbol{P}$ 的表示式，就要得到量子

力学体系中的期望值 $\langle \hat{\boldsymbol{P}} \rangle$，就要精确地知道系统的状态 ψ，最多只能相差一个不重要的相位因子。可是在实际上很少有可能得到这些知识，至多得到系统的统计信息。在这种情况下，就应在量子统计的范围内讨论问题，引入密度算符 $\hat{\rho}$，通过求解密度算符满足的运动方程

$$\mathrm{i}\hbar \frac{\partial}{\partial t}\hat{\rho}(t) = [\hat{H},\hat{\rho}(t)] \tag{4-44}$$

进而求出下式之迹：

$$\langle \hat{\boldsymbol{P}} \rangle = \mathrm{tr}\{\hat{\rho}\hat{\boldsymbol{P}}\} \tag{4-45}$$

即可得到极化强度 $\boldsymbol{P}$ 的表示式。

1)密度算符

在密度算符运动方程(4-44)中，系统的哈密顿算符为

$$\hat{H}(t) = \hat{H}_0 + \hat{H}_1(t) \tag{4-46}$$

式中，$\hat{H}_1(t)$ 为光电场引起的微扰哈密顿算符，且

$$\hat{H}_1(t) = -\hat{\boldsymbol{R}}\cdot\boldsymbol{E} \tag{4-47}$$

$\hat{\boldsymbol{R}}$ 为系统的偶极矩算符。假如 $t\to-\infty$ 时系统处于热平衡状态，$\hat{H}_1(t)=\hat{H}_1(-\infty)=0$，则考虑到 $\hat{H}_1(t)$ 是一个微扰，可将(4-44)式的解 $\hat{\rho}(t)$ 表示成级数形式：

$$\hat{\rho}(t) = \hat{\rho}_0 + \hat{\rho}_1(t) + \hat{\rho}_2(t) + \cdots + \hat{\rho}_r(t) + \cdots \tag{4-48}$$

方程的初始条件为

$$\left.\begin{aligned} \hat{\rho}(-\infty) &= \hat{\rho}_0 \\ \hat{\rho}_r(-\infty) &= 0, \quad r = 1,2\cdots \end{aligned}\right\} \tag{4-49}$$

式中，$\hat{\rho}_0$ 是热平衡状态下系统的密度算符，$\hat{\rho}_1$ 是微扰 $\hat{H}_1(t)$ 的线性函数，$\hat{\rho}_2$ 是微扰 $\hat{H}_1(t)$ 的二次函数，$\hat{\rho}_r$ 与微扰 $\hat{H}_1(t)$ 有 r 次关系。

将(4-48)式代入方程(4-44)式，可以得到密度算符 $\hat{\rho}(t)$ 级数中各项所满足的微分方程：

$$\mathrm{i}\hbar \frac{\partial}{\partial t}\hat{\rho}_0 = [\hat{H}_0,\hat{\rho}_0] \tag{4-50}$$

$$\mathrm{i}\hbar \frac{\partial}{\partial t}\hat{\rho}_1(t) = [\hat{H}_0,\hat{\rho}_1(t)] + [\hat{H}_1(t),\hat{\rho}_0] \tag{4-51}$$

$$\mathrm{i}\hbar \frac{\partial}{\partial t}\hat{\rho}_2(t) = [\hat{H}_0,\hat{\rho}_2(t)] + [\hat{H}_1(t),\hat{\rho}_1(t)] \tag{4-52}$$

$$\vdots$$

$$\mathrm{i}\hbar \frac{\partial}{\partial t}\hat{\rho}_r(t) = [\hat{H}_0,\hat{\rho}_r(t)] + [\hat{H}_1(t),\hat{\rho}_{r-1}(t)] \tag{4-53}$$

$$\vdots$$

已知 $\hat{\rho}_0$，即可依次求解各个微分方程，得到级数中的各项。$\hat{\rho}_r(t)$的一般表示式为

$$\hat{\rho}_r(t) = (\mathrm{i}\hbar)^{-r}\hat{U}_0(t)\int_{-\infty}^{t}\int_{-\infty}^{t_1}\cdots\int_{-\infty}^{t_{r-1}}[\hat{H}_1^{\mathrm{I}}(t_1),[\hat{H}_1^{\mathrm{I}}(t_2),[\cdots,[\hat{H}_1^{\mathrm{I}}(t_r),\hat{\rho}_0]\cdots]]]\hat{U}_0(-t)\mathrm{d}t_r\cdots\mathrm{d}t_2\mathrm{d}t_1 \tag{4-54}$$

式中，$\hat{U}_0(t)=\mathrm{e}^{-\mathrm{i}\hat{H}_0 t/\hbar}$ 是未微扰与时间有关的演化算符；$\hat{H}_1^{\mathrm{I}}(t)=\hat{U}_0(-t)\hat{H}_1(t)\hat{U}_0(t)$ 是相互作用表象中的微扰哈密顿算符。

2)非线性极化强度

根据量子力学理论，介质的宏观极化强度 $\boldsymbol{P}(t)$ 是单位体积内偶极矩算符 $\hat{\boldsymbol{R}}$ 的期望值，即

$$\boldsymbol{P}(t) = \frac{1}{V}\langle\hat{\boldsymbol{R}}\rangle = \frac{1}{V}\mathrm{tr}\{\hat{\rho}\boldsymbol{R}\} \tag{4-55}$$

将密度算符级数(4-48)式代入上式,可得

$$\boldsymbol{P}(t)=\boldsymbol{P}^{(0)}+\boldsymbol{P}^{(1)}+\boldsymbol{P}^{(2)}+\cdots+\boldsymbol{P}^{(r)}+\cdots \tag{4-56}$$

式中

$$\boldsymbol{P}^{(r)}=\frac{1}{V}\mathrm{tr}\{\hat{\rho}_r(t)\hat{\boldsymbol{R}}\} \tag{4-57}$$

3)非线性极化率表示式

根据(4-57)式和(4-54)式,并利用非线性极化率的定义式:

$$P_{\mu}^{(r)}(t)=\varepsilon_0\iint\cdots\int_{-\infty}^{\infty}\chi^{(r)}_{\mu\alpha_1\alpha_2\cdots\alpha_r}(\omega_1,\omega_2,\cdots,\omega_r)E_{\alpha_1}(\omega_1)E_{\alpha_2}(\omega_2)\cdots E_{\alpha_r}(\omega_r)\exp\left(-\mathrm{i}\sum_{m=1}^{r}\omega_m t\right)\mathrm{d}\omega_r\cdots\mathrm{d}\omega_2\mathrm{d}\omega_1 \tag{4-58}$$

可以求出非线性极化率张量元素 $\chi^{(r)}_{\mu\alpha_1\alpha_2\cdots\alpha_r}(\omega_1,\omega_2,\cdots,\omega_r)$ 的一般表示式为

$$\begin{aligned}\chi^{(r)}_{\mu\alpha_1\alpha_2\cdots\alpha_r}(\omega_1,\omega_2,\cdots,\omega_r)=&\frac{1}{\varepsilon_0}V^{-1}(-\mathrm{i}\hbar)^{-r}\frac{\hat{S}}{r!}\int_{-\infty}^{0}\int_{-\infty}^{t_1}\cdots\int_{-\infty}^{t_{r-1}}\mathrm{tr}\Big\{\hat{\rho}_0[\cdots[[\hat{R}_{\mu},\hat{R}^{\mathrm{I}}_{\alpha_1}(t_1)],\\&\hat{R}^{I}_{\alpha_2}(t_2)],\cdots\hat{R}^{\mathrm{I}}_{\alpha_r}(t_r)]\Big\}\exp\left(-\mathrm{i}\sum_{m=1}^{r}\omega_m t_m\right)\mathrm{d}t_r\cdots\mathrm{d}t_2\mathrm{d}t_1\end{aligned} \tag{4-59}$$

式中,$\hat{S}$ 是为使极化率张量满足本征对易对称性而引入的对称化算符,它表示在(4-59)式中,对配对 (ω_1,α_1)、(ω_2,α_2)、…、(ω_r,α_r) 所有可能的 $r!$ 种对易结果求和。

(2)几类介质的非线性极化率

1)近独立全同粒子体系的非线性极化率

近独立全同粒子体系是指各个粒子取向相同、不可区分、独立。这种体系对任何实际的介质来说都是一种十分好的模型,其概念简单,易于理解。

A. 极化率张量表示式

在(4-59)式中,所有算符都是与介质小体积 V 内整个粒子系统相联系着的。如果系统是由 M 个近独立分子集合而成,就可将系统的算符用单分子算符表示,将(4-59)式被积函数中的迹用单个分子迹表示,可以求解得到相应于单个分子算符的极化率张量表示式。

线性极化率张量元素的表示式为

$$\chi^{(1)}_{\mu\alpha}(\omega)=\frac{n}{\varepsilon_0\hbar}\sum_{a,b}\rho^0_{aa}\left[\frac{R^{\mu}_{ab}R^{\alpha}_{ba}}{\omega_{ba}-\omega}+\frac{R^{\alpha}_{ab}R^{\mu}_{ba}}{\omega_{ba}+\omega}\right] \tag{4-60}$$

二阶极化率张量元素的表示式为

$$\begin{aligned}\chi^{(2)}_{\mu\alpha\beta}(\omega_1,\omega_2)=\frac{\hat{S}}{2}\frac{n}{\varepsilon_0\hbar^2}\sum_{a,b,c}\rho^0_{aa}\Big\{&\frac{R^{\mu}_{ab}R^{\alpha}_{bc}R^{\beta}_{ca}}{(\omega_{ba}-\omega_1-\omega_2)(\omega_{ca}-\omega_2)}+\\&\frac{R^{\alpha}_{ab}R^{\mu}_{bc}R^{\beta}_{ca}}{(\omega_{ba}+\omega_1)(\omega_{ca}-\omega_2)}+\frac{R^{\alpha}_{ab}R^{\beta}_{bc}R^{\mu}_{ca}}{(\omega_{ba}+\omega_1)(\omega_{ca}+\omega_1+\omega_2)}\Big\}\end{aligned} \tag{4-61}$$

三阶极化率张量元素的表示式为

$$\begin{aligned}\chi^{(3)}_{\mu\alpha\beta\gamma}(\omega_1,\omega_2,\omega_3)=\frac{\hat{S}}{3!}\frac{n}{\varepsilon_0\hbar^3}\sum_{a,b,c,d}\rho^0_{aa}\Big\{&\frac{R^{\mu}_{ab}R^{\alpha}_{bc}R^{\beta}_{cd}R^{\gamma}_{da}}{(\omega_{ba}-\omega_1-\omega_2-\omega_3)(\omega_{ca}-\omega_2-\omega_3)(\omega_{da}-\omega_3)}+\\&\frac{R^{\alpha}_{ab}R^{\mu}_{bc}R^{\beta}_{cd}R^{\gamma}_{da}}{(\omega_{ba}+\omega_1)(\omega_{ca}-\omega_2-\omega_3)(\omega_{da}-\omega_3)}+\frac{R^{\alpha}_{ab}R^{\beta}_{bc}R^{\mu}_{cd}R^{\gamma}_{da}}{(\omega_{ba}+\omega_1)(\omega_{ca}+\omega_1+\omega_2)(\omega_{da}-\omega_3)}+\\&\frac{R^{\alpha}_{ab}R^{\beta}_{bc}R^{\gamma}_{cd}R^{\mu}_{da}}{(\omega_{ba}+\omega_1)(\omega_{ca}+\omega_1+\omega_2)(\omega_{da}+\omega_1+\omega_2+\omega_3)}\Big\}\end{aligned} \tag{4-62}$$

r 阶极化率张量元素表示式为

$$\begin{aligned}\chi^{(r)}_{\mu\alpha_1\alpha_2\cdots\alpha_r}(\omega_1,\omega_2,\cdots,\omega_r)=&\frac{\hat{S}}{r!}\frac{n}{\varepsilon_0\hbar^r}\sum_{a,b_1,b_2,\cdots,b_r}\rho^0_{aa}\times\\&\Big\{\frac{R^{\mu}_{ab_1}R^{\alpha_1}_{b_1b_2}R^{\alpha_2}_{b_2b_3}\cdots R^{\alpha_r}_{b_ra}}{(\omega_{b_1a}-\omega_1-\omega_2\cdots-\omega_r)(\omega_{b_2a}-\omega_2-\cdots-\omega_r)\cdots(\omega_{b_ra}-\omega_r)}+\end{aligned}$$

$$\frac{R^{\alpha_1}_{ab_1}R^{\mu}_{b_1b_2}R^{\alpha_2}_{b_2b_3}\cdots R^{\alpha_r}_{b_ra}}{(\omega_{b_1a}+\omega_1)(\omega_{b_2a}-\omega_2\cdots-\omega_r)\cdots(\omega_{b_ra}-\omega_r)}+\cdots+$$

$$\left.\frac{R^{\alpha_1}_{ab_1}R^{\alpha_2}_{b_1b_2}R^{\alpha_3}_{b_2b_3}\cdots R^{\mu}_{b_ra}}{(\omega_{b_1a}+\omega_1)(\omega_{b_2a}+\omega_1+\omega_2)(\omega_{b_3a}+\omega_1+\omega_2+\omega_3)\cdots(\omega_{b_ra}+\omega_1+\cdots+\omega_r)}\right\}$$

(4-63)

式中，$n=\dfrac{M}{V}$ 是分子数密度；ρ^0_{aa} 是热平衡状态下密度算符 $\hat{\rho}_0$ 的第 aa 个矩阵对角元素；R^{α}_{ab} 是电偶极矩 α 分量算符 $\hat{R}_{\alpha}$ 的第 ab 个矩阵元素，ω_{ba} 是两个能态 a 和 b 之间的共振频率，ω 在复数频率平面的上半平面内取值。

B. 极化率张量的性质

a)极化率张量的真实性

前面的讨论已经指出，时域内的电场强度、极化强度和相应的响应函数都是实数。对于频域中定义的极化率张量，必须满足关系：

$$[\boldsymbol{\chi}^{(r)}(\omega_1,\omega_2,\cdots,\omega_r)]^*=\boldsymbol{\chi}^{(r)}(-\omega_1^*,-\omega_2^*,\cdots,-\omega_r^*) \tag{4-64}$$

这就是极化率张量的真实性条件。

b)极化率张量的本征对易对称性

极化率张量具有一种固有的对称性质——本征对易对称性。例如，二阶非线性极化率张量表示式与相互作用光电场的次序无关，满足对称性关系 $\chi^{(2)}_{\mu\alpha\beta}(\omega_1,\omega_2)=\chi^{(2)}_{\mu\beta\alpha}(\omega_2,\omega_1)$。这种对称性源于二阶非线性极化强度产生的物理过程，其频率为 ω_1 和 ω_2 的两个光电场产生频率为 $\omega_1+\omega_2$ 的极化强度时，两个光电场的作用完全等同，与光电场的次序无关。

对于 r 阶非线性极化率张量 $\boldsymbol{\chi}^{(r)}$ 而言，其张量元素 $\chi^{(r)}_{\mu\alpha_1\alpha_2\cdots\alpha_r}(\omega_1,\omega_2,\cdots,\omega_r)$ 在其中的配对 (ω_1,α_1)、(ω_2,α_2)、…、(ω_r,α_r) 任意对易的情况下保持不变，满足 $\chi^{(3)}_{\mu\alpha_1\alpha_2\cdots\alpha_r}(\omega_1,\omega_2,\cdots,\omega_r)=\chi^{(3)}_{\mu\alpha_2\alpha_1\cdots\alpha_r}(\omega_2,\omega_1,\cdots,\omega_r)=\chi^{(3)}_{\mu\alpha_r\alpha_1\alpha_1\cdots}(\omega_r,\omega_1,\omega_2,\cdots)$ 等 $r!$ 种对易等式关系。

特别要指出的是，正是由于极化率张量的本征对易对称性，对于(4-29)式定义的 r 阶非线性极化强度，如果在相互作用的 r 个光场中有 m 个频率相同，则相应于每一个极化强度频率分量的复振幅为

$$P^{(r)}_{\mu}(\omega=\omega_{n_1}+\omega_{n_2}+\cdots+\omega_{n_r})=D\varepsilon_0\chi^{(r)}_{\mu\alpha_1\alpha_2\cdots\alpha_r}(\omega_{n_1},\omega_{n_2},\cdots,\omega_{n_r})E_{\alpha_1}(\omega_{n_1})E_{\alpha_2}(\omega_{n_2})\cdots E_{\alpha_r}(\omega_{n_r}) \tag{4-65}$$

式中，系数 D 称为简并因子，且有

$$D=\frac{r!}{m!} \tag{4-66}$$

有的文献中，电场强度和极化强度采用如下形式表示：

$$\boldsymbol{E}(\boldsymbol{r},t)=\sum_n\frac{1}{2}\boldsymbol{E}(\omega_n)\mathrm{e}^{-\mathrm{i}\omega_nt}+\mathrm{c.\,c.} \tag{4-67}$$

$$\boldsymbol{P}(\boldsymbol{r},t)=\sum_n\frac{1}{2}\boldsymbol{P}(\omega_n)\mathrm{e}^{-\mathrm{i}\omega_nt}+\mathrm{c.\,c.} \tag{4-68}$$

此时，(4-65)式中的简并因子变为

$$D=2^{1-r}\left(\frac{r!}{m!}\right) \tag{4-69}$$

c)极化率张量的完全对易对称性

由线性极化率张量元素表示式(4-60)式可见，如果令 $\omega_\sigma=-\omega$，并将 ω_σ 写在极化率张量元素符号宗量中的最前边，则交换配对 (ω_σ,μ) 和 (ω,α)，结果不变，有

$$\chi^{(1)}_{\mu\alpha}(\omega_\sigma,\omega)=\chi^{(1)}_{\alpha\mu}(\omega,\omega_\sigma) \tag{4-70}$$

这就是线性极化率张量的完全对易对称性。因此，可将线性极化率张量元素简化为如下形式：

$$\chi^{(1)}_{\mu\alpha}(\omega_\sigma,\omega)=\frac{n}{\varepsilon_0\hbar}\hat{S}_{\mathrm{T}}\sum_{a,b}\rho^0_{aa}\left(\frac{R^{\mu}_{ab}R^{\alpha}_{ba}}{\omega_{ba}-\omega}\right) \tag{4-71}$$

式中，符号 $\hat{S}_{\mathrm{T}}$ 是完全对称化算符，它表示对式中配对 (ω_σ,μ) 和 (ω,α) 进行所有可能的对易结果求和。

同样,由二阶极化率张量元素的表示式(4-61)可见,若在极化率张量元素符号的宗量中引入 $\omega_\sigma = -(\omega_1+\omega_2)$,并将配对 (ω_σ,μ)、(ω_1,α) 和 (ω_2,β) 任意交换,$\chi^{(2)}_{\mu\alpha\beta}(\omega_\sigma,\omega_1,\omega_2)$ 保持不变,这就是二阶极化率张量的完全对易对称性。因此,可将(4-61)式写成更加简单的形式:

$$\chi^{(2)}_{\mu\alpha\beta}(\omega_\sigma,\omega_1,\omega_2) = \frac{n}{2!\varepsilon_0\hbar^2}\hat{S}_T\sum_{a,b,c}\rho^0_{aa}\frac{R^\mu_{ab}R^\alpha_{bc}R^\beta_{ca}}{(\omega_{ba}-\omega_1-\omega_2)(\omega_{ca}-\omega_2)} \tag{4-72}$$

式中,$\hat{S}_T$ 是完全对称化算符,它表示对上式在 (ω_σ,μ)、(ω_1,α) 和 (ω_2,β) 所有可能的 2! 种对易结果求和。

推广到 r 阶极化率张量,(4-63)式可表示为

$$\chi^{(r)}_{\mu\alpha_1\alpha_2\cdots\alpha_r}(\omega_\sigma,\omega_1,\omega_2,\cdots,\omega_r) = \frac{n}{r!\varepsilon_0\hbar^r}\hat{S}_T\sum_{a,b_1,b_2,\cdots,b_r}\rho^0_{aa}D\frac{R^\mu_{ab_1}R^{\alpha_1}_{b_1b_2}R^{\alpha_2}_{b_2b_3}\cdots R^{\alpha_r}_{b_ra}}{(a_1,b_1,\cdots,b_r;\omega_1,\cdots,\omega_r)} \tag{4-73}$$

其中

$$D(a,b_1,\cdots,b_r;\omega_1,\cdots,\omega_r) = (\omega_{b_1a}-\omega_1-\omega_2\cdots-\omega_r)(\omega_{b_2a}-\omega_2\cdots-\omega_r)\cdots(\omega_{b_ra}-\omega_r)$$

$\hat{S}_T$ 是完全对称化算符,表示对式中配对 (ω_σ,μ)、(ω_1,α)、$(\omega_2,\beta)\cdots$ 和 (ω_3,γ) 进行所有可能的 $(r+1)!$ 种对易结果求和。

考虑到极化率张量的完全对易对称性,不同的物理过程可以有相同的极化率。例如,在非线性介质中发生的光整流效应和电光效应分别由 $\chi^{(2)}_{\mu\alpha\beta}(0,-\omega,\omega)$ 和 $\chi^{(2)}_{\alpha\mu\beta}(-\omega,0,\omega)$ 描述,如果存在极化率张量的完全对易对称性,就有 $\chi^{(2)}_{\mu\alpha\beta}(0,-\omega,\omega) = \chi^{(2)}_{\alpha\mu\beta}(-\omega,0,\omega)$,这两个不同的物理过程由相同的参量表征。

d)克莱曼(Kleinman)对称性[9]

如果非线性极化起源于电子,而晶体对所讨论的非线性过程中的所有光频率都是透明的,介质无损耗,折射率的色散现象可以忽略不计,则二阶非线性极化率张量元素 $\chi^{(2)}_{\mu\alpha\beta}(-(\omega_1+\omega_2),\omega_1,\omega_2)$ 在所有指标 μ、α 和 β 对易下不变,与频率无关。

e)极化率张量的时间反演对称性

由量子力学知,时间反演运算对于一个无自旋的粒子系统,在薛定谔表象中等效于对算符进行复数共轭运算。极化率张量的时间反演对称性实际上是哈密顿在时间反演下不变所引起的一种对称性。

考察 r 阶极化率张量元素(4-73)式中的各个因子可以发现:电偶极矩算符的矩阵元和热平衡状态下密度算符的矩阵元 ρ^0_{aa} 都是实数,分母中的跃迁频率 ω_{ab} 等也都是实数,因此,对(4-73)式进行复数共轭运算,其结果仅仅是用 ω_1^*、ω_2^*、$\cdots$、ω_r^* 代替 ω_1、ω_2、$\cdots$、ω_r,即

$$[\chi^{(r)}_{\mu\alpha_1\alpha_2\cdots\alpha_r}(\omega_1,\omega_2,\cdots,\omega_r)]^* = \chi^{(r)}_{\mu\alpha_1\alpha_2\cdots\alpha_r}(\omega_1^*,\omega_2^*,\cdots\omega_r^*) \tag{4-74}$$

考虑到极化率张量的真实性条件(4-64)式,便有

$$\chi^{(r)}_{\mu\alpha_1\alpha_2\cdots\alpha_r}(\omega_1^*,\omega_2^*,\cdots,\omega_r^*) = \chi^{(r)}_{\mu\alpha_1\alpha_2\cdots\alpha_r}(-\omega_1^*,-\omega_2^*,\cdots,-\omega_r^*) \tag{4-75}$$

也即有

$$\chi^{(r)}_{\mu\alpha_1\alpha_2\cdots\alpha_r}(\omega_1,\omega_2,\cdots,\omega_r) = \chi^{(r)}_{\mu\alpha_1\alpha_2\cdots\alpha_r}(-\omega_1,-\omega_2,\cdots-\omega_r) \tag{4-76}$$

这表示,当所有频率 ω_1、ω_2、$\cdots$、ω_r 都变为负值时,$\boldsymbol{\chi}^{(r)}$ 不变,这种对称性称为极化率张量的时间反演对称性。

由极化率张量具有时间反演对称性,可以得到一个很重要的结论:线性极化率张量是一个对称张量,即有

$$\chi^{(1)}_{\mu\alpha}(\omega) = \chi^{(1)}_{\alpha\mu}(\omega) \tag{4-77}$$

f)极化率张量的空间对称性

在三维空间中,由于非线性介质结构具有空间对称性,必将对极化率张量产生约束,导致极化率张量的非 0 元素大大减少,非 0 元素中,有的相等,有的相差一个负号,这就是极化率张量的空间对称性。例如,$\boldsymbol{\chi}^{(1)}$ 的非 0 元素少于 9 个,$\boldsymbol{\chi}^{(2)}$ 的非 0 元素少于 27 个,$\boldsymbol{\chi}^{(3)}$ 的非 0 元素少于 81 个,其独立元素数目可能更少。非 0 元素、独立元素数目的多少与晶体的对称类型有关,对称性愈高,非 0 元素、独立元素数目越少。特别应当指出的是,具有对称中心的晶体没有偶数阶极化率张量。

表 4-2 给出了七大晶系和各向同性介质的电极化率张量的结构形式,说明了介质极化率张量的空间对称性。

表 4-2　七大晶系和各向同性介质的电极化率张量

说明：以下表中的每个张量元素仅用它在直角坐标系中的脚标表示，坐标轴 x、y、z，按结晶轴取向。

表Ⅰ　线性极化率张量的矩阵式，张量元素为 $\chi^{(1)}_{\mu\alpha}$。

（括号中的数字代表独立的非 0 张量元素个数）

三斜
$$\begin{bmatrix} xx & xy & zx \\ xy & yy & yz \\ zx & yz & zz \end{bmatrix} \quad (6)$$

单斜
$$\begin{bmatrix} xx & 0 & zx \\ 0 & yy & 0 \\ zx & 0 & zz \end{bmatrix} \quad (4)$$

正交
$$\begin{bmatrix} xx & 0 & 0 \\ 0 & yy & 0 \\ 0 & 0 & zz \end{bmatrix} \quad (3)$$

四角，三角，六角
$$\begin{bmatrix} xx & 0 & 0 \\ 0 & xx & 0 \\ 0 & 0 & zz \end{bmatrix} \quad (2)$$

立方，各向同性
$$\begin{bmatrix} xx & 0 & 0 \\ 0 & xx & 0 \\ 0 & 0 & xx \end{bmatrix} \quad (1)$$

表Ⅱ　二阶非线性极化率张量的矩阵式，张量元素为 $\chi^{(2)}_{\mu\alpha\beta}$

（共有 21 种非中心对称的晶类具有非 0 的二阶非线性极化率张量。张量元素顶上的一横表示负值。右边括号中的数字是独立的非 0 张量元素的个数）

三斜　点群 1
$$\begin{bmatrix} xxx & xyy & xzz & xyz & xzy & xzx & xxz & xxy & xyx \\ yxx & yyy & yzz & yyz & yzy & yzx & yxz & yxy & yyx \\ zxx & zyy & zzz & zyz & zzy & zzx & zxz & zxy & zyx \end{bmatrix} \quad (27)$$

单斜　点群 2
$$\begin{bmatrix} 0 & 0 & 0 & xyz & xzy & 0 & 0 & xxy & xyx \\ yxx & yyy & yzz & 0 & 0 & yzx & yxz & 0 & 0 \\ 0 & 0 & 0 & zyz & zzy & 0 & 0 & zxy & zyx \end{bmatrix} \quad (13)$$

点群 m
$$\begin{bmatrix} xxx & xyy & xzz & 0 & 0 & xzx & xxz & 0 & 0 \\ 0 & 0 & 0 & yyz & yzy & 0 & 0 & yxy & yyx \\ zxx & zyy & zzz & 0 & 0 & zzx & zxz & 0 & 0 \end{bmatrix} \quad (14)$$

正交　点群 222
$$\begin{bmatrix} 0 & 0 & 0 & xyz & xzy & 0 & 0 & 0 & 0 \\ 0 & 0 & 0 & 0 & 0 & yzx & yxz & 0 & 0 \\ 0 & 0 & 0 & 0 & 0 & 0 & 0 & zxy & zyx \end{bmatrix} \quad (6)$$

点群 $mm2$
$$\begin{bmatrix} 0 & 0 & 0 & 0 & 0 & xzx & xxz & 0 & 0 \\ 0 & 0 & 0 & yyz & yzy & 0 & 0 & 0 & 0 \\ zxx & zyy & zzz & 0 & 0 & 0 & 0 & 0 & 0 \end{bmatrix} \quad (7)$$

四角　点群 4
$$\begin{bmatrix} 0 & 0 & 0 & xyz & xzy & xzx & xxz & 0 & 0 \\ 0 & 0 & 0 & xxz & xzx & \overline{xzy} & \overline{xyz} & 0 & 0 \\ zxx & zxx & zzz & 0 & 0 & 0 & 0 & zxy & \overline{zxy} \end{bmatrix} \quad (7)$$

点群 $\overline{4}$
$$\begin{bmatrix} 0 & 0 & 0 & xyz & xzy & xzx & xxz & 0 & 0 \\ 0 & 0 & 0 & \overline{xxz} & \overline{xzx} & xzy & xyz & 0 & 0 \\ zxx & \overline{zxx} & 0 & 0 & 0 & 0 & 0 & zxy & zxy \end{bmatrix} \quad (6)$$

点群 422
$$\begin{bmatrix} 0 & 0 & 0 & xyz & xzy & 0 & 0 & 0 & 0 \\ 0 & 0 & 0 & 0 & 0 & \overline{xzy} & \overline{xyz} & 0 & 0 \\ 0 & 0 & 0 & 0 & 0 & 0 & 0 & zxy & \overline{zxy} \end{bmatrix} \quad (3)$$

续表

	点群 4 *mm*	$\begin{bmatrix} 0 & 0 & 0 & 0 & 0 & xzx & xxz & 0 & 0 \\ 0 & 0 & 0 & xxz & xzx & 0 & 0 & 0 & 0 \\ zxx & zxx & zzz & 0 & 0 & 0 & 0 & 0 & 0 \end{bmatrix}$	(4)
	点群 $\overline{4}2m$	$\begin{bmatrix} 0 & 0 & 0 & xyz & xzy & 0 & 0 & 0 & 0 \\ 0 & 0 & 0 & 0 & 0 & xzy & xyz & 0 & 0 \\ 0 & 0 & 0 & 0 & 0 & 0 & 0 & zxy & zxy \end{bmatrix}$	(3)
立方	点群 432	$\begin{bmatrix} 0 & 0 & 0 & xyz & \overline{xyz} & 0 & 0 & 0 & 0 \\ 0 & 0 & 0 & 0 & 0 & xyz & \overline{xyz} & 0 & 0 \\ 0 & 0 & 0 & 0 & 0 & 0 & 0 & xyz & \overline{xyz} \end{bmatrix}$	(1)
	点群 $\overline{4}3m$	$\begin{bmatrix} 0 & 0 & 0 & xyz & xyz & 0 & 0 & 0 & 0 \\ 0 & 0 & 0 & 0 & 0 & xyz & xyz & 0 & 0 \\ 0 & 0 & 0 & 0 & 0 & 0 & 0 & xyz & xyz \end{bmatrix}$	(1)
	点群 23	$\begin{bmatrix} 0 & 0 & 0 & xyz & xzy & 0 & 0 & 0 & 0 \\ 0 & 0 & 0 & 0 & 0 & xyz & xzy & 0 & 0 \\ 0 & 0 & 0 & 0 & 0 & 0 & 0 & xyz & xzy \end{bmatrix}$	(2)
三角	点群 3	$\begin{bmatrix} xxx & \overline{xxx} & 0 & xyz & xzy & xzx & xxz & \overline{yyy} & \overline{yyy} \\ \overline{yyy} & yyy & 0 & xxz & xzx & \overline{xzy} & \overline{xyz} & \overline{xxx} & \overline{xxx} \\ zxx & zxx & zzz & 0 & 0 & 0 & 0 & zxy & \overline{zxy} \end{bmatrix}$	(9)
	点群 32	$\begin{bmatrix} xxx & \overline{xxx} & 0 & xyz & xzy & 0 & 0 & 0 & 0 \\ 0 & 0 & 0 & 0 & 0 & \overline{xzy} & \overline{xyz} & \overline{xxx} & \overline{xxx} \\ 0 & 0 & 0 & 0 & 0 & 0 & 0 & zxy & \overline{zxy} \end{bmatrix}$	(4)
	点群 3 *m*	$\begin{bmatrix} 0 & 0 & 0 & 0 & 0 & xzx & xxz & \overline{yyy} & \overline{yyy} \\ \overline{yyy} & yyy & 0 & xxz & xzx & 0 & 0 & 0 & 0 \\ zxx & zxx & zzz & 0 & 0 & 0 & 0 & 0 & 0 \end{bmatrix}$	(5)
六角	点群 6	$\begin{bmatrix} 0 & 0 & 0 & xyz & xzy & xzx & xxz & 0 & 0 \\ 0 & 0 & 0 & xxz & xzx & \overline{xzy} & \overline{xyz} & 0 & 0 \\ zxx & zxx & zzz & 0 & 0 & 0 & 0 & zxy & \overline{zxy} \end{bmatrix}$	(7)
	点群 $\overline{6}$	$\begin{bmatrix} xxx & \overline{xxx} & 0 & 0 & 0 & 0 & 0 & \overline{yyy} & \overline{yyy} \\ \overline{yyy} & yyy & 0 & 0 & 0 & 0 & 0 & \overline{xxx} & \overline{xxx} \\ 0 & 0 & 0 & 0 & 0 & 0 & 0 & 0 & 0 \end{bmatrix}$	(2)
	点群 622	$\begin{bmatrix} 0 & 0 & 0 & xyz & xzy & 0 & 0 & 0 & 0 \\ 0 & 0 & 0 & 0 & 0 & \overline{xzy} & \overline{xyz} & 0 & 0 \\ 0 & 0 & 0 & 0 & 0 & 0 & 0 & zxy & \overline{zxy} \end{bmatrix}$	(3)
	点群 6 *mm*	$\begin{bmatrix} 0 & 0 & 0 & 0 & 0 & xzx & xxz & 0 & 0 \\ 0 & 0 & 0 & xxz & xzx & 0 & 0 & 0 & 0 \\ zxx & zxx & zzz & 0 & 0 & 0 & 0 & 0 & 0 \end{bmatrix}$	(4)
	点群 $\overline{6}m2$	$\begin{bmatrix} 0 & 0 & 0 & 0 & 0 & 0 & 0 & \overline{yyy} & \overline{yyy} \\ \overline{yyy} & yyy & 0 & 0 & 0 & 0 & 0 & 0 & 0 \\ 0 & 0 & 0 & 0 & 0 & 0 & 0 & 0 & 0 \end{bmatrix}$	(1)

续表

表Ⅲ　所有 32 种晶类和各向同性介质的三阶非线性极化率张量元素 $\chi^{(3)}_{\mu\alpha\beta\gamma}$

三斜	点群 1 和 $\bar{1}$	二者都有 81 个独立的非 0 张量元素。
单斜	点群 2，m 和 $2/m$	都有 41 个独立的非 0 张量元素，它们的组成如下： 3 个脚标全同的张量元素； 18 个脚标成双相同的张量元素； 12 个脚标中有 2 个 y，一个 x 和一个 z 的张量元素； 4 个脚标中有 3 个 x 和 1 个 z 的张量元素； 4 个脚标中有 3 个 z 和 1 个 x 的张量元素。
正交	点群 222，$mm2$ 和 mmm	都有 21 个独立的非 0 张量元素，它们的组成如下： 3 个脚标全同的张量元素； 18 个脚标成双相同的张量元素。
四角	点群 4，$\bar{4}$ 和 $4/m$	都有 41 个非 0 张量元素，其中只有 21 个是独立的。这些元素是 $xxxx = yyyy \quad zzzz$ $zzxx = zzyy \quad xyzz = \overline{yxzz} \quad xxyy = yyxx \quad xxxy = \overline{yyyx}$ $xxzz = yyzz \quad zzxy = \overline{zzyx} \quad xyxy = yxyx \quad xxyx = \overline{yyxy}$ $zxzx = zyzy \quad xzyz = \overline{yzxz} \quad xyyx = yxxy \quad xyxx = \overline{yxyy}$ $xzxz = yzyz \quad zxzy = \overline{zyzx} \quad yxxx = \overline{xyyy}$ $zxxz = zyyz \quad zxyz = \overline{zyxz}$ $xzzx = yzzy \quad xzzy = \overline{yzzx}$
	点群 422，$4mm$，$4/mmm$ 和 $\bar{4}2m$	都有 21 个非 0 张量元素，其中 11 个是独立的。这些元素是 $xxxx = yyyy \quad zzzz$ $yyzz = zzyy \quad yzzy = zyyz \quad xyxy = yxyx$ $zzxx = xxzz \quad zxxz = xzzx \quad zxzx = xzxz$ $xxyy = yyxx \quad xyyx = yxxy \quad yzyz = zyzy$
立方	点群 23 和 $m3$	都有 21 个非 0 张量元素，其中 7 个是独立的。这些元素是 $xxxx = yyyy = zzzz$ $yyzz = zzxx = xxyy$ $zzyy = xxzz = yyxx$ $yzyz = zxzx = xyxy$ $zyzy = xzxz = yxyx$ $yzzy = zxxz = xyyz$ $zyyz = xzzx = yxxy$
	点群 432，$\bar{4}3m$ 和 $m3m$	都有 21 个非 0 张量元素，其中 4 个是独立的。这些元素是 $xxxx = yyyy = zzzz$ $yyzz = zzyy = zzxx = xxzz = xxyy = yyxx$ $yzyz = zyzy = zxzx = xzxz = xyxy = yxyx$ $yzzy = zyyz = zxxz = xzzx = xyyx = yxxy$
三角	点群 3 和 $\bar{3}$	都有 73 个非 0 张量元素，其中 27 个是独立的。这些元素是

续表

		$zzzz$ $xxxx = yyyy = xxyy + xyyx + xyxy\begin{cases} xxyy = yyxx \\ xyyx = yxxy \\ xyxy = yxyx \end{cases}$ $yyzz = xxzz \qquad xyzz = \overline{yxzz}$ $zzyy = zzxx \qquad zzxy = \overline{zzyx}$ $zyyz = zxxz \qquad zxyz = \overline{zyxz}$ $yzzy = xzzx \qquad xzzy = \overline{yzzx}$ $yzyz = xzxz \qquad xzyz = \overline{yzxz}$ $zyzy = zxzx \qquad zxzy = \overline{zyzx}$ $xxxy = \overline{yyyx} = yyxy + yxyy + xyyy\begin{cases} yyxy = \overline{xxyx} \\ yxyy = \overline{xyxx} \\ xyyy = \overline{yxxx} \end{cases}$ $yyyz = \overline{yxxz} = \overline{xyxz} = \overline{xxyz}$ $yyzy = \overline{yxzx} = \overline{xyzx} = \overline{xxzy}$ $yzyy = \overline{yzxx} = \overline{xzyx} = \overline{xzxy}$ $zyyy = \overline{zyxx} = \overline{zxyx} = \overline{zxxy}$ $xxxz = \overline{xyyz} = \overline{yxyz} = \overline{yyxz}$ $xxzx = \overline{xyzy} = \overline{yxzy} = \overline{yyzx}$ $xzxx = \overline{yzxy} = \overline{yzyx} = \overline{xzyy}$ $zxxx = \overline{zxyy} = \overline{zyxy} = \overline{zyyx}$
	点群 $3m$,$\overline{3}m$ 和 32	都有 73 个非 0 张量元素,其中 14 个是独立的。这些元素是 $zzzz$ $xxxx = yyyy = xxyy + xyyx + xyxy\begin{cases} xxyy = yyxx \\ xyyx = yxxy \\ xyxy = yxyx \end{cases}$ $yyzz = xxzz \qquad xxxz = \overline{xyyz} = \overline{yxyz} = \overline{yyxz}$ $zzyy = zzxx \qquad xxzx = \overline{xyzy} = \overline{yxzy} = \overline{yyzx}$ $zyyz = zxxz \qquad xzxx = \overline{xzyy} = \overline{yzxy} = \overline{yzyx}$ $yzzy = xzzx \qquad zxxx = \overline{zxyy} = \overline{zyxy} = \overline{zyyx}$ $yzyz = xzxz$ $zyzy = zxzx$
六角	点群 6,$\overline{6}$ 和 $6/m$	都有 41 个非 0 张量元素,其中 19 个是独立的。这些元素是 $zzzz$ $xxxx = yyyy = xxyy + xyyx + xyxy\begin{cases} xxyy = yyxx \\ xyyx = yxxy \\ xyxy = yxyx \end{cases}$

续表

	$yyzz = xxzz \quad xyzz = \overline{yxzz}$ $zzyy = zzxx \quad zzxy = \overline{zzyx}$ $zyyz = zxxz \quad zxyz = \overline{zyxz}$ $yzzy = xzzx \quad xzzy = \overline{yzzx}$ $yzyz = xzxz \quad xzyz = \overline{yzxz}$ $zyzy = zxzx \quad zxzy = \overline{zyxx}$ $xxxy = \overline{yyyx} = yyxy + yxyy + xyyy \begin{cases} yyxy = \overline{xxyx} \\ yxyy = \overline{xyxx} \\ xyyy = \overline{yxxx} \end{cases}$
点群 622,6*mm*, 6/*mmm* 和 $\bar{6}m2$	都有 21 个非 0 张量元素,其中 10 个是独立的。这些元素是 $zzzz$ $xxxx = yyyy = xxyy + xyyx + xyxy \begin{cases} xxyy = yyxx \\ xyyx = yxxy \\ xyxy = yxyx \end{cases}$ $yyzz = xxzz$ $zzyy = zzxx$ $zyyz = zxxz$ $yzzy = xzzx$ $yzyz = xzxz$ $zyzy = zxzx$
各向同性介质	共有 21 个非 0 张量元素,其中只有 3 个是独立的。这些元素是 $xxxx = yyyy = zzzz$ $yyzz = zzyy = zzxx = xxzz = xxyy = yyxx$ $yzyz = zyzy = zxzx = xzxz = xyxy = yxyx$ $yzzy = zyyz = zxxz = xzzx = xyyx = yxxy$ $xxxx = xxyy + xyxy + xyyx$

2)分子间有弱相互作用介质的非线性电极化率

对于分子间有弱相互作用介质的极化率张量表示式,可以采用唯象修正近独立分子体系极化率张量表示式的方法给出。对于分子间有较强相互作用的情况,必须利用(4-59)式的一般表示式求解。

A. 分子间弱相互作用的效应

一个二能级单分子系统,相应的本征态能量为 $E_a = \hbar\omega_a$ 和 $E_b = \hbar\omega_b$,共振频率为

$$\omega_{ab} = \frac{E_a - E_b}{\hbar} = \omega_a - \omega_b \tag{4-78}$$

如果考虑分子间的弱相互作用,其能级将有一个不确定量 $\hbar\Gamma_a$ 和 $\hbar\Gamma_b$,相应引起共振频率有一个不确定量 $\Gamma_{ab} = \Gamma_a + \Gamma_b$。因此,在极化率表示式中,应将共振频率 ω_{ab} 用复数频率 $\omega_{ab} \pm \mathrm{i}\Gamma_{ab}$ 代替,其虚部对应于阻尼项。

B. 极化率张量表示式的修正

由(4-60)式出发,考虑到分子间有弱相互作用,应在分母中引入阻尼项 $(\pm \mathrm{i}\Gamma_{ab})$;考虑到极化率张量的解析要求,式中出现的极点应在复数频率平面的下半平面内。由此,可以得到分子间有弱相互作用介质的线性极化率张量元素表示式为

$$\chi_{\mu\alpha}^{(1)}(\omega) = \frac{n}{\varepsilon_0 \hbar} \sum_{a,b} \rho_{aa}^0 \left[\frac{R_{ab}^{\mu} R_{ba}^{\alpha}}{\omega_{ba} - \omega - \mathrm{i}\Gamma_{ba}} + \frac{R_{ab}^{\alpha} R_{ba}^{\mu}}{\omega_{ba} + \omega + \mathrm{i}\Gamma_{ba}} \right] \tag{4-79}$$

对于 r 阶极化率张量元素表示式的修正，只需将(4-63)式中的共振频率 ω_{b_ia} 用 $\omega_{b_ia}\pm\mathrm{i}\Gamma_{b_ia}$ 代替即可。至于是用 $\omega_{b_ia}+\mathrm{i}\Gamma_{b_ia}$ 还是用 $\omega_{b_ia}-\mathrm{i}\Gamma_{b_ia}$ 代替，则应保证极化率张量的极点出现在复数频率平面的下半平面内。例如，二阶、三阶极化率张量元素的表示式分别为

$$\chi^{(2)}_{\mu\alpha\beta}(\omega_1,\omega_2)=\frac{\hat{S}}{2}\frac{n}{\varepsilon_0\hbar^2}\sum_{a,b,c}\rho^0_{aa}\left\{\frac{R^\mu_{ab}R^\alpha_{bc}R^\beta_{ca}}{(\omega_{ba}-\omega_1-\omega_2-\mathrm{i}\Gamma_{ba})(\omega_{ca}-\omega_2-\mathrm{i}\Gamma_{ca})}+\frac{R^\alpha_{ab}R^\mu_{bc}R^\beta_{ca}}{(\omega_{ba}+\omega_1+\mathrm{i}\Gamma_{ba})(\omega_{ca}-\omega_2-\mathrm{i}\Gamma_{ca})}+\frac{R^\alpha_{ab}R^\beta_{bc}R^\mu_{ca}}{(\omega_{ba}+\omega_1+\mathrm{i}\Gamma_{ba})(\omega_{ca}+\omega_1+\omega_2+\mathrm{i}\Gamma_{ca})}\right\}\tag{4-80}$$

$$\chi^{(3)}_{\mu\alpha\beta\gamma}(\omega_1,\omega_2,\omega_3)=\frac{\hat{S}}{3!}\frac{n}{\varepsilon_0\hbar^3}\sum_{a,b,c,d}\rho^0_{aa}\left\{\frac{R^\mu_{ab}R^\alpha_{bc}R^\beta_{ca}R^\gamma_{da}}{(\omega_{ba}-\omega_1-\omega_2-\omega_3-\mathrm{i}\Gamma_{ba})(\omega_{ca}-\omega_2-\omega_3-\mathrm{i}\Gamma_{ca})(\omega_{da}-\omega_3-\mathrm{i}\Gamma_{da})}+\frac{R^\alpha_{ab}R^\mu_{bc}R^\beta_{ca}R^\gamma_{da}}{(\omega_{ba}+\omega_1+\mathrm{i}\Gamma_{ba})(\omega_{ca}-\omega_2-\omega_3-\mathrm{i}\Gamma_{ca})(\omega_{da}-\omega_3-\mathrm{i}\Gamma_{da})}+\frac{R^\alpha_{ab}R^\beta_{bc}R^\mu_{ca}R^\gamma_{da}}{(\omega_{ba}+\omega_1+\mathrm{i}\Gamma_{ba})(\omega_{ca}+\omega_1+\omega_2+\mathrm{i}\Gamma_{ca})(\omega_{da}-\omega_3-\mathrm{i}\Gamma_{da})}+\frac{R^\alpha_{ab}R^\beta_{bc}R^\gamma_{ca}R^\mu_{da}}{(\omega_{ba}+\omega_1+\mathrm{i}\Gamma_{ba})(\omega_{ca}+\omega_1+\omega_2+\mathrm{i}\Gamma_{ca})(\omega_{da}+\omega_1+\omega_2+\omega_3+\mathrm{i}\Gamma_{da})}\right\}\tag{4-81}$$

考虑分子间弱相互作用的介质极化率，不再满足完全对易对称性和时间反演对称性。

3)共振增强的极化率

共振增强是非线性光学中一个很重要的概念，它是指参与作用的各入射光频率或其任意的组合，十分接近介质某些本征跃迁共振频率时所发生的极化率明显增强的现象。这种共振增强效应对于许多非线性光学效率过低的介质应用来说非常有利。

A. 线性共振增强效应

假定介质为二能级系统，低能级以 o 标记，高能级以 t 标记，本征跃迁共振频率为 ω_{to}，则在线性极化率张量元素表示式(4-79)的求和过程中，a、b 可分别为 o 和 t，因此可以得到

$$\chi^{(1)}_{\mu\alpha}(-\omega,\omega)=\frac{n}{\varepsilon_0\hbar}\left[\rho^0_{\mathrm{oo}}\left(\frac{R^\mu_{\mathrm{ot}}R^\alpha_{\mathrm{to}}}{\omega_{\mathrm{to}}-\omega-\mathrm{i}\Gamma_{\mathrm{to}}}+\frac{R^\alpha_{\mathrm{ot}}R^\mu_{\mathrm{to}}}{\omega_{\mathrm{to}}+\omega+\mathrm{i}\Gamma_{\mathrm{to}}}\right)+\rho^0_{\mathrm{tt}}\left(\frac{R^\mu_{\mathrm{to}}R^\alpha_{\mathrm{ot}}}{\omega_{\mathrm{ot}}-\omega-\mathrm{i}\Gamma_{\mathrm{ot}}}+\frac{R^\alpha_{\mathrm{to}}R^\mu_{\mathrm{ot}}}{\omega_{\mathrm{ot}}+\omega+\mathrm{i}\Gamma_{\mathrm{ot}}}\right)\right]\tag{4-82}$$

假定入射光频率 $\omega\approx\omega_{\mathrm{to}}$，则上式中的第一、第四项因分母值很小，分数值很大；而第二、第三项则因分母值很大，分数值很小，可以忽略。因而，共振极化率为

$$\chi^{(1)}_{\mu\alpha}(-\omega,\omega)=\frac{1}{\varepsilon_0\hbar}(n_{\mathrm{o}}-n_{\mathrm{t}})\frac{R^\mu_{\mathrm{ot}}R^\alpha_{\mathrm{to}}}{\omega_{\mathrm{to}}-\omega-\mathrm{i}\Gamma_{\mathrm{to}}}\tag{4-83}$$

上式中已利用了 ρ^0_{aa} 是热平衡状态下粒子处在 a 态上的几率的概念。因此，$(n_{\mathrm{o}}-n_{\mathrm{t}})=n(\rho^0_{\mathrm{oo}}-\rho^0_{\mathrm{tt}})$ 是热平衡状态下，低、高能级上的粒子数密度差。(4-83)式中的实部决定了共振作用情况下介质的折射率(色散)特性，而虚部则决定了介质的吸收 $(n_{\mathrm{o}}>n_{\mathrm{t}})$ 或者增益 $(n_{\mathrm{o}}<n_{\mathrm{t}})$ 特性，Γ_{to} 对应着共振跃迁吸收谱线的自然线宽。

B. 二阶共振增强效应

由二阶极化率张量元素表示式(4-80)，将 $\hat{S}$ 展开后得到

$$\chi^{(2)}_{\mu\alpha\beta}(-(\omega_1+\omega_2),\omega_1,\omega_2)=\frac{n}{2\varepsilon_0\hbar^2}\sum_{a,b,c}\rho^0_{aa}\left[\frac{R^\mu_{ab}R^\alpha_{bc}R^\beta_{ca}}{(\omega_{ba}-\omega_1-\omega_2-\mathrm{i}\Gamma_{ba})(\omega_{ca}-\omega_2-\mathrm{i}\Gamma_{ca})}+\frac{R^\mu_{ab}R^\beta_{bc}R^\alpha_{ca}}{(\omega_{ba}-\omega_2-\omega_1-\mathrm{i}\Gamma_{ba})(\omega_{ca}-\omega_1-\mathrm{i}\Gamma_{ca})}+\frac{R^\alpha_{ab}R^\mu_{bc}R^\beta_{ca}}{(\omega_{ba}+\omega_1+\mathrm{i}\Gamma_{ba})(\omega_{ca}-\omega_2-\mathrm{i}\Gamma_{ca})}+\right.$$

$$\frac{R_{ab}^{\beta}R_{ba}^{\mu}R_{ca}^{\alpha}}{(\omega_{ba}+\omega_{2}+\mathrm{i}\Gamma_{ba})(\omega_{ca}-\omega_{1}-\mathrm{i}\Gamma_{ca})}+\frac{R_{ab}^{\alpha}R_{bc}^{\beta}R_{ca}^{\mu}}{(\omega_{ba}+\omega_{1}+\mathrm{i}\Gamma_{ba})(\omega_{ca}+\omega_{1}+\omega_{2}+\mathrm{i}\Gamma_{ca})}+$$

$$\left.\frac{R_{ab}^{\beta}R_{bc}^{\alpha}R_{ca}^{\mu}}{(\omega_{ba}+\omega_{2}+\mathrm{i}\Gamma_{ba})(\omega_{ca}+\omega_{2}+\omega_{1}+\mathrm{i}\Gamma_{ca})}\right] \tag{4-84}$$

现在仍然假定介质为二能级系统，并考虑双光子共振 $\omega_{\mathrm{to}}\approx\omega_1+\omega_2$ 的情况。当 $a=\mathrm{o}$ 时，相应第一、第二项有共振增强贡献，其他各项的贡献可忽略；当 $a=\mathrm{t}$ 时，相应第五、第六项有共振增强贡献，其他各项的贡献可忽略。经过整理后可得

$$\chi_{\mu\alpha\beta}^{(2)}(-(\omega_1+\omega_2),\omega_1,\omega_2)=\frac{n}{2\varepsilon_0\hbar^2}\frac{1}{\omega_{\mathrm{to}}-\omega_1-\omega_2-\mathrm{i}\Gamma_{\mathrm{to}}}\sum_b\left\{\rho_{\mathrm{oo}}^0\left[\frac{R_{\mathrm{ot}}^{\mu}R_{\mathrm{tb}}^{\alpha}R_{b\mathrm{o}}^{\beta}}{\omega_{b\mathrm{o}}-\omega_2-\mathrm{i}\Gamma_{b\mathrm{o}}}+\frac{R_{\mathrm{ot}}^{\mu}R_{\mathrm{tb}}^{\beta}R_{b\mathrm{o}}^{\alpha}}{\omega_{b\mathrm{o}}-\omega_1-\mathrm{i}\Gamma_{b\mathrm{o}}}\right]-\right.$$

$$\left.\rho_{\mathrm{tt}}^0\left[\frac{R_{\mathrm{tb}}^{\alpha}R_{b\mathrm{o}}^{\beta}R_{\mathrm{ot}}^{\mu}}{\omega_{b\mathrm{t}}+\omega_1+\mathrm{i}\Gamma_{b\mathrm{t}}}+\frac{R_{\mathrm{tb}}^{\beta}R_{b\mathrm{o}}^{\alpha}R_{\mathrm{ot}}^{\mu}}{\omega_{b\mathrm{t}}+\omega_2+\mathrm{i}\Gamma_{b\mathrm{t}}}\right]\right\} \tag{4-85}$$

进一步，假定单光子共振可以忽略，即 $\mathrm{i}\Gamma_{b\mathrm{o}}\approx 0$、$\mathrm{i}\Gamma_{b\mathrm{t}}\approx 0$，上式可简化为

$$\chi_{\mu\alpha\beta}^{(2)}(-(\omega_1+\omega_2),\omega_1,\omega_2)=\frac{1}{2\varepsilon_0\hbar^2}\frac{(n_{\mathrm{o}}-n_{\mathrm{t}})}{\omega_{\mathrm{to}}-\omega_1-\omega_2-\mathrm{i}\Gamma_{\mathrm{to}}}R_{\mathrm{ot}}^{\mu}f_{\alpha\beta}^{*}(\omega_1,\omega_2) \tag{4-86}$$

式中，引入了符号

$$f_{\alpha\beta}(\omega_1,\omega_2)=\sum_b\left[\frac{R_{\mathrm{o}b}^{\alpha}R_{b\mathrm{t}}^{\beta}}{\omega_{b\mathrm{o}}-\omega_1}+\frac{R_{\mathrm{o}b}^{\beta}R_{b\mathrm{t}}^{\alpha}}{\omega_{b\mathrm{o}}-\omega_2}\right] \tag{4-87}$$

由于电偶极矩算符是厄米算符，有

$$f_{\alpha\beta}^{*}(\omega_1,\omega_2)=\sum_b\left[\frac{R_{\mathrm{o}b}^{\alpha}R_{b\mathrm{t}}^{\beta}}{\omega_{b\mathrm{o}}-\omega_1}+\frac{R_{\mathrm{o}b}^{\beta}R_{b\mathrm{t}}^{\alpha}}{\omega_{b\mathrm{o}}-\omega_2}\right]^{*}=\sum_b\left[\frac{R_{\mathrm{t}b}^{\alpha}R_{b\mathrm{o}}^{\beta}}{\omega_{b\mathrm{o}}-\omega_2}+\frac{R_{\mathrm{t}b}^{\beta}R_{b\mathrm{o}}^{\alpha}}{\omega_{b\mathrm{o}}-\omega_1}\right] \tag{4-88}$$

C. 三阶共振增强效应

类似上面的处理方法，可以得到三阶极化率 $\chi_{\mu\alpha\beta\gamma}^{(3)}(-(\omega_1+\omega_2+\omega_3),\omega_1,\omega_2,\omega_3)$ 的双光子和频共振（$\omega_{\mathrm{to}}=\omega_2+\omega_3$）增强表示式为

$$\chi_{\mu\alpha\beta\gamma}^{(3)}(-(\omega_1+\omega_2+\omega_3),\omega_1,\omega_2,\omega_3)=\frac{1}{6\varepsilon_0\hbar^3}\frac{n_{\mathrm{o}}-n_{\mathrm{t}}}{\omega_{\mathrm{to}}-(\omega_2+\omega_3)-\mathrm{i}\Gamma_{\mathrm{to}}}f_{\mu\alpha}(\omega_1+\omega_2+\omega_3,-\omega_1)f_{\gamma\beta}^{*}(\omega_3,\omega_2) \tag{4-89}$$

这种双光子和频共振增强效应，已被广泛地用于双光子吸收、光学三次谐波产生和四波混频等非线性和频光学过程中。

双光子吸收过程是入射双光子和频共振的现象，满足 $\omega_{\mathrm{to}}=\omega_1+\omega_2$，其三阶非线性极化率表示式为

$$\chi_{\mu\alpha\beta\gamma}^{(3)}(-\omega_1,\omega_1,\omega_2,-\omega_2)=\frac{1}{6\varepsilon_0\hbar^3}\frac{n_{\mathrm{o}}-n_{\mathrm{t}}}{\omega_{\mathrm{to}}-(\omega_1+\omega_2)-\mathrm{i}\Gamma_{\mathrm{to}}}f_{\mu\alpha}(\omega_1,\omega_2)f_{\gamma\beta}^{*}(\omega_2,\omega_1) \tag{4-90}$$

三次谐波产生过程的双光子和频共振（$\omega_{\mathrm{to}}=2\omega$）增强的非线性极化率表示式为

$$\chi^{(3)}(-3\omega,\omega,\omega,\omega)=\frac{n}{2\varepsilon_0\hbar^3}\frac{1}{(\omega_{\mathrm{to}}-2\omega-\mathrm{i}\Gamma_{\mathrm{to}})}\sum_{\mathrm{o,t}\text{的简并度}}(\rho_{\mathrm{oo}}^0-\rho_{\mathrm{tt}}^0)f(3\omega,-\omega)f^{*}(\omega,\omega) \tag{4-91}$$

受激拉曼散射过程的三阶非线性极化率张量元素为 $\chi_{\mu\alpha\beta\gamma}^{(3)}(-\omega_{\mathrm{s}},\omega_{\mathrm{p}},-\omega_{\mathrm{p}},\omega_{\mathrm{s}})$，假定 ω_{p} 和 ω_{s} 的光场满足 $(\omega_{\mathrm{p}}-\omega_{\mathrm{s}})\approx\omega_{\mathrm{to}}$，则其共振极化率表示式为

$$\chi_{\mu\alpha\beta\gamma}^{(3)}(-\omega_{\mathrm{s}},\omega_{\mathrm{p}},-\omega_{\mathrm{p}},\omega_{\mathrm{s}})=\frac{n}{3!\varepsilon_0\hbar^3}\frac{1}{(\omega_{\mathrm{to}}-\omega_{\mathrm{p}}+\omega_{\mathrm{s}}+\mathrm{i}\Gamma_{\mathrm{to}})}f_{\alpha\mu}^{*}(\omega_{\mathrm{p}},-\omega_{\mathrm{s}})f_{\beta\gamma}(\omega_{\mathrm{p}},-\omega_{\mathrm{s}}) \tag{4-92}$$

(二)二能级原子系统的极化率

当强入射光场与介质发生共振作用时,上述非线性极化率的微扰理论不再成立,必须采用非线性极化率的非微扰理论描述。在这里,以二能级原子系统为例,从密度算符运动方程出发,导出二能级原子系统稳态情况下的极化率解析表达式[10]。

1. 二能级原子系统的密度矩阵方程

考虑到介质的弛豫特性,密度算符矩阵元运动方程为

$$\mathrm{i}\hbar\left(\frac{\partial}{\partial t}+\mathrm{i}\,\omega_{mn}+\Gamma_{mn}\right)\rho_{mn}=[\hat{H}_1(t),\hat{\rho}]_{mn} \tag{4-93}$$

$$\mathrm{i}\hbar\left(\frac{\partial}{\partial t}+\frac{1}{\tau_n}\right)\rho_{nn}=[\hat{H}_1(t),\hat{\rho}]_{nn} \tag{4-94}$$

方程中,$\hat{H}_1(t)$ 是系统的相互作用哈密顿算符,在电偶极近似下,有

$$\hat{H}_1(t)=-\hat{\boldsymbol{P}}\cdot\boldsymbol{E}(\boldsymbol{r},t) \tag{4-95}$$

ω_{mn} 为共振频率;$\Gamma_{mn}(m\neq n)$ 为横向弛豫速率;τ_n 为 n 能级的寿命,$\frac{1}{\tau_n}$ 表示由能级 n 到其他各能级的衰变速率。

设二能级原子系统的基态为 o,激发态为 t,方程(4-93)式和(4-94)式可简化为

$$\frac{\partial}{\partial t}\rho_{\mathrm{to}}=-\mathrm{i}\,\omega_{\mathrm{to}}\,\rho_{\mathrm{to}}-\Gamma_{\mathrm{to}}\,\rho_{\mathrm{to}}+\mathrm{i}\,\frac{P_{\mathrm{to}}}{\hbar}E(\rho_{\mathrm{oo}}-\rho_{\mathrm{tt}}) \tag{4-96}$$

$$\frac{\partial}{\partial t}(\rho_{\mathrm{oo}}-\rho_{\mathrm{tt}})=\mathrm{i}\,\frac{2P_{\mathrm{ot}}}{\hbar}E(\rho_{\mathrm{to}}-\rho_{\mathrm{ot}})-\frac{(\rho_{\mathrm{oo}}-\rho_{\mathrm{tt}})-(\rho_{\mathrm{oo}}-\rho_{\mathrm{tt}})_0}{T_1} \tag{4-97}$$

式中,$(\rho_{\mathrm{oo}}-\rho_{\mathrm{tt}})_0$ 表示没有外场作用时 $(\rho_{\mathrm{oo}}-\rho_{\mathrm{tt}})$ 的平衡值,由 $(\rho_{\mathrm{oo}}-\rho_{\mathrm{tt}})$ 弛豫到平衡值 $(\rho_{\mathrm{oo}}-\rho_{\mathrm{tt}})_0$ 的时间 T_1 为纵向弛豫时间。

2. 二能级原子系统的极化率表示式

(1)密度矩阵方程的稳态解

设作用到原子系统上的局部光电场 $E(t)$ 为

$$E(t)=E_0\cos\omega t=\frac{E_0}{2}(\mathrm{e}^{-\mathrm{i}\omega t}+\mathrm{e}^{\mathrm{i}\omega t}) \tag{4-98}$$

对于 $\omega\approx\omega_{\mathrm{to}}$ 的情况,可定义如下新的慢变化变量 $a_{\mathrm{to}}(t)$ 和 $a_{\mathrm{ot}}(t)$:

$$\left.\begin{aligned}\rho_{\mathrm{to}}(t)&=a_{\mathrm{to}}(t)\mathrm{e}^{-\mathrm{i}\omega t}\\ \rho_{\mathrm{ot}}(t)&=a_{\mathrm{ot}}(t)\mathrm{e}^{\mathrm{i}\omega t}\end{aligned}\right\} \tag{4-99}$$

在这种情况下,可将方程(4-96)式和(4-97)式改写为

$$\frac{\mathrm{d}}{\mathrm{d}t}a_{\mathrm{to}}=\mathrm{i}(\omega-\omega_{\mathrm{to}})a_{\mathrm{to}}-\Gamma_{\mathrm{to}}a_{\mathrm{to}}+\frac{\mathrm{i}P_{\mathrm{to}}}{\hbar}\frac{E_0}{2}(\rho_{\mathrm{oo}}-\rho_{\mathrm{tt}}) \tag{4-100}$$

$$\frac{\mathrm{d}}{\mathrm{d}t}(\rho_{\mathrm{oo}}-\rho_{\mathrm{tt}})=\frac{\mathrm{i}P_{\mathrm{ot}}}{\hbar}E_0(a_{\mathrm{to}}-a_{\mathrm{ot}})-\frac{(\rho_{\mathrm{oo}}-\rho_{\mathrm{tt}})-(\rho_{\mathrm{oo}}-\rho_{\mathrm{tt}})_0}{T_1} \tag{4-101}$$

这两个方程的稳态解为

$$2\,\mathrm{Re}\,a_{\mathrm{to}}=\frac{2R(\omega_{\mathrm{to}}-\omega)(\rho_{\mathrm{oo}}-\rho_{\mathrm{tt}})_0}{(\omega-\omega_{\mathrm{to}})^2+\Gamma_{\mathrm{to}}^2+4R^2T_1\Gamma_{\mathrm{to}}} \tag{4-102}$$

$$2\,\mathrm{Im}\,a_{\mathrm{to}}=\frac{2R(\rho_{\mathrm{oo}}-\rho_{\mathrm{tt}})_0\Gamma_{\mathrm{to}}}{(\omega-\omega_{\mathrm{to}})^2+\Gamma_{\mathrm{to}}^2+4R^2T_1\Gamma_{\mathrm{to}}} \tag{4-103}$$

和

$$(\rho_{\mathrm{oo}}-\rho_{\mathrm{tt}})=(\rho_{\mathrm{oo}}-\rho_{\mathrm{tt}})_0\,\frac{(\omega-\omega_{\mathrm{to}})^2+\Gamma_{\mathrm{to}}^2}{(\omega-\omega_{\mathrm{to}})^2+\Gamma_{\mathrm{to}}^2+4R^2T_1\Gamma_{\mathrm{to}}} \tag{4-104}$$

式中,$R=\frac{P_{\mathrm{to}}}{2\hbar}E_0$ 为进动频率,表征了入射光场的大小。若原子数密度为 n,则由上式可以得到基态能级 o

与激发态能级 t 上的原子数差为

$$\Delta n = \Delta n_0 \frac{(\omega - \omega_{to})^2 + \Gamma_{to}^2}{(\omega - \omega_{to})^2 + \Gamma_{to}^2 + 4R^2 T_1 \Gamma_{to}} \tag{4-105}$$

式中，$\Delta n_0 = n(\rho_{oo} - \rho_{tt})_0$ 为无外场作用时基态能级 o 与激发态能级 t 上的原子数差。

(2)二能级原子系统的极化率

宏观极化强度是相应力学量算符的期望值，有

$$P = \mathrm{tr}\{\hat{\rho}\hat{P}\} = 2P_{to}[\mathrm{Re}\, a_{to}\cos\omega t + \mathrm{Im}\, a_{to}\sin\omega t] \tag{4-106}$$

考虑到原子系统的极化率是复数，$\chi = \chi' + \mathrm{i}\chi''$，极化强度又可表示为

$$P = E_0(\varepsilon_0 \chi' \cos\omega t + \varepsilon_0 \chi'' \sin\omega t) \tag{4-107}$$

将上二式进行比较，并代入上述密度矩阵元的稳态解，可得

$$P = \frac{P_{to}^2 \Delta n_0}{\hbar} T_2 E_0 \frac{\sin\omega t + (\omega_{to} - \omega) T_2 \cos\omega t}{1 + (\omega - \omega_{to})^2 T_2^2 + 4R^2 T_1 T_2} \tag{4-108}$$

$$\chi = \chi' + \mathrm{i}\chi'' = \frac{P_{to}^2 T_2 \Delta n_0}{\varepsilon_0 \hbar} \frac{(\omega_{to} - \omega) T_2 + \mathrm{i}}{1 + (\omega - \omega_{to})^2 T_2^2 + 4R^2 T_1 T_2} \tag{4-109}$$

式中，$T_2 = 1/\Gamma_{to}$ 为横向弛豫时间。可见，二能级原子系统的基态和激发态之间的原子数密度差 Δn 及 χ'、χ''(和 χ) 等几个量都随着场强的增加而减小，这种现象称为光场作用下的介质饱和。当 $4R^2 T_1 T_2 > [1 + (\omega - \omega_o)^2 T_2^2]$ 时，这种饱和现象变得更加明显。

(三)非线性光学材料

具有非线性光学性质的材料有很多种，不同的材料其物理机制各不相同。例如，氧化物和铁电体材料的主要机制是外电光效应，光折变材料主要是内电光效应，液晶材料主要是分子取向，半导体材料主要是电子、激子机制，有机及聚合物材料主要是电子、分子极化与分子取向，纳米复合材料主要是表面等离子体激元，手性分子材料主要是分子电、磁极矩等。表 4-3 给出了几种非线性光学材料的非线性机制。

在实际应用中，选择非线性光学材料的主要依据是：①应有较大的非线性极化率，这是基本的但并非唯一的要求，有时即使非线性极化率不是很大，也可以(例如)通过增强入射激光功率获得所要的非线性光学效应；②有合适的透明程度及足够的光学均匀性，在工作频段内，材料对光的有害吸收及散射损耗很小；③能以一定方式实现相位匹配；④材料的损伤阈值较高，能承受较大的激光功率或能量；⑤有合适的响应时间，能对宽度不同的脉冲激光或连续激光作出足够的响应。

表 4-3　非线性光学材料及其非线性机制

非线性光学材料	非线性机制
半导体材料	电子机制、激子机制
有机、高分子材料	电子、分子极化，分子取向极化
电光晶体	外电光效应
光折变材料	内电光效应
液晶材料	分子取向极化
团簇材料(C_{60} 等)	分子极化
手性分子材料	分子电极矩、磁极矩
等离子体	电子、离子机制
半导体周期性带隙结构	量子限制(量子阱、量子线、量子点)
电介质周期性折射率结构	非线性光子晶体
金属一电介质薄膜结构	表面等离子体激元

二阶非线性光学材料大多数是不具有中心对称性的晶体。常用于光学倍频、混频和光学参量振荡等效应的晶体材料[11]有两大类：一类是氧化物和铁电晶体，典型的如磷酸二氢钾(KDP)、磷酸二氘钾(KD^*P)、铌酸锂($LiNbO_3$)、碘酸锂($LiIO_3$)、钛酸钡($BaTiO_3$)、磷酸钛氧钾(KTP)、偏硼酸钡(BBO)和三硼酸锂(LBO)等，它们比较适宜于工作在可见光及近红外频段，并已获得了广泛的应用，许多已经商品化。这一类晶体的主要缺点是，多数氧化物晶体的非线性系数不高，已发现 LN 波导由于介稳扩散过程而不能长期保留其导波特性，特别是这些介电晶体无法与半导体集成而影响其小型化。另一类是半导体晶体，典型的如碲(Te)、硒化锌(ZnSe)、硒化镉(CdSe)、硒镓银($AgGaSe_2$)、磷锗锌($ZnGeP_2$)等，它们更适宜于工作在中红外频段，因其存在共振非线性效

应而具有很大的非线性折射率和非线性吸收系数，成为非线性光学中极具挑战性的材料。但恰又因其非线性与共振条件相关，电子激发的弛豫导致响应速度的限制和耗散现象等问题仍需努力解决。表 4-4 中，结合二次谐波产生效应的应用给出了若干常用非线性晶体的特性，表中若干符号的意义见后面的讨论。

三阶非线性光学材料没有中心对称条件的限制，其范围很广：①各种惰性气体。常用于三次谐波产生、三阶混频，以获得紫外波长的相干光；②碱金属和碱土金属的原子蒸气，如钠(Na)、钾(K)、铯(Cs)原子及钡(Ba)、锶(Sr)、钙(Ca)原子等。常用于产生共振的三阶混频、受激拉曼散射、相干反斯托克斯拉曼散射等效应，以实现激光在近红外、可见光及紫外波段间的频率变换及频率调谐；③各种有机液体及溶液，如二硫化碳(CS_2)、硝基苯、各种染料溶液等。由于这些介质有较大的三阶非线性极化率，常用来进行各种三阶非线性光学效应的实验观测，例如光学克尔效应、受激布里渊散射、简并四波混频及光学相位复共轭效应、光学双稳态效应等；④液晶相及各向同性相中的各种液晶。由于液晶分子的取向排列有较长的弛豫时间，故其非线性光学效应有自己的特点，引起人们特殊的兴趣；⑤某些半导体晶体。最近发现有些半导体晶体，如 lnSb，在红外区域有非常大的三阶非线性极化率，适合于做成各种非线性光学器件。

表 4-4 非线性光学晶体的特性

晶体	对称类型	透明波段/μm	折射率(20℃)			非线性系数/(10^{-12} m/V)	破坏阈值			线性吸收系数		倍频基波波长/μm	匹配角/(°)	匹配形式	匹配温度/℃	接受温度 $2\delta T \cdot L$/(℃·cm)	接受角 $2\delta\theta \cdot L$/(mrad·cm)
			波长/μm	n_o	n_e		波长/μm	Δt_p (ns)	I/(GW/cm²)	波长/μm	α/cm⁻¹						
KH_2PO_4 (KDP)	$\bar{4}2m$	0.2~1.5	0.347	1.54	1.49		0.6943	20	0.4	0.78	0.024	1.06	41(Ⅰ), 59(Ⅱ)	Ⅰ, Ⅱ	23		
			0.53	1.51	1.47		0.53	0.2	17	0.89	0.015	0.946			23		
			0.694	1.51	1.47	$d_{36}=0.43$	1.06	0.2	23	1.06	0.03	0.53	47	Ⅰ	23	3.5	1.0
			1.06	1.49	1.46	(1.06 μm)						0.6943	50.6	Ⅰ	−13.7		
												0.5145	90	Ⅰ			
												0.56~0.77	66~45	Ⅰ			
KD_2PO_4 (KD^*P)	$\bar{4}2m$	0.2~1.5	0.347	1.53	1.49		1.06	10	0.5	0.53	0.005	1.06	37	Ⅰ	20		
			0.53	1.51	1.47	$d_{36}=0.40$	1.06	0.25	6	1.06	0.005	1.06	53.5	Ⅱ	23	6.7	1.7
			0.694	1.50	1.48	(1.06 μm)						0.532	90	Ⅰ	40.6		
			1.06	1.49	1.46							0.6943	52	Ⅰ	25		
$NH_4H_2PO_4$ (ADP)	$\bar{4}2m$	0.2~1.5	0.265	1.59	1.54		1.06	60	0.5	0.79	0.03	1.06	42	Ⅰ	23		
			0.347	1.55	1.50					0.86	0.038	0.53	90	Ⅰ	50		
			0.53	1.53	1.48					1.06	0.1	0.694 3	62	Ⅰ	23		
			0.694	1.52	1.48	$d_{36}=0.53$						0.56~0.63	70~85	Ⅰ	20	0.8	32
			1.06	1.51	1.47	(1.06 μm)						0.496 5	90	Ⅰ	−93.2		
												0.501 7	90	Ⅰ	−68.4		
												0.514 5	90	Ⅰ	−10.2		
CsH_2AsO_4 (CDA)	$\bar{4}2m$	0.26~1.43	0.347	1.60	1.57		0.53	10	0.6	1.06	0.04	1.06	90	Ⅰ	31~63		
			0.532	1.57	1.55	$d_{36}=0.40$	1.06	10	0.5			1.06	83.5~87	Ⅰ	20		
			0.694	1.56	1.54	(1.06 μm)	1.06	0.007	>4			1.06	90	Ⅰ	46	5.8	70
			1.064	1.55	1.53												
CsD_2AsO_4 (CD^*A)	$\bar{4}2m$	0.27~1.66	0.347	1.59	1.57		1.06	12	>0.26	1.06	0.02	1.06	90	Ⅰ	~100		
			0.532	1.57	1.55	$d_{36}=0.40$						1.06	79	Ⅰ	>23	6	70
			0.694	1.56	1.54	(1.06 μm)											
			1.06	1.55	1.53												
RbH_2PO_4 (RDP)	$\bar{4}2m$	0.22~1.4	0.347	1.53	1.50		0.694 3	10	0.2	0.354 5	0.015	0.694 3	67	Ⅰ	20		
			0.532	1.51	1.48	$d_{36}=0.40$	1.06	12	>0.3	0.532 1	0.01	1.064	50.6(Ⅰ),	Ⅰ, Ⅱ	20		
			0.694	1.50	1.47	(1.06 μm)				1.064	0.04	0.627 6~	83(Ⅱ)	Ⅰ	20~98		
			1.034	1.50	1.47							0.637 0	90				
RbH_2AsO_4 (RDA)	$\bar{4}2m$	0.26~1.46	0.347	1.60	1.55		0.694	10	0.35	0.354 7	0.05	0.694 3	80	Ⅰ	20		
			0.694	1.55	1.50	$d_{36}=0.39$ (0.694 3 μm)				0.532 1	0.03	0.694 3	90	Ⅰ	96.5	3.3	40
										1.064	0.35	1.064	80	Ⅰ	25		

续表

晶体	对称类型	透明波段/μm	折射率(20℃)			非线性系数/(10^{-12} m/V)	破坏阈值			线性吸收系数		倍频基波波长/μm	匹配角/(°)	匹配形式	匹配温度/℃	接受温度 $2\delta T\cdot L$/(℃·cm)	接受角 $2\delta\theta\cdot L$/(mrad·cm)
			波长/μm	n_o	n_e		波长/μm	Δt_p (ns)	I/(GW/cm²)	波长/μm	α/cm^{-1}						
$LiIO_3$	6	0.31～5.5	0.347 0.532 0.694 1.064	1.98 1.90 1.88 1.86	1.82 1.75 1.73 1.72	$d_{15}=5.53$ (1.06 μm)	0.347 0.53 0.53 1.06	10 15 0.015 20	0.05 0.04 7 0.06	0.347 1.03	0.3 0.06	0.694 3 1.06	52 29.4	Ⅰ Ⅰ	23		0.6
$LiNbO_3$	$3m$	0.4～5	0.53 0.694 1.06	2.33 2.28 2.23	2.23 2.19 2.16	$d_{15}=5.45$ (1.06 μm) $d_{22}=2.76$ (1.06 μm)	0.53 0.53 1.06 1.06	15 0.007 30 0.006	0.01 >10 0.12 >10	0.8～ 2.6	0.08	1.15 1.064	90 90	Ⅰ Ⅰ	169～281 −8 ～165	0.6	50
Ag_3AsS_3	$3m$	0.6～13	0.694 1.06 10.6	2.96 2.82 2.70	2.69 2.58 2.50	$d_{15}=11.3$ (10.6 μm) $d_{22}=18.0$ (10.6 μm)	0.694 1.06 10.6	14 18 220	0.003 0.02 0.05	0.694 1.06 9.2 10.6	0.2 0.1 0.29 0.45	10.6 2.06 2.7～2.9	22.5	Ⅰ			
Ag_3SbS_3	$3m$	0.7～14	1.06 10.6	2.86 2.73	2.67 2.61	$d_{15}=8.38$ (10.6 μm) $d_{22}=9.22$ (10.6 μm)	1.06 10.6	17.5 200	0.02 0.05	10.6 0.75～ 13.5	0.5 <1	10.6	24～30	Ⅰ			
$AgGaS_2$	$\bar{4}2m$	0.5～13	0.53 0.694 1.06 5.3 10.6	2.65 2.52 2.45 2.39 2.34	2.62 2.47 2.40 2.34 2.29	$d_{36}=13.4$ (10.6 μm)	0.59 0.625 0.694 3 1.06 10.6	500 500 10 35 200	0.002 0.003 0.02 0.025 0.025	0.6～12	<0.09	10.6 3.39	67.5 33	Ⅰ Ⅰ			
AgGaSe	$\bar{4}2m$	0.71～18	1.06 5.3 10.6	2.7 2.61 2.59	2.68 2.58 2.56	$d_{36}=33.1$ (10.6 μm)	10.6	200	>0.002			10.6	57.5	Ⅱ	98		
$ZnGeP_2$	$\bar{4}2m$	0.74～12	1.06 5.3 10.6	3.23 3.11 3.07	3.23 3.15 3.11	$d_{36}=75.4$ (10.6 μm)	1.06	30	0.003	1 3.5 10.6	3 0.4 0.9						
$CdGeAs_2$	$\bar{4}2m$	2.4～18	5.3 10.6	3.53 3.50	3.62 3.59	$d_{36}=234$ (10.6 μm)	10.6	160	0.04	9～11 2.4～9 11～18	0.23 >0.23 >0.23	10.6 10.6	52(Ⅱ) 35(Ⅰ)	Ⅱ Ⅰ	23 −196		
GaSe	$\bar{6}2m$	0.65～18	0.694 1.06 5.3 10.6	2.98 2.91 2.83 2.81	2.72 2.57 2.46 2.44	$d_{22}=54.5$ (10.6 μm)	0.694 1.06	25 10	0.02 0.035	0.7 1.06	<0.3 <0.25	10.6 5.3 2.36	12.6 10.2 18.6				
CdSe	$6mm$	0.75～20	1.06 2.36 10.6	2.54 2.46 2.43	2.56 2.48 2.44	$d_{15}=18.0$ (10.6 μm)	1.833 2.36	300 30	0.03 0.05	4 10.6 16	0.04 0.016 0.72						
HgS	32	0.63～13.5	0.694 1.06 5.3 10.6	2.83 2.70 2.63 2.60	3.15 2.99 2.88 2.85	$d_{11}=50.3$ (10.6 μm)	1.06	17	0.04	0.63 0.67 5.3 10.6	1.7 1.4 0.032 0.073	10.6	20.8	Ⅰ	23		
Se	32	0.7～21	1.06 10.6	2.79 2.64	3.61 3.48	$d_{11}=96.3$ (10.6 μm) $d_{11}=184$ (28 μm)				5.3 10.6	1.4 1.09	10.6	5.5	Ⅰ	23		

续表

晶体	对称类型	透明波段/μm	折射率(20℃) 波长/μm	n_o	n_e	非线性系数/(10^{-12} m/V)	破坏阈值 波长/μm	Δt_p (ns)	I/(GW/cm²)	线性吸收系数 波长/μm	α/cm^{-1}	倍频基波波长/μm	匹配角/(°)	匹配形式	匹配温度/℃	接受温度 $2\delta T\cdot L$/(℃·cm)	接受角 $2\delta\theta\cdot L$/(mrad·cm)
Te	32	3.8～32	5.3 10.6 14 28	4.86 4.80 4.78 4.71	6.30 6.25 6.23 6.18	d_{11}=649 (10.6 μm) d_{11}=574 (28 μm)	10.6	190	0.045	5.3 10.6	1.32 0.96	10.6 10.2	14(Ⅰ) 20(Ⅱ)	Ⅰ,Ⅱ	23 23		
β-BaB_2O_4	3	0.19～3 0.19～3	1.064 0.532 0.354 7 0.266 0	1.66 1.67 1.70 1.78	1.54 1.55 1.58 1.62	d_{11}=1.78 (1.079 μm) d_{22}=0.13 (1.079 μm) d_{31}=0.13 (1.079 μm)	1.064 0.694 3	7.5 0.02	2 10			1.064 0.694 3 0.532	21 35 48	Ⅰ Ⅰ Ⅰ	23 23 23		1.2
$(NH_2)_2CO$ (Urea)	$\bar{4}2m$	0.21～1.4	1.064 0.532 0.354 7 0.266	1.48 1.49 1.52 1.56	1.58 1.60 1.62 1.67	d_{36}=1.4 (0.476 μm)	1.064 0.532		5 3			0.532 0.694	58.4 57.6	Ⅰ Ⅱ	23 23		
以下为双轴晶体			波长/μm	n_x	n_y	n_z											
$KTiOPO_4$ (KTP)	$mm2$	0.35～4.0	0.5 1.0 1.5	1.787 1.740 1.725	1.797 1.749 1.736	1.898 1.831 1.818	d_{31}≈5.8 d_{24}≈6.8 d_{32}≈4.5 d_{33}≈12 d_{15}≈5.4 (1.06 μm)	1.06	20	0.16	1.03 0.53	～0.01 ～0.01	1.06 1.06		Ⅰ Ⅱ	23 23	>50 >50	50 50
$C_6H_4(NH_2)(NO_2)$ (mNA)	$mm2$	0.53～1.45	0.450 0.546 0.590 0.656 1.06	— 1.705 1.685 1.67 1.61	— 1.740 1.725 1.71 1.65	1.875 1.870 — 1.86 1.85	$d_{31}=d_{15}=37$ $d_{32}=d_{24}=1$ $d_{33}=37$	1.06	25	>0.2	1.06 0.53	1.2～5	1.06 1.06		Ⅰ Ⅱ	23 23		
$Ba_2NaNb_5O_{15}$ (BSN)	$mm2$	0.38～6.0	0.4579 0.4880 0.5017 0.532 1.064	2.428 2.399 2.388 2.367 2.258	2.427 2.397 2.386 2.366 2.257	2.293 2.273 2.265 2.250 2.170	$d_{15}=d_{31}=d_{32}=13.1$ $d_{24}=12.4$ $d_{33}=18$	1.06		0.04	1.06	～0.01	1.064	90(φ=0)	Ⅰ	～100	0.6	50
HIO_3	222	0.3～1.6	0.532 1.064	1.855 1.813	1.983 1.928	2.012 1.951	$d_{14}=4.5$		0.6943	Ⅰ			1.064 1.064	41.5(φ=0) 60.0(φ=0) 24(φ=0) 38(φ=90)	Ⅰ Ⅰ Ⅱ Ⅱ			

注：将 d_{SI} 乘以$(3/4\pi)\times10^4$ 就可转换为 d_{esu} 。

特别值得一提的是20世纪80年代开发研究的有机及聚合物材料，具有许多显著的特点。它与无机晶体材料的光学非线性源于材料的电子特性不同，其光学非线性主要与分子的结构性质有关，非线性极化源于非定域的π共轭电子体系，具有大π共轭结构，尤其是具有推-拉电子结构的π共轭分子有较强的光电耦合特征，能得到大的非线性光学系数和快的光学响应时间。特别是，通过对有机非线性材料在分子的水平上进行结构设计，能取得最佳的光学非线性响应和其他特定的光学性质。有机及聚合物材料的可塑性又使得它容易成膜，可用LB技术制备类晶层状薄膜，也可制备具有高度有序取向的极化聚合物膜，这对于光波导是至关重要的。

人们研制了许多新型的有机三阶非线性光学材料，例如，共轭型聚合物材料聚二乙炔(PDA)、聚苯胺(PANI)、聚噻吩(PTh)及其衍生物等；偶氮苯聚合物；配位聚合物；金属有机化合物二芳基茂铁、酞菁和卟啉等。聚合物中的反式聚乙炔、聚噻吩和聚丁二炔，其 $\chi^{(3)}$ 值可达 10^{-9} esu，比无机半导体Ge、GaAs等材料高1～2个数量级，响应时间可达0.1 ps，也约提高了1个数量级。有机材料特别是聚合物材料的热稳定性好，对皮秒脉种的光损伤阈值比 GaAs 量子阱器件高出几个数量级。对于目前三阶非线性光学效应使用的无机非线性材料，多是共振的，将导致吸收和热耗，共振激发态的寿命较长，因而响应时间也较长；而有机分子材料由于其独特的 π 键联化学结构可在非共振区产生大的光学非线性，使响应时间极短，仅决定于光脉冲的持续时间，可达到飞秒量级，还大大降低了材料热致非线性噪声信号的干扰。由于有机及聚合物材料具备优异的非线性光学特性，已成为许多学科的研究热点，特别是超快三阶非线性效应的研究中，利用复合聚合物材料中分子间激发态电荷转移、纳米金属颗粒等离子体激元场增强效应和纳米硅光学非线性效应增强，已经同时获得了超大非线性光学系数（2～4 个量级的增强）和超快时间响应的新结果，其研究已进入具有应用背景的光电子技术阶段[12-13,57-58]。

二、光在非线性介质中的传播特性

下面根据光的电磁理论，讨论光在非线性介质中的传播特性。首先由麦克斯韦方程出发，导出描述平面光波在非线性介质中满足的耦合波方程，进一步讨论非线性光学技术中非常重要的相位匹配概念。

（一）平面光波在晶体中的传播特性[14-15]

通常采用的非线性介质多是各向异性晶体，为了更好地理解光在非线性晶体中的传播，首先讨论平面光波在晶体中的传播特性。

1. 平面光波在晶体中传播特性的解析法描述

（1）晶体的介电常数张量

在电磁场理论中，通常采用介电常数 $\boldsymbol{\varepsilon}=\varepsilon_0\boldsymbol{\varepsilon}_{\mathrm{r}}(\omega)=\varepsilon_0(1+\boldsymbol{\chi}(\omega))$ 表征介质的电学特性。对于各向异性晶体，$\boldsymbol{D}$ 和 $\boldsymbol{E}$ 间的关系为

$$D_i=\varepsilon_0\varepsilon_{ij}E_j\qquad(i,j=x,y,z)\tag{4-110}$$

根据极化率张量的空间对称性，晶体的相对介电常数 $\boldsymbol{\varepsilon}_{\mathrm{r}}$ 是一个对称张量，在主轴坐标系中是一个对角张量：

$$\boldsymbol{\varepsilon}_r=\begin{bmatrix}\varepsilon_{xx}&0&0\\0&\varepsilon_{yy}&0\\0&0&\varepsilon_{zz}\end{bmatrix}\tag{4-111}$$

式中，ε_{xx}、ε_{yy}、ε_{zz} 为相对主介电常数。由麦克斯韦公式 $n=\sqrt{\varepsilon_{\mathrm{r}}}$，还可以相应地定义 3 个主折射率 n_x、n_y、n_z。

对于自然界中的晶体，由于其空间对称性不同，它们的相对介电常数张量的形式也不同，其中三斜、单斜和正交晶系的相对主介电系数 $\varepsilon_{xx}\neq\varepsilon_{yy}\neq\varepsilon_{zz}$，这几类晶体在光学上称为双轴晶体；三方、四方、六方晶系的相对主介电系数 $\varepsilon_{xx}=\varepsilon_{yy}\neq\varepsilon_{zz}$，这几类晶体在光学上称为单轴晶体；立方晶系在光学上是各向同性的，有 $\varepsilon_{xx}=\varepsilon_{yy}=\varepsilon_{zz}$。

（2）晶体光学的基本方程

由麦克斯韦方程(4-5)和(4-6)出发，将其中的 $\boldsymbol{H}$ 消去，可以得到

$$\boldsymbol{D}=-\frac{n^2}{\mu_0 c}\boldsymbol{k}\times(\boldsymbol{k}\times\boldsymbol{E})=\varepsilon_0 n^2[\boldsymbol{E}-\boldsymbol{k}(\boldsymbol{k}\cdot\boldsymbol{E})]\tag{4-112}$$

式中，$\boldsymbol{k}$ 为平面光波波法线方向的单位矢量。该式即为描述晶体光学特性的基本方程，其分量形式为

$$D_i=\varepsilon_0 n^2[E_i-k_i(\boldsymbol{k}\cdot\boldsymbol{E})]\qquad i=x,y,z\tag{4-113}$$

在主轴坐标系中，将(4-111)式代入，经过整理可得

$$\frac{k_x^2}{\frac{1}{n^2}-\frac{1}{\varepsilon_{xx}}}+\frac{k_y^2}{\frac{1}{n^2}-\frac{1}{\varepsilon_{yy}}}+\frac{k_z^2}{\frac{1}{n^2}-\frac{1}{\varepsilon_{zz}}}=0\tag{4-114}$$

将其展开，可以得到关于 n^2 的二次方程，即

$$n^4(\varepsilon_{xx}k_x^2+\varepsilon_{yy}k_y^2+\varepsilon_{zz}k_z^2)-n^2[\varepsilon_{xx}\varepsilon_{yy}(k_x^2+k_y^2)+\varepsilon_{yy}\varepsilon_{zz}(k_y^2+k_z^2)+\varepsilon_{zz}\varepsilon_{xx}(k_z^2+k_x^2)]+\varepsilon_{xx}\varepsilon_{yy}\varepsilon_{zz}=0\tag{4-115}$$

上二式描述了晶体中传播的平面光波波法线方向 $\boldsymbol{k}$ 与相应的折射率和晶体的主介电常数之间的关系，称为波法线菲涅耳方程。

利用上述基本方程讨论平面光波在晶体中的传播特性，实际上是求解晶体中传播简正模的问题。晶体中相应于某一波法线方向有两个可传播的简正模，它们满足双正交性条件[16]：

$$\boldsymbol{E}^{(m)} \cdot \boldsymbol{D}^{(n)} = \delta_{mn} \tag{4-116}$$

其光电场矢量方向、电位移矢量方向及光线方向的关系如图 4-1 所示。在一般情况下，这两个简正模的本征折射率或速度不相等。

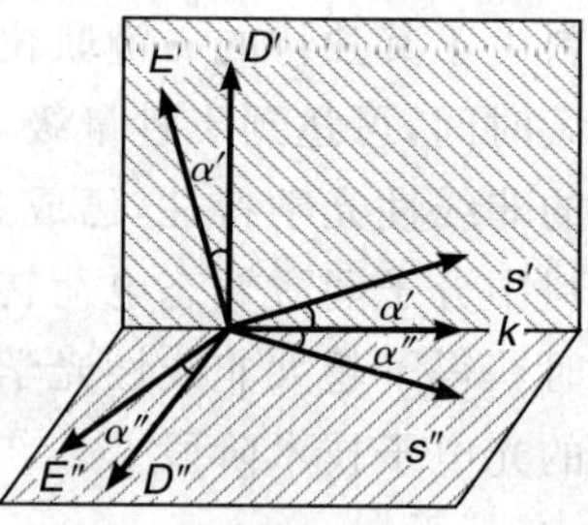

图 4-1 与给定 k 相应的 D、E、S 的方向

(3)光在晶体中的传播规律

1)各向同性介质

在各向同性介质中，$\varepsilon_{xx} = \varepsilon_{yy} = \varepsilon_{zz} = \varepsilon_r = n_0^2$，将其代入方程(4-115)式，可得折射率 n 为

$$n = \sqrt{\varepsilon_r} = n_0 \tag{4-117}$$

若令 $\boldsymbol{e}$ 是一个传播简正模光电场方向的单位矢量，并假定

$$\boldsymbol{E}^{(1)} = \frac{\boldsymbol{e}}{N_1} \tag{4-118}$$

相应的电位移矢量为

$$\boldsymbol{D}^{(1)} = \varepsilon \boldsymbol{E}^{(1)} = \varepsilon \frac{\boldsymbol{e}}{N_1} \tag{4-119}$$

式中，N_1 是归一化常数，利用(4-116)式，可得 $N_1 = \sqrt{\varepsilon}$ 。对于另一个传播的简正模，根据双正交性条件，应有 $\boldsymbol{D}^{(2)} \perp \boldsymbol{E}^{(1)}$ ，可得

$$\boldsymbol{D}^{(2)} = \frac{\boldsymbol{k} \times \boldsymbol{e}}{N_2} \tag{4-120}$$

$$\boldsymbol{E}^{(2)} = \frac{\boldsymbol{k} \times \boldsymbol{e}}{\varepsilon N_2} \tag{4-121}$$

式中的归一化常数为 $N_2 = 1/\sqrt{\varepsilon}$ 。

因此，在各向同性介质中，两个传播简正模的 $\boldsymbol{E}$ 和 $\boldsymbol{D}$ 方向平行、可任意选取、都垂直于 $\boldsymbol{k}$，它们的折射率相等。

2)单轴晶体

单轴晶体的 $\varepsilon_{xx} = \varepsilon_{yy} = \varepsilon_{\perp} = n_o$，$\varepsilon_{zz} = \varepsilon_{\parallel} = n_e$ ，主轴 x、y 方向任意。如果选择主轴方向使得光波 $\boldsymbol{k}$ 在 yz 平面内，与 z 轴的夹角为 θ，则由(4-115)式，得

$$(n^2 - \varepsilon_{\perp})[n^2(\varepsilon_{\parallel}\cos^2\theta + \varepsilon_{\perp}\sin^2\theta) - \varepsilon_{\parallel}\varepsilon_{\perp}] = 0 \tag{4-122}$$

要满足上式第一个因子等于 0，即 $n^2 = \varepsilon_{\perp}$ 的简正模光波，其折射率与光波的传播方向无关，称为寻常光(o 光)，折射率为 n_o；对于由上式第二个因子等于 0 所确定的简正模光波，其折射率满足如下关系：

$$\frac{1}{n^2} = \frac{\cos^2\theta}{\varepsilon_{\perp}} + \frac{\sin^2\theta}{\varepsilon_{\parallel}} \tag{4-123}$$

表明该光波的折射率与光波的传播方向(θ)有关，称为非常光(e 光)，折射率表示为 $n_e(\theta)$。当 $\theta = 0$ 时，$n_e^2(\theta = 0) = \varepsilon_{\perp}$ ，即沿该方向传播的非常光的折射率与寻常光的折射率相等，$n_e(\theta = 0) = n_o$ ，通常称该方向(z 轴)为光轴方向；当 $\theta = \pi/2$ ，即光波垂直于光轴方向传播时，非常光的折射率为 $n_e(\theta = \pi/2) = n_e$ 。

对于寻常光，由基本方程(4-122)可以证明，其振动方向与光波传播方向 $\boldsymbol{k}$ 和光轴方向所组成的平面相垂直；对于非常光，可以证明其振动方向在光波传播方向 $\boldsymbol{k}$ 与光轴方向所组成的平面内。一般情况下，非常光的光电场矢量 $\boldsymbol{E}$ 与电位移矢量 $\boldsymbol{D}$ 方向不同，其间夹角为 α，且有

$$\tan\alpha = \frac{1}{2} n_e^2(\theta) \sin 2\theta \left(\frac{1}{\varepsilon_{\parallel}} - \frac{1}{\varepsilon_{\perp}}\right) \tag{4-124}$$

该 α 角实际上也就是光波波矢方向与光线(能量)方向之间的夹角。由于对我们所感兴趣的大多数情况，$\varepsilon_{\parallel}$

和 $\varepsilon_\perp$ 只相差百分之几，因而 $\tan\alpha$ 的值很小，可以用 α 代替。当 $\theta=0$ 或 $\pi/2$ 时，$\alpha=0$，这时光电场矢量 $\boldsymbol{E}$ 与 $\boldsymbol{k}$ 方向垂直；而对于 $\boldsymbol{k}$ 的其他方向，$\boldsymbol{E}$ 与 $\boldsymbol{k}$ 的方向并不垂直。

寻常光的简正模矢量满足如下关系：

$$\boldsymbol{D}^{(o)}=\varepsilon_0\boldsymbol{\varepsilon}_r\cdot\boldsymbol{E}^{(o)}=\varepsilon_0\varepsilon_\perp\boldsymbol{E}^{(o)} \tag{4-125}$$

如果用 $\boldsymbol{z}_0$ 表示光轴方向的单位矢量，则 $\boldsymbol{E}^{(o)}$ 平行于 $(\boldsymbol{k}\times\boldsymbol{z}_0)$。令

$$\boldsymbol{E}^{(o)}=\frac{\boldsymbol{k}\times\boldsymbol{z}_0}{N_o} \tag{4-126}$$

利用归一化条件和矢量代数公式，可以得到寻常光的归一化常数 N_o 为

$$N_o=\sqrt{\varepsilon_\perp[1-(\boldsymbol{k}\cdot\boldsymbol{z}_0)^2]} \tag{4-127}$$

对于非常光的简正模矢量，按(4-116)式应有 $\boldsymbol{D}^{(e)}\perp\boldsymbol{E}^{(o)}$，又因 $\boldsymbol{D}\perp\boldsymbol{k}$，所以 $\boldsymbol{D}^{(e)}$ 可表示为

$$\boldsymbol{D}^{(e)}=\frac{\boldsymbol{k}\times(\boldsymbol{k}\times\boldsymbol{z}_0)}{N_e} \tag{4-128}$$

相应的 $\boldsymbol{E}^{(e)}$ 为

$$\boldsymbol{E}^{(e)}=\frac{\boldsymbol{\varepsilon}^{-1}\cdot[\boldsymbol{k}\times(\boldsymbol{k}\times\boldsymbol{z}_0)]}{N_e} \tag{4-129}$$

利用归一化条件和矢量代数公式，可以求得非常光的归一化常数 N_e 为

$$N_e=\frac{1}{\sqrt{\varepsilon_0}\,n_e(\theta)}\sqrt{1-(\boldsymbol{k}\cdot\boldsymbol{z}_0)^2} \tag{4-130}$$

3）双轴晶体

介电张量 3 个主值都不相同的晶体具有两个光轴，称为双轴晶体。习惯上，主值按 $\varepsilon_{xx}<\varepsilon_{yy}<\varepsilon_{zz}$ 选取。所谓光轴，就是两个传播简正模具有相同相速度的方向。由(4-114)式可以证明，双轴晶体的两个光轴都在 xOz 平面内，并且与 z 轴的夹角分别为 β 和 $-\beta$，β 值由

$$\tan\beta=\sqrt{\frac{\varepsilon_{zz}(\varepsilon_{yy}-\varepsilon_{xx})}{\varepsilon_{xx}(\varepsilon_{zz}-\varepsilon_{yy})}} \tag{4-131}$$

给出。对于 β 小于 45° 的晶体，叫正双轴晶体；β 大于 45° 的晶体，叫负双轴晶体。由两个光轴构成的平面叫光轴面。

由(4-114)式可以证明，若光波法线方向与二光轴方向的夹角为 θ_1 和 θ_2，则相应的两个简正模的折射率满足下面的关系：

$$\frac{1}{n_{1,2}^2}=\frac{\cos^2[(\theta_1\pm\theta_2)/2]}{\varepsilon_{xx}}+\frac{\sin^2[(\theta_1\pm\theta_2)/2]}{\varepsilon_{zz}} \tag{4-132}$$

当 $\theta_1=\theta_2=\theta$ 时，即当波法线方向 $\boldsymbol{k}$ 在二光轴角平分面内时，相应两个简正模的折射率为

$$n_1=\sqrt{\varepsilon_{xx}} \tag{4-133}$$

$$n_2=\left(\frac{\cos^2\theta}{\varepsilon_{xx}}+\frac{\sin^2\theta}{\varepsilon_{zz}}\right)^{-1/2} \tag{4-134}$$

双轴晶体传播简正模矢量可由(4-112)式和(4-116)式求得，其电场和电位移矢量的分量形式分别为

$$E_i^{(m)}=\frac{k_i}{(n_m^2-\varepsilon_{ii})N^{(m)}} \tag{4-135}$$

$$D_i^{(m)}=\frac{\varepsilon_0\varepsilon_{ii}k_i}{(n_m^2-\varepsilon_{ii})N^{(m)}}\qquad i=x,y,z,m=1,2 \tag{4-136}$$

其中

$$N^{(m)}=\left[\varepsilon_0\sum_{i=x,y,z}\frac{\varepsilon_{ii}k_i^2}{(n_m^2-\varepsilon_{ii})^2}\right]^{1/2} \tag{4-137}$$

2. 平面光波在晶体中传播特性的几何法描述

光波在晶体中的传播规律除了利用上述解析方法进行严格的描述外，还可以利用一些几何图形描述。这里，根据非线性光学的实际应用，简单介绍折射率椭球和折射率曲面：

(1)折射率椭球

由光的电磁理论,在主轴坐标系中,晶体中的电能密度为

$$w_e = \frac{1}{2}\boldsymbol{E}\cdot\boldsymbol{D} = \frac{1}{2\varepsilon_0}\left(\frac{D_x^2}{\varepsilon_{xx}} + \frac{D_y^2}{\varepsilon_{yy}} + \frac{D_z^2}{\varepsilon_{zz}}\right) \tag{4-138}$$

在给定电能密度 w_e 的情况下,若用 $\boldsymbol{r}^2$ 代替 $\boldsymbol{D}^2/(2w_e\varepsilon_0)$,上式可简化为

$$\frac{x^2}{\varepsilon_{xx}} + \frac{y^2}{\varepsilon_{yy}} + \frac{z^2}{\varepsilon_{zz}} = 1 \tag{4-139}$$

或

$$\frac{x^2}{n_x^2} + \frac{y^2}{n_y^2} + \frac{z^2}{n_z^2} = 1 \tag{4-140}$$

这是一个在归一化 $\boldsymbol{D}$ 空间中的椭球,称为主轴坐标系中的折射率椭球方程。

利用折射率椭球可以确定晶体内沿任意方向 $\boldsymbol{k}$ 传播的两个简正模的折射率和电位移矢量 $\boldsymbol{D}$ 的方向[10]:从折射率椭球的坐标原点绘出波法线矢量 $\boldsymbol{k}$,再过坐标原点作与 $\boldsymbol{k}$ 垂直的平面,该平面与椭球相交的截线是一个椭圆,则:①与波法线方向 $\boldsymbol{k}$ 相应的两个简正模的折射率分别等于这个椭圆两个主轴的半轴长;②与波法线方向 $\boldsymbol{k}$ 相应的两个简正模的电位移矢量的振动方向分别平行于这个椭圆两个主轴的方向。

据此,折射率椭球可表示为 $\boldsymbol{r} = n\boldsymbol{d}$,$\boldsymbol{d}$ 为电位移矢量方向的单位矢量。

(2)折射率曲面

为了更直接地表示出与每一个波法线方向 $\boldsymbol{k}$ 相应的两个简正模折射率的大小,人们引入了折射率曲面。折射率曲面的矢径为 $\boldsymbol{r} = n\boldsymbol{k}$,它是一个双壳层曲面。

实际上,根据折射率曲面的意义,(4-114)式就是它在主轴坐标系中的极坐标方程,其直角坐标方程为

$$(n_x^2x^2 + n_y^2y^2 + n_z^2z^2)(x^2 + y^2 + z^2) - [n_x^2(n_y^2 + n_z^2)x^2 + n_y^2(n_z^2 + n_x^2)y^2 + n_z^2(n_x^2 + n_y^2)z^2] + n_x^2n_y^2n_z^2 = 0 \tag{4-141}$$

它是一个四次曲面方程。

对于立方晶体,$n_x = n_y = n_z = n_0$,将其代入(4-141)式,可得

$$x^2 + y^2 + z^2 = n_0^2 \tag{4-142}$$

这个折射率曲面是一个半径为 n_0 的球面,在任意 $\boldsymbol{k}$ 方向上,折射率都等于 n_0,在光学上是各向同性的。

对于单轴晶体,$n_x = n_y = n_o, n_z = n_e$,将其代入(4-141)式,可得

$$\left.\begin{aligned} x^2 + y^2 + z^2 &= n_o^2 \\ \frac{x^2 + y^2}{n_e^2} + \frac{z^2}{n_o^2} &= 1 \end{aligned}\right\} \tag{4-143}$$

可见,单轴晶体的折射率曲面是由半径为 n_o 的球面和以 z 轴为旋转轴的旋转椭球构成的双层曲面,球面对应 o 光的折射率曲面,旋转椭球对应 e 光的折射率曲面,该二曲面在 z 轴上相切,z 轴为光轴。对于正单轴晶体,$n_e > n_o$,球面内切于椭球;对于负单轴晶体,$n_o > n_e$,球面外切于椭球。与 z 轴夹角为 θ 的波法线方向 $\boldsymbol{k}$ 与折射率曲面相交时,相应的 o 光折射率为 n_o,e 光折射率为 $n_e(\theta)$:

$$n_e(\theta) = \frac{n_o n_e}{\sqrt{n_o^2\sin^2\theta + n_e^2\cos^2\theta}} \tag{4-144}$$

对于双轴晶体,$n_x \neq n_y \neq n_z$,相应于(4-141)式所示的四次曲面在 3 个主轴截面上的截线都是一个圆加上一个同心椭圆。

折射率曲面在非线性光学相位匹配技术中,有极其重要的应用。

(二)非线性光学耦合波方程

在非线性光学现象中,总是存在着光波之间的耦合。非线性光学耦合波方程是描述光波在非线性介质中传播规律的基本方程。

由光的电磁理论,非磁、均匀电介质中的波动方程为

$$\nabla^2 \boldsymbol{E} = \mu_0 \sigma \frac{\partial \boldsymbol{E}}{\partial t} + \mu_0 \varepsilon_0 \frac{\partial^2 \boldsymbol{E}}{\partial t^2} + \mu_0 \frac{\partial^2 \boldsymbol{P}}{\partial t^2} \tag{4-145}$$

式中，σ 是电导率；极化强度 $\boldsymbol{P}$ 包括了线性极化强度 $\boldsymbol{P}_{\mathrm{L}}$ 和非线性极化强度 $\boldsymbol{P}_{\mathrm{NL}}$，$\boldsymbol{P}(\omega_n, \boldsymbol{r}) = \boldsymbol{P}_{\mathrm{L}}(\omega_n, \boldsymbol{r}) + \boldsymbol{P}_{\mathrm{NL}}(\omega_n, \boldsymbol{r})$。在频域内，相应于每个频谱分量的光电场复振幅满足的波动方程为

$$\nabla^2 \boldsymbol{E}(\omega_n, \boldsymbol{r}) = -\mathrm{i}\sigma\mu_0\omega_n \boldsymbol{E}(\omega_n, \boldsymbol{r}) - \mu_0\varepsilon_0\omega_n^2 \boldsymbol{E}(\omega_n, \boldsymbol{r}) - \mu_0\omega_n^2 \boldsymbol{P}(\omega_n, \boldsymbol{r}) \tag{4-146}$$

1. 线性介质中单色平面波的波动方程

如果只考虑介质的线性响应，则由方程(4-146)可以得到熟知的波动方程：

$$\nabla^2 \boldsymbol{E}(\omega_n, \boldsymbol{r}) = -\mathrm{i}\mu_0\sigma\omega_n \boldsymbol{E}(\omega_n, \boldsymbol{r}) - \mu_0\omega_n^2 \boldsymbol{\varepsilon}(\omega_n) \cdot \boldsymbol{E}(\omega_n, \boldsymbol{r}) \tag{4-147}$$

式中，介电常数张量 $\boldsymbol{\varepsilon}(\omega_n) = \varepsilon_0(1 + \boldsymbol{\chi}^{(1)}(\omega_n))$。该波动方程的平面波解为

$$\boldsymbol{E}(\omega_n, \boldsymbol{r}) = E(\omega_n)\boldsymbol{a}(\omega_n)\mathrm{e}^{\mathrm{i}\boldsymbol{k}_n \cdot \boldsymbol{r}} \tag{4-148}$$

其中，$E(\omega_n)$ 为光电场的复振幅；$\boldsymbol{a}(\omega_n)$ 为光电场振动方向的单位矢量；$\boldsymbol{k}_n$ 为波矢，在介质有损耗的情况下，$\sigma \neq 0$，k_n 是复数；在介质无损耗的情况下，k_n 是实数。

假定平面波沿 z 方向传播，光电场复振幅 $E(\omega_n, z)$ 满足慢变化振幅近似条件：

$$\left| \frac{\mathrm{d}E(\omega_n, z)}{\mathrm{d}z} k_n \right| \gg \frac{\mathrm{d}^2 E(\omega_n, z)}{\mathrm{d}z^2} \tag{4-149}$$

(4-147)式可以简化为

$$2\mathrm{i}k_n \boldsymbol{a}(\omega_n) \frac{\mathrm{d}E(\omega_n, z)}{\mathrm{d}z} - \boldsymbol{a}(\omega_n)E(\omega_n, z)k_n^2 + \mathrm{i}\mu_0\sigma\omega_n E(\omega_n, z)\boldsymbol{a}(\omega_n) + \mu_0\omega_n^2 E(\omega_n, z)\boldsymbol{\varepsilon}(\omega_n) \cdot \boldsymbol{a}(\omega_n) = 0 \tag{4-150}$$

若介质无损耗，光电场复振幅 $E(\omega_n)$ 不随 z 变化，方程(4-150)可变化为

$$k_n^2 \boldsymbol{z}_0 \times (\boldsymbol{z}_0 \times \boldsymbol{a}(\omega_n)) + \mu_0\omega_n^2 \boldsymbol{\varepsilon}(\omega_n) \cdot \boldsymbol{a}(\omega_n) = 0 \tag{4-151}$$

该式与(4-112)式相同，它就是光电场复振幅为 1 的单色平面波在线性介质中传播时所满足的基本方程。

2. 稳态情况下的非线性耦合波方程

若不计介质的损耗，波动方程(4-146)可变为

$$\nabla^2 \boldsymbol{E}(\omega_n, z) + \mu_0\omega_n^2 \boldsymbol{\varepsilon}(\omega_n) \cdot \boldsymbol{E}(\omega_n, z) = -\mu_0\omega_n^2 \boldsymbol{P}_{\mathrm{NL}}(\omega_n, z) \tag{4-152}$$

求解该方程时，可将非线性激励项作为线性响应的一种微扰来处理，其解设为

$$\boldsymbol{E}(\omega_n, z) = E(\omega_n, z)[\boldsymbol{a}(\omega_n) + \boldsymbol{b}(\omega_n, z)]\mathrm{e}^{\mathrm{i}k_n z} \tag{4-153}$$

即光电场的振动方向和复振幅都是 z 的函数，且复振幅是 z 的慢变化函数。将该式代入(4-152)式，略去高阶项，并略去 $\boldsymbol{P}_{\mathrm{NL}}(\omega_n, z)$ 中的 $\boldsymbol{b}(\omega_n, z)$，用 $\boldsymbol{P}'_{\mathrm{NL}}(\omega_n, z)$ 替代，经过运算，在近似认为光电场矢量垂直于波法线方向 $\boldsymbol{k}_n$ 的情况下，得到光电场复振幅 $E(\omega_n, z)$ 满足的微分方程为

$$\frac{\mathrm{d}E(\omega_n, z)}{\mathrm{d}z} = \frac{\mathrm{i}\mu_0\omega_n^2}{2k_n} \boldsymbol{a}(\omega_n) \cdot \boldsymbol{P}'_{\mathrm{NL}}(\omega_n, z)\mathrm{e}^{-\mathrm{i}k_n z} \tag{4-154}$$

由于频率为 ω_n 的光电场 $E(\omega_n, z)$ 通过非线性极化强度 $\boldsymbol{P}'_{\mathrm{NL}}(\omega_n, z)$ 与其他频率的光电场相关，所以该方程就是平面光波在稳态条件下的非线性耦合波方程，它是讨论光波混频过程的基本方程。

3. 准单色波的非线性耦合波方程[8]

在非线性光学中，经常采用的光波是准单色波，其光电场表示式为

$$\boldsymbol{E}(z, t) = \overline{\boldsymbol{E}}_{\omega_0}(z, t)\mathrm{e}^{-\mathrm{i}(\omega_0 t - kz)} \tag{4-155}$$

在 $\sigma = 0$ 时，准单色波满足的波动方程为

$$\frac{\partial^2 \boldsymbol{E}(z, t)}{\partial z^2} = \mu_0 \frac{\partial^2 \boldsymbol{D}(z, t)}{\partial t^2} + \mu_0 \frac{\partial^2 \boldsymbol{P}_{\mathrm{NL}}(z, t)}{\partial t^2} \tag{4-156}$$

式中，电位移矢量 $\boldsymbol{D}(z, t) = \int \varepsilon(\omega_0 + \Omega)\boldsymbol{E}(\omega_0 + \Omega)\mathrm{e}^{\mathrm{i}kz}\mathrm{e}^{-\mathrm{i}(\omega_0 + \Omega)t}\mathrm{d}\Omega$。在弱色散情况下，利用慢变化包络近似，(4-156)式可简化为

$$\frac{\partial \overline{E}_{\omega_0}(z, t)}{\partial z} + \frac{1}{v_{\mathrm{g}}} \frac{\partial \overline{E}_{\omega_0}(z, t)}{\partial t} = \mathrm{i}\frac{\mu_0\omega_0^2}{2k} \boldsymbol{a} \cdot \overline{\boldsymbol{P}}_{\omega_0}^{\mathrm{NL}}(z, t)\mathrm{e}^{-\mathrm{i}kz} \tag{4-157}$$

该式即是时域准单色波的耦合波方程，式中的 v_g 是准单色波在介质中传播的群速度。

(三)非线性光学相位匹配[6]

相位匹配是非线性光学中极其重要的概念和技术，它直接决定了某个非线性光学过程的效率，或者说它是使所需要的非线性光学过程在众多可能发生的非线性光学过程中占优势的条件。

1. 相位匹配概念

首先，以二次谐波产生过程为例，从辐射的相干叠加观点出发，说明相位匹配的概念。

频率为 ω 的基波射入非线性介质，由于二次非线性效应，产生了频率为 2ω 的二阶非线性极化强度，该极化强度作为激励源将产生频率为 2ω 的二次谐波辐射，这就是二次谐波的产生过程。设介质对基波和二次谐波辐射的折射率为 n_1 和 n_2，又设基波光电场表示式为

$$\boldsymbol{E}_\omega = \boldsymbol{E}_1 \cos(\omega t - k_1 z) \tag{4-158}$$

则频率为 2ω 的极化强度 $\boldsymbol{P}_{2\omega}^{(2)}(t)$ 表示式为

$$\boldsymbol{P}_{2\omega}^{(2)}(t) = \frac{1}{2}\varepsilon_0 \boldsymbol{\chi}^{(2)}(\omega,\omega) : \boldsymbol{E}_1\boldsymbol{E}_1 \cos(2\omega t - 2k_1 z) \tag{4-159}$$

该式已利用了极化率张量的时间反演对称性：$\boldsymbol{\chi}^{(2)}(\omega,\omega) = \boldsymbol{\chi}^{(2)}(-\omega,-\omega)$。由该式可看出，$\boldsymbol{P}_{2\omega}^{(2)}(t)$ 的空间变化由 $2k_1$ 决定，而不是由 $k_2 = n_2 2\omega/c$ 决定，它将发射频率为 2ω 的辐射。在介质输出端，总的二次谐波场为

$$E_{2\omega} = \int_0^L \mathrm{d}E_{2\omega} \propto 2\cos\left[2\omega t - \frac{(2k_1 + k_2)L}{2}\right] \frac{\sin\left(\frac{\Delta kL}{2}\right)}{\Delta k} \tag{4-160}$$

式中，$\Delta k = 2k_1 - k_2$。由此可以得到介质输出端的二次谐波的辐射强度为

$$I_{2\omega} \propto \frac{\sin^2\left(\frac{\Delta kL}{2}\right)}{(\Delta k)^2} \propto \frac{\sin^2\left[\frac{\omega}{c}(n_1 - n_2)L\right]}{(n_1 - n_2)^2} \tag{4-161}$$

由于介质的色散效应，在一般情况下，$n_1 \neq n_2$，即 $\Delta k \neq 0$，因此介质中各处所产生 $\mathrm{d}E_{2\omega}$ 的相位因子是 z 的函数，这意味着介质不同处所贡献的输出二次谐波辐射不能同相位叠加，甚至相互抵消，使总的二次谐波输出强度很小。只有当 $\Delta k = 0$ 时，相位因子才与 z 无关，总的二次谐波功率输出达到最大值。$\Delta k = 0$ 时，称为相位匹配，而称 $\Delta k \neq 0$ 时为相位失配。

相位失配时，在介质内传播的距离上，后一时刻和前一时刻位置所产生的二次谐波辐射之间，只有当 $\Delta kz/2 = \omega(n_1 - n_2)z/c = (2m+1)\pi/2$ 时，它们所辐射的二次谐波才是互相加强的。通常定义 $\Delta kL/2 = \omega(n_1 - n_2)L/c = \pi/2$ 时的介质长度为相干长度 L_C，且有

$$L_C = \frac{\lambda_1}{4(n_1 - n_2)} \tag{4-162}$$

在正常色散的情况下，L_C 约为几十微米至 100 μm。

在相位匹配的情况下：$\Delta k = 0$，因此有

$$2k_1 = k_2 \tag{4-163}$$

或

$$n_1 = n_2 \tag{4-164}$$

$$\nu_1 = \nu_2 \tag{4-165}$$

通常将上面三式所给出的条件称为相位匹配条件。

实际上，从辐射的量子观点看，二次谐波产生过程就是由两个基波光子组合一起形成一个二次谐波光子的过程。这种过程必须同时遵守能量守恒条件：

$$\hbar\omega + \hbar\omega = \hbar 2\omega \tag{4-166}$$

和动量守恒条件：

$$\hbar \boldsymbol{k}_1 + \hbar \boldsymbol{k}_1 = \hbar \boldsymbol{k}_2 \tag{4-167}$$

可见，上面讲的相位匹配条件与此处的动量守恒条件等效。

进一步，将二次谐波产生过程中的相位匹配概念推广到多波混频的非线性光学过程中，例如，对于 $\omega_1+\omega_2=\omega_3$ 的三波混频过程，相位匹配条件为

$$\boldsymbol{k}_1+\boldsymbol{k}_2=\boldsymbol{k}_3 \tag{4-168}$$

式中，$\boldsymbol{k}_1$、$\boldsymbol{k}_2$ 和 $\boldsymbol{k}_3$ 是频率为 ω_1、ω_2 和 ω_3 的三束光波在非线性介质中的波矢。与这个过程相联系的相干长度为

$$L_C=\frac{\pi}{|\boldsymbol{k}_1+\boldsymbol{k}_2-\boldsymbol{k}_3|} \tag{4-169}$$

如果三束光波的波矢在同一直线上，叫共线相位匹配，相位匹配条件也可表示为

$$n_1\omega_1+n_2\omega_2=n_3\omega_3 \tag{4-170}$$

三束光波的波矢不在同一直线上的相位匹配叫非共线相位匹配。

2. 相位匹配技术

由上所述，在二次谐波产生过程中，相位匹配条件是指基波和二次谐波在介质中的传播速度相等或折射率相等，而对于一般光学介质，由于色散效应，其折射率随着频率变化，不可能自然地实现相位匹配，要想满足相位匹配条件必须采取某种相位匹配技术。

(1)角度相位匹配技术——临界相位匹配

1)角度相位匹配

角度相位匹配是利用晶体的双折射特性补偿晶体色散效应的相位匹配技术。角度相位匹配的基本思想是恰当地选择相互作用光波的偏振特性，使其沿着特定的相位匹配角 θ_m 方向传播，满足相位匹配条件。

根据非线性过程相互作用光波的偏振关系，角度相位匹配分类为第Ⅰ类相位匹配和第Ⅱ类相位匹配：第Ⅰ类相位匹配是指入射二混频光波的偏振方向平行，第Ⅱ类相位匹配是指入射二混频光波的偏振方向垂直。对于不同的晶体，其光波偏振性质不同，相应的相位匹配条件不同。

A. 单轴晶体情况

表 4-5 给出了二次谐波产生过程中单轴晶体的共线相位匹配条件，其相位匹配角度 θ_m 可根据单轴晶体中的光波折射率关系：

寻常光(o 光)　　n_o

非常光(e 光)　　$\dfrac{1}{n_e^2(\theta)}=\dfrac{\sin^2\theta}{n_e^2}+\dfrac{\cos^2\theta}{n_o^2}$

和相位匹配条件计算给出：

$$(\theta_m^{\mathrm{I}})^{负}=\arcsin\left[\left(\frac{n_e^{2\omega}}{n_o^{\omega}}\right)^2\frac{(n_o^{2\omega})^2-(n_o^{\omega})^2}{(n_o^{2\omega})^2-(n_e^{2\omega})^2}\right]^{1/2} \tag{4-171}$$

$$(\theta_m^{\mathrm{I}})^{正}=\arcsin\left[\left(\frac{n_e^{\omega}}{n_o^{2\omega}}\right)^2\frac{(n_o^{\omega})^2-(n_o^{2\omega})^2}{(n_o^{\omega})^2-(n_e^{\omega})^2}\right]^{1/2} \tag{4-172}$$

$$(\theta_m^{\mathrm{II}})^{正}=\arcsin\left\{\frac{[n_o^{\omega}/(2n_o^{2\omega}-n_o^{\omega})]^2-1}{(n_o^{\omega}/n_e^{\omega})^2-1}\right\}^{1/2} \tag{4-173}$$

$$\left[\frac{\cos^2(\theta_m^{\mathrm{II}})^{负}}{(n_o^{2\omega})^2}+\frac{\sin^2(\theta_m^{\mathrm{II}})^{负}}{(n_e^{2\omega})^2}\right]^{-1/2}=\frac{1}{2}\left\{n_o^{\omega}+\left[\frac{\cos^2(\theta_m^{\mathrm{II}})^{负}}{(n_o^{\omega})^2}+\frac{\sin^2(\theta_m^{\mathrm{II}})^{负}}{(n_e^{\omega})^2}\right]^{-1/2}\right\} \tag{4-174}$$

表 4-5　单轴晶体的相位匹配条件

晶体种类	第Ⅰ类相位匹配		第Ⅱ类相位匹配	
	偏振性质	相位匹配条件	偏振性质	相位匹配条件
正单轴晶体	e+e→o	$n_e^{\omega}(\theta_m)=n_o^{2\omega}$	o+e→o	$\frac{1}{2}[n_o^{\omega}+n_e^{\omega}(\theta_m)]=n_o^{2\omega}$
负单轴晶体	o+o→e	$n_o^{\omega}=n_e^{2\omega}(\theta_m)$	e+o→e	$\frac{1}{2}[n_e^{\omega}(\theta_m)+n_o^{\omega}]=n_e^{2\omega}(\theta_m)$

利用晶体的折射率曲面可以很清楚地理解角度相位匹配的方法。图 4-2 示出了负单轴晶体的基波频率

和二次谐波频率的折射率曲面，其中，基波 o 光折射率曲面与二次谐波 e 光折射率曲面有上下两个圆交线（图(a)只画出了第 1 卦限的情况），相应于交点的传播方向与 z（光）轴方向的夹角为第Ⅰ类相位匹配角 θ_m^{I} 。当晶体中的二基波均以 o 光偏振、沿着 θ_m^{I} 方向传播时，将与所产生的 e 光二次谐波满足相位匹配条件：$n_o^{\omega}=n_e^{2\omega}(\theta_m^{\mathrm{I}})$，这就是第Ⅰ类相位匹配。当晶体中的二基波分别以 o 光和 e 光偏振、沿着图中的第Ⅱ类相位匹配角 θ_m^{II} 方向传播时，将与所产生的 e 光二次谐波满足相位匹配条件：$[n_e^{\omega}(\theta_m^{\mathrm{II}})+n_o^{\omega}]/2=n_e^{2\omega}(\theta_m^{\mathrm{II}})$，这就是第Ⅱ类相位匹配。利用图示的折射率曲面，也可以确定非共线传播时的相位匹配角度。

应当指出的是，并不是任意晶体对任意波长都能实现角度相位匹配。如果晶体的双折射特性不足以补偿其频率色散效应，例如图 4-2 中的基波 o 光折射率曲面与二次谐波 e 光折射率曲面不相交，就不能实现角度相位匹配。

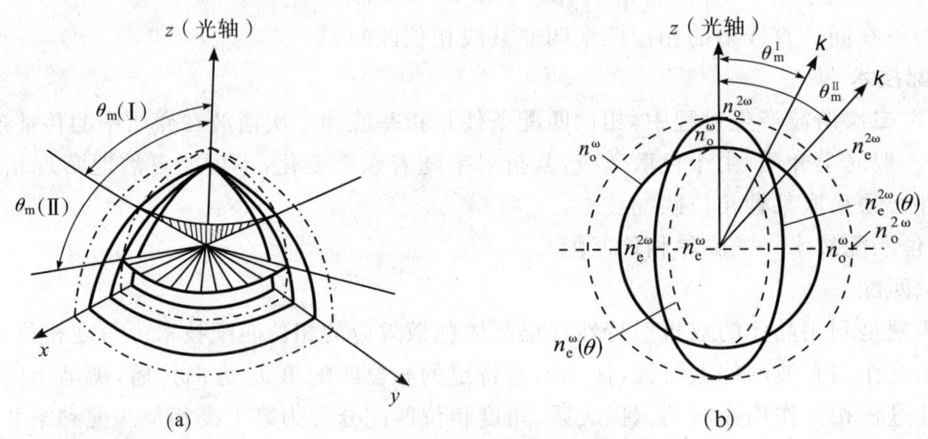

图 4-2　负单轴晶体的相位匹配曲面

B. 双轴晶体情况

双轴晶体中，如图 4-3(a)所示，相应于任一传播方向 $\boldsymbol{k}$ 的两个简正模均为非常光，一般标为 e_1 和 e_2 。e_1 光表示折射率大的慢光，e_2 光表示折射率小的快光，其折射率均与传播方向（θ,φ）有关，可由下式表示：

$$\frac{\sin^2\theta\cos^2\varphi}{n^{-2}-n_x^{-2}}+\frac{\sin^2\theta\sin^2\varphi}{n^{-2}-n_y^{-2}}+\frac{\cos^2\theta}{n^{-2}-n_z^{-2}}=0 \tag{4-175}$$

有关双轴晶体共线相位匹配的问题，人们已进行了许多研究[17]，但对于非共线相位匹配，因双轴晶体固有的复杂性，一般的研究较少。对于共线第Ⅰ类相位匹配，两个基波取同一慢光（e_1）偏振，二次谐波取快波（e_2）偏振，相位匹配要求：

$$n_{e_1}^{\omega}(\theta_m,\varphi_m)=n_{e_2}^{2\omega}(\theta_m,\varphi_m) \tag{4-176}$$

对于第Ⅱ类相位匹配，两个基波分别取相互垂直的 e_1 光和 e_2 光，二次谐波取 e_2 光，相位匹配要求：

$$\frac{1}{2}[n_{e_1}^{\omega}(\theta_m,\varphi_m)+n_{e_2}^{\omega}(\theta_m,\varphi_m)]=n_{e_2}^{2\omega}(\theta_m,\varphi_m) \tag{4-177}$$

利用计算机数值法求解方程(4-175)、(4-176)和(4-175)、(4-177)，即可求出相应的相位匹配角（θ_m，φ_m）。注意到 θ_m 与 φ_m 是一一对应的，即有许多组（θ_m,φ_m）方向可以实现相位匹配。图 4-3(b)中给出了满足 $n_z^{2\omega}>n_z^{\omega}$、$n_y^{2\omega}>n_y^{\omega}$、$n_x^{2\omega}>n_x^{\omega}$ 以及 $n_x^{2\omega}>(n_x^{\omega}+n_y^{\omega})/2$、$n_y^{2\omega}>(n_y^{\omega}+n_z^{\omega})/2$ 的双轴晶体，其第Ⅰ类和第Ⅱ类相位匹配的方向[18]。第Ⅰ类相位匹配的方向在围绕光轴的锥面内，第Ⅱ类相位匹配的方向在围绕光轴和 z 轴的锥面内。该图右上角示出的是相位匹配面在（x,z）平面内的投影图。

2)有效非线性光学系数 d_{eff}

在实际工作中，为了使所需要的非线性过程效率最高，除了考虑相位匹配条件之外，还必须考虑非线性介质的特性，即考虑其二阶非线性极化率 $\boldsymbol{\chi}$ 的特性。

在非线性光学应用中，实验工作者更习惯于使用非线性光学系数 $\boldsymbol{d}$ 。对于二次谐波的产生过程，非线性光学系数 $\boldsymbol{d}$ 与二阶非线性极化率 $\boldsymbol{\chi}^{(2)}$ 的关系为

$$2d_{ijk}(-2\omega,\omega,\omega)=\chi_{ijk}^{(2)}(-2\omega,\omega,\omega)\qquad(i,j,k=1,2,3) \tag{4-178}$$

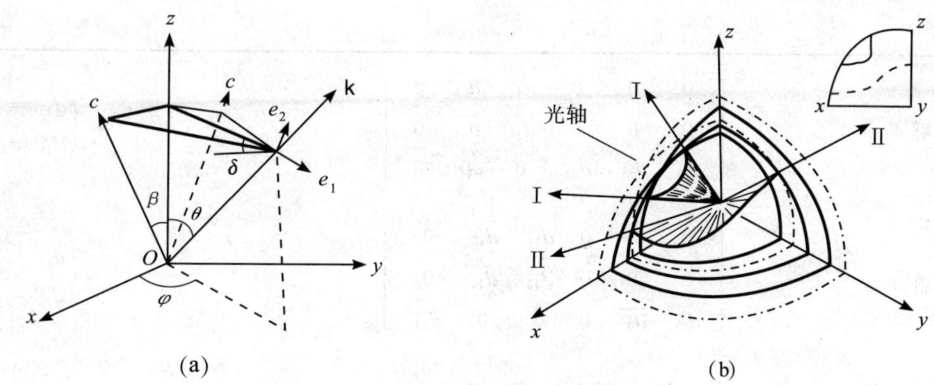

图 4-3　双轴晶体的相位匹配曲面

在满足透明介质的克莱曼对称条件下，$\chi_{ijk}^{(2)}$ 的脚标可以任意交换而与频率无关，上式可写成 $2d_{ijk}=\chi_{ijk}^{(2)}$ 。若采用简化脚标，可表示为

$$2d_{il}=\chi_{ijk}^{(2)}\quad(i,j,k=1,2,3\ ;\ l=1,2,3,4,5,6)\tag{4-179}$$

根据(4-65)式，二次谐波极化强度与光电场的关系可写成如下矩阵形式：

$$\begin{bmatrix}P_x\\P_y\\P_z\end{bmatrix}=2\varepsilon_0\begin{bmatrix}d_{11}&d_{12}&d_{13}&d_{14}&d_{15}&d_{16}\\d_{21}&d_{22}&d_{23}&d_{24}&d_{25}&d_{26}\\d_{31}&d_{32}&d_{33}&d_{34}&d_{35}&d_{36}\end{bmatrix}\begin{bmatrix}E_x^2\\E_y^2\\E_z^2\\2E_yE_z\\2E_zE_x\\2E_xE_y\end{bmatrix}\tag{4-180}$$

对于不同的晶体，可以根据其空间对称性进行不同的约化。表 4-6 给出了 21 种无中心对称晶体的非线性光学系数矩阵形式。

表 4-6　21 种无中心对称对称晶体的非线性光学系数矩阵

说明：①非线性光学系数张量元 d_{il} 的脚标 i 取 1、2、3，l 取 1 ～ 6；②下表右边为满足克莱曼对称性的关系式。

三斜	点群 1	$\begin{bmatrix}d_{11}&d_{12}&d_{13}&d_{14}&d_{15}&d_{16}\\d_{21}&d_{22}&d_{23}&d_{24}&d_{25}&d_{26}\\d_{31}&d_{32}&d_{33}&d_{34}&d_{35}&d_{36}\end{bmatrix}$	$\begin{cases}d_{12}=d_{26}\\d_{13}=d_{35}\\d_{14}=d_{25}=d_{36}\\d_{15}=d_{31}\\d_{16}=d_{21}\\d_{23}=d_{34}\\d_{24}=d_{32}\end{cases}$
单斜	点群 2	$\begin{bmatrix}0&0&0&d_{14}&0&d_{16}\\d_{21}&d_{22}&d_{23}&0&d_{25}&0\\0&0&0&d_{34}&0&d_{36}\end{bmatrix}$	$\begin{cases}d_{14}=d_{25}=d_{36}\\d_{16}=d_{21}\\d_{23}=d_{34}\end{cases}$
	点群 m	$\begin{bmatrix}d_{11}&d_{12}&d_{13}&0&d_{15}&0\\0&0&0&d_{24}&0&d_{26}\\d_{31}&d_{32}&d_{33}&0&d_{35}&0\end{bmatrix}$	$\begin{cases}d_{12}=d_{26}\\d_{13}=d_{35}\\d_{15}=d_{31}\\d_{24}=d_{32}\end{cases}$
正交	点群 222	$\begin{bmatrix}0&0&0&d_{14}&0&0\\0&0&0&0&d_{25}&0\\0&0&0&0&0&0\end{bmatrix}$	$d_{14}=d_{25}=d_{36}$
	$mm2$	$\begin{bmatrix}0&0&0&0&d_{15}&0\\0&0&0&d_{24}&0&0\\d_{31}&d_{32}&d_{33}&0&0&0\end{bmatrix}$	$\begin{cases}d_{15}=d_{31}\\d_{24}=d_{32}\end{cases}$

续表

四角	点群 4*	$\begin{bmatrix} 0 & 0 & 0 & d_{14} & d_{15} & 0 \\ 0 & 0 & 0 & d_{15} & \overline{d_{14}} & 0 \\ d_{31} & d_{31} & d_{33} & 0 & 0 & 0 \end{bmatrix}$	$\begin{cases} d_{15}=d_{31} \\ d_{14}=0 \end{cases}$
	点群 $\bar{4}$	$\begin{bmatrix} 0 & 0 & 0 & d_{14} & d_{15} & 0 \\ 0 & 0 & 0 & \overline{d_{15}} & d_{14} & 0 \\ d_{31} & \overline{d_{31}} & 0 & 0 & 0 & d_{36} \end{bmatrix}$	$\begin{cases} d_{14}=d_{36} \\ d_{15}=d_{31} \end{cases}$
	点群 422	$\begin{bmatrix} 0 & 0 & 0 & d_{14} & 0 & 0 \\ 0 & 0 & 0 & 0 & \overline{d_{14}} & 0 \\ 0 & 0 & 0 & 0 & 0 & 0 \end{bmatrix}$	$d_{14}=0$
	点群 4*mm*	$\begin{bmatrix} 0 & 0 & 0 & 0 & d_{15} & 0 \\ 0 & 0 & 0 & d_{15} & 0 & 0 \\ d_{31} & d_{31} & d_{33} & 0 & 0 & 0 \end{bmatrix}$	$d_{15}=d_{31}$
	点群 $\bar{4}2m$	$\begin{bmatrix} 0 & 0 & 0 & d_{14} & 0 & 0 \\ 0 & 0 & 0 & 0 & d_{14} & 0 \\ 0 & 0 & 0 & 0 & 0 & d_{36} \end{bmatrix}$	$d_{14}=d_{36}$
立方	点群 432	$\begin{bmatrix} 0 & 0 & 0 & 0 & 0 & 0 \\ 0 & 0 & 0 & 0 & 0 & 0 \\ 0 & 0 & 0 & 0 & 0 & 0 \end{bmatrix}$	
	点群 $\bar{4}3\,m$	$\begin{bmatrix} 0 & 0 & 0 & d_{14} & 0 & 0 \\ 0 & 0 & 0 & 0 & d_{14} & 0 \\ 0 & 0 & 0 & 0 & 0 & d_{14} \end{bmatrix}$	
	点群 23	$\begin{bmatrix} 0 & 0 & 0 & d_{14} & 0 & 0 \\ 0 & 0 & 0 & 0 & d_{14} & 0 \\ 0 & 0 & 0 & 0 & 0 & d_{14} \end{bmatrix}$	
三角	点群 3	$\begin{bmatrix} d_{11} & \overline{d_{11}} & 0 & d_{14} & d_{15} & \overline{d_{22}} \\ \overline{d_{22}} & d_{22} & 0 & d_{15} & \overline{d_{14}} & \overline{d_{11}} \\ d_{31} & d_{31} & d_{33} & 0 & 0 & 0 \end{bmatrix}$	$\begin{cases} d_{15}=d_{31} \\ d_{14}=0 \end{cases}$
	点群 32	$\begin{bmatrix} d_{11} & \overline{d_{11}} & 0 & d_{14} & 0 & 0 \\ 0 & 0 & 0 & 0 & \overline{d_{14}} & \overline{d_{11}} \\ 0 & 0 & 0 & 0 & 0 & 0 \end{bmatrix}$	$d_{14}=0$
	点群 3 *m*	$\begin{bmatrix} 0 & 0 & 0 & 0 & d_{15} & \overline{d_{22}} \\ \overline{d_{22}} & d_{22} & 0 & d_{15} & 0 & 0 \\ d_{31} & d_{31} & d_{33} & 0 & 0 & 0 \end{bmatrix}$	$d_{15}=d_{31}$
六角	点群 6	$\begin{bmatrix} 0 & 0 & 0 & d_{14} & d_{15} & 0 \\ 0 & 0 & 0 & d_{15} & \overline{d_{14}} & 0 \\ d_{31} & d_{31} & d_{33} & 0 & 0 & 0 \end{bmatrix}$	$\begin{cases} d_{15}=d_{31} \\ d_{14}=0 \end{cases}$
	点群 $\bar{6}$	$\begin{bmatrix} d_{11} & d_{11} & 0 & 0 & 0 & \overline{d_{22}} \\ \overline{d_{22}} & d_{22} & 0 & 0 & 0 & \overline{d_{11}} \\ 0 & 0 & 0 & 0 & 0 & 0 \end{bmatrix}$	

续表

点群 622	$\begin{bmatrix} 0 & 0 & 0 & d_{14} & 0 & 0 \\ 0 & 0 & 0 & 0 & \overline{d_{14}} & 0 \\ 0 & 0 & 0 & 0 & 0 & 0 \end{bmatrix}$	$d_{14}=0$
点群 6 *mm*	$\begin{bmatrix} 0 & 0 & 0 & 0 & d_{15} & 0 \\ 0 & 0 & 0 & d_{15} & 0 & 0 \\ d_{31} & d_{31} & d_{33} & 0 & 0 & 0 \end{bmatrix}$	$d_{15}=d_{31}$
点群 $\overline{6}\,m\,2$	$\begin{bmatrix} 0 & 0 & 0 & 0 & 0 & \overline{d_{22}} \\ \overline{d_{22}} & d_{22} & 0 & 0 & 0 & 0 \\ 0 & 0 & 0 & 0 & 0 & 0 \end{bmatrix}$	

* 考虑点群 4 的非线性光学系数矩阵有 $d_{25}=-d_{14}$，当克莱曼对称性满足时，有 $d_{25}=d_{14}$，故 $d_{14}=-d_{14}=0$。

在二次谐波产生过程满足相位匹配的情况下，晶体中只允许有两种独立的线偏振平面光波传播，在单轴晶体中即为 o 光和 e 光。对于如图 4-4 所示、在单轴晶体内沿 $\boldsymbol{k}(\theta,\varphi)$ 方向传播的光波，其 o 光和 e 光的光电场的分量表示式为

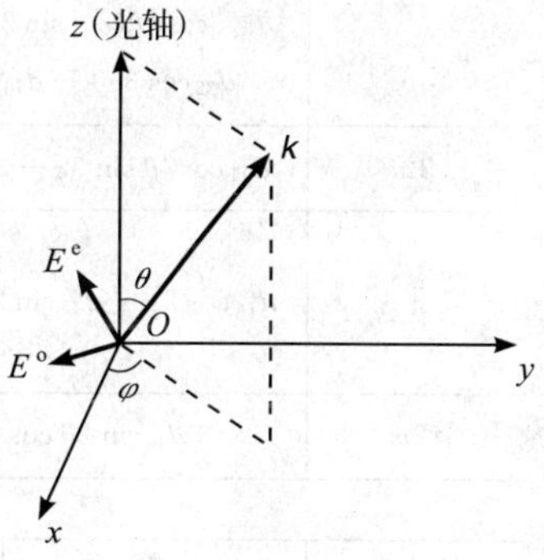

$$E_i^{\mathrm{o}}=|\boldsymbol{E}^{\mathrm{o}}|\begin{bmatrix}\sin\varphi\\ -\cos\varphi\\ 0\end{bmatrix}=|\boldsymbol{E}^{\mathrm{o}}|a_i\qquad i=x,y,z \tag{4-181}$$

$$E_i^{\mathrm{e}}=|\boldsymbol{E}^{\mathrm{e}}|\begin{bmatrix}-\cos\varphi\cos\theta\\ -\sin\varphi\cos\theta\\ \sin\theta\end{bmatrix}=|\boldsymbol{E}^{\mathrm{e}}|b_i\qquad i=x,y,z \tag{4-182}$$

图 4-4　单轴晶体中的 o 光和 e 光

根据(4-180)式，可以求出相应于 4 种相位匹配条件下 o 光和 e 光的有效二次谐波极化强度，并可在引入有效非线性光学系数 d_{eff} 后，表示为

$$P_{\mathrm{eff}}=2\varepsilon_0 d_{\mathrm{eff}}|\boldsymbol{E}_1||\boldsymbol{E}_2| \tag{4-183}$$

式中，$|\boldsymbol{E}_1|$ 和 $|\boldsymbol{E}_2|$ 分别为所涉及的二基波偏振方向上的光电场振幅，d_{eff} 为单轴晶体相应于各类相位匹配的有效非线性光学系数：

负单轴Ⅰ型
$$d_{\mathrm{eff}}=(2-\delta_{jk})b_i d_{ijk}a_j a_k \tag{4-184}$$
负单轴Ⅱ型
$$d_{\mathrm{eff}}=b_i d_{ijk}a_j b_k \tag{4-185}$$
正单轴Ⅰ型
$$d_{\mathrm{eff}}=(2-\delta_{jk})a_i d_{ijk}b_j b_k \tag{4-186}$$
正单轴Ⅱ型
$$d_{\mathrm{eff}}=a_i d_{ijk}a_j b_k \tag{4-187}$$

$$\delta_{jk}=\begin{cases}0, & j\neq k\\ 1, & j=k\end{cases}\qquad i,j,k=x,y,z \tag{4-188}$$

显然，在二次谐波的产生过程中，为了实现相位匹配条件，入射基波的传播方向和偏振方向都将偏离晶体的主轴方向，这就导致了对二次谐波产生有贡献的二阶非线性极化率(非线性光学系数)并非是某一个张量元，而是一些张量元的组合，有效非线性光学系数 d_{eff} 就是这种组合的结果，它与极化率张量元和光传播方向 (θ,φ) 有关。表 4-7 给出了所有非中心对称单轴晶体的有效非线性光学系数 d_{eff} 的表示式。

上述非线性光学系数 $\boldsymbol{d}$ 和有效非线性光学系数 d_{eff} 的概念也可以推广到三波混频过程中，这时只需要考虑到非线性光学系数 $\boldsymbol{d}$ 与相应的二阶非线性极化率 $\boldsymbol{\chi}$ 满足如下关系即可：

$$d_{ijk}(-(\omega_1+\omega_2),\omega_1,\omega_2)=\chi_{ijk}^{(2)}(-(\omega_1+\omega_2),\omega_1,\omega_2) \tag{4-189}$$

3)最佳相位匹配

上面指出，有效非线性光学系数 d_{eff} 的大小表征了相位匹配条件下入射偏振光产生二阶非线性极化强度的大小，它与角度 θ 和 φ 有关，其中的 θ 即是相位匹配角 θ_{m}。在实际应用中，最佳相位匹配是指相位匹配角 θ_{m} 确定后，恰当地选择光传播方向的方位角 φ，使有效非线性光学系数 d_{eff} 达到最大。例如 KDP 晶体，根

据使表 4-6 中有效非线性光学系数 $d_{\rm eff}$ 最大的要求，对于第Ⅰ类相位匹配应取 $\varphi=45°$，第Ⅱ类相位匹配应取 $\varphi=0°$ 或 90°。

表 4-7　非中心对称单轴晶体的有效非线性光学系数 $d_{\rm eff}$

(a)不考虑克莱曼近似关系

晶　类	eeo	oee	ooe	eoo
6 和 4	$-d_{14}\sin 2\theta$	$\frac{1}{2}d_{14}\sin 2\theta$	$d_{31}\sin\theta$	$d_{15}\sin\theta$
622 和 422	$-d_{14}\sin 2\theta$	$\frac{1}{2}d_{14}\sin 2\theta$	0	0
6*mm* 和 4*mm*	0	0	$d_{31}\sin\theta$	$d_{15}\sin\theta$
$\bar{6}m2$	$d_{22}\cos^2\theta\cos 3\varphi$	$d_{22}\cos^2\theta\cos 3\varphi$	$-d_{22}\cos\theta\sin 3\varphi$	$-d_{22}\cos\theta\sin 3\varphi$
$3m$	$d_{22}\cos^2\theta\cos 3\varphi$	$d_{22}\cos^2\theta\cos 3\varphi$	$d_{31}\sin\theta-d_{22}\cos\theta\sin 3\varphi$	$d_{15}\sin\theta-d_{22}\cos\theta\sin 3\varphi$
$\bar{6}$	$\cos^2\theta(d_{11}\sin 3\varphi+d_{22}\cos 3\varphi)$	$\cos^2\theta(d_{11}\sin 3\varphi+d_{22}\cos 3\varphi)$	$\cos\theta(d_{11}\cos 3\varphi-d_{22}\sin 3\varphi)$	$\cos\theta(d_{11}\cos 3\varphi-d_{22}\sin 3\varphi)$
3	$\cos^2\theta(d_{11}\sin 3\varphi+d_{22}\cos 3\varphi)-d_{14}\sin 2\theta$	$\cos^2\theta(d_{14}\sin 3\varphi+d_{22}\cos 3\varphi)+\frac{1}{2}d_{14}\sin 2\theta$	$\cos\theta(d_{11}\cos 3\varphi-d_{22}\sin 3\varphi)+d_{31}\sin\theta$	$\cos\theta(d_{11}\cos 3\varphi-d_{22}\sin 3\varphi)+d_{15}\sin\theta$
32	$d_{11}\cos^2\theta\sin 3\varphi-d_{14}\sin 2\theta$	$d_{11}\cos^2\theta\sin 3\varphi+\frac{1}{2}d_{14}\sin 2\theta$	$d_{11}\cos\theta\cos 3\varphi$	$d_{11}\cos\theta\cos 3\varphi$
$\bar{4}$	$d_{14}\cos 2\varphi-d_{15}\sin 2\varphi)\sin 2\theta$	$\frac{1}{2}(d_{14}+d_{36})\cos 2\varphi\sin 2\theta-\frac{1}{2}(d_{15}+d_{31})\sin 2\varphi\sin 2\theta$	$-\sin\theta(d_{31}\cos 2\varphi+d_{36}\sin 2\varphi)$	$-\sin\theta(d_{15}\cos 2\varphi+d_{14}\sin 2\varphi)$
$42m$	$d_{14}\sin 2\theta\cos 2\varphi$	$\frac{1}{2}(d_{14}+d_{36})\cos 2\varphi\sin 2\theta$	$-d_{36}\sin\theta\sin 2\varphi$	$-d_{14}\sin\theta\sin 2\varphi$

(b)克莱曼近似关系成立的情况

晶　类	eeo 及 oee	ooe 及 eoo	晶　类	eeo 及 oee	ooe 及 eoo
6 和 4	0	$d_{15}\sin\theta$	$\bar{6}$	$\cos^2\theta(d_{11}\sin 3\varphi+d_{22}\cos 3\varphi)$	$\cos\theta(d_{11}\cos 3\varphi-d_{22}\sin 3\varphi)$
622 和 422	0	0	3	$\cos^2\theta(d_{11}\sin 3\varphi+d_{22}\cos 3\varphi)$	$d_{15}\sin\theta+\cos\theta(d_{11}\cos 3\varphi-d_{22}\sin 3\varphi)$
6*mm* 和 4*mm*	0	$d_{15}\sin\theta$	32	$d_{11}\cos^2\theta\sin 3\varphi$	$d_{11}\cos\theta\cos 3\varphi$
$\bar{6}m2$	$d_{22}\cos^2\theta\cos 3\varphi$	$-d_{22}\cos\theta\sin 3\varphi$	$\bar{4}$	$\sin 2\theta(d_{14}\cos 2\varphi-d_{15}\sin 2\varphi)$	$-\sin\theta(d_{14}\sin 2\varphi+d_{15}\cos 2\varphi)$
$3m$	$d_{22}\cos^2\theta\cos 3\varphi$	$d_{15}\sin\theta-d_{22}\cos\theta\sin 3\varphi$	$\bar{4}2m$	$d_{14}\sin 2\theta\cos 2\varphi$	$-d_{14}\sin\theta\sin 2\varphi$

4)角度相位匹配问题

角度相位匹配简单易行，但是在应用过程中，存在着诸如离散效应、输入光谱宽和输入光发散引起相位失配等问题，并因其对相位匹配角的偏离非常敏感，常称之为临界相位匹配。

A. 离散效应

离散效应是指单轴晶体中，由于一般的相位匹配角不等于 90°，导致所产生的二次谐波和基波光在空间走离的效应。这种离散效应限制了两光束的空间交叠，大大降低了二次谐波产生的效率。

在通常的负单轴晶体第Ⅰ类相位匹配的情况下，由于双折射而产生的离散角 α 满足如下关系：

$$\tan\alpha=\frac{1}{2}\,(n_{\rm o}^{\omega})^2\sin(2\theta_{\rm m})\left[\frac{1}{(n_{\rm o}^{2\omega})^2}-\frac{1}{(n_{\rm e}^{2\omega})^2}\right] \tag{4-190}$$

于是，可由离散角 α 按下式定义孔径长度 L_a 表征离散效应：

$$L_a=\frac{a}{\tan\alpha} \tag{4-191}$$

孔径长度 L_a 表示入射到晶体上的基波光束所产生的二次谐波光束，经过该长度后与基波光在空间完全分离开来。

B. 相位匹配宽度

完全相位匹配 $\Delta k=0$ 时，二次谐波产生的输出最大。在实际工作中，总是允许有一定的相位失配量 Δk，而通常规定这一允许的相位失配量为[19]

$$|\Delta k|=\frac{\pi}{L} \tag{4-192}$$

式中，L 为晶体长度。这个允许的相位失配量相应于在小信号近似下，转换效率下降到完全相位匹配情况的 0.405，并称 $2|\Delta k|$ 为相位匹配宽度。

实际工作中，频率为 ω_0 的基波光总有一频谱宽度 $\Delta\omega$，其光谱分量会因偏离 ω_0 而相位失配。通常可以利用相位匹配宽度 Δk 的泰勒级数关系，得到工作频宽限制为

$$\Delta\omega = \frac{2\pi}{L}\left(\left.\frac{\partial \Delta k}{\partial \omega}\right|_{\omega_0}\right)^{-1} \tag{4-193}$$

在实际工作中，入射基波光的发散特性也会导致相位失配。对于偏离相位匹配角 $\Delta\theta = \theta - \theta_m$ 的光线，相应于负单轴晶体第Ⅰ类相位匹配的相位失配 Δk 为

$$\Delta k = \frac{\omega}{c}\sin 2\theta_m\,(n_o^\omega)^3\left[(n_e^{2\omega})^{-2} - (n_o^{2\omega})^{-2}\right]\Delta\theta \tag{4-194}$$

相应于第Ⅱ类相位匹配为

$$\Delta k = \frac{\omega}{c}\sin 2\theta_m\left\{\frac{1}{2}\left[n_e^\omega(\theta_m)\right]^3\left[(n_e^\omega)^{-2} - (n_o^\omega)^{-2}\right] - \left[n_e^{2\omega}(\theta_m)\right]^3\left[(n_e^{2\omega})^{-2} - (n_o^{2\omega})^{-2}\right]\right\}\Delta\theta \tag{4-195}$$

在双折射和色散都不大的晶体中，可以由上二式利用允许的相位失配量关系，近似得到允许的偏离相位匹配的角宽度 $\Delta\theta$ 为

$$\Delta\theta = \frac{2\pi c}{A\omega L\sin 2\theta_m\left[n_o^\omega - n_e^\omega\right]} \tag{4-196}$$

对于第Ⅰ类相位匹配，$A=2$；对于第Ⅱ类相位匹配，$A=1$。

(2)温度相位匹配——非临界相位匹配

考察如图 4-5 所示的晶体折射率曲面，如果能使相位匹配角 $\theta_m = 90°$，即在垂直于光轴的方向上实现相位匹配，则光束的离散效应可以消除，光束发散的限制也可以放宽，这种相位匹配方式称为 90°相位匹配。90°相位匹配可以利用有些晶体（如 $LiNbO_3$，KDP 等）的双折射与色散是其温度敏感函数的特点，通过适当调节晶体的温度得以实现。例如，某些在室温下实现第Ⅰ类相位匹配的负单轴晶体，如果具有正的色散温度特性及负的双折射温度特性，就可以在某一温度 T_m 时，$\theta_m = 90°$，有 $n_o^\omega = n_e^{2\omega}$。正单轴晶体的情况与之相反。因此，90°相位匹配又常称为温度相位匹配。由于温度相位匹配对角度的偏离不甚敏感，所以又叫做非临界相位匹配。表 4-8 给出了几种常用 90°相位匹配晶体的相位匹配温度。

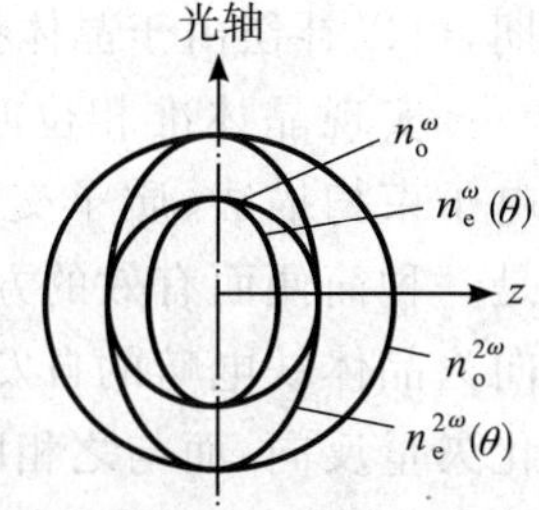

图 4-5　90°相位匹配时的折射率曲面

表 4-8　晶体的相位匹配温度

晶体	基频光波长 /μm	相位匹配温度 /℃	容许偏差 /(×10⁻² ℃·m)
KH_2PO_4	1.06	23	3.5
	0.514 5	−13.7	3.5
KD_2PO_4	1.06	20	6.7
	0.694 3	25	6.7
	0.532	40.5	6.7
$NH_4H_2PO_4$	1.06	23	0.8
	0.694 3	23	0.8
	0.532	50	0.8
CsD_2AsO_4	1.06	−100	6.0
$LiIO_3$	0.694 3	23	
$LiNbO_3$	1.064	−8～165	
	1.15	169～281	
$KTiOPO_4$	1.06	23	<50.0
$Ba_2NaNb_5O_{15}$	1.06	−100	0.6

显然,相应于相位匹配宽度,90°相位匹配存在一个允许的温度宽度。对于负单轴晶体第Ⅰ类相位匹配,其值为

$$\Delta T=\frac{c\pi}{\omega L}\left|\frac{\partial}{\partial T}[n_o^{\omega}(T)-n_e^{2\omega}(T)]\right|_{T=T_m}\right|^{-1} \tag{4-197}$$

第Ⅱ类相位匹配,其值为

$$\Delta T=\frac{2c\pi}{\omega L}\left|\frac{\partial}{\partial T}[n_o^{\omega}(T)+n_e^{\omega}(T)-n_e^{2\omega}(T)]\right|_{T=T_m}\right|^{-1} \tag{4-198}$$

对于正单轴晶体第Ⅰ类相位匹配,其值为

$$\Delta T=\frac{c\pi}{\omega L}\left|\frac{\partial}{\partial T}[n_e^{\omega}(T)-n_o^{2\omega}(T)]\right|_{T=T_m}\right|^{-1} \tag{4-199}$$

第Ⅱ类相位匹配,其值为

$$\Delta T=\frac{2c\pi}{\omega L}\left|\frac{\partial}{\partial T}[n_o^{\omega}(T)+n_e^{\omega}(T)-n_o^{2\omega}(T)]\right|_{T=T_m}\right|^{-1} \tag{4-200}$$

式中,T_m 为相位匹配温度。

(3)准相位匹配(QPM)

1)准相位匹配的概念

准相位匹配是20世纪90年代发展起来的一种新型相位匹配技术[20],它是在介电体超晶格中实现的。所谓介电体超晶格是指在介电晶体中引入可与光波波长、声波波长相比拟的周期性结构,通常称为光学超晶格、声学超晶格或微米超晶格,采用超晶格倒格矢描述。通过人工调制超晶格的倒格矢,即调制超晶格的周期,可以补偿由于晶体折射率色散产生的波矢失配,这就是准相位匹配。

实现晶体准相位匹配有多种方法,例如晶体生长条纹法、电子束扫描法、质子交换法、周期极化法等。其中周期极化法是一种简便而有效的方法,结构原理如图4-6所示。图中↑方向为晶体铁电畴的自发极化方向,相邻两薄片铁电畴的自发极化矢量反向,而与之相联系的物理性质,如非线性光学系数、线性电光系数等等值、反号。因此,这类单晶体的物理性质不再是常数,而是周期性函数,可以补偿积累的相位失配。周期极化晶体已在 $LiNbO_3$、$LiTaO_3$、$KTiOPO_4$ 等晶体中实现,它们在周期极化后变成PPLN、PPLT、PPKTP晶体等,并已用于准相位匹配器件中。

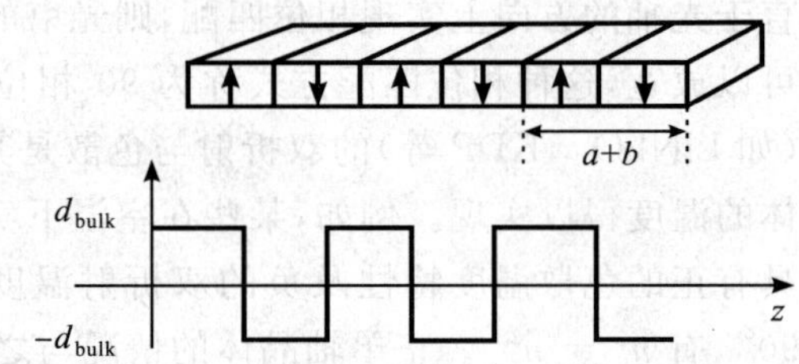

图4-6 周期极化晶体准相位匹配原理示意图

a、b分别为正负畴厚度

2)准相位匹配原理[21]

由非线性耦合波方程(4-154)出发,考虑到准相位匹配晶体的非线性光学系数沿传播方向周期性分布,二次谐波产生中的 d 应由 $d(z)$ 代替,并可将其傅里叶展开:

$$d(z)=d_{\text{bulk}}\left(\sum_{m=-\infty}^{\infty}a_m e^{im\frac{2\pi}{\Lambda}z}\right) \tag{4-201}$$

式中,Λ 是 $d(z)$ 的周期。二次谐波产生耦合波方程为

$$\frac{dE_2}{dz}=\frac{i\omega}{n_2c}d_{\text{bulk}}|E_1|^2\sum_{m=-\infty}^{\infty}a_m e^{i(m\frac{2\pi}{\Lambda}-k_2+2k_1)z} \tag{4-202}$$

如果某个整数 m 满足条件

$$m\frac{2\pi}{\Lambda}=k_2-2k_1 \tag{4-203}$$

实现相位匹配,可将(4-202)式中的非相位匹配项忽略,改写成

$$\frac{dE_2}{dz}=\frac{i\omega}{n_2c}d_{\text{bulk}}a_m|E_1|^2 e^{i(m\frac{2\pi}{\Lambda}-k_2+2k_1)z} \tag{4-204}$$

$$a_m=\frac{1}{\Lambda}\int_0^{\Lambda}\frac{d(z)}{d_{\text{bulk}}}e^{-im\frac{2\pi}{\Lambda}z}dz \tag{4-205}$$

对于如图4-6所示的最简单情况,$d(z)$ 每经 $\Lambda/2$ 在 d_{bulk} 和 $-d_{\text{bulk}}$ 间交替变化。在这种情况下,有

$$a_m = \frac{1-\cos m\pi}{m\pi} \qquad m \neq 0 \tag{4-206}$$

如果选择 $m=1$，则有效非线性光学系数为

$$d_{\text{eff}} = a_m d_{\text{bulk}} = \frac{2}{\pi} d_{\text{bulk}} \tag{4-207}$$

由(4-204)式可见，原则上准相位匹配结构可以产生与理想相位匹配($\Delta k=0$)情况同样的转换效率，只是要求较长的作用长度，其长度补偿因子是 $d_{\text{bulk}}/d_{\text{eff}} = a_m^{-1}$ 。

(4)气态工作物质中的相位匹配

在实际的非线性光学过程中，有时采用碱金属蒸气作为非线性介质。这种碱金属蒸气能够提供合适的能级，使所采用的激光频率满足三阶非线性极化率共振增强的要求，从而可以大大提高非线性过程的效率。对于这种气态介质，可以利用附加缓冲气体调节非线性介质的折射率来补偿色散，达到相位匹配的目的。

图 4-7 示出了铷(Rb)蒸气中三次谐波产生过程的相位匹配原理。由图可见，基波(1.06 μm)和三次谐波(0.35 μm)处在铷蒸气的反常色散区(相应于 5s－5p 跃迁，光波长 0.795～0.78 μm)的两侧，因而 $\Delta k = k_3 - 3k_1 < 0$。为了实现相位匹配，可以根据气体折射率与其压强(原子数密度)的关系，通过充入具有正常色散的惰性气体氙(Xe)，调整充入氙气与铷蒸气的压强比，即可改变混合气体相应波长的折射率，使得 $\Delta k = k_3 - 3k_1 = 3\omega_1(n_3 - n_1)/c = 0$ 。

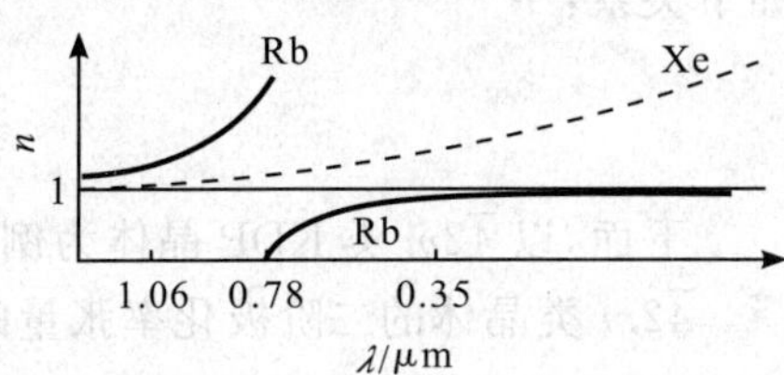

图 4-7 铷和氙的色散曲线

为了计算所需要的缓冲气体对碱金属蒸气的压强比，必须知道其折射率与波长的关系。对于碱金属蒸气，其折射率由塞尔迈耶尔(Sellmaier)方程给出[8]：

$$n(\lambda) - 1 = \frac{N r_e}{2\pi} \sum_{i,j} \frac{\overline{\rho(i)} f_{ij}}{\frac{1}{\lambda_{ij}^2} - \frac{1}{\lambda^2}} \tag{4-208}$$

式中，N 是原子数密度，r_e 是经典电子半径，f_{ij} 是从能级 i 到能级 j（波长为 λ_{ij}）跃迁的振子强度，$\overline{\rho(i)}$ 是能级 i 的集居数百分数。蒸气的原子数密度 N 与蒸气压强 P 的关系是

$$N = 9.660\,84 \times 10^{24} \frac{P}{T} \quad (\text{原子数/m}^3) \tag{4-209}$$

式中，P 的单位是 Torr(1 Torr 约为 133 Pa)。在压强大约为 1 Torr 时，蒸气压 P 的近似表示式为

$$P = e^{(-\frac{a}{T}+d)} \tag{4-210}$$

式中，a 和 b 为常数。对于缓冲气体 Xe，在标准温度和气压(STP)下，其折射率表示式为[22]

$$n_{\text{Xe}} - 1 \approx \left\{ \frac{393\,235}{46.301\,2 - 10^{-8}/\lambda^2} + \frac{393\,235}{59.577\,9 - 10^{-8}/\lambda^2} + \frac{7\,366\,100}{139.831\,0 - 10^{-8}/\lambda^2} \right\} \times 10^{-8} \tag{4-211}$$

式中，波长的单位为 cm。

第三节 稳态非线性光学效应

本节利用非线性光学的基本理论，讨论几种稳态非线性光学效应。这些稳态非线性光学效应构成了当前非线性光学的主要研究内容，并逐渐发展成为一些较成熟的非线性光学技术，获得了广泛的应用。

一、二阶非线性光学效应

二阶非线性光学效应是由二阶非线性极化率引起的光学现象。因为具有中心反演对称性的介质不存在二阶非线性，所以这里讨论的非线性介质均为无中心反演对称性的介质。另外，这里讨论的现象都是远离共振区的，因而介质的极化率都是实数，具有完全对易对称性和时间反演对称性。

(一)线性电光效应[23]

线性电光效应也叫做普克尔效应。这种效应是指晶体受到直流电场或低频电场作用时，其光学性质发

生变化，具体地讲，其折射率的变化与外加电场成线性关系。

线性电光效应是一种特殊的二阶非线性光学效应，参与非线性作用的两个电场中，一个是光电场 $\boldsymbol{E}(\omega)$，另一个是低频电场或直流电场 $\boldsymbol{E}_0$，所产生的二阶非线性极化强度为

$$P_{\mu}^{(2)}(\omega)=2\varepsilon_0\chi_{\mu\alpha\beta}^{(2)}(\omega,0)E_{\alpha}(\omega)E_{0\beta} \tag{4-212}$$

介质的电位移矢量为

$$D_{\mu}=\varepsilon_0(\varepsilon_{\mu\alpha}+2\chi_{\mu\alpha\beta}^{(2)}E_{0\beta})=\varepsilon_0(\varepsilon_{\mu\alpha})_{\mathrm{eff}}E_{\alpha} \tag{4-213}$$

式中，$(\varepsilon_{\mu\alpha})_{\mathrm{eff}}$ 为有效相对介电张量。因此，直流电场的作用可视为使频率为 ω 的相对介电张量产生了一个变化量 $\delta\varepsilon_{\mu\alpha}(\omega)$：

$$\delta\varepsilon_{\mu\alpha}(\omega)=2\chi_{\mu\alpha\beta}^{(2)}(\omega,0)E_{0\beta} \tag{4-214}$$

在实际工作中，晶体的线性电光效应经常采用线性电光系数 $\gamma_{\mu\alpha\beta}$ 表征，它与二阶非线性极化率 $\chi_{\mu\alpha\beta}^{(2)}(\omega,0)$ 有如下关系：

$$\gamma_{\mu\alpha\beta}=-\frac{2\chi_{\mu\alpha\beta}^{(2)}(\omega,0)}{\varepsilon_{\mathrm{r}\mu\mu}\varepsilon_{\mathrm{r}\alpha\alpha}} \tag{4-215}$$

下面，以 $\bar{4}2m$ 类 KDP 晶体为例，利用解析法分析线性电光效应。

$\bar{4}2m$ 类晶体的二阶极化率张量的矩阵形式为

$$\begin{bmatrix} 0 & 0 & 0 & \chi_{xyz}^{(2)} & \chi_{xzy}^{(2)} & 0 & 0 & 0 & 0 \\ 0 & 0 & 0 & 0 & 0 & \chi_{xzy}^{(2)} & \chi_{xyz}^{(2)} & 0 & 0 \\ 0 & 0 & 0 & 0 & 0 & 0 & 0 & \chi_{zxy}^{(2)} & \chi_{zxy}^{(2)} \end{bmatrix}$$

假定外加直流电场平行于光轴（z 轴）方向，KDP 晶体的有效相对介电张量为

$$(\boldsymbol{\varepsilon}_{\mathrm{r}})_{\mathrm{eff}}=\begin{bmatrix} \varepsilon_{xx} & 2\chi_{xyz}^{(2)}E_{0z} & 0 \\ 2\chi_{xyz}^{(2)}E_{0z} & \varepsilon_{xx} & 0 \\ 0 & 0 & \varepsilon_{zz} \end{bmatrix} \tag{4-216}$$

将 $(\boldsymbol{\varepsilon}_{\mathrm{r}})_{\mathrm{eff}}$ 代入描述晶体光学性质的基本方程(4-112)，得到

$$\begin{bmatrix} \varepsilon_{xx} & 2\chi_{xyz}^{(2)}E_{0z} & 0 \\ 2\chi_{xyz}^{(2)}E_{0z} & \varepsilon_{xx} & 0 \\ 0 & 0 & \varepsilon_{zz}+k_zk_zn^2 \end{bmatrix}\begin{bmatrix} E_x(\omega) \\ E_y(\omega) \\ E_z(\omega) \end{bmatrix}=\begin{bmatrix} n^2 & 0 & 0 \\ 0 & n^2 & 0 \\ 0 & 0 & n^2 \end{bmatrix}\begin{bmatrix} E_x(\omega) \\ E_y(\omega) \\ E_z(\omega) \end{bmatrix} \tag{4-217}$$

求解该方程，并利用(4-215)式关系，可得沿 z 方向传播的两个简正模的折射率为

$$\left.\begin{aligned} n_1&=n_{\mathrm{o}}+\frac{1}{2}n_{\mathrm{o}}^3\gamma_{63}E_{0z} \\ n_2&=n_{\mathrm{o}}-\frac{1}{2}n_{\mathrm{o}}^3\gamma_{63}E_{0z} \end{aligned}\right\} \tag{4-218}$$

式中，γ_{63} 是线性电光系数张量元素经脚标简化后的线性电光系数矩阵元。

进一步，将折射率 n_1 和 n_2 分别代入基本方程(4-217)，可以求得相应的简正模矢量为

$$\boldsymbol{E}_1=\boldsymbol{E}_0(\omega)\begin{bmatrix} 1 \\ -1 \end{bmatrix} \tag{4-219}$$

$$\boldsymbol{E}_2=\boldsymbol{E}_0(\omega)\begin{bmatrix} 1 \\ 1 \end{bmatrix} \tag{4-220}$$

这表明，两个简正模的光电场分量 $E_z(\omega)=0$，它们是沿 z 方向传播的横波，其光电场振动方向正交，且均与主轴坐标 x 和 y 方向成 45°夹角。

由上述分析可见，沿 KDP 晶体的光轴（z 轴）方向外加直流电场 E_{0z} 时，将使得沿 z 方向传播的二简正模经过距离 L 后，产生相对相移（电光延迟）：

$$\Delta\varphi=\frac{2\pi}{\lambda}\Delta nL=\frac{4\pi\chi_{xyz}^{(2)}E_{0z}L}{\lambda n_{\mathrm{o}}}=\frac{2\pi}{\lambda}n_{\mathrm{o}}^3\gamma_{63}U \tag{4-221}$$

式中，U 为沿晶体光轴方向外加的直流电压。

线性电光效应现已被广泛地应用在激光技术中。

(二)三波混频过程

三波混频过程是指非线性介质中3个特定频率光波间的相互作用。例如,对于频率为 ω_1 和 ω_2 的光波,通过二阶非线性作用,产生频率为 $\omega_3 = \omega_1 + \omega_2$ 的非线性极化强度,进而产生频率为 ω_3 的光辐射场,这就是和频产生过程;如果 ω_1 和 ω_3 通过二阶非线性作用,产生频率为 ω_2 的非线性极化强度,进而产生频率为 ω_2 的光辐射场,这就是差频产生过程。要想在非线性介质中保证这个和频或差频产生过程发生,必须要满足相位匹配条件:$\boldsymbol{k}_1 + \boldsymbol{k}_2 - \boldsymbol{k}_3 = 0$。这个相位匹配条件的满足,可以使我们只考虑 ω_1、ω_2 和 $\omega_3 = \omega_1 + \omega_2$ 这3个频率间的光波耦合,而完全不考虑它们与所有其他频率光波间的任何耦合。

1. 三波混频的耦合波方程组

在三波混频过程中,频率为 ω_1、ω_2 和 $\omega_3 = \omega_1 + \omega_2$ 的非线性极化强度为

$$\boldsymbol{P}'_{\mathrm{NL}}(\omega_1, z) = 2\varepsilon_0 \boldsymbol{\chi}^{(2)}(\omega_3, -\omega_2) : \boldsymbol{a}(\omega_3)\boldsymbol{a}(\omega_2) E(\omega_3, z) E^*(\omega_2, z) \mathrm{e}^{\mathrm{i}(k_3 - k_2)z} \tag{4-222}$$

$$\boldsymbol{P}'_{\mathrm{NL}}(\omega_2, z) = 2\varepsilon_0 \boldsymbol{\chi}^{(2)}(\omega_3, -\omega_1) : \boldsymbol{a}(\omega_3)\boldsymbol{a}(\omega_1) E(\omega_3, z) E^*(\omega_1, z) \mathrm{e}^{\mathrm{i}(k_3 - k_1)z} \tag{4-223}$$

$$\boldsymbol{P}'_{\mathrm{NL}}(\omega_3, z) = 2\varepsilon_0 \boldsymbol{\chi}^{(2)}(\omega_1, \omega_2) : \boldsymbol{a}(\omega_1)\boldsymbol{a}(\omega_2) E(\omega_1, z) E(\omega_2, z) \mathrm{e}^{\mathrm{i}(k_1 + k_2)z} \tag{4-224}$$

若令

$$\Delta k = k_3 - k_1 - k_2 \tag{4-225}$$

并考虑到非线性极化率的完全对易对称性,引入有效非线性极化率 $\chi_{\mathrm{eff}}^{(2)}$:

$$\begin{aligned}\chi_{\mathrm{eff}}^{(2)} &= \boldsymbol{\chi}^{(2)}(\omega_1, \omega_2) \vdots \boldsymbol{a}(\omega_3)\boldsymbol{a}(\omega_1)\boldsymbol{a}(\omega_2) \\ &= \boldsymbol{\chi}^{(2)}(\omega_3, -\omega_2) \vdots \boldsymbol{a}(\omega_1)\boldsymbol{a}(\omega_3)\boldsymbol{a}(\omega_2) \\ &= \boldsymbol{\chi}^{(2)}(\omega_3, -\omega_1) \vdots \boldsymbol{a}(\omega_2)\boldsymbol{a}(\omega_3)\boldsymbol{a}(\omega_1)\end{aligned} \tag{4-226}$$

根据稳态平面光波的非线性耦合波方程(4-154),可以得到三波混频耦合波方程为

$$\frac{\mathrm{d}E(\omega_1, z)}{\mathrm{d}z} = \frac{\mathrm{i}\,\omega_1^2}{k_1 c^2} \chi_{\mathrm{eff}}^{(2)} E(\omega_3, z) E^*(\omega_2, z) \mathrm{e}^{\mathrm{i}\Delta kz} \tag{4-227}$$

$$\frac{\mathrm{d}E(\omega_2, z)}{\mathrm{d}z} = \frac{\mathrm{i}\,\omega_2^2}{k_2 c^2} \chi_{\mathrm{eff}}^{(2)} E(\omega_3, z) E^*(\omega_1, z) \mathrm{e}^{\mathrm{i}\Delta kz} \tag{4-228}$$

$$\frac{\mathrm{d}E(\omega_3, z)}{\mathrm{d}z} = \frac{\mathrm{i}\,\omega_3^2}{k_3 c^2} \chi_{\mathrm{eff}}^{(2)} E(\omega_1, z) E(\omega_2, z) \mathrm{e}^{-\mathrm{i}\Delta kz} \tag{4-229}$$

应当指出,这里的有效非线性极化率 $\chi_{\mathrm{eff}}^{(2)}$ 与前面讨论过的有效非线性光学系数 d_{eff} 相等。

2. 和频与差频的产生

(1)三波混频过程中的能量关系

根据平面光波能流密度 S_ω 的定义式

$$S_\omega = \frac{1}{2}\varepsilon \left| 2E(\omega) \right|^2 \nu \tag{4-230}$$

由三波混频耦合波方程组可以得到

$$S_{\omega_1} + S_{\omega_2} + S_{\omega_3} = \text{常数} \tag{4-231}$$

该式表明,当介质无损耗、三束耦合光波的频率远离共振区时,光场与介质之间没有能量交换,光波总能量通量在介质内处处相同,满足能量守恒。

此外,由(4-227)式至(4-231)式,还可以得到三波混频中光波能量关系的其他表示式:

$$\frac{S_{\omega_1}}{\omega_1} - \frac{S_{\omega_2}}{\omega_2} = \text{常数} \tag{4-232}$$

$$\frac{S_{\omega_1}}{\omega_1} + \frac{S_{\omega_3}}{\omega_3} = \text{常数} \tag{4-233}$$

$$\frac{S_{\omega_2}}{\omega_2} + \frac{S_{\omega_3}}{\omega_3} = \text{常数} \tag{4-234}$$

根据 $S_\omega / \hbar\omega$ 是频率为 ω 的光子的平均通量的关系,上面三式表明,在三波混频过程中,频率为 ω_1 和 ω_2 的光

子将一同产生或湮灭，而同时有一个频率为 ω_3 的光子湮灭或产生。通常称(4-232)式至(4-234)式所组成的关系为曼利-罗(Manley-Rowe)关系。

(2)和频与差频产生理论

假定入射到非线性介质中的光电场为 $E(\omega_1,0)$ 和 $E(\omega_2,0)$，在介质中产生频率为 ω_3 的和频光波。为确定这些光波在非线性介质中的传播规律，需要在该入射条件下求解耦合波方程组。

1)小信号近似理论处理

所谓小信号近似理论，是认为在光混频过程中，频率为 ω_1 和 ω_2 的光波强度改变很小，以至可认为它们的强度在光波耦合过程中不变化，仍保持为 $E(\omega_1,0)$ 和 $E(\omega_2,0)$，因此只需求解(4-229)式一个方程即可。在满足相位匹配条件 $\Delta k=0$ 的情况下，方程(4-229)的解为

$$E(\omega_3,z)=\frac{\mathrm{i}\,\omega_3^2}{k_3c^2}\chi_{\mathrm{eff}}^{(2)}E(\omega_1,0)E(\omega_2,0)z \tag{4-235}$$

这就是在小信号近似、满足相位匹配的条件下，非线性介质中和频光电场 $E(\omega_3,z)$ 的变化规律。

假设光电场采用如下表示形式：

$$\boldsymbol{E}(z,t)=\boldsymbol{a}(\omega)\left[\frac{1}{2}E_0(\omega_l,z)\mathrm{e}^{-\mathrm{i}(\omega_l t-k_l z+\varphi_{\omega_l})}\right]\qquad l=1,2,3 \tag{4-236}$$

则上述和频光电场的振幅大小为

$$E_0(\omega_3,z)=\frac{\omega_3^2}{2k_3c^2}\left|\chi_{\mathrm{eff}}^{(2)}\right|E_0(\omega_1,0)E_0(\omega_2,0)z \tag{4-237}$$

相位常数满足

$$\varphi_{\omega_3}-\varphi_{\omega_1}-\varphi_{\omega_2}\pm\frac{\pi}{2}=0 \tag{4-238}$$

2)大信号理论处理

所谓大信号理论，是指在光混频过程中 ω_1、ω_2 和 ω_3 光波强度都发生较大的变化，必须考虑 ω_1 和 ω_2 光波的抽空效应。此时，为确定光波在非线性介质中的传播规律，必须要同时求解(4-227)式至(4-229)式 3 个方程。在入射光电场振幅为 $E_0(\omega_1,0)$ 和 $E_0(\omega_2,0)$，且频率为 ω_2 的光场较弱的情况下，由耦合波方程组得到 $E_0(\omega_3,z)$ 的一般解为[24]

$$E_0(\omega_3,z)=\left(\frac{k_2\omega_3^2}{k_3\omega_2^2}\right)^{1/2}E_0(\omega_2,0)\,\mathrm{sn}(u,k) \tag{4-239}$$

其中

$$u=\frac{1}{2c^2}\left(\frac{\omega_2^2\omega_3^2}{k_2k_3}\right)^{1/2}\left|\chi_{\mathrm{eff}}^{(2)}\right|E_0(\omega_1,0)z \tag{4-240}$$

$$k=\left(\frac{\omega_1^2k_2}{\omega_2^2k_1}\right)^{1/2}\frac{E_0(\omega_2,0)}{E_0(\omega_1,0)} \tag{4-241}$$

这里，$\mathrm{sn}\,(u,k)$ 是以 u 和 k 为参变量的雅可比椭圆函数。

对于上述一般解，也可以利用光子通量 $N_\omega=S_\omega/\hbar\omega$ 的形式表示：

$$N_{\omega_3}(z)=N_{\omega_2}(0)\,\mathrm{sn}^2\left[\frac{z}{l_{\mathrm{M}}},\frac{\sqrt{N_{\omega_2}(0)}}{\sqrt{N_{\omega_1}(0)}}\right] \tag{4-242}$$

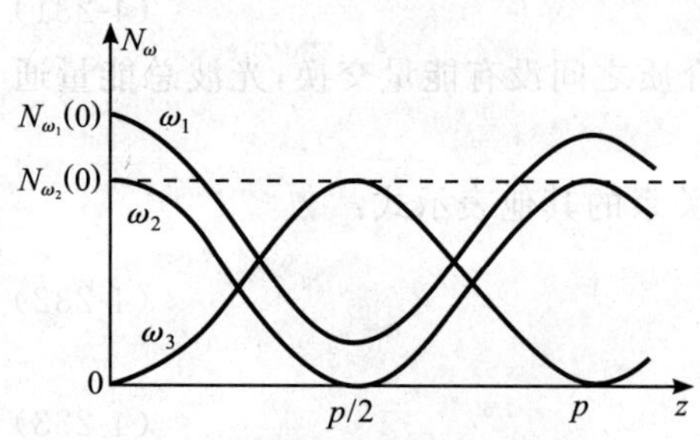

图 4-8 在相位匹配条件下，N_w 随 z 变化规律

其中

$$l_{\mathrm{M}}=\left[\frac{1}{2c^2}\left(\frac{\omega_2^2\omega_3^2}{k_2k_3}\right)^{1/2}\left|\chi_{\mathrm{eff}}^{(2)}\right|E_0(\omega_1,0)\right]^{-1} \tag{4-243}$$

是表征产生混频过程速率的一个特征长度。

N_{ω_1}、N_{ω_2} 和 N_{ω_3} 随 z 的变化规律如图 4-8 所示，图中 p 是光子通量随 z 变化的周期。由图可见，在 $z=0\sim p/2$ 的范围内，相应于发生和频过程；而在 $z=p/2\sim p$ 的范围内，相应于发生差频过程。实际上，由耦合波方程已经看出，在非线性介质的任意位置发生的三波

混频过程，既有和频产生又有差频产生，只是根据具体条件的不同，所表现出来的是以和频产生为主还是以差频产生为主。

（三）二次谐波产生[15]

二次谐波产生是非线性光学中最典型，也是应用最广泛的一种技术。早在1961年，夫朗肯等人就用石英晶体对红宝石激光（0.694 3 μm）进行了二次谐波产生的实验，获得了0.347 1 μm的紫外光，不过当时的转换效率很低，仅为10^{-8}量级。1962年人们采用了相位匹配技术以后，大大提高了二次谐波产生及光混频过程的转换效率，并伴随着超短脉冲激光技术的发展，获得了接近于1的转换效率。可以说，二次谐波产生和光混频技术已成为激光技术中频率转换的重要手段。

1. 均匀平面光波的二次谐波产生

假定光电场如(4-236)式所示，介质是透明的，并且采用(4-178)式定义的非线性光学系数描述二次谐波产生效应，则二次谐波产生的耦合波方程为

$$\frac{\mathrm{d}E_2}{\mathrm{d}z} = \frac{\mathrm{i}\omega}{n_2 c} d_{\mathrm{eff}} \left| E_1 \right|^2 \mathrm{e}^{-\mathrm{i}\Delta kz} \tag{4-244}$$

$$\frac{\mathrm{d}E_1}{\mathrm{d}z} = \frac{\mathrm{i}\omega}{n_1 c} d_{\mathrm{eff}} E_2 E_1^* \mathrm{e}^{\mathrm{i}\Delta kz} \tag{4-245}$$

式中，E_1和E_2分别为基波和二次谐波（倍频波）光电场的复振幅，d_{eff}是有效非线性光学系数，有

$$\Delta k = k_2 - 2k_1 \tag{4-246}$$

k_1、k_2和n_1、n_2分别是基波和二次谐波的波数和折射率。

若二次谐波产生的初始条件为

$$\left.\begin{aligned} E_1(z)\big|_{z=0} &= E_1(0) \\ E_2(z)\big|_{z=0} &= 0 \end{aligned}\right\} \tag{4-247}$$

则在满足相位匹配条件的情况下，耦合波方程的解为

$$E_{20}(z) = E_{10}(0)\mathrm{th}\left(\frac{z}{l_{\mathrm{SH}}}\right) \tag{4-248}$$

$$E_{10}(z) = E_{10}(0)\mathrm{sech}\left(\frac{z}{l_{\mathrm{SH}}}\right) \tag{4-249}$$

式中，$E_{10}(z)$和$E_{20}(z)$是基波和二次谐波光电场振幅的大小，

$$l_{\mathrm{SH}} = \left[\frac{\omega}{n_2 c} d_{\mathrm{eff}} E_{10}(0)\right]^{-1} \tag{4-250}$$

是表征二次谐波产生过程速率的特征长度。可见，在满足相位匹配的条件下，基波功率可以全部转变为二次谐波的功率。当$z = l_{\mathrm{SH}}$时，大约有一半的基波功率已转变为二次谐波的功率。转换效率为

$$\eta_{\mathrm{SH}} = \frac{I_{2\omega}(z)}{I_\omega(0)} = \mathrm{th}\left(\frac{z}{l_{\mathrm{SH}}}\right) \tag{4-251}$$

如果没有完全相位匹配，即$\Delta k \neq 0$，并且假定在小信号近似的条件下工作，则由方程(4-244)式可解得

$$E_{20}(z) = E_{10}(0)\frac{\sin\left(\frac{\Delta kz}{2}\right)}{\left(\frac{\Delta k l_{\mathrm{SH}}}{2}\right)} \tag{4-252}$$

可见，二次谐波通过介质时，其光电场振幅在0与最大值$[2E_{10}(0)/(\Delta k l_{\mathrm{SH}})]$之间振荡，振荡周期为$(4\pi/\Delta k)$。根据二次谐波产生过程中相干长度$L_C$的定义（$L_C = \pi/\Delta k$），二次谐波光电场振幅的振荡周期4倍于相干长度。相位失配程度增大，即Δk增大时，二次谐波的最大振幅减少。

2. 高斯光束的二次谐波产生[25]

在二次谐波产生过程中，若入射基波是如图4-9所示的TEM_{00}模高斯光束，其光电场为

$$E_\omega(\boldsymbol{r},t) = \frac{1}{2}\left[E_{\omega 0}(\boldsymbol{r})\mathrm{e}^{-\mathrm{i}\omega t} + \mathrm{c.c.}\right] \tag{4-253}$$

光电场复振幅 $E_{\omega 0}(\boldsymbol{r})$ 为

$$E_{\omega 0}(\boldsymbol{r}) = \frac{E_{10}}{1+\mathrm{i}\xi_1}\mathrm{e}^{\mathrm{i}k_1 z}\mathrm{e}^{-\frac{k_1 r^2}{b_1(1+\mathrm{i}\xi_1)}} = \frac{E_{10}}{\sqrt{1+\xi_1^2}}\mathrm{e}^{\mathrm{i}(k_1 z-\arctan\xi_1)}\mathrm{e}^{-\frac{k_1 r^2}{b_1(1+\mathrm{i}\xi_1)}} \tag{4-254}$$

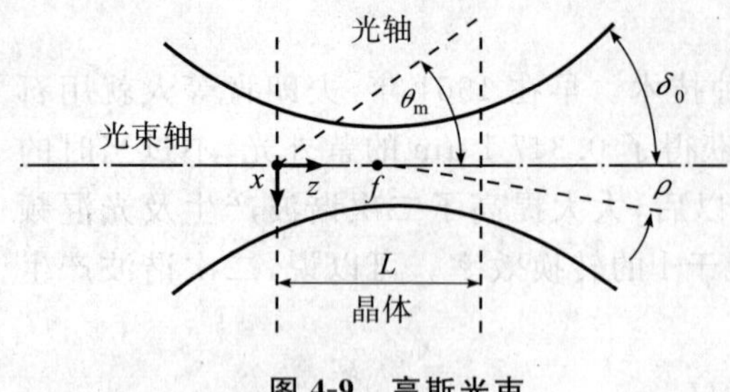

图 4-9　高斯光束

式中，$b_1 = k_1 w_{10}^2$ 为共焦参数，w_{10} 为光束束腰半径；$\xi_1 = \dfrac{2(z-f)}{b_1}$ 是视 $z=f$ 为焦点的归一化 z 坐标，称为聚焦参量；$r^2 = x^2 + y^2$；E_{10} 是光束中心的光场。对于近场（$\xi_1 \ll 1$），不考虑离散效应时，光电场复振幅可简化为

$$E_{\omega 0}(\boldsymbol{r}) = E_{10}\mathrm{e}^{-\frac{k_1 r^2}{b_1}}\mathrm{e}^{\mathrm{i}k_1 z} \tag{4-255}$$

可以视作平面波情况进行讨论。在这种情况下，耦合波方程（4-244）变化为

$$\frac{\mathrm{d}E_{2\omega 0}}{\mathrm{d}z} = \mathrm{i}\frac{\omega}{n_2 c}d_{\mathrm{eff}}E_{10}^2\mathrm{e}^{-\frac{2k_1 r^2}{b_1}}\mathrm{e}^{\mathrm{i}\Delta kz} \tag{4-256}$$

小信号近似下的解为

$$E_{2\omega 0}(L) = \mathrm{i}\frac{2\pi L d_{\mathrm{eff}}}{n_2\lambda_1}E_{10}^2\mathrm{e}^{-\frac{2k_1 r^2}{b_1}}\mathrm{e}^{-\mathrm{i}\frac{\Delta kL}{2}}\frac{\sin\left(\frac{\Delta kL}{2}\right)}{\frac{\Delta kL}{2}} \tag{4-257}$$

可见，二次谐波也是高斯光束，它的束腰半径 w_{20} 为

$$w_{20} = \sqrt{\frac{b_1}{2k_1}} = \frac{w_{10}}{\sqrt{2}} \tag{4-258}$$

根据光束功率的定义式：$P_\omega = \frac{n_1 c\varepsilon_0}{2}\int_0^{2\pi}\int_0^{\infty}|E_{\omega 0}(r)|^2 r\mathrm{d}r\mathrm{d}\varphi$，输入基波高斯光束功率 P_ω 为

$$P_\omega = \frac{n_1 c\varepsilon_0}{2}|E_{10}|^2\left(\frac{\pi w_{10}^2}{2}\right) = I_{10}\left(\frac{\pi w_{10}^2}{2}\right) \tag{4-259}$$

相应的二次谐波输出光束功率 $P_{2\omega}$ 为

$$P_{2\omega} = \frac{8\pi^2 L^2 d_{\mathrm{eff}}^2}{n_1^2 n_2\lambda_1^2 c\varepsilon_0}\frac{P_1^2}{\pi w_{10}^2}\frac{\sin^2\left(\frac{\Delta kL}{2}\right)}{\left(\frac{\Delta kL}{2}\right)^2} \tag{4-260}$$

因此，二次谐波的产生效率 η_{SH} 为

$$\eta_{\mathrm{SH}} = \frac{P_{2\omega}}{P_\omega} = \frac{8\pi^2 L^2 d_{\mathrm{eff}}^2}{n_1^2 n_2\lambda_1^2 c\varepsilon_0}\frac{P_\omega}{\pi w_{10}^2}\frac{\sin^2\left(\frac{\Delta kL}{2}\right)}{\left(\frac{\Delta kL}{2}\right)^2} \tag{4-261}$$

（四）光参量放大和光参量振荡[15]

在上面讨论的光混频过程中，透明介质不参与过程能量的净交换，人们通常沿用电子学中同类问题的习惯名称，称作光参量效应。光参量放大和光参量振荡就是利用这种光参量效应进行的光放大和光振荡。应当强调的是，与增益起因于原子或分子能级间的粒子数反转、通过受激辐射产生的激光放大和激光振荡本质上不同，光参量放大和光参量振荡的增益起因于介质中光波间的非线性相互作用。光参量放大和光参量振荡已成为当今非线性光学技术中的一个热门研究内容。

1. 光参量放大

光参量放大过程实质上是一个差频产生的三波混频过程。在差频过程中，每湮灭一个最高频率的光子，同时要产生两个低频光子，且这两个低频光波获得了增益。

将一束高频（ω_3）泵浦光和一束低频（ω_1）信号光入射到非线性晶体中，就会通过二阶非线性极化实现弱信号光的放大，同时产生频率为 $\omega_2=\omega_3-\omega_1$ 的差频光（空闲光）。假设不计泵浦光的抽空效应，则由（4-227）式至（4-229）式出发，光电场采用（4-236）式表示式，可以得到如下形式的耦合波方程：

$$\frac{\mathrm{d}A_1}{\mathrm{d}z}=\mathrm{i}gA_2^*\mathrm{e}^{\mathrm{i}\Delta kz} \tag{4-262}$$

$$\frac{\mathrm{d}A_2}{\mathrm{d}z}=\mathrm{i}gA_1^*\mathrm{e}^{\mathrm{i}\Delta kz} \tag{4-263}$$

其中

$$A_l=\sqrt{\frac{n_l}{\omega_l}}E_{l0} \tag{4-264}$$

$$g=\sqrt{\frac{\omega_1\omega_2}{n_1n_2}}\sqrt{\mu_0\varepsilon_0}\,d_{\text{eff}}E_3(0) \tag{4-265}$$

若满足相位匹配条件（$\Delta k=0$），其解为

$$A_1(z)=A_1(0)\mathrm{ch}(gz) \tag{4-266}$$

$$A_2^*(z)=-\mathrm{i}A_1(0)\mathrm{sh}(gz) \tag{4-267}$$

信号光通过晶体后的功率增益 $G(L)$ 为

$$G(L)=\left|\frac{A_1(L)}{A_1(0)}\right|^2=\mathrm{ch}^2(gL) \tag{4-268}$$

当 $gL\gg 1$ 时，有 $G(L)\approx\frac{1}{4}\mathrm{e}^{2gL}$ 。若 $\lambda_1=\lambda_2=1\ \mu\mathrm{m}$，$\lambda_3=0.5\ \mu\mathrm{m}$，非线性晶体为 $LiNbO_3$，其 $d=0.5\times10^{-22}$ (SI)，取 $n_1=n_2=n_3=2.2$，$I_3=P_3/A=5\times10^6\ \mathrm{W/cm^2}$，可计算得到 $g=0.7\ \mathrm{cm^{-1}}$。可见，对于光参量放大，即使泵浦光较强，增益系数 g 也并不大。也就是说，一次通过非线性介质的参量放大倍数较小。实际上，一次的光参量放大过程并不作为光放大的手段，真正有意义的是基于这种参量放大的光参量振荡器。

2. 光参量振荡器

若将非线性晶体置于谐振腔中，并用强的泵浦光 ω_3 照射，当参量增益超过腔内的损耗时，在腔内可以从噪声建立起相当强的信号光及空闲波，这就是参量振荡器工作的物理基础。光参量振荡器的谐振腔可以同时对信号光频率和空闲波频率共振，也可以对其中一个频率共振。前者称为双共振光参量振荡器，后者称为单共振光参量振荡器。光参量振荡器的最大特点是可以利用相位匹配条件，实现输出频率在相当宽的范围内调谐。

（1）双共振光参量振荡器

图 4-10 是一种对信号光和空闲波双共振的光参量振荡器的原理结构图。图中频率为 ω_3 的激光作为光参量振荡器的泵浦光，总的增益将使 ω_1 和 ω_2 光波在含有非线性晶体的光学谐振腔内产生振荡。

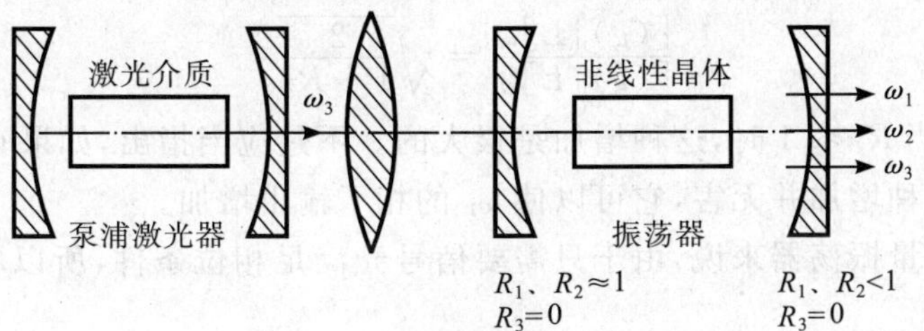

图 4-10　双共振光参量振荡器示意图

根据光在光参量振荡器谐振腔内往返的自洽要求，可以得到双共振光参量振荡的阈值振幅条件为

$$(R_1+R_2)\mathrm{ch}(gL)-R_1R_2=1 \tag{4-269}$$

相位条件为

$$\left.\begin{aligned}2k_1L+\varphi_1&=2m\pi\\2k_2L+\varphi_2&=2n\pi\end{aligned}\right\} \tag{4-270}$$

式中，R_1、R_2 是谐振腔对 ω_1 和 ω_2 光波的反射率，φ_1、φ_2 是谐振腔的反射相位变化，m、n 是两个整数。由

此可见，双共振的信号光和空闲波频率 ω_1 和 ω_2 必须与光学谐振腔的两个纵模相对应。进一步，如果腔镜的反射率 R_1 、$R_2 \approx 1$，$\mathrm{ch}(gL) \approx 1+\frac{1}{2}g^2L^2$，可将(4-269)式表示为

$$(g)_{\mathrm{th}}L=\sqrt{(1-R_1)(1-R_2)} \tag{4-271}$$

再利用 g 的定义式(4-269)及泵浦强度表示式，可以得到双共振光参量振荡器的阈值泵浦强度为

$$(I_3)_{\mathrm{th}}=\frac{1}{2}\left(\frac{\varepsilon_0}{\mu_0}\right)^{3/2}\frac{n_1n_2n_3}{\omega_1\omega_2L^2(\varepsilon_0d_{\mathrm{eff}})^2}(1-R_1)(1-R_2) \tag{4-272}$$

应当指出的是，双共振光参量振荡器必须同时满足条件

$$\omega_3=\omega_1+\omega_2 \tag{4-273}$$

和关系

$$\left.\begin{aligned}k_1L&=\frac{\omega_1n_1L}{c}=m\pi-\frac{\varphi_1}{2}\\k_2L&=\frac{\omega_2n_2L}{c}=n\pi-\frac{\varphi_2}{2}\end{aligned}\right\} \tag{4-274}$$

这对于光学谐振腔的稳定性提出了十分苛刻的要求。

(2)单共振光参量振荡器

图 4-11 是一种非共线相位匹配的单共振光参量振荡器结构，腔内 3 个光波的方向不相同，可以将信号光与空闲波分开。这样的非共线相位匹配条件要求：

$$\boldsymbol{k}_3=\boldsymbol{k}_1+\boldsymbol{k}_2 \tag{4-275}$$

式中，$\boldsymbol{k}_3$、$\boldsymbol{k}_1$ 和 $\boldsymbol{k}_2$ 分别是泵浦光、信号光和空闲波的波矢，$\boldsymbol{k}_1$ 的方向被固定在腔轴方向上。

令 $R_2=0$，根据信号光在光参量振荡谐振腔内往返的自洽要求，可以得到单共振光参量振荡的阈值振幅条件为

$$R_1\mathrm{ch}(gL)=1 \tag{4-276}$$

相位条件为

$$2k_1L+\varphi_1=2m\pi \tag{4-277}$$

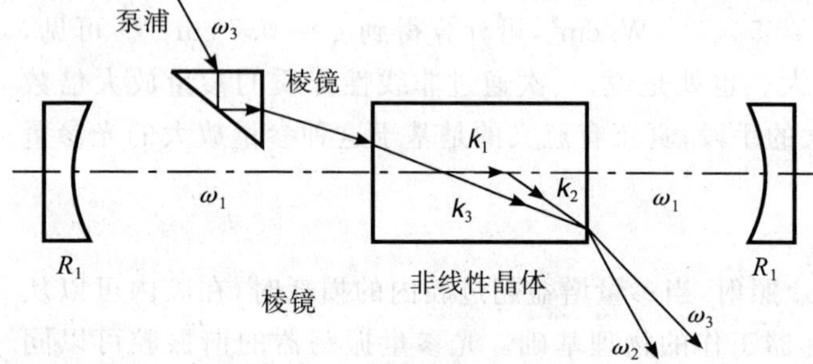

图 4-11　单共振光参量振荡器结构示意

由此可见，单共振光参量振荡器振荡的相位条件与双共振光参量振荡的相位条件相同，只是对空闲波的相位 φ_2 没有限制。对于 $R_1 \approx 1$ 的情况，阈值条件(4-276)式又可写成

$$(g)_{\mathrm{th}}L=\sqrt{2(1-R_1)} \tag{4-278}$$

可见，单共振光参量振荡器的阈值泵浦相对于双共振光参量振荡器增大了，且有

$$\frac{[(g)_{\mathrm{th}}L]_{单}}{[(g)_{\mathrm{th}}L]_{双}}=\sqrt{\frac{2}{1-R_2}} \tag{4-279}$$

假设两种情况的 R_1 相同，当 $R_2 \approx 1$ 时，这种增加是很大的。不过应当指出，如果有足够的泵浦功率被利用，而且显著地超过阈值时，这种增加并无害，它可以使 ω_1 的相干输出增加。

另外，对于单共振光参量振荡器来说，由于只需要信号光满足相位条件，所以频率稳定性比双共振光参量振荡器好。

(3)光参量振荡器的频率调谐

光参量振荡器的最大特点是输出光频率可以在相当大的范围内连续可调，也正是由于这种频率可调谐性，使得光参量振荡器获得了广泛的应用。

由前面的讨论，光参量振荡器工作时，其 3 个相互作用光波必须同时满足如下频率和相位匹配条件：

$$\omega_3=\omega_1+\omega_2 \tag{4-280}$$

$$\boldsymbol{k}_3=\boldsymbol{k}_1+\boldsymbol{k}_2 \tag{4-281}$$

若三光波波矢共线，则有

$$n_3\omega_3 = n_1\omega_1 + n_2\omega_2 \tag{4-282}$$

将(4-280)式代入,可得

$$\frac{\omega_1}{\omega_2} = \frac{n_2 - n_3}{n_3 - n_1} \tag{4-283}$$

由该式可见,信号光和空闲波的频率依赖于泵浦光的折射率,因此可以通过改变晶体对泵浦光的折射率使 ω_1 和 ω_2 频率作相应的变化,这就是光参量振荡器的频率调谐。在实际工作中,可以通过改变泵浦光与非线性晶体之间的夹角(角度调谐),或改变晶体的温度(温度调谐)等方法实现频率调谐。对于负单轴晶体,泵浦是非寻常光、信号光和空闲波是寻常光的共线相位匹配情况,若晶体光轴与谐振腔轴之间的夹角为 θ_0,则因角度改变引起信号光频率的变化为

$$\frac{\Delta\omega_1}{\Delta\theta} = -\frac{\dfrac{1}{2}\omega_3 n_{3e}^3(\theta_0)\left[\left(\dfrac{1}{n_{3e}}\right)^2 + \left(\dfrac{1}{n_{3o}}\right)^2\right]\sin 2\theta_0}{(n_{1o} - n_{2o}) + \left[\omega_{10}\left(\dfrac{\partial n_{1o}}{\partial\omega}\right) - \omega_{20}\left(\dfrac{\partial n_{2o}}{\partial\omega}\right)\right]} \tag{4-284}$$

在温度相位匹配的情况下,因改变温度引起的信号频率调谐为

$$\frac{\Delta\omega_1}{\Delta T} = \frac{\omega_3\left[\cos^2\theta\left(\dfrac{n_{3e}(\theta)}{n_{3o}}\right)^3\dfrac{\partial n_{3o}}{\partial T} + \sin^2\theta\left(\dfrac{n_{3e}(\theta)}{n_{3e}}\right)^3\dfrac{\partial n_{3e}}{\partial T}\right] - \omega_{10}\dfrac{\partial n_{1o}}{\partial T} - \omega_{20}\dfrac{\partial n_{2o}}{\partial T}}{n_{1o} - n_{2o}} \tag{4-285}$$

二、三阶非线性光学效应

(一)光致非线性折射率效应

1. 光克尔效应[6]

克尔(Kerr)在 1875 年发现,一束线偏振光通过外加电场作用的玻璃时,会变成椭圆偏振光,这就是著名的克尔(电光)效应。后来人们发现,有多种液体和气体都能产生克尔效应。该效应起因于外加电场在介质中的感应双折射,介质折射率的变化与外加电场的强度成正比。从非线性光学的角度来看,克尔效应是外加电场和光电场在介质中通过三阶非线性极化率产生的三阶非线性光学效应。

光克尔效应是指用光电场代替外加电场引起的感应双折射现象,即一束频率为 ω 的光场入射到被频率为 ω' 的另一束光作用的介质,其传播特性发生变化的现象。该光波通过介质时,将因三阶非线性极化率的作用,产生与频率为 ω' 的光强度成正比的三阶非线性极化强度 $\boldsymbol{P}^{(3)}(\omega)$:

$$\boldsymbol{P}^{(3)}(\omega) = 6\varepsilon_0\boldsymbol{\chi}^{(3)}(\omega,\omega',-\omega') \vdots \boldsymbol{E}(\omega)\boldsymbol{E}(\omega')\boldsymbol{E}^*(\omega') \tag{4-286}$$

式中的因子 6 起因于电极化率张量 $\boldsymbol{\chi}^{(3)}(\omega,\omega',-\omega')$ 的本征对易对称性。光克尔效应的大小,可以用克尔常数量度。对于各向同性介质,克尔常数定义为

$$K_{\omega'}(\omega) = \frac{\Delta n_{\parallel}(\omega) - \Delta n_{\perp}(\omega)}{\lambda E_0{}^2(\omega')} \tag{4-287}$$

式中,$\Delta n_{\parallel}(\omega)$ 和 $\Delta n_{\perp}(\omega)$ 分别是与频率为 ω' 的外加光电场平行和垂直的 ω 光波折射率的改变量,$E_0(\omega')$ 是按(4-236)式定义的光场复振幅。

假定频率为 ω' 的光电场沿 y 方向振动,应有 $|E(\omega')|^2 = \dfrac{1}{4}E_0{}^2(\omega')$;又假定频率为 ω 的光波沿 z 方向传播,振动方向为 x 和 y,则对于各向同性介质,所产生的三阶非线性极化强度 $\boldsymbol{P}^{(3)}(\omega)$ 的分量形式为

$$P_x^{(3)}(\omega) = \frac{3}{2}\varepsilon_0 E_0{}^2(\omega')\chi_{xxyy}^{(3)}(\omega,\omega',-\omega')a_x(\omega)E(\omega)\mathrm{e}^{\mathrm{i}kz} \tag{4-288}$$

$$P_y^{(3)}(\omega) = \frac{3}{2}\varepsilon_0 E_0{}^2(\omega')\chi_{yyyy}^{(3)}(\omega,\omega',-\omega')a_y(\omega)E(\omega)\mathrm{e}^{\mathrm{i}kz} \tag{4-289}$$

现将(4-289)式代入基本方程(4-154),可以得到与频率为 ω' 的光波偏振方向相同的光电场分量所满足的方程为

$$\frac{\mathrm{d}E(\omega,z)}{\mathrm{d}z} = \frac{3}{4}\frac{\mathrm{i}\varepsilon_0\mu_0\omega^2}{k}E_0{}^2(\omega')E(\omega)\chi_{yyyy}^{(3)}(\omega,\omega',-\omega') \tag{4-290}$$

在假定 $E_0(\omega')$ 不变的情况下,有

$$E(\omega,z) \propto \exp\left\{\mathrm{i}\,\frac{\omega}{c}\left[\frac{3\omega}{4kc}E_0{}^2(\omega')\chi^{(3)}_{yyyy}(\omega,\omega',-\omega')\right]z\right\} \tag{4-291}$$

上式指数因子括号内的量正是折射率的变化量,它与频率为 ω' 的光波强度成正比,记为 $\Delta n_{\parallel}$,有

$$\Delta n_{\parallel}(\omega) = \frac{3\omega}{4kc}E_0{}^2(\omega')\chi^{(3)}_{yyyy}(\omega,\omega',-\omega') \tag{4-292}$$

类似地,对于偏振方向与频率为 ω' 的光波相垂直的光电场来说,有

$$\Delta n_{\perp}(\omega) = \frac{3\omega}{4kc}E_0{}^2(\omega')\chi^{(3)}_{xxyy}(\omega,\omega',-\omega') \tag{4-293}$$

因此,克尔常数 $K_{\omega'}(\omega)$ 与介质的极化率张量元素有如下关系:

$$K_{\omega'}(\omega) = \frac{3\omega}{8\pi c}\left[\chi^{(3)}_{yyyy}(\omega,\omega',-\omega') - \chi^{(3)}_{xxyy}(\omega,\omega',-\omega')\right] \tag{4-294}$$

当 $\omega'=0$ 时,就得到通常外加恒定电场情况下的克尔常数 $K_0(\omega)$。

上述讨论表明,光克尔效应实质上是光电场引起折射率变化的光致非线性折射率效应。而光电场引起介质折射率变化的物理机制很多,归纳起来有:极性分子的取向变化,其响应时间为 $10^{-11}\sim10^{-12}$ s,通常工作在纳秒脉冲状态;分子偶极矩相互作用造成的分子在空间的再分布,其响应时间为 10^{-13} s,通常工作在皮秒脉冲状态;原子或分子的电子云畸变,其响应时间为 $10^{-14}\sim10^{-15}$ s,通常工作在飞秒脉冲状态;电致伸缩效应,即介质中的带电质点受到光电场作用,产生相对位移,造成介质密度发生变化,其响应时间为 $10^{-8}\sim10^{-9}$ s,通常工作在微秒脉冲状态;热致折射率变化,其响应时间为 $1\sim10^{-3}$ s,通常采用连续波工作状态;光折变效应,即光电场通过介质的电光效应引起折射率变化,其响应时间为 $1\sim10^{-6}$ s,通常采用连续波、长脉冲工作状态。这些光致折射率变化的效应均可提供改变光波偏振状态的方法,使其在光开关、光学相位共轭技术和光学双稳态等领域内获得广泛的应用。

特别应当指出的是,尽管上面讨论的光克尔效应中,光波的频率 ω 与引起折射率变化效应的光波频率 ω' 不相同,但在实际上,一束强的光波本身就能产生这种效应。这时,光克尔效应会引出许多很重要的现象,例如自聚焦、自散焦和自相位调制等,有时通称为光波的自作用光克尔效应,而将前面所述的光克尔效应称为互作用光克尔效应。

2. 激光束的自聚焦现象

假定一束具有高斯横向分布的激光在介质中传播,介质的折射率与光强相关,其关系式为

$$n = n_0 + n_2\,|E(\omega)|^2 \tag{4-295}$$

式中的 n_2 称为非线性折射率系数,在各向同性介质中,

$$n_2 = \frac{3}{2n_0}\chi^{(3)}(\omega,\omega,-\omega) \tag{4-296}$$

如果 n_2 是正值,则由于光束中心部分较强,相应的折射率较光束边缘大,因此,光束在中心传播的速度较慢,类似于通过正透镜的情况,呈现自聚焦效应。进一步,考虑到具有有限截面的光束还要经受衍射作用,只有自聚焦效应大于衍射效应时,才能表现出自聚焦现象。在许多情况下,一旦自聚焦作用开始,将一直进行着,直至由于其他非线性光学作用使其终止。当自聚焦作用和衍射作用平衡时,将出现一种有趣的现象,即光束自陷,表现为光束在介质中传播相当长的距离,其光束直径不发生改变。与自聚焦效应相反,如果 n_2 是负值,会导致光束自散焦,倾向于使高斯光束变成为一个强度更加均匀分布的光束,这种现象叫做光模糊效应。

光波在(4-295)式所示介质中传播时所满足的波动方程为[5]

$$\nabla^2\boldsymbol{E} - \frac{1}{c^2}\frac{\partial^2}{\partial t^2}\left[(n_0 + n_2\,|\boldsymbol{E}|^2)^2\boldsymbol{E}\right] = 0 \tag{4-297}$$

假定光波是沿 z 方向传播的线偏振光,其光电场沿径向和纵向均有变化,表示式为

$$E(\boldsymbol{r},t) = \frac{1}{2}E_0(\rho,z)\mathrm{e}^{\mathrm{i}ks(\rho,z)}\,\mathrm{e}^{-\mathrm{i}(\omega t-kz)} + \mathrm{c.\,c.} \tag{4-298}$$

式中,$E_0(\rho,z)$ 是光场振幅,ρ 是 (x,y) 平面上的径向距离,$s(\rho,z)$ 表示实际高斯光束波面与理想平面波的程差,ks 为相位差。将(4-298)式代入(4-297)式,应用慢变化振幅近似,可得

$$\frac{\partial E_0}{\partial z}+\frac{\partial E_0}{\partial \rho}\frac{\partial s}{\partial \rho}+E_0\left(\frac{\partial^2 s}{\partial \rho^2}+\frac{1}{\rho}\frac{\partial s}{\partial \rho}\right)=0 \tag{4-299}$$

$$2\frac{\partial s}{\partial z}+\left(\frac{\partial s}{\partial \rho}\right)^2=\frac{1}{k^2 E_0}\left(\frac{\partial^2 E_0}{\partial \rho^2}+\frac{1}{\rho}\frac{\partial E_0}{\partial \rho}\right)+\frac{n_2}{n_0} \tag{4-300}$$

如果没有非线性，即 $n_2=0$，上面的方程就是描述透明介质中高斯光束传播规律的方程，其解为

$$E_0(\rho,z)=A\frac{w_0}{w(z)}\mathrm{e}^{-\frac{\rho^2}{2w^2(z)}} \tag{4-301}$$

$$s(\rho,z)=\frac{\rho^2}{2R(z)}+\varphi(z) \tag{4-302}$$

如果介质非线性折射率系数 $n_2\neq 0$，对于靠近光轴的光束，即 $\rho\ll w(z)$ 时，仍可近似认为方程的解具有上面的形式，只是其中的参量需作调整。将 $E_0(\rho,z)$、$s(\rho,z)$ 上面形式的试解代入方程(4-299)和(4-300)，即可得到 $R(z)$、$w(z)$ 和 $\varphi(z)$ 分别满足的方程。为考察自聚焦现象，只给出 $w(z)$ 的方程：

$$\frac{\mathrm{d}^2 w}{\mathrm{d}z^2}=\frac{1}{k^2 w^3(z)}(1-2B) \tag{4-303}$$

式中，参数 B 为

$$B=\frac{n_2\omega^2}{\varepsilon_0 c^3}P \tag{4-304}$$

P 为入射激光功率。由方程(4-303)可求得光斑大小 $w(z)$ 的解为

$$\frac{w^2(z)}{w_0^2}=(1-2B)\frac{z^2}{k^2 w_0^4}+\left(1+\frac{z}{R_0}\right)^2 \tag{4-305}$$

由此可以得到稳态自聚焦现象的如下结论：

1)自聚焦现象的临界功率。根据(4-305)式，若取入射激光的波前近似为一个平面，即 $R_0=\infty$，则只有在 $B\geqslant 1/2$ 时才能发生自聚焦，由此可得临界功率 P_c 为

$$P_c=\frac{\varepsilon_0 c^3}{2\omega^2 n_2} \tag{4-306}$$

从物理意义上看，临界功率的存在表明激光束产生自聚焦时，应正好抵消由于衍射产生的发散。

2)自聚焦的焦点。由上述解可见，虽然光束仍保持为高斯分布，但其光斑大小不断变化。相应于 $w(z)=0$ 的位置，即是自聚焦的焦点位置：

$$z_f=\frac{k w_0^2}{\left(\frac{P}{P_c}-1\right)^{\frac{1}{2}}} \tag{4-307}$$

显然，较小的激光束截面、高的激光功率容易引起自聚焦。

当入射激光束是会聚的，即 $R<0$ 时，自聚焦的焦点位置满足

$$\frac{1}{z_f}=\frac{1}{|R|}\pm\frac{1}{k w_0^2}\left(\frac{P}{P_c}-1\right)^{\frac{1}{2}} \tag{4-308}$$

当 $|R|$ 较大时，等式右边第二项必须取正号；当 $|R|$ 很小时，可能出现双焦点情况，一个在原焦点之前，另一个在原焦点之后。当入射激光束是发散波前时，自聚焦焦点的位置满足

$$\frac{1}{z_f}=-\frac{1}{R}+\frac{1}{k w_0^2}\left(\frac{P}{P_c}-1\right)^{\frac{1}{2}} \tag{4-309}$$

对于确定的入射激光功率 P，发散球面波前半径 R 有最小限制，只有大于这个限制的发散波才能产生自聚焦。

上面讨论的自聚焦现象属于稳态自聚焦，对于动态自聚焦和瞬态自聚焦现象的讨论可参看文献[2]。

3. 光束的自相位调制

假定输入光脉冲为均匀准单色平面波，其光电场 $\boldsymbol{E}$ 的表示式为

$$\boldsymbol{E}=\frac{1}{2}\left[\overline{E}(z,t)\mathrm{e}^{-\mathrm{i}(\omega_0 t-k_0 z)}+\mathrm{c.c.}\right]\boldsymbol{a}_x \tag{4-310}$$

将其代入波动方程(4-297),利用慢变化包络近似,可以得到

$$-2ik_0\frac{\partial\overline{E}(z,t')}{\partial z}-\frac{2n_2k_0^2}{n_0}\left|\overline{E}(z,t')\right|^2\overline{E}(z,t')=0 \tag{4-311}$$

其中

$$t'=t-\frac{n_0z}{c} \tag{4-312}$$

该方程的近似解为

$$\overline{E}(z,t)=\overline{E}_0\left(t-\frac{n_0z}{c}\right)\mathrm{e}^{\mathrm{i}\frac{n_2\omega_0}{c}\left|\overline{E}_0\left(t-\frac{n_0z}{c}\right)\right|^2z} \tag{4-313}$$

这里 $\overline{E}_0(t)$ 表示输入光场幅度。

由(4-313)式可以看出,介质非线性折射率的存在,导致光场的自相位调制,产生附加相移:

$$\Delta\varphi(z,t)=\frac{n_2\omega_0}{c}\left|\overline{E}_0\left(t-\frac{n_0z}{c}\right)\right|^2z \tag{4-314}$$

因此光场的瞬时频率为

$$\omega(t)=\omega_0-\frac{\partial\Delta\varphi}{\partial t}=\omega_0-\frac{n_2\omega_0z}{c}\frac{\partial\left|\varepsilon\overline{E}_0\left(t-\frac{n_0z}{c}\right)\right|^2}{\partial t} \tag{4-315}$$

这种光脉冲叫啁啾脉冲。对于光脉冲的前沿部分,$\frac{\partial|\overline{E}_0|^2}{\partial t}>0$,$\omega(t)<\omega_0$;光脉冲的后沿部分,$\frac{\partial|\overline{E}_0|^2}{\partial t}<0$,$\omega(t)>\omega_0$;在脉冲峰值处,$\frac{\partial|\overline{E}_0|^2}{\partial t}=0$,$\omega(t_p)=\omega_0$;最大频移发生在光脉冲功率的拐点处,即相应于 $\frac{\partial^2|\overline{E}_0|^2}{\partial t^2}=0$ 的时刻。

光束的自相位调制导致光脉冲的谱线加宽。对(4-313)式的 $\overline{E}(z,t)$ 进行频谱分析可以看到,若输入脉冲波形是对称的,则 $\overline{E}(z,t)$ 的频谱也是对称的。

4. 光致非线性折射率的测量

测量光致非线性折射率是研究介质三阶非线性光学性质的重要手段。测量光致非线性折射率的方法有很多,例如非线性干涉术、简并四波混频、自衍射、椭偏术、光束畸变的测量等。下面介绍 20 世纪 90 年代发展起来的一种新方法——Z 扫描技术,这种技术可以同时测量非线性折射率和非线性吸收系数,即 $\chi^{(3)}$ 的实部和虚部,它已成为目前研究材料非线性光学性质有重要实用价值的实验方法。

Z 扫描技术的测量实验装置如图 4-12 所示。光强为 $I(z,r)$ 的会聚高斯光束传至远场一带有小孔的探测器 D_2 上,被测样品放在会聚透镜的焦点附近,并可以沿 z 方向前后移动。由于介质的非线性光学性质,将引起光束的会聚或发散,从而引起透过小孔功率的变化。测量样品在不同位置处归一化透射率 T_2/T_1 与样品位置 z 的关系,即可以计算出非线性折射率。

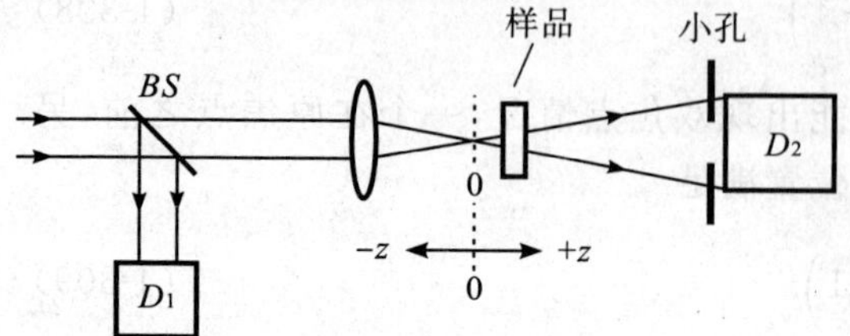

图 4-12 Z 扫描实验装置简图

现有一单模高斯光束沿 $+z$ 方向传播,其光电场为 $\boldsymbol{E}(z,r,t)$,光束半径为 $w(z)$。假设样品厚度 L 足够小($L\ll z_0$,z_0 为高斯光束的共焦参数),可忽略样品内因衍射或折射率改变引起的光束半径的变化,则光束通过样品产生的波面相位变化为[26]

$$\Delta\varphi(z,r,t)=\Delta\varphi_0(z,t)\mathrm{e}^{-\frac{2r^2}{w^2(z)}} \tag{4-316}$$

$$\Delta\varphi_0(z,t)=\frac{\Delta\varphi_0(t)}{1+z^2/z_0^2} \tag{4-317}$$

$\Delta\varphi_0(t)$ 是波面在轴上焦点处的相位变化,

$$\Delta\varphi_0(t)=k\,\Delta n(t)L_{\mathrm{eff}} \tag{4-318}$$

式中,$k=2\pi/\lambda$;$\Delta n=n_2\,|E|^2$,$n_2=3\chi^{(3)}/2n_0$;L_{eff} 为样品的有效厚度:$L_{\mathrm{eff}}=(1-\mathrm{e}^{-\alpha L})/\alpha$,$\alpha$ 为介质的线性吸收系数。

这样，在样品出射平面处的光电场为

$$E_L(z,r,t)=E(z,r,t)\mathrm{e}^{-\alpha L/2}\mathrm{e}^{\mathrm{i}\Delta\varphi(z,r,t)} \tag{4-319}$$

它已不再是高斯光束，但可以分解为一系列束腰不同的高斯光束的叠加。因此，将(4-319)式中的 $\mathrm{e}^{\mathrm{i}\Delta\varphi(z,r,t)}$ 作台劳展开，利用惠更斯原理，计算得到远场小孔屏上的光电场为

$$E_a(r,t)=E(z,r=0,t)\mathrm{e}^{-\alpha l/2}\sum_{m=0}^{\infty}\frac{[\mathrm{i}\Delta\varphi_0(z,t)]^m}{m!}\frac{w_{m_0}}{w_m}\mathrm{e}^{-\frac{r^2}{w_m}-\frac{\mathrm{i}kr^2}{2R_m}+\mathrm{i}\theta_m} \tag{4-320}$$

若定义 d 为样品到小孔平面自由空间的距离，并将屏上光电场对小孔半径积分，得到通过小孔的光功率为

$$P_T(\Delta\varphi_0(t))=c\varepsilon_0 n_0\pi\int_0^{r_a}|E_a(r,t)|^2 r\,\mathrm{d}r \tag{4-321}$$

归一化的 Z 扫描透过率 $T(z)$ 为

$$T(z)=\int_{-\infty}^{\infty}P_T[\Delta\varphi_0(t)]\mathrm{d}t\div\left[S\int_{-\infty}^{\infty}P_{\mathrm{i}}(t)\mathrm{d}t\right] \tag{4-322}$$

式中，$P_{\mathrm{i}}(t)=\pi w_0^2 I(t)/2$ 为射入样品的瞬时光功率；S 为

$$S=1-\mathrm{e}^{-\frac{2r_a}{w_a}} \tag{4-323}$$

r_a 为小孔半径，w_a 为小孔处的光束半径，相应于开孔和闭孔情形，分别为 $S=1$ 和 $S=0$。图 4-13 绘出了 $\Delta\varphi_0=\pm0.25$ 和 $S=0.02$ 时，由(4-322)式计算的结果：随着样品沿 $-z$ 到 $+z$ 的移动，透射率 $T(z)$ 出现谷一峰（$\Delta n>0$）和峰一谷（$\Delta n<0$）的对称图形。计算表明，对于给定的 $\Delta\varphi_0$，$T(z)$ 曲线大小、形状与所使用激光波长及实验的几何条件无关，只要小孔屏的远场条件 $d\gg z_0$ 满足即可。计算还证明，实际测量时，无需对 Z 扫描曲线进行数值拟合，只要测得 $T(z)$ 曲线峰谷处两透射率的差值 $\Delta T_{\text{P-V}}$，就可计算出非线性折射率 Δn：对孔很小的情况，$S\approx0$，$\Delta T_{\text{P-V}}\approx0.406|\Delta\varphi_0|$；对孔较大的情况，$\Delta T_{\text{P-V}}\approx0.406(1-S)^{0.25}|\Delta\varphi_0|$（当 $\Delta\varphi_0\leqslant\pi$），利用(4-318)式，得

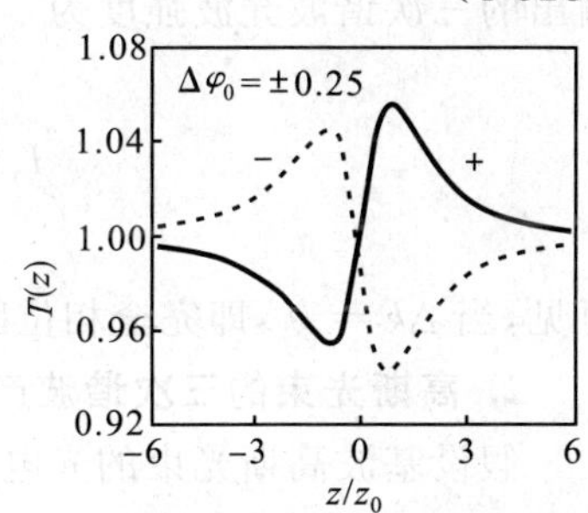

图 4-13　Z 扫描理论计算结果

$$\Delta n=\frac{\Delta T_{\text{P-V}}}{0.406(1-S)^{0.25}kL_{\text{eff}}} \tag{4-324}$$

当材料中有非线性吸收时，其样品的吸收系数为

$$\alpha(I)=\alpha_0+\beta I \tag{4-325}$$

式中，α_0 为线性吸收系数，β 为非线性吸收系数。此时，通过样品后的输出光强为[27]

$$I_L(z,r,t)=\frac{I(z,r,t)\mathrm{e}^{-\alpha_0 L}}{1+q(z,r,t)} \tag{4-326}$$

其中

$$q(z,r.t)=\beta I(z,r,t)L_{\text{eff}} \tag{4-327}$$

开孔时的归一化透射率曲线 $T(z)$ 可表示为[28]

$$T(z)=\sum_{m=0}^{\infty}\frac{(-q_0)^m}{(m+1)^{3/2}}\quad，当\ q_0<1 \tag{4-328}$$

其中

$$q_0(z,r,t)=\beta I_0(t)L_{\text{eff}}\left(\frac{1}{1+(z/z_0)^2}\right) \tag{4-329}$$

$I_0(t)$ 是 $z=0$ 处光轴上的瞬时光强。当 β 值不是很大时，(4-239)式取一级近似，可以得到

$$\beta=z^{3/2}[1-T(z=0,S=1)]/(I_0L_{\text{eff}}) \tag{4-330}$$

(二)三次谐波产生

1. 平面光波的三次谐波产生

假设一束频率为 ω 的线偏振光射入非线性介质，光波电场为

$$\boldsymbol{E}(z,t)=\boldsymbol{a}(\omega)E(\omega)\mathrm{e}^{-\mathrm{i}\omega t}+\text{c. c.} \tag{4-331}$$

由三阶非线性效应产生的三次谐波极化强度为

$$\boldsymbol{P}^{(3)}=\varepsilon_0\boldsymbol{\chi}^{(3)}(\omega,\omega,\omega)\vdots\boldsymbol{E}(\omega)\boldsymbol{E}(\omega)\boldsymbol{E}(\omega) \tag{4-332}$$

将其代入耦合波方程(4-154),可得

$$\frac{\mathrm{d}E(3\omega,z)}{\mathrm{d}z}=\frac{3}{2}\frac{\mathrm{i}\omega\mu_0\varepsilon_0 c}{n_3}\chi_{\mathrm{eff}}^{(3)}E_0^3\mathrm{e}^{-\mathrm{i}\Delta kz} \tag{4-333}$$

式中,E_0 是入射波的振幅,

$$\chi_{\mathrm{eff}}^{(3)}=\boldsymbol{a}(3\omega)\cdot\boldsymbol{\chi}^{(3)}(\omega,\omega,\omega)\vdots\boldsymbol{a}(\omega)\boldsymbol{a}(\omega)\boldsymbol{a}(\omega) \tag{4-334}$$

$$\Delta k=\frac{3\omega}{c}(n_3-n_1) \tag{4-335}$$

在小信号近似的情况下,可以得到三次谐波光电场为

$$E(3\omega,z)=\frac{3}{2}\frac{\mathrm{i}\omega\mu_0\varepsilon_0 c}{n_3}\chi_{\mathrm{eff}}^{(3)}E_0^3\mathrm{e}^{\mathrm{i}\frac{\Delta kz}{2}}\frac{\sin\left(\frac{\Delta kz}{2}\right)}{\frac{\Delta k}{2}} \tag{4-336}$$

输出的三次谐波光波强度为

$$I_3(L)=\frac{(3\omega)^2}{16\varepsilon_0{}^2c^4n_1{}^3n_3}\left|\chi_{\mathrm{eff}}^{(3)}\right|^2I_1{}^3(0)L^2\frac{\sin^2\left(\frac{\Delta kL}{2}\right)}{\left(\frac{\Delta kL}{2}\right)^2} \tag{4-337}$$

可见,当 $\Delta k=0$,即完全相位匹配时,能够获得最大的三次谐波输出。

2. 高斯光束的三次谐波产生

假设基波高斯光束的光电场为

$$E_{01}(x,y,z)=\frac{E_{10}}{1+\mathrm{i}\xi_1}\mathrm{e}^{\mathrm{i}k_1z}\mathrm{e}^{-\frac{k_1r^2}{b_1(1+\mathrm{i}\xi_1)}} \tag{4-338}$$

相应的三次谐波极化强度为

$$P_{03}(\boldsymbol{r})=\frac{1}{4}\varepsilon_0\chi^{(3)}(\omega,\omega,\omega)E_{10}^3\mathrm{e}^{\mathrm{i}3k_1z}(1+\mathrm{i}\xi_1)^{-3}\mathrm{e}^{-\frac{3k_1r^2}{b_1(1+\mathrm{i}\xi_1)}} \tag{4-339}$$

采用更加一般的“极化波”处理方法[29-30],可以得到

$$E_{03}(\boldsymbol{r})=\frac{\mathrm{i}3\omega b_1\chi^{(3)}E_{10}^3}{16cn_3}(1+\mathrm{i}\xi_1)^{-1}\mathrm{e}^{\mathrm{i}3k_1z}\mathrm{e}^{-\frac{3k_1(x^2+y^2)}{b_1(1+\mathrm{i}\xi_1)}}I(\Delta k,\xi_1,\zeta) \tag{4-340}$$

其中

$$I(\Delta k,\xi_1,\zeta)=\int_{-\zeta}^{\xi_1}\mathrm{e}^{\mathrm{i}b_1\Delta k(\xi_1-\xi_1')/2}(1+\mathrm{i}\xi'_1)^2\mathrm{d}\xi'_1 \tag{4-341}$$

可见,除积分因子 $I(\Delta k,\xi,\zeta)$ 外,三次谐波光电场与基波有同样的共焦参数,但其光斑是基波的 $1/\sqrt{3}$ 。相应的非线性介质出射面处的三次谐波总功率为

$$P_3=\frac{3\omega^4}{16\pi^2c^6\varepsilon_0n_1n_3}\left|\chi^{(3)}\right|^2P_1^3\left|I(\Delta k,\xi_1,\zeta)\right|^2 \tag{4-342}$$

当 $b_1\gg L$,即共焦参数比非线性介质长度大得多时,高斯光束情况下的功率转换效率为

$$\frac{P_3}{P_1}=\frac{3\omega^2L^2\left|\chi^{(3)}\right|^2}{16c^4\varepsilon_0^2n_1^3n_3}\left(\frac{P_1}{S'}\right)^2\frac{\sin^2\left(\frac{\Delta kL}{2}\right)}{\left(\frac{\Delta kL}{2}\right)^2} \tag{4-343}$$

式中,S' 为基波场的有效面积,且有

$$S'=\frac{1}{2}\pi w_{10}^2=\frac{\pi cb_1}{2n_1\omega} \tag{4-344}$$

将(4-343)式与(4-337)式比较可见,只要以高斯光束的有效面积代入(4-343)式,则平面波与高斯光束平面波近似($b_1\gg L$)时的功率转换效率表达式仅相差因子 3。

（三）四波混频和光学相位共轭

1. 四波混频

（1）四波混频理论

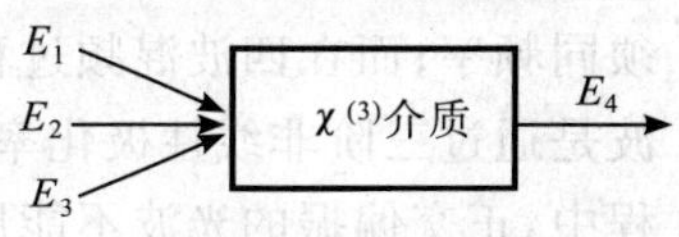

图 4-14　四波混频示意图

四波混频是由介质中的三阶非线性极化引起的 4 个光波相互作用的现象。图 4-14 给出了四波混频的一般原理示意图。

在四波混频过程中，光子的能量守恒与动量守恒关系为

$$\omega_4=\omega_1+\omega_2+\omega_3 \tag{4-345}$$

$$\boldsymbol{k}_4=\boldsymbol{k}_1+\boldsymbol{k}_2+\boldsymbol{k}_3 \tag{4-346}$$

频率为 ω_4 的三阶非线性极化强度为

$$\boldsymbol{P}^{(3)}(\omega_4)=6\varepsilon_0\boldsymbol{\chi}^{(3)}(-\omega_4,\omega_1,\omega_2,\omega_3)\vdots\boldsymbol{E}(\omega_1)\boldsymbol{E}(\omega_2)\boldsymbol{E}(\omega_3) \tag{4-347}$$

假设 3 个平面光波 ω_1、ω_2 和 ω_3 均沿 z 方向传播，则由耦合波方程(4-154)可得频率为 ω_4 光电场复振幅满足的耦合波方程：

$$\frac{\mathrm{d}E(\omega_4)}{\mathrm{d}z}=\frac{\mathrm{i}3\mu_0\omega_4^2}{k_4}\varepsilon_0\chi_{\mathrm{eff}}^{(3)}(-\omega_4,\omega_1,\omega_2,\omega_3)E(\omega_1)E(\omega_2)E(\omega_3)\mathrm{e}^{-\mathrm{i}\Delta kz} \tag{4-348}$$

其中

$$\Delta k=k_4-k_1-k_2-k_3 \tag{4-349}$$

同样可以写出其他 3 个频率光波场复振幅满足的耦合波方程。求解这 4 个耦合波方程，即可确定 4 个光波在介质中的传播特性。

（2）简并四波混频与实时全息类比

4 个光波频率相等的四波混频过程称为简并四波混频。考虑到能量守恒：$\omega=\omega-\omega+\omega$，三阶极化强度表示式应为

$$P^{(3)}(\omega)=3\varepsilon_0\chi^{(3)}(-\omega,\omega,-\omega,\omega)E^2(\omega)E^*(\omega) \tag{4-350}$$

虽然简并四波混频的 4 个光波频率相等，但其波矢方向可以不同，应满足相位匹配条件：

$$\Delta k=k_4-k_1-k_2-k_3=0 \tag{4-351}$$

因此，支配简并四波混频过程的三阶非线性极化强度一般有如下 3 个分量：

$$\boldsymbol{P}_{\mathrm{s}}^{(3)}(\omega)=\boldsymbol{P}_{\mathrm{s}}^{(3)}(\boldsymbol{k}_1+\boldsymbol{k}_1'-\boldsymbol{k}_{\mathrm{i}},\omega)+\boldsymbol{P}_{\mathrm{s}}^{(3)}(\boldsymbol{k}_1-\boldsymbol{k}_1'+\boldsymbol{k}_{\mathrm{i}},\omega)+\boldsymbol{P}_{\mathrm{s}}^{(3)}(-\boldsymbol{k}_1+\boldsymbol{k}_1'+\boldsymbol{k}_{\mathrm{i}},\omega) \tag{4-352}$$

简并四波混频的四波相互作用可以理解为一种全息过程：3 个入射光波中的 2 个相互干涉，形成一个稳定光栅，第 3 个光波被该光栅衍射，得到输出光波。据此，(4-352)式中的 3 个分量可以理解成 3 个全息过程：$\boldsymbol{k}_1$ 和 $\boldsymbol{k}_{\mathrm{i}}$ 光波形成的光栅衍射光波 $\boldsymbol{k}_1'$，产生波矢为 $\boldsymbol{k}_{\mathrm{s}}=\boldsymbol{k}_1'\pm(\boldsymbol{k}_1-\boldsymbol{k}_{\mathrm{i}})$ 的输出光波；$\boldsymbol{k}_1'$ 和 $\boldsymbol{k}_{\mathrm{i}}$ 光波形成的光栅衍射光波 $\boldsymbol{k}_1$，产生波矢为 $\boldsymbol{k}_{\mathrm{s}}=\boldsymbol{k}_1\pm(\boldsymbol{k}_1'-\boldsymbol{k}_{\mathrm{i}})$ 的输出光波；$\boldsymbol{k}_1$ 和 $\boldsymbol{k}_1'$ 光波形成的光栅衍射光波 $\boldsymbol{k}_{\mathrm{i}}$，产生波矢为 $\boldsymbol{k}_{\mathrm{s}}=\boldsymbol{k}_{\mathrm{i}}\pm(\boldsymbol{k}_1-\boldsymbol{k}_1')$ 的输出光波。图 4-15 中绘出了 $\boldsymbol{k}_1'=-\boldsymbol{k}_1$ 特殊情况下的 3 个稳定光栅。虽然根据衍射理论可以得到 3 个波矢分别为 $\boldsymbol{k}_{\mathrm{s}}=\boldsymbol{k}_1+\boldsymbol{k}_1'-\boldsymbol{k}_{\mathrm{i}}$、$\boldsymbol{k}_{\mathrm{s}}=\boldsymbol{k}_1-\boldsymbol{k}_1'+\boldsymbol{k}_{\mathrm{i}}$ 和 $\boldsymbol{k}_{\mathrm{s}}=-\boldsymbol{k}_1+\boldsymbol{k}_1'+\boldsymbol{k}_{\mathrm{i}}$ 的衍射波，但是由于 $|\boldsymbol{k}_{\mathrm{s}}|$ 一般不等于 $\omega n/c$，所以这 3 个输出光波过程不可能完全是相位匹配的。例如，考虑到 $\boldsymbol{k}_1=-\boldsymbol{k}_1'$，输出光波 $\boldsymbol{k}_{\mathrm{s}}=-\boldsymbol{k}_{\mathrm{i}}$ 总是满足相位匹配的，而另外两个输出光波 $\boldsymbol{k}_{\mathrm{i}}\pm2\boldsymbol{k}_1$ 的过程是不满足相位匹配的，因此，在这些输出中只需考虑输出光波 $\boldsymbol{k}_{\mathrm{s}}=-\boldsymbol{k}_{\mathrm{i}}$ 就可以了。

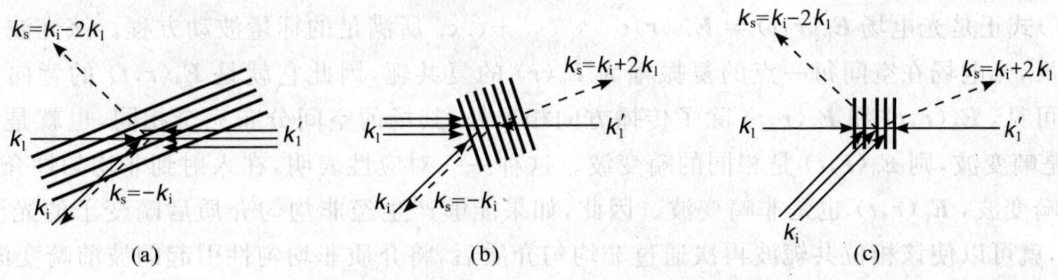

图 4-15　与简并四波混频过程相应的光栅图

上面指出了简并四波混频与全息过程的相似性，还必须明确它们之间存在的根本差别[31]：首先，普通全息的记录过程是通过参考光和信号光干涉，对记录介质曝光并调制其透明度实现的，所以参考光和信号光必须同频率；而在四波混频过程中，相互作用光波则不一定同频率。第二个差别是，四波混频过程中的 4 个光波是通过三阶非线性极化率张量发生作用的，一般情况下，不同偏振的光之间也能够产生耦合，而在全息过程中，正交偏振的光波不能形成光栅，因而也就不能产生衍射。

鉴于上面的讨论，可以将简并四波混频过程看作是一种实时的(动态)全息过程。在这种情况下，不仅要考虑全息光栅对再现参考光的衍射作用，而且还要考虑再现参考光、衍射光对全息光栅参量的影响，也就是说，要同时考虑 4 个光波波矢满足相位匹配条件和振幅满足动平衡条件。

2. 光学相位共轭[6]

当激光束在大气或光学元器件中传输时，由于大气或光学元器件的不均匀性，将引起激光束波前畸变，这种畸变构成了一种噪声，必须消除。为此，人们提出了光学自适应技术。传统的光学自适应技术需要采用电一光器件、声一光器件以及可变形反射镜等自适应的补偿系统，结构复杂，工程上难以实现。伴随非线性光学的发展，人们发现，利用某些非线性光学过程，可以无需其他设备，实时地产生畸变光波的相位共轭波，当这些相位共轭波再次通过引起畸变的非均匀介质时，即可消除光波中的畸变，由此逐渐发展起来了一种新型的非线性光学相位共轭技术，在自适应光学、图像传递、无透镜成像、空间和时间信息处理、光计算、光开关、压缩光脉冲、双光子相干态低噪声量子限探测及非线性激光光谱学等领域中有着诱人的应用前景。

(1)光学相位共轭技术

1)相位共轭波

在数学上，相位共轭相当于对光电场的复振幅取复共轭。一束频率为 ω_s 的单色光波沿 z 轴方向传播，其光电场表示式为

$$\boldsymbol{E}_s(\boldsymbol{r},t)=\boldsymbol{E}_s(\boldsymbol{r})e^{-i(\omega_s t-k_s z)}+c.c. \tag{4-353}$$

则该光波的相位共轭波光电场为

$$\boldsymbol{E}_p(\boldsymbol{r},t)=\boldsymbol{E}_s^*(\boldsymbol{r})e^{-i(\omega_s t\pm k_s z)}+c.c. \tag{4-354}$$

式中，“±”分别相应于 $\boldsymbol{E}_s(\boldsymbol{r},t)$ 的背向相位共轭波和前向相位共轭波。

根据光电场的表示式可以看出，相位共轭波实际上是在振幅、相位(即波阵面)及偏振态 3 个方面与信号波互为时间反演的光波，即有 $\boldsymbol{E}_p(\boldsymbol{r},t)=\boldsymbol{E}_s(\boldsymbol{r},-t)$。因此，相位共轭波 $\boldsymbol{E}_p(\boldsymbol{r},t)$ 也称为 $\boldsymbol{E}_s(\boldsymbol{r},t)$ 的时间反演波。

2)相位共轭波修正波前畸变的物理过程

一线偏振光波在介电常数为 $\varepsilon(\boldsymbol{r})$ 的非均匀介质中传播时，满足如下的标量波动方程：

$$\nabla^2 E_s(\boldsymbol{r},t)+\omega_s^2\mu_0\varepsilon(\boldsymbol{r})E_s(\boldsymbol{r},t)=0 \tag{4-355}$$

将光电场表示式(4-353)式代入，可得

$$\nabla^2 E_s(\boldsymbol{r})+[\omega_s^2\mu_0\varepsilon(\boldsymbol{r})-k_s^2]E_s(\boldsymbol{r})+2ik_s\frac{dE_s(\boldsymbol{r})}{dz}=0 \tag{4-356}$$

对该式取复共轭，有

$$\nabla^2 E_s^*(\boldsymbol{r})+[\omega_s^2\mu_0\varepsilon(\boldsymbol{r})-k_s^2]E_s^*(\boldsymbol{r})-2ik_s\frac{dE_s^*(\boldsymbol{r})}{dz}=0 \tag{4-357}$$

显然，(4-357)式正是光电场 $\boldsymbol{E}_p(\boldsymbol{r},t)=\boldsymbol{E}_s^*(\boldsymbol{r})e^{-i(\omega_p t+k_s z)}+c.c.$ 所满足的标量波动方程。该光波与 $\boldsymbol{E}_s(\boldsymbol{r},t)$ 的传播方向相反，光电场在空间每一点的复振幅为 $\boldsymbol{E}_s(\boldsymbol{r})$ 的复共轭，因此它就是 $\boldsymbol{E}_s(\boldsymbol{r},t)$ 的背向相位共轭波。进一步分析可见，$\boldsymbol{E}_p(\boldsymbol{r},t)$ 和 $\boldsymbol{E}_s(\boldsymbol{r},t)$ 除了传播方向相反外，其场的空间分布完全相同，也就是说，如果入射波 $\boldsymbol{E}_s(\boldsymbol{r},t)$ 是畸变波，则 $\boldsymbol{E}_p(\boldsymbol{r},t)$ 是相同的畸变波。这种一一对应性表明，在入射到非均匀性介质以前，由于入射波是非畸变波，$\boldsymbol{E}_p(\boldsymbol{r},t)$ 也是非畸变波。因此，如果能够产生经非均匀介质后畸变了的光波 $\boldsymbol{E}_s(\boldsymbol{r},t)$ 的相位共轭波，就可以使该相位共轭波再次通过非均匀介质后，将介质非均匀性引起的波前畸变消除掉。

通常，我们将能够产生相位共轭波的装置形象地称为相位共轭反射镜(PCM)和相位共轭透镜(PCTM)。图 4-16 分别示出了一平面光波通过非均匀介质(空气中有一玻璃棒)后入射到普通反射镜、相位

共轭反射镜和相位共轭透镜上的情形。该图说明了利用相位共轭镜产生的相位共轭波修正波前畸变的物理过程。

由上面的讨论可以看出，光学相位共轭修正波前畸变必须具备两个条件：①必须产生具有畸变波前光波的相位共轭波；②该相位共轭波通过的非均匀介质的性质必须与入射波通过时的非均匀介质性质完全相同。这些要求对于一般应用来说，基本上可以满足。

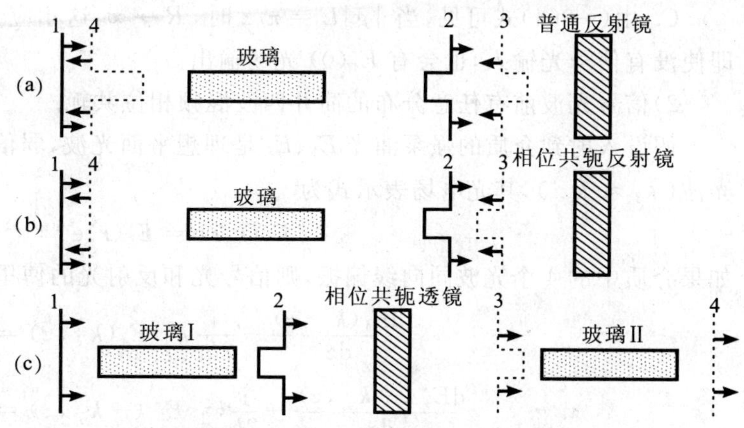

图 4-16　相位共轭波修正波前畸变的物理过程

(2)四波混频相位共轭

可用于光学相位共轭技术的非线性光学效应有很多：三波混频、四波混频、SRS、SBS、光子回波等。目前，研究最多、最重要的是四波混频、SBS。这里，只讨论简并四波混频相位共轭和信号光波前有任意分布的简并四波混频相位共轭。

1)简并四波混频相位共轭

图 4-17 为一简并四波混频结构示意图，非线性介质是透明介质，具有三阶非线性极化率 $\chi^{(3)}$。在介质中相互作用的 4 个平面光波电场为

$$\boldsymbol{E}_l(\boldsymbol{r},t)=\boldsymbol{E}_l(\boldsymbol{r})\mathrm{e}^{-\mathrm{i}(\omega t-\boldsymbol{k}_l\cdot\boldsymbol{r})}+\mathrm{c.c.}\qquad l=1,2,3,4 \tag{4-358}$$

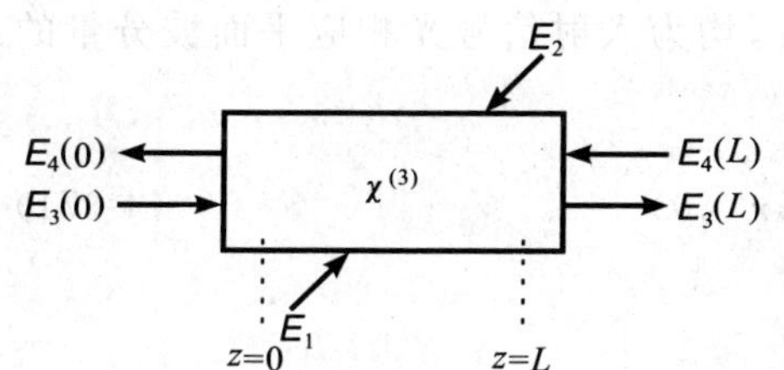

图 4-17　简并四波混频结构示意图

式中，$\boldsymbol{E}_1$、$\boldsymbol{E}_2$ 是彼此反向传播的泵浦光波，$\boldsymbol{E}_3$、$\boldsymbol{E}_4$ 是彼此反向传播的信号光和反射光，它们的波矢满足

$$\boldsymbol{k}_1+\boldsymbol{k}_2=\boldsymbol{k}_3+\boldsymbol{k}_4=0 \tag{4-359}$$

如果这 4 个光波同向线偏振，满足 $|E_1(\boldsymbol{r})|^2$、$|E_2(\boldsymbol{r})|^2\gg|E_3(\boldsymbol{r})|^2$、$|E_4(\boldsymbol{r})|^2$，就可以忽略泵浦抽空效应，采用小信号理论处理，只需求解耦合波方程中的 $E_3(\boldsymbol{r})$ 和 $E_4(\boldsymbol{r})$ 两个方程：

$$\left.\begin{aligned}\frac{\mathrm{d}E_3^*(z)}{\mathrm{d}z}&=\mathrm{i}\,gE_4(z)\\ \frac{\mathrm{d}E_4(z)}{\mathrm{d}z}&=\mathrm{i}\,g^*E_3^*(z)\end{aligned}\right\} \tag{4-360}$$

其中

$$g^*=-\frac{1}{k}3\mu_0\varepsilon_0\omega^2\chi^{(3)}E_1E_2 \tag{4-361}$$

若边界条件为

$$\begin{aligned}E_3(z=0)&=E_{30}\\ E_4(z=L)&=0\end{aligned} \tag{4-362}$$

可以解得两个端面上的输出光电场为

$$\left.\begin{aligned}E_3(L)&=\frac{1}{\cos(|g|L)}E_{30}\\ E_4(0)&=-\mathrm{i}\frac{g^*}{|g|}\tan(|g|L)E_{30}^*\end{aligned}\right\} \tag{4-363}$$

由此可以得到如下结论：

A. 由(4-363)式可见，在输入面 $(z=0)$ 上，通过非线性作用产生的反射光场 $E_4(0)$ 正比于入射光场 E_{30}^*。因此，反射光 $E_4(z<0)$ 是入射光 $E_3(z<0)$ 的背向相位共轭光。

B. 根据(4-363)式，相位共轭(功率)反射率为

$$R=\frac{|E_4(z=0)|^2}{|E_3(z=0)|^2}=\tan^2(|g|L) \tag{4-364}$$

C. 由(4-364)式可见,当 $|g|L=\pi/2$ 时,$R\to\infty$,这相应于产生了简并四波混频振荡,在满足该条件下,即使没有信号光输入,也会有 $E_4(0)$ 光场输出。

2)信号光波前有任意分布的简并四波混频相位共轭

假设入射到介质的强泵浦光 E_1、E_2 是理想平面光波,弱信号光是沿 z 方向传播、有任意波前分布的近轴光波($\boldsymbol{k}_3\approx\boldsymbol{k}_{3z}$),其光电场表示式为

$$\boldsymbol{E}_3(\boldsymbol{r},t)=\boldsymbol{E}_3(\boldsymbol{r})\mathrm{e}^{-\mathrm{i}(\omega t-k_3 z)}+\mathrm{c.c.} \tag{4-365}$$

如果介质中的 4 个光波同向线偏振,则信号光和反射光的傅里叶平面波分量满足的耦合方程为

$$\frac{\mathrm{d}E_4(\boldsymbol{k}_\perp,z)}{\mathrm{d}z}-\frac{\mathrm{i}}{2k_4}k_\perp^2E_4(\boldsymbol{k}_\perp,z)=\mathrm{i}g^*E_3^*(-\boldsymbol{k}_\perp,z) \tag{4-366}$$

$$\frac{\mathrm{d}E_3^*(-\boldsymbol{k}_\perp,z)}{\mathrm{d}z}-\frac{\mathrm{i}}{2k}k_\perp^2E_3^*(-\boldsymbol{k}_\perp,z)=\mathrm{i}gE_4(\boldsymbol{k}_\perp,z) \tag{4-367}$$

若单一傅里叶平面波分量的边界条件为

$$E_3^*(-\boldsymbol{k}_\perp,z=0)=E_3^*(-\boldsymbol{k}_\perp,0) \tag{4-368}$$

$$E_4(\boldsymbol{k}_\perp,z=L)=0 \tag{4-369}$$

求解方程可以得到入射面 $z=0$ 处的背向反射光的傅里叶平面波分量为

$$E_4(\boldsymbol{k}_\perp,0)=-\mathrm{i}\frac{g^*}{|g|}\tan(|g|L)E_3^*(-\boldsymbol{k}_\perp,0) \tag{4-370}$$

可见,在入射面上,背向反射光的每一个傅里叶平面波分量 $E_4(\boldsymbol{k}_\perp,z)$,均为入射信号光相应平面波分量的复共轭。由傅里叶逆变换,可以求得入射面上的反射光场为

$$E_4(\boldsymbol{r}_\perp,0)=-\mathrm{i}\frac{g^*}{|g|}\tan(|g|L)E_3^*(-\boldsymbol{r}_\perp,0) \tag{4-371}$$

在 $z<0$ 的空间,有

$$E_4(\boldsymbol{r}_\perp,z<0)=-\mathrm{i}\frac{g^*}{|g|}\tan(|g|L)E_3^*(-\boldsymbol{r}_\perp,z<0) \tag{4-372}$$

因此,具有任意复杂波前的入射信号光,在二泵浦光为反向传播的理想平面波的条件下,皆可通过简并四波混频作用产生其背向相位共轭反射光,而与其入射方向无关。也正因此,人们把这种相位共轭装置称为相位共轭反射镜。当然,如果泵浦光不是理想的平面波,则背向散射光也不再是入射信号光的理想相位共轭光。

(3)四波混频相位共轭测量 $\chi^{(3)}$

三阶非线性极化率 $\chi^{(3)}$ 的测量方法很多,利用简并四波混频相位共轭测量 $\chi^{(3)}$ 是一种常用的行之有效的方法。

若激光波长为 λ,简并四波混频的 4 个光波振幅为 E_1、E_2、E_s 和 E_p,介质中非线性相互作用长度为 L,介质的折射率为 n,则可以直接利用图 4-17 的实验结构,输入反向传播的泵浦光 E_1 和 E_2,在另一方向上输入信号光 E_s,则通过测量输出相位共轭光 E_p 的功率反射率,即可由(4-364)式和耦合系数(4-361)式计算出非线性介质的三阶极化率 $\chi^{(3)}$ 的值。如果输入信号光与泵浦光的偏振正交,则即使是 4 个光波共线传播,也能将相位共轭光从泵浦光中分离出来。

(四)非线性光吸收和光学双稳性

1. 饱和吸收和光学双稳性

(1)饱和吸收

饱和吸收是指激光入射到非线性介质上时,介质的吸收系数 α 随介质内光强 I 的增加而减小,直至 $\alpha\to 0$ 的效应。实验证明,当发生饱和吸收时,吸收系数 α 满足如下关系:

$$\alpha(I)=\frac{\alpha_0}{1+\dfrac{I}{I_c}} \tag{4-373}$$

式中，α_0 是介质的线性吸收系数，I_c 是饱和光强。可见，$I=0$ 时，$\alpha=\alpha_0$；$I=I_c$ 时，$\alpha=\alpha_0/2$；$I\to\infty$时，$\alpha\to 0$。I_c 取决于介质的性质，它决定了 α 随 I 增大而下降的速率。

下面分别从二能级原子系统的共振吸收和非线性光学相互作用两个角度讨论这种饱和吸收效应。

1）二能级系统共振吸收

假设一频率为 ω、强度为 I 的激光作用于二能级原子系统，通过共振吸收，引起原子从基态 1 跃迁到激发态 2，其吸收截面（跃迁概率）为 σ_0，再以自发辐射或无辐射弛豫方式跃迁回基态 1，其弛豫时间为 τ_{21}，同时伴有跃迁概率为 σ_0 的受激辐射。若基态和激发态的粒子数密度分别为 n_1 和 n_2，则 n_2 随时间的变化规律可由下面的速率方程描述：

$$\frac{\mathrm{d}n_2}{\mathrm{d}t}=\frac{\sigma_0}{\hbar\omega}I(n_1-n_2)-\frac{n_2}{\tau_{21}} \tag{4-374}$$

$$N=n_1+n_2 \tag{4-375}$$

式中，N 为总粒子数密度。当入射激光脉宽 τ_p 远大于激发态寿命 τ_{21}、满足稳态条件时，可令(4-374)式中 n_2 的时间变化率等于 0，并设

$$I_s=\frac{\hbar\omega}{2\sigma_0\tau_{21}} \tag{4-376}$$

为二能级系统的饱和吸收光强，得到

$$\Delta n=n_1-n_2=\frac{N}{1+\dfrac{I}{I_s}} \tag{4-377}$$

因为介质的线性吸收系数 α_0 和吸收系数 α 分别为

$$\alpha_0=N\sigma_0,\alpha=\Delta n\sigma_0 \tag{4-378}$$

经过运算，吸收系数 α 可表示为(4-373)式的形式。

进一步，由(4-377)式可见，当 $I\to\infty$时，$\Delta n=0$，即 $n_1=n_2$。就是说，在强光作用下，通过基态→激发态、激发态→基态的跃迁过程，基态和激发态的粒子数达到动态平衡，不再吸收光子。这就是二能级系统达到吸收饱和的物理实质。

2）非线性极化

假设一频率为 ω、强度为 $I\propto E_p^2$ 的强泵浦光入射到厚度为 L 的各向同性介质，同时还同方向入射一同频率的弱探测光，它们在介质中产生线性极化和三阶非线性极化，为了能分离开输出的二光，通常取其偏振正交。

现在从波动方程(4-146)出发，不计损耗，并利用慢变化振幅近似的条件，可以得到稳态波动方程：

$$\frac{\mathrm{d}\boldsymbol{E}(z)}{\mathrm{d}z}=\frac{\mathrm{i}\omega}{2\varepsilon_0 c n_0}\boldsymbol{P}(z) \tag{4-379}$$

若只考虑线性极化和三阶非线性极化，则式中的极化强度为

$$\boldsymbol{P}(\omega,z)=\boldsymbol{P}^{(1)}(\omega,z)+\boldsymbol{P}^{(3)}(\omega,z)=\varepsilon_0\chi^{(1)}(-\omega,\omega)\boldsymbol{E}(\omega,z)+3\varepsilon_0\chi^{(3)}(-\omega,\omega,-\omega,\omega)\left|\boldsymbol{E}_p(\omega,z)\right|^2\boldsymbol{E}(\omega,z) \tag{4-380}$$

由前面的讨论已知，极化率是复数：$\chi=\chi'+\mathrm{i}\chi''$，介质的吸收只与 χ 的虚部有关。所以对于上式，利用 $\left|\boldsymbol{E}_p(\omega,z)\right|^2=\dfrac{I}{2\varepsilon_0 c n_0}$ 后，其与极化率虚部相关的表示式为

$$\boldsymbol{P}(\omega,z)=\mathrm{i}\left[\varepsilon_0(\chi^{(1)})''+\frac{3\omega}{2cn_0}(\chi^{(3)})''I\right]\boldsymbol{E}(\omega,z) \tag{4-381}$$

将该式代入(4-379)式，得

$$\frac{\mathrm{d}\boldsymbol{E}(z)}{\mathrm{d}z}=-\left[\frac{\omega}{2cn_0}(\chi^{(1)})''+\frac{3\omega}{4\varepsilon_0 c^2 n_0^2}(\chi^{(3)})''I\right]\boldsymbol{E}(\omega,z) \tag{4-382}$$

假定泵浦光很强，可视 I 为常数，并且令

$$\frac{\alpha}{2}=\frac{\omega}{2cn_0}(\chi^{(1)})''+\frac{3\omega}{4\varepsilon_0 c^2 n_0^2}(\chi^{(3)})''I \tag{4-383}$$

则方程(4-382)变成

$$\frac{\mathrm{d}\boldsymbol{E}(z)}{\mathrm{d}z}=-\frac{\alpha}{2}\boldsymbol{E}(\omega,z) \tag{4-384}$$

解得

$$\boldsymbol{E}(\omega,L)=\boldsymbol{E}(\omega,0)\mathrm{e}^{-\frac{\alpha}{2}L} \tag{4-385}$$

可得透射率为

$$T=\frac{I(L)}{I(0)}=\frac{|E(L)|^2}{|E(0)|^2}=\mathrm{e}^{-\alpha L} \tag{4-386}$$

式中，α 为吸收系数，包含线性吸收系数 α_0 和非线性吸收系数 $\Delta\alpha$：

$$\alpha=\alpha_0+\Delta\alpha \tag{4-387}$$

其中

$$\alpha_0=\frac{\omega}{2cn_0}(\chi^{(1)})'' \tag{4-388}$$

$$\Delta\alpha=\frac{3\omega}{2\varepsilon_0 c^2 n_0^2}(\chi^{(3)})''I \tag{4-389}$$

因此，考虑三阶非线性效应的非线性吸收系数与光强成正比。

进一步，若将(4-387)式与(4-373)式进行比较，并认为介质中的光强 I 远小于饱和吸收系数 I_c，将(4-373)式用泰勒级数展开，只取到一阶近似项，可得

$$I_c\approx-\frac{2\varepsilon_0 c^2 n_0^2\alpha_0}{3\omega(\chi^{(3)})''} \tag{4-390}$$

该饱和吸收系数近似与三阶极化率的虚部成反比。当然，这里的三阶非线性光吸收只是饱和吸级的一个线性近似，实际上的饱和吸收包含有各高阶非线性极化效应的共同贡献。

饱和吸收现象已广泛用于调 Q、锁模等脉冲压缩技术，也已用于光学双稳器件的研究。

(2)光学双稳性[1,32]

光学双稳性是一种非线性光学效应。与电子学双稳态器件是电子计算机的最基本单元器件一样，光学双稳器件也是未来全光学计算机或电子光学混合计算机的基本单元器件。光学双稳器件的基本特征是具有两个稳定的光学状态。

1)光学双稳性的基本概念

如果一个光学系统在给定的输入光强下，存在两种可能的输出光强状态，而且可以实现这两个光强状态间的可恢复性开关转换，则称该系统具有光学双稳性。光学双稳性一般是指光强的双稳性，有时也推广到其他物理量，例如频率的双稳性等。光学双稳性有两个基本特征：①延滞性：透射光总是滞后于入射光，它决定了系统的稳定特性，起源于负反馈作用；②突变性：两个状态间可快速开关转换，它起源于正反馈作用。

具有光学双稳性的装置叫光学双稳器件。它是一个含有反馈的非线性光学器件，其构成有 3 个要素：非线性介质、反馈系统和入射光能。按反馈的方式分为两类：全光型和混合型。

2)全光型光学双稳性

A. 吸收型全光双稳性

吸收型光学双稳器件是在 F-P 腔中放置一个可饱和吸收介质构成的。介质的吸收系数 α 为

$$\alpha(I)=\frac{\alpha_0}{1+\dfrac{I_0}{I_s}} \tag{4-391}$$

设 I_i 和 I_t 分别为器件的入射光强和透射光强，器件厚度为 L，则其透射率为

$$T=\frac{I_t}{I_i}=\mathrm{e}^{-\alpha L} \tag{4-392}$$

由(4-392)式和(4-391)式可见,当 $I_i \to 0$, $I_0 \to 0$, $\alpha \to \alpha_0$, $I_i = e^{\alpha L} I_t = kI_t$,器件处于图 4-18 中 $I_t - I_i$ 曲线的低态,其斜率较小,为 k;当 $I_i \to \infty$, $I_0 \to \infty$, $\alpha \to 0$, $I_i \approx I_t$,器件处于高态, $I_t - I_i$ 曲线的斜率为 45°。

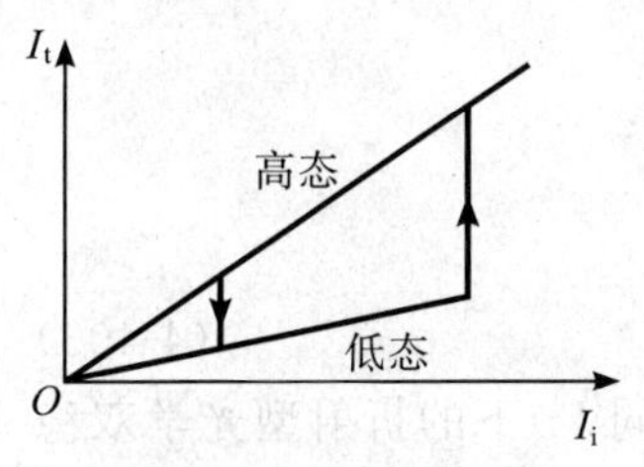

图 4-18　吸收型光学双稳性

B. 折射型全光学双稳性

折射型(色散型)光学双稳器件是在 F-P 腔中放置一光克尔介质构成的。介质的折射率为

$$n = n_0 + n_2 I_0 \tag{4-393}$$

式中, n_2 是按光强定义的非线性折射率系数。对于 F-P 干涉仪,若两个反射镜的反射率相等,介质内光强可近似表示为

$$I_0 \approx \left(\frac{1+R}{1-R}\right) I_t \tag{4-394}$$

因此有

$$n = n_0 + n_2 \left(\frac{1+R}{1-R}\right) I_t \tag{4-395}$$

在 F-P 干涉仪中,多光束干涉相邻透射光间的相位差为

$$\varphi = \frac{4\pi}{\lambda} nL \tag{4-396}$$

将(4-395)式代入,可得

$$\varphi = \varphi_0 + KI_t \tag{4-397}$$

式中,常数 $\varphi_0 = \frac{4\pi}{\lambda} n_0 L$, $K = \frac{2\pi}{\lambda}\left(\frac{1+R}{1-R}\right) n_2 L$,因此透射率 T 与相位差 φ 的关系可表示为

$$T = \frac{I_t}{I_i} = \frac{\varphi - \varphi_0}{KI_i} \tag{4-398}$$

这里, T 与 φ 呈线性关系,斜率为入射光强的倒数。(4-398)式称为反馈关系式。

又由物理光学[14],F-P 干涉仪的透射率与相位差有如下周期性关系:

$$T = \frac{I_t}{I_i} = \frac{1}{1 + \frac{4R}{T^2} \sin^2\left(\frac{\varphi}{2}\right)} \tag{4-399}$$

该式称为调制关系式。

将(4-398)式和(4-399)式联立,如图 4-19 所示,可以用作图法得到两条曲线相交的工作点:当逐步增加入射光强时,由(4-398)式可见,直线斜率减少,两条曲线的交点依次为 $A - B - C - D - E$;然后逐步减小入射光强,其直线斜率逐渐增加,两条曲线的交点依次为 $E - D - F - B - A$ 。可见,器件在 CD 和 BF 之间有双稳特性。在这个工作范围内,对应一个入射光强 I_i' ,两条曲线有 3 个交点 1、2、3。其中 2 是不稳定的,1 和 3 是稳定的。也就是说,对应于一个入射光强,存在着两个稳定的透射光强状态。这样就得到了如图 4-20 所示的折射型光学双稳性的特性曲线。可以证明,其中 $C - 2 - F$ 曲线是不稳定的。由图可见, I_t 滞后于 I_i ,在 C 点和 F 点发生开启和关断的跳变。

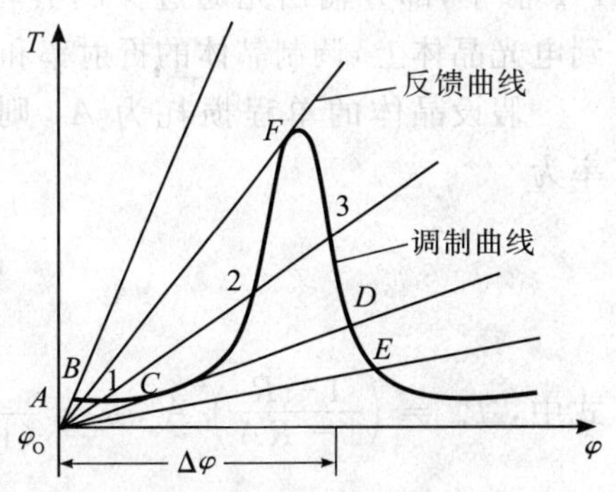

图 4-19　用作图法求器件的工作点

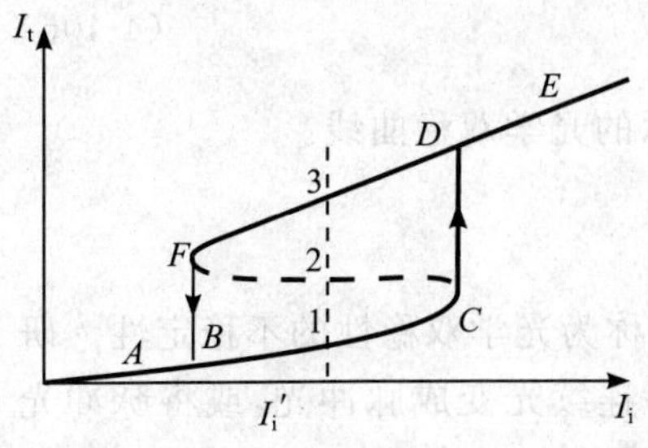

图 4-20　器件的双稳特性

此外,也可以利用解析法得到双稳曲线[33]。考察(4-399)式,在 $\varphi = 2m\pi$ 峰值附近可近似表示为

$$I_i \approx \left(1 + \frac{R\varphi^2}{T^2}\right) I_t \tag{4-400}$$

而(4-397)式可表示为

$$\varphi = \varphi_0 \pm \varphi_2 I_t \tag{4-401}$$

在 $\varphi = 2m\pi$ 峰值附近,(4-401)式应取负号,代入(4-400)式,得到

$$I_i \approx \left[1+\frac{R}{T^2}(\varphi_0-\varphi_2 I_t)^2\right] I_t \tag{4-402}$$

若采用如下变量代换：

$$I_1=\frac{\varphi_2}{\varphi_0}I_i, I_T=\frac{\varphi_2}{\varphi_0}I_t, k=\frac{R_0\varphi_0^2}{T^2}$$

(4-402)式可变为如下的三次方程：

$$I_1=kI_T^3-2kI_T^2+(1+k)I_T \tag{4-403}$$

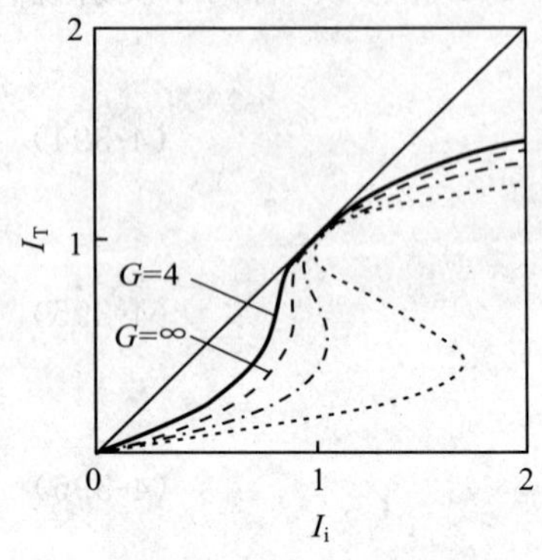

图 4-21　不同 φ_0 下的折射型光学双稳特性曲线

由此绘出相应的 I_T - I_1 曲线关系，得到不同 φ_0（不同 k）下的折射型光学双稳特性曲线，如图 4-21 所示。由图可见，各曲线的斜率 $G=\mathrm{d}I_T/\mathrm{d}I_1$ 决定了系统的性质：

当 $0<\dfrac{\mathrm{d}I_T}{\mathrm{d}I_1}\leqslant 1$ 时，无增益、无双稳；

当 $1<\dfrac{\mathrm{d}I_T}{\mathrm{d}I_1}<\infty$ 时，有微分增益；

当 $-\infty<\dfrac{\mathrm{d}I_T}{\mathrm{d}I_1}<0$ 时，有光学双稳性(负斜率区)。

该系统的双稳临界条件是

$$\left.\begin{aligned} I_{tc}&=\frac{2}{\sqrt{3}}\frac{T}{\sqrt{R}\varphi_2}\\ I_{ic}&=\frac{8}{3\sqrt{3}}\frac{T}{\sqrt{R}\varphi_2}\end{aligned}\right\} \tag{4-404}$$

为了实现折射型光学双稳，要求选择适当的初相移，较好的条纹精细度(条纹锐度)，足够大的光强和较大的非线性折射系数。

3)电光混合型光学双稳性

电光混合型光学双稳器件是依靠电光调制器实现电光混合反馈的。这里给出一种如图 4-22 所示的电光非线性 F-P 型光学双稳装置：电光晶体置于 F-P 腔中，部分输出光通过探测器转换成电信号加到电光晶体上，调制晶体的折射率和相位。

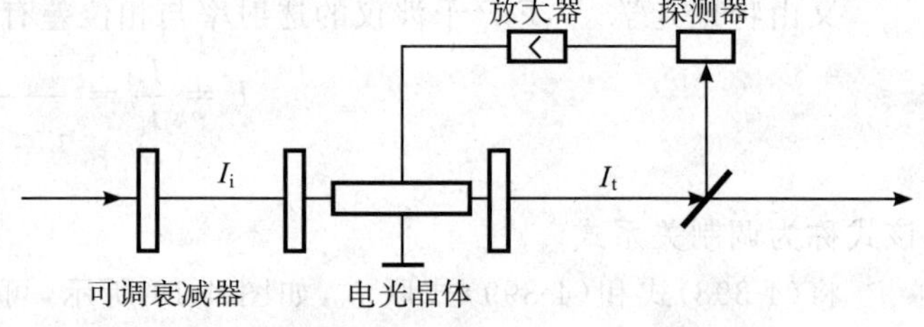

图 4-22　电光非线性 F-P 型光学双稳性器件

假设晶体的单程损耗为 A，则 F-P 腔的透射率为

$$T=\frac{T_m}{1+C\sin^2\left(\dfrac{\varphi}{2}\right)} \tag{4-405}$$

式中，$T_m=\left(\dfrac{1-R}{1-RA}\right)^2 A$，$C=\dfrac{4AR}{(1-RA)^2}$。该式即为 $T-\varphi$ 调制关系式。

另有线性反馈过程 $I_t \propto U \propto \Delta\varphi$，而由线性电光效应有 $\Delta\varphi=\pi\dfrac{U}{U_{\pi/2}}$，所以有

$$T=\frac{I_t}{I_i}=\frac{\varphi-\varphi_0}{kI_i} \tag{4-406}$$

该式为 $T-\varphi$ 的反馈关系。联立方程(4-405)和(4-406)，可得如图 4-20 所示的光学双稳曲线。

4)光学双稳性的不稳定性

可以证明：光学双稳曲线的负斜率区是不稳定的，正斜率区稳定。

在入射光不变的条件下，产生复现脉动、自脉冲、周期振荡、混沌的现象称为光学双稳性的不稳定性。研究不稳定性(混沌)的意义在于：了解激光技术中的噪声与混沌的区别；可将连续光变成脉冲光，或将脉冲光进一步压缩成窄脉冲；利用混沌同步可用于混沌保密通信；可作为研究非平衡态统计力学的一种手段。光学

双稳性的不稳定性分为以下 3 类：

MaCall 不稳定性——复现脉动。它起因于两种符号不同、时间常数不同的非线性折射率机制的共同作用，或称为双反馈机制。

Inkeda 不稳定性——倍周期振荡和混沌。它起因于延时反馈造成的不稳定性，形成倍周期振荡直至混沌。

Bonifacio 不稳定性——白脉冲。它起因于环腔中模间竞争和干涉形成的倍周期振荡，直至混沌发生。

2. 双光子吸收

(1)双光子吸收现象

当频率为 ω_1 和 ω_2 的两束光同时通过非线性介质时，如果 $\omega_1+\omega_2$ 接近于介质的某一跃迁频率，就会发生介质同时吸收两个光子，两束光都衰减的双光子吸收现象。

在双光子吸收中，只需考虑频率 ω_1 和 ω_2 两个辐射场之间的耦合。假设光电场表示式为

$$\boldsymbol{E}(\omega_l)=E(\omega_l,z)\boldsymbol{a}(\omega_l)\mathrm{e}^{\mathrm{i}k_l z}\qquad l=1,2 \tag{4-407}$$

它们所满足的耦合波方程为

$$\frac{\mathrm{d}E(\omega_1,z)}{\mathrm{d}z}=\frac{3\mathrm{i}\omega_1^2}{k_1c^2}\boldsymbol{\chi}^{(3)}(\omega_2,-\omega_2,\omega_1)\,\vdots\,\boldsymbol{a}(\omega_1)\boldsymbol{a}(\omega_2)\boldsymbol{a}(\omega_2)\boldsymbol{a}(\omega_1)\,|E(\omega_2,z)|^2E(\omega_1,z) \tag{4-408}$$

$$\frac{\mathrm{d}E(\omega_2,z)}{\mathrm{d}z}=\frac{3\mathrm{i}\omega_2^2}{k_2c^2}\boldsymbol{\chi}^{(3)}(\omega_1,-\omega_1,\omega_2)\,\vdots\,\boldsymbol{a}(\omega_2)\boldsymbol{a}(\omega_1)\boldsymbol{a}(\omega_1)\boldsymbol{a}(\omega_2)\,|E(\omega_1,z)|^2E(\omega_2,z) \tag{4-409}$$

与前面的耦合波方程相比较可以看出，这两个方程中没有包含 Δk 的因子，因而不存在相位匹配的问题。这就是所谓的非参量过程[6]。

由于双光子吸收现象是光与介质的共振作用，$\boldsymbol{\chi}^{(3)}$ 取共振增强表示式(4-91)，考虑到电极化率的性质，可引入符号 χ 和 χ_{TA}：

$$\begin{aligned}\chi&=\mathrm{Re}\left[\boldsymbol{\chi}^{(3)}(\omega_2,-\omega_2,\omega_1)\,\vdots\,\boldsymbol{a}(\omega_1)\boldsymbol{a}(\omega_2)\boldsymbol{a}(\omega_2)\boldsymbol{a}(\omega_1)\right]\\&=\mathrm{Re}\left[\boldsymbol{\chi}^{(3)}(\omega_1,-\omega_1,\omega_2)\,\vdots\,\boldsymbol{a}(\omega_2)\boldsymbol{a}(\omega_1)\boldsymbol{a}(\omega_1)\boldsymbol{a}(\omega_2)\right]\end{aligned} \tag{4-410}$$

$$\begin{aligned}\chi_{\mathrm{TA}}&=\mathrm{Im}\left[\boldsymbol{\chi}^{(3)}(\omega_2,-\omega_2,\omega_1)\,\vdots\,\boldsymbol{a}(\omega_1)\boldsymbol{a}(\omega_2)\boldsymbol{a}(\omega_2)\boldsymbol{a}(\omega_1)\right]\\&=\mathrm{Im}\left[\boldsymbol{\chi}^{(3)}(\omega_1,-\omega_1,\omega_2)\,\vdots\,\boldsymbol{a}(\omega_2)\boldsymbol{a}(\omega_1)\boldsymbol{a}(\omega_1)\boldsymbol{a}(\omega_2)\right]\end{aligned} \tag{4-411}$$

将上面的耦合波方程表示为

$$\frac{\mathrm{d}E(\omega_1,z)}{\mathrm{d}z}=\frac{3\omega_1^2}{k_1c^2}(\mathrm{i}\chi-\chi_{\mathrm{TA}})\,|E(\omega_2,z)|^2E(\omega_1,z) \tag{4-412}$$

$$\frac{\mathrm{d}E(\omega_2,z)}{\mathrm{d}z}=\frac{3\omega_2^2}{k_2c^2}(\mathrm{i}\chi-\chi_{\mathrm{TA}})\,|E(\omega_1,z)|^2E(\omega_2,z) \tag{4-413}$$

求解这两个方程，可以得到两个光波光子通量的传播规律：

$$N(\omega_1,z)=N(\omega_1,0)\,\frac{N(\omega_1,0)-N(\omega_2,0)}{N(\omega_1,0)-N(\omega_2,0)\mathrm{e}^{-(z/l_{\mathrm{TA}})}} \tag{4-414}$$

$$N(\omega_2,z)=N(\omega_2,0)\,\frac{N(\omega_1,0)-N(\omega_2,0)}{N(\omega_1,0)-N(\omega_2,0)\mathrm{e}^{-(z/l_{\mathrm{TA}})}}\mathrm{e}^{-\frac{z}{l_{\mathrm{TA}}}} \tag{4-415}$$

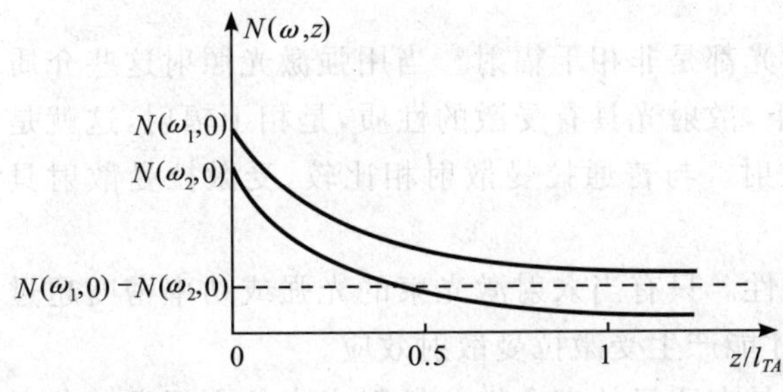

图 4-23 双光子吸收的光子通量衰减曲线

对于双光子吸收，两个输入光波光子通量的衰减特性如图 4-23 所示。上式中，

$$l_{\mathrm{TA}}=\frac{1}{\alpha_{\mathrm{TA}}\left[N(\omega_1,0)-N(\omega_2,0)\right]} \tag{4-416}$$

是表征双光子吸收过程的特征长度。

(2)参量过程和非参量过程

一个非线性光学过程，如果在过程前后，非线性介质的原子保持在它的原始状态中，这种过程叫做参量过程。例如，前面讨论的差频过程、和频过程、三次谐波产生过程

等都是参量过程。对于这些过程，只有满足相位匹配条件才能有效地发生。如果经过某个非线性光学过程后，介质中原子的末态与始态不同，则称该过程为非参量过程。双光子吸收过程就是一种非参量过程，在发生双光子吸收时，原子由基态跃迁到激发态。尽管在双光子吸收过程中不存在相位匹配的问题，但是用有无相位匹配要求来区分参量与非参量过程，是不严密的。参量过程和非参量过程的特点如下：

A. 在参量过程中，介质只起到媒介作用；在非参量过程中，介质参与到非线性过程中，状态发生了变化，曼利-罗关系不再成立，传递到介质中的能流不再为 0。

B. 在参量过程中，通过非线性作用产生的辐射与激励场处于不同的辐射模，而非参量过程则可能是受激发射过程。

C. 在参量过程中，例如，在三次谐波产生过程中，由(4-337)式可以看出，输出的三次谐波强度与 $|\boldsymbol{\chi}^{(3)}(-3\omega,\omega,\omega,\omega)|^2=(\boldsymbol{\chi}')^2+(\boldsymbol{\chi}'')^2$ 有关，其极化率张量实部($\boldsymbol{\chi}'$)和虚部($\boldsymbol{\chi}''$)的贡献方式相同。而对于非参量过程来说，极化率张量的实部与虚部可给出不同的物理意义。例如，在双光子吸收过程中，若定性地认为耦合波方程右边的 $|E(\omega_1,z)|^2$ 和 $|E(\omega_2,z)|^2$ 量值是常数，$E(\omega_1,z)$ 和 $E(\omega_2,z)$ 的变化率仅与它们各自的量成正比，则有如下的指数变化规律：

$$E(\omega_1,z)\propto\exp\left(\frac{3\omega_1^2}{k_1c^2}|E(\omega_2,z)|^2(\mathrm{i}\chi-\chi_{\mathrm{TA}})z\right) \tag{4-417}$$

$$E(\omega_2,z)\propto\exp\left(\frac{3\omega_2^2}{k_2c^2}|E(\omega_1,z)|^2(\mathrm{i}\chi-\chi_{\mathrm{TA}})z\right) \tag{4-418}$$

这两个式子表明，在热平衡条件下，χ_{TA} 为正值时，$E(\omega_1,z)$ 和 $E(\omega_2,z)$ 随 z 的增加而指数减少，减少的速度与另一光波的强度和 χ_{TA} 成正比；在集居数密度发生反转的条件下，χ_{TA} 为负值，$E(\omega_1,z)$ 和 $E(\omega_2,z)$ 随 z 的增加而增大，这相应于双光子放大。而指数项中的虚部则表示光波之间的非线性耦合会导致每一束光的传播常数的改变，这种改变正比于 χ，即正比于 $\chi^{(3)}$ 的实部，并正比于另一光束的强度。在远离共振区的条件下，光波不再衰减，只因 χ 不为 0，使得传播常数稍稍改变。应当明确的是，每一束光传播常数的改变，是由另一束光波的存在引起的，而这种传播常数的改变对应于介质有效折射率的改变，且折射率的改变与引起这种改变的光波振幅的平方成正比，因此这就是前面讨论的光克尔效应。由此可见，在双光子吸收这种非参量过程中，极化率的实部与虚部给出不同的物理含义：极化率的虚部导致双光子吸收(放大)，引起光电场振幅大小的改变；极化率的实部则导致光克尔效应，引起光电场传播相位的变化。

(五)受激拉曼散射(SRS)

1. 普通拉曼散射与受激拉曼散射

一束频率为 ω_p 的光波通过液态、气态或固态介质时，其散射光谱中存在着相对入射光有一定频移的成分 ω_s，频移量 $\omega_p-\omega_s=\omega_v$ 对应于介质内部某些确定的能级跃迁频率，这种散射过程就是普通的拉曼散射。普通拉曼散射的效率很低，相应于每个入射光子仅为 $10^{-6}\sim10^{-7}$ 量级。$\omega_p>\omega_s$ 时，叫斯托克斯散射；$\omega_p<\omega_s$ 时，叫反斯托克斯散射，其强度比斯托克斯散射小几个数量级。这两种散射的能级图如图 4-24 所示。其中图(a)表示分子原来处在基态 $v=0$ 上，一个频率为 ω_p 的入射光子被分子吸收，同时发射一个频率为 $\omega_s=\omega_p-\omega_v$ 的斯托克斯光子，而分子被激发到 $v=1$ 的振动能级上；图(b)表示分子原来处在 $v=1$ 的激发态上，散射的反斯托克斯光的频率为 $\omega_{as}=\omega_p+\omega_v$。

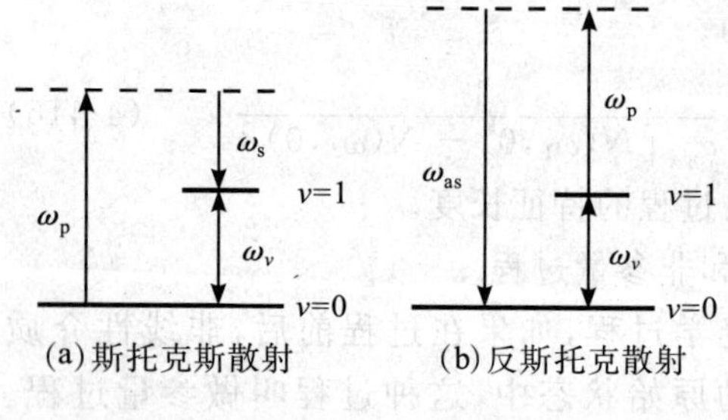

图 4-24 拉曼散射

普通拉曼散射光都是非相干辐射。当用强激光照射这些介质时，在一定的条件下，散射光具有受激的性质，是相干辐射，这就是所谓的受激拉曼散射。与普通拉曼散射相比较，受激拉曼散射具有如下一些特点：

1)明显的阈值性。只有当入射激光束的光强或功率密度超过一定激励阈值时，才能产生受激拉曼散射效应。

2)受激散射光具有明显的定向性。散射光束的空间发散角很小，一般可以达到与入射光相近的发散角。

3)受激拉曼散射光谱的高单色性。受激拉曼散射光谱很窄,可以达到与入射激光单色性相当或更窄的程度。

4)受激拉曼散射光的高强度性。受激拉曼散射光强或功率可以达到与入射光相比拟的程度,其转换效率高达60%～70%,理论上,效率趋于1也是可能的。

5)受激拉曼散射光随时间的变化特性与入射激光类似。有时候,受激拉曼散射光脉冲的持续时间可远短于入射激光脉冲。

受激拉曼散射的机理可简单地理解如下:在受激拉曼散射中,相干的入射光子主要不是被热振动声子所散射,而是被受激声子散射。所谓受激声子是指,最初一个入射光子与一个热振动声子相碰,产生一个斯托克斯光子,并增添一个受激声子;当入射光子再与这个增添的受激声子相碰时,在再产生一个斯托克斯光子的同时,又增添一个受激声子;如此继续下去,便形成一个产生受激声子的雪崩过程。产生受激声子过程的关键在于要有足够多的入射光子。由于受激声子所构成的声波是相干的,入射激光是相干的,所以所产生的斯托克斯散射光也是相干的。

2. 受激拉曼散射过程的电磁场处理

对于普通的拉曼散射过程,必须采用量子理论进行讨论。对于受激拉曼散射过程,因入射激光光子数 n_p 和受激拉曼散射光的光子数 n_s 总是远大于1,所以可利用经典电磁场理论进行讨论。

假设入射频率为 ω_p 的激励光和频率为 $\omega_s(\omega_p > \omega_s)$ 的散射光的光电场为

$$\boldsymbol{E}(\omega_p) = E(\omega_p, z)\boldsymbol{a}(\omega_p)e^{ik_p z} \tag{4-419}$$

$$\boldsymbol{E}(\omega_s) = E(\omega_s, z)\boldsymbol{a}(\omega_s)e^{ik_s z} \tag{4-420}$$

相应的三阶非线性极化强度为

$$\boldsymbol{P}^{(3)}(\omega_p) = 6\varepsilon_0\boldsymbol{\chi}^{(3)}(\omega_s, -\omega_s, \omega_p) \vdots \boldsymbol{a}(\omega_s)\boldsymbol{a}(\omega_s)\boldsymbol{a}(\omega_p) \,|E(\omega_s, z)|^2 E(\omega_p, z)e^{ik_p z} \tag{4-421}$$

$$\boldsymbol{P}^{(3)}(\omega_s) = 6\varepsilon_0\boldsymbol{\chi}^{(3)}(\omega_p, -\omega_p, \omega_s) \vdots \boldsymbol{a}(\omega_p)\boldsymbol{a}(\omega_p)\boldsymbol{a}(\omega_s) \,|E(\omega_p, z)|^2 E(\omega_s, z)e^{ik_s z} \tag{4-422}$$

则根据方程(4-154), $E(\omega_s, z)$ 和 $E(\omega_p, z)$ 满足的耦合波方程为

$$\frac{dE(\omega_s, z)}{dz} = \frac{3i\omega_s^2}{k_s c^2}\boldsymbol{\chi}^{(3)}(\omega_p, -\omega_p, \omega_s) \vdots \boldsymbol{a}(\omega_s)\boldsymbol{a}(\omega_p)\boldsymbol{a}(\omega_p)\boldsymbol{a}(\omega_s) \,|E(\omega_p, z)|^2 E(\omega_s, z) \tag{4-423}$$

$$\frac{dE(\omega_p, z)}{dz} = \frac{3i\omega_p^2}{k_p c^2}\boldsymbol{\chi}^{(3)}(\omega_s, -\omega_s, \omega_p) \vdots \boldsymbol{a}(\omega_p)\boldsymbol{a}(\omega_s)\boldsymbol{a}(\omega_s)\boldsymbol{a}(\omega_p) \,|E(\omega_s, z)|^2 E(\omega_p, z) \tag{4-424}$$

因为在受激拉曼散射过程中 $\omega_p - \omega_s$ 接近共振频率 ω_v,因而极化率 $\boldsymbol{\chi}^{(3)}$ 是复数。考虑到电极化率的性质,可引入符号 χ 和 χ_R:

$$\chi = \mathrm{Re}\left[\boldsymbol{\chi}^{(3)}(\omega_p, -\omega_p, \omega_s) \vdots \boldsymbol{a}(\omega_s)\boldsymbol{a}(\omega_p)\boldsymbol{a}(\omega_p)\boldsymbol{a}(\omega_s)\right] = \mathrm{Re}\left[\boldsymbol{\chi}^{(3)}(\omega_s, -\omega_s, \omega_p) \vdots \boldsymbol{a}(\omega_p)\boldsymbol{a}(\omega_s)\boldsymbol{a}(\omega_s)\boldsymbol{a}(\omega_p)\right] \tag{4-425}$$

$$\chi_R = \mathrm{Im}\left[\boldsymbol{\chi}^{(3)}(\omega_s, -\omega_s, \omega_p) \vdots \boldsymbol{a}(\omega_p)\boldsymbol{a}(\omega_s)\boldsymbol{a}(\omega_s)\boldsymbol{a}(\omega_p)\right] = -\mathrm{Im}\left[\boldsymbol{\chi}^{(3)}(\omega_p, -\omega_p, \omega_s) \vdots \boldsymbol{a}(\omega_s)\boldsymbol{a}(\omega_p)\boldsymbol{a}(\omega_p)\boldsymbol{a}(\omega_s)\right] \tag{4-426}$$

实际上,控制受激拉曼效应的是 χ_R,它在热平衡条件下是正值,在集居数反转的条件下变为负值。由此,耦合波方程简化为

$$\frac{dE(\omega_s, z)}{dz} = \frac{3\omega_s^2}{k_s c^2}(i\chi + \chi_R)\,|E(\omega_p, z)|^2 E(\omega_s, z) \tag{4-427}$$

$$\frac{dE(\omega_p, z)}{dz} = \frac{3\omega_p^2}{k_p c^2}(i\chi - \chi_R)\,|E(\omega_s, z)|^2 E(\omega_p, z) \tag{4-428}$$

在该耦合波方程中不存在相位匹配条件的限制,故为非参量过程。由方程可见, χ 的存在引起一束光的传播常数随另一束光改变,而 χ_R 的存在将引起二光波间的能量耦合。在热平衡条件下, $\chi_R > 0$,使得较低频 ω_s 分量指数增长,而较高频 ω_p 分量指数衰减。

求解上述方程,可得散射光子流 $N(\omega_s, z)$ 和激励光子流 $N(\omega_p, z)$ 的变化规律如下:

$$N(\omega_s, z) = N(\omega_s, 0)\,\frac{N(\omega_s, 0) + N(\omega_p, 0)}{N(\omega_s, 0) + N(\omega_p, 0)e^{-(z/l_R)}} \tag{4-429}$$

$$N(\omega_p,z)=[N(\omega_s,0)+N(\omega_p,0)]\frac{N(\omega_p,0)e^{-(z/l_R)}}{N(\omega_s,0)+N(\omega_p,0)e^{-(z/l_R)}} \tag{4-430}$$

式中，l_R 是拉曼过程的特征长度：

$$l_R=\left\{\frac{3\omega_s^2\omega_p^2\mu_0\hbar}{k_s k_p c^2}[N(\omega_s,0)+N(\omega_p,0)]\chi_R\right\}^{-1} \tag{4-431}$$

3. 受激拉曼散射的多重谱线特性

在受激拉曼散射的光谱实验中人们发现，散射光中除存在有与普通拉曼散射光谱线相对应的谱线外，如图 4-25 所示，还会有一些新的等频率间隔的谱线，这就是受激拉曼散射的多重谱线特性。图(a)表示普通拉曼散射产生的谱线，其中 A_s 线和 A'_s 线对应同一对分子能级间的跃迁（A_s 是斯托克斯线，A'_s 是反斯托克斯线）、B_s 和 B'_s 线对应着分子在另一对能级间的跃迁。图(b)表示受激拉曼散射光谱，其中除 A_s 线（即图中的 A_{s_1} 线）和 A'_s 线（即图中的 A'_{s_1} 线）、B_s 线和 B'_s 线外，还在 ν_0 的高频方向和低频方向出现一些等间隔的新谱线，其频率间隔正好等于 A_s 线或 A'_s 线相对于 ν_0 线的频率差。而且这些新谱线所对应的受激散射光只在一些特定的方向上产生。如果把与普通拉曼散射谱线相对应的 A_{s_1} 和 A'_{s_1} 线称为一级谱线，则其他谱线便依次称为二级、三级……谱线。

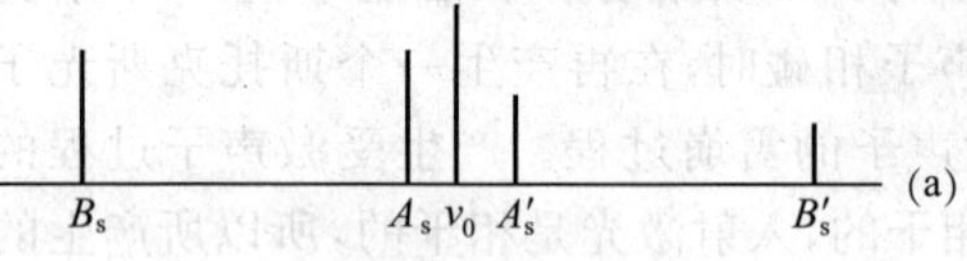

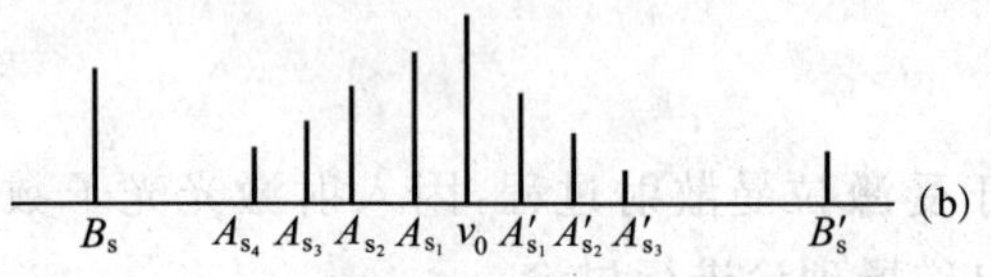

图 4-25 普通拉曼散射频谱图与受激拉曼散射频谱图的对比

根据非线性介质中多光束相互作用理论，多级受激拉曼散射谱线起因于入射激光、一级斯托克斯和一级反斯托克斯等散射光之间的非线性耦合。在这种耦合作用过程的始末，散射分子的本征态并不发生改变。例如，一级反斯托克斯散射光可以认为是由一级斯托克斯散射光和入射激光通过三阶非线性极化强度

$$\boldsymbol{P}^{(3)}(\omega'_s,\boldsymbol{r})=3\varepsilon_0\boldsymbol{\chi}^{(3)}(\omega_p,\omega_p,-\omega_s)\vdots\boldsymbol{a}(\omega_p)\boldsymbol{a}(\omega_p)\boldsymbol{a}(\omega_s)E(\omega_p,\boldsymbol{r})E(\omega_p,\boldsymbol{r})E^*(\omega_s,\boldsymbol{r})e^{i(2\boldsymbol{k}_p-\boldsymbol{k}_s)\cdot\boldsymbol{r}} \tag{4-432}$$

产生的。由该式可见，频率为 ω'_s 的一级反斯托克斯散射光，只有满足相位匹配条件

$$\Delta\boldsymbol{k}=2\boldsymbol{k}_p-\boldsymbol{k}_{s_1}-\boldsymbol{k}'_{s_1}=0 \tag{4-433}$$

时才能有效地产生。据此可以证明，一级反斯托克斯散射光将沿着与入射光方向成 θ 角的圆锥角射出。

（六）受激布里渊散射

光波通过非均匀介质时会产生拉曼散射和布里渊散射。这两种散射都属于非线性的自发散射：其中拉曼散射是在入射光的作用下，引起介质分子内部的转动-振动状态变化，吸收或放出光学声子，而布里渊散射则是在入射光作用下引起介质密度起伏，吸收或放出声学声子。这两种散射的散射光均相对入射光产生了频移，是一种非相干光。

当利用强激光照射散射介质，且入射光强超过阈值时，光散射现象变成了受激散射，散射光强大大提高，且散射光变为相干光。这种散射除有受激拉曼散射(SRS)外，还有受激布里渊散射(SBS)。现在利用电磁场的耦合波理论，讨论受激布里渊散射的特性。

1. 受激布里渊散射效应的耦合波方程

受激布里渊散射效应是指入射到散射介质中频率为 ω_i 的强激光束，在介质内产生频率为 ω_a 的相干声波，同时产生频率为 ω_s 的散射光波的光散射现象。

受激布里渊散射过程中的耦合波方程为[10]

$$\frac{dE_i}{dz}=-\frac{\beta E_i}{2}-\frac{\gamma k_i k_a}{2\varepsilon_i}E_s u \tag{4-434}$$

$$\frac{dE_s^*}{dz}=-\frac{\beta E_s^*}{2}-\frac{\gamma k_s k_a}{2\varepsilon_s}E_i^* u \tag{4-435}$$

$$\frac{du}{dz}=-\frac{\eta}{2\rho_m v_a}u-\frac{\gamma}{4\rho_m v_a^2}E_i E_s^* \tag{4-436}$$

式中，E_i、E_s 和 u 分别为入射光电场、散射光电场和超声波位移，其表示式为

$$\left.\begin{aligned} E_i(z,t) &= E_i(z)e^{-i(\omega_i t - k_i z)} + c.c. \\ E_s(z,t) &= E_s(z)e^{-i(\omega_s t - k_s z)} + c.c. \\ u(z,t) &= u(z)e^{-i(\omega_a t - k_a z)} + c.c. \end{aligned}\right\} \tag{4-437}$$

并且满足

$$\omega_i - \omega_s = \omega_a \tag{4-438}$$

和相位匹配条件

$$\boldsymbol{k}_i - \boldsymbol{k}_s = \boldsymbol{k}_a \tag{4-439}$$

ε_i、ε_s 是入射光、散射光的介电常数，β 是光波耗散系数，γ 是介质的电致伸缩系数，v_a 是声波在介质中的速度，η 是对声波唯象引入的耗散常数，ρ_m 是介质密度。

2. 受激布里渊散射特性

假定泵浦光(ω_i)比散射光(ω_s)和声波(ω_a)强得多，则可近似认为 $E_i(z) = E_i(0)$。这时，只需求解(4-435)式和(4-436)式两个方程即可。

方程(4-435)和(4-436)描述了散射光电场 E_s 和声振动位移 u 的增长或衰减规律。如果它们是指数增长的，可取如下形式：

$$\left.\begin{aligned} u(z) &= u(0)e^{gz} \\ E_s^*(z) &= E_s^*(0)e^{gz} \end{aligned}\right\} \tag{4-440}$$

式中，g 是增益系数。将(4-440)式代入方程(4-435)和(4-436)，可求解得到增益系数为

$$g = -\frac{1}{4}(\beta_a + \beta) + \frac{1}{4}\left[(\beta_a + \beta)^2 - 4\left(\beta\beta_a - \frac{\gamma^2 k_s k_a |E_i|^2}{2\rho_m v_a^2 \varepsilon_s}\right)\right]^{1/2} \tag{4-441}$$

式中，$\beta_a = \eta/(\rho_m v_a)$。如果 $g \geqslant 0$，表示声波和散射光波同时被放大，这时要求

$$|E_i|^2 \geqslant \frac{2\rho_m \beta\beta_a \varepsilon_s v_a^2}{\gamma^2 k_s k_a} = \frac{2\beta\beta_a \varepsilon_s}{\alpha\gamma^2 k_s k_a} \tag{4-442}$$

在该条件下，认为介质中发生了受激布里渊散射。

如果采用 I_{ith} 表示发生受激布里渊散射的阈值泵浦强度，因为 $I = 2\varepsilon v |E|^2$，所以有

$$I_{ith} = \frac{4\beta\beta_a \varepsilon_i \varepsilon_s v_i}{\alpha\gamma^2 k_s k_a} \tag{4-443}$$

可见，对于散射光和声波衰减作用较小(即 β 和 β_s 较小)、电致伸缩系数 γ 较大的介质来说，阈值泵浦强度 I_{ith} 较小，也就是说容易产生受激布里渊散射效应。

对于产生受激布里渊散射的石英材料，电致伸缩系数的典型值为 $\gamma \approx \varepsilon_0 \approx 10^{-11}$(MKS)，如果取 $\lambda_i \approx \lambda_s \approx 1\ \mu m$，$\beta$ 和 β_a 取 $0.02\ cm^{-1}$ 和 $20\ cm^{-1}$，根据声速 $v_a = 3\times10^3\ m/s$，给出 $\omega_a \approx 2\omega_i v_a n_i/c \approx 2\pi(6\times10^9)$，则由(4-443)式得到 $I_{ith} \approx 10^7\ W/cm^3$，这样的功率电平可以由巨脉冲激光器得到。通常，受激布里渊散射的阈值比受激拉曼散射的阈值低。

最后要指出的是，因为 $\omega_a \ll \omega_i$，所以 $\omega_i \approx \omega_s$，于是，在各向同性的介质中，就有 $k_i \approx k_s$，由波矢矢量关系(4-439)式，可以给出图 4-26 所示的关系，即有

$$k_a = 2k_i \sin\theta \tag{4-444}$$

当 $\theta = \pi/2$ 时，即对应于背向散射的情况，声波的波矢 $\boldsymbol{k}_a = \boldsymbol{k}_i - \boldsymbol{k}_s$ 最大。由(4-441)式可以得到其增益最大，并得到前向声波的频率为

$$(\omega_a)_{max} = v_a k_a \approx 2v_a k_i = 2v_a \frac{n_i\omega_i}{c} \tag{4-445}$$

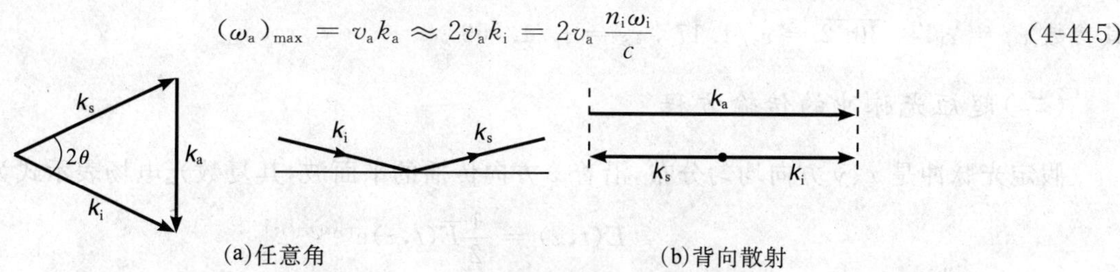

图 4-26　在各向同性介质中($k_i \approx k_s$)，SBS 的矢量关系：$\boldsymbol{k}_i - \boldsymbol{k}_s = \boldsymbol{k}_a$

第四节　超短光脉冲非线性光学

众所周知，超短光脉冲技术的发展为近代科学技术的研究和应用提供了极大的推动力。超短光脉冲非线性光学是伴随着超短光脉冲技术发展起来的非线性光学的一个分支，它是指持续时间为 $10^{-12}\sim10^{-15}$ s 的皮秒和飞秒激光脉冲引起的非线性光学现象。由于超短激光脉冲的非线性效应与介质的非线性系数、光脉冲的峰值功率、脉冲宽度、激光波长和光谱分布特性等诸多因素有关，因此，相应的过程十分复杂，更多的信息请参阅第三十二章《飞秒光学和超短激光脉冲》。

一、超短光脉冲的传输方程[33]

（一）超短光脉冲电场的表示

通常，光脉冲电场采用准单色波形式表示：

$$E(t) = \frac{1}{2}\overline{E}(t)\mathrm{e}^{-\mathrm{i}\omega_l t} + \mathrm{c.c.} \tag{4-446}$$

其中的

$$\overline{E}(t) = A(t)\mathrm{e}^{-\mathrm{i}\varphi(t)} \tag{4-447}$$

是复电场包络，$A(t)$ 为电场包络，$\varphi(t)$ 是与时间相关的相位；ω_l 为载波频率。在带宽 $\Delta\omega$ 满足

$$\frac{\Delta\omega}{\omega_l} \ll 1 \tag{4-448}$$

的情况下，$\overline{E}(t)$ 为慢变化包络。瞬时频率 $\omega(t)$ 为

$$\omega(t) = \omega_l + \frac{\mathrm{d}}{\mathrm{d}t}\varphi(t) \tag{4-449}$$

$\mathrm{d}\varphi(t)/\mathrm{d}t = b =$ 常数，且 $b\neq0$ 时，瞬时频率可修正为 $\omega=\omega_l+b$；对于 $\mathrm{d}\varphi(t)/\mathrm{d}t=f(t)$，表示频率随时间变化，相应的光脉冲称为频率调制脉冲或啁啾脉冲：若 $\dfrac{\mathrm{d}^2\varphi}{\mathrm{d}t^2}<(>)0$，载频沿着脉冲减小（增加），称为下啁啾（上啁啾）脉冲，也称为负啁啾（正啁啾）脉冲。

对于超短脉冲时间特性的评价，脉冲越短越困难。在飞秒领域中，即使对于光脉冲宽度这种简单的概念都变得模糊，主要的问题在于如何确定光脉冲的形状。目前测量超短光脉冲宽度普遍接受的代表性的函数是强度自相关，但这种自相关测量技术给不出脉冲的相位或它的相干信息。通常，定义光脉冲宽度 τ_p 为光脉冲强度分布的半功率点全宽度（FWHM），定义光脉冲的光谱宽度 $\Delta\omega_\mathrm{p}$ 为光谱强度的 FWHM。对于光脉冲波形为高斯型分布

$$\overline{E}(t) = \overline{E}_0\mathrm{e}^{-\left(\frac{t}{\tau_\mathrm{G}}\right)^2} \tag{4-450}$$

和双曲正割型分布

$$\overline{E}(t) = \overline{E}_0\,\mathrm{sech}\left\{-\left(\frac{t}{\tau_\mathrm{S}}\right)^2\right\} \tag{4-451}$$

其参数 $\tau_\mathrm{G}=\tau_\mathrm{P}/\sqrt{2\ln 2}=\tau_\mathrm{p}/1.17$，$\tau_\mathrm{S}=\tau_\mathrm{p}/1.763$。

（二）超短光脉冲的传输方程

假定光脉冲是 x、y 方向均匀分布，沿着 z 方向传播的平面波，其复数光电场表示式为

$$E(t,z) = \frac{1}{2}\overline{E}(t,z)\mathrm{e}^{-\mathrm{i}(\omega_l t-k_l z)} \tag{4-452}$$

所满足的波动方程为

$$\left(\frac{\partial^2}{\partial z^2}-\frac{1}{c^2}\frac{\partial^2}{\partial t^2}\right)E(t,z)=\mu_0\frac{\partial^2}{\partial t^2}P(t,z) \tag{4-453}$$

若只考虑介质的线性、瞬时响应，认为介质的色散较小，可将传播常数 $k(\omega)$ 在载频 ω_l 附近展开成泰勒级数：

$$k(\omega)=k_l+\left.\frac{\mathrm{d}k}{\mathrm{d}\omega}\right|_{\omega_l}(\omega-\omega_l)+\frac{1}{2}\left.\frac{\mathrm{d}^2k}{\mathrm{d}\omega^2}\right|_{\omega_l}(\omega-\omega_l)^2+\cdots=k_l+\delta k \tag{4-454}$$

相应也可将 $\varepsilon_r(\omega)$ 在 ω_l 附近展开成泰勒级数，则线性极化强度可表示为

$$P(t,z)=\frac{1}{2}\left\{\varepsilon_0[\varepsilon_r(\omega_l)-1]\overline{E}(t,z)+\varepsilon_0\sum_{h=1}^{\infty}(\mathrm{i})^n\frac{\varepsilon_r{}^{(n)}(\omega_l)}{n!}\frac{\partial^n}{\partial t^n}\overline{E}(t,z)\right\}\mathrm{e}^{-\mathrm{i}(\omega_l t-k_l z)} \tag{4-455}$$

其中

$$\varepsilon_r{}^{(n)}(\omega_l)=\left.\frac{\partial^n\varepsilon_r}{\partial\omega^n}\right|_{\omega_l}$$

进一步，引入以群速度 $v_g=\left(\frac{\mathrm{d}k}{\mathrm{d}\omega}\Big|_{\omega_l}\right)^{-1}$ 运动的坐标系 (η,ξ)：

$$\xi=z \qquad \eta=t-\frac{z}{v_g} \tag{4-456}$$

和

$$\frac{\partial}{\partial z}=\frac{\partial}{\partial\xi}-\frac{1}{v_g}\frac{\partial}{\partial\eta},\ \frac{\partial}{\partial t}=\frac{\partial}{\partial\eta} \tag{4-457}$$

则波动方程可改写为

$$\frac{\partial}{\partial\xi}\overline{E}+\frac{\mathrm{i}}{2}k''_l\frac{\partial^2}{\partial\eta^2}\overline{E}+D=\frac{\mathrm{i}}{2k_l}\frac{\partial}{\partial\xi}\left(\frac{\partial}{\partial\xi}-\frac{2}{v_g}\frac{\partial}{\partial\eta}\right)\overline{E} \tag{4-458}$$

式中，D 包括了所有的高阶色散项：

$$D=\frac{-\mathrm{i}}{3k_lc^2}\sum_{h=3}^{\infty}\frac{(\mathrm{i})^n}{n!}[\omega_l{}^2\varepsilon_r{}^{(n)}(\omega_l)+2n\omega_l\varepsilon_r{}^{(n-1)}(\omega_l)+n(n-1)\varepsilon_r{}^{(n-2)}(\omega_l)]\frac{\partial^n}{\partial\eta^n}\overline{E} \tag{4-459}$$

k''_l 是群速色散(GVD)参数：

$$k''_l=\left.\frac{\partial^2k}{\partial\omega^2}\right|_{\omega_l}=\frac{1}{2k_l}\left[\frac{2}{v_g^2}-\frac{2}{c^2}\varepsilon_r(\omega_l)-\frac{4\omega_L}{c^2}\varepsilon_r^{(1)}(\omega_l)-\frac{\omega_l^2}{c^2}\varepsilon_r^{(2)}(\omega_l)\right] \tag{4-460}$$

应该注意，群速色散通常定义为群速度 v_g 对波长 λ 的导数，它与 k'' 的关系为

$$\frac{\mathrm{d}v_g}{\mathrm{d}\lambda}=\frac{\omega^2v_g^2}{2\pi c}\frac{\mathrm{d}^2k}{\mathrm{d}\omega^2} \tag{4-461}$$

对于通常感兴趣的情况，介电常数在脉冲光谱范围内缓慢变化，可以忽略 $n\geqslant3$ 的高次项，即 $D\approx0$；光脉冲在传播时满足慢变化包络近似(SVEA)：

$$\left|\frac{1}{k_l}\left(\frac{\partial}{\partial\xi}-\frac{2}{v_g}\frac{\partial}{\partial\eta}\right)\overline{E}\right|=\left|\frac{1}{k_l}\left(\frac{\partial}{\partial z}-\frac{1}{v_g}\frac{\partial}{\partial t}\right)\overline{E}\right|\ll\overline{E} \tag{4-462}$$

由此可得简化的波动方程为

$$\frac{\partial}{\partial\xi}\overline{E}(\eta,\xi)+\frac{\mathrm{i}}{2}k''_l\frac{\partial^2}{\partial\eta^2}\overline{E}(\eta,\xi)=0 \tag{4-463}$$

二、超短光脉冲的二次谐波产生

在超短光脉冲的二次谐波产生中，由于脉冲的峰值功率很高，采用简单的腔外倍频技术即可获得较高的转换效率。实际上，为了获得高的转换效率，除了相位匹配条件外，还要考虑一些其他问题[34]，例如还要求基波的群速度 v_1 与二次谐波的群速度 v_2 匹配。对于单轴晶体满足第Ⅰ类相位匹配条件的情况，基波以 o 光(寻常光)或 e 光(非常光)传播，产生的二次谐波是 e 光或 o 光，如果二波群速度失配，将导致二次谐波产生转换效率的减小和脉冲展宽。但是在第Ⅱ类相位匹配条件下，群速度失配时，它们仍可能保持高的转换效率和二次谐波光脉冲的有效压缩。

(一)第Ⅰ类相位匹配的二次谐波产生

1. 二次谐波产生的耦合波方程

由波动方程(4-453)式出发,可以得到如下的光脉冲传输方程:

$$\left(\frac{\partial}{\partial z}\overline{E}+\frac{\mathrm{i}}{2}k_l''\frac{\partial^2}{\partial t^2}\overline{E}+D\right)\mathrm{e}^{-\mathrm{i}(\omega_l t-k_l z)}+\mathrm{c.c.}=-\mathrm{i}\frac{\mu_0}{k_l}\frac{\partial^2}{\partial t^2}P \tag{4-464}$$

在该方程中,极化强度 P 包含了线性极化项和二次非线性极化项。

假设有一光脉冲入射到晶体上,在晶体内传播的光电场由基波 E_1 和二次谐波 E_2 组成,考虑到介质的瞬时响应,二次谐波极化强度为

$$P^{(2)}=\varepsilon_0\chi^{(2)}\frac{1}{4}\left[\overline{E}_1\mathrm{e}^{-\mathrm{i}(\omega_1 t-k_1 z)}+\overline{E}_2\mathrm{e}^{-\mathrm{i}(\omega_2 t-k_2 z)}\right]^2+\mathrm{c.c.} \tag{4-465}$$

若忽略群速度色散和高阶色散,二次谐波产生的耦合波方程为

$$\left(\frac{\partial}{\partial z}+\frac{1}{v_1}\frac{\partial}{\partial t}\right)\overline{E}_1=\mathrm{i}\chi^{(2)}\frac{\omega_1^2}{2c^2k_1}\overline{E}_1^*\overline{E}_2\mathrm{e}^{\mathrm{i}\Delta kz} \tag{4-466}$$

$$\left(\frac{\partial}{\partial z}+\frac{1}{v_2}\frac{\partial}{\partial t}\right)\overline{E}_2=\mathrm{i}\chi^{(2)}\frac{\omega_2^2}{4c^2k_2}\overline{E}_1^2\mathrm{e}^{-\mathrm{i}\Delta kz} \tag{4-467}$$

式中,$\Delta k=k_2-2k_1$ 为波矢失配。在超短脉冲的情况下,k_1 和 k_2 在整个脉冲光谱带宽内随频率的变化仅(通过群速度)考虑到一次项。对于中心频率 ω_1 及其二次谐波 $(2\omega_1)$ 成立的相位匹配条件,对于 k_l 展开式中的二次项和高次项并不成立。

2. 二次谐波产生

假设二次谐波产生过程在光脉冲载频上严格相位匹配,则对于低转换效率的情况,可视 $\overline{E}_1(z)\approx\overline{E}_1(0)$,直接积分方程(4-467)式,得到 $z=L$ 处的二次谐波场为

$$\overline{E}_2\left(t-\frac{L}{v_2},L\right)=\mathrm{i}\chi^{(2)}\frac{\omega_2^2}{4c^2k_2}\int_0^L\overline{E}_1^2\left[t-\frac{L}{v_2}+\left(\frac{1}{v_2}-\frac{1}{v_1}\right)z\right]\mathrm{d}z \tag{4-468}$$

在 $\overline{E}_1$ 的宗量中,$(v_2^{-1}-v_1^{-1})z$ 项表示了二次谐波脉冲和基波脉冲因其群速度不同而产生的走离,导致二次谐波被展宽。只有当晶体长度远小于走离长度 $L_{\mathrm{D}}^{\mathrm{SHG}}$,即

$$L\ll L_{\mathrm{D}}^{\mathrm{SHG}}=\frac{\tau_{\mathrm{P}_1}}{|v_2^{-1}-v_1^{-1}|} \tag{4-469}$$

时,才能忽略群速失配的影响。在此情况下,由(4-468)式可知,二次谐波强度随晶体长度和基波强度乘积的平方变化,并因此使得二次谐波脉冲比基波脉冲短。对于高斯形脉冲情况,二次谐波脉冲比基波脉冲短 $\sqrt{2}$ 倍。当 $L\gg L_{\mathrm{D}}^{\mathrm{SHG}}$ 时,二次谐波脉冲宽度由走离决定,近似值为 $L/|v_2^{-1}-v_1^{-1}|$,在这种情况下,脉冲峰值功率维持不变,能量随 L 线性增加。

如果不满足相位匹配条件,(4-468)式的积分包含周期函数 $\exp(-\mathrm{i}\Delta kz)$,这意味着将会产生周期变化的二次谐波输出。如果群速失配可以忽略,周期的长度为

$$L_{\mathrm{P}}^{\mathrm{SHP}}=\frac{2\pi}{\Delta k} \tag{4-470}$$

在这种情况下,晶体的工作长度应为 $L<L_{\mathrm{P}}^{\mathrm{SHP}}$。如果群速失配很严重,由(4-468)式计算得到的二次谐波光谱强度为

$$S_2(\omega)=\frac{\varepsilon_0 cn}{4\pi}\left(\frac{\chi^{(2)}\omega_2^2L}{4c^2k_2}\right)^2\mathrm{sinc}^2\left\{\left[(v_2^{-1}-v_1^{-1})\omega+\Delta k\right]\frac{L}{2}\right\}\left|\int_{-\infty}^{\infty}\overline{E}_1(\omega-\omega')\overline{E}_1(\omega')\mathrm{d}\omega'\right|^2 \tag{4-471}$$

上式表明,由于群速失配,使得二次谐波产生过程起着频率滤波器的作用,二次谐波带宽随晶体长度的增加而变窄。(4-471)式中的 sinc^2 项引入了二次谐波光谱调制,调制周期可以用于估计使用晶体中的群速失配 $(v_2^{-1}-v_1^{-1})$。

3. 第Ⅰ类相位匹配中群速失配的补偿

群速失配限制了飞秒光脉冲的二次谐波产生效率,使其仅为百分之几十。由于群速失配相当于相位匹

配条件不能在整个脉冲光谱范围内获得满足，所以只通过选择晶体材料，既能使脉冲的中心波长保持相位匹配，又能实现群速匹配一般是不可能的，必须采用补偿措施。

在相位匹配技术中，最常采用的方法是调节光束在非线性晶体上的入射角实现相位匹配。不难想象，如果把飞秒光脉冲的光谱分量用色散元件（如光栅对、棱镜对等）分开，在空间上按波长顺序排列，进而用合适的聚焦透镜将其聚焦在非线性晶体中，以不同的角度入射，实现不同光谱分量的相位匹配，从而可以扩大晶体的相位匹配范围，补偿群速失配。这种在空间上按波长顺序排列的方法，可称为空域内的频率啁啾。

（二）第Ⅱ类相位匹配的超短脉冲二次谐波产生

在第Ⅰ类相位匹配条件下的二次谐波产生过程中，基波和二次谐波的群速失配总是会造成光脉冲的展宽。但是若采用第Ⅱ类相位匹配，则既可获得压缩的二次谐波脉冲（与基波脉冲相比较），又可获得高的转换效率。

把方程(4-466)和(4-467)推广到第Ⅱ类相位匹配的情况，并选取以二次谐波速度 v_2 运动的坐标为时延参考坐标，基波脉冲的寻常光（o 光）分量 $\overline{E}_o(t)\exp[-i(\omega_1 t-k_o z)]$ 以寻常光群速度 v_o 传播，基波的另一个分量——非常光（e 光）分量 $\overline{E}_e(t)\exp[-i(\omega_1 t-k_e z)]$——以非常光群速度 v_e 传播，则描述基波脉冲 $\overline{E}_o$ 和 $\overline{E}_e$ 衰减及二次谐波增长的方程分别为

$$\left[\frac{\partial}{\partial z}+\left(\frac{1}{v_o}-\frac{1}{v_2}\right)\frac{\partial}{\partial t}\right]\overline{E}_o=i\chi^{(2)}\frac{\omega_1^2}{2c^2k_o}\overline{E}_e^*\overline{E}_2e^{i\Delta kz} \tag{4-472}$$

$$\left[\frac{\partial}{\partial z}+\left(\frac{1}{v_e}-\frac{1}{v_2}\right)\frac{\partial}{\partial t}\right]\overline{E}_e=i\chi^{(2)}\frac{\omega_1^2}{2c^2k_e}\overline{E}_o^*\overline{E}_2e^{i\Delta kz} \tag{4-473}$$

$$\frac{\partial}{\partial t}\overline{E}_2=i\chi^{(2)}\frac{\omega_1^2}{c^2k_2}\overline{E}_e\overline{E}_oe^{-i\Delta kz} \tag{4-474}$$

式中，$\Delta k=k_2-k_o-k_e$ 为波矢失配量。选择晶体时的重要参量是走离长度 $(L_D)_e=\tau_p/[v_e^{-1}-v_2^{-1}]$ 和 $(L_D)_o=\tau_p/[v_o^{-1}-v_2^{-1}]$，其中，$\tau_p$ 是基波脉冲宽度。

为了产生压缩的二次谐波脉冲，要求（负单轴）晶体中的快波（e 光）相对于慢光（o 光）延迟后入射。这种开始的二次谐波脉冲“种子”光只在 e 光和 o 光部分重叠区域产生，此后，由于 3 个脉冲之间的重叠区增大，二次谐波通过晶体传播时被放大。由于二次谐波的群速度较快，可以认为二次谐波的前沿不抽空 o 光。很显然，二次谐波的压缩来源于脉冲前沿相对于后沿的不同放大。这种脉冲压缩机制的最大压缩系数约为 5。

对于压缩系数较大的情况，必须考虑相位失配量 Δk 的频率关系，其耦合波方程为[33]

$$\frac{\partial}{\partial z}\overline{E}_o(\omega)=i\chi^{(2)}\frac{{\omega_1}^2}{2c^2k_o}\int_{-\infty}^{\infty}\overline{E}_e^*(\omega-\omega')\overline{E}_2(\omega')e^{i\Delta k(\omega,\omega')z}d\omega' \tag{4-475}$$

$$\frac{\partial}{\partial z}\overline{E}_e(\omega)=i\chi^{(2)}\frac{{\omega_1}^2}{2c^2k_e}e^{i\Delta k(\omega)z}\int_{-\infty}^{\infty}\overline{E}_o^*(\omega-\omega')\overline{E}_2(\omega')e^{i\Delta k(\omega,\omega')z}d\omega' \tag{4-476}$$

$$\frac{\partial}{\partial z}\overline{E}_2(\omega)=i\chi^{(2)}\frac{{\omega_1}^2}{c^2k_2}e^{-i\Delta k(\omega)z}\int_{-\infty}^{\infty}\overline{E}_e(\omega-\omega')\overline{E}_o(\omega')e^{-i\Delta k(\omega,\omega')z}d\omega' \tag{4-477}$$

式中，$\Delta k(\omega,\omega')=k_2[2(\omega_1+\omega)]-k_o(\omega_1+\omega')-k_e(\omega_1+\omega-\omega')$ 是波矢 $\boldsymbol{k}$ 的失配量与全部频率的关系。

对于波长为 1.064 μm 、脉冲宽度为 10 ps 的泵浦脉冲，第Ⅱ类相位匹配二次谐波产生的计算机模拟预期，长 KDP 晶体（≥5 cm）和高脉冲能量（30 mJ），其压缩系数大于 60，转换效率为 30%。

三、超短光脉冲的参量作用和放大

20 世纪 80 年代后期，随着超短光脉冲技术的飞速发展和非线性晶体研究的重大突破，小型全固化的光参量振荡器进入了实用化，并获得了广泛的应用。目前，采用不同的泵浦波长，不同的非线性晶体及调谐方式已可获得可调谐波长范围 400～1 600 nm、谱线宽度为几个波数，再通过线宽压窄技术已达到 10^{-3} 波数的相干光输出；利用啁啾脉冲参量放大的飞秒光脉冲可望达到 PW 量级。

（一）光参量作用的基本耦合波方程

假设非线性介质中的光脉冲电场为

$$E(t,z)=\frac{1}{2}\overline{E}_p(t,z)e^{-i(\omega_p t-k_p z)}+\frac{1}{2}\overline{E}_s(t,z)e^{-i(\omega_s t-k_s z)}+\frac{1}{2}\overline{E}_i(t,z)e^{-i(\omega_i-k_i z)}+\text{c. c.} \tag{4-478}$$

式中，下标 p、s 和 i 分别表示泵浦光、信号光和空闲光，3 个波的频率和波矢满足

$$\omega_p=\omega_s+\omega_i,\quad k_p=k_s+k_i+\Delta k \tag{4-479}$$

则描述 3 个光脉冲参量作用的耦合波方程为

$$\frac{\partial \overline{E}_s}{\partial z}+\frac{1}{v_s}\frac{\partial \overline{E}_s}{\partial t}=i\gamma_s\overline{E}_p\overline{E}_i^* e^{i\Delta kz} \tag{4-480}$$

$$\frac{\partial \overline{E}_i}{\partial z}+\frac{1}{v_i}\frac{\partial \overline{E}_i}{\partial t}=i\gamma_i\overline{E}_p\overline{E}_s^* e^{i\Delta kz} \tag{4-481}$$

$$\frac{\partial \overline{E}_p}{\partial z}+\frac{1}{v_p}\frac{\partial \overline{E}_p}{\partial t}=i\gamma_p\overline{E}_i\overline{E}_s^* e^{-i\Delta kz} \tag{4-482}$$

其中

$$\gamma_s=\frac{\chi^{(2)}\omega_s^{\ 2}}{2k_s c^2},\quad \gamma_i=\frac{\chi^{(2)}\omega_i^{\ 2}}{2k_i c^2},\quad \gamma_p=\frac{\chi^{(2)}\omega_p^{\ 2}}{2k_p c^2} \tag{4-483}$$

是非线性耦合系数。假如相位失配和群速失配都很小，则频率为 ω_s 和 ω_i 的弱光在高能泵浦光的光场中呈指数增长。

（二）准稳态和瞬态参量放大特性

现有一束强的高频 ω_p 泵浦光和一束低频 ω_s 弱信号光同时入射到非线性介质中，

$$\overline{E}(t,z=0)=\overline{E}_p(t,0)+\overline{E}_s(t,0),\quad \overline{E}_i(t,0)=0$$

如果 $\Delta k=0$，并且走离效应可以忽略（$v_s=v_i=v_p=v$），则由方程(4-480)至(4-482)可以求得信号光 $\overline{E}_s(t,z)$ 和空闲光 $\overline{E}_i(t,z)$ 在泵浦场中随着传播距离的增长规律。例如信号光振幅为

$$\overline{E}_s(\eta,z)=\overline{E}_{s0}(\eta)\cosh\left[\gamma\rho_{p0}(\eta)z\right] \tag{4-484}$$

式中，$\eta=t-z/v$，$\gamma^2=\gamma_s\gamma_i$，$\rho_{p0}(\eta)=\overline{E}_p(\eta,z=0)$。在高增益耦合情况下的高斯泵浦光脉冲场中，由(4-484)式可得到

$$\overline{E}_s(\eta,z)=\frac{1}{2}\overline{E}_{s0}(\eta)e^{\left[\Gamma_0 z-\frac{t^2}{\tau_s^{\ 2}(z)}\right]} \tag{4-485}$$

式中，$\Gamma_0=\gamma\overline{E}_{p0}(0)=L_a^{-1}$，$L_a$ 为信号放大长度；$\tau_s(z)=\tau_p/\sqrt{\Gamma_0 z}$ 是信号光脉宽，τ_p 是泵浦光脉宽。因此，信号光脉冲将有与它的初始结构无关的高斯形状。放大信号光的脉宽随距离按 $1/\sqrt{z}$ 关系缩短，在实际中脉冲可以被压缩好几倍。

应当指出的是，根据(4-484)式，假如输入信号光脉冲和泵浦光脉冲都是相位调制的，则在参量放大过程中信号光脉冲的相位保持不变，但空闲光获得了泵浦光脉冲的相位调制，同时，空闲光的波前相对于信号光的波前是共轭的：

$$\overline{E}_i(\eta,z)=(\gamma_i/\gamma_s)^{1/2}\overline{E}_{s0}^*(\eta)\sinh\left[\gamma\rho_{p0}(\eta)z\right]e^{-i\varphi_{p0}(\eta)} \tag{4-486}$$

如果信号光脉冲和空闲光脉冲在群速匹配（$z<L_D^{(s,i)}$）的条件下传播，当它们相对泵浦光脉冲的群速失配足够大（$z>L_D^{(s,p)}$、$L_D^{(i,p)}$），则在泵浦光场无抽空的近似下，由方程(4-480)至(4-482)可以得到

$$\overline{E}_s(\eta_s,z)=\overline{E}_{s0}(\eta_s)\cosh\left[\gamma\int_0^z\rho_{p0}(\eta_s+\Delta v_{s,p}^{\ -1}x)dx\right] \tag{4-487}$$

其中，$\eta_s=t-z/v_s$，$\Delta v_{s,p}^{\ -1}=1/v_s-1/v_p$。由此可见，群速失配降低了增益；随着 z 的增加，脉冲的前沿（在 $v_s<v_p$ 时）或后沿（在 $v_s>v_p$ 时）经受明显的放大。结果是信号光脉冲被展宽，相互作用的脉冲在距离 $z\gg L_D^{(s,p)}$、$L_D^{(i,p)}$ 时离开泵浦场区，能量转移停止。

应当指出的是，在短光脉冲的三频参量相互作用中，所谓的模放大稳态状态是可能的。实际上，它表明了非线性相互作用和色散之间特定的平衡。如果选择泵浦、信号和空闲光的群速度，使它们满足 $v_s<v_p<v_i$ 或 $v_i<v_p<v_s$，则在超过走离长度的距离上仍然保持指数式放大的状态。此外，位于泵浦光脉冲的前沿

和后沿形成了频率为 ω_s 和 ω_i 的形状不变的光脉冲。

(三)同步泵浦光参量振荡器

利用高功率皮秒或飞秒锁模激光器输出的序列脉冲作泵浦源,采用同步泵浦技术可以获得高转换效率的光参量振荡器的振荡[35]。所谓同步泵浦是指用一确定工作频率的高强度激光脉冲序列泵浦非线性晶体,如果在光参量振荡器中振荡的信号光与泵浦光的周期相等,则信号光每通过一次非线性晶体,因泵浦光也同时通过非线性晶体,信号光将获得放大。由于信号光在振荡腔内以严格的周期通过非线性晶体,并与泵浦光脉冲相互作用获得增益,所以当光参量振荡器的增益大于振荡腔的损耗时,信号光的能量将越来越大,最后获得参量光输出。

(四)光参量啁啾脉冲放大

光参量啁啾脉冲放大是利用光参量放大技术放大超短脉冲,产生超强、超短光脉冲的最新技术[36]。它是将欲放大的一束低能量飞秒宽带种子信号光脉冲,通过正啁啾色散的方法在时域上展宽(展宽后的脉冲在时域上表现为啁啾脉冲),然后使展宽后的啁啾种子光和一束高能量纳秒量级的窄带泵浦光(泵浦光的典型脉宽约为 1 ns)在非线性晶体中进行参量耦合,耦合过程中能量从泵浦光脉冲转移到种子光脉冲,于是种子光脉冲被放大,同时产生第三束光,即空闲光,放大后的种子光脉冲通过负啁啾色散的方法再被压缩成飞秒脉冲输出。对飞秒信号光脉冲进行展宽,使信号光脉冲和泵浦光脉冲之间实现脉宽匹配,可以提高参量转换效率,一般要求泵浦光脉宽略大于信号光脉宽。光参量啁啾脉冲放大有以下显著优点:大的增益带宽,且增益越大增益带宽越大,可以支持脉宽极短的脉冲放大;无光谱窄化效应,可以得到近种子脉宽的放大脉冲;非线性过程能有效抑制自发辐射噪声放大,提高激光脉冲的信噪比;单通能实现高超宽带增益,结构简单。

四、自相位调制和自聚焦

如前所述,由于介质的光克尔效应,折射率与传播光场存在如下非线性关系:

$$n = n_0 + n_2 \left|\overline{E}(t)\right|^2 \tag{4-488}$$

折射率 n 与光强相关,表明折射率将随时间和空间变化。折射率随时间的变化将导致脉冲啁啾,随空间的变化将引起透镜效应。这些过程分别称为自相位调制和自聚焦。

(一)自相位调制

1. 快速自相位调制

在自相位调制(SPM)中,如果介质折射率的变化时间可与光脉冲的变化时间相比拟或更短,则光脉冲将获得瞬时相位分布。

对于大多数自相位调制材料,折射率随强度的变化起因于光克尔效应,其相应的电子非线性响应时间为 10^{-15} s 量级,可视为瞬时非线性。在这种情况下,方程(4-464)可简化为

$$\frac{\partial}{\partial z}\overline{E}(z,t) = \mathrm{i}\,\frac{3\omega_l^2\chi^{(3)}}{8c^2k_1}\left|\overline{E}\right|^2\overline{E} = \mathrm{i}\,\frac{n_2k_l}{n_0}\left|\overline{E}\right|^2\overline{E} \tag{4-489}$$

考虑到 $\chi^{(3)}$ 是实数,将光场复振幅表示式 $\overline{E} = A\exp(-\mathrm{i}\varphi)$ 代入上式中,并将实部和虚部分离,可以得到脉冲包络和相位方程分别为

$$\frac{\partial}{\partial z}A = 0 \tag{4-490}$$

$$\frac{\partial}{\partial z}\varphi = -\frac{n_2k_l}{n_0}A^2 \tag{4-491}$$

显然,在以群速度传播的坐标系中,脉冲振幅 A 是常数,即脉冲包络保持不变,$A(t,z) = A(t,0) = A_0(t)$。考虑到这一点,对(4-491)式积分,得到相位 φ 为

$$\varphi(t,z) = \varphi_0(t) - \frac{k_l n_2}{n_0}A_0^2(t)z \tag{4-492}$$

该式表明,光脉冲在非线性介质中传过距离 z 后,其相位附加有与脉冲光强分布成正比的非线性变化:

$$\Delta\varphi(t,z)=-\frac{k_l n_2}{n_0}A_0^2(t)z \tag{4-493}$$

据此,通过求解相位分布的一阶导数,可以得到本征频率呈现的变化为

$$\frac{\partial\Delta\varphi}{\partial t}=-\frac{k_l n_2}{n_0}\frac{\mathrm{d}A_0^2(t)}{\mathrm{d}t}z=\delta\omega(t) \tag{4-494}$$

该式表明,自相位调制产生了新的频率分量,展宽了脉冲光谱。

为了表征自相位调制的特性,可引入非线性相互作用长度参量 L_{NL}:

$$L_{\mathrm{NL}}=\frac{n_0}{n_2 k_l A_{0\mathrm{m}}^2} \tag{4-495}$$

式中,$A_{0\mathrm{m}}$ 是脉冲的峰值振幅。由(4-493)式可见,z/L_{NL} 表示在脉冲峰值处产生的最大相移。

应当指出的是,自相位调制(或由另外光脉冲引起的交叉相位调制)引起的频率啁啾与群速弥散引起的啁啾是不相同的:自相位调制是把某些频率分量漂移到新的频率上,产生非线性啁啾,这种作用产生了新的频率光子,从而增宽了光脉冲的光谱带宽;而群速弥散作用则是把光脉冲中不同频率分量重新分布,产生线性啁啾,不产生新的频率光子,因此不增加光脉冲的光谱带宽。

由于自相位调制能使激光脉冲光谱展宽,而宽的光谱带宽能支持更短的光脉冲,因此可以利用光脉冲的自相位调制特性产生更短的光脉冲。

2. 非瞬时响应的自相位调制[37]

如果光脉冲非常短,或者介质响应是非瞬时的,则脉冲的传播特性由下面的方程决定:

$$\frac{\partial}{\partial z}\overline{E}-\mathrm{i}\frac{n_2 k_l}{n_0}|\overline{E}|^2\overline{E}+\beta\frac{\partial}{\partial t}(|\overline{E}|^2\overline{E})=0 \tag{4-496}$$

该方程中增加了一项含时间导数的项,该项中的 β 为

$$\beta=\frac{n_2}{c}\left(2-\frac{\omega_l}{\chi^{(3)}}\frac{\partial\chi^{(3)}}{\partial\omega}\bigg|_{\omega_l}\right) \tag{4-497}$$

将方程(4-496)与(4-457)式和(4-458)式进行比较可见,这个有时间导数的项可解释为与强度有关的群速度。对于 $\beta<0(>0)$,预期脉冲中心比后沿传播得较慢(快),这将引起脉冲的后(前)沿变陡,称为“自变陡”。

为了求解方程(4-496),仍将 $\overline{E}=A\exp(-\mathrm{i}\varphi)$ 代入上式中,得到

$$\frac{\partial}{\partial z}A+3\beta A^2\frac{\partial}{\partial t}A=0 \tag{4-498}$$

$$\frac{\partial}{\partial z}\varphi+\beta A^2\frac{\partial}{\partial t}\varphi=-\frac{n_2 k_l}{n_0}A^2 \tag{4-499}$$

对于包络方程,可以独立于相位方程求解,其解可写成如下形式:

$$A(z,t)=A[z=0,t-3\beta zA^2(t,z)] \tag{4-500}$$

对于高斯输入脉冲 $A_{0\mathrm{m}}\exp[-(t/\tau_{\mathrm{G}})^2]$,其解为

$$A(z,t)=A_{0\mathrm{m}}\mathrm{e}^{-\left[\frac{t-3\beta zA^2(z,t)}{\tau_{\mathrm{G}}}\right]^2} \tag{4-501}$$

式中隐含着脉冲包络。应当指出,因为色散作用是不可能避免的,所以实际上不观察具有 $\mathrm{d}A/\mathrm{d}t=\infty$ 的冲击脉冲解。为了得到相位的隐含(解析)解,可将包络函数代入方程(4-499),但这相当复杂。

(二)超短光脉冲的自聚焦

在超短光脉冲的实际应用中,如果介质的折射率与光强有关,当 $n_2>0$ 时,原来准直的光束将变成自聚焦光束。

超短光脉冲的自聚焦比前面讨论过的连续光束自聚焦更复杂,这时除应考虑衍射和自透镜效应外,还必须考虑自相位调制引起的光谱展宽和色散。假定输入脉冲是无啁啾脉冲,因为群速度弥散(GVD)将引起脉冲展宽和峰值功率的减小,所以对飞秒光脉冲,预期会有更高的自聚焦临界功率。

考虑介质存在自聚焦非线性,在忽略更高阶非线性项的情况下,脉冲的时—空传输方程为

$$\left[\frac{\partial}{\partial z}-\frac{\mathrm{i}}{2k_l}\left(\frac{\partial}{\partial x^2}+\frac{\partial}{\partial y^2}\right)+\frac{\mathrm{i}}{2}k_l''\frac{\partial^2}{\partial t^2}-\mathrm{i}\frac{n_2k_l}{n_0}|E|^2-\alpha\right]\overline{E}=0 \tag{4-502}$$

式中，α 表示增益或损耗系数。

对于超短光脉冲自聚焦完整的时一空特性，计算十分复杂，正是当前的研究课题。特别是对极短的高功率脉冲，更高次的弥散、更高次的非线性以及非线性的有限响应时间均需要考虑，因此用于推导方程(4-502)的某些近似都有质疑。在(4-502)式中，包括了群速弥散、衍射、自相位调制等主要物理机制，为了讨论自聚焦，假定介质既没有增益也没有吸收，即 $\alpha=0$。

以无啁啾高斯脉冲作为初始条件，可以对方程(4-502)进行数值计算。对于正常色散介质($k_l''>0$)的情况，在自聚焦阈值附近进行的数值计算表明，脉冲出现分裂。这是因为一开始由于群速弥散，脉冲被展宽，当脉冲开始自聚焦时，在脉冲中心附近的区域经受最强的自相位调制，而色散又引起信号最强的调制部分偏离脉冲中心，结果造成初始高斯脉冲分裂成两个脉冲。

对于初始的高斯脉冲 $\overline{E}(x,y,0,t)=E_0\exp(-t^2/\tau_G^2)\exp[-(x^2+y^2)/w_0^2]$，路德(Luther)等人[38]已证明，方程(4-502)的解($\alpha=0$)仅与两个参量相关：

$$\gamma=\rho_0/(2L_d) \tag{4-503}$$

$$p=P_0/P_{cr} \tag{4-504}$$

式中，L_d 为色散长度，ρ_0 是高斯光束的共焦参数，P_0 是脉冲峰值功率，P_{cr} 是 CW 光束的临界功率。这两个参量的物理意义是：γ 是色散强度相对于衍射强度的量度，p 表示输入脉冲强度与 CW 辐射的非线性临界强度的相对值。超短光脉冲的自聚焦阈值为 $P_{th}=p_{th}P_{er}$，在此阈值时，特征色散长度 Z_{NLGVD} 超过自聚焦长度 Z_{sf}，即 $Z_{NLGVD}>Z_{sf}$。在不存在衍射的条件下，新的色散长度 Z_{NLGVD} 定义为由自相位调制和正常群速弥散共同作用使脉冲峰值功率减小到临界功率($p=1$)的色散长度。由阈值条件 $Z_{NLGVD}=Z_{sf}$ 导出关系式

$$Z_{NLGVD}\approx 0.5\rho_0\left[\frac{\sqrt{3.38+5.2(p^2-1)}-1.84}{15\gamma p}\right]^{\frac{1}{2}} \tag{4-505}$$

和

$$\gamma\approx\frac{\left[\sqrt{3.38+5.2(p_{th}^2-1)}-1.84\right]\left[(p_{th}^2-0.852)^2-0.0219\right]}{2p_{th}} \tag{4-506}$$

实验已经观察到飞秒脉冲的自聚焦可使飞秒光脉冲以稳定的光弹(light bullets)形式在色散、非线性介质内无畸变地传输。

第五节　光纤非线性光学

光纤非线性光学是伴随着光纤的应用而逐渐发展起来的非线性光学的一个重要分支，光纤中的非线性光学特性直接影响着光纤通信、光纤传感等光电子技术的发展。特别要指出的是，传统石英光纤经过近 40 年的发展，其性能已趋近极限，而 20 世纪 90 年代发展起来的光子晶体光纤[39]，在无截止单模、色散可控、非线性可控、高双折射、损耗等诸多性能方面均表现出诱人的优势。就非线性光学特性而论，光子晶体光纤目前可实现的最大非线性系数约为普通光纤的 1000 多倍[40]。这里仅介绍光纤非线性光学的基础，更多的信息可参阅第二十一章《纤维光学和变折射率光学》。

一、光在光纤中传输的基本方程

根据光的电磁理论，光纤中的波动方程为

$$\nabla^2\boldsymbol{E}-\frac{1}{c^2}\frac{\partial^2\boldsymbol{E}}{\partial t^2}=\mu_0\frac{\partial^2\boldsymbol{P}_L}{\partial t^2}+\mu_0\frac{\partial^2\boldsymbol{P}_{NL}}{\partial t^2} \tag{4-507}$$

假定光脉冲电场为

$$\boldsymbol{E}(\boldsymbol{r},t)=\frac{1}{2}\boldsymbol{a}_x[\overline{E}(\boldsymbol{r},t)\mathrm{e}^{-\mathrm{i}\omega_0 t}+\mathrm{c.c.}] \tag{4-508}$$

并且只考虑光纤中的三阶瞬时非线性效应，非线性极化强度为

$$\boldsymbol{P}_{\mathrm{NL}}(\boldsymbol{r},t)=\varepsilon_0\boldsymbol{\chi}^{(3)} \vdots \boldsymbol{E}(\boldsymbol{r},t)\boldsymbol{E}(\boldsymbol{r},t)\boldsymbol{E}(\boldsymbol{r},t) \tag{4-509}$$

相应包络 $P_{\mathrm{NL}}(\boldsymbol{r},t)$ 的表达式为

$$\overline{P}_{\mathrm{NL}}(\boldsymbol{r},t)=\varepsilon_0\varepsilon_{\mathrm{NL}}\overline{E}(\boldsymbol{r},t) \tag{4-510}$$

式中，$\varepsilon_{\mathrm{NL}}$ 为介电常数的非线性部分，且

$$\varepsilon_{\mathrm{NL}}=\frac{3}{4}\chi_{xxxx}^{(3)}\mid\overline{E}(\boldsymbol{r},t)\mid^2 \tag{4-511}$$

进一步，考虑到折射率的关系 $n=n_0+n_2|\overline{E}|^2$，将 $\boldsymbol{E}(\boldsymbol{r},t)$ 表示为

$$\boldsymbol{E}(\boldsymbol{r},t)=\frac{1}{2}\boldsymbol{a}_x[F(x,y)\overline{A}(z,t)\mathrm{e}^{-\mathrm{i}(\omega_0 t-\beta_0 z)}+\mathrm{c.c.}] \tag{4-512}$$

则可以导出传输方程[41]：

$$\frac{\partial\overline{A}}{\partial z}+\beta_1\frac{\partial\overline{A}}{\partial t}+\frac{\mathrm{i}}{2}\beta_2\frac{\partial^2\overline{A}}{\partial t^2}+\frac{\alpha}{2}\overline{A}=\mathrm{i}\gamma|\overline{A}|^2\overline{A} \tag{4-513}$$

式中，$\beta_n=\left[\frac{\mathrm{d}^n\beta}{\mathrm{d}\omega^n}\right]_{\omega=\omega_0}$，$\beta(\omega)$ 是光纤中简正模式的传播常数；$\gamma=\frac{n_2\omega_0}{cA_{\mathrm{eff}}}$，$A_{\mathrm{eff}}$ 称为有效纤芯截面，定义为

$$A_{\mathrm{eff}}=\frac{\left[\iint_{-\infty}^{\infty}|F(x,y)|^2\mathrm{d}x\mathrm{d}y\right]^2}{\iint_{-\infty}^{\infty}|F(x,y)|^4\mathrm{d}x\mathrm{d}y} \tag{4-514}$$

方程(4-513)描述了光脉冲在单模光纤中的传输特性，其中 α 是光纤损耗，β_1、β_2 反映了色散，γ 是光纤的非线性系数。应当指出的是，该方程尚未包括诸如 SRS、SBS 等受激非弹性散射，以及脉宽小于 100 fs 的激光脉冲的传输情形。为此，还必须采用非线性极化强度的更一般形式。这样，传输方程(4-513)式就变为如下形式[42]：

$$\frac{\partial\overline{A}}{\partial z}+\beta_1\frac{\partial\overline{A}}{\partial t}+\frac{\mathrm{i}}{2}\beta_2\frac{\partial^2\overline{A}}{\partial t^2}+\frac{\alpha}{2}\overline{A}=\mathrm{i}\gamma|\overline{A}|^2\overline{A}+\frac{1}{6}\beta_3\frac{\partial^3\overline{A}}{\partial t^3}-a_1\frac{\partial}{\partial t}(|\overline{A}|^2\overline{A})-a_2\overline{A}\frac{\partial|\overline{A}|^2}{\partial t} \tag{4-515}$$

上式后三项中，包含 β_3 的项是高阶色散效应引起的；正比于 a_1 的项起因于(4-507)式中 $\overline{P}_{\mathrm{NL}}$ 的一阶导数，对应于脉冲沿的自陡峭效应；正比于 a_2 的项起因于与延迟非线性响应有关，对应于自频移的效应。

如果采用以群速度 v_{g} 移动的参考系(所谓的延时系)描述，并进行变量代换：

$$T=t-\frac{z}{v_{\mathrm{g}}}=t-\beta_1 z \tag{4-516}$$

可以得到

$$\frac{\partial\overline{A}}{\partial z}+\frac{\alpha}{2}\overline{A}+\frac{\mathrm{i}}{2}\beta_2\frac{\partial^2\overline{A}}{\partial T^2}-\frac{1}{6}\beta_3\frac{\partial^3\overline{A}}{\partial T^3}=\mathrm{i}\gamma\left[|\overline{A}|^2\overline{A}+\frac{2\mathrm{i}}{\omega_0}\frac{\partial}{\partial T}(|\overline{A}|^2\overline{A})-T_{\mathrm{R}}\overline{A}\frac{\partial|\overline{A}|^2}{\partial T}\right] \tag{4-517}$$

式中，T_{R} 对应于拉曼增益的斜率。该方程适用于描述脉宽短至 10 fs 的脉冲传输。对于光脉冲宽度 $T_0>$ 100 fs 的脉冲，$\omega_0 T_0\gg 1$，$T_{\mathrm{R}}/T_0\ll 1$，可采用如下简化方程：

$$\mathrm{i}\frac{\partial\overline{A}}{\partial z}=-\frac{\mathrm{i}}{2}\alpha\overline{A}+\frac{1}{2}\beta_2\frac{\partial^2\overline{A}}{\partial T^2}-\gamma|\overline{A}|^2\overline{A} \tag{4-518}$$

在 $\alpha=0$ 的特殊条件下，方程(4-518)称为非线性薛定谔方程，它是研究光纤孤子产生的基本方程。

二、光信号在色散光纤中的传输

(一)光脉冲的色散展宽[41]

光脉冲经光纤传输后，由于光纤的色散效应，将引起脉冲的展宽。

令非线性薛定谔方程(4-518)中的 $\gamma=0$，只考虑色散介质中光脉冲传输时的群速弥散效应，并按下面的定义引入归一化振幅 $U(z,T)$：

$$\overline{A}(z,t)=\sqrt{P_0}\,U(z,T)\mathrm{e}^{-\alpha z/2} \tag{4-519}$$

式中，P_0 为输入脉冲的峰值功率，α 为光纤损耗系数，则 $U(z,T)$ 满足如下微分方程：

$$\mathrm{i}\frac{\partial U}{\partial z}=\frac{1}{2}\beta_2\frac{\partial^2 U}{\partial T^2} \tag{4-520}$$

将 $U(z,T)$ 进行傅里叶变换，可以解得其频谱分量为

$$U(z,\omega)=U(0,\omega)\exp\left(\frac{\mathrm{i}}{2}\beta_2\omega^2 z\right) \tag{4-521}$$

该式表明，群速弥散改变了脉冲每个频谱分量的相位，尽管这种相位变化不会影响脉冲频率，但它能改变脉冲形状。其振幅为

$$U(z,T)=\int_{-\infty}^{\infty}U(0,\omega)\exp\left[\frac{\mathrm{i}}{2}\beta_2\omega^2 z-\mathrm{i}\omega T\right]\mathrm{d}\omega \tag{4-522}$$

对于一个峰值为 1 的无啁啾高斯型输入脉冲，

$$U(0,T)=\exp\left(-\frac{T^2}{2T_0^2}\right) \tag{4-523}$$

可以得到在光纤中传过距离 z 后的输出脉冲振幅为

$$U(z,T)=\frac{T_0^2}{T_0^2-\mathrm{i}\beta_2 z}\exp\left[-\frac{T^2}{2(T_0^2-\mathrm{i}\beta_2 z)}\right] \tag{4-524}$$

可见，该光脉冲仍为高斯脉冲，但其宽度展宽为

$$T_1=T_0\left[1+(z/L_\mathrm{d})^2\right]^{\frac{1}{2}} \tag{4-525}$$

式中，$L_\mathrm{d}=T_0^2/|\beta_2|$ 为光纤的色散长度。同时还可以看出，经光纤传输后的脉冲变成了啁啾脉冲，将 $U(z,T)$ 表示为

$$U(z,T)=|U(z,T)|\mathrm{e}^{\mathrm{i}\varphi(z,T)} \tag{4-526}$$

其相位因子为

$$\varphi(z,T)=-\frac{\mathrm{sgn}\,(\beta_2)(z/L_\mathrm{d})}{1+(z/L_\mathrm{d})^2}\frac{T^2}{T_0^2}+\arctan\,(z/L_\mathrm{d}) \tag{4-527}$$

式中，$\mathrm{sgn}\,(\beta_2)=\pm 1$，正负号根据群速弥散参量 β_2 的符号确定。由此可见，输出脉冲被相位调制，这使得脉冲的不同部位对其中心频率产生不同的偏离量 $\delta\omega(T)$，频率差恰好是时间的导数（$-\partial\varphi/\partial T$），且有

$$\delta\omega=-\frac{\partial\varphi}{\partial T}=\frac{2\mathrm{sgn}\,(\beta_2)(z/L_\mathrm{d})}{1+(z/L_\mathrm{d})^2}\frac{T}{T_0^2} \tag{4-528}$$

该式表明，由于光纤的色散效应，使得光脉冲不同位置上的频率是线性变化的。通常将 $\beta_2<0$ 的区域称为光纤的反常色散区，$\beta_2>0$ 的区域称正常色散区。根据(4-528)式，在光纤的反常色散区，脉冲的高频成分将位于脉冲前沿（$T<0,\delta\omega>0$），而低频成分位于脉冲的后沿（$T>0,\delta\omega<0$）。在光纤正常色散区内，其情况正好相反。

(二)光信号在色散非线性介质中的传输方程[43]

1. 非线性无色散介质中的传输方程

为简化讨论，将光纤模式近似为平面波。沿 z 方向传播的平面波满足如下波动方程：

$$\frac{\partial^2 E}{\partial z^2}=\frac{1}{c^2}\frac{\partial^2(n^2E)}{\partial t^2} \tag{4-529}$$

考虑到非线性光克尔效应，$n=n_0+n_2|\overline{E}|^2$，假设光电场 $\overline{E}$ 为准单色波，

$$\overline{E}(z,t)=\overline{A}(z,t)\mathrm{e}^{-\mathrm{i}(\omega_0 t-\beta_0 z)} \tag{4-530}$$

包络 $\overline{A}(z,t)$ 满足的传输方程为

$$\frac{\partial\overline{A}}{\partial z}+\beta_1\frac{\partial\overline{A}}{\partial t}=\mathrm{i}\frac{n_2}{n_0}\beta_0|\overline{A}|^2\overline{A} \tag{4-531}$$

2. 线性色散介质中的传输方程

在考虑一阶色散效应时，有

$$\overline{E}(z,t)=\overline{A}(z,t)\mathrm{e}^{-\mathrm{i}(\omega_0 t-\beta_0 z)} \tag{4-532}$$

其中

$$\overline{A}(z,t)=\int_{-\infty}^{\infty}\overline{E}_0(\Delta\omega)\exp\left\{-\mathrm{i}\left[(t-\beta_1 z)\Delta\omega-\frac{1}{2}\beta_2 z\right]\right\}\mathrm{d}(\Delta\omega) \tag{4-533}$$

$\Delta\omega=\omega-\omega_0$。光脉冲包络满足如下微分方程：

$$\frac{\partial\overline{A}}{\partial z}+\beta_1\frac{\partial\overline{A}}{\partial t}=-\frac{\mathrm{i}}{2}\beta_2\frac{\partial^2\overline{A}}{\partial t^2} \tag{4-534}$$

3. 非线性色散介质中的传输方程

因为在通常的光纤中非线性和色散效应都是微弱存在的，可以认为它们的作用具有相加性，故光脉冲在非线性色散介质中的传输方程为

$$\frac{\partial\overline{A}}{\partial z}+\beta_1\frac{\partial\overline{A}}{\partial t}=-\frac{\mathrm{i}}{2}\beta_2\frac{\partial^2\overline{A}}{\partial t^2}+\mathrm{i}\frac{n_2}{n_0}\beta_0|\overline{A}^2|\overline{A} \tag{4-535}$$

三、自相位调制和交叉相位调制

(一)自相位调制[41]

在时域内，由于光纤中的光克尔效应，光纤折射率将随光强变化，产生光场的自相位调制(SPM)。

为了突出自相位调制对信号传输的影响，假定脉冲的中心波长位于光纤的零色散波长上，则(4-513)式中的 $\beta_2=0$。为反映脉冲的形状和相位信息，定义归一化振幅 $U(z,T)$：

$$T=t-\beta_1 z,\overline{A}(z,T)=\sqrt{P_0}\,\mathrm{e}^{-\alpha z/2}U(z,T) \tag{4-536}$$

则方程(4-513)式变为

$$\frac{\partial U}{\partial z}=\mathrm{i}\frac{\mathrm{e}^{-\alpha z}}{L_{\mathrm{NL}}}|U|^2U \tag{4-537}$$

式中，$L_{\mathrm{NL}}=(\gamma P_0)^{-1}$ 称为光纤的非线性特征长度。当传输距离 $z\geqslant L_{\mathrm{NL}}$ 时，非线性产生的影响将变得较为明显。

方程(4-537)的解为

$$U(z,T)=U(0,T)\mathrm{e}^{\mathrm{i}\varphi_{\mathrm{NL}}(z,T)} \tag{4-538}$$

其中

$$\varphi_{\mathrm{LN}}(z,T)=\frac{1-\mathrm{e}^{-\alpha z}}{\alpha L_{\mathrm{NL}}}|U(0,T)|^2=\frac{Z_{\mathrm{eff}}}{L_{\mathrm{NL}}}|U(0,T)|^2 \tag{4-539}$$

式中，$Z_{\mathrm{eff}}=(1-\mathrm{e}^{-\alpha z})/\alpha$ 是由光纤损耗所决定的等效非线性作用长度，称为光纤的有效长度。(4-538)式表明，自相位调制也将导致脉冲啁啾效应，使脉冲的不同部位具有与中心频率 ω_0 不同的偏移量：

$$\delta\omega(T)=-\frac{\partial\varphi_{\mathrm{NL}}}{\partial T}=-\frac{Z_{\mathrm{eff}}}{L_{\mathrm{NL}}}\frac{\partial|U(0,T)|^2}{\partial T} \tag{4-540}$$

但由自相位调制导致的频率偏移随着传输距离的增加而不断增大，即脉冲在传输过程中将不断产生出新的频率成分，扩大了脉冲光谱的带宽，这意味着可产生更短的脉冲。因此，自相位调制对脉冲的最主要影响来自传输过程中脉冲的谱加宽。假如材料中只存在单纯的自相位调制，光脉冲形状不发生变化，而由色散引起的啁啾效应并不产生新的频率，只是对脉冲所包含的各种频率成分进行重新安排，光纤色散将同时影响脉冲的相位和形状。

(二)色散与自相位调制对脉冲传输的共同影响

在同时存在色散和自相位调制效应时，采用(4-536)式的变换关系，传输方程(4-513)变为[42]

$$\frac{\partial U}{\partial z}+\mathrm{i}\frac{\beta_2}{2}\frac{\partial^2U}{\partial T^2}=\mathrm{i}\frac{\mathrm{e}^{-\alpha Z}}{L_{\mathrm{NL}}}|U|^2U \tag{4-541}$$

求解该方程得到的主要结果是：①在光纤的正常色散区($\beta_2>0$)，由于色散和自相位调制效应的共同作用，一个无啁啾高斯脉冲将逐渐演变为一个接近矩形的脉冲，同时在整个脉冲上产生出正的线性啁啾。在实验

上，这一特性已经被成功地运用于脉冲压缩技术。②在光纤的反常色散区（$\beta_2<0$），自相位调制将在脉冲中部产生正线性啁啾，而反常色散则在整个脉冲上产生负线性啁啾，因此光纤色散所造成的脉冲展宽可以得到补偿。在适当的条件下，自相位调制效应可以和光纤的反常色散达到精确的平衡，实现光孤子传输。

（三）交叉相位调制[41,44]

当两个或多个不同频率的光波在非线性光纤介质中同时传播时，每一频率光波的幅度调制都将引起光纤折射率的相应变化，而其他频率的光波也会感受到这种变化，从而对这些光波也将产生非线性相位调制，这种现象称为交叉相位调制（XPM）。交叉相位调制一般总是伴随着自相位调制产生。

1. 不同频率光波之间的交叉相位调制

(1)交叉相位调制引起的相位调制

假定光纤中有两列不同频率、均沿 x 方向振动、沿 z 方向传播的线偏振光波，则光纤中的光场分布可以表示为

$$E=\sum_{j=1,2}\overline{E}_j(u,v,z,t)\mathrm{e}^{-\mathrm{i}(\omega_j t-\beta_{j0}z)}=\left[\iint_s|F|^2\mathrm{d}s\right]^{-1/2}F(u,v)\sum_{j=1,2}\overline{A}_j(z,t)\mathrm{e}^{-\mathrm{i}(\omega_j t-\beta_{j0}z)}\tag{4-542}$$

式中，$F(u,v)$ 是光场的横向分布，$\overline{A}_1$ 和 $\overline{A}_2$ 、ω_1 和 ω_2 、β_{10} 和 β_{20} 分别为两列波的复振幅、中心频率以及中心频率上的传输常数。在该式中已经假定 ω_1 和 ω_2 的差别不是很大，因而具有近似相同的归一化横向场分布 $\left[\iint_s|F(u,v)|^2\mathrm{d}s\right]^{-1/2}F(u,v)$ 。这两列光波在光纤中引起的非线性极化强度为

$$\begin{aligned}\overline{P}_{\mathrm{NL}}=&\overline{P}_{\mathrm{NL}}(\omega_1)\mathrm{e}^{-\mathrm{i}(\omega_1 t-\beta_{10}z)}+\overline{P}_{\mathrm{NL}}(\omega_2)\mathrm{e}^{-\mathrm{i}(\omega_2 t-\beta_{20}z)}+\\&\overline{P}_{\mathrm{NL}}(2\omega_1-\omega_2)\mathrm{e}^{-\mathrm{i}[(2\omega_1-\omega_2)t-(2\beta_{10}-\beta_{20})z]}+\overline{P}_{\mathrm{NL}}(2\omega_2-\omega_1)\mathrm{e}^{-\mathrm{i}[(2\omega_2-\omega_1)t-(2\beta_{20}-\beta_{10})z]}\end{aligned}\tag{4-543}$$

相应于各频率成分上的极化强度复振幅分别为

$$\overline{P}_{\mathrm{NL}}(\omega_1)=\frac{3\varepsilon_0}{4}\chi^{(3)}_{xxxx}(|\overline{E}_1|^2+2|\overline{E}_2|^2)\overline{E}_1=\varepsilon_0\varepsilon^{(1)}_{\mathrm{NL}}\overline{E}_1\tag{4-544}$$

$$\overline{P}_{\mathrm{NL}}(\omega_2)=\frac{3\varepsilon_0}{4}\chi^{(3)}_{xxxx}(|\overline{E}_2|^2+2|\overline{E}_1|^2)\overline{E}_2=\varepsilon_0\varepsilon^{(2)}_{\mathrm{NL}}\overline{E}_2\tag{4-545}$$

$$\overline{P}_{\mathrm{NL}}(2\omega_1-\omega_2)=\frac{3\varepsilon_0}{4}\chi^{(3)}_{xxxx}\overline{E}_1^2\overline{E}_2^*\tag{4-546}$$

$$\overline{P}_{\mathrm{NL}}(2\omega_2-\omega_1)=\frac{3\varepsilon_0}{4}\chi^{(3)}_{xxxx}\overline{E}_2^2\overline{E}_1^*\tag{4-547}$$

(4-546)式和(4-547)式表明，频率为 ω_1 和 ω_2 的入射光除在自身频率上产生极化响应外，还将产生 $(2\omega_1-\omega_2)$ 和 $(2\omega_2-\omega_1)$ 两个新频率成分。这两个新的频率成分来自光纤中的非线性四波混频效应，在不满足相位匹配条件的情况下，这一效应可以忽略。因此，这里主要考虑光纤在入射光频率上的非线性效应。

根据(4-544)式和(4-545)式，光纤在频率 ω_1 和 ω_2 上的非线性相对介电常数的表达式不相同，分别为

$$\varepsilon^{(j)}_{\mathrm{NL}}=\frac{3}{4}\chi^{(3)}_{xxxx}(|\overline{E}_j|^2+2|\overline{E}_{3-j}|^2)\qquad j=1,2\tag{4-548}$$

在 ω_1 和 ω_2 相差不大的情况下，可以认为两个频率上折射率的线性部分近似相等（n_1），则频率 ω_1 和 ω_2 上的非线性折射率可以表示为

$$\Delta n_j=\frac{\varepsilon^{(j)}_{\mathrm{NL}}}{2n_1}=n_2(|\overline{E}_j|^2+2|\overline{E}_{3-j}|^2)\qquad j=1,2\tag{4-549}$$

相应地，由非线性效应引起的相位调制为

$$\varphi^{(j)}_{\mathrm{NL}}=\frac{\omega_j z}{c}\Delta n_j=\frac{\omega_j n_2 z}{c}(|\overline{E}_j|^2+2|\overline{E}_{3-j}|^2)\qquad j=1.2\tag{4-550}$$

式中，括号内第一项表示频率为 ω_j 的光波对其自身的相位调制（自相位调制），第二项表示另一列光波对其相位的调制作用，它来自交叉相位调制的贡献。可见，自交叉相位调制的效率是自相位调制的 2 倍。这里又一次看到了非线性效应的两个重要特征，即它与光强有关，是一种强光效应，同时非线性可以在长距离上进行累积。

(2)两个光波场的交叉相位调制耦合传输方程

在考虑交叉相位调制的情况下,可导出频率为 ω_1 和 ω_2 的两个光脉冲的包络 $\overline{A}_1$ 和 $\overline{A}_2$ 满足的时域传输方程为

$$\frac{\partial \overline{A}_j}{\partial z}+\beta_{j1}\frac{\partial \overline{A}_j}{\partial t}+\mathrm{i}\frac{\beta_{j2}}{2}\frac{\partial^2 \overline{A}_j}{\partial t^2}+\frac{\alpha}{2}\overline{A}_j=\mathrm{i}\gamma_j(|\overline{A}_j|^2+2|\overline{A}_{3-j}|^2)\overline{A}_j \qquad j=1,2 \tag{4-551}$$

式中

$$\beta_{jn}=\left.\frac{\partial^n \beta_j}{\partial \omega^n}\right|_{\omega=\omega_j} \tag{4-552}$$

上述方程中,也包含了光纤色散、损耗以及自相位调制效应对两列光波在光纤中传输的影响,通常需要采用数值方法求解。

2. 色散对交叉相位调制效应的影响

求解交叉相位调制耦合方程(4-551)得到的结果表明,光纤色散可以对光纤中不同频率脉冲之间的交叉相位调制相互作用起到一定的限制作用。这是因为光纤色散的存在使得中心频率为 ω_1 和 ω_2 的两个光脉冲具有不同的传输速度 $v_1=1/\beta_{11}$ 和 $v_2=1/\beta_{21}$,在经过一定距离传输后,两个脉冲将完全分离不再重叠,这时两个脉冲之间的交叉相位调制相互作用也不复存在。这一距离称为脉冲的走离长度 L_{D},可以用脉冲的群时延或色散表示为

$$L_{\mathrm{D}}=\frac{T_0}{|\beta_{11}-\beta_{21}|}\approx\frac{T_0}{|\beta_2(\omega_1-\omega_2)|} \tag{4-553}$$

式中,T_0 为脉冲宽度,群时延 $1/\beta_{11}$ 和 $1/\beta_{21}$ 由(4-552)式给出。上式最后一步假定 ω_1 和 ω_2 相差不大,因此两个脉冲具有近似相等的色散,即 $\beta_{12}\approx\beta_{22}=\beta_2$。由此可见,增大光纤色散可以削弱交叉相位调制的影响。

四、四波混频效应

光纤中的四波混频(FWM)过程是一种三阶参量过程,涉及 4 个光波相互作用。由于四波混频能有效地产生新的频率,具有许多优良性质,受到人们的关注并被广泛地研究。

(一)准连续波四波混频的传输方程

设光纤中相互作用的 4 个频率光波的场分布为[45]

$$\overline{E}_l(u,v,z,t)=\left[\int_s |F|^2\mathrm{d}s\right]^{-1/2}F(u,v)\overline{A}_l(z,t)\mathrm{e}^{-\alpha z/2} \qquad l=1,2,3,4 \tag{4-554}$$

其中假定 4 个频率光波的横向场分布和光纤损耗基本相同,这在各光波频率相差不大的情况下是成立的。考虑到光波的准连续性,$\overline{A}_l$ 对时间的导数近似为 0。因此,可以得到光纤内准连续波四波混频的传输方程为

$$\frac{\mathrm{d}\overline{A}_1}{\mathrm{d}z}=\mathrm{i}\gamma_1\Big[\Big(|\overline{A}_1|^2+2\sum_{k\neq 1}|\overline{A}_k|^2\Big)\overline{A}_1+2\overline{A}_3\overline{A}_4\overline{A}_2^*\mathrm{e}^{-\mathrm{i}\Delta\beta z}\Big]\mathrm{e}^{-\alpha z} \tag{4-555}$$

$$\frac{\mathrm{d}\overline{A}_2}{\mathrm{d}z}=\mathrm{i}\gamma_2\Big[\Big(|\overline{A}_2|^2+2\sum_{k\neq 2}|\overline{A}_k|^2\Big)\overline{A}_2+2\overline{A}_3\overline{A}_4\overline{A}_1^*\mathrm{e}^{-\mathrm{i}\Delta\beta z}\Big]\mathrm{e}^{-\alpha z} \tag{4-556}$$

$$\frac{\mathrm{d}\overline{A}_3}{\mathrm{d}z}=\mathrm{i}\gamma_3\Big[\Big(|\overline{A}_3|^2+2\sum_{k\neq 3}|\overline{A}_k|^2\Big)\overline{A}_3+2\overline{A}_1\overline{A}_2\overline{A}_4^*\mathrm{e}^{\mathrm{i}\Delta\beta z}\Big]\mathrm{e}^{-\alpha z} \tag{4-557}$$

$$\frac{\mathrm{d}\overline{A}_4}{\mathrm{d}z}=\mathrm{i}\gamma_4\Big[\Big(|\overline{A}_4|^2+2\sum_{k\neq 4}|\overline{A}_k|^2\Big)\overline{A}_4+2\overline{A}_1\overline{A}_2\overline{A}_3^*\mathrm{e}^{\mathrm{i}\Delta\beta z}\Big]\mathrm{e}^{-\alpha z} \tag{4-558}$$

式中,$\gamma_j=n_2\omega_j/A_{\mathrm{eff}}c$,相位失配因子为

$$\Delta\beta=\beta_1+\beta_2-\beta_3-\beta_4 \tag{4-559}$$

方程(4-555)至(4-558)最一般地描述了光纤中准连续光波的四波混频效应,其中也包括了自相位调制和交叉相位调制效应。在具体应用时,可根据实际情况进行适当的简化。

(二)四波混频的参量增益

在四波混频的许多实际应用中,常常存在 $|\overline{A}_3|$、$|\overline{A}_4| \ll |\overline{A}_1|$、$|\overline{A}_2|$ 的情形,也经常有输入光中没有 ω_4 频率分量的情形。这时,在光纤中注入 ω_1 和 ω_2 光常常是为了对 ω_3 信号光进行放大,或用于信号光的波长转换,将信号从光 ω_3 转换至 ω_4 。

为了满足四波混频相位匹配条件的要求,各频率分量均应位于零色散波长附近,因此在 $\overline{A}_3$ 和 $\overline{A}_4$ 的传输方程中可以忽略色散项,而方程中 $\overline{A}_3$ 和 $\overline{A}_4$ 对时间的一阶导数则可通过变量代换 $T=t-\beta_1 z$ 予以消除。因此,光纤中的四波混频传输特性仍可用方程(4-555)至(4-558)描述。同时,为了简化分析,通常在方程中忽略光纤损耗。

由于 $|\overline{A}_3|$、$|\overline{A}_4| \ll |\overline{A}_1|$、$|\overline{A}_2|$,因此(4-555)式和(4-556)式中可以忽略四波混频项及 $|\overline{A}_3|^2$ 和 $|\overline{A}_4|^2$ 项,$\overline{A}_1$ 和 $\overline{A}_2$ 的传输将只与自相位调制和交叉相位调制效应有关,其解为

$$\overline{A}_1 = \sqrt{P_1}\,\mathrm{e}^{\mathrm{i}\gamma_1(P_1+2P_2)z}, \quad \overline{A}_2 = \sqrt{P_2}\,\mathrm{e}^{\mathrm{i}\gamma_2(P_2+2P_1)z} \tag{4-560}$$

式中,$P_j = |\overline{A}_j|^2 (j=1,2)$ 为泵浦光的输入功率。在频率间隔不大的情况下,可认为各频率上的非线性系数近似相等,均用 γ 表示,方程(4-557)式和(4-558)式变为

$$\frac{\mathrm{d}\overline{A}_3}{\mathrm{d}z} = 2\mathrm{i}\gamma\left[(P_1+P_2)\overline{A}_3 + (P_1P_2)^{1/2}\overline{A}_4^*\,\mathrm{e}^{\mathrm{i}\Delta\varphi z}\right] \tag{4-561}$$

$$\frac{\mathrm{d}\overline{A}_4}{\mathrm{d}z} = 2\mathrm{i}\gamma\left[(P_1+P_2)\overline{A}_4 + (P_1P_2)^{1/2}\overline{A}_3^*\,\mathrm{e}^{\mathrm{i}\Delta\varphi z}\right] \tag{4-562}$$

其中,$\Delta\varphi = \Delta\beta + 3\gamma(P_1+P_2)$ 。若令

$$\overline{B}_3 = \overline{A}_3\,\mathrm{e}^{-2\mathrm{i}\gamma(P_1+P_2)z}, \quad \overline{B}_4 = \overline{A}_4^*\,\mathrm{e}^{2\mathrm{i}\gamma(P_1+P_2)z} \tag{4-563}$$

可以得到

$$\frac{\mathrm{d}\overline{B}_3}{\mathrm{d}z} = \mathrm{i}\kappa\overline{B}_4\,\mathrm{e}^{-\mathrm{i}\delta z} \tag{4-564}$$

$$\frac{\mathrm{d}\overline{B}_4}{\mathrm{d}z} = -\mathrm{i}\kappa\overline{B}_3\,\mathrm{e}^{-\mathrm{i}\delta z} \tag{4-565}$$

式中,$\kappa = 2\gamma(P_1P_2)^{1/2}$ 为耦合强度,$\delta = \Delta\beta + \gamma(P_1+P_2)$ 为相位失配。由此可见,如果考虑到来自泵浦光的非线性相位调制作用的影响,严格的四波混频相位匹配条件应为 $\delta = 0$,即当 $\Delta\beta = -\gamma(P_1+P_2)$ 时,四波混频作用将使信号光和空闲光得到最快的增长,四波混频具有最大的效率。

(三)四波混频的光学相位共轭和光谱反转

在利用四波混频进行光信号的波长转换时,输入端只有泵浦光和信号光 ω_3 ,并且在整个四波混频作用过程中有 $|\overline{A}_4| \ll |\overline{A}_3| \ll |\overline{A}_1|$、$|\overline{A}_2|$ 。考虑到光纤损耗,各光场可近似地表示为

$$\overline{A}_1(\omega_1) = \sqrt{P_1}\,\mathrm{e}^{\mathrm{i}\gamma(P_1+2P_2)z}\mathrm{e}^{-\alpha z/2} \tag{4-566}$$

$$\overline{A}_2(\omega_2) = \sqrt{P_2}\,\mathrm{e}^{\mathrm{i}\gamma(P_2+2P_1)z}\mathrm{e}^{-\alpha z/2} \tag{4-567}$$

$$\overline{A}_3(\omega_3) = \overline{B}_3(\omega_3)\,\mathrm{e}^{2\mathrm{i}\gamma(P_1+P_2)z}\mathrm{e}^{-\alpha z/2} \tag{4-568}$$

$$\overline{A}_4(\omega_4) = \overline{B}_4^*(\omega_4)\,\mathrm{e}^{2\mathrm{i}\gamma(P_1+P_2)z}\mathrm{e}^{-\alpha z/2} \tag{4-569}$$

泵浦光 $\overline{A}_1$ 和 $\overline{A}_2$ 为连续波,上述光场表示式中的自相位调制和交叉相位调制效应并不改变光场的频谱。混频信号的频率 ω_4 满足

$$\omega_4 = \omega_1 + \omega_2 - \omega_3 \tag{4-570}$$

将上面光场表示式代入方程(4-558),并考虑到在光纤零色散波长附近可以忽略 $\overline{B}_3(\omega_3)$ 随 z 的变化,直接积分得到

$$\overline{A}_4(z,\omega_4) = 2\mathrm{i}\gamma(P_1P_2)^{1/2}\overline{A}_3^*(\omega_3)\,\mathrm{e}^{4\mathrm{i}\gamma(P_1+P_2)z}\frac{1-\mathrm{e}^{(\mathrm{i}\delta-\alpha)z}}{\mathrm{i}\delta-\alpha} = f(z)\overline{A}_3^*(\omega_3) \tag{4-571}$$

进一步由(4-570)式可见,信号光中频率为 $\omega_3+\delta\omega$ 的分量所产生的混频信号分量的频率为 $\omega_4-\delta\omega$ 。因此,如果忽略在信号谱宽内相位失配的变化,有

$$\overline{A}_4(z,T)=-f(z)\left[\int_{-\infty}^{+\infty}\overline{A}_3(\omega_3+\delta\omega')\mathrm{e}^{-\mathrm{i}\delta\omega' T}\mathrm{d}(\delta\omega')\right]^*=-f(z)\overline{A}_3^*(0,T) \tag{4-572}$$

可见,波长转换后输出的混频信号脉冲与输入信号脉冲的复共轭成正比,即通过光学四波混频可以获得输入脉冲的相位共轭脉冲,其输出光谱功率与输入信号相应的光谱功率之间满足

$$\overline{P}_4(z,\omega_4+\delta\omega)=|f(z)|^2\overline{P}_3(\omega_3-\delta\omega) \tag{4-573}$$

上式表明,混频信号中的高频分量与输入信号光中对应的低频分量成正比,即通过光学四波混频所获得的输出信号与输入信号相比,其光谱关于中心频率发生了反转。

五、受激拉曼散射(SRS)

光纤材料为熔融状态的无定型非晶态石英玻璃,因分子间相互作用的无规性,使得分子的振动能级扩展并相互重叠,所以光纤中的拉曼增益谱为连续谱,并分布在一个较宽的频率范围上。

(一)稳态及准连续波情形

考虑光纤损耗,光纤中泵浦光和斯托克斯光满足的耦合方程为[46]

$$\left.\begin{aligned}\frac{\mathrm{d}I_s}{\mathrm{d}z}&=g_R I_p I_s-\alpha_s I_s\\ \frac{\mathrm{d}I_p}{\mathrm{d}z}&=-\frac{\omega_p}{\omega_s}g_R I_p I_s-\alpha_p I_p\end{aligned}\right\} \tag{4-574}$$

式中,I_p和I_s分别为泵浦光和斯托克斯光的强度,g_R 为拉曼增益系数,α_p 和 α_s 分别为光纤在泵浦光波长和斯托克斯光波长上的损耗系数,ω_p 和 ω_s 分别为泵浦光和斯托克斯光频率。g_R 与斯托克斯频移 $(\omega_p-\omega_s)$ 有关,λ_p 增大,拉曼增益将相应减小,满足

$$\lambda_p g_R(\lambda_p)=g_R(\lambda_p=1\ \mu\mathrm{m}) \tag{4-575}$$

当 $I_s\ll I_p$时,可近似解得

$$I_s(L)=I_s(0)\mathrm{e}^{(g_R I_0 L_{\mathrm{eff}}-\alpha_s L)} \tag{4-576}$$

式中,$I_s(0)$为输入端斯托克斯光的强度,L 为光纤长度,$L_{\mathrm{eff}}=[1-\exp(-\alpha_p L)]/\alpha_p$ 为光纤有效长度。如果在输入端没有斯托克斯光入射,$I_s(0)$将来自拉曼增益带宽内的随机光子起伏。

通常定义受激拉曼散射的阈值为:没有斯托克斯光入射时,由受激拉曼散射产生的斯托克斯光与泵浦光在光纤输出端功率相等时所需的入射泵浦光功率,即

$$P_s(L)=P_p(L)=P_0\mathrm{e}^{-\alpha_p L} \tag{4-577}$$

其中,入射泵浦光功率为 $P_0=I_0A_{\mathrm{eff}}$,A_{eff} 是光纤的有效光斑面积。若假设 $\alpha_s\approx\alpha_p$,则阈值条件为

$$P_{s0}\mathrm{e}^{(g_R P_0 L_{\mathrm{eff}}/A_{\mathrm{eff}})}=P_0 \tag{4-578}$$

式中,P_{s0} 是来自受激拉曼散射增益带宽内光子随机起伏所提供的斯托克斯光的初始功率。如果假定拉曼增益谱具有洛伦兹线型,则对于斯托克斯光与泵浦光同向的情形,可以得到受激拉曼散射的阈值泵浦功率 $(P_0)_{\mathrm{th}}$ 满足

$$\frac{g_R(P_0)_{\mathrm{th}}L_{\mathrm{eff}}}{A_{\mathrm{eff}}}\approx 16 \tag{4-579}$$

对于反向受激拉曼散射,上述表达式的值应为 20。需要指出,上述结论只适用于光纤中泵浦光和斯托克斯光偏振方向一致并保持不变的情况。如果偏振方向发生变化,则拉曼阈值将增大 1~2 倍,在完全没有偏振相关性的情况下,阈值将增大 2 倍。

在长距离单模光纤系统中,若 $\lambda_p=1.55\ \mu\mathrm{m}$,光纤损耗 $\alpha_p=0.2\ \mathrm{dB/km}$,相应的光纤有效作用长度 $L_{\mathrm{eff}}\approx 20\ \mathrm{km}$,光纤有效面积 $A_{\mathrm{eff}}=50\ \mu\mathrm{m}^2$,则受激拉曼散射的阈值约为 600 mW,所以在一般情况下不会发生受激拉曼散射。

(二)脉冲泵浦情形

在光纤中,受激非弹性散射有受激拉曼散射和受激布里渊散射(SBS)。对连续波情形,受激布里渊散射的阈值较低,所以受激布里渊散射是主要的,并且抑制了受激拉曼散射。当脉冲(<10 ns)泵浦时,可减少或抑制受激布里渊散射。另外,光纤色散、自相位调制和交叉相位调制等效应也都对光纤中的受激拉曼散射有影响,其中反向斯托克斯光将由于脉冲之间的走离距离很短而不会产生。由于 $\omega_p-\omega_s$ 在太赫兹量级,泵浦光和斯托克斯光的传输群速度将存在较大的差别,因此,一方面四波混频效应因其严重的相位失配而对脉冲的传输没有影响,另一方面,同向受激拉曼散射的作用长度将严重地受到脉冲走离距离的限制,即光纤色散对脉冲受激拉曼散射的限制作用是很明显的。

在不考虑光纤的传输时延、光纤色散、自相位调制和交叉相位调制的情况下,$I_j=P_j/A_{\text{eff}}=|\overline{A}_j|^2/A_{\text{eff}}(j=\text{s},\text{p})$,描述光纤中受激拉曼散射效应的耦合方程(4-574)可表示为

$$\left.\begin{aligned}\frac{\mathrm{d}\overline{A}_s}{\mathrm{d}z}&=-\frac{\alpha_1}{2}\overline{A}_s\\ \frac{\mathrm{d}\overline{A}_p}{\mathrm{d}z}&=-\frac{\alpha_2}{2}\overline{A}_p\end{aligned}\right\}\tag{4-580}$$

式中,$\alpha_1=\alpha_s-g_s|\overline{A}_p|^2$ 和 $\alpha_2=\alpha_p+g_p|\overline{A}_s|^2$ 分别为受激拉曼散射的斯托克斯光和泵浦光的净吸收系数,增益系数 g_s 和 g_p 与 g_R 的峰值关系为 $g_s=g_R/A_{\text{eff}}$ 和 $g_p=\omega_p g_s/\omega_s$ 。其物理意义十分明显:斯托克斯光受到来自泵浦光的增益作用,其增益系数与泵浦光功率成正比;泵浦光则由于能量通过受激拉曼散射不断转移至斯托克斯光,造成了除 α_p 以外的附加衰减,其受激拉曼散射衰减系数正比于所产生的斯托克斯光功率。

于是,根据方程(4-551),可以得到脉冲情况下,包括光纤色散、自相位调制和交叉相位调制等效应在内的受激拉曼散射耦合传输方程为

$$\frac{\partial\overline{A}_s}{\partial z}+\beta_{s1}\frac{\partial\overline{A}_s}{\partial t}+\mathrm{i}\frac{\beta_{s2}}{2}\frac{\partial^2\overline{A}_s}{\partial t^2}+\frac{\alpha_s}{2}\overline{A}_s=\mathrm{i}\gamma_s(|\overline{A}_s|^2+2|\overline{A}_p|^2)\overline{A}_s+\frac{g_s}{2}|\overline{A}_p|^2\overline{A}_s\tag{4-581}$$

$$\frac{\partial\overline{A}_p}{\partial z}+\beta_{p1}\frac{\partial\overline{A}_p}{\partial t}+\mathrm{i}\frac{\beta_{p2}}{2}\frac{\partial^2\overline{A}_p}{\partial t^2}+\frac{\alpha_p}{2}\overline{A}_p=\mathrm{i}\gamma_p(|\overline{A}_p|^2+2|\overline{A}_s|^2)\overline{A}_p-\frac{g_p}{2}|\overline{A}_s|^2\overline{A}_p\tag{4-582}$$

式中,β_{j1} 和 $\beta_{j2}(j=\text{s},\text{p})$ 分别为光纤在斯托克斯光和泵浦光频率上的时延和色散。由于 ω_s 和 ω_p 之间的偏离较大,用 $\gamma_j=n_2\omega_j/A_{\text{eff}}c(j=\text{s},\text{p})$ 分别表示两个频率上的非线性系数。光纤在脉冲泵浦情况下的受激拉曼散射效应,可以通过数值方法求解上述耦合方程获得其所有性质。对于飞秒脉冲,由于其谱宽超过了拉曼增益带宽,因此上述方程不再适用。

受激拉曼散射效应在光纤通信中有很多方面的应用,如利用拉曼增益可以制作出光纤拉曼激光器,也可以制成分布式光纤拉曼放大器对光信号提供分布式宽带放大。另一方面,受激拉曼散射也会对通信系统产生一定的负面影响,例如在波分复用系统中,短波长信道的光会作为泵浦光将能量转移至长波长信道中,形成通道间的拉曼串扰。

六、光纤孤子

光纤孤子或光孤子,是指高能量光脉冲引起的光纤非线性抵消了色散的影响,在光纤中形成了高能量的孤立波,这种孤立波在传播时具有类似于粒子的特性,不仅包络不失真,而且像粒子那样经受碰撞后仍保持原形继续存在。光孤子可以用作传递信息的载体,构建一种新的光纤通信方案,称为光纤孤子通信[47]。由于光纤孤子通信具有容量大、误码率低、抗干扰能力强、传输距离长等许多优点,所以有极其广阔的应用前景。

(一)光孤子的简化传输方程[48]

忽略光纤的损耗,描述光孤子传输特性的非线性薛定谔方程(4-518)可写成

$$\mathrm{i}\frac{\partial\overline{A}}{\partial z}=\frac{1}{2}\beta_2\frac{\partial^2\overline{A}}{\partial T^2}-\gamma|\overline{A}|^2\overline{A}\tag{4-583}$$

式中，$\overline{A}(z,T)$是脉冲包络的振幅，β_2 是群速度弥散参量，γ 是对应于自相位调制的非线性参量。

非线性薛定谔方程属于一种特殊类型的方程，可以采用逆散射方法求解[49]。进行下面的变量代换：

$$U=\frac{A}{\sqrt{P_0}},\xi=\frac{z}{L_d},\tau=\frac{T}{T_0}$$

可将方程(4-583)式改写为

$$\mathrm{i}\frac{\partial U}{\partial \xi}=\operatorname{sgn}(\beta_2)\frac{1}{2}\frac{\partial^2 U}{\partial \tau^2}-N^2|U|^2U \tag{4-584}$$

其中

$$N^2=\frac{L_d}{L_{NL}}=\frac{\gamma P_0 T_0^2}{|\beta_2|} \tag{4-585}$$

式中，P_0 是脉冲峰值功率，T_0 是入射脉冲宽度，$L_d=\frac{T_0^2}{|\beta_2|}$ 是色散长度，$L_{NL}=\frac{1}{\gamma P_0}$ 是非线性效应长度。由于 N^2 是非线性效应长度与群色散长度的比值，因此参量 N 的大小直接反映了这两种效应的作用程度，$N=1$，表示这两种效应均衡。在反常群速度弥散情况下 $\operatorname{sgn}(\beta_2)=-1$，通过定义

$$u=NU=\left[\frac{\gamma T_0^2}{|\beta_2|}\right]^{\frac{1}{2}}\overline{A} \tag{4-586}$$

可将方程(4-584)式表示为如下非线性薛定谔方程的标准化形式：

$$\mathrm{i}\frac{\partial u}{\partial \xi}+\frac{1}{2}\frac{\partial^2 u}{\partial \tau^2}+|u|^2u=0 \tag{4-587}$$

（二）光纤孤子

1. 基态孤子

对于 $N=1$，假设初始脉冲的振幅为 1，可利用逆散射方法求解方程(4-587)式，得到基态孤子的典型表达式：

$$u(\xi,\tau)=\operatorname{sech}(\tau)\mathrm{e}^{\mathrm{i}\xi/2} \tag{4-588}$$

该式表明，如果一个脉宽为 T_0 的双曲正割脉冲入射到理想无损耗光纤中，基态孤子形状不会发生变化，只改变其脉冲的相位。正是这一特性，使基态孤子在光通信系统中具有潜在的重大应用，引起了人们极大的关注，使其成为研究的热点和前沿课题。

基态孤子所需的峰值功率 P_{01}，可通过(4-585)式，令 $N=1$，得到

$$P_{01}=\frac{|\beta_2|}{\gamma T_0^2}\approx\frac{3.11|\beta_2|}{\gamma T_{FWHM}^2} \tag{4-589}$$

式中，T_{FWHM} 是脉冲波形的半高宽值，$T_{FWHM}=1.76T_0$。对 1.55 μm 波长处的石英光纤参数 β_2 和 γ 的典型值，当 $T_0=1$ ps 时，P_{01} 大约为 5 W；当 $T_0=10$ ps 时，P_{01} 减小为约 50 mW。如果使用色散位移光纤，$\beta_2=-2\ \mathrm{ps^2/km}$，$P_{01}$ 进一步减小到 1/10。脉冲宽度的增加意味着群速度弥散效应的减弱，所以为补偿群速度弥散效应，所需的光功率也随之大幅下降。

2. 高阶孤子

对于初始条件

$$u(\xi=0,\tau)=N\operatorname{sech}(\tau) \tag{4-590}$$

且 N 为大于 1 的正整数，方程(4-587)的通解仍为孤子解，称为高阶孤子。$N=2$ 为二阶孤子，$N=3$ 为三阶孤子，以此类推。

由(4-585)式可以得到发射 N 阶孤子所需要的峰值功率，它是基态孤子所需功率的 N^2 倍。对于二阶孤子，光脉冲的场分布为

$$u(\xi,\tau)=\frac{4[\cosh(3\tau)+3\mathrm{e}^{4\mathrm{i}\xi}\cosh(\tau)]\mathrm{e}^{\mathrm{i}\xi/2}}{\cosh(4\tau)+4\cosh(2\tau)+3\cos(4\xi)} \tag{4-591}$$

上式场分布的明显结果是，场 $u(\xi,\tau)$ 随传播距离 ξ 呈现周期性的变化，其强度 $|u(\xi,\tau)|^2$ 变化的周期为 $\xi_0=$

$\pi/2$。并且对于所有高阶孤子都存在这种周期性的振幅变化。利用定义 $\xi = z/L_d$，孤子周期 Z_0 的表达式为

$$Z_0 = \frac{\pi}{2} L_d = \frac{\pi}{2} \frac{T_0^2}{|\beta_2|} = 0.322 \frac{\pi T_{\text{FWHM}}^2}{2|\beta_2|} \tag{4-592}$$

实质上，孤子脉冲在时域和频域中的变化都是由于自相位调制和群速度弥散之间的相互作用造成的。自相位调制产生一个正的频率啁啾，使脉冲的前沿相对中心频率产生红移，脉冲的后沿产生紫移。当有反常群速度弥散存在时，因脉冲具有正啁啾，脉冲将被压缩，而且由于只是在中间部分啁啾才近似为线性，所以仅仅在脉冲中部出现变窄效应。这表明，对于高阶孤子的传输，起初起作用的只是自相位调制，其后群速度弥散逐渐起作用，以致与自相位调制相平衡。这种自相位调制与群速度弥散从平衡到不平衡，又由不平衡到平衡的过程周而复始，就使脉冲轮廓发生周期性的变化。而对于基态孤子，由于自相位调制与群速度弥散自始至终是平衡的，因此能够保持原始轮廓不发生改变。

最后应当指出，孤子的形成需要反常色散，所以当波长小于零色散波长（≈1.3 μm）时，光纤中不能产生光孤子。可是当方程（4-583）取 $\beta > 0$，即 $\text{sgn}(\beta_2) = +1$，为正常色散时，仍可得到一种解，它表现为在均匀背景上出现一个局部的下陷，即所谓的暗孤子。与其相对应，上述所有光孤子均称为亮孤子，它是在暗背景中的一个亮点，而暗孤子则恰好相反。分析表明，暗孤子也可用于光纤通信，而且其传输特性更优越，因此它引起了人们极大的关注[50]。

第六节　瞬态相干光学效应[6]

瞬态相干光学效应研究的是光与物质相互作用的瞬态非线性过程，与稳态过程不同，主要是在时域中进行讨论。瞬态相干光学对于研究物质结构、超快过程有重要意义，已经成为获取原子、分子微观性质信息的一种手段。特别是由此产生了光谱学中的一个新的分支——相干瞬态光谱学，提供了一种获得超高分辨率光谱的新方法，甚至可获得被隐没在光谱线型中的单个弛豫过程。

一、瞬态相干光学效应概述

瞬态相干光学效应是指强超短激光脉冲与共振介质的相干作用过程，此时，原子的极化不再是瞬时光电场的显函数，必须在时域内通过因果性原理描述。

众所周知，描述共振介质弛豫特性的参量有 3 个：T_1、T_2 和 T_2^*。T_1 是介质内产生共振跃迁作用的粒子的纵向弛豫时间，它主要决定于处在某能级上的粒子通过自发辐射跃迁到低能级的速率，一般可认为 T_1 等于该能级跃迁的自发辐射寿命；T_2 是粒子的横向弛豫时间，主要表征粒子的碰撞弛豫过程，仅表示相位的损失，不包含能量的交换，一般可认为它由介质均匀加宽宽度 $\Delta\nu_H$ 决定，$T_2 \approx 1/\Delta\nu_H$，又称为均匀消相时间；$T_2^*$ 是可逆的横向弛豫时间，它主要由谱线的非均匀加宽宽度 $\Delta\nu_I$ 决定，$T_2^* \approx 1/\Delta\nu_I$，又称为非均匀横向弛豫时间或非均匀消相时间。对于一般处于低温条件的非均匀固体共振介质，有 $T_2^* < T_2 < T_1$；对于常温下的气体共振介质，有 $T_2^* \ll T_2 < T_1$。

瞬态相干光学作用中，通常认为入射光的上升时间 Δt、脉冲持续时间 τ_p 均远小于 T_1、T_2，即

$$\Delta t, \tau_p \ll T_2, T_1 \tag{4-593}$$

在这样短的相互作用时间内，介质粒子的随机自发弛豫过程可以忽略，可视所有工作粒子同步地与入射光发生作用。而入射光脉冲很短，其光谱宽度由脉冲持续时间决定，满足测不准关系，可视整个光脉冲的持续时间是光场的相干时间。因此，瞬态相干光学作用是指完全相干的强光场与忽略随机自发弛豫行为的共振吸收介质间的快速相干作用。

瞬态相干光学作用的最主要的特点是共振介质对入射光场的响应特性，不仅与所考察的时刻 t 的入射光场有关，而且与时刻 t 之前的所有光场都有关。相干光脉冲作用于共振介质，将原子系统预置到可相干叠加的状态中，由于状态的相干（同步）性，其偶极矩的相位将呈现有序的排列，并遵从麦克斯韦方程，从而产生相干辐射。这种相干辐射将带有光与物质相互作用过程中的所有特征信息，即不仅带有辐射时的光和介质的特性，还"记忆"该时刻前的入射光和介质的特性。

二、瞬态相干光学的基本理论

瞬态相干光学作用的基本理论包括描述介质对光响应过程和辐射过程的基本方程，即布洛赫(Bloch)-麦克斯韦方程组。

(一)光学布洛赫方程

首先应当指出，光学共振激发和磁共振激发的瞬态相干作用非常相似。实际上，诸如光学章动、光子回波等瞬态相干光学现象可以看作是自旋章动、自旋回波等磁共振激发现象的光学模拟。但核磁共振(NMR)中样品尺寸与波长同数量级，而相干光实验样品的尺寸远远大于光波长，所以光学瞬态效应更为复杂，存在着某些核磁共振中没有出现的现象。由于磁共振现象的描述比较清楚和形象，所以人们将磁共振现象的处理方法类比到光共振中来[51]，引入了光学布洛赫方程。

由量子力学理论，原子系综的密度矩阵方程可表示为

$$\left.\begin{aligned}\frac{\partial\rho_{aa}}{\partial t}&=-\frac{\mathrm{i}}{\hbar}(\rho_{ba}-\rho_{ab})H_1(t)-\gamma_a\rho_{aa}\\\frac{\partial\rho_{bb}}{\partial t}&=\frac{\mathrm{i}}{\hbar}(\rho_{ba}-\rho_{ab})H_1(t)-\gamma_b\rho_{bb}\\\frac{\partial\rho_{ba}}{\partial t}&=-\frac{\mathrm{i}}{\hbar}(\rho_{aa}-\rho_{bb})H_1(t)+\mathrm{i}\,\omega_0\rho_{ab}-\gamma\rho_{ba}\\\frac{\partial\rho_{ab}}{\partial t}&=\frac{\mathrm{i}}{\hbar}(\rho_{aa}-\rho_{bb})H_1(t)-\mathrm{i}\,\omega_0\rho_{ab}-\gamma\rho_{ab}\end{aligned}\right\}\tag{4-594}$$

在这里，已通过选择原子系综本征函数的相对相位使得 $H_{1ab}=H_{1ab}^{*}=H_{1ba}=H_1(t)$，且为实数；$\gamma_a$、$\gamma_b$、$\gamma$ 皆为弛豫速率。

对于二能级原子系综，两个能级分别用1和2表示，在偏振光场

$$E_x(z,t)=E_0\cos(\Omega t-kz)\tag{4-595}$$

的作用下，相互作用哈密顿矩阵元为

$$H_1(t)=-\mu_{12}E_0\cos(\Omega t-kz)\tag{4-596}$$

式中，μ_{12} 是二能级系综的偶极矩矩阵元。进一步，利用如下代换：

$$\left.\begin{aligned}\rho_{12}&=\bar{\rho}_{12}\,\mathrm{e}^{\mathrm{i}(\Omega t-kz)}\\\rho_{21}&=\bar{\rho}_{21}\,\mathrm{e}^{-\mathrm{i}(\Omega t-kz)}\end{aligned}\right\}\tag{4-597}$$

和“旋转波近似”，密度矩阵方程变为

$$\left.\begin{aligned}\frac{\partial\rho_{22}}{\partial t}&=\frac{\mathrm{i}R(\bar{\rho}_{12}-\bar{\rho}_{21})}{2}-\frac{\rho_{22}-\rho_{22}^{0}}{T_1}\\\frac{\partial\rho_{11}}{\partial t}&=\frac{\mathrm{i}R(\bar{\rho}_{21}-\bar{\rho}_{12})}{2}-\frac{\rho_{11}-\rho_{11}^{0}}{T_1}\\\frac{\partial\bar{\rho}_{12}}{\partial t}&=\frac{\mathrm{i}R(\rho_{22}-\rho_{11})}{2}+\left(\mathrm{i}\Delta-\frac{1}{T_2}\right)\bar{\rho}_{12}\\\frac{\partial\bar{\rho}_{21}}{\partial t}&=\frac{\mathrm{i}R(\rho_{11}-\rho_{22})}{2}-\left(\mathrm{i}\Delta+\frac{1}{T_2}\right)\bar{\rho}_{21}\end{aligned}\right\}\tag{4-598}$$

式中，$R=\mu_{12}E_0/\hbar$ 为拉比(Rabi)翻转频率；T_1、T_2 分别表示相应于 $\gamma_a(\gamma_a\approx\gamma_b)$、$\gamma$ 过程的纵向弛豫时间和横向弛豫时间；ρ_{11}^{0}、ρ_{22}^{0} 分别表示无外场时，原子处于能级1、2的几率；

$$\Delta=\omega_{21}+kv_z-\Omega\tag{4-599}$$

为沿光方向运动、速度为 v_z 的原子群的共振调谐参量(对于气相共振介质)。若令

$$\left.\begin{aligned}u&=\bar{\rho}_{12}+\bar{\rho}_{21}\\v&=\mathrm{i}(\bar{\rho}_{21}-\bar{\rho}_{12})\\w&=\rho_{22}-\rho_{11}\end{aligned}\right\}\tag{4-600}$$

可将方程组(4-598)诸式进行组合，得到

$$\left.\begin{aligned}\frac{\partial u}{\partial t}&=-\Delta v-\frac{u}{T_2}\\ \frac{\partial v}{\partial t}&=\Delta u+Rw-\frac{v}{T_2}\\ \frac{\partial w}{\partial t}&=-Rv-\frac{w-w^0}{T_1}\end{aligned}\right\}\tag{4-601}$$

该方程即是二能级原子系综在旋转坐标系中的布洛赫方程。如果略去衰减项（$T_1\to\infty, T_2\to\infty$），便可写成

$$\frac{\mathrm{d}\boldsymbol{B}}{\mathrm{d}t}=\boldsymbol{\beta}\times\boldsymbol{B}\tag{4-602}$$

其中

$$\boldsymbol{B}=u\boldsymbol{i}+v\boldsymbol{j}+w\boldsymbol{k}\tag{4-603}$$

为布洛赫矢量，又称为赝偶极矩矢量，它是时间、空间和原子速度的函数；$\boldsymbol{\beta}$ 矢量为

$$\boldsymbol{\beta}=-R\boldsymbol{i}+\Delta\boldsymbol{k}\tag{4-604}$$

它表征了入射光场的特性，称为有效场。考察方程(4-602)可见，它描述了布洛赫矢量 $\boldsymbol{B}$ 绕着矢量 $\boldsymbol{\beta}$ 作进动，其进动频率为 β。

应当指出的是，尽管布洛赫矢量 $\boldsymbol{B}$ 矢量是一个虚构的、在数学空间中的矢量，但可以证明，$\boldsymbol{B}$ 的分量 u、v、w 都代表一定的物理含义：w 代表着介质上、下能级粒子数的几率密度差，若单位体积中的粒子总数为 N，则 Nw 表示上、下能级粒子数密度差；$u(z,t)$ 与 $v(z,t)$ 分别对应于光电场所感应极化强度 P 的两个成分：$u(z,t)$ 对应于极化强度中与光电场同相位的成分，$v(z,t)$ 对应于极化强度中与光电场相位差 90°的成分。并且极化强度可表示为

$$P(z,t)=N\mu\bar{\rho}_{21}\mathrm{e}^{-\mathrm{i}(\Omega t-kz)}+\mathrm{c.\,c.}\tag{4-605}$$

$$\bar{\rho}_{21}=\frac{1}{2}(u-\mathrm{i}v)\tag{4-606}$$

式中的 μ 是二能级系综的偶极矩矩阵元。若进一步考虑到介质内各个原子不同的热运动速度所造成的谱线非均匀加宽，极化强度还需要对原子的速度分布求统计平均，即

$$P(z,t)=N\mu\langle\bar{\rho}_{21}\rangle_v\mathrm{e}^{-\mathrm{i}(\Omega t-kz)}+\mathrm{c.\,c.}\tag{4-607}$$

式中，$\langle\bar{\rho}_{21}\rangle_v$ 表示对气体介质粒子热运动速度求平均，且有

$$\langle\bar{\rho}_{21}\rangle_v=\frac{1}{kv_r\sqrt{\pi}}\int_{-\infty}^{\infty}\bar{\rho}_{21}\mathrm{e}^{-(\Delta/kv_r)^2}\mathrm{d}\Delta\tag{4-608}$$

式中，v_r 为原子热运动速度的均方根值。

(二)瞬态相干光学作用的波动方程

若将瞬态相干作用极化产生的辐射光电场表示为

$$E_s(z,t)=\frac{1}{2}E_{21}(z,t)\mathrm{e}^{-\mathrm{i}(\Omega t-kz)}+\mathrm{c.\,c.}\tag{4-609}$$

并将(4-609)式和(4-607)式代入波动方程

$$\frac{\partial^2E(z,t)}{\partial z^2}-\mu_0\varepsilon_0\frac{\partial^2E(z,t)}{\partial t^2}=\mu_0\frac{\partial^2P(z,t)}{\partial t^2}\tag{4-610}$$

采用慢变化包络近似，不计介质的色散效应，可以得到辐射光电场复振幅所满足的方程为

$$\frac{\partial E_{21}}{\partial z}=\frac{\mathrm{i}\mu_0\Omega^2}{k}N\mu\langle\bar{\rho}_{21}\rangle_v\tag{4-611}$$

于是，一旦由布洛赫方程(4-602)求出了光学布洛赫矢量 $\boldsymbol{B}$，即可确定密度矩阵元 $\langle\bar{\rho}_{21}\rangle_v$，从而可根据方程(4-611)求出辐射信号光场。所以，方程(4-602)和(4-611)构造了描述瞬态相干光学作用的基本方程，有时称为布洛赫-麦克斯韦方程组。

三、几种瞬态相干光学效应

(一)光学章动效应

光学章动是指脉冲前沿很陡的光波入射到共振吸收介质上,其透射光强经过一段有限的弛豫振荡后趋于稳定输出的效应。振荡频率与入射光场有关,振荡的阻尼时间由介质的横向弛豫时间 T_2 决定。

假设 $T_1 = T_2 = T$,求解光学布洛赫方程(4-601),可以得到 $t > 0$ 时布洛赫矢量的3个分量 $u(t)$、$v(t)$、$w(t)$ 为[52]

$$u(t) = \mathrm{e}^{-t/T}\left\{u(0) - \Delta\left[v(0) - \frac{Rw^0/T}{R^2+\Delta^2+1/T^2}\right]\frac{\sin\beta t}{\beta} + \Delta\left[\Delta u(0) + Rw(0) - \frac{Rw^0/T^2}{R^2+\Delta^2+1/T^2}\right]\frac{\cos\beta t - 1}{\beta^2} + \frac{\Delta R w^0}{R^2+\Delta^2+1/T^2}\right\} - \frac{\Delta R w^0}{R^2+\Delta^2+1/T^2}$$

$$v(t) = \mathrm{e}^{-t/T}\left\{\left[v(0) - \frac{Rw^0/T}{R^2+\Delta^2+1/T^2}\right]\cos\beta t + \left[\Delta u(0) + Rw(0) - \frac{Rw^0/T^2}{R^2+\Delta^2+1/T^2}\right]\frac{\sin\beta t}{\beta}\right\} + \frac{Rw^0/T}{R^2+\Delta^2+1/T^2}$$

$$w(t) = \mathrm{e}^{-t/T}\left\{w(0) - w^0 - R\left[v(0) - \frac{Rw^0/T}{R^2+\Delta^2+1/T^2}\right]\frac{\sin\beta t}{\beta} + R\left[\Delta u(0) + Rw(0) - \frac{Rw^0/T^2}{R^2+\Delta^2+1/T^2}\right]\frac{\cos\beta t - 1}{\beta^2} + \frac{R^2 w^0}{R^2+\Delta^2+1/T^2}\right\} + w^0\left(1 - \frac{R^2}{R^2+\Delta^2+1/T^2}\right) \tag{4-612}$$

这里,已假设 $t=0$ 时的初始条件为 $u(0)$、$v(0)$ 和 $w(0)$,而 $w^0 = (\rho_{22}^0 - \rho_{11}^0)$ 是外加场为0时的集居数几率差。上式表示,在外加光电场的作用下,布洛赫矢量将做章动,经过弛豫后,3个分量均趋于与时间无关的稳定项,表示介质在外场作用下趋于稳定状态。

若 $t=0$ 时布洛赫矢量的初始条件为 $\boldsymbol{B}(0) = (0,0,w(0))$,则根据(4-608)式求出多普勒平均密度矩阵元后,再根据波动方程(4-611),即可以求得光学章动的辐射光电场为

$$E_{\mathrm{s}}(L,t) = \frac{\mu_0\sqrt{\pi}\Omega^2}{2k^2 v_{\mathrm{r}}} N\mu LRw(0)\mathrm{e}^{-(\Delta_1/kv_{\mathrm{r}})^2}\mathrm{e}^{-t/T_2}\mathrm{J}_0(Rt)\cos(\Omega t - kL) \tag{4-613}$$

考虑到入射光场 $E_0 \gg E_{21}$,通过介质的透射光强度为

$$I_{\mathrm{T}}(t) \propto \mathrm{e}^{-t/T_2}\mathrm{J}_0(Rt) \tag{4-614}$$

由上述布洛赫-麦克斯韦方程分析可见,光学章动是一个频率为 $R = \mu E_0/\hbar$ 的衰减的周期振荡,其衰减的阻尼系数为 T_2。经过 $t > T_2$ 后,样品将处于稳定输出状态。

(二)光学自由感应衰变效应

光学自由感应衰变效应是指样品原子被一相干光共振激励处于相干态时,突然除去相干光场,在短时间内辐射衰减的相干光波的现象。这种辐射与通常所讲的自发辐射不同,它是一种只在前向方向上的相干辐射,实际上是相干的自发辐射(超辐射)。

1. 斯塔克开关技术

首先应当指出,随着超短光脉冲技术的发展,实现瞬态相干光学效应的实验已经有了基础,但是因激光器仅在有限的频率上工作,极难满足对工作物质实现共振作用的要求。1971年布瑞威尔(Brewer)和舒迈克(Shoemaker)[53]提出了一种实现瞬态相干效应的方法——斯塔克开关技术。

当用频率为 Ω 的连续激光照射气态激发介质时,因为共振线极窄,只有 Ω 严格等于分子的跃迁频率 ω_0 时才会有强烈的共振吸收。斯塔克开关技术是利用分子具有较大的一级斯塔克效应,即加在分子样品上的

直流电场将使之产生较大的频移(图 4-27)，因此，可以通过改变加在样品上的直流电场调节介质的能级间隔，使其与频率为 Ω 的入射激光共振或者非共振。进一步，若考虑气态分子介质吸收线型的多普勒展宽，则如图 4-28 所示，突然加上直流电场(脉冲)，将引起跃迁频率由实线跳到虚线位置。此时，起始被激光激励的速度为 v（沿着激光束的分量）的分子突然失谐，并自发辐射频率为 Ω' 的自由感应衰变相干光；而对于速度为 v' 的分子，则突然由失谐状态变为共振状态，呈现出光学章动效应。

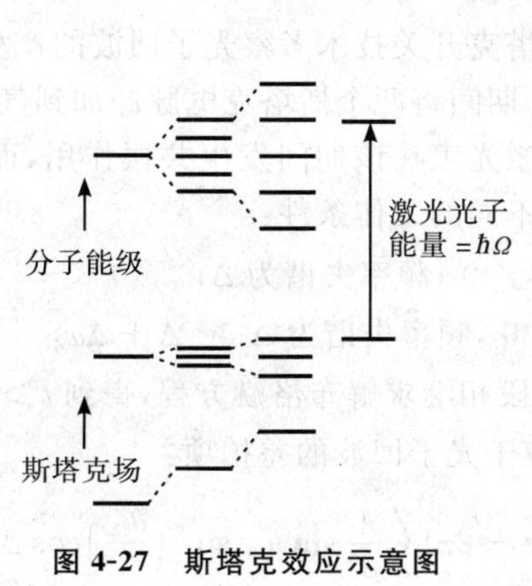

图 4-27　斯塔克效应示意图

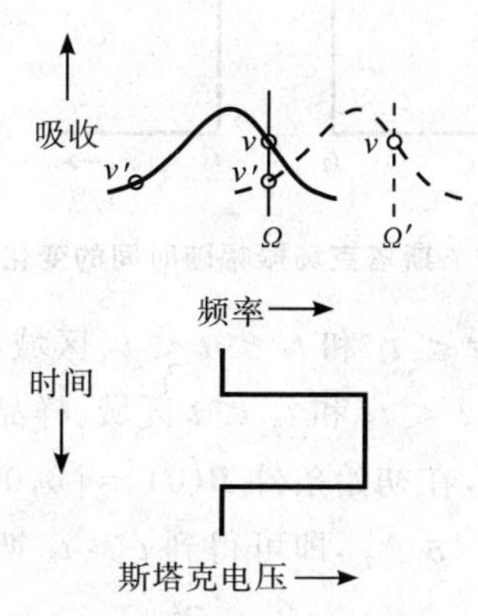

图 4-28　考虑多普勒展宽的斯塔克效应

2. 光学自由感应衰减效应

假设具有较宽非均匀加宽的气体共振介质，在 $t<0$ 时与入射频率为 Ω 的连续激光发生共振作用并达到稳定状态，则 $t=0$ 时的布洛赫矢量即为(4-612)式中的稳定项。

在 $t=0$ 时，瞬时加上斯塔克开关电压，使介质中心频率移动 $\Delta\omega_{21}$，其频率失谐量由 Δ 变为 $\Delta'=\Delta+\Delta\omega_{21}$，连续光场不再与介质发生共振作用，$R=0$。因此，$t>0$ 时的布洛赫方程为

$$\left.\begin{aligned}\frac{\partial u}{\partial t}&=-\Delta' v-\frac{u}{T_2}\\ \frac{\partial v}{\partial t}&=\Delta' u-\frac{v}{T_2}\\ \frac{\partial w}{\partial t}&=-\frac{w-w^0}{T_1}\end{aligned}\right\} \tag{4-615}$$

其解为

$$\left.\begin{aligned}u(t)&=[u(0)\cos\Delta' t-v(0)\sin\Delta' t]\mathrm{e}^{-t/T_2}\\ v(t)&=[u(0)\sin\Delta' t+v(0)\cos\Delta' t]\mathrm{e}^{-t/T_2}\\ w(t)&=w^0+[w(0)-w^0]\mathrm{e}^{-t/T_1}\end{aligned}\right\} \tag{4-616}$$

进一步求出 $\bar{\rho}_{21}$ 的分子速度平均值 $\langle\bar{\rho}_{21}\rangle_v$ 后，可以根据方程(4-611)得到感应极化产生的辐射场振幅 E_{21}，并得到光强度中的交叉项或差拍项为

$$(E^2)_b=2E_0E_{21}=E_0Q_{21}(t)\cos\Delta\omega_{21}t \tag{4-617}$$

其中

$$Q_{21}(t)=\frac{\mu_0\Omega^2NL\mu w^0\sqrt{\pi}}{k^2v_r}E_0R\left(\frac{1}{\sqrt{R^2T_1T_2+1}}-1\right)\mathrm{e}^{-(\Delta_1/kv_r)^2}\mathrm{e}^{-t/T_2(1+\sqrt{R^2T_1T_2+1})} \tag{4-618}$$

这个差拍项光强度就是自由感应衰变辐射，它是一个衰减的相干辐射，其衰减速率有两种贡献：具有时常数 T_2 的均匀加宽部分和具有时常数 $T_2/\sqrt{R^2T_1T_2+1}$ 的非均匀加宽部分。因此，自由感应衰变的速度远大于自发辐射的衰减速度。

(三)光子回波效应

在光学领域内,若有两个强超短激光脉冲相继入射到共振吸收介质中,经过一段时间后就会观察到第3个定向的光脉冲出射,这个光脉冲称为光子回波[54]。实际上,如果采用DFWM结构,相继入射三个强超短激光脉冲,经过一段时间后也能观察到第四个定向的光脉冲输出,这就是三脉冲光子回波[55]。

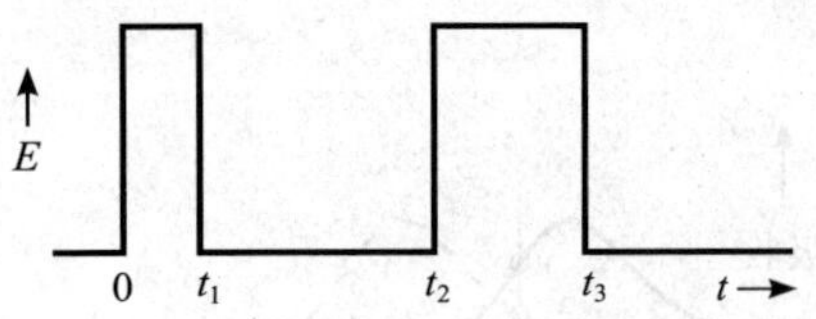

图4-29 斯塔克场振幅随时间的变化

现在利用斯塔克开关技术考察光子回波的产生。如图4-29所示,在 $0-t_1$ 和 t_2-t_3 期间将两个斯塔克电脉冲加到气体分子样品上,使其与样品中传播的激光束在该期间发生共振作用,而在其他时间偏离共振。于是有如下不同的工作条件:

$0<t<t_1$ 和 $t_2<t<t_3$ 区域:$\tau_p \ll T_2$、T_1,$R\neq 0$;频率失谐为 Δ;

$t_1<t<t_2$ 和 $t_3<t$ 区域:样品远偏离共振,$R\approx 0$,频率失谐为 $\Delta'=\Delta+\Delta\omega_{21}$。

据此,在初始条件 $\boldsymbol{B}(0)=[0,0,w(0)]$ 下,分时间段相继求解布洛赫方程,得到 $t>t_3$ 时的布洛赫矢量,进而求出 $\langle\bar{\rho}_{21}\rangle_v$,即可得到 $t>t_3$ 期间输出光强中相应于光子回波的差拍项:

$$[E_c^2(t)]_b=\frac{\mu_0\Omega^2}{k}\hbar NLR^4 w(0)\mathrm{e}^{-t/T_2}\cos\Delta\omega_{21}(t-2\tau)\left\langle\frac{1}{\beta^3}\sin\theta_{10}\sin^2\left(\frac{\theta_{32}}{2}\right)\cos\Delta(t-2\tau)\right\rangle \tag{4-619}$$

式中,$\theta_{10}=\sqrt{R^2+\Delta^2}\,t_1$ 和 $\theta_{32}=\sqrt{R^2+\Delta^2}\,(t_3-t_2)$ 分别相应于第一个和第二个光脉冲面积,$\Delta\omega_{21}$ 是斯塔克频移,$2\tau=t_3+t_2-t_1$。由此,在 $t=2\tau$ 时,光子回波强度达到最大值,且为

$$[E_c^2(t=2\tau)]_b=\frac{\mu_0\Omega^2}{k}\hbar NLR^4 w(0)\mathrm{e}^{-t/T_2}\left\langle\frac{1}{\beta^3}\sin\theta_{10}\sin^2\frac{\theta_{32}}{2}\right\rangle \tag{4-620}$$

可见,光子回波信号强度的包络函数以时常数 T_2 衰减,并且当入射光脉冲面积 $\theta_{10}=\pi/2$,$\theta_{32}=\pi$ 时,光子回波信号最大。

(四)自感应透明效应[10,56]

自感应透明效应是瞬态相干光学中的一种特殊效应,它是指一个强超短脉冲在共振介质中满足一定条件传播时,其大小、形状均不发生变化的现象。例如,一个自感应透明 2π 脉冲的物理图像是:它在介质中传播时,前半部分被介质吸收的能量,在后半部分到来时以相干辐射的形式发射出来,使脉冲的能量和形状保持不变,而脉冲的传播速度远小于光在该介质中的传播速度。

1. 自感应透明效应的基本方程

假设在共振介质中传播的光脉冲电场为

$$E(z,t)=\frac{1}{2}E_0(z,t)\mathrm{e}^{-\mathrm{i}[\omega_0 t-kz-\varphi(z,t)]}+\mathrm{c.c.} \tag{4-621}$$

根据上述瞬态相干光学效应的讨论,可以得到描述自感应透明效应的基本方程为

$$\left.\begin{aligned}\frac{\partial u}{\partial t}&=-\Delta v\\ \frac{\partial v}{\partial t}&=\Delta u+Rw\\ \frac{\partial w}{\partial t}&=-Rv\end{aligned}\right\} \tag{4-622}$$

$$\frac{\partial E_0}{\partial z}+\frac{n}{c}\frac{\partial E_0}{\partial t}=\frac{\omega_0 c\mu_0 N\mu}{2n}\int_{-\infty}^{\infty}v(\Delta,z,t)g(\Delta)\mathrm{d}\Delta \tag{4-623}$$

式中,$g(\Delta)$ 是原子非均匀加宽的归一化线型函数。

2. 面积定理

定义在共振介质中传播的光脉冲脉冲面积 θ 为

$$\theta = \lim_{t\to\infty}\theta(z,t) = \frac{\mu}{\hbar}\int_{-\infty}^{\infty} E_0(z,t')\mathrm{d}t' \tag{4-624}$$

利用上述基本方程，假设原子初始均在基态上，可以得到描述光脉冲传播特性的面积定理为

$$\frac{\mathrm{d}\theta}{\mathrm{d}z} = -\frac{\alpha}{2}\sin\theta \tag{4-625}$$

式中，α 为吸收系数。

3. 自感应透明现象

(1)小功率脉冲通过共振介质的情况

当脉冲功率很小时，$E_0(z,t)$ 很小，θ 很小，$\sin\theta \sim \theta$，(4-625)式变为

$$\frac{\mathrm{d}\theta}{\mathrm{d}z} = -\frac{\alpha}{2}\theta \tag{4-626}$$

求解该方程，可得

$$\theta(z) = \theta(0)\mathrm{e}^{-\alpha z/2} \tag{4-627}$$

相应的脉冲强度(或能量)随 z 的变化规律为

$$I(z) = I(0)\mathrm{e}^{-\alpha z} \tag{4-628}$$

这就是熟知的比尔吸收定律，α 为小脉冲的吸收系数。

(2)高功率脉冲通过共振介质的情况

对于高功率脉冲，由(4-625)式直接进行积分可得

$$\tan\left[\frac{\theta(z)}{2}\right] = \tan\left[\frac{\theta(0)}{2}\right]\mathrm{e}^{-\alpha z/2} \tag{4-629}$$

这是一个超越方程，由该方程可以看出高功率脉冲通过共振介质时的变化规律。

考察(4-625)式可以看到，面积定理存在着平衡解 $(\mathrm{d}\theta/\mathrm{d}z = 0)$，$\theta = m\pi$ $(m = 1,2,3,\cdots)$，其中，m 为奇数时是不稳定的解，θ 稍微偏离 $m\pi$，就将导致 θ 有很大的变化；m 为偶数时是稳定的平衡解。于是，一个具有给定初始面积 $\theta(0)$ 的高功率脉冲在介质中传播时，其面积将逐渐趋于最接近的偶数倍 π 的数值。

由图 4-30(a)所示的 $\theta(z)-z$ 关系曲线可见：当 $\theta<\pi$ 时，因 $\mathrm{d}\theta/\mathrm{d}z<0$，随着距离 z 的增大，脉冲面积 θ 减小，最后 $\theta\to 0$，即脉冲在传播过程中逐渐被吸收掉；当 $\theta>\pi$ 时，由于 $\mathrm{d}\theta/\mathrm{d}z>0$，脉冲面积 θ 随着距离 z 的增大而增大，并趋于 $\theta=2\pi$。这两种变化过程可通过图 4-30(b)给出的脉冲波形随 z 的变化看出。实际上，不同脉冲面积初始值光脉冲，通过与介质的能量交换，脉冲总要逐渐稳定在最靠近的脉冲面积为 2π 的整数倍上，同时，脉冲在介质中传播时也有逐渐分裂成 n 个 2π 脉冲的趋势。

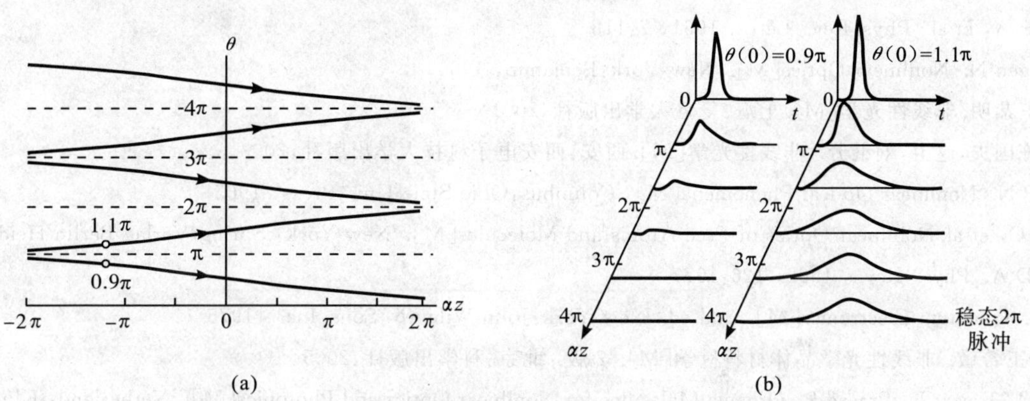

图 4-30　自感应透明效应的脉冲面积图

(a)对于吸收介质 $\alpha>0$，沿 z 增加方向上脉冲面积趋于最接近的偶数倍 π 值；

(b) 计算出的输入 $\theta(0)=0.9\pi$ 和 $\theta(0)=1.1\pi$ 脉冲形状随距离 z 的变化

如果相干脉冲在放大介质中传播，图 4-29 仍适用。此时如仍取 $\alpha>0$，则脉冲传播方向应取 $-z$ 方向。在这种情况下，相干脉冲在传播时能形成稳定的 π、3π、…、$(2m+1)\pi$ 脉冲，这是相干脉冲在放大介质和吸收介质中传播时的重要差别。

上面讨论的相干脉冲在介质中传播时,其脉冲面积趋于稳定不变的现象即为自感应透明现象。

(3)自感应透明脉冲的稳态解

假设自感应透明稳态脉冲的传播速度为 V,则 u、v、w、E_0 的稳态解为

$$\left.\begin{aligned} u(\Delta,z,t) &= 2\,\frac{\Delta\tau_p}{1+\Delta^2\tau_p^2}\,\mathrm{sech}\left(\frac{t-\dfrac{z}{V}}{\tau_p}\right)\\ v(\Delta,z,t) &= 2\,\frac{1}{1+\Delta^2\tau_p^2}\,\tanh\left(\frac{t-\dfrac{z}{V}}{\tau_p}\right)\mathrm{sech}\left(\frac{t-\dfrac{z}{V}}{\tau_p}\right)\\ w(\Delta,z,t) &= 2\,\frac{1}{1+\Delta^2\tau_p^2}\,\mathrm{sech}\left(\frac{t-\dfrac{z}{V}}{\tau_p}\right)-1\\ E_0(z,t) &= \frac{2\hbar}{\mu\tau_p}\,\mathrm{sech}\left(\frac{t-\dfrac{z}{V}}{\tau_p}\right) \end{aligned}\right\} \tag{4-630}$$

式中的脉冲宽度 τ_p 是任意的。由(4-630)式可见,介质中自感应透明的稳态(2π)脉冲形状是双曲正割函数。利用基本方程可以证明,自感应透明脉冲包络的速度 V 满足如下关系:

$$\frac{1}{V}=\frac{n}{c}+\frac{\alpha\tau_p^2}{2\pi g(0)}\int_{-\infty}^{\infty}\frac{g(\Delta)}{1+\Delta^2\tau_p^2}\mathrm{d}\Delta \tag{4-631}$$

对于洛伦兹线型的非均匀加宽介质,上面的关系式变为

$$\frac{1}{V}=\frac{n}{c}+\frac{\alpha}{2}\tau_p \tag{4-632}$$

可见,脉冲在介质中的实际传播速度比介质中光的传播速度小,这就使观察到的脉冲通过介质时有延迟。

参 考 文 献

[1]李淳飞.非线性光学[M].哈尔滨:哈尔滨工业大学出版社,2005

[2]Shen Y R. The Principles of Nonlinear Optics[M]. New York: John Wiley & Sons, Inc., 1984

[3]Franken P A, et al. Phys. Rev. Lett., 1961, 7:118

[4]Bloembergen N. Nonlinear Optics[M]. New York:Benjamin, 1965

[5]钱士雄,王恭明.非线性光学[M].上海:复旦大学出版社,2001

[6]石顺祥,陈国夫,赵卫,刘继芳. 非线性光学[M].西安:西安电子科技大学出版社,2003

[7]Butcher P N. Nonlinear Optical Phenomena[M]. Colunbus:Ohio Staie Uni. Press, 1965

[8]Hanna D C, et al. Nonlinear Optics of Free Atoms and Molecules[M]. New York: Spring-Verlag Berlin Heidelberg, 1979

[9]Kleiman D A. Phys. Rev., 1962, 126:1977

[10]Yariv A. Quantum Electronics[M]. 2nd ed. New York:John Wiley & Sons,Inc. ,1975

[11]张克从,王希敏. 非线性光学晶体材料科学[M]. 2版. 北京:科学出版社,2005

[12]Messier J, Kajzar F, Prasad P. Organic Malecules for Nonlinear Optics and Photonics[M]. Netherland: Kluser Academic Publishers, 1991

[13]Prasad P N, William K J. Introduction to Nonlinear Optical Effects and Polymers[M]. New York :John Wiley & Sons. Inc., 1991

[14]石顺祥,王学思,刘劲松. 物理光学与应用光学[M]. 2版. 西安:西安电子科技大学出版社,2008

[15]石顺祥,刘继芳,孙艳玲. 光的电磁理论[M]. 西安:西安电子科技大学出版社, 2006

[16]Nilson D F. Electric, Optic, & Acoustic Interactions in Dielectrics[M]. John Wiley & Sons, Inc., 1979

[17]姚建铨. 非线性光学频率变换及激光调谐技术[M]. 北京:科学出版社,1995

[18]Hobden M V. J. Appl. Phys. ,1967, 38(11):4365

[19]王奎雄. 非线性光学[M]. 北京:国防工业出版社,1988

[20]Myers L E,Eckardt R C,et al. J. Opt. Soc. Am. ,1995, B12:2102

[21]Yariv A. 现代通信光电子学[M]. 5 版. Optical Electronics Modern Communications Fifth Edition[M]. 英文版. 北京:电子工业出版社,2002,陈鹤鸣,等译,北京:电子工业出版社,2004

[22]Miles P B, Harris S E,IEEE J. QE,1973,QE-9(4)

[23]过巳吉. 非线性光学[M]. 西安:西北电讯工程学院出版社,1986

[24]Mclean T P. Linear and Nonlinear Optics of Condensed Matter[M]// Interaction of Radiation with Condensed Matter, International Atomic Energy Agency, Vienna, 1977, 1

[25]Byer R L. Parametric Oscillators and Nonlinear Materials. in Nonlinear Optics[M]// Happer P G, Wherrett B S, eds.. New York: Academic Press, 1977

[26]Sheik-Bahae M, Said A. A, Wei T, et al. IEEE J. Quant. Electron. , 1990 ,QE 26:760

[27]Lina Yang, Dorsinville R, et al. Opt. Lett. , 1992, 17:323

[28]Wang J,Sheik-Bahae M, Said A. A, et al. J. Opt. Soc. Am. , 1994, B11:1009

[29]Boya G D, et al. Phys. Rev. , 1965,A137:1305

[30]Bjorkholm J E. Phys. Rev. , 1966,142: 126

[31]Pepper D M. Opt. Eng. , 1982, 21:156

[32] Gibbs H M, McCall S L, Venkatesan T N C. Optical bistability and differential gain, in Coherence in Spectroscopy and Modern Physics[M]// Arecchi F T ,et al,eds.. New York:Plenm Press, 1977

[33]Diels Jean-claude, Rudoph Wolfgang. Ultrashort Lasear Pulse Phenomeana[M]. San Diego: Academic Press. Inc. , 1999

[34]Mider R C. Phys. Lett. , 1968, A26:177

[35]Fu Q, Mak G, Van Driel H M. Opt. Lett. , 1992,17:1006

[36]Ross I N, Maatousek P, Towrie M, et al. Opt. Commum. , 1977, 144: 125

[37]Aanderlon D, Lilok M. Phys. Rev. , 1983,A27:1393

[38]Luther G G, Molony J V, Newell A C, et al. Optics Lett. , 1994, 19: 862

[39]Russell P St J. Physics World,1992,5(8):37

[40]Leong J Y,Petropoulos P,et al. Optical Fiber Communication Conference and Exposition and The National Faber Optic Engineers Conference,2005,PDP22

[41]Agrawal G D. Nonlinear Fiber Optics[M]. San Diego:Academic Press, Inc. , 1989

[42]Kodamm Y, Hascgawa A. IEEE J. Quan. Electron. ,1987, QE-23:510

[43]Kazovsky L G,et al. Optical Fiber Communication System. 光纤通信系统[M]. 中译本. 张肇仪,等译. 北京:人民邮电出版社,1999

[44]陈根祥. 光波技术基础[M]. 北京:中国铁道出版社,2000

[45]Stolen R H, Bjorkholm J E. IEEE J. Quant. Electron. , 1982, QE-18:1062

[46]Stolen R H. Proc. IEEE. ,1980, 68:1232

[47]Hasegawa A, Tappert F. Appl. Phys. Lett. , 1973, 23:142

[48]Zakharov V E, Shabat A B Sov. Phys. , 1972, JETP 34:62

[49]Gardner C S, et al. Phys. Rev. Lett. , 1967, 19:1095;Commun. Pure Apple. Math. , 1974,27:97

[50]Hasgeawa A, Tappert F. Appl. Phys. Lett. , 1973, 23:171

[51]Feynman R P, Vernon F L Jr, Hellworth R W. J. Appl. Phys. , 1957, 28:49

[52]Brewer R G. Coherent Optical Spectroscopy[M]// Nonlinear Optics, Eds, Harper P G and Wherrett B S. San Diego: Academic Press, 1977

[53]Brewer R G, Shoemaker R L. Phys. Rev. Lett. , 1971, 27:631; Phys. Rev. , 1972,A6: 2001

[54]Kurnit N A, Abella I D, Hartmann S R. Phys. Rev. Lett. , 1964, 13:567; Phys. Rev. , 1966, 141:391

[55]Shiren N S. Appl. Phys. Lett. ,1978, 33:299

[56]Feher G, et al. Phys. Rev. , 1958, 109:221

[57]Hu Xiaoyong, Jiang Ping, Ding Chengyuan, Yang Hong, Gong Qihuang. Nature Photinics, 2008, 2: 185

[58]Hu Xiaoyong, Jiang Ping, Xin Cheng, Yang Hong, Gong Qihuang. Appl. Phys. Lett. , 2009, 94,031103

第五章　分子光学和磁光学

分子光学是从分子层面上，即从分子的结构及其极化的角度来研究光与介质相互作用过程中所发生的各种光学现象。它首先研究光在介质中传播时的一些现象，例如光的折射、色散、吸收与散射等，这些现象不仅表现出光的性质，同时也表现出与光相互作用的介质的性质。于是，气体、液体与晶体的结构与性质，高分子介质与胶体系统的结构与性质，就以各种分子光学现象为其最重要的基础。

虽然分子光学所研究的现象是多种多样的，但却都是只要利用一定的方法，就可以从统一的观点来说明几乎所有这些现象，不仅是定性的，而且是定量的。因此，分子光学是一门独立的学科，其特点就是用统一的方法来研究多种多样的光学现象。

显然，这里所说的光学指的是电磁光学，我们暂且把在电磁光学范围内的分子光学叫做传统分子光学。

另外，自从 1975 年 Hansch 等人提出激光冷却原子的物理思想以来，激光冷却与囚禁中性原子的实验取得了重大进展，使得激光科学、量子光学与冷原子物理学发生了历史性的变革，开创了一个全新的研究领域——原子光学。类似地，有关各种冷却、囚禁与操控中性分子的理论、实验及其应用的研究也获得了快速进展，并形成了一门相应的分子光学。这里所说的分子光学并不属于电磁光学范围，而是属于物质波光学范围，即分子物质波光学，为了与前面的分子光学相区别，我们将其叫做新兴分子光学。

第一节　光在各向同性介质中的折射[1]

一、折射率与极化率

在波动光学中，光的折射是用光在介质中的传播速度的改变来解释的，即光在光密介质中的传播速度比光疏介质要慢。对于各向同性的透明介质来说，真空光速 c 与光在介质中的速度之比，叫做该介质的折射率，符号为 n，它等于真空中入射角的正弦与介质中折射角正弦的比值：

$$n=\frac{\sin\theta_{\mathrm{i}}}{\sin\theta_{\mathrm{t}}} \tag{5-1}$$

式中，θ_{i} 为入射角，θ_{t} 为折射角。由光的电磁理论可以直接得出

$$n^2=\varepsilon \tag{5-2}$$

式中，ε 为介电常数。在分子光学中，需要确定表征介质宏观常数的 n 与分子极化率之间的关系。

(一)稀薄气体

对于足够稀薄的气体介质而言，有

$$n^2=1+N\alpha \tag{5-3}$$

式中，N 是单位体积中的分子数，α 是分子的极化率。

由于气体的折射率与 1 相差甚小，所以上式又可近似地表示为

$$n\approx 1+\frac{1}{2}N\alpha \tag{5-4}$$

(二)稠密介质

对于压缩气体或者液体而言，情形比较复杂。每个分子不仅要受到光波电场的作用，而且还要受到其他分子所感生的偶极电场的作用，故必须确定作用于单个分子上的有效场 E_{eff}：

$$\boldsymbol{E}_{\text{eff}} = \boldsymbol{E} + \frac{\boldsymbol{P}}{3\varepsilon_0} \tag{5-5}$$

式中，$\boldsymbol{E}$ 为光波电场，$\boldsymbol{P}$ 为极化强度。(5-5)式叫做克劳修斯-莫索缔(Clausius-Mossotti)公式。

对于各向同性固体，(5-5)式也成立，此时有

$$\boldsymbol{P} = N\alpha\left(\boldsymbol{E} + \frac{\boldsymbol{P}}{3\varepsilon_0}\right) \tag{5-6}$$

同时又有

$$\boldsymbol{P} = (\varepsilon_r - 1)\varepsilon_0 \boldsymbol{E} \tag{5-7}$$

比较上述两式，得到下列的洛伦兹-洛伦茨(Lorentz-Lorenz)公式：

$$\frac{\varepsilon_r - 1}{\varepsilon_r + 2} = \frac{N\alpha}{3\varepsilon_0} \tag{5-8}$$

(三)昂萨格(L. Onsager)修正

以上是就非极性分子来说的。对于极性分子而言，昂萨格提出了一个关于有效场的修正，他所得到的结果为

$$\frac{\varepsilon_0(\varepsilon - n^2)(n^2 + 2\varepsilon)}{\varepsilon(n^2 + 2)^2} = \frac{NP_0^2}{9kT} \tag{5-9}$$

式中，P_0 为分子的固有电偶极矩，k 为玻耳兹曼(Boltzmann)常数。表 5-1 是一些常见分子的极化率。

表 5-1 常见分子的极化率 单位：1×10^{31} m³

分 子	H_2	N_2	O_2	Cl_2	HF	HCl	HBr	HI	CO	CO_2	SO_2
α	7.9	17.6	16.0	46.1	24.6	26.3	36.1	54.4	19,5	26.5	37.2
分 子	H_2S	CS_2	NH_3	CH_4	C_2N_6	$CHCl_3$	CCl_4	HCN	N_2O	C_2H_2	C_2H_4
α	37.8	87.4	22.6	26.0	44.7	82.3	105.0	25.9	30.0	33.3	42.6

二、分子的折射度

洛伦兹-洛伦茨公式(5-8)表示折射率 n 与介质密度的依赖关系，将该式等号两边都除以密度 ρ 并乘以该介质的分子量 M，就得到一个既与温度无关又与压强无关的表达式：

$$\frac{n^2 - 1}{n^2 + 2}\frac{M}{\rho} = \frac{M}{\rho}\frac{N\alpha}{3\varepsilon_0} = N_A\frac{\alpha}{3\varepsilon_0} = R \tag{5-10}$$

式中，$N_A = 6.022\,1\times10^{23}\,\text{mol}^{-1}$，即阿伏伽德罗常数；$R$ 为分子的折射度。显然，R 的量纲是体积的量纲。当然，在很高的压强下，分子的折射度 R 可能发生变化。因为，在高压强下，分子的电子壳层状态发生了变化，从而 α 的值也发生相应的变化。

若介质是由各种不同的分子混合而成的，则其折射度是各种分子的折射度的相加。设单位容积的混合物中含有 N_1 个第一种分子，N_2 个第二种分子，等等，而其分子总数为 N，则

$$N = N_1 + N_2 + \cdots = N(f_1 + f_2 + \cdots) \tag{5-11}$$

其中

$$f_1 = N_1/N,\ f_2 = N_2/N,\cdots$$

混合物的密度为

$$\rho = \frac{N}{N_A}(M_1 f_1 + M_2 f_2 + \cdots) = \frac{\overline{M}}{N_A}N \tag{5-12}$$

式中，M_1、M_2…是该混合物中各种成分的分子量，$\overline{M}$ 是平均分子量，即

$$\overline{M} = M_1 f_1 + M_2 f_2 + \cdots \tag{5-13}$$

混合物的折射度为

$$\overline{R}=\frac{n^2-1}{n^2+2}\frac{\overline{M}}{\rho}=\frac{N_A}{3\varepsilon_0}(\alpha_1 f_1+\alpha_2 f_2+\cdots)=f_1R_1+f_2R_2+\cdots \tag{5-14}$$

显然，由于这种相加性的存在，使得在应用分子折射度来解决许多物理问题与化学问题时，变得很方便。表 5-2 中给出了丙酮与苯的混合物的一些数据。

表 5-2　丙酮与苯混合物的折射度(钠黄光，16℃)

丙酮的重量百分比/%	$f_1=1-f_2$	$\overline{M}$	n	ρ	$\overline{R}$	R(观测值)
0	0	78	1.504	0.885	26.06	26.06
9.8	0.126	75.5	1.489	0.876	24.82	24.82
20.0	0.252	72.9	1.472	0.866	23.55	23.58
31.0	0.377	70.4	1.456	0.856	22.30	22.36
49.5	0.569	66.6	1.428	0.839	20.40	20.40
69.4	0.753	63.0	1.401	0.822	18.56	18.61
84.7	0.882	60.3	1.380	0.810	17.27	17.25
100.0	1.000	58.0	1.361	0.797	16.09	16.09

由此可见，只要测量折射率，就可以按照折射度的相加性来分析二元混合物。

在气体的情况下，n 很接近于 1，从而有

$$R\approx\frac{2}{3}(n-1)\frac{M}{\rho}=\frac{2}{3}(n-1)N_A\frac{kT}{p} \tag{5-15}$$

式中，p 是气体的压强。

对于混合气体而言，有 $(n-1)p=(n_1-1)p_1+(n_2-1)p_2+\cdots$，这里，$p_1$、$p_2\cdots$是分压强。同时，有

$$p=p_1+p_2+\cdots \tag{5-16}$$

显然，在由两种气体组成的混合物的情形下，由上式即可得出：

$$\left.\begin{aligned}\frac{p_1}{p}&=\frac{n_2-n}{n_2-n_1}\\ \frac{p_2}{p}&=\frac{n-n_1}{n_2-n_1}\end{aligned}\right\} \tag{5-17}$$

三、可相加性化合物的折射度

在许多情形下，介质的折射度可以用该介质分子的各个成分的折射度的和来表示。这表明该种介质的分子平均极化率，可以用该分子的各个成分的极化率之和来表示。这里所说的分子的各个成分指的是组成分子的原子、离子或个别的价键。折射度的可相加性虽然并不总成立，但是在许多情形下，其与相加性的偏差都是很小的。

我们知道，化合物大致可以分为两类：一类是共价化合物，另一类是离子化合物。在共价化合物中，其化学键是由两个原子间的共用电子对所形成的；而在离子化合物中，正离子主要是被库仑静电力吸引在负离子周围。实际上，在任何分子中，既有共价键，也有离子键。大多数的有机化合物都可以很好地被视为共价化合物，而碱卤化合物则被视为离子化合物。

表 5-3　正常结构的饱和烃的折射度(Na 黄光)

介质	分子式	R/cm^3
正戊烷	$H_3C\cdot(CH_2)_3\cdot CN_3$	25.28
正己烷	$H_3C\cdot(CH_2)_4\cdot CN_3$	29.86
正庚烷	$H_3C\cdot(CH_2)_5\cdot CH_3$	34.51
正辛烷	$H_3C\cdot(CH_2)_6\cdot CH_3$	19.13
正壬烷	$H_3C\cdot(CH_2)_7\cdot CH_3$	43.78
正癸烷	$H_3C\cdot(CH_2)_8\cdot CH_3$	48.41
正十一烷	$H_3C\cdot(CH_2)_9\cdot CH_3$	53.06
正十二烷	$H_3C\cdot(CH_2)_{10}\cdot CH_3$	57.67

表 5-3 列出了一些正常结构的饱和烃的折射度。

由表 5-3 可见，折射度存在相加性，故可以把饱和烃 C_nH_{2n+2} 的折射度表示为

$$R_{C_nH_{2n+2}}=nR_C+(2n+2)R_H \tag{5-18}$$

这相当于一个原子团 CH_2 的平均差值 $\Delta R = 4.618$，可以被写成

$$4.618 = R_C + 2R_H \tag{5-19}$$

从而求得碳的折射度 R_C 与氢的折射度 R_H，即 $R_C = 2.418$，$R_H = 1.100$。

对于不饱和烃来说，形成双键的同一个碳原子，还必须引入另一个增量：$R_{C=} = 4.151$。

对于形成三键的同一个碳原子，须再引入一个增量：$R_{C\equiv} = 4.816$。

这样一来，分子的折射度即可表示为

$$R = \sum R_n + \sum S_i \tag{5-20}$$

式中的第一个求和是对原子折射度进行的，第二个求和则是对必须的增量进行的。

还可以将分子折射度表示为 $R = \sum R_k$，这里 R_k 是各个化学键的折射度，这里求和是对分子中的一切化学键进行的。表 5-4 中列出了部分原子或原子团的折射度。

表 5-4　部分原子或原子团的折射度

原子或原子团	R_α	R_D	原子或原子团	R_α	R_D
C	2.413	2.418	Br	8.803	8.865
H	1.092	1.100	I	13.757	13.900
O═	2.189	2.211	═N—C	2.309	2.322
O(两个单键)	1.639	1.643	═N(—C)(—C)	2.475	2.499
—O—	1.522	1.525	N≡C	3.054	3.070
F	0.984	0.997	—S—	7.630	7.690
Cl	5.933	5.967	—CN	5.434	5.459

注：R_α 为用氢红光（$\lambda = 658.3$ nm）测量的结果，R_D 为用钠黄光（$\lambda = 589$ nm）测量的结果。

四、非相加性化合物的折射度

对于某些有机化合物，上节的可相加性对它们并不适用。丁二烯是一个最简单的具有共轭双键的分子，它的结构式是 $H_2C{=}CH{-}CH{=}CH_2$，它的折射度比依据相加性公式计算出来的折射度要大 1.42。下式所示的量：

$$\Delta R = R - \sum R_k \tag{5-21}$$

叫做折射度的超加量。在大多数情形下，非相加性化合物的超加量 ΔR 都是正的，这是其特点之一。也就是说，实验上的折射度大于相加性的折射度。

实验表明，非相加性分子结构越复杂，特别是其含有的共轭双键或者核越多，其折射度的超加量就越大。一些化合物的折射度的超加量列于表 5-5 中。

由表 5-5 可见，分子对称性的降低（即把亚甲基的基团引入侧链）将会减少超加量。苯与某些类似化合物没有超加量，而萘和一系列芳香族化合物的依次相联的各分子的超加量则很大。

五、离子化合物的折射度

有一些分子，在一级近似下，可以认为是由离子构成的，对于它们而言，其折射度具有相加性，特别是对于碱卤化合物。表 5-6 中给出了部分碱卤晶体的分子折射度的数据，$R_实$ 为实测值，$R_计$ 为计算值。

六、原子与离子的极化率

若将原子或离子当成一个极化的球体，就可以得出其平均极化率 α 等于该球的半径的立方，也就是等于原子半径的立方。但是，实际上只是量级相符合以及其变化方向相同而已。因为，若关系式 $\alpha = r^3$ 是严格

表 5-5　一些化合物的折射度的超加量

介　质	超加量 ΔR	介　质	超加量 ΔR
$H_2C{=}CH{-}CH{=}CH_2$	1.42	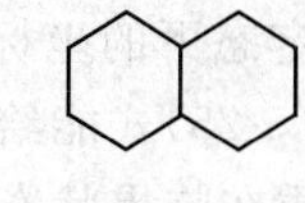	2.55
$H_2C{=}C(CH_3){-}CH{=}CH_2$	0.88		
C_6H_6	0.00	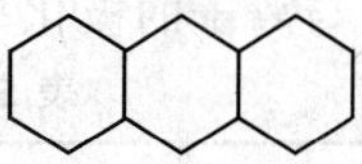	8.17
$C_6H_6{-}CH{=}CH_2$	1.16	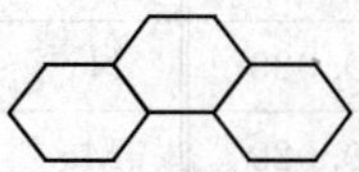	5.33
$C_6H_5{-}C(CH_3){=}CH_2$	0.77	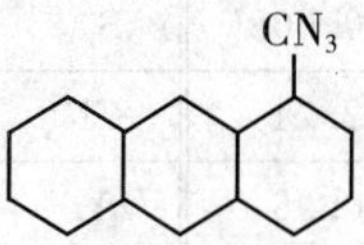 CN_3	3.95
$C_6H_5{-}CH{=}CH{-}CH_3$	1.31		
$C_6H_5{-}CH{=}CH{-}CH{=}CH_2$	4.74	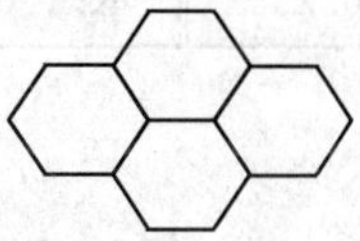	8.03
$C_6H_5{-}CH{=}CH{-}C_6H_5$	6.20		
$H_2C{=}CH{-}C{\equiv}C{-}CH{=}CH_2$	2.07	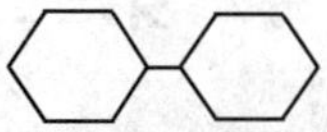	1.80

表 5-6　部分碱卤化合物的折射度

介　质	$R_{实}$	$R_{计}$	介　质	$R_{实}$	$R_{计}$
LiF	2.34	2.72	LiBr	10.56	10.79
NaF	3.02	3.04	NaBr	11.56	11.13
KF	5.16	4.72	KBr	13.98	12.80
RbF	6.74	7.11	RbBr	15.78	15.20
CsF	9.51	9.60	CsBr	18.46	17.68
LiCl	7.59	7.95	LiI	15.98	16.16
NaCl	8.52	8.28	NaI	17.07	16.48
KCl	10.85	9.95	KI	19.75	18.16
RbCl	12.55	12.33	RbI	21.71	20.54
CsCl	15.25	14.83	CsI	24.27	23.01

正确的话，则在临界点处，就有

$$\frac{n_c^2-1}{n_c^2+2}=\frac{4\pi}{3}\frac{r^3N_A\rho_c}{M}\approx\frac{1}{12} \tag{5-22}$$

由介质在临界状态的密度 ρ_c 知

$$\rho_c=\frac{1}{V_c}=\frac{M}{3b} \tag{5-23}$$

式中，b 对实际气体而言是范德华尔(Van der waals)方程中的克分子体积的修改正数。按照分子运动论，b 等于 1 克分子所含有的一切分子的体积的 4 倍，即有

$$\rho_c=\frac{M}{3\times4\times\frac{4\pi}{3}N_Ar^3} \tag{5-24}$$

利用求解多电子问题的变分近似，柯克伍德(J. Kirkwood)给出了计算原子极化率的公式：

$$\alpha=\frac{4}{9}\frac{|(\xi^2+\eta^2+\zeta^2)_{00}|^2}{Z} \tag{5-25}$$

式中，$(\xi^2)_{00}$ 等是原子在无扰定态下的坐标矩阵元，Z 是原子中的电子总数。

对于球对称的原子来说，(5-25)式能给出很好的结果。

由(5-22)式可知，任何介质在临界状态下的折射率 n_c 都为一常数，且 $n_c\approx1.1282$。

表 5-7 列出了一些原子与离子的极化率。

表 5-7　某些原子与离子的极化率　　单位：10^{40} F · m²

介　质	α	介　质	α	介　质	α	介　质	α
He	0.020	Na^+	0.187	Ca^{++}	0.552	Te^{--}	16.1
Li^+	0.029	Mg^{++}	0.103	Se^{--}	11.4	I^-	7.57
B^{++}	0.008	S^{--}	8.94	Br^-	4.99	Xe	4.11
O^{--}	2.74	Cl^-	3.57	Kr	2.54	Cs^+	2.57
F^-	0.96	Ar	1.65	Rb^+	1.49	Ba^{++}	1.86
Ne	0.394	K^+	0.888	Sr^{++}	1.02		

第二节　光的色散与吸收

一、色散的经典理论

色散是介质中光的相速或折射率随光的频率而变化的现象。介质的色散性质一般是用其折射率 n($n=\frac{c}{u}$，u 为介质中的相速，c 为真空中的光速)随频率 ω($\omega=2\pi\nu$)或波长 λ 的变化曲线(叫做色散曲线)来描述的，如图 5-1 所示。

(一)正常色散

常用的光学材料，其折射率是随光的频率的增高而增大的，因而其对紫光的折射率比对红光的折射率要大，如图 5-2 所示。这种变化叫做正常色散。表示介质正常色散的公式最早由柯希(A. L. Cauchy)给出：

$$n=A+\frac{B}{\lambda^2}+\frac{C}{\lambda^4} \tag{5-26}$$

式中的常数 A、B、C 是由实验来确定的，对于可见光频段的透明材料来说，(5-26)式具有相当高的准确度。

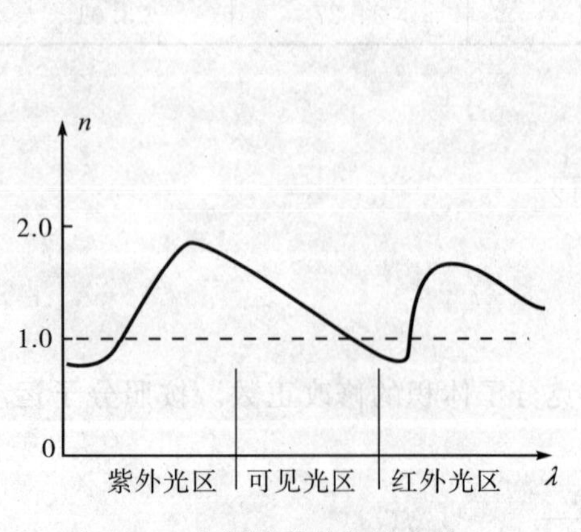

图 5-1　光频波段的色散曲线

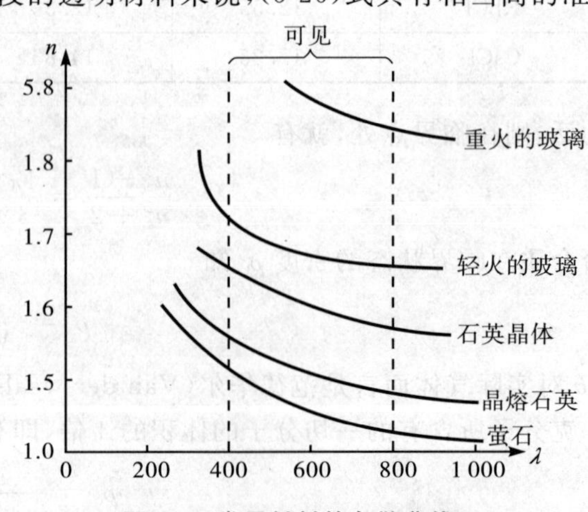

图 5-2　常用材料的色散曲线

（二）反常色散

1860 年，勒鲁(F. P. Leroux)在充满碘蒸气的棱镜中观察折射现象时，发现红光比蓝光的偏折更大，他把这一现象叫做反常色散。现在把折射率随频率的增高而减小的现象，叫做反常色散，研究表明，在介质的吸收带内存在着反常色散，而在吸收带外或在两个吸收带之间则是正常色散。也就是说，任何一种介质都具有正常色散与反常色散的性质，并表现在不同的频段内。

1871 年，塞尔迈尔(Sellmeier)得出了一个色散公式(塞尔迈尔公式)：

$$n^2 = 1 + \frac{A\lambda^2}{\lambda^2 - \lambda_0^2} \tag{5-27}$$

式中，A 与 λ 为两个常量；λ_0 表示对应于介质中粒子的固有振动频率在真空中的波长，也就是该介质的吸收线的波长位置。当考虑到介质可以有多个固有振动频率时，上式应改写为

$$n^2 = 1 + \sum_i \frac{A_i\lambda^2}{\lambda^2 - \lambda_i^2} \tag{5-28}$$

常用的透明材料的吸收带大多位于紫外频段与红外频段，而可见光频段恰好位于这两个吸收带之间。

（三）色散理论

色散的经典电子理论主要是由洛伦兹提出来的。他将色散介质看成是由分子组成的，而将分子看作振子，其中的电子在束缚力作用下有一定的固有振动频率。当光波在介质中传播时，光波电磁场引起这些振子进行与光波同频率的强迫振动，同时因发出辐射或由分子间的相互作用而受到阻力。这些振子形成介质中变化的电矩，它们发出与光波同频率的光，并能从光波中吸收能量。

对于非极性分子，设电子的质量与电荷分别为 m 与 e，振动时电子离开平衡位置的位移为 x，束缚力为 $-kx$，阻力为 $-g\dot{x}$。若光波电场为 $E = E_0 e^{-i\omega t}$，则电子的振动方程为

$$m\frac{d^2x}{dt^2} + g\frac{dx}{dt} + kx = eE_0 e^{-i\omega t} \tag{5-29}$$

若令 $\omega_0 = \sqrt{\frac{k}{m}}$ 表示固有角频，$\gamma = g/m$ 表示衰减系数，则有

$$x = \frac{eE_0}{m}\frac{1}{\omega_0^2 - \omega^2 - i\gamma\omega}e^{-i\omega t} = x_0 e^{-i\omega t} \tag{5-30}$$

其中

$$x_0 = \frac{eE_0}{m}\frac{1}{\omega_0^2 - \omega^2 - i\gamma\omega} \tag{5-31}$$

为光波频率 ω 的复数函数。振幅 x_0 为复数表明，强迫振动与光波振动之间有一定的相位差。由振子形成的变化电矩可写成 ex。若介质单位体积中有 N 个分子，则其共有 Nf_0 个固有频率为 ω_0 的振子，其极化强度为 $P = Nf_0ex$，从而介质的相对介电常数为

$$\varepsilon_r = 1 + \frac{Ne^2}{\varepsilon_0 m}\frac{f_0}{\omega_0^2 - \omega^2 - i\gamma\omega} \tag{5-32}$$

式中，ε_0 为真空介电常数。

对于弱磁介质，其相对磁导率 $\mu_r \approx 1$，由此即得该介质的折射率与频率的关系式为

$$n^2 = 1 + \frac{Ne^2}{\varepsilon_0 m}\frac{f_0}{\omega_0^2 - \omega^2 - i\gamma\omega} \tag{5-33}$$

(5-33)式只适用于足够稀薄的气体，对于稠密介质，如液体与固体的分子，则应考虑到周围介质极化的影响。此时，应用有效电场 $E_e = E + \frac{P}{3\varepsilon_0}$ 代替(5-29)式中的 E，并利用 $P = Nf_0ex$，即求得

$$\frac{n^2 - 1}{n^2 + 2} = \frac{Ne^2}{3\varepsilon_0 m}\frac{f_0}{\omega_0^2 - \omega^2 - i\gamma\omega} \tag{5-34}$$

(5-33)式表明 n 是复数，若用 $\tilde{n}$ 来表示并写成 $\tilde{n} = n + ik$，$\tilde{n}$ 叫做介质的复折射率，则(5-33)式变为

$$(n+\mathrm{i}k)^2 = 1 + \frac{Ne^2}{\varepsilon_0 m}\frac{f_0}{\omega_0^2-\omega^2-\mathrm{i}\gamma\omega} \tag{5-35}$$

从而得出

$$n^2-k^2 = 1+\frac{Ne^2}{\varepsilon_0 m}\frac{f_0(\omega_0^2-\omega^2)}{(\omega_0^2-\omega^2)^2+\gamma^2\omega^2} \tag{5-36}$$

$$nk = \frac{Ne^2}{\varepsilon_0 m}\frac{f_0\gamma\omega}{(\omega_0^2-\omega^2)^2+\gamma^2\omega^2} \tag{5-37}$$

上两式中,实部 n 表示介质的折射率,而虚部 k 则表示介质的吸收系数(也叫做消光系数)。

当介质分子可以有多个固有频率 ω_0 时,(5-33)式应写成

$$\tilde{n} = 1+\frac{Ne^2}{\varepsilon_0 m}\sum_i \frac{f_i}{\omega_i^2-\omega^2-\mathrm{i}\gamma_i\omega} \tag{5-38}$$

而(5-34)式则应改写为

$$\frac{\tilde{n}^2-1}{\tilde{n}^2+2} = \frac{Ne^2}{3\varepsilon_0 m}\sum_i \frac{f_i}{\omega_i^2-\omega^2-\mathrm{i}\gamma_i\omega} \tag{5-39}$$

对于稀薄气体来说,当 ω 远离固有频率 ω_0 时,有 $\gamma^2\omega^2 \ll (\omega_0^2\omega^2)^2$,从而可以忽略吸收,即令 $k=0$,这样一来,由(5-33)式得到

$$n^2 = 1+\frac{Ne^2}{\varepsilon_0 m}\frac{f_0}{\omega_0^2-\omega^2} \tag{5-40}$$

由上式可知,折射率随频率的增高而增大,这正是正常色散。显然,上式与塞尔迈尔公式(5-27)式一致。

当 ω 接近于 ω_0 时,即当电子的振动接近共振时,吸收增大很快,此时 n 与 $\tilde{n}$ 都很接近于1,于是由(5-33)式可近似求得

$$\tilde{n} = n+\mathrm{i}k \approx 1+\frac{Ne^2}{2\varepsilon_0 m\omega_0^2-\omega^2-\mathrm{i}\gamma\omega} \tag{5-41}$$

从而有

$$n = 1+\frac{Ne^2}{2\varepsilon_0 m}\frac{f_0(\omega_0^2-\omega^2)}{(\omega_0^2-\omega^2)^2+\gamma^2\omega^2} \tag{5-42}$$

$$k = \frac{Ne^2}{2\varepsilon_0 m}\frac{f_0\gamma\omega}{(\omega_0^2-\omega^2)^2+\gamma^2\omega^2} \tag{5-43}$$

当 γ 很小时,在 ω 接近 ω_0 的范围内,n 与 k 的曲线如图 5-3 所示。

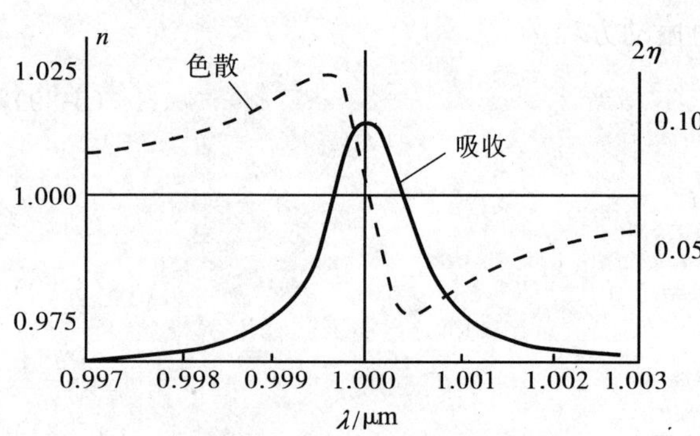

图 5-3 谐振型的色散与吸收

在更一般的情形下,相应的两个曲线也与图 5-3 具有相似的形状。该曲线表明,在吸收区内出现折射率随频率的增高而减小的现象,这就是反常色散。

二、色散的量子理论

由上述可见,在经典理论中,若不计弛豫,则由(5-32)式得原子的极化率 α 为

$$\alpha = \frac{e^2}{\varepsilon_0 m}\frac{1}{\omega_0^2-\omega^2} \tag{5-44}$$

若在原子中的电子具有各种固有频率 ω_0、ω_1、ω_2 、…以及具有固有频率为 ω_k 的电子数目为 f_k ,则上式变为

$$\alpha = \frac{e^2}{\varepsilon_0 m}\sum_k \frac{f_k}{\omega_k^2-\omega^2} \tag{5-45}$$

式中,系数 f_k 叫做振子力,它由实验求得。

(一)正色散

在量子理论中,光的色散问题可以与光的发射与吸收同样处理,下面在电偶极近似下用微扰理论来

处理。

设在原子中的光波电场 $\boldsymbol{E}(t)$ 为

$$\boldsymbol{E}(t)=\boldsymbol{E}_0\cos\omega t \tag{5-46}$$

若在未受到光波作用时，原子处于其第 n 个定态能级 E_n 上，相应的本征函数为 ψ_n；当原子受到光场的作用时，原子处于另一状态 $\psi_n(\boldsymbol{r},t)$。$\psi_n(\boldsymbol{r},t)$ 满足薛定谔方程

$$\mathrm{i}\hbar\frac{\partial\psi_n}{\partial t}=(H_0+W)\psi_n \tag{5-47}$$

式中，W 是由光波产生的微扰，且有

$$W=e\boldsymbol{E}_0\cdot\boldsymbol{r}\cos\omega t \tag{5-48}$$

为了求解(5-47)式，可以将 ψ_n 展开为

$$\psi_n(\boldsymbol{r},t)=\psi_n(\boldsymbol{r},0)\mathrm{e}^{-\mathrm{i}\omega t}+U_n(\boldsymbol{r})\mathrm{e}^{-\mathrm{i}(\omega_n-\omega)t}+V_n(\boldsymbol{r})\cdot\mathrm{e}^{-\mathrm{i}(\omega_n+\omega)t} \tag{5-49}$$

式中，$\omega_n=E_n/\hbar$，而 U_n 与 V_n 则是对 $\psi_n(\boldsymbol{r},0)$ 的修正系数。

将(5-49)式代入(5-47)式中，只考虑一级近似，得

$$\hbar(\omega_n-\omega)U_n\mathrm{e}^{\mathrm{i}\omega t}+\hbar(\omega_n+\omega)V_n\mathrm{e}^{-\mathrm{i}\omega t}=H_0U_n\mathrm{e}_n^{\mathrm{i}\omega t}+H_0V_n\mathrm{e}_n^{-\mathrm{i}\omega t}+e\boldsymbol{E}_0\cdot\boldsymbol{r}\frac{1}{2}(\mathrm{e}^{\mathrm{i}\omega t}+\mathrm{e}^{-\mathrm{i}\omega t})\psi_n(\boldsymbol{r},0) \tag{5-50}$$

令式子两边 $\mathrm{e}^{\mathrm{i}\omega t}$ 与 $\mathrm{e}^{-\mathrm{i}\omega t}$ 的系数相等，即得

$$\hbar(\omega_n-\omega)U_n=H_0U_n+\frac{e}{2}\boldsymbol{E}_0\cdot\boldsymbol{r}\psi_n \tag{5-51}$$

$$\hbar(\omega_n+\omega)V_n=H_0V_n+\frac{e}{2}\boldsymbol{E}_n\cdot\boldsymbol{r}\psi_n \tag{5-52}$$

为了求解(5-51)式与(5-52)式，把 U_n 与 V_n 用 ψ_n 展开为

$$\left.\begin{aligned}U_n&=\sum_l A_{nl}\psi_l\\ V_n&=\sum_l B_{nl}\psi_l\end{aligned}\right\} \tag{5-53}$$

注意到 $H_0\psi_l=E_l\psi_l$，即可求得

$$\left.\begin{aligned}\hbar\sum A_{nl}(\omega_n-\omega_l-\omega)\psi_l&=\frac{e}{2}\boldsymbol{E}_0\cdot\boldsymbol{r}\psi_l\\ \hbar\sum B_{nl}(\omega_n-\omega_l+\omega)\psi_l&=\frac{e}{2}\boldsymbol{E}_0\cdot\boldsymbol{r}\psi_l\end{aligned}\right\} \tag{5-54}$$

用 ψ_k^* 左乘上式两边并对空间积分，得

$$\left.\begin{aligned}\hbar(\omega_n-\omega_k-\omega)A_{nk}&=\frac{e}{2}E_0\int\psi_k^*r\psi_n\mathrm{d}\tau\\ \hbar(\omega_n-\omega_k+\omega)B_{nk}&=\frac{e}{2}E_0\int\psi_k^*r\psi_n\mathrm{d}\tau\end{aligned}\right\} \tag{5-55}$$

由此求得

$$A_{nk}=\frac{E_0D_{kn}}{2\hbar(\omega_{nk}-\omega)} \tag{5-56}$$

$$B_{nk}=\frac{E_0D_{kn}}{2\hbar(\omega_{nk}+\omega)} \tag{5-57}$$

其中

$$\omega_{nk}=\frac{E_n-E_k}{\hbar} \tag{5-58}$$

是原子的固有频率，而 D_{kn} 则是电偶极矩的矩阵元。

把所求得的 A_{nk} 与 B_{nk} 的表达式(5-56)式与(5-57)式代入(5-53)式，然后再将 U_n 与 V_n 的表达式代入(5-49)式中，即得关于 $\psi_n(\boldsymbol{r},t)$ 的一级近似表达式为

$$\psi_n(\boldsymbol{r},t)\doteq\psi_n\mathrm{e}^{-\mathrm{i}\omega t}-\frac{1}{2\hbar}\mathrm{e}^{-\mathrm{i}(\omega_n-\omega)t}\sum\frac{E_0D_{kn}}{\omega_{nk}-\omega}\psi_k-\frac{1}{2\hbar}\mathrm{e}^{-\mathrm{i}(\omega_n+\omega)t}\sum\frac{E_0D_{kn}}{\omega_{nk}+\omega}\psi_k \tag{5-59}$$

下面，在 $\psi_n(\boldsymbol{r},t)$ 态中计算电偶极矩 $P_{nn}(t)$，这是在 ψ_n 中的原子受到光波电场 $E(t)$ 的照射而产生的。当光场存在时，原子从 ψ_n 态改变到 $\psi_n(\boldsymbol{r},t)$ 态，在这个态中，其平均电矩为

$$P_{nn}=-e\int\psi_n^*(r,t)r\psi_n(r,t)\mathrm{d}\tau=-e\int\left|\psi_n(r,t)\right|^2 r\mathrm{d}\tau=D_{nn} \tag{5-60}$$

将(5-59)式代入(5-60)式，并只计算到 E_0 的一级近似项，得

$$P_{nn}=D_{nn}-\frac{\mathrm{e}^{\mathrm{i}\omega t}}{2\hbar}\sum_k\left\{\frac{E_0D_{kn}D_{nk}}{\omega_{nk}-\omega}+\frac{E_0D_{kn}^*D_{kn}}{\omega_{nk}+\omega}\right\}-\frac{\mathrm{e}^{-\mathrm{i}\omega t}}{2\hbar}\sum\left\{\frac{E_0D_{kn}D_{nk}}{\omega_{nk}+\omega}+\frac{E_0D_{kn}^*D_{kn}}{\omega_{nk}-\omega}\right\} \tag{5-61}$$

由此可见，原子的电偶极矩 $P_{nn}(t)$ 含有两部分：一部分是与时间无关的 D_{nn}，另一部分是与光场线性相关的感应电矩。D_{nn} 不是别的，正是原子处于 ψ_n 态上的平均电矩，因其与时间 t 无关，所以对光的色散不产生贡献。感应电矩不仅在时间上是周期性的，且其频率就等于光波的频率。这个感应电矩的相位与入射光波的相位有一定的关系，正是由于这个感应电矩产生了相干散射——色散。若用 $P'_{nn}(t)$ 来表示这个感应电矩，则有

$$P'_{nn}(t)=P_{nn}(t)-D_{nn} \tag{5-62}$$

为了与经典理论相比较，这里只考虑很特殊的但是很重要的情形，即 $P'_{nn}=\alpha E$，其中 α 是一个标量，从而得出

$$\alpha=\frac{2}{\hbar}\sum_k\frac{\omega_{kn}\left|D_{nk}\right|^2}{\omega_{nk}^2-\omega^2}=\frac{e^2}{\varepsilon_0 m}\sum\frac{f_{nk}}{\omega_{nk}^2-\omega^2} \tag{5-63}$$

其中

$$f_{nk}=\frac{2m\omega_{kn}}{\hbar e^2}\left|D_{nk}\right|^2=\frac{3mc^3}{2e^2\omega_{kn}^2}\left|A_{nk}\right|^2 \tag{5-64}$$

且

$$D_{nk}=-e\int\psi_n^* r\psi_k\mathrm{d}\tau \tag{5-65}$$

是电偶极跃迁矩阵元。

在量子力学中，系数 f_{nk} 一般叫做振子强度，它简单地与自发跃迁概率 A_{nk} 相关，并决定于自发辐射的强度。

由此即得相应的折射率 n 为

$$n^2(\omega)=1+\frac{Ne^2}{\varepsilon_0 m}\sum\frac{f_{nk}}{\omega_{nk}^2-\omega^2} \tag{5-66}$$

对于稠密介质，其折射率应为

$$\frac{n^2(\omega)-1}{n^2(\omega)+2}=\frac{Ne^2}{3\varepsilon_0 m}\sum\frac{f_{nk}}{\omega_{nk}^2-\omega^2} \tag{5-67}$$

当进一步考虑到衰减时，上述两式也应做相应的修正，即分别为

$$n^2=1+\frac{Ne^2}{\varepsilon_0 m}\sum\frac{f_{nk}}{\omega_{nk}^2-\omega^2-\mathrm{i}\gamma_{nk}\omega} \tag{5-68}$$

以及

$$\frac{n^2-1}{n^2+2}=\frac{Ne^2}{3\varepsilon_0 m}\sum\frac{f_{nk}}{\omega_{nk}^2-\omega^2-\mathrm{i}\gamma_{nk}\omega} \tag{5-69}$$

（二）负色散

由(5-64)式可见，系数 f_{nk} 在量子理论中的意义与其在经典理论中的意义是不同的。在经典理论中，f_k 表示第 k 类电子的数目，因此必定为正整数。但是由于实验测得的 f_{nk} 并不是整数。在量子理论中，f_{nk} 的意义是振子强度，它不但不是整数，而且在激活介质中，f_{nk} 还不是正数，而是负数。这种 $f_{nk}<0$ 的情形在激光介质中常常出现，对应的色散叫做负色散，如图 5-4 所示。

与此相应，前面的图 5-3 所示的色散曲线叫做正色散。

在激光物理的半经典理论处理中，在一阶近似下，可以求出其负色散的折射率与增益系数为

$$n(\omega)=1-\frac{|D_{ab}|^2}{2\varepsilon_0\hbar}\overline{N}\frac{(\omega_{ab}-\omega)}{(\omega_{ab}-\omega)^2+\gamma^2} \tag{5-70}$$

$$G_n(\omega)=\frac{|D_{ab}|^2}{2\varepsilon_0\hbar}\overline{N}\frac{\gamma}{(\omega_{ab}-\omega)^2+\gamma^2} \tag{5-71}$$

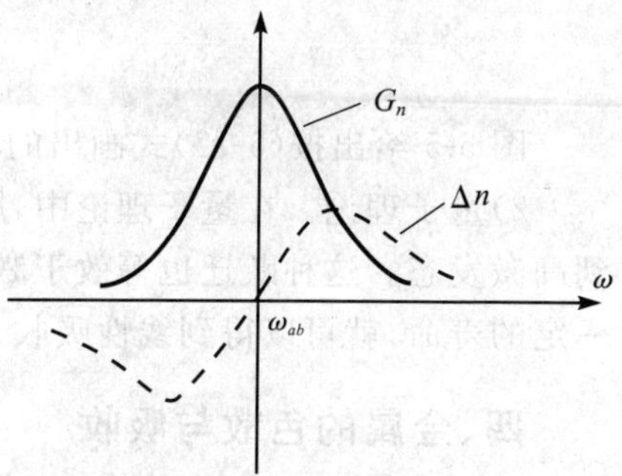

图 5-4　负色散曲线

比较正色散与负色散的色散曲线，可见：正色散的振子强度 $f>0$，粒子反转数 $\overline{N}<0$；而负色散的振子强度 $f<0$，粒子反转数 $\overline{N}>0$。

三、光的吸收

光在介质中传播时，光被介质所吸收的现象叫光的吸收。

(一)吸收定律

有两种不同形式的吸收定律，分别是布给-朗伯定律和比尔定律。

1)布给-朗伯(Bouguer-Lambert)定律。1729 年布给(P. Bouguer)从实验中得出了吸收定律；1760 年朗伯(J. H. Lambert)用一个简单的假设导出了相同的结果。朗伯假设频率为 ω，光强为 I 的准直单色光束在介质中垂直通过厚度为 dz 的薄层时，其强度的减弱 dI 与光强 I 乘 dz 之积成正比，即

$$dI=-aIdz \tag{5-72}$$

积分该式，得

$$I=I_0e^{-al} \tag{5-73}$$

式中，I_0 表示光束刚进入介质时的光强，l 表示光束垂直通过介质层的厚度，a 叫做介质对 ω 频率光的线性吸收系数。(5-73)式就是布给-朗伯定律。

2)比尔(Beer)定律。1852 年比尔(A. Beer)从实验上证明，对于气体或溶解于不吸收的溶剂中的介质，线性吸收系数 a 正比于单位体积中的吸收分子数，亦正比于吸收介质的浓度 c：

$$a=xc \tag{5-74}$$

因而吸收定律又可以表示为

$$I=I_0e^{-xcl} \tag{5-75}$$

式中，x 为与浓度无关的比例常数。

(5-75)式就是比尔定律。布给-朗伯定律是普遍成立的，而比尔定律在许多情形下并不成立。因为 a 正比于浓度 c 的关系只有在分子的吸收与分子间的作用无关时才能成立，但在一些情形下，分子的吸收性质是与浓度有关的。对于实际气体以及许多溶液的吸收，都存在着偏离比尔定律的现象。

3)非线性吸收与负吸收。也有一些介质，当在其中传播的光束很强时，其吸收系数变得与光强有关，这种吸收叫做非线性吸收。此外，对于处在粒子数反转状态的介质(叫做激活介质)，特定频率的光束在其中传播时，光不是被吸收，而是被放大，这种现象叫做负吸收。

(二)吸收理论

有两种关于光吸收的理论，即经典理论与量子理论。

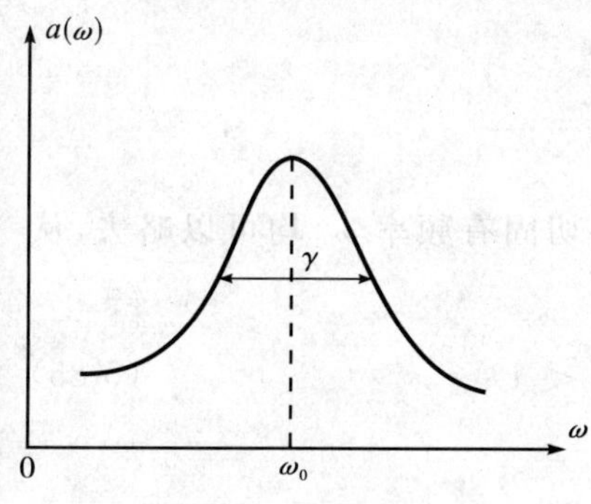

图 5-5　典型吸收线

1)经典理论。在经典理论中，把原子分子看成是振子，其中的电子在束缚力的作用下振动。原子与分子的结构决定着电子振动的固有频率。当光波在介质中传播时，原子、分子中的电子在光波电场的驱动下做强迫振动，同时也因分子内的互作用而受到一个正比于运动速度的阻力。这种强迫振动在接近共振时，将从光波中强烈吸收能量。若气体分子只有一个固有频率 ω_0，则频率为 ω 的光束通过气体的线性吸收系数为

$$a=\frac{2\omega k}{c}=\frac{Ne^2}{\varepsilon_0 mc}\frac{f_0\gamma\omega^2}{(\omega_0^2-\omega^2)^2+\gamma^2\omega^2} \tag{5-76}$$

在弱吸收与窄线宽的情形下，上式可以近似地表示为

$$a = \frac{Ne^2\omega^2}{\varepsilon_0 mc\omega_0^2} \frac{f_0\gamma}{4(\omega_0 - \omega)^2 + \gamma^2} \tag{5-77}$$

图 5-5 给出按(5-77)式画出的典型的吸收线,其半峰值宽度等于 γ。由此可见,γ 越小吸收线越窄。

2)量子理论。在量子理论中,原子或分子在与光波电场作用时,吸收一个光子,从基态或低激发态跃迁到高激发态。这种跃迁也等效于激发一个具有一定固有频率的振子。考虑到原子或分子处于激发态时具有一定的寿命,就可以得到线性吸收系数与频率的关系,该结果与经典理论是一致的。

四、金属的色散与吸收

(一)复介电系数

金属通常由无规则取向的细小晶粒组成,宏观上呈现为各向同性。这时,金属的电磁性质可用 3 个宏观系数来表征:介电系数 ε、电导率 σ(导电系数)与磁导率 μ(导磁系数)。在光频范围内,金属可以不考虑其磁性,故 $\mu = 1$。

在单色光场下可以引入一个复介电系数:

$$\tilde{\varepsilon} = \varepsilon + \mathrm{i}\frac{\sigma}{\omega} \tag{5-78}$$

使得上述对于介质的各种结果,在形式上对金属仍然有效。$\tilde{\varepsilon}$ 与复折射率 $\tilde{n}$ 满足关系

$$\tilde{n}^2 = \tilde{\varepsilon} = \varepsilon' + \mathrm{i}\varepsilon'' \tag{5-79}$$

由于色散效应,$\varepsilon(\omega)$ 与 $\sigma(\omega)$ 本身也可以是复数。前者表示进入带间跃迁吸收区,后者则是由于传导电子的弛豫效应。

上式导致

$$n^2 - k^2 = \varepsilon' = \varepsilon_0(1 + \alpha) \tag{5-80}$$

$$2nk = \frac{\sigma_{\mathrm{eff}}}{\omega} \tag{5-81}$$

式中,α 为极化率,σ_{eff} 为有效电导率。

(二)自由电子模型

可用经典电子模型来说明金属光学常数在低频红外光波段的色散特性。依据这一模型,在金属中存在着大量的自由电子,在时谐场的作用下,金属的电导率为

$$\sigma = \frac{\sigma_0}{1 + \mathrm{i}\omega\tau} \tag{5-82}$$

将(5-82)式代入(5-78)式中,且设 ε 为实数,即若不考虑束缚电子的吸收,可以求得德鲁德(Drude)公式为

$$n^2 - k^2 = \varepsilon + \frac{\sigma_0\tau}{1 + \omega^2\tau^2} \tag{5-83}$$

$$2nk = \frac{\sigma_0}{\omega(1 + \omega^2\tau^2)} \tag{5-84}$$

以上两式描述金属自由电子弛豫所导致的 n 与 k 的色散。

五、X 光的色散

X 光的波长很短,即其频率很高,故在塞尔迈尔关系式中,分母中的一切固有频率 ω_0 均可以略去,从而有

$$\varepsilon_{\mathrm{r}} = 1 - \frac{Ne^2}{\varepsilon_0 m}\frac{1}{\omega^2 + \mathrm{i}\gamma\omega} \approx 1 - \frac{Ne^2}{\varepsilon_0 m}\frac{1}{\omega^2} = 1 - \frac{\omega_{\mathrm{p}}^2}{\omega^2} < 1 \tag{5-85}$$

第三节　光的散射[1-2,4]

一、气体分子的散射

光在完全均匀的介质中总是沿直线向前传播，不会产生偏折；光线偏离初始方向而射到其他任何方向的现象，叫做光的散射。传光介质具有光学非均匀性时就会产生散射。

介质中的光散射分为弹性散射（瑞利散射）和非弹性散射（拉曼散射和布里渊散射）两大类。弹性散射主要产生光线偏折，并不会产生散射光波长（或频率）的改变；非弹性散射除产生光线偏折外，还产生散射光波长的改变。

我们先介绍弹性散射。

（一）各向同性的涨落所引起的散射

传光介质具有光学非均匀性时，可将其介电系数 ε_r 表示为

$$\varepsilon_r = \bar{\varepsilon}_r + \Delta\varepsilon_r \tag{5-86}$$

式中，$\bar{\varepsilon}$ 是 ε 的平均值，$\Delta\varepsilon$ 是对平均值的偏差，即涨落。于是，有

$$\begin{aligned}\boldsymbol{P} &= (\varepsilon - \varepsilon_0)\boldsymbol{E} = \varepsilon_0(\varepsilon_r - 1)\boldsymbol{E} \\ &= \varepsilon_0[\bar{\varepsilon}_r + \Delta\varepsilon_r - 1]\boldsymbol{E} = \varepsilon_0(\bar{\varepsilon}_r - 1)\boldsymbol{E} + \varepsilon_0\Delta\varepsilon_r\boldsymbol{E}\end{aligned} \tag{5-87}$$

在入射光波电场 $\boldsymbol{E}$ 的作用下，气体分子中感生出电偶极子，它是电波的波源，也就是散射光的光源。这里我们认为，分子的线度与入射光的波长相比很小，从而只考虑电偶极散射。由电动力学知，在距电偶极子为 R（$R \gg \lambda \gg$ 偶极子线度）的辐射区内，电偶极子所辐射的光波电场为

$$E_\theta = \frac{\omega^2}{4\pi\varepsilon_0 c^2 R} P \sin\theta \tag{5-88}$$

式中，ω 是光波的角频率，P 是电偶极矩。

为了使体积 V 所散射的光不被干涉现象消灭，就必须在整个体积中都有介电系数的涨落 $\Delta\varepsilon$，与(5-87)式相应地有

$$\boldsymbol{P} = \varepsilon_0(\bar{\varepsilon}_r - 1)\boldsymbol{E}V + \varepsilon_0\Delta\varepsilon_r\boldsymbol{E}V = \bar{\boldsymbol{P}} + \Delta\boldsymbol{P} \tag{5-89}$$

因此，由小体积 V 所散射的光波电场为

$$E_\theta^s = \frac{\omega^2\varepsilon_0\Delta\varepsilon_r}{4\pi\varepsilon_0 c^2 R} E\sin\theta\, V = \frac{\omega^2\Delta\varepsilon_r}{4\pi c^2 R} E\sin\theta\, V \tag{5-90}$$

涨落 $\Delta\varepsilon_r$ 的原因是各种各样的，这里讨论由密度涨落所引起的那一部分。

设气体的密度 ρ 可以表示为

$$\rho = \bar{\rho} + \Delta\rho \tag{5-91}$$

式中，$\bar{\rho}$ 是密度的平均值。

由于密度与给定体积 V 中的分子数目成正比，故有

$$N = \bar{N} + \Delta N \tag{5-92}$$

以及

$$\frac{\Delta\rho}{\rho} = \frac{\Delta N}{N} \tag{5-93}$$

这样一来，就可以把 $\Delta\varepsilon_r$ 表示为

$$\Delta\varepsilon_r = \frac{\partial\varepsilon_r}{\partial\rho}\Delta\rho + \frac{\partial\varepsilon_r}{\partial T}\Delta T \approx \frac{\partial\varepsilon_r}{\partial\rho}\Delta\rho \tag{5-94}$$

因为温度的涨落很小，可以略去不计。

由此得

$$E_\theta^s = \frac{\omega^2}{4\pi c^2 R}\frac{\partial \varepsilon_r}{\partial \rho}\Delta\rho E V \sin\theta \tag{5-95}$$

整个散射体积 V 是由大量的小体积 v 构成的,总电场是这些体积所造成的电场的叠加,即

$$\sum E_{\theta k}^s = \frac{\omega^2}{4\pi c^2 R}\frac{\partial \varepsilon_r}{\partial \rho}E\sin\theta \sum \Delta\rho_k v_k \tag{5-96}$$

从而得到体积 V 所散射的平均光强为

$$I_\theta^s = \overline{(\sum E_{\theta k}^s)^2} = E^2 \frac{\omega^4}{(4\pi c^2 R)^2}\sin^2\theta\left(\frac{\partial \varepsilon_r \bar{\rho}}{\partial \rho}\right)^2 \frac{v_k^2}{\overline{N}_k} \tag{5-97}$$

令 $E^2 = I_0$ 为入射光强,则有

$$I_s(\theta) = I_0 \frac{\omega^4}{(4\pi c^2 R)^2}\left(\frac{\partial \varepsilon_r}{\partial \rho}\bar{\rho}\right)^2 \frac{V}{N_0}\sin^2\theta \tag{5-98}$$

对于稀疏气体而言,有

$$(\varepsilon_r - 1)\frac{M}{\bar{\rho}} = N\alpha\frac{M}{\bar{\rho}} = N_A\alpha \tag{5-99}$$

故有

$$\varepsilon_r - 1 = \frac{\bar{\rho}}{M}N_A\alpha \tag{5-100}$$

由此可得

$$\frac{\partial \varepsilon}{\partial \rho} = \frac{N_A}{M}\alpha = \frac{\varepsilon_r - 1}{\bar{\rho}} \tag{5-101}$$

注意到

$$\frac{\partial \varepsilon_r}{\partial \rho}\bar{\rho} = \varepsilon - 1 = n^2 - 1 \approx 2(n-1) \tag{5-102}$$

最后得到

$$I_s(\theta) = \frac{4\pi^2}{\lambda^4 R^2}(n-1)^2\frac{V}{N}I_0\sin^2\theta \tag{5-103}$$

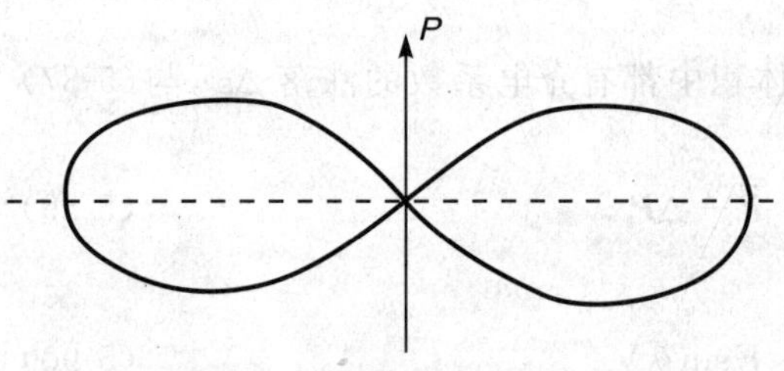

图 5-6 电偶极散射光强的角分布

这就是著名的瑞利(Rayleigh)公式。该式表明,散射光的强度与入射光的强度 I_0、散射体积 V 以及频率的四次方成正比。短波的散射比长波的散射要强,天空呈蓝色就是这个缘故。散射光强的分布由因子 $\sin^2\theta$ 决定,如图 5-6 所示。

将(5-103)式作面积分,即得一定体积所散射的总光强 I_s 为

$$I_s = \iint I_s(\theta)R^2\sin\theta\,d\theta\,d\varphi = \frac{16\pi^3}{3\lambda^4}V\frac{(n-1)^2}{N}I_0 \tag{5-104}$$

当平面光波在介质中通过路程 l 后,由于散射其强度会减弱。设强度为 I 的光,照射到表面积为 S 的散射体的单位面积上,光通过路程 $\mathrm{d}l$ 后,光强变为 $I-\mathrm{d}I$。总散射损耗为

$$-\mathrm{d}I \propto I\mathrm{d}l \tag{5-105}$$

即

$$-\mathrm{d}I = kI\mathrm{d}l \tag{5-106}$$

积分,得

$$I = I_0 e^{-kl} \tag{5-107}$$

式中,k 为消光系数:

$$k = \frac{16\pi^3}{3\lambda^4}\frac{(n-1)^2}{N} \tag{5-108}$$

由(5-103)式知,散射光强 $I_s(\theta)$ 不仅与因子 λ^4 有关,还与因子$(n-1)^2$有关,考虑到(5-42)式,得

$$I_s(\theta) = \frac{4\pi^2}{\lambda^4 R^2}NVI_0\sin^2\theta\left[\frac{e^2}{2\varepsilon_0 m}\frac{f_0(\omega_0^2-\omega^2)}{(\omega_0^2-\omega^2)^2+\gamma^2\omega^2}\right]^2 \tag{5-109}$$

这种情形表明，在共振频率附近，散射具有选择性，即呈现出选择性散射。

（二）各向异性的涨落所引起的散射

在上一节中，只考虑了密度的涨落，若分子是各向异性的，则不仅存在密度涨落，而且还存在着取向涨落（即各向异性涨落）。后者是一个独立的效应。在每个小体积 v 中，所含有的平均分子数 $\overline{N}v = Nv$ 个，但其取向却可以偏离最可几的无规分布。于是，每个小体积都有某一各向异性的极化率，它是由各向异性极化分子的取向涨落引起的。下面来计算由这些涨落导致的散射光强。

设入射光是沿着空间 z 方向传播的自然光，其电场各分量为 E_{x0} 与 E_{y0}，且其对时间的平均值为

$$\overline{(E_{x0})^2} = \overline{(E_{y0})^2} = \frac{1}{2}I_0, \qquad \overline{E_{x0}E_{y0}} = 0 \tag{5-110}$$

由于 $E_{x0} = 0$，故只有密度涨落引起的散射。

但若除了密度涨落之外，还有各向异性的涨落，则其介电系数的涨落必须看成是二阶对称张量：

$$\Delta\varepsilon_{ik} = \Delta\varepsilon_0\delta_{ik} + \Delta\varepsilon'_{ik} \tag{5-111}$$

式中，$\delta_{ik} = \begin{cases}1, 当\ i = k \\ 0, 当\ i \neq k\end{cases}$，$\Delta\varepsilon_0 = \frac{\partial\varepsilon}{\partial\rho}\Delta\rho$，且 $\Delta\varepsilon'_{ik}$ 只与各向异性的涨落有关。

在没有各向异性涨落的情形下，对于气体而言，有

$$\varepsilon_r - 1 = \frac{N\alpha}{\varepsilon_0} \tag{5-112}$$

但是，在有各向异性涨落的情形下，对于体积 V 而言，有

$$\Delta\varepsilon'_{ik} = \frac{1}{V}\sum_{n=1}^{N'}(a_{ik}^{(n)} - \overline{a}_{ik}) = \frac{1}{V}\sum^{N'}\Delta a_{ik}^{(n)} \tag{5-113}$$

与之相应的电偶极矩的涨落为

$$\Delta P'_i = \sum_{k=x,y,z}\sum_{n=1}^{N'}\Delta a_{ik}^{(n)}E_{k0} \tag{5-114}$$

从而，得其散射光的强度 $I'_s(\theta_i)$ 为

$$I'_s(\theta_i) = \frac{4\pi^2}{R^2\lambda^4}\sin^2\theta_i\,\overline{(\Delta P'_i)^2} \tag{5-115}$$

若入射光是沿 x 方向传播的，则上式变为

$$I'_s(\theta_i) = \frac{4\pi^2}{R^2\lambda^4}\sin^2\theta_i\Big(\sum_{k=x,y,z}\sum_{n=1}^{N}\Delta a_{ik}^{(n)}E_{k0}\Big)^2 = \frac{4\pi^2}{R^2\lambda^4}\sin^2\theta_i\frac{I_0}{2}\sum_{k=y,z}\overline{(\Delta a_{ik})^2} \tag{5-116}$$

各向异性涨落为

$$\overline{(\Delta a_{xy})^2} = \overline{(a_{xy} - \overline{a}_{xy})^2} = \overline{(a_{xy})^2} \tag{5-117}$$

$$\overline{(\Delta a_{xz})^2} = \overline{(a_{xz})^2} \tag{5-118}$$

$$\overline{(\Delta a_{yz})^2} = \overline{(a_{yz})^2} \tag{5-119}$$

$$\overline{(\Delta a_{zz})^2} = \overline{(a_{zz})^2} - a^2 \tag{5-120}$$

由此，得

$$\overline{(\Delta a_{xy})^2} = \frac{1}{15}(A - B) \tag{5-121}$$

其中

$$A = a_\xi^2 + a_\eta^2 + a_\zeta^2, B = a_\xi a_\eta + a_\eta a_\zeta + a_\zeta a_\xi \tag{5-122}$$

同理，可得

$$\left.\begin{aligned}&\overline{(\Delta a_{xz})^2} = \overline{(\Delta a_{yz})^2} = \frac{1}{15}(A - B)\\ &\overline{(\Delta a_{xy})^2} = \overline{(\Delta a_{yy})^2} = \overline{(\Delta a_{zz})^2} = \frac{1}{5}A + \frac{2}{15}B - a^2\end{aligned}\right\} \tag{5-123}$$

其中

$$a=\frac{1}{3}(a_\xi+a_\eta+a_\zeta),a^2=\frac{1}{9}(A+2B) \tag{5-124}$$

对于沿 x 轴方向传播，强度为 I_0 的入射自然光来说，其各分量的散射光强为

$$\left.\begin{aligned}I'_s(\theta_x)&=K_x\frac{2}{15}(A-B)\frac{I_0}{2}\\I'_s(\theta_y)&=K_y\left[\frac{1}{15}(4A+B)-a^2\right]\frac{I_0}{2}\\I'_s(\theta_z)&=K_z\left[\frac{1}{15}(4A+B)-a^2\right]\frac{I_0}{2}\end{aligned}\right\} \tag{5-125}$$

其中

$$\left.\begin{aligned}K_x&=\frac{4\pi^2}{R^2\lambda^4}\sin^2\theta_x VN_1\\K_y&=\frac{4\pi^2}{R^2\lambda^4}\sin^2\theta_y VN_1\\K_z&=\frac{4\pi^2}{R^2\lambda^4}\sin^2\theta_z VN_1\end{aligned}\right\} \tag{5-126}$$

对于前面的密度涨落所散射的光强，若入射光为自然光，并沿 x 方向传播，则有

$$\left.\begin{aligned}I_s(\theta_x)&=0\\I_s(\theta_y)&=K_y a^2\frac{I_0}{2}\\I_s(\theta_z)&=K_z a^2\frac{I_0}{2}\end{aligned}\right\} \tag{5-127}$$

将(5-125)式与(5-127)式相加，就得到总的散射光强的分量为

$$\left.\begin{aligned}I(\theta_x)&=K_x\frac{2}{15}(A-B)\frac{I_0}{2}\\I(\theta_y)&=K_y\frac{1}{15}(4A+B)\frac{I_0}{2}\\I(\theta_z)&=K_z\frac{1}{15}(4A+B)\frac{I_0}{2}\end{aligned}\right\} \tag{5-128}$$

二、散射光的偏振

下面对散射光的偏振分自然入射光与直线偏振入射光两种情形分别介绍。

(一)入射光为自然光

对于沿 x 方向传播的自然光而言，若沿 y 方向观察时，其退偏振度 Δ 就不为 0，而是

$$\Delta=\frac{I_{\frac{\pi}{2}x}}{I_{\frac{\pi}{2}z}}=\frac{2(A-B)}{4A+B} \tag{5-129}$$

由于对二阶极化率张量而言，有

$$A=b^2-2B,g^2=b^2-3B=A-B \tag{5-130}$$

式中，g 叫做张量的各向异性。

由此即得

$$\Delta=\frac{6g^2}{5b^2+7g^2} \tag{5-131}$$

(二)入射光为直线偏振光

对于直线偏振光来说，有

$$
\left.\begin{aligned}
I'_s(\theta_x) &= K_x \frac{A-B}{15} I_0 \\
I'_s(\theta_y) &= K_y \frac{A-B}{15} I_0 \\
I'_s(\theta_z) &= K_z \left[\frac{1}{15}(3A+2B) - a^2\right] I_0
\end{aligned}\right\} \tag{5-132}
$$

以及

$$
\left.\begin{aligned}
I_s(\theta_x) &= I_s(\theta_y) = 0 \\
I_s(\theta_z) &= K_z a^2 I_0
\end{aligned}\right\} \tag{5-133}
$$

从而其总的散射光强就由下面 3 个部分构成：

$$
\left.\begin{aligned}
I(\theta_x) &= K_x \frac{A-B}{15} I_0 \\
I(\theta_y) &= K_y \frac{A-B}{15} I_0 \\
I(\theta_z) &= K_z \frac{3A+2B}{15} I_0
\end{aligned}\right\} \tag{5-134}
$$

即散射光的总光强 $I(\theta)$ 为

$$
I(\theta) = I(\theta_x) + I(\theta_y) + I(\theta_z) = \frac{I_0}{15}[(K_x + K_y)(A-B) + K_z(3A+2B)] \tag{5-135}
$$

于是，若沿 y 方向观察时，其退偏振度 Δ_v 为

$$
\Delta_v = \frac{A-B}{3A+2B} = \frac{3g^2}{5b^2+4g^2} \tag{5-136}
$$

比较(5-136)式与(5-131)式，得出二者之间的关系是

$$
\Delta = \frac{2\Delta_v}{1+\Delta_v} \tag{5-137}
$$

显然，Δ 与 Δ_v 均可以作为分子各向异性的量度，也可以用下式的 δ_0^2 作为分子各向异性的量度：

$$
\delta_0^2 = \frac{2g^2}{b^2} \tag{5-138}
$$

由(5-131)式，得

$$
\delta_0^2 = \frac{10\Delta}{6-7\Delta} \tag{5-139}
$$

或

$$
\Delta = \frac{6\delta_0^2}{10+7\delta_0^2} \tag{5-140}
$$

对于各向同性的分子来说，$a_\xi = a_\eta = a_\zeta = a$，于是有

$$
\Delta = \Delta_v = \delta_0^2 = 0 \tag{5-141}
$$

对于完全各向异性的分子，$a_\xi = a_\eta = a_\zeta = 0$，于是得到相应的最大值为

$$
\Delta = \frac{1}{2}, \qquad \Delta_v = \frac{1}{3}, \qquad \delta_0^2 = 2 \tag{5-142}
$$

对于其他情形，有

$$
0 \leqslant \Delta < \frac{1}{2}, \qquad 0 \leqslant \Delta_v < \frac{1}{3}
$$

测定了气体的 Δ 值后，就可以知道分子的各向异性情况。对于其极化率具有旋转对称性的分子而言，有

$$
\frac{g^2}{b^2} = \frac{5\Delta}{6-7\Delta} \tag{5-143}
$$

以及

$$n-1=\frac{N_1 b}{6} \tag{5-144}$$

由于分子的旋转对称性，极化率张量的 3 个主值中，有两个是相同的：$a_\xi = a_1, a_\eta = a_\zeta = a_2$，于是有

$$\frac{(a_1-a_2)^2}{(a_1+2a_2)^2}=\frac{5\Delta}{6-7\Delta} \tag{5-145}$$

$$a_1+2a_2=\frac{6(n-1)}{N_1} \tag{5-146}$$

由(5-145)式与(5-146)式，得

$$a_1-a_2=\pm\sqrt{\frac{5\Delta}{6-7\Delta}}\frac{6(n-1)}{N_1} \tag{5-147}$$

从而求得

$$\left.\begin{aligned} a_1 &= \frac{2(n-1)}{N_1}\left(1\pm 2\sqrt{\frac{5\Delta}{6-7\Delta}}\right) \\ a_2 &= \frac{2(n-1)}{N_1}\left(1\mp\sqrt{\frac{5\Delta}{6-7\Delta}}\right) \end{aligned}\right\} \tag{5-148}$$

由(5-148)式求得两组解：一组解对应于 $a_1 > a_2$，另一组解对应于 $a_1 < a_2$。前一组解相应于长椭球各向异性，后一组解则相应于短椭球各向异性。

表 5-8 给出了一些气体介质的散射数据。

表 5-8 部分气体的散射参数

气 体	分子的对称性	100 Δ	$a_1\times10^{26}$	$a_2\times10^{26}$	气 体	分子的对称性	100 Δ	$a_1\times10^{26}$	$a_2\times10^{26}$
H_2	$D_{\infty h}$	1.7	19.62	6.39	CO_2	$D_{\infty h}$	7.8～9.8	41.0	19.3
N_2	$D_{\infty h}$	3.6	23.8	14.5	N_2O	$C_{\infty v}$	12.5	52.0	19.0
O_2	$D_{\infty h}$	6.4	23.3	12.1	C_2H_2	$D_{\infty h}$	4.5	51.2	24.3
Cl_2	$D_{\infty h}$	4.3	66.0	36.2	C_2H_6	D_{3d}	1.6	56.0	40.0
CO	$C_{\infty v}$	3.2	26.0	16.25	C_6H_6	D_{6h}	4.6	63.5	123.1

三、液体分子的散射

(一)各向异性分子液体的散射

在液体中，特别是在由各向异性显著的分子所构成的液体中，有一种短程取向有序存在，使得

$$\overline{\Delta a^{(n)}_{ik}\Delta a^{(m)}_{ik}}\neq 0 \tag{5-149}$$

对于具有旋转对称性的分子而言，在自然光沿 x 方向传播，并沿 y 方向观察的条件下，其由各向异性的涨落所引起的散射光强分别为

$$\left.\begin{aligned} I'_x &= \frac{I_0}{2}(a_1-a_2)^2\frac{6}{45}\overline{N}\left(1+\frac{3}{2}L\right) \\ I'_z &= \frac{I_0}{2}(a_1-a_2)^2\frac{7}{45}\overline{N}\left(1+\frac{3}{2}L\right) \end{aligned}\right\} \tag{5-150}$$

而由密度涨落所引起的散射光强则分别为

$$\left.\begin{aligned} I_x &= 0 \\ I_z &= \frac{I_0}{2}(a_1+2a_2)^2\frac{5}{45}\overline{N}\gamma \end{aligned}\right\} \tag{5-151}$$

从而，得退偏振度 Δ_L 为

$$\Delta_L = \frac{I_x + I'_x}{I_z + I'_z} = \frac{6(a_1 - a_2)^2\left(1 + \frac{3}{2}L\right)}{5y(a_1 + 2a_2)^2 + 7(a_1 - a_2)^2\left(1 + \frac{3}{2}L\right)} = \frac{6\Delta\left(1 + \frac{3}{2}L\right)}{6\gamma + 7\Delta\left(1 + \frac{3}{2}L - \gamma\right)} \tag{5-152}$$

对于沿 x 方向入射的自然光，若沿 y 方向观察时，其相应的散射光强有 3 种表达式，它们分别是：

1)爱因斯坦-甘氏(Einstein-Gunn)公式

$$I = \frac{1}{2}I_0\,\frac{1}{4R^2\lambda^4}\,(n^2 - 1)^2\,\left(\frac{n^2 + 2}{3}\right)^2\,\frac{\gamma V}{N_1}\,\frac{6 + 6\Delta_L}{6 - 7\Delta_L} \tag{5-153}$$

2)罗卡尔(Rocaher)公式

$$I = \frac{1}{2}I_0\,\frac{1}{4R^2\lambda^4}\,(n^2 - 1)^2\,\frac{\gamma V}{N_1}\,\frac{6 + 6\Delta_L}{6 - 7\Delta_L} \tag{5-154}$$

3)伏尔坚斯坦(Волькенштейн)公式

$$I = \frac{1}{2}I_0\,\frac{1}{4R^2\lambda^4}\,(n^2 - 1)^2\,\frac{\gamma V}{N_1}\left\{1 + \frac{13\Delta_L}{6 - 7\Delta_L}\left(\frac{n^2 + 2}{3}\right)^2\right\} \tag{5-155}$$

以上 3 个公式一般都与实验值不符合，这表明液体对光的散射强度的各种公式中，还没有哪一个公式能给出令人满意的结果。这可能是由于洛伦兹-洛仑斯公式并不适用于液体介质的缘故。

(二)各向同性分子液体的散射

在气液两相的临界点上，各种波长的入射光都能够产生特别强烈的散射光，以致于介质在自然光照射时，看起来是乳白色的，这种现象称为临界乳光现象。临界乳光的光强 I_{sc} 为

$$I_{sc} = \frac{3\left(\frac{\partial\varepsilon}{\partial\rho}\bar{\rho}\right)^2}{4R^2\lambda^2\eta^2}\,V v I_0 \tag{5-156}$$

式中，v 是该介质的比容，η 是分子间力的作用线度。

这里的入射光是自然光，散射强度是在与传播方向垂直的方向上观察的。显然，临界乳光的强度与波长的平方成反比，而不是与波长的四次方成反比。

在普遍情形下，临界乳光的强度公式是

$$I_{sc} = I_0\,\frac{3\,(n^2 - 1)^2 v V\,(1 + \cos^2\theta)}{8R^2\lambda^2\eta^2(1 - \cos^2\theta)} \tag{5-157}$$

由此可见，散射是不对称的，其“前向”散射要比“后向”散射大得多。

(三)由大的非均匀性引起的散射

若在混浊介质中含有其折射率与介质的折射率不同的小粒子，则混浊介质会呈现出特别大的散射光强，对于介质小球来说，其散射光强 $I_s(\theta)$ 为

$$I_s(\theta) = \frac{9(1 + \cos^2\theta)}{2R^2\lambda^4}\left(\frac{\varepsilon - \varepsilon_0}{\varepsilon + 2\varepsilon_0}\right)^2\frac{\varepsilon_0^2}{\varepsilon^2}V^2 I_0 N \tag{5-158}$$

式中，ε_0 为液体介质的介电系数，ε 是小球粒子的介电系数，N 是单位体积中介质小球的个数，V 则是介质小球的体积。

四、固体的散射

这里仅讨论立方晶体的情况。

当自然光沿立方晶体的棱边入射时，其散射光的总强度为

$$I_s = I_0\,\frac{Vn^8}{2R^2\lambda^4}\,kT\left[\frac{2(p_{12}^2 + p_{44}^2)}{c_{11} + c_{12} + 2c_{44}} + \frac{p_{44}^2}{c_{44}}\right] \tag{5-159}$$

而当自然光沿立方体的对角线入射时，其散射光的总强度则为

$$I_s = I_0 \frac{Vn^8}{2R^2\lambda^4} kT \left[\frac{p_{12}^2 + \frac{1}{4}(p_{12} - p_{11})^2}{c_{11}} + \frac{p_{44}^2}{c_{44}} \right] \tag{5-160}$$

式中，c_{ij} 为晶体的弹性系数，p_{ij} 为晶体的弹光系数。对于立方晶体而言，与之相应的矩阵分别为

$$\begin{bmatrix} c_{11} & c_{12} & c_{12} & 0 & 0 & 0 \\ & c_{11} & c_{12} & 0 & 0 & 0 \\ & & c_{11} & 0 & 0 & 0 \\ & & & c_{44} & 0 & 0 \\ & & & & c_{44} & 0 \\ & & & & & c_{44} \end{bmatrix} \text{和} \begin{bmatrix} p_{11} & p_{12} & p_{12} & 0 & 0 & 0 \\ & p_{12} & p_{12} & 0 & 0 & 0 \\ & & p_{11} & 0 & 0 & 0 \\ & & & p_{44} & 0 & 0 \\ & & & & p_{44} & 0 \\ & & & & & p_{44} \end{bmatrix}$$

对于各向同性的固体而言，其散射光的总强度为

$$I_s = \frac{I_0 V n^8}{2R^2\lambda^4} kT \left[\frac{p_{12}^2 + \frac{1}{4}(p_{11} - p_{12})^2}{c_{11}} + \frac{(p_{11} - p_{12})^2}{2(c_{11} - c_{12})} \right] \tag{5-161}$$

对于各向同性的固体介质来说，其弹性系数 c_{ij} 与弹光系数 p_{ij} 的矩阵分别退化为

$$\begin{bmatrix} c_{11} & c_{12} & c_{12} & 0 & 0 & 0 \\ & c_{12} & c_{12} & 0 & 0 & 0 \\ & & c_{11} & 0 & 0 & 0 \\ & & & \frac{c_{11} - c_{12}}{2} & 0 & 0 \\ & & & & \frac{c_{11} - c_{12}}{2} & 0 \\ & & & & & \frac{c_{11} - c_{12}}{2} \end{bmatrix} \text{和} \begin{bmatrix} p_{11} & p_{12} & p_{12} & 0 & 0 & 0 \\ & p_{12} & p_{12} & 0 & 0 & 0 \\ & & p_{11} & 0 & 0 & 0 \\ & & & \frac{p_{11} - p_{12}}{2} & 0 & 0 \\ & & & & \frac{p_{11} - p_{12}}{2} & 0 \\ & & & & & \frac{p_{11} - p_{12}}{2} \end{bmatrix}$$

五、拉曼散射

(一)自发拉曼散射

一束频率为 ω_0 的光波通过气态、液态或固态介质时，若其散射光谱中存在着相对于入射光有一定频移的成分 ω_s，则这种光散射称为非弹性散射。非弹性散射的频移量 $\omega_0 - \omega_s = \omega_v$ 往往与介质分子的某些特定振动能级跃迁(在晶体介质中为与晶格振动对应的声子)的频率相对应。当 $\omega_0 > \omega_s$ 时，这种散射叫做斯托克斯(Stokes)散射，当 $\omega_0 < \omega_s$ 时，则叫做反斯托克斯散射。如果频移量 ω_v 与介质振动的声学声子频率相对应，这种散射称为布里渊散射；而与光学声子相对应的散射，则称为拉曼(Raman)散射。布里渊散射的频移量很小，一般的光谱仪很难探测到；而拉曼散射的频移量较大，比较容易探测。这里介绍拉曼散射。

自发拉曼散射的特点是：①散射效率很低；②反斯托克斯散射的强度远小于斯托克斯的散射强度；③都是非相干光。

虽然早在1923年，斯梅卡尔(Smekal)就从理论上预言了这种频率发生变化的散射，但直到1928年印度物理学家拉曼才首先在液体中观察到这种现象，同年苏联物理学家兰斯别尔格(Ландсберг)等人也在石英晶体中观察到类似的现象。这种散射的能级图如图5-7所示。其中图(a)表示分子原来处于基态 $v=0$ 上，一个频率为 ω_0 的光子被分子吸收，同时发出一个频率为 $\omega_s = \omega_0 - \omega_v$ 的斯托克斯光子，而分子则被激发到 $v=1$ 的能级上；图(b)表示分子原来处于 $v=1$ 的激发态上，一个频率为 ω_0 的光子被分子吸收，同时发出一个频率为 $\omega_0 + \omega_v$ 的反斯托克斯光子，而分子则回到 $v=0$ 的基态能级上。散射的反斯托克斯光子的频率为 $\omega_{as} = \omega_0 + \omega_v$。

从经典观点来看，拉曼散射起因于分子振动引起的线性极化率的周期性变化，若 q 为分子的简正坐标，ω_v 是分子的振动频率，则其线性极化率 χ 为

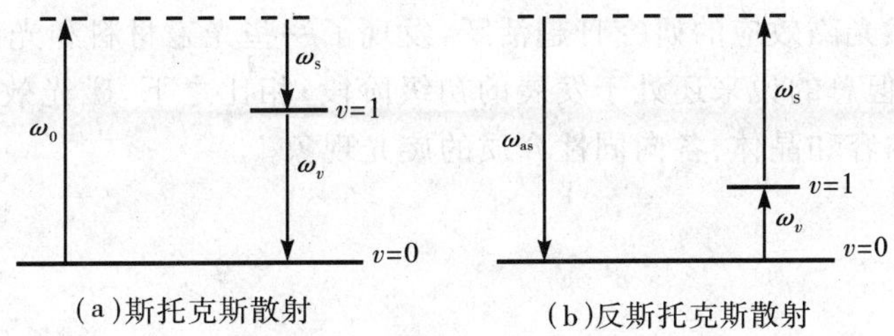

(a)斯托克斯散射　　(b)反斯托克斯散射

图 5-7　拉曼散射能级跃迁示意图

$$\chi=\chi_0+\frac{\partial\chi}{\partial q}q_0\sin\omega_v t \tag{5-162}$$

因而,当分子受到外加光波电场 $E_0\sin\omega_0 t$ 的作用后,所产生的极化强度为

$$P=\varepsilon_0\chi E=\varepsilon_0 E_0\left(\chi_0+\frac{\partial\chi}{\partial q}q_0\sin\omega_v t\right)\sin\omega_0 t \tag{5-163}$$

由(5-163)式可见,在这个极化强度中含有频率为 $\omega_0\pm\omega_v$ 的频率成分,这对应于所产生的斯托克斯散射和反斯托克斯散射。

(二)受激拉曼散射

当用强激光照射介质时,在一定的条件下,散射光具有受激的性质,是相干散射,这叫做受激拉曼散射。与自发拉曼散射相比较,受激拉曼散射具有的特点是:

1)散射光谱的谱线宽度明显变窄。

2)散射效率高,在一些情形下,散射光强度与入射光强度具有相同的量级。

3)散射光具有良好的方向性。

4)具有明显的阈值性,只有当入射激光的强度超过某一数值时,上述 3 个特点才会显现出现。

(三)超拉曼散射

超拉曼散射是在更强的激光束的照射下,由二阶非线性极化强度 $P^{(2)}$ 所引起的两个入射光子与一个散射光子相互作用的三光子过程。在散射光中含有 $2\omega_0\pm\omega_v$ 的频率成分。

超拉曼散射的选择定则不同于拉曼散射,如一些对红外与拉曼都是非活性的振动,却是超拉曼活性的,因而可以获得新的光谱知识。超拉曼散射是在频率远离入射光频率的光谱区进行观察的,故可以避开瑞利线的干扰,但超拉曼散射的强度比拉曼散射要弱得多。

(四)协同拉曼散射

协同拉曼散射过程是一种具有原子或分子集团协同效应的散射过程,其主要特点如下:

1)散射是脉冲的,脉宽 $\tau\propto 1/N$,相干性好。

2)脉冲峰值强度正比于参与散射粒子数的平方,即 $I\propto N^2$ 。

3)脉冲的出现有一个延迟时间 τ_D 。

4)脉冲呈现出振荡现象。

(五)磁拉曼散射

当一束频率为 ω_0 的光入射到一些磁化了的介质中时,介质中会产生磁化强度波,这种磁化强度波也会引起入射光的散射,若 ω_m 为磁化强度波的频率,则会散射出频率为 $\omega_0\pm\omega_m$ 的拉曼光,其中与 $\omega_0-\omega_m$ 相应的散射叫斯托克斯磁拉曼散射,而与 $\omega_0+\omega_m$ 相应的散射叫反斯托克斯磁拉曼散射。

第四节　旋光与磁光学[2-4]

磁光学包括磁光效应、光与磁性介质相互作用引起光性质的变化、光磁效应、光与磁性介质相互作用引起物质磁性质的变化。虽然光磁效应的研究日趋活跃,发现了一些光磁材料和光诱导磁化强度变化、光辐射产生磁极翻转等光磁现象,但总的说来还处于发展的初级阶段;相比之下,磁光效应的研究要深入得多。本节只介绍磁光效应的主要内容和晶体、各向同性介质的旋光现象。

一、晶体的旋光效应

(一)旋光现象

1811 年,法国物理学家阿拉果(Arago)发现一束直线偏振光沿石英晶体的光轴方向传播时,其振动面会发生旋转,这就是旋光现象。

实验表明,一定波长的直线偏振光通过旋光介质时,其光振动方向旋转的角度 θ 与该介质的厚度成正比,即

$$\theta = \alpha l \tag{5-164}$$

式中,比例系数 α 叫做旋光率,它表征了该介质的旋光本领,且与光的波长、介质特性以及温度有关。介质的旋光率随波长而变的现象,就叫做该介质的旋光色散,石英晶体的旋光色散如图 5-8 所示。

实验还表明,不同旋光介质所产生的光振动矢量的旋转方向可能不同,因此将旋光介质分为右旋介质与左旋介质。自然界中存在的石英晶体,既有右旋的也有左旋的,其旋光率在数值上相等,但是方向相反。这种差别是由于其在结构上的不同所造成的。右旋石英与左旋石英的分子组成相同,都是 SiO_2,但其分子在晶体中是沿光轴方向螺旋排列的;螺旋方向可以是右手或左手两种类型,它们在结构上是镜像对称的,反映在晶体的外形上就是如图 5-9 所示的呈镜像对称的两种晶体。

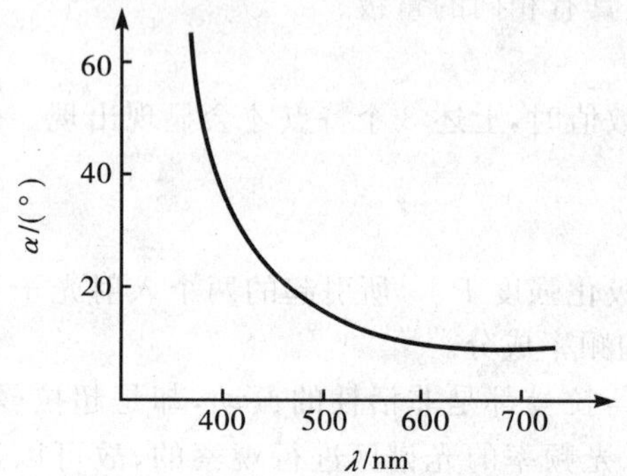

图 5-8 石英晶体的旋光色散

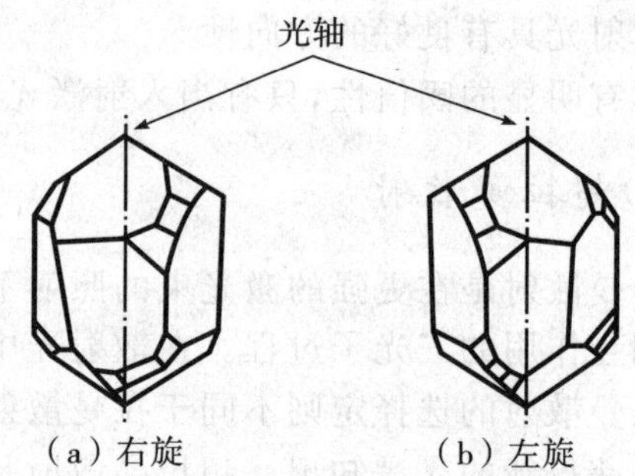

图 5-9 右旋石英与左旋石英

(二)唯象理论

菲涅耳(Fresnel)认为,可以将沿光轴方向进入旋光晶体中的直线偏振光视为是右旋圆偏振光与左旋圆偏振光的组合。在旋光晶体中,左旋、右旋圆偏光的传播速度是不相同的,相应的折射率也不一样。在右旋晶体中,右旋圆偏振光的传播速度较快,$v_R > v_L$($n_R < n_L$);在左旋晶体中,左旋圆偏振光的传播速度较快,$v_L > v_R$($n_L < n_R$)。据此就可以解释旋光现象。

设入射到晶体上的光波是沿水平方向振动的直线偏振光,采用归一化琼斯(Jones)矩阵法,可以把菲涅耳的假设表示为

$$\begin{pmatrix}1\\0\end{pmatrix}=\frac{1}{2}\begin{pmatrix}1\\-\mathrm{i}\end{pmatrix}+\frac{1}{2}\begin{pmatrix}1\\\mathrm{i}\end{pmatrix} \tag{5-165}$$

若右旋与左旋圆偏振光通过厚度为 l 的旋光晶体后,其相位滞后分别为

$$\left.\begin{aligned}\varphi_R &= k_R l = \frac{2\pi}{\lambda} n_R l\\ \varphi_L &= k_L l = \frac{2\pi}{\lambda} n_L l\end{aligned}\right\} \tag{5-166}$$

则其合成光波的琼斯矢量为

$$E=\frac{1}{2}\begin{pmatrix}1\\-\mathrm{i}\end{pmatrix}\mathrm{e}^{\mathrm{i}\varphi_R}+\frac{1}{2}\begin{pmatrix}1\\\mathrm{i}\end{pmatrix}\mathrm{e}^{\mathrm{i}\varphi_L}=\frac{1}{2}\begin{pmatrix}1\\-\mathrm{i}\end{pmatrix}\mathrm{e}^{\mathrm{i}k_R l}+\frac{1}{2}\begin{pmatrix}1\\\mathrm{i}\end{pmatrix}\mathrm{e}^{\mathrm{i}k_L l}$$

$$=\frac{1}{2}\mathrm{e}^{\mathrm{i}(k_R+k_L)\frac{l}{2}}\left[\begin{pmatrix}1\\-\mathrm{i}\end{pmatrix}\mathrm{e}^{\mathrm{i}(k_R-k_L)\frac{l}{2}}+\begin{pmatrix}1\\\mathrm{i}\end{pmatrix}\mathrm{e}^{-\mathrm{i}(k_R-k_L)\ \frac{l}{2}}\right] \tag{5-167}$$

引入

$$\varphi=\frac{1}{2}(k_R+k_L)l,\theta=\frac{1}{2}(k_R-k_L)l \tag{5-168}$$

则合成光波的琼斯矢量可以写为

$$E=\mathrm{e}^{\mathrm{i}\varphi}\begin{pmatrix}\frac{1}{2}(\mathrm{e}^{\mathrm{i}\theta}+\mathrm{e}^{-\mathrm{i}\theta})\\-\frac{\mathrm{i}}{2}(\mathrm{e}^{\mathrm{i}\theta}-\mathrm{e}^{-\mathrm{i}\theta})\end{pmatrix}=\mathrm{e}^{\mathrm{i}\varphi}\begin{pmatrix}\cos\theta\\\sin\theta\end{pmatrix} \tag{5-169}$$

它描述光振动方向与水平方向成 θ 角的直线偏振光。这表明，入射的直线偏振光矢量通过厚度为 l 的旋光晶体后，旋转了一个角度 θ：

$$\theta=\frac{\pi}{\lambda}(n_R-n_L)l \tag{5-170}$$

如果右旋圆偏振光传播得快，则有 $n_R<n_L$，即有 $\theta<0$，光矢量是顺时针方向旋转的；如果左旋圆偏振光传播得快，则有 $n_L<n_R$，即有 $\theta>0$，光矢量是逆时针方向旋转的。这就是右旋与左旋晶体的区别。

(三)圆偏振二色性

若具有旋光性的晶体，同时还具有吸收性，且对左、右旋圆偏振光的吸收系数不同，这种晶体叫做圆偏振二色性晶体，其所呈现出的现象叫做圆偏振二色性现象。由入射的直线偏振光分解成的左右相反、振幅相同的两个圆偏振光，在透过该吸收晶体后，其振幅变得不同了，从而其合成的光就成为椭圆偏振光。

若 n_L 与 n_R 为此两束圆偏振光的折射率，k_L 与 k_R 为其吸收系数。椭圆长轴的方向，由两束圆偏振光矢量会合处规定，则这一方向与入射直线偏振光振动方向之间的夹角，就是该晶体所产生的旋光角 θ，即为

$$\theta=\frac{\pi}{\lambda}(n_R-n_L)l$$

又若入射直线偏振光的振幅为 a，分解成的两束圆偏振光的振幅为 $a/2$，则透过厚度为 l 的圆偏振二色性晶体之后，它们的振幅分别变为

$$R'=\frac{a}{2}\mathrm{e}^{-\frac{2\pi}{\lambda}k_L l} \tag{5-171}$$

$$R''=\frac{a}{2}\mathrm{e}^{-\frac{2\pi}{\lambda}k_R l} \tag{5-172}$$

合成的椭圆振动的长轴为 $A=R'+R''$，短轴为 $B=R'-R''$，其椭圆度 $\tan\psi$ 为

$$\tan\psi=\frac{B}{A}=\tanh\frac{\pi(k_R-k_L)}{\lambda}l \tag{5-173}$$

由于 ψ 的值通常很小，故可近似地表示为

$$\psi=\frac{\pi}{\lambda}(k_R-k_L)l \tag{5-174}$$

椭圆振动的旋转方向，与振幅最大的圆偏振光的旋转方向相同，也就是与吸收较弱的圆偏振光的旋转方向相同。

(四)旋光色散

毕奥(Biot)发现水晶体的旋光本领随波长的减小而增加。对于一定厚度的水晶晶体来说，其旋光角度 θ 与所用光的波长的平方成反比：

$$\theta=\frac{A}{\lambda^2} \tag{5-175}$$

这种旋光色散比折射率色散要大得多。例如,光轴方向厚度为 1 mm 的水晶片,对 3 种不同波长的光的旋光度的 θ 为:$\lambda=759.4$ nm 时,$\theta=12.65°$;$\lambda=589.3$ nm 时,$\theta=21.72°$;$\lambda=430.8$ nm 时,$\theta=42.59°$。

1. 正常旋光色散

关于旋光色散近似公式(5-175)式中的 A 对不同旋光晶体也有差别,实际研究旋光色散时,往往采用由德鲁德导出的公式:

$$\theta=\sum\frac{A}{\lambda^2-\lambda_0^2} \tag{5-176}$$

式中,λ_0 表示位于紫外区的波长,若将 λ_0 略去后,就简化为毕奥的公式。在大多数情形下,对于可见光部分,将德鲁德公式简化为一项时,已经相当精确了。

2. 反常旋光色散

在吸收带以内,必须考虑到涉及振动衰减的项,从而有

$$\theta=\frac{A(\lambda^2-\lambda_0^2)}{(\lambda^2-\lambda_0^2)^2+\Gamma^2\lambda^2\lambda_0^2} \tag{5-177}$$

式中的 Γ 为衰减系数。与之相应的椭圆偏振光的椭圆度 ψ 为

$$\psi=\frac{A\Gamma\lambda}{(\lambda^2-\lambda_0^2)^2+\Gamma^2\lambda^2} \tag{5-178}$$

显然,由(5-177)式与(5-178)式可知,旋光度 θ 与椭圆度 ψ 两者之间的关系与折射率与吸收系数之间的关系十分相似,其关系如图 5-10 的(a)与(b)所示。

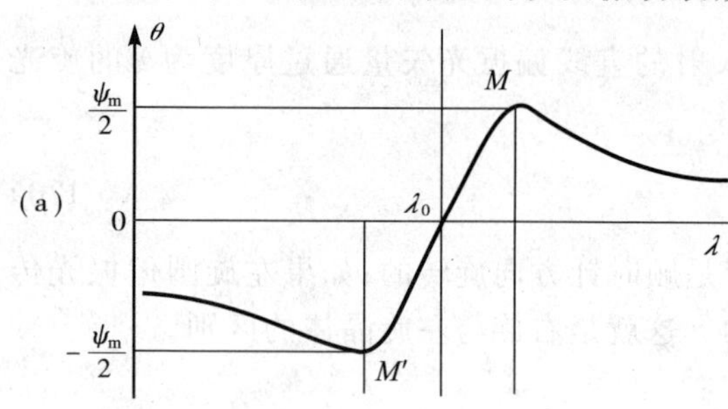

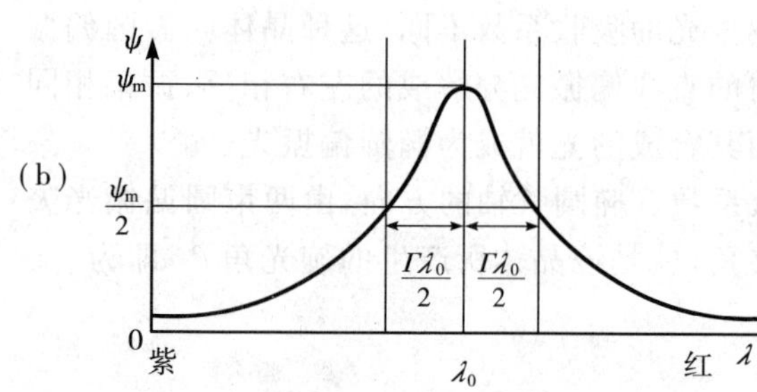

图 5-10 旋光度与椭圆度关系曲线

由图 5-10(a)可见,旋光角度以连续的方式变化,且当 λ 等于 λ_0 时变为 0;而在前后有相反的符号。对于 $\lambda=\lambda_0\pm\frac{1}{2}\Gamma\lambda_0$ 处呈现出一个最大点 M 与最小点 M'。由图 5-10(b)可见,在吸收带范围以外,椭圆度等于零,当 $\lambda=\lambda_0$ 时其椭圆度最大。

二、各向同性介质的旋光

除了水晶等各向异性的晶体之外,种类极多的各向同性介质也具有旋光性。其中,大都是液体,包括纯粹的液体,或者是各种浓度的溶液。

法国物理学家毕奥于 1815 年发现旋光现象时,用的就是液体松节油。在某种旋光介质或其一定浓度的溶液中传播特定波长的直线偏振光,其旋光角度总是与光束通过的溶液厚度成正比;但其旋光的方向会有左旋与右旋 2 种,往往同一种介质,具有左旋与右旋 2 种形式。

液体与溶液的旋光性,表明分子本身的结构存在着类似于石英晶体那样的不对称性。

分子的旋光本领,或者由于分子内原子排列整体不对称,或者由于绕着分子中某一原子其他原子排列的不对称。对有机分子旋光而言,碳原子特别重要。由于碳原子具有四价的共价键性,用含碳的四面体结构能够给出有机分子旋光的正确解释。例如有机化学中最简单的分子 CH_4 可用正四面体表示:碳原子居于中心,4 个氢原子分占 4 个角,这样的分子显然具有对称面,因而没有旋光性,但若将在 4 个角上的氢原子用不同的 4 个原子或基来代替,就得到 1 个没有对称面的分子。这些分子就能有彼此对称而又不能重合的 2 种构型存在,这通常与该介质的左旋、右旋 2 类旋光本领相对应。

若分子中只有 1 个不对称的碳原子,可以断定其具有旋光性;但若分子中含有 2 个或 2 个以上的不对称碳原子,则有必要给出其分子结构图形,用以判定其是否不对称。以酒石酸为例,它的分子式是:

COOH—CHOH—CHOH—COOH

具有 4 种不同的空间构型如下:

(1)	(2)	(3)	(4)
COOH H—C—OH HO—C—H COOH	COOH HO—C—H H—C—OH COOH	COOH H—C—OH H—C—OH COOH	COOH HO—C—H HO—C—H COOH

其中，第 1 种与第 2 种构型，分子本身没有对称平面；这 2 类分子的构型则互为镜像，但却不能互相重合，它们是右旋与左旋的 2 种酒石酸。第 3 种与第 4 种构型的分子各有 1 个对称平面，且它们能互相重合，这 2 种分子构型的酒石酸就没有旋光性，被称为内消旋酒石酸。此外，由等量的第 1 种与第 2 种混合而成的酒石酸也没有旋光性，叫外消旋酒石酸。

外消旋的酒石酸，可以分离为具有右旋与左旋的 2 种酒石酸，而内消旋的酒石酸则不能分离成有旋光性的酒石酸。

三、法拉第磁致旋光效应

(一)实验现象

法拉第于 1845 年发现玻璃在磁场的作用下，也会具有类似于石英的“旋光”能力，即直线偏振光沿外加磁场的方向通过玻璃时，其振动面会发生旋转。但是，这种“旋光”与石英等真正的旋光介质有根本的区别：其振动面的右旋或左旋并不取决于介质本身；同一介质可以产生右旋和左旋两种可能，具体的旋向取决于光传播与磁场的相对取向。这种现象称为磁致旋光效应，简称为磁光效应。后来，旋光效应在几乎所有的气体、液体与固体介质中被发现，只不过许多介质的磁光效应较弱，没有实用价值。

磁光效应的旋转角度与外加磁感应强度 B 成正比，与光线在介质中穿过的距离也成正比。其关系为

$$\theta = VBl \tag{5-179}$$

式中，V 是一个与介质有关的常数，叫做费尔德(Verdet)常数，表 5-9 列出了几种介质对波长 $\lambda = 589.3$ nm 的光的费尔德常数。

表 5-9　几种介质的费尔德常数　　$\lambda = 589.3$ nm

介　质	水	轻火石玻璃	二硫化碳	磷	金刚石
温度/℃	20	18	20	33	18
$V/(10^{-2}\,\mathrm{T\cdot m})$	131	317	423	1 326	120

(二)经典理论

1. 宏观理论

法拉第效应的宏观理论是用介电系数 ε 与麦克斯韦方程来描述的，在磁光效应中，介电系数张量 $\boldsymbol{\varepsilon}$ 的变化与介质的磁化强度 $\boldsymbol{M}$ 密切相关，或者与外磁场 $\boldsymbol{H}(\boldsymbol{B})$ 有关，对于一般磁光介质而言，若选取介电系数主轴坐标系时，有

$$\varepsilon = \begin{pmatrix} \varepsilon_x & \mathrm{i}\delta & 0 \\ -\mathrm{i}\delta & \varepsilon_y & 0 \\ 0 & 0 & \varepsilon_z \end{pmatrix} \tag{5-180}$$

对于各向同性的介质与立方晶体，有 $\varepsilon_x = \varepsilon_y = \varepsilon_z = \varepsilon$；对于单光轴晶体，有 $\varepsilon_x = \varepsilon_y = n_o^2$，$\varepsilon_z = n_e^2$；对于双光轴晶体，则有 $\varepsilon_x \neq \varepsilon_y \neq \varepsilon_z$。同时，对于大多数的单光轴晶体，偏离光轴的旋光性由于晶体的双折射而被掩盖，一般不易观测，通常人们只研究其沿光轴方向的旋光性。但对于双光轴晶体，因其沿各个光轴的旋光性都不相同，更难观测，所以这里只讨论各向同性与立方晶体的介质。

设入射的光波为直线偏振光波，则有

$$\left.\begin{aligned}\boldsymbol{E}&=\boldsymbol{E}_0\,\mathrm{e}^{\mathrm{i}(\boldsymbol{k}\cdot\boldsymbol{r}-\omega t)}=\boldsymbol{E}_0\,\mathrm{e}^{\mathrm{i}\omega(\frac{n}{c}\boldsymbol{s}\cdot\boldsymbol{r}-t)}\\\boldsymbol{H}&=\boldsymbol{H}_0\,\mathrm{e}^{\mathrm{i}(\boldsymbol{k}\cdot\boldsymbol{r}-\omega t)}=\boldsymbol{E}_0\,\mathrm{e}^{\mathrm{i}\omega(\frac{n}{c}\boldsymbol{s}\cdot\boldsymbol{r}-t)}\end{aligned}\right\}\tag{5-181}$$

将上式代入麦克斯韦方程

$$\left.\begin{aligned}\nabla\times\boldsymbol{E}&=-\frac{\partial\boldsymbol{B}}{\partial t}=-\mu\frac{\partial\boldsymbol{H}}{\partial t}\\\nabla\times\boldsymbol{H}&=\frac{\partial\boldsymbol{D}}{\partial t}=\varepsilon\frac{\partial\boldsymbol{E}}{\partial t}\end{aligned}\right\}\tag{5-182}$$

得

$$\left.\begin{aligned}\frac{n}{c}(\boldsymbol{E}\times\boldsymbol{s})&=-\mu\boldsymbol{H}\\\frac{n}{c}(\boldsymbol{H}\times\boldsymbol{s})&=\varepsilon\boldsymbol{E}\end{aligned}\right\}\tag{5-183}$$

由(5-183)式,即得

$$n^2\boldsymbol{E}-\varepsilon\boldsymbol{E}=0\tag{5-184}$$

这里已设介质为弱磁性介质,即其导磁系数 $\mu=1$ 。

将(5-180)式代入(5-184)式中,并注意到是各向同性的介质时,有

$$\begin{bmatrix}n^2-\varepsilon & -\mathrm{i}\delta & 0\\\mathrm{i}\delta & n^2-\varepsilon & 0\\0 & 0 & n^2-\varepsilon\end{bmatrix}\begin{bmatrix}E_x\\E_y\\E_z\end{bmatrix}=0\tag{5-185}$$

由此解得

$$n_{\pm}^2=\varepsilon\pm\delta\tag{5-186}$$

将(5-186)式代入(5-185)式中,得

$$E_y=\mp\mathrm{i}E_x\tag{5-187}$$

显然,与 n_+ 对应的 $E_y=-\mathrm{i}E_x$ 为右旋圆偏振光,与 n_- 对应的 $E_y=\mathrm{i}E_x$ 为左旋圆偏振光。

由此可见,对于一个沿着介质中的磁场方向传播的直线偏振光,可以分解为沿相反方向旋转的右旋圆偏振光与左旋圆偏振光,它们以不同的速度 v_+ 与 v_- 向前传播。由于介质是透明介质,故出射后这两个圆偏振光只存在相位差,从而合成的光仍然是直线偏振光,但其偏振方向相对于入射光发生了旋转。

为了能具体地给出其旋转角度,设该直线偏振光是沿 z 轴方向传播并沿 x 方向偏振的,于是根据(5-181)式取实部,得

$$E_x=E_0\cos\left(\frac{2\pi}{\lambda}nz-\omega t\right)\tag{5-188}$$

此直线偏振光可以分解为如下两个圆偏振光:

$$\left.\begin{aligned}E_x^+&=\frac{1}{2}E_0\cos\left(\frac{2\pi n_+}{\lambda}z-\omega t\right)\\E_y^+&=-\frac{1}{2}E_0\sin\left(\frac{2\pi n_+}{\lambda}z-\omega t\right)\end{aligned}\right\}\tag{5-189}$$

$$\left.\begin{aligned}E_x^-&=\frac{1}{2}E_0\cos\left(\frac{2\pi n_-}{\lambda}z-\omega t\right)\\E_y^-&=\frac{1}{2}E_0\sin\left(\frac{2\pi n_-}{\lambda}z-\omega t\right)\end{aligned}\right\}\tag{5-190}$$

当进入介质后二者的折射率不同,前者为 n_+ ,后者为 n_- ,于是有

$$\left.\begin{aligned}E_x&=E_x^++E_x^-=E_0\cos\frac{\pi(n_+-n_-)z}{\lambda}\cos(\frac{\pi(n_++n_-)z}{\lambda}-\omega t)\\E_y&=E_y^++E_y^-=-E_0\sin\frac{\pi(n_+-n_-)z}{\lambda}\cos(\frac{\pi(n_++n_-)z}{\lambda}-\omega t)\end{aligned}\right\}\tag{5-191}$$

(5-191)式仍然代表一个直线偏振光,不过它在介质中沿 z 方向传播了距离 l 后,其电场强度矢量 $\boldsymbol{E}$ 相对于 x

轴旋转了一个角度 θ：

$$\theta=\arctan\frac{-E_y}{E_x}=\frac{\pi}{\lambda}(n_+-n_-)l \tag{5-192}$$

这就是法拉第效应。为了表征该介质的法拉第效应的强弱，定义单位长度上(每 1 mm)的法拉第旋转角度为旋光率 θ_F：

$$\theta_F=\frac{\theta}{l}=\frac{\pi}{\lambda}(n_+-n_-) \tag{5-193}$$

当介质对光的吸收不可忽略时，法拉第旋光率 θ_F 变为复数：

$$\theta_F=\theta'_F+\mathrm{i}\theta''_F \tag{5-194}$$

其中

$$\left.\begin{aligned}\theta'_F&=\frac{1}{2}(\theta'_{1F}+\theta'_{2F})\\ \theta''_F&=\frac{1}{2}(\theta''_{1F}+\theta''_{2F})\end{aligned}\right\} \tag{5-195}$$

这里的 θ'_{1F}、θ''_{1F} 与 θ'_{2F}、θ''_{2F} 分别为右旋与左旋圆偏振光的法拉第旋光率的实部与虚部，亦有

$$\left.\begin{aligned}\theta'_F&=\frac{\pi}{\lambda}(n'_+-n'_-)\\ \theta''_F&=\frac{\pi}{\lambda}(n''_+-n''_-)\end{aligned}\right\} \tag{5-196}$$

其中

$$n_\pm=n'_\pm+\mathrm{i}n''_\pm \tag{5-197}$$

对于吸收介质而言，δ 是一个复数：

$$\delta=\delta'+\mathrm{i}\delta'' \tag{5-198}$$

引入 n' 与 n''，它们分别为

$$\left.\begin{aligned}n'&=\frac{1}{2}(n'_++n'_-)\\ n''&=\frac{1}{2}(n''_++n''_-)\end{aligned}\right\} \tag{5-199}$$

由(5-196)式至(5-199)式以及(5-186)式，即可求得

$$\left.\begin{aligned}n'\theta'_F-n''\theta''_F&=\frac{\pi}{\lambda}\delta'\\ n'\theta''_F-n''\theta'_F&=\frac{\pi}{\lambda}\delta''\end{aligned}\right\} \tag{5-200}$$

求解(5-200)式，得

$$\left.\begin{aligned}\theta'_F&=\frac{\pi}{\lambda}\frac{n'\delta'+n''\delta''}{n'^2+n''^2}\\ \theta''_F&=\frac{\pi}{\lambda}\frac{n'\delta''-n''\delta'}{n'^2+n''^2}\end{aligned}\right\} \tag{5-201}$$

一般说来，有吸收的介质对右旋与左旋圆偏振光的吸收是不相同的。所以，由入射的直线偏振光分解而成的左、右相反振幅相同的两个圆偏振光，在穿过有吸收的介质后，其振幅是不相同的，从而合成的光变为椭圆偏振光。

设入射的直线偏振光的振幅为 E_0，分解为两项圆偏振光的振幅为 $\frac{1}{2}E_0$，则通过厚度为 l 的吸收介质后，其振幅变为

$$\left.\begin{aligned}E_+&=\frac{1}{2}E_0\mathrm{e}^{-\frac{2\pi}{\lambda}n''_+l}\\ E_-&=\frac{1}{2}E_0\mathrm{e}^{-\frac{2\pi}{\lambda}n''_-l}\end{aligned}\right\} \tag{5-202}$$

合成的椭圆偏振光的长轴 A 与短轴 B 分别为

$$\left.\begin{aligned} A &= E_+ + E_- \\ B &= E_+ - E_- \end{aligned}\right\} \tag{5-203}$$

故其椭圆率 ε_F 为

$$\varepsilon_F = \tan\frac{B}{A} = \tan\psi = \frac{e^{-\frac{2\pi n''_+ l}{\lambda}} - e^{-\frac{2\pi n''_- l}{\lambda}}}{e^{-\frac{2\pi n''_+ l}{\lambda}} + e^{-\frac{2\pi n''_- l}{\lambda}}} = \tanh\frac{\pi}{\lambda}(n''_+ - n''_-)l = \tanh\theta''_F l \tag{5-204}$$

通常 ψ 的值很小，即有

$$\varepsilon_F \approx \psi = \theta''_F l = \frac{\pi l}{\lambda}(n'\delta'' - n''\delta')\frac{1}{n'^2 + n''^2} \tag{5-205}$$

一般来说，介质对入射直线偏振光的左、右两个圆偏振光的吸收情况并不相同，这种性质叫做磁圆偏振二色性。磁圆偏振二色性通常用 θ''_F 来表征，在磁圆偏振二色性小的介质中 θ''_F 很小。若在磁圆偏振二色性大的介质中传播直线偏振光时，其中一个圆偏振光几乎全被吸收了，透射出来的光只剩下另一个圆偏振光。

2. 电子理论

下面用洛伦兹电子运动方程与麦克斯韦方程一起来描述法拉第效应。

在介质中，每个做谐振运动的电子可用洛伦兹电子运动方程来描述：

$$m\frac{d^2\boldsymbol{r}}{dt^2} = -m\omega_0^2\boldsymbol{r} + e\left(\boldsymbol{E} + \frac{\boldsymbol{P}}{3\varepsilon_0}\right) - g\frac{d\boldsymbol{r}}{dt} + e\mu_0\frac{d\boldsymbol{r}}{dt}\times\boldsymbol{H}_i \tag{5-206}$$

上式右边第一项是正电荷中心对电子的作用，ω_0 为电子的固有振动频率；第二项为介质中电子受到局域电场的作用力，$\boldsymbol{P}$ 为极化强度；第三项为电子做加速运动的过程中所受到的阻尼力；第四项为有效内磁场 $\boldsymbol{H}_i$ 对电子的作用力。用 Ne/m 乘上式两边，并注意到 $\boldsymbol{P} = Ne\boldsymbol{r}$，则有

$$\frac{d^2\boldsymbol{P}}{dt^2} + \omega_0^2\boldsymbol{P} + \gamma\frac{d\boldsymbol{P}}{dt} - \frac{e\mu_0}{m}\frac{d\boldsymbol{P}}{dt}\times\boldsymbol{H}_i = \frac{Ne^2}{m}\left(\boldsymbol{E} + \frac{1}{3\varepsilon_0}\boldsymbol{P}\right) \tag{5-207}$$

式中，$\gamma = \frac{g}{m}$，N 为单位体积中的电子数，设入射光为直线偏振光，即有

$$\left.\begin{aligned} \boldsymbol{E} &= \boldsymbol{E}_0 e^{i\omega(\frac{n}{c}\boldsymbol{s}\cdot\boldsymbol{r} - t)} \\ \boldsymbol{H} &= \boldsymbol{H}_0 e^{i\omega(\frac{n}{c}\boldsymbol{s}\cdot\boldsymbol{r} - t)} \end{aligned}\right\} \tag{5-208}$$

这里，$\boldsymbol{s}$ 为波矢方向的单位矢量，n 为折射率。介质的极化强度矢量 $\boldsymbol{P}$ 相应地为

$$\boldsymbol{P} = \boldsymbol{P}_0 e^{i\omega(\frac{n}{c}\boldsymbol{s}\cdot\boldsymbol{r} - t)} \tag{5-209}$$

将(5-209)式代入(5-207)式中，得

$$\boldsymbol{E} = \alpha\boldsymbol{P} + i\beta\boldsymbol{P}\times\boldsymbol{h} \tag{5-210}$$

式中，$\boldsymbol{h}$ 为 $\boldsymbol{h}_i$ 方向上的单位矢量，且有

$$\left.\begin{aligned} \alpha &= \frac{\omega_0^2 - \omega^2 - i\gamma\omega}{Ne^2/m} - \frac{1}{3\varepsilon_0} \\ \beta &= \frac{\mu_0\omega H_i}{Ne} \end{aligned}\right\} \tag{5-211}$$

将(5-208)式至(5-210)式代入麦克斯韦旋度方程

$$\left.\begin{aligned} \nabla\times\boldsymbol{E} &= -\frac{\partial\boldsymbol{B}}{\partial t} \\ \nabla\times\boldsymbol{H} &= \frac{\partial\boldsymbol{D}}{\partial t} = \varepsilon_0\frac{\partial\boldsymbol{E}}{\partial t} + \frac{\partial\boldsymbol{P}}{\partial t} \end{aligned}\right\} \tag{5-212}$$

得

$$\left.\begin{aligned} \frac{n}{\mu_0 c}[\boldsymbol{s}\times(\alpha\boldsymbol{P} + i\beta\boldsymbol{P}\times\boldsymbol{h})] &= \boldsymbol{H} \\ -\frac{n}{c}\boldsymbol{s}\times\boldsymbol{H} &= \alpha'\boldsymbol{P} + i\varepsilon_0\beta\boldsymbol{P}\times\boldsymbol{h} \end{aligned}\right\} \tag{5-213}$$

其中

$$\alpha' = \varepsilon_0 \alpha + 1 \tag{5-214}$$

显然，对于法拉第效应，有

$$\boldsymbol{s} \parallel \boldsymbol{h}, \quad \boldsymbol{h} \parallel z\text{ 轴} \tag{5-215}$$

从而，由(5-213)式，得

$$\left.\begin{aligned} &\frac{n\alpha}{\mu_0 c}(-P_y \boldsymbol{i} + P_x \boldsymbol{j}) + \frac{\mathrm{i} n\beta}{\mu_0 c}(P_x \boldsymbol{i} + P_y \boldsymbol{j}) = H_x \boldsymbol{i} + H_y \boldsymbol{j} \\ &\frac{n}{c}(H_y \boldsymbol{i} - H_x \boldsymbol{j}) = \alpha'(P_x \boldsymbol{i} + P_y \boldsymbol{j}) + \mathrm{i}\varepsilon_0 \beta(P_y \boldsymbol{i} - P_x \boldsymbol{j}) \end{aligned}\right\} \tag{5-216}$$

求解(5-216)式，得

$$\left.\begin{aligned} AP_x + \mathrm{i}BP_y = 0 \\ -\mathrm{i}BP_x + AP_y = 0 \end{aligned}\right\} \tag{5-217}$$

其中

$$\left.\begin{aligned} A &= \frac{\alpha n^2}{\mu_0 c^2} - \alpha' \\ B &= \beta\left(\frac{n^2}{\mu_0 c^2} - \varepsilon_0\right) \end{aligned}\right\} \tag{5-218}$$

由(5-217)式具有非零解的条件是其系数行列式为 0，即得

$$A = \pm B \tag{5-219}$$

当 $A = -B$ 时，由(5-210)式与(5-212)式，得

$$\left.\begin{aligned} P_y &= -\mathrm{i}P_x \\ E_y &= -\mathrm{i}E_x \end{aligned}\right\} \tag{5-220}$$

这对应于右旋圆偏振光，相应的折射率为 n_+，从而由(5-218)式与(5-219)式，可得

$$n_+^2 - 1 = \frac{\mu_0 N e^2 c^2 / m}{\omega_0^2 - \omega_r^2 - \mathrm{i}\gamma\omega - \dfrac{Ne^2}{3\varepsilon_0 m} + \dfrac{e\mu_0 H_i \omega}{m}} \tag{5-221}$$

当 $A = B$ 时，同理可得

$$\left.\begin{aligned} P_y &= \mathrm{i}P_x \\ E_y &= \mathrm{i}E_x \end{aligned}\right\} \tag{5-222}$$

以及

$$n_-^2 - 1 = \frac{\mu_0 N e^2 c^2 / m}{\omega_0^2 - \omega^2 - \mathrm{i}\gamma\omega - \dfrac{Ne^2}{3\varepsilon m} - \dfrac{e\mu_0 H_i \omega}{m}} \tag{5-223}$$

这对应于左旋圆偏振光，相应的折射率为 n_-。

对于弱吸收介质的情形，可以令 $\gamma = 0$，从而求得

$$\frac{n_+^2 - 1}{n_+^2 + 2} = \frac{\mu_0 N e^2 c^2 / 3}{\omega_0^2 - \omega^2 + e\mu_0 H_i \omega / m} \tag{5-224}$$

$$\frac{n_-^2 - 1}{n_-^2 + 2} = \frac{\mu_0 N e^2 c^2 / 3}{\omega_0^2 - \omega^2 - e\mu_0 H_i \omega / m} \tag{5-225}$$

(5-224)式与(5-225)式是具体描述各种磁性介质中法拉第效应的基本关系式，据此可以求得各种磁性介质中的法拉第效应。

3. 抗磁介质中的法拉第效应

注意到上面两式分母中的 $\dfrac{e\mu_0 H_i}{m}$ 为电子的拉莫进动角频 ω_L 的 2 倍，且与光波角频 ω 相比，有 $\omega_L \ll \omega$。

则(5-225)式可进一步写为

$$\frac{n_+^2-1}{n_+^2+2}=\frac{\mu_0 Ne^2c^2/3}{\omega_0^2-(\omega-\omega_L)^2} \tag{5-226}$$

$$\frac{n_-^2-1}{n_-^2+2}=\frac{\mu_0 Ne^2c^2/3}{\omega_0^2-(\omega+\omega_L)^2} \tag{5-227}$$

由此可见，右旋与左旋圆偏振光的折射率 $n_\pm$ 是频率 $(\omega\mp\omega_L)$ 的函数，而

$$n_+-n_-=n(\omega-\omega_L)-n(\omega+\omega_L)=n_0+\left.\frac{dn}{d(\omega-\omega_0)}\right|_0(-\omega_L)+\left.\frac{d^2n}{d(\omega-\omega_L)^2}\right|_0\frac{(-\omega_L)^2}{2!}+\left.\frac{d^3n}{d(\omega-\omega_L)^3}\right|_0\frac{(-\omega_L)^3}{3!}+\cdots-\left\{n_0+\left.\frac{dn}{d(\omega+\omega_L)}\right|_0\omega_L+\left.\frac{d^2n}{d(\omega+\omega_L)}\right|_0\frac{\omega_L^2}{2!}+\left.\frac{d^3n}{d(\omega+\omega_L)^3}\right|_0\frac{\omega_L^3}{3!}-\cdots\right\}$$

$$=-\frac{dn}{d\omega}2\omega_L-\frac{d^2n}{d\omega^3}\frac{\omega_L^3}{3}-\frac{d^5n}{d\omega^5}\frac{\omega_L^5}{60}-\cdots \tag{5-228}$$

将(5-228)式代入(5-192)式中，略去高次项，并注意到 $\omega\frac{dn}{d\omega}\approx-\lambda\frac{dn}{d\lambda}$，可得

$$\theta=VHl \tag{5-229}$$

从而求得抗磁性介质中的费尔德常数 V 为

$$V=\frac{e\mu_0\lambda}{2mc}\frac{dn}{d\lambda} \tag{5-230}$$

4. 顺磁性介质中的法拉第效应

对于其磁化率 χ 的温度特性遵从居里-外斯(Curie-Weiss)定律的顺磁性介质，其内部最近邻原子或离子的电子自旋之间存在着弱交换作用，在经典理论中，可将交换作用等效地用外斯分子场 $\boldsymbol{H}_\lambda$ 来描述，因

$$\boldsymbol{H}_\lambda=\lambda\boldsymbol{M} \tag{5-231}$$

故相应地

$$\boldsymbol{H}_v=v\boldsymbol{M}=v\chi\boldsymbol{H}_e \tag{5-232}$$

而

$$\boldsymbol{H}_0=\boldsymbol{H}_e+\boldsymbol{H}_v \tag{5-233}$$

因而有

$$\theta=\frac{e\mu_0\lambda l}{2mc}\frac{dn}{d\lambda}(\boldsymbol{H}_e+\boldsymbol{H}_v)=V_p lH_e \tag{5-234}$$

其中

$$V_p=V(1+v\chi) \tag{5-235}$$

将居里-外斯定律

$$\chi=\frac{C}{T-T_p} \tag{5-236}$$

代入，可得

$$\frac{V_p}{\chi}=G(1+RT) \tag{5-237}$$

其中

$$\left.\begin{aligned}G&=\frac{V(C_v-T_p)}{C}\\R&=\frac{1}{C_v-T_p}\end{aligned}\right\} \tag{5-238}$$

式中，C 与 T_p 分别为居里常数与顺磁居里温度。

当介质中的交换作用具有各向异性时，(5-234)式应改写为张量形式：

$$\begin{pmatrix}\theta_x\\\theta_y\\\theta_z\end{pmatrix}=Vl\left\{\begin{pmatrix}H_{ex}\\H_{ey}\\H_{ez}\end{pmatrix}+\begin{pmatrix}v_{xx}&v_{xy}&v_{xz}\\v_{yx}&v_{yy}&v_{yz}\\v_{zx}&v_{zy}&v_{zz}\end{pmatrix}\begin{pmatrix}M_x\\M_y\\M_z\end{pmatrix}\right\}\tag{5-239}$$

由此可见，当顺磁性介质具有各向异性的交换作用时，其法拉第磁光效应可以呈现出各向异性，且即使 $\boldsymbol{M}$ 是各向同性的，但只要系数 v 为各向异性，其磁光效应仍可能出现各向异性。

5. 铁磁性介质中的法拉第效应

对于铁磁性介质，其磁光效应远大于顺磁性介质，故在(5-228)式中的高次项不能忽略，由此得

$$\begin{aligned}\theta&=l(V_1H_i^1+V_3H_i^3+V_5H_i^5+\cdots)\\&=L\{V_1(H_e+vM)+V_3(H_e+vM)^3+V_5(H_e+vM)^5+\cdots\}\end{aligned}\tag{5-240}$$

式中，V_i（$i=1,3,5,\cdots$）均为光频 ω 的函数。

对于非线性磁光效应很弱的铁磁性介质而言，上式还可进一步简化为

$$\theta=V_1lH_i=\frac{e\mu_0\lambda l}{2mc}\frac{\mathrm{d}n}{\mathrm{d}\lambda}(H_e+H_v)\tag{5-241}$$

6. 反铁磁性与亚铁磁性介质中的法拉第效应

在反铁磁性与亚铁性介质中，在光频范围内，$\omega_L\ll\omega$ 仍然成立，故可用铁磁性介质的方法求得法拉第旋光率 θ_F 为

$$\theta_F=V_1H_i+V_3H_i^3+V_5H_i^5+\cdots\tag{5-242}$$

对于弱非线性磁光效应的反铁磁性与亚铁磁性介质，上式同样可简化为

$$\theta_F\approx\frac{e\mu_0\lambda l}{2mc}\frac{\mathrm{d}n}{\mathrm{d}\lambda}(H_e+H_v)\tag{5-243}$$

四、磁双折射与磁线偏振二色性

本节将讨论当光波垂直于磁场方向传播时所呈现出的磁光效应。

(一)佛克脱效应

佛克脱(Voigt)效应是当气体介质置于磁场中时，沿垂直于磁场方向呈现出的双折射现象，是佛克脱于1898年从实验中发现的，被称为磁双折射现象。

(二)科顿-莫顿效应

科顿-莫顿(Cotton-Monton)效应是当液体介质置于磁场中并沿垂直于磁场的方向观测时所呈现出的磁双折射效应，由科顿-莫顿于1907年发现。佛克脱效应与科顿-莫顿效应都是磁双折射，二者实质上是一样的，因此有些文献中对这两种效应一般不加区分。

当光的传播方向与磁场方向相垂直时，平行于磁场方向的直线偏振光的相速不同于垂直于磁场方向的直线偏振光的相速，从而产生的磁致双折射现象，其相位差正比于两种直线偏振光的折射率之差，并与磁场强度的平方成正比，即

$$\Delta=\frac{n_p-n_s}{\lambda}l=ClH^2\tag{5-244}$$

式中，l 是介质厚度，C 是科顿-莫顿常数。

(三)磁线振二色性

当光的传播方向与外磁场方向垂直时，介质对偏振方向不同的两种直线偏振光的吸收系数可以不相同，这就是产生磁致直线偏振光的二色性现象，简称为磁线振二色性效应。

(四)磁双折射的宏观理论

前面导出的(5-183)式是各向异性介质中光波传播的基本关系式,设光波的传播方向为 x 方向,(5-183)式变为

$$\begin{pmatrix} n_x^2 & 0 & 0 \\ 0 & n_y^2 & 0 \\ 0 & 0 & n_z^2 \end{pmatrix} \begin{pmatrix} 0 \\ E_y \\ E_z \end{pmatrix} = \begin{pmatrix} \varepsilon_x & \mathrm{i}\delta & 0 \\ -\mathrm{i}\delta & \varepsilon_y & 0 \\ 0 & 0 & \varepsilon_z \end{pmatrix} \begin{pmatrix} E_x \\ E_y \\ E_z \end{pmatrix} = \frac{1}{\varepsilon_0} \begin{pmatrix} D_x \\ D_y \\ D_z \end{pmatrix} \tag{5-245}$$

写成具体分量,则有

$$\left.\begin{aligned} D_x &= 0 \\ D_y &= \varepsilon_0 n_y^2 E_y \\ D_z &= \varepsilon_0 n_z^2 E_z \end{aligned}\right\} \tag{5-246}$$

以及

$$E_x = -\mathrm{i}\,\frac{\delta}{\varepsilon_x} E_y \tag{5-247}$$

$$D_y = \varepsilon_0\,\frac{\varepsilon_x^2 - \delta^2}{\varepsilon_x} E_y \tag{5-248}$$

$$D_z = \varepsilon_0 \varepsilon_z E_z \tag{5-249}$$

(5-248)式表示 $\boldsymbol{D}$ 沿 y 方向的一个椭圆偏振光,而(5-249)式则表示 $\boldsymbol{D}$ 沿外磁场 z 方向的一个直线偏振光。比较(5-246)式与(5-248)式,得

$$n_y = \sqrt{\frac{\varepsilon_x^2 - \delta^2}{\varepsilon_x}} \tag{5-250}$$

$$n_z = \sqrt{\varepsilon_z} \tag{5-251}$$

对于各向同性介质或者是立方对称晶体,有 $\varepsilon_x = \varepsilon_y = \varepsilon_z = \varepsilon$,故有

$$\left.\begin{aligned} n_y &= n_\perp \sqrt{\frac{\varepsilon^2 - \delta^2}{\varepsilon}} \\ n_z &= n_\parallel = \sqrt{\varepsilon} \end{aligned}\right\} \tag{5-252}$$

由此可见,沿着垂直于外磁场(z 方向)方向(即 x 方向)传播的直线偏振光可以分解为两个偏振光:一个为在 (x,y) 平面内偏振的椭圆偏振光,相应的电场为 D_y;另一个为在 z 方向上偏振的直线偏振光。进入介质后,这两个偏振光将以不同的相速 $\frac{c}{n_\perp}$ 与 $\frac{c}{n_\parallel}$ 传播,从而产生双折射现象,叫做磁双折射。

每单位长度上一个光波相对于另一个光波落后的相位叫做相位延迟率,也叫做佛克脱相移 θ_c。

$$\theta_c = \frac{2\pi}{\lambda}(n_\parallel - n_\perp) \tag{5-253}$$

相位延迟率也可以写为

$$\theta_c = \frac{\pi}{n\lambda}(n_\parallel^2 - n_\perp^2) \tag{5-254}$$

其中

$$n = \frac{n_\parallel + n_\perp}{2} \tag{5-255}$$

叫做平均折射率。

将(5-252)式代入(5-254)式中,得

$$\theta_c = \frac{\pi}{n\lambda}\left(\varepsilon_z - \varepsilon_x + \frac{\delta^2}{\varepsilon_x}\right) \tag{5-256}$$

由此可见,磁双折射与磁场强度的平方成正比。

当考虑到介质存在吸收的情形时,有

$$\left.\begin{aligned} n_{\parallel} &= n''_{\parallel} + \mathrm{i}n''_{\parallel} \\ n_{\perp} &= n'_{\perp} + \mathrm{i}n''_{\perp} \end{aligned}\right\} \tag{5-257}$$

且由于介质对两种偏振光的吸收不同，即有 $n''_{\parallel} \neq n''_{\perp}$，此时，两种偏振光以不同的衰减通过介质，从而呈现出磁线振二色性。此时，由于两偏振光出射时合成的椭圆偏振光比起无吸收情形转过了一个角度，椭圆的方位角 φ 由下式确定：

$$\tan\varphi = \frac{2\alpha_c \cos\theta_c\, l}{\alpha_c^2 - 1} \tag{5-258}$$

其中

$$\alpha_c = e^{(n''_{\parallel} - n''_{\perp})l} \tag{5-259}$$

五、克尔磁光效应

直线偏振光入射到磁化介质表面上反射后，其偏振面发生旋转的现象，叫做克尔(Kerr)磁光效应，由英国人克尔于 1876 年所发现。

按磁化强度与入射面与反射面的相对取向，克尔磁光效应分为极向克尔磁光效应、纵向克尔磁光效应和横向克尔磁光效应 3 种，如图 5-11 所示。极向克尔磁光效应是磁化强度矢量 $\boldsymbol{M}$ 与介质界面垂直时的克尔磁光效应，如图 5-11(a)所示；纵向克尔磁光效应是磁化强度矢量 $\boldsymbol{M}$ 既平行于介质界面又平行于入射平面时的效应，如图 5-11(b)所示；横向克尔磁光效应则是磁化强度矢量与介质界面平行，但都与入射平面垂直时的效应，如图 5-11(c)所示。

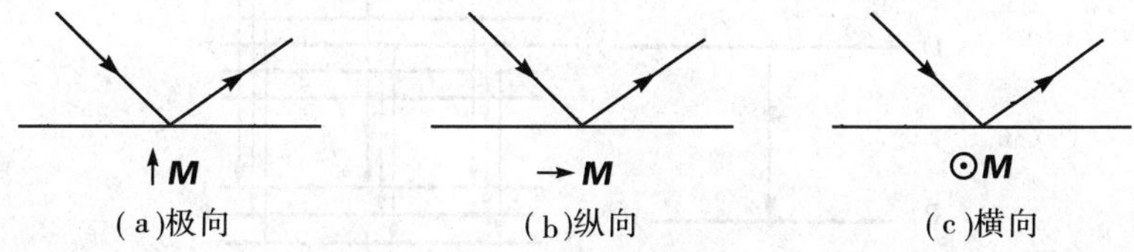

图 5-11　三种克尔磁光效应定义

在这 3 种克尔磁光效应中，以极向克尔磁光效应为最强，这里只讨论极向克尔磁光效应。在实际应用中，常常使直线偏振光垂直入射到磁光介质的界面上，设 $E''_p = 0$，则有

$$\begin{pmatrix} E_s^r \\ E_p^r \end{pmatrix} = \begin{pmatrix} r_{11} & r_{12} \\ r_{21} & r_{22} \end{pmatrix} \begin{pmatrix} E_s^i \\ 0 \end{pmatrix} \tag{5-260}$$

其中

$$\left.\begin{aligned} r_{11} &= r_{22} = \frac{n_1^2 - n_{2+}n_{2-}}{(n_1 + n_{2+})(n_1 + n_{2-})} \\ r_{12} &= r_{21} = \frac{\mathrm{i}n_1(n_{2-} - n_{2+})}{(n_1 + n_{2+})(n_1 + n_{2-})} \end{aligned}\right\} \tag{5-261}$$

式中，n_1 为入射介质的折射率，n_{2+} 与 n_{2-} 分别为磁光介质中右旋圆偏振光与左旋圆偏振光的折射率。

当入射介质为真空或空气时，$n_1 = 1$，上式就简化为

$$\left.\begin{aligned} r_{11} &= r_{22} = \frac{1 - n_{2+}n_{2-}}{(1 + n_{2+})(1 + n_{2-})} \\ r_{12} &= r_{21} = \frac{\mathrm{i}(n_{2-} - n_{2+})}{(1 + n_{2+})(1 + n_{2-})} \end{aligned}\right\} \tag{5-262}$$

该式表明，反射光波的电场矢量出现了一个小的平行分量 E_p^r，即反射光相对于入射光产生了一个小的旋转。其极向克尔旋转 θ_k 由下式确定：

$$\tan\theta_k = -\frac{E_p^r}{E_s^r} = \frac{\mathrm{i}(n_{2+} - n_{2-})}{1 - n_{2+}n_{2-}} \approx \theta_k = \theta'_k + \mathrm{i}\theta''_k \tag{5-263}$$

依据(5-186)式，克尔旋转的实部与虚部可表示为如下形式：

$$\theta'_k = \mathrm{Im}\,\frac{n_{2+} - n_{2-}}{1 - n_{2+}n_{2-}} = \mathrm{Im}\,\frac{\delta}{n\left[1 - (\varepsilon^2 - \delta^2)^{\frac{1}{2}}\right]} \approx \mathrm{Im}\,\frac{\delta}{n(1-\varepsilon)} \tag{5-264}$$

$$\theta_{k}'=\mathrm{Re}\,\frac{n_{2+}-n_{2-}}{1-n_{2+}n_{2-}}=\mathrm{Re}\,\frac{\delta}{n\left[1-(\varepsilon^{2}-\delta^{2})^{\frac{1}{2}}\right]}\approx\mathrm{Re}\,\frac{\delta}{n(1-\varepsilon)}\tag{5-265}$$

式中，$n=\frac{1}{2}(n_{2+}+n_{2-})$，为磁光介质的平均折射率。

六、塞曼效应

磁场对光谱或对能级的影响叫做塞曼(Zeemam)效应，是塞曼于1896年发现的。按发光中心的能级结构与外加磁场的强弱程度，塞曼效应又进一步分为正常塞曼效应、反常塞曼(aomalous Zeeman)效应与帕邢-巴克(Paschen-Back)效应3种。

(一)正常塞曼效应

镉红线($\lambda=643.8$ nm)是镉原子$^1D_2\to{}^1P_1$跃迁的结果，单重态能级的朗德因子g的值为1，总磁量子数$m_{j_2}=2,1,0,-1,-2$；$m_{j_1}=1,0,-1$，可见镉红线的塞曼效应共有9种跃迁，但因属于不同频率的跃迁只有3种，所以只分裂为3条谱线，且每一条谱线都包含3种跃迁，如图5-12所示。

顺着磁场方向观察时，中间的分量谱线消失，两边的σ分量是左、右旋圆偏振光，这叫做纵向正常塞曼效应，垂直于磁场方向观察时，3条谱线都出现，中间的π分量为偏振方向(也就是电场的振动方向)平行于磁场的直线偏振光，两边的2条σ分量则为偏振方向与磁场垂直的直线偏振光。

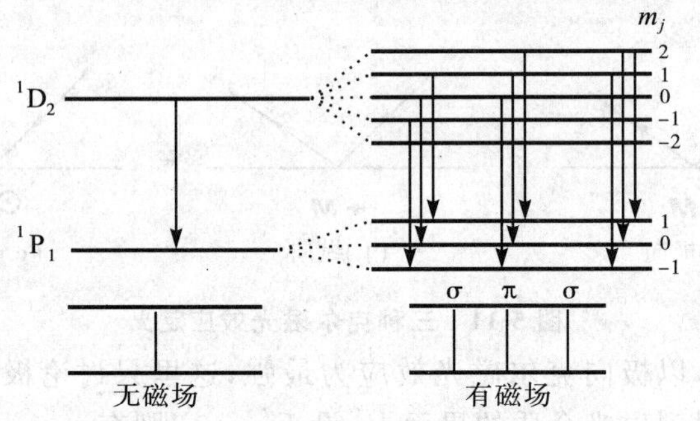

图5-12 Cd的$\lambda=634.8$ nm的正常塞曼效应示意图

(二)反常塞曼效应

钠原子的$\lambda=589.0$ nm与$\lambda=589.6$ nm的2条黄线的塞曼效应属于反常塞曼效应，是钠原子$3^2P_{\frac{1}{2}}\to 3^2S_{\frac{1}{2}}$与$3^2P_{\frac{3}{2}}\to 3^2S_{\frac{1}{2}}$跃迁的结果，如图5-13所示。

其选择定则是：$\Delta m_j=\pm1$的为σ偏振，$\Delta m_j=0$的为π偏振。σ偏振为电场矢量垂直于磁场的偏振光，π偏振为电场矢量平行于磁场的偏振光。由图5-13可见，$\lambda=589.0$ nm的谱线在磁场中分裂为6条，其中σ偏振4条，π偏振2条；$\lambda=589.6$ nm的谱线在磁场中分裂为4条，2条σ偏振，2条π偏振。

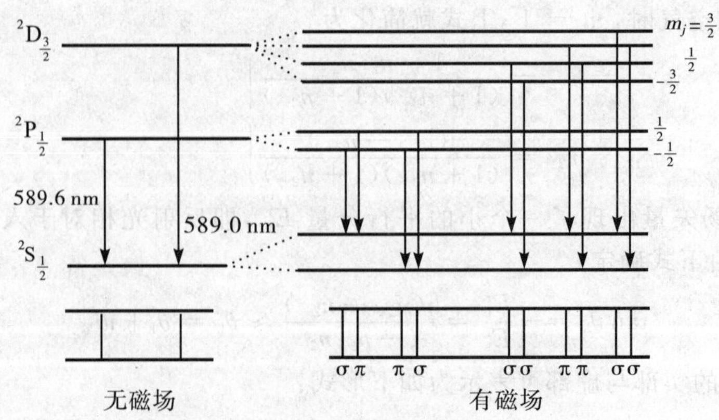

图5-13 钠黄线的反常塞曼效应示意图

（三）帕邢-巴克效应

若外加磁场很强，能级的塞曼分裂超过由自旋与轨道耦合所产生的多重分裂，此时磁场破坏了电子的自旋轨道耦合，而使自旋矩与轨道矩分别独立于空间量子化，在强磁场中磁能级的位移为

$$\Delta E = \mu_B B m_l + 2\mu_B B m_s \tag{5-266}$$

其选择定则为 $\Delta m_l = 0, \pm 1, \Delta m_s = 0$。

图 5-14 给出了 ^2S 能级与 ^2P 能级在强磁场下出现的帕邢-巴克效应示意图。由图 5-14 可见，在强磁场中，由于选择定则的限制，只能出现正常塞曼效应。

若进一步考虑到还存在较弱的自旋轨道耦合时，实际上每一条谱线都是由 2 条靠得很近的谱线组成的双重精细结构。横向帕邢-巴克效应是 6 条直线偏振光，而纵向帕邢-巴克效应则是 4 条左、右旋圆偏振光。

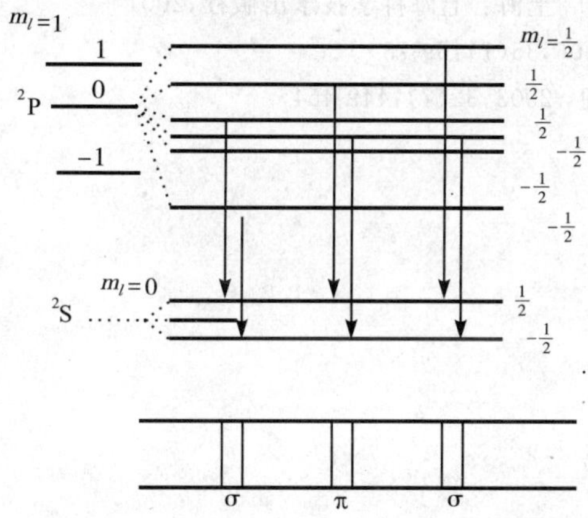

图 5-14　$^2P \rightarrow {}^2S$ 帕邢-巴克效应示意图

第五节　新兴分子光学[5-6]

前四节中所讨论的分子光学属于传统分子光学。随着原子光学的快速发展，一门新兴的有关研究中性分子与电场、磁场、光场和声场等介质相互作用及其冷却、囚禁、操控和应用的光学学科正在逐步形成。为了与传统的分子光学相区别，把它叫做新兴分子光学。这一学科不够系统，尚不成熟，这里只能作一简要的介绍，以引起读者的注意。

一、非线性分子光学

最近，Drumword 等人提出了一个实现相干分子孤子的理论方案，在其方案中，首先产生一个原子 BEC，然后通过 Feshbach 共振技术或者受激拉曼光子缔合光谱技术，用以获得一个分子 BEC，并通过原子 BEC 与分子 BEC 之间的非线性相互作用，耦合输出一个稳定的分子孤子激光。

另一个有趣的相反的非线性过程则是：通过分子 BEC 的光子离解产生一对量子关联的孪生原子激光束。理论结果表明，当原子损耗为 10％时，一对具有 93％振幅压缩量的沿相反方向传播的孪生原子激光束可以从分子 BEC 中产生出来。

此外，采用缓冲气体冷却的冷分子束可用于增强高次谐波产生的非线性光学效应，等等。

二、量子分子光学

利用脉冲磁场感应的 Feshbach 共振效应在 ^{85}Rb 原子 BEC 中产生了超冷 $^{85}Rb_2$ 分子与基态 ^{85}Rb 原子之间的相干叠加态。最近，有关分子纠缠态与分子 EPR 态的研究也成为新的热点。

三、超冷分子光谱学

超冷分子光谱指的是采用超冷分子样品(温度在 0.1 μK～0.1 mK)所进行的分子光谱研究。由于分子温度很低,相应的多普勒效应展宽可被大大减小甚至消除,因而超冷分子光谱可望获得更高的光谱分辨率。

参 考 文 献

[1]伏尔坚斯坦 M B. 分子光学[M].王鼎昌,译. 北京:高等教育出版社,1958
[2]兰斯别尔格 F G. 光学[M]. 杨葭荪,张之翔,译. 北京:高等教育出版社,1957
[3]石顺祥,张海兴,刘劲松. 物理光学与应用光学[M]. 西安:西安电子科技大学出版社,2000
[4]刘公强,乐志强,沈德芳. 磁光学[M]. 上海:上海科学技术出版社,2001
[5]印建平. 原子光学讲座[J]. 物理,2006,35(1):69-75
[6]印建平. 分子光学及其应用[J]. 物理,2003,32(7):449-454

第六章　纳米光子学

纳米光子学是光子学和纳米科技相结合的产物。经典光学和量子光学能够解释从宇宙星球到基本粒子的各种光学物理现象，但是处于纳米尺度的介观物理现象却是个尚未开发的处女地。经典光学的标量理论已不能解释小于衍射极限的纳米光学现象，经典光学的测量方法也不再适用于测量纳米尺度的场与物质及其间的相互作用。因此，纳米光子学是现代光学（光子学）研究的前沿领域，它为光学、光子学的新原理、新方法、新技术的发现提供了机会。

第一节　纳米科学和纳米光子学

一、纳米科学

纳米科学的研究对象是纳米物质，纳米物质是指尺寸小于 1 000 nm（0.1～1 000 nm）的超微粒构成的材料。纳米材料可以按空间维数、化学组成、物理形态、物理和应用场合等分类。

按空间维数分类，纳米材料可分为：

1）零维纳米材料，指在空间三维方向都受纳米尺寸限制的材料，如纳米颗粒、分子（原子）团簇和量子点等。

2）一维纳米材料，指在空间二维方向有纳米尺寸的限制，仅一维方向不受限制的材料，如纳米丝、纳米棒、纳米管和量子线等。

3）二维纳米材料，指在空间一维方向有纳米尺寸的限制，其他两维不受限制的材料，如超薄膜、多层薄膜、量子阱、超晶格等。

4）三维纳米材料，是指由零维、一维、二维纳米材料为基本单元组成的纳米体块材料，其空间尺寸不受限制。

按化学组成和结构分类，纳米材料可分为纳米晶体、纳米非晶体、纳米陶瓷、纳米玻璃、纳米有机材料、纳米聚合物材料、纳米复合材料等。

按物理性质分类，纳米材料可分为纳米金属、纳米半导体、纳米铁电材料、纳米磁性材料、纳米非线性材料、纳米超导材料、纳米热电材料等。

按物理形态分类，纳米材料可分为纳米粉末、纳米纤维、纳米薄膜、纳米液体、纳米气体等。

按应用分类，纳米材料可分为纳米电子材料、纳米光子材料、纳米生物医学材料、纳米传感材料、纳米储能材料等。

纳米物质系统既非微观物质，也非一般宏观物质，属于一种介于两者之间的介观物质。物质的许多特征长度，如电子的德布罗意波长、光衍射极限长度（光波的波长）、超导相干长度、隧穿势垒厚度、铁磁临界尺寸等，其大小都在纳米尺度，因此，纳米物质具有一些奇特的物理、化学特性，例如力学上的高强度、高韧性；热学上的低熔点、高比热、高膨胀系数；化学上的高反应活性、高扩散率；光学上的近场（倏逝场）特性、极强的光吸收、高非线性；以及奇特的磁性等。具体来说纳米物质具有以下特性：

1. 表面效应

纳米粒子的表面效应是指随纳米粒子尺寸下降，表面原子数占总原子数的比例急剧增加的现象。对于一个球形的粒子，表面积为 $4\pi r^2$，体积为 $4\pi r^3/3$，故表面积/体积＝$3/r$，即表面积与体积的比和半径成反比。假如组成纳米粒子的原子的间距为 0.3 nm，表面原子仅排列成一层，则一个纳米粒子表面原子数占总原子数的百分比与粒子直径的关系见表 6-1。可见直径 1 nm 的纳米粒子，原子几乎全部集中于粒子表面，故表面悬空键增多。表面原子具有高表面能，因此纳米粒子化学活性增强，非线性光学性质也增强。金属纳米粒子可能用作高效催化剂、药物、基因载体、储气材料及低熔点材料等。

表 6-1 纳米粒子表面原子占原子总数的百分数与粒子直径的关系

直径/nm	1	2	5	10	20	100
原子总数	30	2.5×10^{2}	3×10^{3}	3×10^{4}	2.5×10^{5}	10^{6}
(表面数/总数)/%	99	80	40	20	10	2

2. 特殊的力学性质

因为纳米材料具有巨大的界面，界面的原子的排列原来是混乱的，它们在外力的作用下很容易引起变形、迁移、重排，吸收裂纹尖端的能量，而使材料的强度、韧性大大加强。纳米晶粒的金属比普通粗晶粒的金属的硬度要高 3～5 倍。例如纳米铜强度比普通铜硬度高 5 倍。研究表明，动物的牙齿是由磷酸钙等化学成分的纳米材料构成的，因此具有很高的强度。普通陶瓷存在脆性，但是纳米陶瓷呈韧性。氟化钙纳米材料在室温下可以大角度弯曲而不折断。

3. 特殊的热学性质

固态物质被细化到纳米尺寸后，其熔点显著降低。例如金的常规熔点为 1 064℃。而对 2 nm 的金粒子，熔点仅为 327℃。银的常规熔点为 670℃，其纳米材料的熔点可低于 100℃。因此纳米银材料制成的导电浆料可以在低温下烧结，元件的基片不必采用耐高温的陶瓷，甚至可以用塑料。利用纳米材料的特殊热学性质，可以用铜、镍纳米材料代替银等贵重金属来制成导电浆料，还可以在较低的温度下烧制大功率半导体管的基片。

4. 特殊的磁学性质

磁性纳米粒子具有高矫顽力和超顺磁性。块状铁的矫顽力约为 80 A/m，尺寸为 20 nm 的铁的矫顽力可增加 1 000 倍；若尺寸减到 6 nm，其矫顽力反而下降到零，呈现顺磁性。利用磁性纳米颗粒，已制成高存储密度的记录磁粉并应用于磁带、磁盘和磁卡等。利用超顺磁性可以制成磁性液体。许多生物体内所含纳米磁性颗粒起着生物磁罗盘的作用，在地磁场的导航下具有识别方向的能力。构成基因和蛋白质的物质本身就有磁性，如 DNA 的双螺旋结构、氨基酸的旋光性等。

5. 特殊的光学性质

全内反射的情形下，在界面附近存在倏逝场，沿与界面法线方向的场分量以指数形式快速衰减，不能传播出去。事实上，纳米物质被倏逝场包围，称为近场。近场被束缚于纳米物质周围的纳米尺寸空间中。近场光的超分辨率成像、近场光的光谱探测、纳米光波导器件、纳米传感器等技术正是利用倏逝场的产生、转换、探测而发展起来的。

尽管各种块状金属有不同的颜色，但当细化到纳米尺寸时，金属粒子对光的反射率可低达 1%，全都呈现黑色。利用这个特性，纳米材料可作为高效率的光电转换材料，用于太阳能的利用，也可以用于红外敏感元件和红外隐身技术。

根据经典理论，光子不能穿过光子晶体的带隙。但在一定的条件下，如同电子隧道效应一样，光子也能穿过光子禁带，形成光子隧道效应。实现光子隧道效应，要满足的条件是：材料间隙要小到纳米量级，同时入射光要足够强。

6. 特殊的电学性质

金属纳米粒子在费米能级附近的电子态，可以看作受小尺寸限制的简并电子态，在这种条件下，相邻电子能级的间距与纳米粒子的直径的 3 次方呈反比(久保理论)。因此，纳米粒子的直径越小，其能级间距越大，自由电子密度减少，电阻率增大，金属导体可转变为绝缘体。此外，颗粒尺寸还会影响介质的介电性质和超导性等。

7. 光子与电子的相互作用

在纳米尺度下，光与物质的相互作用表现为光子与物质内的电子的能量交换和转移。例如光入射到金属-电介质界面，在满足一定条件时，界面中会产生电磁场的周期性振荡——等离子体激元(SP)，同时在界面附近的纳米范围激发倏逝场(SPP)，而且有可能产生局域光场的增强。

21世纪初，纳米科学技术飞速发展，在各学科领域形成了许多分支学科，如纳米材料学、纳米电子学、纳米光子学、纳米机械学、纳米生物学、纳米化学、纳米物理学等。人们普遍认为，纳米科技是迄今跨越学科最多、影响领域最广的前沿性、综合性、交叉性的科学技术。纳米科技不仅引起了科技界的极大兴趣，也引起了产业界的高度重视。纳米科学技术有可能给材料、信息、能源、医学和生物学以及制造业带来革命性的变革，因此纳米科学技术将有力推动世界经济的飞跃发展。有人把纳米技术看作是继蒸汽机、机械化、电气化、微电子、光电子之后的新的工业革命。

在纳米科学的各分支学科中，纳米光子学起到了十分关键的作用。因为纳米物质与纳米光场必须用纳米光子学的手段去观察和控制，比如纳米光子学的工具有：近场光学显微镜、近场光学光谱仪、超快时间分辨动态测量技术、光镊等光控纳米物质的技术，以及纳米光源、纳米光波导、纳米光传感器、纳米光控光技术(全光开关)等。纳米光子学将成为纳米世界的"眼睛"和"控制器"，因此纳米光子学对纳米科学技术有特殊的重要性。

二、纳米光子学

为了了解纳米光子学的由来，让我们先来回顾光学的发展历史。光学与电学的发展过程有很大的相似性，图6-1是电子学和光子学的发展路线图[1]。

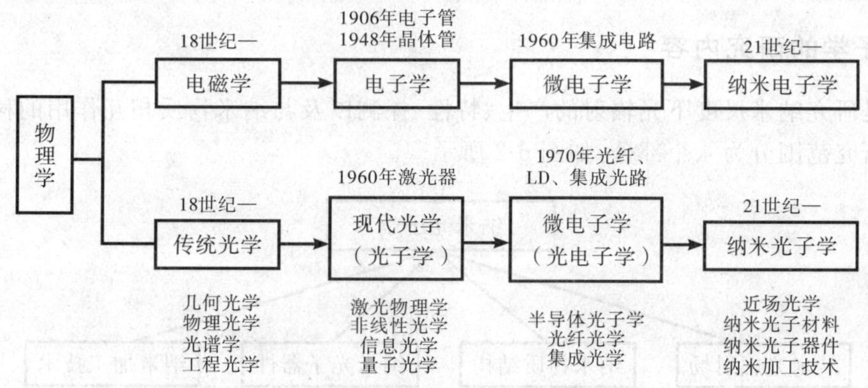

图6-1　电子学与光子学的发展路线图

电学和光学都是18世纪诞生的物理学的一部分。20世纪初，由于1909年真空电子管的发明，电学获得了广泛应用，发展为电子学(真空管电子学)。半个世纪以后，由于1948年半导体晶体管的发明，出现了半导体电子学；1960年集成电路的发明，促成了微电子学的诞生。电子学发展到今天获得了极其辉煌的成就，电子计算机和互联网的广泛应用，极大地改变了人类的生活面貌。

传统光学是建立在普通自发辐射光源的基础上的，在激光发明之前的漫长时间里，其发展速度比电子学慢得多。直到20世纪60年代激光发明以后，围绕激光的研究和应用，发展起来了"现代光学"，产生了激光物理学、非线性光学、信息光学和量子光学等一系列现代光学的分支学科。由于激光是由同状态的光子构成，突出了光的粒子性，可以说激光的诞生就意味着光子学的诞生，只是当初的激光技术是采用大体积的气体、固体和染料的化学激光器(相当于电子学使用电子管的阶段)。

1970年低损耗石英光纤、室温运转半导体激光器和集成光学的发明，推动了光纤通信技术的迅速发展，从此光子学进入微米光子学(简称微光子学)发展阶段。微光子学主要研究微米尺寸的光电子器件，代表性的器件有电注入半导体激光器、发光二极管(LED)、电光调制器、光电探测器、电控光开关等。这些器件主要采用"以电控光技术"，同时这个阶段的系统如光纤通信系统、计算机网络系统以及光传感网络系统都是光电混合的，因此微光子学又称为光电子学。直到21世纪初的今天，人类还处在这个光电子学与光电子技术的阶段。

纳米光子学(简称纳光子学)是光子学发展的高级阶段。在这个阶段，"以光控光"的全光开关(光子晶体管)将被发明和应用，全光通信、全光计算机、全光传感等全光系统有可能实现，所以纳光子学是光学和光子学的必然发展方向。

电子学也正在向纳米电子学阶段发展(如碳纳米管技术的研究)。在21世纪,纳米光子学将与纳米电子学并驾齐驱地发展,在不久的将来,光子器件与电子器件有可能实现共集成,从而开辟一个纳米信息技术的新领域。

我们用表6-2来比较说明微光子学与纳光子学的不同特点。

表6-2　微光子学与纳光子学的比较

	微光子学	纳米光子学
物理范畴	宏观物理学	介观物理学
空间尺度	微米(>1 μm)	纳米(1～1000 nm)
光场特性	远场光(>衍射极限)	近场光(<衍射极限)
控光技术	以电控光(光电子学)	以光控光(纯光子学)
主要器件	半导体激光器、调制器、 光电探测器、电控光开关	波分复用器、全光开关
主要系统	光纤通信+电子交换 电子计算机+光外设 光传感器+电子解调	全光通信系统 光计算机系统 全光传感系统

三、纳米光子学的研究内容

纳米光子学是研究纳米尺度下光辐射的产生、特性、探测以及与纳米物质相互作用的科学。原则上可以把纳米光子学的研究范围分为4个部分,如图6-2所示[2]。

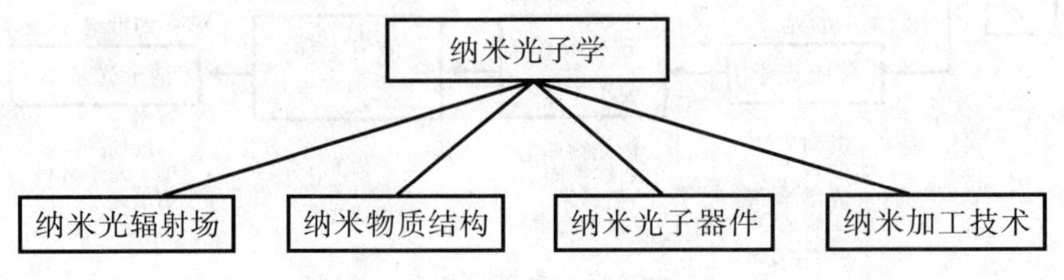

图6-2　纳米光子学的研究范围

第一部分,是研究小于波长的纳米空间范围的光辐射场,称为近场(或倏逝场)。研究内容包括纳米光场的产生、性质和测量。有几种方法可以产生纳米光场,例如普通光通过直径小于光波长的锥形光纤的针尖小孔产生空间约束的纳米光场。可以用带有锥形探针的近场光学显微镜来测量纳米光场。近场光学的实验研究方法,除了近场超分辨率成像技术(近场光学显微技术)之外,还有泵浦-探测法超快时间分辨动态成像技术、近场拉曼光谱技术等。纳米光场的性质研究包括线性光学性质和非线性光学性质的研究等。近场光学和近场光学显微镜,是纳米光子学的重要组成部分,由于这一学科的内容丰富,体量大,从全书的结构体系考虑,单独成章,显微光学和近场光学(第三十三章);但在本章第一节第四部分纳米物质的光学探测方法中,对近场光学原理作一简单介绍,以保证本章的完整性。

第二部分,是研究约束在纳米空间的纳米物质,例如用无机材料(电介质、金属、半导体)、有机材料、生物材料或复合材料构成的纳米结构材料:纳米球、纳米线、纳米管、分子团簇、纳米细胞。人们的主要兴趣在于研究具有周期结构的纳米材料,如用不同带隙的半导体材料交替构成的量子限制结构(量子阱、量子线、量子点等),用不同折射率的电介质材料交替构成的一维、二维和三维的光子晶体,用金属薄膜覆盖电介质表面或包含在电介质中形成的表面等离子体激元结构材料等。

第三部分,是研究由纳米材料构成的光子器件或具有纳米尺寸的光子器件。这些纳米光子器件包括激光器(LD)、电致发光二级管(LED)、光放大器、光调制器、光探测器、光传感器、光存储器、光开关、光波导以及各种其他有源和无源器件。用这些器件组成的系统,可实现各种功能,完成各种应用。

第四部分,研究在纳米尺度空间进行光学加工的技术。例如半导体外延技术(MBE、MOCVD等)、自组装技术、电子束刻蚀技术、离子束刻蚀技术、激光直写技术、飞秒激光多光子聚合技术、激光全息技术、化学反应技术、光致相变技术、模板压印和复制技术、纳米制版技术等。用这些手段对纳米材料、结构和各种功能器件进行纳米尺度的精细加工。

纳米光子技术在信息领域有着广泛和重要的应用。可以把光通信的光源、光放大器、光调制器、光探测器、光开关、光存储器等做成纳米尺寸，使光子集成芯片做得更小，实现高密度的数据存储，高密度的光开关阵列和光交换器，从而实现以光控光技术为基础的全光通信和全光计算。在工业和生物学中广泛应用的传感技术中，可以使用灵敏度更高的纳米传感器。纳米光子技术还将广泛应用于医学、生物学，如癌症的早期诊断和纳米无毒药物的研发和生产；还能应用于能源技术，如包含纳米材料的新电池，具有纳米结构的太阳能电池等。纳米尺寸的光子加工与其他工艺技术能够用于纳米材料、结构、器件和系统的精细加工制造，形成广泛应用的纳米制造业等。

四、纳米物质的光学探测方法

光学成像的过程是将一束光射向被测物体，然后光从物体表面反射或散射，通过空间传播投射到眼睛或探测器上形成二维图像的过程。可以证明，实际上存在着两种光场，一是可以远离物体的传播场（远场）；另一是附着在物体表面纳米范围内的倏逝场（近场）。倏逝场沿样品表面垂直方向迅速衰减，不能在自由空间传播，只是存在于距离样品表面几纳米到几十纳米的区域，其性质与样品的亚波长结构有有关。如图 6-3 所示。一般人们只能测量到（或看到）远场携带的尺寸大于波长的物体表面结构的信息，而不能感知近场携带的纳米尺寸的物体表面结构的信息。

一般的光学显微镜只能通过探测传播场分辨比波长更大的结构，无法分辨亚波长的精细结构。为了要得到样品的亚波长精细的结构信息，必须在物体表面纳米尺寸范围内放置一个纳米探针，比如一个纳米小球。将它与近场相互作用，通过散射近场光波，使其转化为可探测的传播光，见图 6-4。

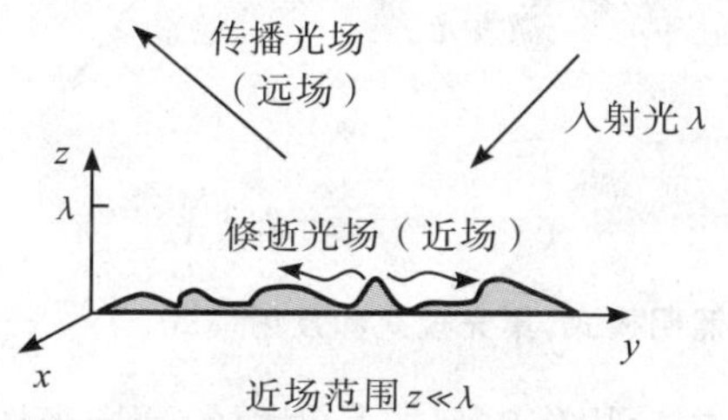

图 6-3　入射光照射到物体表面产生的远场和近场

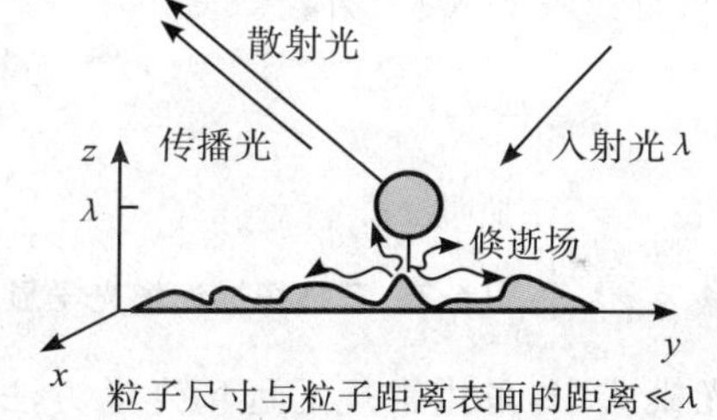

图 6-4　近场信息的纳米粒子探测法

图 6-5 画出用纳米粒子探针探测一个纳米粒子的近场的原理图。小球探针相当一个点散射源（或一个电偶极子），当它进入近场时被近场激发，发生衍射、反射、散射等，产生传播场和近场两种电磁场，近场到传播场的转换是线性的：被光探测器探测到的场正比于给定点的近场。当这两个纳米粒子具有同样的体积和形状时，近场转换为传播场的效率最高。

为了观察和测量纳米物质结构，需要把人眼不可见的近场光信息转换成可见的远场光信息，在实用上往往是采用一根外表面镀金属膜的空心光纤做探针，它的尖端具有几纳米到几十纳米的直径，置于与物体表面 5～20 nm 的距离内，起着以上小球探针相同的作用，如图 6-6 所示。

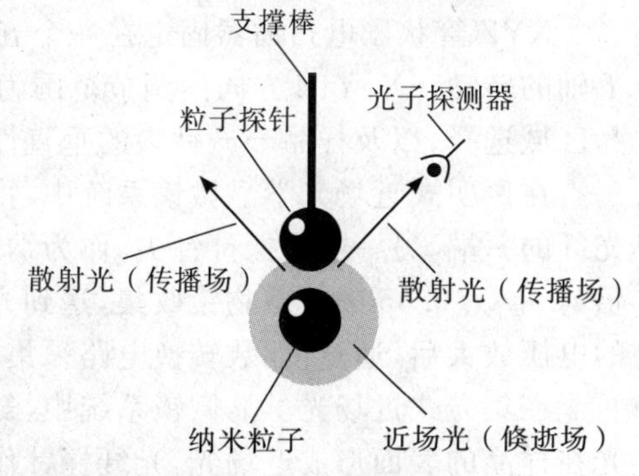

图 6-5　用纳米粒子探针探测一个纳米粒子的近场信息

现代的扫描近场光学显微镜（scanning near－field optical Microscope，SNOM）的成像就是通过针尖为纳米尺寸的空心光纤探针或实心的金属探针来实现的。

根据空间频率的概念，光纤探针（点状有限物体）的空间傅立叶频谱是无限的，它包含从零到无穷的所有空间频率成分。因

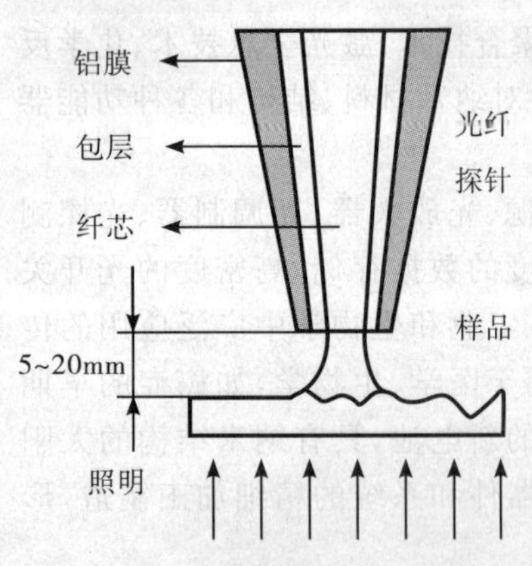

图 6-6 光纤探针成像原理

此，光电探测器探测到的传播场中包含物体的高空间频率信息，即表面纳米范围的精细结构信息，分辨率可达 100 nm 以下。为了产生二维图像，需要将光纤探针的尖端沿物体表面扫描，从而得到纳米尺寸的图像。

纳米尺寸的针尖与近场相互作用还产生了局域场增强效应。这是由于在金属膜与电介质的交界处，产生了表面等离子体激元效应，使得局域光场增强。有利于改善信噪比，提高检测灵敏度。

采用光纤探针的扫描近场光学显微镜，一般有三种工作模式：照明模式，集光模式和反射模式，如图 6-7 所示。红色箭头为激发光信号；黑色箭头为近场光信号。

在照明模式中，激光耦合进探针，将针尖作为微小光源照明样品，将照明场局限在很小的局部区域内，用常规的远场光学系统收集透过样品的散射光或激发的荧光。这种方法适合于散射比较强的样品。如在生物、化学的透明样品的成像中经常使用。但是由于探针孔径的尺寸为纳米量级，所发射的光很弱，对探测的灵敏度要求比较高。

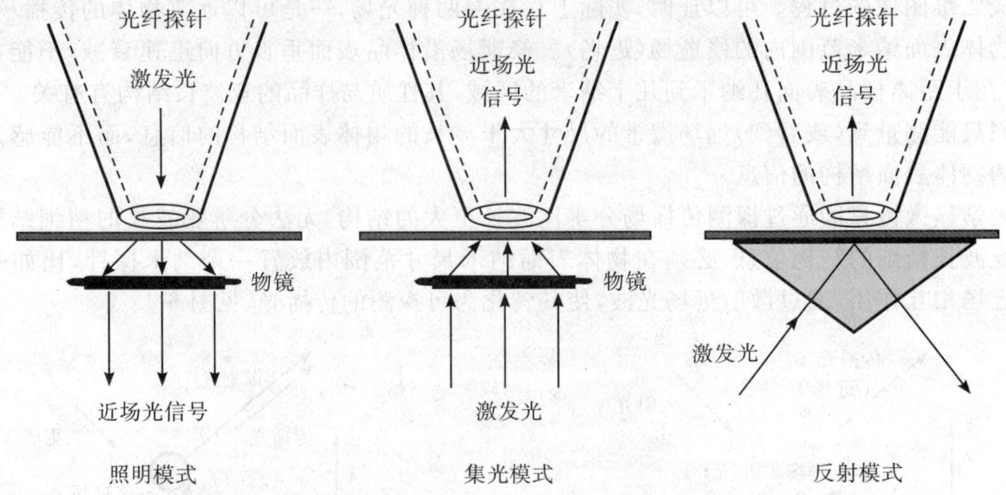

图 6-7 三种扫描近场光学显微镜的工作模式：照明模式，集光模式和反射模式

在集光模式中，采用常规的远场光学方法照明样品，孔径探针用作收集样品表面的近场光送往探测器。

在反射模式中，激发光是通过一块置于载物片下面的直角棱镜，靠全反射光的隧穿效应加在样品上，探针用来收集从样品表面的近场信息。该模式被称为光子扫描隧道显微镜模式。

如果进一步扩展光学探测的功能，如探测荧光、光谱信号等，近场光学显微镜还可以得到多参数的、超衍射分辨率的光学形貌像和光谱像。这是其他种类的扫描探针显微镜，如扫描隧道显微镜、原子力显微镜等所无法完成的。

典型的照明式扫描近场光学显微镜装置原理图见 6-8 所示[2]。

XYZ 管状压电扫描器固定在一个五维调节架上，该调节架可以实现 X、Y、Z 三个方向的平动以及绕 X、Y 轴的转动。X、Y、Z 方向的调节范围为几毫米，角度调节范围为几度到十几度，这样可以实现大范围的样品区域选择，以及样品——针尖的垂直性调节。

在照明式近场光学显微镜系统中，将功率为几毫瓦、波长为 633 nm 的氦氖激光通过耦合器耦合进入到光纤的一端，另一端为探针针尖，作为纳米光源，对被探测样品进行局域照明。透过样品的近场光由一个 40 倍与 NA＝0.65 的显微物镜收集，送到光电倍增管(PMT)内，将微弱的近场光转化成电信号，再经过低噪声的电压放大后，通过模/数转换电路采集到计算机中，经过图像处理获得代表样品透过率信息的光学图像。

在集光式近场光学显微镜系统中，氦氖激光器发出的光经过反射镜从样品的背面照明样品，透过样品的光在样品的表面形成近场光，光纤探针作为微小探测器进入样品的近场区域收集近场光信号。这种工作方式的优点是光路易于实现，缺点是整个样品都被照亮，各探测点之间的光相互作用容易形成背景噪声，所探测的信号不仅代表针尖探测点的信息，而且可能含有来自其他点的信息。

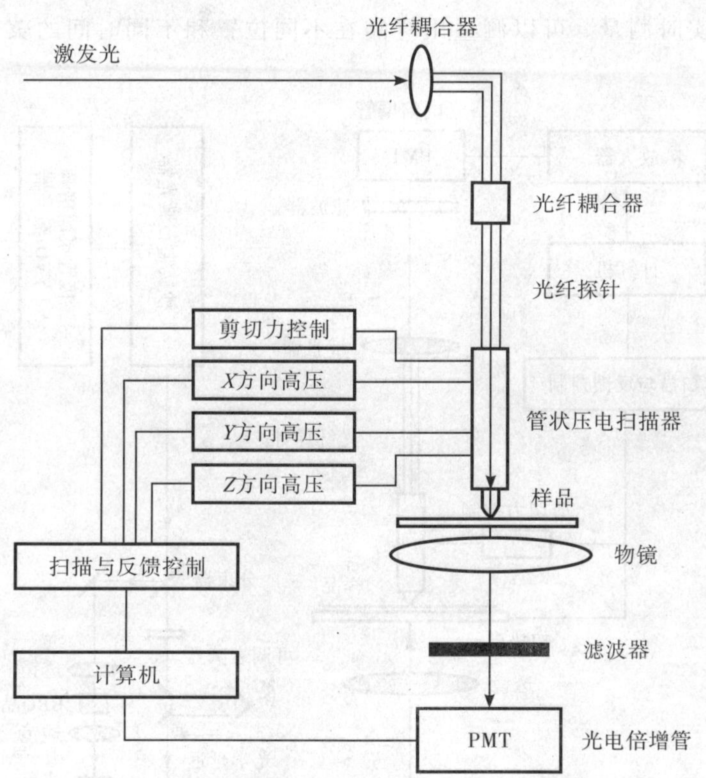

图 6-8　扫描近场光学显微镜装置原理图

在扫描光子隧道显微镜系统中，全反射的照明方式在样品的表面形成倏逝场，光纤探针进入倏逝场探测。这种方法的优点是分辨率高，易于实现。缺点是照明面积及辐射强度都比较大；光学图像的对比度不仅与样品的表面轮廓有关，而且受到光束入射角、波长、偏振态、介质折射率、厚度和吸收以及光纤探针形状等诸多因素的影响，对图像的干扰比较厉害。此外探针与倏逝场的相互作用无横向限制，因此倏逝场可能进入光探针的整个衰减区，散射光和倏逝场对检测信号都有贡献，使得信噪比下降。

一个实际的照明式近场光学显微镜系统见图 6-9 的照片所示。光纤探针和样品放置在图中的右下角位置。

图 6-10 显示的是美国 IBM 研究机构得到的分散微油滴的形貌像和近场光学像。在测量过程中，这两种图像能够同时得到，各个部分有对应关系。从图像中可以分辨 1 纳米的结构特征，这是原子尺寸的 5 倍。

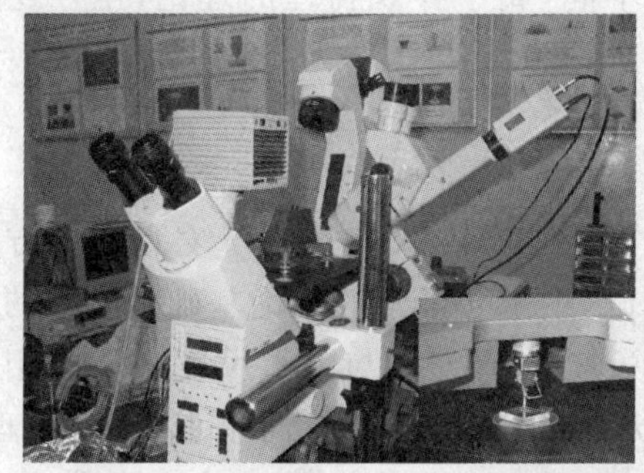

图 6-9　扫描近场光学显微镜系统照片

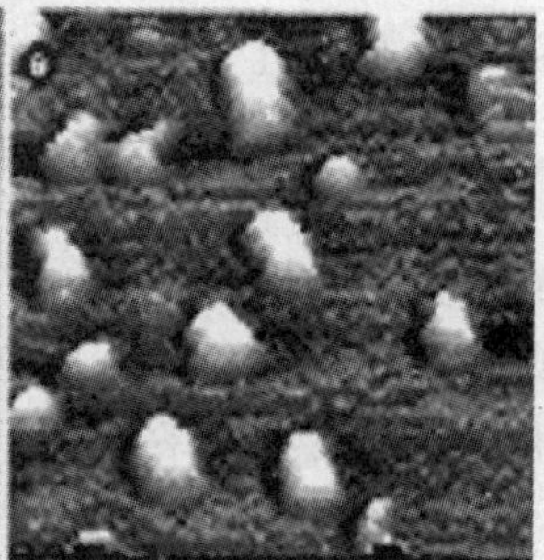

图 6-10　油滴的远场形貌像和近场光学

图 6-11 介绍一种用近场光学显微镜测量荧光动力学过程的实验装置[2]。

该装置采用飞秒激光的泵浦—探测技术。用一个半导体二极管泵浦的 Nd:YVO4 激光器作为光泵源的飞秒钛宝石激光器，发出波长为 800nm 的飞秒激光，通过分束器分为两路，其中一路经过 BBO 晶体倍频，变为波长 400nm 的光束作为泵浦光，经透镜聚焦于样品上，利用双光子饱和吸收效应使样品产生荧光。另一束未经倍频的、波长为 800nm 的光脉冲，经过光学延迟后作为探测光作用在样品上。样品荧光光强的变化用一台近场光学显微镜实时测量。可以测量出样品在不同位置和不同时间的荧光强度分布和荧光衰减过程。

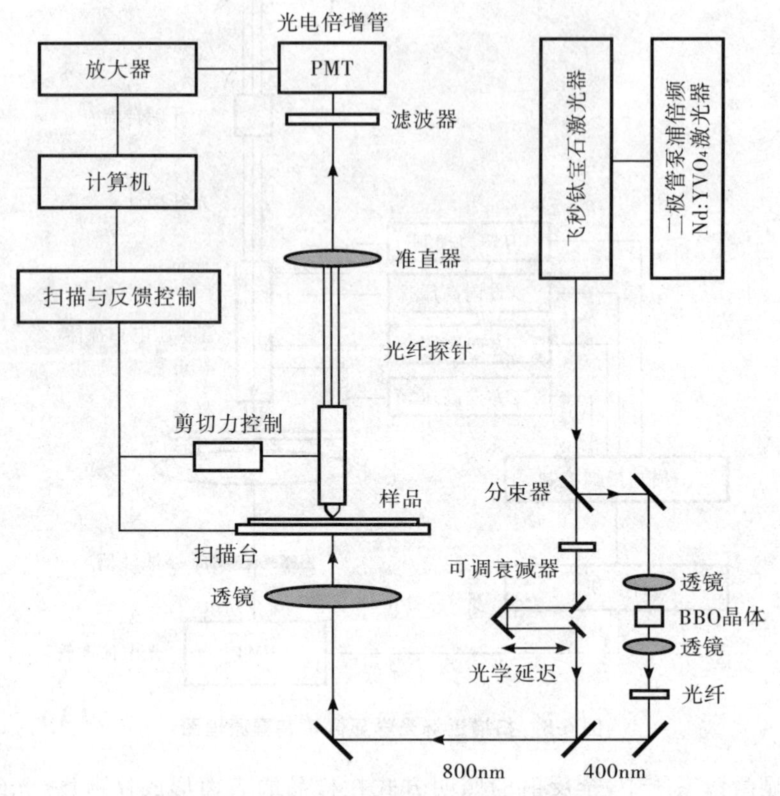

图 6-11 近场显微镜和飞秒激光相结合的测量时间分辨荧光动力学过程的装置

第二节 纳米光子学的理论基础

纳米光子学理论涉及纳米尺度光与物质相互作用的各种物理现象和规律，如量子限域理论、光子晶体理论、表面等离子体激元理论、纳米复合介质理论、纳米波导理论，以及包括纳米尺度内光场的激励、增强、转换、传播和探测等的近场光学理论[3-4]。纳米光子学理论与经典光学理论不同，突破了衍射极限，许多经典理论方法（如衍射、干涉等标量方法）已不适用；又与量子光学规律不同，属于介观物理的理论，至今还不完善、不系统，有待进一步发展。本节只能对纳米光子学的理论基础、理论方法作一简单的介绍。

一、纳米光子学的理论

纳米光子学中和光场相互作用的系统很小（单分子，量子点），在介观尺度，仅仅用基于麦克斯韦方程组的经典理论就显得不足了，需要用量子力学来描述材料的性质。所以，纳米光子学的理论基础是光场的经典理论和纳米尺度物质系统的量子属性相结合的半经典理论。一般说来，在研究光与纳米尺度物质的相互作用时，应用经典电磁场理论进行处理的同时，唯象地引入量子电动力学方法，这样比较简单直观，易于理解。其中的经典电磁场理论要涉及宏观电动力学、波动方程、物质方程、时变场的谱、时谐场、复介电常数、分层均匀媒质、边界条件、菲涅耳反射透射系数、能量守恒、并矢格林函数、倏逝场、光场的角谱等。

纳米光子学的理论包括纳米光场理论、纳米尺度物质的光学性质理论、纳米结构与光场的相互作用理论等，具体分列如下：

近场光学理论。包括倏逝波，全内反射，角谱方法等。

周期纳米结构的光学性质。主要为光子晶体的理论和光子带隙的计算方法。

纳米尺度物质的光子学性质。主要为量子点、量子线、量子阱的能级结构理论，纳米微粒电子能级不连续性的久保理论,纳米微粒的尺寸效应、表面效应、量子隧道效应等。此外,金属纳米颗粒还容易形成局域表面等离子体激元。

一维受限(纳米尺度)光学系统的理论。包括光学薄膜理论、光学谐振腔理论、波导理论、表面等离子体激元理论等。光场量子化的光学谐振腔理论称为腔量子电动力学。

二维受限(纳米尺度)光学系统的理论。主要是二维波导理论。这种情形的表面等离子体激元模式的计算需要从全矢量波动方程出发通过数值计算得到。

纳米探针、纳米小孔的理论。通常需要综合经典电动力学理论、纳米波导理论、表面等离子体激元理论等来处理。

以上纳米光学理论已经有较多的书籍、文献可以参考,但总体来说仍处于不成熟、不断发展的状态。就本书而言,纳米光子学的理论可参阅本书的《电磁光学》(第一章)、《量子光学》(第二章)、《纤维光学和变折射率光学》(第二十一章)、《导波光学和集成光学》(第二十二章)、《金属表面等离子体光学》(第二十三章)、《显微光学和近场光学》(第三十三章)以及本章的有关节。特别是《显微光学和近场光学》一章,对近场光学的理论、模型和计算都有详细的论述。

二、纳米光子学的半解析计算方法[4]

纳米光子学的一个主要问题是确定纳米尺度结构附近的电磁场分布以及相应的辐射性质。纳米尺度结构附近的场通常必须通过实验探测远场数据来重构。然而,一般情况下这个逆散射问题没有通用的求解办法,因此有必要通过计算场分布预先获得辐射源和散射体的信息,对可能的解集作出限制,从而达到简化问题求解的目的。

麦克斯韦方程组的解析解可以提供电磁场的所有信息,但只有一些简单问题可以得到解析解,其他问题则需要作各种简化。纯粹的数值分析可以通过时间和空间的离散化来处理复杂问题,但计算设备限制了问题的尺度,计算结果的精确度通常也是不知道的。纯粹的数值计算方法的优点在于容易实现,其中时域有限差分法和有限元法最为常用。这里我们不讨论纯粹的数值计算方法,仅仅讨论纳米光子学中常用的两种半解析方法:多重多极方法和体积分方法。后者又可以细分为耦合偶极方法、偶极-偶极近似、矩方法等[4]。多重多极方法和体积分方法都是半解析方法,因为它们是通过数值方法来得到电磁场的解析展开。

半解析方法是基于麦克斯韦方程组的经典理论方法,空间电磁场分布是具有良好性质的解析函数的线性叠加,叠加系数由数值方法给出。介质参数通常是分区各向同性的,并没有把纳米尺度下介质的量子特性、尺寸效应、表面效应等纳入考虑。

(一)多重多极方法

多重多极方法(MMP)介于纯解析和纯数值之间。它是求解任意形状、各向同性、分层均匀介质中麦克斯韦方程组的成熟技术。这种方法适于分析扩展结构,因为仅仅在均匀介质间的边界条件需要离散化,不需要像有限差分或有限元法那样对介质本身离散化。MMP 技术提供了电磁场解的解析表达式,误差也可以显式计算出来,因此结果可靠。此方法在天线设计、电磁兼容性、生物电磁学、波导理论、光栅及光学中都有广泛应用。

多重多极方法的出发点是把每一单独媒质(区域) D_i 内的电磁场 $\boldsymbol{F} \in \{\boldsymbol{E},\boldsymbol{H}\}$ 用麦克斯韦方程组的解析解展开:

$$\boldsymbol{F}^{(i)}(\boldsymbol{r}) \approx \sum_j A_j^{(i)} \boldsymbol{F}_j(\boldsymbol{r}) \tag{6-1}$$

式中,基函数 $\boldsymbol{F}_j$ 原则上可以选矢量亥姆霍兹方程的任意已知解,比如平面波、多极场、波导模等。不同区域的展开要在界面处数值匹配,即系数 $A_j^{(i)}$ 由边界条件要求的数值匹配给出,从而麦克斯韦方程组在区域内完全满足,仅在边界上有近似。应用多重多极方法,各基函数 $\boldsymbol{F}_j$ 是多极场,而每个多极子都是假想的源。

在线性、均匀、各向同性介质中,频率为 ω 的电场 $\boldsymbol{E}$ 和磁场 $\boldsymbol{H}$ 都满足齐次矢量亥姆霍兹方程:

$$(\nabla^2 + k^2)\boldsymbol{F} = 0 \tag{6-2}$$

对无源场,(6-2)式的解由标量函数 f 确定的两个独立且互相垂直的矢量场给出:

$$\boldsymbol{M}(\boldsymbol{r}) = \nabla \times \boldsymbol{c} f(\boldsymbol{r}) \tag{6-3}$$

$$\boldsymbol{N}(\boldsymbol{r}) = \frac{1}{k} \nabla \times \boldsymbol{M}(\boldsymbol{r}) \tag{6-4}$$

其中,f 满足标量亥姆霍兹方程:

$$(\nabla^2 + k^2) f(\boldsymbol{r}) = 0 \tag{6-5}$$

通常 $\boldsymbol{c}$ 为任意常量,但可以证明,在球坐标中 $\boldsymbol{c}$ 直接取矢径 $\boldsymbol{R}$ 更方便。

在每个区域 D_i 内,标量场可以近似展开为

$$f^{(i)}(\boldsymbol{r}) \approx \sum_j a_j^{(i)} f_j(\boldsymbol{r}) \tag{6-6}$$

式中的基函数 f_j 涵盖标量亥姆霍兹方程(6-5)式的任意的已知解析解。对于多重多极方法来说,最重要的是(6-5)式在球坐标下的解。

在球坐标 $\boldsymbol{r} = (R,\theta,\varphi)$ 中标量亥姆霍兹方程(6-5)式的解可以写成如下形式:

$$f_{nm}(\boldsymbol{r}) = b_n(kR) \mathrm{Y}_n^m(\theta,\varphi) \tag{6-7}$$

其中,Y_n^m 为球谐函数,$b_n \in [\mathrm{j}_n, \mathrm{y}_n, \mathrm{h}_n^{(1)}, \mathrm{h}_n^{(2)}]$ 是球贝塞尔函数(其中只有两个是线性独立的)。如果 b_n 取第一类贝塞尔函数(j_n)就叫正规展开,而取其他三种贝塞尔函数之一则叫多极子。使用第一类汉开尔函数($\mathrm{h}_n^{(1)}$)的多极子(辐射多极子)尤其具有特殊的良好性质。辐射多极子表示向外传播的波并且在无穷远处满足索莫菲辐射条件。由于源点是其奇点,它们必须位于场展开区域外部。反之,正规展开在源点仍然有限,但不满足无穷远辐射条件,因此只能在有限区域使用。总之,展开基函数的选择首先取决于该区域是否包含无限远处。

在源点附近,多极函数以 $\rho^{-(n+1)}$ 衰减,因此主要只影响其近邻,这样就可以引入多个多极子源来进行展开而源之间互相干扰甚小。通常多个多极子在展开区域之外沿着边界布置,如图 6-12 所示。

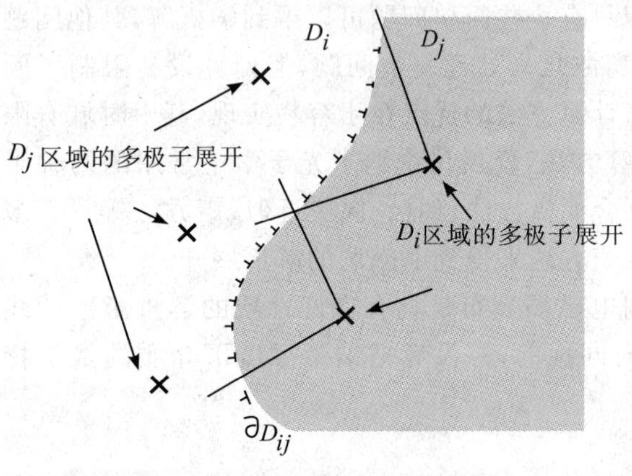

图 6-12　多重多极展开法示意图

D_i 区域内的电磁场用 D_j 区域内的多极子近似表示,反之亦然。每一侧边界近邻的场主要由最靠近的多极子决定(图中给出了 D_i 区域的图示)

由于电磁场可以选择不同的标量势,从而可以有很多种方式对应 $\boldsymbol{M}$、$\boldsymbol{N}$ 和电磁场。对于多重多极展开,通常取 TE 电磁场的对应关系为

$$\boldsymbol{H}^{\mathrm{e}}(\boldsymbol{r}) = -\mathrm{i}\omega\varepsilon_0\varepsilon A^{\mathrm{e}} \boldsymbol{M}(\boldsymbol{r}) \tag{6-8}$$

$$\boldsymbol{E}^{\mathrm{e}}(\boldsymbol{r}) = k A^{\mathrm{e}} \boldsymbol{N}(\boldsymbol{r}) \tag{6-9}$$

取 TM 电磁场的对应关系为

$$\boldsymbol{E}^{\mathrm{m}}(\boldsymbol{r}) = \mathrm{i}\omega\mu_0\mu A^{\mathrm{m}} \boldsymbol{M}(\boldsymbol{r}) \tag{6-10}$$

$$\boldsymbol{H}^{\mathrm{m}}(\boldsymbol{r}) = k A^{\mathrm{m}} \boldsymbol{N}(\boldsymbol{r}) \tag{6-11}$$

式中,A^{e} 、A^{m} 是为无量纲化而引入的系数。

通解可以由 TE 和 TM 电磁场叠加得到。一个完全的 N 阶多极展开(即(6-7)式中的 n 、m 分别依次取 0 到 N)对 TE 和 TM 模分别包含了 $N(N+2)$ 个参数。在多重多极展开方法中,这些参数需要用边界条件来确定。

依照经验,各多极子源之间需要分离足够开。单个多极子最大的可能阶数会受到边界离散度和多极子靠近边界的程度的限制。图 6-13 给出了自由空间中单一散射体的多重多极方法模型。

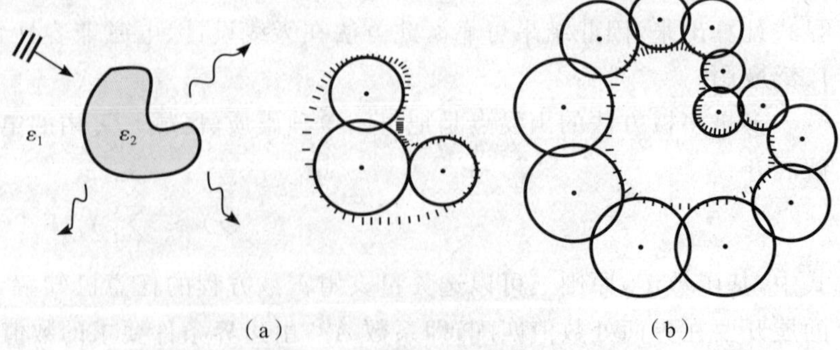

图 6-13　单一散射体的多重多极模型

(a)外部区域的多极子;(b)内部区域的多极子。各个圆示意了各多极子的影响区域。边界已经离散化,短线表示各离散点处的法线方向

由于没有一致的方案，选择一组合适的基函数是多重多极方法最艰难的任务。不过，解的前期信息有助于确定合适的基函数。例如，对于圆柱结构，应该用柱函数展开而不是用多极子展开。通常解的精度可以通过迭代不断提高。基于一定的算法，多极子源的位置和多极子最大的阶次都可以由简单的规则确定。

一旦解得系统的方程并确定参数，任意一点的电磁场可以很快算出，因为得到的解的形式是解析的。值得注意的是，在各区域，麦克斯韦方程组是完全满足的，仅在区域边界处有近似。近似的精确度取决于基函数的选择和求解参数的算法。

（二）体积分方法

小粒子在瑞利散射中通常可以近似为偶极子，其感生偶极矩正比于偶极子所在的局域。只考虑单粒子时，局域场就是入射场。但如果需要考虑大量的粒子，局域场将是入射场和周围粒子散射场的叠加。此时，每一粒子所感受到的局域场都与其他的粒子有关。为了求解问题，需要求解任意数目的相干相互作用粒子的自洽场方程。各粒子并不需要彼此分离，它们可以相连组成宏观物体。这种方法需要对所有偶极中心距求和。当偶极中心距趋于零时，求和变为体积分。因此，这种方法叫体积分方法。

体积分方法可以进一步细分。基于微观角度的方法叫做耦合偶极方法（CDM），基于宏观角度的方法叫做矩方法（MOM）。耦合偶极方法也叫离散偶极近似，矩方法也叫数字化格林函数方法或体积分方程方法。宏观角度和微观角度在物理上和数学上是等价的。这两种方法的主要差别在于，耦合偶极方法从各点的外加场及其激发效应出发，而矩方法则从各点的总场出发。

耦合偶极方法和矩方法都是在多个领域有广泛应用的解麦克斯韦方程组的成熟方法。耦合偶极方法在天文学、气象光学、表面污染物控制等有广泛应用。矩方法最初应用于电磁天线理论，目前在生物学、光散射、近场光学等领域也有应用。

1. 体积分方程

假定参考系统是非磁各向同性的，在没有加入扰动介质时，其介电常数为 $\varepsilon_{\mathrm{ref}}(\boldsymbol{r})$。外加扰动介质后，系统介电常数变为 $\varepsilon(\boldsymbol{r})$，则感生电流密度的体分布为

$$\boldsymbol{j}_{\mathrm{e}}(\boldsymbol{r}) = -\mathrm{i}\omega\varepsilon_0[\varepsilon(\boldsymbol{r}) - \varepsilon_{\mathrm{ref}}(\boldsymbol{r})]\boldsymbol{E}(\boldsymbol{r}) \tag{6-12}$$

定义并矢格林函数为

$$\nabla\times\nabla\times\overleftrightarrow{\boldsymbol{G}}(\boldsymbol{r},\boldsymbol{r}') - k_0^2\varepsilon_{\mathrm{ref}}(\boldsymbol{r})\overleftrightarrow{\boldsymbol{G}}(\boldsymbol{r},\boldsymbol{r}') = \overleftrightarrow{\boldsymbol{I}}\delta(\boldsymbol{r}-\boldsymbol{r}') \tag{6-13}$$

则电磁场可以表示为

$$\boldsymbol{E}(\boldsymbol{r}) = \boldsymbol{E}_0(\boldsymbol{r}) + \frac{\mathrm{i}\omega}{\varepsilon_0 c^2}\int_V \overleftrightarrow{\boldsymbol{G}}(\boldsymbol{r},\boldsymbol{r}')\boldsymbol{j}_{\mathrm{e}}(\boldsymbol{r}')\mathrm{d}V', \quad \boldsymbol{r}\notin V \tag{6-14}$$

$$\boldsymbol{H}(\boldsymbol{r}) = \boldsymbol{H}_0(\boldsymbol{r}) + \int_V [\nabla\times\overleftrightarrow{\boldsymbol{G}}(\boldsymbol{r},\boldsymbol{r}')]\boldsymbol{j}_{\mathrm{e}}(\boldsymbol{r}')\mathrm{d}V', \quad \boldsymbol{r}\notin V \tag{6-15}$$

式中，$\boldsymbol{E}_0$ 和 $\boldsymbol{H}_0$ 是齐次波动方程（$\boldsymbol{j}_{\mathrm{e}}$ 为 0）的解。把 $\boldsymbol{j}_{\mathrm{e}}$ 的表达式代入上述方程就得出 $\boldsymbol{E}$ 和 $\boldsymbol{H}$ 满足的积分方程。这两个积分方程就叫做体积分方程，是多重多极展开的基础。

从微观的角度看，在 $\boldsymbol{r}=\boldsymbol{r}_0$ 处偶极矩为 $\boldsymbol{\mu}_0$ 的电偶极子的电流密度为 $\boldsymbol{j}_{\mathrm{e}}(\boldsymbol{r}) = -\mathrm{i}\omega\boldsymbol{\mu}_0\delta(\boldsymbol{r}-\boldsymbol{r}_0)$。取 $\boldsymbol{E}_0$ 和 $\boldsymbol{H}_0$ 为零（没有外场激发），电磁场可以表示为

$$\boldsymbol{E}(\boldsymbol{r}) = \frac{\omega^2}{\varepsilon_0 c^2}\overleftrightarrow{\boldsymbol{G}}(\boldsymbol{r},\boldsymbol{r}_0)\boldsymbol{\mu}_0 \tag{6-16}$$

$$\boldsymbol{H}(\boldsymbol{r}) = -\mathrm{i}\omega[\nabla\times\overleftrightarrow{\boldsymbol{G}}(\boldsymbol{r},\boldsymbol{r}_0)]\boldsymbol{\mu}_0 \tag{6-17}$$

式中，$\overleftrightarrow{\boldsymbol{G}}(\boldsymbol{r},\boldsymbol{r}_0) = \overleftrightarrow{\boldsymbol{G}}_0(\boldsymbol{r},\boldsymbol{r}_0) + \overleftrightarrow{\boldsymbol{G}}_{\mathrm{s}}(\boldsymbol{r},\boldsymbol{r}_0)$，$\overleftrightarrow{\boldsymbol{G}}_0(\boldsymbol{r},\boldsymbol{r}_0)$ 为自由空间的格林函数，$\overleftrightarrow{\boldsymbol{G}}_{\mathrm{s}}(\boldsymbol{r},\boldsymbol{r}_0)$ 是格林函数的散射部分，对应由于环境的不均匀性而产生的反射或透射场。

把源体积 V 分成 N 份：

$$V = \sum_{n=1}^{N}\Delta V_n \tag{6-18}$$

假定这 N 个体积元足够小，$\boldsymbol{j}_e$ 在每个体积元内可以看作常数：

$$\boldsymbol{j}_e(\boldsymbol{r}) = \boldsymbol{j}_e(\boldsymbol{r}_n), \quad \boldsymbol{r} \in \Delta V_n \tag{6-19}$$

式中，$\boldsymbol{r}_n$ 为 ΔV_n 内任意一点。

如果需要计算的场在源内（$\boldsymbol{r} \in V$），则体积分需要排除包含场点的无限小体积元 V_δ，以去除 $\overleftrightarrow{\boldsymbol{G}}_0$ 在 $\boldsymbol{r} = \boldsymbol{r}'$ 点的奇异性。此时，需要引入张量 $\overleftrightarrow{\boldsymbol{L}}$ 来描述被排除的体积元 V_δ 内的去极化效应，$\overleftrightarrow{\boldsymbol{L}}$ 与 V_δ 的形状有关。

$$\overleftrightarrow{\boldsymbol{L}} = \frac{1}{4\pi}\int_{S_\delta} \frac{\boldsymbol{n}(\boldsymbol{r}')(\boldsymbol{r}-\boldsymbol{r}')}{|\boldsymbol{r}-\boldsymbol{r}'|^3}\mathrm{d}S' \tag{6-20}$$

当 $\boldsymbol{r} \notin \Delta V_n$ 时，ΔV_n 内 $\overleftrightarrow{\boldsymbol{G}}_0$ 可以近似为 $\overleftrightarrow{\boldsymbol{G}}_s(\boldsymbol{r},\boldsymbol{r}_n)$；$\boldsymbol{r} \in \Delta V_n$ 时，不能作这样的近似。定义

$$\overleftrightarrow{\boldsymbol{M}} = \lim_{\delta\to 0}\int_{\Delta V_n - V_\delta} \overleftrightarrow{\boldsymbol{G}}_0(\boldsymbol{r},\boldsymbol{r}')\mathrm{d}V' \tag{6-21}$$

则电场满足的 N 个矢量方程为

$$\begin{aligned}\boldsymbol{E}(\boldsymbol{r}_k) = {} & \boldsymbol{E}_0(\boldsymbol{r}_k) + \frac{\mathrm{i}\omega}{\varepsilon_0 c^2}\left[\overleftrightarrow{\boldsymbol{M}}(\boldsymbol{r}_k) - \frac{\overleftrightarrow{\boldsymbol{L}}(\boldsymbol{r}_k)}{k_0^2\varepsilon_{\mathrm{ref}}(\boldsymbol{r}_k)} + \Delta V_k\overleftrightarrow{\boldsymbol{G}}_s(\boldsymbol{r}_k,\boldsymbol{r}_k)\right]\boldsymbol{j}_e(\boldsymbol{r}_k) + \\ & \frac{\mathrm{i}\omega}{\varepsilon_0 c^2}\sum_{\substack{n=1\\ n\neq k}}^{N}\overleftrightarrow{\boldsymbol{G}}(\boldsymbol{r}_k,\boldsymbol{r}_n)\boldsymbol{j}_e(\boldsymbol{r}_n)\Delta V_n, \qquad k = 1,\cdots,N\end{aligned} \tag{6-22}$$

这 N 个矢量方程是矩方法和耦合偶极方 N 法的基础。其中第二项表示体积元 ΔV_k 和自身的相互作用，第三项表示 ΔV_k 和其他体积元的相互作用。当 ΔV_k 趋于 0 时，$\overleftrightarrow{\boldsymbol{M}}(\boldsymbol{r}_k)$ 也趋于 0 而可以忽略，但 $\overleftrightarrow{\boldsymbol{L}}(\boldsymbol{r}_k)$ 并不随 ΔV_k 趋于 0 而趋于 0。

2. 矩方法

矩方法考虑每一空间点实际存在的场，场 $\boldsymbol{E}(\boldsymbol{r}_k)$ 由(6-22)式给出。把电流密度的表达式

$$\boldsymbol{j}_e(\boldsymbol{r}) = -\mathrm{i}\omega\varepsilon_0[\varepsilon(\boldsymbol{r}) - \varepsilon_{\mathrm{ref}}(\boldsymbol{r})]\boldsymbol{E}(\boldsymbol{r}) = -\mathrm{i}\omega\varepsilon_0\Delta\varepsilon(\boldsymbol{r})\boldsymbol{E}(\boldsymbol{r}) \tag{6-23}$$

代入(6-22)式，可以得到

$$\boldsymbol{E}_0(\boldsymbol{r}_k) = \sum_{n=1}^{N}\overleftrightarrow{\boldsymbol{A}}_{kn}\boldsymbol{E}(\boldsymbol{r}_n), \qquad k = 1,\cdots,N \tag{6-24}$$

其中

$$\begin{aligned}\overleftrightarrow{\boldsymbol{A}}_{kn} = {} & \left[\overleftrightarrow{\boldsymbol{I}} - \left[k_0^2\overleftrightarrow{\boldsymbol{M}}(\boldsymbol{r}_k) - \frac{\overleftrightarrow{\boldsymbol{L}}(\boldsymbol{r}_k)}{\varepsilon_{\mathrm{ref}}(\boldsymbol{r}_k)} + \Delta V_k k_0^2\overleftrightarrow{\boldsymbol{G}}_s(\boldsymbol{r}_k,\boldsymbol{r}_k)\right]\Delta\varepsilon(\boldsymbol{r}_k)\right]\delta_{kn} - \\ & \left[\Delta V_n k_0^2\overleftrightarrow{\boldsymbol{G}}(\boldsymbol{r}_k,\boldsymbol{r}_n)\Delta\varepsilon(\boldsymbol{r}_k)\right](1-\delta_{kn})\end{aligned} \tag{6-25}$$

把(6-24)式回代入(6-22)式，可以得到 $\overleftrightarrow{\boldsymbol{A}}_{kn}$ 满足的条件，并可以用数值方法进一步求解。由于 $\boldsymbol{E}$ 是矢量，(6-24)式实际上是 $3N$ 个未知数组成的线性方程组。找到这种大型线性方程组的有效算法是矩方法的难点所在。

3. 耦合偶极方法

和矩方法相比，耦合偶极方法考虑各体积元内的激发场。激发场和激发场和式(6-22)的 $\boldsymbol{E}$ 是不一样的。一个给定的体积元的激发场 $\boldsymbol{E}_{\mathrm{exc}}$ 满足方程

$$\begin{aligned}\boldsymbol{E}_{\mathrm{exc}}(\boldsymbol{r}_k) = {} & \boldsymbol{E}_0(\boldsymbol{r}_k) + \frac{\mathrm{i}\omega}{\varepsilon_0 c^2}\Delta V_k\overleftrightarrow{\boldsymbol{G}}_s(\boldsymbol{r}_k,\boldsymbol{r}_k)\boldsymbol{j}_e(\boldsymbol{r}_k) + \\ & \frac{\mathrm{i}\omega}{\varepsilon_0 c^2}\sum_{\substack{n=1\\ n\neq k}}^{N}\overleftrightarrow{\boldsymbol{G}}(\boldsymbol{r}_k,\boldsymbol{r}_n)\boldsymbol{j}_e(\boldsymbol{r}_n)\Delta V_n, \qquad k = 1,\cdots,N\end{aligned} \tag{6-26}$$

跟式(6-22)比较，$\overleftrightarrow{\boldsymbol{M}}$、$\overleftrightarrow{\boldsymbol{L}}$定义的是直接相互作用，而上式中 $\overleftrightarrow{\boldsymbol{G}}_s$ 定义的是间接相互作用。

假定微观极化率为 $\overleftrightarrow{\alpha}_k$，则在体积元 ΔV_k 内产生的偶极矩 μ_k 与 $\boldsymbol{E}_{\mathrm{exc}}(\boldsymbol{r}_k)$ 的关系为

$$\mu_k = \overleftrightarrow{\alpha}_k \boldsymbol{E}_{\text{exc}}(\boldsymbol{r}_k) \tag{6-27}$$

从而电流密度为

$$\boldsymbol{j}_{\text{e}}(\boldsymbol{r}_k) = -\frac{\mathrm{i}\omega}{\Delta V_k}\mu_k \tag{6-28}$$

代入(6-26)式,假设

$$\boldsymbol{E}_0(\boldsymbol{r}_k) = \sum_{n=1}^{N} \overleftrightarrow{\boldsymbol{B}}_{kn} \boldsymbol{E}_{\text{exc}}(\boldsymbol{r}_n), \qquad k = 1,\cdots,N \tag{6-29}$$

则 $\overleftrightarrow{\boldsymbol{B}}_{kn}$ 可表示为

$$\overleftrightarrow{\boldsymbol{B}}_{kn} = \left[\overleftrightarrow{\boldsymbol{I}} - \frac{\omega^2}{\varepsilon_0 c^2}\overleftrightarrow{\boldsymbol{G}}_{\text{s}}(\boldsymbol{r}_k,\boldsymbol{r}_k)\overleftrightarrow{\alpha}_k\right]\delta_{kn} - \left[\frac{\omega^2}{\varepsilon_0 c^2}\overleftrightarrow{\boldsymbol{G}}(\boldsymbol{r}_k,\boldsymbol{r}_n)\overleftrightarrow{\alpha}_n\right](1-\delta_{kn}) \tag{6-30}$$

矩方法和耦合偶极方法的等价性给出微观极化率 $\overleftrightarrow{\alpha}_k$ 的表达式为

$$\overleftrightarrow{\alpha}_k = \Delta V_k \varepsilon_0 \Delta\varepsilon(r_k)\left\{\overleftrightarrow{\boldsymbol{I}} - \left[k_0^2\overleftrightarrow{\boldsymbol{M}}(\boldsymbol{r}_k) - \frac{\overleftrightarrow{\boldsymbol{L}}(\boldsymbol{r}_k)}{\varepsilon_{\text{ref}}(\boldsymbol{r}_k)}\right]\Delta\varepsilon(\boldsymbol{r}_k)\right\}^{-1} \tag{6-31}$$

知道了微观极化率 $\overleftrightarrow{\alpha}_k$,空间任意一点的激发场就可以通过求解自洽场方程得出。

由激发场可以通过下式得到总场:

$$\boldsymbol{E}_{\text{exc}}(\boldsymbol{r}_k) = \left\{\overleftrightarrow{\boldsymbol{I}} - \left[k_0^2\overleftrightarrow{\boldsymbol{M}}(\boldsymbol{r}_k) - \frac{\overleftrightarrow{\boldsymbol{L}}(\boldsymbol{r}_k)}{\varepsilon_{\text{ref}}(\boldsymbol{r}_k)}\right]\Delta\varepsilon(\boldsymbol{r}_k)\right\}\boldsymbol{E}(\mathrm{r}_k) \tag{6-32}$$

需要强调的是,在散射体的外部,$\boldsymbol{E}_{\text{exc}}$ 和 $\boldsymbol{E}$ 是一致的。

第三节　纳米光子材料

一、量子限制——周期性带隙结构

(一)半导体的色散关系[2]

半导体晶体是由周期性排列的原子组成的。在块状半导体材料中,电子的运动是自由的,但是受到周期性的原子核的库仑引力作用(周期势作用)。解薛定谔方程可以得到电子的能量-动量曲线(色散关系),如图6-14所示。可见电子的能带被分裂成上下两个带——导带和价带。其间的能量间隔称为带隙,用 E_g 表示,它对于半导体的电学和光学性质起着重要的作用。

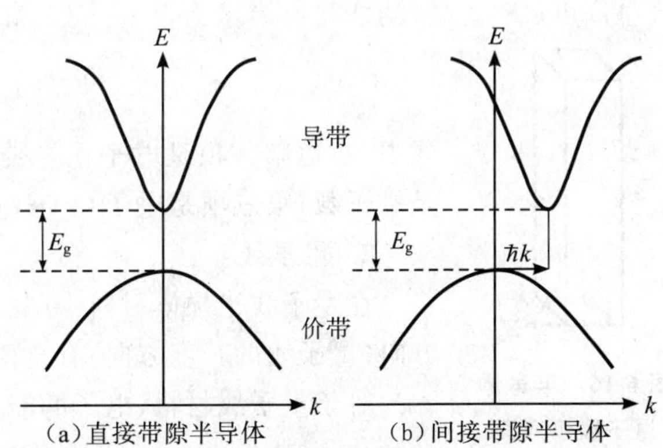

图 6-14　半导体的色散关系图

现在讨论直接带隙半导体的色散关系。半导体介质在无外界激发的最低能量状态下,价带全部被电子占满,而导带空着。在热激发、光激发或外电场激发(电流注入)下,一个带负电的电子被激发到导带,同时在价带留下一个带正电的空穴。进入导带的电子和留在价带的空穴,可以分别在导带和价带中自由运动。处在导带底的电子能量为

$$E_{\text{CB}} = E_{\text{C}}^0 + \frac{\hbar^2 k^2}{2m_{\text{e}}^*} \tag{6-33}$$

式中,右边前一项 E_{C}^0 是导带底的电子势能项,后一项是电子的动能,其中 m_{e}^* 是电子在导带中的有效质量,k 是电子的波矢,$\hbar k$ 是电子的动量。类似地,处于价带顶的空穴的能量是

$$E_{\text{VB}} = E_{\text{V}}^0 + \frac{\hbar^2 k^2}{2m_{\text{h}}^*} \tag{6-34}$$

式中,$E_{\text{V}}^0 = E_{\text{C}}^0 - E_g$,$m_{\text{h}}^*$ 是空穴在价带中的有效质量。(6-33)式和(6-34)式分别表明了电子或空穴的色散

关系，是 $E-k$ 关系抛物线型的。

半导体按带隙特性的不同分类，可分为直接带隙半导体(GaAs，InP，CdS 等)和间接带隙半导体(Si，Ge，GaP 等)两类。图 6-14(a)是直接带隙半导体的色散关系曲线，可见其导带底与价带顶处于同一 k 值上。6-14(b)是间接带隙半导体的色散关系，其导带底与价带顶不在同一 k 值上。

对间接带隙半导体，电子要实现在导带和价带之间的跃迁，需要靠声子的吸收或辐射来产生动量 $\hbar k$ 的变化，以满足动量守恒：电子在导带的动量等于电子在价带的动量与声子的动量之和。但是声子的波长远大于电子的波长，因此声子的波矢和动量很小，很难满足动量守恒的要求，因而靠电子在导带和价带间的跃迁实现光辐射是十分困难的，所以一般的间接带隙半导体(如 Si)不能发射荧光。而直接带隙半导体材料(如 GaAs)，可以发射荧光。

(二)半导体的量子限制结构

量子限制半导体(如量子阱、量子线和量子点)与普通半导体材料相比，其光学性质有很大的不同。自从 1970 年提出半导体量子阱的概念以后，开始了低维量子限制材料人工设计和制备的新阶段。

1. 量子阱

量子阱是一窄带隙半导体薄层夹在两宽带隙半导体层间的一种结构，如在两 $Al_xGa_{1-x}As$ 层间夹一 GaAs 薄层(厚度小于电子的德布罗意波长)，构成双异质结单量子阱如图 6-17 所示。

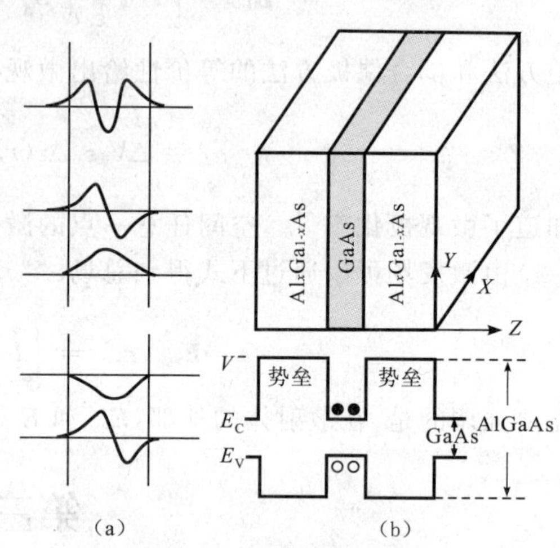

图 6-15 半导体量子阱示意图

(a)量子阱中电子(上图)和空穴(下图)的波函数；(b) $GaAs/Al_xGa_{1-x}As$ 量子阱结构图

两种半导体材料的带隙之差形成了一个势阱，把电子和空穴约束在窄带半导体材料区域之内，造成沿厚度(z)方向的一维约束；在另两个方向(x,y)电子可自由运动。电子和空穴在势阱中的能量沿 z 方向是量子化的，见图 6-15(a)。电子在导带中低于势垒高度($E<V$)的能量可表示为

$$E_{n,k_x,k_y}=E_C+\frac{nh^2}{8m_e^* l^2}+\frac{\hbar^2(k_x^2+k_y^2)}{2m_e^*} \tag{6-35}$$

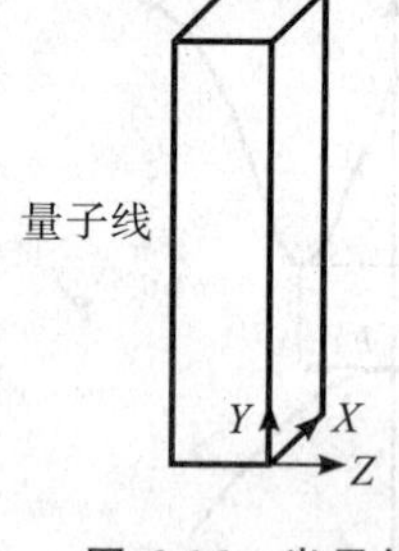

图 6-16 半导体量子线示意图

式中，右边第一项是电子在导带底的能量；第二项是电子的量子化能量，$n=1,2,3,\cdots$ 是量子数；第三项是电子在 (x,y) 平面内的动能。

2. 量子线

在量子线半导体材料中(见图 6-16)，电子与空穴在 x、z 方向被两维约束，只有在 y 方向(量子线的长度方向)有自由电子行为。

对于量子线材料，电子的能量表示为

$$E_{n,k_x,k_y}=E_C+\frac{n_x^2h^2}{8m_e^* l_x^2}+\frac{n_z^2h^2}{8m_e^* l_z^2}+\frac{\hbar^2 k_y^2}{2m_e^*} \tag{6-36}$$

式中，右边第一项是电子在导带底的能量；第二项和第三项是电子的量子化能量，n_x 和 n_z 取整数，为沿 x 和 z 方向相应的量子数；第四项是电子沿 y 方向的动能。

3. 量子点

量子点属于载流子被三维约束的情况，也就是电子被约束在一个三维量子箱中，如图 6-17 所示。

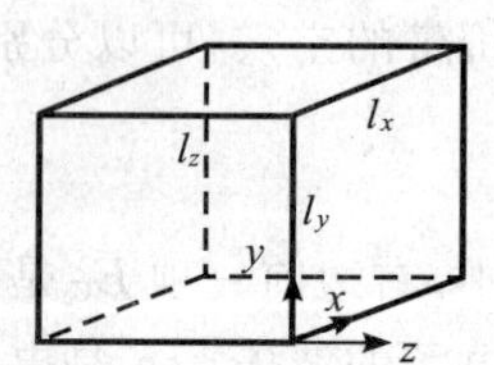

图 6-17 半导体量子点示意图

量子点的线性尺寸范围从几个纳米到几十纳米，其尺寸小于电子的德布罗意波长($\lambda_d=h/\sqrt{2m^*E}$)。量子点中的电子能量是分立的，即

$$E_n=\frac{h^2}{8m_e}\left[\left(\frac{n_x}{l_x}\right)^2+\left(\frac{n_y}{l_y}\right)^2+\left(\frac{n_z}{l_z}\right)^2\right] \tag{6-37}$$

式中，n_x、n_y、n_z 取整数，分别表示沿 x、y、z 轴轴向的量子数；l_x、l_y、l_z 分别表示量子箱空间的三维长度。

由于量子点的量子化能级间距与该方向的特征长度的平方成反比，随着该方向的尺寸减小，量子化能级间距增大。控制量子点的几何形状和尺寸可改变其电子态结构，从而改变量子点器件的电学和光学性质。

量子点的量子效应很多，如量子尺寸、量子隧穿、库仑阻塞、量子干涉、多体关联等。量子点使半导体的非线性光学效应大大增强。量子点非线性光学效应的内容很丰富，如相空间填充、带隙重整化、双激子的形成、量子限制斯塔克效应等。这使得量子点在微电子、光电子器件、超大规模集成、超高密度光存储以及量子计算等方面的应用潜力很大。现在研制出的量子点激光器具有低阀值、高特征温度等优异性能，正是应用了量子点的独特的性质。

4. 态密度

我们还可以用态密度来描述量子限制现象。态密度 $D(E)$ 定义为 $\mathrm{d}n(E)/\mathrm{d}E$，即在能量 E 和 $E+\mathrm{d}E$ 之间的能态数。

对于半导体双异质结体材料，电子的态密度为

$$D(E) \propto \sqrt{E} \tag{6-38}$$

在导带底的电子的态密度为 $D(E)=0$，$D(E)$ 随电子能量的增加而平方地加大，如图 6-18(a)所示。

随着双异质结结构的中间有源层厚度的减小到可以与德布罗意波长相比时，就变成量子阱结构，如图 6-18(b)所示。由于沿 z 方向的能级是分立的，其态密度函数是阶梯形。每一个阶梯对应一个电子的子带，其态密度是一个常数：

$$D(E) = m_e^* / \pi^2 \tag{6-39}$$

不同阶梯之间的态密度差值由各子带的有效质量 m_e^* 的差值决定。

对量子线，电子在 x、y 方向上的运动同时受到限制，其态密度为

$$D(E) \propto \sqrt{E - E_{n_x, n_y}} \tag{6-40}$$

如图 6-18(c)所示。

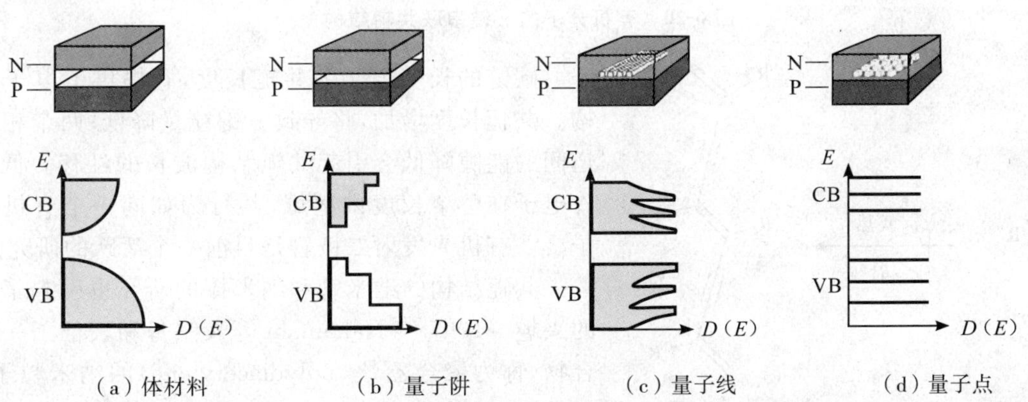

图 6-18　双异质结半导体的能态密度与能级的关系

CB 为导带，VB 为价带，D(E)为态密度

对量子点，载流子受到三维限制，其态密度函数将变成近似于 δ 函数的形状，如图 6-18(d)所示，这意味着量子点中的载流子将分布在分立的能级上。此时态密度变成

$$D(E) \propto \sum_{E_n} \delta(E - E_n) \tag{6-41}$$

分立的态密度值导致量子点尖锐的吸收谱和发射谱。

（三）多量子阱

多量子阱(MQW)一般是多个量子阱的周期性组合，它是由宽禁带材料的薄层和窄禁带材料的薄层沿生长方向(约束方向)交替生长而成，每层厚度约几十纳米。例如 GaAs/AlGaAs 多量子阱，它是由窄禁带的 GaAs 层(厚约 33 nm)和宽禁带的 AlGaAs 层(厚约 40 nm)交替构成，如图 6-19 所示。

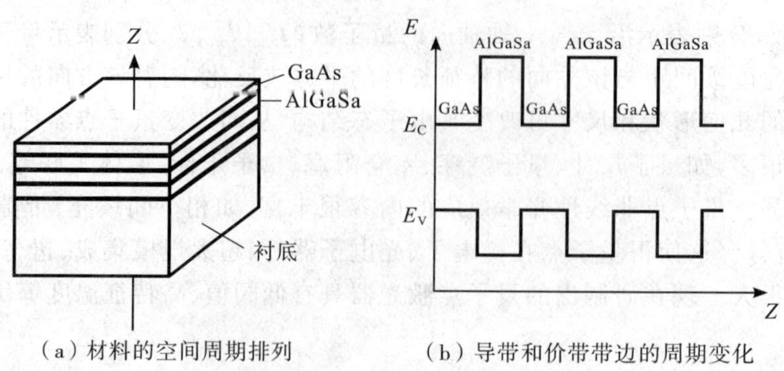

（a）材料的空间周期排列　　（b）导带和价带带边的周期变化

图 6-19　半导体 GaAs/AlGaAs 多量子阱

（四）有机材料的量子限制结构

在有机结构中电子的离域化，类似于半导体中的自由电子，这来自共轭分子和聚合物类有机化合物的 π 键的键合作用[2]。这些共轭分子含有单键或多键。根据有关分子键合的分子轨道理论，两个原子间的单共价键是通过两个原子的原子轨道（波函数）的轴向交叠形成的，称之为 σ 键。另一种键，包括两个原子间的 1 对键或 3 个键，它们通过键合原子的 p 方向原子轨道的横向交叠形成的，称之为 π 键。π 键所包含的电子称为 π 电子。图 6-20 给出了有机分子 π 键串联的结构。乙烯（Ethene）、丁二烯（Butadiene）和已三烯（Hexatriene）是分别包含 1 个、2 个和 3 个双键（π 键）的共轭结构的例子。

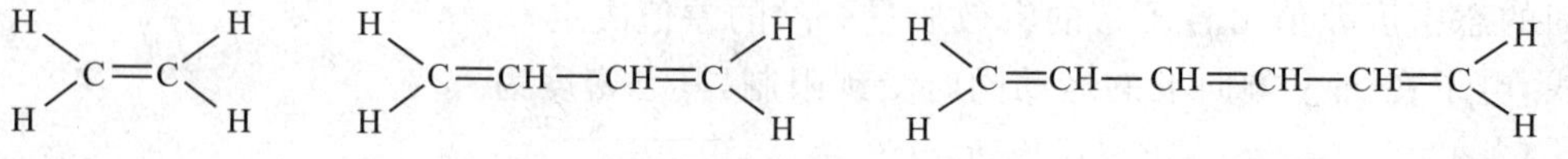

$H_2C=CH_2$　　$H_2C=CH-CH=CH_2$　　$H_2C=CH-CH=CH-CH=CH_2$

（a）乙烯（一个π键）　（b）丁二烯（二个 π 键）　（c）已三烯（三个 π 键）

图 6-20　有机分子的 π 键串联共轭结构

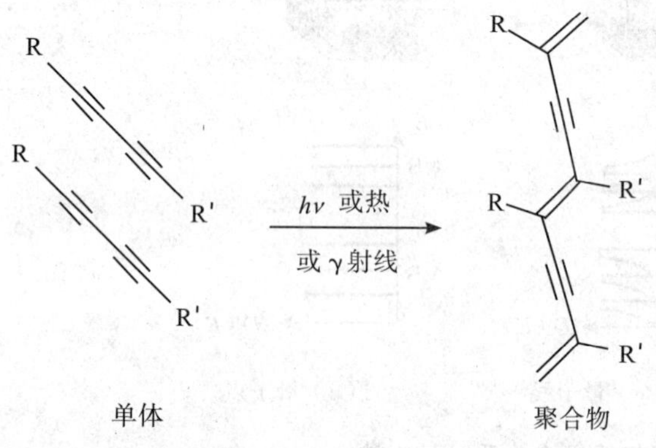

图 6-21　光、热、射线诱导下从单体聚合为聚合乙炔的纳米粒子

碳链的长度定义为共轭长度，它提供了电子离域的结构。共轭长度增加，将导致 π 键能量降低；两个相连的 π 轨道间的能隙降低会引起共轭结构波长的红移。低聚合物容许电子在整个长度内离域，其行为如同一个有机的纳米量子线。有机光发射二极管是目前一个活跃的研究领域。

共轭结构的纳米管和纳米棒的研究也引起了人们很大的兴趣。1997 年 Nakanishi 等人制备和表征了一种共轭聚合物，称为聚合乙炔（polydiacetylene）的纳米粒子，可看作是量子点的有机类似物。在紫外光、γ 射线及热的诱导下，单体聚合为纳米晶体（尺寸小于 200 nm），如图 6-21 所示。人们发现，当尺寸减小时吸收峰会向短波移动。

类似半导体量子阱的有机材料早就开始研究，对于二维共轭结构，可用真空淀积方法形成被势垒区隔离的活性势阱层，所用材料如属于脂肪族（aliphatic）的多环大分子卟啉（porphyrin）。另一种方法是用 L-B（Langmuir-Blodgett）膜技术成膜。

（五）量子限制材料的光学性质

1. 线性光学性质

量子限制材料的光学性质主要取决于组成材料的分子或原子在外界激发下的跃迁过程。电子从低能级向高能级的跃迁往往伴随着光吸收现象，而电子从高能级向低能级的跃迁过程则可能伴随着电子和空穴的复合导致的荧光辐射现象。由于量子限制材料存在着两种跃迁过程：电子在价带和导带间的跃迁和电子在势阱中的量子化能级间的跃迁，因此有两种光吸收过程：带间跃迁光吸收和带内跃迁光吸收。由于一般处在高能级的电子的寿命比处在低能级的电子的寿命短得多，在外界激发下可能发生从高能级向低能级的跃迁，实现电子与空穴的复合，以发射荧光的形式释放多余的能量。根据激发发光的方式不同可分为两种发光机制：电致荧光(EL)和光致荧光(PL)。荧光辐射是产生荧光和激光光源的基础。上述伴随着电子跃迁的两种光吸收和两种荧光辐射过程见图 6-22 中的说明。

半导体量子点中电子和空穴复合发光的主要途径有：

1)电子和空穴直接复合，产生激子态(电子-空穴对)发光。当价带上的电子激发到导带上时，导带中的电子和价带中的空穴由库仑引力配对形成激子态而使能量降低。激子寿命比较长，辐射的谱线很尖锐。

2)通过表面缺陷态间接复合发光。在材料的表面存在着许多表面缺陷态，当量子点材料受光的激发，光生载流子以极快的速度受限于表面缺陷态而产生表面态发光。量子点的表面越完整，表面对载流子的捕获能力就越弱，表面态发光就越弱。

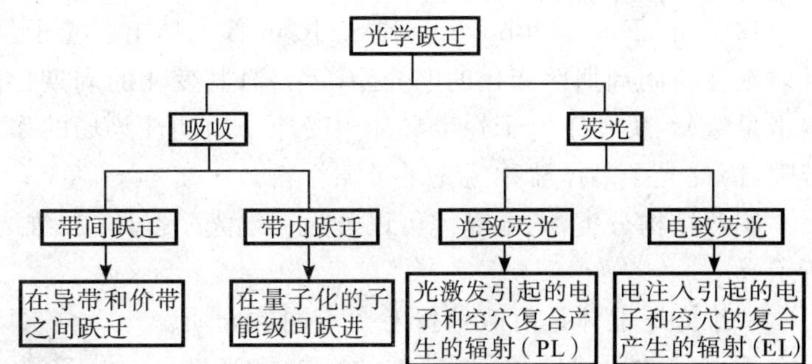

图 6-22　在量子限制材料中伴随着电子跃迁的两种光吸收和两种荧光辐射过程

3)通过杂质能级发光。当半导体量子点材料受光的激发，光生载流子从导带跃迁于杂质能级，再与价带的空穴复合，同时辐射光。

半导体量子点显示出独特的发光特性：

1)量子点材料所发出的光的波长取决于半导体量子点的尺寸，尺寸越小，发射光的波长越短(蓝移)。通过改变半导体量子点的尺寸和它的化学组成可以使其荧光发射波长覆盖整个可见光区。

2)量子点中激子辐射的谱线很尖锐，犹如原子光谱一般，所以半导体量子点具有较大的斯托克斯位移和较窄而且对称的荧光谱峰(半峰值宽度只有 40 nm)，这样可以同时使用不同光谱特征的量子点，而发射光谱不出现交叠。

3)量子点具有较高的发光效率。如果在半导体量子点的表面上包覆一层其他的无机材料，可以对核心进行保护和提高发光效率。有报道，在 CdSe 量子点的表面包覆一层 CdS 可以使量子产率达到 50%，大大提高了发光稳定性。

2. 非线性光学性质

由于量子点、量子线和量子阱材料对载流子的量子限域效应，存在着比一般材料更强的二阶和三阶非线性光学效应。现将两种典型的非线性效应：斯塔克效应(二阶非线性效应)和克尔效应(三阶非线性效应)，简述如下：

1)斯塔克效应就是电光效应。在量子限制材料上施加外电场(静电场)，会引起材料的能级移动或光谱移动。

2)克尔效应就是光致折射率变化效应。以强光(激光)作用在量子限制材料上，除引起光吸收变化($\Delta\alpha$)之外，还会引起材料的折射率发生变化：$n = n_0 + \Delta n$ 。非线性折射率变化 Δn 与激光的功率成正比：

$$n = n_0 + \Delta n = n_0 + n_2 \frac{P}{S} \tag{6-42}$$

式中，n_0 是材料的线性折射率，n_2 是材料的非线性折射率系数，P 是激光功率，S 是材料中光束的横截面积(或光波导的有效横截面积)。

因为决定材料非线性折射率变化的非线性折射率系数 n_2 不容易直接测出，而材料的非线性吸收系数变化比较容易通过吸收光谱测出，然后利用表征非线性折射率变化和非线性吸收系数变化关系的 Kramer-Kroning 关系，从 $\Delta\alpha$ 求出 Δn ：

$$\Delta n(\omega) = \frac{c}{\pi}\, \mathrm{p.\,v.} \int_0^{\alpha} \frac{\Delta\alpha(\omega')}{\omega'^2 - \omega^2} \mathrm{d}\omega' \tag{6-43}$$

式中，p. v. 表示主值积分，c 为光速，ω 是光的圆频率。

二、光子晶体——周期性折射率结构

(一)光子晶体的基本概念[3],[4]

1987 年，E. Yablonovitch 和 S. John 首先提出了光子晶体(photonic crystals，PC)的概念。光子晶体是折射率在空间周期性变化的电介质微结构，其变化的周期(介质厚度)与光波长的量级相同(对可见光，为百纳米量级)。类似于电子在半导体中受原子周期性势场的作用而存在禁带或带隙一样，光子晶体中也存在着带隙，因此光子晶体被称为光子带隙材料。

按照结构分类，光子晶体可以分为一维光子晶体、二维光子晶体和三维光子晶体，它们的结构如图 6-23 所示。

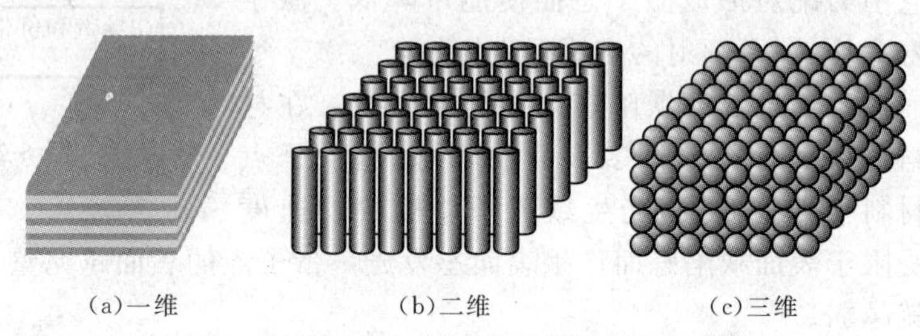

图 6-23 具有周期性结构的光子晶体的结构图

一维光子晶体是由两种折射率不同的介质层交叠而成的层状结构，如二维的布拉格光栅和多层介质膜构成的反射镜，并在半导体激光器中得到广泛的应用。二维光子晶体是两种折射率不同的材料在二维方向周期性交替排列构成的，例如由一堆电介质的圆柱体(或方柱体)组成，其间的空隙柱是另一种折射率材料(或空气)。如光子晶体光纤就是这样形成的。三维光子晶体是两种折射率不同的材料在三维方向周期性交替排列构成的，例如大量球形颗粒(或六面体晶胞)组成一个三维空间面心立方体(或体心立方体)，其空隙是用另一种折射率材料(或空气)填充，被称为蛋白石(opal)结构。

光子晶体如同具有原子周期性排列的半导体晶体一样，具有能带结构。在光子晶体中传播的光波的色散曲线具有带状结构，带与带之间存在“光子禁带(或带隙)”，如图 6-24 所示。

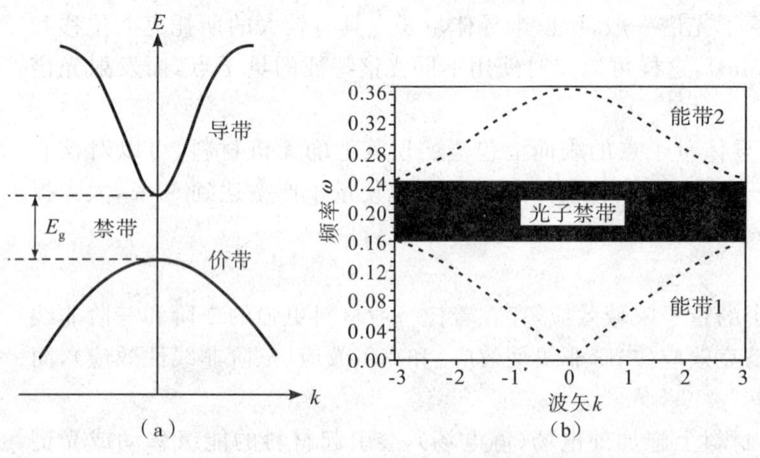

图 6-24 两种周期性结构的禁带比较

(a)半导体服从由 Schrödinger 方程所确定的色散关系(E-k 关系)；(b)光子晶体服从由 Maxwell 方程所确定的色散关系(ω-k 关系)

如同不容许处于禁带的电子自由运动一样，处于禁带波长范围的光子也不容许在光子晶体中传播。一维光子晶体仅对沿介质折射率周期变化的方向传播的光有光子禁带，即处于禁带波长的光在该特定方向上被禁止传播；二维光子晶体则在具有周期结构的平面内出现光子禁带，处于禁带波长的光在该平面上被禁止传播；三维光子晶体是具有完全光子禁带的光子晶体，处于禁带中的光在任何方向都被禁止传播。

光子晶体的光子禁带是否明显存在，主要取决于三个因素：①两种介质的折射率(或介电常数)的差值大小；②两种介质的填充比(最大填充比为 1)；③光子晶体的晶格结构。介电常数差值越大的光子晶体材料越容易出现光子禁带。由于半导体材料具有较高的介电常数，半导体介质与空气之间具有很大的折射率差，因此半导体材料成为光子晶体材料的主要候选者。

总之，光子晶体的基本特征是具有光子禁带(或光子带隙)。光子晶体还有一个重要特征，是光子晶体中“缺陷”的存在。当在光子晶体中引入缺陷时，会在禁带中产生一个频宽极窄的局域的缺陷态，见图 6-25。具有缺陷态波长的光子将被局限在缺陷的位置上，而偏离缺陷波长的光子将被快速衰减。

光子晶体的缺陷有点缺陷和线缺陷两种。对线缺陷，光只能沿线缺陷延伸的方向传播，而在垂直于线缺陷的平面的各方向上，光的传播被限制，就像一个条形光波导。对点缺陷，光就像被全反射墙包围起来一样，被“俘获”在点缺陷所在的位置上，无法从任何一个方向向外传播，相当于存在着一个微腔。也就是说，在光子晶体中引入一个点缺陷，可以构成一个高品质的谐振腔；在光子晶体中引入线缺陷，可以构成一个光波导，见图 6-26。

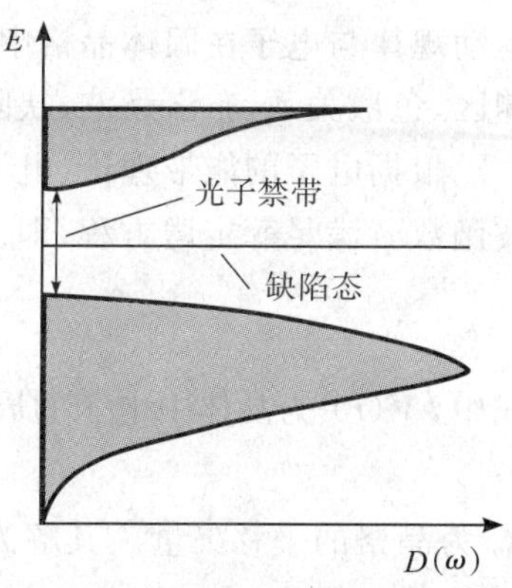

图 6-25　存在于光子禁带中的光子晶体的缺陷态

在光子晶体的结构中引入线缺陷，原来在完整光子晶体中被禁止的光便沿着线缺陷传播，这就形成了光子晶体光波导。相对于传统的介质波导，光子晶体波导具有一些独特的性质：光子晶体波导的尺寸可以是波长的数量级，这使光子晶体波导的集成更为容易；光子晶体波导的拐弯角度可以很小，不仅对直线路径有很高的传输效率，而且对转角也有很高的传输效率；光在光子晶体中可以无损耗传播；等等。

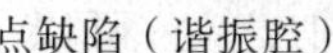

图 6-26　光子晶体的点缺陷和线缺陷分别形成的光学谐振腔和光波导

光子晶体波导与光纤的高效耦合是器件应用的关键问题之一，为了实现两者之间的有效耦合，要求它们的模式分布和传播常数有好的匹配。但是，光子晶体器件由于体积小，缺陷通道的横向尺寸在亚微米量级，比普通光纤的芯径小几个数量级，如果直接耦合，效率非常低，且难以对准。为了解决两者的模场失配，通常采用 J 形耦合和锥形耦合两种方式。

J 形耦合是把光束经过 J 形高反射镜面反射，引入波导，耦合到光子晶体的缺陷通道中，如图 6-27 所示。理论计算耦合效率可达 90%，实测值高于 50%。这种耦合方式的优点是波导和光子晶体可做在同一基底上，一次成型，便于加工，但是对于反射面的设计和加工工艺的要求很高。

锥形耦合是逐渐把光纤波导的芯径变细（或逐渐把光子晶体的缺陷变窄），如将波导直接做成锥形插入光子晶体缺陷通道中，如图 6-28 所示。这种耦合方式的耦合效率与锥形的宽度 W、锥形的长度 l 以及锥形粗端与光子晶体边缘的距离 d 有关。

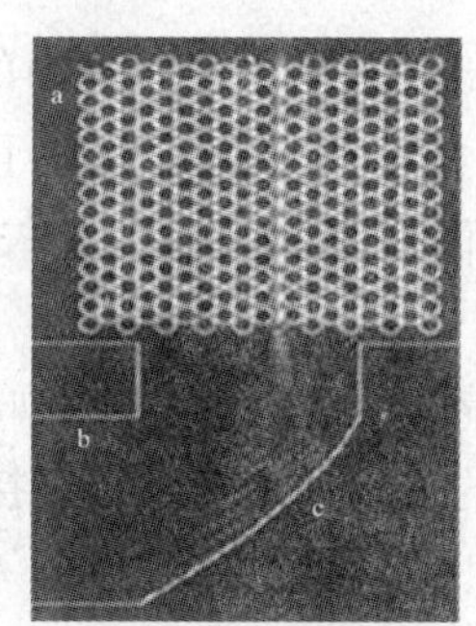

图 6-27　光子晶体耦合结构示意图

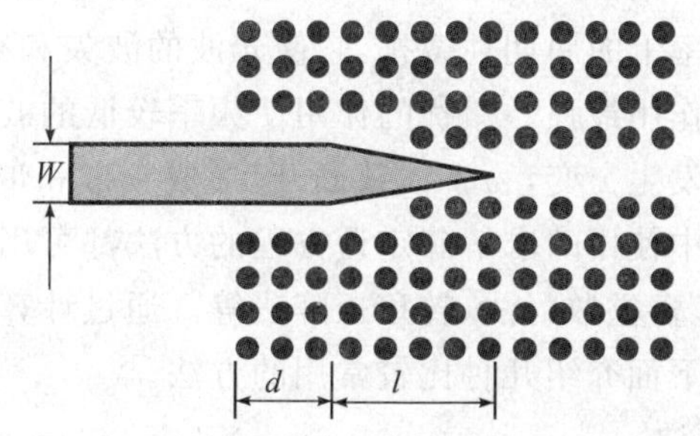

图 6-28　锥形耦合结构示意图

Pierre Pottier 等人在理论上提出了一种新型的孔状光子晶体锥，如图 6-29 所示。理论分析指出，这种结构可以把入射光的 98.4%耦合到信道波导中去。用半导体外延结构实现这种锥形的实验结果表明，其耦合效率可达 90%。

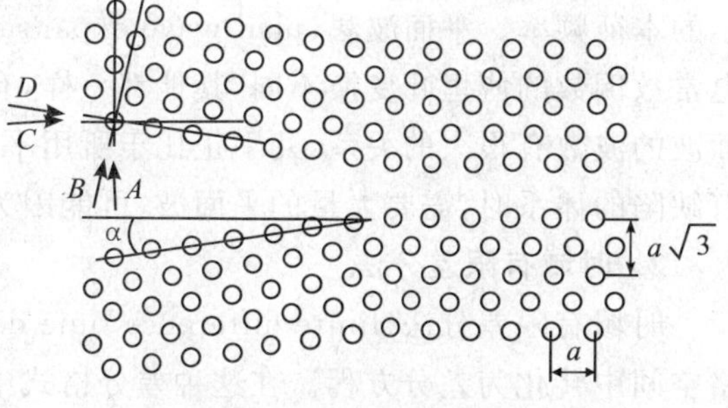

图 6-29　孔状光子晶体锥

（二）光子晶体的理论[5]

光子晶体是一种人工设计的周期性结构，由不同折射率的介质按周期性交替排列构成的。由于光子在光子晶体中的运动规律与电子在固体晶格中的运动规律类似，人们通过类比套用了许多固体物理的概念，如倒格子、布里渊区、色散关系、布洛赫波、缺陷态等来讨论光子的运动规律。

根据电子的能带理论，电子的运动近似地被看成是单个电子在一个等效的周期性势场中的运动，电子的波函数 ψ 满足薛定谔方程，即

$$\left[-\frac{\hbar^2}{2m}\nabla^2+V(\boldsymbol{r})\right]\psi(\boldsymbol{r})=E_c\psi(\boldsymbol{r}) \tag{6-44}$$

式中，$V(\boldsymbol{r})$ 为晶体中电子的周期势。

$$V(\boldsymbol{r})=V(\boldsymbol{r}+\boldsymbol{R}_n) \tag{6-45}$$

$\boldsymbol{R}_n$ 为晶格的平移矢量。其解为布洛赫函数：

$$\psi(\boldsymbol{r})=u(\boldsymbol{r})e^{i\boldsymbol{k}\cdot\boldsymbol{r}} \tag{6-46}$$

振幅为

$$u(\boldsymbol{r})=u(\boldsymbol{r}+\boldsymbol{R}_n) \tag{6-47}$$

频率为 ω 的光波在晶体中传播时，它的电矢量 $\boldsymbol{E}$ 所满足的亥姆霍兹方程为

$$-\nabla^2\boldsymbol{E}(\boldsymbol{r})+\nabla[\nabla\cdot\boldsymbol{E}(\boldsymbol{r})]-\frac{\omega^2}{c^2}\varepsilon(\boldsymbol{r})\boldsymbol{E}(\boldsymbol{r})=\frac{\omega^2}{c^2}\varepsilon_0\boldsymbol{E}(\boldsymbol{r}) \tag{6-48}$$

其中

$$\varepsilon(\boldsymbol{r})=\varepsilon(\boldsymbol{r}+\boldsymbol{R}'_{\rm n}) \tag{6-49}$$

式中，ε_0 是介质的平均介电常数，$\varepsilon(\boldsymbol{r})$ 为周期变化的介电函数。比较(6-48)式和(6-44)式的相似之处，可以建立对应于电子周期势 $V(\boldsymbol{r})$ 的折射率周期势 $(\omega^2/c^2)\varepsilon(\boldsymbol{r})$，而与电子波函数 $\psi(\boldsymbol{r})$ 和能量 $\boldsymbol{E}$ 对应的是光的波矢 $\boldsymbol{k}$ 和频率 ω 。

电子在晶格常数为 a 的原子的周期性势场中运动，若把平均势场作用下的电子的波函数视为零级近似波函数，把势场的周期性起伏当作微扰，则电子的波函数和能级皆因微扰的作用而改变：两个 k 值相差 $1/a$ 的整数倍的波函数之间的相互作用最强，与之相比其他微扰可忽略不计。在这两个波函数之间，原来对应能量较低的波函数，微扰的作用使其能量下降；而对于原来能量较高的波函数，微扰使它的能量升高，结果使电子的能量发生突变，$E(k)$曲线在 $k=\pm n/2a$ 处断开。

现在把这一结果类比用到光子晶体中，可以这样解释光子带隙的出现：将光子晶体中的折射率势场看作是在平均折射率上的周期性微扰，它使光波的波矢和频率发生改变。相邻两个 k 值相差 $1/a$ 的整数倍的波矢之间微扰的作用最强。微扰的作用使频率较低的波矢的频率降低，而使频率较高的波矢的频率升高，结果使频率的取值发生突变，ω-k 曲线断开，形成频带和带隙。

固体物理中使用的求解薛定谔方程的方法都可用于光子晶体能带的理论计算中，例如平面波展开法、有效差分时域法、多重散射法、转移矩阵法等。通过计算可以获得允许的光子态和能量，直接提供准确的光子的频带结构。下面介绍几种比较常用的方法。

1. 平面波法

应用布洛赫定理，把电磁场分解成一个平面波和一个周期函数的乘积形式，周期函数的周期就是晶格周期，它又可以展开成倒格矢的平面波叠加，最终把麦克斯韦方程组化成一个本征方程，求解本征值便得到光子的本征频率。平面波法(plan wave expansion method，PWEM)的优点是思路清晰，对不同的结构只是介电常数倒数的傅里叶变换不同，其他都一样，有利于计算机编程。但这种方法也有明显的缺点：计算量与平面波的波数有很大的关系，几乎正比于所用平面波的波数的平方，对某些情况，如光子晶体结构复杂或处理有缺陷的体系时，需要大量的平面波，可能因为计算能力的限制而不能计算或者难以准确计算。

2. 时域有限差分法

时域有限差分法(finite-difference time domain，FDTD)直接把含时间变量的 Maxwell 方程在 Yee 氏网格空间中转化为差分方程。在这种差分格式中每个网格点上的电场或磁场分量仅与它相邻的磁场或电场分量以及上一时间段在该点的场值有关。随着时间段的推进，即可直接模拟电磁波的传播及其与物体的相互

作用过程。这种方法的优点是：由于此方法由 Maxwell 方程推出，所以理论上是精确的，并且它可以模拟从一维到三维的任意结构的光子晶体，可以得到任何时刻的场的分布情况，通过傅里叶变换还可以得到频域中的情况。它的不足之处是精确度与网格的疏密有关，而且计算时间很长，对计算机的硬件要求很高。不过随着亚网格技术、多机网络并行算法的提出，以及现在计算机硬件技术的飞速发展，这两个缺点已经不再成为瓶颈。

3. 转移矩阵法

转移矩阵法(transfer matrix method，TMM)是把电场或磁场在实空间的格点位置展开，将 Maxwell 方程组化成转移矩阵形式，同样变成求解本征值问题。转移矩阵表示一层格点的场强与紧邻层格点场强的关系，它假设构成空间中在同一个格点层上有相同的态和相同的频率。这样可以利用 Maxwell 方程组将场从一个位置外推到整个晶体空间。这种方法对介电常数随频率变化的金属系统特别有效。由于转移矩阵小，矩阵元少，因此计算量较前者大大降低；只与实空间格点数的平方成正比，精确度也非常高；而且还可以计算反射、透射等问题。但这种方法只能计算传输谱而不能得到场的分布。

4. 多重散射法

多重散射法(multiple dispersion method，MDM)是将光子晶体作为散射体置于开放系统中，研究当电磁波与散射体相互作用时的散射、吸收和透射等特性。入射的电磁波与物体作用要产生散射波，散射波与入射波之和满足媒质不连续面上切向分量连续的边界条件，因此在物体所在区域直接计算入射波和散射波之和的总场比较方便。总场的散射场和入射场都分别满足 Maxwell 方程，通过求解展开系数可以求得散射振幅、传输系数等。但此方法只能计算二维的情况。

5. 散射矩阵法

假定光子晶体由各向同性的介质组成，其中充满了各种形状和尺寸的没有重叠的光学散射中心，通过对所有散射中心的散射场应用傅里叶-贝塞尔展开法来求解亥姆霍兹方程，从而计算出在光子晶体中传输的场分布。应用这种方法对于求解场分布和传输光谱都是可行的，但是由于散射矩阵法(dispersion matrix method，DMM)需要较长的运算时间，在有些情形下实际上并不可行。

6. 格林函数法

引入缺陷的光子晶体在激光或光学回路中有广泛的应用，计算有单点缺陷、多点缺陷、线缺陷以至表面态的光子晶体能带可以用超原胞法进行平面波展开；而当含有多种缺陷时，则可采用格林函数法(Green function method，GFM)。

此外还有有限元法(finite-element method，FEM)、紧束缚法(tight binding method，TBM)、超原胞近似法和界面响应理论方法等。不同的理论计算方法各有其优缺点，可根据实际情况来选用。

(三)光子晶体的应用

光子晶体的特点是它可以被精确地设计，也就是说可以用光子能带计算方法来设计其特性和功能。

从光子晶体的带隙图(图 6-30)可见，光子晶体有 3 个可以利用的频率范围。第一个频率范围位于光子禁带以下，这个带结构的斜率由光子晶体的有效折射率所决定，对不同的偏振状态有效折射率不同。这个特性被称为形式双折射(form birefringence)。因为光子带的计算精确地预测了有效折射率，因此可以通过对带结构的设计，对每个偏振模式的有效折射率实行控制，这是制作双折射器件的基础。第二个频率范围是光子带隙，处于这个频率范围内的光在所有方向都被禁止。该频率的光从任意方向入射到光子晶体上都被反射回去。因此这个频率范围可以用作反射型器件，如激光器和光波导等。第三个频率范围是在光子禁带以上的复杂光子带结构相应的频率区域。这个区域中光子带的斜率与光的群速度成正比。因此，带边缘的平行带意味着群速度为零和光能量的局域化。在二维和三维光子晶体中，零群速度或小的群速度不仅出现在一个带的边缘，而且出现在很多带的边缘。这些零群速度或小的群速度会增强光子晶体中光和物质的相互作用。另外，光子带的二维或三维色散会使光子晶体中产生独特的光传输。因此，这个频率范围可以用于制作传输型功能器件，如超晶格等。

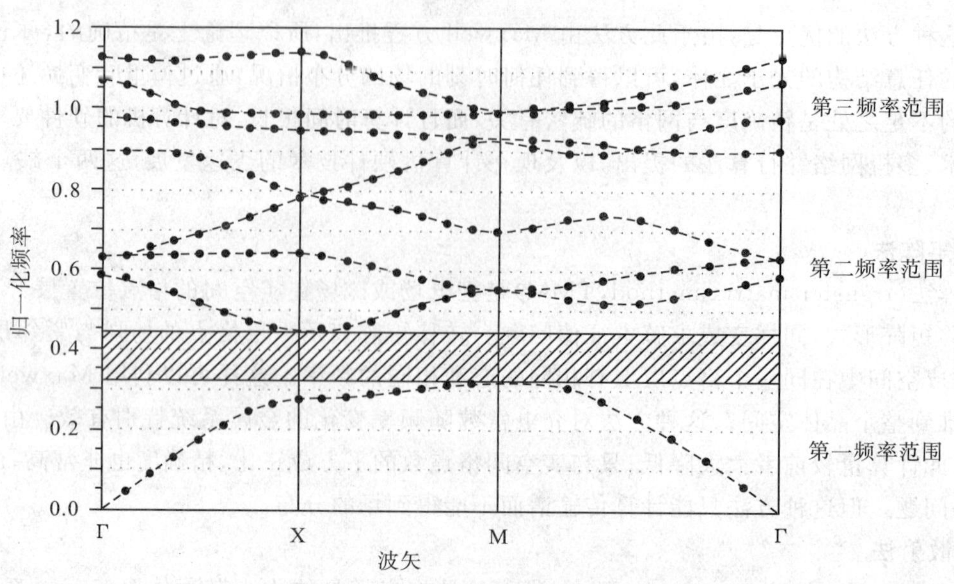

图 6-30 空气孔型光子晶体的带隙结构

由于光子晶体具有许多优越的特性，其应用范围非常广泛。图 6-31 总结了目前正在进行的一些光子晶体的应用研究。

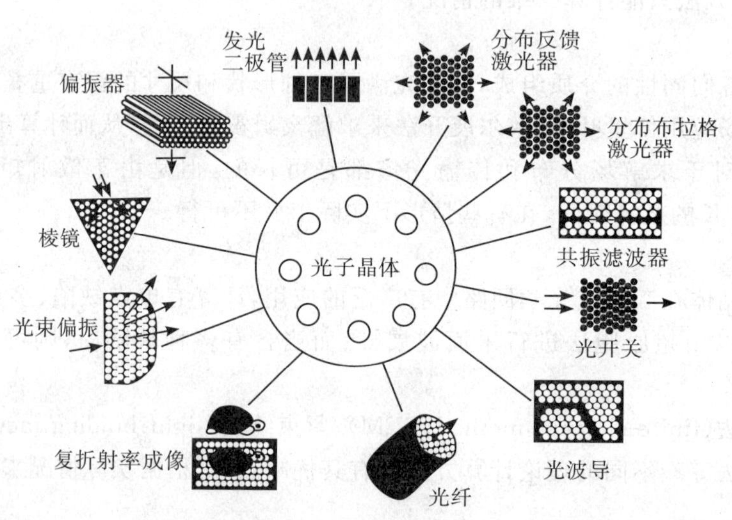

图 6-31 光子晶体的应用

（四）光子晶体光纤

(a) 全反射导光型PCF

(b) 光子带隙导光型PCF

图 6-32 两类光子晶体光纤

1. 光子晶体光纤的导光原理与特性

光子晶体光纤（photonic crystal fiber，PCF），又称多孔光纤或微结构光纤。Russell 等人在 1992 年最先提出了这个概念。PCF 是在石英的二维光子晶体结构中心引入缺陷，使光沿着这个缺陷态传输。PCF 缺陷的引入通常有以下两种方式，如图 6-32 所示。

1）全内反射导光型 PCF。横截面的中心采用高折射率材料（石英）为纤芯，其周围的包层中周期地排列着空气孔。纤芯与包层之间存在着有效折射率差，满足全反射条件，从而使光在纤心中传播，类似于普通的阶跃光纤。由于这种导光机制基于全内反射，并不依赖于外围周期性结构所产生的光子带隙，降低了对空气孔尺寸及其排列的精确要求，比较容易实现。

2)光子带隙导光型 PCF。包层为沿轴向周期性排列的石英-空气孔的光子晶体结构，形成光子禁带，频率落在禁带范围内的光不能在其中传播。而纤芯是由折射率低于包层材料的空气构成，形成光子缺陷，因此光不是利用全反射原理传播，而是在纤芯的空气缺陷中传播。这就要求在包层中石英-空气孔的尺寸和周期性排列非常精确，以满足光子禁带的严格要求。

但是，如果空气导孔比较大，并且选择合适的光子晶体结构，全反射导光和光子带隙导光两种机制可以同时存在于 PCF 中。

光子晶体的结构与普通光纤相比要复杂得多，其横截面可以是三角形、蜂窝状、网状；孔径的大小、孔间距和排布方式均可变化；孔隙中还可以填充其他气体或液体等。另外，光纤还可以选择双包层、三包层或多包层的。由于 PCF 的特殊结构，它具有传统光纤所不具备的一些特有的光学性质，其主要特性如下：

1)无截频单模传输特性。结构合理的 PCF 可以在很宽的波长范围内，特别是短波长区维持单模运转。目前，理论上已经证实，当空气孔的半径与孔间距之比(r/a)不大于 0.2，就可以实现宽带单模运转的特性。

2)强非线性光学效应。光子晶体按照构成材料的光学性质来分类，可分为线性光子晶体和非线性光子晶体两大类。前者是线性折射率在空间周期性变化的电介质微结构；后者是线性折射率在空间不变，而非线性折射率在空间呈周期性变化的电介质微结构。

衡量光纤的光学非线性大小的参量是有效非线性系数：

$$\gamma = \frac{\omega}{c}\frac{n_2}{A_{\text{eff}}} = \frac{2\pi}{\lambda}\frac{n_2}{A_{\text{eff}}} \tag{6-50}$$

式中，n_2 是材料的非线性折射率系数，λ 是真空中的波长，A_{eff} 是有效模面积。可见增加纤芯的非线性折射率或减小有效模面积都可以增强 PCF 的非线性。通过改变空气孔的间距，可以对有效模的面积进行调节，其调节范围在波长 1 500 nm 处约为 1～800 μm^2，远大于传统光纤的调节范围(20～100 μm^2)，并且还可以使有效模的面积降低到 1 μm^2，从而大大增强非线性。如果在空气孔中填充掺杂的高非线性材料(如有机染料和液晶)，就可以使非线性折射率 n_2 比石英提高两个数量级以上，从而显著提高 PCF 的非线性。

3)独特的色散特性。PCF 具有与普通光纤不同的独特的色散特性。其中最重要的是 PCF 可将反常色散区域从红外波段拓展到可见光波段，从而使 PCF 的零色散波长推移到短波长区。目前报道的单模光子晶体光纤的零色散点已达到 700 nm 左右，这是普通光纤做不到的。同时，还可以利用 PCF 的色散特性对空气孔的尺寸、形状和排列的依赖性，来改变 PCF 的色散特性曲线，对光纤的零色散点进行调整。另外，由于 PCF 可以由同一种材料(如 SiO_2)制成，因此纤芯和包层可以做到完全的力学和热学匹配，即纤芯和包层间的折射率差不会因为材料的不相容而受到限制，从而可以在非常宽的波长范围内获得稳定的色散。

4)高双折射特性。通过破坏 PCF 结构的对称性，就可以制作出具有高双折射效应的 PCF。常用的方法有采用双芯或多芯结构，改变纤芯或空气孔的形状，改变空气孔的分布等。理论结果表明，利用这些方法所得到的双折射比利用应力导致的双折射的“熊猫”型或“蝴蝶结”型保偏光纤的双折射高两个数量级。

5)超大模面积。PCF 的宽带单模运转的特性不受传统光纤对芯径的要求，也就是说，PCF 可以在大面积模的芯径下维持单模运转。因此，可以根据特定需要来设计光纤有效截面积。英国南安普顿大学和 Bath 大学的研究人员已经制作出芯径达到 22.5 μm 的光纤，并可在大于 458 nm 的波长范围内保持单模运转的 PCF，这种光纤的模场面积几乎是传统单模光纤的 10 倍。显然，这样大的芯径可以实现高功率传输而不易导致传输信号发生畸变。

6)极小的弯曲工作半径。光子禁带的传输机制大大降低了光纤的传输损耗，因此，PCF 的弯曲对损耗的影响极小。贝尔实验室的研究人员已经证实，即使在弯曲半径为 0.5 cm 的情况下，对 1600 nm 波长以下的损耗也完全可以忽略。

PCF 的这些特性与光纤的结构密切相关，两种折射率不同的材料的几何尺寸之不同，即空气孔的尺寸大小、空气孔之间的距离、空气孔排布的形状、芯径的尺寸与形式(是空芯还是实芯)等决定了 PCF 的基本性质。因此，通过改变空气孔在光纤包层中的分布规律和几何尺寸，就可以为各种目的设计不同的PCF。

2. 光子晶体光纤的类型

根据光子晶体导光原理不同、光子晶体的结构不同和应用的功能不同将光子晶体进行分类，如表6-3所示。

表6-3 光子晶体光纤的类型

分类	名称	特点	示意图
按导光原理分类	全反射光子晶体光纤	纤芯是高折射率的石英材料，周围包层中周期性分布空气孔柱，平均折射率较低。纤芯与包层间形成折射率差，满足全反射条件，而使光限制在纤芯中传输	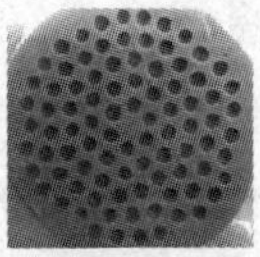
	光子带隙光子晶体光纤	包层中的石英-空气孔的周期性结构形成了光子禁带，频率落在禁带的光不能在其中传播，只能在纤芯以空气形成的缺陷中传播	
按结构分类	实芯光子晶体光纤	纤芯为石英介质材料，周围为石英-空气光子晶体结构，利用全反射原理实现单模光传输；若纤芯直径小，或采用高非线性介质，也可以用作高非线性光纤	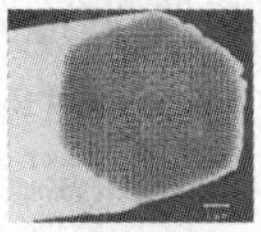
	空芯光子晶体光纤	纤芯为空气，利用光子带隙传光。其激光破坏阈值比传统光纤提高1 000倍以上；并可消除光纤与光纤连接处折射率的不连续性，大大降低连接损耗	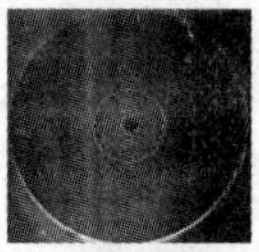
	多芯光子晶体光纤	可以使多路信号实现隔离，使信息传输数量成倍增长；若芯距靠近便于有效耦合。分离的纤芯可以排列成线形、三角形、四边形、正方形和六边形等	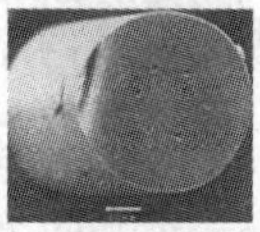
	双包层光子晶体光纤	中心部分的三个空气导孔被三根掺镱棒代替，并在截面上构成一个等边三角形，使模场面积达到350 μm^2。实现了较大的数值孔径	
按功能分类	宽带单模光子晶体光纤	纤芯为无掺杂的石英玻璃，周围是含有周期性排列小气孔阵列的无掺杂石英玻璃。这种光纤在任何芯径下对任何波长均保持单模特性	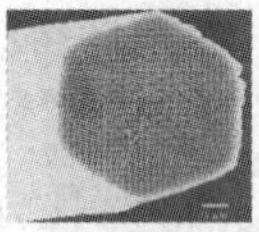
	非线性光子晶体光纤	采用非常小的芯径使光纤具有非常小的模场面积，并在纤芯填充掺杂的高非线性材料，这可以大大提高光子晶体光纤的光学非线性	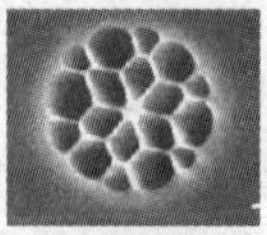
	保偏光子晶体光纤	石英和空气间较大的折射率差使其产生双折射，并随波长的增长而加强，比“熊猫”型普通保偏光纤的双折射大一个量级；对温度变化和机械变化不敏感	
	多模大数值孔径光子晶体光纤	由于石英和空气间较大的折射率差，这种结构确保了大数值孔径，最大可达0.8。具有对弯曲不敏感、大功率传输等特性	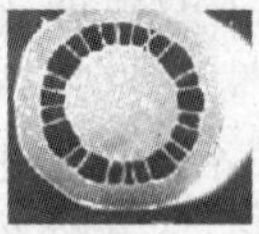

3. 光子晶体光纤的应用

PCF具有的优异特性,使它可以应用于许多领域,以下给出几个例子。

1)产生超连续谱。由前面对PCF特性的分析可知,实芯PCF可以具有很强的非线性光学效应,在传输时只要很短的光纤就能得到很宽的输出光谱,即产生超连续谱,在度量学、光谱学以及光学相干层析成像技术中有着广泛的应用。例如,PCF可用于扩展飞秒激光的光谱。由于相干光断层成像术(OTC)对物体的纵向分辨率反比于探测光脉冲的光谱宽度,因而利用光子晶体光纤可大大提高OTC的纵向分辨率。此外,光子晶体光纤所产生的超连续光谱在光频标技术上有重要的应用。

2)PCF激光器技术。PCF在保持单模传输的同时,其有效模面积 A_{eff} 可以通过调整空气填充率来增大,从而获得低泵浦值阈,用于高功率激光器。PCF还可以设计成具有大的数值孔径,这对激光器的泵浦非常有利。此外,PCF的高非线性和特殊的色散特性对光纤激光器的研制也很有利。目前,国外已将稀土元素(Yb^{3+}、Nd^{3+}、Er^{3+}等)掺杂到PCF中来研制光纤激光器,得到了强激光输出。PCF激光器还可以进行包层泵浦。最近报道的光子晶体光纤激光器已经可以输出数百瓦的功率。

3)光纤通信与传感技术。光子晶体光纤极低的损耗保证了信号的长距离传输,极低的非线性效应保证了信号的保真度,全波段的单模运转为波分复用系统提供了充足的信道资源,人为控制的零色散波长避免了信号的相互串扰等。利用PCF可以很精确地实现多芯结构,容易实现多芯传输,并保持其轴向上的均匀性。多芯光纤有利于提高信道的通信容量,可用于光纤耦合、复杂的通信网络、矢量弯曲传感等方面。PCF可以获得极小的有效纤芯截面,从而产生丰富的非线性效应,如自相位调制、四波混频、多次谐波、光孤子产生等,合理利用PCF的非线性效应,可以制作许多独特的光纤通信器件,如光开关、可调光衰减器、色散补偿、倏逝场传感器件等。在光镊系统中,传统方法采用毛细管作为媒介,由于能量泄漏,需要很高的激光能量,如果利用空芯PCF来传导,将大大降低所需的激光能量和提高控制的精度。利用空芯光子晶体,在其包层中填充高折射率的、对温度敏感的液体,通过改变温度可以调谐光纤的禁带宽度以及光纤的色散等,从而制成可调谐的光纤器件。

三、金属-电介质界面的表面等离子体激元

金属-电介质界面的表面等离子体激元是纳米光子学的重要内容,有可能是实现真正意义上的光路集成的理论和技术支撑,第二十三章《金属表面等离子体光学》有详细的论述。本节仅从表面等离子体激元的极化子波和金属纳米结构的吸收谱来阐明与纳米光子学的内在关系。

(一)表面等离子体激元及其极化子波[6-7]

最近半个世纪以来,研究纳米尺寸的金属-电介质界面中电子与光子共振相互作用效应的等离子体激元学迅速发展起来。人们对于表面等离子体激元最早的研究从20世纪50~60年代开始。凝聚态物理和表面物理从理论和实验两方面揭示了与等离子体激元相关的各种现象。

表面等离子体激元效应可以由以下实验得到(见图6-33)。在一块玻璃棱镜上先镀上一层40~50 nm厚的金属膜(如Ag),再覆盖一层电介质膜(如 SiO_2 或PMMA),将p偏振光入射到棱镜。改变入射角测量反射光,在一特殊的 θ_p 角下可以获得最大的光吸收,这是金属-电介质界面产生电磁场共振引起的吸收,如图6-34所示。因为金属具有负折射率,在光激发下在金属-电介质界面出现表面电荷(自由电子)密度的周期性分布,引起电磁场的强共振,即所谓表面等离子体激元(surface plasmons,SP)效应。该效应与金属和电介质的折射率有关,并与光的频率有关。对光频波,金属Al、Au、Ag、Cu可以产生较强的SP效应。

在光的激发下,金属-电介质界面上产生SP效应的同时,光场与电磁场共振耦合,还会在界面中产生倏逝场,该场沿金属-电介质的二维界面传播。这种光波的量子化称为表面等离子体激元极化子(surface plasmons polaritons,SPP)。在动量守恒的条件下,共振激发等离子体激元的入射角 θ_{sp} 由下式确定:

$$k_{sp} = k_0 n_p \sin\theta_{sp} \tag{6-51}$$

式中,n_p 是棱镜的折射率,k_0 是入射光波的波矢,k_{sp} 是表面等离子体激元极化子的波矢。(6-51)式可理解为:表面等离子体激元极化子(SPP)的波矢等于入射光波的波矢在界面上SPP传播方向的分量。

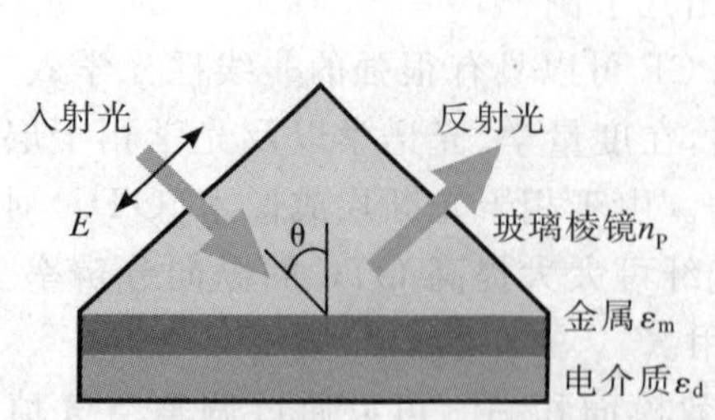

图 6-33 表面等离子体激元共振实验装置

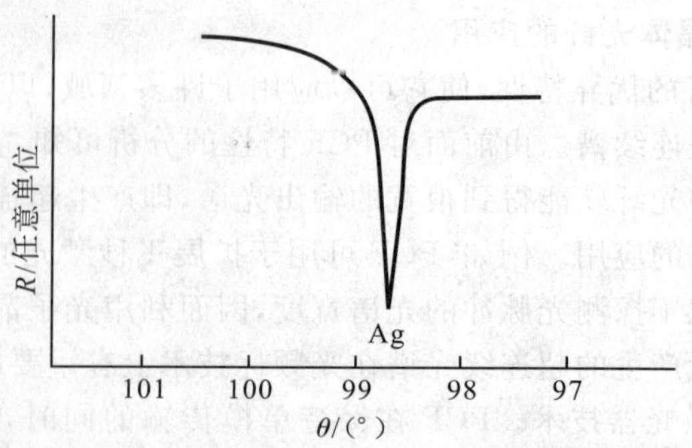

图 6-34 反射率作为角度的函数曲线

通过边界条件求解 Maxwell 方程可以证明[6]:在二维界面内传播的 SPP 波是它的磁场分量,它平行于界面,垂直于传播方向;SPP 波的两个电场分量组成的面与界面垂直。垂直于界面的电场分量按指数衰减,渗透电介质的距离为 100 nm,渗透金属的距离为 10 nm,如图 6-35 所示。

对于界面两边的各向同性的介质,设电介质的介电系数 ε_d 是正实数,金属的介电系数 ε_m 是依赖于光频率 ω 的复数(其实部是负数),入射光是 p 偏振的(TM 横模),沿界面无损耗地传播,其波矢是 $k_0=\omega/c$,可以用麦克斯韦电磁场方程和边界条件证明[6-7] SPP 波的波矢满足如下关系:

$$k_{sp}=k_0\sqrt{\frac{\varepsilon_d\varepsilon_m}{\varepsilon_d+\varepsilon_m}} \tag{6-52}$$

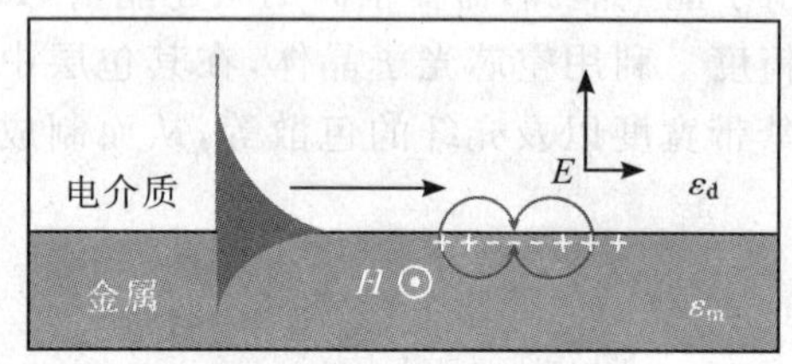

图 6-35 产生等离子体激元极化子(SPP)波的示意图

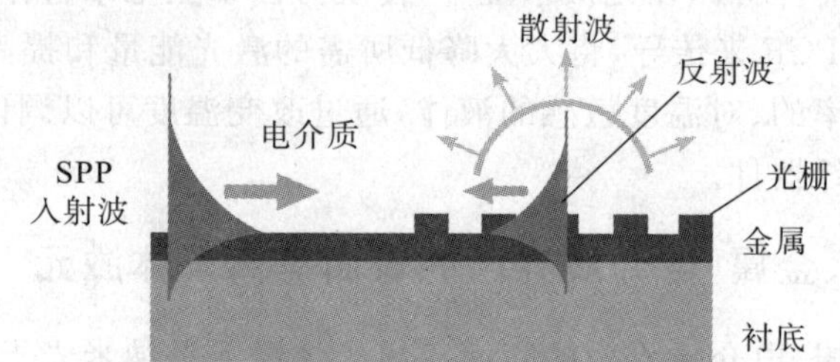

图 6-36 金属光栅对 SPP 波的散射和反射作用

将纳米光栅做在金属-电介质的边界上,可以定向地激发 SPP;反过来,利用光栅的散射作用,可将 SPP 波转化为向外传输的光,如图 6-36 所示(图中的电介质为空气)。

激发 SPP 波有以下几种方法(见图 6-37[6]):①入射光通过石英棱镜在金属-空气界面上激发;②入射光通过石英棱镜在金属-空气和金属-电介质界面上同时激发;③入射光通过石英棱镜在金属-空气界面上激发;④入射光通过纳米探针在金属-空气界面上激发;⑤入射光通过纳米金属光栅在金属-空气界面上激发;⑥入射光通过纳米粒子在金属-空气界面上激发。总之,SPP 波的激发,必须通过某一耦合装置(棱镜、探针、光栅等),在金属-电介质的界面上激发。

利用 SPP 波的特性,可以制造纳米尺寸的光波导及各种光子器件,如光耦合器、M-Z 干涉仪,或用于高灵敏度的传感器。扫描近场光学显微镜的纳米探针就是利用了 SPP 效应。将金属薄膜与增益材料和非线性材料结合,还能做有源器件和全光开关。有可能在此基础上发展光子器件与电子器件共集成的光电子集成回路技术。

(二)金属纳米结构的吸收谱及其应用

典型的金属-电介质纳米结构有金属纳米膜、金属纳米棒、金属纳米球、金属纳米球壳等,如图 6-38 所示。

对比半导体纳米粒子(量子点)产生电子和空穴能态的量子化导致光谱的变化,金属纳米粒子表现的光谱变化可以用经典图像直接解释:金属纳米粒子的光吸收是由于光与电磁场的相互作用引起的电子的相干

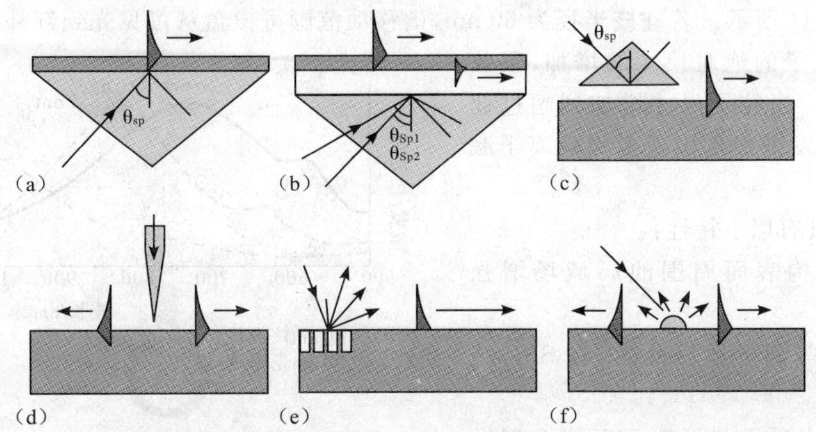

图 6-37　产生 SPP 波的几种方法

(a)通过棱镜在金属-空气界面上激发;(b)通过棱镜在金属-空气和金属-电介质界面上激发;(c)通过棱镜在金属-空气界面上激发;(d)通过纳米探针在金属-空气界面上激发;(e)通过金属光栅在金属-空气界面上激发;(f)通过纳米粒子在金属-空气界面上激发

振荡,即局域化的表面等离子体激元。等离子体激元的光吸收产生表面等离子激元谱。

金属纳米球状粒子尺寸远小于波长,光吸收处于很窄的波长范围。吸收峰的极值波长位置依赖于纳米球的尺寸和形状以及环绕粒子的介质环境[8-9]。对于尺寸特别小的粒子,如小于 25 nm 的纳米金球,表面等离子体激元谱带的峰值位置移动很小。但可观察到峰值处的谱线宽度随球粒子尺寸的减小而增大。对于尺寸大的球粒子,如大于 25 nm 的纳米金球,等离子体激元峰随尺寸变大而红移,如图 6-39 所示。

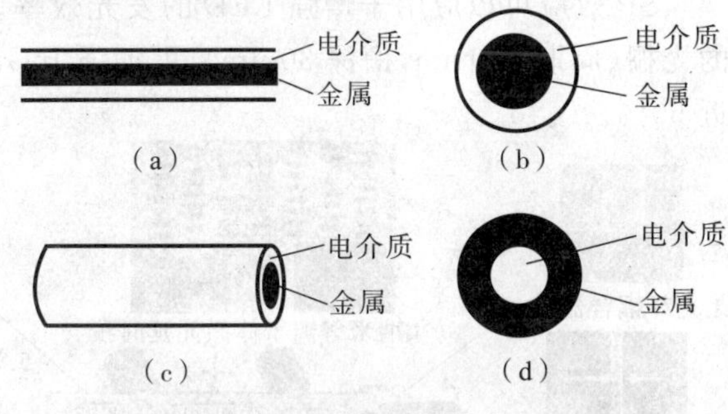

图 6-38　金属-电介质纳米结构

(a)金属纳米膜;　(b)金属纳米球;
(c)金属纳米棒;　(d)金属纳米球壳

对于棒状的纳米粒子,等离子体激元谱分裂成两个带,分别对应于自由电子沿棒轴方向和垂直于棒轴方向的振荡,图 6-40 显示了纳米金棒的这种带分裂。横向模谱接近球粒子的谱,纵向模谱则有显著的红移,移动大小取决于棒的长宽比。

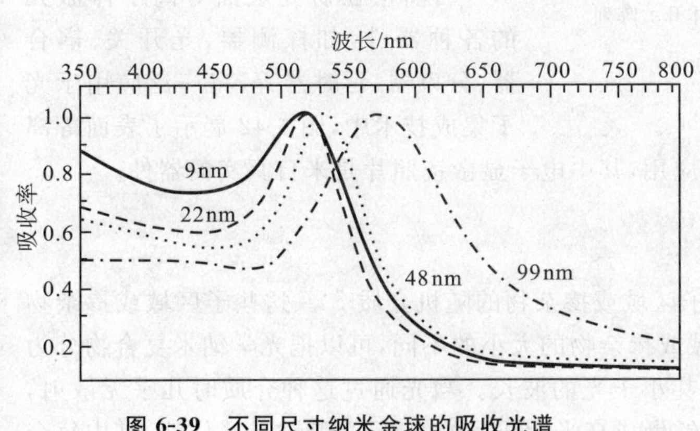

图 6-39　不同尺寸纳米金球的吸收光谱

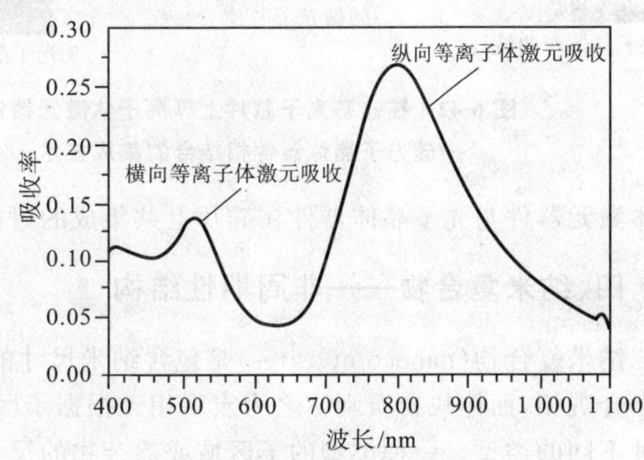

图 6-40　纳米金棒的吸收谱

另一种类型的纳米粒子是纳米壳形粒子,核和壳由两种金属组成,即两种不同的金属构成异质结构的纳米粒子。例如以 Au 包围 AuS 核,粒子直径为 30 nm,表面等离子体激元共振吸收谱线将移动 500 nm 以上。也可以用硅等非金属材料做核。若保持电介质(硅)核尺寸不变,减小金属壳的厚度,计算表明,光共振向长波方向移动，如图 6-41 所示。若硅核半径为 60 nm，谱移动范围可覆盖从可见光到红外波段。假若核-壳尺寸比保持不变，随粒子的绝对尺寸的增加，吸收相对于散射将增加。当粒子尺寸增加到超过偶极极限时，粒子的激发谱中将出现多级等离子激元共振。

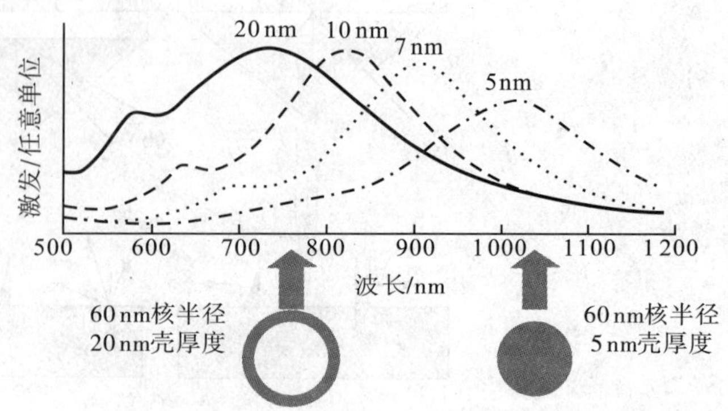

图 6-41　金壳包半径为 60nm 的硅核，对不同壳厚计算的等离子体激元共振谱

金属纳米结构具有以下特性：

1）金属纳米结构表面周围的局域场增强效应。

2）当激发表面等离子体激元时，有 SPP 波发射。

3）表面等离子体激元共振对于环绕金属纳米结构的电介质材料的敏感性。

金属纳米结构的主要应用如下：

金属纳米粒子可增强其周围纳米范围的电磁场和倏逝光场，这种效应可应用于近场显微镜和光谱仪的探针技术，也可用于制备纳米结构的等离子体印刷技术。将金属纳米粒子排列起来相互作用形成阵列，还可作为传导电磁波的光波导等。

SP 效应可以应用于增强 LED 的发光效率。例如在 InGaN/GaN 量子阱的绿光 LED 的表面做一个银的光栅（周期 500 nm，槽深 30 nm），可加强 InGaN/GaN 与 SP 电磁场的耦合，使光辐射加强，发光效率提高近 60%。

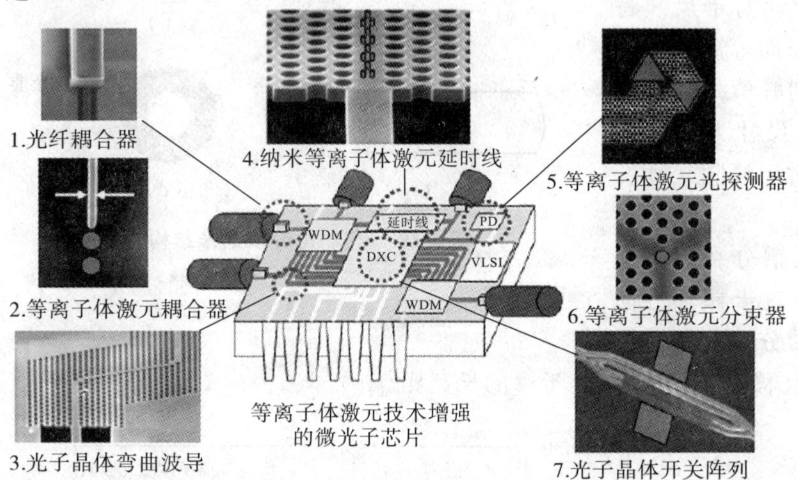

图 6-42　在硅基光子芯片上等离子体激元器件与硅光子晶体器件相结合的集成技术

研究表明，金属实心或空心的颗粒在光的激发下会吸收光，而且吸收光谱与颗粒的直径有关。如果在太阳电池材料表面涂上一层适当尺寸的纳米金属颗粒（如 Ag），可以使器件对特定谱宽的光的吸收能力提高 2～3 倍。在太阳能电池内部做一些纳米结构，如纳米光栅、纳米多层反射镜，也可以在宽谱带范围内大大提高太阳能电池的光吸收效率。

目前正在研究表面等离子体激元的各种器件，如探测器、光开关、耦合器、分束器、延时器等，将广泛应用于光子集成技术中，图 6-42 展示了表面等离子体激元器件与光子晶体器件在硅片上共集成的可能应用，其中电子显微镜照片是来自真实的器件。

四、纳米复合物——非周期性结构

纳米复合物（nanocomposites）是包含纳米尺寸的子区域或掺杂物的随机介质[2]。这些子区域或掺杂物属于介观相，而体块物质则称之为宏观相。根据子区域或掺杂物的大小的不同，可以把光学纳米复合物分为两种不同的类型。一种类型的子区域或掺杂物的尺寸甚小于光的波长。当光通过这种介质时几乎无散射，只是产生一个等效的折射率。这种纳米复合物材料能够做成高光学质量的光纤、薄膜波导或体块，其中每个子区域或掺杂物可表现出独特的光学或电子学（或综合）的功能。另一种类型则包含着与光波长可以相比，甚至大于光波长的子区域或掺杂物。在这种情况下的纳米复合物是非均匀的，在其中传输的光会发生散射，这种介质被称为散射的随机介质。这类介质可以通过控制光的透射率而产生各种光子学功能，包括光子的传输或局域化，可以用于随机激光器和掺入聚合物颗粒的液晶光阀。

(一)波导纳米复合材料

由于集成光学的迅速发展,促使人们增强了对光波导材料的研究。溶胶-凝胶(sol-gel)工艺是一种提高光波导材料性能的有效方法。所谓溶胶-凝胶工艺是通过化学反应,而无需高温处理来制备金属氧化物和非金属氧化物玻璃的技术,由 Brinker 等人于 1990 年提出。将先质醇盐溶液,如醇化硅或醇化钛,与含有酸或催化剂的水进行水解反应,接着进行缩聚反应,生成三维的氧化物网络。

有机溶胶-凝胶材料已经被用于光波导。如 1994 年 Weisenbach 和 Zelinski 用溶胶-凝胶法制备了高光学质量的 SiO_2/TiO_2(质量百分比为 50%∶50%)的平板波导,对波长 633 nm 的光的损耗低于 0.5 dB/cm。波导厚度为 0.18 μm。但是纯非有机的溶胶-凝胶材料很难做成比 0.2 μm 更厚的单层,因为材料的加热收缩过程易形成裂缝。因此对于适用的波导必须多次重复凝制。况且硅的折射率太低,不适用于需要对光有强会聚作用的通道型波导。

2002 年 Chen 等人开始做聚合物波导。聚合物材料的优点是易于制备,用简单的旋涂法就可以制备 1 μm以下的薄膜。具有很好的机械强度和灵活性,适当地选择活性分子掺杂物(如染料或具有高电光系数的分子)可制备各种被动的和有源的波导。但是聚合物具有比硅材料更高的光学损耗,表面质量不高,热膨胀系数较大。

包含聚合物和玻璃的混合型光学纳米复合物兼具两者各自的优点。例如 1996 年 Yoshida 和 Prasad 用溶胶-凝胶法制备了 $SiO_2/TiO_2/PVP$[10]。PVP 是乙烯吡咯烷酮(vinylpyrrolidone)聚合物,是一种理想的预聚合材料,因为它在极性溶剂中具有可溶性。PVP 的另一个优点是交叉结合(cross-linking)特性。该特性使 PVP 与其他无交叉结合的聚合物相比具有更好的热稳定性。因此容许 PVP 用于水基光刻技术,即在平面波导上形成槽形波导图形。PVP 之所以形成交叉结合,是因为 PVP 与用于初期聚合反应的剩余的过氧化氢的基团反应,交叉结合发生在 120℃温度下 24 小时的热处理过程中。

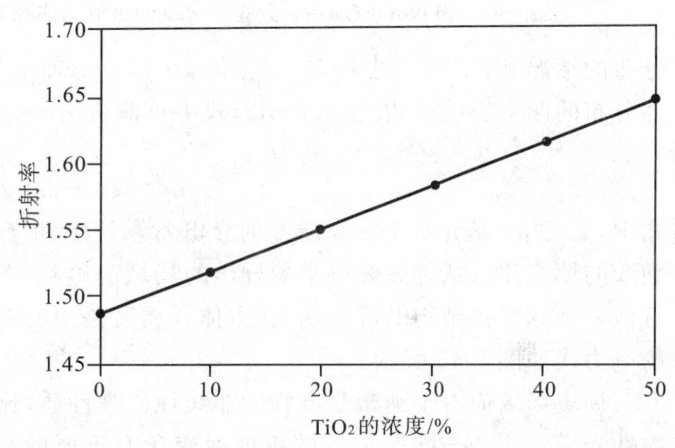

图 6-43　$SiO_2/TiO_2/PVP$ 的折射率与 TiO_2 浓度的关系

TiO_2 具有高折射率,因此将 TiO_2 掺入 PVP/SiO_2 中,用来增加系统的折射率。高折射率对槽形波导约束光束有利。图 6-43 给出 TiO_2 浓度与 $SiO_2/TiO_2/PVP$ 系统折射率的关系。

(二)随机激光介质

一般认为激光介质中的光散射是一种激光运转的损耗机制,但是在某些特定的条件下,在随机介质中的强散射可能提供一种光反馈,替代普通激光器腔镜的反馈作用。散射可能提供很大的增益,超过散射引起的损耗。因此这种介质可用作激光工作物质,形成所谓随机激光器。1968 年 Letokhov 理论上预言了散射介质产生光放大的可能性。1994 年 Lawandy 等人报道了含有若丹明 640 的高氯酸盐染料和 TiO_2 粒子甲醇溶液的胶状溶液中发现了激光辐射的现象,其阈值激发能量很低。为了避免絮凝现象,TiO_2 粒子镀有一层 Al_2O_3,平均直径为 250 nm。

随机激光的概念后来从有机染料扩展到无机材料。2001 年 Ling 等人用聚合物(如 PMMA)内含激光染料和 400 nm 的 TiO_2 粒子产生激光,染料分子发光,TiO_2 粒子用作散射(反馈作用),二者是分开的。实验发现,随着 TiO_2 粒子密度的增加,激光的阈值降低。2001 年报道了 Williams 等人在电泵的随机介质中发现了受激辐射,介质是稀土-金属掺杂的电介质纳米球。2004 年 Anglos 等人演示了在聚合物 PMMA、PDMS (polydimethylsiloxane)、环氧树脂或 PS(polystyrene)的基质中散布 ZnO 半导体纳米粒子的组成的有机-无机的随机介质中的激光辐射现象。

（三）局域场效应

恰当选择介电常数不同的两种介质，可能增强局域场，从而导致非线性光学效应的极大增强。如等效三阶非线性系数的增强，有利于光开关、光栅、光学双稳性所需的非线性相移。1996 年至 2002 年，Boyd、Sipe 等人进行了大量的关于局域场影响纳米复合材料线性和非线性性质的理论和实验研究。在他们的理论中采用了等效介质的图像。纳米复合物的宏观光学性质用等效介电常数 $\varepsilon_{\mathrm{eff}}$ 来描述，它依赖于单个子区域的介电常数。一个简单的介观（纳米范畴）图像是：具有介电常数 ε_{i} 的掺杂物的介观相（纳米子区）散布在具有介电常数为 ε_{h} 的主体介质中。这里假定了子区的尺寸远大于原子之间的间隔，所以 ε_{i} 和 ε_{h} 的值可用于纳米子区。然而子区的尺寸远小于光的波长，但等效介电常数的概念用于描述平均的宏观性质是可行的。

两种类型随机的纳米复合材料的拓扑图（几何分布图）是：①Maxwell-Garnett 分布图。其中球形纳米粒子或者内含纳米小区域随机散布在主体介质中。②Bruggemen 分布图。其中内含物有大的填充比例，两个主要构成相（主体和内含物）是均匀分布的。两个拓扑图见图 6-44。

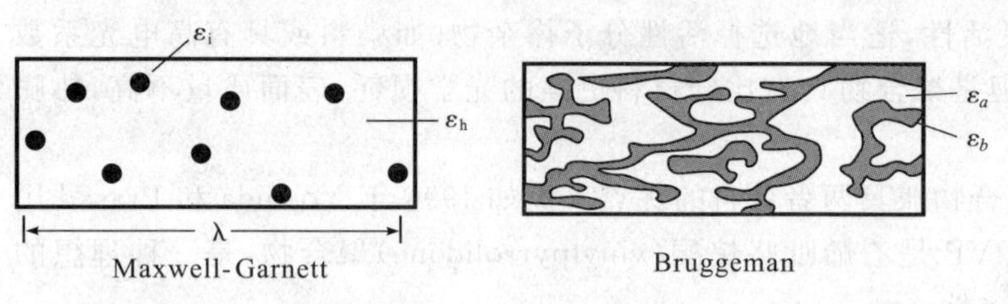

图 6-44　Maxwell-Garnett 分布和 Bruggemen 分布原理图

用微观极化的理论来描述局域场，在 Maxwell Garnett 分布的情况下，$\varepsilon_{\mathrm{eff}}$、$\varepsilon_{\mathrm{i}}$ 和 ε_{h} 的关系为

$$\frac{\varepsilon_{\mathrm{eff}}-\varepsilon_{\mathrm{h}}}{\varepsilon_{\mathrm{eff}}+2\varepsilon_{\mathrm{h}}}=f_{\mathrm{i}}\left(\frac{\varepsilon_{\mathrm{i}}-\varepsilon_{\mathrm{h}}}{\varepsilon_{\mathrm{i}}+2\varepsilon_{\mathrm{h}}}\right)\tag{6-53}$$

式中，f_{i}是掺杂物的填充体积比，f_{h}是主体介质的填充比。在 Maxwell-Garnett 分布的情况下，f_{i}比 f_{h}小得多。在 Bruggemen 分布的情况下，不存在少数内含相，客体介质已成为一种在内部分布的两个连续介质之一，(6-42)式中可假设 $\varepsilon_{\mathrm{h}}\approx\varepsilon_{\mathrm{eff}}$。于是等效极化率由下式给出：

$$0=f_1\left(\frac{\varepsilon_1-\varepsilon_{\mathrm{eff}}}{\varepsilon_1+2\varepsilon_{\mathrm{eff}}}\right)+f_2\left(\frac{\varepsilon_2-\varepsilon_{\mathrm{eff}}}{\varepsilon_2+2\varepsilon_{\mathrm{eff}}}\right)\tag{6-54}$$

式中，ε_1 和 ε_2 是介质 1 和介质 2 的介电常数，f_1 和 f_2 是连续介质 1 和 2 的填充比。从等效介电常数导出的局域静电场，若 $\varepsilon_{\mathrm{i}}>\varepsilon_{\mathrm{h}}$，变成近似一个球形掺杂物的静电场，在主体介质区是中心对称的。静电场的电力线如图 6-45 所示。

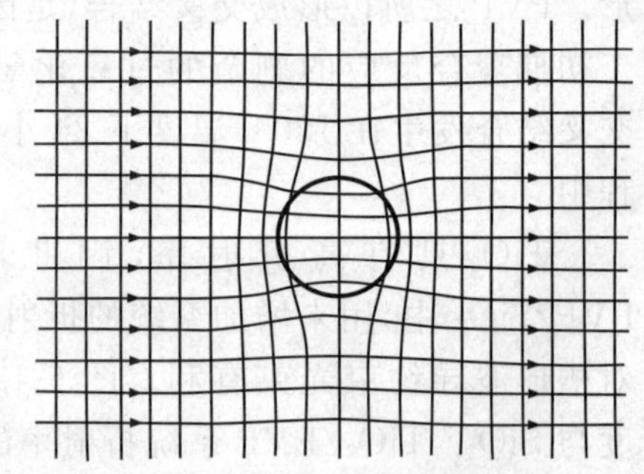

图 6-45　在主体介质区近似球形掺杂物的局域静电场的电力线分布

局域场效应对于纳米复合物的非线性光学性质，比如属于三阶非线性光学效应的与强度依赖的折射率变化有重要的影响。于是在 $\varepsilon_{\mathrm{i}}\gg\varepsilon_{\mathrm{h}}$ 的情况下，在非线性的客体介质中加入少量线性材料，由于在主体区围绕着掺杂物的局域电场增强，会使纳米复合物的等效光学非线性增强。然而至今这种纳米复合物光学非线性增强的现象还没有被明显观察到。但是后来（1999 年）Nelson 和 Boyd 报道了在有序排列的多层纳米复合材料中的非线性增强现象。

（四）多相纳米复合材料

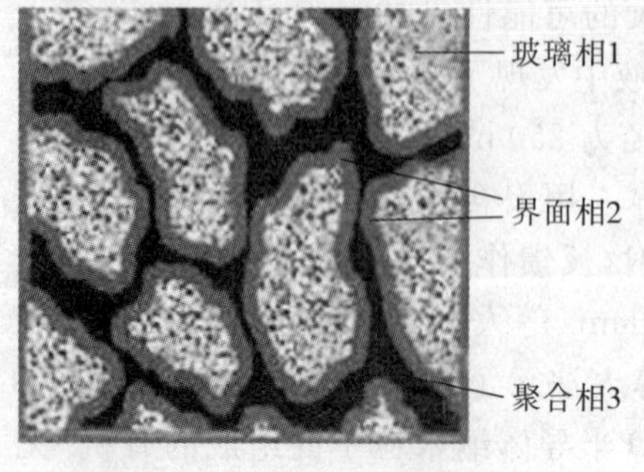

图 6-46　多相纳米复合溶胶-凝胶玻璃

图 6-46 给出了一张多相纳米复合材料的图片。图中能材料由溶胶-凝胶玻璃介质组成，因为在溶胶-凝胶过程中产生了多孔的结构，整个玻璃中存在许多纳米尺寸的小孔。通过控制玻璃的温度，可以控制这些孔的大小。例如，可控制这些孔的尺寸为 5 nm。这些小孔被渗透建立起孔区的围墙，形成纳米畴。再用化学方法，例如聚合化学，将有机聚合物填充入这些孔区。用界面相分开玻璃区和聚合物区。因为这种相分离是在比波长小得多的纳米尺寸范围，材料是光学透明的。这些多相复合物可以做成各种体态，如整料、薄膜、纤维等。

由多个纳米畴组成的多相光学纳米复合材料具有多功能，这些功能可由其中某一个畴的光学功能单独贡献，也可以由几个畴共同作用。例如，将一种离子染料 ASPI 淀积在孔区表面，然后将若丹明 6G(R6G)染料混合在 PMMA 聚合物中填充孔区。离子染料 ASPI 将处于孔区边界。R6G 被激发应发黄色荧光，ASPI 则应发红光，在上述多相纳米复合物中确实同时观察到这两种光辐射。如果将这种复合玻璃材料作为增益介质，所发射的激光将覆盖 560～610 nm 的宽带谱区，如图 6-47 所示，其中包含 R6G、ASPI 以及两者共同作用所发出的激光。

图 6-47　含 R6G 和 ASPI 染料的玻璃多相纳米复合材料的激光辐射谱

（五）光折变纳米复合物

光学纳米复合技术提供了制备高性能廉价光电子学材料的方法。具有光电子多功能的光折变材料是一个很好的例子。光折变材料具有两种功能：光电导性和电光效应。实现光折变效应有以下几个重要步骤：第一步是在称为感光剂的中心地区产生光生电荷。第二步是存在着电荷传输介质，容许电荷迁移，结果产生电荷的扩散。即使不存在外电场，电荷的扩散会使电荷移出被照区。第三步是电荷被陷于未被照明的暗区，形成空间电荷场。第四步是空间电荷场作用在介质上，产生电光效应(泡克尔斯效应)，引起介质折射率变化。介质折射率变化的大小由空间电荷场的电场强度决定。这种因光在介质中产生空间电荷场导致介质折射率变化的情况，似乎很像光诱导折射率变化的三阶非线性光学效应(光克尔效应)。因为光折变效应是依靠空间电荷的移动，因而过程的速度比光克尔效应要慢得多。但光折变效应的折射率变化系数比光克尔效应的折射率变化系数大。

以下介绍几个光折变纳米复合物的例子，半导体量子点和有机分子电光活性中心相混合置于空穴传导型聚合物模板中。

1. 光敏剂波长的选择

例如以量子点作为光敏剂，控制量子点的尺寸以决定不同的光敏波长，因而可以制备出适用于光通信的 1.3 μm 或 1.55 μm 波长的光敏剂。例如采用硫化铅或硫化汞纳米晶体作为 1.3 μm 波长的光敏剂，散布于包含电光活性的有机结构的聚合物模板中，从而做出 1.3 μmm 的光折变材料。这是一般体块的或有机的光折变材料做不到的。

2. 光生电荷的增强

量子点的加入将有效地增强光生电荷。图 6-48 给出了 PVK 聚合物的 3 种不同掺杂条件下光生电荷的能力与光灵敏性作为电场的函数的比较。3 种掺杂物是两种不同尺寸的 CdS 量子点(Q-CdS)和 C_{60}。尺寸

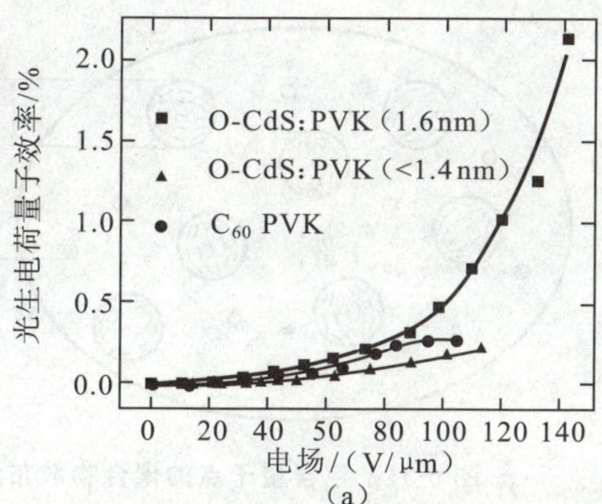

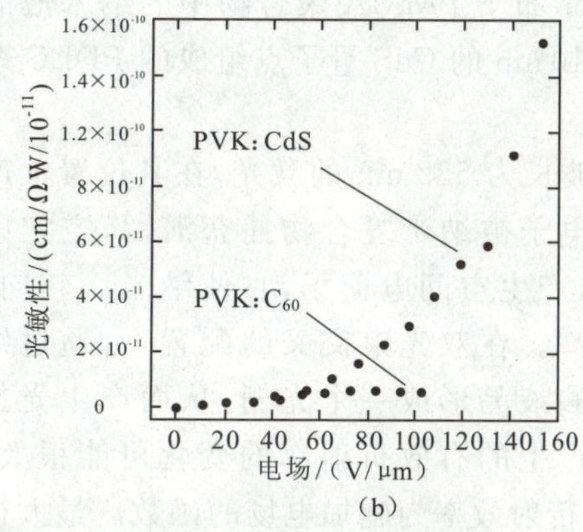

图 6-48　非有机量子点掺有机聚合物 PVK 的混合纳米复合物的光生电荷的增强

(a)光生电荷量子效率作为施加电场的函数，实线是理论计算的结果；(b)光灵敏性作为施加电场的函数。激发波长是 514.5 nm

为 1.6 nm 的 CdS 量子点有对应激发波长 514.5 nm 的强光吸收带隙，而尺寸小于 1.4 nm 的 CdS 量子点带隙则移到高能处，在波长 514.5 nm 的吸收很弱。

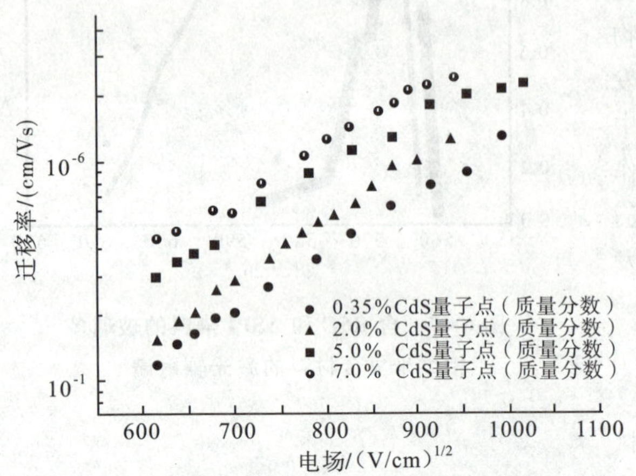

图 6-49　非有机量子点和有机聚合物混合的纳米复合物中的电荷载流子的迁移率的增强

在 CdS 量子点样品中的浓度改变时，空穴迁移率对场强依赖性的比较

3. 迁移率的增强

Roy Choudhury 等人的实验测量证明了引入量子点可以增强 PVK 模板中的空穴载流子的迁移率。各种不同浓度的 CdS 量子点的迁移率作为电场的函数绘于图 6-49 中。可见迁移率曲线随着量子点浓度的增加而迅速上升。这种强电场的依赖性表明场引起载流子的迁移作用。

（六）聚合物散布型液晶

聚合物散布型液晶(PDLC)是液晶子区与聚合物模版结合形成的复合物。液晶滴被加热蒸发掉溶剂，然后被热退化，使之分散在聚合物模板中。有两种 PDLC：

1)聚合物包含的液晶子区的大小与波长可比较或者远大于波长（微米尺度）。这是散射的随机介质，因为聚合物与液晶子区间的折射率失配。这种复合物可用作光阀。

2)聚合物包含的液晶滴远小于波长（直径≤100 nm），不存在光散射。被称为 nano-PDLC。

液晶是各相异性的，有两种折射率：寻常光折射率与非寻常光折射率。用施加电场的方法可改变液晶滴的取向，从而改变折射率。图 6-50 是用这种 PDLC 光阀的工作原理示意图。

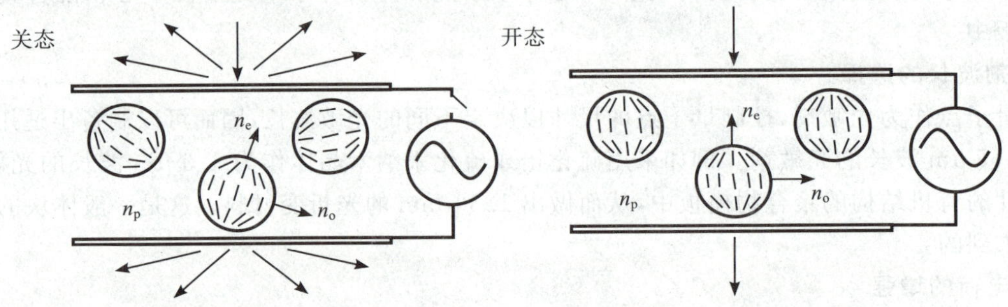

图 6-50　用聚合物散布的液晶材料做成的光阀（光开关）的关态（未加电压）和开态（施加电压）

图 6-51 是散布于 PMMA 聚合物中的纳米液晶滴和尺寸约为 10 nm 的 CdS 量子点组成的 PDLC 系统的示意图。

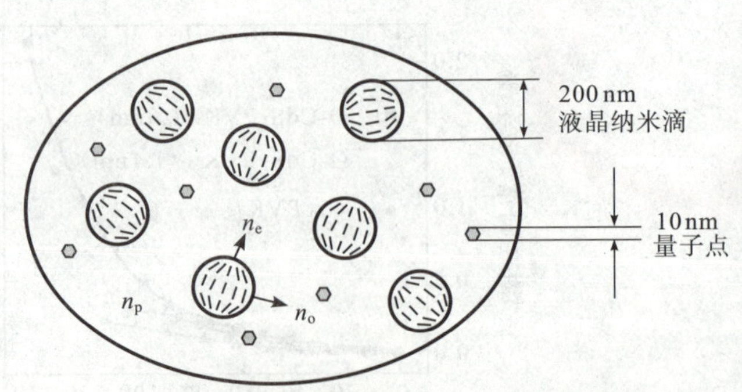

图 6-51　包含量子点的聚合物散布液晶

CdS 吸收波长为 532 nm 的激光，在其位置上产生光生电荷。电子被纳米复合物捕获滞留，空穴则运动陷于暗区，产生空间电荷场，它使纳米滴转向，改变等效折射率。在双光束交叉的配置下，通过纳米晶体和纳米滴液晶形成一个光栅，从而产生光折变效应。液晶产生的有效折射率的变化可能很大。图 6-52 给出了衍射效率为施加电场的函数。最大衍射效率可达到 70%。通过控制纳米滴大小和界面的相互作用，可以提高相应速度。这是一个多功能多成分的系统（ECZ-ethylcarbazole（乙烷基咔唑）），它以非有机的量子点做光敏剂，液晶纳米滴产生电光效应，聚合物模板用于传导电荷。

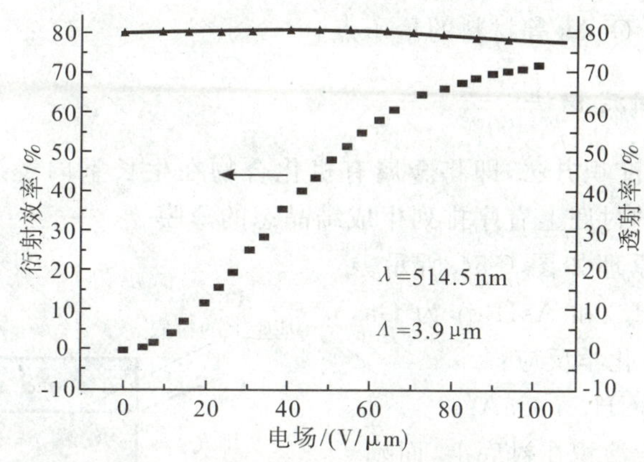

图 6-52 聚合物分散型液晶:ECZ:量子点光折变复合物的衍射效率(■)和光学透射率(▲)作为电场的函数

第四节 纳米光子材料的制备

一、纳米材料外延生长法

为生长有序的纳米晶体材料,需要用衬底来引导所生长的纳米材料沿衬底晶格方向取向,这种生长法称为外延法。具体方法有分子束外延法(MBE)、金属有机化学汽相淀积法(MOCVD)、激光辅助蒸汽淀积法(LAVD)、液相外延法(LPE)、化学束外延法(CBE)等。以下介绍前 3 种主要方法[2]:

(一)分子束外延法

MBE 广泛用于外延生长半导体量子限制纳米材料,如 II-VI 族和 III-V 族化合物半导体以及 IV 族的 Si 和 Ge。晶体的生长在超高真空的不锈钢室中进行,如图 6-53 所示。不同的源材料分别装在若干扩散池中,先后被加热成气体,通过小孔加速喷出,形成原子束,撞击旋转的衬底。精确地控制气体的流量、衬底温度和快门的开关时间,使各种元素相互结合,即可生长出含有各种组分的超薄层外延材料。为了避免束流中未中靶的材料粘到腔壁上被二次反射,将腔体周围冷却到液氮温度。采用斜角掠射高能电子衍射装置(RHEED)来实时监测生长的情况。

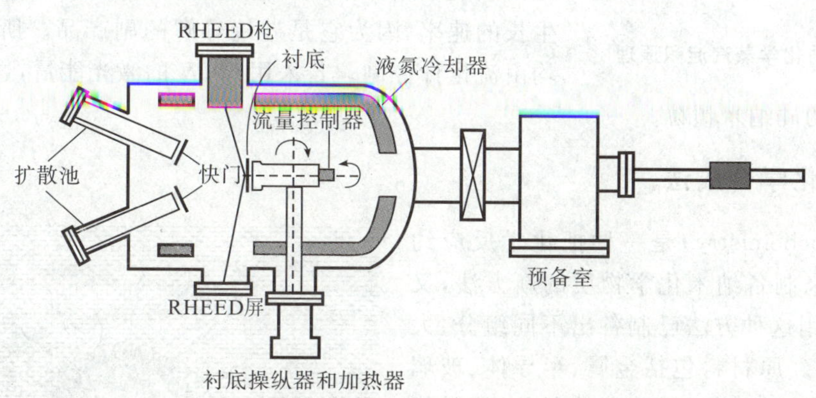

图 6-53 MBE 外延生长室原理图

MBE 不仅可用于生长分子层,还可用于原子层的生长;此法不仅可用于生长二维层状量子阱,还可以生长三维的量子点。一般量子阱的生长必须选用 2~3 种晶格互相匹配的材料组成化合物半导体,如 III-V 族的 $GaAs/Al_xGa_{1-x}As$ 和 $InP/In_xGa_{1-x}As$。量子点的生长却要利用在外延层与衬底材料间的晶格失配产生应力,从而形成三维孤岛,即所谓量子点的自组装。研究过通过自组装方法,形成 Si_xGe_{1-x}/Si,$Ga_xIn_{1-x}As/$

InP, $Ga_xIn_{1-x}As$/GaAs 和 InP/GaAs 等材料的量子点。

(二)金属有机化学汽相淀积法

MOCVD是一种化学汽相淀积方法，即将金属有机化合物在生长室内经过高温化学反应，分解为金属(或非金属)离子，以后在加热的衬底上有序排列生成结晶态的薄膜。

MOCVD生长室的工作原理如图6-54所示。以生长GaAs为例，用 $Ga(CH_3)$ 和 AsH_3 作为Ga和As的原始化合物，产生以下化学反应：

$$Ga(CH_3)_3 + AsH_3 \rightarrow 3CH_4 + GaAs$$

衬底对气流有一倾角，使GaAs淀积在衬底上，而剩余的分解产物 CH_4 被气流带走。

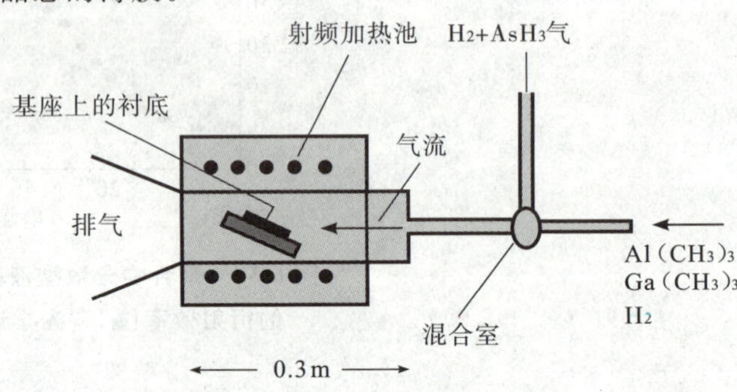

图6-54 MOCVD反应室原理图

MOCVD法与MBE法的优点是：生长技术简单；生长速度比MBE快(约10倍)，可大面积地生长材料。缺点是：对III-V族半导体，所用的先质材料往往是有毒的，而且在常压下难以采用RHEED法进行实时监控，生长精度不如MBE。

(三)激光辅助汽相淀积法

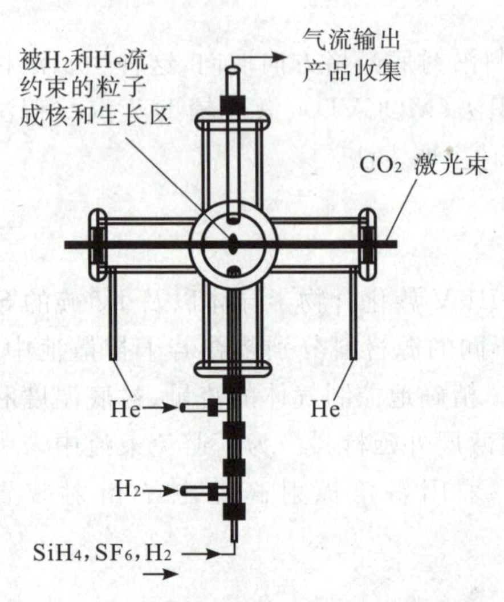

图6-55 激光辅助化学蒸汽淀积原理

激光辅助淀积有以下3种方法：第一种方法是用激光熔化固体靶材料，把它直接淀积于衬底上。第二种方法是将熔化的材料与反应气体混合产生另一种新材料，然后通过喷嘴引入真空室形成分子束，淀积于温度可控的衬底上，例如 TiO_2 纳米材料是用这种方法制备的。第三种方法是激光分解先质气体分子，产生所需的新材料，淀积于衬底上。例如用于制备硅纳米材料，其反应装置的工作原理如图6-55所示。用光束直径2 mm、波长10.6 μm的 CO_2 激光束在容器的中部加热硅烷，使之分解出硅原子，在硝酸纤维薄膜过滤器上合成硅纳米粒子。由于硅烷对激光能量的吸收很弱，需要加入对 CO_2 激光有较大吸收截面的光敏剂 SF_6，以便大幅度地提高温度(加热到850℃)。同时充入氦和氢气流，为的是把反应物和光敏剂约束在反应器的轴心区域。氢气还有利于提高粒子生长的速率，因为它是硅烷分解的副产品。所有气体的流动速率均由流量计控制。若采用60 W的激光能量，这种方法可以每小时生产20～200毫克的硅纳米颗粒。

二、纳米材料化学合成法

纳米化学(nanochemistry)是一种把化学反应约束于纳米尺度范围来制备纳米化学物质的新方法，又称为微乳液法[2]。用这种方法已制备出不同组分、大小、形状的纳米材料。原材料包括金属、半导体、玻璃和聚合物。制备了多层的、核壳型的纳米结构；用模板形成的表面纳米图形，功能化的自组装结构；用纳米粒子组成周期的或非周期的功能材料；在线制造纳米探测器、传感器及其他器件等。以下介绍微乳液法。

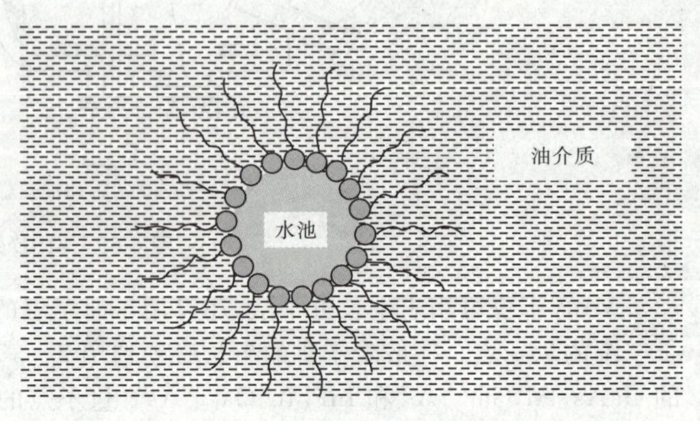

图6-56 微乳液纳米反应器的"水池"与"油介质"示意图

用于制备纳米微粒的微乳液反应器，一般由两种互不相溶的液体组成，例如水和油，见图6-56。图中作为微乳液反应器的水核，即纳米“水池”，散布在连续、无极性的“油介质”（碳氢化合物有机溶液）中，如异辛烷或（正）己烷等有机溶液。溶液中含有各种可溶解的盐，如醋酸钙和硫化钠等。在有机溶液表面有一层表面活性剂单分子层，最常用的表面活性剂是AOT（磺基琥珀酸钠（2-乙基己基））。纳米“水池”边界被表面活性剂单分子层包围和挤压。“水池”的大小，取决于有机溶液与表面活性剂的比例。“水池”的大小可控制在几至几十纳米之间。适当地选择表面活性剂，微乳液反应器的形状可以做成圆桶状，用来制备纳米棒。微乳液法还可以合成多层结构的纳米粒子，如核-壳结构。

微乳颗粒在不停地做布朗运动，当不同颗粒在相互碰撞时，组成界面的表面活性剂的碳氢链可以互相渗入。与此同时，“水池”中的物质可以穿过界面进入颗粒中。例如，“水池”中的阳离子可不断穿过界面，微乳液的这种物质交换的性质使在“水池”中进行化学反应成为可能。这种特殊的“微反应器”，已被证明是多种化学反应，如酶催化反应、聚合物合成、金属离子与生物配体的络合反应等化学反应的理想环境。微乳液也可模拟生物膜的功能，一些涉及生物过程的反应可以在微乳液中进行模拟研究。

通常是将两种反应物分别溶于组成完全相同的两种微乳液中，然后在一定条件下混合进行反应。在微颗粒界面较大时，反应产物的生长将受到限制。如微乳颗粒控制在几纳米，则反应产物以纳米微粒的形式分散在不同的微乳液“水池”中，且可以稳定存在。通过超速旋转的离心作用，使纳米微粒与微乳液分离，再以有机溶剂清洗，以除去附着在表面的油和表面活性剂，最后在一定温度下干燥处理，即可得到纳米微粒的固体样品。

用微乳液制备出的纳米微粒有以下几类：①金属纳米微粒，除Pt、Pd、Rh、Ir外，还有Au、Ag、Mg、Cu等；②半导体材料，如CdS、PbS、CuS等；③金属硼化物，如Ni、Co、Fe等金属的硼化物；④氧化物，如SiO_2、Fe_2O_2等；⑤胶体颗粒，如AgCl、$AuCl_3$等；⑥金属碳酸盐，如$CaCO_3$、$BaCO_3$等；⑦磁性材料，如$BaFe_{12}O_{19}$等。

用微乳液制备纳米微粒的方法在不断改进，例如，当以AOT为表面活性剂的微乳液制备CdS纳米微粒时，在微乳液中加入六甲基磷酸酯作为保护剂，会使微粒大小变得更均一。

三、纳米光子刻蚀法

纳米光子刻蚀法（nano-photolithography），是采用光诱导的化学或物理过程来制备纳米结构的方法，其中包括了非线性光学过程、近场激发过程、等离子场增强过程等。被加工的纳米结构的尺寸小于加工它们的光的波长[2]。

（一）双光子聚合刻蚀法

近年来直接用飞秒激光刻写的三维微加工技术获得了广泛的应用，如用来制备微机电系统（MEMS）、三维波导回路、三维光存储器件、光子晶体等。用双光子激光代替传统的单光子激光，可以大大提高分辨率。用高数值孔径透镜聚焦，可以使双光子吸收限制于激光焦点附近的1 μm空间范围内。另外，双光子激光可以透过透明介质，在三维体积内聚焦，避免在激光通道上光能被强吸收。因此亚波长量级的纳米结构可以用双光子刻蚀的方法制备。

除了已经广泛研究的在玻璃、晶体等透明介质中用飞秒激光制备纳米材料之外，进一步的研究课题是用双光子诱导化学反应，如光致聚合（单体-聚合物）；研究具有各种双光子吸收截面的有机大发色团。被分子吸收的光子能量可以转化为荧光辐射，用来诱导各种光化学过程：光致聚合、光致交联、光致分解等；研究各种双光子发色团，发色团通常具有给体-受体特性，因此可以通过改变给体和受体的比例达到很宽的荧光辐射谱。常用乙烷-丙烯酸盐基单体作为光引子，在波长800 nm具有很强的双光子吸收。这种材料易于剪裁。

一个典型的飞秒激光三维微加工装置如图6-57所示。光源是锁模的钛宝石激光器，具有输出波长800 nm，脉冲时间90 fs，重复率84 MHz，平均功率200 nW。光束用高数值孔径的物镜聚焦于样品上。用一个步进电机控制样品平台可在空间做三维（x,y,z）移动。用这种装置可以在固体样品中加工亚微米尺寸的光波导、光栅、光存储器、3D安全条码等，加工成的一些器件示于图6-58中。

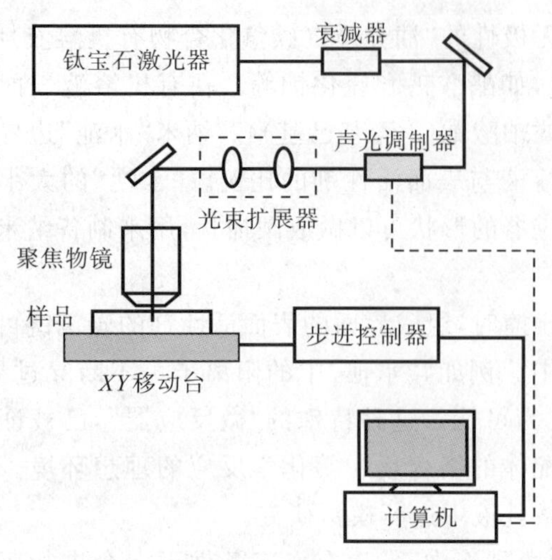

图 6-57 飞秒激光三维微加工装置

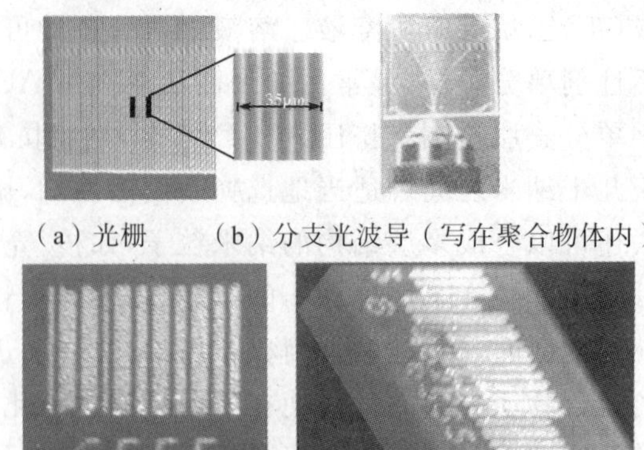

(a) 光栅 (b) 分支光波导(写在聚合物体内)

(c) 条码的平面图和三维图(两组条码上下放置)

图 6-58 飞秒激光加工的部分器件

另一个例子是用锁模钛宝石激光的 100 fs 脉冲的双光子聚合技术制备的分辨率约为 200 nm 的纳米结构,如图 6-59 所示。

图 6-60 是用双光子聚合法制备的三维纳米结构。

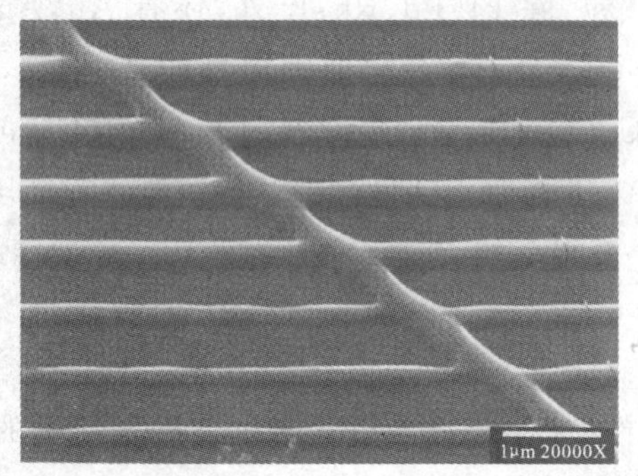

图 6-59 用双光子聚合法制备的分辨率为 200 nm 的纳米结构

图 6-60 用双光子聚合法制备的三维纳米结构

(二)近场刻蚀法

使用近场光学的锥形光纤发射近场,在含有有机染料的塑料介质中,利用光致漂白效应永久地写入图形,如图 6-61 所示,写出用于光存储的光斑或用于光耦合的光栅。光漂白过程可用单光子吸收和双光子吸收两种方法,后者比前者精度高得多。

如果用单光子吸收方法漂泊染料,可用波长为 400 nm 的光通过近场光学显微镜(NSOM)的锥形光纤输出,获得尺寸为 120 nm 的漂白光斑图形,见图 6-61(a)所示。通过光束焦点的扫描可获得 150 nm 宽、290 nm 长的光栅图形,如图 6-61(c)所示。

如果用双光子吸收方法漂泊染料,是以波长 800 nm 的飞秒激光通过双光子微加工装置(图 6-55),以近场方式产生窄的漂白光斑,尺寸为 70 nm,如图 6-61(b)所示。同样可写出 70 nm 宽和 160 nm 长的光栅,如图 6-61(d)所示。

(三)近场相位模板光刻法

这是一种近场接触式弹性相位模板光刻技术,其工作原理如图 6-62 所示。先在硅衬底上涂上光刻胶,对它光刻形成母板。然后在衬底上浇注聚二甲基硅氧烷(PDMS)材料的薄膜,待其固化后从光刻胶上取下来,在它的弹性表面上刻有浮雕,这就制成了一个有弹性的相位模板。在制作纳米结构时,将弹性相位模板覆盖于涂有光刻胶的待刻的硅衬底上,让它与光刻胶紧密接触,然后用波长约365nm的紫外光曝光。如果

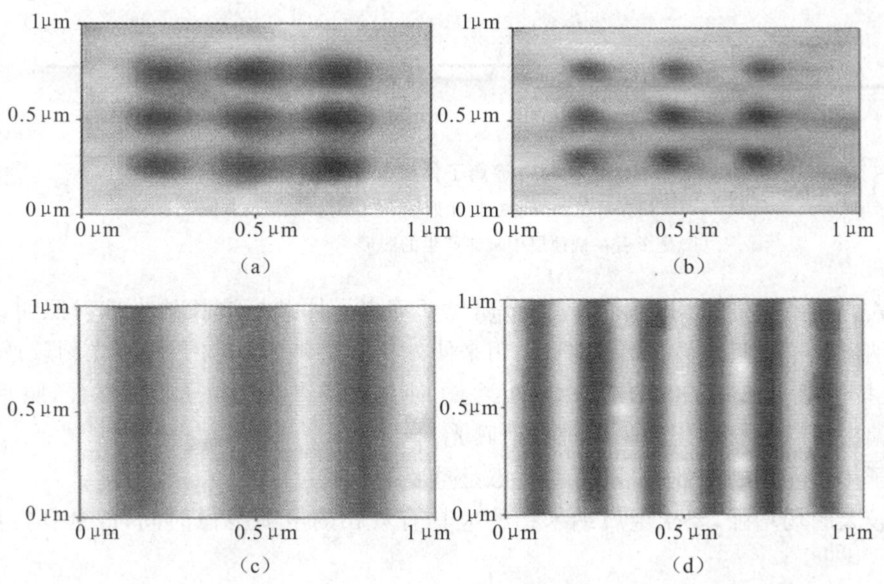

图 6-61　纳米光存储(c)和(d)纳米光栅图形

(a)和(b)是纳米光存储图形;(c)和(d)是纳米光栅图形。(a)和(c)是用单光子激发写出和用双光子激发读出的;(b)和(d)是用双光子激发写出和读出的

相位模板的浮雕的深度正好导致π相位,那么在透射光强的近场图形上,对应π相位将出现强度的零点。相应这些零点位置,在光刻胶上形成约 100 nm 宽度的线。然后将弹性相位模板移去,对光刻胶显影,从而在硅片上形成约 100 nm 宽的纳米结构。用这种方法可以制备各种集成光子器件,其尺寸的精度达到 90 nm 左右。

图 6-63 给出了一张光刻形成的平行线的原子力显微镜(AFM)照片,这些线宽约 100 nm、高约 300 nm。

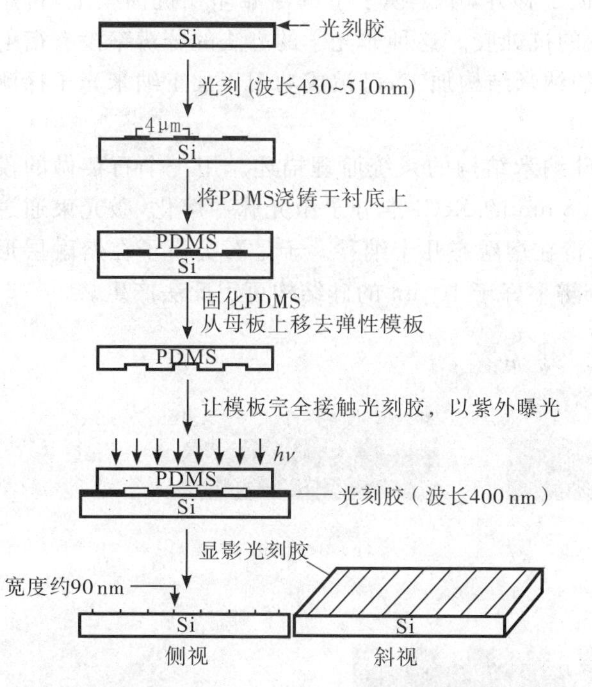

图 6-62　用近场接触模式光刻技术制备纳米结构原理图

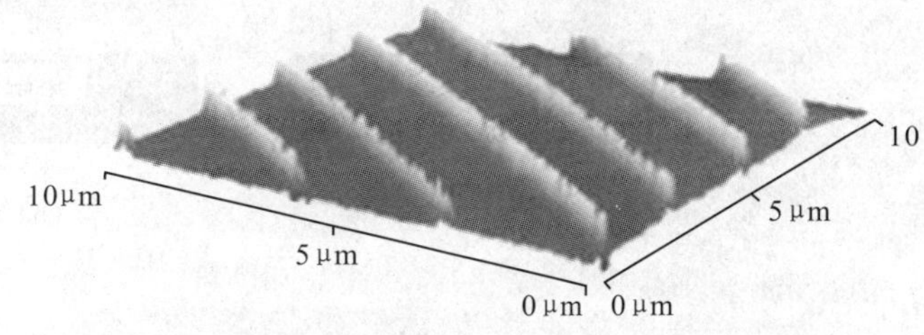

图 6-63　用近场接触模式光刻技术在光刻胶上形成的平行线的 AFM 照片

(四)等离子体激元印刷术

这种方法利用了金属纳米结构的表面等离子体激元共振,当所用的光的频率相近于等离子体共振频率时,将显著地增强金属纳米结构附近的电场。图6-64是等离子体激元印刷方法的原理图。这里采用了金属

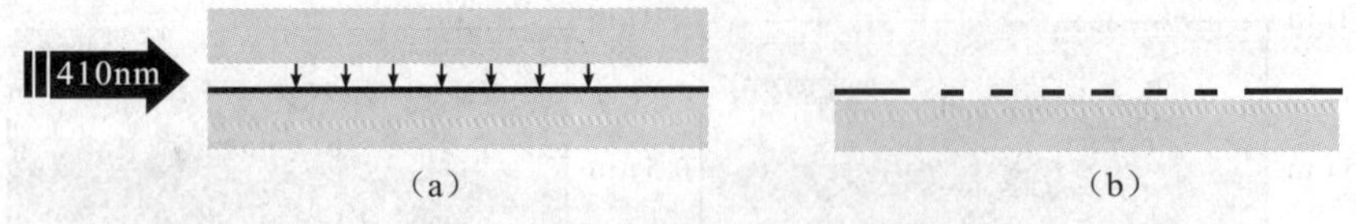

图 6-64　等离子体激元印刷原理

(a)以偏振可见的光的掠射角照明，产生对抗蚀层的强曝光；
(b)显影后在抗蚀层中最终产生的图形

纳米粒子阵列形式的金属纳米结构。用相应于金属粒子等离子体共振波长的光掠射照明，在粒子附近产生很强的场。处于纳米粒子附近位置的增强场，是用来使处于金属纳米结构下面的光刻胶产生纳米尺度的曝光。经过显影，在抗蚀层上形成了一个纳米结构。为了使局域场直接在粒子下面增强，照明光束必须大致沿抗蚀层垂直方向偏振，即 p 偏振，因此采用掠入射曝光。

为提高等离子体激元印刷的效率，以下的考虑是重要的：

1)为了实现较大的场增强，要求金属纳米结构应具有较长的电荷弛豫时间，故选择金($\tau_r \approx 4$ fs)和银($\tau_r \approx 10$ fs)。

2)粒子尺寸过大而产生的多极振荡将导致场的空间约束的降低和场增强的下降，为了形成较强的空间约束，从而使偶极子的场增强，粒子的尺寸不能选得太大。为此，金或银的纳米粒子尺寸选在 30～40 nm 较为合适。

3)金属纳米结构的等离子体激元共振波长范围选在 300～450 nm 较合适，因为在这个波长范围内，多数光刻胶呈现出极大的灵敏性。为此，首选等离子体激元共振波长约为 410 nm 的银纳米粒子。

(五)纳米压印刻蚀法

纳米压印刻蚀法是一种高产出、低消耗的非常规刻蚀技术。先用一个表面具有纳米结构的模子压印在衬底上的一种薄的抗蚀材料(或者某种软物质)上，然后把模子移开，于是模子上的浮雕印在抗蚀膜上，再用各向异性的腐蚀工艺，如反应离子刻蚀，除去压缩区中剩余的抗蚀胶。这种非光学的方法的分辨率没有衍射极限。这种方法已经实现了具有 25 nm 特征尺寸和 90°角的纳米结构加工，已被成功用于加工纳米光子探测器、硅量子点、量子线和环形晶体管等器件。

图 6-65 给出了用激光辅助直接压印纳米刻蚀法制备硅纳米结构的系统原理描述。用一个石英做的模子压印硅衬底。与石英模子接触的石英表面薄层被波长 308 nm 的 XeCl 准分子激光脉冲熔化，激光束通过石英模子时未被吸收。熔化的硅层可以深达 300 nm，并保持在熔融态几十纳秒。于是石英模子在熔融层形成浮雕。待它固化后将模子与压印的硅分开。各种具有分辨率好于 10 nm 的硅结构可用此法产生。

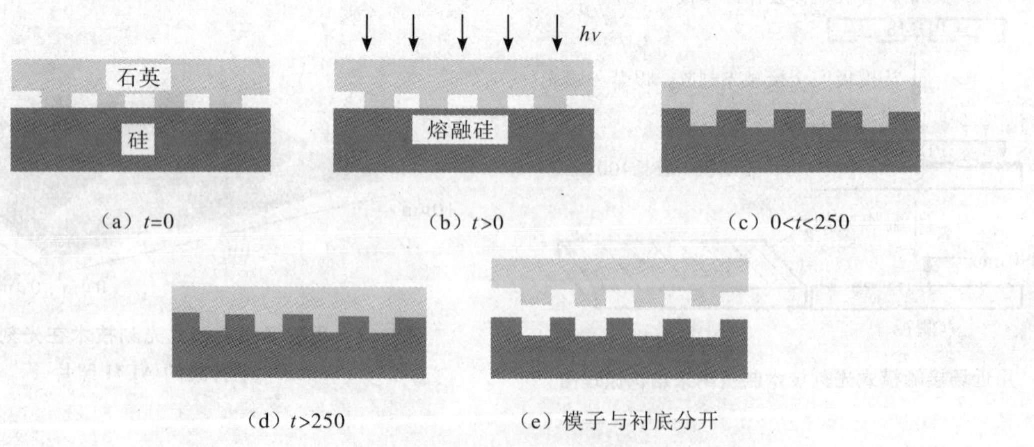

图 6-65　硅纳米材料的激光辅助直接压印方法原理图

(a)石英模子与硅衬底接触；(b)用单 XcCl 准分子激光熔化硅表面薄层；(c)熔化的硅被形成浮雕；(d)硅迅速固化；(e)分开模子和硅衬底

(六)光致纳米列阵

一种有前途的纳米加工光子学方法是用光驱使纳米粒子有序排列。这种方法的原理已被用于碳化硅纳米列阵的排列,如图 6-66 所示。图中用黑点表示纳米粒子混乱地分布于一个模板中,它可以是有一定结构的单体或者是一个容许这些纳米粒子混乱分布的聚合物。当两光束交叉产生一个强度光栅(全息布局),如中间的图所示,将出现强度调制,产生亮暗交替的区域。这种强度调制的空间图形,可以用作单体的空间调制聚合过程的初始状态。于是在亮区聚合反应发生,而在暗区单体保留未聚合。可能在亮区交联聚合物,而在暗区不发生聚合物交联。如果纳米粒子不与聚合区兼容,它们就会向未聚合区移动。这种纳米粒子的空间移动可能引起它们在暗区排列,形成纳米粒子的周期列阵。我们可以用这种方法排列一个量子点或者产生光子晶体,其中排成行的具有高折射率的纳米点引起高折射率对比度。

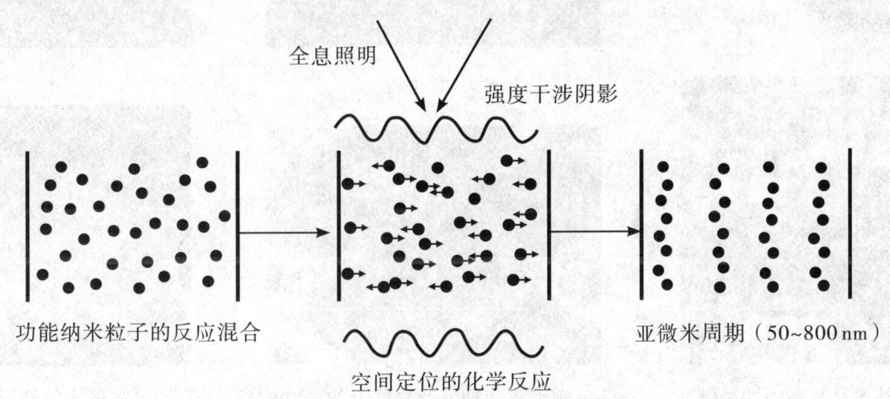

图 6-66　光驱使纳米粒子有序排列

用激光全息法产生光致聚合反应,使纳米粒子移动或停留在确定的三维图形中

用同样的方法我们可以处理有聚合物分散存在的液晶(PDLC),在其中产生光栅。这种液晶可以视为由液滴(微米量级)与聚合物粒子(100 nm 以下)组成的复合物。图 6-67 是用两种不同的光路布局,分别得到透射的和反射的液晶光栅的原理示意图。

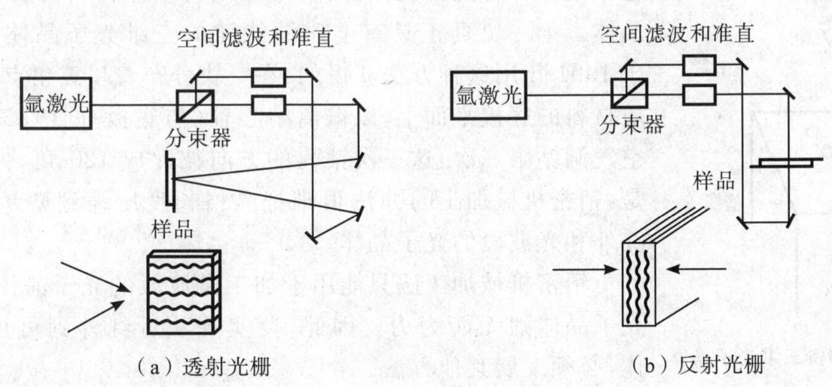

图 6-67　两种不同的写光栅方式

四、光子晶体材料的制备

自然界中存在着天然的光子晶体,如澳洲和墨西哥的蛋白石(opal),一种特殊的蝴蝶翅膀身上的粉,以及一种深海鼠身上的毛,见图 6-68。电子显微成像揭示出这些天然的光子晶体均由一些周期性微结构组成,它们可以在不同的角度反射不同波长的光,但是,它们都没有形成完全的禁带。研究表明,完全禁带的形成与两种材料的折射率差、填充比以及排列方式等有密切关系。一般来说,折射率差值越大,就越有可能形成光子禁带。当折射率差值大于 2 时,可以形成完全禁带。自然界中尚未发现满足这种条件的晶体,因此实验研究光子晶体必须由人工制备。

目前制作光子晶体的主要材料是无机材料，如金刚石、SiO_2、TiO_2、GaAs、AlGaAs 等，以及一些金属材料。制备光子晶体必须构造周期性的结构。目前制作光子晶体的方法主要有：精密机械加工法，半导体的电子束刻蚀、反应离子束刻蚀及激光刻蚀等方法，胶体自组织法，多光子聚合法、多光子吸收与胶体自组织结合法，全息光刻法及分子生物组装法等。下面对部分制备光子晶体的技术进行介绍[2]。

（a）蛋白石的外形及其表面的微结构　　（b）蝴蝶翅膀外形及翅膀上的微结构　　（c）海鼠毛的外形及其微结构

图 6-68　天然光子晶体

（一）精密机械加工法

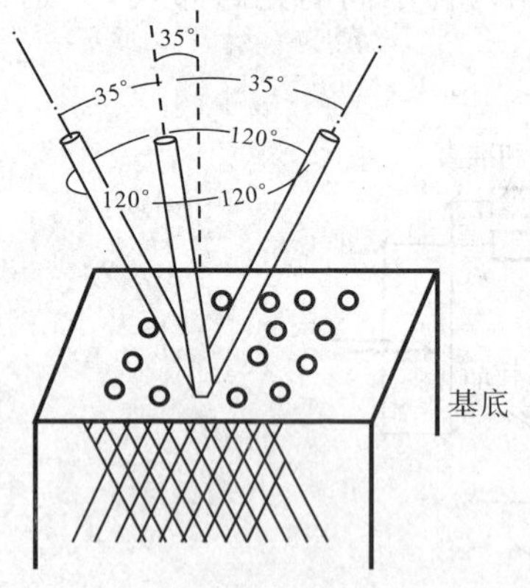

图 6-69　用钻孔法制备三维光子晶体

精密机械加工法是在早期研究光子晶体过程中发展起来的方法，通过在基体材料上钻孔，利用空气介质与基体材料的折射率差来获得光子晶体。第一块真正具有电磁波能隙的三维光子晶体就是 Yablonovitch 于 1991 年用这种方法获得的：在一块分布着呈三角点阵的空气洞的高介质材料的底板平面上，以偏离中心轴（与底板垂直）35.26°的方向对每个空气洞钻眼三次，这三次钻入的方向彼此成 120°角，如图 6-69 所示。但是，精密机械加工的办法很难把晶格长度压缩到微米量级，即工作在近红外和光波段的光子晶体。

精密机械加工法只能用于加工微波段的光子晶体，对于更短波长的光子晶体则无能为力。因此，要实现从近红外到可见光波段的光子晶体，必须发展其他方法。

（二）半导体制作法

电子束刻蚀、反应离子束刻蚀、激光光刻，以及化学气相沉积等被广泛用于硅片微加工的半导体制作技术已经非常成熟，它们可以用于制作光子晶体。运用这些技术，可以比较精确地制作出工作于可见光波段的光子晶体。半导体技术有以下几种：

1. 逐层叠加技术

逐层叠加法是用许多片二维结构叠加在一起而制作出三维光子晶体的方法。图 6-70 给出了逐层叠加法制作三维光子晶体的具体过程：用外延生长法在基板（GaAs 或 InP）上形成光子晶体层（GaAs 或 InP）和腐蚀终止层（AlGaAs 或 InGaAsP）；用半导体显微制作技术，如电子束平版印刷术或离子腐蚀术，以一定的周期、宽度和厚度在最上层的GaAs(或InP)层上制作出二维条状结构；把以上述方式制成的一对有条纹的薄片，以条纹相对的方式交叉放置，并在氢气中加热使其熔接在一起；将熔合后晶片一侧的基板(GaAs或InP)和腐蚀终止层(AlGaAs或InGaAsP)刻蚀掉，只剩下条纹层，这样就形成了两层棒交叉放置的结构。不断重复上述步骤，以四层为一个单元，再交叉对放就组成了所谓的面心立方结构的光子晶体。如果采用GaAs作为条棒状的材料就构成远红外的光子晶体，如果采用InP作为条状棒的材料就构成近红外的光子晶体。

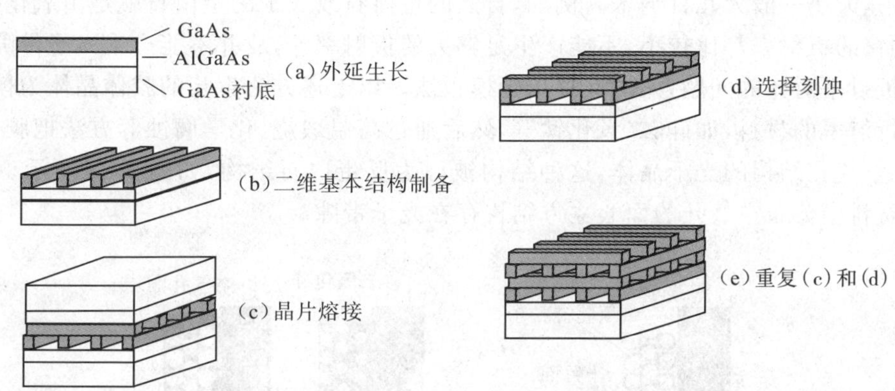

图6-70　用逐层叠加法制做光子晶体的过程

2. 多孔氧化铝技术

对于可见光波段的光子晶体，可以用高阶阳极多孔氧化铝方法(highly ordered anodic porous alumina)来实现。先用电子束平板印刷法制作一个六角形分布的凸面SiC的模子；然后，把这个模子放在抛光过的Al的表面，并对其加压，就在Al的表面产生一些六角形分布的浅凹面；进而用酸性溶液对表面有凹面的Al片连续氧化；最后，就可以在Al片上形成有一定深度的六角形分布的空气孔，从而获得光子晶体，见图6-71。

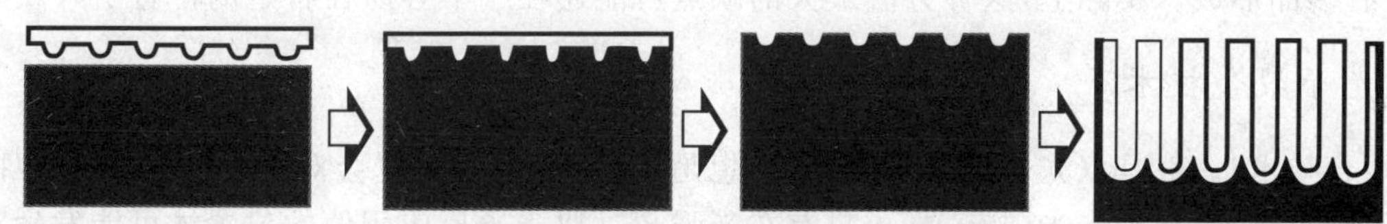

图6-71　氧化法制光子晶体的示意图

3. 反应溅射技术

此法主要是采用反应溅射过程进行多层沉积来实现，如图6-72所示。首先，采用平板印刷术(如电子束平板印刷术)在基底上产生周期分布的褶皱图案；然后，通过溅射沉积和溅射刻蚀过程结合的方法在基底上逐层叠加；在适当的条件下，通过这种方式就可以形成多维周期性结构。

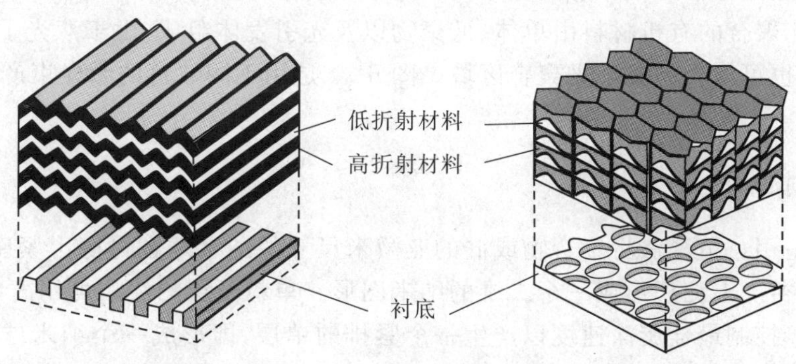

图6-72　反应溅射技术制作三维光子晶体

（三）胶体自组织技术

制作光学波段的光子晶体的另一种技术是胶体颗粒的自组织生长。把大小为微米或亚微米的颗粒悬浮在液体中；由于颗粒带电，而整个体系呈电中性，这些悬浮颗粒之间有短程的静电排斥相互作用以及长程的范德瓦尔斯吸引力；由于颗粒带电，如果电荷密度及胶体浓度适当，经过一段时间，悬浮的胶体颗粒会从无序的结构相变成有序的面心立方结构而形成胶体晶体。一般采用的胶体颗粒是聚合物或氧化硅等，颗粒的大小可以做得很均匀，大小一般为几百纳米。例如，自然的蛋白石或人工的蛋白石就是由氧化硅胶体颗粒组成的。但是，这些颗粒的折射率都比较小，不能产生足够大的折射率差，故并不能产生光子带隙。

为了解决低折射率对比的问题，人们又提出了模板法。以上述方法生长的胶体晶体为模板，在颗粒小球的空隙中填充高折射率的材料，如硅、二氧化钛等，然后通过高温煅烧、化学腐蚀等方法把胶体颗粒从这个模板除去，就能得到空气孔结构的光子晶体，这种结构被称为反蛋白石结构，如图 6-73 所示。理论研究证实，这种在高折射率材料中分布空气孔的面心立方结构存在光子带隙。

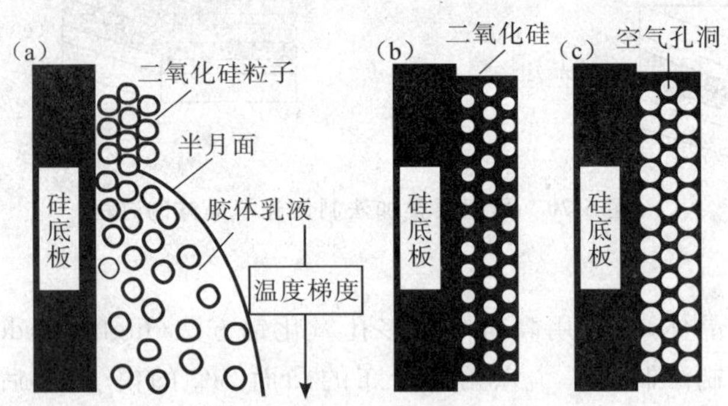

图 6-73　用胶体自组织法制备光子晶体

这种方法技术简便，取材经济。但也有很多缺点，例如形成的晶格结构少，层与层之间的错位等缺陷比较多，而且还有多晶形成。实际上，这种方法最大的缺点可能还在于不容易在特定的位置引入缺陷。

（四）多光子聚合技术

多光子聚合技术（一般是双光子聚合）的主要思想是，双光子吸收效应会对某种特殊的化学物质进行固化，而双光子吸收的概率与激光光强有关，故只有在光强超过双光子反应阈值的位置才可能发生双光子吸收效应。如果采用聚焦技术，多光子反应就被限制在 $\lambda\times\lambda\times\lambda$ 的空间内（λ 是激光的波长）。众所周知，利用三束或四束飞秒激光通过共焦显微镜进行聚焦，会在聚焦平面上形成有一定光强分布的二维干涉图样。因此，如果用多光束聚焦的方式照射可以发生固化的物质，则物质固化的位置与二维干涉图样有关，而每个固化位置的体积则限制在 $\lambda\times\lambda\times\lambda$ 的空间内；然后，沿着光传输的方向移动可以发生固化的物质就可以形成二维固化柱分布；最后，清除掉这些二维固化柱，就形成了空气孔型光子晶体（air-hole PC）。目前，广泛采用的激光系统是飞秒激光器，利用这种激光可以有效地限制双光子聚合的尺寸，因此，这种方法也可以称为飞秒激光加工技术。一般用于光聚合的有机材料由单体、低聚物以及光引发体组成，由于双光子聚合受到有机材料的影响，选择适当的材料也可以大大减小光聚合区域。图 6-74 是用不同数目的激光束产生不同维的光子晶体的示意图。

（五）纳米球体刻蚀法

纳米球体刻蚀法是用自组装法将聚合物或硅的亚微米尺寸的纳米球在衬底上紧密排列成单层，然后渗透某种材料，该材料在衬底上淀积形成一个二维的纳米图形。单粒子层的淀积可用简单的旋涂法，形成在溶剂中的纳米球的分布。控制最佳旋涂速度以产生一个紧排的单层，即形成一个纳米球的周期粒子阵列。以后用 热或激光脉冲沉积作用干燥薄膜，以产生一个胶质的晶体模板。图6-75（a）给出了一张胶质晶体模板

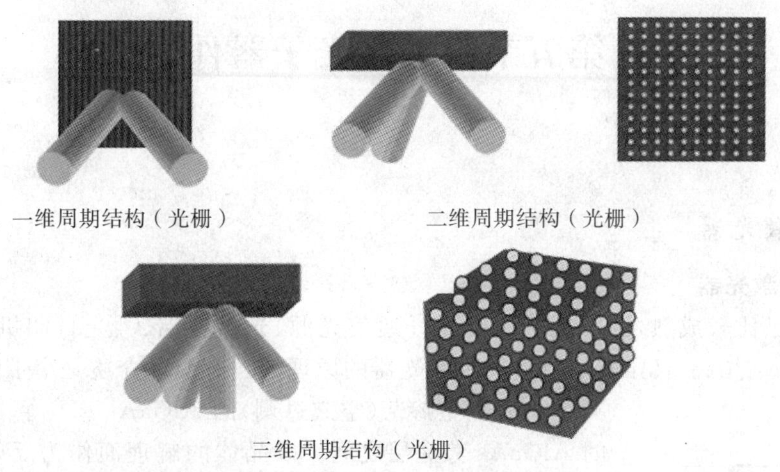

图 6-74　飞秒激光加工技术制备光子晶体

一维：用两束光；二维：用三束光；三维：用四束光

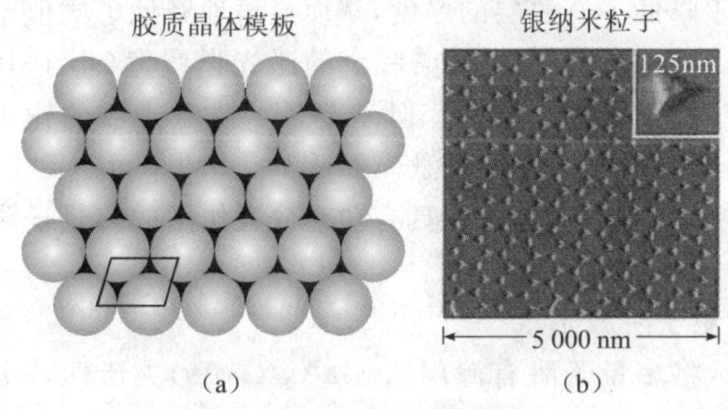

图 6-75　纳米球体刻蚀法

(a)包含 $D=542$ nm 纳米球的胶质晶体模板的结构；(b)三角形银纳米球的 AFM 成像图

图。将被形成图形的材料（如金属）通过纳米球的空隙处淀积在衬底上。然后用洗涤溶剂除去聚合物球体，留下其后的纳米图形材料。在硅纳米球的情况下，可以用 HF 酸溶液腐蚀。在六角形排列的纳米球的情况下，淀积材料（如银）最后形成的周期阵列图形是三角形的，其间的空隙可以随纳米球尺寸的改变而变化。图 6-75(b)给出了一张三角形 Ag 纳米粒子列阵的原子力显微镜图像。

（六）激光全息光刻法

用先进的半导体技术来构造二维光子晶体已经取得了相当大的进展，但在构造可见光波段的三维光子晶体时依然有很大的困难。激光全息光刻技术非常适合于制造具有亚微米尺度、周期性重复的二维结构，中山大学汪河洲研究组在这方面做了大量的工作[11]。他们还利用激光束的干涉产生三维全息图案，让感光树脂在全息图案中曝光，从而一次形成三维结构。通过调节激光束的干涉和波长，可以改变三维形状的结构和尺寸。运用这项技术，不仅能够制备出具有微周期的聚合物结构，而且用它们作为模板，还可以制造出具有高折射指数的完全带隙结构。图 6-76 是中山大学用激光全息光刻技术制成的三维面心微结构[12]的显微照片。

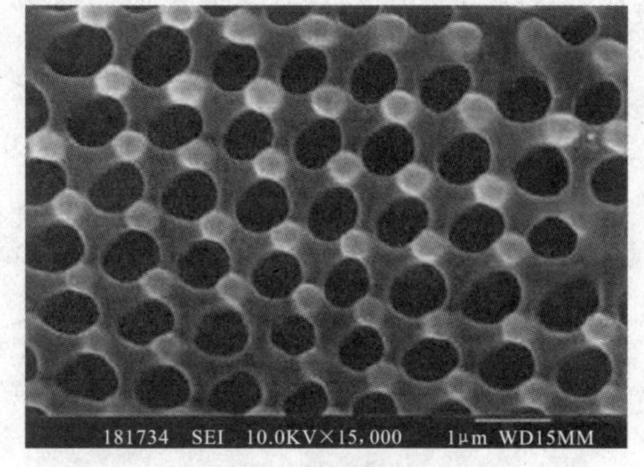

图 6-76　激光全息光刻技术制备出的三维面心微结构

对于一维光子晶体，它的制备非常简单，而且在光子晶体的概念提出之前就已经被广泛制备并应用。因为它就是我们通常所说的多层膜，可以用真空镀膜技术、溶胶-凝胶技术和分子外延技术等方法来制备。对于二维光子晶体，在微波或厘米波段，可以用介质棒排列或用机械钻空的方法来构成；在红外和光学波段可以用刻蚀等方法制成。微波波段的三维光子晶体可以用精密机械加工的方法来实现，其他波段的三维光子晶体则要采用半导体技术、胶体自组织法、多光子聚合以及全息光刻等方法。对于非线性光子晶体，只要把材料换成非线性材料仍采用上述方法就可以得到。

第五节 纳米光子器件

一、纳米激光器

(一)量子限制激光器

1. 边发射量子阱激光器

量子阱激光器现已比较成熟,已广泛应用于光纤通信光源、光盘存储、激光打印机等领域,波长覆盖从0.8~1.6 μm。图6-77给出了双异质结单量子阱激光器的原理图。有源区介质是窄带隙半导体GaAs,它被夹在一个P型掺杂(空穴过剩)的AlGaAs和一个N型掺杂(电子过剩)的AlGaAs势垒层之间。以晶体的解理面作为反射镜形成光腔。通过上下的欧姆接触(层厚大于100 nm),将电子与空穴注入有源区,电子与空穴复合而发射光子。厚度小于10 nm的有源层以光波导形式约束激光束,采取边发射方式。

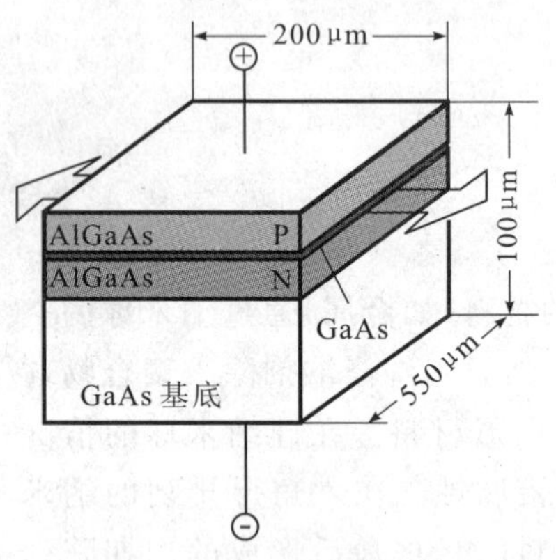

图6-77 双异质结单量子阱激光器原理图

量子阱激光器由于降低了有源层的厚度,从而显著地降低了阈值电流密度(达到约0.5 mA);具有窄的增益谱和窄的激光谱线宽(小于10 MHz);调制频率高,有利于高速光通信。但是单量子阱激光器的输出功率较低,仅约100 mW。做成单量子阱激光器阵列,其功率可达到50 W。另一个提高输出功率的办法,是采用具有功率放大作用的多量子阱结构(AlGaAs/GaAs)代替单量子阱结构。

2. 垂直腔面发射量子阱激光器

垂直腔面发射量子阱激光器(VCSEL)如图6-78所示,将多量子阱有源层(InGaAs/GaAs)夹于两块分布反馈的布拉格反射器(DBR)之间。两块DBR是由折射率为3.5的GaAs层和折射率为2.9的AlAs层交替重复组成,每层厚度为四分之一波长。这样就构成了一个光束垂直反射镜发射的激光腔。VCSEL的优点是有利于将激光器与光纤芯直接耦合,适用于光信息的并行处理。

3. 量子阱微腔激光器

光学微腔(optical microcavity)是指具有高品质因子而尺寸可与谐振光波长相比的光学微型谐振器。当光腔尺寸与光波长可比拟时,腔内光场的模式将大大减少。因为一个模式占有体积 $(\lambda/2n)^3$(n 为介质的折射率),在理想情况下,一个边长为半波长的全反射立方微腔,将只有一个单模。这为实现低(无)阈值激光器的研制提供了科学依据。目前已在实验上实现了多种微腔结构,如F-P微腔、回音臂微腔、光子晶体缺陷微腔。1992年美国的Bell实验室研制成功了InGaAs/InGaAsP半导体多量子阱微盘激光器,图6-79所示的是该激光器的电子扫描显微图像。

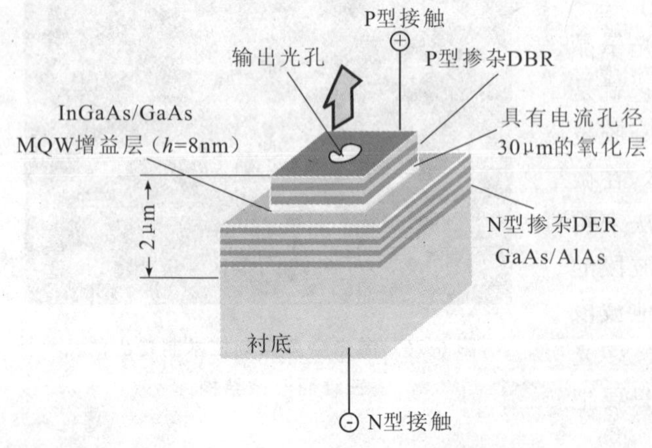

图6-78 垂直腔面发射量子阱激光器

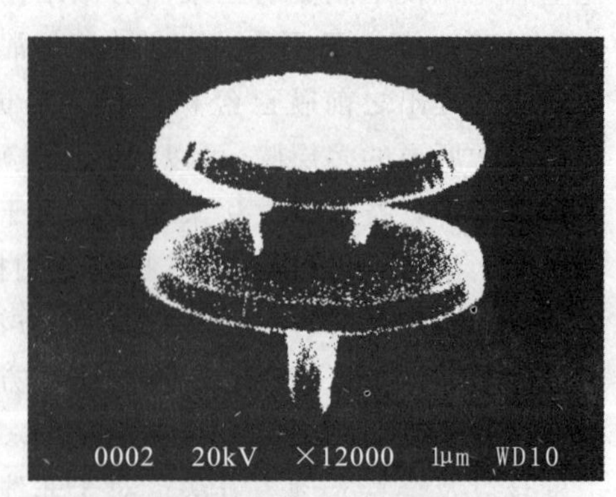

图6-79 InGaAs/InGaAsP半导体多量子阱微盘激光器的电子扫描显微镜图

该器件用 MOCVD 技术生长，用 HCl 溶液选择腐蚀制成。图中上盘是在 P 型 InGaAsP 材料上制作的直径为 4.5 μm 的上电级，下盘是微腔激光器的量子阱结构，由直径约 5 μm、厚约 0.3 μm 的 4 个（10 nm）InGaAs阱和 5 个 InGaAsP 垒层组成。上、下盘的支撑分别由直径约 1 μm 的 P 型和 N 型 InP 材料构成，下电极为 N 型 InP 衬底。室温下实现激光脉冲辐射，波长为 1.58 μm，阈值电流为 0.9 mA。以后美英等国的科学家又实现了有机或聚合物的微腔受激发射。

4. 光泵量子线激光器

采用低维的量子线和量子点做激光器，使增益曲线变得更窄，有利于进一步降低阈值电流密度。

2001 年 M. Huang 等人发表了“室温紫外辐射的纳米线激光器”的研究成果[13]。他们先在蓝宝石基底上镀上厚度为 1～3.5 μm 的金（催化剂），然后把它与 ZnO 和石墨粉材料一起放到氧化铝的蒸发皿中，加热到 880～905℃，在氩气中产生 Zn 蒸气，传送到基底上，于是长为 2～10 μm、直径为 20～150 nm、截面为六角形的 ZnO 纳米线便外延生长出来，见图 6-80。纳米线的两端面自然形成激光谐振腔。用 Nd：YAG 激光器的四次谐波激光（波长为266 nm，脉宽为 3 ns）作为泵浦光，以与端面法线成 10°角入射谐振腔。当激励能量超过 40 kW/cm^{2}时，受激辐射光便沿着 ZnO 纳米线中心轴的方向在纳米线的末端发射。这样，便在室温下获得了脉宽为 0.3 nm，波长为 385 nm 的激光。

5. 电泵量子线激光器

2003 年以 C. Lieber 为首的科学家们以半导体 CdS 为原料，制成用电流激励的纳米线激光器[14]。他们在硅基片上生长出长 100 nm 的 CdS 纳米线。电接触是通过涂覆 CdS 纳米线表面的金属导体层来实现的。当工作电流达到约 100 μm 时，纳米线的另一端发出波长约为 490 μm 的蓝绿色激光，见图 6-81。在随后的实验中，他们使用了不同的半导体材料，发出光的颜色也各不相同，GaN 纳米线发出蓝色到紫外的光，lnP 纳米线发出红外光。这些纳米线激光器发出的激光波长可覆盖从紫外线到红外线的整个波段。

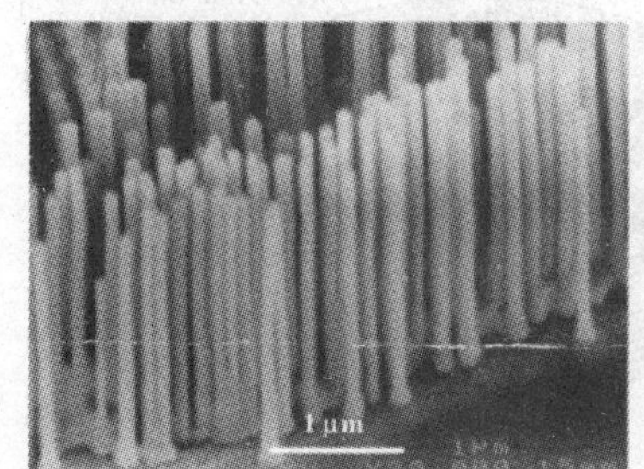

（a）蓝宝石镀金衬底上生长的纳米线

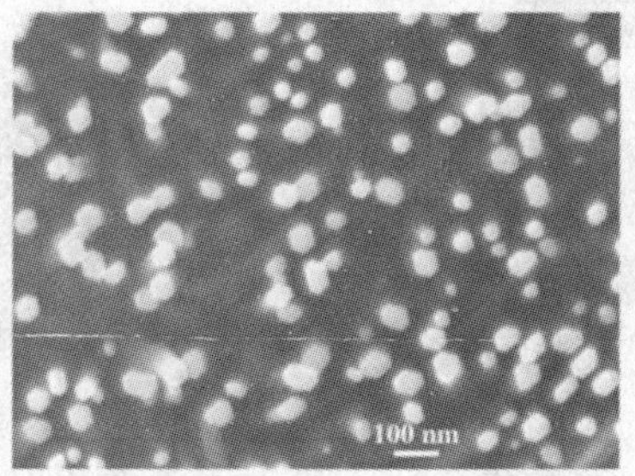

（b）ZnO纳米线六角形端面图

图 6-80　ZnO 纳米线激光器电镜照片

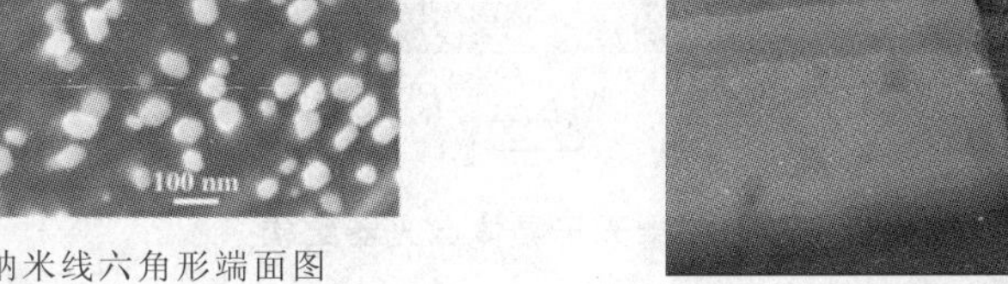

图 6-81　CdS 纳米线产生的电激励激光

6. 自组装量子点激光器

第一个自组装（InAs/InGaAs）量子点激光器于 1997 年由 Bimberg 等人报道[15]。2001 年 Zwiller 等在刻蚀得到的锥状 GaAs 顶部外延生长 InP 量子点，见图 6-82。发现随激发功率的增加，激子发射首先出现，随激发功率增加到一定程度后双激子发射情况出现，观察到了光子关联和反聚束情况。

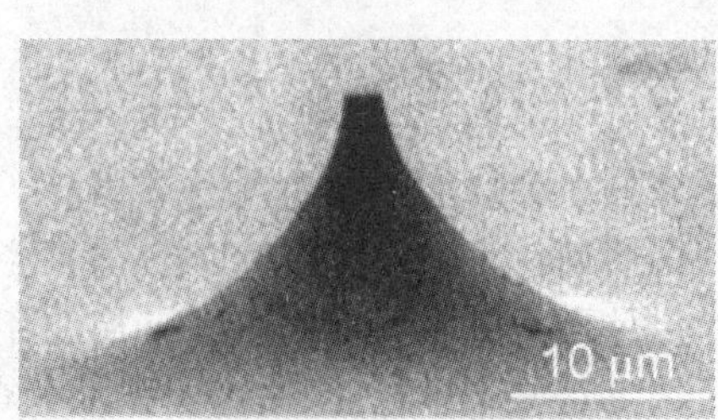

（a）刻蚀好的锥状GaAs结构

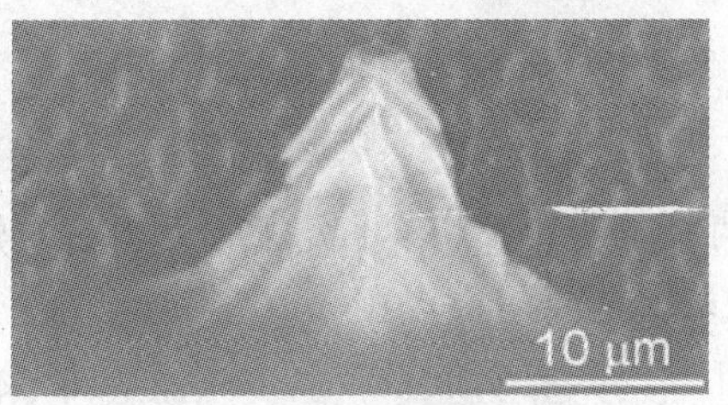

（b）外延InAs后的GaAs

图 6-82　锥状 GaAs 顶部外延生长 InP 的量子点

(二)光子晶体激光器

1. 含缺陷二维光子晶体激光器

目前广泛采用的激光器由于有自发辐射的存在,激光出射方向一般和自发辐射方向成一定角度。只有驱动电流达到一定阈值时才能产生激光。如果在激光器中引入带缺陷的光子晶体,使缺陷态形成的光波导与激光出射方向相同,这样自发辐射的能量几乎全部用来发射激光,从而大大降低了激光器的阈值。1999年,Painter 等人通过在二维光子晶体中引入点缺陷来束缚光能量,实现了光子晶体激光器[16]。2000 年,Richard 等人实现了阈值只有 50 μA 的低阈值光子晶体激光器,见图 6-83。科学家的最终目标是研制零阈值激光器。

高功率分布反馈式激光器是传统的分布反馈式激光器向二维周期性结构的扩展。激发模式可以从两个角度来理解:一个是带边缘的零群速度,另一个是耦合模式的驻波。它的优点是可以在二维光子晶体的很大尺寸内实现激光运转,这已经从远场图形中得到证实。

2. 垂直腔面发射一维光子晶体激光器

2001 年才发展起来的光子晶体垂直腔表面发射激光器,是利用一维光子晶体(半导体多层膜)获得反馈的微腔激光器,可以作为局域网中的低成本光源。这种激光器已经上市。但是由于大孔径激光器中横模的不稳定性,单模光输出的功率小于 8 mW。利用光子晶体可以压制大孔径激光器中横模的不稳定性,从而提高单模光的输出功率。图 6-84 是一种用光子晶体光纤制造的垂直腔表面发射激光器的原理图。

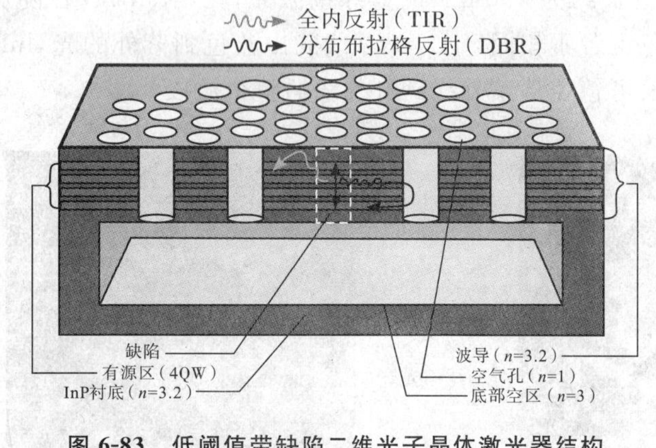

图 6-83 低阈值带缺陷二维光子晶体激光器结构

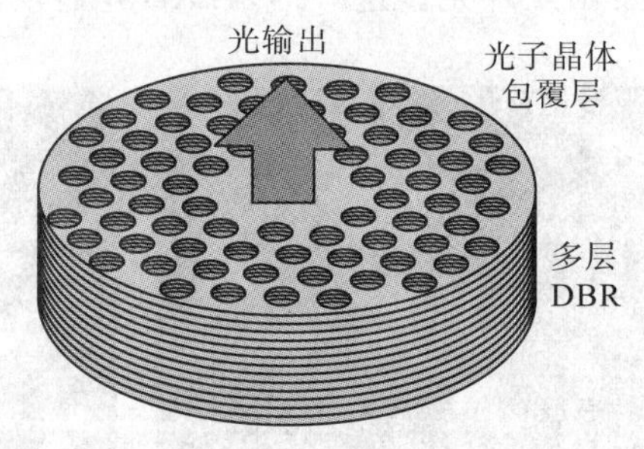

图 6-84 用光子晶体光纤实现的 VASEL

二、纳米发光二极管

半导体二极管发光中心的内量子效率达到 90%,但发出的光经过周围介质层的反射,只有 3%~30%的能够耦合出去,因此发光效率很低。提高 LED 的发光效率和实现白光照明是近年来的研究焦点。如果采用类似于获得零阈值激光器的方法,在发光二极管的发光中心放置一块带缺陷的光子晶体,让发光中心的自发辐射频率和光子带隙的频率相重,使自发辐射只沿特定通道传播,就可以大大降低能量的损失,使发光效率提高到 90%以上。

(一)有纳米结构的发光二极管

人类经历过两次照明革命:第一次是从火到真空灯(白炽灯、荧光灯),第二次是从真空灯到半导体光源(LED)。半导体 LED 光源的优点很多:①高效节能。如果使用 LED,可以减少全球照明用电量的 50%。②节约经费。节约灯、灯具、电费的开支每年 2 500 亿美元。③绿色环保。每年可以减少 CO_2 和 SO_2 的排放量达到 3.5 万吨。④长寿命。LED 光源比白炽灯寿命长 100 倍,比荧光灯长 5 倍。

提高LED的发光效率是半导体光照明技术的一个关键问题。在LED中采用纳米技术,可以大大提高发光效率，比如，在 LED 的 InGaN/GaN 表面做一层银的纳米光栅，光栅的周期为 500 nm，槽深 30 nm，可以使照射到 LED 有源层的光转化成 SPP 波，可使发光效率提高近 60%，见图 6-85。

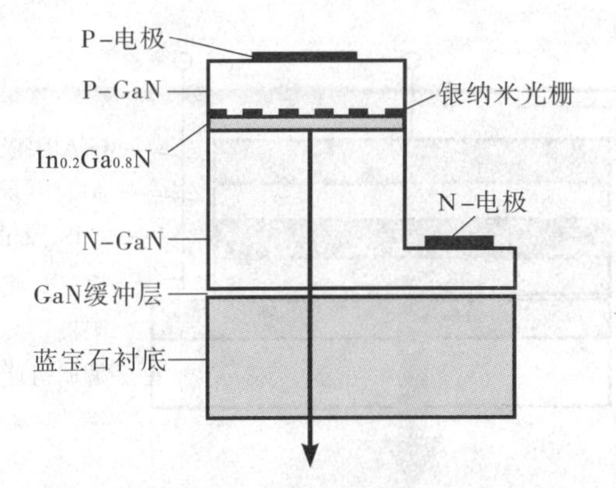

图 6-85 在有源区表面做有金属纳米光栅的 LED 结构

（二）量子点发光二极管

电致发光二极管（LED）可以用作固体发光器和光显示器。有三代产品：半导体发光二极管（LED）、有机发光二极管（OLED）和量子点发光二极管（QD-LED）。这里介绍两种量子点 LED。

1. 自组装量子点 LED

2002 年 Toshiba-Cambridge 大学的欧洲联合研究小组报道，他们采用量子点结构的 LED 实现了电注入单光子发射。在面积为 $10\times10\ \mu m^2$ 的 GaAs 衬底上生长出了单层自组装 InAs 量子点 LED，为便于光子发射，在上面的电极留有一个小孔，在几个微安的工作电流下实现了单光子发射，发射速率可达到 80 MHz。器件结构及单光子发射结果见图 6-86。后来他们宣称，利用量子点制造出波长在 1.3 μm 通信波段的单光子光源。他们以分子束外延法在 GaAs 衬底上生长出 InAs/GaAs 量子点，然后用刻蚀的方法，形成柱形微腔结构，使得量子点夹在腔的两个微镜之间。这种高效率的单光子光源有利于提高在传输距离内的安全密码传输率。

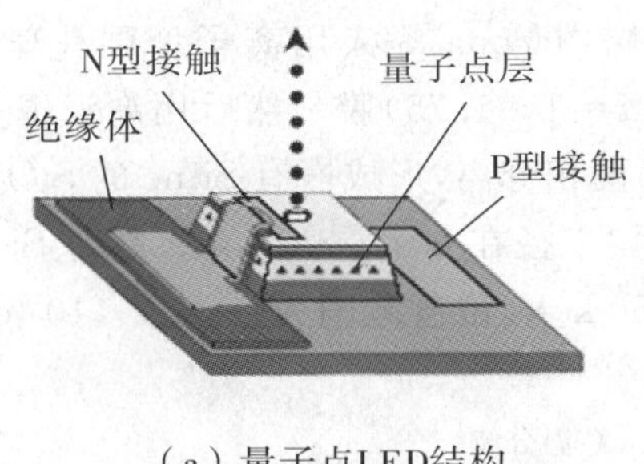

（a）量子点LED结构

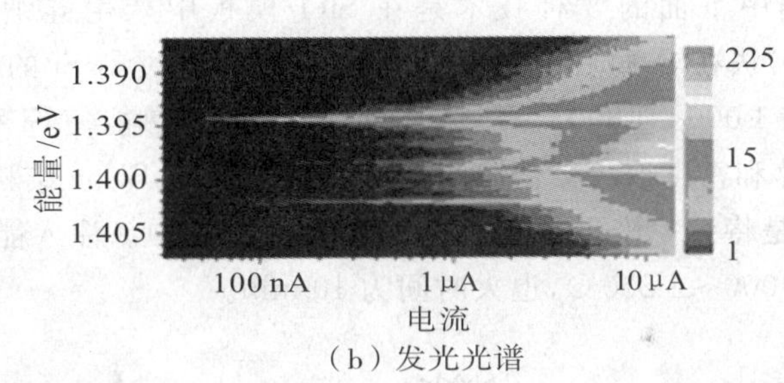

（b）发光光谱

图 6-86 InAs/GaAs 量子点 LED

2. 量子点 LED **光显示器**

量子点的结构如图 6-87 所示，是以 CdSe 为核，ZnS 为壳层，直径为 2～10 nm。不同直径的量子点发出不同波长的光，因而其溶胶具有不同颜色，如图 6-88 所示。

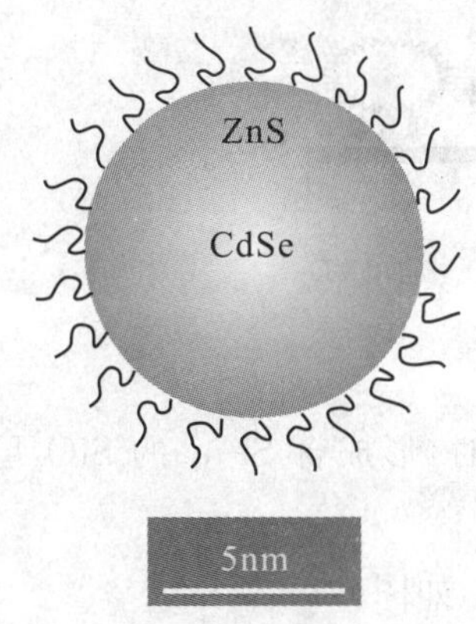

图 6-87 以 CdSe 为核 ZnS 为壳的核-壳量子点结构

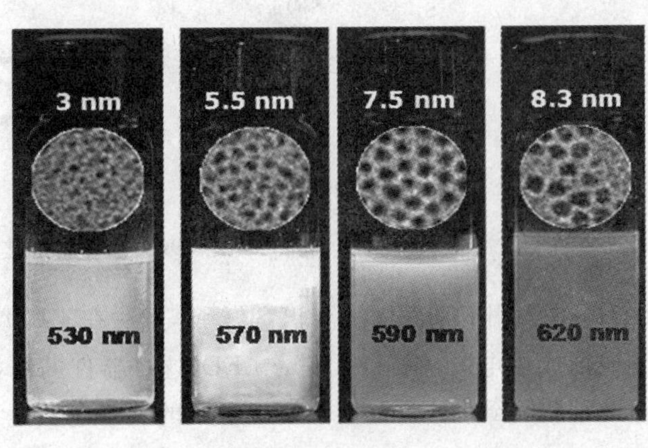

图 6-88 具有不同尺寸核壳量子点的材料发出不同波长的光

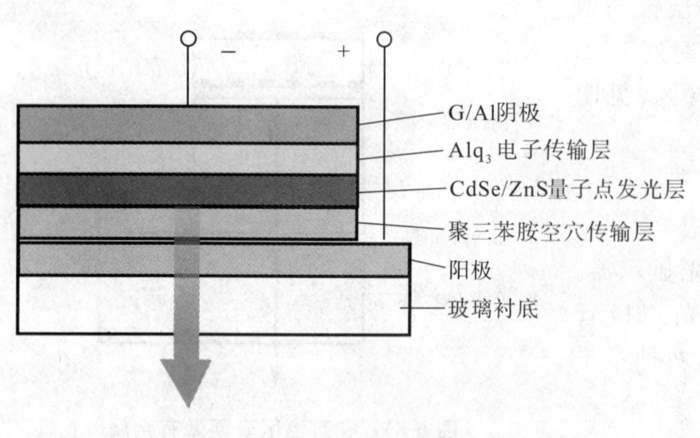

图 6-89　QD-LED 光显示器的结构

这种量子点电致发光具有优异的特性。首先具有很高的发光量子效率，CdSe-ZnS 核-壳量子点的发光效率达到 95%；发射光具有很宽的光谱范围，对 CdSe-CdS 可达到 450～670 nm；尺寸误差可控制在≤5%，发射带宽窄≤30 meV；激发态能量低(meV)，可以通过热激发；具有光化学和热的高稳定性；色饱和度优于 LCD 和 OLED；可用旋涂法、喷雾沉积、压印光刻等方法制备；可做成具有柔性和大面积的光显示产品。图 6-89 是一个 QD-LED 光显示器的结构示意图。改变量子点尺寸，可制备发红、橙、黄、绿 4 种颜色光的 QD-LED 器件。

(三)纳米硅晶发光二极管

硅是普遍使用的集成电子芯片材料，与 III-V 族和 II-VI 族半导体化合物材料相比，硅是在自然界中广泛存在的、价格低廉的材料，而且加工工艺成熟，成本较低。长期以来，人们努力探索将光子器件和电子器件在硅片上共集成的可能性。硅是间接跃迁的半导体材料，因此块状的硅不能发光，但是近年来发现硅纳米晶体(Si-nc)可以发光。

制备 Si-nc 的方法很多，除了激光刻蚀法外，还可以直接从气相或者间接在模板中再结晶制备，见图 6-90[17]，图中下面的 3 种技术是在 SiO_2 模板中产生硅纳米晶体。Iacona 等人用离子增强化学蒸汽淀积(PECVD)法在 Si 衬底上制备富硅膜，它是含有过剩 Si 的 SiO_x($x=1\sim1.75$)膜。然后用高温退火，所用退火温度在 1 000～1 300℃，加热时间为 1 小时。热能使 Si 和 SiO_2 两相分离，形成嵌有 Si-nc 的 SiO_2 模板。Si-nc 的尺寸和密度取决于薄膜的性质和退火条件，Si-nc 结构的平均半径在 0.7～2.1 nm。制备 Si-nc 的离子注入法，是将 Si^+ 离子注入厚 100 nm 的 SiO_2 膜中。注入能量为 50 keV，浓度范围为$(1\sim5)\times10^{16}\,cm^{-2}$，退火温度为 1 000～1 200℃，退火时间为 10 min。

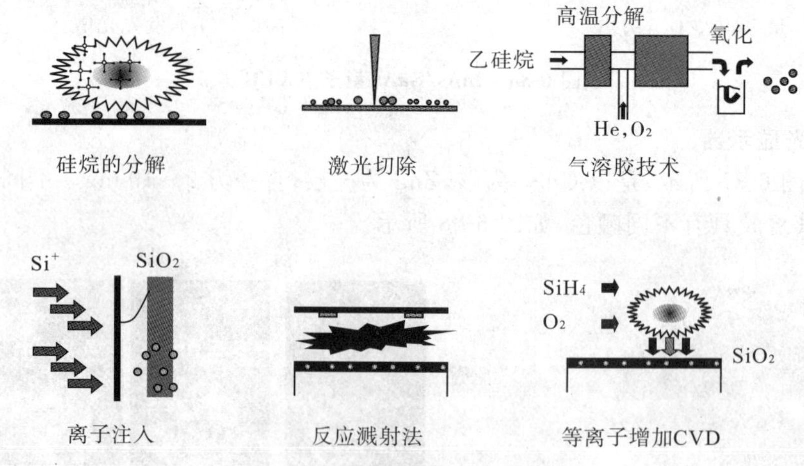

图 6-90　几种制备硅纳米晶体的技术

Irrera 等人用 PECVD 法淀积 SiO_x 膜，然后在 1 100℃下退火 1 小时，形成含 Si-nc 的 SiO_2 层，再以多晶硅做隔层形成铝电极，制备出 Si-nc LED，这种器件的结构见图 6-91[18]。

由此结构得到的 EL 强度与所加电压的关系以及电致荧光谱(EL)，如图 6-92 所示。

三、纳米光开关

在光纤通信网络中，光开关是一种关键的光子器件，是未来光计算和光网络技术的基础。在光纤通信中，光开关不仅用于光路的自动监控和保护，还将大量用于光交换系统（如用于光学交叉连接和分插复用模块）。光开关分为电控光开关和光控光开关两类。电控光开关已经在市场上出现，主要有电光开关、磁光开关、声光开关、热光开关、液晶开关和微电机系统（MEMS）光开关等。这类光开关的开关功率较低，但开关速度太低，不能超过电子开关的最快速度（皮秒量级），而且使用时要进行光—电—光转换，因而效率不高。光控光开关（全光开关）可以不经过光电转换，直接在光域中使用，开关时间可小于钠秒量级。但由于光子不带电，光控光开关必须通过非线性光学效应来实现，因此，阈值开关功率很高。为了降低开关速度，达到光通信信号的功率（毫瓦量级），只有使器件的尺寸减少到纳米量级才有可能。目前的纳米光开关，主要有纳米波导光开关和光子晶体光开关两类。下面作简要介绍，重点介绍全光开关。

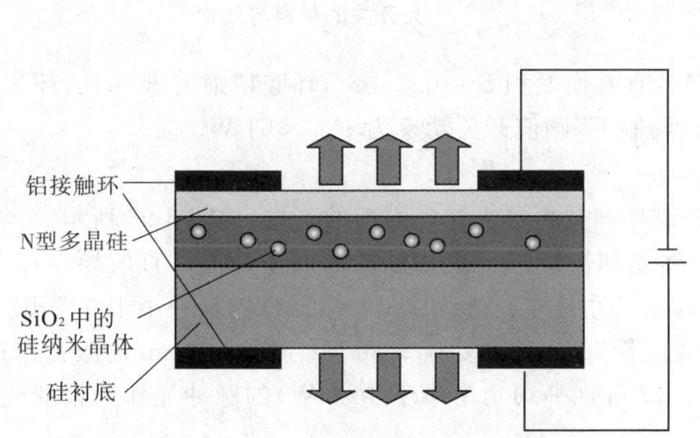

图 6-91　纳米硅晶 LED 光照明器件设计

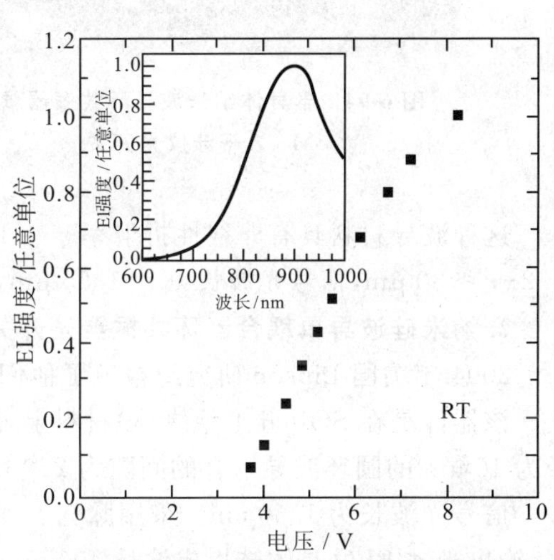

图 6-92　Si-nc LED 室温 EL 强度作为所加电压的函数曲线以及 EL 谱（插图）

（一）量子阱光双稳开关

1982 年美国亚利桑那大学光学科学中心的 H. M. Gibbs 研究组与贝尔实验室合作，首先研制出室温运转的半导体量子阱光双稳态器件[19]。它是世界上第一个纳米全光开关。在周期为 61 的 GaAs-AlGaAs 量子阱薄膜两面镀全反射电介质膜构成非线性 F-P 腔，在 GaAs 衬底上开孔通光，如图 6-93 所示，用激子峰波长在 770～870 nm 的可调谐连续光入射，获得开关阈值 1 mW/μm^2，开关时间 20～40 ns 的开关。用脉冲激光二极管做光源，有可能获得阈值开关能量小于 10 mW，开关时间达到 1 ps 的光双稳开关[3]。

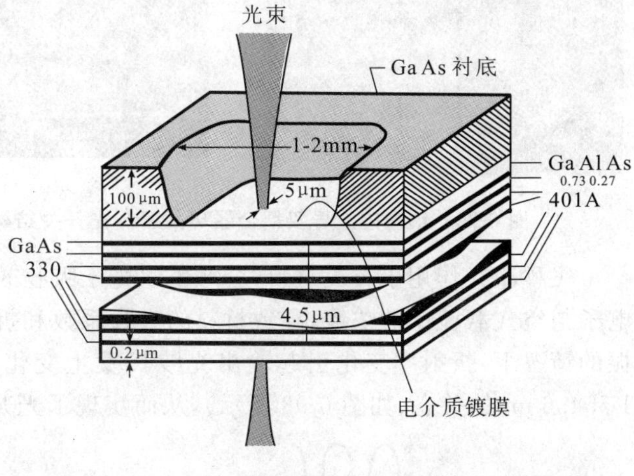

图 6-93　GaAs-AlGaAs 量子阱室温运转光双稳开关

（二）纳米波导光开关

1. GaAs 纳米波导环共振器耦合 M－Z 干涉仪光开关[20]

2004 年 J. Heebner 等人报道，他们在 M－Z 干涉仪一臂上耦合一个纳米波导的环共振器，所构成的全光开关外形如图 6-94 所示。光束从 M－Z 干涉仪的左上臂入射，通过第一个 3 dB 耦合器等分为两束，分别在两波导臂传输，然后在第二个耦合器干涉后输出，在低功率下从交叉臂（右下臂）输出。在高功率下，由于光在上臂的环中多次环行，积累由光克尔效应引起的非线性相移达到 π，也就是使 M－Z 干涉仪的两臂光束相位差达到π,于是输出光改从右上臂(直通臂)输出,实现了光开关。图 6-95 指出,光波导是用分子束外延(MBE)和反应离子刻蚀(RIE)技术在 GaAs 基底上生长不同组分的 AlGaAs 层而形成的量子阱脊型波导,波导宽 500 nm,环直径10 μm,环与直波导的间距只有 80 nm。

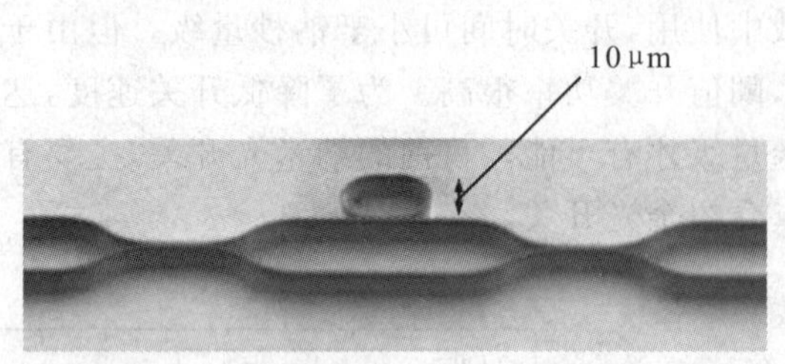

图 6-94 半导体纳米波导环共振器耦合 M-Z 干涉仪光开关

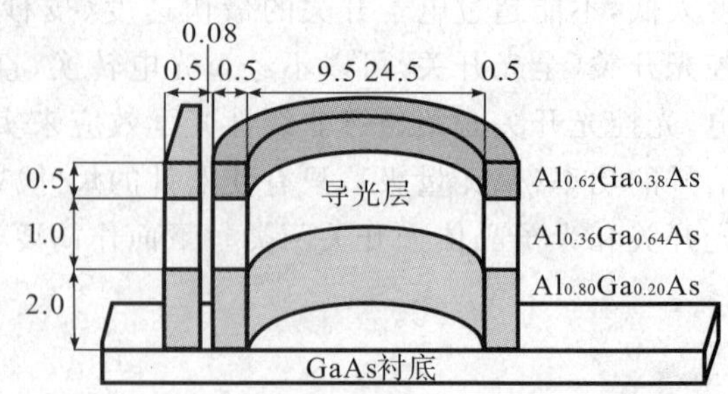

图 6-95 环共振器耦合 M-Z 干涉仪波导光开关的材料与结构

这种波导材料具有非线性折射率 $n_2=10^{-17}\ \mathrm{m^2/W}$,有效模面积 $S=0.5\ \mu\mathrm{m}^2$,环腔精细度 $F=10$,环长 $l=2\pi r\approx30\ \mu\mathrm{m}$,信号光波长 $\lambda_0=1.55\ \mu\mathrm{m}$,在自相位调制下,阈值开关功率为 $P_{1C}\approx64$ W。

2. 纳米硅波导单耦合器环共振器光开关[21-22]

2004 年美国 Lipson 研究组报道了他们在纳米硅波导环共振器光开关方面的工作,如图 6-96 所示。

该器件是在 SOI(硅上绝缘体)材料上,用电子束曝光和反应离子束刻蚀技术制备而成。直波导与环直径为 10 μm 的圆环波导耦合的间隙为 250 nm,波导截面尺寸是 450 nm×250 nm,器件的损耗小于 0.5 dB。

信号光波长为 1550 nm。采用脉宽 120 fs、单脉冲能量 1.5 nJ、重复频率 80 Hz、波长 800 nm 的激光作光源,输出光被 BBO 晶体转换成波长 400 nm、能量小于 120 pJ(平均功率小于 10 mW)的脉冲光作为泵浦光,从环面的垂直方向照射器件,如图 6-97 所示。

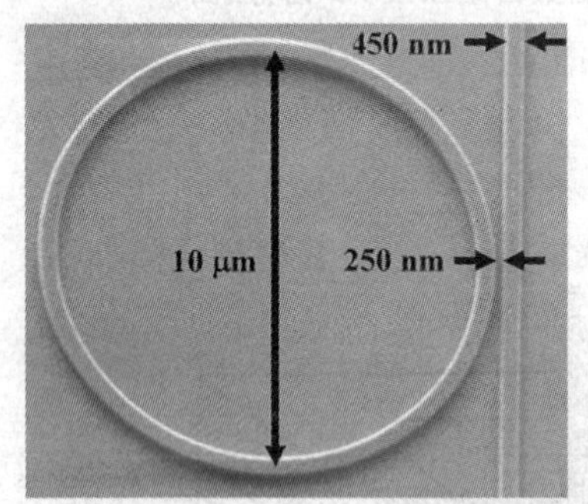

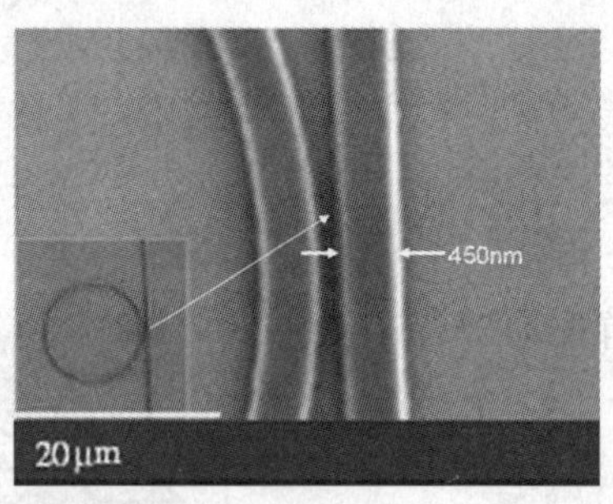

$\lambda_{pump}=400$ nm

$\lambda_{probe}=1500$ nm

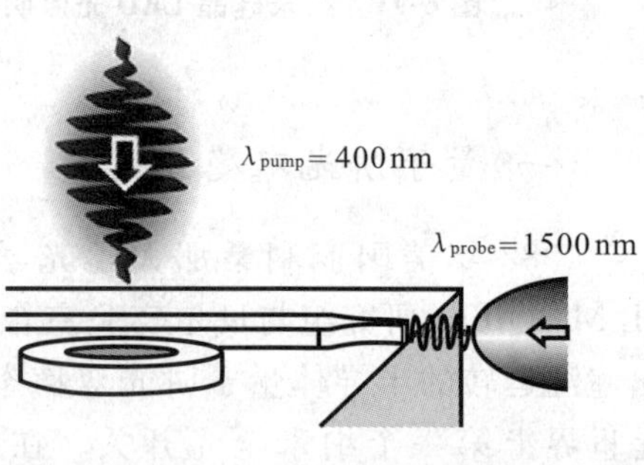

图 6-97 信号光与泵浦光对共振环的作用方向示意图

图 6-96 纳米硅波导双耦合器环共振器光开关结构图

飞秒激光作用于石英材料,会产生双光子吸收效应:吸收两个光子同时产生一个电子-空穴对,因而改变电子与空穴载流子的浓度,导致材料的吸收系数和折射率变化。实现开关的折射率变化量仅需 10^{-3}。在共振的情况下,折射率变化引起输出光波长发生变化,波长调谐量为 0.1 nm:从 1 554.5 nm 的开态转变为 1 554.6 nm的关态(如图 6-98 所示),从而实现了光开关,开关时间约为 70 ps。

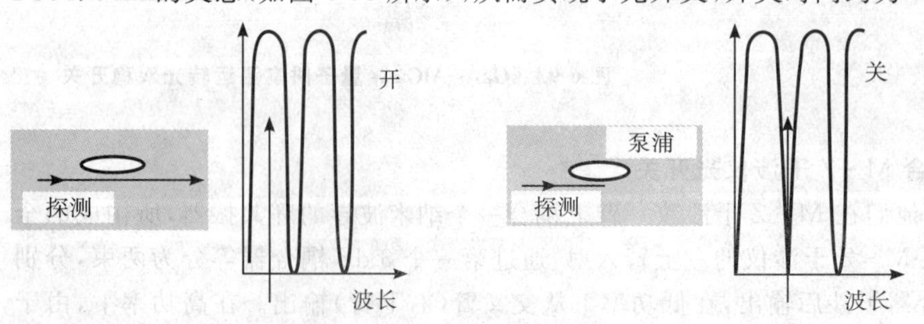

图 6-98 纳米硅波导双耦合器环共振器光开关工作原理

3. 纳米硅波导双耦合器环共振器光开关[23]

以上开关中泵浦光是从外部照射,效率不高。若泵浦光从入射端口输入,可能进一步降低开关功率。此外,其器件是 1×1 的强度光开关,在光通信中的应用有限,若能发展 1×2 的通道开关更有意义。为此，设计了一种具有两根直波导的环形共振器的 1 $\times$ 2 光开关的新方案，如图 6-99 所示。假设泵浦光改变环介质的折射率，产生相位差 π，使信号光实现开关：由输出端 1 转换为输出端 2。

在飞秒激光的作用下，产生双光子吸收效应，引起载流子浓度的变化，进而使硅的折射率变化。因为折射率变化与平均泵浦功率的平方成正比，平均开关功率只需 2.25 mW。而对于克尔效应器件，同样输入的光功率引起的折射率变化与泵浦功率的一次方成正比。因此所需的开关功率高达瓦级以上，比基于双光子吸收的器件高 10^3 倍。

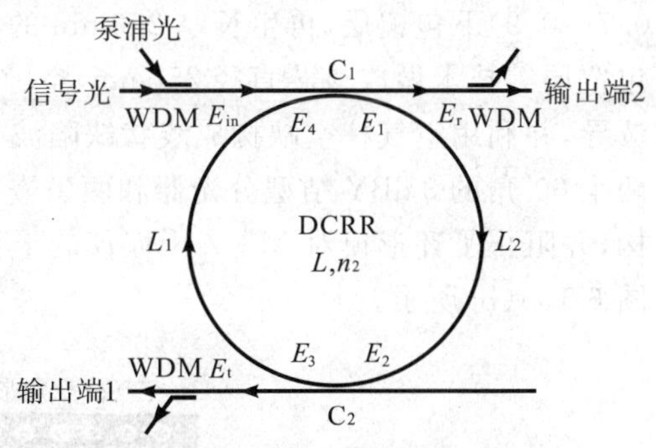

图 6-99 具有两根直波导的 1 $\times$ 2 的环形共振器光开关的设计方案

（三）光子晶体光开关

1. 非线性光子晶体的光耦合器光开关[24]

2004 年 Andrea Locatelli 等人提出用光子晶体耦合器实现光开关，他们用二维时域有限差分法（2D-FDTD）进行设计。以 AlGaAs 柱形材料与空气组成光子晶体，对 1 550 nm 波长具有很强的光学非线性。晶格常数为 $a = 400$ nm，柱半径为 $r = 130$ nm。对于 TM 模在 1 400～1 750 nm 范围内有宽带隙。为引入线缺陷，两波导处用半径减为 70 nm 的柱做成，为的是满足奇数模和偶数模之间的耦合，耦合长度为 $L_B = 2\pi/(k_{even} - k_{odd})$，在波长 1 560 nm 处，$L_B = 140$ μm。光从端口宽 3 μm 的锥形电介质波导输入，如图 6-100 所示。

图 6-101 示出，在低入射功率下是对称耦合器，从交叉臂输出；在强入射功率下成为非线性耦合器，由于光克尔效应，光改从直通臂输出。作者进行了数值模拟，实现全部开关转换需要光功率密度 5 GW/cm^2。

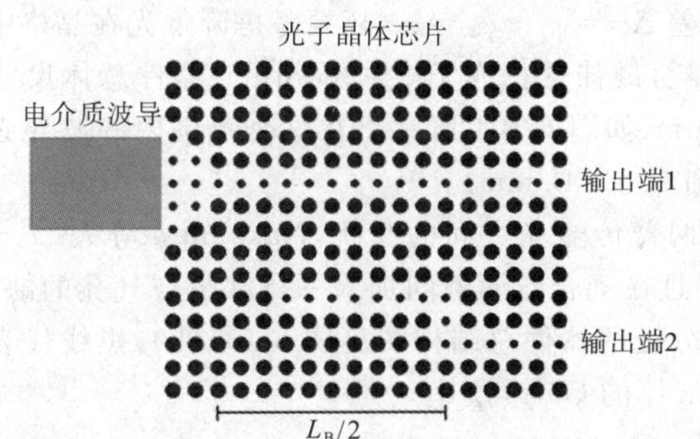

图 6-100 光子晶体的耦合器结构图

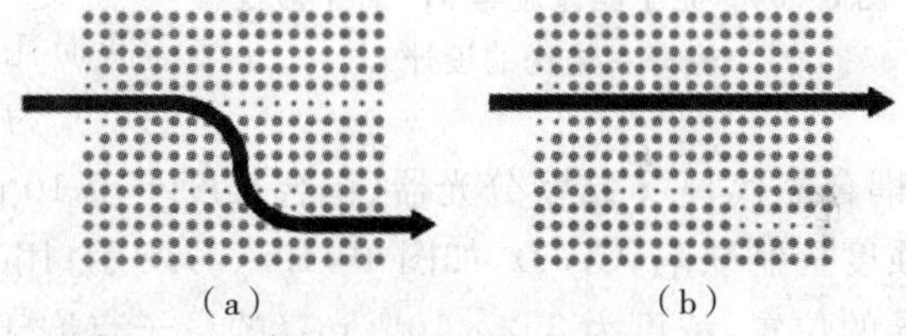

图 6-101 光子晶体耦合器对入射光的开关作用

(a)在低光功率下由交叉臂输出；(b)强光功率下由直通臂输出

2. 光子晶体掺量子点 M－Z 干涉仪光开关

1993 年 K. Tajima 提出了一种二维光子晶体与量子点波导相结合的光波导对称 M－Z 干涉仪的设想[25]。如图 6-102 所示，量子点嵌入两臂波导（加低偏置电压），构成强非线性波导，起相移器的作用。为避免开关速度受半导体材料的载流子复合寿命（纳秒量级）的限制，用两控制光脉冲分别控制信号光的开和关：用第一个脉冲使信号获得两臂非线性相移差 π 而输出；用第二脉冲消除相移差而不能输出（信号关闭），并切去开关关闭时缓慢弛豫的尾巴。两脉冲间的延时用光子晶体延时器实现。估计器件开关时间短于 1 ps，开关能量小于 1 pJ，可用于大于 40 Gb/s 的时分复用和波分复用光通信系统。

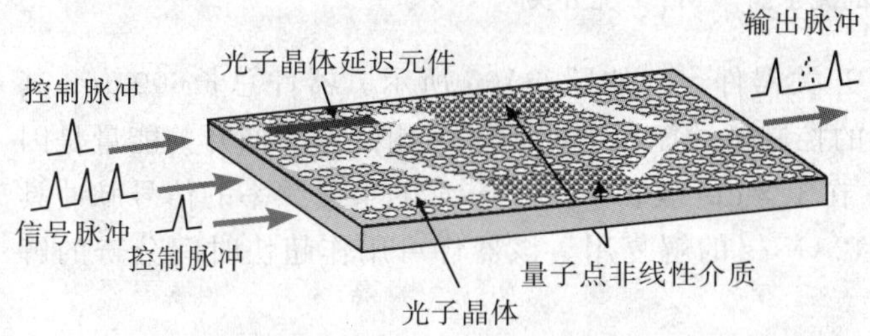

图 6-102 二维光子晶体掺量子点的 M－Z 干涉仪光开关

Asakawa 等人[26]利用现有的半导体外延生长、纳米加工、光子晶体和飞秒等技术，来研制这种二维光子晶体波导光开关。他们用 MBE 技术在 GaAs 的衬底上生长出厚 2 μm 的 $Al_xGa_{1-x}As(x=$

0.7～0.9)下包覆层，再生长厚 250 nm 的 GaAs 波导芯层，再用电子束刻蚀、干刻、湿刻芯层及 HF 酸腐蚀下包覆层等技术做成核芯直径 250 nm、空隙直径 220 nm、三角型晶格常数为 360 nm 的空气柱式二维光子晶体波导，并利用空气柱空缺构成线状缺陷波导，如图 6-103(a)所示，适于传导 1.3 μm 波长的光。最后做成了由两个 60°角的 3 dBY 结型分光器和两条嵌有 InAs 量子点的光子晶体条波导组成的对称 M－Z 干涉仪波导结构，并阻止了环形模对 M－Z 干涉仪的干扰，保证光束不能从一个缺陷波导传输到另一个缺陷波导中去，如图 6-103(b)所示。

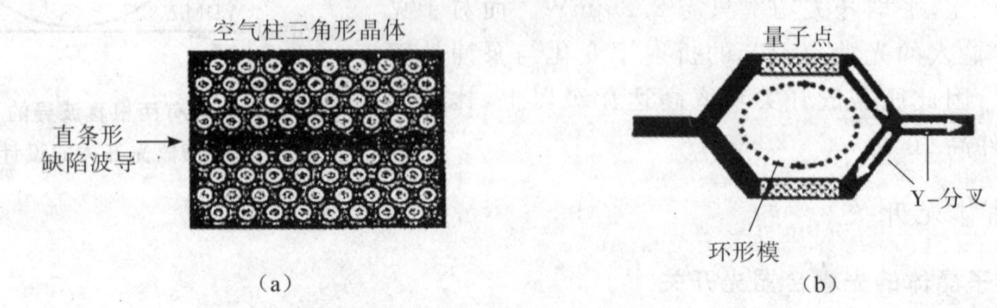

图 6-103　二维光子晶体 M－Z 干涉仪光开关

(a)三角形晶格直条形缺陷波导；(b)具有两个 Y 分支的光子晶体的环波导结构

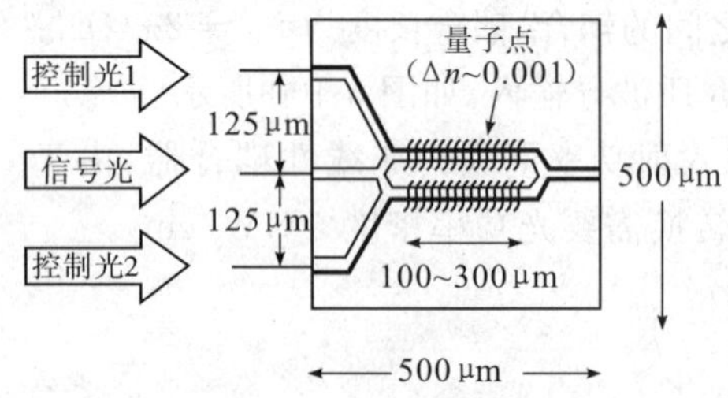

图 6-104　光子晶体波导 M－Z 干涉仪光开关结构的设计

他们通过直波导和 60°弯曲波导测试透射谱(透射峰值在 1.3 μm 波长处)，并用三维时域有限差分法(3D-FDTD)计算，来设计最佳的光子晶体波导的几何结构。在确定两非线性臂的长度时，要保证两控制脉冲引起两臂产生所需的折射率变化 $\Delta n=-0.001$ 和相应的相位差 $\Delta\varphi=\varphi_1-\varphi_2=\pi$，还要考虑降低光在晶格中的群速度以减少损耗，最佳臂长为 100～300 μm。器件总体尺寸约为 500 μm×500 μm，如图 6-104 所示。在这个范围内的波导必须是低损耗的(达到 0.76 dB/mm)。

为了解决两臂传输光之间的互扰，Nakamura 等人[27]改用 3 dB 耦合器代替 Y 结型分光器(耦合长度小于 10 μm)，并且在耦合器两臂间加入一行缺少空气孔的缺陷(耦合强度控制缺陷，CCD)，如图 10-105(a)所示；用耦合器分光的器件总结构图见图 6-105(b)，黑线代表缺陷波导的位置，浓度为 $3.2\times10^{10}\ cm^{-2}$ 的量子点嵌于 250 nm 厚的 GaAs 层中。

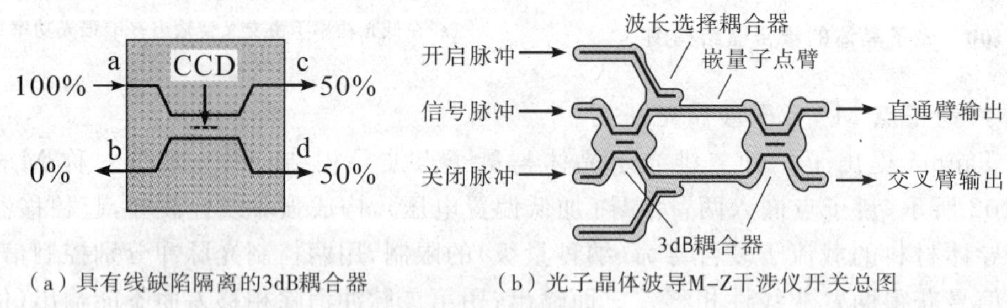

(a) 具有线缺陷隔离的3dB耦合器　(b) 光子晶体波导M–Z干涉仪开关总图

图 6-105　具有两输出端的光子晶体 M－Z 光开关

Nakamura 等人进一步阐述了他们的光子晶体新开关器件[28]，如图 6-106 所示。器件总长600 μm，其中 InAs 量子点非线性相移器长 500 μm。在约 100 fJ 的控制脉冲能量下实现了 π 相位差。低开关能量是因为采用了具有低饱和能量密度(13 fJ/μm^2)的量子点。在 1.3 μm 波长下，宽 15 ps 的重复频率的信号脉冲具有 2 ps 的上升和下降时间。实现了从 332 Gb/s 降为 42 Gb/s 的解复用。该器件可用作超快时间分辨的解复用器。

龚旗煌课题组 2008 年发表了他们用飞秒激光在聚合物光子晶体上获得低功率全光开关的研究成果。

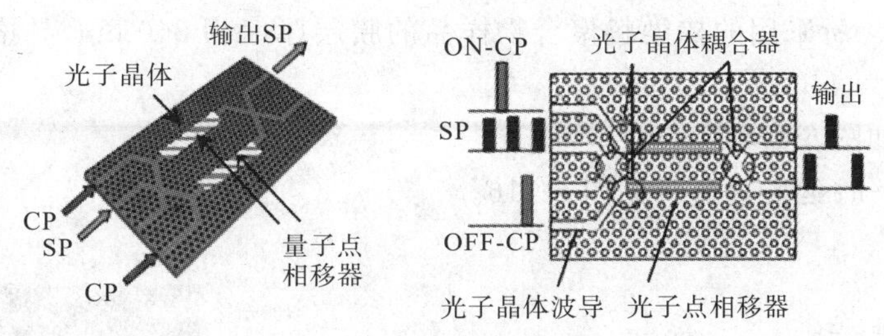

图 6-106　光子晶体 M-Z 干涉仪 1×2 光开关

3. 光子晶体缺陷和带隙位移全光开关

(1)光子晶体缺陷位移全光开关[29]

他们首先研究了聚合物光子晶体的缺陷位移全光开关。样品的制备方法是:用旋涂法制备聚苯乙烯(polystyrene,PST)薄膜,再用聚焦离子束(FIB)刻蚀成空气孔阵列,形成二维光子晶体。膜厚 300 nm,晶格常数 320 nm,空气隙半径 130 nm,其中做了一个线缺陷,宽度为 450 nm,样品总尺寸为 4 μm×100 μm,如图 6-107 所示。聚苯乙烯有较大的非线性,$n_2=1\times10^{-13}\ \mathrm{cm^2/W}$。

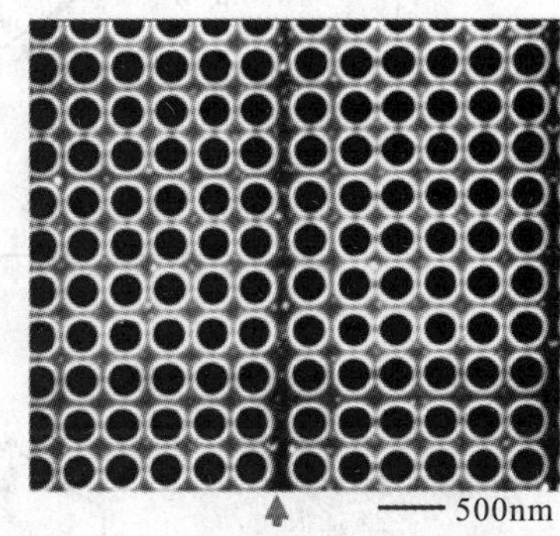

图 6-107　具有线缺陷的聚苯乙烯二维光子晶体

采用泵浦探测法实现光开关。将探测光频率对准缺陷频率,则激光能够透过光子晶体,实现开态。若用泵浦光引起缺陷在禁带中移动,改变其波长,使激光处于缺陷光谱边沿,则激光不能透过光子晶体,实现关态。带隙移动原理如图 6-108(a)所示,用泵浦-探测法实现光开关的原理见图 6-108(b)。

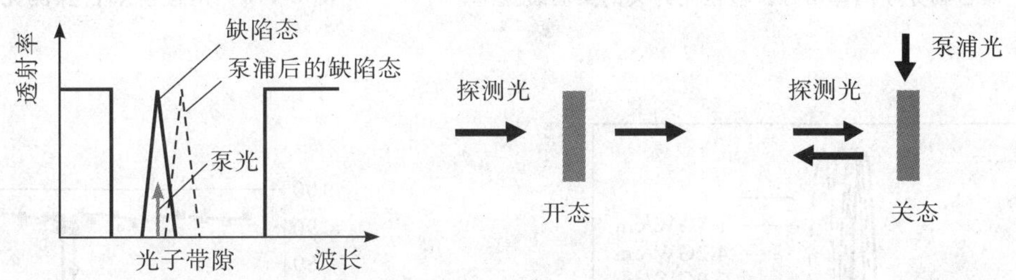

(a) 泵浦光使缺陷态透射谱移动　　(b) 用泵浦-探测法实现器件透射率的开关

图 6-108　光子晶体缺陷位移光开关原理

聚合物光子晶体带隙位移全光开关的实验装置如图 6-109 所示。泵浦光来自钛宝石激光器,波长以 800 nm为中心,波长调谐范围为 700～860 nm,脉冲宽度为 120 fs,重复率为 76 MHz,垂直样品平面方向入射样品。通过光学延迟装置控制相对于探测光入射样品的时间(一般是提前)。探测光波长也是 800 nm,通过棱镜耦合进入光子晶体,输出的信号由另一棱镜从波导中引出,经透镜系统用光纤单色仪和计算机接收和处理。

样品中光子晶体的两侧留有放置耦合棱镜的波导,如图 6-110(a)所示,实验中探测光入射样品和透射出样品都是通过棱镜与波导的耦合,如图 6-110(b)所示。耦合效率为 20%。

由实验得到的在不同的泵浦光强下缺陷透射谱的移动情况见图 6-111。可见光开关的阈值泵浦功率不到 10 GW/cm²。

光开关的开启与关闭过程可通过探测光在不同延时下的透射率谱测定,如图 6-112 所示。可见光开关的特性是:泵浦波长 791 nm,开关功率阈值小于 10 GW/cm²,开关对比度为 60%,响应时间为 120 fs。

接着,他们研究了掺有机染料的聚合物光子晶体全光开关。其中聚合物还是聚苯乙烯,染料为香豆素 153,掺杂浓度为 15%。利用掺染料聚苯乙烯的近共振增强非线性,其工作原理如图 6-113 所示。近共振增强光学非线性的能级图如图 6-114 所示。染料 C-153 的共振吸收峰为 420 nm,故用波长为 400 nm 的光作泵浦光，探测光还是 800 nm。所采用的掺染料聚合物样品的膜层厚度为 300 nm，晶格常数为 320 nm，气孔半径为 120 nm，线缺陷宽度为 440 nm。

光开关的实验装置，如图 6-115 所示。

开关探测光的透射率-时延实验曲线见图 6-116。

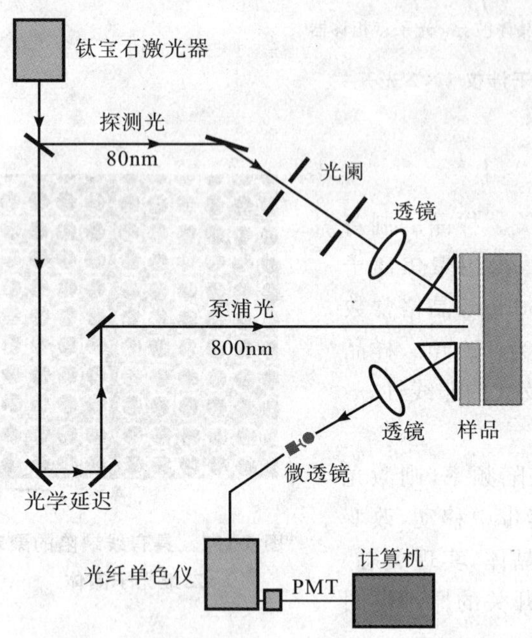

图 6-109　聚合物光子晶体带隙位移全光开关的实验装置

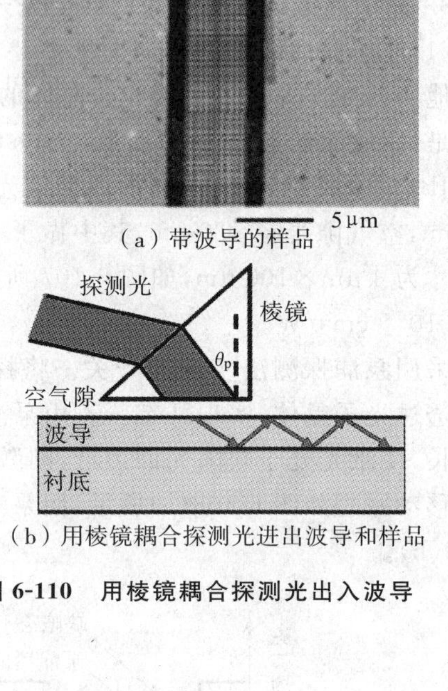

图 6-110　用棱镜耦合探测光出入波导

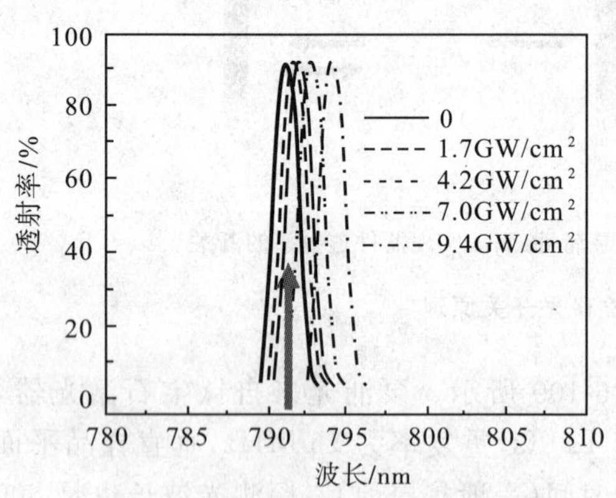

图 6-111　在不同泵浦光强下透射率与波长的关系

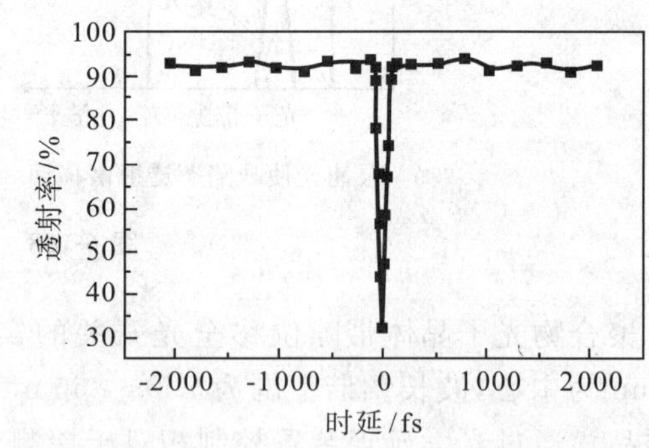

图 6-112　探测光的透射率-时延关系曲线

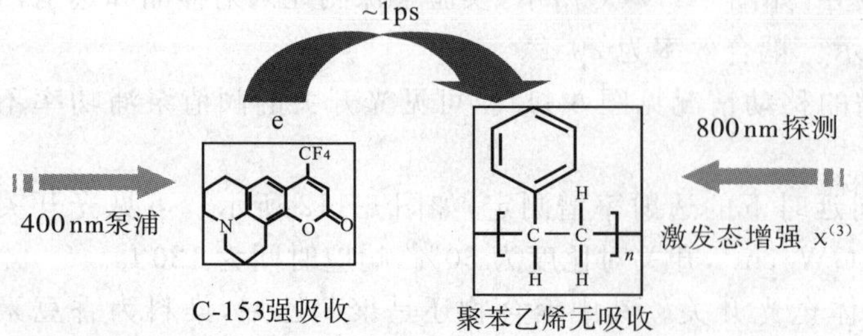

图 6-113　掺染料聚苯乙烯的近共振增强光学非线性

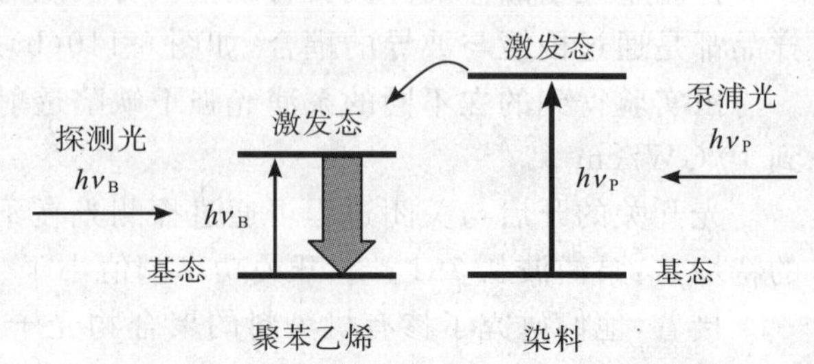

图 6-114　近共振增强光学非线性的能级图

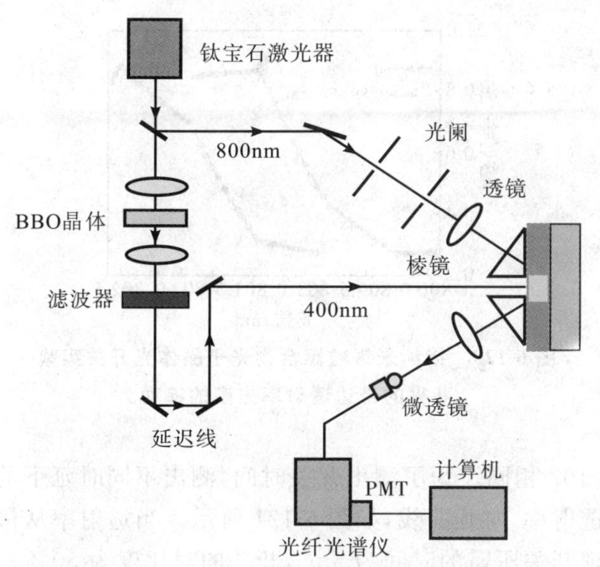

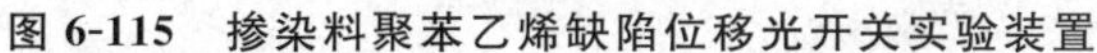
图 6-115　掺染料聚苯乙烯缺陷位移光开关实验装置

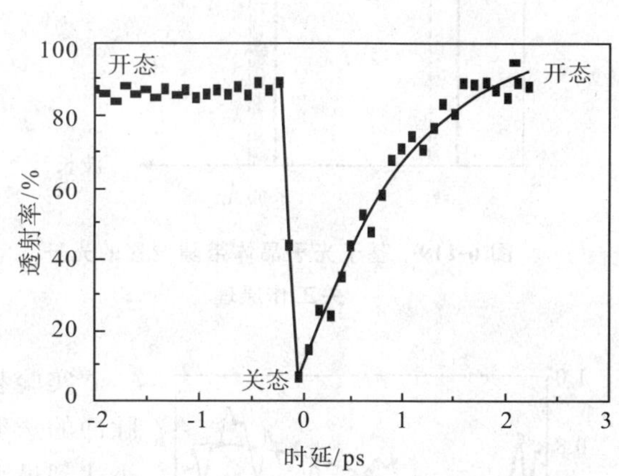

图 6-116　开关透射率-时延的实验曲线

开关特性：泵浦功率为 0.1 MW/cm^2，响应时间为 1.2 ps，开关对比度为 80%。

(2)光子晶体带隙位移全光开关[30]

光子晶体带隙位移全光开关采用的是纳米金属粒子掺杂的聚合物光子晶体材料。主体电介质材料掺入金属粒子后，其有效非线性极化率为

$$\chi^{(3)} \approx (1-p)\left(\frac{\varepsilon_{\mathrm{eff}}+2\varepsilon_{\mathrm{h}}}{3\varepsilon_{\mathrm{h}}}\right)^2\left|\frac{\varepsilon_{\mathrm{eff}}+2\varepsilon_{\mathrm{h}}}{3\varepsilon_{\mathrm{h}}}\right|^2\chi_{\mathrm{h}}^{(3)}+3p\left(\frac{\varepsilon_{\mathrm{eff}}+2\varepsilon_{\mathrm{h}}}{\varepsilon_{\mathrm{m}}+2\varepsilon_{\mathrm{h}}}\right)^2\left|\frac{\varepsilon_{\mathrm{eff}}+2\varepsilon_{\mathrm{h}}}{\varepsilon_{\mathrm{m}}+2\varepsilon_{\mathrm{h}}}\right|^2\chi_{\mathrm{m}}^{(3)} \tag{6-55}$$

式中，主体电介质材料的介电系数和极化率分别为 ε_h 和 $\chi_h^{(3)}$，金属材料的介电系数和极化率分别为 ε_m 和 $\chi_m^{(3)}$，P 为金属粒子占主体介质的占空比。当 $\varepsilon_m+2\chi_h\approx 0$，$\chi^{(3)}\to\infty$，产生极大的光学非线性。掺杂浓度为 5% 的掺银聚合物的吸收系数随波长的变化曲线如图 6-117 所示。吸收峰处的波长为 420 nm，故采用波长为 400 nm 的倍频的飞秒激光做探测光，泵浦光的波长还是 800 nm。

将纳米银微粒掺入聚合物光子晶体制成样品，如图 6-118 所示。样品的膜层厚度为 300 nm，晶格常数为 284 nm，气孔半径为 110 nm。图中在光子晶体两侧是通过棱镜将入射光导入和导出的光波导。耦合方式见图 6-112。

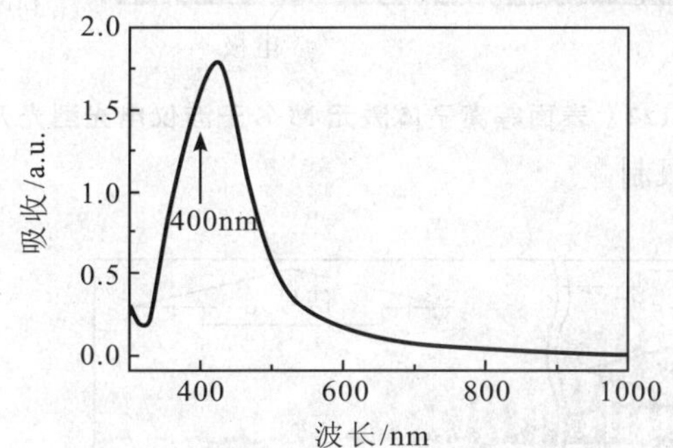

图 6-117　掺银聚合物的吸收谱曲线

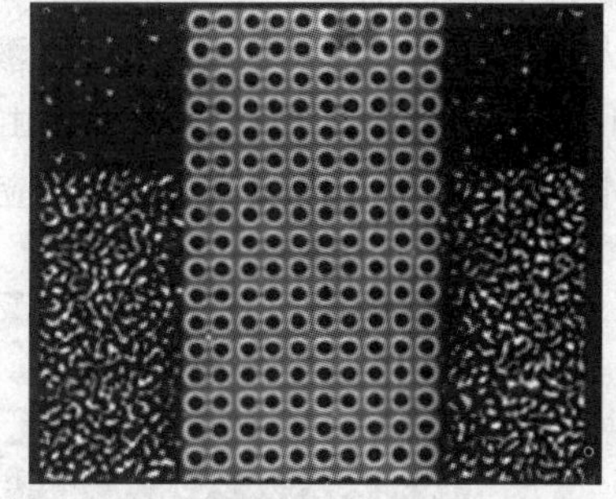
图6-118　掺银聚合物光子晶体样品图

光开关的工作原理是基于泵浦光作用下引起光子晶体的带隙位移，如图 6-119 所示。

实验所获得的带边移动，即透射率光谱曲线的变化，如图 6-120 所示。泵浦光波长是 800 nm。在不同的泵浦光功率下，改变波长可以得到不同的透射光谱。实现高透射率到低透射率的光开关的阈值光功率为 0.89 MW/cm^2。

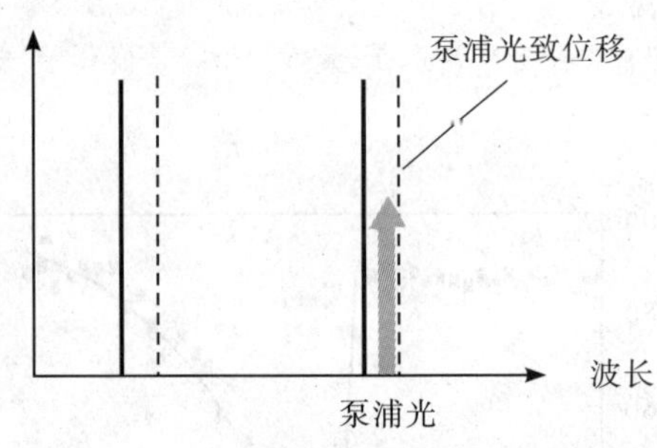

图 6-119 基于光子晶体带隙位移的光开关工作原理

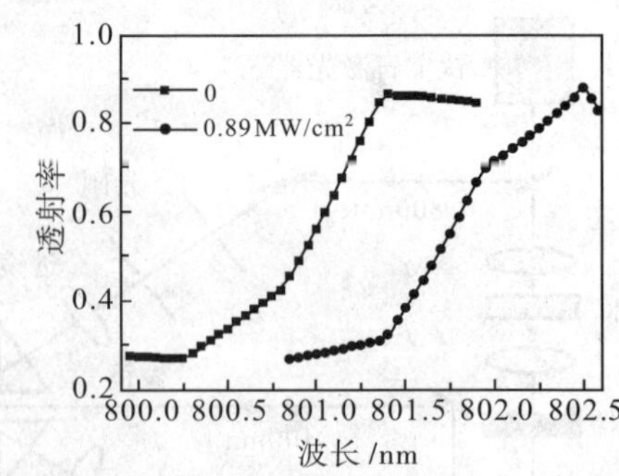

图 6-120 掺纳米银粒聚合物光子晶体光开关实验获得的带边透射率光谱的移动

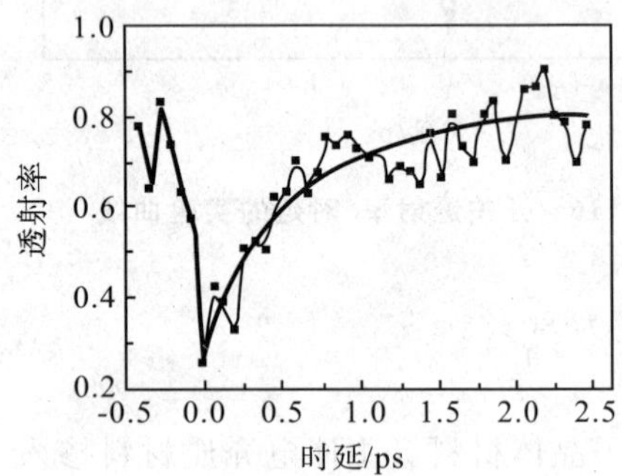

图 6-121 掺纳米银粒聚合物光子晶体光开关的透射率-时延曲线

实验装置与图 6-107 相同。为了测出开关时间，测出不同时延下的脉冲的透射率，得到透射率-时延曲线，如图 6-121 所示。当透射率从最小达到最大，得到实现开关所需的时间为 5 ps，开关的对比度为 50%。

(四)表面等离子体激元光开关

1. M-Z 干涉仪电光开关

图 6-122 是一个表面等离子体激元 M-Z 干涉仪电光开关的示意图。干涉臂的相位靠电场引起的折射率变化来控制。

2. 光栅耦合全光开关

2004 年，Krasavin 等人提出了基于光栅激发和退耦合原理的全光开关原理，如图 6-123 所示[31]。信号光入射至左边的耦合光栅处，激发形成 SP 波，SP 波沿 Au/Si 界面传输，在这段传输路径中加有一段长 $L=2.5\ \mu m$ 的 Ga 薄膜，当没有控制光照射时，Ga 为固态 α-Ga，表现为非金属性质，SP 波不能有效传输而被中断；当有控制光照射时，Ga 的上表层熔化为液态 m-Ga，能有效传输至右端退耦合光栅，转化为信号光输出；数值计算表明，该开关调制深度为 80%，驱动功率约为 10 pJ，开关开启时间由界面处厚度为 d 的 Ga 的熔化时间决定，大概在皮秒量级，关闭时间由液态 Ga 的凝固时间决定，约为纳秒至微秒量级。由于需制作光栅，成本较高，实验上尚未实现，实际应用受到了较大限制。

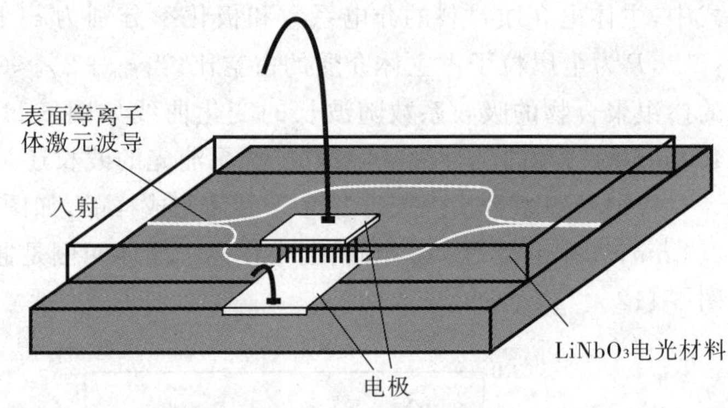

图 6-122 表面等离子体激元 M-Z 干涉仪电光型光开关原理图

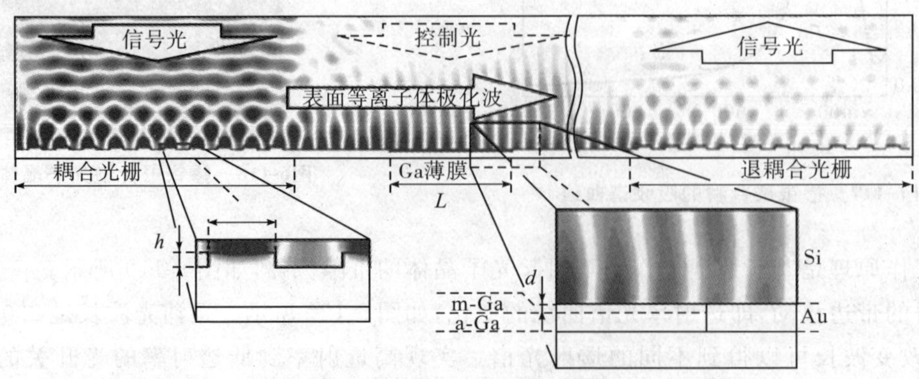

图 6-123 光栅耦合型 Ga 调制 SP 全光开关

3. 棱镜耦合全光开关

1993 年 Yacoubian 从理论上提出了棱镜结构的光开关设想，2004 年他在实验上实现了这种光开关，如图 6-124 所示。在棱镜底部镀一层厚度为 158 nm 的 MgF_2，再镀一层 Ga，它起着激发 SP 波的作用。当没有控制光照射时，Ga 为固态 α-Ga，波长为 780 nm 的信号光在 MgF_2/Ga 的界面上形成 SP 波，因此反射减弱；当波长为 1 064 nm 的控制光入射时，在 MgF_2/Ga 界面处出现 Ga 的液态 m-Ga，信号光不能有效形成 SP 波，反射增强。该开关的开启时间为 4 ps，关闭时间为 20 ns。这种类型的开关能在可见和近红外波段有效调制 SP 信号，带宽可达几十兆赫兹；但由于结构中涉及棱镜，开关大小受限，难以集成。

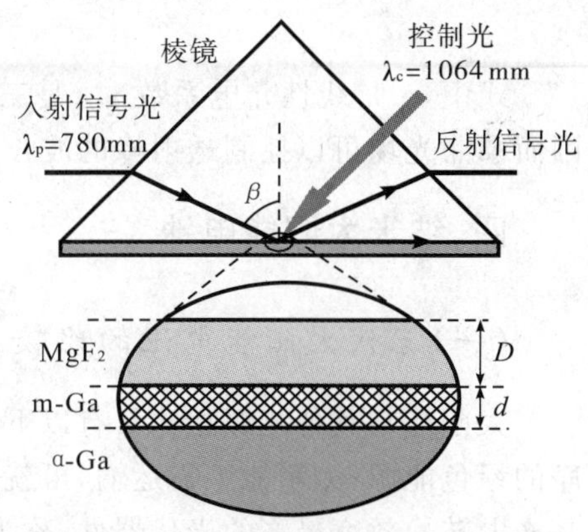

图 6-124　棱镜型 Ga 调制 SP 全光开关

4. 非线性光栅全光开关

2004 年 J. A. Porto 从理论上分析了一维金属光栅中填充克尔非线性介质，利用 FP 效应和 SP 透射增强效应，其透射光将出现光学双稳性现象[32]。图 6-125 是光栅结构示意图。光栅周期 $d=0.75\ \mu m$，狭缝宽 $a=0.05\ \mu m$，光栅厚度 $h=0.45\ \mu m$。

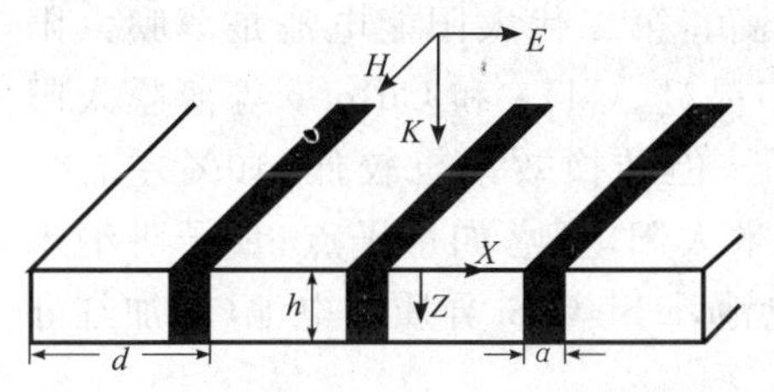

图 6-125　一维金属光栅结构图

图 6-126 是波长 $\lambda=0.8\ \mu m$ 的光入射光栅时透射光强与入射光强的光学双稳关系。

明海研究组提出了一种基于上述原理的非线性光栅型全光开关的设计[33]。图 6-127(a)给出了该全光开关的示意图。在熔融石英衬底上镀有银膜，其上刻蚀了一块光栅，其厚为 50 nm，光栅周期为 500 nm，缝宽为 100 nm。在光栅上做一层 Au:SiO_2 非线性膜($\chi^{(3)}=1.7\times10^{-7}$ esu)，为膜厚 430 nm。在波长 532 nm 和脉宽 200 fs 的泵浦光的作用下，非线性材料的折射率发生变化，使波长 633 nm、TM 偏振的信号光从不透射变成透射，图 6-127(b)示出了开关在开启和关闭时光场分布的数值模拟情况。利用周期边界条件和非线性层边界吸收条件，用 FDTD 方法计算了开关器件的线性与非线性响应，计算结果见图 6-128，这是用开启和关闭的泵浦光作用下的归一化远场信号光的透射光谱。

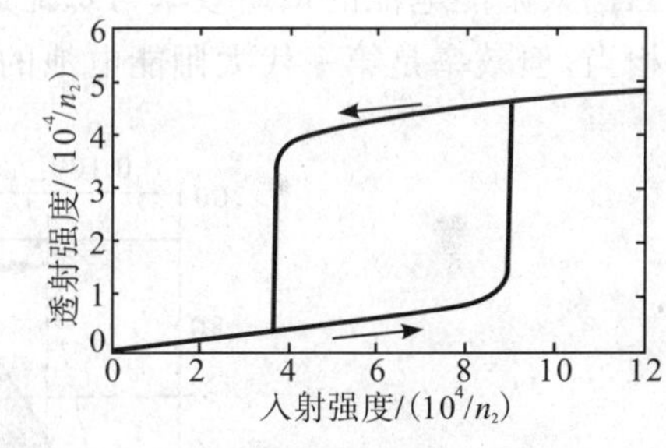

图 6-126　纳米金属光栅透射光强-入射光强的光学双稳关系

谱的峰值波长相应于在金属光栅结构上激发 SPP 波的波长，该波长取决于金属表面材料的介电常数，即

$$\lambda_{sp}=\frac{p}{m}Rc\left(\sqrt{\frac{\varepsilon_d\varepsilon_m}{\varepsilon_d+\varepsilon_m}}-\sqrt{\varepsilon_d}\sin\theta\right) \tag{6-56}$$

式中，ε_m 是金属的介电质数，ε_d 是非线性材料的介电系数，θ 是光对金属表面的入射角。

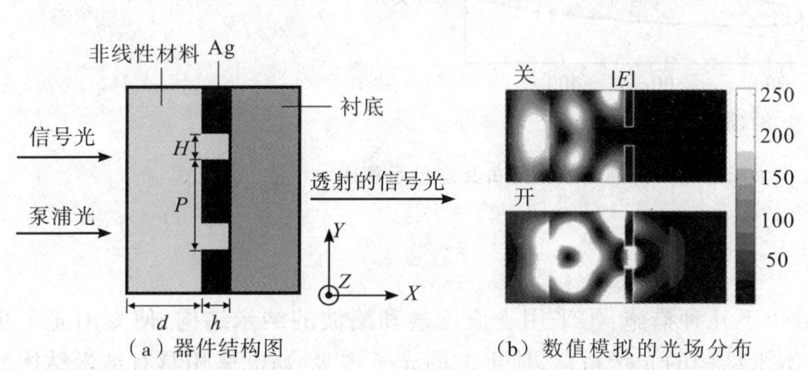

(a) 器件结构图　　(b) 数值模拟的光场分布

图 6-127　基于 SP 效应的全光开关原理

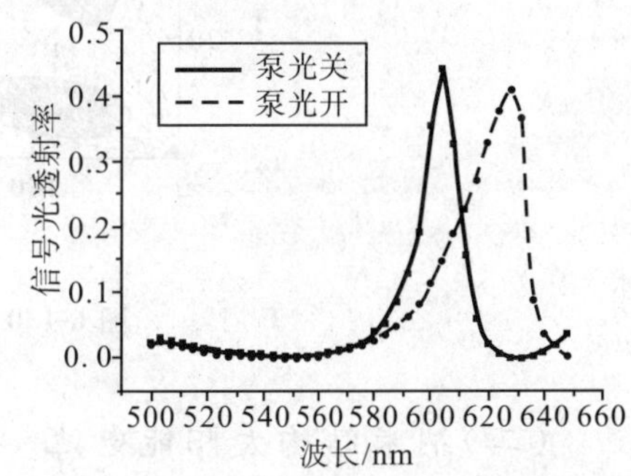

图 6-128　随波长为 532 nm 的泵浦光强度增至 12 MW/cm²，器件从关到开，信号光透射谱发生红移点线为实验测量值

而非线性材料的介电常数与泵浦光的强度 E 有关：

$$\varepsilon_d = \varepsilon_l + \chi^{(3)} |E|^2 \tag{6-57}$$

式中，ε_l 是线性介电系数 $\chi^{(3)}$ 是三阶极化率。

因而泵浦光场可以控制透射峰的波长。

四、纳米太阳能电池

（一）三代太阳能电池的比较

太阳能与其他能源相比具有以下优越性：太阳能是世界上最丰富的能源，使用寿命最长；太阳能是最洁净的绿色能源；太阳能不需运输，可就地开发。利用太阳能需要将太阳光能转换为电能，半导体 PN 结器件是光电转换效率最高的光伏器件，称为太阳能电池。太阳能电池的原理结构如图 6-129 所示。

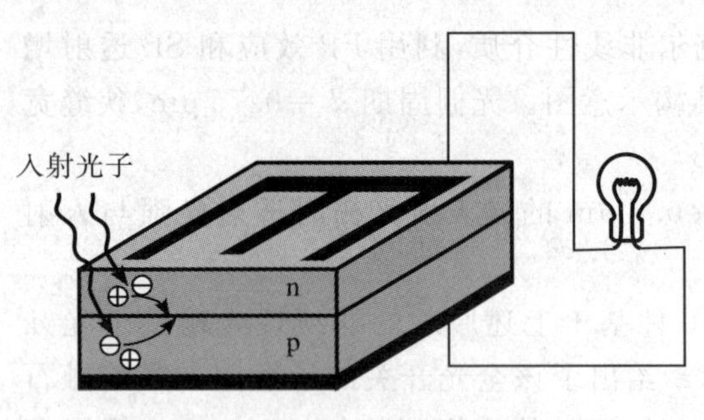

图 6-129 太阳能电池的原理结构

太阳能电池已经研究了三代。第一代是体太阳能电池，包括单晶硅和多晶硅，以及化合物电池，如 CdS、CuInSe、CdTe、GaAs、InP 等。其中硅太阳能电池的转换效率最高，单晶硅的效率可达 25%，多晶硅的效率可达 20%。但是体太阳能电池的成本比较高。第二代太阳能电池是薄膜太阳能电池，如有机薄膜和多晶硅、CdTe 和 CuInSe 等薄膜太阳能电池，这类电池成本低，但转换效率也较低（10%左右）。第三代太阳能电池是纳米太阳电池，如量子点、量子阱纳米硅电池，二氧化钛纳米电池，a-Si/C-Si 异质结电池（增加红外吸收）等。

第三代太阳能电池的效率很高，实验室发光效率已达到 42.8%，理论极限为 86.8%。图 6-130 给出了三代太阳能电池的预期效率与每瓦造价[34]。由图可见，第三代太阳能电池的造价与第二代太阳能电池基本相当，但效率是第一代太阳能电池的 3 倍。

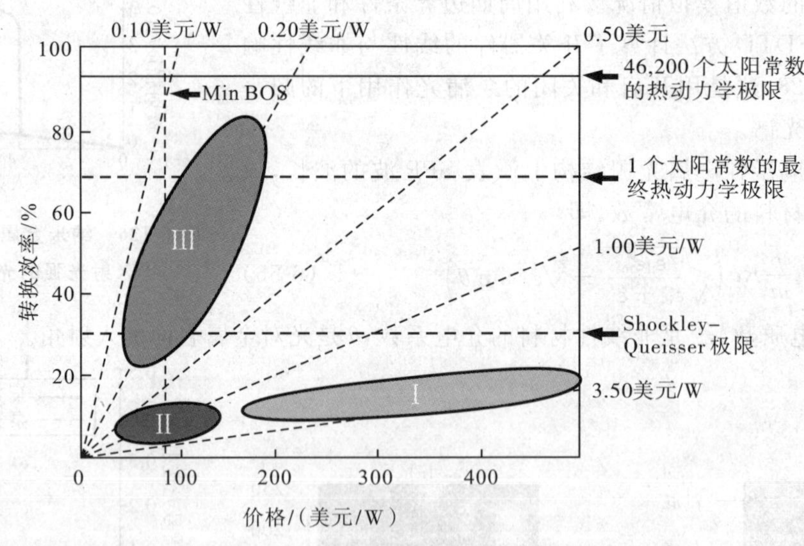

图 6-130 三代太阳能电池的预期效率与每瓦造价示意图

（二）纳米结构太阳能电池

为提高太阳能电池的性能，可以采取以下几种措施：①采用表面增透和陷波的纳米结构，使太阳光子更多进入太阳能电池，有利于吸收；②采用纳米结构的光伏材料，使更多的光子被吸收；③采用具有纳米结构的电极，使电子更多地被输运。

1. 表面的纳米吸波结构

这就是在光伏材料表面做二维纳米透镜、纳米小孔或纳米光栅结构，见图 6-131。

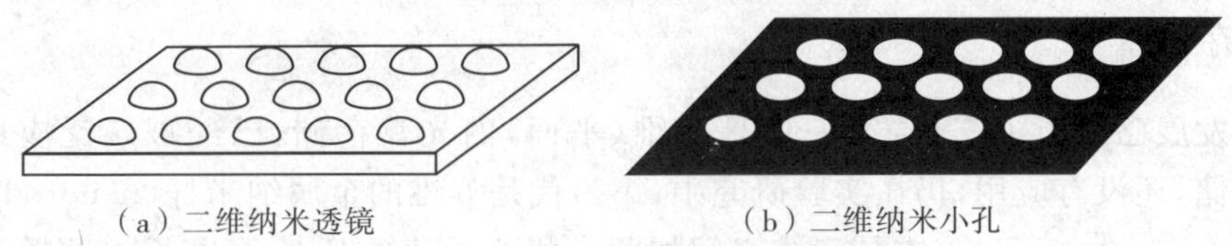

图 6-131　太阳能电池的表面的纳米吸波结构

实验证明，在光伏材料表面涂以金属纳米颗粒，也可使光的吸收能力提高约 2～3 倍。

2. 表面纳米陷波结构

在基底和光伏材料之间加入纳米的分布反射器和纳米光栅结构，可使入射光反射、衍射，增加传播光程，从而增强光伏材料对光的吸收，如图 6-132 所示。

用光子晶体做背面陷波结构可使太阳电池对光波有更强的吸收。Peter Bermel 等给出了一组太阳能电池吸收光谱的特性曲线，以说明纳米结构对吸收光谱的影响，见图 6-133。

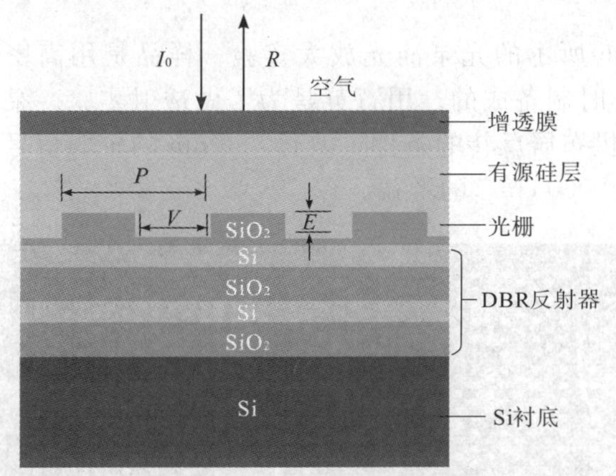

图 6-132　纳米的分布反射器和纳米光栅陷波结构

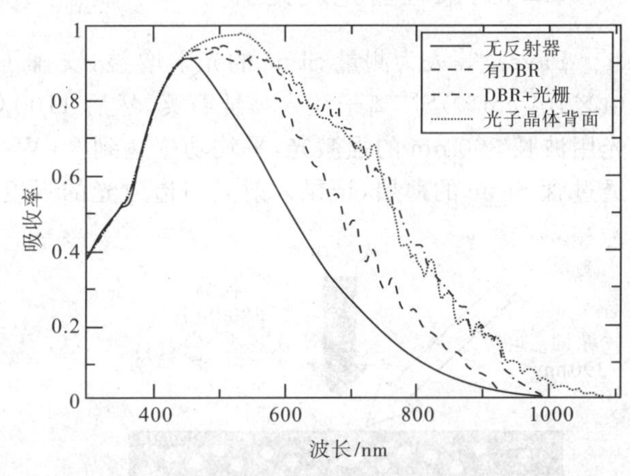

图 6-133　纳米结构对太阳能电池吸收光谱特性的影响

3. 硅光伏材料的纳米结构——黑硅

黑硅的纳米结构与光谱特性如图 6-134 所示(哈佛大学)。可见它在 1 μm 以上的长波长区域的光吸收大大增强。

黑硅的制造方法是用飞秒激光脉冲照射 SF_6 气体中的硅晶，在硅表面形成高温、高压，挥发 SF_4，形成高度为 300 nm、间隔为 1 μm 的尖峰状结构，黑硅对波长 300～2 300 nm 的光有 90％的超高吸收率。黑硅不仅提高了对入射太阳光的吸收率，而且改变了光伏材料的带隙，能扩大吸收频率范围直至近红外波段。黑硅还能阻止光生载流子的复合，加强载流子的输运，减少电极引起的焦耳热。黑硅的密度小，故黑硅比普通硅的重量轻。

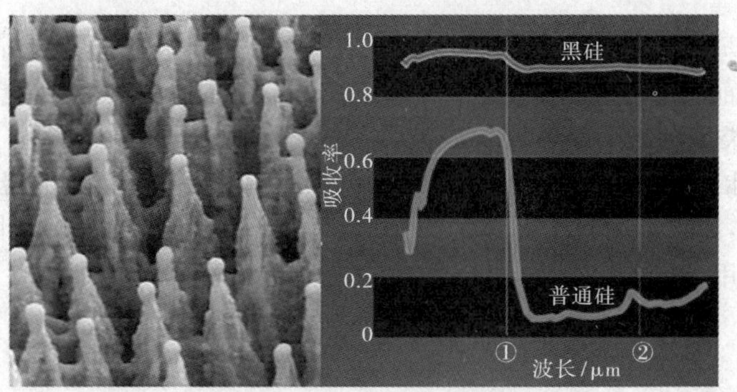

图 6-134　黑硅的纳米结构(左)与吸收光谱(右)

五、其他纳米光子器件

(一)纳米光存储器

光存储技术的发展已经历了三代:第一代是二维(平面)的光盘存储,已经被广泛应用;第二代是三维(体)的双光子光存储,还没有应用,仍在实验研究中;第三代是五维的金属纳米杆(nanorod)光存储。所谓五维是三维空间加两个相互垂直方向的等离子体共振,分别沿纳米杆的长度方向和纳米杆的宽度方向。澳大利亚 Swinburne University of Technology 的 Min Gu 教授首先研究了这种光存储技术。他们研究的金纳米杆长约 20 nm,见图 6-135。其吸收光谱与长度尺寸相关,长的偏红,短的偏蓝。改变激光脉冲的重复频率和偏振,可以控制存储特性。这种新的存储技术提高存储密度达 3 个数量级。存储过程采用双光子激发和多光子荧光读出的技术。目前制备的存储介质已达 10 层,但还不可擦除。

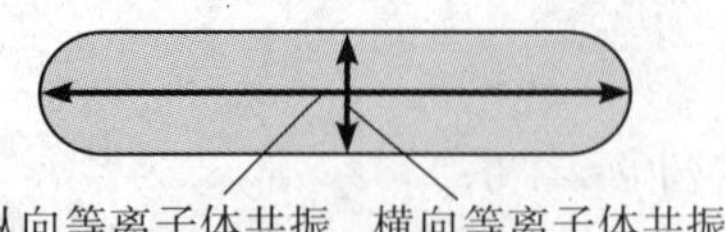

图 6-135　金属纳米杆光存储单元器件

(二)纳米硅晶光放大器[17]

Pavesi 等人为测量 Si-nc 的光学增益,安排了如图 6-136 所示的光泵浦光放大实验。样品是用高密度($1\times10^{17}\,cm^{-2}$)Si^+ 离子注入高纯石英,然后 1100℃退火 1 小时制备成的。用石英是为了做透射实验。泵浦光用波长 390 nm 的强激光,平均功率达到 2 kW/cm^2,以提供布居反转的条件。波长 800 nm 的较弱信号光透过含 Si-nc 的薄层,记录入射光与透射光的强度,得到约 10 000 cm^{-1}的增益。

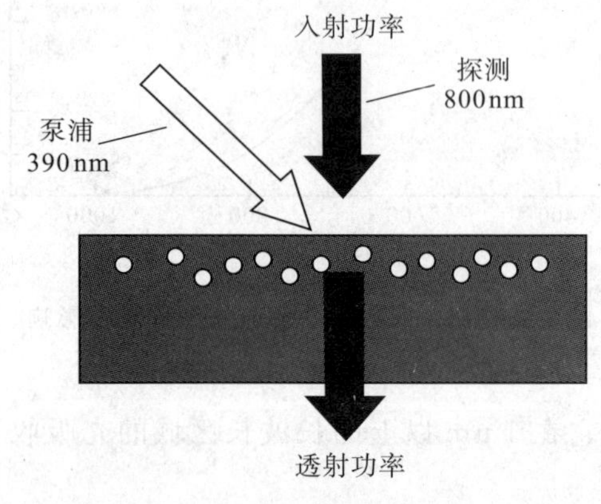

图 6-136　泵浦-探测实验测量 Si-nc 的光学增益

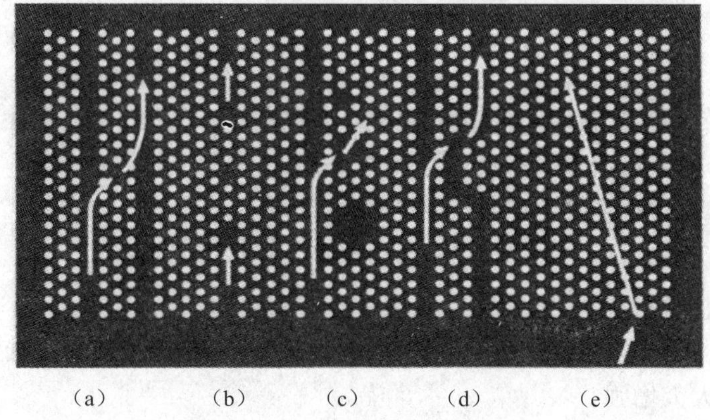

图 6-137　二维光子晶体滤波器

(a)和(b)具有平行波导的共振滤波器;(c)自由空间的共振滤波器;(d)定向耦合器;(e)基于超晶格效应的衍射滤波器

(三)光子晶体滤波器

高性能的波长滤波器是光通信波分复用系统中的重要元件之一。利用光子晶体可以得到体积更小的波长滤波器,见图 6-137。目前主要有共振型(图 6-137(a)至图 6-137(c))、定向耦合器型(图 6-137(d))和衍射型(图 6-137(e))3 种不同类型的光子晶体波长滤波器。

通过级联多个具有不同耦合系数的波导耦合器,可构成多信道波长解复用器。传统的波分复用器的尺寸通常在毫米到厘米量级,如果采用光子晶体的方法,就可以将波分复用器的尺寸降低到几十微米到几百微米的量级。最近有人提出用光子晶体定向耦合器做滤波器,实现了对波长 1.31 μm 和 1.55 μm 的光的分离,耦合长度只有 2 μm。

(四)硅量子阱探测器[17]

用 Si 基光探测器可以将光信号转换为电信号。硅探测器有三种:波长小于 1.1 μm 的 Si 探测器;III-V

族材料与硅的混合系统；基于以上系统的异质结构。例如，用 130 nm CMOS 技术在 SOI 晶片上制备了高速(达到 8 G/s)单片集成的、波长 850 nm 的 Si 光探测器。据报道，Ge-on-Si 光探测器达到在 1.3 μm 的灵敏度为 0.89 A/W 和响应时间为 50 ps。图 6-138 给出了 1 个金属—半导体—金属(MSM) $Si\text{-}Si_{1-x}Ge_x\text{-}Si$ 波导光探测器的例子。该波导光探测器长 240 mm，1.55 μm 波长的光电流量子效率为 0.1 A/W。它是由 $Si/Si_{0.5}Ge_{0.5}/Si$ 超晶格和 SOI 光波导组成的，其中 SOI 以 Si 为芯层，SiO_2 和空气作为覆盖层。

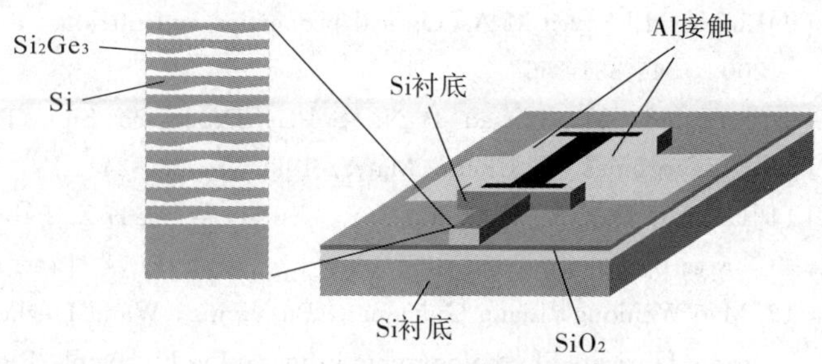

图 6-138　基于 $Si/Si_{0.5}Ge_{0.5}/Si$ 超晶格和 SOI 光波导及铝电极组成的波导光探测器

(五)硅量子阱调制器

一般光调制器基于以下 3 种效应：电场效应、载流子效应和热光效应。其中电场效应有三种：泡克尔斯(Pockls)效应、Franz-Keldysb 效应、克尔(Kerr)效应。

Pockls 效应引起的折射率变化 Δn 正比于外加电场强度，该效应的强弱决定于晶体结构的对称性，对于具有对称结构的硅材料，这种效应极弱。Franz－Keldysb 效应起因于外加电场引起的半导体能带变形导致折射率和吸收系数的变化，但是该效应只对接近带隙波长的光作用大，对 1.3 μm 和 1.5 μm 的通信波长的光效应很弱。当电场强度达到 10^5 V/cm 量级时，Δn 接近 10^{-4}。Kerr 效应是由光电场引起的折射率变化，Δn 正比于光电场强度的平方，在 1.3 μm 光通信波长下，当光场强度高达 10^6 V/cm 时，Δn 才有 10^{-4} 量级的变化。总之，用硅材料做光调制器不能基于电场效应。

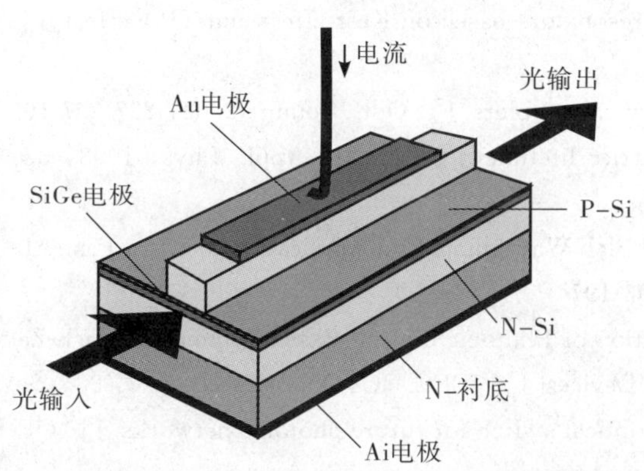

图 6-139　$Si/Si_{0.85}Ge_{0.15}/Si$ PIN 波导调制器

硅基电光调制主要是利用电子和空穴自由载流子的浓度变化，即通过注入或消耗载流子，改变材料的吸收系数和折射率。对波长 1.3 μm、注入载流子浓度 5×10^{17}，折射率变化为 $\Delta n=-1.17\times10^{-3}$。这比 Kerr 效应引起的折射率变化大 1 个数量级。

硅的热光系数比较大，也可以利用热光效应做光调制器。因为温度变化会引起材料折射率的变化，温度变化 6℃，折射率变化为 $\Delta n=1.1\times10^{-3}$，这与载流子效应属于同一数量级。不同的是折射率变化正负不同。

这里介绍一个载流子效应光调制器的例子。采用 $Si_{1-x}Ge_x$ P-I-N 异质结构做成 $Si/Si_{1-x}Ge_x/Si$ 脊型波导光调制器，用注入电流在硅中对光强调制，如图 6-137 所示，调制频率达到兆赫兹。波导长 2 mm，用峰值脉冲电流密度 2700 A/cm² 获得了在 1.3 μm 波长下的 66％的调制深度极大值。

参考文献

[1]刘颂豪，李淳飞[M]. 光子技术与应用. 广州：广东科技出版社，合肥：安徽科学技术出版社，2006

[2]Prasad P N. Nanophotonics[M]. New York：John Wiley & Sons，Inc. 2004

[3]Rigneault H，Lourtioz J-M，Delalande C，Levenson A. Nanophotonics[M]. UK and USA：ISTE Ltd，2006

[4]Novotny L，Hecht B. Principles of nano-optics[M]. Cambridge：Cambridge Univeisity Press，2006

[5]Kzuaki Sakoda. Optical Properties of Photonic Crystals[M]. Germany：Springer，2001

[6]Stefan A M. Plasmonics：fundamentals and applications[M]. USA：Springer，2007

[7]Pitarke J M，Silkin V M，Chulkov E V，Echenique P M. Theory of surface plasmons and surface-plasmon polaritons[J]. Rep. Prog. Phys.，2007，70：1-87

[8]Link S，El-Sayed M A. Spectral properties and relaxation dynamics of surface plasmon electronic oscillations in gold and silver nanodots and nanorods[J]. J. Phys. Chem. B，1999，103：8410-8426

[9]Link S, El-Sayed M A. Optical properties and ultrafast dynamics of metallic nanocrystals[J]. Annu. Rev. Phys. Chem. 2003, 54: 331-366

[10] Yoshida M, Prasad P N. Sol-Gel-Processed SiO_2/TiO_2/Poly (vinylpyrrolidone) Composite Materials for Optical Waveguides[J]. Chem. Mater. 1996, 8: 235-241

[11]Liang G Q, Mao W D, Pu Y Y, Zou H, Wang H Z. Fabrication of two-dimensional coupled photonic crystal resonator arrays by holographic lithography[J]. Appl. Phys. Lett. 2006, 89: 041902

[12]Mao Weidong, Liang Guanquan, Pu Yiying, Wang Hezhou, Zeng Zhaohua. Complicated three-dimensional photonic crystals fabricated by holographic lithography[J]. Appl. Phys. Lett. 2007, 91: 261911

[13]Huang M H, Mao S, et al. Room-temperature ultraviolet nanowire nanolasers[J]. Science, 2001, 292: 1897-1899

[14]Duan X F, Huang Y, et al. Single-nanowire electrically driven lasers[J]. Nature, 2003, 421: 241-245

[15]Bimberg D, Kirstacdter N, et al. InGaAs-GaAs Quantum-dot laser[J]. IEEE Select Topics in Quantum Electronics, 1997, 3: 196-205

[16]Painter O, Lee R K, et al. Two-dimensional photonic band-gap defect mode laser[J]. Science,1999, 284: 1819-1821

[17]Lorenzo Pavesi,David J. Lockwood. Silicon Photonics[M]. Berlin:Springer, 2004

[18]Gaham T Reed, Andrew P Knights. Silicon Photonics: An Introduction[M]. New York:John Wiley & Sons, Inc. , 2004

[19]Gibss H M. Optical bistability: controlling light with light[M]. New York: Academic Press Inc. , 1985

[20]John E. Heebner, Nick N. Lepeshkin, Aaron Schweinsberg, Wicks G W, Robert W Boyd. Enhanced linear and nonlinear optical phase response of AlGaAs microring resonators[J]. Optics Letters, 2004, 29: 769-771

[21]Vilson R. Almeida, Carlos A. Barrios, Roberto R. Panepucci, Michal Lipson. All-optical control of light[J]. Nature, 2004, 431: 1081-1084

[22]Michal Lipson. Overcoming the limitations of microelectronics using Si nanophotonics: solving the coupling, modulation and switching challenges[J]. Nanotechnology, 2004, 15: 622-627

[23]Li Chunfei, Dou Na. Optical switching in silicon nanowaveguide ring resonators based on Kerr effect and TPA effect[J]. Chin. Phys. Lett, 2009, 26: 054203

[24]Andrea Locatelli, et al. All optical switching in ultrashort photonic crystal couplers[J]. Opt. Comm, 2004, 237: 97-102

[25]Tajima K. All-optical switch with switch-off time unrestricted by carrier lifetime[J]. Jpn. J. Appl. Phys, 1993, 32: Ll746-748

[26]Kiyoshi Asakawa. Fabrication and Characterization of Photonic Crystal Slab Waveguides and Application to Ultra-Fast All-Optical Switching Devices[J]. IEEE, ICTON, Tu. B. , 2003, 5: 193-197

[27]Yoshimasa Sugimoto, Kiyoshi Asakawa. Fabrication and Characterization of Photonic Crystal Based Symmetric Mach-Zehnder (PC-SMZ) Structures toard Ultra-Small All-Optical Switching Devices[J]. IEEE. ICTON, B2. 2004, 2: 285-290

[28]Hitoshi Nakamura, et al. Ultra-fast photonic crystal/quantum dot all optical switch for future photonic networks[J]. OPTICS EXPRESS, 2004, 12(26): 6606-6614

[29]Hu X, Jiang P, Ding C, Yang H,Yang H, and Gong Q, Picosecond and low-power all-optical switching based on organic photonic bandgap microcavity[J]. Nature Photonics, 2008, 2: 185-189

[30]Hu X, Jiang P, Xin C, Yang H, Gong Q. Nano-Ag: polymeric composite material for ultrafast photonic crystal all-optical switching[J]. Appl. Phys. Lett, 2009, 94: 031103

[31]Krasavin A V, Zheludev N I. Active plasmonics: Controlling signals in Au/Ga waveguide using nanoscale structural transformations[J]. Appl. Phys. Lett, 2004, 84: 1416-1418

[32]Poto J A, et al. Optical bistability in subwavelength slit apertures containing nonlinear media[J]. Phys. Rev. B, 2004, 70: 081402

[33]Min Changjun, et al. All-optical switching in subwavelength metallic grating structure containing nonlinear optical materials[J]. Opt. Lett, 2008, 33, 869

[34]Nathan S Lewis. Toward Cost-Effective Solar Energy Use[J]. Science, 2007, 315: 798-801

[35]Peter Bermel, Chiyan Luo, et al. Improving thin-film crystalline silicon solar cell efficiencies with photonic crystals[J]. Optics Express, 2007, 15: 16986-17000

第七章　太赫兹波和红外光学

电磁波谱中长波波段中的太赫兹波和红外辐射有着优异的性质，长期以来一直是人们关注的热点。本章解释了太赫兹波及其特性，详细讨论了太赫兹波源、太赫兹波传输、太赫兹波探测器和太赫兹波与物质的相互作用四大基础研究领域，以及太赫兹波光谱、成像、通讯三大应用研究领域；还介绍了辐射度学中的一些与红外辐射有关的基本规律；分析了红外系统所作用的目标与背景的红外辐射特性以及目标与背景红外辐射特性研究中所涉及的一些理论问题，解释了红外热像仪的工作原理及性能参数。

第一节　太赫兹波的特性和研究领域

太赫兹波同微波、光波和 X 射线一样都是电磁波。太赫兹波特指频率在 0.1～10 THz（波长在3 mm～30 μm）范围内的电磁波（1 THz=10^{12} Hz），它在电磁波谱中占有很重要很特殊的位置，是人类尚未开发利用及有待全面研究的一段电磁波，见图 7-1。太赫兹波处于微波和红外之间，是宏观电子学向微观光子学过渡的重要研究领域。

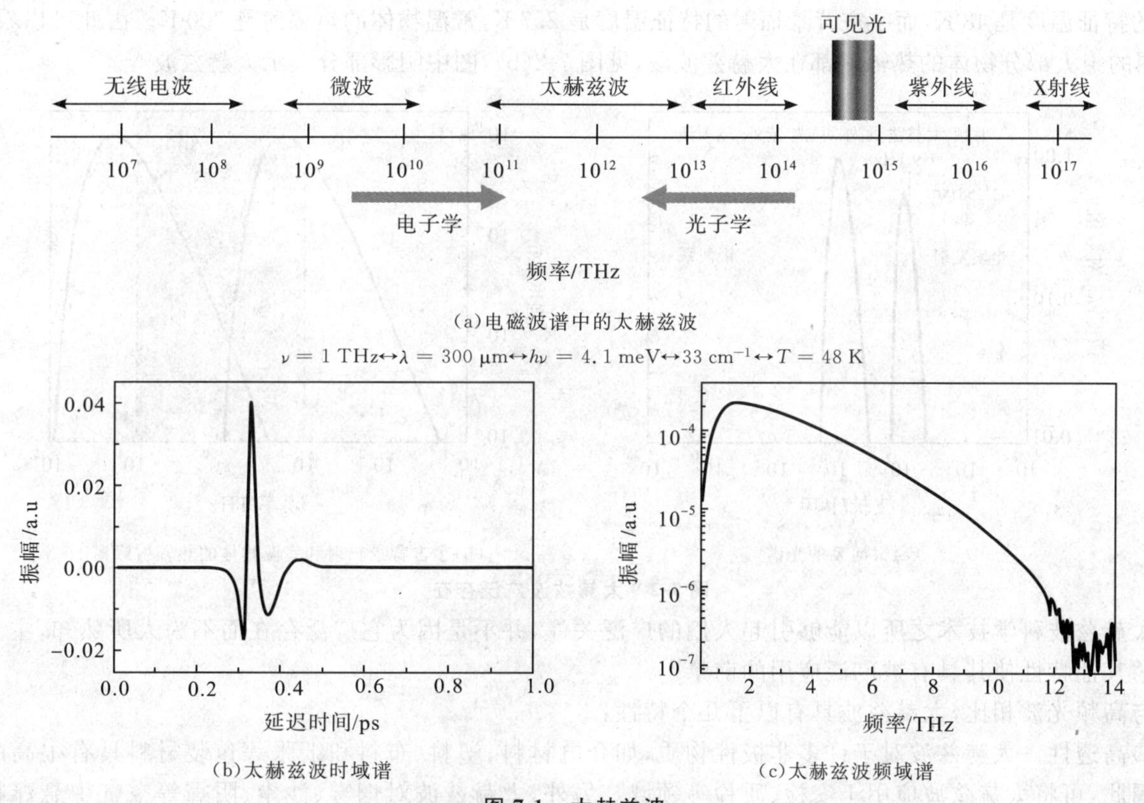

图 7-1　太赫兹波

太赫兹波的研究历史可以追溯到 19 世纪末，从那时起太赫兹波便被科研人员所关注与研究。19 世纪末正是量子力学发展的萌芽阶段，在这段时期普朗克引入了光的量子化概念，正确地解释了黑体辐射能谱，开启了近代量子力学的大门。但是当时的黑体辐射的实验数据，主要是由 Herinrich Rubens 和 Nichols 研究离子晶体所奠定的根基。他们两人对岩盐（NaCl）、钾盐（KCl）与氟石（CaF_2）等晶体的色散与反射光谱进行了一系列的测量与分析，并利用离子晶体的反射特性，成功地从宽带光谱中滤出近乎单频的光波，并将光波波长范围由中红外波段向远红外波段延伸至 50 μm（6 THz）左右。而 Rubens 的文章《Refraction of rays of great wavelength in rock salt，sylvine and fluorite》则被认为是长波辐射的最早科技文章。与此同时，他们发现石英封装的汞灯是一种良好的太赫兹波源[1]，而且到目前为止，此类光源还被广泛使用于 FTIR（傅里叶红外变换光谱仪）之中。两人可以说是研究太赫兹波物理和技术的先驱。

从 20 世纪初到 20 世纪 80 年代末，由于科学、技术层面上的限制，机械加工工艺的落后，导致太赫兹波科学技术的发展非常缓慢，没有得到深入的研究，只是在天文学和激光核聚变中得到有限的应用。与之相比的是电磁波谱中处于太赫兹波两侧的微波和红外却得到了快速的发展和应用，它们被广泛应用在通信、成像、波谱等众多领域。由此形成了电磁波谱上的“太赫兹空白”。太赫兹波空白即太赫兹波科学技术的发展相对发展迅速的微波、毫米波和红外科学技术之间形成了一个相对落后的科学研究空白。另外由于太赫兹波的长波方向是传统的电磁学（电子学）的研究领域，而其短波方向则是光学（光子学）的研究范畴，因此，仅仅利用电子学或光子学的理论和技术来处理相关的太赫兹波问题都不完全合用，只有结合两个学科的知识，才能更好地解释太赫兹波的相关问题。

自 20 世纪 80 年代中后期以来，由于超快光电子学的发展以及半导体技术的进步，为太赫兹波科学技术的发展提供了合适的光源和探测手段，极大地促进了太赫兹波科学技术的进步。

一、太赫兹波的特性

由于太赫兹波所处的位置十分特殊，所以它具有许多十分特殊的性质。首先是太赫兹波具有广泛性。自宇宙大爆炸至今，宇宙背景辐射 50％的能量就分布在太赫兹波段当中，见图 7-2(a)。另外，宇宙大爆炸所产生的光子 98％也是分布在太赫兹波段（40～500 μm）[2]。在地球的自然界当中同样存在大量的太赫兹波辐射。1 THz 的特征温度是 48 K，而宇宙背景辐射的特征温度是 2.7 K，常温物体的热辐射是 300 K。由此可以看出，我们周围的绝大部分物体的热辐射都在太赫兹波段，见图 7-2(b)，图中阴影部分表示太赫兹波[3]。

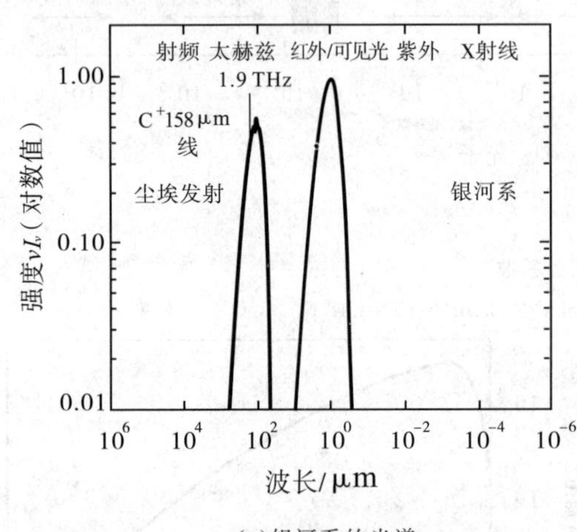

(a)银河系的光谱

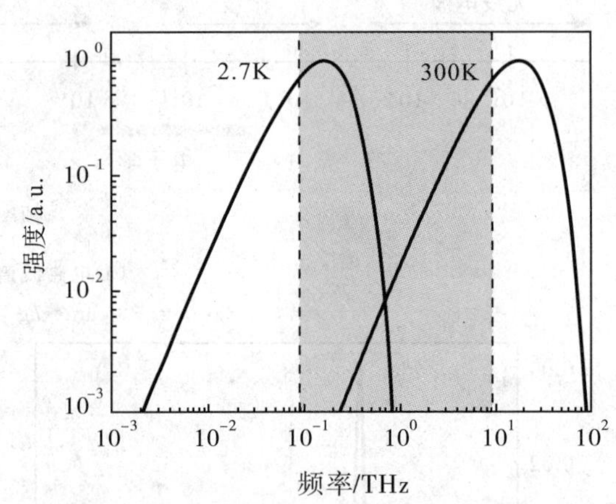

(b)宇宙背景辐射和室温物体的热辐射频谱

图 7-2 太赫兹波广泛存在

太赫兹波科学技术之所以能够引起人们的广泛关注，并不是因为它广泛存在而不为人所熟知，主要是因为它的其他特性使其具有被广泛应用的前景。

与高频光波相比，太赫兹波具有以下几个特性：

1）高透性。太赫兹波对于许多非极性物质，如介电材料、塑料、布料和纸张等包装材料具有很高的透过性。因此，可将太赫兹波应用于安检、质检等领域。另外，太赫兹波对烟雾、沙尘、阴霾等空气中悬浮物也具有良好的透过性。因此，太赫兹波可被应用于全天候导航、灯塔等领域。

2）安全性。太赫兹波光子能量在毫电子伏（meV）量级，与 X 射线相比（千电子伏量级），不会因为光致电离而破坏被检测的物质。人体的细胞电离阈值在 12.5 eV，另外由于太赫兹波的亲水性，导致其不能穿透人体，一般情况下最多只能深入人体皮肤 4 mm，因此，太赫兹波不会对人体造成电磁损害，由此可利用太赫兹波对生物活体进行检测。

3）指纹谱。太赫兹波谱包含了丰富的物理和化学信息，许多大分子的振动能级跃迁和转动能级跃迁都在太赫兹波段有分布，由此可利用太赫兹波研究这些物质的结构。另外，由于太赫兹波的典型脉宽在皮秒量级，这样可以方便地对各种形态的材料进行高时间分辨率、高信噪比、大范围的相干测量。

而对于低频微波和毫米波而言，太赫兹波也具有其自身的特性：①宽带性。太赫兹波频率较高，因此，作为通信载体时，在单位时间内能承载更多的信息。太赫兹波通信是下一代无线局域网络通信的主要目标；②方向性好。太赫兹波的波长相对较短，所以它的方向性要好于微波和毫米波。由于太赫兹波在大气中传输的距离有限，这样可利用太赫兹波作为定向短距离保密通信；③高分辨率。也是由于太赫兹波波长短，所以太赫兹波的分辨率较高，并且有很大的景深。另外，空气中的杂质对其散射损耗较小，可用于太赫兹波高分辨率成像。

二、太赫兹波的基础研究领域

太赫兹波早期只是在天文和化学方面研究一些简单分子的振动和转动光谱的性质，以及它们的热辐射谱等。虽然自 20 世纪 80 年代中期至今，有了比较稳定的太赫兹波源及太赫兹波探测器，太赫兹波科学技术得到了长足的发展，并在其他一些领域，如物理、半导体、制药、安检和空间技术、国防工业等，有了初步的应用，但太赫兹波的研究仍处于起步阶段，还需继续对其进行深入的研究。太赫兹波的基础研究领域大致包括 4 个方向：太赫兹波源、太赫兹波传输、太赫兹波探测器和太赫兹波与物质的相互作用。

1)太赫兹波源。根据太赫兹波在电磁波谱中所处的位置可知，太赫兹波的产生可通过光子学的方法和电子学的方法来产生。在此只重点介绍光子学产生太赫兹波的方法：光导天线法、光整流法、光参量法和空气等离子法。

2)太赫兹波传输。太赫兹波在自由空间中传输十分困难，这是因为大气中的水汽、二氧化碳和氧气等对太赫兹波有很强的吸收。另外由于太赫兹波不能被很好地控制、聚焦，使其很难被有效地耦合到波导等传输元件之中。

3)太赫兹波探测器。由于现有的太赫兹波源的功率普遍偏低(微瓦量级)，所以灵敏度和信噪比要求都很高。目前的太赫兹波探测器可分为非相干探测器和相干探测器两种类型。

4)太赫兹波与物质的相互作用。要想利用太赫兹波研究物质的性质、结构，就必须了解太赫兹波与不同介质，如气体、液体、固体和等离子体等相互作用的特性，如介质对太赫兹波的吸收、移相和散射等。这是太赫兹波与物质相互作用的一个重要研究领域。另外，太赫兹波与自由载流子和特异性材料(metamaterials)表面的相互作用也是该基础研究领域的一大热点方向。

三、太赫兹波的应用研究领域

太赫兹波科学技术的早期研究主要集中在太赫兹波科学技术的基础研究领域，鉴于太赫兹波的诸多特性，太赫兹波的应用研究自然而然引起了人们的浓厚兴趣与高度重视。现在太赫兹波科学技术已经广泛涉及光谱、成像和通讯等应用领域，如图 7-3 所示。

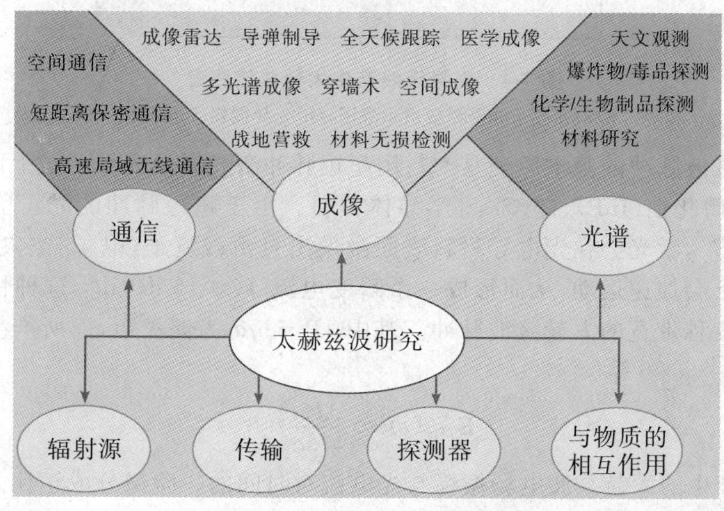

图 7-3　太赫兹波科学技术所涉及的部分应用

太赫兹波光谱和成像以及通信是太赫兹波应用研究的三大基础应用领域，它们是太赫兹波应用到其他领域的基础手段。由于太赫兹光谱中含有丰富的物理和化学信息，以及物质在太赫兹波段中的具有纹谱，人们可以对所研究的物质进行静态高时间分辨率的非接触式相干测量，还能对它们的动态信息进行高信噪比的探测，由此可对它们的细微变化进行快速精确的分析和判断。另一方面，由于太赫兹波的高透性和安全性，太赫兹波可透过包装材料进行安检成像。另外，太赫兹波的高成像分辨率、大景深、安全和无接触性等优点使其具有更加广泛的应用前景。由于太赫兹波的频率相对较高，单位时间内可以承载更多的信息，所以可利用太赫兹波作为高速无线网络宽带通信的手段。

第二节　太赫兹波源

一、光学太赫兹波源

除传统的太赫兹非相干热辐射源，如高压汞弧灯、碳硅棒等外，常见的光学波源有光电导太赫兹波源、光整流太赫兹波源、光学参量太赫兹波源、气体激光器太赫兹波源等。

（一）光导太赫兹波源

1. 光导天线

光电导天线产生太赫兹脉冲辐射的现象，最早是由 Auston 等研究小组实现并给予物理解释的[4]。光电导天线是目前使用最为广泛的太赫兹脉冲发射器和探测器之一，通常该方法简称为光导天线，它是较早发展起来的一种产生太赫兹波脉冲的重要而又基本的方法，其产生原理如图 7-4 所示。

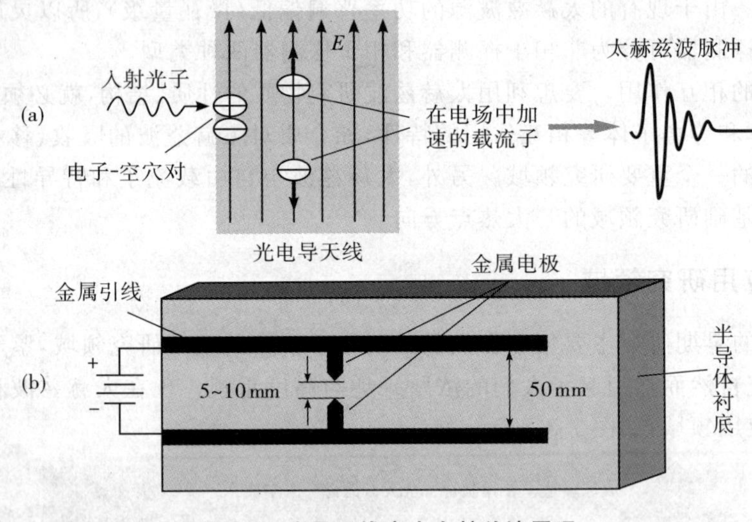

图 7-4　光导天线产生太赫兹波原理

(a)光导天线受激辐射示意图；(b)光导偶极子天线

光导天线产生太赫兹波脉冲的基本原理是[5-6]：用超短脉冲激光激励光导天线上两金属电极间的光电导材料，如砷化镓（GaAs）、磷化铟（InP）、硅（Si）等半导体材料。由于超短脉冲的光子能量要高于这些光电导材料的能隙值，即 $h\nu \geqslant E_g$，激光会在光电导材料表面激发出自由载流子（电子-空穴对）。这些光生载流子在外加偏置电压的作用下会加速运动，从而形成一个瞬变电流 $\boldsymbol{J}(t) = \mathrm{d}\boldsymbol{P}/\mathrm{d}t$，这种快速随时间变化的电流就会向外辐射出具有亚皮秒带宽的太赫兹波脉冲。其中，$\boldsymbol{P} = q\boldsymbol{a}$ 为偶极矩，而所产生的太赫兹波脉冲电场可近似表示为

$$\boldsymbol{E}_{\mathrm{THz}}(t) \propto \frac{\mathrm{d}\boldsymbol{J}(t)}{\mathrm{d}t} \tag{7-1}$$

由(7-1)式可知，所产生的太赫兹波电场振幅与光电流对时间的一阶微分成正比。如果忽略半导体表面电场受光生载流子的屏蔽效应，则光生电流的大小由入射光所激发的光生载流子的数量所决定，因此太赫兹

波信号的大小又与入射光强的一阶微分成正比。

太赫兹光导天线的性能取决于3个因素：光导天线（包含光导体和天线结构）、泵浦光和外置偏压的大小。其中，光导体是产生太赫兹波脉冲的关键元件，在此应该用性能良好的光导体，即要用载流子寿命尽可能短、载流子的迁移速率高、介质耐击穿强度高的光导体；适当增加泵浦光的光强，也可提高所产生的太赫兹波脉冲电场强度，不过该电场值增加到一定程度达到饱和；另外，增大外置偏压，也能在一定程度上提高所产生的太赫兹波电场，但要防止光导体被电击穿。

天线结构通常有基本的赫兹偶极子天线、共振偶极子天线、锥形天线、传输线以及大孔径光导天线、天线阵列等。通常在实验中所采用的基本上都是偶极子天线，它的结构相对比较简单。

2. 半导体表面

半导体表面产生太赫兹波脉冲实际是光导机理的一种变形，它和光导天线一样都是通过瞬变光电流产生太赫兹波脉冲。所不同的是前者是利用半导体表面的内建电场加速光生载流子的，而后者所用的是外加偏置电压。

半导体表面产生太赫兹波脉冲的基本原理和光导天线相仿：当半导体表面（或界面）被超短脉冲激光照射时，若激光光子能量大于半导体带隙，光子就会被它吸收，并在其表面（或界面）产生相干的电子-空穴对。如果这时在半导体表面（或界面）内存有静电场，则自由载流子会在此静电场的作用下沿电场方向做加速运动，从而形成瞬变光电流，向外辐射太赫兹波脉冲[7-9]，见图7-5。

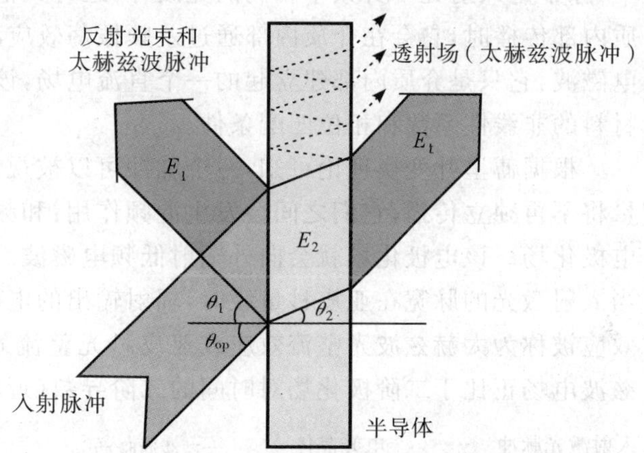

图7-5　半导体表面辐射太赫兹波原理

半导体表面产生太赫兹波辐射的机制又可具体分为两种：耗尽层电场机制和光致丹伯效应（Dembet effect）。耗尽层电场机制主要适用于GaAs、InP等宽带隙半导体；而光致丹伯效应机制则主要适用于InAs、InSb等窄带隙半导体，因为在窄带隙半导体中，耗尽层电场极弱，可将其忽略。

耗尽层电场主要是指宽带隙半导体中耗尽层的静电场，该静电场是垂直与半导体表面方向的内建电场。当超短激光在半导体表面激发出自由载流子后，该耗尽层电场会驱动两种载流子做反向移动：电子向半导体表面运动，空穴向半导体内部运动。由此在耗尽层内部，在垂直与半导体表面方向会产生一个指向半导体内部的瞬态光电流，该瞬态光电流会有效地辐射出太赫兹波。

在耗尽层机制中，入射脉冲场、外向辐射场 E_1^{THz}（反射场）和内向辐射场 E_2 三者之间满足广义的菲涅耳关系，见图7-5。根据平面波近似的赫兹矢量势，以及垂直于半导体表面的光电流的边界条件可得出

$$\left.\begin{aligned} \boldsymbol{E}_1^{\mathrm{THz}} &= \eta_2 \boldsymbol{J}_{\mathrm{s}} \frac{\sin\theta_1}{\cos\theta_1 + (n_2/n_1)\cos\theta_2} \\ \boldsymbol{E}_2 &= -(n_1/n_2)\boldsymbol{E}_1 \\ \boldsymbol{E}_{\mathrm{t}}^{\mathrm{THz}} &= t(\theta_2)\boldsymbol{E}_2 \end{aligned}\right\} \tag{7-2}$$

式中，η_2 表示样品（半导体）的特征阻抗，θ_1 和 θ_2 分别表示辐射场的出射角和入射角（相对于法线方向），n_1 和 n_2 分别表示空气和半导体的折射率，$t(\theta_2)$ 表示电场在半导体/空气界面处的透射系数。$\boldsymbol{J}_{\mathrm{s}}$ 为横穿耗尽层的与角度相关的光电流。

而远场太赫兹波电场与(7-1)式相同：

$$E_{\mathrm{THz}}(t) \propto \frac{\partial J_{\mathrm{s}}(t)}{\partial t} \tag{7-3}$$

太赫兹波辐射场 E_1^{THz} 和 $E_{\mathrm{t}}^{\mathrm{THz}}$ 为横磁波，但它们的符号相反；出射辐射场与反射光束共线；辐射场的符号会随着入射激光的入射角度的改变而改变，入射光正入射时辐射强度降为0，而当其以布儒斯特角入射后，辐射强度升至其最大值；辐射场强正比于入射光功率、载流子迁移率以及与载流子浓度相关的内建场积分，另外N型半导体和P型半导体所辐射出的太赫兹波的偏振方向正好相反。

光致丹伯效应是一种光生伏特效应，由于光激电子的迁移率远高于空穴，导致它们在空间分离，由此会产生空间电荷和电场(光电流)。当在半导体(主要是窄带隙半导体)表面产生出电子-空穴对后，它们在丹伯电场的作用下(光电子被减速，空穴被加速)，会以准中性的单包形式运动，即辐射太赫兹波脉冲：

$$E_{\mathrm{THz}} = \frac{\varepsilon S}{4\pi R c^2} \frac{\mathrm{d}^2 \varphi_s}{\mathrm{d}t^2} \tag{7-4}$$

式中，ε 表示静电介电系数，$\varphi_s = \int_0^\infty F\mathrm{d}z$ 为表面光电场，F 表示空间分离的光载流子所感生的电场。

(二)光整流太赫兹波源

光整流机制是产生太赫兹脉冲的另一种常见机制，它基于电光效应的逆过程[9-11]。当两束独立的光束在非线性介质中传播时，它们将会发生相互作用，即混频，从而产生和频振荡及差频振荡。因此，在出射光中，除了与入射光本身频率相同的光波外，还有其他频率的光波。而且当一束高强度的单色激光在非线性介质内部传播时，它会在介质内部通过差频振荡效应激发出一个恒定的电极化场。该电极化场不会向外辐射电磁波，它只是介质内部建立起的一个直流电场，该现象就是光学整流效应。光整流的转换效率主要依赖于材料的非线性系数和相位匹配条件。

根据傅里叶变换理论可知，一个脉冲可以被视为一系列单频光束的叠加。在非线性介质中，这些单频分量将不再独立传播，它们之间会发生混频作用：和频振荡产生二次谐波，差频振荡产生一个低频振荡的时变电极化场。该电极化场就会向外辐射低频电磁波。其中，低频电极化场的频率上限和入射激光的脉宽有关，当入射激光的脉宽在亚皮秒量级时，辐射输出的电磁波的频率上限就会达到太赫兹量级。因此，该种光整流效应被称为太赫兹波光整流效应或亚皮秒光整流效应，见图 7-6。太赫兹波光整流效应所产生的局部太赫兹波电场正比于二阶极化场对时间的二阶导数(近场)：

$$E_{\mathrm{THz}} \propto \frac{\partial^2 P(t)}{\partial^2 t} \tag{7-5}$$

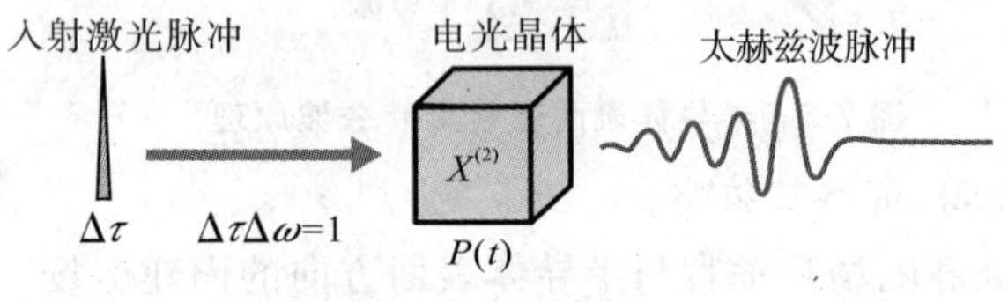

图 7-6　太赫兹波光整流

光整流的物理过程是一个瞬间完成的过程。光整流的关键问题是相位匹配，它可以放大激光和太赫兹波脉冲在非线性介质中的相互作用，并且能增强光整流的产生效率。另外，非线性介质的非线性系数对所产生的太赫兹波脉冲的振幅强度、频率分布以及光整流的转换效率也起着关键的作用。

(三)太赫兹波参量源

光学参量振荡产生太赫兹波辐射是基于非线性效应，即二阶光学参量产生和放大效应 $\chi^{(2)}(\omega_1-\omega_2, \omega_1, -\omega_2)$ 和三阶非线性拉曼效应。太赫兹波参量源通常有太赫兹波参量发生器(terahertz-wave parametric tenerator，TPG)和太赫兹波参量振荡器(terahertz-wave parametric oscillator，TPO)两种，二者之间的区别在于 TPO 有谐振腔，而 TPG 没有这样的选频结构。

参量过程是指在非线性作用过程中，非线性介质本身不参与能量的净交换，但光玻之间却可以发生频率转换和能量交换的过程。由于泵浦光子和非线性晶体的振动模式之间的差频作用，近红外的泵浦(入射)光子可激励出一个近红外的斯托克斯光子(闲频光)。同时，由于晶体中的电子作用和振动作用而导致的非线性参量过程可产生太赫兹波(信号光)。太赫兹波参量源就是利用参量下转换的过程，即利用晶格或分子本身的共振频率来进行太赫兹波的参量振荡和放大，是一种与极化声子(polariton)相关的光学参量技术。

当一束强激光束通过诸如 $LiNbO_3$、$LiTaO_3$ 和 GaP 等同时具备红外活性和拉曼活性的非线性极性晶体时，光子和声子的横波场耦合为量子，产生出光子-声子混态，即为极化声子。由极化声子的有效参量散射，即受激极化声子散射，可辐射出太赫兹波。该散射过程中同时包括了二阶和三阶非线性过程，因此泵浦光、闲频光和极化声子波(即太赫兹波)三者之间会发生很强的相互作用。

因为 $LiNbO_3$ 晶体具有较大的非线性系数($d_{33}=25.2\ \mathrm{pm\cdot V^{-1}}$，$\lambda=1.064\ \mu\mathrm{m}$)，并且它对于 0.4～5.5 μm 波段的光是透明的，所以 $LiNbO_3$ 晶体是目前能够有效产生太赫兹波的最为合适的材料之一。$LiNbO_3$晶体有 4

个红外活性和拉曼活性的横向光学(TO)声子模式，即 A_1 对称模式。最低模式($\omega_{TO}\approx 248\ cm^{-1}\approx 7.5\ THz$)具有最大的参量增益及最小的吸收系数，所以该模式能够很有效地产生可调谐的太赫兹波。

这种可调谐太赫兹波的产生原理为:在晶体的共振频率(在 TO 声子频率 ω_{TO} 附近)区域内，极化声子表现为类声子行为。但是，在晶体的非共振低频区域内，极化声子这时则表现出类光子行为，见图 7-7(a)。在非共振低频区域内，由能量守恒定律 $\omega_P=\omega_T+\omega_i$ (P 代表泵浦光，T 代表太赫兹波，i 代表闲频光)可知，每湮灭(参变)一个近红外的泵浦光子 ω_P，则会产生一个信号光子 ω_T，即太赫兹光子，以及一个近红外的闲散光子 ω_i。在该受激散射的过程之中，满足动量守恒定律 $\boldsymbol{k}_P=\boldsymbol{k}_i+\boldsymbol{k}_T$，即非共线相位匹配条件，见图 7-7(b)。由此导致了闲频光和太赫兹波具有角色散特性，所以利用光学谐振腔(TPO)或闲频光种子注入技术(is-TPG)可以有效地产生出相干太赫兹波。此外，通过调节入射泵浦光与谐振腔腔轴或种子光之间的夹角还可以对太赫兹波辐射输出进行连续宽调谐[12]。

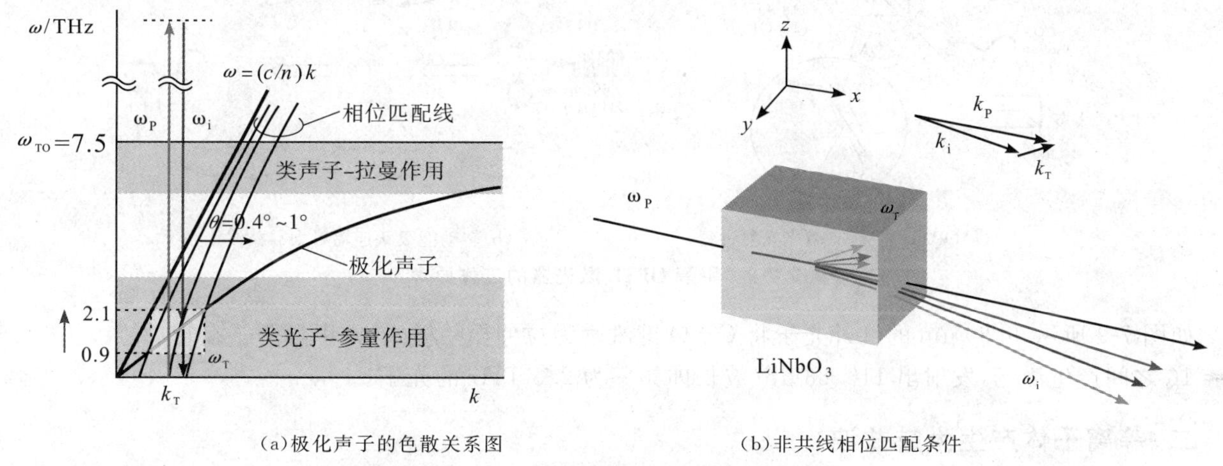

(a)极化声子的色散关系图　　(b)非共线相位匹配条件

图 7-7　受激极化声子散射

太赫兹波参量源是具有很高的非线性转换效率、结构简单、易小型化、工作可靠、易于操作、相干性好，并且能够实现单频、宽带、可调谐、可在室温下稳定运转的全固态太赫兹波辐射源。

(四)太赫兹波气体激光器——光泵浦式太赫兹波激光器

光泵浦式太赫兹波激光器(optically-pumped THz laser，OPTL)是技术上已经比较成熟的、最常用的太赫兹波源之一，也是被成功商用化的太赫兹波源之一。这种太赫兹波激光器大部分都以二氧化碳(CO_2)激光器为泵浦源，用它激励低压真空腔中的气体工作介质，如甲烷(CH_4)、氨气(NH_3)、氰化氢(HCN)或是甲醇(CH_3OH)等气体，输出辐射可覆盖整个太赫兹波段。目前的 OPTL 大多是连续波工作方式的激光器，同时也存在脉冲工作方式的 OPTL。

甲醇是最重要的太赫兹波工作介质，在 0.25～11.81 THz 波段内，甲醇共能产生出 600 多个太赫兹波谱线，而这些谱线的 31%又都分布在 3 THz 以上。甲醇 OPTL 系统的结构如图 7-8 所示，它是由一个光栅调谐的 CO_2 激光器(泵浦源，9～11 μm)和太赫兹波激光单元(THz laser cell，TLC)组成的。其中，TLC 又是由一个充满分子气体(工作物质)的低压真空腔、光学反馈系统(腔镜)、泵浦光输入系统，以及太赫兹辐射输出耦合系统等元部件组成[13]。

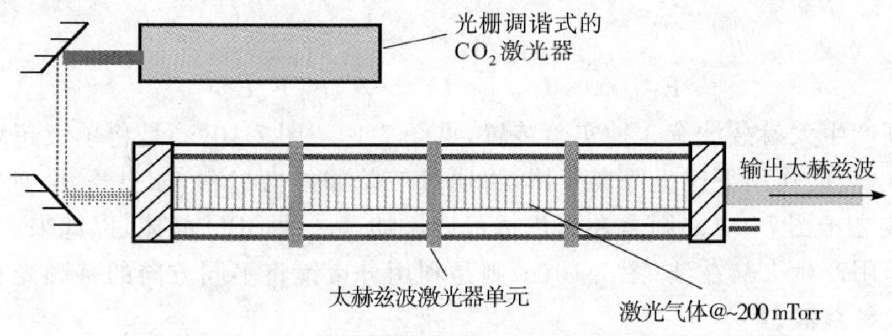

图 7-8　太赫兹波气体激光器结构示意图

CO_2激光器泵浦真空腔中的气体工作物质，而这些气体则决定了输出辐射激光的频率。另外，由于气体分子的振动和转动能级间的跃迁频率正好处于太赫兹波频段，所以可以形成太赫兹波受激辐射输出，从而在OPTL中直接辐射输出太赫兹波。所有的OPTL都是基于分子的转动跃迁来实现的：当泵浦源所发出的红外光子能量接近于气体分子从基态的转动能级（基态振动簇，ground vibrational manifold）泵浦跃迁到激发态的转动能级（受激振动簇，excited vibrational manifold）所需的能量时，这些光子会被气体分子所吸收；然后在一定的条件下形成转动能级反转（也可能在泵浦作用所导致的受激态簇间，或较低能态的耗尽所导致的较低的态簇间发生能级翻转），即粒子数反转，由此向外辐射出磁赫兹波，见图7-9；此后，分子会离开受激振动簇而返回到基态簇，即分子振动退激过程，该过程发生在下一个激光发射过程之前，以便形成连续激光辐射。

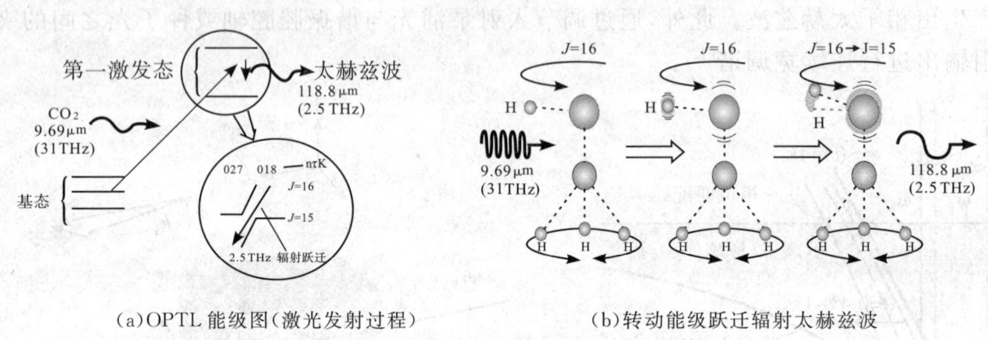

(a)OPTL能级图(激光发射过程)　　(b)转动能级跃迁辐射太赫兹波

图7-9　甲醇OPTL激光器的工作原理

如图7-9所示，9.69 μm的红外光子将C—O键激励为拉伸振动模式，则甲醇分子在转动能级$J=15$和$J=16$之间产生激光，发射出118.83 μm波长即频率为2.5 THz的光子。

二、等离子体产生太赫兹波

太赫兹广泛存在于宇宙之中，无论气体、液体、固体还是等离子体都能产生太赫兹波。由于等离子体没有热损伤阈值，并且可以承受极强的激光，所以利用等离子体可以产生相对较强的太赫兹辐射。

（一）空气中等离子体光丝产生太赫兹波

当超短强激光脉冲在空气中传输，由于光子电离的作用可在空气中形成等离子体光丝，该种等离子体光丝可产生出相干或非相干的太赫兹电磁脉冲。另外，由于光丝位置的变化范围很大，由此可在远距离、某特定位置出产生太赫兹脉冲。该机制能克服远距离产生太赫兹的限制，据推算该技术可在几千米以外产生太赫兹脉冲，同时也可以避免太赫兹在空气中传输被水分吸收的问题。

空气中的等离子体光丝产生太赫兹波的理论解释目前还没有统一，许多模型被用来对该现象进行解释，但它们都只能对空气中等离子体光丝产生太赫兹波的基本产生机制予以片面的解释，不能对其进行完全解释。到目前为止，人们所常见的模型有：有质动力模型、四波混频模型、辐射压力模型、电子-离子散射模型等。在此只对使用相对广泛的四波混频模型进行详细的解释，其他模型只作简单的介绍。

四波混频过程是三阶非线性过程，由于在空气中各向同质，它们的偶数阶非线性系数为0，所以在空气中最低阶非线性过程只能为三阶非线性过程[3,14-15]。空气中等离子体光丝产生太赫兹波的四波混频过程为两个基频光子ω和一个倍频光子2ω混频产生出一个太赫兹光子ω_{THz}，即$\chi^{(3)}(\omega_{THz}, 2\omega+\omega_{THz}, -\omega, -\omega)$。用公式可表示为

$$E_{THz} \propto \chi^{(3)} \sqrt{I_{2\omega}}\, I_{\omega} \propto \chi^{(3)} E_{2\omega} E_{\omega} E_{\omega} \tag{7-6}$$

空气中四波混频产生太赫兹波有3种实验装置，见图7-10。图7-10(a)是将单束超短强激光脉冲直接在空气中聚焦，在光子电离的作用下产生等离子体，再通过三阶非线性过程，如自聚焦、四波混频等，产生太赫兹波；而图7-10(b)较之于图7-10(a)则是在聚焦透镜后添加了一块BBO晶体，以此来产生二倍频光，通过倍频光和基频光共同作用产生太赫兹波；图7-10(c)则是利用分束镜将不同方向的基频光和倍频光合并共线再聚焦到空气中产生太赫兹波。

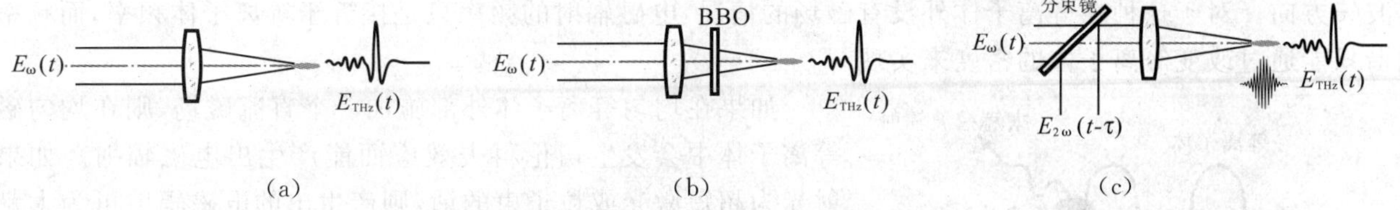

图 7-10　空气中的等离子体光丝产生太赫兹波

太赫兹波脉冲电场和两束偏振激励激光间的相位关系可以表示成

$$E_{THz}(t) \propto \chi^{(3)} E_{2\omega}(t) E_\omega^*(t) E_\omega^*(t) \cos\varphi \tag{7-7}$$

式中，$\varphi = k_{2\omega}\Delta l$ 为两频率激励光之间的相位差。由上式可知，当两束激励激光的偏振方向相同时，所产生出的太赫兹脉冲电场场强最大，而且太赫兹波的偏振方向和两束激励光的偏振方向相同。另外，太赫兹脉冲电场峰值可随两频率激励光之间的时间延迟而改变。在两激励光完全重合时，太赫兹波场强最大。

有质动力模型[16-17]则认为是有质动力驱动等离子体电流形成了太赫兹波脉冲：激光脉冲包络的空间梯度和电子碰撞导致有质动力作用在等离子体电子上。该有质动力驱动电子开始振荡，并形成等离子电流。此感生的等离子体电流会随激励脉冲向前运动，从而在轴向和径向方向上产生出太赫兹波。其中，太赫兹波脉冲的频率只与激励脉冲的脉宽和电子碰撞时间有关，而与局部等离子体频率无关。该模型根据激光在空气中感生出的等离子体电流推导出了太赫兹电磁脉冲的波动方程：

$$\nabla\times(\nabla\times\boldsymbol{E}) + \frac{n_0^2}{c^2}\frac{\partial^2 \boldsymbol{E}}{\partial t^2} = -\frac{4\pi}{c^2}\frac{\partial \boldsymbol{J}}{\partial t} \tag{7-8}$$

式中，n_0 表示线性折射率（这里假设 $n_0 = 1$）。利用柱面坐标系 (r,θ,z) 分别表示径向坐标、方位角和轴向坐标。假设太赫兹波脉冲是轴向对称的，则在激光脉冲群速度空间中，轴向和径向上太赫兹波电磁脉冲电场分量可分别表示为

$$\left[\frac{1}{r}\frac{\partial}{\partial r}\left(r\frac{\partial}{\partial r}\right) + \frac{\omega^2}{c^2} - \frac{\omega_p^2(r)}{c^2(1+\mathrm{i}\nu_e/\omega)}\right]\widetilde{E}_z - \mathrm{i}\left(\frac{\omega}{v_g}+k\right)\frac{1}{r}\frac{\partial}{\partial r}(r\widetilde{E}_r) = \frac{4\pi}{c^2}\frac{\widetilde{S}_z(r,k,\omega)}{1+\mathrm{i}\nu_e/\omega} \tag{7-9}$$

$$\left(k^2 + \frac{2k\omega}{v_g} + \frac{\omega^2}{v_g^2\gamma_g^2} + \frac{\omega_p^2(r)}{c^2(1+\mathrm{i}\nu_e/\omega)}\right)\widetilde{E}_r + \mathrm{i}\left(\frac{\omega}{v_g}+k\right)\frac{\partial \widetilde{E}_z}{\partial r} = -\frac{4\pi}{c^2}\frac{\widetilde{S}_r(r,k,\omega)}{1+\mathrm{i}\nu_e/\omega} \tag{7-10}$$

其中，ω 为激光频率，c 为光速，ω_p 为局部等离子频率，E 为电场，k 为波数，ν_e 为电子碰撞频率，S_z 为轴向上的非线性作用项（表示激光脉冲的有质动力作用），v_g 为群速度，$\gamma_g \equiv (1 - n_0^2 v_g^2/c^2)^{-1/2}$。

在有质动力模型提出之后，有些人认为有质动力并不是等离子体光丝产生太赫兹波的主要机制。他们认为作用在电子上的有质动力太小，以至于可以将其忽略掉。他们认为真正产生太赫兹波脉冲的因素是辐射压力。辐射压力模型[18]认为在发生多光子电离之后，辐射压力导致了轴向上的电子和离子的分离，从而在光丝走向上产生了定向的偶极矩，该种偶极矩会在光丝内部振荡从而产生太赫兹波。

以上 3 种模型都是解释等离子体光丝中相干太赫兹波脉冲的产生机制，而电子-离子间的库仑散射模型[19]则是从纯微观方面解释了空间均匀分布的等离子体产生非相干太赫兹波的原因。该模型认为非相干太赫兹波是由双组分等离子体所产生的，发光机制类似于轫致辐射。该机制利用量子化光场作用下的载流子和光物质间的库仑相互作用，得到了电子-离子散射作用下均匀等离子体所产生的宽带太赫兹波辐射。另外，根据该模型还可以解释太赫兹波辐射角的问题。

（二）等离子体尾场太赫兹波辐射

激光尾场（波）为超短激光脉冲的有质动力在等离子体内激励出的大振幅电子等离子体波。由于激光尾场的典型振荡频率在太赫兹范围，并且激光尾场的振幅较大（一般可达到 GV/m），所以可利用等离子体内的激光尾场产生强太赫兹辐射。

由于尾场波和等离子体内的电磁波的色散关系不同，并且尾场波为静电纵波，只有当尾场的波数为零值，且两者电场方向不相互垂直的情况下，才能发生模式转换现象（均匀等离子体内）。但是当静电尾场波的频率接近于等离子体频率时，由于逆向模式转换作用，可辐射出与其频率相同的电磁波，而辐射方向垂直于

其波矢方向。对于这种在等离子体外没有磁场的情况，电磁辐射的频率只是接近于等离子体频率，而频率的调谐只能通过改变等离子体的密度来实现。

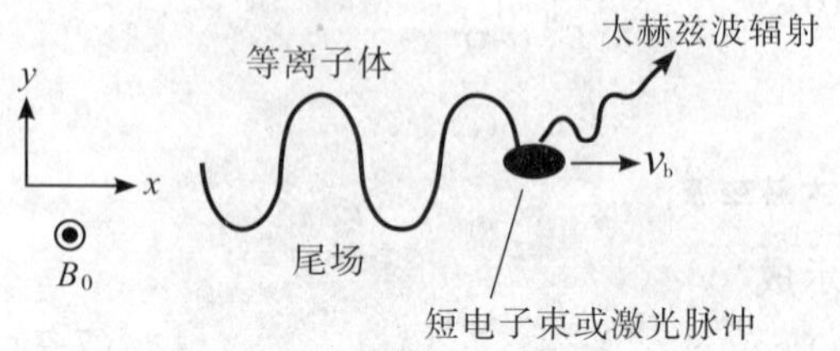

图 7-11 等离子体尾场产生太赫兹波辐射的示意图

如果在均匀等离子体外部施加一个直流磁场，则在均匀磁化等离子体中会发生切伦科夫效应而能产生出电磁辐射。如果入射光为超短激光或粒子束的话，则产生出的电磁辐射可为太赫兹辐射，见图 7-11 所示。一束粒子短脉冲或激光束以接近光速的速度沿 $+x$ 轴方向传播。直流磁场的方向则是沿 $+z$ 轴方向。在此假设磁场在空间中是均匀的，时间上是恒定不变的[20]。则此时的磁化尾场中会同时具有电磁场和静电场，并且磁化尾场的群速度也不为零值，由此尾场波会在切伦科夫效应的作用下，其横场分量会隧穿过等离子体—真空边界而向外辐射出太赫兹波。对于非均匀的磁化等离子体而言，由于尾场波在各处的振荡频率各不相同，因而尾场波的波数会随时间和空间而发生变化。从而在某些时刻尾场波的波矢会为零值，由此而满足了相位匹配条件，尾场波就有可能通过线性模式转换作用直接耦合为太赫兹波。该种方法可产生出场强在 MV/cm，瞬时功率高达几十兆瓦，能量为几十微焦的高功率、可调谐的相干太赫兹波。

另外，利用激光尾场加速的电子脉冲通过等离子体-真空界面由跃迁辐射也可产生高能相干的太赫兹波辐射。

激光尾场加速器能产生持续时间在飞秒量级，电荷量为几纳库的电子集束。当电子束的密度达到其最大值时，在等离子体/真空边界可产生跃迁辐射即太赫兹波。太赫兹波的辐射方向与入射激光束的方向一致，并且与后者还是同步的。该机制之所以能产生高能量的太赫兹波脉冲，主要取决于两个因素：①极高的电子密度，亚皮秒的电子集束可由小型激光-等离子体加速器获得；②在等离子体/真空边缘产生相干跃迁辐射。

等离子体/真空边界的跃迁辐射产生太赫兹波的实验原理如 7-12 所示[21]。这种跃迁辐射产生太赫兹波的过程可解释为：该模型的前提条件是假设等离子体（介电常数 $\varepsilon=1-\omega_P^2/\omega^2$，$\omega_P$ 和 ω 分别为等离子体频率和辐射频率）等效于一个导体，并且导体-真空边界为锐边界。当等离子体的密度波动低于临界辐射波长时，电子束可感生出极化电流，最后产生跃迁辐射。

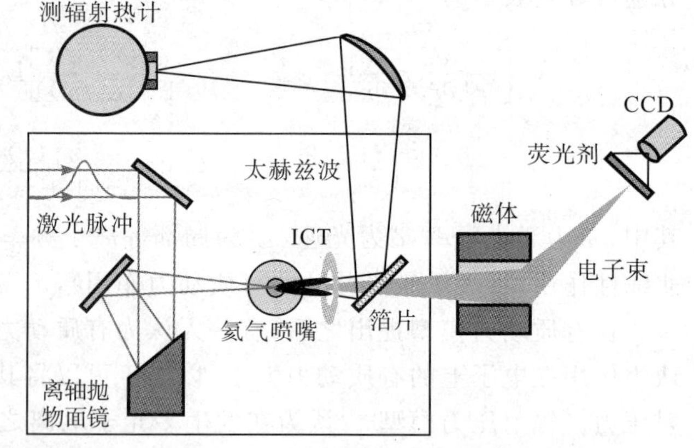

图 7-12 利用激光尾场加速器激发太赫兹波辐射

三、电子学太赫兹波源

电子学太赫兹波源是目前最理想实用的太赫兹波源。该种太赫兹波源体积小，便于携带和集成，能在室温下稳定工作，所产生的太赫兹波具有窄带、连续可调、功率高等特点，是产生太赫兹波的重要方式之一。电子学太赫兹波源大致可分为真空（微）电子器件、相对论器件和半导体激光器等。

（一）真空（微）电子器件太赫兹波源

真空电子学方式是产生太赫兹波的一个重要的方式，它和等离子体产生太赫兹波的机制一样，都能产生出高功率太赫兹波。但它们目前还受到阴极材料及加工技术等方面的限制，直接影响到了它们的性能指标。

常见的太赫兹波真空（微）电子器件有行波管、返波管和速调管等，是基于自激振荡的原理制成的，克服了普通三/四极管的渡越时间效应，利用微波管分布作用机制，使这些器件的工作频率达到了太赫兹波段。

1. 行波管和返波管

行波管和返波管是基于电子流与电磁行波间的连续相互作用，使电子的能量转变成高频电磁场能量的真空电子器件。其中，电子流要与电磁行波进行有效的相互作用，这就要求电磁波的相速度要与电子流的速度保持同步。但是，电子的速度小于真空中的光速，而一般均匀波导传输线中的电磁波的相速要大于光速，这就需要一种能把电磁波的相速降低到足够程度的电磁系统，这种系统被称为电磁慢波系统。

行波管(traveling wave tube，TWT)是一种电子注与行波场之间相互作用的行波型器件，是唯一能将大功率与宽频带等微波管所具有的优点有效结合的微波管器件。其优点是：频带宽、增益大、寿命长、工作稳定可靠。行波管的典型结构见图7-13，主要由以下几个部分组成：①电子枪，包括阴极、加速极；②微波结构，包括慢波系统，输入、输出的微波结构；③收集极；④聚焦磁场。其中，电子枪的作用是形成符合设计要求的电子注；聚焦系统可使电子注保持所需形状，保证电子注顺利穿过慢波电路并与微波场发生有效的相互作用，最后由收集极接收电子注。待放大的微波信号经输入能量耦合器进入慢波电路，并沿慢波电路行进。电子与行进的微波场进行能量交换，使微波信号得到放大。放大后的微波信号经输出能量耦合器送至负载。而电磁波行进方向与电子流方向相反的行波管，则被称作返波管。

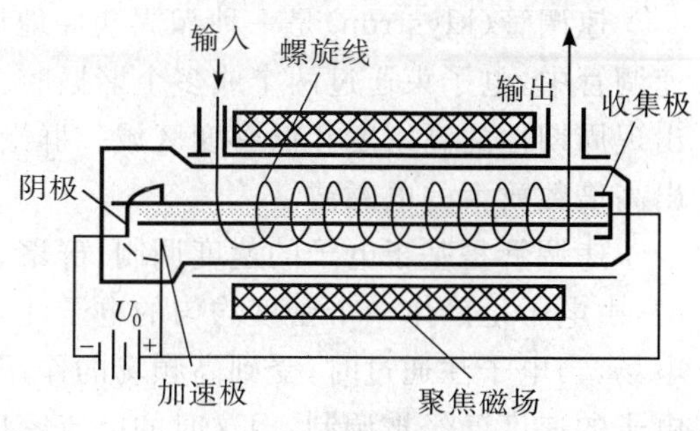

图7-13 行波管结构原理图

行波管的工作原理为：电子注与慢波电路中的微波场发生相互作用。微波场沿着慢波电路向前行进。为了使电子注同微波场产生有效的相互作用，电子的直流运动速度应比沿慢波电路行进的微波场的相速度略高，这称为同步条件。输入的微波信号在慢波电路建立起微弱的电磁场。电子注进入慢波电路相互作用区域以后，首先受到微波场的速度调制。电子在继续向前运动时逐渐形成密度调制。大部分电子群聚于减速场中，而且电子在减速场的滞留时间比较长。因此，电子注的动能有一部分转化为微波场的能量，从而使微波信号得到放大。在同步条件下，电子注与行进的微波场的这种相互作用沿着整个慢波电路连续进行。

返波管(backward wave oscillator，BWO)是行波管的变体，它是一种利用电子注与慢波线中的返波相互作用产生振荡的真空电子管，是目前唯一能够在0.5～1.2 THz频段中提供频率可调(最新的返波管的输出频率已达2.1 THz)，功率输出在毫瓦量级(1 mW至几十甚至上百毫瓦)的器件。

在周期性慢波系统中，周期性变化的场可以分解成无数空间谐波，其中群速与相速同向的波称为前向波，反之则称为返波。

返波管的工作原理如下：当电子注速度与前向波相速同步时，由于驻波间的相互作用会使前向波(行波)得到放大；而当电子注速度与返波相速同步时，驻波间的相互作用又会使返波得到增强。由于返波管中群速与相速方向相反，并且电子注速度与波的相速同步，因此电子注的速度方向与波的相速度方向相同，而与群速(或能速)的传输方向相反。由此，在管内能产生出一个能量的反馈通道。一方面载有交变信号能量的电子注向前运动，并与慢波线上的返波相互作用，将部分能量交给线路上的高频场，另一方面线路上的高频能量又逆电子注方向传输形成反馈回路。当每一个反馈回路的总相移都是2π的整数倍时，具有正反馈的性质。因为这种反馈是通过电子注把交变信号能量由输出端带回输入端的，所以是一种电子反馈。利用这种电子反馈，可以得到再生放大，由此可以形成返波放大管。如果反馈量足够大，就可以产生自激振荡，做成返波振荡管，见图7-14。返波管的主要优点是在很宽的频率范围内能够实现连续的快速电调。

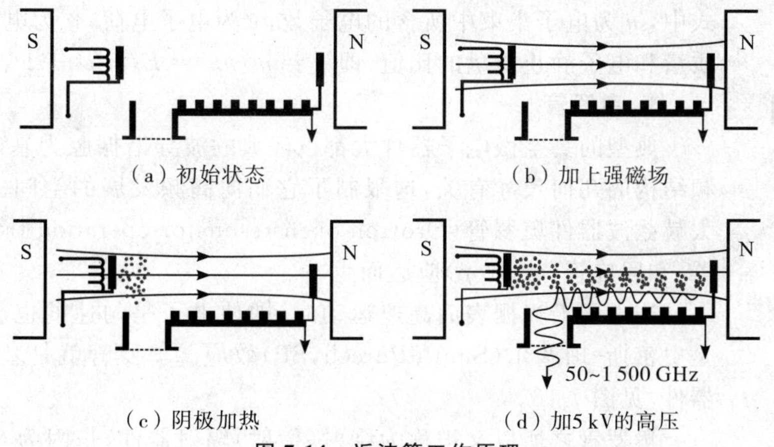

图7-14 返波管工作原理

2. 纳米速调管

速调管(klystron)是一种靠周期性地调制电子注的速度来实现振荡或放大功能的微波真空电子管。在速调管中,电子束通过两个或多个谐振腔。第一个腔接收射频(RF)输入信号并调制电子束使其群聚,电流出现周期性的高密度和低密度区域。群聚后的电子束进入下一个腔,增强了群聚效应,在最后的腔处,耦合出高倍数放大的电磁波。

速调管是基于电子的速度调制、群聚、密度调制电流激励谐振腔输出高频能量3个过程来完成能量转换的:由电子枪产生一个密度均匀的电子注,然后它通过一个加有正弦调制信号的间隙。由于间隙中存在高频电场,当电子注通过时,受到高频场的作用,使正半周通过的电子加速,负半周通过的电子减速,离开间隙时电子的速度已经被调制,但这时的电流密度还是均匀的,未受到调制,此时称为速度调制。电子注离开调制间隙后进入无场漂移空间做惯性运动。由于在不同时刻所进入漂移空间的电子速度不等,后进入漂移空间的快电子逐渐追上先进入漂移空间的慢电子,使电子注变得有稀有密,不再均匀,这个过程称为“群聚”,或者说电子注已由速度调制变为密度调制了,这时电子注中就包含了交变分量。然后,在电子密集程度较高的位置上设置一个能量接收装置或输出装置,例如,设置一个接有谐振腔的输出间隙,当群聚电子注穿过此输出间隙时,激发输出腔,在腔内建立感应电流和高频电压,输出高频能量。最后电子注到达收集极,将剩余能量转化为热能耗散掉。

目前,纳米速调管(nanoklystron)的工作频率已能达到2~3 THz,其结构见图7-15。如果要提高输出功率,可以用纳米速调管来组成纳米速调管阵列。阵列的工作频段预计可达0.3~3.0 THz,工作电压为500 V,连续波输出功率将会大于50 mW。

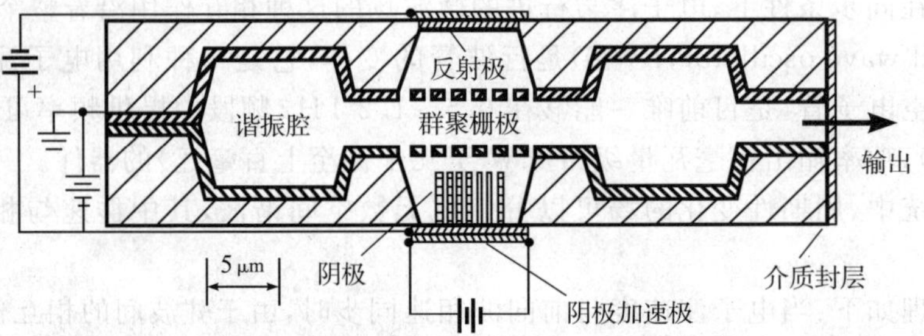

图 7-15 太赫兹波纳米速调管结构原理图

(二)相对论性器件太赫兹波源

太赫兹相对论性器件多为太赫兹同步辐射源。同步辐射可由带电粒子集束经过加速后使其速度达到光速,然后利用强磁场等手段改变其速度的大小或方向,由此产生强太赫兹波辐射[22]。同步辐射所产生的太赫兹波通常是相干的,而电子所产生的辐射功率可以表示为

$$P=\frac{2\,(ne)^2a^2}{3c^3}\gamma^4 \tag{7-11}$$

式中,n为电子集束中所含的电子数,e为电子电荷,a为电子的加速度,γ为电子质量和电子静止质量的比值,即$\gamma=m/m_0=E/m_0c^2+1$。

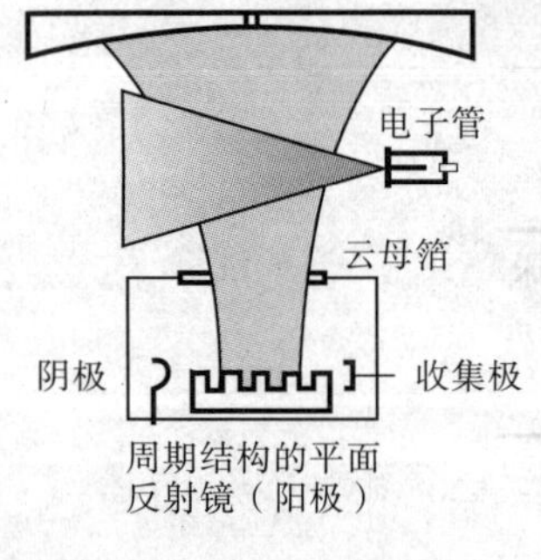

图 7-16 奥罗管

1. 奥罗管

典型的真空微电子器件大都以经典的波导谐振腔为基础,其特点是波长与高频结构的几何尺寸有关,这限制了它们向高频发展的空间。因此,基于新原理的太赫兹波器件奥罗管(Orotron open resonator operation tron,也称绕射辐射振荡器)和回旋管(grotron)应运而生。

当电子沿光栅表面高速运动时,即使电子是匀速的也会辐射出电磁波,这就是史密斯-珀塞尔(Smith-Purcell,SP)效应。奥罗管就是基于此效应的新型电子器件,见图7-16。

奥罗管之所以又被称为绕射(衍射)辐射器件,是因为SP效应的物理实质是

电子沿光栅运动所产生的是电磁波的绕射辐射。另外，由于该类电子器件中采用了准光学谐振腔（开放谐振腔和光栅），所以此类器件又可称为开放式谐振器。它们的工作波长可达太赫兹波段。

当自由电子在光栅上方运动时，会辐射出电磁波。该电磁波波长 λ 取决于电子速度 v（$v=\beta c$，c 为光速）、观察辐射角 φ_n 和光栅周期 l：

$$\lambda=\frac{2l}{n}\left(\frac{1}{\beta}-\cos\varphi_n\right)\qquad n=1,2,3,\cdots \tag{7-12}$$

当电子注通过周期性光栅表面时，就能辐射出电磁波，如果没有谐振系统，此种辐射为非相干的自发辐射；如果利用平面反射镜和周期光栅所构成的准光学开放式谐振系统，则经过谐振腔调制后的电磁波将是稳定的相干辐射。当电子注的速度和沿光栅表面传播的电磁波的相速同步时，就是谐振腔最好的工作状态，就会在谐振腔中激励起电磁振荡，此时的谐振腔将电磁辐射反馈到电子注中，而电子注则会在纵向高频场作用下产生群聚，而群聚的电子注又可以与场产生更有效的纯能量交换。通常情况下，绕射辐射器件的机械调谐频率在 0.1～1 THz，连续波功率在 0.1 W 到数十瓦之间。脉冲功率则可达 10 kW 以上。

2. 回旋管

回旋管采用的是脱离原子束缚的自由电子与快波相互作用，采用开放式的波导和开放式的谐振腔，可获得高效率的强辐射。太赫兹波回旋管作为新型太赫兹波源是目前唯一能够在 1 THz 以下提供千瓦级以上输出功率的器件。

回旋管的工作原理是基于爱因斯坦所提出的受激辐射，见图 7-17。回旋管主要由 4 部分组成：电子枪、互作用腔、输出结构、磁场线圈。

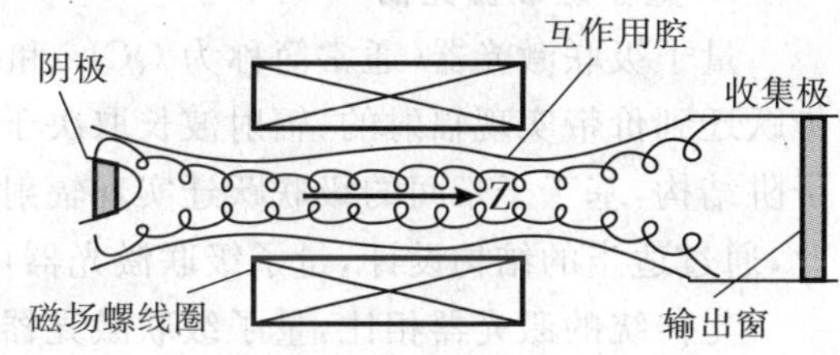

图 7-17　回旋单腔管结构示意图

太赫兹波回旋管一般工作在高次谐波模式下。其原理是基于狭义相对论产生的横向群聚电子的受激辐射。根据经典理论，在量子能量不大时，可以用经典动力学理论来描述电子回旋受激辐射。它实际上是相对论引起的电子回旋运动的负质量效应。在相对论状态下，电子回旋频率为：$\omega_c=eB_0/m_0\gamma$，$\omega_{c0}=eB_0/m_0$，其中 $\gamma=(1-\beta^2)^{-1/2}$，$\beta=v_0/c$。由此可知，能量大的电子旋转得较慢，能量小的电子旋转得较快。此种负质量效应所引起的电子群聚效应能够使电子和波之间发生能量交换。在适当的条件下，运动电子能够把动能传递给电磁波。

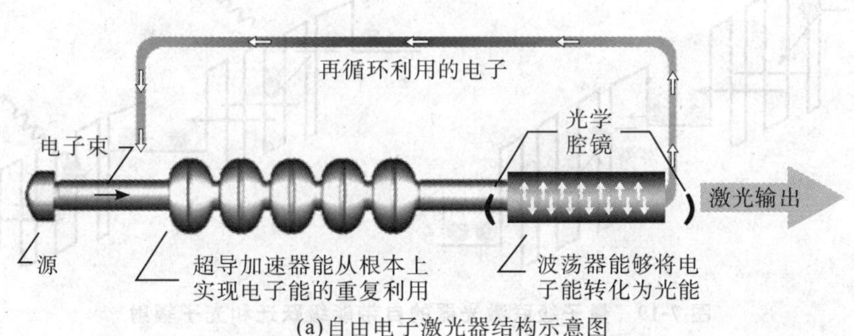

(a) 自由电子激光器结构示意图

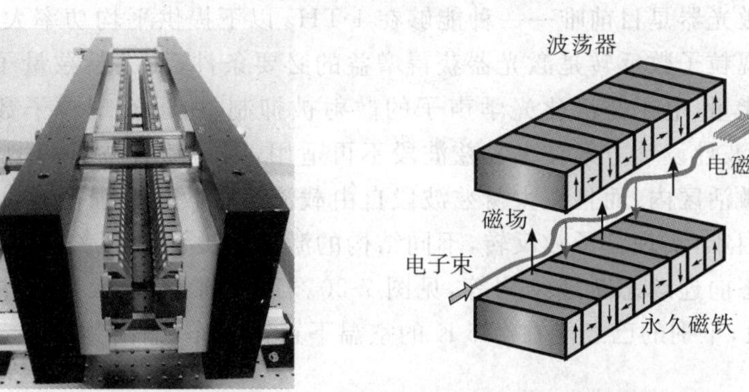

(b) 波荡器实物图　　(c) 波荡器结构示意图

图 7-18　自由电子激光器

3. 自由电子激光器

与利用束缚电子的位能跃迁的常规激光器不同的是，自由电子激光器（free electron laser，FEL）利用的是自由电子的动能跃迁。根据能量交换的形式，自由电子激光器可分为两大类：利用电子横向动能型和利用电子纵向动能型。前一种类型是研究的重点，其基本原理是相对论电子注和电磁波的受激相干散射。

自由电子激光器由电子加速器（如同步加速器或直线加速器）产生高能电子束，波荡器（wiggler，undulator）产生一个正弦空间静磁场，光学反射镜提供正反馈。自由电子激光器是基于相对论性自由电子进入波荡器的磁场中，发生自发辐射和光学谐振腔内的受激相干辐射的原理产生电磁辐射的。当一束高速自由电子在真空中传输并通过具有空间变化的强磁场，在该磁场和纵向导引磁场的作用下，电子束将发生振荡并发射出光子。反射镜再将这些光子限制在电子束之内，电子束在此作为激光器的增益介质，从而就能将普通激光器的辐射波长压缩短，所以就可产生出连续或脉冲形式的太赫兹波辐射。

（三）太赫兹半导体激光器

1. 量子级联激光器

量子级联激光器（通常简称为 QCL）和传统的半导体激光器不同，传统的半导体激光器是基于电子从导带跃迁到价带实现辐射的，辐射波长取决于半导体材料的带隙。而量子级联激光器则是根据重复周期的量子阱结构，基于子带间的级联跃迁实现辐射的，该种激光器可以通过改变量子阱的厚度来改变辐射波长。因此，通过适当的结构设计，量子级联激光器可以覆盖太赫兹波段。

与传统的激光器相比，量子级联激光器有两个主要特点：单极性和级联性。首先，它是一种子带间的单极器件，即它只利用电子在不同子带间的跃迁来辐射出光子，而不需考虑空穴的输运；其次，它是一个级联结构，即由几十甚至上百个重复周期组成，电子在每个周期内重复释放光子，因而可提高器件的输出功率。量子级联激光器的每个周期又可具体分为注入区、激活区和弛豫区三部分。注入区把电子从上一个周期注入激活区，它们在激活区发生粒子数反转，辐射出一定波长的光子，同时电子从高能级跃迁到低能级，最后电子在量子阱之间隧穿，即电子在弛豫区被抽取并注入下一个周期当中，过程如图 7-19 所示。由于注入区的耦合，电子将会处于下一激活区的高能级。通过重复上述过程，一个电子就可辐射出多个光子。

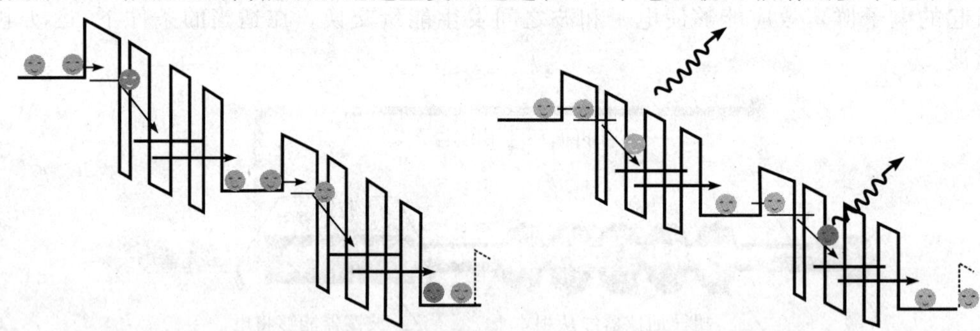

图 7-19 量子级联激光器的自带能级跃迁和光子辐射

太赫兹波量子级联激光器是目前唯一一种能够在 1 THz 以下提供平均功率大于 10 mW 的太赫兹波辐射固态相干源。由于实现粒子数反转是激光器获得增益的必要条件，而太赫兹量子级联激光器发出的光子能量低于极化光学声子能量，电子与极化光学声子的散射被抑制，所以实现粒子数反转比较困难。另一方面，在中红外波段采用的波导设计方案在太赫兹波段不再适用，因为随着波长的增加，等离子体波导已经不能有效地把光场限制在激活区内，而且在太赫兹波段自由载流子吸收也要强得多，由此进一步增大了实现增益的难度。为克服这些困难，实现粒子数反转，不同结构的激活区被设计出来，其中包括啁啾超晶格结构、共振光学声子结构和束缚态向连续态跃迁结构等，见图 7-20。到目前为止，太赫兹量子级联激光器已经覆盖了 1.5～4.5 THz 的频段，个别的已经能在 225 K 的室温下正常工作，输出频率在 3 THz 左右。

2. 负阻器件

在太赫兹波段，经常利用负阻器件来制作太赫兹波放大器或振荡器，而负阻器件是基于耿氏效应（或称负阻效应)制成的。在N型砷化镓样品的两端加上直流电压,当电压 V 较小时样品电流随电压增高而增大;当电压 V 超过某一临界值 V_{th} 后,电流会随着电压的增高而减小,这种随电场的增加电流下降的现象被称为耿氏效应,或称负阻效应。

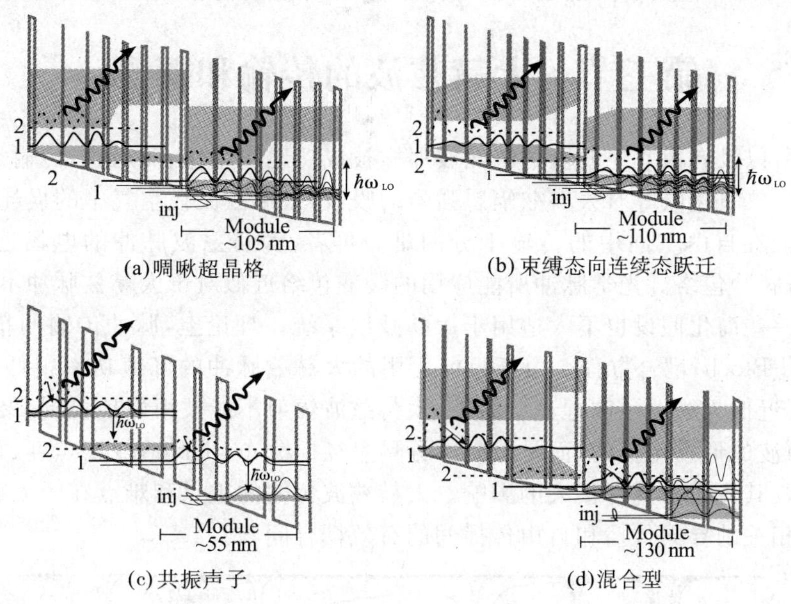

(a)啁啾超晶格　(b)束缚态向连续态跃迁

(c)共振声子　(d)混合型

图 7-20　太赫兹级联激光器的能级结构

负阻型太赫兹源的代表性器件是耿氏二极管(Gunn Diode)和耿氏振荡器。耿氏二极管是耿氏振荡器的核心器件,它主要是由一块掺杂半导体和分别位于其两侧的两个点接触所共同组成(实际上,为提高耿氏二极管的性能,它们的结构往往比较复杂)。之所以称耿氏二极管为"二极管",是因为它也有两条引线,并且像其他二极管一样可表现出非线性的 I-V 关系,如图 7-21 所示。

耿氏振荡器是在耿氏二极管的基础之上,将其封装在金属谐振腔中制成,由此耿氏振荡器的输出频率可在一定范围之内调谐。耿氏二极管和耿氏振荡器所产生的太赫兹波通常在 0.1 THz 以下,如果要通过它们获取更高频率的太赫兹波,可通过倍频手段来实现。

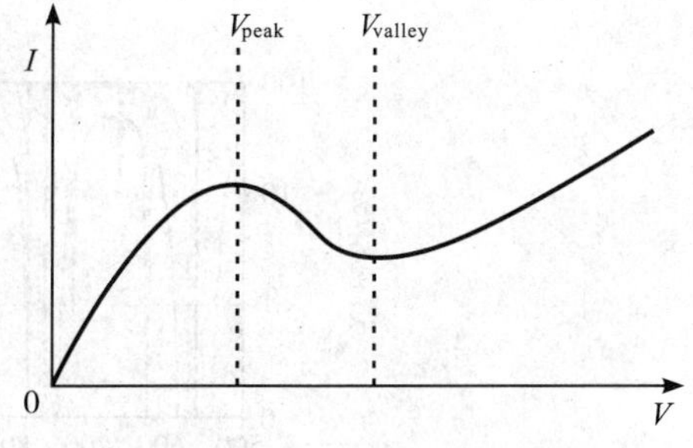

图 7-21　耿氏二极管的 ***I*-*V*** 曲线

耿氏二极管的振荡原理主要是基于N型砷化镓的导带双谷结构(高能谷和低能谷)。当耿氏二极管两端施加有外置电压时,则管内电场会大于负阻效应起始电场。另外,由于管内局部电量的不均匀涨落(通常在阴极附近),在阴极端会逐步形成电荷的偶极畴。该偶极畴的形成会导致畴内电场增大,畴外电场减小,从而促使畴内电子逐步转入高能谷,当畴内的电子全部进入高能谷后,畴不再增大。此后,偶极畴会在外加电场的作用下以饱和漂移速度向阳极移动直至消失。而后整个电场又会重新增大,再次重复相同的过程,周而复始地产生畴的建立、移动和消失,构成电流的周期性振荡,形成一连串很窄的电流,此即耿氏二极管的振荡原理。

3. P型锗激光器

P型锗激光器是第一种半导体太赫兹激光器。它是一种热空穴器件,利用正交的电场和磁场来泵浦P型锗,在正交电磁场的作用下可导致锗晶体在轻空穴和重空穴间发生粒子数反转,从而产生太赫兹波辐射。P型锗的空穴能带分为轻空穴和重空穴,正交的电场和磁场先将重空穴泵浦到较高的能量状态,然后空穴将由重空穴能带弛豫到轻空穴能带,处于轻空穴能带的空穴向低能量的重空穴能带跃迁,从而形成太赫兹波,见图 7-22。

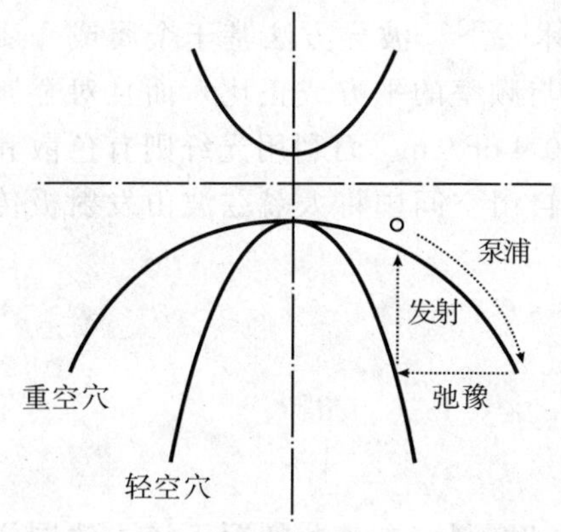

图 7-22　P型锗太赫兹波激光器原理图

P型锗激光器受限于其自身的泵浦功率密度，效率较低，而且必须工作在液氦的温度条件下。但它可在1～4 THz频段内通过调谐磁场连续对其频率进行调节。根据最新的报道，工作在2.7 THz左右的P型锗激光器的功率可达到100 W，但其需要强磁场的工作环境，工作温度需在15 K以下，并且重复频率较低。

第三节　太赫兹波的传输和探测

太赫兹波辐射之所以没有像其他波段的电磁波那样被成功地实用化、商用化，传输是一大限制因素。由于大气中的水汽、氧气、二氧化碳等对太赫兹辐射强烈的吸收，太赫兹波在空气中的损耗约为100 dB/km(见图7-23)，使得太赫兹波在自由空间中的传输十分困难。再者，太赫兹波脉冲的电场近似为单周期脉冲振荡，而光学脉冲为高斯脉冲包络。光学脉冲所能应用的缓变包络近似对于太赫兹脉冲不能适用，所以量子光学和非线性光学中的一些简化假设也不太适用于太赫兹波系统。理论上，脉冲传输的精确描述需要解麦克斯韦-布洛赫(Maxwell-Bloch)耦合方程。由于目前所用的太赫兹脉冲的峰值功率很低，其非线性通常可以被忽略掉，而其传输可近似为线性色散理论。另外，太赫兹波辐射不能被很好地控制、聚焦，特别是太赫兹波脉冲，它并不是以平面波的形式传播的，而是以频率分量呈径向分布，由此造成聚焦度、孔径甚至自由空间传输对太赫兹波的波形及其光谱都具有很大的影响。太赫兹波传输的重点和难点在于太赫兹波辐射的导波传输问题以及太赫兹波相关的导向传播和自由传播间的有效耦合问题。

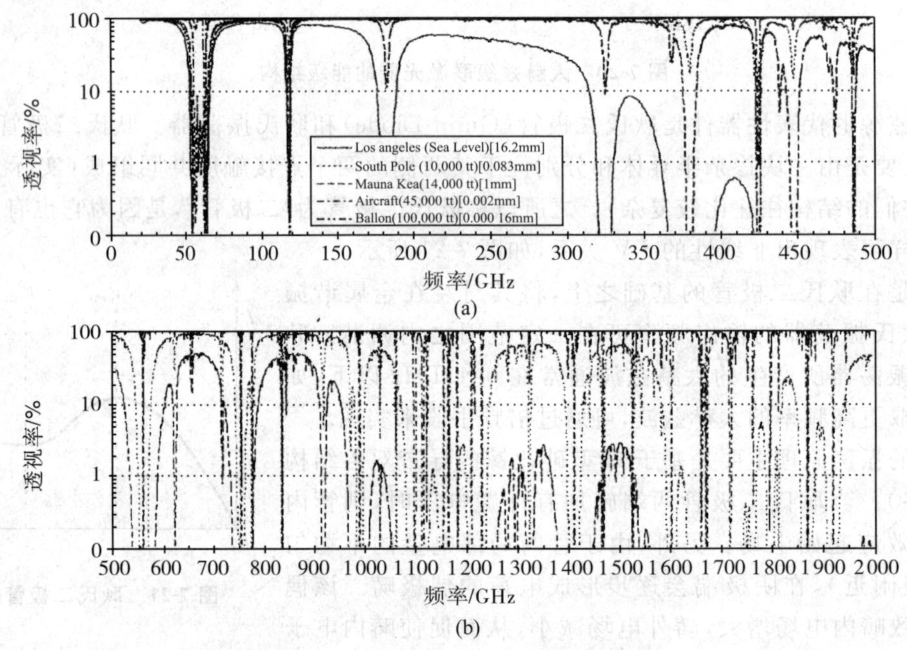

图7-23　电磁波在空间中的传输损耗

根据太赫兹波段所处的位置，太赫兹波传输在一些情况下可以借鉴微波和红外传输的技术。所以，目前关于太赫兹波的传输常见的有两种方法——波导传输技术和准光学技术[5,23]。波导方法基于金属或介质波导来传输太赫兹波。太赫兹波在金属波导中传输有很大的能量损耗(与频率的平方成正比)，而且对金属波导机械公差要求也颇为严格。例如，矩形金属波导对1 THz的损耗约为0.4 dB/cm。而利用光纤则有色散和较高的吸收。准光学技术则是通常所见到的太赫兹波传输技术，可以在自由空间中将太赫兹波由发射极传输到探测器。

一、太赫兹波的传输

(一)太赫兹波的波导传输

经常利用中空的金属波导，如圆形波导或方形波导对微波的传输加以控制。在某些情况下该方法同样可用于太赫兹波段。尽管随着频率的增加，电磁波在金属上的趋肤深度会逐渐减小，但对波导内壁进行抛光以较少传输损耗在加工工艺的实现上越来越困难。另外，如果要用波导传输太赫兹波，则必须选用群速度色散较小的波导，可是随着频率的增加，单模(低色散)波导的横截面积也必须逐渐减小，由此进一步增加了机械加工的难度。例如，利用不锈钢制成的一段具有特殊结构、直径为 240 μm 的空心波导可以将 0.8～3.5 THz 的太赫兹波近乎无色散、低衰减地传输(其功率吸收系数小于 1)。以上这些因素导致了利用传统加工工艺制作太赫兹波金属波导的成本很高，难度很大。随着显微机械加工技术的发展，已可以将半导体衬底的厚度加工到微米量级，这极大地减小了各种介质衬底对太赫兹波的损耗(损耗量级可与准光学技术损耗相近)。利用微机电高阻光刻技术制作太赫兹波空心金属波导已能达到 1.6 THz，但该技术尚未成熟。另外，还有其他几种传输线可以传输太赫兹波，如介质波导、平面传输线(如带状传输线)，但是传输损耗限制了它们只能被用于太赫兹波低频段的传输[24]。

最常用的太赫兹波传输线是方形或圆形金属波导。根据“WR-N”(矩形波导)标准，矩形波导传输太赫兹波的频率可接近 300 GHz，宽高比估计为 2.0，N 是宽度，其单位为 1 in(1 in＝2.54 cm)的 1/100。例如，WR-3 的宽度 $W = 0.03$ in，高度 $H = 0.015$ in。根据波导的传输理论，基波的截止频率(TE_{10} 模式) $f_c = c/(2W) = 197$ GHz 。圆形波导也常被用于太赫兹波的传输，其基波模式为 TE_{11}，它的截止特性已经给定，$0 = J_0(kr)$，其中 $k = \omega/ck$ 为波数，r 为半径，J_0 是第一类 0 阶贝塞尔函数。这个贝塞尔函数的第一个“0”值是 $J_0(1.841)=0$，所以与直径有关的截止波长可简化为 $(\pi\lambda_c)d = 1.841$ 。由此可推导出 $\lambda_c = \pi d/1.841$，或 $f_c = c/\lambda_c = 1.84c/(\pi d)$ 。例如，一直径为 1 mm 的圆形波导，其截止频率为 175.8 GHz。

当传输频率略大于基波模式的截止频率时，无论是矩形波导，还是圆形波导，都可以在高阶模式下传输。所以，对于任一均匀波导，这些模式都满足波导宽度 a、高度 b 同截至频率的基本关系：

$$\nu_c^{m,\pi} = c\sqrt{(m/2a)^2 + (n/2b)^2} \tag{7-13}$$

根据上式可以标绘出模数 $N(\nu)$，$N(\nu)$ 作为频率的函数可以在任何频率条件下传播，但该频率值必须大于截止频率。

(二)准光学技术[25]

许多太赫兹波系统还利用光学元件如透镜、反射镜等来操控太赫兹波在自由空间中的传输。该方法相对于波导技术具有低损耗、更宽的带宽、制作简单以及成本低等优势。但是，对于可见光光学系统，光学元件的侧向尺寸是可见光波长的几十甚至上千倍。而对于太赫兹波系统而言，光学元件的侧向尺寸最大只能是太赫兹波长的几十倍。因此，衍射问题对于太赫兹波的传输影响很大，而且还必须考虑光学系统的设计，特别是得注意所用光学元件的远场和近场之间的过渡区域。对于太赫兹波段的光学系统，几何光学不再适用，取而代之的就是准光学技术。

一些太赫兹波源和探测器的尺寸小于太赫兹波长，为了更有效地将太赫兹波源耦合到探测器当中，以及更好地将太赫兹波定向耦合到自由空间，就必须用天线。如果要达到最好的传输效果，通常情况下将太赫兹波源或探测器固定在空心的金属波导里面，然后利用一个喇叭天线通过一个准光学系统来发射太赫兹波束。

1. 光束模式

对于近轴光束的衍射分布，通常表示为多个光束模式的叠加，每个模式都包含了一个表征它传输的特征形式。光束的任一横截面的光场分布可表示为该截面内这些模式的叠加，同时也要考虑它们的相对振幅和相位。这些光束模式基本上都是基于厄密-高斯函数和拉盖尔-高斯函数的，所以也被称为厄密-高斯波型和拉盖尔-高斯波型。这两种波型的最低阶(基模)都可以表示为

$$\psi_{00}(r,z) = \left(\frac{2}{\pi}\right)^2 \frac{1}{w}\exp\left(\frac{-r^2}{w^2}\right)\exp\left(\frac{-\mathrm{i}kr^2}{2R}\right)\exp \mathrm{i}\theta \exp(-\mathrm{i}kz) \tag{7-14}$$

式中的光束是沿 z 轴方向传播的，k 为波矢。基模是轴向对称的，其中 $r = (x^2 + y^2)^{1/2}$，$\psi(r,z) \equiv \psi(x,y,z)$ 表示电磁场的任一直角分量。上式中共有 3 个参变量：半宽度 w，球面相前的曲率半径 R 和同轴相移 θ，如图 7-24 所示。另外，在确定了复加权系数之后，通过选取以上 3 个参变量就可以计算得到整个光束模型。

不同参变量的组合对应着一个不同的复加权系数的集合。因此，在天线孔径面上的场分布确定之后，天线所发射的光束的模式组成就可确定。例如，一个波纹喇叭所发射的电磁波中，98%的能量都分布在基模之中，所以波纹喇叭被广泛应用于太赫兹波系统中，用于有源器件和自由空间内太赫兹波光束之间的耦合。

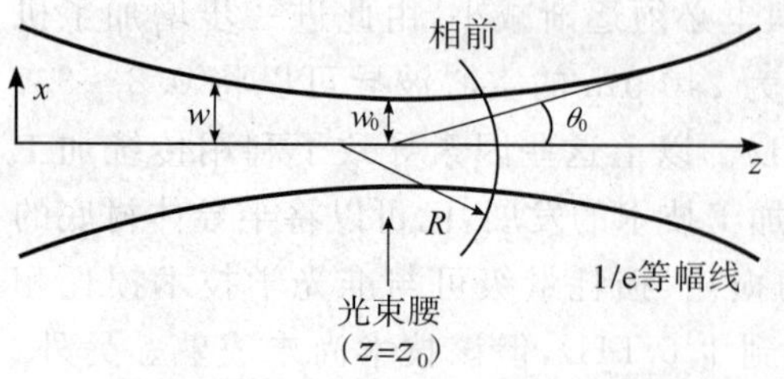

图 7-24　沿光轴方向基模的变化情况

2. 光束控制

如图 7-24 所示，太赫兹波光学系统中的太赫兹波束传输时会受到衍射影响，因此需要使用光束控制元件，如透镜、反射镜等，通过它们将太赫兹波束周期性再聚焦，以改变波束的束腰，这样在太赫兹波系统的传输过程中可以将太赫兹波束控制在光学元件的有效传输孔径内。理想薄透镜或反射镜的聚焦过程可以表示为

$$d_e - f = \left[\frac{f^2}{(d_i - f)^2 + (kw_{0i}^2/2)^2}\right](d_i - f) \tag{7-15}$$

$$w_{0e}^2 = \left[\frac{f^2}{(d_i - f)^2 + (kw_{0i}^2/2)^2}\right]w_{0i}^2 \tag{7-16}$$

$$\tan(\theta_e - \theta_i) = \frac{-kw_{0i}^2/2}{d_i - f} = \frac{-kw_{0e}^2/2}{d_e - f} \tag{7-17}$$

式中，下脚标 e 和 i 分别表示出射光束和入射光束，f 为光学元件的焦距，d 为束腰和光学平面间的距离。

光学系统中的光束变换，如傅里叶变换，都会选取特定的出射面和入射面，这可以避开光束模式的分解，直接有效地进行太赫兹波准光学系统的设计。但是需要注意的是，如果入射太赫兹波的束腰在透镜的前焦面上（$d_i = f$），输出束腰则在透镜的后焦面上，束腰值为 $w_{0e} = 2f/(kw_{0i})$。如果是两个共焦透镜的情况，入射束腰在第一个透镜的前焦面，则输出束腰处在第二个透镜的后焦面上，束腰值为 $w_{0e} = (f_2/f_1)w_{0i}$。由此可知，在两个组合透镜的情况下，束腰的宽度与频率有关，这在太赫兹波宽带系统设计中至关重要。

另外，在准光学系统中，为了避免能量损耗和高阶光束模式的产生，透镜和反射镜的孔径必须足够大，以防止光束被截除得太多。例如，在准光学系统中，光学元件的直径为 $3w$ 时，大约 99% 的入射基模的能量会转换到出射光束的基模当中。

太赫兹波系统中的透镜经常利用高密度聚乙烯制成，该材料的折射率为 1.52，太赫兹波通过该材料的损耗相对较小。由于透镜都有具体的厚度，当太赫兹波束通过它们后，相前的曲率半径和相移都会发生变化，透镜的每个侧面可为非球面，以此来补偿沿波束等幅线的束腰和透镜中心面之间的相移。另外，为了克服透镜对太赫兹波束的吸收损耗以及与频率相关的反射损耗，许多太赫兹波光学系统使用离轴椭球或抛物面金属反射镜。

二、太赫兹波的探测

太赫兹波的探测技术可以分为非相干探测和相干探测。目前太赫兹波辐射源的功率普遍偏低，因此，发展高灵敏度、高信噪比的探测技术是太赫兹波探测的主要目标。

（一）太赫兹波的非相干探测

太赫兹波非相干探测器一般都是基于光热或光子效应的光电探测器，它们可以直接、准确地探测太赫兹波辐射。

1. 太赫兹波光热探测器

太赫兹波光热探测器将它们所吸收的太赫兹波辐射转换为探测元件的物理或电学响应，如温度、压强、电阻率和自发极化强度等，该类探测器有测辐射热计、热释电探测器和高莱探测器等。

测辐射热计是利用热敏电阻吸收热辐射，然后根据其阻值的变化来测量辐射的大小。它通常工作在液氦(4.2 K)的温度条件下，以此来提高探测灵敏度。热释电探测器是基于热释电材料的热释电效应来探测太赫兹波辐射的。热释电效应是指由于温度的变化，热释电晶体的自发极化强度会发生变化，从而在晶体两端产生电势差的现象。高莱探测器是一种气动探测器，是根据气体吸收热辐射后体积膨胀的原理来探测太赫兹波辐射的。它由气动系统和光学系统两大部分组成。其中,气动系统吸收热辐射,将其转换为压强,再将该压强值反映到光学系统当中。后两种探测器都可在室温下正常工作,但需要对入射辐射进行调制。

太赫兹波光热探测器应用范围广,可以探测各种太赫兹源的辐射,探测频带宽,操作简单,已经被成功地商品化了。但与其他类探测器相比,太赫兹波光热探测器的灵敏度较低,容易受背景温度的影响,响应速度也较慢。

2. 太赫兹波光子探测器

太赫兹波光子探测器一般是基于将所接收的太赫兹波能量用于改变探测器内原子或分子内部的电子状态,然后根据光生伏特效应实现对太赫兹波的探测。常见的太赫兹波光子探测器有肖特基二极管、场效应管、太赫兹单光子晶体管和量子阱探测器等。

肖特基二极管是基于非线性的伏安特性关系的整流作用,它在常温下可对太赫兹波电场直接响应,然后由伏安特性中的二次项直接输出电流或电压值。场效应管是基于场效应原理来探测太赫兹波的。场效应是通过改变施加在半导体表面的垂直电场的大小和方向,从而控制半导体沟道中多数载流子的密度和类型。在场效应管的栅-源极接有固定偏压的情况下,由于二维电子器的非线性特性和非对称边界条件,在太赫兹波入射后,会在场效应管的漏-源极间感生出恒定的电压值,该电压值正比于太赫兹波场强。太赫兹波单光子晶体管为强磁场中的半导体量子点,量子点和外界环境耦合较弱,由此可以形成单电子输运。当太赫兹波辐射照射太赫兹波单光子晶体管时,会产生一电流,而该电流在强磁场的作用下会产生出一回旋辐射,从而导致量子点的电导谐振的峰位发生偏移。由于峰位的偏移只取决于量子点的状态,当太赫兹波光子的能量与量子点内部两朗道能级差相等时,量子点就可将太赫兹波单光子信号转换为单电子激发,从而实现对太赫兹波的探测。太赫兹波量子阱探测器基于子带间或带间吸收的原理,是理想的太赫兹波高速探测器。太赫兹波量子阱探测器的结构类似于“三明治”结构,即中间层为窄带隙半导体,两侧为宽带隙半导体势垒层。

太赫兹波光子探测器具有电磁频率的选择性,即只对特定频率段的太赫兹波有响应。另外,该类探测器具有响应速度快、灵敏度高、结构紧凑、容易集成、受背景噪声影响较小等特点。但是有些探测器制作比较困难,技术尚未成熟。其中,太赫兹波单光子晶体管的探测灵敏度要高于其他探测器 10^4 倍以上,而太赫兹波量子阱探测器则在工作温度和探测效率方面还有待提高。

(二)太赫兹波的相干探测

常见的太赫兹波相干探测技术有光电导取样、电光取样、空气等离子体探测和外差探测等,它们不仅可以测得太赫兹波信号的振幅和相位,而且可以克服背景噪声的影响,获得很高信噪比的测量结果。其中,前3种技术可以利用锁相技术来提高信噪比,抑制背景噪声。

1. 光电导取样

光电导取样是基于光导天线发射太赫兹波机理的逆过程发展起来的一种探测太赫兹波脉冲信号的探测技术,它是根据光电导天线中所产生的光电流与驱动该电流的太赫兹波电场成正比关系的原理来间接测量太赫兹波电场。该方法适用于低频太赫兹波脉冲的探测,具有很好的信噪比和灵敏度,但是探测带宽相对于其他相干探测方法而言比较窄。

光电导探测器与光电导天线产生太赫兹波脉冲的装置大体相同,不同之处只是在于后者两电极间所施加的偏置电压,而在前者则被更替为电流计之类的器件,如图 7-25 所示。

利用光电导取样探测太赫兹波脉冲,首先将连有电流计的光导天线置于太赫兹波光路中。在泵浦光通过光电导天线产生太赫兹波脉冲之后,再利用探测光在光电导探测器上探测太赫兹波脉冲。由于泵浦脉冲和探测脉冲同出于一个飞秒激光束,因此,它们之间具有固定的时间关系。当探测脉冲照射到探测器金属电极间的半导体时,半导体内部会激发出自由载流子,从而使该区域处于导通状态。如果此时有与探测光同步且共线的太赫兹波脉冲被聚焦在该区域,则太赫兹波脉冲此时作为加载在光电导天线上的偏置电场,以此来驱动那些光生载流子,在半导体、金属电极和电流计所形成的回路中产生瞬时光电流。由于探测光脉冲和太赫兹波脉冲具有固定的时间关系,并且探测脉冲所激发的自由载流子寿命远小于太赫兹波脉冲的周期,那么可以近似地认为由该探测脉冲激发的自由载流子受到的是一个恒定电场的作用,从而就可以测量所产生的光电流(亚纳安量级)。

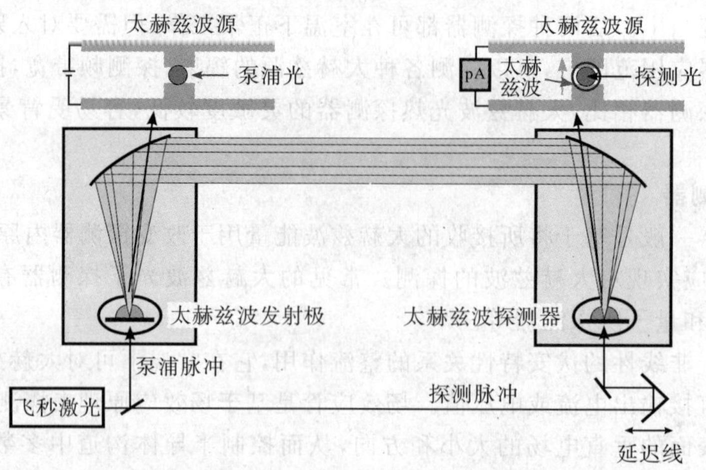

图 7-25 光电导天线探测太赫兹波脉冲

最后在光电导天线探测器中所产生的瞬态光电流的大小,不仅与入射太赫兹波脉冲的电场 $E_{\mathrm{THz}}(t)$ 有关,还与瞬态表面电导率 $\sigma_s(t)$ 有关[26]:

$$J(t)=\int_{-\infty}^{t}\sigma_s(t-t')E_{\mathrm{THz}}(t')\mathrm{d}t' \tag{7-18}$$

由上式可知,该光电流只是太赫兹场与电导率的卷积。通过卷积定理,(7-18)式的傅里叶变换式可表示为

$$J(\omega)=\sigma_s(\omega)E_{\mathrm{THz}}(\omega) \tag{7-19}$$

式中,$J(\omega)$、$\sigma_s(\omega)$ 和 $E_{\mathrm{THz}}(\omega)$ 分别是 $J(t)$、$\sigma_s(t)$ 和 $E_{\mathrm{THz}}(t)$ 的傅里叶变换式。由此式就可看出光电导天线的探测带宽受制于光导天线衬底材料载流子的动力学过程。另外,由于表面电导率与入射泵浦光强、载流子漂移速度、载流子密度有关,如果再考虑衍射效应等,方程(7-19)可修正为

$$J(\omega)=H(\omega)E_{\mathrm{THz}}(\omega) \tag{7-20}$$

式中,$H(\omega)$ 为光电导天线的有效响应函数。

在取样过程中,由于探测脉冲(飞秒量级)的持续时间要远短于太赫兹波脉冲(皮秒量级),所以在时域中,通过改变这两个脉冲之间的时间延迟,就可以"取样"出太赫兹波的波形,如图 7-26。但是,光电导天线所取样出的光电流信号并不完全是太赫兹波形的重现,它只是经过电导率频率滤波处理后的太赫兹波形。

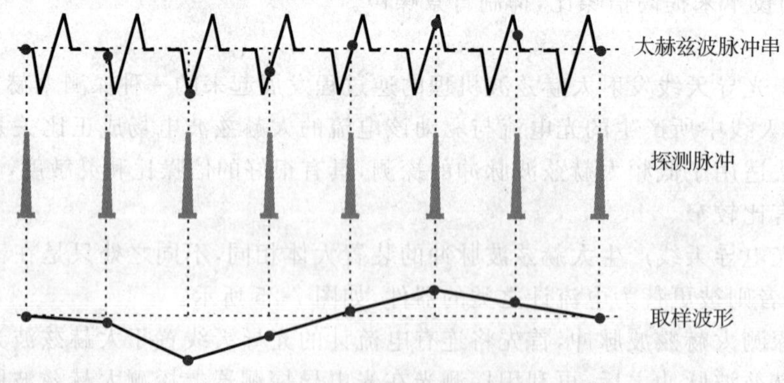

图 7-26 光电导取样过程

2. 电光取样

自由空间电光取样测量太赫兹波脉冲技术是光整流产生太赫兹波的逆过程,是基于线性电光效应的非线性光学过程。

当太赫兹波脉冲通过电光晶体时,其瞬间电场将会导致电光晶体的折射率发生各项异性的变化,例如双折射现象。当探测脉冲和太赫兹波脉冲同步共线通过电光晶体时,太赫兹波脉冲电场所导致的电光晶体折

射率的改变将使探测脉冲的偏振态发生变化，即线性偏振的探测光通过电光晶体后会变成椭圆偏振光。通过测量探测光的椭偏度即能获得太赫兹波辐射的电场强度。由于太赫兹波辐射和探测光都具有脉冲的形式，而且探测光的脉宽远小于太赫兹波脉冲的振荡周期，所以改变探测脉冲和太赫兹波脉冲之间的时间关系就可以利用探测脉冲的偏振变化将太赫兹波辐射的时域波形描述出来[26-28]。

对探测光的偏振测量有平衡测量和消光测量两种方式。由于平衡测量可以获得更高的灵敏度，在太赫兹波光谱和太赫兹波成像技术中具有很广泛的应用，如图 7-27 所示。在没有太赫兹波通过电光晶体，即电光晶体上没有电场作用时，线偏振的探测脉冲通过 λ/4 波片后会转换成圆偏振光，然后通过沃拉斯顿棱镜可将圆偏振光分成等值的两个相互垂直的偏振分量（s 偏振和 p 偏振），因此差分探测器测量的两个偏振分量的光强之差为 0。但是当太赫兹波光束被准直聚焦在电光晶体上时，它就会改变电光晶体的折射率椭球，而线偏振探测光束在晶体内与太赫兹波光束共线传播，它的相位被调制，发生相位延迟，从而破坏该平衡，差分探测器测量的信号值也就不为 0。还有，这两个偏振分量的光强差值正比于该时刻的太赫兹波电场。使用差分探测器可以将这两束光的光强差转换为电流差，从而探测到太赫兹波电场随时间变化的时域光谱来。对于⟨110⟩电光晶体 ZnTe 而言，当太赫兹波脉冲和探测光偏振方向平行于 [1$\bar{1}$0] 晶向入射到晶体中，最终平衡探测器所输出的电流差可表示为

$$\Delta I = I_{\mathrm{p}} \frac{\omega L}{c} n_{\mathrm{p}}^{3} r_{41} E_{\mathrm{THz}} \propto E_{\mathrm{THz}} \tag{7-21}$$

式中，I_p 为入射的探测光光强，ω 为探测光的角频率，L 为电光晶体的厚度，c 为真空中的光速，n_p 为泵浦光在电光晶体中的折射率，r_{41} 为电光系数，E_{THz} 为太赫兹波电场强度。

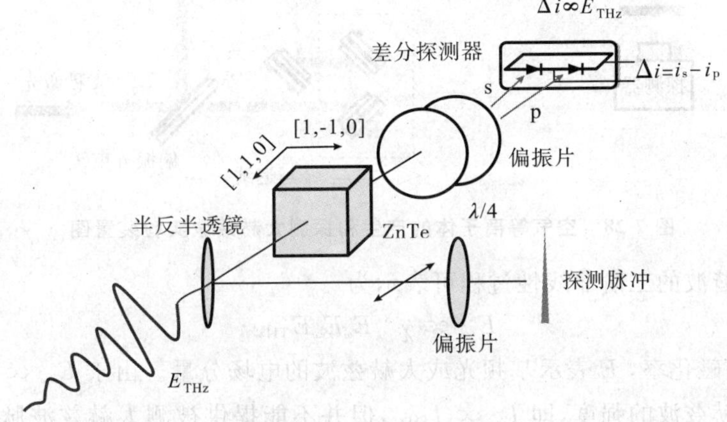

图 7-27　电光取样原理

电光取样的时域分辨率或光谱分辨率受限于以下 3 个因素：泵浦光的脉宽，非线性磁化率的色散，以及探测光和太赫兹波脉冲相速度的失配。因此，所测的电光信号是太赫兹波电场 E_{THz} 和探测器响应函数 $F(\omega,\omega_{THz})$ 的卷积：

$$E_{\mathrm{s}}(t) = \int_{-\infty}^{\infty} E_{\mathrm{THz}}(\omega_{\mathrm{THz}}) F(\omega,\omega_{\mathrm{THz}}) \mathrm{e}^{-\mathrm{i}\omega_{\mathrm{THz}} t} \mathrm{d}\omega_{\mathrm{THz}} \tag{7-22}$$

式中，$E_s(t)$ 为时间分辨的电光信号，$E_{THz}(\omega_{THz})$ 为入射太赫兹波脉冲的复振幅，而响应函数 $F(\omega,\omega_{THz})$ 则包含了限制分辨率的 3 个因素。对上式进行傅里叶变换可得到频域内太赫兹波场和电光信号的简单关系：

$$E_{\mathrm{s}}(\omega_{\mathrm{THz}}) = F(\omega,\omega_{\mathrm{THz}}) E_{\mathrm{THz}}(\omega_{\mathrm{THz}}) \tag{7-23}$$

其中，探测器响应函数取决于 3 个频率相关的函数因子：

$$F(\omega,\omega_{\mathrm{THz}}) = A_{\mathrm{p}}(\omega_{\mathrm{THz}}) \chi^{(2)}(\omega;\omega_{\mathrm{THz}},\omega-\omega_{\mathrm{THz}}) \Delta\Phi(\omega,\omega_{\mathrm{THz}}) \tag{7-24}$$

这里，$A_p(\omega_{THz})$ 为光电场的自相关，$\chi^{(2)}(\omega;\omega_{THz},\omega-\omega_{THz})$ 为二阶非线性磁化率，$\Delta\Phi(\omega,\omega_{THz})$ 为频率滤波函数，它是由与频率相关的速度失配引入的。

3. 利用空气等离子体探测太赫兹波

空气作为地球上最普遍存在的物质，不仅可以用来产生宽带太赫兹波脉冲，同时根据三阶非线性光学过程，也可以利用空气等离子体作为探测介质实现对太赫兹波脉冲的探测。由于空气无处不在，所以空气探测器

的最大优势在于能够灵活选择感测位置，该探测方式为在复杂天气状况下远距离探测太赫兹波提供了可能性。

空气等离子体探测太赫兹波辐射与在电光晶体中通过二阶非线性探测太赫兹波的过程相类似，通过产生太赫兹波的三阶非线性过程的逆过程来测量太赫兹波辐射。利用空气等离子体可对太赫兹波脉冲选择进行非相干探测或相干探测。当探测脉冲功率较小时（低于 1.8×10^{14} W/cm^2），对太赫兹波的探测为纯非相干探测；而当探测脉冲功率增大到一定程度后（高于 5.5×10^{14} W/cm^2），对太赫兹波的探测为纯相干探测。对应的空气电离也由多光子电离变为隧穿电离[29]。

如图 7-28 所示，基频泵浦光 ω 及其二次谐波 2ω（基频光通过 I 类 BBO 产生）被聚焦在同一点产生第一个等离子体（右边），在此产生太赫兹波。而太赫兹波与基频光共同作用产生第二个等离子体（左边），利用光电倍增管或光电二极管可探测到太赫兹波场致二次谐波信号，从而间接探测太赫兹波。

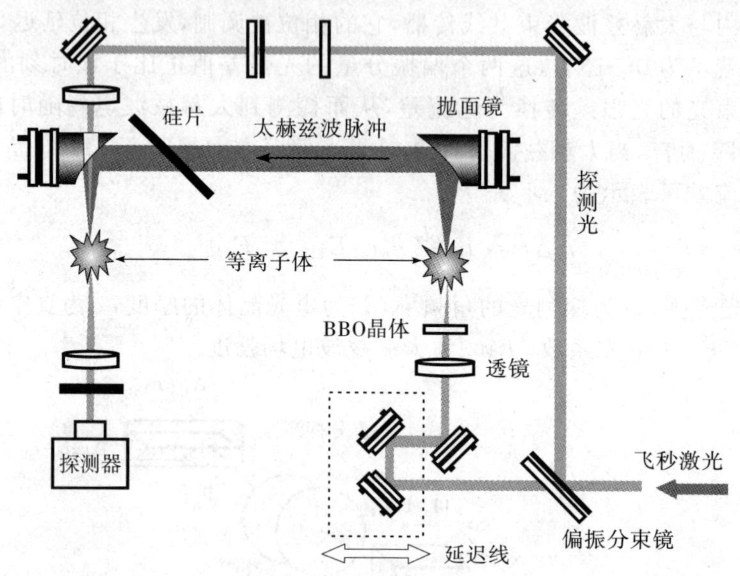

图 7-28　空气等离子体的产生和探测太赫兹波实验装置图

太赫兹波场致二次谐波的三阶非线性过程可表示为

$$E_{2\omega}^{s}\propto\chi^{(3)}E_{\omega}E_{\omega}E_{\mathrm{THz}}\tag{7-25}$$

式中，$\chi^{(3)}$ 为空气的三阶磁化率，E 表示基频光或太赫兹波的电场分量。由于 $E_{2\omega}^{s}\propto E_{\mathrm{THz}}$，所以测得的二次谐波的强度也正比于太赫兹波的强度，即 $I_{2\omega}^{s}\propto I_{\mathrm{THz}}$，但并不能提供被测太赫兹波脉冲的相位信息，则此时为非相干探测太赫兹波。

如果增大探测光强，以背景中同频存在的二次谐波为本振源 $E_{2\omega}^{L}$，就可实现太赫兹波脉冲的相干探测。在电场的一个振荡周期内，二次谐波的总光强的时间平均值可表示为

$$I_{2\omega}\propto(E_{2\omega})^{2}=(E_{2\omega}^{s}+E_{2\omega}^{L})^{2}=(E_{2\omega}^{s})^{2}+(E_{2\omega}^{L})^{2}+2E_{2\omega}^{s}E_{2\omega}^{L}\cos(\varphi)\tag{7-26}$$

式中，φ 表示太赫兹波场致二次谐波信号 $E_{2\omega}^{s}$ 和二次谐波本振信号 $E_{2\omega}^{L}$ 之间的相位差，本振信号 $E_{2\omega}^{L}$ 则是由探测光在空气中的非线性效应，如自相位调制、自陡峭等效应所形成的倍频光。$E_{2\omega}^{L}$ 与等离子体密度有关，具有确定的阈值。

由(7-25)式和(7-26)式，可以推得

$$I_{2\omega}\propto(\chi^{(3)}I_{\omega})^{2}I_{\mathrm{THz}}+(E_{2\omega}^{L})^{2}+2\chi^{(3)}I_{\omega}E_{2\omega}^{L}E_{\mathrm{THz}}\cos(\varphi)\tag{7-27}$$

式中右边第一项正比于太赫兹波的强度。当本振信号 $E_{2\omega}^{L}$ 为 0 或较小时，右边第一项占主导作用，由此可得出：$I_{2\omega}\propto I_{\mathrm{THz}}$，即非相干探测；第二项表示本振的直流项，在实际的实验中，可通过调制太赫兹波束，利用锁相放大器将其滤除；第三项是相干项，它与 E_{THz} 成正比，是对太赫兹波脉冲相干测量的基础，是实际实验中所要检测的部分。另外，当探测光强达到或高于等离子体阈值后，$\chi^{(3)}$ 只与探测光强有关。而且，由于 $E_{2\omega}^{L}$ 只是由探测光所形成的等离子体产生的，所以在探测光强固定不变的情况下，φ 可近似认为是一个常数。则根据平面波近似，可得到

$$I_{2\omega} \propto (\chi^{(3)} I_{\omega})^2 I_{\mathrm{THz}} + 2\chi^{(3)} I_{\omega} E_{2\omega}^{\mathrm{L}} E_{\mathrm{THz}} \cos(\varphi) \tag{7-28}$$

当探测光强远低于空气电离阈值时，本振 $E_{2\omega}^{\mathrm{L}}$ 可忽略不计，上式右边第一项将占主导地位，此时为非相干探测；而当探测光强远高于等离子体阈值时，上式第二项将占主导地位，$I_{2\omega}$ 正比于太赫兹波电场强度，此时为相干探测。则在锁相中所探测的相干信号可表示为

$$I_{2\omega} \propto 2\chi^{(3)} I_{\omega} E_{2\omega}^{\mathrm{L}} E_{\mathrm{THz}} \tag{7-29}$$

由上式可知，探测所得的二次谐波信号强度正比于太赫兹波的场强。因此利用空气作为探测器，通过测量二次谐波信号就可以实现对太赫兹波的相干探测。

4. 太赫兹波外差探测

太赫兹波外差探测器通常也称为太赫兹波混频器。太赫兹波混频器是一种非线性电子元件，它可以直接探测太赫兹波辐射，但属于非相干探测，灵敏度比较低。也可以结合本振对太赫兹波辐射进行差频探测，该探测方式不仅极大地提高了探测灵敏度，而且由于是相干测量还可以提供相位、振幅等信息。

如果信号频率和本振频率不同，那么将在两者之间的中频(IF)产生一个拍频，即外差变换。如果信号频率和本振频率相等，那么拍频将会被减并成直流，即为零差变换。如果想要排除变换过程的干扰，那么对于所有的相干探测器都需另外加装相应器件，用它将太赫兹波信号功率转换到中频带。

差频探测的原理如图 7-29 所示。差频探测装置需要一个本振源，该本振源所产生的信号即参考信号 f_{LO}，与待测信号即太赫兹波信号 f_{s} 频率相等或相近，并且参考信号的强度要强于待测信号。待测信号与参考信号同时通过混频器进行差频，产生一个中频信号 f_{IF}。而该中频信号 f_{IF} 即为所测信号，这是因为高频信号(大于 0.3 THz)的一切信息(振幅、相位等)都变换到频率非常低的低频信号(1～10 GHz)之中。而且对于待测信号而言，该中频信号 f_{IF} 频率较低，容易利用射频方法对其进行处理和放大。对该中频信号 f_{IF} 进行特定频率滤波后，再对其放大，即可获得特定频率的信号。由于差频探测具有带通滤波的性质，因此它在进行频谱测量的同时，也能够获得非常高的灵敏度。另外，差频探测的噪音等效功率可以达到 10^{-19}～10^{-21} W/Hz，远高于直接探测器(10^{-10}～10^{-15} W/Hz)。

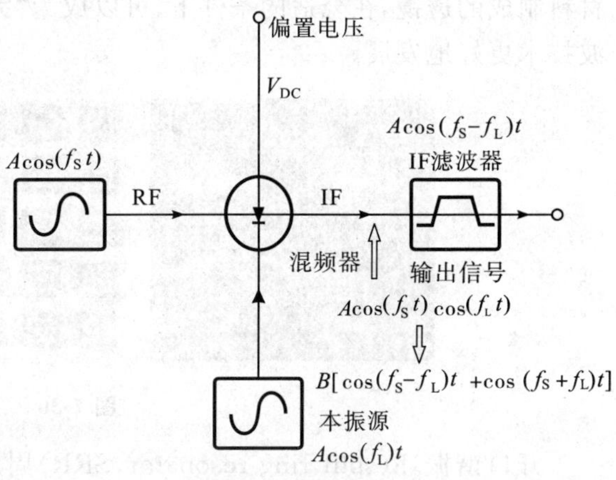

图 7-29　差频探测原理

相对于太赫兹波的直接探测方式来说，太赫兹波相干降频探测具有诸多优势：首先，该探测方式可以有效地将一个弱信号和一个相对较强的本振信号混频，而且在具有背景噪声的情况下可以把接收信号放大，同时也可以提高直接探测的灵敏度。其次，对太赫兹波段中特别弱的信号进行混频处理的过程是线性的，即中频信号功率正比于信号输入功率。因此，探测器的通频带可以用中频带通滤波器来定义，并且与所有的太赫兹波滤波器相比，中频带通滤波器具有成本超低、性能超好的特点。该特征使其被广泛应用于高光谱分辨率的应用当中。

常用的太赫兹波混频器多为场型混频器，它有很强的二次非线性，如超导体-绝缘体-超导体(SIS)隧道结，超导热电子测辐射热仪(HEB)及肖特基二极管。其中，前两种需要在低温条件下(4.2 K 或 −269℃)工作，后者则可以在常温条件下工作，但它的灵敏度较前两种低。差频探测的缺点是需要本振源，这不但增加了成本和操作的复杂性，而且还不容易将其集成为探测器阵列。

第四节　太赫兹波与物质的相互作用

利用太赫兹波来研究物质的性质，必须先了解太赫兹波与不同介质(如气体、液体、固体或等离子体)之间相互作用的特性，如介质对太赫兹波的吸收、相移和散射等特性，这是太赫兹波与物质相互作用的一个重要的研究领域。通过振幅和相位变化的测量，可以表征介质材料的电子、晶格振动和化学成分等性质，由此可以精确测量材料的吸收系数、折射率、介电常数、频移等相关特性以及物质内部的超快过程。

电子材料的低能激励过程、凝聚相位介质的低频振动模式、大分子的振动跃迁或转动跃迁都处于太赫兹波频段，所以利用太赫兹波可以研究凝聚态物质、超导材料、半导体、生物材料及化学物质等。太赫兹波与物质相互作用的一种常见的且又较为简单的情况是太赫兹波与自由载流子的相互作用。例如，太赫兹波与导体或高自由载流子浓度的半导体的相互作用过程。利用太赫兹波可以研究这些材料的介电常数、载流子浓度以及它们在太赫兹波段的折射率等。另外，利用太赫兹波与部分物质的相互作用还可以研究物质的能级结构。例如，确定物质的能级共振结构，研究分子的转动能级或振动能级，晶体的声子振荡以及晶体的声子结构等。

目前太赫兹波与物质相互作用的研究热点在特异性材料（metamaterial，又称超材料）上。特异性材料，诸如光子晶体、左手材料、开口谐振环、超磁性材料[30]和特殊切割方向、特定条件下使用的常规单轴晶体（见本书第一章《电磁光学》的有关部分），具有超常规的物理性质。其中，这些人工结构材料的负折射率特性，即负磁导率（$-\mu$）、负介电常数（$-\varepsilon$）取决于材料的人工结构，而不是构成材料的自身特性，如图 7-30 所示[31]。利用这种结构材料可制成太赫兹波超透镜、带通滤波器和相位/频率调制器等。迄今为止，对于特异性介质的研究目前仅限于微波红外、可见光。人们很自然地会把这一想法扩展到其他波段，而太赫兹波正是逻辑中的下一波段。由于特异性介质如左手材料可以用于平板透镜、光束控制、耦合器等方面，而利用左手材料制成的透镜，在合适的条件下，可以成为“完美透镜”，实现亚波长的分辨率测量，所以它能够推动太赫兹波技术更好地发展。

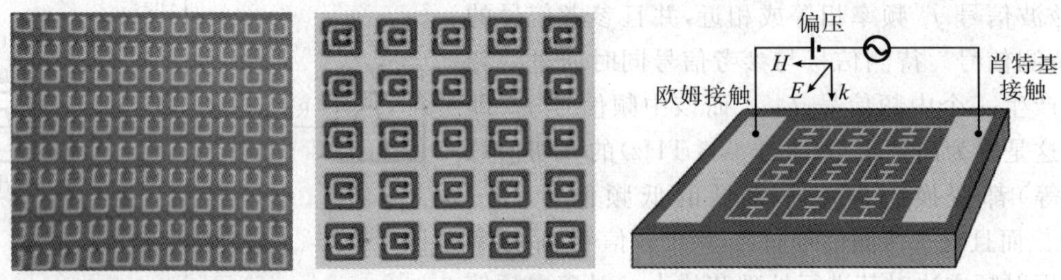

图 7-30　几种不同结构的特异性材料

开口谐振环（split ring resonator，SRR）周期性阵列和光子晶体在太赫兹波段也有很好的应用前景，已成为太赫兹波科学技术研究的热点。这些周期性金属或介质结构大多是在半导体衬底上制成的，它们的周期通常在亚波长量级，而它们在太赫兹电磁波的作用下能够表现出独特的电磁响应。即太赫兹电磁波与亚波长金属周期性阵列结构的特异性介质的相互作用。

金属的介电常数可由 Drude 模型来表示：

$$\varepsilon(\omega) = 1 - \frac{\omega_p}{\omega(\omega + i\omega_c)} \tag{7-30}$$

式中，ω_p 为金属中等离子的振荡频率，ω_c 为金属中电子的碰撞频率。由于良金属导体的 ω_p 通常处在紫外及以上波段，所以太赫兹波段的金属介电常数很大。因此，太赫兹波很难进入金属内部，而只能与金属表面发生相互作用。另外，对于一般金属而言，ω_c 要远小于 ω_p，所以当入射电磁辐射的频率低于等离子体振荡频率时，ε 取负值。

SRR 是实现负折射率材料的基本结构单元之一，是重要的太赫兹波特异性结构材料之一。对于 SRR 的各个响应的物理来源目前主要有两个模型：一个是 LC 共振模型，该理论可解释 SRR 中低频电致负磁响应（$-\mu$）现象；另外一个是线性振荡模型，即半波天线模型，可用于解释高频电响应现象。

太赫兹波电场方向和 SRR 阵列开口臂的相对角度不同，如平行或垂直，则 SRR 阵列的透射太赫兹波谱也就会有所不同，即 SRR 对入射太赫兹电磁波的响应不同。如果太赫兹波的偏振方向平行于 SRR 的开口臂方向，则 SRR 的开口区域将被太赫兹波激发而产生极化电荷分布，此时的开口区域类似于一个充电后的电容 C，而这些电荷可以通过 SRR 的金属线逐步被释放掉，则金属线环类似于一个电感线圈 L，由此形成一个环形振荡电流，该振荡形式类似 LC 振荡模型[32]。如果考虑基底效应，则根据位移电流，可将基底材料视为传输介质，将该基底效应等效为漏电阻 R_d，即将 LC 模型扩展为 LRC 模型。在 SRR 的开口区域，基底表面有漏电阻效应，它表示开口区域内有位移电流产生的介电损耗，该漏电阻 R_d 与电容 C 并联。另外，金属线环的损耗电阻用 R 表示。以上两种模型如图 7-31 所示。

如果太赫兹波偏振方向垂直于 SRR 开口臂的方向，此时的 SRR 开口区域将不存在激发极化现象，只有 SRR 的上下两臂会被太赫兹波所极化。这是因为金属环线内部的自由载流子可被视为偶极子，当电磁波入射到谐振环表面时，时变电场会使这些偶极子发生定向排列并发生振荡，即只存在线性振荡电流，该振荡形式类似于半波天线模型[33]，如图 7-32 所示。其中，图(a)为 LC 共振吸收，图(b)为偶极共振吸收，图(c)和图(d)分别表示透射谱和相位的变化。浅色谱线表示入射电场偏振垂直于开口，深色谱线表示入射电场偏振平行于开口。

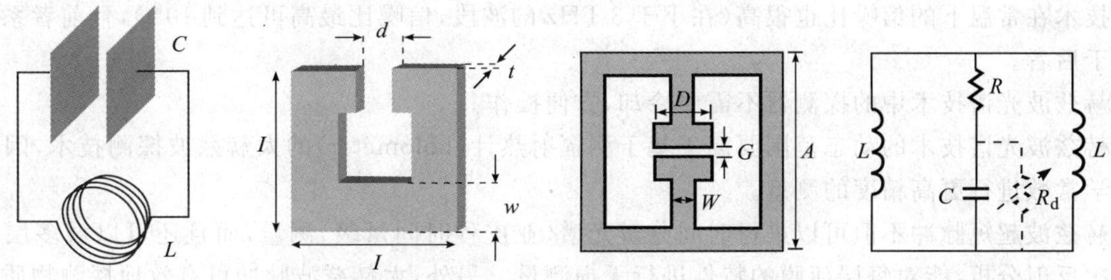

图 7-31　两种 SRR 结构单元的等效电路

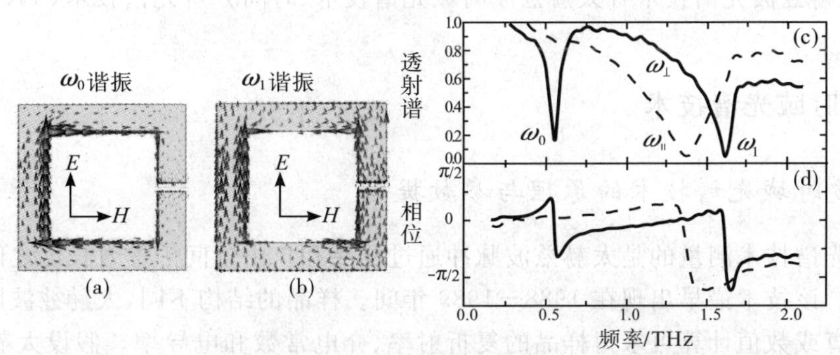

图 7-32　SRR 表面电流密度的模拟结果及其透射谱和相位变化

LC 共振模型可解释低频电致磁响应的红移现象。LC 振子的共振频率为 $\omega_{LC}=1/\sqrt{LC}$，这里 L 和 C 分别表示 SRR 体系中等效的电感和电容。半波天线模型可解释高频电响应峰的红移现象。半波天线的共振频率可近似表示为 $\omega\approx 1/2L\sqrt{\varepsilon_a}$，这里 L 和 ε_a 分别表示 SRR 的臂长和天线周围介质的平均介电常数的实部。

第五节　太赫兹波光谱

太赫兹波光谱兼顾低频和高频端，可以同时得到样品的高频和低频光谱响应。它能够提供分子的基本结构信息、小分子的转动频率，大分子和许多官能团的振动模式也都处于太赫兹波段，而且生物分子的许多谐振频率也分布在太赫兹波段。另外，太赫兹波光谱覆盖了电子材料的低能激励现象，凝聚态相位介质的低频振动模式以及固体材料的声子、磁振子和等离子体激元和液体分子振动等激励现象，因此研究太赫兹波光谱对研究样品的物理化学特性和太赫兹波的实际应用都很关键。

一、太赫兹波的光谱技术

利用太赫兹波光谱可以获得丰富的物理和化学信息。太赫兹波光谱技术最早是基于棱镜和衍射光栅技术的研究。随后，由于计算机技术的进步，基于傅里叶变换红外光谱仪(FTIR)的太赫兹波光谱技术得到了迅速的发展。但是该技术使用的探测器只有在液氦冷却的温度条件下才能进行低频太赫兹波探测和高灵敏度探测。后来，随着相干太赫兹波宽带脉冲的产生和探测技术的发展，以太赫兹波时域光谱技术（THz-TDS）为代表的现代太赫兹波光谱技术逐步发展起来。

太赫兹波光谱技术相对于傅里叶变换红外光谱技术有以下 5 大优势[34]：

1）对于光谱分析技术而言，知道物质的复介电常数是十分重要的。传统的傅里叶变换红外光谱技术及其相近技术只能得到物质的功率谱。如果要想得到复介电常数，则需在一定的假设条件下，对功率谱进行复杂的 K-K（Kramers-Kronig）变换计算。而太赫兹波光谱系统则是相干测量系统，即可直接测得物质的相位信息和功率谱。因此，物质的吸收系数和折射率可以由振幅和相位通过简单的计算求得。

2）利用超短脉冲所产生的太赫兹波电场的峰值强度要远大于热激励所产生的太赫兹波场强，而且太赫兹波光谱技术在常温下的信噪比也很高（在小于 3 THz 的波段，信噪比最高可达到 10^4），且前者系统的稳定性也要好于后者。

3）太赫兹波光谱技术中的探测器不需要冷却，方便操作。

4）太赫兹波光谱技术的动态范围要高于基于测辐射热计（bolometer）的太赫兹波探测技术，因此可以对物质的光学常数进行更高精度的测量。

5）太赫兹波超短脉冲不但可以进行时间分辨光谱（亚皮秒时间量级）测量，而且还可以对多层结构的物质进行多次反射分析，能对每层薄膜的特性进行无损测量。另外，太赫兹波脉冲可有效地探测物质的物理或化学信息，从而对物质进行定性的鉴别。

目前，常见的太赫兹波光谱技术有太赫兹波时域光谱技术、时间分辨光谱技术（TRTS）和太赫兹波发射光谱技术（TES）。

二、太赫兹波时域光谱技术

（一）太赫兹波时域光谱技术的原理与参数提取

太赫兹波时域光谱技术测量的是太赫兹波脉冲通过样品和自由空间中等效长度之间的太赫兹波脉冲时间分辨电场的变化。该技术最早出现在 1988－1989 年间。样品的结构不同，太赫兹波脉冲波形会有不同的改变。通过解析计算或数值计算可求得样品的复折射率、介电常数和电导率。假设太赫兹波时域光谱仪中的太赫兹波脉冲电场和样品的作用是线性的，则根据麦克斯韦方程可得[35]

$$\nabla\times \boldsymbol{E}(t)=\frac{\partial\mu(t)\boldsymbol{H}(t)}{\partial t} \tag{7-31}$$

$$\nabla\times \boldsymbol{H}(t)=\sigma(t)\boldsymbol{E}(t)+\frac{\partial\varepsilon(t)\boldsymbol{E}(t)}{\partial t} \tag{7-32}$$

式中，$\mu(t)\boldsymbol{H}(t)=\boldsymbol{B}(t)$ 为磁感应强度，$\boldsymbol{J}(t)=\sigma(t)\boldsymbol{E}(t)$ 为电流密度，$\varepsilon(t)\boldsymbol{E}(t)=\boldsymbol{D}(t)$ 为电位移。由上式可知，太赫兹波脉冲在样品中的传输可由介电常数和磁导率两参变量来表述，在忽略磁化率的高阶项时，样品对弱太赫兹波电场的作用是线性的（实验室中所产生的典型的太赫兹波脉冲的峰值功率通常在 1 μW/cm^2 量级，相应的电场强度在 1 V/cm 量级）。因此，根据线性色散理论可知，时域中的脉冲在频域中可表示为频率为 ω 的平面波的叠加，所有的 k 波矢沿着太赫兹波系统的光轴（z 方向）。太赫兹波脉冲的每个平面波组分的相对振幅和相位可通过对时间分辨电场的傅里叶变换得到：

$$E(z,\omega)=\frac{1}{2\pi}\int_{-\infty}^{\infty}E(z,t)\mathrm{e}^{-\mathrm{i}\omega t}\mathrm{d}\tau \tag{7-33}$$

式中，$E(z,\omega)$ 为复电场振幅，$E(z,t)$ 为时域中所测得的太赫兹波脉冲的电场。

通过傅里叶变换可得到复电场振幅频谱，由此可确定太赫兹波脉冲在样品中传输 Δz 距离后的复振幅。假设样品的前入射面 $z=0$ 处的电场为

$$E(\Delta z,\omega)=E(0,\omega)\mathrm{e}^{-\mathrm{i}k(\omega)\Delta z} \tag{7-34}$$

式中，复波矢 $k(\omega)$ 包含了太赫兹波脉冲与样品物质相互作用的全部信息。波矢 $k(\omega)$ 通常表示为复折射率 $n(\omega)=n'(\omega)+\mathrm{i}n''(\omega)$ 的函数，$k(\omega)=\omega n(\omega)/c$。复折射率与介电常数之间的关系为 $\varepsilon_r(\omega)=n^2(\omega)$。而折射率的虚部则与功率吸收系数有关：$\alpha_P(\omega)=2\omega n''(\omega)/c$。则频率相关的复波矢可表示为

$$k(\omega) = k_0 + \frac{\omega[n'(\omega) - 1]}{c} + \frac{\mathrm{i}\alpha_{\mathrm{P}}(\omega)}{2} \tag{7-35}$$

式中，$k_0 = \omega/c$ 表示太赫兹波脉冲通过自由空间中与样品厚度相等距离的相位改变。

太赫兹波时域光谱系统可分为透射式和反射式，根据不同的样品和不同的测试要求可以采用不同的探测装置，见图 7-33。

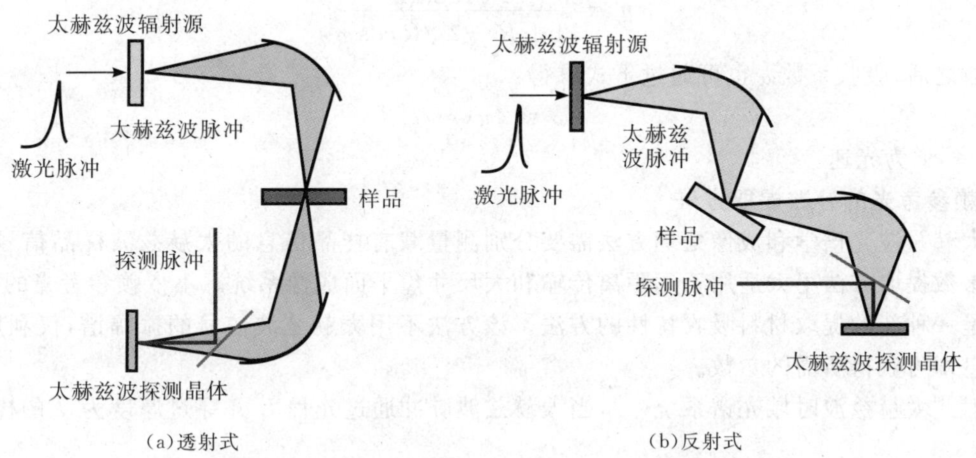

图 7-33　透射式和反射式太赫兹波时域光谱装置

1. 透射谱

在真空（或真空近似）中，样品前后两侧的介质的折射率均为 1，在弱吸收近似即 $n' \gg n''$ 的条件下，样品对太赫兹波脉冲的响应通常表示为样品信号（太赫兹波通过样品的太赫兹波脉冲电场复振幅）与参考信号的比值：

$$\frac{E_{\mathrm{sam}}(\omega)}{E_{\mathrm{ref}}(\omega)} = \frac{E_{\mathrm{gen}}(\omega)T_{\mathrm{sam}}(\omega)\mathrm{e}^{-\mathrm{i}k(\omega)d}}{E_{\mathrm{gen}}(\omega)T_0(\omega)\mathrm{e}^{-\mathrm{i}k_0 d}} = T_{\mathrm{tran}}(\omega)\mathrm{e}^{-\mathrm{i}(k(\omega)-k_0)d} \propto \sqrt{P(\omega)}\,\mathrm{e}^{-\mathrm{i}\Delta\varphi(\omega)} \tag{7-36}$$

式中，$E_{\mathrm{sam}}(\omega)$ 和 $E_{\mathrm{ref}}(\omega)$ 为频域中的复电场，它们分别表示样品信号和参考信号。E_{gen} 为太赫兹波源所产生的太赫兹波脉冲，$T_x(\omega)$ 为太赫兹波系统的频率响应，d 为样品厚度，$P(\omega)$ 为透过样品的太赫兹波功率，$\Delta\varphi(\omega)$ 为本征相移。

$\sqrt{P(\omega)}$ 和 $\Delta\varphi(\omega)$ 可以从实验中获得，从而可以确定 $n'(\omega)$、$n''(\omega)$ 和 $\alpha(\omega)$：

$$n'(\omega) = 1 + \Delta\varphi(\omega)\frac{c}{\omega d} \tag{7-37}$$

$$\alpha(\omega) = \frac{2}{d}\ln\left[\frac{4n'(\omega)}{\sqrt{P(\omega)}\,(1+n'(\omega))^2}\right] \tag{7-38}$$

$$n''(\omega) = \ln\left[\frac{4n'(\omega)}{\sqrt{P(\omega)}\,(1+n'(\omega))^2}\right]\frac{c}{\omega d} \tag{7-39}$$

2. 反射谱

用菲涅耳方程可以表示不同材料界面间的能量转移。考虑太赫兹波入射到样品前表面（即空气（$n_0 = 1$）和均匀样品的交界面）时的情况。设样品的折射率为 n_1，入射角为 θ_0，反射系数 r 定义为反射光束 E_2 和入射光束 E_1 的比值，则复反射率的 s 分量和 p 分量为[36]

$$r_{\mathrm{s}}(\omega) = \frac{E_{2\mathrm{s}}}{E_{1\mathrm{s}}} = \frac{n_1(\omega)\cos\theta_1 - n_0\cos\theta_0}{n_0\cos\theta_0 + n_1(\omega)\cos\theta_1} \tag{7-40}$$

$$r_{\mathrm{p}}(\omega) = \frac{E_{2\mathrm{p}}}{E_{1\mathrm{p}}} = \frac{n_1(\omega)\cos\theta_0 - n_0\cos\theta_1}{n_0\cos\theta_1 + n_1(\omega)\cos\theta_0} \tag{7-41}$$

式中，$n_1(\omega)$ 为频域中的复折射率，$\cos\theta_1 = \left(1 - \frac{n_0^2}{n_1^2}\sin^2\theta_0\right)^{1/2}$ 遵从斯涅尔（Snell）折射定律。对于太赫兹波脉冲正入射或小角度入射的情况，r 可由样品材料的复折射率 $n = n' + \mathrm{i}n''$ 求得：

$$r(\omega) = \frac{E_2}{E_1} = \frac{n(\omega) - 1}{n(\omega) + 1} = \frac{(n'-1) + \mathrm{i}n''}{(n'+1) + \mathrm{i}n''} = \sqrt{R}\,\mathrm{e}^{\mathrm{i}\varphi}, \qquad r = \sqrt{R} \tag{7-42}$$

如果知道 E_1 和 E_2 间的相移以及反射系数 R，则折射率 n' 和消光系数 n''（或表示为 κ）可通过以下两式求出：

$$n' = \frac{1+R}{1+R-2\sqrt{R}\cos\varphi} \tag{7-43}$$

$$n'' = \frac{2\sqrt{R}\sin\varphi}{1+R-2\sqrt{R}\cos\varphi} \tag{7-44}$$

求出消光系数之后，吸收系数 α 也可通过下式求得：

$$\alpha = 4\pi\nu n''/c \tag{7-45}$$

式中，ν 为频率，c 为光速。

3. 不依赖参考光的参数提取方法

传统的太赫兹波光谱学和成像处理方法需要分别测量载有样品信息的太赫兹波样品信号和参考信号，而这种特征参数提取方法不太适用于远距离传输和大尺寸焦平面成像系统。不依赖参考光的太赫兹波透射谱和反射谱是一种新的提取材料吸收特性的方法。该方法不用太赫兹波信号的振幅谱，仅利用样品吸收特性的相位信息即可获得所需的参数。

对于透射式太赫兹波时域光谱系统[37]，当太赫兹波脉冲通过光程 L 并穿过厚度为 d 的样品时，其相位可表示为

$$\varphi_s(\omega) = \omega d n(\omega)/c + \omega n_{air}(L-d)/c \tag{7-46}$$

式中，ω 为角频率，$n(\omega)$ 和 n_{air} 分别为样品和空气的折射率，c 为光速。在标准大气压和室温下空气的折射率可以由下式得出：

$$n_{air} = 1.0027 - \mathrm{i}0 \tag{7-47}$$

在低湿条件下，n_{air} 通常近似取常数 1。

由于弱极化的有机化合物对太赫兹波的吸收弱于对其散射，如果用散射理论中的洛伦兹振子模型来表征介电材料的复折射率，则共振频率的位置不仅仅可以由吸收系数 α 或消光系数 κ 来表征，而且可以由折射率 $n(\omega)$ 对频率的一阶导数 $-\mathrm{d}n(\omega)/\mathrm{d}\omega$ 来标定。将(7-46)式的两边对频率求一阶导数可得：

$$-\mathrm{d}\left(\frac{\varphi_s(\omega)}{\omega}\right)\Big/\mathrm{d}\omega = -\frac{h}{c}\mathrm{d}n(\omega)/\mathrm{d}\omega \tag{7-48}$$

上式表明，相位除以频率再对其求一阶导数同样含有材料的共振吸收频率特征（根据 K-K 关系）。

对于反射式太赫兹波时域系统[38]，被样品表面反射后的太赫兹波脉冲在空气中传播光程 L 后，其相位可表示为

$$\varphi_s(\omega) = \varphi_0 + \omega n_{air} L/c \tag{7-49}$$

式中，φ_0 为由样品吸收引起的相移。在传统的反射型太赫兹波时域光谱系统中，要得到消光吸收 κ，参考信号是必须测量的：其相位用来消除 $\omega n_{air}L/c$ 引起的基线的倾斜，其振幅用来计算振幅反射率 $\sqrt{R}$。其实，$\omega n_{air}L/c$ 可以通过计算相位对频率的二阶导数来消除，根本不需要用参考信号。因此可以说，$\mathrm{d}^2\varphi_s/\mathrm{d}\omega^2$ 可以完全表征材料吸收峰的位置，换句话说，吸收特性提取可以不使用参考信号以及样品信号的振幅信息。

$\mathrm{d}^2\varphi_s/\mathrm{d}\omega^2$ 和 κ 之间的关系，可利用散射理论中洛伦兹振子模型来模拟介电材料的复折射率。可以证明，对于弱极性有机化合物，其共振峰位可以通过以下近似直接由 φ_0 求得，关系为

$$\varphi_0 = \arctan\left(\frac{2\kappa}{n^2+\kappa^2-1}\right) \propto \arctan\left(\frac{2\kappa}{n_\infty{}^2-1}\right) \tag{7-50}$$

式中，n_∞ 为频率无穷大时的折射率，它是一个常数。由(7-50)式可知，在弱极性近似下，样品信号的相位对频率的一阶导数可表示为

$$\frac{\mathrm{d}\varphi_0}{\mathrm{d}\omega} = \frac{2}{(n_\infty^2-1)(1+4\kappa^2/(n_\infty^2-1)^2)}\frac{\mathrm{d}\kappa}{\mathrm{d}\omega} \sim \frac{2}{(n_\infty^2-1)}\frac{\mathrm{d}\kappa}{\mathrm{d}\omega} \tag{7-51}$$

联立(7-51)式与(7-49)式可得

$$\frac{\mathrm{d}^2\varphi_s}{\mathrm{d}\omega^2} = \frac{\mathrm{d}^2\varphi_0}{\mathrm{d}\omega^2} \sim \frac{2}{(n_\infty^2-1)}\frac{\mathrm{d}^2\kappa}{\mathrm{d}\omega^2} \tag{7-52}$$

对于弱极性分子，$d^2\kappa/d\omega^2$ 与 κ 具有相同的曲线形状（只是正负相反）。实际上，消光系数 κ 与自身的二阶导数的关系来源于 K-K 关系：复折射率的虚部 κ 与实部 n 可以相互表示为对方的积分。如果 n_{air} 可以近似为常数，则样品信号相位的二阶导数 $d^2\varphi_s/d\omega^2$ 包含有表征化合物分子共振频率的吸收特性。

但是，如果空气中水蒸气的吸收不能忽略，(7-52)式变为

$$\frac{d^2\varphi_s}{d\omega^2}\sim\frac{2}{(n_\infty^2-1)}\frac{d^2\kappa}{d\omega^2}+\frac{L}{c}\left(2\frac{dn_{air}}{d\omega}+\frac{d^2n_{air}}{d\omega^2}\right)\sim\frac{2}{(n_\infty^2-1)}\frac{d^2\kappa}{d\omega^2}+\frac{2L}{c}\frac{dn_{air}}{d\omega}\tag{7-53}$$

这时，需要利用参考信号的相位 φ_r 来消除上式中的第二项，即

$$\frac{d^2(\varphi_r-\varphi_s)}{d\omega^2}\sim\frac{2}{(n_\infty^2-1)}\frac{d^2\kappa}{d\omega^2}+\frac{2\delta L}{c}\frac{dn_{air}}{d\omega}\tag{7-54}$$

式中，δL 为参考信号的反射界面和样品信号的反射界面的距离差。有很多因素可以决定上式第二项的值，包括测量时周围环境的湿度、传播距离以及系统的信噪比等。虽然一般不能对第二项进行精确的定量计算，但是值得注意的是，这一项对吸收曲线的影响只是在水蒸气吸收线的附近。只要材料的吸收峰位于两个水蒸气吸收线之间（即所谓的水蒸气吸收窗口），第二项就不会影响材料相位特征的提取。

（二）太赫兹波的时域光谱系统

典型太赫兹波的时域光谱系统如图7-34所示。飞秒激光源发射飞秒激光脉冲，通过分束镜将其分为两束：透射较强的作为泵浦光，通过可变延迟线入射到太赫兹波发射极（InAs⟨100⟩晶体）上，在此由半导体表面产生太赫兹波脉冲（此处的 InAs 晶体也可以换为光导天线，而产生太赫兹波脉冲的原理也相应变为光电导），太赫兹波脉冲经过两组离轴抛物面镜准直－聚焦－准直－聚焦的过程后，被聚焦到太赫兹波探测晶体⟨110⟩ZnTe 上（此处的探测晶体也可换为光导天线，但之后的光路会与图中所示有所不同）；而另一束较弱的反射光则作为探测光，它经过多个反射镜反射后，通过一个检偏器由硅片（或是其他半透半反的反射镜，如ITO）将其反射到太赫兹波探测晶体上，使其与太赫兹波脉冲共线通过探测晶体。太赫兹波脉冲电场可使通过电光探测晶体的探测脉冲的偏振态发生改变，从而可间接体现出太赫兹波脉冲电场的大小及其变化情况。当偏振态改变后的探测脉冲经 $\lambda/4$ 波片后被偏振分束镜分成偏振方向相互垂直的两束光，然后经由一个双眼光电探头连接到锁相放大器上，最后经过计算机进行相应的数据采集。在光路当中，泵浦光可由斩波器进行调制。而延迟线的作用是改变太赫兹波脉冲和探测脉冲之间的相对时间延迟，最后获得太赫兹波电场波形。图中的虚线为仪器间的连接电缆，实线为实际光线。

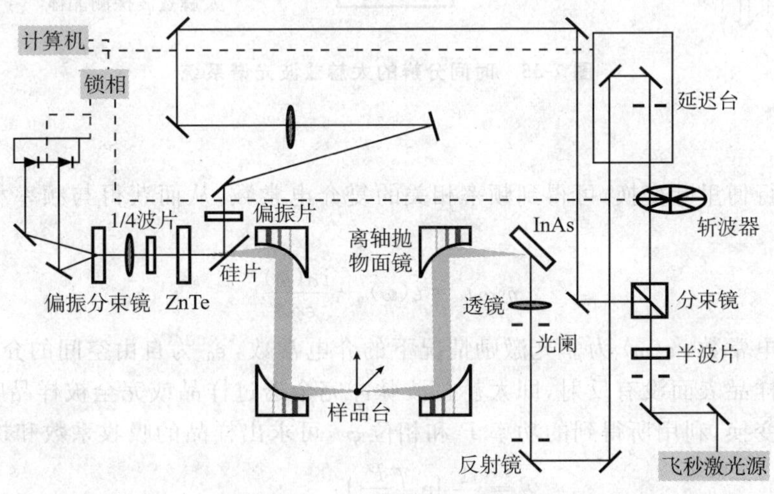

图 7-34　太赫兹波时域光谱系统

三、时间分辨的太赫兹波光谱系统

时间分辨的太赫兹波光谱技术始现于 2000 年。相比于典型的太赫兹波时域光谱技术，时间分辨的太赫兹波光谱技术更加复杂，前者所测得的信息为样品的静态特性，而后者能测得物质的动态变化信息。在时间

分辨的太赫兹波光谱系统中，样品需要用激光脉冲(红外-紫外)来对其进行光激励，时间相关的太赫兹波光谱在经过光激励 100 fs 或 1 ns 之后时间内可由太赫兹波泵浦脉冲测得。该方法借鉴了光泵浦-太赫兹波探测的光谱技术。

(一)时间分辨的太赫兹波光谱系统

时间分辨的太赫兹波光谱技术是一种非接触式的电场探测技术，它与样品在太赫兹波频段内与频率相关的复介电常数有关，它的时间分辨率可高于 200 fs。通过可见光脉冲激励样品，使样品的介电常数发生改变，然后利用时间分辨的太赫兹波光谱技术来研究这种变化。介电常数的改变通常是由光生自由载流子(移动电子和空穴)、极化子等现象所导致。该技术对于研究纳米材料的电特性至关重要，因为非接触式的电特性探测是传统探测技术很难实现。

时间分辨的太赫兹波光谱系统如图 7-35 所示，它利用同步产生的飞秒光泵浦脉冲和太赫兹波探测脉冲实现测量。样品被飞秒光脉冲激励之后，随即被一束太赫兹波脉冲探测。通过改变泵浦和探测脉冲之间的时间延迟，可测出许多不同的动态过程，如载流子注入、冷却、衰变和捕获等过程。该光谱系统主要有三条支路：太赫兹波产生光路，太赫兹波探测光路和飞秒光激励光路。泵浦光路的能量大约占整个飞秒激光脉冲总能量的 2/3，剩下的 1/3 用于产生和探测太赫兹波。太赫兹波探测光束分为两束：一束直径比较大(约2 mm)的平行光用来产生太赫兹波脉冲，另一束被聚焦成直径较小(约 200 μm)的聚焦光束来实现太赫兹波探测。

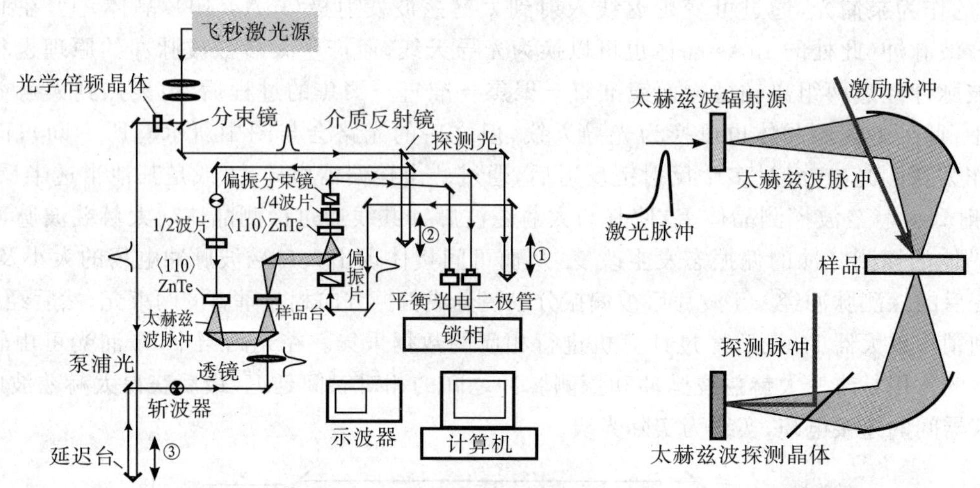

图 7-35 时间分辨的太赫兹波光谱系统

(二)参数获取

将太赫兹波形进行傅里叶变换，可得到频率相关的复介电常数，从而获得与频率相关的复光电导率 σ，关系式为

$$\eta(\omega)=\varepsilon(\omega)+\frac{\mathrm{i}\sigma(\omega)}{\varepsilon_0\omega} \tag{7-55}$$

式中，$\eta(\omega)$ 为光激介电常数，$\varepsilon(\omega)$ 为非光激励情况下的介电常数，ε_0 为自由空间的介电常数，ω 为角频率。假设太赫兹波脉冲在样品表面没有反射，即太赫兹波脉冲完全透过样品或完全被样品吸收，则将参考信号和样品信号进行傅里叶变换，利用所得到的功率 P 和相位 φ，可求出样品的吸收系数和折射率：

$$\alpha=\frac{1}{d}\ln\left(\frac{P}{P_0}\right) \tag{7-56}$$

$$n=1+\frac{c}{2\pi\omega d}(\varphi-\varphi_0) \tag{7-57}$$

由复介电常数和复折射率之间的关系 $\varepsilon(\omega)=n^2(\omega)$，$n(\omega)=n'(\omega)+\mathrm{i}n''(\omega)$，$n''=\lambda\alpha/4\pi=c\alpha/2\omega$，可得出介电常数的实部和虚部为

$$\varepsilon'=n'^2-n''^2 \tag{7-58}$$

$$\varepsilon'' = 2n'n'' \tag{7-59}$$

如果将光激介电常数作为广义的介电常数 $\eta(\omega)$，而非光激励的介电常数作为静态介电常数 $\varepsilon(\omega)$，则根据(7-55)式可求得光电导率，即光激励的样品中的介电常数的改变。光电导率的实部和虚部可表示为

$$\sigma' = \varepsilon_0\omega(\eta'' - \varepsilon'') \tag{7-60}$$

$$\sigma'' = \varepsilon_0\omega(\varepsilon' - \eta') \tag{7-61}$$

四、太赫兹波发射光谱技术

太赫兹波发射光谱技术是通过分析材料所辐射出的太赫兹波波形的振幅和形状，来研究材料的特性。太赫兹波发射光谱系统实质上是太赫兹波时域光谱系统，只不过这里的研究样品为其自身的太赫兹波发射极。到目前为止，利用太赫兹波发射光谱技术已经研究了半导体、超导体、异质结构(量子阱、超晶格等)、溶剂中的定向分子和磁膜等材料。

样品被光激励后，产生光生电流或光生极化作用(电极化或磁极化)，进而辐射出太赫兹波脉冲。根据辐射出的太赫兹波的信息可以分析其背后机理过程的动力学。太赫兹波发射光谱系统与时域光谱系统和时间分辨太赫兹波光谱系统的不同之处在于：不管先期的光激励存在与否，太赫兹波探测脉冲并不是用来探测样品的太赫兹波光学特性的。

样品中时间相关的极化或电流产生的太赫兹波脉冲，在近场情况下可表示为

$$E_x(t) \propto \frac{\partial^2 P_x(t)}{\partial t^2} \propto \frac{\partial J_x(t)}{\partial t} \tag{7-62}$$

式中，$P_x(t)$ 和 $J_x(t)$ 分别是时间相关的极化和电流。另外，如果作用机制为光整流(非共振，非线性过程)，(7-62)式中的 $J_x(t)$ 则为整流电流：

$$J_{\text{rect}}(t) = 2\varepsilon_0\chi^{(2)}\frac{\partial}{\partial t}E(t)E^*(t) \tag{7-63}$$

其中，$\chi^{(2)}$ 为二阶非线性磁化率。因此，通过仔细测量辐射出的太赫兹波波形，就有可能确定信号产生的具体机理(非共振过程或共振过程)。非共振过程(如光整流)产生的太赫兹波脉冲波形只与激励脉冲的波形和脉冲宽度有关。但是对于共振过程，即由实际电流产生太赫兹波的过程，假设太赫兹波脉冲的脉冲宽度低于激励脉冲的脉冲宽度，时间相关的极化或电流就可从太赫兹波波形中提取出来。

如果磁化样品是时间相关的，则它可产生一个电流，而辐射太赫兹波脉冲为

$$E_y(t) = \frac{\partial^2 M_x(t)}{\partial t^2} \tag{7-64}$$

式中，$M_x(t)$ 为与时间相关的磁化作用。电场辐射的脉冲垂直于磁化变化的方向。

典型的太赫兹波发射光谱系统如图 7-36 所示。飞秒激光源发出的飞秒脉冲被分为两束：泵浦光和读出光。其中，飞秒脉冲 99.9%的能量用于激励样品。而读出光束需经过一个垂直偏振器，然后由自由空间电光取样探测电磁瞬变。

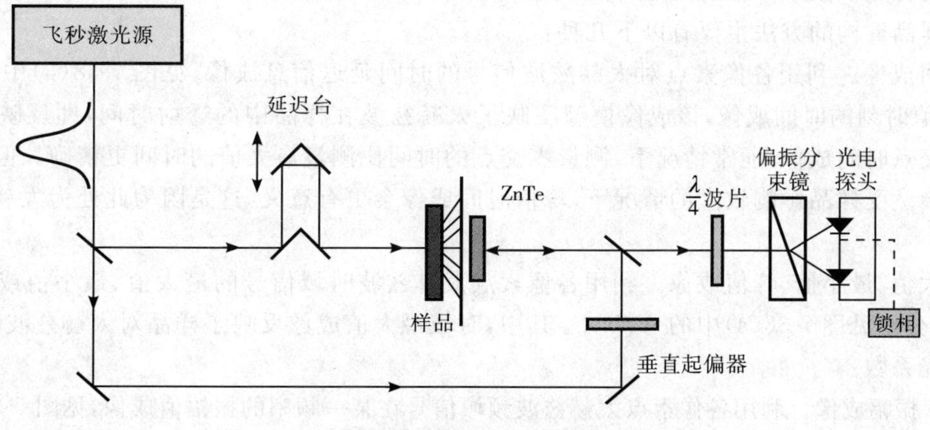

图 7-36　太赫兹波发射光谱系统

第六节 太赫兹波成像

太赫兹波和其他波段的电磁辐射一样，可以用来对物体成像，而且因为太赫兹波的高透性、无损性以及大多数物质在太赫兹波段都有指纹谱等特性，使太赫兹成像相比其他成像方式更具优势。太赫兹波成像方法有很多分类方式，如脉冲成像或连续波成像、逐行扫描成像或焦平面成像、时域成像或频域成像等。

1995 年 Hu 和 Nuss 在太赫兹波时阈光谱系统中增加二维扫描平移台，首次实现了脉冲太赫兹波时域光谱成像，并成功地对树叶、芯片等样品进行了成像[39]。这种成像方法获得的是样品的光谱信息，不仅能够实现结构成像，而且能够实现功能成像。因此，在这次成功的实验以后，再加上人们对太赫兹波射线相对于其他波段电磁波的新特性的深入了解，太赫兹波成像技术快速发展起来，已经有大量的新技术产生，如太赫兹波二维电光取样成像、层析成像、太赫兹波啁啾脉冲时域场成像、近场成像、时域太赫兹波逆向变换成像技术等，可以适用于众多的应用领域，包括生物医学、质量检测、安全检查、无损检测等。

一、太赫兹波成像的基本原理

太赫兹波成像与可见光成像不同，太赫兹波属于长波。另外，太赫兹波脉冲成像利用的是超快光脉冲，所以太赫兹波成像需要考虑以上两点对其成像的影响。

利用太赫兹波成像系统把成像样品的透射谱或反射谱的信息（包括振幅和相位信息的二维信息）进行处理、分析，得到样品的太赫兹波图像。太赫兹波成像系统的基本构成与太赫兹波时域光谱相比，多了图像处理装置和扫描控制装置。利用反射扫描或透射扫描都可以成像，这主要取决于成像样品及成像系统的性质。根据不同的需要，可以应用不同的成像方法。

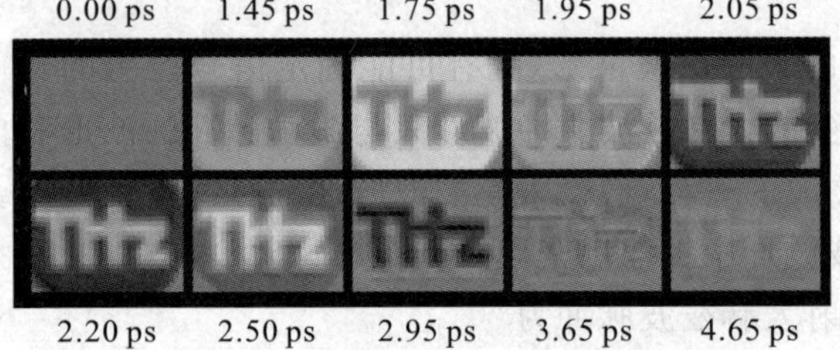

图 7-37 不同延迟时间的太赫兹波飞行时间成像

对于太赫兹波时域光谱成像系统，它所获取的数据集合实际是三维时空即二维空间轴向（太赫兹波光束的垂直面）和一维时间轴向的数据。利用该三维数据集合可得到一系列样品的太赫兹波图像，即皮秒时间量级的电影，如图 7-37 所示。该图为透过 0.52 mm 厚，刻有“THz”3 个字母的聚四氟乙烯板样品的太赫兹波图像的变化。如图所示：在 0 ps 时刻，太赫兹波电场被表示为灰色（正电场被表示为白色，负电场被表示为黑色）。由于聚四氟乙烯的折射率为 1.43，则不经样品的太赫兹波到达探测器的时间要比透过样品的太赫兹波快 0.75 ps。另外，在该组图像中，有些太赫兹波图像的对比度很小，如 $t=1.95$ ps 的第四幅图。因为在一个时间点上的太赫兹波图像所包含的信息量很少，所以人们通常要获取整个三维的数据集合。而太赫兹波图像的重构通常基于太赫兹波时域波形的特定参数或峰位的延迟时间[40]。

目前对于样品重构的方法主要有以下几种：

1）飞行时间成像。利用各像素点对太赫兹波信号的时间延迟信息成像，见图 7-38(a)中的 a、b、c、d。其中，a 为最大峰值时刻的时间成像，该成像模型反映了太赫兹波在样品中的透射时间，即反映了样品的折射率。c 和 d 为零交点时间成像，通常情况下，测量零交点的时间比测量最大值的时间更精确。但是在太赫兹波脉冲的形状和脉宽受样品影响较大的情况下，峰值时间成像会更有意义，这是因为此处为太赫兹波脉冲能量最强的时刻。

2）时域最大值、最小值、峰值成像。利用各像素点太赫兹波时域信号的最大值、最小值或最大值与最小值的差值成像，分别见图 7-38(a)中的 A、B、C。其中，时域最大值成像反映了样品对太赫兹波的透射性，即反映了样品的消光系数。

3）特定频率振幅成像。利用各像素点太赫兹波频域信号在某一频率的振幅值成像，见图 7-38(b)中的 E。

4）特定频率相位成像。利用各像素点太赫兹波频域信号在某一频率的相位值成像。

5)功率谱成像。对各像素点太赫兹波频域信号在某一段频率范围内的振幅平方值积分的信息成像,见图 7-38(a)中的 D 和(b)中的 F。

6)脉宽成像。利用太赫兹波主峰值的脉宽成像,见图 7-38(a)中的 f。该成像模型主要反映物体的色散特性,它可以清晰地呈现物体的轮廓。

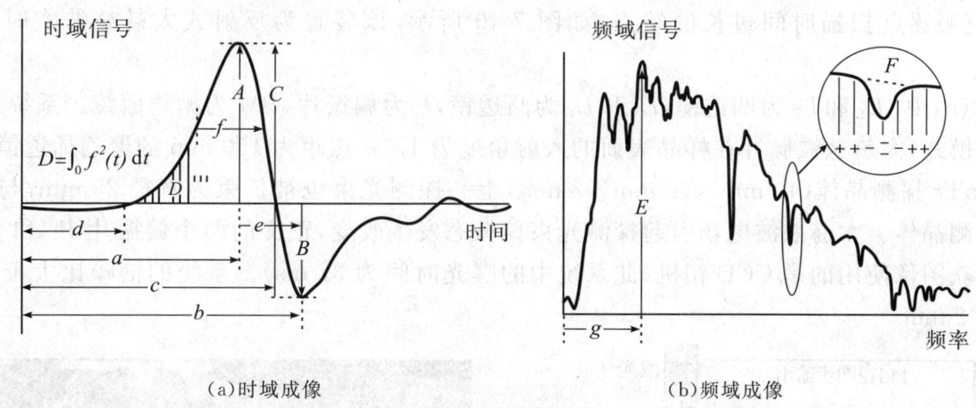

(a)时域成像 (b)频域成像

图 7-38 太赫兹波成像的重构方法

以葵花籽的逐点扫描成像为例,图 7-39 显示了几种成像处理结果。

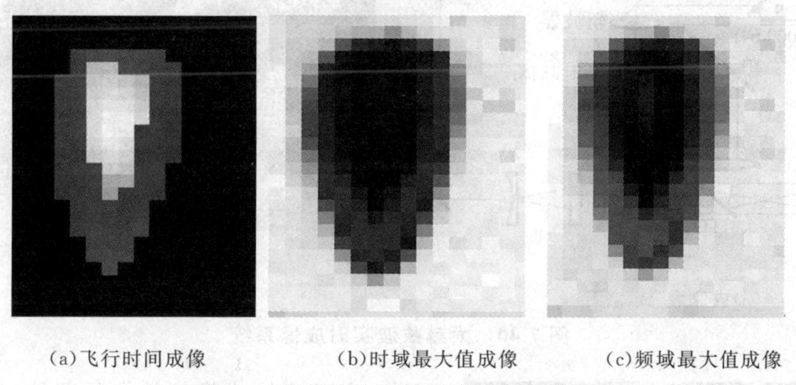

(a)飞行时间成像 (b)时域最大值成像 (c)频域最大值成像

图 7-39 葵花籽的太赫兹波逐点扫描成像

二、太赫兹波时域光谱成像

太赫兹波时域光谱成像系统具有小型、高效、相对便宜等优点。与许多远红外系统不同,它可以摆脱低温的限制。另外,由于太赫兹波脉冲只有亚皮秒量级,并且对相位探测十分敏感,两者结合将提供一系列独特的成像模式。

太赫兹波脉冲时域光谱成像技术与一般的强度成像不同,它的一个显著特点是信息量大。每一个像素点对应一个时域波形,可以从时域信号及傅里叶变换频谱中选择任意一个数据点的振幅或相位进行成像,从而重构样品的空间密度分布、折射率和厚度分布。并且由于太赫兹波脉冲对大多数非极性电介质材料(塑料、陶瓷、纸张、衣物等)具有良好的穿透性,而炸药、毒品、病毒等危险品在太赫兹波段存在特征吸收峰,因此这一技术具有探测并识别隐蔽物体的能力。

太赫兹波逐点扫描成像系统就是在太赫兹波时阈光谱系统中将样品放置在二维扫描平移台上,样品可以在垂直于太赫兹波传输方向的 (x,y) 平面上移动,从而使太赫兹波射线通过样品的不同点,记录样品不同位置的透射和反射信息,实现对样品上每一个像素点提取太赫兹波时域波形,利用各个点的样品信息实现物体重构,实验装置如图 7-34 所示。

太赫兹波时域光谱二维逐点扫描成像适用于高精度测量。该方法的优势在于具有测量结果分辨率高,信号强度大,受背景噪声的干扰小,信噪比高(可达 10^4)等特点。但同时它也存在一些问题,如它的扫描时间过长,成像的时间取决于像素点的多少,成一幅像有时是几十分钟甚至几个小时,所以要提高成像速度必须改进方法。另外,该方法也不适合用于大样品的成像,不能对动态变化的信息进行测量和监控。

三、太赫兹波实时成像

太赫兹波实时成像技术可以克服成像时间过长的缺点。可把样品放在一个 4f 成像系统中,同时利用大尺寸的 ZnTe 晶体和 CCD 相机作为接收装置,不需要进行样品的二维扫描而直接获取这个样品的光谱信息,由此可以克服逐点扫描时间过长的缺点,如图 7-40 所示,该装置为反射式太赫兹波实时成像系统的一种。

在图 7-40(a)中,L_1 和 L_2 为凹透镜,L_3 和 L_4 为凸透镜,P 为偏振片,PM 为抛物面镜。系统采用 4f 结构的反射式成像模式,太赫兹波脉冲在样品表面的入射角度为 15°。焦距为 150 mm 的聚乙烯透镜将物体成像在大尺寸的 ZnTe 探测晶体(40 mm×40 mm×2 mm)上。探测光束也被扩束为直径 25 mm,与太赫兹波脉冲共线通过探测晶体。太赫兹波电场引起探测光束偏振态发生改变,正交的两个偏振片 P_1 和 P_2 测量改变量的大小。捕获图像使用的是 CCD 相机(此系统中的曝光时间为 32 ms)。系统的信噪比大于 200,图像的空间分辨率为 2 mm。

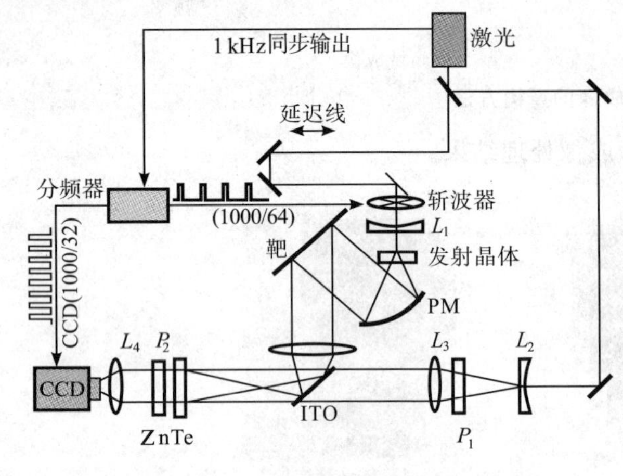

(a)成像系统示意图

(b)成像系统实物

图 7-40 太赫兹波实时成像系统

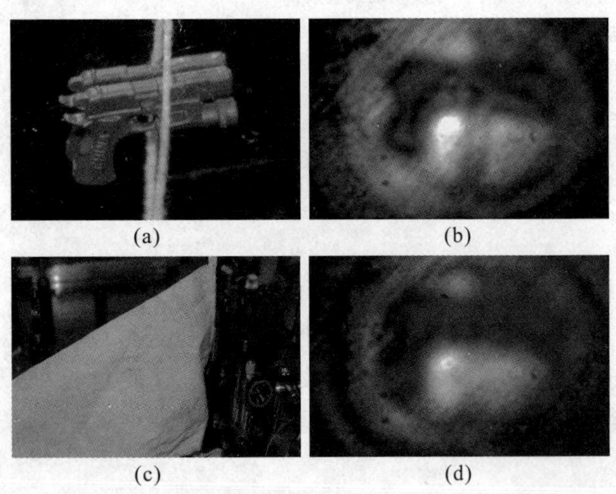

图 7-41 太赫兹波成像实例

(a)塑料玩具手枪的光学照片;(b)太赫兹波图像;(c)覆盖帆布的实物光学照片;(d)可以清晰地辨认隐匿物体的太赫兹波图像

实时二维成像的基本原理是:飞秒激光束经分束镜后,一束光通过半导体 ZnTe 产生太赫兹波脉冲,另一束作为探测光束同步泵浦 ZnTe 晶体。太赫兹波脉冲信号作用在 ZnTe 电光晶体上相当于在其上施加了瞬时偏置电压,由此产生的线性电光效应使晶体瞬时极化,这种极化又引起双折射。利用该双折射效应对同步泵浦电光晶体的探测光产生调制。被幅度调制输出的探测光被 CCD 相机探测到。实验中太赫兹波脉冲被抛物面镜聚焦到 ZnTe 晶体上,而被扩束的探测光的光束直径要大于太赫兹波脉冲直径。当探测光束透过一对相互垂直的起偏、检偏器后,电光晶体中的太赫兹波二维电场分布就转化为探测光的二维光强分布,于是太赫兹波图像间接地被 CCD 相机记录[41]。

此系统可以对样品进行一次成像,而且可以对样品进行实时监控,它没有数据采集上的限制,理论上可以实时采集,但是由于 CCD 的响应速度的限制,高灵敏度的 CCD 响应速度可达到 70 fps(帧每秒)。尽管此法的信噪比较小,但如果与单脉冲太赫兹波成像相结合,将非常有应用前景。实时二维太赫兹波成像技术是真正意义上的成像,利用 CCD 相机读出太赫兹波信号,获得对样品的太赫兹波图像。利用该方法可对运动物体或活体进行成像,另外该技术在安全领域也具有很大的应用前景,可以探测隐蔽的危险物品或人物。图 7-41 是对塑料玩具手枪进行的太赫兹波实时成像。

四、三维层析成像

(一)太赫兹波计算机辅助层析

太赫兹波计算机辅助层析成像(T-CT)是一种新型的成像形式,它采用了太赫兹波脉冲和新的重构计算方法。该技术能够描绘被测物的三维结构。T-CT 系统从多个投影角度直接测量宽波带太赫兹波脉冲的振幅和相位,然后通过图像重构算法可以从被测样品中提取大量的信息,包括它的三维结构和与频率有关的太赫兹波光学性质。

每一步 CT 扫描会发射一个平面波,然后会在一个二维平面内记录下透过样品或被样品反射回来的一系列的波形。重复这样的 CT 扫描,并改变扫描的角度 θ,就会得到多幅太赫兹波二维图像。假设所接收的信号为路径的线积分,则傅里叶投影理论(又称傅里叶截面理论)可在此应用。在随后的太赫兹波图像重构过程中,利用直接傅里叶重构法,滤波反投影算法(filtered backprojection,FBP)和迭代重建法(algebraic reconstruction technique,ART)等算法来重构整个物体。

透过样品的太赫兹波在其传播路径上的总畸变正比于投影,该投影为目标函数在传输路径的线积分:

$$P(\theta,l)=\int_{L(\theta,l)} o(x,z)\,\mathrm{d}l \tag{7-65}$$

式中,P 为测得的投影数据,θ 为投影角,l 为旋转轴到太赫兹波传输路径的垂直距离,$o(x,z)$ 为样品的目标函数,它是需要被重构的待成像物体的空间分布函数。线积分是计算太赫兹波源和探测器之间直线距离 L 范围内的积分,该变换即为 Randon 变换。Randon 变换定义投影 $p(\theta,l)$ 为目标函数在直线 L 上的线积分,投影的位置偏移为投影到旋转轴的垂直距离,投影角 θ 和 x 、z 共同定义一个标准的直角坐标系,其基本原理见图 7-42。在实际的 T-CT 系统中,目标函数和投影可以是衰减系数、折射率或其他相关量。

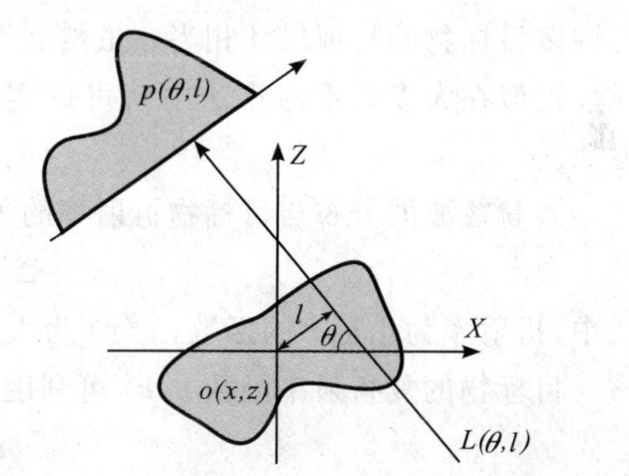

图 7-42　太赫兹波计算机辅助层析成像原理

$o(x,z)$ 为目标函数,其投影为 $p(\theta,l)$

利用滤波反投影算法重构目标函数 $o(x,z)$ 可通过下式实现:

$$o(x,z)=\int_0^{\pi} q_\theta(x\cos\theta+z\sin\theta)\,\mathrm{d}\theta \tag{7-66}$$

其中

$$q_\theta(l)=\int_{\infty}^{-\infty} P_\theta(\nu)\mathrm{e}^{\mathrm{i}2\pi\nu l}\,\mathrm{d}\nu \tag{7-67}$$

从(7-67)式中的滤波算法中被滤掉的投影 $q_\theta(l)$ 可通过 $p_\theta(l)$ 的傅里叶变换算得,利用滤波函数 $|\nu|$ 对所得结果进行滤波,然后再对得到的结果进行傅里叶逆变换。滤波反投影算法可重构每个值的目标函数 $o(x,z)$,利用该重构方法可以根据需要从测量的数据中获取样品的许多特征参数。太赫兹波脉冲的振幅和脉冲峰值的时间延迟是最重要的参数。重构的振幅图像可反映出样品在太赫兹波段吸收(包括菲涅耳损耗)的三维情况,而重构的时间图像则可反映出样品折射率的三维分布。再根据重构算法,利用对测量数据的傅里叶变换得到样品在三维空间上每一点的折射率和吸收系数随频率的变化[42-43]。

图 7-43 为太赫兹波计算机辅助层析成像的一个实例,该系统利用啁啾展宽的探测光来提高成像速度。该方法利用整个太赫兹波波形同步探测,极大地提高了成像速度。对样品在 x 和 z 方向上进行光栅扫描可得到二维图像。待成像物体被沿 l 方向扫描,并以确定的步长旋转。所测得的信号是样品的复阻抗(衰减和相位)的线积分。这样,以空间坐标 x、z 为变量的分布函数 $o(x,z)$ 被转化为以 θ、l 为变量的空间分布函数 $P(\theta,l)$。

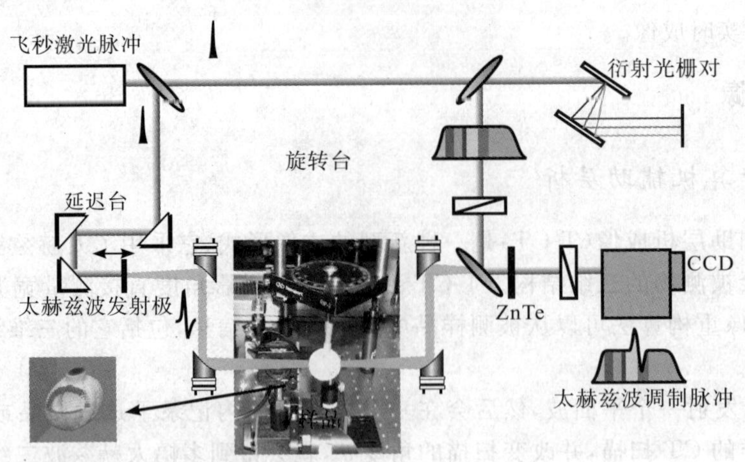

图 7-43 T-CT 对中空电介质球成像的成像系统及其成像结果

(二)太赫兹波衍射层析成像

如果物体的不均匀性尺度可与成像的波长相比拟，则光束的衍射效应不可忽略，直接的线积分在这种情况下就不再适用了。这种情况经常发生在太赫兹波层析成像当中，这是因为太赫兹波波长在亚毫米量级，这与许多目标物的特征尺寸相当。虽然利用非线性波方程可以精确表述目标物空间分布的散射场，但是某些线性近似在大多数重构算法中就可以实现目标物的重构，如一阶波恩(Born)近似或一阶李托夫(Rytov)近似。

太赫兹波的分布与目标物折射率的关系可被表示为亥姆霍兹标量方程：

$$\Delta^2 u(\boldsymbol{r}) + k_0^2 n(\omega,\boldsymbol{r})^2 u(\boldsymbol{r}) = 0 \tag{7-68}$$

式中，折射率为坐标 $\boldsymbol{r}$ 的函数，$u(\boldsymbol{r})$ 为太赫兹波电磁场的复振幅函数，$k_0 = 2\pi/\lambda$ 为真空中电磁波的波数。

目标物的复折射率函数 $n(\boldsymbol{r})$ 可利用所测得的太赫兹波的振幅和相位分布 $u(\boldsymbol{r})$ 获得。(7-68)式可变为

$$(\Delta^2 + k_0^2)u(\boldsymbol{r}) = -o(\boldsymbol{r})u(\boldsymbol{r}) \tag{7-69}$$

式中，$o(\boldsymbol{r})$ 为目标函数，$o(\boldsymbol{r}) = -k_0^2[n(\omega,\boldsymbol{r})^2 - 1]$。(7-69)式中的 $u(\boldsymbol{r})$ 可表示为两项之和：

$$u(\boldsymbol{r}) = u_0(\boldsymbol{r}) + u_s(\boldsymbol{r}) \tag{7-70}$$

其中，$u_s(\boldsymbol{r})$ 表示目标物的散射场，$u_0(\boldsymbol{r})$ 表示入射场，该场与目标物无关，则亥姆霍兹齐次方程的解可表示为

$$(\Delta^2 + k_0^2)u_0(\boldsymbol{r}) = 0 \tag{7-71}$$

联立(7-69)式至(7-71)式，可得散射分量的波动方程为

$$(\Delta^2 + k_0^2)u_s(\boldsymbol{r}) = -o(\boldsymbol{r})u(\boldsymbol{r}) \tag{7-72}$$

李托夫近似算法假设目标物对入射波的微扰，可由参考信号的相位变化来加以表述，由此可得到一个线性波动方程，而整个电场则可表示为复相位的函数：

$$u(\boldsymbol{r}) = \exp[\varphi(\boldsymbol{r})] = \exp[\varphi_0(\boldsymbol{r}) + \varphi_s(\boldsymbol{r})] \tag{7-73}$$

如果联立(7-71)式至(7-73)式，则可得到

$$(\Delta^2 + k_0^2)u_0(\boldsymbol{r})\varphi_s(\boldsymbol{r}) = -u_0(\boldsymbol{r})[(\Delta\varphi_s(\boldsymbol{r}))^2 + o(\boldsymbol{r})] \tag{7-74}$$

一阶李托夫近似假设复相位 $\varphi_s(\boldsymbol{r})$ 的散射梯度很小，则：

$$(\Delta\varphi_s(\boldsymbol{r}))^2 + o(\boldsymbol{r}) \approx o(\boldsymbol{r}) \tag{7-75}$$

由此，散射相位 $\varphi_s(\boldsymbol{r})$ 的解可表示为

$$u_0(\boldsymbol{r})\varphi_s(\boldsymbol{r}) = \int G(\boldsymbol{r} - \boldsymbol{r}')o(\boldsymbol{r}')u_0(\boldsymbol{r}')\mathrm{d}\boldsymbol{r}' \tag{7-76}$$

其中，格林函数为微分方程 $(\Delta^2 + k_0^2)G(\boldsymbol{r} - \boldsymbol{r}') = -\delta(\boldsymbol{r} - \boldsymbol{r}')$ 的解。则散射场的复相位最终可表示为

$$\varphi_s(\boldsymbol{r})=\frac{1}{u_0(\boldsymbol{r})}\int G(\boldsymbol{r}-\boldsymbol{r}')o(\boldsymbol{r}')u_0(\boldsymbol{r}')\mathrm{d}\boldsymbol{r}' \tag{7-77}$$

另外，李托夫近似要求每个波长相应的相位散射场变化很缓慢。

利用亥姆霍兹方程的这些近似可发展出线性重构算法，然后利用重构算法将测量得到的多幅投影角的衍射辐射重构为目标函数 $o(\boldsymbol{r})$。重构算法的进行是在频域当中实现的，将测得的太赫兹波时域脉冲进行傅里叶变换。由傅里叶衍射定理，目标物 $o(x,z)$ 被一平面波照射，在 TT' 直线处，测量的前散射场的傅里叶变换等同于频域中一个半圆弧形上物体的二维变换 $O(u,\nu)$，见图 7-44。

由一个投影角所测得的散射场，就能确定沿着半圆弧线上的目标函数的空间傅里叶变换。但这样不足以精确确定目标物的目标函数。通过旋转目标物，就可以得到不同取向的散射场，而每个散射场都能各自确定一个不同弧线上的目标函数的空间傅里叶变换。

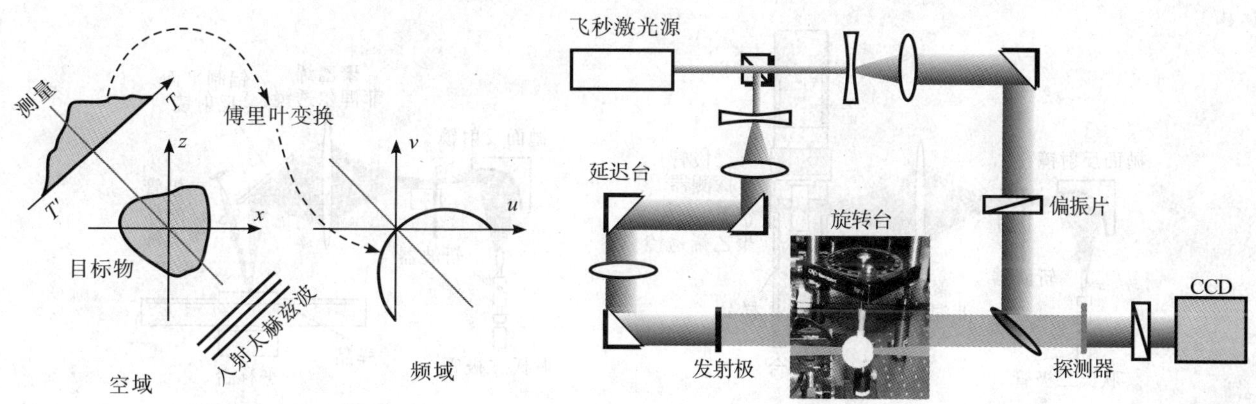

图 7-44　衍射层析成像原理　　　　图 7-45　太赫兹波衍射层析成像系统

太赫兹波衍射层析成像(T-DT)系统可以获取所需的衍射数据，见图 7-45[44]。它不同于 T-CT 系统，T-CT 是利用聚焦的太赫兹波光束，利用单独的发射器和探测器对待测样品进行扫描。在 T-DT 系统中，准直的太赫兹波光束的直径要大于待测样品。透过的太赫兹波光束的二维分布图像被 CCD 相机同步探测。平行的太赫兹波光束穿透待测样品，被扩束的探测光探测。使用 CCD 相机拍摄透过样品后的太赫兹波分布，得到样品信息的二维分布，因为该方法省去了 x 和 y 方向上的扫描，成像速度也因此大大提高。其次，由于 T-DT 系统收集 CCD 相机不同像素的太赫兹波分布，简单的线性积分模型就不再适用，必须考虑衍射效应。T-DT 的层析成像结果如图 7-46 所示。图 7-46(a)中圈中的 3 个矩形主体为成像目标物；图 7-76(b)为重构的太赫兹波图像，它是基于李托夫近似的重构算法得到的。

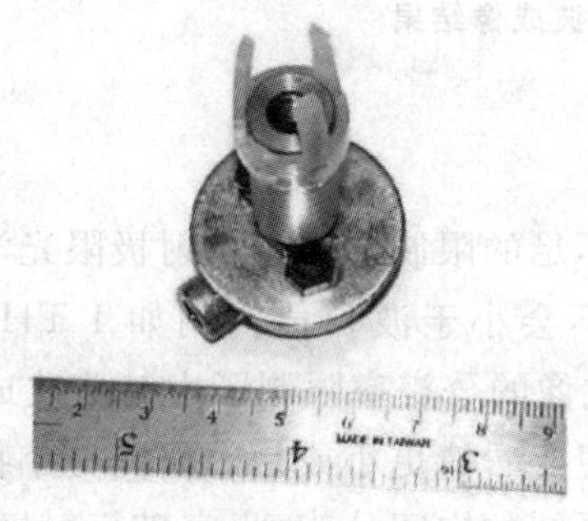

(a)重构目标物照片

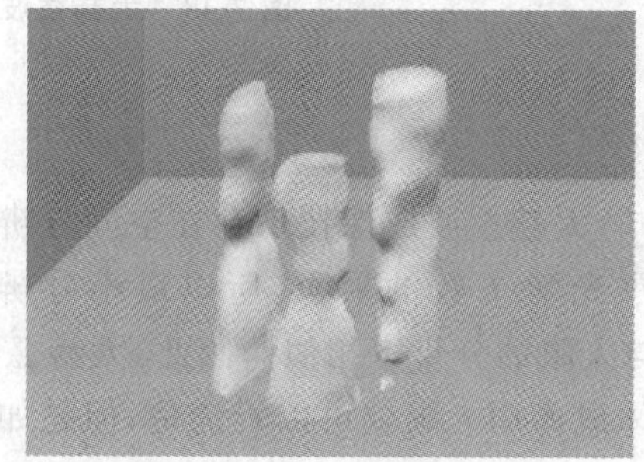

(b)重构的太赫兹波图像

图 7-46　太赫兹波衍射层析成像结果

五、太赫兹连续波成像

和迅速发展的太赫兹波脉冲成像一样，太赫兹连续波成像也越来越引起人们的注意。太赫兹连续波成像系统可以提供相对于脉冲成像系统更好的空间分辨率和成像质量。

太赫兹连续波成像技术的发展在很大程度上受到太赫兹连续波源和探测器发展的影响。但是太赫兹连续波成像通常是非相干成像,这是因为大多数太赫兹连续波源都是非相干性的(也有极少数的相干太赫兹连续波源)。在太赫兹连续波成像系统中,通常也利用非相干探测器或其阵列来直接探测成像。

太赫兹连续波成像系统和太赫兹波脉冲成像系统相比,具有以下优势:光谱功率高、系统集成度高、体积小、成本相对较低等,而且由于连续波成像系统大多不需要进行时间延迟扫描,所以成像速度较快。太赫兹波连续波成像系统示意图如图 7-47 所示,图中显示了透射式和反射式太赫兹连续波成像系统。在图中所用的太赫兹连续波源为耿氏振荡器,它的发射功率在毫瓦量级。探测器用的是肖特基二极管,该探测器的动态范围要高于热释电探测器,基本上与高莱探测器相当,但它的探测响应速度更快,从而可以提高数据的获取速度。太赫兹连续波成像系统可以快速对物体成像,可应用于安全检查、无损探伤和太赫兹波雷达等领域。图 7-48 显示了一个太赫兹连续波成像系统的透射成像的结果。

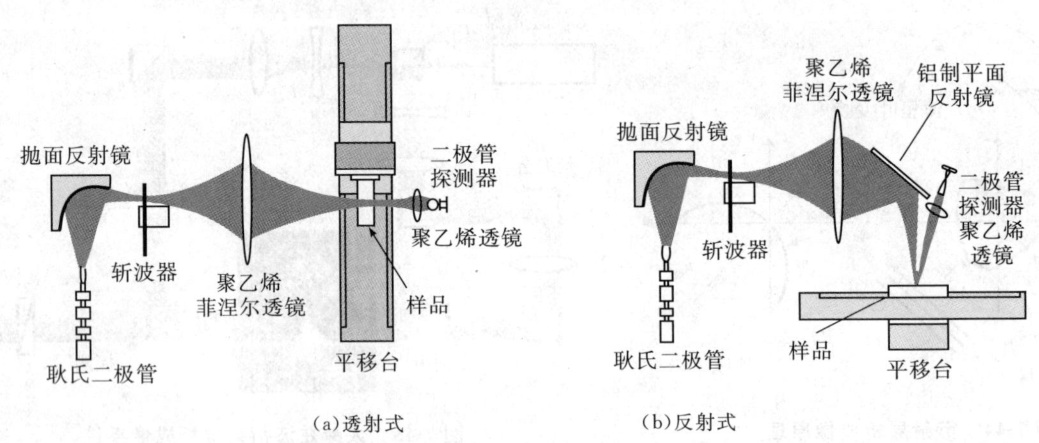

图 7-47 太赫兹波连续波成像系统示意图

(a)被测物可见光照片

(b)被测物内装物品

(c)被测物太赫兹成像

图 7-48 太赫兹波连续波成像结果

六、近场成像

由瑞利判据可知,太赫兹波成像技术存在空间分辨率不足的限制。对于衍射极限光学系统,聚焦光斑的尺寸等于波长与聚焦光学 f 数的乘积,所以最小分辨率不会小于波长值。例如 1 THz 的空间分辨率在 0.5 mm,该分辨率与人眼的分辨率相似。因此,太赫兹波成像的分辨率限制了太赫兹波成像技术的实用化,这是因为一般的物体成像用人眼就可以看清楚,但是如果想要看清更小或是想研究更小物体的细节,利用太赫兹波成像技术就相对困难了,所以须提高太赫兹波成像系统的空间分辨率,突破衍射极限。

在光学理论中,由于电磁波的衍射作用,很难得到亚波长量级的分辨率。为获取更小(亚波长量级)物体的图像,在成像系统中不仅要收集传输波,还要收集倏逝波(evanescent wave)。倏逝波存在于成像样品表面附近,它会随距离的增加而呈指数衰减,无法抵达像平面,此即光学上的衍射极限。由于倏逝波不能传播得太远,所以必须将探测器放置在样品附近(在一个波长之内)测量倏逝波,由此发展出近场成像技术。自 1998 年太赫兹波近场成像实现以来,太赫兹波近场成像技术得到了迅速的发展。目前的太赫兹波近场成像技术主要有 3 种:基于亚波长孔径的近场成像[45],基于探针(tip)技术的近场成像和基于高度聚焦光束的近场成像。

(一)基于亚波长孔径的太赫兹波近场成像

最早的太赫兹波脉冲近场成像就是基于亚波长孔径技术，利用一个椭圆形的亚波长孔径限制太赫兹波光斑。该孔径位于一个锥形金属探针的末端，以此实现了 50 μm(λ/4) 的空间分辨率，如图 7-49 所示。图中的样品为高阻硅衬底上金线，图 7-49(a)为样品的太赫兹波脉冲近场图像，图 7-49(b)为太赫兹波衍射极限光学系统得到的太赫兹波图像。样品被放置在距孔径一个波长之内的距离，使太赫兹波发生衍射之前先与其发生相互作用。

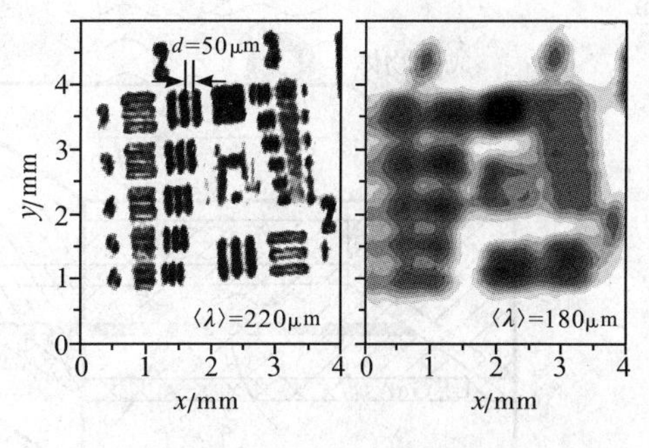

(a)近场成像　　(b)衍射极限成像

图 7-49　高阻硅衬底上金线的太赫兹波近场透射成像

由于传统的孔径近场探测方法存在不足，后来又发展了基于动态孔径的太赫兹波近场成像技术，见图 7-50[46]。利用门脉冲(探测光)在半导体晶体的表面产生光生载流子，这些载流子可以在半导体中发生瞬镜(transient mirror)现象。探测光被高度聚焦(使其远小于太赫兹波光斑的大小)在半导体上时会产生动态孔径，进而限制很小部分的太赫兹波与热载流子发生相互作用，即只是照射在探测光所激励区域的太赫兹波才能被探测到。在动态光学孔径的太赫兹波近场成像测量过程中，探测光需要先于太赫兹波脉冲几十皮秒到达晶体，并且还需要调制。样品紧贴在一片 GaAs 晶体上，放于动态光学孔径的近场区域，因此可对其进行近场成像。该种太赫兹波近场探测成像技术的空间分辨率取决于探测光的聚焦光斑尺寸(几十微米)。

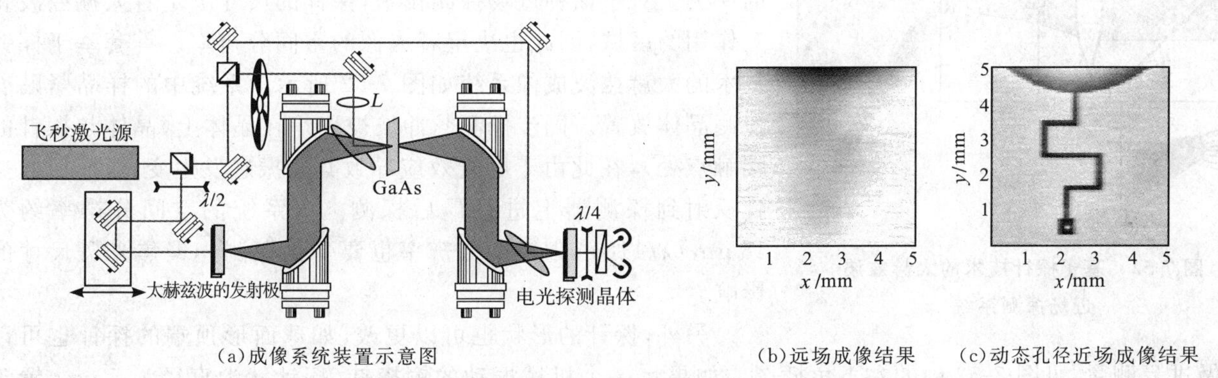

(a)成像系统装置示意图　　(b)远场成像结果　　(c)动态孔径近场成像结果

图 7-50　太赫兹波动态孔径近场成像系统及其成像结果

最终的太赫兹近场图像是从位于样品近场区域内的探测器或者是通过收集模式得到。由上文可知，基于孔径技术的近场收集模式(collection mode)即太赫兹近场探测器可分为金属亚波长孔径和动态光学孔径，如图 7-51 所示。图(a)中的金属亚波长孔径位于光导天线的近场的一个透明衬底之上，所以天线只对透过孔径的辐射有响应。由于探测器位于收集孔径的近场，只要逝波传过孔径就能被探测得到。对应于 0.5 THz太赫兹脉冲，该近场探测器的空间分辨率一般可达 40 μm(λ/15)(最高可达 7 μm(λ/85))。但是该种近场探测方法的空间分辨率只受孔径尺寸的限制，而与波长无关。这是因为大部分的辐射会被孔径面反射掉，而透过孔径的能量与孔径尺寸 d 存有以下关系：透过能量随 d^3 指数下降。因此如果孔径太小，系统的信噪比就会降低，而这正是基于孔径方法近场成像的不足。图(b)为动态光学孔径收集模式，是太赫兹近场成像系统中所用的另一种探测模式。该收集模式利用大尺寸电光晶体，使其位于成像样品的近场区域之中，利用电光晶体表面上的动态孔径来收集倏逝波以进行近场成像。由于动态孔径只存在于晶体表面，孔径长度也只是在微米量级，所以该种近场成像模式可以有效避免物理孔径所引起的高通滤波效应，从而对透过它的太赫兹带宽不会有很大的影响。另外动态孔径的尺寸取决于探测光的焦斑直径，所以动态孔径的尺寸可以控制在几微米量级，并且通过调节探测光路上的聚焦透镜还可以灵活改变孔径的尺寸，由此可以更好地提高成像分辨率和成像对比度。

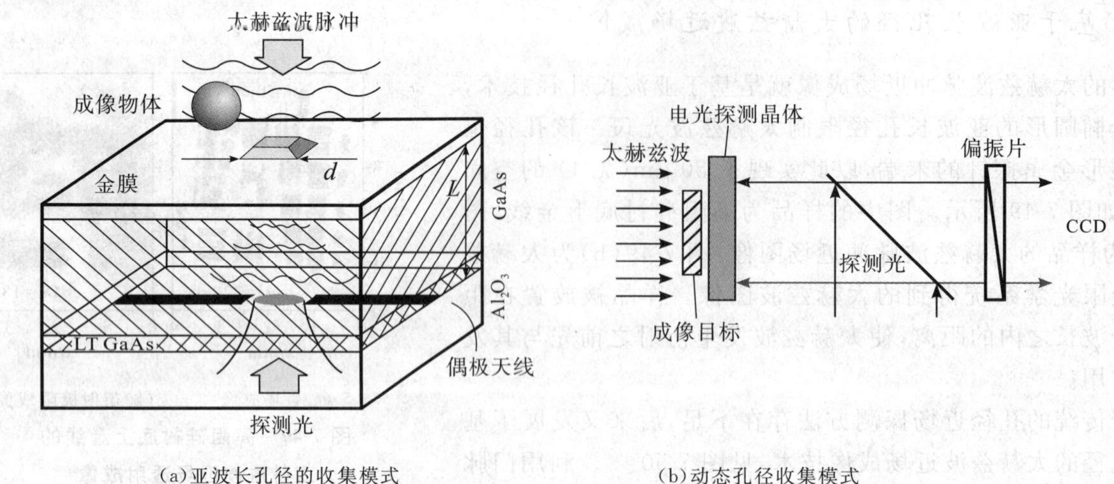

(a)亚波长孔径的收集模式 (b)动态孔径收集模式

图 7-51 近场太赫兹波收集模式

(二)基于探针技术的太赫兹波近场成像

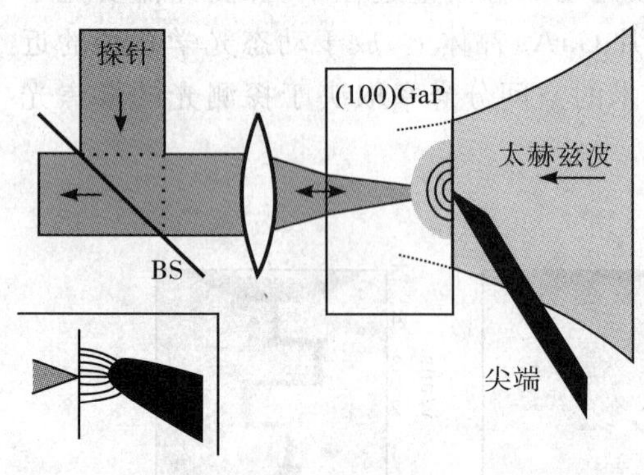

图 7-52 基于探针技术的太赫兹波近场探测系统

把一个针尖非常尖锐且连续振动的金属探针放置在被太赫兹波照射的样品表面,以此使探针与倏逝太赫兹波电场发生相互作用,并将后者从样品的近场区域散射到远处,最终实现对后者的探测。对于该种近场探测技术,探针的尺寸决定着太赫兹波相互作用的区域,因此也决定着成像的空间分辨率。首套基于探针技术的太赫兹波成像系统如图 7-52 所示。系统中的样品紧贴着探测晶体放置。同步探测脉冲波被聚焦在晶体上(晶体与探针的接触点处),在此由于电光效应导致其偏振态发生变化,而后被探针反射到探测器上进行最后探测。该系统的空间分辨率约为 18 μm (λ/110),但它的分辨率也要受到探测光聚焦光斑尺寸的影响。

另外,探针的形状也可以更改,如球面形顶端的探针也可以用来做进程测量,见图 7-52 中的左下角插图。如果将一个机械振动的铜探针(探针针尖直径为 5 μm)置于太赫兹波照射样品的近场区域内,则散射的太赫兹波会被处在样品表面附近的光导天线探测。如果缩小探针尖端直径,则可获得更大的分辨率。例如对于直径为 100 nm 的探针,探针距离样品表面 200 nm,则分辨率可达 10 μm。

(三)基于高度聚焦光束的太赫兹波近场成像

基于高度聚焦光束的近场成像方法是另一种无孔径近场成像技术,该成像技术也可以达到亚波长的分辨率。利用太赫兹波激光发射显微技术(见图 7-53),探测集成电路板的缺陷(见图 7-54),其最高分辨率可达 3 μm 以下。太赫兹波激光发射显微技术直接将激光脉冲聚焦成 2.5 μm,而后和反向散射的太赫兹波共同聚焦到探测器上。根据电光学技术,光束可被高度聚焦到太赫兹波发射晶体上,因此在晶体的近场区域会产生出直径在亚波长量级的太赫兹波。如果样品位于太赫兹波发射极之上,最高分辨率能达到 λ/4.3 。将超快激光高度聚焦的目的就是使所产生的太赫兹波的空间分辨率接近于聚焦光斑的尺寸。另外,产生太赫兹波的晶体越薄(几十微米量级),所产生出的太赫兹波的功率越高。在电光晶体的双光子损伤阈值之下,所产生的太赫兹波信号与泵浦功率是线性相关的。

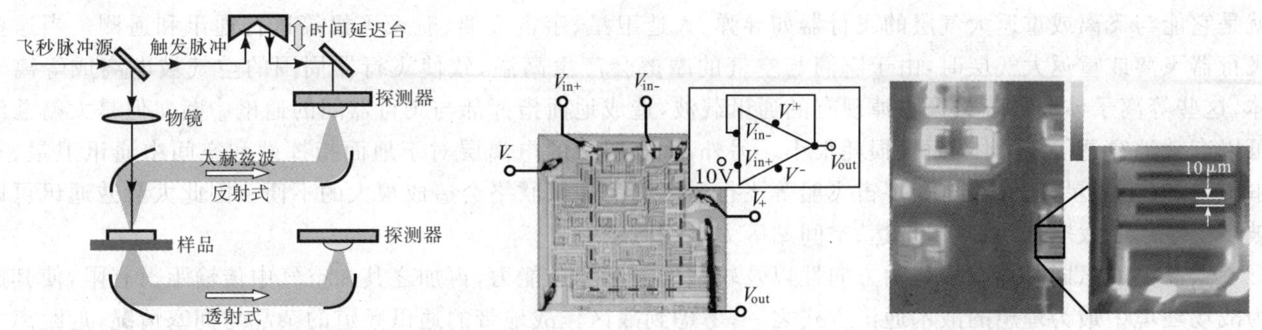

图 7-53　透反式太赫兹波发射显微技术原理图

图 7-54　太赫兹波发射显微成像结果

第七节　太赫兹波通讯

对于即将来临的"太赫兹通讯"时代而言，其有效数据传输速率将会超过 1 Tbit/s。另外，国际上通讯委员会对太赫兹频段还没有分配，使得太赫兹通讯存在着很大的机遇。太赫兹通讯是下一代近距离通讯(10～100 m)的发展目标，短距离太赫兹通讯在未来的 10～15 年内有可能取代或补充无线局域网络(WLAN)。

现有的短程通讯系统如蓝牙和无线局域网的带宽在未来的 10 年后将不能满足人们的需求，它们的载波频率也仅为几吉赫(GHz)。而现有的超宽带技术也面临着同样的问题。这些系统的数据传输率被限制在 1 GB/s。虽然现在固定的点对点通讯系统可以工作到 60 GHz，但是上述这些系统只能满足人们的带宽需求 10～15 年。而在未来的 15 年之后，人们的通讯系统的数据传输率会超过 10 GB/s，而系统的工作频率则是在几十甚至上百吉赫，由此短距离通讯系统相应的载波频率则必须随之增大，即发展到太赫兹频段[51]。

太赫兹电磁波是很好的宽带信息载体，特别适合作卫星间、星地间及局域网的宽带移动通讯，它可以获得 10 GB/s 以上的无线传输速度，这比当前的超宽带技术快几百甚至上千倍。将来人们通过太赫兹无线网络下载一部 DVD 格式的电影，只需几秒即可。

太赫兹通讯相对于现有的微波、毫米波通讯和激光通讯都有着自己的优势：对于微波、毫米波通讯而言，太赫兹通讯带宽更宽，波束较窄，方向性好；而对于激光通讯而言，灰尘对光散射吸收作用导致的信号衰减的现象在太赫兹波段影响较小，激光通讯的调制原理大部分为简单的强度调制，探测灵敏度较差，而且背景光噪声较大，通常为点对点通讯。并且，如果激光通讯要获得更高的数据传输率，信号强度需要增强，由此会提高功耗。而太赫兹通讯则波束相对较宽，容易对准，量子噪声较低，天线系统容易实现小型化、平面化。

太赫兹通讯前景诱人，据预测将会在 2020 年实现太赫兹室内无线通讯。而早在前几年，德国的 Braunschweig 科技大学基于太赫兹时域光谱系统，利用他们研制的能在常温下工作的半导体太赫兹调制器，利用 0.1～3 THz的太赫兹脉冲序列成功进行了太赫兹音频传输，如图 7-55 所示。另外，他们还成功进行了 0.3 THz 频率点的无线视频通讯，通讯距离接近 22 m。尽管太赫兹通信取得了一些进展，但是它还是处于发展的萌芽阶段，离商用太赫兹无线网络系统还很遥远。

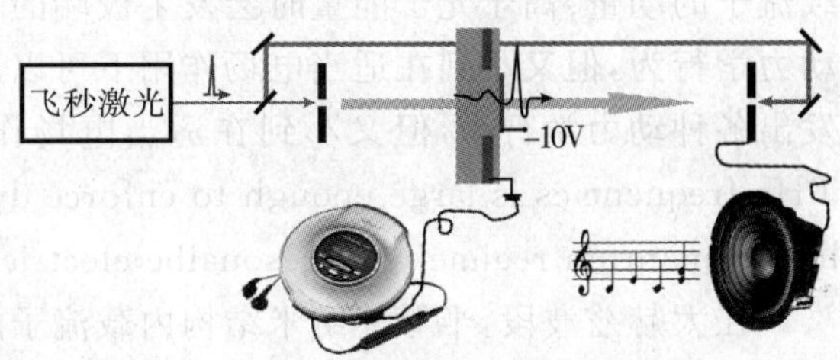

图 7-55　德国的太赫兹音频传输系统

由于太赫兹波在大气中会被强烈吸收，因此在大气层内太赫兹波只能用于短程通信，如对讲机之类的通信设备。太赫兹通信系统不会代替目前的移动电话，但它将来有可能会代替目前的局域通信网络和蓝牙技术，前者不只是后两者的简单扩展，而是一个全新的概念与技术，会为人类带来更多的惊喜与便利。

虽然强烈的大气吸收和较低的辐射源效率等因素限制了太赫兹通讯的应用，但是对于空间中的卫星通讯而言，这些消极因素将会不复存在，而且太赫兹空间通讯相对于现有的微波通讯而言，太赫兹通讯设备会更加简约，天线的尺寸也相对较小，更适合于小型人造卫星系统。太赫兹波在航空航天领域的另一重要应用就是它能与飞离或重返大气层的飞行器如导弹、人造卫星、宇宙飞船、航天飞机等进行通讯和遥测。当这些飞行器飞离或重返大气层时，由于它们与空气的摩擦会产生高温，致使飞行器周围的空气被电离成等离子体，这些等离子体会屏蔽或吸收掉现有的通讯载波，造成地面指挥部与飞行器间的通讯中断。但是太赫兹波可以有效地穿透等离子体，而且损耗很小。另外，大气层中的电离层对于地面指挥站和空间中通讯卫星、军事卫星、气象卫星、航天飞机和宇宙飞船等飞行器之间的通讯联络会造成很大的不便。因此太赫兹通讯可以被广泛应用于太空基地、空基雷达、空间站等太空通讯领域。

太赫兹通讯同时具有极高的方向性以及较强的云雾穿透能力，再加之其在空气中传输距离有限，使其成为战场环境中最为理想的战术通讯方式之一，考虑到战区作战地带的通讯频道的杂乱与拥塞情况，近距离太赫兹通讯降低了远距离的敌人中途截取太赫兹信号传输的能力。敌人甚至可能缺乏技术能力去实现探测、中途截取、阻塞太赫兹信号，或对太赫兹信号做假等信息战术。它可以以极高的带宽在战场中进行定向、高保密甚至明码军事通信，如各坦克、单兵或作战单位间的通信。

第八节　太赫兹波的应用

基于太赫兹波光谱和太赫兹波成像技术以及太赫兹波的一些特性如高透性、无损性和指纹谱性等，太赫兹波科学和技术可以材料、物理、化学、生物和天文学等自然科学，国土安全、安全检查和无损探伤等领域，以及通信领域发挥巨大作用且被广泛地应用[6,47]。

一、太赫兹波在材料科学和物理学的应用

(一)太赫兹波在半导体及其纳米结构中的应用

将太赫兹波科学技术应用于半导体领域会对半导体纳米结构的基本性能、电子器件的物理极限、量子光学、量子信息学、自旋电子学、太赫兹强场物理和量子非线性动力学等科学领域产生深远的影响。

太赫兹波是探究半导体及其纳米结构本征激发过程的有效工具，利用太赫兹波相关的科学技术不仅可以确立材料的基本参数，而且还能够表征各种应用材料的特性。除此之外，利用太赫兹波还能操控物质的量子力学态、研究半导体的自旋电子学、进行相干控制和精密控制半导体合成、材料异质结和纳米结构的制备等。

利用太赫兹波电磁场可以在不超过材料损伤阈值的前提下能够实现极端的非线性量子现象。一般情况下，当有质动力能(太赫兹波场内的载流电子振荡的动能)或电偶极子耦合强度(太赫兹波电场乘以量子束缚载流子的动量)高于光子能量时会发生极端的非线性量子现象。虽然太赫兹光子能量大到足以激发出各种动力学行为，但又小到在适当电场作用下可以产生极限非线性量子现象。虽然太赫兹光子能量大到足以激发出各种动力学行为，但又小到在适当电场作用下可以产生极限非线性量子现象(The photon energy at THz frequencies is large enough to enforce dynamic behavior, but small enough to enter the extreme non-linear quantum regime with resonalbe electric field)。

在太赫兹波段，半导体纳米结构内载流子的轨道态和自旋态的相干量子控制非常具有研究价值。强太赫兹波脉冲可以导致半导体纳米结构内的载流子发生拉比振荡、光子回波和其他相干控制现象。另外，半导体纳米结构在可见光和近红外波段内的特性也可以通过太赫兹电磁波进行控制。

根据现有的THz－TDS，FTIR可以用来解释三维半导体内的电子和弱束缚于杂质的空穴的能级、回旋共振和磁极化子等现象。低维纳米结构可以解释出量子阱内电子子带间跃迁、超晶格中太赫兹波微带动力学和量子线激发等过程。利用强太赫兹波源或时间分辨的可见光泵浦-太赫兹波探测方法可以用来研究半导体和半导体量子阱内非线性和非平衡态现象。目前，利用太赫兹波技术已经研究了拉比振荡、能量弛豫时间、超大非线性光极化率、远离平衡态的多体效应、激子的内动力学和激子的形成过程。在强太赫兹波电场作用下会出现光子辅助输运和动态局域化现象，从这些基础研究可以推动光导体和太赫兹量子激光器等技术的发展。

1. 太赫兹波在半导体领域中的应用

半导体材料在太赫兹波段会发生许多重要的共振现象(声子、被杂质束缚的载流子的类氢态、激子的内部跃迁和掺杂材料中的体等离子体等)。由于量子阱中势场的作用,位于量子阱中的载流子运动被限制在某个特定的方向上。其中,这个势场的形状可以被精确控制。现在对于半导体材料中的太赫兹波线性和非线性光谱的研究要比其他材料体系中的研究都更为深入。

半导体内存有太赫兹波段的声子。诸如 GaAs 等非中心对称的半导体通常有相对较大的二阶非线性极化率,而且在光学声子频率之下,太赫兹波声子往往对二阶极化率有很大的贡献。应用二次谐波技术,可清楚地观察到光学声子对于非线性极化率的贡献,另外也可估算出非线性极化率理论中一些重要的参数。

量子阱中的激子成为研究的重点之一。激子是一相互束缚的电子-空穴对,类似于类氢施主,而且其束缚能正好处在太赫兹波段。应用时间分辨的太赫兹波光谱技术可以清楚地揭示出激子形成的动力学过程。利用泵浦探测的方法可知:当激子产生后,发现在太赫兹波段所测得的宽带交流电导率是随时间变化的。在电子和空穴刚刚注入,激子还没有形成之前,由于激子的内部跃迁,在太赫兹波电导率曲线上会出现一个峰值,如图 7-56 所示。在时间$\Delta t = 0$ ps 时,未成对的电子-空穴表现为宽带太赫兹波响应,类似于德鲁特导通状态。当激子形成后,由于电子和空穴关联运动的增强导致了低频电导率的消失。7 meV 处的峰值是由 1s－2p 激子跃迁所造成的,而且在此峰值附近,由于电子-空穴对的相互作用可导致准瞬时的吸收增强现象的发生。另外,在太赫兹波泵浦量子阱的同时,还可以探测感生激子对太赫兹波的响应。

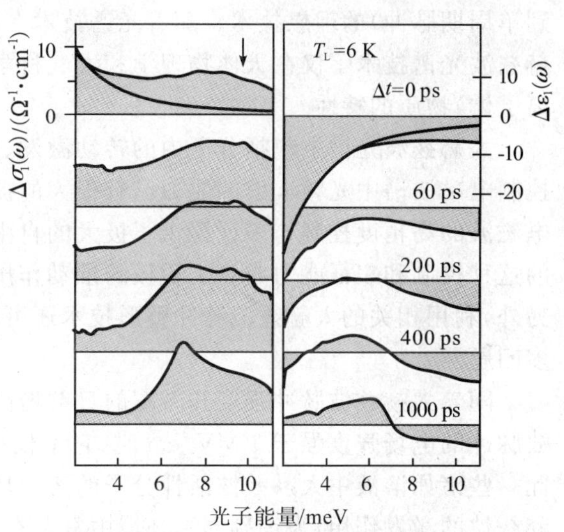

图 7-56　GaAs 量子阱中准二维电子-空穴气中激子的形成

2. 太赫兹波在部分高频电子学领域中的应用

由于半导体纳米结构中的电子具有大的偶极矩、小的有效质量和高的迁移率,所以它们是研究太赫兹波非微扰动力学、远离平衡态系统以及量子动力学的理想工具。另外,因为量子点和量子阱中的子带跃迁、施主和激子的内跃迁、磁共振(回旋共振和电子自旋共振)、声子、等离子体及磁振子等效应中存在大量的单粒子激发和集体激发,而且这些激发频率都在太赫兹波段,所以说太赫兹波是研究这些效应的天然频率范围。多体效应对这些纳米结构的动力学过程也会产生非常重要和复杂的作用,这也是纳米结构不同于原子和分子体系中相应研究的重要之处。

下面利用简单的公式来表示强太赫兹波电场的应用:

1) $\frac{e\langle x\rangle E_{AC}}{\hbar} > \frac{1}{\tau}$,满足此条件可实现拉比振荡。

2) $\frac{eaE_{AC}}{\hbar\omega} > 1$,此为实现太赫兹波光子辅助隧穿的条件。其中 a 表示一些长度,如两量子阱、两量子点或者是两量子系统(如两个弱耦合的超导体)之间的距离。而 eaE_{AC} 则表示两个量子系统之间的时变能量差。

3) $e\frac{eE_{AC}}{m^*\omega^2}E_{AC} > \hbar\omega$,这是实现 Franz-Keldysh(F-K)效应的基本条件。其中,$a = \frac{eE_{AC}}{m^*\omega^2}$ 表示太赫兹波电场中自由电子的“太赫兹颤动”距离。

在时变振荡的电磁场中,自由电子的有质动力能等于电磁场对该电子所感生的平均经典动能。另外,光子能量为 $h\nu$,所以在频率足够低的情况下,有质动力能会大于光子能量。以上就是强场物理学的机理。然而,在该领域中高阶多光子过程将会占主导作用。目前,强场物理的研究重点暂时还仅限于原子系统,如超阈值电离现象和强场谐波产生等。在光频波段,由于激光对材料的破坏,电场振幅能够很容易地超过材料的阈值,因此这只能局限于对原子系统的研究。但是在太赫兹波段,只需几千伏/厘米至几兆伏/厘米的电场就能够满足强场物理研究的机制条件，而且所需的电场完全低于材料的介质击穿阈值。因此，利用太赫兹波研究材料中的强场物理是一个不错的选择。在大多数情况下，由于低的有效质量和极大的偶极矩，在异常低的电场中可以实现强场效应。预计的效应还包括超晶格中的动态局域化（微带的坍缩）、激发量子阱、量子线和量子点所导致的太赫兹波强场谐波产生。

（二）太赫兹波在物理领域的应用

1. 太赫兹波的物理应用

太赫兹波技术不仅在量子相干和量子控制实验中占有重要地位，而且还是研究基础光物理（从局部效应到单周期脉冲）的理想技术。随着光谱技术在高分辨率连续测量和时域测量技术两方面能力的逐步提高，太赫兹波光谱技术不仅在天体物理学和大气科学方面发挥了重大作用，它还可以研究极端条件下（如火焰和等离子体）物质的特性。

太赫兹波光谱中包括分子内的转动激发、库仑束缚系统中的里德伯跃迁，以及固体中的激子。虽然人们控制电磁波谱中光频辐射的能力已有很大的提高，但是太赫兹波光谱却为人们在亚波长、亚周期量级实现对电磁波的高精度控制与表征提供了极大的自由度。特别是超快光学的不断发展，更为人们驾驭太赫兹波段的这种控制和表征能力起到了积极的推动作用，太赫兹波相互作用已成为超快物理学研究的一个重要方面。另外，利用相关的太赫兹波脉冲整形技术还可以解释量子经典对应、量子算法、量子局域化和量子混沌等诸多问题。

随着太赫兹波脉冲强度和带宽的日益增高，太赫兹波技术在物理领域会有更多的应用。例如，当太赫兹波脉冲的电场强度强于 1 MV/cm 时，它不仅可以用来探测，也可以被用来泵浦气相和溶液中的离子态，因此一些诸如溶液中太赫兹波活性分子的溶剂环境的结构的基本问题，也可以得到相应的解决。另外，通过太赫兹波的激发作用，为识别周围环境中复杂有机分子提供了一条新的途径。

2. 太赫兹波在光物理学中的应用

太赫兹波不仅具有很多特性，而且它还是不采用干涉仪进行相干测量的最高频段。太赫兹波单周期脉冲很容易产生，它具有非常特殊的光学特性。利用太赫兹波可以很方便地、很好地表征多种物质的光学特性，所以太赫兹波技术将会对光物理学带来巨大的冲击和影响。

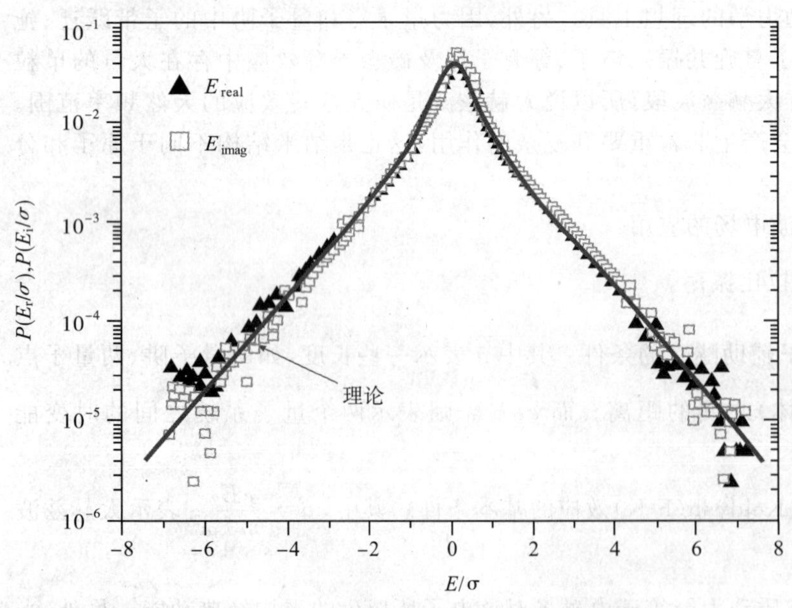

图 7-57　随机宽带辐射场的实部和虚部振幅

两者都做了归一化处理

利用光子来研究随机介质中的安德森局域化（Anderson localization）效应是光物理中的一项长期的研究课题。到目前为止，这种效应只是在微波波段被观察到过，它是通过波导的几何结构限制传播模的数量来实现的。另外，也有许多研究人员利用可见光和近红外光来观察三维体介质中的安德森局域化效应，但其实验结果颇有争议。因为很难证明所观察到的这些效应不是由电介质中的剩余吸收所引起的。太赫兹波可以对材料的光学性能进行高精度的表征。例如，利用太赫兹波技术可以得到相对较大的介电常数（如锗在太赫兹波段的介电常数为 $n\sim 4$），同时保持材料对太赫兹波的吸收也近似为 0（高阻材料）。因此，在太赫兹波段能够很容易地观测到三维随机介质中的局域化效应。反过来，这对于蓬勃发展的随机激光领域同样作用非凡，因为在这个领域多重散射光子扮演着十分重要的角色。

即使是处在局域化效应阈值以下的低反差阶段，太赫兹波技术也是大有用武之地。从医疗光学到地球物理学等多个学科当中都存在着诸如多次散射、漫射等问题，而太赫兹波正是研究这些散射现象的理想实验平台。它既可以对复杂的波前进行亚波长的空间分辨、亚周期的时间分辨的相干测量，也能对场统计和场相互作用进行直接研究。而且，当我们使用宽带太赫兹波辐射源对其进行研究时，这些统计表现出了截然不同的本质特性，如图 7-57 所示。从图中可以看出，统计曲线明显与高斯统计有偏差。图中粗实线曲线表示的是以频率相关的方差($\sigma \sim I(\omega)^{1/2}$)为函数的理论预测结果。

当高度可调谐的太赫兹波电场强于 10^5 时，它可以将物质激发到一个新的状态——“内禀局限模”。上述情况经常出现在电性固体和磁性固体、微工程结构如约瑟夫结、光波导阵列、激光感生的光子晶体当中。固体物理中的局域化效应通常起因于局部杂质、缺陷以及纳米结构中的人工边界条件等所导致的对称破缺性外部紊乱。在理想晶格中，假设电子和声子都处在扩展平面波状态，局域模就可以在这种系统中产生。利用太赫兹波光源可以帮助研究人员在许多新材料当中寻找到局域模，这些材料包括玻色-爱因斯坦冷凝物和生物聚合物。所以科研人员很希望能够利用这些外部激发在光学逻辑器件、光学开关器件以及破坏化学键方面发挥有益的作用。

由于相干(时域和频域)太赫兹波技术能够在很强的热背景环境中表现出很好的性能，所以人们可以利用相关技术来研究新背景中物质的太赫兹波光谱，例如火焰和燃烧过程中太赫兹波段的分子特性具有重要的研究价值。同样，也可以将这种方法应用到瞬态系统的研究中。

二、太赫兹波在化学和生物学领域的应用

太赫兹波在化学和生物学中的应用十分广泛。例如，分子团簇的气相谱，尤其是它的动力学都能通过太赫兹波来测量，由此可提供许多关于孤立体系的非共价相互作用的重要信息。同样，可以用液体的低频光谱来表征它们的集体运动(非共价)模式，只是液体环境和气相环境截然不同而已。液体的线性和非线性光谱都可以通过太赫兹波来研究，由此可以揭示出它们的本征特性以及相关的作用过程，如溶剂化作用。

生物膜、LB 膜和自组装单分子层(SAMs)也可以利用太赫兹波来研究。由于生物膜与生物系统联系密切，所以对它的研究尤显重要，而 LB 膜和 SAMs 的组分构成及化学功能具有很大的可控性。例如，利用太赫兹波可研究分子电子学中人们所感兴趣的分子间的相互作用，这对于一些膜的分子内特性的红外研究来说也是有力的补充。此外，利用太赫兹波还可以探测那些结构更为复杂的异质结构。

因为大量有机和无机晶体的声子模式都处于太赫兹波段，所以利用太赫兹波探测和测量这些晶体的平衡态和动力学过程都是可行的。除了体材料中的声子模式外，表面声子模式和吸附物与表面之间的相互作用也能利用太赫兹波对它们进行相应的研究。就分子晶体而言，它的低频声子模式就是由非共价键相互作用导致的。

迅速发展的电子自旋共振光谱学(ESR)在太赫兹波领域也存有许多机遇。利用太赫兹波技术可以研究无外加电场情况下能级分裂的分子，而这是现有其他技术无法做到的。太赫兹波技术不仅可以在强场中进行亚皮秒时间分辨率的研究，还能在磁场中利用强太赫兹波脉冲进行自旋反转实验。

太赫兹波发射谱是指晶体、薄膜、单分子膜或定向的溶液中的分子受到光激发后辐射出的太赫兹波脉冲，因此，这里只需改变样品的极化方向即可。利用此项技术在分子电子学领域人们将有可能表征所感兴趣分子的电荷转移过程和传导特性。该技术的另一项重要应用就是能够用它来表征光合作用反应中心电荷转移的初始过程。

对蛋白质结构及其动力学方面来说，太赫兹波技术的相关研究同样也存在着多种机遇。现在人们已经能够运用太赫兹波光谱来区分多种氨基酸，人们也有信心在不远的将来通过太赫兹波技术表征出蛋白质的二级、三级结构等结构细节。例如，对 α 螺旋的振动频率，虽然已有许多理论预测，但是一直没有得到可信的实验结果。另外，利用线性和非线性的太赫兹波光谱可以研究从毫秒到亚皮秒时间尺度范围内的动力学过程。

目前，科学家已有能力探测单排或双排 DNA 序列，而且随着该项工作的不断深入必将促使无标记传感器的及早问世。现在实验上已经测得了单对 DNA 碱基对的太赫兹波光谱，在未来的有关 DNA 动力学和传

导特性的研究中，太赫兹波技术势必会大有作为。而且，随着太赫兹波技术与近场探测技术的不断结合，它也能对比蛋白质和DNA更大的系统进行研究。因此，将来对活细胞中蛋白质之间的相互作用即细胞活性的无标记测量也就有可能变为现实。

到目前为止，对于化学和生物学的研究，大多应用的是连续太赫兹波(CW)辐射，也就是说，目前所获得的大多是样品的线性光谱。但由于连续太赫兹波辐射的时间分辨率远不及基于超快激光的太赫兹波脉冲辐射源，所以前者很难探测到化学和生物样品中的非平衡态过程。正是由于太赫兹波脉冲辐射源的时间分辨率高，它将在未来涉及化学和生物学领域中的非平衡态系统的研究中发挥作用。

如今，化学和生物学中所面临的最大挑战无疑是以某种极其精确的方法对化学作用进行控制，而且这对于它们来说也是至关重要的。目前，在生物学领域对这些作用已经能够做到极其精确的控制，但在化学领域还难以做到。为了精确控制那些化学反应，进入分子体系的能量就不应随机进入各个反应自由度，而是应该被导入特定模式或一些模式的集合当中。与反应模式控制相关的一个问题是溶剂化作用的反应时间是在皮秒时间量级上，尤其是其中的水分子作用时间更是如此。

在氨基酸的红外光谱中，振动模式是由特殊的官能团如羧基或酰胺键所导致的，而且它们的时间量级也是在飞秒至数十飞秒之间。这些信息可以归类为“化学”信息。与此对应，另一极端是三级结构动力学，它所对应的时间量级是在纳秒到毫秒之间，可归类为“生物学”信息。无论是蛋白质的活性，还是所接收到的细胞信号，对于它们来说，蛋白质的折叠和停靠都能导致多种振动模式。在化学和生物学这两个极端信息之间，那些残基之中存有多个低频分子内和分子间的模式，这些模式的反应时间在数十飞秒到皮秒之间。而这些模式在二级结构中的反应时间则在皮秒至数十皮秒之间。这些中间模式恰巧落在了太赫兹波光谱范围，它们架起了两种极限情况的桥梁。

太赫兹波光谱是研究分子体系振动能级的最后一段有待开发的谱库。一个太赫兹波光子的能量为0.004 eV，相当于在300 K的温度条件下一个自由度的平均热能的1/6。太赫兹波频段中的共振是热分布激发的，并且它们代表着整个分子内所有原子的集体运动模式。但这些共振从其本质上来说是非简谐的，所以很难利用分子动力学来对它们进行模拟计算。因此，太赫兹波技术成为了研究基础化学的一个真正前沿领域。另外，由于生物系统多是由时变且复杂的大分子组成的，这些大分子之间极为复杂的相互作用为此领域的相关研究提出了更大的挑战，生物复合体(如单细胞)的局部结构就极其复杂而有趣，它们会根据细胞周期状态的不同而改变。由于太赫兹波对体系中的集体运动模式非常敏感，则可以利用太赫兹波技术来对单细胞中复杂分子的相互作用的改变进行跟踪和成像。

随着对太赫兹波源研究的深入，人们将会逐步实现对分子和离子运动，即分子和离子的基团结构、动力学过程以及电子响应的控制；另外还可以实现对材料被太赫兹波激发的响应的研究，以此实现对其他太赫兹波脉冲(或其他电磁波)的探测，从而也将有助于实现太赫兹波对材料非线性光谱的研究。

三、太赫兹波在天文学领域的应用

在20世纪80年代之前，太赫兹波技术仅仅被应用在天文学(研究宇宙背景辐射)和激光核聚变(诊断等离子体)等少数领域。目前太赫兹波在天文学领域的应用主要是对地观测、射电天文、行星/彗星科学探测以及地外生命信息探索等方面。

由于宇宙中至少有98%的辐射能量处在太赫兹波或远红外电磁波谱中，所以宇宙能量被称为太赫兹波能量。在地球的高层大气中也有天然的强太赫兹波源，如羟基、氯化氢和水。根据从它们所获得的信息，我们可以了解支配臭氧循环、全球变暖的化学过程。但由于低层大气中的水、氧气等物质将这些太赫兹波辐射基本上都吸收掉了，所以在地面上很难探测到这些太赫兹波辐射。

利用太赫兹波可以研究许多星体如金星、火星、木星等行星，木卫二、土卫六等卫星，以及彗星和小行星；探索星际间气态区域是否存在新的星体形式，以及其他星系气体、尘埃等；搜寻地外生命信息；推测太阳系、银河系或其他星体的形成原因和演化过程。另外，太赫兹波也是探测月球和火星上是否存在水的有力工具之一。最后，人们通过太赫兹波还可以了解更多有关地球大气层的重要信息，通过获取臭氧损耗机制的数据，可以研究对流层和平流层的状况，进而为全球变暖提供有价值的信息。现在，欧美等发达国家已经实施或计划实施许多太赫兹波空间计划。如美国的 EOS-AURA 上的 MLS 系统现已投入使用，欧洲的 MIRO 也运行 5 年了，日本的 AKARI 运行了 2 年，而 SOFIA、GREAT、ALMA、Herschel（太赫兹波版的哈勃）等计划正在实施或筹备过程当中。到目前为止，利用这些空间太赫兹波设备，欧、美在一定程度上实现了对地球大气成分、对流层的化学性质及其动力学参数、火山活动和云层中冰颗粒的分布等领域的监测。

另外，太赫兹波与天体物理、大气科学、等离子诊断等研究领域的联系愈加紧密，通过研究太赫兹波段内的分子碰撞，可以使上述各项领域向更深层次发展。大气中气体分子碰撞的时间在皮秒（10^{12} s）量级，这使得太赫兹波成为研究这一领域的最佳工具。因为碰撞是一个非微绕问题，同时分子间的相互作用基本取决于未知的分子间势能，所以开展此项研究是十分困难的。尽管如此，近代量子化学已经对此问题展开了重点研究，特别是在低温情况下的。在本书中我们重点介绍气体分子碰撞在 3 个方面的应用：大气传输、星际介质以及气相动力学。

众所周知，由于大气中的水分对太赫兹波辐射有强烈的吸收作用，所以研究太赫兹波在大气中的传输是一项很重要的课题。虽然能够精确计算出太赫兹波辐射的强度和各个峰值的位置，但对于它在“大气窗口”的透射率的计算值总出现错误，结果都大于 100%。为了解决这个问题，提出了大气“连续体”的概念，但其物理原理目前还没有确切的说法。因此，太赫兹波在大气中的传输是多个相关研究领域关注的重点课题，并且实验室做起来也比较困难，各方面技术都不太成熟。

在极低温度（小于 10 K）条件下，分子碰撞将会呈现出另一番景象。室温条件下，由于存在许多碰撞通道，碰撞截面变化十分缓慢，趋于经典理论。然而在极低温度下，碰撞能量和转动能级间的间距是可比拟的，碰撞明显表现为量子力学特征，并且在碰撞截面有共振发生。这些碰撞截面对于建立能量转移模型是至关重要的，而能量转移模型则又是将天文观察数据转化为天体物理数据库的必要模型，相关的太赫兹波科学和技术可在此领域发挥巨大的作用。

有化学家提出，气相动力学的研究难以实现。实际上，太赫兹波是研究多种系统的气相动力学的有力工具。由于这些过程的时间量级取决于压力，所以准连续波技术是进行此项研究的理想工具。

高分辨率连续太赫兹波辐射在物理化学、大气科学、实验天体物理学等方面有许多重要应用。人们在地面和太空已经架设了相当数量的亚毫米（太赫兹波）望远镜，而且在不远的将来还会有更多类似的望远镜投入使用。但许多此类系统只能提供非常有限的光谱信息，而为了识别出这些光谱所带的信息人们还需在实验室中进行必要的辅助实验。另外，星际空间可能大量存有诸如多环芳烃（碳氢化合物）的大分子，而且人们认为许多观察到的光谱信号都是由它们产生的。然而由于星际空间中的这些分子和分子团簇的密度低、温度低，而且是部分电离的，所以人们几乎无法得到它们的光谱信息。现在已经有人将高强度的窄带太赫兹波辐射和纳秒染料激光器结合起来研究此项课题，实验证明这种方法是获取星际空间中分子团簇指纹谱信息的有力工具，见图 7-58。

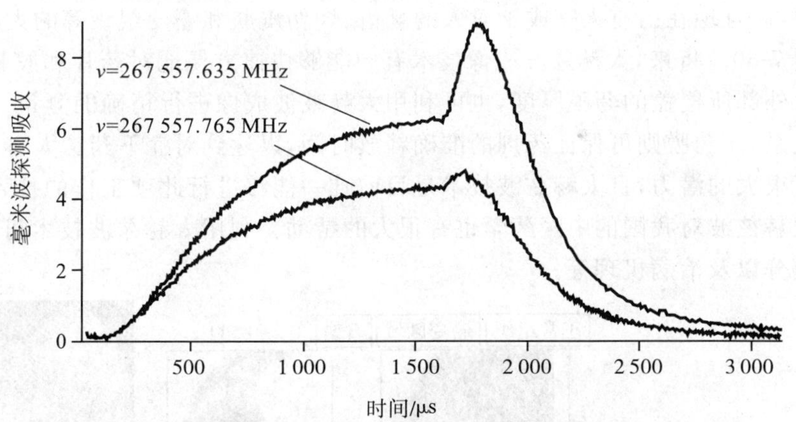

图 7-58　低温环境中低温等离子体激发电子束中的 HCO^+ 的复合曲线

高分辨率的太赫兹波辐射能够时间分辨测量曲线的中段，由于曲线两侧呈多普勒轮廓，所以离子的数密度和运动温度的变化趋势都可以被测得

四、太赫兹波在生命科学和生物医学领域的应用

太赫兹波光谱与成像技术在生命科学和生物医学领域具有很好的应用，是现有成像技术的有力补充，是树木年代学、植物中水输运过程、选种和病理学等研究领域的有力工具。

对于高体植物，其内部远距离水输运相关的物理力学是一颇有争议的课题。这是因为单凭毛细管的作用力是不可能将水分运输到超过 100 m 高的树叶上，由此人们猜测是树叶中的水蒸发产生的“拉力”将水从地面吸上的，该理论为内聚力理论。通过大量的实验证明，植物的蒸腾作用对于水的输运具有非常重要的影响。但是根据近年来的实验结果，内聚力理论引起了人们的质疑。由于目前的试验设备非常昂贵，操作不太方便，并且对于体积较大的植物也不太适用，由此需要寻找其他替代技术。

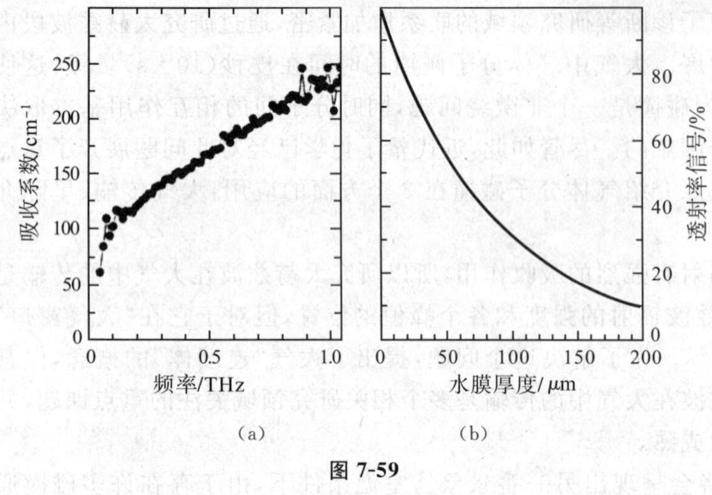

图 7-59

(a)水的吸收光谱；(b)在 ν＝1 THz，以水膜厚度为函数的太赫兹信号的衰减

由于太赫兹波对水的高灵敏性，所以利用它可以研究在树木和在其他生物中的水沉淀物，也可以用来检测植物中的水输运。水在 1 THz 范围的吸收光谱如图 7-59(a)所示。在时域吸收光谱中好像看不出有何现象，如果将时域谱变换到频域中，会发现吸收率会随频率的增长而变大。频率为1 THz时对应的吸收系数是 235 cm^{-1}，如果忽略反射损耗的太赫兹波信号，根据该吸收系数就可估算出太赫兹波信号的衰减，而该衰减信号是关于水膜厚度的函数，见图 7-59(b)。从图中可看出，生物样品中含有定量的水分(等同于 100～200 μm厚度的水膜)。在大多数情况下，关于植物的太赫兹波研究只是局限于单片树叶。对于植物的不同部位，现有的太赫兹波技术要收集到流动速率的信息不太可能。但是，利用太赫兹波技术可以研究水上升的动力学，从而可以回答干旱严重的植物内再水化的时间。太赫兹波技术还能够测量出植物所携带的水量。

另外，由于太赫兹波成像是非破坏性的，太赫兹波的磁场或电场强度对人体或其他活体生物不会造成伤害，所以，用太赫兹波来观察比用 X 射线直接扫描有很多优势。目前，很多人对太赫兹波医学成像抱有希望，而且现在已有人完成了对人的龋齿、烧伤皮肤和癌变组织等的太赫兹波成像实验，实验效果十分明显，见图 7-60。将来，太赫兹波成像技术有望能够快速方便地对药片和胶囊进行结构成像及化学成分鉴定等。药片外部所覆盖的药膜厚度，也可利用太赫兹波成像进行精确的测量。因为药膜的厚度与其平均溶解时间有关系，而药膜则可保证药剂的准确释放时间，以达到对症下药。太赫兹波成像技术在药膜的湿溶测试方面具有很大的潜力，且太赫兹波技术是目前唯一能够进行此项工作的技术，这是常规技术所不能比拟的。另外，太赫兹波对我国的中医药学也有很大的帮助。利用太赫兹波技术可对中草药进行鉴别研究，研究它们中的成分以及治病机理等。

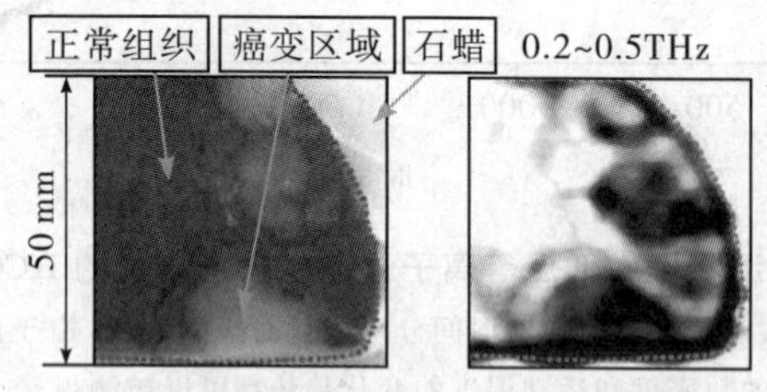

(a)癌变肝样品的太赫兹波成像

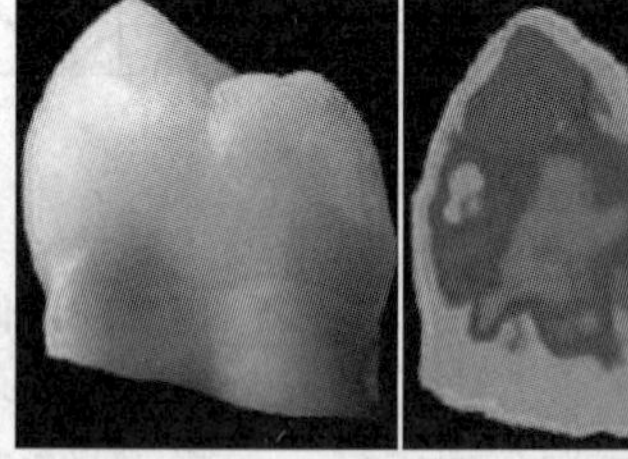

(b)龋齿的太赫兹波成像

图 7-60 太赫兹波医学成像

五、太赫兹波在安全领域的应用

(一)太赫兹波在安检领域的应用

自“9・11”事件发生以后，恐怖主义事件频发，如何能够有效地预防和阻止恐怖袭击已成为世界各国面对的重大课题。虽然现有技术能在一定程度上对恐怖袭击提供预警，但是对于有些高科技、新材料制作的恐怖武器以及人体炸弹等，这些技术有时会显得力不从心。由于许多爆炸物及其相关成分和毒品在太赫兹波

段都有指纹谱(见图 7-61),以及太赫兹波的非电离性、强穿透性,使其在机场、车站、码头等人口密集区可望提供远距离、大范围的预警,与现有的安检技术形成强力互补。太赫兹波光谱和成像技术可被用于国土安全和社会治安,它能够有效地对藏匿在个人衣物下或行李物品中的金属物品、隐蔽武器和炸药进行光谱测量或成像。太赫兹波安检设备能够有效地排查出爆炸物、生化违禁物、凶器和毒品等危险物品,甚至能确定它们的化学成分,避免恐怖袭击的发生。而在塑料凶器、陶瓷手枪、塑胶炸弹、液体炸药和人体炸弹的检测和识别上,利用太赫兹波成像技术可使它们无处遁形,而这是大部分现有常规检测方法所做不到的。

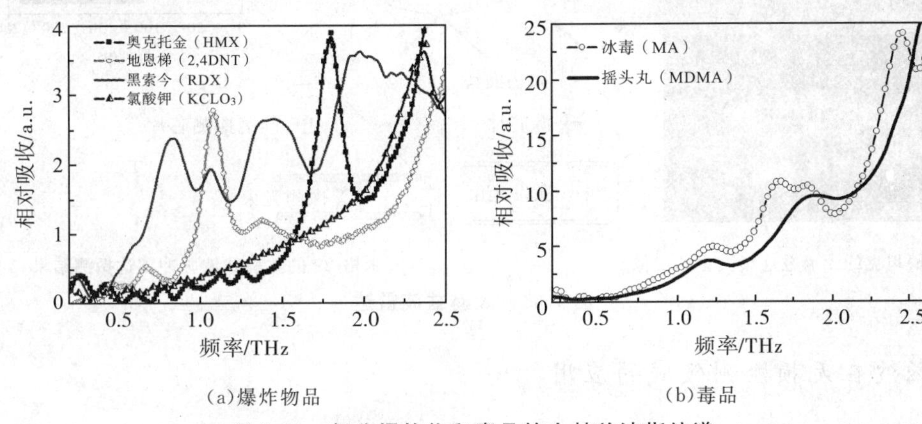

(a)爆炸物品　　(b)毒品

图 7-61　部分爆炸物和毒品的太赫兹波指纹谱

太赫兹波安检有望近年成为现实,已有太赫兹波安检设备的工程样机投入了试运行,见图 7-62(a)。它们可以主动或被动地对视场中的人或物进行直接检测,而且不会对人体造成任何伤害。另一方面,由于太赫兹波成像分辨率较高,有可能会造成侵犯被检人员隐私的嫌疑,不过该问题可以通过成像算法对成像结果图中的隐私部位进行模糊化处理予以解决。另外,太赫兹波成像和光谱技术还能检测发送的货物,如邮件、纸质包裹、塑料和木箱等,以确认它们当中是否有危险或违禁物品,见图 7-62(b)。

(a)太赫兹波安检仪(Thruvision 公司的 T-4000)　　(b)太赫兹波成像

图 7-62　太赫兹波安检仪器和安检成像

(二)太赫兹波在军事上的应用

以信息技术为核心的现代化战争中,信息化武器装备的比例不断提高,从海湾战争到近几年的伊拉克、阿富汗战争,美军的信息化武器装备成比例增长。并且,信息化装备的频段逐步由微波及可见光向太赫兹波频段发展。太赫兹波在雷达、引信、导航、夜视和军事保密通信等相关军事领域将会发挥重要的作用。

作为一个新的频段资源,太赫兹波技术在军事上有很强的应用前景,对国防和国家安全具有重要的应用价值。与微波雷达相比,太赫兹波雷达可以探测到更小的目标,实现更精确的定位,具有更高的分辨率和更强的保密性。而与红外雷达和激光雷达相比,太赫兹波雷达具有穿透沙尘、烟雾的能力,可以实现全天候工作。基于太赫兹波特有的“穿墙术”,太赫兹波雷达可以探测到敌方隐蔽的武器、伪装埋伏的武装人员,以及烟雾、沙尘中的军事装备,如图 7-63 所示。

另外,太赫兹波雷达还可以远程探测空气中传播的有毒生物颗粒或化学气体,引导航空航天器全天候起飞或着陆。利用强太赫兹波辐射穿透地面,能探测地下的雷场分布,或者进行远程炸弹探测等。太赫兹波雷达还是反隐身的利器,不管是基于形状隐身还是涂料隐身,甚至基于等离子体隐身的飞行器,太赫兹波雷达都可以轻易探测到它们。因为太赫兹波雷达工作在隐形所用的工作波段之外，太赫兹波比毫米波短，可以轻易接收到飞行器的回波，而现有的吸波材料只对特定的波段才起作用。

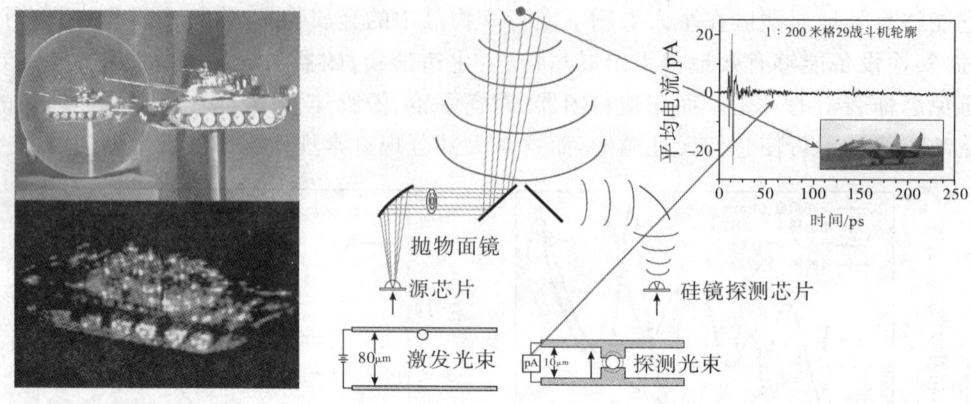

(a)坦克的太赫兹连续波雷达成像　　(b)米格-29 的太赫兹波脉冲雷达探测结果

图 7-63　太赫兹波雷达

(三)太赫兹波在无损检测领域的应用

定期对航天器和航空器进行损伤、疲劳和化学剥蚀的检查十分必要。太赫兹波成像技术现已是美国航天局用来检测航天器缺陷的 4 大成像技术之一(其他 3 种为 X 光成像、超声波成像和激光剪切力成像)。特别是在哥伦比亚号惨剧发生之后，太赫兹波技术有效检测出了导致惨剧的原因所在(外部燃料箱泡沫脱粘所致)，如图 7-64(a)所示。现在太赫兹波成像技术除了应用于航天飞机外燃料箱绝缘泡沫中气孔和脱粘现象的检测之外，它还可应用于热防护系统(矩形二氧化硅耐火板)、助推火箭的 cork 层、附有陶瓷涂层的涡轮叶片、复合结构、层压板、碳-碳复合材料的表面等部件的无损检测。检测它们内部是否含有诸如气孔、脱粘、夹杂物、非正常几何构形等缺陷，以避免哥伦比亚号悲剧的重演。目前我国利用连续太赫兹波系统对火箭燃料箱泡沫的人工缺陷进行检测，得到了很好的检测结果[48-50]，如图 7-64(b)所示。

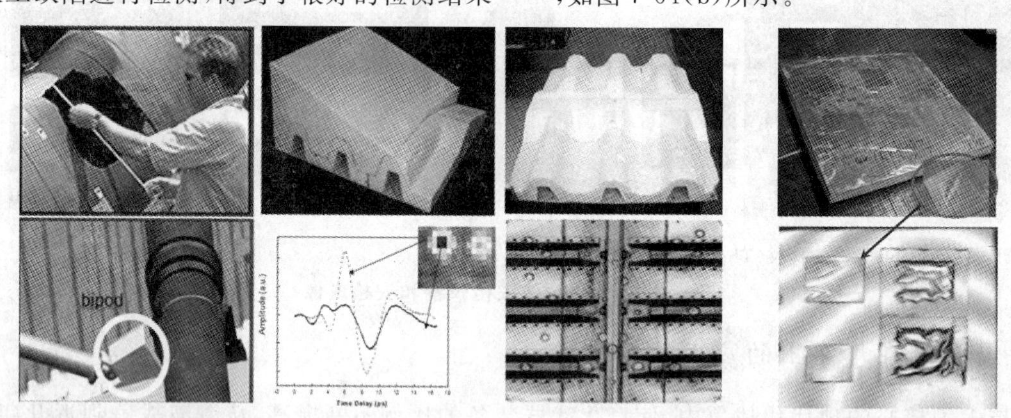

(a)美国航天器泡沫板　　(b)中国火箭燃料箱泡沫板

图 7-64　燃料箱泡沫的太赫兹波检测

NASA 还计划将太赫兹波推广到商业化层面，如复合树脂、陶瓷、塑料、自然材料和其他非金属材料的检测。利用太赫兹波三维成像可以检测汽车仪表盘、建筑物墙体和地板材料表面、印刷电路板的脱层问题、密封性检测和瓷砖、纸张等的生产检测。

第九节　红外辐射

本节和以后各节的撰写参考了文献[52]至[62]。

一、红外辐射和基本概念

红外辐射也称红外线，是由英国天文学家赫谢耳(Herschel)在1800年研究太阳七色光的热效应时发现的。他用分光棱镜将太阳光分解成从红光到紫光的单色光，并依次测量不同颜色光的热效应。他发现：当水银温度计移到红光边界以外，人眼看不到任何光线的黑暗区域，温度反而比红光区域高。经反复实验证明，在红光外侧，确实存在一种人眼看不到的“热线”，后来称之为“红外线”。事实上，红外线存在于自然界的任何角落，充满了整个宇宙空间。一切温度高于绝对零度的物体都在不停地向外辐射红外线。

红外辐射是从可见光的红光边界开始，一直扩展到太赫兹波区边界。红外辐射的波长范围在0.75～30 μm，是个相当宽的波段。而对于整个电磁波谱而言，红外辐射只占据了很小的一部分。整个电磁波谱包括20个数量级的频率范围，可见光谱的波长范围(0.38～0.78 μm)只跨过1个倍频程，而红外波段却跨过了大约15倍频程。因此，红外光谱区比可见光谱区含有更丰富的内容。

根据红外辐射在地球大气层中的传输特性可将红外辐射分为近红外(0.75～3 μm)、中红外(3～6 μm)、远红外(6～15 μm)和极远红外(15～30 μm)。例如，对于前3个波段，它们中都至少含有一个大气窗口。而所谓大气窗口是指在这一波段内大气对红外辐射基本上是透明的，见图7-65。

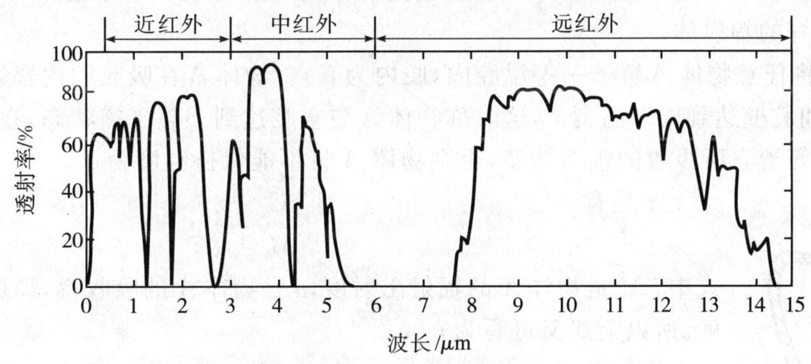

图7-65　红外大气窗口

红外辐射是一种电磁辐射，它既具有与可见光相似的特性，如反射、折射、干涉、衍射和偏振，又具有粒子性，即它可以以光量子的形式被发射和吸收。这已在电子对产生、康普顿散射、光电效应等实验中得到充分证明。此外，红外辐射还有一些与可见光不一样的独有特性：

1)人眼对红外辐射不敏感，所以必须用对红外辐射敏感的红外探测器才能探测到它。

2)红外辐射的光量子能量比可见光的小，例如10 μm波长的红外光子的能量大约是可见光光子能量的1/20。

3)红外辐射的热效应比可见光要强得多。

4)红外辐射更易被物质所吸收，但对于薄雾来说，波长较长的红外辐射更容易通过。

1. 朗伯余弦定律

红外辐射源辐射通量在空间的角分布并不均匀，往往有很复杂的角分布，辐射量的计算通常比较麻烦。

对于一个磨得很光或镀制很好的反射镜，当有一束光入射到它上面时，反射光具有很好的方向性，只有恰好逆着反射光的方向观察时，才感到十分耀眼，这种反射称为镜面反射。然而，对于一个表面粗糙的反射体(如毛玻璃)，其反射的光线没有方向性，在各个方向观察时，感受不到差别，这种反射称为漫反射。

对于理想的漫反射体，所反射的辐射功率的空间分布为

$$\Delta^2 P = B\cos\theta\Delta A\Delta\Omega \tag{7-78}$$

也就是说，理想反射体单位表面积ΔA向空间某方向单位立体角$\Delta\Omega$反射(发射)的辐射功率和该方向与表面法线夹角θ的余弦成正比。这个规律称为朗伯余弦定律。上式中B是一个与方向无关的常数。凡遵守朗伯余弦定律的辐射表面称为朗伯面，相应的辐射源称为朗伯源或漫辐射源。虽然朗伯余弦定律是一个理想化的概念，但实际上所遇到的许多辐射源，在一定的范围内都十分接近朗伯余弦定律的辐射规律。例如，黑体辐射就精确地遵循朗伯余弦定律。而大多数绝缘材料的表面，在相对于表面法线方向的观察角不超过60°时，也都遵循朗伯余弦定律。

2. 辐射对比度

用热像仪来观察背景中的目标时，当目标和背景的温度近似相同或者说目标和背景的辐射出射度差别不大时，探测起来就很困难。为描述目标和背景辐射之间的差别，引入了辐射对比度。

辐射对比度C定义为目标和背景辐射出射度之差与背景辐射出射度之比，即

$$C = \frac{M_T - M_B}{M_B} \tag{7-79}$$

式中，$M_T = \int_{\lambda_1}^{\lambda_2} M_\lambda(T_T)\mathrm{d}\lambda$ 为目标在波长$\lambda_1 \sim \lambda_2$间的辐射出射度，$M_B = \int_{\lambda_1}^{\lambda_2} M_\lambda(T_B)\mathrm{d}\lambda$ 为背景在波长$\lambda_1 \sim \lambda_2$间的辐射出射度。

二、热辐射的基本规律

物体在一定温度下发出的电磁辐射为热辐射或红外辐射，遵循下面的辐射定律，只作简单介绍，较为详细的论述可参阅第九章《辐射度学和光度学》，第三十七章《光学测试计量学》。

1. 基尔霍夫定律

基尔霍夫定律是热辐射理论的基础之一。它不仅把物体的发射与吸收联系起来，而且还说明了一个好的吸收体必然是一个好的辐射体。

如图7-66所示，将任意物体A置于一等温腔内，腔内为真空。物体A在吸收腔内辐射的同时又在发射辐射，最后物体A将要和腔壁达到同一温度T，这时称物体A与空腔达到了热平衡状态。在热平衡状态下，物体A发射的辐射功率必等于它所吸收的辐射功率，否则物体A将不能保持温度为T。

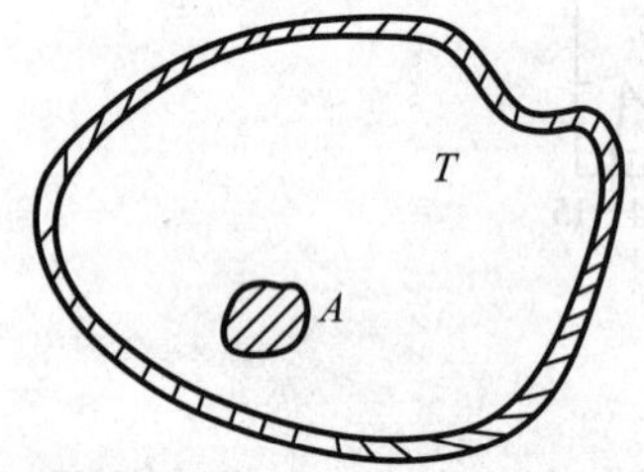

图7-66 等温腔内的物体

于是有

$$M = \alpha E \tag{7-80}$$

式中，M是物体A的辐射出射度，α是物体A的吸收率，E是物体A上的辐射照度。所以上式又可写为

$$\frac{M}{\alpha} = E \tag{7-81}$$

(7-81)式是基尔霍夫定律的一种表达形式，即在热平衡状态下，物体的辐射出射度与其吸收率的比值等于空腔中的辐射照度，与物体的性质无关。物体的吸收率越大，它的辐射出射度也越大，即好的吸收体必是好的辐射体。

对于不透明的物体，透射率为0，则$\alpha = 1 - \rho$，其中ρ是物体的反射率。这表明好的辐射体必是弱的反射体。

用光谱量可将(7-81)式表示为

$$\frac{M_\lambda}{\alpha_\lambda} = E_\lambda \tag{7-82}$$

所谓黑体(或绝对黑体)，是指在任何温度下能够全部吸收任何波长的入射辐射的物体。按此定义，黑体的反射率和透射率均为0，吸收率等于1，即$\alpha_{bb} = \alpha_{\lambda bb} = 1$，其中下角标bb特指黑体。

黑体是一个理想概念，在自然界中并不存在真正的黑体。然而，一个开有小孔的空腔就是一个黑体的模型。如图7-67所示，在一个密封的空腔上开一个小孔，当一束入射辐射由小孔进入空腔后，在腔体表面上要经过多次反射，每反射一次，辐射就会被吸收一部分，最后只有极少量的辐射从腔孔中逸出。譬如腔壁的吸收率为0.9，则进入腔内的辐射功率经3次反射后，就吸收了入射辐射功率的0.999，故可以认为进入空腔的辐射被完全吸收。因此，腔孔的辐射就相当于一个面积等于腔孔面积的黑体辐射。

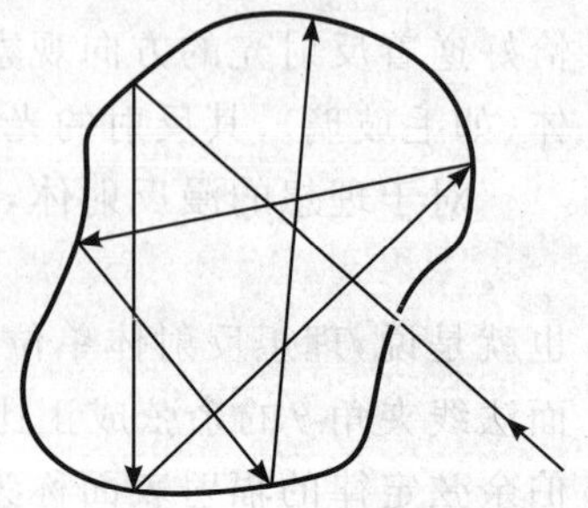
图7-67 黑体模型

2. 普朗克定律

以波长为变量的黑体辐射普朗克公式为

$$W_\lambda = \frac{8\pi hc}{\lambda^5}\frac{1}{e^{hc/(\lambda kT)}-1} \tag{7-83}$$

按光谱辐射亮度 L_λ 与光谱能量密度 W_λ 的关系

$$L_\lambda = cW_\lambda/(4\pi) \tag{7-84}$$

以及黑体所遵循的朗伯辐射定律

$$M_\lambda = \pi L_\lambda \tag{7-85}$$

可得黑体的光谱辐射出射度为

$$M_{\lambda bb} = \frac{2\pi hc^2}{\lambda^5}\frac{1}{e^{hc/(\lambda kT)}-1} = \frac{c_1}{\lambda^5}\frac{1}{e^{c_2/(\lambda T)}-1} \tag{7-86}$$

(7-86)式即为描述黑体辐射光谱分布的普朗克公式，也叫做普朗克辐射定律。式中，$M_{\lambda bb}$ 是黑体的光谱辐射出射度，其单位为 $W/(m^2 \cdot \mu m)$；λ 表示波长，其单位为μm；T 为热力学温度，其单位为 K；c 是光速，单位为 m/s；c_1 是第一辐射常数；c_2 是第二辐射常数；k 是波尔兹曼常数，单位为 J/K。其中，$c_1 = 2\pi hc^2 = (3.741\,5 \pm 0.000\,3) \times 10^8 (W \cdot \mu m^4/m^2)$，$c_2 = hc/k = (1.438\,79 \pm 0.000\,19) \times 10^4 (\mu m \cdot K)$。

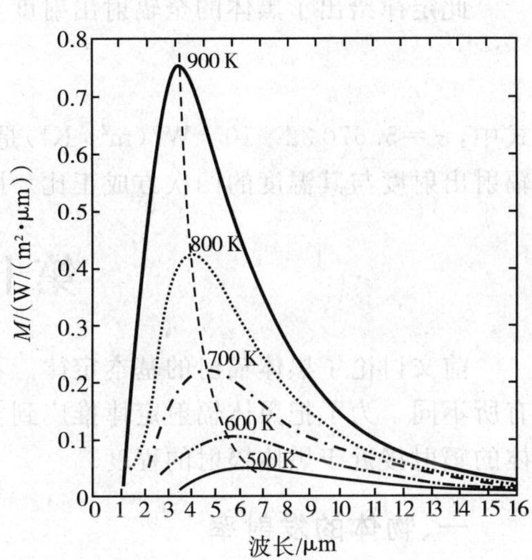

图 7-68　几种不同温度下黑体辐射出射度随波长的变化曲线

图 7-68 给出了温度在 500～900 K 范围的黑体光谱辐射出射度随波长变化的曲线，图中虚线表示 $M_{\lambda bb}$ 取极大值的位置。由该图可以看出黑体辐射具有以下几个特征：

1)光谱辐射出射度随波长连续变化，每条曲线只有一个极大值。

2)曲线随黑体温度的升高而整体提高。在任意指定波长处，与较高温度对应的光谱辐射出射度也较大，反之亦然。因为每条曲线下包围的面积正比于全辐射出射度，所以上述特性表明黑体的全辐射出射度随温度的增加而迅速增大。

3)每条曲线彼此不相交，故温度越高，在所有波长上的光谱辐射出射度也越大。

4)每条曲线的峰值 $M_{\lambda m}$ 所对应的波长叫峰值波长 λ_m。随温度的升高，峰值波长减小。也就是说随温度的升高，黑体的辐射中包含的短波成分所占的比例增加。

5)黑体的辐射只与黑体的热力学温度有关。

普朗克公式在两种极限条件下的情况如下：

1)当 $c_2/(\lambda T) \gg 1$，即 $hc/\lambda \gg kT$ 时，对应短波或低温情形，普朗克公式中的指数项远大于 1，故可以将分母中的 1 忽略，这时普朗克公式变为

$$M_{\lambda bb} = \frac{c_1}{\lambda^5}e^{-\frac{c_2}{\lambda T}} \tag{7-87}$$

这就是维恩公式，它仅适用于黑体辐射的短波部分。

2)当 $c_2/(\lambda T) \ll 1$，即 $hc/\lambda \ll kT$ 时，对应长波或高温情形，可将普朗克公式中的指数项用级数展开，并取其前两项：$e^{c_2/\lambda T} = 1 + c_2/(\lambda T) + \cdots$，则普朗克公式变为

$$M_{\lambda bb} = \frac{c_1}{c_2}\frac{T}{\lambda^4} \tag{7-88}$$

这就是瑞利-金斯公式，它仅适用于黑体辐射的长波部分。

普朗克公式也能以光子的形式表示，这在研究光子探测器的性能时很有用。如果将普朗克公式(7-86)式除以一个光子的能量 $h\nu = hc/\lambda$，就可以得到以光谱光子辐射出射度表示的普朗克公式：

$$M_{p\lambda bb} = \frac{c_1}{hc\lambda^4}\frac{1}{e^{c_2/(\lambda T)}-1} = \frac{c_1'}{\lambda^4}\frac{1}{e^{c_2/(\lambda T)}-1} \tag{7-89}$$

式中，$c'_1 = 2\pi c = 1.883\,65 \times 10^{27} (\mu m^3/(s \cdot m^2))$，$M_{p\lambda bb}$ 表示单位时间内单位黑体面积、单位波长间隔内向空间半球发射的光子数，其单位是 $1/(s \cdot m^2 \cdot \mu m)$。

3. 维恩位移定律

此定律给出了黑体光谱辐射出射度的峰值 $M_{\lambda m}$ 所对应的峰值波长 λ_m 与黑体热力学温度 T 的关系：

$$\lambda_m T = b \tag{7-90}$$

式中，常数 $b = (2\,898.8 \pm 0.4)\ \mu m \cdot K$ 。

维恩位移定律表明，黑体光谱辐射出射度峰值对应的峰值波长 λ_m 与黑体的热力学温度 T 成反比。

4. 斯蒂芬-玻尔兹曼定律

此定律给出了黑体的全辐射出射度与热力学温度的关系

$$M_{bb} = \frac{c'_1}{c_2^4} T^4 \frac{\pi^4}{15} = \sigma T^4 \tag{7-91}$$

式中，$\sigma = 5.670\,32 \times 10^{-8}\ W/(m^2 \cdot K^4)$ 是一个普适常数，叫做斯蒂芬-玻尔兹曼常数。该定律表明，黑体的全辐射出射度与其温度的四次方成正比。因此，温度的很小变化会引起辐射出射度的很大变化。

第十节　发射率和辐射源

前文讨论了黑体辐射的基本定律。不过黑体只是一种理想化的物体，而实际物体的辐射与黑体的辐射有所不同。为了把黑体辐射定律推广到实际物体的辐射，下面引入一个叫做发射率的物理量，来表征实际物体的辐射接近于黑体辐射的程度。

一、物体的发射率

所谓物体的发射率（也叫做比辐射率）是指该物体在指定温度 T 时的辐射量与同温度黑体的相应辐射量的比值。很明显，比值越大，表明该物体的辐射与黑体辐射越接近。并且，只要知道了某物体的发射率，利用黑体的基本辐射定律就可找到该物体的辐射规律，并计算出其辐射量。

（一）半球发射率和方向发射率

1. 半球发射率

辐射体的辐射出射度与同温度下黑体的辐射出射度之比称为半球发射率（ε_h），分为全量和光谱量两种。半球全发射率定义为

$$\varepsilon_h = \frac{M(T)}{M_{bb}(T)} \tag{7-92}$$

式中，$M(T)$ 是实际物体在温度 T 时的全辐射出射度，$M_{bb}(T)$ 是黑体在相同温度下的全辐射出射度。

半球光谱发射率定义为

$$\varepsilon_{\lambda h} = \frac{M_\lambda(T)}{M_{\lambda bb}(T)} \tag{7-93}$$

式中，$M_\lambda(T)$ 是实际物体在温度 T 时的光谱辐射出射度，$M_{\lambda bb}(T)$ 是黑体在相同温度下的光谱辐射出射度。

任意物体在温度 T 时的半球光谱发射率为

$$\varepsilon_{\lambda h}(T) = \alpha_\lambda(T) \tag{7-94}$$

可见，任何物体的半球光谱发射率与该物体在同温度下的光谱吸收率相等。同理，可得出物体的半球全发射率与该物体在同温度下的全吸收率相等，即

$$\varepsilon_h(T) = \alpha(T) \tag{7-95}$$

(7-94)式和(7-95)式是基尔霍夫定律的又一种表示形式，即物体吸收辐射的本领越大，其发射辐射的本领也越大。

2. 方向发射率

方向发射率（$\varepsilon(\theta)$），也叫做角比辐射率或定向发射本领。它是在与辐射表面法线成 θ 角的小立体角内测量的发射率。θ 角为零的特殊情况叫做法向发射率 ε_n，$\varepsilon(\theta)$ 也分为全量和光谱量两种。

方向全发射率定义为

$$\varepsilon(\theta)=\frac{L}{L_{\mathrm{bb}}} \tag{7-96}$$

式中，L 和 L_{bb} 分别是实际物体和黑体在相同温度下的辐射亮度。因为 L 一般与方向有关，所以 $\varepsilon(\theta)$ 也与方向有关。

方向光谱发射率定义为

$$\varepsilon_{\lambda}(\theta)=\frac{L_{\lambda}}{L_{\lambda\mathrm{bb}}} \tag{7-97}$$

因为物体的光谱辐射亮度 L_{λ} 既与方向有关，又与波长有关，所以 $\varepsilon_{\lambda}(\theta)$ 是方向角 θ 和波长 λ 的函数。

从以上各种发射率的定义可以看出，对于黑体，各种发射率的数值均等于1，而对于所有的实际物体，各种发射率的数值均小于1。

（二）物体发射率的一般变化规律

1）对于朗伯辐射体，三种发射率 ε_{n}、$\varepsilon(\theta)$ 和 ε_{h} 彼此相等。

对于电绝缘体，$\varepsilon_{\mathrm{h}}/\varepsilon_{\mathrm{n}}$ 在 0.95～1.05 之间，其平均值为 0.98。对这类材料，在角 θ 不超过 65°或 70°时，$\varepsilon(\theta)$ 与 ε_{n} 仍然相等。

对于导电体，$\varepsilon_{\mathrm{h}}/\varepsilon_{\mathrm{n}}$ 在 1.05～1.33 之间；对大多数磨光金属，其平均值为 1.20，即半球发射率比法向发射率约大 20%，当角 θ 超过 45°时，$\varepsilon(\theta)$ 和 ε_{n} 差别明显。

2）金属的发射率较低，但它随温度的升高而增高，并且当表面形成氧化层时，可以成倍地增高。

3）非金属的发射率要高些，一般大于 0.8，并随温度的增加而降低。

4）金属及其他非透明材料的辐射，发生在表面几微米的范围之内，因此发射率是表面状态的函数，而与尺寸无关。据此，涂敷或刷漆的表面发射率是涂层本身的特性，而不是基层表面的特性。对于同一种材料，由于样品表面条件的不同，测得的发射率会有差别。

5）介质的光谱发射率随波长变化而变化，见图 7-69。在红外区域，大多数介质的光谱发射率随波长的增加而降低。例如，白漆和涂料 TiO_2 等在可见光区有较低的发射率，但当波长超过 3 μm 时，几乎相当于黑体。用它们覆盖的物体在太阳光下温度相对较低，这是因为它不仅反射了部分太阳光，而且几乎像黑体一样重新辐射所吸收的能量。而铝板在太阳光直接照射下，温度相对较高，这是由于它在 10 μm 附近有相当低的发射率，因此不能有效地辐射所吸收的能量。

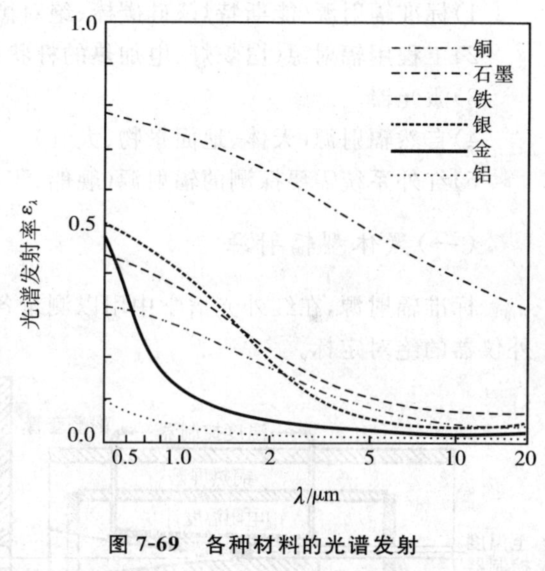

图 7-69　各种材料的光谱发射

（三）热辐射体的分类

根据光谱发射率的变化规律，可将热辐射体分为如下三类：

1）黑体或普朗克辐射体。黑体或普朗克辐射体的发射率、光谱发射率均等于 1。黑体的辐射特性，遵守普朗克公式、维恩位移定律和斯蒂芬-玻耳兹曼定律。

2）灰体。灰体的发射率、光谱发射率均为小于 1 的常数。

3）选择性辐射体。选择性辐射体的光谱发射率随波长的变化而变化。

图 7-70 给出了三类辐射体的光谱发射率和光谱辐射出射度曲线。由图可知，黑体辐射的光谱分布曲线是各种辐射体曲线的包络线。这表明，在同样的温度下，黑体在总的或任意的光谱区间的辐射比其他辐射体的都大。灰体的发射率是一个常数，这是个特别有用的概念。因为有些辐射源，如喷气机尾喷管、气动加热表面、无动力空间飞行器、人、大地及空间背景等，都可以视为灰体，所以只要知道它们的表面发射率，就可以

根据有关的辐射定律进行足够准确的计算。灰体的光谱辐射出射度曲线与黑体的辐射出射度曲线有相同的形状，但其发射率小于1，所以在黑体曲线以下。选择性辐射体在有限的光谱区间有时可近似成灰体来简化计算。

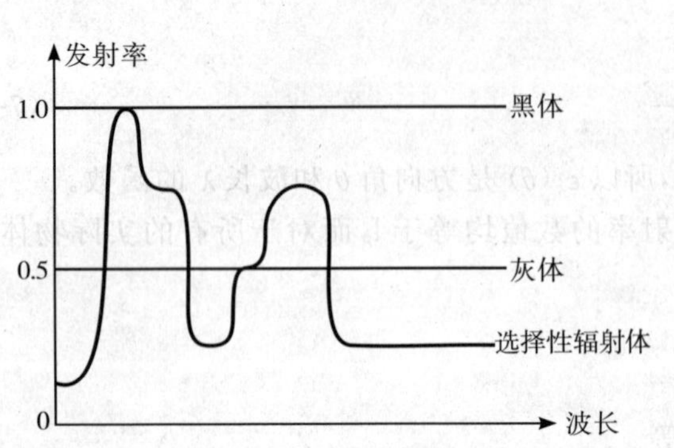

(a)黑体、灰体、选择性辐射体的发射率与波长的关系

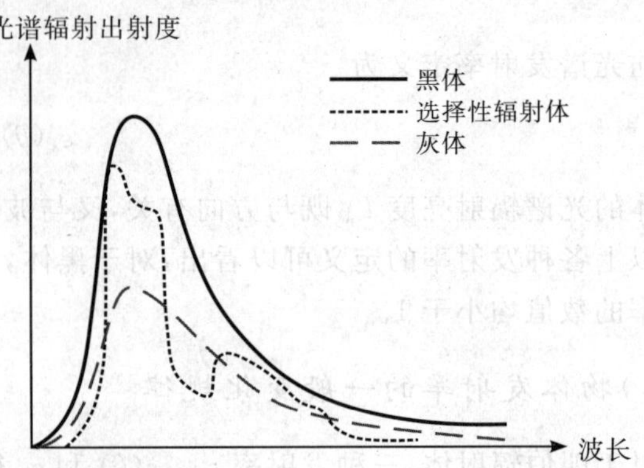

(b)黑体、灰体、选择性辐射体的光谱辐射出射度与波长的关系

图 7-70 三类辐射体的光谱发射率和光谱辐射出射度

二、辐射源和背景辐射

任何辐射红外波段电磁波的物体，都可称为红外辐射源。它的一般分类如下：

1)标准辐射源(能斯特灯、硅碳棒、绝对黑体模型)。

2)工程用辐射源(白炽灯、电加热的杆状和面状辐射器、气体加热辐射器、电发光辐射器、弧光灯)。

3)激光器。

4)自然辐射源(天体、地面景物、大气)。

5)红外系统需要探测的辐射源(舰船、飞行器、工业目标)。

(一)黑体型辐射源

标准辐射源，在红外光谱学中用以测量各种材料的透射、反射和吸收系数，而在实验室工作中还用作红外仪器的绝对定标。

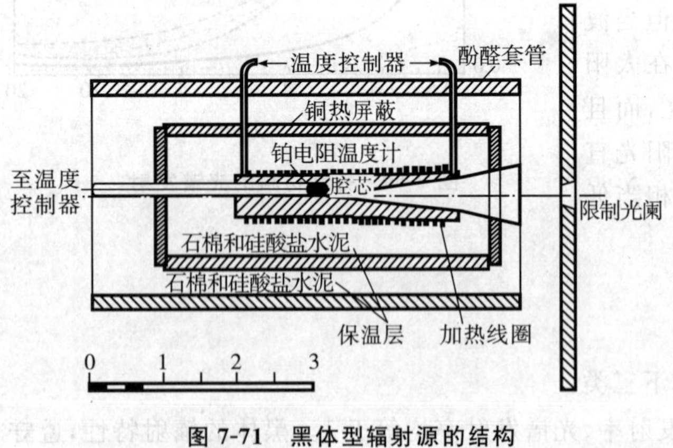

图 7-71 黑体型辐射源的结构

黑体型辐射源作为标准辐射源，被广泛地用作红外设备的绝对标准。然而，黑体是一种理想化的概念，在自然界中并不存在绝对的黑体。因此，按定义，不可能制作出一个绝对黑体。基尔霍夫定律证明密闭空腔内的辐射就是黑体辐射。但是，实际用作标准的黑体型辐射源，都是开有小孔的空腔，小孔的辐射只能近似于黑体辐射，由于从小孔入射的辐射总有一小部分从小孔逸出，因此其发射率略小于1。习惯上就把这种开有小孔的空腔叫做黑体源或黑体炉。它可以作为一种标准来校正其他辐射源或红外系统。图 7-71 所示的是典型的实用黑体型辐射源的构造，其主要组成部分包括腔体、加热线圈、保温层、温度计和温度控制部分。

(二)工程用辐射源

实验室的专用钨丝灯，采用普通的和锥形螺旋钨丝、钨片、钨带 U 形棒等作为灼热体。这种灯泡有一透红外辐射的窗口。灼热体置于椭球面反射镜的焦点上，使全部辐射射向窗口。

投射器用的白炽灯，与普通照明灯的差异在于灼热体和灯泡形状的不同。其灯头为螺丝式或卡口式。

为了提高白炽灯的寿命，灯泡内充有一定量的碘。充碘白炽灯与普通白炽灯比，寿命长一倍半，发光效率高15%～20%。

在要求亮度大而照射面积小的辐射源的情况下，应用弧光灯。其电极呈球形，直径1～4 mm，电极之间产生电弧放电。电弧温度达4 000 K。灯泡内充以氮、氖或汞蒸气。电弧放电靠与主电极并联的辅助电极之间辉光放电的电离作用来产生。

红外线干燥用白炽灯多半带有内反射镜或外反射镜，其功率为125～500 W。灼热体为钨丝（“发光”辐射体）、内部加热的金属或陶瓷管（“无光”辐射体）或加热石英棒。

（三）红外激光器

激光器按工作物质可分为固体、气体和液体激光器。气体激光器还可分为离子、分子、气动激光器和中性原子激光器。

根据不同的工作状态，激光器又可分为连续工作和脉冲工作两种。激光器也可按频率范围、泵浦方式和制冷方法来分类。

根据下列参数确定激光器在各种系统中应用的可能性：

1)光辐射波长范围和谱线宽度。

2)能量参数（辐射的输出能量或功率，泵浦源电能变成光辐射能的转换效率）。

3)辐射的发散角和空间相干性。

4)辐射的时间特性。

除这些参数外，激光器的某些结构特件（外形尺寸、制冷装置类型、电源电压和功率、安装在活动目标上的能力、外界条件对参数稳定性的影响等）也具有实际意义。表7-1列出了一些典型红外激光器的参数。

表7-1　一些典型红外激光器

类型	工作物质	波长/μm	技术特点	应用
YAG激光器	Nd:YAG	1.06	板状几何结构输出的激光无偏振特性，但在连续工作时，热效应将引起热光畸变	软破坏，热处理等
钕玻璃激光器	掺 Nd_2O_3 硅酸盐玻璃	1.059	激光振荡阈值低、受激发射截面大、无辐射跃迁几率低、非线性系数小	金属材料切割、打孔、焊接和激光手术刀
拉曼激光器	Nd:YAG	1.54	拉曼平移1.06 μm→1.54 μm，输出能量35 mJ	安全测距等
掺铒玻璃激光器	掺 Er^{3+} 粒子磷酸盐玻璃	1.54	非Q开关输出25～30 mJ（输入12～15 J）	安全测距等
Tm:YAG激光器	掺铥离子（Tm^{3+}）的Tm:YAG	2.01	可用闪光灯或二极管泵浦，斜度效率很高	医学、军事及气象领域
CO_2激光器	CO_2	10.6 可调谐	工作方式：连续，脉冲	测距、激光雷达、软破坏、热处理等
He-Ne激光器	He	1.15， 3.39	单色强、方向性好、高亮度	数学实验、精密计量、激光通讯、激光照排、临床医疗、农业育种等教育科研、工农业生产领域
半导体激光泵浦固体激光器	Nd:YAG	1.06	连续功率100 W，脉冲能量1 J（重复频率30），准连续输出1 000 W	通信、测量
半导体激光器	GaAs双异质和InGaAs/GaAs应变层量子阱	远红外， 可变	功率密度200 W/mm^2，寿命106～107次，输出功率10 W	光纤通信、传感、测距、模拟等

（四）自然红外辐射源

自然红外辐射源包括太阳、月球、行星、恒星、云、大气和地球表面等，在某些情况下，这类辐射可用作观察目标的照射，它经常是背景。

1. 天空的红外辐射

白天，天空背景的红外辐射是散射太阳光和大气热辐射的组合。图 7-72 给出了白天天空的红外光谱辐射亮度，图中显示的光谱被分隔成两个区域：波长小于 3 μm 的太阳散射区和4 μm以上的热发射区。太阳的散射以明亮的日耀云（指在太阳光照射下的云）反射或交替地用晴空散射的曲线来表示，用 300 K 黑体代表热发射区。在 3～5 μm之间，天空的红外辐射最小。

夜间，因不存在散射的太阳光，天空的红外辐射为大气的热辐射。大气的热辐射主要与大气中水蒸气、二氧化碳和臭氧等的含量有关。晴朗夜空的光谱辐射亮度随仰角的变化情况见图 7-73。在低仰角时，大气路程很长，光谱辐射亮度为底层大气温度（图中为 8℃）的黑体辐射；在高仰角时，大气路径变短，在那些吸收率（即发射率）很小的波段上，红外辐射变小了，但在6.3 μm处的水蒸气发射带和 15 μm 处的二氧化碳发射带上吸收很厉害，甚至在一短的路程上，发射率基本等于 1，而在9.6 μm处的发射是由臭氧引起的。

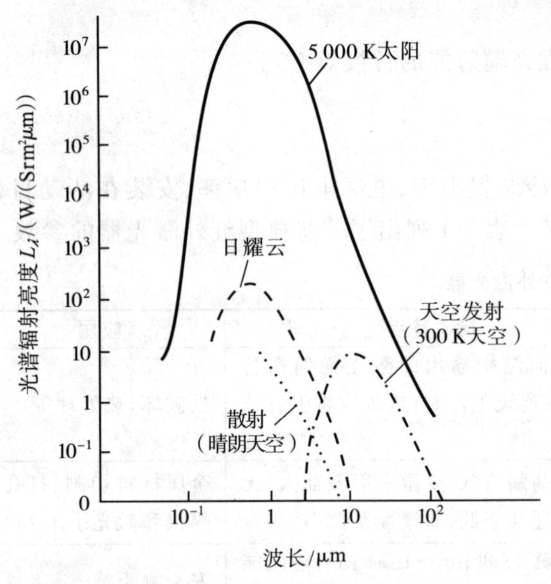

图 7-72　白天天空的红外光谱辐射亮度

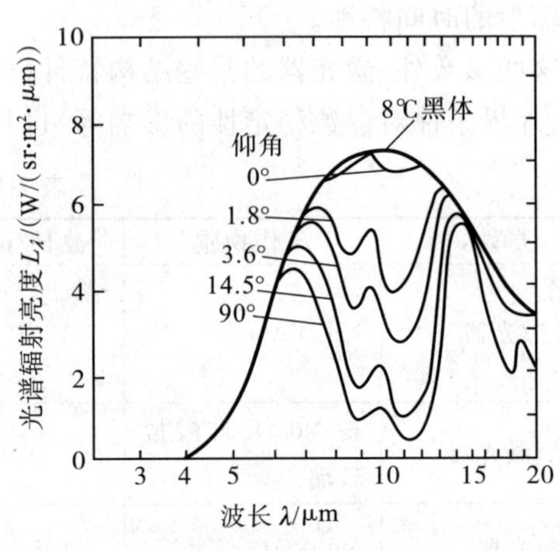

图 7-73　晴朗夜空的红外光谱辐射亮度

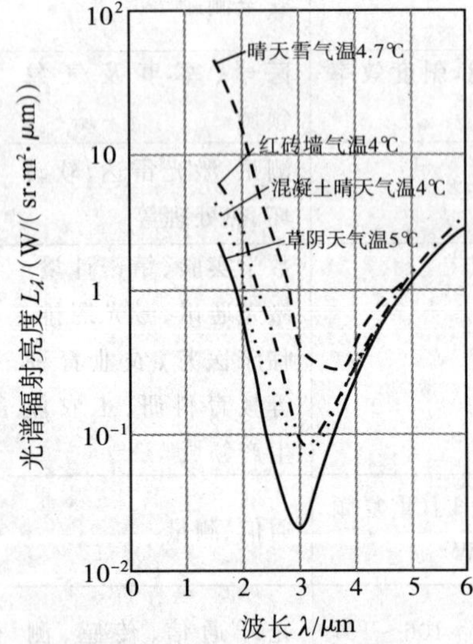

图 7-74　几种地物的光谱辐射亮度

有云时，近红外太阳散射和热发射都会受影响。在云层中，近红外辐射呈现出强的正向散射。因此，太阳、观测仪和云覆盖的相对位置就特别重要。对于昏暗的阴天，多次散射会减少这种强烈的正向散射。浓厚云层是良好的黑体。云层的发射在 8～13 μm 波段内，其发射与云的温度有关。由于大气的发射和吸收带在 6.3 μm 和 15.0 μm 上，因此，在这个波长处看不到云，而该处的辐射由大气的温度决定。

2. 地物的红外辐射

在白天，波长小于 4 μm 时，地物的红外辐射与太阳光和构成地物的物质反射率有关；超过 4 μm 时，地物的红外辐射主要来源于自身的热辐射。地物的热辐射与其温度和发射率有关。大多数地物有高的发射率。白天地物的温度与可见光吸收率、红外发射率以及与空气的热接触、热传导和热容量有关。夜晚地物温度的冷却速度同热容量、热传导、周围空气热接触、红外发射率以及大气湿度有关。几种地物白天在1～6 μm 波段的光谱辐射亮度见图 7-74。从图中可看到，在波长 3 μm 以下，由于太阳散射占支配地位，光谱辐射亮度差别较大；超过 4 μm，不同地物的光谱辐射亮度差别较小。在波长 3 μm 以下，雪对太阳光有强的散射，其光谱辐射亮度最大，而草在 3 μm 以下有最小的太阳光反射率，其光谱辐射亮度最小。

（五）人体的红外辐射特性

人的皮肤的发射率很高，波长大于 4 μm 以上的平均值为 0.99，而与肤色无关。皮服温度是皮肤和周围环境之间辐射交换的复杂函数，并且与血液循环和新陈代谢有关。当人的皮肤剧烈受冷时，其温度可降低到 0℃。在正常温室环境下，当空气温度为 21℃时，裸露在外部的脸部和手的皮肤温度大约是 32℃。假定皮肤是一个漫辐射体，有效辐射面积等于人体的投影面积（对于男子，其平均值可取 0.6 m^2）。在皮肤温度为 32℃时，裸露男子的平均辐射强度为 93.5 W/sr。如果忽略大气的吸收，在 305 m 的距离，他所产生的辐照度为 10^{-3} W/m^2，其中大约有 32%的能量处在 8～13 μm 波段，仅有 1%的能量处在 3.2～4.8 μm 波段。

第十一节　红外辐射在大气中的传输

红外辐射在大气中的传输问题一直受到人们的普遍重视。其中主要有三方面的研究人员对此比较关注：首先是分子光谱研究工作者，他们试图通过大气中出现的分子吸收光谱来研究分子结构与分子吸收和散射的机理；其次是大气物理工作者，他们希望把红外辐射通过大气的分子吸收光谱作为一种工具，借此研究大气中的许多物理参量，如辐射热平衡、大气的热结构、大气的组分等；最后是红外系统与天文工作者，他们关心的是被测目标所发出的红外辐射在大气中发生的变化，借助大气红外透过特性来考虑目标探测问题或考察星体的物理性质等。因此，了解红外辐射在大气中的传输特性，对于红外技术的应用相当重要。本节仅牵涉到红外福射在大气中的传输，光在大气中传输规律的较为详细的讨论参阅第二十五章《大气光学》。

红外辐射在大气中传输时，主要有以下几种因素使之衰减：

1）在 0.2～0.32 μm 的紫外光谱范围内，光吸收与臭氧（O_3）的分解作用有联系。臭氧的生成和分解的平衡程度，在光的衰减中起着决定性的作用。

2）在紫外和可见光谱区域，必须考虑由氮分子（N_2）和氧分子（O_2）引起的瑞利（Rayleigh）散射。解决这一类问题应注意散射物质的分布，散射系数对波长的依赖关系等。

3）粒子散射或米氏（Mie）散射。这种散射大都出现在云和雾之中，当然在大气中某些特殊物质的分布也会引起米氏散射。这种现象对于观察低空背景是特别重要的，因为这些特殊物质的微粒一般都处在低空中，到达一定高度这种散射现象就不那么强烈了。

4）大气中某些元素原子的共振吸收，这主要发生在紫外及可见光谱区域。

5）分子的带吸收是红外辐射衰减的重要原因。大气中的某些分子具有与红外光谱区域相应的振动-转动共振频率，同时还有纯转动光谱带，因而能对红外辐射产生吸收。这些分子是水蒸气（H_2O）、二氧化碳（CO_2）、臭氧（O_3）、一氧化二氮（N_2O）、甲烷（CH_4）以及一氧化碳（CO）等，其中水蒸气、二氧化碳和臭氧的吸收量最大，这是因为它们均具有较强的吸收带，而且它们在大气中的浓度也较高。对于一氧化碳、一氧化二氮和甲烷等分子，只有辐射通过的路程相当长或通过很大浓度的空气时，才能表现出明显的吸收。

当某一辐射源所发出的辐射通过大气时，为了较准确地计算辐射的大气衰减，需要考虑上述每一种情况。然而，每一种衰减的机理都很复杂，故对各种情况分别进行处理较为适宜。

必须指出，在红外辐射所通过的路程上，每一处都有它特有的气象因素，包括气压、温度、湿度以及每一种吸收体的浓度等，每一种因素均会对辐射的大气衰减有直接影响。同时还要注意给定的光谱间隔，甚至于每个谱线的位置、强度和形状等。除注意辐射衰减与气象因素有关系外，还要注意气象因素的变化所带来的影响。尤其是在低层大气中，水蒸气和其他的一些气体甚至尘埃，都在不断地变化着。因此，红外辐射在大气中的传输状态随天气情况和海拔高度而变化。可见，定量描述红外辐射在地球大气中的透射情况是一件相当困难的事情。

大气中各吸收组分的红外吸收带中心波长列于表 7-2 之中，它们的吸收光谱见图 7-75。其中太阳光谱表示当太阳辐射通过大气时，由于大气组分在一些中心频率附近产生的吸收谱线。由于大气对红外辐射的吸收，可以用各种不同强度的重叠光谱线组成的离散带来表征，重叠的程度取决于谱线的半宽度，而这些谱线在整个吸收带内的分布则取决于吸收分子，因而才出现不同的吸收带。一氧化碳在 4.8 μm 处有 1 个吸收带。甲烷在 3.2 μm 和 7.8 μm 处各有 1 个吸收带。7.8 μm 处也可以观察到一氧化二氮的吸收带，然而一氧化二氮最强的吸收带在 4.7 μm 处。臭氧有 3 个吸收带，其中 4.8 μm 处的吸收带很弱，所以有的文献上只介绍另外 2 个吸收带。剩下的 2 种气体就是二氧化碳和水蒸气，它们是研究大气吸收最重要的对象。二氧化碳在 2.7 μm、4.3 μm 和 15 μm 处有 3 个强吸收带；水蒸气比其他任何吸收气体有更多的吸收带，所对应的位置分别位于 0.94 μm、1.14 μm、1.38 μm、1.87 μm、2.7 μm、3.2 μm 和 6.3 μm 处，其中 3.7 μm 处的吸收是重水(HDO)的吸收带。

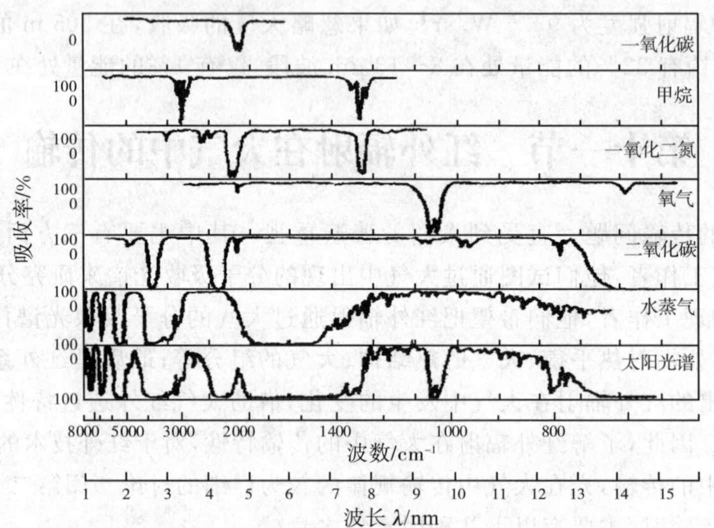

图 7-75　1～15 μm 红外辐射光谱

表 7-2　大气中各吸收组分的红外吸收带

组分	红外吸收带(中心)波长/μm
水蒸气	0.94,1.1,1.38,1.87,2.70,3.2,6.27
二氧化碳	1.4,1.6,2.0,2.7,4.3,4.8,5.2,9.4,10.4
臭氧	4.8,9.6,14
一氧化二氮	3.9,4.05,4.5,7.7,8.6
甲烷	3.3,6.5,7.6
一氧化碳	2.3,4.7

图 7-75 所示的各吸收组分的吸收光谱是由分辨率较低的光谱仪器测得的，图中只给出了各吸收带的粗略轮廓。由图可以看出，大气的红外吸收的特点是具有一些离散的吸收带，而每一吸收带内部则是由大量的、有不同程度重叠的各种强度光谱线组成的。

第十二节　红外辐射测温和红外辐射测温仪

一、红外辐射测温

根据热辐射定律，可以通过测量物体的热辐射来确定物体的温度。如果辐射体是黑体，只要测得辐射出射度最大值所对应的波长，再直接利用维恩位移定律，就可确定黑体的温度。如果辐射体是一般的物体，而已知其发射率，则可通过测量物体的光谱辐射量来确定物体的温度。这就是红外辐射测温的基本原理，利用该原理制作的测温仪称为红外辐射测温仪。

若仪器依据物体的总辐射而定温，则所得到的是物体的辐射温度 T_r；若仪器根据两个或多个特征波长上的辐射而定温，则所得到的温度是物体的色温度 T_s；若仪器只根据某一个特征波长上的辐射而定温，则所得到的是物体的亮温度 T_l。辐射温度、色温度和亮温度都不是物体表面的真实温度 T，即使经过了大气传输因子等的修正，它们与物体表面的真实温度之间仍存在一定的差异。

在没有给出它们的具体定义之前，对于待测物体作以下两个假设：①物体是朗伯体；②对测温仪光学系统而言，物体是面辐射源。在这两个假设前提下，如果忽略物体和系统之间的介质的辐射、散射和吸收的影响，进入测温仪的辐射能量均与物体辐射出射度、辐射亮度成正比，而与距离无关。因此，各种温度的定义都只涉及辐射出射度或辐射亮度，而各种温度的测量，实质上都是对辐射量的测量。

1. 辐射温度

设一个物体的真实温度为 T，发射率为 ε_λ，辐射出射度为 $M(T)$。当该物体的辐射出射度与某一温度的黑体辐射出射度相等时，这个黑体的温度就叫做该物体的辐射温度 T_r。由

$$M(T)=M_{bb}(T_r) \tag{7-98}$$

即

$$\varepsilon(T)\sigma T^4=\sigma T_r^4 \tag{7-99}$$

得

$$T=\frac{T_r}{\sqrt[4]{\varepsilon(T)}} \tag{7-100}$$

因为 $\varepsilon(T)<1$，所以 $T>T_r$。真实温度用温度计、热电偶等测量，辐射温度用辐射测温仪测量。当用辐射测温仪测量一个非黑体的真实温度时，必须知道物体的发射率才能将测得的辐射温度 T_r 换算成真实温度 T。但(7-99)式还没有考虑物体所反射的环境辐射。如果物体是不透明的，即 $\varepsilon(T)\neq 1$，那么其反射比为 $\rho(T)=1-\varepsilon(T)$，必然要把它所反射的环境辐射一起送进辐射测温仪。对于物体温度与周围环境温度相近的场合，考虑物体的反射环境辐射带来的影响是很有必要的。

2. 亮温度

设一个物体的真实温度为 T，光谱发射率为 $\varepsilon_\lambda(T)$，光谱辐射亮度为 $L_\lambda(T)$。当该物体的光谱辐射亮度与某一温度的黑体的光谱辐射亮度相等时，这个黑体的温度就叫该物体的亮温度 T_l。这时有

$$L_\lambda(T)=L_{\lambda bb}(T_l) \tag{7-101}$$

而

$$L_\lambda(T)=\varepsilon_\lambda(T)\frac{c_1}{\lambda^5}\frac{1}{\exp(c_2/(\lambda T))-1} \tag{7-102}$$

$$L_{\lambda bb}(T_l)=\frac{c_1}{\lambda^5}\frac{1}{\exp(c_2/(\lambda T))-1} \tag{7-103}$$

通常物体的亮温度用光学高温计测量，对应的波长是 0.66 μm。将(7-102)式和(7-103)式代入(7-101)式，并用维恩近似简化处理，得

$$T=\frac{c_2 T_l}{\lambda T_l \ln\varepsilon_\lambda(T)+c_2} \tag{7-104}$$

由(7-104)式可知，必须预先知道光谱发射率 $\varepsilon_\lambda(T)$，才能由亮温度 T_l 求出物体的真实温度 T。

3. 色温度

设一个物体的真实温度为 T，在波长 λ_1 和 λ_2 处的光谱发射率分别为 $\varepsilon_{\lambda_1}(T)$ 和 $\varepsilon_{\lambda_2}(T)$，光谱辐射亮度分别为 $L_{\lambda_1}(T)$ 和 $L_{\lambda_2}(T)$。当该物体在这两个波长处的光谱辐射亮度与某一温度的黑体的光谱辐射亮度相等时，这个黑体的温度就叫做该物体的色温度 T_s（简称色温）。一般所选波长为 $\lambda_1=0.47$ μm、$\lambda_2=0.66$ μm，分别用维恩近似表示 $L_{\lambda_1}(T)$ 和 $L_{\lambda_2}(T)$、$L_{\lambda_1 bb}(T_s)$ 和 $L_{\lambda_2 bb}(T_s)$，由定义有

$$\varepsilon_{\lambda_1}\frac{c_1}{\lambda_1^5}e^{-\frac{c_2}{\lambda_1 T}}=\frac{c_1}{\lambda_1^5}e^{-\frac{c_2}{\lambda_1 T_s}} \tag{7-105}$$

$$\varepsilon_{\lambda_2}\frac{c_1}{\lambda_2^5}e^{-\frac{c_2}{\lambda_2 T}}=\frac{c_1}{\lambda_2^5}e^{-\frac{c_2}{\lambda_2 T_s}} \tag{7-106}$$

将上面两式化简并取对数解出 T，得

$$\frac{1}{T}-\frac{1}{T_s}=\frac{\ln\left[\varepsilon_{\lambda_1}(T)/\varepsilon_{\lambda_2}(T)\right]}{c_2(1/\lambda_1+1/\lambda_2)} \tag{7 107}$$

同样，必须已知 $\varepsilon_{\lambda_1}(T)$ 和 $\varepsilon_{\lambda_2}(T)$，才能由 T_s 求出 T。

应当指出的是：当被测物体的光谱辐射亮度随波长的分布曲线与黑体相差不大时，物体的颜色与色温度 T_s 下黑体的颜色接近（色温因此而得名），上述测量和计算方法是正确的。但是，如果被测物体为选择性很强的辐射体，那么误差就很大，色温度的概念也就失去了意义。

比色测温仪是通过测量物体两个（或三个）波段上的辐射亮度的比值来确定其温度的。它的工作原理与亮温测温仪截然不同。使用两个工作波段的比色测温仪又称为双色测温仪，使用3个工作波段的称为三色测温仪。比色测温仪与亮温测温仪相比，突出的优点是：

1)亮温测温仪和全光测温仪（辐射温度测温仪）往往在被测物体的 $\varepsilon(T)$ 已知的情况下才能使用。而比色测温仪则不然，只要物体的发射率随波长的变化相对缓慢（一般物体多是这样），就可以用色温度来测得接近物体表面的真实温度。特别是对于灰体，利用(7-107)式，色温 T_s 就准确地反映了物体表面的真实温度 T。

2)由于亮温测温仪是通过测量物体的辐射来测温的，因此在测量时，辐射功率的部分损失（例如光学系统效率、被测物体与仪器之间介质吸收率的变化等）以及电子线路中放大倍数的变化等，都直接影响亮温度和辐射温度的测量。而上述因素对比色测温仪的色温测量则没有影响或影响很弱，这是因为比色测温仪的温度测量取决于辐射功率之比的缘故。

二、红外分光光度计

红外分光光度计是进行红外光谱测量的基本设备，其结构如图7-76所示。它主要由辐射源、单色仪、探测器、电子放大器和自动记录系统等构成。根据结构特征，红外分光光度计可分为单光束分光光度计和双光束分光光度计两种。在全自动快速光谱分析中，多采用双光束分光光度计。双光束分光光度计又有不同结构及工作原理，其中最常见的是双光束光学自动平衡系统和双光束电学平衡系统，在这里简要介绍一下这两种系统的工作原理。

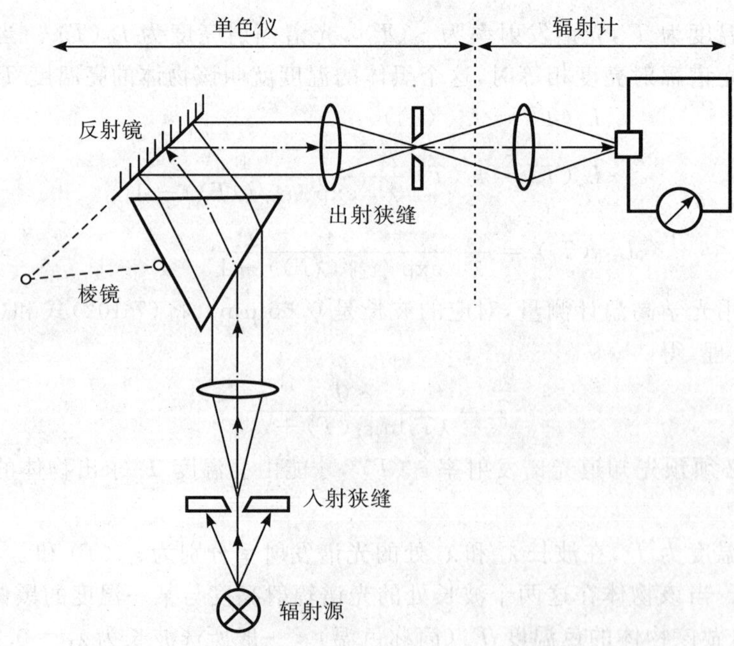

图7-76　色散型双光束红外分光光度计的组成示意图

双光束光学自动平衡系统的光学部分如图7-77所示。辐射源 S 的辐射被反射镜 M_1、M_3 和 M_2、M_4 反射成强度相同的两束，分别通过样品槽 C_1 和参考槽 C_2，并经均匀旋转的扇形反射镜 M_7（斩光器），使透过样品的光束送到单色仪的入射狭缝 S_1 处。在另一瞬间，转动的扇形镜使透过参考槽的光束也送到入射狭缝 S_1。

如此反复交替，进入单色仪的光线，经分光后由出射狭缝输出到探测器 D。若光路中未放置待测的吸收样品，或样品光路与参考光路的吸收情况相同，则探测器不产生信号；若在样品光路中放入吸收样品，则会破坏与参考光路的平衡，于是，探测器有信号输出。该信号被放大后用来驱动梳状光阑（衰减器）W，使它进入参考光路遮挡辐射，直到参考光路的辐射强度和样品光路的辐射强度相等为止。这就是所谓的“光零位平衡”原理。显然，参考光路中梳状光阑削弱的能量就是样品吸收的能量。因此，若记录笔和梳状光阑做同步运动，则可直接记录到样品的吸收（或透射）百分率。连续转动立托夫反射镜 M_{12}，到达探测器上的入射光波数将随其变化。若随后的光未被吸收，则当光被探测器扇形斩波器送到探测器上时，就会使梳状光阑退出参考光路，记录笔向基线方向移动。据此，在连续扫描过程中就得到样品的整个吸收光谱。

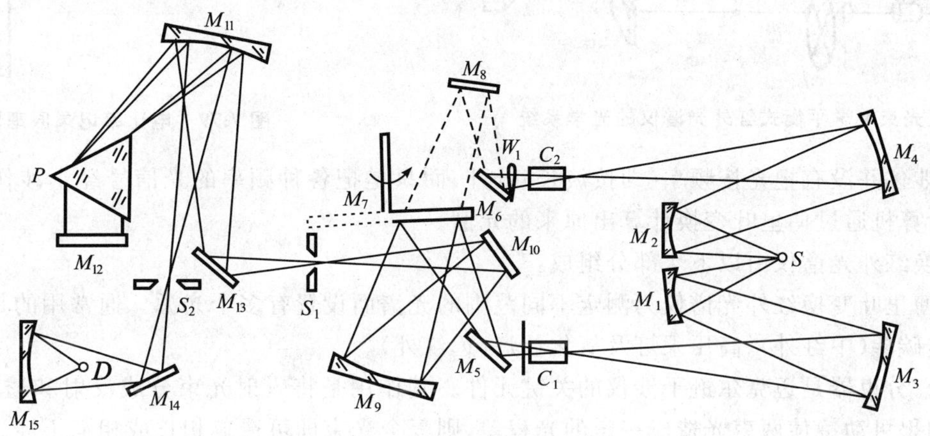

图 7-77 红外分光光度计光路图

应该指出，红外分光光度计或单色仪的色散棱镜（通常用 NaCl、KBr 和 LiF 材料制作）很容易受水汽腐蚀或潮解，因而对仪器工作的环境温度和湿度都有严格要求，而且还受材料透射性能及色散能力的限制。因此，目前红外分光光度计广泛使用光栅作分光元件，这不仅降低了对仪器工作环境的恒温恒湿要求，还可以较大地提高仪器的分辨能力和光谱范围。双光束电学平衡系统的特点是：在光路的安排上，斩光器放在样品槽之前，通过样品的光束为间断的脉冲光束；在参考光路上，不使用光学衰减器，也用斩光器使参考光束变为间断的脉冲光束。然后分别将两个光束强度转变成电信号，经放大测量两个电信号的比率。为此，要求电系统对两个光束信号进行分离，而每个信号大小要和相应的光束强度成正比。

典型的双光束电学平衡式红外光谱仪的光学系统如图 7-78 所示。在样品光路和参考光路上，分别采用转速不同的斩光器，因此，两束光分别由两个斩光器变为间断的脉冲光束。样品光束和参考光束变化的频率分别为 f_1 和 f_2。用光束复合镜把两个光束复合在一起，使两个光束投向同一方向，并经棱镜式或光栅式单色器投射到探测器上。由探测器输出的电信号经放大后，按其频率不同，用调谐电路使其分离，再测量电信号的比率。测量电信号比率的方法，一般是把检波出来的参比信号直流成分和样品信号直流成分反极性串联，分别加到一个串接的电阻和滑线电阻上，如图 7-79 所示。与记录笔联动的滑线电阻点由可逆电机调节，使 $u_s = u_s'$。若 $u_s \neq u_s'$，差信号 $u_s - u_s'$ 被振子放大器变为交流，放大功率，并将其输入可逆电机，驱动滑点直至 $u_s = u_s'$，同时在记录纸上画出曲线来。显然，透过率为

$$\tau = \frac{u_s}{u_R} = \frac{I}{I_0} \tag{7-108}$$

三、傅里叶变换红外光谱仪

傅里叶变换红外光谱仪主要由迈克尔逊干涉仪和计算机组成。迈克尔逊干涉仪的主要功能是使光源发出的光分为两束后形成一定的光程差，再使之复合以产生干涉，所得到的干涉图函数包含了光源的全部频率和强度信息。用计算机将干涉图函数进行傅里叶变换，就可计算出原来光源的强度按频率的分布。如果在复合光束中放置一个能吸收红外辐射的试样，由所测得的干涉图函数经过傅里叶变换后与未放试样时光源的强度按频率分布之比值，即可得到试样的吸收光谱。

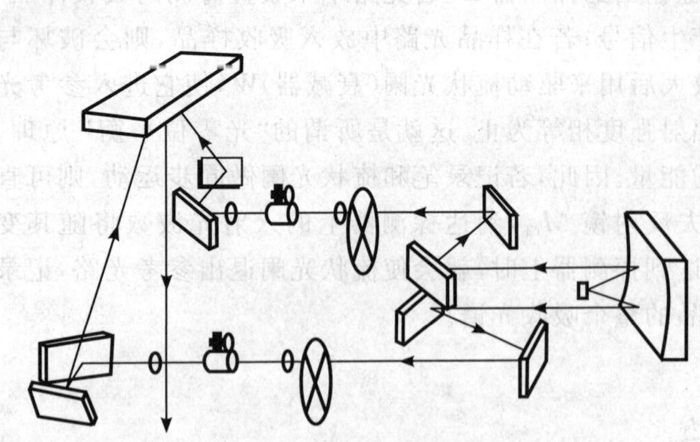
图 7-78 双光束电学平衡式红外光谱仪的光学系统

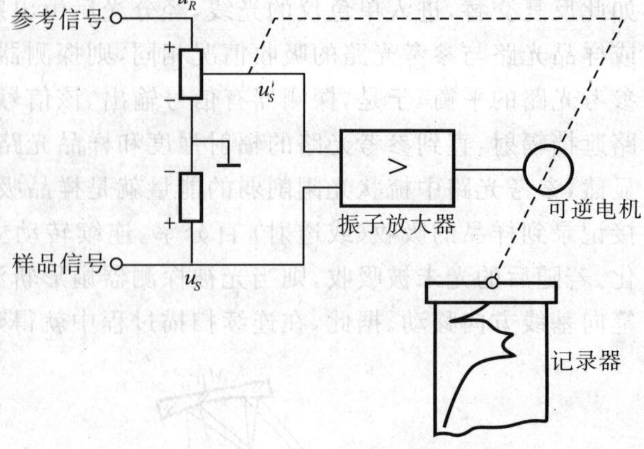

图 7-79 电比率记录原理图

实际上干涉仪并没有把光按频率(即按波长)分开,而只是把各种频率的光信号经干涉作用调制为干涉图函数,再由计算机通过傅里叶变换计算出原来的光谱。

傅里叶变换红外光谱仪由以下 4 部分组成:

1)光源。傅里叶变换红外光谱仪为测定不同范围的光谱而设置有多个光源。通常用的是钨丝灯或碘钨灯(近红外)、硅碳棒(中红外)、高压汞灯及氧化钍灯(远红外)。

2)分束器。分束器是迈克尔逊干涉仪的关键元件。其作用是将入射光束分成反射和透射两部分,然后再使之复合,如果可动镜使两束光造成一定的光程差,则复合光束即可造成相长或相消干涉。

对分束器的要求是:应在波数 ν 处使入射光束透射和反射各半,此时被调制的光束振幅最大。根据使用波段范围不同,在不同介质材料上加相应的表面涂层,即构成分束器。

3)探测器。傅里叶变换红外光谱仪所用的探测器与色散型红外分光光度计所用的探测器无本质的区别。常用的探测器有硫酸三甘钛(TGS)、铌酸钡锶、碲镉汞、锑化铟等。

4)数据处理系统。傅里叶变换红外光谱仪数据处理系统的核心是计算机,功能是控制仪器的操作,收集数据和处理数据。

与红外分光光度计相比,傅里叶变换红外光谱仪有以下优点:

1)扫描时间短,信噪比高。在色散型光谱仪中,如果测量一个光谱的时间为 t,则测定全部光谱元 N 的时间 Nt 。而傅里叶变换红外光谱仪,在相当于色散型仪器测量一个光谱元的时间 t 内,可以测量全部光谱元,并且在测量总时间相同的情况下,其信噪比是色散型仪器的 $(N/8)^{1/2}$ 倍。

2)光通量大。色散型光谱仪大部分光源的能量都被入口狭缝的刀口阻挡而损失掉。而傅里叶变换红外光谱仪没有狭缝,因而光通量比较大,能利用的辐射多,光通量一般比色散型光谱仪可高出数十倍乃至上百倍以上。

3)具有很高的波数准确度。由于干涉仪的可动镜能够很精确地被驱动,因此干涉图的变化很准确。可动镜的移动是由 He-Ne 激光器的干涉条纹来测量的,从而保证了所测光程差的精确度很高。因此,在计算的光谱中有很高的波数准确度,通常达到 0.01 cm^{-1}。

4)具有较高的、恒定的分辨能力。干涉仪的分辨能力主要由可动镜驱动时所造成的最大光程差来确定。一台研究型的傅里叶光谱仪在整个光谱范围内达到 0.05 cm^{-1} 左右的分辨能力没有多大困难。而简易型的在全光谱范围达到 0.1~0.2 cm^{-1} 的分辨能力也是很普遍的。

5)具有很宽的光谱范围和极低的杂散辐射。一台傅里叶变换红外光谱仪通常都具有远红外、中红外和近红外的光谱范围。某些波长杂散辐射引起的干涉图变化,在傅里叶变换之后,可以很容易地鉴别出来。通常杂散光在全光谱范围内可低于 0.3%。

四、多通道光谱仪

多通道光谱仪与单色仪的相同之处在于均采用棱镜或光栅作为色散元件,与单色仪的不同之处在于它能同时在很多波长的通道内收集色散能量。每一通道内的能量可以采用探测器阵列的各分立探测元件收集，或利用摄像管收集，或用具有空间分辨能力的相似器件探测。多通道光谱仪的基本结构如图7-80所示。由色散元件产生的色散光谱被光学元件聚焦到出瞳处或其附近，经聚焦后的光束入射到探测器阵列面上，在此平面内不同的波长垂直展开。也可以用扫描光学元件，使不同时间内的光谱出现在不同的水平位置。合成数据的二维阵列表示光谱辐射光通量与时间的关系。这一基本结构的各种变型可以不用扫描器，而只采用一维探测器阵列，相隔一定时间读出有关数据。正如上面已提到的，探测器阵列可被能提供空间分辨能力的传感器（如CCD）代替。不管是用上述的扫描器，还是用探测器阵列周期读出信息的光谱仪，通常均称为快速扫描光谱仪。采用多通道方法的主要原因是，要用同时收集所有要探测的波长上的能量来获得信噪比的改善。如果测量受探测器噪声的限制，那么多通道光谱仪信噪比的改善和傅里叶变换光谱仪的一样。

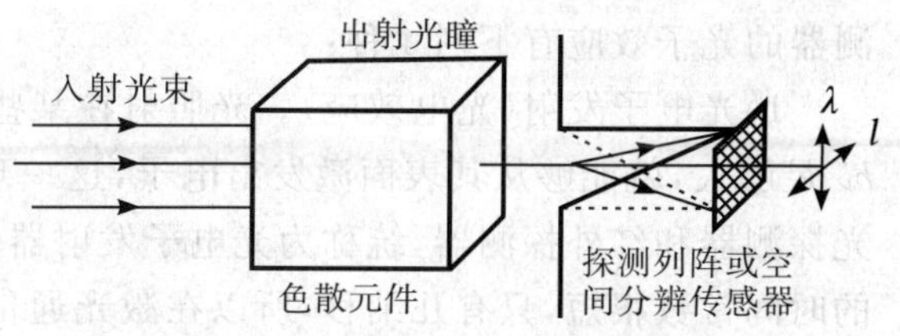

图7-80 多通道光谱仪的基本结构

第十三节 红外探测器

关于光热、光电探测器及其探测技术的详细介绍可参看第三十四章《光电探测器和光电探测》的有关内容，本节仅介绍红外探测器的有关性能。

一、热探测器

热探测器吸收红外辐射后温度升高，温度升高将引起一些物理变化，通过对这些物理变化的测量就可以确定被吸收的红外辐射的能量或者功率。下面介绍4种可以用来制作红外探测器的物理变化：

1）温差电现象。把两种不同的金属丝或者半导体细线连接成一个封闭环，当其中一个接头吸收红外辐射后，它的温度将比另一个接头高时，环内将会产生电动势，该电动势的大小可以反映接头所吸收的红外辐射功率。利用温差电现象制成的红外探测器叫做热电偶，若干个热电偶串联在一起就是热电堆。

2）金属或半导体电阻的变化。当吸收红外辐射温度升高时，金属的电阻会增加，而半导体的电阻会减小。电阻的变化可以反映被吸收的红外辐射功率。利用电阻的变化制成的红外探测器叫做电阻测辐射热计。

电阻测辐射热计有半导体测辐射热计（通常叫做热敏电阻）、金属C和Ge制成的测辐射热计和制冷的测辐射热计3种。热敏电阻常用的材料为Mn、Ni、Co的氧化物薄片。薄片放在金属底板上，中间夹一层绝缘膜，外表面再镀一层吸收膜。光敏面积从0.01 mm^2到数平方毫米。它常采用浸没光学的办法，加Ge半球形透镜。

3）气体压强的变化。当吸收红外辐射温度升高时，体积一定的气体压强将增加，压强的增量可以反映被吸收的红外辐射功率，这样的红外探测器叫做气体探测器。最常见的一种是高莱盒或高莱探测器。

4）热释电现象（简称热电现象）。有些晶体（如硫酸三甘钛TGS、铌酸锶钡SBN等）受到红外辐射照射后温度会升高，此时在某个晶向上能够产生电压，该电压可反映接收的红外辐射功率。这样的红外探测器叫做热释电探测器（简称热电探测器）。

除了上述4种物理变化外，还有利用金属热膨胀、液体薄膜的蒸发等物理现象制成的热探测器。所有这些热探测器，在理论上对一切波长的红外辐射都具有相同的响应。但实际上对不同波长的红外辐射，响应往往并不相同。热探测器响应的快慢，取决于探测器的热容量大小和散热的快慢（即热迁移速度）。通过减小热容量，增快热迁移，可以提高器件的响应速度。

二、光子探测器

光子探测器吸收光子后，本身的电子状态发生改变，从而引起几种电学现象，它们统称为光子效应。光子效应的大小可以反映被吸收的光子数。利用光子效应制成的红外探测器称为光子探测器。常用于光子探测器的光子效应有下列 4 种：

1)光电子发射(光电效应)。光照射在某些金属氧化物表面、半导体表面或金属表面上时，如果光子能量 $h\nu$ 足够大，就能够从其表面激发出电子，这一现象叫做光电子发射或光电效应。利用光电效应制成的可见光探测器和红外探测器，统称为光电子发射器件(PE 器件)，其中有光电二极管和光电倍增管。光电倍增管的时间常数很短，只有几纳秒，所以在激光通信中，常采用特制的光电倍增管作为探测元件。大部分 PE 器件只对可见光有响应。用于红外辐射的光电阴极只有两种，分别叫做(Ag-O-Cs)S-1 和(Na-K-Cs-Sb)S-20。S-20 只响应到 0.9 μm，它基本上是可见光的光电阴极。S-1 的响应也只扩展到 1.2 μm，而且它的量子效率不到 0.001(即平均吸收1 000个光子，才释放 1 个电子)。所以，发展新的红外光电阴极是红外技术中一件很有意义的事情。

2)光电导。吸收能量足够大的光子后，半导体中有些电子和空穴能从原来不导电的束缚状态转变到能导电的自由状态，从而使半导体的电导增加，这种现象叫做光电导。利用半导体光电导制成的红外探测器品种最多，应用最广，统称为光电导探测器(PC 器件)。光电导探测器均用半导体作工作介质，可以分为多晶薄膜形式和单晶形式两种类型。薄膜型的 PC 探测器品种较少，常用的只有 PbS 和 PbSe 两种。PbS 适用于 1～3 μm 的近红外附近的大气窗口，PbSe 适用于 3～5 μm 的大气窗口。单晶型的 PC 探测器可再细分为本征型和掺杂型两类。过去本征型只限于探测波长在 7 μm 以下的红外辐射，主要为 InSb 探测器，它是 3～5 μm区间最优良的探测器。后来发展出适用于 8～14 μm 大气窗口的 HgCdTe 和 PbSnTe 探测器。此外，还有适用于极近红外的 Si 和适用于 1～4 μm 的 Te 等探测器。掺杂型主要为适用于 8～14 μm 的 Ge:Hg。此外，Ge:Cu 和 Ge:Cd 虽能探测波长更长的红外辐射，但须冷却到 4 K，使用不方便。60 K 的 Ge:Au 一度被广泛采用，但能探测的最长波长在 7 μm 左右，在大气窗口外，所以用处也不大。

3)光生伏特效应。半导体的 PN 结(或 PIN 结，或金属与半导体接触区)及其附近，在吸收能量足够大的光子后，能释放出少数载流子(自由电子-空穴对)。它们在结区域以外时，靠扩散进入结区域。在结区域中则受到结内静电场的作用，电子漂移到 N 区，空穴漂移到 P 区。如果 PN 结短路，就产生反向电流。如果 P 区、N 区开路，两端就产生电压。这叫做光生伏特效应。利用光生伏特效应制成的红外探测器叫做光生伏特探测器(PV 器件)。PV 器件工作时不必加偏置电压。材料都采用单晶(用 PbS、PbSe 制造 PV 器件，尚未成功)，常用的单晶材料有 Si(约对 0.5～1.5 μm 有响应)、Ge(峰值响应波长约为 1.5 μm)、室温 InSb(1～3.8 μm)、77 K InAs(1～3.5 μm)、77 K InSb(2～5.8 μm)以及 HgCdTe、PbSnTe 等。

如果 PN 结或 PIN 结加上反向偏压，则当结区域吸收了能量足够大的光子后，反向电流就会增加，这种情况类似于光电导现象，但实际上它是光生伏特效应引起的。这类红外探测器工作时要加反向偏压，常叫做光二极管。

对特制的 Si 或 Ge 等的 PN 结或 PIN 结，加上较大的反向电场，则在结区域附近吸收光子后，在结内能够产生载流子大量增加的雪崩现象，反向电流比无雪崩时有显著的增加。这类红外探测器叫做雪崩光二极管。

4)光电磁效应。半导体的上表面吸收光子后，在上表面产生的电子-空穴对要向体内扩散。在扩散过程中，因受到强磁场的作用，电子和空穴各偏向一侧，因而产生电位差。这个现象叫做光电磁效应。利用这个效应测量红外辐射的红外探测器叫做光电磁探测器(PEM 器件)。常用的材料有 InSb、HgTe(加 5%的 ZnTe 和 5%的 CdTe)等。

使用中，对光子探测器提出了一系列的要求，其中最基本的要求有：

1)响应率高，即在相同数量光子的作用下，转换成信号的能力强。

2)噪声低，即要求所使用的探测器有尽可能低的，或在使用条件下足够低的噪声。

3)响应快，即要求探测器在接收到红外辐射后足够快地获得响应。

三、红外探测器的性能指标

红外探测器或红外系统的性能好坏可以用一些性能参数来表示，这些参数又叫做性能指标。从红外探测器的性能指标及红外系统其他组成部分的参数，就可以确定整个红外系统的性能指标。下面分别讨论红外探测器的性能指标：

1. 探测器的工作条件

探测器的性能指标与其工作条件有密切关系，所以在给出性能指标时，必须注明有关的工作条件。

1)信号(输入辐射)的光谱分布。许多探测器，对不同波长的红外辐射的响应不同。所以在描述探测器性能时，一般需要给出输入辐射的光谱分布。如果输入辐射是单色的，则只需给出波长。如果输入辐射是黑体辐射，则要给出黑体的温度。如果入射辐射通过了相当距离的大气和光学系统，则必须考虑大气和光学系统的吸收。如果入射辐射经过调制，一般要给出调制的频率分布，但当放大器通频带比较窄时，只需给出调制的基频和幅值。

2)电路频率范围。因为器件的噪声(均方根电压)与电子线路的通频带宽度的平方根 $\sqrt{\Delta f}$ 成比例，其他噪声还与频率有关，所以在描述器件性能时，必须给出电路的通频带。

3)工作温度。许多探测器，特别是半导体探测器，无论其输出信号、噪声，还是器件电阻都与工作温度关系密切，所以必须说明工作温度。最重要的工作温度有室温(取为 295 K)、干冰温度(194.6 K，它是固态 CO_2 的升华温度)、液氮温度(77.3 K，它是液氮的沸点)。此外，还有液氖温度(27.2 K)和液氢温度(20.4 K)。

4)光敏面的形状与尺寸。器件的信号与噪声都与光敏面积有关，所以必须注明光敏面的大小和形状。光电导探测器的光敏面常呈方形，大小一般为 $0.01\ mm^2 \sim 1\ cm^2$，光敏面再大，封装就比较困难。光生伏特型探测器分生长结与扩散结两种。用生长结制成的光生伏特型探测器，光敏面细而长，只适用于光谱分析仪。用扩散结制成的光生伏特型探测器光敏面的大小和形状较灵活。光电磁型探测器的光敏面，小的常为正方形(从很小到 2 mm×2 mm)，大的则为长方形，沿磁场方向长度不超过 2 mm，电极间的间隔可大到 2 cm。

5)偏置情况。例如，光电导型探测器的直流偏置电流、光电磁型探测器的磁场强度均必须注明，因为探测器某些性质与偏置大小有关。

6)特殊工作条件。例如薄膜探测器非密封工作时，要注明湿度。光子噪声为主要噪声的探测器须注明视场立体角和背景温度(通常为 300 K)。某些非线性响应(即信号与入射辐射功率不成比例)的探测器，须注明入射辐射的功率，等等。

在说明了上述各种工作条件之后，就可以讨论探测器的性能指标了。

2. 探测器的性能指标

探测器的性能指标可分为实际指标与参考指标两种。实际指标是指对每个实际探测器直接测量出来的指标，参考指标则是对某类探测器折合到标准条件时的指标值。下面列举的探测器指标中，除了 D^* 之外，都是实际性能指标，即它们都是对个别探测器而言的。D^* 则是参考性能指标，它是对某类探测器而言的。

1)响应度 R。器件的输出信号 S (均方根电压)与入射到探测器上的(平均)辐射功率 P 之比，定义为探测器的响应度 R (V/W)，即

$$R = \frac{S}{P} \tag{7-109}$$

有时把功率 P 规定为均方根功率，即调制后按正弦(或余弦)变化的功率的均方根值。测 R 时，常用的辐射源为 500 K 黑体，这样测得的响应度即用 R 表示。如果采用单色光源，则测得的是单色响应度，记为 R_λ。把 R_λ 随 λ 变化的情况叫做器件的光谱响应。通常给出的 R_λ 常常是指响应最大波长(λ_{peak})下的响应度，一般记为 $R_{\lambda peak}$ 或 $R_{\lambda p}$。

响应度 R 还与调制频率 f 有关(此关系叫做探测器的频率响应)。给出 R 时，应注明调制频率 f 的数值。不注明频率 f 时，响应度 R 的值是指低频时的值，低频时 R 的值与 f 无关。给出 R 时，无需说明通频带宽 Δf，因为 Δf 只限制噪声电压的大小，而与 R 无关。但探测器的工作温度和光敏面积通常与 R 有关，故在给出 R 时须注明工作温度和光敏面积。此外，探测器在输入辐射功率高时(例如 1 W 以上时)，S 与 P 常不再成比例。有的探测器此时 S 随 $P^{1/2}$ 上升，即响应变成非线性的了，这时必须给出输入的辐射功率。

2)不同温度下噪声的频率分布(简称噪声谱)。无目标辐射输入时，器件所输出的均方根电压(或电流)叫做噪声。器件噪声包含有各种频率成分，噪声电压按频率的分布称为噪声谱。给出器件的噪声电压时，必须注明电子线路的通频带。

不同类型的红外探测器，噪声与响应度的大小以及噪声与响应度的频率分布都是不同的。同一类型的探测器(特别如热敏电阻、薄膜型探测器)，如果工艺控制不严，不同探测器的噪声、响应度以及它们的频率分布具有一定的分散性或不稳定性。但对同一种探测器，光谱响应通常是比较一致的。

探测器中出现的噪声，主要由下面几种组成：

A. 热噪声。热噪声是由于固体中载流子的混乱运动引起的。所有的导体、半导体，无论其中有无电流流过，都有热噪声。热噪声电压为

$$V_j = (4k_b TR\Delta f)^{1/2} \tag{7-110}$$

式中，R 为电阻，单位为 Ω；T 为热力学温度，单位为 K；Δf 为放大器带宽，单位为 Hz；k 为玻尔兹曼常数，$k=1.38\times10^{-23}$ J/K。例如，1 MΩ 电阻的探测器在室温下操作时，放大器每 1 Hz 带宽(不论在低频还是高频)都有 0.13 μV 的热噪声电压，每赫兹带宽的噪声电压与频率无关。这样的噪声包含等量的各种频率成分，叫做白噪声。热噪声是一种白噪声。

B. $1/f$ 噪声。在所有半导体中，均有 $1/f$ 噪声。$1/f$ 噪声与表面情况有关，因而与工艺有关。$1/f$ 噪声的电压大致与频率的平方根成反比，所以在低频比较严重。这种噪声随流过探测器的电流的增加而成比例地增加。它在薄膜型探测器和多数热探测器中都比在单晶探测器中显著。前者到 1 000 Hz 后还有，后者当工艺好时在 $f>50$ Hz 后就不再显著。

C. 产生-复合噪声与光子噪声。由于晶格热振动引起载流子产生与复合的涨落，形成了产生-复合噪声。由投射到探测器上的背景光子数的涨落而引起载流子数的涨落会形成光子噪声。这两种噪声(当不是以后者为主时)常合称为产生-复合噪声(G-R 噪声)，它出现在所有光子探测器中，且随着通过探测器的电流的增加而增加。其频率分布决定于载流子的寿命。

D. 温度噪声。温度噪声是环境温度涨落(对薄膜探测器，主要是底板温度涨落)引起的噪声。它出现在所有探测器中，特别是薄膜形状的探测器中。它也随着通过探测器电流的增加而增加。

E. 散粒噪声。由于电流是由带电的微粒(电子和空穴)组成的，所以就像光的微粒性引起光子涨落那样，电的微粒性也引起电流的涨落，形成所谓散粒噪声。这种噪声出现在光电子发射器件、光生伏特器件和薄膜型探测器中。

3)噪声等效功率。信号均方根电压 S 等于噪声均方根电压 N 时，入射到探测器上的功率 P (有时用均方根功率)叫做噪声等效功率(NEP)：

$$\mathrm{NEP}=\frac{P}{(S/N)}=\frac{N}{R} \tag{7-111}$$

测量时，常用的辐射源为 500 K 黑体，带宽 Δf 常为 1 Hz、4 Hz 或 5 Hz，中心频率 f 常为 90 Hz、400 Hz、800 Hz 或 900 Hz，室温(295 K)或其他制冷工作温度，探测器面积常折合到 1 cm^2。此外，要注明辐射强度和视场立体角。光源用单色光时，测得的 NEP 记为 NEP_λ。

4)探测度 D。NEP 的倒数定义为探测度：

$$D=\frac{1}{\mathrm{NEP}}=\frac{(S/N)}{P}=\frac{R}{N} \tag{7-112}$$

光源用单色光时，测得的是单色探测度，记为 D_λ。通常引用的为 $D_{\lambda\mathrm{peak}}$ 或 $D_{\lambda\mathrm{p}}$。$D^*(T,f,\Delta f)$ 与 $D^*(\lambda,f,\Delta f)$ 叫做比探测度或归一化探测度，其定义为

$$D^* = D\sqrt{A_\mathrm{D}\Delta f} \tag{7-113}$$

式中，A_D 为探测器面积。D^* 与测量条件有关。如用黑体作为辐射源，测得的 D^* 要注明黑体的温度 T，此外还要注明调制频率 f 和放大器带宽 Δf，记为 $D^*(T,f,\Delta f)$。如用单色辐射测量，就要注明波长(常用波长为 λ_peak)，记为 $D^*(\lambda,f,\Delta f)$。带宽 Δf 常用 1 Hz。

前面提到，D^* 不是实际指标，而是参考指标。采用 D^* 的条件是 $D\propto(A_\mathrm{D}\Delta f)^{-1/2}$。满足这个条件时，只要测定一个探测器的 D^*，就能代表所有同一类探测器的性能。在同类其他探测器的 D 值，可以按下式估算：

$$D=\frac{D^*}{\sqrt{A_\mathrm{D}\Delta f}} \tag{7-114}$$

这样估算的结果与该探测器的实际性能指标可能有偏差。

5)光谱响应。相同功率的单色辐射所产生的信号均方根电压 S 与辐射波长 λ 的关系,叫做光谱响应。通常用单色辐射的响应度 R_λ 对 λ 作图或者用单色的 $D^*(\lambda, f, \Delta f)$ 对 λ 作图来表达探测器的光谱响应。

R_λ 下降到峰值 $R_{\lambda p}$ 的 50%(或者 1%,或者 10%)时的波长,叫做截止波长,记做 $\lambda_{\text{cut off}}$ 或 λ_c。

6)频率响应与响应时间(或时间常数)。响应度 R 随调制频率的变化叫做频率响应,记为 $R(f)$ 。探测器的噪声电压 N 也随频率改变,$N(f)$ 叫做噪声谱。探测度 $D=R/N$,所以探测度随频率的改变(或 D^* 随频率的改变)由频率响应和噪声谱确定。

当正弦调制辐射投射到探测器上时,如果调制频率较低,输出电压与调制频率无关。调制频率提高时,由于光子探测器中的载流子具有一定的寿命,载流子浓度的瞬时值跟不上调制辐射的快速变化,高频响应度因而逐渐下降。大多数探测器的 $R(f)$ 见图 7-81,可用公式表达为

$$R(f)=\frac{R_0}{(1+4\pi^2 f^2 \tau^2)^{1/2}} \tag{7-115}$$

式中的 τ 为响应时间,它接近于载流子的寿命。

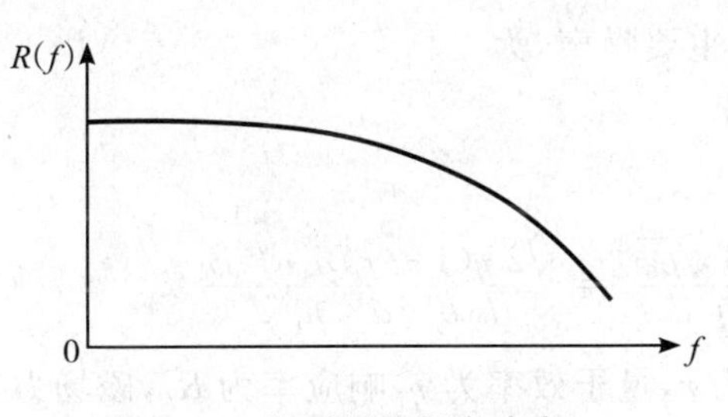

图 7-81 探测器的频率响应

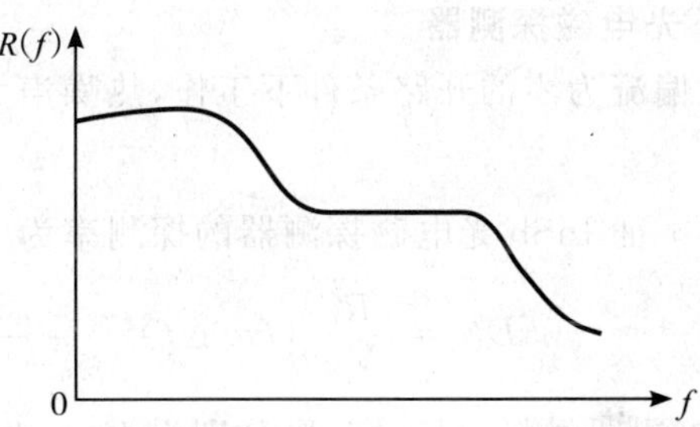

图 7-82 具有两个时间常数的探测器的频率响应

有些探测器具有两个时间常数,如图 7-82 所示。这是因为探测器对一段辐射波长具有一个时间常数,而对另一段辐射波长有另一个时间常数。有些探测器只具有一个时间常数,但它与辐射波长、辐射强度以及探测器的温度都有关,在此情况下必须注明测量的条件。在实际应用中,希望在工作频率范围内,R 和 D 均与 f 无关,但常常做不到这一点。有两个时间常数的探测器用起来很不方便。

再从载流子寿命的角度来分析响应时间。以一个矩形辐射脉冲照射到探测器上,并用示波器观察其输出。可以看到输出信号的上升或下降都落在矩形脉冲之后。在大多数情况之下,信号的下降遵循指数形式 $e^{-t/\tau}$,其中,τ 为信号电压从最大值下降到最大值的 1/e 的时间,即探测器中载流子的寿命,它也被定义为探测器的响应时间。这就是响应时间的另一个定义。通常,信号的上升和下降特性与目标和背景的辐射强度以及它们的光谱分布有关。当信号精确地按同一指数形式上升或下降时,用载流子寿命定义的响应时间和根据频率响应曲线定义的响应时间在数值上是一致的。但信号常常不是精确地按同一指数规律上升或下降,只能近似地用载流子寿命来表示,这时上面两个响应时间的定义在数值上也就不可能一致。在这种情况下,最好详细说明测试条件,并同时给出示波器图形和频率响应曲线。

7)其他性能指标。一个探测器,除了红外探测方面的性能指标以外,还有其他方面的性能指标,它们有时也很重要。

A. 电学性能。最好能知道探测器的等效电路中的全部参数。对光子探测器,绝大多数等效于一个纯电阻。100 Ω 以下为低阻。电阻太低时,如果与放大器作变压器耦合,就会有磁拨拾干扰问题。100 Ω 到 1 MΩ 为中阻,配合放大器最容易。1 MΩ 以上为高阻。电阻太高时,热噪声变大,同时,放大器需要高输入阻抗,从而有附带的静电拨拾和振动噪声问题。此外,电路时间常数 RC 还可能显著超过探测器的时间常数,使频率响应性能下降。所以,中等阻值的光子探测器最好。

光电导探测器和光电磁探测器的电阻由材料的电阻率决定,光生伏特探测器的电阻由 PN 结电阻决定。

B. 光学性能。包括材料的折射率、表面反射率、透射率等。

C. 温度特性。包括工作的最高、最低温度,贮藏的最高、最低温度。

D. 时间特性。有些探测器,特别如薄膜型探测器,在短时期内性能会有变动,即具有时间特性。

E. 机械特性。是否抗震,有无机械共振频率。机械共振即使不严重,也可能产生显著的振动噪声。

四、光子探测器的性能

1. 本征光电导探测器

对于本征光电导探测器,除 $1/f$ 噪声外,其主要噪声为热噪声及产生-复合噪声,因此,略去 $1/f$ 噪声后,本征光电导探测器中的总噪声电压为

$$V_{\mathrm{N}} = \left(4kTR + G^2 \frac{V_0^2}{lwd}\right)^{1/2} (\Delta f)^{1/2} \tag{7-116}$$

式中,V_0 为外置偏压。以 $P_0 = V_0^2/Rlw$ 表示器件单位面积的耗散功率,则由响应率 R_λ 及(7-116)式得本征光电导探测器的探测率 D_λ^* 为

$$D_\lambda^* = \frac{R_\lambda}{V_{\mathrm{N}}} (lw\,\Delta f)^{1/2} \tag{7-117}$$

式中,l 、w 、d 分别为探测器材料的长、宽、厚。

2. 光电磁探测器

在偏流为零的开路条件下工作,热噪声为光电磁探测器的主要噪声,为

$$V_{\mathrm{N}} = \sqrt{4kTR_{\mathrm{B}}\Delta f} \tag{7-118}$$

由此得本征 InSb 光电磁探测器的探测率为

$$D_\lambda^* = \frac{R_\lambda}{V_{\mathrm{N}}} (lw\,\Delta f)^{1/2} = \frac{\sqrt{2}\,\eta(1-r)q\mu_{\mathrm{e}}L_{\mathrm{e}}B\sqrt{\rho_0}}{h\nu b^{1/2}d^{1/2}\sqrt{(4kT)}} = \frac{\sqrt{2}\,\eta(1-r)\mu_{\mathrm{e}}\tau^{1/2}B}{h\nu b^{1/2}d^{1/2}n_{\mathrm{i}}^{1/2}} \tag{7-119}$$

式中,探测器材料的长、宽、厚分别为 l、w、d,材料的反射系数为 r,量子效率为 η,响应率为 R_λ,磁场 B 在 z 轴正方向,入射光频率为 ν,R_B 为有磁场时探测器材料的电阻,ρ_0 为无磁场的探测器材料的电阻率,b 为电子迁移率与空穴迁移率之比,L_{e} 为电子扩散长度,τ 为电子的逗留时间,n 为电子浓度,μ_{e} 为电子迁移率。

为获得 PEM 效应高探测率,必须有高的电子迁移率、载流子寿命及外加磁场,而材料的本征载流子浓度必须低。

3. 光伏探测器

这里分析光垂直照射于 PN 结上时光伏探测器的探测率。

对于光伏探测器,在略去 $1/f$ 噪声后,散粒噪声为主要噪声,所以噪声 V_{N} 可表为

$$V_{\mathrm{N}} = \sqrt{4kTR_0\Delta f} \tag{7-120}$$

式中,R_0 为 PN 结的零偏电阻。由响应率公式及噪声的公式,再考虑到零偏电阻 R_0 与反向饱和电流密度 j_s 的关系,可求得其探测率为

$$D_\lambda^* = \frac{R_\lambda}{V_{\mathrm{N}}} (lw\,\Delta f)^{1/2} = \frac{\eta(1-r)\sec h\,\dfrac{d}{L_{\mathrm{h}}}}{2h\nu\left[sp_0 + \dfrac{D_{\mathrm{h}}}{L_{\mathrm{h}}}p_0\,\mathrm{th}\,\dfrac{d}{L_{\mathrm{h}}} + \dfrac{D_{\mathrm{e}}}{L_{\mathrm{e}}}n_0\,\mathrm{cth}\,\dfrac{L}{L_{\mathrm{e}}}\right]^{1/2}} \tag{7-121}$$

式中,l、w 分别为器件的长、宽,N 区厚度为 d(d 远小于少数载流子空穴的扩散长度 L_{h},P 区长度为 L(L 远大于其少数载流子电子的扩散长度 L_{e}),材料的反射系数为 r,量子效率为 η,s 为前表面的表面光生空穴复合速度,p_0 和 n_0 均为无信号光时的少数载流子的浓度。

由(7-121)式知,与提高响应率类似,为了提高光伏探测器的探测率,应减小反射损失。在一定条件下减小 d,还应降低 s 、n_0 、P_0 ,并增大 L 。实际中,光伏探测器的响应率可进一步化简,若采用增透技术使材料反射系数 $r \to 0$,则探测率为

$$D_\lambda^* = \frac{q\eta}{2h\nu} \frac{(R_0A)^{1/2}}{(kT)^{1/2}} \tag{7-122}$$

虽然(7-122)式中的光伏探测器响应率的形式简单,但意义明确。除物理常量 q 、h 、k 外,只有入射光子频率 ν、器件工作温度 T 、量子效率 η 以及器件的 R_0A 乘积。ν、T 两个参数与 D_λ^* 有关,应该作选择及考虑,但它们不是材料及器件参量,虽然材料参量与 T 有关。因而,除了提高量子效率外,决定光伏探测器性

能优劣的更重要的量为 R_0A 值，即零偏压时电阻与面积的乘积。在许多关于光伏探测器的文献中，R_0A 值常作为光伏探测器性能的一个指标加以讨论。虽然在理论中，R_0A 值并不是唯一可行的判据，但是，由于 R_0 及 A 是两个极易测得的量，所以用此测量值很容易判断器件的优劣，因而，在光伏探测中，R_0A 值比其他判据更被人们所重视。

4. 肖特基势垒探测器

肖特基势垒探测器属光伏型探测器，探测率 D_λ^* 与 R_0A 值直接有关，R_0A 值愈大，D_λ^* 愈高，所以 R_0A 值是该类探测器的重要指标。

1)扩散理论中的 R_0A 。若所讨论的肖特基势垒探测器满足扩散理论的结果，则该探测器的 R_0A 值为

$$R_0A = \left(\frac{\partial V}{\partial I}\right)_{V=0} A = \frac{kT}{q\,j_{\mathrm{OD}}} \tag{7-123}$$

由此得

$$R_0A = \frac{kT\varepsilon}{q^3 N_0 \mu_e N_D x_s} \mathrm{e}^{\frac{qV_b}{kT}} \tag{7-124}$$

式中，j_{OD} 为反向饱和电流密度，qV_b 为势垒高度，x_s 为 Λ 型半导体材料的空间电荷层厚度，N_0 为受主浓度，N_D 为旋主浓度，μ_e 为电子迁移率，ε 为材料的介电常数。

上式表明，对于由扩散理论支配的肖特基势垒探测器，为了提高其 R_0A 值，应减小半导体材料的掺杂程度，这与 PN 结光伏探测器的结果恰好相反。这是因为肖特基势垒二极管是多数载流子器件，而 PN 结二极管为少数载流子器件。R_0A 值与温度的关系较复杂，但是，由于其随温度的下降而指数上升，kT 则随温度的下降而正比下降，前者快于后者，所以随着温度的降低，其 R_0A 值有所增加。

2)热电子发射理论中的 R_0A 值。若所讨论的肖特基势垒探测器符合热电子发射理论的结果，则其 R_0A 值为

$$R_0A = \left(\frac{\partial V}{\partial I}\right)_{V=0} A = \frac{kT}{q\,j_{\mathrm{OT}}} \tag{7-125}$$

由此可得

$$R_0A = \frac{h^3}{4\pi m^* q^2 kT} \mathrm{e}^{\frac{qV_b}{kT}} = \frac{k}{qA^* T} \mathrm{e}^{\frac{qV_b}{kT}} \tag{7-126}$$

式中，j_{OT} 为反向饱和电流密度，m^* 为有效电子质量，qV_b 为势垒高度。由(7-126)式，对于由热电子发射理论支配的肖特基势垒探测器，其 R_0A 值与掺杂浓度无直接关系，而与温度关系强烈，该类探测器的 R_0A 值随温度的下降迅速上升，这与扩散理论不同。

对于势垒高的肖特基势垒探测器，如金属-硫化镉接触，可能主要是扩散及漂移过程，因而可以用(7-124)式估算其 R_0A 值；对于势垒低的肖特基势垒探测器，如金属-碲锡铅接触、金属-碲镉汞接触，大概主要为热电子发射过程，因而可以用(7-126)式估算其 R_0A 值。然后，根据光伏探测器探测率公式(7-122)式估算其探测率。

5. 光子探测器的背景限

一个理想光子探测器探测率的极限值由背景光子流引起的噪声所决定。所谓理想探测器，是假定除背景光子流引起的噪声外，探测器本身的其他各种噪声均不存在，或均远小于背景光子流引起的噪声，而且器件的材料参量及器件参量均达到最佳化。该探测率的极限值称为光子探测器的背景限，而达到该极限值的探测器称为背景光子探测器，简记作 BLIP 探测器(background limited photodetector)。以上所说的背景光子流是指波长短于截止波长，能使光子探测器激发光生载流子的背景光子流。

五、多元阵列探测器

随着红外探测器工艺的改进，不少单元红外探测器的性能已接近或达到背景限，这使得由单元探测器构成的红外系统的性能也接近于理想极限。然而，科学技术及生产的发展，也对红外系统提出了更高的性能要求，这些要求是由单元红外探测器所组成的红外系统所无法达到的，因此导致了多元阵列探测器的出现，并在近年得到了快速发展。

1. 红外多元阵列探测器

如果减小探测器的面积,红外探测器的响应率及信噪比均可得到提高。若红外系统既要求有足够大的视场,又要求有足够高的信噪比,单元探测器组成的红外系统常无法同时满足,而多元阵列探测器组成的红外系统则比较容易同时满足上述要求。

多元阵列探测器由许多个单元探测器所组成,有线列探测器,也有二维阵列探测器。红外多元阵列探测器与由单元探测器所组成的红外系统相比,除具有高信噪比及大视场的优点外,还具有下列优点:

1)由于采用了多元,分辨率高。

2)对单元红外探测系统,常需要二维机械扫描,而线列探测器只需一维扫描,二维阵列探测器则可不用机械扫描,因而大大提高了扫描速度,增加了信息量。

3)多元阵列探测系统可实现多目标跟踪或边扫描边跟踪。

4)可使红外系统体积缩小,结构简化,重量减轻,可靠性提高,等等。

2. 红外电荷耦合器件 IRCCD

半导体器件中的电荷耦合器件,简称 CCD。在红外多元阵列及 CCD 发展的基础上,红外电荷耦合器件的研究受到了极大的重视,多年来,大量的研究工作使红外电荷耦合器件的性能已达到了相当高的水平,并被应用于红外成像系统等方面。红外电荷耦合器件简称 IRCCD。

与所有其他红外探测器一样,噪声也是红外电荷耦合器件的一个重要的性能指标。在 IRCCD 中,噪声与所用材料本身的特性、器件设计制作工艺、注入方式、背景等因素均有关。

IRCCD 已作为焦平面阵列器件,以串联扫描、并联扫描或串并联扫描的方式被应用于红外成像系统。

3. 量子阱红外探测器

量子阱结构的红外探测器,其探测机理与传统探测器截然不同,它是靠载流子吸收光子后在量子阱结构中形成的子带间跃迁来完成探测的,不同于 HgCdTe 本征半导体载流子在禁带隙的跃迁。目前用于红外探测器的主要是 GaAs 量子阱材料。相比于 HgCdTe 器件,GaAs 量子阱红外探测器具有以下优点:

1)GaAs 的分子束外延生长以及器件工艺已相对成熟,GaAs 衬底更大,更便宜,质量也更好;均匀性更好,成品率更高,更适合大面阵和大批量焦平面器件的制备。

2)通过调节外延材料的参数,可获得不同波长响应的量子阱红外探测器。可通过事先设定的生长材料和制作工艺方案来提供所需的吸收波段,因此在光谱范围上具有更大的灵活性。

3)量子阱的光谱较窄,具有自滤波的性质,特别适合于制作双色和多色器件。

4)量子阱材料具有更好的粘合强度、掺杂能力、化学稳定性、热稳定性以及固有的抗核辐射能力。

5)量子阱具有更好的空间与频谱均匀性,因此可以产生更高质量的图像。

6)量子阱探测器以光导模式工作,具有高阻抗、快速响应时间以及低能量损耗等,符合大规模焦平面生产的要求。

尽管如此,量子阱红外探测器也有一些不足之处:

1)由于暗电流大,使得其工作温度要比 HgCdTe 更低,需要更强的低温制冷。

2)量子效率低。

3)积分时间较长,大约在几到几十毫秒,这样对要求低积分时间的应用有一定的限制。

4. 量子点红外探测器

早在 1982 年,Y. Arakawa 与 H. Sakaki 指出量子点(quantum dot)具有三维电子局限性及 δ 函数的能态,并对量子点低临界电流、高温度等特性做出了理论上的预测。然而,当时量子点制作以光刻蚀技术为主,不容易得到品质良好、纳米尺度的量子点。直到用分子束外延依 SK 模式生长出应变自组装量子点(self-assembled QDs),人们对于量子点材料的光电特性的认识以及量子点光电器件的研究,又有了迅速的发展。

量子点红外探测器的工作原理与量子阱红外探测器非常相似。量子点的工作区域是 10 个被 30 nm GaAs 阻挡层包围的量子点周期,在工作区域上下的 1 μm 和 50 nm 的 $Al_{0.3}Ga_{0.7}As$ 是作为积累光电子的阻挡层,N 型掺杂的 GaAs 作为电极接触层。这种结构被称为垂直量子点红外探测器,是目前比较普遍的设计结构。另外,由于量子点不管沿垂直方向还是沿平面方面都能传输载流子,因此还有一种横向量子点红外探测器。

参 考 文 献

[1]Kimmitt M F. Restrahlen to T-Rays-100 Years of Terahertz Radiation[J]. Jouranal of Biological Physics，2003，29：77-85

[2]David Leisawitz，et al. Scientific motivation and technology requirements for the SPIRIT and SPECS far-infrared/submillimeter space interferometers [J]. Proceedings of SPIE，2000：4013，36-46

[3]许景周，张希成. 太赫兹科学技术和应用[M]. 北京：北京大学出版社，2007

[4]Auston D H，Cheung K P，Smith P R. Picosecond photoconducting Hertzian dipoles [J]. Appl. Phys. Lett.，1984，45(3)

[5]Dragoman D，Dragoman M. Terahertz fields and applications [J]. Progress in Quantum Electronics，2004，28

[6]张存林，等. 太赫兹感测与成像[M]. 北京：国防工业出版社，2008

[7]Zhang X C，Hu B B，Darrow J T，Auston D H. Generation of femtosecond electromagnetic pulses from semiconductor surfaces[J]. Appl. Phys. Lett. 1990，56(11)

[8]Gu Ping，Massahiko Tani. Terahertz Radiation from Semiconductor Surfaces[J]. Topics Appl. Phys. 2005，97

[9]Vitalij L. Malevich，Ramūnas Adomavičius，Arūnas Krotkus，THz emission from semiconductor surfaces[J]. C. R. Physique，2008，9

[10]马新发，张希成. 亚皮秒光整流效应[J]. 物理，2006，23(7)

[11]Wang Zhipeng. Generation of Terahertz Radiation via Nonlinear Optical Methods[J]. Ieee Transactions on Geoscience and Remote Sensing，2002，1(1)

[12]Kodo Kawase，Jun-ichi Shikata，Hiromasa Ito. Terahertz Wave Parametric source [J]. J. Phys. D：Appl. Phya.，2001，34

[13] Eric R Mueller. Optically-Pumped THz Laser Technology [OL]. http://www.coherent.com/downloads/OpticallyPumpedLaser.pdf

[14]Cook D J，Hochstrasser R M. Intense terahertz pulse by four-wave rectification in air [J]. Optics Letters，2000，125(16)

[15]Xie Xu，Dai Jianming，Zhang X C. Coherent Control of THz Wave Generation in Ambient Air [J]. Physical Review Letters，2006，96，075005

[16]Hamster H，Sullivan A，Gordon S，et al. Subpicosecond，Electromagnetic Pulses fromIntense Laser-Plasma Interaction [J]. Physical Review Letters，1993，71(17)

[17]Sprangle P，Peno J R，Hafizi B，Kapetanakos C A. Ultrashort laser pulses and electromagnetic pulse generation in air an on dielectric surfaces [J]. Physical Review E，2004，69，066415

[18]Cheng Chung-Chieh，Wright E. M，Moloney J V. Generation of Electromagntic pulse from Plasma Channels Induced by Femtosecond Light Strings [J]. Physcical Revial Letters，2001，87(21)

[19]Hoyer W，Knorr A，Moloney J V，et al. Photoluminescence and Terahertz Emission from Femtosecond Laser-Induced Plasma Channels [J]. Physical Review Letters，2005，94(11)

[20]Yoshii J，Lai C H，Katsouleas T. Radiation from Cerenkov Wakes in a Magnetized Plasma[J]. Physical Review Letters，1997，79(21)

[21]Leemans W P，Geddes C G R，Faure J，Cs Tóth，et al. Observation of Terahertz Emission from a Laser-Plasma Accelerated Electron Bunch Crossing a Plasma-Vacuum Boundary[J]，2003，91(7)

[22]Carr G L，Michael C Martin，Wayne R McKinney，et al. High-power terahertz radiation from relativistic electrons [J]. Nature，2002，42

[23]John W，Bowen. Terahertz Sensing And Measuring systems，Adances in Spectroscopy for Laser and Sensing[M]. Netherland：Springer，2006

[24]Brown E R. Fundamentals of Terrestrial Millimeter-Wave and THz Remote Sensing [J]. International Jouranl of High Speed Electronics and Systems，2003，13(4)

[25]John W Bowen. Terahertz Sensing and measuring systems，Advances in Spectroscopy for Lasers and Sensing [M]. Netherlands：Springer，2006

[26]Lee Yunshik. Principles of Terahertz Science and Technology [M]. New York：Springer，2008

[27]Kiyomi Sakai，Masahiko Tani. Introduction to Terahertz Pulses，Terahertz Optoelectronics[M]. Topics Appl. Phys.，2005，97

[28]Gallot G, Grischkowsky D. Electro-optic detection of terahertz radiation [J]. J. Opt. Soc. Am. B, 1999, 16(8)
[29]Dai Jianming, Xie Xu, Zhang XC. Detection of Broadband Terahertz Waves with a Laser-Induced Plasma in Gase [J]. Physical Review Letters, 2006, 97: 103903
[30]http://en.wikipedia.org/wiki/Metamaterial#Electromagnetic_metamaterials
[31]Chen Houtong, Willie J Padilla, Joshua M O Zide, et al. Active terahertz metamaterial devices [J]. Nature, 2006, 444(30)
[32]Stefan Linden, Christian Enkrich, Martin Wegener, et al. Magnetic response of Metamterials at 100 Terahertz [J]. Science, 2004, 306(19)
[33]Padilla W J, Taylor A J, Highstrete C, et al. Dynamical Electric and magnetic Metamaterial Response at Terahertz Frequencies [J]. Appl. phy. lett., 2006, 96, 107401
[34]Saito Shingo, Sakai Kiyomi. Time-Domain Spectroscopic System [J]. Journal of the National Institute of Information and Communications Technology, 2008, 55(1)
[35]Lee Yunshik. Principles of Terahertz Science and Technology [M]. New York: Springer, 2009
[36]Zhong Hua. Terahertz Wave Reflective Sensing and Imaging [D]. New York: Rensselar Polytechnic Institute, 2006
[37]Zhang Liangliang, Zhong Hua, Deng Chao, et al. Terahertz Wave Reference-Free Phase Imaging for Terahertz Reflection Spectroscopy [J]. Appl. Phy. Lett., 2008, 92: 221106
[38]Zhong Hua, Zhang Cunlin, Zhang Liangliang, et al. A Phase Feature Extraction Technique for Terahertz Reflection Spectroscopy [J]. Appl. Phy. Lett., 2008, 93: 121115
[39]Hu B B, Nuss M C. Imaging with terahertz wave [J]. Optics Letters, 1995, 20(16)
[40]Michael Herrmann, Ryoichi Fukasawa. Osamu Morikawa. Terahertz Imaging, Terahertz Optoelectronics[J]. Topics Appl. Phys. 2005: 97
[41]张亮亮. 太赫兹波相位成像 [D]. 北京:北京理工大学,2008
[42]张存林,胡颖,沈京玲,张亮亮,张希成. Terahertz 波相干层析成像技术[J]. 红外与激光工程,2005, 34(2)
[43]Withawat Withayachumnankul, et al. T-Ray Sensing and imaging [J]. Proceedings of The Ieee, 2007, 95(8)
[44]Wang S, Ferguson B, Abbott D, et al. T-ray Imaging and Tomography[J]. Journal of Biological Physics, 2003, 29
[45]Chan Waillam, Jason Deibel, Daniel M Mittleman. Imaging with terahertz radiation [J]. Rep. Prog. Phys, 2007, 70
[46]Samuel P, Mickan, Zhang X C. T-ray Sensing and Imaging [J]. International Journal of High Speed Electronics and Systems
[47]Sherwin M S, Schmuttenmaer C A, Bucksbaum P H. Opportunities in THz Science [M], 2004
[48]Zhong Hua, Xu Jingzhou, Xie Xu, et al. Nondestructive Defect Identificaton With Terahertz Time-of-FlightTomography [J]. IEEE Sensors Journal, 2005, 5(2)
[49]Nicholas Karpowicz, Zhong Hua, Xu Jingzhou, et al. Non-Destructive Sub-THzCW Imaging [J]. Proceedings of SPIE, 2005, 5727
[50]周燕,牧凯军,张艳东,等. 燃料箱泡沫板的连续太赫兹波无损检测[J]. 无损检测, 2007, 29(5)
[51]Martin Koch. Terahertz Communications: A 2020 Vision, Terahertz Frequency Detection and Identification of Materials and Objects [M]. Springer, 2007
[52]陈衡. 红外物理学[M]. 北京:国防工业出版社,1985
[53]克利克苏诺夫 ЛЗ. 红外技术原理手册[M]. 北京:国防工业出版社,1986
[54]陈继述,胡燮荣,徐平茂. 红外探测器[M]. 北京:国防工业出版社,1986
[55]张建奇. 红外物理[M]. 西安:西安电子科技大学出版,2004
[56]程玉兰. 红外诊断现场实用技术[M]. 北京:机械工业出版社,2006
[57]陈永甫. 红外辐射红外器件与典型应用[M]. 北京:电子工业出版社,2004
[58]常本康,蔡毅. 红外成像阵列与系统[M]. 北京:科学出版社,2006
[59]赫晓剑,李仰军. 光电探测技术与应用[M]. 北京:国防工业出版社,2009
[60]王义玉,叶文,王彬. 红外探测器[M]. 北京:兵器工业出版社,2005
[61]彭焕良. 热成像技术发展综述[J]. 激光与红外,1997,27(3):131-136
[62]何丽. 走向新世纪的红外热成像技术[J]. 激光与光电子学进展,2002,39(12):48-51

第八章　紫外光学、X射线光学和中子光学

1895年伦琴发现X射线能无散射地穿透生物组织，得到了世界上第一张X射线照片；但是在实验上，他没有发现X射线的偏折现象。X射线晶体衍射的发现表明X射线是波长很短的电磁波，同时证实了晶体的空间点阵结构。X射线掠入射反射证明其对物质的折射率非常小。X射线康普敦现象表明X射线的粒子性，丰富了光子学说的内涵。

极紫外、软X射线和X射线比可见光波长短，从原理上能获得更高的分辨率，如软X射线显微镜可以获得十几纳米分辨率的生物组织的精细结构，极紫外光刻将成为未来超大规模集成电路的制造技术。在极紫外、软X射线和X射线波段存在大量的元素内壳层的共振线，这为许多领域的研究提供了强有力的物理机制。因此，在同步辐射应用、天文学和等离子体诊断等需求的不断推动下，极紫外、软X射线和X射线以及中子光学得到了飞速发展。

本章首先介绍掠入射X射线光学，其后依次介绍多层膜光学、衍射光学元件、折射光学及中子光学。各部分之间有相互的联系与融合，如掠入射与多层膜的结合可以将掠入射角增大，衍射与多层膜的结合可以制造出反射的衍射光学元件。

第一节　X射线反射光学

X射线掠入射能实现全外反射，是X射线得以应用的基础。但是，自X射线掠入射全反射发现以后，由于不能解决像差校正问题，致使掠入射光学在成像系统中很长时间得不到应用。1948年和1952年发明的KB和Wolter系统是X射线掠入射成像光学的基础；近年来元件制作水平的进步，X射线掠入射光学系统的性能得到提高，应用逐步推广。本节将介绍X射线波段光学常数、界面反射和典型的光学系统。

一、光学常数

电磁波与物质间的相互作用通常用材料的复折射率 $\tilde{n} = n + \mathrm{i}\beta$ 来描述，它是波长的函数，复折射率的实部 n 和虚部 β 分别称为折射率和消光系数。在均匀各向同性介质中，沿 z 方向传播、波长为 λ 的电磁波可以表述为[1]

$$E(x) = E_0 \exp\left(-\frac{2\pi\beta z}{\lambda}\right)\exp\left[\frac{2\pi}{\lambda}\mathrm{i}(nz - ct)\right] \tag{8-1}$$

式中，E_0 为 $z=0$ 处的振幅，c 是真空中的光速。

折射率 n 描述了介质对X射线的折射特性，即电磁波的相速度。在极紫外与X射线波段，所有材料的折射率都小于且又非常接近于1，可以用折射率小量 δ（$n = 1 - \delta$）来表示：

$$\delta = \frac{r_e}{2\pi}\lambda^2 N_{at} f_1 \tag{8-2}$$

式中，r_e 为经典电子半径，$r_e = e^2/(mc^2) = 2.82\times10^{-13}$ cm；λ 为波长；N_{at} 为原子密度（单位：cm^{-3}）；f_1 为每个原子的有效自由电子数。由(8-2)式可以看出，折射率小量与波长的平方以及电子密度成正比。通常情况下，$\lambda = 5$ nm 时 $\delta \approx 10^{-2}$，而当 $\lambda = 0.5$ nm 时 $\delta \approx 10^{-4}$。

消光系数 β 描述了介质对电磁波的吸收，与介质的线吸收系数 $\alpha = 4\pi\beta/\lambda$ 有直接关系，强度为 I_0 的电磁波经过厚度为 z 的介质后衰减为 $I = I_0\exp\left(-\frac{4\pi}{\lambda}\beta z\right)$。在极紫外与X射线波段，$\beta$ 可表示为

$$\beta = \frac{r_e}{2\pi}\lambda^2 N_{at} f_2 \tag{8-3}$$

由(8-3)式可以看出，随着光子能量的增大，波长变短，X射线对材料的透射率增强。

因此，在极紫外和X射线波段，介质的复折射率可表示为

$$\tilde{n}=n+\mathrm{i}\beta=1-\delta+\mathrm{i}\beta\approx 1-\frac{r_e\lambda^2}{2\pi}N_{at}f \tag{8-4}$$

式中，$f=f_1-\mathrm{i}f_2$，称为材料的原子散射因子。Henke在他的研究中给出了光子能量从50 eV到30 keV（$\lambda=0.04\sim25$ nm）的原子散射因子数据[2-3]。对于较高的光子能量E，原子散射因子的实部f_1是常数，等于每个原子中的电子数，因而$\delta\propto1/E^2$；原子散射因子的虚部f_2随着光子能量的增大而减小，且在吸收边附近出现突变，由Drude模型知$\beta\propto1/E^3$。因此，随着光子能量的增加，消光系数的递减远大于折射率小量的递减。在光子能量较低的区域，材料的结构对其光学特性产生非常明显的影响，光学常数很难通过理论计算准确获得，只能通过实际的测量得到。

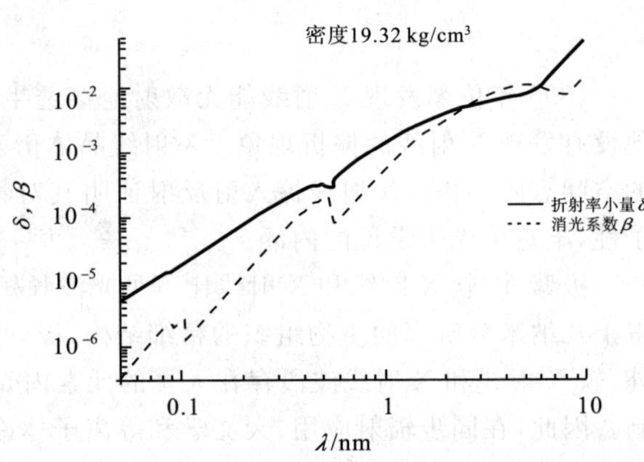

图 8-1 Au的光学常数

以Au元素为例，由原子散射因子可以计算得到其光学常数，如图8-1所示。光学常数曲线最显著的特征是在K和L吸收边附近的突变，这一区域称为反常色散区。

原子散射因子（f_1，f_2）与光学常数（δ,β）间的差别由式中的λ^2项决定，在极紫外和X射线波段，δ和β的范围通常在$10^{-2}\sim10^{-6}$之间。

二、界面反射

高能粒子入射到反射界面处，部分粒子发生菲涅耳反射，超过临界动量的粒子将透射进入介质，发生折射。粒子在界面处的反射可以由菲涅耳公式描述，光子动量$\boldsymbol{p}$的大小正比于传播矢量的模$k=\frac{2\pi}{\lambda}n$。如图8-2所示，在折射率为n_1和n_2的两种介质界面处，在界面的法线方向（z方向），由界面到光子的动量转移为

$$2p_z\propto q=\frac{4\pi}{\lambda}n_1\sin\theta \tag{8-5}$$

在界面的切线方向，根据动量守恒定律，其动量没有发生变化，符合斯涅尔(Snell)定律，即

$$\frac{2\pi}{\lambda}n_1\sin\phi_1=\frac{2\pi}{\lambda}n_2\sin\phi_2 \tag{8-6}$$

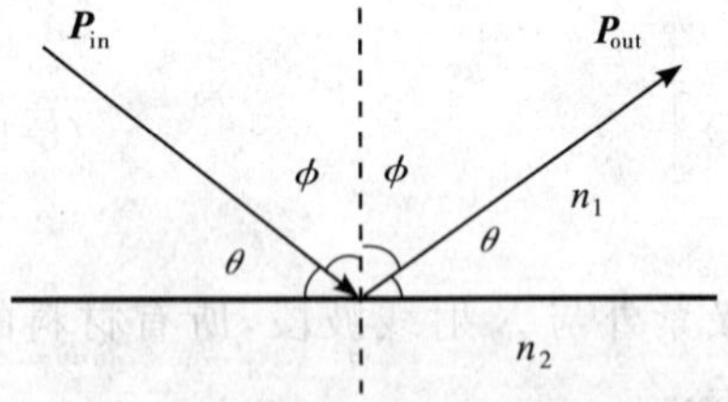

图 8-2 折射率为 n_1 和 n_2 的两种介质分界面上的反射

$\boldsymbol{p}_{in}$和$\boldsymbol{p}_{out}$分别为入射动量和反射动量，ϕ为入射角，θ为掠入射角

根据菲涅耳公式，界面处的反射系数和透射系数为

$$\left.\begin{aligned}
r_{12}^{s}&=\frac{n_1\cos\phi_1-n_2\cos\phi_2}{n_1\cos\phi_1+n_2\cos\phi_2}\text{，s 偏振}\\
r_{12}^{p}&=\frac{n_1\cos\phi_2-n_2\cos\phi_1}{n_1\cos\phi_2+n_2\cos\phi_1}\text{，p 偏振}\\
t_{12}^{s}&=\frac{2n_1\cos\phi_1}{n_1\cos\phi_1+n_2\cos\phi_2}\text{，s 偏振}\\
t_{12}^{p}&=\frac{2n_1\cos\phi_1}{n_2\cos\phi_1+n_1\cos\phi_2}\text{，p 偏振}
\end{aligned}\right\} \tag{8-7}$$

电磁波由折射率为n_0的介质以ϕ_0角入射到折射率为n的介质，其折射角ϕ_n可以由斯涅尔定律得到：

$$\cos\phi_n=\sqrt{1-(n_0/n)^2\sin^2\phi_0} \tag{8-8}$$

显然，折射角只与入射角及界面处两种介质的折射率有关，与材料的其他性质无关。但在极紫外和X射线波段，由于任何材料都存在吸收，因此光学常数、折射角、透射与反射系数都比较复杂。通常入射介质为真空，光学常数和入射角都为实数。将(8-5)式的动量转移$q=\frac{4\pi}{\lambda}n\cos\phi$代入菲涅耳公式，可以得到基于动

量转移的反射系数方程

$$r_{12}^{s} = \frac{q_1 - q_2}{q_1 + q_2} \tag{8-9}$$

在前面光学常数部分讨论过，X射线在介质中的折射率小于1（$n = 1 - \delta$），因而当X射线以很小的掠入射角从真空入射到介质表面时，将发生全外反射。在全反射临界角处，出射波沿界面传播，即 $\cos\phi_n = 0$，代入(8-8)式得到全外反射临界角：

$$\sin\phi_c = \cos\theta_c = \tilde{n} \tag{8-10}$$

由上式可以看出，全反射临界角 θ_c 为复数，通常情况下，可以忽略材料的吸收损失，得到全反射临界角为

$$\sin\theta_c \approx \sqrt{2\delta} \qquad (\beta \ll \delta \ll 1) \tag{8-11}$$

显然，X射线能量越高，全反射临界角越小。

由(8-10)式，任何材料的光学常数都可以由 θ_c 表示，或者由临界角对应的动量转移 $q_c = \frac{4\pi}{\lambda} n \sin\theta_c$ 表示。因此，菲涅耳公式可以写成如下形式[4-5]：

$$r_{12} = \frac{\sqrt{1-(q_{c_1}/q)^2} - \sqrt{1-(q_{c_2}/q)^2}}{\sqrt{1-(q_{c_1}/q)^2} + \sqrt{1-(q_{c_2}/q)^2}} \tag{8-12}$$

当掠入射角远大于全反射临界角（$q \gg q_c$）时，(8-12)式可以简化为

$$r_{12} = \frac{q_{c_1}^2 - q_{c_2}^2}{4q^2} \tag{8-13}$$

此时，光强反射率为

$$R_{12} = \frac{|q_{c_1}^2 - q_{c_2}^2|^2}{16q^4} \tag{8-14}$$

由(8-14)式可以看出，当掠入射角远大于全反射临界角时，随着掠入射角的增大，反射率以四次方的速率衰减。当入射介质是真空时，$q_{c_1} = 0$。当光学常数为变量时，(8-14)式可以表示为

$$R = \frac{(\delta_2 - \delta_1)^2 + (\beta_2 - \beta_1)^2}{4\sin^4\theta_0} \qquad \delta, \beta \ll 1, \theta_0 \ll \theta_c \tag{8-15}$$

根据光学常数的定义，在某一固定掠入射角下，反射率随着波长的变短以四次方的速率下降。同样，当反射率 $R \ll 1$ 时，对于更高能量的X射线和更小的掠入射角，反射率也不断减小。

三、X射线掠入射反射式光学系统

X射线掠入射反射式光学系统主要包括Kirkpatrick-Baez系统和Wolter系统。

（一）Kirkpatrick-Baez光学系统

Kirkpatrick-Baez显微镜（简称KB显微镜）光学系统最早于1948年由P. Kirkpatrick和A. V. Baez提出[6]，采用两个正交的球面镜（或柱面镜）结构，根据掠入射全反射原理实现X射线的二维聚焦成像，其结构和基本光路如图8-3所示。

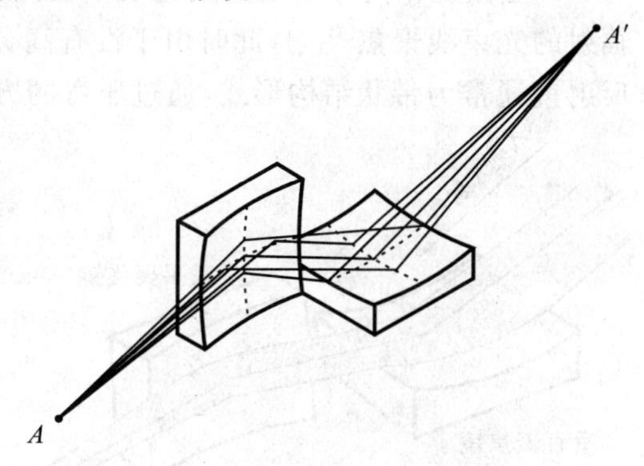

图8-3　KB显微镜光路结构

由正交的两面反射镜构成，A 为物点，A' 为像点

通常情况下，单个反射镜在掠入射情况下像散将会比较严重，其子午焦距 f_t 和弧矢焦距 f_s 分别为

$$f_t = \frac{r\sin\theta}{2}, f_s = \frac{2}{r\sin\theta} \tag{8-16}$$

式中，r 为反射镜曲率半径，θ 为掠入射角。而采用两面正交掠入射反射镜的结构可以消除系统像散。KB显微镜的成像关系满足

$$\frac{1}{u} + \frac{1}{v} = \frac{1}{f} = \frac{2}{r\sin\theta} \tag{8-17}$$

式中，u 为物距，是物点到第一面反射镜中心的距离；v 为像距，是第二面反射镜中心到像点的距离。

在校正像散的基础上，KB 显微镜的像差主要包括轴上点球差和离轴像差。其垂轴像差 Y 可表示为[7]

$$Y=\frac{3Md^2}{2r}+\frac{Mdq}{u} \tag{8-18}$$

式中，M 是放大倍数，r 为反射镜曲率半径，d 为反射镜口径，q 为物方视场。(8-18)式的第一项 $\frac{3Md^2}{2r}$ 表示轴上点球差，与反射镜的曲率半径和口径有关。从式中可以看出，为了保证 KB 系统的像质，需要足够大的曲率半径，通常为几米到几十米。KB 系统的球差与反射面口径的平方成正比，因此为了保证分辨率需要设计轴向口径较小的反射镜，但太小的口径将导致系统集光效率的急剧降低。(8-18)式的第二项是由于离轴原因导致的像差，其大小与视场大小和反射镜口径成正比。因此，可以得知 KB 系统的分辨率与视场的关系呈 V 字形，曲线的谷底值由轴上点的球差决定。

KB 显微镜的光学元件对面形和表面粗糙度要求非常严格。面形误差将导致空间分辨率降低，通常面形精度需优于 $\lambda/10$。表面粗糙度误差将增大 X 射线的散射，降低系统的反射率，因而 KB 显微镜的表面粗糙度需尽量控制在 10^{-10} m 量级以内。对于工作能点较低的 KB 显微镜，可以采用在反射镜表面镀原子序数较高的金属薄膜以提高系统的反射率。而对于高工作能点，由于金属单层膜对应的掠入射角很小，将影响系统的分辨率和集光效率，此时通常需采用 X 射线多层膜光学元件。

KB 显微镜主要应用于惯性约束聚变(ICF)的内爆诊断实验[8-9]。与传统的诊断设备 X 射线针孔相机相比，KB 显微镜具有以下优势：①空间分辨率高，200 μm 视场内可实现 3～5 μm 成像；②集光立体角比针孔相机提高 2～3 个量级；③物距较大，可以避免高能射线和内爆碎片对成像元件的污染。目前，KB 显微镜已经被成功地应用于美国的 NOVA、OMEGA 等激光惯性约束聚变装置，如 OMEGA 装置共有 5 台 X 射线 KB 显微镜，其基本性能指标如表 8-1 所示[10]。

表 8-1　OMEGA 用 KB 显微镜系统

位　置	反射镜口径/mm	膜材料	分辨率/μm	放大率	集光立体角	能量/keV
H8	9	Ir	5	12.9	4×10^{-7}	2～8
H9	9	Ir	5	13.6	4×10^{-7}	2～8
H13	4.5	Ir	3	20.3	1×10^{-7}	2～7
—	4.5	None	3	13.6	1×10^{-7}	1.5～3
—	9	W/B_4C	5	13.6	4×10^{-7}	7～9

KB 光学系统还有另外一种形式——KB 望远镜系统，如图 8-4 所示，物点位于无穷远位置，其成像关系与 KB 显微镜相同。由于其集光效率较低，KB 望远镜系统在天文望远观测中很少应用，而主要应用于同步辐射的光束线聚焦[11-12]，此时由于没有高分辨率的要求，因此可以采用很大的反射镜口径以增大集光效率。反射镜通常为带状结构形式，通过压弯的方式获得较大的曲率半径。

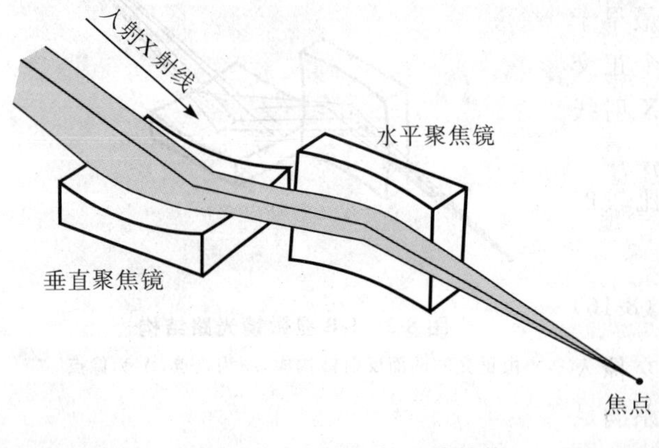

图 8-4　KB 望远镜光路结构

传统的 KB 显微镜由两块正交放置的球面或柱面反射镜组成，可调整的结构参数较少。虽然能够有效地消除像散，但是其球差并没有得到校正，且存在严重的彗差和像场倾斜。空间分辨能力随视场增加而迅速降低，从而限制了系统的有效视场范围。高级 KB 显微镜（简称为 KBA 显微镜）是在传统 KB 显微镜的基础上增加两块反射镜，即在子午和弧矢面内各多引入一块球面或柱面反射镜，用于校正系统的轴外像差，从而增大系统的有效视场[13-16]，其结构形式如图 8-5 所示，其子午面内光路结构如图 8-6 所示。

KBA 显微镜的成像关系满足：

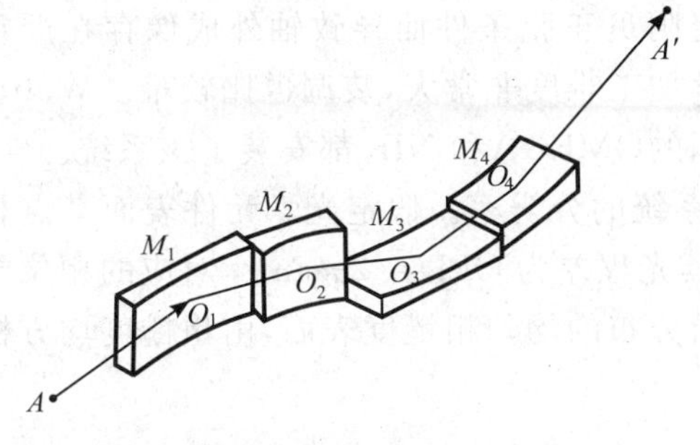

图 8-5　KBA 显微镜示意图

在子午和弧矢方向各放置两块反射镜，以校正轴外像差

子午面内
$$\frac{1}{u}+\frac{1}{v}=\frac{1}{f_t}=\frac{8}{r\eta_1}=\frac{4}{r\theta_1} \tag{8-19}$$

弧矢面内
$$\frac{1}{u+\Delta}+\frac{1}{v-\Delta}=\frac{1}{f_s}=\frac{4}{r\theta_3} \tag{8-20}$$

式中，$u=OA$，$v=OA'$，一般选取 $\theta_1=\theta_2$，$r_1=r_2=r$，Δ 为子午主面和弧矢主面的间距。图中 Ω_1 为子午主面的位置。

KBA 显微镜有效纠正了球差、像场倾斜等像差，扩大了传统 KB 显微镜的有效视场，同时提高了系统的分辨率。在 ICF 研究中，它是大视场条件下获得高空间分辨率的重要 X 射线成像诊断方法，在 2 mm 视场内分辨率达到 5～7 μm，在 4 mm 视场内优于 25～30 μm。但是由于 KBA 的结构更为复杂，因此加工和装调的难度都较传统 KB 显微镜大。

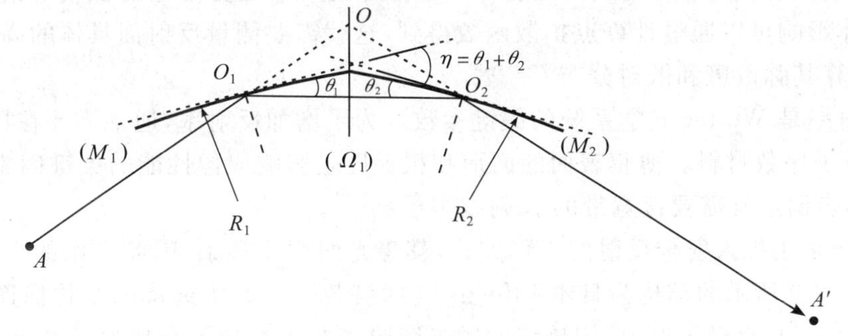

图 8-6　KBA 子午面内的光路结构

（二）Wolter 光学系统

Wolter 光学系统由两个同心的掠入射反射曲面构成（抛物面与双曲面或者椭球面与双曲面），最常见的结构形式是 Wolter Ⅰ型结构。入射的 X 射线平行光束首先经抛物面反射，然后由双曲面反射，在焦平面上成像。经抛物面反射的虚像点与双曲面的另外一个焦点重合[17]。其光路结构如图 8-7 所示。

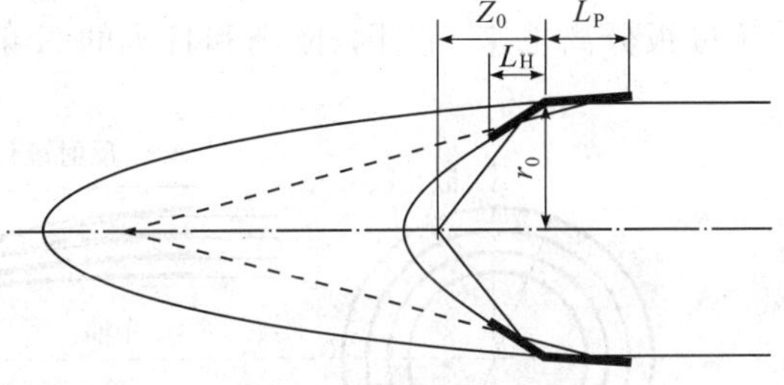

图 8-7　Wolter Ⅰ型望远镜光路结构

平行光束先后经过抛物面和双曲面的内侧反射后，成像于双曲面的焦点位置

Wolter Ⅰ型望远镜的光路结构可由 4 个基本量描述[18]：①焦距 Z_0，定义为抛物镜与双曲镜交汇点到系统焦点的距离；②平均掠入射角 α，由望远镜的内径和焦距确定，$\alpha=\frac{1}{4}\arctan\frac{r_0}{Z_0}$；③抛物面和双曲面掠入射角的比值 ξ，在两镜交汇处测得；④抛物镜长度 L_p。

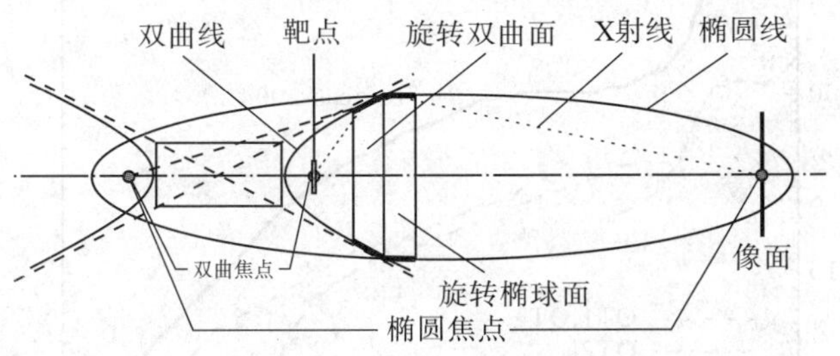

图 8-8　Wolter Ⅰ型显微镜光路结构图

物点位于椭球面右焦点位置，经椭球面反射成虚像于左焦点位置，经双曲面第二次反射成像于其焦点位置

掠入射角是决定 Wolter 望远镜最高工作能量的关键参数，通常抛物镜和双曲镜的掠入射角相等，即 $\xi=1$。对于已经确定口径和焦距的 Wolter Ⅰ望远镜系统，根据 Van Speybroeck 等给出的曲线，可以估算出系统的角分辨率和集光效率[19]。Wolter Ⅰ型系统可以实现极高的角分辨率和较大的视场，例如 Chandra 望远镜在 6.3″的视场内达到百微秒级的角分辨率[20]。

图 8-8 为 Wolter Ⅰ型显微镜系统的光路结构图。它由一个旋转椭球面和一个旋转双曲面组成同轴共焦系统，由物点发出的 X 射线首先入射到双曲面上，在双曲面的左焦点（该点也为椭球面的左焦点）位置成虚像；再经过椭球面内表面反射会聚于椭球面右焦

点[21]。Wolter 显微镜克服了单个旋转对称非球面反射镜因不满足阿贝正弦条件而导致轴外成像存在严重彗差的缺陷，可以获得较高的成像分辨率。但非球面反射镜的光学加工难度非常大，装调也比较难。Wolter 显微镜主要应用于惯性约束聚变的内爆成像诊断和靶的检测，美国的OMEGA和 NIF 都安装了该系统。

Wolter 光学元件的面形误差将使 X 射线发生散射，进而降低系统的分辨率。假定光学元件表面某点相对于理想位置的高度差为 σ，X 射线以 α 掠入射角度入射到该点，其光程差为 $\mathrm{OPD}=2\sigma\sin\alpha$，对应的相位差为 $\Delta=4\pi\sigma\sin\alpha/\lambda$，$\lambda$ 是 X 射线的波长。对于表面高低落差呈高斯分布的均匀粗糙度表面，由粗糙度均方根差 σ 和相位差 Δ，可以计算得到相对散射强度[22-23]为

$$\frac{I_s}{I_0}=1-\mathrm{e}^{-\Delta_{\mathrm{rms}}^2} \tag{8-21}$$

为了使散射强度 I_s 尽量小，必须满足 $\Delta_{\mathrm{rms}}\ll 1$。对于工作角度和波长分别为 0.5°和 0.1 nm 的表面，0.4 nm的表面粗糙度将会产生 20%的强度散射，0.8 nm 的表面粗糙度对应的强度散射将增大到 50%。面形误差对像质的具体影响可以通过计算点扩散函数得到，这就需要测量反射面具体的高低起伏分布，转化为倾斜度误差，进而计算其弥散斑和散射分布[24-25]。

光学元件的反射率是 Wolter 光学系统的关键参数。为了增加反射率，通常需要在抛光的光学表面上镀 Ni、Au、Pt、Ir 等高原子序数材料。薄膜表面的面形和粗糙度是影响成像性能的关键因素。工作于高能量的 Wolter 系统，其光学表面通常需要镀宽带的 X 射线多层膜[26]。

Wolter 光学结构采用掠入射全反射的工作方式，其集光面积非常小，因此实用的 Wolter 望远镜系统常采用嵌套式结构。图 8-9 所示的结构为日本 Infocμs 气球搭载嵌套式望远镜的结构简图。嵌套式结构要求镜片非常轻薄，通常只有几百微米厚，采用传统的抛光镀膜工艺很难满足高质量镜片的制备要求，目前常采用的技术称为超薄基底复制技术，即在母板上镀膜，薄膜背面电镀 Ni 层或者用环氧树脂粘附 Al 片，将薄膜从母板分离下来。美国、欧洲和日本的 X 射线天文望远镜镜片主要采用这种复制方法制备[27-28]。

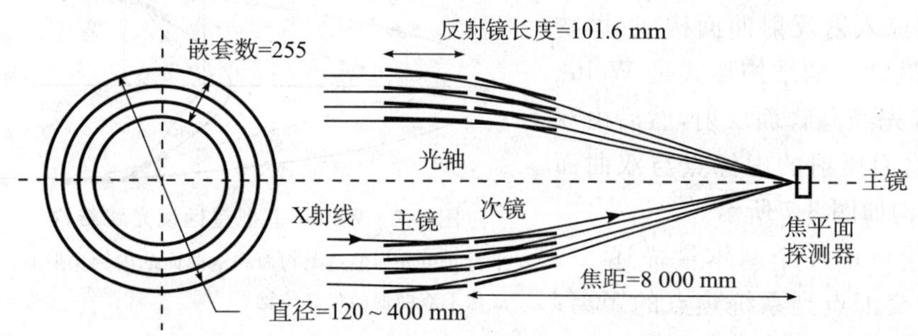

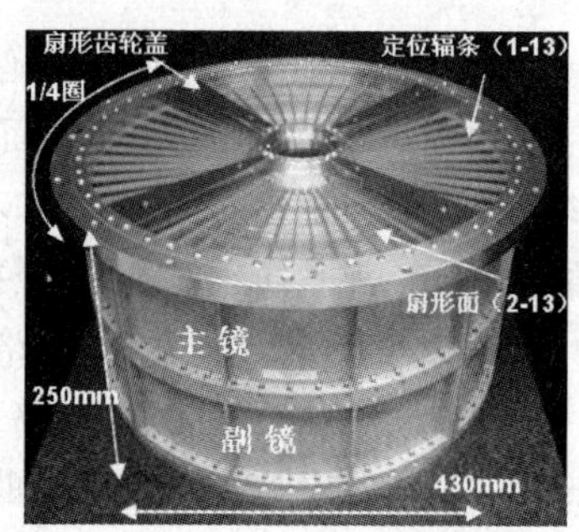

图 8-9 日本 Infocμs 气球搭载嵌套式望远镜的结构简图

外径 400 mm，内径 120 mm，共 255 层

有效集光面积（effective collecting area）是 Wolter 望远镜的关键指标，由以下几个因素决定：镜片大小与嵌套层数，掠入射角度，光学元件反射率，支撑体尺寸。同一工作掠入射角度下，反射率随着工作能量变化。对于高工作能点，其反射率在截止边外迅速降为零。以日本 Infocμs 气球搭载望远镜为例[29]，有效面积随能量的变化曲线如图 8-10 所示，其中虚线表示各扇区的有效面积，实线为整个系统的有效面积。在 1～10 keV 的较低能段，有效面积较大，约为 140 cm^2，而在 40 keV 的高能点位置，其有效面积降约为 80 cm^2。

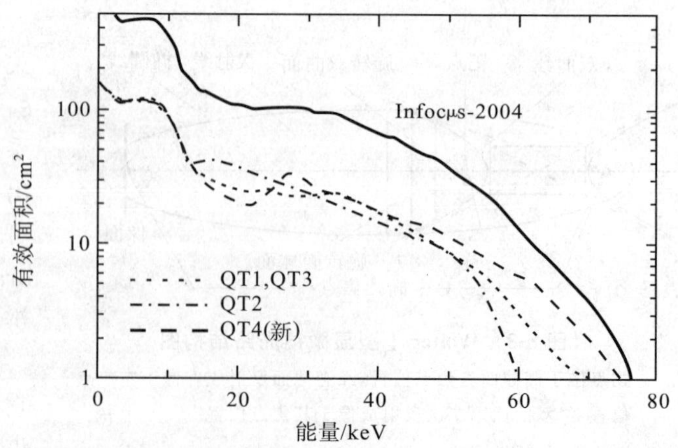

图 8-10 日本 Infocμs 气球搭载 Wolter 望远镜的有效面积曲线

第二节　极紫外、软 X 射线和 X 射线多层膜光学

极紫外、软 X 射线和 X 射线多层膜有多年的发展历史，最初的构思来源于 X 射线晶体衍射的应用。1940 年，Dumond 和 Youtz 用热蒸发方法制作了周期约为 10 nm 的 Au/Cu 层状周期结构的多层膜[30]，并观察到了 X 射线的衍射。但 Au 膜和 Cu 膜层间的严重相互扩散使得多层膜周期性结构很快消失。1963 年，Dinklage 和 Frerichs[31] 采用多种材料(Pd/Mg、Au/Mg 等)组合，制备出周期为 3～5 nm 的多层膜结构，得到了与 Dumond 和 Youtz 的结论类似的结果。后来 Dinklage[32] 发现，Fe/Mg 多层膜的周期结构稳定性有很大提高。然而，由于人们对多层膜的理论认识以及微结构制备技术水平的限制，多层膜的研究到 20 世纪 60 年代一直进展缓慢。

自 20 世纪 70 年代起，随着天体物理、等离子体物理以及同步辐射应用的飞速发展，对极紫外、软 X 射线和 X 射线波段非掠入射光学元件的要求越来越迫切。同时，厚度在纳米量级的薄膜制作技术，以及超光滑表面加工与检测技术的发展也为极紫外、软 X 射线和 X 射线多层膜制备提供了可能。1972 年[33]，Spiller 首先指出，用非吸收材料和吸收(散射)材料交替镀制的 $\lambda/4$ 波堆，在理论上可以获得较高的极紫外和软 X 射线非掠入射反射率。随后，他又讨论了膜系的设计[34]，并用电子束蒸发的方法制备出了极紫外和软 X 射线多层膜[35]。与此同时，Vinogrodov 等人[36] 也在理论上研究了极紫外和软 X 射线多层膜膜系设计。1976 年，Haelbich 等人[37] 制备的 Cu/C 和 Au/C 多层膜在 19 nm 处的正入射反射率为 2.7%，首次验证了多层膜能够提高极紫外和软 X 射线的反射率。1978 年，Barbee 等人[38] 首先采用溅射技术研制了不同周期的多层膜。1981 年，Barbee[39] 和 Spiller[40] 等人进一步完善了多层膜制备技术；同年，Underwood 和 Barbee[41] 首次成功地使用软 X 射线多层膜反射镜进行了成像实验，使软 X 射线多层膜开始进入应用。20 世纪 80 年代后，随着超精加工技术和纳米级薄膜制备技术的提高，极紫外、软 X 射线和 X 射线多层膜制备技术发展非常迅速，在理论(如各种材料的光学常数、膜系结构设计、性能模拟计算等)、制备技术(电子束蒸发技术、各种溅射技术、分子束外延技术等)及检测方法等方面取得了很大进步。目前，极紫外、软 X 射线和 X 射线多层膜研究已从单一的周期膜过渡到非周期膜，大大拓展了多层膜的应用领域。

本节我们将介绍多层膜的设计理论，多层膜的种类，多层膜的制作、检测和应用。

一、多层膜设计

极紫外、软 X 射线和 X 射线多层膜的理论基础有两个方面，即衍射动力学理论[42] 和基于菲涅耳公式的光学多层膜理论[43]。衍射动力学理论类似于处理 X 射线在天然晶体中的 Bragg 衍射。基于菲涅耳公式的光学多层膜理论是把极紫外、软 X 射线和 X 射线光学看作是可见、紫外光学的一种推广，在设计过程中，需要求出多层膜每个表界面的反射率和透射率，然后采用迭代法求出多层膜的反射率和透射率。在实际设计中，大都采用光学薄膜方法。

(一)多层膜光学特性的理论计算

图 8-11 是理想多层膜的示意图，λ 是入射光波长，$R_j(T_j)$ 为界面反(透)射率，d_j 为多层膜中第 j 层膜的厚度。极紫外、软 X 射线和 X 射线多层膜的反射率计算是以菲涅耳公式为基础的，极紫外、软 X 射线和 X 射线平行光束从真空中以入射角 ϕ 入射到多层膜表面。每一界面的菲涅耳反射系数、透射系数和相位差分别为

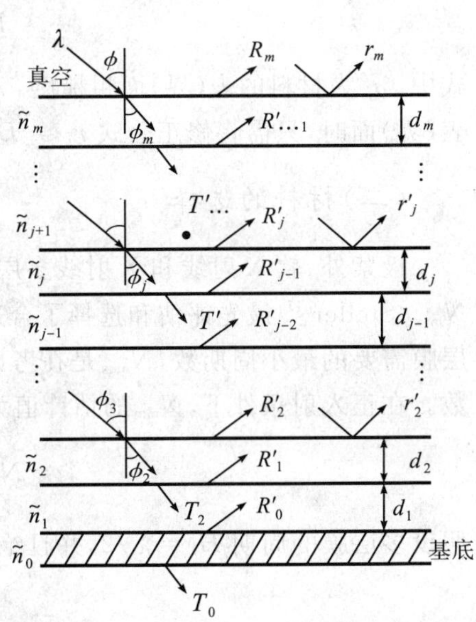

图 8-11　理想界面多层膜结构示意图

$$r'_j = \frac{\tilde{n}_{j-1}\cos\phi_{j-1} - \tilde{n}_j\cos\phi_j}{\tilde{n}_{j-1}\cos\phi_{j-1} + \tilde{n}_j\cos\phi_j}\text{，s 偏振} \tag{8-22}$$

$$t'_j = \frac{2\tilde{n}_j \cos\phi_j}{\tilde{n}_j \cos\phi_j + \tilde{n}_{j-1}\cos\phi_{j-1}},\text{s 偏振} \tag{8-23}$$

$$r'_j = \frac{\tilde{n}_j \cos\phi_{j-1} - \tilde{n}_{j-1}\cos\phi_j}{\tilde{n}_j \cos\phi_{j-1} + \tilde{n}_{j-1}\cos\phi_j},\text{p 偏振} \tag{8-24}$$

$$t'_j = \frac{2\tilde{n}_j \cos\phi_j}{\tilde{n}_j \cos\phi_{j-1} + \tilde{n}_{j-1}\cos\phi},\text{p 偏振} \tag{8-25}$$

$$\delta_j = 2\pi\tilde{n}_j d_j \cos\phi_j/\lambda \tag{8-26}$$

从 $j=1$ 开始，直到 $j=m$ 进行迭代，得到 m 层多层膜的振幅反射率 $R'^{(s,p)}_m$ 和透射率 $T'^{(s,p)}_m$，以及对应的光强反射率 $R^{(s,p)}$ 和透射率 $T^{(s,p)}$：

$$R^{(s,p)} = R_m{}^{t(s,p)} R_m{}^{t(s,p)^*} \tag{8-27}$$

$$T^{(s,p)} = T_m{}^{t(s,p)} T_m{}^{t(s,p)^*} \tag{8-28}$$

对应反射和透射方向的相位为

$$\varphi_r^{(s,p)} = \frac{R_m{}^{t(s,p)^*} - R_m{}^{t(s,p)}}{R_m^{t(s,p)} + R_m{}^{t(s,p)^*}} * \mathrm{i} \tag{8-29}$$

$$\varphi_t^{(s,p)} = \frac{T_m{}^{t(s,p)^*} - T_m{}^{t(s,p)}}{T_m{}^{t(s,p)} + T_m{}^{t(s,p)^*}} * \mathrm{i} \tag{8-30}$$

其中，s 和 p 分别代表 s 偏振和 p 偏振方向，r 和 t 代表反射和透射。通过(8-29)式和(8-30)式可以计算多层膜反射和透射的相位差：

$$\Delta^{r,t} = \delta_s{}^{r,t} - \delta_p{}^{r,t} \tag{8-31}$$

在利用菲涅耳公式进行计算时，通常都假定多层膜为理想结构(材料纯净、膜层均匀、各向同性、界面层分明、连续、平滑)。而实际多层膜的许多缺陷，特别是表(界)面粗糙度和界面混合层，使得实际测量出的结果与理论计算值有差别。因此，若要准确估计极紫外、软 X 射线和 X 射线多层膜的光学特性，就需要正确描述实际多层膜的界面状态。

基于多层膜存在的诸多缺陷，通常将界面分为以下 3 种情况[44]：①理想界面；②纯粗糙界面；③纯扩散界面。为了考虑多层膜表(界)面粗糙度和相互扩散的影响，Stearns 建立了非均匀界面散射理论来讨论多层膜表面的散射[45]；另外一种表征表(界)面粗糙度和相互扩散的方法是引入 Debye-Waller 因子[46]：

$$DW_j = \exp\left[-2\left(\frac{2\pi\sigma_j\tilde{n}_j\cos\phi_j}{\lambda}\right)^2\right] \tag{8-32}$$

式中，σ_j 为材料的表(界)面粗糙度，$\tilde{n}$ 为材料的复折射率，ϕ 为正入射角，λ 为入射光的波长。在计算非理想表(界)面时，只需将修正公式 $r_j = DW_j r_j$ 代入上述理想表界面情况的公式计算即可。

(二)材料的选择

极紫外、软 X 射线和 X 射线多层膜设计的主要目的是要获得尽可能高的反射率。通过引入参数 $N_{\min}$ 和 $N_{\max}$，Spiller[47] 最先评估和选择了合适的镀膜材料。$N_{\min}$ 是在不考虑材料吸收、反射率接近于 1 的情况下多层膜需要的最小周期数，$N_{\max}$ 是在考虑材料吸收、连续增加反射率的情况下光能穿透到的多层膜的最大周期数。在正入射条件下，$N_{\min}$ 的估计值为

$$N_{\min} = \frac{1}{2|r_\perp|} = \frac{1}{\sqrt{(\Delta n)^2 + (\Delta\beta)^2}} \tag{8-33}$$

假设多层膜的周期 $H = \lambda/2$，并且绝大多数材料都是非吸收(间隔层)材料，$N_{\max}$ 可表示为

$$N_{\max} = \frac{1}{2\pi\beta_s} \tag{8-34}$$

式中，β_s 是间隔层材料的消光系数。

用 $N_{\max}/N_{\min}$ 能够估计选定材料多层膜的反射率。当 $N_{\max}/N_{\min} \gg 1$ 时，材料的吸收作用很小，多层膜有高反射率。当 $N_{\max}/N_{\min} \ll 1$ 时，材料的吸收将阻止多层膜反射率的提高。多层膜反射峰的带宽 $\Delta\lambda$ (半最大

值处的全宽度 FWHM)由对多层膜反射率起作用的周期数 N_R 决定[48-49]：

$$\Delta\lambda = \frac{\lambda}{N_R} \tag{8-35}$$

它强烈地依赖于吸收层厚度与多层膜周期之比 Γ。

由上面的分析，Spiller 提出了选择多层膜材料对的基本思想[50]：①组成多层膜的两种材料的吸收要尽可能小；②两种材料的折射率差要尽可能大；③在满足这样的光学选择定则外，还需要考虑在多层膜的制作过程中，两种材料间的相互扩散和界面粗糙度要很小，此外两种材料的化学稳定性要好。后来，Yamamoto 和 Namioka[51] 在基于详细分析材料反射特性的情况下，依据两种材料复平面内菲涅耳反射系数得出了类似的结论。

因此，设计多层膜，首先应从材料的吸收系数和折射率差确定可能的材料组合，然后再根据材料对的物理、化学特性确定最合适的材料组合。有时，最后选中的材料组合并不是光学性能最好的。

(三)多层膜光学元件的优化设计

在材料选定后，确定多层膜内的膜层厚度是设计的重要内容。由于在极紫外、软 X 射线和 X 射线波段任何材料都有吸收，因此即使是高反射率材料，也不能用可见光波段常用的 1/4 膜堆结构。虽然 Yamamoto 和 Namioka 的方法能够确定出高反射多层膜的结构，但对其他要求的多层膜，很难找到理想的结构。

在多层膜的设计过程中，常采用数值方法进行优化，得到理想的膜系结构。从原理上讲，已有的局域和全局数值优化方法都可以用于多层膜设计。在高反射周期多层膜设计时，常采用局域优化方法以 1/4 膜堆为初始条件，以某一确定的波长(能量)和入射角多层膜反射率最高为评价函数，通过改变两种材料的厚度对这两个参数进行优化，一般能得到很好的设计结果。当然采用全局优化方法也可以，只是这时需要设计优化的时间较长。按照优化方法设计出不同膜层数多层膜的最高反射率随膜层数变化时，由于材料的吸收，多层膜反射率随膜层数增加会趋向于一个确定值，而不是 1，根据反射率接近确定值的程度(一般取接近确定值的 1%)来决定多层膜的最佳膜层数。这种确定膜层数的方法在非周期多层膜设计中也适用。

随着应用的深入，人们对多层膜提出了更多的要求，如在某一个波段或角度范围内有宽带平坦反射率的多层膜、对某一波长高反射某一波长抑制的多层膜等。由于多层膜一般有几十甚至上百个周期，要设计这样的多层膜，需要对每一层膜的厚度都进行优化。在这种多层膜优化过程中，需要综合考虑优化方法、初始膜系、评价函数三者的关系。评价函数的选取来源于多层膜的要求。在使用局域优化方法时，初始膜系极其重要，通过数值方法、解析方法[52]、多周期膜堆叠加方法[53-54]都可以产生比较好的初始膜堆，再通过优化可以得到很好的设计结果。若初始膜堆选择不当，很难得到好的设计结果。在用全局法进行优化时，原则上初始膜堆选择没有影响，但实际过程中，这需要非常长的优化时间，因此，即使采用全局优化方法，也需要给一个好的初始膜堆。值得指出的是，采用不同方法优化出的膜堆结构，有的便于制作，有的难于制作，这是设计过程中需要认真考虑的问题。

在设计过程中，可以将实际多层膜的界面粗糙度和相互扩散(如(8-32)式)包含在内。也可以在多层膜设计后，采用同样方法模拟多层膜的实际性能，这也是多层膜设计过程的重要部分。

1. 宽带多层膜反射镜

周期多层膜是在确定波长和角度的情况下有高的反射，带宽一般为 0.01～2.0 nm。当工作波长改变时，需要更换多层膜，这给实验带来了不便。通过设计，可以得到宽带多层膜高反射镜。图 8-12 显示了周期多层膜与非周期多层膜起偏器的反射率和带宽的比较。用非周期多层膜优化设计的宽波段起偏器的带宽为 6.0 nm，相应反射率约为 $R_s=25\%$(曲线 3)，而传统的周期多层膜虽然最高反射率可达 $R_s=65\%$(曲线 1)，但

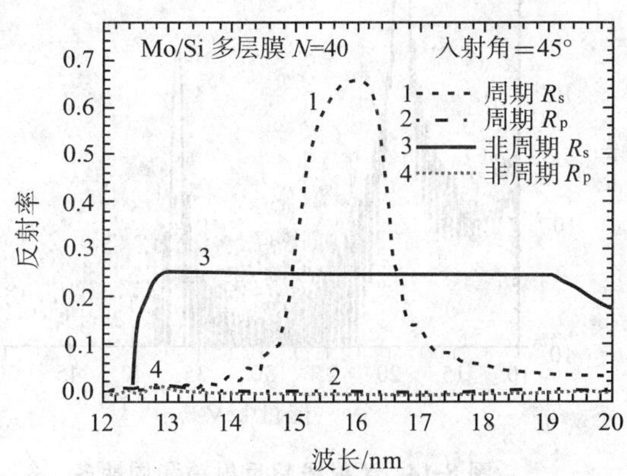

图 8-12　周期与非周期多层膜起偏器反射率和带宽的比较

对应带宽仅为 1.4 nm，两种多层膜起偏器对应 p 分量的反射率 R_p 都很低。虽然非周期多层膜峰值反射率比周期多层膜的峰值反射率低，但是带宽提高了近 4 倍，同时得到的 s 分量反射率曲线非常平直。

2. 窄带多层膜反射镜

多层膜反射镜带宽远大于天然晶体，光谱分辨率低，并且随着波长的增加，光谱带宽增大。例如，多层膜在 13 nm 处带宽为 0.4 nm，在 18 nm 处带宽为 1 nm。这样的带宽对于飞秒激光产生的高次谐波选频、空间天文观察和低原子序数材料的荧光探测等应用都显得太大，因此，需要研制极紫外波段窄带多层膜反射镜。

多层膜的光谱带宽 $\Delta\lambda$ 由参与多层膜相长干涉的有效膜对数 N_{ef} 决定[48-49]，即 $\Delta\lambda = \lambda/N_{ef}$。显然，若想减小多层膜反射镜的带宽，就需要设法增加参加多层膜相长干涉的有效膜对数 N_{ef}。由于材料的吸收，有效膜对数不能无限增加，因此，通常采用两种低原子序数(Z)材料和减小吸收层厚度两种方法获得窄带多层膜反射镜。但是，要实现这两种设计方法都有一定的实际困难。如果采用两种低原子序数时，材料界面的振幅反射系数很小，要获得高反射率，需要镀制大量的膜层，如果减小吸收层厚度，一方面会减小反射率，另一方面，制作非常薄的膜层十分困难。使用高级次反射也可以减小多层膜反射镜的光谱宽度。根据布拉格反射条件 $2d\sin\theta = m\lambda(m=2,3,\cdots)$，要利用多层膜的高级次，必须增加多层膜的周期厚度，这并没有增加制备难度。图 8-13 给出了 Mo 吸收层厚度为 3 nm 的不同级次的 Mo/Si 多层膜反射的例子。从图中可以看出，随着反射级次的增加，光谱宽度 $\Delta\lambda$ 依次减小，减小的倍数与反射级次 m 相当，同时反射率逐渐降低。

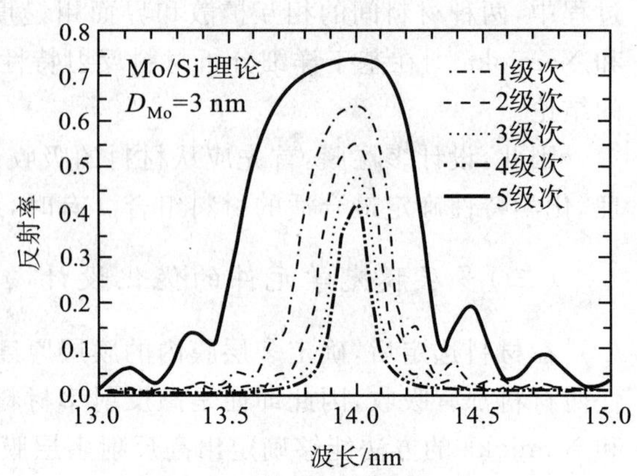

图 8-13　不同级次 Mo/Si 多层膜的反射率和带宽理论曲线

3. X 射线超反射镜

X 射线超反射镜是 Joensen 等人[55]在中子超反射镜的基础上提出来的新型光学元件，是指在固定能量时具有一定的角度带宽或者是在固定角度时具有一定的能量带宽特性的 X 射线反射镜。X 射线超反射镜具有拓展 X 射线掠入射光学系统掠入射角的特点，从而增加系统的集光面积，减小系统的尺寸，改善成像质量。更为重要的是，它可以将 X 射线波段的掠入射光学系统的能量工作范围从十几千伏扩展到 150 keV，这是用其他任何光学元件所无法达到的。它在许多领域内有广泛的应用前景，特别是在高强度第三代同步辐射光源的各种 X 射线应用和 X 射线天文成像观测中具有重要意义。它可以明显减小第三代同步辐射前端引出镜的尺寸，降低工程造价，同时它可以改变以前在高能 X 射线区只能采用编码成像来获取 X 射线图像的方法，大大提高了成像的分辨率。

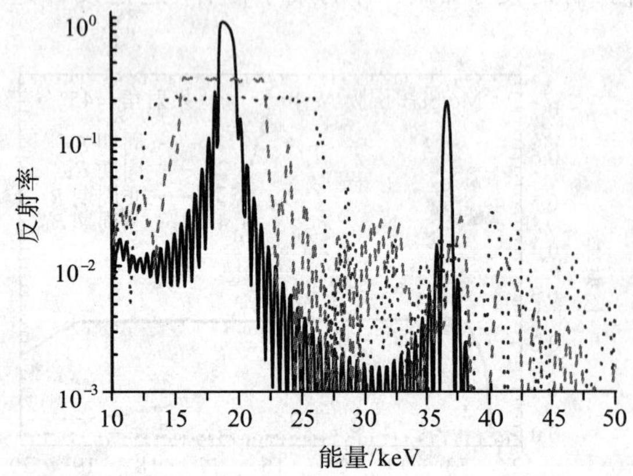

图 8-14　X 射线超反射镜和周期多层膜的反射率随能量的变化

设计 X 射线超反射镜，通常采用的方法是使超反射镜内膜层的厚度按幂指数规律变化[56]。这种方法有章可循，但所设计的超反射镜在其需要的带宽内反射率起伏较大，并且为了找到幂指数变化的规律也需要对所涉及的参数进行优化，优化时间也比较长，是一种简单的优化方法。为了改进上述方法的不足，Wang 等人发展了基于随机数搜索的方法设计 X 射线超反射镜[57]。这种方法虽在某些场合能得到好于膜层厚度幂指数规律变化的优化设计结果，但由于搜索没有目的，要得到好的结果，需要增加搜索时间，这极大地增加了设计所需的时间，并且在某些场合下无法得到好的优化结果。Yamashita 等人采用多个周期和周期线性变化的多层膜叠加的方法设计 X 射线超反射镜[53-54]，虽然设计过程非常简单，但得到的结果在所需范围内反射率有较大起伏。

Kozhevnikov 等人[58]先采用一个近似解析表达式来描述任意一个超反射镜多层膜反射率与能量的关系，然后对给定的反射率能量曲线，再推导能够描述这种关系的多层膜膜层厚度变化的表达式，再次用迭代方法求出各个膜层的厚度分布曲线，最后采用局部优化的方法进行优化，该方法的优点是计算时间短，可以设计不同形状的反射率与能量关系曲线的多层膜超反射镜。也可以采用模拟退火全局优化算法对 X 射线超反射镜进行优化，通过改进模拟退火的冷却进度表和新解发生器，优化设计性能较好的 X 射线超反射镜[59]。图 8-14 给出了掠入射角为 0.5°时，优化设计的具有 29 个膜对（虚线）和 44 个膜对（点线）的超反射镜和具有 60 个膜对的周期多层膜（实线）的反射率随能量的变化，膜层材料是 W/C。

4. 极紫外偏振元件

在可见光和紫外光波段，可以用透射材料（如 MgF_2，LiF）的双折射特性制成起偏器、检偏器和相移片[60]。在真空紫外波段，应用全反射临界角附近的多次反射可制成偏振元件[61]。在硬 X 射线波段，用硅、金刚石和石墨单晶 45°附近的布拉格反射，可以制成反射式的起偏器、检偏器和透射式的相移片[62-63]。而在极紫外和软 X 射线波段，由于任何物质的折射率都接近于 1，且小于 1，还有吸收，单层膜的反射率在较大的角度范围内都很小，尤其是在准布儒斯特角（由于材料有吸收，因此没有 p 偏振光完全等于 0 的角度点）情况下，反射率也比较低，所以无法采用单层膜组成的反射偏振元件。

多层膜可有效地增加非掠入射条件下的反射率，是极紫外和软 X 射线波段重要的光学元件。图 8-15 示出了 13.9 nm Mo/Si 多层膜 s 偏振和 p 偏振最大反射率随入射角的变化。由图可知，p 偏振光的反射率在 42.4°时有极小值，这就是准布儒斯特角。在准布儒斯特角的情况下，R_s/R_p 值最大；在接近正入射情况下为 1，在掠入射情况下，R_s/R_p 值也逐渐减小。在入射角大于 70°时，进入到 Mo 膜的全反射区域，因此，图中没有给出这一区域的值。由图可知，在 13.9 nm 波长处，入射角为 42.4°时，Mo/Si 多层膜的 R_s/R_p 达 10^4 以上，同时 R_s 值达 70% 以上，若使多层膜工作在准布儒斯特角，其只反射 s 偏振极紫外光和软 X 射线，而对 p 偏振极紫外光和软 X 射线几乎没有反射，也就是说多层膜这时起到了起偏器或者检偏器的作用。同样，透射式多层膜也可以起到相移片的作用，只是这时的相移片的移相作用较弱，随着波长的减小，这种作用减弱。

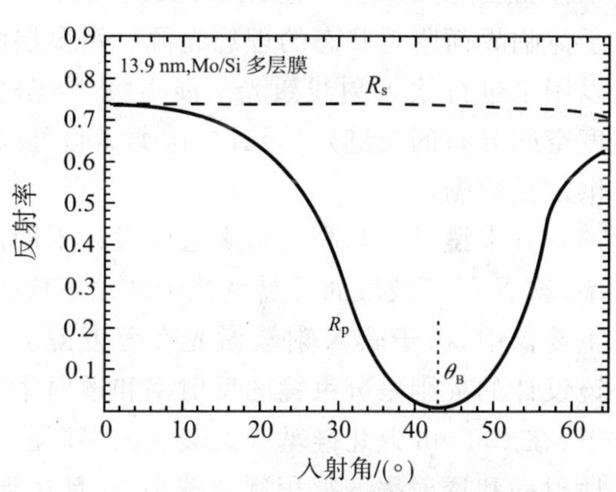

图 8-15　13.9 nm 处不同 Mo/Si 多层膜的最大 R_s 和 R_p 随入射角的变化

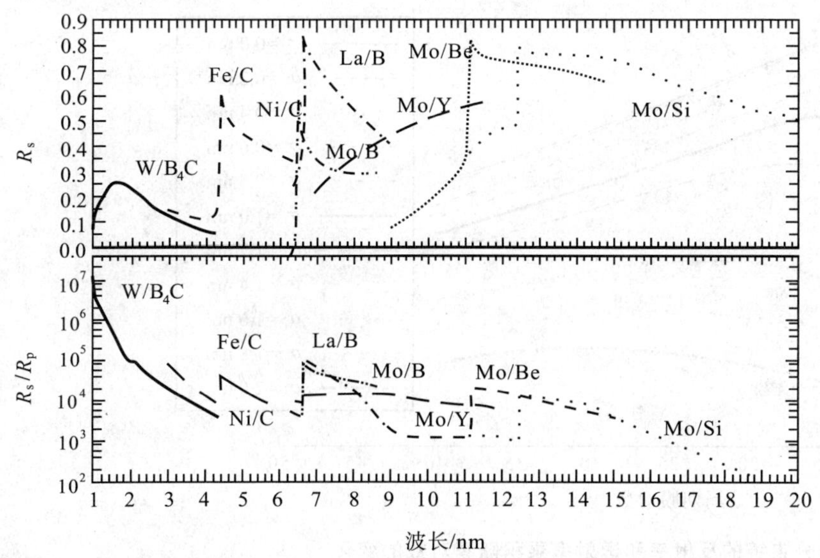

图 8-16　计算得到的多种材料组合偏振元件的偏振特性

极紫外与软 X 射线波段偏振元件的选材标准与其他高反射镜的选材标准一致，图 8-16 是理论计算得到的多种材料组合偏振元件的偏振特性，不同波段有不同的材料组合，在不同吸收边处达到最大，随着软 X 射线波长的减小，多层膜偏振度逐渐增大。在实际制作多层膜反射式光学元件的过程中，要根据实际所用的波段，选用最佳的材料组合。虽然理论计算得到的 R_s/R_p 很高，但由于实际测量过程中有一定的角度和能量宽度，因此实际的 R_s/R_p 比理论值会有一定的减小。

在极紫外与软 X 射线波段，许多偏振实验采用反射式周期多层膜起偏器

(检偏器),用于产生所需的偏振光(起偏器)或者测试光源的偏振特性(检偏器)。周期多层膜起偏器具有很高的偏振度和高光通量等优点,但是由于其带宽较窄,只能对指定的波长在特定的角度使用。如果想通过改变角度来改变峰值波长,但要注意,改变角度不仅改变了光束方向,而且还会不同程度地改变偏振特性和光通量。为克服这种检偏器的缺点,Mihiro Yanagihara 等人[64]率先将同步辐射用的双晶 X 射线单色结构用于宽带偏振测试,如果波长改变时,根据起偏器的偏振性能,同时调整两块起偏器的角度,并进行水平移动,以保证入射光和出射光的方向不变,实现宽带偏振测试。这种宽带起偏器对两块镜子的一致性要求高,否则会牺牲光通量和偏振度或者改变光路方向。同时,在使用过程中要不断调整角度和位置,极大地增加了测试的难度。为改进这种宽带起偏器,Kortright 等人[65]提出用周期沿着镜子方向逐渐变化的梯度多层膜来代替周期多层膜,只利用一块起偏器就可以实现宽带偏振测试。使用梯度多层膜,测试时沿基片方向改变多层膜的位置,可以实现偏振的宽带测试。采用宽带非周期多层膜可以在不进行任何机械运动的情况下实现宽带测量[66-67]。

5. 极紫外与软 X 射线分束镜

激光干涉法可直接测量等离子体电子密度的空间分布。在这种测量中,激光的波长越短,可探测的等离子体密度越大。软 X 射线激光具有波长短、亮度高、脉冲时间短、相干性好等优点,是探测高温高密度等离子体临界面附近状态的理想光源。用多层膜分束镜和高反射镜组成的马赫贞德干涉仪或麦克耳逊干涉仪可以用来进行软 X 射线激光干涉实验[68],是实现软 X 射线激光干涉法测量稠密等离子体临界面附近电子密度空间分布的关键光学元件,这类实验可以校核惯性约束聚变研究中的数值模拟程序和参数,为激光聚变提供定量数据。

分束镜设计与高反射多层膜设计不同。为了避免45°附近的准布儒斯特效应,提高软 X 射线激光的利用率,软 X 射线波段的马赫贞德干涉仪不应工作在可见光波段的 45°,而应工作在近正入射区域。在马赫贞德干涉仪中,由于软 X 射线激光在分束镜上分别反射和透射一次,因此,为了获得尽可能高的输出效率,分束镜设计的准则是分束镜的反射率和透射率的乘积最大,而不是反射率最大。图 8-17 给出了在 13.9 nm 波长下,在 100 nm 氮化硅基底上镀制的多层膜分束镜的设计结果。由图可知,随着多层膜内界面粗糙度的增加,反射率和透射率的乘积逐渐减小,并且达到反射率和透射率乘积最大的膜对数逐渐增加。为此,在制作多层膜分束镜时需要考虑多层膜界面的粗糙度。同时,为了可见光调试方便,需要减小多层膜的膜对数,以保证分束镜有足够的可见光透射率。

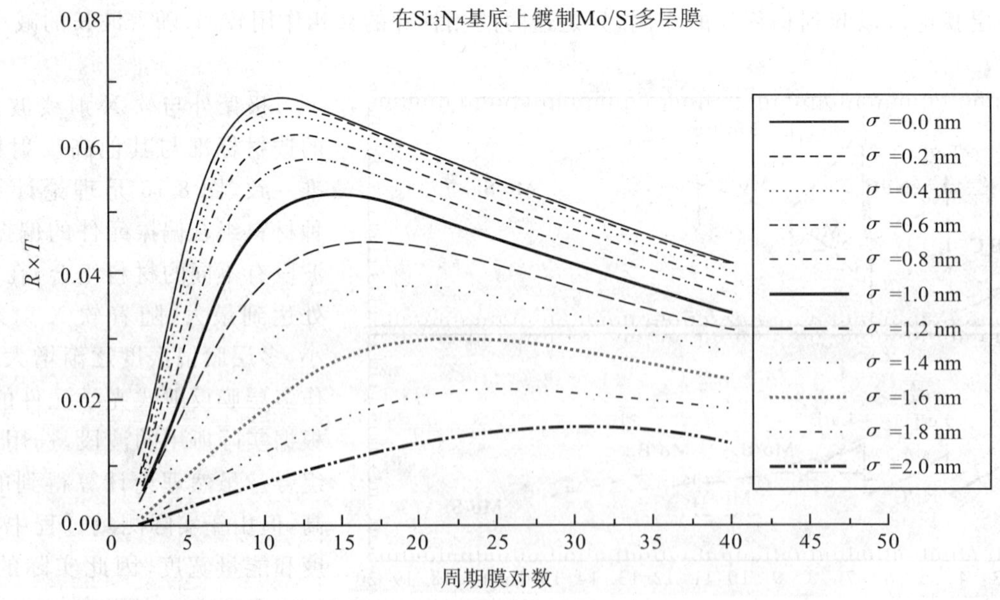

图 8-17 多层膜分束镜的反射率和透射率乘积随膜对数的变化

6. 极紫外啁啾反射镜

近年来,利用超短超强激光与稀有气体相互作用产生高次谐波已获得亚飞秒光脉冲,这开创了新的研究领域[69-70]。但各高次谐波间存在的固有群色散延迟(GDD,单位 as^2)展宽了叠加脉冲的宽度,限制了更短脉冲宽度的获得[71]。亚飞秒啁啾多层膜反射镜能在一定波长范围内提供较高反射率和啁啾补偿[72-73],是获得更短亚飞秒脉冲的关键元件。极紫外啁啾反射镜和常规多层膜反射镜不同,它除了要在一个较宽的波段获得高的反射率,而且还要实现啁啾补偿。图 8-18 示出了啁啾反射镜在 12.5～16.5 nm 波长范围内反射率平均值均为(7.6±1.3)%,相位在设计波长范围内的变化是非线性的,由于−2 800 as^2 的啁啾很小,图中相位变化近似线性。图 8-19 给出了啁啾反射镜在 12.5～16.5 nm 波长范围内啁啾平均值分别为(−2 720±323)as^2。

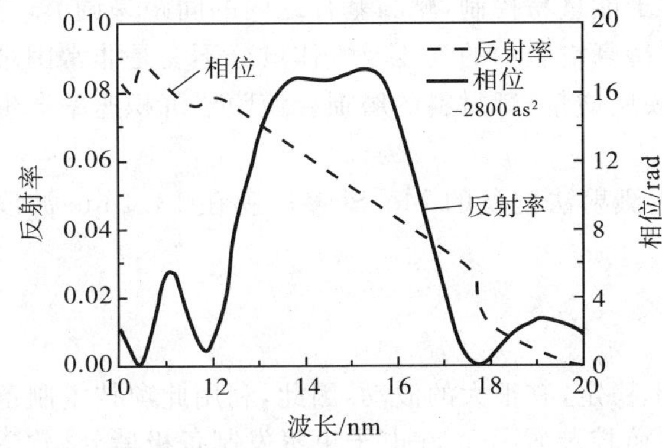

图 8-18　啁啾多层膜反射率和相位随波长变化(目标啁啾:−2 800 as^2)

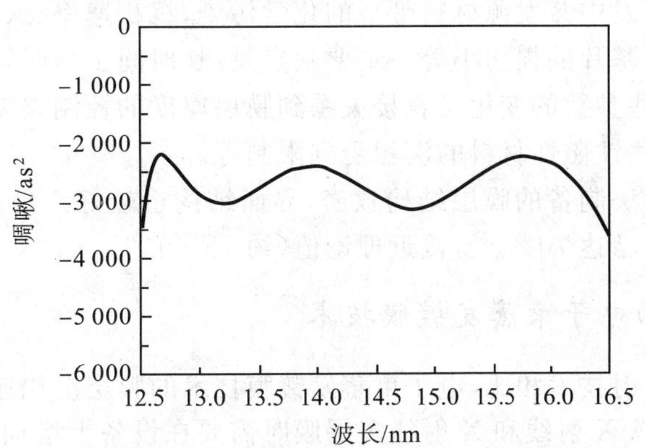

图 8-19　啁啾反射镜正入射啁啾随波长变化的曲线(目标啁啾:−2 800 as^2)

7. 极紫外双功能多层膜[74]

在极紫外和软 X 射线波段的应用中,经常需要获得某单一谱线的信息,而对其他强辐射谱线进行衰减甚至完全去除。一般采用的方法是用滤光片进行滤除。但在某些场合,用滤光片不起作用。如在卫星上对地球的磁层散射太阳的 30.4 nm 极紫外光进行观测时,若不采取特殊措施,比磁层辐射强一个量级的地球电离层中的 58.4 nm 的极紫外光会严重影响观测效果。要实现观测系统只对 30.4 nm 的光有作用,就需要多层膜在波长 30.4 nm 处有较高的反射率,而在波长 58.4 nm 处反射率受抑制。图 8-20 是这种双功能多层膜的设计结果示意图,其在波长 30.4 nm 和 58.4 nm 处的反射率分别为 54.1%和 0.1%;而相同膜层数、工作波长和入射角的周期多层膜在波长 30.4 nm 和 58.4 nm 处的反射率分别为 58.7%和 2.2%。

二、多层膜的制备

根据多层膜的设计理论,要想极紫外、软 X 射线和 X 射线多层膜有好的性能,在制备过程中,组成多层膜的吸收层材料越密实越好,各层混入的杂质越少越好。同时,膜层界面的质量是决定多层膜性能的最关键因素,界面粗糙度和相互扩散的厚度之和要小于多层膜膜层厚度的 1/10。因此,在多层膜制备时,要选择能做到膜层密实、杂质含量少、界面光滑平整的高性能的膜层沉积方法。

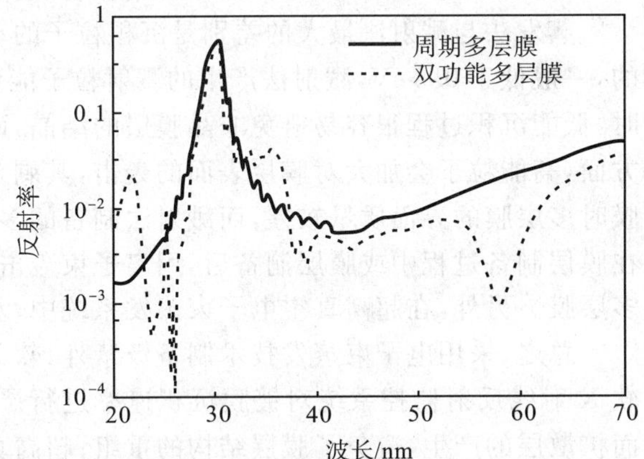

图 8-20　周期和双功能多层膜反射率随波长的变化

一般来说,大部分薄膜沉积技术都可以用于极紫外、软 X 射线和 X 射线波段多层膜的制备[75]。与可见光波段相比,极紫外、软 X 射线和 X 射线多层膜中,每层膜的厚度和其所允许的厚度误差要小约两个量级;同时,需制备的膜层数要高一个量级。因此,不管采用什么方法,都要严格控制镀膜精度。目前广泛使用的方法主要是溅射沉积和电子束蒸发沉积镀膜。

(一)溅射镀膜技术

溅射沉积镀膜法主要有磁控溅射和离子束溅射[76]。这种方法制备多层膜最大的优点是溅射工作气体流量和等离子体功率等工艺参数的稳定性。工艺参数的稳定使得多层膜制备过程易于控制。磁控溅射法[77]是目前最常用的镀膜方法，为了制备不同的多层膜，磁控溅射的溅射靶可以放在镀膜真空腔的下方、上方和侧壁上，对应的多层膜基片也可以在真空腔内竖直朝下、朝上和置于侧壁上。在镀膜过程中，通过基片交替通过磁控溅射源或在溅射源上停留，同时基片保持自转以增加膜层的均匀性。此外，在靶和基片之间加上计算机控制的挡板，也可以进一步提高每层膜厚度的控制精度。目前最好的膜层控制结果是：每层膜厚度误差小于 0.01 nm，膜层数大于 100 时，每层厚度控制误差小于 0.05 nm。

磁控溅射法制备极紫外、软 X 射线和 X 射线多层膜的主要优点有：膜层和基片之间的结合力好，可以避免像热蒸发中蒸发源材料带来的化学污染，沉积速率、入射粒子能量易控制，靶与基片之间的间距易调节，等离子体对基片的损伤小等。主要缺点是：长时间工作时，要保持真空腔中的气压及气体成分不变是非常困难的，而这些参数的变化又直接关系到膜层厚度的控制误差和膜层质量；靶材料的磨损会使膜层沉积速率产生漂移；一些铁磁性材料的沉积受到限制等。

溅射法制备的膜层结构致密，界面结构也较好。目前，用溅射法制备的 Mo/Si 多层膜在 13.4 nm 波段的反射率已达 70%[78]，接近理论值(约 75%)。

(二)电子束蒸发镀膜技术

与溅射技术相比，电子束蒸发镀膜技术的膜层沉积速率不稳定，有很大的波动，因此，利用此项技术制备极紫外、软 X 射线和 X 射线多层膜时需要在设备上增加膜厚监控装置[79]。在电子束蒸发制备极紫外、软 X 射线和 X 射线多层膜的设备中，用膜层的软 X 射线反射系统对膜层进行控制[79-80]。正在生长的膜层会使原有膜层表面的驻波场移动，反射光强随着膜厚的变化而振荡，膜厚的周期变化与驻波场的周期变化有关，控制多层膜中的膜层使其与产生的驻波场匹配，可以使膜层之间的厚度误差变小。监控系统中的工作波长选择适当，膜层控制误差很容易达到要求。另外，由于加有实时反馈信号，这种系统在界面层处可以随时了解界面的粗糙度和扩散情况。

导致电子束蒸发镀膜不稳定的主要原因有：蒸发温度的微小变化可引起蒸发气压的很大变化，蒸发设备中的反馈环长时间保持稳定的程度与蒸发剂和坩埚的热容量有关，蒸发材料表面几何形状的不同引起蒸发材料的温度变化。同时，电子束蒸发中，蒸发材料行进的距离远，因此，若要避免材料的氧化物等杂质的混入，需要采用超高真空装置。

脉冲激光沉积法也可以制备极紫外、软 X 射线和 X 射线多层膜，膜层厚度是靠脉冲数来控制的，不需要电子束蒸发镀膜过程中需要的实时控制，已成功制备出了膜层数超过 100 的高质量多层膜[81]。

蒸发法与溅射法最大的差别是沉积粒子的动能不同。通常，蒸发材料粒子的动能是由热传递过程决定的，一般低于 0.5 eV，溅射法产生的溅射粒子能量在 10 eV 左右。低能粒子可以减小对沉积膜层的损伤。同时，低能沉积过程很容易避免非晶膜层的结晶，而非晶膜层间的界面通常比多晶膜间的界面要好得多。另一方面，高能粒子会加大对膜层表面的轰击，其剩余能量可以使粒子填充膜层空隙、平滑膜层，因此在热蒸发镀膜时多层膜的界面质量较差，而溅射法制备的多层膜界面质量高。若在电子束蒸发系统中增加一个离子源，在膜层制备过程中或膜层制备后，用离子束轰击膜层表面，可以使多层膜界面更平滑[82-83]，得到性能更好的多层膜。另外，在超高真空电子束蒸发系统中，基片温度高，也有利于提高多层膜的界面质量[84-85]。

总之，采用电子束蒸发技术制备极紫外、软 X 射线和 X 射线多层膜时的主要优点有：用膜厚控制系统或软 X 射线反射监控系统对镀膜沉积速率进行严格的控制；镀膜沉积原子能量低，减小了对膜层的轰击和界面扩散层的产生，避免了膜层结构的重组；超高真空的沉积环境减小了膜层材料内的杂质。主要缺点有：电子束蒸发源的热辐射会使基片温度、膜层表面以及控制系统产生连续的热变化，基片与膜层的结合力差，使用的坩埚会在沉积原子中掺入一定的杂质，沉积速率随电子束蒸发源温度的变化而变化等。

在多层膜制作的过程中，为了避免多层膜表面在接触空气后性能发生改变，需要增加表面保护层，如在 Mo/Si 多层膜表面增加 Ru 层达到保护表面的目的[86]。同时，为了避免两种镀膜材料间的相互扩散，可以增加扩散阻挡层，如在 Mo/Si 多层膜中加入 B_4C 材料可以有效阻止 Mo 和 Si 间的扩散[87-88]。

三、多层膜的检测

多层膜的测试是其性能好坏的最终评价方法。人们一般追求的都是多层膜的反射率这一宏观指标，而这一指标又受多层膜表界面形貌、膜层结构、杂质成分等方面因素的综合影响。测试多层膜反射率是其最终性能的判据，测试其表（界）面形貌、膜层结构和杂质成分，是为了指导制备技术、改进工艺参数，从而提高多层膜的质量。当然，对一个多层膜样品的一次测试无法全面分析和评价其质量，需要用多种方法对样品的不同方面进行检测，才能得到较全面的评价。

多层膜的制作，要求尽可能提高其反射率。造成多层膜反射率低的原因有：膜层厚度误差，表（界）面粗糙度，材料间的扩散与混合，镀膜材料成分和所含杂质等。要改进多层膜制作方法和工艺参数，需要尽可能多地将这些影响多层膜性能的因素测量出来。下面介绍一些常用的多层膜检测方法。

（一）极紫外、软X射线和X射线反射率计

极紫外、软X射线和X射线多层膜反射率的直接测量是极其重要的，是多层膜性能优劣的直接判据。实现多层膜反射率测量的关键仪器是反射率计，由带有单色仪的极紫外、软X射线和X射线源，可平动和旋转的样品台以及可动探测器三部分组成。目前，有很多研究小组利用同步辐射光[89-90]或激光等离子体源[91-92]作光源，建立反射率计测量系统。所有这些系统中都有单色仪。反射率的测试精度有很多不确定的因素，需要建立一些比对测量机制。由于除了在近正入射和近掠入射时，多层膜对s和p偏振光的反射几乎一样外，在其他入射角的情况下，多层膜对s和p偏振光的反射是不同的，为此要实现多层膜的正确测量，大多数情况下还必须知道入射光的偏振状态。

对反射式周期多层膜，主要测试其s偏振分量和p偏振分量的反射率，测试又分为波长扫描和角度扫描。图8-21是周期数为80的Cr/C多层膜在固定波长为6.12 nm时，进行角度扫描测试的s偏振分量和p偏振分量的反射率。通过引入粗糙度因子，利用Fresnel公式进行迭代计算，使用优化算法进行拟合分析，拟合曲线和拟合参数也包括在图8-21中，得到样品的周期厚度为$d=4.44$ nm，C层占周期厚度的比率$\Gamma=0.541$，最上层C的表面粗糙度为0.3 nm，C与Cr层间的粗糙度为0.56 nm，Cr与C层间的粗糙度为0.42 nm，最底层的Cr与基片的粗糙度为0.4 nm。峰值位置为45°时，测试的$R_s=16.63\%$，$R_p=0.000\ 12$，对应的偏振效率$P=99.86\%$。

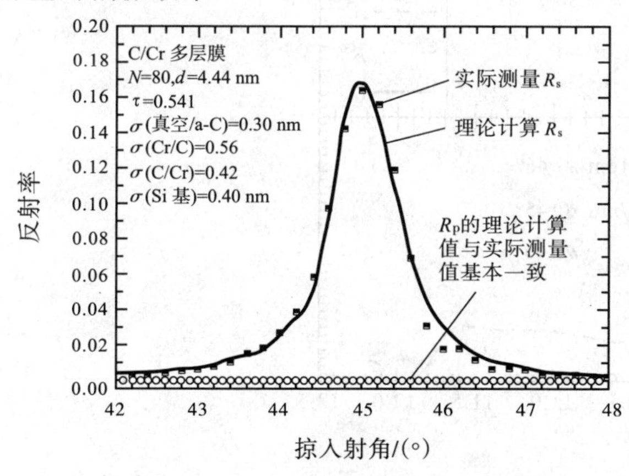

图8-21　Cr/C多层膜测试和拟合的反射率随角度的变化曲线

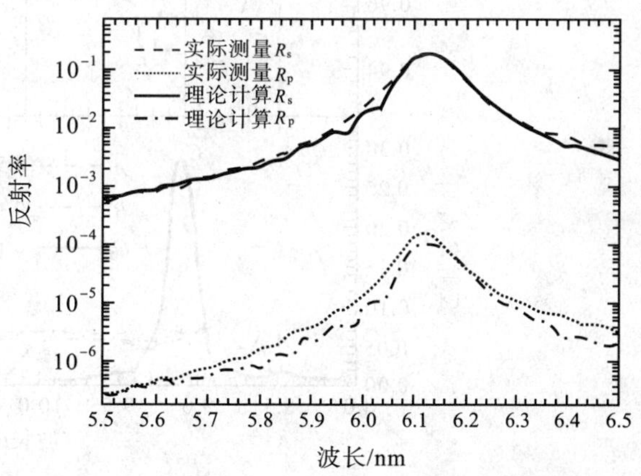

图8-22　Cr/C多层膜测试和拟合的反射率随波长的变化曲线

图8-22为图8-21多层膜对应的波长扫描测试曲线，把上面拟合得到的膜层结构的计算与测试数据进行比较，计算结果与测试结果相一致，进一步验证了拟合结果的合理性。虽然在中心波长处R_s与R_p同时达到最大值，由于两者相差近3个数量级，因此仍能得到较高的偏振度。

反射式多层膜元件在使用过程中会改变光路方向，而使用透射式多层膜来代替反射多层膜将不改变光路的方向。在制作透射式多层膜偏振元件时，由于自支撑多层膜透射元件的制备工艺要求高，制作困难，因此在设计透射式起偏器时，选择厚度为100 nm的SiN作为衬底，在上面制备Mo/Si多层膜，测试结果如图8-23所示。对Mo/Si多层膜分别在13.05 nm和13.4 nm波长处进行了角度扫描，得到起偏角度为45°时的光通量T_p大约为10%，抑制比T_p/T_s大于10。Mo/Si透射式多层膜起偏器还在固定角度45°和46°进行了

波长扫描。

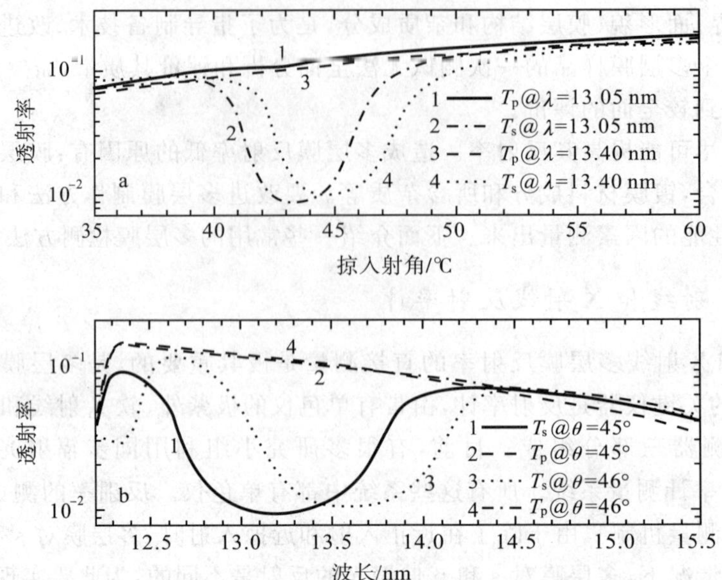

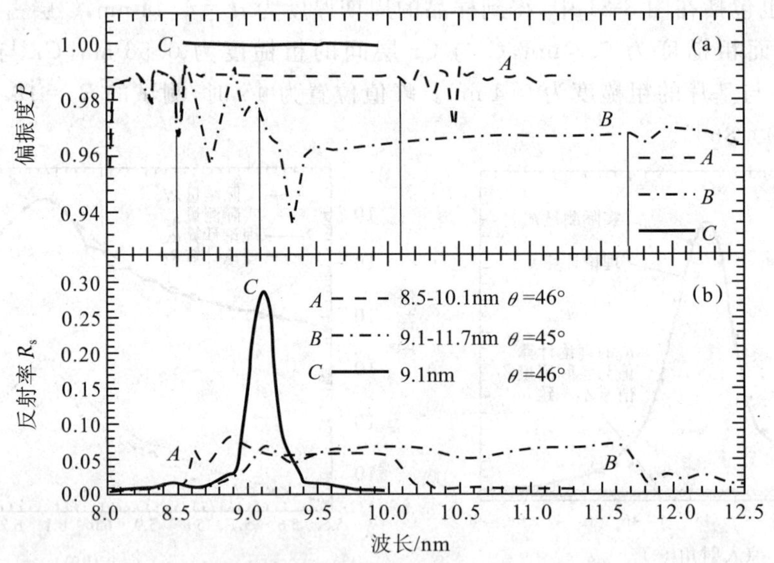

图 8-23　Mo/Si 透射式多层膜测试透射率随角度和波长的变化

图 8-24 示出了 Mo/Y 周期和宽带多层膜的测试结果，非周期样品 A 和 B 测试反射率 R_s 分别为 5.5% 和 6.1%，周期样品 C 的反射率为 28.74%。由图可以看出，周期多层膜 C 的带宽范围仅为 0.23 nm，非周期多层膜样品 A 和 B 的带宽分别展宽了 7 倍(1.6 nm)和 11 倍(2.6 nm)。A 和 B 的偏振度分别为 98% 和 96%。

图 8-24　Mo/Y 多层膜测试的偏振度 P 和反射率 R_s 随波长的变化

(二)多层膜掠入射 X 射线反射测试分析

利用 Cu 的 K_α 线($\lambda=0.154$ nm)来测量多层膜的结构特性是最常用的多层膜检测手段，因为 X 射线衍射仪是常规实验室仪器，测量可以在大气环境下完成。使用 X 射线可在掠入射角范围内获得多级反射峰。有关衍射仪的参考书很多[93]，此处不再详述。

根据 X 射线掠入射反射曲线中反射峰的位置，利用折射率修正的布拉格方程可以求出多层膜的周期 d：

$$\sin^2\theta = (\lambda/2d)^2 m^2 + 2\delta \tag{8-36}$$

式中，m 为掠入射反射峰的级次，δ 为多层膜材料折射率偏离 1 的平均值。

为了从 X 射线掠入射反射曲线中得到更多的多层膜结构的信息，Vidal 和 Vincent 利用非涅耳光学模型进行了曲线拟合[94]，Cromer 和 Liberman 用散射因子进行了修正[95]。根据这些拟合，可以确定出膜厚和界面粗糙度等参数。Stearn 把这个模型又推广到其他界面轮廓的模型[96]。图 8-25 左图给出了 Mo/Y 多层膜测试与拟合曲线，由此给出的膜层厚度、界面粗糙度与膜层材料密度列于右图上方。以实验测得的 θ、m 数据，作 $\sin^2\theta$ 为纵坐标、m^2 为横坐标的直线，从直线的斜率可得到多层膜样品的周期 d 值，从直线在纵轴上的截距可得到折射率的修正值 δ，如图 8-25 右图所示。

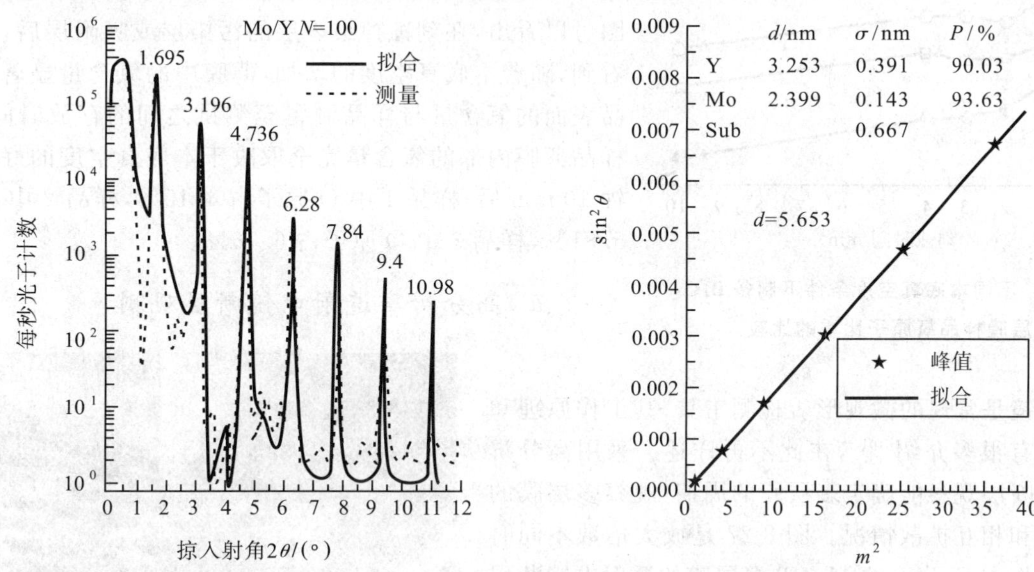

图 8-25　Mo/Y 多层膜的掠入射反射测试与拟合曲线(左图)和用修正的布拉格公式拟合多层膜周期(右图)

有时为了增加 X 射线反射曲线的拟合精度，可以将多层膜分为多个子膜层，最常用的是四层膜模型[97]。拟合过程需要特别注意拟合出的参数要符合多层膜的物理参数。

用标准的 $\theta\sim2\theta$ 大角度 X 射线衍射测量还可以得到膜层结构的相关长度。在 Mo/Si 多层膜中，Si 膜层是非晶结构，Mo 膜层是多晶结构，通过大角度衍射测量，利用 Scherrer 方程可计算出 Mo 的晶体相关长度：$L=0.9\lambda/(\Delta2\theta\cos\theta)$，其中，$\lambda$、$\theta$、$\Delta2\theta$ 分别为波长、布拉格角和峰值半高宽(FWHM)。L 是 X 射线的矢量传播方向上的平均结晶尺寸的测量值，由于矢量传播方向与膜层平面垂直，结晶尺寸受膜层厚度的限制，因此 L 应近似等于 Mo 膜层的厚度。需要注意的是，多层膜内的结晶与膜层厚度有直接关系[98]。

(三)卢瑟福背向散射谱

要设计和预测多层膜的性能，膜层材料的光学常数是依据，而膜层的密度和组分直接影响着材料的光学常数。卢瑟福背向散射(RBS)谱能测量多层膜的密度和组分，是分析薄膜成分常用的一种方法，其系统结构及原理此处不作介绍。

在 RBS 中，样品基片为 Si 片，因此，对 Mo/Si 多层膜的测量不能定出 Si 的含量，只能得到 Mo 及杂质的含量[99]。从 RBS 数据中，可以根据材料体积密度计算出膜层厚度 $d_{\text{bulk}}^{\text{Mo}}$ 和 $d_{\text{bulk}}^{\text{Si}}$。比较 $d_{\text{bulk}}^{\text{Mo}}$ 和 L 可了解膜层界面的情况。若 Mo 和 Si 间发生反应，则 L 明显小于 $d_{\text{bulk}}^{\text{Mo}}$。

用 RBS 测定磁控溅射多层膜样品杂质的含量时，发现膜层中有 Ar 的混入，Ar 含量与 Ar 气压无关，测得的典型值为 4.0%左右[100]。

(四)俄歇电子能谱和 X 射线光电子能谱测量

垂直于膜层方向的材料的组分可用测俄歇电子能谱的方法，也可用 X 射线光电子能谱的方法测出。要实现多层膜内材料组分的测量需要对多层膜进行纵向刻蚀，俄歇电子能谱测试中用的刻蚀源是能量为 1 keV的 Ar 离子束。

Mo/Si 多层膜的测试结果表明[99]，膜层表面层的氧含量达到 40%～50%，随着表面 Mo 膜层的深度增加，氧的含量减少。

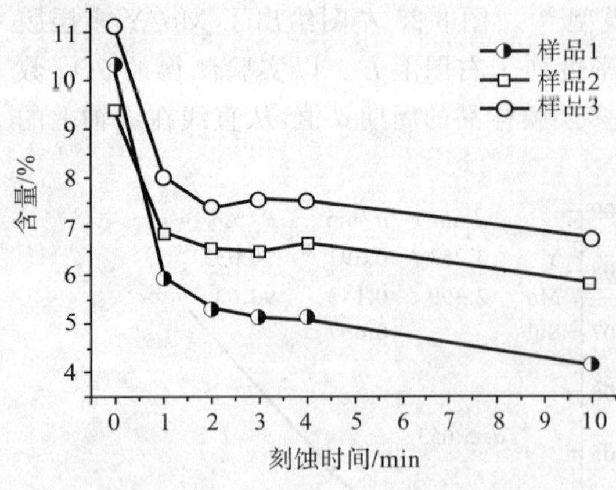

图 8-26 不同本底真空度条件下制备 B_4C 单层膜样品氧原子比重的比较

图 8-26 是用 X 射线光电子能谱方法得到的制作多层膜时最常用的材料 B_4C 在不同本底真空度下制备的单层膜中氧原子比重的比较。制备时的真空度分别为 2.4×10^{-5} Pa(样品 1)、6.0×10^{-5} Pa(样品 2)和 1.2×10^{-4} Pa(样品 3)。由该图可以看出，在刻蚀掉最表层的污染层或吸附层后，可以明显看到，随着本底真空度的增加，薄膜中的氧含量显著减少。样品表面的氧含量与样品制备至测试之间的存放时间有关，而样品薄膜内部的氧含量完全取决于本底真空度的好坏。在刻蚀 10 min 后，样品 1 中 O 原子占 4.15%，样品 2 中 O 原子占 5.81%，样品 3 中 O 原子占 6.76%。

（五）高分辨率透射电镜断层观测

透射电镜是常规的微观形貌检测工具，其工作原理和仪器组成已有很多介绍[101]，在此不再详述。采用高分辨率透射电镜断层观察能确定多层膜的周期，观察多层膜的界面粗糙度和相互扩散情况。图 8-27 是放大倍数不同时观察到的制作在 Si 片上的 Mo/Si 多层膜的透射电镜断层照片。由放大倍数小的照片看出，多层膜界面比较清晰，膜层的平整性好；但从放大倍数大的照片上可以看出，基底的粗糙度对薄膜生长有很大影响，膜层间有一定的扩散。

图 8-27 镀制在 Si 片上的 Mo/Si 多层膜的透射电镜断面图像

需要指出的是，透射电镜对多层膜观察的难点不在观察本身，而在于制作可观察的样品比较困难。

（六）电子激发 X 射线反射谱测量

为测量多层膜界面间的相互扩散，可以利用电子激发的 X 射线发射谱(EXES)进行测试[102]。图 8-28 是利用 X 射线发射谱测试得到的 Mo/Si 非周期多层膜的 K_β 发射谱与权重拟合曲线，利用对 a-Si，$MoSi_2$ 和 Mo_5Si_3 以及被测 Mo/Si 样品的 Si 的 X 射线 K_β 发射谱进行测试，通过加权拟合得出各种组分含量和界面粗糙度，图 8-28 中通过拟合得到界面粗糙度为 0.95 nm。

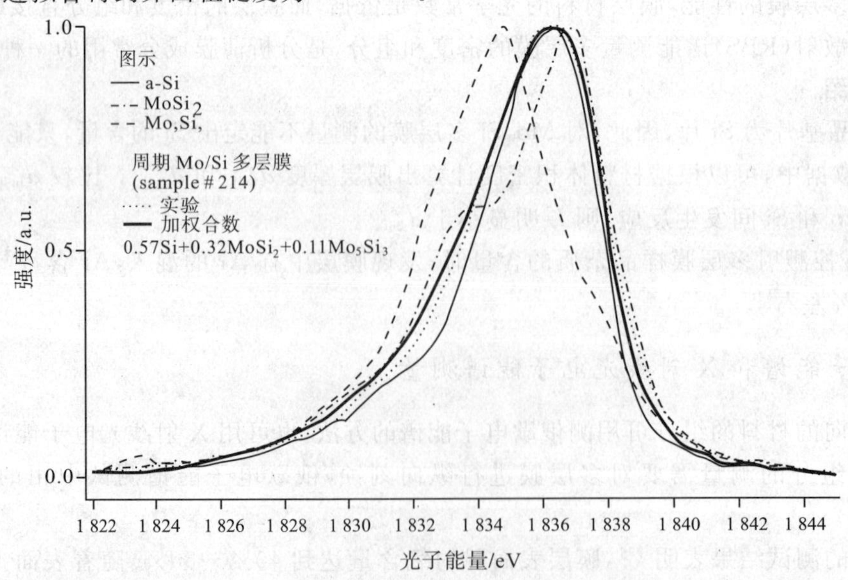

图 8-28 电子激发 X 射线发射谱测试得到的 Si 的 K_β 发射谱与权重拟合曲线

（七）原子力显微镜和光学表面轮廓仪测量

极紫外、软X射线和X射线多层膜对镀膜基板的要求比可见光镀膜基板苛刻。由多层膜理论知道，基板表面粗糙度应小于多层膜周期厚度的1/10。另外，多层膜基板的要求与基板表面形貌的空间频率大小有关。近年来，超精密加工及表面检测技术发展迅速，抛光的基板表面粗糙度在1 mm^{-1}～1 μm^{-1}空间频率范围内达到$\sigma \approx 0.1$ nm。在极紫外、软X射线和X射线波段，对反射率影响最大的是高于空间频率10 μm^{-1}的表面粗糙度，此空间频率下测量抛光基片的表面粗糙度小于0.2 nm。在多层膜结构中，基板表面粗糙度对膜层结构的影响，也就是粗糙度的传递也是非常重要的。Spiller 等人[103]利用加缓冲层的办法有效地减小了这种传递效应。具体做法是：先在基片上沉积约10.0 nm的碳膜层，然后用一束离子束以掠入射角度对旋转的基片进行轰击。但是，缓冲膜层太厚会给抛光好的基片带来负作用。实验表明，超光滑基片上的单膜层表面粗糙度随膜厚的增加而变大，碳或硅缓冲层太厚会增加表面粗糙度[104]。当然只要能使多层膜基板粗糙度变小的镀膜材料都可作为基板的缓冲层材料。

多层膜基板粗糙度是用原子力显微镜和光学表面轮廓仪测量得到的，它们测量对应的表面形貌空间频率是不同的，应该得到不同的数值。

四、多层膜的应用

多层膜的最大优点是将正入射光学系统拓展到极紫外和软X射线波段，有很大的视场角，同时实现了准单色成像，已在表面科学探测、天文学、等离子体诊断、极紫外光刻、化学元素分析和微束探测等方面得到应用。这是其他光学元件无法达到的。因此，多层膜的出现曾被誉为是革命性的，X射线多层膜同样可以扩展掠入射系统的应用范围，给应用带来重要影响。本部分主要介绍极紫外与软X射线天文望远镜以及极紫外光刻的应用。

（一）极紫外与软X射线的天文学应用

在多层膜出现之前，极紫外与软X射线天文观测一直是掠入射成像系统，其集光立体角和光谱带宽有限。多层膜的应用使得在极紫外和软X射线波段使用大集光立体角光学系统成为可能。同时，多层膜反射自身的光谱选择性也提高了观测成像的光谱带宽。最早的极紫外天文观测是由Walker等人用探空火箭携带的17.3 nm的卡塞格林型望远镜完成的，望远镜两个镜面都镀有Mo/Si多层膜，其周期为8.55 nm，Mo层相对周期的比值是0.43，在17.2 nm处的峰值反射率是35%，带宽$\lambda/\Delta\lambda$是13。为了避免可见和紫外光对观测的干扰，望远镜系统还有铝滤光片，它可以进一步将望远镜的观测带宽$\lambda/\Delta\lambda$提高到40。这一观测获得了极大的成功，随后各国纷纷开展类似望远镜的研制[105-107]。

目前，美国NASA发射的星载TRACE极紫外望远镜实现了太阳多条谱线的同时观测。望远镜口径为300 mm，分辨率为1″。望远镜主镜和次镜按照四分之一象限进行不同反射波长薄膜的制备，3个极紫外通道镀膜材料是Mo_2C/Si，峰值反射率分别对应17.3 nm、19.5 nm和28.4 nm。图8-29是TRACE望远镜的观测结果，可以显示出太阳辐射区域的一些细节，是研究日冕动力学和日地空间环境的强有力工具。

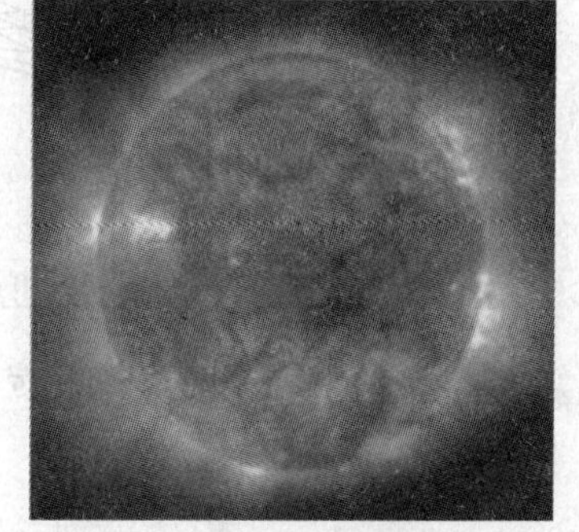

图8-29　TRACE卫星观测到的Fe XII 19.5 nm太阳图像

（二）极紫外光刻

自20世纪60年代起，集成电路制作技术一直以“摩尔定律”向前发展[108]，这一速度不仅导致了半导体市场在过去30年中以平均每年约15%的速度增长，而且对现代经济、国防和社会产生了巨大的影响。目前，集成电路已从60年代每个芯片上只有几十个器件发展到现在每个芯片上可包含10亿个以上的器件。在集成电路的飞速发展过程中，光刻技术的进步起到了极为关键的作用。按照最新的《国际半导体技术蓝图》(ITRS)，193 nm浸入式光刻技术可以生产45 nm线宽的集成电路，32 nm线宽的集成电路需要用极紫外光刻技术来生产[109]。目前荷兰 ASML 公司已推出适用性极紫外光刻样机，相信极紫外光刻技术真正进入生产领域指日可待。

多层膜是极紫外光刻技术成为现实的基石，它在发展过程中突破了多层膜制作和性能检测等方面的困难，保证了极紫外光刻技术的顺利发展。极紫外多层膜对现有光学技术提出的诸多挑战，使得传统光学技术走入了纳米和亚纳米时代。极紫外光学系统可以实现亚微米和纳米的成像和图形制作，是微纳米加工与检测的重要方法。

20 世纪 70 年代初，随着同步辐射光源、超薄膜制作技术、超精密光学检测技术的发展，人们逐步开始研制高性能极紫外多层膜光学元件。到目前为止，在 13～14 nm 波段内，Mo/Si 多层膜的反射率已达到 70% 以上，其他波段的多层膜反射率也有大幅度提高。随着极紫外多层膜的进展，人们逐步认识到其在微纳加工和检测方面的应用。80 年代后期，日本 NTT 公司最先验证了极紫外光刻技术在制作微小线宽器件方面的能力[110]。此后，美国和日本都在极紫外光刻方面进行了深入和广泛的研究，主要是验证极紫外光刻是否具有可以制作集成电路的能力[111-116]。开始时，美国能源部的 3 个实验室（Sandia 国家实验室 SNL、Livermore 国家实验室 LLNL、Berkley 国家实验室 LBNL）及 AT&T 公司和一些大学进行极紫外光刻技术研究，1996 年研制成功了由 2 块球面反射镜组成缩小镜头的极紫外光刻原理样机，刻制出了线宽 50 nm 的线条，对极紫外光刻技术有了初步的认识[117]。1997 年，Intel 公司成立了包括 AMD、Motorola、Micron、Infineon 和 IBM 的 EUV LLC，并与由 LBNL、LLNL 和 SNL 构成的虚拟国家技术实验室（VNL）签订了 EUVL 联合研发协议（CRADA），开始了由 4 块非球面反射镜组成的 EUVL 工程测试样机的研制，并于 2001 年完成了整个设备的装配和测试[118-121]。到目前为止，世界上 3 个主要生产光刻机的大公司 ASML、NICON 和 CANON 都投入巨资研究由 6 片多层膜反射镜组成的光刻机，获得了重要进展。

图 8-30 示出了由 6 片反射镜组成的、无遮拦数值孔径为 0.25 的极紫外光刻物镜的设计方案。要实现极紫外光刻的性能指标，物镜基板的加工精度在其表面形貌的所有空间频率范围内都要达到深亚纳米水平。多层膜的制作反射率需要达到 70% 以上。在基板表面上，多层膜反射峰值位置的偏差小于 0.1%。同时，多层膜的应力直接影响反射镜表面的面形，需要在镀膜中加以充分关注。极紫外光刻的需求，将 Mo/Si 多层膜的研制推进到极高的水平。目前，薄膜光学采用的表面保护层、扩散阻挡层和缓冲层技术都进行了仔细研究，开创了极紫外多层膜的表面和界面工程研究领域。

图 8-31 是用大数值孔径系统得到的光刻胶图形，由这些图形可以看出极紫外光刻制作纳米结构的能力，目前这些工作的进步都为极紫外光刻逐步走向工业化应用奠定了坚实的基础。

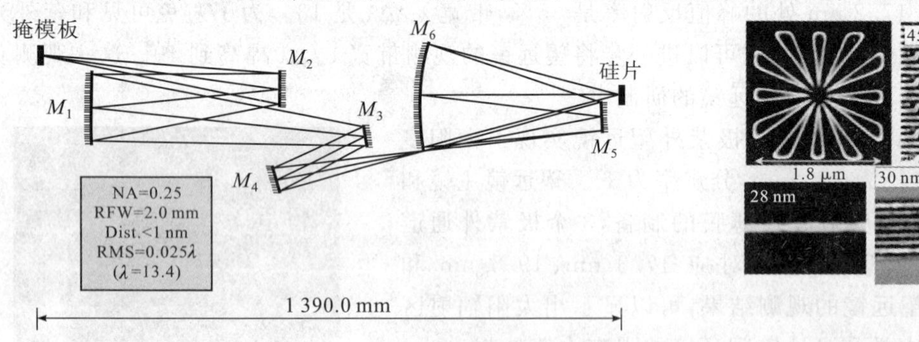

图 8-30　数值孔径为 0.25 的极紫外光刻物镜设计

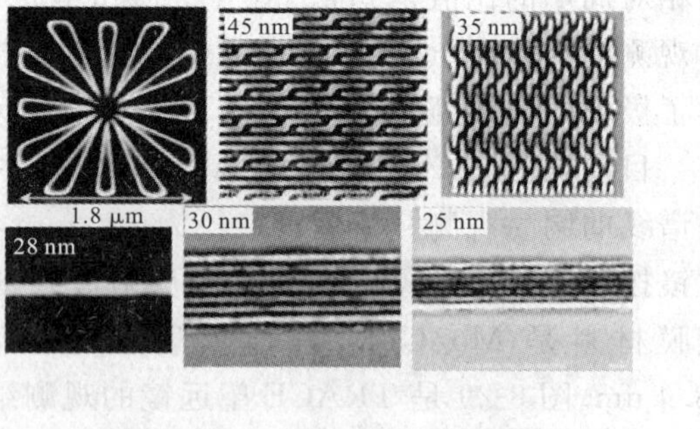

图 8-31　用极紫外光刻系统制作的各种线宽的图形

第三节　波带片衍射透镜

在极紫外、软 X 射线和 X 射线波段，材料的折射率 $n=1-\delta-i\beta$ 中的 δ 很小，表明材料对极紫外、软 X 射线和 X 射线不会产生明显的折射，要使用折射效应组成透镜就需要透镜的曲率半径很小，这势必导致透镜的中心和边缘的厚度有很大差别。同时，由于材料的消光系数 β 不等于零，相当于任何材料都有吸收，因此，在极紫外、软 X 射线和 X 射线波段难以采用折射透镜[122]。由曲面掠入射反射镜组成的成像系统像差严重，其成像分辨率不高[123]。极紫外与软X射线正入射多层膜反射镜扩展了正入射反射光学系统的应用范围，特别是波长大于4.4 nm的极紫外波段，正入射多层膜可以获得较高的反射率。采用高质量的曲面基板，在极紫外波段获得了接近衍射极限分辨率的成像[124]。

在更短特别是在0.3～4.4 nm的软X射线波段，应用波带片的成像技术备受瞩目[125-131]。最简单的波带片是由交替分布的透明和不透明波带组成，是圆形的光栅，其径向波带的分布遵循从物点上发出的光经过相邻两个透明波带的光程增加是一个波长的规律。软X射线通过这样的波带片不同波带时，在像点上实现了同相位叠加[132]，从而得到点到点的成像。

在极紫外和软X射线波段，普遍采用的光栅有透射光栅和反射光栅，Born和Wolf[133]介绍了普遍原理，Hecht介绍了闪耀反射光栅[134]，Morrison[135]对相位光栅进行了描述。Hettrick和Underwood[136]讨论了变间距光栅。这些光栅已在同步辐射、天体物理、等离子体物理和核聚变研究方面得到了广泛的应用。由于本部分主要论述波带片的特性，有关极紫外、软X射线和X射线光栅的内容请参考相关文献。

菲涅耳波带片概念已有100多年了，由于衍射效率低（理论上一级衍射效率只有10%）、未衍射的零级透射光强高（达25%）、色散强（$f \propto 1/\lambda$）和制作工艺难度大等原因，使得波带片没有得到广泛的应用。为了解决衍射效率低和未衍射零级透射光强高的难题，1888年Rayleigh提出了相位波带片的设想。10年后，Wood又论证了这一波带片的优越性，结果表明，相位波带片的理论衍射效率为40.5%，是菲涅耳波带片的4倍。即使这样，在可见光波段，除了在探照灯、灯塔和投影机中使用外，在高精度成像方面波带片几乎没有实用价值。

由于在软X射线和X射线波段缺少合适的聚焦成像元件，菲涅耳波带片是一种可能的聚焦和成像途径。随着微纳加工技术的不断发展，制作高精度波带片成为可能。本节主要介绍波带片的基本成像原理、主要类型、制作技术和相关的应用。

一、波带片的基本成像原理

按照菲涅耳圆孔衍射理论，如果按 $r_n = (nf\lambda)^{1/2}$ 把圆孔连续地分割成一个个半波带，把其中的所有奇数或偶数个半波带遮住，就构成了一块菲涅耳波带片（图8-32）。

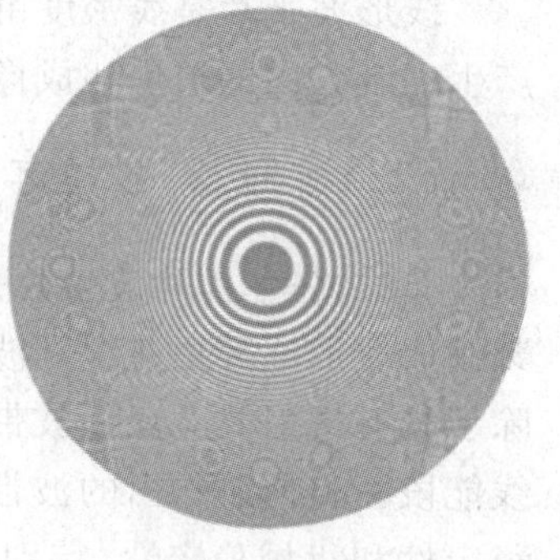

图8-32　菲涅耳波带片示意图

下面介绍波带片的主要光学性能：

1）波带片的焦距。波带片的焦距可表示为

$$f_m = r_1{}^2/\lambda m \tag{8-37}$$

式中，r_1 为波带片最内环的半径；λ 为波带片的使用波长；m 为衍射级次，$m=\pm1, \pm2, \pm3, \cdots$。由（8-37）式可以看出，波带片色散明显，且有一系列虚实焦点。根据波带片的这一特点，将波带片与一光阑组合就可以构成单色器。

2）当波带片的波带足够多（$n \geqslant 100$）时，其具有与薄透镜一样的成像规律：

$$1/p + 1/q = 1/f \tag{8-38}$$

式中，p 为物距，q 为像距，f 为焦距。

3）波带片第 n 个波带的半径可由下式确定：

$$r_n{}^2 = n\lambda f + (n\lambda)^2/4 \tag{8-39}$$

式中，r_n 为波带片第 n 个波带的半径；n 为环带数，$n=1,2,3,\cdots,N$。在大多数情况下 $n\lambda \ll f$，所以（8-39）式可近似表示为 $r_n{}^2 = n\lambda f$，在这种近似下，波带片所有波带的面积都相等，对焦点亮度的贡献也相等。

4）波带片最外环波带的宽度为

$$\mathrm{d}r_n = r_1/2n \tag{8-40}$$

5）波带片成像的分辨率为

$$\Delta = 1.22\mathrm{d}r_n \tag{8-41}$$

由（8-41）式可知，用波带片成像时，最小可分辨的距离与波带片最外环波带的宽度相当。正因为如此，人们才在波带片的制作过程中，一直致力于将波带片最外环的宽度减到更小。

6)波带片的衍射效率为

$$E=(1/\pi^2)[1+\exp(-2\eta\varphi)-2\exp(-\eta\varphi)\cos\varphi] \tag{8-42}$$

此式是厚度为 t 的浅槽矩形轮廓环带的波带片的一级衍射效率。式中 $\varphi=2\pi\delta t/\lambda$，$\eta=\beta/\delta$，$\beta$ 和 δ 是由 $n=1-\delta-\mathrm{i}\beta$ 给出的。对于振幅型波带片，仅考虑吸收环带的吸收，即 $\delta=0$，所以 $E=1/\pi^2\approx10.1\%$。由于波带片衬底的存在，使得波带片透明环带也有一定的吸收，加上槽形偏差等原因，实际制作的振幅型波带片衍射效率最好的只有5%～7%。对于相位型波带片，通过选择合适的材料和相应的厚度，使得 $\delta t=\lambda/2$，忽略吸收即得：$\beta=0$，此时 $E=4/\pi^2=40.5\%$。实际制作的相位型波带片的衍射效率最好的达到20%左右。

二、X射线波带片的主要类型

X射线波带片基本可分为透射式菲涅耳波带片和反射式布拉格-菲涅耳波带片两大类，前者主要用于软X射线波段，后者主要用于硬X射线波段。

(一)菲涅耳波带片

根据不同的应用，菲涅耳波带片有聚焦波带片和成像波带片两类。聚焦波带片用于X射线聚焦和色散。为了尽可能增大聚光面积，聚焦波带片的直径要大，一般为2～3 mm，环带数为 $1\times10^3\sim4\times10^4$。成像波带片的作用是成像和聚焦，要得到高的分辨率，最外环宽度要尽可能小。为了不限制可用的X射线带宽，成像波带片的环带数只有100或几百，因此，高分辨的成像波带片的直径只有10～100 μm。鉴于这种原因，成像波带片也叫做微波带片。早期的波带片不透明环带的材料通常是金，它对X射线吸收很大，基本上可以认为是不透明的。这样的波带片属于振幅型波带片，其衍射效率受到限制，理论上不能超过10%。为了提高波带片的衍射效率，通过选择合适的波带材料(如镍、锗等)和相应厚度，使波带片相邻波带引入π的相移，衍射效率就可以得到提高。在软X射线波段，相位型波带片引入相位差部分的材料是部分透明的，因此不是完全的相位型波带片，而是振幅和相位混合型波带片。无论是振幅型还是相位型波带片，不参加衍射的零级透射光将影响成像的对比度。因此，在软X射线波段，波带片都在其中心放零级光的阻挡层(又称切趾型)以完全排除波带片的零级透射光。

线形波带片是线密度由中央向两旁增加的明暗相间的平行条带组成的波带片，其作用类似于柱面镜，只产生一维方向的聚焦和成像。

(二)布拉格-菲涅耳波带片

布拉格-菲涅耳波带片是Aristov等人在1986年提出来的[137]，是在单晶硅、单晶锗和多层膜的表面上刻制成线形或环形菲涅耳波带片结构，与普通的透射式波带片的工作方式不同。这类波带片是反射式的，它除了具有透射式菲涅耳波带片的聚焦作用外，还具有单色化作用(与选取的晶体有关)，主要应用于硬X射线能段。目前制作出的波带片效率已接近40%的理论效率，分辨率好于0.1 μm。这种波带片具有良好的热稳定性和机械稳定性，特别适用于第三代同步辐射光源，为材料科学研究中的X射线微衍射、微层析、微荧光分析提供了新的可能性[138-141]。

三、X射线波带片的制作技术

由公式 $\Delta=1.22\mathrm{d}r_n$ 知，波带片分辨率与其最外环宽度 $\mathrm{d}r_n$ 相当。因此，要获得高分辨的成像，波带片的最外环宽度应尽可能小，这导致制作难度加大。最早用于可见光的菲涅耳波带片是用摄影方法制作的，这种方法制作的波带片，对于硬X射线，不透可见光的吸收环带也是透明的。对于软X射线，透光和不透光的环带因材料吸收都是不透明的。因此，用照相底片制作的菲涅耳波带片不能用于X射线。1961年，Baez最先发明了制作自支撑软X射线波带片的技术，即透明的环带完全镂空，不透明的吸收体环带由4～5个径向辐条支撑。由于当时没有软X射线源，他用紫外光进行测试，证明了波带片可用于电磁波谱内不可见光的聚焦和成像[142]。

除分辨率外，衍射效率也是波带片性能的一个重要参数。这是因为在成像过程中，低衍射效率的波带片需要增加对样品的剂量来提高成像衬度，这必将导致样品的严重辐射损伤，不可能实现活体细胞生物样品的成像研究。所以，制作高质量的 X 射线波带片是通过尽可能减小最外环宽度来改进分辨率，通过选择合适的材料及厚度制作相位型波带片来获得高的衍射效率。波带片的制备工艺，简单来说只有两步：首先通过激光全息法和电子束光刻法产生出波带片的图形（用作掩模），然后通过离子束刻蚀和电铸等方法将图形转换为金属的图形。

（一）激光全息方法

激光全息法最先是由 Schmahl 和 Rudolph 等人发展的[143]。该方法使 2 个球面相干光波同轴叠加形成同心圆环的干涉图形，记录在光刻胶上，显影后形成光刻胶波带片的浮雕图形。以此为掩模，利用离子束刻蚀把图形刻到金膜上，制成金的振幅型菲涅耳波带片。这种方法特别适用于环带数很多的波带片，即聚焦波带片的制作。国内付绍军等人利用这种方法制作了覆盖 2.0～5.0 nm 波长范围的 3 种不同参数的聚焦波带片[144]，提供给合肥国家同步辐射实验室软 X 射线显微术实验站使用。

（二）电子束刻蚀方法

电子束刻蚀方法是制作大规模集成电路发展起来的一种微细加工技术。早在 1972 年，Sayre 提出用电子束刻蚀产生波带片图形[145]。直到 1983 年，IBM 的沃森研究中心才用电子束刻蚀方法制作了最外环宽度为 150 nm 的微波带片。电子束刻蚀制作波带片的基本程序是：先进行数据处理，聚焦电子束在计算机的控制下，按要求的图形逐点在光刻胶上曝光，显影后产生波带片的浮雕图形。以此作为掩模，通过离子束刻蚀、反应离子束刻蚀或电铸等方法转换成金属图形。目前，用此方法制作的可用金属波带片的最细线宽为 30 nm，直径不大于 100 μm。近年来，在提高纳米加工技术的研究过程中，制造高衍射效率、高分辨率的波带片已成为可能。目前，在硬 X 射线波段，Xradia 公司已经制作出最外环宽度为 30 nm 的波带片[146]，Spring-8 光源上实现了 30 nm 空间分辨率的 X 射线成像[147]。在软 X 射线波段，美国 Lawrence Berkeley 国家实验室的同步辐射光源已经实现了 15 nm 空间分辨率的软 X 射线成像[148]。图 8-33 给出了中国科学技术大学用电子束刻写制作的最外环宽度为 100 nm 的波带片示意图[149]。

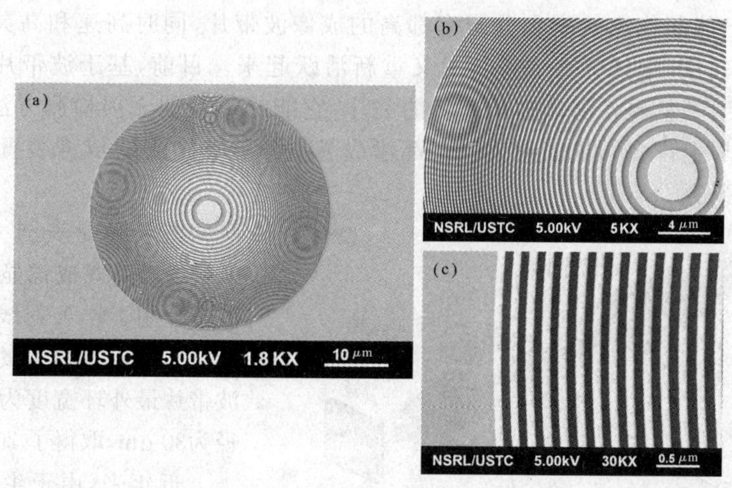

图 8-33 中国科学技术大学研制的最外环宽度为 100 nm 的波带片

（三）溅射镀膜切片法

1981 年，Rudolph 等人最早提出用溅射镀膜切片方法制作波带片的思想[150]，即通过溅射镀膜方法在旋转的细丝上交替沉积“透明的”和“不透明的”材料，然后将其切成 1 mm 左右厚的薄片，再用机械和刻蚀方法进行抛光、减薄到需要的厚度。1989 年后，一些研究小组相继用此方法制作波带片。适当控制刻蚀条件可产生任意厚度的波带片，另外，中心直径 50 μm 左右的细丝（通常为金）可起阻挡零级光的作用。用其他方法制作的波带片，其有限的吸收体厚度是不能有效地阻挡硬 X 射线的，所以很难用作硬 X 射线聚焦元件。

Kamijo等人制作的 Ag/C 波带片已用于日本光子工厂和欧洲同步辐射装置(ESRF)的硬 X 射线光束线[151]。因这种波带片是由两种材料相互交替呈周期性排列,故又称为多层膜波带片。

由于传统制作切片多层膜波带片存在细丝粗糙度大,而且是最先制作膜层最厚的膜层,最后制作膜层最薄的膜层。这对提高膜层的控制精度极为不利。为此,人们研制了先进行最薄膜层制作的多层膜劳厄透镜型波带片。由于其制作上的优势,最外环宽度已达几纳米。这种形式的波带片最有可能成为高能 X 射线聚焦性能最好的光学元件。目前,这种劳厄透镜型波带片已经实现了 18 keV 硬 X 射线的 15 nm 焦斑[152]。

四、X 射线波带片显微镜的应用

常规的光学显微镜受波长(400~760 nm)的限制,分辨率很难突破 200 nm 的衍射极限。电子的德布罗意波波长由加速电压决定,可远小于 1 nm。近代高分辨率透射电镜的点分辨率达 0.3 nm,线分辨率为 0.144 nm。但电子显微镜需要高真空环境,对生物样品的观测还需要进行一系列诸如切片、脱水等处理,这将破坏生物样品的内部结构。而且电子在样品中的平均自由程很短,所以电子显微镜与近年来发展的扫描探针显微镜和近场光学显微镜一样,虽然分辨率很高,但只适用于研究样品的表面结构。

X 射线波长短、穿透深度大,不仅具有对厚样品进行无损纳米分辨成像的潜力,而且成像机制多样(如吸收、荧光、化学态、自旋、相位等),衬度来源丰富,同时曝光时间短,效率高,因而能观察多种微观物理、化学变化和微纳米结构,在生物医学、材料科学和工业上有着广泛的应用。多年来,人们已经发展了多种 X 射线成像技术。例如,X 射线接触式成像技术、X 射线扫描成像技术、X 射线光栅成像技术、X 射线类同轴成像技术(X 射线全息术)、X 射线衍射增强技术、X 射线干涉法成像技术和 X 射线 CT 技术等[153-157]。然而这些成像技术的空间分辨率很低,一般取决于探测器或记录介质的分辨率,只能达到微米或亚微米量级。

空间分辨率决定着成像清晰度。自 X 射线发现 100 多年以来,如何提高 X 射线显微镜的分辨率一直是 X 射线显微学研究者追求的一个重要目标。但是由于缺乏性能优良的 X 射线光源和高分辨率成像光学元件,X 射线高分辨率成像的潜力长期得不到发挥。一方面,X 射线的衍射效率比较低,亮度较低的 X 射线管不能产生足够强的携带高分辨信息的大角衍射信号;另一方面,缺乏适当的光学元件,不能在实验上实现精确的 X 射线聚焦。近年来,随着高亮度同步辐射光源、自由电子激光、等离子体 X 射线源的发展,以及纳米加工技术的飞速进步,已能制作出效率和分辨率都高的成像波带片,同时高速和高灵敏的 X 射线成像探测器的成功研制,高分辨率的 X 射线显微成像技术又重新活跃起来。目前,基于波带片的高分辨率 X 射线显微术以其独特的魅力吸引了世界各国众多研究者的关注,它能提供其他无损检测方法所不能提供的样品内部结构的细节信息。世界上许多同步辐射装置上都建造了高分辨率 X 射线成像装置,主要用于细胞分子生物学和材料科学方面的研究。

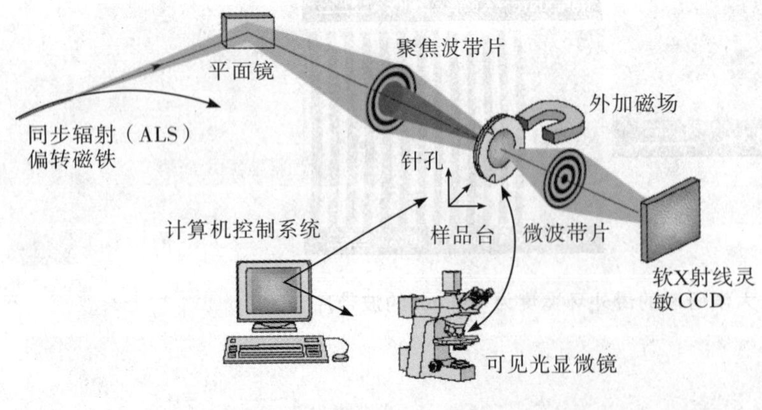

图 8-34 X 射线成像显微镜示意图

图 8-34 是美国 ALS 同步辐射光源的软 X 射线透射式成像显微镜示意图。图中聚焦波带片用于软 X 射线聚焦和色散。微波带片用作 X 射线显微镜的物镜进行放大成像。微波带片最外环宽度为25 nm,环带数为 100,直径为30 μm,取得了 20 nm 的空间分辨率[148]。

近年来,由于生物样品制备技术、低温成像技术以及其他定影技术的迅猛发展,降低了 X 射线对辐射敏感样品(特别是生物样品)的损伤,使得高分辨率 X 射线成像技术成为研究细胞生物学的又一有力手段。同步辐射高分辨 X 射线成像技术在生物医学方面也取得了一些令人振奋的结果[130-131]。

总之,在软 X 射线和 X 射线高分辨率显微成像方面,波带片是目前能获得分辨率最高的光学元件,通过人们的不断努力,有可能进入到几纳米的水平。与此同时,第四代光源的飞速发展也使人们实现飞秒时间尺度的显微成像成为可能。相信在未来的时间里,软 X 射线和 X 射线的显微成像技术将有更大的进步。

第四节　复合折射透镜

由于 X 射线对任何材料的折射率都很小，且有一定的吸收，因此，直到 1996 年，X 射线聚焦光学元件仍只有反射[158-162]（K-B 系统、毛细管和波导管）和衍射（菲涅耳波带片和布拉格-菲涅耳波带片）[163-164]两种形式。这些光学元件已被广泛应用于 X 射线成像[160]、X 射线衍射[165]、X 射线荧光分析[166]和 X 射线微探针[159]等研究领域。为了获得更多的材料结构和成分信息，需要使用更短波长的硬 X 射线。对于硬 X 射线，反射和衍射光学元件的制作成本昂贵、调试困难[167]，迫切需要研制一种造价低廉、调试方便，并且能够有效工作在硬 X 射线波段（能量大于 5 keV）的 X 射线光学元件。

1996 年，针对第三代同步辐射硬 X 射线研究工作的需求，法国欧洲同步辐射装置的科学家提出了 X 射线复合折射透镜的概念，并用实验进行了验证[168]，用复合在一起的多个折射透镜实现了 14 keV 硬 X 射线的会聚，焦距为 1.8 m。与以往的想法不同，这次采用低原子序数材料来减小 X 射线的吸收。目前，通过合理设计透镜参数，复合折射透镜的透射率已做到 90%左右。与其他 X 射线光学元件相比，X 射线复合折射透镜具有很多优点，它不需要改变光路走向，高温稳定性好且易冷却，结构简单紧凑，对透镜表面粗糙度要求低，可工作在高能 X 射线波段（100 keV～1 MeV）等。因此，已在多个同步辐射研究中心的光束线预聚焦[169]、X 射线成像[170-173]、衍射[174]与荧光分析[175]、高分辨率 X 射线微探针[176-177]等方面获得广泛应用。

一、复合折射透镜的发展

（一）柱面复合折射透镜

如图 8-35 所示，X 射线光束（14 keV）在依次通过 30 个口径为 0.6 mm 的铝制双凹透镜后，在焦平面上（离透镜 1.8 m）得到了 8 μm 的焦斑（入射光束宽度为 150 μm），并具有 3 倍的增益。透镜的制作仅仅是在一个铝铜合金块（铜占总质量的 4%）上钻了 30 个孔，相对于单个折射透镜 54 m 的焦距（$F=R/2\delta$）。通过复合的思想，大大缩短了透镜的总焦距（$F=R/(2N\delta)$，其中 N 为凹透镜的个数），这使 X 射线折射透镜的应用成为可能。

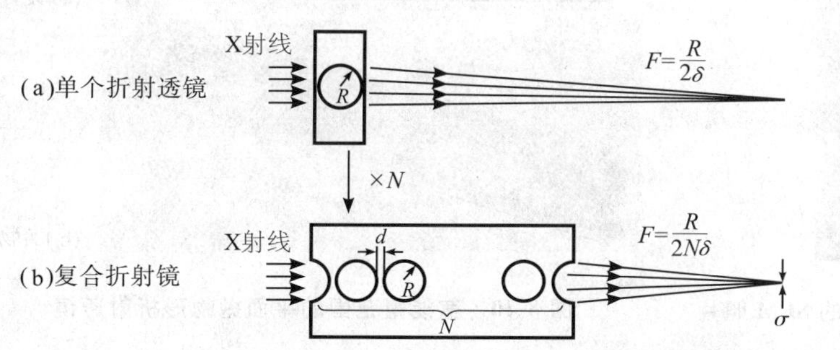

(c)实物图

图 8-35　柱面复合折射透镜

1996 年所提出的第一个复合折射透镜属于柱面复合折射透镜。虽然制造简单，但一维聚焦和球差阻碍了它的应用。后来提出了 90°交叉放置的两个柱面复合折射透镜（如图 8-36 所示），一种是塑料球透镜。

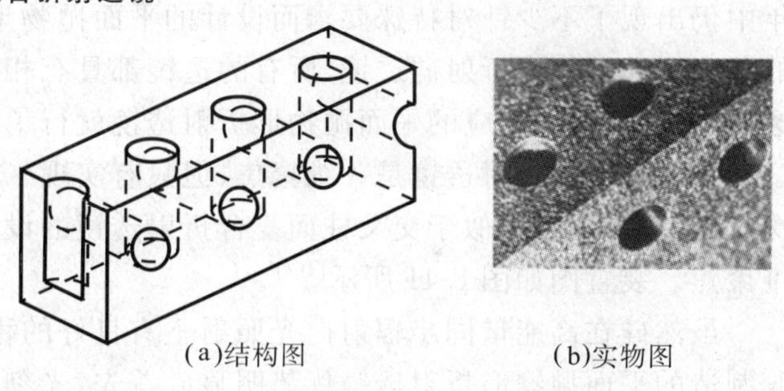
(a)结构图　　(b)实物图

图 8-36　交叉柱面复合折射透镜[178]

（二）抛物面复合折射透镜

到了 2001 年，抛物面复合折射透镜的技术已经成熟，立刻被应用于第三代同步辐射装置的光束线预聚焦、成像系统以及衍射和荧光分析上。抛物面复合折射透镜有着显著的优点，比如能够二维聚焦，没有球差和其他像差，结构简单紧凑且易于调试。现在，以铝或铍制成的抛物面复合折射透镜作为关键部件的 X 射线显微成像系统，能够工作在 5～150 keV 的硬 X 射线波段，得到 300～500 nm 的分辨率[171]。与层析 X 射线扫描技术相结合，能够在亚微米分辨率下提供不透明介质的 3D 图像。图 8-37 为抛物面复合折射透镜的结构图。图 8-38 为装配好的抛物面复合折射透镜（包括透镜盒和准直导轨）。

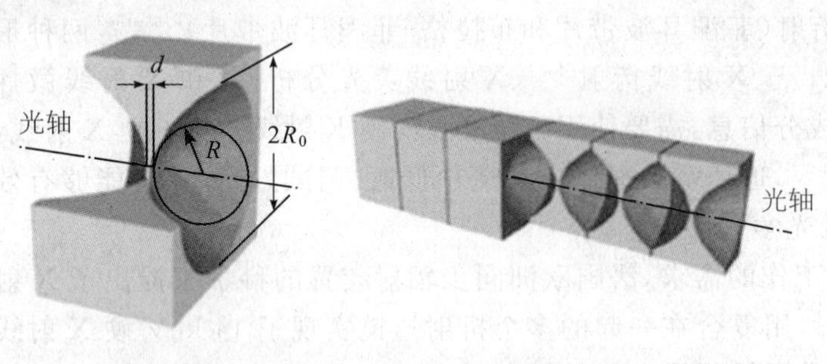

图 8-37 抛物面复合折射透镜的结构图[179]

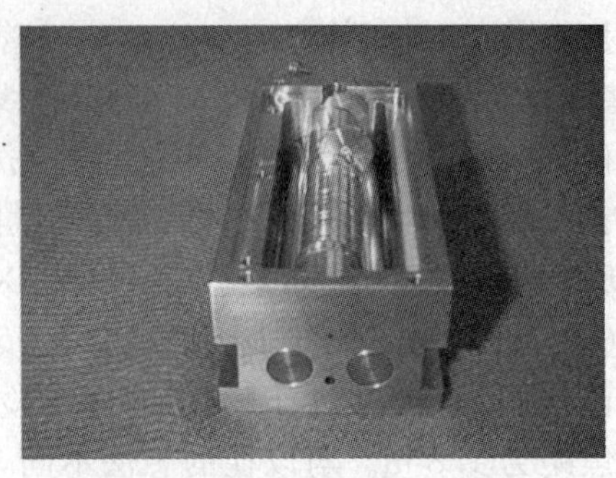

图 8-38 抛物面复合折射透镜

（三）平面透镜

应用不同的光刻工艺，可用于制造平面透镜的材料非常丰富。同时，为了增大透射率，提高增益系数，透镜的形状也经过了很多的优化。但主要可以分为两大类：一类是平面抛物形折射透镜，一类是 kinoform 透镜。

1. 平面抛物形折射透镜

平面抛物形折射透镜是一切平面透镜的原型，现在仍被广泛应用在 X 射线衍射和荧光分析以及 X 射线微探针技术当中。在 2000 年，通过等离子体刻蚀的方法在硅片上第一次制造出了平面抛物形折射透镜[180]（如图 8-39 所示）。透镜高度为 100 μm，透镜壁的厚度为 5 μm。由图可以看出，5 组不同透镜个数的复合折射透镜构成了整个图形。透镜个数分别是 1、2、4、6、8 个。5 组透镜在 8 keV 处都有相同的 18 cm 的焦距。

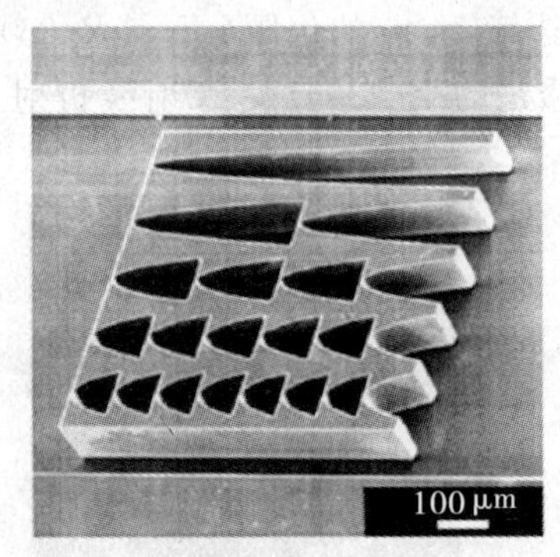

图 8-39 第一块平面抛物形折射硅透镜的 SEM 照片

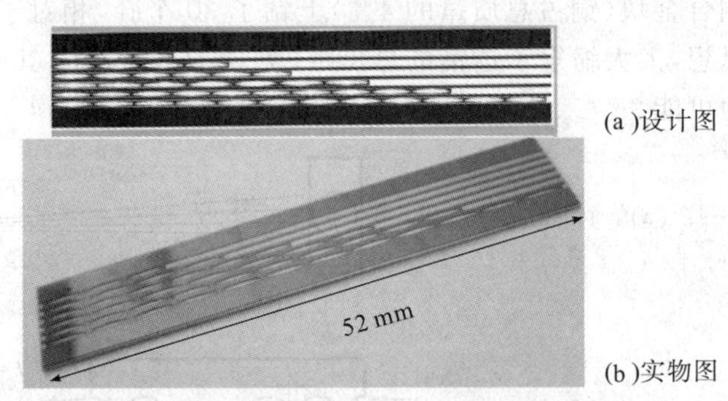

图 8-40 宽能量范围的平面抛物形折射透镜

虽然硅对 X 射线吸收较大，但是由于其在高能 X 射线中具有良好的稳定性且结实耐用，所以，在随后几年中仍出现了不少针对特殊要求而设计的平面抛物形折射硅透镜。图 8-40 是一种针对不同能量进行设计的整合平面抛物形折射硅透镜，所有的透镜都具有相同的 0.5 m 的焦距[181]。如果想要改变能量，只要平移透镜，使光束通过相应的平面抛物形折射透镜就行了。

平面抛物形折射透镜是一维聚焦，但只有实现二维聚焦，才能把透镜应用于 X 射线成像以及 X 射线微探针测量。因此，类似于交叉柱面复合折射透镜的设计，通过把两个平面抛物形折射透镜交叉放置，实现二维聚焦。装置图如图 8-41 所示[182]。

虽然硅在高能量同步辐射白光照射下有良好的稳定性，但是在一般情况下（能量在 5～40 keV），用光刻胶制造的平面抛物形折射透镜优势明显。首先，光刻胶 98%的成分是低原子序数的 C、H、O，对 X 射线吸收弱，能够比硅透镜得到更高的透射率和增益系数。其次，光刻胶透镜只要使用一到两次图形转移过程，特别是 SU-8 光刻胶，一次图形转移就能完成平面抛物形折射透镜的制造，大大缩短了透镜制造的工艺周期，降低了工艺的复杂程度，从而压缩了成本，提高了图形转移的保真度。最后，通过改变入射光的角度和特殊的

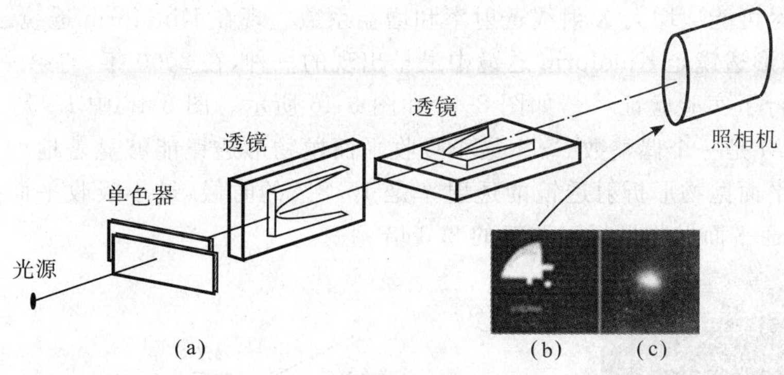

图 8-41　二维聚焦平面抛物形折射透镜系统

(a)装置图;(b)全视野图像;(c)中心焦点图像

掩模板,使用光刻胶可以制造出复杂的图形,达到了要使用两组平面抛物形折射硅透镜才能实现的二维聚焦[183](如图 8-42 所示,单个透镜和基片成±45°倾斜,每个元件的面形是准抛物形面形)。

正因为用光刻胶制造平面抛物形折射透镜有如此多的优点,所以平面抛物形折射光刻胶透镜是复合折射透镜研究的焦点之一,已被广泛应用于同步辐射光束线的纳米聚焦和光束线的准直中。通过垂直放置两个 SU-8 平面抛物形复合折射透镜,对应于 21 keV,在毫米量级的焦距位置上得到了一个 47 nm×55 nm 的焦斑,并且光通量达到了 1.7×10^8 ph/s。装置如图 8-43 所示[176],(a)扫描电子显微照片,单个透镜和一个纳米聚焦透镜通过阴影表示出来;(b)纳米探针装置图,X 射线光束通过交叉放置的纳米聚焦透镜聚焦到样品上。

图 8-42　SU-8 交叉透镜的局部照片

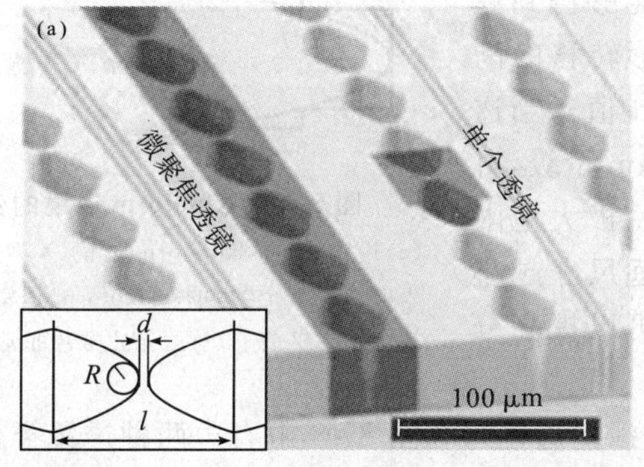

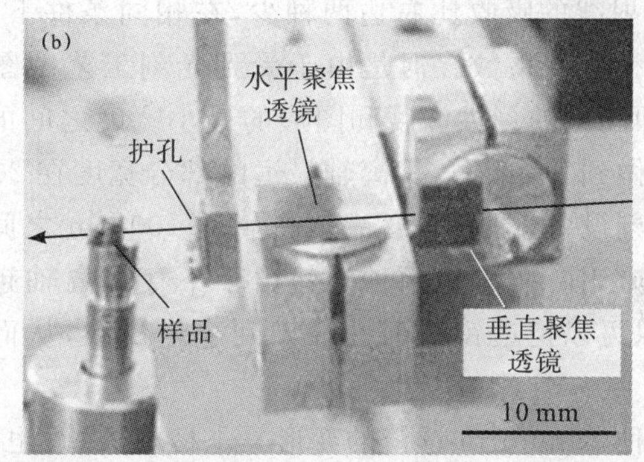

图 8-43　SU-8 平面抛物形复合折射透镜

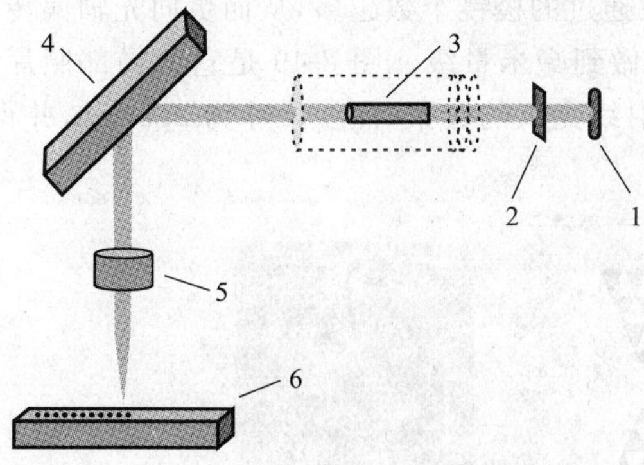

图 8-44　通过掩模板投影方式在玻璃碳上制造平面抛物形折射透镜

1. 激光腔球面镜;2. 掩模板;3. 激光激发物质;4. 平面镜;5. 投影光学镜;6. 玻璃碳块

随着光刻工艺制造平面抛物形折射透镜技术的发展,金刚石、镍也因为各自的特点而被用于平面抛物形折射透镜的制造。金刚石具有低 X 射线吸收、低热膨胀性和高热传导性,在第三代同步辐射波荡器光束的长时间照射下无损伤现象,是工作在 X 射线自由电子激光中的理想光学元件[184]。而镍则由于其密度较大,对 X 射线的折射效果较为明显,可以大大缩小工作在高能量下(如 150 keV)平面抛物形折射透镜的几何尺寸[185]。

对于一些特殊材料,如玻璃碳,现在采用激光烧蚀的方法进行加工。不过,加工的时候引进了掩模板投影技术,如图 8-44 所示[186]。这种新的制造技术还可用于金刚石、蓝宝石材料的复合折射透镜的制造。

2. Kinoform 透镜

Kinoform 透镜的设计思路是通过去除透镜中对 X 射线

会聚没有贡献的部分，尽可能地增大 X 射线透射率和增益系数。现在 Kinoform 透镜已经发展出很多种类。

最小吸收平面抛物形透镜是 Kinoform 透镜中最早出现的一种，在 2000 年，与第一个平面抛物形折射硅透镜同时被提出，并进行了实验验证[180]，如图 8-45 和图 8-46 所示。图 8-46 中 L_π 是 X 射线在材料中相位变化 π 所经过的距离，M 是一个偶整数[187]。最小吸收平面抛物形透镜能够显著地增大透射率。对于同样的参数设置，当普通的平面抛物形折射透镜的透射率是 15.8% 的时候，最小吸收平面抛物形透镜的透射率能够达到 36.5%，是普通平面抛物形折射透镜的 2.3 倍[180]。

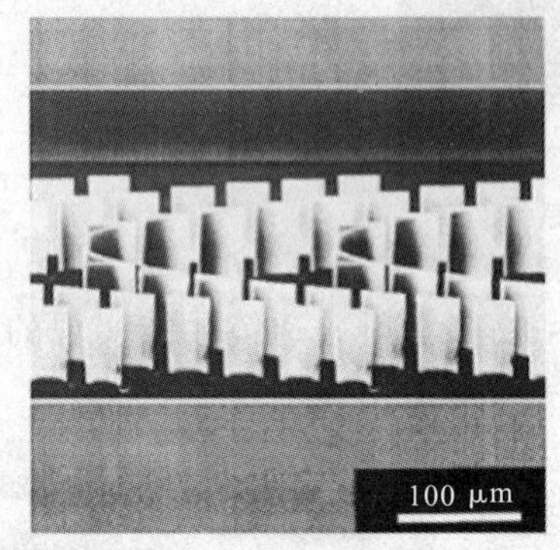

图 8-45　最小吸收平面抛物形硅透镜[180]

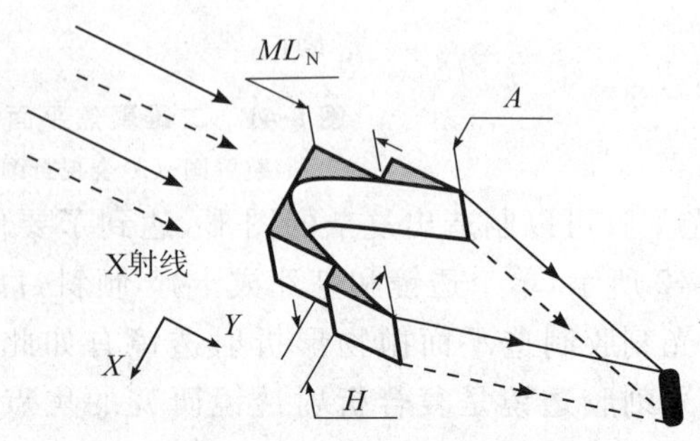

图 8-46　最小吸收平面抛物形透镜的示意图

在开始的最小吸收平面抛物形折射透镜设计的基础上，通过平移透镜块，能得到一种“短的”最小吸收平面抛物形透镜，即现在最为常见的 Kinoform 透镜的形状，如图 8-47 所示。

现在 Kinoform 透镜已经有如图 8-48 所示的好几种变形，但是其原理和效果与前面讨论的 Kinoform 透镜完全相同。图中左边两种透镜对 X 射线的吸收比右边两种少，在相同条件下，能够得到更大的透射率和增益系数。但是由于受到光刻工艺中图形转移的高宽比限制(即图形的刻蚀深度和图形的最小宽度之间的比值)，当透镜几何孔径做到 1 mm 时，其离轴最远的部分宽度在 20 μm 量级，对于不同的光刻设备，图形高度最多在 40～100 μm 之间。极大地限制了透镜的应用。而右边两种透镜由于不存在离轴越远尺寸越小的缺点，所以可以把透镜几何孔径做到毫米量级，从而可以提高分辨率[188-189]。

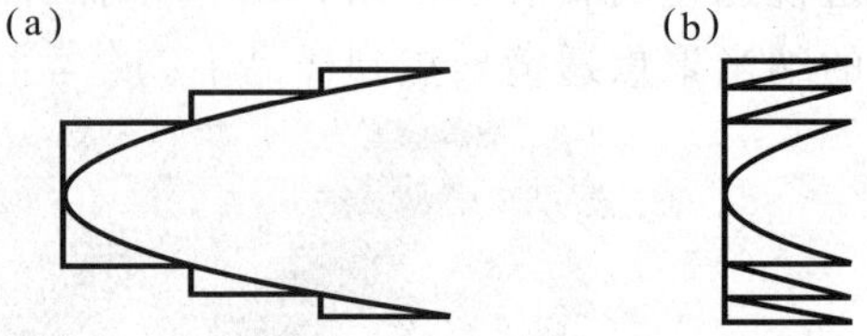

图 8-47　Kinoform 透镜的变形

(a)1 个“长的”Kinoform 透镜，X 射线自左向右入射；(b)1 个“短的”Kinoform 透镜，把透镜块移到 1 个平面上，与二元波带片非常相似

还有一种 Kinoform 透镜的变形——棱柱透镜(也叫沙漏透镜)，和图 8-48 中右边两种透镜类似，在制造大几何孔径的棱柱透镜时，不会受到光刻工艺的高宽比的限制。图 8-49 是现在已经通过实验验证的棱柱透镜，其原理同后面介绍的梳齿透镜具有相似性：离光轴越远的光束通过的棱镜个数越多，从而更向光轴偏转，最终所有光束会聚在一点，形成聚焦。棱柱透镜的几何孔径能够做到毫米量级。图 8-49 是它的局部照片。国际上，现已实现棱柱透镜对垂直方向上 500 μm 的 8 keV 的 X 射线光束的会聚，焦线尺寸为 2.8 μm，并得到了 25 倍的增益[189]。

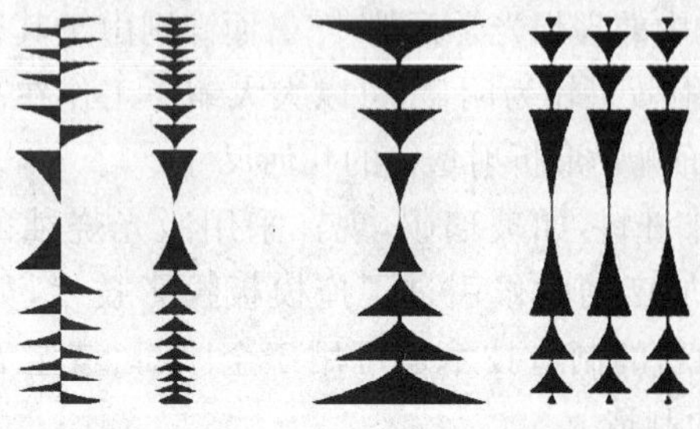

图 8-48　Kinoform 透镜的几种变形[189]

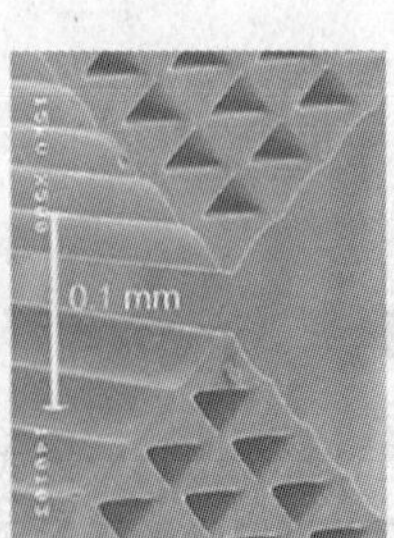

图 8-49　类棱镜结构的简单罗列，实现 X 射线的聚焦[189]

（四）multi-prism 透镜（梳齿透镜）

2000 年，出现了一种全新的复合折射透镜的设计方法，如图 8-50 所示[190]。采用两块从密纹唱片上切下来的片断，做成了一个没有球差的硬 X 射线折射聚焦透镜。离光轴越远的光束会通过更多的齿，从而获得更多的偏转，最后会聚在一条线上。通过调节两行梳齿分开的角度，可以实现对焦距的改变。通过同样的方法，根据梳齿透镜对不同能量 X 射线光束的焦距不同，也可以作为单色器使用。文中所提到的梳齿透镜在 23 keV 处，焦距为 22 cm，增益系数为 1.7。

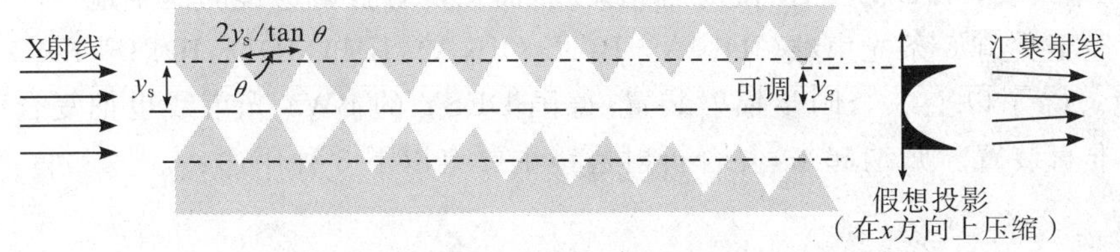

图 8-50　梳齿透镜的简略图(只显示了 300 个齿中的 10 个)

正因为梳齿透镜结构简单，成本低且容易装调，相继出现了不同材料制成的梳齿透镜，现在已经有硅、光刻胶、铍和锂的梳齿透镜，在同步辐射上测试时，增益系数已经能够做到 40[191]。

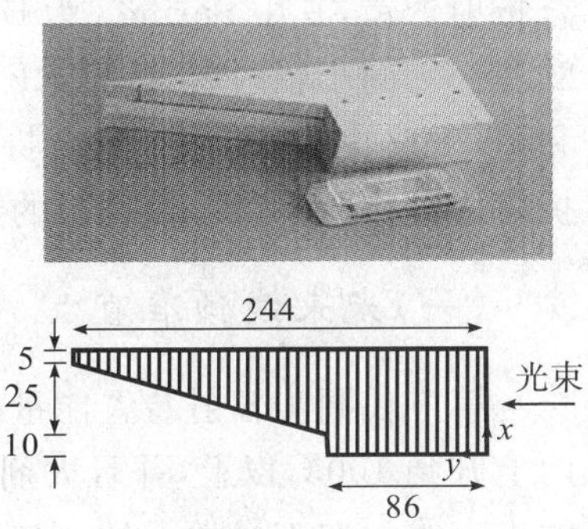

图 8-51　可调焦距的梳齿透镜

上图的是实物照片，下图是其俯视图

此外，通过使光束通过不同个数的梳齿，可以制造出焦距可调的复合折射透镜，如图 8-51 所示[192]。把梳齿透镜的两个部分面对面对准放置，用两块平板从两边夹住固定，然后在 (x,y) 平面上切出一个斜面，当光束沿着 y 轴方向射入时，通过沿着 x 轴移动梳齿透镜，就可以改变焦距。

（五）气泡透镜

如图 8-52 所示[193]，气泡透镜和别的复合折射透镜相比，有着显著的优点。首先其透镜的面形是由液体张力作用自然形成的，所以其面形粗糙度几乎为 0。其次，通过使用不同内径的中空管和不同黏度的环氧树脂，最大的气泡透镜的几何孔径可以做到 1 mm 左右，而最小可以做到0.05 mm[194]。再有，其制作的方法相对比较简单，现在普遍采用的方法就是在已经充满环氧树脂的中空玻璃管中，依次充进气泡，而气泡和气泡之间就自然形成了所要的透镜。所以这种气泡透镜的制造完全可以在一般实验室条件下完成。气泡透镜的实物照片如图 8-53 所示。

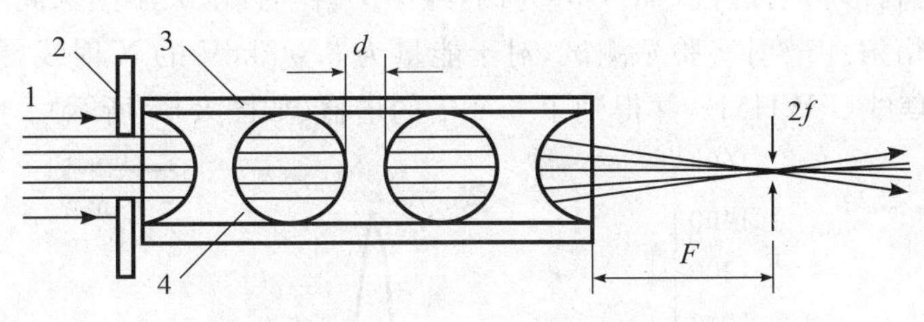

图 8-52　气泡透镜示意图

1. X 射线光束；2. 光阑；3. 中空玻璃毛细管；4. 环氧树脂

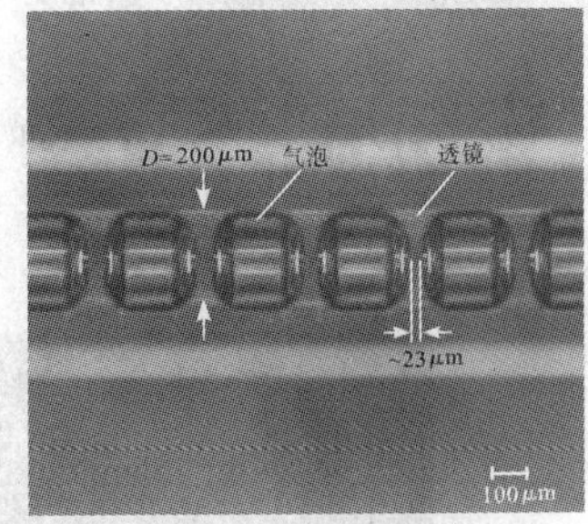

图 8-53　气泡透镜的实物照片

自从气泡透镜诞生以来，对其研究就一直没有停止过。由于所使用的环氧树脂对 X 射线的吸收较小，现在可以放置几百个透镜，从而在短焦距和接近 50% 的高透射率的情况下得到了几微米量级的焦斑[177]，并且由于近轴区域可以近似地看成抛物面形又可以二维聚焦，所以气泡透镜已经成功地用于以一般的铜阳极 X 射线光管作为光源的 X 射线成像实验[172]。

（六）球面复合折射透镜

由于从柱面复合折射透镜向抛物面复合折射透镜跳跃的巨大成功，所以作为过渡产物的球面透镜从一开始就失去了发展的空间。但是与其他种类的复合折射透镜相比，球面复合折射透镜是最简易的二维聚焦透镜，在中子成像[195-196]以及二维聚焦[197]上仍然有着一定的应用。

二、复合折射透镜的应用

正因为复合折射透镜具有以上提到的不需要改变光路方向、高温稳定性好且易冷却、结构简单紧凑、对表面粗糙度要求低、可工作在高能 X 射线波段、成像无球差（以抛物面复合折射透镜为代表）等优点，复合折射透镜已被广泛应用于各种 X 射线显微成像和微探针技术中，并且已作为一些同步辐射装置的光束线预准直装置。全世界能量最高的 3 台同步辐射装置（日本的 Spring8，美国的 APS，欧洲的 ESRF）上都使用了复合折射透镜，其中 Spring8 为 BL10XU 光束线，APS 为 1-ID 振荡器光束线，而在复合折射透镜的诞生地——欧洲——同步辐射装置（ESRF）上，已经至少有 6 条光束线（ID10A＋B（TROIKA），ID11，ID13，ID18F，ID22 和 ID28 光束线）使用了复合折射透镜。除了以上 3 个同步辐射装置，德国 DESY 的 BW4 光束线也把复合折射透镜作为一种可供选择的光束线准直装置。归纳起来，复合折射透镜主要有以下 3 种用途：

（一）光束线预准直

第三代同步辐射装置能量都在吉电子伏数量级，在其高亮度出射光的直接照射下，物体温度能在几分钟内上升到 100℃以上，并且大剂量的辐射会破坏有机物质的内部结构，因此需要一种高温稳定性好、耐辐射的光束线预准直光学元件。与国际上普遍采用的预准直光学元件相比，复合折射透镜结构更简单、高温稳定性好且易散热，是一种理想的预准直光学元件。APS 的 1-ID 振荡器光束线[198]以及 ESRF 的 ID10A＋B（TROIKA）光束线[199]都已使用了该技术，并取得了很好的效果。

（二）微聚焦

很多 X 射线分析技术（如衍射、荧光、吸收以及反射率分析）的横向分辨率都与光斑尺寸成正比关系，因此对微聚焦方法的研究一直是国际上的热门课题。由缩小倍率 $m = f/(L_1 - f)$ 可以看出，透镜焦距 f 越小，光源到透镜的距离 L_1 越大，则得到的焦斑就越小。

图 8-54　SU-8 平面抛物形折射透镜的实物照片

SU-8 光刻胶可用来制作高效的聚焦平面透镜。一维聚焦的 SU-8 平面抛物形折射透镜的实物照片如图 8-54 所示，整个系统由 30 组透镜构成，每组透镜即为一个完整的 SU-8 平面抛物形折射透镜，单个透镜的个数分别为 $N=1, 2, \cdots, 30$，对于 8.05 keV 能量，其焦距同为 300 mm。单组透镜口径为 250 μm，理论透射率从 43%（$N=1$）至 33%（$N=30$），透镜实测有效高度为 224 μm[200]。

以 SU-8 平面抛物形折射透镜（$N=3$）为例，经中国科学技术大学国家同步辐射实验室 X 射线衍射和散射实验站测试，对于能量为 8.05 keV 的 X 射线，能够获得 27.2 μm 的焦线（FWHM），并得到了 6.8 倍的增益（如图 8-55 所示）。

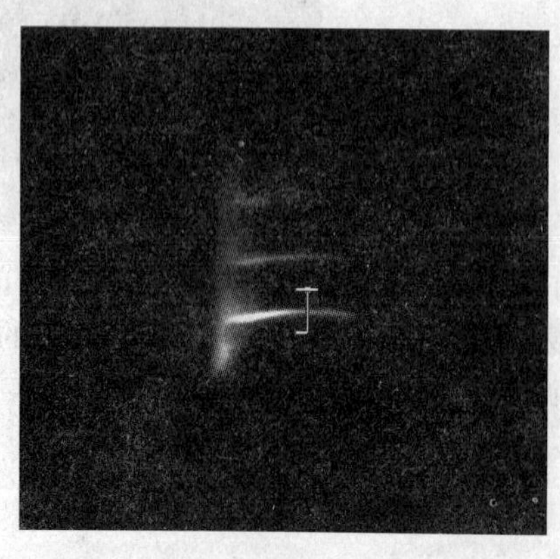

（a）焦线图像

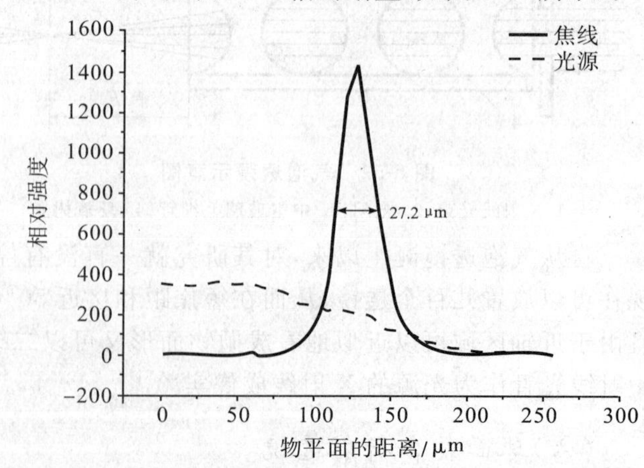

（b）强度分布曲线。实线为焦线强度分布曲线，虚线为光强强度分布曲线

图 8-55　SU-8 平面抛物形折射透镜（$N=3$）聚集测试结果

SU-8 光刻胶也可用于制作梳齿透镜。如图 8-56 所示，6 组 SU-8 梳齿透镜，口径为 250 μm，梳齿个数分别为 $N=188,108,72,58,54,50$，焦距为 30 cm，透射率都为 44%。

以 $N=58$ 梳齿透镜为例，经中国科学技术大学国家同步辐射实验室 X 射线衍射和散射实验站测试，当工作在 8.05 keV 能量时，得到了 27.1 μm 的焦线（FWHM），并实现了 5.3 倍的增益，如图 8-57所示。

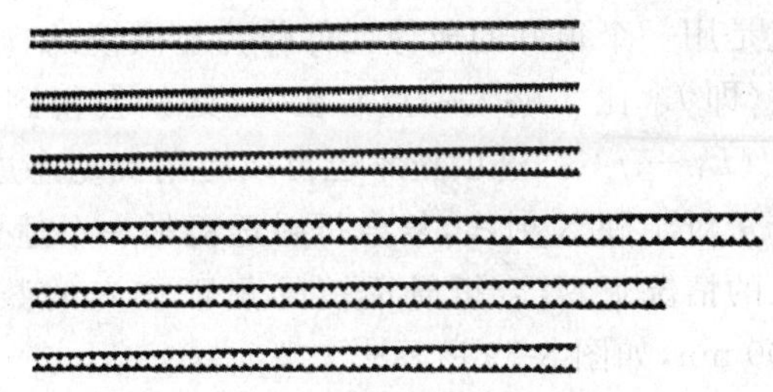

图 8-56　SU-8 梳齿透镜设计图

从上到下依次为 $N=188,108,72,58,54,50$ 的梳齿透镜

气泡透镜同样可以用于微聚焦，以 $N=123$ 气泡透镜为例，其口径为 200 μm，焦距为 114 mm，理论透射率为 8.3%。中国科学技术大学国家同步辐射实验室 X 射线衍射和散射实验站对气泡透镜的聚焦性能进行了测试，透镜聚焦性能测试结果如图 8-58 所示，狭缝设计为 1 mm×1 mm(V×H)，X 射线 CCD 相机放置在距离透镜中心 114 mm 的焦平面上，曝光时间为 5 s。

所得到的焦斑尺寸为 33.3 μm×65.9 μm(V×H)(FWHM)，由于光束在水平和垂直方向上的发散角相差 10 倍，因此焦斑呈扁圆。

在 ESRF 的 ID13 光束线上，复合折射透镜的焦距已经能够做到毫米量级，最小可以得到一个 47 nm×55 nm 的焦斑[176]。

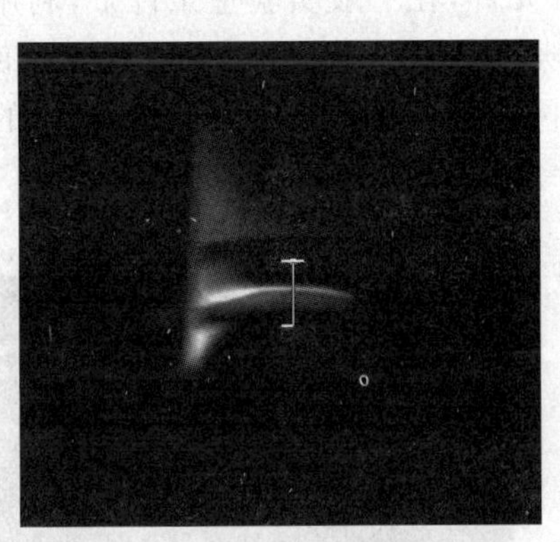

(a)焦线图像

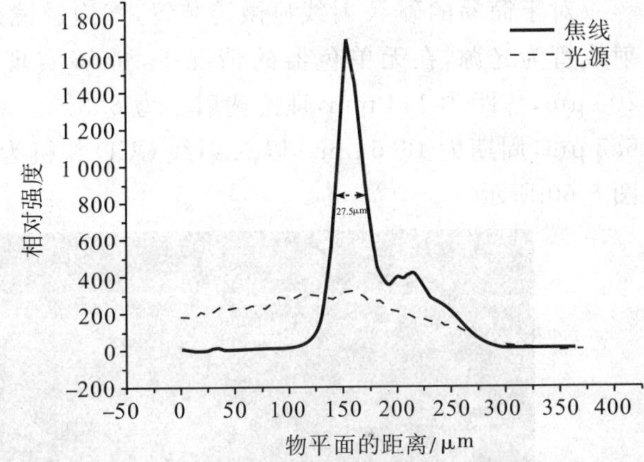

(b)强度分布曲线。实线为焦线强度分布曲线，虚线为光强强度分布曲线

图 8-57　SU-8 梳齿透镜（$N=58$）聚焦测试结果

(a)焦斑图像

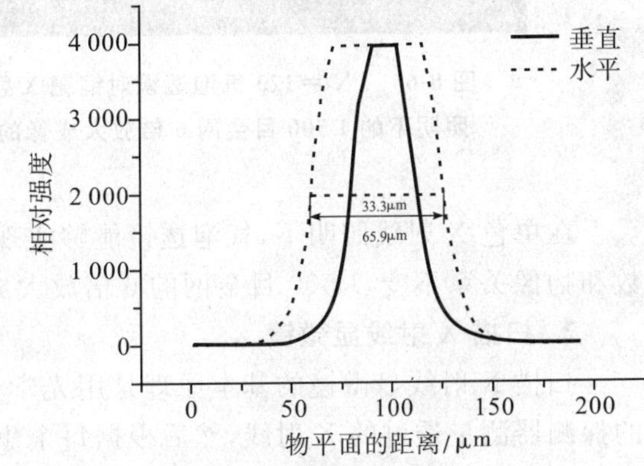

(b)垂直和水平方向强度分布曲线

图 8-58　$N=123$ 气泡透镜聚焦性能在同步辐射测试中的结果

（三）X 射线显微成像

1. 全视场透射式 X 射线显微镜

全视场透射式 X 射线显微镜使用了和常规光学以及透射电子显微镜一样的光学设计思路。基本原理

就是用一个很好的成像元件作为显微镜的物镜，以得到一个放大的像。当物体偏离物方焦距一定微小距离时（即 L_1 比 f 略大一点），在 L_2 处就会得到一个被放大的像，$L_2 = L_1 f/(L_1 - f)$，放大倍率为 $L_2/L_1 = f/(L_1 - f)$。这项技术也可以应用到动态成像和相衬成像中。

对于硬 X 射线，复合折射透镜是一个适于全视野成像的光学元件。在 X 射线光子能量在 10 keV 及以上的情况下，复合折射透镜的焦距在米的数量级，整个显微镜的长度在 10～25 m，分辨率能达到 100～300 nm，如图 8-59 所示[173]。

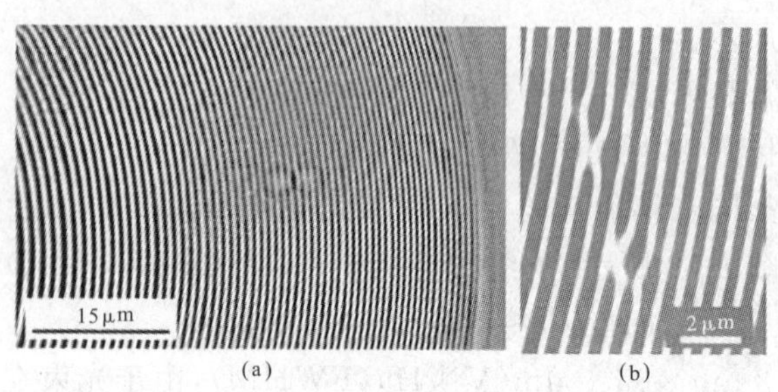

图 8-59　复合折射透镜对硬×射线的成像

(a)一个菲涅耳波带片(最外环宽度为 300 nm，厚度为1.25 μm)的 X 射线显微照片(E =23.5 keV)；(b)一个菲涅耳波带片具体的显微照片(E =14.4 keV)。波带片上的一些缺陷也可以看出来

对于简易的硬 X 射线显微镜装置，气泡透镜是理想的成像元件，在一般实验室条件下，利用普通铜靶 X 射线管为光源，在无单色器的情况下，能够实现 5 μm 的分辨率。以 N =123 气泡透镜为例，其口径为 200 μm，焦距为 114 mm，理论透射率为 8.3%。对 1 500 目金网能够实现 6 倍放大成像，金网的单根线宽为 5.5 μm，周期为 16.5 μm。以 X 射线 CCD 相机为探测器，单个像素尺寸为 6.45 μm×6.45 μm。成像结果如图 8-60 所示。

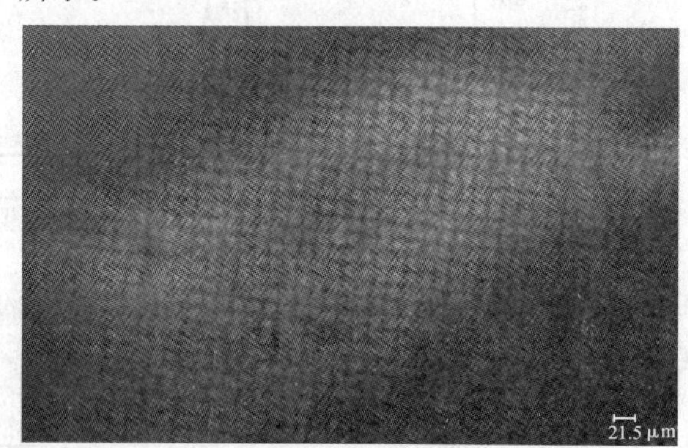

图 8-60　N =123 气泡透镜对铜靶 X 射线管照明下的 1 500 目金网 6 倍放大成像的结果

图 8-61　N =123 气泡透镜对于 8.05 keV 单能 X 射线照明下的 1 500 目金网 6 倍放大成像结果

在单色 X 射线照明下，气泡透镜能够实现 1 μm 左右的分辨率。同样以 N =123 气泡透镜为例，透镜参数和物像关系不变，1 500 目金网的 6 倍放大成像结果如图 8-61 所示。

2. 扫描 X 射线显微镜

扫描 X 射线显微镜的基本原理是用光学元件产生一个微焦斑，通过机械式扫描样品，同时用一个相应的探测器测量透过的 X 射线，然后根据每个焦斑的信息还原成相应的图像。聚焦的 X 射线探针可以在每次扫描中得到样品每点的衍射或者吸收的数据，同时还能用于 X 射线激发的荧光以及光电子探测。扫描 X 射线显微镜的空间分辨率受聚焦元件本身的限制。

对于硬 X 射线，可以用复合折射透镜作为微聚焦元件，已得到了 50 nm 的分辨率[176]。现在通过改变工作波长和透镜个数，可以获得较大的焦距和较长的景深，以便基于复合折射透镜的扫描 X 射线显微镜用于一些特殊的样品环境，比如高温或者高压。同时，由于工作在更短的波长，所以可以更加方便地对宽角和小角散射的衍射现象进行研究。

3. 三维X射线显微术

当扫描显微镜与层析X射线扫描技术结合在一起后，我们就可以得到样品的内部三维结构，这其中包括不同种类原子的分布，以及原子的化合价。这项技术可应用在研究植物的新陈代谢中，如图8-62所示[179]。

近年来，由于复合折射透镜具有独特的光学性能，已成为X射线光学领域中的一个重要研究方向，其研究成果被广泛应用于第三代同步辐射光源中。

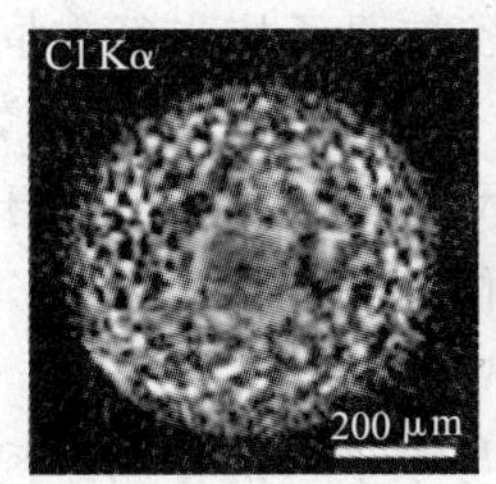

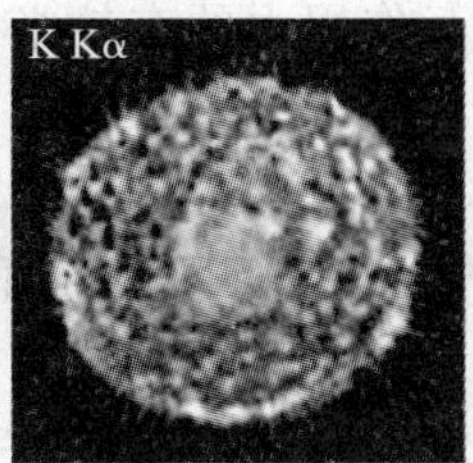

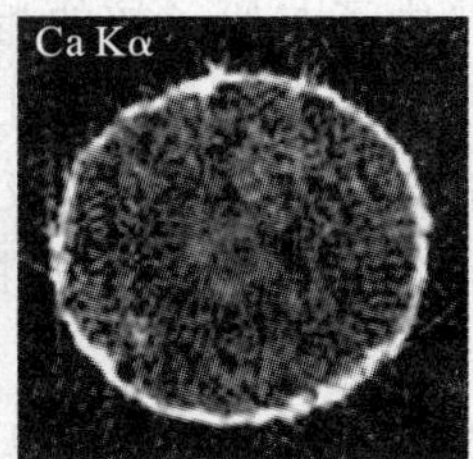

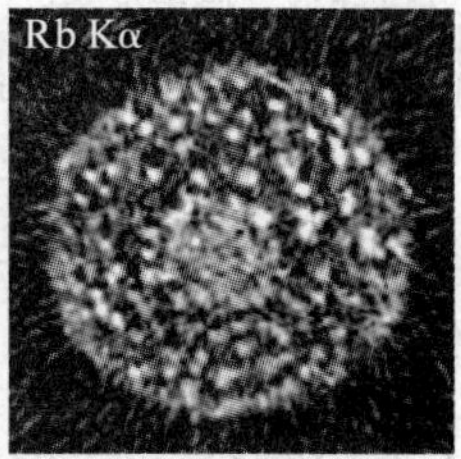

图8-62　一个桃花心木树根的荧光显微层析照片

用Al折射透镜在19.5 keV能量处拍摄，在根部横截面上Cl、Ca、K和Rb元素的分布都被显示出来

第五节　中子光学

中子光学经历了半个多世纪的发展，已经成为光学的一个重要分支。反应堆中子源技术的进步及散裂中子源的出现，极大地促进了中子散射和衍射技术的发展与应用。中子光学的原理和技术已经被广泛应用于磁性材料、超导材料以及生物样品的精细结构测量，对凝聚态物理、材料科学和生命科学研究起到了重要的促进作用。在过去的50余年中，正是由于中子光学元件制作技术的不断进步、新型元件的不断涌现，使得中子光学系统获得了巨大的发展，性能逐步提高，结构渐趋简化，应用范围不断拓展，从而呈现出良好的应用前景。本节简要介绍中子光学的基础理论，重点介绍中子光学元件的一些基本概念，讨论常规的中子光学实验方法，以及中子源和中子光学元件的原理及应用。

一、中子光学原理

在中子光学的研究中，人们往往对包含多原子体系的宏观现象最感兴趣，主要包括散射中子之间的干涉效应以及由此而引发的典型光学效应。由于中子具有波粒二相性，人们希望将经典光学理论应用于中子光学领域。通常情况下，上述想法是可行的[201]，因为中子在物质界面的反射和折射效应以及在晶体中的衍射效应也可以用光学理论来解释。但是，由于中子与电磁波存在本质上的差异，导致中子光学的某些现象较经典光学更为复杂，比如中子在磁场中的极化现象等。正是由于中子的这些特殊性质，使其成为研究物质结构与组成的一种有力工具，例如极化中子在磁性材料磁结构测量方面的应用。本节主要讨论中子在实际应用过程中的光学特性，在分析过程中，读者必须注意中子与经典电磁波之间的差异[202-203]。

光可以看作是一种电磁波，具有波粒二相性。中子在与物质相互作用的过程中也显示了波粒二相性。相比于光波，能量在MeV量级的高能中子的粒子性更为显著。例如：对于能量达到10 MeV量级的中子，其德布罗意波长为0.9×10^{-12} cm，与原子核的尺寸处于同一量级，这就决定了这些短波长中子的一些干涉现象只能在原子核尺度内才能被观测到，这些干涉效应构成了所谓的“核影散射”。这种散射类似于很小的障碍物所造成的衍射，而且被限制在一定的角度范围内λ/α，这里，λ为中子波长，α为原子核半径。

中子由于受到原子碰撞而被减速，相应的波长随之增大。当中子的波长达到几个埃的量级时，中子的波动特性将变得较为显著，其粒子性变得不再明显。中子光学主要研究这一能段的中子与物质的相互作用。近年来，随着中子慢化技术的发展，已经可以获得具有较高强度的冷中子甚至超冷中子束，中子光学的研究范围已经拓展到了纳米波长量级，能够应用于生物大分子结构的研究。

中子与X射线相比有很多相似之处，首先是二者波长具有相同的数量级，其次是中子与物质的相互作用也可以采用折射率来表征。因此，中子光学的实验方法与X射线光学的实验方法极为类似，唯一的区别

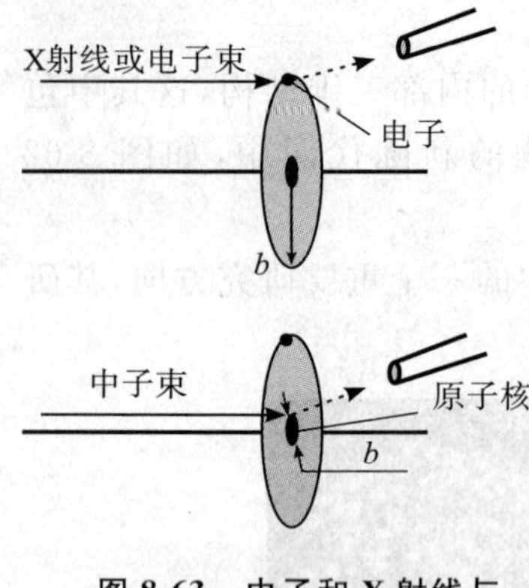

图 8-63 中子和 X 射线与原子的相互作用

在于材料对中子的折射率不同于对 X 射线的折射率。

中子具有电中性，它与物质相互作用时，其能量主要损失在中子与原子核的相互作用过程中，而 X 射线和物质作用时能量损失以电磁相互作用为主。因此，研究中子与物质的相互作用时，主要研究中子与原子核的相互作用过程。如图 8-63 所示，中子与核的相互作用是一种短程强力，这种作用具有许多表现形式，如弹性散射、非弹性散射、各种核反应和裂变过程等。

中子与原子核的相互作用力的有效半径与原子核半径在同一量级。在中子散射实验中所使用的中子能量比较低，一般为 1 keV 左右，所对应的中子波长在 10^{-10} m 量级，远远大于原子核的尺寸（10^{-15} m）。对于这种低能中子，它与原子相互作用的概率可以用散射面积 σ 来表示：

$$\sigma = 4\pi b^2 \tag{8-43}$$

式中，b 为原子的散射长度，b 的符号可以为正也可以为负，正号表示中子与原子核的作用距离大于或接近原子核半径；反之，则为负号。对于绝大多数原子，散射长度为正值。

对于中子来说，材料可以看作是由连续分布的原子核组成的，每个原子核的散射长度为 b，原子核数密度为 ρ。中子的波动特性可以由薛定谔波函数 ψ 来描述[204]。在光学领域，人们习惯用折射率 n 来表征物质与波的相互作用。建立材料对中子的折射率与材料原子对中子的散射长度之间的换算关系，就成为采用光学方法处理中子与材料相互作用问题的关键。

为了推导出散射长度与光学折射率之间的关系，可以建立一个中子与物质相互作用的模型。如图 8-64 和图 8-65 所示，一束平面波从 S 点发出，正入射到一个很薄的薄板上，薄板的厚度设为 Δ，构成薄板的材料原子对中子的散射长度为 b，对中子的光学折射率为 n。由于 Δ 值很小，在薄板的前面和后面散射的中子波可以近似认为是相同的。首先，从衍射的角度考虑，如图 8-64 所示，经过薄板衍射后到达 P 点的中子波函数 ψ_{tot}^P 与不经过薄板直接到达 P 点的波函数 ψ_0^P 之间存在相位差 $(n-1)k\Delta$，其中，$k=\frac{2\pi}{\lambda}$ 为波矢量，λ 为入射中子的波长。其次，可以从散射的角度来考虑，如图 8-65 所示，ψ_{tot}^P 相当于从处于薄板不同位置的散射微元上散射的子波与入射波的叠加。

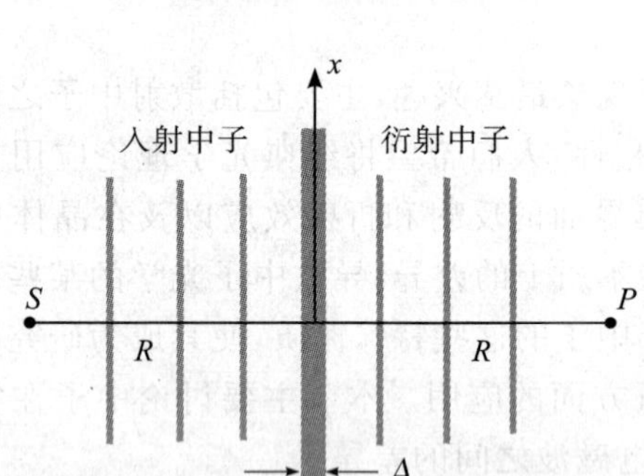

图 8-64 中子波与物质相互作用的衍射表述

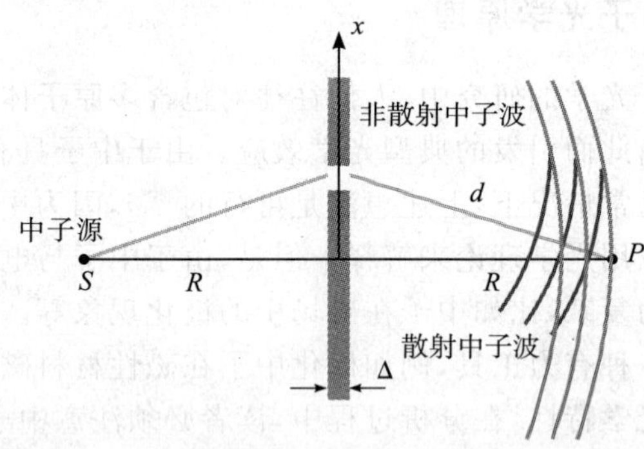

图 8-65 中子波与物质相互作用的散射表述[206]

从图 8-64 可以看到，P 点的总的波函数 ψ_{tot}^P 为[205]：

$$\psi_{\text{tot}}^P = \psi_0^P[1+\mathrm{i}(n-1)k\Delta] \tag{8-44}$$

用散射理论来表述 P 点的波函数 ψ_{tot}^P 需要比较复杂的计算过程。为了方便计算，我们需要做一些近似和假设。首先我们将入射的平面波近似为从无穷远的 S 点发出的球面波，其次假设 P 点和 S 点处于薄板两侧且距离薄板的距离均为 R_0。由图 8-65 可以看出，从 S 点经过薄板上的散射微元到达 P 点的距离为 R，且 $R \geqslant R_0$。

由几何关系，可以得到 R：

$$R = (R_0^2 + x^2)^{\frac{1}{2}} \approx R_0\left(1+\frac{x^2}{2R_0^2}\right) \tag{8-45}$$

因此，相对于从 S 点直接到 P 点的波，散射后中子产生了相位差 $\frac{2kx^2}{2R_0}$。

在以上的计算过程中，只考虑了一维情况，即 $y=0$。如果 $y\neq 0$，则 R 和相位差 φ 可以由下面的式子表示：

$$R=(R_0^2+x^2+y^2)^{\frac{1}{2}}\approx R_0\left(1+\frac{x^2+y^2}{2R_0^2}\right) \tag{8-46}$$

$$\varphi=\frac{2k(x^2+y^2)}{2R_0} \tag{8-47}$$

由(8-46)式和(8-47)式可以得出从散射微元 $\mathrm{d}x\mathrm{d}y$ 散射的中子波到达 P 点的波函数为

$$\mathrm{d}\psi_s^P\approx\left[\frac{\mathrm{e}^{\mathrm{i}kR_0}}{R_0}\right](\rho\Delta\mathrm{d}x\mathrm{d}y)\left[-b\frac{\mathrm{e}^{\mathrm{i}kR_0}}{R_0}\right]\mathrm{e}^{\mathrm{i}\varphi(x,y)} \tag{8-48}$$

式中，$\frac{\mathrm{e}^{\mathrm{i}kR_0}}{R_0}$ 为入射球面波；$\rho\Delta\mathrm{d}x\mathrm{d}y$ 为散射微元内散射中心的数量，对于单质，为原子个数；$-b\frac{\mathrm{e}^{\mathrm{i}kR_0}}{R_0}$ 为从一个散射中心散射的球面波；$\mathrm{e}^{\mathrm{i}\varphi(x,y)}$ 为相位因子。

在 P 点的总波函数为

$$\psi_{\text{total}}^P=\psi_0^P+\iint_\infty\mathrm{d}\psi_s^P=\psi_0^P\left[1-\mathrm{i}\frac{2\pi\rho b\Delta}{k}\right] \tag{8-49}$$

对比(8-44)式和(8-49)式，可以得到光学折射率与散射长度的关系[206]：

$$n=1-\frac{2\pi\rho b}{k^2}=1-\delta \tag{8-50}$$

(8-50)式中的折射率为实数，并不能表征材料对中子的吸收作用。这主要是因为在上述计算中，只考虑了材料对中子的散射截面，而没有考虑材料与中子的相互作用[207]。

材料对中子具有一定的吸收作用，原子核对中子的吸收概率可以用吸收截面 σ_a 来表征。材料对中子的吸收系数为 $\mu=\rho\sigma_a$，ρ 为材料的原子个数密度。中子在吸收系数为 μ 的介质中传播 z 距离后，其强度将衰减为原来的 $\mathrm{e}^{-\frac{\omega z}{2}}$ 倍，而振幅衰减为原来的 $\mathrm{e}^{-\frac{\omega z}{2}}$ 倍。

用衍射的方法来描述中子与物质的相互作用，需考虑到物质对中子的吸收作用[209]，假设物质的折射率为复数 $N=1-\delta+\mathrm{i}\beta$，则中子在这种物质中传输时的状态可以表示为

$$\exp(-\mathrm{i}Nkz)=\exp[-\mathrm{i}(1-\delta)kz]\exp(\beta kz) \tag{8-51}$$

由(8-51)式可以得出中子在介质中传播时的振幅衰减系数为

$$\exp(-\mathrm{i}k\beta z)=\exp\left(-\frac{\mu z}{2}\right)=\exp\left(-\frac{\rho\sigma_a z}{2}\right) \tag{8-52}$$

由此可以得到复折射率的虚部为

$$\beta=\frac{-\rho k\sigma_a}{2} \tag{8-53}$$

由(8-50)式和(8-53)式，我们可以通过测量材料的散射长度、吸收截面以及材料的密度，计算材料对中子的复折射率 N，当然这种复折射率为中子入射波长的函数。值得注意的是，上述分析都是针对低能中子这样一个假设来展开的，即在非磁场条件下，对于波长为 0.1 nm 量级的低能中子来说，材料的散射长度和吸收截面与入射中子的能量无关，为一个常数。就这一点来说，材料对中子的折射率与对 X 射线的折射率是不同的。此外，由于绝大多数材料对低能中子的吸收截面都非常小，其复折射率的虚部为 10^{-5} 量级，中子在材料中的穿透深度可以达到厘米量级，而中子多层膜的总厚度一般在微米量级，因此，材料对中子的吸收作用可以被忽略。

磁场条件下，中子在与磁性材料作用时，除了上述介绍的相干散射长度外，还存在一个磁散射长度：

$$p=-(re^2/2mc^2)uf(k) \tag{8-54}$$

式中，$f(k)$ 是磁性因数，一般情况下可以将其定义为常数 1；$r=1.91$，是中子旋磁比；e^2/mc^2 是电子经典半径；u 是中子对于磁性材料原子的磁矩(以玻尔磁学为单位)。

因此，磁性材料的磁散射长度由其自身的原子磁矩决定。我们知道铁、钴、镍分别有 6、7、8 个 3d 电子，d

层本来应该排列10个电子，所以铁原子中有4个未配对电子，这样铁、钴、镍的原子磁矩应该分别为4、3、2个波尔磁子。但是实际测量的铁、钴、镍3种材料的原子磁矩分别为2.2、1.7和0.6个波尔磁子。这是因为这3种材料原子的外层电子除了s层外，还有1个d层，由于d带狭窄而s带较宽，两者存在部分重叠，从而导致其原子磁矩的变化。

在磁场条件下，上旋和下旋中子[209-210]对于磁性材料的总散射长度为[211-212]

$$b_{total} = b \pm p \tag{8-55}$$

由上式可以看到，对于不同极化态的中子，磁性材料的光学常数不相同，而对于非磁性材料则不存在这一现象。磁性材料的这一特殊性质，使得构成多层膜中子极化镜得以实现。

二、中子光学中的实验方法

从前面的叙述可以看到，低能中子的光学特性与X射线光学在很多地方都具有相似之处，唯一的差别在于材料对中子和X射线的折射率是不同的。在很多情况下，中子光学的实验方法与普通光学或X射线光学的实验方法几乎一致，只是在具体实验设备的使用方面还存在一定的差异，这种差异主要由中子源和X射线源之间的不同造成。因此，在讨论中子光学的实验方法的过程中，我们没有详细地讨论这些技术上的细节，而重点讨论中子光学实验方法的基本原理、可行性以及应用范围等。

（一）中子源与中子单色化

对于中子光学来说，可以实用的中子源必须具备3个特点：高的中子强度和单色性以及低的干扰辐射强度，其中高强度中子束的获得是限制中子光学发展的主要因素。中子源的强度由中子通量（neutron flux）来表征，中子通量为中子束中每秒通过单位面积的中子数目[214]。早期的中子源采用放射源方式，如1936年由Halban和preiswerk[215]和Mitchell和powers[216]两个小组首次利用镭铍放射源发出的中子（波长为1.6Å）束实现了中子的晶体布拉格衍射。但是这种中子源的中子通量仅为$10^4/(s \cdot cm^2)$，尽管使用粒子加速器可以将中子通量提高2个数量级，但是这种中子源只能用于透射式的中子测量实验，而无法应用于绝大多数中子光学实验中。作为一门独立的学科，中子光学是随着链式反应堆中子源的出现和发展而建立起来的。反应堆中子源的中子通量可以高达$5 \times 10^{12}/(s \cdot cm^2)$，如此高的输出强度使得中子光学实验可以在距离中子反应堆较远的位置进行，同时也允许对中子束进行修剪以提高中子束的准直度等。经过精确准直的中子通量可以达到$10^7/(s \cdot cm^2)$，这种高准直的中子束不仅有益于提高中子实验的精度，同时也降低了对实验人员的辐射伤害。20世纪50年代到80年代是中子散射用反应堆大发展的时代，不但美、欧、日等发达国家先后建成了几十个核反应堆，部分亚洲发展中国家也都建成了反应堆中子源来开展中子散射实验。

由于反应堆中子源的中子输出强度受反应堆温度的限制，使得这种中子源的中子通量被限制在10^{15}量级。到了20世纪70年代，人们提出了散裂中子源的概念，即采用加速质子轰击金属靶产生中子，如图8-67所示。散裂源是基于加速器的中子源，安全易控，不产生核废料，更重要的是其中子通量突破了反应堆型中子源的上限。如图8-66所示，散裂中子源可以获得比反应堆中子源高2个数量级的中子通量。

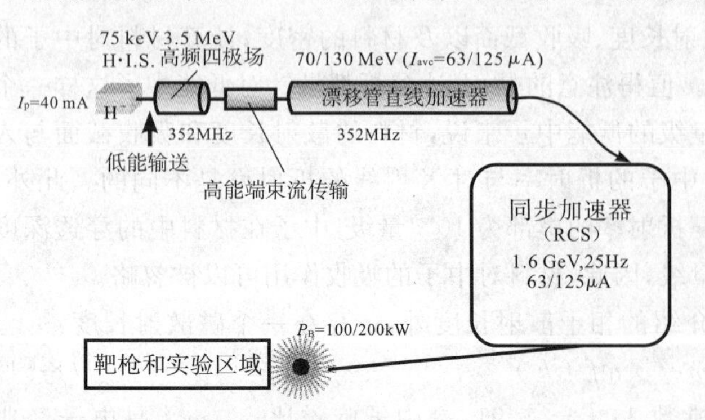

图8-66 散裂中子源原理示意图

引自严启伟的讲稿

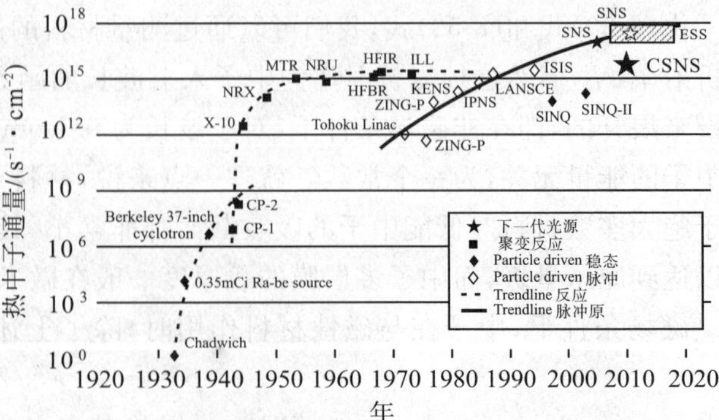

图8-67 3种中子源的热中子通量发展路线图

中子光学实验需要将入射中子单色化。对于反应堆中子源，产生的中子束具有连续通量，且总是有一定的带宽。经过准直的中子束，可用于中子光学实验，但还需对中子束做单色化处理。常用的中子单色器包括金属单晶、热解石墨马赛克晶体以及多层膜单色器。其中，多层膜单色器具有最高的中心反射率，金属单晶具有最高的光谱分辨率，而石墨马赛克晶体单色器则具有最大的中子通量。总的说来，中子束的单色性越好，其中子的损失越大。因此，一般的反应堆中子源都采用石墨单色器。但是对于散裂中子源，由于其具有脉冲式的中子输出束流，因此可以不使用任何单色装置，而采用“飞行时间法”来实现中子光学实验。所谓“飞行时间法”就是针对被衍射或被散射的中子，通过测量一个脉冲间隔时间段内不同时刻到达探测器的中子强度分布，来确定衍射或散射中子的光谱分布。这种方法在实验光路上相对简单，且中子强度的损失较小，但是其光谱测量范围受脉冲间隔时间的限制，且造价比较昂贵，因而难以在反应堆中子源上得到应用。

（二）中子小角散射

中子小角散射实验主要研究材料对中子的折射产生的光学现象。某些情况下，采用几何光学或光线光学原理就可以预示散射现象，但是当被研究的粒子尺寸与中子波长可比时，就必须考虑中子的衍射效应，即采用物理光学或波动光学的方法来分析问题。中子小角散射主要用于某些材料的截面测量，它是中子光学研究中一种非常有启发性的实验方法，这种实验手段不仅可以获得直观的实验结果，同时它也能够促进其他实验方法的产生和进步。1949 年，Hughes[217]等人首次采用了中子小角散射的方法来研究中子与铁材料的相互作用，并发现了铁磁性材料在磁化条件下对中子的双折射现象，即所谓的中子磁散射[218]。基于这一发现，人们开发出了高极化率中子束线等有价值的实验方法。中子小角散射还可以应用于非磁性材料粉末的研究[219]。1951 年，Weiss[220]利用中子小角散射的方法，研究粉末材料的散射信息与中子波长、粒子尺度以及样品厚度的关系。Weiss 还利用中子小角散射技术来确定原子核常数。与 X 射线小角散射技术相似，尽管被不同粒子散射的中子之间的相干特性使得小角散射测量数据的理论模拟变得非常复杂，但是许多 X 射线小角散射理论和研究成果依然可以被拓展到中子小角散射的实验研究中[221-223]。

（三）中子衍射技术

根据中子源性质的不同，中子衍射技术一般可以分为两种。第一种衍射技术与 X 射线衍射方法类似，首先对中子束进行准直和单色化，利用准直的单色中子束照射被测样品，通过探测器扫描，获得被测样品中不同晶粒的各个可能的结晶取向，这种方法一般应用于反应堆中子源的中子衍射束线[224]。第二种中子衍射技术主要被应用于散裂中子源和具有脉冲化装置的反应堆中子源，它使用具有连续波长的中子脉冲照射被测样品，在距离样品一定位置处安置一个巨大的以被测样品为圆心的圆弧状探测器进行探测。这种中子衍射测量方法，不仅可以测量某一波长的中子被样品衍射的信息，实现在脉冲间隔时间内的多次信息采集，还可以获得被测样品对不同波长中子衍射的信息，能够极大地丰富中子衍射实验的数据量，提高入射中子的利用率和中子衍射实验的测量精度[225]。

三、中子光学元件

（一）中子磁光学元件

中子具有磁矩，且只有 1/2 自旋态，在磁场中，中子可以被极化为两种自旋态。利用附加磁场，基于中子的拉莫尔旋进效应可以改变中子的自旋方向，构成极化中子光学系统中重要的辅助光学元件——自旋回转器（spin rotator）。最常用的自旋回转器为自旋翻转器（spin flipper），这是一种典型的中子磁光学元件。中子自旋翻转器是利用电磁线圈，在由中子传播方向和自旋方向所构成平面的法线方向增加一个具有特殊强度的翻转磁场 $B_{翻转}$ 来实现中子自旋翻转的装置，如图 8-68 所示。当翻转的磁场强度满足 $\varphi=-\gamma_l B_{翻转} s/v=\pi$ 时，通过自旋翻转器的极化中子自旋方向正好翻转，实现两种自旋态的对调。其中，s 为翻转磁场长度，v 为中子的速率，$\gamma_l=2\pi\times 2\,916$(rad/Gs)为回磁比（gyromagnetic ratio）。目前，自旋翻转器已经被广泛应用于极化中子束线，如中子自旋分光谱仪等。

由于中子具有磁矩，利用中子与外加磁场的相互作用，结合X射线复合折射透镜的原理与应用，可以开发出针对中子束的复合折射透镜——中子磁透镜。中子磁透镜是一种极化中子聚焦光学元件，与传统的反射式中子聚焦系统相比，这种折射式的中子光学元件由于聚焦能力强且传输损耗小，因而是一种集中子极化、聚焦和高通过率为一体的新型中子光学元件。图8-69给出了日本科学家制作的中子磁透镜的照片和原理示意图。从图中可以看到，中子磁透镜通过6个柱状磁极实现中子极化，并对上旋中子进行聚焦偏转。与前面介绍的X射线复合折射透镜的原理相近，通过多个磁透镜的复合，可以实现对上旋中子的聚焦。由于在聚焦光学系统中，上旋中子一直在真空中传输，所以几乎没有中子的损耗。当然，这种设计只能针对某一波长的中子，而对于波长偏离设计值的中子，其通过率随波长偏移量的增加而减小。从这个角度上讲，中子磁透镜还不能实现中子的单色作用。而对于下旋中子，尽管磁透镜没有聚焦作用，但是其两端的孔状光阑可以起到中子束准直的作用，从而有效地降低中子散射实验中的噪声信号，提高成像分辨率。中子复合折射光学与反射光学、磁光学的集成，可促进中子散射实验的设计与优化。

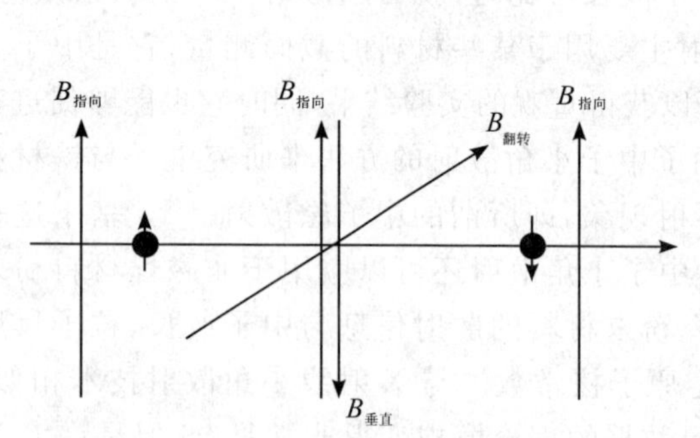

图8-68　中子自旋翻转器的原理示意图

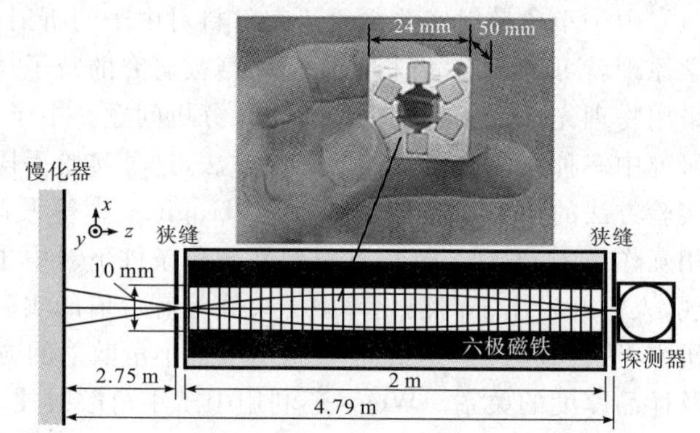

图8-69　中子磁透镜实物与其聚焦光路的原理图[226]

（二）中子多层膜光学元件

中子具有波粒二相性，当低能中子入射到两种材料的界面时，由于材料折射率的不同，部分中子在界面处被反射。与X射线一样，这种低能反射效应同样遵循菲涅耳反射定律。被多个界面反射的中子束相干叠加，构成了多层膜对中子的反射效应。可以采用光学薄膜的理论来表征多层膜结构对中子的反射和透射效应。基于这个原理出发所研制的中子光学元件称为中子多层膜光学元件。和前面介绍的X射线多层膜光学元件类似，从多层膜结构上分，中子多层膜光学元件可以分为以下两种结构：①周期多层膜结构的中子光学元件，即中子单色器；②非周期多层膜中子光学元件，即中子超反射镜。由于中子多层膜光学元件与X射线多层膜元件的理论基础一致，制备和检测方法也相近，因此在本节不作深入的讨论，只是将中子多层膜光学元件的发展和现状作一个简单的介绍。

1976年，Lynn[227]等人首先提出用周期多层膜代替天然晶体作为极化中子单色元件。这种极化中子单色器在对波长分辨率要求不高的条件下，可以为极化中子检测技术提供强度很高的入射中子。1977年，Saxina和Schoenborn[228]完成了中子多层膜镜反射率测量数据的理论分析。1976年，Mezei[229]提出了一种周期单调变化的非周期多层膜结构，这种结构可以拓展中子反射镜的反射临界角 θ_c，从而提高中子的传输效率，这种非周期反射镜被称为超反射镜。中子超反射镜的评价标准为反射临界角与块体镍的全反射临界角的比值 m。由于超反射镜的反射临界角为常用的镍反射镜的 m 倍，镀制了超反射镜的中子导管可以将中子传输效率提高 m^2 倍，因此，中子超反射镜对中子检测技术的发展具有重大的技术意义和应用价值。自从中子超反射镜提出之日起，就得到了几乎所有中子多层膜元件研究机构的重视。但是直到1983年，加拿大科学家Sears[230]从运动学和动力学的角度出发，完整地诠释了中子多层膜的工作原理，并讨论了膜层的厚度误差、高级次中子以及界面粗糙度对多层膜反射率的影响。至此，中子多层膜光学元件的理论基础才基本建立起来。

目前，中子多层膜光学元件已经在世界范围内被广泛应用于各种中子束线上。随着中子多层膜光学元件性能的不断提高，各种新型元件的不断涌现，促进了中子散射、衍射测量方法和设备的研究和发展。由于多层膜属于人造晶体，其晶格常数可以人为控制，更适于实现超冷中子和极冷中子的单色化。1998 年，一种使用双多层膜的中子单色器在中子反射率计上得到应用[231]，这种单色器通过调整两块相对且互相平行的多层膜反射镜的角度和位置，可以在不改变中子束线方向的情况下，同时获得单色性更好的中子束，从而提高中子检测设备的光谱分辨率和信噪比。2000 年，日本东京大学的 Kamabata 用多层膜单色器代替多普勒相移片构成多级极冷中子（UCN）涡轮减速装置，在保证慢化效率的前提下，提高了中子利用率[232]。2002 年，Tasaki[233] 等人研制了一种基于周期多层膜的中子自旋回声分束镜（multilayer spin splitter，MSS），并用这种元件代替拉莫尔进动磁元件，开发了一种新型的中子自旋回声光谱仪，并将其应用于中子准弹性散射实验中，取得了很好的实验结果，同时，也极大地降低了谱仪的尺寸，促进了中子光学元件的集成化。中子超反射镜更是由于其在中子导管上的应用，而成为目前中子光学元件研究的一个重点和热点。2002 年，世界上第一条长距离弹道冷中子超反射镜导管在法国 ILL 建立起来[234]，这条导管长度为 78 m，最大横截面为 60 mm×200 mm，导管内壁涂层采用了 $m=2$ 的 Ni/Ti 超反射镜，在反射临界角处的反射率接近 90%。这种导管分 3 个部分：第一部分导管的横截面积线性增加，从而减小导管中传输中子束的角发散度；第二部分为直导管，由于在这部分导管中传输的中子束的角发散度较小，所以中子在导管内壁的反射次数减少，从而使得在长距离的传输过程中，中子的传输能量损失得以有效地减小；第三部分导管的横截面积线性减小到入射导管口的尺寸。在这种弹道冷中子超反射镜导管终端的中子强度可以达到 $1.6\times10^{10}/(s\cdot cm^2)$。2004 年，日本 JRR-3 反应堆中子源的科学家升级改造了原有的热中子导管[235]，新的导管采用基于 $m=2$ 的 Ni/Ti超反射镜。在没有对中子源和谱仪做任何升级改造的同时，仅仅通过更换导管，出射中子的截止波长从原来的 0.2 nm 拓展到 0.13 nm，中子输出强度提高为原来的 4.32 倍，这一结果充分体现了中子超反射镜在中子导管中应用的优越性。

由于与 X 射线光学元件相似，中子光学可以看作是 X 射线光学的拓展学科，两者在理论和实验方法上有不少相近之处，尤其是对中子多层膜光学元件而言，其理论和实验方法与 X 射线多层膜几乎完全一致。但是，中子从产生的机制到与物质相互作用的物理机理方面都与 X 射线有所不同，而且由于中子具有磁矩等特殊性质，从而使得中子光学在材料结构研究方面具有许多独特的方法和优势。开展中子光学研究既要抓住其与 X 射线光学的相似性，也要牢记两者的差别，从而真正认识中子光学中某些特殊现象的物理本质。

参考文献

[1]Spiller E. Soft X-Ray Optics [M]. SPIE Optical Engineering Press, 1994

[2]Hence B L, Lee P, Tanaka T J et al. The atomic scattering factor, for 94 elements and for the 100 to 200 eV photon energy region [J]. AIP Proc. 75 Atom. Data Nucl. Tables, 1982, 27: 1

[3]Hence B L, Gullikson E M, Davis J C. X-ray interactions photoabsorption, scattering, transmission, and reflection at $E=50\sim30\,000$eV, $Z=1\sim92$ [J]. Atom. Data Nucl. Tables, 1993, 54: 181

[4]Parratt L G. Surface studies of solids by total reflection of X-rays [J]. Phys. Rev., 1954, 95: 359

[5]Bilderback D H. Reflectance of X-Ray mirrors from 3.8 to 50 keV (3.3 to 0.25A) [J]. Proc. SPIE, 1981, 315: 90

[6]Kirkpatrick P, Baez A V. Formation of optical images by X-rays [J]. J. Opt. Soc. Am., 1948, 38: 766

[7]穆宝忠，伊圣振，黄圣铃，等. ICF 用 Kirkpatrick-Baez 型显微镜光学设计 [J]. 强激光与粒子束，2008，20：409

[8]Marshall F J, Bennett G R. A high-energy X-ray microscope for inertial confinement fusion [J]. Rev. Sci. Instrum., 1999, 70: 617

[9]Gotchev O V, Jaanimagi P A, Knauer J P, et al. High-throughput high-resolution Kirkpatrick-Baez microscope for advanced streaked imaging of ICF experiments on OMEGA [J]. Rev. Sci. Instrum., 2003, 74: 2178

[10]National Laser Users' Facility Users' Guide[OL]. www.lle.rochester.edu/pub/documents/ext/nluf_users_guide.pdf

[11]Ice G E, Hubbard C R, Larson B C, et al. Kirkpatrick-Baez microfocusing optics for thermal neutrons [J]. Nucl. Instrum. Meth. Phys. Res., 2005, 539: 312

[12]Paul G. Deployable ultrahigh-throughput X-ray telescope: concept [J]. SPIE, 1998, 3444: 382

[13]Koch J A, Landen O L. High-energy X-ray microscopy techniques for laser-fusion plasma research at the national ignition facility [J]. Appl. Opt., 1998, 37: 1784

[14]Bennett G R. Advanced laser-backlit grazing-incidence X-ray imaging systems for inertial confinement fusion research. I. Design [J]. Appl. Opt., 2001, 40: 4570

[15]Bennett G R. Advanced laser-backlit grazing-incidence X-ray imaging systems for inertial confinement fusion research. II. Tolerance analysis [J]. Appl. Opt., 2001, 40: 4588

[16]Kodama R, Ikeda N, Kato Y. Development of a Kirkpatrick-Baez microscope with a large visual field [J]. SPIE, 1995, 2523: 165

[17]Wolter H. Ann. Phys, 1952, 10: 94

[18]Bass M. Handbook of Optics Volume III Classical Optics, Vision Optics, X-ray Optics[M]. 2nd ed. New York: McGraw-Hill, 2001

[19]Speybroeck L P Van, Chase R C. Design parameters of paraboloid-hyperboloid telescopes for X-ray astronomy [J]. Appl. Opt., 1972, 11: 440

[20]Chandra X-ray Observatory Guide, 2000[OL]. http://chandra.harvard.edu

[21]Ellis R J, Trebes J E. Four-frame gated Wolter X-ray microscope [J]. Rev. Sci. Instrum., 1990, 61: 2759

[22]Aschenbach B. X-ray Telescope [J]. Rep. Prog. Phys., 1985, 48: 579

[23]Beckmann P, Spizzichino A. The Scattering of Electromagnetic Waves from Rough Surfaces [M]. Oxford: Pergamon Press, 1963

[24]Church E L. Role of surface topography in X-Ray scattering [J]. Proc. SPIE, 1979, 184: 196

[25]O'Dell S L, Elsner R F, Kolodziejeczak J J, et al. X-ray evidence for particulate contamination on the AXAF VETA-1 mirrors [J]. Proc. SPIE, 1993, 1742: 171

[26]Joensen K D, Gorenstein P, Citterio O, et al. Hard X-ray wolter-I telescope using broad-band multilayer coatings on replica substrates: problems and solutions [J]. Proc. SPIE, 1995, 2515: 146

[27]Soong Y, Jalota L, Serlemitsos P J. Conical thin foil X-ray fabrication via surface replication [J]. Proc. SPIE, 1995, 2515: 64

[28]Citterio O, Cerutti P, mazzoleni F, et al. Multilayer optics for hard X-ray astronomy by means of replication techniques [J]. Proc. SPIE, 1999, 3766: 310

[29]Shibata R, Ogasaka Y, Tamura K, et al. Development of hard X-ray telescope for infocμs balloon experiment [J]. Proc. SPIE, 2005, 5900: 5900Q-1

[30]Dumond J, Youtz J P. An X-ray method for determining rate of diffusion in solid state [J]. J. Appl. Phys., 1940, 11 (5): 357-365

[31]Dinklage J, Frenichs R. X-ray diffraction and diffusion in metal filming layered structures [J]. J. Appl. Phys., 1963, 34 (9): 2633-2635

[32]Dinklage J. X-ray diffraction by multilayered thin film structures and their diffusion [J]. J. Appl. Phys., 1967, 38(9): 3781-3785

[33]Spiller E. Low-loss Reflection Coatings Using Absorbing Materials. Appl. Phys. Lett., 1972, 20(9): 365-369

[34]Spiller E. In Proceedings of 9th International Congress of the International Commission for Optics [M]. Washington, D. C.: National Academy of Sciences, 1974

[35]Spiller E. Reflective multilayer coatings for the far UV region [J]. Appl. Opt., 1976, 15(10): 2333-2338

[36]Vinogrodov A. V, et al. X-ray and far UV multilayer mirrors: principles and possibilities [J]. Appl. Opt., 1977, 16 (1): 89-93

[37]Haelbich R. P., Kunz C. Multilayer interference mirrors for the XUV range around 100eV photon energy [J]. Opt. Comm., 1976, 17(3): 287-292

[38]Barbee T W Jr, Kieth D L. Synthetic structures layered on the atomic scale // Winick H, Brown G. eds. workshop on X-ray instrumentation for synchrotron radiation research[R]. Stanford SSRL Report 7804, 1978

[39]Barbee T W Jr. Sputtered layered synthetic microstructure (LSM) dispersion elements // Henke B L. eds. low-Energy X-Ray Diagnostics [J]. Proc. AIP. Atwood D. T., 1981, 75: 124-131

[40]Spiller E. Evaporated multilayer dispersion elements for soft X-rays [J]. Proc. AIP., 1981, 75: 131-136

[41]Underwood J H, Barbee T W, Jr. Soft X-ray imaging with a normal incidence mirror [J]. Nature, 1981, 194(2): 429-433

[42]Zachariasen W H. Theory of X-Ray Diffraction in Crystal [M]. New York: Wiley, 1945: 111-140

[43]Tang J F, Zheng Q. Applied Thin Film Optics [M]. Shanghai: Shanghai Science and Technology Press, 1984

[44]Stearns D G. The scattering of X-rays from nonideal multiplayer structures [J]. J. Appl. Phys., 1989, 65 (2): 491-506

[45]Stearns D G. X-ray scattering from interfacial roughness in multilayer structures [J]. J. Appl. Phys., 1992, 71 (9): 4286-4296

[46]Stearns D G, Gaines D P, Sweeney D W, et al. Nonspecular X-ray scattering in a multilayer-coated imaging system [J]. J. Appl. Phys., 1998, 84 (2): 1003-1028

[47]Splller Eberhard. Soft X-ray optics [J]. SPIE, The International Society for optical Engineering: 145-156

[48]Morawe Christian, PeffenJean-Christophe, Ziegler Eric, Freund Andreas K. High resolution multilayer X-ray optics [J]. SPIE, 2001,4145:61-71

[49]Uderwood J H, Barbee T W. Layered synthetic microstructures as Bragg diffractors for X-rays and extreme ultraviolet: theory and predicted performance [J]. Appl Opt, 1981, 20:3027-3034

[50]Spiller E. Space Optics [M]. Proc. ICO-IX Santa Monica, 1972, 581 // National Academy of Science, Washington D. C., Thompson B J, Shannon R R eds., 1974

[51]Yamamoto M, Namioka T. Layer-by-layer design method for soft-X-ray multilayers [J]. Appl. Opt., 1992, 31(10): 1622-1626

[52]Kozhevnikov I V, Bukreeva I N, Ziegler E. Theoretical study of multilayer X-ray mirrors with a wide spectral band of reflection [J]. SPIE, 1998, 3448: 322-331

[53]Yamashita K, Kunieda H, Tamura Y, et al. New design concept of multilayer supermirrors for optics [J]. SPIE, 1999, 3766: 327-335

[54]Yamashita K, Serlemitsos P I, Jueller J, et al. Supermirror hard X-ray telescope [J]. Applied Optics, 1998, 37: 8067-8073

[55]Joensen K D, Chrstensen F E, Schnopper H W, et al. Medium-sized grazing incidence high-energy X-ray telescopes employing continuously graded multilayers [J]. SPIE, 1992, 1736: 239-241

[56]Mao P H, Harrison F E. Windt D L, et al. Optimization of graded multilayer designs for astronomical X-ray telescopes [J]. Appl Opt, 1999, 38: 4766-4775

[57]Wang Z S,Cao J L, Michette A G. Depth-graded multilayer X-ray optics with broad angular response [J]. Optics communications, 2000, 177: 25-32

[58]Kozhevnikov I V, Bukreeva I N, Ziegler E. Design of X-ray supermirrors [J]. Nucl Instrum Methods in Physics Research A, 2001, 460: 424-443

[59]王占山，王风丽，张众，等. X射线超反射镜设计、制作与表征 [J]. Science In China Ser. G Physics, Mechanics & Astronomy. 中国科学:G辑 物理学 力学 天文学. 2005, 35(5): 499-512

[60]Williams P A, Rosc A H, Wang C M. Rotating polarizer polarimeter for accurate retardance measurement [J]. Appl. Opt. 1997, 36:6466-6472

[61]Horton V G, Arakawa E T, Hamm R N, et al. A triple reflection polarizer for use in the vacuum ultraviolet [J]. APPLIED OPTICS, 1969 8(3): 667-670

[62]Golovchenko J A, Kincaid B M, Levesque R A, Meixner A E, Kaplan D R. Polarization Pendellosung and the generation of circularly polarized X-rays with a quarter-wave plate [J]. Phys. Rev. Lett, 1986, 57(2):202-205

[63]Lang J C, and Srajer G. Bragg transmission phase plates for the production of circularly polarized X-rays [J]. Rev. Sci. Instrum, 1995, 66(2):1540-1542

[64]Yanagihara M, Maehara T, Nomura H, et al. Performance of a wideband multilayer polarizer for soft X-rays [J]. Rev. Sci. Instrum., 1992, 63 (1):1516-1518

[65]Kortright J B, Rice M, Franck K D. Tunable multilayer EUV/soft X-ray polarimeter [J]. Rev. Sci. Instrum, 1995, 66 (2): 1567-1569

[66]Wang Zhanshan, Wang Hongchang, Zhu Jingtao, et al. Mo/Y broadband multilayer analyzer in the extreme-ultraviolet region [J]. Applied Physics Letter, 2006, 89(24): 241120-1-241120-3

[67]Wang Zhanshan, Wang Hongchang, Zhu Jingtao, et al. Broadband multilayer polarizers for soft X-ray [J]. J. Appl. Phys., 2006, 99: 056108-1-056108-3

[68]Zhang Zhong, Wang Zhanshan, Wang Hongchang, et al. Multilayer beam splitter used in a soft X-ray Mach-Zehnder interferometerr at working wavelength of 13.9nm [J]. High Power Laser and Particlebeams, 2006, 18 (5): 773-778

[69]Drescher M, Hentschel M, Kienberger R, Uiberacker M, Yakovlev V, Scrinzi A, Westerwalbesloh Th, Kleineberg U, Heinzmann U, Krausz F. Nature, 2002, 419:803

[70]Hentschel M, Kienberger R, Spielmann Ch, Reider G A, Milosevic N, Brabec T, Corkum P, Heinzmann U, Drescher M, Krausz F. Nature, 2001, 414: 509

[71]Kazamias S, Balcou Ph. Phys. Rev. A, 2004, 69(6): 063416

[72]Morlens A S, Balcou Ph, Zeitoun Ph, Valentin C, Laude V, Kazamias S. Opt. Lett., 2005, 30 (12): 1554

[73]Wonisch A, Neuhäusler U, Kabachnik N M, Uphues T, Uiberacker M, Yakovlev V, Krausz F, Drescher M, Kleineberg U, Heinzmann U. Appl. Opt., 2006, 45, (17): 4147

[74]Zhu Jingtao, Wang Xiaoqiang, Xu Jing, et al. Development of EUV multilayer mirrors for astronomical observation in IPOE [J]. Proc. of SPIE, 2008(7077): 70771V-1-70771V-6

[75]王占山，马月英. 极紫外多层膜制备工艺研究 [J]. 光学技术，2001，(6)：532-534

[76]唐晋发，顾培夫，刘旭，李海峰. 现代光学薄膜技术 [M]. 杭州：浙江大学出版社，2006

[77]Barbee T. W. Multilayer for soft X-ray optics. Opt. Eng., 1986, 25: 893-915

[78]BajtSasa, Alameda Jennifer B, Barbee Jr Troy W, et al. Improved reflectance and stability of Mo-Si multilayers [J]. Opt. Eng., 2002, 41(8):1797

[79]Spiller E. Experience with the in situ monitor system for the fabrication of X-ray mirrors. Proc. SPIE, 1985, 563: 367-375

[80]Chauvinear J P. Soft X-ray reflectometry applied to the evaluation of surface roughness variation during the deposition of thin films [J]. Rev. Phys. Appl., 1988, 23: 1645-1652

[81]Gapanov S V, Garin F V, Gusev S A, Kochemasov A V, Platonov Y Y, Salashenko N N, Gluskin E S. Multilayer mirrors for soft X-ray and VUV radiation [J]. Nucl. Instrum. and Meth., 1983, 208:227-231

[82]Spiller E. Enhancement of the reflectivity of Multilayer X-ray mirrors by ion polishing [J]. Opt. Eng., 1990, 29:609-613

[83]Kloodt A, Stock H J, Kleneberg V, Dohring T, Propper M, Schmiedeskamp B, Heinzmann U. Smoothing of interfaces in ultrathin Mo/Si multilayers by ion bombardment [J]. Thin solid Films, 1993, 228:154-157

[84]Sudoh M, Yokyama R, Sumiya M, Yanamoto M, Yanagihara M, Namioka T. Soft X- ray multilayers fabricated by electron-beam deposition [J]. Opt. Eng., 1991, 30: 1061-1066

[85]Louis E, Voorma H J, Koster N B, Shmaenok L, Schlatmann R, Verhoeven J, Platonov Y Y, Van Dorssen G E, Padmore H A. Enhancement of reflectivity of multilayer mirrors for soft X-ray projection lithography by temperature optimization and ion bombardment [J]. Proc. Microcircuit Eng, 1994, 23: 215-218

[86]Bajt S, Chapman H N, Nguyen N, et al. Design and performance of capping layers for EUV multilayer mirrors [J]. SPIE, 2003, 5037: 236-248

[87]Maury H, Jonnard P, Andre J.-M, Gautier J, Bridou F, Delmotte F, Ravet M.-F. Interface characteristics of Mo/Si and B4C/Mo/Si multilayers using non-destructive X-ray techniques [J]. Surface Science, 2007, 601: 2315-2322

[88]Iieana Nedelcu, Robbert W E, van de Kruijs, Andrey E. Yakshin, Fred Bijkerk. Microstructure of Mo/Si multilayers with B4C diffusion barrier layers [J]. APPLIED OPTICS, 2009, 48(2): 155-160

[89]Krumrey M, Kühne M, Müller P, Scholze F. Precision soft X-ray reflectometry of curved multilayer optics [J]. Proc. SPIE., 1991, 1547:136-143

[90]Watts R N, Ederer D L, Deslattes R D, Lucatorto T B, Estler W E, Evans C J, Vorburger T V. Upgraded facility for multilayer mirror characterization at NIST [J]. Proc. SPIE, 1991, 1547:159 -166

[91]Gullikson E M, Underwood J H, Batson P C, Nikitin V. A soft X-ray/EUV reflectometer based on a laser produced plasma [J]. J. X-ray Sci. Technol. 1989, 3:283-299

[92]Trail J A, Byer R L. Compact scanning soft X-ray microscope using a laser-produced plasma source and normal-incidence multilayer mirrors [J]. Optics Letters,1989, 14:539-541

[93]麦振洪. 薄膜结构 X 射线表征 [M]. 北京：科学出版社,2007

[94]Barbee T W. Multilayer for X-ray optics [J]. Proc. SPIE, 1985, 563:. 2-28

[95]Vidal B, Vincent P. Metallic multilayers for x rays using classical thin-film theory [J]. Appl. Opt. ,1984, 23:1794

[96]Cromer D T, Liberman D. J. Chem. Phys,1970, 53:1891

[97]Modi M H, Lodha G S. Determination of layer structure in Mo/Si multilayers using soft X-ray reflectivity [J]. Physica B, 2003, 325: 272-280

[98]Bajt Sasa, Stearns Daniel G, Kearney Patrick A. Investigation of the amorphous -to- crystalline transition in Mo/Si multilayers [J]. J. Appl. Phys. , 2001, 90: 1017

[99]Slaughter J M, Kearney Patrick A, Schulze Dean W, Falco Charles M. Interfaces in Mo/Si Multilayers [J]. SPIE,1990, 1343:73-82

[100]Slaughter J M, Schulze D W, Hills C R, Mirone A, Stalio R, Watts R N, Tarrio C, Lucatorto T B, Krumrey M, Mueller P, Falco C M. Structure and performance of Si/Mo multilayer mirrors for the extreme ultraviolet [J]. J. Appl Phys, 1994,76(4): 2144-56

[101]周玉. 材料分析方法 [M]. 北京：机械工业出版社, 2000

[102]Maury H, Jonnard P, Andre J. M, et al. Non-destructive X-ray study of the interphases in Mo/Si and Mo/B4C/Si/B4C multilayers [J]. Thin Solid Films, 2006, 514(1-2): 278-286

[103]Spiller E, Enhancement of the reflectivity of multilayer X-ray mirrors by ion polishing [J]. Opt. Eng. , 1990, 29:609-613

[104]Nguyen K B, Nguyen T D. Defect coverage profile and propagation of roughness of sputter deposited Mo/Si multilayer coating for extreme ultraviolet projection lithography [J]. J. Vac. Sci. Technol. B,1993, 11:2964-2970

[105]Aschenbach Bernd. Design construction, and performance of the ROSAT high-resolution X-ray mirror assembly [J]. Applied Optics, 1988, 27(8):1404-1413

[106]Schmidt M, Dinger U, Petasch T, Trebstein F. Wolter-Schwarzschild solar telescope CDS. Flight model: manufacturing and assembly [J]. SPIE ,1994, 2210: 383-394

[107]Wuhrer C, Birkl R, Dezoeten P, et al. Wide angle straylight measurements of the XMM (X-ray multi-mirror mission) telescopes [J]. SPIE,1999,3737:409-417

[108]Wu Banqiu, Ajay Kumar. Extreme ultraviolet lithography: A review [J]. J. Vac. Sci. Technol. B,25(6): 1743-1761

[109]Kuerz P, Boehm T, Mann H J, Muellender S. Presentation on SEMATECH Fifth EUVL Symposium, 2006[OL]. http://www.sematech.org/meetings/archives/litho/euvl/7870/index.htm

[110]Kinoshita H, Kurihara K, Ishii Y, Torii Y. Soft X-ray reduction lithography using multilayer mirrors [J]. J. Vac. Sci. Technol. B,1989, 7: 1648-1651

[111]Nguyen K B, Cardinale G F, Tichner D A , et al. Fabrication of Metal oxiden semiconductor Devices with Extreme Ultraviolet lithography [J]. J Vac Sci Technol, 1996, B14 (6): 4188-4192

[112]Hawryluk A M, Ceglio N M. In OSA Proceedings on Extreme Ultraviolet Lithography [J] // Monterey, CA. Frits Zernike, David T. Atwood ,Optical Society of America, Washington, DC, 1995, 23: 13

[113]Kubiak G D, Kren, K D. Berger K W, Trucano T G, Fisher P W, Gouge M J. In OSA Proceedings on Extreme Ultraviolet Lithography [J] // Monterey, CA. Frits Zernike, David T. Atwood ,Optical Society of America, Washington, DC, 1995,23: 248

[114]Nguyen T D, Khan-Malek C, Underwood J H. In OSA Proceedings on Extreme Ultraviolet Lithography [J] // Monterey, CA, Frits Zernike, David T. Atwood, Optical Society of America, Washington, DC, 1995, 23: 56

[115]Windt D L, Waskiewicz W K. In OSA Proceedings on Extreme Ultraviolet Lithography [J] // Monterey, CA. Frits Zernike, David T. Atwood,Optical Society of America, Washington, DC, 1995, 23:47

[116]Jin F, Richardson M. In OSA Proceedings on Extreme Ultraviolet Lithography [J] // Monterey, CA, Frits Zernike, David T. Atwood ,Optical Society of America, Washington, DC, 1995, 23:260

[117]Nguyen K B, Kania D. 1996 OSA TOPS on Extreme Ultraviolet Lithography [J]. Optical Society of America ,1996, 4

[118]Chapman H N, Ray-Chaudhuri A K, Tichenor D A, Replogle W C. First lithographic results from the extreme ultravio-

let Engineering Test Stand [J]. J. Vac. Sci. Technol. B,2001, 19:2389

[119]Silverman P. Insertion of EUVL into high-volume manufacturing [J]. Proc. SPIE, 2001,4343:12

[120]Tichenor D, Ray-Chaudhuri A K, Replogle W C, Stulen R H. System integration andperformance of the EUV engineering test stand [J]. Proc. SPIE ,2001,4343:19

[121]Tichenor D A, Ray-Chaudhuri A K, Lee S H, Chapman H N. Initial results from the EUV engineering test stand Proc [J]. SPIE,2001, 4506: 9

[122]Michette A G. Optical system for soft X-rays [M]. London: Plenum, 1986

[123]Michette A G. X-ray Science and Technology [M]. Bristol: Institute of Physics, 1993

[124]Spiller E. Soft X-ray Optics [M]. Bellingham, WA: SPIE, 1994

[125]Schmahl G Rudolph D. X-ray Microscopy [M]. Berlin: Springer-Verlag, 1984

[126]Sayre S, Howells M, Kirz J, Rarback H,. Editors X-ray Microscopy II [M]. Berlin: Springer-Verlag, 1988

[127]Michette A G, Morrison G R, Buckley C J. X-ray Microscopy III [M]. Berlin: Springer-Verlag, 1992

[128]Aristov V V, Erko A I. X-ray Microscopy IV [M]. Chernogolovka, Russia: Bogorodskii Press, 1994

[129]Thieme J, Schmahl G, Rudolph D, Umbach E. X-ray Microscopy and Spectromicroscopy [M]. Heidelberg: Springer-Verlag, 1998

[130]Sixth International Conference on X-ray Microscopy, 2-6 Aug. 1999 , Berkeley, CA, USA, AIP Conference Proceedings, 2000, 507

[131]X-ray Microscopy 2002[C]. 7th International Conference on X-ray Microscopy, 28 July-2 Aug. 2002 , Grenoble, France, Journal de Physique IV (Proceedings), 2003, 104(3)

[132]Schmahl G, Rudolph D. High power zone plates as image forming systems for soft X-rays, (in German [J]). Optick, 1969, 29: 577

[133]Born M, Wolf E. Principles of Optics [M]. Seventh Edition. New York: Cambridge University Press, 1999

[134]Hecht E. Optics [M]. Third Edition. Reading, MA: Addison-Wesley, 1998

[135]Morrison G R. "Diffractive X-ray Optics" Chapter 8 in X-ray Science and Technology [M]. Bristol: Institute of Physics, 1993

[136]Hettrick G R, Underwood J H, Batson P J, Eckart M J. Resolving power of 35000 (5 mA) in the extreme ultraviolet employing a grazing incidence spectrometer [J]. Applied Optics[C], 1988, 27(2): 200-2

[137]Aristov V V, Snigirev A A, Yu. A. Basov, Yu Nikulin A. X-ray Bragg optics[C]. AIP Conference Proceedings, 1986, 147: 253-9

[138]Yasa M, Li Y, Mammen C B, Als-Nielsen J, Hoszowska J, Mocuta C, Freund A. Double focusing of hard X-rays using combined multilayer and Bragg-Fresnel optics[C]. Applied Physics Letters, 2004, 84(23): 4744-6

[139]Kuznetsov S M, Snigireva I I, Snigirev A A, Engstrom P, Riekel C. Submicrometer fluorescence microprobe based on Bragg-Fresnel optics [J]. Applied Physics Letters, 1994, 65(7): 827-9

[140]David C, Souvorov A. High-efficiency Bragg-Fresnel lenses with 100 nm outermost zone width [J]. Review of Scientific Instruments, 1999, 70(11): 4168-73

[141]Li Y, Wong G C, Case R, Safinya C R, Caine E, Hu E, Fernandez P. Characterizing the hard X-ray diffraction properties of a GaAs linear Bragg-Fresnel lens [J]. Applied Physics Letters, 2000, 77(3): 313-315

[142]Baez A V. Fresnel Zone Plate for Optical Image Formation Using Extreme Ultraviolet and Soft X Radiation [J]. Journal of the Optical Society of America, 1961, 51(4): 405-412

[143]Niemann B, Rudolph D, Schmahl G. Soft X-ray imaging zone plates with large zone numbers for microscopic and spectroscopic applications [J]. Optics Communications, 1974, 12(2): 160-3

[144]付绍军，洪义麟，陶晓明，苏永刚. 软 X 射线聚焦波带片制备工艺的研究 [J]. 光学学报，1995，15(8): 1148-1150

[145]Sayre D. IBM Research Report No RC-3974[R]. NY: Yorktown Heights, 1972

[146]http://www. xradia. com

[147]Aoki S, Kagoshima Y, Suzuki Y. X-ray Microscopy[C]. // : IPAP, Proc. 8th Int. Conf. Tokyo, 2006

[148]Chao W, Anderson E H, Denbeaux G, Harteneck B, Pearson A L, Olynick D, Salmassi F, Song C, Attwood D. Demonstration of 20 nm half-pitch spatial resolution with soft X-ray microscopy [J]. Journal of Vacuum Science & Technolo-

gy B, 2003, 21(6): 3108-3111

[149]陈洁，柳龙华，刘刚，田扬超，X射线成像波带片及制作[J]. 光学精密工程，2007，15(12)：1894-1899

[150]Rudolph D, Niemann B, Schmahl G. Status of the sputtered sliced zone plates for X-ray microscopy [J]. Proc of the SPIE, 1981, 316: 103-105

[151]Kamijo N, Tamura S, Suzuki Y, Kihara H. Fabrication and testing of hard X-ray sputtered-sliced zone plate [J]. Review of Scientific Instruments, 1995, 66(2): 2132-2134

[152]Kang H C, Maser J, Stephenson G B, Liu C, Conley R, Macrander A T, Vogt S. Nanometer linear focusing of hard X-rays by a multilayer Laue lens [J]. Physical Review Letters, 2006, 96(12): 127401/1-4

[153]马礼敦，杨福家. 同步辐射应用概论[M]. 上海：复旦大学出版社，2000

[154]Burge R E, Yuan X C, Knauer J N, Browne M T, Charalambous P. Scanning soft X-ray imaging at 10 nm resolution [J]. Ultramicroscopy, 1997, 69(4): 259-278

[155]Pfeiffer F, Weitkamp T, Bunk O, David C. Phase retrieval and differential phase-contrast imaging with low-brilliance X-ray sources [J]. Nature Physics, 2006, 2(4): 258-261

[156]Wilkins S W, Gureyev T E, Gao D, Pogany A, Stevenson A W. Phase-contrast imaging using polychromatic hard X-rays [J]. Nature, 1996, 384(6607), 335-338

[157]Chapman D, Thomlinson W, Johnston R E, Washburn D, Pisano E, Gmur N, Zhong Z, Menk R, Arfelli F, Sayers D. Diffraction enhanced X-ray imaging [J]. Physics in Medicine and Biology, 1997, 42(11): 2015-2025

[158]Mimura H, Matsuyama S, Yumoto H, et al. Hard X-ray diffraction-limited nanofocusing with Kirkpatrick-Baez mirrors [J]. Jpn. J. Appl. Phys., 2005, 44: L539

[159]Hignette O, Cloetens P, Rostaing G, et al. Efficient sub 100nm focusing of hard X-ray [J]. Rev. Sci. Instrum., 2005, 76: 063709

[160]Bilderback D H, Hoffman S A, Thiel D J. Nanometer sptial resolution achieved in hard X-ray imaging and Laue diffraction experiments [J]. Science, 1994, 263: 201

[161]Feng Y P, Sinha S K, Deckman H W, et al. X-ray flux enhancement in thin film waveguides using resonant beam couplers [J]. Phys. Rev. Lett., 1993, 71: 537

[162]Jarre A, Fuhse C, Ollinger C, et al. Two-dimensional hard X-ray beam compression by combined focusing and waveguide optics [J]. Phys. Rev. Lett., 2005, 94: 074801

[163]Baez A V. Fresnel zone plate for optical imaging formation using extreme ultraviolet and soft X radiation [J]. J Opt Soc Am, 1961, 51: 405

[164]Chao W, Harteneck B, Liddle J A, et al. Soft X-ray microscopy at a spatial resolution better than 15nm [J]. Nature (London, United Kingdom), 2005, 435(7046): 1210-1213

[165]Salbu B, Krekling T, Lind O C, et al. High energy X-ray microanalysis for characterisation of fuel particles [J]. Nucl. Instr. & Meth. A, 2001, 468-469: 1249-1252

[166]David C, Kaulich B, Barrett R, et al. High-resolution lenses for sub-100nm X-ray fluorescence microscopy [J]. Appl. Phys. Lett., 2000, 77: 3851-3853

[167]Snigireva I, Snigirev A. X-ray microanalytical techniques based on synchrotron radiation [J]. J. Environ. Monit., 2006, 8: 33-42

[168]Snigirev A, Kohn V, Snigireva I, et al. A compound refractive lens for focusing high-energy X-rays [J]. Nature (London), 1996, 384: 49

[169]Snigireva I, Grigoriev M, Shabel'nikov L, et al. An X-ray refractive collimator based on planar silicon lens [J]. Proc. of SPIE, 2002, 4783: 19-27

[170]Gary C K, Pikuz S A, Mitchell M D, et al. X-ray imaging of an X-pinch plasma with a bubble compound refracative lens [J]. Rev. Sci. Instrum., 2004, 75(10): 3950-3952

[171]Lengeler B, Schroer C G, Richwin M, et al. A microscope for hard x rays based on parabolic compound refractive lenses [J]. Appl. Phys. Lett., 1999, 74:3924

[172]Piestrup M A, Gary C K, Park H, et al. Microscope using an X-ray tube and a bubble compound refractive lens [J]. Appl. Phys. Lett., 2005, 86: 131104

[173]Schroer C G, Günzler T F, Benner B, et al. Nuclear Instruments and Methods in Physics Research A, 2001, 467-468: 966-969

[174]Castelnau O, Drakopoulos M, Schroer C, et al. Dislocation density analysis in single grains of steel by X-ray scanning microdiffraction [J]. Nucl. Instr. & Meth. in Phys. Res. A, 2001, 467-468: 1245-1248

[175]Simionovici A, Chukalina M, Günzler F, et al. X-ray microtome by fluorescence tomography [J]. Nucl. Instr. & Meth. in Phys. Res. A, 2001, 467-468: 889-892

[176]Schroer C G, Kurapova O, Patommel J, et al. Hard X-ray nanoprobe based on refractive X-ray lenses [J]. Appl. Phys. Lett. 2005, 87: 124103

[177]Dudchik Y I, Kolchevsky N N, Komarov F F, et al. Microspot X-ray focusing using a short focal-length compound refractive lenses [J]. Rev. Sci. Instrum., 2004, 75(11): 4651-4655

[178]Lengeler B, Tummler J, Snigirev A, et al. Transmission and gain of singly and doubly focusing refractive X-ray lenses [J]. J. Appl. Phys., 1998, 84(11): 5855-5861

[179]Lengeler B, Schroer C G, Benner B, et al. Parabolic refractive X-ray lenses: a breakthrough in X-ray optics [J]. Nuclear Instruments and Methods in Physics Research A, 2001, 467-468: 944-950

[180]Aristov V V, Grigoriev M V, Kuznetsov S M. X-ray focusing by planar parabolic refractive lenses made of silicon [J]. Optics Communications, 2000 (177): 33-38

[181]Snigireva I, Snigirev A, Yunkin V. Synchrotron Radiation Instrumentation: Eighth International Coference [C], 2004: 708-711

[182]Grigoriev M, Shabelnikov L, YUnkifl V. Planar parabolic lenses for focusing high energy X-rays [J]. Proc. SPIE, 2001, 4501: 185-192

[183]Nazmov V, Reznikova E, Somogyi A. Planar sets of cross X-ray refractive lenses from SU-8 polymer [J]. Proc. of SPIE 2004, 5539: 235-243

[184]Snigirev A, Yunkin V, Snigireva I, et al. Diamond refractive lens for hard X-ray focusing [J]. Proc. of SPIE, 2002, 4783: 1-9

[185]Snigirev A, Snigireva I, Michiel M, Di, et al. Sub-micron focusing of high energy X-rays with Ni refractive lenses [J]. Proc. of SPIE, 2004, 5539: 244-250

[186]Artemiev A, Snigirev A, Kohn V. X-ray parabolic lenses made from glassy carbon by means of laser [J]. Rev. Sci. Instrum. 2006, 77: 063113

[187]Aristov V, Grigoriev M, Kuznetsov S, et al. X-ray refractive planar lens with minimized absorption [J]. Appl. Phys. Lett., 2000, 77(24): 4058-4060

[188]Jark W, Pérennès F, Matteucci M. Focusing hard X-rays with large kinoform lenses of mm size [J]. Proc. of SPIE, 2004, 5539: 59-72

[189]Jark W, Pérennès F, Matteucci M. Focusing X-rays with simple arrays of prism-like structures [J]. J. Synchrotron Rad., 2004, 11: 248-253

[190]Cederstrm B, Cahn R. N, Danielsson M, et al. Focusing hard X-rays with old LPs [J]. NATURE, 2000, 404: 951

[191]Cederstrm B, Ribbing C, Lundqvist M. Saw-tooth refractive X-ray optics with sub-micron resolution [J]. Proc. of SPIE, 2002, 4783: 37-48

[192]Khounsary A, Shastri D, Mashayekhi A. Fabrication, testing, and performance of a variable-focus X-ray compound lens [J]. Proc. of SPIE, 2002, 4783: 49-54

[193]Dudchik Yu I, Kolchevsky N N. A microcapillary lens for X-rays [J]. Nucl. Instr. and Meth. in Phys. Res. A. 1999, 421: 361-364

[194]Dudchik Yu I, Kolchevsky N N, Komarov F. F. Glass capillary X-ray lens: fabrication technique and ray tracing calculations [J]. Nuclear Instruments and Methods in Physics Research A, 2000, 454: 512-519

[195]Beguiristain H R, Anderson I S, Dewhurst C D, et al. A simple neutron microscope using a compound refractive lens [J]. Appl. Phys. Lett., 2002, 81(22): 4290-4292

[196]Cremer J T, Piestrup M A, Gary C K, et al. Biological imaging with a neutron microscope [J]. Appl. Phys. Lett., 2004, 85(3): 494-496

[197]Ohishi Y, Baron A Q R, Ishii M, et al. Refractive X-ray lens for high pressure experiments at Spring-8 [J]. Nucl. Instr. and Meth. in Phys. Res. A., 2001, 467-468: 962-965

[198]Shastri S D, Mashayekhi A, Cremer J T, et al. X-ray optics for 50～100 keV undulator radiation using crystals and refractive lenses [J]. Proc. of SPIE, 2003, 5195: 63-75

[199]Zhang L, Snigirev A, Snigireva I, et al. Thermo-mechanical analysis and design optimization of front-end compound refractive lens [J]. Proc. of SPIE, 2004, 5539: 48-58

[200]黄承超,徐垚,王占山,等. SU-8 平面抛物形折射透镜的设计与研制 [J]. 红外与激光工程,2007,36(5):671-674

[201]Zachariasen W H Theory of X-ray Diffraction in Crystals [M]. New York: Johu Wiley and Sons, Ins, 1945

[202]Goldberger M L, Seitz F. Phys. Rev. 1947, 71: 294

[203]Halpern O, Hamermesh M and Johnson M H. The Passage of Neutrons Through Crystals and Polycrystals [J]. Phys. Rev., 1941, 59: 981

[204]Heitler W. Elementary Wave Mechanics [M]. Oxford University Press, 1944

[205]Mott N F, Massey H S W. The Theory of Atomic Collisions [M]. 2nd ed. (Oxford, 1949); Schiff L I, Quantum Mechanics (McGraw Hill, 1949)

[206]Lax M. Multiple scattering of waves [J]. Rev. Mod. Phys. 1951, 23: 287, and Foldy L L, Phys. Rev., 1945, 67: 107

[207]Joos G. Theoretical Physics[M](Stechert, 1934), Ch. 25; Slater J C and Frank N H, Electromagnetism (McGraw-Hill, 1947) Ch. 9

[208]Born M. Oplik. Edwards, 1943

[209]Goldberger M L, Seitz F. Theory of the refraction and the diffraction of neutron by Crystals [J]. Phys. Rev., 1947, 71: 294

[210]Halpern O, Johnson M H. On the magnetic scattering of neutrons [J]. Phys. Rev., 1939, 55: 898

[211]Halpern O, Holstein T. On the passage of neutrons through ferromagnets [J]. Phys. Rev., 1941, 59: 960

[212]Lax M, Neutron refraction in ferromagnets [J]. Phys. Rev., 1950, 80: 299

[213]Ekstein H. Magnetic interaction between neutron and electrons [J]. Phys. Rev., 1949, 76: 1328

[214]Halpern O. Remarks on some questions of neutron optics [J]. Phys. Rev., 1952, 88: 1003

[215]Pile D J. Neutron Research [M]. Cambridge. MA: Addison-Wesley, 1953

[216]Halban V, Preiswerk Peter. Cross Section Measurements with Slow Neutrons of Different Velocities [J]. Nature, 1936, 137: 905

[217]Mitchell D P. The Absorption of neutrons detected by Boron and lithium [J]. Phys. Rev., 1936, 49: 453

[218]Hughes D J. Pile Neutron Research [M]. Addison-Wesley, 1953

[219]Hughes D J, Burgy M. T, Heller R. B., et al. Magnetic Refraction of Neutrons at Domain Boundaries [J]. Phys. Rev., 1949, 75: 565

[220]Krueger H H. A., Meneghetti D, Ringo G. R, et al. Small angle scattering of thermal neutrons [J]. Phys. Rev., 1950, 80: 507

[221]Weiss R J. Small angle scattering of neutrons [J]. Phys. Rev., 1951, 83: 379

[222]Vineyard G H. Geometrical optics and the theory of multiple small angle scattering [J]. Phys. Rev., 1952, 85: 633

[223]Gerjuoy E, Halpern O. Small angle diffraction of neutrons and similar wave phenomena [J]. Phys. Rev., 1949, 76: 1117

[224]Hughes D J. Pile Neutron Research [M]. Addison-Wesley, 1953

[225]Fermi E, Marshall L. Interference phenomena of slow neutrons [J]. Phys. Rev., 1947, 71: 666

[226]Shimizu H M, Okua T, Satoa H, et al. A magnetic neutron lens [J]. Phys. B, 2006, 276-278: 63

[227]Hughes D J, Burgy M. T. Reflection of Neutrons from Magnetized Mirrors [J]. Phys. Rev., 1951, 81: 498

[228]Lynn J W, Kjems J K, Passell T, L, et al. Iron-germanium multilayer neutron polarizing monochromators [J]. J. Appl. Cryst., 1976, 9: 454

[229]Saxina A M, Schoenborn B. P. Multilayer neutron monochromators [J]. Acta Cryst. A, 1977, 33: 805

[230]Mezei F. Novel polarized neutron devices: supermirror and spin component amplifier [J]. Comm. Phys., 1976, 1: 81

[231]Sears V F. Theory of multilayer neutron monochromators [J]. Acta Cryst., 1983, A39: 601

[232]Kawabata Y. Stimulations of neutron deceleration in a multistage UCN turbine using a multilayer monochromator [J]. Nucl. Instr. and Meth. Phys. Res. A, 2000, 440: 685

[233]Tasaki S, Ebisawa T, Hino M, et al. Development of new neutron spin echo spectrometer based on neutron spin interferometry [J]. Phys. B, 2002, 311: 102

[234]Hase H, Knopfler A, Fiederer K, et al. A long ballistic supermirror guide for cold neutron at ILL [J]. Nucl. Instr. Meth. Phys. Res. A, 2000, 485: 453

[235]Tamura I, Suzuki M, Hazawa T. Performance of upgraded thermal neutron guides with supermirrors at JRR-3 [J]. Nucl. Instr. Meth. Phys. Res. A, 2004, 529: 234

第九章 辐射度学和光度学

辐射度学是关于光学辐射能量的测量以及确定它如何从辐射源经过媒介传输到探测器的科学和技术[1-2]。光学辐射是以光频电磁波的形式进行能量传播的。电磁波谱中波长从 1 nm～1 mm 区域的电磁辐射称为光学辐射，简称光辐射[3]。一般将该光谱范围进一步划分为紫外、可见、红外波段。可见波段波长约为 380～780 nm，紫外波段约为 1～380 nm，红外波段约为 780 nm～1 mm。电磁波谱的不同部分，其产生和与物质的相互作用往往有明显差异。

光辐射在真空中的传输速度 c_0 为约定常数，不随频率或波长变化，$c_0=299\,792\,458$ m/s[4]。光辐射在介质中的传输速度 c 一般随介质的不同而变化，它与在真空中的传输速度 c_0 和介质的绝对折射率（简称折射率）n 之间的关系为 $n=c_0/c$。

光辐射具有波动性和量子性这两个特性。传统的辐射度学认为辐射的传播服从几何光学定律，在特殊情况下才考虑衍射和干涉等波的效应。辐射度学发展至今，其概念在光的波动性和量子性两个互补的方面都得到体现。

辐射度学涉及的被测对象种类很多。典型的光辐射测量涉及三部分：产生光辐射的辐射源、光辐射在传输过程中遇到的光学介质和将光辐射能转换为可测量物理效应的光辐射探测器。

常见的辐射源有太阳、各种电光源、激光器以及发出热辐射的物体等。辐射源可能是被测对象，也可能只是提供一定波长范围、一定功率或能量水平的辐射源用于测量传输介质或探测器的特性。光辐射传输过程中一定会遇到传输介质，将发生透射、反射和吸收等作用并改变辐射传输的功率或能量的大小和方向。光辐射探测器是光辐射测量系统中最关键的部分，因为不论辐射源还是传输媒介的测量都依赖光辐射探测器。光辐射探测器主要分为热探测器和光电探测器两大类。

辐射度学是从纯物理角度对辐射功率传输的反映，而光度学则是按照对人眼产生的视觉效应来评价光辐射。因此，辐射度学和光度学处理的量值既紧密相关又存在重要区别。本章将采用光度学和辐射度学中通常的做法，在需要区分光度量和辐射度量时，“光”指能够产生视觉效果的可见辐射，即通常所指的约380～780 nm的波长范围的辐射。在不致引起上述混淆的情况下，与光学文献习惯一致，光也用于表示光学辐射光谱范围内任意波长的辐射。

本章内容包括辐射度学、光度学以及光谱光度学。光谱光度学是关于光辐射在传输介质中的透射、反射以及吸收特性测量的学科。本书中相关的还有第七章《太赫兹波和红外光学》、第十章《色度学》、第十二章《光源和同步辐射》、第三十四章《光电探测器和光电探测》和第三十七章《光学测试计量学》等部分。由于本书的性质，只能对辐射度学和光度学进行精炼的介绍，需要了解更多的相关内容可阅读参考文献[5-10]。

第一节 基本概念

光度学的基本单位坎德拉（cd）是国际单位制的 7 个基本单位之一。但是从物理学角度，光度学是辐射度学的一个特殊的分支。另外，在光物理、光化学、光生物等效应中很多情况下量子特性明显，光子数目比光辐射功率更有物理意义。因此本节将从辐射度量、光度量和光子量三个方面介绍基本概念。对相同性质的物理量将采用相同的符号表示，仅以不同的下标来区分。辐射度量的下标为“e”，光度量的下标为“v”，光子量的下标为“p”。在不致引起混淆的情况下也可省略下标。

一、辐射度学基本概念

（一）立体角

辐射度学和光度学中，常要用到立体角。立体角的定义是：一个锥面所围成的空间部分称为立体角。常用Ω表示立体角。有时也用ω表示立体角，而用Ω表示在某方向的投影立体角，$\Omega=\omega\cos\theta$。

立体角的度量方法是：以圆锥的顶点为中心，作半径为r的球面，该球面被立体角所截得的部分的面积为S，用比值S/r^2来度量立体角。立体角的单位是球面度。闭合球面的面积是$4\pi r^2$，所以任何闭合球面的立体角都是4π。半顶角为α的锥面所张的立体角为$\Omega=2\pi(1-\cos\alpha)=4\pi\sin^2(\alpha/2)$。两个半顶角分别为$\alpha_1$和$\alpha_2$的共顶点同轴锥面所围成的立体角为$\Omega=2\pi(\cos\alpha_1-\cos\alpha_2)=4\pi\sin(\alpha_1/2+\alpha_2/2)\sin(\alpha_2/2-\alpha_1/2)$。

（二）辐射量

辐[射][①]通量（辐射功率）P或Φ_e：以光辐射的形式发射、传输或接收的功率，单位为W（瓦）。

辐射能量Q_e：以光辐射的形式发射、传输或接收的能量，单位为J（焦耳）。

$$Q_e=\int_{\Delta t}\Phi_e\,\mathrm{d}t \tag{9-1}$$

辐[射]强度I_e：在指定方向上单位立体角内传输的辐射功率，单位为W/sr（瓦每球面度）。

$$I_e=\frac{\mathrm{d}\Phi_e}{\mathrm{d}\Omega} \tag{9-2}$$

式中，$\mathrm{d}\Omega$为包含指定方向的立体角元，$\mathrm{d}\Phi_e$为该立体角元内传输的辐射功率。

辐[射]亮度L_e：某给定场点在指定方向上的单位投影面积在单位立体角内通过的辐射功率，单位为W/(sr·m^2)。

$$L_e=\frac{\mathrm{d}^2\Phi_e}{\mathrm{d}\Omega\,\mathrm{d}A\cos\theta} \tag{9-3}$$

式中，$\mathrm{d}A$为包含指定点的面元，θ为指定方向与面元法向的夹角。辐射亮度也可以等效定义为辐射源在指定方向上单位投影面积的辐射强度：

$$L_e=\frac{\mathrm{d}I}{\mathrm{d}A\cos\theta} \tag{9-4}$$

辐[射]出射度M_e：离开辐射源表面的单位面积内的辐射通量，单位为W/m^2。

$$M_e=\frac{\mathrm{d}\Phi_e}{\mathrm{d}A} \tag{9-5}$$

辐[射]照度E_e：被光辐射照射的表面上单位面积内接收的辐射通量，单位为W/m^2。

$$E_e=\frac{\mathrm{d}\Phi_e}{\mathrm{d}A} \tag{9-6}$$

曝辐[射]量H_e：被光辐射照射的表面单位面积内接收的辐射能量，单位为J/m^2。

$$H_e=\frac{\mathrm{d}Q_e}{\mathrm{d}A} \tag{9-7}$$

曝辐射量也可以等效定义为在指定时间段Δt内辐射照度对时间的积分：

$$H_e=\int_{\Delta t}E_e\,\mathrm{d}t \tag{9-8}$$

发射率ε：热辐射体的辐射出射度与处于相同温度的普朗克辐射体的辐射出射度之比。

定向发射率$\varepsilon(\theta,\phi)$：热辐射体在给定方向的辐射亮度与处于相同温度的普朗克辐射体的辐射亮度之比。

辐射效率η_e：辐射源发出的辐射通量除以相应消耗的功率（包括辅助设备消耗的功率）的商，单位为1。

（三）光谱辐射量

辐射源发出的光辐射一般由不同波长的单色辐射组成，称为复合光辐射。光辐射的发射、传输和接收特性往往与波长（或频率）相关。前一节介绍的光辐射量都有相对应的光谱辐射量反映该辐射量随波长变化的规律，称为该辐射量的光谱密[集]度。辐射量的光谱密集度定义为单位波长间隔内的该辐射量的大小。一个辐射量如果是波长函数，则表示为$X(\lambda)$。在该量的符号“X”的右下角加角标“λ”表示该量的光谱密集度：

① 在不致引起混淆的情况下，方括号内的字可以省略。以下同。

X_λ。以辐射通量 Φ 为例，光谱辐射通量为 $\Phi_\lambda = \mathrm{d}\Phi(\lambda)/\mathrm{d}\lambda$。

在 λ_1 到 λ_2 光谱范围内的辐射通量为

$$\Phi(\lambda_1, \lambda_2) = \int_{\lambda_1}^{\lambda_2} \Phi_\lambda \mathrm{d}\lambda \tag{9-9}$$

$\Phi(\lambda_1, \lambda_2)$ 称为积分量或全辐射量。全辐射通量 Φ 为所有波长上辐射通量的总和，即

$$\Phi = \int_0^\infty \Phi_\lambda \mathrm{d}\lambda \tag{9-10}$$

对前述辐射度量，均有（除 ε、η_e 以外）

$$X = \int_0^\infty X_\lambda \mathrm{d}\lambda \tag{9-11}$$

由于波长随介质的折射率变化，通常采用真空中的波长。在需要高精度应用的场合，说明波长是否是指真空中的波长非常重要。光谱密集度函数也可以表示为频率 ν、波数 σ 等的函数。

（四）光子量

光子数 N_p 或 Q_p：由辐射源发出、在光学介质中传输或被接收到的光子的数量，单位为 1。

光子通量 Φ_p：单位时间内发射、传输或接收的光子的数量，单位为 s^{-1}。

$$\Phi_p = \frac{\mathrm{d}N_p}{\mathrm{d}t} \tag{9-12}$$

光子强度 I_p：在指定方向上单位立体角内传输的光子通量，单位为 s^{-1}/sr。

$$I_p = \frac{\mathrm{d}\Phi_p}{\mathrm{d}\Omega} \tag{9-13}$$

式中，$\mathrm{d}\Omega$ 为包含指定方向的立体角元，$\mathrm{d}\Phi_p$ 为该立体角元内传输的光子通量。

光子亮度 L_p：某给定场点在指定方向上的单位投影面积在单位立体角内传输的光子通量，也可以等效定义为辐射源在指定方向上单位投影面积的光子强度，单位为 $s^{-1}/(sr \cdot m^2)$。

$$L_p = \frac{\mathrm{d}^2\Phi_p}{\mathrm{d}\Omega \mathrm{d}A \cos\theta} = \frac{\mathrm{d}I_p}{\mathrm{d}A\cos\theta} \tag{9-14}$$

式中，$\mathrm{d}A$ 为包含指定点的面元，θ 为指定方向与面元法向的夹角。

光子出射度 M_p：离开辐射源表面的单位面积内的光子通量，单位为 s^{-1}/m^2。

$$M_p = \frac{\mathrm{d}\Phi_p}{\mathrm{d}A} \tag{9-15}$$

光子照度 E_p：被光辐射照射的表面上单位面积内接收的光子通量，单位为 s^{-1}/m^2。

$$E_p = \frac{\mathrm{d}\Phi_p}{\mathrm{d}A} \tag{9-16}$$

曝光子量 H_p：被光辐射照射的表面上单位面积内接收的光子数，也可以等效定义为光子照度对持续时间的积分，单位为 m^{-2}。

$$H_p = \frac{\mathrm{d}N_p}{\mathrm{d}A} = \int_{\Delta t} E_p \mathrm{d}t \tag{9-17}$$

单个光子的能量为 $Q=h\nu$。在折射率为 n 的介质中传输的辐射功率为 $\Phi(\lambda)$（单位为 W）、波长为 λ（单位为 nm）的单色辐射，相应地 t 秒通过的光子数为

$$N_p = 5.034\,12 \times 10^{15} n \lambda t \Phi(\lambda) \tag{9-18}$$

在光化学中采用爱因斯坦（或称量子摩尔）作为光辐射能量的单位，符号为 Em。1 Em 为 1 mol 光子具有的能量。1 Em=1 $N_A h\nu$。其中 N_A 为阿伏伽德罗常数，$N_A = 6.022\,14 \times 10^{23}\,\mathrm{mol}^{-1}$；$h$ 是普朗克常数，其值等于 $6.626\,069\,3 \times 10^{-34}$ J·s[11]；ν 是光辐射能的光学频率。有的领域用 Em 表示光子数量[12]。因为 mol 是国际单位制（SI）单位，近来的趋势是使用 mol 代替使用 Em。光子剂量为照射到样品上的光子总数。如果波长为 λ（单位为 nm）的单色辐射照射样品，以辐射通量为 $\Phi(\lambda)$ 的光辐射照射 t 秒的时间，用爱因斯坦表示的光子剂量 U 为

$$U = 8.359\,35 \times 10^{-9} n \lambda t \Phi(\lambda) \tag{9-19}$$

二、光度学基本概念

光度学是根据人眼对光辐射刺激的感觉来测量光辐射的学科。人眼对光辐射的感觉除去强弱外还有颜色。光度学只是限于考虑人眼对光辐射强弱的感觉。

(一)人眼的视觉特性

光通过人眼的角膜、前房、晶状体和玻璃体后到达视网膜。视网膜上分布着两种感光体:锥状细胞和杆状细胞。正常人眼适应于每平方米几坎德拉以上的光亮度水平时的视觉,称为明视觉,这时主要是锥状细胞起感受光的作用。正常人眼适应于每平方米百分之几坎德拉以下的光亮度水平时的视觉,称为暗视觉,这时主要是杆状细胞起感受光的作用。介于明视觉和暗视觉之间的视觉称为中间视觉。这时,锥状细胞和杆状细胞同时起作用。人眼的视觉特性主要反映在两个方面:一是相同功率但不同波长的光辐射对人眼产生的明亮感觉不同,反映这项特性的函数称为光谱光视效率函数;二是不同亮度适应水平下由于感光体起作用的差别,光谱光视效率函数也不同。光谱光视效能 $K(\lambda)$(单位为 lm/W)与辐射通量 $\Phi_e(\lambda)$ 和光通量 $\Phi_v(\lambda)$ 的关系为

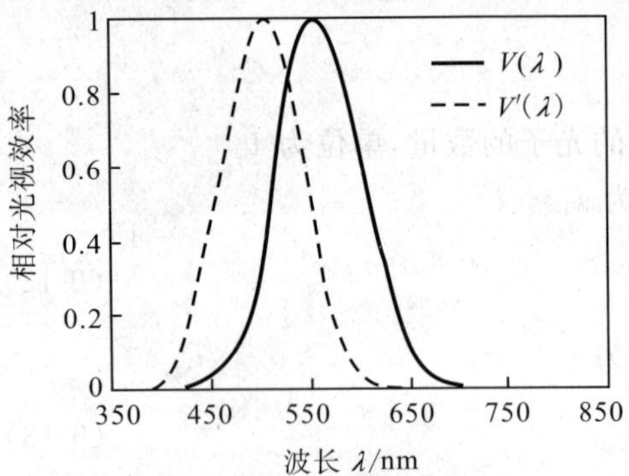

图 9-1 相对光谱光视效率曲线 V(λ)和 V′(λ)

$$K(\lambda)=\Phi_v(\lambda)/\Phi_e(\lambda) \tag{9-20}$$

光谱光视效率 V 定义为光谱光视效能与最大光谱光视效能 K_m 之比:

$$V(\lambda)=\frac{K(\lambda)}{K_m} \tag{9-21}$$

不同人的视觉特性存在差异。为建立统一的光度测量基础,国际照明委员会(CIE)规定了明视觉和暗视觉适应下的标准光谱光视效率函数 $V(\lambda)$ 和 $V'(\lambda)$[13],参见图 9-1 和表 9-1。

表 9-1 明视觉和暗视觉光谱光视效率函数 $V(\lambda)$、$V'(\lambda)$ 数值表

λ/nm	$V(\lambda)$	$V'(\lambda)$	λ/nm	$V(\lambda)$	$V'(\lambda)$
360	0.000 004		450	0.038 00	0.455
365	0.000 007		455	0.048 00	0.513
370	0.000 012		460	0.060 00	0.567
375	0.000 022		465	0.073 90	0.620
380	0.000 039	0.000 598	470	0.090 98	0.676
385	0.000 064	0.001 11	475	0.112 60	0.734
390	0.000 120	0.002 21	480	0.139 02	0.793
395	0.000 22	0.004 53	485	0.169 30	0.851
400	0.000 40	0.009 29	490	0.208 02	0.904
405	0.000 64	0.018 52	495	0.258 60	0.949
410	0.001 21	0.034 84	500	0.323 00	0.982
415	0.002 18	0.060 4	505	0.407 30	0.998
420	0.004 00	0.096 6	510	0.503 00	0.997
425	0.007 30	0.143 6	515	0.608 20	0.975
430	0.011 60	0.199 8	520	0.710 00	0.935
435	0.016 84	0.262 5	525	0.793 20	0.880
440	0.023 00	0.328 1	530	0.862 00	0.811
445	0.029 80	0.393 1	535	0.914 85	0.733

续表

λ/nm	V(λ)	V′(λ)	λ/nm	V(λ)	V′(λ)
540	0.954 00	0.650	690	0.008 21	0.000 035
545	0.980 30	0.564	695	0.005 72	0.000 025 0
550	0.994 95	0.481	700	0.004 10	0.000 017 8
555	1.000 00	0.402	705	0.002 93	0.000 012 7
560	0.995 00	0.328 8	710	0.002 09	0.000 009 1
565	0.978 60	0.263 9	715	0.001 48	0.000 006 6
570	0.952 00	0.207 6	720	0.001 05	0.000 004 8
575	0.915 40	0.160 2	725	0.000 74	0.000 003 5
580	0.870 00	0.121 2	730	0.000 52	0.000 002 5
585	0.816 30	0.089 9	735	0.000 361	0.000 001 9
590	0.757 00	0.065 5	740	0.000 249	0.000 001 4
595	0.694 90	0.046 9	745	0.000 172	0.000 001 0
600	0.631 00	0.033 15	750	0.000 120	0.000 000 8
605	0.566 80	0.023 12	755	0.000 085	0.000 000 6
610	0.503 00	0.015 93	760	0.000 060	0.000 000 4
615	0.441 20	0.010 88	765	0.000 042	0.000 000 3
620	0.381 00	0.007 37	770	0.000 030	0.000 000 2
625	0.321 00	0.004 97	775	0.000 021 2	0.000 000 2
630	0.265 00	0.003 34	780	0.000 015 0	0.000 000 1
635	0.217 00	0.002 24	785	0.000 010 6	
640	0.175 00	0.001 50	790	0.000 007 5	
645	0.138 20	0.001 00	795	0.000 005 3	
650	0.107 00	0.000 677	800	0.000 003 7	
655	0.081 60	0.000 459	805	0.000 002 6	
660	0.061 00	0.000 313	810	0.000 001 8	
665	0.044 58	0.000 215	815	0.000 001 3	
670	0.032 00	0.000 148	820	0.000 000 9	
675	0.023 20	0.000 103	825	0.000 000 6	
680	0.017 00	0.000 072	830	0.000 000 5	
685	0.011 92	0.000 050			

国际计量委员会(CIPM)采纳了 CIE 的标准光谱光视效率函数。相对光谱响应曲线符合明视觉的 $V(\lambda)$ 函数或者暗视觉的 $V'(\lambda)$ 函数的理想观察者，称为 CIE 标准光度观察者。明视觉的最大光谱光视效能 K_m 所对应波长为 555 nm，$K_m = 683$ lm/W。暗视觉的最大光谱光视效能 K'_m 对应波长为 507 nm，$K'_m =$ 1 700 lm/W。CIE 正在对中间视觉的光谱光视效率函数作出规定。依照惯例，除非特殊声明，所有的光度量的测量和计算都是指明视觉适应条件下的结果。

在 360～830 nm 光谱范围内足够强的光辐射都会对人眼产生视觉刺激。这里给出的光谱范围是物理光度学定义的范围。当光谱范围选为 380～780 nm 或者 400～700 nm，通常情况下对结果影响引入的误差可以忽略。现在,光度测量一般都是指基于光探测器进行测量的物理光度测量。

（二）光度量

光通量 Φ_v:根据光辐射对 CIE 标准光度观察者的作用,从辐射通量 Φ_e 导出的光度量。对于单色辐射,光通量 $\Phi_v(\lambda)$ 和辐射通量 $\Phi_e(\lambda)$ 之间的关系为

$$\Phi_v(\lambda)=K(\lambda)\Phi_e(\lambda)=K_m V(\lambda)\Phi_e(\lambda) \tag{9-22}$$

复合光的光通量在明视觉适应下为

$$\Phi_v(\lambda)=K_m\int_{380}^{780}V(\lambda)\Phi_e(\lambda)\mathrm{d}\lambda \tag{9-23}$$

在暗视觉适应下为

$$\Phi_v(\lambda)=K'_m\int_{380}^{780}V'(\lambda)\Phi_e(\lambda)\mathrm{d}\lambda \tag{9-24}$$

光通量的单位是 lm(流明)。

发光强度 I_v:光源在指定方向上单位立体角内所发出的光通量,即

$$I_v=\frac{\mathrm{d}\Phi_v}{\mathrm{d}\Omega} \tag{9-25}$$

发光强度的单位为坎德拉(cd,1 cd=1 lm/sr)。该单位在 1979 年第 16 届国际计量大会上定义如下:坎德拉是发出频率为 540×10^{12} Hz 的单色辐射的光源在给定方向上的发光强度,并且光源在该方向的辐射强度为 1/683 W/sr。频率为 540×10^{12} Hz 的单色辐射在标准大气下的波长为 555.016 nm,近似取为 555 nm。

[光]亮度 L_v:光源在给定方向上的光亮度 L_v,是指其在该方向上单位投影面积向单位立体角所发出的光通量,单位为 $\mathrm{cd/m^2}$。

$$L_v=\frac{\mathrm{d}^2\Phi_v}{\mathrm{d}\Omega\,\mathrm{d}A\cos\theta} \tag{9-26}$$

式中,θ 为指定方向与面元法线的夹角。光亮度还可以由发光强度等效定义为在给定方向上光源单位投影面积的发光强度:

$$L_v=\frac{\mathrm{d}I_v}{\mathrm{d}A\cos\theta}$$

[光]出射度 M_v:光源在单位面积内向半球空间发出的全部光通量,单位为 $\mathrm{lm/m^2}$。

$$M_v=\frac{\mathrm{d}\Phi_v}{\mathrm{d}A} \tag{9-27}$$

[光]照度 E_v:被光照表面单位面积上接收的光通量,单位为 lx(勒克斯),$1\ \mathrm{lx}=1\ \mathrm{lm/m^2}$。

$$E_v=\frac{\mathrm{d}\Phi_v}{\mathrm{d}A} \tag{9-28}$$

光量 Q_v:给定时间段内光通量对时间的积分,单位为 lm·s。

$$Q_v=\int_{\Delta t}\Phi_v(t)\mathrm{d}t \tag{9-29}$$

曝光量 H_v:被光照表面上单位面积内接收的光量,单位为 lx·s($\mathrm{lm\cdot s/m^2}$)。

$$H_v=\frac{\mathrm{d}Q_v}{\mathrm{d}A} \tag{9-30}$$

也可以等效定义为在指定时间段 Δt 内,光照度对时间的积分:

$$H_v=\int_{\Delta t}E_v(t)\mathrm{d}t \tag{9-31}$$

发光效能 η_v:光源发出的光通量 Φ_v 除以相应消耗的功率 P(包括辅助设备消耗的功率)的商,单位为 lm/W。

$$\eta_v=\frac{\Phi_v}{P} \tag{9-32}$$

(三)常见光源及被照物体光度参数

常见光源的发光效能、常见实际情况下的照度和常见物体的亮度分别如表 9-2、表 9-3 和表 9-4 所列。

表 9-2 常见光源的发光效能 η_v

光源种类	发光效能/(lm/W)
钨丝灯(真空)	8～9.2
钨丝灯(充气)	9.2～21
白炽灯	7～16
石英卤钨灯	20～30
气体放电灯	16～30
荧光灯	50～60
高压汞灯	30～50
高压钠灯	60～120
金属卤化物灯	60～80
紧凑型荧光灯	50～70
LED	50～150

表 9-3 常见实际情况下的照度 单位:lx

情况	照度
无月夜空在地面产生的照度	3×10^{-4}
接近天顶的满月在地面产生的照度	0.2
辨认方向所需的照度	1
办公室工作时所需的照度	20～100
晴朗夏天采光良好的室内照度	100～500
夏天太阳不直射的露天地面照度	1 000～10 000
中午阳光直射	100 000～120 000

表 9-4 常见物体的亮度

光源名称	亮度/(cd/m²)
与人眼最小灵敏度相对应的物体	10^{-10}
无月的夜空	10^{-4}
人工照明下,书写阅读时的纸面	10
距太阳 75°角的晴朗天空	1.5×10^{3}
地球上看到的满月的表面	2.5×10^{3}
太阳照射下的洁净雪面	3×10^{4}
乙炔焰	8×10^{4}
钨丝白炽灯	$(0.5\sim1.5)\times10^{7}$
普通碳弧的喷头口	1.5×10^{8}
超高压球形汞灯	1.2×10^{9}
地球上看到的太阳	1.5×10^{9}
地球大气层外看到的太阳	1.9×10^{9}

三、光度量、光子量与辐射量之间的关系

光度量、光子量和辐射量之间没有简单的倍数关系。由于光度学和辐射度学的差异只在于对光辐射的评价是否用标准光度观察者进行光谱加权，所以光度学的概念与辐射度学的概念具有如表 9-5 所示的对应关系。

表 9-5 基本光度量与辐射度量的对应关系

光度量	符号	定义	单位	辐射量	符号	定义	单位
光通量	Φ_v	$\Phi_v=K_m\int\Phi_{e\lambda}V(\lambda)d\lambda$	lm	辐射通量 辐射功率	Φ_e P		W
发光强度	I_v	$I_v=\frac{d\Phi_v}{d\Omega}$	cd (lm/sr)	辐射强度	I_e	$I_e=\frac{d\Phi_e}{d\Omega}$	W/sr
光量	Q_v	$Q_v=\int\Phi_v dt$	lm·s	辐射能量	Q_e	$Q_e=\int\Phi_e dt$	J
光出射度	M_v	$M_v=\frac{d\Phi_v}{dA}$	lm/m²	辐射出射度	M_e	$M_e=\frac{d\Phi_e}{dA}$	W/m²
光亮度	L_v	$L_v=\frac{d^2\Phi_v}{d\Omega\, dA\cos\theta}$	cd/m²	辐射亮度	L_e	$L_e=\frac{d^2\Phi_e}{d\Omega\, dA\cos\theta}$	W/(sr·m²)
光照度	E_v	$E_v=\frac{d\Phi_v}{dA}$	lx (lm/m²)	辐射照度	E_e	$E_e=\frac{d\Phi_e}{dA}$	W/m²
曝光量	H_v	$H_v=\frac{dQ_v}{dA}$	lx·s (lm·s/m²)	曝辐射量	H_e	$H_e=\frac{dQ_e}{dA}$	J/m²

对于辐射量到光度量的转化，不但需要知道辐射源的光谱特性，还需要知道辐射功率的水平以便采用恰

当的 CIE 标准光度观察者的光谱光视效率函数。在明视觉适应下，对于任意的光度量，它与对应的辐射量之间的关系为

$$X_v = K_m\int_0^{\infty} X_{e\lambda}V(\lambda)\mathrm{d}\lambda \tag{9-33}$$

在暗视觉适应下，光度量与对应的辐射量之间的关系为

$$X'_v = K'_m\int_0^{\infty} X_{e\lambda}V'(\lambda)\mathrm{d}\lambda \tag{9-34}$$

光子量与对应的辐射量的关系为

$$X_p = \frac{1}{hc}\int_0^{\infty} X_{e\lambda}\lambda\mathrm{d}\lambda \tag{9-35}$$

$$X_e = hc\int_0^{\infty} X_{p\lambda}\frac{1}{\lambda}\mathrm{d}\lambda \tag{9-36}$$

四、单位的复现与传递

本章的内容全部是关于光辐射的测量。测量一般基于国际认可的国际单位制(SI)单位。SI 单位的基本单位包括：m(米)、kg(千克)、s(秒)、A(安培)、K(开尔文)、cd(坎德拉)和 mol(摩尔)。所有其他量的单位都可以由上述 7 个基本单位导出[4]。SI 基本单位的定义是国际计量大会(CGPM)的协定。

在国内，物理量的单位或称为量值的准确统一是以计量法规为基础，由计量行政主管部门负责，通过量值的复现、保存、传递或溯源体系的建立与完善来完成的。国家计量科学研究机构是国家法定的计量溯源的源头。我国已经建立了较完整的量值传递和溯源体系。依照计量法，建立了 SI 基本单位以及重要导出单位的基准、副基准和工作标准。国家检定系统表是国家计量行政主管部门组织制定的全国性技术法规，明确规定了由国家计量基准、标准到其下的各级计量标准直至普通的计量器具的量值传递程序，反映了现有的基、标准体系[14]。

进行准确的测量有不同的途径，其中最简便的方法是溯源到国家计量院。准确溯源需要确定各种因素引入的不确定度，包括：SI 基本单位复现的不确定度、相关测量量值溯源的不确定度、量限扩展不确定度、校准传递中的不确定度，等等。其中最后一个过程包括传递仪器的不稳定性，其他过程可能包含也可能不包含此项。

下面以光照度测量为例说明测量及其溯源。实现照度测量的全部步骤为：①通过绝对辐射计复现坎德拉；②将前一步复现的坎德拉单位传递到发光强度副基准灯并建立国家照度基准；③利用照度基准及其传递装置将量值传递到光照度工作基准；④利用光照度工作基准及其传递装置进行照度计的检定、校准，或者通过一级光照度标准、二级光照度标准传递到照度计；⑤使用照度计进行照度测量。当最终用户使用照度计进行照度测量时，对测量结果进行不确定度的评估需要对上述每一步不确定度进行评估并进行合成。其中第①至第③步是在国家计量院进行的，第④步可能包括国家计量院以及省计量院或行业计量站，需要由它们评估溯源到 SI 单位的不确定度。最后一步需要由用户自己评估不确定度。

实现照度测量的整个过程还可以采用其他方法，有些方法被其他国家计量机构采用。每种方法都相应地有一系列不确定度因素。比较相互独立测量方法得到的测量结果是验证测量不确定度的一个好方法。

只给出测量的量值几乎是没有意义的，对测量结果的完整表述需要给出测量不确定度以及不确定度的置信度。法律法规也常常提出确定测量结果的准确度、不确定度和置信概率的要求。关于测量结果的不确定度种类、不确定度的评估、不确定度的传递等内容可参照相关的国家计量技术规范[15]或 BIPM、IEC、IFCC、ISO、IUPAC、IUPAP 和 OIML 7 个国际组织联合发布的《测量不确定度表述指南》[16]。

在国际上有米制公约、国际计量大会和区域性计量组织等机构以及国际比对作为技术手段保证国际量值的准确与一致。国际计量委员会下属的咨询委员会有计划地组织各国计量院之间的国际比对。各国家计量院通过国际比对来保证和检验相关测量的科学、准确和统一。例如光度计响应度(照度响应度)是光度辐射度咨询委员会(CCPR)在光学计量领域进行的国际关键性比对，1998 年的国际比对结果如图 9-2 所示[17]。

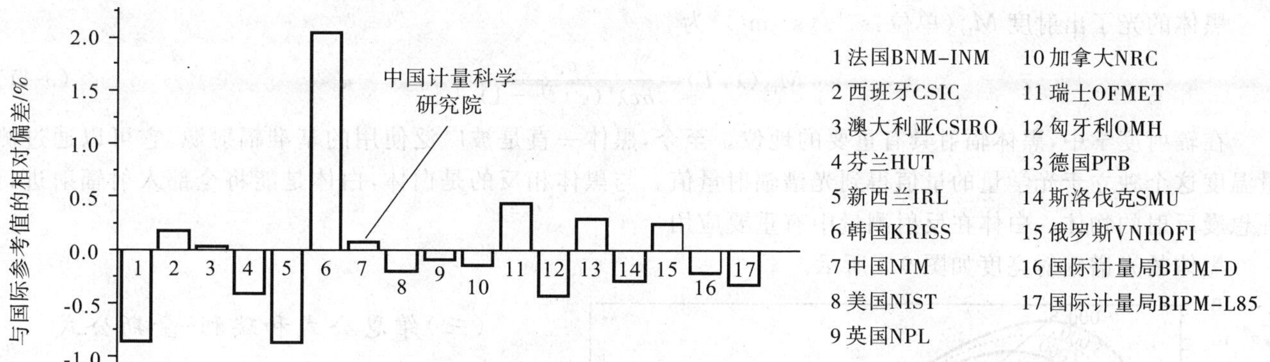

图 9-2　光度计响应度国际关键性比对结果

第二节　辐射度学基础

一、辐射度学的基本定律和公式

(一)基尔霍夫定律

在某一温度下处在热平衡状态下的任何物体,其某一波长、某一方向上的方向光谱发射率 $\varepsilon(\lambda,T,\theta,\phi)$ 等于该方向上的方向光谱吸收比 $\alpha(\lambda,T,\theta,\phi)$,与物体的性质无关。这就是基尔霍夫定律,公式表示为

$$\varepsilon(\lambda,T,\theta,\phi)=\alpha(\lambda,T,\theta,\phi) \tag{9-37}$$

对各向均匀入射的辐射($L_{\lambda i}(\lambda,\theta,\phi)=L_{\lambda i}(\lambda)$)以及均匀吸收的发射表面,半球光谱发射率与半球光谱吸收率相等,即 $\varepsilon(\lambda)=\alpha(\lambda)$。而对各向非均匀入射的辐射($L_{\lambda i}(\lambda,\theta,\phi)=k(\theta,\phi)L_{\lambda b}(\lambda)$,其中 $0\leqslant k(\theta,\phi)\leqslant 1$ 是个任意函数)以及各向异性、光谱分布与黑体的光谱分布成比例的吸收或发射面,方向总发射率与方向总吸收率相等,即 $\varepsilon(\theta,\phi)=\alpha(\theta,\phi)$。对于:① 入射辐射功率各向同性且光谱分布与黑体的光谱分布成比例;② 入射辐射各向同性且与波长无关;③ 与黑体光谱成比例的辐射入射到散射面上;④ 与黑体光谱成比例的辐射入射的散射。满足上述四个条件之一者,半球发射率与半球吸收率相等,即 $\varepsilon=\alpha$。

因此需要注意,按照空间或光谱平均的发射率和吸收比只在一定条件下相等[5]。基尔霍夫定律表明,好的吸收体也是好的辐射体。

(二)普朗克定律

在任何温度下能够全部吸收任何方向、任何波长的入射辐射的物体称为普朗克辐射体,又称黑体。黑体的光谱辐射随温度和波长的变化关系可以分别用光谱辐射出射度、光谱辐射亮度和光子辐射出射度等方式表示。

黑体的光谱辐射出射度 M_λ(单位:$\mathrm{W/m^3}$)为

$$M_\lambda(\lambda,T)=\frac{c_1}{\lambda^5(\mathrm{e}^{c_2/\lambda T}-1)} \tag{9-38}$$

式中,$c_1=2\pi hc_0^2=3.741\,771\times10^{-16}\ \mathrm{W\cdot m^2}$,称为第一辐射常数;$c_2=hc_0/k=1.438\,775\times10^{-2}\ \mathrm{m\cdot K}$,称为第二辐射常数;$k$ 为玻耳兹曼常数,$k=1.380\,65\times10^{-23}\ \mathrm{J/K}$;$c_0$ 为光在真空中的速度。由于黑体是各向同性的,所以其辐射亮度与辐射出射度的关系为

$$L=\frac{M}{\pi} \tag{9-39}$$

黑体的光谱辐射亮度 L_λ(单位:$\mathrm{W/(sr\cdot m^3)}$)为

$$L_\lambda(\lambda,T)=\frac{c_1}{\pi\lambda^5(\mathrm{e}^{c_2/\lambda T}-1)} \tag{9-40}$$

黑体的光子出射度 $M_{p\lambda}$（单位：$s^{-1}/(sr\cdot m^3)$）为

$$M_{p\lambda}(\lambda,T)=\frac{c_1}{hc\lambda^4(e^{c_2/\lambda T}-1)} \tag{9-41}$$

在辐射度学中，黑体辐射具有重要的地位。至今，黑体一直是被广泛使用的基准辐射源，它可以通过测量温度这个独立于光学量的量值得到光谱辐射量值。与黑体相反的是白体，白体是能将全部入射辐射进行理想漫反射的物体。白体在反射测量中有重要应用。

黑体的光谱辐射亮度如图 9-3 所示。

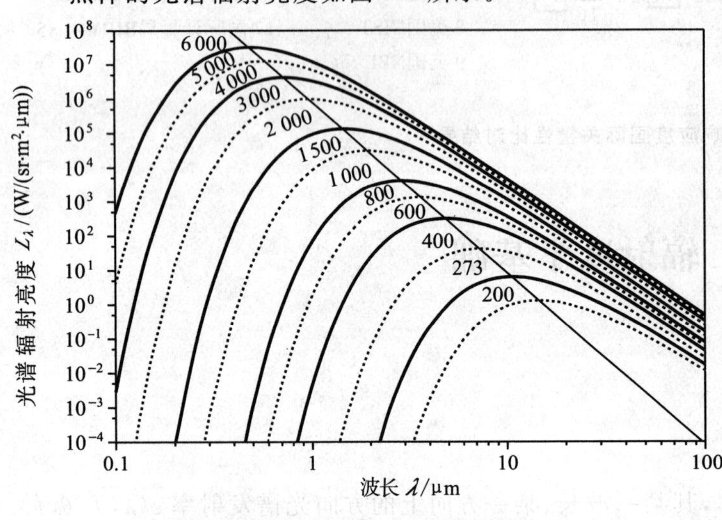

图 9-3　黑体的光谱辐射亮度

(三)维恩公式和瑞利-金斯公式

黑体辐射光谱辐射亮度的维恩公式和瑞利-金斯公式是在一定温度和波长范围内对普朗克公式的有用近似。维恩公式为

$$L_\lambda(\lambda,T)=\frac{c_1}{\pi\lambda^5 e^{c_2/\lambda T}} \tag{9-42}$$

当 $e^{c_2/\lambda T}\geqslant 1$ 时，维恩公式是普朗克公式很好的近似。当 $\lambda T<2\,100\ \mu m\cdot K$ 时，维恩公式的误差小于 0.1%；当 $\lambda T<3\,100\ \mu m\cdot K$ 时，维恩公式的误差小于 1%；随 λT 值的增加，维恩公式的误差单调增加并趋于 100%。

瑞利-金斯公式为

$$L_\lambda(\lambda,T)=\frac{c_1 T}{c_2\pi\lambda^4}=\frac{2ckT}{\lambda^4} \tag{9-43}$$

当 $\lambda T\gg c_2$ 时，瑞利-金斯公式是普朗克公式很好的近似。当 $\lambda T>7.2\times10^6\ \mu m\cdot K$ 时，瑞利-金斯公式的误差小于 0.1%；当 $\lambda T>7.3\times10^5\ \mu m\cdot K$ 时，瑞利-金斯公式的误差小于 1%，当 $\lambda T<7.6\times10^4\ \mu m\cdot K$ 时，瑞利-金斯公式的误差大于 10%，并且随着 λT 的减小而单调快速增大。维恩公式和瑞利-金斯公式与普朗克公式的比较见图 9-4。维恩公式和瑞利-金斯公式与普朗克公式的相对偏差如图 9-5 所示。

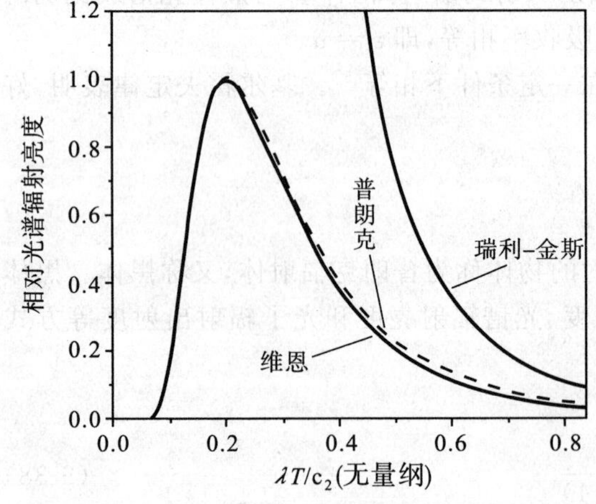

图 9-4　普朗克、维恩以及瑞利-金斯公式的比较

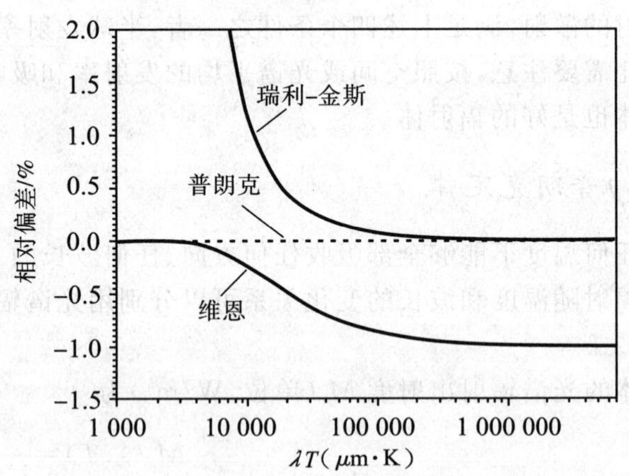

图 9-5　维恩和瑞利-金斯公式与普朗克公式的相对偏差

(四)斯忒藩-玻耳兹曼定律

黑体在某个平衡温度 T 时的总辐射出射度 $M_e(T)$（单位：W/m^2），可由普朗克公式对波长积分得到：

$$M_e(T)=\int_0^\infty\frac{c_1}{\lambda^5(e^{c_2/\lambda T}-1)}d\lambda=\sigma T^4 \tag{9-44}$$

式中，$\sigma=2\pi^5k^4/(15h^3c_0^2)=5.670\,4\times10^{-8}\ W/(m^2\cdot K^4)$，是斯忒藩-玻耳兹曼常数。

黑体在平衡温度为 T 时的总光子出射度 $M_p(T)$（单位：s^{-1}/m^2）为

$$M_p(T)=\sigma' T^3 \tag{9-45}$$

式中，$\sigma'=1.5204\times10^{15}\ s^{-1}/(m^2\cdot K^3)$。上式表明，黑体的光子出射度与黑体绝对温度的三次方成正比。

（五）维恩位移定律

光谱辐射亮度的最大值 $L_{\lambda_m}(T)$ 或光谱辐射出射度的最大值 $M_{\lambda_m}(T)$ 所对应的波长 λ_m 与绝对温度 T 的关系为

$$\lambda_m T=2.89777\times10^{-3}\ m\cdot K \tag{9-46}$$

这表明，随着温度的升高，最大值对应的波长随之向短波方向移动。这个关系称为维恩位移定律。光子出射度或光子亮度的光谱密集度的最大值对应波长 λ'_m 与绝对温度 T 的关系为

$$\lambda'_m T=3.6697\times10^{-3}\ m\cdot K \tag{9-47}$$

（六）朗伯余弦定律

一个辐射亮度在各个方向上都相等的辐射面叫朗伯面，它在与法线成 θ 角的方向上的辐射强度 I_θ 等于法线方向上的辐射强度 I_0 乘以该夹角的余弦，即

$$I_\theta=I_0\cos\theta \tag{9-48}$$

（七）距离平方反比定律

位于受照射的面元的法线方向上的均匀点辐射源在该面元上产生的辐射照度 E 与辐射源在该方向的辐射强度 I 成正比，与辐射源到面元距离 s 的平方成反比，即

$$E=k\frac{I}{s^2} \tag{9-49}$$

若公式中各量均用 SI 单位，则 $k=1$。

在辐射源的尺寸与辐射源到被照面的距离相比很小时，可把该近似均匀的辐射源当作点辐射源处理。这种近似将引入对距离平方反比定律的偏离，本节“辐射功率的传输”部分介绍了该项近似引入误差的估计方法。

（八）照度余弦法则

点辐射源在一面元上建立的辐射照度 E 与面元法线和点辐射源到面元方向夹角 θ 的余弦成正比，即

$$E=E_0\cos\theta \tag{9-50}$$

式中，E_0 为垂直于辐射传输方向面元上的辐射照度。

（九）互易定理

如图 9-6 所示，空间的两个面积分别为 A_1 和 A_2 的均匀朗伯辐射面，其辐射亮度分别为 L_1、L_2，辐射面 A_1 和 A_2 发送到对方的辐射功率 Φ_1、Φ_2 之比为

$$\frac{\Phi_1}{\Phi_2}=\frac{L_1}{L_2} \tag{9-51}$$

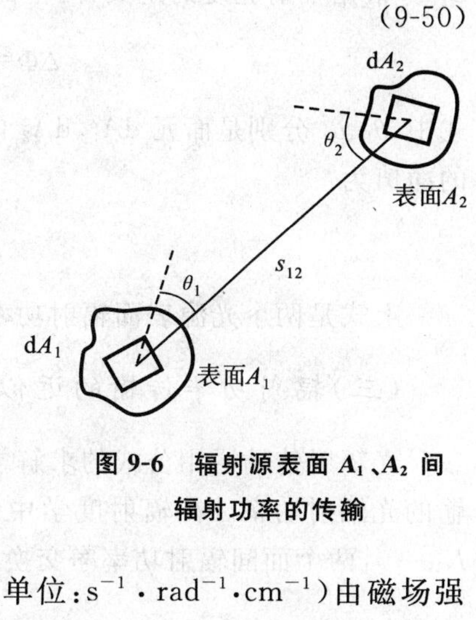

图 9-6　辐射源表面 A_1、A_2 间辐射功率的传输

（十）同步辐射源的施温格公式

一个以速度 v 在磁场中做回旋加速运动的高速电子在单位时间、单位垂直角 Ψ（垂直于运动平面的单位角度）、单位波长内辐射的光子数 N（单位：$s^{-1}\cdot rad^{-1}\cdot cm^{-1}$）由磁场强度 B 和电子轨道半径 ρ 通过施温格（Schwinger）公式计算得出[18]：

$$\frac{\mathrm{d}^3 N}{\mathrm{d}t\,\mathrm{d}\Psi\,\mathrm{d}\lambda}=\frac{9}{8\pi^2}\frac{e^2}{h}\frac{\gamma^5}{\rho^2}\left(\frac{\lambda_c}{\lambda}\right)^3[1+(\gamma\Psi)^2]\left[K_{2/3}^2(\xi)+\frac{(\gamma\Psi)^2}{1+(\gamma\Psi)^2}K_{1/3}^2(\xi)\right] \tag{9-52}$$

式中，e 为电子电荷，h 为普朗克常数，$K_{2/3}$ 和 $K_{1/3}$ 是第二类虚宗量贝塞尔函数，$\gamma=\left[1-\left(\frac{v}{c}\right)^2\right]^{-1/2}$，$\lambda_c=\frac{4\pi\rho}{3\gamma^3}$，$\xi=\frac{\lambda_c[1+(\gamma\Psi)^2]^{\frac{3}{2}}}{2\lambda}$。

二、辐射功率的传输

(一)光辐射传输中的亮度守恒

辐射亮度在辐射度学中具有重要的地位。由于辐射传输过程中辐射亮度守恒，因此通过光线追迹可以追踪辐射能的传输。在没有任何损耗的均匀、各向同性的介质中，对理想、无畸变的光学系统，在不考虑干涉和衍射的条件下，整个光学系统中沿某光束的辐射亮度守恒。或者说，像的光谱辐射亮度和源的光谱辐射亮度相等。

在两种均匀的各向同性的折射率分别为 n_1、n_2 的介质的界面，根据亮度定义和对折射定律微分，可得在不考虑辐射损失的情况下，界面两侧辐射亮度的关系为

$$\frac{L_1}{n_1^2}=\frac{L_2}{n_2^2} \tag{9-53}$$

将 L/n^2 定义为基本辐射亮度，则在有两种以上折射率介质或光学系统中，亮度守恒可以表述为：当光通过两个无损耗的、均匀各向同性的、不同折射率的介质界面时，对理想、无畸变的光学系统，在不考虑干涉和衍射效应的情况下，基本辐射亮度沿光束在整个光学系统中保持恒定。

在考虑介质和界面的透射比为 τ 的情况下，辐射亮度守恒公式为

$$\tau\frac{L_1}{n_1^2}=\frac{L_2}{n_2^2} \tag{9-54}$$

所以，像的基本辐射亮度不可能大于物的基本辐射亮度。辐射在吸收或散射介质中传输，则辐射亮度不再守恒。这不仅因为辐射在传输中会因为吸收或散射而损失，而且因为介质会发射热辐射，甚至在一些情况下发射荧光。荧光是在一个波长吸收光辐射并因此在长于吸收波长上发出的光辐射。

(二)辐射功率传输的通用公式

如图 9-6 所示，空间的两个面元 $\mathrm{d}A_1$ 和 $\mathrm{d}A_2$ 之间的距离为 s_{12}，两者在连线方向上的亮度分别为 L_{12} 和 L_{21}。根据辐射亮度的定义，两个面元之间的净辐射交换为

$$\Delta\Phi=\mathrm{d}\Phi_{12}-\mathrm{d}\Phi_{21}=\frac{(L_{12}-L_{21})\cos\theta_1\cos\theta_2\,\mathrm{d}A_1\,\mathrm{d}A_2}{s_{12}^2} \tag{9-55}$$

式中，θ_1、θ_2 分别是面元 $\mathrm{d}A_1$、$\mathrm{d}A_2$ 的法线方向与光线 s_{12} 的夹角。A_1 和 A_2 两个面之间总的光辐射功率交换的净值为

$$\Phi=\iint\frac{(L_{12}-L_{21})\cos\theta_1\cos\theta_2}{s_{12}^2}\,\mathrm{d}A_1\mathrm{d}A_2 \tag{9-56}$$

上式是两个光源表面辐射功率净交换的通用公式。

(三)辐射功率传输的近似处理

光辐射传输通用公式的求解常常较复杂。然而在很多情况下，可以利用近似方法来计算两个面之间传输的光辐射功率。在辐射度学中常见的一个辐射源和一个探测器的情况下，探测器的辐射亮度为零，即 $L_{21}=0$，两个面间辐射功率净交换的公式简化为

$$\Phi=\iint\frac{L\cos\theta_s\cos\theta_d}{s_{sd}^2}\mathrm{d}A_s\mathrm{d}A_d \tag{9-57}$$

式中，下标 s、d 分别代表辐射源和探测器。这里假设探测器就像一个孔一样，对射入各点的来自不同方向的

辐射具有相同的响应。对上述理想探测条件的偏离将影响计算结果的准确度。

1. 点对点的光辐射传输

辐射从发射的点源到探测器面元的传输是最简单的近似条件。根据辐射强度、辐射照度和立体角的定义可直接得到：点源辐射强度 I 等于法线与光束平行的面元的辐射照度（$\Phi/\mathrm{d}A_{\mathrm{d}}$）与探测器到辐射源距离 s 的平方的乘积，即

$$I=\frac{\Phi}{\mathrm{d}A_{\mathrm{d}}}s^2=Es^2 \tag{9-58}$$

同样可以得到面元辐射源的辐射亮度与辐射强度之间的关系

$$L=\frac{I}{\mathrm{d}A_{\mathrm{s}}} \tag{9-59}$$

上述近似在面积趋于零的极限条件下检验辐射传输计算的准确性时可起到重要作用。

2. 朗伯辐射源的特性

朗伯辐射源是辐射亮度在辐射面的各处、在所有方向上一致的辐射源。在与法向夹角为 θ 的方向上和法线方向上的辐射量的下标分别为 θ、0。面积为 A_{s} 的朗伯辐射源具有如下的性质：

1）辐射强度：$I_\theta=I_0\cos\theta$。

2）辐射亮度：$L_\theta=L_0$。

3）辐出射度：$M=\pi L$。

4）法线方向的辐射强度：$I_0=L_0A_{\mathrm{s}}$。

5）半球辐射通量：$\Phi=\pi I_0$。

3. 实际辐射体的朗伯近似

很多情况下朗伯辐射源是实际情况的很好近似。对朗伯辐射源，前述的辐射传输公式变为

$$\Phi=L\iint\frac{\cos\theta_{\mathrm{s}}\cos\theta_{\mathrm{d}}}{s_{\mathrm{sd}}^2}\,\mathrm{d}A_{\mathrm{s}}\mathrm{d}A_{\mathrm{d}} \tag{9-60}$$

由辐射源表面发出的总辐射通量 $\Phi_{总}=MA_{\mathrm{s}}$，探测器表面接收到的辐射通量占辐射源发出的总辐射通量的比例为

$$F_{\mathrm{sd}}=\frac{\Phi}{\Phi_{总}}=\frac{1}{\pi A_{\mathrm{s}}}\int_{A_{\mathrm{s}}}\int_{A_{\mathrm{d}}}\frac{\cos\theta_{\mathrm{s}}\cos\theta_{\mathrm{d}}}{s_{\mathrm{sd}}^2}\mathrm{d}A_{\mathrm{s}}\mathrm{d}A_{\mathrm{d}} \tag{9-61}$$

F_{sd}叫做角系数，也叫形状因子或辐射交换系数等。角系数只与两个表面的空间几何参数有关。用角系数表示的辐射功率传输公式为

$$\Phi=\pi LA_{\mathrm{s}}F_{\mathrm{sd}} \tag{9-62}$$

在接收表面是覆盖了发射表面所对的半球空间的条件下角系数等于1。面与面之间、面与面元之间的角系数在多种几何条件下有解析解，可以在辐射传热的书中找到相应角系数的列表[19-20]。角系数具有互易性（相对性）、完整性和可加性[21]。对于面积分别为 A_1、A_2 的两个表面，有

$$F_{12}A_1=F_{21}A_2 \tag{9-63}$$

式中，F_{12}、F_{21}分别为两个表面对另一个表面的角系数。这个特性称为角系数的互易性。对复杂几何形状间的辐射传输，常常可以用不同角系数的叠加解决。先把表面分解为可以单独计算角系数的小块，然后把单独的角系数累加到一起得到整个面的有效角系数。

朗伯辐射源辐射传输公式中的二重积分常常作为表征光学系统独立于辐射源特性的辐射传输能力。在朗伯辐射源的表面与光轴垂直的条件下，它还可以变换为对面积和立体角的二重积分：

$$\Phi=L\iint\cos\theta_{\mathrm{d}}\,\mathrm{d}A_{\mathrm{s}}\,\mathrm{d}\Omega \tag{9-64}$$

式中的立体角指入射光瞳对辐射面上的点所张的立体角。一个系统的几何广度定义为

$$G=\iint\cos\theta_{\mathrm{d}}\,\mathrm{d}A_{\mathrm{s}}\,\mathrm{d}\Omega \tag{9-65}$$

光学广度定义为 Gn^2。当面积和立体角可以单独积分时，$G=A\Omega$。因此，辐射功率的传输可以表示为

$$\Phi = LG = LA\Omega \tag{9-66}$$

4. 圆形面辐射源和探测器间辐射的传输

光学系统中最常见的是圆形光阑与辐射源排列在同一光轴上，如图 9-7 所示。

假定辐射源的半径为 r_s，探测器的半径为 r_d，两者均垂直于它们中心的连线，它们之间的距离为 s_{sd}，前述辐射传输公式的解析解为

$$\Phi = \frac{2L(\pi r_s r_d)^2}{r_s^2 + r_d^2 + s_{sd}^2 + [(r_s^2 + r_d^2 + s_{sd}^2)^2 - 4r_s^2 r_d^2]^{\frac{1}{2}}} \tag{9-67}$$

在 $(r_r^2 + s_d^2 + s_{sd}^2) \gg 2r_s r_d$ 的条件下，上式简化为

$$\Phi \approx \frac{L(\pi r_s r_d)^2}{r_s^2 + r_d^2 + s_{sd}^2} \tag{9-68}$$

探测器表面的辐射照度为

$$E = \frac{\Phi}{A_d} \approx \frac{LA_s}{r_s^2 + r_d^2 + s_{sd}^2} \tag{9-69}$$

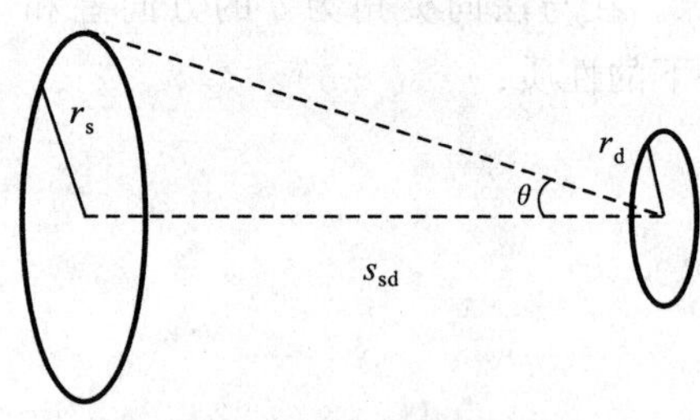

图 9-7 圆形辐射源和探测器辐射功率的传输

式中，A_s、A_d 分别为辐射源和探测器的面积。在探测器的半径相对于两者之间的距离可以忽略的条件下，上式近似为

$$E \approx \frac{L\pi r_s^2}{r_s^2 + s_{sd}^2} \approx \pi L \sin^2\theta = M \sin^2\theta \tag{9-70}$$

在光源和探测器的半径相对于两者之间的距离都可以忽略的条件下，上式进一步近似为

$$E \approx \frac{LA_s}{s_{sd}^2} = \frac{I}{s_{sd}^2} \tag{9-71}$$

在这种近似情况下，结果与点对点辐射传输的结果相同，遵从距离平方反比定律。

在另一种极端情况下，当辐射源的半径 r_s 趋近于无穷大时，探测器表面的辐射照度为

$$E = \pi L \tag{9-72}$$

如果探测器横向离开轴的距离为 b，且辐射源与探测器的尺寸相对于距离 l 很小，如图 9-8 所示，则 A_s 到 A_d 的光线与两表面的法线夹角分别为 θ_s 和 θ_d，且 $\theta_s = \theta_d = \theta = \arctan(b/s_{sd})$。离轴距离 b 后，辐射功率按与法线夹角的余弦的四次方衰减。

$$\Phi \approx \frac{LA_s A_d}{l^2}\cos^2\theta = \frac{LA_s A_d}{s_{sd}^2}\cos^4\theta \tag{9-73}$$

上式适用于大尺寸的朗伯辐射源的离轴区域传输到小面积的探测器的近似，探测器接收到的全部辐射等于各个区域传输结果的总和。

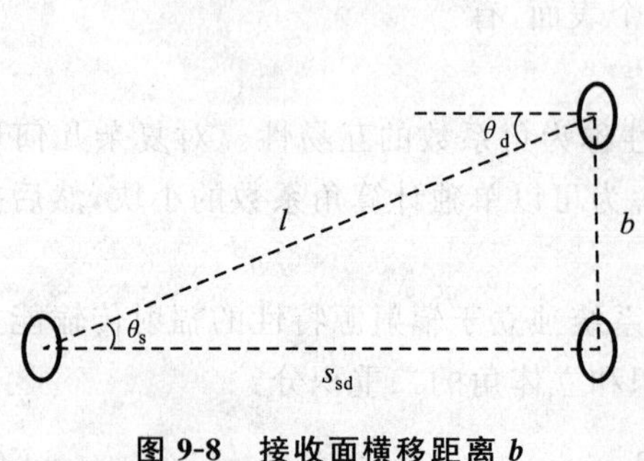

图 9-8 接收面横移距离 b

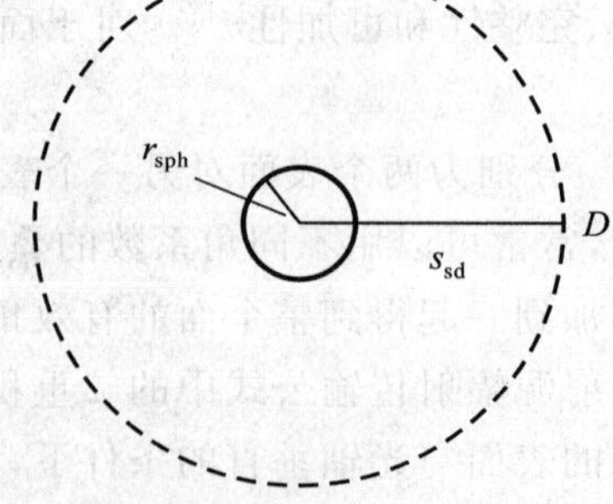

图 9-9 球形朗伯辐射源产生的辐射照度

5. 球形朗伯辐射源的辐射强度和产生的辐射照度

对于与半径为 r_{sph} 的球形朗伯辐射源的球心距离为 s_{sd} 的 D 点，计算 D 点的照度时，可以利用对称性避免复杂的积分运算。如图 9-9 所示，朗伯辐射球面的总辐射通量 Φ 为

$$\Phi=4\pi^2 r_{\mathrm{sph}}^2 L \tag{9-74}$$

辐射功率是各向同性地辐射出去的，在半径为 s_{sd} 被辐照的球面上各点的照度都等于总辐射通量与该球面面积的比值：

$$E=\frac{\pi r_{\mathrm{sph}}^2 L}{s_{\mathrm{sd}}^2} \tag{9-75}$$

上式表明，球形朗伯辐射源在任意距离上都遵从距离平方反比定律。球形朗伯辐射源的辐射强度为

$$I=\pi r_{\mathrm{sph}}^2 L \tag{9-76}$$

6. 线状辐射源的辐射照度

一个长度为 $2l$、半径为 r、辐射亮度为 L 的均匀、各向同性的线状辐射源，如图 9-10 所示。其单位长度在法线方向的辐射强度为 $I_0=2rL$。在与其距离为 s 处的点 D 产生的辐射照度为

$$E=\frac{I_0}{4s}(2|\alpha_2-\alpha_1|+|\sin 2\alpha_1-\sin 2\alpha_2|) \tag{9-77}$$

式中，α_1、α_2 分别为 D 点与线状辐射源的两个端点 A、B 的连线和其到线状光源的垂线的夹角。注意，当 A、B 在垂线的异侧时 α_1、α_2 的正负符号相反，同侧时符号相同。如果 D 点位于 AB 的中垂线上，则辐射照度为

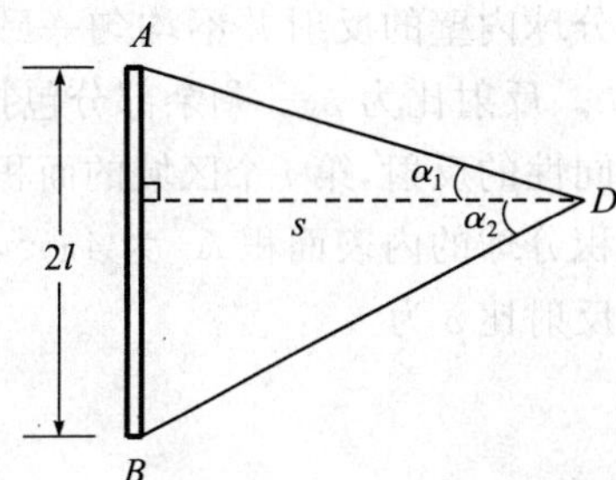

图 9-10　线状辐射源产生的照度

$$E=\frac{I_0}{2s}(2\alpha+\sin 2\alpha) \tag{9-78}$$

或用 l、s 表示为

$$E=I_0\left[\frac{l}{s^2+l^2}+\frac{l}{s}\arctan\left(\frac{l}{s}\right)\right] \tag{9-79}$$

在线状光源尺寸可以忽略的条件下，上式近似为与点对点辐射传输的结果相同。当 l 趋于无穷大时，即线状光源的长度远远大于两者间的距离时的辐射照度为

$$E=\frac{\pi rL}{s}=\frac{\pi I_0}{2s} \tag{9-80}$$

7. 矩形辐射源的辐射照度

一个长度为 a、宽度为 b、辐射亮度为 L 的均匀、各向同性的矩形辐射源，如图 9-11 所示。在其顶点 A 的法线方向上，与之距离为 s 处的 D 点位置与该法线垂直的面元上产生的辐射照度为

$$E=\frac{L}{2}\left(\frac{a}{\sqrt{s^2+a^2}}\arctan\frac{b}{\sqrt{s^2+a^2}}+\frac{b}{\sqrt{s^2+b^2}}\arctan\frac{a}{\sqrt{s^2+b^2}}\right) \tag{9-81}$$

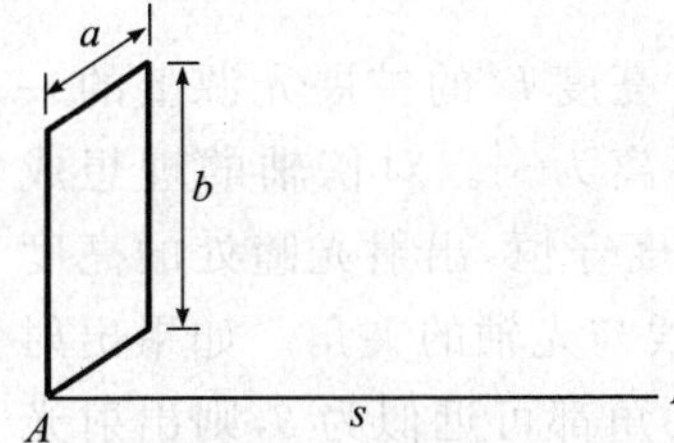

图 9-11　矩形辐射源产生的照度

当辐射源的尺寸 a、b 相对于 D 到辐射源的距离 s 可以忽略时，上式近似为

$$E\approx\frac{Lab}{s^2} \tag{9-82}$$

上式的近似与点对点辐射传输的结果相同。当 a、b 趋于无穷大时，即辐射源的长度和宽度远远大于两者间的距离时，D 点的辐射照度为

$$E\approx\frac{\pi L}{4} \tag{9-83}$$

如果 D 点不在矩形顶点的法线上，可以通过 D 点对辐射源面的垂足将矩形面划分为可计算的几部分，再叠加得到总照度。

8. 积分球内辐射通量的传输

在辐射度学和光度学中广泛使用一种中空球，其内壁涂覆近似朗伯反射特性的涂层，这种球称为积分球。积分球一般作为对不均匀的辐射功率的平均或用于测量一个辐射源的总辐射通量。积分球有一个重要的特性：如果入射到积分球内任何一点的辐射被均匀地反射，反射的辐射将会均匀分布于整个积分球的内壁而产生均匀的辐射照度。如图 9-12 所示，对半径为 r_s 的积分球内壁上的两点，过两点的半径与两点间的连线构成等腰三角形，底角为 θ，两点间的距离为 $2r_s\cos\theta$，一点上的面元对另一点上的面元传输的功率为[22]

$$\Phi = L\iint \frac{\cos^2\theta}{s_{sd}^2}\mathrm{d}A_s\mathrm{d}A_d \tag{9-84}$$

相应的辐射照度为

$$E=\frac{\Phi}{A_d}=\frac{LA_s}{4r_s^2} \tag{9-85}$$

因此，辐射照度与光束和法线方向所夹的角度无关，即在整个积分球的内壁产生的辐射照度都相等。

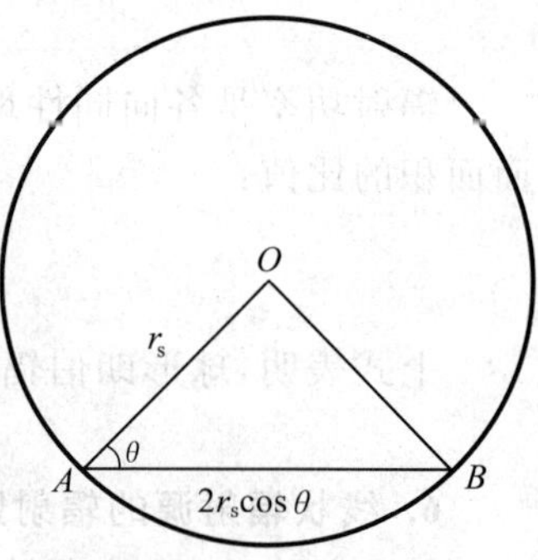

图 9-12 积分球内两面元间辐射功率的传输

实际积分球一般有一些开口，用于辐射的入射或放置样品或探测器，因此积分球内壁的反射并不均匀一致。假设：积分球内壁大部分反射比均匀，面积为 a_w、反射比为 ρ_w。剩余部分包括 $n+1$ 个反射比均匀的区域，各个区域具有各向同性的反射，第 i 个区域的面积为 a_i、反射比为 ρ_i，其中包括反射比为 0 的开口。积分球的内表面积 A_s 为 $4\pi r_s^2$，每部分球面的面积与内表面总面积的比为 $f_i=a_i/A_s$。则积分球内表面的平均反射比 $\bar{\rho}$ 为

$$\bar{\rho} = \sum_{i=0}^{n} f_i\rho_i + \rho_w\left(1-\sum_{i=0}^{n} f_i\right) \tag{9-86}$$

如果最初从积分球外入射的辐射通量 Φ_0 落到积分球内部面积为 a_0 的区域，Φ_i 为从 a_0 反射以及随后多次反射后落到 a_i 区域的辐射通量，则[23]

$$\Phi_i=\frac{f_i\rho_0\Phi_0}{1-\bar{\rho}} \tag{9-87}$$

如果 a_i 区域为探测器的开口，则积分球的传输效率（或称通过率，throughput）F_i 为

$$F_i=\frac{\Phi_i}{\Phi_0}=\frac{f_i\rho_0}{1-\bar{\rho}}=f_i\rho_0\left[1-\rho_w\left(1-\sum_{i=0}^{n}f_i\right)-\sum_{i=0}^{n}f_i\rho_i\right]^{-1} \tag{9-88}$$

积分球内壁任何一点的辐射照度为

$$E=\frac{\rho_0\Phi_0}{(1-\bar{\rho})A_s} \tag{9-89}$$

由于积分球近似为朗伯辐射源，在积分球出射口的辐射亮度为

$$L=\frac{\rho_0\Phi_0}{(1-\bar{\rho})\pi A_s} \tag{9-90}$$

（四）像面照度

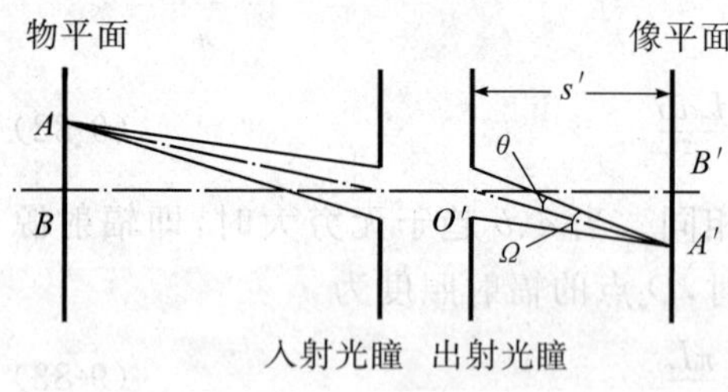

图 9-13 像面的辐射照度

如图 9-13 所示，A 是具有均匀辐射亮度 L 的扩展光源上的一点，其像点为 A'，像面到出射光瞳的距离为 s'。对傍轴的理想成像，如果光学系统的透射比为 τ，根据亮度守恒，出射光瞳处的亮度为 τL。θ 为出射光瞳中心和像点 A' 连线与光轴的夹角。如果出射光瞳各点和轴外像点的连线与光轴的夹角都可近似为 θ，则出射光瞳各点到像点的距离约为 $s'/\cos\theta$。

设出射光瞳的直径为 D，在 A 点的像点 A' 处的面元 $\mathrm{d}A$ 的辐射照度可以根据光学广度计算为

$$E=\frac{\Phi}{\mathrm{d}A}\approx\tau L\cos\theta\frac{\pi\left(\frac{D}{2}\right)^2}{(s'/\cos\theta)^2}\cos\theta=\frac{\tau\pi L}{4}\left(\frac{D}{s'}\right)^2\cos^4\theta \tag{9-91}$$

F 数（$f\#$）定义为像空间的焦距 f' 与出射光瞳的直径 D 的比：

$$f\#=\frac{f'}{D} \tag{9-92}$$

利用 F 数表示像面的照度，则

$$E=\frac{\tau\pi L}{4}\left(\frac{D}{f'}\frac{f'}{s'}\right)^2=\frac{\tau\pi L}{4}\left(\frac{1}{f\#}\right)^2\left(\frac{f'}{s'}\right)^2\cos^4\theta \tag{9-93}$$

由公式可见，像面上的照度随着离轴角θ的增大而减小，与$\cos^4\theta$成正比。因此，这个规律也称为余弦四次方定律。对于照相机等光学系统，一般物距很大，像距很小，即$s'\approx f'$，因而(9-93)式又可近似为

$$E=\frac{\tau\pi L}{4}\left(\frac{1}{f\#}\right)^2\cos^4\theta \tag{9-94}$$

(五)光辐射传输中的波动性和量子性

衍射和干涉都是光辐射波动性的体现。衍射现象是光辐射传输中对直线传播规律的偏离。当光经过光阑边缘时，光束将偏离直线传播而发散，发散半角θ为$\theta\approx\lambda/D$，式中λ为光辐射波长，D为光阑直径。当光阑尺寸相对于波长大很多时，衍射造成的发散角很小，因此几何光学仍然是很好的近似。对于准确度要求高、所考虑的光谱范围内光阑尺寸相对波长不足够大的情形，就需要考虑衍射效应的影响。

干涉现象是光束叠加时表现出的光辐射能对参与叠加的各个光束辐射能总和的偏离。光的空间相干性和时间相干性是对光的相干范围从不同角度的反映。辐射场的空间相干性是研究垂直于光传播方向上的相干性问题；辐射场的时间相干性是研究光传播方向上的相干性问题，或者说是研究辐射场内同一点在不同时刻的光波的相干性问题。光束的时间相干长度$l_c=\lambda^2/\Delta\lambda$，式中$\lambda$为光辐射波长，$\Delta\lambda$为光辐射的波长间隔(带宽)。对具有一定尺寸$b$的辐射源，同一时刻光场内与辐射源的距离为$R$的两点能够产生干涉的最大横向空间距离为$d_{\max}=\frac{\lambda R}{b}$。光源的尺度越小，光场中两点的距离与到辐射源的距离的比值越小，则两点发出的辐射场的空间相干性越高。

由于大部分光辐射源在很大程度上是非相干光，并且考虑的光辐射的波长与光阑尺度相比很小，测量所考虑的往往是有限的空间范围，所以通常基于几何光学的辐射度学广泛近似适用。但是光辐射能传输的严格求解需要用物理光学的方法[24-25]。在需要避免干涉影响的情况下，可以采用使相交的两光束偏振方向互相垂直或相位差随机变化等方法。

光辐射除了波动性外还具有量子性。光辐射能的最小能量单元为一个光量子的能量$Q=h\nu$。由于在光学波段，Q相对于考虑的光辐射能量来说很小，量子性成为测量极限的情况很少出现。光辐射在光学辐射波段的短波范围粒子性明显，而在长波波段波动性明显。

第三节　光辐射测量

光辐射测量的典型系统可以划分为辐射源、辐射在介质或光学系统中的传输和探测器这三个部分。光辐射功率或能量从辐射源到探测器的传输如图9-14所示。光学系统的入射光瞳对辐射源所张的半角为α_0。探测器的有效灵敏面起着视场光阑的作用，它限制了光学系统观察的视场。该视场光阑在光源上的几何投影如图中的虚线所示，其视场半角为β_0。角α_0、β_0的大小直接关系到光学系统对辐射源的辐射功率或能量的收集特性。

没有背景辐射和介质衰减时，在辐射源能覆盖的视场，系统入射光瞳处的辐射亮度与辐射源的辐射亮度相同。通常得出入射光瞳处辐射场量(如辐射通量等)较方便。根据入射光瞳处辐射场量的测量可以：①通过背景和介质的信息导出辐射源的特性；②通过辐射源的特性得出介质的特性；③通过辐射源和介质的特性得出测量系统的响应特性。

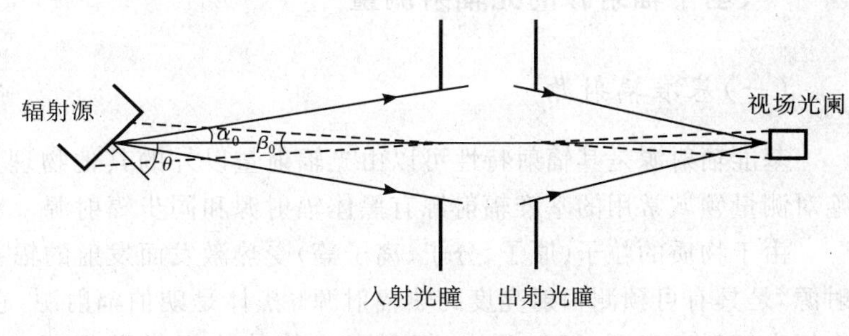

图9-14　典型光辐射测量系统

在光辐射测量中，辐射通量(即功率)是基本的辐射量，其他辐射量多是通过空间或时间量与光辐射通量联系起来，如辐射亮度、辐射照度等，或以辐射通量的测量为基础。

辐射通量测量的一种方式是用已知光谱响应度的探测器测量。测量系统通常在一定光谱范围$[\lambda_1,\lambda_2]$内有响应，若探测部分对辐射通量的光谱响应度表示为

$$R(\lambda)=d_{\mathrm{P}}r(\lambda) \tag{9-95}$$

式中，d_{P} 为探测部分的峰值响应度，$r(\lambda)$为相对于峰值归一化的相对光谱响应度。同时，辐射源的光谱辐射功率分布 $\Phi(\lambda)$用峰值 f_{P} 和相对光谱分布 $\varphi(\lambda)$表示为

$$\Phi(\lambda)=f_{\mathrm{P}}\,\varphi(\lambda) \tag{9-96}$$

则测量系统测得一定光谱范围内的总辐射通量为

$$\Phi=\frac{V}{R}=\frac{V}{d_{\mathrm{P}}}\frac{\int_{\lambda_1}^{\lambda_2}\varphi(\lambda)\mathrm{d}\lambda}{\int_{\lambda_1}^{\lambda_2}r(\lambda)\varphi(\lambda)\mathrm{d}\lambda} \tag{9-97}$$

式中，Φ 为测得的辐射通量，V 为系统的信号总输出，R 为总响应度。如果测量系统具有平坦的相对光谱响应度，则上式简化为

$$\Phi=\frac{V}{d_{\mathrm{P}}} \tag{9-98}$$

可见，系统的测量结果不但与辐射输入相关，还与系统的光谱响应度相关。因此，当使用有光谱选择性的仪器测量总辐射通量时，需要知道辐射源的相对光谱特性和测量仪器的相对光谱响应度。

光辐射测量的另一种常用方式是将被测辐射源或探测器与已知辐射特性的辐射源或探测器比较。例如，对辐射源进行比较测量的情况。

$$\Phi=\Phi'\frac{V}{V'}c_{\mathrm{f}}=\Phi'\frac{V}{V'}\frac{\int_{\lambda_1}^{\lambda_2}r(\lambda)\varphi'(\lambda)\mathrm{d}\lambda\int_{\lambda_1}^{\lambda_2}\varphi(\lambda)\mathrm{d}\lambda}{\int_{\lambda_1}^{\lambda_2}r(\lambda)\varphi(\lambda)\mathrm{d}\lambda\int_{\lambda_1}^{\lambda_2}\varphi'(\lambda)\mathrm{d}\lambda} \tag{9-99}$$

式中，c_{f} 表示修正系数，由等式最右边的 4 个积分的运算组成；$\varphi(\lambda)$、$\varphi'(\lambda)$分别为标准和被测辐射源的相对光谱辐射功率分布。如果两个辐射源的相对光谱辐射功率分布相同，或测量系统具有平坦的相对光谱响应度，则上式简化为

$$\Phi=\Phi'\frac{V}{V'} \tag{9-100}$$

类似地，被比较的也可以是传输介质或探测器。

辐射测量系统的三部分之间具有紧密联系，通过任意两部分可以测量第三部分，或可以进行同一部分的比较。表征传输介质特性量的测量见本章第五节。对光辐射进行测量时，无论采用上述提到的哪种测量方法，都需要有预先知道特性的辐射源和(或)探测器。因此，辐射测量可以分为：①获得已知特性的辐射源或探测器；②将待测辐射源或探测器与前者进行比较。

一、基于辐射源的光辐射测量

(一)基准辐射源

基准辐射源是其辐射特性可以由光辐射量以外的其他物理量(例如温度、电流等)导出的辐射源。目前绝对测量领域常用的基准辐射源有黑体辐射源和同步辐射源。

由于物质的粒子(原子、分子、离子等)受热激发而发射的辐射称为热辐射。黑体辐射源也称为普朗克辐射源，是具有可预测辐射亮度的热辐射源。黑体是朗伯辐射源，它的光谱和空间分布都是可预测的。它被用作标准辐射亮度源，辐射照度、辐射强度等其他辐射量都可以由辐射亮度导出。高温黑体常用作 200～2 500 nm光谱范围的光谱辐射度基准，而中温黑体和常温黑体辐射源常用作全辐射(积分辐射)基准。除作为基准辐射源外，模拟黑体辐射源还被科研、企业实验室广泛采用。很多实际辐射源近似于黑体。黑体函数

也常用于得出光学系统的辐射模型。

1. 黑体

黑体是其内部的辐射场与处于一定热力学温度的等温内壁达到热平衡状态的完全封闭的空间。只要腔体的尺寸相对于所考虑的光谱范围的波长大很多，辐射和腔体内壁的平衡就与腔体的形状和构造无关。

由于黑体的辐射特性完全取决于它的温度，所以基于黑体的辐射度学溯源到 SI 基本单位 K(开尔文)。当辐射场与黑体腔壁处于平衡状态，光谱辐射亮度 L_λ 与绝对温度的关系遵从普朗克公式，将公式中常数的数值带入得下式：

$$L_\lambda(\lambda,T)=1.191\,04\times10^8\lambda^{-5}\left[e^{1.438\,78\times10^4/(\lambda T)}-1\right]^{-1} \tag{9-101}$$

式中，$L_\lambda(\lambda,T)$ 的单位为 W/(sr · m^2 · μm)。

黑体光谱辐射的峰值波长 λ_{max} 可由维恩位移定律和黑体的温度求得。不同温度黑体的光谱辐射亮度曲线及其峰值对应波长的直线如图 9-3 所示。

在峰值波长 λ_{max} 上黑体的光谱辐射亮度 L_{λ_m} 为

$$L_{\lambda_m}=b_1T^5 \tag{9-102}$$

式中，$b_1=4.094\,1\times10^{-12}$ W/(sr·m^2·μm·K^5)。

当辐射场与黑体腔壁处于平衡状态时，辐射出射度 M_e(单位：W/m^2)与绝对温度的关系遵从斯忒藩-玻耳兹曼定律：

$$M_e(T)=5.670\,4\times10^{-8}T^4 \tag{9-103}$$

只要腔体的尺寸远大于所考虑的光谱范围的波长，黑体辐射相应的公式就都正确有效。在高精度或长波长光辐射计量中，有限的腔体尺寸可能会导致显著的误差[26]。例如，对边长为 1 mm 的立方体腔，在 1 μm 的波长上对普朗克公式的修正大约仅为 3×10^{-7}。然而，如果在 1 nm 带宽或更窄带宽测量，信号的均方根涨落约为 2×10^{-3}，此时也许就不能忽略由于腔体有限尺寸引入的误差了。

2. 模拟黑体[辐射源]

由于黑体是完全封闭的，它并不会向周围发出辐射，因而不能作为绝对辐射源。能够向周围发射辐射并且近似符合普朗克定律的辐射体称为模拟黑体。一般来说，模拟黑体是处于一定温度的、带小孔的封闭腔体，辐射从小孔中发射出来。在一些准确度不高的场合，处于一定温度的平面辐射体也可用作模拟黑体。

(1)模拟黑体的误差因素

对模拟黑体与黑体的偏差进行系统误差评定并修正后，模拟黑体可以作为绝对辐射源。模拟黑体主要有三个系统误差源：表面温度的不确定度、由于开口导致的辐射场与辐射表面没有处于平衡状态以及辐射表面温度的不均匀性。

1)表面温度的不确定度

通过普朗克公式对温度求导，可得到温度误差对光谱辐射亮度的影响：

$$\frac{dL_\lambda}{L_\lambda}=\frac{hc_0}{\lambda kT}\frac{e^{hc_0/(\lambda kT)}}{e^{hc_0/(\lambda kT)}-1}\frac{dT}{T} \tag{9-104}$$

通过对斯忒藩-玻耳兹曼定律求导，得到温度对全辐射体辐射出射度的影响：

$$\frac{dM}{M}=4\frac{dT}{T} \tag{9-105}$$

由于辐射场与腔体处于平衡，因此需要测量的是腔体表面的绝对温度。但是，把测温元件置于辐射面测量腔体表面的温度并不现实。实际测量过程中测量的是腔壁内部的温度，因此需要测量或通过热学模型计算腔壁内部与表面的温度差，并予以修正。

2)非平衡的影响

实际的腔体不可能是一个完整的封闭腔，所以由此产生的非平衡会导致误差。由基尔霍夫定律可以确定辐射损失引入的对辐射亮度的误差。

照射到物体上的辐射可能被反射、透过或吸收。根据能量守恒定律，反射比 ρ、透射比 τ 与吸收比 α 的和等于 1。对于一个处于辐射平衡状态的辐射表面，根据基尔霍夫定律，吸收比等于发射率。如果腔是不透明的，即透射比 $\tau=0$，则发射率 ε 等于 1 减去反射比：

$$\varepsilon=1-\rho \tag{9-106}$$

发射率与 1 接近的程度是对理想吸收体的评价指标，因此它也是评价由于偏离封闭平衡腔导致辐射亮度变化的指标。一般开孔远小于腔体尺寸的腔型，其发射率更容易接近 1。

3）温度不均匀的影响

温度不均匀导致整个腔体辐射通量的变化，就像腔壁上开了个小孔，使之偏离平衡。腔开口附近的辐射损失一般比其他区域大，这个损失导致腔口附近温度的变化及沿腔壁温度的不均匀性。另外，温度的不均匀性是绝对温度测量的另一个不确定度因素。对高发射率模拟黑体，限制其准确度的因素通常是温度的不均匀性。

（2）模拟黑体的发射率

1）发射率的计算

准确计算模拟黑体的发射率需要腔体几何参数、腔体表面发射的角度特性、表面的反射特性和测量系统的详细参数。对计算准确度影响最大的部分，是发射的辐射能够直接进入光学探测系统所在立体角的腔体内表面区域。

有很多计算辐射发射率的方法[27]，其中常用的方法是假定辐射源为朗伯发射体。可以依据沿腔壁的面元的光谱辐射发射率和温度，通过累加所有面元的贡献得到黑体腔的辐射亮度。对等温以及不等温腔发射率的计算方法的探讨可参考文献[28-31]。也可以不直接计算发射率，把问题转化为计算沿需要考虑的发射方向上射入腔体的光束的吸收比。这种情况下通常计算从某方向射入腔内的光辐射最终被反射出腔体的比例[32-33]。

实际的辐射表面并不是理想的漫反射面，常常在镜反射方向上反射比较高。一种极端的情况是用理想的镜反射模型计算模拟黑体辐射源的发射率。通过计算入射光束离开腔体之前经历反射的次数可以得到理想镜反射表面腔体的发射率。在一些应用中，黑色镜反射表面比漫反射表面更好，尤其是在观测方向已知并且方向性很强的情况下。

2）腔体不同部分发射率的选择

腔体温度不均匀会引入误差。对所考虑的辐射没有直接贡献的腔体内表面部分，降低其发射率可以减小温度不均匀误差。不能被直接观察到的腔体部分采用高反射比的镜反射材料，让这些表面几乎不吸收辐射而是将其反射回高吸收比表面。由于高反射表面的吸收和发射辐射都很少，它们的温度将会对腔内平衡产生较小的影响。

3）发射率的测量

在高准确度的应用中，应尽量测量而不是计算黑体的发射率。可以通过与高精度的模拟黑体的辐射亮度直接比较或直接测量腔的反射比得到发射率。要想通过测量腔内不同区域辐射亮度的变化得到温度的不均匀性是很困难的，因为亮度的变化不仅依赖于被测位置的温度，还与发射率有关。

3. 同步辐射源

同步辐射源可参考第十二章《光源和同步辐射》第五节，那儿有详细的论述。它是光谱辐射亮度可以预测的辐射源，因而可以作为一个基准辐射亮度源，辐射照度、辐射强度等其他辐射量也可以由它导出。

经典电动力学理论指出，做加速运动的带电粒子会发出辐射。同步加速器是对电子束进行环形加速的电子加速器，电子加速过程中发出的辐射称为同步辐射。随着带电粒子加速器的实验和理论研究，美国物理学家施温格给出了本章前述的关于加速带电粒子束辐射的光谱与角分布的完整的理论公式，并得到了大量实验的验证。

施温格理论模型与普朗克黑体辐射公式具有相似的特性，都能基于其他物理量导出辐射体的辐射特性。但是与黑体辐射源相比，同步辐射是不均匀的，具有很高的方向性和偏振度，它的辐射功率几乎都在电子运动的切线方向。

同步辐射的光谱范围宽，可以覆盖从红外、可见、紫外到软 X 射线的光谱范围。根据电子束能量的不同，同步辐射的光谱分布的峰值可出现在真空紫外到软 X 射线的不同波长。能量高的电子束峰值波长小。对同步辐射源长于峰值波长的光谱范围，向长波方向每增加一个量级，辐射功率减小约两个量级。与其他辐射源相比，即使在可见波段同步辐射仍有足够的功率进行准确的辐射度测量。美国 NIST 同步加速器 SURF Ⅲ在储存环电流为1 mA、带宽为10 nm、距离源 6.114 m 处 10 mm×10 mm 面积内的光谱功率分布如图 9-15 所示[34]。我国也在开展相关研究[35-36]。

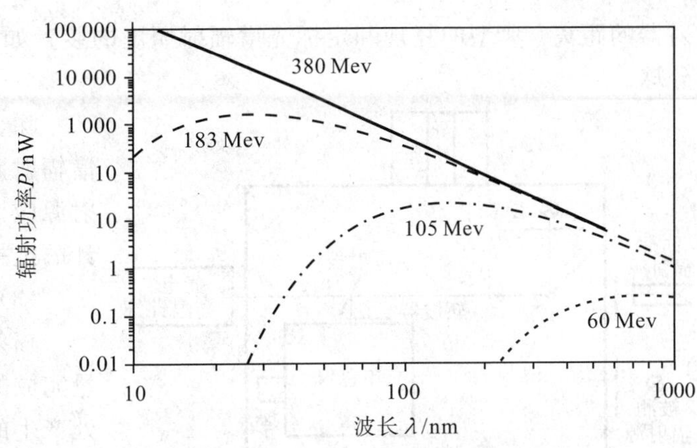

图 9-15　同步辐射源 SURF Ⅲ 的光谱功率分布

除作为基准辐射源外，同步辐射源经分光也作为单色辐射源用于真空紫外和软 X 射线波段探测器光谱响应度定标[37]。高准确度测量已经将低温辐射计与同步辐射源联合使用[38]。

(二)传递标准辐射源及其测量

1. 传递标准辐射源

传递标准辐射源是具有如下特性的辐射源：自身的辐射亮度或辐射照度等辐射特性稳定，由绝对测量方法得到的量值可以传递给它，并由它保持和传递给其他标准或测量仪器。在辐射量的测量和仪器的检定、校准中，传递标准辐射源起到重要作用。

250～2 500 nm 光谱范围的光谱辐射亮度传递标准辐射源一般采用钨带灯。真空钨带灯的色温约为 2 360 K，充气灯的色温约为 2 800 K。作为传递标准的钨带灯除应具有良好的发光稳定性外，还需要在钨带的有效使用区域具有良好的温度均匀性。标准灯使用时需要在额定的电压或电流下工作，偏离额定条件会导致光辐射量值的变化。对典型光源，传递的量值随灯端电压的变化具有一定的规律[39-40]。在 115～350 nm 波段一般选择氘灯作为光谱辐射亮度传递标准辐射源，在 160 nm 以上也可以采用氩弧等离子体辐射源[41]。另外在真空紫外波段还可以采用空心阴极灯。在红外光谱区域，一般采用工作在从－50 K 到超过2 000 K不同温度的模拟黑体作为全辐射量的传递标准[42]。在 250～2 500 nm 光谱范围的光谱辐射照度传递标准一般采用卤钨灯。

2. 辐射源的测量

(1)光谱辐射亮度测量

光谱辐射亮度基准的量值由普朗克公式或施温格公式计算得到，其他辐射源的量值通过比较测量溯源到基准。进行光谱辐射亮度测量，一种方法是将待测辐射源与标准辐射源直接比较，采用单色仪或其他分光器件分光，交替测量标准或被测辐射源的光谱输出[43]。典型的基于黑体复现和测量光谱辐射亮度的系统如图 9-16 所示，成像系统将黑体的光阑或标准灯的钨带交替地成像到单色仪的入射狭缝，之后经同样的测量系统进行光谱比较测量。另一种方法是用标准辐射源定标光谱辐射计，然后利用光谱辐射计作为传递标准对被测辐射源进行定标。随着光谱辐射计技术的发展，利用它进行测量越来越普遍。无论采用上述哪种测量方法，都需要注意测量系统与辐射源之间的空间关系。对辐射亮度的测量或辐射计的定标测量可以采用远距离面源法、近距离面源法和琼斯法(近距离小光源法)[44-45]。

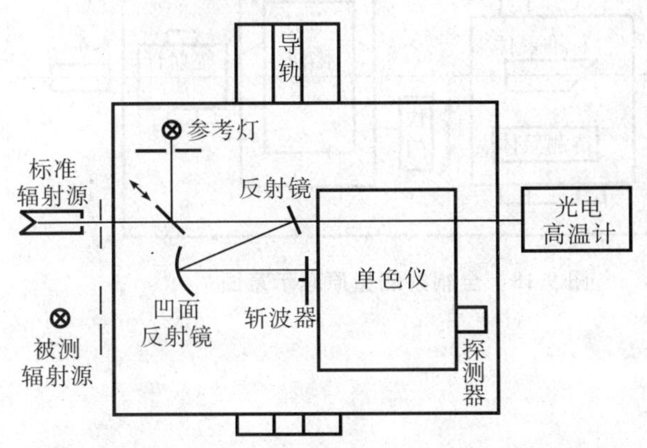

图 9-16　光谱辐射亮度传递测量原理示意图

如果辐射面源不能完全充满测量仪器的视场，则辐射亮度需要间接地通过测量辐射源产生的照度获得。

(2) 光谱辐射照度测量

基于辐射源的光谱辐射照度的量值由光谱辐射亮度得到。光谱辐射照度复现和测量装置与光谱辐射亮度测量装置大致相同。它们之间的区别在于：首先，黑体辐射源前面要有面积准确已知的光阑；其次，为比较辐射照度，在单色仪入射狭缝处采用漫射而不是通过成像系统照射入射狭缝；最后，要准确测定辐射源到漫射器的距离。典型的复现和定标光谱辐射照度的装置如图 9-17 所示。漫射可以采用漫射板，也可以采用积分球。

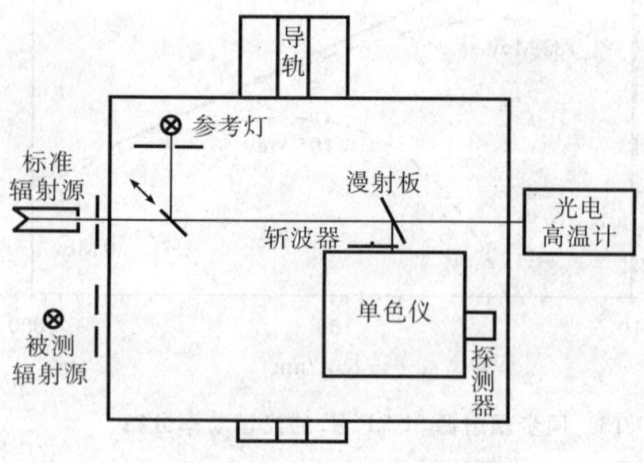

图 9-17 光谱辐射照度传递测量原理示意图

除上述直接比较测量外，还可以采用光谱辐射计。在光谱辐射照度测量中，无论直接比较还是通过光谱辐射计，辐射源应该限制在仪器视场之内。对辐射照度的测量和辐射计的定标可以采用远距离点源法[44-45]。

(3) 光谱辐射强度测量

辐射源的辐射强度的测量，一般是通过辐射照度的测量完成的[46]。设辐射源通过透射比为 τ 的介质后在距离 s 处产生的辐射照度为 E，在点辐射源近似条件成立的情况下，辐射强度 I(单位：W/sr)为

$$I=\frac{Es^2}{\tau} \tag{9-107}$$

辐射源的辐射强度还可以通过扩展辐射源表面各点在给定方向的辐射亮度 L 得到。由 $\mathrm{d}I=L\cos\theta\,\mathrm{d}A$，对整个辐射面积分：

$$I=\int_S L\cos\theta\,\mathrm{d}A \tag{9-108}$$

(4) 空间总辐射通量的测量

空间总辐射通量是指辐射源在空间各个方向发出的辐射通量的总和。它的绝对测量方法有两种：一种是变角辐射计法，通过在辐射源的各个方向测量辐射强度或辐射照度并进行空间积分得到总辐射通量；另一种是积分球绝对法，是将积分球内被测辐射源发出的总辐射通量与积分球外射入积分球的已知辐射通量进行比较测量。空间总辐射通量的相对测量方法是利用积分球将被测辐射源与已知总辐射通量的辐射源进行比较测量。这项测量与光度学中总光通量的测量类似。总光通量测量技术已经相当成熟，相关内容可以参阅本章第四节。总辐射通量测量与总光通量测量的区别在于前者溯源到辐射亮度(基于辐射源的测量)或辐射通量(基于探测器的测量)，被测量可以是光谱的或者积分的；而后者溯源到发光强度，被测量是依据人眼的视觉特性评价的生理心理物理量。

(5) 全辐射量测量

全辐射量测量是辐射源在整个光谱范围内总辐射量的测量。如本节之初所述，采用与被测辐射源光谱特性相同的标准辐射源或采用光谱响应平坦的探测器可以使问题简化，避免复杂的修正。对常温黑体和中温黑体的红外辐射的测量，大多通过光谱响应平坦的探测器进行全辐射测量。典型的全辐射测量系统如图 9-18 所示。根据被测量的辐射量和使用的仪器的不同，测量的空间条件可分别采用远距离点源法、远距离面源法、近距离面源法和琼斯法[44-45]。

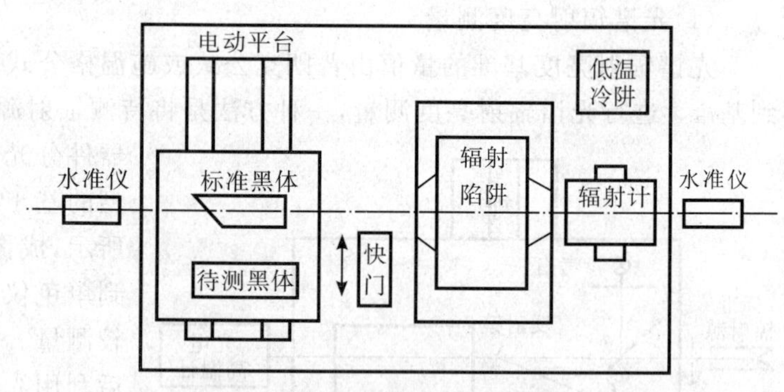

图 9-18 全辐射测量原理示意图

(三)热辐射体发射率测量

热辐射体表面发射率测量主要有两类方法：辐射测量法和量热法。

1. 辐射测量法

(1)比较法

比较法主要是基于被测样品与模拟黑体辐射源或已知发射率的标准样品在相同温度下的辐射亮度的比较来测量被测样品的方向发射率。这种直接比较法最主要的优点在于它是相对测量法，不依赖于辐射度和温度的

绝对测量，只要辐射计在测量的动态范围内线性就够了。另外，用此方法不但可以测量总发射率，也可以测量光谱发射率。采用此方法时要注意被测样品要处于平衡状态，并且要考虑反射辐射的影响。

如果模拟黑体的温度可调，将其温度 T_b 调整到辐射亮度或光谱辐射亮度与温度 T_s 下的被测样品的相应量值相同，则被测样品的总发射率 ε 或光谱辐射发射率 ε(λ)可计算如下：

$$\varepsilon(T_s)=\frac{T_b^4}{T_s^4} \tag{9-109}$$

$$\varepsilon(\lambda,T_s)=\frac{e^{c_2/\lambda T_s}-1}{e^{c_2/\lambda T_b}-1} \tag{9-110}$$

式中，c_2 为第二辐射常数。

(2)基于反射比的测量

根据不透明样品的发射率与反射比之间的关系 $\varepsilon=1-\rho$，也可以通过反射比的测量得到材料的发射率。这种方法的优点是可以得到不同几何条件下的反射比结果。

2. 量热法

量热法测量发射率是基于样品通过辐射热传递导致的热量损失或热量增加。这种方法仅适合于测量总发射率。将发射辐射的面积为 A 的被测样品置于真空的环境，并且传导的热损失可以忽略，使样品在电功率 P 加热的同时通过辐射传热与发射率为 ε_0、温度为 T_0 的环境达到稳态热交换。根据斯忒藩-玻耳兹曼定律，样品的半球发射率 ε 由下式确定：

$$\varepsilon(T)=\frac{P}{\sigma A(T^4-\varepsilon_0 T_0^4)} \tag{9-111}$$

(四)辐射源的温度

一定温度的黑体辐射源具有确定的相对光谱辐射功率分布、颜色、亮度、全辐射亮度等特性，因此常用黑体的温度近似表示实用辐射源的某种特性。

1. 分布温度

对于一定光谱范围内光谱功率分布为波长的连续函数的辐射，如果它与一定温度的普朗克辐射体具有相同或近似相同的相对光谱功率分布时，普朗克辐射体的温度称为待测辐射体在相应波段的分布温度 T_D。一般通过调整下面积分式中的待定比例因子 a 和温度 T，使积分值为最小，求得的 T 就是分布温度。

$$f(a,T_D)=\int[1-\Phi_t(\lambda,T_D)/(a\Phi_b(\lambda,T))]^2\,d\lambda \tag{9-112}$$

式中，$\Phi_t(\lambda,T_D)$为待测辐射的相对光谱功率分布，$\Phi_b(\lambda,T)$是温度为 T 的普朗克辐射体的相对光谱功率分布。

灰体是发射率小于 1 的非选择性热辐射体(发射率在所有波长都相等)，它的分布温度 T_D 就是它的真实温度 T。对于发射率随波长变化的辐射源，分布温度与真实温度有差别。一般金属材料 $T_D>T$，非金属材料 $T_D<T$。CIE 建议计算分布温度时辐射源光谱数据范围取 380～780 nm，波长间隔应小于 10 nm。使用分布温度这一概念，相对光谱功率分布与黑体的差异应小于 10%[47]。

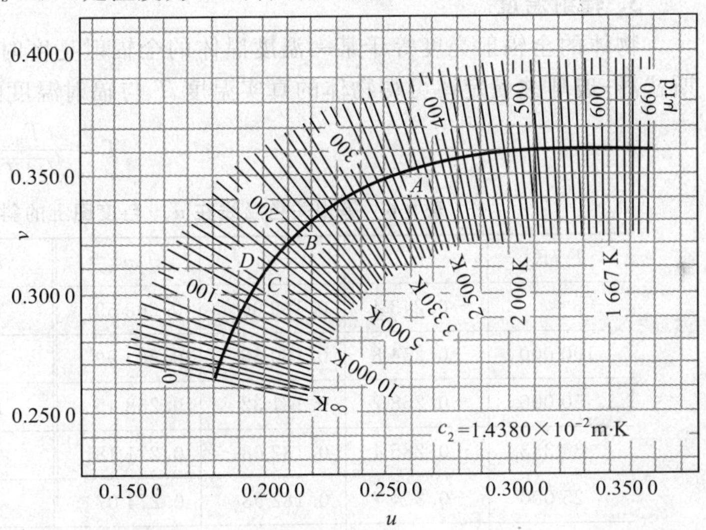

图 9-19　CIE 1960 UCS 均匀色度图中黑体轨迹及等相关色温线

2. 颜色温度和相关色温

根据普朗克公式可以计算出不同温度下黑体的光谱辐射功率分布，从而可以得到相应的色品坐标。这些点在色品图上形成一条曲线，称为黑体轨迹，如图 9-19 所示。如果一个辐射体

与温度为 T_c 的普朗克辐射体具有相同的色品坐标，则该辐射体的颜色温度(简称色温)为 T_c。

如果辐射源的相对光谱功率分布决定的色品坐标不在黑体轨迹曲线上，则可以用颜色与特定观察条件下给定刺激最接近的黑体的温度近似地表征，此条件下黑体的温度称为该辐射源的相关色温 T_{cp}。表示色温的另一个单位为倒色温，又称为麦勒德(μrd)：

$$1\ \mu\text{rd}=\frac{1}{T_c(\text{K})}\times 10^6 \tag{9-113}$$

在 u、v 色品坐标系中，黑体轨迹上麦勒德数差值相等的点的距离相等，等温线与黑体轨迹垂直。根据光源的色坐标到相邻的等温线之间的距离线性内插可求得光源的相关色温。如果光源的色品坐标在与之相邻的两条等温线 T_1 和 T_2 之间，d_1、d_2 分别为光源色品坐标点到 T_1、T_2 等温线的距离，光源相关色温 T_{cp}可由下式计算得到：

$$T_{cp}=\left[\frac{1}{T_1}-\frac{d_1}{d_1+d_2}\left(\frac{1}{T_1}-\frac{1}{T_2}\right)\right]^{-1} \tag{9-114}$$

式中，d_1、d_2 分别为到相邻等温线的距离。色品坐标上的一点(u, v)到任一等温线的距离 d 为

$$d=\left|\frac{(v-v_i)-m_i(u-u_i)}{\sqrt{1+m_i^2}}\right| \tag{9-115}$$

式中，u_i、v_i 分别为该等温线与黑体轨迹的交点的色坐标，m_i 为该等温线的斜率。

表 9-6 列出了 u、v 色度图中不同色温的黑体对应的色坐标和过该点的等温线的斜率 m。需要注意的是，表中的点是在 $c_2=1.438\,0\times10^{-2}$ m·K 时的计算结果，现在该值为 $1.438\,8\times10^{-2}$ m·K，所以计算得到的色温值应该再乘以修正系数 1.000 56。

计算相关色温的简便方法是通过辐射源在 CIE x, y 色品图的色品坐标(x, y)用 McCamy 经验公式直接求得[48]：

$$T_{cp}=449.0\,n^3+3\,525.0\,n^2+6\,823.3\,n+5\,520.33 \tag{9-116}$$

式中，$n=(x-0.332\,0)/(0.185\,8-y)$。

除去前述的方法外，相关色温的计算方法主要还有三角形垂足法和逐次逼近法等[49-51]。

如果辐射源与一定温度的黑体的相对光谱功率分布相同，则分布温度、颜色温度相同。对于白炽灯，分布温度与颜色温度很接近。尽管如此，分布温度是个纯粹的物理量，而颜色温度和相关色温是心理物理量，它们只与明视觉的三种锥状感光细胞和人的大脑对视觉信息的处理方式有关。色温和相关色温有时被错误地用于表示辐射源的相对光谱功率分布。由于存在同色异谱现象，颜色温度相同的光源，其相对光谱功率分布不一定相同。但相对光谱功率分布相同的光源，其色温一定相同。

3. 辐射温度

物体的全辐射亮度等于某一温度黑体的全辐射亮度时，黑体的绝对温度 T_b 称为该物体的辐射温度。由斯忒藩-玻耳兹曼定律可得物体的真实温度 T 与辐射温度的关系为

$$T=\frac{T_b}{\sqrt[4]{\varepsilon(T)}} \tag{9-117}$$

表 9-6　等相关色温线在 u、v 色度图上的斜率及其与黑体轨迹交点的色坐标

T_c/K	m	u	v	T_c/K	m	u	v
∞	−0.243 4	0.180 06	0.263 59	14 286	−0.379 0	0.186 11	0.283 40
100 000	−0.254 8	0.180 65	0.265 99	11 111	−0.442 6	0.188 79	0.289 95
50 000	−0.268 7	0.181 32	0.268 45	10 000	−0.478 7	0.190 31	0.293 25
33 333	−0.285 4	0.182 08	0.271 18	8 000	−0.581 7	0.194 61	0.301 39
25 000	−0.304 7	0.182 93	0.274 07	6 667	−0.704 3	0.199 60	0.309 18
20 000	−0.326 7	0.183 88	0.277 08	5 714	−0.848 4	0.205 23	0.316 45
16 667	−0.351 5	0.184 94	0.280 20	5 000	−1.017	0.211 40	0.323 09

续表

T_c/K	m	u	v	T_c/K	m	u	v
4 444	−1.216	0.218 04	0.329 06	2 353	−5.365	0.280 32	0.355 75
4 000	−1.450	0.225 07	0.334 36	2 222	−6.711	0.288 54	0.357 13
3 636	−1.728	0.232 43	0.339 01	2 105	−8.572	0.296 76	0.358 22
3 333	−2.061	0.240 05	0.343 05	2 000	−11.29	0.304 96	0.359 06
3 077	−2.465	0.247 87	0.346 53	1 905	−15.56	0.313 10	0.359 68
2 857	−2.960	0.255 85	0.349 48	1 818	−23.20	0.321 19	0.360 11
2 667	−3.576	0.263 94	0.351 98	1 739	−40.41	0.329 20	0.360 38
2 500	−4.355	0.272 10	0.354 05	1 667	−113.8	0.337 13	0.360 51

式中，$\varepsilon(T)$为物体的平均发射率。因为ε总是小于1，所以$T>T_b$。T和T_b接近的程度取决于物体材料发射率接近于1的程度。

4. 辐射亮度温度

在规定波长（或窄的光谱范围内），普朗克辐射体与所考虑的热辐射体有相同的辐射亮度的光谱密集度时，普朗克辐射体的温度T_b即为该热辐射体在规定波长的辐射亮度温度，简称亮度温度。

$$\varepsilon(\lambda,T)L(\lambda,T)=L_b(\lambda,T_b) \tag{9-118}$$

式中，$\varepsilon(\lambda,T)$为物体在该波长的发射率，T为物体的真实温度。同样因为实际辐射源的发射率总是小于1，所以物体的真实温度总是大于亮度温度。

二、基于探测器的光辐射测量

（一）探测器的基本特性

光辐射探测器是光辐射入射其上能产生可测物理效应的器件，主要可分为光电探测器和热探测器两大类。探测器的响应度是探测器的输出量除以输入量的商。一般探测器的输出表现为电压或电流信号，而输入量则可能是辐射通量、辐射照度、光子通量等。在没有光辐射输入时探测器输出的信号称为暗信号，对光电探测器常称为暗电流，需要在测量中扣除。

对于输入量，必须考虑几何、光学和时间3个方面的参数。几何参数包括入射角、光束尺寸、功率密度分布、照射位置等。几何参数决定被测的量值是通量还是照度、亮度等。光学参数方面，探测器的输入可能是单色辐射，也可能是复合辐射；还要考虑偏振特性等。在时间方面，要考虑探测器的上升时间、辐射测量系统对辐射的调制作用以及塔耳波特定律是否适用等。

探测器的光谱响应度$R(\lambda)$定义为在波长范围$d\lambda$内探测器的输出$dY(\lambda)$除以该探测器在波长间隔$d\lambda$内的单色输入量$(dX(\lambda)=X_\lambda d\lambda)$之商：

$$R(\lambda)=\frac{dY(\lambda)}{dX(\lambda)} \tag{9-119}$$

探测器的相对光谱响应度$r(\lambda)$为波长λ上的光谱响应度$R(\lambda)$与参考波长λ_0上的光谱响应度$R(\lambda_0)$的比值。探测器的响应度通常与入射辐射偏振取向、探测器的温度、湿度和电路等因素的影响有关。如果输入量与输出量不成比例，即探测器非线性，它的响应度还与输入量的大小有关。

光辐射探测器的噪声等效功率(NEP)定义为：探测器测量辐射通量时，如果输入功率产生的输出量等于由噪声引起的输出量，此时的输入功率即为噪声等效功率。探测率D等于噪声等效功率的倒数，即$D=1/\mathrm{NEP}$。

探测器的响应时间通常定义为：稳态辐射瞬时投射到探测器，其输出从最大值的10%上升到90%，或辐射遮断后输出从最大值的90%下降到10%所需要的时间。前面两种过程的时间又分别称为上升时间和下降时间。如果输出随时间指数变化趋于稳定，探测器的时间常数定义为：阶跃输入后，其输出从初始值的变化量达到最终变化量的(1－1/e)倍所需要的时间。

(二)基准探测器

基准探测器是其对光辐射的响应度可以由光辐射量以外的其他物理量导出的光辐射探测器。目前常用的基准探测器有电校准辐射计、光电离探测器和量子效率可预测探测器。基于自发参量下转换的相关光子检测和基于超导转换沿的单光子测量有可能成为基准探测技术或基准探测器。

1. 电校准辐射计

(1)电校准辐射计的原理

电校准辐射计也叫电替代辐射计或绝对辐射计，通过测量产生相同加热效果的电功率等效测量光辐射功率[52-54]。作为辐射功率标准，电校准辐射计可作为导出辐射照度、辐射强度、辐射亮度等其他辐射量的基础。电校准辐射计可以进行全光谱的辐射功率测量，也常用于单色或已知相对光谱功率分布的辐射测量。

电校准辐射计主要包括光辐射吸收层、温度传感器以及吸收层里面的电加热器。当辐射计被照射时，温度计测量接收体相对于热沉的温升。然后，挡住照射的辐射，接通电加热电路，调节加热功率使接收体的温升与辐射加热的温升相同。此时测得的电加热功率就等于入射的光辐射功率。这个测量的基础是电功率测量，溯源到SI单位制的A(安培)和V(伏特)。为得到准确的测量结果，必须对光辐射与电功率加热间的区别进行评价并进行修正。

(2)不同类型的电校准辐射计

电校准辐射计已被广泛应用。按温度计、辐射吸收层以及工作温度，电校准辐射计可分为不同类型。

早期的电校准辐射计工作于常温，采用的测温元件有热电偶、热电堆以及热电阻。很多应用场合至今还在使用热电堆或热电阻构成的辐射计。它们的准确度、灵敏度以及响应时间都已经得到了很大改进。采用热电堆的常温绝对辐射计(以及后面提到的激光功率计)在1 mW的功率水平，测量不确定度可达到0.1%。电校准辐射计也被用于地面太阳总辐射照度等的高准确度测量。

20世纪70年代研制成功了热释电探测器，它是基于热释电材料的热敏自发电极化进行温度传感的电校准辐射计，具有快速、灵敏的特点，适用于测量脉冲和被调制的光辐射。常用的热释电探测器材料有硫酸三甘肽(TGS)、聚偏二氟乙烯(PVF_2)等，工作在居里温度以下。当辐射功率被遮挡时，可以在辐射灵敏面内的电加热器上施加电功率进行电校准。由于响应快，热释电辐射计比热电堆辐射计使用起来方便得多。采用热释电的电校准辐射计通常比常温热电堆、热电阻辐射计灵敏度高，但准确度差。

按辐射接收面的几何形状，电校准辐射计可分为平面型和腔型。通常腔型辐射计在较宽的光谱范围具有高准确度，而平面型辐射计由于热容小而灵敏度高、响应快。

电校准辐射计也可以按光电功率进行比较的工作温度划分。自20世纪80年代以来，工作在液氦温度(4.2 K或更低)的电校准辐射计有了很大进展。这种辐射计称为低温辐射计(CAR)，已经在光辐射计量领域得到重要应用[55]。低温辐射计的典型结构如图9-20所示。它相对于常温电校准辐射计的改进，首先是提高了接收腔吸收比。提高接收体吸收比的有效办法是采用高吸收比的涂层和将探测器做成腔体。若在常温下提高吸收比将会使探测器的热容增加，系统的平衡时间延长。而在液氦温度环境下，制作吸收腔的纯金属材料的热学特性发生了巨大变化，其比热减小约3个数量级，热导率将提高几倍至十几倍，这样，腔体的热扩散率就提高约4个数量级，使得高吸收率、短时间常数的接收腔体成为可能。内表面采用高吸收比漫射材料的斜底圆柱腔体，腔体吸收比高于0.999 9。其次，腔体的热扩散率提高后，腔体更容易达到热平衡，减小了电加热功率和光加热功率的热流通道的不一致导致的差异，该差异是常温绝对辐射计主要误差源之一。另外，采用超导加热引线消除了连接探测器电加热部分的引线的功率引入的误差，这是常温绝对辐射计的另一个主要误差源。最后，工作在液氦温度并包围在该温度的环境下，减小了探测器接收腔与环境辐射能量交换；探测器处在高真空环境下，减小了对流造成的能量交换。因此低温辐射计克服了常温电校准辐射计的缺点，是目前光辐射测量最准确的绝对探测器，其测量的相对不确定度最好可达5×10^{-5}。

(3)电校准辐射计的误差源

由于采用探测器的类型和具体应用场合不同，各误差源影响的大小也不一样。电校准辐射计的误差源

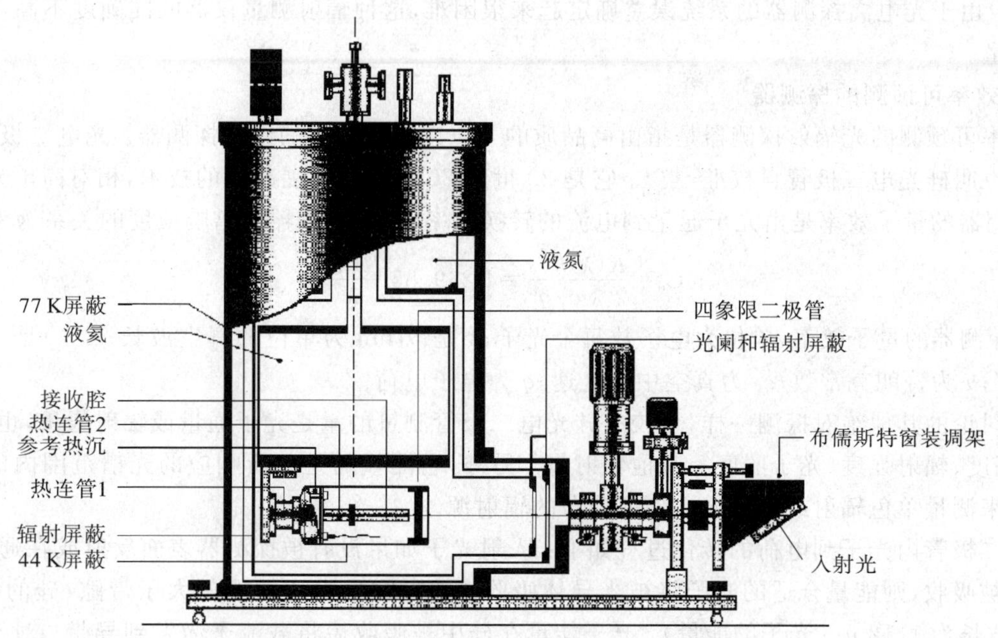

图 9-20　低温辐射计示意图

可分为三类:溯源到电学基本单位的误差、光与电加热不等效的误差及具体应用中的误差。下面介绍电校准辐射计的主要误差源。对误差源的详细讨论可以参考文献[52]。

电功率测量的准确度是由电压和电流测量的准确度决定的,容易达到 1×10^{-4} 的准确度,并且还可以提高。

电和辐射加热的差异表现在辐射、传导、对流损失的差异上。其中大部分差异可以测量,通过修正可以提高准确度。最明显的例子是接收器表面由于反射造成的辐射损失,不太明显的例子是电加热器电压测量端以外的导线加热造成的影响。

电加热和辐射加热的差异也可能是由于温度传感器响应的空间不均匀性或由于两次加热中热流通道上的差异造成的。这些影响对不同材料、不同设计的辐射计也不同。电加热器一般在吸收层下,而辐射加热发生在表面,所以到传感器的热流通道可能有很大差异。另外,在探测器上辐射加热的空间功率分布与电加热的空间功率分布也不相同。基于详细热学分析的设计能够减小这些影响。为保证准确度,还需要测量不均匀性影响以检验热学模型。不均匀性测量可以通过下述两种方法中的一个来测量:把辅助电加热器放在不同的位置,或将小光斑照射在接收器灵敏面的不同位置。

需要注意的是,辐射计运行环境不同也可能导致热流通道的差异。例如很多辐射计的光电不等效修正系数因气压不同而不同。

与应用相关的误差源有很多。例如:有窗口的情况下窗口透射损失和干涉影响,辐射照度测量中光阑面积的准确度及衍射修正,太阳辐射等强辐射测量中光阑和仪器外壳的加热都可能是重要的修正项。

2. 光电离探测器

光电离探测器也和电校准辐射计一样是绝对光辐射探测器,可以用于能量较高光子的绝对光子通量的测量。光电离探测器内含有一个低压充气室,当真空紫外波段的高能量光子通过两个电极之间的气体时,气体吸收光子被电离,从而在电极间产生电流,该电流正比于吸收的光子数和气体光电离效率,因而正比于入射光子通量。

光电离效率是吸收每个光子后产生电荷的数目。如果光子能量足够高,原子气体的光电离效率是100%。稳定的原子气体包括稀有气体氦、氖、氩、氪、氙。比对测量结果表明,在一定波长范围内光电离效率为100%。设计原理合理、充填气体适当的电离室,所有的辐射都能被吸收,因此入射到气体的光子数目与产生的离子电荷数目相等,但是需要注意二次电离的影响。如果不是测离子电流而是测量因光子吸收而产生的每个脉冲,就得到了光子计数器。光电离探测器已被用于 25～102.2 nm 的光子通量测量和 0.2～30 nm

的光子计数。由于光电离探测器的系统误差确定起来很困难，这种辐射测量仪器的准确度不高，仅限于真空紫外辐射测量。

3. 量子效率可预测的探测器

量子效率可预测的光辐射探测器是指由高品质的光电二极管构成的绝对探测器。光电二极管量子效率的测量技术也叫硅光电二极管自校准[56-58]。它是20世纪80年代初发展起来的技术，相对简单易用，准确度高。光电探测器的量子效率是由光子通量到电流的转换效率，它与探测器光谱响应度的关系为

$$C_e=\frac{R(\lambda)}{\lambda}\frac{hc_0}{q}=1\,239.85\frac{R(\lambda)}{\lambda} \tag{9-120}$$

式中，C_e 为探测器的量子效率，单位为电子数每个光子；λ 是以 nm 为单位的真空波长；$R(\lambda)$是光谱响应度，单位为 A/W；h 为普朗克常数；c_0 为真空中的光速；q 为电子电荷。

如前面讨论的其他绝对探测一样，自校准硅光电二极管测量的量是光子通量或辐射通量，也可用于导出辐照度、辐亮度、辐射强度、光子照度等其他辐射量。另外，它测量的是它所响应的光谱范围内的所有通量，所以主要用来测量单色辐射或已知光谱功率分布的辐射源。

硅光电二极管内光子到电荷的转化过程如下：入射光子如果没有被探测器表面反射或在通过表面后的传输过程中被吸收，则能量合适的光子将被半导体吸收。被吸收的光子的能量大于带隙，硅的带隙是1.11 eV(等效于波长为1.12 μm光子的能量)。光子能量在硅中被吸收后将载流子激发到导带。对于硅来说，整个可见波段光子的能量都不足以产生碰撞电离，因此在从可见到近红外(大约400～950 nm)光谱范围，吸收一个光子将在硅的导带中产生一个电荷。

在光电二极管中，一定比例掺杂的原子在半导体内产生一个内建电场。内建电场导致新产生的载流子分离，最终形成外部电路的电流。收集载流子的效率有赖于它们在二极管中产生的区域。已经证明，在高质量的光电二极管的电场区域，这个收集效率与100%的偏差不超过0.01%。在电场以外的区域，收集效率可以通过简单偏压测量确定。

对收集效率达到100%的光谱范围，光电转换过程中唯一的损耗是探测器前表面的反射。可以通过几个光电二极管的适当排列提高收集辐射的效率，就像光的陷阱一样，所以叫做光陷阱探测器(也叫陷光探测器或陷阱探测器)。光入射到光陷阱探测器的第一个二极管，其反射的光再入射到第二个二极管，再到第三个二极管，如此下去，几次反射后被接收的光辐射的比例就非常高了。把所有二极管的光电流合在一起，单位时间内总的光电子数与入射光子数的差异能够小于0.1%。

PN型硅光电二极管在可见光谱的长波范围及近红外有较高的收集效率。而NP型在短波范围有较高的收集效率。目前，NP型光电二极管在蓝光区域有接近理想的、最高的量子效率，而PN型在红光区域接近理想。在大约400～900 nm的光谱区域，自校准硅光电二极管已显示出优于0.1%的绝对准确度。

光陷阱探测器除去具有光谱量子效率平坦的特性外，还具有面响应均匀性高、温度系数小等优点[59-61]。陷阱探测器的缺点是接收角较小、容易受到污染。

量子效率可预测探测器的概念也可以适用于其他光电二极管，近来InGaAs器件在1 000～1 600 nm的量子效率已接近100%。

4. 相关光子检测

相关光子检测是利用参量下转换过程产生的纠缠光子所固有的相关性进行探测器量子效率绝对测量的新方法，这种方法与其他绝对测量方法的本质区别在于它原理上仅依赖于事件的计数，不再依赖于任何其他测量标准或量值[62]。

光辐射与非线性晶体相互作用时，以一定的概率发生自发参量下转换(SPDC)并产生处于纠缠态的双光子，泵浦光子与下转换的共轭双光子分别遵守能量和动量守恒定律。时间上，共轭光子对的产生符合在几十飞秒的时间内。基于上述的时空等多重相关性，如果一个信号光子得到确认，则相应闲置光子的时间、方向、能量、偏振都是确定的。自发参量下转换根据相位匹配方式分为一类(信号光与闲置光偏振方向相同)和二类(信号光与闲置光偏振方向相互垂直)。

基于第一类参量下转换进行探测器量子效率测量的技术相对发展较快，目前测量不确定度已达到3×

10^{-3}水平，并且还在进一步提高测量准确度。该项技术是在一个时间段内、在泵浦光产生下转换光子对的共轭位置和对应的波长同时测量的信号光路和闲置光路以及两者的符合计数，则被测探测器在信号光波长的量子效率为

$$\eta_{signal}=\frac{1}{T_{signal}}\frac{N_c-N_{ac}}{N_t-N_b} \tag{9-121}$$

式中，T_{signal} 为信号光子光路的透射比，N_c 为信号光子光路和闲置光子光路的符合计数，N_t 为闲置光子光路的触发计数，N_{ac} 为意外符合计数，N_b 为闲置光子光路的背景计数。

基于第二类参量下转换进行探测器量子效率测量的技术发展相对较晚，其基本原理是利用信号光子和闲置光子偏振态的垂直，通过信号光路光子的探测动态调整闲置光路检偏器的偏振态，使得只在信号光子触发偏振态改变的条件下才能检测到闲置光子，从而代替测量系统对符合计数的要求，再通过不同偏振限制条件下的计数得到被测探测器的量子效率。

5. 单光子探测器

基于超导转换沿的单光子探测器(TES)是一种微量热计。它的核心是超导薄膜，工作在超导转换状态很窄的温度区域，一般在 100 mK 以下。在超导转换区域，超导体的电阻在正常阻值和 0 之间变化。单光子探测器与环境的绝热足够好，接收到入射光子的能量后转化为热从而导致超导薄膜电阻的增加。在电压偏置下，超导量子干涉器件(SQUID)通过电感耦合测量单光子探测器电流。目前不但可以进行单光子测量，还可以进行多个光子数分辨。测量的光谱范围可以覆盖从毫米波到伽马射线。基于超导转换沿的单光子探测器的探测效率取决于光子接收面的吸收比。

(三)标准探测器与定标

不同光谱范围选用的用于量值传递的探测器不同。热电堆型辐射探测器和热释电探测器在紫外到红外非常宽的光谱范围具有较为平坦的光谱响应，光谱范围可以覆盖从 200 nm 至少到 15 μm。腔形探测器的光谱响应更为平坦。光热型辐射计常作为传递探测器或实用探测器。探测器的校准结果表现为在分立波长上的功率响应度或照度响应度。目前半导体探测器技术较成熟，在 200～1 100 nm 光谱范围通常采用的传递探测器是硅光电二极管。250 nm 以下紫外辐射常会导致探测器稳定性问题，一些特殊类型的硅探测器、PtSi 探测器可用作传递探测器。有些情况下也用 GaAsP 探测器，这种探测器受紫外照射后仍很稳定，但是响应度空间均匀性差。在 200 nm 以下，可以使用 PtSi 探测器或特殊类型的硅探测器。在真空紫外波段，传递探测器可以用稀有气体电离室和光电二极管。对紫外到近红外波长范围的微弱光辐射测量，光电倍增管可作为一种选择，它的灵敏度很高，但需要注意它的疲劳和漂移。在 900～1 700 nm 范围的常用探测器是锗或铟镓砷光电二极管。更长波长的红外光谱范围，InSb 和 HgCdTe 探测器可以覆盖至 14 μm。

辐射计的校准中，具体条件应明确说明，重要参数包括光束功率水平(或者光电流数值)、在灵敏面上的位置和面积、校准的环境温度等。校准中光束一般是垂直入射的近似平行光束。如果明显偏离正入射或平行光束则应注明。

对探测器光谱响应度的测量或校准需要专用的测量装置[63-66]，典型的测量系统如图 9-21 所示。一般在可见和近红外光谱区域辐射源采用卤钨灯，在紫外波段采用氘灯或氙灯，在中远红外采用硅碳棒红外辐射源。通过单色仪得到单色辐射，然后轮流投射到标准或被测探测器。为减小辐射源稳定性的影响可采用监测探测器。为提高信噪比，辐射源和探测器应分置在两个相互光屏蔽的空间内。采用锁相放大技术可以提高信噪比。被测探测器的光谱响应度 $R_T(\lambda)$ 为

$$R_T(\lambda)=R_S(\lambda)\frac{I_T}{I_{TM}}\frac{I_{SM}}{I_S} \tag{9-122}$$

式中，$R_S(\lambda)$ 为标准探测器的光谱响应度，I_T 为被测探测器的输出，I_{TM} 为被测探测器测量时监测探测器的输出，I_S 和 I_{SM} 分别为标准探测器和相应监测探测器的输出。应注意测量的信号是有效输出信号，需要从测量信号中扣除暗信号。

探测器的光谱响应度测量常常分两个步骤：先通过与已知相对光谱响应度或光谱响应平坦的标准探测

器比较，实现相对光谱响应度测量；然后再在特定波长进行绝对响应度定标。当然，也可以将两步合并。光谱响应度测量的其他方法包括：①基于傅里叶变换光谱仪[67]；②基于已知光谱透射比的滤光片和已知光谱功率分布的辐射源；③基于可调谐激光器和积分球产生的均匀辐射场。

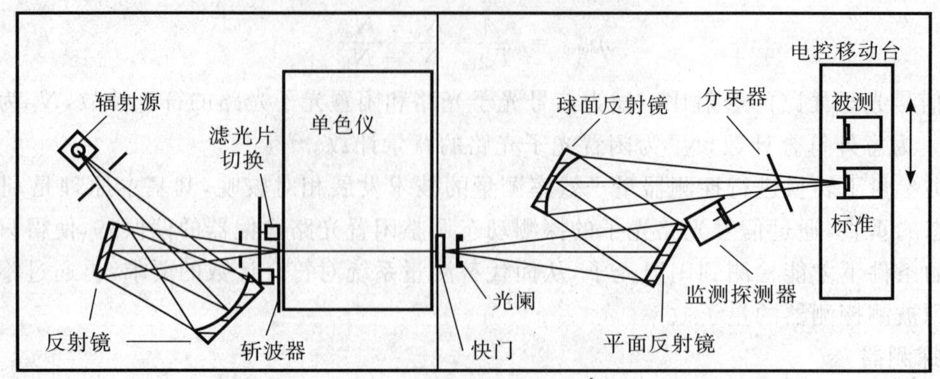

图 9-21 探测器光谱响应度测量装置示意图

(四)激光功率和能量测量

1. 激光功率和能量测量

激光是高相干度的光源，此前的讨论只限于非相干光的辐射测量。尽管如此，激光束的功率或能量也可以用前面介绍的标准探测器进行高准确度测量，某些条件下测量的不确定度可以达到 0.01%。最准确的测量激光功率的方法是采用低温辐射计，其次是常温电校准辐射计和自校准硅光电二极管。由于动态范围的限制，一般 mW 功率水平以下的测量可以直接采用低温辐射计和硅光电二极管。激光高功率或能量水平的基标准建立以及应用测量一般采用相应功率或能量水平的常温电校准辐射计，未来的发展趋势是溯源到低温辐射计以实现高功率、高能量测量。瓦级激光功率基准器一般采用腔型常温电校准辐射计，可以通过对称型设计改进光电等效性[68]，利用相似性理论分析和验证光电等效性误差[69]。为解决散热、时间常数等问题，激光大功率基准采用流水式腔型电校准辐射计，通过测量稳态下水流出口和入口间的热电势得到冷却水单位时间内带走的热量，从而等效测量光加热功率。为减小水流速稳定性对结果的影响，可采用在水流的不同位置分别以光功率和电功率 P_e 同时加热冷却水，分别测出水流在电加热和光加热两端的热电势输出 U_e、U_o，则激光功率 P_o 为

$$P_o = c\,\frac{U_o}{U_e}\,P_e \tag{9-123}$$

式中，c 为修正系数，包括腔体对入射光的吸收比、光电加热不等效、辐射损失等的修正。

为避免脉冲激光的高峰值功率导致激光能量计的损坏，一般采用体吸收而不是面吸收。激光能量计电校准方法包括直流电能法和储能电容放电法。直流电能法利用测量输入到能量计的稳定直流电功率和施加时间得到电能量进行电校准，适用于时间常数较长的能量计；而电容放电法利用电容值为 C 的电容在电压 V 下储存的能量 $Q_{电}=CV^2/2$，将其输入到能量计进行电校准，这种方法适用于时间常数较短的能量计。

在测量激光功率和激光能量时，所有的入射辐射必须照射在探测器灵敏面上，因此有时需要进行激光束宽、发散角等激光空域参数的测量[70-71]。如果探测器的定标或特性测量是在其他功率或能量水平进行的，则探测器一定要工作在线性区间。对脉冲激光，峰值功率可能远远超过探测器的线性工作区。另外，激光器的功率密度太高会导致探测器的损坏。除了保证探测器接收到全部激光束以外，还要注意消除(或减小)衍射和相干的影响[72-73]。相干的主要影响是光学系统中窗口或分束器的干涉效应。用光楔作为窗口会减小干涉效应。另外还要注意光阑边缘的衍射效应。对光阑合理放置和采用特殊设计的光阑能减小衍射效应。

2. 激光在辐射测量中的应用

光辐射测量中，激光还是各种特性测量的重要工具。它可应用于仪器响应的空间均匀性测量、探测器之间光谱参数的传递、偏振响应特性、非线性度测量、漫反射和镜反射测量等。

激光可获得高偏振度和高准直度。对于不同的测量，容易根据测量需要搭建所需的光学系统或用挡屏

和光阑控制杂散光。激光器是高功率光源,采用它可以获得高信噪比。对于具体应用若功率过高,也很容易进行衰减。典型的激光光束为高斯光束,必须注意避免在光束功率分布的峰值位置引起探测器的饱和。激光器的单色性好。然而在高准确度测量中,激光的弱谱线可能就变得显著,因而需要加滤光片消除。

激光器的输出功率并不是很稳,通过在光学系统中靠近测量位置加分束器和稳定的监测探测器可以克服这个问题。监测探测器可以监测光束功率的波动,为补偿不稳定性提供修正系数。也可利用监测探测器的输出来动态稳定激光[74-75]。在动态控制对输出功率进行稳定时,电光晶体、声光晶体或液晶等电控衰减器可用来连续调整分束器分出的功率。在高准确度测量中,可以同时采用动态稳定和监测修正。

(五)光辐射测量中的主要误差源

1. 暗信号的扣除

偏置是在关掉辐射源的情况下得到的读数,常称作暗信号或暗电流。快门关闭情况下辐射应尽可能接近零,至少应满足所期望达到的测量准确度的要求。

通常可见和近红外光谱区域的暗信号容易得到。然而在红外的长波区域,由于热辐射的影响,背景辐射亮度为零的辐射源的温度应是 0 K。但温度足够低的快门一般难以获得,所以需要得到参考点的亮度,从而确定仪器的真正暗信号。

2. 杂散辐射和源尺寸效应

杂散辐射(或称为杂散光)是来自光学系统中需要测量的部分以外的辐射。要测量杂散光,通常设置挡屏挡住主光路而使杂散光通过。杂散信号需要从未遮挡主光束的测量信号中减去。还没有消除杂散光的通用办法,但在适当位置放置斩光器和使用锁相放大器测量光电探测器的输出可减小杂散光的影响。

不存在产生理想像的光学元件,因此会引入空间杂散光。由于像差、仪器制造缺陷、光学表面的粗糙与污染造成的散射、仪器内的挡屏和光阑造成的散射以及光学表面的互反射,亮暗区域之间清晰的边界将会变得模糊。另外衍射效应也会引入杂散光。从光源发出的光会被散射到它的像以外区域,而来自光源周围的光会被散射到像上。由上述因素造成的误差与辐射源的尺寸相关,因为散射正比于目标之外的背景辐射的强弱。所以,由像质问题引入的误差常被称为源尺寸效应[76]。

理论上讲,由像差导致辐射功率进入和离开像所造成的影响可以计算出来。在某些情况下,衍射引起的误差也可以由计算得出[77]。但是建立杂散光影响的准确模型很困难,通常只能通过测量确定。另外,由于光学系统中的挡屏和光阑会被污染,杂散光的大小会随时间而改变。因此,通常的实际做法是:测量源尺寸效应,然后确定修正系数来消除该系统误差。

测量源尺寸效应有两种方法:第一种方法是光源尺寸从成像的部分增大到整个光源并测量系统的响应,第二种方法是将与成像部分大小一样的不发出辐射的物体遮挡住光源再进行测量。第一种方法是在大的信号下测量小的变化,第二种方法是在零信号基础上测量误差量,所以后者更优越。无论哪种方法,测量的都是包含了像差、衍射和散射效应的总效应。

3. 偏振效应

偏振状态的变化是辐射功率传输中的扰动的原因之一。如果光电探测器对偏振状态敏感,其输出将依赖于辐射的偏振与它的相对取向。光辐射通过光栅单色仪、散射介质或反射界面后偏振状态一般会发生变化。实际测量中,如果仪器对偏振态敏感,一般在两个正交方向定标取平均值就够了。但最好在两个正交方向的中间位置进行一些测量找到最大值和最小值点,以最大值和最小值的平均值作为对非偏振辐射的定标结果。

4. 探测器的非线性

探测器或电测系统的非线性可能是显著误差源。如果定标和此后的测量在同一功率水平上进行,可以避免非线性误差。但是经常需要在一定功率范围内进行测量,因此一般需要单独测量光电探测器和电测系统的非线性度,从而进行适当修正[78]。

光电测量系统典型非线性表现为在高辐照度水平出现饱和。在低辐照度水平表现出的非线性经常是由于未扣除暗信号造成的。当然也有其他因素表现为探测器和电测系统的非线性[79]。

探测器和电测系统的非线性既可由直接实验测定，也可以和非线性度已经定标好的探测器或电测系统直接比较。值得注意的是，几种跨导型 I/V 放大器与光电二极管组合的非线性度已被实验证明，在其主要光谱范围，在超过 8 个量级的功率水平内非线性度达到 0.1%以内。下面分别介绍非线性度测量的主要方法。

(1)叠加法

光叠加法是测量光电探测器非线性度的基本方法。如果测光系统是线性的，两个辐射源各自信号的算术和应该等于两个辐射源同时辐照时的信号，这是叠加法的原理和出发点。利用光阑和分束器可以组合出多光束非线性测量的很多方法。当同一光源分出的不同光束或相干度很高的不同激光光束会合时，需要注意避免干涉效应。在两个辐射功率近似相等的辐射叠加的情况下，单独照射的功率分别为 Φ_a 和 Φ_b，叠加后的功率为 $\Phi_{(a+b)}$。分别照射及同时照射时探测器的输出信号分别为 i_a、i_b 和 $i_{(a+b)}$。总辐照的响应信号 $i_{(a+b)}$ 与各自响应信号的算术和(i_a+i_b)的商用作非线性因数。对线性探测器下式应该等于 1：

$$k_{ab}=\frac{i_{(a+b)}}{i_a+i_b} \tag{9-124}$$

对于在 Φ_a(对 Φ_b 同理)功率下校准的探测器，其响应度为 R_a，则

$$i_a=R_a\,\Phi_a \tag{9-125}$$

因而有

$$R_a=\frac{i_a}{\Phi_a} \tag{9-126}$$

在 $\Phi_{(a+b)}$ 的高功率水平下响应度为 R_{ab}，则有

$$i_{(a+b)}=R_{ab}\,\Phi_{(a+b)}=k_{ab}\,R_a\,\Phi_{(a+b)} \tag{9-127}$$

因而有

$$R_a=\frac{1}{k_{ab}}\frac{i_{(a+b)}}{\Phi_{(a+b)}}=\frac{1}{k_{ab}}R_{ab} \tag{9-128}$$

用叠加法测量更大范围功率水平内的线性度需要重复上述过程，以每步两倍的关系重复上述实验直到覆盖整个动态范围。当前述的干涉效应等系统误差消除后，叠加法的合成不确定度只是每次测量重复性的合成。

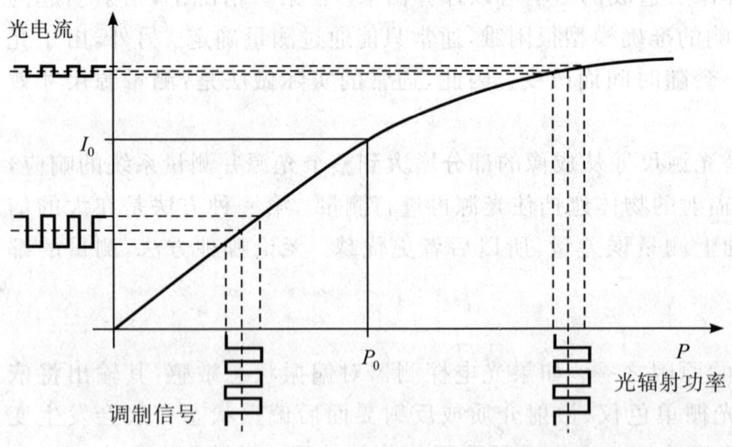

图 9-22 交流法非线性测量示意图

(2)其他方法

测量光电探测器的非线性度的其他方法包括交流法和由计算衰减得出的方法等。

1)交流法[80]是在一定范围内可变的稳定辐照的条件下加入固定幅值的、调制的交流辐照信号，利用锁相放大技术测量交流信号。测得的交流信号的大小与被测系统的光电流相对于光功率的 $I-P$ 曲线的斜率相关。一定范围内系统的非线性可以通过数值积分得到。交流法非线性测量的原理示意图如图 9-22 所示。

2)通过计算衰减得出非线性。

第一种方法是依据距离平方反比定律，对于点光源在不同距离 s_1、s_2 测得的辐射照度 E_1、E_2，如果探测器是线性的，应该有

$$\frac{E_1}{E_2}=\frac{s_1^2}{s_2^2} \tag{9-129}$$

应用这个方法时应该注意平方反比定律的适用性、距离需要达到足够的精确度和探测器灵敏面内辐照场的均匀性。

第二种方法是用已知开孔面积比的旋转衰减器。根据塔尔波特定律，通过旋转衰减器开孔的光辐射的平均功率等于光源辐射功率与转盘透射比的积。转盘的透射比可以通过开口与被遮挡部分的面积计算。这

种方法的准确度依赖于面积的准确度，另外还可能受到探测系统时间响应特性的影响。

第三种方法是基于通过两个检偏器的透射比与它们之间偏振方向夹角的关系：

$$\tau=\tau_0\cos^4\delta \tag{9-130}$$

式中，δ 是两个偏振片偏振方向间的夹角，τ_0 是 $\delta=0$ 时的透射比。这种方法取决于检偏器的质量。

第四种方法是应用朗伯-比耳定律，即透射比 τ 与溶液浓度 c 的关系（参见本章第五节）：

$$\tau=10^{-kcl} \tag{9-131}$$

这种方法适用于单色光，其准确度取决于溶液的溶解性和浓度的准确配制，并且不能存在与化学浓度相关的化学反应。

5. 响应速度引入的误差

在测量脉冲或调制的重复辐射时，探测器的时间响应特性可能引入误差。如果探测器的响应速度相对于光源的脉宽或调制周期慢，则辐射探测器在相应较短的时间内达不到峰值。通过测量探测器的频率响应是否适合将要进行的脉冲或调制辐射的测量可以避免此类误差。

有些热电型探测器测量稳定的辐射输入需要很长的平衡时间或表现为非简单指数衰减规律平衡，这种情况下需要在定标和后续使用时采用相同的等待平衡时间。

6. 不均匀性

如果探测器灵敏面各处对光辐射的响应不均匀，对入射辐射的测量可能会导致误差。测量仪器对不均匀性的修正系数因不同的辐射功率空间分布而不同。响应不均匀性引入误差的大小与辐射和探测器的不均匀性的特性都有关系，是一个很难修正的误差，只有在不均匀性表现出规律时才有可能[81]。这种误差通常是通过测量均匀的辐照场或采用响应度均匀的探测器来尽可能减小。确认测量仪器是否具有均匀的响应度通常可以通过辐射性能稳定的小光斑在灵敏区域扫描测量获得。

7. 光阑缺陷

高准确度的辐射测量中需要修正由于光阑刃边厚度引入的误差。遮挡光束的理想光阑应具有非常薄的刃边。而实际光阑的刃边具有一定的厚度，由于刃边的厚度会造成光晕，因而光阑的有效半径会被改变。

8. 光谱误差

在辐射测量系统中，包含单色仪或滤光片等具有光谱选择性元件的情况下，必须考虑光谱误差。光谱误差包括波长误差和光谱杂散辐射误差。

(1)波长误差

波长误差是由于滤光片或单色仪的波长不正确引入的误差。对单色仪可以用原子发射谱线灯（汞灯、稀有气体灯等）或空心阴极灯的原子谱线校准。对光辐射测量来说，大多数原子发射谱线的波长足够准确。

对干涉滤光片需要注意，典型干涉滤光片波长对角度的灵敏度是每旋转 1 度波长变化 0.1 nm。如果在平行光束下定标透射比然后在会聚光下使用，入射角的变化会导致波长、光谱透射比的变化。对高准确度的辐射测量，一定要在与实际使用尽可能相同的条件下测量干涉滤光片的透射比。另外，干涉滤光片的温度系数大约为 0.2 nm/K，所以，干涉滤光片也应在定标温度附近使用。

为准确测定单色仪的光谱透射比，应注意将入射光充满单色仪中的色散元件。

(2)光谱杂散辐射误差

光谱杂散辐射也叫做带外杂散辐射，这项误差是由于在单色仪或滤光片的通带之外的长波或短波区域传输过来的辐射引起的。进行积分 $i=\int R(\lambda)\tau(\lambda)\Phi(\lambda)\mathrm{d}\lambda$ 的计算时，如果仅限于理论上的通带范围，则没有计入带外辐射。尽管任何带外波长上辐射与通带内的辐射相比可以忽略，但误差信号是带外全部光谱信号的总和。因此，需要在探测器响应或辐射源输出两者中较宽的光谱范围内，确定滤光片或单色仪的光谱透射比。如果带外辐射影响不大，可以通过标称值或通带范围以外探测器和滤光片（或单色仪）有限精度下的测量结果得到修正系数[82]。

9. 温度和湿度的影响

温度是辐射测量系统中各种元件的重要影响因素。除非后续测量与定标时的温度一致，否则定标中得到的校正系数可能变得超出不确定度。解决这个问题的简单办法是在校准和后续测量中温度一致。更为实际的解决方法是测量校准系数相对于温度变化的函数，然后在后续实验中根据温度的变化予以修正。

湿度的影响与温度类似，因而可以采用类似的办法[83]。在温度较低的情况下，空气中的水分会导致探测器窗口结露或结冰的变化，影响探测器的响应度[84]。

10. 其他因素

影响光辐射测量的其他因素还有光束相对于探测器的入射角度、光束的会聚或发散的程度以及探测器的长期稳定性等因素。

第四节 光度学

一、基本定律

(一)叠加原理

若干光源同时照射在一个表面上的照度等于它们单独照射时产生的照度之和。这个原理同样适合光通量等光度量。

(二)塔尔博特定律[85]

如果视网膜某点受到超过融合频率且振幅周期变化的光刺激作用，则其所引起的视觉等同于一个稳定光刺激所产生的视觉，该稳定光刺激的视亮度等于变化的光刺激在一个周期内的平均视亮度，这就是塔尔博特定律：

$$\overline{L}=\frac{1}{T}\int_0^T L(t)\mathrm{d}t \tag{9-132}$$

式中，$L(t)$为周期变化的光亮度，T表示周期。这里，融合频率是指不能察觉视亮度或颜色闪烁感觉的视网膜像的演替频率。塔尔博特定律主要用于闪烁光以及旋转扇形盘的光度测量。

(三)其他定律

光度学其实可以看作是辐射度学的一个分支，是以模拟人眼睛对光辐射刺激的感觉来测量光辐射的学科。本章第一节里对光度学与辐射度学中对应的量值进行了列表比较，还给出了辐射量与光度量的转化关系。通过转化公式可以看出，光度量只是对应的辐射量经特定光谱函数加权后在一定波长范围内的积分。因此，前述与波长无关的辐射度学定律相对应的光度学定律成立。这里仅以光度学中的朗伯余弦定律为例说明。

一个光亮度在各个方向上都相等的发光面叫朗伯面，它在与法线成θ角的方向上的发光强度I_θ等于法线方向上的发光强度I_0乘以该夹角的余弦：

$$I_\theta=I_0\cos\theta \tag{9-133}$$

这就是朗伯余弦定律。

从形式上看，光度学的朗伯余弦定律与辐射度学相应定律表述的差异，只在于定律中的辐射量变为相对应的光度量。其他辐射度学定律中同样适用于光度学的包括平方反比定律、照度余弦法则、亮度守恒、光传输的规律等，这里就不再一一详述，对应的辐射度学定律可参见本章第二节。

二、光度量的测量

(一)发光强度、照度

1. 发光强度单位的复现

在1979年国际计量大会采用坎德拉的新定义之前，发光强度都是基于光源定义的。坎德拉的新定义没有规定具体复现方法，提供了基于光源或探测器复现的不同选择。虽然目前坎德拉的复现几乎都是基于探测器的响应度，但是基于已知温度的黑体辐射源复现坎德拉仍是可行的[86]。

(1) 基于探测器复现坎德拉

大多数国家都基于探测器复现坎德拉。基于低温辐射计复现坎德拉是目前的发展趋势。复现坎德拉时，探测器采用基准光度计，一般由硅光电二极管、V(λ)滤光器和精密光阑组成。下面介绍基于探测器复现坎德拉的原理。

1)确定基准光度计的绝对光谱响应度 $s(\lambda)$ 和精密光阑的面积 A，从而可以得到基准光度计的照度响应度 s_v(A/lx)：

$$s_v=\frac{A\int_{\lambda}S(\lambda)s(\lambda)\mathrm{d}\lambda}{K_m\int_{\lambda}S(\lambda)V(\lambda)\mathrm{d}\lambda} \tag{9-134}$$

式中，$S(\lambda)$是被测光源的光谱功率分布，$V(\lambda)$是光谱光视效率函数，K_m 为最大光谱光视效能(683 lm/W)。一般采用相关色温为 2 856 K 的光源(CIE 规定的 A 光源)。

2)用已经定标好的基准光度计测量光源，即可得到光源的发光强度 I_v(cd)：

$$I_v=d^2\frac{i}{s_v} \tag{9-135}$$

式中，d 是光源到基准光度计参考平面的距离，i 是基准光度计的输出电流。中国国家光度基准——基于绝对辐射计复现坎德拉的装置如图 9-23 所示[87]。

(2) 基于光源复现坎德拉

基于光源复现坎德拉的方法仍被采用[88]。目前，碳-金属共晶体高温凝固点黑体辐射源的出现，为基于辐射源复现坎德拉展现了新的前景。

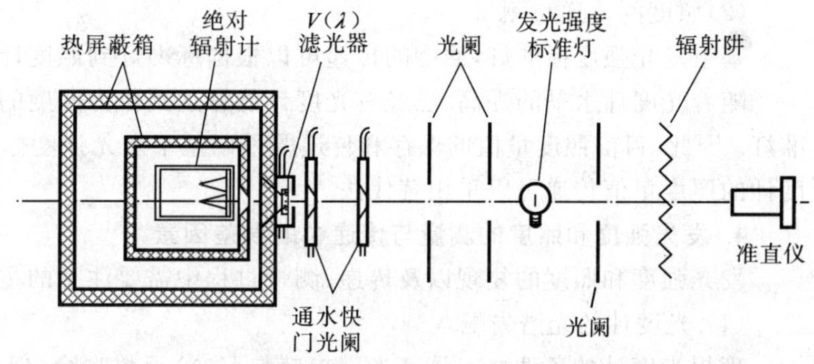

图 9-23　复现坎德拉装置示意图

基于辐射源复现坎德拉，既可以根据已知温度的黑体的光谱辐射照度[89]，也可以直接根据已知温度的黑体的光谱辐射亮度加上面积精确测定的光阑得到。温度为 T 的黑体的光亮度 L_v 可以根据其辐射亮度计算，公式为

$$L_v=K_m\int_0^{\infty}L_{e\lambda}V(\lambda)\mathrm{d}\lambda \tag{9-136}$$

2. 发光强度的传递与测量

发光强度标准灯用于保存或传递发光强度单位量值。理想的发光强度标准灯应长期稳定、耐用，在发光面法线方向附近的发光强度随角度的变化可以忽略，发光面可以准确定位。目前国内的发光强度标准灯为 BDQ－1 至 BDQ－8 型 8 种不同发光强度的标准灯[90]。国家发光强度副基准和工作基准采用分布温度为 2 856 K的 BDQ－7 和 BDQ－8 型灯。

发光强度量值传递中，将标准灯和光度计安装于光度导轨上，并使得易于调整其相对位置和准确测量它们之间的距离。先后分别安装并测量标准灯、被测灯在光度计上的照度 E_s、E_t 以及它们与光度计的距离 d_s、d_t，则被测灯的发光强度 I_t 为

$$I_t=I_s\frac{E_t d_t^2}{E_s d_s^2} \tag{9-137}$$

实际操作过程中，发光强度的量值传递一般采用等距离法或等照度法。

(1)等距离法

在传递过程中标准灯和被测灯与光度计的距离相等，且位于标准灯的同侧，分别测出标准灯和被测灯照

射时标准光度计的输出 i_s、i_t，则根据标准灯的发光强度 I_s 就可以得到被测灯的发光强度 I_t：

$$I_t = \frac{i_t}{i_s} I_s \tag{9-138}$$

（2）等照度法

在传递过程中，标准灯和被测灯在光度计有效接收面上产生的照度相等，分别准确测量标准灯和被测灯与光度计有效接收面的距离 d_s、d_t，则根据平方反比定律可以得到被测灯的发光强度 I_t 为

$$I_t = \left(\frac{d_t}{d_s}\right)^2 I_s \tag{9-139}$$

等距离法依赖标准照度计的线性，对距离测量没有要求，只是要求标准灯与被测灯的位置重复。而等照度法对标准照度计的要求降低了，但是要求标准灯和被测灯与标准光度计有效接收面之间的距离测量具备相当的准确度。

3. 照度的复现、传递与测量

（1）照度的复现

照度复现的传统方法是基于在给定方向上的发光强度和准确测定的距离，根据平方反比定律得到照度。

$$E = \frac{I_s}{d^2} \tag{9-140}$$

式中，E 为通过发光强度标准灯复现的照度量值，I_s 为标准灯的发光强度，d 为在相对于标准灯的一定方向上所获得的照度为 E 的位置到标准灯的距离。

（2）照度的传递与测量

基于发光强度标准灯，照度的传递可以根据标准灯到照度计的距离由距离平方反比定律得到。

随着光度计水平的提高，已经有光度计能够达到作为照度的传递标准的水平，而不必只依赖发光强度标准灯。因此，目前照度量值的保存和传递既可以基于发光强度标准灯，也可以基于标准照度计。基于标准照度计的照度量值传递可以采用替代法。

4. 发光强度和照度的测量与传递中的误差因素

发光强度和照度的复现以及传递、测量过程中需要注意的主要误差因素如下：

（1）光度计的光谱失配

理想光度计的条件之一是其光谱响应与 $V(\lambda)$ 函数吻合，但这样的光度计是不存在的。因此，在一种光源下定标的光度计测量不同光谱功率分布的光源时就会产生误差。比较突出的一个例子是 LED 的光度测量。传统的复现和传递一般是在色温为 2 856 K 的白炽光源照明下进行的，而各种颜色的 LED 的光谱功率分布都与该种光源差别很大，所以色修正成为重要修正量。为进行光谱失配误差的修正，需要标定光度计的相对光谱响应度。光谱失配修正系数 f_{cc} 为[91]

$$f_{cc}(S_t, S_s) = \frac{\int_\lambda S_s(\lambda)s(\lambda)\mathrm{d}\lambda \int_\lambda S_t(\lambda)V(\lambda)\mathrm{d}\lambda}{\int_\lambda S_s(\lambda)V(\lambda)\mathrm{d}\lambda \int_\lambda S_t(\lambda)s(\lambda)\mathrm{d}\lambda} \tag{9-141}$$

式中，$S_t(\lambda)$是被测光源的光谱功率分布，$S_s(\lambda)$是标准光源的光谱功率分布，$s(\lambda)$是光度计的相对光谱响应度，$V(\lambda)$是光谱光视效率函数。利用该公式可以对光度计测得的发光强度或照度进行修正，即测量结果乘以 f_{cc} 。

如果光度计在紫外和红外的响应可以忽略，则 f_{cc} 的积分可以只在可见光谱区域。否则需要确定光电二极管灵敏的全部光谱区间的光谱响应度，以进行红外或紫外的修正[92]。

为方便起见，还可以建立光度计的 f_{cc} 与白炽灯色温之间的二次或三次函数关系。这样，只要知道白炽灯的色温就可以容易地计算出光谱失配修正系数。

（2）杂散光

光轨上的光度计应该只测量来自标准灯的光。任何来自墙壁、帷幕、光阑边沿、挡屏并照射到光度计灵敏面上的光称为杂散光。杂散光的存在将导致测量误差。在基于光源的测量方法中，比较标准灯和被测灯时可以将杂散光的影响减小或消除。但在基于探测器的方法中，杂散光的问题可能会较突出。

对测光导轨的杂散光可进行如下评估和修正：标准灯和光度计处于工作状态时先测得一个读数，然后用一小块黑色挡板在接近光度计的地方恰好挡住光源对光度计的照射，以避免衍射效应，这时光度计只能接收到杂散光，这样便测量出杂散光信号。

(3) 对距离平方反比定律的偏离

当灯与照度计间的距离较近时，由于光源和探测器的尺寸不再可以忽略，会导致照度与发光强度的关系偏离距离平方反比定律。如果光度计没有很好地与灯的有效中心对准，测得的发光强度值会随灯到光度计的距离而变。对玻壳清洁透明的灯来说，如果灯与光度计的距离是从灯丝的中心测量的，上述情况一般不是问题。

若照度的均匀性非常重要，可以采用磨砂灯。由于磨砂灯的灯丝不可见，距离一般从灯玻壳的几何中心计算。但该几何中心并不是有效光学中心(能够符合平方反比定律的点)，如果在不同距离使用，应确定出它的有效光学中心，并据此使用。

(4) 光度计的响应度随温度的变化

光度计的响应度一般随温度而变。如果光度计的标定和此后的测量在不同的温度下进行，则可能引入测量误差。除非对光度计进行控温，否则应测量光度计的温度系数，并在实验中进行温度修正。光度计应在测量之前与实验室环境达到温度平衡。

(5) 光度计的非线性

在通常的测量范围，光度计的非线性一般不是问题。但用于量值传递的光度计需要进行非线性度的检验。对光度计(包括放大器)进行非线性度测量，一般在色温为 2 856 K 的白炽灯下进行。可以采用距离平方反比定律，也可以采用双光束(或多光束叠加)。已有实验表明，一些光度计在 6 个量级的照度水平上具有很好的线性度。需要注意的是，一般高于 10^3 lx 的照度会由于光的加热引起光度计的温度效应。

(6) 光度计有效灵敏面位置

标准光度计一般由光电探测器、V(λ)滤光器、漫射器和光阑组成，用于量值传递的标准光度计也可以没有漫射器。对标准光度计，有效灵敏面距离光度计前表面的位置需要精确测定。否则，应用平方反比定律时就会产生误差。光度计有效灵敏面的位置应采用光度学的办法来确定，即应用平方反比定律测得。

(7) 其他误差因素

有些类型的灯的对准方法、调整的重复性可能是显著的误差因素。这可以通过对稳定的灯重复测量来检验。在基于光源的方法中，标准灯的老化也是需要考虑的一个重要因素。标准灯应在使用一段时间后重新标定。在基于探测器的方法中，光度计的长期稳定性是一个重要的误差源。标准光度计应该至少每年标定一次，直至长期稳定性数据表明可以采用其他适当的校准周期。

5. 光照度单位的换算

我国采用基于国际单位制的法定计量单位，光照度的单位为 lx。但是，由于文献和实际使用的仪器有时还出现其他单位制单位，表 9-7 列出了光照度单位间的换算关系。

表 9-7　光照度 SI 单位与旧制单位换算表

	lx(勒克斯) 1 lx=1 lm/m²	ph(辐透) 1 ph= 1 lm/cm²	英尺·坎德拉 1 ft·cd=1 lm/ft²
lx	1	1×10^{-4}	9.29×10^{-2}

(二)光通量

1. 总光通量基准的建立

总光通量由 SI 基本单位坎德拉导出。复现总光通量的方法有两种：一种是分布光度计法，另一种是积分球绝对法。

(1) 分布光度计法

根据光通量与发光强度的关系，一个光源的总光通量 Φ_v 既可以通过该光源的发光强度空间分布在 4π 立体角的积分得到，也可以通过包含该光源的封闭曲面上的照度积分得到。为实现光通量单位流明和光源的总光通量的测量，已经有多种型式的分布光度计问世。分布光度计的基本原理如图 9-24 所示。采用光度计分别测量光源的发光强度的空间分布 $I_v(\theta,\phi)$ 或以光源为中心的球面的照度分布 $E_v(\theta,\phi)$，光源的总光通

量为

$$\Phi_v = \int_{\theta=0}^{2\pi}\int_{\phi=0}^{\pi} I_v(\theta,\phi)\sin\theta\,d\theta d\phi \tag{9-142}$$

或

$$\Phi_v = r^2\int_{\theta=0}^{2\pi}\int_{\phi=0}^{\pi} E_v(\theta,\phi)\sin\theta\,d\theta d\phi \tag{9-143}$$

式中，r 为球面的半径。

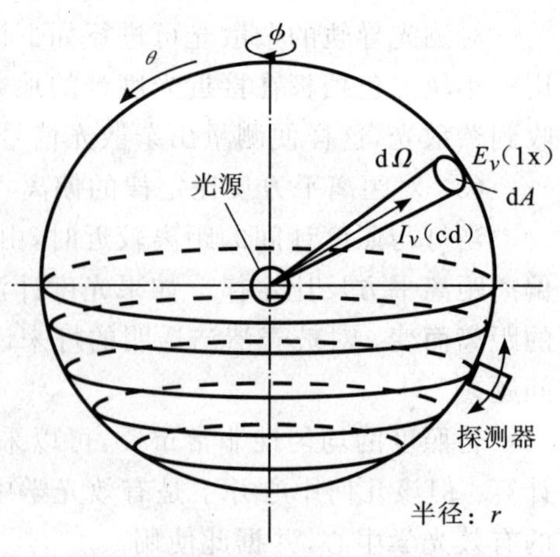

图 9-24　分布光度计测量原理示意图

分布光度计的光度探测器定标溯源到发光强度单位可以有两种方式，一种是将发光强度标准灯置于分布光度计旋转中心并对准光度探测器，这时得到的是发光强度响应度；另一种方法是在测光导轨上定标光度探测器的照度响应度。用于复现光通量单位流明的分布光度计需要特殊的设计，探测器无法准确探测的死区要小，探测器的旋转不能引起灯的光输出的变化，不能使用反射镜（将引起偏振问题）等。另外，分布光度计应该在暗室进行测量，要注意通过限制光度计的视野、在探测器对面采用光阱或黑天鹅绒布减少杂散光，还要对杂散光实测并进行修正[93]。

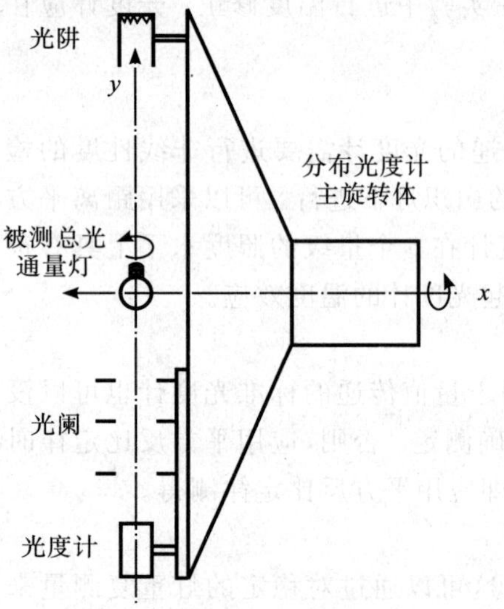

图 9-25　分布光度计原理示意图

图 9-25 是中国计量科学研究院复现总光通量的分布光度计的原理示意图，被测量的总光通量标准灯可以绕 y 轴转动，分布光度计主旋转体绕 x 轴转动，从而可以测量灯在各个方向的发光强度或照度。

（2）积分球绝对法

将积分球内部光源的光通量与通过积分球的开孔引入的已知大小的光通量比较，复现总光通量的办法称为积分球绝对法，装置如图 9-26 所示。内部被测光源的总光通量为

$$\Phi = cE_a A y_i / y_e \tag{9-144}$$

式中，E_a 为外部光源向积分球内投射方向上限制光阑的平均照度；A 为限制光阑的面积；y_i、y_e 分别为内部和外部照明时探测器输出信号；c 为修正系数，包括对被比较两光通量之间的第一次反射入射条件、空间反射的不均匀性等进行的修正[94]。

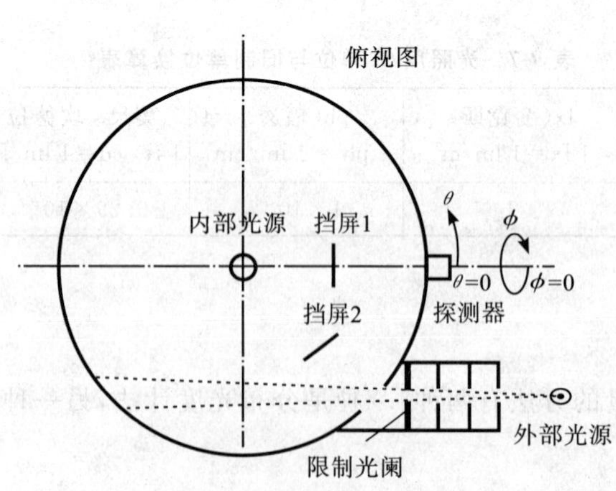

图 9-26　积分球绝对法总光通量复现装置示意图

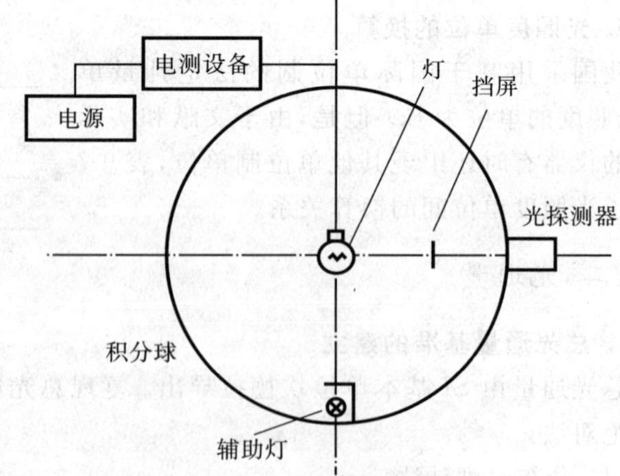

图 9-27　球形光度计示意图

2. 总光通量的传递与测量

总光通量标准灯应长期稳定、耐用，灯丝对称排列以便光分布尽可能接近各向同性。总光通量的传递、测量一般采用球形光度计，用替代法将被测灯与标准灯相对比测量，测量装置如图 9-27 所示。

用球形光度计测量总光通量，要注意下列因素：

1)积分球尺寸要足够大。否则，为了挡住光源对探测器的直射光，挡屏的尺寸占积分球的面积比例就会较大，因而导致积分球内表面的不均匀性成为关键影响因素；另外，自吸收、光源尺寸相关的因素都会显著；还有，灯产生的热量还将导致积分球内温度变化，测量荧光灯时，尤其要注意积分球内温度的稳定性。

2)利用球形光度计测量总光通量，对同一种类型的灯进行替代法测量最可靠。当被测灯与标准灯类型不同时，需要对自吸收、光谱失配、光分布、光源尺寸等进行修正。

3)积分球内壁的反射比是重要参数。反射比高，则积分球响应的空间均匀性好，因此光源光分布差异的影响较小；但是同时球形光度计将对灯的自吸收、光谱失配和反射的均匀性更敏感。因此，CIE 建议内壁反射比为 80%[93]。但是在有条件进行上述修正的实验室，可采用高反射比内壁以提高积分球响应的均匀性和提高输出信号，这对测量光通量较低的光源有利，否则反射比介于 80%～90%更适合。

4)探测器最好采用经过余弦修正的、带有 $V(\lambda)$ 滤光器的硅光电二极管，它的线性范围宽。虽然有时为了测量颜色也采用光谱辐射计，但是对测量光通量来说它的线性度还是无法和加了 $V(\lambda)$ 滤光器的硅光电二极管相比。虽然探测器尽可能与 $V(\lambda)$ 匹配，但是球形光度计测量系统的光谱响应度还受到积分球的光谱通过率的影响，该影响量为 $\rho(\lambda)/[1-\rho(\lambda)]$。通过电流电压转换放大器与探测器的适当搭配，一个球形光度计测量光通量的范围可达几个量级。

5)积分球中需要加入能遮挡住光源对探测器直射光的挡屏。然而，挡屏也是导致球形光度计空间响应不均匀性的主要原因。因此，挡屏应该放置在与探测器窗口之间的距离为积分球半径的 1/3 到 1/2 的位置。在保证有效遮挡的前提下，挡屏的尺寸应该尽可能小。探头对挡屏的张角应该小于 30°。挡屏朝向灯的一面反射比应该尽可能高，以改进球形光度计的空间响应均匀性。

3. 总光通量测量中的修正项

(1)自吸收

自吸收是光源吸收其自身发出的、经积分球内壁反射回来的光的现象。自吸收导致球形光度计响应度下降。灯的尺寸越大、颜色越深，自吸收越强。积分球内壁反射比越高，则自吸收效应越明显。自吸收效应还与积分球内壁和灯的受污染程度有关。除非被测灯与标准灯的吸收特性相同，否则需要进行自吸收修正。可采用辅助灯来测量球内灯的自吸收。自吸收修正系数是在辅助灯正常照明的条件下，被测灯安装在测量位置和不安装的情况下积分球探测器测量结果的比值。辅助灯不能直接照射到探测器或被测灯。

(2)光谱失配

球形光度计的光谱响应不可能与 $V(\lambda)$ 曲线理想地匹配。因此，当被测灯与标准灯的光谱功率分布不同时就会导致测量误差。这项误差可以通过光谱失配修正系数 f_{cc} 修正：

$$f_{cc}(S_t,S_s)=\frac{\int_\lambda S_s(\lambda)R_s(\lambda)\mathrm{d}\lambda\int_\lambda S_t(\lambda)V(\lambda)\mathrm{d}\lambda}{\int_\lambda S_s(\lambda)V(\lambda)\mathrm{d}\lambda\int_\lambda S_t(\lambda)R_s(\lambda)\mathrm{d}\lambda} \tag{9-145}$$

式中，$S_t(\lambda)$是被测光源的光谱功率分布；$S_s(\lambda)$是标准光源的光谱功率分布；$V(\lambda)$是光谱光视效率函数；$R_s(\lambda)$是球形光度计的相对光谱响应度，可以通过测量探测器的相对光谱响应度 $R_d(\lambda)$和积分球的光谱通过率 $T_s(\lambda)$得到：$R_s(\lambda)=R_d(\lambda)\times T_s(\lambda)$。

为简便起见，引入对 CIE A 光源归一化的光谱修正系数 $f_{cc}{}^*$：

$$f_{cc}{}^*=f_{cc}(S_t,S_A) \tag{9-146}$$

这样，修正系数就可以表示为

$$f_{cc}=\frac{f_{cc}{}^*(S_t)}{f_{cc}{}^*(S_s)} \tag{9-147}$$

测量时应将标准灯和被测灯的读数分别乘以相应的修正系数。

(3) 温度对光度计的影响

由于灯的发热，积分球内温度会发生变化。因此，需要对没有控温的探测器进行温度监测并进行温度修正。测量荧光灯时必须监测温度。一般温度传感器放置在与灯等高的挡屏的背面，避免灯的直射。

(4)球形光度计响应的空间均匀性

由于积分球内存在挡屏等物体，并且内壁反射比不均匀，球形光度计内的空间响应是不均匀的。因此，在被测灯与标准灯的光分布不同时会导致测量误差。球形光度计的空间响应分布函数(SRDF)$K(\theta,\phi)$定义为积分球或挡屏上的点(θ,ϕ)被照射时的响应与某参考点被同样光束照射时响应的比。相对于各向同性的点光源，得到归一化的SRDF函数$K^*(\theta,\phi)$：

$$K^*(\theta,\phi)=\frac{4\pi K(\theta,\phi)}{\int_{\phi=0}^{2\pi}\int_{\theta=0}^{\pi}K(\theta,\phi)\sin\theta\,\mathrm{d}\theta\mathrm{d}\phi}\tag{9-148}$$

被测光源相对于各向同性光源的空间响应修正系数f_{sc}^*为

$$f_{sc}^*=\frac{1}{\int_{\phi=0}^{2\pi}\int_{\theta=0}^{\pi}I^*(\theta,\phi)K^*(\theta,\phi)\sin\theta\,\mathrm{d}\theta\mathrm{d}\phi}\tag{9-149}$$

式中，$I^*(\theta,\phi)$是被测灯的归一化光强分布，可由光强的相对分布计算得到：

$$I^*(\theta,\phi)=\frac{I_{rel}(\theta,\phi)}{\int_{\phi=0}^{2\pi}\int_{\theta=0}^{\pi}I_{rel}(\theta,\phi)\sin\theta\,\mathrm{d}\theta\mathrm{d}\phi}\tag{9-150}$$

(三)光亮度

1. 亮度的复现

(1) 基于漫透射或漫反射标准

建立亮度标准的传统方法是利用发光强度标准灯和漫反射标准或漫透射标准。漫反射标准一般采用压制的硫酸钡或海伦板，漫透射标准采用乳白玻璃。标定好标准板的光亮度因数β和光亮度系数q，则可得到亮度L：

$$L=qE\tag{9-151}$$

或

$$L=\frac{\beta E}{\pi}\tag{9-152}$$

在利用反射板测量时，漫反射板正对光源，亮度计光轴与反射板成45°。在利用漫透射板时，亮度计正对透射板。光源一般采用色温为2 856 K的标准灯。但是由于光谱漫透射比或光谱漫反射比并非绝对平坦，漫反射板和乳白玻璃都会引起色温的偏离。如果漫射器引起相对光谱功率分布的变化，还需要进行光谱失配修正。由于亮度校准中需要色温为2 856 K，有时是将漫透射或漫反射光直接调整到色温为2 856 K。

(2) 基于光度计

建立亮度标准的另一种方法是采用积分球光源和标准照度计。这种方法相对于传统方法来说简单而准确。积分球光源一般配备控温的监测探测器，出射光的色温为2 856 K，否则需要对光度探测器进行光谱失配修正。在灯与积分球之间加上可变光阑调节积分球光源的亮度，这样可以保证色温不变。将面积A准确已知的限制圆孔光阑放置在积分球光源的开口。在与光阑距离d处用标准照度计测量照度E_v，则光阑平面的平均亮度L_v为

$$L_v=k\frac{E_v d^2}{A}\tag{9-153}$$

式中，k为修正系数，在光阑半径r_a和探测器灵敏面半径r_d远小于两者间的距离d时近似为(精确计算可参照本章第二节中光辐射功率传输部分)：

$$k=1+\left(\frac{r_a}{d}\right)^2+\left(\frac{r_d}{d}\right)^2\tag{9-154}$$

2. 亮度的传递和测量

标准灯与标准漫反射板的组合和积分球光源都可以作为保持、传递亮度量值的标准器。具有高质量的光学和电子系统的亮度计也可以作为传递标准。

使用亮度计测量亮度时，需要注意亮度计对测量视场以外信号的抑制，如果抑制不够，则亮度计的响应度的变化与目标所张的视场角相关，其检验和测量方法参见 CIE 相关文献[92]。亮度计的相对光谱响应度应该与 $V(\lambda)$ 函数接近，换挡系数需要准确定标，还要注意亮度计的长期稳定性。

3. 光亮度单位的换算

我国采用基于国际单位制的法定计量单位，光亮度的单位为 $\mathrm{cd/m^2}$，过去曾采用 nt（尼特）为光亮度单位，$1\ \mathrm{nt}=1\ \mathrm{cd/m^2}$，该单位现已停止使用。但是由于文献和实际使用的仪器有时还出现其他单位制单位，表 9-8 列出了光亮度单位间的换算关系。

表 9-8 光亮度 SI 单位与旧制单位换算表

	asb（阿熙提） $1\ \mathrm{asb}=\frac{1}{\pi}\ \mathrm{cd/m^2}$	sb（熙提） $1\ \mathrm{sb}=1\ \mathrm{cd/cm^2}$	L（朗伯） $1\ \mathrm{L}=\frac{1}{\pi}\ \mathrm{sb}$	坎/英尺² $1\ \mathrm{cd/ft^2}$	英尺·朗伯 $1\ \mathrm{ft\cdot L}=\frac{1}{\pi}\ \mathrm{cd/ft^2}$
$\mathrm{cd/m^2}$	π	1×10^{-4}	$\pi\times10^{-4}$	$9.290\ 3\times10^{-2}$	0.291 9

第五节 光谱光度学

光辐射在传输过程中会与介质发生反射、吸收、散射等作用而衰减。按照光辐射与介质相互作用后能量相对于介质的传输方向（空间分布）划分，光辐射照射到介质会发生三种过程：反射、吸收和透射。反射是指辐射经表面或介质后在入射光束同一侧传输的过程，而透射是指辐射经表面或介质后在入射光束另外一侧传输的过程。光谱光度学是关于在一定的几何条件下和在一定光谱范围内，对材料的反射、吸收和透射等量的测量的学科。图 9-28 表示了理想条件下的镜反射、漫反射、逆反射、规则透射（直透射）及漫透射的情况。

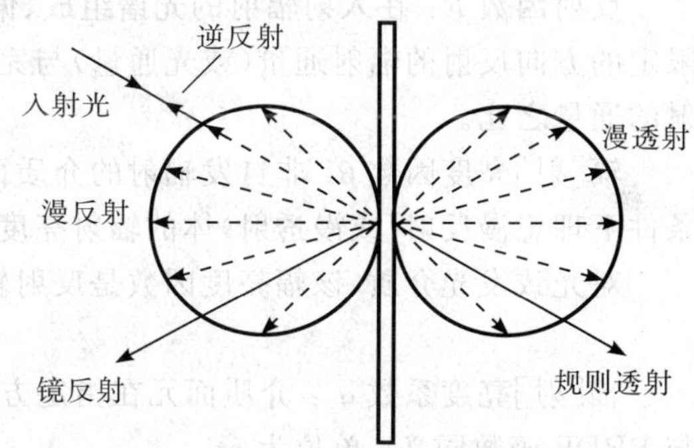

图 9-28 理想的透射反射情况

实际上通常是漫反射和规则反射（或透射）情况同时发生，反射（或透射）的空间功率分布各种各样。

一、基本概念

（一）反射

反射是辐射投射到介质时，不改变辐射的单色成分的频率而使之被界面或介质折回到与入射辐射同侧的过程。落在介质上的辐射，一部分在介质的表面上被反射，称为表面反射；另一部分辐射可能被介质的内部散射回去，称为体反射。光谱双向反射分布函数（BRDF，符号为 f_r，单位为 $\mathrm{sr^{-1}}$）从光谱和空间角度反映了反射辐射亮度与入射辐射照度的关系：

$$f_{r\lambda}(\lambda;\theta_i,\phi_i,\theta_r,\phi_r)=\frac{\mathrm{d}L_{r\lambda}(\theta_i,\phi_i;\theta_r,\phi_r;E_i)}{\mathrm{d}E_{i\lambda}(\theta_i,\phi_i)} \tag{9-155}$$

式中，$E_{i\lambda}(\theta_i,\phi_i)$ 为 (θ_i,ϕ_i) 方向入射的辐射在样品表面的辐射照度，$L_{r\lambda}(\theta_i,\phi_i;\theta_r,\phi_r;E_i)$ 为相应的入射辐射导致的样品在 (θ_r,ϕ_r) 方向反射辐射的辐射亮度。应用较普遍的是从光谱或空间的角度划分的反射量。

光谱反射比 $\rho(\lambda)$：在一定波长、偏振状态和空间条件下，反射的辐射通量 $\Phi_{r\lambda}$ 与入射通量 $\Phi_{i\lambda}$ 之比。

$$\rho(\lambda)=\frac{\Phi_{r\lambda}}{\Phi_{i\lambda}} \tag{9-156}$$

积分反射比 ρ：入射辐射在一定光谱组成、偏振状态和空间条件下，反射通量 Φ_r 与入射通量 Φ_i 之比。

$$\rho=\frac{\Phi_r}{\Phi_i}=\frac{\int_0^\infty \rho(\lambda)\Phi_{i\lambda}\mathrm{d}\lambda}{\int_0^\infty \Phi_{i\lambda}\mathrm{d}\lambda}\neq\int_0^\infty \rho(\lambda)\mathrm{d}\lambda \tag{9-157}$$

如上式所示，总反射比(积分反射比)不是光谱反射比在整个波长范围的积分，而是经过对入射辐射光谱辐射通量加权的结果。除非在各个波长的反射比相等，否则，积分反射比与入射的光谱辐射分布相关。在不知道光源的光谱辐射特性的情况下，只给出反射比是没有意义的。

规则反射(镜反射)：在无漫射的情况下，按照几何光学定律进行的反射。

规则反射比 ρ_r：反射通量中的规则反射成分与入射通量之比。

漫反射：宏观上与几何光学反射定律无关的无规则弥散的反射。

漫反射比 ρ_d：反射通量中的漫反射成分与入射通量之比。

混合反射：同时存在规则反射和漫反射成分的反射。

在混合反射情况下

$$\rho=\rho_d+\rho_r \tag{9-158}$$

各向同性漫反射：被反射的辐射在反射半球的各个方向上呈现相同的辐射亮度(或光亮度)的漫反射。

理想漫反射体：反射比等于1的各向同性漫反射体。

反射率 ρ_∞：材料的厚度达到其反射比不随厚度的增加而变化时的反射比。

反射[光学]密度 D：反射比 ρ 的倒数取10为底的对数。

$$D=\lg(1/\rho) \tag{9-159}$$

反射因数 R：在入射辐射的光谱组成、偏振状态和空间分布指定的条件下，待测反射体在指定的圆锥所限定的方向反射的辐射通量(或光通量)与完全相同照射(或照明)条件下理想漫反射体在同样几何条件下反射的通量之比。

辐[射]亮度因数 β：非自发辐射的介质面元在规定的照明条件下、在指定方向上的辐射亮度与相同照射条件下理想漫反射(或漫透射)体的辐射亮度之比。

对光致发光介质，该辐亮度因数是反射辐亮度因数 β_S 和发光辐亮度因数 β_L 这两部分之和，即

$$\beta=\beta_S+\beta_L \tag{9-160}$$

辐[射]亮度系数 q_e：介质面元在指定方向上的辐射亮度除以该介质上的辐射照度之商。辐射亮度系数与BRDF函数同义。单位为 sr^{-1}。

逆[向]反射：反射光线沿靠近入射光的反方向返回，而且当入射光的方向在较大范围内变化时，仍能保持这种性质的反射。

逆反射观测角：逆反射的观测方向与入射光线的偏离角度。

逆反射投射角：逆反射体法线相对于入射光线的夹角。对于平面型反射体，投射角一般与入射角相一致。

光强度系数：逆反射在观测方向的光强度 I 除以投向逆反射体且落在垂直于入射光方向的平面内的光照度 $E_\perp$ 之商。单位为cd/lx。

$$R=\frac{I}{E_\perp} \tag{9-161}$$

逆反射系数 R'：逆反射面的逆反射光强度系数除以它的被照面积 A 之商。单位为 $cd/(lx\cdot m^2)$。

$$R'=\frac{R}{A}=\frac{I}{AE_\perp} \tag{9-162}$$

逆反射光亮度系数 R_L：逆反射面在观测方向的光亮度 L，除以投向逆反射体在垂直于入射光方向的平面内的光照度 $E_\perp$ 之商。单位为 sr^{-1}。

$$R_L=\frac{L}{E_\perp} \tag{9-163}$$

(二) 透射

透射是光辐射在不改变其单色成分的频率时穿过介质的过程。透射一般可以从光谱和空间的角度进行划分。光谱双向透射分布函数(BTDF，符号为 f_t，单位为 sr^{-1})从光谱和空间角度反映了透射辐射亮度与入射辐射照度的关系[95]：

$$f_t(\lambda;\theta_i,\phi_i,\theta_t,\phi_t)=\frac{dL_{t\lambda}(\theta_i,\phi_i,\theta_t,\phi_t;E_i)}{dE_{i\lambda}(\theta_i,\phi_i)} \tag{9-164}$$

式中，$E_{i\lambda}(\theta_i,\phi_i)$ 为(θ_i,ϕ_i)方向入射的辐射在样品表面的辐射照度，$L_{t\lambda}$为相应的入射辐射导致的样品透射辐射在(θ_t,ϕ_t)方向的辐射亮度。实际应用中较普遍的是从光谱或空间的角度划分的透射量。

1. 不同光谱条件下的透射

光谱透射比 $\tau(\lambda)$：在一定波长、偏振状态和空间分布的条件下，透射的光谱辐射通量 $\Phi_{t\lambda}$ 与入射光谱辐射通量 $\Phi_{i\lambda}$ 之比。

$$\tau(\lambda)=\frac{\Phi_{t\lambda}}{\Phi_{i\lambda}} \tag{9-165}$$

积分透射比 τ：在入射辐射的光谱组成、偏振状态和空间分布指定的条件下，透射通量 Φ_t 与入射通量 Φ_i 之比。

$$\tau=\frac{\Phi_t}{\Phi_i}=\frac{\int_0^\infty \tau(\lambda)\Phi_{i\lambda}d\lambda}{\int_0^\infty \Phi_{i\lambda}d\lambda}\neq\int_0^\infty \tau(\lambda)d\lambda \tag{9-166}$$

注意，如上式所示，积分透射比不是光谱透射比在整个波长范围的积分，而是经过辐射源光谱辐射通量加权的结果。除非在各个波长的透射比相等，否则积分透射比与光源的光谱辐射功率分布相关。如果不知道光源的光谱辐射功率分布而只给出透射比是没有意义的。透射比还可以通过辐射亮度表示如下：

$$\tau=\frac{\int_0^\infty\int_{\Omega_t} L_{t\lambda}d\Omega d\lambda}{\int_0^\infty\int_{\Omega_i} L_{i\lambda}d\Omega d\lambda} \tag{9-167}$$

式中，$L_{i\lambda}$表示(θ_i,ϕ_i)入射方向上的光谱辐射亮度 $L_{i\lambda}(\lambda;\theta_i,\phi_i)$，$L_{t\lambda}$表示$(\theta_t,\phi_t)$透射方向上的光谱辐射亮度 $L_{t\lambda}(\lambda;\theta_t,\phi_t)$，$d\Omega$ 是立体角元 $\sin\theta\cos\theta d\theta d\phi$，$\Omega_i$ 是被辐照面对入射辐射源所张的立体角，Ω_t 是透射辐射出射的立体角。

光谱透射率 $\tau_{io}(\lambda)$：在不受材料界面影响的条件下，辐射程为一个单位长度时，材料层的光谱内透射比。

2. 不同空间条件下的透射

规则透射(直[接]透射)：在无漫射的情形下，按照几何光学的折射定律进行的透射。

漫透射：在宏观尺度上与几何光学折射定律无关的无规则弥散的透射。

混合透射：规则透射和漫透射同时存在的透射。

各向同性漫透射：透过的辐射在透射半球的各个方向上产生相同的辐亮度或光亮度的漫透射。

规则透射比 τ_r：透射通量中的规则透射成分与入射通量之比。

漫透射比 τ_d：透射通量中的漫透射成分与入射通量之比。

τ_r 和 τ_d 之值具有如下关系：

$$\tau=\tau_r+\tau_d \tag{9-168}$$

透射[光学]密度 D_τ：透射比 τ 的倒数取 10 为底的对数。

$$D_\tau=\lg(1/\tau) \tag{9-169}$$

光谱内透射比 $\tau_i(\lambda)$：到达均匀非漫射介质的内出射面的光谱辐通量与穿越入射面进入介质的光谱辐射通量之比。

（三）吸收

吸收是辐射能与物质相互作用而转换为其他形式能量的过程。吸收过程中通常将辐射能转化为热能。吸收比 α 定义为：在规定条件下吸收的辐通量 Φ_a 与入射通量 Φ_i 之比，即

$$\alpha=\frac{\Phi_a}{\Phi_i} \tag{9-170}$$

与透射和反射类似，光谱吸收比 $\alpha(\lambda)$为被吸收的光谱辐射功率 $\Phi_{a\lambda}$ 与入射的光谱辐射功率 $\Phi_{i\lambda}$ 之比，

因而有

$$\alpha=\frac{\int_0^{\infty}\alpha(\lambda)\Phi_{\text{a}\lambda}\,d\lambda}{\int_0^{\infty}\Phi_{\text{i}\lambda}\,d\lambda}\neq\int_0^{\infty}\alpha(\lambda)\,d\lambda \tag{9-171}$$

光谱内吸收比 $\alpha_i(\lambda)$：在均匀非漫射介质的内入射面和内出射面之间被吸收的光谱辐通量与穿过入射面进入该介质的光谱辐通量之比。

光谱吸收率 $\alpha_{io}(\lambda)$：在不受材料界面影响的条件下，通过单位长度的辐射程时，材料层的光谱内吸收比。

光谱线性吸收系数 $\alpha(\lambda)$：由于吸收的缘故，准直辐射束在沿长度元 dl 方向传输时，它的辐通量的光谱密集度 $\Phi_{e\lambda}$ 的相对减少量除以长度 dl 之商。单位为 m^{-1}。

$$\alpha(\lambda)=-\frac{1}{\Phi_{e\lambda}}\frac{d\Phi_{e\lambda}}{dl} \tag{9-172}$$

摩尔吸收系数 k：摩尔吸收系数是由下列公式定义的量：

$$k=\frac{\alpha}{c} \tag{9-173}$$

式中，α 是线性吸收系数，c 为物质的量浓度。

光谱吸收度（光谱内透射密度）$A_i(\lambda)$：光谱内透射比的倒数取 10 为底的对数，即

$$A_i(\lambda)=-\lg\tau_i(\lambda) \tag{9-174}$$

二、基本定律

（一）菲涅耳公式

在两种透明介质的光滑交界面，光的透射比、反射比不但与两种介质的折射率有关，还与入射光的偏振态和入射角有关。偏振方向在入射平面内的线偏振光（下标为 p）和偏振方向与入射面垂直的偏振光（下标为 s）的振幅透射比（t_p、t_s）、振幅反射比（r_p、r_s）由菲涅耳公式表示：

$$r_p=\frac{n_2\cos i_1-n_1\cos i_2}{n_2\cos i_1+n_1\cos i_2}=\frac{\tan(i_1-i_2)}{\tan(i_1+i_2)} \tag{9-175}$$

$$r_s=\frac{n_1\cos i_1-n_2\cos i_2}{n_1\cos i_1+n_2\cos i_2}=-\frac{\sin(i_1-i_2)}{\sin(i_1+i_2)} \tag{9-176}$$

$$t_p=\frac{2n_1\cos i_1}{n_2\cos i_1+n_1\cos i_2}=\frac{2\cos i_1\sin i_2}{\sin(i_1+i_2)\cos(i_1-i_2)} \tag{9-177}$$

$$t_s=\frac{2n_1\cos i_1}{n_1\cos i_1+n_2\cos i_2}=\frac{2\cos i_1\sin i_2}{\sin(i_1+i_2)} \tag{9-178}$$

式中，i_1 为入射角，i_2 为折射角。入射光的透射比、反射比分别为振幅透射比、振幅反射比的平方。入射光的透射比（τ_p、τ_s）、反射比（ρ_p、ρ_s）与振幅透射比（t_p、t_s）、振幅反射比（r_p、r_s）的关系为

$$\tau_p=|t_p|^2,\qquad \tau_s=|t_s|^2 \tag{9-179}$$

$$\rho_p=|r_p|^2,\qquad \rho_s=|r_s|^2 \tag{9-180}$$

对于非偏振的入射光：

$$\rho=\frac{1}{2}(\rho_p+\rho_s),\qquad \tau=\frac{1}{2}(\tau_p+\tau_s) \tag{9-181}$$

对于处在空气中的折射率为 n 的非吸收介质透明平板，如果非相干辐射在介质的前表面反射比为 ρ_0，考虑到多次反射，则

$$\rho_{总}=\frac{2\rho_0}{1+\rho_0} \tag{9-182}$$

在正入射的情况下，$\rho_0=\left(\frac{n-1}{n+1}\right)^2$，于是

$$\rho_{总}=\frac{(n-1)^2}{n^2+1} \tag{9-183}$$

$$\tau_{总}=\frac{2n}{n^2+1} \tag{9-184}$$

（二）朗伯-比耳定律

当单色光辐射在只有规则透射存在的介质中传播时，经过路程 l 后的辐射通量 Φ_τ 与之前的辐射通量 Φ_0 的关系称为朗伯-比耳(Lambert-Beer)定律，公式表示为

$$\tau=\frac{\Phi_\tau}{\Phi_0}=10^{-kcl} \tag{9-185}$$

式中，k 是摩尔吸收系数，c 是量浓度，l 是光路长度。这一定律还可以表示为

$$A=\lg\left(\frac{1}{\tau}\right)=\lg\left(\frac{\Phi_0}{\Phi_\tau}\right)=kcl \tag{9-186}$$

式中，A 是吸光度（也称吸收度或透射光学密度）。

朗伯-比耳定律一般只适用于单色光，除非介质的摩尔吸收系数不随波长变化。朗伯-比耳定律的适用条件还包括：一方面气体或溶液的浓度不能太高，否则吸收体形成聚合物将引起摩尔吸收系数的变化；另一方面只有规则透射通量，其他通量为零，当传输介质有荧光或其他光学混浊时会发生对该定律的偏离。

（三）库贝尔卡-芒克理论

光通过混浊、散射的介质时，能量的减少既与吸收有关，还和散射有关。对于漫射不透明介质薄层，在背景反射的影响可以忽略的条件下，库贝尔卡-芒克(Kubelka-Munk)理论给出了如下关系[96-97]：

$$\frac{k}{s}=\frac{(1-\rho_\infty)^2}{2\rho_\infty} \tag{9-187}$$

式中，k 是吸收系数；s 是散射系数（单位厚度的漫反射比）；ρ_∞ 是反射率，即该种介质厚度再增加也不会影响其反射比值时的反射比。

（四）吸收比、透射比和反射比的关系

光辐射照射到表面或介质发生透射、反射和吸收。应用能量守恒定律可以得出

$$\alpha+\tau+\rho=1 \tag{9-188}$$

在没有非线性效应的条件下（如拉曼效应等）

$$\alpha(\lambda)+\tau(\lambda)+\rho(\lambda)=1 \tag{9-189}$$

在基尔霍夫定律适用的条件下，上式中的吸收率 α 可以被发射率 ε 所代替，从而有

$$\varepsilon=1-\tau-\rho \tag{9-190}$$

$$\varepsilon(\lambda)=1-\tau(\lambda)-\rho(\lambda) \tag{9-191}$$

三、反射比的测量

（一）反射比测量的几何条件

多数反射样品具有一定的漫射性质，其反射参数不但与入射辐射的光谱功率分布有关，还与入射角、接收角以及光束的几何性质有关。为测量的可比性，已经提出过很多反射比和反射因数的几何条件。尼科迪默斯(F. E. Nicodemus)等人提出的建议系统性最强，按照圆锥角的大小将光束分为3类：圆锥角非常小的定向光束、有一定大小圆锥角的圆锥光束和光束圆锥角等于半球大小的半球光束。入射和接收光束分别选上述3种光束之一，可以得出反射比在9种几何条件下的定义：双定向反射比、定向-圆锥反射比、定向-半球反射比、圆锥-定向反射比、双圆锥反射比、圆锥-半球反射比、半球-定向反射比、半球-圆锥反射比、双半球反射比。它们的定义详见表9-9。目前CIE已经推荐了圆锥-半球、半球-圆锥两种几何条件（垂直-漫射或漫射-

垂直,缩写为 0/d,d/0)。反射因数也有类似的九种定义,不再详列。

表 9-9　9 种几何条件下反射比的定义

1	双定向反射比	$d\rho(\theta_i,\phi_i;\theta_r,\phi_r)=f_r(\theta_i,\phi_i;\theta_r,\phi_r)d\Omega_r$
2	定向-圆锥反射比	$\rho(\theta_i,\phi_i;\omega_r)=\int_{\omega_r}f_r(\theta_i,\phi_i;\theta_r,\phi_r)d\Omega_r$
3	定向-半球反射比	$\rho(\theta_i,\phi_i;2\pi)=\int_{2\pi}f_r(\theta_i,\phi_i;\theta_r,\phi_r)d\Omega_r$
4	圆锥-定向反射比	$d\rho(\omega_i;\theta_r,\phi_r)=(d\Omega_r/\Omega_i)\int_{\omega_i}f_r(\theta_i,\phi_i;\theta_r,\phi_r)d\Omega_i$
5	双圆锥反射比	$\rho(\omega_i;\omega_r)=(I/\Omega_i)\int_{\omega_i}\int_{\omega_r}f_r(\theta_i,\phi_i;\theta_r,\phi_r)d\Omega_r d\Omega_i$
6	圆锥-半球反射比	$\rho(\omega_i;2\pi)=(I/\Omega_i)\int_{\omega_i}\int_{2\pi}f_r(\theta_i,\phi_i;\theta_r,\phi_r)d\Omega_r d\Omega_i$
7	半球-定向反射比	$d\rho(2\pi;\theta_r,\phi_r)=(d\Omega_r/\pi)\int_{2\pi}f_r(\theta_i,\phi_i;\theta_r,\phi_r)d\Omega_i$
8	半球-圆锥反射比	$\rho(2\pi;\omega_r)=(I/\pi)\int_{2\pi}\int_{\omega_r}f_r(\theta_i,\phi_i;\theta_r,\phi_r)d\Omega_r d\Omega_i$
9	双半球反射比	$\rho(2\pi;2\pi)=(I/\pi)\int_{2\pi}\int_{2\pi}f_r(\theta_i,\phi_i;\theta_r,\phi_r)d\Omega_r d\Omega_i$

(二)规则反射比的绝对测量

规则反射比测量比较适宜的几何条件为立体角较小的双圆锥几何条件。它的绝对测量的 3 种方法为 V-W 法、替代法和菲涅耳公式法。

1. V－W 法

V－W 又称 Strong 法。图 9-29 是 V－W 法的示意图。测量时先如左图移去样品,辅助反射镜放在 A 处,测得 $\Phi_A=k\Phi_i\rho_m$,式中 k 是测量常数,Φ_i 是入射通量,ρ_m 是辅助反射镜的反射比。然后如右图所示放入样品,反射镜移到 B 位置,此时 $\Phi_B=k\Phi_i\rho_r\rho_m\rho_r$。可得被测样品的镜反射比:

$$\rho_r=\sqrt{\frac{\Phi_B}{\Phi_A}}\tag{9-192}$$

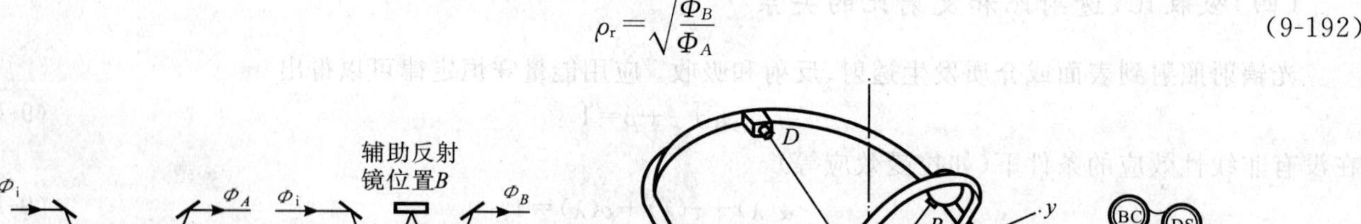

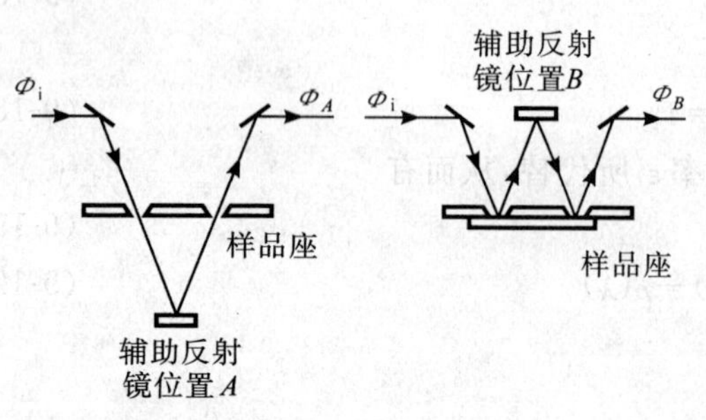

图 9-29　V－W 法规则反射比测量原理

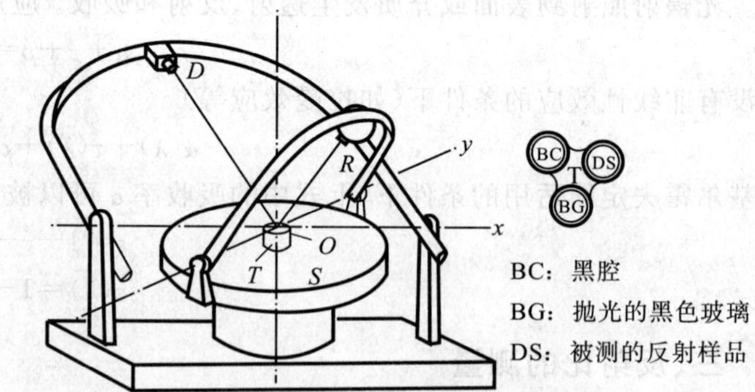

图 9-30　变角反射计原理示意图

在此基础上发展出多种改进办法,包括专门测量正入射下的镜反射。相关内容可参阅 ASTM F768、ASTM D523 和 ASTM F1252。

2. 替代法(旋转探测器法)

测量装置中,探测器可以绕在样品表面上的轴转动。移去样品并转动探测器,可以测量入射通量 Φ_i。移入样品,将探测器转到规则反射角的位置,测得 Φ_r。则反射比 $\rho_r=\Phi_r/\Phi_i$。

3. 菲涅耳公式法

反射比根据介质的折射率通过菲涅耳公式计算得到。

(三)漫反射比的绝对测量

1. 变角光度法

变角光度法是以一束窄光束在特定方向照射被测样品,通过入射到样品的辐射通量或辐射照度的测量和在样品表面所对的 2π 空间的各个方向反射辐射亮度或辐射强度的测量,得到反射的空间分布,再通过变角数值积分得到反射辐射通量,最终可以得到各种几何条件下的绝对漫反射比。中国计量科学研究院建立的变角反射计如图 9-30 所示[98]。

2. 积分球法

基于积分球的反射比绝对测量方法有若干种[96],这里介绍常用的辅助积分球法、科特法和夏普-利特法。

(1)辅助积分球法

辅助积分球法又叫双球法或 Van Den Akker 法,它的几何条件是 0/d。如图 9-31 所示,有两个积分球。大积分球是仪器积分球,它的球壁装有探测器。辅助球(小球)半径 r,只开一个孔,内部涂有与待测样品反射比 ρ 相同的涂料。辅助积分球的开口系数(开口面积 S_1 与球的总内表面积之比)[99] 为 $f=S_1/(4\pi r^2)$。

将被测样品和辅助积分球先后分别放置在仪器积分球的样品口,对于双光路系统,分别测量待测样品和辅助积分球放置于仪器积分球样品口时相对于参考板的信号比 $Q_F(\lambda)$、$Q_S(\lambda)$(或对单光束系统分别测得的输出信号),则待测样品的反射比 ρ 为

$$\rho=\frac{1-f\dfrac{Q_F(\lambda)}{Q_S(\lambda)}}{1-f} \tag{9-193}$$

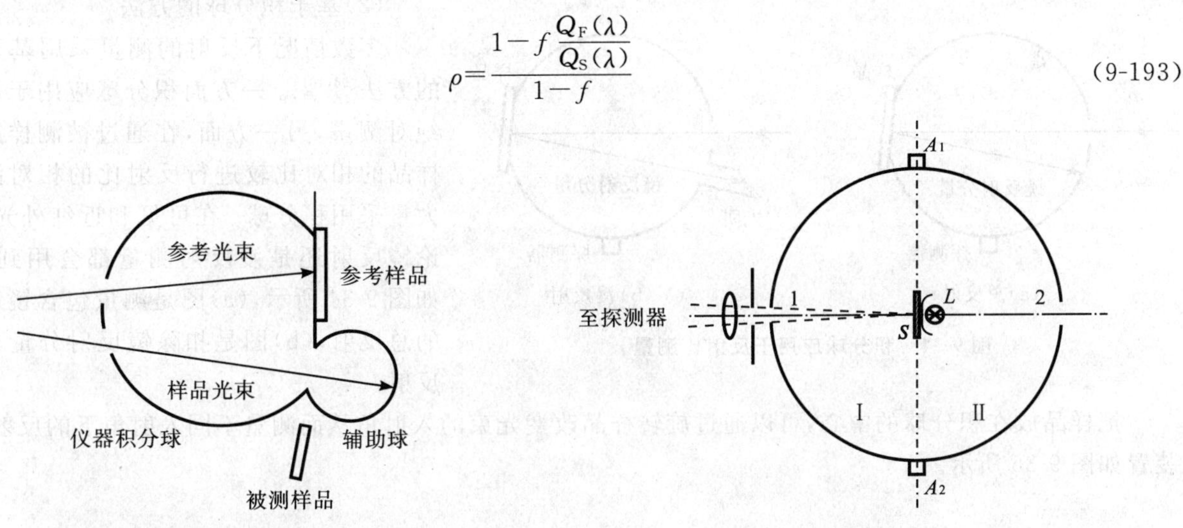

图 9-31 辅助积分球法示意图　　图 9-32 科特法示意图

(2)科特法

科特(Korte)法又称半球辐照体法,它的几何条件是 d/0。

经过 Erb 改进的方法如图 9-32 所示。其中 S 是被测样品;L 是在被测样品背后的光源,用以实现对半球 II 的辐照。光源对半球 I 的直接辐照被遮住,半球 II 被照明后作为二次光源照明半球 I。位置固定的光学探测系统首先通过开口 1 测量样品 S 的亮度 L_s。然后积分球沿 A_1A_2 轴旋转,使光源和开口 2 对准探测器,再以入射口为轴稍转动积分球使探测器能够测到相对的积分球壁 I 而不包含光源直接入射的亮度 L_0。样品的漫反射比 $\rho_{d/0}$ 为

$$\rho_{d/0}=\frac{L_s}{L_0} \tag{9-194}$$

(3)夏普-利特法[100]

夏普-利特(Sharp-Little)法的几何条件是 d/0 或 0/d。

积分球内壁、挡板和被测样品具有相同的光学涂料,其漫反射比为 ρ。几何条件是 d/0 的测量装置如图 9-33 所示,挡板可以在位置 I、II 切换。挡板位置 I、II 处于入射光束与样品和探测器的连线构成的平面上,并

相对于探测器与被测样品连线的轴对称。挡板在I的位置时挡住入射光的一次反射对被测样品的直接照射，在II的位置不挡住一次反射的直接照射。若直射被挡住和未被挡住情况下输出的比值为Q，则有

$$\rho=\frac{Q}{1-f} \tag{9-195}$$

式中，f为积分球的开口系数。

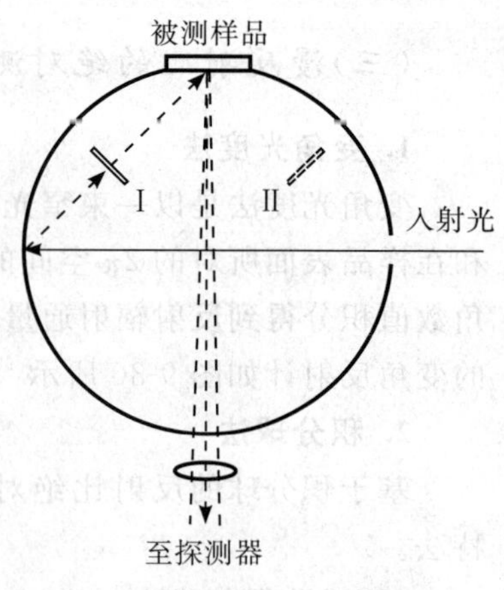

图 9-33　夏普-利特法示意图

将光路倒转，入射光直接照射被测样品，则可以实现0/d几何条件的测量。

（四）实用反射测量技术

1. 不同几何条件的实现

（1）变角光度法

变角光度法不但是基本的绝对测量方法，通过BRDF函数在一定空间范围的积分可以得到表9-9中9个定义里面的任意一个几何条件的反射比，而且常被应用于漫反射分布测量。

测量光洁的样品时需要较强功率以便在偏离镜反射的角度测量时有足够的信噪比，此时可以使用相干光源——激光。测量漫反射分量较大的样品时，常将滤光片与氙灯、模拟黑体或卤钨灯等非相干光源组合使用。该技术还可以应用于测量双向透射分布函数和双向散射分布函数。

（2）基于积分球的方法

多数情况下反射的测量采用基于积分球的方法[96,101]。一方面积分球应用于反射比的绝对测量，另一方面，在通过被测样品与标准样品的相对比较进行反射比的相对测量中也大量采用积分球。在可见和近红外光谱区，不论镜反射还是漫反射测量都会用到积分球。如图9-34所示，(a)图是测量包含镜反射分量的总反射，(b)图是扣除镜反射分量只测量漫反射。

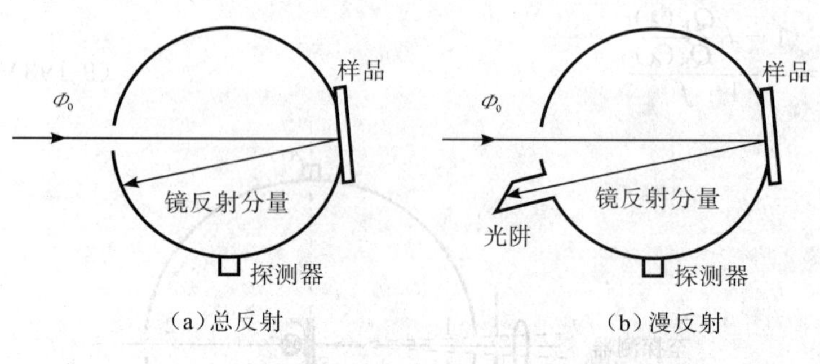

图 9-34　积分球应用于反射比测量

把样品放在积分球的中心，可以通过旋转样品改变光束的入射角从而测量不同入射角下的反射比，测量装置如图9-35所示。

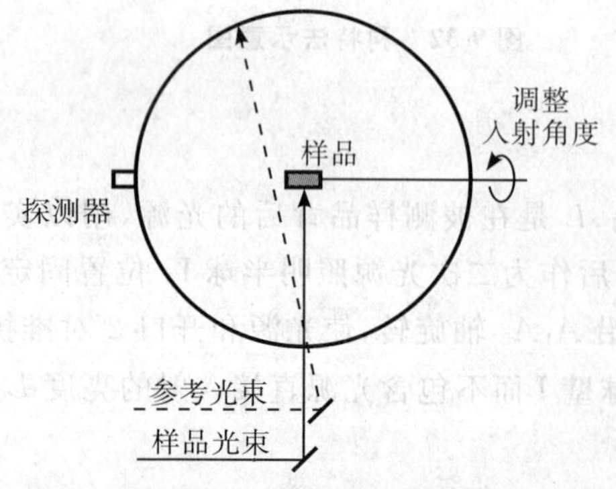

图 9-35　不同入射角反射比测量的实现

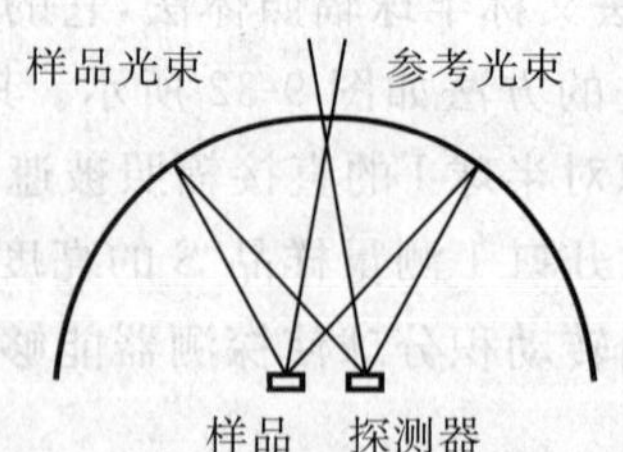

图 9-36　半球反射照明示意图

（3）镜反射照明法

除了采用积分球进行半球照明或半球接收外，还可以如图9-36所示采用镜反射半球，或采用镜反射抛物面、椭球。镜反射照明法对积分球涂层难以满足的光谱区尤其有用。

2. 反射因数测量

反射因数的测量方法和仪器与漫反射比测量的一样。它们之间的区别在于参比对象的不同，漫反射比的参比对象是入射通量，而反射因数的参比对象是理想反射体。详细内容可参考文献[102]、ASTM E1349、ASTM E97 和 ASTM E1348 等。

3. 逆反射测量

准确的测量方法是将反射光束与入射光束分离的方法，将光源与被测样品分开放置在相距较远的位置。大量使用的是便携式测量仪器，这种仪器中返回的光束与入射光束的空间位置几乎一样，通常系统中采用分束器使反射光束与入射光束分离。一方面，这将导致辐射通量的显著损失；另一方面，在不使用非偏振的分束器的情况下，到达样品的光束将是部分偏振的。另外，被分束器反射的那部分入射光束必须很好地吸收掉，因为探测器正是朝着那个方向的。详细的实验方法可参考文献[103]、ASTM E810、ASTM E809 等。

4. 光泽度测量

镜向光泽度常用于描述物体的视觉表观。已经有多种变角光度测量仪器和方法用于测量双圆锥几何条件下的镜向光泽度。根据被测样品的不同在偏离正入射的不同角度上测量(20°、30°、45°、60°、75°、85°)。详细内容可参阅 ASTM C347、ASTM E167、ASTM D523、ASTM E1349、ASTM E179 和 ASTM E430。

(五)标准样品

多数情况下采用相对法测量反射比，因而需要标准反射样品。新镀的金属膜可以作为镜反射的标准样品。漫反射标准样品的制造、校准和特性可以参考 ASTM E259 等文献。

漫反射标准样品有几种。理想的标准样品是反射比等于 1 的完全漫射体(朗伯体)，测量反射因数时尤其如此。一些材料在一定角度和波长范围内接近上述理想情况。氧化镁最先用于可见光谱范围，后来依次被硫酸钡、PTFE(海伦)取代。当白色精细的海伦粉末压制成密度约为 1 g/cm^3 时，它在很宽的光谱范围接近理想漫反射体。但它不是完美的各向同性，偏离镜反射角度较远后 BRDF 会有所下降，并略微表现出一定的逆反射，在远紫外照射下还可能出现荧光。

在红外波段，粉末状的硫和金是两种很有用的反射材料。硫的粉末适用于 1～15 μm。金的反射比不但高而且稳定，要成为实用的漫反射标准样品，金必须覆盖到砂纸等朗伯表面才行。

PTFE 是很好的实验室标准，但不太适合室外使用，它不太结实，还有很高的吸附性，容易脏。硫酸钡涂料、M14 和 M20 俄罗斯乳白玻璃等适合做工作标准。

(六)常见物体表面的反射比

反射比一般来说不仅与表面的性质有关，而且与光的光谱成分有关。对所有可见光谱范围的光，反射比均近似为 1 的物体称为白体；反射比均远小于 1 的物体称为灰体；反射比均近似为 0 的物体称为黑体。表 9-10 列出了部分常见物体表面的反射比。

表 9-10　一些常见物体表面的反射比

物体种类	反射比/%	物体种类	反射比/%
氧化镁	96	黏土	16
石灰	91	月亮	10～20
雪	78	黑土	5～10
白纸	70～80	黑呢绒	1～4
白砂	25	黑丝绒	0.2～1

四、透射比的测量

(一)透射比测量的几何条件

与反射比测量类似，入射、透射光束可以分别采用定向、圆锥和半球 3 种光束中的一种，透射比测量也有同样的 9 种几何条件。通过相应地对 BTDF 函数的积分，可以得到不同几何条件的 9 种透射比定义。

透射比测量中可以利用积分球的平均效果，也可用于分离规则透射和漫透射。如图 9-37 所示，其中(a)图结构用于测量总透射比；(b)图中利用光阱吸收掉规则透射，用于测漫透射比；(c)图中只有规则透射被积分球接收，用于测量规则透射比。

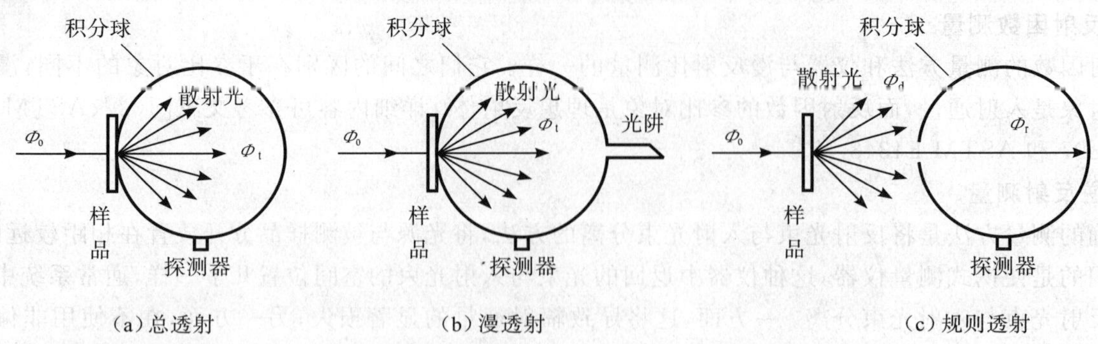

图 9-37 利用积分球测量总透射、漫透射和规则透射示意图

(二)光谱透射比测量

1. 基于分光光度计的测量

测量光谱透射比通常采用分光光度计。分光光度计一般是双光束结构，以样品光路的信号与参考光路在各个波长的相应信号之比作为输出。使用中应该尽可能保证两束光一致。如果要使用比色皿，应该在两个光路各放一个。测量光束的几何条件非常关键。大多数分光光度计的样品处于光束会聚的位置。如果两束光的光程不等，就会在入射狭缝或探测器处出现系统性偏差。另外，干涉滤光片等样品在会聚光情况下进行测量也容易产生误差。

采用单单色仪容易受杂散光的影响，尤其是在一个波长范围吸收比高而在另一个波长范围透射很强时，杂散光往往是采用单单色仪测量透射比的一个限制因素。

由于前述因素的限制，通常双光束测量装置的不确定度在0.1%的量级。要进一步提高测量准确度，可以采用单光束结构。应采用双单色仪以减小杂散光。为避免测量光学厚度较大的样品时焦点偏移，通过样品室的光束应该尽可能平行。为消除探测器的不均匀性和光束偏移，可以采用配有积分球或漫射器的探测器。

如果光源在一定时间内足够稳定，可以在没有样品的情况下先进行光谱扫描，然后放上样品再进行光谱扫描。否则，分光光度计需要在固定波长上轮流读出放置和不放置样品时的读数。样品放入和移出光路时，需要注意保证光束的几何条件保持不变。

荧光物质能够吸收一个波段的辐射而在另一个长波波段重新发射辐射，测量这种样品的透射比时需要特别注意。

对分光光度计的校准和性能评价，包括线性度、杂散光、波长准确度和偏振特性等。波长准确度一般可利用原子发射谱线灯(汞灯、稀有气体灯等)和空心阴极灯的原子谱线校准或用已知特征吸收峰波长的标准样品校准，如氧化钬熔液、三氯苯、镨铒玻璃、镨钕玻璃、氧化钬玻璃、聚苯乙烯薄膜以及干涉滤光片等。

2. 其他测量方法

为解决常规仪器的光信号较弱、动态范围不够等问题，可以采用傅里叶变换光谱仪、可调谐激光和外差光谱仪等。

(三)内透射比测量

内透射比的测量需要在常规透射比测量中扣除界面反射的影响。根据确定界面影响的方式，内透射比测量分为两种方法。

1. 参比样品法

如果有与被测样品同样材料的非吸收样品，被测样品的透射比减去参比样品的透射比可以得到内透射比。或者当相同介质薄层的内透射比与被测样品内透射比相比可忽略的条件下，则可以通过参比该介质薄层得到内透射比。

2. 菲涅耳公式法

根据材料的折射率 $n(\lambda)$，利用菲涅耳公式计算出介质表面反射的影响。对光束正入射平行端面介质的

情形，有

$$\tau_i(\lambda)=\frac{n^2(\lambda)+1}{2n(\lambda)}\tau(\lambda) \tag{9-196}$$

式中，$\tau_i(\lambda)$为被测样品的内透射比，$\tau(\lambda)$为被测样品的透射比。

根据被测样品的厚度和内透射比，利用朗伯-比耳定律，还可以得出样品的透射率。

（四）雾度测量

雾度（也称朦胧度）H是入射光透过样品后偏离入射方向一定角度以上的漫透射通量与总透射通量的比值。雾度常用于描述透明材料的漫射特性。对漫透射光偏离入射光的角度一般规定为大于2.5°[104-105]，但是也有规定为其他角度的[106]。光源采用CIE的标准C光源。雾度测量装置如图9-38所示。

被测样品置于入射口A处，出射口交替放置反射板和高吸收比的光阱。积分球内壁、挡板和反射板具有相同的反射比。测量中测得值与积分球A、B开口处样品、反射板和光阱的布置如表9-11所列。

则被测样品的雾度为

$$H=[(T_4/T_2)-(T_3/T_1)]\times 100\% \tag{9-197}$$

雾度测量中需要注意保证测量的几何条件、测量系统的线性、光源色温、杂散光、吸收直透射的光阱的吸收比等[107-108]。

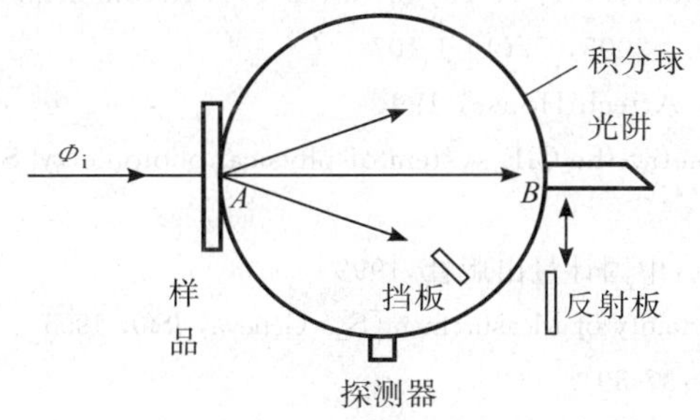

图9-38　雾度测量装置示意图

表9-11　雾度测量中实验布置

测量值	A开口	B开口
T_1	无样品	反射板
T_2	样　品	反射板
T_3	无样品	光　阱
T_4	样　品	光　阱

五、吸收测量

大多数情况下，吸收比不是直接测量的，而是通过透射比和反射比的测量结果计算出并经过适当的反射修正后得到的：

$$\alpha(\lambda)=1-[\tau(\lambda)+\rho(\lambda)] \tag{9-198}$$

式中，$\tau(\lambda)$是总透射比，$\rho(\lambda)$是总反射比。由于光辐射通过被测样品的表面或内部时可能有漫反射、散射等过程发生，需要注意散射的影响（斜向、横向散射与吸收的综合影响）。总透射比和总反射比都应该是入射光束在相同条件下的半球反射比和半球透射比。在各向异性的散射物质中，为获得准确的测量结果，测量时应对准样品的同一面积。对散射较大的样品，透射和反射分别测量可能会引入较大误差。采用4π几何条件测量可以消除相应的误差，图9-39所示是一种在4π几何条件下对样品进行测量的方法[5]。样品放置在真空吸附的环形固定架上，样品架涂敷与积分球壁同样的涂料。该方法的优点是只要测量一

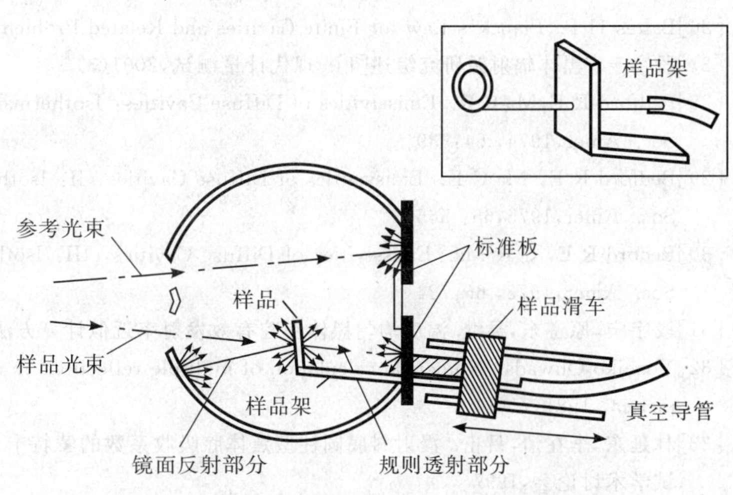

图9-39　4π几何条件透射比和反射比测量装置

次就可以得到 $\tau(\lambda)+\rho(\lambda)$，从而可以得到吸收比，并且测量准确度较高。

对吸收比极小的物质，则不确定度主要来自透射比、反射比不确定度的贡献。在这种情况下可以用量热法进行直接测量[109-110]。

参考文献

[1]李景镇. 光学手册[M]. 西安:陕西科学技术出版社,1986

[2]Zalewski E F, Ono Y. Sponsored by the Optical Society of America. Handbook of Optics[M]

[3]李在清,杨永刚,徐大刚,杨臣铸,李为,吴厚平. 光学辐射计量名词术语及定义[M]. 北京:中国计量出版社,2006

[4]BIPM. The international system of units(SI)[S]. 8th edition, 2006

[5]格鲁姆 F, 贝彻雷 R J. 辐射度学[M]. 北京:机械工业出版社,1987

[6]比尤迪 W. 光辐射实用探测器[M]. 北京:机械工业出版社,1988

[7]计量测试技术手册[M]. 第 10 卷:光学. 北京:中国计量出版社, 1997

[8]李在清. 光谱光度测量与标准[M]. 北京:中国计量出版社, 1993

[9]徐大刚,夏学江,麦伟麟. GB 3102. 6-1993. 光及有关电磁辐射的量和单位[S]. 北京:中国标准出版社,1993

[10]徐大刚,李在清. 国际电工辞典:第 45 组-照明[M]. 北京:科学出版社,1983

[11]本章的物理常数均采用 CODATA 2002 年推荐的物理常数数值:Peter J Mohr,Barry N Taylor. CODATA Recommended Values of the Fundamental Physical Constants: 2002[J]. Rev. Mod. Phys. 2005, 77(1) 1-107

[12]McCluney W R. Introduction to radiometry and photometry[M]. Boston: Artech House, 1994

[13]Joint ISO/CIE Standard ISO 23539:2005(E) / CIE S 010/E:2004 Photometry-the CIE system of physical photometry[S]

[14]国家计量检定系统表[M]. 北京:中国计量出版社,2005

[15]李慎安,施昌彦,刘风. JJF1059-1999 测量不确定度评定与表示[M]. 北京:中国计量出版社,1999

[16]BIPM,IEC,IFCC,ISO,IUPAC,IUPAP,OIML. Guide to the expression of Uncertainty of Measurement[S]. Geneva, ISO, 1995

[17]姜晓梅. 光度计响应度国际比对方法和结果[J]. 现代计量测试, 2000(6):37-39

[18]马礼敦,杨福家. 同步辐射应用概论[M]. 上海:复旦大学出版社,2001

[19]Sparrow E M, Cess R D. Radiation Heat Transfer[M]. Belmont, CA:Brooks-Cole, 1966

[20]Modest M F. Radiative Heat Transfer[M]. McGraw-Hill, Inc, 1993

[21]杨世铭, 陶文铨. 传热学[M]. 北京:高等教育出版社,2006

[22]杨臣铸. 光度学讲义[M]. 北京:中国计量科学研究院,1992

[23]Goebel D G. Generalized Integrating Sphere Theory[J]. Appled Optics, 1967,6:125

[24]玻恩 M,沃耳夫 E. 光学原理[M]. 北京:电子工业出版社,2006

[25]Wolf E. Coherence and Radiometry[J]. J. Opt. Soc. Am,1978, 68: 6

[26]Baltes H P. Planck's Law for Finite Cavities and Related Problems[J]. Infrared Physics,1976, 16:1

[27]段宇宁. 黑体辐射源研究综述[J]. 现代计量测试,2001(3)

[28]Bedford R E,Ma C K. Emissivities of Diffuse Cavities: Isothermal and Non-isothermal Cones and Cylinders[J]. J. Opt. Soc. Amer,1974, 64:339

[29]Bedford R E, Ma C K. Emissivities of Diffuse Cavities, II: Isothermal and Non-isothermal Cylindro-cones[J]. J. Opt. Soc. Amer,1975,65: 565

[30]Bedord R E, C K Ma. Emissivities of Diffuse Cavities, III: Isothermal and Non-isothermal Double Cones[J]. J. Opt. Soc. Amer,1976, 66:724

[31]段宇宁,原遵东,吴继. 温度均匀黑体空腔有效发射率近似计算方法[J]. 现代计量测试,2000(4)

[32]Yoshiko Ohwada. Numerical calculation of multiple reflections in diffuse cavities[J]. Journal of the Optical Society of A-merica, 1981,71(1)

[33]林延东,李在清,吕正. 漫射斜底圆柱型黑体腔吸收系数的蒙特卡洛法计算[C]. 西安:中国光学学会第七届全国光学测试学术讨论会,1997

[34]Shaw P S, Arp U, Yoon H W, Saunders R D, Parr A C, Lykke K R. A SURF beamline for synchrotron source-based absolute radiometry[J]. Metrologia, 2003, 40(1):124-127

[35]丘伟,陈赤. 合肥 800MeV 同步辐射源光谱功率分布的计算[J]. 现代计量测试,7(1)

[36]熊利民,刘金元,李平,薛凤仪,杨永刚,等. 用同步辐射源建立紫外及真空紫外光谱区光谱辐射度基准的研究[J]. 光学学报, 2006, 26(4)

[37]刘金元. 同步辐射源标定探测器方法的研究[D]. 北京:中国计量科学研究院硕士论文,2002

[38]Shaw P S, Lykke K R, Gupta R, et al. New ultraviolet radiometry beamline at the synchrotron ultraviolet radiation facility at NIST[J]. Metrologia, 1998, 35(4)

[39]吴继宗,叶关荣. 光辐射测量[M]. 北京: 机械工业出版社, 1992

[40]海尔比希 E. 测光技术基础[M]. 北京:中国轻工业出版社,1987

[41]薛凤仪,于家琳,陈赤,杨永刚,李大欣. 用等离子体辐射源建立 200~350 nm 光谱辐亮度副基准[J]. 计量技术,1994(12)

[42]张建镛,易庆祥,王强,吕胡燕,宋彩瑜. 常温黑体辐射标准[J]. 计量学报,1989,10(1)

[43]陈逷举,王强,易庆祥,李之彬,张建民,于家琳. 计量学报,1982,3(1):27-32

[44]Wolfe W L. Introduction to radiometry[M]. Washington: SPIE optical engineering press, 1998

[45]刘世才. 光辐射测量技术[M]. 北京:国防工业出版社,1991

[46]薛君敖,李在清,朴大植,孟昭仟. 光辐射测量原理和方法[M]. 北京:中国计量出版社,1980

[47]CIE collection in photometry and radiometry Publication[M]. 1994: 114

[48]Ashdown I. Chromaticity and Color Temperature for Architectural Lighting[C]. Proceedings of SPIE,2002, 4776: 51-60

[49]代彩红. 紫外辐射和相关色温计量标准及其量值溯源方法研究[D]. 清华大学博士学位论文,2005

[50]代彩红,于家琳. 光源相关色温计算方法的讨论[J]. 计量学报,2000, 21(3)

[51]代彩红,于家琳,于靖,殷纯永. 颜色温度和相关色温的不确定度评定方法[J]. 光学学报,2005, 4(25): 547-55

[52]F Hengstberger. Absolute Radiometry[M]. San Diego: Academic Press, 1989

[53]杨永刚,徐大刚,周师表,郭正强,朱弟英. 激光功率和能量标准[J]. 计量学报,1982,3(1):22-26

[54]高执中,王振常,朴大植,毛世华,杨秋虹. 用电校准辐射计复现发光强度单位——坎德拉[J]. 计量学报,1983,2:81

[55]林延东. 低温辐射计技术及其计量学应用[M]// 计量科学研究 50 年. 北京:中国计量出版社,2005

[56]Geist J. Quantum Efficiency of the p—n Junction in Silicon as an Absolute Radiometric Standard[J]. Appl. Opt. 1979,18:760

[57]Geist J, Gladden W K, Zalewski E F. The Physics of Photon Flux Measurements with Silicon Photodiodes[J]. J. Opt. Soc. Amer,1982,72:1068

[58]李同保. 硅光电二极管自校准技术的理论分析和实验结果[J]. 光学学报,1982,5:452

[59]姚和军,吕正,林延东. 陷阱式探测器的特性及其测量[J]. 现代计量测试,2000,8(2)

[60]林延东,姚和军,吕正. 陷阱探测器面响应均匀性的测量[J]. 现代计量测试,2000,8(3)

[61]林延东,等. 低温辐射计标准和国际比对方法研究(研究报告)[R]. 北京:中国计量科学研究院,2005

[62]Brida G, Genovese M, Gramegna M. Twin-photon techniques for photo-detector calibration[J]. Laser Physics Letters, 2006, 3(3): 115-123

[63]李同保,黄庭忠,译. 光辐射探测器光谱响应度测量指南[M]. 北京:中国测试技术研究院,1984

[64]张建民,林延东,邵晶,樊其明. 硅光电探测器光谱响应度标准测量装置[J]. 计量学报,1998,19(3)

[65]熊利民, 王杰, 樊其明. 关于新的光电探测器光谱响应度工作标准的研究[J]. 计量技术, 2002,9

[66]Theocharous E. The establishment of the NPL infrared relative spectral responsevity scale using cavity pyroelectric detectors[J]. Metrologia, 2006,43(2):115-119

[67]Werner L, Fischer J. Fast calibration of photodiodes in the near-infrared, visible and ultraviolet using a Fourier-transform spectrometer,. Metrologia, 1998,35(4):403-406

[68]于靖. 瓦级激光功率基准的研究[J]. 现代计量测试, 1998(1)

[69]于靖. 氧碘化学激光器高能强激光测量与校准问题的理论分析与计算[J]. 现代计量测试, 1998(5)

[70]ISO 11146 (2005): Lasers and laser related equipment-Test methods for laser beam widths, divergence angles and beam propagation ratios[S]

[71]马冲. 探测系统噪声对激光束束宽测量的影响[J]. 现代计量测试, 2002(1)

[72]Boivin L P. Reduction of Diffraction Errors in Radiometry by Means of Toothed Apertures[J]. Appl. Opt. 1978, 17: 3323

[73]张建民,郭正强,李在清. 窗口对硅光电二极管表面均匀性的影响[C]. 昆明:第六届全国光学测试学术讨论会论文集, 1995

[74]李同保,于浩然,曹远生,沈建. 高精度激光稳功率仪[J]. 激光杂志,1986,7(5):254

[75]姚和军,吕正,李在清. 高精度激光束功率稳定器的研究[J]. 计量学报,2000,21(3):161-166

[76]段宇宁,赵琪,原遵东,P Bloembergen,R Bosma. 辐射源尺寸效应研究[J]. 计量学报, 1996, 17(3):161-166

[77]Blevin W R. Diffraction Losses in Photometry and Radiometry[J]. Metrologia,1970, 6:31

[78]比尤迪(W Budde). 光辐射实用探测器[M]. 缪家鼎,译. 北京: 机械工业出版社, 1988

[79]Schaefer A R, Zalewski E F, Geist J. Silicon Detector Non-linearity and Related Effects[J]. Appl. Opt,1983,22: 1232

[80]Metzdorf J, Möller W, Wittchen T, Hünerhoff D. Principle and Application of Differential Spectroradiometry[J]. Metrologia,1997, 28: 247-250

[81]Lin Y D, Stock K D. Thermopile detectors: spatial non-uniformity measurements and correction methods[J]. Metrologia, 2000,37: 481-484

[82]Zong Yuqin, Steven W Brown, Carol Johnson B, Keith R Lykke, Yoshi Ohno. Simple spectral stray light correction method for array spectroradiometers[J]. Applied Optics,2006, 45(6): 1111-1119

[83]Kohler R,Goebel R,Pello R, Bonhoure J. Effects of humidity and cleaning on the sensitivity of Si photodiodes[J]. Metrotogia,1991,28

[84]Theocharous E. On the stability of the spectral responsivity of cryogenically cooled photoconductive HgCdTe infrared detectors[J]. Infrared Physics & Technology, 2006,48(3):175-180

[85]郝允祥,陈遐举,张保州. 光度学[M]. 北京:北京师范大学出版社,1987

[86]Caiser DeCusatis. Handbook of applied photometry[M]. American Institute of physics,1997

[87]高执中,刘慧. 用锥腔补偿型电校准辐射计建立的国家光度基准[J]. 物理通报,2002(5):1-5

[88]Sapritsky V. A new standard for the candela in the USSR[J]. Metrologia,1987, 24:53-59

[89]Walker J H, Saunders R D, Jakson J K, McSparron D A. Spectral irradiance calibration[J]. NBS special publication, 1987, 250(2)

[90]黄福芸,等. 计量知识手册[M]. 北京: 中国林业出版社, 1986

[91]Yoshihiro Ohno. Photometric calibration[J]. NIST special publication,1997, 250(37)

[92]Methods of characterizing illuminence meters and luminance meters[J]. CIE publication, 1987: 69

[93]Measurement of luminous flux[J]. CIE publication,1989: 84

[94]Ohno Y. Realization of NIST luminous flux scale using an integrating sphere with an external source[C]// CIE procedings 23rd session. New Deli, 1995: 87-90

[95]Bartell F O, Dereniak E L, Wolfe W L. Theory and Measurement of Bidirectional Reflectance Distribution Function (BRDF) and Bidirectional Transmittance Distribution Function (BTDF)[J]. Proc. SPIE 257: 154 (1980)

[96]Absolute methods for reflection measurements[J]. CIE publication ,1979: 44

[97]Paper-Determination of light scattering and absorption coefficients (using Kubelka-Munk theory)[S]. ISO 9416:1998(E)

[98]李在清,马振生,等. 三维变角反射计[J]. 光学学报,1990,10(9)

[99]王煜,郑春弟,李平,张巧香. 辅助积分球开口壁厚对双球法测量漫反射比的影响及修正[J]. 照明工程学报,2003,14(3):39-44

[100]马煜,林弋戈,陈遐举. 利用改进的 Sharp-Little 法研制光谱漫反射因数测量装置与国际比对[J]. 照明工程学报,2005, 16(4):9-13

[101]John F Clare. Comparison of four analytic methods for the calculation of irradiance in integrating spheres[J]. J. Opt. Soc. Am. A, 1998,15: 3086-3096

[102]马振生,王煜,陈锐,李在清. 光谱反射因数的绝对测量[J]. 照明工程学报, 1996,7(2):16-21

[103]Retroflection, Definition and Measurement[J]. CIE publication,1982: 54

[104]ASTM D1003-2000. Standard test method for haze and luminous transmittance of transparent plastics[S]

[105]GB 2410-80. 透明塑料透光度和雾度试验方法[S]

[106]GJB1253-91. 透明塑料透光度和雾度试验方法[S]

[107]Billmeyer F W, Chen J Y. On the measurement of haze[J]. Color research and application, 1985,10(4)

[108]马振生. 透明材料雾度的测量[J]. 照明工程学报, 1997,8(3):36-40

[109]Lipson H G, Skolnik L H, Stierwalt D L. Small Absorption Coefficient Measurement by Calorimetric and Spectral Emittance Techniques[J]. Appl. Opt,1974, 13:1741.

[110]Hordvik. A Measurement Techniques for Small Absorption Coefficients: Recent Advances[J]. Appl. Opt,1977,16:2827

第十章　色度学

色度学是研究人的颜色视觉规律、颜色测量的理论与技术的科学，是以物理光学、视觉生理、视觉心理、心理物理学等学科领域为基础的综合性科学。颜色是可见光作用于人眼引起的视觉特性。它既与人眼的视觉特性有关，又与所观测的客观辐射有关。对颜色的评价和测量，既要求其测值的正确性，又要求这些测值与人的色知觉保持良好的一致性。因此，色度学是在对人眼颜色视觉研究的基础上发展的定量测量、计算、评价颜色的科学。

在现代工业、现代农业和科学技术的发展中，涉及大量的色度学问题，同时颜色也与人们的衣、食、住、行密切相关。颜色的测量和控制在一些工农业生产中极其重要，如轻纺印染、材料化工、信号、照明等；颜色在许多部门是评定产品质量的重要指标，如颜料、涂料、塑料、建材、医药试剂、玻璃、搪瓷、陶瓷、造纸印刷、电视电影、军事伪装、地图绘制等领域；现代信息、媒介、通信、网络等领域的兴起，对电脑配色、互联网真实颜色信息传递等要求将色度学的应用领域不断扩展。本章介绍色度学的基础理论、基本概念和公式，不同领域所涉及的色度学，是在此基础上发展起来并结合该领域特点的综合性学科。

第一节　颜色视觉

光进入人眼，经过角膜、晶状体、玻璃体，成像在视网膜上，如图 10-1 所示。视网膜是一层透明膜，它是视觉的接收器，大致可分为 3 层：在最里层分布着两种感光细胞——锥体细胞和杆体细胞（锥体细胞也称锥状细胞，杆体细胞也称杆状细胞或柱状细胞）；中间层为双极细胞层；外层是视神经。在光较弱时，杆体细胞受刺激而兴奋，将光感觉信息通过视神经传导到大脑；在光较强时，锥体细胞受刺激而兴奋，将光感觉信息和色感觉信息通过视神经传导到大脑，最后经过大脑的处理就形成了视觉，包括对物体的大小、位置、形状、颜色和明暗等的感受。

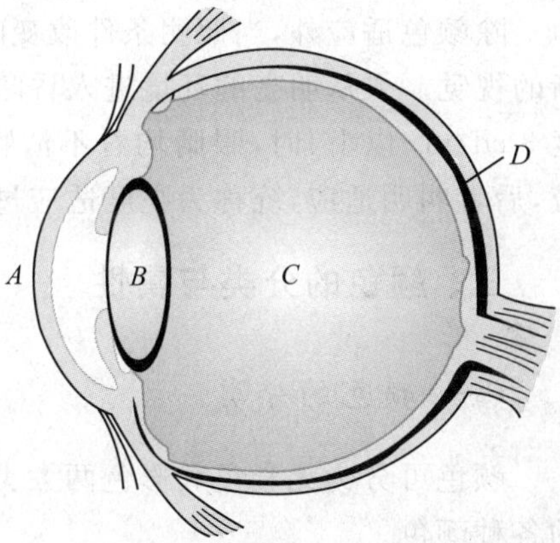

本节将介绍颜色视觉领域的一些概念和基本理论[1-4]，这些在心理、生理实验的基础上形成的颜色视觉理论是色度学的基础。

A　B　C　D　E

图 10-1　眼球结构示意图

A. 角膜；*B*. 晶状体；*C*. 玻璃体

D. 视网膜；*E*. 视神经

一、明视觉、暗视觉与中间视觉

（一）明视觉

眼睛的适应亮度高于 10 cd/m² 时，主要是由视网膜的锥体细胞起作用，这时的视觉叫明视觉。明视觉能够辨认很小的细节，并有颜色的感觉。明视觉对 555 nm 波长的光最敏感。

（二）暗视觉

当眼睛的适应亮度低于 10^{-3} cd/m² 时，锥体细胞失去活性，主要是由视网膜的杆体细胞起作用的视觉，叫暗视觉。暗视觉状态下，锥体细胞不再起作用，只有明暗感觉而无颜色感觉。暗视觉对 507 nm 波长的光最敏感。

（三）中间视觉

眼睛的适应亮度介于明视觉和暗视觉之间，由视网膜的锥体细胞和杆体细胞同时起作用的视觉叫中间视觉。

(四)浦尔金耶现象

自明视觉经中间视觉到暗视觉时,光谱光视效率值的最大值往短波方向移动。这种现象叫浦尔金耶现象。

二、颜色对比与颜色适应

(一) 颜色对比

在视场中,相邻区域的不同颜色的相互影响叫做颜色对比。如果某颜色背景是另一种颜色,颜色对比的结果,是两颜色互相影响,使每一颜色的色调向另一颜色的补色方向变化。如果两颜色是互补色,则彼此加强饱和度。在两颜色的边界,对比现象最明显。

颜色对比可分为同时对比和相继对比。同时对比是同时呈现在邻近两个视场的颜色的对比,相继对比是相继呈现的两种颜色的对比。

(二) 颜色适应

人眼在颜色刺激的作用下所造成的颜色视觉变化叫做颜色适应。对某一颜色光适应以后再观察另一颜色时,对后者的颜色感觉会发生变化,而带有前者(适应光)的补色的成分。因此,在颜色视觉实验中,如果先后在两种光源下观察颜色,就必须考虑到前一光源对视觉的颜色适应影响。

(三) 明适应和暗适应

除颜色适应外,当照明条件改变时,眼睛可以通过一定的生理过程对光强度的变化进行适应,以获得清晰的视觉。人从明亮的环境进入昏暗的环境(亮度 $0.03\ cd/m^2$ 以下),或由昏暗的环境进入明亮的环境(亮度 $3\ cd/m^2$ 以上)时,眼睛均看不清物体,必须经过一段适应时间才有清晰的视觉。这一过程,前者叫暗适应,后者叫明适应,统称为亮度适应过程。

三、颜色的分类与属性

(一)颜色的分类

颜色可分为无彩色和彩色两大类。无彩色指白色、黑色和各种深浅不同的灰色。彩色是指无彩色以外的各种颜色。

(二) 颜色的属性

彩色有 3 种属性:明度、色调、饱和度。无彩色只有明度的差别而没有色调和饱和度这两种属性。

明度是指物体表面相对明暗的特性,即在相似的照明观察条件下,物体表面与白色表面或高透明度表面进行视亮度的比较而判断物体表面的相对明亮程度。

色调是彩色彼此相互区分的特性。凭借这种特性,可以给出颜色名称,如红、绿、蓝、黄等。

饱和度是指彩色的纯洁性,用以估价纯彩色在整个视觉中的成分的视觉属性。各种光谱色的饱和度最高,当掺入白光后,饱和度就随之降低,掺入愈多,饱和度就愈低。

四、颜色匹配、颜色方程与颜色相加原理

(一) 颜色匹配

不同颜色混合后就会产生一种新的颜色。不同颜色光的混合是相加混合,不同染料相混合则叫相减混合。这两种混合所产生的结果完全不同,它们分别适用于不同领域。

实验表明，在相加混合中，选用红、绿、蓝3种色光进行颜色匹配最为方便。也可选用其他的颜色光，选择的原则是其中任一种不能由其余两种相加混合得到，并且三者以适当比例混合能与白光相匹配。这样选择的3种颜色叫三原色，红、绿、蓝是最优三原色。

黄、品红和青是应用于相减混合的三原色。

以下是颜色匹配中涉及的主要概念：

1. 相加混色

在视网膜的同一个部位，以同时入射或高频交替入射两种以上的色刺激或以人眼分辨不出的镶嵌方式入射的色刺激混合，产生另一个颜色感觉的现象。

颜色光的混合有3种方式：

1）参加混合的光同时进入眼睛，并投射在视网膜上的同一区域。

2）参加混合的光依次迅速地进入眼睛，并投射在视网膜上的同一区域。

3）在人眼不能分辨的尺度内，使参加混合的光以“镶嵌”方式进入眼睛。

2. 相减混色

光经颜色滤光片或其他光吸收介质而产生不同于原来的颜色。

3. 相加混色原色

相加混色用的基本色刺激。通常使用红、绿、蓝3种颜色。

4. 相减混色原色

相减混色用的基本吸收介质的颜色。通常使用青（吸收光谱的红色部分）、品红（吸收光谱的绿色部分）、黄（吸收光谱的蓝紫部分）3种颜色吸收介质。

5. 颜色匹配

利用颜色混合将两种颜色调节到视觉上相同的方法。

6. 补色

以适当比例混合产生中性色的两种颜色互为补色。

7. 中间色

相邻两种颜色相混合而产生的颜色，常指色调环上的黄红、绿黄、蓝绿、紫蓝、红紫5种颜色。

8. 格拉斯曼定律

1854年格拉斯曼（H. Grassman）总结了颜色混合的规律，提出了颜色混合的格拉斯曼定律：

1）为进行颜色匹配，3个独立的变量是必要的和充分的。

2）对于几种色刺激的相加混合，色刺激的三刺激值与混合结果相关，色刺激的光谱组成与混合结果不相关。

这点可以理解为：颜色外貌相同的光，无论它们的光谱组成是否相同，在颜色的相加混合中具有相同的效果。在视觉上相同的颜色在相加混合时，可以互相代替而不影响混合效果。

3）在相加混合组成的色刺激中，如果其中一种或几种成分渐变时，混合光的三刺激值也随之渐变。

格拉斯曼定律是色度学的一般规律，适用于颜色光的相加混合。但这些定律不适用于染料或涂料的混合。另外，格拉斯曼定律并非在所有的观察条件下都适用。

（二）颜色方程

实验表明，选取红（R）、绿（G）、蓝（B）3种色光按不同比例混合，就可以与任意色光C匹配，这可用方程表示为

$$C \equiv R(\mathrm{R})+G(\mathrm{G})+B(\mathrm{B}) \tag{10-1}$$

式中，符号“≡”代表匹配，即视觉上相等，也就是两边的颜色相匹配。（R）（G）（B）分别代表产生混合色的红、绿、蓝三原色，R、G、B代表所用三原色的数量。

上述方程可能具有负值，即可以将某原色加到被匹配的颜色C上，而和另外两种原色达到匹配。在此前提下，所有的颜色，包括白、黑系列的各种灰色、各种色调和饱和度的颜色，都能用红、绿、蓝三原色进行匹配。三原色的选取原则是任何一个不能由其余两个相加产生。

(三) 颜色相加原理

如有两个颜色光,第一个颜色光可用三原色数量 R_1、G_1、B_1 匹配出来,第二个颜色光可用三原色数量 R_2、G_2、B_2 匹配出来。第一个颜色光和第二个颜色光相加后的混合色,可以用三原色数量的各自之和 R、G、B 匹配出来。这一规律称为颜色相加原理,即

$$\left.\begin{aligned} R&=R_1+R_2 \\ G&=G_1+G_2 \\ B&=B_1+B_2 \end{aligned}\right\} \tag{10-2}$$

式中,R_1、G_1、B_1 和 R_2、G_2、B_2 分别为第一颜色光和第二颜色光三刺激值,R、G、B 是混合色的三刺激值。因而,一个任意光源的三刺激值应等于匹配该光源各波长光谱色的三刺激值各自之和,即

$$\left.\begin{aligned} R&=\sum R(\lambda)\Delta\lambda \\ G&=\sum G(\lambda)\Delta\lambda \\ B&=\sum B(\lambda)\Delta\lambda \end{aligned}\right\} \tag{10-3}$$

五、色觉缺陷

一个颜色视觉正常的人可以说具有三色视觉,称为三色觉者。大多数人都具有正常的颜色视觉,即能正确分辨出各种颜色;有少数人是异常色觉者,即有色觉缺陷。异常色觉者包括色弱和色盲。

(一) 色弱

色弱者又称异常三色觉者,根据最大光谱光效率的波长位置分为红色弱和绿色弱。色弱者虽然用三原色可以匹配光谱的各种颜色,但匹配的结果与视觉正常的人不同。对于色弱的人,在光谱的红色和绿色区域,只有波长有较大变化时才能区别色调的变化,而且红光和绿光的亮度足够高时,才能正确辨认,否则,有可能将红色和绿色相互混淆。三色觉者与色弱者之间并没有严格界限,二者只在辨色能力的程度上有差别。

(二) 色盲

色盲分为局部色盲和全色盲两类。

1)局部色盲。局部色盲又叫二色觉者,其中红-绿色盲,在整个光谱上只看到蓝、黄两种颜色;蓝-黄色盲则相反,在整个光谱上只看到红、绿两种颜色。这两种色盲在所看到的两种颜色之间的一定位置都能看到没有色调的白光,叫中性点。

2)全色盲。全色盲者的视网膜缺少锥体细胞,或者锥体细胞功能丧失,而主要靠杆体细胞起作用,因而全色盲也叫做锥体盲。全色盲者对任何波长的可见辐射只有明暗感觉,而没有色调的感觉,如同看黑白电视一样。

色度学是依据正常色觉的人的颜色视觉规律来标识和度量颜色的,在实际工作中应充分意识到这一点。

六、颜色视觉理论

现代颜色理论主要有两大类,它们是从两个比较古老的理论发展出来的:这就是杨-赫姆霍尔兹(Young-Helmholtz)的三色学说和赫林(Hering)的对立颜色学说(也称作四色学说)。两个学说都能解释大量的事实,但也都有不足之处。

这两个学说在今天仍占主导地位。

(一) 三色学说

杨-赫姆霍尔兹三色学说从颜色混合的物理学规律出发,认为在人眼视网膜上的中央部位,分布着 3 种锥体细胞。一种对红光最敏感,对其他色光也有响应,但程度低;另外两种分别对绿光和蓝光最敏感,对其余的色光敏感程度低。当辐射刺激 3 种细胞时,就分别产生相应的响应并由神经系统传递到大脑而感知到对

应的颜色。混色实验表明,用红、绿、蓝 3 种颜色的光,按不同比例混合,可以得到白光和各种颜色的光。而且刺激越强,感觉越明亮。

（二）对立颜色学说

赫林的对立颜色学说也叫做四色学说。赫林假定:由 3 种锥体细胞产生的颜色视觉信号 R、G、B 在向大脑的传递过程中,R 和 G 响应的一部分合成黄色信号 Y。这样,红色 R 和绿色 G、黄色 Y 和蓝色 B 就构成了两对对立色。在视神经传导的某些中间环节,一些细胞对红光引起的响应产生正电位反应,而对绿光引起的响应产生负电位反应;另一些细胞则相反,对红光产生负反应,对绿光产生正反应。与此类似,还存在另外两种细胞,一种黄正蓝负,一种黄负蓝正,形成一种四色机制。

（三）阶段学说

三色学说和对立颜色学说都是基于实验事实提出的。Vos 和 Walravon 于 1971 年将两种颜色学说结合,提出了阶段学说:认为颜色感受的第一阶段是杆体细胞对明亮度的响应和锥体细胞对红(R)、绿(G)、蓝(B)的色响应,如图 10-2 所示;色视觉的第二阶段是 3 种锥状体的响应,R、G、B 中 R 和 G 的一部分合成黄色(Y)信号,得到两种对立颜色响应(R-G)和(Y-B)。将两种颜色视觉理论相结合的阶段学说可以较为全面地解释颜色视觉现象,因而成为近代颜色视觉理论的基础。

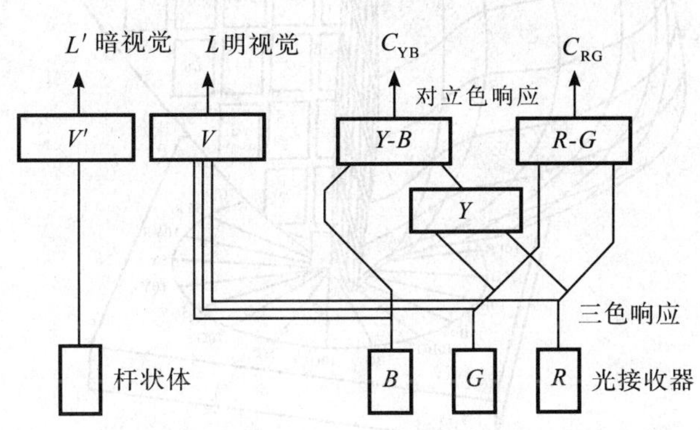

图 10-2 阶段学说的颜色视觉模型

第二节 颜色表示系统

颜色的表示可以分成两大系统:一种是用色号、编码或者色样表示颜色的视觉三属性及色刺激的各个量之间关系的系统,叫做颜色表示系统(color appearance system),也称作表色系统或者显色系统、色序系统(color order system);另外一种是依据颜色混合原理,以 3 种原刺激的物理量为基础,定量表示颜色的系统,叫做颜色混合系统(color mixing system),也叫做混色系统。

作为颜色表示系统代表的有孟塞尔颜色系统、奥斯特瓦尔德颜色系统、瑞典自然色系统(NCS)、德国 DIN 颜色系统、美国光学学会均匀颜色标尺(OSA-UCS)、亨特 Lab 颜色标尺、中国颜色体系、日本彩度顺序颜色系统(Chroma Cosmos 5000)等[2,5-7];而颜色混合系统的代表是 CIE 标准色度系统。

本节简要介绍以孟塞尔颜色系统为代表的颜色表示系统,第三节将对 CIE 标准色度系统进行详细介绍。

一、孟塞尔颜色系统

美国画家孟塞尔(A. H. Munsell)于 1905 年所创立的孟塞尔颜色系统是用颜色立体模型表示表面色的一种方法。它用一个三维空间的类似球体模型把各种表面色的 3 种基本特性——色调、明度、饱和度(孟塞尔色调、孟塞尔明度、孟塞尔彩度)——全部表示出来。在立体模型中的每一部位各代表一个特定颜色,并给予一定的标号。这是从心理学的角度,根据颜色的视知觉特性所制定的颜色分类和表示系统。

孟塞尔颜色立体与其水平剖面分别见图 10-3 和图 10-4。圆柱中心轴线表示从黑到白的各种不同明度的无彩色。最下端为明度 $V=0$ 的理想黑色。沿轴线向上,明度逐渐增加,到顶端为明度 $V=10$ 的理想白色。由 0 到 10,共分 11 个明度等级,它们在感觉上是等距离的。

圆柱的圆周代表色调。选取红(R)、黄(Y)、绿(G)、蓝(B)、紫(P)5 种彩色作为基本色调,在相邻 2 种基本色调之间再设 5 种中间色调:黄红(YR)、绿黄(GY)、蓝绿(BG)、紫蓝(PB)和红紫(RP)。这样将色调圆分成 10 等份,上述彩色依次排在分划线上,它们在视觉上是等距的色调。又以这 10 种色调为中心,将其前后部分各分成 5 等份,总共定出 100 种色调,并规定每种色调正色的标号是 5。

圆的半径方向表示彩度。具有同一色调和同等明度的颜色，其彩度分成视觉上等间隔的等级，沿半径方向配置。在中心轴线上，颜色的彩度为0，离中心愈远，彩度愈大。

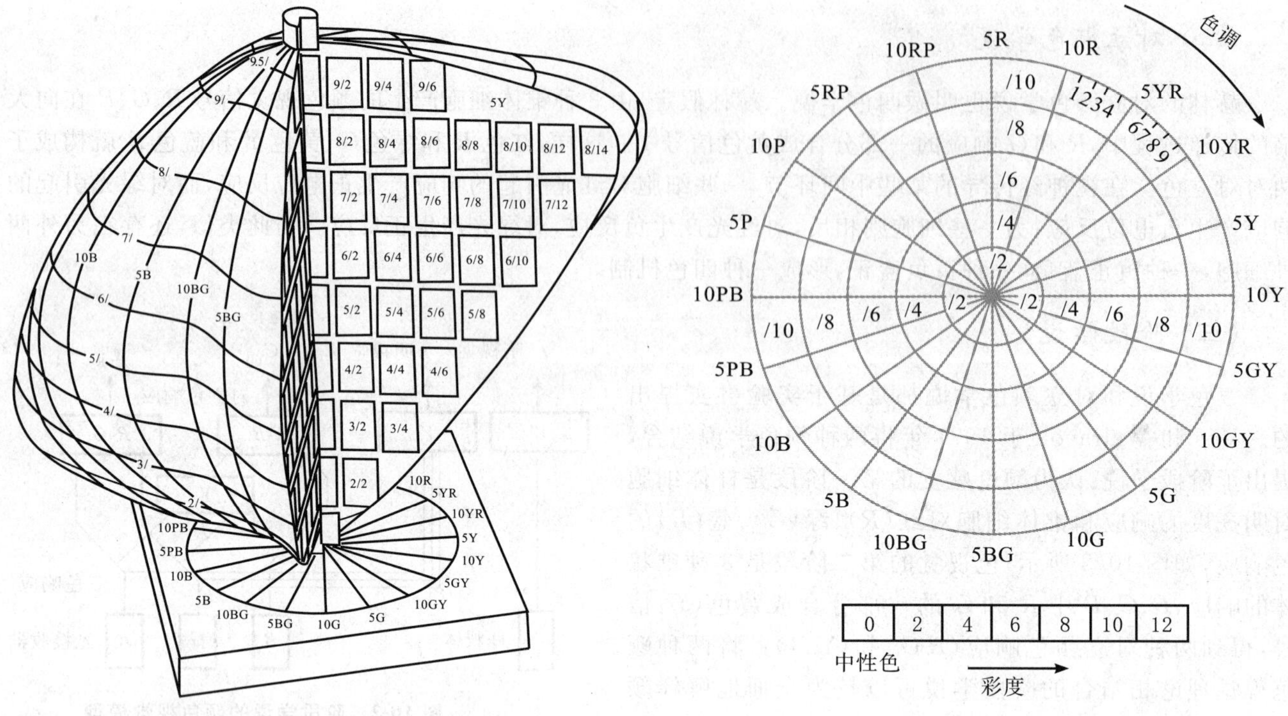

图 10-3 孟塞尔颜色立体示意图

图 10-4 孟塞尔颜色立体的水平剖面

实际存在的任何颜色都可以在颜色立体中用明度值 V、色调 H 和彩度 C 表示。颜色的孟塞尔标号表示为：H V/C(表示：色调 明度值/彩度)。例如，对于孟塞尔标号是 5Y 6/8 的颜色，说明颜色是中等明度(6)且较饱和(8)的黄色调(5Y)。

对中性色表示为：N V/(表示：中性色 明度值/)。例如 N 9/表示明度值为 9 的中性灰色。

二、奥斯特瓦尔德颜色系统

德国化学家奥斯特瓦尔德(Wilhelm Ostwald)于 1914 年创立的奥斯特瓦尔德颜色体系，认为一切颜色都是由白色量(用 W 表示)、黑色量(用 B 表示)、全彩色(用 C 表示)组成的。它的颜色立体是由一个正三角形围绕其一个边长 WB 旋转而成的。他将全彩色(现有的颜色中最鲜艳的颜色)放在三角形的一个顶端(C)，三角形另两个顶端分别为黑(B)和白(W)，如图 10-5 所示。WB 边是无彩色边，在这个系列中纯色(C)的量是相等的，叫做等纯系列；WC 边是有彩色边，叫等黑系列；BC 是有彩色边，叫等白系列。

奥斯特瓦尔德的色调环是基于赫林的对立颜色学说而形成的。将黄和深蓝、红与海绿在圆周上分成 4 个等份来排列。再各 2 等分得出主要中间色调：橙、青、紫、黄绿，最后又各细分为 3 等份，构成一个 24 种色调的色调环，如图 10-6 所示。各色调的主波长见表 10-1。任意色的加法混色在 W、B、C 平面上都能表示出来。

奥斯特瓦尔德颜色系统表示的颜色容易复制，因此美术家和色料工作者认为此系统易于使用。但它的最大缺点是三角形将颜色限制了，全彩色 C 确定后三角形就确定了，当使用纯度更高的颜料时，在图上就难以表示。

三、自然色彩系统

自然色彩系统(natural color system，NCS)是基于人眼对颜色的视觉感知，对颜色进行定义和度量的方法。

自然色彩系统以 6 个基准色——白(W)、黑(S)、黄(Y)、红(R)、蓝(B)和绿(G)——为基础。

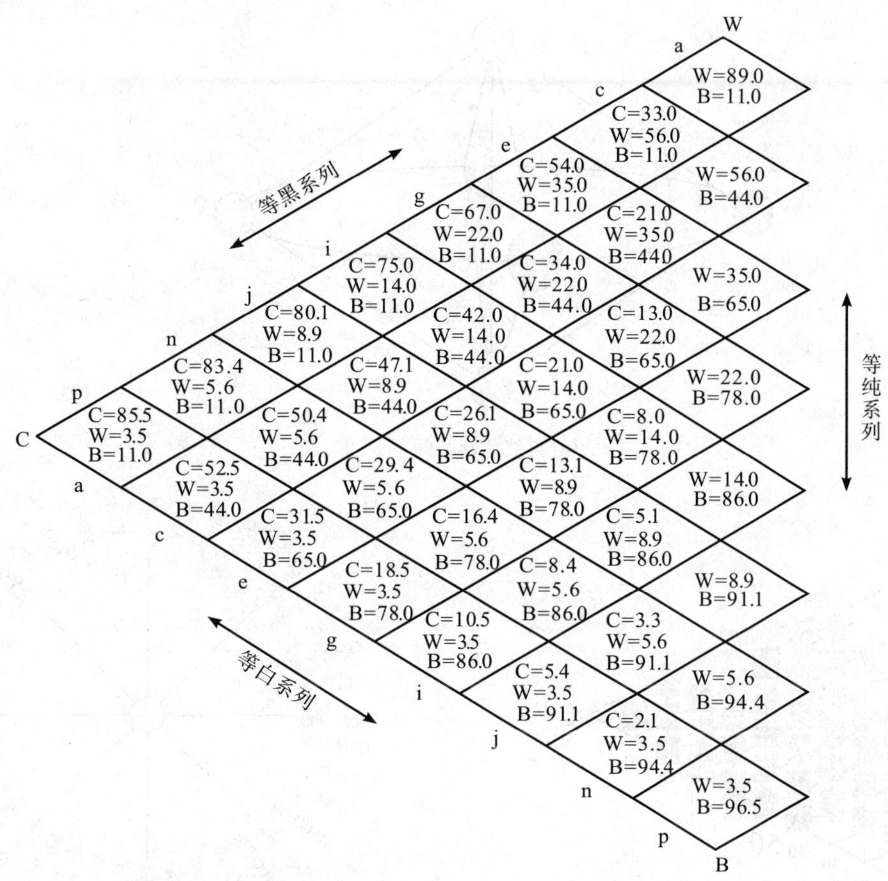

图 10-5 奥斯特瓦尔德颜色系统某色调三角形(图中数值是百分比值)

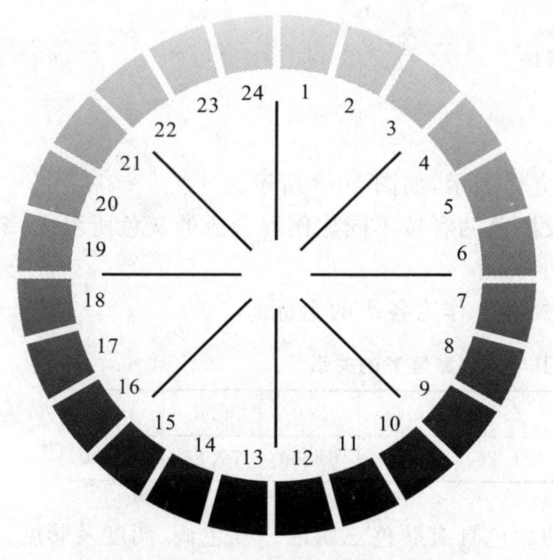

图 10-6 奥斯特瓦尔德色调环

表 10-1 奥斯特瓦尔德颜色系统色调符号与主波长

色调符号	编号	主波长/nm	色调符号	编号	主波长/nm
1Y	1	573	1UB	13	464
2Y	2	579	2UB	14	473
3Y	3	582	3UB	15	479
1O	4	587	1T	16	483
2O	5	593	2T	17	485
3O	6	602	3T	18	488
1R	7	617	1SG	19	490
2R	8	494c	2SG	20	494
3R	9	508c	3SG	21	503
1P	10	545c	1LG	22	543
2P	11	557c	2LG	23	556
3P	12	403	3LG	24	566

自然色彩系统判定颜色时，第一步确定颜色的色调，即辨别该色调是由哪个或哪 2 个基准色以何种比例混合的；第二步是辨别出该颜色中彩度(C)和白(W)与黑(S)的相对多少。如判断某个颜色中有 20％的黑色分量(S)，30％的彩色分量(C)，该彩色含 10％的黄(Y)和 90％的红(R)，NCS 标号记为 2030-Y90R；其中黑色分量(20％)列在第一，彩色分量(30％)列在第二，色调(Y90R)列在最后。白色分量可以由 100％减去 S 和 C 的分量之和而得到，如图 10-7 所示。

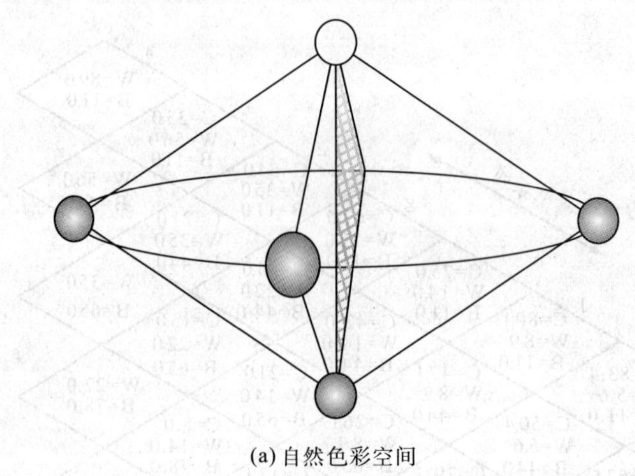

(a) 自然色彩空间

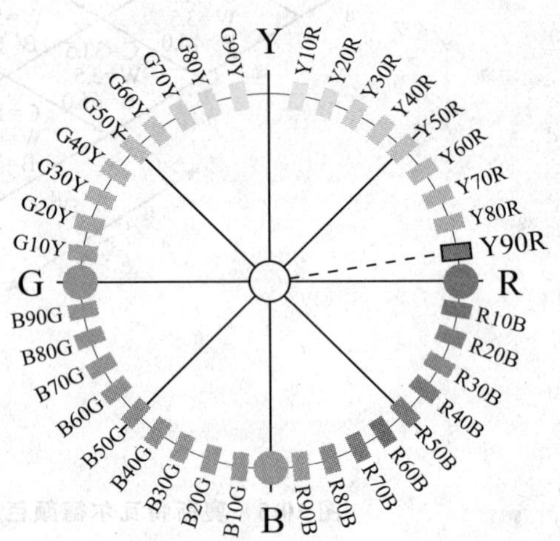

(b) 自然色彩三角和色彩圆环

图 10-7 自然色彩系统

四、中国颜色体系

中国颜色体系[8]的颜色由无彩色系和彩色系组成。以色立体表示，如图 10-8 所示。

无彩色系由绝对白色及白色、绝对黑色及黑色和由白色及黑色两者按不同比例混合成的灰色所组成，统称为中性色。中性色是一维的，形成色立体的中心轴。

中性色的符号以 N 表示。中性色的分级见表 10-2，以刺激值 Y 作为各级的定标。

表 10-2 中国颜色体系中性色的分级及其与三刺激值 *Y* 的关系

N	0.0	1.0	2.0	3.0	4.0	5.0	6.0	7.0	8.0	9.0	10.0
Y	0.00	0.91	3.04	6.74	12.43	20.50	31.26	44.86	61.20	79.85	100.00

彩色系由色立体中除无彩色系以外的颜色组成，彩色系的颜色具有颜色三属性——色调、明度及彩度。

色调以符号 H 表示。色调环上以红(R)、黄(Y)、绿(G)、蓝(B)、紫(P)5 色作为主色，并以红为色调环逆时针方向的起点，如图 10-9 所示。

在相邻 2 主色的中间的颜色为中间色，即红黄(YR)、黄绿(GY)、绿蓝(BG)、蓝紫(PB)、紫红(RP)5 种颜色。主色与中间色组成 10 种基本色，各占圆的 1 个 10 等分点。

为了对色调作更细的划分，又将 10 种基本色的相邻色之间划分为 4 等份。因此，色调环上共有 40 种色调。相邻色调之间在视觉上是等距的。

色调的标号方式为数值 10－2.5－5－7.5－10(前一个 10 是本色调的起点 0，也是上一个色调的终点；

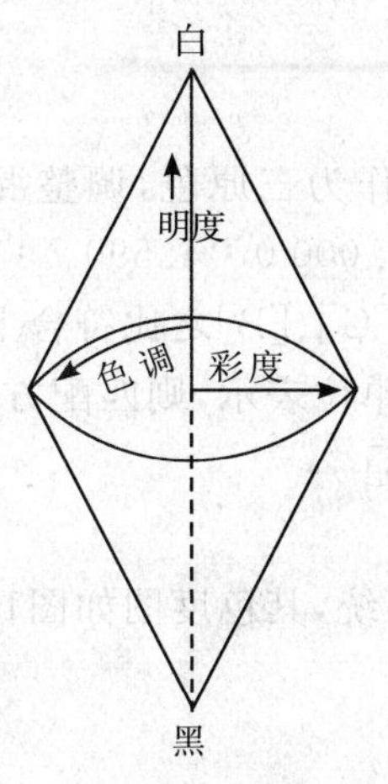

图 10-8 中国颜色体系色立体

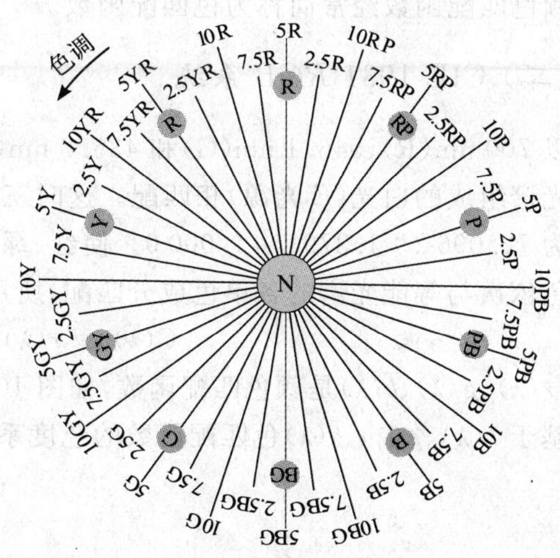

图 10-9 中国颜色体系色调环的组成

后一个 10 是本色调的终点，也是下一个色调的起点 0)，后附以基本色的标号，如 10YR。凡标号为“5”的色调，是该颜色的纯正色调。明度以符号 V 表示。明度是区别颜色明暗程度的一种颜色属性，如图 10-10 所示。

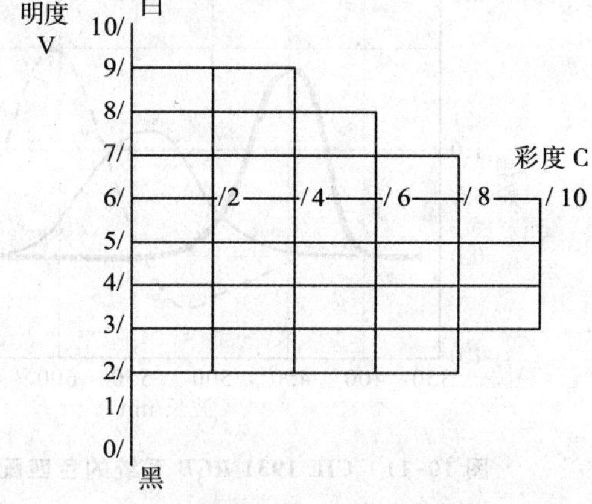

图 10-10 中国颜色体系明度标尺和彩度标尺

色立体的中心轴从绝对黑色（0/ ）至绝对白色（10/ ）分为 11 级，相邻明度之间在视觉上是等距的。

彩度以符号 C 表示。彩度以色立体的中心轴作为起点 0，随着色调环的扩大，彩度也随之趋大。相邻彩度之间在视觉上是等距的。

中性色的标号方式为 N V，例如：N 5。

彩色的标号方式为 H V/C，例如：2.5R 5/10。

《中国颜色体系标准样册》[9] 按照中国颜色体系理论数据制作，共包括 40 种色调、不同明度和彩度的 5 139 块颜色样品。

第三节 CIE 标准色度系统

为了使颜色的表示和测量与人的颜色视觉特性相一致，国际照明委员会（简称 CIE）根据若干专家的实验研究结果，规定了颜色测量原理、基础数据和计算方法，建立了 CIE 标准色度系统。它是基于每一种颜色都能用 3 个特定的原色按照适当的比例混合而成的基本事实建立起来的。CIE 标准色度系统被世界各国广泛采用，是现代色度学的基本组成部分。以后又不断考虑与采纳颜色心理物理学的新研究成果和新的实验数据进行增删和修改，从而不断完善色度学理论并使其应用范围逐步扩大。

一、名词术语和相关概念

下面介绍在本节中将涉及的名词术语和相关概念[1,3,10-12]。

（一）颜色匹配函数

根据人眼视觉实验确定的匹配等能光谱各波长所需要的参考色刺激[X]、[Y]、[Z]（或[X_{10}]、[Y_{10}]、[Z_{10}]）的一组归一化单色辐射三刺激值，用来代表人眼的平均颜色视觉特性。

CIE 1931 标准色度系统中的色匹配函数用 $\bar{x}(\lambda)$，$\bar{y}(\lambda)$，$\bar{z}(\lambda)$表示。

CIE 1964 标准色度系统中的色匹配函数用 $\bar{x}_{10}(\lambda)$，$\bar{y}_{10}(\lambda)$，$\bar{z}_{10}(\lambda)$表示。

颜色匹配函数经常简称为色匹配函数。

(二) CIE 1931 *RGB* 系统

以 700 nm(R)、546.1 nm(G)和 435.8 nm(B)三种波长的单色辐射作为三原色，调整混合比例，使之与等能光谱组成的白光(E 光源)相匹配。这时三原色的光亮度的比例为 1.000 0 : 4.590 7 : 0.060 1，辐亮度比例为 72.096 2 : 1.379 1 : 1.000 0。使红、绿、蓝三原色的单位量[R]、[G]、[B]之比符合上述比例，用上述三原色依次与等能光谱的各单色成分匹配，所用三原色的数量以色度学单位表示，则匹配方程可表示为

$$C(\lambda) \equiv \bar{r}(\lambda)[R] + \bar{g}(\lambda)[G] + \bar{b}(\lambda)[B] \tag{10-4}$$

式中，$\bar{r}(\lambda)$、$\bar{g}(\lambda)$、$\bar{b}(\lambda)$是颜色匹配函数，如图 10-11 所示。

基于$\bar{r}(\lambda)$、$\bar{g}(\lambda)$、$\bar{b}(\lambda)$色匹配函数的色度系统叫做 CIE 1931 *RGB* 系统，其色度图如图10-12 所示。

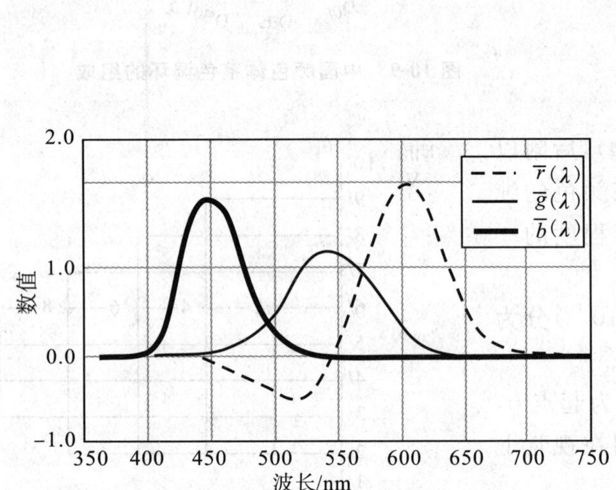

图 10-11　CIE 1931 *RGB* 系统的色匹配函数

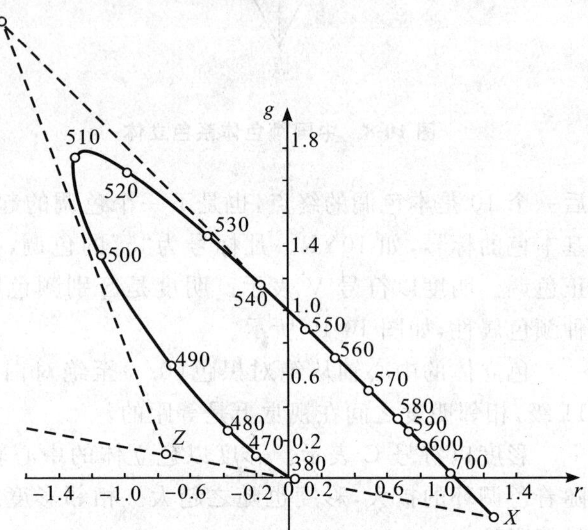

图 10-12　CIE 1931 *RGB* 色度图及 *R*、*G*、*B* 向 *X*、*Y*、*Z* 的转换

(三)CIE 1931 标准色度系统

CIE 以 CIE 1931 *RGB* 系统为基础，用 3 个假想的原色[X]、[Y]、[Z]代替[R]、[G]、[B]建立起 CIE 1931 标准色度系统，也称作 CIE *XYZ* 色度系统。由 *X*(代表红原色)、*Y*(代表绿原色)、*Z*(代表蓝原色)构成的颜色三角形包含了整个光谱轨迹，以避免色度函数出现负值。经过坐标变换求得两个系统的三刺激值之间的转换关系及色品坐标之间的转换关系(见图 10-12)：

$X=1.275\,r-0.278\,g+0.003\,b$, $Y=-1.739\,r+2.767\,g-0.028\,b$, $Z=-0.743\,r+0.141\,g+1.602\,b$

由这种关系就可求得 CIE *XYZ* 系统中的色匹配函数$\bar{x}(\lambda)$、$\bar{y}(\lambda)$、$\bar{z}(\lambda)$，并且使$\bar{y}(\lambda)=V(\lambda)$。$\bar{x}(\lambda)$、$\bar{y}(\lambda)$、$\bar{z}(\lambda)$称为 CIE 1931 标准色度观察者色匹配函数，它适用于张角为 1°～4°的视场。按 CIE 规定，必须在明视觉条件下使用这组标准观察者的数据。

(四) CIE 1964 标准色度系统

当视场大于 4°时，由于眼睛视网膜的外部区域的杆状细胞也参与观察，故色觉特性发生了一定的变化，主要表现为饱和度降低。为此，CIE 在 1964 年又根据几位专家的研究结果，规定了 10°视场的色匹配函数$\bar{x}_{10}(\lambda)$、$\bar{y}_{10}(\lambda)$、$\bar{z}_{10}(\lambda)$的标准数据，用于大于 4°的大视场颜色测量，称为 CIE 1964 标准色度系统，也叫做 CIE $X_{10}Y_{10}Z_{10}$色度系统。同样，按 CIE 规定，必须在明视觉条件下使用这组标准观察者的数据。CIE 1964 标准色度系统曾被称为 CIE 1964 补充标准色度系统。

以上介绍 CIE 1931 *RGB* 系统、CIE 1931 标准色度系统和 CIE 1964 标准色度系统是为了和其他文献相

关联。在实际应用中，各个系统的区别将体现在色匹配函数中，因此本节将 CIE 标准色度系统作为整体论述，不再细分色度系统。

（五）三刺激值

在三色系统中，与待测色刺激达到色匹配所需的 3 种参照色刺激的量，称为三刺激值。

注：在 CIE 1931 标准色度系统中，采用 X、Y、Z 表示三刺激值。在 CIE 1964 标准色度系统中，采用 X_{10}、Y_{10}、Z_{10}表示三刺激值。

（六）色品（度）坐标

各个三刺激值与它们之和的比叫做色品（度）坐标。

在 CIE 1931 标准色度系统中，由三刺激值 X、Y、Z 可算出色品坐标 x、y、z。

在 CIE 1964 标准色度系统中，色品坐标为 x_{10}、y_{10}、z_{10}。

色品坐标也经常简称为色坐标或三色坐标。

（七）反射因数

在规定的照明条件下，在规定的立体角内，从物体反射的辐通量与从完全漫反射体反射的辐通量之比叫反射因数。当立体角接近 2π 时，测得的反射因数叫做反射比。

（八）透射比

物体透射的辐通量与入射的辐通量之比叫透射比。

（九）光谱密集度

光谱密集度，是指在波长 λ 处，包含 λ 的波长区元 $d\lambda$ 内的辐射量、光子量或光度量 $dX(\lambda)$除以该区元之商，即

$$X_{\lambda}=\frac{dX(\lambda)}{d\lambda} \tag{10-5}$$

单位为$[X]\cdot m^{-1}$。

（十）光谱功率分布

光谱密集度与波长之间的函数关系称为光谱功率分布。

（十一）完全漫反射体

完全漫反射体，也称完全反射漫射体，是指反射比等于 1 的理想的各向同性的漫射体，常用符号 PRD (perfect reflecting diffuser)表示。

（十二）几何条件

几何条件，是指颜色测量仪器的照明光源和探测器与物体色样品之间的几何关系，区别于目视评价中的照明与观测条件。

（十三）黑体（完全辐射体）

在辐射作用下既不反射也不透射，而能将落在其上的辐射完全吸收的物体叫做黑体。一个黑体被加热时，其表面按单位面积辐射的光谱功率的大小及其分布完全决定于它的温度。黑体光谱辐射的出辐度可以用普朗克辐射定律描述：

$$M_{e\lambda}(\lambda,T)=c_1\lambda^{-5}(e^{c_2/\lambda T}-1)^{-1}\ W\cdot m^3 \tag{10-57}$$

式中，T 为黑体的热力学温度，单位为 K；λ 为波长，单位为 m；$c_1=3.7418\times10^{-16}\ \mathrm{W\cdot m^2}$，$c_2=1.4388\times10^{-2}\ \mathrm{m\cdot K}$。

（十四）颜色温度（色温）

光源发光的色品若与某一温度的黑体所发出光的色品相同，即它们的颜色相同，则黑体的热力学温度就是光源的颜色温度，简称色温，符号为 T_c。

（十五）相关色温

有些光源，它们的色品点并不处在黑体轨迹上，与之最接近的黑体轨迹上的点所对应的热力学温度称为这类光源的相关色温，符号为 T_{cp}。

（十六）光源色

由光源发出的光的颜色叫光源色。

（十七）物体色

光被物体反射或透射后的颜色叫物体色。

（十八）表面色

漫反射、不透明物体表面的颜色叫表面色。

（十九）照明体

照明体，是指在影响物体颜色知觉的波长范围内具有确定的相对光谱功率分布的辐射。

（二十）CIE 标准照明体

CIE 依据相对光谱功率分布定义的照明体 A 和照明体 D65 叫 CIE 标准照明体。

（二十一）CIE 光源

CIE 光源，是指由 CIE 规定的人造光源，其相对光谱功率分布近似于 CIE 标准照明体的相对光谱功率分布。

（二十二）色品图

表示颜色色品坐标的平面图叫色品图。

二、CIE 标准色度观察者

（一）CIE 1931 标准色度观察者

为了标定颜色，首先必须研究人眼的颜色视觉特性。不同观察者的颜色视觉特性多少是有差异的，这就要求根据许多观察者的颜色视觉实验，确定一组为匹配等能光谱色所需的三原色数据，这组数据即为标准色度观察者颜色匹配函数[13]。

视场范围介于1°～4°时的颜色匹配函数 $\bar{x}(\lambda)$、$\bar{y}(\lambda)$、$\bar{z}(\lambda)$ 定义了 CIE 1931 标准色度观察者，见图10-13。

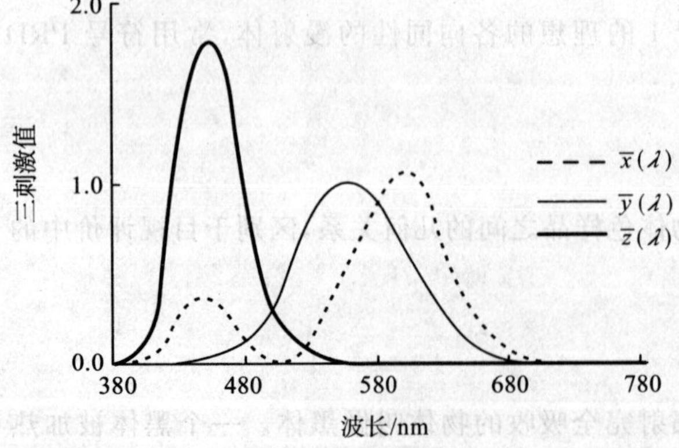

图 10-13　CIE 1931 $\bar{x}(\lambda)$、$\bar{y}(\lambda)$、$\bar{z}(\lambda)$ 颜色匹配函数

CIE 规定 $\bar{y}(\lambda)$ 值与光谱光视效率 $V(\lambda)$ 相同。表 10-3 列出了波长 380～780 nm，间隔5 nm的色匹配函

表 10-3　CIE 1931 标准色度观察者颜色匹配函数与相应的色坐标

λ/nm	$\bar{x}(\lambda)$	$\bar{y}(\lambda)$	$\bar{z}(\lambda)$	$x(\lambda)$	$y(\lambda)$
380	0.001 368	0.000 039	0.006 450	0.174 110	0.004 960
385	0.002 236	0.000 064	0.010 550	0.174 010	0.004 980
390	0.004 243	0.000 120	0.020 050	0.173 800	0.004 920
395	0.007 650	0.000 217	0.036 210	0.173 560	0.004 920
400	0.014 310	0.000 396	0.067 850	0.173 340	0.004 800
405	0.023 190	0.000 640	0.110 200	0.173 020	0.004 780
410	0.043 510	0.001 210	0.207 400	0.172 580	0.004 800
415	0.077 630	0.002 180	0.371 300	0.172 090	0.004 830
420	0.134 380	0.004 000	0.645 600	0.171 410	0.005 100
425	0.214 770	0.007 300	1.039 050	0.170 300	0.005 790
430	0.283 900	0.011 600	1.385 600	0.168 880	0.006 900
435	0.328 500	0.016 840	1.622 960	0.166 900	0.008 560
440	0.348 280	0.023 000	1.747 060	0.164 410	0.010 860
445	0.348 060	0.029 800	1.782 600	0.161 100	0.013 790
450	0.336 200	0.038 000	1.772 110	0.156 640	0.017 700
455	0.318 700	0.048 000	1.744 100	0.150 990	0.022 740
460	0.290 800	0.060 000	1.669 200	0.143 960	0.029 700
465	0.251 100	0.073 900	1.528 100	0.135 500	0.039 880
470	0.195 360	0.090 980	1.287 640	0.124 120	0.057 800
475	0.142 100	0.112 600	1.041 900	0.109 590	0.086 840
480	0.095 640	0.139 020	0.812 950	0.091 290	0.132 700
485	0.057 950	0.169 300	0.616 200	0.068 710	0.200 720
490	0.032 010	0.208 020	0.465 180	0.045 390	0.294 980
495	0.014 700	0.258 600	0.353 300	0.023 460	0.412 700
500	0.004 900	0.323 000	0.272 000	0.008 170	0.538 420
505	0.002 400	0.407 300	0.212 300	0.003 860	0.654 820
510	0.009 300	0.503 000	0.158 200	0.013 870	0.750 190
515	0.029 100	0.608 200	0.111 700	0.038 850	0.812 020
520	0.063 270	0.710 000	0.078 250	0.074 300	0.833 800
525	0.109 600	0.793 200	0.057 250	0.114 160	0.826 210
530	0.165 500	0.862 000	0.042 160	0.154 720	0.805 860
535	0.225 750	0.914 850	0.029 840	0.192 880	0.781 630
540	0.290 400	0.954 000	0.020 300	0.229 620	0.754 330
545	0.359 700	0.980 300	0.013 400	0.265 780	0.724 320
550	0.433 450	0.994 950	0.008 750	0.301 600	0.692 310
555	0.512 050	1.000 000	0.005 750	0.337 360	0.658 850
560	0.594 500	0.995 000	0.003 900	0.373 100	0.624 450
565	0.678 400	0.978 600	0.002 750	0.408 740	0.589 610
570	0.762 100	0.952 000	0.002 100	0.444 060	0.554 710
575	0.842 500	0.915 400	0.001 800	0.478 770	0.520 200
580	0.916 300	0.870 000	0.001 650	0.512 490	0.486 590

续表

λ/nm	$\overline{x}(\lambda)$	$\overline{y}(\lambda)$	$\overline{z}(\lambda)$	$x(\lambda)$	$y(\lambda)$
585	0.978 600	0.816 300	0.001 400	0.544 790	0.454 430
590	1.026 300	0.757 000	0.001 100	0.575 150	0.424 230
595	1.056 700	0.694 900	0.001 000	0.602 930	0.396 500
600	1.062 200	0.631 000	0.000 800	0.627 040	0.372 490
605	1.045 600	0.566 800	0.000 600	0.648 230	0.351 390
610	1.002 600	0.503 000	0.000 340	0.665 760	0.334 010
615	0.938 400	0.441 200	0.000 240	0.680 080	0.319 750
620	0.854 450	0.381 000	0.000 190	0.691 500	0.308 340
625	0.751 400	0.321 000	0.000 100	0.700 610	0.299 300
630	0.642 400	0.265 000	0.000 050	0.707 920	0.292 030
635	0.541 900	0.217 000	0.000 030	0.714 030	0.285 930
640	0.447 900	0.175 000	0.000 020	0.719 030	0.280 930
645	0.360 800	0.138 200	0.000 010	0.723 030	0.276 950
650	0.283 500	0.107 000	0.000 000	0.725 990	0.274 010
655	0.218 700	0.081 600	0.000 000	0.728 270	0.271 730
660	0.164 900	0.061 000	0.000 000	0.729 970	0.270 030
665	0.121 200	0.044 580	0.000 000	0.731 090	0.268 910
670	0.087 400	0.032 000	0.000 000	0.731 990	0.268 010
675	0.063 600	0.023 200	0.000 000	0.732 720	0.267 280
680	0.046 770	0.017 000	0.000 000	0.733 420	0.266 580
685	0.032 900	0.011 920	0.000 000	0.734 050	0.265 950
690	0.022 700	0.008 210	0.000 000	0.734 390	0.265 610
695	0.015 840	0.005 723	0.000 000	0.734 590	0.265 410
700	0.011 359	0.004 102	0.000 000	0.734 690	0.265 310
705	0.008 111	0.002 929	0.000 000	0.734 690	0.265 310
710	0.005 790	0.002 091	0.000 000	0.734 690	0.265 310
715	0.004 109	0.001 484	0.000 000	0.734 690	0.265 310
720	0.002 899	0.001 047	0.000 000	0.734 690	0.265 310
725	0.002 049	0.000 740	0.000 000	0.734 690	0.265 310
730	0.001 440	0.000 520	0.000 000	0.734 690	0.265 310
735	0.001 000	0.000 361	0.000 000	0.734 690	0.265 310
740	0.000 690	0.000 249	0.000 000	0.734 690	0.265 310
745	0.000 476	0.000 172	0.000 000	0.734 690	0.265 310
750	0.000 332	0.000 120	0.000 000	0.734 690	0.265 310
755	0.000 235	0.000 085	0.000 000	0.734 690	0.265 310
760	0.000 166	0.000 060	0.000 000	0.734 690	0.265 310
765	0.000 117	0.000 042	0.000 000	0.734 690	0.265 310
770	0.000 083	0.000 030	0.000 000	0.734 690	0.265 310
775	0.000 059	0.000 021	0.000 000	0.734 690	0.265 310
780	0.000 042	0.000 015	0.000 000	0.734 690	0.265 310
总和	21.371 524	21.371 327	21.371 540	—	—

数$\bar{x}(\lambda)$、$\bar{y}(\lambda)$、$\bar{z}(\lambda)$，并给出色坐标 $x(\lambda)$、$y(\lambda)$。CIE 1931 标准色度观察者在有些技术文件中也被称为 2°标准色度观察者。

根据颜色匹配函数 $\bar{x}(\lambda)$、$\bar{y}(\lambda)$、$\bar{z}(\lambda)$，可以计算不同波长单色辐射的色品坐标，并绘制出 CIE 1931 色品图，如图 10-14 所示。各单色辐射的坐标点连成的曲线叫光谱轨迹。在 780～700 nm 波段，光谱色都具有相同的色品坐标，即 $x=0.734\ 7$，$y=0.265\ 3$，$z=0$，故色品图上只由一个点代表。光谱轨迹的 700～540 nm 段，基本是一条直线，而 540～380 nm，则为一段曲线。连接 780 nm 和 380 nm 两点的直线则是代表从红到紫的颜色，叫做紫红轨迹或紫红边界。在光谱轨迹和紫红边界围成的马蹄形内，包含了所有在物理上能实现的颜色，也就是说，任何一种颜色都与马蹄形内的一个点对应。而代表三原色的 X、Y、Z 都处在光谱轨迹之外。

图 10-14 中的字母 E 代表等能白光，它在可见光波段每一波长的辐射功率都相等，其色品坐标 x_E、y_E、z_E 分别为$x_E=0.333\ 334$，$y_E=0.333\ 331$，$z_E=0.333\ 335$。在计算一些色度参数时，常常选 E 光源作参照点。

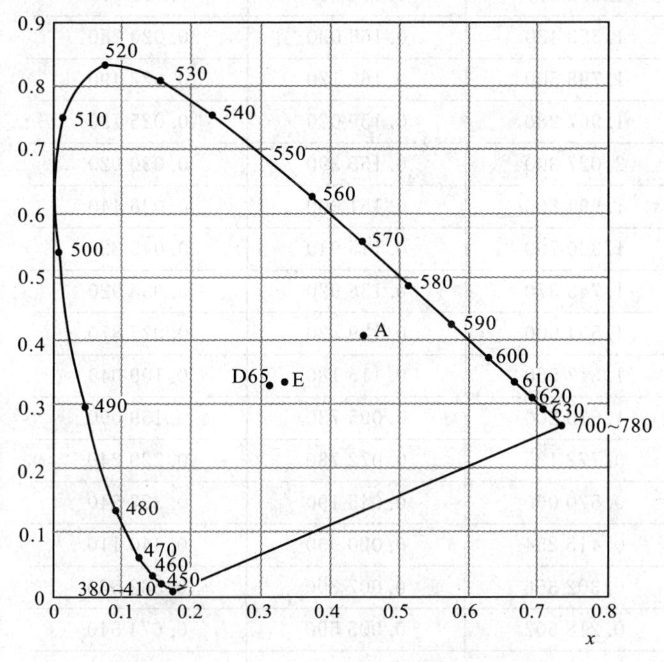

图 10-14　CIE 1931 色品图

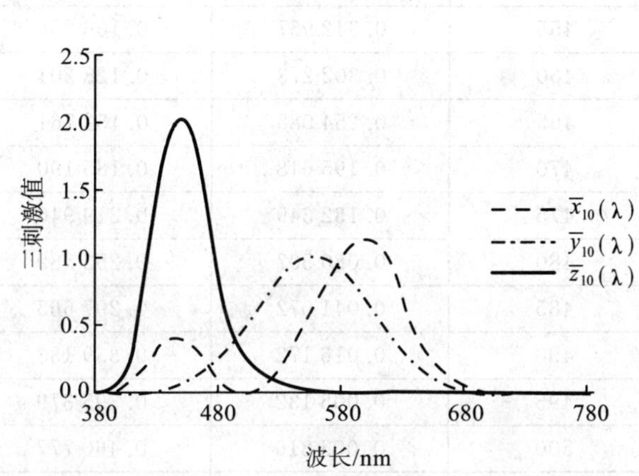

图 10-15　CIE 1964 $\bar{x}_{10}(\lambda)$、$\bar{y}_{10}(\lambda)$、$\bar{z}_{10}(\lambda)$颜色匹配函数

(二) CIE 1964 标准色度观察者

当视场大于 4°时，由于眼睛视网膜的外部区域的杆状细胞也参与观察，故色觉特性发生了一定变化，主要表现为饱和度降低。因此大于 4°视场范围时，CIE 推荐使用 CIE 1964 标准色度观察者。

CIE 1964 标准色度观察者基于颜色匹配函数 $\bar{x}_{10}(\lambda)$、$\bar{y}_{10}(\lambda)$、$\bar{z}_{10}(\lambda)$，见图 10-15。

CIE 1964 标准色度观察者在有些技术文件中也被称为 10°标准色度观察者。

表 10-4 列出了波长 380～780 nm，间隔 5 nm 的颜色匹配函数 $\bar{x}_{10}(\lambda)$、$\bar{y}_{10}(\lambda)$、$\bar{z}_{10}(\lambda)$，并给出了相应的色品坐标 $x_{10}(\lambda)$、$y_{10}(\lambda)$。

根据颜色匹配函数 $\bar{x}_{10}(\lambda)$，$\bar{y}_{10}(\lambda)$，$\bar{z}_{10}(\lambda)$，可以计算不同波长单色辐射的色品坐标，并绘制出 CIE 1964 色品图，如图 10-16 所示。

图 10-16 中 E 为等能白光的色品点。其色品坐标为 $x_{10,E}=0.333\ 298$，$y_{10,E}=0.333\ 336$，$z_{10,E}=0.333\ 366$。

CIE 1931 标准色度观察者与 CIE 1964 标准色度观察者的比较如图 10-17 所示。

表 10-4　CIE 1964 标准色度观察者颜色匹配函数与相应的色坐标

λ/nm	$\bar{x}_{10}(\lambda)$	$\bar{y}_{10}(\lambda)$	$\bar{z}_{10}(\lambda)$	$x_{10}(\lambda)$	$y_{10}(\lambda)$
380	0.000 160	0.000 017	0.000 705	0.181 330	0.019 690
385	0.000 662	0.000 072	0.002 928	0.180 910	0.019 540
390	0.002 362	0.000 253	0.010 482	0.180 310	0.019 350
395	0.007 242	0.000 769	0.032 344	0.179 470	0.019 040
400	0.019 110	0.002 004	0.086 011	0.178 390	0.018 710
405	0.043 400	0.004 509	0.197 120	0.177 120	0.018 400
410	0.084 736	0.008 756	0.389 366	0.175 490	0.018 130
415	0.140 638	0.014 456	0.656 760	0.173 230	0.017 810
420	0.204 492	0.021 391	0.972 542	0.170 630	0.017 850
425	0.264 737	0.029 497	1.282 500	0.167 900	0.018 710
430	0.314 679	0.038 676	1.553 480	0.165 030	0.020 280
435	0.357 719	0.049 602	1.798 500	0.162 170	0.022 490
440	0.383 734	0.062 077	1.967 280	0.159 020	0.025 730
445	0.386 726	0.074 704	2.027 300	0.155 390	0.030 020
450	0.370 702	0.089 456	1.994 800	0.151 000	0.036 440
455	0.342 957	0.106 256	1.900 700	0.145 940	0.045 220
460	0.302 273	0.128 201	1.745 370	0.138 920	0.058 920
465	0.254 085	0.152 761	1.554 900	0.129 520	0.077 870
470	0.195 618	0.185 190	1.317 560	0.115 180	0.109 040
475	0.132 349	0.219 940	1.030 200	0.095 730	0.159 090
480	0.080 507	0.253 589	0.772 125	0.072 780	0.229 240
485	0.041 072	0.297 665	0.570 060	0.045 190	0.327 540
490	0.016 172	0.339 133	0.415 254	0.020 990	0.440 110
495	0.005 132	0.395 379	0.302 356	0.007 300	0.562 520
500	0.003 816	0.460 777	0.218 502	0.005 590	0.674 540
505	0.015 444	0.531 360	0.159 249	0.021 870	0.752 580
510	0.037 465	0.606 741	0.112 044	0.049 540	0.802 300
515	0.071 358	0.685 660	0.082 248	0.085 020	0.816 980
520	0.117 749	0.761 757	0.060 709	0.125 240	0.810 190
525	0.172 953	0.823 330	0.043 050	0.166 410	0.792 170
530	0.236 491	0.875 211	0.030 451	0.207 060	0.766 280
535	0.304 213	0.923 810	0.020 584	0.243 640	0.739 870
540	0.376 772	0.961 988	0.013 676	0.278 590	0.711 300
545	0.451 584	0.982 200	0.007 918	0.313 230	0.681 280
550	0.529 826	0.991 761	0.003 988	0.347 300	0.650 090
555	0.616 053	0.999 110	0.001 091	0.381 160	0.618 160
560	0.705 224	0.997 340	0.000 000	0.414 210	0.585 790
565	0.793 832	0.982 380	0.000 000	0.446 920	0.553 080
570	0.878 655	0.955 552	0.000 000	0.479 040	0.520 960
575	0.951 162	0.915 175	0.000 000	0.509 640	0.490 360
580	1.014 160	0.868 934	0.000 000	0.538 560	0.461 440

续表

λ/nm	$\bar{x}(\lambda)$	$\bar{y}(\lambda)$	$\bar{z}(\lambda)$	$x(\lambda)$	$y(\lambda)$
585	1.074 300	0.825 623	0.000 000	0.565 440	0.434 560
590	1.118 520	0.777 405	0.000 000	0.589 960	0.410 040
595	1.134 300	0.720 353	0.000 000	0.611 600	0.388 400
600	1.123 990	0.658 341	0.000 000	0.630 630	0.369 370
605	1.089 100	0.593 878	0.000 000	0.647 130	0.352 870
610	1.030 480	0.527 963	0.000 000	0.661 220	0.338 780
615	0.950 740	0.461 834	0.000 000	0.673 060	0.326 940
620	0.856 297	0.398 057	0.000 000	0.682 660	0.317 340
625	0.754 930	0.339 554	0.000 000	0.689 760	0.310 240
630	0.647 467	0.283 493	0.000 000	0.695 480	0.304 520
635	0.535 110	0.228 254	0.000 000	0.700 990	0.299 010
640	0.431 567	0.179 828	0.000 000	0.705 870	0.294 130
645	0.343 690	0.140 211	0.000 000	0.710 250	0.289 750
650	0.268 329	0.107 633	0.000 000	0.713 710	0.286 290
655	0.204 300	0.081 187	0.000 000	0.715 620	0.284 380
660	0.152 568	0.060 281	0.000 000	0.716 790	0.283 210
665	0.112 210	0.044 096	0.000 000	0.717 890	0.282 110
670	0.081 261	0.031 800	0.000 000	0.718 730	0.281 270
675	0.057 930	0.022 602	0.000 000	0.719 340	0.280 660
680	0.040 851	0.015 905	0.000 000	0.719 760	0.280 240
685	0.028 623	0.011 130	0.000 000	0.720 020	0.279 980
690	0.019 941	0.007 749	0.000 000	0.720 160	0.279 840
695	0.013 842	0.005 375	0.000 000	0.720 300	0.279 700
700	0.009 577	0.003 718	0.000 000	0.720 360	0.279 640
705	0.006 605	0.002 565	0.000 000	0.720 320	0.279 680
710	0.004 553	0.001 768	0.000 000	0.720 230	0.279 770
715	0.003 145	0.001 222	0.000 000	0.720 090	0.279 910
720	0.002 175	0.000 846	0.000 000	0.719 910	0.280 090
725	0.001 506	0.000 586	0.000 000	0.719 690	0.280 310
730	0.001 045	0.000 407	0.000 000	0.719 450	0.280 550
735	0.000 727	0.000 284	0.000 000	0.719 190	0.280 810
740	0.000 508	0.000 199	0.000 000	0.718 910	0.281 090
745	0.000 356	0.000 140	0.000 000	0.718 610	0.281 390
750	0.000 251	0.000 098	0.000 000	0.718 290	0.281 710
755	0.000 178	0.000 070	0.000 000	0.717 960	0.282 040
760	0.000 126	0.000 050	0.000 000	0.717 610	0.282 390
765	0.000 090	0.000 036	0.000 000	0.717 240	0.282 760
770	0.000 065	0.000 025	0.000 000	0.716 860	0.283 140
775	0.000 046	0.000 018	0.000 000	0.716 460	0.283 540
780	0.000 033	0.000 013	0.000 000	0.716 060	0.283 940
总和	23.329 353	23.332 036	23.334 153	—	—

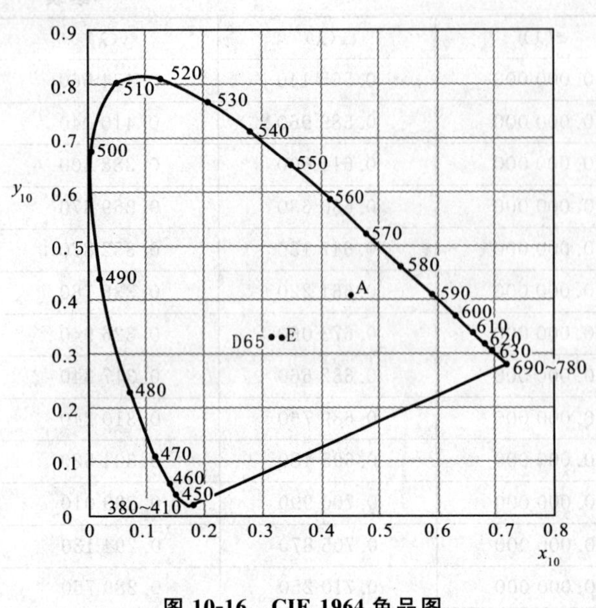

图 10-16 CIE 1964 色品图

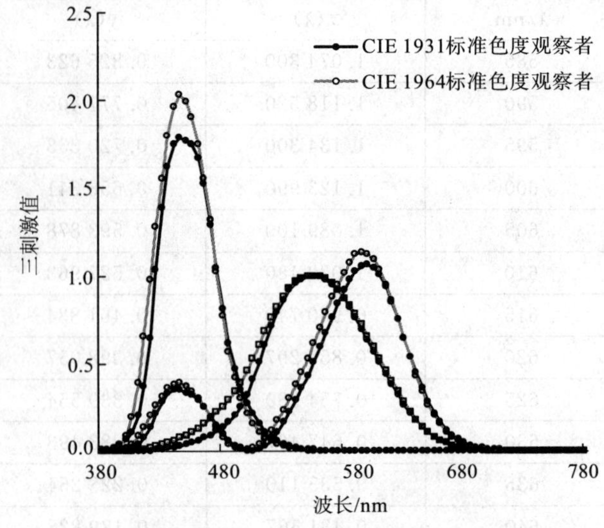

图 10-17 CIE 1931 标准色度观察者与 CIE 1964 标准色度观察者的比较

CIE 1931 色品图与 CIE 1964 色品图的比较如图 10-18 所示。

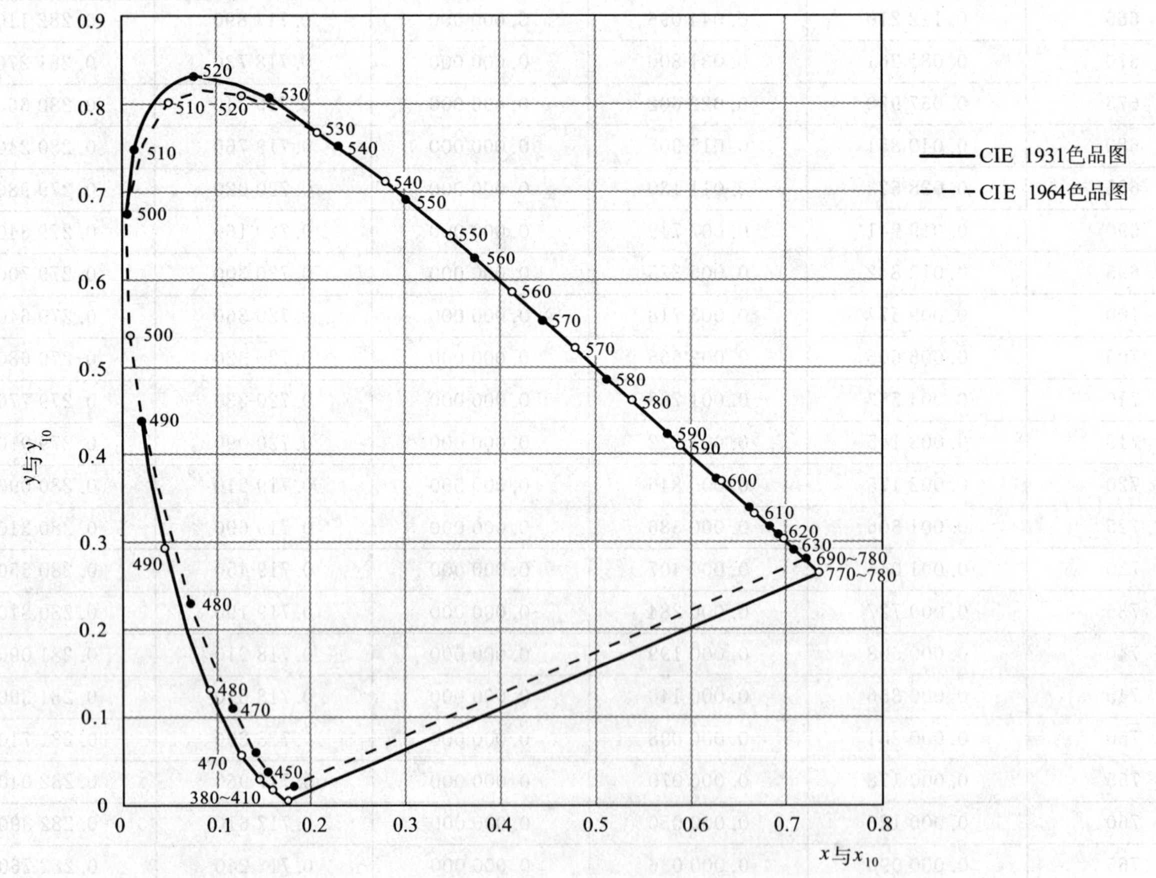

图 10-18 CIE 1931 色品图与 CIE 1964 色品图的比较

图 10-18 中画出了两种色品图，CIE 1931 色品图略大，完全包围了 CIE 1964 色品图。色品坐标相近的点在光谱轨迹上，波长相差可能达 5 nm 以上。只在 600 nm 处，光谱色的两种色品坐标值大致相近。

CIE 1931 色品图与 CIE 1964 色品图准确地表示了颜色视觉的基本规律以及颜色混合的一般规律。

实验表明，用小视场观察颜色的辨色能力较差，当视场从 2°增大到 10°时，颜色匹配精度也相应增加，但再增大视场提高就不明显了。

三、CIE 标准照明体和人工光源

测量物体表面的颜色，必须在一定的光源下进行，物体的颜色与照明光源有直接的关系。CIE 通过相对光谱功率定义了 CIE 照明体和 CIE 标准照明体[14]，将常见的光源进行了标准化并推荐其用于通常的色度计算。表 10-5 列出了波长在 300～780 nm 范围内的几种照明体的相对光谱功率分布。实际使用中，应根据照明光源的实际情况，选择最接近的照明体。其中 A 和 D65 是 CIE 标准照明体，是 CIE 推荐优先采用的。

表 10-5 CIE 照明体的相对光谱功率分布

λ/nm	标准照明体 A	标准照明体 D65	照明体 C	照明体 D50	照明体 D55	照明体 D75
300	0.930 483	0.034 100	0.00	0.019	0.024	0.043
305	1.128 210	1.664 300	0.00	1.035	1.048	2.588
310	1.357 690	3.294 500	0.00	2.051	2.072	5.133
315	1.622 190	11.765 200	0.00	4.914	6.648	17.470
320	1.925 080	20.236 000	0.01	7.778	11.224	29.808
325	2.269 800	28.644 700	0.20	11.263	15.936	42.369
330	2.659 810	37.053 500	0.40	14.748	20.647	54.930
335	3.098 610	38.501 100	1.55	16.348	22.266	56.095
340	3.589 680	39.948 800	2.70	17.948	23.885	57.259
345	4.136 480	42.430 200	4.85	19.479	25.851	60.000
350	4.742 380	44.911 700	7.00	21.010	27.817	62.740
355	5.410 700	45.775 000	9.95	22.476	29.219	62.861
360	6.144 620	46.638 300	12.90	23.942	30.621	62.982
365	6.947 200	49.363 700	17.20	25.451	32.464	66.647
370	7.821 350	52.089 100	21.40	26.961	34.308	70.312
375	8.769 800	51.032 300	27.50	25.724	33.446	68.507
380	9.795 100	49.975 500	33.00	24.488	32.584	66.703
385	10.899 600	52.311 800	39.92	27.179	35.335	68.333
390	12.085 300	54.648 200	47.40	29.871	38.087	69.963
395	13.354 300	68.701 500	55.17	39.589	49.518	85.946
400	14.708 000	82.754 900	63.30	49.308	60.949	101.929
405	16.148 000	87.120 400	71.81	52.910	64.751	106.911
410	17.675 300	91.486 000	80.60	56.513	68.554	111.894
415	19.290 700	92.458 900	89.53	58.273	70.065	112.346
420	20.995 000	93.431 800	98.10	60.034	71.577	112.798
425	22.788 300	90.057 000	105.80	58.926	69.746	107.945
430	24.670 900	86.682 300	112.40	57.818	67.914	103.092
435	26.642 500	95.773 600	117.75	66.321	76.760	112.145
440	28.702 700	104.865 000	121.50	74.825	85.605	121.198
445	30.850 800	110.936 000	123.45	81.036	91.799	127.104
450	33.085 900	117.008 000	124.00	87.247	97.993	133.010
455	35.406 800	117.410 000	123.60	88.930	99.228	132.682

续表

波长/nm	标准照明体 A	标准照明体 D65	照明体 C	照明体 D50	照明体 D55	照明体 D75
460	37.812 100	117.812 000	123.10	90.612	100.463	132.355
465	40.300 200	116.336 000	123.30	90.990	100.188	129.838
470	42.869 300	114.861 000	123.80	91.368	99.913	127.322
475	45.517 400	115.392 000	124.09	93.238	101.326	127.061
480	48.242 300	115.923 000	123.90	95.109	102.739	126.800
485	51.041 800	112.367 000	122.92	93.536	100.409	122.291
490	53.913 200	108.811 000	120.70	91.963	98.078	117.783
495	56.853 900	109.082 000	116.90	93.843	99.370	117.186
500	59.861 100	109.354 000	112.10	95.724	100.680	116.589
505	62.932 000	108.578 000	106.98	96.169	100.688	115.146
510	66.063 500	107.802 000	102.30	96.613	100.695	113.702
515	69.252 500	106.296 000	98.81	96.871	100.341	111.181
520	72.495 900	104.790 000	96.90	97.129	99.987	108.659
525	75.790 300	106.239 000	96.78	99.614	102.098	109.552
530	79.132 600	107.689 000	98.00	102.099	104.210	110.445
535	82.519 300	106.047 000	99.94	101.427	103.156	108.367
540	85.947 000	104.405 000	102.10	100.755	102.102	106.289
545	89.412 400	104.225 000	103.95	101.536	102.535	105.596
550	92.912 000	104.046 000	105.20	102.317	102.968	104.904
555	96.442 300	102.023 000	105.67	101.159	101.484	102.452
560	100.000 000	100.000 000	105.30	100.000	100.000	100.000
565	103.582 000	98.167 100	104.11	98.868	98.608	97.808
570	107.184 000	96.334 200	102.30	97.735	97.216	95.616
575	110.803 000	96.061 100	100.15	98.327	97.482	94.914
580	114.436 000	95.788 000	97.80	98.918	97.749	94.213
585	118.080 000	92.236 800	95.43	96.208	94.590	90.605
590	121.731 000	88.685 600	93.20	93.499	91.432	86.997
595	125.386 000	89.345 900	91.22	95.593	92.926	87.112
600	129.043 000	90.006 200	89.70	97.688	94.419	87.227
605	132.697 000	89.802 600	88.83	98.478	94.780	86.684
610	136.346 000	89.599 100	88.40	99.269	95.140	86.140
615	139.988 000	88.648 900	88.19	99.155	94.680	84.861
620	143.618 000	87.698 700	88.10	99.042	94.220	83.581
625	147.235 000	85.493 600	88.06	97.382	92.334	81.164
630	150.836 000	83.288 600	88.00	95.722	90.448	78.747
635	154.418 000	83.493 900	87.86	97.290	91.389	78.587
640	157.979 000	83.699 200	87.80	98.857	92.330	78.428
645	161.516 000	81.863 000	87.99	97.262	90.592	76.614
650	165.028 000	80.026 800	88.20	95.667	88.854	74.801
655	168.510 000	80.120 700	88.20	96.929	89.586	74.562
660	171.963 000	80.214 600	87.90	98.190	90.317	74.324

续表

λ/nm	标准照明体 A	标准照明体 D65	照明体 C	照明体 D50	照明体 D55	照明体 D75
665	175.383 000	81.246 200	87.22	100.597	92.133	74.873
670	178.769 000	82.277 800	86.30	103.003	93.950	75.422
675	182.118 000	80.281 000	85.30	101.068	91.953	73.499
680	185.429 000	78.284 200	84.00	99.133	89.956	71.576
685	188.701 000	74.002 700	82.21	93.257	84.817	67.714
690	191.931 000	69.721 300	80.20	87.381	79.677	63.852
695	195.118 000	70.665 200	78.24	89.492	81.258	64.464
700	198.261 000	71.609 100	76.30	91.604	82.840	65.076
705	201.359 000	72.979 000	74.36	92.246	83.842	66.573
710	204.409 000	74.349 000	72.40	92.889	84.844	68.070
715	207.411 000	67.976 500	70.40	84.872	77.539	62.256
720	210.365 000	61.604 000	68.30	76.854	70.235	56.443
725	213.268 000	65.744 800	66.30	81.683	74.768	60.343
730	216.120 000	69.885 600	64.40	86.511	79.301	64.242
735	218.920 000	72.486 300	62.80	89.546	82.147	66.697
740	221.667 000	75.087 000	61.50	92.580	84.993	69.151
745	224.361 000	69.339 800	60.20	85.405	78.437	63.890
750	227.000 000	63.592 700	59.20	78.230	71.880	58.629
755	229.585 000	55.005 400	58.50	67.961	62.337	50.623
760	232.115 000	46.418 200	58.10	57.692	52.793	42.617
765	234.589 000	56.611 800	58.00	70.307	64.360	51.985
770	237.008 000	66.805 400	58.20	82.923	75.927	61.352
775	239.370 000	65.094 100	58.50	80.599	73.872	59.838
780	241.675 000	63.382 800	59.10	78.274	71.818	58.324

对于 CIE 1931 标准色度观察者和 CIE 1964 标准色度观察者，CIE 照明体的三刺激值和色品坐标分别如表 10-6 和表 10-7 所示。

表 10-6 CIE 照明体(380～780 nm,5 nm 间隔)
在 CIE 1931 标准色度观察者下的三刺激值和色品坐标

色度值	标准照明体 A	标准照明体 D65	照明体 C	照明体 D50	照明体 D55	照明体 D75
X	109.85	95.04	98.07	96.42	95.68	94.97
Y	100.00	100.00	100.00	100.00	100.00	100.00
Z	35.58	108.88	118.22	82.51	92.14	122.61
x	0.447 58	0.312 72	0.310 06	0.345 67	0.332 43	0.299 03
y	0.407 45	0.329 03	0.316 16	0.358 51	0.347 44	0.314 88
u'	0.255 97	0.197 83	0.200 89	0.209 16	0.204 43	0.193 53
v'	0.524 29	0.468 34	0.460 89	0.488 08	0.480 75	0.458 53

表 10-7 CIE 照明体(380～780 nm,5 nm 间隔)
在 CIE 1964 标准色度观察者下的三刺激值和色品坐标

色度值	标准照明体 A	标准照明体 D65	照明体 C	照明体 D50	照明体 D55	照明体 D75
X_{10}	111.14	94.81	97.29	96.72	95.80	94.42
Y_{10}	100.00	100.00	100.00	100.00	100.00	100.00
Z_{10}	35.20	107.32	116.14	81.43	90.93	120.64
x_{10}	0.451 17	0.313 81	0.310 39	0.347 73	0.334 12	0.299 68
y_{10}	0.405 94	0.330 98	0.319 05	0.359 52	0.348 77	0.317 40
u'_{10}	0.258 96	0.197 86	0.200 00	0.210 15	0.205 07	0.193 05
v'_{10}	0.524 25	0.469 54	0.462 55	0.488 86	0.481 65	0.460 04

(一) CIE 标准照明体 A 和光源 A

1. CIE 标准照明体 A

CIE 规定标准照明体 A 的相对光谱功率分布 $S_A(\lambda)$ 由下式定义：

$$S_A(\lambda)=100\left(\frac{560}{\lambda}\right)^5\times\frac{\exp\frac{1\,435\times10^7}{2\,848\times560}-1}{\exp\frac{1\,435\times10^7}{2\,848\lambda}-1} \tag{10-7}$$

式中，λ 是波长，单位为 nm，光谱功率分布在波长 560 nm 处归一化为 100。

(10-7)式是基于真空条件下的普朗克公式，波长为真空波长，为了 CIE 标准照明体 A 能与其他色度和光度数据协调，可用标准空气(15℃，101 325 Pa，二氧化碳体积占 0.03%的干燥空气)下的波长数值替换。

2. 光源 A

利用相关色温为 2 856 K($c_2=1.438\,8\times10^{-2}$ m·K)的充气钨丝灯模拟标准照明体 A 的人工光源叫做光源 A。当光源也应用于紫外区时，应使用具有熔融石英玻壳或窗口的灯。因为普通玻璃会吸收灯丝辐射的紫外部分。

当需要光源的光谱功率分布更准确时，应对所使用的实际光源进行光谱辐射度校准。

(二) CIE 标准照明体 D65 与人工光源

1. CIE 标准照明体 D65

CIE 标准照明体 D65，其相对光谱功率分布代表相关色温大约为 6 500 K 的日光时相。CIE 建议尽可能使用照明体 D65 以满足标准化需要。

CIE 标准照明体 D65 的相对光谱功率分布是在昼光的实测数据的基础上进行外推得出的。代表相关色温大约为 6 500 K(也称作昼光照明体的名义相关色温)的昼光。

2. 代表照明体 D65 的人工光源

目前没有推荐用于实现 CIE 标准照明体 D65 或其他不同相关色温的照明体 D 的人工光源。CIE 规定，通过计算改变照明体的特殊同色异谱指数，可以对应用于色度的昼光模拟器的品质进行描述和评价。当需要光源的光谱功率分布更准确时，应对所使用的实际光源进行光谱辐射度校准。

(三) 其他照明体 D

当不能用 D65 时，CIE 建议应根据照明光源的实际情况，选择昼光照明体 D50、D55 或者 D75 中的一种。它们的光谱功率分布如表 10-5 所示。它们在 CIE 1931 标准色度观察者和 CIE 1964 标准色度观察者下的三刺激值和色品坐标分别见表 10-6 和表 10-7。

当这些昼光照明体都不能使用时，可以用(10-8)式～(10-13)式计算出在某名义相关色温(T_{cp})下的昼光照明体。由这些公式给出的照明体，其相关色温近似等于名义值。

1．照明体D的色品坐标

昼光照明体D的CIE 1931(x，y)色品坐标须满足以下关系：

$$y_D=-3.000x_D^2+2.870x_D-0.275 \tag{10-8}$$

式中，x_D的值在0.250～0.380之间。

昼光照明体D的相关色温T_{cp}与其坐标x_D之间的关系如下：

(1)当相关色温在4 000～7 000 K之间时

$$x_D=-4.6070\times\frac{10^9}{T_{cp}^3}+2.9678\times\frac{10^6}{T_{cp}^2}+0.09911\times\frac{10^3}{T_{cp}}+0.244063 \tag{10-9}$$

(2)当相关色温在7 000～25 000 K之间时

$$x_D=-2.0064\times\frac{10^9}{T_{cp}^3}+1.9018\times\frac{10^6}{T_{cp}^2}+0.24748\times\frac{10^3}{T_{cp}}+0.237040 \tag{10-10}$$

2．照明体D的相对光谱功率分布

昼光照明体D的相对光谱功率分布$S(\lambda)$按下式计算：

$$S(\lambda)=S_0(\lambda)+M_1S_1(\lambda)+M_2S_2(\lambda) \tag{10-11}$$

式中，$S_0(\lambda)$、$S_1(\lambda)$、$S_2(\lambda)$是波长λ的函数，其数据如表10-8所示；M_1和M_2因子的量值与照明体D的色品坐标x_D、y_D有如下关系：

$$M_1=\frac{-1.3515-1.7703x_D+5.9114y_D}{0.0241+0.2562x_D-0.7341y_D} \tag{10-12}$$

$$M_2=\frac{0.0300-31.4424x_D+30.0717y_D}{0.0241+0.2562x_D-0.7341y_D} \tag{10-13}$$

表10-8　日光成分的平均值$S_0(\lambda)$及第一特征矢量$S_1(\lambda)$、第二特征矢量$S_2(\lambda)$

λ/nm	$S_0(\lambda)$	$S_1(\lambda)$	$S_2(\lambda)$	λ/nm	$S_0(\lambda)$	$S_1(\lambda)$	$S_2(\lambda)$
300	0.04	0.02	0.00	395	80.30	39.20	0.05
305	3.02	2.26	1.00	400	94.80	43.40	−1.10
310	6.00	4.50	2.00	405	99.80	44.85	−0.80
315	17.80	13.45	3.00	410	104.80	46.30	−0.50
320	29.60	22.40	4.00	415	105.35	45.10	−0.60
325	42.45	32.20	6.25	420	105.90	43.90	−0.70
330	55.30	42.00	8.50	425	101.35	40.50	−0.95
335	56.30	41.30	8.15	430	96.80	37.10	−1.20
340	57.30	40.60	7.80	435	105.35	36.90	−1.90
345	59.55	41.10	7.25	440	113.90	36.70	−2.60
350	61.80	41.60	6.70	445	119.75	36.30	−2.75
355	61.65	39.80	6.00	450	125.60	35.90	−2.90
360	61.50	38.00	5.30	455	125.55	34.25	−2.85
365	65.15	40.20	5.70	460	125.50	32.60	−2.80
370	68.80	42.40	6.10	465	123.40	30.25	−2.70
375	66.10	40.45	4.55	470	121.30	27.90	−2.60
380	63.40	38.50	3.00	475	121.30	26.10	−2.60
385	64.60	36.75	2.10	480	121.30	24.30	−2.60
390	65.80	35.00	1.20	485	117.40	22.20	−2.20

续表

λ/nm	$S_0(\lambda)$	$S_1(\lambda)$	$S_2(\lambda)$	λ/nm	$S_0(\lambda)$	$S_1(\lambda)$	$S_2(\lambda)$
490	113.50	20.10	−1.80	665	83.75	−13.00	9.20
495	113.30	18.15	−1.65	670	84.90	−14.00	9.80
500	113.10	16.20	−1.50	675	83.10	−13.80	10.00
505	111.95	14.70	−1.40	680	81.30	−13.60	10.20
510	110.80	13.20	−1.30	685	76.60	−12.80	9.25
515	108.65	10.90	−1.25	690	71.90	−12.00	8.30
520	106.50	8.60	−1.20	695	73.10	−12.65	8.95
525	107.65	7.35	−1.10	700	74.30	−13.30	9.60
530	108.80	6.10	−1.00	705	75.35	−13.10	9.05
535	107.05	5.15	−0.75	710	76.40	−12.90	8.50
540	105.30	4.20	−0.50	715	69.85	−11.75	7.75
545	104.85	3.05	−0.40	720	63.30	−10.60	7.00
550	104.40	1.90	−0.30	725	67.50	−11.10	7.30
555	102.20	0.95	−0.15	730	71.70	−11.60	7.60
560	100.00	0.00	0.00	735	74.35	−11.90	7.80
565	98.00	−0.80	0.10	740	77.00	−12.20	8.00
570	96.00	−1.60	0.20	745	71.10	−11.20	7.35
575	95.55	−2.55	0.35	750	65.20	−10.20	6.70
580	95.10	−3.50	0.50	755	56.45	−9.00	5.95
585	92.10	−3.50	1.30	760	47.70	−7.80	5.20
590	89.10	−3.50	2.10	765	58.15	−9.50	6.30
595	89.80	−4.65	2.65	770	68.60	−11.20	7.40
600	90.50	−5.80	3.20	775	66.80	−10.80	7.10
605	90.40	−6.50	3.65	780	65.00	−10.40	6.80
610	90.30	−7.20	4.10	785	65.50	−10.50	6.90
615	89.35	−7.90	4.40	790	66.00	−10.60	7.00
620	88.40	−8.60	4.70	795	63.50	−10.15	6.70
625	86.20	−9.05	4.90	800	61.00	−9.70	6.40
630	84.00	−9.50	5.10	805	57.15	−9.00	5.95
635	84.55	−10.20	5.90	810	53.30	−8.30	5.50
640	85.10	−10.90	6.70	815	56.10	−8.80	5.80
645	83.50	−10.80	7.00	820	58.90	−9.30	6.10
650	81.90	−10.70	7.30	825	60.40	−9.55	6.30
655	82.25	−11.35	7.95	830	61.90	−9.80	6.50
660	82.60	−12.00	8.60				

季节和地理环境的变化会影响昼光在紫外光谱区域的光谱功率分布。在没有确定这些变化的信息之前，仍建议使用 CIE 推荐的照明体。

CIE 用以上推荐的方法计算得到的昼光照明体 D 的光谱功率分布，是基于波长从 330 nm 到 700 nm 的实验观测数据，并在波长 300～330 nm 和 700～830 nm 范围内进行外推得到的。外推数据对色度学的应用是准确的，但不推荐用于其他用途。

（四）照明体 C

照明体 C 代表相关色温大约为 6 800 K 的平均昼光。它不属于 CIE 推荐的昼光照明体，但很多测量仪器和计算中仍应用这种照明体，因此在表 10-5 中列出它的相对光谱功率分布。

另外，CIE 还曾经规定过照明体 B，代表相关色温大约为 4 900 K 的直射日光。该照明体现在已被 CIE 废除不再使用了，但在啤酒色度等行业中仍沿用该照明体。

四、应用于物体色度测量的几何条件

不发光物体的颜色测量依赖于光源、探测器和样品的相对位置关系，这种关系叫做几何条件。同样的，对颜色样品的目视评价也会受照明和观察的几何条件影响。测量值和目视评价的相关程度依赖于测量仪器的几何条件对实际观察时的几何条件的模拟程度。CIE 规定了 10 种反射测量的几何条件和 6 种透射测量的几何条件[10]应用于色度测量。

（一）CIE 对几何条件的定义中相关的名词和术语

(1) 45°单方向入射（符号：45°x）

45°单方向入射是指入射光以与法线成 45°的某方位照明反射材料。这种几何条件强调了材料的质地和方向性。符号中 x 表示入射光束是从某任意方位（x 方向的方位角）照射参考平面的。

(2) 45°环带入射（符号：45°a）

测量 45°照明条件下的反射样品色时，如果光源从所有方位同时以与法线成 45°照明样品，则样品的质地和方向性对测量结果的影响最小。这种照明方式可以通过使用一个小尺寸光源和一个椭球环反射镜或其他非球面光学元件实现。这种几何条件有时可以通过以下方法近似实现：将很多光源排列成环状，或通过用单个光源照明很多光纤束，再形成环形。这种近似环带的几何条件叫做圆周几何条件，符号为 45°c。

(3) 0°入射（符号：0°）

0°入射是指以法线方向照射反射材料。

(4) 8°入射（符号：8°）

8°入射是指从某个方位以与法线成 8°的方向照射反射样品。在反射测量中，这种几何条件可以实现包含镜面反射或者排除镜面反射的测量，所以在很多实际应用中，用于替代 0°入射的几何条件。

(5) 参考平面

参考平面是指测量过程中被测样品或参考标准放置的平面。反射测量的几何条件是根据参考平面定义的；透射测量时，相对于入射光的参考平面叫做第一参考平面，相对于透过样品的光的参考平面叫做第二参考平面。两个参考平面之间是样品的厚度，在透射测量的几何条件的规定中，假定样品的厚度可以忽略。

(6) 采样孔径

参考平面上的照明区域或者接收器探测到通量的区域，两者之中以区域面积小的为准。当照明区域面积大于探测区域面积，称为“过充满”(overfilled)；当照明区域面积小于探测区域面积，称为“未充满”(underfilled)。

（二）应用于反射测量的几何条件

CIE 规定了 10 种应用于反射色度测量的几何条件，分别是：

(1) 漫射：8°，包含镜面成分（符号为 di：8°）

采样孔径被以其平面为界的半球内表面从各个方向均匀地照明，测量区域过充满。探测器对采样孔径区域的响应均匀，反射光束轴线和样品中心法线成 8°角，在接收光束轴线 5°内的所有方向上，采样孔径反射的辐射是均匀的。

(2) 漫射：8°，排除镜面成分(符号为 de：8°)

满足 di：8°的条件，但将单面的平面反射镜放置于采样孔径处时，孔径中心及 1°以内均没有光反射到探测器方向。

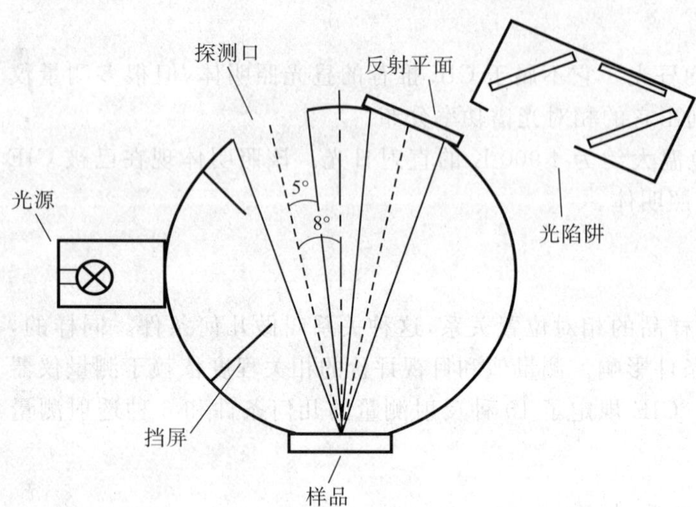

图 10-19　漫射：8°几何条件示意图

图 10-19 是实现漫射：8°几何条件示意图。分别使用反射平面与光陷阱，可以实现包含或排除镜面成分测量。

(3) 8°：漫射，包含镜面成分(符号为 8°：di)

满足 di：8°的条件，但光路相反。采样孔径被与法线成 8°角的光照明，以参考平面为界的半球收集采样孔径反射的各个角度的通量。

(4)8°：漫射，排除镜反射成分(符号为 8°：de)

满足 de：8°的条件，但光路相反。

(5) 漫射/漫射(符号为 d：d)

照明满足 di：8° 的条件，且以参考平面为界的半球收集采样孔径反射的各个角度的通量。

(6) 备选的漫射几何条件(符号为 d：0°)

一个备选漫射几何条件是出射方向沿着样品法线，严格地不包含镜反射的几何条件。

(7) 45°环带/垂直(符号为 45°a：0°)

从顶点位于采样孔径中心，中心轴位于采样孔径法线上，半角分别为 40°和 50°的两个正圆锥之间各个方向射来的光均匀地照明采样孔径；探测器从顶点位于采样孔径中心，中心轴沿样品法线方向、半角为 5°的正圆锥内均匀接收反射辐射。这种几何条件可以将样品质地和方向选择性反射的影响降至最低。如果这种照明几何条件是由多个光源以接近于圆形排列来近似得到的，或者由多根出光口排列成圆形且被单个光源照明的光纤束近似得到，形成的几何条件叫做圆周/垂直几何条件(符号为45°c：0°)。

(8) 垂直/ 45°环带(符号为 0°：45°a)

角度和空间条件满足 45°a：0°的条件，但光路相反。因此采样孔径被垂直照明，反射辐射被中心与法线成 45°角的环带接收。

(9) 45°单方向/垂直(符号为 45°x：0°)

角度和空间条件满足 45°a：0°的条件，但辐射只从一个方位角发出。这种几何条件排除镜反射，突出样品质地和方向选择性反射的影响。符号表示入射光束从某任意方位照射参考平面。图 10-20 是 45°单方向/垂直几何条件示意图。

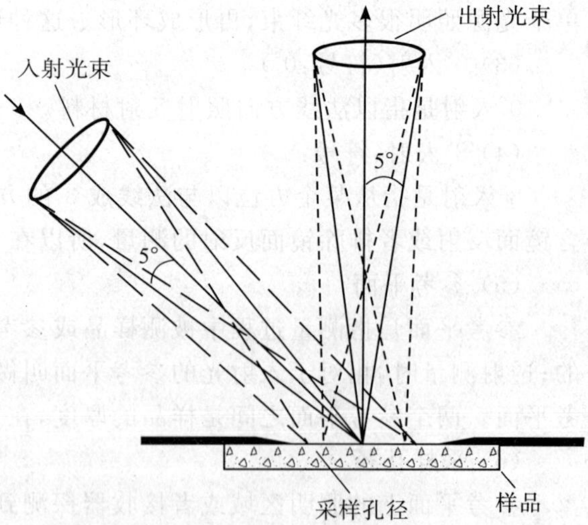

图 10-20　45°单方向/垂直几何条件示意图

(10) 垂直/ 45°单方向(符号为 0°：45°x)

角度和空间条件满足 45°x：0°的条件，但光路相反。因此样品表面被垂直照明，从与法线成 45°角的某个方位接收反射辐射。

(三)应用反射测量几何条件的注意事项

1)当应用单光束积分球时,需要对由于样品的吸收而引起的积分球效率降低进行修正,否则仪器将给出非线性的测量结果。经修正的反射比公式为

$$\rho_s = R(\lambda)\frac{1-\rho_w(\lambda)(1-\sum_i f_i)}{1-\rho_w(\lambda)(1-\sum_i f_i)-f_s[\rho_r(\lambda)-R(\lambda)]} \tag{10-14}$$

式中,ρ_s 为样品经修正的反射比,$R(\lambda)$为样品相对于完全漫反射体未经修正的光谱反射比,$\rho_w(\lambda)$为球壁在漫射/漫射条件下的光谱反射比,f_i 为积分球上第 i 个开孔面积与球总内表面的面积比,f_s 为样品孔面积与球总内表面的面积比,$\rho_r(\lambda)$为参考标准的反射比。

(10-14)式是基于理想积分球的特性,除样品外其他开口的有效反射比均为 0。

2)几何条件符合(二)中应用于反射测量的几何条件(1)(2)(6)(7)(8)(9)(10)的情况下测量的结果是反射因数;当接收的立体角足够小时,反射因数的量值与辐亮度因数的量值相同。

几何条件符合(二)中应用于反射测量的几何条件(3)且积分球为理想积分球时,测量结果是反射比。在 45°x：0°条件下测量结果是辐亮度因数 $\beta_{45:0}$;在 0°：45°x 条件下测量结果是辐亮度因数 $\beta_{0:45}$;在 di：8°条件下测量结果是辐亮度因数 $\beta_{di:8}$,与辐亮度因数 $\beta_{di:0}$ 接近;在 8°:di 条件的测量结果是反射比 ρ[15]。

3)测量某些类型的样品(诸如逆反射材料),需要不同的几何条件或宽容度。如果应用特殊的照明和测量条件,需要进行特别说明。

4)使用积分球时,为遮挡样品和球壁入射孔或测量孔之间的直射光,需要使用表面涂白的挡屏。积分球开口的总面积不应超过球内反射面积的 10%。

5)漫射样品能够将辐射散射到与其表面接近平行的方向上,在漫反射比测量中应包含这部分辐射。

6)当积分球用于荧光样品的测量时,照明系统的相对光谱功率分布将由于样品的反射功率和发射功率而改变。因此,45°a：0°、45°x：0°和 0°：45°a、0°：45°x 条件更适合这种情况的应用。

(四)应用于透射测量的几何条件

CIE 规定了应用于透射测量的 6 种几何条件。

(1) 垂直/垂直(符号为 0°：0°)

入射与测量光束都是完全相同的正圆锥状,正圆锥的轴位于采样孔径中心的法线上,半角是 5°,采样孔径的面辐射和角辐射以及探测器的面响应和角度响应都是均匀的。

(2) 漫射/垂直,包含规则成分(符号为 di：0°)

采样孔径被以第一参考平面为界的半球从各个方向均匀地照明,测量光束同 0°：0°几何条件的规定。

(3) 漫射/垂直,排除规则成分(符号为 de：0°)

几何条件满足 di：0°,但当开放采样孔径(例如不放置样品),测量采样孔径中心及 1°以内的范围时,没有直射到探测器的光。

(4) 垂直/漫射,包含规则成分(符号为 0°：di)

几何条件与 di：0°相反。

(5) 垂直/漫射,排除规则成分(符号为 0°：de)

几何条件与 de：0°相反。

(6) 漫射/漫射(符号为 d：d)

采样孔径被以第一参考平面为界的半球从各个角度均匀地照明,透射通量被以第二参考平面为界的半球从各个角度均匀地接收。

(五)应用透射测量几何条件的注意事项

1) 以上透射测量几何条件中,排除规则成分条件下测量的量是透射因数,其余均为透射比。

2) 测量某些类型的样品需要不同的几何条件或宽容度。如果应用了特殊的照明和测量条件,需要进行

特别说明。

3）当使用积分球时，为遮挡样品和球壁入射孔或测量孔之间的直射光，需要使用表面涂白的挡屏。积分球开口的总面积不应超过球内反射面积的10%。

4）测量垂直/垂直条件的仪器的结构，照明和接收光束应完全相同。

5）漫射样品能够将辐射散射到与其表面接近平行的方向上，在漫透射比测量中应包含这部分辐射。

6）入射光束垂直于样品表面时，样品和入射光束光学元件之间的多次反射会引起测量误差，应略微倾斜一下样品来减弱测量误差。

（六）CIE曾规定的几何条件

CIE曾规定了4种反射色测量的几何条件与4种透射色测量的几何条件[16]，在入射角度、接收角度和表示方法上与CIE 15：2004的规定有很多不同。2004年后已经不再推荐应用这些几何条件（当时又称为照明/观测条件），但为方便理解之前的技术文章中相应的符号表示，这里将2004年之前CIE规定的几何条件[17]作一简单介绍。

1. 反射样品的照明/观测几何条件

仪器的照明与观测条件用“照明/观测”表示。有如下4种：

(1)45°/垂直（用45/0表示）

样品被一束或多束光照明，照明光束的轴线与样品表面的法线成夹角45°±2°；观测方向和样品的法线间的夹角不应超过10°，照明光束的轴线和任一条光线间的夹角不应超过8°。在观测光束方面也应遵守同样的限制。

(2) 垂直/45°（用0/45表示）

样品被一束光照明，该光束的有效轴线与样品的法线间的夹角不应超过10°；在与法线成45°±2°的角度下观测样品；照明光束的轴线和任一光线间的夹角不应超过8°。在观测光束方面也应遵守同样的限制。

(3) 漫射/垂直（用d/0表示）

样品被积分球漫射照明，样品的法线和观测光束的轴线之间的夹角不应超过10°；当积分球开孔部分的总面积不超过球内反射面积的10%时，其直径可以是任意的；观测轴线和任一观测光线间的夹角不应超过5°。

(4) 垂直/漫射（用0/d表示）

样品被一束光照明，该光束的轴线与样品法线间的夹角不应超过10°，用积分球收集反射通量；照明光束的轴线和任一光线间的夹角不应超过5°；当积分球开孔部分的总面积不超过球内反射面积的10%时，其直径可以是任意的。

2. 透射样品的照明/观测几何条件

(1) 垂直/垂直（用0/0表示）

样品被一束光照明，该光束的有效轴线与样品的法线的夹角不应超过5°，轴线与照明光束中的任一条光线的夹角不超过5°，观测光束中的任一条光线与观察方向的夹角不应超过5°。

(2) 垂直/漫透射（用0/d表示）

样品被一束光照明，该光束的有效轴线与样品表面的法线夹角不应超过5°，轴线与照明光束的任一条光线间的夹角不超过5°，通常用积分球接收透过样品后在2π空间范围内的全部光线。此种方式可得到样品的总透射比，若只收集透过样品后的漫反射光，而把规则透射部分排除（如用光阱的办法），则可得到样品的漫透射比。

(3) 漫透射/垂直（用d/0表示）

将垂直/漫透射中的光源和接收器的位置互换，可以得到漫射照明垂直接收的几何条件。

(4) 漫透射/漫透射（用d/d表示）

样品用一个积分球漫射照明，用另一个积分球收集透过样品的全部光线。

五、CIE 色度计算方法

（一）CIE 推荐的颜色

在进行颜色目视匹配或物理测量时，通常推荐用 CIE 1931 标准色度系统（在 1°～4°视场）或用 CIE 1964 标准色度系统（在大于 4°视场时）表示确定的颜色。

在 CIE 1931 标准色度系统中，采用刺激值 Y 和色坐标 x、y 表示颜色；亦可用三刺激值 X、Y、Z 表示颜色。

在 CIE 1964 标准色度系统中，采用刺激值 Y_{10} 与色坐标 x_{10}、y_{10} 表示颜色；亦可用三刺激值 X_{10}、Y_{10}、Z_{10} 表示颜色。

用刺激值和色坐标表示颜色，首先须对光源的光谱功率分布或物体的光谱反（透）射因数进行测定，然后计算颜色的三刺激值，最后再由三刺激值转换为色坐标。

物体色、光源色以及荧光色的测量方法分别见第四节、第五节、第六节。

注：①通常采用等波长间隔法进行色度测量和计算。②采样波长间隔和光谱带宽与测量结果密切相关，因此对二者进行合适的选取非常重要。CIE 推荐通常情况下采用 5 nm 光谱带宽和 5 nm 波长间隔进行测量和色度计算。被测样品（如某些光源）的光谱随波长变化较大时，可将仪器的光谱带宽调整至等于波长间隔或者为波长间隔的整数倍；最高准确度的测量可选取 1 nm 光谱带宽，相关数据见 CIE S002 - 1986：CIE standard colorimetric observers 和 CIE S005/E - 1998：CIE standard illuminants for colorimetry。③当选取采样波长间隔为 10 nm、20 nm 时，可采用 ASTM E308 Standard Practice for Computing the Colors of Objects by Using the CIE System 中推荐的权重系数进行计算。

（二）三刺激值的计算方法

三刺激值的计算方法是：将各波长上的色刺激函数 $\varphi(\lambda)$ 与每个 CIE 色匹配函数相乘，并在整个可见光谱范围内分别对这些乘积进行积分。在实际计算时，用求和代替积分。

1. CIE 1931 标准色度系统三刺激值

CIE 1931 标准色度系统三刺激值 X、Y、Z 按下面公式计算：

$$\left.\begin{aligned} X &= k\sum_{380}^{780}\varphi(\lambda)\bar{x}(\lambda)\Delta\lambda \\ Y &= k\sum_{380}^{780}\varphi(\lambda)\bar{y}(\lambda)\Delta\lambda \\ Z &= k\sum_{380}^{780}\varphi(\lambda)\bar{z}(\lambda)\Delta\lambda \end{aligned}\right\} \tag{10-15}$$

式中，X、Y、Z 为 CIE 1931 标准色度系统三刺激值；$\bar{x}(\lambda)$、$\bar{y}(\lambda)$、$\bar{z}(\lambda)$ 为 CIE 1931 标准色度观察者色匹配函数，见表 10 - 4；$\Delta\lambda$ 为波长间隔，通常取 5 nm；$\varphi(\lambda)$ 为色刺激函数的光谱分布，光源、反射物体和透射物体的 $\varphi(\lambda)$ 见下面（三）中的内容；k 为归一化系数，光源、反射物体和透射物体的 k 见下面（三）中的内容。

2. CIE 1964 标准色度系统三刺激值

CIE 1964 标准色度系统三刺激值 X_{10}、Y_{10}、Z_{10} 按下面公式计算：

$$\left.\begin{aligned} X_{10} &= k_{10}\sum_{380}^{780}\varphi(\lambda)\bar{x}_{10}(\lambda)\Delta\lambda \\ Y_{10} &= k_{10}\sum_{380}^{780}\varphi(\lambda)\bar{y}_{10}(\lambda)\Delta\lambda \\ Z_{10} &= k_{10}\sum_{380}^{780}\varphi(\lambda)\bar{z}_{10}(\lambda)\Delta\lambda \end{aligned}\right\} \tag{10-16}$$

式中，X_{10}、Y_{10}、Z_{10} 为 CIE 1964 标准色度系统三刺激值；$\bar{x}_{10}(\lambda)$、$\bar{y}_{10}(\lambda)$、$\bar{z}_{10}(\lambda)$ 为 CIE 1964 标准色度观察者色匹

配函数，见表 10-4；$\Delta\lambda$ 为波长间隔，通常取 5 nm；$\varphi(\lambda)$ 为色刺激函数的光谱分布，光源、反射物体和透射物体的 $\varphi(\lambda)$ 见下面（三）中的内容；k_{10} 为归一化系数，照明体、反射物体和透射物体的 k_{10} 见下面（三）中的内容。

（三）三刺激值计算中的色刺激函数和归一化系数

1. 照明体或光源三刺激值计算中的色刺激函数和归一化系数

（1）照明体或光源三刺激值计算中的色刺激函数

$$\varphi(\lambda)=S(\lambda) \tag{10-17}$$

式中，$S(\lambda)$ 为照明体或光源的相对光谱功率分布，测量方法见本章第五节。

（2）照明体或光源三刺激值计算中的归一化系数

对于照明体或光源，归一化系数 k 或 k_{10} 的选取以方便计算为原则。在 CIE 1931 标准色度系统中，当要求 Y 值与光度量绝对值相等时，$k=K_m=683\ \mathrm{lm}\cdot\mathrm{W}^{-1}$，且 $\varphi(\lambda)$ 应等于相应光度量的光谱辐射度量值。

2. 反射物体三刺激值计算中的色刺激函数和归一化系数

（1）反射物体三刺激值计算中的色刺激函数

$$\varphi(\lambda)=R(\lambda)S(\lambda) \tag{10-18}$$

式中，$R(\lambda)$ 为物体的光谱反射比、光谱反射因数或光谱辐亮度因数，测量方法见本章第四节；$S(\lambda)$ 为照明体的相对光谱功率分布，应尽可能使用 CIE 标准照明体 A 或 D65，见表 10-5。

（2）反射物体三刺激值计算中的归一化系数

$$k=\frac{100}{\sum S(\lambda)\bar{y}(\lambda)\Delta\lambda} \tag{10-19}$$

$$k_{10}=\frac{100}{\sum S(\lambda)\bar{y}_{10}(\lambda)\Delta\lambda} \tag{10-20}$$

3. 透射物体三刺激值计算中的色刺激函数和归一化系数

（1）透射物体三刺激值计算中的色刺激函数

$$\varphi(\lambda)=\tau(\lambda)S(\lambda) \tag{10-21}$$

式中，$\tau(\lambda)$ 为物体的光谱透射比或光谱透射因数，测量方法见本章第四节；$S(\lambda)$ 为照明体的相对光谱功率分布，应尽可能使用 CIE 标准照明体 A 或 D65，见表 10-5。

（2）透射物体三刺激值计算中的归一化系数

透射物体三刺激值计算中的归一化系数与反射物体三刺激值计算中归一化系数的计算方法相同。

（四）色品坐标的计算方法

1. CIE 1931 标准色度系统的色品坐标

CIE 1931 标准色度系统的色品坐标 x、y、z 按下面公式计算：

$$\left.\begin{aligned} x&=\frac{X}{X+Y+Z}\\ y&=\frac{Y}{X+Y+Z}\\ z&=\frac{Z}{X+Y+Z}=1-x-y \end{aligned}\right\} \tag{10-22}$$

式中，X、Y、Z 为 CIE 1931 标准色度系统中的三刺激值。

2. CIE 1964 标准色度系统的色品坐标

CIE 1964 标准色度系统的色品坐标 x_{10}、y_{10}、z_{10} 按下面公式计算：

$$\left.\begin{aligned} x_{10}&=\frac{X_{10}}{X_{10}+Y_{10}+Z_{10}}\\ y_{10}&=\frac{X_{10}}{X_{10}+Y_{10}+Z_{10}}\\ z_{10}&=\frac{Z_{10}}{X_{10}+Y_{10}+Z_{10}}=1-x_{10}-y_{10} \end{aligned}\right\} \tag{10-23}$$

式中，X_{10}、Y_{10}、Z_{10}为CIE 1964标准色度系统中的三刺激值。

（五）色度计算方法的方便应用——公式变换

1)若有两种颜色光，它们的三刺激值分别为X_1、Y_1、Z_1和X_2、Y_2、Z_2，它们混合后的混合光的三刺激值X、Y、Z与原色光之间存在线性相加关系，即

$$\left.\begin{aligned} X &= X_1 + X_2 \\ Y &= Y_1 + Y_2 \\ Z &= Z_1 + Z_2 \end{aligned}\right\} \tag{10-24}$$

2)若已知颜色的色品坐标x、y及Y值，也可根据下面公式求得X和Z值：

$$\left.\begin{aligned} X &= \frac{x}{y}Y \\ Z &= \frac{z}{y}Y = \frac{1-x-y}{y}Y \end{aligned}\right\} \tag{10-25}$$

还可推得关系

$$\frac{X}{x} = \frac{Y}{y} = \frac{Z}{z} = X+Y+Z \tag{10-26}$$

利用这些关系，可以方便地解决颜色测量中的一些实际问题。

六、CIE 1976均匀颜色空间与色差

CIE标准色度系统得到了广泛应用，然而在实践中也发现了一些不足之处。CIE 1931色品图和CIE 1964色品图不是理想的色度图，图上相等的空间在视觉效果上不是等差的，所以不能正确反映颜色的视觉效果，因此使得定量表示色感知的差别(即色差)成为问题。当需要比XYZ系统更接近均匀的三维空间时，CIE推荐采用CIE 1976均匀色空间并建立CIE 1976均匀色度标尺图(UCS图)[10]。

（一）CIE 1976均匀色度标尺图(UCS图)

由三刺激值X、Y、Z或色品坐标x、y可得到u'、v'坐标：

$$\left.\begin{aligned} u' &= \frac{4X}{X+15Y+3Z} = \frac{4x}{-2x+12y+3} \\ v' &= \frac{9Y}{X+15Y+3Z} = \frac{9y}{-2x+12y+3} \\ w' &= 1-u'-v' \end{aligned}\right\} \tag{10-27}$$

式中，X、Y、Z为三刺激值，x、y为色品坐标。

当用于比较色差的样品对对人眼的张角介于1°～4°之间时，采用CIE 1931标准色度观察者下的三刺激值X、Y、Z和色品坐标x、y计算u'、v'；当用于比较色差的样品对对人眼的张角大于4°时，采CIE 1964标准色度观察者下的三刺激值X_{10}、Y_{10}、Z_{10}和色品坐标x_{10}、y_{10}计算u'_{10}和v'_{10}。

以u'为横坐标、v'为纵坐标绘制UCS图，如图10-21所示。

图中A、D65为CIE标准照明体相应的色品坐标点，E为等能白光的色品坐标点。

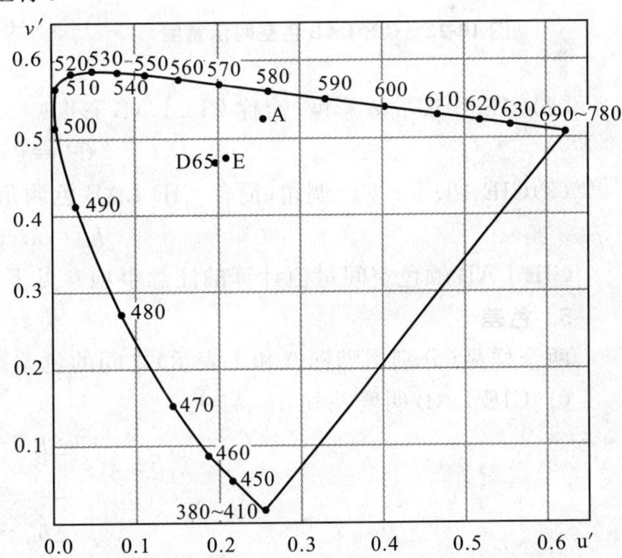

图 10-21　CIE 1976均匀色度标尺图(2°视场)

（二）CIE 1976（$L^* a^* b^*$）颜色空间（CIE LAB 色空间）与色差

1. 基本坐标

为获得物体色在知觉上较均匀的色空间，CIE 推荐 CIE 1976（$L^* a^* b^*$）颜色空间和色差计算方法，近似均匀的 CIE LAB 三维颜色空间是由直角坐标 L^*、a^*、b^* 构成，L^*、a^*、b^* 由下面公式规定：

$$\left.\begin{aligned} L^* &= 116 f(Y/Y_n) - 16 \\ a^* &= 500[f(X/X_n) - f(Y/Y_n)] \\ b^* &= 200[f(Y/Y_n) - f(Z/Z_n)] \end{aligned}\right\} \tag{10-28}$$

其中

当$(X/X_n) > (24/116)^3$ 时， $f(X/X_n) = (X/X_n)^{1/3}$ (10-29)

当$(X/X_n) \leqslant (24/116)^3$ 时， $f(X/X_n) = (841/108)(X/X_n) + 16/116$ (10-30)

当$(Y/Y_n) > (24/116)^3$ 时， $f(Y/Y_n) = (Y/Y_n)^{1/3}$ (10-31)

当$(Y/Y_n) \leqslant (24/116)^3$ 时， $f(Y/Y_n) = (841/108)(Y/Y_n) + 16/116$ (10-32)

当$(Z/Z_n) > (24/116)^3$ 时， $f(Z/Z_n) = (Z/Z_n)^{1/3}$ (10-33)

当$(Z/Z_n) \leqslant (24/116)^3$ 时， $f(Z/Z_n) = (841/108)(Z/Z_n) + 16/116$ (10-34)

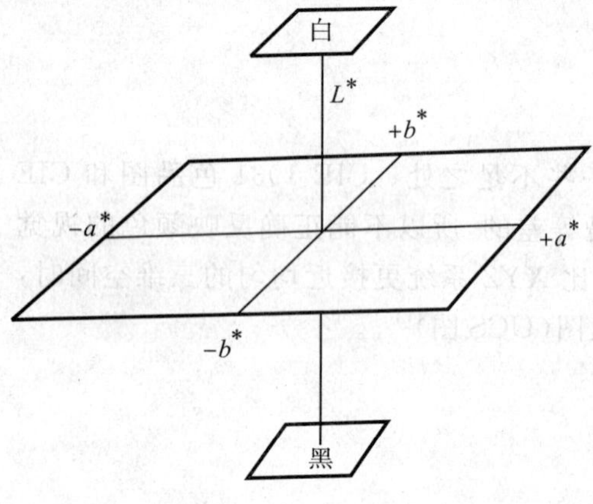

图 10-22 CIE LAB 色空间示意图

(10-28)式中，X、Y、Z 为被测物体色刺激的三刺激值，X_n、Y_n、Z_n 为给定的白物体色刺激的三刺激值。在大多数情况下，给定的白物体色刺激是指与试验物体色在相同的光源照明下，完全漫反射体反射的光，因此 X_n、Y_n、Z_n 即为照明光源的三刺激值，且$Y_n = 100$。CIE 照明体在 CIE 1931 标准色度系统和 CIE 1964 标准色度系统中的三刺激值等色度值分别表 10-6、表 10-7。

CIE LAB 色空间示意图如图 10-22 所示。

2. 明度、彩度和色调的相关量

下面介绍 CIE LAB 颜色空间中和人眼视知觉的明度、彩度和色调近似相关的量和计算公式。

(1)CIE 1976 明度 L^*

计算方法同公式(10-28)中的 L^*。

(2)CIE 1976 a、b 彩度（简称 CIE LAB 彩度）

$$C^*_{ab} = (a^{*2} + b^{*2})^{1/2} \tag{10-35}$$

(3)CIE 1976 a、b 色调角（简称 CIE LAB 色调角）

$$h_{ab} = \arctan(b^*/a^*) \tag{10-36}$$

CIE LAB 颜色空间量值计算的注意事项参见下面（四）中的内容。

3. 色差

两个样品（分别用脚标 0 和 1 表示）之间的色差按如下过程计算：

(1)CIE LAB 明度差和 a^*、b^* 差

$$\left.\begin{aligned} \Delta L^* &= L^*_1 - L^*_0 \\ \Delta a^* &= a^*_1 - a^*_0 \\ \Delta b^* &= b^*_1 - b^*_0 \end{aligned}\right\} \tag{10-37}$$

(2)CIE LAB 彩度差

$$\Delta C^*_{ab} = C^*_{ab,1} - C^*_{ab,0} \tag{10-38}$$

(3)CIE LAB 色调角差

$$\Delta h_{ab} = h_{ab,1} - h_{ab,0} \tag{10-39}$$

Δh_{ab} 计算的注意事项参见（四）中的内容。

(4)CIE LAB 色调差

$$\Delta H_{ab}^{*}=2(C_{ab,1}^{*}\ C_{ab,0}^{*})^{1/2}\sin(\Delta h_{ab}/2) \tag{10-40}$$

对于离开无彩色轴的小色差，ΔH_{ab}^{*} 可以按下式计算

$$\Delta H_{ab}^{*}=(C_{ab,1}^{*}C_{ab,0}^{*})^{1/2}\Delta h_{ab} \tag{10-41}$$

式中，Δh_{ab} 的单位是弧度，ΔH_{ab}^{*} 与 Δh_{ab} 的正负符号相同。当 Δh_{ab} 的绝对值趋近 180°时，可不必计算 CIE LAB 色调差和彩度差。

其他可以用来计算 ΔH_{ab}^{*} 的公式还有

$$\Delta H_{ab}^{*}=[(\Delta E_{ab}^{*})^{2}-(\Delta L^{*})^{2}-(\Delta C_{ab}^{*})^{2}]^{1/2} \tag{10-42}$$

式中，ΔE_{ab}^{*} 是通过(10-45)式计算得到的，ΔH_{ab}^{*} 与 Δh_{ab} 同号。

$$\Delta H_{ab}^{*}=k[2(C_{ab,1}^{*}C_{ab,0}^{*}-a_{1}^{*}a_{0}^{*}-b_{1}^{*}b_{0}^{*})]^{1/2} \tag{10-43}$$

式中，当 $a_1^* b_0^* > a_0^* b_1^*$ 时，$k=-1$，否则 $k=1$。

$$\Delta H_{ab}^{*}=(a_{0}^{*}b_{1}^{*}-a_{1}^{*}b_{0}^{*})/[0.5(C_{ab,1}^{*}C_{ab,0}^{*}+a_{0}^{*}a_{1}^{*}+b_{1}^{*}b_{0}^{*})]^{1/2} \tag{10-44}$$

(5)在 CIE LAB 色空间中，两个颜色样品的总色差，即 CIE 1976 a,b(CIE LAB)色差

$$\Delta E_{ab}^{*}=[(\Delta L^{*})^{2}+(\Delta a^{*})^{2}+(\Delta b^{*})^{2}]^{1/2} \tag{10-45}$$

或

$$\Delta E_{ab}^{*}=[(\Delta L^{*})^{2}+(\Delta C_{ab}^{*})^{2}+(\Delta H_{ab}^{*})^{2}]^{1/2} \tag{10-46}$$

这两个计算 ΔE_{ab}^{*} 的公式是等价的。

(三) CIE 1976($L^* u^* v^*$)颜色空间(CIE LUV 色空间)与色差

1. 基本坐标

近似均匀的 CIE LUV 三维颜色空间由直角坐标 L^*、u^*、v^* 构成，L^*、u^*、v^* 由下式规定：

$$\left.\begin{aligned} L^{*}&=116f(Y/Y_{n})-16\\ u^{*}&=13L^{*}(u'-u'_{n})\\ v^{*}&=13L^{*}(v'-v'_{n})\end{aligned}\right\} \tag{10-47}$$

$$\left.\begin{aligned}&\text{当}(Y/Y_n)>(24/116)^3\text{ 时，} && f(Y/Y_{n})=(Y/Y_{n})^{1/3}\\ &\text{当}(Y/Y_n)\leqslant(24/116)^3\text{ 时，} && f(Y/Y_{n})=(841/108)(Y/Y_{n})+16/116\end{aligned}\right\} \tag{10-48}$$

式中，Y、u'、v' 是描述色刺激的量，用 X、Y、Z 或 x、y 计算 u'、v' 的表达式见(10-27)式。

Y_n、u'_n、v'_n 是给定的白物体色刺激，一般是指 CIE 照明体照射在完全反射漫射体上，再经完全反射漫射体反射到观察者眼中的色刺激。u'_n 和 v'_n 的计算表达式见(10-27)式，也可参考表 10-6 和表 10-7。

CIE LUV 色空间示意图见图 10-23。

2. 明度、饱和度、彩度、色调的相关量

在 CIE LUV 颜色空间中和明度、饱和度、彩度、色调近似相关的量和计算公式分别为：

(1)CIE 1976 明度 L^*

计算方法同(10-47)式中的 L^*。

(2)CIE 1976 u、v 饱和度(简称 CIE LUV 饱和度)

$$s_{uv}=13[(u'-u'_{n})^{2}+(v'-v'_{n})^{2}]^{1/2} \tag{10-49}$$

(3)CIE 1976 u、v 彩度(简称 CIE LUV 彩度)

$$C_{uv}^{*}=(u^{*2}+v^{*2})^{1/2}=L^{*}s_{uv} \tag{10-50}$$

(4)CIE 1976 u、v 色调角(简称 CIE LUV 色调角)

$$h_{uv}=\arctan(v^{*}/u^{*}) \tag{10-51}$$

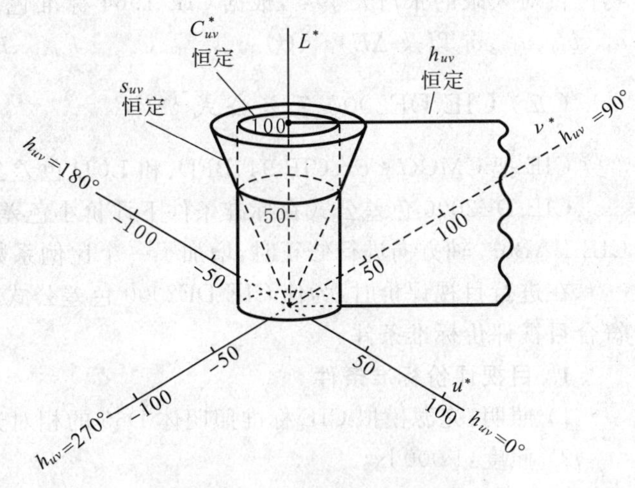

图 10-23　CIE LUV 色空间示意图

计算 h_{uv} 时参考(四)中的内容。

3. CIE 1976 u,v 色调差(简称 CIE LUV 色调差)

$$\Delta H_{uv}^{*}=2(C_{uv,1}^{*}C_{uv,0}^{*})^{1/2}\sin(\Delta h_{uv}/2) \tag{10-52}$$

式中，$\Delta h_{uv}=h_{uv,1}-h_{uv,0}$，脚标 0 和 1 分别代表色差计算中的两个颜色刺激。

ΔH_{uv}^{*} 有另外一种计算方法：

$$\Delta H_{uv}^{*}=[(\Delta E_{uv}^{*})^{2}-(\Delta L^{*})^{2}-(\Delta C_{uv}^{*})^{2}]^{1/2} \tag{10-53}$$

其他计算 ΔH_{uv}^{*} 的方法可参考(10-42)式、(10-43)式和(10-44)式，使用时用 u^{*} 替代 a^{*}，用 v^{*} 替代 b^{*}。

4. 色差

两个颜色刺激的 CIE LUV 色差 ΔE_{uv}^{*} 是在颜色空间中代表它们的两个点之间的欧几里得距离：

$$\Delta E_{uv}^{*}=[(\Delta L^{*})^{2}+(\Delta u^{*})^{2}+(\Delta v^{*})^{2}]^{1/2} \tag{10-54}$$

式中，ΔL^{*}、Δu^{*}、Δv^{*} 参照(10-37)式，并用 u^{*} 替代 a^{*}，用 v^{*} 替代 b^{*}。

(四)CIE 1976 均匀颜色空间计算与应用的注意事项

1）当用线性公式(10-30)式、(10-32)式和(10-34)式计算 X/X_n、Y/Y_n、Z/Z_n 时，可能得到 h_{ab} 的非正常值。非正常值通常不太可能出现在表面色的情况下，却有可能发生在亮度因数较低且色品点接近光谱轨迹或紫红边界的透明物体色的测量和计算中。

2）当 a^{*} 和 b^{*}（或 u^{*} 和 v^{*}）均为正时，h_{ab}（或 h_{uv}）介于 0°和 90°之间；

当 b^{*}（v^{*}）为正且 a^{*}（u^{*}）为负时，h_{ab}（或 h_{uv}）介于 90°和 180°之间；

当 a^{*} 和 b^{*}（或 u^{*} 和 v^{*}）均为负时，h_{ab}（或 h_{uv}）介于 180°和 270°之间；

当 b^{*}（v^{*}）为负且 a^{*}（u^{*}）为正时，h_{ab}（或 h_{uv}）介于 270°和 360°之间。

3）引入 CIE 1976 a、b 色调差和 u，v 色调差是为了将色差 ΔE^{*} 分解成 ΔL^{*}、ΔC^{*} 和 ΔH^{*}，这三者的平方和等于 ΔE^{*} 的平方。CIE 1976 a、b 色调角差 Δh_{ab} 和 u、v 色调角差 Δh_{uv} 不具有这种特性。

4）如果两个颜色的连线穿过 a^{*} 或 u^{*} 的正轴，Δh_{ab} 或 Δh_{uv} 必须进行±360°修正，以便其数值在±180°范围内。

5）CIE LAB 颜色空间和 CIE LUV 颜色空间中的欧几里得距离可以用于近似表示两物体色刺激之间色差大小的知觉量，条件是这两个物体色刺激应是同样的尺寸、形状，在同样的白-中灰的环境下由明视觉观察者观察，该观察者的适应场色品应与平均昼光的色品接近。如果不满足这些条件，计算的色差值与人眼知觉的色差量之间的相关性将降低。

6）如被比较的成对物体色对人眼的张角介于 1°和 4°之间，根据 CIE 1931 标准色度观察者计算的三刺激值 X、Y、Z，用于计算 L^{*}、a^{*}、b^{*}、u^{*}、v^{*} 以及 ΔE_{ab}^{*}、C_{ab}^{*}、s_{uv}、C_{uv}^{*}、h_{ab}、h_{uv}、ΔH_{ab}^{*} 和 ΔH_{uv}^{*} 等；如被比较的成对物体色对人眼的张角大于 4°，根据 CIE 1964 标准色度观察者计算的三刺激值 X_{10}、Y_{10}、Z_{10}，用于计算 L_{10}^{*}、a_{10}^{*}、b_{10}^{*}、u_{10}^{*}、v_{10}^{*} 以及 $\Delta E_{ab,10}^{*}$、$C_{ab,10}^{*}$、$s_{uv,10}$、$C_{uv,10}^{*}$、$h_{ab,10}$、$h_{uv,10}$、$\Delta H_{ab,10}^{*}$ 和 $\Delta H_{uv,10}^{*}$。

(五) CIE DE2000 色差公式[18]

CIE 把 CMC(l : c)、CIE 94、BFD、和 LCD 色差公式的数据集合并，形成 CIE DE2000 色差公式。

CIE DE2000 色差公式在标准条件下评价小色差时，对 CIE LAB 颜色空间的非均匀性进行了修正。对 CIE LAB a^{*} 轴方向进行修正时，增加了一个比例系数 G，以改善中性灰的非均匀性。

在进行目视评价时，为使 CIE DE2000 色差公式的计算结果与目视评价的结果一致，实验条件的设置应符合目视评价标准条件。

1. 目视评价标准条件

1）照明：光源模拟 CIE 标准照明体 D65 的相对光谱功率分布。

2）照度：1 000 lx。

3）观察者：正常色觉者。

4）视场背景：均匀中性灰，$L^{*}=50$。

5）观察对象:实物。

6）样品尺寸:视角大于4°。

7）样品间隙:两个样品的边缘直接接触,以使间隙最小。

8）样品色差:$\Delta E^*_{ab}\leqslant 5$ CIE LAB色差单位。

9）样品结构:各向同性,无视觉明显可见的纹理和不均匀。

2. CIE DE2000色差公式的计算过程

变量中的脚标 b 和 s 代表用于色差比较的两个样品。

(1) 计算 L',a'和 b'

$$\left.\begin{aligned}L'&=L^*\\a'&=a^*(1+G)\\b'&=b^*\end{aligned}\right\}\qquad(10\text{-}55)$$

其中

$$G=0.5\left(1-\sqrt{\frac{\overline{C}^{*7}_{ab}}{\overline{C}^{*7}_{ab}+25^7}}\right)\qquad(10\text{-}56)$$

L^*、a^*、b^*以及 C^*_{ab} 计算方法见(10-28)式、(10-35)式。

(2) 计算 C'和 h'

$$C'=[(a')^2+(b')^2]^{1/2}\qquad(10\text{-}57)$$

$$h'=\arctan(b'/a')\qquad(10\text{-}58)$$

(3) 计算两个颜色样品的 $\Delta L'$、$\Delta C'$和 $\Delta H'$

$$\Delta L'=L'_b-L'_s\qquad(10\text{-}59)$$

$$\Delta C'=C'_b-C'_s\qquad(10\text{-}60)$$

$$\Delta H'=2\sqrt{C'C'_s}\sin\left(\frac{\Delta h'}{2}\right)\qquad(10\text{-}61)$$

式中,$\Delta h'=h'_b-h'_s$。

(4) 计算加权函数 S_L、S_C、S_H

$$S_L=1+\frac{0.015(\overline{L}'-50)^2}{\sqrt{20+(\overline{L}'-50)^2}}\qquad(10\text{-}62)$$

$$S_C=1+0.045\overline{C}'\qquad(10\text{-}63)$$

$$S_H=1+0.015\overline{C}'T\qquad(10\text{-}64)$$

$$T=1-0.17\cos(\overline{h}'-30)+0.24\cos(2\overline{h}')+0.32\cos(3\overline{h}'+6)-0.20\cos(4\overline{h}'-63)\qquad(10\text{-}65)$$

式中,带上画线的量值表示两个色差样品的平均值。

(5) 计算旋转函数 R_T

目视评价色差的实验数据表明,在蓝色区域彩度差与色调差相互影响,这就使色差椭圆的长轴与等色调角的方向形成一个倾斜角度。为计算这个影响量,用一个旋转函数 R_T 衡量色调和彩度差。

$$R_T=-\sin(2\Delta\theta)R_C\qquad(10\text{-}66)$$

其中

$$\Delta\theta=30\exp\{-[(\overline{h}'-275)/25]^2\}\qquad(10\text{-}67)$$

$$R_C=2\sqrt{\frac{\overline{C}'^7}{\overline{C}'^7+25^7}}\qquad(10\text{-}68)$$

平均色调角 $\overline{h}'$和 $\Delta\theta$ 的单位是度(°),

(6) 总色差计算

CIE DE2000色差公式适用于对人眼张角大于4°的样品,应使用下脚标10,但此处与CIE 142—2001保持一致,略去下脚标10。

$$\Delta E_{00}=\left[\left(\frac{\Delta L'}{k_L S_L}\right)^2+\left(\frac{\Delta C'}{k_C S_C}\right)^2+\left(\frac{\Delta H'}{k_H S_H}\right)^2+R_{\mathrm{T}}\left(\frac{\Delta C'}{k_C S_C}\right)\left(\frac{\Delta H'}{k_H S_H}\right)\right]^{1/2} \tag{10-69}$$

式中，k_L、k_C、k_H 是实验条件和标准条件偏离的校正因子。在标准条件下，k_L、k_C、k_H 都等于 1，其他条件下 k_L、k_C、k_H 的值参考 CIE 101—1993[19]。

（六）其他色差公式

除本节介绍的色差公式外，还有 CIE 1994 色差公式[19]（CIE 94）、CMC 色差公式[20]和 DIN 99 色差公式[21]等应用于工业色差、小色差等领域计算。

七、主波长与纯度

颜色的色品除了用三色坐标表示外，还可以用主波长（或补色波长）和色纯度来表示[10]。颜色的主波长大致相当于日常生活中观察到的颜色的色调，纯度是指颜色与主波长相应的光谱色接近的程度，有色度纯度和兴奋纯度之分。

（一）（色刺激的）主波长

用某单色刺激按一定比例与特定的无彩色刺激混合后，可以匹配出需要的色刺激。单色刺激的波长称为这种色刺激的主波长。主波长以 λ_{d} 表示。

特定的无彩色刺激与光谱两端形成的区域内的色刺激都没有主波长，这时就需引入补色波长的概念。

（二）（色刺激的）补色波长

当一种色刺激和某单色刺激以适当的比例相加混色时，与特定的无彩色刺激达到色匹配，则该单色刺激波长为补色波长。补色波长以 λ_{c} 表示。

（三）色度纯度

色度纯度 P_{c} 定义为

$$P_{\mathrm{c}}=\frac{L_{\mathrm{d}}}{L_{\mathrm{d}}+L_{\mathrm{n}}} \tag{10-70}$$

式中，L_{d} 和 L_{n} 分别是匹配色刺激所需的单色刺激以及特定的无彩色刺激的亮度。

在用补色波长表示色刺激时，色度纯度用下式计算：

$$P_{\mathrm{c}}=P_{\mathrm{e}}y_{\mathrm{d}}/y \tag{10-71}$$

式中，y_{d} 和 y 分别是单色刺激和需匹配的色刺激的色品坐标，y、P_{e} 是兴奋纯度。

(10-71)式是在 CIE 1931 标准色度系统中色度纯度和兴奋纯度的关系，在 CIE 1964 标准色度系统中，色度纯度 $P_{\mathrm{c},10}$ 仍用该公式定义，但用 $P_{\mathrm{e},10}$、$y_{\mathrm{d},10}$ 和 y_{10} 代替 P_{e}、y_{d} 和 y。

（四）兴奋纯度

兴奋纯度 P_{e} 由 CIE 1931 标准色度系统色度图或 CIE 1964 标准色度系统色度图中两个直线距离比 NC/ND 定义。第一个距离 NC 代表需匹配的色刺激（点 C）和特定的无彩色刺激（点 N）之间的距离，第二个距离 ND 代表点 N 和需匹配的色刺激在光谱轨迹的主波长（点 D）之间的距离。这个定义导出下列表达式：

$$P_{\mathrm{e}}=\frac{y-y_{\mathrm{n}}}{y_{\mathrm{d}}-y_{\mathrm{n}}} \quad 或 \quad P_{\mathrm{e}}=\frac{x-x_{\mathrm{n}}}{x_{\mathrm{d}}-x_{\mathrm{n}}} \tag{10-72}$$

这里 (x,y)、$(x_{\mathrm{n}},y_{\mathrm{n}})$、$(x_{\mathrm{d}},y_{\mathrm{d}})$ 分别是点 C、N 和 D 的 x、y 色品坐标。

x 和 y 的表达式是等价的，但分子较大的公式会有较高的准确度。

色度纯度是由光亮度之比确定的，与所选用的色品图无关，而兴奋纯度则与选用的色品图有关。P_{e} 对应于 CIE 1931 色品图，$P_{\mathrm{e},10}$ 对应于 CIE 1964 色品图。

计算光源色的主波长和兴奋纯度时通常选 E 光源作无彩色刺激，而对物体色则通常选 CIE 标准照明体如 A、D65 之中的一种作无彩色刺激。

八、白度的评价

白度是对高反射比和低色纯度的漫射表面色特性的度量。人们常用白度来表示白色的程度。历史上曾有过 100 多种白度公式[22]，从测量原理和表达方式上可以分为单波段白度公式、多波段白度公式、明度及纯度型白度公式、光度型白度公式、线性白度公式与二元性白度公式等。但至今还未形成一种通用白度公式可以完全替代其他白度公式。常用的白度评价公式有 CIE 白度（属于线性白度公式与二元性白度公式）、蓝光白度（属于单波段白度公式）和亨特白度（属于光度型白度公式）等。CIE 推荐使用以甘茨提出的白度公式为基础，经修改后的白度评价公式，即 CIE 白度公式。其他白度公式虽然不在 CIE 推荐之列，但在长期实践中，也已形成了各自的应用领域。

（一）CIE 白度

CIE 白度也叫甘茨白度[10]。公式分为白度 W（或 W_{10}）和淡色调指数 T_W（或 $T_{W,10}$）两部分。

对于 CIE 1931 标准色度观察者：

$$\left.\begin{aligned} W&=Y+800(x_n-x)+1700(y_n-y)\\ T_W&=1000(x_n-x)-650(y_n-y)\end{aligned}\right\}\qquad(10\text{-}73)$$

式中，Y 是样品的刺激值，x、y 是样品的色品坐标，x_n、y_n 是完全漫反射体的色品坐标。

而对于 CIE 1964 标准色度观察者：

$$\left.\begin{aligned} W_{10}&=Y_{10}+800(x_{n,10}-x_{10})+1700(y_{n,10}-y_{10})\\ T_{W,10}&=900(x_{n,10}-x_{10})-650(y_{n,10}-y_{10})\end{aligned}\right\}\qquad(10\text{-}74)$$

上述公式是供在标准照明体 D65 下评价和比较白色样品时用的。淡色调指数 T_W（或 $T_{W,10}$）的值为正时，偏绿色；为负时，偏红色。对于完全漫反射体，W 和 W_{10} 都等于 100，T_W 和 $T_{W,10}$ 等于 0。对于明显带有彩色的样品，计算白度没有意义。公式的适用范围是：

$$40<W(\text{或 }W_{10})<(5Y-280)\text{或}(5Y_{10}-280),\ -4<T_W(\text{或 }T_{W,10})<2$$

（二）蓝光白度 W_b

蓝光白度[23]是指仪器的总有效光谱响应曲线的峰值波长在 457 nm 处，半峰宽度为 44 nm 时反射测量的结果，在有些文献中称其为 ISO 亮度。

蓝光白度可以用 W_b 或 R_{457} 表示。蓝光白度的计算公式为

$$W_b=k_b\sum R(\lambda)F(\lambda)\Delta\lambda\qquad(10\text{-}75)$$

式中，$F(\lambda)$ 为仪器的总有效光谱特性（其值见表 10-9），$k_b=100/\sum F(\lambda)\Delta\lambda$，$R(\lambda)$ 为样品的光谱反射因数。

表 10-9　蓝光白度测量仪器总有效光谱特性

λ/nm	$F(\lambda)$	λ/nm	$F(\lambda)$	λ/nm	$F(\lambda)$
395	0.0	440	57.6	485	34.0
400	1.0	445	70.0	490	20.3
405	2.9	450	82.5	495	11.1
410	6.7	455	94.1	500	5.6
415	12.1	460	100.0	505	2.2
420	18.2	465	99.3	510	0.3
425	25.8	470	88.7	515	0.0
430	34.5	475	72.5	520	0.0
435	44.9	480	53.1		

蓝光白度应用非常广泛，在造纸、印刷、食品、纺织、建材等领域都应用该公式进行产品质量检测和质量控制。

（三）亨特白度 W_H

亨特白度[5,22-23]是一个与色差概念相关的白度公式。它将完全漫反射体的白度定为100，将样品与之进行比较，用理想白与样品之间的色差来表示样品的白度。

$$W_H=100-[(100-L)^2+a^2+b^2]^{\frac{1}{2}} \tag{10-76}$$

式中，W_H 为亨特白度；a、b 为亨特色品指数；L 为亨特明度指数。

(1) 应用于D65照明体，10°标准色度观察者时

$$\left.\begin{aligned}L&=10Y_{10}^{1/2}\\a&=17.2(1.0547X_{10}-Y_{10})/Y_{10}^{1/2}\\b&=6.7(Y_{10}-0.9318Z_{10})/Y_{10}^{1/2}\end{aligned}\right\} \tag{10-77}$$

(2) 应用于C照明体，2°标准色度观察者时

$$\left.\begin{aligned}L&=10Y^{1/2}\\a&=17.5(1.02X-Y)/Y^{1/2}\\b&=7.0(Y-0.847Z)/Y^{1/2}\end{aligned}\right\} \tag{10-78}$$

九、减色法混色

颜色光的混合是两束或多束不同颜色的光同时或快速交替进入眼睛混合而引起的一种新的颜色感觉，叫颜色的相加混合。而减法混色是指复合光（多数情况下指白光）经介质选择吸收某些光谱成分后，再反射或透射的光呈现出另一种颜色[1]。在染料、涂料、彩色印刷、绘画等行业领域，都是利用减法混色来控制和复制颜色的。

光源发出的光投射到反射物体上，物体对不同波长的光有不同程度的吸收，因此反射光的光谱功率分布将会发生改变；当光投射到透明物体上时，光透过物体后的光谱功率分布也会发生变化。

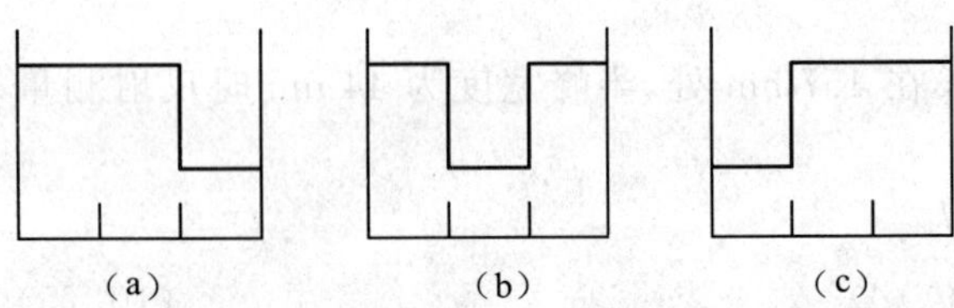

图 10-24 减色法三原色的理想光谱透射比曲线

在颜色的相加混合中，红、绿、蓝三原色能获得最多的混合颜色。减法混色中一般使用的3个原色为加法混色中红、绿、蓝的补色，即青色、品红和黄色，也称“减红”、“减绿”和“减蓝”。三者的理想透射比见图10-24：(a)为“减红”原色，吸收光谱红色部分，而透过所有其他波长的辐射；(b)为“减绿”原色，吸收光谱绿色部分，而透过所有其他波长的辐射；(c)为“减蓝”原色，吸收光谱蓝色部分，而透过所有其他波长的辐射。

实际上，不存在具有如图10-24所示的理想透射比的材料或染料。实际使用的黄色、品红、青色染料的光谱透射比曲线彼此会有部分交叠，因此难以准确实现所要表现的颜色。

十、特殊同色异谱指数

在可见光谱区域，对于给定的参照照明体和参照观察者，两个样品的光谱辐亮度分布不同而具有相同的三刺激值，称这两个样品同色异谱。或者说，光谱组成不同的两种色刺激在一定条件下具有相同的颜色外貌的现象，叫做同色异谱现象。这两种色刺激称为同色异谱色对。这在印染、油漆、绘画等行业需要复制颜色产品时，是经常遇到的问题。

通过将参照照明体改变成光谱组成不同的测试照明体，或将参照观察者改变成色匹配函数不同的测试观察者，就能够确定特殊同色异谱指数。

对两个样品的同色异谱指数的度量是用色差表示的。通过变换照明体造成的两个同色异谱样品的色差

叫做“特殊同色异谱指数:改变照明体”;通过变换观察者造成的两个同色异谱样品的色差叫做“特殊同色异谱指数:改变观察者”。色差评价采用 CIE 色差公式,且必须明确说明所用公式。

对于参照照明体和参照观察者具有相同的三刺激值($X_1=X_2, Y_1=Y_2, Z_1=Z_2$)的两个样品,在测试照明体或测试观察者条件下二者的色差 ΔE^*_{ab} 即为特殊同色异谱指数 M。在下面(一)和(二)的介绍中,涉及的下脚标 m 代表同色异谱;对于参照照明体和参照观察者,m=r;对于测试照明体和测试观察者,m=t。

(一) 特殊同色异谱指数:改变照明体

以下步骤是计算从参照照明体变换到光谱组成不同的测试照明体后,特殊同色异谱指数 M_{ilm} 的计算方法[10]。

1. 参照照明体下的三刺激值

对于一对同色异谱的物体色,它们的三刺激值 $X_{r,i}$、$Y_{r,i}$、$Z_{r,i}$($i=1,2$)按照下式计算:

$$\left.\begin{aligned} X_{m,i} &= k\sum_{\lambda}\rho_i(\lambda)S(\lambda)\bar{x}(\lambda)\Delta\lambda \\ Y_{m,i} &= k\sum_{\lambda}\rho_i(\lambda)S(\lambda)\bar{y}(\lambda)\Delta\lambda \\ Z_{m,i} &= k\sum_{\lambda}\rho_i(\lambda)S(\lambda)\bar{z}(\lambda)\Delta\lambda \end{aligned}\right\} \tag{10-79}$$

在参照照明体下,m=r,这里,$\rho_i(\lambda)$是同色异谱对的光谱反射比($i=1,2$),$S(\lambda)$是参照照明体的光谱功率分布,$\bar{x}(\lambda)$、$\bar{y}(\lambda)$、$\bar{z}(\lambda)$是 CIE 1931 或 CIE 1964 标准色度观察者色匹配函数(实际应用时应说明是哪一个观察者),并且

$$k=\frac{100}{\sum_{\lambda}S(\lambda)\bar{y}\Delta\lambda} \tag{10-80}$$

CIE 推荐选用 CIE 标准照明体 D65 作为参照照明体。如果选用其他照明体作为参照照明体,应注明。

参照照明体下的三刺激值 $X_{r,i}$、$Y_{r,i}$、$Z_{r,i}$($i=1,2$)应满足以下关系定义:

$$X_{r,1}=X_{r,2}, Y_{r,1}=Y_{r,2}, Z_{r,1}=Z_{r,2} \tag{10-81}$$

(10-81)式不完全满足时,即 $X_{r,1}\neq X_{r,2}$,$Y_{r,1}\neq Y_{r,2}$,$Z_{r,1}\neq Z_{r,2}$,则需对测试照明体下的三刺激值 $X_{t,2}$、$Y_{t,2}$、$Z_{t,2}$作如下校正:

$$X'_{t,2}=X_{t,2}(X_{r,1}/X_{r,2}), Y'_{t,2}=Y_{t,2}(Y_{r,1}/Y_{r,2}), Z'_{t,2}=Z_{t,2}(Z_{r,1}/Z_{r,2})$$

在计算色差 ΔE^*_{ab} 时,用 $X_{t,1}$、$Y_{t,1}$、$Z_{t,1}$ 与校正后的 $X'_{t,2}$、$Y'_{t,2}$、$Z'_{t,2}$ 进行计算。

2. 测试照明体下的三刺激值

对于同一对同色异谱的物体色,它们在测试照明体下的三刺激值 $X_{t,i}$、$Y_{t,i}$、$Z_{t,i}$($i=1,2$)仍按照公式(10-79)计算,此时 m=t,$S(\lambda)$是测试照明体的光谱功率分布。

推荐选用的测试照明体是 CIE 标准照明体 A 和表 10-10、表 10-11 和表 10-12 中的 FL 照明体(代表典型荧光灯)以及表 10-13 中的 HP 照明体(代表高压放电灯)。

FL 照明体代表典型荧光灯,这些照明体的色度数据由表 10-14 和表 10-15 给出。通常应根据实际使用情况选取测试照明体。当只需几个典型荧光照明体作测试照明体时,FL2、FL7、FL11 应优先选用。

HP 照明体是典型高压放电灯的光谱,其色度值见表 10-16。

表 10-10　代表典型荧光灯的照明体的相对光谱功率分布:FL1～FL12

(FL1～FL6:标准荧光灯;FL7～FL9:宽带荧光灯;FL10～FL12:窄带荧光灯)

λ/nm	FL1	FL2	FL3	FL4	FL5	FL6	FL7	FL8	FL9	FL10	FL11	FL12
380	1.87	1.18	0.82	0.57	1.87	1.05	2.56	1.21	0.90	1.11	0.91	0.96
385	2.36	1.48	1.02	0.70	2.35	1.31	3.18	1.50	1.12	0.80	0.63	0.64
390	2.94	1.84	1.26	0.87	2.92	1.63	3.84	1.81	1.36	0.62	0.46	0.40
395	3.47	2.15	1.44	0.98	3.45	1.90	4.53	2.13	1.60	0.57	0.37	0.33
400	5.17	3.44	2.57	2.01	5.10	3.11	6.15	3.17	2.59	1.48	1.29	1.19

续表

λ/nm	FL1	FL2	FL3	FL4	FL5	FL6	FL7	FL8	FL9	FL10	FL11	FL12
405	19.49	15.69	14.36	13.75	18.91	14.80	19.37	13.08	12.80	12.16	12.68	12.48
410	6.13	3.85	2.70	1.95	6.00	3.43	7.37	3.83	3.05	2.12	1.59	1.12
415	6.24	3.74	2.45	1.59	6.11	3.30	7.05	3.45	2.56	2.70	1.79	0.94
420	7.01	4.19	2.73	1.76	6.85	3.68	7.71	3.86	2.86	3.74	2.46	1.08
425	7.79	4.62	3.00	1.93	7.58	4.07	8.41	4.42	3.30	5.14	3.33	1.37
430	8.56	5.06	3.28	2.10	8.31	4.45	9.15	5.09	3.82	6.75	4.49	1.78
435	43.67	34.98	31.85	30.28	40.76	32.61	44.14	34.10	32.62	34.39	33.94	29.05
440	16.94	11.81	9.47	8.03	16.06	10.74	17.52	12.42	10.77	14.86	12.13	7.90
445	10.72	6.27	4.02	2.55	10.32	5.48	11.35	7.68	5.84	10.40	6.95	2.65
450	11.35	6.63	4.25	2.70	10.91	5.78	12.00	8.60	6.57	10.76	7.19	2.71
455	11.89	6.93	4.44	2.82	11.40	6.03	12.58	9.46	7.25	10.67	7.12	2.65
460	12.37	7.19	4.59	2.91	11.83	6.25	13.08	10.24	7.86	10.11	6.72	2.49
465	12.75	7.40	4.72	2.99	12.17	6.41	13.45	10.84	8.35	9.27	6.13	2.33
470	13.00	7.54	4.80	3.04	12.40	6.52	13.71	11.33	8.75	8.29	5.46	2.10
475	13.15	7.62	4.86	3.08	12.54	6.58	13.88	11.71	9.06	7.29	4.79	1.91
480	13.23	7.65	4.87	3.09	12.58	6.59	13.95	11.98	9.31	7.91	5.66	3.01
485	13.17	7.62	4.85	3.09	12.52	6.56	13.93	12.17	9.48	16.64	14.29	10.83
490	13.13	7.62	4.88	3.14	12.47	6.56	13.82	12.28	9.61	16.73	14.96	11.88
495	12.85	7.45	4.77	3.06	12.20	6.42	13.64	12.32	9.68	10.44	8.97	6.88
500	12.52	7.28	4.67	3.00	11.89	6.28	13.43	12.35	9.74	5.94	4.72	3.43
505	12.20	7.15	4.62	2.98	11.61	6.20	13.25	12.44	9.88	3.34	2.33	1.49
510	11.83	7.05	4.62	3.01	11.33	6.19	13.08	12.55	10.04	2.35	1.47	0.92
515	11.50	7.04	4.73	3.14	11.10	6.30	12.93	12.68	10.26	1.88	1.10	0.71
520	11.22	7.16	4.99	3.41	10.96	6.60	12.78	12.77	10.48	1.59	0.89	0.60
525	11.05	7.47	5.48	3.90	10.97	7.12	12.60	12.72	10.63	1.47	0.83	0.63
530	11.03	8.04	6.25	4.69	11.16	7.94	12.44	12.60	10.78	1.80	1.18	1.10
535	11.18	8.88	7.34	5.81	11.54	9.07	12.33	12.43	10.96	5.71	4.90	4.56
540	11.53	10.01	8.78	7.32	12.12	10.49	12.26	12.22	11.18	40.98	39.59	34.40
545	27.74	24.88	23.82	22.59	27.78	25.22	29.52	28.96	27.71	73.69	72.84	65.40
550	17.05	16.64	16.14	15.11	17.73	17.46	17.05	16.51	16.29	33.61	32.61	29.48
555	13.55	14.59	14.59	13.88	14.47	15.63	12.44	11.79	12.28	8.24	7.52	7.16
560	14.33	16.16	16.63	16.33	15.20	17.22	12.58	11.76	12.74	3.38	2.83	3.08
565	15.01	17.56	18.49	18.68	15.77	18.53	12.72	11.77	13.21	2.47	1.96	2.47
570	15.52	18.62	19.95	20.64	16.10	19.43	12.83	11.84	13.65	2.14	1.67	2.27
575	18.29	21.47	23.11	24.28	18.54	21.97	15.46	14.61	16.57	4.86	4.43	5.09
580	19.55	22.79	24.69	26.26	19.50	23.01	16.75	16.11	18.14	11.45	11.28	11.96
585	15.48	19.29	21.41	23.28	15.39	19.41	12.83	12.34	14.55	14.79	14.76	15.32
590	14.91	18.66	20.85	22.94	14.64	18.56	12.67	12.53	14.65	12.16	12.73	14.27

续表

λ/nm	FL1	FL2	FL3	FL4	FL5	FL6	FL7	FL8	FL9	FL10	FL11	FL12
595	14.15	17.73	19.93	22.14	13.72	17.42	12.45	12.72	14.66	8.97	9.74	11.86
600	13.22	16.54	18.67	20.91	12.69	16.09	12.19	12.92	14.61	6.52	7.33	9.28
605	12.19	15.21	17.22	19.43	11.57	14.64	11.89	13.12	14.50	8.31	9.72	12.31
610	11.12	13.80	15.65	17.74	10.45	13.15	11.60	13.34	14.39	44.12	55.27	68.53
615	10.03	12.36	14.04	16.00	9.35	11.68	11.35	13.61	14.40	34.55	42.58	53.02
620	8.95	10.95	12.45	14.42	8.29	10.25	11.12	13.87	14.47	12.09	13.18	14.67
625	7.96	9.65	10.95	12.56	7.32	8.95	10.95	14.07	14.62	12.15	13.16	14.38
630	7.02	8.40	9.51	10.93	6.41	7.74	10.76	14.20	14.72	10.52	12.26	14.71
635	6.20	7.32	8.27	9.52	5.63	6.69	10.42	14.16	14.55	4.43	5.11	6.46
640	5.42	6.31	7.11	8.18	4.90	5.71	10.11	14.13	14.40	1.95	2.07	2.57
645	4.73	5.43	6.09	7.01	4.26	4.87	10.04	14.34	14.58	2.19	2.34	2.75
650	4.15	4.68	5.22	6.00	3.72	4.16	10.02	14.50	14.88	3.19	3.58	4.18
655	3.64	4.02	4.45	5.11	3.25	3.55	10.11	14.46	15.51	2.77	3.01	3.44
660	3.20	3.45	3.80	4.36	2.83	3.02	9.87	14.00	15.47	2.29	2.48	2.81
665	2.81	2.96	3.23	3.69	2.49	2.57	8.65	12.58	13.20	2.00	2.14	2.42
670	2.47	2.55	2.75	3.13	2.19	2.20	7.27	10.99	10.57	1.52	1.54	1.64
675	2.18	2.19	2.33	2.64	1.93	1.87	6.44	9.98	9.18	1.35	1.33	1.36
680	1.93	1.89	1.99	2.24	1.71	1.60	5.83	9.22	8.25	1.47	1.46	1.49
685	1.72	1.64	1.70	1.91	1.52	1.37	5.41	8.62	7.57	1.79	1.94	2.14
690	1.67	1.53	1.55	1.70	1.48	1.29	5.04	8.07	7.03	1.74	2.00	2.34
695	1.43	1.27	1.27	1.39	1.26	1.05	4.57	7.39	6.35	1.02	1.20	1.42
700	1.29	1.10	1.09	1.18	1.13	0.91	4.12	6.71	5.72	1.14	1.35	1.61
705	1.19	0.99	0.96	1.03	1.05	0.81	3.77	6.16	5.25	3.32	4.10	5.04
710	1.08	0.88	0.83	0.88	0.96	0.71	3.46	5.63	4.80	4.49	5.58	6.98
715	0.96	0.76	0.71	0.74	0.85	0.61	3.08	5.03	4.29	2.05	2.51	3.19
720	0.88	0.68	0.62	0.64	0.78	0.54	2.73	4.46	3.80	0.49	0.57	0.71
725	0.81	0.61	0.54	0.54	0.72	0.48	2.47	4.02	3.43	0.24	0.27	0.30
730	0.77	0.56	0.49	0.49	0.68	0.44	2.25	3.66	3.12	0.21	0.23	0.26
735	0.75	0.54	0.46	0.46	0.67	0.43	2.06	3.36	2.86	0.21	0.21	0.23
740	0.73	0.51	0.43	0.42	0.65	0.40	1.90	3.09	2.64	0.24	0.24	0.28
745	0.68	0.47	0.39	0.37	0.61	0.37	1.75	2.85	2.43	0.24	0.24	0.28
750	0.69	0.47	0.39	0.37	0.62	0.38	1.62	2.65	2.26	0.21	0.20	0.21
755	0.64	0.43	0.35	0.33	0.59	0.35	1.54	2.51	2.14	0.17	0.24	0.17
760	0.68	0.46	0.38	0.35	0.62	0.39	1.45	2.37	2.02	0.21	0.32	0.21
765	0.69	0.47	0.39	0.36	0.64	0.41	1.32	2.15	1.83	0.22	0.26	0.19
770	0.61	0.40	0.33	0.31	0.55	0.33	1.17	1.89	1.61	0.17	0.16	0.15
775	0.52	0.33	0.28	0.26	0.47	0.26	0.99	1.61	1.38	0.12	0.12	0.10
780	0.43	0.27	0.21	0.19	0.40	0.21	0.81	1.32	1.12	0.09	0.09	0.05

表 10-11　荧光灯新系列的相对光谱功率分布:FL3.1～FLFL3.8

(FL3.1～FLFL3.3:标准磷酸卤素灯;FL3.4～FLFL3.6:高等级荧光灯;FL3.7～FLFL3.8:三带荧光灯)

λ/nm	FL3.1	FL3.2	FL3.3	FL3.4	FL3.5	FL3.6	FL3.7	FL3.8
380	2.39	5.80	8.94	3.46	4.72	5.53	3.79	4.18
385	2.93	6.99	11.21	3.86	5.82	6.63	2.56	2.93
390	3.82	8.70	14.08	4.41	7.18	8.07	1.91	2.29
395	4.23	9.89	16.48	4.51	8.39	9.45	1.42	1.98
400	4.97	11.59	19.63	4.86	9.96	11.28	1.51	2.44
405	86.30	94.53	116.33	71.22	58.86	61.47	73.64	70.70
410	11.65	20.80	32.07	8.72	15.78	17.80	7.37	10.19
415	7.09	16.52	29.72	5.36	15.10	17.47	4.69	9.79
420	7.84	18.30	33.39	5.61	17.30	20.12	5.33	13.21
425	8.59	20.33	36.94	5.91	19.66	23.05	6.75	17.79
430	9.44	22.00	40.33	6.42	22.43	26.37	8.51	22.98
435	196.54	231.90	262.66	192.77	176.00	186.01	181.81	191.43
440	10.94	25.81	46.87	7.77	28.67	33.94	11.71	31.76
445	11.38	27.63	49.79	8.37	31.92	37.98	11.96	33.35
450	11.89	29.10	52.46	9.22	35.38	42.12	12.18	33.87
455	12.37	30.61	54.81	10.18	38.73	46.38	11.90	32.89
460	12.81	31.92	56.81	11.18	41.98	50.30	11.16	30.60
465	13.15	33.11	58.44	12.28	44.92	53.95	11.22	28.28
470	13.39	33.83	59.52	13.38	47.49	56.94	9.83	24.81
475	13.56	34.70	60.12	14.54	49.58	59.48	8.94	21.60
480	13.59	35.02	60.24	15.74	51.21	61.36	12.08	23.40
485	13.56	35.22	59.88	17.09	52.36	62.68	52.56	68.99
490	14.07	35.81	59.88	19.60	53.99	64.34	55.42	70.85
495	13.39	35.14	58.60	21.05	53.78	63.90	31.69	42.29
500	13.29	35.14	57.85	23.96	54.04	63.85	16.03	22.67
505	13.25	34.90	56.29	27.77	53.88	63.24	6.72	11.08
510	13.53	34.70	54.81	32.68	53.62	62.46	4.59	7.66
515	14.24	35.02	53.42	38.29	53.25	61.41	3.67	6.07
520	15.74	36.13	52.70	43.76	53.09	60.47	3.02	5.07
525	18.26	37.92	52.50	47.72	52.88	59.48	3.21	4.88
530	22.28	40.62	53.30	50.27	52.99	58.65	4.90	6.26
535	27.97	44.70	54.89	51.78	53.15	57.93	19.05	20.29
540	35.70	49.63	57.61	52.68	53.67	57.49	177.64	204.67
545	148.98	154.16	182.75	167.36	167.93	175.17	347.34	390.25
550	56.55	62.21	65.27	55.29	55.61	57.27	116.80	135.69
555	68.68	68.92	69.41	56.94	56.82	57.49	31.87	34.57
560	79.99	75.83	73.28	59.30	58.39	57.99	16.37	15.71
565	91.47	81.95	76.56	62.15	60.22	58.76	14.92	12.60
570	101.32	86.95	78.67	65.26	62.21	59.64	14.12	11.05
575	123.16	103.54	95.74	84.26	81.45	78.77	29.50	25.05
580	129.53	109.94	97.22	89.22	84.96	81.26	61.40	54.98

续表

λ/nm	FL3.1	FL3.2	FL3.3	FL3.4	FL3.5	FL3.6	FL3.7	FL3.8
585	115.05	91.95	76.79	75.79	68.71	63.18	85.05	82.84
590	113.48	89.85	73.36	79.19	70.70	64.29	64.86	58.22
595	110.08	87.15	69.33	82.80	73.01	65.78	65.01	53.06
600	104.28	83.26	64.23	85.76	74.69	66.77	53.17	41.44
605	97.98	78.93	58.92	88.62	76.26	67.77	34.22	25.26
610	89.60	73.93	53.38	91.12	77.68	68.60	427.27	329.89
615	80.74	68.84	47.91	93.43	78.67	69.10	201.10	161.29
620	71.92	63.44	42.61	96.89	80.14	70.15	58.63	54.19
625	63.50	58.84	37.74	101.45	81.71	71.69	72.01	66.30
630	55.46	53.84	33.11	103.65	82.08	71.97	88.19	71.43
635	47.97	49.43	29.04	100.30	79.98	69.81	20.07	15.74
640	41.39	45.54	25.29	97.89	78.15	68.05	13.10	10.22
645	35.50	41.53	22.10	96.59	76.52	66.66	12.92	10.68
650	30.32	38.31	19.31	106.21	79.20	69.70	24.54	20.32
655	25.79	34.62	16.84	109.97	79.51	70.37	15.94	14.13
660	21.84	31.80	14.68	117.49	81.08	72.47	13.56	11.72
665	18.53	29.02	12.89	96.04	70.76	62.30	13.38	11.75
670	15.67	26.72	11.37	80.15	62.58	54.45	8.42	7.87
675	13.22	24.22	9.97	70.42	56.87	49.20	6.57	6.38
680	11.14	22.19	8.82	65.01	52.83	45.60	7.18	7.23
685	9.40	20.41	7.86	60.15	49.11	42.40	9.90	8.94
690	8.65	19.10	7.78	56.04	46.28	40.02	11.47	9.79
695	6.75	16.79	6.30	50.92	42.24	36.48	8.88	7.26
700	5.69	15.13	5.67	46.26	38.58	33.28	3.05	2.59
705	4.87	13.82	5.15	42.60	35.59	30.84	22.04	17.03
710	4.29	12.63	4.91	38.85	32.76	28.30	42.79	33.69
715	3.54	11.39	4.31	35.09	29.61	25.65	14.40	12.02
720	3.03	10.32	3.99	31.73	26.89	23.33	1.88	1.68
725	2.62	9.21	3.67	28.77	24.53	21.23	1.60	1.50
730	2.28	8.89	3.43	25.76	22.17	19.29	1.42	1.31
735	1.94	7.50	3.19	23.16	20.02	17.41	1.05	1.01
740	1.70	6.71	2.95	21.30	18.45	16.31	1.23	1.16
745	1.50	6.11	2.75	18.55	16.09	14.21	1.76	1.59
750	1.36	5.40	2.63	17.74	15.62	14.04	0.74	0.79
755	1.16	4.80	2.43	14.74	13.10	11.55	0.52	0.67
760	4.91	8.70	7.14	12.93	11.69	10.39	4.10	4.82
765	0.95	4.01	2.19	13.63	12.42	11.28	0.46	0.61
770	1.50	4.09	2.71	10.43	9.43	8.51	0.99	1.25
775	0.89	3.30	2.00	9.67	8.96	8.24	0.43	0.79
780	0.68	2.82	1.80	8.07	7.39	7.02	0.00	0.58

表 10-12　荧光灯新系列的相对光谱功率分布:FL3.9～FL3.15

(FL3.9～FL3.11:三带荧光灯;FL3.12～FL3.14:多带荧光灯;FL3.15:D65 模拟器灯)

λ/nm	FL3.9	FL3.10	FL3.11	FL3.12	FL3.13	FL3.14	FL3.15
380	3.77	0.25	3.85	1.62	2.23	2.87	300.00
385	2.64	0.00	2.91	2.06	2.92	3.69	286.00
390	2.06	0.00	2.56	2.71	3.91	4.87	268.00
395	1.87	0.00	2.59	3.11	4.55	5.82	244.00
400	2.55	0.69	3.63	3.67	5.46	7.17	304.00
405	71.68	21.24	74.54	74.60	77.40	72.21	581.00
410	12.05	2.18	14.69	8.88	11.25	13.69	225.00
415	13.57	1.86	17.22	4.77	7.69	11.12	155.00
420	19.60	3.10	24.99	4.72	8.29	12.43	152.00
425	27.33	5.00	34.40	4.72	8.98	13.90	170.00
430	35.39	7.03	44.57	4.94	10.01	15.82	295.00
435	211.82	45.08	228.08	150.29	204.45	200.99	1 417.00
440	49.02	16.78	61.53	6.08	13.75	21.72	607.00
445	51.83	12.28	65.31	7.13	16.88	26.33	343.00
450	52.50	13.31	66.35	9.10	21.73	32.85	386.00
455	50.73	13.66	64.37	11.76	27.96	40.80	430.00
460	46.93	13.69	59.81	14.96	34.92	49.23	469.00
465	42.42	13.13	54.24	18.54	41.96	57.39	502.00
470	37.16	12.28	47.42	22.48	48.62	65.26	531.00
475	31.84	11.42	41.10	26.76	54.33	71.99	552.00
480	31.94	11.66	40.04	31.66	59.49	78.25	567.00
485	77.74	22.04	85.54	40.93	67.91	88.85	572.00
490	79.45	26.17	86.55	45.83	70.01	91.67	575.00
495	47.93	18.57	53.47	46.00	66.40	86.81	561.00
500	26.24	11.36	30.91	45.26	62.07	80.42	548.00
505	13.15	6.83	17.41	43.16	56.95	73.82	527.00
510	8.80	5.58	12.56	41.63	52.70	69.12	507.00
515	6.70	4.88	10.10	39.75	48.54	63.69	482.00
520	5.38	4.31	8.48	37.83	44.80	58.44	461.00
525	4.93	3.76	7.74	36.16	41.75	53.57	438.00
530	6.06	3.61	8.58	35.25	39.77	49.66	418.00
535	19.76	5.62	21.39	37.04	40.50	48.44	404.00
540	215.94	38.59	220.12	59.86	59.27	72.56	429.00
545	412.13	100.00	417.35	183.53	184.09	200.42	1016.00
550	142.39	36.54	146.13	59.03	59.06	65.00	581.00
555	34.74	10.57	36.67	47.93	49.95	47.49	370.00
560	14.76	2.98	16.51	48.67	50.90	44.14	368.00
565	10.99	2.05	12.56	52.69	54.51	44.71	371.00
570	9.25	1.84	10.81	57.24	58.33	46.01	377.00
575	23.50	6.09	25.31	77.75	77.49	63.52	490.00

续表

λ/nm	FL3.9	FL3.10	FL3.11	FL3.12	FL3.13	FL3.14	FL3.15
580	53.05	17.27	53.31	87.81	85.78	71.73	525.00
585	81.90	21.77	80.75	80.55	76.20	63.52	402.00
590	54.92	18.72	53.56	84.83	78.73	64.13	404.00
595	47.80	10.15	44.02	86.84	78.95	63.74	412.00
600	36.65	7.26	33.05	91.44	81.48	66.82	418.00
605	21.82	5.17	20.26	96.51	84.57	70.65	425.00
610	285.69	56.66	233.61	105.25	87.75	79.29	428.00
615	139.94	49.39	118.20	106.74	89.56	80.77	432.00
620	53.37	18.57	51.66	108.53	91.36	83.59	433.00
625	64.30	14.21	61.27	106.92	89.00	82.59	431.00
630	64.04	14.01	55.15	101.54	83.67	77.60	427.00
635	13.79	5.99	12.95	95.20	78.26	72.47	420.00
640	9.06	2.68	8.93	89.34	73.19	68.34	410.00
645	9.83	3.14	9.77	82.95	67.61	63.82	399.00
650	18.60	6.25	17.12	75.78	61.42	58.57	385.00
655	13.38	5.78	13.01	68.65	55.49	53.18	370.00
660	10.99	6.75	10.45	61.70	49.78	47.97	352.00
665	10.77	5.16	10.33	55.23	44.46	43.14	336.00
670	7.57	3.03	7.70	48.58	39.13	38.19	317.00
675	6.19	1.57	6.34	42.90	34.45	33.85	298.00
680	7.09	1.72	7.35	37.74	30.28	29.94	277.00
685	8.54	1.54	8.22	32.93	26.37	26.24	260.00
690	8.77	1.71	7.93	29.65	23.88	23.90	242.00
695	6.41	1.10	5.70	25.19	20.10	20.33	223.00
700	2.26	0.28	2.23	21.69	17.40	17.42	202.00
705	15.02	3.65	12.43	19.28	15.29	15.64	187.00
710	29.39	7.54	24.24	17.36	13.62	14.34	167.00
715	10.22	2.34	8.74	14.74	11.68	12.21	152.00
720	1.42	0.05	1.39	12.86	10.31	10.65	136.00
725	1.23	0.04	1.23	11.28	9.11	9.43	125.00
730	1.10	0.04	1.10	9.97	8.03	8.34	113.00
735	0.84	0.03	0.84	8.88	7.13	7.52	103.00
740	0.97	0.03	0.94	7.78	6.31	6.73	93.00
745	1.35	0.02	1.23	7.04	5.67	6.08	84.00
750	0.65	0.02	0.68	6.30	5.11	5.52	75.00
755	0.13	0.01	0.52	5.55	4.55	5.00	66.00
760	4.22	0.01	4.60	10.15	9.06	9.47	58.00
765	0.10	0.00	0.45	4.50	3.74	4.08	51.00
770	0.68	0.00	1.04	4.81	4.04	4.43	46.00
775	0.16	0.00	0.45	3.72	3.14	3.39	41.00
780	0.00	0.00	0.00	3.28	2.75	3.17	37.00

表 10-13　高压放电灯的相对光谱功率分布:HP1～HP5

(HP1:标准高压钠灯;HP2:色增强高压钠灯;HP3～HP5:三种类型的高压金属卤素灯)

λ/nm	HP1	HP2	HP3	HP4	HP5	λ/nm	HP1	HP2	HP3	HP4	HP5
380	1.90	2.64	3.15	9.80	0.34	585	297.98	1.17	96.07	49.37	67.57
385	2.20	2.77	7.49	13.30	7.11	590	142.55	0.39	85.41	183.35	128.34
390	2.50	3.42	10.87	19.97	11.49	595	334.84	1.65	175.18	162.15	131.85
395	2.70	3.68	12.57	25.81	14.97	600	189.40	21.41	153.73	109.35	101.70
400	3.10	4.33	12.97	24.69	14.95	605	117.78	76.11	120.22	72.38	77.05
405	4.30	5.50	21.29	47.66	29.14	610	79.92	126.16	98.90	70.60	66.27
410	3.80	5.94	26.29	54.44	38.08	615	108.09	161.96	90.22	58.08	77.09
415	4.20	7.20	30.18	63.82	51.56	620	46.85	160.06	70.07	44.13	60.51
420	4.80	9.02	43.06	85.52	62.56	625	38.16	158.19	66.84	50.20	65.23
425	5.19	10.27	29.58	60.54	55.61	630	32.47	153.69	57.61	40.80	57.86
430	5.89	12.48	23.18	38.37	41.98	635	28.37	147.40	53.03	37.91	56.20
435	7.39	16.82	35.28	88.20	50.02	640	25.37	140.60	49.85	36.71	54.32
440	7.89	16.04	26.29	44.94	42.14	645	22.98	134.92	48.16	38.30	56.34
445	5.69	15.26	24.29	35.64	39.04	650	20.38	127.59	42.76	31.24	45.74
450	12.89	22.58	22.91	30.75	40.52	655	19.78	124.65	50.64	35.31	50.79
455	6.69	20.07	26.20	33.77	45.29	660	17.78	118.02	48.42	45.62	56.66
460	4.30	15.13	29.31	40.81	51.01	665	16.78	113.94	41.27	35.82	51.99
465	20.78	25.27	25.30	33.77	49.18	670	19.18	118.10	43.44	89.91	84.31
470	12.99	28.04	28.14	35.28	49.05	675	17.98	115.16	40.48	36.01	47.48
475	6.69	15.99	24.05	32.55	46.12	680	13.69	102.85	35.16	32.57	47.46
480	1.40	10.40	21.82	29.44	45.73	685	9.99	90.54	34.94	39.26	61.78
485	1.50	11.10	20.51	26.16	39.46	690	8.19	83.34	24.68	23.27	34.51
490	3.20	13.44	23.05	29.96	44.39	695	7.59	79.44	24.70	25.30	38.74
495	18.18	22.62	26.98	32.83	46.14	700	6.99	76.97	21.49	20.02	30.98
500	56.24	49.71	30.96	33.58	49.54	705	6.79	74.85	19.49	17.54	25.45
505	2.90	17.21	30.72	41.16	59.76	710	6.49	73.12	18.48	16.25	22.88
510	2.10	17.12	27.13	32.93	48.47	715	6.39	71.51	17.55	15.20	20.82
515	13.39	27.26	29.55	32.13	48.38	720	6.09	70.13	17.36	15.15	21.05
520	2.10	20.02	34.22	34.45	48.70	725	5.99	69.04	17.09	15.22	20.81
525	2.00	21.54	29.98	30.12	44.25	730	5.79	67.48	16.32	14.26	18.69
530	2.20	23.36	41.21	41.13	54.42	735	5.79	66.70	16.07	12.63	17.54
535	2.30	25.66	173.14	187.10	128.93	740	5.79	66.31	16.58	14.75	19.58
540	2.60	29.69	141.37	101.37	81.26	745	5.79	65.14	15.78	13.19	16.42
545	5.10	43.12	64.98	123.96	67.36	750	6.39	65.70	17.66	17.63	23.77
550	11.39	98.30	33.83	42.47	48.48	755	5.99	64.79	20.46	23.38	35.39
555	15.48	125.60	34.26	34.73	51.41	760	5.59	64.10	16.59	16.02	21.37
560	20.78	134.57	33.32	31.82	48.88	765	31.97	83.04	17.81	24.46	34.58
565	55.64	149.70	52.80	54.67	68.52	770	27.87	86.25	16.07	22.05	30.21
570	254.03	166.12	74.29	57.45	80.85	775	5.89	63.93	14.83	16.11	19.71
575	56.14	98.77	47.97	70.43	65.96	780	6.69	64.92	14.61	12.91	15.61
580	111.78	30.47	49.20	69.50	59.43						

表 10-14 表 10-10 中 FL1～FL12 照明体的色度数据

荧光灯	色品坐标		相关色温	一般显色	荧光灯	色品坐标		相关色温	一般显色
	x	y	T_{cp}/K	指数 R_a		x	y	T_{cp}/K	指数 R_a
FL 1	0.313 1	0.337 1	6 430	76	FL 7	0.312 9	0.329 2	6 500	90
FL 2	0.372 1	0.375 1	4 230	64	FL 8	0.345 8	0.358 6	5 000	95
FL 3	0.409 1	0.394 1	3 450	57	FL 9	0.374 1	0.372 7	4 150	90
FL 4	0.440 2	0.403 1	2 940	51	FL 10	0.345 8	0.358 8	5 000	81
FL 5	0.313 8	0.345 2	6 350	72	FL 11	0.380 5	0.376 9	4 000	83
FL 6	0.377 9	0.388 2	4 150	59	FL 12	0.437 0	0.404 2	3 000	83

表 10-15 表 10-11 和表 10-12 中 FL3.1～FL3.15 照明体的色度值

	FL3.1	FL3.2	FL3.3	FL3.4	FL3.5	FL3.6	FL3.7	FL3.8	FL3.9	FL3.10	FL3.11	FL3.12	FL3.13	FL3.14	FL3.15
x	0.440 7	0.380 8	0.315 3	0.442 9	0.374 9	0.348 8	0.438 4	0.382 0	0.349 9	0.345 5	0.324 5	0.437 7	0.383 0	0.344 7	0.312 7
y	0.403 3	0.373 4	0.343 9	0.404 3	0.367 2	0.360 0	0.404 5	0.383 2	0.359 1	0.356 0	0.343 4	0.403 7	0.372 4	0.360 9	0.328 8
T_{cp}	2 932K	3 965K	6 280K	2 904K	4 086K	4 894K	2 979K	4 006K	4 853K	5 000K	5 854K	2 984K	3 896K	5 045K	6 509K
特殊显色指数															
No.1	42	65	64	91	97	97	97	94	94	99	90	95	98	93	99
No.2	69	80	80	89	97	97	94	89	89	97	86	98	97	94	99
No.3	89	89	89	79	92	93	54	50	48	63	49	92	98	97	96
No.4	39	66	69	88	94	97	88	85	84	92	82	95	97	94	98
No.5	41	66	69	88	97	97	86	83	84	92	81	94	99	94	99
No.6	52	71	74	82	95	95	81	73	72	85	70	97	97	93	100
No.7	66	79	81	88	94	96	87	86	85	92	85	93	94	97	98
No.8	13	48	49	89	94	96	64	72	78	86	79	83	88	97	98
No.9	−109	−37	−63	76	88	93	−9	5	22	46	24	58	71	93	96
No.10	29	51	52	69	90	90	51	40	38	62	34	88	99	91	99
No.11	19	56	62	88	95	97	76	68	68	78	64	93	94	95	100
No.12	21	59	68	63	90	92	50	48	51	72	50	85	89	85	95
No.13	47	68	68	91	97	98	98	95	95	98	97	97	99	92	98
No.14	93	94	93	87	95	95	69	67	66	75	67	94	98	97	98
一般显色指数															
R_a	51	70	72	87	95	96	82	79	79	88	78	93	96	95	98

表 10-16 高压灯色度值

高压灯	HP1	HP2	HP3	HP4	HP5
x	0.533	0.477 8	0.430 2	0.381 2	0.377 6
y	0.415	0.415 8	0.407 5	0.379 7	0.371 3
T_{cp}	1 959 K	2 506 K	3 144 K	4 002 K	4 039 K
特殊显色指数					
No. 1	−3	98	87	75	87
No. 2	61	89	92	85	94
No. 3	40	73	87	84	97
No. 4	−27	89	89	78	89
No. 5	−4	88	85	75	89
No. 6	52	71	90	79	94
No. 7	21	81	82	77	85
No. 8	−75	72	50	42	64
No. 9	−260	52	−29	−60	10
No. 10	43	66	71	56	85
No. 11	−52	66	89	77	90
No. 12	27	55	72	64	90
No. 13	7	90	90	79	90
No. 14	61	82	91	91	98
一般显色指数					
R_a	8	83	83	74	87

选定测试照明体后务必用 M 的脚标注明其类型，如 $M_{A,ilm}$，$M_{FL11,ilm}$ 等。

3. 色差和同色异谱指数

计算物体色 1 的三刺激值 $X_{t,1}$、$Y_{t,1}$、$Z_{t,1}$ 和物体色 2 的三刺激值 $X_{t,2}$、$Y_{t,2}$、$Z_{t,2}$ 的色差 ΔE^*_{ab}，同色异谱指数 M_{ilm}，即

$$M_{ilm} = \Delta E^*_{ab} \tag{10-82}$$

如果采用了与 CIE LAB 不同的色差公式，应在括号内加以注明，例如 $M_{FL11,ilm}(u^* v^*)$，是指用 CIE LUV 色差公式计算的色差。

（二）特殊同色异谱指数：改变观察者

CIE 1931 和 CIE 1964 标准色度观察者合理地代表了人眼的平均颜色视觉特性。但在颜色视觉正常的观察者中，也会有色匹配函数的个体偏离（个体差异）。将标准色度观察者色匹配函数改变成标准偏离观察者（与标准色度观察者有一定偏离，但仍属于正常颜色视觉）的色匹配函数时，应用特殊同色异谱指数：改变观察者将可以描述这种情况下同色异谱颜色的平均失匹配程度的[24]。

1. 标准色度观察者下的三刺激值

对于一对同色异谱的物体色，它们在标准色度（参照）观察者下的三刺激值 $X_{r,i}$、$Y_{r,i}$、$Z_{r,i}$（$i=1,2$）按照(10-79)式计算，其中 m=r，应用 CIE 1931 或 CIE 1964 色匹配函数。

在标准色度观察者下，两个同色异谱色不精确匹配时，即当样品不是完全同色异谱时（$X_{r,1} \neq X_{r,2}$，$Y_{r,1} \neq Y_{r,2}$，$Z_{r,1} \neq Z_{r,2}$），则需将 $X_{t,2}$、$Y_{t,2}$、$Z_{t,2}$ 作如下校正：

$$X'_{t,2} = X_{t,2}(X_{r,1}/X_{r,2}),\ Y'_{t,2} = Y_{t,2}(Y_{r,1}/Y_{r,2}),\ Z'_{t,2} = Z_{t,2}(Z_{r,1}/Z_{r,2})$$

2. 标准偏离观察者下的三刺激值

对于同一对同色异谱的物体色，它们在标准偏离（测试）观察者下的三刺激值 $X_{t,i}$、$Y_{t,i}$、$Z_{t,i}$（$i=1,2$）仍按照公式(10-79)计算，此时 m=t，$\bar{x}(\lambda)$、$\bar{y}(\lambda)$、$\bar{z}(\lambda)$ 替换成标准偏离观察者的色匹配函数 $\bar{x}_d(\lambda)$、$\bar{y}_d(\lambda)$、$\bar{z}_d(\lambda)$。色匹配函数 $\bar{x}_d(\lambda)$、$\bar{y}_d(\lambda)$、$\bar{z}_d(\lambda)$ 由以下关系给出：

$$\left.\begin{aligned}\bar{x}_d(\lambda)=\bar{x}(\lambda)+\Delta\bar{x}(\lambda)\\ \bar{y}_d(\lambda)=\bar{y}(\lambda)+\Delta\bar{y}(\lambda)\\ \bar{z}_d(\lambda)=\bar{z}(\lambda)+\Delta\bar{z}(\lambda)\end{aligned}\right\}\tag{10-83}$$

$\Delta\bar{x}(\lambda)$、$\Delta\bar{y}(\lambda)$、$\Delta\bar{z}(\lambda)$称作第一偏离函数，见表 10-17。

3. 色差和同色异谱指数

计算物体色 1 的三刺激值 $X_{t,1}$、$Y_{t,1}$、$Z_{t,1}$和物体色 2 的三刺激值 $X_{t,2}$、$Y_{t,2}$、$Z_{t,2}$的色差 ΔE^*_{ab}，同色异谱指数 M_{obs}，即

$$M_{obs}=\Delta E^*_{ab}\tag{10-84}$$

如果不用 CIE LAB 色差公式，应注明，例如 $M_{obs}(u^*v^*)$。

（三）色度应用中昼光模拟器的质量评价

CIE 昼光照明体 D50、D55、D65、D75 的模拟器的质量可以用计算改变照明体的特殊同色异谱指数进行评价。计算时，使用分别在 CIE 照明体 D50、D55、D65、D75 下同色异谱匹配的特定样品和 CIE1964 标准色度观察者。评价的目的，是对色度应用中模拟 CIE 照明体 D50、D55、D65、D75 的实际光源的适用性进行定量表示。

评价昼光模拟器是基于“特殊同色异谱指数：改变照明体”的方法。该方法将在标准昼光照明体下同色异谱匹配的样品对放在测试光源下进行观察，定量描述其失匹配程度，计算过程使用 CIE 1964 标准色度观察者。

昼光模拟器在可见区与紫外区的评价方法不同，在可见区计算一套同色异谱对在测试光源下的匹配程度；紫外区评价利用另外一套同色异谱样品，包括荧光样品和非荧光样品，具体的评价方法和数据表格见 CIE 51.2-1999[25] 和 CIE DS 012：2001[26]。

十一、光源的显色性

同一物体在不同光源照明时，所呈现的颜色会有差异。人的颜色视觉是在日光和火光环境下长期进化形成的，认为在这种照明下所看到的颜色才是“真实”的。人工光源的光谱组成与日光和火光不同，用这些光源照明物体，其颜色就会变化。这种通过有意识地或者下意识地与参照照明体下的颜色外貌相比较而得出的某光源对物体颜色外貌的照明效果，被称为光源的显色性。

CIE 推荐用“测验色”法来定量评价光源的显色性[1,10,27]。这个方法是用一个显色指数量值表示光源的显色性。光源的显色指数是待测光源下物体的颜色与参照照明体下物体的颜色相符程度的度量。CIE 规定用普朗克辐射体或标准照明体 D 作为参照照明体，并将其显色指数定为 100。

CIE 选用若干种标准颜色样品作为检验色样，分别计算它们在参照照明体和待测光源下的色差 ΔE_i，待测光源对某种检验色样的显色指数称为特殊显色指数 R_i：

$$R_i=100-4.6\Delta E_i\tag{10-85}$$

光源对 1～8 色样的平均显色指数称为一般显色指数 R_a：

$$R_a=\frac{1}{8}\sum_{i=1}^{8}R_i\tag{10-86}$$

光源的一般显色指数愈高，其显色性就愈好。

以下的介绍中，脚标 k 表示待测光源，脚标 r 表示参照照明体。

（一）参照照明体

参照照明体有时也被称为参照光源，但不是具体光源，而是一组相对光谱功率分布的数据。参照照明体的选择方法如下：

1. 待测光源的相关色温低于 5 000 K

待测光源的相关色温低于 5 000 K 时，以相同温度的绝对黑体作为参照光源，用普朗克公式计算其光谱功率分布：

$$S(\lambda)=c_1\lambda^{-5}(e^{c_2/\lambda T}-1)^{-1}\tag{10-87}$$

表 10-17　应用于改变观察者的同色异谱指数计算中的第一偏离函数值

λ/nm	$\Delta\bar{x}(\lambda)$	$\Delta\bar{y}(\lambda)$	$\Delta\bar{z}(\lambda)$	λ/nm	$\Delta\bar{x}(\lambda)$	$\Delta\bar{y}(\lambda)$	$\Delta\bar{z}(\lambda)$
380	−0.000 1	0.000 0	−0.000 2	585	−0.063 7	−0.016 2	−0.001 1
385	−0.000 3	0.000 0	−0.001 0	590	−0.065 6	−0.019 6	−0.000 9
390	−0.000 9	−0.000 1	−0.003 6	595	−0.063 8	−0.019 9	−0.000 8
395	−0.002 6	−0.000 4	−0.011 0	600	−0.059 5	−0.018 7	−0.000 6
400	−0.006 9	−0.000 9	−0.029 4	605	−0.053 0	−0.017 0	−0.000 5
405	−0.013 4	−0.001 5	−0.055 8	610	−0.044 8	−0.014 5	−0.000 4
410	−0.019 7	−0.001 9	−0.082 0	615	−0.034 6	−0.011 2	0.000 0
415	−0.024 8	−0.002 2	−0.103 0	620	−0.024 2	−0.007 7	0.000 2
420	−0.027 6	−0.002 1	−0.114 0	625	−0.015 5	−0.004 8	0.000 0
425	−0.026 3	−0.001 7	−0.107 9	630	−0.008 5	−0.002 5	−0.000 2
430	−0.021 6	−0.000 9	−0.087 2	635	−0.004 4	−0.001 2	0.000 2
435	−0.012 2	0.000 5	−0.045 5	640	−0.001 9	−0.000 6	0.000 0
440	−0.002 1	0.001 5	−0.002 7	645	−0.000 1	0.000 0	0.000 0
445	0.003 6	0.000 8	0.017 1	650	0.001 0	0.000 3	0.000 0
450	0.009 2	−0.000 3	0.034 2	655	0.001 6	0.000 5	0.000 0
455	0.018 6	−0.000 5	0.070 3	660	0.001 9	0.000 6	0.000 0
460	0.026 3	−0.001 1	0.097 6	665	0.001 9	0.000 6	0.000 0
465	0.025 6	−0.003 6	0.085 9	670	0.001 7	0.000 6	0.000 0
470	0.022 5	−0.006 0	0.064 1	675	0.001 3	0.000 5	0.000 0
475	0.021 4	−0.006 5	0.054 7	680	0.000 9	0.000 3	0.000 0
480	0.020 5	−0.006 0	0.047 5	685	0.000 6	0.000 2	0.000 0
485	0.019 7	−0.004 5	0.039 7	690	0.000 4	0.000 1	0.000 0
490	0.018 7	−0.003 1	0.031 9	695	0.000 3	0.000 1	0.000 0
495	0.016 7	−0.003 7	0.022 8	700	0.000 2	0.000 1	0.000 0
500	0.014 6	−0.004 7	0.015 0	705	0.000 1	0.000 0	0.000 0
505	0.013 3	−0.005 9	0.011 7	710	0.000 1	0.000 0	0.000 0
510	0.011 8	−0.006 0	0.009 6	715	0.000 1	0.000 0	0.000 0
515	0.009 4	−0.002 5	0.006 2	720	0.000 0	0.000 0	0.000 0
520	0.006 1	0.001 0	0.002 9	725	0.000 0	0.000 0	0.000 0
525	0.001 7	0.000 5	0.000 5	730	0.000 0	0.000 0	0.000 0
530	−0.003 3	−0.001 1	−0.001 2	735	0.000 0	0.000 0	0.000 0
535	−0.008 5	−0.002 0	−0.002 0	740	0.000 0	0.000 0	0.000 0
540	−0.013 9	−0.002 8	−0.002 2	745	0.000 0	0.000 0	0.000 0
545	−0.019 4	−0.003 9	−0.002 4	750	0.000 0	0.000 0	0.000 0
550	−0.024 7	−0.004 4	−0.002 4	755	0.000 0	0.000 0	0.000 0
555	−0.028 6	−0.002 7	−0.002 1	760	0.000 0	0.000 0	0.000 0
560	−0.033 4	−0.002 2	−0.001 7	765	0.000 0	0.000 0	0.000 0
565	−0.042 6	−0.007 3	−0.001 5	770	0.000 0	0.000 0	0.000 0
570	−0.051 7	−0.012 7	−0.001 4	775	0.000 0	0.000 0	0.000 0
575	−0.056 6	−0.012 9	−0.001 3	780	0.000 0	0.000 0	0.000 0
580	−0.060 0	−0.012 6	−0.001 3				

式中，$S(\lambda)$为光源的光谱功率分布，c_1、c_2、λ和T的定义见(10-6)式。

2. 待测光源的相关色温高于 5 000 K

待测光源的相关色温高于 5 000 K 时，参照照明体应选不同时相的组合昼光，其相关色温与待测光源相同或相近。计算方法见(10-88)式至(10-90)式。

已知待测光源相关色温T_{cp}，计算该色温下参照照明体 CIE 1931 色品坐标x_r和y_r：

$$y_r = -3.000\,x_r^2 + 2.870\,x_r - 0.275 \tag{10-88}$$

当 4 000 K$\leqslant T_{cp} \leqslant$7 000 K 时，

$$x_r = -4.6070\,\frac{10^9}{(T_{cp})^3} + 2.9678\,\frac{10^6}{(T_{cp})^2} + 0.09911\,\frac{10^3}{(T_{cp})} + 0.244063 \tag{10-89}$$

当 7 000 K$< T_{cp} \leqslant$25 000 K 时，

$$x_r = -2.0064\,\frac{10^9}{(T_{cp})^3} + 1.9018\,\frac{10^6}{(T_{cp})^2} + 0.24748\,\frac{10^3}{(T_{cp})} + 0.237040 \tag{10-90}$$

x_D介于 0.250 与 0.380 之间。

参照照明体的光谱功率分布$S(\lambda)$按下式计算：

$$S(\lambda) = S_0(\lambda) + M_1 S_1(\lambda) + M_2 S_2(\lambda) \tag{10-91}$$

式中，$S_0(\lambda)$、$S_1(\lambda)$、$S_2(\lambda)$的数据见表 10-8；M_1和M_2的量值根据下式计算：

$$\left.\begin{aligned} M_1 &= \frac{-1.3515 - 1.7703\,x_r + 5.9114\,y_r}{0.0241 + 0.2562\,x_r - 0.7341\,y_r} \\ M_2 &= \frac{0.0300 - 31.4424\,x_r + 30.0717\,y_r}{0.0241 + 0.2562\,x_r - 0.7341\,y_r} \end{aligned}\right\} \tag{10-92}$$

3. 选用参照照明体的宽容度

参照照明体与待测光源的色度差ΔC为

$$\Delta C = [(u_k - u_r)^2 + (v_k - v_r)^2]^{\frac{1}{2}} \tag{10-93}$$

式中，u_k、v_k和u_r、v_r分别为待测光源和参照照明体的u、v坐标值，由x、y坐标转换为u、v坐标的方法见后面的(10-94)式。

待测光源和参照照明体之间的色度差ΔC应小于5.4×10^{-3}，这是选用参照照明体的宽容度范围。若ΔC大于5.4×10^{-3}，显色指数的计算准确性便降低。在计算得到的显色指数后面应注明所用的参照照明体。

（二）检验色样

CIE 规定计算光源显色指数用 14 块孟塞尔颜色样品，CIE 第 13 号颜色样品是白种人的面部皮肤色，第 14 号样品是树叶绿色。这两个颜色的R_i在显色指数中占有重要地位，表 10－15 和表 10－16 给出了相应照明体的 14 个特殊显色指数。国家标准 GB/T5702[28]中补充了中国人的面部肤色样品，即第 15 号样品，这些样品的标号和颜色见表 10-18。

表 10-18　光源显色指数计算应用的检验色样

序　号	孟塞尔标号	日光下的颜色	序　号	孟塞尔标号	日光下的颜色
1	7.5R 6/4	淡灰红色	9	4.5R 4/13	饱和红色
2	5Y 6 /4	暗灰黄色	10	5Y 8/10	饱和黄色
3	5GY 6/8	饱和黄绿色	11	4.5G 5/8	饱和绿色
4	2.5G 6/6	中等黄绿色	12	3PB 3/11	饱和蓝色
5	10BG 6/4	淡蓝绿色	13	5YR 8/4	淡黄粉色（白种人肤色）
6	5PB 6/8	淡蓝色	14	5GY 4/4	中等绿色（树叶色）
7	2.5P 6/8	淡紫蓝色	15	—	中国人的肤色
8	10P 6/8	淡红紫色			

特殊显色指数可用任何一种检验色样来计算，但一般显色指数只能用 1～8 号检验色样来计算。1～15 号颜色样品的光谱辐亮度因数见表 10-19。

表 10-19　显色指数计算用 1～15 号检验色样的光谱辐亮度因数

λ/nm	1	2	3	4	5	6	7	8	9	10	11	12	13	14	15
380	0.219	0.070	0.065	0.074	0.295	0.151	0.378	0.104	0.066	0.050	0.111	0.120	0.104	0.036	0.138
385	0.239	0.079	0.068	0.083	0.306	0.203	0.459	0.129	0.062	0.054	0.121	0.103	0.127	0.036	0.140
390	0.252	0.089	0.070	0.093	0.310	0.265	0.524	0.170	0.058	0.059	0.127	0.090	0.161	0.037	0.142
395	0.256	0.101	0.072	0.105	0.312	0.339	0.546	0.240	0.055	0.063	0.129	0.082	0.211	0.038	0.144
400	0.256	0.111	0.073	0.116	0.313	0.410	0.551	0.319	0.052	0.066	0.127	0.076	0.264	0.039	0.147
405	0.254	0.116	0.073	0.121	0.315	0.464	0.555	0.416	0.052	0.067	0.121	0.068	0.313	0.039	0.150
410	0.252	0.118	0.074	0.124	0.319	0.492	0.559	0.462	0.051	0.068	0.116	0.064	0.341	0.040	0.152
415	0.248	0.120	0.074	0.126	0.322	0.508	0.560	0.482	0.050	0.069	0.112	0.065	0.352	0.041	0.155
420	0.244	0.121	0.074	0.128	0.326	0.517	0.561	0.490	0.050	0.069	0.108	0.075	0.359	0.042	0.158
425	0.24	0.122	0.073	0.131	0.330	0.524	0.558	0.488	0.049	0.070	0.105	0.093	0.361	0.042	0.161
430	0.237	0.122	0.073	0.135	0.334	0.531	0.556	0.482	0.048	0.072	0.104	0.123	0.364	0.043	0.167
435	0.232	0.122	0.073	0.139	0.339	0.538	0.551	0.473	0.047	0.073	0.104	0.160	0.365	0.044	0.175
440	0.23	0.123	0.073	0.144	0.346	0.544	0.544	0.462	0.046	0.076	0.105	0.207	0.367	0.044	0.184
445	0.226	0.124	0.073	0.151	0.352	0.551	0.535	0.450	0.044	0.078	0.106	0.256	0.369	0.045	0.193
450	0.225	0.127	0.074	0.161	0.360	0.556	0.522	0.439	0.042	0.083	0.110	0.300	0.372	0.045	0.200
455	0.222	0.128	0.075	0.172	0.369	0.556	0.506	0.426	0.041	0.088	0.115	0.331	0.374	0.046	0.207
460	0.22	0.131	0.077	0.186	0.381	0.554	0.488	0.413	0.038	0.095	0.123	0.346	0.376	0.047	0.213
465	0.218	0.134	0.080	0.205	0.394	0.549	0.469	0.397	0.035	0.103	0.134	0.347	0.379	0.048	0.219
470	0.216	0.138	0.085	0.229	0.403	0.541	0.448	0.382	0.033	0.113	0.148	0.341	0.384	0.050	0.225
475	0.214	0.143	0.094	0.254	0.410	0.531	0.429	0.366	0.031	0.125	0.167	0.328	0.389	0.052	0.229
480	0.214	0.150	0.109	0.281	0.415	0.519	0.408	0.352	0.030	0.142	0.192	0.307	0.397	0.055	0.233
485	0.214	0.159	0.126	0.308	0.418	0.504	0.385	0.337	0.029	0.162	0.219	0.282	0.405	0.057	0.238
490	0.216	0.174	0.148	0.332	0.419	0.488	0.363	0.325	0.028	0.189	0.252	0.257	0.416	0.062	0.244
495	0.218	0.190	0.172	0.352	0.417	0.469	0.341	0.310	0.028	0.219	0.291	0.230	0.429	0.067	0.248
500	0.223	0.207	0.198	0.370	0.413	0.450	0.324	0.299	0.028	0.262	0.325	0.204	0.443	0.075	0.253
505	0.225	0.225	0.221	0.383	0.409	0.431	0.311	0.289	0.029	0.305	0.347	0.178	0.454	0.083	0.257
510	0.226	0.242	0.241	0.390	0.403	0.414	0.301	0.283	0.030	0.365	0.356	0.154	0.464	0.092	0.262
515	0.226	0.253	0.260	0.394	0.396	0.395	0.291	0.276	0.030	0.416	0.353	0.129	0.466	0.100	0.261
520	0.225	0.260	0.278	0.395	0.389	0.377	0.283	0.270	0.031	0.465	0.346	0.109	0.469	0.108	0.259
525	0.225	0.264	0.302	0.392	0.381	0.358	0.273	0.262	0.031	0.509	0.333	0.090	0.471	0.121	0.254
530	0.227	0.267	0.339	0.385	0.372	0.341	0.265	0.256	0.032	0.546	0.314	0.075	0.474	0.133	0.248
535	0.23	0.269	0.370	0.377	0.363	0.325	0.260	0.251	0.032	0.581	0.294	0.062	0.476	0.142	0.245
540	0.236	0.272	0.392	0.367	0.353	0.309	0.257	0.250	0.033	0.610	0.271	0.051	0.483	0.150	0.241
545	0.245	0.276	0.399	0.354	0.342	0.293	0.257	0.250	0.034	0.634	0.248	0.041	0.490	0.154	0.243
550	0.253	0.282	0.400	0.341	0.331	0.279	0.259	0.254	0.035	0.653	0.227	0.035	0.506	0.155	0.246
555	0.262	0.289	0.398	0.327	0.320	0.265	0.260	0.258	0.037	0.666	0.206	0.029	0.526	0.152	0.252
560	0.272	0.299	0.380	0.312	0.308	0.253	0.260	0.264	0.041	0.678	0.188	0.025	0.553	0.147	0.258
565	0.283	0.309	0.365	0.296	0.296	0.241	0.258	0.269	0.044	0.687	0.170	0.022	0.582	0.140	0.258
570	0.298	0.322	0.349	0.280	0.284	0.234	0.256	0.272	0.048	0.693	0.153	0.019	0.618	0.133	0.257
575	0.318	0.329	0.332	0.263	0.271	0.227	0.254	0.274	0.052	0.698	0.138	0.017	0.651	0.125	0.257
580	0.341	0.335	0.315	0.247	0.260	0.225	0.254	0.278	0.060	0.701	0.125	0.017	0.680	0.118	0.256

续表

λ/nm	1	2	3	4	5	6	7	8	9	10	11	12	13	14	15
585	0.367	0.339	0.299	0.229	0.247	0.222	0.259	0.284	0.076	0.704	0.114	0.017	0.701	0.112	0.284
590	0.39	0.341	0.285	0.214	0.232	0.221	0.270	0.295	0.102	0.705	0.106	0.016	0.717	0.106	0.312
595	0.409	0.341	0.272	0.198	0.220	0.220	0.284	0.316	0.136	0.705	0.100	0.016	0.729	0.101	0.351
600	0.424	0.342	0.264	0.185	0.210	0.220	0.302	0.348	0.190	0.706	0.096	0.016	0.736	0.098	0.390
605	0.435	0.342	0.257	0.175	0.200	0.220	0.324	0.384	0.256	0.707	0.092	0.016	0.742	0.095	0.415
610	0.442	0.342	0.252	0.169	0.194	0.220	0.344	0.434	0.336	0.707	0.090	0.016	0.745	0.093	0.439
615	0.448	0.341	0.247	0.164	0.189	0.220	0.362	0.482	0.418	0.707	0.087	0.016	0.747	0.090	0.454
620	0.45	0.341	0.241	0.160	0.185	0.223	0.377	0.528	0.505	0.708	0.085	0.016	0.748	0.089	0.469
625	0.451	0.339	0.235	0.156	0.183	0.227	0.389	0.568	0.581	0.708	0.082	0.016	0.748	0.087	0.479
630	0.451	0.339	0.229	0.154	0.180	0.233	0.400	0.604	0.641	0.710	0.080	0.018	0.748	0.086	0.489
635	0.451	0.338	0.224	0.152	0.177	0.239	0.410	0.629	0.682	0.711	0.079	0.018	0.748	0.085	0.497
640	0.451	0.338	0.220	0.151	0.176	0.244	0.420	0.648	0.717	0.712	0.078	0.018	0.748	0.084	0.505
645	0.451	0.337	0.217	0.149	0.175	0.251	0.429	0.663	0.740	0.714	0.078	0.018	0.748	0.084	0.510
650	0.45	0.336	0.216	0.148	0.175	0.258	0.438	0.676	0.758	0.716	0.078	0.019	0.748	0.084	0.516
655	0.45	0.335	0.216	0.148	0.175	0.263	0.445	0.685	0.770	0.718	0.078	0.020	0.748	0.084	0.521
660	0.451	0.334	0.219	0.148	0.175	0.268	0.452	0.693	0.781	0.720	0.081	0.023	0.747	0.085	0.526
665	0.451	0.332	0.224	0.149	0.177	0.273	0.457	0.700	0.790	0.722	0.083	0.024	0.747	0.087	0.531
670	0.453	0.332	0.230	0.151	0.180	0.278	0.462	0.705	0.797	0.725	0.088	0.026	0.747	0.092	0.536
675	0.454	0.331	0.238	0.154	0.183	0.281	0.466	0.709	0.803	0.729	0.093	0.030	0.747	0.096	0.541
680	0.455	0.331	0.251	0.158	0.186	0.283	0.468	0.712	0.809	0.731	0.102	0.035	0.747	0.102	0.545
685	0.457	0.330	0.269	0.162	0.189	0.286	0.470	0.715	0.814	0.735	0.112	0.043	0.747	0.110	0.549
690	0.458	0.327	0.288	0.165	0.192	0.291	0.473	0.717	0.819	0.739	0.125	0.056	0.747	0.123	0.553
695	0.46	0.328	0.312	0.168	0.195	0.296	0.477	0.719	0.824	0.742	0.141	0.074	0.746	0.137	0.555
700	0.462	0.328	0.340	0.170	0.199	0.302	0.483	0.721	0.828	0.746	0.161	0.097	0.746	0.152	0.558
705	0.463	0.327	0.366	0.171	0.200	0.313	0.489	0.720	0.830	0.748	0.182	0.128	0.746	0.169	0.561
710	0.464	0.326	0.390	0.170	0.199	0.325	0.496	0.719	0.831	0.749	0.203	0.166	0.745	0.188	0.562
715	0.465	0.325	0.412	0.168	0.198	0.338	0.503	0.722	0.833	0.751	0.223	0.210	0.744	0.207	0.563
720	0.466	0.324	0.431	0.166	0.196	0.351	0.511	0.725	0.835	0.753	0.242	0.257	0.743	0.226	0.564
725	0.466	0.324	0.447	0.164	0.195	0.364	0.518	0.727	0.836	0.754	0.257	0.305	0.744	0.243	0.565
730	0.466	0.324	0.460	0.164	0.195	0.376	0.525	0.729	0.836	0.755	0.270	0.354	0.745	0.260	0.566
735	0.466	0.323	0.472	0.165	0.196	0.389	0.532	0.730	0.837	0.755	0.282	0.401	0.748	0.277	0.568
740	0.467	0.322	0.481	0.168	0.197	0.401	0.539	0.730	0.838	0.755	0.292	0.446	0.750	0.294	0.568
745	0.467	0.321	0.488	0.172	0.200	0.413	0.546	0.730	0.839	0.755	0.302	0.485	0.750	0.310	0.569
750	0.467	0.320	0.493	0.177	0.203	0.425	0.553	0.730	0.839	0.756	0.310	0.520	0.749	0.325	0.570
755	0.467	0.318	0.497	0.181	0.205	0.436	0.559	0.730	0.839	0.757	0.314	0.551	0.748	0.339	0.571
760	0.467	0.316	0.500	0.185	0.208	0.447	0.565	0.730	0.839	0.758	0.317	0.577	0.748	0.353	0.571
765	0.467	0.315	0.502	0.189	0.212	0.458	0.570	0.730	0.839	0.759	0.323	0.599	0.747	0.366	0.572
770	0.467	0.315	0.506	0.192	0.215	0.469	0.575	0.730	0.839	0.759	0.330	0.618	0.747	0.379	0.573
775	0.467	0.314	0.510	0.194	0.217	0.477	0.578	0.730	0.839	0.759	0.334	0.633	0.747	0.390	0.573
780	0.467	0.314	0.516	0.197	0.219	0.485	0.581	0.730	0.839	0.759	0.338	0.645	0.747	0.399	0.573

（三）待测光源色品坐标及待测光源下颜色样品色品坐标的计算

测量待测光源的相对光谱功率分布，计算待测光源在 CIE 1931 标准色度观察者下的 x_k、y_k 和 u_k、v_k 色品坐标，然后根据表 10-19 的检验色样数据计算在待测光源下各样品的 $x_{k,i}$、$y_{k,i}$ 和 $u_{k,i}$、$v_{k,i}$ 色品坐标（脚标 i 为检验色样的序号）。

由 xy 坐标转换为 uv 坐标的方法见下式：

$$\left.\begin{aligned} u&=\frac{4X}{X+15Y+3Z} \quad 或 \quad u=\frac{4x}{-2x+12y+3} \\ v&=\frac{6Y}{X+15Y+3Z} \quad 或 \quad v=\frac{6y}{-2x+12y+3} \end{aligned}\right\} \tag{10-94}$$

（四）适应性色品位移的修正

为了处理待测光源和参照照明体下的色适应，需将待测光源的色品坐标 u_k、v_k 调整为参照照明体下的色品坐标 u_r、v_r，即 $u'_k=u_r$，$v'_k=v_r$，然后将检验色样在待测光源照明下的色品坐标 $u_{k,i}$、$v_{k,i}$ 修正为

$$\left.\begin{aligned} u'_{k,i}&=\frac{10.872+0.404\dfrac{c_r}{c_k}c_{k,i}-4\dfrac{d_r}{d_k}d_{k,i}}{16.518+1.481\dfrac{c_r}{c_k}c_{k,i}-\dfrac{d_r}{d_k}d_{k,i}} \\ v'_{k,i}&=\frac{5.520}{16.518+1.481\dfrac{c_r}{c_k}c_{k,i}-\dfrac{d_r}{d_k}d_{k,i}} \end{aligned}\right\} \tag{10-95}$$

式中，c_r、d_r、c_k、d_k、$c_{k,i}$、$d_{k,i}$ 分别为由参照照明体的色品坐标 u_r、v_r 与待测光源的色品坐标 u_k、v_k 以及待测光源照明下各检验色样的色品坐标 $u_{k,i}$、$v_{k,i}$ 按下式计算出的系数：

$$\left.\begin{aligned} c&=\frac{1}{v}(4-u-10v) \\ d&=\frac{1}{v}(1.708v+0.404-1.481u) \end{aligned}\right\} \tag{10-96}$$

（五）由 u、v、Y 转换成 U^*、V^*、W^*

用下式将各检验色样在参照照明体和待测光源下的色度参数转换为 U^*、V^*、W^*：

$$\left.\begin{aligned} &W^*_{r,i}=25(Y_{r,i})^{\frac{1}{3}}-17,W^*_{k,i}=25(Y_{k,i})^{\frac{1}{3}}-17 \\ &U^*_{r,i}=13W^*_{r,i}(u_{r,i}-u_r),U^*_{k,i}=13W^*_{k,i}(u'_{k,i}-u'_k) \\ &V^*_{r,i}=13W^*_{r,i}(v_{r,i}-v_r),V^*_{k,i}=13W^*_{k,i}(v'_{k,i}-v'_k) \end{aligned}\right\} \tag{10-97}$$

式中，$u'_k=u_r$，$v'_k=v_r$。

（六）检验色样的总色位移（色差）

计算在待测光源 k 和参照照明体 r 照明下同一检验色样 i 的色差：

$$\begin{aligned} \Delta E_i&=\sqrt{(U^*_{r,i}-U^*_{k,i})^2+(V^*_{r,i}-V^*_{k,i})^2+(W^*_{r,i}-W^*_{k,i})^2} \\ &=\sqrt{(\Delta U^*_i)^2+(\Delta V^*_i)^2+(\Delta W^*_i)^2} \end{aligned} \tag{10-98}$$

（七）显色指数的计算

特殊显色指数（$i=1,2,3,\cdots$ 单个检验色样）：

$$R_i=100-4.6\Delta E_i \tag{10-99}$$

一般显色指数（CIE 1～8 号检验色样 R_i 的平均值）为

$$R_a=\frac{1}{8}\sum_{i=1}^{8}R_i \tag{10-100}$$

ΔE_i 的单位为 NBS 色差单位。显色指数用整数表示(四舍五入)。

白炽灯、卤钨灯的一般显色指数为 95～100,高亮度碳弧、短弧氙灯为 94～98,高显色荧光灯和金属卤化物灯为 80～95,普通荧光灯为 50～70,高压荧光汞灯为 30～40,高压钠灯为 20～25。在需要准确分辨颜色的场合,必须用高显色性光源照明。显色指数低于 50 的光源不适用于需要分辨颜色的场合。

十二、色貌与 CIE CAM02 色貌模型

同一个颜色在不同照明条件、不同环境和不同背景下,以及由不同的观察者观察都具有不同的颜色表现,称之为色貌。因此,当人们在不同的条件下观察同一个颜色样品时,在视觉上可能是不同的。为解决这一问题,人们提出了色貌模型,通过这样一个模型,可以在一个确定的环境下再现不同观察条件的颜色属性,包括对相关的颜色属性,如明度、彩度和色调进行预测。色貌模型主要是解决不同媒体在不同的观察条件、不同的背景和不同的环境下的颜色真实再现问题。如在显示屏上再现纸张上的颜色图像。具体地说,色貌是指通过对特定照明、背景以及观察环境等条件下的 CIE 色度参数(例如三刺激值)进行颜色属性参数(例如明度、彩度、色调)计算或预测的数学表达式或数学模型。

1996 年 CIE 公布了 CIE CAM97s[29]色貌模型。随着研究的深入,发现了 CIE CAM97s 的一些缺陷,在 2002 年又推荐了新的色貌模型 CIE CAM02[30]。该模型旨在代替 CIE CAM97s,应用于与彩色图像有关的工业[31-32]。

CIE CAM02 模型可以分为正向模型和逆向模型,提供了进行三刺激值和感觉属性(色貌属性)转换的具体方法。模型的主要两部分就是色适应变换(chromatic adaptation transform ,CAT)和用于计算色貌属性(如明度、视明度、彩度、视彩度、饱和度、色调等)的方程。色适应变换考虑了适应的白点的色度变化,另外,白点的亮度会影响观察者对白点的适应程度。一般地,色适应变换和计算感觉属性之间,有一个非线性的响应压缩。色适应变换和 D 因子是相应颜色数据集的实验结果,非线性响应压缩来源于生理学数据以及其他的考虑。

图 10-25 是 CIE 色貌模型示意图。

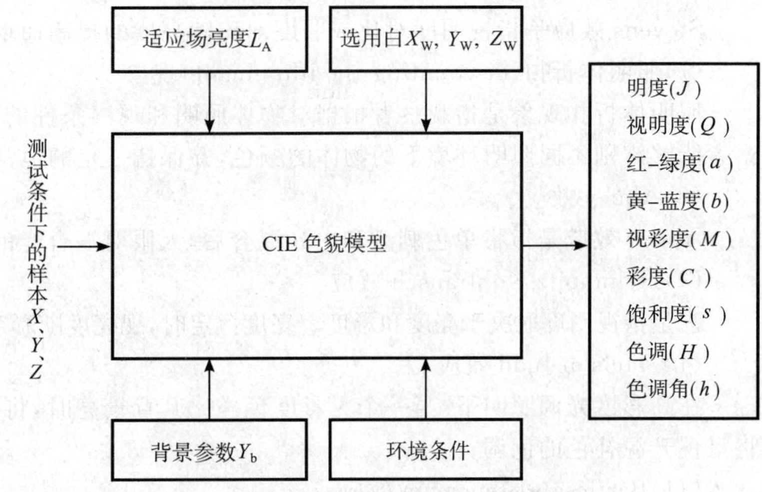

图 10-25　CIE 色貌模型示意图(正向模型)

(一)色貌属性与色貌现象[33]

1. 色貌属性

CIE CAM02 色貌模型的色貌属性包括:红-绿度 a、黄-蓝度 b、色调 H、色调角 h、明度 J、视亮度 Q、饱和度 s、彩度 C 和视彩度 M。

(1)视明度(brightness),符号:Q

视明度是指观察者对所观察颜色刺激在明亮程度上感受到的强度,曾被称作主观亮度或视亮度。视明度是一个绝对量。

(2)明度(lightness),符号:J

明度是指观察者对所观察颜色刺激所感知的视明度相对于同一照明条件下完全漫反射体视明度的比值。明度是一个相对量。

(3)视彩度(colorfulness),符号:M

视彩度是指某颜色刺激所呈现色彩量的多少或人眼对色彩刺激的绝对响应量。

(4)彩度(chroma),符号:C

彩度等于视彩度与同样照明条件下白色物体视明度的比值。彩度是相对量。

(5)饱和度(saturation),符号:s

饱和度等于色刺激的视彩度与视明度之比。饱和度是相对量。

(6)色调(hue),符号:H

色调是指人眼感觉到的物体所具有的颜色特征,是颜色的三属性之一。

(7)红-绿度(redness-greenness),符号:a

色空间中,表示颜色刺激中红-绿相对含量的坐标叫做红-绿度。

(8)黄-蓝度 (yellowness-blueness),符号:b

色空间中,表示颜色刺激中黄-蓝相对含量的坐标叫做黄-蓝度。

(9)色调角(hue angle),符号:h

色调角是指颜色刺激在圆柱形或圆形色空间中的角度位置。

2. 色貌现象

色貌的表现丰富,产生的机理复杂。下面简单介绍一些常见的色貌现象。

(1)同时对比(simultaneous contrast)现象

同时对比现象也称作色诱导,即当改变某个颜色的背景,人眼对该颜色的视觉感受也会发生改变。这些明显的色漂移遵循颜色视觉的对立理论,即是沿着对立色的方向漂移的。

(2)颜色适应

人眼在颜色刺激的作用下所产生的颜色视觉变化叫颜色适应。

(3)扩散(spreading)效应

当刺激在空间频率上增加或刺激的尺寸变小时,同时对比效应会随之消失,替代的是扩散效应。扩散效应是一个刺激与其周边环境在表观上的混合。

(4)Bezold-Brücke 色调漂移现象

当一个光谱色的亮度发生变化时,感觉其色调也随之发生漂移,即随着亮度的增加,要保持色调不变,波长要随之发生偏移。

(5)Hunt 效应

Hunt 效应是指视彩度对比随亮度的提高而增大的现象。

(6)Stevens 效应

Stevens 效应是指视明度对比或明度对比随亮度的提高而增大的现象,可以理解为图像对比度的概念。

(7)照明体折扣(discounting-the-illuminant)现象

照明体折扣现象是指观察者根据对物体照明和观察条件的认识而产生的一种认知能力,这种能力使观察者能够辨别不同照明环境下的物体的颜色,并保持一定的恒常性。

(8)Abney 效应

Abney 效应是指将单色刺激和白光混合后,人眼对混合光的色调感受发生改变的现象。

(9)Helmholtz-Kohlrausch 效应

它是指视明度取决于亮度和彩度。亮度恒定时,视亮度随彩度的增加而增加,此外和色调的变化也有关。

(10)Helson-Judd 效应

在高彩度光源照明下,当一个无彩度色样比其背景亮时,将呈现光源的色调;反之,色样比其背景暗时,将呈现光源补色的色调。

(11)Bartleson-Brenemam 效应

当一个复杂图像刺激的周围环境从黑到暗到亮变化时,图像的明度对比度也随之逐渐增大。

(二) 色适应变换:CAT02[34]

色适应是产生色貌现象的根本原因,也是建立色貌模型的核心基础。色适应是人的视觉系统在观察条件发生变化时,自动调节视网膜三种锥体细胞的相对灵敏度,以尽量保持对特定物理目标表面的颜色感知(色貌)保持不变的现象。它用于连接两个媒体和两种不同的照明观察条件。

色适应变换不包括明度、彩度等色貌属性,它仅提供从一个观察条件下的三刺激值到另一个观察条件下相应的三刺激值的变换公式。

色适应变换 CAT02 是 CIE CAM02 色貌模型选用的色适应变换空间。下面介绍色适应变换 CAT02 的计算方法。

1. 正向模型

(1)输入数据

测试照明体下样本的三刺激值：X、Y、Z；

测试照明体下选用白的三刺激值：X_w、Y_w、Z_w；

参考照明体下的参考白：X_{wr}、Y_{wr}、Z_{wr}；

参考条件下和测试条件下适应场的亮度（cd/m^2）：L_A（计算 L_A时参考(四)中的说明和公式）。

选用白是指在试验条件(实际观察条件)下的白，参考白是指参考条件下的白。

另外，应用色适应变换时，诸如周边参数、背景亮度因数、参考适应场和测试适应场的亮度水平等环境参数的数据应是确定不变的。

(2)输出数据(数据变换)

参考照明体下样本的对应色的三刺激值：X_c、Y_c、Z_c。

(3)计算过程

步骤 1　计算锥体响应

$$\begin{pmatrix} R \\ G \\ B \end{pmatrix} = M_{CAT02}\begin{pmatrix} X \\ Y \\ Z \end{pmatrix},\quad \begin{pmatrix} R_w \\ G_w \\ B_w \end{pmatrix} = M_{CAT02}\begin{pmatrix} X_w \\ Y_w \\ Z_w \end{pmatrix},\quad \begin{pmatrix} R_{wr} \\ G_{wr} \\ B_{wr} \end{pmatrix} = M_{CAT02}\begin{pmatrix} X_{wr} \\ Y_{wr} \\ Z_{wr} \end{pmatrix} \tag{10-101}$$

其中

$$M_{CAT02} = \begin{pmatrix} 0.7328 & 0.4296 & -0.1624 \\ -0.7036 & 1.6975 & 0.0061 \\ 0.0030 & 0.0136 & 0.9834 \end{pmatrix} \tag{10-102}$$

步骤 2　计算适应深度 D

$$D = F\left[1-\left(\frac{1}{3.6}\right)e^{\left(\frac{-L_A-42}{92}\right)}\right] \tag{10-103}$$

式中，F 是适应度因子，当周边观察条件分别为平均、昏暗和很暗时，相应的 F 等于 1.0、0.9 和 0.8；L_A 是参考条件下和测试条件下的适应场亮度。

如果色适应是完全的，则 $D=1.0$；如果没有色适应，则 $D=0$。如果 D 大于 1 时其数据仍取 1($D=1$)，小于 0 时取 0($D=0$)。周边参数的选择请参考(四)中的内容。

步骤 3　计算对应响应

$$R_c = R\left(\alpha\frac{R_{wr}}{R_w}+1-D\right),\quad G_c = G\left(\alpha\frac{G_{wr}}{G_w}+1-D\right),\quad B_c = B\left(\alpha\frac{B_{wr}}{B_w}+1-D\right) \tag{10-104}$$

式中，$\alpha = D\dfrac{Y_w}{Y_{wr}}$。

步骤 4　计算对应色三刺激值

$$\begin{pmatrix} X_c \\ Y_c \\ Z_c \end{pmatrix} = M_{CAT02}^{-1}\begin{pmatrix} R_c \\ G_c \\ B_c \end{pmatrix} \tag{10-105}$$

逆矩阵的系数在(四)中给出。

2. 逆向模型

(1)输入数据

参考照明体下对应色的三刺激值 X_c、Y_c、Z_c。

其余参数同正向模型。

(2)输出数据

测试照明体下样本色的三刺激值 X、Y、Z。

(3)计算过程

步骤 1　计算锥体响应

$$\begin{pmatrix} R_w \\ G_w \\ B_w \end{pmatrix} = M_{CAT02} \begin{pmatrix} X_w \\ Y_w \\ Z_w \end{pmatrix}, \quad \begin{pmatrix} R_{wr} \\ G_{wr} \\ B_{wr} \end{pmatrix} = M_{CAT02} \begin{pmatrix} X_{wr} \\ Y_{wr} \\ Z_{wr} \end{pmatrix}, \quad \begin{pmatrix} R_c \\ G_c \\ B_c \end{pmatrix} = M_{CAT02} \begin{pmatrix} X_c \\ Y_c \\ Z_c \end{pmatrix} \tag{10-106}$$

步骤 2　用正向模型中步骤 2 的方法计算 D。

步骤 3　计算锥体响应

$$R = \frac{R_c}{\left(\alpha \frac{R_{wr}}{R_w} + 1 - D\right)}, \quad G = \frac{G_c}{\left(\alpha \frac{G_{wr}}{G_w} + 1 - D\right)}, \quad B = \frac{B_c}{\left(\alpha \frac{B_{wr}}{B_w} + 1 - D\right)} \tag{10-107}$$

式中，$\alpha = D\dfrac{Y_w}{Y_{wr}}$。

步骤 4　计算原样本色的三刺激值

$$\begin{pmatrix} X \\ Y \\ Z \end{pmatrix} = M_{CAT02}^{-1} \begin{pmatrix} R \\ G \\ B \end{pmatrix} \tag{10-108}$$

逆矩阵的系数在(四)中给出。

(三)CIE 色貌模型：CIE CAM02

1. 正向模型

1)输入。测试照明体(X_w, Y_w, Z_w)下样本的 X、Y、Z。

2)输出。明度 J、彩度 C、色调 H、色调角 h、视彩度 M、饱和度 s、视明度 Q。

3)照明体、观察环境的确定和背景参数。所有参数参照(四)中的内容确定。

测试照明体下的选用白：X_w、Y_w、Z_w；

测试条件下的背景参数：Y_b；

参考照明体下的参考白：$X_{wr} = Y_{wr} = Z_{wr} = 100$，在模型中是确定不变的；

测试适应场的亮度：L_A(cd/m^2)；

周边参数：见表 10-20。

表 10-20　周边参数

环　境	适应度因子 F	环境影响因子 c	色诱导因子 N_c
平均(average)	1.0	0.69	1.0
昏暗(dim)	0.9	0.59	0.9
很暗(dark)	0.8	0.535	0.8

周边参数的确定参考(四)中的说明与公式。N_c 和 F 是 c 的函数，可用表 10-20 中数据和如图 10-26 所示的方法进行线性内插。

4)计算过程。

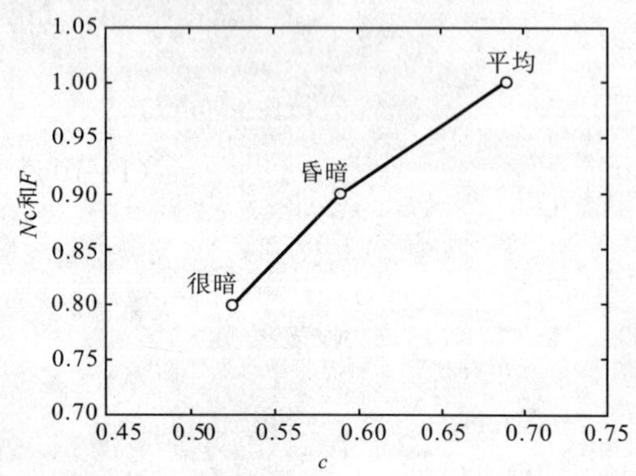

图 10-26　N_c 与 F 随 c 的变化

步骤 0　计算所有独立于输入样本的参数和数据

$$\begin{pmatrix} R_w \\ G_w \\ B_w \end{pmatrix} = M_{CAT02} \begin{pmatrix} X_w \\ Y_w \\ Z_w \end{pmatrix} \tag{10-109}$$

$$D = F\left[1 - \left(\frac{1}{3.6}\right) e^{\left(\frac{-L_A - 42}{92}\right)}\right] \tag{10-110}$$

如果 D 大于 1 时取 1，小于 0 时取 0。

$$\left.\begin{aligned} D_R &= D\frac{Y_w}{R_w} + 1 - D \\ D_G &= D\frac{Y_w}{G_w} + 1 - D \\ D_B &= D\frac{Y_w}{B_w} + 1 - D \end{aligned}\right\} \tag{10-111}$$

亮度水平适应因子为

$$F_L = 0.2k^4(5L_A) + 0.1(1-k^4)^2(5L_A)^{1/3} \tag{10-112}$$

式中，$k=\dfrac{1}{5L_A+1}$。

背景诱导因子为
$$n=\frac{Y_b}{Y_w} \tag{10-113}$$

非线性指数为
$$z=1.48+\sqrt{n} \tag{10-114}$$

背景视明度诱导因子为
$$N_{bb}=0.725\left(\frac{1}{n}\right)^{0.2} \tag{10-115}$$

背景色诱导因子为
$$N_{cb}=N_{bb} \tag{10-116}$$

$$\begin{bmatrix} R_{wc} \\ G_{wc} \\ B_{wc} \end{bmatrix} = \begin{bmatrix} D_R R_w \\ D_G G_w \\ D_B B_w \end{bmatrix} \tag{10-117}$$

$$\begin{bmatrix} R'_w \\ G'_w \\ B'_w \end{bmatrix} = M_{HPE} M_{CAT02}^{-1} \begin{bmatrix} R_{wc} \\ G_{wc} \\ B_{wc} \end{bmatrix} \tag{10-118}$$

$$M_{HPE} = \begin{bmatrix} 0.389\,71 & 0.688\,98 & -0.078\,68 \\ -0.229\,81 & 1.183\,40 & 0.046\,41 \\ 0.000\,00 & 0.000\,00 & 1.000\,00 \end{bmatrix} \tag{10-119}$$

$$\left.\begin{aligned} R'_{aw} &= 400\left[\frac{\left(\frac{F_L R'_w}{100}\right)^{0.42}}{\left(\frac{F_L R'_w}{100}\right)^{0.42}+27.13}\right]+0.1 \\ G'_{aw} &= 400\left[\frac{\left(\frac{F_L G'_w}{100}\right)^{0.42}}{\left(\frac{F_L G'_w}{100}\right)^{0.42}+27.13}\right]+0.1 \\ B'_{aw} &= 400\left[\frac{\left(\frac{F_L B'_w}{100}\right)^{0.42}}{\left(\frac{F_L B'_w}{100}\right)^{0.42}+27.13}\right]+0.1 \end{aligned}\right\} \tag{10-120}$$

$$A_W = \left(2R'_{aw} + G'_{aw} + \frac{B'_{aw}}{20} - 0.305\right) N_{bb} \tag{10-121}$$

该步计算中的所有参数将用于以下步骤中，但它们只与周边环境和观测条件有关，因此当用于处理图像像素时这些参数只计算一次。以下的计算步骤是与样本有关的计算。

步骤 1　计算(锐化)锥体响应

$$\begin{bmatrix} R \\ G \\ B \end{bmatrix} = M_{CAT02} \begin{bmatrix} X \\ Y \\ Z \end{bmatrix} \tag{10-122}$$

步骤 2　计算对应(锐化)锥体响应

$$\begin{bmatrix} R_c \\ G_c \\ B_c \end{bmatrix} = \begin{bmatrix} D_R R \\ D_G G \\ D_B B \end{bmatrix} \tag{10-123}$$

步骤 3　计算 Hunt-Pointer-Estevez 响应

$$\begin{bmatrix} R' \\ G' \\ B' \end{bmatrix} = M_{HPE} M_{CAT02}^{-1} \begin{bmatrix} R_c \\ G_c \\ B_c \end{bmatrix} \tag{10-124}$$

步骤 4　计算后适应锥体响应

$$R'_a=400\left[\frac{\left(\frac{F_L R'}{100}\right)^{0.42}}{\left(\frac{F_L R'}{100}\right)^{0.42}+27.13}\right]+0.1 \quad (10\text{-}125)$$

如果 R' 是负值，则

$$R'_a=-400\left[\frac{\left(\frac{-F_L R'}{100}\right)^{0.42}}{\left(\frac{-F_L R'}{100}\right)^{0.42}+27.13}\right]+0.1 \quad (10\text{-}126)$$

G'_a 和 B'_a 的计算参照上式，分别用 G' 和 B' 替代 R'。

步骤 5　计算红-绿度 a，黄-蓝度 b 和色调角 h

$$\left.\begin{aligned} a&=R'_a-\frac{12G'_a}{11}+\frac{B'_a}{11}\\ b&=\frac{(R'_a+G'_a-2B'_a)}{9}\\ h&=\arctan\left(\frac{b}{a}\right)\end{aligned}\right\} \quad (10\text{-}127)$$

h 应介于 0°与 360°之间。

步骤 6　计算偏心因子 e_t 和色调合成 H

用表 10-21 中的单一色调数据，当 $h<h_1$ 时，令 $h'=h+360$；否则 $h'=h$。

选取合适的 $i(i=1,2,3$ 或者 $4)$，使 $h_i\leqslant h'<h_{i+1}$，计算

$$e_t=\frac{1}{4}\left[\cos\left(\frac{h'\pi}{180}+2\right)+3.8\right] \quad (10\text{-}128)$$

表 10-21　用于色调合成计算时的单一色调数据

	红	黄	绿	蓝	红
i	1	2	3	4	5
h_i	20.14	90.00	164.25	237.53	380.14
e_i	0.8	0.7	1.0	1.2	0.8
H_i	0.0	100.0	200.0	300.0	400.0

结果将与表 10-21 中给出的偏心因子近似，但不精确相等。

$$H=H_i+\frac{100\,\frac{h'-h_i}{e_i}}{\frac{h'-h_i}{e_i}+\frac{h_{i+1}-h'}{e_{i+1}}} \quad (10\text{-}129)$$

步骤 7　计算无彩色响应 A

$$A=\left(2R'_a+G'_a+\frac{B'_a}{20}-0.305\right)N_{bb} \quad (10\text{-}130)$$

步骤 8　计算明度 J

$$J=100\left(\frac{A}{A_w}\right)^{cz} \quad (10\text{-}131)$$

步骤 9　计算视明度 Q

$$Q=\left(\frac{4}{c}\right)\left(\frac{J}{100}\right)^{0.5}(A_w+4)F_L^{0.25} \quad (10\text{-}132)$$

步骤 10　计算彩度 C、视彩度 M 和饱和度 s

$$\left.\begin{aligned} t&=\frac{\left(\frac{500\,00}{13}N_c N_{cb}\right)e_t(a^2+b^2)^{1/2}}{R'_a+G'_a+\left(\frac{21}{20}\right)B'_a}\\ C&=t^{0.9}\left(\frac{J}{100}\right)^{0.5}(1.64-0.29^n)^{0.73}\\ M&=CF_L^{0.25}\\ s&=100\left(\frac{M}{Q}\right)^{0.5}\end{aligned}\right\} \quad (10\text{-}133)$$

2. 逆向模型

1)输入。J 或 Q;C、M 或 s;H 或 h。

2)输出。测试照明体 X_w、Y_w、Z_w下的 X、Y、Z。

3)照明体、周边参数和背景参数。同正向模型中的相关参数。在计算适应场亮度和环境条件时请参考(四)中的说明。

4)计算过程。

步骤 0 计算观测参数

用与正向模型步骤 0 中相同的公式计算 F_L,n,z,$N_{bb}=N_{bc}$、R_w、G_w、B_w、D、D_R、D_G、D_B、R_{wc}、G_{wc}、B_{wc}、R'_w、G'_w、B'_w、R'_{aw}、G'_{aw}、B'_{aw}和 A_w。这些参数将在以下的步骤中用到。在该步中计算出的数据可以应用于观察条件下所有的样本;对图像而言,可以用于所有的像素。因此,这些参数只计算一次即可。以下计算步骤是与样本相关的。

步骤 1 根据 H、Q、M、s 计算 J、C 和 h

输入的数据可能是不同的视感受的组合,例如 J 或 Q,C、M 或 s,以及 H 或 h。因此需要将其他参数转换成 J、C 和 h 后应用以下公式。

步骤 1-1 根据 Q 计算 J

$$J=6.25\left[\frac{cQ}{(A_w+4)F_L^{0.25}}\right]^2 \tag{10-134}$$

步骤 1-2 根据 M 或 s 计算 C

$$C=\frac{M}{F_L^{0.25}} \tag{10-135}$$

$$Q=\left(\frac{4}{c}\right)\left(\frac{J}{100}\right)^{0.5}(A_w+4.0)F_L^{0.25} \tag{10-136}$$

$$C=\left(\frac{s}{100}\right)^2\left(\frac{Q}{F_L^{0.25}}\right)$$

步骤 1-3 根据 H 计算 h

色调角 h 可以利用正向模型中表 10-21 的数据进行计算。

选择合适的 i ($i=1,2,3$ 或 4),使得 $H_i\leqslant H<H_{i+1}$,则

$$h'=\frac{(H-H_i)(e_{i+1}h_i-e_ih_{i+1})-100h_ie_{i+1}}{(H-H_i)(e_{i+1}-e_i)-100e_{i+1}} \tag{10-137}$$

当 $h'>360$ 时,$h=h'-360$;否则 $h=h'$。

步骤 2 计算 t、e_t、p_1、p_2、和 p_3

$$t=\left[\frac{C}{\sqrt{\frac{J}{100}}(1.64-0.29^n)^{0.73}}\right]^{\frac{1}{0.9}} \tag{10-138}$$

$$e_t=\frac{1}{4}\left[\cos\left(h\frac{\pi}{180}+2\right)+3.8\right] \tag{10-139}$$

$$A=A_W\left(\frac{J}{100}\right)^{\frac{1}{cz}} \tag{10-140}$$

当 $t\neq0$ 时
$$p_1=\left(\frac{5000\,0}{13}N_cN_{cb}\right)e_t\left(\frac{1}{t}\right) \tag{10-141}$$

$$p_2=\frac{A}{N_{bb}}+0.305 \tag{10-142}$$

$$p_3=\frac{21}{20} \tag{10-143}$$

步骤 3 计算 a 和 b

如果 $t=0$,$a=b=0$,转到步骤 4(计算 $\sin h$ 和 $\cos h$ 前,务必将 h 从(°)转换成 rad)。

若 $|\sin h| \geqslant |\cos h|$，则

$$\left.\begin{aligned} & p_4 - \frac{p_1}{\sin h} \\ & b = \frac{p_2(2+p_3)\left(\frac{460}{1403}\right)}{p_4 + (2+p_3)\left(\frac{220}{1403}\right)\left(\frac{\cos h}{\sin h}\right) - \left(\frac{27}{1403}\right) + p_3\left(\frac{6300}{1403}\right)} \\ & a = b\left(\frac{\cos h}{\sin h}\right) \end{aligned}\right\} \tag{10-144}$$

若 $|\cos h| > |\sin h|$，则

$$\left.\begin{aligned} & p_5 = \frac{p_1}{\cos h} \\ & a = \frac{p_2(2+p_3)\left(\frac{460}{1403}\right)}{p_5 + (2+p_3)\left(\frac{220}{1403}\right) - \left[\left(\frac{27}{1403}\right) - p_3\left(\frac{6300}{1403}\right)\right]\left(\frac{\sin h}{\cos h}\right)} \\ & b = a\left(\frac{\sin h}{\cos h}\right) \end{aligned}\right\} \tag{10-145}$$

步骤 4　计算 R'_a、G'_a 和 B'_a

$$\left.\begin{aligned} R'_a &= \frac{460}{1403}p_2 + \frac{451}{1403}a + \frac{288}{1403}b \\ G'_a &= \frac{460}{1403}p_2 - \frac{891}{1403}a - \frac{261}{1403}b \\ B'_a &= \frac{460}{1403}p_2 - \frac{220}{1403}a - \frac{6300}{1403}b \end{aligned}\right\} \tag{10-146}$$

步骤 5　计算 R'、G' 和 B'

$$R' = \mathrm{sign}(R'_a - 0.1)\frac{100}{F_L}\left[\frac{27.13|R'_a - 0.1|}{400 - |R'_a - 0.1|}\right]^{\frac{1}{0.42}} \tag{10-147}$$

这里，$\mathrm{sign}(x) = \begin{cases} 1, & x>0 \text{ 时} \\ 0, & x=0 \text{ 时} \\ -1, & x<0 \text{ 时} \end{cases}$

根据 G'_a 和 B'_a 计算 G' 和 B' 时与计算 R' 的公式类似。

步骤 6　计算 R_c、G_c 和 B_c（逆矩阵参考(四)中的定义）

$$\begin{pmatrix} R_c \\ G_c \\ B_c \end{pmatrix} = M_{\mathrm{CAT02}} M_{\mathrm{HPE}}^{-1} \begin{pmatrix} R' \\ G' \\ B' \end{pmatrix} \tag{10-148}$$

步骤 7　计算 R、G 和 B

$$\begin{pmatrix} R \\ G \\ B \end{pmatrix} = \begin{pmatrix} \dfrac{R_c}{D_R} \\ \dfrac{G_c}{D_G} \\ \dfrac{B_c}{D_B} \end{pmatrix} \tag{10-149}$$

步骤 8　计算 X、Y 和 Z（逆矩阵系数见(四)中的定义）

$$\begin{pmatrix} X \\ Y \\ Z \end{pmatrix} = M_{\mathrm{CAT02}}^{-1} \begin{pmatrix} R \\ G \\ B \end{pmatrix} \tag{10-150}$$

(四)M_{CAT02}^{-1}、M_{HPE}^{-1}、L_A 与环境条件

1)推荐用下面公式给出的矩阵系数应用于逆矩阵 M_{CAT02}^{-1} 和 M_{HPE}^{-1}：

$$M_{CAT02}^{-1}=\begin{bmatrix} 1.096\,124 & -0.278\,869 & 0.182\,745 \\ 0.454\,369 & 0.473\,533 & 0.072\,098 \\ -0.009\,628 & -0.005\,698 & 1.015\,326 \end{bmatrix} \tag{10-151}$$

$$M_{HPE}^{-1}=\begin{bmatrix} 1.910\,197 & -1.112\,124 & 0.201\,908 \\ 0.370\,950 & 0.629\,054 & -0.000\,008 \\ 0.000\,000 & 0.000\,000 & 1.000\,000 \end{bmatrix} \tag{10-152}$$

2)L_A 的计算方法如下：

$$L_A=\left(\frac{E_w}{\pi}\right)\left(\frac{Y_b}{Y_w}\right)=\frac{L_w Y_b}{Y_w} \tag{10-153}$$

式中，$E_W=\pi L_W$ 是参考白的照度，单位为 lx；L_W 是参考白的亮度，单位为 cd/m^2；Y_b 是背景的亮度因数；Y_W 是参考白的亮度因数。

3)周边条件(平均、昏暗、很暗)是由环境比率 S_R 决定的，S_R 的计算方法为

$$S_R=\frac{L_{SW}}{L_{DW}} \tag{10-154}$$

式中，L_{SW} 是在周边场测量出的参考白的亮度；L_{DW} 是在显示区域测量的参考白的亮度。$S_R=0$，环境为“很暗”；$0<S_R<0.2$，环境是“昏暗”；$S_R\geqslant 0.2$，环境为“平均”。

开展色貌模型研究具有重要的科学和应用价值：在颜色科学基础研究领域，色貌模型的理论可以直接应用于解决均匀色空间、标准色差理论等问题；而在应用研究领域，色貌模型的研究结果可以解决各种跨媒体的颜色信息保真问题，例如彩色复制中的色彩管理系统(CMS)、计算机辅助设计(CAD)、电脑配色系统(CCM)、微光成像系统，以及互联网用户之间的真实颜色信息传递，等等。

十三、基于 CIE 色度系统的其他色度计算公式

色度学是实用性非常强的学科，在各生产领域和实际生活中，色度学的应用领域非常广泛。CIE 标准色度系统对颜色的表示、测量和计算进行了详尽的规定。每个实际应用领域都可以根据这些规定对相应的样品进行颜色度量。在有些应用领域中，以 CIE 规定的基本理论和公式为基础，发展出对特定样品进行颜色表示、测量和计算的方法，并在长期的应用中，已经被普遍认同或者形成标准。例如，塑料等样品的黄色指数(YI)和棉花的反射率(R_d)与黄度($+b$)都是在 CIE XYZ 标准色度系统三刺激值的基础上发展的计算公式。

(一)黄色指数 YI

黄色指数，有时也叫黄度指数，通常用于表示白色或近白色样品经光照、使用、老化后，其性能改变，使人们对外观产生发“黄”的视觉感受。通常用于评价塑料的老化和黄变。

有一系列的计算黄色指数的公式，其中，最常用的是美国 ASTM E313[35] 等标准推荐的黄色指数公式：

对于 C 照明体，2°标准色度观察者

$$YI=\frac{100(1.28\,X-1.06\,Z)}{Y} \tag{10-155}$$

对于 D65 照明体，10°标准色度观察者

$$YI=\frac{100(1.30\,X_{10}-1.15\,Z_{10})}{Y_{10}} \tag{10-156}$$

式中，YI 为样品的黄色指数，X、Y、Z 为样品的三刺激值。

(二)棉花反射率 R_d 与黄度 $+b$

棉花的颜色是由反射率 R_d 和黄度 $+b$ 来表示的，反射率衡量棉花的明亮程度，而黄度显示棉花中含色素的程度。

国际上以 Nikerson-Hunter 色度系统进行颜色计算，利用 45°照明，垂直探测方法进行棉花色度值测量。棉花反射率 R_d 和黄度 $+b$ 的计算公式[36]为

$$\left.\begin{aligned}&R_d=Y\\&+b=70f_y(Y-0.847Z)\end{aligned}\right\}\tag{10-157}$$

$$f_y=0.51[(21+20Y)/(1+20Y)]\tag{10-158}$$

式中，Y 为 C 照明体，CIE 1931 标准色度观察者下的刺激值；Z 为 C 照明体，CIE 1931 标准色度观察者下的刺激值。

第四节　物体色的测量方法

光被物体反射或透射后的颜色叫做物体色。

物体色是物体对可见光光谱进行选择性反射或透射的结果。从这个意义出发，利用单色仪分光，直接测量物体的光谱反射因数或者光谱透射比，经计算就可以得到物体的颜色。这样的仪器属于光谱光度测色仪器[1,12,37-39]。

另外一种测量物体色的方法不使用单色仪，而是在光路中加修正滤光器，使修正后仪器的总光谱灵敏度与特定照明体下的标准色度观察者的光谱灵敏度一致。这样就不必使用单色仪进行分光，对探测器灵敏度的要求也降低了。这样的仪器属于光电积分测色仪器[40]。

第三类测色仪器根据颜色匹配原理，通过正常三色觉者的主观调整，将样品视场和参比视场的颜色和亮度调整到目视匹配的状态，此时被测样品的颜色可以用参比标准样品的颜色色号表示。这样的仪器属于目视比较测色仪器[41]。

因此，物体色的测量方法可分为光谱光度测色法、光电积分测色法和目视比较测色方法[42]。本节内容适用于非荧光物体色度测量。

一、光谱光度测色法

（一）测量原理

一个物体的颜色可以用它的三刺激值或三刺激值的导出量来表示。以 CIE 1931 标准色度观察者下的色度测量为例：

$$\left.\begin{aligned}X&=k\sum_{380}^{780}\varphi(\lambda)\bar{x}(\lambda)\Delta\lambda\\Y&=k\sum_{380}^{780}\varphi(\lambda)\bar{y}(\lambda)\Delta\lambda\\Z&=k\sum_{380}^{780}\varphi(\lambda)\bar{z}(\lambda)\Delta\lambda\end{aligned}\right\}\tag{10-159}$$

式中，$\bar{x}(\lambda)$、$\bar{y}(\lambda)$、$\bar{z}(\lambda)$是 CIE 规定的色匹配函数，待测量是 $\varphi(\lambda)$。透射物体和反射物体的 $\varphi(\lambda)$值分别为 $\tau(\lambda)S(\lambda)$和 $\beta(\lambda)S(\lambda)$。对于透射物体和反射物体，CIE 已经规定了几种照明体的相对光谱功率分布$S(\lambda)$，所以只需测量物体色刺激的光谱透射因数 $\tau(\lambda)$或光谱反射因数 $\beta(\lambda)$。

（二）测量装置

光谱光度测色法所需要的测量装置为光谱光度计和工作标准白板。

1. 光谱光度计

光谱光度计也称为分光光度计，可以用来测量样品的光谱透射因数或者光谱反射因数；以测色为主要功能的光谱光度计也称为光谱测色仪，能直接得到色度值。本节均以光谱光度计为例说明光谱光度测色法。根据仪器结构的不同，光谱光度计可分为单光路光谱光度计和双光路光谱光度计。

光谱光度计或者光谱测色仪由光源、单色仪、探测器及数据处理系统等组成。光源一般为白炽灯、卤钨灯或氙灯。根据色散元件不同，单色仪分为棱镜单色仪和光栅单色仪。为了提高光谱纯度，减少杂散光，仪器有时利用两级单色仪进行分光。探测器一般用光电倍增管或者电荷耦合器件(CCD)。在需要漫射照明或者漫射接收时，应用积分球作为漫射器。常见的带积分球的光谱光度测色仪器如图 10-27 所示。

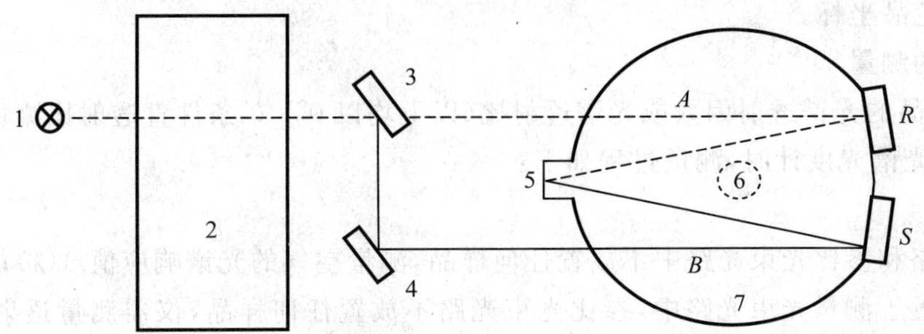

图 10-27　光谱光度测色仪器光学结构示意图

1. 光源；2. 单色仪；3. 扇形反射转盘；4. 反射镜；5. 光陷阱；6. 探测器；7. 积分球；

A. 参考光束；*B*. 样品光束；*R*. 参考样品；*S*. 被测样品

用于测色的光谱光度计应满足以下基本条件：

1)测量波长范围为 380～780 nm，至少为 400～700 nm。

2)通带半宽度一般不大于 5 nm；如果对测量准确度要求不高，最大不应超过 10 nm。

3)几何条件符合 CIE 的规定。

2. 工作标准白板

工作标准白板应经计量部门标定，具有光谱反射因数标准值和色度标准值。

(三)测量方法

1. 反射样品色的测量

(1)测量反射样品的光谱反射比或反射因数(以下均以光谱反射比为例说明)

1)使用双光路光谱光度计的测量过程如下：

A. 在参比和测量窗口处放置相同的高反射比漫射标准白板，校准基线；

B. 测量窗口放置工作标准白板，测量其相对于参比光路中参比白板的光谱响应值 $r_0(\lambda)$(以下简称光谱响应值)；

C. 用样品取代工作标准白板，测量样品光谱响应值 ，按下式计算出样品的光谱反射比 $\rho(\lambda)$：

$$\rho(\lambda)=\frac{r(\lambda)}{r_0(\lambda)}\rho_0(\lambda) \tag{10-160}$$

式中，$\rho(\lambda)$为被测样品的光谱反射比，$\rho_0(\lambda)$为工作标准白板的光谱反射比，$r(\lambda)$为被测样品的光谱响应值；$r_0(\lambda)$为工作标准白板的光谱响应值。

2)使用单光路光谱光度计的测量过程如下：

A. 校准基线；

B. 测量工作标准白板光谱响应值 $r_0(\lambda)$；

C. 用样品取代工作标准白板，测量样品光谱响应值 $r(\lambda)$；按(10-160)式计算样品的光谱反射比 $\rho(\lambda)$。

当单光路光谱光度计使用积分球时，需要对由于样品的吸收而引起的积分球效率降低进行修正，否则仪器将给出非线性的测量结果。经修正的反射比 ρ_s 为

$$\rho_s=R(\lambda)\frac{1-\rho_w(\lambda)(1-\sum_i f_i)}{1-\rho_w(\lambda)(1-\sum_i f_i)-f_s[\rho_r(\lambda)-R(\lambda)]} \tag{10-161}$$

式中，ρ_s 为样品经修正的反射比，$R(\lambda)$为样品相对于完全漫反射体未经修正的光谱反射比，$\rho_w(\lambda)$为球壁在漫射/漫射条件下的光谱反射比，f_i 为积分球上第 i 个开孔面积与球总内表面的面积比，f_s 为样品孔面积与

球总内表面的面积比，$\rho_r(\lambda)$为参考标准的反射比。

(10-161)式是基于理想积分球的特性，除样品外其他开口的有效反射比均为0。

(2)计算色度值

样品的光谱反射比求得后，按照本章第三节中(10-15)式、(10-16)式、(10-22)式和(10-23)式计算反射物体色的三刺激值和色品坐标。

2. 透射样品色的测量

(1)测量透射样品的光谱透射因数或光谱透射比(以下均以0°：0°条件直透射比测量为例说明)

1) 使用双光路光谱光度计时，测量过程如下：

A. 校准基线；

B. 测量光束光路和参比光束光路中不放置任何样品，测量空气的光谱响应值$r_0(\lambda)$；

C. 将透射样品置于测量光束光路中，参比光束光路不放置任何样品，仪器测量透射样品的光谱响应值$r(\lambda)$，按下式计算透射样品的光谱透射比$\tau(\lambda)$：

$$\tau(\lambda)=\frac{r(\lambda)}{r_0(\lambda)}\tau_0(\lambda) \tag{10-162}$$

式中，$\tau(\lambda)$为被测透射样品的光谱透射比，$\tau_0(\lambda)$为空气的光谱透射比(认为空气的透射比是1)，$r(\lambda)$为被测透射样品的光谱响应值，$r_0(\lambda)$为空气的光谱响应值。

2)使用单光路光谱光度计时，测量过程如下：

A. 校准基线；

B. 光路中不放置任何样品时测量空气的光谱响应值 $r_0(\lambda)$；

C. 将样品置于测量光路中，测量透射样品的光谱响应值。按(10-162)式计算透射样品的光谱透射比$\tau(\lambda)$。

(2)计算色度值

测量得到样品的光谱透射比，按照本章第三节中(10-15)式、(10-16)式、(10-22)式和(10-23)式计算透射物体色的三刺激值和色品坐标。

二、光电积分测色法

光谱光度测色法需要用单色仪进行分光，但由于单色仪的成本相对较高，而且经分光后光信号变弱，对探测器的灵敏度要求也高。因此，从CIE推荐的测色原理出发，利用具有特定光谱灵敏度的光电积分元件，直接测量物体色的三刺激值或色坐标，可以不使用单色仪，且具有信号相对较强的优点，这样的测量方法称作光电积分测色法，也叫色度计法或刺激值直读法。一般精度测色仪或便携式测色仪常用光电积分测色法。

(一) 测量原理

以测量D65照明体，10°标准色度观察者下的物体色度值为例，具体方法是：在3个探测器前分别加修正滤光器，使仪器的总光谱灵敏度(光源、光学系统、探测器三者的综合响应)符合下式：

$$\left.\begin{aligned}K_1S_A(\lambda)\tau_x(\lambda)\gamma(\lambda)&=S_D(\lambda)\bar{x}_{10}(\lambda)\\K_2S_A(\lambda)\tau_y(\lambda)\gamma(\lambda)&=S_D(\lambda)\bar{y}_{10}(\lambda)\\K_3S_A(\lambda)\tau_z(\lambda)\gamma(\lambda)&=S_D(\lambda)\bar{z}_{10}(\lambda)\end{aligned}\right\} \tag{10-163}$$

式中，K_1、K_2、K_3 为比例常数，$S_A(\lambda)$为仪器光源的相对光谱功率分布，$S_D(\lambda)$为标准照明体D65的相对光谱功率分布，$\tau_x(\lambda)$、$\tau_y(\lambda)$、$\tau_z(\lambda)$为仪器中拟合人眼色觉特性的修正滤光器的光谱透射比，$\gamma(\lambda)$为探测器未加修正滤光器时的光谱响应值，$\bar{x}_{10}(\lambda)$、$\bar{y}_{10}(\lambda)$、$\bar{z}_{10}(\lambda)$为CIE 1964标准色度观察者色匹配函数。

通常把满足(10-163)式的测色条件称作卢瑟(Luther)条件。

仪器符合卢瑟条件的程度，决定着仪器的测色准确度。为了减少由于不满足卢瑟条件而导致的测色误差，应为仪器配备适当的专用工作色板，用来分别校正仪器。对于满足卢瑟条件的仪器，仅配上工作标准白板即可。而对于偏离卢瑟条件较严重的仪器，应配能够覆盖相应测色范围的专用工作色板。

（二）测量装置

光电积分测色法所需要的测量装置为光电积分式测色仪器以及用于校准的工作标准白板和色板。

1. 光电积分测色仪

常见的光电积分测色仪有测色色差计或白度计等。测色色差计或白度计由光源、探测器及数据处理系统等组成，其输出结果即为相应照明体下的三刺激值 X、Y、Z（或 X_{10}、Y_{10}、Z_{10}），经计算得出色品坐标或色差。

光电积分测色仪的探测器一般是光电池或光电二极管，探测器和光源总的光谱响应经过了滤光器的修正，以模拟CIE标准色度观察者的色匹配函数。常见光电积分式测色仪的结构如图10-28所示。

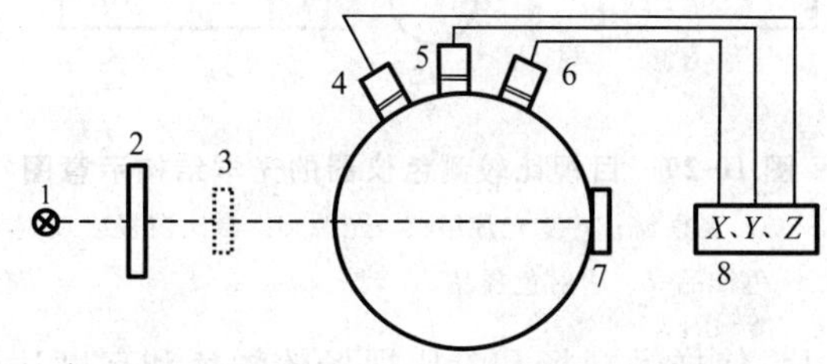

图 10-28　光电积分测色仪器光学结构示意图

1. 光源；2. 修正滤光片；3. 透射样品；4、5、6. 探测器；7. 反射样品；8. 输出显示

用于测色的光电积分测色仪应满足以下条件：

1)用光电积分元件探测，系统的总光谱灵敏度应尽量满足卢瑟条件，见(10-163)式。

2)能直接测量物体的三刺激值或色品坐标。

2. 工作标准白板与工作标准色板

工作标准白板、工作标准色板应经计量部门标定，具有光谱反射因数标准值和色度标准值。

（三）测量方法

1. 校准仪器

1) 测量反射色时，使用黑筒和工作标准白板对仪器进行校准。在需要高精度测量时，可采用与样品光谱反射比相近的工作标准色板对仪器进行校准。

2) 测量透射色时，以空气层作为标准。在需要高精度测量时，可采用与样品光谱透射比相近的透射工作标准色板（或参比液），对仪器进行校准。

用于仪器校准的反射工作标准白板或透射色板的三刺激值用光谱光度测色法测定。

2. 测量色度值

仪器校准后，光电积分测色仪可直接测量出反射或透射物体色的三刺激值和色品坐标。

三、目视比较测色法

（一）测量原理

在色度学的发展历史上，应用目视比较测色原理的色度计曾经起过非常重要的作用，目前仍有很多行业仍沿用这种测色方法。目视色度计是利用人的视觉调节两个视场（或一个视场的两半）的颜色和亮度达到匹配的一种仪器。由于这种测色仪器的测色原理不是采用探测器接收的测量方法而是通过目视匹配的方法，所以叫做目视色度计。目视色度计可以分为加法色度计和减法色度计两种。

任何一个色光，可以用3个原色按照一定的比例相加混合与之匹配。从这个原理出发，可以设计出各种各样的加法色度计，在测量颜色时，能够在视场中达到亮度和颜色的匹配，从而测量出光源颜色的色度和明度。

减法色度计可以测量反射物体或者透射物体的颜色。罗维朋比色计就是非常典型的减法色度计。它利用黄色、品红色和青色三种滤光片实现对光色的控制。3种不同色调的滤光玻璃按照颜色的深浅排列，并给以编号，编号是和它们的光学密度相对应的。假如以3种同编号的玻璃叠在一起就能得到灰色，编号小的为浅灰，编号大的为深灰甚至全暗。

罗维朋比色计可以用来测量食用油等产品的颜色，其结构简图如图10-29所示。此外，应用减法测色原理的还有测量啤酒颜色的啤酒色度仪、测量石油色度的石油产品色度测定器、赛波特比色计等。

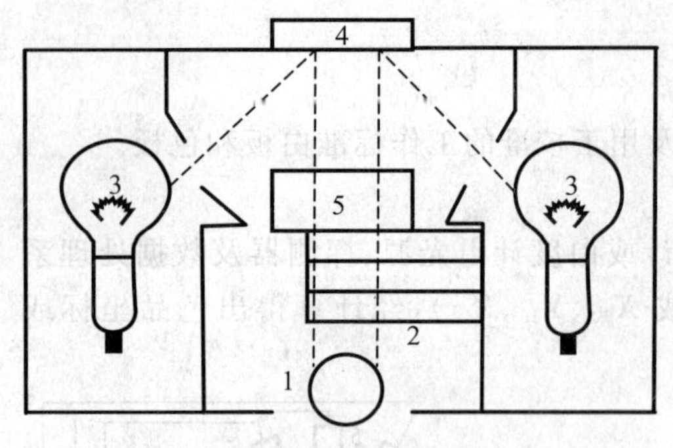

图 10-29 目视比较测色仪器的光学结构示意图

1. 观察窗；2. 滤光片组；3. 光源；4. 参比白板或反射色样品；5. 透射色样品

（二）测量装置

目视比较测色法所需要的测量装置为目视色度计，常见的目视色度计包括罗维朋比色计、啤酒色度仪、赛波特比色计、石油产品色度测定器等。

目视比较测色法中，人眼是探测器，因此测量者应是正常色觉者。

（三）测量方法

正常色觉者使用目视色度计测量。

测量时将被测样品放在样品视场，标准滤色片放在参比视场。人眼目视观察比较两个视场，调节参比视场的标准滤色片，使样品视场和参比视场的颜色和亮度达到匹配。

四、测量结果的表示方法

1）应用光谱光度测色法时，测量结果应记录光谱反射因数（反射比）或光谱透射因数（透射比）、三刺激值和色品坐标。

2）应用光电积分测色法时，测量结果应记录三刺激值和色品坐标。

在 CIE 1931 标准色度系统中，采用三刺激值 X、Y、Z 或者刺激值 Y 和色品坐标 x、y 表示测量结果；在 CIE 1964 标准色度系统中，采用三刺激值 X_{10}、Y_{10}、Z_{10} 或者刺激值 Y_{10} 和色品坐标 x_{10}、y_{10} 表示测量结果；也可应用 CIE LAB 均匀色空间表示物体色的测量结果。

3）应用目视比较测色法时，测量结果应记录与被测样品相匹配的标准滤色片的色号；当被测样品与标准滤色片不完全匹配时，记录两者之间的颜色差异。

4）测量条件的记录：应记录测量时采用的测量几何条件、照明体、色度观察者；如采用特殊几何条件、测量方法及色度计算公式，要明确加以说明或标注；有关样品的情况，如名称、材质等；测量时使用仪器的型号、波长范围和波长间隔；测试环境、条件等。

第五节 光源色的测量方法

光源色是指由光源发出的光的颜色。光源色的测量方法按测量原理可分为光谱辐射测色法和光电积分测色法两种[43]。

一、光谱辐射测色法

当对测试的准确度要求高时，应使用光谱辐射测色法。

（一）测量装置

光谱辐射测色法所需要的测量装置为光谱辐射计（也称为光谱辐射仪）和标准光源。有时需要加漫射器（漫反射板或积分球）作为二次光源。

1. 光谱辐射仪

光谱辐射仪主要由导光装置、单色仪和探测器等组成，用来测量光源的相对光谱功率分布。

用于光源颜色测量的光谱辐射仪应满足以下基本条件：

1)波长范围：380～780 nm，一般不小于 400～700 nm。

2)通带半宽度≤ 5 nm。

3)探测器应在线性范围内工作。

2. 标准光源

用以校准光谱辐射仪的标准光源可以是分布温度为 2 856 K 的色温标准灯或其他光谱辐照度标准灯。

1)当使用分布温度为 2 856 K 的色温标准灯(光源 A)作为标准光源时,其相对光谱功率分布可使用表 10-5 中所给出的标准照明体 A 的数值。

2)当使用其他色温的白炽灯作标准光源时,其相对光谱功率分布 $S_s(\lambda)$可由普朗克公式求出:

$$S(\lambda)=c_1\lambda^{-5}(e^{\frac{c_2}{\lambda T}}-1)^{-1} \tag{10-164}$$

式中,c_1 为第一辐射常数,$c_1=3.741\,8\times10^{-16}$ W·m^2;c_2 为第二辐射常数,$c_2=1.438\,8\times10^{-2}$ m·K;λ 为波长,单位为 m;T 为分布温度,单位为 K。

3)经计量部门标定的光谱辐照度标准灯,一般给出了灯泡在一定波长上的光谱辐照度值或相对光谱功率分布值。若需求出中间波长上的数值时,可按下式用插入法求得,有时也可用几何作图法求出。

$$S_s(\lambda)=\frac{(\lambda-\lambda_2)(\lambda-\lambda_3)(\lambda-\lambda_4)}{(\lambda_1-\lambda_2)(\lambda_1-\lambda_3)(\lambda_1-\lambda_4)}S_s(\lambda_1)+\frac{(\lambda-\lambda_1)(\lambda-\lambda_3)(\lambda-\lambda_4)}{(\lambda_2-\lambda_1)(\lambda_2-\lambda_3)(\lambda_2-\lambda_4)}S_s(\lambda_2)+\frac{(\lambda-\lambda_1)(\lambda-\lambda_2)(\lambda-\lambda_4)}{(\lambda_3-\lambda_1)(\lambda_3-\lambda_2)(\lambda_3-\lambda_4)}S_s(\lambda_3)+\frac{(\lambda-\lambda_1)(\lambda-\lambda_2)(\lambda-\lambda_3)}{(\lambda_4-\lambda_1)(\lambda_4-\lambda_2)(\lambda_4-\lambda_3)}S_s(\lambda_4) \tag{10-165}$$

式中,λ_1、λ_2、λ_3 和 λ_4 为已给出光谱功率分布的波长($\lambda_1<\lambda_2<\lambda_3<\lambda_4$);$S_s(\lambda_1)$、$S_s(\lambda_2)$、$S_s(\lambda_3)$和 $S_s(\lambda_4)$为波长分别在 λ_1、λ_2、λ_3 和 λ_4 处的光谱功率分布值。

3. 漫射器

光源至光谱辐射仪之间可放置漫射器,也可以使用成像系统使光进入光谱辐射仪。

漫射器可为积分球或漫反射板。材料为硫酸钡、聚四氟乙烯等粉末喷涂或压制的白色漫反射板与积分球,光谱选择性小、反射比高。

漫射器为积分球时,被测光源发出的光先入射到积分球,经过积分球混光后,从球的出光孔射出再进入到光谱辐射仪。积分球进光孔和出光孔一般成 90°分布。

漫射器为漫反射板时,被测光源垂直照射到漫反射板上,与漫反射板的法线成 45°角的漫射光直接或通过光学系统进入到光谱辐射仪。

(二)测量方法

1. 测量示意图

用光谱辐射测色法测量光源色如图 10-30 所示。

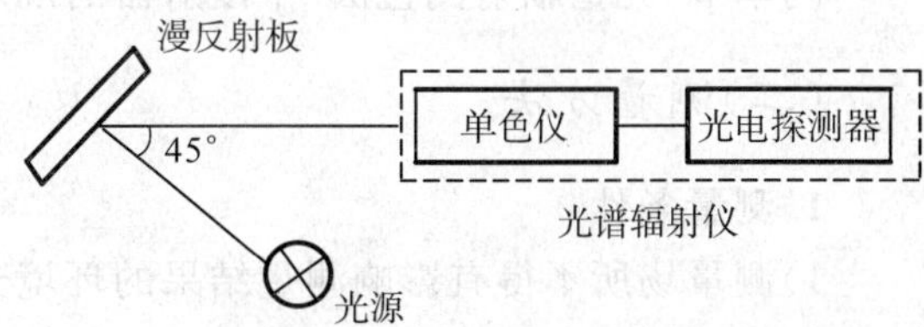

图 10-30 光谱辐射测色法测量光源色示意图

2. 测量条件

1)测量场所不得有影响测量结果的其他环境光;

2)标准光源使用的电源及监测仪表的精度均应符合相关检定规程的规定;

3)待测光源的供电电源、测试线路、使用附件及所用监测仪表的精度应符合该光源相关的标准规定;

4)测量时的环境温度应符合相关的标准规定;

5)测量前光源必须发光稳定;

6)测量前,应对光谱辐射仪进行预热,使其性能稳定;

7)波长间隔 $\Delta\lambda$ 应与仪器的光谱宽度相同,或为它的整数分之一;

8)测量时标准光源和被测光源与光谱辐射仪之间的几何条件相同,而且必须均匀照满光谱辐射仪的入射狭缝。

3. 相对光谱功率分布的计算方法

被测光源相对光谱功率分布 $S_t(\lambda)$由下式求出:

$$S_t(\lambda)=\frac{R_t(\lambda)}{R_s(\lambda)}S_s(\lambda) \tag{10-166}$$

式中，$S_s(\lambda)$为标准光源的相对光谱功率分布，$R_t(\lambda)$为被测光源在波长λ处的光电探测器读数，$R_s(\lambda)$为标准光源在波长λ处的光电探测器读数。

4. 三刺激值和色品坐标的计算方法

得到光源色的相对光谱功率分布后，按照本章第三节中的(10-15)式、(10-16)式、(10-22)式和(10-23)式计算光源色的三刺激值和色品坐标。

二、光电积分测色法

光电积分测色法也叫做刺激值直读法。

(一)测量装置

光电积分测色法所需要的测量装置为光电色度计(或称彩色亮度计)和标准光源。有时需要加漫射器(漫反射板或积分球)作为二次光源。

1. 光电色度计

光电色度计通常由探测器及数据处理系统组成。以测量10°标准色度观察者下光源色量值为例，其依据为

$$\left.\begin{aligned}K_1\tau_x(\lambda)\gamma(\lambda)=\bar{x}_{10}(\lambda)\\K_2\tau_y(\lambda)\gamma(\lambda)=\bar{y}_{10}(\lambda)\\K_3\tau_z(\lambda)\gamma(\lambda)=\bar{z}_{10}(\lambda)\end{aligned}\right\}\tag{10-167}$$

式中，K_1、K_2、K_3为比例常数，$\tau_x(\lambda)$、$\tau_y(\lambda)$、$\tau_z(\lambda)$为仪器中拟合人眼色觉特性的修正滤光器的光谱透射比；$\bar{x}_{10}(\lambda)$、$\bar{y}_{10}(\lambda)$、$\bar{z}_{10}(\lambda)$为CIE 1964标准色度观察者光谱三刺激值，$\gamma(\lambda)$为仪器探测器未加修正滤光器时的光谱响应度。

2. 标准光源

校准用标准光源应满足：① 发光性能稳定；② 标准光源的三刺激值用光谱辐射测色法求得。

另外，当仪器不完全符合(10-167)式时，选择与待测光源的相对光谱功率分布相近似、与待测光源的亮度和形状相近似的校准用光源，可以提高测量准确度。

3. 漫射器

同本节“光谱辐射测色法”中漫射器的规定。

(二)测量方法

1. 测量条件

1)测量场所不得有影响测量结果的环境光。

2)校准用光源及待测光源的电源、测试线路、使用附件及监测仪表，应符合该类光源的技术标准。

3)测量时的环境温度应按有关光源的标准规定。

4)测量前，光源必须发光稳定。

5)测量前，应对光电色度计进行充分预热，使其性能稳定。

6)测量时标准光源和被测光源与光电色度计之间的几何条件相同；从被测光源测定点射出的光束，其中心光线应垂直于探测器的受光面。当测定光源某特定部位的颜色时，其光束的中心光线应垂直于探测器的受光面，并要挡住光源其他部分的光。

2. 光电色度计的定标和测量

用已知三刺激值X、Y、Z或X_{10}、Y_{10}、Z_{10}的标准光源对光电色度计进行定标。在相同的几何条件下对标准光源和被测光源进行测定，并读出它们各自相应于三刺激值的光电响应值。

被测光源的三刺激值由下式求出：

$$T=\frac{T'}{F'}F\tag{10-168}$$

式中，T'为与被测光源三刺激值相应的光电响应值，F 为标准光源已标定的三刺激值，F'为与标准光源三刺激值相应的光电响应值。

三、测量结果的表示方法

光源色的测量结果用色品坐标 x、y 或 x_{10}、y_{10} 表示，并记录：①被测光源的名称、型号和制造厂家；②测色仪器（光谱辐射仪或光电色度计型号）；③被测光源的几何条件及其他测量条件；④用光谱辐射测色法时，应记录光谱带宽和波长间隔；⑤标准光源的种类及编号；⑥说明使用的是 CIE 1931 标准色度观察者或 CIE 1964 标准色度观察者。

第六节 荧光样品色的测量方法

某些物质被某一波长或波段的辐射照射后，所发射出的长于照射波长的光称为荧光。吸收紫外辐射通量产生的荧光叫做紫外激发荧光，吸收可见辐射产生的荧光叫做可见激发荧光。

荧光材料和自发光体的不同处在于：它只能在其他光源照射下才有光发射。荧光材料和一般物质的区别是：不仅能反射或透射一部分照射光的光谱成分，而且吸收某个波长区域的辐射功率，而在另一个波长区域发射辐射功率，因此，出射光中既有对照明光的反射部分，又有被照明光激发的荧光发射部分。根据斯托克(Stokes)定律，发射波长一定长于激发波长。而这些发射光的波长在照射光束中可能是不存在的。所以对于荧光材料，其颜色决定于它反射和发射光谱的总和（或透射和发射光谱的总和），在这两部分中，发射光谱往往起主要作用。荧光样品的颜色通常是在日光（复色光）下进行观察和评价的，所以当采用光学仪器测量荧光样品的颜色时，应当与目视评价结果有良好的相关性。这就对仪器的光源和几何条件提出了特殊要求。一般有两种测量方法[33]：单色光激发测量法和复色光照射测量法。

应用单色光激发测量法时，需要有两个单色仪。激发单色仪用以形成单色光照射样品，分析单色仪用以测量在该单色光照射下样品各波长的辐亮度因数，再列出数据矩阵，可以计算荧光样品色的三刺激值等色度值。这个方法需要复杂的仪器和繁琐的计算，在实际荧光色测量时很少用到。

应用复色光照射测量法时，样品被复色光照明，由探测器接收反射光（透射光）和发射光。这个方法不需要单色仪或只需要一个单色仪，应用方便，测量和计算均简单，因此是常用的荧光样品色度测量方法。根据测量原理和测量仪器的不同，分为光谱光度法和光电积分法。

本节介绍复色光照射测量法中的光谱光度法和光电积分法[44]，以反射荧光样品测量为例，透射样品可参照该方法。

一、光谱光度法

光谱光度法是指采用光谱光度测色仪，测量样品的光谱辐亮度因数，按色度学公式计算样品的色度值，或按白度公式计算样品的白度值。

（一）测量装置

光谱光度法测量荧光样品色所需要的测量装置为具有一个单色仪的光谱光度测色仪和工作标准白板。工作标准白板应经计量部门标定，具有光谱反射因数标准值和色度标准值。光谱光度测色仪应满足以下条件：

1. 几何条件

仪器结构满足以下几何条件之一：① 45°a：0°或 45°x：0°；② 0°：45°a 或 0°:45°x；③ di：8°或 de：8°。

在 di：8°或 de：8°几何条件下测量荧光样品时，需要应用积分球。荧光样品被照明后，其反射光和发射光经积分球反射后会再次照明荧光样品，发射光谱的存在改变了照明光的成分，影响测量结果。采样孔径面积与积分球内表面积之比越小，这种影响就越小。当这种影响可以忽略或有有效措施进行修正的时候，才应应用具有 di：8°或 de：8°几何条件的光谱光度测色仪器。

2. 光源

仪器照明光源应为模拟 CIE 标准照明体 D65 的复色光。在采样孔径处光源的相对光谱辐照度与标准照明体 D65 的近似程度可以根据 ASTM E991-98[45] 用光源一致性因子(SCF)表示,也可以根据 CIE 出版物 51.2-1999[25] 用等级表示。

当用 SCF 表示时,仪器光源应满足下述 1)的规定;当用等级表示时,仪器光源应满足下述 2)的规定;当只应用于可见激发荧光样品测量时,仪器光源应满足下述 3)的规定。SCF_{uv} 和 SCF_{vis} 的计算方法见本节中(10-171)式、(10-173)式和(10-174)式。

1)波长在 300～380 nm 范围的紫外光源一致性因子 SCF_{uv} 应小于 15.0,波长在 380～700 nm 范围的可见光源一致性因子 SCF_{vis} 应小于 10.0。

2)按 CIE 51.2-1999 的方法计算仪器光源模拟标准照明体 D65 的一致程度应不低于 BB(CIE LAB)级。

3)当只应用于可见激发荧光样品测量时,仪器光源应满足 SCF_{vis} 小于 10.0 或按照 CIE 51.2-1999 规定的方法计算仪器光源模拟 D65 的程度不低于 B(CIE LAB)级。

3. 其他条件

1)具有一个单色仪且该单色仪位于样品和探测器之间。

2)测量波长范围为 380～780 nm,对测量准确度要求不高时,可放宽到 400～700 nm;测量波长间隔小于或等于 10 nm;不同光谱通带半宽度的色度计算方法见 ASTM E308[46]。

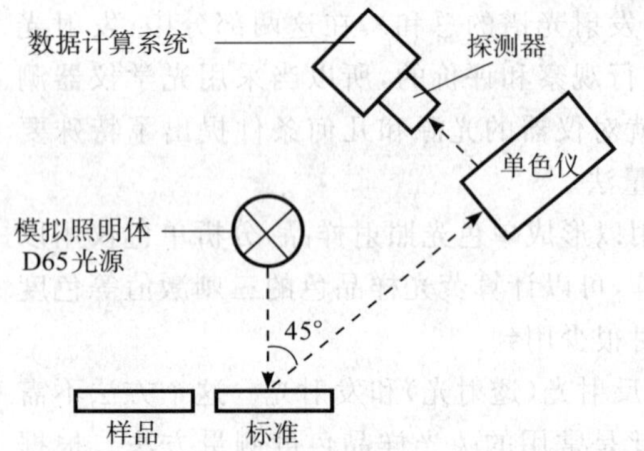

图 10-31 光谱光度法测量荧光样品色测量原理示意图

(二)测量方法

图 10-31 为应用模拟照明体 D65 的复色光进行荧光样品色相对测量的示意图。照明光束沿样品法线方向(0°)入射,探测器与法线成 45°角,即几何条件为 0°:45° x。按图示分别将测色标准白板和待测的荧光样品先后放在光源与单色仪的入射狭缝之间,利用模拟 D65 光源照明,通过单色仪分光和探测器接收,测量荧光样品相对于测色标准白板在模拟 D65 光源下的光谱辐亮度因数 $\beta(\lambda)$,然后按照色度学公式计算色度值和白度值。

具体测量步骤为:

1)启动仪器,校零。

2)用测色标准白板或荧光校准板校准仪器。

3)测量荧光样品,记录其光谱辐亮度因数 $\beta(\lambda)$。

(三)测量结果的计算

1)按下式计算 CIE 1931 标准色度观察者下的荧光样品色的三刺激值 X、Y 和 Z:

$$\left.\begin{aligned} X &= k\sum_{\lambda} S_{\mathrm{D}}(\lambda)\beta(\lambda)\bar{x}(\lambda)\Delta\lambda \\ Y &= k\sum_{\lambda} S_{\mathrm{D}}(\lambda)\beta(\lambda)\bar{y}(\lambda)\Delta\lambda \\ Z &= k\sum_{\lambda} S_{\mathrm{D}}(\lambda)\beta(\lambda)\bar{z}(\lambda)\Delta\lambda \end{aligned}\right\} \tag{10-169}$$

式中,λ 为波长;$S_{\mathrm{D}}(\lambda)$ 为 CIE 标准照明体 D65 的相对光谱功率分布;$\bar{x}(\lambda)$、$\bar{y}(\lambda)$、$\bar{z}(\lambda)$ 为 CIE 1931 标准色度观察者色匹配函数;$\beta(\lambda)$ 为测量荧光样品色所得到的光谱辐亮度因数;$\Delta\lambda$ 为波长间隔;k 为归一化系数,$k = 100/\sum_{\lambda} S_{\mathrm{D}}(\lambda)\bar{y}(\lambda)\Delta\lambda$。

2)按下式计算 CIE 1964 标准色度观察者下的荧光样品色的三刺激值 X_{10}、Y_{10} 和 Z_{10}:

$$\left.\begin{aligned}X_{10} &= k_{10}\sum_{\lambda}S_{\mathrm{D}}(\lambda)\beta(\lambda)\bar{x}_{10}(\lambda)\Delta\lambda\\Y_{10} &= k_{10}\sum_{\lambda}S_{\mathrm{D}}(\lambda)\beta(\lambda)\bar{y}_{10}(\lambda)\Delta\lambda\\Z_{10} &= k_{10}\sum_{\lambda}S_{\mathrm{D}}(\lambda)\beta(\lambda)\bar{z}_{10}(\lambda)\Delta\lambda\end{aligned}\right\} \tag{10-170}$$

式中，λ 为波长；$S_{\mathrm{D}}(\lambda)$为 CIE 标准照明体 D65 的相对光谱功率分布；$\bar{x}_{10}(\lambda)$、$\bar{y}_{10}(\lambda)$、$\bar{z}_{10}(\lambda)$为 CIE 1964 标准色度观察者色匹配函数；$\Delta\lambda$ 为波长间隔；$\beta(\lambda)$为测量荧光样品色所得到的光谱辐亮度因数；k_{10} 为归一化系数，$k_{10} = 100/\sum_{\lambda}[S_{\mathrm{D}}(\lambda)\bar{y}_{10}(\lambda)\Delta\lambda]$。

3)按照本章第三节中的(10-22)式和(10-23)式计算荧光样品色的色品坐标。

4)按本章第三节中的(10-73)式和(10-74)式计算荧光白样品的 *CIE* 白度和淡色调指数。

(四)光谱光度计的光谱一致性因子(*SCF*)计算方法

1. 定义

光谱一致性因子是指在采样孔径处测量的仪器照明光源的相对光谱辐照度分布曲线和特定的 *CIE* 标准照明体的相对光谱分布曲线的均方差的平方根。

2. 通用公式

$$\mathrm{SCF} = \left[\frac{1}{n}\sum_{\lambda_1}^{\lambda_2}(S_{\mathrm{D65}} - S_{\mathrm{INST}})^2\right]^{1/2} \tag{10-171}$$

式中，λ_1 为评价区域的起始波长；λ_2 为评价区域的终止波长；n 为测量波长点数目；S_{D65} 为 CIE 标准照明体 D65 的相对光谱辐照度，在 560 nm 处归一化到 100，见表 10-5；S_{INST} 为用光谱辐射法测量得到的照射在样品上的光的相对光谱辐照度，在 560 nm 处归一化到 100。

3. 光谱辐照度的测量

用经校准的带有余弦接收器的光谱辐射计在样品孔径处测量光源的光谱辐照度 E_{c}，记录光源在 $\lambda_1 \sim \lambda_2$ 波长范围内，间隔 $\Delta\lambda$ 的辐照度。

4. 计算 SCF

以测量波长范围为 300～780 nm，采样波长间隔为 10 nm 为例。

1)将光源的光谱分布按下式在 560 nm 处归一化到 100：

$$S_{\mathrm{INST}} = [E_{\mathrm{c}}(\lambda)/E_{\mathrm{c}}(560\ \mathrm{nm})] \times 100 \tag{10-172}$$

式中，$E_{\mathrm{c}}(\lambda)$为光源在波长 λ 处的光谱辐照度，$E_{\mathrm{c}}(560\ \mathrm{nm})$为光源在波长 560 nm 处的光谱辐照度。

2)将 CIE 标准照明体 D65 的相对光谱分布按(10-172)式的方法在 560 nm 处归一化到 100 后，在每个波长处计算 S_{D65} 和 S_{INST} 的差的平方：$(S_{\mathrm{D65}} - S_{\mathrm{INST}})^2$。

3)计算紫外光源一致性因子 SCF_{uv}。

A. 在 300～380 nm 波长范围内将各个波长下的$(S_{\mathrm{D65}} - S_{\mathrm{INST}})^2$ 累加。

B. 计算 SCF_{uv}，如果测量波长范围为 300～380 nm，采样波长间隔为 10 nm，则 $n=9$，计算公式为

$$\mathrm{SCF}_{uv} = \left[\frac{\sum_{300}^{380}(S_{\mathrm{D65}} - S_{\mathrm{INST}})^2}{9}\right]^{1/2} \tag{10-173}$$

4)计算可见光源一致性因子 $\mathrm{SCF}_{\mathrm{vis}}$。

A. 在 380～700 nm 波长范围内将各个波长下的$(S_{\mathrm{D65}} - S_{\mathrm{INST}})^2$ 累加；

B. 计算 $\mathrm{SCF}_{\mathrm{vis}}$，如果测量波长范围为 380～700 nm，采样波长间隔为 10 nm，则 $n=33$，计算公式为

$$\mathrm{SCF}_{\mathrm{vis}} = \left[\frac{\sum_{380}^{700}(S_{\mathrm{D65}} - S_{\mathrm{INST}})^2}{33}\right]^{1/2} \tag{10-174}$$

5. 光源适用性判断要求

波长在 300～380 nm 范围的紫外光源一致性因子 SCF_{uv} 应小于 15.0。

波长在 380～700 nm 范围的可见光源一致性因子 SCF_{vis} 应小于 10.0。

二、光电积分法

光电积分法是采用具有特定光谱灵敏度的光电积分器件、满足卢瑟条件的光电积分型色度计，直接测量样品的色度值或白度值的方法。

(一)测量装置

测量荧光样品色度时应采用荧光色度计和工作标准白板，测量荧光样品白度时应采用荧光白度计和工作标准白板。

工作标准白板应经计量部门标定，具有色度标准值。

荧光色度计照明光源和几何条件同光谱光度法测量荧光色的规定。

荧光色(白)度计的探测器采用光电池或光电二极管等，并配有拟合人眼色觉特性的滤光器，仪器的光谱特性应满足

$$\left.\begin{aligned} K_1\tau_x(\lambda)\gamma(\lambda)&=\bar{x}(\lambda)\\ K_2\tau_y(\lambda)\gamma(\lambda)&=\bar{y}(\lambda)\\ K_3\tau_z(\lambda)\gamma(\lambda)&=\bar{z}(\lambda) \end{aligned}\right\} \tag{10-175}$$

式中，K_1、K_2、K_3 为比例常数，$\tau_x(\lambda)$、$\tau_y(\lambda)$、$\tau_z(\lambda)$为仪器特定滤光器的光谱透射比，$\gamma(\lambda)$为仪器探测器的光谱响应度，$\bar{x}(\lambda)$、$\bar{y}(\lambda)$、$\bar{z}(\lambda)$为 CIE 1931 标准色度观察者色匹配函数或 CIE 1964 标准色度观察者色匹配函数。

(二)测量方法

用标准白板或标准色板校准仪器后，直接测量样品的三刺激值、色品坐标或白度值。

三、测量结果的表示方法

1) 荧光样品色的相对测量结果用刺激值 $Y(Y_{10})$ 和色品坐标 x、$y(x_{10}$、$y_{10})$ 表示。荧光白色样品的相对测量结果用白度 $W(W_{10})$ 和淡色调指数 $T_w(T_{w,10})$ 表示。

2) 测量结果的附加记录应包括 D65 模拟光源的级别、几何条件等内容。若采用积分球测量，应记录积分球的尺寸和测量窗口的面积并注明是否包括镜面反射成分。

第七节　色度标准与色度计量

一、测色的参照标准

一个物体的颜色可由三刺激值(或三刺激值的导出量)来表示。三刺激值的计算公式如下：

$$\left.\begin{aligned} X&=k\int_{380}^{780}\varphi(\lambda)\bar{x}(\lambda)\,d\lambda\\ Y&=k\int_{380}^{780}\varphi(\lambda)\bar{y}(\lambda)\,d\lambda\\ Z&=k\int_{380}^{780}\varphi(\lambda)\bar{z}(\lambda)\,d\lambda \end{aligned}\right\} \tag{10-176}$$

式中，$\bar{x}(\lambda)$、$\bar{y}(\lambda)$、$\bar{z}(\lambda)$是 CIE 所规定的色匹配函数。余下待测量的未知量是颜色刺激函数 $\varphi(\lambda)$。自发光体、透射物体、反射物体的 $\varphi(\lambda)$值分别为 $S(\lambda)$、$\beta(\lambda)S(\lambda)$、$\tau(\lambda)S(\lambda)$。对于光源色，光源的 $S(\lambda)$就是其相对

光谱功率分布；对于透射色和反射色，CIE 已规定几种标准照明体的相对光谱功率分布，所以只需测量光谱透射比或光谱反射因数。

物体的光谱透射比的参照标准是空气，因为空气是理想透射体，一薄层的空气在整个可见光谱波段内的透射比均为 1。通过将透射物体与同样厚度的空气层相比较而测得光谱透射比。

光谱反射比的参照标准是完全反射漫射体，也称完全漫反射体[13]。完全漫反射体是反射比等于 1 的理想均匀漫射体，它全部反射入射的辐通量，且在各个方向上亮度相同。在实际测量中用压制硫酸钡或者聚四氟乙烯(PTFE)作为反射标准时，不能将其视作完全漫反射体，必须在相应的几何条件下，依据完全反射漫射体对其进行校准[47-48]。

二、绝对光谱反射因数的测量

依据完全反射漫射体对反射标准样品进行校准，得到该反射标准样品的绝对光谱反射因数，这个过程就是光谱反射因数的绝对测量。

用已知绝对光谱反射因数的标准样品校准光谱光度计，再利用相对测量，就可得到其他样品的光谱反射因数。所以，依据完全反射漫射体对反射标准样品进行绝对测量是确定光谱反射因数量值的第一步。

绝对测量的关键是如何解决理想漫射体对实际标准的校准。这就需应用完全反射漫射体的性质——全部反射入射的辐通量，在各个方向上亮度相同。

测量绝对光谱反射因数的方法大都是根据测光积分球原理，下面将分别介绍测光积分球原理和三种常用的测量绝对光谱反射因数的方法。

(一) 积分球原理

积分球原理[1]如图 10-32 所示。

积分球内表面为反射比高、漫反射性能好的白色涂层。涂层的绝对漫反射比为 ρ。设积分球内表面半径为 R，则积分球总内表面面积 $S_0=4\pi R^2$。设积分球开口面积为 $S_开$，则实际内反射面积 $S_W=S_0-S_开$，令 F 为实际反射面积的比率，则

$$F=\frac{S_W}{S_0} \tag{10-177}$$

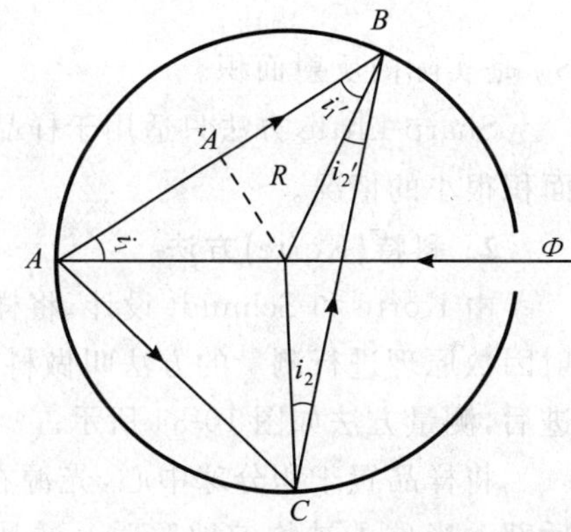

图 10-32　测光积分球原理示意图

当任意一束光辐射通量 Φ 进入开口投射在球壁上时，会在球壁上产生一个亮斑 A，光线经过涂层一次漫反射和多次漫反射后，除一部分通量由开口出射外，其他光通量会在积分球内表面形成均匀照明。设球内 B 点的照度为 E，它是由 A 点出射的直射照度 E_0 和多次漫反射照度 E_Σ 相加组成的，即 $E=E_0+E_\Sigma$。经推导(过程省略)，E_0 和 E_Σ 如下：

$$E_0=\frac{\rho}{4\pi R^2}\int_{S_A}\mathrm{d}\Phi=\frac{\rho\ \Phi}{4\pi R^2} \tag{10-178}$$

$$E_\Sigma=\frac{F\rho E_0}{1-F\rho} \tag{10-179}$$

因此可得 B 点的照度：

$$E=E_0+E_\Sigma=\frac{E_0}{1-F\rho} \tag{10-180}$$

将(10-178)式和(10-179)式代入，得

$$E=E_0+E_\Sigma=\frac{\rho\Phi}{4\pi R^2(1-F\rho)} \tag{10-181}$$

由此得出结论：一束任意辐射通量由开口进入积分球，在内表面形成均匀的照度，除投射面外，积分球内

表面任意点的照度(包括球壁开口处球面上的照度)只取决于涂层的绝对光谱漫反射比 ρ、球的几何尺寸(半径 R)、实际内反射面积的比率 F 以及入射的辐通量 Φ。这个关系式是测量绝对光谱漫反射比的基本依据。

(二) 绝对光谱漫反射因数测量方法

测光积分球原理是绝对光谱漫反射因数测量的基本原理,以此为基础,在历时近百年的实践中,发展了很多测量方法[47],Taylor[49]、Benford[50]、Sharp 与 Little[51]、Budde[52]、Korte[53]、Van den Akker[54] 等发展了多种方法测量绝对光谱漫反射因数。其中 Sharp-Little 法、Korte 法和 Van den Akker 法是目前国际上复现光谱漫反射因数绝对值的常用方法。3 种方法各有特色,但也都有一定的局限性。

1. 夏普-利特(Sharp-Little)方法

1920 年 Sharp 和 Little 发表文章,介绍了一种光谱漫反射因数绝对测量的易于操作的方法,但没有对实际积分球的不完善进行修正。之后经 Karrer、Budde 和 Dodd 等人的改进,形成了现在的夏普-利特方法,如图 10-33 所示。

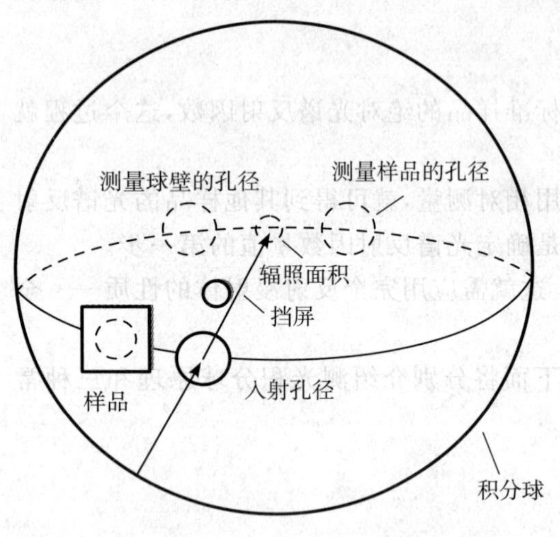

图 10-33 夏普-利特方法示意图

光从小孔射入积分球,投射在其内壁的漫射涂层上,形成一次辐照斑。样品表面是与球内壁相同的涂层,球内挡屏遮住了一次辐照斑对样品的直射,用探测器分别测量样品的亮度 L_S 和未被挡屏遮挡的球壁上某点的亮度 L_W。

样品与球内壁的涂层相同,样品的反射比 ρ_S 也就是球内壁的反射比,则

$$\rho_S=(L_S/L_W)[S_0/(S+S_W)] \tag{10-182}$$

式中,$S_0=4\pi R^2$,是积分球总内表面面积,S 是样品的面积,S_W 是实际内反射面积。

Sharp-Little 方法只适用于样品的反射比与球内壁反射比相同,而且样品孔尺寸相对于整个积分球内表面积很小的情况。

2. 科特(Korte)方法

由 Korte 和 Schmidt 设计,将样品置于球内,直接利用反射因数原理进行测量的方法叫做科特方法。经其他科学家改进后,测量方法如图 10-34 所示。

将样品置于积分球中心,光源在半球Ⅱ处并位于样品的后部。半球Ⅰ被均匀地照明。样品被半球Ⅰ照明,其亮度 L 通过半球Ⅰ上的开孔用探测器测量。若将完全反射漫射体放置在样品的位置,其亮度等于半球Ⅰ的亮度。基于这个原理,让积分球绕它的中心轴旋转 180°后,与半球Ⅰ上开孔对应的半球Ⅱ的开孔对着探测装置,安装在球底部的底板再旋转一个角度后,探测装置就可以测量球壁Ⅱ上的亮度 L_0。根据反射因数的定义,样品的反射因数为

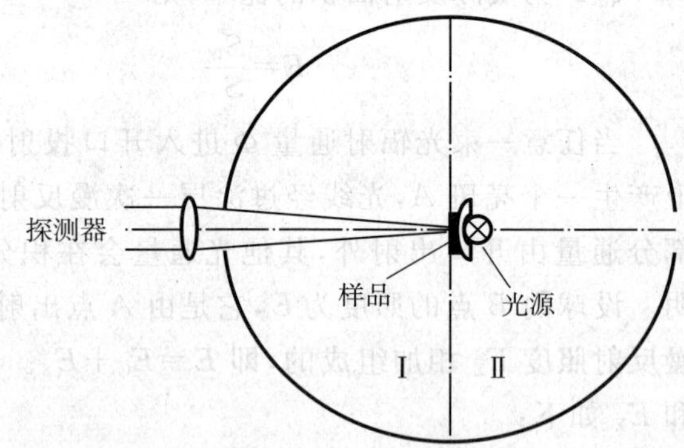

图 10-34 科特方法示意图

$$\beta=\frac{L}{L_0} \tag{10-183}$$

通过互换光源和探测装置的位置,也可以用这个装置测量反射比 ρ。

Korte 方法的优点是测量简便、精度高,其缺点是实现均匀的半球照明是非常不容易的。

3. 万顿艾可(Van den Akker)方法

万顿艾可方法又叫做辅助积分球法、双球法等,如图 10-35 所示。

这种方法利用一个辅助积分球和一个平面样品,球内壁和平面样品具有相同的涂层,即它们的反射比相

同，用 ρ 表示。设辅助积分球的总内表面积为 S_0，开口面积为 $S_开$，定义 $f=\frac{S_开}{S_0}$。用一个进行相对测量的双光束光谱光度计，在参照孔处放置参照样品，将辅助积分球开口放置在测量孔上，测量辅助积分球开口相对于参照样品的响应 Q_S，再将平面样品放置在测量孔上，测量平面样品相对于参照样品的响应 Q_F，经过推导得到(过程略)：

$$\rho=\frac{1}{1-f}-\frac{f}{1-f}\frac{Q_F}{Q_S} \qquad (10\text{-}184)$$

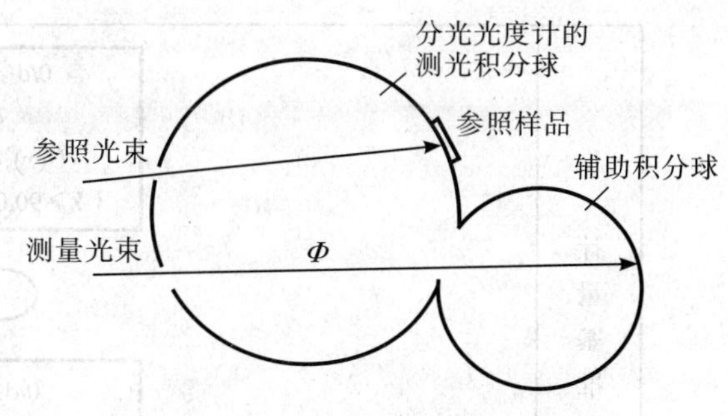

图 10-35 万顿艾可方法示意图

辅助积分球几何参数确定后，在光谱光度计上分别测量各波长上辅助积分球和平面样品对参照样品的相对响应 Q_S 和 Q_F，就能得出待测涂层的绝对光谱反射比 ρ。

该方法适用于涂层反射比较高的情况；反射比较低时，测量结果的不确定度增大。

三、色度国家基准与光谱漫反射因数绝对测量装置

(一) 色度国家基准

我国于 1976 年利用辅助积分球法[55]测量了 8°：di(以前记作 0/d)条件下硫酸钡的绝对光谱反射比，并在此基础上建立了色度国家基准。经过技术改造，现在色度国家基准测量波长范围为 380～780 nm；刺激值 Y 的测量不确定度 $U(Y)=0.8(k=2)$，色品坐标 x、y 的测量不确定度 $U(x)$、$U(y)=0.002\ 2(k=2)$。色度国家基准绝对量值复现的原理如图 10-36 所示。

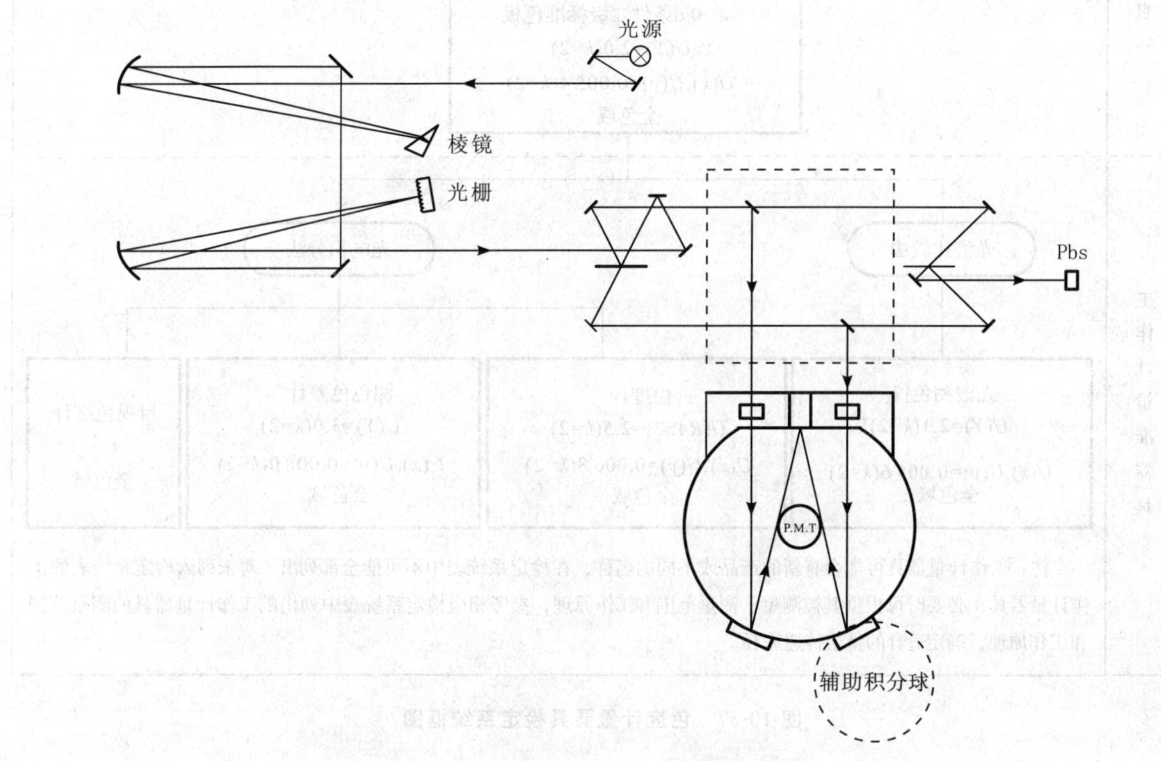

图 10-36 色度国家基准绝对光谱反射因数量值复现原理图

色度国家基准由基准装置和基准白板组成。色度国家基准用于复现色度计量单位，复现的量值是光谱绝对漫反射因数，通过 CIE 规定的标准照明体和标准色度观察者计算相应的色度量值。

色度国家基准通过色度工作基准板和一级标准反射板、二级标准反射板和专用标准反射板向全国传递量值，以保证我国色度量值的准确和统一。

色度计量器具检定系统框图如图 10-37 所示。

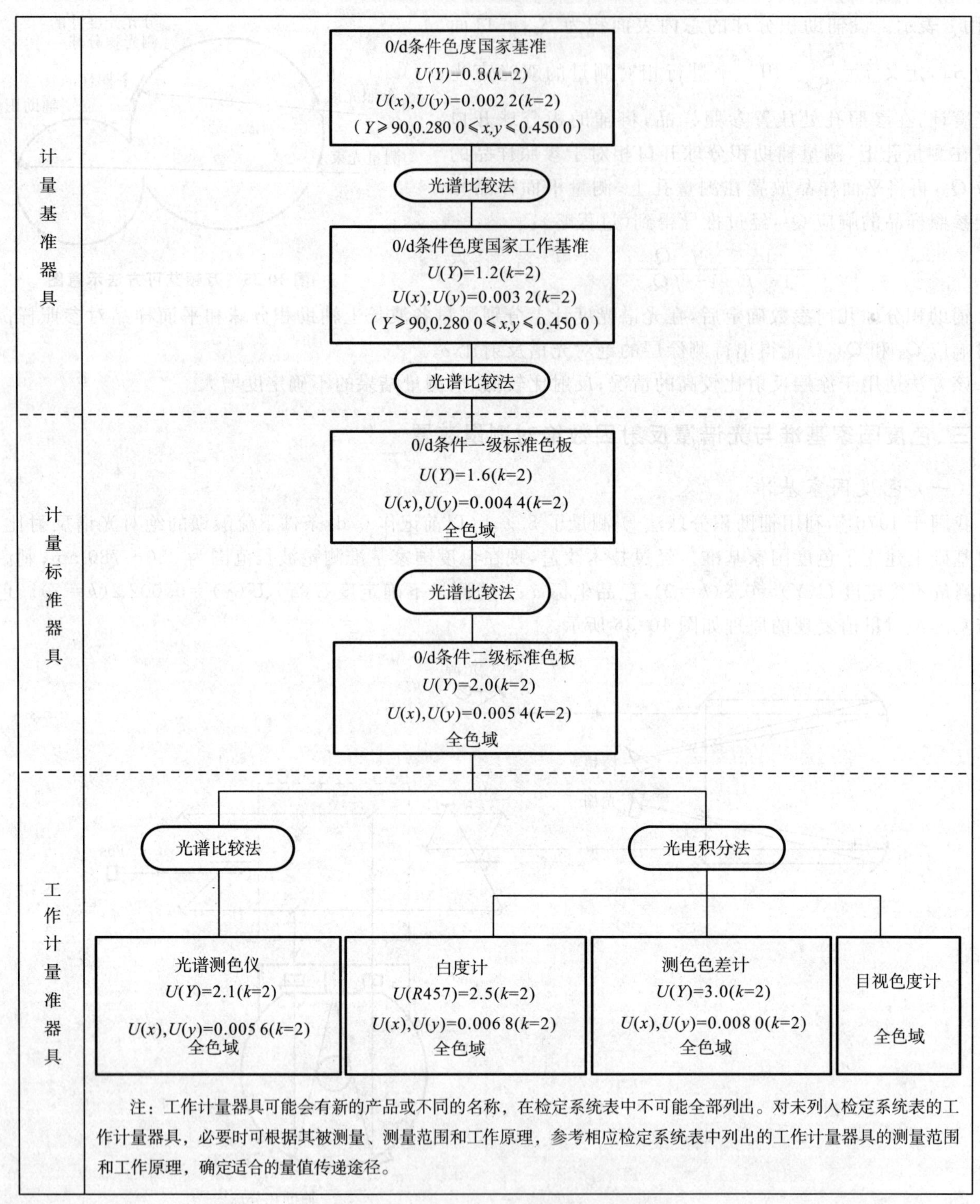

图 10-37 色度计量器具检定系统框图

(二)光谱漫反射因数绝对测量装置

2004 年我国以 Sharp-Little 法为基础，通过移动积分球内挡屏的方法测量了 d：0°(以前记作 d/0)条件下硫酸钡的绝对光谱漫反射因数，并参加了由国际计量局组织的光谱漫反射因数国际关键比对(代号为 CCPR-K5)[56-57]。绝对量值复现的装置原理图如图 10-38 所示，积分球内挡屏的移动过程如图 10-39 所示。

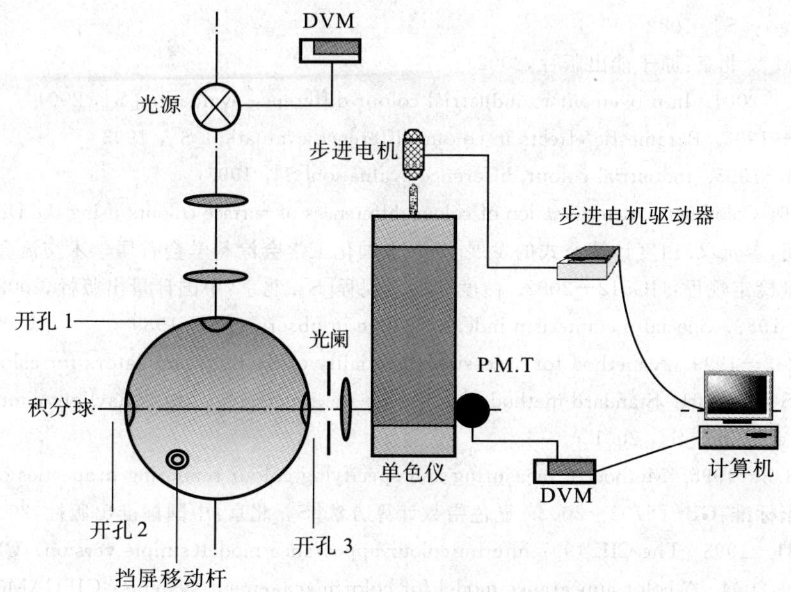

图 10-38　光谱漫反射因数测量装置

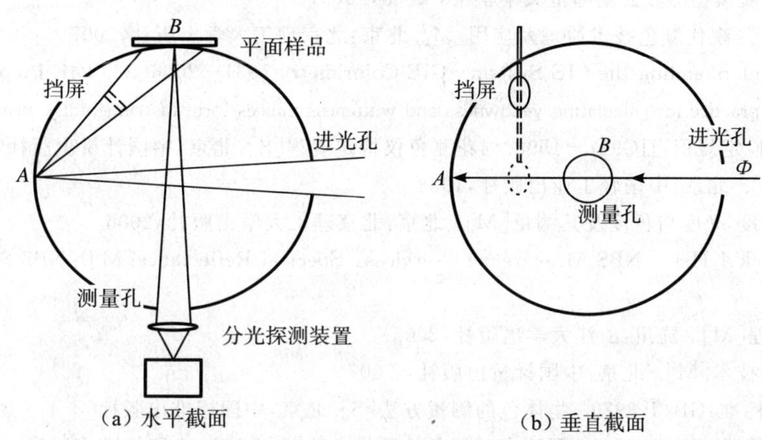

图 10-39　积分球内挡屏的移动过程

参 考 文 献

[1]荆其诚，焦书兰，喻柏林，胡维生．色度学[M]．北京：科学出版社，1983

[2]汤顺清．色度学[M]．北京：北京理工大学出版社，1990

[3]中华人民共和国国家标准：GB/T5698－2001．颜色术语[S]．北京：中国标准出版社，2001

[4]李景镇．光学手册[M]．西安：陕西科学技术出版社，1986

[5]李亨．颜色技术原理及其应用[M]．北京：科学出版社．1994

[6]束越新．颜色光学基础理论[M]．济南：山东科学技术出版社，1981

[7]周世生，等．印刷色彩学[M]．北京：印刷工业出版社，2005

[8]中华人民共和国国家标准：GB/T15608－2006．中国颜色体系[S]．北京：中国标准出版社，2006

[9]中华人民共和国国家标准：GSB 16－2062－2007．中国颜色体系标准样册[S]．北京：中国标准出版社，2007

[10]CIE，2004．CIE15：2004．Colorimetry，2004

[11]中华人民共和国国家计量技术规范：JJF 1032－2005．光学辐射计量术语[S]．北京：中国计量出版社，2005

[12]郝允祥，陈遐举，张保洲．光度学[M]．北京：北京师范大学出版社，1988

[13]CIE，1986a．CIE S002－1986．CIE standard colorimetric observers[S]，1986．(Pubilished also as CIE/ISO 10527：1991)

[14]CIE，1998c．Standard CIE S005/E－1998．CIE standard illuminants for colorimetry[S]，1998 (Published also as ISO 10526/CIE S 005/E－1999)

[15]CIE，1987．CIE17．4－1987．International Lighting Vocabulary[S]，1987

[16]CIE, 15.2. Colorimetry[S], 1982

[17]郑克哲. 光学计量[M]. 北京:原子能出版社,2002

[18]CIE, 2001a. CIE142－2001. Improvement to industrial colour-difference evaluation[S], 2001

[19]CIE. 1993. CIE 101－1993. Parametric effects in colour difference evaluation[S], 1993

[20]CIE. 1995. CIE 116－1995. Industrial colour difference evaluation[S], 1995

[21]DIN. 2003. DIN 6176. Colorimetric determination of colour differences of surface colours using the DIN 99 formula[S], 2003

[22]董太和,解兰昌,鲍超,廖永汉. 白度计算公式的发展[C]. 中国化工学会涂料学会首届学术交流会论文集,1985

[23]中华人民共和国计量检定规程:JJG512－2002. 白度计检定规程[S]. 北京:中国计量出版社,2002

[24]CIE, 1989. CIE80－1989. Special metamerism index: Change in observer[S], 1989

[25]CIE. 1999c. CIE 51.2－1999. A method for assessing the quality of daylight simulators for colorimetry[S], 1999

[26]CIE, 2001b. CIE DS 012:2001. Standard method of assessing the spectral quality of daylight simulators for visual appraisal and measurement of colour[S], 2001

[27]CIE, 1995b. CIE 13.3－1995. Method of measuring and specifying colour rendering properties of light sources[S], 1995

[28]中华人民共和国国家标准:GB/T5702－2003. 显色指数计算方法[S]. 北京:中国标准出版社,2003

[29]CIE, 1998a. CIE 131－1998. The CIE 1997 interim colour appearance model(simple version):CIECAM97s[S], 1998

[30]CIE, 2004b. CIE 159:2004. A color appearance model for color management systems: CIECAM02[S], 2004

[31]黄颖为,冯培勇. CIE 最新色表模型的应用探讨[J]. 包装工程, 2005,26(4)

[32]杨卫平,等. 色貌与色貌模型[J]. 云南师范大学学报, 2003,23(6)

[33]胡威捷,汤顺清,朱正芳. 现代颜色技术原理及应用[M]. 北京:北京理工大学出版社,2007

[34]CIE. Colorimetry: Understanding the CIE System－CIE Colorimetry 1931－2006[S]. CIE Preprint Edition, 2006

[35]ASTM－E313 Standard practice for calculating yellowness and whiteness indices form instrumentally measured color coordinates[S]

[36]中华人民共和国计量检定规程:JJG917－1996. 棉花测色仪检定规程[S]. 北京:中国计量出版社,1996

[37]叶洪盘. 颜色科学[M]. 北京:中国轻工业出版社,1988

[38]金其伟,胡威捷. 辐射度 光度与色度及其测量[M]. 北京:北京理工大学出版社,2006

[39]Victor R Weidner, Jack J Hsia. NBS Measurement services: Spectral Reflectance[M]. NBS Special Publication, 1987: 250-8

[40]徐海松. 颜色信息工程[M]. 杭州:浙江大学出版社,2005

[41]滕秀金,等. 颜色测量技术[M]. 北京:中国计量出版社, 2007

[42]中华人民共和国国家标准:GB/T 3979. 物体色的测量方法[S]. 北京:中国标准出版社

[43]中华人民共和国国家标准:GB/T 7922. 照明光源颜色的测量方法[S]. 北京:中国标准出版社

[44]中华人民共和国国家标准:GB/T 9340. 荧光样品色的测量方法[S]. 北京:中国标准出版社

[45]ASTM, E991－98. Standard Practice for color measurement of fluorescent specimens[S], 1998

[46]ASTM E308 Practice for computing the colors of objects by using the CIE system[S], 2006

[47]CIE, 1979a. CIE 44－1979. Absolute methods for reflection measurements[S], 1979

[48]CIE, 1979b. CIE 46－1979. A review of publications on properties and reflection values of material reflection standards[S], 1979

[49]Taylor A H. The measurement of diffuse reflection factors and a new absolute reflectometer[J]. J. Opt. Soc. Amer. 4 (1920): 9-23

[50]Benford F A. An absolute method for determining coefficients of diffuse reflection[J]. Gen. Elec. Rev. 23, 72, 1920

[51]Sharp C H, F W Little. Measurement of reflection factors[J]. Trans. Illum. Engg. Soc. (London)1920, 15: 802-810

[52]Wolfgang Budde, Clarence X Dodd. Absolute Reflectance Measurement in the D/0°Geometry[M]. DIE FARBE 19, 1970

[53]H Korte und M Schmidt. Uber Messungen des Leuchtdichtefaktors an beliebig reflektierenden Proben[J]. Lichttechnik 19, Nr. 11, 135A, 1967

[54]Van den Akker J A, Dearth L R, Shillcox W M. Evaluation of absolute reflectance for standardization purposes[J]. J. Opt. Soc. Amer. 56, 250, 1966

[55]李在清. 光谱光度计量基准标准在 NIM 的发展[J]. 照明工程学报,1997, 8(4)

[56]林弋戈,马煜,陈遐举. d/0 条件光谱漫反射比的测定方法探讨[J]. 照明工程学报,2002,13(4)

[57]马煜,林弋戈,陈遐举. 利用 Sharp-Little 法研制 d/0 条件光谱漫反射因数测量装置与国际比对[J]. 照明工程学报, 2005(4)

第十一章 光谱学

光谱学是研究光谱形成规律与物质中原子、分子结构之间关系的科学。光谱是物质辐射电磁波的波长(或频率)成分和强度分布的记录,有时只是波长(或频率)成分的记录。光谱是物质的基本光学属性。

光谱范围从紫外到远红外。通常紫外区为 1 nm～0.38 μm,可见区为 0.38～0.78 μm,红外区为 0.78 μm～1 mm。不同的光谱产生于不同的跃迁机制:电子跃迁、振动跃迁和转动跃迁。用光谱仪可以把光波按波长展开,把不同波长成分的光强记录下来,并可以把光谱摄成相片。利用色散效应,可将棱镜或光栅作为光谱仪的分光元件。

从光谱的形状上,光谱可分为三类:①线状光谱:光谱呈分立的线状,这类光谱是原子所发的。②带状光谱:谱线是分段密集的,或在小波段范围内是连续的,整个光谱由许多片看起来是连续的带组成。这类光谱是分子所发的。③连续光谱:整个光谱相片上的谱线都是密集的,形成连续光谱。固体加热所发的光谱就是连续光谱。原子和分子在某些情况下也会发连续光谱。

从光谱形成的方式上,可分为发射谱和吸收谱。直接记录光源所发的光谱称为发射谱。在显影后的照相底片上,发射谱是在亮的背景上有黑的线。如果将要研究的样品放在发射连续光谱的光源与摄谱仪之间,则组成样品的原子或分子就要吸收光源的某些频率的光,被吸收的光的频率恰好等于被激发的原子或分子所发射光的频率。在这种情况下,显影后照相底片的背景是黑的,谱线呈亮的线,这是吸收光谱。

研究光谱所用的光源有天然光源(如太阳光)、热辐射光源(如火焰、高温炉、各种白炽灯等)、气体放电光源、化学发光光源、激光光源等。

1666 年英国科学家牛顿用自制的三棱镜将射入窗内的一束阳光分解成红、橙、黄、绿、青、蓝、紫等 7 种颜色的谱带,宣告了光谱学的诞生,至今光谱学已有 300 多年的发展历史。在激光器出现以前,光谱学的理论已经较为完善,光谱分析技术日趋成熟,研究内容也甚为丰富。光谱不仅是分析物质结构的有力工具,并且在科学技术各领域及许多应用部门都有着重要的应用。

20 世纪 60 年代激光器的出现,特别是可调谐激光器的应用,使光谱学发生了根本的变革。可以将光谱学分为两大类:常规光谱学和激光光谱学。常规光谱学实际上是研究光与原子、分子线性相互作用的光谱学。激光光谱学除了线性激光光谱学外,还包括非线性激光光谱学,它研究光与原子、分子的非线性相互作用。

常规光谱学是研究原子和分子光谱的最基本技术,其特点是可在相当宽的波段范围内获得原子、分子光谱,但常规光谱学存在很多缺陷。由于所用光源单色性差、方向性差、单色亮度低,使得所得光谱的分辨率和灵敏度低,不能消除原子或分子气态光谱中的多普勒展宽。对于激发态的动态光谱、原子和分子的多光子跃迁、局部光谱分析、诸多的非线性过程等,常规光谱学无能为力。激光光源具有很好的单色性、方向性、相干性,具有极高的单色亮度,使用激光光源,就可以研究常规光谱学中许多不能涉及的问题。

第一节 简单原子光谱

一、氢原子与类氢离子光谱

(一)系统的能量

氢原子与类氢离子(如 He^{+}, Li^{++}, Be^{+++} 等)的结构相类似,都由原子核和一个核外电子构成。

原子系统服从薛定谔定态波动方程:

$$\hat{H}\psi = E\psi \tag{11-1}$$

式中,$\hat{H}$ 为系统的哈密顿算符,ψ 为系统波函数,E 为系统能量。对单电子系统:

$$\hat{H}=-\frac{\hbar^2}{2\mu}\nabla^2-\frac{Ze^2}{4\pi\varepsilon_0 r} \tag{11-2}$$

上式右端第一项为动能算符，其中∇^2为拉普拉斯算子，$\hbar=h/(2\pi)$，h为普朗克常数，μ为折合质量：

$$\mu=\frac{Mm}{M+m}=\frac{m}{1+\frac{m}{M}} \tag{11-3}$$

M和m分别代表原子核和电子的质量；第二项为位能算符，Z为原子序数，e为电子电荷，ε_0为真空中的介电常数，r为原子核到电子的距离。

将(11-2)式代入(11-1)式并解之，得到原子处于第n个能级上的能量与波函数分别为

$$E_n=-\frac{\mu e^4 Z^2}{8\varepsilon_0^2 h^2}\frac{1}{n^2},\qquad n=1,2,3,\cdots \tag{11-4}$$

$$\psi(r,\theta,\varphi)=R_{nl}(r)Y_l^{m_l}(\theta,\varphi) \tag{11-5}$$

式中，n为主量子数；l为角量子数，$l=0,1,2,\cdots,n-1$；m_l为磁量子数，$m_l=-l,-(l-1),\cdots,-1,0,1,\cdots,l-1,l_0$；$R_{nl}(r)$为与径向有关的波函数；$Y_l^{m_l}(\theta,\varphi)$为与角向$(\theta,\varphi)$有关的波函数。(11-5)式没考虑电子的自旋作用。

以上结果表示，氢原子和类氢离子能级的能量是分立的，并且只和主量子数n有关。

(11-4)式已假定$E_{n=\infty}=0$，即电子游离原子核之外时，原子的能量最大，为0。

原子从一个较高的能态E_2跃迁到另一个较低的能态E_1时，若满足跃迁选择定则，将辐射电磁波(光波)、辐射频率ν满足条件

$$h\nu=E_2-E_1 \tag{11-6}$$

用波数$\tilde{\nu}$表示，则有

$$\tilde{\nu}=\frac{1}{\lambda}=\frac{E_2-E_1}{hc}=\frac{\mu e^4 Z^2}{8\varepsilon_0^2 h^3 c}\left(\frac{1}{n_1^2}-\frac{1}{n_2^2}\right)$$

或写成

$$\tilde{\nu}=R_A Z^2\left(\frac{1}{n_1^2}-\frac{1}{n_2^2}\right) \tag{11-7}$$

其中

$$R_A=\frac{\mu e^4}{8\varepsilon_0^2 h^3 c}=\frac{1}{1+\frac{m}{M}}R_\infty \tag{11-8}$$

$$R_\infty=\frac{me^4}{8\varepsilon_0^2 h^3 c} \tag{11-9}$$

式中，R_A为原子A的里德堡常数，R_∞为$M=\infty$时(假定核不动)的里德堡常数：

$R_\infty=1.097\,373\,1\times10^7\,\mathrm{m}^{-1}$，$R_{\mathrm{H}}=1.096\,775\,8\times10^7\,\mathrm{m}^{-1}$，$R_{\mathrm{He}}=1.097\,222\,7\times10^7\,\mathrm{m}^{-1}$。

(二)氢原子与类氢离子

对氢原子，$Z=1$，按(11-7)式，有

$$\tilde{\nu}=\frac{1}{\lambda}=R_{\mathrm{H}}\left(\frac{1}{n_1^2}-\frac{1}{n_2^2}\right) \tag{11-10}$$

从上式可见，每一谱线的波数都等于两项的差数，即

$$\tilde{\nu}=T_1-T_2 \tag{11-11}$$

对氢原子，$T_1=R_{\mathrm{H}}/n_1^2$，$T_2=R_{\mathrm{H}}/n_2^2$，即T是由每一能级用波数表示的能量的负值。T称为光谱项。

$n_1=1$，$n_2=2,3,4,\cdots$赖曼(T. Lyman)线系

$n_1=2, n_2=3,4,5,\cdots$巴耳末(J. J. Balmer)线系

$n_1=3, n_2=4,5,6,\cdots$帕邢(F. Paschen)线系

$n_1=4, n_2=5,6,7,\cdots$布喇开(F. Brackett)线系

$n_1=5, n_2=6,7,8,\cdots$普丰德(H. A. Pfund)线系

$n_1=6, n_2=7,8,9,\cdots$汉弗莱(J. C. Humphreys)线系

图 11-1 为氢原子的能级与光谱。

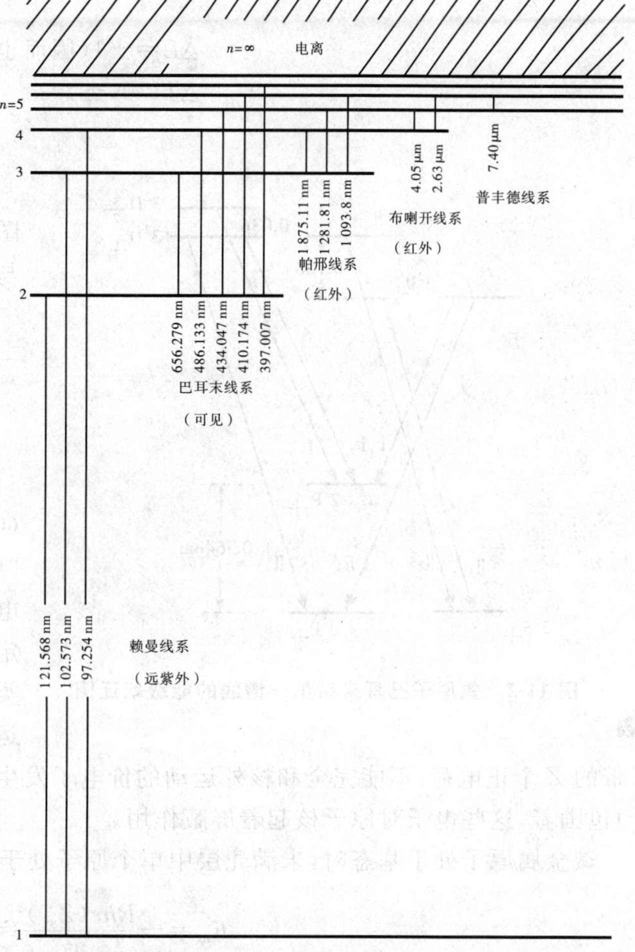

图 11-1　氢原子的能级和观察的光谱

对 He^+，$Z=2$：

$$\tilde{\nu}=4R_{\mathrm{He}}\left(\frac{1}{n_1^2}-\frac{1}{n_2^2}\right)$$

对 Li^{++}，$Z=3$：

$$\tilde{\nu}=9R_{\mathrm{Li}}\left(\frac{1}{n_1^2}-\frac{1}{n_2^2}\right)$$

(三)谱线的精细结构

如果考虑电子质量对速度的依赖以及电子的自旋，则原子能量表达式(11-4)式应修正为

$$E=-\frac{R_A hcZ^2}{n^2}-\frac{R_A hc\alpha^2 Z^4}{n^3}\left[\frac{1}{j+\frac{1}{2}}-\frac{3}{4n}\right] \tag{11-12}$$

$$\left.\begin{aligned} j&=l\pm\frac{1}{2}, \quad & l\geqslant 1 \\ j&=\frac{1}{2}, \quad & l=0 \end{aligned}\right\} \tag{11-13}$$

$$\alpha=\frac{e^2}{2\varepsilon_0 hc}=7.297\,351\times 10^{-3} \tag{11-14}$$

式中，j 是电子的总角动量量子数，l 为轨道的角动量量子数，α 为精细结构常数。

(11-12)式中右端第一项即为(11-4)式，是能量的主要部分，第二项给出精细结构。精细结构的变动与 n^3 成反比，也随 j 的增加(即 l 增加)而减少。

考虑了精细结构，原子能量不仅与 n 有关，也与 l 有关。

(四)电子态与原子态的表示

电子轨道量子数用字母 l 及与其对应的一些小写字母表示：

$l=0\quad 1\quad 2\quad 3\quad 4\quad 5\quad 6\quad \cdots$

s　p　d　f　g　h　i　…

原子轨道量子数用字母 L 及与其对应的一些大写字母表示：

$L=0\quad 1\quad 2\quad 3\quad 4\quad 5\quad 6\quad \cdots$

S　P　D　F　G　H　I　…

能级用符号 $n^{2S+1}L_J$ 表示，n 为主量子数，S 为原子的总自旋量子数，J 为原子的总角动量量子数。对单电子原子，$S=s=\frac{1}{2}$，所以能级符号为 n^2L_J，其中 $L=l, J=j$。

（五）跃迁选择定则

$$\left.\begin{array}{l}\Delta L=\pm 1(\text{因而也是 } \Delta l=\pm 1)\\ \Delta J=0,\pm 1\end{array}\right\} \tag{11-15}$$

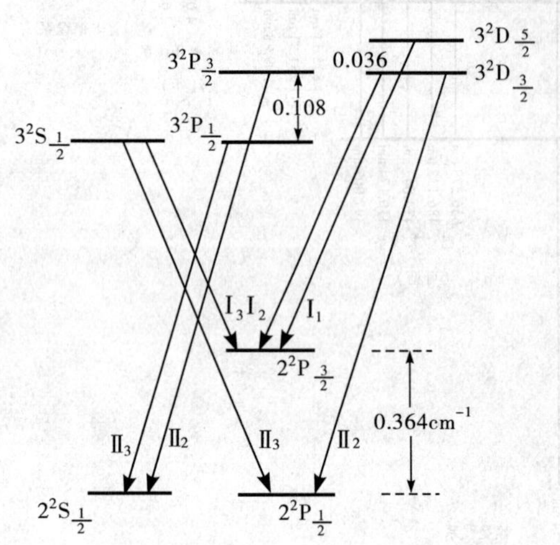

图 11-2 氢原子巴耳末系第一谱线的能级跃迁图

图 11-2 为氢原子巴耳末系第一谱线的能级跃迁图。共有 7 条线。注意 $2^2S_{\frac{1}{2}}$ 与 $2^2P_{\frac{1}{2}}$ 能量相等，$3^2P_{\frac{3}{2}}$ 与 $3^2D_{\frac{3}{2}}$ 能量相等。

二、碱金属原子光谱

（一）系统的能量

碱金属原子锂(Li)、钠(Na)、钾(K)、铷(Rb)、铯(Cs)、钫(Fr)是一价原子，由最外层的一个价电子和“原子实”组成，原子实由原子核和内层满壳层 $Z-1$ 个电子组成。碱金属原子的光谱主要由价电子的运动决定，这一点和氢原子类似。不同之处在于：在氢原子和类氢离子中，原子核所带的 Z 个正电荷完全能和核外运动的电子发生库仑作用，而在碱金属原子中，原子核所带的 Z 个正电荷，不能完全和核外运动的价电子发生作用，因为在核外还有 $Z-1$ 个电子（原子实中的电子）包围着，这些电子对原子核起着屏蔽作用。

碱金属原子处于基态时，未满壳层中单个原子处于 ns 态，依据(11-4)式和(11-8)式，基态能量应为

$$E_{ns}=-\frac{Rhc(Z_{ns}^{*})^2}{n^2}=-\frac{Rhc(Z-\sigma_{ns})^2}{n^2} \tag{11-16}$$

式中，R 为原子的里德堡常数；$Z_{ns}^{*}=Z-\sigma_{ns}$ 为有效核电荷数；σ_{ns} 为价电子处于 ns 态时的屏蔽常数，$\sigma_{ns}<Z-1$。

(11-16)式还可以用另一种形式的表示式表示，即认为核电荷为 1（不修正核电荷），而对主量子数 n 进行修正，则为

$$E_{ns}=-\frac{Rhc}{[n/(Z-\sigma_{ns})]^2}=-\frac{Rhc}{n^{*2}}=-\frac{Rhc}{(n-\Delta_{ns})^2} \tag{11-17}$$

其中

$$n^{*}=\frac{n}{Z-\sigma_{ns}}=n-n\left[1-\frac{1}{Z-\sigma_{ns}}\right]=n-\Delta_{ns} \tag{11-18}$$

称 n^{*} 为有效主量子数，Δ_{ns} 为 ns 电子的量子缺。

当基态碱金属原子 ns 电子跃迁到受激态 nl 态时($l=0,1,2,\cdots$)，

$$E_{nl}=-\frac{RhcZ_{nl}^{*2}}{n^2}=-\frac{Rhc(Z-\sigma_{nl})^2}{n^2} \tag{11-19}$$

或

$$E_{nl}=-\frac{Rhc}{n^{*2}}=-\frac{Rhc}{(n-\Delta_{nl})^2} \tag{11-20}$$

可见，碱金属原子光谱项可表示为

$$T=\frac{R}{n^{*2}}=\frac{R}{(n-\Delta)^2} \tag{11-21}$$

(二)锂和钠光谱线系

1. 锂光谱线系

$$
\left.\begin{aligned}
&\text{主线系} && \tilde{\nu}_n=\frac{R}{(2-\Delta_{2s})^2}-\frac{R}{(n-\Delta_{np})^2}, && n=2,3,4,\cdots\\
&\text{第二辅线系(锐线系)} && \tilde{\nu}_n=\frac{R}{(2-\Delta_{2p})^2}-\frac{R}{(n-\Delta_{ns})^2}, && n=3,4,5,\cdots\\
&\text{第一辅线系(漫线系)} && \tilde{\nu}_n=\frac{R}{(2-\Delta_{2p})^2}-\frac{R}{(n-\Delta_{nd})^2}, && n=3,4,5,\cdots\\
&\text{柏格曼线系(基线系)} && \tilde{\nu}_n=\frac{R}{(3-\Delta_{3d})^2}-\frac{R}{(n-\Delta_{nf})^2}, && n=4,5,6,\cdots
\end{aligned}\right\} \tag{11-22}
$$

2. 钠光谱线系

$$
\left.\begin{aligned}
&\text{主线系} && \tilde{\nu}_n=\frac{R}{(3-\Delta_{3s})^2}-\frac{R}{(n-\Delta_{np})^2}, && n=3,4,5,\cdots\\
&\text{第二辅线系} && \tilde{\nu}_n=\frac{R}{(3-\Delta_{3p})^2}-\frac{R}{(n-\Delta_{ns})^2}, && n=4,5,6,\cdots\\
&\text{第一辅线系} && \tilde{\nu}_n=\frac{R}{(3-\Delta_{3p})^2}-\frac{R}{(n-\Delta_{nd})^2}, && n=4,5,6,\cdots\\
&\text{柏格曼线系} && \tilde{\nu}_n=\frac{R}{(4-\Delta_{4d})^2}-\frac{R}{(n-\Delta_{nf})^2}, && n=5,6,7,\cdots
\end{aligned}\right\} \tag{11-23}
$$

图 11-3 为锂原子能级及跃迁图,图 11-4 为钠原子能级及跃迁图,图中波数表示光谱项值。

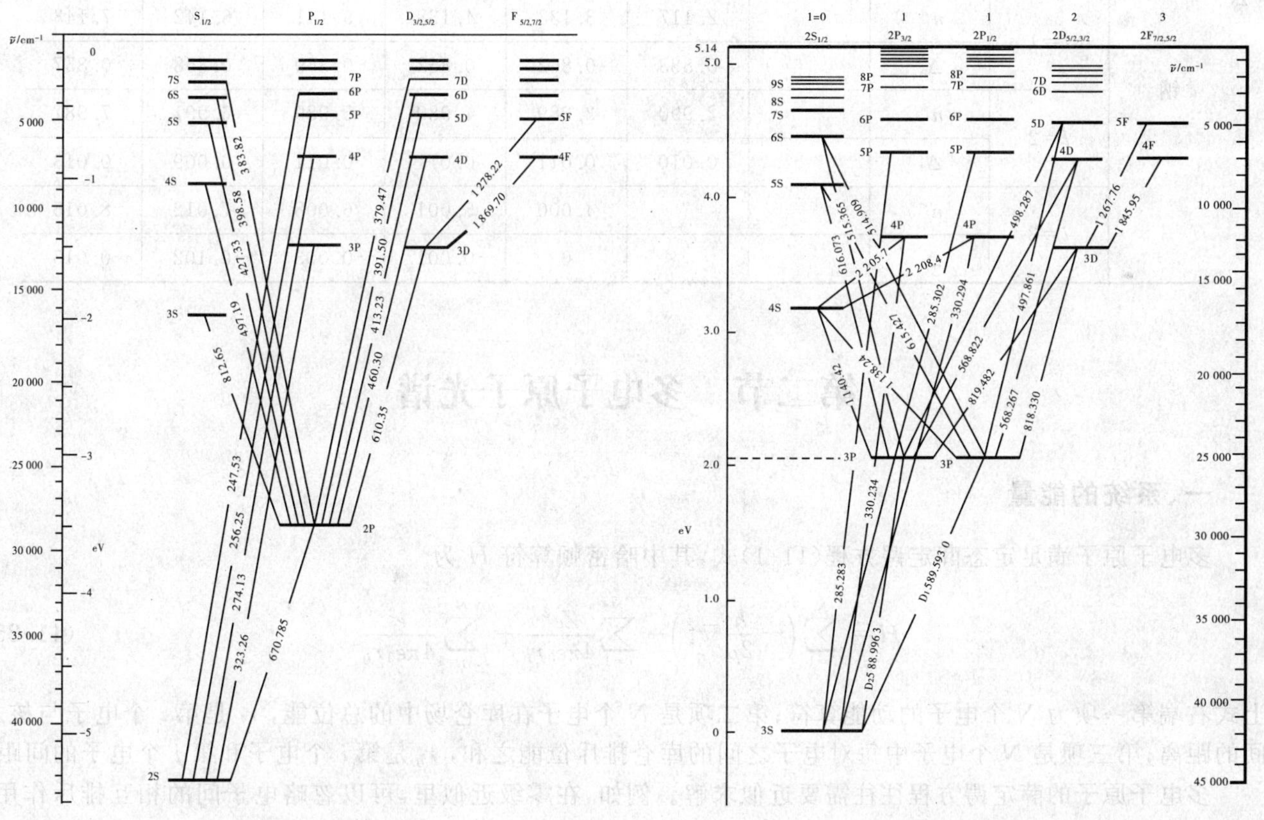

图 11-3　锂原子能级及跃迁图

跃迁波长以 nm 为单位

图 11-4　钠原子能级及跃迁图

跃迁波长以 nm 为单位

考虑电子质量对速度的依赖以及电子的自旋,碱金属原子的能量为

$$
E=-\frac{Rhc(Z-\sigma_{nl})^2}{n^2}-\frac{Rhc\alpha^2(Z-\sigma_{nl})^2}{n^3}\left(\frac{1}{j+\frac{1}{2}}-\frac{3}{4n}\right) \tag{11-24}
$$

j 的取值同(11-13)式，跃迁选择定则同(11-15)式。

3. 锂和钠原子的有效主量子数和量子缺

锂和钠原子的有效主量子数 n^* 和量子缺 Δ 如表 11-1 所示。

表 11-1　锂和钠原子能级的有效主量子数 n^* 和量子缺 Δ

元素	角量子数	n^* 与 Δ_l	主量子数						
			$n=2$	$n=3$	$n=4$	$n=5$	$n=6$	$n=7$	$n=8$
锂	$l=0$	n^*	1.589	2.596	3.598	4.599	5.599	6.599	
		Δ_s	0.411	0.404	0.402	0.401	0.401	0.401	
	$l=1$	n^*	1.960	2.956	3.954	4.954	5.955	6.954	
		Δ_p	0.040	0.044	0.046	0.046	0.045	0.046	
	$l=2$	n^*		2.999	3.999	5.000	6.000	7.000	
		Δ_d		0.001	0.001	0	−0.001	0	
	$l=3$	n^*			4.000	5.004			
		Δ_f			0	−0.004			
钠	$l=0$	n^*		1.627	2.643	3.648	4.651	5.652	6.649
		Δ_s		1.373	1.357	1.352	1.349	1.348	1.351
	$l=1$	n^*		2.117	3.133	4.138	5.141	6.142	7.143
		Δ_p		0.883	0.862	0.862	0.859	0.858	0.857
	$l=2$	n^*		2.990	3.989	4.989	5.989	6.991	7.987
		Δ_d		0.010	0.011	0.011	0.011	0.009	0.013
	$l=3$	n^*			4.000	5.001	6.008	7.012	8.015
		Δ_f			0	−0.001	−0.003	−0.102	−0.015

第二节　多电子原子光谱

一、系统的能量

多电子原子满足定态薛定谔方程(11-1)式，其中哈密顿算符 $\hat{H}$ 为

$$\hat{H}=\sum_{i=1}^{N}\left(-\frac{\hbar}{2\mu}\nabla_i^2\right)-\sum_{i=1}^{N}\frac{Ze^2}{4\pi\varepsilon_0 r_i}+\sum_{i>j=1}^{N}\frac{e^2}{4\pi\varepsilon_0 r_{ij}} \tag{11-25}$$

上式右端第一项为 N 个电子的动能算符；第二项是 N 个电子在库仑场中的总位能，r_i 是第 i 个电子与核之间的距离；第三项是 N 个电子中每对电子之间的库仑排斥位能之和，r_{ij} 是第 i 个电子和第 j 个电子的间距。

多电子原子的薛定谔方程往往需要近似求解。例如，在零级近似里，可以忽略电子间的相互排斥作用，这样就归结为求解单电子的薛定谔方程问题。在零级近似下，本征值 E 等于这些电子的本征值之和，本征函数等于其中各个电子的本征函数之积。在高级近似里，电子间的排斥作用由微扰理论来计算。

在确定体系的波函数时，必须考虑泡利(Pauli)原理和电子的自旋，否则会得出不正确的结果。

二、泡利原理

电子的自旋量子数为半整数，属于费米(Fermi)子。泡利原理如下：不能有两个或两个以上的费米子处

于同一量子态。原子核外的电子可以用 4 个量子数 n、l、m_l、m_s 表示，根据泡利原理，任意两个电子不能有完全相同的 4 个量子数。例如，在氦的基态中，两个 1s 电子的量子数只能是$\left(1,0,0,\frac{1}{2}\right)$和$\left(1,0,0,-\frac{1}{2}\right)$，即两个电子的自旋必相反，自旋总角动量的量子数 $S=0$，其原子态为$^1S_0$。

对于主量子数为 n 的壳层，最多可容纳的电子数是

$$N_n=\sum_{l=0}^{n-1}2(2l+1)=2[1+3+5+\cdots+(2n-1)]=2n^2$$

三、电子组态与原子态

一种电子组态可以构成不同的原子态。

将每一个电子的轨道角动量用矢量 $\boldsymbol{P}_l$ 表示，自旋角动量用 $\boldsymbol{P}_s$ 表示，则

$$|\boldsymbol{P}_l|=\sqrt{l(l+1)}\,\hbar;\ |\boldsymbol{P}_s|=\sqrt{s(s+1)}\,\hbar,\ s=\frac{1}{2}$$

(一) LS 耦合（适用于较轻的原子）

以两个电子的情形为例。如果两个电子轨道之间的作用很强，两个电子自旋之间的作用也很强，则两个轨道角动量要合成一个轨道总角动量，两个自旋角动量合成一个自旋总角动量，然后轨道总角动量再和自旋总角动量合成总角动量，即

$$\boldsymbol{P}_L=\boldsymbol{P}_{l_1}+\boldsymbol{P}_{l_2} \tag{11-26}$$

$$|\boldsymbol{P}_L|=\sqrt{L(L+1)}\,\hbar \tag{11-27}$$

$$L=l_1+l_2,\ l_1+l_2-1,\ \cdots\ |l_1-l_2| \tag{11-28}$$

如果 $l_1>l_2$，共有 $2l_2+1$ 个数值。

$$\boldsymbol{P}_s=\boldsymbol{P}_{s_1}+\boldsymbol{P}_{s_2} \tag{11-29}$$

$$|\boldsymbol{P}_s|=\sqrt{S(S+1)}\,\hbar \tag{11-30}$$

$$S=s_1+s_2\ \text{或}\ s_1-s_2=1\ \text{或}\ 0 \tag{11-31}$$

$$\boldsymbol{P}_J=\boldsymbol{P}_L+\boldsymbol{P}_S \tag{11-32}$$

$$|\boldsymbol{P}_J|=\sqrt{J(J+1)}\,\hbar \tag{11-33}$$

$$J=L+S,\ L+S-1,\ \cdots,\ |L-S| \tag{11-34}$$

如果 $L>S$，对每一对 L 和 S，共有 $2S+1$ 个值。对于两个电子，S 只有两个数值：0 或 1。

当 $S=0$ 时，$J=L$，这是一个能级，为单重态。当 $S=1$ 时，$J=L+1,L,L-1$，共有 3 个 J 值，相当于 3 个能级，是三重态。

原子由原子实与最外层的价电子组成。原子实是一个完整的结构，它的总轨道矩 $\boldsymbol{P}_L$、总自旋矩 $\boldsymbol{P}_S$ 以及总动量矩 $\boldsymbol{P}_J$ 恒等于 0，因此求原子态时，只要考虑未满外壳层的电子组态就可以了。

表 11-2 为周期表中前 36 个元素，原子在基态时的电子组态。

(二) jj 耦合（适用于较重的原子或某些高激发态）

若电子的自旋同自己的轨道运动相互作用比两电子间的自旋或轨道的相互作用强，那么电子的自旋角动量和轨道角动量要合成各自的总角动量，然后两个电子的总角动量又合成原子的总角动量，这称为 jj 耦合。

$$\boldsymbol{P}_{j_1}=\boldsymbol{P}_{l_1}+\boldsymbol{P}_{s_1} \tag{11-35}$$

$$|\boldsymbol{P}_{j_1}|=\sqrt{j_1(j_1+1)}\,\hbar \tag{11-36}$$

$$j_1=l_1+s_1\ \text{或}\ l_1-s_1,\ s_1=\frac{1}{2} \tag{11-37}$$

$$\boldsymbol{P}_{j_2}=\boldsymbol{P}_{l_2}+\boldsymbol{P}_{s_2} \tag{11-38}$$

表 11-2　原子在基态时的电子组态

元素	电子										原子基态	电离能/eV
	K	L		M			N					
	1s	2s	2p	3s	3p	3d	4s	4p	4d	4f		
1 H	1										$^2S_{1/2}$	13.599
2 He	2										$^1S_0$	24.588
3 Li	2	1									$^2S_{1/2}$	5.392
4 Be	2	2									$^1S_0$	9.323
5 B	2	2	1								$^2P_{1/2}$	8.298
6 C	2	2	2								$^3P_0$	11.260
7 N	2	2	3								$^4S_{3/2}$	14.530
8 O	2	2	4								$^3P_2$	13.618
9 F	2	2	5								$^2P_{3/2}$	17.423
10 Ne	2	2	6								$^1S_0$	21.565
11 Na	2	2	6	1							$^2S_{1/2}$	5.139
12 Mg	2	2	6	2							$^1S_0$	7.646
13 Al	2	2	6	2	1						$^2P_{1/2}$	5.986
14 Si	2	2	6	2	2						$^3P_0$	8.152
15 P	2	2	6	2	3						$^4S_{3/2}$	10.487
16 S	2	2	6	2	4						$^3P_2$	10.360
17 Cl	2	2	6	2	5						$^2P_{3/2}$	12.967
18 Ar	2	2	6	2	6						$^1S_0$	15.760
19 K	2	2	6	2	6		1				$^2S_{1/2}$	4.341
20 Ca	2	2	6	2	6		2				$^1S_0$	6.113
21 Sc	2	2	6	2	6	1	2				$^2D_{3/2}$	6.540
22 Ti	2	2	6	2	6	2	2				$^3F_2$	6.820
23 V	2	2	6	2	6	3	2				$^4F_{3/2}$	6.740
24 Cr	2	2	6	2	6	5	1				$^7S_3$	6.765
25 Mn	2	2	6	2	6	5	2				$^6S_{5/2}$	7.435
26 Fe	2	2	6	2	6	6	2				$^5D_4$	7.870
27 Co	2	2	6	2	6	7	2				$^4F_{9/2}$	7.864
28 Ni	2	2	6	2	6	8	2				$^3F_4$	7.633
29 Cu	2	2	6	2	6	10	1				$^2S_{1/2}$	7.726
30 Zn	2	2	6	2	6	10	2				$^1S_0$	9.394
31 Ga	2	2	6	2	6	10	2	1			$^2P_{1/2}$	5.999
32 Ge	2	2	6	2	6	10	2	2			$^3P_0$	8.126
33 As	2	2	6	2	6	10	2	3			$^4S_{3/2}$	9.810
34 Se	2	2	6	2	6	10	2	4			$^3P_2$	9.750
35 Br	2	2	6	2	6	10	2	5			$^2P_{3/2}$	11.814
36 Kr	2	2	6	2	6	10	2	6			$^1S_0$	14.000

$$|\boldsymbol{P}_{j_2}| = \sqrt{j_2(j_2+1)}\,\hbar \tag{11-39}$$

$$j_2 = l_2 + s_2 \text{ 或 } l_2 - s_2,\ s_2 = \frac{1}{2} \tag{11-40}$$

$$\boldsymbol{P}_J = \boldsymbol{P}_{j_1} + \boldsymbol{P}_{j_2} \tag{11-41}$$

$$|\boldsymbol{P}_J| = \sqrt{J(J+1)}\,\hbar \tag{11-42}$$

$$J = j_1 + j_2,\ j_1 + j_2 - 1,\ \cdots,\ |j_1 - j_2| \tag{11-43}$$

四、跃迁选择定则(偶极近似下)

(一)普遍规则

跃迁只发生在宇称不相同的电子组态之间,即

偶(奇)电子组态↔奇(偶)电子组态

$\sum l_i$=偶数,称为偶电子组态

$\sum l_i$=奇数,称为奇电子组态

同一电子组态内的各能级间不会发生电偶极跃迁。

(二)LS 耦合跃迁选择定则

$$\left.\begin{array}{l}\Delta S=0\\ \Delta L=0,\pm1\\ \Delta J=0,\pm1\ (J=0\rightarrow J'=0\text{ 除外})\end{array}\right\} \tag{11-44}$$

$\Delta S=0$ 表明,只有多重数($2s+1$)相同的能级之间才能发生跃迁。所以 He、Mg 等原子只有单重态与单重态能级之间发生跃迁,三重态与三重态能级之间发生跃迁。

(三) jj 耦合跃迁选择定则

$$\left.\begin{array}{l}\Delta j_1=0,\ \pm1,\ \Delta j_2=0\\ \text{或}\quad \Delta j_1=0, \Delta j_2=0,\ \pm1\\ \Delta J=0,\pm1\ (J=0\rightarrow J'=0\text{ 除外})\end{array}\right\} \tag{11-45}$$

在电四极、磁偶极近似下,上述规则会有某些破坏,如会形成三重态和一重态之间的跃迁,不过那样的跃迁很弱。

五、能级图

(一)He 能级图(图 11-5)

(二)Mg 能级图(图 11-6)

(三)Tl 能级图(图 11-7)

(四)He-Ne 激光器的能级跃迁图(图 11-8)

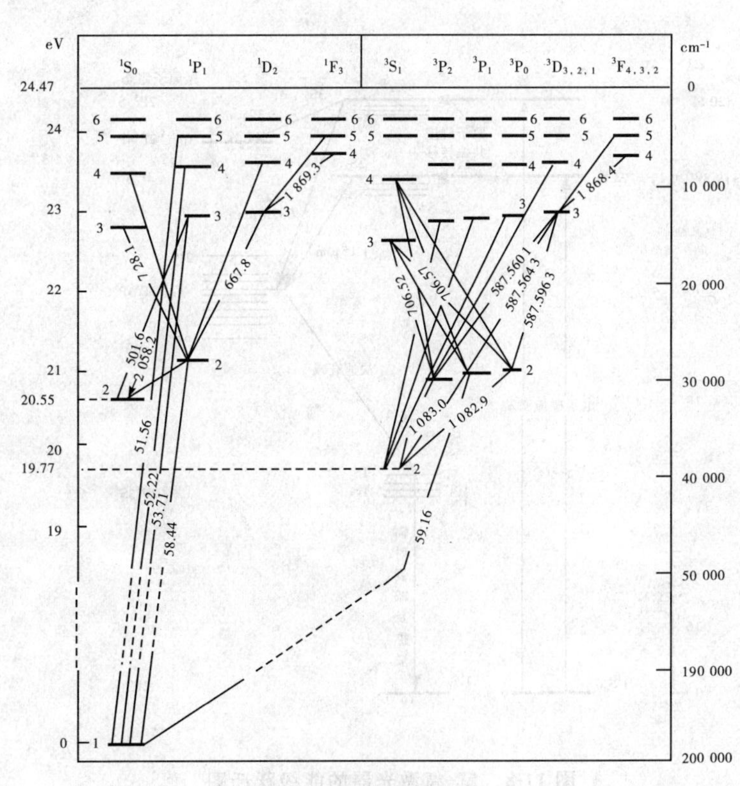

图 11-5 氦原子能级图

图中跃迁波长以 nm 为单位

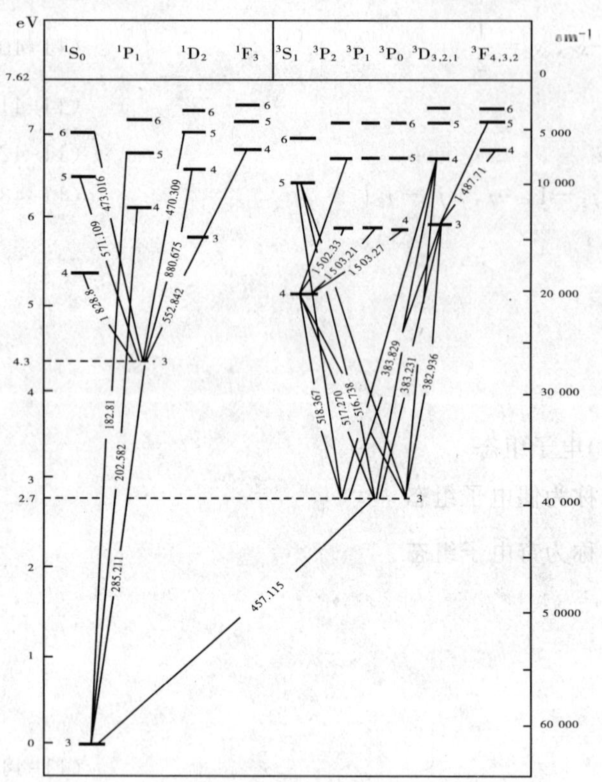

图 11-6　镁原子能级图
跃迁波长以 nm 为单位

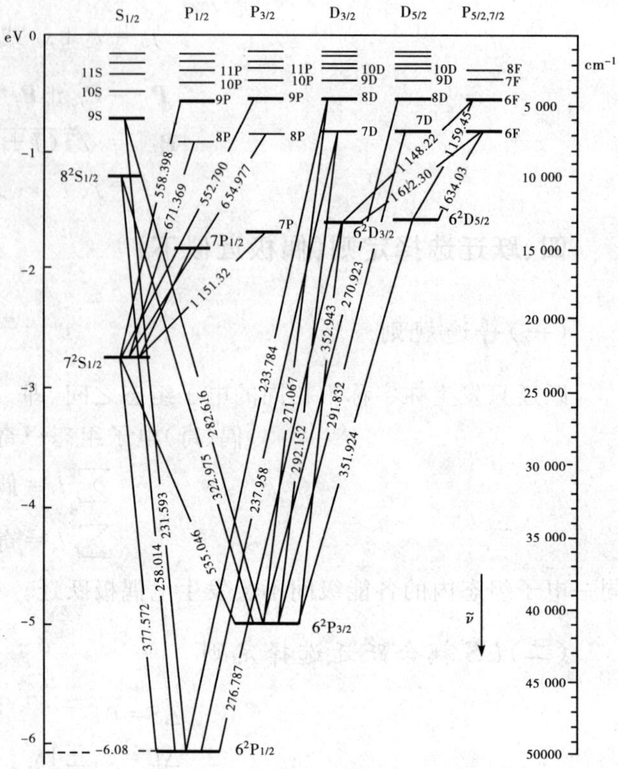

图 11-7　铊原子能级图
跃迁波长以 nm 为单位

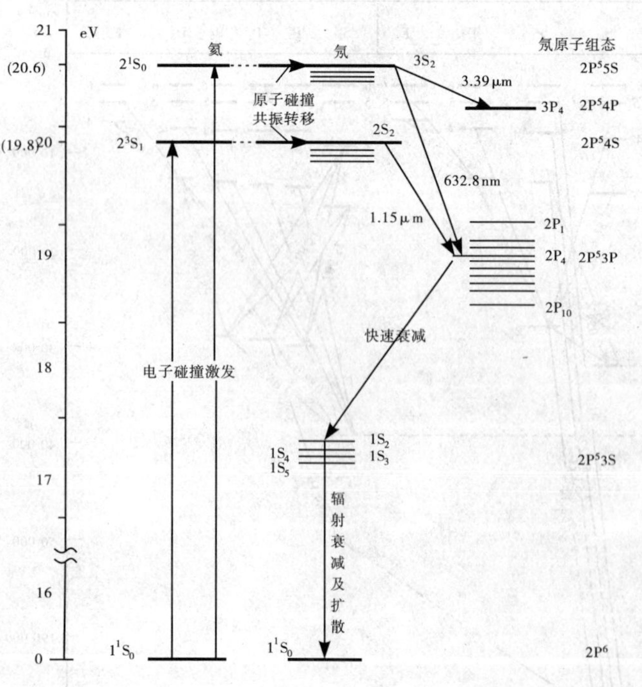

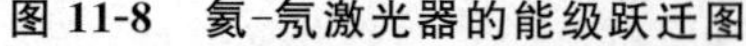

图 11-8　氦-氖激光器的能级跃迁图

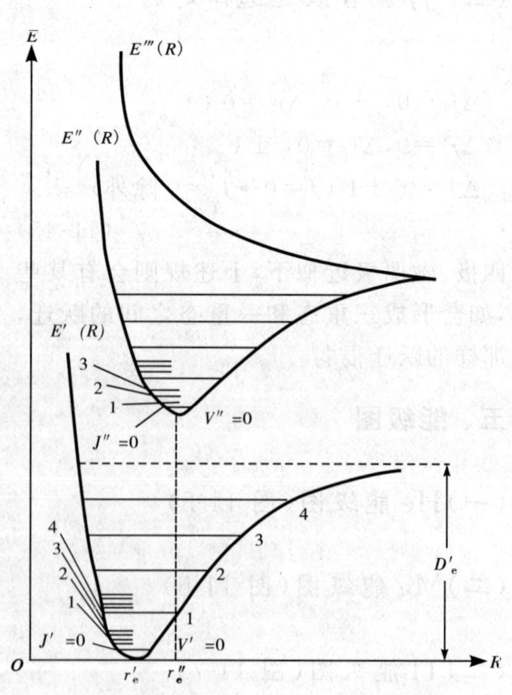

图 11-9　分子能级示意图

第三节　双原子分子光谱

一、系统的能量与光谱

在玻恩-奥本海默(Born-Oppenheimer)近似下,求解双原子分子的薛定谔方程,可以得到分子总能量 E 为

$$E(R)=E_e(R)+E_V(R)+E_r(R) \tag{11-46}$$

式中,$E_e(R)$为分子的电子能量,$E_V(R)$为分子的振动能量,$E_r(R)$为分子的转动能量,R 为分子的核间距。

分子的总能量 $E(R)$与核间距 R 的函数关系示意图见图 11-9。图中 $E'(R)$、$E''(R)$、$E'''(R)$ 是三个电子态能级,其中,$E'(R)$ 为基态,$E''(R)$、$E'''(R)$为两个激发态。在 $R=r'_e$ 和 $R=r''_e$ 时 $E'(R)$ 与 $E''(R)$ 具有最小值,它们是稳定态,r'_e 与 r''_e 为分子的平衡核间距。$E'''(R)$为不稳定态,极易离解。D'_e 为分子基态的离解能。

在每个电子态中,存在着许多振动能级,它们用振动量子数 $V'=0,1,2,\cdots$, $V''=0,1,2,\cdots$等标记。在每两个振动能级间,存在许多转动能级,用转动量子数 $J'=0,1,2,\cdots$, $J''=0,1,2,\cdots$等标记。

当分子的能级发生变化时,也将产生辐射跃迁,并形成光谱。设 E' 和 E''分别表示高能态与低能态的能量,则由 E'到 E''跃迁的能量差为

$$E'-E''=(E'_e-E''_e)+(E'_V-E''_V)+(E'_r-E''_r) \tag{11-47}$$

相应的跃迁频率 ν 为

$$\begin{aligned}\nu&=\frac{E'-E''}{h}=\frac{E'_e-E''_e}{h}+\frac{E'_V-E''_V}{h}+\frac{E'_r-E''_r}{h}\\&=\nu_e+\nu_V+\nu_r\end{aligned} \tag{11-48}$$

由于 $E'_e-E''_e\gg E'_V-E''_V\gg E'_r-E''_r$,所以 $\nu_e\gg\nu_V\gg\nu_r$。

如果 E_e 与 E_V 不发生变化,仅 E_r 变化,则产生纯转动光谱,ν_r 为低频值,位于远红外区至微波区。如果 E_e 不发生变化,E_V 变化(从而 E_r 也会变化),则形成振-转光谱,频率为 $\nu_V+\nu_r$,一般位于红外区。如果 E_e 发生变化(从而 E_V 与 E_r 也会变化),则跃迁频率为 $\nu_e+\nu_V+\nu_r$,产生电子光谱,一般位于紫外或可见光区。可见,一对电子能级之间的跃迁,会包含不同振动能级及转动能级的跃迁,因而会产生很多光谱带,形成一个光谱带系。带状光谱是分子光谱的特点。

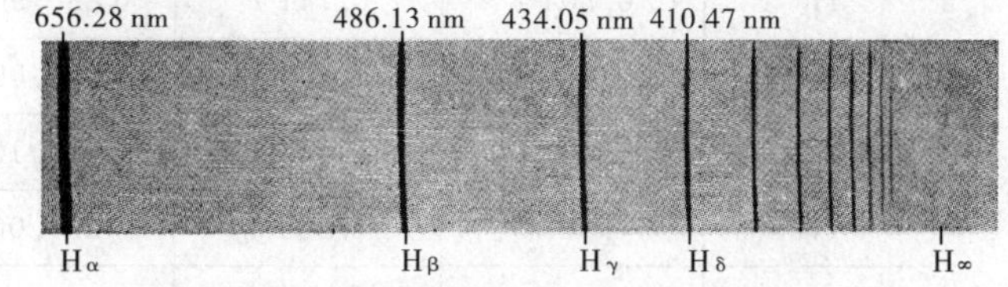

图 11-10　可见区和近紫外区的氢原子发射光谱

图 11-10、图 11-11 分别是氢原子(H)和氢分子(H_2)的发射谱照片,一个是线状谱,一个是带状(或连续)谱。

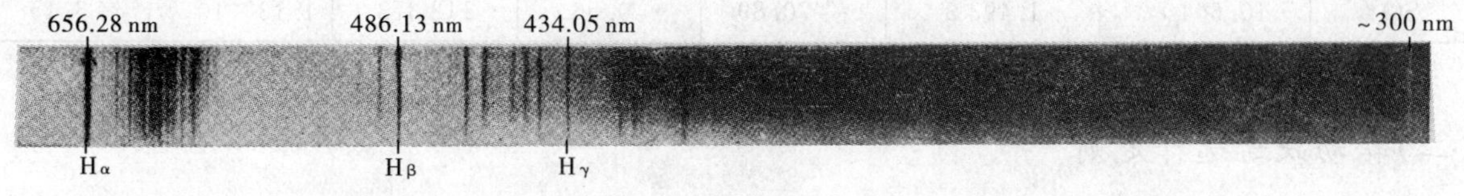

图 11-11　氢分子在可见光区和近紫外区中的带状光谱和连续光谱

二、双原子分子的转动光谱

(一)转动能量

由非刚性转子模型,可以得到双原子分子在第 V 个振动态中的转动能量为

$$E_r=hc[B_VJ(J+1)-D_VJ^2(J+1)^2] \tag{11-49}$$

式中

$$B_V=B_e-\alpha_e(V+\frac{1}{2}) \tag{11-50}$$

$$D_V = D_e - \beta_e (V + \frac{1}{2}) \tag{11-51}$$

$$B_e = \frac{h}{8\pi^2 c I_e} \tag{11-52}$$

$$I_e = \mu r_e^2 = \frac{m_1 m_2}{m_1 + m_2} r_e^2 \tag{11-53}$$

$$D_e = \frac{4B_e^3}{\tilde{\nu}^2} \tag{11-54}$$

上面各式中，J 为转动量子数（$J=0,1,2,\cdots$），V 为振动量子数（$V=0,1,2,\cdots$），B_e 为平衡核间距 r_e 时的转动常数，I_e 为转动惯量，μ 为折合质量，B_V 为考虑了振动能级影响后的转动常数，D_V、α_e、β_e 均为修正系数，$\tilde{\nu}$ 为用波数表示的振动基频。

表 11-3 为若干双原子分子的常数。从表中可以看到 $D_e \ll B_e$，α_e 也比 B_e 小很多。所以，如果不是讨论很高的转动态与振动态，(11-49)式可以近似写成

$$E_r = hcB_e J(J+1) \tag{11-55}$$

这是由刚性转子模型得出的结果。

设 m 为转动角动量 $\boldsymbol{J}$ 在分子轴方向的投影量子数，其取值为 $m=J, J-1, \cdots, -(J-1), -J$，共有 $2J+1$ 个。由(11-55)式知，转动能量只取决于转动量子数 J，而与 m 无关，所以每一个用 J 决定的转动能级的统计权重为$(2J+1)$。

表 11-3　若干双原子分子的常数

分　子	折合质量 μ/u	平衡核间距 $r_e/10^{-10}$ m	转动常数 B_e/m^{-1}	α_e/m^{-1}	振动基频 $\tilde{\nu}/\mathrm{m}^{-1}$	D_e/m^{-1}	离解能 D'_e/eV
CH	0.930 0	1.119 8	1 445.70	53.40	286 160	0.148	3.47
CO	6.858 4	1.128 2	193.14	1.75	217 021	1.53×10^{-4}	11.10
H_2	0.504 1	0.741 7	6 880.90	299.30	439 524	6.75	4.48
HCl	0.979 9	1.274 6	1 059.09	30.19	298 974	5.69×10^{-2}	4.43
HI	1.000 2	1.604 1	655.10	18.3	230 953	2.11×10^{-2}	3.06
N_2	7.003 8	1.094 0	201.00	1.87	235 961	5.83×10^{-4}	9.76
O_2	8.000 0	1.207 4	144.57	1.54	158 036	4.84×10^{-4}	5.08
OH	0.948 4	0.970 6	1 887.10	71.40	373 521	0.193	4.35
S_2	15.991 3	1.889 0	29.56	0.16	72 568	1.96×10^{-5}	4.40
SO	10.664 7	1.493 3	70.89	0.56	112 373	1.13×10^{-4}	5.15

（二）转动跃迁选择定则

转动跃迁选择定则指的是在电子态和振动态不发生改变的情况下，如果分子要发生电偶极辐射跃迁，转动量子数所必须遵循的原则。选择定则为 $\Delta J=\pm1$。由两个相同原子组成的分子（例如 H_2、O_2 等），因其是等电荷核的双原子分子，固有偶极矩为 0，因而转动时不会产生光的吸收和发射。含有两个不同原子的双原子分子（如 HCl 、CO 等），具有永久偶极矩，转动时会发生光的吸收或发射。

（三）转动光谱

光谱项为

$$F(J) = \frac{E_r}{hc} = B_e J(J+1) \tag{11-56}$$

吸收（从 $J''\to J'$ ）或者发射（从 $J'\to J''$ ）时的波数为

$$\tilde{\nu}=F(J')-F(J'')=B_eJ'(J'+1)-B_eJ''(J''+1) \tag{11-57}$$

选择定则 $J'-J''=1$，可以得到吸收时的波数：

$$\tilde{\nu}=2B_e(J''+1),\qquad J''=0,1,2,\cdots \tag{11-58}$$

发射时的波数：

$$\tilde{\nu}=2B_eJ',\qquad J'=1,2,\cdots \tag{11-59}$$

可见，吸收与发射谱是一系列等间距的光谱线，相邻谱线之间的间距为 $2B_e$。对于 HCl 分子 1→0 跃迁，$2B_e=2\,118.18\ \mathrm{m^{-1}}$，即波长为 $4.721\times10^{-4}\ \mathrm{m}$，在远红外区。

如考虑到非刚性的修正项 D_e，则间距稍有不同。例如对发射谱，可表示为

$$\tilde{\nu}=2B_eJ'-4D_eJ'^3,\qquad J'=1,2,\cdots \tag{11-60}$$

可见，随 J' 的增加，谱线间距有所减小。

三、双原子分子的振动-转动谱

如果跃迁发生在同一电子态中，但是振动量子数和转动量子数都发生改变，这种跃迁就给出了双原子分子的振转谱。

（一）振动-转动能量

振动-转动能量的表达式为

$$E_V+E_r=hc\,\tilde{\nu}_e\left(V+\frac{1}{2}\right)-hc\,\tilde{\nu}_eX_e\left(V+\frac{1}{2}\right)^2+hcB_eJ(J+1)-hc\alpha_e\left(V+\frac{1}{2}\right)J(J+1) \tag{11-61}$$

式中，$X_e\ll1$。

（二）跃迁选择定则

1）永久电偶极矩 $|\overline{D}|\neq0$ 。

2）振动量子数 $\Delta V=0,\pm1(\pm2,\pm3,\cdots$，弱）。

3）转动量子数 $\Delta J=\pm1$。

（三）振转谱

光谱项为

$$G(V)+F(J)=\frac{E_V+E_r}{hc} \tag{11-62}$$

跃迁谱线的波数为

$$\begin{aligned}\tilde{\nu}&=G'(V')-G''(V'')+F'(J')-F''(J'')\\&=\tilde{\nu}_0+F'(J')-F''(J'')\end{aligned} \tag{11-63}$$

式中，$\tilde{\nu}_0=G'(V')-G''(V'')$，称 $\tilde{\nu}_0$ 为谱带源，或称为谱带的基线，相当于只有振动跃迁时的波数。实际上这里没有线，只是一个空缺。例如，对 HCl 分子的 $V'-V''=1-0$ 谱带，$\tilde{\nu}_0=288\,590\ \mathrm{m^{-1}}$，相应的基线波长为 $3.47\ \mu\mathrm{m}$ 。

$J'-J''=+1$ 的一系列谱线，称为 R 支，用 $R(J'')$ 表示。

$J'-J''=-1$ 的一系列谱线，称为 P 支，用 $P(J'')$ 表示。

随着 J 的增加，R 支给出向高频方向大约以 $2B_e$ 的间距（实际随 J 的增加略有减小）延伸的一系列谱线，P 支给出向低频方向大约以 $2B_e$ 的间距（实际上略有增大）延伸的一系列谱线。R 支与 P 支分布在 $\tilde{\nu}_0$ 位置的两侧。图 11-12 为 HCl 分子在近红外区的 1—0 谱带，其基线波长为 $3.47\ \mu\mathrm{m}$ 。

四、双原子分子的电子光谱

电子光谱是由分子的电子态发生变化产生的，一般在可见光与紫外光区。电子光谱包含有振动与转动

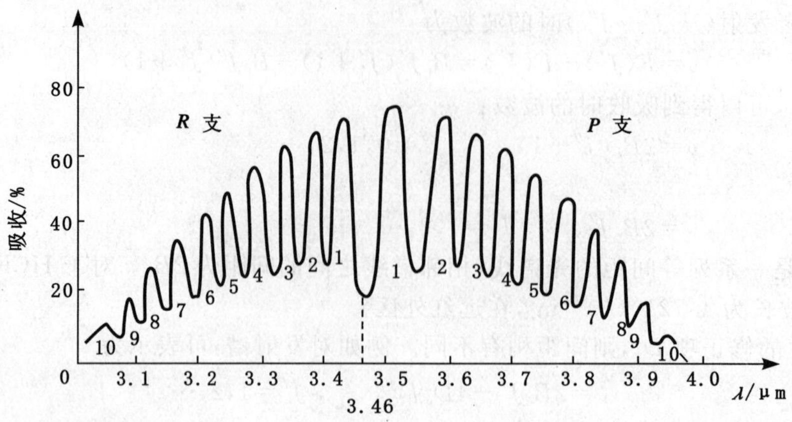

图 11-12 HCl 基吸收带的精细结构

结构，形成复杂的带状谱。

(一)电子光谱的振动结构

光谱项为

$$T_e+G(V)=\frac{E_e+E_V}{hc} \tag{11-64}$$

跃迁所得光谱线的波数为

$$\begin{aligned}\tilde{\nu}_{EV}&=\tilde{\nu}_E+G'(V')-G''(V'')\\&=T'_e-T''_e+[\tilde{\nu}'_e(V'+\frac{1}{2})-\tilde{\nu}'_eX'_e(V'+\frac{1}{2})^2]-[\tilde{\nu}''_e(V''+\frac{1}{2})-\tilde{\nu}''_eX''_e(V''+\frac{1}{2})^2]\end{aligned} \tag{11-65}$$

这里，$\tilde{\nu}_E=T'_e-T''_e$ 决定了谱线的数量级，$G'(V')-G''(V'')$ 给出了振动结构。

若 V' 不变，V'' 取一系列值，所得谱线组称为 V'' 前进带组(progressions)；反之，V'' 不变，V' 取一系列值，称为 V' 前进带组。

V' 前进带组的波数随 V' 的增大而增大，V'' 前进带组则相反。

$\Delta V=V'-V''$ 相同的跃迁所对应的波长很接近，谱线集中在一起，称为谱带序列(sequence)。

各种 V' 值或 V'' 值的前进带组可以用德斯兰(Deslandres)表表示。表 11-4 为 PN 分子的德斯兰表。借助于由实验数据制成的德斯兰表，可以进行光谱的指认工作。表中还列出了谱带的波数差，可以看出，两行中各相邻谱带之间的波数差很接近于常数。两列中各相邻谱带之间的波数差也近于常数。表中的空白格子处表示谱线强度很弱。

图 11-13 为 PN 分子的紫外发射光谱图。图中 267.71 nm 和 238.12 nm 是已知波长的两条谱线，对谱线波长起标定作用。可见，谱呈带状，并且 ΔV 相同的谱线排列在一起，形成谱带序列。

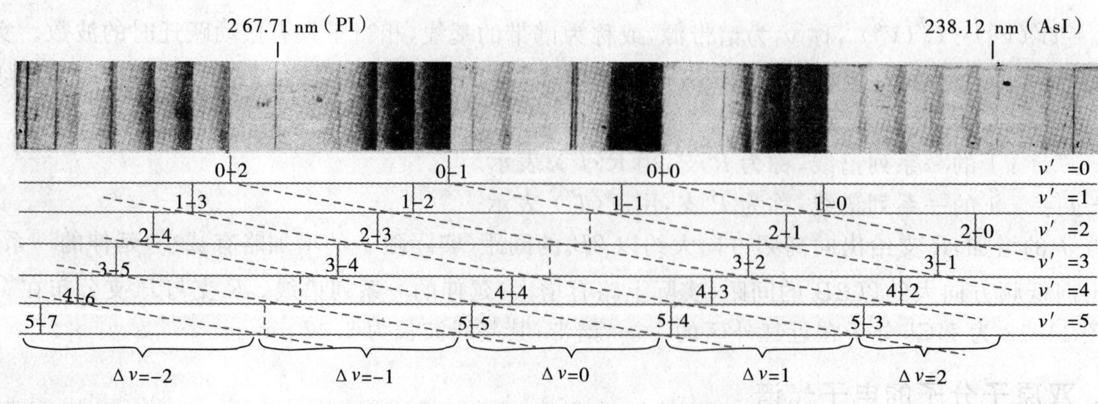

图 11-13 PN 分子的紫外发射光谱图

表 11-4　PN 带的德斯兰表

V′ \ V″	0		1		2		3		4		5		6		7		8		9		10
0	39 698.8	1 322.3	38 376.5	1 307.8	37 068.7																
	1 087.4		1 090.7		1 086.8																
1	40 786.2	1 319.0	39 467.2	1 311.7	38 155.5	1 294.2	36 861.3														
	1 072.9		1 069.0				1 071.6														
2	4 1859.1	1 322.9	40 536.2				37 932.9	1 280.4	36 652.5	1 265.3	35 387.2										
			1 061.2						1 060.0		1 059.2										
3			41 597.4	1 309.1	40 288.3				37 712.5	1 266.1	3 6446.4	1 252.4	35 194.0								
					1 042.9				1 043.9				1 042.6								
4					41 331.2				38 756.4				36 236.6	1 238.3	34 998.3						
															1 029.4						
5							41 066.1								36 027.7	1 225.5	34 802.2				
							1 015.9				38 519.4										
6							42 082.0												34 607.1	1 194.5	33 412.6
																					998.7
7									41 798.3												34 411.3
8											41 522.6										
9													41 239.4								

(二)电子振动光谱的转动结构

叠加在电子振动光谱上的转动结构谱线的波数为

$$\tilde{\nu}=\tilde{\nu}_{EV}+F'(J')-F''(J'') \tag{11-66}$$

其中

$$\tilde{\nu}_{EV}=T'_e-T''_e+G'(V')-G''(V'') \tag{11-67}$$

如果两个电子态的Λ值均为0(即$^1\Sigma-^1\Sigma$跃迁),选择定则为$\Delta J=\pm1$,出现R和P支光谱。如果两个电子态中至少有一个$\Lambda\neq0$(如$^1\Pi-^1\Sigma^+$跃迁),选择定则为$\Delta J=0,\pm1$,R、P和Q三支光谱都出现,它们的波数分别由下面的公式给出:

R支

$$\tilde{\nu}=\tilde{\nu}_{EV}+2B'_V+(3B'_V-B''_V)J''+(B'_V-B''_V)J''^2 \tag{11-68}$$

$J''=0,1,2,\cdots$

P支

$$\tilde{\nu}=\tilde{\nu}_{EV}-(B'_V+B''_V)J''+(B'_V-B''_V)J''^2 \tag{11-69}$$

$J''=1,2,\cdots$

Q支

$$\tilde{\nu}=\tilde{\nu}_{EV}+(B'_V-B''_V)J''+(B'_V-B''_V)J''^2 \tag{11-70}$$

$J''=1,2,\cdots$

例如,AlH分子$^1\Pi-^1\Sigma^+$跃迁中(0,0)谱带的精细结构,转动光谱就存在R、P、Q三支光谱。

五、拉曼光谱

(一)拉曼散射

以一定频率ν的光照射在某种物质上,光将被物质的分子散射。在散射光中,有频率为ν的光强度较大,称为瑞利(Rayleigh)散射。此外还有强度较弱的不同于入射频率ν的光,称为拉曼(Raman)散射。

设组成物质的分子的两个能级为E_2与E_1,且$E_2>E_1$。两个能级间隔为$E_2-E_1=h\nu_0$,以频率为ν的光入射到该物质中,处于能级E_1上的分子将吸收入射光的光子而跃迁到一个虚能级上,随后回到态E_2并放出一个频率为ν_s的光子;或者处于E_2态上的分子吸收了入射光子跃迁到虚能级上,然后回到态E_1,放出频率为ν_{as}的光子。上述两种情况均称为拉曼散射,前者称为斯托克斯(Stokes)散射,后者称为反斯托克斯散射,并且有

$$\nu_s=\nu-\nu_0 \tag{11-71}$$

$$\nu_{as}=\nu+\nu_0 \tag{11-72}$$

拉曼散射的能量变化$h\nu_0$,或者频移量ν_0,只与散射介质本身有关,而与入射光的波长(或频率)无关。拉曼散射现象对极性双原子分子(异核双原子分子)或无极双原子分子(同核双原子分子)都存在,所以它是研究分子问题很好的途径。

由于上能级的粒子数远远小于下能级的粒子数,因此反斯托克斯效应更弱,在E_2与E_1间隔大时,不易观察到。

(二)跃迁选择定则

对$^1\Sigma$态的双原子分子,纯转动拉曼跃迁的选择定则为

$$\Delta J=0,\pm2 \tag{11-73}$$

$^1\Sigma$态的双原子分子振-转拉曼跃迁的选择定则为

$$\Delta V=\pm1,\qquad \Delta J=0,\ \pm2 \tag{11-74}$$

（三）拉曼光谱

拉曼散射谱线的波数与散射物分子的振动能级或转动能级变化有关。

图 11-14 为 HCl 气体的拉曼光谱。上面是 Hg 弧光的光谱，下面是被气体分子（在 5×10^5 Pa 压强下）所散射的 Hg 光谱，拉曼光谱的激发线是汞线 253.65 nm。

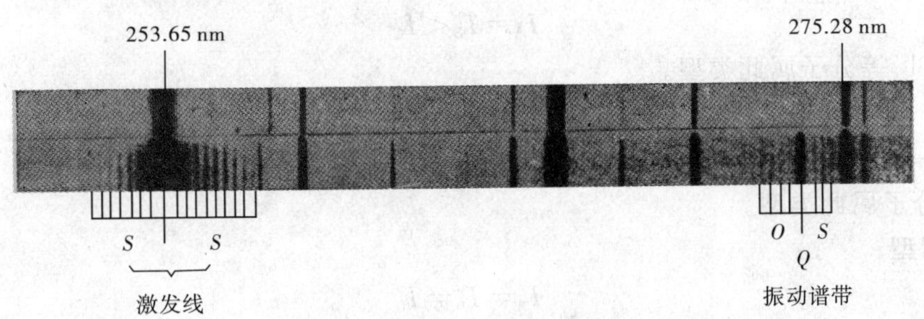

图 11-14　HCl 的拉曼光谱

该谱图中含有以下 3 种谱：

1. 拉曼振动谱

在激发线 253.65 nm 谱线的右边较远的地方，有一条强的谱线，它的波长是 273.7 nm（图中以 Q 标出），这两条谱线的波数差是

$$\Delta\tilde{\nu}=\tilde{\nu}-\tilde{\nu}_s=\frac{1}{253.65\times10^{-9}}-\frac{1}{273.7\times10^{-9}}=288\,805(\mathrm{m}^{-1})$$

这正是 HCl 的红外振动谱带基频（$V=1\to V=0$ 跃迁）波数，所以 273.7 nm 谱线是拉曼振动谱，具有最大的拉曼频移。

2. 拉曼转动谱

在 253.65 nm 谱线的两侧都有较弱的小间距谱线，每一根线与激发线（中心线）的波数差可以表示为

$$\tilde{\nu}_s-\tilde{\nu}=\pm(6+4n)B=\pm6B,\pm10B,\pm14B,\cdots,n=0,1,2,\cdots \tag{11-75}$$

式中，B 为转动常数。对 HCl，实验值 $B=1\,034\ \mathrm{m}^{-1}$。这是由转动能级跃迁产生的拉曼谱，它们具有小的拉曼位移。

3. 拉曼振-转谱

在 273.7 nm 谱线两侧的较弱的小间距谱线，组成了拉曼振-转谱。

普通拉曼散射是一种自发散射的过程，其散射光十分微弱，并且都不是相干的。当入射光是强光时（例如用激光照射），在一定条件下，散射光具有受激性质，这就是受激拉曼散射。受激拉曼散射具有明显的阈值性，其光束的发散角明显变小，光谱宽度明显变窄，可达到与入射激光单色性相当或更窄的程度，散射光强显著增强。

第四节　多原子分子光谱

一、多原子分子的转动光谱

（一）刚性转子模型

刚性转子模型采用分子坐标系：它的原点位于核的质心，3 个坐标轴沿着 3 个主轴方向。设 3 个主轴为 A、B、C，I_A、I_B、I_C 表示分子对 3 个主轴的转动惯量，且以 $I_A\leqslant I_B\leqslant I_C$ 来标定主轴。分类如下：

1. 线型分子

$$I_A=0,\quad I_B=I_C=I\neq0 \tag{11-76}$$

CO_2、N_2O、HCN、C_2H_2、C_2N_2、ClCN 等分子属此类型。

2. 对称陀螺型分子

(1)长对称陀螺型

$$I_A < I_B = I_C \tag{11-77}$$

CH_3Cl 、CH_3F 、CH_3Br、CH_3I、C_2H_6 等分子属此类型。

(2)扁对称陀螺型

$$I_A = I_B < I_C \tag{11-78}$$

NH_3 、BF_3 、BCl_3 等分子属此类型。

(3)球陀螺型

$$I_A = I_B = I_C \tag{11-79}$$

CH_4 、SF_6 等分子属此类型。

3. 不对称陀螺型

$$I_A \neq I_B \neq I_C \tag{11-80}$$

H_2O、C_2H_4 、H_2CO 等分子属此类型。

刚性转子的转动能量为

$$E_r = \frac{M_A^2}{2I_A} + \frac{M_B^2}{2I_B} + \frac{M_C^2}{2I_C} \tag{11-81}$$

式中,M_A 、M_B 、M_C 分别为分子对 A 、B 、C 三轴的转动角动量。

总角动量为

$$M^2 = M_A^2 + M_B^2 + M_C^2 = J(J+1)\hbar^2 \tag{11-82}$$

下面只介绍线型分子光谱。

(二)线型分子的转动光谱

$$E_r = E_J = \frac{\hbar^2}{2I}J(J+1) \tag{11-83}$$

按上式所表示的能级,其谱项为

$$F(J) = BJ(J+1) \tag{11-84}$$

B 为转动常数,

$$B = \frac{h}{8\pi^2 CI} \tag{11-85}$$

如用非刚性转子模型,(11-84)式应为

$$F(J) = BJ(J+1) - DJ^2(J+1)^2 \tag{11-86}$$

选择定则为 $\Delta J = \pm 1$。

可见,线型分子的转动光谱与双原子分子的转动光谱的规律相同。

二、多原子分子的振动光谱

(一)系统振动能量

由 N 个原子组成的分子具有 $3N$ 个自由度,要用 $3N$ 个坐标来描述,描述分子整体平动需 3 个自由度,转动需 3 个自由度(对线型分子是两个),所以分子具有 $3N-6$ 个振动自由度(对线型分子是 $3N-5$ 个),例如水分子 H_2O ,振动自由度为 3,而线型分子 CO_2,其振动自由度为 4。

分子的振动可用若干个基本振动来描述。对称性差的分子,基本振动数等于振动自由度;对称性高的分子,基本振动数小于振动自由度。称这些基本振动为简正振动。每个简正坐标只有一个简正振动频率与之对应,它描述分子的一种简正振动。

利用谐振子模型,可以得到具有 $n=3N-6$ (对线型分子,$n=3N-5$)个振动形成的分子振动能级,能量为

$$E_V = E(V_1, V_2, \cdots, V_n)$$
$$= (V_1+\frac{1}{2})h\nu_1 + (V_2+\frac{1}{2})h\nu_2 + \cdots + (V_n+\frac{1}{2})h\nu_n \qquad (11\text{-}87)$$

(1)基态(所有振动量子数均为0)能量(即零点能)

$$E_0 = E(0,0,\cdots,0) = \frac{1}{2}h\nu_1 + \frac{1}{2}h\nu_2 + \cdots + \frac{1}{2}h\nu_n \qquad (11\text{-}88)$$

(2)基频能级(某一振动量子数 $V_i=1$，其余均为0)能量

$$E_1 = E(0,\cdots,1,0,\cdots,0)$$
$$= \frac{1}{2}h\nu_1 + \cdots + (1+\frac{1}{2})h\nu_i + \frac{1}{2}h\nu_{i+1} + \cdots + \frac{1}{2}h\nu_n \qquad (11\text{-}89)$$

(3)泛频能级(某一振动量子数 $V_i=2,3,\cdots$，其余均为0)能量

$$E_{V_i} = E(0,\cdots,V_i,0,\cdots,0)$$
$$= \frac{1}{2}h\nu_1 + \cdots + (V_i+\frac{1}{2})h\nu_i + \frac{1}{2}h\nu_{i+1} + \cdots + \frac{1}{2}h\nu_n \qquad (11\text{-}90)$$

(4)组合频率能级($V_i\neq 0$，$V_j\neq 0$，其余均为0)能量

$$E(0,\cdots,V_i,0,\cdots,V_j,0,\cdots 0)$$
$$= \frac{1}{2}h\nu_1 + \cdots + (V_i+\frac{1}{2})h\nu_i + \frac{1}{2}h\nu_{i+1} + \cdots + (V_j+\frac{1}{2})h\nu_j + \frac{1}{2}h\nu_{j+1} + \cdots + \frac{1}{2}h\nu_n \qquad (11\text{-}91)$$

(二)CO_2 分子的振动光谱

图11-15为 CO_2 分子的简正振动和振动频率。CO_2 分子为线型分子，具有 $3\times3-5=4$ 个振动自由度，其振动用量子数(V_1、V_2^l、V_3)表示。其中 V_1 表示对称振动方式，V_3 表示反对称振动方式，V_2 表示弯曲振动方式，这种振动包含有两种互成正交的振动方式，它们为二重简并的。量子数 l 表征总振动角动量，其数值为

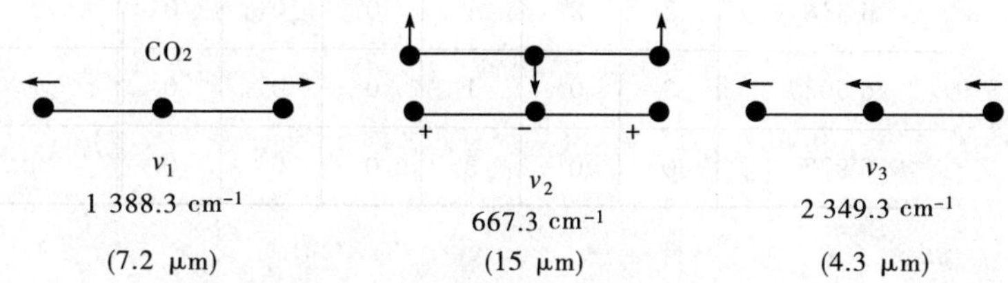

图11-15　CO_2 分子的简正振动和振动频率

$$P = \pm l\hbar \qquad (11\text{-}92)$$
$$l = V_2, V_2-2, V_2-4, \cdots, 1 \text{ 或 } 0 \qquad (11\text{-}93)$$

在简谐振子近似下，CO_2 分子的振动能为

$$E(V_1V_2^lV_3) = hc\tilde{\nu}_1(V_1+\frac{1}{2}) + hc\tilde{\nu}_2(V_2+1) + hc\tilde{\nu}_3(V_3+\frac{1}{2}) \qquad (11\text{-}94)$$

跃迁选择定则为

$$\Delta V = 0, \pm1, \pm2, \cdots \quad \Delta l = \pm 1 \qquad (11\text{-}95)$$

其红外谱带列于表11-5中。其中，简正频率为

$\tilde{\nu}_2 = 66\ 700\ m^{-1}$($\lambda=15\ \mu m$)对应$(00^00)\rightarrow(01^10)$跃迁

$\tilde{\nu}_3 = 234\ 900\ m^{-1}$($\lambda=4.3\ \mu m$)对应$(00^00)\rightarrow(00^01)$跃迁

$\tilde{\nu}_1 = 138\ 800\ m^{-1}$($\lambda=7.2\ \mu m$)对应$(00^00)\rightarrow(10^00)$跃迁

$\tilde{\nu}_1$ 在红外光谱中观察不到，只能在拉曼光谱中观察到。

$\tilde{\nu} = 96\ 100\ m^{-1}$($\lambda=10.4\ \mu m$)对应$(00^01)\rightarrow(10^00)$跃迁

$\tilde{\nu} = 106\ 400\ m^{-1}$($\lambda=9.4\ \mu m$)对应$(00^01)\rightarrow(02^00)$跃迁

10.4 μm 和 9.4 μm 是 CO_2 激光器输出的两个波长。

表 11-5　CO_2 气体的红外谱带

谱带频率 /cm^{-1}	较高态			较低态			谱带频率 /cm^{-1}	较高态			较低态		
	v_1	v_2^l	v_3	v_1	v_2^l	v_3		v_1	v_2^l	v_3	v_1	v_2^l	v_3
667	0	1^1	0	0	0^0	0	618	0	2^0	0	0	1^1	0
1 932	0	3^1	0	0	0^0	0	668	0	2^2	0	0	1^1	0
2 077	1	3^1	0	0	0^0	0	781	1	0^0	0	0	1^1	0
2 349	0	0^0	1	0	0^0	0	1 381	0	4^0	0	0	1^1	0
3 613	0	2^0	1	0	0^0	0	2 093	1	2^2	0	0	1^1	0
3 715	1	0^0	1	0	0^0	0	2 130	2	0^0	0	0	1^1	0
3 854	0	4^0	1	0	0^0	0	597	0	3^1	0	0	2^2	0
4 978	1	2^0	1	0	0^0	0	647	0	3^1	0	0	2^0	0
5 100	2	0^0	1	0	0^0	0	742	1	1^1	0	0	2^2	0
6 076	0	6^0	1	0	0^0	0	961	0	0^0	1	1	0^0	0
6 228	1	4^0	1	0	0^0	0	1 064	0	0^0	1	0	2^0	0
6 348	2	2^0	1	0	0^0	0							
6 503	3	0^0	1	0	0^0	0							
6 972	0	0^0	3	0	0^0	0							

三、多原子分子的振-转光谱

(一)线型多原子分子

刚性转子模型下,分子总的振转能量为

$$E_{Vr}=\sum_i(V_i+\frac{d_i}{2})hc\,\tilde{\nu}_i+hcB_VJ(J+1) \tag{11-96}$$

式中,B_V 为第 V 个振动能级的转动常数,d_i 为第 i 个简正振动能级的简并度。

选择定则:

对平行振动(分子偶极矩沿对称轴方向的振动方式):

$$\Delta J=\pm1(\text{对应 } P \text{ 支和 } R \text{ 支}) \tag{11-97}$$

对垂直振动(分子偶极矩与对称轴成正交的振动方式):

$$\Delta J=0,\pm1(\text{对应 } Q \text{ 支、} P \text{ 支和 } R \text{ 支}) \tag{11-98}$$

所以,对于 P 支($\Delta J=J'-J''=-1$),有

$$\tilde{\nu}_P=P(J'')=\tilde{\nu}_0-(B'_V+B''_V)J''+(B'_V-B''_V)J''^2,\qquad J''=1,2,3,\cdots \tag{11-99}$$

对于 R 支($\Delta J=J'-J''=+1$),有

$$\tilde{\nu}_R=R(J'')=\tilde{\nu}_0+2B'_V+(3B'_V-B''_V)J''+(B'_V-B''_V)J''^2,\qquad J''=0,1,2,\cdots \tag{11-100}$$

对于 Q 支 ($\Delta J=J'-J''=0$),有

$$\tilde{\nu}_Q=Q(J'')=\tilde{\nu}_0+(B'_V-B''_V)J''+(B'_V-B''_V)J''^2,\qquad J''=0,1,2,\cdots \tag{11-101}$$

式中,$\tilde{\nu}_0$ 为谱带基线,J''是较低转动态量子数,B'_V 是激发态的转动常数,B''_V 是较低态的转动常数。

(二)CO_2 分子的振-转光谱

图 11-16 为 CO_2 分子 $E_{00^01}\rightarrow E_{10^00}$ 跃迁及光谱。该跃迁属平行振动方式，只有 P 支和 R 支两支。由于核自旋统计权重的影响，它们当中各有一些能级消失了(上振动能级 00^01 的 J' 为偶数的能级消失了，下振动能级 10^00 的 J'' 为奇数的能级消失了)，所以只有偶支谱线出现。

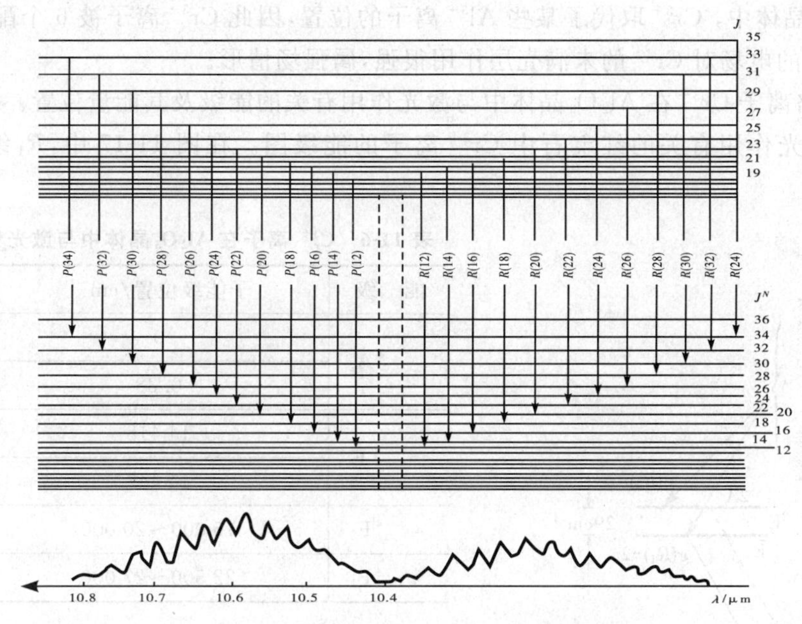

图 11-16　CO_2 分子 $E_{00^01}\rightarrow E_{10^00}$ 跃迁及光谱

四、多原子分子的电子光谱

谱项公式与双原子分子中谱项公式(11-67)式相同。

由于多原子分子有很多多振动方式，电子跃迁的振动带结构比双原子分子要复杂得多。多原子分子的转动惯量比双原子分子大，使其转动能级彼此靠在一起。较大分子的电子跃迁中的转动结构一般是分不开的(由于仪器的分辨率不够，或者压力、多普勒加宽淹没了转动精细结构谱线)。

多原子分子的电子光谱通常是在溶液中观察的，因此显示不出转动精细结构。

第五节　固体中的离子光谱

固体(基质)中所掺杂的离子，通常是固体激光器工作物质的激活中心。例如，红宝石激光器的激光介质为 $Cr^{3+}:Al_2O_3$，基质 Al_2O_3 为晶体，Cr^{3+} 离子为激活中心；掺钕的钇铝石榴石激光介质为 $Nd^{3+}:YAG$，基质为 YAG 晶体($Y_3Al_5O_{12}$)，Nd^{3+} 离子为激活中心。

固体中的离子光谱与自由离子光谱不同，原因是固体中的离子还要受到周围配位体离子(即固体中激活离子周围最邻近的其他离子)的静电作用。固体中离子的定态薛定谔方程应为

$$(\hat{H}_0+\hat{H}_e+\hat{H}_{LS}+\hat{H}_C)\psi=E\psi \tag{11-102}$$

式中，$\hat{H}_0$ 为电子的动能和电子在核电荷构成的静电场中的位能之和；$\hat{H}_e$ 为电子之间静电的相互作用能；$\hat{H}_{LS}$ 为旋轨耦合能；$\hat{H}_C$ 为掺杂离子在配位体离子形成的静电场中的位能。研究配位体场对掺杂离子能级和光谱的影响，实际上是研究掺杂离子在配位体场中的斯塔克效应。

通常 $H_C\ll H_0$，所以可将 H_C 当作微扰处理。若 $H_C<H_{LS}$，为弱配位体场(晶格场)，若 $H_C>H_{LS}$，且 $H_C>H_e$，为强配位体场。

一、固体中铬离子 Cr^{3+} 的能级与光谱

(一) 红宝石中铬离子 Cr^{3+} 的能级与光谱

原子 Cr 的基电子组态是$(Ar_1)3d^4 4s^2$，(Ar_1)是氩原子的基电子组态。三价离子 Cr^{3+} 的基电子组态是$(Ar_1)3d^3$。在 Al_2O_3 晶体中，Cr^{3+} 取代了某些 Al^{3+} 离子的位置，因此 Cr^{3+} 离子被 6 个配位体氧离子 O^{2-} 所包围。配位体氧离子的电场对 Cr^{3+} 的未满壳层作用很强，属强场情形。

表 11-6 给出了铬离子 Cr^{3+} 在 Al_2O_3 晶体中与激光作用有关的能级及其能量位置。

图 11-17 为与激光作用有关的红宝石中 Cr^{3+} 离子的能级图。在图 11-17 中，R_1 线 694.3 nm，R_2 线 692.9 nm。

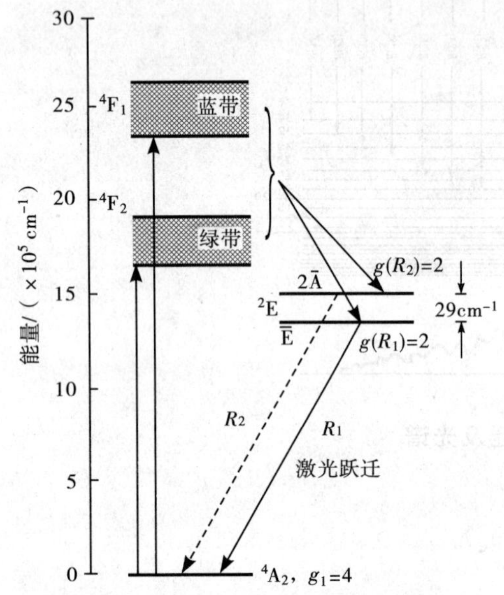

图 11-17 红宝石中 Cr^{3+} 离子的能级图

表 11-6 C_r^{3+} 离子在 Al_2O_3 晶体中与激光作用有关的能级

能级	子能级位置/cm^{-1}	子能级符号
$^4A_2$	0	—
	0.38	—
^2E	14 418	$\bar{E}$
	14 447	$2\bar{A}$
$^4F_2$	16 000～20 000	Y 带
$^4F_1$	22 500～27 000	U 带

图 11-18 为红宝石中 Cr^{3+} 的吸收光谱，Cr^{3+} 离子浓度为 $1.58\times10^{19}/cm^3$。它有两个很强且宽的泵浦带：①吸收紫蓝光，峰值波长为 410 nm，Cr^{3+} 离子从$^4A_2$ 向$^4F_1$ 跃迁，称为蓝带或 U 带；②吸收黄绿光，峰值波长为 550 nm，Cr^{3+} 离子从$^4A_2$ 向$^4F_2$ 跃迁，称为绿带或 Y 带。两个吸收带宽均约为 100 nm。

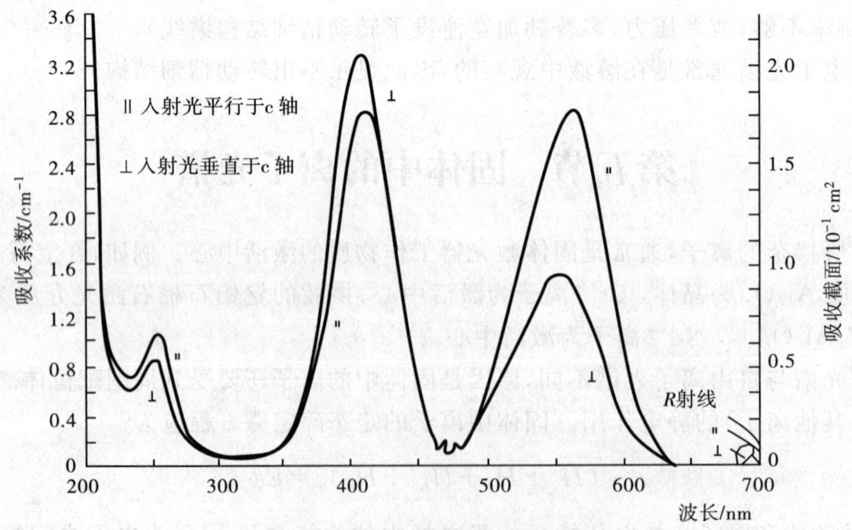

图 11-18 红宝石中 Cr^{3+} 的吸收光谱

红宝石有两条荧光谱线：R_1 线与 R_2 线，在泵浦光作用下，E 上反转粒子数比 $2\bar{A}$ 上先达到阈值，形成受激辐射，所以激光仅在 R_1 线上产生，输出 694.3 nm 的红光。

(二)紫翠宝石中的铬离子 Cr^{3+}

紫翠宝石是在金绿宝石($BeAl_2O_4$)中掺入少量的 Cr^{3+} 离子生长的激光晶体，Cr^{3+} 占据了部分 Al^{3+} 的位置。紫翠宝石是正交的结构，光学上各向异性，是双轴晶体。金绿宝石中的晶格场要比红宝石的弱。

图 11-19 为紫翠宝石的吸收谱，吸收带在 380～630 nm 之间，吸收峰出现在 410 nm 和 590 nm 波长。

图 11-20 给出了紫翠宝石中 Cr^{3+} 离子与激光跃迁有关的能级示意图。由于 Cr^{3+} 离子在紫翠宝石中受到其周围基质离子的作用以及 Cr^{3+} 本身的振动，使得基态 $^4A_2$ 不是单一的态，在其上形成了一组振动能级，这就使得从 $^4T_2$ 到 $^4A_2$ 间的电子振动能级间的跃迁具有可调谐性，可以输出 700～820 nm 之间的可调谐激光。

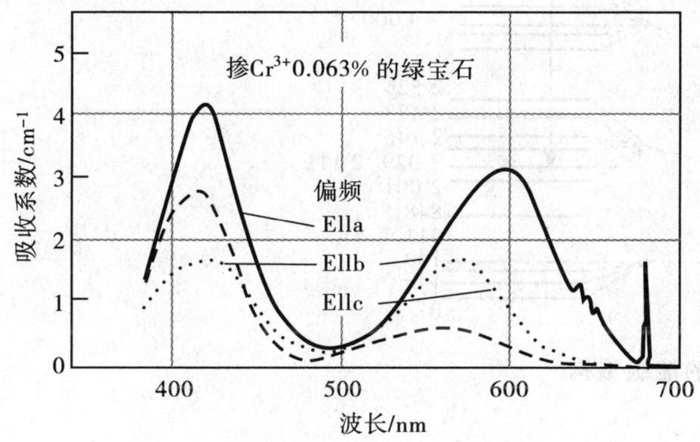

图 11-19　紫翠宝石的吸收谱

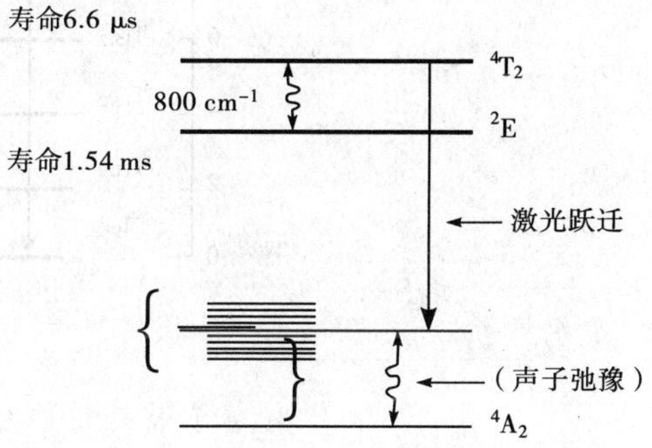

寿命6.6 μs
$^4T_2$
800 cm⁻¹
^2E
寿命1.54 ms
激光跃迁
(声子弛豫)
$^4A_2$

图 11-20　紫翠宝石中 Cr^{3+} 离子的能级图

(三) LiSAF 中的铬离子 Cr^{3+}

LiSAF 是指六氟铝酸锶锂晶体($LiSrAlF_6$)，其中掺少量铬离子 Cr^{3+} 取代晶体中的 Al^{3+} 离子。Cr^{3+}：LiSAF 的吸收光谱与发射光谱如图 11-21 所示，可得到 720～1 070 nm 范围内的连续可调激光。

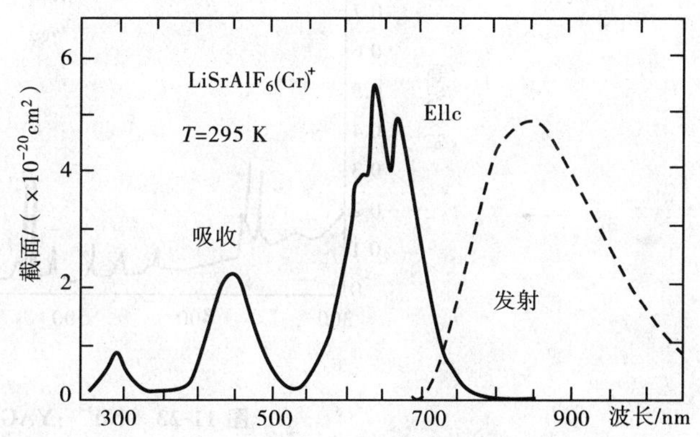

图 11-21　Cr^{3+}:LiSAF 的吸收光谱与发射光谱

二、固体中钕离子 Nd^{3+} 的能级与光谱

(一)YAG 中的钕离子 Nd^{3+}

YAG 指的是钇铝石榴石晶体($Y_3Al_5O_{12}$)，属立方晶系，光学上各向同性，其中掺以少量的 Nd^{3+} 离子即成为激光晶体。Nd^{3+} 取代了 YAG 中的部分 Y^{3+} 离子，掺杂量大约为 1%原子比。

钕原子的基电子组态为$(La_I)4f^45s^25p^66s^2$，其中(La_I)是镧原子的基电子组态。三价钕离子的基电子组态为$(La_I)4f^35s^25p^6$。可见，钕璃子未满壳层外有两个满壳层，它们对未满壳层 $4f^3$ 起到良好的屏蔽作用，所以晶体中的 Nd^{3+} 离子受晶格场的影响很小，属弱晶格场情况。不同晶体中钕离子的光谱能级差别不大。

图 11-22 为 YAG 中 Nd^{3+} 离子与 1.06 μm 跃迁有关的能级图，图 11-23 为 Nd^{3+}:YAG 在 300 K 温度时的吸收光谱，图 11-24 表示 300 K 温度时 YAG 中 Nd^{3+} 产生的 1.06 μm 区域的荧光光谱。

对形成激光有贡献的主要吸收带有 5 条，其中心波长和所对应的能级跃迁分别为 0.53 μm($^4I_{9/2}\rightarrow{}^4G_{7/2}+{}^2G_{9/2}$)，0.58 μm($^4I_{9/2}\rightarrow{}^4G_{5/2}+{}^2G_{7/2}$)，0.75 μm($^4I_{9/2}\rightarrow{}^4F_{7/2}+{}^4S_{3/2}$)，0.81 μm($^4I_{9/2}\rightarrow{}^4F_{5/2}+{}^2H_{9/2}$)，0.87 μm($^4I_{9/2}\rightarrow{}^4F_{3/2}$)。

在室温下 Nd^{3+}:YAG 有 3 条荧光谱线，其中心波长和对应的跃迁分别为 0.914 μm($^4F_{3/2}\rightarrow{}^4I_{9/2}$)，1.06 μm($^4F_{3/2}\rightarrow{}^4I_{11/2}$)，1.35 μm($^4F_{3/2}\rightarrow{}^4I_{13/2}$)。其中第一条谱线对应的跃迁属三能级系统，阈值高，不易形成激光振荡。后两条各属四能级系统跃迁，其中 1.06 μm 荧光谱线最强，容易形成激光振荡。

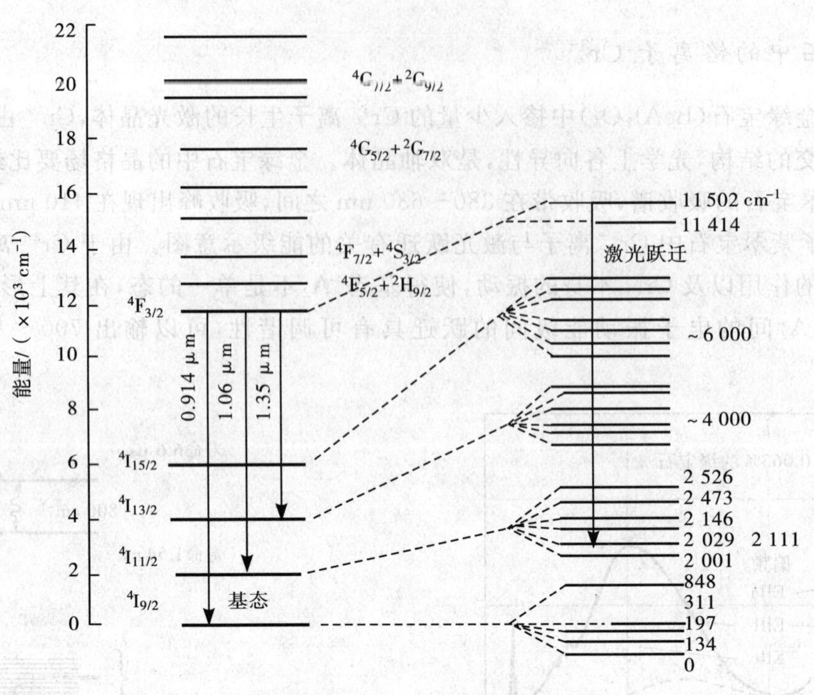

图 11-22　Nd^{3+}:YAG 的能级结构

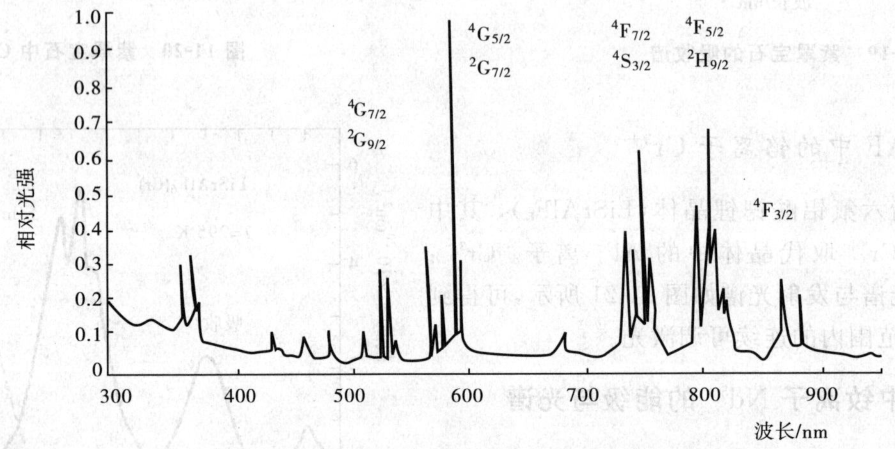

图 11-23　Nd^{3+}:YAG 在 300 K 温度时的吸收光谱

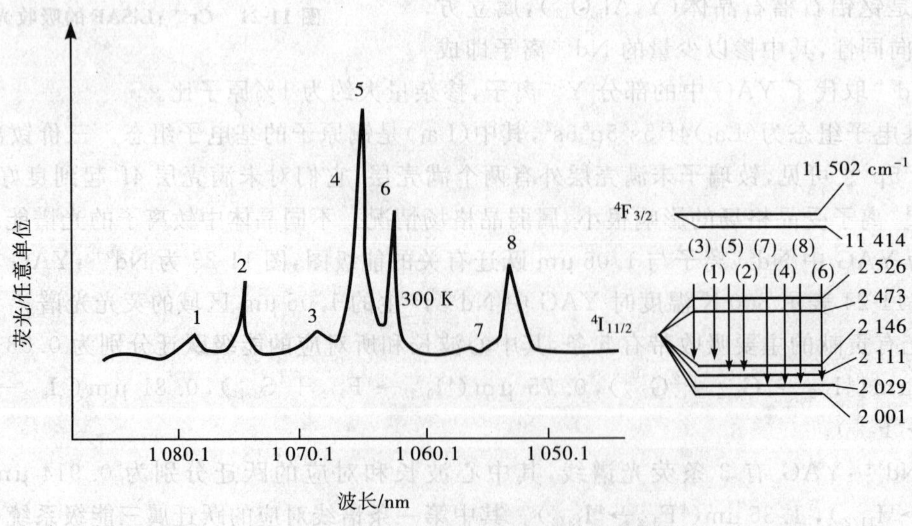

图 11-24　Nd^{3+}:YAG 在 300 K 温度时产生的 1.06 μm 区域的荧光光谱

（二）钕玻璃中 Nd^{3+} 的能级与光谱

在某种成分的光学玻璃中掺入适量的 Nd_2O_3 就成为钕玻璃激光介质，Nd^{3+} 的浓度约为 $3\times10^{20}/cm^3$。

在 YAG 中，钕离子 Nd^{3+} 受周期性晶格场作用，而在玻璃中，Nd^{3+} 则处于无序排列的网络结构中，两种情况下 Nd^{3+} 受到的基质场不同。由于 Nd^{3+} 未满壳层 4f 有良好的外屏蔽壳层 $5s^25p^6$，所以 Nd^{3+} 在玻璃中和在晶体中的能级结构基本相同，仅能级高度和宽度略有差异。因此，钕玻璃的光谱特性与 Nd^{3+}：YAG 的大致相同。如吸收带与 Nd^{3+}：YAG 相似，但带宽增加，有利于激活吸收，而且精细结构较少，如图 11-25 和图 11-26 所示。对应于 $^4F_{3/2}$ 向 $^4I_{9/2}$、$^4I_{11/2}$ 和 $^4I_{13/2}$ 的跃迁也有 3 条荧光谱线，中心波长分别为 0.92 μm，1.06 μm和 1.37 μm，但在室温下，通常只产生 1.06 μm 的激光振荡。

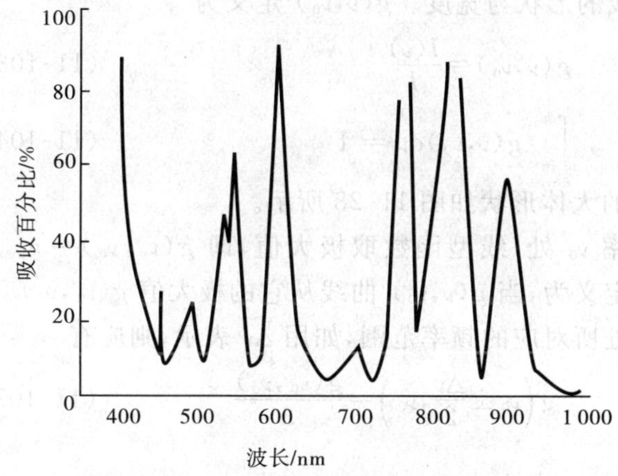

图 11-25　Nd^{3+} 离子在玻璃中的吸收光谱

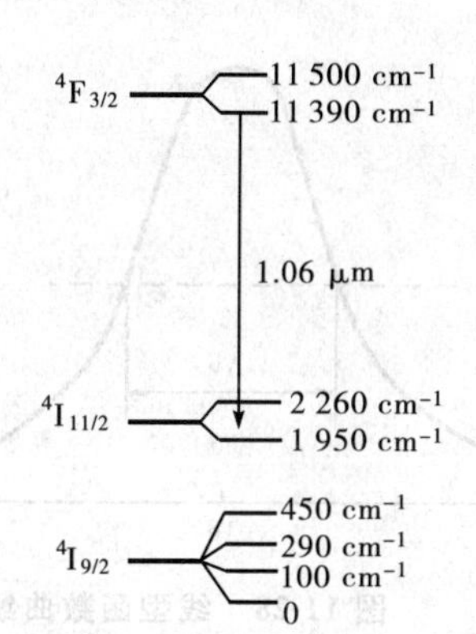

图 11-26　Nd^{3+} 离子在玻璃中能级的精细结构

三、钛宝石中钛离子 Ti^{3+} 的能级与光谱

在 Al_2O_3 晶体中，掺入少量的钛离子 Ti^{3+}（约1.2%）就成为钛宝石（Ti^{3+}：Al_2O_3）激光晶体。钛原子的基电子组态为 $(Ar_1)3d^24s^2$，三价离子 Ti^{3+} 的基电子组态是 $(Ar_1)3d^1$，未满壳层受到配位体电场作用很强，属强场情形。自由的 Ti^{3+} 离子的最低电子能级为 ^2D，是五重简并的。在晶体中，由于配位体场的作用，^2D 能级分裂为两个电子能级：基态 $^2T_{2g}$ 和激发态 ^2E_g，如图 11-27 所示。该图是用位形曲线表示的，即能量与激活离子的配位体离子的相对距离 R 的关系曲线。由于激活离子和配位体离子间的振动，使得每个电子能级内还包含了一系列的振动能级（图中的横线表示），这些振动能级很密集，构成了准连续能带。

在泵浦光作用下，Ti^{3+} 离子吸收波长为 400～600 nm 的光子从基态 $^2T_{2g}$ 跃迁到 ^2E_g 能级的较高振动态，然后经无辐射跃迁落到较低振动态，于是在 ^2E_g 能级的低振动态和 $^2T_{2g}$ 能级的一系列振动态之间形成粒子数反转，产生可调谐激光，调谐范围为 660～1 180 nm。

激光波长取决于 $^2T_{2g}$ 态的哪一个振动能级作为终端能级。终端能级 Ti^{3+} 离子通过快速声子弛豫过程返回低振动态。所以，钛宝石激光器是一种终端声子激光器。

由于钛宝石的激光跃迁上能级寿命很短，仅为 3.8 μs，为了获得足够高的泵浦速率，钛宝石激光器常用激光器泵浦，例如可用氩离子激光器或倍频 Nd^{3+}：YAG 激光器泵浦。

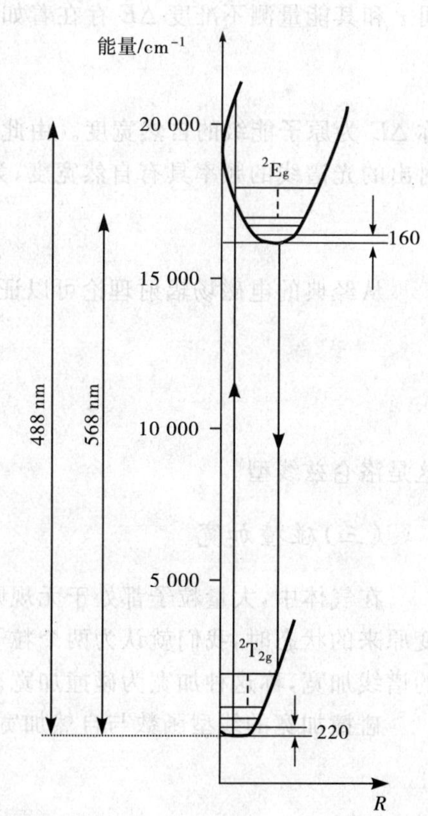

图 11-27　钛宝石中钛离子 Ti^{3+} 的能级图

第六节　光谱线的宽度、线型及强度

任何一条光谱线，都具有一定的频率（或波长）宽度，即光谱线的强度按频率（或波长）有一定的分布。不同的光谱线具有不同的宽度。

一、光谱线的线型与宽度

（一）线型与宽度的定义

在光谱学中，用谱线的线型函数 $g(\nu,\nu_0)$ 来描述光谱线的形状与宽度。$g(\nu,\nu_0)$ 定义为

$$g(\nu,\nu_0)=\frac{I(\nu)}{I} \tag{11-103}$$

且

$$\int_{-\infty}^{\infty} g(\nu,\nu_0)\mathrm{d}\nu=1 \tag{11-104}$$

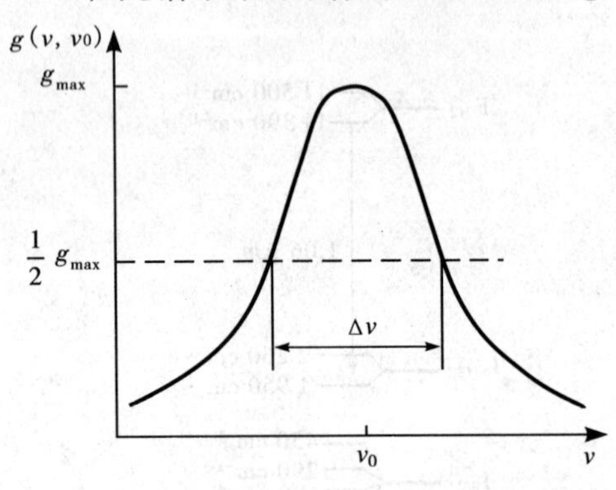

图 11-28　线型函数曲线

式中，$g(\nu,\nu_0)$ 的大体形状如图 11-28 所示。

在中心频率 ν_0 处，线型函数取极大值，即 $g(\nu_0,\nu_0)=g_{\max}$。光谱线的宽度定义为，当 $g(\nu,\nu_0)$ 曲线从它的极大值 $g(\nu_0,\nu_0)$ 下降到它的一半处所对应的频率范围，如用 $\Delta\nu$ 表示，则应有

$$g\left(\nu_0\pm\frac{\Delta\nu}{2},\nu_0\right)=\frac{g(\nu_0,\nu_0)}{2} \tag{11-105}$$

（二）自然宽度

光谱线的自然宽度是由于处在激发态上的原子具有一定的平均寿命引起的。原子在激发态上存在的时间 τ 和其能量测不准度 ΔE 存在着如下的关系：

$$\Delta E Z\geqslant\frac{h}{2\pi} \tag{11-106}$$

称 ΔE 为原子能级的自然宽度。由此得到，原子从高能级 E_2（寿命为 τ_2）跃迁到低能级 E_1（寿命为 τ_1）时，辐射出的光谱线的频率具有自然宽度，为

$$\Delta\nu_{\mathrm{N}}=\frac{\Delta E_2+\Delta E_1}{h}=\frac{1}{2\pi}\left(\frac{1}{\tau_2}+\frac{1}{\tau_1}\right) \tag{11-107}$$

从经典的电磁场辐射理论可以证明具有自然宽度光谱线的线型函数为

$$g_{\mathrm{N}}(\nu,\nu_0)=\frac{1}{\pi}\frac{\frac{\Delta\nu_{\mathrm{N}}}{2}}{(\nu-\nu_0)^2+\left(\frac{\Delta\nu_{\mathrm{N}}}{2}\right)^2} \tag{11-108}$$

这是洛仑兹线型。

（三）碰撞加宽

在气体中，大量粒子都处于无规则热运动状态。当两个粒子足够接近，并且它们之间的相互作用足以改变原来的状态时，我们就认为两个粒子发生了碰撞。碰撞会使粒子在激发态上的寿命缩短，使其吸收或发射的谱线加宽，称这种加宽为碰撞加宽。

碰撞加宽的线型函数与自然加宽的线型函数相同，可表为

$$g_{\mathrm{L}}(\nu,\nu_0)=\frac{1}{\pi}\frac{\frac{\Delta\nu_{\mathrm{L}}}{2}}{(\nu-\nu_0)^2+\left(\frac{\Delta\nu_{\mathrm{L}}}{2}\right)^2} \tag{11-109}$$

$$\Delta\nu_L = \frac{1}{2\pi\tau_L} \tag{11-110}$$

式中，$\Delta\nu_L$ 为碰撞线宽；τ_L 为碰撞寿命，表示一个原子与系统中其他原子两次碰撞之间的平均时间间隔。

在气压不太高时，$\Delta\nu_L$ 与气压成正比，并可表示为

$$\Delta\nu_L = \alpha P \tag{11-111}$$

式中，α 为比例系数，可由实验测定，单位为 MHz/Pa。

（四）多普勒加宽

多普勒(Doppler)加宽是由于做热运动的发光原子所发出的辐射的多普勒频移引起的，设一发光原子的中心频率为 ν_0，当它以速度 $V_Z(V_Z \ll C)$ 相对于接收器运动时，则接收器测得的光波频率为

$$\nu = \nu_0\left(1 + \frac{V_Z}{C}\right) \tag{11-112}$$

处于热平衡态的大量原子(分子)气体，它们的热运动速度服从麦克斯韦统计分布规律，因此原子数目按频率有一个分布，也即原子发射的光强按频率有一个分布，这就是多普勒加宽。可以证明，其线型函数为

$$g_D(\nu,\nu_0) = \frac{2}{\Delta\nu_D}\left(\frac{\ln 2}{\pi}\right)^{\frac{1}{2}} e^{-\left[\frac{4\ln 2(\nu-\nu_0)^2}{\Delta\nu_D^2}\right]} \tag{11-113}$$

$$\Delta\nu_D = 2\nu_0\left(\frac{2kT}{mc^2}\ln 2\right)^{\frac{1}{2}} \approx 7.16\times10^{-7}\left(\frac{T}{M}\right)^{\frac{1}{2}}\nu_0 \tag{11-114}$$

式中，$\Delta\nu_D$ 为多普勒加宽；k 为玻耳兹曼常数；T 为热力学温度；m 为一个原子(或分子)的质量，M 为原子(分子)量，$m = 1.66\times10^{-27}M(\text{kg})$。(11-113)式所表示的线型为高斯型。

自然宽度、碰撞加宽属均匀加宽，多普勒加宽属非均匀加宽。

（五）综合加宽

一般而言，原子辐射出的光谱线，其均匀加宽和非均匀加宽总是同时存在的。当均匀加宽远大于非均匀加宽时，我们就可以按均匀加宽去处理；反之就按非均匀加宽去处理。当两种加宽可以比拟时，就称为综合加宽。综合加宽的线型函数 $g(\nu,\nu_0)$ 为介质的多普勒加宽(非均匀加宽)的高斯函数 g_D 与均匀加宽的洛伦兹函数 g_H 的卷积：

$$g(\nu,\nu_0) = \int_{-\infty}^{\infty} g_D(\nu',\nu_0)\, g_H(\nu,\nu')\,d\nu' \tag{11-115}$$

数学上，该卷积积分为佛克脱(Voigt)积分，其数值可从有关的函数表中查到。

一般来说，在低压的辉光放电条件下(如 He-Ne 激光器中)，以多普勒加宽为主。在低温和高密度的重气体情况(如 CO_2 激光器)下，碰撞加宽要超过多普勒加宽。

二、谱线强度

（一）自发发射谱中谱线的强度

设某光源体积为 V，在某激发态 i 上的粒子数密度为 N_i，A_{ij} 表示由 i 态向 j 态跃迁时的自发发射系数，ν_{ij} 为两态间的跃迁频率。设发光粒子在体积 V 内均匀分布且不考虑下能态的自吸收效应，则由 i 到 j 态，光源在单位立体角中所发出的光功率，即强度为

$$I = N_i h\nu_{ij} A_{ij} V/4\pi \tag{11-116}$$

可见，原子光谱的一条谱线强度与 N_i、A_{ij}、ν_{ij} 有关。

（二）多重谱线中各谱线的相对强度

1. 双重谱线相对强度的定性规律

1)在双重谱线中，最强的线是由量子数 J 与 l 改变量相同的那种跃迁产生的。例如，${}^2S_{\frac{1}{2}} \rightarrow {}^2P_{\frac{3}{2},\frac{1}{2}}$ 两条跃

迁，$^2S_{\frac{1}{2}}\rightarrow{}^2P_{\frac{3}{2}}$跃迁最强。

表 11-7 碱金属主线系的谱线强度

元 素	跃迁能级	波长/nm	强度比
Na	$3^2S\rightarrow3^2P$	589.0:589.6	2:1
	$3^2S\rightarrow4^2P$	330.2:330.3	2:1
	$3^2S\rightarrow5^2P$	285.2:285.3	2:1
K	$4^2S\rightarrow4^2P$	766.5:769.9	2:1
	$4^2S\rightarrow5^2P$	404.4:404.7	2.2:1
	$4^2S\rightarrow6^2P$	344.6:344.7	2.3:1
	$4^2S\rightarrow7^2P$	321.7:321.8	2.5:1
Rb	$5^2S\rightarrow5^2P$	780.0:794.7	2:1
	$5^2S\rightarrow6^2P$	420.1:421.5	2.7:1
	$5^2S\rightarrow7^2P$	358.7:359.1	3.5:1
	$5^2S\rightarrow8^2P$	334.8:335.1	4.3:1
	$5^2S\rightarrow9^2P$	322.8:322.9	5:1
	$5^2S\rightarrow10^2P$	315.7:315.8	3:1
Cs	$6^2S\rightarrow6^2P$	852.1:894.3	2:1
	$6^2S\rightarrow7^2P$	455.5:459.3	5:1
	$6^2S\rightarrow8^2P$	387.6:388.8	10:1
	$6^2S\rightarrow9^2P$	361.1:361.7	15.5:1
	$6^2S\rightarrow10^2P$	347.6:348.0	25.0:1
	$6^2S\rightarrow11^2P$	339.8:340.0	15.8:1
	$6^2S\rightarrow12^2P$	334.7 : 334.8	5.7 : 1
	$6^2S\rightarrow13^2P$	331.3 : 331.4	4.5 : 1

(三)碱金属主线系的谱线强度

碱金属主线系的谱线强度如表 11-7 所示。

2)当在同一双重线中多于一个满足上述跃迁的支线时(即有伴线情况)，其中以含最大 J 值的那条线最强。例如，$^2D_{\frac{5}{2},\frac{3}{2}}\rightarrow{}^2P_{\frac{3}{2},\frac{1}{2}}$跃迁，其中$^2D_{\frac{5}{2}}\rightarrow{}^2P_{\frac{3}{2}}$跃迁强度最大。

2. 双重谱线相对强度的定量规律

1)从同一能级发射的两条谱线强度之比等于终态能级统计权重之比。例如，$^2S_{\frac{1}{2}}\rightarrow{}^2P_{\frac{3}{2},\frac{1}{2}}$跃迁，$^2P_{\frac{3}{2}}$能级统计权重 $g_1=4$，$^2P_{\frac{1}{2}}$能级统计权重 $g_2=2$，则两条谱线强度之比为 $\frac{I_1}{I_2}=\frac{g_1}{g_2}=\frac{4}{2}=2$。

2)从同一 n、l 的两个能级 $J=l\pm\frac{1}{2}$ 向一个单能级跃迁的谱线强度的比值等于初能级的统计权重的比值。例如，$^2P_{\frac{3}{2},\frac{1}{2}}\rightarrow{}^2S_{\frac{1}{2}}$跃迁，$^2P_{\frac{1}{2}}$能级统计权重 $g_1=2$，$^2P_{\frac{3}{2}}$能级统计权重 $g_2=4$，则 $\frac{I_1}{I_2}=\frac{g_1}{g_2}=\frac{2}{4}=\frac{1}{2}$。

3. 谱线强度的求和定则(也适用多重谱线)

1)由一个共同的初始能级产生的所有重线的强度总和，正比于初始能级的统计权重(2J+1)。

2)具有共同终止能级的所有重线强度和，正比于终止能级的统计权重(2J+1)。

第七节 激光光谱

将激光作为光谱光源，就是激光光谱学或激光光谱技术的研究内容。由于激光的优异特性及可调谐激光器的出现及应用，使得常规光谱学发生了根本的变革，并且形成了激光光谱学这一专门的分支学科。激光光谱学的内容相当丰富，我们不可能作全面介绍，这里只举几例以表明将激光作为光谱的光源和常规光谱技术相比所显示的优越性。

一、激光吸收光谱

图 11-29 示出了经典吸收光谱与激光吸收光谱两种装置。光谱的吸收信号是未经样品的光强 I_2(在经典吸收装置中将吸收池样品去掉接收到的光强，在激光吸收装置中即为参考光束光强)与经样品后透射光强 I_1 的差值，即 $\Delta I=I_2-I_1$。

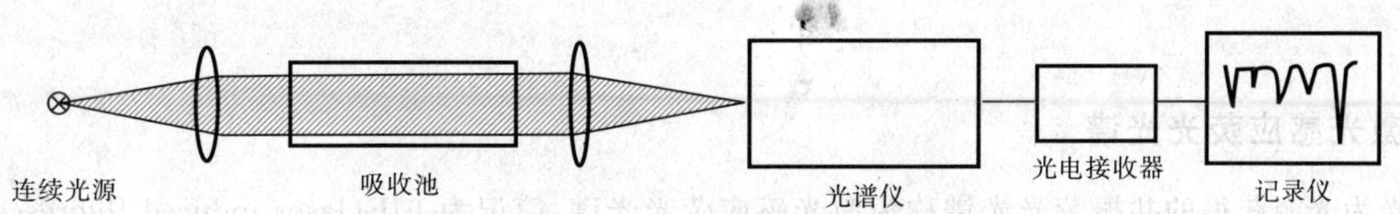

(a) 经典吸收光谱装置

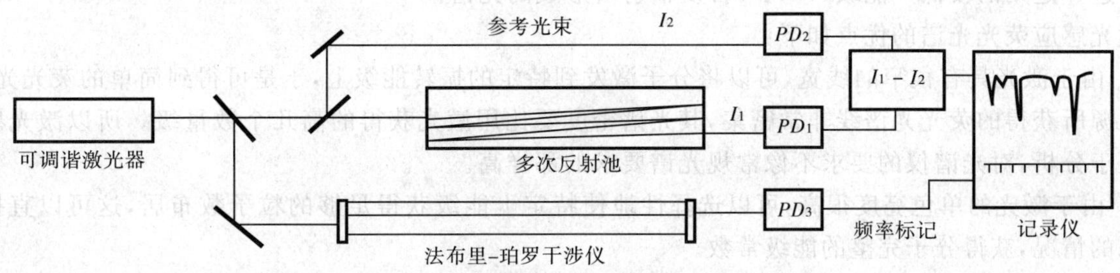

(b) 激光吸收光谱装置

图 11-29　经典吸收光谱与激光吸收光谱装置比较

激光吸收光谱装置比经典吸收光谱装置有如下优点：

1)经典吸收装置使用广谱光源，在吸收池的出口处要用光谱仪选出吸收频率；激光吸收装置使用可调谐激光器，它在每个时间点上提供给吸收样品的总是只有一个频率的光，所以可省掉样品后面的光谱仪。

2)激光的光谱功率密度高，方向性好，可以在吸收池中多次反射以增大吸收光程，这可以测量吸收系数极小的样品(如稀薄的气体样品)，用经典吸收装置难于测量。

3)激光的光谱功率密度高，单色性好，因而显著地提高了探测的灵敏度、分辨率和信噪比。

4)在激光装置中，可安放法布里-珀罗(Fabry-Perot)干涉仪进行频率标记。从激光中分出一束弱光通过法-珀干涉仪，透射峰的频率 V_m 满足条件 $V_m=mc/(2d)$(d 为法-珀标准具两平行板的间距)，由光电管记录下各峰光强，即可对吸收谱进行频率标记。

5)若将吸收池放入激光谐振腔内，则该吸收池可以起到多次反射池的作用，如图 11-30 所示。

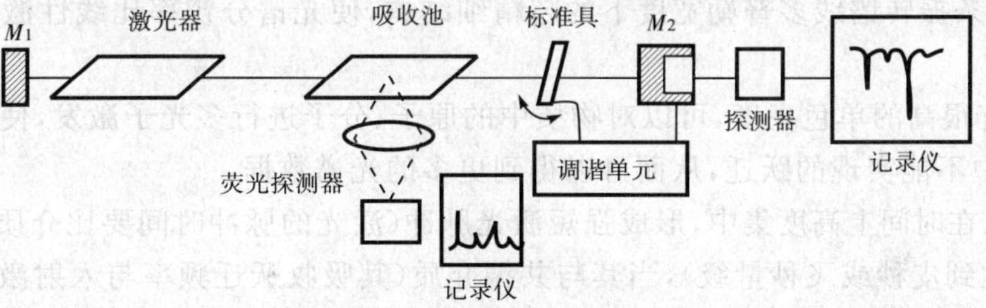

图 11-30　腔内吸收光谱装置

设激光腔的 M_1 为全反镜，M_2 为透反镜，透射率为 T，腔内激光功率 $P_{内}$ 与腔外输出功率 $P_{外}$ 应为

$$TP_{内}=P_{外}$$

或

$$\frac{P_{内}}{P_{外}}=\frac{1}{T}=q \tag{11-117}$$

若将吸收池放在腔外，被样品吸收的功率为

$$P(\nu)=\alpha(\nu)P_{外}\,L \tag{11-118}$$

$\alpha(\nu)$为样品对频率为 ν 的激光的吸收系数，L 为吸收池(样品)长度。如果将样品放在腔内，被样品吸收的功率为

$$P(\nu)=\alpha(\nu)P_{内}\,L=\alpha(\nu)qP_{外}\,L \tag{11-119}$$

比较(11-118)式和(11-119)式，可见放在腔内的样品所吸收的激光功率是放在腔外样品的 q 倍(在不计饱和效应的条件下)。假设 $T=0.01$，则 $q=100$，腔内吸收是腔外单程吸收的 100 倍，这可探测低浓度下原子的

弱吸收。

二、激光感应荧光光谱

以激光为光源获得的共振荧光光谱称为激光感应荧光光谱，简记为 LIF(laser induced fluorescence)。共振荧光光谱是指样品分子由于共振吸收，被激发至电子激发态的特定振转能级(V',J')之后，由该上能级向符合选择定则的较低下能级(V'',J'')自发辐射所形成的光谱。

激光感应荧光光谱的优点如下：

1）由于激光具有很窄的线宽，可以将分子激发到特定的振转能级上，于是可得到简单的荧光光谱，而用普通光源所获得的荧光光谱线非常密集，其光谱密度要比用激光获得的高几个数量级。所以激光感应荧光光谱便于分析，对光谱仪的要求不像常规光谱要求的那样高。

2）由于激光的单色亮度很高，可以选择性地使特定上能级获得足够的粒子数布居，这可以直接观察高振动态的情况，获得分子完整的能级常数。

3）用激光感应荧光光谱技术，可以更精确地获取分子的各种信息。如基态能级常数、振动量子数、夫兰克-康登因子、激发态的能级常数、分子的势能曲线、基态离解能，等等。

三、非线性激光光谱

常规光谱学用的光源所发出的光为弱光，它与物质相互作用时所产生的极化强度 $\boldsymbol{P}$ 与光波场强 $\boldsymbol{E}$ 成简单的线性关系：

$$\boldsymbol{P}=\varepsilon_0\chi\boldsymbol{E} \tag{11-120}$$

式中，χ为介质的电极化率，ε_0 是真空中介电常数。激光是强光，它与物质相互作用时，$\boldsymbol{P}$ 与 $\boldsymbol{E}$ 的关系应为

$$\boldsymbol{P}=\varepsilon_0[\chi^{(1)}\boldsymbol{E}+\chi^{(2)}\boldsymbol{EE}+\chi^{(3)}\boldsymbol{EEE}+\cdots] \tag{11-121}$$

$\chi^{(1)}$、$\chi^{(2)}$、$\chi^{(3)}$分别为介质的一次(线性)、二次(非线性)、三次(非线性)电极化率。由于强光的作用，会产生许多与$\chi^{(2)}$、$\chi^{(3)}$……有关的现象，称为强光作用下的非线性效应，由此形成了非线性光学与非线性激光光谱学。非线性激光光谱技术可以处理许多常规光谱技术所不能解决的问题，如：

1）利用非线性激光光谱技术(例如饱和光谱技术、双光子光谱技术等)可以消除光谱线的多普勒宽度，从而显示出分子的一条振转谱线多普勒宽度下的超精细结构，使光谱分辨率比线性激光光谱分辨率提高几个量级。

2）由于激光具有很高的单色亮度，可以对物质中的原子、分子进行多光子激发，使高位能态有粒子数布居，实现常规光谱学中不能实现的跃迁，从而可以得到更多的光谱数据。

3）激光能量可以在时间上高度集中，形成强短激光脉冲(激光的脉冲时间要比介质的纵向弛豫时间和横向弛豫时间还要短，达到皮秒或飞秒量级)，当其与共振介质(其吸收跃迁频率与入射激光频率相同或十分接近)瞬态相干作用时，可产生诸如自感应透明、光学章动、光学自由感应衰减、光子回波等瞬态相干光学效应，从而形成了相干瞬态光谱学学科。通过相干瞬态光谱可以研究分子能级间的弛豫过程，测定相应的分子参数。

第八节　光学中常用的光谱

一、太阳光谱——夫琅禾费谱线

表 11-8　太阳光谱——夫琅禾费谱线

谱　线	辐射源	波　长/nm	强　度	谱　线	辐射源	波　长/nm	强　度
y	大气 O_2	898.765	10	x_2	Ca^+	854.214 4	25
x_4	Mg	880.677 5	14	x_1	Ca^+	849.806 2	20
x_3	Ca^+	866.217 0	23	Z	大气 O_2	822.696 2	20

续表

谱 线	辐射源	波 长/nm	强 度	谱 线	辐射源	波 长/nm	强 度
A	大气 O_2	759.369 5	10	h	$H_δ$	410.174 8	40
a	大气 O_2	718.452 6	8	H	Ca^+	396.849 2	700
B	大气 O_2	686.718 7	4	K	Ca^+	393.368 2	1 000
C	$H_α$	656.280 8	40	L	Fe	382.043 6	25
a	大气 O_2	627.660 7	2	M	Fe	372.763 4	4
D_1	Na	589.594 0	20	N	Fe	358.120 9	30
D_2	Na	588.997 3	30	O	Fe	344.101 9	15
D_3	He	587.565 0		P	Ti^+	336.119 3	8
	He	587.561 8		Q	Fe	328.677 2	7
E	Fe	527.038 8	4	R	Ca^+	318.127 6	3
	Ca	527.026 8	3		Ca^+	317.934 2	5
	Fe	526.955 0	8	r	Fe	314.399 6	2
b_1	Mg	518.361 9	30		Ti^+	314.376 4	4
b_2	Mg	517.269 3	20	S_1	Ni	310.189 5	3
b_3	Fe^+	516.905 0	4		Ni	310.157 4	4
	Fe	516.890 8	3		Fe	310.068 2	3
b_4	Fe	516.750 8	5	S_2	Fe	310.032 5	4
	Mg	516.732 8	15		Fe	309.998 7	3
F	$H_β$	486.134 2	30		Fe	309.989 6	3
g	$H_γ$	434.047 5	20	s	Fe	304.761 4	35
				T	Fe	302.107 7	30
G	Fe, Ti^+	430.791 2	6		Fe	302.065 6	40
	Ca	430.774 7	3		Fe	302.049 0	20
	Ca	422.674 0	20	t	Fe,Ni	299.443 6	40

二、常用激光器波长

表 11-9 常用激光器波长

激光器名称	波 长/nm
原子气体激光器	
氦-氖(He-Ne)	632.8, 1 150, 3 390
铜(Cu)蒸汽	510.6, 578.2
离子气体激光器	
氦-镉离子($He\text{-}Cd^+$)	441.6, 325.0
氩离子(Ar^+)	488.0, 514.5, 351.1
氪离子(Kr^+)	647.1, 568.2, 520.8, 476.2
分子气体激光器	
氮分子(N_2)	337.1
二氧化碳(CO_2)	10 600, 9 600

续表

激光器名称	波 长/nm
准分子气体激光器	
氟化氩准分子(ArF^*)	193
氟化氪准分子(KrF^*)	248
氯化氙准分子($XeCl^*$)	308
固体激光器	
红宝石($Cr^{3+}:Al_2O_3$)	694.3
掺钕钇铝石榴石($Nd^{3+}:YAG$)	1 060
钕玻璃	1 060
紫翠宝石($Cr^{3+}:BeAl_2O_4$)	700～820
钛宝石($Ti^{3+}:Al_2O_3$)	660～1 180
LiSAF($Cr^{3+}:LiSrAlF_6$)	720～1 070
$Er^{3+}:YAG$	2 940
$Ho^{3+}:YAG$	2 100
$Tm^{3+}:YAG$	1 870～2 060
$Ce^{3+}:LiYF_4$	1 525～1 565
染料激光器	
PTP(溶剂环乙烷,浓度$(2\sim6)\times10^{-3}$ mol·L^{-1})	330～360
DPS(乙二醇,5.6×10^{-4})	393～419
香豆素(乙醇,1×10^{-2})	390～540
荧光素钠(乙醇,5×10^{-3})	515～543
若丹明 6G(乙醇,2.5×10^{-3})	570～616
若丹明 B(乙醇,1.5×10^{-3})	595～643
甲酚紫(乙醇,2×10^{-3})	651～701
半导体激光器	
双异质结 GaAs/GaAlAs	830～850
异质结 $InP/Ga_{1-x}In_xAs_{1-y}P_y$	1 300， 1 480， 1 550
$GaAs/Ga_{1-x}Al_xAs$	660～800
化学激光器	
HF	2 600～3 000
DF	3 600～4 000
氧碘	1 315
$DF-CO_2$ 转移型	10 600

三、光学设计用谱线

表 11-10 光学设计用谱线

符 号	元 素	颜 色	波 长/nm	符 号	元 素	颜 色	波 长/nm
i	Hg	紫外	365.01	e	Hg	绿	546.07
h	Hg	紫	404.66	d	He	黄	587.57
G	H	紫	434.05	D	Na	黄	589.29
g	Hg	蓝	435.83	C′	Hg	红	641.90
F′	Cd	蓝	479.99	C	H	红	656.28
F	H	蓝	486.13	t	Hg	红外	1 014.00

四、常用原子和分子光谱

表 11-11 常用原子和分子光谱

波 长/nm	相对强度	波 长/nm	相对强度	波 长/nm	相对强度
铝 Al $Z=13$					
7.654 3(2)	1 000	9.020 0	1 000	185.472 0	1 000
7.832 7(2)	1 000	10.404 7	1 000	309.271 3	1 000
7.835 1	1 000	10.794 5	1 000	394.403 2	2 000
8.551 5	1 000	10.951 4	1 000	396.152 7	3 000
8.817 0	1 000	13.041 3(4)	1 000		
氧化铝 AlO					
一系列单头谱带，并向红光方向递降。光谱范围 437.4～522.5 nm，强谱带在 464.8 nm 和 484.21 nm 附近					
氨 NH_3					
氨光谱的特征是：强谱在 8.5～14 μm，最强谱线在 10.35 μm 和 10.75 μm 处。另一强谱带中心在 6.1 μm 处，其范围在 5.5～7 μm。弱谱带在 2.25～2.9 μm。还有一个强谱带在 791.9 nm 附近，并一直递降到 787.4 nm。连续强谱带的最强谱线在 563.5～567.0 nm。有些扩展的谱带在 230 nm 以下，其中最强谱线在 208.64 nm、204.84 nm和 201.09 nm 处					
氩 Ar $Z=18$					
46.200 7	1 000	394.898	2 000	565.070	1 500
63.728 2	1 000	404.442	1 200	810.369	2 000
70.039 8	1 000	415.859	1 200	811.531 1	5 000
74.026 95	1 000	419.103	1 200	826.452	1 000
85.060 2	1 000	419.832	1 200	840.821	2 000
91.978 15	1 000	420.068	1 200	842.465	2 000
93.205 28	1 000	425.936	1 200	852.144	2 000
104.821 8	1 000	426.629	1 200	922.450	1 000
360.652	1 000	430.010	1 200	965.77	1 500
394.750	1 000	470.232	1 200	978.450	1 000
钡 Ba $Z=56$					
350.112	1 000	614.172	2 000	728.027	1 000
455.404 2	1 000	659.532	1 000		
553.555 1	1 000	705.996	2 000		
钙 Ca $Z=20$					
393.367	600	854.209	1 000	1 034.385	500
422.672 8	500	866.214	1 000		

续表

波 长/nm	相对强度	波 长/nm	相对强度	波 长/nm	相对强度
碳 C $Z=6$					
3.373 6	1 000	51.152 25	1 000	117.571 1	1 000
24.490 7	1 000	53.831 30	1 000	131.136 3	1 000
28.923 0	1 000	57.428 09	1 000	133.570 77	1 000
31.242 2	1 000	68.734 53	1 000	154.819 5	1 000
37.169 4(2)	1 000	90	1 000	156.143 82	1 000
38.417 8	1 000	97.702 0	1 000	165.700 78	1 000
41.971 4	1 000	101.037 4	1 000	193.090 54	1 000
45.963 3	1 000	103.701 82	1 000	909.489	50

碳 C_2

碳或烃类辐射源中有 3 组强谱带系。最常见的分子带光谱系在 436.5～668.0 nm，特征谱线在 436.5 nm、473.71 nm和 516.52 nm，并向紫外方向递降。第二组谱系的特征谱线在 468.02 nm 和 589.93 nm 处，也递降到紫外区。第三组谱系的特征谱线在 360.73 nm、385.22 nm 和 410.23 nm 处，并递降到更短的波长

二氧化碳 CO_2

在紫外光和可见光区有两条宽谱带。一条是辉光放电产生的，其范围在 280～500 nm，由向红光方向递降的几条窄谱带组成。第二条宽谱带是一氧化碳燃烧的火焰光，由多条窄谱带组成，最强的谱带在 350～500 nm，最大值在 420 nm 处。大气的红外吸收光谱证明，CO_2 吸收带的中心在 2.7、4.3 和 15 μm 处，最后一条吸收带最强

一氧化碳 CO

在可见光谱区和紫外光谱区内有多条锐谱线。在红外光谱区内有一条 4.6～4.75 μm 的主要光谱带

波 长/nm	相对强度	波 长/nm	相对强度	波 长/nm	相对强度
铯 Cs $Z=55$					
455.535 5	2 000	852.110	5 000	1 002.439	1 000
459.317 7	1 000	894.350	2 000	1 012.3	1 200
807.902	1 000	917.224	1 000		

CH

碳氢化合物燃烧时及许多天文物理辐射源内都不难得到此光谱。光谱有三组带谱系分布在 314.3 nm、390.0 nm和 430.0 nm 附近。最后一组带谱系强度最高，特征强谱带在 431.25 nm 上，它是许多碳氢化合物反应时所特有的光谱，在彗星的头部和太阳的大气层内可以发现此光谱

波 长/nm	相对强度	波 长/nm	相对强度	波 长/nm	相对强度
铜 Cu $Z=39$					
159.375 8	1 000	259.263	1 000	327.396 2	3 000
164.220 8	2 000	282.437	1 000	578.213	1 000
172.267 9	1 000	324.754 0	5 000		

氰 CN_2

此分子最显著的特征是位于 13～14.2 μm 的宽带光谱，其最大值在 13.55 μm 和 13.85 μm 上。此外在4.7 μm 附近也有一锐谱带

续表

波 长/nm	相对强度	波 长/nm	相对强度	波 长/nm	相对强度
锗　Ge　$Z=32$					
303.906 4	1 000				
氦　He　$Z=2$					
58.433 40	1 000	388.864 8	1 000	587.561 8	1 000
氢　H　$Z=1$					
121.533 9	1 000	656.272 5	1 000	656.284 9	2 000
121.566 8	670				
氢　H_2					
氢分子的发射光谱有几个特征线，但不像普通光谱结构那样具有最大值和成组的谱线。光谱强度最大点在黄光区，但谱线扩展到整个可见光谱区					
碘　I　$Z=53$					
20.623 8	900	54.969 2	900	69.587 8	1 000
54.646 1	900	60.824 6	1 000		
铁　Fe　$Z=26$					
247.290 9	1 000	298.357 2	1 000	373.713 3	1 000
253.560 4	1 000	299.442 9	1 000	374.948 7	1 000
259.836 9	1 000	302.064 0	1 000	385.991 3	1 000
259.939 6	1 000	358.119 5	1 000	440.475 2	1 000
259.957 0	1 000	371.993 5	1 000		
296.690 0	1 000	373.486 7	1 000		
氧化铁　FeO					
强谱带在铁弧焰的黄光处和近红外光中可以看到。黄光谱带通常与在 609.73 nm、610.969 nm、618.065 nm 和 621.869 nm 上的诸强谱带一同出现。强红外谱带出现在 811.2 nm、813.7 nm、823 nm 和 830.2 nm					
氪　Kr　$Z=36$					
435.548	3 000	760.154 65	5 000	829.810 91	5 000
465.887	2 000	810.436 60	5 000	850.887 36	3 000
473.900	3 000	811.290 23	5 000	877.674 98	5 000
557.028 95	2 000	819.005 70	3 000	892.869 34	2 000
587.091 58	3 000	826.324 12	2 000	1 022.146	1 000
铅　Pb　$Z=82$					
216.999 4	1 000	239.379	2 500	405.782 0	2 000
220.350 5	5 000				
锂　Li　$Z=3$					
13.499 8	200	323.261	1 000	670.784	3 000
19.928 2	300	610.364	2 000	812.652	1 000

续表

波 长/nm	相对强度	波 长/nm	相对强度	波 长/nm	相对强度
镁 Mg $Z=12$					
18.061 7	1 000	31.2311	1 000	285.212 9	300
23.173 0	1 000	32.099 9	1 000	383.826	300
27.658 1	1 000	35.309 4	1 000	578.362	500
汞 Hg $Z=80$					
253.651 9	2 000	546.074 0	2 000	579.065	1 000
435.835	3 000				
甲烷 CH_4					
甲烷的光谱带出现在 3.31 μm 附近，特征是有几条锐谱线。其宽谱带则从 7.2 μm 到 8.2 μm，中心位于 7.7 μm 处					
氖 Ne $Z=10$					
35.872 1	1 000	48.950 1	1 000	470.440	1 500
36.559 4	1 000	73.589 5	1 000	470.885	1 200
46.072 5	1 000	77.040 9	1 000	471.534	1 500
46.982 0	1 000	352.047	1 000	488.492(2)	1 000
镍 Ni $Z=28$					
169.251 4	1 000	313.411	1 000	356.637	2 000
176.964 3	1 000	341.476 5	1 000	357.187	1 000
260.113	2 000	344.626	1 000	359.771	1 000
263.289	2 000	349.295 6	1 000	361.046	1 000
300.249	1 000	351.505 4	1 000	361.939	2 000
305.082	1 000	352.4541	1 000	712.224	1 000
310.155	1 000				
一氧化氮 NO					
一氧化氮分子的谱带在 5.25 μm 和 5.4 μm 附近					
氮 N $Z=7$					
28.357 9	1 000	92.322 0	1 000	123.882 1	1 000
33.505 0	1 000	95.533 5	1 000	171.855 1	1 000
37.444 1	1 000	108.570 1	1 000	410.998	1 000
77.596 5	1 000	119.954 90	1 000	415.146	1 000
91.670 1	1 000	120.022 38	950	600.848	8,000
氮 N_2					
氮分子有许多光谱带系，第一和第二谱带系很容易得到。前者向紫光方向递降，其波段范围是 503～1 042 nm，强谱线在 580.43 nm、646 nm、654.48 nm、662.36 nm、891.16 nm 和 1 042 nm 处。后者向更短波长方向递降，带宽范围是 281.4 nm～497.6 nm，最强谱线在 337.13 nm、357.69 nm、375.54 nm、380.49 nm 和 399.84 nm 处					

续表

波 长/nm	相对强度	波 长/nm	相对强度	波 长/nm	相对强度
一氧化二氮 N_2O					
光谱带的中心位于 7.77 nm 处,带宽为 7.5～8.1 μm,辅助峰值在 8.5 μm 和 8.7 μm 上。另一条强谱带位于 16～17.5 μm,中心在 17 μm 上。较弱的谱带在 2.85 μm、3.9 μm 和 4.5 μm 附近可以看到					
氧 O *Z*=8					
1.896 9	1 000	164.366	1 000	777.192 8(3)	1 000
2.160 2	1 000	176.778	1 000	794.757	1 000
17.308 2	1 000	436.830	1 000	844.638	2 000
62.973 2	1 000	615.820	1 000		
氧 O_2					
此分子的舒曼-朗格谱系中,190 nm 以下有几条强谱带,175.9 nm 以下全部被吸收。最强的谱线在179.2 nm、180.31 nm、181.56 nm、183.01 nm、184.58 nm 和 186.30 nm 处。几条谱带的强度都与压力有关。更强的谱带在 384.11 nm、409.59 nm 和 417.32 nm 附近可以看到					
臭氧 O_3					
其吸收特性对地面上的观察者来说非常重要。在 300～360 nm 的紫外区有明显的锐截止。在 573 nm 和 602 nm附近也有两条强扩展谱带。红外波段内的主要光谱带在 4.7 μm、9.6 μm、13.8 μm 和 14.4 μm 附近					
钾 K *Z*=19					
766.490 7	9 000	769.897 9	5 000		
硅 Si *Z*=14					
11.786 0	1 000	139.375 5	1 000	288.157 8	500
11.896 8	1 000	153.343 20	1 000		
126.473 74	1 000	198.899 3	1 000		
银 Ag *Z*=47					
328.068 3	2 000	520.906 7	1 500	546.548 7	1 000
338.289 1	1 000				
钠 Na *Z*=11					
16.808 4	1 000	37.814 3	1 000	330.232	600
19.044 0	1 000	40.072 2	1 000	588.995 3	9 000
30.826 4	1 000	41.037 1	1 000	589.592 3	5 000
31.963 8	1 000	46.3263	1 000	819.481	1 000
锶 Sr *Z*=38					
460.733 1	1 000	707.010	1 000	1 032.729	1 000
二氧化硫 SO_2					
此分子光谱的重要特性是强谱带在 8～9.9 μm 和 7.1～7.7 μm 区间,锐谱带在 4 μm 和 19.1 μm 附近。在 217～234.3 μm 范围内有一组双头谱带,并向红光方向递降					

续表

波长/nm	相对强度	波长/nm	相对强度	波长/nm	相对强度
钍 Th $Z=90$					
195.902	200				
锡 Sn $Z=50$					
121.051 5	2 000	283.998 9	300	452.474 1	500
125.138 4	2 000	286.332 7	300	855.260	
175.790 4	5 000	317.501 9	500		
189.989 0	5 000	326.232 8	400		
钨 W $Z=74$					
430.210 8	60	465.987	200		
铀 U $Z=92$					
424.166 9	40	639.545	100	644.912	100
591.540	125				
水蒸气 H_2O					
大气中的水蒸气对大气的透射特性影响很大，所以人们对水蒸气光谱进行了广泛的研究。重要的 H_2O 谱线位于 0.94 μm、1.1 μm、1.38 μm、1.87 μm、2.7 μm、3.2 μm、6.3 μm、24 μm、25 μm、26.6 μm 和 30 μm 等处					
氙 Xe $Z=54$					
462.427 6	1 000	834.682	2 000	992.320	2 000
467.122 6	2 000	840.919	2 000	1 083.834	1 000
823.163	5 000	881.941	5 000		
828.012	5 000	979.970	2 000		
锌 Zn $Z=30$					
213.856	800	334.502 0	800	636.234 7	1 000
330.258 8	800				

五、按波长顺序排列的光谱谱线表

表 11-12 按波长顺序排列的光谱谱线表

波长/nm	相对强度	辐射源	波长/nm	相对强度	辐射源	波长/nm	相对强度	辐射源
1.896 9	1 000	O	7.657 2	1 000	Al	10.607	900	Ne
2.160 2	1 000	O	7.832 7	1 000	Al	10.794 5	1 000	Al
3.373 6	1 000	C	7.835 1	1 000	Al	10.951 4	1 000	Al
4.393	900	Ar	8.339 1	900	Na	11.786 0	1 000	Si
4.426	900	Ar	8.551 5	1 000	Al	11.896 8	1 000	Si
4.449	900	Ar	8.817 0	1 000	Al	13.041 3	1 000	Al
6.329 5	900	Mg	9.020 0	1 000	Al	13.084 8	1 000	Al
7.654 3	1 000	Al	10.404 7	1 000	Al	13.100 3	1 000	Al

续表

波长/nm	相对强度	辐射源	波长/nm	相对强度	辐射源	波长/nm	相对强度	辐射源
13.144 1	1 000	Al	41.037 1	1 000	Na	85.060 2	1 000	Ar
16.808 4	1 000	Na	41.952 5	950	C	85.855 90	900	C
17.293 5	950	O	41.971 4	1 000	C	90.414 16	1 000	C
17.308 2	1 000	O	44.906 5	900	Ar	91.670 1	1 000	N
18.061 7	1 000	Mg	45.222 6	900	N	91.978 15	1 000	Ar
19.044 0	1 000	Na	45.946 2	900	N	92.322 0	1 000	N
19.279 9	1 000	O	45.952 1	950	N	93.205 28	1 000	Ar
19.290 6	950	O	45.963 3	1 000	C	95.533 5	1 000	N
23.173 0	1 000	Mg	46.072 5	1 000	Ne	97.702 0	1 000	C
24.490 7	1 000	C	46.200 7	1 000	Ar	99.157 9	900	N
24.720 5	900	N	46.238 8	930	Ne	101.037 4	1 000	C
27.658 1	1 000	Mg	46.326 3	1 000	Na	103.701 82	1000	C
28.342 0	900	N	46.982 0	1 000	Ne	104.821 8	1 000	Ar
28.347 0	950	N	46.986 6	900	Ne	108.570 1	1 000	N
28.357 9	1 000	N	48.950 1	1 000	Ne	117.571 1	1 000	C
28.923 0	1 000	C	49.105 0	900	Ne	119.954 90	1 000	N
30.826 4	1 000	Na	49.953 0	900	N	120.022 38	950	N
31.231 1	1 000	Mg	50.818 2	900	O	121.051 5	2 000	Sn
31.242 2	1 000	C	51.152 25	1 000	C	121.533 9	1 000	H
31.245 3	950	C	52.579 5	900	C	123.882 1	1 000	N
31.485 0	900	N	53.808 01	900	C	125.138 4	2 000	Sn
31.963 8	1 000	Na	53.814 87	950	C	126.473 74	1 000	Si
32.099 9	1 000	Mg	53.831 20	1 000	C	131.136 3	1 000	C
32.331 0	900	Mg	55.451 4	900	O	133.570 77	1 000	C
33.505 0	1 000	N	57.428 09	1 000	N	139.375 5	1 000	Si
35.309 4	1 000	Mg	58.4333 40	1 000	He	153.343 20	1 000	Si
35.872 1	1 000	Ne	59.959 8	900	O	154.819 5	1 000	C
36.559 4	1 000	Ne	62.973 2	1 000	O	155.076 8	950	C
37.169 4	1 000	C	63.728 2	1 000	Ar	156.143 82	1 000	C
37.174 7	1 000	C	68.734 53	1 000	C	159.375 8	1 000	Cu
37.420 4	900	N	70.039 8	1 000	Ar	161.185	900	Al
37.444 1	1 000	N	70.385 0	900	O	164.220 8	2 000	Cu
37.814 3	1 000	Na	73.589 5	1 000	Ne	164.366	1 000	O
38.403 2	950	C	74.026 95	1 000	Ar	165.700 73	1 000	C
38.417 8	1 000	C	77.040	1 000	Ne	169.251 4	1 000	Ni
40.072 2	1 000	Na	77.596 5	1 000	N	171.855 1	1 000	N

续表

波长/nm	相对强度	辐射源	波长/nm	相对强度	辐射源	波长/nm	相对强度	辐射源
172.267 9	1 000	Cu	296.690 0	1 000	Fe	374.948 7	1 000	Fe
175.790 4	5 000	Sn	298.357 2	1 000	Fe	375.54	…	N_2
175.9	…	O_2	299.442 9	1 000	Fe	384.11	…	O_2
176.778	1 000	O	300.249 1	1 000	Ni	385.22	…	C_2
176.964 3	1 000	Ni	302.064 0	1 000	Fe	385.991 3	1 000	Fe
177.167	900	O	303.906 4	1 000	Ge	388.864 6	1 000	He
179.2	…	O_2	305.081 9	1 000	Ni	390	…	CH
180.31	…	O_2	309.271 3	1 000	Al	394.403 2	2 000	Al
181.56	…	O_2	310.155 4	1 000	Ni	394.750	1 000	Ar
183.01	…	O_2	313.410 8	1 000	Ni	394.898	2 000	Ar
184.58	…	O_2	314.3	…	CH	396.152 7	3 000	Al
185.472 0	…	O_2	323.261	1 000	Li	399.84	…	N_2
186.30	…	O_2	324.754 0	5 000	Cu	404.442	1 200	Ar
189.989 0	5 000	Sn	327.396 2	3 000	Ag	405.782 0	2 000	Pb
192.627	900	Na	330	…	$(CN)_2$	409.59	…	O_2
198.899 3	1 000	Si	337.13	…	N_2(激光)	410.22	…	C_2
201.09	…	AlO	338.289 1	1 000	Ag	410.998	1 000	N
204.84	…	AlO	341.476 5	1 000	Ni	415.146	1 000	N
206.238	900	I	344.626 3	1 000	Ni	415.859	1 200	Ar
208.64	…	AlO	349.295 6	1 000	Ni	417.32	…	O_2
210	…	$(CN)_2$	350.111 6	1 000	Ba	419.103	1 200	Ar
213.856	800	Zn	351.505 4	1 000	Ni	419.832	1 200	Ar
216.999 4	1 000	Pb	352.047	1 000	Ne	420	…	CO_2
220.350 5	5 000	Pb	352.454 1	1 000	Ni	420.068	1 200	Ar
239.379 4	4 000	Pb	356.637 2	2 000	Ni	425.936	1 200	Ar
247.290 9	1 000	Fe	357.187 9	1 000	Ni	426.629	1 200	Ar
253.560 4	1 000	Fe	357.69	…	N_2	427.217	1 200	Ar
253.651 9	2 000	Hg	358.119 5	1 000	Fe	430	…	CH
259.262 7	1 000	Cu	359.770 5	1 000	Ni	430.010	1 200	Ar
259.836 9	1 000	Fe	360.652	1 000	Ar	435.548	3 000	Kr
259.939 6	1 000	Fe	360.73	…	C_2	435.835	3 000	Kr
259.957 0	1 000	Fe	361.046 2	1 000	Ni	436.5	3 000	C_2
260.112 6	2 000	Ni	361.939 2	2 000	Ni	436.830	1 000	O
263.289 1	2 000	Ni	371.993 5	1 000	Fe	440.475 2	1 000	Fe
264	2 000	SO_2	373.486 7	1 000	Fe	455.404 2	1 000	Ba
282.436 9	1 000	Cu	373.713 3	1 000	Fe	455.535 5	2 000	Cs

续表

波长/nm	相对强度	辐射源	波长/nm	相对强度	辐射源	波长/nm	相对强度	辐射源
459.317 7	1 000	Cs	587.561 8	1 000	He	794.757	1 000	O
460.733 1	1 000	Sr	588.995 3	9 000	Na	807.902	1 000	Cs
462.427 6	1 000	Xe	589.592 3	5 000	Na	810.369	2 000	Ar
464.82	…	AlO	589.93	…	C_2	810.436 60	5 000	Kr
465.887	2 000	Kr	600.848	800	N	811.2	…	FeO
467.122 6	2 000	Xe	602	…	O_3	811.290 23	5 000	Kr
468.62	…	C_2	608.246	1 000	I	811.531 1	5 000	Ar
470.232	1 200	Ar	609.73	…	FeO	812.652	1 000	Li
470.440	1 500	Ne	610.364	2 000	Li	813.7	…	FeO
470.885	1 200	Ne	610.99	…	FeO	819.005 70	3 000	Kr
471.534	1 500	Ne	614.172	2 000	Ba	819.481	1 000	Na
473.71	…	C_2	615.820	1 000	O	823	…	FeO
473.900	3 000	Kr	618.05	…	FeO	823.163	5 000	Xe
484.21	…	AlO	621.89	…	FeO	826.324 12	1 000	Kr
488	…	Ar^+(激光)	632.8	…	Ne(激光)	826.452	1 000	Ar
488.492(2)	1 000	Ne	636.234 7	1 000	Zn	828.012	5 000	Xe
514.5	…	Ar^+(激光)	640.224 6	2 000	N	829.810 91	5 000	Kr
516.52	…	C_2	642.0	…	Kr(激光)	830.2	…	FeO
520.906 7	1 500	Ag	646.85	…	N_2	834.682	2 000	Xe
540.056 2	2 000	Ne(激光)	654.48	…	N_2	840.821	2 000	Ar
546.074 0	2 000	Hg	656.272 5	1 000	H	840.919	2 000	Xe
546.461	900	I	656.284 9	2 000	H	842.465	2 000	Ar
546.548 7	1 000	Ag	659.532	1 000	Ba	844.0	…	GaAs(激光)
549.692	900	I	662.36	…	N_2	844.638	2 000	O
553.555 1	1 000	Ba	670.784 4	3 000	Li	850.887 36	3 000	Kr
557.028 95	2 000	Kr	694.3	…	红宝石(激光)	852.110	5 000	Cs
563.5	…	NH_3	695.878	1 000	I	852.144	2 000	Ar
565.070	1 500	Ar	705.996	2 000	Ba	854.209	1 000	Ca
567.0	…	NH_3	707.010	1 000	Sr	866.214	1 000	Ca
568.2	…	Kr^+(激光)	712.224	1 000	Ni	877.674 98	5 000	Kr
573	…	O_3	728.027	1 000	Ba	881.941	5 000	Xe
578.213	1 000	Cu	760.154 65	5 000	Kr	891.16	…	N_2
579.065	1 000	Hg	766.490 7	9 000	K	892.869 34	2 000	Kr
580.43	…	N_2	769.897 9	5 000	K	894.350	2 000	Cs
585.248 8	2 000	Ne	787.4	…	NH_3	909.500	…	C
587.091 58	3 000	Kr	791.9	…	NH_3	917.224	1 000	Cs

续表

波长/nm	相对强度	辐射源	波长/nm	相对强度	辐射源	波长/nm	相对强度	辐射源
922.450	1 000	Ar	1 002.439	1 000	Cs	1 060	…	Nd^+(激光)
940	…	H_2O	1 012.3	…	Cs	1 083.834	1 000	Xe
965.778	1 500	Ar	1 022.146	1 000	Kr	1 100	…	H_2O
978.450	1 000	Ar	1 032.729	1 000	Sr	1 380	…	H_2O
979.970	2 000	Xe	1 034.385	500	Ca	1 870	…	H_2O
992.320	2 000	Xe	1 042	…	N_2			

波长/μm	辐射源	波长/μm	辐射源	波长/μm	辐射源	波长/μm	辐射源
2.1	YAG-Ho(激光)	4.3	CO_2	7.77	N_2O	13.85	$(CN)_2$
2.25	NH_3	4.5	N_2O	8.5	N_2O	14.4	O_2
2.7	CO_2, H_2O	4.7	O_3, $(CN)_2$	8.7	SO_2, N_2O	15	CO_2
2.85	N_2O	4.75	CO	9.6	O_3, CO_2(激光)	17	N_2O
2.9	NH_3	5.25	NO	10.35	NH_3	19.1	SO_2
3.2	H_2O	5.4	NO	10.6	CO_2(激光)	24	H_2O
3.31	CH_4	6.1	NH_3	10.75	NH_3	25	H_2O
3.9	N_2O	7.5	SO_2	13.55	$(CN)_2$	26.6	H_2O
4.0	SO_2	7.7	CH_4	13.8	O_3	30	H_2O

参考文献

[1] Walter G Driscoll, William Vaughan(Sponsored by OSA). Handbook of Optics[M]. New York: McGraw-Hill Book Company, 1978

[2] Michael Bass(Sponsored by OSA). Handbook of Optics[M]. New York: McGraw-Hill, 1995

[3] Herzberg G. Molecular Spectra and Molecular Structure I, Spectra of Diatomic Molecules[M]. 3rd Printing. D Van Nostrand, 1953

[4] 褚圣麟. 原子物理学[M]. 北京：高等教育出版社，2005

[5] 林美荣，张包铮. 原子光谱学导论[M]. 北京：科学出版社，1990

[6] Robert D Cowan. The Theory of Atomic Structure and Spectra[M]. University of California Press, 1981

[7] Ira N Levine. Molecular Spectroscopy[M]. John Wiley and Sons Inc, 1975

[8] 夏慧荣，王祖赓. 分子光谱学和激光光谱学导论[M]. 上海：华东师范大学出版社，1989

[9] Arecchi F T, Schulz-Dubois E O. Laser Handbook. Vol. 2, Part E, E2, E8[M]. Amsterdam: North-Holland Pub. Com., 1972

[10] Koechner W. Solid-State Laser Engineering[M]. New York: Springer-Verlag, 1976

[11] 李适民，黄维玲. 激光器件原理与设计[M]. 北京：国防工业出版社，2005

[12] Demtröder W. Laser Spectroscopy, Basic Concepts and Instrumentation[M]. Berlin: Springer-Verlag, 1981

[13] Marc D Levensan. Introduction to Nonlinear Laser Spectroscopy[M]. San Diego: Academic Press, 1982

[14] 谢树森，雷仕湛. 光子技术[M]. 北京：科学出版社，2004

[15] 陆同兴，路轶群. 激光光谱技术原理及应用[M]. 合肥：中国科学技术大学出版社，2006

[16] 李景镇. 光学手册[M]. 西安：陕西科学技术出版社，1986

第十二章　光源和同步辐射

能够产生光学辐射的辐射源称为光源。所谓光(学)辐射，目前较统一的看法，包括太赫兹波辐射、红外光辐射、可见光、紫外光辐射和 X 射线辐射。光源作为科学中的认识工具和工程技术中的照明器件，有着广泛的应用。在照明、元素分析、结构研究、检验测量等方面，光源都是必不可少的。为了适应科学与技术领域的需要，必须有不同光学性质的光源。正确选择光源，往往是成功解决具体光学问题的开端。

本章将把光源分为常规非相干光源、激光器、半导体激光器、发光二极管和同步辐射光源等 5 个方面来叙述。

第一节　常规非相干光源

常规非相干光源一般是指以热辐射原理做成的光源，包括实验室定标光源、白炽灯、气体放电光源以及固体发光光源等。这类光源成本低廉，发光波长主要在红外及可见光波段，是在光学测量及照明工程中应用最广泛的光源。

一、实验用定标光源

实验室中往往需要对光源进行诸如光强、辐照度等物理量的测量，因此需要一些“光源标准”，用于校对被测光源。这些“光源标准”的特征标准是可以重复产生的，其特征量的大小是可以预定的。理论上讲，最理想的光辐射标准就是完全满足普朗克定律的发光体，即黑体。但是任何实际使用光源的辐射都不能完全满足普朗克定律。

因此，作为光源标准的，首先是那些能够接近满足黑体辐射普朗克定律的黑体模拟器(也称为灰体)；作为二级标准的，可以采用那些经过标定的在某些谱线上具有很高发射率(emissivity)的光源，即光辐射标准源。有关光辐射标准源的较全面的论述，可参看本书第三十七章《光学测试计量学》。

(一)黑体模拟器

美国标准与技术国家研究所(national institute of standards and technology，NIST)使用一种热管黑体模拟器，如图 12-1(a)所示。将圆锥形的黑体内腔(如(b)所示)放入黑体模拟器中，热子对热管及陶瓷管进行加热，使黑体内腔外部充填的金熔化，并保持在(1337.33±0.34) K 的温度上。以此作为标准，即可对光辐射标准源进行标定。

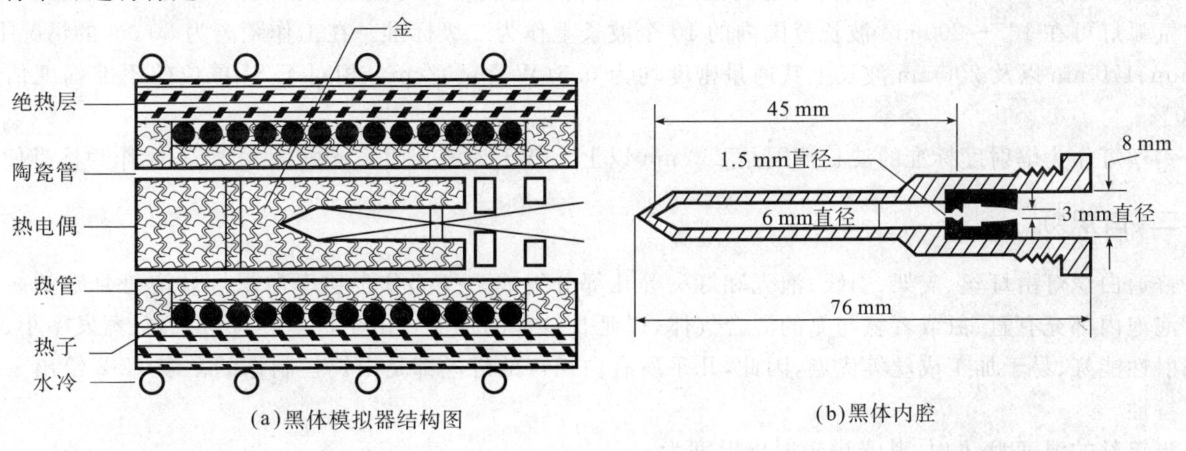

图 12-1　热管黑体模拟器

(二)光辐射标准源

光辐射标准源一般是经过标定的、灯丝封闭在玻璃(或熔二氧化硅,石英)外壳中的气体放电弧灯。

1. 光度学标准源

1)发光强度标准源。发光强度标准源是以灯丝电流或者灯丝的色温来进行校准的。NIST 能够提供100～1 000 W的发光强度标准源,其 3-sigma 误差相对于发光强度 SI(国际单位制)标准而言,约为 1%;相对于 NIST 标准而言,约为 0.8%。

2)发光通量标准源。NIST 提供的发光通量标准源的参数如表 12-1 所示。其供电电压为 120 V。近似的 3-sigma 误差相对于 SI 单位为 1.4%,相对于 NIST 标准为 1.2%。

表 12-1 NIST 的光通量标准源[2]

功率/W	通量标准/lm	类 型
25	270	真空灯
60	870	充气灯
100	1 600	充气灯
200	3 300	充气灯
500	10 000	充气灯

2. 红外辐射度标准源

1)光谱辐射白炽灯(spectral radiance lamp)。NIST 光谱辐射灯的灯丝为由钨制成的 0.6 mm×0.8 mm(宽×高)的带状灯丝,这类灯能够对波长为 225～2 400 nm 范围的 34 个波长定标,其辐射温度分别为2 650 K(225 nm)、2 475 K(650 nm),1 610 K(2 400 nm)时,其不准确度分别为 2%、0.6%及 0.4%。

2)光谱辐射通量密度(spectral irradiance lamps)标准源。NIST 提供的辐射通量密度标准光源有两种类型。一种是1 000 W的卤钨灯(充有卤素,钨灯丝,石英灯泡),能够为 250～2 400 nm 范围内的 31 个波长提供通量密度标准。在工作距离50 cm的条件下,其通量密度标准为 0.2(W/cm^2)/cm (250 nm)、220(W/cm^2)/cm (900 nm)、115(W/cm^2)/cm (1 600 nm)以及 40(W/cm^2)/cm(2 400 nm),其不准确度分别为 2.2%、1.3%、1.9%及 6.5%。另一种类型是氘灯。氘灯能够在 200～350 nm 范围内的 16 个波长上作为辐射通量密度标准。在 50 cm 的工作距离下,在200 nm、250 nm及 350 nm 波长上的辐射通量密度分别为 0.5(W/cm^2)/cm、0.3(W/cm^2)/cm 以及 0.07(W/cm^2)/cm,其近似的不准确度相对于 SI 单位分别为 7.5%(200nm)、5%(250 nm),而相对谱分布的不准确度为 3%,在 250～300 nm 波长范围内,氘灯比卤锡灯的光谱分布不准确度要低。

3. 远紫外辐射度标准源

在紫外波段可以使用两类光源作为标准光源:钨丝灯和卤钨灯是经黑体模拟器校准的二级标准,氩弧灯及氘弧灯是按氢弧校准的二级标准。

氩弧灯可用于 115～330 nm 波长范围内辐射度的定标,以及 140～330 nm 波长范围内通量密度的定标。作为通量密度标准时,可以在其标定范围内每 10 nm 波长间距上进行,其不准确度估计为低于±10%(140～200 nm)及±5%(200～300 nm),同时还要估计氩弧灯窗口材料吸收对测量的影响。

氘弧灯可在 165～200 nm 波长范围内的 10 个波长上作为二级标准。在工作距离为 50 cm 的情况下,在 165 nm、170 nm 以及 200 nm 波长上其通量密度均为 0.5(W/cm^2)/cm。相对于 SI 单位的不准确度估计低于 10%。

钨丝灯作为辐射度标准的波长范围是 250 nm 以上。低于该波长时发光强度太弱,不能作为标准使用。

二、白炽灯

普通白炽灯由灯丝、支架、引线、泡壳和灯头等几部分组成。少部分小功率白炽灯灯泡是真空的。大部分灯泡泡内都充有氩、氮或者氩与氮的混合气体,以延长灯丝的寿命。由于钨丝具有熔点高、蒸发率小、可见光辐射性能好、易于加工成丝等优点,因此,几乎所有白炽灯的灯丝都是由钨丝制作的。表 12-2 给出了钨的有关特性。

当钨丝的温度为 T 时,其光谱辐射出射度为

$$M_\lambda = c_1 \varepsilon(\lambda, T) \lambda^{-5} (e^{c_2/\lambda T} - 1)^{-1} \tag{12-1}$$

式中，$c_1=3.741\,8\times10^{-16}$（W·m²）和 $c_2=1.438\,8\times10^{-2}$（m·K）为常数；而 ε 为钨的光谱发射度，其与波长 λ 及温度 T 有关。钨的辐射出射度为

$$M_e=\varepsilon_T\sigma T^4 \tag{12-2}$$

式中，$\sigma=5.67\times10^{-8}$（W·m⁻²）是辐射常数；ε_T 为钨的光能发射率，与温度 T 有关。

表 12-2 钨的特性[1]

真温度 /K	分布温度 T_d/K	亮温度 T655/K	亮　度 L/cd	辐射度 M_e/(W/cm²)	光效能 K/(lm/W)	电阻率 ρ/(Ω·m)
300	—	—	—	—	—	5.65×10^{-6}
2 000	2 030	1 860	21.0	20.95	3.15	56.7×10^{-6}
2 200	2 237	2 030	64.8	33.65	6.05	63.5×10^{-6}
2 400	2 444	2 220	165	51.2	10.1	70.4×10^{-6}
2 600	2 652	2 365	366	74.9	15.3	77.5×10^{-6}
2 800	2 860	2 525	726	105.7	21.6	84.7×10^{-6}
3 000	3 069	2 685	1 320	145	28.6	92.0×10^{-6}
3 200	3 280	2 840	2 220	193.5	36.0	99.5×10^{-6}

白炽灯可分为 3 类：真空灯的灯丝温度为 2 400～2 600 K，充气灯灯丝温度为 2 600～3 000 K，而卤钨灯灯丝温度可达 3 000～3 200 K。

一般情况下，灯丝两端的电压增加时，其电流、功率、光通量、光效也随之增加，但其寿命也快速下降。

白炽灯内充惰性气体的主要作用是抑制灯丝的蒸发。其机理是：从灯丝高温表面上蒸发出来的钨原子，将与惰性气体分子发生频繁的碰撞，从而使其反射回灯丝表面。因此在相同寿命的情况下，充气灯可以提高灯丝的工作温度，从而提高了发光效率。

为了进一步延长寿命，提高光效，在充气钨丝灯的基础上又制成了卤钨灯。其原理是：高温下从灯丝表面蒸发出来的钨，在泡壁附近与卤素反应，生成挥发性的卤钨化合物。该种化合物扩散到炽热灯丝附近时，分解成为卤素与钨，释放出来的钨沉淀在灯丝上，而卤素扩散到温度较低的泡壁。上述卤钨循环过程不断进行，不仅可以大大提高灯丝的使用寿命，还提高了卤钨灯的光效；而且因为减少了钨的蒸发，不会造成泡壳的发黑现象。

视用途的不同，灯丝和灯泡可以做成不同的形状。如灯丝可做成点状、线状、排丝状、带状等，而灯泡可做成管状、圆柱形、球形等。为了改善泡壳的透射光谱，泡壳材料还可以采用石英玻璃等。

白炽灯的光效虽然不高，但由于其结构简单，使用方便，具有连续光谱，仍然是广泛应用的光源之一。普通白炽灯主要用作照明、指示等，而充有各类卤素的白炽灯可用作各种光学仪器、投影仪、放映机、幻灯机的光源。表 12-3 给出了几种典型的白炽灯的光电参数及寿命。

三、气体放电光源

气体放电光源是气体中的两电极之间放电发光的光源。该种光源可分为以下两种类型：①开放式气体放电光源，如碳弧等；②封闭式放电气体灯，其放电是在密封泡壳中进行的。

（一）开放式气体放电光源

这类光源主要包括直流电弧、高压电容火花以及高压交流电弧、碳弧等。下面介绍碳弧：

碳弧是一种典型的开放式电弧。电弧发生在空气中的两个碳棒之间，碳弧一般可分为普通碳弧（低强度碳弧）、火焰碳弧、高强度碳弧 3 种，都可以工作在直流状态，只有火焰碳弧还可以工作在交流状态。无论直流或交流工作，都需要镇流器。在相同的电功率下，交流碳弧较直流碳弧产生的辐射小。

表 12-3 几种典型白炽灯的光、电参数和寿命[1]

灯泡型号	额定值					极限值			色温 /K	平均寿命 /h	备注
	电压 /V	电流 /A	功率 /W	光通量 /lm	光效 /(lm/W)	电流 /A	功率 /W	光通量 /lm			
PZ220-15	220		15	110			16.1	91		1 000	普通照明灯泡
PZ220-40	220		40	350			42.1	291		1 000	普通照明灯泡
PZ220-100	220		100	1250			104.5	1 038		1 000	普通照明灯泡
PZ220-1000	220		1 000	18 600			1 040.5	1 5810		1 000	普通照明灯泡
LZG220-500	220		500	9750					2 800	1 500	照明管形卤钨灯
LZG220-1000	220		1 000	21 000					2 800	1 500	照明管形卤钨灯
HW220-250	220		250				288			2 000	普通红外线灯
HW220-500	220		500							2 000	普通红外线灯
LHW220-500	220		500							5 000	红外线管状卤钨灯
LHW220-1000	220		1 000							5 000	红外线管状卤钨灯
SY110-10000	110		10 000	280 000			11 000	238 000		50	摄影灯泡
LYZ110-5000	110		5 000	150 000			4 500～5 500		3 100～3 200	70	摄影聚光卤钨灯(硬玻璃)
LSZ110-10000	110		10 000	300 000			9 000～11 000		3 100～3 200	100	摄影聚光卤钨灯(石英玻璃)
LSZ110-20000	110		20 000	600 000			18 000～22 000		3 100～3 200	70	摄影聚光卤钨灯
LSG15-350	15		350	10 500					3 150±50	4	摄影卤钨灯
FF30-400	30		400	700			360～440			15	反射型放映灯泡
LFY12-100	12		100	2 800	29				3 150±50	50	放映卤钨灯
LFY24-250	24		250	8 250	29				3 300±50	50	放映卤钨灯
LFY30-400	30		400	12 000	29				3 200	50	放映卤钨灯(双绞丝)
KD4-0.5K	4	0.5		23		0.55		20		200	充氪矿灯
KD4-0.5X	4	0.5		26		0.55		22		200	充氙矿灯

碳弧的电极一般由外壳及灯芯组成。普通碳弧的外壳及灯芯都是用纯碳材料(炭黑、石墨、焦炭等)制成,其中灯芯的材料较软。由于放电时阳极大量放热,引起碳的蒸发。这种蒸发在中心处更为剧烈,当然,普通碳弧也可以采用无芯电极,即整个碳棒用同一种碳素材料制成。

如果在碳弧的电极中加入钨、钡、铁、镉等金属化合物,其发光效率将得到很大的提高,这时的发光,包括碳弧电极发光以及金属蒸气放电发光,后者约占 70%～90%的比例。

火焰碳弧的形状与火焰的形状类似,其优点在于,在灯芯中加入所需的元素,即可获得该种元素发射的光谱输出。其色温可达 8 000 K。

碳弧因其强的辐射性能和高的色温(近似为 3 800～6 500 K 或更高)而得到广泛应用。电极材料被烧熔的速率约为 5～30 cm/h,因此要不断地移动电极以保持放电所需的间距。表 12-4 和表 12-5 分别给出了直流碳弧及火焰碳弧的相关参数。碳弧的缺点主要是不方便及发光不稳定。

(二)气体灯

气体发光辐射源在光度学和光谱学中都起着很重要的作用,它们的特点是辐射稳定,在一定的条件下,其输出功率及亮度很高。

气体灯工作时,其中的气体发生许多物理过程。主要是难熔金属电极之间的放电电流,致使气体灯密封灯泡中所充的气体或者金属蒸气产生封闭式电弧放电,从而产生电弧等离子体的发光辐射。

从发光原理上来讲,气体灯可分为弧光放电灯、辉光放电灯以及辉光与弧光过渡放电灯。

1. 辉光放电气体灯

辉光放电的物理过程如下:在充有某种气体的封闭管中,总存在一些带电粒子。在电场作用下这些带电粒子向相应电极运动。当其被加速到足以电离中性气体粒子时,自由电荷大大增加。一部分自由电荷到达电极，并从电极上碰撞出足以激发气体发光的二次电子；而另一部分则在运动中与气体分子产生碰撞，要么使其电离，要么使其激发发光。此外还存在由于电离粒子与电子复合产生中性原子，或者原子与原子复合产生中性分子时所产生的辉光。

表 12-4　直流碳弧参数[2]

序　号	1	2	3	4	5	6	7	8	9	10
棒直径/mm（正极/负极）	5/6	7/6	8/7	10/(27.9～81.3)	11/(7.6～20.3)	13.6/1.27	13.6/1.27	16/11	16/(43.2～8.13)	16/(17.8～40.6)
棒长度/mm（正极/负极）	20.3/11.4	(30.5～35.6)/22.9	(30.5～35.6)/22.9	50.8/22.9	50.8/22.9	55.9/22.9	55.9/22.9	55.9/30.5	55.9/22.9	(55.9～76.2)/(30.5～121.92)
弧电流/A	5	50	70	105	120	160	180	150	225	400
弧电压/V	59	40	42	59	57	66	74	78	70	80
弧功率/W	295	2 000	2 940	6 200	6 840	10 600	13 300	11 700	15 800	32 000
棒烧融率/(cm·h^{-1})（正极/负极）	11.43/5.33	29.46/10.92	35.54/10.92	54.61/7.37	41.91/6.10	43.18/5.59	54.61/6.35	22.61/9.91	51.31/5.59	139.70/8.89
中心最大亮度/(cd·cm^{-2})	15 000	55 000	83 000	90 000	85 000	96 000	95 000	65 000	68 000	45 000
光通/lm	3 100	55 000	115 000	189 000	231 000	368 000	410 000	374 000	521 000	999 000
中心色温/K	3 600	5 950	5 500～6 500	5 500～6 500	5 500～6 500	5 500～6 500	5 500～6 500	5 400	4 100	5 800～6 100

表 12-5　火焰碳弧参数[2]

序号	1	2	3	4	5	6	7	8	9	10
所含材料	多金属	锶	稀有元素	稀有元素	多金属	无	稀有元素	稀有元素	稀有元素	稀有元素
燃烧位置	垂直	垂直	垂直	垂直	垂直	垂直	垂直	水平	水平	垂直
上/下棒直径/mm	22/13	22/13	22/13	22/13	22/13	1.27/1.27	1.27/1.27	6/6	9/9	8/7
上/下棒长度/mm	30.5/30.5	30.5/30.5	30.5/30.5	30.5/30.5	30.5/30.5	(7.6～40.6)/(7.6～40.6)	30.5/30.5	16.5/16.5	20.3/20.3	30.5/22.9
电流/A	60	60	60	80	80	16	38	40	95	40
交流电压/V	50	50	50	50	50	138	50	24	30	37(直流)
功率/kW	3	3	3	4	4	2.2	1.9	1	2.85	1.5
光通量/lm	23 000	69 000	100 000	110 000	92 000	13 000	74 000	53 000	156 000	110 000
色温/K	—	—	12 800	24 000	—	—	7 420	6 590	8 150	4 700
1 m 处谱强度(μW·cm^{-2})/辐射占输入功率百分比										
270 nm 以下	540/1.8	180/0.6	102/0.34	140/0.35	1 020/2.55	—	95/0.5	11/0.11	—	12/0.08
270～320 nm	540/1.8	150/0.5	186/0.62	244/0.61	1 860/4.65	—	76/0.4	49/0.49	100/0.35	48/0.32
320～400 nm	1 800/6	1 200/4	2 046/6.82	2 816/7.04	3 120/7.8	1 700/7.7	684/3.6	415/4.15	1 590/5.59	464/3.09
400～450 nm	300/1.3	1 100/3.7	1 704/5.68	2 306/5.9	1 480/3.7	177/0.8	722/3.8	405/4.05	844/2.96	726/4.84
450～700 nm	600/2	4 050/13.5	3 210/10.7	3 520/8.8	2 600/6.5	442/2.0	2 223/11.7	1 602/16.02	3 671/12.86	3 965/26.43
700～1 125 nm	1 580/5.27	2 480/8.27	3 032/10.1	3 500/8.75	3 220/8.05	1 681/7.6	1 264/6.7	1 368/13.68	5 632/10.75	2 123/14.15
1 125 nm 以上	9 480/31.6	10 290/34.3	9 820/32.7	11 420/28.55	14 500/36.25	6 600/29.9	5 189/27.3	3 290/32.9	8 763/30.6	4 593/30.62
总　值	14 840/49.77	19 450/64.87	20 100/67	23 946/60	27 800/69.5	10 600/48	10 253/54	7 140/71.4	20 600/63.11	11 930/79.53

利用辉光放电的各种辐射源的亮度较小，不适合于照明使用，但可以做成各种形状的彩色弯管，用作广告和信号装置。另外，由于放电时其发射谱线变宽，使其精细结构消失，从而在实验室中也可以得到应用。

辉光放电气体发光管的典型代表是氩、氖、氢、水银、氦等气体的盖勒斯管。一般将其接入 2～3 kV 电压的感应线圈回路中，就能获得比较均匀的辉光。

在电极封装于管内的普通辉光放电管中，辉光是在相当大的气压或者蒸气压（不低于 13.3 Pa）下产生的。实际上，采用高频放电的方式，不仅可以在低的气压（不高于 0.133 Pa）下获得气体辉光，而且管内不必有电极，从而简化了结构。

表 12-6 和表 12-7 给出了常用氖灯的型号及主要参数，氖灯体积小，两个电极上加上一定电压后就能起辉，在电极间出现醒目的橙色和红色光。

表 12-6　氖灯型号及主要参数[3]

型　号	启动电压/V		工作电流 /mA	辉光情况	几何尺寸/mm		寿命 /h	灯　头
	初始值	寿终值			直径 D	长度 L		
NHO-1	～66	～75	0.1	侧面或顶端电极间	6.5	27	200	引出线长不小于 25mm
NHO-2	－100	－120	0.1	侧面电极间	6.5	32	200	特殊圆头帽
NHO-4B	～130	～156	0.5	顶端、有放大镜	9	29	10 000	1C-9-1 或 E10/13-1
NHO-4C	～60	～72	0.8	顶端、有放大镜	9	29	10 000	1C-9-1 或 E10/13-1
NHO-$^{5A}_{5C}$	～50	～72	0.07	侧面或顶端电极间	9.5	32	300	1C-9-1 或 E10/13-1
NHO-5B	～130	～156	0.1	侧面或顶端电极间	9.5	32	1 000	1C-9-1 或 E10/13-1
NHO-6A	－85	－102	0.8	顶端圆筒内	9	31	200	1C-9-1 或 E10/13-1
NHO-6B	－100	－120	0.8	顶端圆筒内	9	31	200	1C-9-1 或 E10/13-1
NHO-7	－90	－108	0.1	侧面电极间	6.5	44	1 000	特殊圆头帽
NHO-8	－90	－108	0.05	侧面或顶端电极间	6.5	47	200	902
NHO-10	～60	～72	0.6	顶端、有放大镜	6.5	15	10 000	引出线长不小于 15 mm
NHO-12	～60	～72	0.1	顶端、有放大镜	5.3	19	10 000	E5/8-1
NH_1-1B	～130	～156	1	顶端	16	40	10 000	2C-15-1 或 E14/20-1
NH_1-2	－85	－102	1	顶端圆筒内	16	37	300	1C-12-1 或 E14/20-1
NH_1-2A	－75	－90	1	顶端圆筒内	16	37	300	1C-12-1 或 E14/20-1
NH_1-2C	－65	－78	1	顶端圆筒内	16	37	300	1C-12-1 或 E14/20-1
NH_1-2D	－55	－66	1	顶端圆筒内	16	37	300	1C-12-1 或 E14/20-1
NH_1-3	～65	～78	1.5	侧面或顶端	16	40	2 000	2C-15-1
NH_1-4	～130	～156	1	顶端	19	58	1 000	E14/25-2
NH_{16}-1	～170	～204	10	顶端	46	92	500	E27/27-1

注：～表示交流；－表示直流。

表 12-7　电视氖灯类型及主要参数[3]

型　号	启动电压 (初始)/V	熄灭电压 /V	管压降 /V	几何尺寸/mm		串联电阻阻值 /kΩ	灯　头
				直径 D	长度 L		
TV-250	＜250	＞150	＞150	8.5	26	5	引出线
TV-300	＜300	＞180	＞180	8.5	26	5	引出线
TV-800	＜800	＞480		6.5	30	3	引出线
TV-1000	＜1 000	＞600		6.5	30	3	引出线

使用氖灯时，必须在电路上串联限流电阻。氖灯可以在直流下工作，也可以在交流下工作，但直流的起辉电压要较交流工作时增加 40%。因为氖灯放电几乎没有惰性，所以通常氖灯用作指示灯，例如在各种电

路中及快速计数设备中作信号指示。

表 12-8 给出了氢灯及氦灯的主要参数，它们都主要用于折射仪，干涉仪等作为基准波长。

表 12-8

型　　号	功　率 /W	电源电压 /V	启辉电压 /V	工作电流 /mA	寿　命 /h	主要谱线 /μm
氢灯 GP10H	10	220	8 000	15	20	0.434 1，0.486 1，0.656 3
氦灯 GP10He	10	220	5 000	8.5	100	0.706 5，0.587 6

2. 原子谱线灯

原子谱线灯（原子光谱灯）又称为空心阴极灯，是由金属元素或其合金制成的空心阴极辉光放电灯。其结构如图 12-2(a)所示。圆筒形空心阴极和阳极封在九五料玻璃制成的玻壳中，灯工作时可从泡壳前的石英玻璃窗口透射出放电负辉光区的光，主要是阴极金属的原子谱线。原子谱线灯采用空心阴极结构的理由是：这种空心阴极放电的电流密度可以较一般辉光放电管高出 10 倍以上而不进入反常辉光放电区，而且在高电流下温度并不高，使得辐射的阴极金属的谱线具备强度大而线宽窄的优点，可广泛应用于元素的光谱分析中，特别是分析微量元素。图 12-2(b)～(g)给出了 6 种光谱灯的光谱结构。

表 12-9 列出了美国韦斯廷-豪斯（WL）和贾雷尔-阿什（JA）公司部分产品的参数。除了单元素的原子谱线灯外，还有多元素原子谱线灯。其中窗口材料 P 表示硼硅酸玻璃，Q 表示石英玻璃；充填气体 N 表示氖气，A 表示氩气。放电管直径中 A 表示 25.4 mm，B 为 38.1 mm，C 为 50.8 mm。表 12-10 给出了部分国产谱线灯的主要参数。

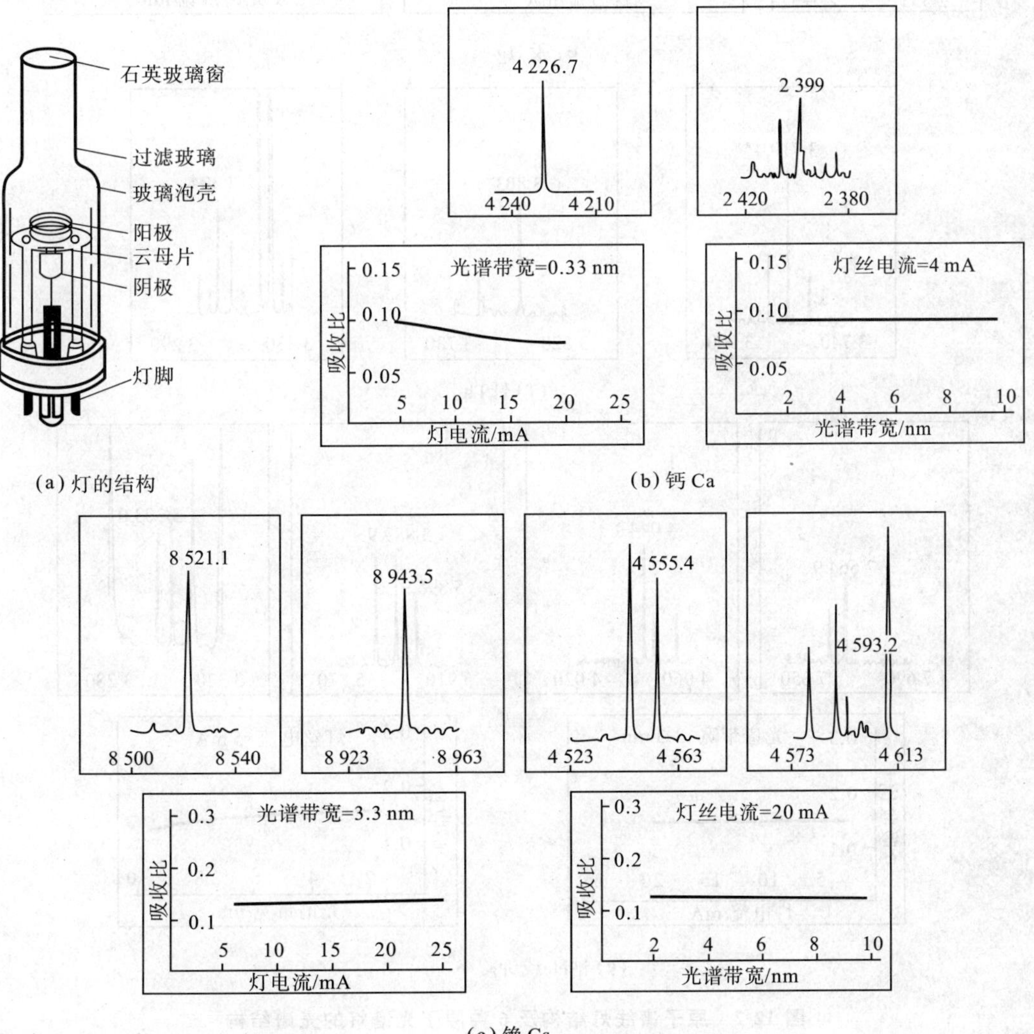

(a) 灯的结构

(b) 钙 Ca

(c) 铯 Cs

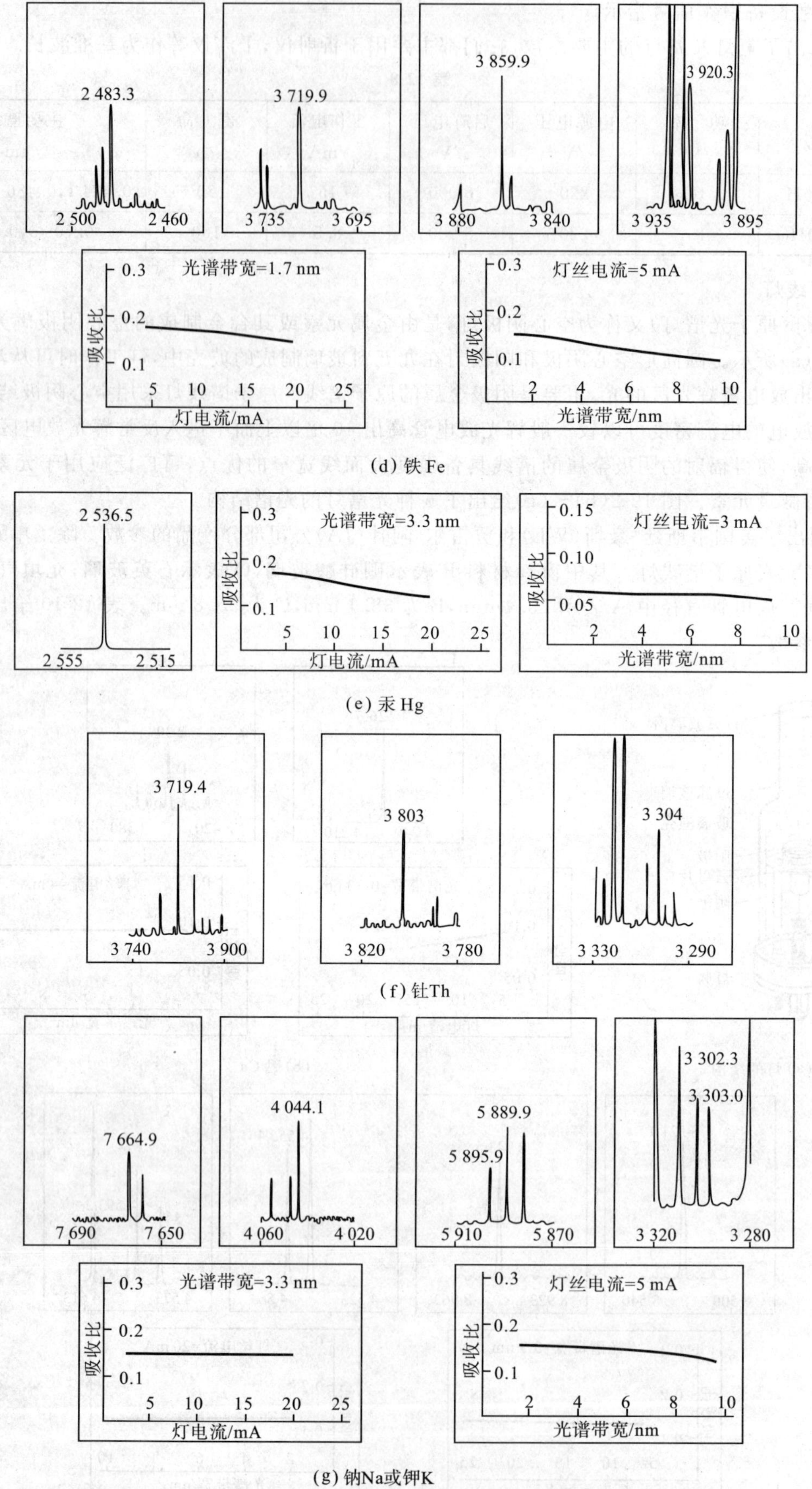

图 12-2　原子谱线灯结构及 6 种原子光谱灯的光谱结构

表 12-9　部分单元素和多元素原子光谱灯[2]

元素	窗口材料	填充气体	直径大小	分析谱线 /nm	分类号	元素	窗口材料	填充气体	直径大小	分析谱线 /nm	分类号
单元素 36000 系列											
铝	P	N	C	309.2	JA-45-36009	镓	Q	N	C	417.2	JA-45-36029
锑	Q	N	C	231.1	JA-45-36010	锗	Q	N	C	265.1	JA-45-36030
砷	Q	A	C	193.7	JA-45-36011	金	Q	N	C	267.6	JA-45-36031
钡	P	N	C	553.6	JA-45-36012	铪	Q	N	C	307.2	JA-45-36032
铍	Q	N	C	234.9	JA-45-36013	钬	P	N	C	410.4	JA-45-36033
铋	Q	N	C	306.8	JA-45-36014	铟	Q	N	C	304.0	JA-45-36034
硼	Q	A	C	249.7	JA-45-36015	铱	Q	N	C	285.0	JA-45-36036
镉	Q	N	C	326.1	JA-45-36016	铁	Q	N	C	372.0	JA-45-36037
钙	P	N	C	422.7	JA-45-36017	镧	P	N	C	550.1	JA-45-36038
铈	Q	N	C	520.0	JA-45-36019	铅	Q	N	C	283.3	JA-45-36039
铯	P	N	C	455.6	JA-45-36020	锂 6	P	N	C	670.8	JA-45-36090
铬	P	N	C	357.9	JA-45-36021	锂 7	P	N	C	670.8	JA-45-36091
钴	Q	N	C	345.4	JA-45-36022	天然锂	P	N	C	670.8	JA-45-36040
铜	P	N	C	324.7	JA-45-36024	镥	P	N	C	328.2	JA-45-36041
镝	P	N	C	421.2	JA-45-36025	镁	Q	N	C	285.2	JA-45-36042
铒	P	N	C	400.8	JA-45-36026	锰	Q	N	C	279.5	JA-45-36043
铕	P	N	C	459.4	JA-45-36027	汞	Q	N	C	253.7	JA-45-36044
钆	P	N	C	407.9	JA-45-36028	钼	Q	N	C	313.3	JA-45-36045
钕	P	N	C	492.5	JA-45-36046	钠	P	N	C	589.0	JA-45-36065
镍	Q	N	C	341.5	JA-45-36047	锶	P	N	C	460.7	JA-45-36066
铌	P	N	C	405.9	JA-45-36023	硫	Q	N	C	—	JA-45-36067
锇	Q	N	C	290.9	JA-45-36048	钽	Q	N	C	271.4	JA-45-36068
钯	Q	N	C	340.4	JA-45-36049	碲	Q	N	C	214.3	JA-45-36069
磷	Q	N	C	213.6	JA-45-36050	铽	P	N	C	432.6	JA-45-36070
铂	Q	N	C	265.9	JA-45-36051	铊	Q	N	C	377.6	JA-45-36071
钋	P	N	C	404.4	JA-45-36052	钍	Q	N	C	324.5	JA-45-36072
镨	P	N	C	495.1	JA-45-36053	铥	P	N	C	286.5	JA-45-36073
铼	P	N	C	346.0	JA-45-36056	锡	Q	N	C	286.3	JA-45-36074
铑	P	N	C	343.5	JA-45-36057	钛	P	N	C	364.3	JA-45-36075
铷	P	N	C	780.0	JA-45-36058	钨	Q	N	C	400.9	JA-45-36076
钌	P	N	C	349.9	JA-45-36059	铀	P	N	C	502.7	JA-45-36077
钐	P	N	C	476.0	JA-45-36060	钒	Q	N	C	318.4	JA-45-36078
钪	P	N	C	391.2	JA-45-36061	镱	P	A	C	398.8	JA-45-36079
硒	Q	N	C	196.0	JA-45-36062	钇	P	N	C	410.2	JA-45-36080
硅	Q	N	C	251.6	JA-45-36063	锌	Q	N	C	213.9	JA-45-36081
银	P	A	C	328.1	JA-45-36064	锆	P	A	C	360.1	JA-45-36 082

续表

元素	窗口材料	填充气体	直径大小	分析谱线/nm	分类号	元素	窗口材料	填充气体	直径大小	分析谱线/nm	分类号
多元素 22000 系列											
铝、钙	Q	N	B		WL23246	镉、银、锌、铅	Q	N	B		JA-45-308
铝、钙、镁	Q	A	B		WL22604	钙、镁、锶	Q	N	B		WL23605
铝、钙、镁	Q	A	A		WL22871	钙、镁、锌	Q	N	B		JA-45-311
铝、钙、镁	Q	N	B		JA-45-450	钙、镁、铝、锂	Q	N	B		WL23158
铝、钙、镁	Q	N	A		WL22955	钙、锌	Q	N	B		JA-45-304
铝、钙、镁、铁	Q	N	B		JA-45-310	铬、铁、锰、镍	Q	N	B		JA-45-442
铝、钙、镁、锂	Q	N	B		JA-45-436	铬、钴、镍	Q	N	B		WL23174
铝、钙、镁、锂	Q	A	A		WL23036	铬、铜	Q	N	B		JA-45-306
铝、钙、锶	P	N	A		WL23403	铬、锰	Q	N	B		WL23499
锑、砷、铋	Q	N	B		WL23147	铬、钴、铜、锰、镍	Q	N	B		WL23601
砷、镍	Q	N	B		JA-45-434	铬、钴、铜、铁、锰、镍	Q	N	B		JA-45-599
砷、硒、碲	Q	N	B		JA-45-598	钴、铜	Q	N	B		JA-45-305
钡、钙、锶	P	N	A		JA-45-437	钴、铜、金、镍	Q	N	B		WL23295
钡、钙、硅、镁	Q	N	B		JA-45-478	钴、铜、锌、钼	Q	N	B		JA-45-596
镉、铜、锌、铅	Q	N	B		JA-45-597	钴、铁	Q	N	B		WL83291
钴、镍	Q	N	B		WL23426	铝、钙、镁	Q	N	C		JA-45-36099
铜、镓	Q	N	B		JA-45-431	铝、钙、镁、锂	Q	N	C		JA-45-36250
铜、铁	Q	N	B		JA-45-312	锑、砷、铋	Q	N	C		JA-45-36203
铜、铁、锰	Q	N	B		JA-45-435	钡、钙、锶、镁	Q	N	C		JA-45-36228
铜、铁、钼	Q	N	B		JA-45-301	镉、银、锌、铅	Q	N	C		JA-45-36205
铜、铁、金、镍	Q	N	B		JA-45-307	镉、铜、锌、铅	Q	N	C		JA-45-36227
铜、铁、锰、锌	Q	N	B		JA-45-492	钙、镁	Q	N	C		JA-45-36092
铜、锰	Q	N	B		JA-45-491	钙、镁、锌	Q	N	C		JA-45-36097
铜、镍	Q	N	B		WL33441A	钙、锌	Q	N	C		JA-45-36093
铜、镍、锌	Q	N	B		WL23405	铬、铁、锰、镍	Q	N	C		JA-45-36201
铜、锌、钼	Q	N	B		JA-45-496	铬、钴、铜、锰、镍	Q	N	C		JA-45-36094
铜、锌、铅、银	Q	N	B		JA-45-448	铬、钴、锰、铜、镍	Q	N	C		JA-45-36103
铜、锌、铅、锡	Q	N	B		JA-45-439	铬、铜、镍、银	Q	N	C		JA-45-36096
金、镍	Q	N	B		JA-45-433	铬、铜、铁、镍、银	Q	N	C		JA-45-36108
金、银	Q	N	B		WL23269	钴、铜、铁、锰、钼	Q	N	C		JA-45-36102
银、铟	Q	N	B		WL23294	铜、锌、铅、锡	Q	N	C		JA-45-36202
铅、银、锌	Q	N	B		WL23171	铜、铁	Q	N	C		JA-45-36200
镁、锌	Q	N	B		WL23455	铜、铁、镍	Q	N	C		JA-45-36101
钠、钋	P	N	A		JA-45-439	铜、银、铅、镍、锌	Q	N	C		JA-45-36204
钠、钋	P	A	A		WL23230	铜、铁、锰、锌	Q	N	C		JA-45-36105
锌、铅、锡	Q	N	B		WL23404	钠、钋	P	A	C		JA-45-36095

表 12-10　部分原子光谱灯的型号与主要参数[3]

元素灯名称	型　号	启动电压/V	工作电流/mA	最大电流/mA	吸收灵敏线/μm	稳定时间/min	外形尺寸/mm
银灯	KY-Ag	≤360	5～10	15	0.328 1	30	ϕ44×142
铝灯	KY-Al	≤360	5～10	20	0.309 3	30	ϕ44×142
金灯	KY-Au	≤360	5～10	20	0.242 8	30	ϕ44×142
钒灯	KY-V	≤360	5～15	20	0.306 6	30	ϕ44×142
锶灯	KY-Sr	≤360	5～10	15	0.460 7	30	ϕ44×142
硅灯	KY-Si	≤360	5～15	20	0.251 6	30	ϕ44×142
铷灯	KY-Rb	≤360	5～10	15	0.780 0	30	ϕ44×142
砷灯	KY-As	≤360	5～12	20	0.193 7	30	ϕ44×142
铑灯	KY-Rh	≤360	10	20	0.343 5	30	ϕ44×142
钡灯	KY-Ba	≤360	5～10	20	0.553 5	30	ϕ44×142
铋灯	KY-Bi	≤360	5～10	20	0.306 8	30	ϕ44×142
钙灯	KY-Ca	≤360	5～10	16	0.422 7	50	ϕ44×142
镉灯	KY-Cd	≤360	5～10	15	0.228 8	50	ϕ44×142
铈灯	KY-Ce	≤360	5～10	20	0.520 0	30	ϕ44×142
钴灯	KY-Co	≤360	5～15	20	0.240 7	30	ϕ44×142
铬灯	KY-Cr	≤360	5～10	20	0.357 9	30	ϕ44×142
铜灯	KY-Cu	≤360	3～10	20	0.324 8	30	ϕ44×142
铕灯	KY-Eu	≤360	10～35	35	0.459 4	50	ϕ44×142
铁灯	KY-Fe	≤360	5～15	25	0.248 3	30	ϕ44×142
镓灯	KY-Ga	≤360	5～10	15	0.294 4	30	ϕ44×142
汞灯	KY-Hg	≤360	3～6	8	0.253 7	30	ϕ44×142
铟灯	KY-In	≤360	5～10	15	0.303 9	30	ϕ44×142
钾灯	KY-K	≤360	5～10	15	0.766 5	50	ϕ44×142
镧灯	KY-La	≤360	10～20	25	0.550 1	30	ϕ44×142
锂灯	KY-Li	≤360	5～10	15	0.670 8	30	ϕ44×142
镥灯	KY-Lu	≤360	5～10	20	0.336 0	30	ϕ44×142
镁灯	KY-Mg	≤360	5～10	15	0.285 2	30	ϕ44×142
锰灯	KY-Mn	≤360	5～15	20	0.279 5	30	ϕ44×142
钼灯	KY-Mo	≤360	10～15	25	0.313 3	30	ϕ44×142
钠灯	KY-Na	≤360	3～10	15	0.589 0	50	ϕ44×142
铌灯	KY-Nb	≤360	5～10	20	0.334 9	30	ϕ44×142
钕灯	KY-Nd	≤360	10	25	0.492 5	30	ϕ44×142
镍灯	KY-Ni	≤360	5～10	20	0.232 0	30	ϕ44×142
铅灯	KY-Pb	≤360	5～10	15	0.283 3	30	ϕ44×142
钯灯	KY-Pd	≤360	10～15	30	0.244 8	30	ϕ44×142
镨灯	KY-Pr	≤360	10～15	25	0.495 1	30	ϕ44×142
铂灯	KY-Pt	≤360	5～15	25	0.265 9	30	ϕ44×142

续表

元素灯名称	型　号	启动电压/V	工作电流/mA	最大电流/mA	吸收灵敏线/μm	稳定时间/min	外形尺寸/mm
锑灯	KY-Sb	≤360	5～10	20	0.217 6	30	ϕ44×142
钐灯	KY-Sm	≤360	10～25	35	0.429 7	30	ϕ44×142
锡灯	KY-Sn	≤360	5～10	20	0.284 0	30	ϕ44×142
钽灯	KY-Ta	≤360	5～15	25	0.271 5	30	ϕ44×142
铽灯	KY-Tb	≤360	5～15	25	0.432 6	30	ϕ44×142
钛灯	KY-Ti	≤360	5～15	20	0.364 3	30	ϕ44×142
钨灯	KY-W	≤360	10～20	30	0.255 1	30	ϕ44×142
镱灯	KY-Yb	≤360	10	15	0.398 8	30	ϕ44×142
锌灯	KY-Zn	≤360	5～10	15	0.213 9	50	ϕ44×142
锆灯	KY-Zr	≤360	10～15	25	0.360 1	30	ϕ44×142
银镉灯	KY-Ag/Cd	≤360	5～10	15	0.328 1 0.228 8	30	ϕ44×142
钙镁灯	KY-Ca/Mg	≤360	5～10	16	0.422 7 0.285 2	30	ϕ44×142
锌铜灯	KY-Zn/Cu	≤360	5～10	15	0.213 9 0.324 8	30	ϕ44×142
锰铜灯	KY-Mn/Cu	≤360	5～10	20	0.279 5 0.324 8	30	ϕ44×142

3. 汞灯

汞灯即水银灯，是利用水银蒸气放电发光原理制成的一类灯的总称。汞灯的光学特性强烈依赖于水银蒸气气压的大小及灯的结构。按照蒸气气压的大小及发光特性，汞灯可分为低压汞灯、低压水银荧光灯、高压汞灯与高压水银荧光灯、超高压汞灯以及汞齐灯等。

1)低压汞灯。在低压汞气放电中，汞原子被激发到 6^3P_1 能级的概率较高。当处在该激发能级的汞原子返回基态时，发出 0.253 7 μm 的辐射。当汞蒸气气压为 6×10^{-3} 时，0.253 7 μm 的辐射达到最高，约为电功率的60%。由于饱和蒸气压由灯管最冷处的温度决定，要使 0.253 7 μm 的辐射效率达到最高，一般应使灯的最冷处维持在 40℃的温度。低压汞灯中还常充入一些惰性气体，其作用是缩短汞灯中电子运动的平均自由程，从而增加与汞原子的碰撞并使之电离。在低压汞灯中，惰性气体一般只起启动作用，而对辐射没什么贡献。

低压汞灯主要分为冷阴极辉光放电型和热阴极弧光放电型两种。

A. 冷阴极汞气辉光灯。冷阴极汞气辉光灯的灯管可做成直管形或弯成 U 形，两端安装有电极。冷阴极的电极电压降约为 100～150 V，为减小电极损耗，提高辐射效率，管径做得很小，而灯的工作电压随管的电极间距增长而增高。由于工作电压及启动电压都较高，常采用漏磁式高压变压器供电。灯点燃时主要辐射出 0.184 9 μm、0.253 7 μm、0.296 7 μm、0.312 2 μm、0.313 2 μm 以及 0.365 0 μm 的紫外特征谱线，主要用作紫外光源。若在灯管内充入能够发出各种彩色光的气体，则可做成霓虹灯。

B. 低压水银荧光灯。低压水银荧光灯是典型的热阴极弧光放电灯，与普通低压汞灯的区别在于：灯管材料是不能透射紫外的普通玻璃，而且其内壁上涂以荧光物质薄层。荧光粉是固体发光材料，可分为自发发光、亚稳态发光及复合发光三类。不同种类的荧光物质需要不同的激发方式，具有不同的发光颜色及转换效率。荧光材料的选择，应使其能够吸收汞气的紫外辐射，尤其是较强的 0.253 7 μm 和 0.185 0 μm，并转变为所需波长的荧光辐射。一般在最佳条件下，低压水银荧光灯可将总功率的 2%左右变为可见光。表 12-11 列出了几种国产低压水银荧光灯的参数。

表 12-11 低压水银荧光灯的主要参数[1]

灯管型号	额定功率/W	启动电流/mA	工作电流/mA	灯管压降/V	光通量/lm 额定值	光通量/lm 极限值	平均寿命/h	灯管形状、用途
YZ4	4		110±5	35	70		700	直管形,照明
YZ6	5		135±5	55	150		1 000	直管形,照明
YZ8	8		145±5	65	250		1 000	直管形,照明
ZY15	15	440	320	52	580		3 000	直管形,照明
YZ20	20	460	350	60	970		3 000	直管形,照明
YZ30	30	560	350	95	1 550		3 000	直管形,照明
YZ40	40	650	410	108	2 400		3 000	直管形,照明
YZ100	100	1 800	1 500	87	5 500		2 000	直管形,照明
YH30	30	560	410	95	1 550	1 395	1 000	环形,照明
YH40	40	650	650	108	2 200	2 000	1 000	环形,照明
YU30	30	570	370	90	1 550	1 395	1 000	U 形,照明
YU40	40	680	420	112	2200	2000	1000	U 形,照明
YA8	8						2 000	直管形,黑光灯,诱虫用
YA15	15						2 000	直管形,黑光灯,诱虫用
YA20	20		350				2 000	直管形,黑光灯,诱虫用
TA30	30						2 000	直管形,黑光灯,诱虫用
YA40	40		410	108			2 000	直管形,黑光灯,诱虫用

2)高压汞灯。一般高压汞灯的汞气压为$(1\sim5)\times10^5$ Pa,其光效达到 40~50 lm/W 的水平。在高压汞灯中常充入惰性气体,充入惰性气体的种类和气压主要与汞灯的启动特性有关,而对灯的正常工作影响很小。

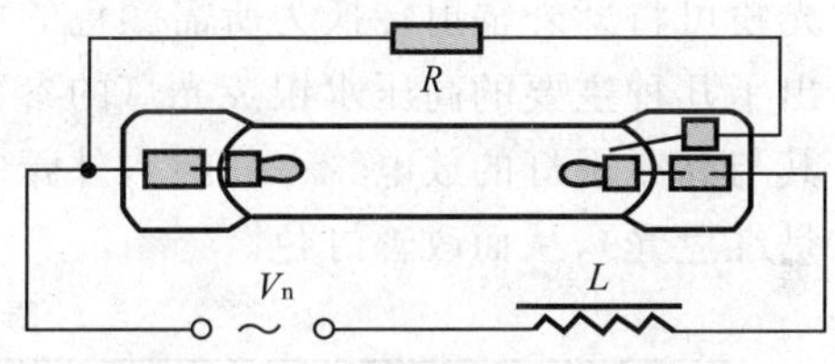

图 12-3 高压汞灯的工作线路

高压汞灯在紫外、可见及红外均有辐射,其在可见光波段的辐射约占总辐射的 37%。

高压汞灯的灯管用石英玻璃制成,内充汞及少量氩气,采用自热式阴极。电极和石英用铜箔实现气密封接。启动时采用辅助电极,如图 12-3 所示,该辅助电极通过电阻 R(40~60 kΩ)与两个主电极相连。

高压汞灯的发光效率,光谱能量分布均与汞气压及结构相关。除用于照明外,由于有紫外辐射,还可以用于晒图、保健医疗、化学合成、荧光分析、紫外探伤等。表 12-12 为几种国产高压汞灯的规格。

表 12-12 高压汞灯的型号及主要参数[3]

型号	电源电压/V	功率/W	启动电压/V	启动电流/A	工作电压/V	工作电流/A	稳定时间/min	几何尺寸/mm 外径 D	几何尺寸/mm 高 H	几何尺寸/mm 全长 L	几何尺寸/mm 有效长 L	灯脚距 B/mm	主要用途
GGQ50	220	50	180	1.0	95	0.62	10	32		135			光刻及光学仪器
GGQ80	220	80	180	1.3	110	0.85	10	39		145			
GGZ120	220	120	220		115	1.1	15	10	35	145		44	荧光分析
GGZ125	220	125	220	1.8	115	1.2	15	10		110	28		荧光分析
GGZ125A	220	125	220	1.8	56	1.2	15	10					荧光分析

续表

型号	电源电压/V	功率/W	启动电压/V	启动电流/A	工作电压/V	工作电流/A	稳定时间/min	几何尺寸/mm 外径 D	高 H	全长 L	有效长 L	灯脚距 B/mm	主要用途
GGZ300	220	300	220	4.4	120	2.9	15	18		230	102		医疗、光化反应
GGZ375	220	375	220	6.0		3.1	15	20		265	119		
GGZ500	220	500	220	7.0	125	4.4	15	20		280	152		
GGZ1000	220	1 000	220	12	135	8.1	15	28		335	165		
GGU300	220	300	220	4.4	120	2.9	15	16	140		120	50	医疗、杀菌
GGU500	220	500	220	7.0	125	4.4	15	20	150		145	55	
GGS800	220	800	600	2.2	520	2.0	15			645	525		晒图、复印
GGS1250	220	1 250	600	2.15	750	1.85	15			820	700		
GGS1500	220	1 500	700	3.0	650	2.5	15	41		1 350	1 230		
GGS2000	220	2 000	1 500	2.2	1 330	1.65	15	38		1 360	1 230		
GGS3000	380	3 000	120	7	750	4.6	15	20		1 380	1 200		
GXF125	220	125	80	1.8	115	1.25	4～8	127		200			紫外探伤、荧光分析、光化反应
GH30000-T1		30 000	3 300	19	2 500	13.5	30	98		2 750	1 865	ϕ112	

高压汞灯虽然具有发光体积小亮度高的优点，但是由于其光色偏蓝绿，造成其显色指数低，被照物体不能呈现本色。为了弥补这一缺憾，可以使用两种办法：第一种办法是在其外壳内壁涂以适当的荧光粉，该荧光粉可将紫外辐射转换为所需颜色的可见光，以改变灯的光色。这样即做成高压水银荧光灯。表 12-13 给出了几种主要的高压水银荧光灯的参数。第二种办法是采用自镇流的方式，使用一根钨丝代替镇流器并将其与高压汞灯的放电管一并封入外壳中。当灯工作时，除放电管发光外，起镇流器作用的钨丝也发光（主要是红色光），从而改善灯色。

表 12-13 几种高压水银荧光灯的参数[1]

型号	功率/W	电源电压/V	工作电压/V	工作电流/A	启动电流/A	光通量/lm	光效/(lm·W^{-1})	平均寿命/h
GGY50	50	～220	95±15	0.62	1.0	1 500	30	2 500
GGY80	80	～220	110±15	0.85	1.3	2 800	35	2 500
GGY125	125	～220	115±15	1.25	1.8	4 750	38	2 500
GGY175	175	～220	135±15	1.50	2.3	7 000	40	2 500
GGY250	250	～220	130±15	2.15	3.7	10 500	42	5 000
GGY400	400	～220	135±15	3.25	5.7	20 000	50	5 000
GGY700	700	～220	140±15	5.45	10.0	38 000	50	5 000
GGY1000	1 000	～220	145±15	7.50	13.7	50 000	50	5 000

3）超高压汞灯。图 12-4 给出了不同汞气压下光谱的能量分布。普通高压汞灯的气压为$(1\sim5)\times10^5$ Pa，亮度较低。当工作在2×10^6 Pa 以上时，即可获得极高的亮度。但是，随之而来的问题是，随着电弧放电功率的增加，灯的热能耗散也大，因此必须解决超高压汞灯冷却的问题。通常采用两种方法：① 做成的球形超高压汞灯，使电弧远离泡壳，增大了泡壳的自然冷却面积，球形灯泡可承受很高的气压，此时管内的电位梯度为 50～300 V/cm。表 12-13 给出了几种超高压汞灯的参数。超高压汞灯工作时要串入镇流器，其启动方式既可以使用触发电极，也可以不使用触发电极；② 做成毛细管形的超高压汞灯，其放电电弧被毛细管

所限制，成为管壁稳定型，这样毛细管超高压汞灯是高电位梯度（300～1 000 V/cm）下工作的具有极高亮度的光源，为了达到如此高的电压，管壁负载必须达到 500～1 000 W/cm²，采用水冷及强迫风冷是十分必要的。表 12-15 给出了几种毛细管超高压汞灯的参数。

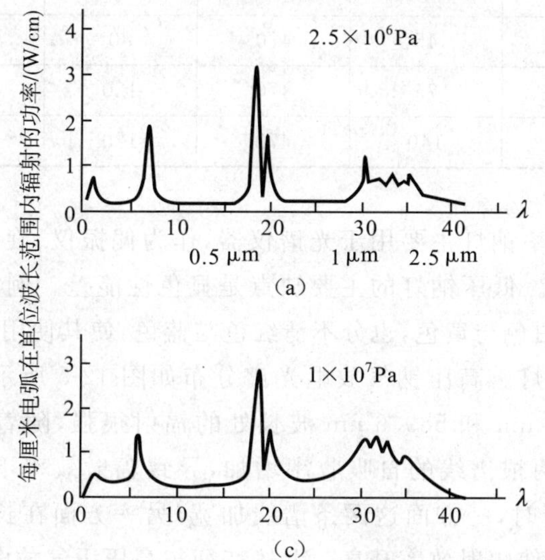

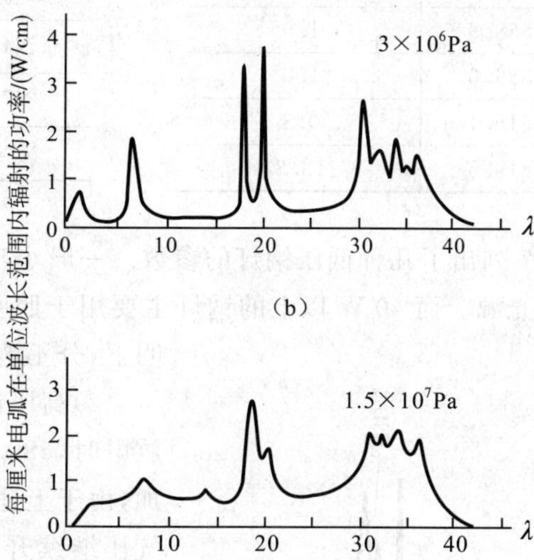

图 12-4　不同汞气压的光谱能量分布

表 12-14　国产球形超高压汞灯参数[1]

型　号	功　率 /W	电源电压 /V	工作电压 /V	工作电流 /A	启动电流 /A	外　径 /mm	极间距 /mm	充填气体	光通量 /lm
GCQ50	50	～220	～35	1.5	—	9	—	氩	—
GCQ75	75	～220	～52±5	1.5	2.5	14	3.3	氩	2 500
GCQ200	200	～220	～55	3.9	—	18	—	氩	—
GCQ400	400	50	25～30	12～16	<30	29	—	氩	20 000
SGQ500	500	50	25	20	≤25	30	3.2	氙	—
SGQ500	500	75	35	13	≤25	30	3.6	氙	—
SGQ500	500	110	50	10	≤25	30	5.2	氙	—
SGQ1000	1 000	110	55	18	≤40	40	6.0	氙	—

4. 钠灯

钠灯即钠蒸气放电灯，可分为低压钠灯与高压钠灯两种。

1)低压钠灯。低压钠灯在许多方面与低压汞灯相似，实验表明，在钠气压约为0.4 Pa时，其发光效率最大，相应的管壁温度为260℃左右。钠灯放电管的直径对发光效率有很大影响，其直径的最佳值约为 14～18 mm。而放电电弧越长，效率越高，所以一般将钠灯做成 U 形。低压钠灯充入惰性气体的气压一般为 13.3～133 Pa。表 12-16 给出了低压钠灯的能量分布数据，可以看出，其主要辐射在 589.0 nm 和 589.6 nm。

表 12-15　几种毛细管超高压汞灯参数

功率/W	500	900	1 000
弧长/mm	12.5	25	12.5
内径/mm	2	2	1.8
启动电压/V	625(交流)	1 400(交流)	950(直流)
工作电压/V	450(交流)	750(交流)	500(直流)
工作电流/A	1.4	1.3	2
光通量/lm	30 000	50 000	60 000
亮度/cd	25 000	22 000	45 000
工作位置	水平	水平	水平
冷却方式	水冷	空气	水冷

表 12-16 低压钠灯的光谱能量分布[1]

波长/nm	相对光谱强度
497.9/498.3	0.1
568.2/568.8	1.0
589.0/589.6	100
615.4/615.1	0.3
818.3/819.5	13.3

表 12-17 低压钠灯参数[1]

型　号	功率/W	启动电压/V	管压/V	极间距/mm
GP_{20}Na	20	220	20	
N45	45	470	80	260
N75	75	470	120	
N140	140	470	120	810

表 12-17 列出了几种低压钠灯的参数。一般小功率钠灯主要用于光谱仪器，作为偏振仪、旋光计、折光计等的单色光源。而 40 W 以上的钠灯主要用于照明。低压钠灯的主要缺点是显色性能差。例如，在其照明下，分不清白色与黄色，也分不清红色与蓝色，使其使用受到限制。

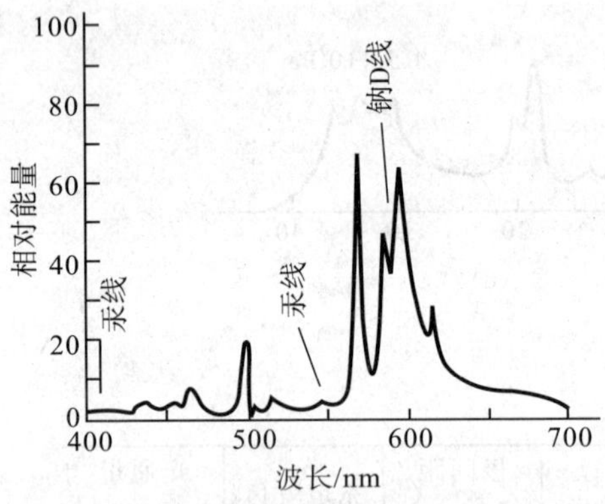

图 12-5 高压钠灯的相对光谱能量分布

2)高压钠灯。高压钠气放电光谱分布如图 12-5 所示。在低压放电时，589.0 nm 和 589.6 nm 波长处的辐射很强，随着气压的增加，由于上述两根谱线的自吸收率增加，导致辐射效率下降。但当气压继续升高时，一方面这两条谱线加宽，另一方面在长波长部分出现了辐射致使辐射效率升高。上述特征与高压汞气放电类似。

当钠气压为$(2.7\sim3.3)\times10^4$ Pa(200～250 Torr)时，灯的光效最高。此时光呈金白色，有 30%左右的电能转换为可见光。当气压达到 6.7×10^4 Pa(500 Torr)时，光成为白光，光色较为理想，但效率有所下降。

为使钠气压达到 2.7×10^4 Pa 左右，管壁温度须在 700℃以上。因此需要使用既能抗钠腐蚀，又能耐高温，并且能够透过发光谱线的多晶氧化铝陶瓷制作高压钠灯的放电管。高压钠灯放电管直径较小，400 W 高压钠灯放电管的内径仅为 8 mm，壁厚 0.75 mm，弧长 70～90 mm。高压钠灯的启动是靠灯内所充气压为 1 300～2 700 Pa 的氩气或氙气。惰性气体不同，其光效也不同。

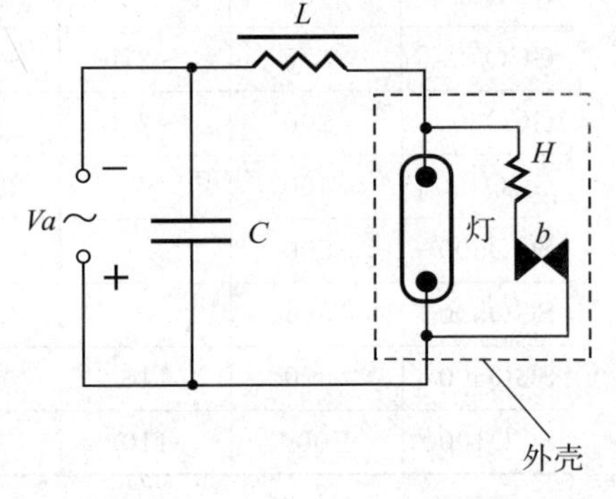

图 12-6 高压钠灯的启动方式

高压钠灯中还可以充一定的汞。所充钠、汞的重量比约为(1∶2)～(1∶10)。充汞的作用是：提高放电管电位梯度以提高发光效率；减小热导率，从而减小电弧热损耗；利用汞谱线发光，适当改变灯的颜色。

高压钠灯采用的启动方式如图 12-6 所示，其原理是：启动时，电流流过双金属片 b 和加热线圈 H，b 受热后，两触点打开，从而电感 L 上产生反电势使灯中气体击穿。灯启动后放电的热量使 b 保持开路的状态。

高压钠灯的型号及主要参数见表 12-18。

5. 金属卤化物灯

金属卤化物灯内充有汞、金属(或稀有金属)的卤化物和惰性气体。金属卤化物的蒸气压一般比金属本身的蒸气压高，通常 1 000 K 温度下几乎所有的金属卤化物气压都大于 133 Pa(1 Torr)。而且除金属氟化物外，其余金属卤化物均不会与玻壳材料石英发生明显的化学反应。

在金属卤化物灯中，金属卤化物会发生分解和再生复合的循环过程。在管壁的工作温度下，金属卤化物大量蒸发后向电弧中心扩散。在电弧中心的高温区(4 000～6 000 K)，卤化物分解为金属和卤素原子。金属原子产生放电并辐射发光。因为电弧中心金属和卤素原子的浓度高，致使两种原子又向管壁扩散，并在管壁附近的低温区重新复合为金属卤化物分子。这种循环过程保证了电弧中心发光区域内金属原子的浓度。

多数金属卤化物灯中充有汞气，其作用是提高发光效率，改善电学特性，有利于灯的启动。

表 12-18　高压钠灯的型号及主要参数[3]

型　号		电源电压/V	功　率/W	工作电压/V	工作电流/A	光通量/lm	几何尺寸/mm		寿　命/h	灯　头
							直径 D	全长 L		
普通型	35		35	52	0.83					
	50		50	52	1.18					
	70		70	90	0.98	5 000	41	160		E27
	100	220	100	95	1.20	7 600	51	195		E27
	150		150						3 000	
	250		250	100	3.00	23 700	61	245		E40
	400		400	100	4.60	42 000	61	275	6 000	E40
	1 000	380	1 000	185	6.50	105 000	82	365	6 000	E40
高显色性 $Ra=70$	70		70			3 000	71	165		E27
	150		150			6 500	81	210		E40
	250	200	250			12 500	81	210		E40
	400		400			23 000	91	227		E40
	700		700			40 000	122	292		E40
单晶氧化铝管	250	220	250	100	3.0	25 000	61	245		E40
	400		400	100	4.6	48 000	61	275		E40
	1 000	380	1 000	185	6.5	12 000	82	365		E40

1)碘化钠-碘化铊-碘化铟(简称钠铊铟灯)。金属碘化物具有优越的性能,因此金属碘化物灯应用广泛。钠铊铟灯是其典型例子。金属原子钠和铊的共振线为 589.0～589.6 nm,铟的共振线为 451.1 nm,因此钠铊铟灯具有很好的光谱能量分布,而且光效高,光色好,可作街道和室内照明。

钠铊铟灯的管壁工作温度在 725～750℃时有较高的发光效率和较好的光色。灯管的长度与直径之比一般不超过 4∶1。对于金属卤化物灯,冷端的影响比较大,为了防止冷端过冷,管端玻壳的直径应该变小。压封处不留空隙。灯管两端加保温涂层。为了保证真空度,外壳要加消气剂。

2)镝灯。稀土金属(如镝、钬、铥等)在整个可见光区有着十分密集的谱线,因此稀有金属的卤化物灯能够产生显色性很好的光。由于灯的显色性能随稀土金属分压强的提高而改善,所以可升高灯管工作温度以得到光色更好的白光。球形镝灯管壁负载可达 60～100 W/cm²。在镝灯内添加钬和铥的卤化物,还可进一步提高显色性。图 12-7 给出了镝灯的光谱能量分布。1 000 W 交流球形镝灯可用于彩色照相制版,而3 000 W以上的直流球形镝灯可以替代碳精灯,用于拍摄彩色影片。

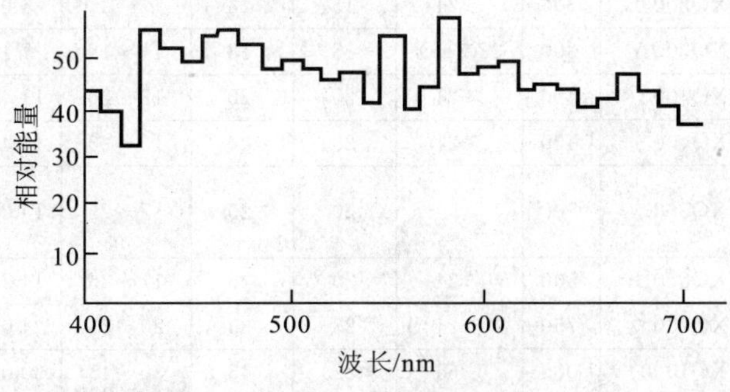

图 12-7　镝灯光谱能量分布

3)超高压铟灯。当金属蒸气足够高时,超高压铟灯的放电辐射呈现连续光谱。超高压铟灯内除充有碘化铟外,还充有一定的氩气或氙气。300 W 超高压铟灯内径为 3.0 mm,极间距 4.5 mm,其光效达到 40～50 lm/W,色温在 5 000～6 000 K。启动阶段主要发射 0.410 2 μm 及 0.451 1 μm 的光。铟灯的体积小,亮度高,电弧亮度分布均匀,直流电源供电,可用作电影放映光源,也可作为显微投影仪光源。

4)卤化锡灯。卤化锡灯一般采用氯化锡-碘化锡-汞组合,或者碘化锡-溴化锡-汞的组合。与一般的卤化物灯不同的是,上述锡化合物发射分子光谱,谱线强。其光谱几乎与 5 000 K 的日光完全相同,覆盖紫外到红外波段。由于卤化锡灯有极好的显色性(Ra>90)及稳定性,其主要用于室内外照明,也可用于印刷、染色及摄影等场合。

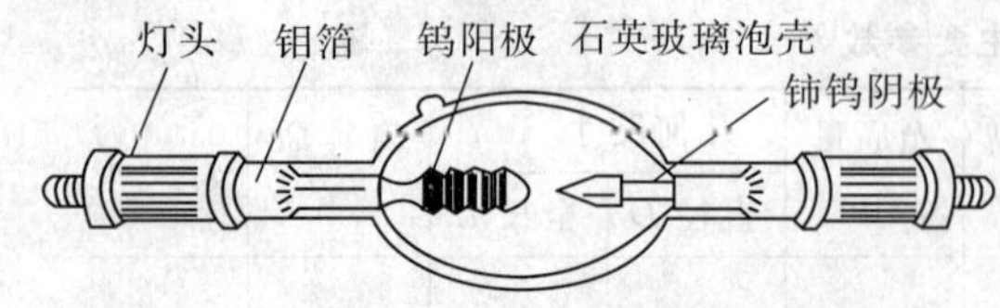

图 12-8　3 000 W 风冷短弧氙灯结构示意

5)特殊用途的金属卤化物灯。碘化铟、碘化铊、碘化锂的发光光谱主要处在蓝、绿、红光波段，可用于装饰、广告领域。

6. 氙灯

在高压和超高压下，惰性气体的原子可以被激发到更高的能级上并被大量电离，从而在可见光区发出叠加着少量线光谱的连续光谱。这种原理的光源中，由于氙气放电辐射与日光最接近，而且光谱能量分布随电压及气压变化很小，使得氙灯得到广泛应用。

1)长弧氙灯。长弧氙灯为管状。灯管用石英玻璃制成，电弧属管壁稳定型。对于水冷的长弧氙灯玻壳外还加有一层水冷套。管内充以适当氙气，电极由钍钨、钡钨等耐离子轰击的材料制成。一般用于码头、广场照明，布匹颜色检验，人工气候植物培育，光化学反应等，而水冷长弧氙灯因为很大一部分的红外光被冷却水吸收，可用于人工老化机、复印机等设备的光源。

2)短弧氙灯。短弧氙灯的结构如图 12-8 所示。玻壳在放电区做成球形，以承受更大的氙气气压$(5\sim30)\times10^5$ Pa，并能更好地利用风冷散热。因其氙气浓度较长弧氙灯更高，电离浓度更大，使其光谱更加连续(图 12-9)。短弧氙灯的电弧为对流稳定型，因此其电弧亮度分布不太均匀，会形成从阴极到阳极放射状圆锥体。其色温达 6 000 K，显色指数 $Ra=94$，显色性能好。表 12-19 给出了国产球形氙灯的主要参数。

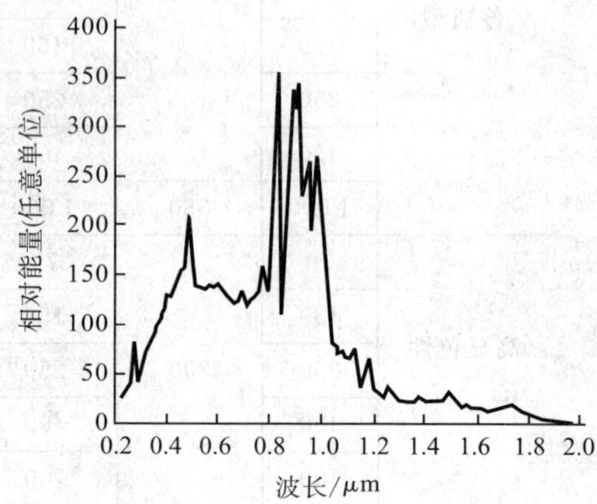

图 12-9　短弧氙灯的光谱能量分布

表 12-19　超高压球形氙灯的型号及主要参数[3]

型号	功率/W	电源电压/V	工作电压/V	工作电流/A		光通量/lm	几何尺寸/mm						寿命/h	灯头	用途
				额定值	使用范围		L	L_1	H	d_0	d_1	D			
XQ35	35	≥35(—)	11.5	3	2.5～3	700	85	75	35	0.4	7.5	9	200		紫外光源、红外光源、投影照明光源、放映光源；模拟日光光源、标准光色光源等
XQ75	75	≥24(—)	15	5	3.5～5	1 400	100	88	40	1.0	8	13	500		
XQ150	150	≥24	18	8	5～8	3 100	150	126	62	2.5	10	18	1 000		
XQ200	200	≥24	17.5	12	7～12	4 500	130	107	51	3.0	15	22	500		
XQ200-1	200	≥24	15	13	7～13	4 000	110	50	55	1.7	22	22	500	5	
XQ300A	300	220(～)	18	18	11～18	7 100	160	137	69	2.0	26	25	200		
XQ400	400	≥24	20	20	13～20	11 400	150	136	57	3.4	13	25		M6	
XQ400-1	400	≥24	20	20	13～20	11 400	115	90	57	3.4	26	25	500	6	
XQ500	500	≥50	20	25	17～25	14 200	175 227	150 210	71 100	3.5 3.0	17	30 40	500	M6 G18	
XQ500B	500	≥24	20	25	17～25	14 200	175	150	71	4.0	30	32	1 000	6	
XQ750	750	≥24	23	35	20～35	24 000	200	175	77	4.5	17	35	500	6	
XQ1000	1 000	≥65	22	45	30～45	30 000	320	275	125	5.0	22	45	1 000	G22	
XQ1500	1500	≥65	25	60	40～60	50 000	320	275	125	5.5	23	51	800		
XQ2000	2 000	≥65	28	70	45～70	70 000	370 420	315 365	145 170	6.0 6.5	28	56 65	800	G28	
XQ3000	3 000	70±5	30	100	45～100	110 000	420	365	170	6.5	28	65	800	G28	
XQ4000	4 000	≥65	31	130	70～130	155 000	435	410	170	6.5	30	65	600		
XQ5000	5 000	70±5	34.5	145	80～145	230 000	460	425	175	7.5	34	70			
FXL150-1	150	≥45	16	9	6.5～9		90	$f'=150$				109	300		腔道内窥镜和摄影

3)氙灯的触发。高压及超高压惰性气体放电灯在启动前的常温下仍保持很高的气压，必须采用图 12-10 所

示的火花触发器才能点燃。其原理是：220 V 市电经高压变压器 B_1 升高到 300～5 000 V，并向电容 C_1 充电。当电压高于火花隙 P 的击穿电压 V_P 时，火花隙击穿，电容器 C_1 向脉冲变压器 B_2 的初级放电。从而在 B_2 的次级感应出脉冲高压。当该电压击穿氙灯，形成火花放电，电极发射大量电子，同时主电流向氙灯供电，并使氙灯过渡到弧光放电的状态，此时灯点燃，触发器不再工作。

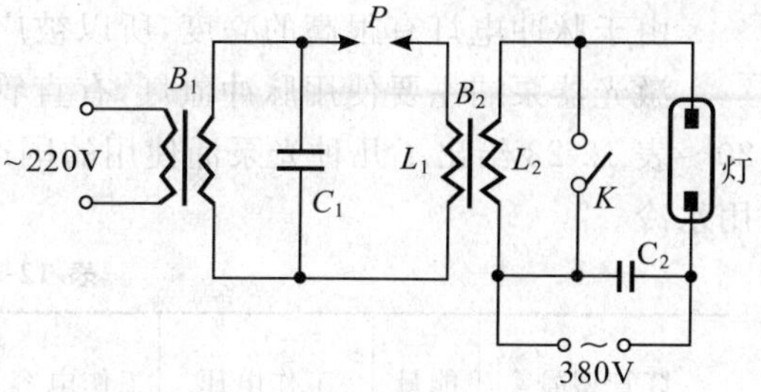

图 12-10　火花触发器线路

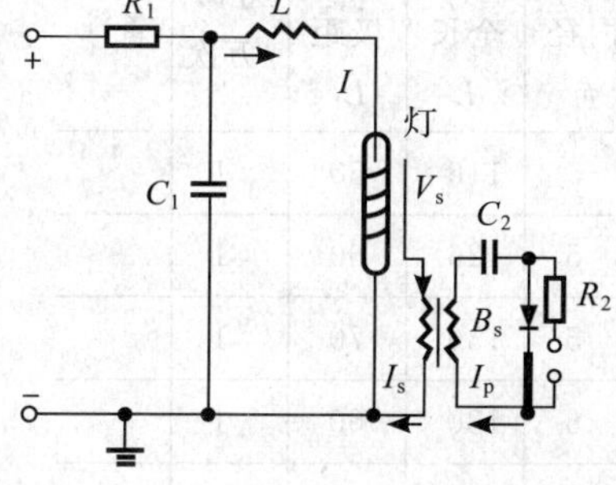

图 12-11　脉冲灯的触发电路

7. 惰性气体脉冲灯

脉冲灯又称为闪光灯，它能在极短的时间内发出很强的光辐射，根据应用的不同和放电能量的大小，选择硬质玻璃或石英玻璃作外壳，灯内充有惰性气体（氩、氪、氙、氖等）。外形可做成管形或球形，其气压分别为 10^3～10^4 Pa和 10^4～10^5 Pa。采用脉冲电源供电。其工作电路原理如图 12-11 所示。点燃时，在可控硅的触发极加一触发信号使可控硅导通。电容器 C_2 经可控硅与脉冲变压器 B_s 放电，B_s 的次级所获得的高压脉冲即可触发脉冲灯。

脉冲放电波形不仅与灯管尺寸、填充气体的种类和气压有关，而且还取决于放电回路的参数。典型的脉冲放电波型如图 12-12 所示。I_m 为峰值光强，放电时间 τ 一般取脉冲前沿及后沿上光强为 I_m/e 的两点间的时间间隔。

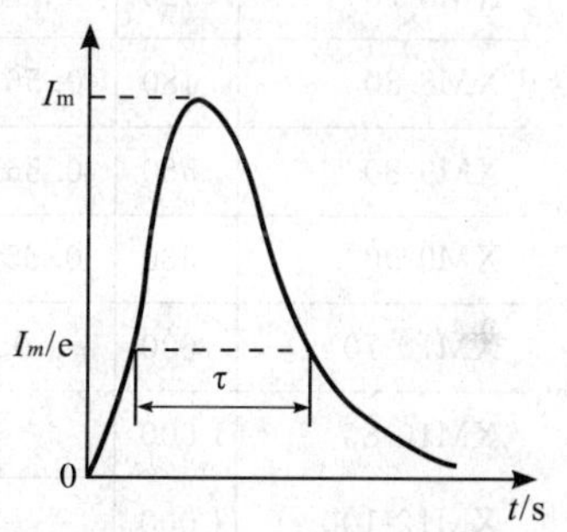

图 12-12　脉冲放电波型

各种惰性气体脉冲灯的光谱如图 12-13 所示。可以看出，各种惰性气体脉冲灯具有可见和紫外区的连续谱，以及 800 nm 处的线状谱线。因此脉冲灯的光谱分布近似日光。随着电流密度的增加，连续谱比线状谱增加得更快，而短波部分的辐射比长波部分增加得快，光谱移向短波方向，色温增高。对于 6.7×10^4 Pa 的氙气放电电流密度分别为 2 400 及 1 200 $A\cdot cm^{-2}$ 时，其在 0.42～1.1 μm 波长范围内的辐射效率分别为 30.6% 及 40.0%。而对于 6.7×10^4 Pa 的氪气，相应的辐射效率分别为 26.6% 及 25.7%；对于 6.7×10^4 Pa 的氩气，相应的辐射效率分别为 21.0% 及 19.0%。

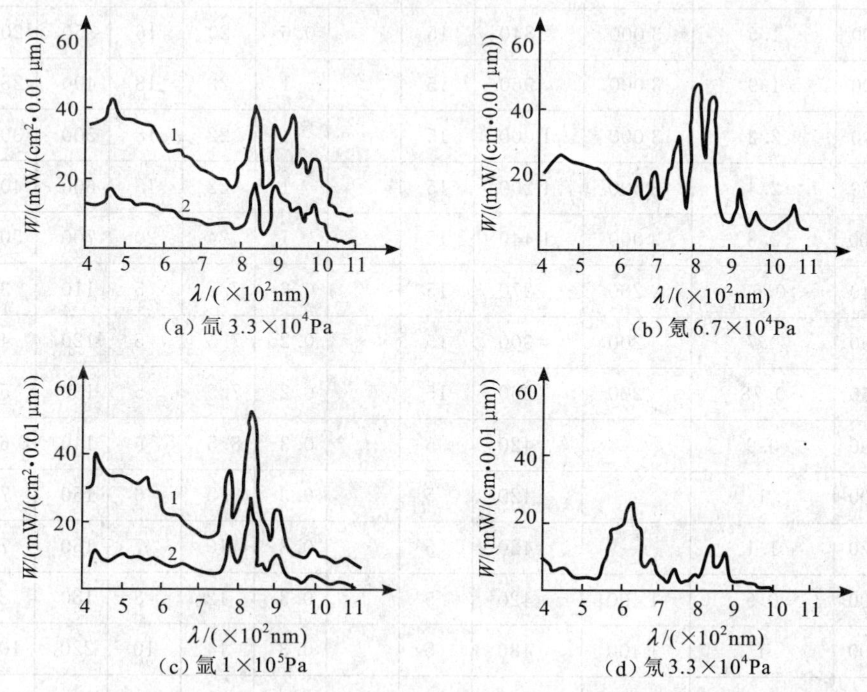

图 12-13　惰性气体脉冲放电的光谱能量分布

长为 15.2 cm，内管直径为 4 mm，弧长 2 cm，在离灯 24.5 cm 处的绝对辐照

由于脉冲电灯有很高的亮度，所以被广泛用于摄影光源及激光器的泵浦光源，也可作为印刷制版光源。

激光器泵浦主要使用脉冲氙灯，有直管形和螺旋形两种，能量为几千焦耳，闪光时间为几毫秒。表12-20～表12-23给出了几种光泵浦使用的国产脉冲氙灯的规格。对于重复频率脉冲灯，为防止电极过热，须采用水冷。

表12-20　脉冲灯的型号与主要参数[3]

灯管型号（氙）	能量/J	工作电压/kV	工作电容/μF	着火电压/V	间隔时间/s	频率/Hz	闪光时间/ms	几何尺寸/mm				寿命/万次	备注
								外径 ϕ	内径 ϕ_1	全长 L	极距 L_1		
XM7-50	250	0.45～0.75			15		1	7	5	116	50	1	
XM7-60	300	0.4～0.8			15		1	7	5	126	60	1	
XM7-70	350	0.5～0.9			15		1	7	5	136	70	1	
XM8-60	360	0.4～0.8			15		1	8	6	130	60	1	
XM8-70	420	0.5～0.9			15		1	8	6	140	70	1	
XM8-80	480	0.56～1.1			15		1	8	6	150	80	1	
XM9-80	560	0.56～1.1			15		1	9	7	150	80	1	
XM9-90	630	0.65～1.2			15		1	9	7	160	90	1	
XM10-70	600	0.63	3 000	360	15		0.5	10	7	150	70	5	
XM10-80	1 000	1	2 000	450	15		0.5	10	7	160	80	5	
XM12-100	1 000	1	2 000	480	15		0.5	12	9	220	100	5	
XM14-130	1 500	1	2 000	480	15		0.5	14	11	250	130	5	
XM16-160	2 000	1.2	3 000	600	15		0.6	16	13	280	160	5	
XM16-180	2 500	1.3	3 000	730	15		0.6	16	13	300	180	5	
XM20-200	3500	1.5	3 000	840	15		0.6	20	16	350	200	5	
XM22-250	5 500	1.9	3 000	960	15		1	22	18	400	250	5	
XM22-300	7 000	2.2	3 000	1 000	15		1	22	18	500	300	5	
XM22-400	8 500	2.4	3 000	1 200	15		1	22	18	600	400	5	
XM24-500	12 000	2.8	3 000	1 440	15		1	24	20	700	500	5	
XMC7.5-30	40	0.63	200	270	15		0.2	7.5	5	110	30	20	
XMC7.5-40	50	0.7	200	300	15		0.2	7.5	5	120	40	20	
XMC7.5-50	60	0.78	200	360	15		0.2	7.5	5	130	50	20	
XMC8.5-65	80	0.9		420	5		0.3	8.5	6	140	60	20	
XMC8.5-70	100	1		420	5		0.3	8.5	6	150	70	20	
XMC10-70	120	1.1		420	5		0.3	10	7	150	70	20	
XMC12-80	500	0.9	1 400	420	5		0.3	12	8	180	80	20	
XMC14-100	700	1	1 400	480	5		0.3	14	10	220	100	20	
XMC14-125	900	1.1	1 600	540	5		0.3	14	10	245	125	20	
XMC14-150	1 000	1.3	1 100	600	5		0.3	14	10	270	150	20	

续表

灯管型号（氙）	能量/J	工作电压/kV	工作电容/μF	着火电压/V	间隔时间/s	频率/Hz	闪光时间/ms	几何尺寸/mm				寿命/万次	备注
								外径 ϕ	内径 ϕ_1	全长 L	极距 L_1		
XMC14-175	1 200	1.4	1 200	700	5		0.3	14	10	295	175	20	
XMC16-200	1 500	1.65	1 080	800	5		0.3	16	12	340	200	20	
XMC16-250	1 800	1.8	1 100	960	5		0.3	16	12	390	250	20	
XMC18-300	2 500	2.4	1 250	1 100	5		0.3	18	14	440	300	20	
XMC18-350	4 200	1.5～3.1			1/40		1	18	15	550	350	10	
XMC20-250	3 200	1.1～2.2			1/40		1	20	16	380	250	10	
XMC20-300	3 800	1.3～2.7			1/40		1	20	16	430	300	10	
XMC20-350	4 500	1.5～3.1			1/40		1	20	16	550	350	10	
XMC20-400	5 000	1.8～3.6			1/40		1	20	16	600	400	10	
XMC22-350	5 000	1.4～2.8			1/40		1	22	18	590	350	10	
XMC22-400	5 100	1.6～3.2			1/40		1	22	18	640	400	10	
XMC22-450	6 500	1.8～3.6			1/40		1	22	18	690	450	10	
XMC22-500	7 200	2～4			1/40		1	22	18	740	500	10	
XMC25-400	6 700	1.6～3.2			1/40		1	25	21	640	400	10	
XMC25-500	8 400	2～4			1/40		1	25	21	740	500	10	
XMC25-600	10 000	2.4～4.8			1/40		1	25	21	840	600	10	
PSZ8-50	65	0.6～0.9				40	1	8	6	210	100	10	
PSZ8-60	70	0.7～1.1				40	1	8	6	180	70	10	
PSZ8-70	90	0.9～1.3				40	1	8	6	190	80	10	
PSZ8-80	100	1～1.5				40	1	8	6	200	90	10	
PSZ9-60	90	0.7～1.1				40	1	9	7	210	100	10	
PSZ9-70	100	0.8～1.2				40	1	9	7	220	110	10	
PSZ9-80	120	0.9～1.4				40	1	9	7	230	120	10	
PSZ9-90	140	1～1.6				40	1	9	7	160	50	10	频闪工作
PSZ10-70	120	0.7～1.3				40	1	10	8	180	70	10	
PSZ10-80	140	0.8～1.3				40	1	10	8	190	80	10	
PSZ10-90	150	0.9～7.5				40	1	10	8	170	60	10	
PSZ10-100	170	1～1.6				40	1	10	8	180	70	10	
PSZ10-110	180	1.1～1.8				40	1	10	8	190	80	10	
PSZ10-120	200	1.2～1.9				40	1	10	8	200	90	10	
PSZ_2Xe	5	0.65～1.0				1～2		28.5		25		10	
PSU-1	3.3	1.2～1.8				60	＞0.1	9.5				43.2	

表 12-21 脉冲灯的型号与主要参数[3]

灯管型号（氙、频闪）	额定工作		触发电压/kV	闪光频率/Hz	平均功率/W	最高"明""暗"比较限额	寿命/×10⁷次	主要尺寸/mm			
	能量/J	电压/V						螺旋外径 ϕ	发光体 直径 ϕ_1	发光体 高度 B	灯管总高度 H
PSH50X₁	0.1	400～500	>10	1～50	10	1∶2	>5	<16	<10	<5	60
PSH50X₂	0.3	400～500	>10	1～50	20	1∶2	>5	<16	<10	<5	60
PSL50X₁	0.7	650～850	>10	1～50	60	1∶2	>5	<19	<14	<15	67
PSL50X₂	1	650～850	>10	1～50	100	1∶2	>5	<19	<14	<15	67
PSL50X₃	2	650～900	>10	1～50	200	1∶3	>3	<22	<17	<18	75
PSL50X₄	7	650～1 000	>10	1～50	500	1∶5	>3	<25	<20	<21	75
PSL2X₁	60	650～1 000	>10	1～2	120	—	0.3	<30	<24	<26	87
PSL2X₂	10	500～650	>10	1～2	20	—	0.6	<25	<20	<8	73

表 12-22 脉冲灯的型号与主要参数[3]

灯管型号（氪）	额定功率/W	工作电压/V	工作电流/A	主要尺寸/mm			冷却方式
				外径 ϕ	全长 L	极距 L'	
GK-2000	2 000	100	20	7.5	165	50	水冷
GK-3000	3 000	103	28	8.5	200	60	
GK-4000	4 000	105	37	9.5	210	70	
GK-6000	6 000	150	40	9.5	240	100	

表 12-23 脉冲灯的型号及主要参数[3]

型号（照相摄影）	电压/V	电容/μF	直径 D	全长 L	触发电压/kV	色温/K	备注
XM6.5-77	500	800	6.5	77	10	5 600～6 000	万次闪光光源
XM5-55	300	300	5	55	10	5 600～6 000	
XM5.5-100	500	800	5.5	100	10	5 600～6 000	
XM5-120	500	1 200	5	120	10	5 600～6 000	
XM7.5-80	500	1200	7.5	80	10	5 600～6 000	
XM6.5-60	500	1 200	6.5	60	10	6 000	
XM5-60	500	1 200	5	60	10	6 000	
XM4.5-22	300	250	4.5	22	8	5 600～6 000	
XM4.5-40	500	300	4.5	40	8	5 600～6 000	

四、固体发光光源

固体发光材料在电场激发下产生的发光现象称为场致发光。场致发光屏主要有分散型交流场致发光屏以及薄膜型场致发光屏。

(一)交流型场致发光屏

其典型结构如图 12-14 所示。图中,铝箔作为一个电极,透明的导电膜作为另一个电极,它由诸如氧化锡之类的材料做成。高介电常数的反射层通常用搪瓷或钛酸钡等制成。荧光粉层由荧光粉,例如:ZnS:Cu、Cl 或者(Zn,Cd)S:Cu、Br 以及树脂或搪瓷等混合而成。上面的一块玻璃板,既透光又有保护作用。为使屏面各处发光均匀,每层各处的厚度必须尽可能一致。由于发光屏两电极之间距离很小(一般为 40～60 μm),击穿电压为 400～500 V。即使在市电电压下,也可达到足够高的电场强度(>10^4 V/cm)。在这个强电场作用下,自由电子被加速到很高的能量。当它们撞击发光中心时,可使发光中心放出电子而处于激发状态。由于荧光粉与电极是绝缘的,被释放出的电子不能到达阳极,而是被束缚在阳极附近。在交流的下半周,电子做反向运动,与被激发的发光中心复合而发光。

这种发光屏的发光效率很低,但具有耗电少、寿命长,制造工艺简单,能够制成大的发光面积等优点,被广泛用于地下室、隧道等处的照明,也可作为图像增强器及反转器等。

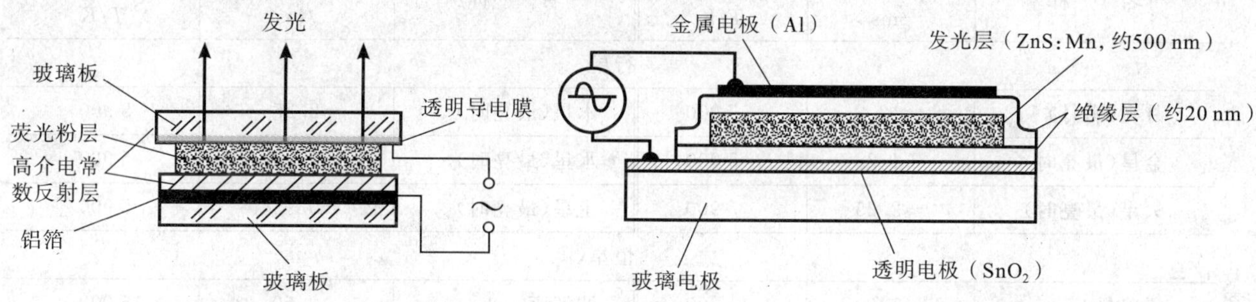

图 12-14　交流型场致发光屏结构　　**图 12-15　双绝缘层薄膜 AC-EL 器件结构**

(二)薄膜型交流场致发光屏

目前多采用双绝缘层 ZnS:Mn 薄膜结构,如图 12-15 所示。器件由三层组成,发光层被夹在二绝缘层之间,这样就消除了漏电流,并且在高电场下运用不会击穿。

ZnS:Mn 薄膜用电子束轰击 ZnS:Mn 小球真空沉积而成;透明导电层为 SnO_2 或 In_2O_3;绝缘层为高介电常数及高耐压的介质,如 Si_3N_4、Al_2O_3、Y_2O_3 等。器件外面通常还有一层 Si_3N_4 防潮层(图中未示出)。

薄膜型场致发光较之分散型具有下列优点:①均匀致密,在显示、显像时容易得到高分辨率;②工艺简单,造价便宜;③亮度高,在工作频率为 5 Hz 时,亮度可达到 5 000 cd/m^2;④寿命长,工作 2 000 h 以上不会劣化,稳定性好,具有灰度和储存能力,由 ZnS:Mn 制成的发光屏效率最高。但因工作电压高(约 200 V),难以集成化。

五、天然光源

(一)太阳

太阳是最重要的天然光源,太阳的辐射基本上遵从温度辐射定律,其连续光谱中的能量分布依赖于它的绝对温度,并且通常认为它接近于 6 000 K 黑体的能量频谱分布,只是有一些夫琅禾费暗线,这产生于太阳大气的自吸收。在光谱中还可以找到这种大气产生的许多亮发射线。

在地球表面,太阳的辐射在 5 000 nm 处达到其极大值,紫外部分实际上只延伸到 2 900 nm,即地球大气上层的臭氧强烈吸收的区域。

考虑到太阳到地球距离的变化(1 月份远日点约大 3.4%,7 月份近日点约小 3.4%),确定太阳在大气层外产生的积分照度为 135.1 mW/cm^2。

(二)月亮和行星

月亮和行星作为天体辐射源,仅仅是反射太阳的辐射,因此它们给出的光几乎(但不完全)与太阳的相同，产生有效温度为 5 900 K 的辐射，但强度弱得多。表 12-24 列出月亮和行星以及某些所谓红星的目视星等和有效温度。其中星等由下式定义：

$$\lg \frac{I_1}{I_2} = 0.4(m_2 - m_1) \tag{12-3}$$

式中，I 为接收谱带内的辐射强度，m 表示目视星等。该式表示目视星等分别为 m_1 和 m_2 的恒星亮度之比。目视星等又称为视星等。如果把恒星移到 10 秒差距（32.6 光年）处，所观察到的视星等，就是绝对星等 M，这时 M 和 m 的关系可以写成 $M = m + 5 - 5\lg d$，式中的 d 为距离。

整个天空肉眼能见到约 6 000 颗恒星。将肉眼能看到的恒星定为 6 等：肉眼刚能看到的定为 6 等星，比 6 等星亮一些的为 5 等星，1 等星为亮星，比 1 等星更亮的是 0 等星及负的星等。大阳的视星等为 −26.8 等，绝对星等为 +4.83 等。

表 12-24　某些行星和所谓红星的目视星级和有效温度[1]

名　称	目视星等 /ms	有效温度 T/K	名　称	目视星等 /ms	有效温度 T/K
行星					
月亮（满月）	−12.2	5 900	木星（最亮时）	−2.25	5 900
金星（最亮时）	−4.28	5 900	水星（最亮时）	−1.8	5 900
火星（最亮时）	−2.25	5 900	土星（最亮时）	−0.93	5 900
恒星					
天狼星	−1.60	11 200	波江座 α	0.60	15 000
船底座 α	−0.82	6 200	半人马座 β	0.86	23 000
织女星	0.14	11 200	牛郎星	0.89	7 500
御夫座 α	0.21	4 700	猎户座 α（可变）	0.92	2 810
牧夫座 α	0.24	3 750	金牛座 α	1.06	3 130
猎户座 β	0.34	13 000	双子星 α	1.21	3 750
小犬座 α	0.48	5 450	天蝎座 α	6.22	2 900

（三）恒星

对多数光学系统来说，只有少数恒星才足够亮，从而可把它们视为独立辐射源，而大多数恒星所产生的照度远低于一般宽视场器件的灵敏阈值。但这种星的数量很多，密度很大，因此在大气层外产生相当的辐射背景。表 12-25 列出适宜作光度标准的恒星。

表 12-25　适宜作光度标准的恒星[1]

恒　星	目视星等	波长/μm 0.556	1.00	2.20	3.73	10.20
		光谱照度/(W/(cm² · μm))				
天琴座 α	0.03	371.0	62.9	3.63	0.501	0.19
御夫座 α	0.09	350.0	163.0	19.5	3.46	0.108
天鹅座 α	2.45	40.1	21.9	2.99	0.459	
白羊座 α	1.99	60.9	39.5	6.19	0.630	
金牛座 α	0.78	186.0	206.0	49.4	8.85	0.289

（四）大气辉光和极光

大气辉光和极光是由来自太阳的物质和能量与地球大气相互作用产生的。大气辉光指夜晚辉光、黎明辉光和白昼辉光，包含有某些原子的发射谱线和 O_2、N_2^+、OH 等分子的带谱系（诸如红外大气带谱系，第一负带谱系，米恩尔带谱系等）。极光是地球周围一种大规模的放电过程。来自太阳的高能带电粒子进入极地高层空气时，与大气中的原子、分子碰撞并激发产生光芒，形成极光。对于十分复杂的光学系统设计才需要考虑极光的影响。

（五）其他大气辐射

环境的热辐射对红外系统的设计很重要，但这已超出 1 μm 的范围，这些产生于气体分子的跃迁和大气悬浮粒子对辐射的散射。如果向上观察环境辐射，则可见天光中 3 μm 以下的与太阳有关，而 3 μm 以上的热辐射则与大气有关。

图 12-16 给出太阳、辐射大气、阳光下的云以及晴空等的理想光谱亮度。

实际上因为热辐射来自气体发射，所以，辐射的光谱特性与观察时所通过大气的厚度有关，即与观察方向和测量仪器的位置有关。

（六）大地辐射

关于大地辐射的研究资料虽然很多，但最有用的还是地球表面产生的背景辐射的光谱资料。

图 12-17 中表示了被测物体的发光本领、温度以及大气透明度等 3 个因素对物体光谱测量的影响。由于是在白天测量的，所以低于 3 μm 的是由阳光反射引起的，而 3 μm 以上是由热辐射引起的。当测量工作是在近距离完成时，大气层厚度的影响很小。

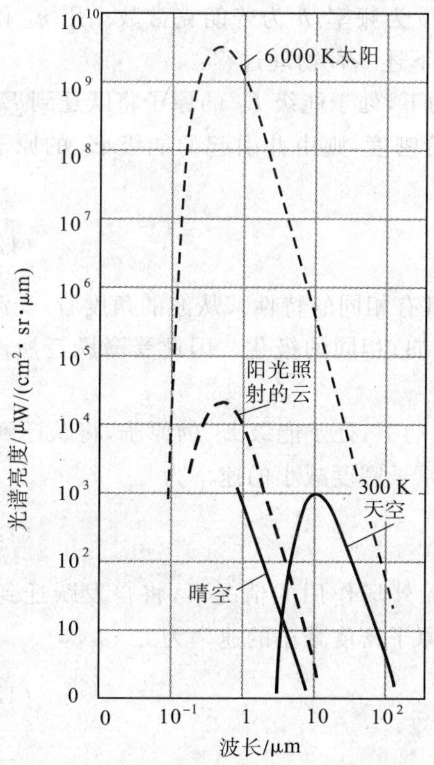

图 12-16　太阳、辐射大气、阳光照射的云，散射阳光的云等的理想光谱亮度

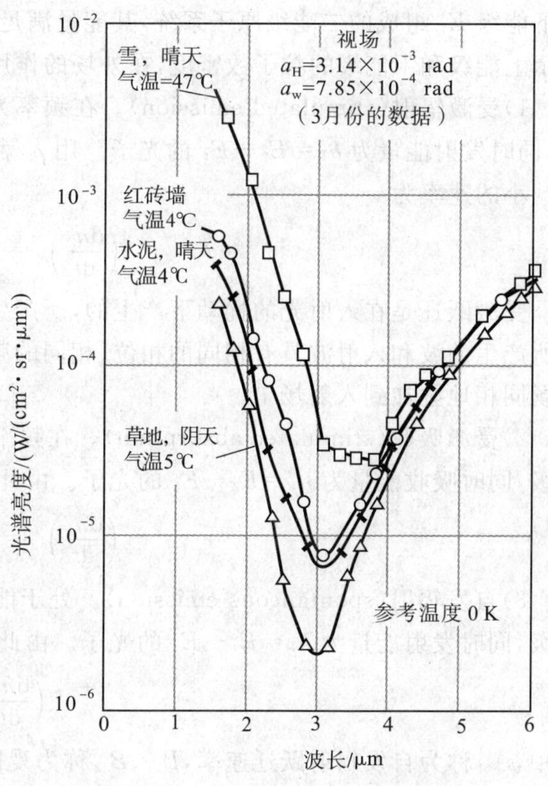

图 12-17　一些物体的白昼光谱亮度

第二节 激光器

激光(laser:light of amplification by stimulated emission radiation)具有良好的方向性、高强度以及良好的单色性。激光光束的空间发散角仅为毫弧度(mrad)的数量级,理论上讲它几乎沿直线传播。其功率范围约为 $10^{-9}\sim10^{20}$ W,由于光束的截面积很小,单位横截面积上的能量可以达到极高的程度($10^{18}\sim10^{29}$ W/cm^2)。脉冲激光器的脉冲能量可达到 10^4 J 以上,脉冲宽度可以短至 6×10^{-15} s。现有激光器的输出波长可覆盖微波至软 X 射线,即频率为 $10^{10}\sim10^{17}$ Hz 的范围,其输出谱线的线宽理论上可以达到赫兹的数量级。激光器所涉及的内容宽广,本节只就常用的激光器作一论述,有关超短激光脉冲,特别是用作激光探针的原子时间激光器,请参阅本书第三十二章《飞秒光学和超短激光脉冲》。

由于其优异的性能,激光器得到了广泛的应用。它不仅被用于现代科学实验与研究中,而且也是光纤通讯系统甚至激光唱机必不可少的部件;不仅可以用于高强度材料的热处理,而且还可以作为外科手术中的激光刀;可以作为战争的武器,但也可以用于超市购物的扫描光源。

激光器通常由 3 部分组成:泵浦、工作介质(激活介质)以及谐振腔。泵浦的作用,是将外界能量注入到激光器中,以激发工作介质中受激发射的产生,使工作介质变为增益介质。而通常由两面反射镜组成的谐振腔为受激放大的光线提供反馈回路,并决定激光器输出光束的相关特性,例如输出功率、光束的空间分布参数等。

一、激光增益介质的特性

(一)原子跃迁

无论工作介质是气体、固体、液体,激光器的理论模型都是原子或分子的电子电荷分布形成的上能级 E_2 和下能级 E_1 组成的二能级原子系统,其能量满足 $h\nu=E_2-E_1$,其中 ν 为频率,h 为普朗克常数。用 n_2 和 n_1 表示上能级和下能级的粒子数密度,在外场的作用下,原子系统发生下述 3 种物理过程:

1)受激辐射(stimulated emission)。在频率为 ν 的单色场的扰动下,处于能级 E_2 的原子将跃迁到 E_1 能级,同时发射能量为 $h\nu=E_2-E_1$ 的光子。用 ρ_ν 表示该单色场的能量密度,则由此引起的能级 E_2 的原子密度减小的速率为

$$\left(\frac{\mathrm{d}n_2}{\mathrm{d}t}\right)_{\mathrm{st}}=-W_{21}n_2=-B_{21}\rho_\nu n_2 \tag{12-4}$$

受激跃迁是在入射光的扰动下产生的,所产生的辐射和入射光具有相同的特性。从波的角度看,受激跃迁所产生的波和入射波具有相同的相位、相同的频率、相同的传播方向、相同的极化。因此受激跃迁所产生的场同相地叠加到入射场中。

2)受激吸收(stimulated absorption)。在频率为 ν 的单色场的扰动下,处于能级 E_1 的原子,将跃迁到 E_2 能级,同时吸收能量为 $h\nu=E_2-E_1$ 的光子。由此引起的能级 E_1 的原子密度减小的速率为

$$\left(\frac{\mathrm{d}n_1}{\mathrm{d}t}\right)_{\mathrm{st}}=-W_{12}n_1=-B_{12}\rho_\nu n_1 \tag{12-5}$$

3)自发辐射(spontaneous emission)。处于能级 E_2 的原子,在无外场作用的情况下,将自发跃迁到 E_1 能级,同时发射能量为 $h\nu=E_2-E_1$ 的光子。由此引起的能级 E_2 的原子密度减小的速率为

$$\left(\frac{\mathrm{d}n_2}{\mathrm{d}t}\right)_{\mathrm{sp}}=-A_{21}n_2 \tag{12-6}$$

式中,A_{21} 称为自发辐射跃迁速率,B_{21}、B_{12} 称为爱因斯坦系数。

自发跃迁所产生的辐射的场具有随机的特性。从波的角度来看,每一原子所产生的辐射场的相位、传播方向、场的极化情况都是随机的。因此大量原子所产生的自发辐射场是不相干的,传播方向均匀分布在全空间 4π 立体角内。

爱因斯坦关系式:在热平衡条件下,处于能级 E_2 和能级 E_1 上的原子密度不随时间变化,因此有

$$W_{21}n_2+A_{21}n_2=W_{12}n_1 \tag{12-7}$$

另一方面，n_2 和 n_1 满足玻耳兹曼分布：

$$\frac{n_2}{n_1}=\frac{g_2}{g_1}\exp\left(-\frac{E_2-E_1}{kT}\right) \tag{12-8}$$

式中，g_2、g_1 分别为 E_2、E_1 能级的简并度，k 为玻耳兹曼常量，T 为温度。由此可得到爱因斯坦关系式为

$$\frac{A_{21}}{B_{21}}=\frac{8\pi h\nu^3}{c^3} \tag{12-9}$$

$$\frac{B_{21}}{B_{12}}=\frac{g_1}{g_2} \tag{12-10}$$

(二)原子谱线的加宽

1. 原子谱线的线型函数

在前面的讨论中，没有考虑能级(E_1,E_2)的宽度。实际上由于各种因素的影响，原子能级在很窄的范围内有一个分布，因此跃迁的频率也有一个相应的分布，即原子能级有一定的宽度。定义一个反映自发辐射光谱分布的函数——线型函数。线型函数是指单位频率间隔内的自发辐射光功率 $P(\nu)$ 与总自发辐射光功率的比

$$g(\nu,\nu_0)=\frac{P(\nu)}{P_{\mathrm{sp}}}=\frac{P(\nu)}{\int_{-\infty}^{+\infty}P(\nu)\mathrm{d}\nu} \tag{12-11}$$

显然，线型函数满足归一化条件

$$\int_{-\infty}^{+\infty}g(\nu,\nu_0)\mathrm{d}\nu=1 \tag{12-12}$$

式中，ν_0 为 $P(\nu)$ 为最大处的频率，称为中心频率。线宽 $\Delta\nu$ 定义为线型函数下降到最大值的一半($g(\nu,\nu_0)/2$)所对应的频率宽度。

对于气体工作物质，可以得到严格的线型函数的表达式；固体工作物质则很难得到严格的线型函数的表达式。

原子的加宽机理可分为均匀加宽、非均匀加宽以及综合加宽 3 种。不同的加宽机理，对应着不同的增益特性，对应着不同的激光器工作特性。

如果加宽的物理机制和谱线加宽的结果对每个原子都是相同的，则称为均匀加宽。对于均匀加宽，当大量原子集体发光时，每个原子对光谱分布任何频率处都有相同的贡献概率，也就是说，原子是不能区分的。

对于非均匀加宽，可以将原子进行分类，同类原子的加宽机理与线型函数是相同的，不同类原子谱线加宽的中心频率是不同的。大量原子集体发光时，每一类原子主要只对某一频率处的加宽有贡献。

谱线的均匀与非均匀加宽同时存在时，不仅要考虑同一类原子对加宽的贡献，也要考虑不同类原子对加宽的贡献，称为综合加宽。显然，非均匀加宽和均匀加宽都可以看成是综合加宽的特殊情况。

2. 均匀加宽

1)自然加宽。在不受外界影响的情况下，处在激发态 E_2 的粒子，会在其寿命 τ_{21} 的时间间隔内自发地向低能级 E_1 跃迁，其辐射的电场为 $E(t)=E_0\exp[-t/\tau_{21}]\mathrm{e}^{\mathrm{i}\omega t}$，根据傅里叶变换，其辐射谱线 $\nu=(E_2-E_1)/h$ 的线型函数 g_{N} 为洛伦兹型的：

$$g_{\mathrm{N}}=\frac{\Delta\nu_{\mathrm{N}}/2\pi}{(\nu-\nu_0)^2+(\Delta\nu_{\mathrm{N}}/2)^2} \tag{12-13}$$

式中，线宽 $\Delta\nu_{\mathrm{N}}=1/2\pi\tau_{21}$。

需要说明的是，当粒子从激发态 E_2 向多个低能级(用下标 i 表示)自发跃迁时，激发态 E_2 自发发射系数 A_2 为

$$\frac{1}{\tau_2}=A_2=\sum_i A_{2i} \tag{12-14}$$

2)碰撞加宽。碰撞加宽的线型函数也为洛伦兹线型，碰撞加宽线宽为

$$\Delta\nu_c = \frac{1}{\pi\tau_c} \tag{12-15}$$

式中，τ_c 为两次碰撞之间的平均时间。对于气体工作物质，平均碰撞时间与气体的压强、原子的碰撞截面、气体温度等有关。在气压不太高时，加宽宽度正比于气压：

$$\Delta\nu_c = \alpha p \tag{12-16}$$

式中，p 为气体总气压(Pa)，α 为实验测得的比例系数。例如，对 CO_2 气体，$\alpha = 49$ kHz/Pa，对于 He^3:Ne^{20} 混合气体(7∶1)，测得 Ne^{20} 的 $\alpha = 720$ kHz/Pa 。

气体工作物质的均匀加宽包括自然加宽和碰撞加宽，考虑两种加宽同时存在时，线型函数依然为洛伦兹线型，但是其线宽为

$$\Delta\nu_H = \frac{1}{2\pi}\left(\frac{1}{\tau_s} + \frac{2}{\tau_c}\right) \tag{12-17}$$

对于大多数气体激光器，碰撞加宽宽度远大于自然加宽宽度。只有气压极低时，自然加宽才是主要的加宽机制。

固体工作物质中，激活离子镶嵌在晶体中，周围的晶格场由于斯塔克效应将影响其能级的位置。由于晶格振动使激活离子处于随时间周期变化的晶格场中，激活离子的能级所对应的能量在某一范围内变化，引起谱线加宽。温度越高，振动越剧烈，谱线越宽。由于晶格振动对于所有激活离子的影响基本相同，所以这种加宽属于均匀加宽。对于固体激光工作物质，自发辐射和无辐射跃迁造成的谱线加宽是很小的，晶格振动加宽是主要的均匀加宽因素。

3. 非均匀加宽

1)多普勒加宽。多普勒加宽是由做热运动的发光原子(分子)所发出的辐射的多普勒频移引起的。当原子相对于接收器以速度 v_z 运动时，接收器测得的光频率 ν_0' 不等于静止时的光频率 ν_0，当 $v_z/c \ll 1$ 时，有

$$\nu_0' \approx \nu_0\left(1 + \frac{v_z}{c}\right) \tag{12-18}$$

式中，c 为光速。当原子朝着接收器运动(或沿光传播方向运动)时，$v_z > 0$；反之，$v_z < 0$。光频率与接收器和光源之间的相对运动有关的这种效应称为多普勒效应。

原子的热运动速度分布服从麦克斯韦统计规律。在温度 T 时，如上能级 E_2 上的单位体积内原子数为 n_2，在 $v_z \sim (v_z + \mathrm{d}v_z)$ 速度范围内的原子数目为

$$n_2(v_z)\mathrm{d}v_z = n_2\left(\frac{m}{2\pi kT}\right)^{1/2} \mathrm{e}^{-mv_z^2/2kT}\mathrm{d}v_z \tag{12-19}$$

利用(12-18)式，得到原子数按表观中心频率的分布：

$$n_2(\nu'_0)\mathrm{d}\nu'_0 = n_2 g_D(\nu'_0, \nu_0)\mathrm{d}\nu'_0$$

式中，$g_D(\nu'_0, \nu_0)$ 即为高斯线型的线型函数：

$$g_D(\nu'_0, \nu_0) = \frac{c}{\nu_0}\left(\frac{m}{2\pi kT}\right)^{1/2} \exp\left[-\frac{mc^2}{2kT\nu_0^2}(\nu'_0 - \nu_0)^2\right] \tag{12-20}$$

在中心频率 ν_0 处，线型函数具有最大值，而且 $g_D(\nu'_0, \nu_0)$ 满足归一化条件，其宽度为

$$\Delta\nu_D = 2\nu_0\left(\frac{2kT}{mc^2}\ln 2\right)^{1/2} \approx 7.16\times 10^{-7}\left(\frac{T}{M}\right)^{1/2}\nu_0 \tag{12-21}$$

式中，M 为原子(分子)量，质量 $m = 1.66\times 10^{-27}M$(kg)，因此

$$g_D(\nu, \nu_0) = \frac{2}{\Delta\nu_D}\left(\frac{\ln 2}{\pi}\right)^{1/2} \exp\left[-\frac{4\ln 2(\nu - \nu_0)^2}{\Delta\nu_D^2}\right] \tag{12-22}$$

2)晶格缺陷加宽。在固体工作物质中，引起非均匀加宽的物理因素是晶格缺陷的影响(如位错、空位等晶体不均匀性)。在晶格缺陷部位的晶格场将和无缺陷部位的理想晶格场不同，因而处于缺陷部位的激活离子的能级将发生位移，这就导致处于晶体不同部位的激活离子的发光中心频率不同，即产生非均匀加宽。这种加宽在均匀性差的晶体中表现得尤为突出。在以玻璃作为基质的钕玻璃或铒玻璃等激光介质中，由于玻璃结构的无序性，各个激活离子处于不等价的配位场中，这也导致了与晶格缺陷类似的非均匀加宽。

4. 气体工作介质的综合加宽

在气体工作介质中同时存在着因为碰撞产生的均匀加宽(宽度为 $\Delta\nu_H$) 和因为气体分子(原子) 运动引起的非均匀加宽(宽度为 $\Delta\nu_D$)，在两者大小可比拟的时候，其综合加宽的线型函数为

$$g(\nu,\nu_0)=\left(\frac{\ln 2}{\pi^3}\right)^{1/2}\frac{\Delta\nu_H}{\Delta\nu_D}\int_{-\infty}^{+\infty}\frac{\exp\left[-4\ln 2(\nu'_0-\nu_0)^2/\Delta\nu_D^2\right]}{(\Delta\nu_H/2)^2+(\nu-\nu'_0)^2}\mathrm{d}\nu'_0 \tag{12-23}$$

根据前面的讨论，可以得到几种气体激光器谱线加宽的典型数据：

1) 氦氖激光器。Ne 原子的 $3S_2$—$2P_4$ 的 632.8 nm 谱线，其自然加宽 $\Delta\nu_N\approx10^7$ Hz，Ne 原子的原子量 $M=20$，在 400 K 的温度下，多普勒加宽 $\Delta\nu_D=1\,500$ MHz 。其碰撞加宽的系数 $\alpha\approx7.5\times10^5$ Hz/Pa(100 MHz/Torr)。该种激光器气压一般为 130 ～ 400 Pa，因此氦氖激光器以多普勒加宽为主。

2)二氧化碳激光器。CO_2 分子的 00^01—10^00(10.6 μm) 谱线的自然加宽 $\Delta\nu_N\approx10^3\sim10^4$ Hz 。其分子量 $M=44$，在 400 K 温度下，多普勒加宽 $\Delta\nu_D\approx60$ MHz 。其碰撞加宽系数 $\alpha=4.88\times10^4$ Hz/Pa(6.5 MHz/Torr)，因此 CO_2 激光器的气压为 1300 Pa 左右时为综合加宽，远大于 1300 Pa 时为均匀加宽。

3)氩离子激光和氦-镉激光器。其工作物质的温度较高 (500 ～ 1 500 K)，气压为几百帕，因此主要是多普勒加宽。对于 Ar^+ 激光器，$\Delta\nu_D\approx6\,000$ MHz；对于氦-镉激光器，$\Delta\nu_D=1\,800$ MHz(单同位素 Cd)，$\Delta\nu_D=4\,000$ MHz(天然 Cd)。

5. 固体激光工作物质的谱线加宽

在一般情况下，固体激光工作物质谱线的综合加宽主要是晶格热振动引起的均匀加宽和晶格缺陷引起的非均匀加宽，固体工作物质的谱线宽度一般比气体大得多。图 12-18 给出实验测得的红宝石的 694.3 nm 和 Nd:YAG 的 1.06 μm 谱线宽度与温度的关系。从图中可以看出，红宝石在低温时主要是晶格缺陷引起的非均匀加宽，它与温度无关；而在常温时则是晶格热振动引起的均匀加宽为主，它随温度的升高而加大。对 Nd:YAG 晶体，由于晶体质量比红宝石好，因而非均匀加宽可以忽略，在整个温度范围内都以均匀加宽为主。

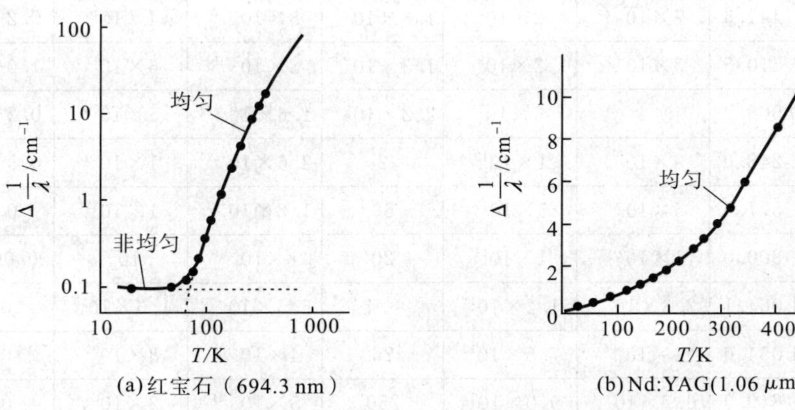

图 12-18　红宝石和 Nd:YAG 的谱线宽度

(三)粒子数反转

假设激光工作介质的长度为 L，光强为 I。频率 $\nu=(E_2-E_1)/h$ 的光束，在不考虑饱和光强效应的情况下，在经过该工作介质后，其光强变为

$$I=I_0\mathrm{e}^{\sigma_{21}\Delta nL} \tag{12-24}$$

式中，$\Delta n=n_2-n_1g_2/g_1$ 为上、下能级粒子数密度之差，也称为激光的反转粒子数密度；$\sigma_{21}(\nu)$ 是受激发射横截面积(单位为 m^2)，仅与工作介质的特征有关：

$$\sigma_{21}(\nu,\nu_0)=\frac{A_{21}v^2}{8\pi\nu_0^2}g(\nu,\nu_0) \tag{12-25}$$

在中心频率处，均匀加宽介质的受激发射截面积为

$$\sigma_{21}^{\mathrm{H}}(\nu_0,\nu)=\frac{v^2A_{21}}{4\pi^2\nu_0^2\Delta\nu_H} \tag{12-26}$$

式中，$\Delta\nu_H$ 是均匀加宽谱线的宽度。非均匀加宽介质的受激发射面积为

$$\sigma_{21}^{D}(\nu,\nu_0)=\sqrt{\frac{\ln 2}{16\pi^3}}\frac{v^2A_{21}}{\nu_0^2\Delta\nu_D} \tag{12-27}$$

式中，$\Delta\nu_D$ 是非均匀加宽的线宽。

从热平衡条件下粒子数密度的玻耳兹曼分布可以看出，对于(E_2-E_1)处在可见光波段，温度处在室温的条件下，上能级的粒子数密度约为下能级的 10^{-44} 倍。因此，在忽略 n_2 后，(12-24)式变为

$$I=I_0\exp(-\sigma_{21}n_1L)=I_0\exp(-\alpha_{21}L) \tag{12-28}$$

式中，$\alpha_{21}=\sigma_{21}n_1$ 为吸收系数(单位为 m^{-1})。这时 $I<I_0$，介质呈现吸收的特性，光在吸收介质中的传播服从上式所给出的比尔定律。

当激光工作介质满足

$$\Delta n>0 \quad 或 \quad \frac{g_1n_2}{g_2n_1}>1 \tag{12-29}$$

时，激光工作介质达到了粒子数密度的反转状态，并且有 $I>I_0$，说明激光工作介质对入射光产生了放大作用，光强随介质长度 L 呈指数增长，$I=I_0e^{g_{21}L}$，其中

$$g_{21}=\sigma_{21}\Delta n_{21} \tag{12-30}$$

是单位长度激光介质的增益系数，也称为小信号增益系数。

有关激光器的 σ_{21}、$\Delta\nu_{21}$、g_{21} 等参数列于表 12-26[2] 中。

表 12-26 激光介质有关参数的典型值[2]

激光介质	λ_{21}/nm	τ_2/s	$\Delta\nu_{21}$/Hz	$\Delta\lambda_{21}$/nm	σ_{21}/m^2	Δn_{21}/m^{-3}	L/m	g_{21}/m^{-1}
氦-氖	632.8	3×10^{-7}	2×10^{9}	2.7×10^{-3}	3×10^{-17}	5×10^{15}	0.2	0.15
氩	488.0	1×10^{-8}	2×10^{9}	1.6×10^{-3}	5×10^{-16}	1×10^{15}	0.2～1.0	0.5
氦-镉	441.6	7×10^{-7}	2×10^{9}	1.3×10^{-3}	8×10^{-18}	4×10^{16}	0.2～1.0	0.3
铜蒸气	510.5	5×10^{-7}	2×10^{9}	1.3×10^{-3}	8×10^{-18}	6×10^{17}	1.0～2.0	5
二氧化碳	10 600.0	4	6×10^{7}	2.2×10^{-2}	1.6×10^{-20}	5×10^{19}	0.2～2.0	0.8
准分子	248.0	9×10^{-9}	1×10^{13}	2	2.6×10^{-20}	1×10^{20}	0.5～1.0	2.6
若丹明 6G 染料	577.0	5×10^{-9}	5×10^{13}	60	1.2×10^{-20}	1×10^{22}	0.01	240
半导体 GaAs	800.0	1×10^{-9}	1×10^{13}	20	1×10^{-19}	10^{24}	0.000 25	100 000
Nd:YAG	1 064.1	2.3×10^{-4}	1.2×10^{11}	0.4	6.5×10^{-23}	1.6×10^{23}	0.1	10
钕玻璃	1 054.0	3×10^{-4}	7.5×10^{12}	26	4×10^{-24}	8×10^{23}	0.1	3
Cr:LiSAF	840.0	6.7×10^{-5}	9.0×10^{13}	250	5×10^{-24}	2×10^{24}	0.1	10
Ti:Al_2O_3	760.0	3.2×10^{-6}	1.5×10^{14}	400	4.1×10^{-23}	5×10^{23}	0.1	20

(四)激光器的速率方程

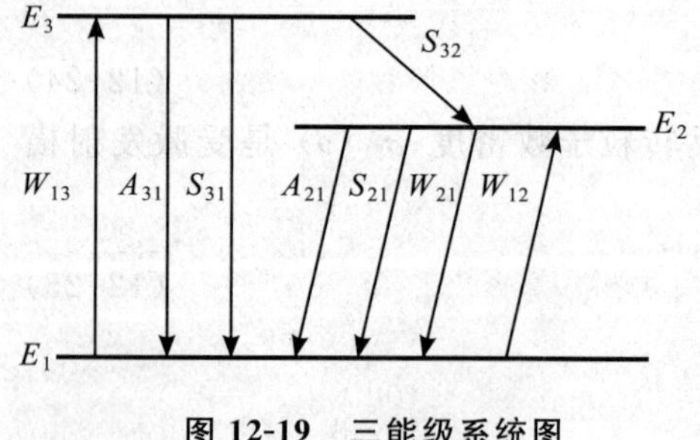

图 12-19 三能级系统图

1. 三能级系统

如图 12-19 所示，三能级系统的 E_1 能级为基态，E_2 和 E_3 能级是激发态。能级之间的受激吸收及发射速率用 W 表示；自发发射速率用 A 表示；无辐射跃迁速率用 S 表示，跃迁的方向利用下标说明，泵源将原子从基态激发到 E_3 能级，原子通过无辐射跃迁迅速弛豫到 E_2 能级。E_2 能级是亚稳态，寿命比较长，原子积累在 E_2 能级上，当反转粒子数密度 Δn 达到振荡阈值条件时，激光器开始振荡。该激光器振荡的某一模式的光子寿命为 τ_R，用 n 表示总的原子密度，三能级系统

的速率方程组为

$$\left.\begin{aligned}&\frac{\mathrm{d}n_3}{\mathrm{d}t}=n_1W_{13}-n_3(S_{32}+A_{31})\\&\frac{\mathrm{d}n_2}{\mathrm{d}t}=-\Delta n\sigma_{21}(\nu,\nu_0)vN-n_2(A_{21}+S_{21})+n_3S_{32}\\&n_1+n_2+n_3=n\\&\frac{\mathrm{d}N}{\mathrm{d}t}=\Delta n\sigma_{21}(\nu,\nu_0)vN-N/\tau_R\end{aligned}\right\}\tag{12-31}$$

式中，σ_{21} 为工作介质的发射截面，而 N 是激光场的光子数密度。因 S_{31} 远小于 S_{32} 和 A_{31}，已略去。

2. 四能级系统

如图 12-20 所示，四能级系统中 E_0 为基态（抽运低能级），E_3 为抽运高能级，E_2 和 E_1 能级是激光上、下能级。泵源将原子从基态激发到 E_3 能级，原子也是通过无辐射跃迁迅速弛豫到 E_2 能级。E_2 能级是亚稳态。

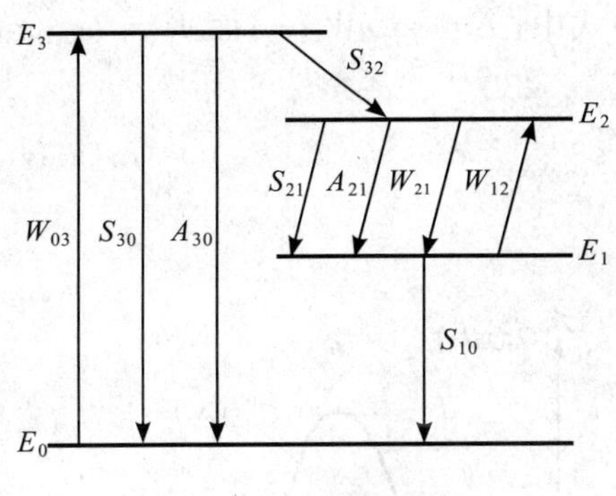

图 12-20　四能级系统

对于实际的激光四能级系统，要求 S_{30}，$A_{30}\ll S_{32}$ 以及 $S_{32}\gg A_{21}$，以保证激光上能级能够具有尽量多的粒子数。为简化起见，可略去 S_{30}。另外，还要求激光下能级的抽空速率 S_{10} 较大，以使粒子能迅速返回基态 E_0，而 $E_1-E_0\gg kT$，能够保证在热平衡条件下 E_1 能级上的粒子数可以忽略。这些条件实际上就是使激光能级之间的粒子数反转达到最大。忽略了 S_{30} 项后，四能级系统的速率方程为

$$\left.\begin{aligned}&\frac{\mathrm{d}n_3}{\mathrm{d}t}=n_0W_{03}-n_3(S_{32}+A_{30})\\&\frac{\mathrm{d}n_2}{\mathrm{d}t}=-\Delta n\sigma_{21}(\nu,\nu_0)vN-n_2(A_{21}+S_{21})+n_3S_{32}\\&\frac{\mathrm{d}n_0}{\mathrm{d}t}=n_1S_{10}-n_0W_{03}+n_3A_{30}\\&n_0+n_1+n_2+n_3=n\\&\frac{\mathrm{d}N}{\mathrm{d}t}=\Delta n\sigma_{21}(\nu,\nu_0)vN-N/\tau_R\end{aligned}\right\}\tag{12-32}$$

上式中忽略了 n_3W_{30} 项，因为 n_3 很小，故 $n_3W_{30}\ll n_0W_{03}$。

三能级激光器和四能级激光器的区别在于激光下能级。三能级激光器的激光下能级是基态。一般情况下总是有大量原子处于基态，因此三能级激光器不容易实现粒子数反转。四能级激光器的下能级是远离基态的激发态（$E_1-E_0\gg kT$），下能级上基本没有原子，比较容易实现振荡阈值条件。因此四能级激光器的效率比三能级激光器高得多。大多数激光器都是四能级系统。

对于四能级系统，定义从 E_3 能级转移到 E_2 能级上的原子数比例为第一量子效率 η_1：

$$\eta_1=\frac{S_{32}}{S_{32}+S_{30}+A_{30}}\tag{12-33}$$

E_2 能级上的原子数通过自发辐射产生的光子数比例为第二量子效率 η_2：

$$\eta_2=\frac{A_{21}}{S_{21}+A_{21}}\tag{12-34}$$

总量子效率 $\eta=\eta_1\eta_2$。

（五）增益系数及其饱和

1. 均匀加宽介质的增益系数及其饱和

以四能级系统分析激光器的增益系数及其饱和。对于有实际意义的四能级系统，一般有 $S_{10}\gg W_{03}$，$S_{32}\gg W_{03}$，$A_{30}\ll S_{32}$，从速率方程得到

$$\frac{\mathrm{d}\Delta n}{\mathrm{d}t}=-\Delta n\sigma_{21}(\nu,\nu_0)vN-\Delta n/\tau_2+n_0W_{03}$$

式中，$\tau_2=1/(A_{21}+S_{21})$ 为 E_2 能级寿命。在稳态时上式为 0，且 $n_0\approx n$，从而有

$$\Delta n=\frac{nW_{03}\tau_2}{1+\sigma_{21}(\nu_1,\nu_0)v\tau_2N}$$

代入(12-25)式和均匀加宽线型函数表达式，对于频率为 ν_1 的激光模式，得到

$$\Delta n(\nu_1,\nu_0)=\frac{(\nu_1-\nu_0)^2+\left(\frac{\Delta\nu_H}{2}\right)^2}{(\nu_1-\nu_0)^2+\left(\frac{\Delta\nu_H}{2}\right)^2\left(1+\frac{I_{\nu_1}}{I_s}\right)}\Delta n^0 \qquad (12\text{-}35)$$

式中，$\Delta n^0=nW_{03}\tau_2$，而 $I_s=h\nu_0/\sigma_{21}\tau_2$ 为饱和光强。因此，Δn 将随 I_ν 的增大而下降。相应的增益系数为

$$G_H(\nu_1,\nu_0)=G_H^0(\nu_0)\frac{\left(\frac{\Delta\nu_H}{2}\right)^2}{(\nu_1-\nu_0)^2+\left(\frac{\Delta\nu_H}{2}\right)^2\left(1+\frac{I_{\nu_1}}{I_s}\right)} \qquad (12\text{-}36)$$

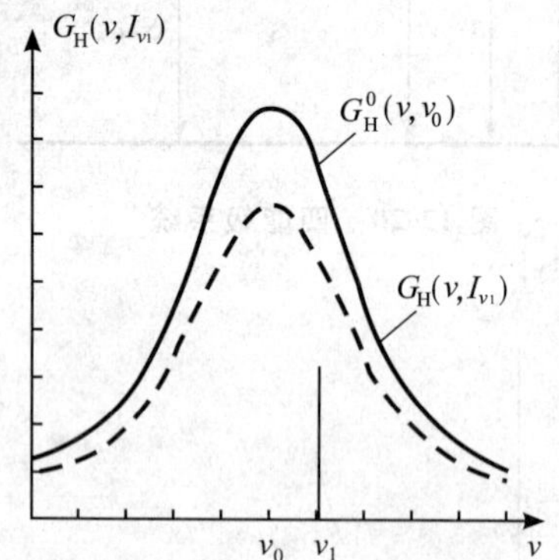

图 12-21　均匀加宽介质增益系数的饱和

式中，$G_H^0(\nu_0)=\Delta n^0\sigma_{21}$ 为中心频率的小信号增益系数。

式(12-36)表明，增益系数随光强的增加而降低，这种效应称为增益饱和效应。在均匀加宽的情况下，增益系数随光强的变化如图 12-21 所示。

2. 多普勒加宽介质的增益系数

对多普勒加宽气体工作物质，中心频率在 ν_0' 到 $\nu_0'+\mathrm{d}\nu_0'$ 的反转粒子数密度为

$$\mathrm{d}\Delta n=\Delta n g_D(\nu_0',\nu_0)\mathrm{d}\nu_0'$$

这一部分反转粒子数密度饱和情况和对增益系数的贡献，可以按照均匀加宽的情况进行计算。总的增益系数是所有各种表观中心频率原子对增益贡献的总和：

$$G_i(\nu,I_\nu)=\int_0^\infty\sigma_{21}(\nu_0,\nu_0')\mathrm{d}\Delta n\approx\frac{v^2A_{21}\Delta n^0}{4\pi^2\nu_0^2\Delta\nu_H}\int_{-\infty}^{\infty}\frac{(\Delta\nu_H/2)^2}{(\nu-\nu_0')^2+(\Delta\nu_H/2)^2(1+I_\nu/I_s)}g_D(\nu_0',\nu_0)\mathrm{d}\nu_0'$$

对于非均匀加宽，有 $\Delta\nu_D\gg\Delta\nu_H$，因此 $g_D(\nu_0',\nu_0)$ 可以近似作为常数 $g_D(\nu,\nu_0)$ 提出积分号外，近似得到

$$G_i(\nu,I_\nu)=\frac{v^2A_{21}}{8\pi\nu_0^2}\Delta n^0g_D(\nu,\nu_0)\frac{1}{\sqrt{1+I_\nu/I_s}}$$

中心频率处的小信号增益系数为

$$G_i^0(\nu_0)=\frac{v^2A_{21}}{4\pi\nu_0^2\Delta\nu_D}\Delta n^0\left(\frac{\ln 2}{\pi}\right)^{\frac{1}{2}} \qquad (12\text{-}37)$$

非均匀加宽介质增益系数为

$$G_i(\nu,I_\nu)=\frac{G_i^0(\nu_0)}{\sqrt{1+I_\nu/I_s}}\exp\left[-4\ln 2\frac{(\nu-\nu_0)^2}{\Delta\nu_D^2}\right] \qquad (12\text{-}38)$$

对于频率为 ν 的强光，反转粒子数密度由于饱和效应产生的下降是因为均匀加宽机制所引起的，因此，在频率 ν 附近，反转粒子数密度急剧下降，在 Δn-ν 曲线上形成一个中心为 ν，宽度约为 $\Delta\nu_H\sqrt{1+I_\nu/I_s}$ 的孔，如图 12-22 所示。上述反转粒子数密度在强光频率及其附近下降的现象，称为反转粒子数密度的“烧孔”效应。可以证明，四能级系统中受激辐射所产生的光子数目等于烧孔面积。

多普勒加宽的驻波型气体激光器中存在沿相反方向传播的两个波，因此在增益曲线上，正向与反向传输的模式产生的烧孔位置处于增益曲线两侧对称的位置(图 12-23)，称为兰姆凹陷。

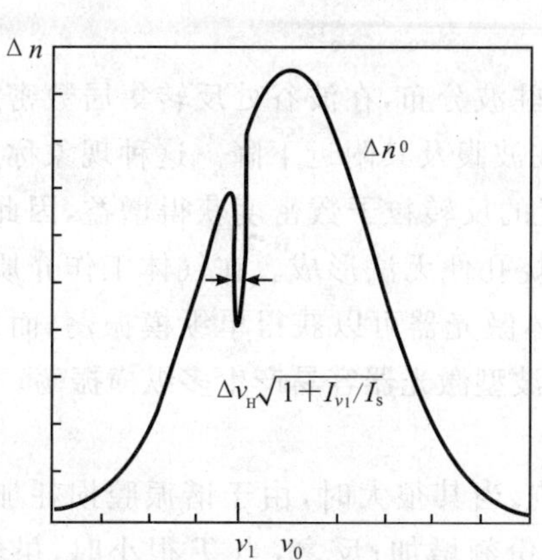

图 12-22　强光作用下非均匀加宽反转粒子数密度分布
在频率 ν_1 处出现"烧孔"

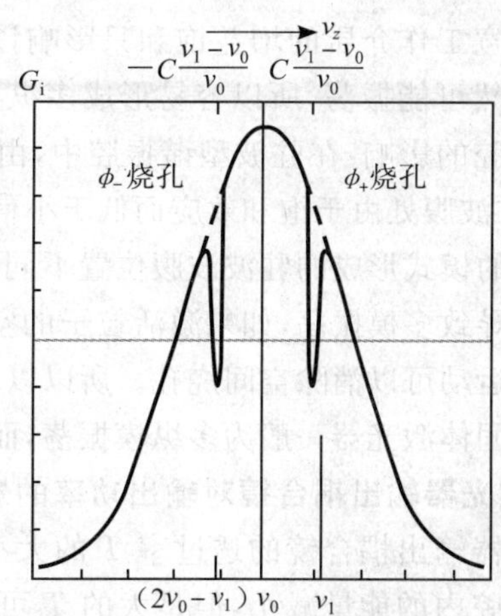

图 12-23　多普勒加宽驻波型激光器中相反方向传播的波在增益曲线上的对称位置"烧孔"

(六)激光器的振荡条件

激光器的谐振腔一般是由相距一段距离 L(腔长)的位置上放置两面反射镜而组成。谐振腔的损耗和激活介质的增益决定了激光器是否能够产生自激振荡。

假设腔内充满了激活介质,两面反射镜的光强反射率分别为 r_1 及 r_2,激活介质单位长度的吸收损耗系数为 α,光线在腔内一个单程所受到的散射损耗为 α_L,那么初始光强为 I_0 的光束经过腔内往返(即双程)传播后,其光强 I_1 为

$$I_1 = I_0 r_1 r_2 (1-\alpha_L)^2 \mathrm{e}^{(g-\alpha)2L}$$

激光器振荡的阈值条件即为 $I_1 > I_0$,当 $\alpha_L \ll 1$ 时,该条件可写为

$$gL \geqslant \delta \tag{12-39}$$

式中,δ 为谐振腔平均单程损耗因子:

$$\delta = \alpha L - \frac{1}{2}\ln r_1 r_2 + \alpha_L \tag{12-40}$$

(12-39)式称为激光器振荡的阈值条件,它表明激光器要能振荡,激活介质所提供的单位长度上的增益系数 g 必须能够补偿激光器单位长度的损耗 δ/L 。

用腔内光子平均寿命 τ_R 及谐振腔品质因素 Q 来表示腔损耗的表达式分别为

$$\tau_R = L/\delta c \tag{12-41}$$

$$Q = 2\pi\nu \frac{L}{\delta c} \tag{12-42}$$

因此,谐振腔损耗越大,单程损耗因子 δ 越大,平均光子寿命越短,而谐振腔的品质因数越低。

综上所述,我们可以对激光器振荡过程进行描述。由于泵浦对工作介质的作用,工作介质达到粒子数密度反转的状态,从而具有增益作用。但是,只有由腔镜轴线所决定的很小角度内的自发发射,才能够因镜面反射而反复多次通过激活介质而得到放大,形成自激振荡。初期,由于增益远大于损耗,光强得到迅速增加,当光强 I_ν 和饱和光强 I_s 可比拟时,增益系数下降,光强增加的速度减慢;最终,当增益系数等于损耗系数时,即满足(12-39)式时,激光器形成稳定振荡。

(七)激光振荡的工作特性

1. 激光器振荡模式

加宽机制的影响:对于均匀加宽工作介质的激光器,增益饱和使得增益曲线整体下降,但始终是中心频率 ν_0 附近获得最大的增益,当该频率处的增益能够补偿损耗,而损耗随频率变化不大的情况下,其余本征模式频率处的增益一定会低于损耗。因此,均匀加宽工作介质的激光器容易获得单纵横振荡。与此相反,由于

非均匀加宽工作介质的增益饱和只影响该频率附近很小的区域，处在增益大于损耗的频率范围中的其他本征模式仍然可能振荡，所以容易形成多纵模振荡。

谐振腔的影响：在驻波型谐振腔中，由于光场在光轴方向上的驻波分布，在波谷处反转集居数密度保持小信号值，在波腹处由于饱和效应而低于小信号值，反转集居数密度在波腹及其附近下降。这种现象称为空间烧孔。不同的模式形成的驻波波腹位置不同，都可以利用不同的位置的反转粒子数密度获得增益，因此，空间烧孔可能会导致多模振荡，如果激活粒子的空间转移十分迅速，空间烧孔便无法形成。在气体工作介质中，粒子迅速的热运动可以消除空间烧孔。所以以均匀加宽为主的高压气体激光器可以获得单纵模振荡，而以均匀加宽为主的固体激光器一般为多纵模振荡，而以非均匀加宽为主的驻波型激光器容易产生多纵横振荡。

2. 激光器输出耦合镜对输出功率的影响

激光器输出耦合镜的透过率 T 的大小对输出功率有双重影响。当其很大时，由于谐振腔损耗加大，使得激光振荡腔内的能量减小，但是大的 T 可以使输出腔外的能量的份额增加；反之，当 T 很小时，虽然腔的损耗变小可以获得较大的腔内能量，但是输出腔外的激光能量的份额降低。因此，适当选择耦合镜的透射率，才能获得最大的激光输出功率。

对驻波型谐振腔输出功率进行分析，可以得到输出反射镜的最佳透射率为

$$T_m = \sqrt{2G_m l a} - a \tag{12-43}$$

此时，输出激光功率的最大值为

$$P_m = \frac{1}{2} I_s S_{eff} (\sqrt{2G_m l} - \sqrt{a})^2 \tag{12-44}$$

式中，a 为除耦合损耗以外的其他所有损耗往返一周的指数损耗因子，G_m 为小信号增益系数，l 为激光工作介质长度，S_{eff} 为光束的有效横截面积。图 12-24 给出了 T_m 依赖于 $2G_m l$ 的计算曲线，图 12-25 给出了输出功率依赖于透射率的计算曲线。

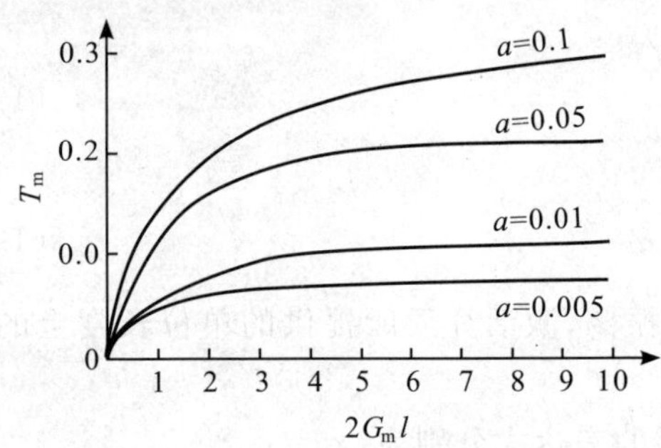

图 12-24　T_m 和 $2G_m l$ 的关系

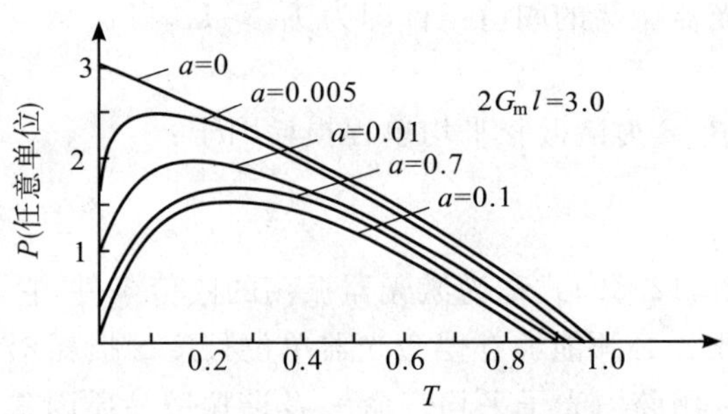

图 12-25　输出激光功率和透射率的关系

3. 频率牵引

根据经典理论，增益介质的折射率具有色散的特性，一般可将折射率 $\eta(\nu)$ 写为

$$\eta(\nu) = \eta_0 + \Delta\eta(\nu)$$

式中，η_0 为增益系数为 0（无源）折射率。由于色散的存在，有源谐振腔的纵模频率为

$$\nu_q = \frac{qc}{2\eta L} = \frac{qc}{2L(\eta_0 + \Delta\eta(\nu_q))} \approx \nu_q^0 \left[1 - \frac{\Delta\eta(\nu_q)}{\eta_0}\right]$$

式中，$\nu_q^0 = qc/(2L\eta_0)$ 为无源谐振腔的纵模频率，c 为光速。因此，有源和无源情况下的纵模频率差为

$$\nu_q - \nu_q^0 = -\nu_q^0 \frac{\Delta\eta(\nu_q)}{\eta_0}$$

对于具有洛伦兹线型的均匀加宽增益介质，折射率一般可写为

$$\Delta\eta_H(\nu) = \frac{c(\nu_q - \nu_0)}{2\pi\nu_0 \Delta\nu_H} G_H(\nu, I_\nu)$$

对于稳态，假设工作物质的长度和增益介质的长度相等，则 $G_H(\nu_q, I_{\nu_q}) = \delta/L$，有

$$\nu_q-\nu_q^0=-\frac{\Delta\nu_c}{\Delta\nu_H}(\nu_q-\nu_0) \tag{12-45}$$

式中，$\Delta\nu_c=c\delta/2\pi\eta^0L$ 为无源腔线宽。从(12-45)式可以看出，当 $\nu_q-\nu_0>0$ 时，$\nu_q-\nu_q^0<0$；当 $\nu_q-\nu_0<0$ 时，$\nu_q-\nu_q^0>0$。因此，有源谐振腔的谐振频率 ν_q 总是比无源谐振腔的谐振频率 ν_q^0 更靠近中心频率 ν_0。这种现象称为频率牵引。对于均匀加宽，表征频率牵引强弱的牵引量 σ_H 为

$$\sigma_H=-\frac{\nu_q-\nu_q^0}{\nu_q-\nu_0}=\frac{\Delta\nu_c}{\Delta\nu_H} \tag{12-46}$$

对于多普勒加宽，频率牵引现象同样存在。当稳态工作时，相关的公式为

$$\nu_q-\nu_q^0=-2\sqrt{\frac{\ln 2}{\pi}}\frac{\Delta\nu_c}{\Delta\nu_D}\sqrt{1+\frac{I_{\nu_q}}{I_s}}(\nu_q-\nu_0) \tag{12-47}$$

$$\sigma_i=-\frac{\nu_q-\nu_q^0}{\nu^q-\nu_0}=2\sqrt{\frac{\ln 2}{\pi}}\frac{\Delta\nu_c}{\Delta\nu_D}\sqrt{1+\frac{I_{\nu_q}}{I_s}} \tag{12-48}$$

4. 弛豫振荡

实验表明，脉冲泵浦激光器输出的激光脉冲并不是一个平滑的光脉冲，而是一系列微秒量级宽度的激光脉冲，如图 12-26 所示。泵源激励越强，脉冲宽度越窄。这种现象称为弛豫振荡或尖峰振荡。这种现象的原因是激光腔内光子数密度和反转粒子数密度互相影响的结果。

当泵源激励使反转粒子数密度超过阈值时，激光器开始振荡，腔内光子数密度迅速增加。饱和效应使反转粒子数密度和腔内光子数密度的增加速率减小，当反转粒子数密度达到阈值时，腔内光子密度达到最大值。饱和效应使反转粒子数密度进一步减小到阈值以下，腔内光子密度从最大值开始迅速减小。当饱和效应和泵源的共同作用使反转粒子数密度不再减小时，腔内光子密度减小速率降低，反转粒子数密度从最小值开始增加，腔内光子密度仍然减小；当反转粒子数密度上升到阈值时，腔内光子密度不再减小，达到最小值，形成第一个脉冲；反转粒子数密度进一步增加到阈值以上，腔内光子密度从最小值迅速增加，第二个脉冲开始形成。在一个脉冲激励时间内，这个过程会反复进行，从而形成多个激光脉冲输出。泵源激励越强，激光脉冲越窄。

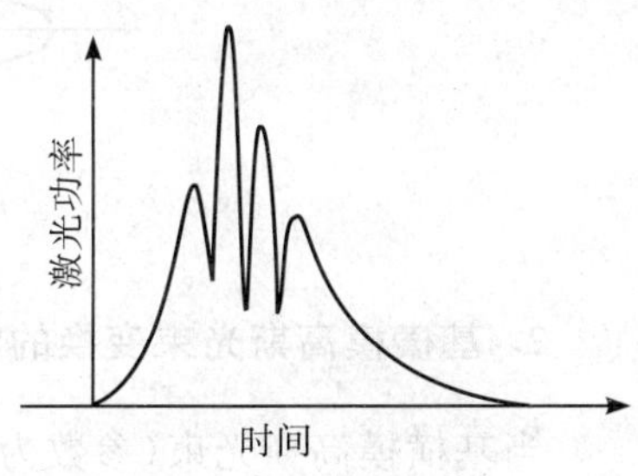

图 12-26　弛豫振荡

二、激光谐振腔及激光光束特性

(一)激光光束特性

1. 基横模高斯光束及其在自由空间中的传输

从一台激光器发出的激光光束是场振幅沿径向作高斯函数衰减变化的高斯光束。光波场分布满足电磁波的麦克斯韦方程组。在时谐条件下，光波电场强度的复振幅满足亥姆霍兹方程。各类高斯光束电场是该方程在慢变化振幅近似下的特解。

基横模高斯光束的表达式为

$$E(x,y,z)=E_0\frac{w_0}{w(z)}e^{i\eta(z)-ikz}\exp\left[-\frac{ikr^2}{2\rho(z)}-\frac{r^2}{w^2(z)}\right] \tag{12-49}$$

式中，w_0 为光腰半径，$w(z)$ 为光斑半径，$\eta(z)$ 为附加相移，$\rho(z)$ 为等相位面曲率半径，而坐标 z 是以光腰为原点计算的。光束的共焦参数 $z_0=\pi w_0^2/\lambda$，则

$$w(z)=w_0\left[1+\left(\frac{z}{z_0}\right)^2\right]^{1/2} \tag{12-50}$$

$$\rho(z)=z\left[1+\left(\frac{z_0}{z}\right)^2\right] \tag{12-51}$$

$$\eta(z)=\arctan\left(\frac{z}{z_0}\right) \tag{12-52}$$

若用 $q(z)$ 参数表示，有

$$1/q(z) = 1/\rho(z) - \mathrm{i}\lambda/\pi w^2(z) \tag{12-53}$$

则高斯光束写为

$$E(x,y,z) = E_0 \frac{w_0}{w(z)} \exp\left\{-\mathrm{i}\left[kz - \eta(z) + \frac{kr^2}{2q(z)}\right]\right\} \tag{12-54}$$

在任意一个与 z 轴共面的平面上，$w(z)$ 的轨迹为双曲线，双曲线方程为

$$\frac{w^2(z)}{w_0^2} - \frac{z^2}{z_0^2} = 1 \tag{12-55}$$

若以渐近线与 z 轴的夹角 θ_0 来衡量光束的发散程度，则

$$\theta_0 = \arctan\frac{r}{z} \approx \frac{\lambda}{\pi w_0} \tag{12-56}$$

θ_0 称为基横模高斯光束的发散角。

高斯光束在自由空间如图 12-27 所示，可见高斯光束是光腰处等相位面为平面，在传播中光斑半径作双曲线变化，而等相位面球面曲率中心不断移动的、振幅为高斯函数变化的近似球面波。

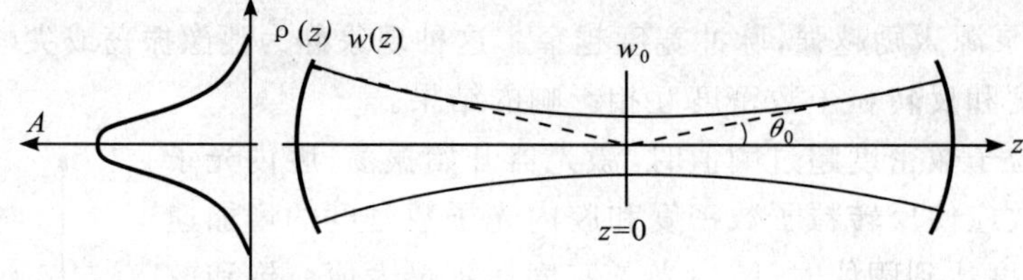

图 12-27　基横模高斯光束

2. 基横模高斯光束变换的 *ABCD* 定律

当基横模高斯光束(参数为 q_1)入射到变换矩阵为 $\begin{pmatrix} A & B \\ C & D \end{pmatrix}$ 的光学系统时，经过该光学系统的变换，出射高斯光束参数 q_2 满足以下的 *ABCD* 定律：

$$q_2 = \frac{Aq_1 + B}{Cq_1 + D} \tag{12-57}$$

该定律也可写为

$$\frac{1}{q_2} = \frac{C + D/q_1}{A + B/q_1} \tag{12-58}$$

常见光学元件的变换矩阵如表 12-27 所示。

表 12-27　变换矩阵表[6]

1	均匀介质	l；n　n　n；RP_1　RP_2；z	$\begin{pmatrix} 1 & l \\ 0 & 1 \end{pmatrix}$	透射矩阵
2	折射率突变的球面	n_1　R　n_2；z；$RP_1\,RP_2$	$\begin{pmatrix} 1 & 0 \\ \dfrac{n_2 - n_1}{n_2 R} & \dfrac{n_1}{n_2} \end{pmatrix}$	透射矩阵
3	薄 透 镜	f；z；RP_1　RP_2	$\begin{pmatrix} 1 & 0 \\ -\dfrac{1}{f} & 1 \end{pmatrix}$	透射矩阵

续表

4	球面反射镜		$\begin{pmatrix} 1 & 0 \\ -\frac{2}{R} & 1 \end{pmatrix}$	反射矩阵
5	正透镜介质		$\begin{pmatrix} \cos\beta l & \frac{1}{\beta}\sin\beta l \\ -\beta\sin\beta l & \cos\beta l \end{pmatrix}$ $n=n_0\left(1-\frac{1}{2}\beta^2 r^2\right),\beta>0$	透射矩阵
6	负透镜介质		$\begin{pmatrix} \mathrm{ch}\,\beta l & \frac{1}{\beta}\mathrm{sh}\,\beta l \\ -\beta\,\mathrm{sh}\,\beta l & \mathrm{ch}\,\beta l \end{pmatrix}$ $n=n_0\left(1+\frac{1}{2}\beta^2 r^2\right),\beta>0$	透射矩阵

当光线顺序穿过变换矩阵分别为 $\boldsymbol{T}_1$、$\boldsymbol{T}_2$、…、$\boldsymbol{T}_m$ 的 m 个光学元件组成的光学系统时，该系统的变换矩阵等于这些元件各自的变换矩阵反序的乘积：

$$\boldsymbol{T}=\boldsymbol{T}_m\boldsymbol{T}_{m-1}\cdots\boldsymbol{T}_1 \tag{12-59}$$

根据这一原则，以基本的变换矩阵为基础，可以计算出多个元件组合系统的变换矩阵。

薄透镜对高斯光束的变换（如图 12-28 所示）的公式为

$$\frac{l_2-f}{l_1-f}=\left(\frac{w_{02}}{w_{01}}\right)^2=\frac{f^2}{(l_1-f)^2+z_{01}^2} \tag{12-60}$$

式中参数的意义如图 12-28 所标，$z_{01}=\pi w_{01}^2/\lambda$ 为入射高斯光束的共焦参数。

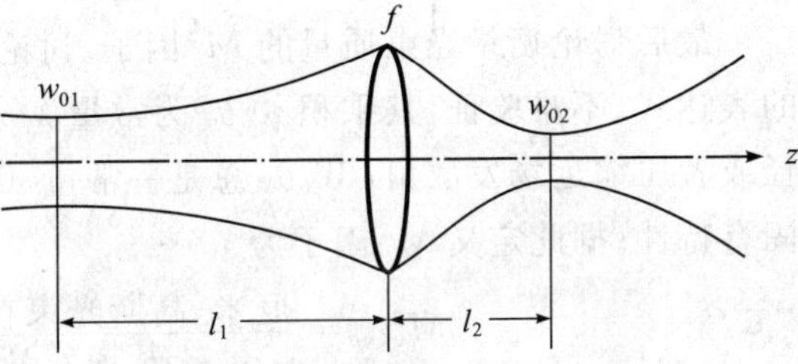

图 12-28　薄透镜对高斯光束的变换

3. 高阶厄米-高斯光束及 M^2 因子

在直角坐标系下，利用慢变化振幅近似，可以得到高阶高斯光束的表达式为

$$E(x,y,z)=E_0\frac{w_0}{w_{00}(z)}\mathrm{H}_m\left[\frac{\sqrt{2}x}{w(z)}\right]\mathrm{H}_l\left[\frac{\sqrt{2}y}{w(z)}\right]\exp\left\{-\mathrm{i}\left[kz-(m+l+1)\arctan\frac{z}{z_0}+\frac{\pi r^2}{2q(z)}\right]\right\} \tag{12-61}$$

当 m 与 l 取不同的自然数时，得到不同的场分布，称为厄米-高斯光束，记为 TEM_{ml}。

前几阶厄米多项式为

$$\mathrm{H}_0=1,\mathrm{H}_1(t)=2t,\mathrm{H}_2(t)=4t^2-2 \tag{12-62}$$

m，$l=0,1,2$ 的厄米-高斯光束在横平面内形成的光强分布花样如图 12-29 所示。所以，当$m=l=0$时，它所代表的光束是基横模高斯光束 TEM_{00}。对于 $m=l\neq 0$ 的厄米-高斯光束，除了场振幅包络的径向高斯衰减分布外，其光强还在横平面的两个坐标轴上由于厄米多项式变化而形成振幅变化的多个起伏。可以看出，在该两个横坐标轴方向上，分别存在 m 条和 l 条节线（电场振幅为 0 的点所组成）。

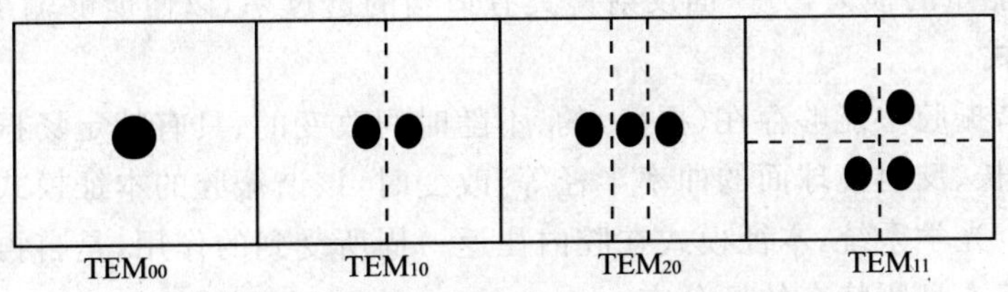

图 12-29　高阶厄米-高斯光束的强度图案

无论 m 及 l 的取值为多少，各阶厄米-高斯光束的等相位面曲率半径 $\rho(z)$ 是相同的，其等相位面是重合（兼并）的。

在基横模高斯光束中，$z=z_0$ 处的光斑半径 w 的平方，刚好是其横坐标平方在基模模场分布下平均值的 4 倍。因此，可以类似地定义高阶厄米-高斯光束的光斑半径。高阶厄米-高斯光束在 x 方向的场分布写为

$$F_m(t)=C_m\mathrm{H}_m(t)\exp\left(-\frac{t^2}{2}+\mathrm{i}\,m\arctan\frac{z}{z_0}\right) \tag{12-63}$$

式中，$t=\sqrt{2}\,x/w(z)_{00}$，而 $w(z)_{00}$ 表示基横模高斯光束的光斑半径。高阶厄米-高斯光束在 x 方向上的光斑半径 $w(z)_m$ 的定义为

$$w^2(z)_m=\frac{4\int_{-\infty}^{+\infty}F_m(t)x^2F_m^*(t)\,\mathrm{d}t}{\int_{-\infty}^{+\infty}|F_m(t)|^2\,\mathrm{d}t} \tag{12-64}$$

可以得到

$$w^2(z)_m=(2m+1)w^2(z)_{00} \tag{12-65}$$

对高阶厄米-高斯光束在 y 方向的光斑半径 $w(z)_l$，结果是类似的：

$$w^2(z)_l=(2l+1)w^2(z)_{00} \tag{12-66}$$

因此，当 $m\neq l$ 时，x 方向的光斑半径 $w(z)_m$ 不等于 y 方向的光斑半径 $w(z)_l$，m、l 越大，高阶厄米-高斯光束的光斑半径越大，其场分布在空间也就越发散。

在 x、y 方向上高阶厄米-高斯光束的远场发散角 θ_m 及 θ_l 分别为基横模高斯光束的远场发散角 θ_0 的 $\sqrt{2m+1}$ 和 $\sqrt{2l+1}$ 倍。

最后讨论衡量光束质量的 M^2 因子。讨论基横模高斯光束特性时，我们得到了其光腰半径及远场发散角的表达式。不难验证，其乘积 $w_0\theta_0$ 为常量 λ/π 。即使采用各种光学变换方法，例如聚焦或准直来减小光腰半径或者压缩远场发散角，$W_0\theta_0$ 总是一常量。因此，光腰半径与远场发散角之乘积，反映了基横模高斯光束的固有特性。据此定义 M^2 因子为

$$M^2_{x(y)}=\frac{\text{厄米-高斯光束在 }x(y)\text{ 方向上光腰半径与远场发散角之积}}{\text{基横模高斯光束光腰半径与远场发散角之积}} \tag{12-67}$$

显然，对于基横模高斯光束，$M^2=1$，这是 M^2 因子的极小值。

对于高阶厄米-高斯光束，随着模阶数 m（或 l）的增加，其光腰半径及发散角与基横模高斯光束相比偏差越来越大，光腰半径与远场发散角之积越大。高斯光束在 x、y 方向上的 M^2 因子分别为

$$\left.\begin{aligned}M_x^2&=2m+1\\M_y^2&=2l+1\end{aligned}\right\} \tag{12-68}$$

显然，高阶厄米-高斯光束的 M^2 因子大于 1。

（二）谐振腔

光学谐振腔是激光器的重要组成部分。它的作用是提供激光振荡所必需的负反馈，选择振荡模式，并且为激光输出腔外提供一定的耦合。

开式光学谐振腔由线度有限的两面光学反射镜相距一段距离（腔长）共轴放置而形成。一面反射镜的反射率尽量接近 1，以减小能量的损失，另一面反射镜具有适当的透过率，以便能够输出一定的能量。

1. 谐振腔的本征模式

本征模式是所研究谐振腔中能够存在（振荡）的、不随时间改变的、具有特定场振幅分布的电磁场。当谐振腔的几何参数（例如腔长、反射镜球面的曲率半径等）改变时，该谐振腔的本征模式场振幅分布也会发生改变。把谐振腔看作是一个光学系统，本征模式在腔内往返一周所受到的作用，是自再现变换，也就是说，本征模式能够在腔内自再现其本身所特有的场分布。

考虑如图 12-30 所示的两镜谐振腔。假设其本征模式是厄米-高斯光束，其形式为

$$\boldsymbol{E}(x,y,z)=\boldsymbol{E}_0\frac{w_0}{w(z)}\mathrm{H}_m\left[\frac{\sqrt{2}x}{w(z)}\right]\mathrm{H}_l\left[\frac{\sqrt{2}y}{w(z)}\right]\exp\left\{-\mathrm{i}[kz-(m+l+1)\eta(z)]-\frac{\mathrm{i}kr^2}{2q(z)}\right\}$$
$$(m,\ l=0,1,2,3,\cdots) \tag{12-69}$$

其光腰位于 $z=0$ 处，将两面腔镜分别置于 z_1 及 z_2 处（$z_1<0, z_2>0$），则腔长 $L=z_2-z_1$，当厄米-高斯光束在腔内 $z=0$ 处出发，在腔内往返一周回到出发位置时，光场的相位变化为

$$\Delta\varphi=2kL-2(m+l+1)\left(\arctan\frac{z_2}{z_0}-\arctan\frac{z_1}{z_0}\right)$$

式中，z_0 为共焦参数。根据振荡的相位条件，得到谐振腔本征模式的振荡频率为

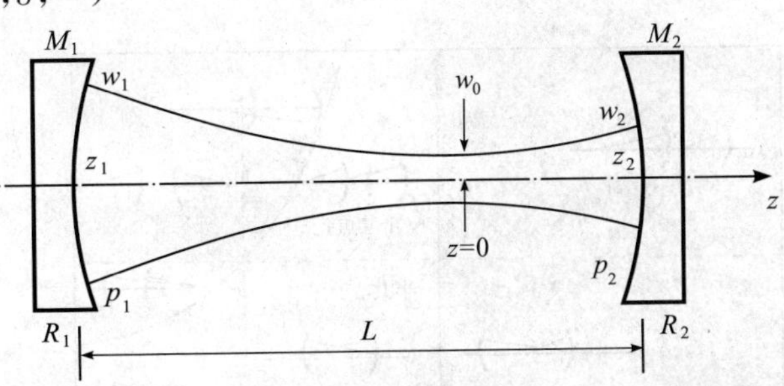

图 12-30　球面两镜开腔

$$\nu_{mlq}=q\frac{c}{2\eta L}+\frac{c}{2\pi\eta L}(m+l+1)\left(\arctan\frac{z_2}{z_0}-\arctan\frac{z_1}{z_0}\right) \tag{12-70}$$

与正整数 q 有关的模式称为谐振腔的纵模。相邻纵模（$m+l$ 相等而 $\Delta q=1$）的频率间隔 $\Delta\nu_q$ 为

$$\Delta\nu_q=\frac{c}{2\eta L} \tag{12-71}$$

对于 m、l 为较小的正整数的本征模式，谐振腔腔长 L 近似为半波长的整数(q)倍。腔内光场将形成驻波结构。

与下角标 m、l 有关的模式称为横模，相邻横模（q 相等而 $\Delta(m+l)=1$ 的频率间隔为

$$\Delta\nu_{ml}=\frac{c}{2\pi\eta L}\left(\arctan\frac{z_2}{z_0}-\arctan\frac{z_1}{z_0}\right) \tag{12-72}$$

因此，那些 q 相等且($m+l$) 相等的横模具有相同的振荡频率。也就是说，这些模式的振荡频率是简并的。谐振腔的本征模式谐振频率，形成如图 12-31 所示的梳状振荡频率谱。

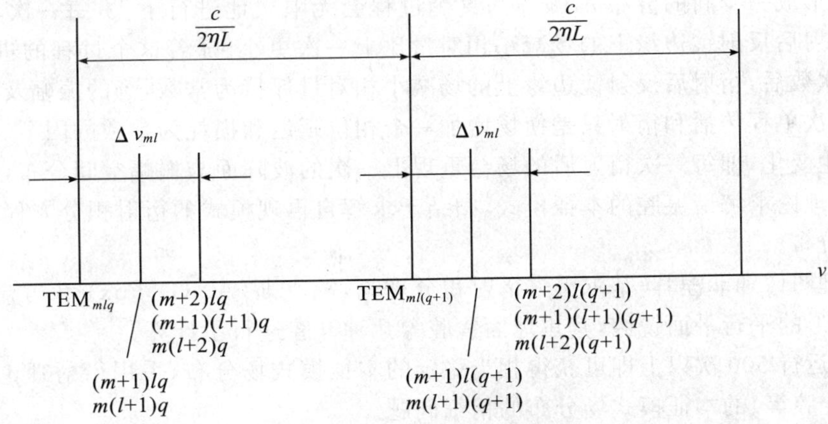

图 12-31　谐振腔的振荡频谱

2. 谐振腔的特征

光学谐振腔实际上是一个光学系统，以 M_1 为参考平面，往返一周的变换矩阵 $\boldsymbol{T}$ 为

$$\boldsymbol{T}=\begin{pmatrix}A & B\\ C & D\end{pmatrix}=\begin{pmatrix}1 & 0\\ -2/R_1 & 1\end{pmatrix}\begin{pmatrix}1 & L\\ 0 & 1\end{pmatrix}\begin{pmatrix}1 & 0\\ -2/R_2 & 1\end{pmatrix}\begin{pmatrix}1 & L\\ 0 & 1\end{pmatrix}$$
$$=\begin{bmatrix}1-\dfrac{2L}{R_2} & 2L\left(1-\dfrac{L}{R_2}\right)\\ -\dfrac{2}{R_1}-\dfrac{2}{R_2}+\dfrac{4L}{R_1R_2} & -\dfrac{2L}{R_1}+\left(1-\dfrac{2L}{R_1}\right)\left(1-\dfrac{2L}{R_2}\right)\end{bmatrix} \tag{12-73}$$

当谐振腔往返一周，变换矩阵对角元满足

$$-1<\frac{1}{2}(A+D)<1 \tag{12-74}$$

时，谐振腔是稳定的，而当

$$\frac{1}{2}\mid A+D\mid > 1 \tag{12-75}$$

时，谐振腔是非稳定的。

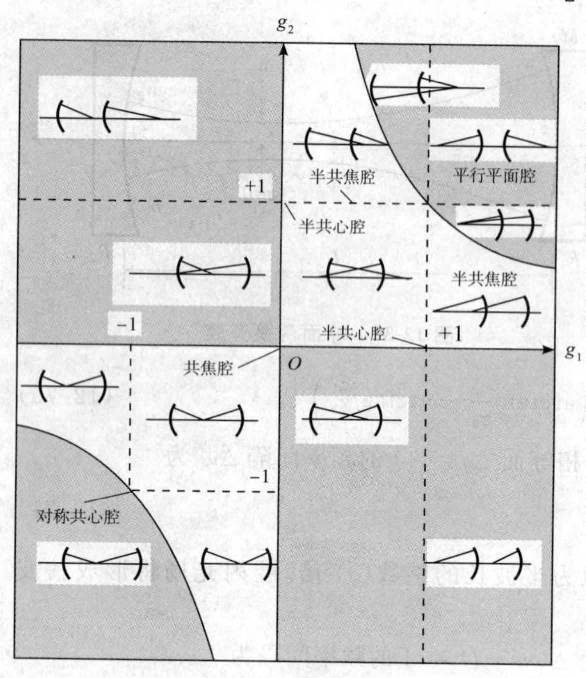

图 12-32 谐振腔的稳定区图

对于稳定腔而言，腔内能够存在自再现的用 q 参数表示的高斯光束，其本征模式或者自再现模式是高斯模式。该模式在腔内往返时不会逸出腔外，其几何偏折损耗为 0。

对于所讨论的谐振腔，将(12-73)式的结果代入，稳定性条件可表示为

$$0 < g_1 g_2 < 1 \tag{12-76}$$

式中，$g_i = 1 - L/R_i, i = 1,2$。

满足 $g_1 g_2 = 0$ 或者 $g_1 g_2 = 1$ 条件的谐振腔是临界腔。对该类谐振腔要作具体的分析。例如，当 $R_1 = R_2 = R$ 时，$g_1 = g_2 = 0$，两面反射镜的焦点重合，并处在谐振腔的中心处($L/2$)，这种对称共焦腔实际上是稳定腔。以 g_1 和 g_2 为坐标轴表示的谐振腔稳定区如图 12-32 所示。

(三)开腔模式的衍射理论

考虑如图 12-30 所示的开放谐振腔中往返传播的一列波。假设初始时在镜 M_1 上的场分布为均匀平面波 $u_0(x,y)=1$；到达镜 M_2 时，由于镜 M_2 边缘上的衍射，使反射镜边缘上的场大大减小，M_2 上将形成一个新的分布 $u_1(x,y)$；经过镜 M_2 反射到达镜 M_1 时，由于镜 M_1 边缘上的衍射，反射镜边缘上的场再一次减小，但因为经过第一次衍射后边缘上的场已经减小，所以减小相对量比第一次小，又形成一个新的分布 $u_2(x,y)$；这个过程会无限次地进行下去，每一次单程传播都会经历一次衍射。每一次衍射后反射镜边缘上的场减小相对量比上一次更小。随着这个过程的进行，可以预计在往返传播达到足够的次数后，衍射后反射镜边缘上的场减小相对量保持为常数，场的振幅及相位分布也不再发生变化。以后的每一次单程传播和衍射只是使场增加一个相位延迟和损耗为常数的因子，场的波阵面与振幅空间分布则不再发生变化，即每一次衍射后的场会重现上一次的波阵面与振幅空间分布，形成自再现模式。

因此，使用衍射理论求解谐振腔的本征模式，归结于求解自再现模式的衍射积分方程的本征解 $u(x,y)$，从而获得场的横向分布。

根据以上的物理图像和菲涅耳-基尔霍夫衍射积分理论，福克斯(A. G. Fox)和厉鼎毅(Li Tingye)等人对条状、矩形及圆形的平行平面镜腔，其焦球面镜腔等几种开腔进行了计算。

在实际计算中，运行 500 次以上即可获得相当稳定的本征模式场分布，采用衍射理论，可以解决所有谐振腔(稳定腔，非稳定腔等)的本征模式场分布的精细问题。

(四)稳定谐振腔的几何理论

谐振腔几何光学理论中，本征模式在腔内往返一周所受到的作用，是用谐振腔往返一周的变换矩阵所代表的。稳定腔高斯本征模式可以用复曲率半径(q 参数)表示，非稳定腔几何自再现波型的本征模式可以用实曲率半径 R 表示，其变换规律均用 *ABCD* 定律描述。因此，本征模式的求解又可以归结为自再现条件下 *ABCD* 定律方程的求解。

对于稳定腔，假设以镜 M_1 为参考平面，激光模式参数用 q 表示，经过往返一周传输变换能够实现自再现，按照 *ABCD* 定律，则

$$q = \frac{Aq+B}{Cq+D}$$

由于 $q = z_1 + \mathrm{i}\pi w_0^2/\lambda$，我们可以分别得到参考平面处本征模式的等相位面曲率半径 ρ，光斑半径 w，以及光腰半径 w_0 及其距参考平面 M_1 的距离 z_1：

$$\left.\begin{aligned} z_1 &= \frac{A-D}{2C} \\ w_0^2 &= \frac{\lambda}{\pi}\frac{\sqrt{1-(A+D)^2/4}}{|C|} \\ \rho &= 2B/(D-A) \\ w^2(z_1) &= \frac{\lambda}{\pi}\frac{|B|}{\sqrt{1-(\frac{A+D}{2})^2}} \end{aligned}\right\} \tag{12-77}$$

(五)非稳定腔

非稳定腔是往返一周变换矩阵元素满足 $|A+D|/2>1$ 的谐振腔。其几何偏折损耗不等于0,自再现模式是几何自再现球面波模式。

几何自再现球面波的参数在参考平面 M 处用 ρ 表示,根据球面波变换的 $ABCD$ 定律,自再现球面波模式满足

$$\rho = \frac{A\rho+B}{C\rho+D} \tag{12-78}$$

$$\rho_{+,-} = \frac{A-D}{2C} \pm \frac{\sqrt{[(A+D)/2]^2-1}}{C} \tag{12-79}$$

当 $(A+D)/2>1$ 时,取正号的解 ρ_+ 为合理解,满足上式的非稳定腔,称为正支非稳定腔。而当 $(A+D)/2<-1$ 取负号的解 ρ_- 为合理解,其对应着负支非稳定腔。

确定了参考平面(镜 M_1)处自再现波形的曲率半径 ρ_1,实际上也确定了该球面波的球心 p_1。从该球心发出的球面波,到达参考平面(镜 M_1)的曲率半径即为 ρ_1,当继续传播到另一面反射镜 M_2 时的曲率半径为 ρ_1+L,经该面反射镜变换后曲率半径等于 ρ_2 的球面波,其球心为 p_2,从 p_2 点发出的球面波到达镜 M_1 并经其反射后成为曲率半径等于 ρ_1 的球面波,从而完成了一个往返的自再现。通常将 p_1、p_2 称为非稳定腔的一对共轭像点。双凸非稳定腔($R_1<0, R_2<0$)的共轭像点位置以及几何自再现波形的变换示于图12-33中。

将非稳定腔往返一周变换矩阵代入,可以得到参考平面即 M_1 处的几何自再现波形的曲率半径为

$$\rho_1 = \frac{\sqrt{L(L-R_1)(L-R_2)(L-R_1-R_2)}-L(L-R_2)}{2L-R_1-R_2} \tag{12-80}$$

其中,考虑到共轭像点的唯一性及解的稳定性,略去了开方运算取负号时的解。而镜 M_2 处自再现波形的曲率半径 ρ_2 可由上式中交换下标1和2得到。

显然,上述几何自再现波形具有固定的中心(即共轭像点)。如果忽略衍射损耗,在腔内增益沿 r 是均匀的情况下,可以认为该几何自再现波形是均匀球面波,它是非稳定腔最低阶振荡模式。较严格的分析表明,由于衍射的作用,其场分布不会是均匀的,但其相位分布的确十分接近球面波。因此,非稳定腔的几何光学理论基本上反映了非稳定腔最低阶振荡模式的一个粗略的物理形象,并在实践中广泛应用。

非稳定腔的损耗主要是由于几何自再现波形的固有发散作用造成的。当该波形在腔内往复反射时,其横向尺寸不断发展,超出反射镜面的部分被损失掉,从而形成了非稳定腔自再现波形的几何偏折损耗。

在如图12-33所示的非稳定腔中,设相当于从共轭像点 p_2 发出的几何自再现波形在镜 M_1 处的波刚好能够完全覆盖 M_1,即波面线度等于镜 M_1 的线度 a_1。当该波面经镜 M_1 反射再达到镜 M_2 时,其波面尺寸将扩展为 a_1',定义镜 M_1 的单程放大率为

$$m_1 = a_1'/a_1 \tag{12-81}$$

它反映了自再现波形在腔内传播时镜 M_1 对其波面尺寸的单程放大倍率。与此类似,镜 M_2 对自再现波形的单程放大倍率 m_2 为

$$m_2 = a_2'/a_2 \tag{12-82}$$

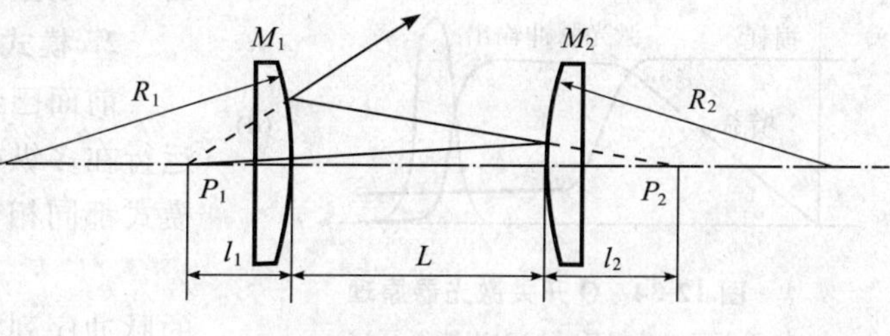

图12-33 双凸非稳定腔的共轭像点

则非稳定腔对几何自再现波形在腔内往返一周的放大率 M 为

$$M = m_1 m_2 \tag{12-83}$$

对于双凸非稳定腔(正支非稳腔)结果为

$$\left.\begin{aligned} m_1 &= \frac{\rho_1 + L}{\rho_1} \\ m_2 &= \frac{\rho_2 + L}{\rho_2} \end{aligned}\right\} \tag{12-84}$$

$$M = 2g_1 g_2 + 2\sqrt{g_1 g_2 (g_1 g_2 - 1)} - 1 \tag{12-85}$$

在非稳定腔的几何光学理论中,一般认定几何自再现波形是均匀球面波。因此,非稳定腔的能量损耗率与几何放大率有关。

对于二维的谐振腔,往返一周的能量损耗为

$$\xi_{往返} = 1 - 1/M \tag{12-86}$$

如果腔镜是三维的,则有

$$\xi_{往返} = 1 - 1/M^2 \tag{12-87}$$

可以看出,无论在哪一种情况下,非稳定腔往返一周的能量损耗率都只与几何参数有关。

计算表明,非稳定腔的能量损耗率是比较大的。这种能量损耗实际上往往被用来作为非稳定腔的有用输出。在这种情况下,腔内的两个反射镜通常都做成全反射镜,而利用从一个(或者两个)反射镜边缘逸出的能量作为所需要的耦合输出。通常改变非稳定腔的几何参数即可调节输出的能量大小。

(六)产生脉冲输出的谐振腔技术

1. Q 开关谐振腔

Q 开关谐振腔的原理是:初始阶段谐振腔是关闭的(反射镜不透光),在该阶段不断对激光上能级进行泵浦,以上能级粒子数密度增加的形式积累能量,然后突然以上能级寿命数量级的时间打开谐振腔(反射镜透光),贮存的能量迅速输出,从而形成极强的脉冲能量输出。该原理如图 12-34 所示。

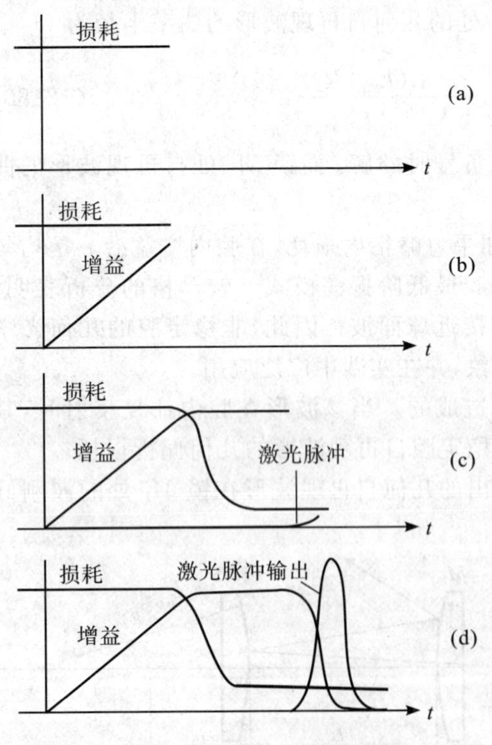

图 12-34 Q 开关激光器原理

(a)高的腔损耗;(b)对上能级泵浦;(c)降低腔损耗;(d)激光脉冲产生

由于固体激光器工作介质上能级寿命比较长,达到 50~200 μs,因此能够在谐振腔关闭期间积累更多的能量,适合于使用 Q 开关技术以获得强脉冲输出,例如 Nd:YAG 及 Nd:glass 等激光器。

Q 开关的实现可以采用高速转镜技术或者电-光快门技术,例如泡克斯盒或者克尔盒。另一种与 Q 开关类似的技术称为腔倒空技术(cavity dumping)。将腔倒空装置例如声光调制器以布儒斯特角放入由两面高反镜组成的激光谐振腔内。当其未工作时,该装置是透明的,因此激光器能够正常工作,产生的高强度激光光束仅在腔内往返传输,而不由腔镜输出。当腔倒空装置工作时,其迅速形成高反射率的反射面,将激光光束反射后输出腔外。由于激光腔内光束光强较通常腔镜输出腔外的光强高出 2 个数量级,采用腔倒空技术也能获得瞬间的强激光束输出。

2. 模式锁定技术

前面已经讨论了影响激光振荡模式的各种因素。设激光器运行在多纵横的状态,如果采用模式锁定技术,使得所有振荡的模式都同相位工作,理论分析表明,输出的激光将是时间间隔为

$$\Delta t = 2\eta L/c \tag{12-88}$$

的脉冲序列,其脉冲能量在理想状态下与模数 n 成正比,而脉冲时间 Δt_p 大致反比于激光的增益带宽,为

$$\Delta t_p = \frac{1}{n\Delta\nu} = \frac{2\eta L}{nc} \tag{12-89}$$

在腔长为 10～100 cm 情况下，纵模频率间隔约为 100 MHz～1 GHz，模式锁定后的脉冲间隔约为 1～10 ns。

模式锁定可以通过在腔内插入斩波器来实现。该斩波器以短激光脉冲腔内往返一周的时间来开或关光束，使所有模式获得相同的相位。另外，还可以采用电-光快门、同步泵浦，或者无源可饱和吸收体等技术来实现模式锁定。

三、激光器的泵浦技术

要获得激光激活介质的粒子数反转状态，必须采用两个途径：①选择性地泵浦激光上能级，使其粒子数密度能够有效地增加；②激光下能级的粒子数密度能够迅速地衰减。前者通常采用泵浦手段实现。后者主要取决于激光系统的能级结构，例如三能级原子系统或四能级原子系统。

为了对激光上能级进行有效的激励，激光上能级应能对泵浦能量有较好的吸收，以获得最大的泵浦效率。通常采用两种泵浦技术：粒子泵浦技术，以及光学或光子泵浦技术。

1. 粒子泵浦技术

粒子泵浦是使泵浦粒子高速撞击激光粒子，并将其动能转化为激光粒子的内能，从而使激光上能级粒子数密度急骤增加。在许多情况下，粒子泵浦是采用气体放电的形式实现的。将一定的电压加在激光工作介质低压气体管上，产生的电流可从几毫安到数十安培，电子在从阴极向阳极高速运动的过程中，与激光工作介质碰撞，从而达到泵浦的目的。

采用直接碰撞粒子泵浦技术的主要有氩离子激光器、氪离子激光器、铜蒸气激光器、准分子激光器以及氮分子激光器。而采用间接碰撞粒子泵浦技术的有氦-氖激光器、氦-镉激光器及二氧化碳气体激光器。在氦-氖或者氦-镉激光器中，放电电流的电子高速撞击包含有氦气与激光工作介质（氖气或镉蒸气）的混合气体，将氦原子泵浦到一个激励亚稳态上，氦原子再与工作介质氖原子或镉原子发生碰撞，使氖原子或镉原子激励到上能级上。

而在二氧化碳激光器中，与氦-氖激光器中氦原子起同样作用的是氮分子。高速电子撞击氮分子，使其到达振动能级上，再与二氧化碳分子发生碰撞，从而使二氧化碳分子达到激光上能级上。同时，氦气也用于二氧化碳激光器中，一方面可以控制电子温度，另一方面，由于氦与处在下能级的二氧化碳分子的碰撞，还可以有效地降低下能级的粒子数密度。

2. 光泵浦

光泵浦的过程是将一定波长的泵浦光聚焦后照射在激光介质上。要做到有选择地对激光上能级进行泵浦，首先是激光工作介质在泵浦波长上要有强吸收，该吸收能够提供有效的途径增加激光上能级的粒子数密度；同时在该波长上必须要有可用的高效的强泵浦光源。

常用的泵浦光源是闪光灯及激光器，采用光泵浦手段的激光器主要有染料激光器和固体激光器。

用于光泵浦的闪光灯通常是细长圆柱形灯管，其外壳为熔石英制成，直径从几毫米到几厘米，长度约为 10～50 cm。灯内充有氙气，由电流启动。为将光泵浦能量集中在激光介质表面，常使用椭圆形的反射腔。氙灯、激光棒及反射腔的几何位置要精心设计，使反射腔能够有效地收集、反射泵浦光的能量到激光棒上。用闪光灯泵浦的激光器有 Nd:YAG 激光器，Nd:glass 激光器，染料激光器等，新的激光晶体如 Cr:LISAF 及 HoTm:YAG 也采用闪光灯泵浦。

在固体激光器的光泵浦中，也采用了类似氦-氖激光器的间接粒子泵浦技术，例如，在钕玻璃激光器中，Cr^{3+} 离子被附加在钕掺杂晶体上，以改善对泵浦光的吸收性能，然后再将能量转移到 Nd^{3+} 激光工作介质上。

由于氙灯是工作在脉冲状态的，因此，氙灯泵浦的激光器也工作在脉冲状态。

采用激光器作为泵浦光源的情况主要有两种：一种是必须要将泵浦光聚焦在很小的激光工作介质区域中才能产生粒子数反转状态的；另一种是激光工作介质的吸收谱很窄，必须要由相应的激光泵浦实现的。

激光泵浦分为横向泵浦（泵浦激光入射方向垂直于激光光束方向）和纵向泵浦（泵浦激光入射方向平行于激光光束方向）。经常使用二倍频或者三倍频的 Nd:YAG 激光去横向泵浦染料激光器，以获得连续可调

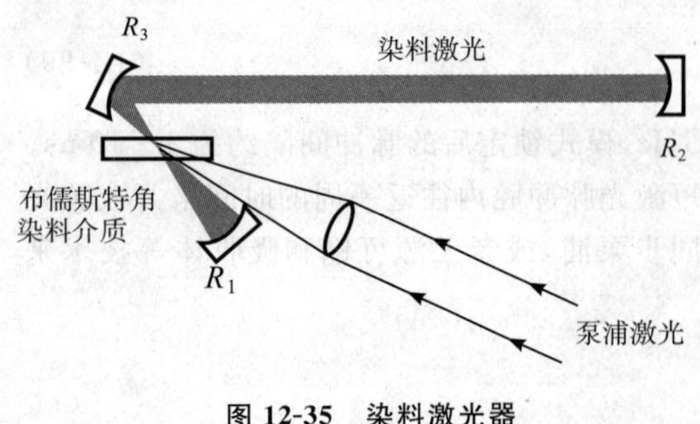

图 12-35 染料激光器

谱的激光输出，通过更换不同的染料，连续波染料激光器输出波长范围覆盖近紫外、可见光，直至近红外的范围。液体染料激光器的结构如图 12-35 所示。染料盒(或染料喷流)以布儒斯特角放置在由 R_1、R_3、R_2 组成的折叠腔中。作为泵浦的激光束，例如连续波或者模式锁定的氩离子激光，或者 Nd:YAG 激光经透镜聚焦后入射到几毫米厚的染料介质中，染料溶液的浓度应使得泵浦光能量在该厚度中得到充分的吸收，从而产生连续波或者模式锁定的染料激光输出。

砷化镓半导体激光器的输出波长位于 0.8 μm 附近，非常靠近 Nd:YAG 激光介质的强吸收带，所以使用砷化镓半导体激光二极管泵浦 Nd:YAG 激光器能够获得很高的泵浦效率。图 12-36 给出了两种泵浦的结构图。在封闭耦合泵浦中，砷化镓半导体激光二极管的泵浦光的空间分布，与 Nd:YAG 激光光束的空间分布具有匹配性，从而将泵浦的效率进一步提高。在(a)图中，非线性晶体放置在 Nd:YAG 激光腔内，可以做成紧凑型的输出波长为绿光的激光器。

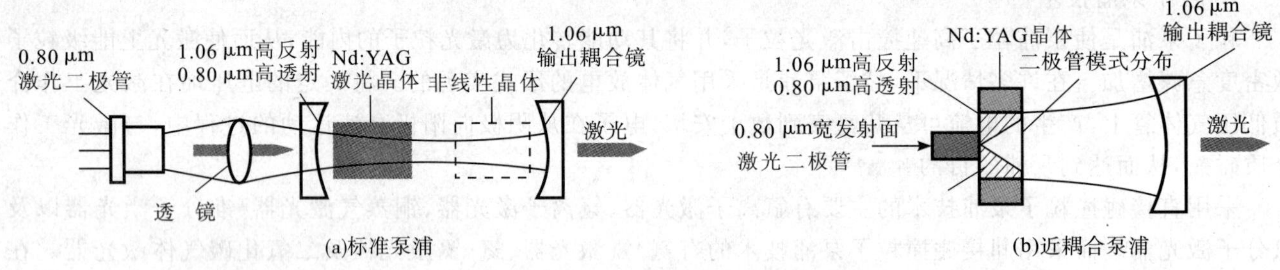

图 12-36 二极管泵浦 Nd:YAG 激光

四、常见激光器[2,7,11-12]

1. 气体激光器

1)氦-氖激光器。氦-氖激光器是最先发明的气体激光器，其输出主要是红色的 632.8 nm 光束。此种激光器的工作物质是氖，氖原子的几条主要激光谱线波长见表 12-28 所列。激光放电管的长度为 10～100 cm 时连续波输出在 1～100 mW 范围内，工作电流约为 10 mA。经过专门设计的氦-氖激光器也可以工作在 543.5 nm 的波长上。

表 12-28 Ne原子几条激光谱线波长及其参数[10]

跃迁能级	波 长/nm	辐射概率 $A_{32}/10^6\ s^{-1}$	相对强度	能级简并度 g_3/g_2
$3S_2 \to 2P_1$	730.49	0.48	30	3/1
$3S_2 \to 2P_2$	640.11	0.60	100	3/3
$3S_2 \to 2P_3$	635.19	0.70	100	3/1
$3S_2 \to 2P_4$	632.82	6.56	300	3/5
$3S_2 \to 2P_5$	629.38	1.35	100	3/3
$3S_2 \to 2P_6$	611.80	1.28	100	3/5
$3S_2 \to 2P_7$	604.61	0.68	50	3/3
$3S_2 \to 2P_8$	593.93	0.56	50	3/5
$3S_2 \to 2P_9$	588.25	禁戒 $\Delta J=0$	未观察到	3/7
$3S_2 \to 2P_{10}$	543.36	0.59	250	3/3

2)氩离子激光器。氩离子激光器与氦离子激光器类似,在可见光及近紫外区域均有激光谱线输出,氩离子激光器是一种发射多谱线的激光器。在可见光及近紫外区域均有激光谱线的输出,由于它的谱线主要是发生在 $3p^44p$ 与 $3p^44s$ 两组态能级之间的跃迁,谱线波长靠得很近,因此使用一般介质膜反射镜常出现几条谱线同时振荡,其中 488 nm 和 514.5 nm 这两条谱线强度大些,约占总输出功率的 30%～40%以上。表 12-29 列举了一支输出为 8.5 W 的单横模氩离子激光器的谱线及其相对强度。最强的输出谱线为 488.0 nm 和 514.5 nm,在放电管长度为 50～200 cm 时,放电电流为数安培,输出功率可达 20 W,由于需要 2 次甚至 3 次离子化,氩离子激光器的效率不高。

表 12-29　氩离子激光器主要谱线波长及强度[10]

波　长/nm		457.9	465.8	472.7	476.5	488.0	496.5	501.7	514.5
上能级	4p	$^2S^0_{1/2}$	$^2P^0_{1/2}$	$^2D^0_{3/2}$	$^2P^0_{3/2}$	$^2D^0_{5/2}$	$^2D^0_{3/2}$	$^2P^0_{5/2}$	$^2D^0_{5/2}$
上能级	4s	$^2P_{1/2}$	$^2P_{3/2}$	$^2P_{3/2}$	$^2P_{1/2}$	$^2P_{3/2}$	$^2P_{1/2}$		$^2P_{3/2}$
输出功率/W		0.5	0.15	0.2	0.9	2.3	0.8	0.45	3.2

氩离子激光器是弧光放电器件,放电管内的电流密度高达 1 000 A/cm^2,还要耗散大于 100 W/cm 的热量。因此,放电管材料的选择极为重要。几种放电管材料的性能在表 12-30 中列出。目前,不同材料的实用型产品的最高功率是:石英 2 W,石墨 18 W,氧化铍 20 W,钨 25 W。

3)氦-镉激光器。可以连续波运转在蓝光的 441.6 nm,以及紫外的 353.6 nm 及 325.0 nm 的谱线上,放电管长度为 40～100 cm 时,输出功率为 20～200 mW。其增益介质为镉蒸气与氦气的混合。激励机制包括潘宁(Penning)离子化过程(亚稳态的氦与镉原子碰撞)和电子碰撞离子化过程。使用了阳离子电泳效应以通过放电来输送镉原子,并使激励介质均匀。

4)铜蒸气激光器。在 510.5 nm 和 578.2 nm 波长上,铜蒸气激光器可以输出平均功率达到 100 W 的光脉冲。这类金属蒸气激光器还包括金蒸气和铅蒸气激光器,其脉冲重复频率可达到 20 kHz,脉冲宽度为 10～50 ns,一个脉冲的能量为 1～10 mJ。铜蒸气激光器长 100～150 cm,管径为 2～10 cm,工作温度高达 1 600 ℃,因此要求激光管能够耐高温。激光管是自热的,即放电电流产生的能量损耗,加热激光等离子管使其达到所需的工作温度,其激励机制是自由电子与蒸气化的铜原子之间的粒子碰撞。

表 12-30　几种放电管材料性能指标的比较[10]

材　料	石英	石墨	氧化铍	氧化铝	钨
熔点/℃	1 760	3 500	2 573	2 100	3 382
热膨胀系数/(10^{-7}/℃)	5.5	36	54	69	45
热导率/(J/(cm·s·℃))	0.014 36	1.254	2.194 5	0.225 7	1.989 8
热冲击(J/(s·cm))	54.34	1 295.8	48.91	6.27	—
电阻率/(Ω·cm)	$>10^{13}$	3×10^{-6}	$>10^{13}$	$>10^{13}$	5.3×10^{-6}
气体清除率/(10^2 mPa·L/h)	13.3～26.6	0.53～3.99	0.13～0.2	—	—
工作时内壁温度/℃	1 000	2 000	400	—	—
饱和电流密度/(A/cm^2)	—	750	1 000	—	—
单位长度可承受功率/(W/cm)	95	160	180	—	250

5)二氧化碳激光器。二氧化碳激光器的输出波长为 10.6 μm,是高功率输出激光器之一,其连续波输出可以达到 100 kW,脉冲能量可以达到 10 kJ。二氧化碳激光器的工作介质为二氧化碳、氮气及氦气等多种气体的混合,电子碰撞氮分子,使其达到亚稳态,氮分子再与二氧化碳分子碰撞,使二氧化碳分子到达激光上能级。氦气的作用是在气体放电区域保证高的电子能量,并且冷却或减少激光下能级的粒子数密度。二氧化碳激光器的效率很高,电子能量转化为激光能量的效率可达 30%。二氧化碳分子某些振动能级间非俘获状态下的跃迁概率列于表 12-31 中,混合工作气体比例列于表 12-32 中。

表 12-31　二氧化碳分子某些振动能级间的跃迁概率[10]

跃迁能级	00^01-00^00	00^01-02^00	00^01-10^00	00^02-00^01	01^10-00^00	02^00-01^10	10^00-01^10
R 支跃迁概率	2×10^2	0.19	0.33	3.9×10^2	0.48	0.22	0.20
P 支跃迁概率	2.1×10^2	0.20	0.34	4.1×10^2	0.16	0.48	0.44
Q 支跃迁概率					0.94	0.26	0.23

表 12-32　二氧化碳激光器几种典型气体的混合比例

放电毛细管直径/mm	混合气体比例					
	CO_2	Ne	He	Xe	H_2	CO
20	1	2.7	12	0.6	—	—
14	1	1.5	7.5	0.3	—	—
12	1	2.0	6.4	0.5	1.0	—
6	1	2.0	7.0	0.31	0.4	—
4.5	6.5	—	15.0	1.5	—	7.0

6)准分子激光器。准分子激光器主要的工作介质如表 12-33 所示，激光的脉冲宽度为 10～50 ns。重复频率为几百赫兹时，脉冲能量为 0.2～1.0 J。能量转换效率可达 1%～5%。激励过程如下：放电产生的电子撞击并使稀有气体分子离子化，同时分解卤素，形成带负电的卤素离子。上述两种离子合成为稀有气体卤化物的准分子状态(二聚物)，也就是激光上能级的状态。通过受激发射，产生激光辐射，使准分子分解，回到激光下能级状态。表 12-34 列出了常用准分子激光器的主要参数。

表 12-33　准分子激光的工作介质

稀有气体	稀有气体氧化物	稀有气体卤化物	金属蒸气卤化物
Xe_2、Kr_2、Ar_2	XeO、KrO、ArO	XeF、XeCl、KrF、ArF、Xe_2F、Xe_2Cl、Kr_2F、Ar_2F	HgCl、HgBr

表 12-34　准分子激光器参数[11]

分子	λ/nm	激活介质组分，(10^2 Pa)	激励方法	激发时间/μs	振荡时间/μs	激活介质体积/cm^3	泵浦能量/J	激光能量/J	激光器效率/%	增益线宽Δλ/mm	增益系数/cm
Xe_2	172	Xe(1.3×10^4)	Ⅰ	100	20	—	—	10^{-3}	—	—	—
		Xe(10^4)	Ⅰ	5	3	—	10	10^{-2}	0.1	7	—
		Xe(1.2×10^4)	Ⅰ	2	3	1.5	10^{-4}	—	—	5	—
		Xe(1.3×10^4)	Ⅰ	50	20	20	25	10^{-3}	4×10^{-3}	2.5	0.3
		Xe(1.6×10^4)	Ⅰ	—	—	3.2	4	0.2	5	20	—
		Xe(1 100)	Ⅰ	1 000	200	2.5×10^3	750	0.01	10^{-3}	10	
Kr_2	145.7	Kr(2.4×10^4)	Ⅰ	—	10	—	—	—	—	13.8	—
Ar_2	126.1	Ar(4×10^4)	Ⅰ	60	15	100	600	—	—	8	—
ArO	558	Ar(3×10^4)；N_2O(2)	Ⅳ	40	10^3	—	1	—	—	4	10^{-4}
KrO	557.7	Kr(10^4)；O_2(5)	Ⅰ	80	500	—	—	—	—	0.2	10^{-3}
		Kr(2×10^4)；O_2(5)	Ⅰ	50	80	50	2 500	10^{-2}	4×10^{-4}	1.5	—
XeO	540	Xe(7.6×10^4)；O_2(10)	Ⅰ	50	80	50	2 500	10^{-2}	4×10^{-4}	25	—
		Xe(10^4)；O_2(10)	Ⅰ	20	160	—	1	—	—	—	2×10^{-3}
XeBr	281.8	Xe(达 1 400)；Br_2(10)	Ⅰ	50	25	10	55	4×10^{-6}	10^{-5}	136	3×10^{-3}

续表

分子	λ/nm	激活介质组分,(10^2Pa)	激励方法	激发时间/μs	振荡时间/μs	激活介质体积/cm^3	泵浦能量/J	激光能量/J	激光器效率/%	增益线宽Δλ/mm	增益系数/cm
XeF	351.1～353.1	Ar(3 000);Xe(10);F_2(3)	Ⅰ	100	50	15	100	3×10^{-4}	3×10^{-4}	—	—
		Ar(700);Xe(70);NF_3(2)	Ⅰ	100	100	100	260	0.08	0.03	—	—
		Ar(6 000);Xe(35);F_2(12)	Ⅰ	15	15	3	6	4×10^{-5}	10^{-3}	—	—
		He(1 000);Xe(10);NF_3(3)	Ⅴ	40	20	60	10	0.065	0.6	—	—
		He(470);Xe(20);NF_3(10)	Ⅱ	10	10	16	20	0.01	0.5	—	—
		Ar(1 900);Xe(7);NF_3(2)	Ⅰ	1 200	1 000	400	60	0.3	0.5	—	0.02
		Ne(3 700);Xe(5);NF_3(2)	Ⅰ	1 000	1 000	380	55	1.0	1.8	—	0.012
		He(3 600);Xe(4);NF_3(1)	Ⅴ	20	20	180	—	0.3	—	—	—
		Ar(1 200);Xe(120);NF_3(5)	Ⅰ	20	10	30	40	0.005	10^{-3}	—	—
		He(300);Xe(4.5);NF_3(1.5)	Ⅱ	20	10	100	10	0.007	0.1	—	—
		He(730);Xe(9);NF_3(9)	Ⅲ	50	4	100	10	0.1	1	—	—
		He(400);Xe(12);NF_3(4)	Ⅱ	10	40	15	0.5	0.001	0.2	—	2×10^{-2}
		He(6×10^3);Xe(60);SF_6(6)	Ⅱ	2	2	9	达 5	0.000 5	0.01	—	—
		Ar(3×10^3);Xe(12);NF_3(3)	Ⅲ	500	100	80	5	0.01	0.3	1.5	—
		Ar(1 500);Xe(10);SF_6(5)	Ⅲ	1 000	1 000	500	15	0.2	1.5	—	—
ArF	193.3	He(6×10^3);Ar(60);SF_6(6)	Ⅱ	2	2	9	达 5.0	0.000 5	0.01	—	—
		Ar(1 400);F_2(4)	Ⅰ	55	55	3.6	6 000	92	1.6	1.5	—
		He(10^3);Ar(450);F_2(3)	Ⅴ	40	20	60	10	0.06	0.6	—	—
ArCI	175	He(700);Ar(70);CI_2(7)	Ⅱ	—	10	10^3	—	2×10^{-4}	—	1	0.012
KrF	248.4	He(1 500);Kr(200);F_2(4)	Ⅴ	40	20	60	10	0.13	1.3	—	—
		He(650);Kr(40);NF_3(1.3)	Ⅱ	50	50	16	4	0.002 5	0.06	—	—
		Ar(10^3);Kr(400);F_2(4)	Ⅰ	55	55	3.6×10^4	6 000	108	1.8	—	—
		He(630);Kr(70);NF_3(1.3)	Ⅱ	10	25	10	1.5	10^{-3}	0.04	—	—
		He(750);Kr(48);NF_3(0.8)	Ⅲ	50	25	100	10	0.03	0.03	—	—
		He(6×10^3);Kr(60);SF_6(6)	Ⅱ	2	2	9	达 5	0.007	0.15	—	—
		Ar(740);Kr(15);F_2(1)	Ⅲ	160	90	80	2	0.004	0.2	3	—
		Ar(3×10^3);Kr(150);F_2(6)	Ⅰ	50	50	—	8 400	5.6	0.07	2.5	—
		Ar(10^3);Kr(400);F_2(4)	Ⅰ	55	55	3.6×10^4	6 000	108	1.8	1	—
		Ar(3×10^3);Kr(30);F_2(3)	Ⅰ	100	150	15	2	0.008	0.4	4	—
		Ar(1 500);Kr(100);NF_3(2)	Ⅰ	100	125	100	200	1.5	0.7	—	—
		Ar(1 500);Kr(100);NF_3(2)	Ⅰ	—	125	100	—	—	23	—	—
		Ar(3 500);Kr(100);F_2(7)	Ⅲ	70	70	240	400	1.2	0.3	—	—
NeF	105～125	Ne(1 000);F_2(1.8)	Ⅰ	300	—	—	5×10^3	—	—	20	—
KrC	～222	Ar(3.3×10^2);Kr(100);CI_2(5)	Ⅰ	50	30	—	760	0.3	0.04	5	—
		He(700);Kr(70);F_2(7)	Ⅱ	—	10	10^3	—	1.3×10^{-3}	—	2	0.018
XeCI	308	Ar(2.7×10^3);Xe(30);CI_2(3)	Ⅰ	100	30	15	2	5×10^{-5}	2×10^{-3}	2.5	—
		Ar(3 700);Xe(130);CCI_4(2)	Ⅰ	25	25	70	20	0.03	0.15	—	—

注:激励方法栏内Ⅰ为快电子束,Ⅱ为脉冲横向放电,Ⅲ为电子束感应放电,Ⅳ为闪光光解,Ⅴ为紫外辐射感生的放电。

7)X 射线激光器。在高度离子化的等离子体中可以产生软 X 射线的激光输出。使用高能固体激光器聚焦照射含有所需原子的固体材料，便可产生 X 射线激光器所需的等离子体。这类激光器在 4～30 nm 波长上一般不需要谐振腔便可运转。硒激光(Se^{24+})在 20.6 nm 及 20.9 nm 上和锗激光(Ge^{22+})在 23.2 nm，23.6 nm及 28.6 nm 上都具有最大的增益系数。

2. 染料激光器

染料激光的工作介质是有机染料溶液。溶剂一般采用酒精或者水，有机染料的比例为万分之一左右。使用不同种类的有机染料，染料激光的输出范围可以从 320 nm 直至 1 500 nm。而平均每一种染料覆盖大约 30～50 nm 的波长范围。常用激光染料性能列于表 12-35 中。

表 12-35 常用激光染料的参考浓度及溶剂[10]

染料名称	溶 剂	浓度/(mol/L)	调谐范围/nm	相对输出功率/W
PTP	环乙烷	$(2\sim6)\times10^{-3}$	330～360	1
TMQ	环乙烷	2×10^{-3}	338～360	6
DPS	乙二醇	5.6×10^{-4}	393～419	13
香豆素 2	乙醇	5×10^{-3}	427～480	15
香豆素 47	乙醇	1×10^{-2}	438～495	17
香豆素 102	乙醇	6×10^{-3}	456～503	18.5
香豆素 152	乙醇	2.7×10^{-3}	490～570	5.5
若丹明 6G	乙醇	2.5×10^{-3}	570～616	15.1
若丹明 B	乙醇	1.5×10^{-3}	591～642	7.8
若丹明 101	乙醇	1.2×10^{-3}	613～672	11.2
DCM	DMSO	2×10^{-3}	632～690	10
甲酚紫	乙醇	2×10^{-3}	651～701	6.8
恶嗪 1	乙醇	2.1×10^{-3}	692～768	5.6

激光染料具有宽的均匀加宽宽度以及宽的增益光谱范围，因此染料激光器在紫外，可见及近红外波段都具有很好的可调谐性，采用衍射光栅或者棱镜调谐，可以在染料激光的整个发射谱范围内获得线宽为 10 GHz 甚至更窄的输出。

染料激光一般采用闪光灯泵浦，或者采用其他激光诸如二倍频或三倍频的 YAG 激光，或者氩离子激光作为泵浦。几种激光泵浦源的性能如表 12-36 所示。脉冲工作时脉冲能量约为 50～100 mJ，连续波工作时输出可达数瓦。使用折叠腔的染料激光器如图 12-41 所示。储存在容器中的有机染料溶液用泵浦抽出并从喷嘴喷出，在腔的自由空间中形成约 1 nm 厚的平行面板介质，并按布儒斯特角放置以减小插入损耗。经泵浦光照射产生放大作用后，染料喷流由另一侧的收集口收集再流回储存容器，大的溶液体积有利于染料溶液的冷却，避免过度照射造成褪色而失去放大作用。由于其宽的增益谱线范围，染料激光器可用于模式锁定产生超短脉冲，目前已能产生出 10^{-15} s 数量级的脉冲。

表 12-36 几种激光泵浦源的性能[10]

激光器名称	泵浦光波长/nm	调谐范围/nm	脉冲宽度/s	脉冲能量/mJ	重复频率/Hz
N_2 分子	337	370～900	10^{-9}	5	10^2
Nd:YAG	1064,532	300～1 300	10^{-8}	100	20
准分子	351,248,222,193	300～970	10^{-8}	100	20
铜蒸气	510,578	540～1 100	10^{-8}	5	10^4
闪光灯	紫外—红外	220～960	$10^{-4}\sim10^{-6}$	1 000	1

3. 常见固体激光器

1)红宝石(Ruby)激光器。红宝石激光器是 20 世纪 60 年代初发明的激光器，其工作介质是以 0.05%的浓度掺杂Cr^{3+}离子的蓝宝石(Al_2O_3)材料,为典型的三能级原子系统。表 12-37 及表 12-38 列出了红宝石的理化特征及其随温度的变化。

表 12-37 红宝石的理化特性[10]

分子量	熔点/℃	密度/(g/cm³)	硬度/莫氏	热导率/(W/(cm·K))	热膨胀系数/(℃,室温)	比热容/(kJ/(g·K))	折射率(λ=700 nm)	折射率温度系数 dn/dT (λ=700 nm)	热扩散率/(cm²/s)
101.9	2 050	3.98	9	0.42(300K)	6.7×10^{-6}(∥光轴)	0.7524(20℃)	$n_0=1.763$(E⊥C)	11×10^{-6}℃	0.13
				10(77K)	5×10^{-6}(⊥光轴)	0.1045(77K)	$n_e=1.755$(E∥C)		

表 12-38 红宝石的特性与温度的关系

温度/K	波长/nm	量子效率	荧光寿命/ms	荧光线宽/cm^{-3}	热导率/(W/(cm·K))
300	694.3	0.7	3	11	0.42
77	693.4	1	4.3	0.15	10

红宝石激光器采用闪光灯泵浦,既可连续波工作,也可以脉冲工作。由于激光下能级为基态能级,要获得粒子数反转,必须要利用泵浦尽量抽空下能级的粒子,因此其激光效率比四能级原子系统的激光器(例如 Nd:YAG 激光器)要差,其应用受到一定局限。

2)Nd:YAG 及 Nd:glass 激光器。钕离子Nd^{3+}以 1%浓度掺杂到钇铝石榴石中,或者掺杂到各种玻璃中成为 Nd:YAG 及 Nd:glass 激光器的工作介质,它们是四能级的原子系统。YAG 晶体属立方晶系,光学上各向同性。表 12-39 和表 12-40 列出了 YAG 的基本理化性质及温度特性。

表 12-39 YAG 的基本理化特性

分子量	硬度/莫氏	熔点/℃	密度/(g/cm²)	折射率/(μm,室温)
593.7	8~8.5	1 950	4.55	1.82

表 12-40 YAG 的温度特性[10]

温度/K	热导率/(W/(cm·K))	比热/(4.18 J/(g·K))	热扩散系数/(cm²/s)	热膨胀系数/(10^{-6}/K)	dn/dT
100	0.58	81.1	0.92	4.25	—
200	0.21	270.5	0.1	5.8	—
500	0.13	371.2	0.046	7.5	7.3×10^{-6}

Nd:YAG 激光连续波工作时可输出 250 W 的功率,脉冲工作时可获得 MW 级的脉冲功率,在闪光灯泵浦的 Nd:YAG 激光器中,其输出受到激光棒尺寸的限制:一方面大的棒材可以提高激光输出;另一方面,小的棒材尺寸可以保证高的热传导率,以利于无效激励所产生热量的迅速转移。板条 Nd:YAG 激光器较好地解决了这一问题,由于能够补偿热梯度产生的聚焦以及应力作用,可以获得更高的平均功率。

前面已经提到使用 GaAs 激光二极管泵浦 Nd:YAG 激光器或者放大器,可获得很高的泵浦效率。

在长脉冲、闪光灯泵浦的条件下,单棒 Nd:YAG 激光器可产生 5 J/脉冲的输出(重复频率为 100 Hz)。在强闪光灯泵浦情况下,输出脉冲是 3~4 ms 的弛豫振荡的系列尖峰信号。而单棒的 Q 开关 Nd:YAG 激光器可获得重复频率为 50 Hz,脉冲能量为 1.5 J 的输出(平均功率为 75 W)。

相对于 Nd:YAG 激光器,钕玻璃(Nd:glass)激光器的棒材尺寸可以做得更大,以获得更强的输出。同时它还具有更宽的增益宽度,通过模式锁定能够产生更短的光脉冲。国产钕玻璃的主要技术参数列于表 12-41 中。

表 12-41 国产钕玻璃的主要技术参数[10]

玻璃型号	N_{0312}	N_{0712}	N_{0912}	N_{1024}
Nd_2O_3 质量分数/%	1.2	1.2	1.2	2.4
荧光寿命/μs	590	890	750	510
荧光半线宽/nm	29	24	24	28
激光效率/%	4	3.5	3.8	3.5
损耗系数/(%/cm,1.06 μm 处)	0.1	0.12	0.1	0.22
折射率 n(1.06 μm)	1.512 2	1.495 5	1.507 5	1.506 8
折射率温度系数/(10^{-7}/℃)	16.2	0.2	1.2	8
热光系数/(10^{-7}/℃,0.632 8 μm 处)	58	45	46	54
线膨胀系数/(10^{-7}/℃,15～200℃)	80	87	87	89
玻璃密度/(g/cm^3)	2.51	2.52	2.5	2.52
显微硬度/(N/mm^2)	5 939	5 459	5 223	5 733
抗折强度/MPa	116	89	100	87
弹性模量/GPa	74.4	63.4	67.3	73.5
玻璃软化温度/℃	660	560	680	585

注:玻璃型号中,N 代表掺钕激光玻璃,前面两位数字表示玻璃型号,后面两位数字表示 Nd_2O_3 的质量分数。例如 N_{0312} 表示掺有 1.2%质量 Nd_2O_3 的Ⅲ型钕玻璃。

Nd:glass 放大器的工作波长为 1.054 μm,接近 Nd:YAG 激光器的工作波长。例如,使用磷酸盐玻璃的 Nd:glass 材料,其增益带宽约为 Nd:YAG 增益带宽的 10～15 倍。这么宽的增益带宽及相对较小的受激发射横截面积,使得 Nd:glass 成为 Nd:YAG 的良好的放大器。使用 Nd:glass 激光系统已获得基频 100 kJ 的脉冲能量,以及三次谐波上 40 kJ 的脉冲能量。表 12-42 给出了 3 种最主要的激光材料的特性及其激光性能的对比。它表明:钕玻璃掺杂浓度最高,红宝石最低。激光材料的热导率是影响激光器输出平均功率的首要因素,红宝石最高,是 YAG 的 2 倍,钕玻璃的 34 倍。红宝石的自发发射寿命较长,而钕玻璃的荧光线宽最宽。一般而言,Nd^{3+}:YAG 激光器的阈值最低,适合于连续与高重复率工作,而红宝石与钕玻璃激光器在一定增益条件下贮存的能量大,更适合于高功率和短脉冲的应用。

表 12-42 3 种固体工作物质的主要性能(室温)[10]

性 能	红宝石	Nd^{3+}:YAG	钕玻璃
基质成分	$a-Al_2O_3$	$Y_3Al_5O_{12}$	K_2O-Ba-SiO_2 etc
基质结构	立方晶系	六方晶系	固熔体
掺杂浓度/%	Cr^{3+}:0.05	Nd^{3+}:0.725	Nd_2O_3:3.1
激活离子密度/cm^{-3}	1.58×10^{19}	1.38×10^{20}	2.85×10^{20}
吸收带/μm	0.41,0.55	0.53,0.58,0.75,0.81,0.87	0.53,0.58,0.75,0.81,0.87
激光波长/μm	694.3	1 064	1 064
光子能量/J	2.86×10^{-19}	1.86×10^{-19}	1.86×10^{-19}
受激发射截面/cm^2	2.5×10^{-20}	$(27\sim88)\times10^{-20}$	3×10^{-20}
荧光半线宽/cm^{-1}	11	6.5	250
荧光寿命/ms	3	0.23	0.6～0.9
折射率	n_0:1.763, n_e:1.755	1.823	1.51
折射率温度系数/(10^{-6}/℃)	11	7.3	
热导率/(W/(cm·K))	0.42	0.14	0.012
热膨胀系数/(10^{-6}/℃)	6	(001):8.2,(111):7.8	8～9
比热/(kJ/(g·K))	0.18	0.15	0.16

4. $Ti:Al_2O_3$ 激光器及其他的宽带固体激光器 [2]

$Ti:Al_2O_3$ 晶体材料能够提供近红外波段 100～400 nm 波长的发射和放大作用，其泵浦吸收谱与激光发射谱如图 12-37 所示。泵浦吸收带处在可见光波段，可采用闪光灯或者其他激光进行泵浦。$Ti:Al_2O_3$ 激光器输出谱线从 0.67 μm 直至 1.07 μm 以上，金绿宝石（$Cr:Be\ Al_2O_4$）的输出在 0.7～0.8 μm，而 Cr:LiSAF 的输出在 0.8～1.05 μm。这些激光器用于需要宽带可调谐的场合，或者用于短脉冲产生的场合，使用模式锁定技术可得到 40 fs 的超短脉冲。

对于 $Ti:Al_2O_3$ 激光器，由于具有非常宽的增益带宽，以及相对短的激光上能级寿命（3 μs），因此，在使用闪光灯泵浦时效率不高。而 Cr:LiSAF 激光器，其激光上能级寿命（67 μs），接近 Nd:YAG 或者 Nd:glass，因此采用与 Nd:YAG 相同的泵浦技术，可以获得高效的激光运行。

色心激光器增益介质的掺杂粒子不同于普通的固体激光器。在碱卤晶体中通过 X 射线的辐照可以产生万分之一密度的缺陷中心（F 心）。这些 F 心具有可见光波段的吸收以及近红外的发射，使用不同的晶体，可将激光发射谱线扩展到 0.8～4.0 μm 的范围。因此色心激光器的可调谐输出频率特性与使用广泛的染料激光器相当，特别是其在红外波段的优良性能，还可以弥补染料激光器段性能差的不足。某些色心激光器的输出性能见表 12-43 所示。

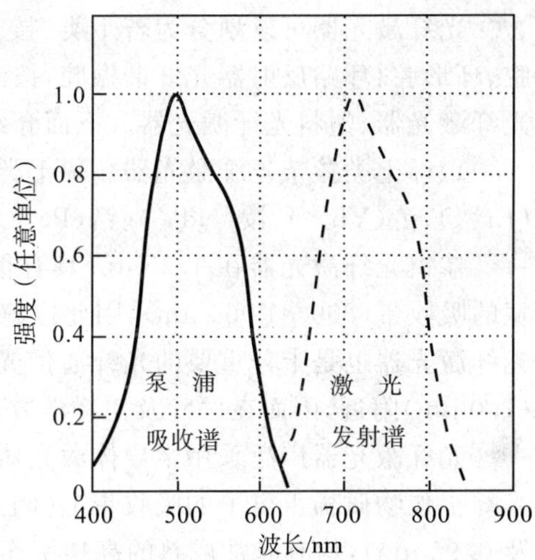

图 12-37　$Ti:Al_2O_3$ 的吸收与发射谱

由于色心激光器的发射横截面积很大，若能获得一定的色心浓度，其增益系数与其他固体激光器相当，但是激光工作色心的荧光寿命要较固体激光器小 3～4 个数量级，而与染料激光相似，因此比较适合用高强度激光泵浦，如染料激光器，Ar^+ 激光器，Kr^+ 激光器，或者 Nd:YAG，Nd:glass 的基波或二次谐波输出等。若使用闪光灯泵浦，闪光灯上升时间必须较短。另外，由于色心产生的工艺过程比较复杂且难以控制，且激光工作色心稳定性也差，在光和热的作用下容易衰变或消失，要维持工作必须数周或数月进行更换。大多数的色心激光器要在低温下运转。这些缺点对色心激光器的应用是不利的。

表 12-43　某些色心激光器的输出性能[11]

基　质	色　心	光泵波长/μm 功率/W	调谐范围 /μm	最大输出功率
LiF	F_2^+	0.647/4	0.82～1.05	1.8 W
NaF	$(F_2^+)^*$	0.87/1	0.99～1.22	400 mW
KF	F_2^+	1.064/5	1.22～1.50	2.7 W
NaC1	F_2^+	1.064/5	1.40～1.75	1 W
KCI:Na	$(F_2^+)_A$	1.34/0.1	1.62～1.91	12 W
KCI:Li	$(F_2^+)_A$	1.34/0.15	2.0～2.5	10 mW
KCI:Na	F_B(Ⅱ)	0.6/1.5	2.25～2.65	35 mW
KCI:Li	F_A(Ⅱ)	0.647/2.6	2.5～2.9	240 mW
RbCI:Li	F_A(Ⅱ)	0.647/2.2	2.6～3.3	55 mW
LiF	F_2^-	1.064/	1.14～1.2	70 mW
KCI:T1	$F_A(T1^+)$	1.064/	1.42～1.60	850 mW

5. 光纤激光器[12-14]

光纤激光器是使用掺杂的光纤作为增益介质的激光器。除了可方便、高效地与光纤传输系统相连外，与应用在通信领域中的半导体激光器相比，光纤激光器还具有非常突出的优点：

1）光束质量好，具有很好的单色性、方向性及稳定性。

2)掺杂光纤既是增益介质又是波导介质,能量的耦合效率很高;其纤芯直径细小,易获得高功率高亮度;光纤长度(腔长)能够任意延长,以获得泵浦光的充分吸收,光纤激光器总的光-光转换效率可超过60%。

3)掺杂光纤具有极好的温度稳定性,其圆柱形结构具有较高的表面积/体积比,散热快。无需冷却即能产生高亮度和高的峰值功率(已达到140 MW/cm²)。

4)硅光纤工艺十分成熟,使光纤激光器成本低廉;其体积小,结构简单,易于在与光纤传输系统连接中实现系统集成;工作物质具有柔性,可在恶劣环境条件(高冲击、高震动、高温)下工作。

5)掺杂光纤中掺杂稀土离子具有十分丰富的可实现激光振荡的能级结构,可在很宽光谱范围内(455~3 500 nm)设计运行,使用适当的波长选择器件,即可得到宽调谐的可调谐激光器。调谐范围目前已达到80 nm。

光纤激光器可以划分为若干类:按光纤结构可分为单包层和双包层光纤激光器,按腔结构可分为F-P腔、环形腔、环路反射器光纤谐振腔,按激励机制可分为稀土掺杂光纤激光器、非线性效应光纤激光器、单晶光纤激光器、塑料光纤激光器。下面介绍几种主要的光纤激光器:

1)稀土类掺杂光纤激光器。稀土类元素共有15种,目前比较成熟的有源光纤中掺入的稀土离子有:铒(Er^{3+})、镱(Yb^{3+})、钕(Nd^{3+})、镨(Pr^{3+})以及铥(Tm^{3+})等5类。

掺铒光纤激光器在1.55 μm具有很高的增益,而该波长是光纤低损耗第三通信窗口。掺镱光纤具有很宽的吸收带(800~1 064 μm),因此掺镱光纤激光器的泵浦源有非常广泛的选择性。处在1.4 μm处的掺铥光纤激光器也是十分重要的光纤通信光源。掺钬(Ho^{3+})光纤激光器的波长2.1 μm正处在水分子吸收峰(2.0 μm)附近,因而在医疗及生物学方面获得广泛应用。

光纤激光器广泛采用半导体激光器作为泵浦光源。半导体激光器体积小,效率高,光谱范围宽。在掺杂光纤工作物质稀土离子的吸收带上(例如Er^{3+}的吸收带0.81 μm、0.98 μm及1.48 μm,Nd^{3+}吸收带0.8 μm及0.90 μm),均有非常成熟的高功率连续输出的半导体激光器产品,使其成为光纤激光器泵浦光源的首选。

光纤激光器一般采用纵向泵浦的形式,即泵浦光入射方向与腔轴方向相同。光纤激光器的一面腔镜M_1必须对泵浦光是高透明的、对激光波长是全反的,另一面腔镜M_2是激光的输出耦合镜。半导体泵浦光可以通过单透镜、组合透镜或者光纤微透镜的方式耦合进入光纤内。

采用包层泵浦技术的双包层掺杂激光器,大大提高了输出功率。该种激光器采用了双包层光纤,即在单模掺杂稀土光纤之外,有一大直径的内包层,另一外包层采用低折射率材料。大直径内包层的形状与直径能够与大功率的激光二极管实现有效的端面耦合,不仅保证了在掺杂稀土光纤中形成单模,而且,在其中传输的多模泵浦光在内包层中的来回反射时,光无论从何处穿过纤芯都可以被吸收。这不但可以提高泵浦效率,还可以实现在光纤整个长度上的泵浦。

2)受激拉曼散射光纤激光器。拉曼光纤激光器主要基于单模石英光纤中的受激拉曼散射效应。

该效应是高强度激光与光纤介质的振动模式相互作用产生的三阶非线性效应。在拉曼散射过程中,入射光波的一个光子被一个分子散射成为另一个斯托克斯频移的低频光子,同时分子完成振动态之间的跃迁。石英光纤中典型的受激拉曼分子主要是GeO_2、SiO_2以及P_2O_5。石英光纤材料具有很宽的拉曼增益频谱,其宽度高达40 THz,且在13 THz处有一个较宽的主峰。石英光纤中的拉曼增益还可以在很宽的范围内连续产生。若在光纤两端加上适当反射率的反射镜以形成光纤谐振腔,当泵浦光入射时,光纤内由受激拉曼散射产生的斯托克斯光,在腔中来回传输而被放大,最终形成激光振荡输出。如果泵浦光足够强,那么产生的斯托克斯光还可以激励起第二级甚至更高级次的斯托克斯光,形成级联的受激拉曼散射,从而将泵浦光能量转化为所需波长的激光输出。

拉曼散射光纤激光器的主要优点是,输出频率范围宽,与掺杂光纤激光器相比具有更高的饱和功率,且没有泵浦源的限制,在光纤传感波分复用(WDM)及相干通信中有着重要的应用。

3)光纤光栅激光器。光纤光栅激光器主要有布拉格(DBR)光纤光栅激光器和分布反馈(DFB)光纤光栅激光器。

布拉格光纤光栅激光器,采用一段稀土掺杂光纤及一对具有相同谐振波长的光纤光栅组成的谐振腔,可实现单纵模工作。采用拉伸光纤光栅还可以实现波长的连续可调,范围可达16 nm以上。

分布反馈光纤光栅激光器，是由在稀土掺杂光纤上直接写入光栅，形成对光的反馈的。因此其有源区与反馈区同为一体，没有 DBR 中稀土掺杂光纤与光纤光栅的熔接损耗，性能更加稳定。

6. 光子晶体光纤激光器[15]

光子晶体光纤激光器(PCFL)是使用光子晶体光纤作为工作物质的激光器。

光子晶体光纤(PCF)在其横平面上具有的二维周期性结构，是沿其长度方向延伸的微细空气孔的有序阵列，因此也称为多孔光纤(HF)或者微结构光纤。最典型的光子晶体光纤是由具有孔直径 d 和孔间距 Λ 的三角形阵列排列空气孔结构，中心处有缺失孔而形成的纤芯，形成了中心为实纤芯，外面为多孔包层的等效折射率低的由同一材料制成的光纤。

光子晶体光纤在光纤结构、单模特征、色散特性和非线性特征方向等方面与传统光纤存在着明显的不同，形成了其独特的优势：无限单模性、可控色散、强光学非线性，高双折射性。

结构设计合理的光子晶体光纤具备在所有波长上都支持单模传输的能力，即无限单模特性。分析表明，对于典型的具有六边形空气孔图形和单孔缺失纤芯的光子晶体光纤，所有波长以单模传播的条件是 $d/\Lambda<0.45$；在具有 3 个和 7 个孔缺失的纤芯时，单模传播的条件分别是 $d/\Lambda<0.25$ 及 $d/\Lambda<0.15$。

光子晶体光纤的色散随空气孔的分布和孔大小而变化。另外，光子晶体光纤还具有色散补偿能力，大的空气孔所导致的异常群速色散可以补偿较短波长的材料色散。合理设计的光子晶体光纤，可获得 100 nm 带宽上约 2 000 ps/(nm·km) 以上的色散值，能够补偿 35 倍长度的标准光纤的色散。

光子晶体光纤还具有高的非线性系数和双折射性。对于 SiO_2，单位长度有效非线性系数 γ 高达 70 $W^{-1}\cdot km^{-1}$，分别是同材料的标准色散位移光纤和化合物玻璃光纤的 20 倍和 200 倍。而改变空气孔在横截面上的圆对称性，即可获得高双折射性的光子晶体光纤。

具有不同数量缺失孔的光子晶体光纤结构如图 12-38 所示。光子晶体光纤多孔包层的有效折射率与波长的变化曲线如图 12-39 所示。

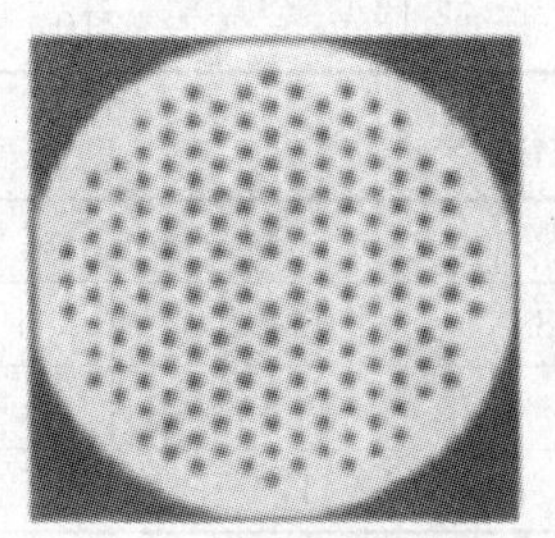
(a)1 个缺失孔

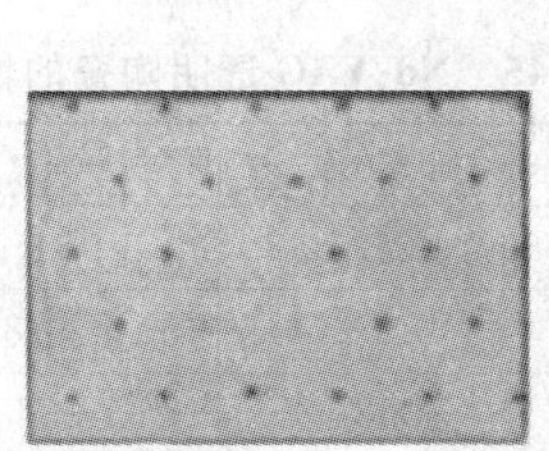
(b)3 个缺失孔

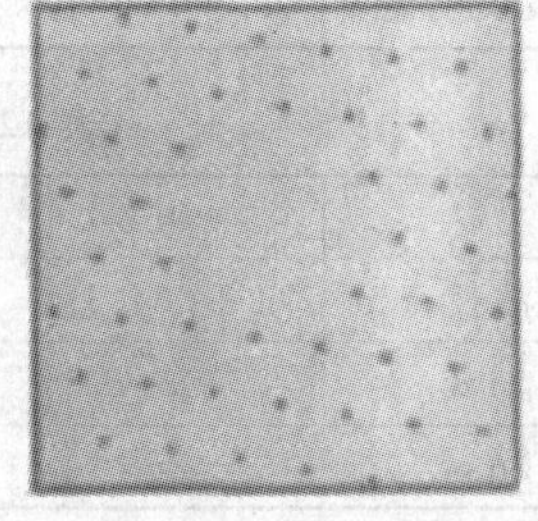
(c)7 个缺失孔

图 12-38 具有不同数量缺失孔的光子晶体光纤结构

光子晶体光纤激光器主要有掺杂、掺杂双包层，以及全光纤的光子晶体光纤拉曼激光器等。

通过用一个网状的 SiO_2 桥环绕内包层(多孔包层)可以获得双包层的光子晶体光纤。德国 Friedrich Schiller 大学与丹麦的 Crystal Fiber 公司制作的大功率掺 Yb^{3+} 双包层光子晶体光纤激光器，其 2.3 m 的光纤实现了 80 W 输出功率，斜率为 78%。此外具有类似结构的 4 m 长的光子晶体光纤激光器，输出功率达到 260 W。

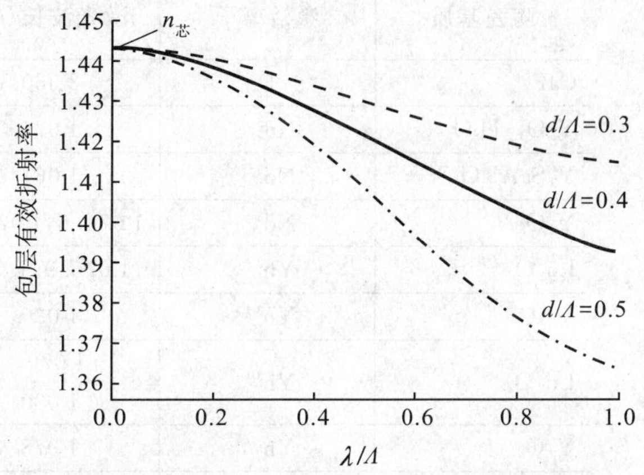

图 12-39 多孔包层的有效折射率与波长的变化曲线

7. 陶瓷激光器[16-17]

对于固体激光器而言，目前主要使用的工作介质是单晶、玻璃和陶瓷。Nd:YAG 激光器是使用单晶工作介质最常用的激光器。在生长 Nd:YAG 晶体时，Y^{3+} 要被 Nd^{3+} 替代，两种稀土离子的半径相差 3%，因此 Nd:YAG 晶体会产生应变，通常采用的退火工艺也不能完全消除这种应变。

相对于单晶而言，玻璃容易制造，热致双折射效应低，掺杂浓度高，但是其热导率低、荧光线宽较宽、硬度低、激光振荡阈值高等缺点，也限制了其使用。在光学陶瓷中掺入稀土元素也可做成激光工作介质。但是由于陶瓷是多晶的，颗粒边界、气孔、成分梯度格子不完整性都增加了材料的散射和不透明性，使得陶瓷材料在固体激光器发展初期并未获得太多的应用。近些年来，对陶瓷激光材料的研究取得了长足进步，使得陶瓷激光器获得了极大的发展。

相对于激光晶体，陶瓷激光材料的优点主要是：①制备时间短，烧结温度低，生长速度较快，成本低；②可获得大尺寸多种形状的透明陶瓷；③可获得高掺杂浓度且掺杂均匀；④可做成多层材料烧结，有可能实现多种功能。

Nd:YAG 透明陶瓷与单晶材料性能的比较见表 12-44。两者的吸收光谱和荧光光谱几乎一致，吸收峰值均在 808.6 nm 处，而发射峰值约在 1 064.18 nm 处，Nd:YAG 透明陶瓷吸收系数的大小随掺杂浓度变化而变化。而其反射谱的峰值及其荧光发射线宽（半高全宽）随掺杂浓度变化见表 12-45。其中的荧光寿命是通过拟合荧光衰减曲线得到的。

表 12-44　Nd:YAG 透明陶瓷与单晶的性能比较[16]

物理性能		0.9% Nd:YAG 晶体	1.1% Nd:YAG 陶瓷
体密度/(g/cm³)		4.55	4.55
显微硬度/GPa		14.5	15.5
脆性/(MPa·m$^{1/2}$)		1.8	8.8
590 nm 处的折射率		1.810	1.808
热导率/(W/(m·K))	20℃	10.7	10.4
	200℃	6.7	6.8
	600℃	4.6	4.6
自发发射寿命/μs		217	210

表 12-45　Nd:YAG 透明陶瓷的性能[16]

掺杂浓度/%	0.1	0.6	1	2	4
发射峰值波长/nm	1 064.1	1 064.15	1 064.18	1 064.24	1 064.30
荧光线宽/nm	0.77	0.78	0.78	0.81	0.85
荧光寿命/μs	258	252	234	174	96

目前已对多种材料的陶瓷激光器进行了研究，所获得的进展见表 12-46。Nd:YAG 陶瓷激光器的研究成果列在表 12-47 中。

表 12-46　某些陶瓷激光器性能[16]

陶瓷基质	激活离子	激光波长/nm	输出功率(mW)/输入功率(W)	斜率效率	年　份
CaF_2	D	2 360			1966
Y_2O_3-ThO_2	Nd^{3+}	1 074			1973
$Y_3ScAl_4O_{12}$	Nd^{3+}	1 061	490/2	30%	2003
Y_2O_5	Nd^{3+}	1 074.6，1 078.6	160/740	32%	2002
Lu_2O_3	Yb^{3+}	1 075.9，1 080	10/1		2002
YAG	Yb^{3+}	1 030	345/2.4	26%	2003
Lu_2O_3	Yb^{3+}	1 079， 1 030	0.95/2.6 0.7/2.6	53% 36%	2005
Y_2O_3	Yb^{3+}	1 078	1.14/17.7	15%，被动锁模	2003
Sc_2O_3	Yb^{3+}	1 092.5～1 096	420/吸收 8.8	9%	2003

续表

陶瓷基质	激活离子	激光波长/nm	输出功率(mW)/输入功率(W)	斜率效率	年　份
ZnSe	Cr^{2+}	2 000～2 620	0.15mJ/0.53mJ	调谐光光转换效率 28%	2002
ZnSe	Cr^{2+}	2 470	200/1		2003
Y_2O_3	Yb^{3+}	1 078	9.2/27	41%	2005

表 12-47　连续波 Nd:YAG 透明陶瓷激光器相关参数[16]

年份	激光波长/nm	掺杂浓度/%	试样尺寸/mm	AR 膜	泵浦波长/nm 及方式	最大泵浦功率/输出功率	斜率效率/光光转换效率(%)
1995	1 064	1.1	$T=2$	无	808,LD	0.6 W/70 mW	28/—
1996	1 064	2.4	—	无	808,LD	0.6 W/78 mW	40/—
2000	1 064	1	$T=4.8$	无	808,LD	1 W/350 mW	53/47.6
2000	1 064	2	$T=2.5$	有	808,LD	1 W/465 mW	55.4/52.7
2000	1 064	1	$\varphi=3,L=100$	有	807,LD	214.5 W/31 W	18.8/14.5
2001	1 064	1	$\varphi=3,L=100$	—	807,LD	280 W/62.5 W	—/22.3
2001	1 064	1	$\varphi=3,L=100$	有	807,LD	290 W/84 W	36.3/29
2002	1 300	1	$\varphi=3,L=5$	有	808,LD	16 W/700 mW	—
2002	1 319	—	—	—	807,LD	290 W/36.3 W	—/12.5
2002	1 064	0.6	$\varphi=4,L=105$	有	807,LD	290 W/88 W	37/30
2002	1 064	—	$\varphi=8,L=203$	—	807,LD	3.5 kW/1.46 kW	50/42
2003	1 064	—	$\varphi=4,L=105$	—	807,LD	290 W/110 W	41/—
2005	1 064	1.1	$\varphi=10,L=152$	有	氙灯	16.4 kW/385 W	2.3/—

相对于 Nd:YAG 晶体激光器，陶瓷激光器已显示出一定的优势。而其他材料的陶瓷激光器已取得不少进展。因此，陶瓷激光器正展现出它巨大的发展潜力。

8. 自由电子激光器[2]

自由电子激光器完全不同于前面所描述的激光器，其原理如图 12-40 所示。由一个同步加速器产生的高能电子束，以 1 MeV 的动能进入真空系统。该真空系统中有由极性相反的交变磁极组成的磁场阵列，在该磁场阵列的作用下，电子在电子束传输方向的横方向上的磁极间来回振荡。振荡频率取决于电子束的能量以及磁极的纵向距离和横向距离。横向振荡的电子以振荡的频率发出辐射，同时又使其他电子以相同的频率相同的相位产生受激辐射，从而产生极强的可调谐光束。由两面反射镜组成的谐振腔提供反馈及足够的放大长度。目前，自由电子激光输出波长的范围从近紫外(0.2 μm)延伸至远红外(6 mm)。

关于自由电子激光器更多的论述，请参阅本章第五节同步辐射光源。

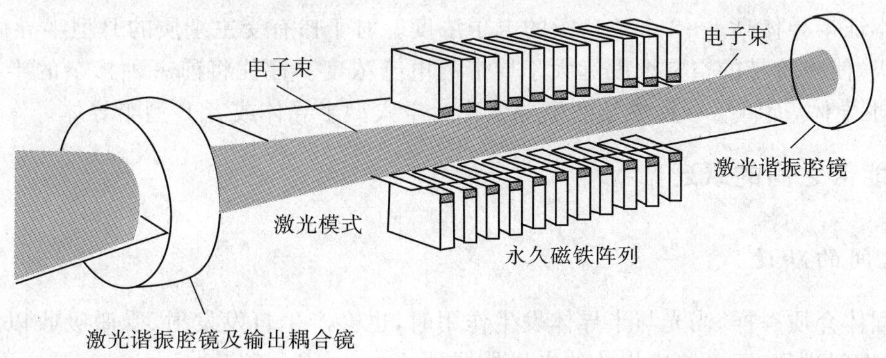

图 12-40　自由电子激光原理图

第三节 半导体激光器[2,18-23]

以半导体材料为工作介质的激光器称为半导体激光器。这种激光器具有体积小、效率高、易于调制，价格低廉等优点，从而在光纤通信、传感、光存储、激光打印、测距等领域得到了广泛的应用。

一、半导体的基本概念

由于晶体中的原子紧密相间，各原子相应的一些外层电子的运动轨道将发生不同程度的交叠，其结果是这些电子发生不同程度的公有化运动，即不再为个别原子所有，而是为晶体中相应的原子所共有。电子公有化运动的结果，使与轨道对应的能级分裂为能带，形成一系列的能带。能带由3部分组成：价带、空带与禁带。能够由价电子占据的能带称为价带。在绝对零度，价带被全部电子所占据，因此价带又称为满带。在绝对零度因不存在电子而成为空穴的能带，称为空带，其位于价带之上，而价带与空带之间不允许电子存在的状态，称为禁带。最低的空带与最高价带之间的距离即为禁带宽度，用 E_g 表示。E_g 的大小决定了晶体的性质。一般而言，$E_g>2$ eV 的晶体呈现绝缘体性质，$E_g\approx0$ 的晶体呈现金属性质，而 $0<E_g<2$ eV 时晶体呈现半导体的性质。当然，最新的研究表明，一些材料例如 AlAs、GaN、ZnO 等，虽然其禁带宽度都大于 2 eV，但是仍然表现出半导体的性质。

在绝对零度，半导体也是绝缘体。根据泡利原理，每个能级只能容纳2个电子，具有 N 个能级的能带，只能容纳 $2N$ 个电子，电子在填充能带时总是先从下层填起。内层电子所对应的能带都是被电子填满的。在一定温度下，总有一定数量的电子从满带激发到空带，在满带中留下电子空位（空穴）而在空带中出现相应数量的电子。这些载流子（电子、空穴）在电场的作用下的漂移运动会产生传导电流。因此也将价带之上的空带称为导带。

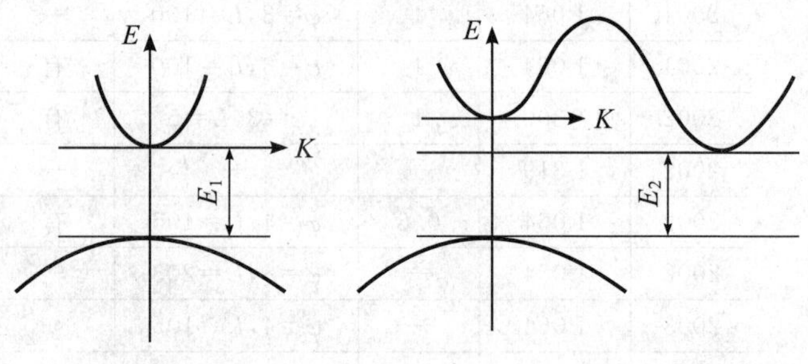

图 12-41 在 *E—K* 空间的能带示意图

在能量(E)与动量(K)的坐标下，半导体能带如图 4-41 所示。如果导带底与价带顶对应着同一 K 值，在光场作用下，电子在两个能带极值之间的跃迁不需要其他粒子的参加，其动量与能量都是守恒的，因而称为直接带隙半导体（如图 12-41(a)所示），其跃迁概率也是最大的。与此相反，如果导带底与价带顶不对应同一 K 值，电子在两个能带极值之间的跃迁除了光子外必须还要有声子参与，才能保持跃迁过程中动量及能量的守恒，因而称为间接带隙半导体（见图 12-41(b)），其跃迁概率是比较小的。因此，半导体激光器、半导体发光二极管、半导体放大器以及高量子效率的半导体光电二极管一般均采用直接带隙半体材料。

纯净的、不含杂质的半导体称为本征半导体，其导带中电子浓度与价带中空穴浓度是相等的，导电能力差。采用掺杂技术可以改变导电类型及载流子浓度，从而改变半导体的性能。对于掺有施主杂质的 N 型半导体，在导带下面形成了杂质能级，使导带中电子浓度远大于价带中的空穴浓度。由于杂质的电离能很小，往往可以获得比本征半导体高1～2个数量级的电子浓度。对于掺有受主杂质的 P 型半导体，在价带上面形成了受主杂质能级，使得价带的空穴浓度远大于导带的电子浓度。往往将前一种掺杂的半导体称为电子型半导体或者 N 型半导体，而将后一种掺杂的半导体称为空穴型半导体或者 P 型半导体。

二、电子在能带之间的跃迁

（一）能带之间的跃迁

与气体或者固体介质一样，当光与半导体发生作用时，也会产生自发发射、受激吸收以及受激发射等物理过程，利用这些物理过程，即可制成相关的半导体器件。

1）自发发射。通过电注入的方式使得半导体导带获得并积累一定浓度的电子，这些电子将自发地与价带中的空穴复合，以光辐射的形式释放出等于或者大于禁带宽度的能量。利用自发发射可以制成半导体发光二极管。

2)受激吸收。在外场光子能量 $h\nu \geqslant E_g$ 的情况下，价带电子吸收光子能量而跃入导带，并分别在价带及导带中产生空穴与电子。利用探测这种受激吸收产生的光生载流子在外电路中形成的电流，可以制作成半导体探测器。

3)受激发射。在外场光子的作用下，处在导带的电子跃迁至价带与空穴复合，同时辐射出与外场光子相同频率、相同偏振方向及相位的光子。利用受激发射可以制成半导体激光放大器以及半导体激光器。

(二)跃迁速率

带间跃迁速率的大小，主要和以下因素有关：

1. 跃迁初态上被电子占据的概率

电子是费米子，其分布满足费米-狄拉克统计分布。当半导体处在绝对温度为 T 的热平衡状态时，能量为 E 的跃迁初态为电子所占据的概率 $f(E)$ 为

$$f(E) = (1 + e^{(E-F)/kT})^{-1} \tag{12-90}$$

式中，k 为玻耳兹曼常数，F 为费米能级能量。

当量子系统处在热平衡状态时，同一半导体的导带与价带之间有统一的费米能级。当有外部载流子注入等因素使得这种平衡受到破坏时，由于电子与空穴处在局部平衡状态，因而可以用各自的准费米能级来描述这种平衡。也就是说，可以分别用 F_c 和 F_v 替代式(12-90)中的 F，以描述 N 型和 P 型半导体中载流子的平衡情况。

费米能级的位置与半导体的类型有关。本征型半导体的费米能级居于禁带中央，N 型半导体中导带电子主要来源于施主能级，当 $T \to 0$ 时费米能级位于导带与施主能级间的中央位置，当掺杂浓度增加到某一值时，会出现费米能级进入导带的情况。对于 P 型半导体，其费米能级处在价带顶和受主能级之间($T \to 0$)。而高掺杂 P 型半导体的费米能级也会进入价带。

2. 跃迁终态不为电子占据的概率

能量为 E 的跃迁终态不为电子占据的概率，应该等于总的概率减去被电子占据的概率，因此可写为

$$1 - f(E) = \left[1 + \exp\left(\frac{F-E}{kT}\right)\right]^{-1} \tag{12-91}$$

3. 电子态密度

电子在某一能带中的态密度取决于电子在该能带的有效质量以及在能带中所处的位置。它依能量从低至高分布。导带和价带中的电子态密度 ρ_c 和 ρ_v 分别为

$$\left.\begin{aligned} \rho_c &= 8\pi m_c (2m_c E_c)^{1/2}/h^3 \\ \rho_v &= 8\pi m_v [2m_v(-E_g - E_v)]^{1/2}/h^3 \end{aligned}\right\} \tag{12-92}$$

式中，E_c 和 E_v 分别为从导带底计算的导带和价带电子态能量；m_v 和 m_c 分别为价带空穴和导带电子的有效质量，其大小取决于能带极值处的曲率，它们不同于自由电子质量 m_0，例如对 GaAs，$m_v = 0.4m_0$，$m_c = 0.067m_0$。可以通过能带工程来增大价带顶的曲率，从而显著减少空穴的有效质量，使半导体性能得到提高。

因为半导体的跃迁发生在能带之间，因此能带中一定能量范围内的电子都能够参与跃迁。用 $\rho_{red}(h\nu)$ 表示单位能量间隔中两个自旋方向之一的电子参与跃迁的电子态密度。用 δE_1 及 δE_2 分别表示价带及导带中发生跃迁的能量范围，则发生跃迁的能量范围在导带为 $\rho_c \delta E_2$，在价带为 $\rho_v \delta E_1$，因为能够发生跃迁的每一对能级具有相同的波矢，考虑到在跃迁中电子自旋方向相同，实际发生跃迁的能级对数目 Δz 为

$$\Delta z = \rho_c \delta E_2 / 2 = \rho_v \delta E_1 / 2 \tag{12-93}$$

因此单位能量间隔中两个自旋方向之一的电子参与跃迁的电子态密度 $\rho_{red}(h\nu)$ 为

$$\rho_{red}(h\nu) = \frac{\Delta z}{\delta E_1 + \delta E_2} = \frac{1}{2}\left(\frac{1}{\rho_c} + \frac{1}{\rho_v}\right)^{-1} \tag{12-94}$$

而跃迁速率应正比于 $\rho_{red}(h\nu)$ 。

4. 光子能量密度

跃迁速率显然与入射光子能量密度有关。光子能量密度用单位体积单位频率间隔内的能量表示：

$$P(h\nu) = \frac{8\pi \bar{n}^3 h\nu^3}{c^3}\left[\frac{1+(\nu/\bar{n})(\mathrm{d}\bar{n}/\mathrm{d}\nu)}{\exp(h\nu/kT)-1}\right] \tag{12-95}$$

式中，$\bar{n}$ 为有源介质折射率。

5. 跃迁概率系数

跃迁速率的大小和爱因斯坦系数 A_{21}、B_{21} 和 B_{12} 有关，自发发射与 A_{21} 有关，受激吸收与 B_{12} 有关，受激发射与 B_{21} 有关，且有 $B_{21}=B_{12}$。可以写出 3 个物理过程的跃迁速率表达式：

1)自发发射(spontaneous transition)跃迁速率 W_{21} 为

$$W_{21}^{(\mathrm{sp})} = A_{21} f_c(1-f_v)\rho_c\rho_v \tag{12-96}$$

2)受激发射(stimulated transition)跃迁速率 W_{21} 为

$$W_{21}^{(\mathrm{st})} = B_{21} f_c(1-f_v)\rho_c\rho_v P(h\nu) \tag{12-97}$$

3)受激吸收(stimulated absorption)跃迁速率 W_{12} 为

$$W_{12}^{(\mathrm{st})} = B_{12} f_v(1-f_c)\rho_c\rho_v P(h\nu) \tag{12-98}$$

上面的公式中，f_c 和 f_v 分别是由(12-90)式表示的电子在导带和价带中的占有概率。

(三)激光振荡条件及特性

1. 粒子数反转条件

在半导体激光器中，忽略自发发射速率，要获得净的受激发射，必须要求受激发射速率大于受激吸收速率，因为 $B_{12}=B_{21}$，可以得到该条件为

$$f_c - f_v > 0 \tag{12-99}$$

在考虑到受激发射需要满足 $h\nu > E_g$ 的条件，根据电子占据概率的表达式，上述条件又可写为

$$F_c - F_v > h\nu \geqslant E_g \tag{12-100}$$

式中，F_c 和 F_v 分别是导带及价带的准费米能级。上式表明，要实现粒子数反转，必须使导带与价带的准费米能级之差要大于或等于禁带宽度。

为了实现上述半导体激光器的粒子数反转条件，在同质 PN 结激光器中可以通过重掺杂使得 F_c 进入半导体有源介质的导带，或者使 F_c 及 F_v 分别进入导带及价带。这意味着掺杂浓度要很高，对 N 型半导体，掺入的施主杂质浓度达到 $10^{18}/\mathrm{cm}^3$ 以上，P 型半导体中受主杂质浓度达到 $10^{17}/\mathrm{cm}^3$ 以上。而对于双异质结半导体激光器，因为异质结势垒能将注入的载流子限制在有源区中，不需要重掺杂即可获得净的受激发射。

对于重空穴价带，由于载流子有效质量大，态密度大，价带内参与受激发射的能级很少为空穴所占据，其价带准费米能级位于价带顶之上。为了满足粒子数反转条件，势必要提高注入载流子密度，从而使得激光阈值电流增大。为此，可采用能带工程，采用应变超晶格，改变能带结构，使重空穴价带的曲率变大，从而使价带准费米能级位于价带顶之下，可使价带与导带载流子的有效质量的差别减小，从而使达到粒子数反转条件所需的载流子数大大减小。这样，不仅可以降低激光器的阈值电流，而且能使俄歇复合显著减小，提高激光器的温度稳定性。

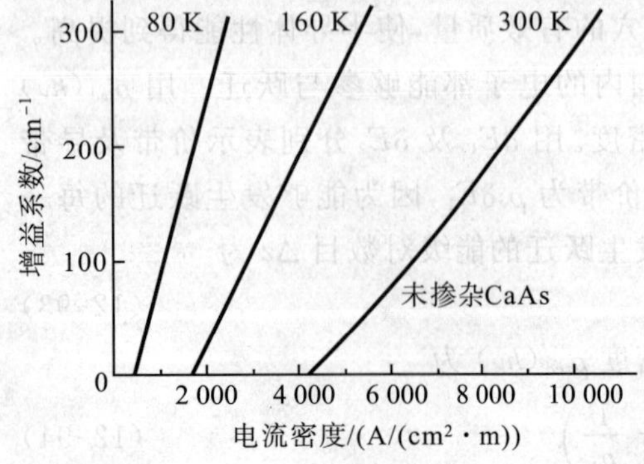

图 12-42 GaAs 的增益系数与电流密度的关系

2. 半导体激光器有源介质的增益系数

当半导体有源介质处于粒子数反转状态时，该介质具有放大作用。若不考虑增益系数随频率 ν 的变化，其增益系数 g_p 为

$$g_p = A(J - J_0) \quad (\text{单位}:\mathrm{cm}^{-1}) \tag{12-101}$$

式中，A 为增益常数，它代表材料增益系数与注入电流密度 J 变化曲线斜率，其随材料不同而不同。对于常用的 GaAs 材料，其增益系数与电流密度的关系如图 12-42 所示。在室温下，GaAs 材料的增益常数 A 对量子阱(QW)及双异质结(DH)的值 $A_{QW} \approx 0.7\ \mathrm{A}^{-1}\mathrm{cm}$ 时，其随温度呈现 $1/T$ 的关系变化。J_0 为透明电

流密度，也是图中增益系数曲线在横坐标上的截距，其值 $J_0^{QW}\approx 50\ A/cm^2$，$J_0^{DH}\approx 500\ A/cm^2$。

若半导体材料的饱和光强用 I_s 表示，介质内的平均光强为 I 时，增益饱和现象会导致增益下降，其增益系数 g_m 为

$$g_m=\frac{g_p}{1+I/I_s} \tag{12-102}$$

因此，g_p 是小信号下的峰值增益系数，I 是材料内的光强，I_s 是饱和光强，定义为增益系数下降为峰值增益系数一半(3 dB)时材料内的光强值。

假如半导体激光器腔长为 L，两面反射镜的反射率为 R_1 和 R_2，单位长度上的其他损耗为 α_i，则半导体激光器振荡的阈值条件为

$$g_{th}=\alpha_i-\ln(R_1R_2)/2L \tag{12-103}$$

因此，只有当激活介质的放大作用能够补偿谐振腔带来的损耗时，激光器才能产生振荡。

结合上两式，半导体激光器的阈值电流密度 J_{th} 为

$$J_{th}=J_0+\frac{\alpha_i}{A}-\frac{1}{2AL}\ln(R_1R_2) \tag{12-104}$$

对于未镀膜的端面，$R_1=R_2=0.32$，$\alpha_i^{QW}\approx 2\ cm^{-1}$，$\alpha_i^{DH}\approx 15\ cm^{-1}$，$L\approx 400\ \mu m$，可以得到：$J_{th}^{QW}\approx 95\ A/cm^2$，$J_{th}^{DH}\approx 610\ A/cm^2$。

3. 激光器谐振腔

半导体激光器的谐振腔是其与半导体发光二极管的根本区别。在半导体激光器中，由于谐振腔提供的反馈作用，才使起源于载流子自发辐射复合所产生的光子，经过不断在放大介质中反射而引发出不断增强的受激辐射复合，获得激光输光。

在半导体激光器中，通常采用半导体晶体自然解理面来构成平行平面腔，也称为法布里-珀洛(F-P)腔。其对光束的功率反射率 R，由有源介质的折射率 $\bar{n}$ 决定：

$$R=(\bar{n}-1)^2/(\bar{n}+1)^2 \tag{12-105}$$

通常对于Ⅲ-Ⅴ族化合物半导体，其 $\bar{n}$ 约为 3.5 左右，故 F-P 腔的两个平面镜都约有 0.31 的反射率。因此使用解理面作为谐振腔不理想。理想的谐振腔应该是后端面的反射率接近于 1，而前端面的反射率应该使得激光器获得最大激光输出。因此，作为改进，可在前端面镀增透膜，在后端面镀增反膜。

除了 F-P 腔外，半导体激光器谐振腔还可以采用分布反馈的谐振腔，例如分布反馈半导体激光器(DFB)以及分布布拉格反射激光器(DBR)。由于其反射面对不同波长具有不同的反射率，因此能够获得窄线宽的单纵模半导体激光运转。

(四)半导体激光器的相关特性

1. 效率

半导体激光器是一种高效率的电子-光子转换器件，有多种定义来描述其电能转变为光能的效率。

(1)功率效率 η_P

$$\eta_P=\frac{\text{激光所发射的光功率}}{\text{激光器所消耗的电功率}}=\frac{p_{ex}}{(IE_g/e)+I^2r_s} \tag{12-106}$$

式中，p_{ex} 为激光器输出的光功率，I 为工作电流，r_s 为串联电阻(包括半导体的体电阻及电极接触电阻)，e 为电子电荷。该功率效率可由制造厂家提供的 P-I 和 V-I 特性曲线来进行分析。

(2) 外量子效率 η_D

$$\eta_D=\frac{dp/h\nu}{dI/e}\approx\frac{dP}{dI}\frac{e}{E_g} \tag{12-107}$$

其定义为输出光子数与注入的电子数的比率。

(3)斜率效率 η_s

$$\eta_s=\frac{dP}{dI}=\frac{p_{ex}}{(I-I_{th})V_b} \tag{12-108}$$

式中，I_{th}是阈值电流，正向电压V_b定义为在PN结和串联电阻上的总压降。在实际测量中还可以采用以下公式：

$$\eta_s=(P_2-P_1)/(I_2-I_1) \tag{12-109}$$

式中，P_1和P_2，I_1和I_2，分别对应着阈值以上额定光功率的10%和90%所对应的光功率及电流值，上述实验值应该在低占空比的脉冲电流下获得。

2. 半导体激光器的光束发散角

由于半导体激光器的远场并非严格的高斯分布，有较大的且在横向和侧向不对称的光束发散角，因此激光束呈现椭圆形光斑。假设半导体激光器有源层的厚度为d，宽度为w，则横向发散全角$\theta_\perp$为

$$\theta_\perp=\frac{4.05(\bar{n}_2^2-\bar{n}_1^2)d/\lambda}{1+[4.05(\bar{n}_2^2-\bar{n}_1^2)/1.2](d/\lambda)^2} \tag{12-110}$$

式中，$\bar{n}_2$为有源层折射率，$\bar{n}_1$为限制层折射率，λ为激光波长。当d很小时可忽略上式分母中的第二项，则

$$\theta_\perp\approx 4.05(\bar{n}_2^2-\bar{n}_1^2)d/\lambda \tag{12-111}$$

这是由于d减小造成光场向有源层外侧扩展，等效为增加了有源层厚度，使得$\theta_\perp$随d增加而增加。如果有源层厚度可与波长λ相比拟，且激光器仍工作在基横模时，可略去(12-110)式分母中的1，即

$$\theta_\perp\approx 1.2\lambda/d \tag{12-112}$$

该结果与以d为光腰直径的高斯光束发散全角

$$\theta=\frac{2\lambda}{\pi w}=\frac{4\lambda}{\pi d}\approx 1.27\lambda/d \tag{12-113}$$

相近，说明在一定有源层厚度范围内，横向光场具有较好的高斯光束特点。

量子阱半导体激光器因为允许模场适当地扩展，而具有比厚有源层半导体激光器小的发散角。

半导体激光器在侧向有较大的有源层厚度w，其发散角$\theta_\parallel$较小：

$$\theta_\parallel\approx\lambda/w \tag{12-114}$$

因为半导体激光的发散角较大，影响了其在一些场合下的应用。可以采用外部光学系统来压缩其发散角，但是这将会损失一些光功率。

3. 模式特性

半导体激光器的纵横波长间隔为

$$\Delta\lambda=\lambda^2/2\bar{n}_g L \tag{12-115}$$

式中，$\bar{n}_g$为有源材料的群折射率。一般半导体激光器的纵横波长间隔为0.5～1 nm，因为增益带宽可达到数十纳米，所以有可能出现多纵模振荡。对于传输速率大于622 Mb/s的光纤通信系统，为了避免光功率在各个纵模间随机分配产生的噪声，同时获得模式窄的谱线输出，从而减小光纤色散对通信系统的影响，要求所使用的半导体在单纵模状态下工作。

4. 激光发射波长

直接带隙跃迁的Ⅱ-Ⅵ族或Ⅲ-Ⅴ族化合物半导体，其禁带宽度E_g(单位:eV)决定着光发射波长(单位:μm)：

$$\lambda=1.24/E_g \tag{12-116}$$

在通常的双异质结激光器中，有源层的厚度较厚，要求有源层与其两边的限制层是晶格匹配的，以减少产生非辐射复合的界面态密度，因此，在多元化合物中，必须调节组分以实现晶格匹配，使异质结两边材料的晶格失配度一般不超过10^{-3}。

三、半导体激光器的结构

(一)同质结与异质结

1. 同质结

半导体有源材料的基本结构单元是PN结，最早出现的半导体激光器是同质结的，即和普通的PN结二极管一样，结两边半导体材料的掺杂类型是不同的，但具有相同的禁带宽度。在正向偏压下，垫垒高度降低，

注入的载流子经过变窄的空间电荷区漂移进入结的另外一边，成为该区的非平衡少数载流子，它们在该区边界积累并扩散。P 区的一个电子扩散长度 L_- 内的电子，与 N 区一个空穴扩散长度 L_+ 内的空穴便可发生辐射复合。因为 $L_- \gg L_+$，因此同质结有源区的厚度几乎等于 L_-，对于 GaAs，该厚度约为 4 μm 。

同质结半导体激光器的缺点：一是因为有源区厚度太厚，因而需要比较大的阈值电流密度；二是辐射复合的光场向有源区两侧的渗透，减小了输出的有效功率。

2. 单异质结(SH)

异质结两边的半导体材料具有不同的禁带宽度。不同掺杂类型的半导体材料构成的异型异质结有利于载流子的注入，相同掺杂类型半导体构成同型异质结将形成限制载流子进一步扩散的势垒。窄带隙半导体材料具有高的折射率，宽带隙半导体材料具有低的折射率。因此异质结两边带隙之差，一方面可将载流子限制在窄带隙有源区内，另一方面还可利用带隙之差所产生的折射率差构成光波导。因此，异质结半导体激光器不仅仅使阈值电流降低了 1 个数量级，还实现了室温下的脉冲工作。

3. 双异质结(DH)

双异质结的基本结构是将有源层夹在两种半导体材料中间，这两种材料同时具有宽的带隙和低的折射率。这种结构可以在垂直于结平面的方向上有效地对载流子和光子实施限制。假设有源区为宽带隙 P 型半导体，在正向偏压下，电子和空穴分别从其上和其下的宽带隙的 N 区和 P 区注入有源区，它们的扩散又受到异质结的限制，从而提高了有源区中非平衡载流子的浓度，降低了阈值电流密度。另一方面，低折射率的有源区处在两个高折射率层之中，形成了将光子限制在有源区的介质光波导。因此，使用双异质结结构的半导体激光器，不仅可使阈值电流又降低了 1 个数量级，而且还实现了室温下的连续工作。

(二)条形激光器

双异质结结构成功地实现了在垂直于结平面的方向上有效地对载流子和光子进行限制。为了对有源区中载流子和光子在结平面方向(侧向)上实行限制，必须采用条形结构。

最早的条形激光器采取了电极条形及质子轰击条形。这类激光器在侧向的光学限制是增益波导(gain guided)型的，实际上只是限制了电流流经的通道。因此不可避免地存在注入载流子侧向的扩散。

现在的条形半导体激光器，主要是利用有源层与两边限制层横向折射率之差构成的光波导即折射率波导(index-guided)，在侧向增加了对光子的限制。这种结构的半导体激光器，充分体现了条形结构的优势。目前已开发出多种折射率波导结构。

1. 沟道衬底平面条形激光器

沟道衬底平面(channel substrate planar，CSP)如图 12-43(a)所示，低折射率包层填平其有沟道的高折射率衬底，有源层生长在低折射率包层上由电流通道所限制的有源区两侧，其有效折射率低于有源区而产生侧向光波导效应。这种结构有好的侧模稳定性，可实现连续波单纵模工作。

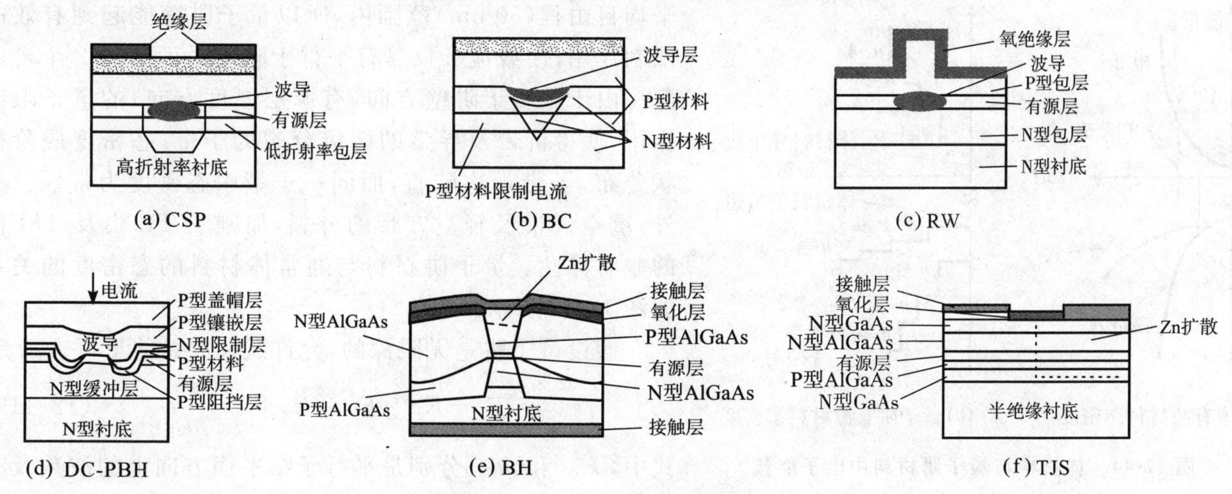

图 12-43　几种典型的条型激光器

2. 隐埋新月型条形激光器

隐埋新月型(buried crescent,BC)如图 12-43(b)所示,在 N 型衬底上生长 P 型电流阻挡层后刻蚀 V 形槽进入衬底,有源层在沟表面生长而有源层内形成一个新月形的条形。这种结构对有源层中的光场形成了波导限制作用,同时有源区两侧"NPNP"结构,能使注入电流限制在有源区内,可用这种结构获得低阈值和高输出功率。

3. 脊形波导条形激光器

脊形波导(ridge waveguide,RW)如图 12-43(c)所示,在条形有源区上方通过腐蚀出一个脊,使其两边的光反射进入有源层而形成波导,脊周围的绝缘层有助于使电流限制在从脊到有源层的电流通道内。

4. 双沟平面隐埋异质结条形激光器

双沟平面隐埋异质结(double channel-planar buried heterostructure,DC-PBH)如图 12-43(d)所示,通过腐蚀并行的两个沟道而在它们中间形成有源层,再通过材料生长在有源条两侧形成异质结。这种结构的优点是量子效率高(微分量子效率高达 50%~60%),由于在隐埋区有反向偏置的 PN 结而减少了漏泄电流,致使激光器有好的温度稳定性,工作温度可达 130℃。

5. 隐埋异质结激光器

隐埋异质结(buried-heterostructure,BH)结构如图 12-43(e)所示。由于激活区完全被 AlGaAs 包围,形成了对光子的完全限制。如果 AlGaAs 层能够形成反向偏压结或者是半绝缘层,那么这种结构还可以形成良好的电流限制。

6. 横向结条形激光器

横向结(transverse juncton stripe,TJS)结构如图 12-43(f)所示。其中两边的包层均为 n-AlGaAs,使用 Zn 的扩散产生 PN 结,而电压加在 PN 结两侧。这种激光器的电流基本上是平行于衬底方向,因此其激活区被限制在 Zn 扩散在 GaAs 层的很小的区域中。

有源层的厚度对双异质结半导体激光器阈值电流密度的影响很大。当厚度 d 较小时,光场的渗透逸散使耗散在有源层之外的光子增多;而当厚度太大时,又会导致相同注入电流下载流子浓度的下降。一般来讲,最佳的有源层厚度约为 0.15 μm。

(三)量子阱半导体激光器

1. 量子阱半导体激光器

量子阱半导体激光器是基于超薄层(厚度约为 10~50 nm)晶体的量子尺寸效应制作的半导体激光器。这种超薄层晶体中的电子与体晶体中的电子有完全不同的性质,即出现了量子尺寸效应。该量子尺寸效应最实际的应用,就是窄带隙超薄层被夹在两个宽带隙势垒薄层中形成的量子阱材料。

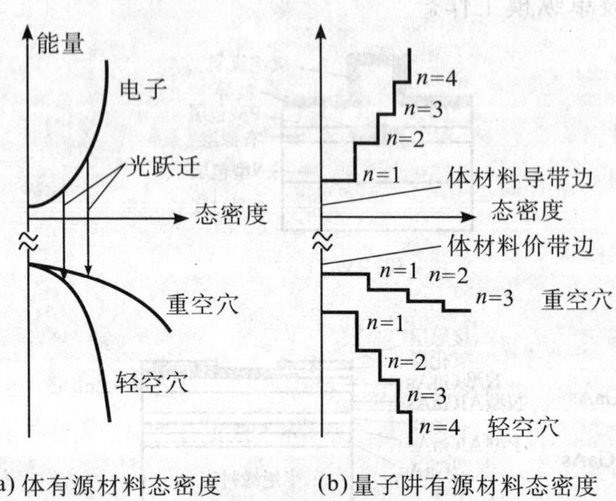

(a) 体有源材料态密度　(b) 量子阱有源材料态密度

图 12-44　体材料与量子阱材料中电子能量与态密度的关系

由于量子阱结构的阱层(有源层)的厚度在自由电子平均自由程(50 nm)范围内,所以量子阱壁能起到有效的限制作用,使载流子仅具有平行于阱壁平面上的 2 个自由度。由于垂直于阱壁方向(有源层厚度方向)的量子限制作用,使得价带及导带的能级分裂为子带,态密度成阶梯状分布,子带带边陡直,而同一子带中态密度为常数。另外,重空穴带及轻空穴带的分裂,加剧了 TE 模及 TM 模的非对称性。量子阱材料与通常体材料的态密度的关系如图 12-44 所示。

假设量子阱是无限深的,允许跃迁的总能量可表示为

$$E = E_g + E_n^c + E_n^v + \frac{h^2 k_{c\parallel}^2}{8\pi^2 m_{c\parallel}} \tag{12-117}$$

式中,$k_{c\parallel}$ 和 $m_{c\parallel}$ 分别是平行于结平面方向上的波数及有效质量,最后一项为电子能量抛物线分布。而

$$E_n^c=(\frac{n^2h^2}{8m_cL_z^2});\ E_n^v=(\frac{n^2h^2}{8m_vL_z^2}),\qquad n=1,2,3,\cdots$$

L_z 为量子阱宽度。量子阱材料的发光波长 λ 为

$$\lambda=\frac{1.24}{E_g+E_n^c+E_n^v} \tag{12-118}$$

量子阱的阶梯能带允许注入的载流子依子带逐级填充。因此，注入载流子能量的量子化提高了注入有源层的内载流子的利用率，从而降低了激光器的阈值，提高了激光器的斜率效率。图 12-45 给出了厚度为 10 nm 的单量子阱激光器和有源区厚度为 100 nm 的双异质结半导体激光器的理论研究结果的比较。可以看出，量子阱半导体激光器的低阈值电流密度的优势是十分明显的。

另外，由于量子阱激光器有源层中电子与光子的耦合时间常数变小，使得激光器的弛豫振荡频率提高了数倍，因此相应提高了激光器的调制带宽（可接近 30 GHz）。

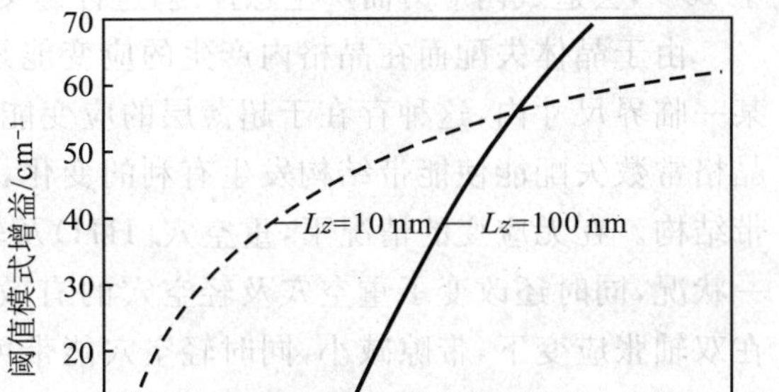

图 12-45[2]　阈值电流密度-阈值模式增益曲线

实线：100 nm 厚双异质结；虚线：10 nm 厚单量子阱

相对于双异结激光器，量子阱激光器的缺点主要是失去了对光子的限制。量子阱激光器的有源区太薄，不能形成波导效应。因此需要在量子阱与(Al,Ga)As 包层之间构建导波层，如图 12-46 所示。可以在量子阱与包层间配备铝成分变化所形成的渐变层，从而形成梯度折射率分别限制的异质结（graded-index separate-confinement heterostructure，GRIN-SCH），其优点是分别实施光学与电子限制。其中，载流子被限制在量子阱中，而光学模式被限制在渐变包层中。折射率渐变可以是如图所示的抛物线形的，也可以是线性的。实验表明，对于 GaAs 量子阱半导体激光器，$Al_xGa_{1-x}As$ 的最佳摩尔组分约为 $x=0.2$。而每一渐变层的厚度约为 200 nm。

另一个办法就是做成多量子阱（MQW）激光器。对于给定的载流子密度，具有 N 个相同厚度的 MQW 激光器，其增益大致为具有相同厚度单 QW 激光器增益的 N 倍，但是相应的电流密度也是 N 倍。另外，因为激活区总的厚度的增加，透明电流密度也比单量子阱激光器的大。可以在两边最外的势垒层之后再生长低折射率的波导层以限制光子。图 12-47 给出了几种 MQW 激光器的阈值电流密度-阈值模式增益曲线。从图中可以看出，多量子阱半导体激光器，具有比单量子阱激光器稍高的阈值电流密度，但是可以获得比单量子阱激光器高得多的输出功率，以及高的调制带宽。

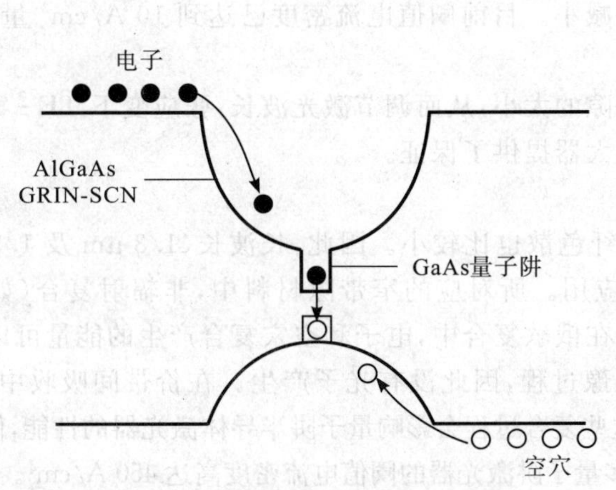

图 12-46[2]　GRIN-SCH 单量子阱示意图

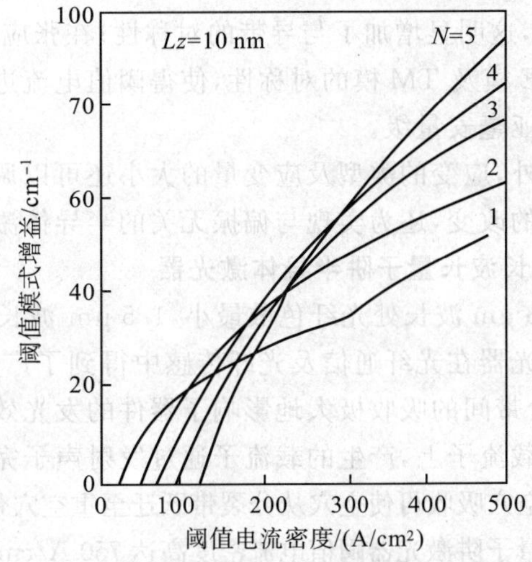

图 12-47[2]　阈值电流密度—阈值模式增益随量子阱个数 N 的变化

量子阱厚度为 10 nm

另外，由于量子阱激光器的激光波长由体材料的带隙以及第一量子化能级所决定，因此可以通过改变量

子阱的厚度来改变激光波长。例如体材料 GaAs 激光器的波长约为 0.87 μm，而厚度为 6～12 nm 的量子阱 GaAs 激光器的波长为 0.83～0.86 μm。

2. 应变量子阱

在此之前，能带工程均以组成异质结的材料之间在晶体结构以及晶格常数上的匹配为基础，如果失配度大于 10^{-3}，会造成内应力而产生悬挂键，这种键又会产生非辐射复合的界面态，这些都对器件产生了不利影响。

由于晶体失配而在晶格内产生的应变能是与生长层厚度线性相关的，因此只要将超薄层的厚度控制在某一临界尺寸内，这种存在于超薄层的应变能可通过弹性形变来释放，从而不产生失配位错。相反，适当的晶格常数失配能使能带结构发生有利的变化，图 12-48 给出了Ⅲ-Ⅴ族半导体在双轴压应变及张应变下的能带结构。在无应变的情况下，重空穴(HH)及轻空穴(LH)能带在 $k=0$ 处分裂。而应变的作用是改变了这一状况，同时还改变了重空穴及轻空穴的有效质量。而在平行于衬底的方向上，重空穴变轻，轻空穴变重。在双轴张应变下，带隙减小，同时轻空穴能带可能位于重空穴之上。而在双轴压应变下，带隙增加，同时重空穴能带位于轻空穴之上。能带也不是严格的抛物线分布，特别是空穴能带。

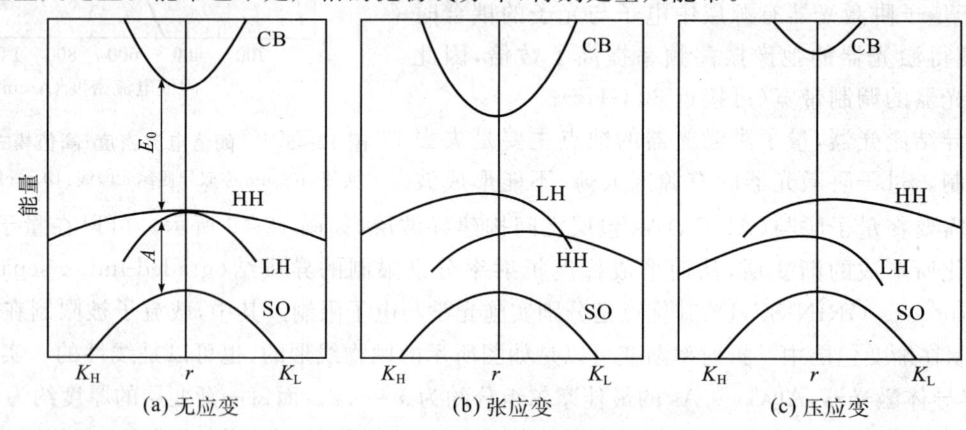

图 12-48[2] Ⅲ-Ⅴ族半导体的能带结构

对于 $In_xGa_{1-x}As/Inp$，当 $x=0.53$ 时，$In_{0.53}Ga_{0.47}As$ 与 InP 晶格匹配得很好，不会产生形变。当 $x<0.53$ 时，InGaAs 有比 InP 小的晶格常数，会在超薄层中产生张应变；当 $x>0.53$ 时，InGaAs 有比 InP 大的晶格常数，会在超薄层中产生压应变。当生长层的厚度与层内应变量的乘积不超过某一临界值时，材料具有好的光学性质。对于 $In_xGa_{1-x}As/InP$，其临界值为 20 nm%，也就是说，层厚为 20 nm，允许的应变量为 1% 左右。在压应变情况下，重空穴带仍在轻空穴带之上，带顶处曲率半径明显减小，重空穴的有效质量减至 $0.08m_0$，这明显增加了与导带的对称性；在张应变情况下，轻空穴带可能处在重空穴带之上，曲率半径减小，增加 TE 模及 TM 模的对称性，使得阈值电流进一步减小。目前阈值电流密度已达到 10 A/cm² 量级，阈值电流达亚毫安量级。

另外，应变的类型及应变量的大小还可以调节带隙的大小，从而调节激光波长，张应变下 TE－TM 模式对称性的改变，还为实现与偏振无关的半导体激光放大器提供了保证。

3. 长波长量子阱半导体激光器

1.3 μm 波长处光纤色散最小，1.5 μm 波长处光纤色散也比较小。因此，长波长(1.3 μm 及 1.5 μm)半导体激光器在光纤通信及光纤传感中得到了广泛的应用。所对应的窄带隙材料中，非辐射复合(如俄歇复合)及价带间的吸收极大地影响了器件的发光效率。在俄歇复合中，电子和空穴复合产生的能量可以转移到另外的载流子上，产生的载流子通过发射声子完成弛豫过程，因此没有光子产生。在价带间吸收中，发射的声子被空穴吸收可使空穴从分裂带跃迁至重空穴带。这些复合过程会影响量子阱半导体激光器的性能，使1.5 μm 波长单量子阱激光器阈值电流密度高达 750 A/cm²，而多量子阱激光器的阈值电流密度高达 450 A/cm²。

采用应变量子阱，可以大大抑制俄歇复合及价带间吸收，从而显著改变长波长激光器的性能。采用压应变，单量子阱 InGaAsP/InP 激光器的阈值电流已降至 160 A/cm² 以下。而令人想象不到的是，采用张应变的 1.5 μm 的 InGaAsP/InP 激光器，其阈值电流也已降到 197 A/cm² 以下的水平，这主要得益于 TM 模式的振荡，以及自发发射的抑制。同时，由于消除了俄歇复合对运行温度的影响，张应变量子阱激光器可在

140℃温度下连续运行。

（四）面发射半导体激光器

普通半导体激光器的输出光沿着结平面方向，而表面发射半导体激光器的输出光是从垂直于结平面的表面发射的，因而构成了半导体激光器的另一种基本结构。

面发射半导体激光器主要有3种结构：①45°镜输出结构；②分布光栅输出结构；③垂直腔结构。在前两种结构中，仅仅利用输出方式的变化，将原来沿结平面方向输出的光束被45°镜或者分布光栅反射，改由垂直于结平面的方向输出，因此既难以获得无像散的高质量光束，又因腔长限制而难以获得二维阵列的激光输出。垂直腔面发射激光器（VCSEL）是指激光腔的方向垂直于半导体芯片的衬底，有源层的厚度即为谐振腔的腔长。由于有源层很薄，不仅要求工作介质的增益系数很高，而且谐振腔的反射率也要高，才能获得短腔长低阈值的激光振荡。因此，必须使用分子束外延（MBE）、金属有机化合物化学气相沉积（MOCVD）等方法控制膜厚，并制成量子阱材料及分布布拉格反射器（DBR），才可能实现垂直腔面发射激光器。

垂直腔面发射激光器与边发射激光器相比，具有很多明显的优点：

1）谐振腔由多层介质膜组成，有较高的光损伤阈值以及高的反射率，大大降低了腔的损耗，可实现极低阈值电流（亚毫安量级）工作。

2）由于激光器是单片外延生长形成，可以高密度地形成二维阵列，芯片成本低，便于对生长材料质量的检查与筛选，也容易模块化和封装。

3）腔长短（约为10 nm），容易实现动态单纵模工作。

4）输出为圆对称无像散光束，无需整形即可实现与普通圆透镜或者经类透镜处理的光纤之间的高效耦合。

1. 布拉格反射器的设计

垂直腔面发射激光器的结构如图12-49所示。由高、低折射率介质交替生长形成布拉格反射器，在上、下两个布拉格反射器之间连续生长单个或多个量子阱有源区。上部布拉格反射器的顶部镀金属反射层，使其具有尽可能接近1的反射率。激光束经过下部布拉格反射器后经透明的衬底输出。

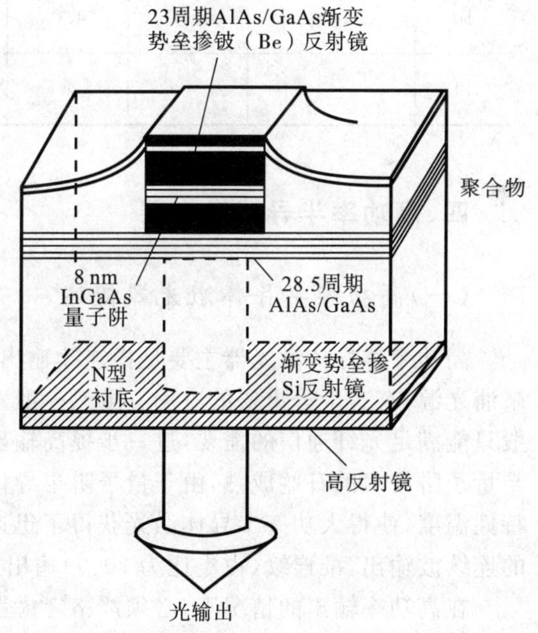

图12-49　VCSEL结构示意图

高反射率布拉格反射器可由高折射率（$\bar{n}_H$）和低折射率（$\bar{n}_L$）两种介质材料交替生长$\lambda/4$厚度的多层介质膜制成，所得到的场反射系数为

$$r_{2P+1}=\left[\frac{\bar{n}_0-\dfrac{\bar{n}_H^2}{\bar{n}_s}\left(\dfrac{\bar{n}_H}{\bar{n}_L}\right)^{2P}}{\bar{n}_0+\dfrac{\bar{n}_H^2}{\bar{n}_s}\left(\dfrac{\bar{n}_H}{\bar{n}_L}\right)^{2P}}\right]^2 \tag{12-119}$$

式中，$\bar{n}_0$、$\bar{n}_s$分别为入射端介质、衬底的折射率；指数P为高和低折射率膜层对的数目。$\bar{n}_H$、$\bar{n}_L$的差值越大，则达到所需反射率（例如$R>99\%$）的P值就越小。但$\bar{n}_H$与$\bar{n}_L$差值过大，又会造成各薄层间晶格失配过大，难以得到生长质量好、损耗小的布拉格反射器。

然而，由如此多层的高、低折射率交替生长的半导体薄膜所形成的布拉格反射器，虽不是量子阱结构（因$\lambda/4$的膜厚对电子来说相当于块状晶体），但仍类似于超晶格那样，各薄层的带隙周期性地交替变化。由此构成的一系列势垒必然会增加垂直腔面发射激光器的工作电压和串联电阻。因此减小串联电阻，是多年来垂直腔面发射激光器研究的热点之一。目前，串联电阻已从20世纪80年代中期的数千欧降至40 Ω以下。

2. 腔结构

激光器谐振腔的设计包括腔型的选择与腔长的优化等，其目的之一是希望有源介质获得尽可能大的模体积。在布拉格反射器腔确定后，腔长的优化是一个重要问题。激光器工作时，在包含有源介质在内的布拉格反射器谐振腔内将形成稳定的驻波场．首先有源层应与驻波中心峰值强度对应的 $\lambda/4n$ 范围内有最大的重叠。其次，在 $\lambda/4n$ 的厚度内生长多量子阱结构，有利于获得大的功率输出。垂直腔面发射激光器性能见表 12-48。

表 12-48 垂直腔面发射激光器性能[2]

编号	阈值电流密度 /(kA/cm²)	阈值电流 /mA	阈值电压 /V	最大输出功率 /mV	效率 /%	发射面大小 /μm	结构
1	22.6	40		1.2	1.2	ϕ15	0.5 mm DH-DBR
2	6.6	2.5		0.3	3.9	ϕ7	3×8 nm MQW 应变圆柱 μ 激光
3	6.0	1.5				5×5	10 nm SQW 应变圆柱 μ 激光
4	4.1	0.8				ϕ5	钝化 3×8 nm MQW 应变圆柱 μ 激光
5	3.6	3.6	3.7	0.7	4.7	10×10	3×8 nm MQW 应变离子注入 μ 激光
6	2.8	2.2	7.5	0.6	7.4	ϕ10	4×10 nm MQW 应变质子注入 μ 激光
7	1.4	0.7	4.0			7×7	8 nm SQW 应变圆柱 μ 激光
8	1.2	4.8		3.0(脉冲)	12(脉冲)	20×20	应变圆柱 μ 激光
9	1.1	7.5	4.0	3.2	8.3	ϕ30	4×10 nm MQW 质子注入 μ 激光
10	0.8	1.1	4.0			12×12	8 nm SQW 应变圆柱 μ 激光
11				1.5	14.5	ϕ10	4×10 nm GRIN-SCH 质子注入 μ 激光

四、高功率半导体激光器

(一)高功率半导体激光器概述

高功率半导体激光器主要是指连续输出功率在数十毫瓦以上的器件。这类器件作为固体激光器的相干泵浦光源，有着十分重要的应用。虽然一般双异质结半导体激光器可在室温下连续工作，但其输出的功率一般只能满足光纤通信的需要，进一步提高输出功率受到过高阈值电流与工作电流密度的限制。随着超晶格与量子阱技术的日益成熟，由于量子阱半导体激光器具有高微分增益和量子效率、低阈值电流密度，以及高特性温度，使得大功率半导体激光获得了迅速的发展。现在商用激光器已能达到单条 4 W、或者阵列 20 W 的连续波输出，准连续(占空比为 20%)输出达到 5 000 W 的水平。

在高功率输出的情况下，必须严格考虑散热条件。一般应采取半导体制冷器进行散热。对于连续波输出功率或脉冲功率达数百瓦的大功率半导体激光器，还需采用微通道强制水冷等措施。

另外，在高功率输出的情况下，作为谐振腔镜的自然解理面将承受很高的功率密度。特别是有源区材料含铝的器件(如 GaAlAs/GaAs)，铝的氧化会加速腔面的破坏。因此，一方面要适当加大有源区的宽度，以获得大的腔面面积，使其功率密度小于损伤阈值；采用无 Al 成分的激光材料，如 InGaAsP/GaAs，可以大大提高损伤阈值。另一方面需要对谐振腔的反射率作优化设计，前端面增透，后端面增反($R>95\%$)，光学薄膜不仅对解理面有一定的保护作用，同时适当的腔镜耦合率可使高功率激光器在最佳效率下工作。

一般可采用以下手段提高半导体激光器的输出功率：①在平行和垂直于结的方向上，增加激光发射面，即采用大光腔的结构，同时引入对高阶模式的损耗，以消除高阶模式；②使用无吸收的腔反射镜(nonabsorbing mirror)；③使用激光阵列或者非稳腔结构以增加模式体积。

(二)大光腔高功率半导体激光

与通常的半导体激光器相比较，大光腔结构具有大的发射孔径。采用侧向折射率限制的宽发射面激光器可以得到很好的纵向和横向模式，从而获得高功率、高亮度的激光输出。

为了增大发射孔径，首先可以加大有源区的宽度，对于 GaAlAs/GaAs 材料体系，发射波长为 808 nm，在有源区厚度为 1 μm 的条件下，其宽度在 100～500 μm 范围内变化时，激光器发射功率几乎随宽度增加而线性增加。例如，SDL 公司的有源区厚度为 1 μm 的连续波输出分别为 1 W、2 W、3 W 及 4 W 的半导体激光器，其有源区宽度分别为 100 μm，200 μm，370 μm 和 500 μm。

其次，对于 GaAlAs/GaAs 激光器，还可以采用图 12-50 所示的两种办法来增加有源层的有效厚度来增大发射孔径。在第一种方法中，对双异质结激光器，在包层及有源层折射差 Δn_r 为常数的情况，当有源层厚度从常规的 0.2 μm 减小到 0.03 μm 时，其横向模式的光斑尺寸近似增加为 3 倍，从而有效地降低了横截面上的功率密度。在第二种方法中，增加了外延生长的附加包层作为导波层，其折射率处在有源层及 N 型 AlGaAs 折射率之间，厚度 D 在 1.0～1.5 μm 之间。这时模式的光束宽度不仅与有源层厚度 d 有关，还和附加包层厚度 D 有关，在 d=0.1 μm 时，有效光束宽度实际可达到 1.5 μm 左右。

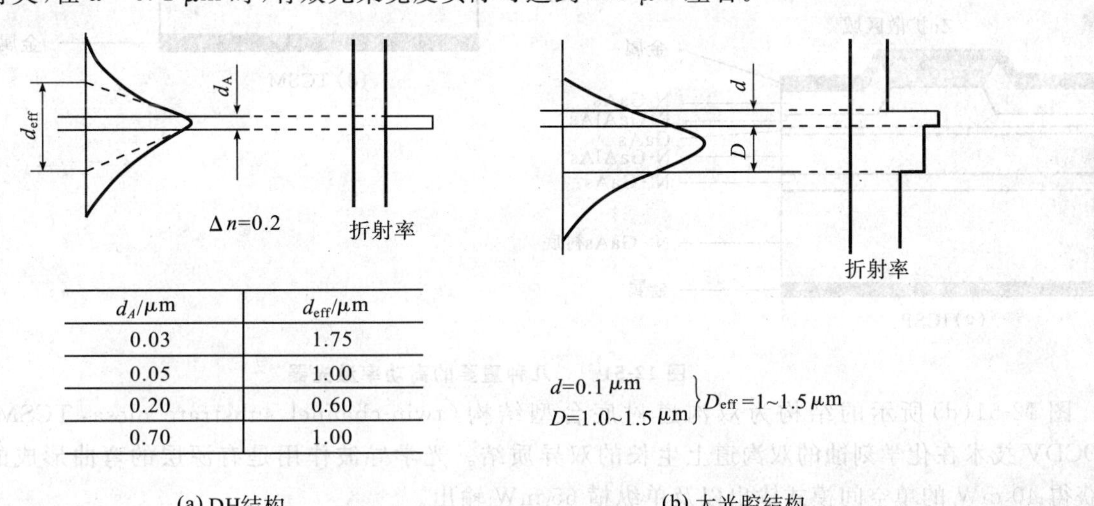

d_A/μm	d_{eff}/μm
0.03	1.75
0.05	1.00
0.20	0.60
0.70	1.00

(a) DH结构　　(b) 大光腔结构

图 12-50[2]　增加有源层有效厚度的办法

为获得大的光斑尺寸，主要采用下面几种结构：①量子阱脊形波导(QW ridge wave guide，QWR)；②双脊结构(twin ridge structure，TRS)；③隐埋双脊结构(buried twin ridge structure，BTRS)；④电流限制压缩双异质结大光腔(current-confined constricted double heterostructure-large optical cavity，CC-CDH-LOC)；图 12-51 给出了部分结构示意图。图 12-52 为其输出功率随电流变化的曲线。

CC-CDH-LOC 如图 12-51(a)所示。凸透镜形状的有源层($Al_{0.07}Ga_{0.93}As$)生长在凹透镜形状的导波层($Al_{0.21}Ga_{0.79}As$)上，采用 Zn 的深层扩散及窄的氧化层改善了电流限制。上述结构构成了“反波导”特性以及大的光斑尺寸。漏泄模式波导抑制了高阶模式，利用这种结构可以获得 50～70 mA 的连续波阈值电流，单模运转(占空比为 50％)时获得 60 mW，最大的连续波输出为 165 mW，能量转换效率达 35％。

CSP 结构是在沟道衬底上使用液相外延技术制作的。如图 12-51(b)所示，覆盖沟道衬底的电流条形要比沟道宽，以保证流过沟道电流的均匀性。沟道中心与边缘吸收系数 α 相差较大，加上折射率的改变，能够有效地控制侧向模式。适当控制有源层及 N 型包层的厚度，可以获得吸收系数差 $\Delta\alpha \approx 1\,000\ cm^{-1}$ 及 $n_r \approx 10^{-2}$，阈值电流约为 55～70 mA，横向远场相对较窄。已获得超过 150 mW 的连续波输出。

在图 12-51(c)的双脊结构(BTRS)中，有源层厚度为 40 nm，可获得基模连续波功率 200 mW，单纵模连续波功率 100 mW，最大可用功率为 115 mW，阈值电流为 80～120 mA。其关键之处在于获得超薄(＜100 nm)的有源层厚度，以及该厚度的高度均匀性。任何很小的有源层厚度的非均匀性都会降低输出功率及侧向模式的稳定性。

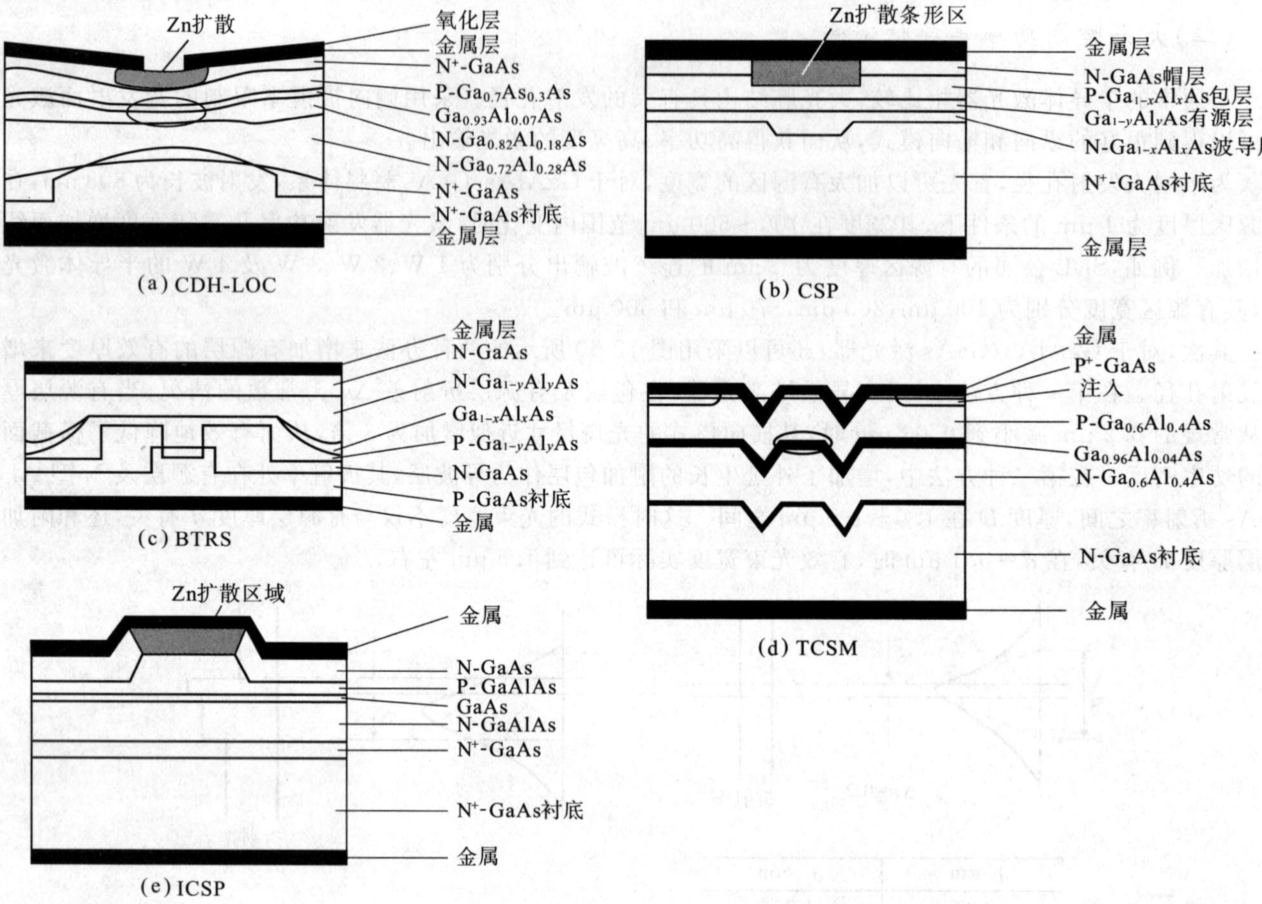

图 12-51[2] 几种重要的高功率激光器

图 12-51(d)所示的结构为双沟道衬底台型结构(twin-channel substrate mesa，TCSM)，它是使用 MOCDV 技术在化学刻蚀的双沟道上生长的双异质结。光学导波作用是有源层的弯曲形成的。这种结构可获得 40 mW 的单空间模式输出以及单纵横 65 mW 输出。

倒沟道衬底平面结构(inverted channel substrate planar，ICSP)如图 12-51(e)所示。在 50%占空比情况下获得了 150 mW 的输出以及连续波 100 mW 的输出。

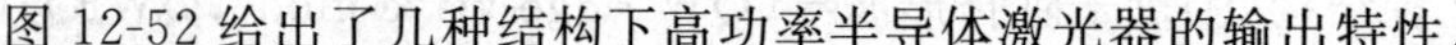

图 12-52 给出了几种结构下高功率半导体激光器的输出特性。

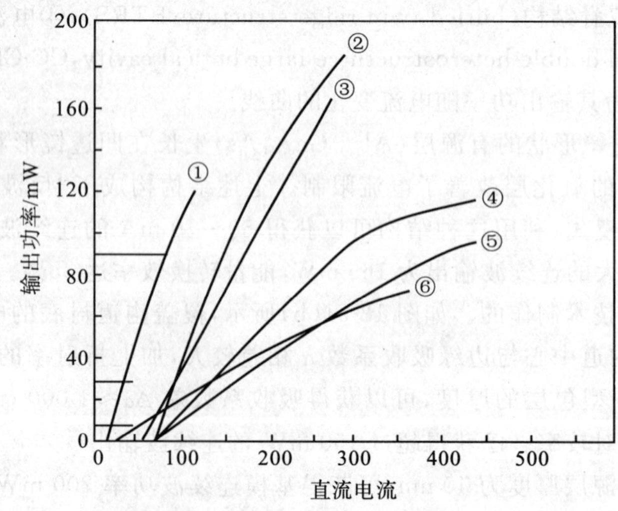

图 12-52 高功率半导体激光器性能

模式稳定的大功率 GaAlAs/GaAs 激光器性能如表 12-49 所列。采用薄有源层或者大光腔以减小发射面功率密度;使用电流限制以提高电流利用率;低-高反射膜层可以使镜面上的光强得到降低,另外还可以采用量子阱设计和长的腔长,这些都是获得大功率 GaAlAs/GaAs 激光良好性能的有效措施。

表 12-49 模式稳定的高功率 GaAlAs/GaAs 激光器性能[2]

结 构	最大连续波功率/mW	单纵模(SLM)连续波功率/mW	单空间模式(SSM)连续波功率/mW	阈值电流/mA	斜率效率/(mW/mA)	远场发散角
CNS-LOC	60	50	50	50	0.67	12°×26°
CSP	100	40	40	75	0.5	(10°～12°)×27°
TRS	115	50	80	90	0.43	6°×20°
BTRS	200	50	100	50	0.8	6°×16°
CC-CDH	165	50	50	50	0.77	6°×30°
CSP	190	70	70	50	—	6.5°×30°
TCSM	65	65	40	60	0.4	—
ICSP	100	30	150(50%占空比)	75	0.86	(8°～11°)×35°
VSiS	100	50	50	50	0.74	12°×25°
BH/LOC(NAM)	90		90	30～50	0.85	—
QWR	500	100	180	16	1.3	8°×22°
QWR	300	150	175	—	0.8	

注:BH:隐埋异质结;BTRS 隐埋双脊衬底,CC-CDH 电流限制压缩双异质结;CNS 沟道窄条;CSP 沟道衬底平面。ICSP:倒沟道衬底平面,LOC 大光腔,NAM 非吸收镜,QWR 量子阱脊,TCSM 双沟道衬底平台,TRS 双脊衬底。VSiS(v-groove-substrate inner stripe):V 型槽衬底内条形。

大功率长波长(1.3 μm、1.48 μm、1.55 μm)激光器主要使用 GaInAsP/InP 材料。该类双沟道平面隐埋异质结(DC-PBH)和隐埋新月型结构(BC),其结构是对称的,需要二步液相外延进行制作。NEC 公司使用 DC-PBH 结构获得了 10 mA 的阈值电流以及 70%的量子效率,其稳定性很好,在 70℃及输出 5 mW 的条件下,衰变速率为 10^{-6}/h。

在 1.5～1.55 μm 波长上,主要采用多量子阱脊形波导结构,使用 5 个厚度为 6 nm 的 InGaAs 量子阱,阱之间用 10 nm 厚度的 GaInAsP 分隔,最外两个稍厚的 GaInAsP,形成限制异质结波导(separated confinement heterostructure waveguide),获得了连续波 170 mW 的输出。利用应变多量子阱隐埋异质结激光器,获得了超过 200 mW 的输出。1.3 μm 的 GaInAsP/InP 激光器的性能见表 12-50。

高功率应变层量子阱激光一般都采用量子阱脊(波导)的结构。表 12-51 列出了 GaInAs 应变层量子阱激光器的性能。

对于高功率半导体激光器,其热效应是必须考虑的问题。针对 GaInAsP/InP 窄条 PH 激光器热性能的研究得到以下结果:①有源层厚度为 0.15 μm 时可获得最大输出功率;②使用 P 型衬底要比 N 型衬底获得高于 25%～60%的输出功率,这主要是 P 型衬底上外延层具有较小的电阻;③由于金刚石的热传导率(22 W/(℃·cm))比硅(1.3 W/(℃·cm))高得多,使用金刚石热沉的半导体激光器比使用硅热沉获得高出 60%的功率;④使用长的腔长(700 μm),可比常规腔长(300 μm)获得高出 100%的输出功率,这是因为长腔长结构可以降低阈值电流密度以及热阻。

表 12-50 模式稳定高功率 GaInAsP/InP 激光器性能[2]

结构	工艺	最大功率/mW	单空间模式(SSM)输出功率/mW	阈值电流/mA
PBC	二步液相外延(P 型衬底)	140	70	10～30
DC-PBH	二步液相外延	140	140	10～30
DC-PBH	二步液相外延	100	70	10～30
MQW	化学气相沉积	170	—	—
MQW-BH	分子束外延	200	—	—

注：DC-PBH 为双沟道平面隐埋异质结，MQW 为多量子阱，PBC 为平面隐埋新月形结。

表 12-51 高功率 GnInAs 应变层量子阱激光器性能[2]

脊宽/μm	波长/μm	阈值电流/mA	单空间模式中的最大功率/mW	最大连续波功率/mW
6	0.984～0.989	13	—	24
3	0.978	8	116	400
3	0.973～0.983	9	115	500
4	0.9～0.91	～20	180	350
4	0.98	10～15	150	440

(三)列阵激光器

仅仅靠改变单个半导体激光器的结构来提高输出功率是极其有限的。因此要产生 10 W 以上的连续输出功率只能采取锁相列阵结构。它是在同一衬底上单片集成并列的多个激光发射单元(每个单元相当于一个半导体激光器)，形成一维或二维列阵激光器。在各辐射单元之间的光场相互耦合，彼此的相位严格锁定。其结果，输出功率既优于各发射单元发射面积之和所对应的宽发射面的情况，也优于各发射单元输出功率的总和。

有两种基本的锁相列阵激光器，即图 12-53(a)和(b)所分别表示的增益波导和折射率波导结构。通过各单元之间光场的耦合实现彼此之间的相位锁定。

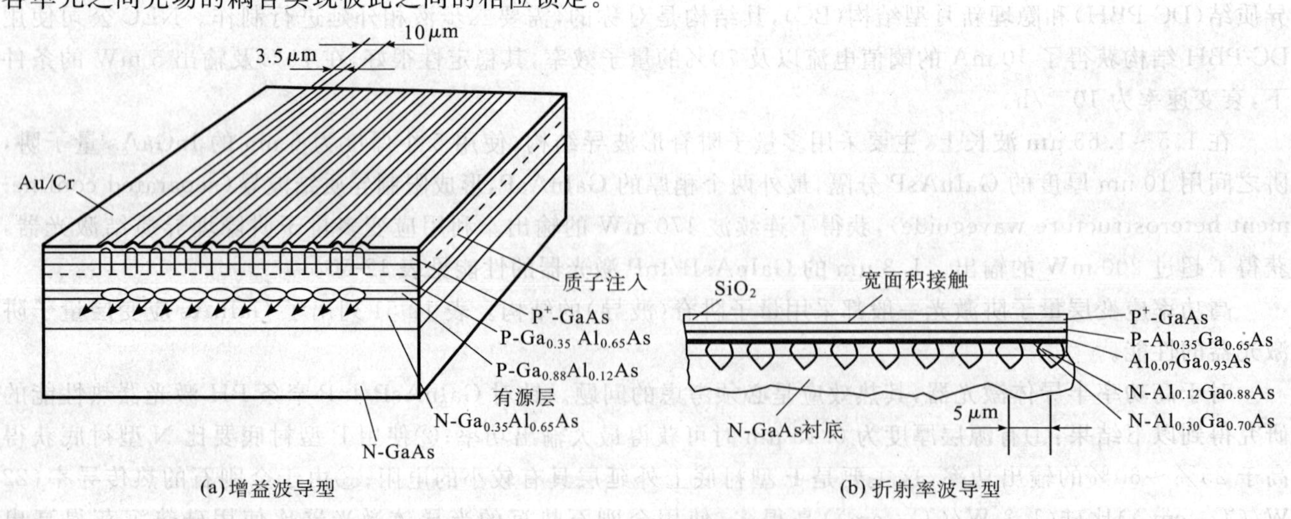

图 12-53 阵列半导体激光器

1. 辐射单元之间光场耦合

即使是采用光场限制能力强的侧向折射率波导，仍不可避免地有部分光场从有源区漏泄，只要适当选择各辐射单元之间的距离,就可使各单元之间的光场发生有效的耦合。采取侧向折射率波导有较好的载流子限制能力,可得到低的阈值电流。

各单元之间的光场有四种基本耦合类型:倏逝场耦合、Y结耦合、衍射耦合和漏波耦合。如图12-54所示,可将这几种光场耦合形式归结为“串联耦合”与“并联耦合”两大类,它们的耦合特点及激光器输出特性列于表12-52中。所谓串联耦合是指光场耦合只发生在相邻的两个激光辐射单元之间,而不波及其他单元,因而是一种弱的相干耦合。它缺乏好的振荡模式和均匀的光强分布,因而难以得到好的光束质量与高的功率效率。相比之下,并联耦合属强耦合,每一辐射单元与其他辐射单元间发生同样的耦合,其输出光束有较好的相干性、有较好的模式鉴别和均匀的近场分布,可以得到具有衍射极限的高功率单模光束。在列阵激光器中,有源区与波导区周期地交错,折射率也呈周期分布。上述倏逝波与漏波的区别在于:当增益区与列阵的高折射率区对应时,是在低折射区出现倏逝波;若增益区为列阵的低折射率区,则在其两旁的高折射率区形成漏波,这与一般的光波导情况相反,故称反波导,这属于并联耦合。

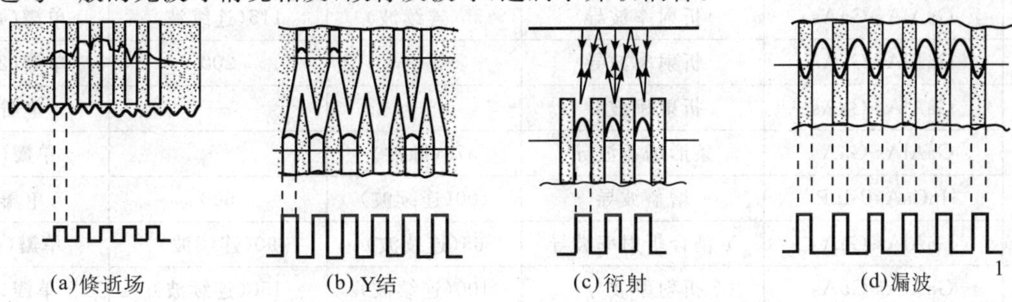

图 12-54　列阵激光器中各单元的几种光场耦合

表 12-52　几种类型折射率波导锁相列阵激光器比较[18]

耦合类型	整个元件间的耦合	光模限制	工　　作	最大功率/W		
				DL①	窄带	
倏逝场	串	强	多模	0.04	0.2	3×DL
倏逝场	并	弱	不稳定②	0.05	0.2	3×DL
Y结	串	强	多模	0.05	0.4	5×DL
衍射	串	强	多模		0.1	3×DL
漏波	并	强	单模	2.1	5	3×DL

注:①衍射极限;②受热或载流子引起的折射率变化影响严重。

2. 列阵激光器中各辐射单元之间的相位锁定

当两束光完全相干时,合成光强不是这两束光强的简单叠加,而是大于它们的光强之和。当两束光具有相同的频率、偏振和固定的相位关系时,则发生相干或干涉。当它们相位差为2π的整数倍时,则两束光完全相干,其合成光强达到最大。基于这一点,要求列阵激光器各单元之间有强的耦合,它们之间的相位或相位差要锁定到一个最佳点,这是列阵激光器高效工作的关键。

许多技术用来产生锁模作用。首先是激光列阵的增益耦合,即激光辐射单元之间光学增益的耦合。这种耦合增加了列阵基模(所有辐射单元同相的模式)的增益,产生锁模作用。其次是在Y耦合结中使用干涉技术。在每个Y结处同相位的模式相干相加,而不同相的模式干涉后相消。而Y结之后的波导仅能传输列阵基模。从而抑制了其他模式,达到锁相的目的。

为了进一步增加输出功率,还可以采取面阵(二维列阵)激光结构。McDonnell-Douglas公司采用了长度为8 mm的5根激光棒组有源区域,产生的150 μs脉冲在20 Hz时获得了2.5 kW/cm^{2}的功率(平均功率为300 W),在660 Hz时获得了0.9 kW/cm^{2}的功率(平均功率为92 W)。

表12-53和表12-54分别为相位锁定激光阵列以及激光线阵与面阵的有关性能。

表 12-53　高功率相位锁定激光阵列的性能[2]

辐射单元数目	材料系	阵列类型	最大功率 /mW	Max. power /mW	远场发散角
5	GaAlAs-GaAs	增益波导	60(脉冲)	130(脉冲)	单瓣(2°)
10	GaAlAs-GaAs	折射率波导	1W(脉冲)	1 400(脉冲)	双瓣
10	GaAlAs-GaAs	增益波导	200(脉冲)	270(连续波)	单瓣(1°)
40	GaAlAs-GaAs	增益波导	800(脉冲)	2 600(连续波)	双瓣
10	GaAlAs-GaAs	折射率波导	400(脉冲)	1 000(脉冲)	双瓣
40	GaAlAs-GaAs	增益率波导	—	1 600(连续波)	双瓣
10	GaAlAs-GaAs	折射率波导	—	—	双瓣
2	GaAlAs-GaAs	折射率波导	75(连续波)	115(连续波)	单瓣(4°～6°)
10	GaAlAs-GaAs	折射率波导	—	200	单瓣(2°～7°)
5	GaAlAs-GaAs	折射率波导	—	—	单瓣(3°)
10	GaAlAs-GaAs	条形增益波导	575(脉冲)	—	单瓣(1.9°)
10	InGaAsP-InP	增益波导	100(连续波)	600	单瓣(4°)
2	GaAlAs-GaAs	Y 耦合折射率波导	65(连续波)	90(连续波)	单瓣(4.22°)
3	GaAlAs-GaAs	折射率波导	100(连续波)	150(连续波)	单瓣(3.6°)
10	GaAlAs-GaAs	Y 耦合折射率波导	200(连续波)	575(脉冲)	单瓣(3°)
10	GaAlAs-GaAs	谐振光波导	380(连续波) 1 500(脉冲)	—	单瓣(0.7°)

表 12-54　高功率激光阵列性能[2]

阵列类型		最大输出功率	功率效率 /%	斜率效率 /(W/A)	功率密度 /(W/cm³)
线阵		80W(200 μs 脉冲；10～100 Hz)	20	0.9	80
宽条(宽 300 μm)		6 W(cw)	38	0.91	200
面阵 L=1 200 μm	4 棒×8 mm	15 W(cw)	15	—	50
	5 棒×8 mm	320 W(占空比 0.3%)	—	—	2 560
线阵		8 W(cw)	—	—	—
线阵		134 W(150 μs 脉冲)	49	1.26	134

垂直腔表面发射列阵激光器比端面发射列阵激光器显示出更多的优越性，更易实现二维锁模列阵，其功率密度可达 1 kW/cm²，这是高功率半导体激光器的发展方向。

五、高速调制半导体激光器

在许多应用场合需要对半导体激光器进行调制，以传输相关的信息，因此需要对半导体激光器的调制性能进行研究。

(一)延迟时间 τ_d 及弛豫振荡频率 f_r 的影响

半导体激光器有别于其他激光器的最重要特点之一，在于它有被交变信号直接调制的能力，这在信息技术中颇具重要意义。目前在光纤通信系统中，质量好的半导体激光器能完成 20 Gb/s 及以上信号的直接调制。在调制过程中要求半导体激光器不产生调制畸变，即对数字信息不产生大的误码，而对图像信息不造成超过允许的失真；不因直接调制使光谱线宽明显加宽；不产生自脉冲和其他一些因调制而出现的有害效应。

然而与工作在直流状态的半导体激光器不同，在直接高速调制情况下会出现一些有害的效应，而成为限制半导体激光器调制带宽能力的主要因素。

弛豫振荡的频率 f_r 为

$$f_r \approx \frac{1}{2\pi}\sqrt{\frac{c}{n_r}\ \frac{dg}{dN}\ \frac{I-I_{th}}{edLw}} \tag{12-120}$$

式中，dg/dN 是模式增益对载流子密度的微分。对于体材料双异质结激光器，其模式增益与载流子密度成线性关系，因而可以用常数 A 取代该微分。对于量子阱激光器，模式增益与载流子密度是非线性的。当对半导体激光进行数字信息以“0”或者“1”编码时，如果电流突然上升到高电压，则在电流脉冲前沿与被其激励的光之间有一个时间延后 τ_d，同时所产生的光需经弛豫振荡才能达到稳态。显然，如果调制速度过快，使得调制频率的倒数小于 τ_d时，将会产生调制畸变。如果初始电流 I_{off}是低于阈值电流 I_{th}的，那么初始的光子密度 p_{off}可以忽略，假设载流子密度是指数增加的，可以得到

$$\tau_d = \tau_s \ln\left(\frac{I_{on}-I_{off}}{I_{on}-I_{th}}\right) \approx \tau_s \ln\left(\frac{I_{on}}{I_{on}-I_{th}}\right) \qquad (I_{off}<I_{th}<I_{on}) \tag{12-121}$$

式中，τ_s是阈值处的载流子寿命（一般为 2～5 ns），I_{on}和 I_{th}分别是工作电流和阈值电流。

既然 τ_s为数个 ns 的数量级，而 τ_d在 I_{off}小于 I_{th}的情况下是比较大的，例如，$\tau_s=4$ ns，$I_{on}=20$ mA，$I_{th}=10$ mA，τ_d则为 1.6 ns。为了减小 τ_d，最有效的办法是在激光器上再加上一个接近阈值电流 I_{th}的偏置电流 I_b，这等效于减小了(12-121)式中 I_{th}的大小。此时有

$$\tau_d = \tau_s \ln\frac{I_{on}}{I_{on}-(I_{th}-I_b)} \tag{12-122}$$

但是，偏置到阈值附近，会使消光比（码“1”与码“0”光功率之比）减小，使接收机灵敏度降低。在低速调制下，一般偏置到 0.94 I_{th}左右，如图 12-55 所示。弛豫振荡在数 GHz 脉冲调制下出现。当直流偏置在阈值以上（即 $I_b>I_{th}$，如 CATV 工作情况），弛豫振荡可发生在脉冲的上升沿和下降沿，如图 12-56 所示。在一般脉冲码调制光通信中，LD 工作在 $I_b<I_{th}$，此时弛豫振荡仅出现在脉冲的上升沿，后沿则单调衰减。

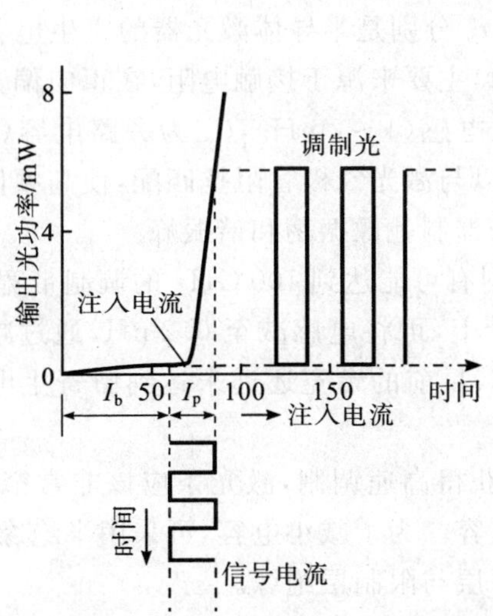

图 12-55　为减少 t_d 所采取的偏置措施

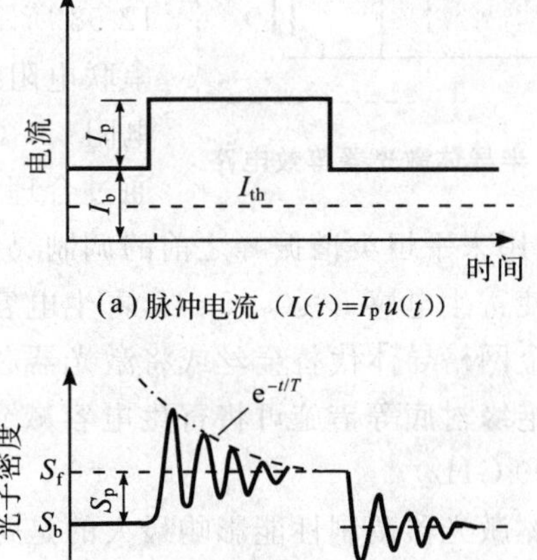

图 12-56　阶跃脉冲调制下的张弛振荡

另外，对于 $I_{th}<I_{off}<I_{on}$的情况，τ_d 为

$$\tau_d = \frac{1}{2\pi f_r}\sqrt{2\ln\left(\frac{p_{on}}{p_{off}}\right)} = \frac{1}{2\pi f_r}\sqrt{2\ln\frac{I_{on}-I_{th}}{I_{off}-I_{th}}} \qquad (I_{th}<I_{off}<I_{on}) \tag{12-123}$$

此时的 τ_d要小一些。例如 $f_r=5$ GHz，$I_{on}=40$ mA，$I_{off}=15$ mA，$I_{th}=10$ mA，这时可得 $\tau_d=60$ ps，显然，P_{out}及 I_{off}越大，延迟时间 τ_d越短。

另一方面，类似于电场作用下出现的受迫振荡，半导体激光器上的调制电流也会引起类似的现象：当达

到某一调制频率时会出现谐振峰。这一现象使得调制频率的提高受到限制。

1.3 μm InGaAsP 压缩台阶(constricted mesa)激光器(腔长 170 μm,条宽1 μm)在不同偏置电流下的信号调制响应曲线如图 12-57 所示。可以看出,当调制频率超过 f_r时,激光振幅响应会急剧下降。因此,弛豫振荡频率是决定调制带宽的固有参数。实际上调制带宽可考虑为激光响应下降 3 dB 处的宽度,从图中可以看出,调制带宽随偏置电流的增加而增加,这是因为偏置电流的增加有效地减小了 τ_d 的大小,其中 100 mA 偏置电流下3 dB调制带宽为 16 GHz。若 3 dB 带宽是以电物理量来衡量的,调制带宽对应为 1.55 f_r;若是以光功率下降为一半来衡量的,则对应电功率下降 6 dB,调制带宽约为 1.73 f_r。而 0 dB 频率近似位于 1.41 f_r。

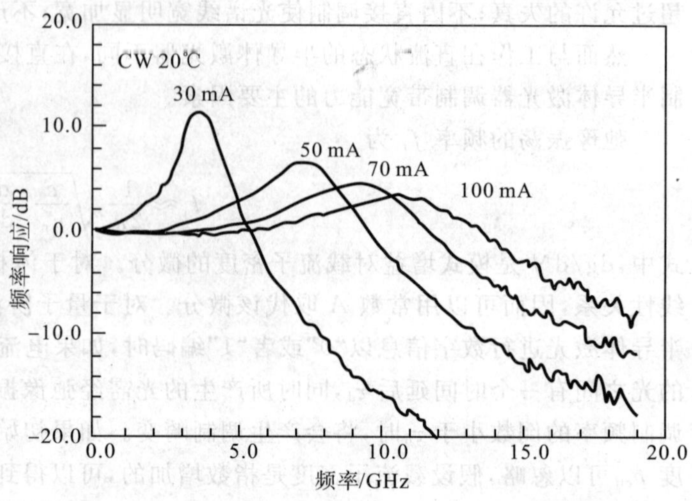

图 12-57 不同偏置电流下 1.3 μm InGaAsP 压缩平台激光器的小倍号振幅调制响应曲线[2]

(二)寄生电感及电容的影响

作为电子元器件,半导体激光器不可避免地具有寄生电感及寄生电容,与外部驱动电路共同形成的振荡电路,对调制频率产生重要的影响。

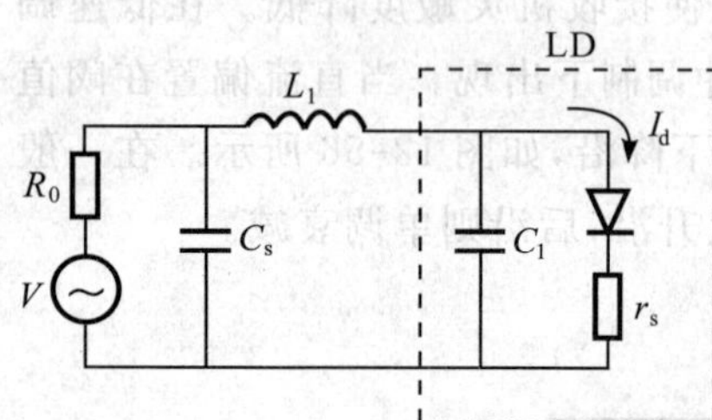

图 12-58 半导体激光器等效电路

半导体激光器的等效电路及电路参数视其器件结构不同而异,例如结面积的大小,是否为半绝缘衬底都会影响到电容的大小;内引线与芯片连接的方式(金丝或微带等)会影响电路分布参数(电感、电容)的大小。一般说,半导体激光器本身的等效电路是一个 R-L-C 电路,如图 12-58 所示。其中 C_1 和 r_s 分别是半导体激光器的寄生电容(<1 pF)和串联电阻(一般为数欧姆,主要来源于接触电阻,在正向偏置下有源区的电阻<1 Ω),L_1 为引线电感(1~2 nH),C_s 为旁路电容(0.3~1 pF)。通过合理设计外电路可以与激光二极管阻抗匹配,使高频信号高效地耦合进去;可以用来平坦类谐振峰之前的调制灵敏性;还可用来抑制弛豫振荡和谐振峰。

如果能使寄生电感 $L \leqslant 0.05$ nH,寄生电容 $C \leqslant 0.2$ pF,则有可能达到 100 GHz 的调制带宽。实际上,即使通过使用金网格导体代替金丝或将激光器芯片固定到微带上,可将电感减至 0.2 nH,通过减少键合点面积或采取半绝缘衬底等措施可将寄生电容减到 0.5~0.1 pF,目前的带宽还远未达到由寄生电容和电感的带宽限制(100 GHz)。

对半导体激光器调制性能影响最大的是寄生电容,为了获得高速调制,激光条应该非常窄,可采用隐埋异质结来实现。掺杂衬底和掺杂的限制层组成了平行平板电容。为了减小电容,可采用半绝缘衬底,或者半绝缘的限制层,同时可采用介质层替换限制层的办法,使有源层与限制层绝缘。

(三)啁啾限制

不论是单纵模还是多纵模激光器,也不论是 GaAlAs 还是 InGaAsP 半导体激光器,在对其进行高速直接调制时都会出现时间平均的光谱线宽加宽、自脉冲或增益开关高速脉冲,从而构成退化系统性能的所谓“啁啾限制”。激光波长啁啾是由于在瞬态过程的阻尼弛豫振荡期间,由载流子密度起伏所产生的折射率调制,它使光脉冲的前沿和后沿相对中心波长发生漂移。对高速直接调制的半导体激光器,啁啾是难以避免的,可引起十分之几纳米的线宽加宽。由于光纤的色散,单模光纤通信系统将为啁啾付出所不希望的功率代价。

第四节 发光二极管[2,20,22]

一、发光二极管的基本原理

(一)基本原理

当半导体PN结加上偏置电压时，产生的电流形成少数载流子的注入：空穴从P区注入N区，电子从N区注入P区。少数载流子的注入破坏了载流子分布的热平衡状态。而少数载流子会与多数载流子(N区中为电子，P区中为空穴)复合，使得PN结重新回到热平衡状态。

在少数载流子复合中必须要满足能量守恒及动量守恒的条件。在辐射复合中，因为所发射的光子具有空穴-电子对的能量差，因此满足能量守恒条件，为了满足动量守恒条件，一个电子仅能与具有相同大小但方向相反动量的空穴产生复合。因此，少数载流子需要一定的平均时间以产生辐射复合，这个时间称为自发发射寿命，用 τ_r 表示。除此之外，还有一些非辐射复合的途径，包括晶体表面态引起的载流子辐射复合，以及俄歇复合等。这种类型的复合一般不产生光辐射，其寿命用 τ_n 表示。考虑到上述两个过程后，总的少数载流子的寿命 τ 写为

$$\frac{1}{\tau}=\frac{1}{\tau_r}+\frac{1}{\tau_n} \tag{12-124}$$

在发光二极管(LED)中，发光是由于自发发射过程产生的。因此，要求发光二极管的半导体材料应该具有尽量大的自发发射和尽量小的非辐射发射。定义内量子效率 η_i 为

$$\eta_i=\tau_n/(\tau_r+\tau_n) \tag{12-125}$$

因此，良好的发光二极管材料的内量子效率接近1，即 $\tau_n \gg \tau_r$，例如Ⅲ-Ⅴ族材料。

产生辐射复合的电子和空穴可以分别来自于导价和价带的任何区域，而且，复合也可能在自由电子与处在深层受主状态的空穴之间发生，从而对发射波长产生校正。因此，发光二极管的发射波长可近似表示为

$$\lambda \approx hc/E_g \tag{12-126}$$

通过改变禁带宽度 E_g 便可改变发光二极管发光的颜色。例如，带隙为1.4 eV的GaAs，其发射光谱位于红外波段的900 nm左右。为了获得可见光波段的红光，带隙应升至1.9 eV。采用 $GaAs_{1-x}P_x$ 合金材料替代GaAs，即可获得更宽的带隙。当 $x=1$ 时，GaP带隙 $E_g=2.3$ eV，发射波长处在绿光波段；当 $x=0.85$ 时，发射波长处在黄光波段；当 $x=0.4$ 时，处在红光波段，如图12-59所示。

从图12-59中可以看出，当改变磷的组分时，直接带隙和间接带隙在能量-动量(E-K)坐标下的变化是不同的。当 $x=0.4$ 时，直接带隙的导带底部与间接带隙的导带底部几乎处在同一能量值，使得直接带隙导带底部的电子经过散射很容易进入到间接带隙导带的底部。而间接带隙导带上的电子具有更长的自发发射寿命，因此，到达间接带隙导带底部的电子要么经散射返回直接带隙导带底部，要么产生非辐射复合。其结果是当磷组分 $x=0.4$ 时发光二极管的发光效率急剧下降，直接辐射复合实际上不能发生。

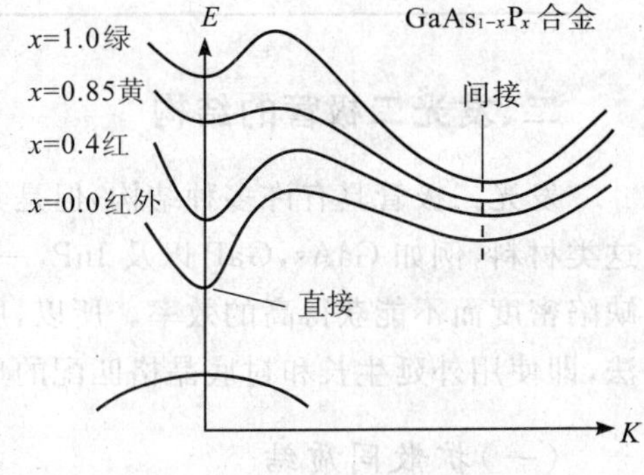

图 12-59 $GaAs_{1-x}P_x$ 能带图

虽然间接带隙半导体不适合通过少数载流子复合有效地产生光发射，但是通过等电子掺杂(isoelectro nic impurities)可以产生新的辐射复合，从而改善这一状况。其做法是，在GaAsP中用氮原子取代磷，如图12-60所示。因为氮和磷在其外层都有5个电子，其陷阱是电中性的，然而氮具有比磷更强的负电性，从而能够从导带中俘获一个电子，将其紧紧束缚在杂质原子上，其在 E-K 空间的波函数延伸到 $K=0$ 处，并且具有适当的大小，因此能够吸引一个自由空穴组成松散束缚的电子-空穴对(激子)。这样的电子-空穴对产生辐射复合的概率很大，其发射

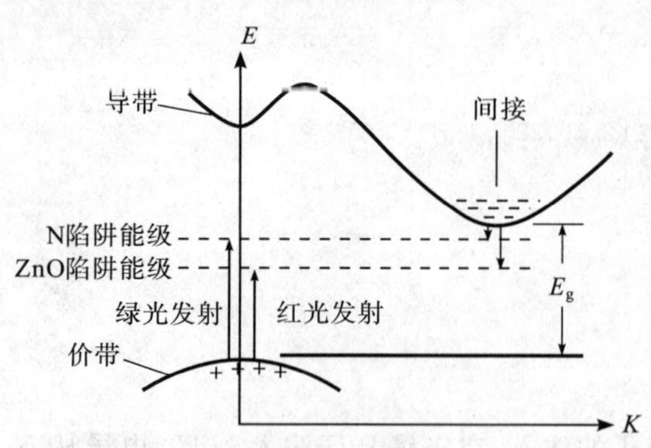

图 12-60 等电子掺杂(N,ZnO) 产生激子示意图

光的能量略小于 E_g。另外一种等电子陷阱材料是 ZnO,Zn 处在 Ga 的位置,而 O 处在 P 的位置,它能在红光波段产生更长波长的发射。

(二)光的提取效率

按菲涅耳定律,光线从高折射率(n_1)介质进入低折射率(n_0)介质时,其入射角必须小于临界角 θ_c,

$$\theta_c=\arcsin(n_0/n_1) \tag{12-127}$$

大多数 LED 的发光材料都是各向同性的。假设 $n_1=3.3$,$n_0=1$,可以得到 $\theta_c=17.6°$,对于立方体形状的 LED,光可以从 6 个表面出射。对一个表面而言,能够出射的,是处在半角为 θ_c的圆锥内的光,其比例仅为$(1-\cos\theta_c)/2$,如果加上界面的菲涅耳反射,发光二极管能够输出的光仅占到总能量的 1.6%,而使大部分光能量在 LED 的内部损失掉。

大部分的发光二极管的衬底是吸收衬底(AS)。这类衬底材料具有较窄的带宽,能够吸收所有的能量大于其带隙的光能量。例如 GaAsP 发光二极管,其发光能量为 1.9 eV 以上,而衬底材料 GaAs 的带隙为 1.4 eV。在 GaAs 衬底上制作 GaAsP 发光层,因 GaAs 衬底吸收 GaAsP 层发出的能量,所以只能从发光二极管的顶部输出光线。增加发光二极管光提取效率的最有效办法是增加光线的出射面的数目。为此可采用透明衬底(TS)让光线不仅从衬底平面出射,也可从 4 个侧面出射。理论上讲,可以使出射光增加为原来的 5 倍。采用厚透明窗的办法,即在发光层上面增加一层对光没有吸收的透明窗,如果透明窗足够厚,其侧面所对应的圆锥面内的上半部分的光线可经侧面输出,加上从顶部透明层的输出,可使输出光线增加为原来的3 倍。

增加光提取效率的另一办法是让光线从发光层经塑料层再向空气层出射。若塑料层的折射率 $n_2=1.5$,则从发光层($n_1=3.3$)出射到塑料层的临界角为 27°,较原来的出射到空气层时的 17.6°有比较大的增加,再从塑料层出射到空气层。这样可将光提取效率提高$(n_2/n_0)^2$ 倍,加上菲涅耳反射损耗的降低,最终可将光提取效率提高为原来的 2.7 倍左右。各类 LED 的提取效率如表 12-55 所列。

表 12-55 发光二极管的提取效率[2]

类 型	出射圆锥角个数	直接向空气出射效率/%	经塑料间接出射效率/%
吸取衬底	1	1.5	4
厚透明窗	3	4.5	12
透明衬底	5	7.5	18

二、发光二极管的结构

发光二极管具有许多种结构,但是其发光层的 PN 结都不是直接生长在体材料的衬底上的。这是因为这类材料,例如 GaAs,GaP 以及 InP,一方面不具有发射波长所需要的带隙能量,另一方面其具有相对高的缺陷密度而不能获得高的效率。所以,所有商用发光二极管都使用在单晶块生长衬底材料上二次生长的办法,即使用外延生长和衬底晶格匹配的单晶层。

(一)扩散同质结

扩散同质结发光二极管的结构如图 12-61 所示。使用磷替代 40%的 As,$GaAs_{0.6}P_{0.4}$的带隙能量增加至 1.92 eV,可以做成发射红光的 GaAsP LED。采用氮化硅作为掩模由 Zn 扩散而形成 PN 结,在早期计算器显示屏中,采用这种结构制作了阿拉伯数字的数码显示。其整个显示区域具有共同的 N 型区域(阴极),而阳极为 7 段可编址的 P 型半导体层。为了隔离 7 段及小数点发光的相互影响,采用了吸收衬底。

为了解决 $GaAs_{0.6}P_{0.4}$的晶格常数与衬底 GaAs 不同而带来的晶格错位问题。在图 12-61 中采取了增加缓冲层的措施。在该层 10～20 μm 的厚度上，线性地改变 P 组分，即从 $x=0$ 逐渐变为 $x=40\%$。从 Zn 扩散的角度来考虑。$N\text{-}GaAs_{0.6}P_{0.4}$ 的厚度为 5～10 μm。

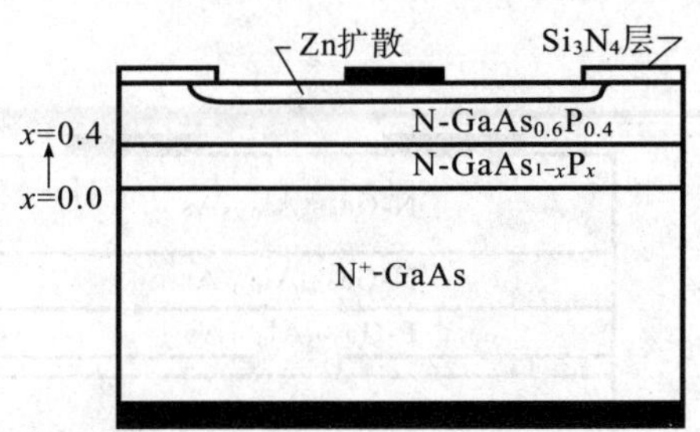

图 12-61 GaAsP 发光二极管

图 12-62 给出了另一种使用透明衬底的同质结发光二极管结构。衬底为 GaP，其上是组分比例 x 线性递减的缓冲层 $N\text{-}GaAs_{1-x}P_x$，厚度为 10～15 μm 。当 $y=15\%$ 时，光发射处在黄色(585 μm)区域，$y=25\%$时处在橙色(605 μm)区，$y=35\%$时处在红色(635 μm)区，上述组分的范围已经有间接能带结构存在。为了获得高的发光效率，少数载流子注入区域采用了氮掺杂，以便形成等电子复合中心。在透明衬底片中，主要的光损耗是在电极合金处的自由载流子吸收所产生的。因此在图中制作介质反射镜(SiO_2 沉淀)，可将光反射回去，减小了电极合金的面积，降低了损耗。当然这也增加了制作成本。

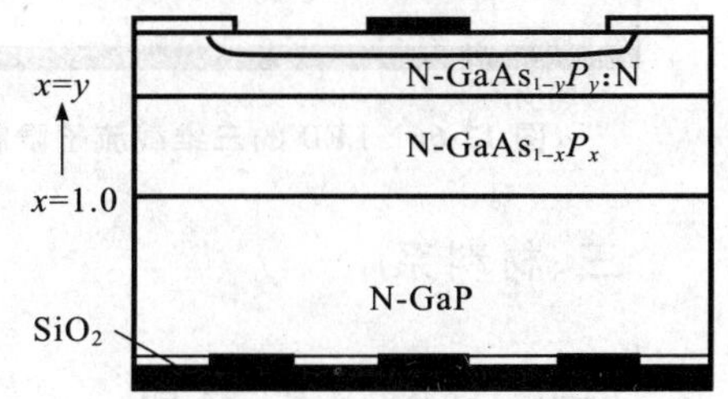

图 12-62 $GaAs_{1-x}P_x$ 发光二极管

(二)单异质结

图 12-63 所示为典型的异质结结构，P 型半导体 $Ga_{0.62}Al_{0.38}As$ 与 GaAs 衬底是晶格匹配的，因此不需要过渡层。然后再生长 N 型的 $Ga_{0.25}Al_{0.75}As$，从而形成了如图 12-64 所示的带隙能量的梯度变化。P 型 GaAlAs 层的空穴具有较窄的带隙，没有足够的能量以进入宽带隙材料，因而被限制在该层内。该区域的空穴浓度较大，而辐射复合的寿命很短，因此这种结构的内量子效率比较高，而被广泛用于 880 nm 的红外波段。

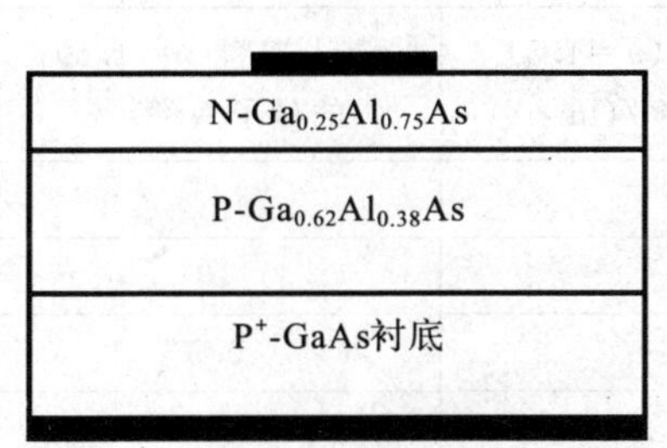

图 12-63 单异质结发光二极管结构示意图

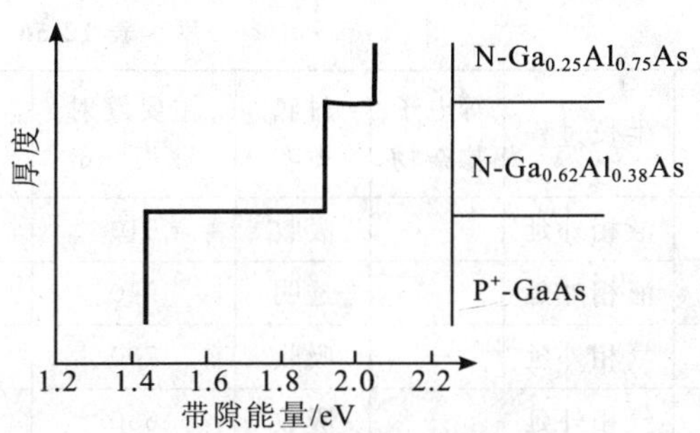

图 12-64 LED(图 12-63)的带隙能量示意图

(三)双异质结结构

如图 12-65 所示，光发射层是 3 μm 厚的 P 型半导体 $Ga_{0.62}Al_{0.38}As$，其上的 $P\text{-}Ga_{0.25}Al_{0.75}As$ 厚度为 35 μm，相当于透明窗，可以提高光的提取效率。这种双异质结结构有两个优点：①没有空穴注入 N 区，从而避免了低掺杂 N 区中复合慢且效率低的缺点；②由于在发射层中电子与空穴的浓度很高，减小了辐射复合寿命 τ_r，增加了器件的效率及速度。

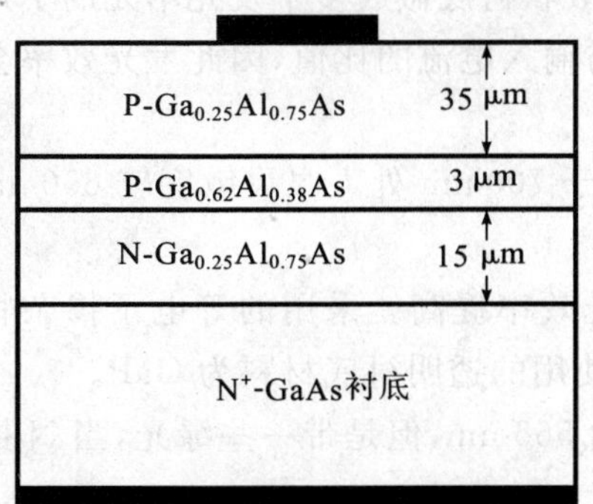

图 12-65 双异质结 LED 结构示意图

对于光纤光学的应用而言，为了使光线有效地耦合进入光纤内，除了发光面积应该等于或者最好小于光纤的芯径，还需要对载流子注入进行侧向限制。在图 12-66 所示的结构中，增加了带中心孔的 N 型 GaAs 层。在中心孔之外的区域，PN 结是反向偏置的，从而阻断了电流。而中心孔可以允许电流流过。该区域的小面积发光能够有效地耦合进光纤中去。另外，还可以使用 SiO_2 层使注入电流限制在很小的直径(25 μm)上，或者在顶部刻蚀透镜(放大率为 2)，这些措施都能够提高向光纤的耦合效率，如图 12-67 所示。

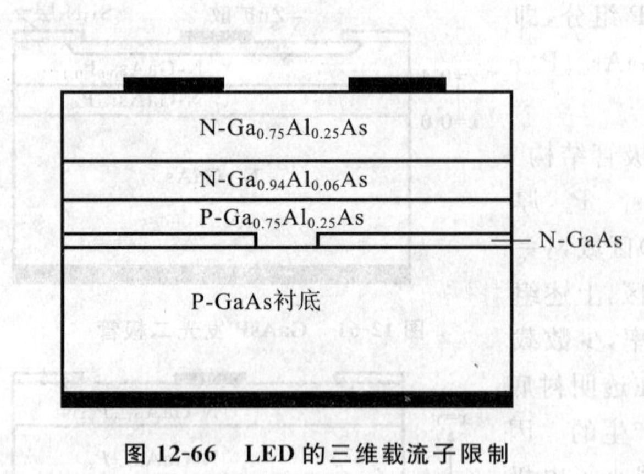

图 12-66 LED 的三维载流子限制

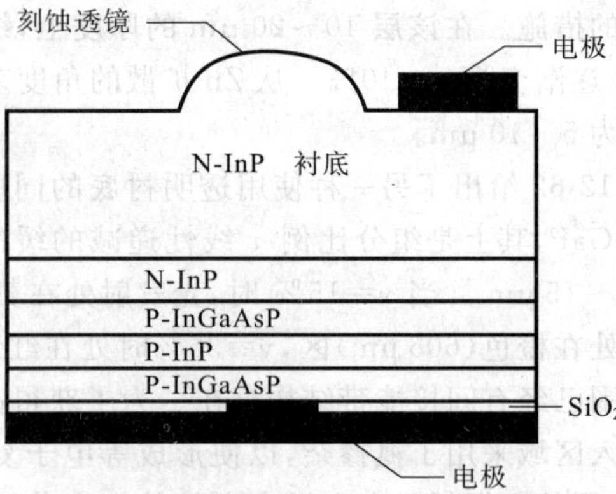

图 12-67 用于光纤通讯的 1300 nm LED

三、材料系

(一) $GaAs_{1-x}P_x$ 材料

该种材料是 LED 中广泛使用的三元化合物，其性能如表 12-56 所示。最早的 LED 采用 $x=0$ 的 GaAs 材料，发射波长为 910 nm，其效率为 1%。而掺 Si 的 GaAs，发射波长为 940 nm，其效率为 5%～10%。由于复合过程缓慢，使得其上升及下降时间在 0.5～1.0 μs 范围内。另外，在 940 nm 波长上 Si 探测器的吸收系数很低，限制了在该波长的应用。

表 12-56 $GaAs_{1-x}P_x$ 材料性能表[2]

x	生长过程	等电子掺杂物	衬底类型	主要发射波长/nm	颜色	进入塑料($n=1.5$)的发光效率/(lm/A)	进入塑料($n=1.5$)的量子效率/%	速度/ns
0	液相外延	—	吸收	910	红外	—	1	50
0	液相外延	—	透明	940	红外	—	10	1000
0.3	气相外延	—	吸收	700	红外	—	0.5	50
0.4	气相外延	—	吸收	650	红色	0.2	—	50
0.65	气相外延	氮	透明	635	红色	2.5	—	300
0.75	气相外延	氮	透明	605	橙色	2.5	—	300
0.85	气相外延	氮	透明	585	黄色	2.5	—	300
1.0	液相外延	氮	透明	572	黄绿	6	—	300
1.0	液相外延	—	透明	565	绿色	1	—	—
1.0	液相外延	氧化锌	透明	640	红色	1	—	—

可以使用透明衬底及吸收衬底，透明衬底可以减少光的吸收，而采用吸收衬底做成多个发光单元的单片集成，不易产生相邻单元之间的耦合。发光效率等于输出可见光光通量与输入电流的比值，因此发光效率会受到人眼灵敏度的影响。

当 $x=0.3$ 时，材料的量子效率较 $x=0.4$ 时提高了 3～5 倍。但是由于 700 nm 处人眼灵敏度较 650 nm 处低，造成其发光效率较低。

当 $x=0.4$ 时，材料变为间接材料，由于人眼灵敏度的增加，使其发光效率提高。采用的等电子掺杂物主要是氮(对于 $GaAs_{1-x}P_x$ 材料)，以及氮或者氧化锌(对于 GaP 材料)。使用的透明衬底材料为 GaP。

当 $x=1$ 时，Gap 的发光波长与 N 的浓度有关。不掺杂时主要波长为 565 nm，但是带一些绿光，当 N 掺杂的浓度为 $10^{19}\,cm^{-3}$ 时，波长变为 572 nm 的黄绿光。

掺 ZnO 的 GaP 材料的量子效率相对较高，在 700 nm 波长处达到 3%，但最大发光效率出现在 640 nm

(主要波长)处,说明大部分光子发射的波长处在人眼灵敏度较低的波段内。另外,掺 ZnO 的 GaP 材料会出现较明显的饱和现象:注入电流低于 1 A/cm^2,发光效率可达 3～5 lm/A,而当注入电流为 10～30 A/cm^2 时,效率会降至 1 lm/A。

(二) $Al_xGa_{1-x}As$ 材料系

该类材料性能如表 12-57 所示。在 $0\leqslant x\leqslant 0.38$ 范围内是直接带隙材料。相对于 GaAsP,其最大的优点是:①不论 x 为多少,其晶格均与 GaAs 匹配,从而可以制作组分变化比较大的异质结结构;②具有载流子限制,抑制了注入载流子在垂直于结方向上的运动,载流子密度可以增加到超过扩散极限的水平,从而提高了器件的内量子效率及响应速度。

表 12-57 $Al_xGa_{1-x}As$ 材料性能[2]

x	波长/nm	衬底类型	结 构	发光效率	速度/ns
0.06	820	吸收衬底,透明窗	双异质结	8%(量子效率)	30
0.06	820	透明衬底	双异质结	15%(量子效率)	30
0.38	650	吸收衬底,透明窗	单异质结	4 lm/A	
0.38	650	吸收衬底,透明窗	双异质结	8 lm/A	
0.38	650	透明衬底	双异质结	16 lm/A	

其组分主要有 $x=0.06$ 及 $x=0.38$,可以是单异质结结构,也可以是双异质结结构。相对于单异质结,双异质结结构的效率与速度要高 1.5～2.0 倍左右,使用透明衬底材料,其效率还可提高 1.5 倍左右。$x=0.06$ 时,双异质结的内量子效率接近 100%;$x=0.38$ 时,直接与间接导带底部几乎处在同一能量处,其内量子效率急剧下降为 50%左右。

(三) AlInGaP 材料

这种材料具有高的直接带隙能量:$E_g=2.3$ eV,发射光波长为绿光(540 nm),它与衬底 GaAs 是晶格匹配的。AlP 和 GaP 有近似相同的晶格空间,所以 Al 对 Ga 的比例的变化并不影响晶格匹配。在 AlInGaP 异质结上的窗口层可以采用 AlGaAs 或者 GaP 材料。AlGaAs 是晶格匹配的,在界面上产生的缺陷最少,但是其对黄光及绿光的吸收较大。用 GaP 作窗口层时,其透光性能较 AlGaAs 好。使用气相外延或者液相外延技术,容易生长比较厚的 GaP 层。当 GaP 窗口层的厚度为 45 μm 时,其在红光和黄光上的外量子效率均超过 5%。

图 12-68 与图 12-69 给出了 AlInGaP 材料与其他主要材料的性能对比。可以看出,其在可见光波段的发光谱线比较多,一直从绿光覆盖到红光。除了 640 nm 及以上的波段外,GaAs 衬底的 AlInGaP 的发光性能均比其他材料优良。

(四)其他材料

对于蓝光波段,发光二极管所用材料是 SiC。其量子效率为 0.02%,发光效率为 0.04 lm/A。其他还有 GaN,AlGaN 或者 AlGaInN 等材料。使用 ZnSe 及 GaN 时,发光效率为 0.1 lm/A。

(五)衬底技术

LED 中经常使用的 3 种衬底材料性能如表 12-58 所示。为了对比,也列出了 Si 及 Ge 的有关参数。GaAs 主要用于 AlGaAs 以及 AlInGaP 发光材料,它们之间晶格是匹配的,GaAs 也可用于 $GaAs_{1-x}P_x$($x\leqslant 0.4$)材料,此时晶格是接近匹配的。由于 GaAs 是吸收衬底,因此常在多重结器件中使用,可以有效地减小光学串扰。在 $x>0.6$ 时,往往使用 GaP 作为透明衬底,并能做到晶格的近似匹配。但是 GaP 和 GaAs 都不能与 GaAsP 做到严格的晶格匹配,因而有时需要在衬底上面生长外延层,对于 InGaAs 或者 InGaAsP 等长波长发光材料，可以选择 InP 作为衬底。

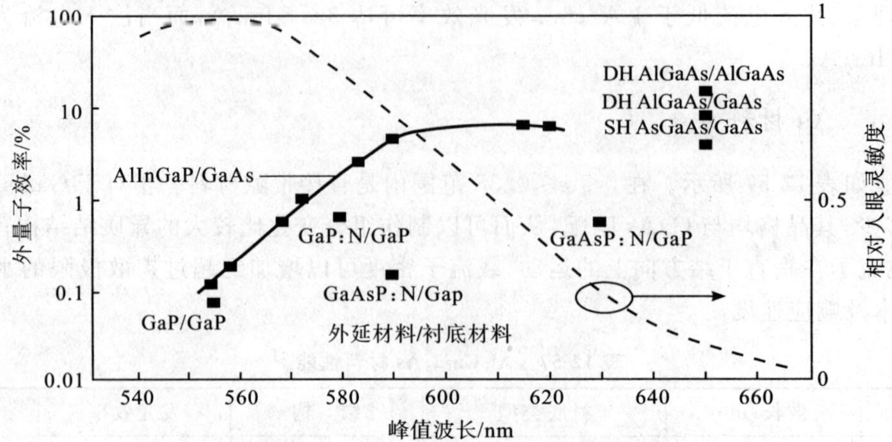

图 12-68 可见光 LED 外量子效率随峰值波长的变化

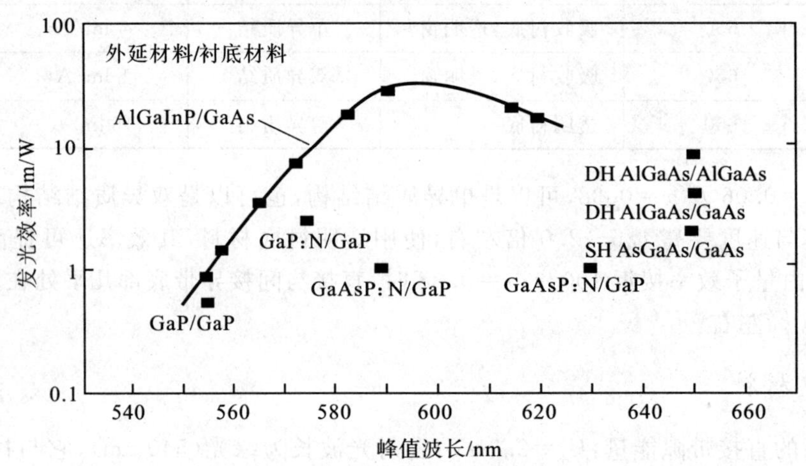

图 12-69 发光效率曲线

表 12-58 衬底材料性能表[2]

衬底材料	晶格常数	300 K 时的能隙/eV		金属化温度/℃
GaAs	5.653	1.428	直接	1 238
GaP	5.451	2.268	间接	1 467
InP	5.868	1.34	直接	1 062
Si	5.431	1.11	间接	1 415
Ge	5.646	0.664	间接	937

一般而言，衬底是 Te、S 或者 Si 掺杂的 N 型半导体，有时也用 Se 及 Sn 掺杂。但是对于一些 AlGaAs 发光二极管及半导体激光器，需要 P 型衬底 Zn 掺杂。掺杂浓度一般为 $10^{18}\,cm^{-3}$，重的掺杂浓度可获大的传导性。但要注意尽量消除沉淀物或其他缺陷，对于透明衬底，例如 GaP 带 $GaAs_{1-x}P_x$ 的外延层，掺杂浓度不要太高，以防止自由载流子吸收的发生。

四、发光二极管产品

(一)指示灯

最简单的 LED 产品是如图 12-70 所示的指示灯。将尺寸为 250 μm×250 μm 的 LED 片用导电的加银环氧粘在反射腔内，该反射腔固定并连接在镀银的铜或者钢架上，并成为指示灯的一个管脚。LED片顶部用25 μm细的金线与钢架的另一脚相连。然后整个结构用环氧树脂封装。使用环氧树脂可以保证整个指示灯的机械强度，保护LED片及引线不被损坏，同时还因为光线经环氧树脂出射而增加光的提取效率，而且还可以通过改变指示灯的外形来改变出射光的空间分布。

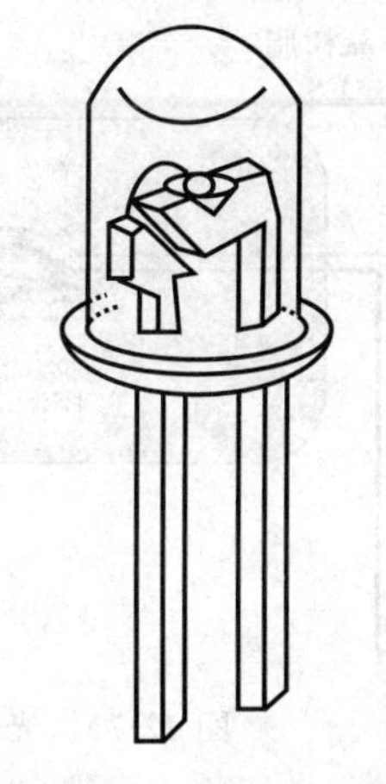

图 12-70　塑料指示灯

发光二极管的大小、形状，以及辐射光线分布（辐射花样）可以根据需要而变化。一般LED塑料封装体的横截面直径为2～10 nm。其横截面形状可做成圆形、方形或三角形，辐射光线的分布（辐射花样）由3个因素决定：LED塑料体顶部的形状，LED片处在反射腔中的相对位置，以及是否使用能产生光散射的封装剂。塑料灌封时，光线经反射器反射后形成较窄的光束输出。若使用的灌封塑料中含有能产生光散射的玻璃粉，LED发出的光线经多次散射后输出，则可形成宽视角输出。

另外，还可以在反射器中放置两个LED片，例如发红光的和发绿光的，利用电路控制，可实现两种颜色按需要交替发光。这种指示灯可以组成高度及宽度均为数米的大型户外广告牌，利用计算机控制，可以显示文字、图像等广告信息，由于其亮度高，色彩丰富，内容形式变化活泼，成本较低，因而得到了广泛的应用。

（二）数码显示

数码显示是由有选择性地开关组成阿拉伯数字8的7个发光段而形成的，同时还可以附加小数点、冒号、逗号以及其他所需的符号，如图12-71所示。

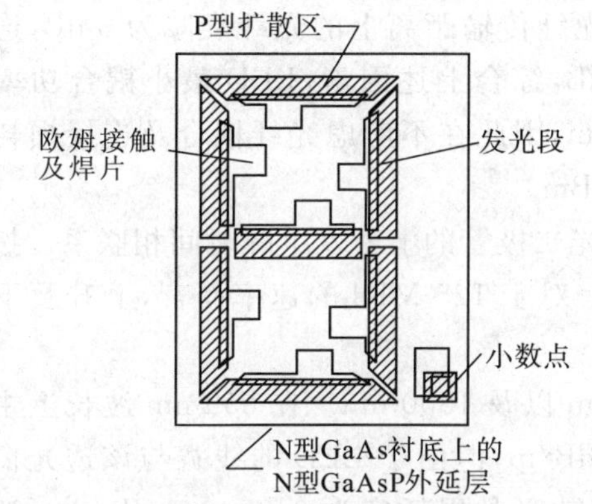

图 12-71　独石七段数字显示

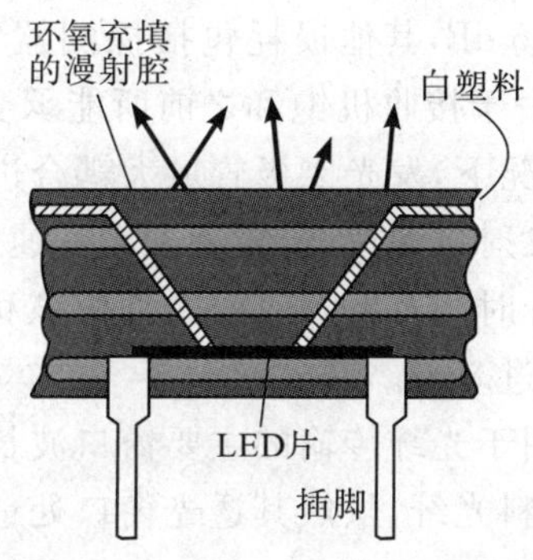

图 12-72　数码显示管的一个发光段示意图

数码显示LED可以分为两种，第一种是独石LED，一般采用GaAs－GaAsP工艺技术，其7个发光段及小数点的P型掺杂区域，是做在独石片的N型外延层上，具有一个共同的阴极及分开的8个阳极。其问题是材料成本太高。可以采用光学放大的技术来降低成本。另一种是分离式结构，即分别使用7个250 μm×250 μm的LED片，一一对应，最大产生7个8 mm×2 mm的发光段，从而形成20 mm高的数字显示。采用图12-72所示的光学结构，可以产生放大率为16倍的显示效果。该图是一个发光段的结构图，LED片的两个电极分别接至两个管脚上，反射腔面使用白塑料，其反射率可高达94%（出射到空气）以及98%（出射到塑料），而灌封塑料含有玻璃粉，以使LED的发光扩展到所需的范围内，这种结构的制作工艺要复杂一些。

除了显示数字外，LED还可以显示字母。一种方式是增加发光段的个数，比较常用的是14个发光段组成的字母显示。发光段的数目太多会造成工艺的复杂性及成本的增加。另一种方式是使用5×7的点阵格式形成字母显示。因此，字母显示一方面要受到针脚间距离的限制，另一方面还需要高性能的解码—驱动集成电路。

（三）光耦合器

光耦合器是利用LED发射光线在光探测器中产生电流的原理制作的耦合器件，广泛用于控制系统中。最早的光耦合器是将红外LED与光探测器面对面地封装在绝缘管中。第二代产品使用了双列直插式的封

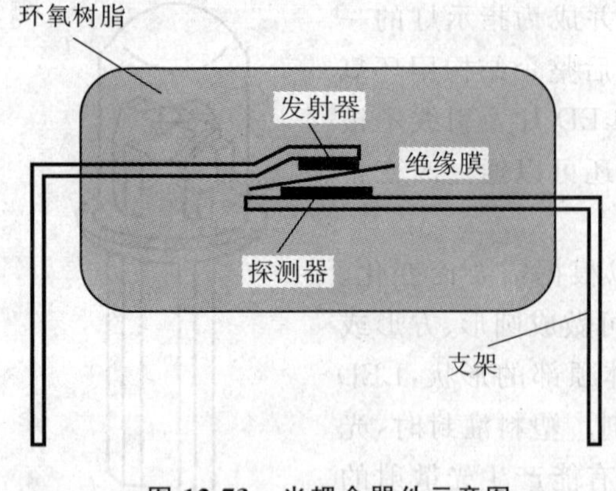

图 12-73 光耦合器件示意图

装，被广泛用于逻辑集成电路中，如图 12-73 所示，其红外发射管及光探测器面对面地固定在两个管架上，其间再用净绝缘材料填充，整个器件再用遮光的塑料进行外封装，以避免外界光线的影响。由于 LED 的 GaAs:Si 材料及光探测器基极和收集极极间电容造成的响应速度较慢，使其应用受到限制。第三代光耦合器，使用了集成光探测器及去耦合增益元件，克服了响应速度的限制，但由于集成工艺的限制，其有效探测层的厚度为5～7 μm，而且使得应用的波长较第二代产品(940 nm)短。使用 GaAsP 材料及AlGaAs材料，波长分别为 700 nm 及 880 nm。

增加输入及输出的外围电路，可以扩大光耦合器的性能及应用范围。例如可作成类似逻辑门的光耦合器。在输出端使用 MOS 场效应管，可以消除双极装置的补偿电压。这些耦合器可划入固体继电器的范围。另外一些光耦合器中，采用 CMOS 输入驱动器及 CMOS 输出电路，可以达到 50 Mb/s 的数据传输速率。

(四)光纤通信及传感

LED 适合在传输速率低于 200 Mb/s 以及传输距离小于 2 km 的光纤传输网中作为光源使用。在高速率及长距离的情况下，需要使用半导体激光器作为光源。

光纤传输的应用中对发光二极管的主要考虑因素是：耦合进光纤的最大及最小功率水平，上升及下降时间，发射光线的波长以及光束的直径。

耦合功率：光纤传输中接收机灵敏度为－31 dBm，在 2 km 光纤传输距离上的光纤衰减为 3 dB，连接及耦合损耗为 5 dB，其他损耗包括探测器响应，带宽限制等为 3 dB，综合上述因素，LED 最小耦合功率应为－20 dBm，由于接收机饱和之前所能承受的最高水平为－14 dBm，因此在不考虑光纤耦合及连接损耗的短距离传输情况下，发光二极管最大耦合进光纤的功率应为－14 dBm。

速度：发射机的速度，或者说波特速率(baud rate)直接与发光二极管的上升及下降时间相联系。按照拇指定则，上升时间及下降时间之和应该稍小于波特周期的倒数。对于 125 Mbd 的速率而言，上升及下降时间之和不超过 8 ns。

波长：用于光纤传输的主要窗口波长为 650 nm，820～870 nm 以及 1300 nm。在 650 nm 波长上主要使用丙烯酸塑料光纤，虽然其透光窗口处最低的吸收近似为 0.17 dB/m，但由于 LED 的线宽与该透光窗口宽度相近，总的吸收很大，且 LED 的发射波长又随温度变化，其有效吸收损耗应为 0.3～0.4 dB/m。650 nm 的 LED 使用 $GaAs_{0.6}P_{0.4}$ 以及 $GaAl_{0.38}As_{0.62}$，量子效率分别为 20%及 15%。综合以上因素，其最大的连接距离为 20～100 m。

在 820～870 nm 波长上，GaAlAs 的 LED 以及 Si 探测器是成熟的。在 850 nm 光纤的损耗约为 3 dB/km。其最远的传输距离被色散所限制。GaAlAs LED 的半功率线宽较宽(约为 35 nm)，决定光传输速度的光纤芯材料折射率又与波长有关，而且色散随距离增加。对于多模光纤以及 GaAlAs 发光二极管，其传输距离与速度的乘积约为 100 Mbd－km 。因此，要求传输的距离越长，能够传输的速率越小；反之，传输速率越大，则能够传输的距离越短。

在 1300 nm 波长上，光纤的色散达到最小，因此是最适合于长距离传输的窗口，对于多模光纤，这时传输距离与速度的乘积，主要由模式色散所限制。模式色散可以形象地想象为是由不同的模式传输经过不同的路程所造成的。其距离与速度的乘积虽然有所提高，但仍限制在 500 Mbd－km 的水平上，该波长上的 LED 为 GaInAsP 材料；而光纤的衰减小于 1 dB/km。使用单模光纤，传输距离及速度都可以大大提高。

(五)传感器

LED-探测器可作为传感器使用。通常可以分为三类：传输型，反射型以及散射型传感器。在传输型传感器中，输入—LED 发光—探测器—输出的过程会因为不透明的障碍物出现而中断。因而可以用于打印机中有无打印纸、磁带记录仪中有无磁带，以及擦除—重写保护的探测。另外利用传输型传感器原理做成的二通道或三通道光学编码器，可以被广泛用于工业控制中。在反射型的传感器中，探测器是探测反射光的，黑色表面、未经瞄准的镜面，或者没有反射面的情况可以区别出来，因此可用于传输带上计数，条形码识别等场合。

第五节　同步辐射光源[24-53]

同步辐射光源是继电光源、X 射线光源和激光光源之后第四次推动人类文明进步的新型光源，具有一系列其他人工光源无可比拟的优异特性。本节介绍同步辐射光源的基本原理和特性、同步辐射装置和同步辐射装置的国内外发展状况、同步辐射光束线和第三代同步辐射光源光束线的关键技术、同步辐射光源的应用领域，同时简单描述被称为第四代同步辐射光源的自由电子激光(FEL)。

一、同步辐射基本原理

(一)基本原理

同步辐射是接近光速的带电粒子在磁场中做曲线运动时，沿轨道切线方向发出的电磁辐射。同步辐射于 1947 年在美国通用电气公司 70 MeV 电子同步加速器上首次被肉眼观测到，被称作同步加速器辐射，简称为同步辐射(synchrotron radiation)，产生和利用同步辐射的装置称为同步辐射光源或同步辐射装置。

高速运动的电子在速度改变时会发出电磁辐射的现象经历了长期的理论研究。1873 年麦克斯韦论证了电荷密度和电路发生变化都会导致向外辐射电磁场；1887 年 Heinrich Hertz 证明了这种电磁波的存在，奠定了同步辐射的理论基础；1898 年 Alfred Lienard 对理论作了重大简化，给出了电子在圆形轨道上运行时其能量损失的速率公式，与现代同步辐射理论所用公式一致；1908 年数学家 George A. Schott 发表的电磁辐射论文对同步辐射理论进行了系统阐述。1975 年以来，J. D. Jackson 编写的《经典电动力学》被认为是同步辐射理论的权威参考文献之一。

一方面，当约束在原子中的电子在不同能级间的跃迁产生特定波长的辐射；另一方面，带电粒子在做曲线运动时，由于存在向心加速度，根据麦克斯韦方程，如果带电粒子的运动速度远小于光速，其发射如图 12-74(a)所示的辐射。而当带电粒子速度接近光速时，由于相对论效应，其发射模式改变为在张角为 $\Delta\phi$ 的电磁辐射，这就是所谓的同步辐射，如图 12-74(b)所示。此时带电粒子能量 E 为

$$E = \gamma m_0 c^2 \tag{12-128}$$

式中，m_0 为带电粒子的静止质量；c 为光速；$\gamma = 1\Big/\sqrt{1-\frac{v}{c^2}}$，其中，$v$ 为带电粒子的速度，辐射张角为 $\Delta\phi \approx \gamma^{-1}$。因此，$\gamma$ 越大，发射的电磁辐射张角越小。

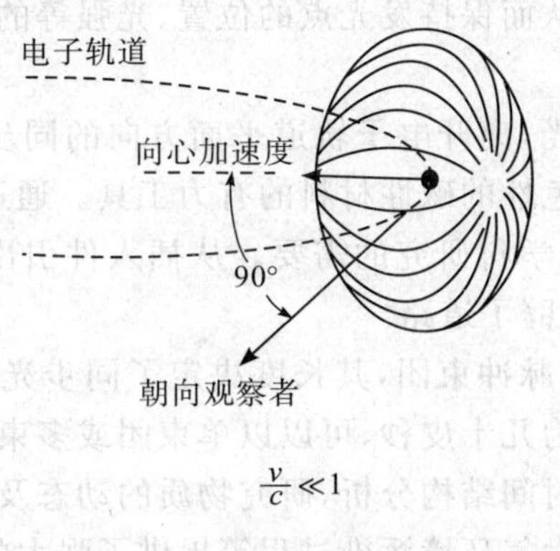

(a)带电粒子运动速度远小于光速

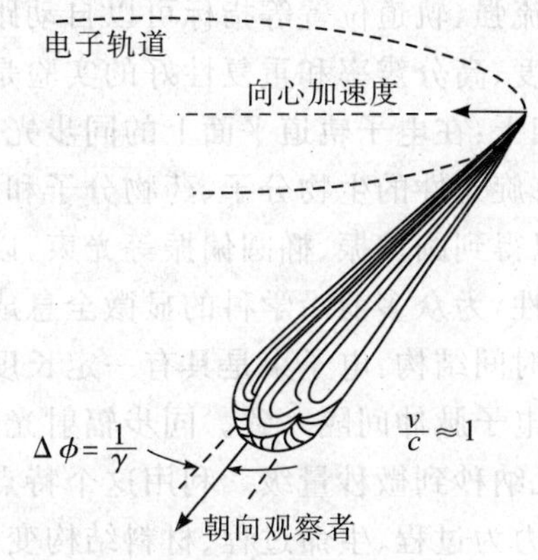

(b)带电粒子运动速度接近光速

图 12-74　带电粒子做曲线运动时产生的辐射

当带电粒子做圆周运动时(曲率半径为 R),由带电粒子发射的电磁辐射由一系列短脉冲光组成。理论上,这些脉冲光的时间间隔为带电粒子运动一周的时间。通过傅里叶变换,带电粒子发射的同步光谱由以旋转频率 ω(角频率)为基波的一系列高次谐波组成。实际中,由于带电粒子做圆周运动(半径为 R)时存在着空间和能量的震荡,所以发射的电磁波是连续的光谱,光谱特征能量为

$$E_c = \frac{3c\gamma^3}{2R} \tag{12-129}$$

(二)同步辐射光源的主要特性

从20世纪70年代到现在,同步辐射光源的发展已经历了三代并向第四代光源的目标发展。20世纪70年代的第一代光源是与高能物理加速器共用的储存环,储存环的发射度大,同步辐射作为高能物理加速器的副产品加以利用。20世纪80年代出现的第二代光源是专门为同步辐射应用建造的加速器,储存环的磁结构以 Chasman-Green lattice 为特征。20世纪90年代开始大量出现的第三代光源则以小发射度及采用大量的插入元件扭摆器(wiggler)和波荡器(undulator)为特征,引出的同步光亮度更高、发射度更低。自由电子激光是电子在波荡器中同时与周期磁场和光场相互作用产生的受激辐射。自由电子激光器有可能成为第四代同步辐射光源。表12-59给出了三代光源的主要特征参数比较。

表12-59　三代同步辐射光源主要特征参数的比较

光源类别	电子能量/GeV	电子束发射度/(nm·rad)	引出辐射元件	光源亮度/(光子·s^{-1}·mm^{-2}·(0.1%BW)$^{-1}$)	光的相干性
第一代(兼用)	1～30	<1000	弯铁	10^{12}～10^{15}	
第二代(专用)	0.8～2.5	40～150	弯铁及扭摆器、波荡器	10^{12}～10^{16}	部分相干
第三代(专用)	1.5～8	3～20	大量采用扭摆器和波荡器	10^{16}～10^{20}	主要相干

同步辐射光源的主要特性可概括为以下几点:

波长范围宽且连续可调:同步辐射光谱从远红外到硬X射线,利用特定的单色器可以根据用户需要选择不同的波长。

高强度:同步辐射光源的总功率为几十千瓦到几百千瓦,是X光机的上万倍。

高耀度:以千分之一带宽内每秒每平方毫米每平方毫弧度立体角光子数度量,第三代同步辐射光源的耀度是最强的X光机的上亿倍。同步辐射光源的高耀度为众多的科学研究带来了高空间分辨、高能量分辨和高时间分辨,为前沿学科和应用研究取得突破性成果创造了条件。

高准直性:同步辐射的发射呈一个很窄的锥状,锥轴与电子运动轨道相切,其张角 $(1/\gamma)$ 非常小,与电子能量成反比,同步辐射几乎是平行光。这对微电子光刻特别是微机械加工的深度光刻等高技术产业至关重要。

高度稳定性:利用成熟的和不断提高的加速器技术,可以得到寿命达十几到几十小时稳定循环的电子束流,电子束能量、流强、轨道位置等指标可以自动跟踪控制,从而保持发光点的位置、光强等的高度稳定,这对于许多要求高精度、高分辨率和重复性好的实验是必须的。

高偏振、准相干:在电子轨道平面上的同步光是线偏振光,离开电子轨道平面方向的同步光是椭圆偏振光,这是研究具有旋光性的生物分子、药物分子和表现为双色性的磁性材料的有力工具。通过发光元件磁场结构的变化,可以得到圆偏振、椭圆偏振等光束,以适应不同学科研究的需要。从插入件引出的高耀度同步光具有部分相干性,为众多前沿学科的显微全息成像分析开辟了道路。

优良的脉冲时间结构:电子束是具有一定长度和间隔的脉冲束团,其长度决定了同步光脉冲宽度,而同步光脉冲间隔和电子脉冲间隔一致。同步辐射光脉冲宽度为几十皮秒,可以以单束团或多束团运行,相邻脉冲间隔可调,为几纳秒到微秒量级。利用这个特点,可以作时间结构分析,研究物质的动态及瞬变过程,为揭示化学反应的动力为过程、生命过程、材料结构变化过程和大气环境污染过程等提供了强大的武器。

高度清洁:同步辐射是在超高真空中产生的,不存在任何由于靶材料、阳极或阴极材料的杂质而带来的污染。这对要求清洁环境的实验和工艺过程是极好的条件,如进行表面物理研究、微量元素测定、超大规模集成电路光刻等,不必担心光源对环境和样品的污染。

可精确计算：同步辐射的光子通量、角分布和能谱等均可精确计算，因此它可以作为辐射计量（特别是真空紫外到X射线波段）的标准光源。

衡量同步辐射光特性的主要指标有光谱范围、通量、亮度、极性等。

（三）同步辐射光源特性的计算

1. 辐射功率

磁场中速度接近光速的电子的运动方程为

$$E_e = Be\rho$$

式中，B 为磁场强度，e 为电子电荷，ρ 为电子运动轨道的半径，E_e 为电子的能量。一个非相对论的加速运动电子的辐射功率为

$$P = \frac{2}{3}\frac{e^2}{c^3}\left|\frac{\mathrm{d}\boldsymbol{v}}{\mathrm{d}t}\right|^2 \tag{12-130}$$

根据(12-130)式，将其中的速度改为光速，就得到相对论性的加速电子的辐射功率：

$$P = \frac{2}{3}\frac{e^2 c}{\rho^2}\gamma^4 \tag{12-131}$$

电子绕圆周运动一圈的能量损失为

$$\Delta E_e = \frac{4\pi}{3}\frac{e^2}{\rho}\gamma^4 \tag{12-132}$$

将它应用到实用单位之中，有

$$P[\mathrm{kW}] = 88.47\frac{E_e^4 I}{\rho} = 2.654B[\mathrm{kG}]E_e^3[\mathrm{GeV}]I[\mathrm{A}] \tag{12-133}$$

$$\Delta E_e[\mathrm{keV}] = 88.47\frac{E_e^4[\mathrm{GeV}]}{\rho[\mathrm{m}]} \tag{12-134}$$

根据选定光源的特性参数，即储存环能量 E_e (GeV)、弯转磁铁的磁场强度 B (kG)和电子束流强度 I (A)，可以计算出电子轨道的弯转半径 ρ (m)，进而计算出电子在储存环内的总的辐射功率 P(kW)以及电子绕环旋转一周的能量损失 ΔE_e (keV)。

2. 辐射功率密度角分布

弯转磁铁的辐射功率角分布计算公式为

$$\frac{\mathrm{d}^2 P}{\mathrm{d}^2\Phi} = 5.42B[\mathrm{T}]E_e^4[\mathrm{GeV}]I[\mathrm{A}]\frac{1}{(1+X^2)^{5/2}}\left[1+\frac{5}{7}\frac{X^2}{(1+X^2)}\right] \tag{12-135}$$

式中，右边括号内的第一项是水平极化分量的贡献；第二项是垂直极化分量的贡献。公式内不包含水平角分量，所以弯铁的功率在水平方向是均匀分布的。式中 $X=\gamma\psi$。

波荡器和扭摆器的辐射功率角分布表达式为

$$\frac{\mathrm{d}^2 P}{\mathrm{d}^2\Phi} = \left.\frac{\mathrm{d}^2 P}{\mathrm{d}^2\Phi}\right|_0 f_K(\gamma\theta,\gamma\Psi) \tag{12-136}$$

式中，$\left.\frac{\mathrm{d}^2 P}{\mathrm{d}^2\Phi}\right|_0$ 为光源中心点的辐射功率密度，后面的函数为波荡器与扭摆器的辐射角分布函数。其中

$$\left.\frac{\mathrm{d}^2 P}{\mathrm{d}^2\Phi}\right|_0[\mathrm{W/mrad^2}] = 10.64B_0[\mathrm{T}]E_e^4[\mathrm{GeV}]I[\mathrm{A}]NG(K) \tag{12-137}$$

是光源中心点的辐射功率密度。$G(K)$ 是干涉因子，其表达式为

$$G(K) = K\frac{\left(K^6+\frac{24}{7}K^4+4K^2+\frac{16}{7}\right)}{(1+K^2)^{7/2}} \tag{12-138}$$

对于超导扭摆器而言，其功率密度的角分布函数为

$$f_K(\gamma\theta,\gamma\psi) = \frac{\sqrt{1-(\gamma\theta/K)^2}}{[1+(\gamma\psi)^2]^{5/2}}\left\{1+\frac{5(\gamma\psi)^2}{7[1+(\gamma\psi)^2]}\right\} \tag{12-139}$$

3. 辐射光子通量

光子通量(flux)是某一定的电子束流在0.1%的能带宽度和1个毫弧度(mrad)的水平角范围、单位时间内发射的光子数,常用于弯铁辐射。通常用来衡量到达样品处的光子数,通常密度是指单位面积内的通量。弯铁的光子通量公式为

$$\frac{\mathrm{d}F(\lambda)}{\mathrm{d}\theta}[\mathrm{phs}\cdot\mathrm{sec}^{-1}\cdot\mathrm{mrad}^{-1}\cdot(0.1\%\mathrm{BW})^{-1}]=2.4572\times10^{13}E_e[\mathrm{GeV}]I[\mathrm{A}]G_1(y) \tag{12-140}$$

式中,$G_1(y)=\frac{\lambda_c}{\lambda}\int_{\lambda_c/\lambda}^{\infty}K_{5/3}(y')\mathrm{d}y'$,$G_1(y)$是贝塞尔函数。

对波荡器,光轴附近轴心光锥内的光子通量表达式为

$$F_n[\mathrm{phs}\cdot\mathrm{sec}^{-1}\cdot(0.1\%\mathrm{BW})^{-1}]=0.7154\times10^{14}NI[\mathrm{A}](1+K^2/2)F_n(K)/n \tag{12-141}$$

式中,N为周期数;n为谐波数,仅奇数有贡献;$F_n(K)$可以通过K值查找相关的参数图表获得。扭摆器光子通量的计算仅仅需要将弯铁的计算公式乘上扭摆磁铁的磁极数$2N$就可以得到。

4. 辐射光谱亮度和光耀度

真实的同步辐射光源是一个拓展面光源。因此,光源的亮度(brilliance)是用来描述电子束团辐射光子的相空间分布,即在一定的电子束流强度和0.1%能带宽度范围内,每平方毫弧度、每平方毫米的相空间内单位时间发射的光子数。亮度是衡量光源质量的重要参数,在线性聚焦光学系统中,该参数是恒定的。一束大角度发散的光子可以聚焦为小光斑,或者通过增大横截面积成为平行光束。如果实验需要高强度平行光束照射小样品,那么就需要高亮度光源。

波荡器的光谱亮度计算公式为

$$B_n[\mathrm{phs}\cdot\mathrm{sec}^{-1}\cdot\mathrm{mm}^{-2}\cdot\mathrm{mrad}^{-2}\cdot(0.1\%\mathrm{BW})^{-1}]=\frac{F_n}{4\pi^2\Sigma_x\Sigma_y\Sigma_{x'}\Sigma_{y'}} \tag{12-142}$$

式中,Σ_x、Σ_y、$\Sigma_{x'}$、$\Sigma_{y'}$分别为光源中心锥的有效尺寸和发散度。

弯铁的谱亮度计算公式为

$$\begin{aligned}&B_n[\mathrm{phs}\cdot\mathrm{sec}^{-1}\cdot\mathrm{mm}^{-2}\cdot\mathrm{mrad}^{-2}\cdot(0.1\%\mathrm{BW})^{-1}]\\&=\frac{\mathrm{d}F(\lambda)}{\mathrm{d}\theta}\frac{1}{\sqrt{(2\pi)^3}\,(\sigma_x^2+\sigma_r^2)^{1/2}\sigma_y\left(\sigma_{y'}^2+\sigma_\psi^2+\frac{(\sigma_{y'}^2+\sigma_\psi^2)\sigma_r^2}{\sigma_y^2}\right)^{1/2}}\end{aligned} \tag{12-143}$$

扭摆器的谱亮度计算公式为

$$\begin{aligned}&B_n[\mathrm{phs}\cdot\mathrm{sec}^{-1}\cdot\mathrm{mm}^{-2}\cdot\mathrm{mrad}^{-2}\cdot(0.1\%\mathrm{BW})^{-1}]\\&=\frac{\mathrm{d}F(\lambda)}{\mathrm{d}\theta}\bigg|_{\mathrm{pole}}\sum_{n=-\frac{N}{2}}^{\frac{N}{2}}\frac{1}{\sqrt{(2\pi)^3}}\frac{\exp\left[\frac{-x_0^2}{2(\sigma_x^2+z_{n\pm}^2\sigma_{x'}^2)}\right]}{\sqrt{(\sigma_x^2+z_{n\pm}^2\sigma_{x'}^2)[\sigma_y^2(\sigma_{y'}^2+\sigma_\psi^2)+z_{n\pm}^2\sigma_{y'}^2\sigma_\psi^2]}}\end{aligned} \tag{12-144}$$

有时,光耀度(brightness)也用来描述光源发射分布,其定义如下:

$$\text{光耀度}=\frac{(\text{光子通量})}{I}\frac{1}{\sigma'_x\sigma'_y\mathrm{BM}} \tag{12-145}$$

式中,I为储存环束流强度,$\sigma_x\sigma_y$为光源发射面积,$\sigma'_x\sigma'_y$为光源发射立体角。

光耀度也可看成在横截面相空间内的光子密度。通常,实验站需要一定的通量密度的光子。受光学系统带宽的限制,这些光子在某种程度上或多或少地单色化,并且聚焦成需要的光斑。因此,光源的光耀度需要尽可能完整地通过光学系统传输到实验站。上述光耀度仅仅描述了光源,为了保证光束线光学系统性能,随着同步光在光束线中反射和散射,需要尽可能地保留光耀度。因此,为了在实验站得到需要的高通量同步辐射,我们需要高亮度的光源以及性能优质的光束线。

同步辐射的基本特征是其特有的亮度,这是由于电子束在较小的横向面积和立体角内产生大量的光子。我们引入储存环的一个常量发散度ε:

$$\varepsilon=\sigma_e\sigma'_e \tag{12-146}$$

这里,σ_e是电子束位置分布,可分解为分别代表水平方向和垂直方向的位置分布标准偏差的σ_{eh}和σ_{ev};σ'_e是

电子束轨迹角发散，同样可分解为分别代表水平和垂直方向角发散标准偏差的σ'_{eh}和σ'_{ev}。

5. 偏振性

偏振性主要用来表征电子在弯转轨道磁铁或者扭摆器中的辐射。对于一般的情况，电矢量不在轨道平面内的电子的辐射强度可以分解为平行和垂直于轨道平面的两个分量，这两个分量之间的相位差为90°，而且平行分量大于垂直分量。Kim根据前人的研究成果推导出电子辐射在平行于和垂直于轨道平面的两个光谱通量密度分量的角分布公式为

$$\left|\begin{matrix}\dfrac{d^2F_\sigma(\lambda)}{d\Omega}\\ \dfrac{d^2F_\pi(\lambda)}{d\Omega}\end{matrix}\right| = 1.327\times10^{13}E_e^2[\text{GeV}]I[\text{A}]\left(\frac{\omega}{\omega_c}\right)^2(1+X^2)^2\left|\begin{matrix}K_{2/3}^2(\eta)\\ \dfrac{X^2}{1+X^2}K_{1/3}^2(\eta)\end{matrix}\right| \tag{12-147}$$

式中，$X=\gamma\psi$，$\eta=\dfrac{1}{2}\dfrac{\omega}{\omega_c}(1+X^2)^{3/2}$，两个方向的光谱通量密度分量之比为

$$\frac{b}{a}=\frac{XK_{1/3}(\eta)}{\sqrt{1+X^2}K_{2/3}(\eta)} \tag{12-148}$$

以上公式中的各种参数的定义为：γ为垂直发散角，K为偏转因子，σ_r和$\sigma_{r'}$分别为单电子发射出光子的位置分布和角发散的标准偏差，θ为入射的布拉格角。

二、同步辐射装置组成

（一）同步辐射装置的基本组成

产生同步辐射光的同步辐射装置，主要由直线加速器(linac)、增强器(booster)和储存环(storage ring)3个部分构成。而置于储存环中的插入元件，是第三代同步辐射光源中的一个重要部件。

1)直线加速器。直线加速器是带电粒子的一级加速以及注入装置，有很多种类。一种比较常用的直线加速器是行波直线加速器，它是采用盘荷波导来加速电子，微波功率由输入耦合器输入，在加速管内的相应速度与电子的速度相匹配，以便连续加速与微波保持特定关系的电子到一定的能量范围。

2)增强器。增强器通常是一种同步加速器，作为带电粒子的二级加速以及注入装置，在第三代光源中应用非常广泛。同步加速器是由许多C形磁铁环状排列而成，在磁铁的中腹安装了环形真空盒，在环的某一段安装高频高压加速腔。电子在磁铁的约束作用下沿环形真空盒中心做近似的圆周运动，在经过加速腔体的时候被加速。为了使加速后的电子仍然以相同的半径做近似圆周运动，就要求同步改变磁铁的约束磁场。这也是同步加速器的名称由来。

3)电子储存环。电子储存环是高能电子的存储装置，它保证注入其中的高能电子以一定的能量作稳定的回旋运动。与同步加速器不同，储存环内的电子能量保持不变，能够长期稳定地发射出同步辐射，是最适合的同步辐射光源发射装置。它主要由弯转磁铁、插入元件、射频腔体及其电源、环形真空腔以及真空泵和偏转器组成。偏转器将电子束团从一个单独的直线加速器或增强器引入到储存环中；而弯转磁铁使储存环内电子沿特定的圆弧轨道做近似的圆周运动，并引出同步辐射光；射频腔体及其电源则用来补充电子束在产生同步辐射时所带来的能量损失；真空泵用来保持储存环真空腔内的超高真空，以减少电子束团在环内与过多的残余气体分子作用产生散射造成束流衰减。

4)插入元件。插入元件是第三代同步辐射光源的一个重要部件，它能够使电子运动轨道产生局部变化，提高光源的出光品质。插入件是一系列周期排列的磁铁，其周期数为N，周期长度为λ，它插入在储存环两个弯转磁铁组件之间的直线段上，所以称为插入件。当电子经过插入件时，在磁场的作用下，电子将沿一条近似为正弦曲线的轨道运动。在插入件中摆动的次数刚好是$2N$，摆动的曲率半径反比于磁场峰值B_0，插入件的性能由偏转参数K描述，K的定义为$K=eB_0\lambda_0/2\pi mc^2$，在实用单位下有$K=0.934\lambda_0[\text{cm}]B_0[\text{T}]$。当$K>10$时，插入件称为扭摆器；当$K<1$时，插入件称为波荡器。扭摆器产生的同步光是不相干叠加；波荡器产生的同步光是相干叠加。

波荡器可以提供比弯转磁铁高得多的辐射亮度和通量，其辐射谱呈分离的带状(自然带宽约为$1/N$，

N 为波荡器的周期)，并有部分相干性。在光的极化度方面，可以设计出线偏振、圆偏振、椭圆偏振及偏振度可调的各种波荡器。高亮度、窄带宽、相干性和极化度对于许多科学实验有重要意义，因此波荡器插入件成为新一代同步辐射光源中最重要的插入件。

一般扭摆器是强磁场和较长周期的插入件，较强的磁场会使电子轨道扭摆发生较大的形变，运动轨道的曲率半径 R 变小。由于同步辐射光谱的特征能量 E_c 反比于 R，即 $E_c=2.218\,E^3/R$，因此通过在储存环上安装高磁场的扭摆器可以使同步辐射光谱向高能方向移动，同步光的强度也将提高 $2N$ 倍。波荡器是由稀土合金永磁体制成的，永磁体磁铁的采用可将插入件磁铁周期缩短到几个厘米，从而大大增加了在给定的直线段中磁铁的周期数。这种插入件的磁场决定于永磁体磁铁的磁隙，在低磁场和大周期的情况下，电子在穿过这种插入件时，其轨道只作轻微起伏，因而得名波荡器。由于波荡器中电子轨道的曲率半径很大，一般说来，波荡器是不能使同步辐射光谱向高能方向移动的。但由于电子的偏转角小，从波荡器中不同的磁极上发射出来的光子相干地叠加，产生干涉效应，使得同步光谱中出现一系列的尖峰，也就是说，波荡器给出一系列近似单色的同步光，而且强度增强近 N^2 倍，波荡器产生的同步光发射角也减小，是弯转磁铁同步光发射角的 $1/\sqrt{N}$，两者结合起来，可使同步辐射的亮度提高 5 个量级以上。图 12-75 给出了弯铁和插入件产生同步辐射光的区别示意图。

5)储存环中的其他部件。一个可运行的储存环还需要很多别的部件，比如对电子束团聚焦、使电子束团横向尺寸保持在很小尺度的四极磁铁；对电子束中由于能量的发散而造成的一定后果进行补偿的六极磁铁，以及用来校正电子束团相对于设计轨道偏移的束流位置探测器及控制线圈；储存环的整体计算机控制系统；等等。储存环在经偏转器注入电子束团之后，在短时间内聚集几百毫安的电流。一旦电子束团被储存环存储，其衰减时间为几小时到十几小时不等，衰减的快慢取决于环中的平均气压。为了使电子束的衰减时间尽量延长以提高束流寿命，环内平均气压必须保持在优于 1.3×10^{-7} Pa(10^{-9} Torr)，以保证储存环内的电子与剩余气体之间的碰撞次数达到尽可能少。

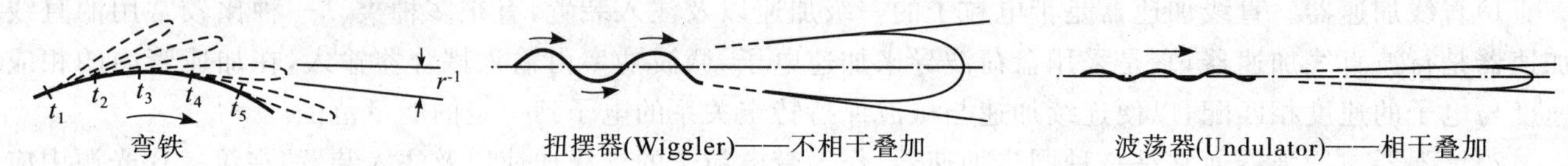

图 12-75 弯铁和插入件产生同步辐射光的区别示意图

(二)同步辐射加速器技术的发展

在高能物理对撞机中，科学家需要相对大的水平发射度来减少束流间的干涉。对于同步辐射加速器，G. K. Green 提出应重点加强优化同步辐射亮度，他和 R. Chasman 意识到，提高光源的亮度必须设计建造小发散度的储存环。他们共同提出创新的 Lattice 设计，采用包含零色散用于安装扭摆器和波荡器的直线节的消色差模式，并首先在美国 NSLS 上得到实施，随后被用于 ESRF、APS、SPring－8 等装置。

越来越多的科学实验要求束流轨道的高稳定性。导致束流漂移的最根本原因是冷却水和周围环境温度的变化、地基振动、磁铁电源的不稳定性以及直接磁场的耦合等因素。在第一代和第二代同步辐射装置上，轨道反馈技术得到发展。首先，在 SPEAR 上发展了局部轨道反馈系统技术，实现了单个光束线束流的稳定。继之，NSLS 发展了全局轨道反馈系统技术，实现了整个束流轨道的稳定。针对束流稳定性有特殊要求的实验，综合运用局部和全局轨道反馈系统技术，可以提供更高的束流稳定性。

第二代同步辐射装置的成功运行，以及用户数量的大幅增加，促使人们建造第三代同步辐射装置，以获得从波荡器产出的更高亮度的同步辐射。Green 和 Chasman 提出了第三代同步辐射装置 Lattice 的结构和设计原理。目前，选择 6～8 GeV 的电子能量，大幅增加可供安装插入件的直线节数量，使得从波荡器产生的波长低于 0.1 nm 的高亮度同步辐射成为可能。发展更新的光源需要更高标准的工程技术的支持，包括真空室、磁铁电源、冷却水及环境温度的控制等。近年来新建的光源在轨道稳定性方面有了很大的进步，甚至可以没有轨道反馈系统。在很低发射度下，产生圆偏振同步光的交叉场波荡器对储存环束流影响的理论分析，以及制造与调试的工艺技巧、新的光学技术（如自适应光学等）也是研究的重要方面。

三、同步辐射装置的发展状况

（一）国内同步辐射装置

1. 北京同步辐射装置

北京同步辐射装置（BSRF）是北京正负电子对撞机（Beijing Electron Positron Collider, BEPC）的重要组成部分，与高能物理研究兼容。BEPC于1988年10月在中国科学院高能物理所建成，坐落于北京玉泉路。图12-76为BEPC的总体简图。它由注入器（BEL）、输运线、储存环、北京谱仪（BES）和同步辐射装置（BSRF）等几部分组成。注入器1是一台200 m长的直线加速器，用于为储存环提供能量为1.1～1.55 GeV的正负电子束。输运线2连接注入器和储存环，将注入器输出的正负电子分别传送到储存环内。储存环3是一台周长为240.4 m的环型加速器，它将正负电子加速到需要的能量，并加以储存。用于高能物理研究的大型探测器——北京谱仪4，位于储存环南侧的对撞点区域。同步辐射实验室5、6则位于储存环第三和第四区，在这里，负电子经过弯转磁铁和扭摆器时发出的同步辐射光经前端区和光束线引至各个同步辐射实验站。7为中央控制室，8为计算中心。

BEPC的主要科学目标是开展τ轻子与粲物理和同步辐射研究。20世纪90年代以来，在该装置上获得了τ轻子质量的精确测量、2～5 GeV强子R值的精确测量、发现新共振态等一批重大成果，进入了粲物理实验研究的国际领先地位。同时，BEPC“一机两用”，BSRF每年为国内上百家研究单位的三四百个课题提供同步辐射平台，取得了包括若干重要蛋白质结构测定在内的一批重要成果。2008年完成BEPC II的改造，储存环改进成为双环，采用大水平交叉角对撞，对撞亮度提高了两个数量级，成为国际上最先进的双环对撞机之一。BSRF实现了2.5 GeV全能量注入，注入时间大幅度减少、实验效率得到了提高；运行过程中定时注入，注入期间辐射剂量降低，大大方便了用户的实验工作。BSRF运行流强稳定在150～250 mA之间，有助于提高光学元件的稳定性。

目前，BSRF共有14条光束线和15个实验站为用户开放。

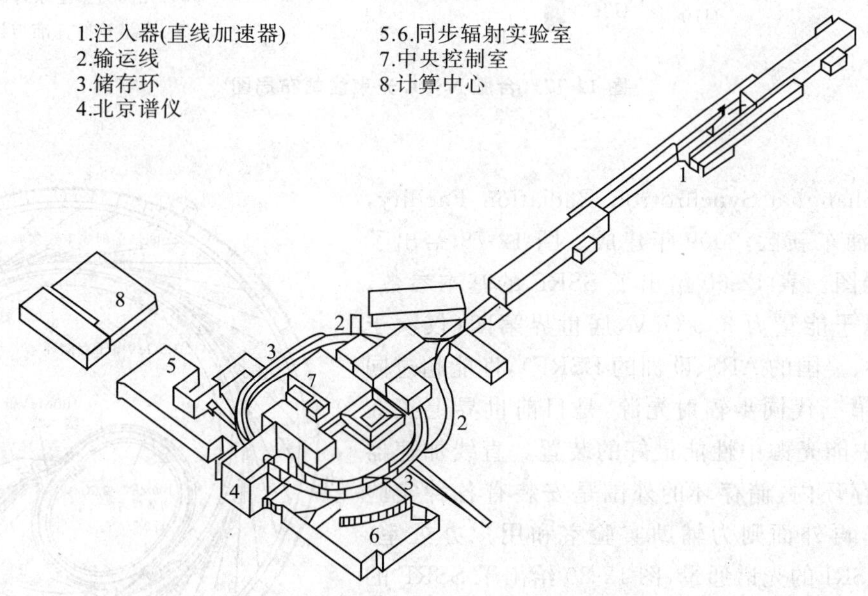

图12-76 北京正负电子对撞机的总体简图

2. 合肥国家同步辐射实验室

合肥国家同步辐射实验室（NSRL）位于合肥中国科学技术大学内，运行一台能量为0.8 GeV、以输出真空紫外和软X射线为主的专用同步辐射光源。该光源的主体设备是能量为800 MeV、平均流强为100～300 mA的电子储存环，用一台能量为200 MeV的电子直线加速器作注入器。来自储存环弯铁和扭摆磁铁的同步辐射特征波长分别为 2.4 nm 和 0.5 nm。直线加速器主要由预注入器、4 个 6 m 均匀加速区段、5 个束测段、微波功率源及其波导传输系统、真空系统、横向聚焦元件、水冷系统、控制系统等组成。周长为 66 m，4 个周期的电子储存环有 12 块弯转磁铁，共 24 个同步光出光口。全环有 4 个 3.36 m 长的直线节，用于安装注入、高频设备和插入元件。图 12-77 给出了 NSRL 现有光束线站的布局图。

国家同步辐射实验室通过一期和二期工程的建设，现有光刻、红外与远红外、高空间分辨 X 射线成像、X 射线衍射与散射、扩展 X 光吸收精细结构、燃烧、X 射线显微术、原子与分子物理、真空紫外分析、表面物理、软 X 射线磁性圆二色、光电子能谱、真空紫外光谱、光声与真空紫外圆二色光谱、光谱辐射标准与计量共 15 个实验站投入运行并面向国内外用户开放，取得了一系列重要成果。其中扩展 X 光吸收精细结构、X 射线衍射与散射和高空间分辨 X 射线成像光束线同步光来自插入件超导磁铁扭摆器（6 万高斯）；原子与分子物理光束线同步光来自插入件波荡器。

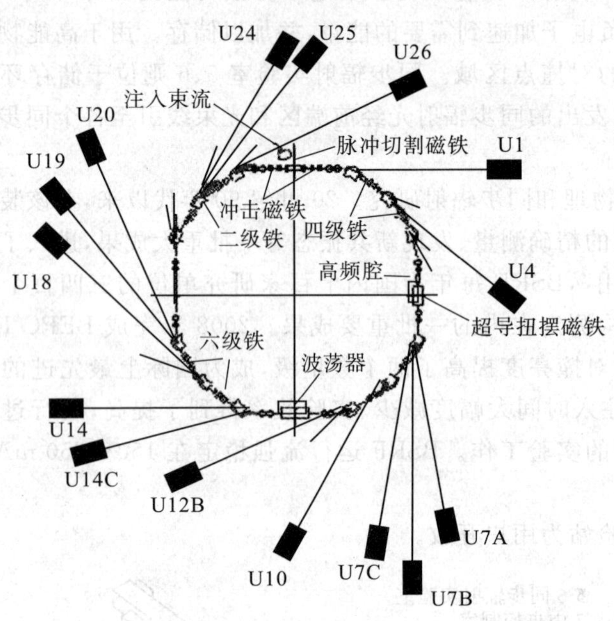

图 12-77 合肥 NSRL 光束线站布局图

3. 上海光源

上海光源（Shanghai Synchrotron Radiation Facility, SSRF）位于上海浦东新区，2009 年建成。图 12-78 给出了 SSRF 的总体布局图。表 12-60 给出了 SSRF 的基本参数。SSRF 储存环的电子能量为 3.5 GeV，居世界第四（仅次于日本的 SPring－8、美国的 APS、欧洲的 ESRF），性能超过同能区现有的其他第三代同步辐射光源，是目前世界上正在建造或设计中的中能光源中性能最好的装置。直线加速器和增强器放在储存环内，储存环的外围是安装有各种实验装置的实验大厅，再外面则为辅助实验室和用户办公室。图 12-79 给出了SSRF的光谱通量，图 12-80 给出了 SSRF 的光谱亮度。

SSRF 首期工程完成了 7 条光束线站建造，并投入使用。今后将陆续建造超过 60 条光束线站。

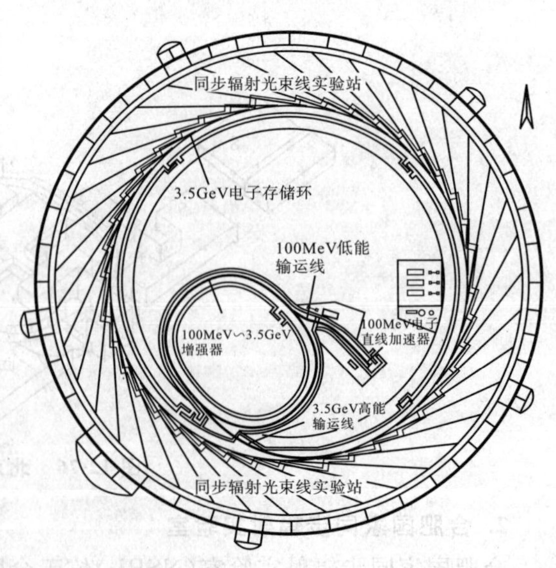

图 12-78 上海 SSRF 总体布局图

表 12-60　SSRF 的基本参数

基本参数	参数值
运行能量(Lattice 类型)	3.5 GeV(DBA)
环周长	432 m
束团自然发射度	3.9 nm · rad
束流流强	200 ~300 mA(多束团),5 mA(单束团)
单元数目(直线节长度)	20(4×12 m,16×6.5 m)
弯转磁铁磁场强度(弯转半径)	1.272 6 T(9.167 3 m)
特征光子能量	10.4 keV
耦合度	1%
自然能量分散(rms) σ_E	0.001
自然束团长度(rms) σ_z	4.0 mm
束流寿命	＞10 h

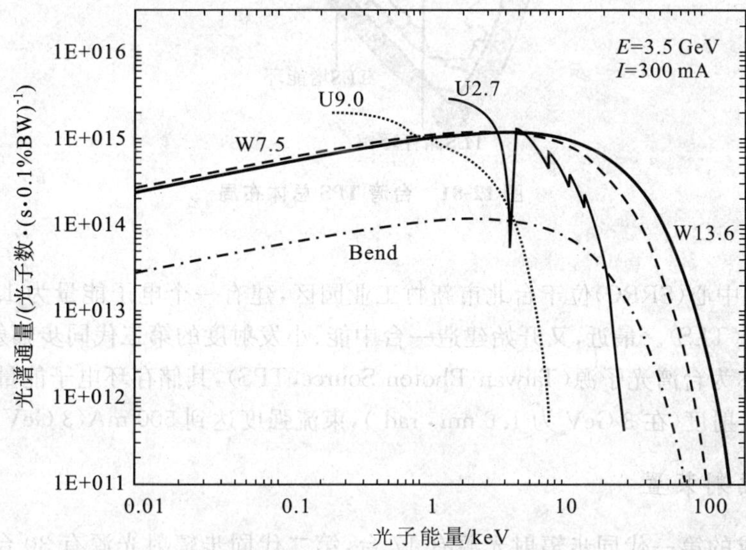

图 12-79　SSRF 光谱通量

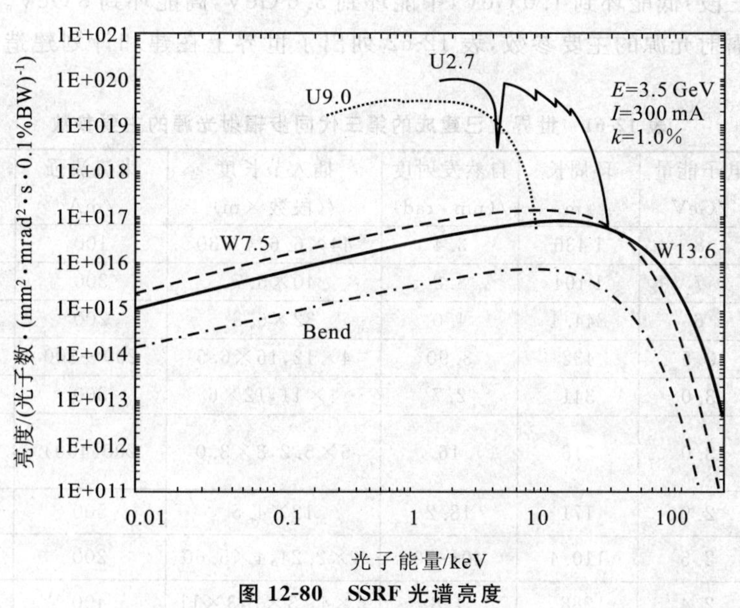

图 12-80　SSRF 光谱亮度

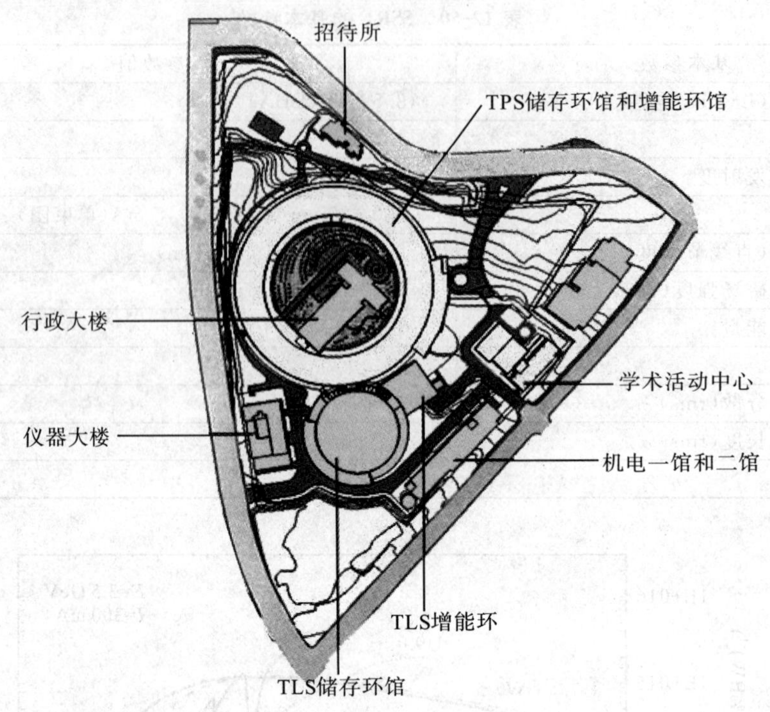

图 12-81 台湾 TPS 总体布局

4. 台湾光源

台湾同步辐射研究中心(SRRC)位于台北市新竹工业园区,建有一个电子能量为 1.5 GeV、流强为 240 mA 的第三代同步辐射光源(TLS)。最近,又开始建造一台中能、小发射度的第三代同步辐射光源,其总体布局如图 12-81所示。该装置被称为台湾光子源(Taiwan Photon Source,TPS),其储存环电子能量为 3.0~3.3 GeV,周长为 518.4 m,具有超低发射度(在 3 GeV 为 1.6 nm·rad),束流强度达到 500 mA(3 GeV Top-up 注入)。

(二)国外同步辐射装置

目前世界上已建成的第一代同步辐射光源有 17 台,第二代同步辐射光源有 30 台,第三代同步辐射光源有 15 台,正在建造和设计的第三代同步辐射光源有 9 台。世界上已建成的和正在建造的同步辐射光源的电子能量的范围可分为三段:低能环到 1.0 GeV,中能环到 3.5 GeV,高能环到 8 GeV。表 12-61 列出了世界上已建成的第三代同步辐射光源的主要参数,表 12-62 列出了世界上在建和计划建造的第三代同步辐射光源的主要参数。

表 12-61 世界上已建成的第三代同步辐射光源的主要参数

光源名称	电子能量 /GeV	环周长 /m	自然发射度 /(nm·rad)	插入节长度 /(段数×m)	束流流强 /mA	束流寿命 /h	插入节总长与环周长比
SPring-8(日本)	8	1 436	3.4	44×6.6,4×30	100	90	29%
APS(美国)	7	1 104	8.2	40×6.7	300	21	24%
ESRF(欧洲)	6	844.4	4.0	32×6.3	200	60	24%
SSRF(中国)	3.5	432	3.90	4×12,16×6.5	200~300	>10	33%
DIAMOND(英国)	3.0	341	2.7	4×11,12×6	300		34%
BOOMERANG(澳大利亚)	3.0	216	16	6×5.2,3×3.0	200(400)		25%
CLS(加拿大)	2.9	171	18.2	12×4.5	500		37%
ANKA(德国)	2.5	110.4	40~70	4×2.24,4×5.60	200		28%
SLS(瑞士)	2.4	288	4.8	6×4, 3×7,3×11	400		27%

续表

光源名称	电子能量 /GeV	环周长 /m	自然发射度 /(nm·rad)	插入节长度 /(段数×m)	束流流强 /mA	束流寿命 /h	插入节总长与环周长比
PLS(韩国)	2.5	280.6	18.7	12×6.8	180	12	28%
ELETTRA(意大利)	2.0～2.4	259.2	4.0～7.2	12×6.1	320/150	11	28%
ALS(美国)	1.5～1.9	196.8	6.3	12×6.7	400		41%
BESSYⅡ(德国)	1.7～1.9	240	5	16×4.7	200		31%
MAXⅡ(瑞典)	1.5	90	9	10×3.1	280	10	35%
SRRC(中国台湾)	1.5	120	25	6×6	240		30%

表 12-62 世界上在建和计划建造的第三代同步辐射光源的主要参数

光源名称	电子能量 /GeV	环周长 /m	自然发射度 /(nm·rad)	插入节长度 /(段数×m)	平均流强 /mA	插入节总长与环周长比
SPEAR 3(美国)	3.0	234.1	10	4×4.5,2×6.5,12×3	500	29%
SOLEIL(法国)	2.5～2.75	354.1	3.7	12×7.4,4×14	500	43%
ALBA(西班牙)	3.0	268.8	4.3	12×7.3	400	35%
CANDLE(亚美尼亚)	3.0	216	8.4	16×4.8	350	
Super SOR(日本)	1.8	280	8.0	12×6.2,2×17	500	
INDUS II(印度)	2.5	172.5	58	8×4.5	300	
TPS-II(中国台湾)	3.0～3.3	518.4	1.6	16×6	500	
SESAME(中东约旦)	2.5	129	26	8×3,8×3.19	400	
NSLS-II(美国)	3.0	780	0.55	24×4.0	500	

图 12-82 给出了不同光源所具有的自然发射度。

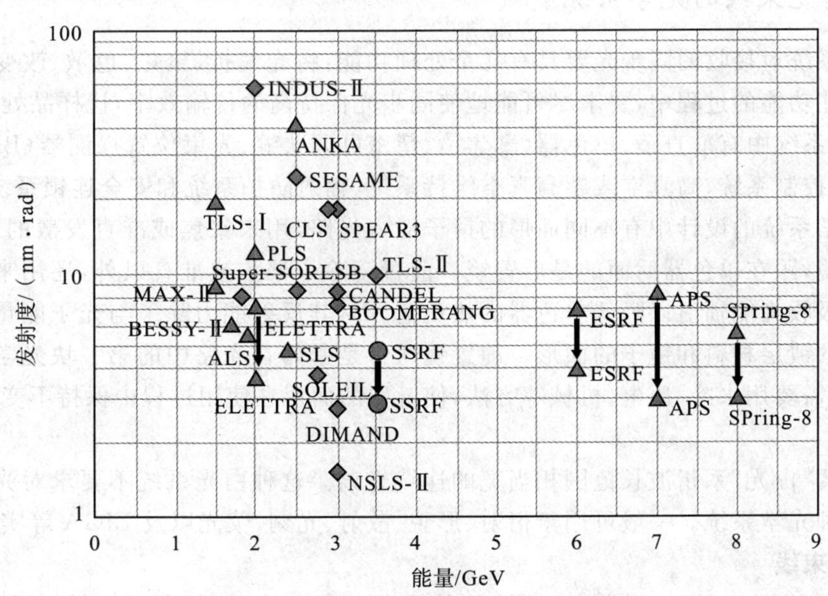

图 12-82 不同光源所具有的自然发射度

四、同步辐射光束线

(一)同步辐射光束线的基本组成

同步辐射光束线(beamline)包括同步光引出部件(辐射光源)、光束线前端区、光束线光学系统。从储存环中引出同步光的部件,可以是弯转磁铁或是扭摆器、波荡器等插入元件。前端区是指连接储存环和辐射防护墙外光束线的部分,它将同步光引入光束线光学系统。光学系统是光束线的主要部分,通过不同的光学元件将同步光“裁剪”成所需能量(波长)、束斑尺寸、能量分辨率、偏振度和发散度的光束,提供给实验站开展应用研究。实验站是同步辐射应用的实施场所,配备有不同实验所需的各种设备。

光束线前端区的主要功能为:①处理非常高的热负载,为其下游的仪器设备提供可靠的热保护;②为储存环超高真空环境提供真空保护;③精密监测X光光束位置;④为实验厅的工作人员及仪器设备提供可靠的辐射防护,特别是注入期间;⑤提供适当准直的同步光,以保证光束不会入射到未加保护和冷却的元件上;⑥去除X光的低能光子。

除少数光束线在前端区置入光学准直镜外,通常在前端区没有光学元件,以避免维修的困难。前端区主要设备有:各种超高真空阀(valve),光束位置监测器(BPM),超高真空规,水冷固定光阑(mask),水冷活动挡光器(photon shutter),光子吸收器(filter),安全光闸(safety shutter),水冷铍窗,等等。

由于第三代同步光源具有高电子能量、高流强、低发射度的特点,因此,高热负载热缓释技术,将成为前端区部件设计时主要考虑的问题,特别是从波荡器和扭摆器引出的前端区。另外,精确地监测光束位置(μm量级),也是前端区设计中的关键技术之一。

掺杂铜(GlidCop)是前端区部件经常采用的材料,表12-63列出了掺杂铜的主要性能。

表12-63 掺杂铜的主要性能

	熔点/℃	密度/(g/cm³)	热传导率/(W/(mm²·℃))	热膨胀系数/(μm/m)	弹性模量/GPa	屈服强度/MPa
GlidCop AL-15	1 083	8.9	0.365	16.6	130	393~441
GlidCop AL-25	1 083	8.86	0.344	16.6	130	441~489
GlidCop AL-60	1 083	8.81	0.322	16.6	130	489~537

(二)同步辐射光束线的光学系统

光束线的光学系统对接收的同步光要具有几个处理功能:将光偏折、聚焦、色散、改变偏振度、过滤高次谐波等。在实现这些功能的过程中,要求尽可能地使同步光保持高的传输效率,让样品处得到尽可能高的光子通量。通常,光学系统中有准直镜、单色器、聚焦镜、精密可调狭缝、光束位置探测器(BPM)以及相应的精密机械系统、电子学控制系统、高真空或超高真空维持系统、辐射防护系统和安全连锁系统等。

在同步辐射光学系统的设计中有不同面形的镜子插入光路,用来聚焦或准直发散的同步光。置于单色器前面的称为前置镜,跟在单色器后面的是后置镜。前置镜除了聚焦或准直以外,还用来偏转光束、抑制谐波、滤去高能光子(吸收高能辐射以降低单色器的热负荷)等,其反射能力除了与光子能量和入射角有关外,还取决于镜子表面的镀层材料和镜子的面形。前置镜通常是暴露在光路中的第一块光学元件,因而承受高热负载会引起变形,需要用水冷、压电、机械等方法,使镜子的面形在使用过程中保持不变。

1. 白光光束线

在同步辐射中的“白光”系指波长范围相当宽的连续光谱。这种白光系统不要求对光束进行光谱分光,因而是最简单的一种光学系统。一般可用于衍射、形貌、散射、光刻、荧光以及LIGA等实验站。

2. 硬X射线光束线

硬X射线一般是指波长在$1\sim10^{-2}$ nm或光子能量在$10^3\sim10^5$ eV的电磁辐射。同步辐射中的硬X射线光束线能提供波长连续可调的高质量、高强度的硬X射线束,可用于衍射、散射、荧光、医药学以及XAFS等实验站。

3. 软X射线/真空紫外光束线

软X射线和真空紫外光一般是指波长为$10^{-3}\sim10^{-1}$ μm的电磁辐射,两者之间的分界线不太明显,大致在5×10^{-2} μm左右。同步辐射中的软X射线和真空紫外光束线常用于光电子发射谱、软X射线光学、生物光谱学以及软X射线显微术的研究。

（三）同步辐射光束线中的光学元件

各实验站对光源的能量、频率、单色性、偏振度等指标的要求各不相同。为了把从储存环引出的同步光改造成各实验站所需要的光束，必须在光束线中加入各种类型的光学元件来完成同步光的聚焦、方向偏折、单色化等功能。这些光学元件包括：用来真空隔离的透光元件（窗）、用来改变光束方向的反光元件（镜）、用来会聚光束的聚光元件、用来使光束单色化的分光元件和改变光束偏振状态的偏光元件等。

1. X 射线光学的特点

在可见光区，可以选择透镜或反射镜来使光聚焦或偏折，选择棱镜或光栅来实现单色化。但是，在真空紫外及 X 射线区，透射材料相当少，而且它们能透过的短波极限也不能令人满意，因而在真空紫外及 X 射线区使用的光学元件与在可见区或红外区使用的常规光学元件差别很大。

这些光学元件必须能承受强大的光能流的照射，因而需要选择导热好、热胀小、耐高温的材料，并且需要较复杂的冷却装置。在高热负载的情况下，采用多层膜是合适的。这是因为多层膜可以进行各种特殊的设计，以减少膜层的吸收，提高耐热性，满足各种不同的需要。

从真空紫外到硬 X 射线波段的光子，由于其穿透各种材料的效率都比较低，因而具有与可见光迥异的光学性质，所以该波段的光学元件应采用反射系统。在使用菲涅耳方程来计算某波长的反射率时，要用到材料在该波段的光学折射率，材料的折射率是一个复数，可表示为

$$N = 1 - \delta - \mathrm{i}\beta = n - \mathrm{i}\beta \tag{12-149}$$

式中，δ 和 β 分别叫做缩减量和吸收率，它们的值很小，与材料的原子序数 Z 以及波长 λ 有关（Z 和 λ 越小，δ 和 β 也越小），在 $10^{-2} \sim 10^{-5}$ 数量级之间。

由透镜聚焦公式可知：$f = \dfrac{r}{1-N^2} \approx \dfrac{r}{\delta}$，即焦距 f 比曲率半径 r 要大 $10^2 \sim 10^5$ 倍，显然制作这样一个透镜是不现实的，当然也很难作为一般的几何光学元件来使用。

由菲涅耳公式可知：正入射时，折射率为 n 的材料表面在真空或空气中的反射率为 $R = \dfrac{(1-N)^2}{(1+N)^2} \approx \dfrac{\delta^2+\beta^2}{4}$，即在 $10^{-4} \sim 10^{-10}$ 数量级之间，这样小的反射率当然也很难用作常规的反射镜。

因此，在同步辐射光束线中常用的光学元件与常规光学元件有很大的区别。

2. X 射线透光元件（窗）

一切材料在 X 射线区都有吸收，因而不可能像可见区或红外区那样用无吸收材料来作窗，但能透光并且用于隔离不同气压空间的元件（窗）是不可缺少的，因此只能选择有一定机械强度并且吸收尽量少的材料。由于吸收率 β 随原子序数 Z 的减少而减少，故要选择低吸收率材料就要找 Z 小的材料。固体材料中原子序数最小的是锂（Li, $Z=3$），它的化学活性太大，无法使用；其次是铍（Be, $Z=4$），它的化学性质较稳定，可延展成薄片，故铍窗被大量使用在同步辐射的各种光路中，作为真空隔离用。铍的缺点是加工中产生的氧化铍有剧毒，且价格昂贵。原子序数较小的硼（B, $Z=5$）和碳（C, $Z=6$）都太脆，不能使用。但是，近年来能用人工合成的方法制备金刚石（碳的一种同素异构体）薄膜，这使得用金刚石窗来代替铍窗成为可能。虽然金刚石的原子序数比铍大，因而吸收率也大，但是金刚石的高强度使得它只要很薄（几百纳米）即可耐受 1×10^5 Pa（1 atm）而不破碎，因此，金刚石窗的实际透射率可大于铍窗。能耐受相同压强的 8 μm 厚的铍窗和 0.4 μm厚的金刚石窗对于各元素特征谱线的透射率比较如图 12-83 所示。由图可见，金刚石窗的透射率远高于铍窗，特别是在波长较长的区域。用化学气相沉淀（CVD）方法可以在硅片上生长金刚石膜，再用化学腐蚀的方法把硅衬底腐蚀掉，即可得到薄薄的金刚石窗。

3. X 射线反光元件（镜）

在 X 射线区物质的折射率 $n<1$，当光线由真空或空气中斜入射到金属或其他材料时，只要入射角大于临界角 i_c，就可满足全反射条件而得到极高的反射率。X 射线反射镜从原理上分为布拉格反射镜和掠入射反射镜两类，多层膜反射镜原理上仍属于布拉格反射镜。布拉格反射镜是利用晶体的布拉格反射原理，即对

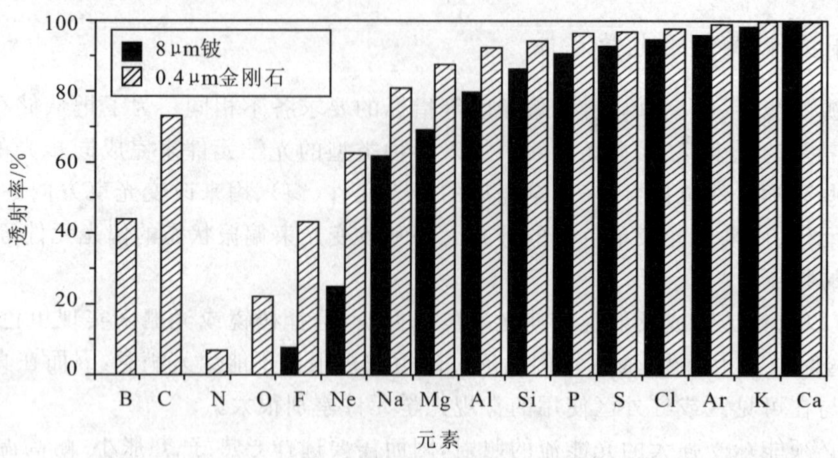

图 12-83 金刚石窗与铍窗的透射率

一定的晶体，反射的 X 射线波长只与入射角有关，因而布拉格反射镜同时具有单色化作用，不足之处是光通亮低（只有严格符合布拉格角的 X 射线才被反射）。

选择 n 小的材料可以得到较大的掠射角而制成掠入射反射镜，这种反射镜一般采用金属材料，它除了可以改变光束的方向外，还可以起到滤去不必要光线的作用，因为不同波长的光对同一材料的 n 值不同。一般来说，波长越短，n 越大，临界角越大，掠射角越小。因此，这种金属反射镜一般可以滤去光束中的短波部分（高能部分）。

在接近正入射时，一个介质界面的反射率固然很小，但若有许多个平行反射面反射，且让它们实现干涉相长，则也可以得到较高的反射率，这就是多层膜反射镜。多层膜可以采用脉冲激光蒸发、电子束蒸发或磁控溅射沉积等方法来制备，其反射率取决于波长、材料、层数及制备工艺。

图 12-84 示出了多层膜、金属膜的（θ_B/θ_c）与多层膜周期的关系。由图可见，当多层膜周期为2 nm时，其反射的能量密度比金属膜大 4～9 倍，而长度和像差则是金属膜的 1/4～1/9。

多层膜反射镜除了改变光束方向以外，还有滤光作用。因为满足各反射光同相位的条件是有限的，只对某些波段成立，所以多层膜反射镜可以起到减少后继光学元件热负载的作用。显然，多层膜反射镜是一种带通型的能量过滤器，它能滤去波长比中心波长更短或更长的光束；而金属反射镜是一种低通型的能量过滤器，它只能滤去波长比临界波长更短的光波。因此，利用多层膜反射镜作为能量过滤器，可以比金属反射镜的效率更高。

如果把反射镜的基板做成球面或椭球面、抛物面等，则还可以聚焦、成像。这种反射镜的基板常常用单晶硅片制成，由于其表面的光洁度要求极高，一般不能用常规的磨砂、抛光等方法来制备曲面，而是把一个十分光滑的解理面弯曲，这种弯曲可由贴在基板后面的压电陶瓷（PZT）来完成。ESRF 上使用的一种压电陶瓷反射镜如图 12-85 所示，其表面粗糙度小到 0.1 nm 以下，面形精度高达 $\lambda/100$。

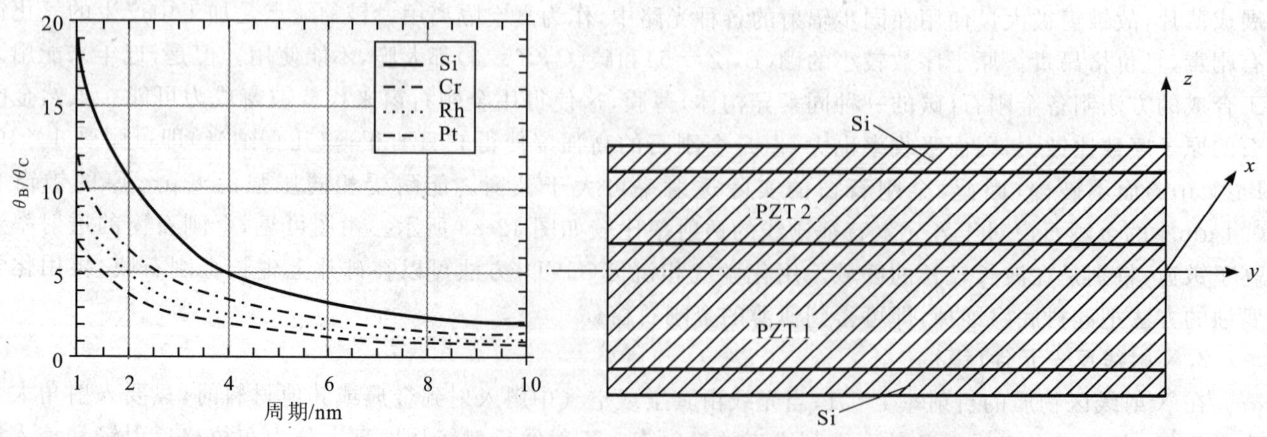

图 12-84 多层膜和金属膜的（θ_B/θ_c）与多层膜周期的关系　　**图 12-85 压电陶瓷反射镜**

4. X 射线聚光元件

当把反射镜的基板做成球面或椭球面、抛物面等时，可以用它作为聚光元件。但是，由于掠入射反射镜的像差太大，而正入射反射镜所能使用的波长范围有限，因此必须寻找其他聚光元件以满足获得小的光斑、提高光束空间分辨本领的要求。目前常用的聚光元件有菲涅耳波带片和毛细管簇"X 射线透镜"等。

如图 12-86 所示，菲涅耳波带片是利用光的衍射原理，在一块遮光板上开一些透光的环带，使经过透光部分射出的光都能基本上同相位到达某焦点。在 X 射线区，没有透镜可用，特别是在"水窗"(2.36～4.50 nm)区，多层膜正入射反射镜的反射率太低，因而波带片成了最好的聚光元件。一般可以采用电子束刻蚀或旋转钨丝镀膜法制备这种波带片。

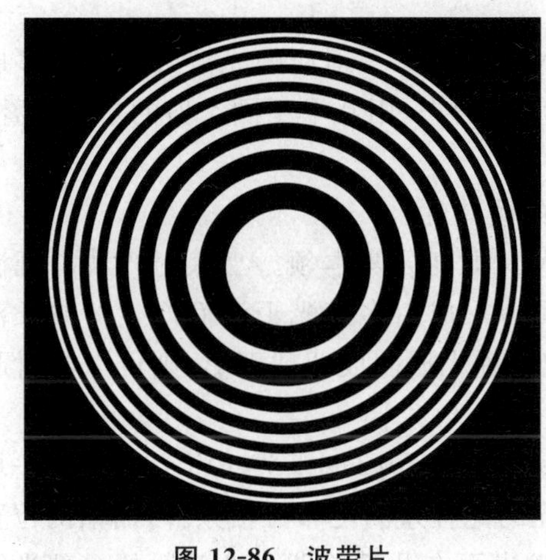

图 12-86　波带片

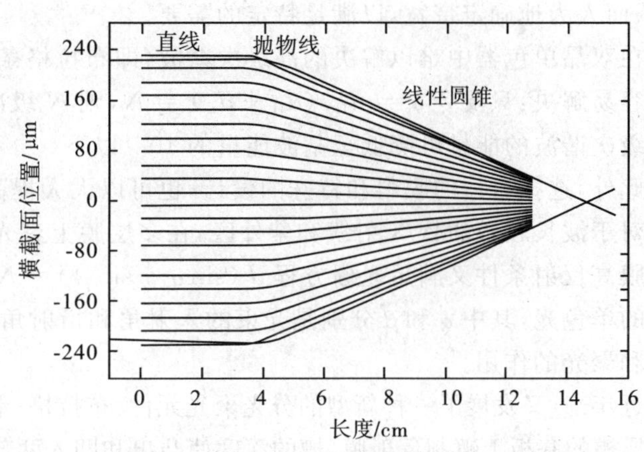

图 12-87　毛细管簇截面图

毛细管簇"X 射线透镜"是利用 X 射线掠入射时的全反射性质，让光线进入一簇毛细管中，X 射线在这些毛细管的管壁上全反射，把毛细管簇制成一定的形状就可以实现聚光的目的，如图 12-87 所示。

以上 3 种聚光元件的性能比较如表 12-64 所列。

表 12-64　聚光元件的性能比较

性能		椭球反射镜	波带片	毛细管簇
空间分辨/nm		1 000～500	25～10(λ>2 nm) 2 000～30(8 keV)	50～10 实际>100 nm
效率	理论	>90%	>15%(λ>2 nm) >90%(8 keV)	>90%
	实际	20%(多层膜) 60%	14%(λ>2 nm) 33%(8 keV)	2%(聚焦很小) 60%(聚焦很大)
相干性的保持程度		尚可	好	差
聚焦锐度		差	尚可	好
对入射光单色性要求(相对带宽)		1%～10%(多层膜) 更宽(金属镜)	0.1%～5% 由波带数决定	很宽
工作距离		中等	大	小
对光调节		困难	容易	困难
其他		有漫散射，像差较大	有多级次，需选择，制备困难	有漫散射，发散角大

5. X 射线分光元件

分光元件是指把同步光中所包含的各种波长连续分布的电磁波按照波长分开，从而成为单色性较好的光而用于各种实验中，除了只是利用光能量的"白光"束线外，几乎所有其他光束线上都需要分光元件。

在 X 射线区，使用最广泛的分光元件是"双晶单色器"。由晶体的布拉格衍射理论可知，当晶面间距 d 和衍射角 θ、入射波长 λ 满足布拉格条件：$2d\sin\theta = N\lambda$ 时，衍射光极大，其中 N 为整数，代表衍射级次。由此式可知，$d > \lambda$，即这种单色器能适用于波长比晶格间距更小的硬X射线区。满足上式的波长λ随衍射角θ而变，亦即要改变波长时，光束的方向必须随之改变，这在实际工作中很不方便。为此，常采用两块相同的单晶组成“双晶单色器”，两块晶体在转动时保持平行，从而保证了入射光与出射光的方向也保持平行；当然，由于连续两次在相同单晶上的衍射，单色性得到了进一步的提高。为了在分光的同时也起聚光的作用，可将其中一块晶体压弯成球面或柱面。通常将第二块晶体压弯，实现水平方向聚焦，称为弧矢聚焦晶体单色器。

多层膜反射镜也具有分光的性能。实际上，多层膜的各界面相当于单晶中的衍射面，只是它反射的波长范围更宽一些，因而其波长分辨本领比完美的单晶要差一些。然而，在有些实验中，对分辨本领的要求并不高，却要求有较大的光通量，此时使用多层膜将比使用单晶更好。特别是，多层膜的结构和膜料可以人为选定，从而人为地确定带宽，以满足特定的需要。

在双晶单色器中难以解决的高级次谐波（即布拉格条件中的$N=2,3,4,\cdots$对应的光波）问题，在多层膜中很容易解决：只要令$\gamma = d_H/(d_H + d_L) = N$，则$N$级次的谐波就会消失。用几个不同$\gamma$值的多层膜叠加，则高级次谐波的能量可降低至基波能量的10^{-4}以下。

此外，选择合适的膜料和特殊的设计，也可以大大提高多层膜的耐热性。

对于波长较长的软X射线和紫外区，在多层膜上刻光栅可以大大提高分辨本领。当入射光波长既满足多层膜高反射条件又满足光栅方程$d(\sin\alpha + \sin\beta) = N\lambda$时，就可以形成由多束光干涉而产生的波长范围很窄的单色光，其中α和β分别是光束的入射角和衍射角。如果把这种光栅制成凹球面形，则可以同时起到分光和聚光的作用。

近年来，又发展了一种新型的分光聚光元件：布拉格-菲涅耳透镜（Bragg-Fresnel lens，BFL），它是在一块刻有环形槽的基板上镀制反射膜，槽的深度使凸出和凹入两部分反射光的光程差满足布拉格条件，而槽的位置与形状则是按照菲涅耳波带片的形式来确定的。因此，它可使从光源发出而在凸面与凹面上反射的全部光线都几乎同相位地到达会聚处。这种BFL可以是一维的（直线形刻槽），也可以是二维的（圆环形刻槽）。

6. X射线偏光元件

在许多与物质磁性有关的实验中，必须知道入射光的偏振态，此类实验站的光束线上需要偏光元件。偏光元件主要是指偏振器（包括起偏器与检偏器）和相移器（1/4波片与1/2波片等）。用这两种器件就可以对任何一束未知光线进行偏振态的分析，也可以把任何一种入射光改造成所需要的偏振光。

由于在X射线区既没有只吸收一种偏振态光的二向色性材料，也没有对两种偏振态的折射率有明显差别的双折射晶体，因此无法制造在可见区常用的人造偏振片和偏振棱镜。

近年来，利用布儒斯特角的效应发展了一种多层膜偏振器。布儒斯特角是一个特定的角度，当p光（光矢量在入射面内的偏振光）以该角度入射到折射率分别为n_1和n_2的两介质的界面时，反射率为0。布儒斯特角由$\theta = \arctan(n_1/n_2)$确定。由于在X射线区各种材料的折射率$n$都接近于1，因此其在空气或真空中的布儒斯特角$\theta \approx 45°$。当一个多层高反射膜在接近45°入射时，p光的反射率由于布儒斯特效应而接近于0，而s光的反射率则可设计得很大。于是，这种多层高反射膜就可以成为一种反射式的偏振器。例如，一个由21层的钌（Ru）和碳（C）组成的多层膜的反射曲线如图12-88所示。采用两个相同并且相互平行的多层膜可以实现光束不改变方向的偏振检查。

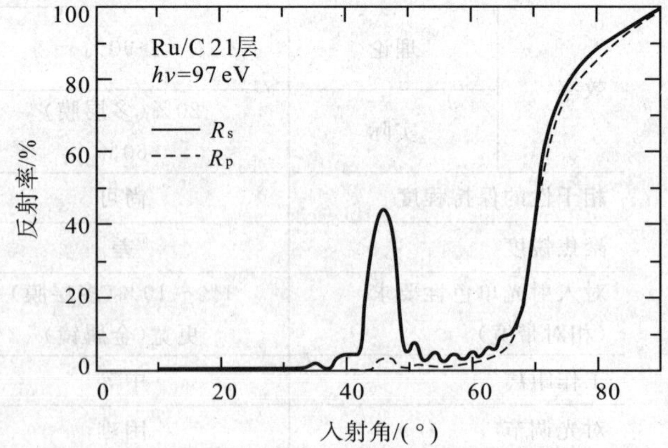

图12-88 钌和碳组成的多层膜的反射曲线

动力学的X射线衍射理论指出，在布拉格角附近，p光与s光的衍射相位情况有很大的差别，这种情况称为“衍射双折射”（diffractive birefringence）。其中，利用低吸收完善晶体（如金刚石晶体）在布拉格角附近的透射光（前向衍射）的s光与p光的相位差Φ，可以制成透射型的各种相移元件，如1/4波片或1/2波片等。实验表明，Φ正比于光在晶体中的路程（称为有效厚度），反比于方位角与布拉格角的差$\Delta\theta$。

五、同步辐射 X 射线晶体单色器

(一)同步辐射晶体单色器的工作原理

单色器是同步辐射光束线中的“心脏”部件,集光学、电子学、晶体学、自动控制、真空技术为一体,技术复杂。在第三代同步辐射光源光束线的设计中,需要多种高性能的晶体单色器和光栅单色器。长晶格晶体单色器使用的晶体晶格间距 $2d$,应大于 1~2 nm(10~20 Å),以满足软 X 光范围的分光;金刚石单色器以其高热稳定性而被重视;弧矢聚焦晶体单色器既可提供单色光,又有弧矢聚焦的功能;超环面光栅单色器能有效地校正像散,提高仪器的通光效率,而且结构简单,适用于超高真空,近年来多被采用。

同步辐射晶体单色器是同步辐射硬 X 射线光束线中的核心部件,通过晶体衍射,将全光谱的同步辐射光单色化,获得实验所需的单色光。以晶体作为衍射分光元件的分光谱仪被称为晶体单色器。晶体单色器的种类很多:按衍射方式分为劳厄(Laue)型和布拉格型,按晶体的切割方式分为对称型和非对称型,按晶体的排布方式分为色散型和消色散型,按晶体的数量分为单晶、双晶和四晶型,还有双平晶型和弧矢聚焦型等。目前,同步辐射光束线中最常用的一是切槽晶体单色器,二是固定输出位置双平晶单色器。双平晶单色器的工作原理如图 12-89 所示。

当一束同步辐射全光谱 X 射线(白光)入射到第一晶体时,波长满足布拉格衍射条件的 X 射线将经第一晶体衍射。改变入射光束的布拉格角 θ,可得到不同单色波长 λ 的衍射 X 射线光束,即

$$2d\sin\theta = n\lambda \tag{12-150}$$

式中,d 为所选用衍射晶体的晶格常数,n 为衍射级数。单色器采用两块平行晶体无色散排列,第一晶面衍射确定出射单色 X 光的波长,第二晶面衍射确定单色 X 光束的方向,即保证出射光与入射光的平行。

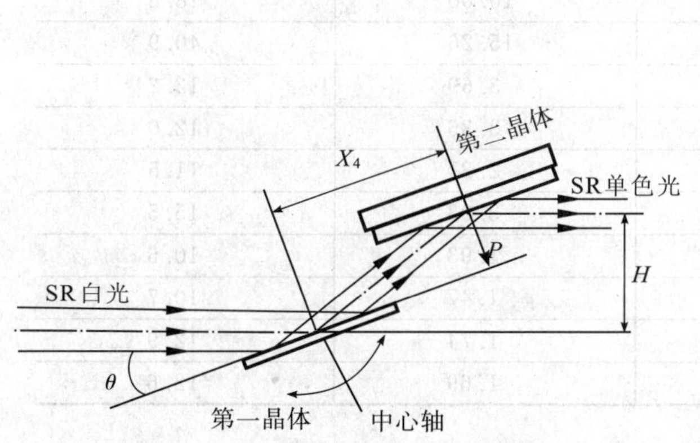

图 12-89 双平晶单色器工作原理图

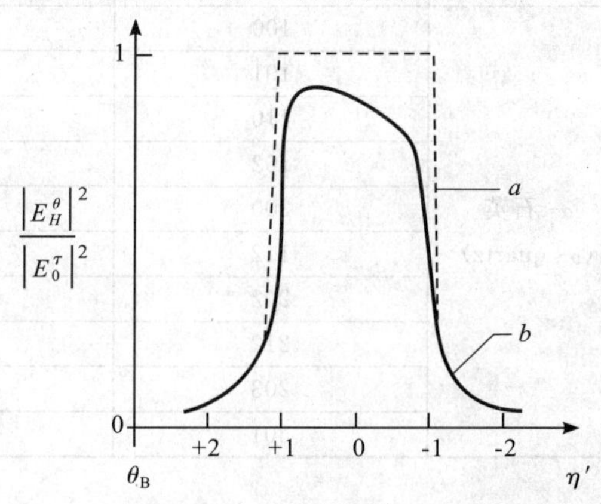

图 12-90 对称布拉格衍射的反射曲线

对于晶体而言,其衍射性能主要包括以下 3 个因素:晶体衍射的本征角宽度、晶体的本征特征能量分辨率以及晶体的积分反射功率。

晶体反射的本征角宽度首先是由达文(C. G. Darwin)的动力学衍射理论提出的,因此也叫做达文宽度。

图 12-90 给出的是对称的布拉格衍射反射曲线图。可以看到在布拉格角附近存在一个很窄的全反射区域,在不考虑晶体吸收效应的前提下反射率为 1,如图中虚线所示的矩形窗口 a。而实际的衍射不能够忽略吸收效应所带来的影响,故其反射曲线不再是一个对称的矩形窗口,而是一个与吸收有关的不对称峰 b。

一般来说,非完整晶体或者存在缺陷的晶体的反射角宽度大于完整晶体。如果把晶体的结构因子看成是一个常数,那么晶体本征能量分辨率就和入射光束的能量没有关系。注意区分反射率与积分反射率:反射率是指反射曲线的高度,而积分反射率则指的是反射曲线所包络面积的大小,表达晶体对入射的 X 射线的传输效率,二者之间不存在必然的大小对应关系。

常用分光晶体材料有硅、锗和石英,其主要性能参数如表 12-65 所列。

表 12-65 同步辐射 X 射线分光元件常用完整晶体在 0.154 nm 波长的主要性能参数

晶体名称	晶面 hkl	达文宽度 ω(角秒)	特征能量分辨率 $\Delta E/E$ /(×10^{-5})	晶体的积分反射率 I/(×10^6)
硅(Silicon)	111	7.795	14.10	39.9
	220	5.459	6.04	29.7
	311	3.192	2.90	16.5
	400	3.603	2.53	19.3
	331	2.336	1.44	11.8
	422	2.925	1.47	15.5
	333	1.989	0.88	9.9
	440	2.675	0.96	14.0
	531	1.907	0.60	9.3
锗(Germanium)	111	16.338	32.64	85.9
	220	12.449	14.64	67.4
	311	7.230	6.92	37.1
	400	7.951	5.94	42.3
	331	5.076	3.34	25.4
	422	6.178	3.34	32.4
	333	4.127	2.00	20.2
	440	5.339	2.14	27.5
	531	3.719	1.33	17.7
α- 石英 (α- quartz)	100	3.798	10.00	18.8
	101	7.453	15.26	40.9
	110	2.512	3.69	12.2
	102	2.488	3.36	12.0
	200	2.252	2.81	11.5
	112	2.927	3.03	15.5
	202	2.072	1.93	10.6
	212	2.042	1.47	10.7
	203	2.430	1.74	12.9
	301	2.368	1.69	12.6

(二)晶体单色器的单色光固定出口技术

因为同步辐射入射光的方向和位置恒定,实验者希望出射单色光的方向和位置也固定,从而不需移动样品台就能使出射光打到微小尺寸的样品上。单色光固定出口技术是双晶体单色器的一项重要技术。实现固定出口主要有以下两种类型双晶单色器:两晶体独立控制型和机械联动型。独立控制型单色器的两块晶体分别由两个独立的转角仪驱动,每个晶体的转动和移动装置分别安装在各自的转角仪上,这些运动装置均由计算机控制同步动作;而机械联动型单色器只有一个转动平台,两块晶体都安装在该平台上,晶体在水平和垂直方向的运动由联动机构或者独立控制的传输装置来实现。独立控制型单色器可以达到很高的精度,但是体积庞大,机构复杂,要达到理想真空环境较难;机械联动型单色器结构紧凑,但精度略逊于前者。目前,国际上同步辐射装置中通常采用机械联动型双晶单色器。

机械联动型双晶单色器中的机械联动机构主要有:L 型机构、T 型机构、衍射面与滑轨成夹角机构、$X-Y$ 移动机构、单 CAM 机构以及双 CAM 机构。根据各个机构结构和运动特点可以将它们分为刚性结构型和补偿运动型,L、T 型机构属于前者,原理相同,只是结构上有所区别;其他几类机构,通过各种补偿运动实现固定出口。

1. L **型机构**

如图 12-91 所示，L 型机构主要是由两个滑杆 YX 和 YZ 构成的刚性结构，并满足直角 L 的顶点 Y 位于入射光线和出射光线之间的中线 MN 上，且 YX 杆通过入射光线上的某个固定位置 a 点。将 Y 放置在 MN 的任何位置时，为了使 YX 线与入射光线在固定位置 a 点相交，刚性直角 L 必须绕其顶点 Y 转动，并沿 MN 滑动。

在单色器中，第一晶体安装在可以沿 YX 滑动的滑块上，晶体中心位于 a 点（其转轴中心固定），晶体表面的法线与 YX 重合；第二晶体放置在 b 点，晶体表面与 YZ 平行（与第一晶体表面平行），约束该晶体支架的滑块沿 YZ 和 PQ 滑动。工作时，以 a 点为轴心转动 L 结构，直角 L 顶点 Y 随之转动并沿 MN 滑动，XY 上的滑块改变 aY 的长度。与此同时，b 点在 YZ 和 PQ 两个方向上滑动，以保证 b 点始终位于 YZ 和 PQ 的交点上。如图 12-91 所示，将 YZ 向上延长与入射光线相交于 c 点，构成两个全等三角形 Yac 和 Yab，c 始终在入射光线上，b 也始终在出射光线上，这样就保证了出射光的方向和高度不随布拉格角改变而变化。

该机构的原理和控制系统比较简单，只需控制一个驱动电机即可。但是该机构中的运动副较多，并且当布拉格角较小时，有可能出现自锁现象而造成机械故障，另外该机构结构复杂，体积较大，目前已很少使用。

2. T **型机构**

该机构与 L 型机构的原理相同，在单色器箱体的固定基板上安装一个线性滑块（水平滑块），其滑动方向（UV）与入射光线和出射光线平行。用一个刚性连杆将水平滑块的滑动片与第二晶体滑块的滑动片相连。两个线性轴承滑块与刚性连杆构成 T 形，故称之为 T 型机构。如图 12-92 所示，第一晶体安装在前支板上，转轴的中心穿过第一晶体表面。第二晶体安装在一个线性滑块的滑动片上，晶体的表面与第一晶体表面平行，滑块的基片固定在前支板上。由图 12-92 知

$$H = BC \sin(2\theta) = \frac{OP \sin(2\theta)}{\sin\theta} = \frac{h \times \sin(2\theta)}{\sin\theta\cos\theta} = 2h \tag{12-151}$$

因此，入射光线与出射光线的高度差 H 是一常数，不随布拉格角度变化。

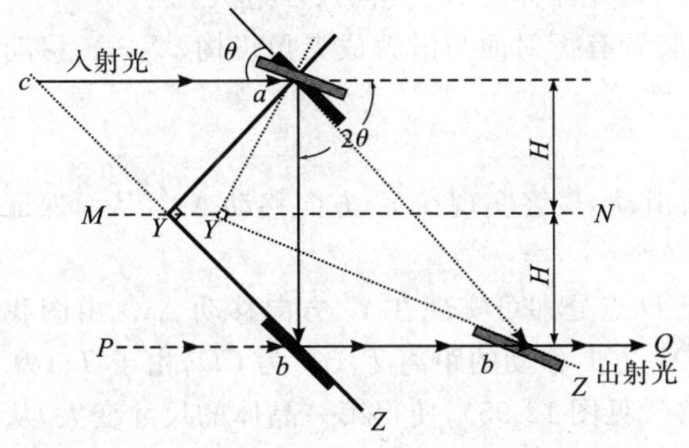

图 12-91　L 型机构工作原理

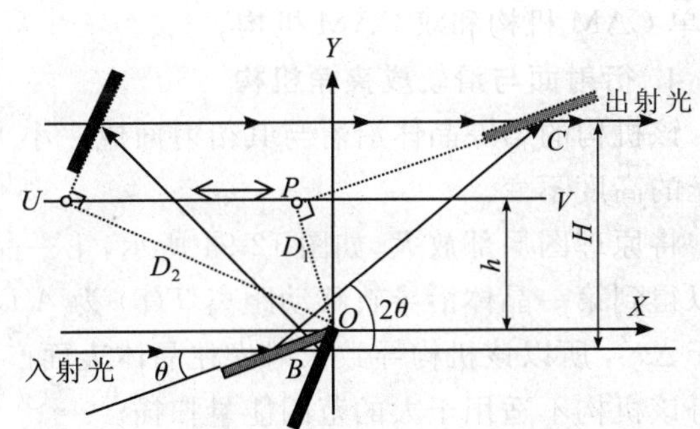

图 12-92　T 型机构工作原理

该机构设计简单，只使用一个转动副和一个移动副实现固定出口，系统刚性和可靠性较好。但是该机构能量扫描范围受到第一晶体长度的限制，机构稳定性差；另外，该机构扫描过程中若发生光路偏移，不易补偿高差。

3. 补偿运动型机构

该种类型机构将两块相互平行的晶体安装在同一转台上，绕其中一块晶体表面中心旋转，同时使另外一块晶体相对转台平动，通过运动合成，实现通过两块相互平行的晶体的光线的传播方向以及高度保持不变。原理如图 12-93 所示。

设布拉格角为 θ，由图 12-93 可知，在（X'，Y'）坐标系中第一晶体的中心位置为

$$x' = \frac{H}{\cos\left(\frac{\pi}{2} - 2\theta\right)}\cos\theta = \frac{H}{2\sin\theta} \tag{12-152}$$

$$y' = \frac{H}{\cos\left(\frac{\pi}{2} - 2\theta\right)}\sin\theta = \frac{H}{2\cos\theta} \tag{12-153}$$

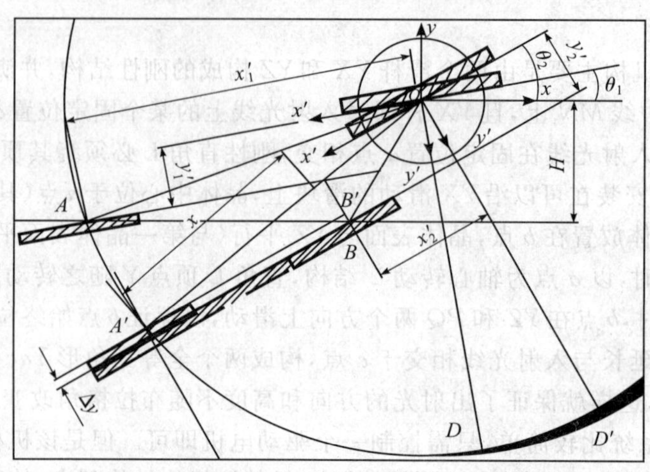

图 12-93 补偿运动型机构工作原理

两晶体以第二晶体表面中心垂直于纸面的轴线为转轴转动，设两晶体初始布拉格角为 θ_1，转动一个角度至 θ_2。如果两晶体之间无相对运动，则第一晶体表面中心从 A 点运动到 A' 点处，从而导致入射光线与出射光线垂直距离发生改变。如要使该垂直距离保持不变，那么必须第一晶体中心运动至 B 点处，并且保持晶体姿态不变(保持两晶面平行)。第一晶体从 A 点至 B 点在 $X'-Y'$ 坐标系中 X' 和 Y' 方向的位移量为

$$\Delta x' = \frac{H}{2\sin\theta_2} - \frac{H}{2\sin\theta_1} = \frac{H}{2}\left(\frac{1}{\sin\theta_2} - \frac{1}{\sin\theta_1}\right) \tag{12-154}$$

$$\Delta y' = \frac{H}{2\cos\theta_2} - \frac{H}{2\cos\theta_1} = \frac{H}{2}\left(\frac{1}{\cos\theta_2} - \frac{1}{\cos\theta_1}\right) \tag{12-155}$$

式中，沿 Y' 方向移动 $\Delta y'$ 实现固定出口，沿 X' 方向移动 $\Delta x'$ 避免晶体在 X' 方向尺寸过大。

目前，运用该原理实现固定出口的双晶单色器机械联动装置有衍射面与滑轨成夹角机构、$X-Y$ 移动机构、单 CAM 机构和双 CAM 机构。

4. 衍射面与滑轨成夹角机构

该机构的第一晶体沿着与其衍射面成一小夹角 α 的导轨滑动，最终实现在 Y' 方向移动 $\Delta y'$，从而保证出射光的高度不变。

将原理图局部放大，如图 12-94 所示，第一晶体沿导轨至 D 点处即可实现在 Y' 方向移动 $\Delta y'$。由图我们可以得到第一晶体沿导轨移动距离 $T(\theta)$ 为 $A'D$，该机构在 X' 方向移动的距离 $T_x(\theta)$ 为 CD，由于 $T_x(\theta)$ 不等于 $\Delta x'$，所以该机构导致入射光在晶体表面产生漂移(漂移量见图 12-95)，使得第一晶体的尺寸变大，从而使得该机构不适用于大的范围能量扫描。

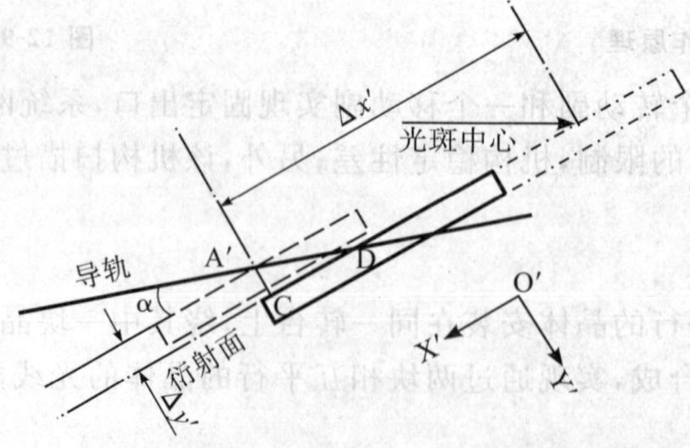

图 12-94 衍射面与滑轨成夹角机构工作原理

$$T(\theta) = A'D = \frac{\Delta y'}{\sin\alpha} = \frac{H}{2\sin\alpha}\left(\frac{1}{\cos\theta_2} - \frac{1}{\cos\theta_1}\right) \tag{12-156}$$

$$T_x(\theta) = CD = \frac{\Delta y'}{\tan\alpha} = \frac{H\cot\alpha}{2}\left(\frac{1}{\cos\theta_2} - \frac{1}{\cos\theta_1}\right) \tag{12-157}$$

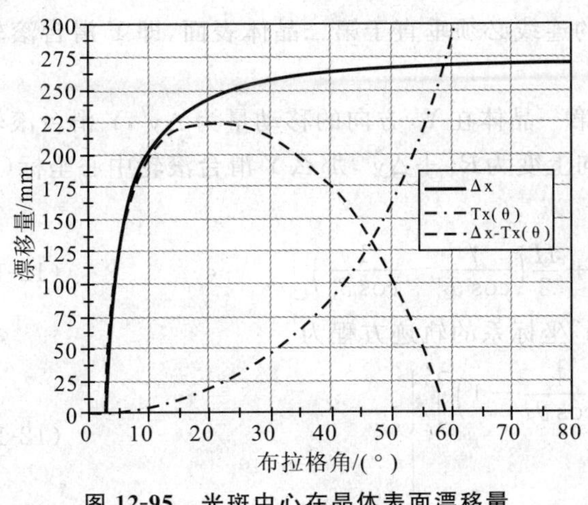

图 12-95　光斑中心在晶体表面漂移量

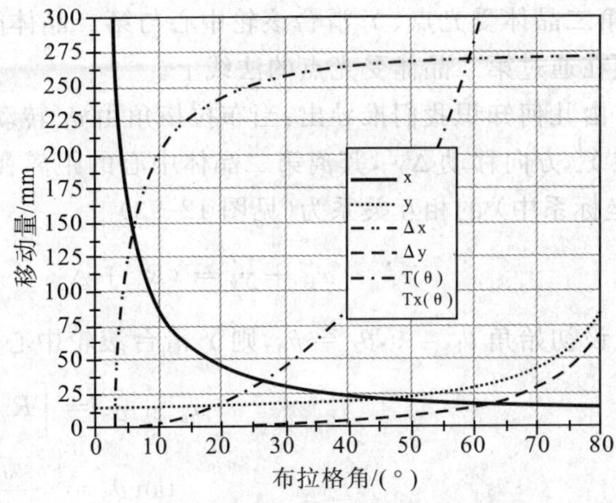

图 12-96　第一晶体沿导轨移动量

该机构结构紧凑，造价低，但是由图 12-96 可见第一晶体的尺寸过大，且不易补偿高差。

5. $X-Y$ 移动机构

在该机构中，第一晶体安装在两个相互垂直的移动导轨上。其中一个滑台安装在转台上，带动第二滑台在晶体表面法线方向移动，第二滑台带动第一晶体沿晶体表面移动，这两个相互垂直的滑台由计算机控制同步移动。

当布拉格角从 θ_1 转动至 θ_2 时，可以将第一晶体转动以及两个方向垂直运动独立开来分析运动过程：转角仪驱使第一晶体由 A 点运动至 A' 点，之后 X' 方向的电机驱动转台上第一晶体至 C 点，最后 Y' 方向的电机驱动转台上第一晶体由 C 点至 B 点。

为了分析运动需要将第一晶体运动轨迹根据理论力学原理分开来研究。在实际过程中，第一晶体由于三个方向同步运动，运动合成为第一晶体沿入射光线方向的水平移动，并未真正偏离水平方向运动，理论上第一晶体受光点也并未漂移，所以该机构对于第一晶体尺寸并无特殊要求，适用于大范围能量扫描。第一晶体沿着两个导轨由 A 点移动至 B 点，由图 12-93 可知，第一晶体在沿晶体表面和法线方向的移动距离分别为 $\Delta x'$(12-154 式)、$\Delta y'$(12-155 式)。

该机构原理简单，易于补偿高差，适用于弧矢聚焦单色器。但是该机构真空内驱动较多，控制系统设计难度很大，造价高，另外 X' 方向大范围移动易引起两晶体衍射面平行度的降低，从而造成在高能区扫描稳定性差。

6. CAM 机构

CAM 机构运动原理与 $X-Y$ 移动机构相同，只是将由两个步进电机驱动第一晶体垂直运动改为由 CAM 机构“推动”晶体移动。图 12-97 为日本光子工厂光束线上的双 CAM 机构。两块独立的平晶 Si(111)以 $(n,-n)$ 排列，第一块晶体系统安装在一个相互垂直的 $X-Y$ 传输台上。当两块晶体同时绕第二晶体表面中心线(受光点)转动时，第一晶体受双 CAM 系统的约束，分别沿导轨 X' 和 Y' 两维平移，Y' 方向是晶体的法线方向，其平移可以保持输出的单色光束与入射光束之间距离不变，X' 方向是晶体切线方向，其平移保持入射光能够落在表面范围。

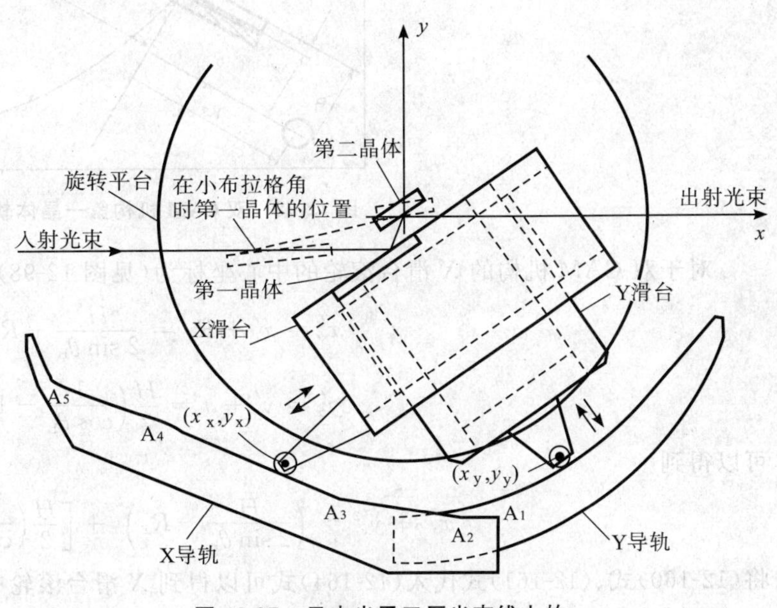

图 12-97　日本光子工厂光束线上的双 CAM 机构工作原理图

CAM 机构运动设计中需满足的要求

是:第二晶体受光点、Y 滑台滚轮中心与第二晶体受光点的连线必须垂直于第二晶体表面,即 Y 滑台滚轮中心须在通过第二晶体受光点的法线上。

由几何知识我们推导出:当布拉格角由 θ_1 转动至 θ_2,第一晶体在 Y' 方向的移动量为 $\Delta y'$,Y 滑台滚轮中心在 Y' 方向移动 $\Delta y'$,其离第二晶体中心的距离在 Y' 方向上变为 $R_y+\Delta y'$,那么 Y 滑台滚轮中心坐标($X'-Y'$ 坐标系中)的相互关系为(见图 12-93)

$$x_y'^2+y_y'^2=(R_y+\Delta y')^2=\left[R_y+\frac{H}{2}\left(\frac{1}{\cos\theta_2}-\frac{1}{\cos\theta_1}\right)\right]^2 \tag{12-158}$$

设初始角 $\theta_1=0$,$\theta_2=\theta_B$,则 Y 滑台滚轮中心在 $X-Y$ 坐标系的轨迹方程为

$$\left.\begin{aligned}x_y'^2+y_y'^2&=\left[R_y+\frac{H}{2}\left(\frac{1}{\cos\theta_B}-1\right)\right]^2\\ \tan\theta_B&=-\frac{y}{x}\end{aligned}\right\} \tag{12-159}$$

上式由 $X'-Y'$ 坐标系转换到 $X-Y$ 坐标系,关系式如下:

$$x'=x\cos\theta_B+y\sin\theta_B \tag{12-160}$$

$$y'=-x\sin\theta_B+y\cos\theta_B \tag{12-161}$$

将(12-160)式、(12-161)式代入(12-159)式可以得到 Y 滑台滚轮中心在 $X-Y$ 坐标系的轨迹方程为

$$\left.\begin{aligned}x_y^2+y_y^2&=(R_y+\Delta y')^2=\left[R_y+\frac{H}{2}\left(\frac{1}{\cos\theta_B}-1\right)\right]^2\\ \tan\theta_B&=-\frac{y}{x}\end{aligned}\right\} \tag{12-162}$$

为减少入射光斑在第一晶体表面的漂移量,避免第一晶体尺寸过长,X 滑台必须带动第一晶体沿晶面方向平移,实现 X' 方向的移动。目前 X 滑台的驱动有两种形式:步进电机驱动或由凸轮机构"推动",前者我们称之为单 CAM 机构,该机构由计算机控制步进电机运行;后者称为双 CAM 机构,X 滑台由凸轮机构"推动"实现 X' 方向的平移。

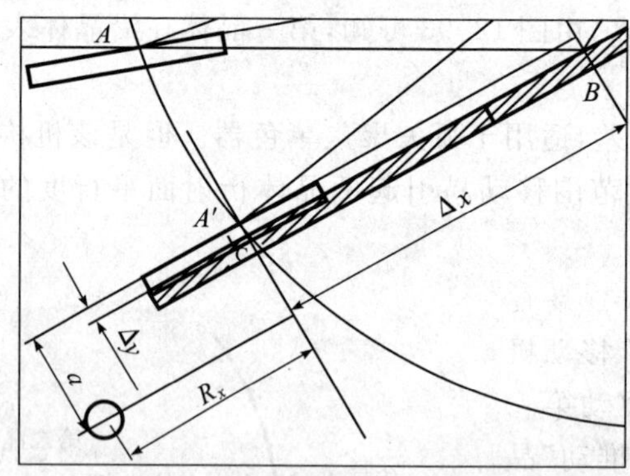

图 12-98 双 CAM 机构第一晶体轨迹示意图

对于双 CAM 机构的 X 滑台滚轮的中心坐标为(见图 12-98)

$$\left.\begin{aligned}x_x'&=x'+R_x=\frac{H}{2\sin\theta_B}+R_x\\ y_x'&=y'+a=\frac{H}{2}\left(\frac{1}{\cos\theta_B}-1\right)+a\end{aligned}\right\} \tag{12-163}$$

可以得到

$$x_x'^2+y_x'^2=\left(\frac{H}{2\sin\theta_B}+R_x\right)^2+\left[\frac{H}{2}\left(\frac{1}{\cos\theta_B}-1\right)+a\right]^2 \tag{12-164}$$

将(12-160)式、(12-161)式代入(12-164)式可以得到 X 滑台滚轮中心在 $X-Y$ 坐标系的轨迹方程为

$$x_x^2+y_x^2=\left(\frac{H}{2\sin\theta_B}+R_x\right)^2+\left(\frac{H}{2}\left(\frac{1}{\cos\theta_B}-1\right)+a\right)^2 \tag{12-165}$$

令 $a=\dfrac{H}{2}$，则(12-165)式简化为

$$x_x^2+y_x^2=\left(\frac{H}{2\sin\theta_B}+R_x\right)^2+\left(\frac{H}{2}\frac{1}{\cos\theta_B}\right)^2 \tag{12-166}$$

简化(12-166)式为

$$x_x^2+y_x^2=\left(\frac{H}{2\sin\theta_B}+R_x\right)^2 \tag{12-167}$$

我们比较分别由(12-166)式和(12-167)式确定的圆族的半径，见图12-99中的曲线F3、F4，我们发现随着布拉格角的改变，当布拉格角小于60°时两条曲线几乎重合。故 X 滑台滚轮中心在 $X-Y$ 坐标系的轨迹方程为(12-167)式。

由于在 X' 方向上的移动理论上只是改变入射光斑在第一晶体表面的位置，而并不影响固定出口输出，所以在设计该凸轮时为了降低成本，根据 X 导轨轨迹特点(见图12-100)，我们可以用几段直线来代替 X 滑台滚轮复杂的运行轨迹，故入射光斑在第一晶体表面上存在一定范围的漂移。

由于以前CAM导轨面加工困难，CAM机构一度不被重视。目前，各种精密加工中心的运用使加工高精度复杂曲面成为可能。该机构紧凑、造价低、稳定性高、重复性好，尤其适用于双平晶单色器，但不适用于较小角度的扫描，小角度扫描可采用单CAM机构。

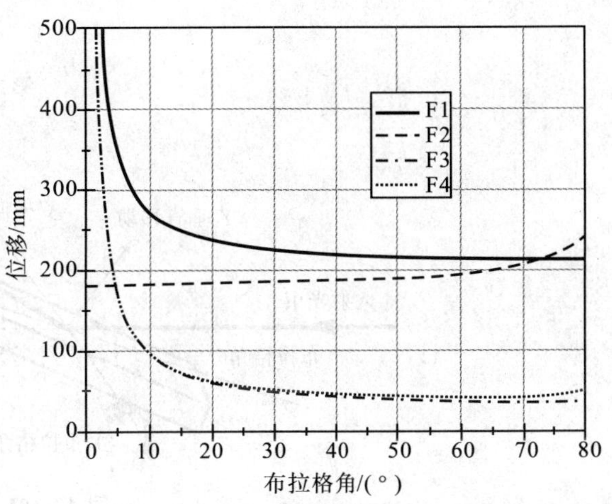

图 12-99 X' 导轨轨迹对比

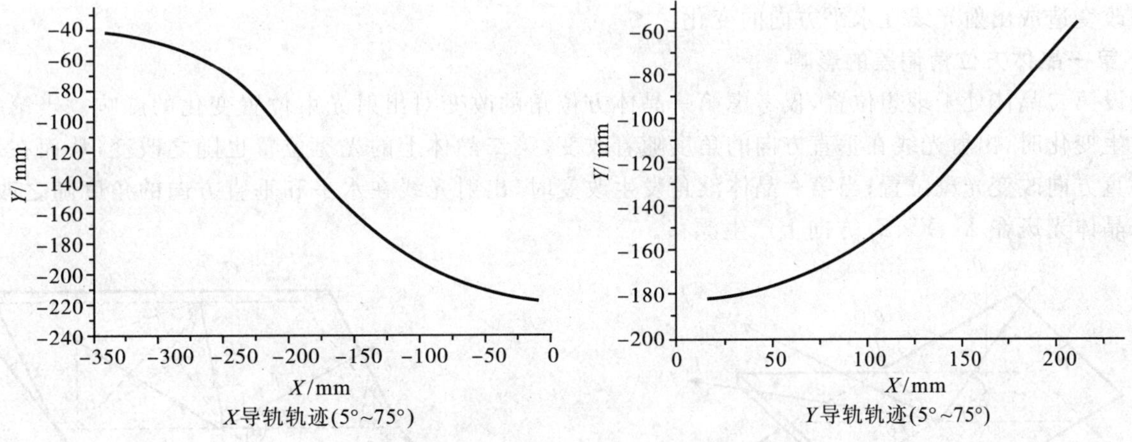

图 12-100 导轨轨迹(H =25 mm)

7. 曲面切槽晶体单色器

平面切槽晶体单色器(channel cut 型)以其双衍射面晶向一致性好、机械结构简单、真空室尺寸小等优点，在早期得到过广泛应用。其缺点是不能实现单色光固定输出位置，投角、滚角、摆角角度微调受到限制等。相继发展起来的是各种不同类型的两晶体分离式结构，伴之而来的是复杂的联动机构、双晶体晶向的不一致性及定位的困难。

近年来发展的曲面切槽晶体单色器，一定程度上平衡了两者的优缺点。

固定输出位置的切槽晶体单色器是利用两种特殊曲面的耦合构成切槽，形成切槽晶体的两个特殊的衍射表面。它能够利用简单的运动耦合或者仅仅利用一维的转动就实现晶体对入射光束能量的扫描，同时固定输出光斑位置。

(三)晶体方位角偏差对出射光束位置的影响

1. 晶体方位角的定义

在双平晶单色器中坐标系定义如下(见图 12-101):在静态坐标(全局坐标)中,Z 轴代表光束的传播方向,Y 轴代表垂直于地面的方向,X 轴垂直于 YZ 平面方向;在动态坐标(每块晶体的局部坐标)中,X' 轴位于晶体表面垂直于光束,Y' 轴代表垂直于晶体表面的方向,Z' 轴代表垂直于 $X'Y'$ 平面的方向,绕晶体 X'、Y'、Z' 轴转动的角分别称为投角(pitch)θ、摆角(yaw)ω 和滚角(roll)γ。

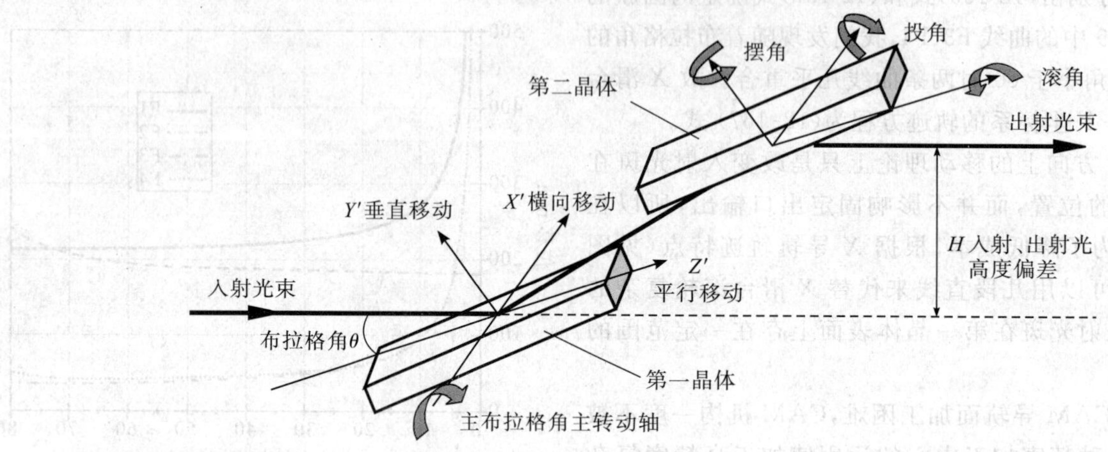

图 12-101 晶体单色器坐标系定义

双平晶单色仪在实际运行过程中,通过改变投角来调节布拉格角的目的;改变摆角来调节晶格缺陷;改变滚角以调节两晶体表面的平行。晶体在摆角方向偏移并不造成出射光线在位置上的变化,而投角和滚角的变化会引起出射光线在水平和垂直方向位置的变化。其中,投角的改变造成出射光线在垂直方向的变化;滚角的改变造成出射光线在水平方向的变化。

2. 第一晶体方位角偏差的影响

假设第二晶体处于理想位置,仅考虑第一晶体方位角的改变对出射光束位置变化的影响。当第一晶体投角发生变化时,出射光线在垂直方向的角度随着改变,第二晶体上的光斑位置也随之改变,从而在水平方向和垂直方向改变光斑位置;当第一晶体滚角发生改变时,出射光线在水平和垂直方向的角度随之改变,同时第二晶体光斑在 X'、Y'、Z' 方向上产生漂移。

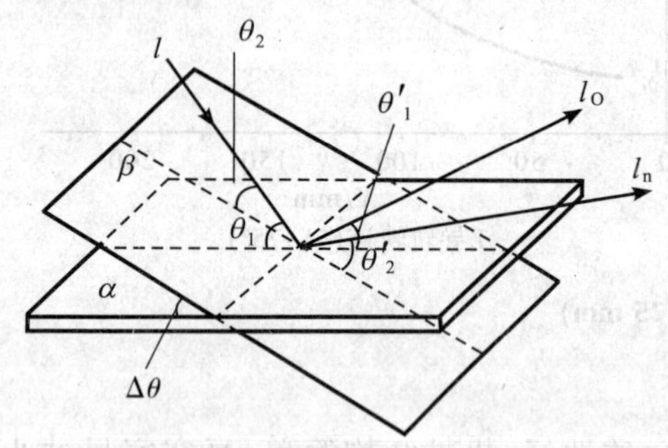

图 12-102 第一晶体在投角方向偏离的示意图

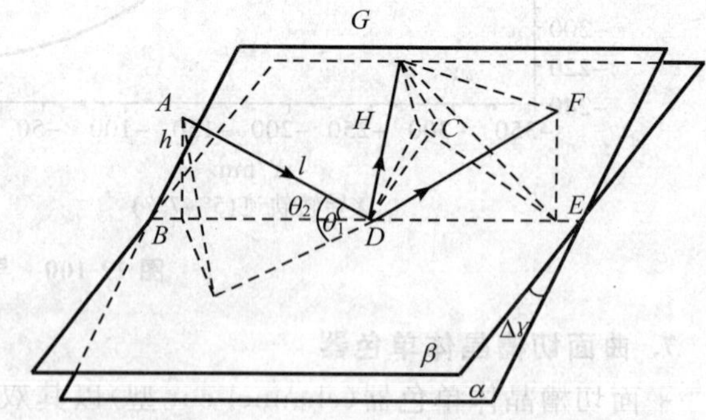

图 12-103 第一晶体在滚角方向偏离的示意图

第一晶体在投角方向偏离 $\Delta\theta$:如图 12-102 所示,假设 α 平面为理想位置晶面,β 平面为 α 平面在投角方向偏离理想位置 $\Delta\theta$ 的晶面,θ_1、θ_2 分别是入射光线 L 在 α、β 晶面的布拉格角,θ_1'、θ_2' 为光线 L 经晶面衍射后与 α、β 晶面的夹角,则平晶实际布拉格角 $\theta_2=\theta_1-\Delta\theta$,且 $\theta_1=\theta_1'$、$\theta_2=\theta_2'$。由于假设第二晶体与 α 平面平行,所以经 β 平面衍射后光线 Ln 与 α 晶面所成的角等于第二晶体的布拉格角 θ_e。即,$\theta_e=\theta_2'-\Delta\theta=\theta_1-2\Delta\theta$。因此,出射光线在垂直方向的角度变化为

$$\Delta\theta_{exit}=\theta_2-\theta_e=\Delta\theta \tag{12-168}$$

出射光线在垂直方向的位移变化为

$$\Delta Y_{\text{exit}} = \Delta H_{\text{exit}} = \left(\frac{H}{2\sin\theta_1} - \frac{H}{2\sin(\theta_1+\Delta\theta)}\right)\sin\theta_1 \tag{12-169}$$

出射光线在光束传播方向的位移变化为

$$\Delta Z_{\text{exit}} = \left(\frac{H}{2\sin\theta_1} - \frac{H}{2\sin(\theta_1+\Delta\theta)}\right)\times\cos\theta_1 \tag{12-170}$$

第一晶体在滚角方向偏离 $\Delta\gamma$：如图 12-103 所示，设 α、β 分别是理想位置和在滚角方向偏离 $\Delta\gamma$ 的晶面，AD 为入射光线，θ_1、θ_2 为 α、β 晶面的布拉格角，B、C 分别是 A 在 α、β 晶面内的投影，DF、DG 为 AD 经 α、β 晶面衍射后的光线，在入射光线、衍射光线上取 $AD = DF = DG = 1$，有下列关系成立：

$$\Delta\gamma = \angle BAC = \cos\Delta\gamma = \frac{AC}{h} \tag{12-171}$$

$$\sin\theta_1 = \frac{h}{l} \tag{12-172}$$

$$\sin\theta_2 = \frac{AC}{l} \tag{12-173}$$

由上式，可得

$$\theta_2 = \arcsin(\sin\theta_1\times\cos\Delta\gamma) \tag{12-174}$$

由图可知：$\angle BAC = \angle CBD = 90^\circ$，因此有 $BE\perp\triangle EHG$，$BE\perp\triangle EGF$，知 $EFGH$ 在一个平面内，且 $\angle HEF = 90^\circ+\Delta\gamma$；由于 $\triangle ABC$ 全等于 $\triangle GHE$，$\angle EGH = \Delta\gamma$，$\angle GHE = 90^\circ-\Delta\gamma$，$GE = H$，所以可得 $\angle FEG = 2\Delta\gamma$，$FG = 2H\sin(\Delta\gamma)$。在 $\triangle GEF$ 中

$$\sin\left(\frac{\angle GDF}{2}\right) = \frac{h\sin\Delta\gamma}{l} \tag{12-175}$$

由(12-172)式和(12-175)式，得

$$\angle GDF = 2\arcsin(\sin\theta_1\times\sin\Delta\gamma) \tag{12-176}$$

因此，第一晶体在滚角方向偏离理想位置 $\Delta\gamma$，实际衍射光线偏离理想衍射光线的角度为 $\Delta\varepsilon = 2\arcsin(\sin\theta_1\sin\Delta\gamma)$。

过 G 作 α 平面的垂线交 α 平面于 I 点，那么 GI 平行于 EF，且 $\angle IGE = \angle FEG = \Delta\gamma$，$GI = H\cos(2\Delta\gamma)$，

则

$$\sin(\angle GDI) = \frac{GI}{GD} = \frac{h\cos 2\Delta\gamma}{l} = \sin\theta_1\cos 2\Delta\gamma \tag{12-177}$$

由(12-177)式，得

$$\angle GDI = \arcsin(\sin\theta_1\cos 2\Delta\gamma) \tag{12-178}$$

因为第二晶体与第一晶体的理想平面平行，所以 GD 和第一晶体的理想位置所成的角等于 GD 与第二晶体所成的布拉格角。因此，滚角偏离理想位置 $\Delta\gamma$ 所造成出射光线在垂直方向的角度变化为

$$\Delta\theta = \angle GDI - \theta_1 = \arcsin(\sin\theta_1\cos(2\Delta\gamma)) - \theta_1 \tag{12-179}$$

第一晶体在投角和滚角方向同时偏差 $\Delta\theta$ 和 $\Delta\gamma$：同理，我们推导出第一晶体在投角和滚角方向同时偏差 $\Delta\theta$ 和 $\Delta\gamma$ 时，出射光束布拉格角变化为

$$\Delta\theta_1 = \Delta\theta + \arcsin(\sin\theta_1\cos(2\Delta\gamma)) - \theta_1 \tag{12-180}$$

投角偏差 $\Delta\theta$ 可由转角仪的转角 0 位调节来补偿，滚角偏差 $\Delta\gamma$ 对布拉格角的误差近似为 2 个数量级的关系，可以略去不计。

3. 第二晶体方位角偏差的影响

第二晶体在投角、滚角和摆角方向同时偏差 $\Delta\theta_{t2}$、$\Delta\gamma_2$ 和 $\Delta\phi_2$：同理，我们推导出第二晶体相对于第一晶体投角偏差 $\Delta\theta_{t2}$、滚角偏差 $\Delta\gamma_2$ 和摆角偏差 $\Delta\omega_2$ 引起的入射布拉格角的偏差 $\Delta\theta_2$ 可化简为

$$\Delta\theta_2 = \Delta\theta_{t2} - \frac{\Delta\gamma_2\,\beta}{\cos\theta} - \frac{2\Delta\omega_2\,2\beta}{\sin\theta} \tag{12-181}$$

研究晶体投角、滚角及摆角方向偏差对光束位置影响的目的，在于确定晶体单色器微调系统的设置。

六、同步辐射高热负载的热缓释技术

第三代同步辐射光源的高亮度给光束线设备带来的问题是极高的辐射功率(可达几千瓦)和极高的功率密度(可达每平方毫米几十瓦至几百瓦)。在如此高的功率密度下保证光学元件不受损伤且能稳定地工作，是需要首先解决的关键技术之一。

光束线中单色器或第一块镜子的光学表面接受的高热负载，将在其表面和内部之间产生一个很大的温度梯度，这将致使光学元件产生很大的热变形，从而大大降低光学元件的光学性能，很大的热应力甚至会使光学元件被破坏。

(一)同步辐射光束线分光元件的材料

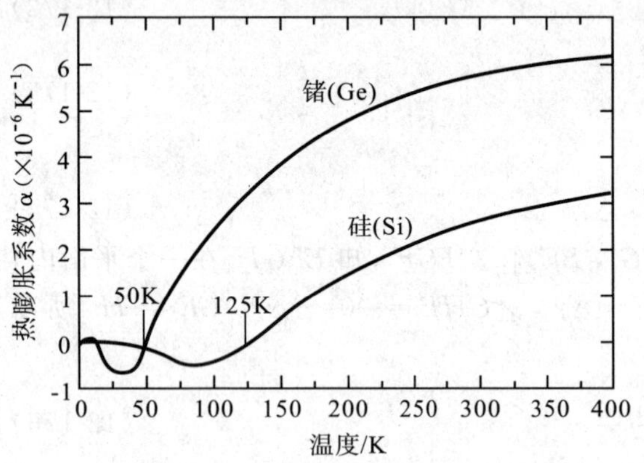

图 12-104 单晶硅的低温热特性

第三代同步辐射光源光束线中分光元件最常用的材料是单晶硅，这不仅因为它易加工、易抛光、纯度高、价格低，而且因为它的低温性能好。单晶硅的低温热特性如图 12-104 所示，其热传导系数 k 随温度的降低而增大，热膨胀系数 α 随温度的降低而减小。在 125 K(－148.15℃) 时，单晶硅的 α/k 值几乎等于 0；在液氮温度下，α/k 为－0.4 nm/W，绝对值比室温时约小 2 个数量级。硅基底光学元件(硅单晶分光器、硅基底反射镜等)的低温冷却，是第三代同步辐射光源最具有吸引力的技术之一。

不同温度下单晶硅的热膨胀系数和热传导系数如表 12-66所示。

表 12-66 不同温度下硅晶体材料参数

温度/K	热膨胀系数 α ($\times10^{-6}$/K)	热传导系数 k /(W/(cm·K))
150	0.5	4.09
200	1.5	2.64
250	2.2	1.91
300	2.6	1.48

(二)同步辐射光束线分光元件冷却剂

同步辐射光束线分光晶体热缓释冷却经历了水冷、液态金属冷却和液氮冷却的发展过程，随着热负载功率密度的提高，液态金属冷却方法逐渐消失，目前主流的冷却方法是低温液氮冷却。国际上第三代同步辐射光源中大量的插入件光束线中的分光晶体用液氮进行低温冷却，弯铁光束线的单色器晶体用直接水冷冷却。

水是最常用的冷却媒体，成本低廉、具有很好的化学稳定性，而且水冷却装置相对简单，易于实现。插入件的使用，大大提高了热功率负载，以至于很难保证冷却水不会沸腾，从而导致高热负载条件下因沸腾产生的气泡使冷却失败。

液氮的低温冷却效果显著，与水冷相比较，热变形和热应力的数值可以降低两个数量级，其低温冷却的循环结构与水冷相似，可以充分利用单晶硅的低温特性(在 125 K 时热膨胀系数几乎为 0，在低温时的热传导率比常温时大，在－200～600℃范围内屈服应力与温度无关)。但液氮冷却有以下困难：①液氮对流换热系数比水和液镓低；②常压下液氮保持纯液相的温度范围很窄(1×10^5 Pa)下液氮的正常工作温度范围为 63～77 K。水、液氮、液态甲烷的热性能如表 12-67 所示。

表 12-67　水、液氮、液态甲烷的热性能比较

	熔　点 /℃	沸　点 /℃	热传导系数 /(W/(cm·K))	体积比热容 /(J/cm³)	密　度 /(g/cm³)	汽化压力 /Pa
水(20℃)	0	100	0.006	4.12	1.0	22
液氮(−170℃)	−210	−196	0.001 4	1.60	0.21	1×10^{6}
液态甲烷(−170℃)	−187	−42	0.002	1.40	0.75	0.41

液态金属的热传导率高、汽化压力低、比热高、工作温度范围大，这些特性使得液态金属可以作为较好的冷却媒体。在已使用的液态金属中，液镓尤为突出，因为液镓具有很多期望的优点，如高的热传导率、高的容积比热、低的运动黏度系数(使液镓在液一固界面具有高效的热交换能力)、较低的汽化压力、相当大的工作温度范围、熔点在室温范围内、能够胜任较高真空环境等优良品质，是一种极好的冷却媒体。液镓不和硅发生反应，在 400℃时也不和不锈钢发生反应。但液镓成本比较高。以液镓替代水进行的冷却试验表明，冷却效率提高了 3～5 倍。

表 12-68 列出了若干可以用作冷却媒体的液态金属的热性能。从表中可见，前 4 种金属铋、锡、锂、铟由于具有相对较高的熔点而不可行；要使用它们，必须在远高于室温的温度下谨慎地处理分光晶体，并且将在单色器的不同零部件间导致很大的温度梯度，使单色器的温度稳定性的维护比较困难。钾、铷、铯、汞由于具有相对较高的汽化压力而不可行，万一真空系统出现泄漏，将导致它们在真空系统内的扩散。从这个角度考虑，汞尤其不可用，使用铝零部件的地方更是严格禁止。另外，铷的价格也是比较昂贵的。钠是一种颇具吸引力的冷却媒体，如果难以获取镓，应优先考虑采用钠。

表 12-68　若干液态金属的热性能

金　属	熔　点 /℃	沸　点 /℃	热传导系数 /(W/(cm·K))	体积比热容 /(J/cm³)	密　度 /(g/cm³)	汽化压力 /Pa
铋(Bi)	271	1 560	0.17	1.4	9.70	133×10^{-10}
锡(Sn)	232	2 270	0.30	1.4	5.70	$<133\times10^{-10}$
锂(Li)	186	1 336	0.47	2.3	0.53	133×10^{-10}
铟(In)	156	2 000	0.42	1.9	7.30	$<133\times10^{-10}$
钠(Na)	98	880	0.90	1.34	0.97	133×10^{-10}
钾(K)	62	760	0.53	0.70	0.87	800×10^{-7}
铷(Rb)	38.5	700	0.33	0.52	1.53	800×10^{-6}
镓(Ga)(50℃)	29.8	2 071	0.33	2.40	6.00	$<133\times10^{-14}$
铯(Cs)(20℃)	28.5	670	0.20	0.50	1.87	133×10^{-6}
汞(Hg)(20℃)	−39	356	0.084	1.91	13.50	16

(三)同步辐射光束线分光元件的冷却方法

从形式上看冷却方式可以分为间接冷却和直接冷却两大类。间接冷却时冷却媒体不进入元件内部，而是通过热传导性能较好的金属介质将元件上的热负载传导至冷却媒体；直接冷却时冷却媒体进入元件内部，直接与受热元件进行热交换以达到对元件的冷却。

如果选用水冷却，间接水冷方法适用于热功率密度小于 0.1 W/mm² 的情形，大多用于劳厄晶体单色器中。直接水冷方法可用于热负载功率密度大于 0.1 W/mm² 的情形。公认的直接水冷却的上限功率密度为 1 W/mm²。

在高功率密度和中高等总功率情况下，人们通常放弃经济安全的经典水冷却方法，这是因为硅晶体在液氮温区的物性参数与室温相比有更高的品质因子 (k/α)，硅在低温的热传导系数远大于室温的热传导系数，而且在 125 K 时硅的热膨胀系数接近于 0，品质因子越大，材料抗热变形的能力越大。

液氮冷却按硅晶体冷却结构的不同又可分为直接冷却和间接冷却两种方式。早期液氮冷却供给系统采用液氮贮槽浸泡硅晶体的开口方案，受热晶体把热量传递给液氮使其蒸发成氮气，并通过自动稳压阀排空。

这种方法要不停地向贮液槽中补充液氮，维护工作量太大，不仅不方便，而且还有氮气不断排出的安全问题；其次浸泡表面换热效率不高，对换热面积要求太大，实际上限制了所能处理的总功率的上限，理论上估算总功率的上限在 790 W 左右。因为液氮温度不可调节，无法进行过冷液氮的使用，硅晶体受热表面的温度难以控制在 125 K 左右。为解决这些问题，发展了带制冷的自循环封闭液氮回路冷却装置，封闭循环液氮始终保持单一液相，流经晶体时把晶体上的热量带出来，并在回路的另一端把热量传递给二次冷却系统。二次冷却系统多用深冷制冷机来实现，同时可实现封闭循环液氮处于过冷状态(温度低于 70 K)。封闭循环液氮系统的另一个好处是可以通过提高封闭系统的压力来提高液氮的沸点以增加液氮的过冷度，过冷度越大，维持系统的单一液相运行越容易。

(四)同步辐射光束线分光晶体的冷却结构

第一晶体接受高热负载，必须对其进行热缓释，而冷却结构对冷却效果具有决定性影响。为了提高冷却效率，在第一晶体设计中通常要求：①把水流动的腔体加工成管道形或肋状结构，并尽可能地增加它们的数目；②相对增加晶体的总体厚度，以防止晶体弯曲，但这却会降低热传导效率；③尽可能地减小晶体受热表面与冷却腔体之间的距离；④适当增加水流的速度。但流速太高也会导致晶体变形，且试验证明，过高增加水流速度热传导效率提高很小。

1. 间接水冷结构

利用劳厄衍射将 X 射线单色化的晶体单色器中，大部分热功率穿过劳厄薄晶体，晶体所承受的热负载很小，类似于透光元件所吸收的热负载。

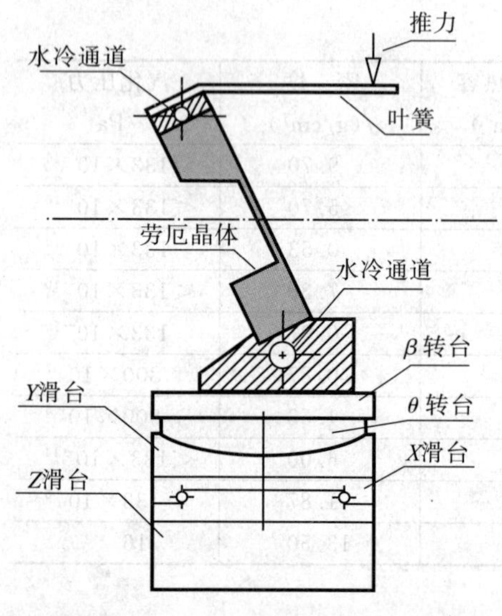

图 12-105　晶体间接冷却的一个实例

图 12-105 为 ESRF 光源光束线中采用的劳厄晶体单色器冷却结构。在这种结构中，通过冷却晶体底座，间接冷却劳厄晶体。

2. 直接水冷结构

直接水冷却适用于热负载上限功率密度为 1 W/mm^2 的弯铁光束线晶体单色器，其冷却结构可分为：①薄晶体微通道水冷结构；②带月牙状槽的厚晶体水冷结构；③长方形通道内冷结构；④超微通道水冷结构；⑤水喷射冷却加自适应调节结构；⑥针柱阵列(pin-post array)冷却结构，等等。

薄晶体微通道水冷结构：将一块薄晶体片粘结在一块厚晶体上，在厚晶体的顶部(与薄晶体片相连接的部分)刻上许多沟槽，冷却水从沟槽中流过时对薄晶体片进行冷却。具体冷却结构如图 12-106 所示，图中示出了厚基底晶体上部刻槽的形态以及厚/薄晶体粘结后的情况。

带月牙状槽的厚晶体水冷结构：该结构如图 12-107 所示。被冷却晶体 A 是一块厚的硅(111)晶体，它的背面刻有月牙状的水冷却槽，用定位夹子 E 将晶体 A 安装到集合管 F 上，用合成橡胶密封圈 D 实现晶体 A 和集合管 F 之间的密封。束流 B 的入射方向平行于晶体中的冷却槽，并且和冷却水的流向相反。为了消除沿着冷却槽的水力截面的变化，并使水力截面与冷却系统的容量相匹配，集合管 F 上加工有鳍状片，其形状与晶体上的冷却槽相似，可以插入到晶体的冷却槽中。晶体的总厚度会影响由于温度梯度引起的晶体弯曲的程度，对于给定的温度梯度，较厚的晶体能更好地抑制弯曲。

长方形通道内冷结构：将晶体所吸收的热量带走的最有效的方法是尽量在接近衍射面的地方进行冷却。横界面为方形的冷却通道显然比圆形的好。可以用超声波钻孔法制作方孔，但是很难达到几厘米的深度而不偏斜。图 12-108 所示是一种行之有效的方孔制作方法：(a)首先切制大块的单晶硅，使其顶面取向为所要求的衍射面；(b)作好晶格取向记号(A 和 B)后将晶体切成两半；(c)用金刚石锯片在 A 上加工出冷却槽；(d)在 A 上刻槽的端面上涂上粘结胶，然后轻轻压到 B 上。

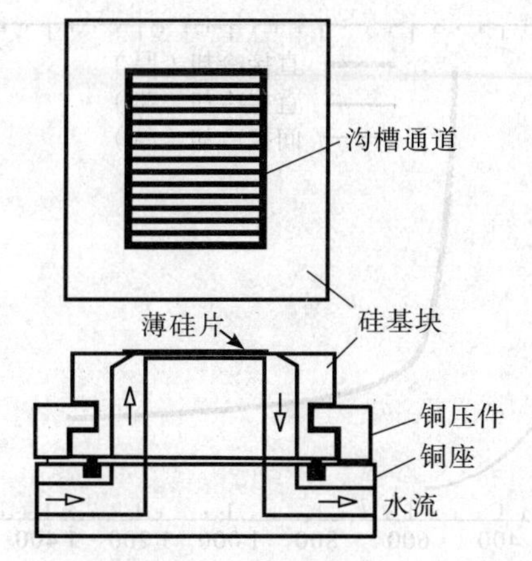

图 12-106　薄晶体微通道水冷结构

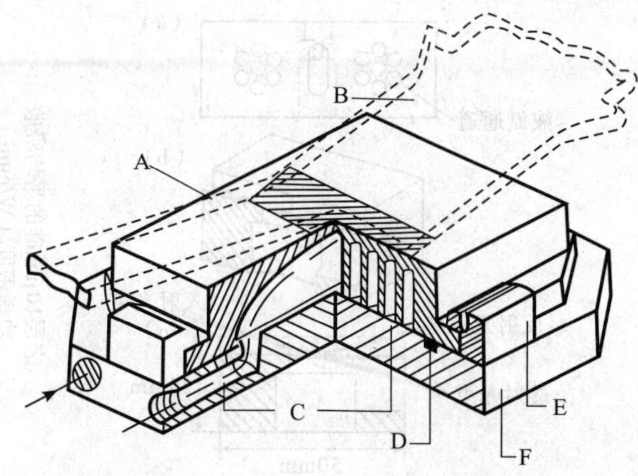

图 12-107　带月牙状槽的厚晶体水冷结构

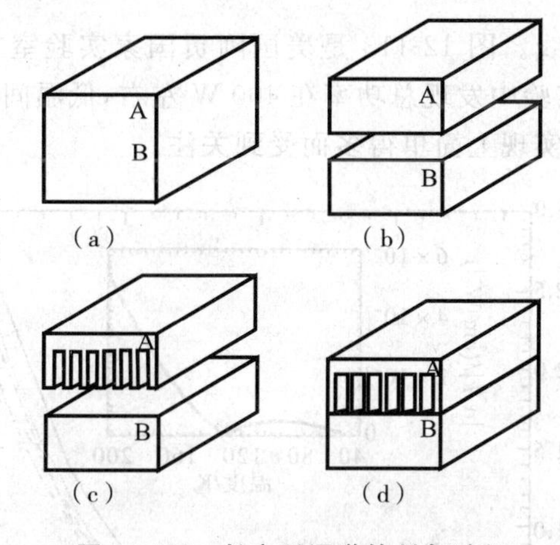

图 12-108　长方形通道的制备过程

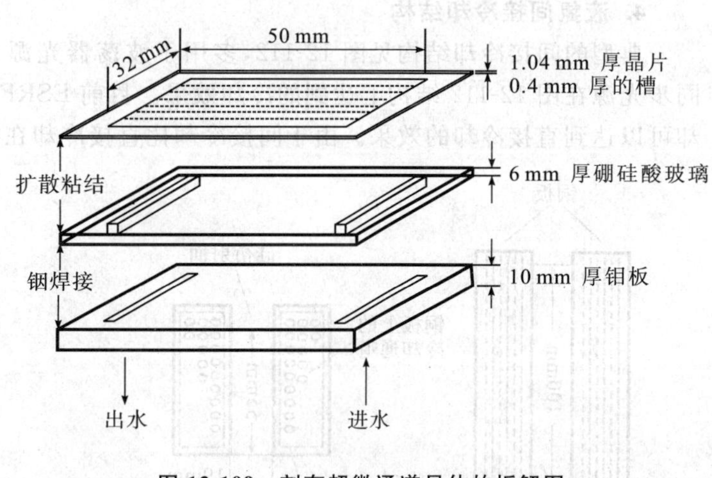

图 12-109　刻有超微通道晶体的拆解图

超微通道水冷结构：超微通道水冷晶体的制备过程如下：先在抛光的厚为 1.04 mm 的晶片上刻制 0.4 mm深的超微通道；在 900℃下用扩散粘结法将已刻槽晶片粘结到硼硅酸玻璃块上，硼硅酸玻璃的热膨胀系数与硅的极为接近，温度为 900℃时玻璃软化并与晶片粘结在一起；放冷后，将晶片切割并抛光，使得超微通道和晶片表面的厚度为 0.64 mm，这时由玻璃基底支撑的晶片仍然很平且没有应力；在硼硅酸玻璃上镀一层金，再用铟焊接到钼板上，钼板用螺栓固定在不锈钢基座上。图 12-109 给出了刻有超微通道晶体的拆解图，并给出了相关尺寸。水流在超微通道中是一种层流，一般来说，层流的热传导性能比湍流差，但在超微通道这种结构中，冷却面积大幅度增加的好处足以克服层流的缺点，事实上层流还带来了减小振动的好处。

针柱阵列水冷却结构：对于更高的热功率密度，需要采用针柱阵列晶体水冷结构(pin-post water cooling)，这种结构可对热功率密度在 1～3 W/mm^2(甚至更高)范围的晶体进行有效冷却。但是针柱阵列晶体水冷结构需要采用晶体压焊技术，该技术尚不很成熟，只在国外少数几个实验室(以 SPring-8 为典型代表)得到应用，对其使用效果也尚有争议。该方法存在的主要问题在于晶体压焊容易产生较大的晶体表面形变，目前在国际上还是一个需要改进和完善的技术。

3. 液氮直接冷却结构

液氮直接冷却的结构见图 12-110。图中的晶体受光面为薄晶，以减少晶体对 X 射线(尤其是高能 X 射线)的吸收，降低总功率。图 12-111 是图 12-110 所示冷却结构的实验结果，图中实线下方所围的数据点为可实现的具有良好冷却的热负载范围。

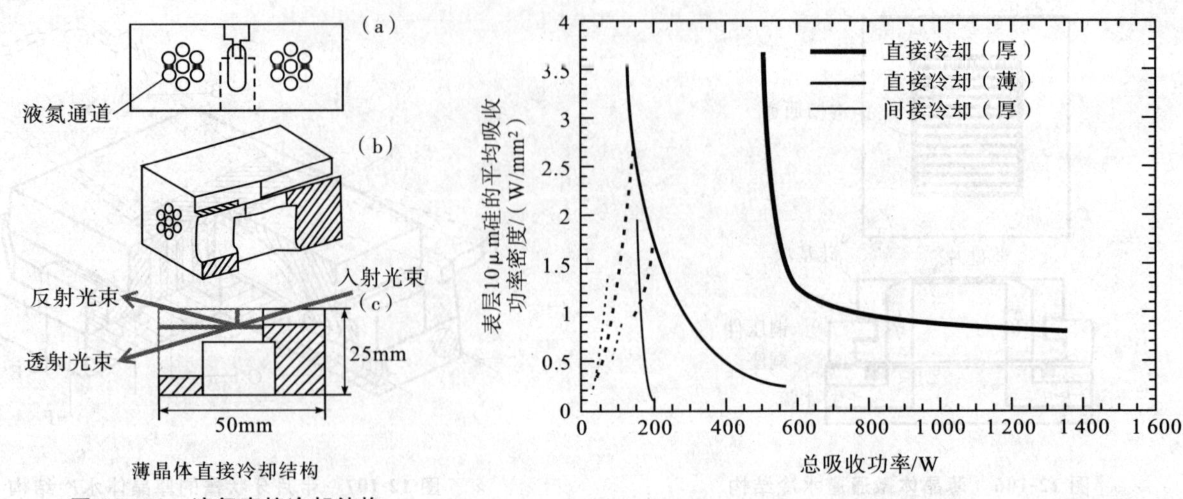

图 12-110　液氮直接冷却结构

图 12-111　液氮直接冷却效果与功率分布的关系

4. 液氮间接冷却结构

典型的间接冷却结构见图 12-112,多用于波荡器光源光束线。图 12-113 是美国阿贡国家实验室 APS 同步光源在图 12-112 结构上达到的冷却效果。目前 ESRF 在实验中发现总功率在 400 W 左右,低温间接冷却可以达到直接冷却的效果。由于间接冷却比直接冷却在技术实现上简单得多而受到关注。

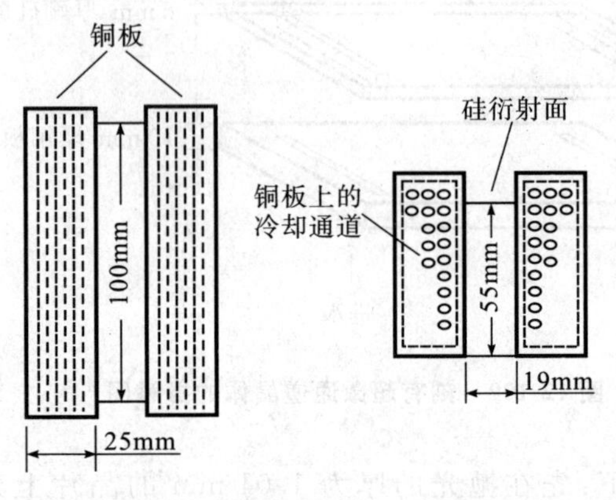

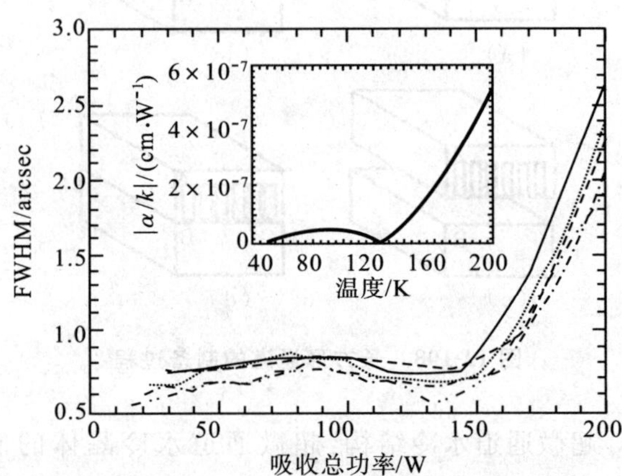

图 12-112　液氮间接冷却的结构

图 12-113　液氮间接冷却效果与功率分布的关系

七、同步辐射 X 射线压弯聚焦技术

(一)同步辐射光束线 X 射线聚焦镜类型

在本节四的(三)中曾叙述光束线聚光元件,讨论了目前常用的聚光元件菲涅耳波带片和毛细管簇"X 射线透镜"等。第三代同步辐射光源光束线中,采用各种面形的反射镜,以掠入射排布插入光路中,对被传输的光束聚焦、准直、偏折。常用的聚焦模式有超环面聚焦、椭球面聚焦、抛物面聚焦和 KB 聚焦。反射表面因此分柱面、球面、超环面、椭球面和抛物面。

处理 X 射线聚焦仍按几何光学的方法,依据费马原理,即物与像之间的光程应最短,建立物像光程函数,对其偏微分,寻求使偏微分为 0 的条件,从而获得光学系统成像的几何参数。

1. 超环面聚焦镜

超环面(toroidal)镜表面是一段圆弧绕平行于该圆弧的弦在子午面上旋转,生成类似于轮胎内表面的形状。圆弧的曲率半径称为弧矢半径 R_s,子午面上的旋转半径为子午半径 R_m,一束光以掠入射角 θ_i 照到镜子表面(见图 12-114),被反射的光束在子午和弧矢两个方向同时聚焦,根据费马原理推导出超环面聚焦光程表达式为

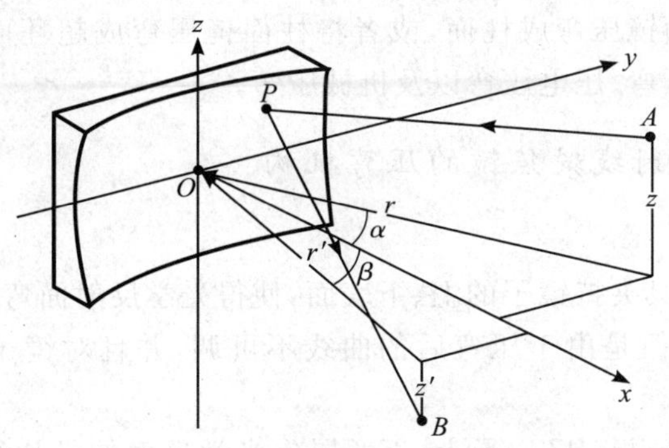

图 12-114　超环面镜聚焦示意图

$$R_s = 2\sin\theta_i \frac{rr'}{r+r'} \tag{12-182}$$

$$R_m = \frac{2}{\sin\theta_i}\frac{rr'}{r+r'} \tag{12-183}$$

式中，r 为物距，r' 为像距。

2. 其他聚焦镜

球面、柱面、抛物面聚焦是由超环面聚焦受到某一条件的制约演变而来的。球面聚焦是超环面聚焦方程式(12-182)式和(12-183)式中弧矢半径 R_s 等于子午半径 R_m。柱面聚焦是子午半径 $R_m \to \infty$。抛物面聚焦是像距 $r' \to \infty$，其表达式为

$$R_m = \frac{2r_m}{\sin\theta_i} \tag{12-184}$$

$$R_s = 2r_s\sin\theta_i \tag{12-185}$$

式中，r_m 是子午方向的物距，r_s 是弧矢方向的物距。椭球面是实现反射光束在子午和弧矢两个方向同时聚焦最理想的成像面形。但是，很难精确加工出大面积的椭球面镜面，这限制了椭球面聚焦在第三代同步辐射光源光束线中的使用，常用超环面镜代替椭球面镜。

超环面聚焦的最大优点是用一块镜子同时完成水平和垂直方向的聚焦，反射面少、传递效率高，有利于提高光通量，且结构紧凑。由于掠入射角小，光束在子午面上的照射长度很长，因此超环面镜在光束子午方向的接受度小，在同步辐射 X 射线能区内应当小于 1 mrad，缩放比选择在 1 附近；否则将会产生较大的彗差和像散，展宽聚焦束斑，严重影响能量分辨率。

同步辐射光束线中的光学镜因技术上的原因不能离光源点太近，典型的距离是 10～20 m，为了充分收集垂直方向发散的同步辐射 X 光(0.2～0.4 mrad)，需要很长的镜子(长的可达 2 m)，对长镜的面形、表面粗糙度要求很高，检测难度大。

由于 X 光的折射率小于 1，所以工作在同步辐射光源的光学系统，除极少数用透射系统(如波带片显微术)外，均采用反射系统，以实现同步辐射光的偏转和聚焦，同步辐射光以极小的掠入射角入射到介质表面时，发生全反射，其临界角的大小与 X 射线光子能量成反比。鉴于工作波长很短(光子能量很高)，掠入射角很小，因反射镜表面粗糙度引起的散射会造成通量的很大损失，所以，要求反射镜表面粗糙度一般小于 0.5 nm(RMS)，比工作在可见光波段的反射镜要提高 1～2 个数量级，这种超精表面的加工与检测需要技术含量很高的检测设备。反射镜的面形有平面、大半径球面、柱面、抛物面、椭球面、超环面等，面形误差通常用斜率误差(slope error)来表示，要求在 1～3 μrad 范围，换算成波像差表示，则要求在(1/100～1) λ 范围。反射镜的材料，需要能承受极高功率的热负载和满足超高真空工作环境(10^{-7} Pa 以上)的要求，常用的材料有熔石英、碳化硅、无氧铜、单晶硅、铝合金等。日本常用碳化硅(SiC)作基底：硬度高，易加工成超光滑表面；耐高温，不易变形；但价钱很贵，目前可提供的尺寸较小。美国则常用掺杂铜(Glidcop，用精细氧化铝粒子渗透强化的铜)，因其具有很好的导热性。

大尺寸超光滑光学镜直接加工成所需的曲面很困难，特别是在同一块镜子上加工成子午、弧矢两个光学面。目前采用的方法是将长条形的平面镜压弯成柱面，或者将柱面镜压弯成超环面，在一个或者两个方向聚

焦同步辐射光束。无论是将平面镜压弯成柱面，或者将柱面镜压弯成超环面，都需要设计压弯机构进行压弯。通常的压弯机构分为仿形压弯、压电压弯以及机械压弯。

(二)同步辐射光束线X射线聚焦镜的压弯机构

1. 压弯机构的类型

仿形压弯：采用阴阳仿形模具夹持镜子的上、下表面，使得光学反射面弯曲成相同于模具的曲线形状，采用这种方法可以产生任何面形，但是由于压弯后的曲线不可调，并且对镜子长度有所限制，故其应用范围较小。

压电弯曲：是由两层压电陶瓷板(PZT)及上、下两层作光学反射的晶片组成，每两层之间镀金属膜作为电极，向其提供电压，其中一个PZT膨胀，另一个收缩，使得上下晶片的光学表面弯曲。这种压弯方式价格昂贵。

机械压弯：这是目前最可靠、最常用的压弯方法，其中机械双力偶式最为常见，这种压弯机构原理很简单，在镜子一端或者两端施加力矩强迫其弯曲。双力偶式机械压弯机构，根据镜子夹持方式不同分为U形压弯机构、圆柱压弯机构、四点压弯机构，如图12-115所示；根据驱动方式不同可分为拉杆式和千斤顶式，见图12-116。

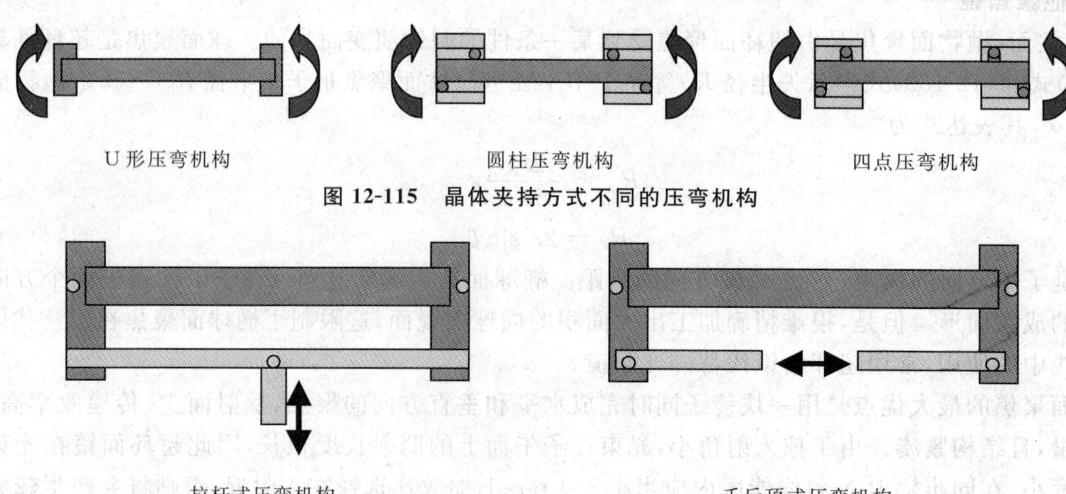

图12-115 晶体夹持方式不同的压弯机构

图12-116 驱动方式不同的压弯机构

2. 压弯机构设计

要将聚焦镜压弯至所需的半径，在镜子两端需施加的力矩为

$$M=\frac{EI}{R_{\mathrm{m}}}=\frac{EI(r+r')\sin\theta_{\mathrm{i}}}{rr'} \tag{12-186}$$

式中，E为弹性模量，I为转动惯量。

3. 光学镜自重引起的面形误差及自重平衡

如图12-117所示，由于柱面镜的自重，会使柱面镜产生面形误差。

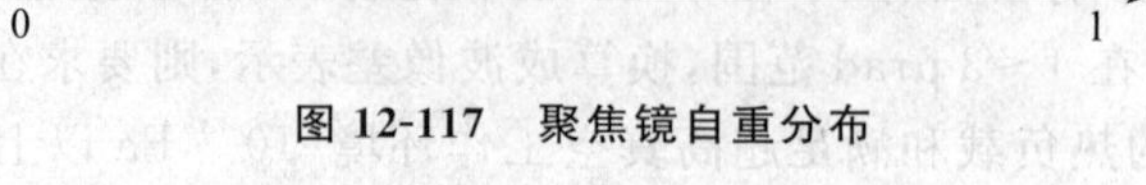

图12-117 聚焦镜自重分布

根据梁的变形理论，它产生的面形误差为

$$\Delta_{\mathrm{G}}=-\frac{q}{24EI}(4x^3-6lx^2+l^3) \tag{12-187}$$

式中，E为柱面镜的杨氏模量，I为惯性距，q为镜体单位长度的自重，l为镜长。例如，光学镜采用熔融石英材料，其杨氏模量$E=7.25\times1\,010\ \mathrm{N/m^2}$，镜子截面的惯性矩为$I=1.67\times10^{-7}\ \mathrm{m^4}$，镜长$l=800\ \mathrm{mm}$，镜体

$q = 107.8\ \mathrm{N/m}$。计算可得其面形误差分布，如图 12-118 所示。

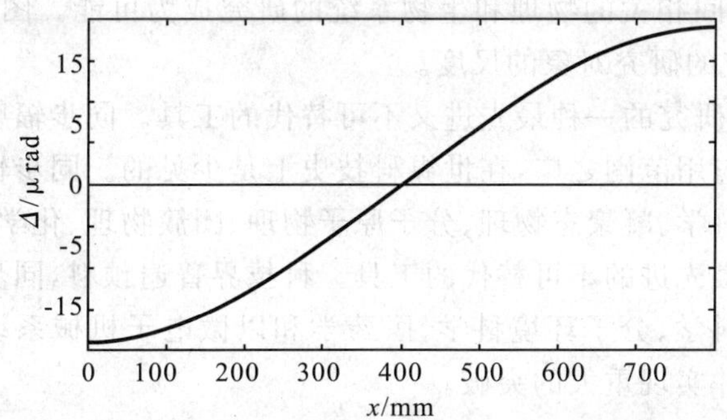

图 12-118　聚焦镜自重引起的面形误差

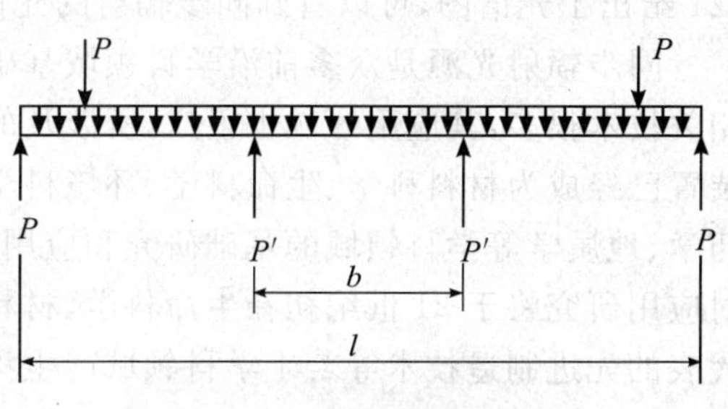

图 12-119　自重平衡的方法

在镜体的下面对称的位置加上一对平衡力，可以减小镜体的面形误差，见图 12-119。图中 P 为压弯力偶，P' 为平衡力，两个平衡力的间距为 b。

加平衡力后，柱面镜的面形误差为

$$\Delta(x)=\begin{cases}\dfrac{1}{6EI}\left[-qx^3-3\left(P-\dfrac{1}{2}ql\right)x^2+\dfrac{3}{4}P'(l^2-b^2)-\dfrac{1}{4}ql^3\right], & x<\dfrac{l-b}{2}\\ \dfrac{1}{6EI}\left[-qx^3+\dfrac{3}{2}qlx^2-3P'(l-b)x+\dfrac{3}{2}P'l(l-b)-\dfrac{1}{4}ql^3\right], & \dfrac{l-b}{2}<x<\dfrac{l+b}{2}\\ \dfrac{1}{6EI}\left[q(l-x)^3+3\left(P'-\dfrac{1}{2}ql\right)(l-x)^2-\dfrac{3}{4}P'(l^2-b^2)+\dfrac{1}{4}ql^3\right], & \dfrac{l+b}{2}<x<l\end{cases}\tag{12-188}$$

设计时要选择合适的平衡力间距 b 及大小 P'，使面形误差尽可能地小。

令 $\alpha=P'/ql$，$\beta=b/l$，则(12-189)式可写为

$$\Delta(x)=\begin{cases}\dfrac{q}{6EI}\left[-x^3-3\left(\alpha-\dfrac{1}{2}\right)lx^2+\dfrac{3}{4}\alpha l^3(1-\beta^2)-\dfrac{1}{4}l^3\right], & x<\dfrac{l-b}{2}\\ \dfrac{q}{6EI}\left[-x^3+\dfrac{3}{2}lx^2-3\alpha l^2(1-\beta)\left(x-\dfrac{1}{2}l\right)-\dfrac{1}{4}l^3\right], & \dfrac{l-b}{2}<x<\dfrac{l+b}{2}\\ \dfrac{q}{6EI}\left[(l-x)^3+3\left(\alpha-\dfrac{1}{2}\right)(l-x)^2l-\dfrac{3}{4}\alpha l^3(1-\beta^2)+\dfrac{1}{4}l^3)\right], & \dfrac{l+b}{2}<x<l\end{cases}\tag{12-189}$$

为找到最佳的 b 和 P'，需考虑 $x\in[0,l]$ 整个区间上的均方根误差：

$$\Delta_{\mathrm{RMS}}(\alpha,\beta)=\sqrt{\frac{\int_0^l\Delta^2(x)\mathrm{d}x}{l}}\tag{12-190}$$

平衡力的存在不影响镜体的压弯，并且可以在一个范围内进行调节，所以采用一对杠杆起到平衡作用。如图 12-120 所示，图中配重的位置可调，使用中，通过调节配重的位置，使聚焦达到最佳的效果。

图 12-120　自重平衡结构

八、同步辐射应用领域

由于具有诸多优良特性，同步辐射光源很快被广泛应用于各种科学研究中。高强度和高亮度使得小样品、表面以及界面的高分辨研究发展成为可能；全光谱性使得在同一装置上可同步开展各种不同的研究，连续可调波长性使得用常规光源无法开展的科学研究成为现实。需要空间相干性的实验可以采用针孔滤波器

作为空间滤波器,光束可通过波带片实现微米量级的聚焦,偏振性促进了螺旋大分子的磁圆二色性研究工作的发展。高强度加上脉冲时间的结构特性使得依赖于时间相关的物理和生物系统的研究成为可能。图 12-121 给出了光谱图,可以看到同步辐射的光谱范围及适应的研究对象的尺度。

同步辐射光源是众多前沿学科领域基础研究和应用研究的一种最先进又不可替代的工具。同步辐射的相关技术很多,其应用领域也很广,所涉及的学科之多,应用范围之广,在世界科技史上是少见的。同步辐射装置已经成为材料科学、生命科学、环境科学、表面界面科学、凝聚态物理、分子原子物理、团簇物理、化学、医药学、地质学等学科领域的基础研究和应用研究的一种最先进的不可替代的工具。科技界普遍预料,同步辐射应用研究将于 21 世纪初在生命科学、材料科学、信息科学、分子环境科学、医药学和以微电子机械系统为代表的先进制造技术等若干学科领域产生深远的影响,并实现重大的突破。

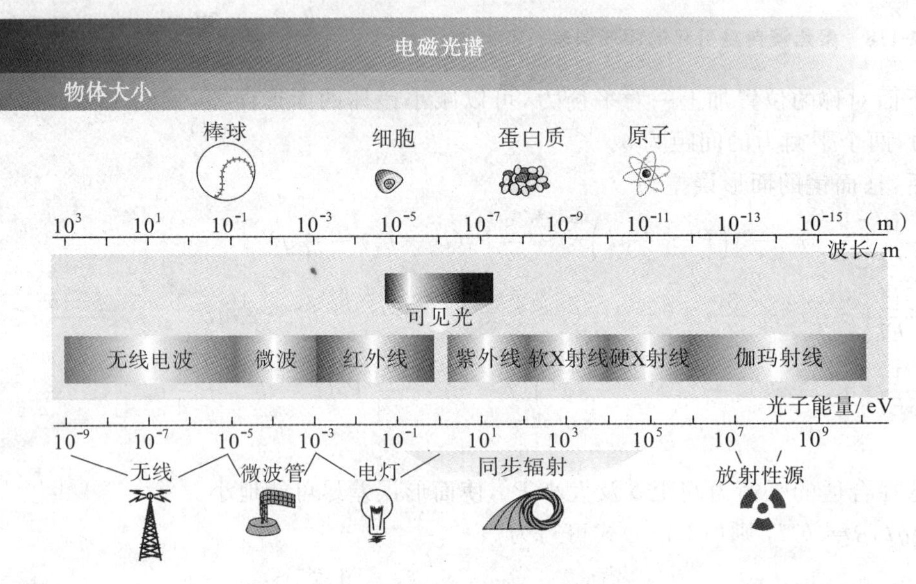

图 12-121 光谱图

图 12-122 给出了光与物质相互作用的示意图。

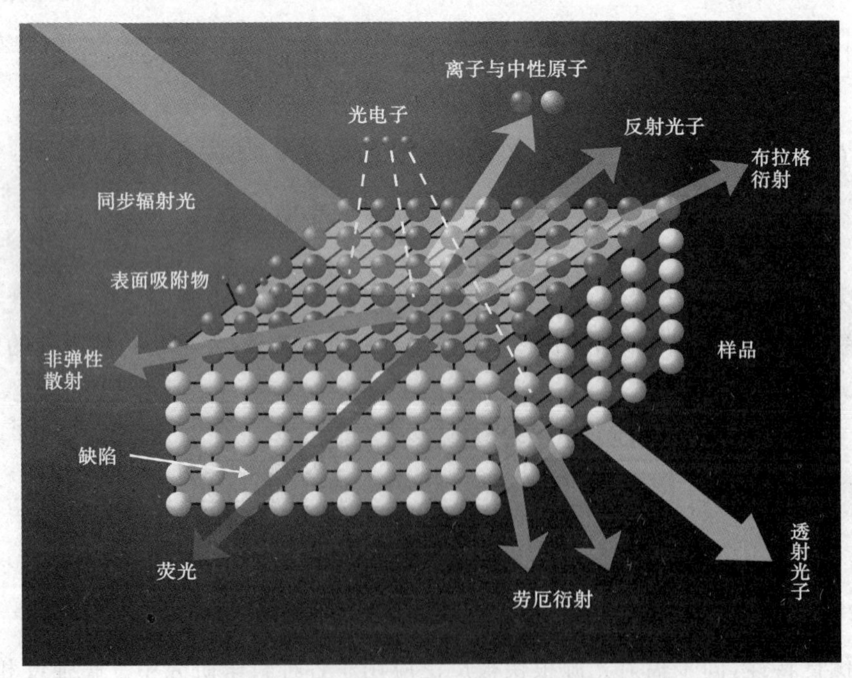

图 12-122 光与物质相互作用示意图

科学家利用同步辐射光与样品的相互作用,探索未知的微观世界

(一)同步辐射应用领域

1. 材料科学

材料科学是当今非常活跃的一个学科,可以预见这一趋势仍将继续下去。材料科学涉及面很广,例如信息材料、纳米材料、磁性材料、复合材料、新型陶瓷和金属材料、聚合物材料、超导材料、非晶材料和功能材料等。材料科学的主要任务是在原子层次上认识材料的特性、了解化学键结构、化学组分和相变过程等。研究材料的结构、性能及机理之间的关系是发展新材料的基本问题。目前材料科学是同步辐射最大的用户之一,约占 1/3。

同步辐射 X 射线显微术、谱学显微术、光电子能谱分析等,用于分析材料表面的原子排列、电子结构及内部微观结构,在微电子学、高温超导体及二维系统能带结构以及铁磁材料的磁畴结构等方面起重要作用,在半导体材料和工艺研究、新材料研制等方面有实际意义。磁性材料已成为材料科学研究近年来的研究热点之一,高强度、偏振可调的同步光开辟了利用 X 射线磁散射、磁共振散射研究材料磁结构的新天地,打破了中子衍射的独有领域,并提供了一些全新的研究手段。另外,高压极端条件下物质的状态和相变以及高温高压下新型材料合成的相变动力学过程的研究,同步辐射也是最能发挥作用的。

近年来,材料科学的研究向高空间分辨、高时间分辨、高能量分辨的方向发展。第三代同步辐射装置提供的高质量的时间结构、高耀度、高强度和相干性及极化方向可调的偏振光将使材料科学在相变研究、薄膜生长、纳米体系的形成、表面化学反应、软凝聚物质动力学研究及强关联材料系统和很多生物软物质材料的研究中取得突破性的进展。

2. 生命科学

研究组织、细胞、蛋白和基因的结构和组分与功能的关系是生命科学研究的核心所在。人类基因序列的测定是 20 世纪生命科学发展的一个里程碑。随着人类基因组计划的基本完成,对应于这些已测序基因的大量蛋白质三维结构测定为中心的结构基因组计划,对于生命科学研究和生物工程发展的重大影响将远远超过人类基因组计划,已引起世界各科技强国的高度重视。21 世纪生命科学的最大进展将是对生命体从静态、结构的研究发展到动态、功能的研究。而蛋白质三维结构测定是许多重要蛋白质功能研究的基础,也是创新药物研究的基础。可以肯定,结构基因组计划将使人们从根本上破译人类自身的遗传秘密,提供用生物技术(基因工程)治疗疾病的手段和为创新药物设计带来史无前例的推动。第三代同步辐射光源是完成结构基因组计划中数量巨大的各类蛋白质三维结构测定的不可缺少的工具,世界上已建成的用于生物大分子结构研究的光束线站就有 50 多个。国际上已开展的同步辐射应用中,生命科学研究占有极其重要的地位。目前世界上运行的同步辐射光源 1/3 以上的束流时间用于生命科学的研究。

自有同步辐射光源以来,生命科学的前沿学科——分子生物学(特别是结构分子生物学)、细胞生物学和神经生物学——的研究有了长足的进步。同步光的高耀度、优良的时间结构、宽阔可调的频谱范围等独特优点,为在分子水平上研究生命现象,认识生物分子结构与功能的关系、分子间的相互作用,对生物器官、细胞、神经的结构和功能等进行研究,特别是活体的动态观察提供了优良的条件。20 世纪生物学最大的突破是在分子水平上的结构生物学的建立。DNA 双螺旋结构的发现,蛋白晶体的结构测定,都是 20 世纪生物学发展的里程碑。

X 射线晶体衍射方法是研究结构的一种标准手段,由于较大尺寸的蛋白晶体的难以得到,和随着研究对象结构的复杂性的增加与元胞尺度的增大,通常的实验室 X 光光源已经不能满足实验的要求,只能使用具有部分空间相干的高耀度的同步辐射光源。蛋白质晶体学是生命科学研究中的一个活跃分支,1994 年以来在《Nature》《Science》和《Cell》等一流的科学刊物上所发表的新的生物大分子晶体结构中,90%以上是利用同步辐射装置得到的。随着各国第三代同步辐射装置不断投入使用,同步辐射在结构分子生物学中占优势的这个趋势还会进一步增强,其主要目标是揭开结构与功能间关系的秘密。除了光的耀度的巨大优越性之外,波长的连续可调性更是提供了前所未有的确定结构的可能性,因为使用多波长反常衍射(MAD)的方法可以很好地解出相位信息。

除了衍射方法之外,像 X 光吸收谱精细结构、X 光小角散射、软 X 光显微成像等同步辐射实验方法近年来也发展成为结构研究的十分重要而且有效的手段。同步辐射的偏振性和相干性的利用(例如圆二色吸收谱、相位反差成像技术)更是有着宽广的发展前景。同步辐射X光显微术,用极强的同步光对活细胞的结构进行直接观察。可观察活细胞内的动态结构和各细胞的结构随功能的变化,如细胞内染色体的图像。

在新世纪,生物学中的动态和功能的研究已经被提到日程上。同步辐射的高耀度和它的周期性短脉冲结构是它的十分突出的优点。在目前第三代同步辐射装置上,已经实现了几十皮秒量级的生物晶体成像。特别是与短脉冲激光的联合使用,可以说在生命过程中对反应的动态跟踪与功能和结构改变的关系的研究已经具备了可行的手段。ESRF已成功地拍摄了生物反应过程的蛋白结构变化和运动状态,即所谓的“分子电影”。

3. 分子环境科学

分子环境科学是在分子尺度上描述环境污染物的形态以及主导污染物迁徙、摄取和释放的复杂化学过程,研究环境污染的形成及其扩散机理。它对于评估与污染相关的风险、切断环境污染的途径及发展耗资巨大的补救技术是必不可少的知识。分子环境科学是在近几年迅速发展起来的、涉及诸多学科的新兴研究领域。

基于同步辐射的谱学技术,如XAFS(X射线吸收精细结构)谱,已经被证明是分子环境科学研究的最有用的工具。XAFS可以确定天然样品中的金属离子、金属无机阳离子复合物和金属有机复合物,以及它们迁移的化学过程和反应率。如Cr^{6+}完全溶于水,而Cr^{3+}则不溶于水。利用XAFS可以分辨离子的价态,设法把溶于水的离子变成不溶于水后,可以切断污染的扩散途径。或把污染物中难溶于水的离子变成易溶于水的离子后,除去该离子的污染。同步辐射光源可以在很宽能量范围(≥1 keV)提供可调的、高通量(10^{11} photons/s)的X射线,测量灵敏度可满足环境样品需求范围(1 000 ppm－ppb)。如此高强度的X射线是转靶X光机无法得到的。除此之外,通过测量荧光XAFS可以研究含水样品模拟实际的环境状态,研究湿样品是环境科学研究的关键,对样品的干燥或真空处理都会破坏样品的本来性质。XAFS谱可以提供金属离子的氧化态、周边环境、短程有序(包括金属氧化键长和配位数)定量或定性的信息。到目前为止,尚无其他结构测定技术可以提供在微小、劣质的晶体或无定形固体、液体和气体等环境中金属离子的信息。所以XAFS在分子环境科学研究中是不可替代的技术。根据美国有关同步辐射应用研究机构的统计,分子环境科学占总束流时间的12%以上。欧洲预测在21世纪初将占23%。

4. 表面界面科学

在表面界面科学中利用同步辐射研究表面界面的结构、电子态以及化学组态,已成为同步辐射发展的一个重要方面。表面X光衍射、X光驻波法等在第三代同步辐射光源上建立的研究方法是研究表面原子和电子结构的先进手段。表面衍射利用同步辐射各种性能的显微光电子能谱发挥着重要作用,特别是不同偏振同步光的应用,为表面科学在原子、分子尺度的化学键取向研究打开了大门,对低维材料的研究和应用起到了重要作用。

5. 凝聚态物理

凝聚态物理和原子分子物理是同步辐射传统的应用领域,它的结构特征尺度为10^{-10} m,这正是X射线的特征波长,相应的能级也为真空紫外到X射线的波段所覆盖,所以同步辐射已经成为这些学科不可缺少的实验研究工具。同步辐射光源的每一步进展都为这些研究领域提供了新的开拓和发展的机会。

凝聚态物理主要是研究固态和液态物质的微观结构、化学成分、运动规律及其与外界作用(力、声、光、电磁等)的关系;其研究内容有微尺度、超薄、低维、微区不均匀、杂质与缺陷和动态研究,高压条件下物质特性研究,表面物理、表面催化和表面磁性等的研究。同步辐射光源为上述研究领域提供了一个全新的、不可替代的研究手段。首先原有的技术得到新的发展,如光电子发射可以发展为扫描光电子发射显微谱,由简单的研究能级结构的平均效应扩展为同时获取空间分布的能级结构变化的信息。将X光衍射与XAFS相结合可以同时得到原子的长程排列和局域环境的信息。高压物理研究近年来十分活跃,如研究250万大气压(1个大气压约为10^5 Pa)下的氢金属化现象,高温高压下石墨转化为金刚石的相变过程,而模拟地球内部的物质形态对深入地了解和认识地球内部结构及演化过程有着独特的意义。我国已经在BSRF上开展了一些研究工作如“高温氧化物超导体的高压研究”等,得到了普通X光源无法得到的结果。但是,若将压力提高到百万大气压以上，实验要求同步辐射光源必须具有高耀度、高稳定度的硬X射线（几十千电子伏），光斑尺度小于10 μm，并能进行动态研究，这只有高性能的第三代同步辐射光源才能提供。尤其值得注意的是，物质的相变过程的实验研究是凝聚态物理学家所梦寐以求的，ESRF已经实现了这一梦想。

6. 原子、分子和团簇物理

原子、分子物理是研究原子、分子的内部结构、运动规律及其与强外场相互作用的动力学，最近研究领域扩展到非常活跃的团簇物理。同步辐射光源提供的高性能同步辐射光可以研究原子、分子和团簇相互作用的动力学、多体效应以及超精细相互作用效应等，结果可以验证量子电动力学等现代基础理论；测量原子的光电产额、截面、能级的化学位移和多重电离分裂等精细结构、分子的振动和转动能级、各种光子和电子的发射过程及相应的角分布等，这些研究可以有助于建立新的实验方法，其基本理论和数据还可以应用于环境科学、生命科学和计量科学。团簇物理的研究起步不久，团簇特殊的复杂性使得在很多情况下只有用同步辐射光源来获得其许多基本数据，世界各国同步辐射实验室纷纷建立团簇研究的专用束线和实验站，表明了科学界在同步辐射装置上研究团簇的兴趣。

7. 化学

同步辐射光源在现代化学研究中既是一个重要的研究工具，又可以形成新的交叉学科。如将同步辐射光与交叉分子束相结合，由于其信噪比高、选择性和分辨率都大为提高，使分子束碰撞研究、分子反应动力学得到新生。李远哲教授及其研究组已在ALS上证明了这一点。光化学要求同步辐射光源的真空紫外区的高耀度宽波段光谱，除研究气体分子的能量和电子转移的基本过程之外，还可以用于研究感光材料微量元素成分与分布，控制荧光寿命从而开发新的光学材料。快速准确的聚合物的结构分析，聚合物合成和相变的动态过程研究是同步辐射在高分子化学中的主要应用，也是其他方法不可替代的。

8. 地学和能源科学

在地学领域，同步辐射也有着重要的应用前景。除了可以对各种地质样品进行结构、成分分析，从而推测不同地质年代所发生的地质事件之外，另一个十分重要的方面是利用金刚石对顶砧技术结合高功率密度激光可获得高达1×10^{11} Pa（100万atm）和极高温度（3 500～6 500℃），来对地球内部的结构及其变化进行实验室模拟，这需要第三代同步辐射光源提供X射线微束、高空间分辨和谱分辨的光束线，实验站提供超高温、超高压等极端条件下样品分析的工具。

研究矿物颗粒内主要元素和微量、痕量元素的价态分布及相关性，了解成矿过程中的物理化学条件，研究成矿原因和规律，以及微米级矿物颗粒或包裹体，要求同步辐射光斑尺度在1 μm左右，这只有在具有极高耀度和硬X射线的第三代同步光源上才能实现。

在宇宙形成、地质变迁、矿床成因等研究中，也要求能量为33～63 keV的硬X射线和高的耀度和分辨率。

9. 信息科学和微电子技术

信息科学的主要研究任务就是数据（信息）的存储、处理和传输。具有极高存储密度的新材料，如磁光介质材料，要用同步辐射自旋分辨光电子能谱方法及磁圆二色等方法，测定价电子自旋的取向，研究材料的磁性。

数字集成电路是数据处理系统的关键部件。近几十年来，微电子技术向着更小尺度的方向发展，每隔一年半，存储芯片的存储单元密度就翻1番。用于计算机的超大规模集成技术的发展主要是依靠在不断地改进、提高电路功能的同时缩小光刻的线度，提高集成度，目前使用的光学光刻方法的分辨率极限约为0.2 μm。随着集成电路的集成度越来越高，科学界估计对线度在0.1 μm以下的集成电路，同步辐射X光光刻技术有可能成为主要的手段。所以，同步辐射X光光刻技术的研究和发展工作受到许多国家的高度重视，除在通用同步辐射装置上进行研究之外，还积极探索建立用于规模生产的专用化、小型化的同步辐射光源。目前世界上已经运行的用于同步辐射X光光刻技术研究的专用光刻光源（超导储存环）有5个。更为广泛引起密切关注的是，随着大规模集成电路的集成度越来越高，各种精细的结构越来越密集，使得这类微电子器件的应力分布变得越来越复杂。应力引起应变，它直接影响到器件的工作与寿命。因此，一个十分重要的问题是弄清应变的定域分布（最好是在工作状态下的定域分布），以比较不同设计及工艺的优劣，要求是无损的、工作状态下的测定。同步辐射目前是唯一可以满足此要求的手段，日、美、欧等工业国家对此进行了大力研究，充分注意到这点。各大产业部门拥有自己的光束线，以其研究作为开发及工艺判断的根据。这是近年来十分值得注意的动向。

国内正在利用已有条件进行深亚微米光刻的工艺研究和简单器件的研制，目标是向实用化发展，制成可用于毫米波制导的高灵敏度器件。如果要在大约 10 年以后解决卫星、导弹、微波通信等领域对微电子器件的需要，就必须立足于在专用高性能同步辐射光源上建立具有工业生成能力的基地。

10. 微机械加工技术

微电子机械系统(MEMS)是一种高度智能化、高度集成的系统。科学家预言，若干年后 MEMS 形成的社会和经济效益的规模将相当于今天的微电子技术所产生的效益。在微细加工技术中，利用同步辐射 X 光深度光刻及微电铸和微塑铸等工艺组成的 LIGA 技术，已经研制出微型传感器、微型光电部件、微型马达、微型齿轮、微电子开关和光纤耦合器微型喷嘴等，许多国家的同步辐射装置上均建有 LIGA 技术专用束线。同步辐射不仅在 MEMS 制造技术方面发挥着重要作用，而且在 MEMS 器件大规模生产中将起到不可估量的作用。我国已在现有的同步辐射装置上进行了研究和探索，如获得了亚微米线宽和几十微米深的微型齿轮等三维结构的光刻图形。但是，如果想得到毫米深度和微米线宽的微型器件还需要准直更好、耀度更高的同步辐射光源。

11. 医疗诊断和医药学

运用同步辐射光源的高耀度发展的碘二色成像技术(所需光子能量约为 33 keV)，如无损的心脑血管造影、人体其他器官的造影等均为先进的诊断技术，这项技术正逐步进入实用。科学家还将多种同步辐射应用技术如 CT 和高分辨 K 吸收边二色成像技术等进行组合，用于研究大脑的新陈代谢。同步辐射对新药的设计、研制、筛选和开发提供了有力的分析和研究手段。现代新药的开发方法被称为药物化学结构设计，根据致病分子的结构，用计算机辅助设计药物分子结构，再进行合成与筛选，最后确定药物。同步辐射的 X 射线晶体学(8～16 keV)研究可以用于致病分子的结构的分析与测定，新药分子的设计与筛选过程的结构分析与测定。

美国多家医药公司竞相在 APS 光源上建造各自专用的同步辐射光束线和实验站(8～16 keV)，以期在 10～15 年的时间内，致力于研究并破解致病分子的结构，设计并生产出新药，大幅度提高人类的寿命。

12. 石油化学工业

有关催化剂催化机理的研究水平，直接影响到石油化学工业的效率和产出。催化研究涉及催化剂作用机理，催化反应过程的元素和结构分析等。由于催化剂大多为纳米级微晶和非晶材料，其结构分析和催化反应动态研究需要高耀度并具有优良时间结构的同步辐射 X 光。

(二)同步辐射应用领域与相关实验技术

同步辐射应用领域与相关实验技术的关系如表 12-69 所示。◎表示在第一代或第二代同步辐射光源上已实现，在第三代上不仅有量的提高且会有质的飞跃；●表示只有在第三代同步辐射光源上才能实现。

表 12-69　同步辐射应用领域与相关实验技术的关系

应用领域 / 相关实验技术	凝聚态物理	材料科学	原子物理	分子物理	化学	光化学	核物理	结构生物学	细胞生物学	医学诊断	辐射治疗	分子环境科学	地质学	工业制造与检测	药学及制药
X 射线衍射/散射	◎	◎	◎		◎	◎		◎				◎	◎	◎	◎
光子非弹性散射、磁散射	●	●	●	●	●										
EXAFS，XANES	◎	◎	◎	◎	◎	◎		◎	◎			◎	◎		

续表

相关实验技术 \ 应用领域	凝聚态物理	材料科学	原子物理	分子物理	化学	光化学	核物理	结构生物学	细胞生物学	医学诊断	辐射治疗	分子环境科学	地质学	工业制造与检测	药学及制药
X射线荧光分析	◎	◎	◎	◎	◎	◎		◎	◎			◎	◎	◎	
X射线反射/漫散射	◎	◎			◎			◎						◎	
光谱显微术(光子发射和吸收)	●	●			●				●	●					
光发射谱学(能量、时间和自旋分辨)	◎	◎	◎	◎		◎		◎					◎		
光电子谱学(UPS/XPS)	◎	◎	◎	◎	◎	◎		◎					◎		
光电子衍射	◎	◎			◎										◎
光电子显微	●	●										●			
光离子谱学	●	●	●	●	●	●							●		
圆二色、磁圆二色	◎	◎		◎	◎			◎	◎						◎
穆斯堡尔谱学	●		●	●		●	●	●					●		
小角X射线散射		◎			◎	◎		◎					◎		◎
X射线吸收成像		◎							◎	◎	◎	◎	◎	◎	
X射线衍射成像/相干成像	●	◎						●	●	◎		◎			
X射线驻波术	◎	◎			◎										
显微X射线CT		●							●	●	●	●			
X射线形貌术		◎											◎		
X射线干涉术	◎	◎	◎	◎				◎							
光激励分解	●	●			●	●									
软X射线显微术								◎	◎	◎			◎		
全息成像	●	●			●										
超快时间分辨术	●	●	●	●	●	●		●							
X射线光刻		◎												◎	
光子吸收治疗											●				
微细加工														◎	

九、同步辐射光源的未来发展——自由电子激光

下一代同步辐射光源是什么？广受关注的是自由电子激光装置(FEL)。在现存的同步辐射装置的储存环中，电子辐射是非相干的。无多粒子相干，辐射强度和束流中的电子数呈线性关系。自由电子激光在空间上将电子集成束，导致多粒子相干发射，从而使得辐射强度得到几个量级的加强。目前大多数自由电子激光装置运行在红外波段，科学家们正在致力于得到更短波长的光谱。关于自由电子激光器的原理可参阅图 12-40。

(一)XFEL 的科学意义

X 射线是揭示三维微观世界的理想探针;同步辐射光源以其高亮度、高通量、高准直、宽频谱、偏振性、时间结构、部分相干性,极大地推动了科学技术的发展;X 射线自由电子激光(XFEL)则以更高亮度、飞秒脉冲、全相干,成为探索微观世界超快变化过程的理想探针(四维微观世界)。

图 12-123 给出了 XFEL 与第三代同步辐射光源的性能比较。FEL 的峰值亮度可达到 10^{8-10};相干性可达到 10^9;脉冲宽度可短到 100 fs。利用 X 射线 FEL 飞秒的时间"透镜",将使人们可以捕捉到结构、功能及其转化过程的关联,这是诸多前沿学科特别是生命科学、信息科学、光化学、材料科学和环境科学等关注的目标。如飞秒化学"电影"——在原子尺度真实观察化学反应动力学过程。

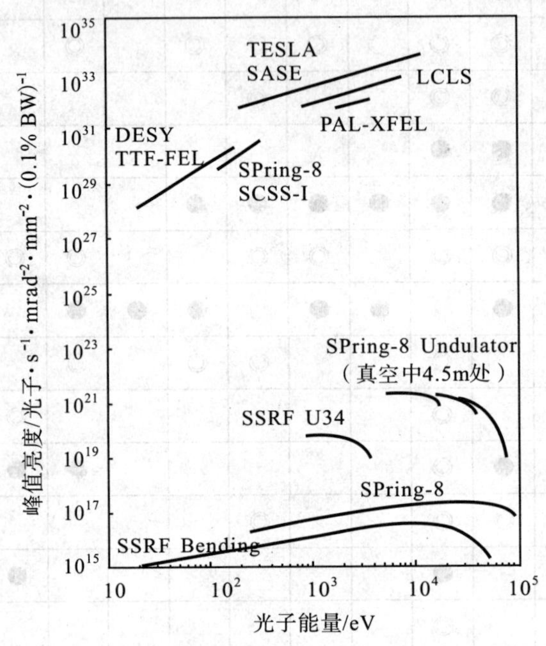

图 12-123 XFEL 与第三代同步辐射光源的性能比较

利用 X 射线 FEL 的空间全相干性,可以对生物大分子内部结构的变化过程进行 X 光的全息摄影,从而了解三维结构的动态演化过程,使蛋白质分子的结构解析以及功能相关的研究获得革命性的突破。如生物大分子的单分子成像。

X 射线 FEL 经聚焦可获得极高的 X 射线激光功率密度,其激光电场强度可达到 1 GV/cm 以上,它将为我们打开一个全新的领域——X 射线与物质的非线性相互作用,这是目前已有的其他 X 射线光源所无法开展的研究领域。

具有超高空间分辨率、超高时间分辨率、超高亮度和波长可调的强相干 XFEL 的出现,使人类现有的研究手段(即实验能力)有跨越式的提高,将对未来的科学产生极其重大的影响。

(二)国际上 XFEL 的预制研究和建设

在国际上,XFEL 的预制研究和建设十分迅速,其将与第三代同步辐射光源一起构成光子科学研究中心的核心装备,如美国 SLAC 的 SPEAR3 和 LCLS(XFEL)、德国 DESY 的 PETRAIII 和 FLASH(VUV-FEL)及 EXFEL、日本 JASRI 的 SPRING－8 和 SCSS、意大利的 ELETTRA 和 FERMI(XFEL),如表 12-70 所示。

表 12-70 国际上的部分 XFEL 装置

项目名称	最短波长/nm	运行模式	状态/计划完成时间	经费	加速器	
					能量/GeV	类型
SLAC/LCLS* (美国)	0.15	SASE	在建	3.79 亿美元	14.3	常规
EURO-XFEL(欧洲)	0.085	SASE	德国批准/2012 年	10.8 亿欧元	23～25	超导
SPring-8/SCSS(日本)	0.1	SASE	在建/2012 年	约 3.4 亿美元	6.0	常规
PAL-XFEL*(韩国)	0.15	SASE	设计中	1 亿美元	3.7	常规

* 基于已有的直线加速器改建。

(三)我国 XFEL 的预制研究和建设

用五年半时间建设一台电子能量为 6～8 MeV、FEL 基波波长为 3～0.1 nm 的中国 XFEL 装置(CXFEL):光阴极注入器约 150 MeV(含光阴极微波电子枪和 S-band 预加速段);主加速器 6～8 GeV(含 X-band 谐波补偿段、BC1 和 BC2 两级磁压缩系统及 3 个 S-band 直线加速段);束流输运匹配线(含束流输运线、束流准直器);波荡器系统(3 台波荡器 U1、U2、U3,其中 U1、U2 在真空内);X 射线诊断系统;X 射线束线与实验站系统(3 条光束线与相应实验站)。图 12-124 给出了 SXFEL 的主体布局示意。

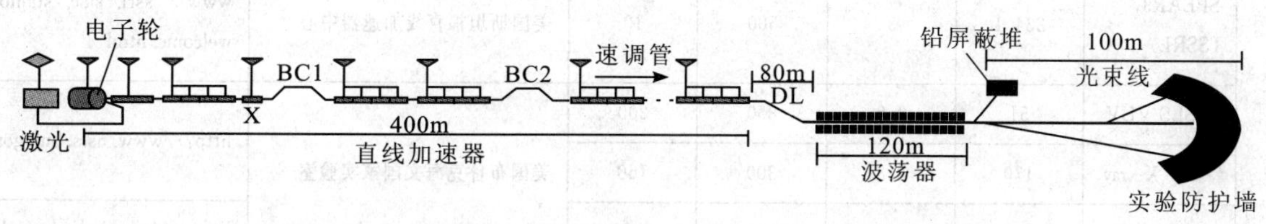

图 12-124 SXFEL 的主体布局示意

下面的附表列出了世界各国主要同步辐射装置的名称、参数、地址和网络,可供查阅。

附表　世界各国主要同步辐射装置的名称、参数、地址及网站

所在地	光源名称	储存环主要参数				所属单位	网址
		周长/m	电子能量/GeV	流强/mA	自然发射度/(nm·rad)		
美洲							
巴西	LNLS-1	93.2	1.37	250	100	巴西同步辐射实验室	http://www.lnls.br/
	LNLS-2*	332	2.5	500	0.84		http://newsource.lnls.br/
加拿大	CLS	171	2.9	200	18.2	加拿大萨斯卡彻温大学	http://www.lightsource.ca
美国	ALS	196.8	1.5～1.9	400	6.3	美国劳伦斯伯克力国家实验室	http://www－als.lbl.gov/als/
	APS	1104	7	300	8.2	美国阿贡国家实验室	http://www.aps.anl.gov/
	CAMD	55.2	1.2～1.5	250	200	美国路易斯安那州立大学	http://www.camd.lsu.edu/
	CESR	768	5.5	500		美国康奈尔大学	http://www.chess.cornell.edu/
	NC STAR		2.5			美国加州大学圣塔芭芭拉分校	http://sbfel3.ucsb.edu/
	SPEAR3 (SSRL)	234.1	3	500	10	美国斯坦福直线加速器中心	www－ssrl.slac.stanford.edu/welcome.html
	NSLS VUV	51	0.8	850	200	美国布鲁克海文国家实验室	http://www.nsls.bnl.gov/
	NSLS X-ray	170	2.8	300	160		
	NSLS-Ⅱ	780	3	500	0.55		http://www.bnl.gov/nsls2/
	Aladdin	88.9	0.8/1	280/190	120/187	美国威斯康星大学麦迪逊分校	http://www.src.wisc.edu
	SURF-Ⅲ		0.4			美国国家标准局	http://physics.nist.gov/MajResFac/SURF/SURF/index.html
亚洲							
亚美尼亚	CANDLE	216	3	350	8.4	亚美尼亚埃里温国立大学	http://www.candle.am/
中国	BSRF	240.4	2.2	100	76	中国中科院高能物理研究所	http://www.ihep.ac.cn/bsrf/english/main/main.htm
	BLS		2.2～2.5				
	NSRL	66.13	0.8	300	37.5	中国合肥国家同步辐射实验室	http://www.nsrl.ustc.edu.cn/EN/
	SSRF	432	3.5	300	3.9	中国中科院上海应用物理研究所	http://ssrf.sinap.ac.cn/english/
	NSRRC	120	1.5	240	25	中国台湾同步辐射研究中心	http://www.nsrrc.org.tw/
	TPS	518.4	3～3.3	500	1.6		
印度	INDUS Ⅰ	18.96	0.45	100	73	印度原子能源部高科技中心	http://www.cat.ernet.in/technology/accel/indus/index.html
	INDUS Ⅱ	172.5	2.5	300	58		http://www.cat.ernet.in/technology/accel/atdhome.html

续表

所在地	光源名称	储存环主要参数				所属单位	网　址
		周　长 /m	电子能量 /GeV	流强 /mA	自然发射度 /(nm·rad)		
日本	HiSOR	21.95	0.7	300	1256	日本广岛大学放射光科学研究中心	http://www.hsrc.hiroshima-u.ac.jp/index.html
	AR	377	6.5	100	163	日本高能物理研究所	http://pfwww.kek.jp/
	PF	187	0.75~3	450	36		
	NIJI-IV	29.6	0.31	330	49	日本电工技术实验室	http://unit.aist.go.jp/photonics/english/group/14e.htm
	TERAS	31	0.75	250	1700		http://unit.aist.go.jp/photonics/english/group/16e.htm
	AURORA	3.14	0.575	300		日本立命馆大学放射光科学研究中心	http://www.ritsumei.ac.jp/acd/re/src/index.htm
	SAGA-LS	75.6	1.4	300	25	日本佐贺光源	http://www.saga-ls.jp/?page=206
	SPring-8	1436	8	100	3.4	日本同步辐射研究所(JASRI)	http://www.spring8.or.jp/en/
	New-SUBALU	118.7	1~1.5	500	37	日本兵库县立大学	http://www.lasti.u-hyogo.ac.jp/
	SuperSOR	280	1.8	500	8	日本东京大学	http://www.issp.u-tokyo.ac.jp/labs/sor/project/MENU.html
	UVSOR-Ⅱ	53.2	0.75	500	27.4	日本分子科学研究所	http://www.uvsor.ims.ac.jp/defaultE.html
约旦	SESAME	129	2.5	400	26		http://www.sesame.org.jo/
韩国	PAL	280.6	2.5	180	18.7	韩国浦项加速器实验室	http://pal.postech.ac.kr/eng/index.html
新加坡	SSLS	10.8	0.7	500	138	新加坡国立大学	http://ssls.nus.edu.sg/index.html
泰国	SIAM	81.3	1		226	泰国国家同步辐射研究中心	http://www.slri.or.th/new_eng/
欧洲							
捷克	CESLAB	270	3			中欧同步辐射光源实验室	http://www.synchrotron.cz
丹麦	ASTRID	40	0.58	200	160	丹麦奥尔胡斯大学	http://www.isa.au.dk/
	ASTRIDⅡ(ISA)*	45.71	0.58	200	10		
法国	ESRF	844.4	6.03	200	4	欧洲同步辐射装置	http://www.esrf.eu/
	SOLEIL	354.1	2.5~2.75	500	3.7	法国同步辐射实验室	http://www.synchrotron-soleil.fr/

续表

所在地	光源名称	储存环主要参数				所属单位	网址
		周长 /m	电子能量 /GeV	流强 /mA	自然发射度 /(nm·rad)		
德国	ANKA	110.4	2.5	200	40—70	德国卡尔斯鲁理工学院	http://ankaweb.fzk.de/
	BESSYⅡ	240	1.7~1.9	100	5	柏林赫蒙霍兹研究中心	http://www.helmholtz-berlin.de/
	DELTA	115	1.5	130	16	法国多特蒙德技术大学	http://www.delta.uni-dortmund.de/index.php?id=2&L=1
	ELSA	164.4	1.5~3.5	200	400	法国波恩大学	http://www-elsa.physik.uni-bonn.de/elsa-facility_en.html
	DORISⅢ	289.2	4.45	140	410	法国汉堡同步辐射实验室	http://hasylab.desy.de/
	PETRAⅢ	2304	6	100	1		
	MLS	48	0.1~0.63	200	100	德国国家计量研究所	http://www.ptb.de/mls/
意大利	DAFNE	32.56	0.51	1000	1000	意大利弗拉斯卡蒂国家实验室	http://web.infn.it/Dafne_Light/
	ELETTRA	259.2	2/2.4	320/150	4/7.2	意大利同步辐射实验室	http://www.elettra.trieste.it/
波兰	PSLS	96	0.7/1.5		5.6	波兰雅盖隆大学	http://synchrotron.pl/
俄罗斯	VEPP-2M	18	0.7	300	460	俄罗斯西伯利亚同步辐射中心	http://ssrc.inp.nsk.su/
	VEPP-3	75	2	250	270		
	VEPP-4M	366	6	100	400		
	Siberia-SM		0.8				
	SiberiaⅠ	8.7	0.45	230	800	俄罗斯库尔恰托夫同步辐射光源	http://www.kiae.ru/
	SiberiaⅡ	124	2.5	72	100		
	DELSY	136	1.2	300	11.4	俄罗斯杜布纳同步辐射装置	http://wwwinfo.jinr.ru/delsy/
	TNK	115.7	2	300	27		http://www.niifp.ru/index_e.html
西班牙	ALBA	268.8	3	400	4.3	西班牙光源	http://www.cells.es/
瑞典	MAX-Ⅰ	32.4	0.55	250	40	瑞典隆德大学	http://www.maxlab.lu.se/
	MAX-Ⅱ	90	1.5	280	9		
	MAX-Ⅲ	36	0.7	280	13		
	MAX-Ⅳ	277	3	200	1		
瑞士	SLS	288	2.4	400	4.8	瑞士保罗谢尔研究所	http://sls.web.psi.ch/
英国	DLS	341	3	300	2.7	英国钻石光源	http://www.diamond.ac.uk/
乌克兰	ISI-800	46.73	0.8	200	27.6	乌克兰金属物理研究所	http://www.imp.kiev.ua/
	PulseStretcher		0.75~2			乌克兰哈尔科夫物理技术研究所	http://www.kipt.kharkov.ua/
大洋洲							
澳大利亚	AS	216	3	200	16	澳大利亚光源	http://www.synchrotron.org.au/

参 考 文 献

[1]李景镇. 光学手册[M]. 西安:陕西科学技术出版社,1986

[2]Michael Bass(Sponsored by OSA). Handbook of Optics[M]. New York: McGraw-Hill, 1986

[3]王之江. 光学技术手册[M]. 北京:机械工业出版社,1987

[4]卢亚雄. 激光物理[M]. 北京:北京邮电大学出版社,2005

[5]周炳琨,等. 激光原理[M]. 北京:国防工业出版社,1995

[6]卢亚雄,等. 激光束传输与变换技术[M]. 成都:电子科技大学出版社,1999

[7]杜祥琬,等. 高科技要览——激光卷[M]. 北京:科学出版社,2003

[8]雷仕湛,等. 激光技术手册[M]. 北京:科学出版社,1992

[9]杨巨华,等. 激光与红外手册[M]. 北京:国防工业出版社,1990

[10]李适民,等. 激光器件原理与设计[M]. 北京:国防工业出版社,2005

[11]兰信钜,等. 激光器件与技术(Ⅱ)[M]. 武汉:华中理工大学出版社,1991

[12]廖胜辉. 光纤激光器及其在传感中的应用[D]. 武汉:武汉理工大学硕士学位论文,2005

[13]王国政. 光纤激光器的研究[D]. 长春:长春光学精密机械学院硕士学位论文,2002

[14]杜戈果,等. 拉曼光纤激光器的初步研究[J]. 红外与激光,2004,34(3):169-171

[15]张瑞君. 光子晶体光纤激光器[J]. 纳米器件与技术,2006,(7):323-332

[16]刘颂豪. 透明陶瓷激光器的研究进展[J]. 光学与光电技术,2006,4(2):1-8

[17]马海霞,等. 陶瓷激光器的研究进展[J]. 激光与光电子学进展,2003,40(2):45-50

[18]黄德修,等. 半导体激光器及其应用[M]. 北京:国防工业出版社,1999

[19]彭江得,等. 光电子技术基础[M]. 北京:清华大学出版社,1988

[20]孟庆巨,等. 半导体器件物理[M]. 北京:科学出版社,2005

[21](日)栖原敏明. 半导体激光器基础[M]. 北京:科学出版社,2002

[22]马声全,等. 光电子理论与技术[M]. 北京:电子工业出版社,2005

[23]黄翊东. 光电子器件在光纤通信中的应用[J]. 光电子器件及其应用专题,2005,34(10),739-747

[24]Margaritondo G. Introduction to synchrotron radiation[M]. New York: Oxford University Press, 1988

[25]Krinsky S, Perlman M L, Watson R E. Characteristics of synchrotron radiation and of its sources[M] // Handbook on synchrotron radiation, Vol. 1. Amsterdam: North-Holland, 1983

[26]Kim K J. X-ray data booklet[M]. Lawrence Berkeley Laboratory Pub. 490, 4.1-4.16, 1985

[27]Mills, Dennis M. Third-generation hard X-ray synchrotron radiation sources: source properties, optics, and experimental techniques[M]. New York: Willey, 2002

[28]Peatman, William Burling. Gratings, mirrors, and slits: beamline design for soft X-ray synchrotron radiation sources[M]. Amsterdam: Gordon and Breach Science Publishers, 1997

[29]Winick H. Overview of synchrotron radiation facilities outside the USA[J]. Nuclear Instruments and Methods, 1990, A291(1): 487-492

[30]Freund A. X-ray optics at the European Synchrotron Radiation Facility[J]. SPIE, 1995, 2515: 445-457

[31]Saicho H, Gohshi Y. Application of synchrotron radiation to materials analysis[M]. Amsterdam: Elsevier, 1996: 20-63

[32]Hirano K, Ishikawa T, Kikuta S. Development and application of X-ray phase retarders[J]. Review of Scientific Instruments, 1995, 66(2): 1604-1609

[33]Susini J. Design parameters for hard X-ray mirrors: the European Synchrotron Radiation Facility Case[J]. Optical Engineering, 1995, 34(2): 361-379

[34]Howells M R, et al. Design considerations for adjustable-curvature, high-power, X-ray mirrors based on elastic bending [J]. Optical Engineering, 1993, 32(8): 1981-1989

[35]Laan G, et al. A chromatic premirror system for a double-crystal monochromator[J]. Nuclear Instruments and Methods, 1990, A291(1): 225-227

[36]Senf F, et al. Precision demanded of a Rowland circle monochromator: its realization[J]. Review of Scientific Instru-

ments, 1995, 66(2): 2154-2156

[37]Martynov V, et al. Comparison of modal and differential methods for multilayer gratings[J]. Nuclear Instruments and Methods, 1994, A339(1): 617-625

[38]Hart M. X-ray monochromators for high-power synchrotron radiation sources[J]. Nuclear Instruments and Methods, 1990, A297(1): 306-311

[39]Steven L, et al. A manually operated ultra-high-vacuum water-cooled slit mechanism for the UL3U Wiggler/Undulator spectroscopy branch line at the national synchrotron light source[J]. Nuclear Instruments and Methods, 1990, A291(1): 348-349

[40]Thomas H L, et al. Thermo-mechanical analysis of the white-beam slits for an undulator beamline at the Advanced Photon Source[J]. Review of Scientific Instruments, 1995, 66(2): 1735-1737

[41]Ziegler E. Multilayers for high heat load synchrotron applications[J]. Optical Engineering, 1995, 34(2): 445-452

[42]Peters M, Knowles J, Breen M. Ultra-thin diamond films for X-ray windows application[J]. SPIE, 1989, 1146: 217-224

[43]Kunz C, et al. Scientific progress and improvement of optics in the VUV range[J]. Review of Scientific Instruments, 1995, 66(2): 2021-2029

[44]Smither R K, et al. Recent experiments with liquid gallium cooling of crystal diffraction optics[J]. Review of Scientific Instruments. 1992, 63(2): 1746-1754

[45]Yamaoka H, et al. Performance of a bender for a water cooled monochromator crystal at a high power wiggler beamline of the ESRF[J]. Review of Scientific Instruments, 1995, 66(2): 2267-2269

[46]Arthur J. Experience with microchannel and pin-post water cooling of silicon monochromator crystals[J]. Optical Engineering, 1995, 34(2): 441-451

[47]Dufresne E, et al. A statistical technique for characterizing X-ray position sensitive detectors[J]. Nuclear Instruments and Methods, 1995, A364(1): 380-393

[48]Morikawa E, et al. Adaptive optics for resolution/throughput optimization: variable-radius-mirror application for a PGM [J]. Nuclear Instruments and Methods, 1992, A319(1): 116-120

[49]Jackson J D. Classical Electrodynamics[M]. New York: John Willey & Sons. 1999

[50]王纳秀. 同步辐射光束线热缓释技术研究及冷却技术的应用[D]. 上海:上海光源:博士学位论文,2006

[51]朱毅. 第三代同步辐射光源光束线若干关键技术研究[M]. 上海:上海光源:博士学位论文,2007

[52]康乐. 曲面切槽晶体单色器和十字双丝斜扫描束流位置探测器相关技术研究[D]. 合肥:中国科学技术大学博士学位论文,2010

[53]夏绍建. 同步辐射光束线工程技术[M]. (待出版),2010

第十三章　非成像光学和自由曲面光学

非成像光学是相对于成像光学而言的。所谓成像光学，是以获得物体的像为目的，通常是指直接成像光学，即采用一个光学系统，对一个确定的物平面成一个确定的像平面，物平面和像平面之间的关系可以用物像距离、放大倍率、光阑位置等来表示。但是，成像光学还应包括间接成像光学的内容，即记录物体光场的某种信息、某种变换信息，尔后还原出物体的像来，例如全息成像、CT 成像、电视传像和编码孔成像等。对于直接成像，通常假定物平面上的图像是理想的，也就是没有像差的，由于光学系统有像差，在像平面上所成的图像相对于物平面上的图像来说，会有两方面的变化：一是图像会产生变形，有畸变；二是图像的清晰度或对比度会下降，出现模糊。这两种变化我们统称为像差。设计者的任务就是既要满足物像距离、放大倍率、光阑位置等光学特性参数，又要校正或消除像差，使成像光学系统的成像质量符合使用要求。而非成像光学，则通常没有一个确定的像平面，它关注的是物面辐射能量的传输和效率，对物面的辐射能量按照设计要求在像空间进行重新分配，一般要求获得最大的传输效率，并同时在像空间获得一个均匀的能量分布。

由于非成像光学的发展，特别是照明光学系统研究的深入，自由曲面光学的设计理论和加工技术已成为研究的热点，为光学领域研究的前沿课题之一。自由曲面是指无法用球面或非球面系数来表示的高次曲面，有高度的灵活性和自由度，用作透镜或反射镜的表面，提高系统的传输效率，增强校正像差的能力，大大简化系统的结构。

非成像光学的典型例子是常见的照明光学系统和太阳能获取系统。照明光学系统在显微镜照明、医用内窥镜照明、激光探测照明、光刻机照明、汽车前照灯等领域中有广泛的应用。同时，近年来，人类在太阳能获取方面进行了大量的研究，在太阳能电池、太阳光泵浦的激光器等方面取得了一些进展，这同样也是非成像光学研究的重点[1]。

第一节　辐射度学和光度学的基本参量

非成像光学所涉及的主要内容是能量的接收和能量的均匀性问题，有必要深入了解辐射度学和光度学的基本概念[2-9]。有关辐射度学和光度学较为系统和详细的论述，可参阅第九章的内容。本章仅对与非成像光学有关的辐射度学和光度学的基本参量进行扼要描述，以便阅读。

1）立体角。研究辐射度学和光度学需要利用一个工具——立体角。一个任意形状的封闭锥面所包含的空间称为立体角，用 Ω 表示，如图 13-1 所示。

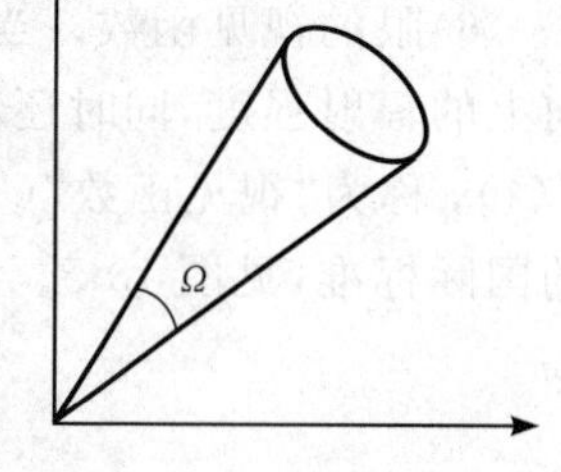

图 13-1　立体角示意图

假定以锥顶为球心，以 r 为半径作一圆球，如果锥面在圆球上所截出的面积等于 r^2，则称该立体角为一个“球面度”(sr)。整个球面的面积为 $4\pi r^2$，因此对于整个空间有

$$\Omega = \frac{4\pi r^2}{r^2} = 4\pi \tag{13-1}$$

即整个空间等于 4π sr。

2）辐射通量。一个辐射体辐射的强弱，可以用单位时间内该辐射体所辐射的总能量表示，称为“辐射通量”，用符号 Φ_e 表示，辐射通量的计量单位为功率的单位瓦特(W)。实际上，辐射通量就是辐射体的辐射功率。

3）辐射强度。辐射通量只表示辐射体以辐射形式发射、传播或接受的功率大小，而不能表示辐射体在不同方向上的辐射特性。为了表示辐射体在不同方向上的辐射特性，在给定方向上取立体角 $d\Omega$，假设在 $d\Omega$

范围内的辐射通量为 $d\Phi_e$，见图 13-2。$d\Phi_e$ 与 $d\Omega$ 之比称为辐射体在该方向上的辐射强度，用符号 I_e 表示。

$$I_e = \frac{d\Phi_e}{d\Omega} \tag{13-2}$$

辐射强度的单位为瓦每球面度（W/sr）。

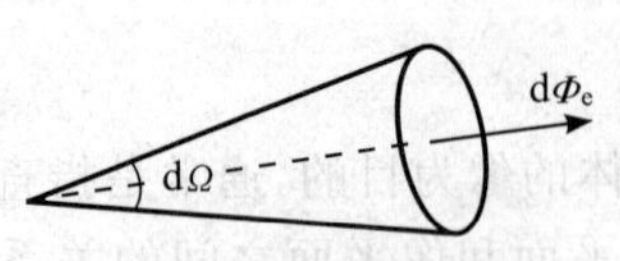

图 13-2 辐射强度示意图

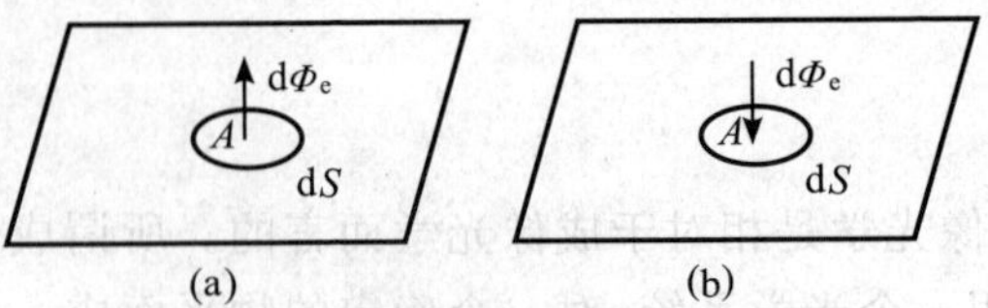

图 13-3 辐出射度和辐照度示意图

4）辐（射）出射度、辐（射）照度。辐射强度表示辐射体在不同方向上的辐射特性，但不能表示辐射体表面不同位置的辐射特性。为了表示辐射体表面上任意一点 A 处的辐射强弱，在 A 点周围取微小的面积 dS，不管其辐射方向，也不管在多大立体角内辐射，假定 dS 微面辐射出的辐射通量为 $d\Phi_e$，见图 13-3(a)，则 A 点的辐（射）出射度为

$$M_e = \frac{d\Phi_e}{dS} \tag{13-3}$$

辐（射）出射度的单位为瓦每平方米（W/m^2）。

如果某一表面被其他辐射体照射，见图 13-3(b)。为了表示 A 点被照射的强弱，在 A 点周围取微小面积 dS，假定它接受的辐射通量为 $d\Phi_e$，把微面 dS 接受的 $d\Phi_e$ 与 dS 之比称为"辐（射）照度"，用符号 E_e 表示，即

$$E_e = \frac{d\Phi_e}{dS} \tag{13-4}$$

辐（射）照度与辐（射）出射度的单位一样，也是瓦每平方米（W/m^2）。

5）辐（射）亮度。辐（射）出射度只表示辐射体表面不同位置的辐射特性，而不考虑辐射方向，为了表示辐射体表面不同位置在不同方向上的辐射特性，引入辐（射）亮度的概念，见图 13-4，在辐射体表面 A 点周围取微面 dS，在 AO 方向上取微小立体角 $d\Omega$，dS 在垂直 AO 方向上的投影面积为 dS_n，$dS_n = dS\cos\alpha$。假定在 AO 方向上的辐射强度为 I_e，I_e 与 dS_n 之比称为"辐（射）亮度"，用符号 L_e 表示。

$$L_e = \frac{I_e}{dS_n} \tag{13-5}$$

辐（射）亮度等于辐射体表面上某点周围的微面在给定方向上的辐射强度除以该微面在垂直于给定方向上的投影面积，它代表了辐射体不同位置在不同方向上的辐射特性。单位为瓦每球面度平方米（$W/(sr\cdot m^2)$）。

6）眼的视见函数。当人眼从某一方向上观察一个辐射体时，人眼视觉的强弱，不仅取决于辐射体在该方向上的辐射强度，同时还和辐射的波长有关。为了表示人眼对不同波长辐射的敏感度差别，定义了一个函数 $V(\lambda)$，称为"视见函数"（"光谱光视效率"）。国际照明委员会（CIE）在大量测定的基础上，规定了视见函数的国际标准，见图 13-5。

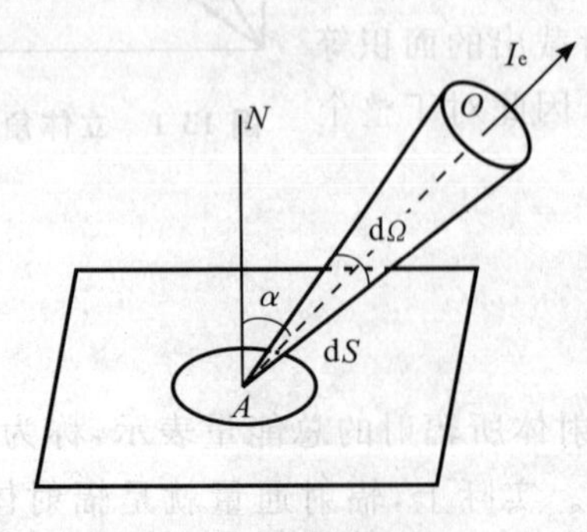

图 13-4 辐亮度示意图

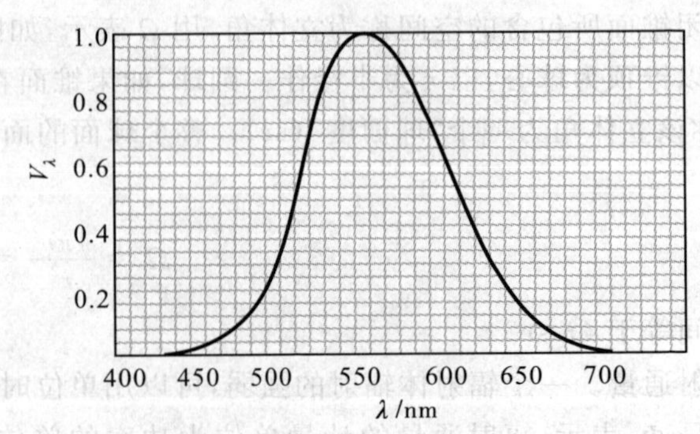

图 13-5 视见函数曲线

7）发光强度和光通量。假设某辐射体辐射波长为 λ 的单色光，在人眼观察方向上的辐射强度为 I_e，人眼瞳孔对它所张的立体角为 $d\Omega$，则人眼接收到的辐射通量为

$$d\Phi_e = I_e d\Omega$$

根据视见函数的意义，人眼产生的视觉强度应与辐射通量 $d\Phi_e$ 和视见函数 $V(\lambda)$ 成正比，因此我们用

$$d\Phi = CV(\lambda)\, d\Phi_e \tag{13-6}$$

表示该辐射产生的视觉强度。$d\Phi$ 就是按人眼视觉强度来度量的辐射通量，称为光通量。(13-6)式右边的常数 C 为单位换算常数。人眼所接收的光通量 $d\Phi$ 与辐射体对瞳孔所张立体角 $d\Omega$ 之比用 I 代表，称为发光强度。发光强度表示在指定方向上光源发光的强弱：

$$I = \frac{d\Phi}{d\Omega}$$

同时可以得到

$$I = CV(\lambda)\frac{d\Phi_e}{d\Omega} = CV(\lambda) I_e \tag{13-7}$$

发光强度的单位为坎[德拉](cd)。如果发光体发出频率为 540×10^{12} Hz 的单色辐射电磁波(波长 $\lambda=555$ nm)，且在此方向上的辐射强度为(1/683)W/sr，则发光体在该方向上的发光强度为 1 cd(坎德拉)。坎[德拉]是光度学中最基本的单位，也是 7 个国际基本计量单位之一。光通量 $d\Phi$ 的单位为流明(lm)。如果发光体在某方向上的发光强度为 1 cd，则该发光体辐射在单位立体角内的光通量为 1 lm。Φ 和 Φ_e 之比 K，表示发光体的发光特性，称为发光体的“光视效能”，K 的单位为流明每瓦(lm/W)，表示辐射体消耗 1 W 功率所发出的流明数。

8)光出射度和光照度。对于具有一定面积的发光体，表面上不同位置发光的强弱可能是不一致的。为了表示任意一点 A 处的发光强弱，在 A 点周围取微小面积 dS，假定它发出的光通量为 $d\Phi$(不管它的辐射方向和辐射范围立体角的大小)，见图 13-6(a)，A 点的光出射度表示为

$$M = \frac{d\Phi}{dS} \tag{13-8}$$

公式所表示的光出射度，就是发光表面单位面积内所发出的光通量，与辐射度学中的辐(射)出射度相对应。反之，某一表面被发光体照明，为了表示被照明表面 A 点处的照明强弱，在 A 点周围取微小面积 dS，它接收了 $d\Phi$ 光通量，见图 13-6(b)，则 $d\Phi$ 与 dS 之比称作 A 点处的“光照度”。

$$E = \frac{d\Phi}{dS} \tag{13-9}$$

光照度表示被照明的表面单位面积上所接收的光通量，与辐射度学中的辐(射)照度相对应。显然，光出射度和光照度具有相同的单位，不过一个用于发光体，另一个用于被照明体。它们的单位是勒克斯(lx)。1 lx 等于 1 m^2 面积上发出或接收 1 lm 的光通量，即 1 lx=1 lm/m^2。

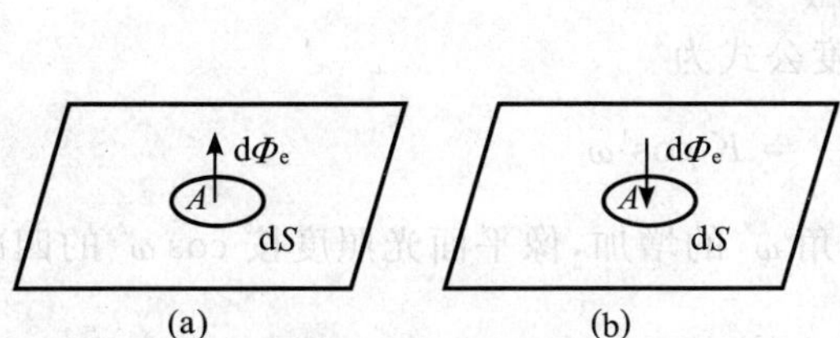

图 13-6　光出射度和光照度示意图

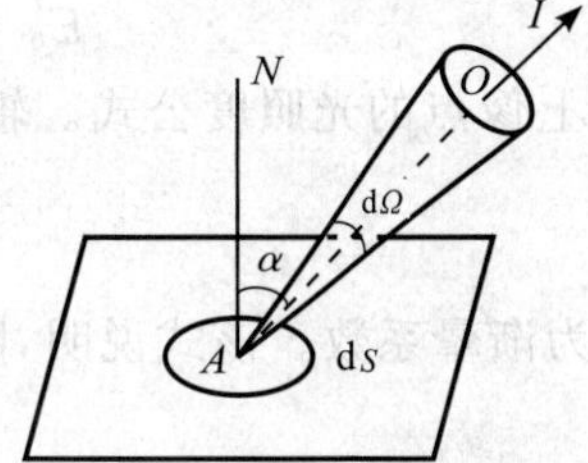

图 13-7　光亮度示意图

9)光亮度。光亮度表示发光表面不同位置和不同方向的发光特性。假定在发光面上 A 点周围取一个微小面积 dS，见图 13-7。某一方向 AO 的发光强度为 I，且 dS 在垂直于 AO 方向上的投影面积为 dS_n，则光亮度用下式表示：

$$L = \frac{I}{dS_n} = \frac{I}{dS\cos\alpha}$$

光亮度的单位为坎[德拉]/米^2(cd/m^2)。同时可以得到

$$L = \frac{I}{dS_n} = \frac{d\Phi}{dS\cos\alpha\, d\Omega} \tag{13-10}$$

由此公式可知，光亮度表示发光面上单位投影面积在单位立体角内所发出的光通量。

10）光照度公式和发光强度的余弦定律。假定点光源 A 照明一个微小的平面 $\mathrm{d}S$，见图 13-8。$\mathrm{d}S$ 离开光源的距离为 l，其表面法线方向 ON 和照明方向成 α 夹角，假定光源在 AO 方向上的发光强度为 I，则光源射入微小面积 $\mathrm{d}S$ 内的光通量为 $\mathrm{d}\Phi = I\,\mathrm{d}\Omega$，被照明物体表面的光照度为

$$E = \frac{\mathrm{d}\Phi}{\mathrm{d}S} = \frac{I\cos\alpha}{l^2} \tag{13-11}$$

上式就是光照度公式。

大多数均匀发光的物体，不论其表面形状如何，在各个方向上的光亮度都近似一致。假定发光微面 $\mathrm{d}S$ 在与该微面垂直方向上的发光强度为 I_0，见图 13-9。设发光体在各方向上的光亮度一致，有

$$I = I_0\cos\alpha \tag{13-12}$$

上式就是发光强度余弦定律，又称朗伯定律。该定律可用图 13-10 表示。符合余弦定律的发光体称为余弦辐射体或朗伯辐射体。

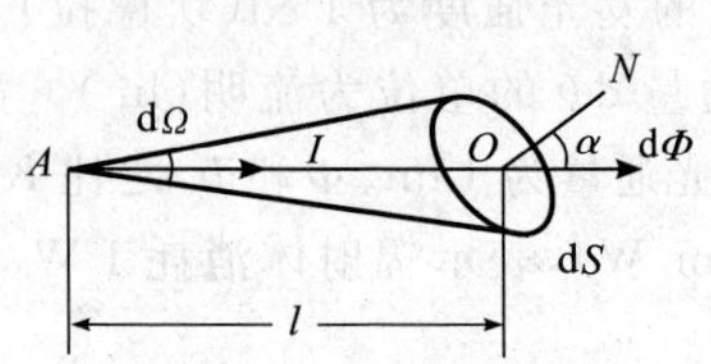

图 13-8 光照度公式示意图

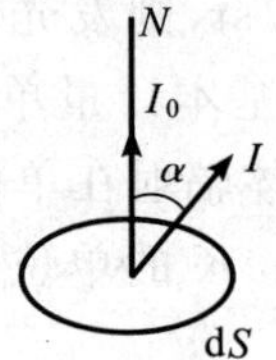

图 13-9 发光照度余弦定律示意图

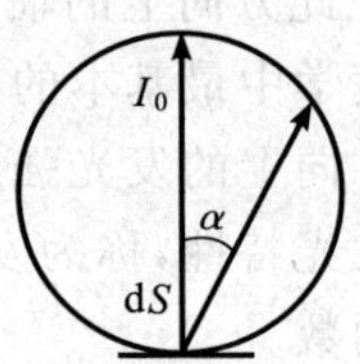

图 13-10 发光照度余弦分布示意图

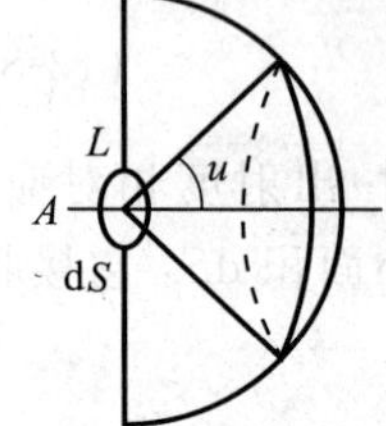

图 13-11 发光微面光通量示意图

假定发光面的光亮度为 L，面积为 $\mathrm{d}S$，见图 13-11。在半顶角为 u 的圆锥内所辐射的总光通量为

$$\Phi = \pi L\,\mathrm{d}S\sin^2 u \tag{13-13}$$

如果发光面为单面发光，则发光物体发出的总光通量 Φ，相当于以上公式中 $u = 90°$，则得 $\Phi = \pi L\,\mathrm{d}S$，如发光面为两面发光，则 $\Phi = 2\pi L\,\mathrm{d}S$。

11）像平面的光照度。如图 13-12 所示，假定物平面上光轴上物点 A 的光亮度为 L，且各方向上光亮度相同，光轴周围像平面的光照度公式为

$$E'_0 = \tau\pi L\left(\frac{n'}{n}\right)^2\sin^2 u'_{\max} \tag{13-14}$$

在物空间和像空间折射率相等的情况下，将 $n' = n$ 代入上式得

$$E'_0 = \tau\pi L\sin^2 u'_{\max}$$

该式为轴上像点的光照度公式。轴外点的光照度公式为

$$\frac{E'}{E'_0} = K\cos^4\omega' \tag{13-15}$$

式中，K 为渐晕系数。该式说明，随着像方视场角 ω' 的增加，像平面光照度按 $\cos\omega'$ 的四次方降低。

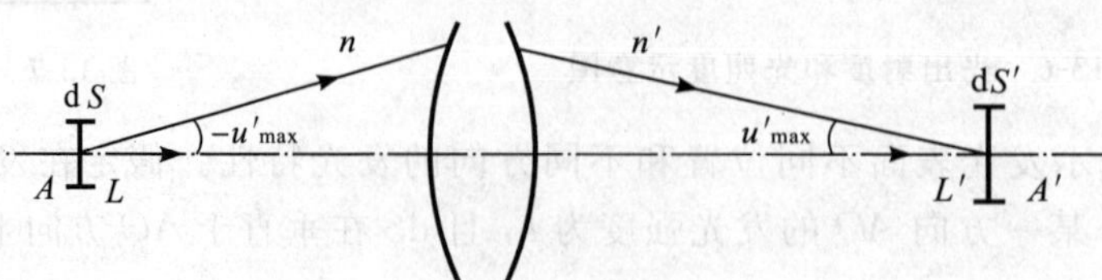

图 13-12 轴上像点光照度示意图

第二节　照明光学系统的基本组成

照明系统是非成像光学系统的典型例子，也是光学仪器的一个重要组成部分。一般来说，凡是研究对象为不发光物体的光学系统都要配备照明装置，如显微镜、投影系统、机器视觉系统、工业照明系统等。

照明系统通常包括光源、聚光镜及其他辅助透镜、反射镜。其中，光源的亮度、发光面积、均匀程度决定了聚光照明系统可以采用的形式。照明系统可采用的光源有卤钨灯、金属卤化物灯、高压汞灯、发光二极管(LED)、氙灯、电弧灯、白炽灯等。有些光源在其发光面内具有足够的亮度和均匀性，可以用于直接照明，但在大多数情况下，光源后面需要加入由聚光镜等构成的照明光学系统来实现一定要求的光照分布，同时使光能量损失最小，这两方面是对不同照明系统进行设计时需要解决的共同问题[10-11]。

对于照明光学系统的设计，可以借助于常规的光学设计软件。近年来，国际上也已经有了非常成熟的针对照明系统设计的商业软件，如 ASAP、LightTools、Tracepro 等。这些软件可以精确地定义各种实际光源的形状和发光特性，通过光线追迹，能计算出某个(或某几个)指定表面上的光照度、强度或亮度。软件优良的仿真特性也为照明系统的设计提供了良好的检验手段。

传统的成像光学旨在通过光学系统的作用，获得高质量的像，其目标专注于信息传递的真实性、高效性；而非成像光学中的照明光学系统则侧重于光能量传递的最大化，以及被照明面上的照度分布及大小。

与成像光学系统相比，照明光学系统具有以下特点[12-20]：

1)照明光学系统设计时必须考虑到光源的特性，如形状、发光面积、色温、光亮度分布等，而传统的成像光学设计中一般不需考虑物空间的光分布问题。

2)照明光学系统结构型式的确定主要考虑满足不同光能大小和不同光能量分布的需要，一般情况下对像差要求并不严格；而成像系统的结构布局是从减小像差出发考虑的。

3)有些照明系统不构成物像共轭关系，无法采用传统成像系统的像质评价指标。普遍来说，对照明光学系统设计优劣的判断通常是光能量的利用率、光照度分布是否均匀等。

对照明系统的设计要求大致如下：

1)充分利用光源发出的光能量，使被照明面具有足够的光照度。

2)通过合理的结构型式实现被照明面的光照度均匀分布。

3)应考虑到与后续成像系统配合使用的问题。比如，在投影系统中，为发挥投影物镜的作用，照明系统的出射光束应充满整个物镜口径；在显微系统中，应保证被照点处的数值孔径。

4)尽量减少杂光并防止多次反射像的形成。

照明系统根据照明方式的不同通常可以分为以下两类：临界照明和柯勒照明。

一、临界照明

临界照明是把光源通过聚光照明系统成像在照明物面上，结构原理如图 13-13 所示。在这类系统中，后续成像物镜的孔径角由聚光镜的像方孔径角决定。为与不同数值孔径的物镜相配合，通常在聚光照明系统物方焦面附近设置可变光阑，以改变射入物镜的成像光束的孔径角。

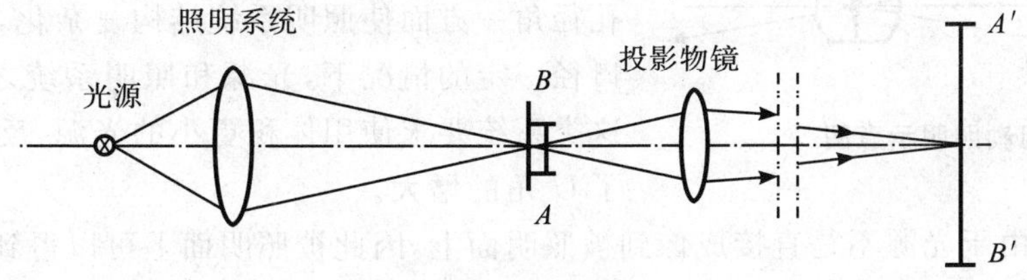

图 13-13　临界照明示意图

为保证尽可能多的光线进入后续成像系统，要求照明系统的像方孔径角 U' 大于物镜的孔径角。同时，为了充分利用光源的光能量，也要求增大系统的物方孔径角 U。当 U 和 U' 确定后，照明系统的倍率 β 由下式得到：

$$\beta = \frac{\sin U}{\sin U'} \tag{13-16}$$

又由于 $\beta = \frac{y'}{y}$，因此根据投影平面的大小，利用放大率公式可以求出所需要的发光体尺寸，作为选定光源的根据。

临界照明的缺点在于当光源亮度不均匀或者呈现明显的灯丝结构时，将会反映在物面上，使物面照度不均匀，从而影响观察效果。为了达到比较均匀的照明，这种照明方式对发光体本身的均匀性要求较高，同时要求被照明物体表面和光源像之间有足够的离焦量。后续物镜的孔径角应该取大一些，如果物镜的孔径角过小，焦深会很大，容易反映出发光体本身的不均匀性。临界照明系统多用于投影物体面积比较小的情形，例如电影放映机就是采用这种系统。这类系统中的照明器又有两种：一种是用反射镜，如图 13-14 所示，光源通常用电弧或短弧氙灯；另一种是用透镜组，光源通常用强光放映灯泡，如图 13-15 所示。为了充分利用光能量，一般在灯泡后放一球面反射镜。反射镜的球心和灯丝重合。灯丝经球面反射成像在原来的位置上。调整灯泡的位置，可以使灯丝像正好位于灯丝的间隙之间，如图 13-16 所示。这样可以提高发光体的平均光亮度，并且易于达到均匀的照明。

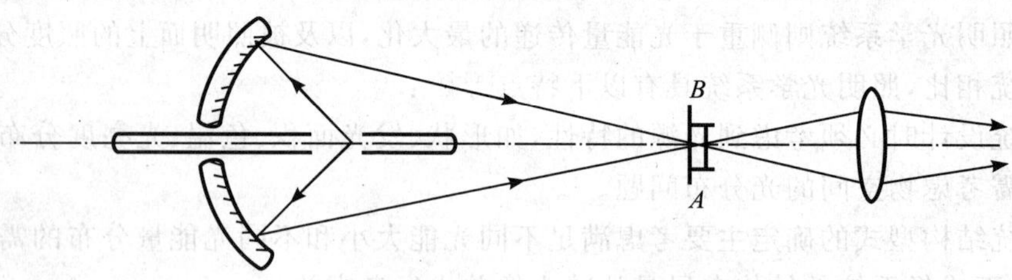

图 13-14　反射式临界照明

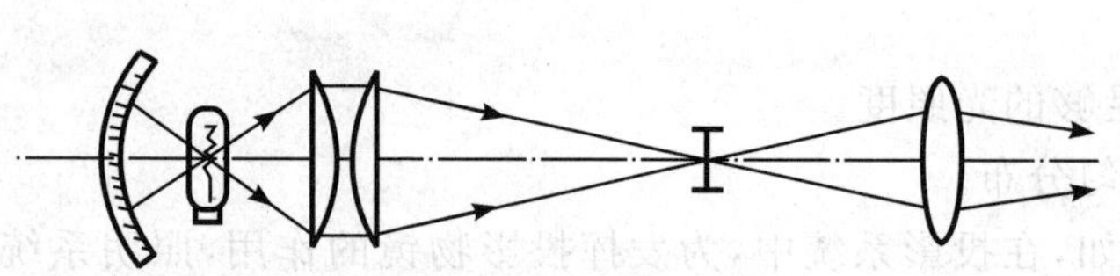

图 13-15　透射式临界照明

图 13-16　反射镜灯丝像示意图

二、柯勒照明

柯勒照明是把光源的像成在后续物镜的入瞳面上，如图 13-17 所示。这类系统中，聚光照明系统的口径由物平面的大小决定，为了缩小照明系统的口径，一般尽可能使照明系统和被照物平面靠近。物镜的视场角 ω 决定了照明系统的像方孔径角 U'，为了提高光源的能量利用率，也应尽量增大照明系统的物方孔径角 U。增大物方孔径角一方面使照明系统结构复杂化，另一方面在照明系统口径一定的情况下，光源和照明系统之间的距离缩短，因此这类系统要求使用体积更小的光源，反过来这两方面也限制了 U 角的增大。

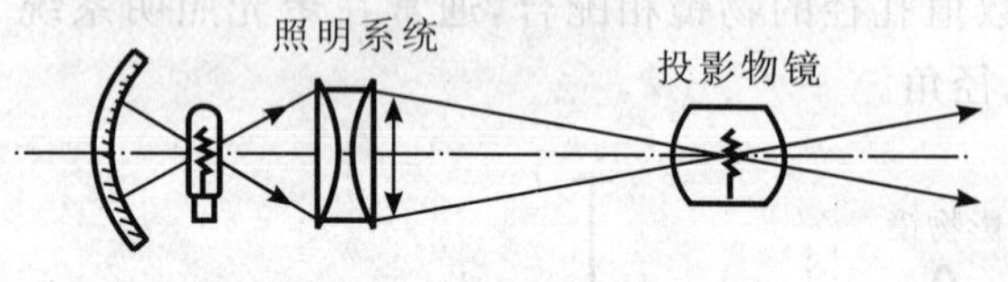

图 13-17　柯勒照明示意图

柯勒照明系统中，由于光源不是直接成像到被照明面上，因此被照明面上可以得到较为平滑的照明。这样避免了临界照明中的不均匀性。若已知物方和像方的孔径角，由(13-16)式可求照明系统的放大率，从而求出发光体的尺寸，作为光源选择的根据。在某些用于计量的投影仪中，为了避免调焦不准而引起的测量误差，和测量用显微镜物镜相似，投影物镜采用物方远心光路，如图 13-18 所示。

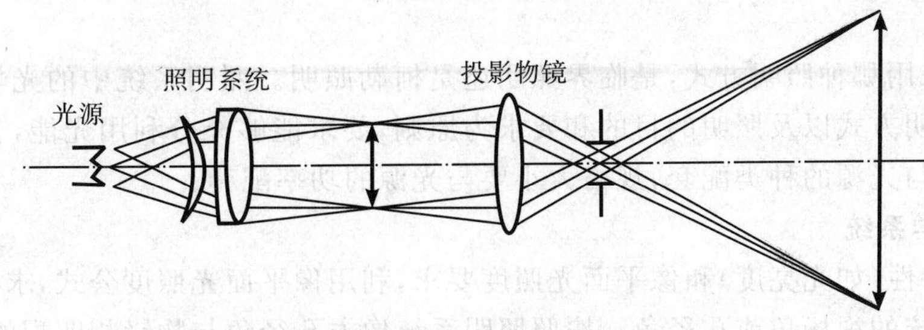

图 13-18　远心光路示意图

第三节　照明光学系统的设计

照明光学系统注重的是能量的分配而不是信息的传递，所关心的问题并不是像平面上的成像质量如何，而是被照明面上的照度分布和大小，从这个意义上来讲，设计照明光学系统实质上就是根据照度大小、分布的要求去选择各种光学元件，并合理地采用各种结构形式。在成像光学系统的设计中一般不大考虑物方空间的亮度，而照明光学系统则必须考虑光源（如灯丝）的形状和亮度分布，成像光学系统在像方一般是成一个平面像，而照明光学系统需要照亮的往往是一个立体空间。

对于系统的评价方法，成像光学系统的物像空间有着相应的点与点对应的共轭关系，故可以在视场中心和边缘选取几个抽样点，追迹光线到相应的像点，用垂轴像差、点列图或光学传递函数等对系统的成像质量进行评价。而照明光学系统没有物像共轭关系，照明区域中任意一点的照度都是由光源上许多点发出的光能通过照明系统分配后叠加形成的，因此无法完全套用成像系统的分析方法。

成像系统虽然可以非常复杂，但绝大多数情况下可以把其中的各光学面作有序排列，所有光线均按此顺序逐一通过各面。而照明光学系统的型式却是多种多样的，如汽车前照灯的配光镜，通常是由许多面型大小各异的柱面镜组合起来的，从灯丝发出的任意一条光线通过一个柱面镜，这些柱面镜就构成了一组非顺序光学面。对非顺序光学面的数学处理和光线追迹要复杂得多。

照明光学系统的光学特性主要有以下两个：一是孔径角，二是倍率。设计时应根据系统对光能量大小及光照度分布的要求，确定照明系统的孔径角及光源的放大率，进而选定照明系统的具体型式和结构，并进行适当的像差校正。

照明系统可采用透射和反射两种不同的形式进行聚光照明。以投影仪中的透射式照明系统为例，下面介绍设计的基本步骤[21-30]。

1. 选定光源

构成照明系统的光学系统的组成可以是多种多样的，而照明光源却是它们共有的部分。光源的种类很多，有热辐射光源（如白炽灯、卤钨灯）和气体放电光源（如低压汞灯、高压钠灯、金属卤化物灯、脉冲氙灯），还有冷光源和特种光源等。光源发光体的形状也是各种各样的，可以是点光源，也可以是扩展光源，可以是均匀的，也可以是非均匀的。光源的发光特性和形状都对被照明面上的光分布有非常大的影响。

在设计一个照明光学系统时，其首要任务就是要根据需求选择好光源。对光源的基本要求就是它能发射出足够的光通量。如果在规定的角度区域中的发光强度或在规定面积中的照度已经明确，那么，来自灯具的光通量就可以通过计算获得。而进入光学系统的光通量，考虑到灯具本身的光损失，必须将自灯具出射的光通量乘上一个系数。

光源的尺寸也是一个需要考虑的因素，因为这将影响到灯具的尺寸。当给定光通量输出的表面面积减小时，灯具的亮度将增高，有可能引起眩光。同时，在灯具中小尺度光源放置的位置要比大尺度光源严格得多，这时系统中的光学元件必须做得十分精密，这就对加工工艺提出了更高的要求。

光源的另外一个要求就是颜色，它必须与应用场合相匹配。在大部分情况下，颜色的要求并不太严格，但对于信号灯等特殊用途的灯，通常对颜色有严格的限制。

2. 确定照明方式

设计者需要确定采用哪种照明方式，是临界照明还是柯勒照明。照明系统中的光学系统的设计必须以所选择的光源类型、照明方式以及照明的目的和要求为原则，要求能够充分利用光能，合理地运用光源的配光分布，而且结构上要与光源的种类配套，规格大小要与光源的功率配套。

3. 确定和设计光学系统

根据光源的发光特性（如光亮度）和像平面光照度要求，利用像平面光照度公式，求出所要求的光学系统的孔径，并进而确定系统的视场角或孔径角。按照照明系统像方孔径角与物镜相匹配的原则，确定照明系统像方孔径角 U' 。根据光源尺寸及其与照明系统之间允许的距离确定照明系统物方孔径角 U 。由物像方孔径角计算照明系统的倍率并确定照明系统的基本形式。根据倍率和孔径角的要求进行像差校正，获得优化的结构。

与成像光学系统一样，照明系统中的光学系统也是由透镜、反射镜、平面镜等基本光学元件组成的，但大多以非球面非共轴为主，这是因为非球面非共轴光学系统在实现各种类型的光分布时要比共轴球面系统更便利。

与大多数成像光学系统不同，照明系统对视场边缘需要进行最佳像差校正。但是照明系统的消像差要求并不严格。考虑到光照的均匀性，只需适当减小球差。在要求比较高的情况下，还需考虑彗差和色差。

现代的照明系统中，更多地采用了非球面和反射式的聚光照明形式。采用非球面一方面可以简化系统的结构，另一方面能更好地校正像差；而反射面由于孔径角可以大于 90°，还能提高光能的利用率，获得高质量的照明。

4. 照明系统的照度计算

照明光学系统的照度分布计算是照明光学系统设计中的关键问题。有多种可取方案来计算照明光学系统的照度分布。方案的选择基本上依赖于照明光源，即光源是点光源还是扩展光源，是均匀的还是非均匀的。下面介绍几种方法[31-40]：

(1)光束断面积法

这种方法适用于点光源照明的光学系统，即照明光源为一点或者与光学系统的尺寸相比很小。典型的点光源有发光二极管和激光系统（在离束腰足够远时可以认为它是点光源）。

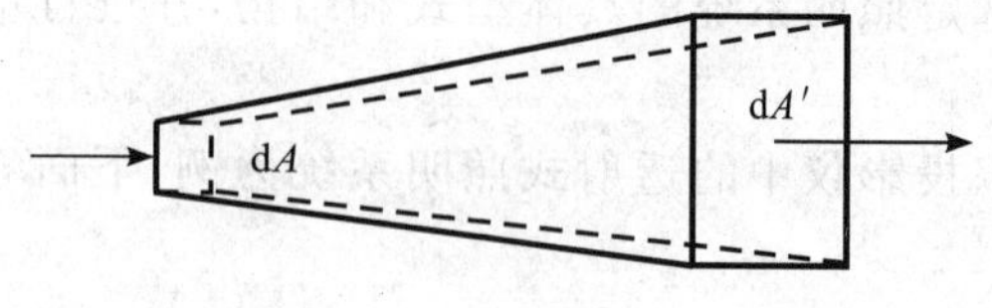

图 13-19 光束断面积法原理图

光束断面积法是以能量守恒定律为依据的。如图 13-19 所示，由光源发出的在某一微小锥形角内的光束投射到参考面上，假设其照射的面积为 dA，照度为 $E(x,y)$，当这一锥形角内的光束投射到另一表面时，设其照射面积为 dA′，照度为 $E'(x',y')$，于是有下列公式：

$$E(x,y)\mathrm{d}A = E'(x',y')\mathrm{d}A' \tag{13-17}$$

或

$$E'(x',y') = E(x,y)\mathrm{d}A/\mathrm{d}A' \tag{13-18}$$

因为事先知道光源（如朗伯光源）在空间和角度上的性质，可以求出 $E(x,y)$，通过光线追迹，比率 $\mathrm{d}A/\mathrm{d}A'$ 也可以算出来，从而就可以计算出照度 $E'(x',y')$。

(2)蒙特卡罗方法

蒙特卡罗方法适用于点光源和扩展光源照明光学系统，但主要应用于扩展光源在空间或角度上有辐射变化的照明光学系统。它是通过追迹上万条光线来决定照度的，可以从光源到接收器或从接收器到光源来进行光线追迹。这种方法因需要追迹大量的光线，因此，计算所需的时间相对比较长。蒙特卡罗方法还涉及抽样问题，即对光源在空间角度上进行抽样。另外，接收面是被分为矩形小方格进行考察的。光线被收集到矩形小方格内，给定照明点的照度值的准确度依赖于围绕此点的小方格所收集到的光线的数量。方格越小对照度的分布情况描述得越好，但想要获得同等的准确度，要求所追迹的光线相对多一些。

(3)投射立体角法

投射立体角法适用于扩展光源系统，它要求扩展光源在空间上均匀分布并且是朗伯型的。如是非均匀光源，则需通过将其分为相对比较均匀的小区域进行分析。运用投射立体角法的计算结果准确，计算速度快。但运用该法每次只能计算出照明面上每一给定点（观察点）的照度值。

如图 13-20 所示，假定把眼睛放在照明面的观察点上，通过光学系统观察光源，观察点的照度就由通过光学系统射入眼睛的光线数量来决定，射入眼睛的光束对眼睛所形成的张角（立体角）受限于光学系统的透镜口径和光源的尺寸大小。假设光源的亮度为 L，光束对人眼的立体角为 ω，透镜的透射率为 τ，则观察点处的照度就为 $E = c\tau L\omega$。其中 c 为光线对观察点的倾斜因子，当立体角很小时，它等于倾斜角的余弦值；当立体角较大时，它等于每条光线倾斜角的余弦值的积分。

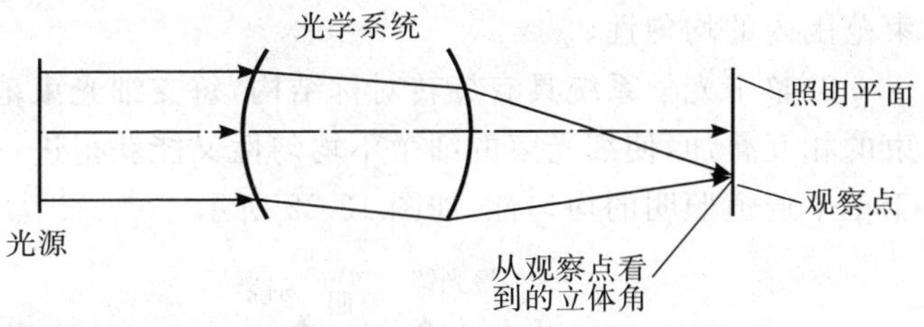

图 13-20　投射立体角法原理图

在观察点处人眼对所能看到光源部分所张的立体角与倾斜因子的乘积，我们称之为投射立体角，符号为 Ω。此时得观察点处的照度为 $E = \tau L\Omega$。

在编制软件时，可根据不同的照明光源系统选用相应的方法，建立对应的数学理论模型。

第四节　均匀照明的实现

在很多情况下，对照明系统的要求除满足一定的照度大小外，还要求被照明面有均匀的光分布。因此，如何实现均匀照明一直是人们研究的热点。影响光照度分布均匀性的主要因素有：光源本身的光亮度分布不均匀，照明系统结构型式及像差的影响，光学系统反射、吸收、偏光等因素的影响。

实现均匀照明最简单的方法是在照明系统中加入磨砂玻璃或乳白色玻璃，但这种方法只适用于均匀性要求不高的系统。上一节介绍到的柯勒照明方式是一种较为有效的均匀照明方式。聚光照明镜将光源成像到物镜的入瞳处，被照明物体经过物镜被投影到屏幕上或者进入人眼中。由于被照明面上的每一点均受到光源上所有点发出的光线的照射，光源上每一点发出的照明光束又都交汇重叠到被照明面的同一视场范围内，所以整个被照明物体表面的光照度是比较均匀的。

采用柯勒照明的系统，其像平面边缘照度仍然服从 $\cos^4\omega$ 的下降规律。因此，在液晶投影仪等大视场、高光强，均匀性要求较高的现代光电仪器中，通常采用复眼透镜、光棒等匀光器件与柯勒照明系统相配合，以获得较高的光能利用率及较大面积的均匀照明[41-50]。下面分别对这两种系统进行介绍。

一、复眼透镜

复眼透镜是由一系列相同的小透镜拼合而成的。小透镜的面型可为二次曲面或高次曲面，其形状可根据拼合需求进行加工。最常用的拼合方法有两种，见图 13-21。图 13-21(a)是把小透镜加工成正六边形拼合而成，处于中心的小透镜称为中心透镜，其他小透镜围绕着中心小透镜一圈一圈地排列，每一圈的透镜个数为 $6n$（n 为圈的序号）。图 13-21(b)是把小透镜加工成矩形拼合而成，排列成一个 $n\times m$ 的阵列，这种复眼透镜加工难度较前者小一些，但产生均匀照明的效果不如前者。

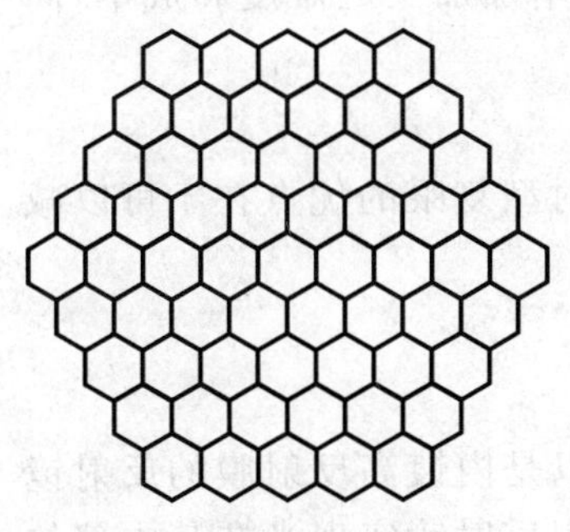

(a)正六边形拼合　　(b)矩形拼合

图 13-21　复眼透镜

复眼透镜照明系统的照明原理是光源通过复眼透镜后，整个照明光束被分裂为 N 个通道（N 为小透镜的总个数），每个小透镜对光源独立成像，这样就形成了 N 个光源的像，我们称其为二次光源，二次光源继续通过后面的光学系统后，在照明平面上相互反转重叠，互相补偿，从而能够获得比较均匀的照度分布。具体原因如下：

1)整个入射宽光束被分为 N 个通道的细光束，显然每支细光束范围内的均匀性必然大大优于整个宽光束范围内的均匀性。

2)整个光学系统具有旋转对称结构，每支细光束范围内的细微不均匀性，由于处于对称位置的两支细光束的相互叠加，使细光束的细微不均匀性又能获得进一步的相互补偿，因而叠加后物面照度的均匀性明显好于单个通道照明的均匀性，如图 13-22 所示。

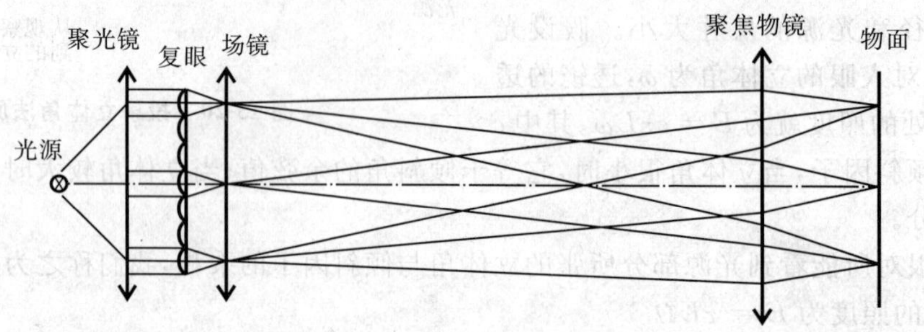

图 13-22 复眼透镜照明光学系统

在实际应用中，复眼透镜通常采用双排复眼的形式。每排复眼透镜由一系列小透镜组合而成。两排透镜之间的间隔等于第一排复眼透镜中的各个小单元透镜的焦距。与光轴平行的光束通过第一排透镜中的每个小透镜后聚焦在第二块透镜上，形成多个二次光源进行照明；通过第二排复眼透镜的每个小透镜和聚光镜又将第一排复眼透镜的对应小透镜重叠成像在照明面上，如图 13-23 所示。

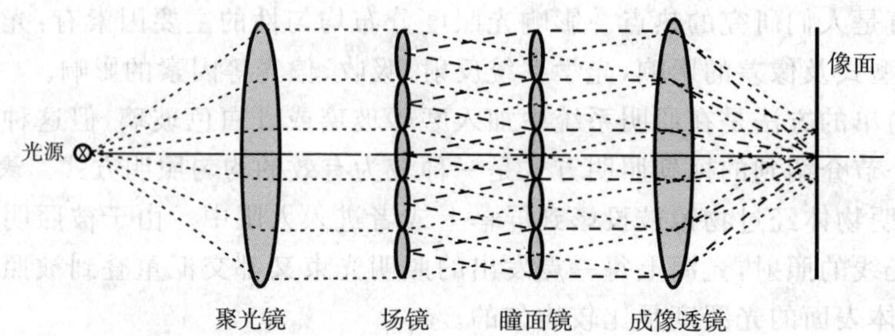

图 13-23 双复眼透镜

这是一个典型的柯勒系统。在这一系统中，由于整个宽光束被分为多个细光束照明，而每个细光束的均匀性必然大于整个宽光束范围内的均匀性，且每个细光束范围内的微小不均匀性由于处于对称位置细光束的相互叠加，使细光束的微小不均匀性获得补偿，从而使整个孔径内的光能量得到有效均匀的利用。

复眼透镜的设计是一个较为复杂的过程，主要的设计参数和考虑有：

1)全尺寸。为充分利用光能，复眼透镜不能太小。复眼透镜的全尺寸主要由光源尺寸和照明系统孔径角决定。

2)小透镜的个数及排列。应根据光源的发光特性、照明均匀性指标及要求的光斑形状去确定小透镜的个数及排列。透镜个数太少会失去小透镜将宽光束分裂的作用，但个数太多会增加加工的难度和成本，同时，由于透镜像差的存在，对于均匀性的改善也是有限的。

3)小透镜的相对孔径或焦距。由小透镜的口径及照明光束的孔径角决定。

除了上述介绍的复眼透镜，同样用于均匀照明的还有复眼反射镜。采用反射型复眼的优点在于可以减小系统体积，而且没有像差，因此在便携式光学仪器中具有广阔的应用前景。

二、光棒照明

光棒照明是另一类有效的均匀照明器件。光棒可以是实心的玻璃棒，也可以是内镀高反射膜的反射镜组成的中空玻璃棒。前者利用全反射原理，反射效率较高，且加工方便；后者利用反射镜实现光在其内部的传输，效率较低，但由于没有玻璃材料的吸收，能量损失较小，并能允许较大角度的光线入射，可以在短长度内实现同样次数的反射，达到相同的均匀性。

如图 13-24 所示，带角度的光线射入光棒后，在光棒内部的反射次数随入射角度不同而变化，不同角度的光线充分混合，在光棒的输出面上的每个点都将得到不同角度光的照射，从而在光棒的输出端能够形成均匀分布的光场。光棒输出端每一点的光强为来自光源的不同角度光的积分，因此，光棒也被称为光积分器件。

光棒端面可以设计成各种不同形状。一般来说，矩形、三角形、六角形等形式的端面可以获得较好的均匀性，而圆形的端面效果较差。在很多系统里还采用具有锥度的光棒，其作用是可以改变出射光线的方向，以满足照明光束与后续系统数值孔径匹配的要求。

图 13-24　光棒中的光线传播示意图

照明系统应用光棒实现均匀照明时，常采用椭球面反光碗＋光棒的形式，如图 13-25 所示。光源位于旋转椭球面反射镜的内焦点上，光棒放在反射镜的第二焦点附近，光线进入光棒经多次反射，在末端形成均匀的照明。由于光学系统结构和光棒尺寸的限制，通常无法直接将光棒出射面放置在需照明的表面上，因而在光棒后面需要引入中继的聚光镜，将光棒出射面成像在被照明物体的表面。

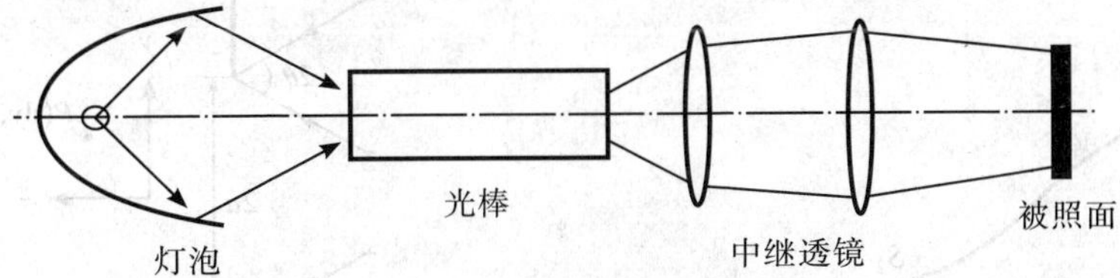

图 13-25　光棒照明光路

对于光棒的设计，主要考虑长度和截面积两个参数。

长度的考虑应该基于系统对照明均匀性的要求。光棒越长，光线在其内部的反射次数越多，均匀性越好。因此，为保证足够的反射，截面积较大的光棒其长度也应该相应增加。但长度增加必然带来能量的衰减及系统尺寸的增大。权衡考虑，一般情况下，光棒的长度满足光线在内部反射 3 次左右即为较合理的设计。

截面积的大小需要从能量利用率的角度出发来考虑。小尺寸的光棒，如果输出光束的孔径角小于后续光学系统的最大孔径角，出射的光能几乎全部被利用，此时适当增大截面积，能够增加进入光棒的能量，提高系统的光能利用率。但当光棒尺寸大到使出射光束孔径角大于后续系统能接收的孔径角后，如果继续加大尺寸，整个系统的能量利用率会下降。而且，如果后续光学系统只能在小于一定的数值孔径内有效工作，在进行光棒设计时也应充分考虑截面积大小与后续系统的匹配问题。

第五节　太阳光能量获取系统

随着世界人口的迅速增长及自然资源的无节制消耗，人类的生存环境日益恶化，国际社会越来越重视新型能源的开发和利用。相对于其他的能源，太阳能资源丰富、清洁，分布广泛，取之不尽、用之不竭，是人类未来的主要能源之一。另外，航天技术的飞速发展使太空资源成为世界主要大国相互争夺的对象，其中太阳光泵浦激光器在航天器系统中有着重要的应用。与传统的激光器相比，太阳光泵浦激光器具有结构简单、体积重量小、能量转化环节少等优点，理论上可以达到很高的转换效率。运用于空间卫星激光器上，能发挥太阳光泵浦激光器的优势，在卫星通信及外太空军事领域具有极大的发展潜力。

目前世界上太阳光泵浦激光器的主要研究单位有以色列 Weizmann 科学研究所、美国芝加哥大学物理系、日本东北大学和东京技术研究所。世界上第一台太阳光泵浦固体激光器是由美国的 C. G. Young 在 1965 年研制成功的，获得大约 1W 的激光输出，太阳光到激光的转换效率为 0.57%。其后，日本东北大学的 H. Arashi 等人、以色列 Weizmann 科学研究所的 M. Weksler 和 J. Shwartz、以色列的 Mordechai Lando 等人、美国芝加哥大学、日本东京技术研究所的 Shigeaki Uchida 和 Takshi Yabe 等科学家均进行了深入的研究。

太阳能获取系统是利用非成像光学系统获得太阳光能量为人类服务的典型的例子。太阳能获取系统简单来说就是利用一个光学系统将太阳光能会聚到太阳光伏电池接收面或太阳能泵浦接收面上，对于这类系统，追求的目标是尽可能多地会聚太阳光能，或在出射面上获得比较均匀的光能。

Ralf Leutz 和 Akie Suzuki 对太阳能获取的非成像系统进行了研究，给出了基本的定义[51-58]。如图 13-26 所示，假设系统的入射口径面积为 S_1，出射口径面积为 S_2，进入入射面的辐射通量（辐射能量）为 Φ_1，出射面的辐射通量为 Φ_2，则分别定义系统的几何光密度比 C 和光学效率 η 为

$$C=\frac{S_1}{S_2} \tag{13-19}$$

$$\eta=\frac{\Phi_2}{\Phi_1} \tag{13-20}$$

式中，S_1、S_2 的单位为 m^2，Φ_1、Φ_2 的单位为 W。系统的光密度比，也称为光学增益，定义为

$$\eta_C=\frac{(\Phi_2/S_2)}{(\Phi_1/S_1)}=\eta C \tag{13-21}$$

如果会聚获取系统是一个理想的系统，即光学效率为 1，则几何光密度比与光密度比相等：$\eta_C=C$。

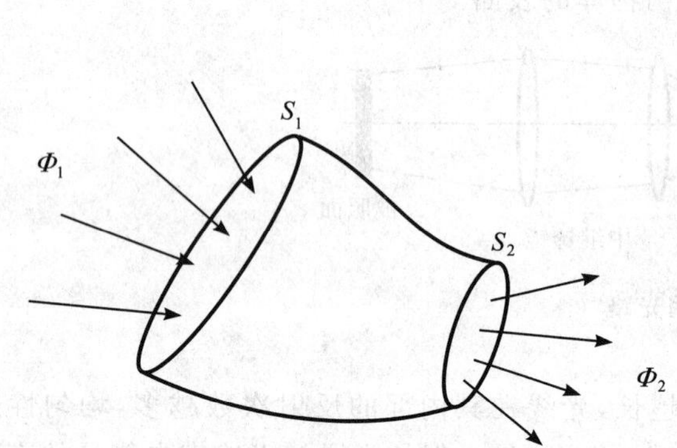

图 13-26　太阳能光密度比

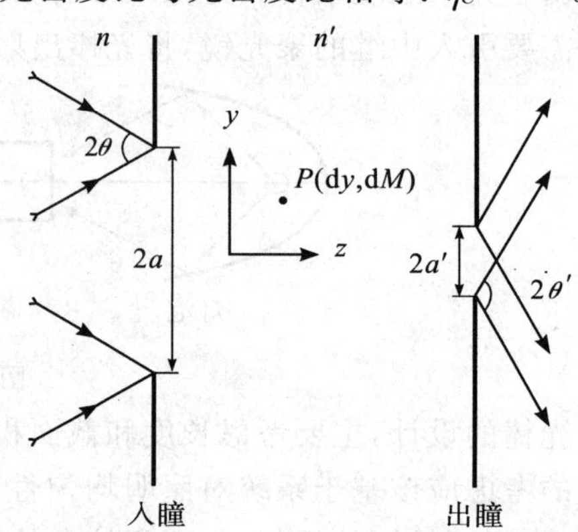

图 13-27　太阳能光密度示意图

如图 13-27 所示，系统所获取的能量由入射面的半径 a 和接收半角 θ 决定，物空间的折射率假设为 n，入射和出射面之间的介质折射率为 n'，出射面半径为 a'，则对于二维会聚系统几何光密度比又可以表示为

$$C=\frac{a}{a'} \tag{13-22}$$

假设以一条光线上某一点为 $P(y,z)$，其方向余弦为 (M,N)，P 沿着 y 轴的移动量为 $\mathrm{d}y$，另一个坐标移动量为 $\mathrm{d}M$，则光学扩展量（etendue，又称为光学不变量）可以定义为

$$n\,\mathrm{d}y\mathrm{d}M=n'\,\mathrm{d}y'\mathrm{d}M' \tag{13-23}$$

对该式在 y 和 M 方向上积分，可以得到：$4na\sin\theta=4n'a'\sin\theta'$，几何光密度比又可写为

$$C=\frac{a}{a'}=\frac{n'\sin\theta'}{n\sin\theta} \tag{13-24}$$

当 θ' 为极限值 $\pi/2$ 时，C 取最大值。通常物空间为空气，$n=1$，因此

$$C_{\max}=\frac{n'}{\sin\theta} \tag{13-25}$$

如果考虑空间三维会聚系统，则有

$$C_{3\mathrm{D},\max}=\frac{n'}{\sin^2\theta} \tag{13-26}$$

到达地面的太阳光发散角约为 $\varepsilon=0.54°$（约10 mrad）。设入射的辐射能量为 W，透镜的平均功率通过率为 η，透镜的直径为 D，焦距为 f，焦面直径为 d，入射面积和出射面面积为 S_1 和 S_2，如图 13-28 所示，则光密度比为

$$C_1=\frac{\dfrac{W\eta}{S_2}}{\dfrac{W}{S_1}}=\frac{S_1\eta}{S_2}=\frac{\pi\dfrac{D^2}{4}\eta}{d^2/4}=\frac{D^2\eta}{(f\varepsilon)^2}=\frac{1}{\varepsilon^2}\left(\frac{D}{f}\right)^2\eta \tag{13-27}$$

太阳能获取系统大体上分为透射式和反射式两种基本型式。

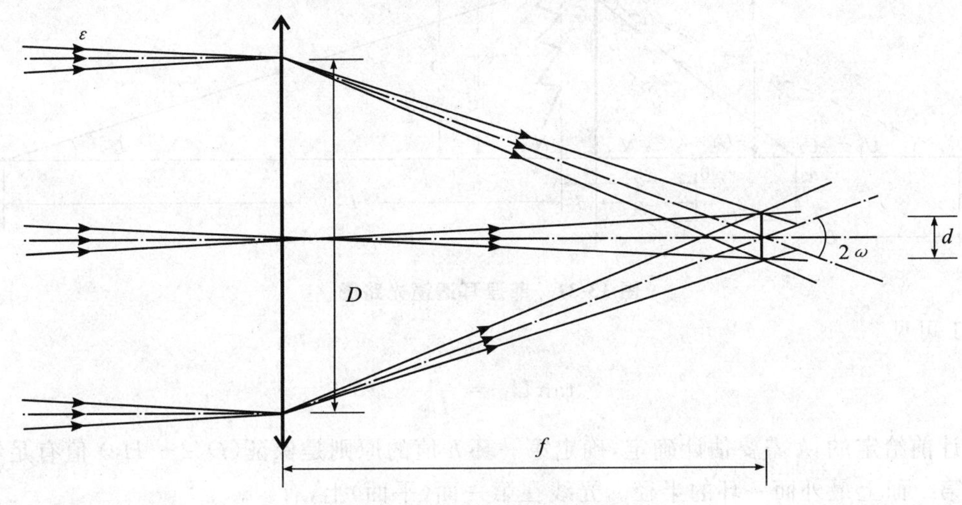

图 13-28　太阳聚光镜会聚光路图

一、透射式

透射式太阳能获取系统采用一个正透镜系统即可，但是希望有很大的相对孔径，同时希望球差不要过大，避免光能的不均匀性。我们知道传统的菲涅耳透镜正好具备这些特性，因此，在太阳能获取的透射式系统中，基本上都是采用菲涅耳透镜。一般来说，在某些要求孔径角和口径都很大的照明系统中，如果采用一般的球面或非球面的透镜，它们的体积和重量都将很大，而且在球面系统中，系统的球差也将很大。

为了减少系统的体积和重量，同时又能较好地校正球差，可采用菲涅耳透镜，即环带状的螺纹透镜，如见图 13-29 所示。

它的每一个环带实际上是一个透镜的边缘部分，利用改变不同环带的球面的半径，达到校正球差的目的。一般来说，一个环带中只有某一个高度的光线球差为 0，其他高度仍有球差，但它们的数量不会很大。由于菲涅耳透镜的表面形状比较复杂，通常直接利用玻璃压制，因此表面精度较差，同时存在暗区，一般不适用于第一类照明系统。

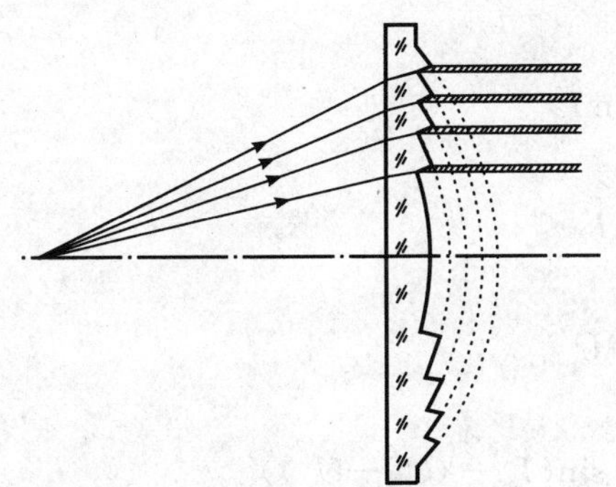

图 13-29　菲涅耳透镜示意图

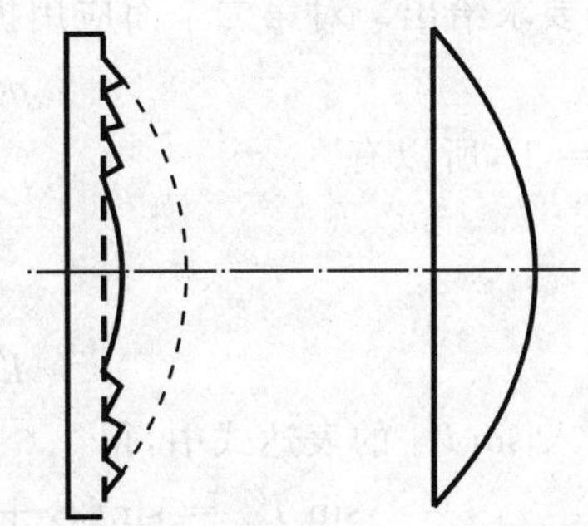

图 13-30　菲涅耳透镜减薄厚度、减轻重量示意图

菲涅耳透镜的设计思想是将透镜分成若干个具有不同曲率的环带，使通过每一个环带透镜的光线近似会聚在同一像点上，既可校正球差，又可减小透镜的厚度和重量，这在大通光孔径的照明系统中是非常重要的，如图 13-30 所示。

下面讨论菲涅耳透镜的光线计算方法，如图 13-31 所示，D 为菲涅耳透镜的直径，d 为基面厚度，ϕ 为通光口径，菲涅耳透镜的玻璃折射率为 n。设点光源在 A_1 处，距离透镜第一个面为 L_1，要求经菲涅耳透镜后成像在 A' 处，其像距为 L'_2。L'_2 等于从基面（虚线表示）到像点 A' 的距离，因透镜处于空气中，所以有 $n_1 = n'_2 = 1$。

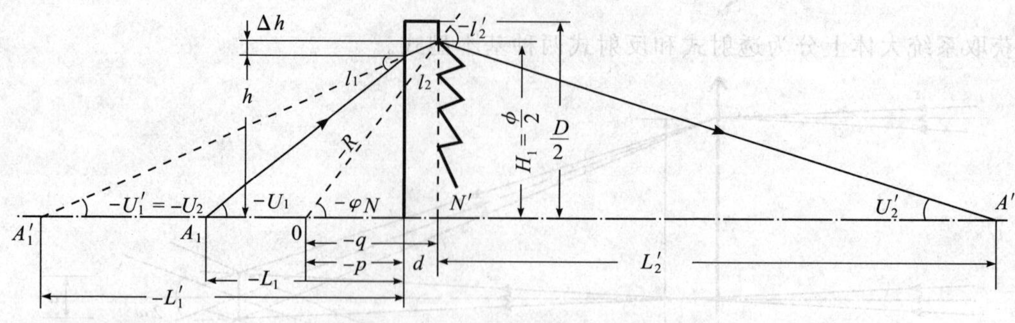

图 13-31　菲涅耳透镜光路图

由图 13-31 可见

$$\tan U_1 = \frac{h}{L_1}$$

式中，L_1 是设计前给定的，h 需要估计确定，确定第一环 h 值的原则是保证（$D/2 - H_1$）值有足够的尺寸，H_1 是菲涅耳透镜第二面上最外面一环的半径。光线在第一面（平面）上，有

$$\sin I'_1 = \frac{\sin I_1}{n}$$

其中

$$I_1 = -U_1,\quad I'_1 = -U'_1 = -U_2$$

而

$$L'_1 = \frac{h}{\tan U'_1} \tag{13-28}$$

光线在第二面上的投射高 H 由下式确定：

$$H = h + \Delta h = (d - L'_1)\tan(-U'_1)$$

即

$$H = (L'_1 - d)\tan U'_1 \tag{13-29}$$

由 H 即可求出光线通过系统后的像方会聚角 U'_2：

$$\tan U'_2 = \frac{H}{L'_2} \tag{13-30}$$

式中，L'_2 由使用要求给出。对第二个面应用折射定律，有

$$n_2 \sin I_2 = n'_2 \sin I'_2$$

因为 $n_2 = n, n'_2 = 1$，所以有

$$n \sin I_2 = \sin I'_2$$

由图有

$$I'_2 = I_2 + U_2 - U'_2$$

将上面的关系代入 $\sin I'_2$ 的表达式中，得

$$\begin{aligned}\sin I'_2 &= \sin(I_2 + U_2 - U'_2) = \sin(I_2 - (U'_2 - U_2)) \\ &= \sin I_2 \cos(U'_2 - U_2) - \cos I_2 \sin(U'_2 - U_2)\end{aligned}$$

因为 $n \sin I_2 = \sin I'_2$，所以有

$$n \sin I_2 = \sin I_2 \cos(U'_2 - U_2) - \cos I'_2 \sin(U'_2 - U_2)$$

化简得

$$\tan I_2 = \frac{-\sin(U'_2 - U_2)}{n - \cos(U'_2 - U_2)}$$

圆心角为 $\varphi = U_2 + I_2$，因此，环状透镜表面的曲率半径为

$$R = \frac{H}{\sin\varphi} \tag{13-31}$$

曲率中心 O 的位置，由下面两式确定（q 和 p 的度量分别以 N' 和 N 为起始点）：

$$q = \frac{H}{\tan\varphi} \tag{13-32}$$

$$p = q + d \tag{13-33}$$

如图 13-32 所示，菲涅耳透镜可以有两种基本型式。图中(a)为在平凸透镜的球面上加工成环带棱镜，(b)为在平凸透镜的平面上加工成环带棱镜。现在，菲涅耳透镜通常是由聚乙烯或聚烯烃等材料热压注塑而成的薄片，也有少数采用玻璃制作。

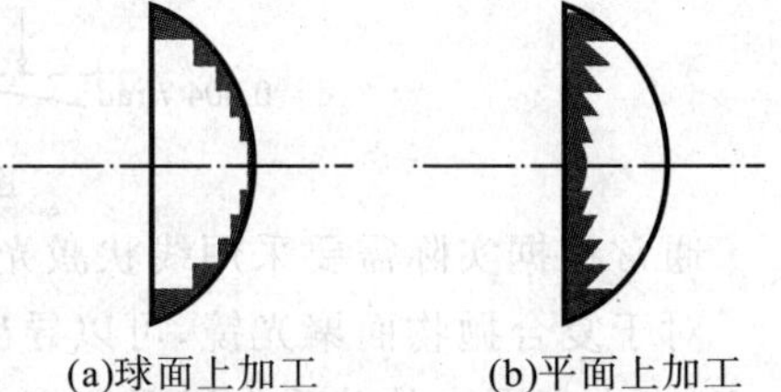

图 13-32　菲涅耳透镜的两种基本型式

二、反射式

在用太阳光泵浦的激光器系统中，多采用反射式能量获取方式。

太阳辐射到达地球大气层外的功率密度为 1 360 W/m²，经过大气层的反射、吸收、散射等衰减，到达地球表面的太阳辐射已大大减少。同时，太阳光谱中对泵浦激光有用的波长能量低、比例小。因此，将大面积的太阳辐射会聚成小的光斑，以获得高密度的辐射能量，是太阳光能泵浦激光器系统中研究的重点。

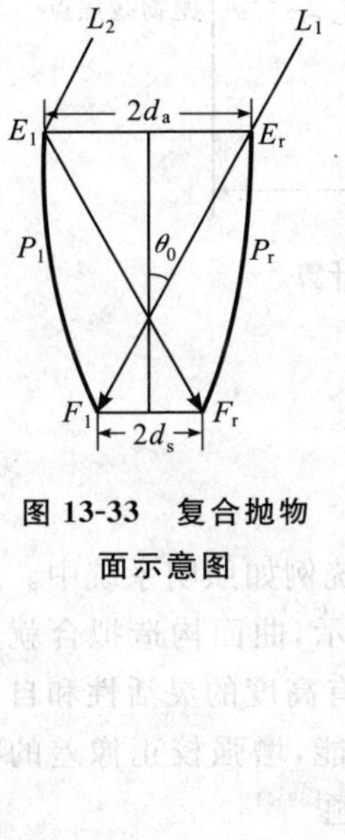

太阳光能泵浦激光器中，通常采用复合抛物面聚光器 CPC（compound parabolic concentrator）。复合抛物面聚光器是以抛物面为母线构成的光锥，具有高反射的内壁，在接收端收集光能，光线经多次反射到达输出端，是一个理想的非成像聚光器，如图 13-33 所示。CPC 的特点是反射面为抛物面，根据平行于抛物线对称轴入射到抛物线的光线经反射后过抛物线焦点的原理，通过设计，使抛物面的焦点正好处于 CPC 的出口边缘或接收体范围内，使最大入射角范围内的入射光线能从 CPC 出口射出或被接收体接收，以获得理想的会聚比。复合抛物面具有光轴对称性，在入射面处边缘光线最大的入射角为 θ_0，复合抛物面的接收角就是 $2\theta_0$，由 $+\theta_0$ 和 $-\theta_0$ 决定的两条抛物线为 P_l 和 P_r，边缘光线通过 P_l 的焦点为 F_r，通过 P_r 的焦点为 F_l，边缘光线 L_2 经过 E_l 反射后交于 F_r。为获得最大的口径，抛物线 P_l 应该设计成在 E_l 点处的切线，应该与 y 轴平行，抛物线 P_r 也是如此。在 L_1 和 L_2 之间的任意光线经反射后到达焦点处的光程都是相等的。几何光密度为 $C = d_a/d_s$，可得

图 13-33　复合抛物面示意图

$$2d_s = \frac{2f}{1+\cos(\pi/2-\theta_0)} \tag{13-34}$$

$$\frac{d_a + d_s}{\sin\theta_0} = \frac{2f}{1+\cos(\pi-2\theta_0)} \tag{13-35}$$

式中，f 为焦距。由此可得 $C = 1/\sin\theta_0$，与前述的光密度公式一致，因为此时折射率都为 1。

如图 13-34 所示，如果在复合抛物面前面加一个透镜，则复合抛物面聚光器的光密度比为

$$C_1 = \frac{\dfrac{W\eta}{S_2}}{\dfrac{W}{S_1}} = \frac{S_1\eta}{S_2} = \frac{\pi\dfrac{D^2}{4}\eta}{d^2/4} = \frac{D^2\eta}{(f\varepsilon)^2} = \frac{1}{\varepsilon^2}\left(\frac{D}{f}\right)^2\eta \tag{13-36}$$

$$C_2 = \frac{\dfrac{W\eta_2}{S_2}}{\dfrac{W}{S_1}} = \eta_2\frac{\pi\dfrac{{a_1}^2}{4}}{\pi\dfrac{{a_2}^2}{4}} = \eta_2\left(\frac{a_1}{a_2}\right)^2 = \eta_2\left(\frac{n}{\sin\omega}\right)^2 = \eta_2 n^2\left[1+\frac{4}{\left(\dfrac{D}{f}\right)^2}\right] \tag{13-37}$$

整个系统的光密度比为

$$C = C_1C_2 = \eta_1\frac{1}{\varepsilon^2}\left(\frac{D}{f}\right)^2\eta_2 n^2\left(1+\frac{4}{(D/f)^2}\right) = \frac{\eta_1\eta_2 n^2}{\varepsilon^2}\left((D/f)^2+4\right) \tag{13-38}$$

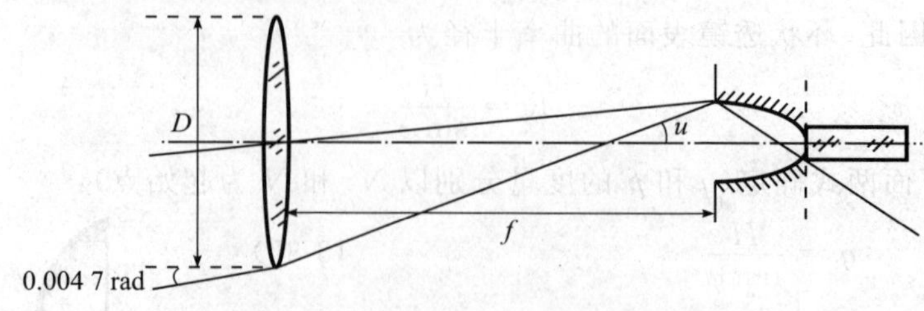

图 13-34 透镜和复合抛物面组合示意图

通常根据实际需要采用线状激光棒，此时复合抛物面聚光器为一个柱面结构，如图 13-35 所示。

对于复合抛物面聚光镜，可以导出相应的计算公式（见图 13-36）。设 CPC 出射口径为 $2a'$，最大接收角为 $\theta_{\max}$，由上图中的关系有以下几何关系：

抛物线的焦距长度 $$f = a'(1+\sin\theta_{\max}) \tag{13-39}$$

入射孔的直径 $$a = a'/\sin\theta_{\max} \tag{13-40}$$

CPC 的长度 $$L = a'(1+\sin\theta_{\max})\cos\theta_{\max}/\sin^2\theta_{\max} \tag{13-41}$$

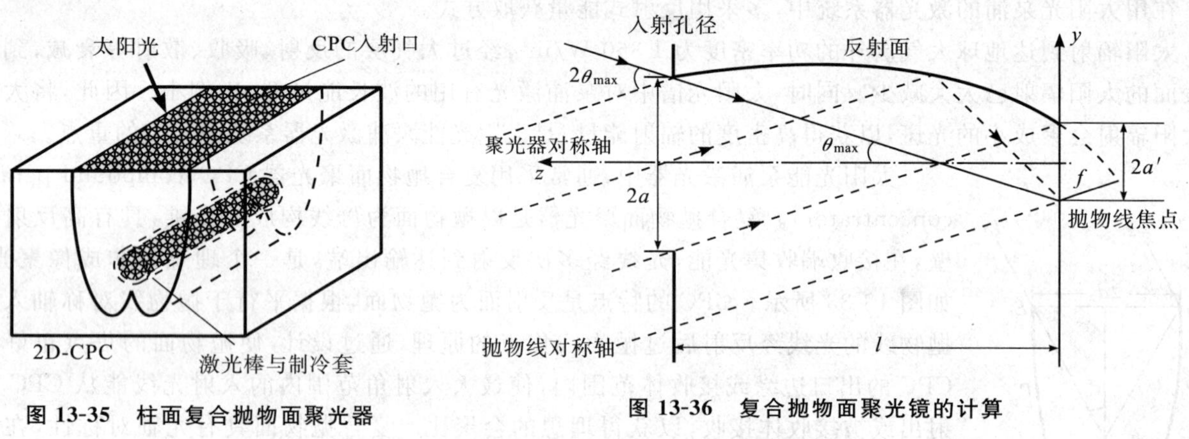

图 13-35 柱面复合抛物面聚光器

图 13-36 复合抛物面聚光镜的计算

第六节 自由曲面光学

近年来，人们开始对自由曲面光学进行研究，并把自由曲面应用在非成像光学系统例如照明系统中。自由曲面与普通的曲面不同，它很难用连续的函数表示，一般采用离散数据点的方式表示，曲面构造拟合就是利用这些数据点集，寻找形式比较简单、性能良好的曲面的数学表达式。自由曲面具有高度的灵活性和自由度，因此在光学系统中采用自由曲面作为透镜或反射面的表面，将大大提高系统的性能，增强校正像差的能力，同时也会大大简化系统的结构，因此自由曲面是目前光学设计领域研究的前沿课题[59-61]。

自由曲面是指无法用球面或非球面系数来表示的曲面，主要指任意非传统曲面、非对称曲面、微结构阵列曲面和用参数向量表示的任何形状的曲面。在工程物理、医学成像、计算机视觉和计算机图形学等领域中，在形状匹配、图像和物体识别、外形测量等研究中，经常需要进行自由曲面的构造和拟合。一般来说，实际应用中通常只能得到一些离散的形值点，要求利用这些形值点构造相应的曲线或曲面，其中严格通过给定形值点的曲线（曲面）称为插值曲线（曲面），不完全通过形值点的曲线（曲面）称为拟合曲线（曲面）。在 CAD/CAM 中常用的曲面设计方法有 B 样条曲面方法、Bezier 曲面方法、Ball 曲面方法、Coons 曲面方法等。前 3 个方法获得的都是拟合曲面，即一般不通过给定形值点，Coons 曲面方法是一种“人机对话式”的曲面设计方法，与给定形值点构造曲面的出发点不同。

自由曲面拟合通常是利用假想为曲面上的一组离散点，寻找形式比较简单、性能良好的曲面的解析表达式。曲面的解析表达式采用参数形式来表示，这种形式允许多值曲面用统一的形式来表示，且和坐标系的选取无关。曲面通常都采用数学方程式来定义。作为一个优良的数学表示，由它建构的曲面应具有以下特性：①缩小变化特性。有些数学表示往往不平滑，而是放大了由控制点所描绘的曲面中的细小不规则处，而另一些则可能相反，总是平滑所给定的控制点。前一种数学表示使得曲面产生高阶振荡，后一种数学表示则使曲面失去圆滑性，这两种情况在工程应用中都不太理想；②几何不变性。在不同的坐标系中度量控制点时，所生成的几何形状必须保持不变，这种性质称为坐标轴的无关性。曲面的形状仅仅与其特征多边形的各顶点(控制点)有关，而不依赖于坐标系的选择；③多值性。一个曲面往往不是一个坐标的单值函数，但是一般不希望给定的函数带有多值性；④局部控制。设计者在一个已存在的曲面上修改某个控制点时，希望曲面只在控制点附近的区域改变形状，即所谓的局部控制能力，而不是整个形状都被改变；⑤连续性的阶。实际应用的几何形状往往是由多个曲面来模拟构造的，为了保证设计者的要求，这些曲面在连接处要保证一定的连续性。

一、曲线构造

(一)样条曲线

样条曲线的均方曲率有极小值，它是给定点的“最光滑”的曲线。在笛卡儿坐标下，最小能量曲线是使两端点间的积分 $\int \frac{y''^2}{(1+y'^2)^{5/2}}\mathrm{d}x$ 最小，从这个积分中确定出的曲线 $y=y(x)$ 是一个没有初等解的变分问题。如果假设在整个样条上 $|y'| \ll 1$，就将问题化为较简单的 $\int y''^2\mathrm{d}x$ 的极小值问题。可以证明其解为一分段三次函数，有直至二阶的连续导数，也就是数学上的一个三次样条。

设在平面坐标系 xOy 中给出了 n 个形值点 $p_j(x_j,y_j)(j=1,2,\cdots,n)$，不失一般性，可设 $a=x_1<x_2<\cdots<x_n=b$，称满足下述条件的函数 $S(x)$ 为给定点列的三次样条函数：

1) $S(x_j)=y_j, j=1,2,\cdots,n$。

2) $S(x)$ 在 $[a,b]$ 上有连续的一阶及二阶导数。

3) $S(x)$ 在每个子区间 $[x_j,x_{j+1}]$ 上都是三次多项式。

由于 $S(x)$ 在每个子区间 $[x_j,x_{j+1}]$ 上都是三次多项式，从而它一定可以写成如下形式：

$$S(x)=S_j(x)=a_j+b_j(x-x_j)+c_j(x-x_j)^2+d_j(x-x_j)^3$$

$$x_j\leqslant x\leqslant x_{j+1}, \qquad j=1,2,\cdots,n-1$$

式中，a_j、b_j、c_j、d_j 为待定系数。因为须有 $S(x_j)=y_j$，故有 $a_j=y_j$。

为了将 c_j 和 d_j 用 b_j 表示出来，考察任意一段多项式

$$S_j(x)=y_j+b_j(x-x_j)+c_j(x-x_j)^2+d_j(x-x_j)^3$$

以及它的一阶导数

$$S'_j(x)=b_j+2c_j(x-x_j)+3d_j(x-x_j)^2$$

因为 $S_j(x)$ 和 $S'_j(x)$ 在 x_{j+1} 处连续，故有

$$S_j(x_{j+1})=S_{j+1}(x_{j+1}) \quad 和 \quad S'_j(x_{j+1})=S'_{j+1}(x_{j+1})$$

从而得

$$y_j+b_j(x_{j+1}-x_j)+c_j(x_{j+1}-x_j)^2+d_j(x_{j+1}-x_j)^3=y_{j+1}$$

$$b_j+2c_j(x_{j+1}-x_j)+3d_j(x_{j+1}-x_j)^2=b_{j+1}$$

若令

$$x_{j+1}-x_j=h_{j+1}$$

则以上两式可写成

$$c_j=\frac{y_{j+1}-y_j}{h_{j+1}^2}-\frac{b_j}{h_{j+1}}-d_jh_{j+1} \quad 和 \quad 2c_j=\frac{b_{j+1}-b_j}{h_{j+1}}-3d_jh_{j+1}$$

由此二式解出 c_j 和 d_j，得

$$c_j=\frac{3(y_{j+1}-y_j)}{h_{j+1}^2}-\frac{2b_j}{h_{j+1}}-\frac{b_{j+1}}{h_{j+1}}, \qquad j=1,2,\cdots,n-1$$

$$d_j=\frac{-2(y_{j+1}-y_j)}{h_{j+1}^3}+\frac{b_j+b_{j+1}}{h_{j+1}^2}, \qquad j=1,2,\cdots,n-1$$

然后将以上的 c_j 与 d_j 的表达式代入三次样条函数 $S(x)$ 的表达式，得到

$$S(x)=S_j(x)=y_j+b_j(x-x_j)+\left[\frac{3(y_{j+1}-y_j)}{h_{j+1}^2}-\frac{2b_j}{h_{j+1}}-\frac{b_{j+1}}{h_{j+1}}\right](x-x_j)^2+$$

$$\left[\frac{-2(y_{j+1}-y_j)}{h_{j+1}^3}+\frac{(b_j+b_{j+1})}{h_{j+1}^2}\right](x-x_j)^3,\qquad x_j\leqslant x\leqslant x_{j+1};j=1,2,\cdots,n-1$$

由此可以看出，只要确定了 $b_j(j=1,2,\cdots,n)$，则三次样条函数就可以确定。由 $S(x)$ 的二阶导数在节点 x_j 处的连续性，有

$$S''_{j-1}(x_j)=S''_j(x_j)$$

根据 $S(x)$ 的表达式求出 $S''_{j-1}(x_j)$ 及 $S''_j(x_j)$ 代入上式，得到

$$6\frac{y_{j-1}}{h_j^2}-6\frac{y_j}{h_j^2}+2\frac{b_{j-1}}{h_j}+4\frac{b_j}{h_j}=-6\frac{y_j}{h_{j+1}^2}+6\frac{y_{j+1}}{h_{j+1}^2}-4\frac{b_j}{h_{j+1}}-2\frac{b_{j+1}}{h_{j+1}},\qquad j=2,3,\cdots,n-1$$

若令

$$\frac{h_{j+1}}{h_j+h_{j+1}}=\lambda_j,\qquad \mu_j=1-\lambda_j=\frac{h_j}{h_j+h_{j+1}}$$

$$C_j=\lambda_j\frac{y_j-y_{j-1}}{h_j}+\mu_j\frac{y_{j+1}-y_j}{h_{j+1}}$$

则上式可简写成

$$\lambda_jb_{j-1}+2b_j+\mu_jb_{j+1}=3C_j,\qquad j=2,3,\cdots,n-1$$

上式是关于 $b_j(j=1,2,\cdots,n)$ 的 $n-2$ 个方程，要唯一地确定一组 b_j 还需给出两个条件，因此，必须再附加两个方程。一般按要求在端点给出，称为端点条件。

经过以上的讨论，三次样条函数的解题步骤概括如下：

1)根据实际问题确定所用的端点条件。

2)求解建立的关于 b_j 或 c_j 的方程组，得出节点上的 b_j 或 c_j。

3)把解出的 b_j 或 c_j 代回相应的样条函数的表达式，从而可以求出任意一点的函数值或导数值。

(二)B 样条

考虑两端具有 $S(x)=S'(x)=S''(x)=0$ 的三次样条函数 $S(x)$ 的构造。一个 B 样条被认为是最小支撑的样条，它的支撑就是使样条取非 0 值的跨度个数。先讨论截断幂函数基样条，所谓截断幂函数是指这样的一种幂函数：对任意正整数 p，$Z_+^p=\begin{cases}Z^p,当\ Z>0\\0,当\ Z\leqslant 0\end{cases}$，对于区间 $[a,b]$ 上固定网格 Δ 上的任一样条函数 $S(x)$，在第 j 个子区间 $[x_j,x_{j+1}]$ 上都可以表示成以下的形式：

$$S(x)=a_1+b_1(x-x_1)+c_1(x-x_1)^2+\sum_{i=1}^{j}d_i(x-x_i)^3,\qquad x_j\leqslant x\leqslant x_{j+1}\tag{13-42}$$

若引进截断幂函数 $(x-x_i)_+^3$，则网格 Δ 上的任一样条函数 $S(x)$ 在前 j 个子区间 $[x_1,x_2]$，$[x_2,x_3]$，…，$[x_j,x_{j+1}]$ 上可统一地表示为

$$S(x)=a_1+b_1(x-x_1)+c_1(x-x_1)^2+\sum_{i=1}^{j}d_i(x-x_i)_+^3,\qquad x_1\leqslant x\leqslant x_{j+1}\tag{13-43}$$

因此，可以推出，它在网格 Δ 上的整体表达式为

$$S(x)=a_1+b_1(x-x_1)+c_1(x-x_1)^2+\sum_{i=1}^{n-1}d_i(x-x_i)_+^3,\qquad x_1\leqslant x\leqslant x_n\tag{13-44}$$

若令 $\tilde{a}=a_1-b_1x_1+c_1x_1^2$，$\tilde{b}=b_1-2c_1x_1$，$\tilde{c}=c_1$，则上式又变为

$$S(x)=\tilde{a}+\tilde{b}x+\tilde{c}x^2+\sum_{i=1}^{n-1}d_i(x-x_i)_+^3,\qquad x_1\leqslant x\leqslant x_n\tag{13-45}$$

这时，$1,x,x^2,(x-x_1)_+^3,(x-x_2)_+^3,\cdots,(x-x_{n-1})_+^3$，也是所规定的样条函数线性空间中的一组基样条。

这种三次 B 样条构造的具体算法如下：定义在区间 $[a,b]$ 上固定网格 Δ 的任一样条函数都能表示成形

如(13-45)的形式，下面继续变化这种形式。当 $x \geqslant x_{k+3}$ 时，把(13-45)式中的前 $k+3$ 项合并到第 $k+3$ 项至第 $k+6$ 项中去($k=1,2,\cdots,n-4$)，也就是

$$S(x)=\tilde{a}+\tilde{b}x+\tilde{c}x^2+\sum_{i=1}^{n-1}d_i\,(x-x_i)_+^3=\sum_{j=0}^{3}a_j\,(x-x_{k+j})_+^3+\sum_{i=k+4}^{n-1}d_i\,(x-x_i)_+^3 \tag{13-46}$$

比较上式中的系数，得矩阵

$$\begin{bmatrix}1 & 1 & 1 & 1\\ x_k & x_{k+1} & x_{k+2} & x_{k+3}\\ x_k^2 & x_{k+1}^2 & x_{k+2}^2 & x_{k+3}^2\\ x_k^3 & x_{k+1}^3 & x_{k+2}^3 & x_{k+3}^3\end{bmatrix}\begin{bmatrix}a_0\\ a_1\\ a_2\\ a_3\end{bmatrix}=\begin{bmatrix}\sum\limits_{i=1}^{k+3}d_i\\ \sum\limits_{i=1}^{k+3}d_ix_i-\dfrac{\tilde{c}}{3}\\ \sum\limits_{i=1}^{k+3}d_ix_i^2+\dfrac{\tilde{b}}{3}\\ \sum\limits_{i=1}^{k+3}d_ix_i^3-\tilde{a}\end{bmatrix}$$

由于这个方程的系数矩阵的行列式是 Vandermonde 行列式，而且网格点 x_k、x_{k+1}、x_{k+2}、x_{k+3} 互不相等，所以这个行列式非0。因此，$a_j(j=0,1,2,3)$ 有唯一确定的解。也就是说，由(13-45)式和(13-46)式的转换是可行的。根据(13-46)式，当 $x \leqslant x_{k+4}$ 时，即有

$$S(x)=\sum_{j=0}^{3}a_j\,(x-x_{k+j})_+^3$$

将此式记为 $S_k(x)$，可以看出，当 $x \leqslant x_k$ 时，它所表示的函数恒为0，即

$$S_k(x)=0,\quad x\leqslant x_k$$

$$S_k(x)\neq 0,\quad x_k\leqslant x\leqslant x_{k+4}$$

在 $x=x_k$ 处，函数 $S(x)$ 是连续的，且有连续的一阶及二阶导数。令函数在 $x>x_{k+4}$ 时也恒为0，在 $x=x_{k+4}$ 处连续且有连续的一阶及二阶导数，即令

$$S_k(x)=\begin{cases}\sum\limits_{j=0}^{3}a_j\,(x-x_{k+j})_+^3, & x\leqslant x_{k+4}\\ 0, & x>x_{k+4}\end{cases}$$

且有

$$S_k(x_{k+4})=S'_k(x_{k+4})=S''_k(x_{k+4})=0$$

由以上公式及条件经计算化简得

$$\begin{bmatrix}(x_{k+4}-x_k)^3 & (x_{k+4}-x_{k+1})^3 & (x_{k+4}-x_{k+2})^3 & (x_{k+4}-x_{k+3})^3\\ (x_{k+4}-x_k)^2 & (x_{k+4}-x_{k+1})^2 & (x_{k+4}-x_{k+2})^2 & (x_{k+4}-x_{k+3})^2\\ (x_{k+4}-x_k) & (x_{k+4}-x_{k+1}) & (x_{k+4}-x_{k+2}) & (x_{k+4}-x_{k+3})\end{bmatrix}\begin{bmatrix}a_0\\ a_1\\ a_2\\ a_3\end{bmatrix}=\begin{bmatrix}0\\ 0\\ 0\end{bmatrix}$$

这个方程是齐次方程，4个未知数3个方程，方程必有非0解。若令

$$W(x)=\prod_{j=0}^{4}(x-x_{k+j})$$

则上述方程的非0解可简写成

$$a_j=\frac{c}{W'(x_{k+j})},\quad j=0,1,2,3$$

这样，就确定了表达式 $S_k(x)$ 中的系数 $\{a_j\}(j=0,1,2,3)$，这样的 $S_k(x)$ 称作(三次)B样条。它只在相邻的4个子区间内不为0，因此有显著的局部化意义。当 $k=1,2,\cdots,n-7$ 时，在每个点 $x=x_{k+3}$ 处都有4条B样条，欲对每一点皆能如此，可根据需要人为地在首末两端向外各扩充出去3个点，这样 $\{S_k(x)\}(k=-2,-1,0,1,2,\cdots,n-1)$ 共计 $n+2$ 个B样条可以构成一组样条基，使得区间 $[a,b]$ 上固定网格 Δ 的任何

样条函数 $S(x)$ 可以唯一地表示成 $S(x)=\sum_{k=-2}^{n-1}\gamma_k S_k(x)$ 的形式。若给定节点上的一组形值点 $(x_j,y_j)(j=1,2,\cdots,n)$，则

$$S(x_j)=\sum_{k=-2}^{n-1}\gamma_k S_k(x_j)=y_j,\qquad j=1,2,\cdots,n$$

再附加上两个端点条件，共有 $n+2$ 个未知量和 $n+2$ 个方程，可以唯一地定出$\{\gamma_k\}(k=-2,-1,0,1,\cdots,n-1)$。这样就可以根据一组形值点方便地拟合出性质优良的样条曲线。

上述三次B样条的构造算法虽然较为直观，却也略显繁琐。实际应用中，采用递推关系来方便地构造B样条。B样条的递推关系式为

$$\begin{cases}B_{i,0}(u)=\begin{cases}1, & u\in[u_i,u_{i+1}]\\0, & 其他\end{cases}\\ B_{i,k}(u)=\dfrac{u-u_i}{u_{i+k}-u_i}B_{i,k-1}(u)+\dfrac{u_{i+k+1}-u}{u_{i+k+1}-u_{i+1}}B_{i+1,k-1}(u)\\ \qquad i=1,2,\cdots,n\end{cases}$$

利用以上递推关系式可以方便地写出 n 次B样条曲线的矢量方程：

$$\boldsymbol{r}(u)=\sum_i \boldsymbol{d}_i B_{i,n}(u)$$

式中的 $\boldsymbol{d}_i$ 称为B样条曲线的控制顶点。为了拟合给定的数据点 $\boldsymbol{P}_i$，可以使

$$\boldsymbol{r}(u_j)=\sum_i \boldsymbol{d}_i B_{i,n}(u_j)=\boldsymbol{P}_j,\qquad j=1,2,\cdots,q$$

上式为一线性方程组，若方程的个数 q 与未知系数 $\boldsymbol{d}_i$ 的个数 p 相等，则线性方程组可以写成矩阵形式：

$$\boldsymbol{BD}=\boldsymbol{P}$$

此时，$\boldsymbol{B}$ 为 $p\times p$ 阶非奇异矩阵，其带宽 $\leqslant n+1$，矩阵 $\boldsymbol{D}$、$\boldsymbol{P}$ 均为 $p\times 1$ 阶矩阵。通过求解线性方程组，可解出唯一的定点 $\boldsymbol{d}_i$，就得到了插值B样条曲线。若线性方程组的个数 q 大于未知系数 $\boldsymbol{d}_i$ 的个数 p，则矩阵 $\boldsymbol{B}$ 为 $q\times p$ 阶矩阵，此时可以根据最小乘法原理，得到使 $\sum_i\|\boldsymbol{r}(u_i)-\boldsymbol{P}_i\|^2$ 取最小值的最佳平方逼近的B样条曲线，应有

$$\underset{\boldsymbol{D}}{\mathrm{grad}}[(\boldsymbol{P}-\boldsymbol{BD})^{\mathrm{T}}(\boldsymbol{P}-\boldsymbol{BD})]=2\boldsymbol{B}^{\mathrm{T}}\boldsymbol{BD}-2\boldsymbol{B}^{\mathrm{T}}\boldsymbol{P}=0$$

即

$$\boldsymbol{B}^{\mathrm{T}}\boldsymbol{BD}=\boldsymbol{B}^{\mathrm{T}}\boldsymbol{P}$$

式中，$\boldsymbol{B}^{\mathrm{T}}$ 为 $\boldsymbol{B}$ 的转置矩阵，$\boldsymbol{B}^{\mathrm{T}}\boldsymbol{B}$ 为对称非奇异矩阵，并且 $\boldsymbol{B}^{\mathrm{T}}\boldsymbol{B}$ 的带宽 $\leqslant 2n+1$，通过求解方程组 $\boldsymbol{B}^{\mathrm{T}}\boldsymbol{BD}=\boldsymbol{B}^{\mathrm{T}}\boldsymbol{P}$，可以解出全部的顶点 $\boldsymbol{d}_i(i=1,2,\cdots,p)$，这样就得到了拟合数据点 $\boldsymbol{P}_i$ 的逼近曲线。

三次B样条与其他的基样条相比，有着明显的局部化意义。三次B样条至多在相邻的5个点上，亦即4个子区间上是非0的，在其他子区间上一概为0。这样就带来了许多方便之处，特别是在修改形值点时，只在这些子区间内受到影响，而不会波及全局。另外，与截断幂函数基样条相比，它的系数矩阵是带状的，这又给计算提供了许多便利条件。同时，三次B样条又与有限元法关系密切，同时也是构造、拟合曲面的一种有效工具。

（三）NURBS 曲线

NURBS 是 non uniform rational B-spline 的缩写，即非均匀有理B样条，实际上是把曲面的问题转化为曲线的问题。因此，先讨论曲线的数学表示。B样条曲线方程为

$$\boldsymbol{r}(u)=\sum_i \boldsymbol{d}_i B_{i,n}(u)$$

如果上式中基函数 $B_{i,n}(u)$ 的节点是均匀分布的，则 $\boldsymbol{r}(u)$ 称为有理B样条曲线；如果是非均匀的，则称为非均匀有理B样条曲线。基函数的均匀分布，即节点矢量在参数轴上的均匀选择，使生成曲线有一些局限性（比如节点区间对应的曲线长不等），基函数参数的非均匀分布可以改变这一情况。可适当选择使对应

曲线段等长或接近等长，从而给出较好的控制。

NURBS 曲线有以下几个特点：①B 样条曲线的所有优点都在 NURBS 曲线中保留；②透视不变性。控制点经过透视变换后所生成的曲线或曲面，与原先生成的曲线或曲面的再变换是等价的；③球面等二次曲面的精确表示。其他 B 样条方法只能近似地表示球面等形状，而 NURBS 不仅可以表示自由曲线或曲面，还可以精确地表示球面等形状；④更多的形状控制自由度。NURBS 给出了更多的控制形状的自由度可用来生成各种形状。

（四）用坐标矢量以及导矢量表示的空间样条曲线

用参数 t 的矢量方程 $\boldsymbol{P}=\boldsymbol{P}(t)$ 来表示曲线，引入空间直角坐标系后，矢量 $\boldsymbol{P}$ 的终点用坐标 (x,y,z) 来表示，那么曲线上点的每一个坐标都将是参数 t 的标量函数，即

$$\left.\begin{aligned} x&=x(t)\\ y&=y(t),\qquad 0\leqslant t\leqslant 1\\ z&=z(t)\end{aligned}\right\}\tag{13-47}$$

称它为空间曲线的参数方程，写成矢量形式，即为

$$\boldsymbol{P}(t)=\left\{x(t),y(t),z(t)\right\}$$

而曲线上的切矢量由

$$\boldsymbol{P}'(t)=\left\{x'(t),y'(t),z'(t)\right\}$$

来计算。设空间给出了 n 个点 $P_j(x_j,y_j,z_j)(j=1,2,\cdots,n)$，其对应的坐标矢量为 $\boldsymbol{P}_j(j=1,2,\cdots,n)$，现在要求过这些点作一条光滑曲线，使在每相邻两点间为参数 t 的三次多项式，而在整体上有连续的一阶和二阶导矢量。不失一般性，考虑由点 P_{j-1} 到点 P_j 的一段，设所求空间曲线为

$$\boldsymbol{P}_j(t)=\boldsymbol{A}+\boldsymbol{B}t+\boldsymbol{C}t^2+\boldsymbol{D}t^3,\qquad 0\leqslant t\leqslant 1;j=2,3,\cdots,n\tag{13-48}$$

式中，$\boldsymbol{A}$、$\boldsymbol{B}$、$\boldsymbol{C}$、$\boldsymbol{D}$ 是待定的常矢量。将上式对 t 求导，得

$$\begin{aligned}\boldsymbol{P}'_j(t)&=\boldsymbol{B}+2\boldsymbol{C}t+3\boldsymbol{D}t^2\\ \boldsymbol{P}''_j(t)&=2\boldsymbol{C}+6\boldsymbol{D}t\end{aligned}$$

于是有

$$\left.\begin{aligned}\boldsymbol{P}_j(0)&=\boldsymbol{A}=\boldsymbol{P}_{j-1}\\ \boldsymbol{P}_j(1)&=\boldsymbol{A}+\boldsymbol{B}+\boldsymbol{C}+\boldsymbol{D}\\ \boldsymbol{P}'_j(0)&=\boldsymbol{B}\\ \boldsymbol{P}'_j(1)&=\boldsymbol{B}+2\boldsymbol{C}+3\boldsymbol{D}\\ \boldsymbol{P}''_j(0)&=2\boldsymbol{C}\\ \boldsymbol{P}''_j(1)&=2\boldsymbol{C}+6\boldsymbol{D}\end{aligned}\right\}\tag{13-49}$$

由(13-49)式中的前 4 个方程可以解得

$$\begin{aligned}&\boldsymbol{A}=\boldsymbol{P}_j(0)=\boldsymbol{P}_{j-1}\\ &\boldsymbol{B}=\boldsymbol{P}'_j(0)\\ &\boldsymbol{C}=3[\boldsymbol{P}_j(1)-\boldsymbol{P}_j(0)]-\boldsymbol{P}'_j(1)-2\boldsymbol{P}'_j(0)=3(\boldsymbol{P}_j-\boldsymbol{P}_{j-1})-\boldsymbol{P}'_j(1)-2\boldsymbol{P}'_j(0)\\ &\boldsymbol{D}=-2[\boldsymbol{P}_j(1)-\boldsymbol{P}'_j(0)]+\boldsymbol{P}'_j(0)+\boldsymbol{P}'_j(1)=-2(\boldsymbol{P}_j-\boldsymbol{P}_{j-1})+\boldsymbol{P}'_j(0)+\boldsymbol{P}'_j(1)\end{aligned}$$

将它们代入 $\boldsymbol{P}(t)$ 的表达式并加以整理，有

$$\boldsymbol{P}(t)=\boldsymbol{P}_j(t)=\boldsymbol{P}_{j-1}(1-3t^2+2t^3)+\boldsymbol{P}_j(3t^2-2t^3)+\boldsymbol{P}'_j(0)(t-2t^2+t^3)+\boldsymbol{P}'_j(1)(-t^2+t^3)$$
$$0\leqslant t\leqslant 1;j=2,3,\cdots,n$$

这就是所求的过 n 个点 $P_j(x_j,y_j,z_j)(j=1,2,\cdots,n)$，用坐标矢量及一阶导矢量表示的三次参数样条曲线。

（五）Bezier-Bernstein 曲线

空间有两点 P_0 和 P_1，设以 $\boldsymbol{P}_0$ 和 $\boldsymbol{P}_1$ 表示它们的位置矢量，则此二点所连直线的矢量方程为

$$\boldsymbol{P}(u)=\boldsymbol{P}_0(1-u)+\boldsymbol{P}_1u\,,\qquad 0\leqslant u\leqslant 1 \tag{13-50}$$

显然 $\boldsymbol{P}(0)=\boldsymbol{P}_0$，$\boldsymbol{P}(1)=\boldsymbol{P}_1$，而方程

$$\boldsymbol{P}(u)=\boldsymbol{P}_0(1-u)^2+\boldsymbol{P}_1u^2\,,\qquad 0\leqslant u\leqslant 1 \tag{13-51}$$

则是过 P_0 和 P_1 的二次曲线。对于任意的矢量 $\boldsymbol{A}$，方程

$$\boldsymbol{P}(u)=\boldsymbol{P}_0(1-u)^2+\boldsymbol{A}(1-u)u+\boldsymbol{P}_1u^2\,,\qquad 0\leqslant u\leqslant 1 \tag{13-52}$$

也是过 P_0 和 P_1 两点的二次曲线，因为对于这个方程来说，不论 $\boldsymbol{A}$ 为何值，恒有 $\boldsymbol{P}(0)=\boldsymbol{P}_0$，$\boldsymbol{P}(1)=\boldsymbol{P}_1$。

若给定空间三点 P_0、P_1、P_2，则二次曲线

$$\boldsymbol{P}(u)=\boldsymbol{P}_0(1-u)^2+2\boldsymbol{P}_1(1-u)u+\boldsymbol{P}_2u^2\,,\qquad 0\leqslant u\leqslant 1 \tag{13-53}$$

既过 P_0 和 P_2 两点又于 P_0 处切于 $\boldsymbol{P}_0\boldsymbol{P}_1$，于 P_2 处切于 $\boldsymbol{P}_1\boldsymbol{P}_2$，可证明如下：

显然，$\boldsymbol{P}(0)=\boldsymbol{P}_0$，$\boldsymbol{P}(1)=\boldsymbol{P}_2$，且因

$$\boldsymbol{P}'(u)=-2\boldsymbol{P}_0(1-u)+2\boldsymbol{P}_1[-u+(1-u)]+2\boldsymbol{P}_2u \tag{13-54}$$

故

$$\boldsymbol{P}'(0)=2(\boldsymbol{P}_1-\boldsymbol{P}_0)=2\,\boldsymbol{P}_0\boldsymbol{P}_1$$

$$\boldsymbol{P}'(1)=2(\boldsymbol{P}_2-\boldsymbol{P}_1)=2\,\boldsymbol{P}_1\boldsymbol{P}_2$$

若给定空间 4 个点 P_0、P_1、P_2、P_3，用 $\boldsymbol{P}_0$、$\boldsymbol{P}_1$、$\boldsymbol{P}_2$、$\boldsymbol{P}_3$ 表示其位置矢量，则曲线

$$\boldsymbol{P}(u)=\boldsymbol{P}_0(1-u)^3+3\boldsymbol{P}_1(1-u)^2u+3\boldsymbol{P}_2(1-u)u^2+\boldsymbol{P}_3u^3\,,\qquad 0\leqslant u\leqslant 1$$

过 P_0 和 P_3 点，且于 P_0 处切于 $\boldsymbol{P}_0\boldsymbol{P}_1$，于 P_3 处切于 $\boldsymbol{P}_2\boldsymbol{P}_3$。

由此推广下去，若给出空间 $n+1$ 个点 $P_j(j=0,1,2,\cdots,n)$，以 $\boldsymbol{P}_j(j=0,1,2,\cdots,n)$ 表示其位置矢量，则曲线

$$\boldsymbol{P}(u)=\boldsymbol{P}_0(1-u)^n+\boldsymbol{P}_1C_n^1(1-u)^{n-1}u+\boldsymbol{P}_2C_n^2(1-u)^{n-2}u^2+\cdots+\boldsymbol{P}_jC_n^j(1-u)^{n-j}u^j+\cdots+\boldsymbol{P}_nu^n$$
$$0\leqslant u\leqslant 1 \tag{13-55}$$

过两端点 P_0 及 P_n 且在该两端点处各自切于 $\boldsymbol{P}_0\boldsymbol{P}_1$ 及 $\boldsymbol{P}_{n-1}\boldsymbol{P}_n$，其中

$$C_n^j=\frac{n(n-1)(n-2)\cdots(n-j-1)}{j\,!}=\frac{n\,!}{j\,!(n-j)\,!}$$

曲线方程也可写成

$$\boldsymbol{P}(u)=\sum_{j=0}^{n}C_n^j(1-u)^{n-j}u^j\boldsymbol{P}_j=\sum_{j=0}^{n}\boldsymbol{P}_jB_n^j(u)\,,\qquad 0\leqslant u\leqslant 1 \tag{13-56}$$

其中

$$B_n^j(u)=C_n^j(1-u)^{n-j}u^j\,,\qquad j=0,1,2,\cdots,n$$

是著名的 Bernstein 函数。上述函数表示的曲线称为由多边形 $P_0P_1P_2\cdots P_n$ 定义的 Bezier-Bernstein 曲线。

如果给定 $n+1$ 个点 $\boldsymbol{Q}_0$，$\boldsymbol{Q}_1$，…，$\boldsymbol{Q}_n$，要作一条曲线通过这些点，那么，使用 Bezier-Bernstein 曲线时，应该如何确定多边形的顶点呢？通常我们是取参数 $u=\dfrac{j}{n}$ 与点 $\boldsymbol{Q}_j(j=0,1,2,\cdots,n)$ 对应的办法来确定点 P_i 的位置的。因此，由(13-49)式可列出以下方程组：

$$\begin{cases}\boldsymbol{Q}_0=\boldsymbol{P}_0\\ \boldsymbol{Q}_i=\boldsymbol{P}_0\left(1-\dfrac{i}{n}\right)^n+C_n^1\boldsymbol{P}_1\left(1-\dfrac{i}{n}\right)^{n-1}\dfrac{i}{n}+\cdots+C_n^n\boldsymbol{P}_n\left(\dfrac{i}{n}\right)^n, & i=1,2,\cdots,n-1\\ \boldsymbol{Q}_n=\boldsymbol{P}_n\end{cases}$$

由以上方程组可解出 $\boldsymbol{P}_0$，$\boldsymbol{P}_1$，…，$\boldsymbol{P}_n$，即得到顶点，于是由(13-56)式就得到一条 Bezier-Bernstein 曲线。这样定出的曲线必然过所有给定点 $\boldsymbol{Q}_0$，$\boldsymbol{Q}_1$，…，$\boldsymbol{Q}_n$。

二、自由曲面的构造方法

(一)Coons 曲面的构造方法及特点

曲线网格把曲面分成拓扑矩形曲面片集合，每一片以两条 u 曲线和两条 v 曲线为边界。如图 13-37 所

示，这里假定 u 和 v 沿有关边界从 0 变到 1，于是，$\boldsymbol{r}(u,v)(0<u,v<1)$ 表示曲面片的内部，而 $\boldsymbol{r}(u,0)$、$\boldsymbol{r}(u,1)$、$\boldsymbol{r}(0,v)$、$\boldsymbol{r}(1,v)$ 表示 4 条已知的边界曲线。这样，定义曲面片的问题就成为寻找一个较好性能的函数 $\boldsymbol{r}(u,v)$（当 $u=0,u=1,v=0$，或 $v=1$ 时，它化为正确的边界曲线）。先考虑较简单的，仅给定两条边界 $\boldsymbol{r}(0,v)$ 和 $\boldsymbol{r}(1,v)$，如果我们在 u 方向使用线性插值法，就得到直纹面：

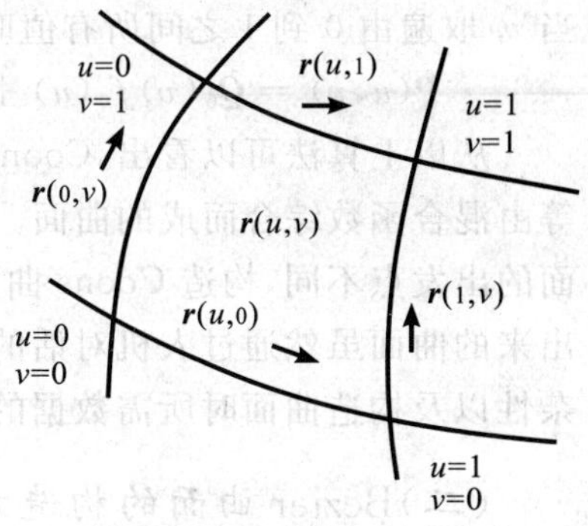

图 13-37　Coons 曲面构造

$$\boldsymbol{r}_1(u,v)=(1-u)\boldsymbol{r}(0,v)+u\boldsymbol{r}(1,v) \tag{13-57}$$

另一方法是在 v 方向进行线性插值，它给出了拟合另外两条边界的一个曲面：

$$\boldsymbol{r}_1(u,v)=(1-v)\boldsymbol{r}(u,0)+v\boldsymbol{r}(u,1) \tag{13-58}$$

考虑 $\boldsymbol{r}_1+\boldsymbol{r}_2$，它表示一个曲面片，它的每一边界是所要求的边界曲线与该曲线两端点间的线性插值式之和。容易证明，相应于 $v=0$ 的边界不是 $\boldsymbol{r}(u,0)$，而是 $\boldsymbol{r}(u,0)+[(1-u)\boldsymbol{r}(0,0)+u\boldsymbol{r}(1,0)]$。因此，如果求得一个曲面片 $\boldsymbol{r}_3(u,v)$，其边界不需要线性插值式，则可以组成 $\boldsymbol{r}_1+\boldsymbol{r}_2-\boldsymbol{r}_3$ 来恢复原来的边界曲线。$\boldsymbol{r}_3$ 不难作出，其 $v=0$ 和 $v=1$ 的边界必须分别是

$$(1-u)\boldsymbol{r}(0,0)+u\boldsymbol{r}(1,0) \text{ 和 } (1-u)\boldsymbol{r}(0,1)+u\boldsymbol{r}(1,1)$$

而在 v 方向进一步插值就得出

$$\boldsymbol{r}_3(u,v)=(1-u)(1-v)\boldsymbol{r}(0,0)+u(1-v)\boldsymbol{r}(1,0)+(1-u)v\boldsymbol{r}(0,1)+uv\boldsymbol{r}(1,1) \tag{13-59}$$

由(13-57)式、(13-58)式和(13-59)式得出的曲面 $\boldsymbol{r}=\boldsymbol{r}_1+\boldsymbol{r}_2-\boldsymbol{r}_3$ 可以很方便地表示成矩阵形式：

$$\boldsymbol{r}(u,v)=[(1-u)u]\begin{bmatrix}\boldsymbol{r}(0,v)\\ \boldsymbol{r}(1,v)\end{bmatrix}+[\boldsymbol{r}(u,0)\quad \boldsymbol{r}(u,1)]\begin{bmatrix}1-v\\ v\end{bmatrix}+[(1-u)u]\begin{bmatrix}\boldsymbol{r}(0,0) & \boldsymbol{r}(0,1)\\ \boldsymbol{r}(1,0) & \boldsymbol{r}(1,1)\end{bmatrix}\begin{bmatrix}1-v\\ v\end{bmatrix} \tag{13-60}$$

接连将 $u=0$、$u=1$、$v=0$ 和 $v=1$ 代入，立即可以肯定(13-54)式确定的曲面片的边界就是原来的 4 条曲线。

设以 $\boldsymbol{P}(u,v)(0\leqslant u,v\leqslant 1)$ 表示某个曲面片的矢量方程，这个曲面片由 4 条边界围成。又已知 4 个角点的坐标以及 $\boldsymbol{P}(u,v)$ 在这 4 个角点处对 u 和 v 的一阶偏导矢量，它们分别为

$$\boldsymbol{P}(0,0),\boldsymbol{P}(0,1),\boldsymbol{P}(1,0),\boldsymbol{P}(1,1)$$
$$\boldsymbol{P}_u(0,0),\boldsymbol{P}_u(0,1),\boldsymbol{P}_u(1,0),\boldsymbol{P}_u(1,1)$$
$$\boldsymbol{P}_v(0,0),\boldsymbol{P}_v(0,1),\boldsymbol{P}_v(1,0),\boldsymbol{P}_v(1,1)$$

现在要求出此曲面片的近似方程，即要求出 $\boldsymbol{P}(u,v)$ 的具体表达式。为此，令

$$f_0(t)=1-3t^2+2t^3,\qquad f_1(t)=3t^2-2t^3$$
$$g_0(t)=t-2t^2+t^3,\qquad g_1(t)=-t^2+t^3$$

过点 $\boldsymbol{P}(0,0)$ 和 $\boldsymbol{P}(0,1)$ 作样条曲线：

$$\boldsymbol{Q}_0(v)=\boldsymbol{P}(0,0)f_0(v)+\boldsymbol{P}(0,1)f_1(v)+\boldsymbol{P}_v(0,0)g_0(v)+\boldsymbol{P}_v(0,1)g_1(v),\qquad 0\leqslant v\leqslant 1$$

同样，过点 $\boldsymbol{P}(1,0)$ 和 $\boldsymbol{P}(1,1)$ 作样条曲线：

$$\boldsymbol{Q}_1(v)=\boldsymbol{P}(1,0)f_0(v)+\boldsymbol{P}(1,1)f_1(v)+\boldsymbol{P}_v(1,0)g_0(v)+\boldsymbol{P}_v(1,1)g_1(v),\qquad 0\leqslant v\leqslant 1$$

另外，过曲线 $\boldsymbol{Q}_0(v)$ 与 $\boldsymbol{Q}_1(v)$ 上任一对对应点 $\boldsymbol{Q}_0(v_i)$ 与 $\boldsymbol{Q}_1(v_i)$ 也可以作出同样形式的样条曲线：

$$\boldsymbol{S}(u)=\boldsymbol{Q}_0(v_i)f_0(u)+\boldsymbol{Q}_1(v_i)f_1(u)+\left.\frac{\partial \boldsymbol{P}}{\partial u}\right|_{\substack{u=0\\ v=v_i}}g_0(u)+\left.\frac{\partial \boldsymbol{P}}{\partial u}\right|_{\substack{u=1\\ v=v_i}}g_1(u),\qquad 0\leqslant u\leqslant 1$$

记

$$\left.\frac{\partial \boldsymbol{P}}{\partial u}\right|_{\substack{u=0\\ v=v_i}}=\boldsymbol{P}_u(0,v_i),\quad \left.\frac{\partial \boldsymbol{P}}{\partial u}\right|_{\substack{u=1\\ v=v_i}}=\boldsymbol{P}_u(1,v_i)$$

则

$$\boldsymbol{S}(u)=\boldsymbol{Q}_0(v_i)f_0(u)+\boldsymbol{Q}_1(v_i)f_1(u)+\boldsymbol{P}_u(0,v_i)g_0(u)+\boldsymbol{P}_u(1,v_i)g_1(u),\qquad 0\leqslant u\leqslant 1$$

此曲面片可看成是曲线 $\boldsymbol{S}(u)$ 通过 $\boldsymbol{Q}_0(v)$ 与 $\boldsymbol{Q}_1(v)$ 上所有的对应点由 $\boldsymbol{S}_0(u)$ 运动到 $\boldsymbol{S}_1(u)$ 所产生的。因此，

当 v_i 取遍由 0 到 1 之间所有值时，就得到所要求的曲面，即

$$\boldsymbol{P}(u,v)=\boldsymbol{Q}_0(v)f_0(u)+\boldsymbol{Q}_1(v)f_1(u)+\boldsymbol{P}_u(0,v)g_0(u)+\boldsymbol{P}_u(1,v)g_1(u),\qquad 0\leqslant u,v\leqslant 1$$

从以上算法可以看出，Coons 曲面是根据给定的边界条件，即 4 条边界曲线、4 条边上的导矢、跨界曲率等由混合函数综合而成的曲面。Coons 曲面方法是一种人机对话式的曲面设计方法。与给定形值点构造曲面的出发点不同，构造 Coons 曲面需要较大的数据量，并且由于需要大量导矢、跨界曲率等混合数据，构造出来的曲面虽然通过人机对话的方式可以得到很好的修正，但却需要很大的计算量，并且由于边界曲线的复杂性以及构造曲面时所需数据的多样性，在准确地再现曲面方面能力较弱。

(二)Bezier 曲面的构造方法及其特点

设给定一组空间网格点 $P_{ij}(i,j=0,1,2,3)$，它们的位置矢量用 $\boldsymbol{P}_{ij}$ 表示。根据前面的论述，多边形 $P_{00}P_{01}P_{02}P_{03}$、$P_{10}P_{11}P_{12}P_{13}$、$P_{20}P_{21}P_{22}P_{23}$ 和 $P_{30}P_{31}P_{32}P_{33}$ 各定义 1 条三次 Bezier-Bernstein 曲线如下：

$$\left.\begin{aligned}\boldsymbol{P}_0(v)=\sum_{j=0}^{3}\boldsymbol{P}_{0j}B_3^j(v),\quad \boldsymbol{P}_1(v)=\sum_{j=0}^{3}\boldsymbol{P}_{1j}B_3^j(v)\\ \boldsymbol{P}_2(v)=\sum_{j=0}^{3}\boldsymbol{P}_{2j}B_3^j(v),\quad \boldsymbol{P}_3(v)=\sum_{j=0}^{3}\boldsymbol{P}_{3j}B_3^j(v)\end{aligned}\right\},\qquad 0\leqslant v\leqslant 1$$

固定 v 的值，令 $v=v^*(0\leqslant v^*\leqslant 1)$，于是在上述 4 条曲线上分别得到点 $\boldsymbol{P}_0(v^*)$、$\boldsymbol{P}_1(v^*)$、$\boldsymbol{P}_2(v^*)$ 和 $\boldsymbol{P}_3(v^*)$。而这 4 个点所形成的多边形又可定义 1 条三次 Bezier-Bernstein 曲线：

$$\boldsymbol{Q}(u)=\sum_{i=0}^{3}\boldsymbol{P}_i(v^*)B_3^i(u),\qquad 0\leqslant u\leqslant 1$$

这是曲面上的 1 条母线。当 v^* 取遍从 0 到 1 之间的所有值时，这条母线运动就形成了一张曲面，此曲面的方程为

$$\boldsymbol{F}(u,v)=\sum_{i=0}^{3}\boldsymbol{P}_i(v)B_3^i(u)=\sum_{i=0}^{3}\sum_{j=0}^{3}\boldsymbol{P}_{ij}B_3^j(v)B_3^i(u),\qquad 0\leqslant u,v\leqslant 1$$

将方程写成矩阵形式

$$\boldsymbol{F}(u,v)=[B_3^0(u)\quad B_3^1(u)\quad B_3^2(u)\quad B_3^3(u)]\boldsymbol{S}\begin{bmatrix}B_3^0(v)\\ B_3^1(v)\\ B_3^2(v)\\ B_3^3(v)\end{bmatrix},\qquad 0\leqslant u,v\leqslant 1$$

其中

$$\boldsymbol{S}=\begin{bmatrix}\boldsymbol{P}_{00} & \boldsymbol{P}_{01} & \boldsymbol{P}_{02} & \boldsymbol{P}_{03}\\ \boldsymbol{P}_{10} & \boldsymbol{P}_{11} & \boldsymbol{P}_{12} & \boldsymbol{P}_{13}\\ \boldsymbol{P}_{20} & \boldsymbol{P}_{21} & \boldsymbol{P}_{22} & \boldsymbol{P}_{23}\\ \boldsymbol{P}_{30} & \boldsymbol{P}_{31} & \boldsymbol{P}_{32} & \boldsymbol{P}_{33}\end{bmatrix}$$

需注意，这里的 4 条基线只有 $\boldsymbol{P}_0(v)$ 和 $\boldsymbol{P}_3(v)$ 在曲面上。其余 2 条 $\boldsymbol{P}_1(v)$ 和 $\boldsymbol{P}_2(v)$ 不在曲面上。对于给定的 16 个点，只有 P_{00}、P_{03}、P_{30} 和 P_{33} 在曲面上，其余的点都不在曲面上。一般的，若给定网格点 $P_{ij}(i=0,1,2,\cdots,m;j=0,1,2,\cdots,n)$，仍以 $\boldsymbol{P}_{ij}$ 表示其位置矢量，则可推出该网格点所定义的 Bezier-Bernstein 曲面的方程为

$$\boldsymbol{F}(u,v)=\sum_{i=0}^{m}\sum_{j=0}^{n}\boldsymbol{P}_{ij}B_m^i(u)B_n^j(v),\qquad 0\leqslant u,v\leqslant 1$$

将其写成矩阵形式即为

$$\boldsymbol{F}(u,v)=[B_m^0(u)\quad B_m^1(u)\quad\cdots\quad B_m^m(u)]\boldsymbol{S}\begin{bmatrix}B_n^0(v)\\ B_n^1(v)\\ \vdots\\ B_n^n(v)\end{bmatrix}$$

其中

$$\boldsymbol{S}=\begin{bmatrix}\boldsymbol{P}_{00} & \boldsymbol{P}_{01} & \boldsymbol{P}_{02} & \cdots & \boldsymbol{P}_{0n}\\ \boldsymbol{P}_{10} & \boldsymbol{P}_{11} & \boldsymbol{P}_{12} & \cdots & \boldsymbol{P}_{1n}\\ \boldsymbol{P}_{20} & \boldsymbol{P}_{21} & \boldsymbol{P}_{22} & \cdots & \boldsymbol{P}_{2n}\\ \vdots & \vdots & \vdots & & \vdots\\ \boldsymbol{P}_{m0} & \boldsymbol{P}_{m1} & \boldsymbol{P}_{m2} & \cdots & \boldsymbol{P}_{mn}\end{bmatrix}$$

设计者在构造 Bezier 曲面时，不需要规定梯度和扭矢，相对于 Coons 曲面的构造，所需数据量和构造曲线所需的计算量较少。可以说，Bezier 曲线算法是一种直观、易于调整、高效率的曲线拟合方法。这种方法能使设计者在工程设计中较直观地了解所给条件与设计出的曲线之间的联系，能方便地控制输入参数(控制点)以改变曲线的形状。但由于 Bezier 曲线是构造 Bezier 曲面的基础，存在 Bezier 曲线的局部改变影响全局的缺点，即局部控制点的改变将影响整个曲面的形状，当实际需要仅对曲面的局部作出改变时，Bezier 曲面算法不是最佳选择。

(三)B 样条曲面的构造方法及其特点

设对于给定的有序空间点列 $\boldsymbol{P}_{i,k}(i=1,2,\cdots,p;k=1,2,\cdots,q)$，可以分别按下标 i 和 k 的顺序，构造单调增长的参数序列 $\{u_i\}$ 或 $\{v_k\}$ 。再由这两族参数序列分别构造两族 B 样条基函数 $\{B_{i,n}(u)\}$ 和 $\{B_{k,m}(u)\}$ 。这样，B 样条曲面可以表示为

$$\boldsymbol{r}(u,v)=\sum_i\sum_k\boldsymbol{d}_{ik}B_{i,n}(u)B_{k,m}(v) \tag{13-61}$$

由于上式可以改写成

$$\boldsymbol{r}(u,v)=\sum_i\Big[\sum_k\boldsymbol{d}_{ik}B_{k,m}(v)\Big]B_{i,n}(u)=\sum_k\Big[\sum_i\boldsymbol{d}_{ik}B_{i,n}(u)\Big]B_{k,m}(v)$$

可以分两步来计算控制顶点 $\boldsymbol{d}_{ik}$ ：

1)按照 B 样条曲线的拟合方法，先对所有 p 行点列 $\boldsymbol{P}_{i,k}$ 分别作一元函数拟合，得到了 p 条 B 样条曲线，对应的参数 $u=u_i(i=1,2,\cdots,p)$ ，即

$$\boldsymbol{d}_i(v_k)=\sum_j\boldsymbol{d}_{i,j}B_{j,m}(v_k)=\boldsymbol{P}_{i,k},\qquad i=1,2,\cdots,p$$

对于每一个 i 都可以计算出 q 个 $\boldsymbol{d}_{i,j}(i=1,2,\cdots,p;j=1,2,\cdots,q)$。

2)再对 q 列空间点列 $\boldsymbol{d}_{i,j}$ 的每一列 $v=v_k$ 进行一元 B 样条函数拟合，即

$$\sum_j\boldsymbol{d}_{jk}B_{j,n}(u_i)=\boldsymbol{d}_{i,j}$$

这样就可以求出全部的 $\boldsymbol{d}_{i,j}(i=1,2,\cdots,p;j=1,2,\cdots,q)$，从而得到 B 样条拟合曲面。可以证明，当交换一元 B 样条函数拟合的顺序，能够得到同样的拟合曲面。

B 样条顶点技术能很好地逼近复杂曲面，并且方法简单、使用灵活，效果很好。不过，虽然运用 B 样条可以很好地拟合自由曲面，但 B 样条的缺点却在于无法准确完美地拟合构造一些基本曲面(如圆柱体、球体)。

(四)NURBS 曲面的构造方法及其特点

在 CAD 系统中构造三维形体时，通常是通过一族截交线沿某个方向排列而形成一种连续的形体表示。它将描述自由型曲线曲面的 B 样条方法与精确表示二次曲线与二次曲面的数学方法相互统一起来，具有 B 样条曲面所有的功能。同时，NURBS 曲面还提供了一种"重量的功能"去更改在曲面表层上控制点的影响力，当重量的功能是一个定值时，NURBS 曲面就相当于一个 B 样条曲面。NURBS 曲面克服了 B 样条曲面在基本曲面模型上碰到的问题，如圆锥、圆柱、球体等基本的曲面都可以用 NURBS 曲面来精确地表现。NURBS 曲面模组化技术是目前最新的曲面数学。

前面所讨论的 NURBS 曲线的大多数性质可推广到 NURBS 曲面上。NURBS 曲面同样可以通过一个特征多面体来定义：

$$r(u,v)=\sum_{i=0}^{n}\sum_{j=0}^{m}\boldsymbol{d}_{i,j}B_{i,k}(u)B_{j,l}(v) \tag{13-62}$$

NURBS 曲面与有理 B 样条曲面的区别，在于参数分布的不均匀性。NURBS 曲面不仅拥有有理 B 样条曲面的所有优点，而且由于参数的不均匀性，对于有理 B 样条方法不善于呈现的基本曲面，NURBS 方法也给予了很好的解决。

第七节　非成像光学软件 TracePro

TracePro 是由美国 Lambda Research 公司开发的，可以做照明光学系统分析、传统光学分析、辐射度以及光度分析的一套光机仿真软件，也是第一套由符合工业标准的 ACIS(CAD)立体模型绘图软件发展出来的光机程序，它可将真实立体模型及光学分析紧紧结合起来，跟 3D 实体模型的兼容度非常高，它与其他光学设计软件(如 OSLO、Code V、ZEMAX、ACCOS V 及 Sigma)也可以很好地兼容。它采用 Non-Sequential(非序列性)和 Monte Carlo(蒙特卡洛)光线计算方式，使整个仿真趋近于真实。此外，TracePro 的宗旨是让使用者能够利用最方便的软件帮助设计产品，所以所有接口及设定都非常简单易操作。Tracepro 的功能非常强大，使用它不但可以大大减轻光学设计人员的劳动强度，节约大量的人力资源，缩短设计周期，还可以开发出质量更高的光学产品。TracePro 根据不同用户群体的需要提供了 4 种不同的版本：

1)RC 版。只能仿真反射式光学机构，如车灯。

2)LC 版。可以分析较少对象数及光源数的系统。

3)Standard 版。标准配备，可分析大部分照明及光学系统。

4)Expert 版。增加了 RepTile TM 功能，方便设计多且重复的对象。

TracePro 具有亲和力的操作接口。TracePro 与 CAD 软件(如 Solid Works、Auto CAD、Pro/E)和镜头设计软件(如 OSLO、Code V、ZEMAX、ACCOS V 及 Sigma)都可以很好地兼容，可以导入 CAD 软件设计的机械结构和镜头设计软件设计的光学系统等文档，进行整体分析。

TracePro 具备考虑周全的特性设定。它可以精确地定义非对称式的散射表面及波长、温度和环境参数，也可详细地定义表面的穿透、收吸、反射、散射等光学特性。

TracePro 具有资料齐全的光源档案。TracePro 内部提供了大量的光源档供设计者使用，其中包含了许多大厂常见的光源，如 Osram、Philips 等，以及超过 200 个以上的工业标准光源档，也可以根据自己所测量出的数据建立自定义的光源，供设计时使用。

TracePro 包含满足需求的分析功能。TracePro 利用其非序列性的光线计算方式显示出杂散光效果，并进行分析及处理，能够模拟出 aperture stops(孔径光阑)或 Lyot stops(利奥光阑) 及 knife edges(刀口)的绕射效应，能够详细地显示出每一个测量面的光线、强度、波长等分析数据，能够以报表的形式显示分析结果，从而详细地呈现出每一条光线的详细资料。

经过数十年的发展，TracePro 已经拥有了诸如 NASA、IBM、HP、DELL、SONY、MOTOROLA、Ford(福特)等国际著名的用户群，其应用领域可以概括为以下 6 个主要方面：①照明系统(LED、LCD back lighting、前头灯、刹车灯)；②导光管与多模光纤；③生物薄膜分析；④光机构分析(望远镜、照相机、红外线成像、积分球、光谱仪、投影系统)；⑤杂散光分析；⑥薄膜光学分析。

按照行业划分，Tracepro 的应用领域包括以下 8 大行业：

1)显示器行业。可进行背光模组内网点的辐照度(光照度)分析；可模拟背光模组内偏振光的行为，可考虑膜层的入射角、波长与温度等来定义偏光性质；可进行增亮膜的光场分析；可同时分析不同光波长的环境，得到 CIE 色彩结果；可分析双折射效应，包括分光到一般向量或特定向量。

2)LED 光源照明行业。可进行二次光学的设计验证与分析模拟，可进行荧光粉激光效应的模拟，可模拟 LED 多重光源的混光效果，可模拟 LED 的照明系统。

3)传统光源照明行业。具有超过 200 个以上的工业标准灯泡库，包括 Phlips 与 Osram 两大品牌；可将实验测量的光源定义为档案光源，或由 Radiant imaging 灯泡库内输入；可分析传统照明的场度分布或辐照度分布。

4)汽车行业。可执行多重反射面分析,可用于汽车车灯反射罩的设计;具有广大的光源库与灯泡库,包括 HID、LED、荧光灯与白炽灯等可供使用;汽车车内抬头显示器(HUDs)的分析应用,如模拟“鬼像”和荧光。

5)成像系统。它使用非序列性描光方式精确计算透镜系统的杂散光行为,并可模拟物件表面的入射、吸收与能量损失;可模拟多层镀膜的光学性质;可导入主流光学镜头分析软件(如 OSLO、Code V、ZEMAX、ACCOS V 及 Sigma)的文件格式;使用重点取样功能来过滤散射传播路径,以增加天文望远镜或导弹系统中光线到达感应器的样本数。

6)生物医学行业。可定义相位函数,模拟光线在人体组织中的影像;可使用人体组织资料库,方便地建立人体组织的模型;可分析体散射效应,并可使用体通量观测器来观察能量在组织内的传递过程。

7)航空国防行业。可查看、分析系统中每一条光线的传播路径,以及光学表面的偏振状态、光通量、入射位置、分量;可建立非等向的表面材料参数,例如入射方向、散射方向、波长及温度等参数;可模拟黑体或灰体的辐射光源。

8)消费性电子行业。TracePro 兼容 SAT、STEP 与 IGES 几何文件格式,可由主流 CAD 软件导入设计模型;设计初期便可由 TracePro 精确评估光学效果,避免或减少制作产品原型的成本支出;完整的光频分析功能,可以用人眼主观感受的方式描绘出光学分析结果;完整的光源定义方式,包括格点光源、表面光源、黑体辐射及档案光源。

下面举一个 TracePro 进行镜头杂散光分析的实例:

TracePro 可以处理的杂散光种类包括:①ghost(鬼像):由透射表面反射偶数次形成;②single scatter(一次散射光线):由光源直接照射到系统的光学组件时产生;③multi scatter(多次散射光线):由光源先照射到挡光板上再散射至光学组件时产生的;④straight shot(直射光线):光线直射到观察面;⑤edge diffraction(边缘绕射):由孔径大小对波长比值相对较小时,视场外的光线也会通过孔径光阑到达成像面;⑥红外系统中的自体辐射:由仪器本身的辐射热产生。TracePro 可以轻松建立仿真模型,图 13-38 是一个照相物镜,利用 ZEMAX、Code V、OSLO 等软件设计好的镜头可以直接转入 TracePro 中,其中包括了材料的转换。用 SolidWorks、Pro/E 或其他 CAD 软件建立好机构模型,再用 TracePro 打开即可。或者通过 SolidWorks bridge 直接在 SolidWorks 中设置模拟。

TracePro 的优点是能够以不同的可视化形式显示问题出现的区域。TracePro 能够显示三维模型、网格模型和侧面轮廓图,它通过观察覆盖在几何图形上面的光线来显示散射、吸收、折射和反射。光线在传播的过程中,可以连续输出每一个面上光线的情况,直到光线最后被吸收。图 13-38 至图 13-40 分别是 TracePro 以三维模型、侧面轮廓等可视化形式显示的仿真模型,以及观察面照度分析图。

图 13-38　三维模型显示

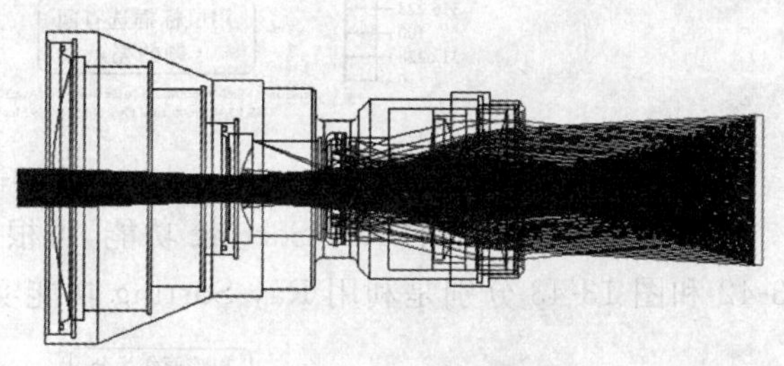

图 13-39　侧面轮廓

TracePro 提供了一个 Display Selected Rays(显示所选光线)的功能,分析人员可利用鼠标在观察面上直接框选有问题的亮点,TracePro 会直接显示造成此亮点的光路,这是 TracePro 独有的功能。这一功能为设计人员快速找到问题光路提供了便利,如图 13-41 所示。

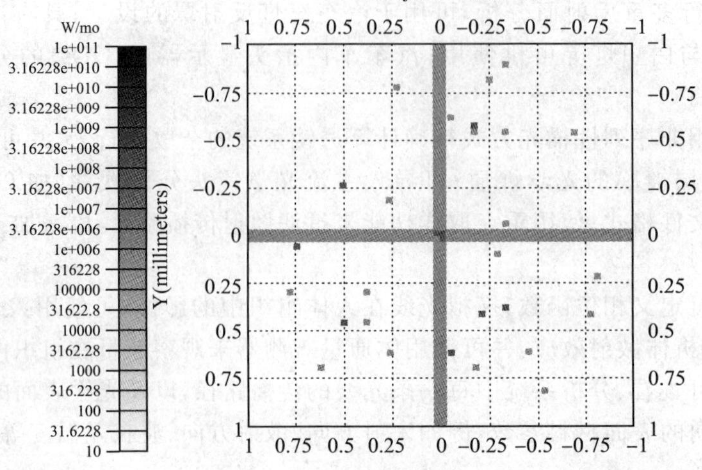

图 13-40 观察面上的照度分布

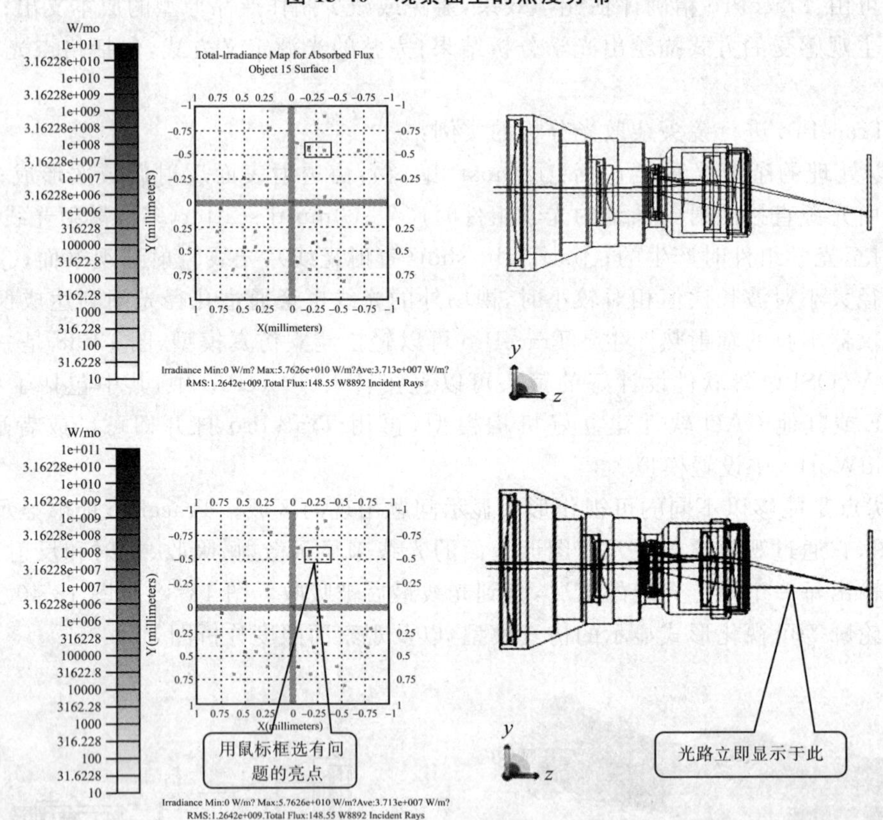

图 13-41 显示所选光线

利用 TracePro 中的 Ray Sorting 功能，可根据选择面、能量或者散射状况直接筛选出欲分析的光线，图 13-42 和图 13-43 分别是利用 Ray Sorting 功能实现筛选到达选择面和单次散射的光线。

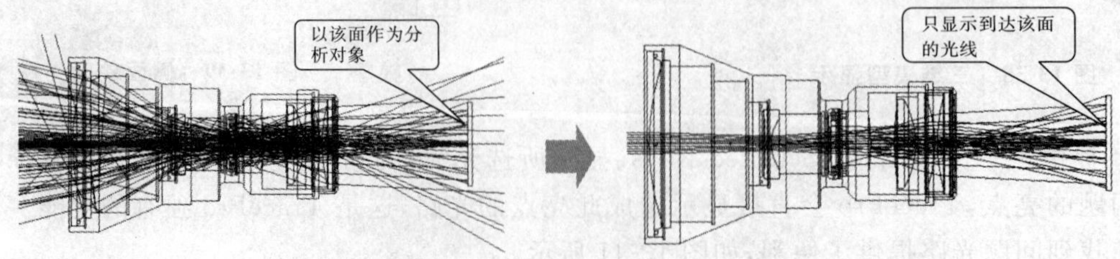

图 13-42 利用 Ray Sorting 筛选到达某一面上的光线

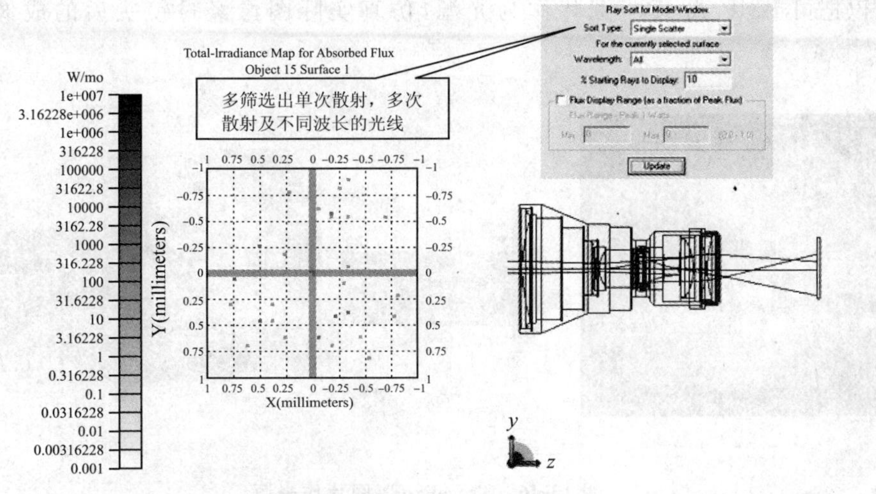

图 13-43　利用 Ray Sorting 筛选单次散射的光线

TracePro 可以利用 Sort ray path 功能将到达观察面的光线作分类，并找出偶数次反射的 ghost 光线的能量及路径，轻松判断并找出在哪个面上产生杂光，如图 13-44 所示。

鬼像由这两个面造成

Summary ray path output - paths sorted by absorbed flux:

Ray path	No. rays	Absorbed I	Percent of total	Summary of Intercept types		
0	316	232.891	99.7514	(12 SpecTran)		
1	316	0.177198	0.0758973	(12 SpecTran)	(2 SpecRefl)	
2	208	0.107414	0.0460073	(16 SpecTran)	(2 SpecRefl)	
3	164	0.091696	0.039275	(12 SpecTran)	(2 SpecRefl)	
4	14	0.075237	0.0322255	(14 SpecTran)	(1 SpecRefl)	(1 RandRefl)
5	80	0.043058	0.0184423	(14 SpecTran)	(2 SpecRefl)	
6	6	0.03227	0.0138219	(14 SpecTran)	(1 SpecRefl)	(1 RandRefl)
7	3	0.01519	0.00650619	(14 SpecTran)	(1 SpecRefl)	(1 RandRefl)
8	14	0.007156	0.00306483	(24 SpecTran)	(1 SpecRefl)	(1 RandRefl)
9	12	0.00642	0.00274985	(14 SpecTran)	(2 SpecRefl)	
10	10	0.005546	0.00237531	(20 SpecTran)	(1 SpecRefl)	(1 RandRefl)
11	8	0.004822	0.00206534	(16 SpecTran)	(1 SpecRefl)	(1 RandRefl)
12	7	0.004218	0.00180671	(16 SpecTran)	(1 SpecRefl)	(1 RandRefl)
13	4	0.002064	0.000883925	(16 SpecTran)	(2 SpecRefl)	
14	3	0.001706	0.000730825	(16 SpecTran)	(1 SpecRefl)	(1 RandRefl)
15	2	0.001042	0.000446391	(20 SpecTran)	(1 SpecRefl)	(1 RandRefl)

Ray path 1: No. rays = 316, Absorbed Flux = 0.177198

Representative ray:

Splitnum	Intercepttyj	Object	Surface
1	Emitted		
2	SpecTran	Object 4	Surface 2
3	SpecTran	Object 4	Surface 1
4	SpecTran	Object 5	Surface 3
5	SpecTran	Object 5	Surface 2
6	SpecTran	Object 8	Surface 4
7	SpecTran	Object 8	Surface 0
8	SpecRefl	Object 9	Surface 2
9	SpecRefl	Object 8	Surface 0
10	SpecTran	Object 9	Surface 2
11	SpecTran	Object 9	Surface 0
12	SpecTran	Object 1	Surface 2
13	SpecTran	Object 1	Surface 0
14	SpecTran	Object 14	Surface 2
15	SpecTran	Object 14	Surface 0
16	At Surface	Object 15	Look here

图 13-44　使用光线分类方法查找杂光光路

TracePro 利用光线历史记录统计所有光线或是特定光线(可自选)的所有数据，包含光线自光源射出后至每个面的坐标位置、能量、方向以及经过哪些表面等数据；并计算每个面所接收到的能量、损失的能量或是吸收的能量等数据，如图 13-46 所示。

Wavelength	Start Ray	X Pos.	Y Pos.	Z Pos.	Flux	OPL	X Vec.	Y Vec.	Z Vec.
0.5461	5	0.0375	0.372516	-0.0682451	1	0	0	-0.287348	0.957826
0.5461	5	0.0375	0.22045	0.438641	1	0.529205	-0.00297935	-0.181929	0.983307
0.5461	5	0.0361746	0.139518	0.876068	0.979461	1.30679	-0.00520777	-0.318004	0.948075
0.5461	5	0.0256489	-0.503221	2.79229	0.9596	3.32795	-0.00237542	-0.235544	0.971861
0.5461	5	0.0249018	-0.577296	3.09792	0.940083	3.79627	-0.00353733	-0.350758	0.936459
0.5461	5	0.0244225	-0.624822	3.22481	0.903505	3.93176	-0.184204	0.323106	-0.928263
0.5461	5	-0.000756585	-0.580656	3.09792	0.0903415	4.06845	-0.184204	0.323106	0.928263
0.5461	5	-0.370317	0.0675769	4.96025	0.00352289	6.07471	-0.148675	0.191495	0.970168
0.5461	5	-0.448719	0.168559	5.47186	0.00345109	7.0037	-0.327901	0.362181	0.872528
0.5461	5	-0.448758	0.168603	5.47196	0.00317807	7.00382	-0.191186	0.232296	0.95367
0.5461	5	-0.515986	0.250287	5.80731	0.00311341	7.52746	-0.153213	0.282065	0.947082
0.5461	5	-0.536311	0.287704	5.93294	0.00305028	7.66011	-0.102887	0.189415	0.976492
0.5461	5	-0.565911	0.342199	6.21388	0.00298826	8.08854	-0.0547687	0.222485	0.973397
0.5461	5	-0.576223	0.384089	6.39715	0.00292766	8.27682	0.0293262	0.0950184	0.995043
0.5461	5	-0.567461	0.412478	6.69445	0.00286795	8.7617	0.0976196	0.117811	0.988226
0.5461	5	-0.260292	0.783183	9.804	0.0028098	11.9083	0	0	0

图 13-45　光线历史所记录的光线信息

TracePro 可以把可 BMP 或 JPG 图片作为光源，仿真实际图像经过镜头后的成像效果，如图 13-46 所示。

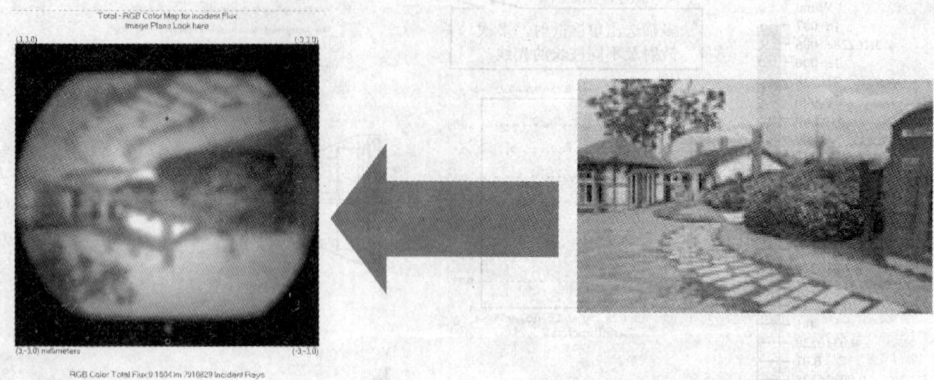

图 13-46　TracePro 以图片作光源

参 考 文 献

[1]柯顿 J R，马斯登 A M. 光源与照明[M]. 陈大华，等译. 上海：复旦大学出版社，2000

[2]车念曾，闫达远. 辐射度学和光度学[M]. 北京：北京理工大学出版社，1990

[3]吴继宗，叶关荣. 光辐射测量[M]. 北京：机械工业出版社，1992

[4]庞蕴凡. 视觉与照明[M]. 北京：中国铁道出版社，1993

[5]周太明. 光源原理与设计[M]. 上海：复旦大学出版社，1993

[6]安连生，李国栋. 照明光学系统照度分布的计算机模拟分析[J]. 光学技术，1998(6)

[7]谷里. 汽车前灯光强分布计算[J]. 照明工程学报，1998，12(4)

[8]宋万生. 高均匀照明系统光学设计讨论[J]. 应用光学，1982(1)

[9]安连生. 应用光学[M]. 北京：北京理工大学出版社，2000

[10]袁旭沧. 光学设计[M]. 北京：北京理工大学出版社，1988

[11]袁樵，朱明华. 计算机辅助前照灯设计中的光线跟踪算法[J]. 照明工程学报，2000(6)

[12]Welford W T，Winston R. High Collection Nonimaging Optics[M]. San Diego：Academic Press，1989

[13]Cassarly W J，Davenport J M. Fiber Optic Lighting：The Transition from Specialty Applications to Mainstream Lighting [R]. SAE 1999-01-0304，1999

[14]Bortz J，Shatz N，Winston R. Advanced Nonrotationally Symmetric Reflector for Uniform Illumination of Rectangular Apertures[J]. Proc. SPIE 3781，1999：110-119

[15]Elmer W. The Optical Design of Reflectors[M]. 3rd ed.，1989

[16]Palmer J. Frequently Asked Questions，www. optics. arizona[OL]. edu/Palmer/rpfaq/rpfaq. htm.，1999

[17]Palmer J M. Radiometry and Photometry：Units and Conversions[M]// Handbook of Optics. 2nd ed. New York：McGraw-Hill，2000，3(7)：7.1-7.20

[18]Goodman D. Geometric Optics[M]// OSA Handbook of Optics. 2nd ed. New York：McGraw-Hill，1995，1(1)

[19]Born M，Wolf E. Principles of Optics[M]. Cambridge Press，1980：522-525

[20]Ries H. Thermodynamic Limitations of the Concentration of Electromagnetic Radiation[J]. J. Opt. Soc. Am. 1982，72 (3)：380-385

[21]Koch D G. Simplified Irradiance/Illuminance Calculations in Optical Systems[J]. Proc. SPIE.，1780，1992：226-242

[22]Rabl A，Winston R. Ideal Concentrators for Finite Sources and Restricted Exit Angles[J]. Appl. Optics. 1976，15：2880-2883

[23]Harting E，Mills D R，Giutronich J E. Practical Concentrators Attaining Maximal Concentration[J]. Opt. Lett.，1980，5 (1)：32-34

[24]Luque A. Quasi-Optimum Pseudo-Lambertian Reflecting Concentrators：An Analysis[J]. Appl. Opt.，1980，19

(14)：2398-2402

[25]Ashdown I. Non-imaging Optics Design Using Genetic Algorithms[J]. J. Illum. Eng. Soc., 1994, 3(1)：12-21

[26]Shatz N E, Bortz J C. Inverse Engineering Perspective on Nonimaging Optical Design[J]. Proc. SPIE, 1995, 2538：136-156

[27]Gilray C, Lewin I. Monte Carlo Techniques for the Design of Illumination Optics[C]. Paper #85：IESNA Annual Conference Technical Papers, 1996：65-80

[28]Shatz N, Bortz J, Dassanayake M. Design Optimization of a Smooth Headlamp Reflector to SAE/DOT Beam-Shape Requirements[J]. SAE, 1999

[29]Rykowski R, Wooley C B. Source Modeling for Illumination Design. 3130B-27[J]. Proc. SPIE., 1997：27-28

[30]Vogl T P, Lintner L C, Pegis R J, Waldbauer W M, Unvala H A. Semiautomatic Design of Illuminating Systems[J]. Appl. Opt., 1972, 11(5)：1087-1090

[31]Williamson D E. Cone Channel Condensor[J]. J. Opt. Soc. Am., 1952, 42(10)：712-715

[32]McIntire W R. Truncation of Nonimaging Cusp Concentrators[J]. Solar Energy, 1979, 23：351-355

[33]Bloisi F, Cavaliere P, De Nicola S, Martellucci S, Quartieri J, Vicari L. Ideal Nonfocusing Concentrator with Fin Absorbers in Dielectric Rhombuses[J]. Opt. Lett., 1987, 12(7)：453-455

[34]Edmonds I R. Prism-Coupled Compound Parabola：A New Look and Optimal Solar Concentrator[J]. Opt. Lett., 1986, 11(8)：490-492

[35]Kuppenheimer J D. Design of Multilamp Nonimaging Laser Pump Cavities[J]. Opt. Eng., 1988, 27(12)：1067-1071

[36]Collares-Pereira M, Rabl A, Winston R. Lens-Mirror Combinations with Maximal Concentration[J]. Appl. Opt., 1977, 16(10)：2677-2683

[37]Gush H P. Hyberbolic Cone-Channel Condensor[J]. Opt. Lett., 1978, 2：22-24

[38]O'Gallagher J, Winston R, Welford W T. Axially Symmetric Nonimaging Flux Concentrators with the Maximum Theoretical Concentration Ratio[J]. J. Opt. Soc. Am. A, 1987, 4(1)：66-68

[39]Winston R. Dielectric Compound Parabolic Concentrators[J]. Appl. Opt., 1976, 15(2)：291-292

[40]Hull J R. Dielectric Compound Parabolic Concentrating Solar Collector with a Frustrated Total Internal Reflection Absorber[J]. Appl. Opt., 1989, 28(1)：157-162

[41]Winston R. Light Collection Within the Framework of Geometrical Optics[J]. J. Opt. Soc. Am., 1970, 60(2)：245-247

[42]Jenkins D, Winston R, Bliss R, O'Gallagher J, Lewandowski A, Bingham C. Solar Concentration of 50, 000 Achieved with Output Power Approaching 1kW[J]. J. Sol. Eng., 1996, 118：141-144

[43]Ries H, Segal A, Karni J. Extracting Concentrated Guided Light[J]. Appl. Opt., 1997, 36(13)：2869-2874

[44]Winston R, Welford W T. Geometrical Vector Flux and Some New Nonimaging Concentrators[J]. J. Opt. Soc. Am., 1979, 69(4)：532-536

[45]Ning X, Winston R, O'Gallagher J. Dielectric Totally Internally Reflecting Concentrators[J]. Appl. Opt., 1987, 26(2)：300-305

[46]Timinger A, Kribus A, Doron P, Ries H. Optimized CPC-type Concentrators Built of Plane Facets[J]. Proc. SPIE, 1999, 3781：60-67

[47]Rice J P, Zong Y, Dummer D J. Spatial Uniformity of Two Nonimaging Concentrators[J]. Opt. Eng., 1997, 36(11)：2943-2947

[48]Emmons R M, Jacobson B A, Gengelbach R D, Winston R. Nonimaging Optics in Direct View Applications[J]. Proc. SPIE, 1995, 2538：42-50

[49]Leviton D B. Leitch J W. Experimental and Raytrace Results for Throat-to-Throat Compound Parabolic Concentrators[J]. Appl. Opt., 1986, 25(16)：2821-2825

[50]Moslehi B, Ng J, Kasimoff I, Jannson T. Fiber-Optic Coupling Based on Nonimaging Expanded-Beam Optics[J]. Opt. Lett., 1989, 14(23)：1327-1329

[51]Rabl A. Solar Concentrators with Maximal Concentration for Cylindrical Absorbers[J]. Appl. Opt., 1976, 15(7)：1871-1873. See also an erratum, Appl. Opt., 1977, 16(1)：15

[52]Bortz J, Shatz N, Ries H. Consequences of Etendue and Skewness Conservation for Nonimaging Devices with Inhomogeneous Targets[J]. Proc. SPIE., 1997, 3139：28

[53]Shatz N E,Bortz J C,Ries H,Winston R. Nonrotationally Symmetric Nonimaging Systems that Overcome the Flux-Transfer Performance Limit Imposed by Skewness Conservation[J]. Proc. Proc. SPIE.,1997,3139:76-85
[54]Shatz N E,Bortz J C,Winston R. Nonrotationally Symmetric Reflectors for Efficient and Uniform Illumination of Rectangular Apertures[J]. Proc. Proc. SPIE.,1998,3428:176-183
[55]Feuermann D,Gordon J M,Ries H. Nonimaging Optical Designs for Maximum-Power-Density Remote Irradiation[J]. Appl. Opt.,1998,37(10):1835-1844
[56]Erismann F. Design of Plastic Aspheric Fresnel Lens with a Spherical Shape[J]. Opt. Eng.
[57]Goldenberg J F,McKechnie T S. Optimum Riser Angle for Fresnel Lenses in Projection Screens[P]. U. S. patent,1989: 4,824,227
[58]Ralf Leutz,Akio Suzuki. Nonimaging Fresnel Lenses[M]: New York:Springer,2001
[59]李林,安连生. 计算机辅助光学设计的理论与应用[M]. 北京:国防工业出版社,2002
[60]李林,林家明,王平,黄一帆. 工程光学[M]. 北京:北京理工大学出版社,2003
[61]李士贤,李林. 光学设计手册[M]. 北京:北京理工大学出版社,1996

第十四章　成像光学

光学起源于成像。利用光学原理与技术进行信息获取、光束传输与波面变换等光学过程，都可以认为是“成像”。成像光学是研究光学成像的理论、机理、系统和元件的一门应用学科，是光学工程的基础。

基于几何光学原理的直接成像方式，已从拓展人类目视功能的望远系统和显微放大系统，发展到以哈勃望远镜、空间载荷详查相机、战场周视成像或半球成像等大口径、大视场、大相对孔径光学系统为代表的成像光学系统。这种成像方式因信息解码简单或无需解码，仍然是成像光学的主要领域。而基于获取物光场的某种信息或者物光场的某种变换信息来得到物像的间接成像方式，诸如全息成像、激光共焦扫描成像、综合孔径干涉成像、近场显微成像、计算机层析成像和核磁共振成像等，有着特有的成像方式、增强图像信噪比、提高成像分辨率等优势，获得了长足的发展，是一个有发展潜力的领域。

本章重点对直接成像方式中的基本概念、像差理论与像质评价、典型光学系统的基本特征、光学设计优化方法及间接成像的有关原理与概念作一论述。

第一节　符号与定义

一、常用符号

1. 高次光学非球面的参数

高次光学非球面如图 14-1 所示，在图示的坐标系下，高次光学非球面方程为

$$Z=\frac{c\rho^2}{1+\sqrt{1-(1+k)c^2\rho^2}}+A_1\rho^4+A_2\rho^6+\cdots$$

式中及图中的符号如下：

x、y、z：平面直角坐标系的坐标，z 轴为光轴，O 为坐标原点，yOz 确定子午面；

Z：高次光学非球面方程的横坐标；

A_n：高次非球面方程中第 n 项的系数；

c：表面顶点曲率，即顶点曲率半径的倒数；

k：二次曲面系数(圆锥系数)；

r：曲率半径，$r=1/c$；

ρ：半孔径，定义为 $\sqrt{x^2+y^2}$。

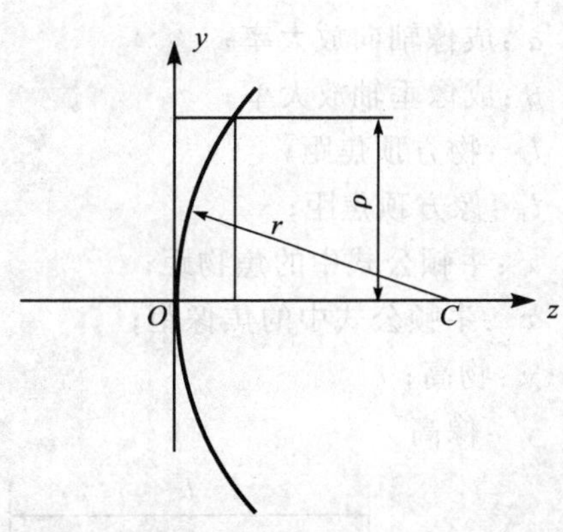

图 14-1　高次光学非球面的参数描述与坐标系示意图

2. 折射面光学追迹参量

折射面光学追迹参量的符号如图 14-2 所示，图中的符号约定为

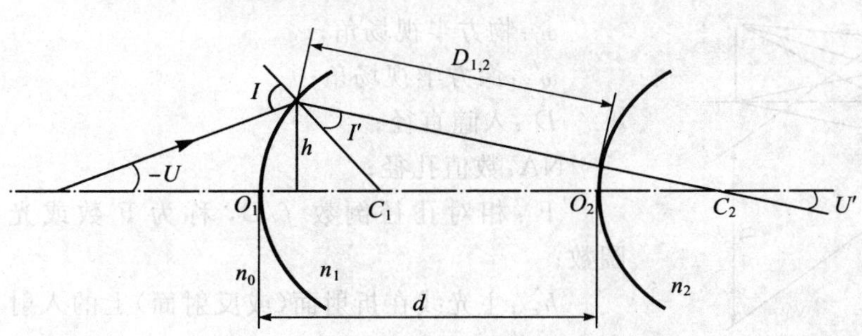

图 14-2　折射面光学追迹参量符号示意图

d：两表面或两元件之间的轴向距离；

$D_{j,k}$：沿着光线从 j 面到 k 面之间的距离；

I：实际光线入射角；

i：近轴光线入射角；

I'：实际光线折射角；

i'：近轴光线折射角；

U、u：物方光束孔径角；

U'、u'：像方光束孔径角；

h：光线在折射面（或反射面）上的入射高度；

n：折射率；

α、β、γ：实际光线的方向余弦。

3. 高斯光学描述参量符号

部分高斯光学描述参量符号如图 14-3 所示。

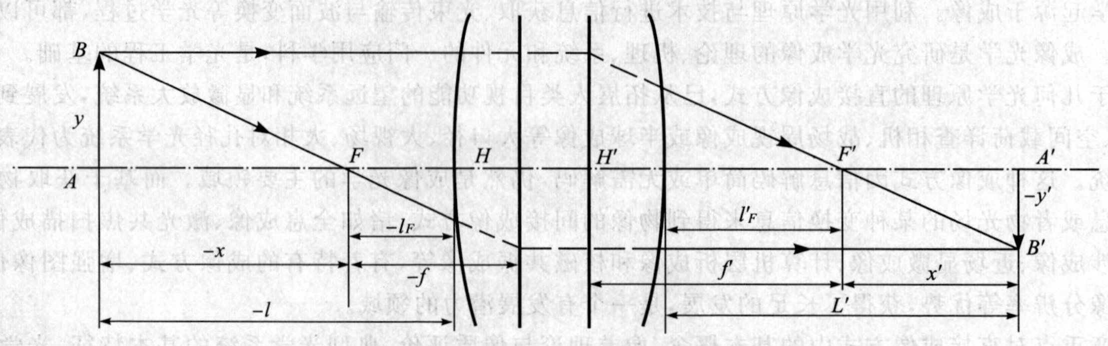

图 14-3　高斯光学描述参量符号示意图

高斯光学描述参量的符号约定为

f'：焦距（像方焦距）；光焦度 $\varphi=1/f'$；

J：拉氏不变量；

l：理想（近轴）成像物距；

l'：理想（近轴）成像像距；

L：物方截距，由第一光学面顶点到轴上物点之间的距离；

L'：像方截距，由最后一面顶点到轴上像点之间的距离；

α：成像轴向放大率；

β：成像垂轴放大率；

l_F：物方顶焦距；

l'_F：像方顶焦距；

x：牛顿公式中的焦物距；

x'：牛顿公式中的焦像距；

y：物高；

y'：像高。

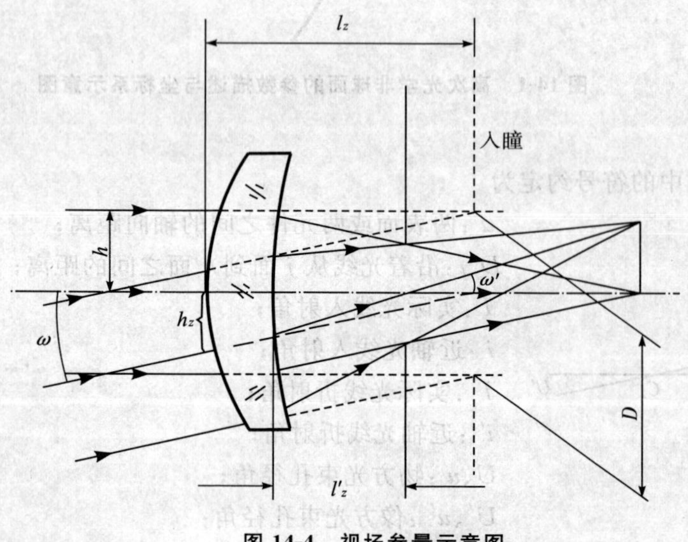

图 14-4　视场参量示意图

4. 光阑与视场参量

部分视场参量如图 14-4 所示。图中符号约定为

l_z：入瞳距离；

l'_z：出瞳距离；

ω：物方半视场角；

ω'：像方半视场角；

D：入瞳直径；

NA：数值孔径；

F：相对孔径倒数 f/D，称为 F 数或光圈数；

h_z：主光线在折射面（或反射面）上的入射高度。

5. 其他参量

MTF:调制传递函数;

OTF:光学传递函数;

OPD:光程差;

Q:透镜形状因子;

ν_d:阿贝色散常数;

ν 与 MTF 一起使用时,表示空间频率,单位为 lp/mm(每毫米线对数)或 mm^{-1};

λ:波长;

θ:楔角;

C_I:初级轴向(位置)色差分布函数;

C_{II}:初级垂轴(倍率)色差分布函数;

$\delta L'$:轴向球差;

$\delta L'_m$:边缘孔径轴向球差;

$\delta L'_{FC}$:轴向色球差;

$\Delta L'_{FC}$:轴向色差;

K'_T:子午彗差;

K'_S:弧矢彗差;

χ'_T:子午细光束场曲(虽然光轴为 z 轴,但仍沿用习惯符号);

χ'_S:弧矢细光束场曲(虽然光轴为 z 轴,但仍沿用习惯符号);

χ'_{TS}:像散(虽然光轴为 z 轴,但仍沿用习惯符号);

$\delta Y'_z$:畸变;

$\delta x'$:垂轴像差 x 轴分量;

$\delta y'$:垂轴像差 y 轴分量;

$\Delta Y'_{FC}$:垂轴色差。

二、符号规则

1. 线量

物距、入瞳距:以成像系统第一光学面顶点为原点,物(入瞳)点在左,物(入瞳)距为负;物(入瞳)点在右,物(入瞳)距为正。

像距、出瞳距:以成像光学系统最后一个光学面为原点,像(出瞳)在右,像(出瞳)距为正;像(出瞳)在左,像(出瞳)距为负。

物(像)高:以光轴为基准,垂直于光轴的物(像)点,在光轴上方为正,在光轴下方为负。

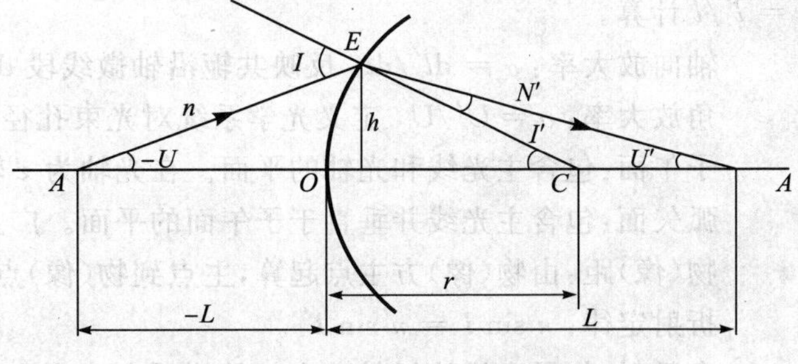

图 14-5　单折射面符号规则示意图

光学面的顶点曲率半径:以光学面顶点为原点,顶点圆(弧)的圆心在左,曲率半径为负;在右,曲率半径为正。

焦距:透镜(组)对光线(束)起会聚作用,焦距为正;起发散作用,焦距为负。

2. 角量

光线孔径角:光线与光轴之间的夹角。以光轴为起始位置,由光轴锐角(下同)转向光线,顺时针旋转,孔径角为正;逆时针旋转,孔径角为负。

入射角或折射角:光线与光学面法线之间的夹角。以法线为终结位置,光线转向法线,顺时针为正,逆时针为负。

法线与光轴夹角:以光轴为起始位置,光轴转向法线,顺时针为正,逆时针为负。

3. 其他

其他量包括线量与角量的导出量或其他需要用正负之分表示的量。

如一般约定光学从左向右经过媒质传播，此时媒质折射率为正；当光线从右向左（例如反射之后）通过媒质时，认为其折射率为负值。

又如垂轴放大率为长度量的导出量，当透镜系统让某物成正像，或实物成虚像，或虚物成实像时，垂轴放大率为正；反之为负。其符号规则可按其定义，由长度量或角度量的符号规则确定。

三、基本定义

成像光学中涉及许多概念与定义，这里给出常用或重要概念的基本定义：

光轴：一个透镜系统的两个光学表面曲率中心的连线。对于光学系统，在理想情况下，光轴是其公共的对称轴。

坐标系：成像光学中应用到局部坐标系或全局坐标系。光轴为 z 轴，y 轴位于纸面内，x 轴满足右手坐标系规则。yOz 面为子午面，xOz 面为弧矢面。

焦点：平行光轴的近轴光线的会聚点。

主点（面）：垂轴放大率为 $+1$ 的一对共轭物像点（面）。

焦距：像方主面（点）到像方焦点之间的轴向距离。可追迹一根入射高度为 h、平行于光轴的近轴光线，其像方出射光线的孔径角为 u'，焦距依下式计算：

$$f' = h/u' \tag{14-1}$$

节点：角放大率为 $+1$ 的一对共轭点。其特征为物方以多大的孔径角经物方节点入射，像方以同样大小的孔径角经像方节点出射。

光焦度：焦距的倒数，单位：屈光度（D）。

正弦条件：$ny\sin U = n'y'\sin U'$，满足正弦条件的光学系统，如能使轴上物点以宽光束成完善像，则过该物点的垂轴小线段轴外物点也能以宽光束成完善像。

拉氏不变量：$J = nyu = n'y'u'$，与光学系统能够传递的信息量成正比。

光组：外形尺寸或高斯光学计算中光焦度分配采用的基本薄透镜单元，如摄远型光学系统具有前正后负两个光组构成。

垂轴放大率：$\beta = y'/y$，y' 为理想像高，y 为物高。如知道物像共轭关系，物距为 l，像距为 l'，则可由 $\beta = l'/l$ 计算。

轴向放大率：$\alpha = \mathrm{d}l'/\mathrm{d}l$，反映共轭沿轴微线段 $\mathrm{d}l$ 与 $\mathrm{d}l'$ 之间的缩放关系。

角放大率：$\upsilon = U'/U$，定义光学系统对光束孔径角的变换关系。

子午面：包含主光线和光轴的平面。在光轴为 z 轴的右手坐标系中，yOz 面为子午面。

弧矢面：包含主光线并垂直于子午面的平面。广义地，垂直于子午面的平面均为弧矢面。

物（像）距：由物（像）方主点起算，主点到物（像）点之间的距离为物（像）距，物（像）距符号遵循符号规则。

折射定律：$n\sin I = n'\sin I'$。

全反射：如果光线从折射率为 n 的媒质射向其与折射率为 n' 的媒质分界面，当 $n > n'$ 和入射角 $I > \arcsin\left(\frac{n'}{n}\right)$ 时，该光线发生全反射。

数值孔径：$\mathrm{NA} = n\sin U$，其中 n 为折射率，U 为轴上物点最大光束孔径角。

相对孔径：是光学镜头的重要参数，定义为入瞳直径/焦距，即 D/f，其倒数为 F 数。

光程：光线的几何长度 l 与折射率的乘积，即 $S = nl$。

马吕斯定律：光线束在各向同性的均匀介质中传播时，始终保持与波面正交，且入射波面与出射波面对应点之间的光程为定值。

第二节　理想成像

一、近轴共轭成像关系式

某一光组的物方焦距为 f，像方焦距为 f'，物方介质的折射率为 n，像方介质的折射率为 n'，则有

$$\frac{f}{f'}=-\frac{n}{n'} \tag{14-2}$$

如物、像方为同一种介质，即 $n=n'$，则有

$$f=-f' \tag{14-3}$$

（一）以主点为基准的高斯公式

如图 14-6 所示，物距、像距与焦距之间存在如下式所表示的关系：

$$\frac{f}{l}+\frac{f'}{l'}=1 \tag{14-4}$$

如果物、像方为同一介质，则 $f=-f'$，(14-4)式变为

$$\frac{1}{l'}-\frac{1}{l}=\frac{1}{f'} \tag{14-5}$$

垂轴放大率为

$$\beta=\frac{l'}{l} \tag{14-6}$$

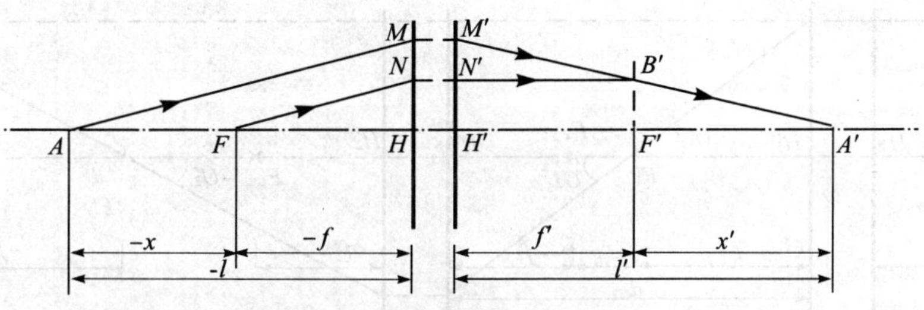

图 14-6　理想共轭成像示意图

（二）以焦点为基准的牛顿公式

以焦点为基准的牛顿公式为

$$xx'=ff' \tag{14-7}$$

物、像方位于同一均匀介质中时，有

$$xx'=-f'^2 \tag{14-8}$$

垂轴放大率为

$$\beta=-\frac{f}{x}=-\frac{x'}{f'} \tag{14-9}$$

（三）单球面成像的共轭关系式

单球面作为单一光组成像时，其物、像方主面重合于球面顶点，如图 14-7 所示。

物、像方焦距为

$$f=-\frac{nr}{n'-n} \tag{14-10}$$

$$f'=\frac{n'r}{n'-n} \tag{14-11}$$

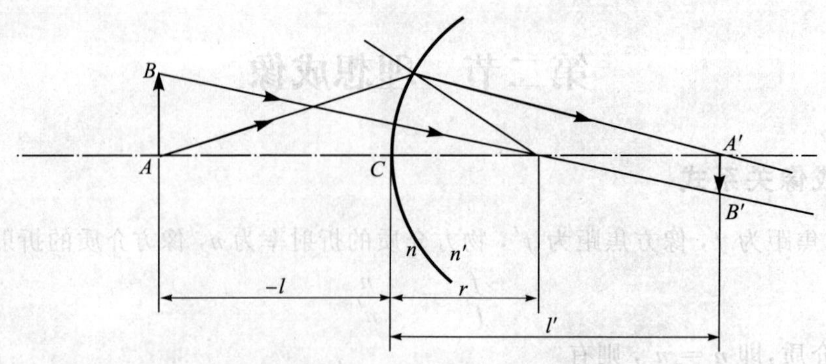

图 14-7　单折射球面成像示意图

共轭成像关系式为

$$\frac{n'}{l'}-\frac{n}{l}=\frac{n'-n}{r} \tag{14-12}$$

垂轴放大率为

$$\beta=\frac{nl'}{n'l} \tag{14-13}$$

如为反射球面，则用 $n=-n'$ 代入(14-12)式与(14-13)式即可。

二、组合光学系统(多光组)的基本公式

图 14-8 是一个两光组光学系统的示意图。

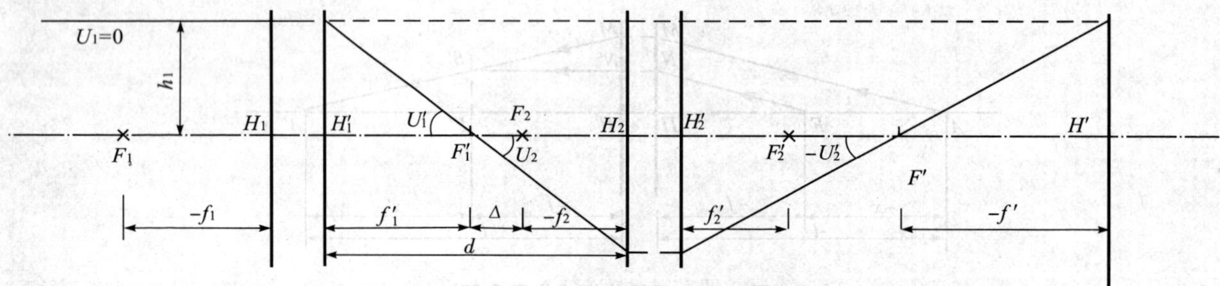

图 14-8　两光组光学系统示意图

两光组的组合焦距为

$$f'=-\frac{f'_1f'_2}{\Delta} \tag{14-14}$$

当两系统位于同一介质中时，有

$$\frac{1}{f'}=\frac{1}{f'_1}+\frac{1}{f'_2}-\frac{d}{f'_1f'_2} \tag{14-15}$$

以光焦度表示，(14-15)式变成

$$\varphi=\varphi_1+\varphi_2-d\varphi_1\varphi_2 \tag{14-16}$$

式中，Δ 为光组 1 的像方焦点到光组 2 的物方焦点的距离，d 为光组 1 像方主面到光组 2 物方主面的距离。

厚透镜焦距公式为

$$\varphi=\frac{1}{f'}=(n-1)(\rho_1-\rho_2)+\frac{(n-1)^2}{n}d\rho_1\rho_2 \tag{14-17}$$

式中，ρ_1、ρ_2 分别为厚透镜两折射面顶点曲率。

(一)多光组组合的焦距公式

采用正切计算法，即追迹一条平行于光轴、投射高为 h_1 的光线，计算公式组为

$$\tan U_1' = \tan U_2 = \frac{h_1}{f_1'} \tag{14-18}$$

$$h_2 = h_1 - d_1 \tan U_1' \tag{14-19}$$

$$\left.\begin{aligned} \tan U_2' &= \tan U_2 + \frac{h_2}{f_2'} \\ &\vdots \\ \tan U_k' &= \tan U_k + \frac{h_k}{f_k'} \end{aligned}\right\} \tag{14-20}$$

组合焦距为

$$f' = h_1 / \tan U_k' \tag{14-21}$$

(二)典型的双光组结构形式

1. 摄远型结构

摄远型结构如图 14-9 所示。

其特点是:①光组前正后负;②焦距 $f' > d + l_F'$，结构紧凑;③相对孔径主要由前正组承担;④用于内调焦望远物镜或长焦距航拍物镜等。

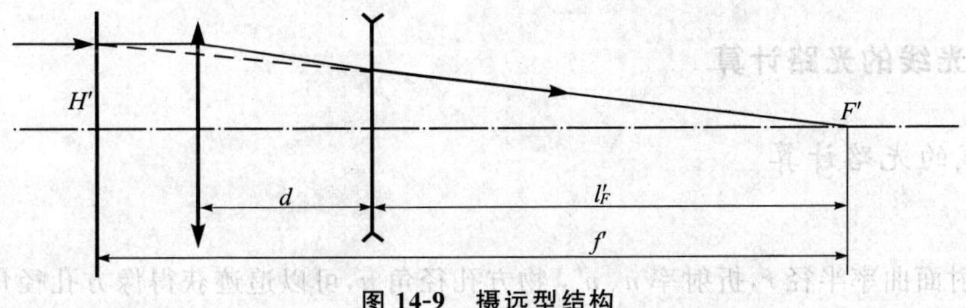

图 14-9　摄远型结构

2. 反远距型结构

反远距型结构如图 14-10 所示。

其特点是:①光组前负后正;②短焦距时,可以获得长于焦距的后工作距 l_F';③负组在前有助于获得大视场;④用于背投电视物镜、鱼眼镜头等。

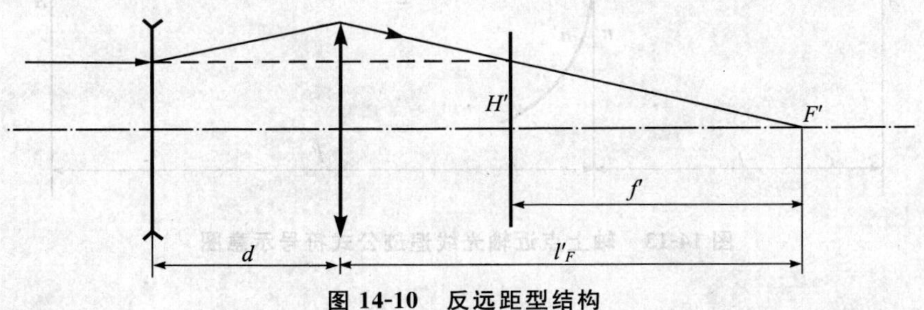

图 14-10　反远距型结构

3. 开普勒型无焦系统

开普勒型无焦系统如图 14-11 所示。

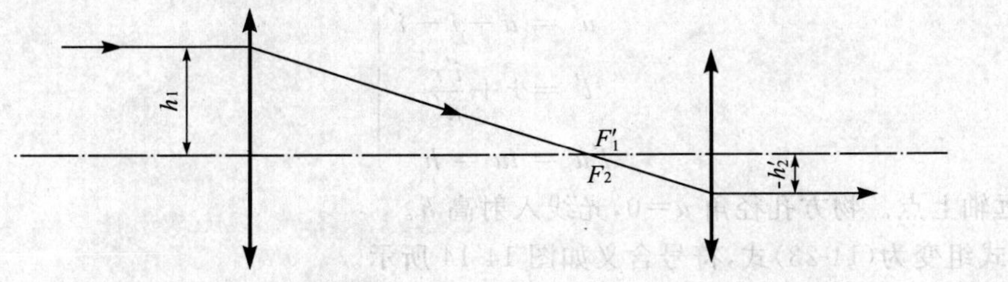

图 14-11　开普勒无焦系统

其特点是：①前后两组均为正光组，且 $d = f'_1 + f'_2$，组合光焦度为 0；②可以让实物成倒立的实像。

4. 显微镜系统

显微镜系统如图 14-12 所示。

其特点是：①两个短焦正光组组合，前组对微小物体放大，后组再做视觉放大；②视角放大率为 $\Gamma = -\dfrac{\Delta}{f'_1} \times \dfrac{250}{f'_2}$，$\Delta$ 为前组像方焦点与后组物方焦点之间的距离。

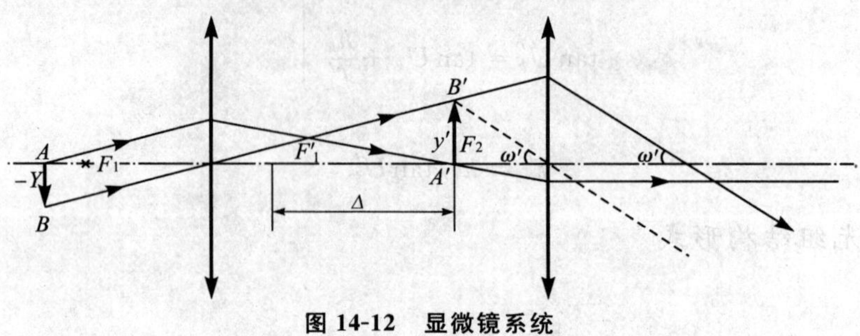

图 14-12 显微镜系统

第三节 光线追迹

一、子午面内光线的光路计算

(一) 近轴光线的光路计算

1. 轴上点

已知物距 l，折射面曲率半径 r，折射率 n、n'，物方孔径角 u，可以追迹获得像方孔径角和像点，公式组如(14-22)式所示，符号含义见图 14-13。

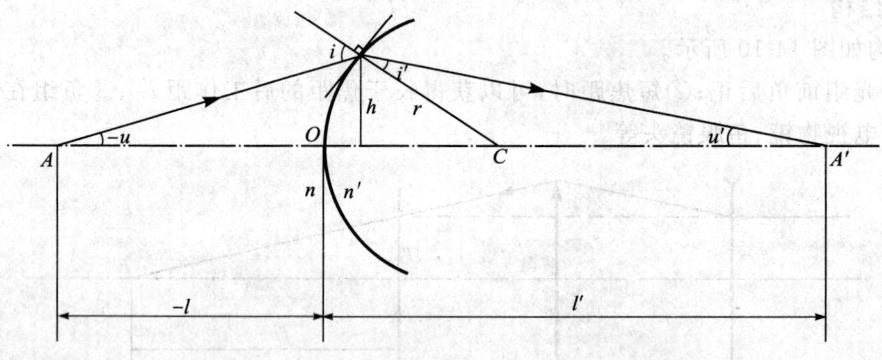

图 14-13 轴上点近轴光线追迹公式符号示意图

$$\left.\begin{aligned} i &= \frac{l-r}{r}u \\ i' &= \frac{n}{n'}i \\ u' &= u+i-i' \\ l' &= r+\frac{i'r}{u'} \\ l'u' &= lu = h \end{aligned}\right\} \tag{14-22}$$

特例：无限远轴上点。物方孔径角 $u=0$，光线入射高 h。

光线追迹公式组变为(14-23)式，符号含义如图 14-14 所示。

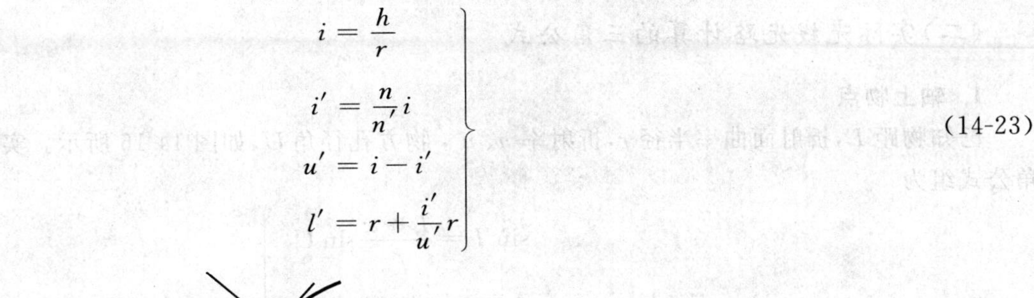

$$\left.\begin{aligned} i &= \frac{h}{r} \\ i' &= \frac{n}{n'} i \\ u' &= i - i' \\ l' &= r + \frac{i'}{u'} r \end{aligned}\right\} \tag{14-23}$$

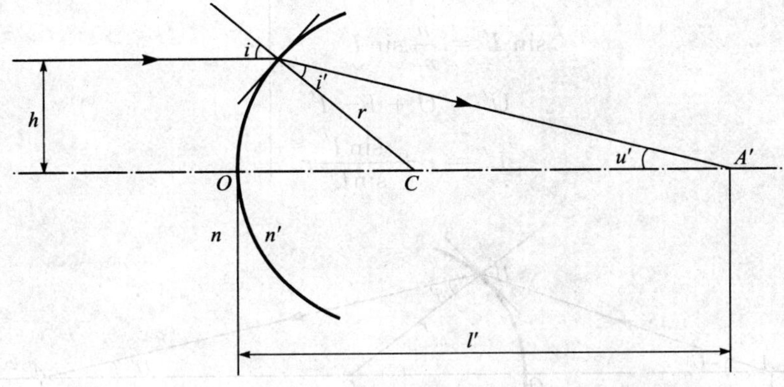

图 14-14　物位于无限远的公式符号含义示意图

2. 轴外点

物高 y，物距 l 和入瞳距离 l_z，如图 14-15 所示。

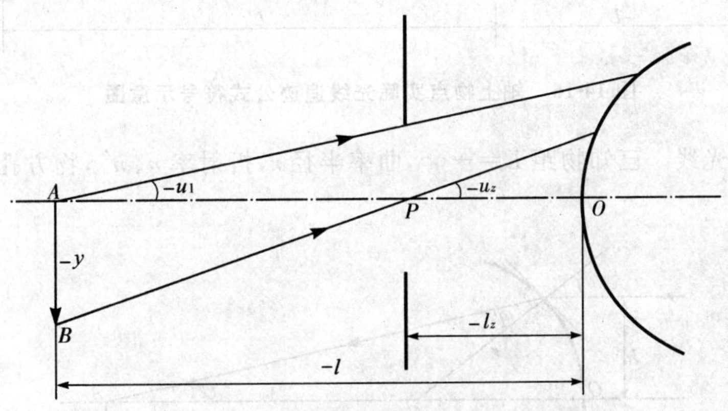

图 14-15　轴外光线追迹公式符号示意图

轴外近轴光线的光路计算，仍可用近轴光线光路计算公式计算，其中 u_z 用下式计算：

$$u_z = \frac{y}{l_z - l} \tag{14-24}$$

如光学系统具有 k 个折射面，则可用过渡公式组：

$$n_2 = n_1', n_3 = n_2', \cdots, n_k = n_{k-1}$$

$$u_2 = u_1', u_3 = u_2', \cdots, u_k = u_{k-1}'$$

$$y_2 = y_1', y_3 = y_2', \cdots, y_k = y_{k-1}'$$

$$l_2 = l_1' - d_1, l_3 = l_2' - d_2, \cdots, l_k = l_{k-1}' - d_{k-1}$$

由轴外物点的近轴光路计算，可以得到理想像高 y'：

$$y' = (l_z' - l')u_z' \tag{14-25}$$

式中，l' 为高斯像面位置，l_z' 为出瞳距。

以上公式组的作用：可以由物面、光学面（顶点）曲率半径，求解高斯像面的位置与像高。可以由物高、像高、物面位置求取光学面（顶点）的曲率半径。

(二)实际光线光路计算的三角公式

1. 轴上物点

已知物距 L,折射面曲率半径 r,折射率 n、n',物方孔径角 U,如图 14-16 所示。实际光线光路计算的三角公式组为

$$\left.\begin{aligned}\sin I &= \frac{L-r}{r}\sin U \\ \sin I' &= \frac{n}{n'}\sin I \\ U' &= U+I-I' \\ L' &= r+\frac{\sin I'}{\sin U'}r\end{aligned}\right\} \tag{14-26}$$

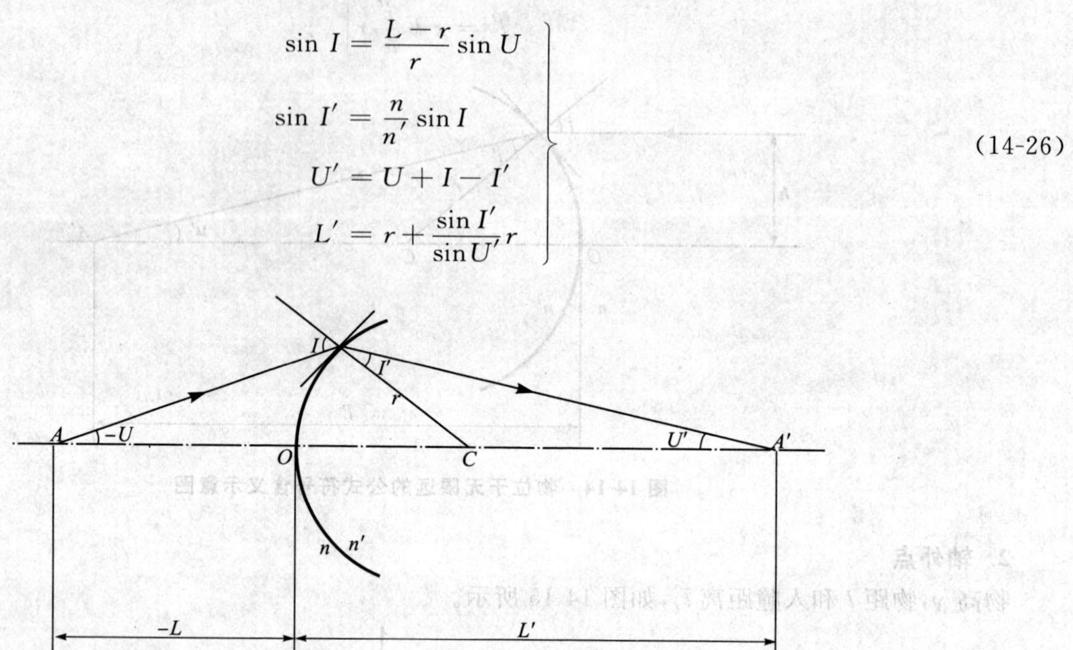

图 14-16 轴上物点实际光线追迹公式符号示意图

特例:平行于光轴的光线。已知物距 $L=-\infty$,曲率半径 r,折射率 n、n',物方孔径角 $U=0$,光线入射高 h。如图 14-17 所示。

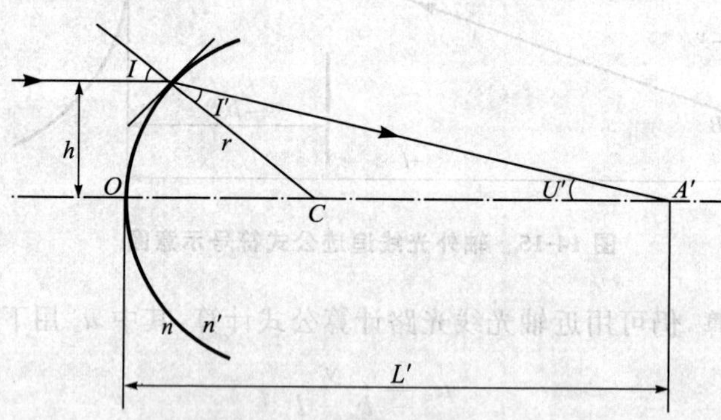

图 14-17 位于无限远物点的实际光线追迹公式符号示意图

$$\left.\begin{aligned}\sin I &= \frac{h}{r} \\ \sin I' &= \frac{n}{n'}\sin I \\ U' &= I-I' \\ L' &= r+\frac{\sin I'}{\sin U'}r\end{aligned}\right\} \tag{14-27}$$

如果光学系统具有 k 个折射面,则使用过渡公式:

$$n_2 = n_1', n_3 = n_2', \cdots, n_k = n_{k-1}'$$
$$U_2 = U_1', U_3 = U_2', \cdots, U_k = U_{k-1}'$$
$$L_2 = L_1' - d_1, L_3 = L_2' - d_2, \cdots, L_k = L_{k-1}' - d_{k-1}$$

使用这些公式组追迹一根主光线，在像方的孔径角为 U_{zk}'，可以得到出射光线与高斯像面的交点的高度：

$$y' = (l_z' - l')\tan U_{zk}' \tag{14-28}$$

以上公式组的作用：无论光线是轴上物点还是轴外物点发出的，都可以归结为轴上物点发出的光线，只要知道(L、U、r)，就能求出 L'、U'。

2. 轴外物点

当物体位于无限远，公式符号含义如图 14-18 所示。

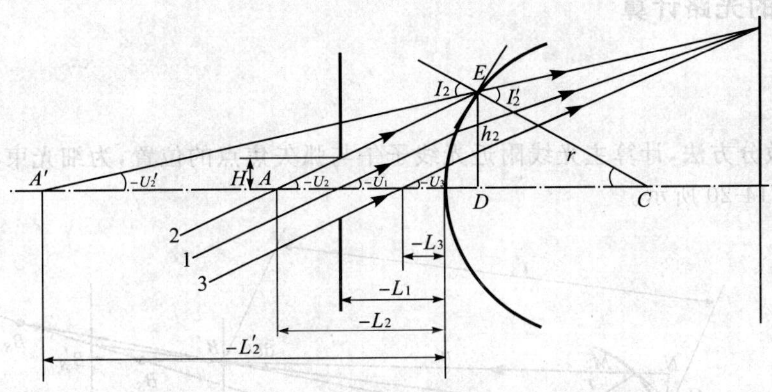

图 14-18 位于无限远轴外物点的实际光线示意图

已知入瞳直径 $D = 2H$，入瞳距 $-l_z$，视场角 ω，则

光线 1　$-U_1 = \omega, L_1 = l_z$；

光线 2　$-U_2 = -U_1 = \omega, L_2 = L_1 + \dfrac{H}{\tan U_1} = l_z + \dfrac{H}{\tan U_1}$；

光线 3　$-U_3 = -U_1 = \omega, L_3 = L_1 - \dfrac{H}{\tan U_1} = l_z - \dfrac{H}{\tan U_1}$。

当物体位于有限远，公式符号含义如图 14-19 所示。

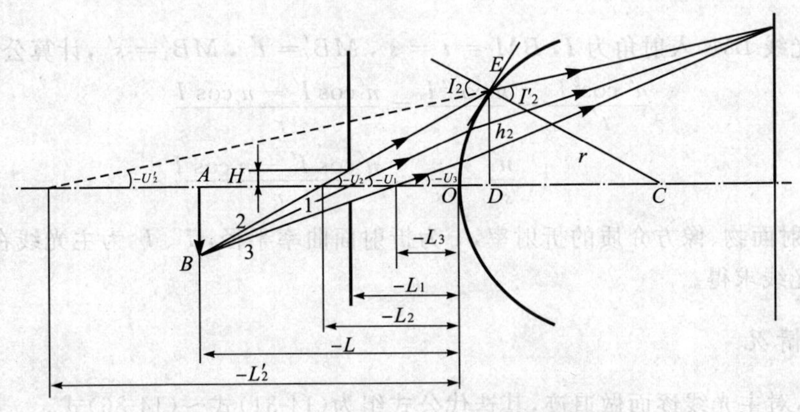

图 14-19 位于有限远轴外物点的实际光线示意图

已知物高 $-y$，物距 $-L$，孔径角 $-U$，入瞳直径 $D = 2H$，入瞳距 $-l_z$，则

光线 1　$U_1, L_1 = l_z$；

光线 2　$\tan U_2 = \dfrac{y - H}{l_z - L}, L_2 = l_z + \dfrac{H}{\tan U_2}$；

光线 3　$\tan U_3 = \dfrac{y + H}{l_z - L}, L_2 = l_z - \dfrac{H}{\tan U_3}$。

各光线的投射高 $h_i = L_i \tan(-U_i)$ $(i=1,2,3)$。

由三角公式(14-26)式或(14-27)式可以求取三根光线的像方截距：

$$L_1' = L_1 - (\cot U_1 - \cot U_1')h_1$$
$$L_2' = L_2 - (\cot U_2 - \cot U_2')h_2$$
$$L_3' = L_3 - (\cot U_3 - \cot U_3')h_3$$

如果光学系统具有 k 个折射面，应用过渡公式可以求得每一根光线的 (L_k', U_k')。

轴外物点实际光线追迹公式组的作用：根据子午面内光线对和主光线各自的 (L, U)，应用实际光线光路计算的三角公式，逐面计算得到像方各自的 (L', U')，进而求出像面上的交点位置，为计算子午像差等提供光线数据。

二、轴外细光束的光路计算

(一)杨氏公式

杨氏公式是应用微分方法，计算主光线附近光线子午与弧矢焦点的位置，为细光束场曲和像散提供计算公式和基本数据，如图 14-20 所示。

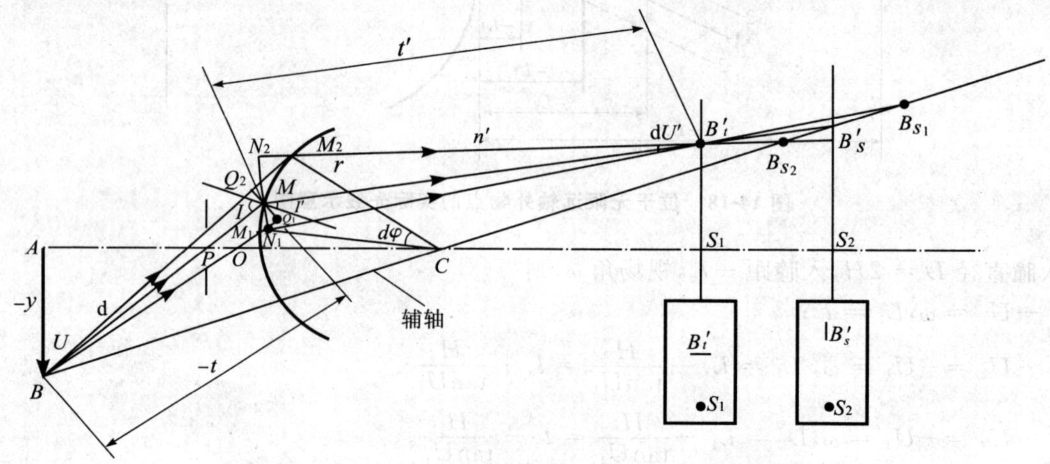

图 14-20　轴外点无限细像散光束的几何光学结构

轴外像点 B，主光线 BM，入射角为 I，$BM = t = s$，$MB_t' = t'$，$MB_s' = s'$，计算公式组为

$$\frac{n'\cos^2 I'}{t'} - \frac{n\cos^2 I}{t} = \frac{n'\cos I' - n\cos I}{r} \tag{14-29}$$

$$\frac{n'}{s'} - \frac{n}{s} = \frac{n'\cos I' - n\cos I}{r} \tag{14-30}$$

式中，n、n' 分别为折射面物、像方介质的折射率，r 为折射面曲率半径，I、I' 为主光线在折射面上的入射角与折射角，经追迹主光线求得。

(二)多折射面情况

如图 14-21 所示，对主光线逐面做追迹，其迭代公式组为(14-31)式～(14-36)式。

$$z_i = r_i[1 - \cos(I_i + U_{zi})] \tag{14-31}$$

$$D_i = \frac{d_i - z_i + z_{i+1}}{\cos U_{zi}'} \tag{14-32}$$

$$\frac{n_i'\cos^2 I_i'}{t_i'} - \frac{n_i\cos^2 I_i}{t_i} = \frac{n_i'\cos I_i' - n_i\cos I_i}{r_i} \tag{14-33}$$

$$\frac{n_i'}{s_i'} - \frac{n_i}{s_i} = \frac{n_i'\cos I_i' - n_i\cos I_i}{r_i} \tag{14-34}$$

$$t_{i+1} = t_i' - D_i \tag{14-35}$$

$$s_{i+1} = s_i' - D_i \tag{14-36}$$

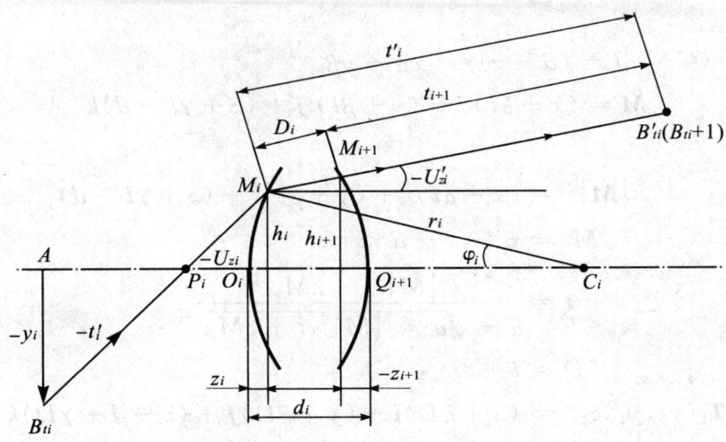

图 14-21　主光线计算示意图

（三）公式组的计算方法

1) I_i、I_i' 是主光线的入射角与折射角，U_{zi} 、U_{zi}' 为主光线与光轴之间的夹角，利用公式组(14-31)式至(14-34)式求两个焦点时，先需追迹主光线通过光学系统的光路，逐面过渡迭代，直至求出像空间的 t' 和 s'。

2)公式组的起始状态为 $t_1 = s_1$ 。

如果物在无限远，则 $t_1 = s_1 = \infty$，物点经第一折射面后，子午焦点与弧矢焦点不再重合为一点。

3)公式组适用于折射面为平面的情形，此时 $r_i = \infty$ 。

4)由于光学系统的像散通常沿光轴方向度量，故计算完系统的最后一个折射面后，应用下面的公式将得到的 t_k'、s_k' 换算成沿光轴方向的距离：

$$l_t' = t_k' \cos U_{zk}' + z_k \tag{14-37}$$

$$l_s' = s_k' \cos U_{zk}' + z_k \tag{14-38}$$

$$\text{子午场曲} = l_t' - l' \tag{14-39}$$

$$\text{弧矢场曲} = l_s' - l' \tag{14-40}$$

$$\text{像散} = l_t' - l_s' \tag{14-41}$$

三、空间光线的光路计算

空间光线的光路计算，主要是解决一般光线经过球面、非球面、高次非球面的光路走向问题，为像差计算提供数据。目前出现了许多商用光学设计软件，如 CODE V、ZEMAX、OSLO 等，光路计算不再经常需要手工计算。

（一）球面

已知起始面上一点 $E(x,y,z)$，其位置矢量 $\boldsymbol{T}(x,y,z)$ 出射一根光线，方向 $\boldsymbol{Q}^0(\alpha,\beta,\gamma)$，求其与球面的交点位置矢量 $\boldsymbol{T}_1(x_1,y_1,z_1)$ 和折射光线 $\boldsymbol{Q}_1^0(\alpha_1,\beta_1,\gamma_1)$，$G$ 点是 O_1 点向光线 EE_1 作垂线的垂足，$\boldsymbol{M}$ 是其位置矢量。各量的关系如图 14-22 所示。

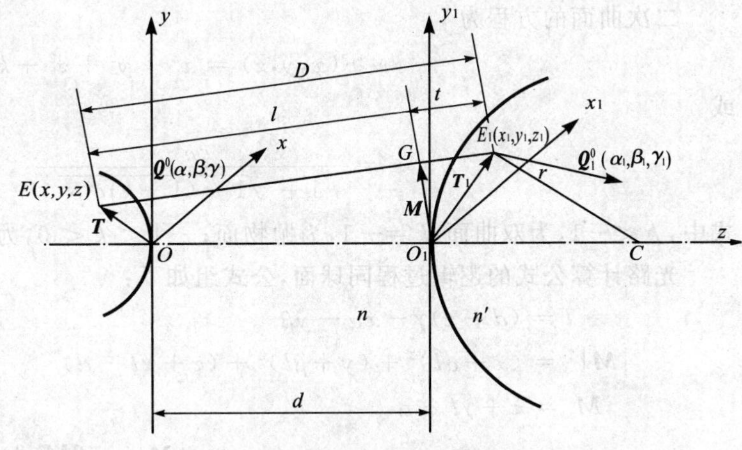

图 14-22　空间光线坐标的几何关系图

1. 由 $\boldsymbol{T}$、$\boldsymbol{Q}^0$ 求 $\boldsymbol{T}_1$

(1)由 $\boldsymbol{T}$、$\boldsymbol{Q}^0$ 求 $\boldsymbol{M}$

$$l=(d-z)\gamma-x\alpha-y\beta \tag{14-42}$$

$$\boldsymbol{M}=(x+\alpha l)\boldsymbol{i}+(y+\beta l)\boldsymbol{j}+(z+\gamma l-d)\boldsymbol{k} \tag{14-43}$$

(2)由 $\boldsymbol{M}$、$\boldsymbol{Q}^0$ 求 $\boldsymbol{T}_1$

$$|\boldsymbol{M}|^2=(x+\alpha l)^2+(y+\beta l)^2+(z+\gamma l-d)^2 \tag{14-44}$$

$$M_z=z+\gamma l-d \tag{14-45}$$

$$t=\frac{|\boldsymbol{M}|^2c-2M_z}{\alpha+\sqrt{\alpha^2-|\boldsymbol{M}|^2c^2+2M_zc}} \tag{14-46}$$

$$D=l+t \tag{14-47}$$

$$\boldsymbol{T}_1(x_1,y_1,z_1)=(x+\alpha D)\boldsymbol{i}+(y+\beta D)\boldsymbol{j}+(z-d+\gamma D)\boldsymbol{k} \tag{14-48}$$

即

$$\left.\begin{aligned}x_1&=x+\alpha D\\y_1&=y+\beta D\\z_1&=z-d+\gamma D\end{aligned}\right\} \tag{14-49}$$

式中，$c=1/r$。

2. 由 $\boldsymbol{T}_1$ 求球面法线 $\boldsymbol{N}^0(\lambda,\mu,\nu)$

$$\left.\begin{aligned}\lambda&=-x_1c\\\mu&=-y_1c\\\nu&=1-z_1c\end{aligned}\right\} \tag{14-50}$$

3. 由 $\boldsymbol{N}^0$、$\boldsymbol{Q}^0$ 求光线折射方向 $Q_1{}^0$

$$\left.\begin{aligned}\alpha_1&=\frac{n}{n'}\alpha-\frac{\Gamma}{n'}x_1c\\\beta_1&=\frac{n}{n'}\beta-\frac{\Gamma}{n'}y_1c\\\gamma_1&=\frac{n}{n'}\gamma+\frac{\Gamma}{n'}(1-z_1c)\end{aligned}\right\} \tag{14-51}$$

式中，$\Gamma=n'\cos I'-n\cos I$。

(二)二次曲面

二次曲面的方程为

$$F(x,y,z)=x^2+y^2+z^2+kz^2-2rz=0$$

或

$$z=\frac{c\rho^2}{1+\sqrt{1-(1+k)c^2\rho^2}},\qquad \rho^2=x^2+y^2$$

式中，$k<-1$，为双曲面；$k=-1$，为抛物面；$-1<k<0$，为椭球面；$k=0$，为球面；$k>0$，为扁球面。

光路计算公式的逻辑过程同球面，公式组如下：

$$l=(d-z)\gamma-x\alpha-y\beta \tag{14-52}$$

$$|\boldsymbol{M}|^2=(x+\alpha l)^2+(y+\beta l)^2+(z+\gamma l-d)^2 \tag{14-53}$$

$$M_z=z+\gamma l-d \tag{14-54}$$

$$t=\frac{c\,|\boldsymbol{M}|^2-2M_z+kM_z^2c}{(\alpha-kM_zc\alpha)+\sqrt{(\alpha-kM_zc\alpha)^2-(1+k\alpha^2)(|\boldsymbol{M}|^2c^2-2cM_z+kM_z^2c^2)}} \tag{14-55}$$

$$D=l+t \tag{14-56}$$

$$\left.\begin{aligned} x_1 &= x + \alpha D \\ y_1 &= y + \beta D \\ z_1 &= z - d + \gamma D \end{aligned}\right\} \tag{14-57}$$

$$\left.\begin{aligned} \lambda &= \frac{-x_1 c}{A} \\ \mu &= \frac{-y_1 c}{A} \\ \nu &= \frac{1 - z_1 k c}{A} \\ A &= \sqrt{1 - k c^2 (x_1^2 + y_1^2)} \end{aligned}\right\} \tag{14-58}$$

$$\Gamma = n' \cos I' - n \cos I \tag{14-59}$$

$$\left.\begin{aligned} \alpha_1 &= \frac{n}{n'}\alpha - \frac{\Gamma}{n'}\frac{x_1 c}{A} \\ \beta_1 &= \frac{n}{n'}\beta - \frac{\Gamma}{n'}\frac{y_1 c}{A} \\ \gamma_1 &= \frac{n}{n'}\gamma + \frac{\Gamma}{n'}\frac{1 - z_1 c k}{A} \end{aligned}\right\} \tag{14-60}$$

(三)偶次非球面空间光线的计算

偶次非球面的方程为

$$z = \frac{c\rho^2}{1 + \sqrt{1 - (1+k)c^2\rho^2}} + A_1\rho^4 + A_2\rho^6 + A_3\rho^8 + A_4\rho^{10}$$

式中，$\rho^2 = x^2 + y^2$，A_1、A_2、A_3、A_4 为高次项系数，c 为顶点曲率。

高次非球面的光路计算逻辑过程与二次曲面、球面基本相似，仅光线在高次非球面上的投射点坐标项采用逐次逼近的方法求解。

如图 14-23 所示，逼近求解步骤如下：先求入射光线与基准面的交点 E_{01}，作为第一次近似解，从 E_{01} 作光轴平行线交非球面于 $E'(x', y', z')$ 点，求 E' 的切平面交光线于 E_1^* 点，E_1^* 作为新的近似解。重复以上步骤，以解的坐标分量差值变化量(绝对值)小于某一预定小量为止判据。

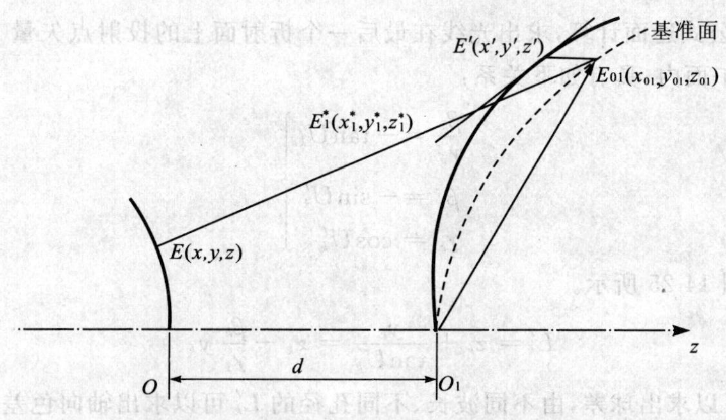

图 14-23　偶次非球面光线追迹逼近示意图

(四)空间光线追迹的起始和终结公式

1. 起始公式

(1)物平面位于无限远时

起始面上位置矢量为 $\boldsymbol{T}(x, y, z)$ 的一点在入瞳面上，入瞳面可以按极坐标或矩形网格点两种形式划分。光线方向余弦与所取的视场角有关，如视场角为 2ω，光线在子午面内或与子午面平行时，有

$$\left.\begin{aligned}\alpha &= 0\\ \beta &= -\sin\omega\\ \gamma &= \cos\omega\end{aligned}\right\}\tag{14-61}$$

(2)物平面位于有限距离时

起始面上位置矢量为 $\boldsymbol{T}(x,y,z)$ 的一点仍然可以通过对入瞳面做孔径细分获得，方向余弦与物点(即视场)有关，如物高为 y_0，入瞳面上一点入射高 $h=(l_z-l)\tan U$，如图 14-24 所示，图中 Y_0AX_0 为物面坐标系，YPX 为入瞳坐标系。

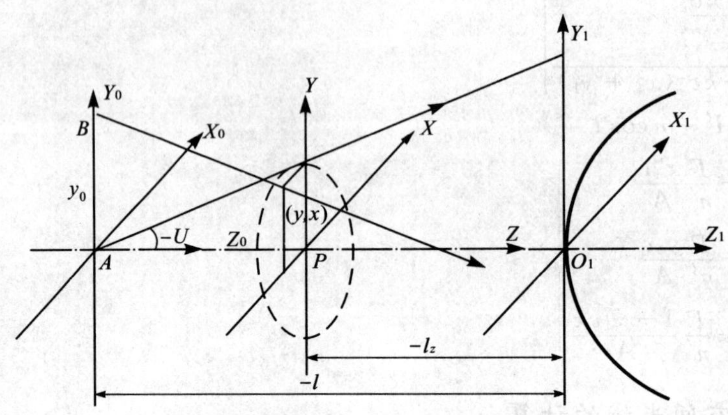

图 14-24 物平面在有限距离时初始坐标的选取

方向余弦取为

$$\left.\begin{aligned}\alpha &= \frac{x}{R}\\ \beta &= -\frac{y_0-y}{R}\\ \gamma &= \frac{|l_z-l|}{R}\end{aligned}\right\}\tag{14-62}$$

式中，$R=\sqrt{(l_z-l)^2+(y_0-y)^2+z^2}$。

2. 终结公式

利用空间光线计算公式逐面计算，求出光线在最后一个折射面上的投射点矢量 $\boldsymbol{T}_k(x_k,y_k,z_k)$ 和出射方向 $\boldsymbol{Q}_k^0(\alpha_k,\beta_k,\gamma_k)$，在子午面内，具有如下关系：

$$\left.\begin{aligned}\frac{\beta_k}{\gamma_k} &= -\tan U_k'\\ \beta_k &= -\sin U_k'\\ \gamma_k &= \cos U_k'\end{aligned}\right\}\tag{14-63}$$

对于轴上物点，如图 14-25 所示。

$$L_k' = z_k + \frac{y_k}{\tan U_k'} = z_k - \frac{\beta_k}{\gamma_k}y_k \tag{14-64}$$

由不同孔径的 L_k' 可以求出球差，由不同波长、不同孔径的 L_k' 可以求出轴向色差和色球差。

对于轴外物点，如图 14-26 所示。

子午光线与高斯像面交点的子午坐标为

$$Y_k' = y_k + (l_k' - z_k)\frac{\beta_k}{\gamma_k} \tag{14-65}$$

弧矢光线与高斯像面交点的弧矢分量为

$$X_k' = x_k + (l_k' - z_k)\frac{\alpha_k}{\gamma_k} \tag{14-66}$$

如按子午光线对和弧矢光线对进行空间追迹，用(14-65)式和(14-66)式的结果，可以求取轴外像差。

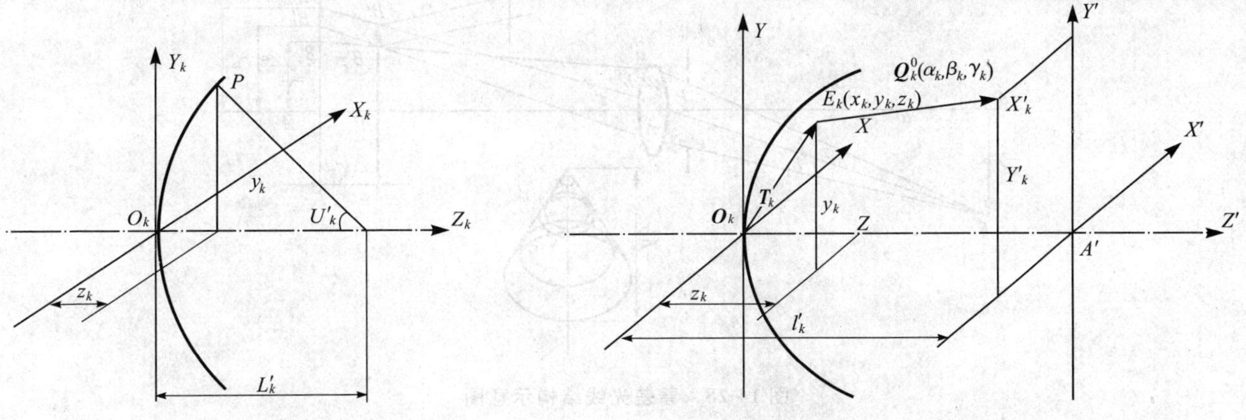

图 14-25　按矢量计算公式所得结果确定出射光线坐标

图 14-26　出射光线和高斯像面的交点坐标

第四节　几何像差理论

一、几何像差理论

(一)球差

同一物点发出的光束，当光束孔径由小变大时，经过光学系统的较大孔径的光线(对)与光轴(物点离轴时，用主光线)的交点均与近轴光线交点不重合。这表明：轴上物点发出的球面波，经过光学系统后，变成偏离球面(波)的旋转对称非球面波。(14-26)式中 L' 随 U 的变化能较好地描述这一现象。

图 14-27 是单折射面存在球差的典型例子。

球差的度量：可以用轴向距离 $\delta L'$，也可以用像面上的垂轴距离。

球差与孔径有关，光学系统相对孔径较大时，一般追迹 $0.3\,h$、$0.5\,h$、$0.707\,h$、$0.85\,h$、$1.0\,h$ 这 5 个孔径的光线，计算球差和绘制球差曲线。轴向距离的计算公式为

$$\delta L'(h) = L'(h) - l' \qquad (14\text{-}67)$$

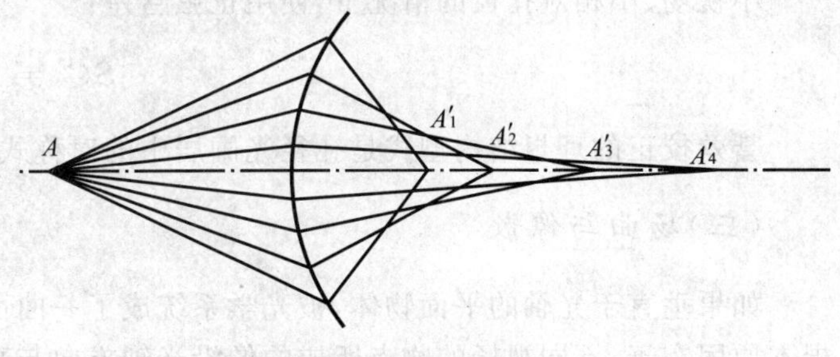

图 14-27　球差示意图

(二)彗差

彗差是光学系统中极其重要的像差，要注意控制彗差。

彗差表示轴外物点宽光束经光学系统成像后失对称的情况，如图 14-28 所示。

计算彗差时，一般分子午线对和弧矢线对进行：

子午彗差

$$K'_T = (y'_a + y'_b)/2 - y'_z \qquad (14\text{-}68)$$

弧矢彗差

$$K'_S = y'_s - y'_z \qquad (14\text{-}69)$$

式中，y'_a、y'_b 和 y'_s 是分别追迹子午光线对 a、b 和弧矢线对(对称于子午面)在像面上的交点的高度。光路追迹公式参见(14-42)式至(14-66)式。

彗差是孔径 h(或 U)和视场 ω(或 y) 的函数。一般函数关系为

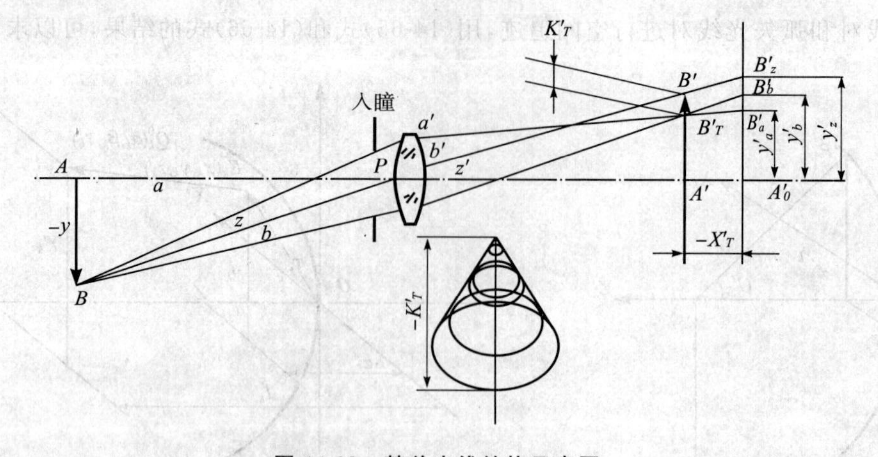

图 14-28 彗差光线结构示意图

$$K'_S = A_1 y h^2 + A_2 y h^4 + A_3 y^3 h^2 + \cdots \tag{14-70}$$

式中每一项的物理含义如表 14-1 所示。

表 14-1 彗差与视场、孔径的关系说明

关系项	名 称	备 注
$A_1 y h^2$	初级彗差	对于大孔径、小视场的光学系统，彗差由 $A_1 y h^2$ 和 $A_2 y h^4$ 决定； 对于大视场、小相对孔径的光学系统，彗差由 $A_1 y h^2$ 和 $A_3 y^3 h^2$ 决定
$A_2 y h^4$	孔径高级彗差	
$A_3 y^3 h^2$	视场高级彗差	

初级彗差的情况如下：

$$K'_T = 3K'_S \tag{14-71}$$

小视场、小相对孔径的情况下，使用正弦彗差：

$$SC' = \frac{K'_S}{y'} \tag{14-72}$$

彗差校正的理想结构型式是孔径光阑居中的对称式光学系统结构。

(三)场曲与像散

如果垂直于光轴的平面物体，被光学系统成了一曲面的像，表明光学系统存在像场弯曲，简称场曲。其根本原因在于，不同视场的物点所成的像沿光轴方向与高斯像点存在轴向偏离。不存在彗差时的子午场曲如图 14-29 所示。

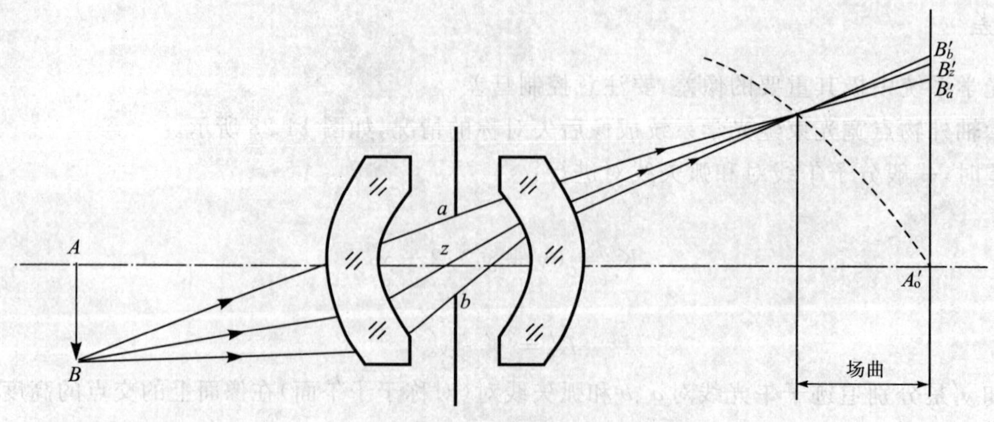

图 14-29 子午场曲示意图

计算场曲与计算彗差一样，需要追迹轴外物点发出的子午线对或弧矢线对，由线对在像方的数据，求出线对交点偏离高斯像面的轴向距离。

在光轴为 z 轴的坐标系中，场曲用 z 向分量度量。为了与过去习惯使用的符号一致，本章仍采用 X'_T 符号，其约定含义为 z 向分量。

场曲与视场、孔径有关，相对孔径较大时，宽光束场曲与视场、孔径的关系，可以分解成只与视场有关的细光束场曲，以及只与孔径有关的球差合成：

$$X'_T(h,y) = \delta L'_T(h) + x'_t(y) \tag{14-73}$$

或

$$X'_S(h,y) = \delta L'_S(h) + x'_s(y) \tag{14-74}$$

本质上反映场曲性质的量为细光束子午场曲 x'_t 和细光束弧矢场曲 x'_s。x'_t 和 x'_s 的计算仅需按(14-31)式至(14-41)式追迹一条主光线，它们仅与视场有关。

$$x'_{t(s)}(y) = A_1 y^2 + A_2 y^4 + A_3 y^6 + \cdots \tag{14-75}$$

当视场较大时，场曲像差表现明显。

如果子午细光束将一物平面成一子午曲面像，而弧矢细光束将这一物平面也成一弧矢曲面像，但这两曲面像不重合，表明从同一物点发出的物方子午线对和弧矢线对经光学系统后，子午像点与弧矢像点不重合，子午光束与弧矢光束之间失去了对称性，这种像差现象称为像散，如图 14-30 所示。

$$x'_{ts} = x'_t - x'_s \tag{14-76}$$

场曲与像散这两种像差具有一种伴生现象，必须采用恰当的光学结构型式，如正负光组远离型，才能很好地同时消除像散与场曲。

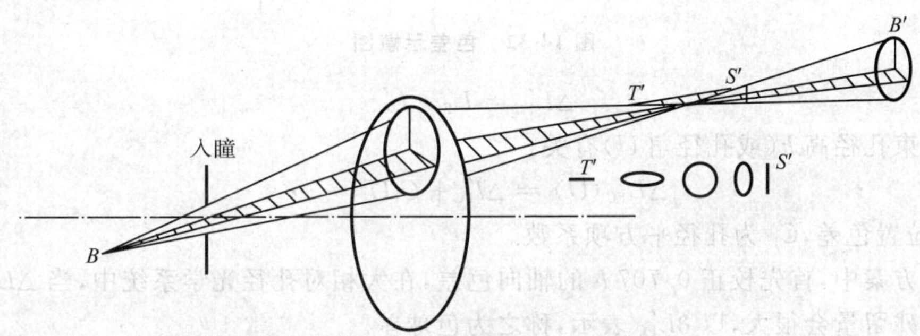

图 14-30　像散光线结构示意图

(四)畸变

对于大视场的实际光学系统，垂轴放大率随视场由小到大变化，不再是一常数，使网格状的平面成像变形，如图 14-31 所示。这种像差现象称为畸变。$\beta(y) > \beta_0$，称为枕形畸变；$\beta(y) < \beta_0$，称为桶形畸变。

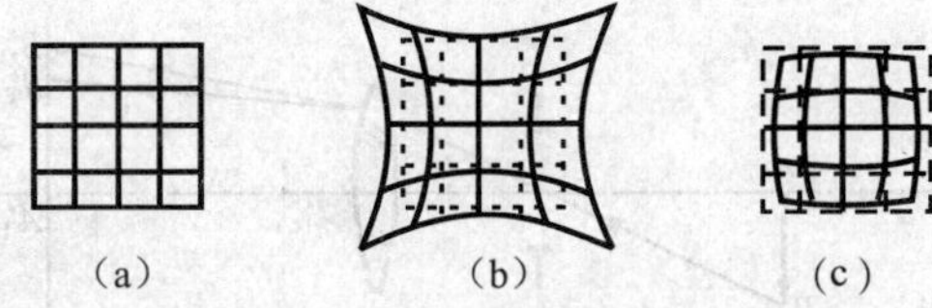

图 14-31　畸变示意图

计算畸变时，追迹一根主光线，得到高斯像面上的投射高 Y'_z，则畸变 $\delta Y'_z$ 表示为

$$\delta Y'_z = Y'_z - y'_0 \tag{14-77}$$

式中，y'_0 为理想像高。

光学系统中，常用百分畸变 q' 表示：

$$q' = \frac{Y'_z - y'_0}{y'_0} \times 100\% \tag{14-78}$$

对 $f\theta$ 透镜，物体在无限远处，物方视场角为 θ，ZEMAX 中将理想像高取为 $y'_0 = f'\theta$。

畸变不影响成像清晰度，与视场 y(或 ω)有关，函数关系为

$$\delta Y'_z = A_1 y^3 + A_2 y^5 + \cdots \tag{14-79}$$

畸变很难完全消除，只有光阑位于中间，$\beta=-1$ 的对称光学系统，畸变才能被自动校正。

(五)色差

色差出现在一定波长范围的折射光学系统中，原因在于光学材料折射率随波长变化，主要有轴向色差和垂轴色差。

轴向色差：轴上物点发出的某一孔径光线，不同波长的像点的位置不同。在可见光波段，常用 F、C 两谱线来描述轴向色差 $\Delta L'_{FC}$，如图 14-32 所示。

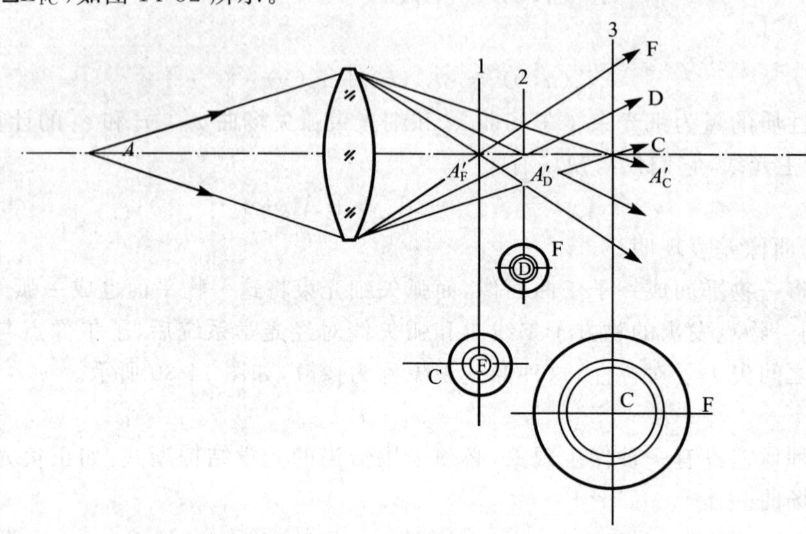

图 14-32 色差示意图

$$\Delta L'_{FC}=L'_F-L'_C \tag{14-80}$$

轴向色差与光束孔径高 h(或孔径角 U)有关：

$$\Delta L'_{FC}(U)=\Delta l'_{FC}+C_1U^2+\cdots \tag{14-81}$$

式中，$\Delta l'_{FC}$是近轴位置色差，C_1 为孔径平方项系数。

轴向色差校正方案中，首先校正 0.707 h 的轴向色差，在大相对孔径光学系统中，当 $\Delta L'_{FC0.707h}=0$ 时，其余孔径的轴向色差残留量会很大，以 $\delta L'_{FC}$ 表示，称之为色球差。

$$\delta L'_{FC}=\Delta L'_{FC1.0h}-\Delta l'_{FC} \tag{14-82}$$

在高倍率或长焦距光学系统中，当 $\Delta L'_{FC0.707h}=0$ 时，F、C 光像面与 D 光像面不重合，这种高级色差以 $\Delta L'_{FCD}$ 表示，称之为二级光谱色差：

$$\Delta L'_{FCD}=\Delta L'_{F0.707h}-\Delta L'_{D0.707h} \tag{14-83}$$

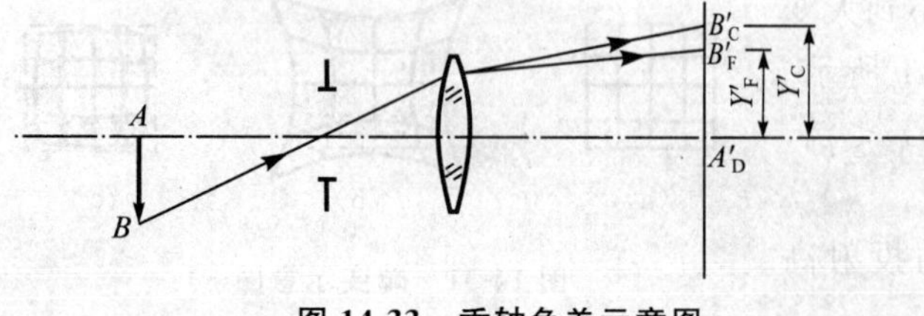

图 14-33 垂轴色差示意图

垂轴色差：轴外物点发出的主光线在像面的交点高度(像高)随波长变化，图 14-33 是可见光波段的垂轴色差示意图。

$$\Delta Y'_{FC}=Y'_F-Y'_C \tag{14-84}$$

垂轴色差 $\Delta Y'_{FC}$ 随视场 y(或 ω)大小变化。

$$\Delta Y'_{FC}(y)=A_1y+A_2y^3+A_3y^5+\cdots \tag{14-85}$$

式中，线性项为初级垂轴色差，高次项是不同色光的畸变差别所致，是高级垂轴色差，又称色畸变。

二、高级像差的计算评价方法

(一)初级像差与视场 y 和孔径 h 的基本关系

初级像差与视场 y 和孔径 h 的基本关系为

$$\delta L'=a_1h^2,\ K'_S=a_2h^2y,\ x'_t=a_3y^2,\ x'_s=a_4y^2,\ \delta Y'_z=a_5y^3,\ \Delta l_{FC}=c_1,\ \Delta Y'_{FC}=c_2y$$

这种初级像差关系适用于小视场、小相对孔径光学系统应满足的像差规律。对于大视场、大相对孔径光学系统，像差随h、y变化的关系式中将出现高次项，仅消除初级像差是不够的。

（二）高级像差的计算关系式

(1)孔径高级球差

$$\delta L'_{sn}=\delta L'_{0.707h}-\frac{1}{2}\delta L'_m \tag{14-86}$$

(2)孔径高级正弦差

$$SC'_{sn}=SC'_{0.707h}-\frac{1}{2}SC'_{1.0h} \tag{14-87}$$

(3)子午孔径高级彗差

$$K'_{Tsnh}=K'_T(0.707h,1.0y)-\frac{1}{2}K'_T(1.0h,1.0y) \tag{14-88}$$

(4)子午视场高级彗差

$$K'_{Tsny}=K'_T(1.0h,0.707y)-0.707K'_T(1.0h,1.0y) \tag{14-89}$$

(5)子午高级场曲

$$x'_{tsn}=x'_{t0.707y}-\frac{1}{2}x'_{t1.0y} \tag{14-90}$$

(6)弧矢高级场曲

$$x'_{ssn}=x'_{s0.707y}-\frac{1}{2}x'_{s1.0y} \tag{14-91}$$

(7)高级畸变

$$\delta Y'_{zsn}=\delta Y_z(0.707y)-0.35\delta Y'_z(1.0y) \tag{14-92}$$

(8)色球差

$$\delta L'_{FC}=\Delta L'_{FC}(1.0h)-\Delta l'_{FC}(0h) \tag{14-93}$$

(9)色畸变(高级垂轴色差)

$$\Delta Y'_{FCsn}=\Delta Y'_{FC}(0.707y)-0.707\Delta Y'_{FC}(1.0y) \tag{14-94}$$

以上高级像差是比较常用的，一般先校正初级像差后，计算的高级像差数值才有意义。

三、塞德像差多项式

塞德(Seidal)像差多项式也是描述初级像差与视场y和孔径h的关系式，其主要特色在于：采用弥散斑($\delta x'$,$\delta y'$)或波像差等像质综合评价指标，建立它们与入瞳极坐标(h,θ)和视场y或ω之间的关系式。如运用本节独立几何像差的基本概念，由塞德像差多项式很容易理解或判别独立几何像差的基本特征。

（一）垂轴像差分量的表达形式

$$\delta x'=Ah^3\sin\theta+Byh^2(2\sin\theta\cos\theta)+(C+D)y^2h\sin\theta \tag{14-95}$$

$$\delta y'=Ah^3\cos\theta+Byh^2(1+2\cos^2\theta)+(3C+D)y^2h\cos\theta+Ey^3 \tag{14-96}$$

式中，$\delta x'$、$\delta y'$为物点发出的光线在像面上与主光线交点之间的坐标分量之差，h、θ为入瞳面上的极坐标，y为物体的高度。其中系数A、B、C、D、E的含义为：A是球差系数，B是彗差系数，C是场曲系数，D是像散系数，E是畸变系数。

垂轴像差分量表达式中每一项y与h的总次幂为3，因此，该像差理论又称为三级像差理论。

（二）波像差表达形式

$$W(Y,h,\theta)=W_{000}+W_{020}h^2+W_{111}Yh\cos\theta+W_{131}Yh^3\cos\theta+$$
$$W_{220}Y^2h^2+W_{222}Y^2h^2\cos^2\theta+W_{311}Y^3h\cos\theta+W_{040}h^4+\cdots \tag{14-97}$$

波像差表示的塞德像差多项式基本项为 $W_{ijk}Y^ih^j\cos^k\theta$。式中，$W_{000}$ 为常数项系数；W_{020} 为离焦项系数；W_{111} 表示波像差变化与光瞳上 $P_y(=h\cos\theta)$ 坐标分量成正比，表示倾斜项；$W=W_{111}Yh\cos\theta$。W_{131} 为彗差(项)系数；W_{220} 为场曲(项)系数；W_{222} 为像散项系数；W_{311} 为畸变项系数；W_{040} 为球差项系数。

波像差表达形式与垂轴像差分量表达形式之间的关系式为

$$\delta x'=-\frac{R}{n}\frac{\partial W}{\partial P_x} \tag{14-98}$$

$$\delta y'=-\frac{R}{n}\frac{\partial W}{\partial P_y} \tag{14-99}$$

式中，$P_x=h\cos\theta$，$P_y=h\sin\theta$，表示光瞳面的直角坐标。

这两种形式的塞德像差多项式系数，在 ZEMAX 软件、Zygo 干涉仪和国产 CXM 系列数字波面干涉仪中均被使用，并给出了塞德像差系数。

四、像差的曲线表示方法

为了直观地、全面地分析像差的变化与校正状态，现代光学设计软件都具有绘制像差随视场孔径的变化曲线的功能，便于光学设计人员分析使用。下面以 ZEMAX 软件为例，给出像差的系列曲线图。

(一)独立几何像差曲线

直接绘制球差随孔径的变化关系，细光束场曲、像散随视场的变化关系等曲线，称为独立几何像差曲线。图 14-34 便是各色光球差(longitudinal aberration)的曲线图，图中纵轴表示光瞳归一化孔径，横轴表示各色光球差(以中间波长的像面为零位)。图 14-35 表示某柯克物镜的细光束场曲和畸变曲线，图中左图为细光束子午、弧矢场曲曲线，右图为百分畸变曲线，纵轴均为归一化视场，横轴表示像差标尺，实线与短、长虚线分别表示 0.486 μm、0.587 μm 和 0.656 μm 波长的场曲和畸变曲线。图 14-36 表示了物镜的垂轴色差曲线，图中两边标以“AIRY”表示艾里斑的大小。

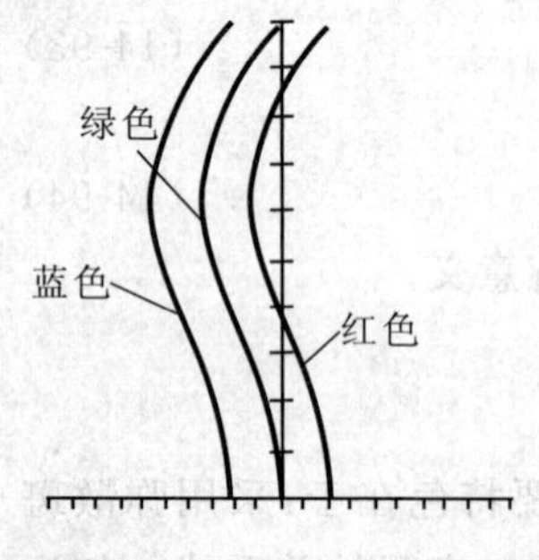

图 14-34 各色球差曲线图

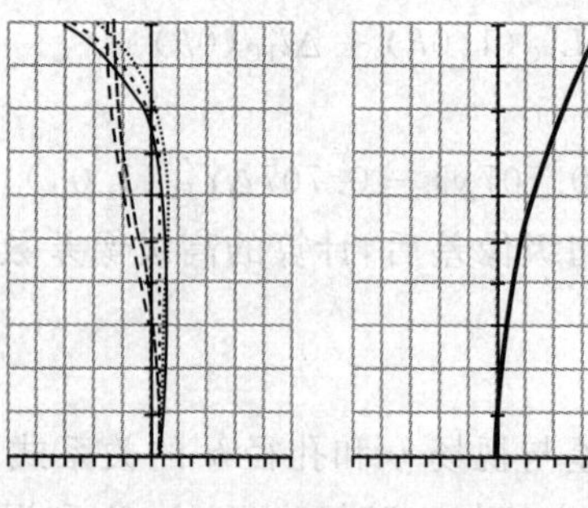

图 14-35 场曲和畸变曲线

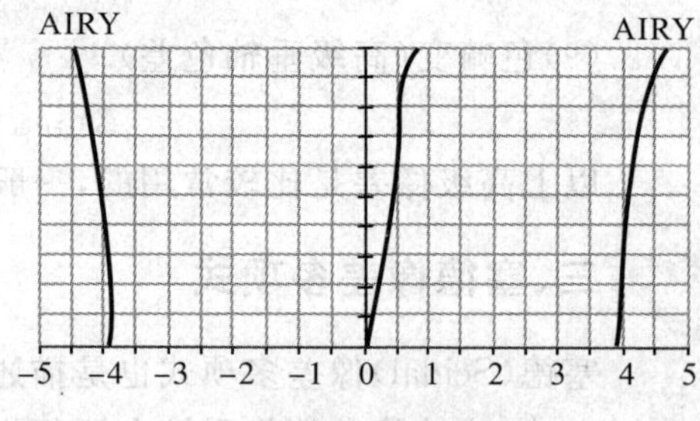

图 14-36 垂轴色差曲线

ZEMAX 中没有绘制彗差曲线，但彗差状况可以从光线像差(垂轴像差分量)曲线中分析。

(二)光线像差(垂轴分量)曲线

光线像差(垂轴分量)曲线绘制了不同视场子午与弧矢垂轴像差随孔径的变化关系，横轴表示归一化孔径，纵轴表示垂轴像差。由光线像差曲线，不但可以掌握不同视场点目标成点像的弥散情况，而且可以解析各种独立几何像差的量值与校正状态。图 14-37 表示了同一柯克物镜光线像差的垂轴分量曲线，ZEMAX 中称之为 ray aberration。图中分别给出了 0°视场、0.7 视场(14°)和 1.0 视场(20°)的光线像差曲线。每一视场中左图表示子午面内光线像差的 Y 分量 E_y(其 X 分量 $E_x=0$)随归一化光瞳坐标 P_y 的变化关系，右图表示了弧矢面内光线像差的 X 分量 E_x 随光瞳坐标 P_x 的变化关系，纵轴表示垂轴像差分量，横轴表示归一化光瞳坐标分量。这是一组非常适用的光线像差曲线图，其中包含了系统各种几何像差的丰富信息。例如，由原点处的曲线斜率可以解析系统的离焦、场曲、球差的欠或过校正信息，以及垂轴色差量值。由每一视场中左图中间波长曲线相对于旋转对称状态的偏离程度，可以判别子午彗差的大小及是否存在孔径高级彗差，等等。

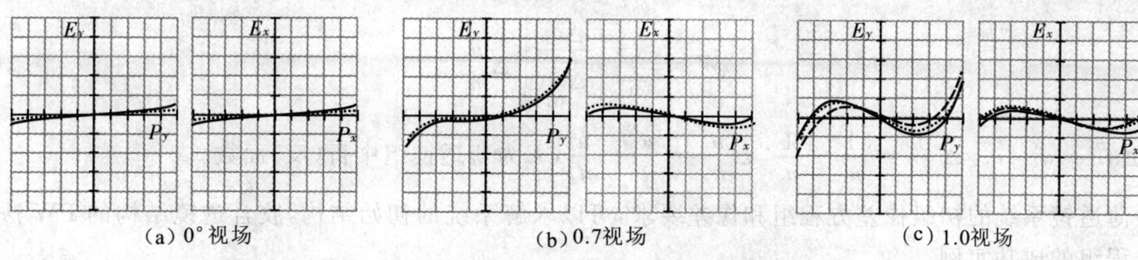

图 14-37　光线像差的垂轴分量曲线

五、薄透镜系统的初级像差方程组

前述的像差基本概念讨论了像差与视场、孔径的关系，以及成像光束结构之间的关系，这里的薄透镜系统的初级像差方程组，通过内部参数 P、W、C 将像差与系统的结构选型建立起联系。

通过追迹如图 14-38 所示的第一辅助光线与第二辅助光线，获取 h、h_z、J、φ、u' 等外部参数(或外形尺寸数据)后，可以建立薄透镜系统的初级像差方程组，如(14-100)式～(14-106)式所示。

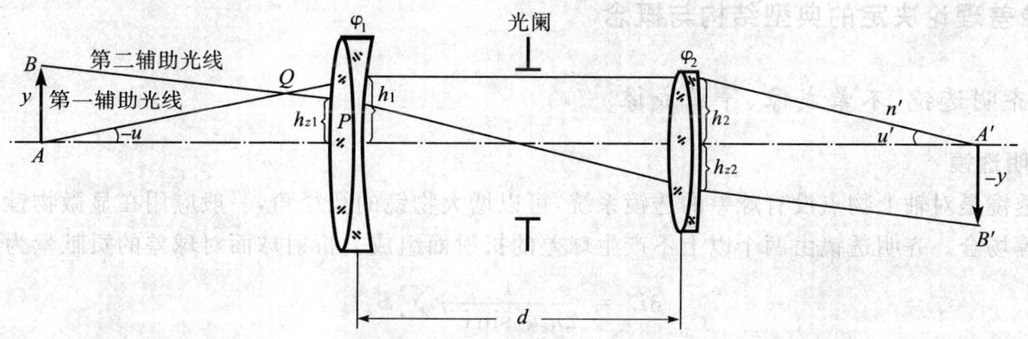

图 14-38　辅助光线追迹图

$$-2n'u'^2\delta L' = S_{\mathrm{I}} = \sum_1^N hP \tag{14-100}$$

$$-2n'u'K'_S = S_{\mathrm{II}} = \sum_1^N h_z P - J\sum_1^N W \tag{14-101}$$

$$-2n'u'^2 x'_{ts} = S_{\mathrm{III}} = \sum_1^N \frac{h_z^2}{h}P - 2J\sum_1^N \frac{h_z}{h}W + J^2\sum_1^N \varphi \tag{14-102}$$

$$-2n'u'^2 x'_p = S_{\mathrm{IV}} = J^2\sum_1^N \mu\varphi \tag{14-103}$$

$$-2n'u'\delta Y'_z = \sum_1^N \frac{h_z^3}{h^2}P - 3J\sum_1^N \frac{h_z^2}{h^2}W + J^2\sum_1^N \frac{h_z}{h}\varphi(3+\mu) \tag{14-104}$$

$$-n'u'^2\Delta l'_{FC} = S_{\mathrm{IC}} = \sum_1^N h^2 C \tag{14-105}$$

$$-n'u'\Delta Y'_{FC} = S_{\mathrm{IIC}} = \sum_1^N h_z h C \tag{14-106}$$

式中，N 为系统中薄透镜的组数；$\mu = \dfrac{\sum_1^N \dfrac{\varphi_i}{n_i}}{\varphi}$，$\varphi$ 为薄透镜组的总光焦度。一般光学材料折射率约为 1.5～1.7 时，$\mu \approx \dfrac{1}{n}$，平均值为 0.7。

$$P = \sum_1^k \left(\frac{\Delta u_i}{\Delta \frac{1}{n_i}}\right)^2 \Delta\frac{u_i}{n_i} \tag{14-107}$$

$$W = \sum_{1}^{k} \left[\frac{\Delta u_i}{\Delta \frac{1}{n_i}} \right] \Delta \frac{u_i}{n_i} \tag{14-108}$$

式中，$\Delta u_i = u_i' - u_i$，$\Delta \frac{1}{n_i} = \frac{1}{n_i'} - \frac{1}{n_i}$，$\Delta \frac{u_i}{n_i} = \frac{u_i'}{n_i'} - \frac{u_i}{n_i}$，$k$ 为薄透镜组中折(反)面数。

由薄透镜系统的初级像差方程组和像差要求，可以求解系统的初始结构，胶合透镜结构的 PW 法求解，是该方程组的成功实例。

求解步骤如下：

1)按使用要求进行总体设计，得到系统的焦距、视场和相对孔径。

2)选型和进行外形尺寸计算，求得 J 和各薄透镜组 h、h_z、φ 的值。

3)根据像差要求确定各薄透镜组的像差参量 P、W、C 的值。

4)由各薄透镜组的 P、W、C 分别求解各组的 r、d、n 等结构参数。

由薄透镜系统的初级像差方程组，还可以确定像差的校正方案，如由(14-103)式能得出同时校正像散与场曲的结构方案为正负光组远离或弯月厚透镜方案。

六、像差理论决定的典型结构与概念

(一)齐明透镜、不晕成像、等晕成像

1. 齐明透镜

齐明透镜是对轴上物点没有球差的透镜系统，可以增大物镜的孔径角，一般应用在显微物镜、照明系统、光学测量等场合。齐明透镜由两个以上不产生球差的折射面组成。折射球面对球差的贡献量为

$$\delta L' = \frac{1}{2 n_k' u_k' \sin U_k'} \sum S_- \tag{14-109}$$

其中

$$S_- = \frac{n i L \sin U (\sin I - \sin I')(\sin I' - \sin U)}{\cos \frac{1}{2}(I-U) \cos \frac{1}{2}(I'+U) \cos \frac{1}{2}(I+I')} \tag{14-110}$$

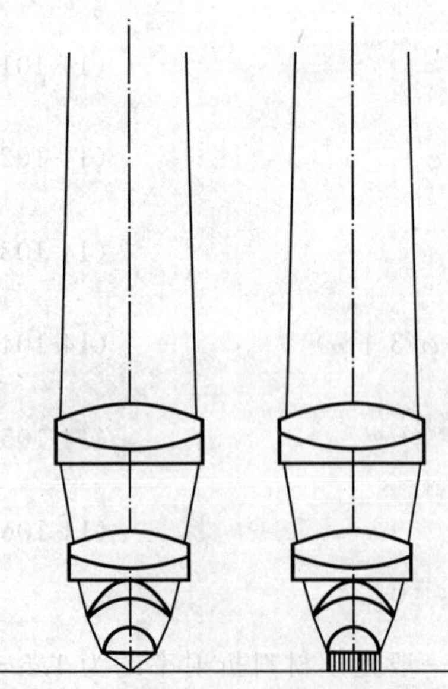

图 14-39 5、6 片透镜具有齐明特点的高倍显微物镜

不产生球差的特殊物点(称作不晕点或齐明点)位置有 3 个：

1)$L=0$，此时 $L'=0$，$\beta=1$。物点和像点均位于球面顶点，不产生球差。

2)$\sin I - \sin I' = 0$，即 $I = I' = 0$。表示物点和像点位于球面的曲率中心，$L = L' = r$，$\beta = n/n'$。

3)$\sin I' - \sin U = 0$，即 $I' = U$。此时，$L = (n+n')r/n$，$L' = (n+n')r/n'$，$\beta = nL'/n'L = (n/n')^2$。

图 14-39 和图 14-40 给出了具有齐明特点的高倍(40～60 倍)消色差显微物镜和球面波像差干涉测量的标准球面透镜组的应用实例。

2. 不晕成像

若轴上点成像理想(不存在球差)，近轴物点(光轴附近)满足正弦条件：

$$n y \sin U = n' y' \sin U' \tag{14-111}$$

则线视场为 y 的近轴物点成像也理想(不存在正弦彗差)，称作不晕成像。

3. 等晕成像

轴上点成像不理想(存在球差)，满足正弦条件的近轴物点成像具有相同的成像缺陷(存在同样的球差)，称作等晕成像，如图 14-41 所示。

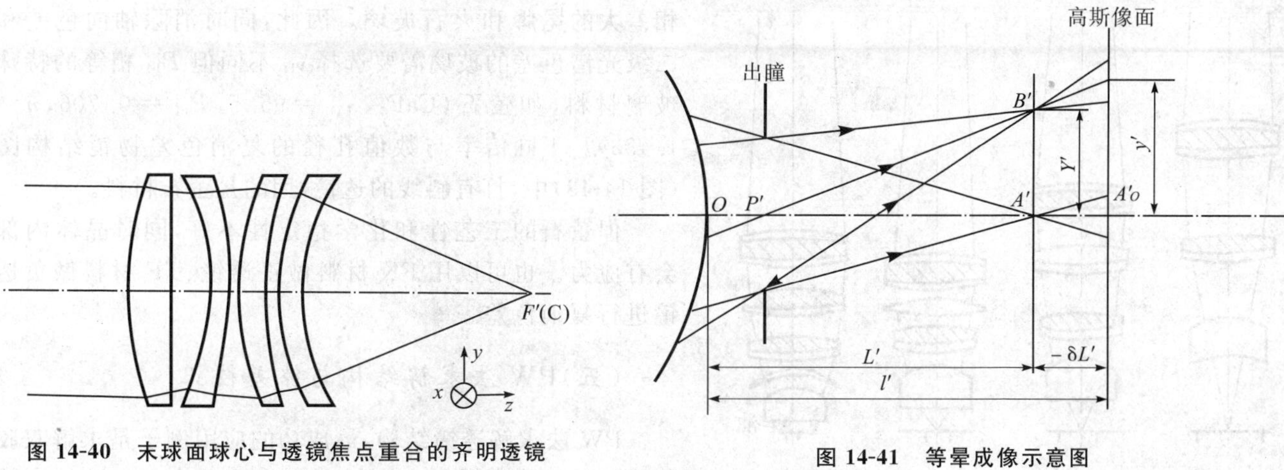

图 14-40　末球面球心与透镜焦点重合的齐明透镜

图 14-41　等晕成像示意图

(二)光阑位置的选择有助于消除轴外像差

1. 一般光阑位置位于透镜组上

透镜组结构简单，属于密集型，因不具备消除场曲像差的结构，至多用于大相对孔径、小视场物镜的场合，如望远物镜、微光或红外物镜。

2. 光阑位于中间的对称型结构

理论上如果光阑两边的物像和透镜结构完全对称，则垂轴像差自动抵消。因此，光阑位于中间的对称型结构像差校正方案被简化，可以设计大相对孔径、大视场物镜，应用于照相、投影、红外热像仪等光学系统中。

3. 光阑远离透镜组的透镜结构

应用在需要大出(入)瞳距的场合，如目视光学系统。因光瞳远离透镜组，主光线在透镜组上的投射高增大，不利于轴外像差的校正。

(三)校正场曲的典型结构

由薄透镜系统的初级像差方程组可知，校正或尽量减小场曲的光学结构必须包含正负透镜远离或相当于正负透镜远离的弯月厚透镜，广角物镜(图14-83)和平场显微物镜(图 14-42)采用了这样的光学结构。

(四)二级光谱色差的特征与校正方法

1. 二级光谱色差的特征

二级光谱色差产生的原因是冕牌玻璃和火石玻璃的折射率随波长的变化规律不同造成的，即它们对 F 光、C 光的色散($n_F - n_C$)和对 F 光、D 光的色散($n_F - n_D$)不成比例，当对 F 光、C 光消色差时，F 光、D 光不能同时消色差。

二级光谱色差与物镜的焦距、放大倍率成正比，与物镜的光学结构参数无关。对于长焦距简单望远物镜，与焦距的近似关系为

$$\Delta L'_{FCD} = 0.000\,52\, f' \tag{14-112}$$

在高倍显微物镜、天文望远镜、高质量平行光管物镜中二级光谱色差会成为主要像差，一般需要校正。

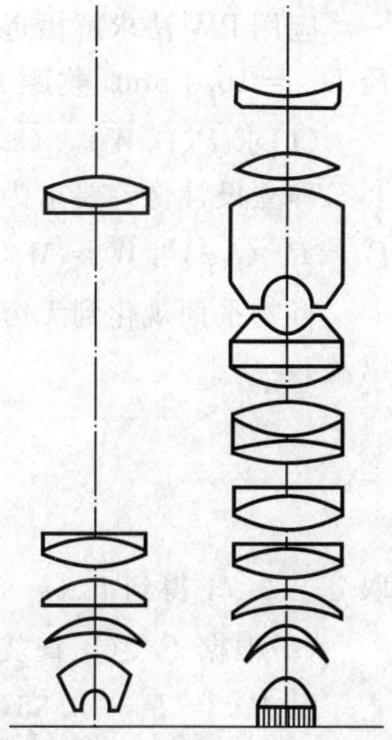

(a)　(b)

图 14-42　具有弯月厚透镜的平场显微物镜

2. 二级光谱色差的校正方法

二级光谱色差与曲率半径等结构参数无关，要靠选择特殊的玻璃材料进行校正。定义相对色散：

$$P_{FD} = \frac{n_F - n_D}{n_F - n_C} \tag{14-113}$$

要消除二级光谱色差，必须使用 P_{FD} 相等的两种玻璃，但对 F 光、C 光消色差需要选择阿贝色散系数 ν_D

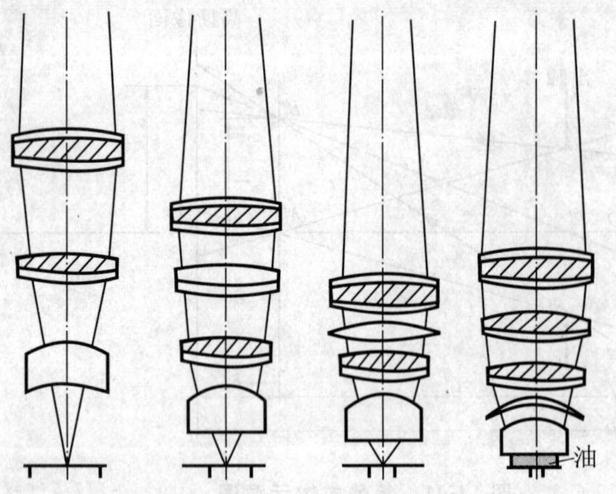

图14-43 不同倍率与数值孔径的复消色差物镜结构图

相差大的冕牌和火石玻璃。因此，同时消除轴向色差和二级光谱色差的玻璃需要选择 ν_D 不同但 P_{FD} 相等的特殊玻璃材料，如萤石（CaF_2，$\nu_D = 95.5$，$P_{FD} = 0.706$，$n = 1.433$）。不同倍率与数值孔径的复消色差物镜结构图（图 14-43）中，打有斜线的透镜，用的是萤石材料。

但萤石的工艺性和化学稳定性不好，同时晶体内部会有应力。也可以用 FK 材料做正透镜、TF 材料做负透镜进行复消色差。

（五）PW 法求解结构与像差校正

PW 法求解透镜结构，最成功的应用例子是求解双胶合透镜的结构参数。由于双胶合透镜是具有像差校正能力的最基本单元，在初始结构难以直接获得时，PW 法还是一种极有价值的方法。

透镜系统的光学特性参数（物距、焦距、相对孔径、视场）千变万化，为了适应这一变化，PW 法需要将“千变万化”链接到一个统一简单的模型中：$f' = 1$、光线入射高为 1、物距为无穷的特殊透镜系统，同时建立起一般透镜系统的像差参数 P、W、C 与“特殊”透镜系统的像差参数、$\overline{P}_\infty$、$\overline{W}_\infty$、$\overline{C}$ 之间的变化关系式。

只要解决了像差参数 $\overline{P}_\infty$、$\overline{W}_\infty$、$\overline{C}$ 与结构参数之间的关系问题，其他像差参数 P、W、C 与结构参数之间的关系也就迎刃而解了。

1. PW 法求解透镜结构参数

PW 法求解透镜结构，依据与玻璃组合有关的 P_0、Q_0 数值，需要应用预先按色差和数 $\overline{C}$ 的取值（如 $\overline{C} = 0.01, 0.0, -0.01, -0.03, -0.05$）与火石在前冕牌在后或冕牌在前火石在后的配对组合得到的数值表，求出透镜的形状参数 Q，再求出结构参数。具体过程举例如下：

应用 PW 法求解摄远型物镜中的后组结构参数，经过外型计算后组的光学特性，要求：$f_2' = -48$ mm，孔径 $D_2 = 10.4$ mm，物距 $l_2 = f_1' - d = 25$ mm。结构参数求解过程如下：

（1）求 $\overline{P}_\infty$、$\overline{W}_\infty$、$\overline{C}$

确立设计像差要求为 $\delta L'_m = SC'_m = \Delta L'_{FC} = 0$，则透镜组的 P、W、C 均为 0，根据光线入射高规化的公式，$\overline{P} = P/(h\varphi)^3$，$\overline{W} = W/(h\varphi)^2$，$\overline{u} = u_1/(h\varphi)^2$，$\overline{C} = Cf'$，有 $\overline{P} = \overline{W} = \overline{C} = 0$。

将物平面规化到无穷远处，根据规化公式：$\overline{P}_\infty = \overline{P} - \overline{u}_1(4\overline{W} - 1) + \overline{u}_1^2(5 + 2\mu)$，$\overline{W}_\infty = \overline{W} - \overline{u}_1(2 + \mu)$，以及

$$u_1 = h/l = D_2/(2l_2) = 10.4/(2 \times 25) = 0.208$$
$$h\varphi = h/f' = 10.4/(2 \times (-48)) = -0.1083$$
$$\overline{u}_1 = u_1/(h\varphi) = 0.208/(-0.1083) = -1.92$$

取 $\mu = 0.7$，得到 $\overline{P}_\infty = 21.67$，$\overline{W}_\infty = 5.18$，$\overline{C} = 0$。

（2）根据 P_0、$\overline{C}$，查玻璃配对表（本手册中没有给出，在光学设计书籍中可以查阅）

由 $\overline{P}_\infty = P_0 + 0.85(\overline{W}_\infty - 0.15)$ 求出与玻璃配对有关的 P_0：

$$P_0 = \overline{P}_\infty - 0.85(\overline{W}_\infty - 0.15)^2 = 21.67 - 0.85(5.18 - 0.15)^2 = 0.164$$

据 $\overline{C} = 0$，$P_0 = 0.164$，查玻璃配对表，有 4 组玻璃配对的 $\overline{C}$、P_0 比较符合要求：

BaK2-ZF3：$P_0 = 0.15$，$Q_0 = -4.05$；

BaK4-F5：$P_0 = 0.11$，$Q_0 = -4.94$；

BaF8-ZK3：$P_0 = 0.16$，$Q_0 = 6.41$；

ZF3-K10：$P_0 = 0.17$，$Q_0 = 4.66$。

为了补偿摄远型物镜中前正组（相对孔径大）的色球差，选用 BaF8-ZK3 组合，它们的折射率差和色散差

最小，Q_0最大，残留的高级色差必然较大，与前组符号相反。

BaF8：$n_D = 1.6259$，$\nu_D = 39.1$；

ZK3：$n_D = 1.5891$，$\nu_D = 61.2$。

(3)求透镜的曲率半径

$$\varphi_1 = (\overline{C} - \frac{1}{\nu_2}) \Big/ \left(\frac{1}{\nu_1} - \frac{1}{\nu_2}\right) = -\frac{1}{39.1} \Big/ \left(\frac{1}{39.1} - \frac{1}{61.2}\right) = -2.77$$

$$\varphi_2 = 1 - \varphi_1 = 3.77$$

$$Q = Q_0 - \frac{\overline{W}_\infty - 0.15}{1.67} = 6.41 - \frac{5.18 - 0.15}{1.67} = 3.4$$

$$\frac{1}{r_2} = \varphi_1 + Q = -2.77 + 3.4 = 0.63$$

$$\frac{1}{r_1} = \frac{\varphi_1}{n_1 - 1} + \frac{1}{r_2} = -3.8$$

$$\frac{1}{r_3} = \frac{1}{r_2} - \frac{\varphi_2}{n_2 - 1} = -5.77$$

(4)半径按 $f' = -48$ 缩放

以上求出的曲率半径对应 $f' = 1$，按 $f' = -48$ 缩放为 $r_1 = 12.62$，$r_2 = -76.18$，$r_3 = 8.32$。

全部结构参数如下：

r	d	玻璃牌号
12.62	2.5	BAF8
−76.18	1.0	ZK3
8.32		

2. PW 法在像差校正中的应用

应用双胶合物镜的曲率半径设计得到需要的 f'、0.707 孔径轴向色差 $\Delta L'_{FC}$、SC'_m 后，残留球差 $\delta L'_m$ 依据 PW 法重新选择玻璃配对进行校正。

如物体位于无穷远的某双胶合物镜要求 $f' = 250$ mm、$D/f' = 1/6.25$，预留 $\delta L'_m = 0.1$、$SC'_m = -0.001$、$\Delta L'_{FC} = 0.05$ 用于组合光学系统的像差补偿。

初步优化后的结构参数如下：

r	d	玻璃牌号
146.016	6	K9
−117.907	4	ZF1
−406.435	50	
∞	150	K9(棱镜)
∞		

此时 $f' = 250$ mm、$SC'_m = -0.001$、$\Delta L'_{FC} = 0.05$ 均符合要求，只有球差 $\delta L'_m = -0.152\,21$ 与要求的 $\delta L'_m = 0.1$ 相差较大。

根据 $-2n'u'^2\delta L' = hP = h^4\varphi^3\overline{P}$，得到

$$\Delta\overline{P} = \frac{-2n'u'^2(\Delta\delta L')}{h^4\varphi^3} \tag{14-114}$$

在保持 $\overline{u}_1$、$\overline{W}$ 不变的条件下，更换玻璃使 $\Delta\overline{P} = \Delta\overline{P}_\infty = \Delta P_0$，则有

$$\Delta P_0 = \frac{-2n'u'^2(\Delta\delta L')}{h^4\varphi^3} \tag{14-115}$$

代入 $\delta L'_m$ 存在的偏差，即 $\Delta\delta L' = 0.1 - (-0.152\,21) = 0.252\,21$，有

$$\Delta P_0 = -\frac{2 \times (0.252\,21)}{(20)^2 \times 0.004} = -0.315$$

原来 K9-ZF1 玻璃配对的 $P_0 = 0.13$，需要新的 $P_0^* = P_0 + \Delta P_0 = 0.13 + (-0.315) = -0.185$，按照轴向色差 $\Delta L'_{FC} = 0.05$ 的要求及平行平板玻璃的厚度，可以求出 $\overline{C} = 0.0019$。

按 $\overline{C} = 0.0019$、$P_0 = -0.185$ 在 $\overline{C} = 0.01$ 与 0.0 之间插值，重新找玻璃，结果为 Bak7-ZF2，它们的 $\overline{C} = 0.0019$、$P_0 = -0.201$，将玻璃组合更换并优化后，新的结构参数如下：

r	d	玻璃牌号
154.272	6	BaK7
−111.271	4	ZF2
−534.624	50	
∞	150	K9(棱镜)
∞		

系统的 $f' = 250$ mm、$SC'_m = -0.001$、$\Delta L'_{FC} = 0.05$ 均符合要求，$\delta L'_m = 0.147$ 与目标值 0.1 非常接近。

第五节　衍射成像与像质评价

一、衍射成像

像质要求达到衍射极限的光学系统，使用几何光学方法往往得不到正确的评价，需要用关于衍射理论的衍射成像方法。

(一)点扩散函数

点扩散函数(point spread function, PSF)是指一个理想的几何物点经过光学系统后，像点的能量展开分布。如物点经光学系统成像的辐照度分布为 $h(x',y')$，则有

$$\mathrm{PSF}(x',y') = \frac{h(x',y')}{\iint_{-\infty}^{\infty} h(x',y')\mathrm{d}x'\mathrm{d}y'} \tag{14-116}$$

真实的点扩散函数应该利用惠更斯(Huygens)原理进行计算，也可用快速傅里叶变换(FFT)算法进行近似计算。

光学系统像面上光振动的复振幅相对分布为 $\mathrm{ASF}(x',y')$，则有

$$\mathrm{PSF}(x',y') = \mathrm{ASF}(x',y') \cdot \mathrm{ASF}(x',y')^* \tag{14-117}$$

式中，$\mathrm{ASF}(x',y')$ 与光学系统光瞳函数 $P(P'_x,P'_y)$ 具有如下关系：

$$\mathrm{ASF}(x',y') = c\iint_{-\infty}^{\infty} P(P'_x,P'_y)\exp\left[\mathrm{i}\,\frac{2\pi}{\lambda R}(x'P'_x + y'P'_y)\right]\mathrm{d}P'_x\mathrm{d}P'_y \tag{14-118}$$

式中，(P'_x,P'_y) 为出瞳上的坐标；R 是出瞳到像平面的距离；$P(P'_x,P'_y)$ 为光瞳函数，与光学系统的波像差 $W(P'_x,P'_y)$ 有关：

$$P(P'_x,P'_y) = \begin{cases} A(P'_x,P'_y)\exp\left[\mathrm{i}\,\dfrac{2\pi}{\lambda}W(P'_x,P'_y)\right], & \text{光瞳内} \\ 0, & \text{光瞳外} \end{cases} \tag{14-119}$$

式中，$A(P'_x,P'_y)$ 为振幅分布函数，描述光瞳面上光透射均匀与否。当为均匀透射时，$A(P'_x,P'_y) = 1$。

(二)圆内能量集中度

对于小像差光学系统，可以由点物所成点像的能量集中程度来表示，含义是能量百分比随点像弥散圆半径之间的变化关系称之为圆内能量集中度(encircled energy, EE)。假如 CCD 传感器作为像接收器，其像素间距为 7.5 μm，则对光学系统简单又可靠的像质评价方法就是点物目标的 80%能量应落入7.5 μm的直径之内。图 14-44 给出了柯克三片型的圆内能量集中度曲线，能量的 80%包含在大约 6 μm 的直径范围内。PSF 和 EE 在现代光学设计软件中都能被计算给出。

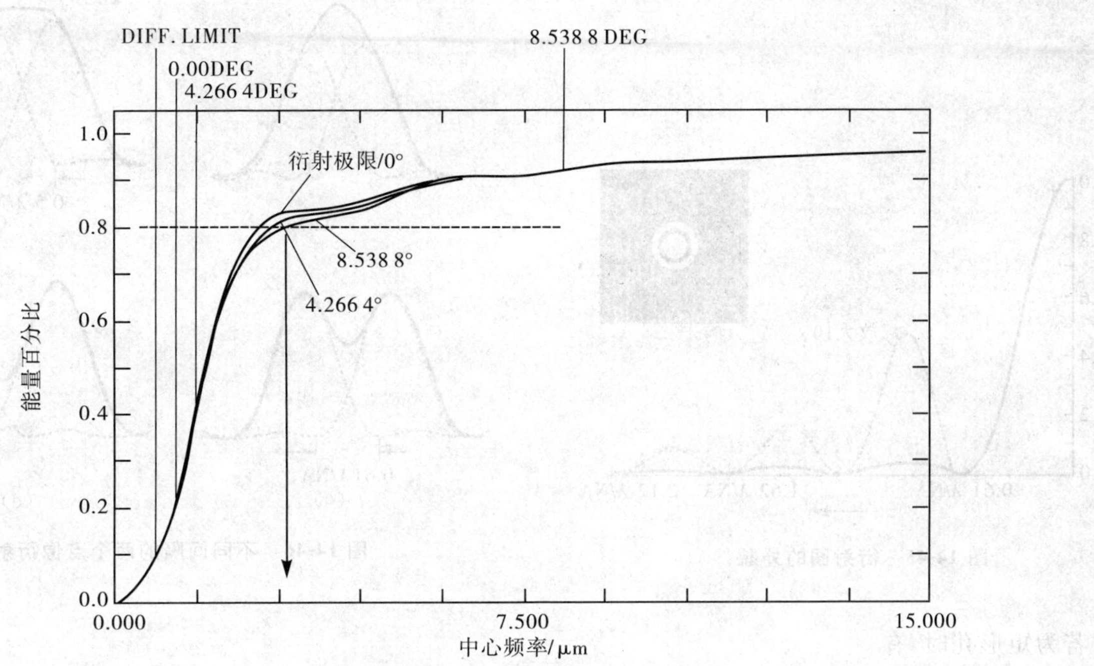

图 14-44　圆内能量集中度曲线

（三）衍射像

若光瞳函数是常数，即系统消像差，系统的透射率在整个圆孔瞳面上是一致的，则点像的强度分布为

$$I(x',y') = I_0\left[\frac{2\,\mathrm{J}_1(m)}{m}\right]^2 \tag{14-120}$$

式中，$I_0 = I(x'=0, y'=0)$，为轴上点的强度；J_1 为 1 阶贝塞尔函数，其表达式为

$$\mathrm{J}_1(x) = \frac{x}{2} - \frac{\left(\frac{x}{2}\right)^3}{1^2\times 2} + \frac{\left(\frac{x}{2}\right)^5}{1^2\times 2^2\times 3} - \cdots \tag{14-121}$$

m 是规一化的像面极坐标。

贝塞尔函数 $\mathrm{J}_n(x)$ 的基本定义用积分表示为

$$\mathrm{J}_n(x) = \frac{\mathrm{i}^{-n}}{2\pi}\int_0^{2\pi}\exp\,(\mathrm{i}\,x\cos\alpha)\exp\,(\mathrm{i}\,n\alpha)\mathrm{d}\alpha \tag{14-122}$$

其递推关系为

$$\frac{\mathrm{d}}{\mathrm{d}x}[x^{-n}\mathrm{J}_n(x)] = -x^{-n}\mathrm{J}_{n+1}(x) \tag{14-123}$$

$$m = \frac{2\pi}{\lambda}\,\mathrm{NA}\,(x'^2+y'^2)^{\frac{1}{2}} = \frac{2\pi}{\lambda}\,\mathrm{NA}\,r \tag{14-124}$$

落在离开衍射斑中心距离 r_0 内的能量（总能量的百分数）为

$$I = 1 - \mathrm{J}_0^2(m_0) - \mathrm{J}_1^2(m_0) \tag{14-125}$$

式中，$m_0 = \frac{2\pi}{\lambda}\,\mathrm{NA}\,r_0$，$\mathrm{J}_0(x)$ 为 0 阶贝塞尔函数：

$$\mathrm{J}_0(x) = 1 - \frac{\left(\frac{x}{2}\right)^4}{1^2\times 2^2} - \frac{\left(\frac{x}{2}\right)^6}{1^2\times 2^2\times 3^2} - \cdots \tag{14-126}$$

(14-120)式的结果示于图 14-45 中，它显示出衍射图的外貌。图的中心为艾里斑，斑的周围环绕着能量急剧减小的圆环。图 14-46 表示不同间隔的两个点像的衍射图，虚线表示各自的衍射图，实线表示衍射图的叠加。表 14-2 指出了圆孔和矩形孔的能量分布。

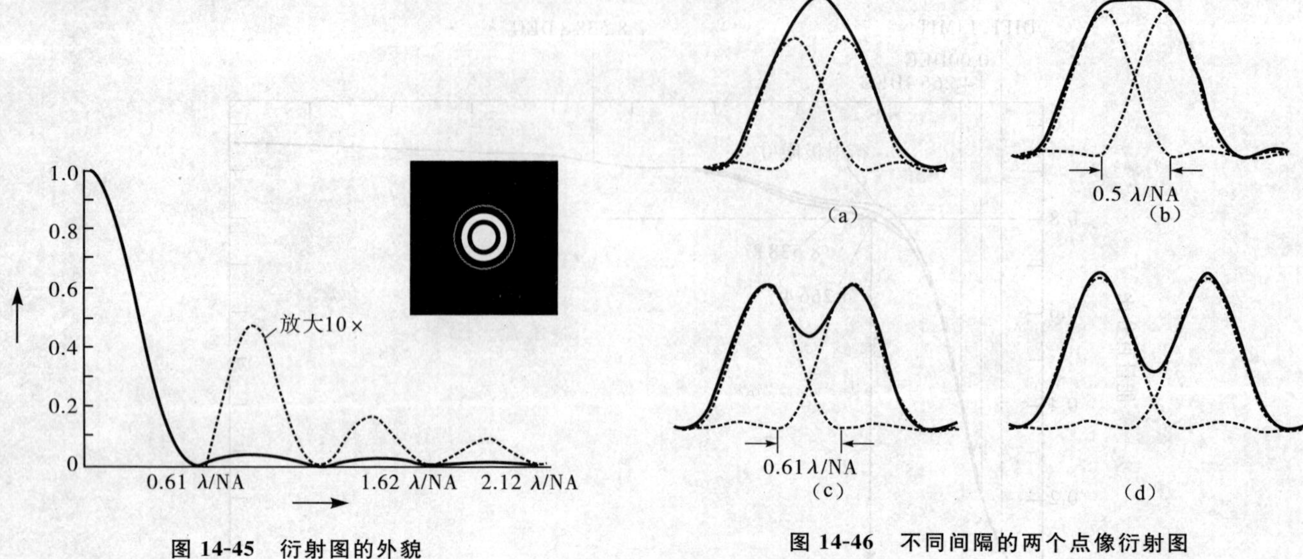

图 14-45 衍射图的外貌

图 14-46 不同间隔的两个点像衍射图

若为矩形孔时，有

$$I(x', y') = I_0 \left(\frac{\sin\alpha}{\alpha}\right)^2 \left(\frac{\sin\beta}{\beta}\right)^2 \tag{14-127}$$

式中，$\alpha = 2\pi\,\mathrm{NA}\,x'/\lambda$，$\beta = 2\pi\,\mathrm{NA}\,y'/\lambda$。

表 14-2 完善透镜焦面上衍射图的能量分布(表示成离开衍射图中心距离 r 的函数)

环 带	圆 孔			矩 形 孔	
	r	峰 值	各环能量	r	峰 值
中心极大值	0	1.0	83.9%	0	1.0
第一暗环	$\frac{0.61\lambda}{NA}$	0.0	—	$\frac{0.5\lambda}{NA}$	0.0
第一亮环	$\frac{0.82\lambda}{NA}$	0.017	7.1	$\frac{0.72\lambda}{NA}$	0.047
第二暗环	$\frac{1.12\lambda}{NA}$	0.0	—	$\frac{1.0\lambda}{NA}$	0.0
第二亮环	$\frac{1.33\lambda}{NA}$	0.004	2.8	$\frac{1.23\lambda}{NA}$	0.017
第三暗环	$\frac{1.62\lambda}{NA}$	0.0	—	$\frac{1.5\lambda}{NA}$	0.0
第三亮环	$\frac{1.85\lambda}{NA}$	0.001 8	1.5	$\frac{1.74\lambda}{NA}$	0.008 3
第四暗环	$\frac{2.12\lambda}{NA}$	0.0	—	$\frac{2.0\lambda}{NA}$	0.0
第四亮环	$\frac{2.36\lambda}{NA}$	0.000 78	1.0	$\frac{2.24\lambda}{NA}$	0.005 0
第五暗环	$\frac{2.62\lambda}{NA}$	0.0	—	$\frac{2.5\lambda}{NA}$	0.0

(四)分辨率

当叠加的衍射图可以认为是两点而不是一个点时，可以说这两个点光源(或点物)能被分辨。两点不同距离时，叠加衍射图的变化如图 14-46 所示。

瑞利(Rayleigh)判据认为，若是一个衍射斑的第一暗环与另一衍射斑中心重合，那么两个点源刚能被分辨，分辨率定义为

$$\sigma=\frac{0.61\lambda}{\mathrm{NA}} \tag{14-128}$$

斯帕罗(Sparrow)认为，可分辨的两点距离是当叠加衍射斑在两点衍射斑之间没有最小值时，分辨率为

$$\sigma=\frac{0.5\lambda}{\mathrm{NA}} \tag{14-129}$$

像方分辨距离可以转化为物方分辨距离，用像方分辨距离除以系统放大率。

有时用物空间两物点的分辨角表示分辨率：

$$\text{瑞利分辨角}=\frac{1.22\lambda}{D}\ (\mathrm{rad})$$

$$\text{斯帕罗分辨角}=\frac{\lambda}{D}\ (\mathrm{rad})$$

式中，D 为光学系统入瞳直径，对于目视观察系统，当 D 以 mm 表示、分辨角用(″)表示时，则上述分辨角各自约为 $140/D$ 和 $115/D$。

此处分辨率是理想光学系统可获得的，它们常被用于判断设计和制造的优劣的标准，一个达到瑞利判据的系统有时称为衍射受限系统。

(五)切趾法和变迹法

图 14-45 和图 14-46 所示的衍射图是假设系统为理想系统，没有像差，具有均匀透射率的光瞳。但如果光瞳面上透射率公式(14-119)式中的 $A(P'_x,P'_y)$ 不是常数，则需要修正衍射图样，方法有两种：

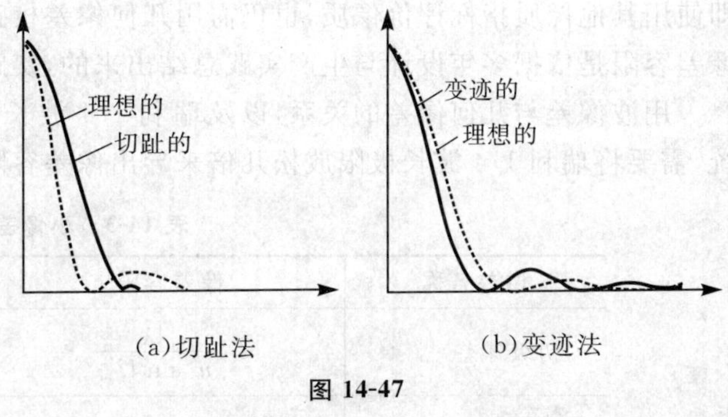

图 14-47

一种是减小次极大的光能，增加主极大(艾里斑)的光能；另一种是减小艾里斑的大小。例如，通过镀制非均匀吸收膜，使光瞳上从中心到边缘透射率越来越小，结果是艾里斑直径稍有增加，但亮环中心光能减少，次极大被切掉，这是第一种方法，称为切趾法，适用于观察亮度相差很大的相邻物体，可提高对比度以提高分辨率，如图 14-47(a)所示。

通过将光瞳变成中心被挡住的环形，此时减小了光瞳中心的透射率，结果是次极大更亮，但艾里斑的直径减小，这是第二种方法，称为变迹法，适用于观察同等亮度高对比的细小物体，可提高分辨率，如图 14-47(b)所示。

二、像质评价

实际光学系统是有小像差的光学系统，也有大像差光学系统，为了这些光学系统像质的准确评价，或者说使评价更接近实际情况，往往会选用不同的评价标准、不同的评价指标。实际光学系统像质的测试可参考第三十七章《光学测试计量学》。

(一)波像差与像差容限

1. 波像差

应用波面描述光学系统对点物的成像，定义波像差是实际波面对理想波面的偏离，理想波面的球心取为给定视场的像点，波像差也是实际波面与理想波面之间的光程差。一般在出瞳面上计算由出瞳上每一点 (P'_x,P'_y) 出射光线与主光线之间的光程差得到波像差 $W(P'_x,P'_y)$，所以波像差函数 $W(P'_x,P'_y)$ 可以绘成如图 14-48 所示的三维波差图。

波像差的量值可用峰谷波前误差(PV)和均方根波前误差(RMS)两种评价指标来描述,峰谷值波前误差是波差图上最高点(在参考波前之前)与最低点(滞后,在参考波前之后)波差值之差来计算。均方根波前误差是瞳面上所有点的波前与最佳参考球面波前的光程差的平方和平均值的开方。图 14-49 给出了 PV 值相同但 RMS 明显不同的两种波前的实例。

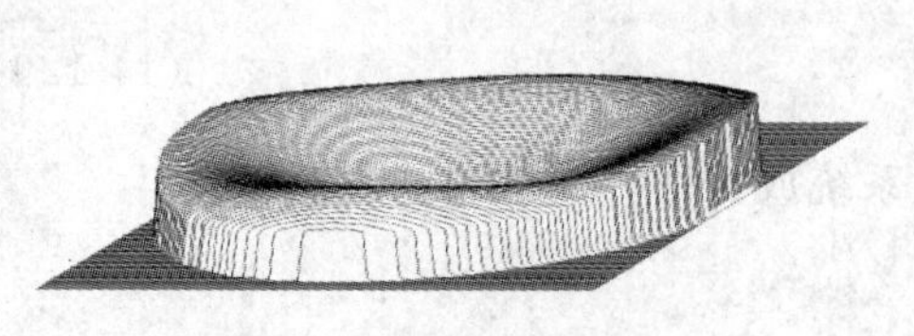

图 14-48 三维波差图

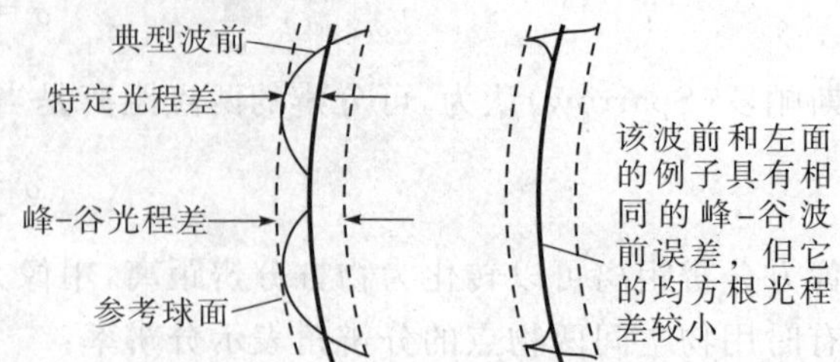

图 14-49 PV 值相同、RMS 值完全不相同的两个波前

2. 瑞利 1/4 波长极限

如果某一视场物点发出的通过系统整个孔径的光束,其光程差不超过 1/4 波长(即波像差的 PV $\leqslant \lambda/4$),则系统对这一物点所成的像是完善的,符合这个判据的系统是衍射极限系统。如用均方偏差 RMS 值来建立判据,则为 Marechal 判据,RMS $\leqslant \lambda/14$。

3. 像差容限

利用瑞利 1/4 波长极限评价系统设计的质量,非常适合于小像差光学系统。但像差理论长期以来指导光学设计工作,利用几何像差评价指标进行光学设计,必须知道像差量级校正到什么程度才算合适。同时,即使用其他像质指标评价像质,也仍需用几何像差校正方案来引导设计,查看像差数据,修改评价函数,因此像差容限是依据多年设计与生产实践总结出来的,实践证明是可靠的。

用波像差与几何像差的关系,以及瑞利 1/4 波长极限可以导出几何像差的容限。当然,对于大像差系统,需要将瑞利 1/4 波长极限放松几倍来导出像差容限。表 14-3 给出了一般小像差系统的像差容限。

表 14-3 小像差系统的像差容限

像差名称	像差容限	像差名称	像差容限
初级球差	$\leqslant \dfrac{4\lambda}{n'\sin^2 U'_m}$	弧矢彗差	$K'_s \leqslant \dfrac{\lambda}{2n'\sin U'_m}$
高级球差	$\leqslant \dfrac{6\lambda}{n'\sin^2 U'_m}$	波色差	$W_{FC} < \dfrac{\lambda}{2} \sim \dfrac{\lambda}{4}$
正弦彗差	$\leqslant 0.0025$	像散	$x'_{ts} \leqslant \dfrac{\lambda}{n'\sin^2 U'_m}$
轴向色差	$\leqslant \dfrac{\lambda}{n'\sin^2 U'_m}$	畸变	$\leqslant 5\%$
色球差	$\leqslant \dfrac{4\lambda}{n'\sin^2 U'_m}$	二级光谱色差	$\leqslant \dfrac{\lambda}{n'\sin^2 U'_m}$

(二)斯特列尔值

斯特列尔值(S·D)又称中心点亮度,它是一个比值,表示有像差时衍射像中心的最大亮度与无像差最大亮度之比。比值为 0.8 时与瑞利 1/4 波长极限等效,有较广泛的应用。

$$\mathrm{S\cdot D} = \frac{1}{\pi^2}\left|\int_0^1\int_0^{2\pi}\exp\left[\mathrm{i}kW(\rho,\theta)\right]\rho\,\mathrm{d}\rho\,\mathrm{d}\theta\right|^2 \tag{14-130}$$

式中,ρ、θ 为光瞳面极坐标,$W(\rho,\theta)$ 为系统的波像差。

小像差的情况下,S·D 可大于 0.8,其近似式为

$$\mathrm{S\cdot D} \approx 1 - k^2\left[\overline{W^2} - \overline{W}^2\right] \tag{14-131}$$

式中，$\overline{W}$ 与$\overline{W^2}$ 分别为光瞳面上波像差的平均值和平方平均值，即

$$\overline{W^2}=\frac{1}{\pi}\int_0^1\int_0^{2\pi}W^2(\rho,\theta)\rho\,\mathrm{d}\rho\,\mathrm{d}\theta \tag{14-132}$$

$$\overline{W}=\frac{1}{\pi}\int_0^1\int_0^{2\pi}W(\rho,\theta)\rho\,\mathrm{d}\rho\,\mathrm{d}\theta \tag{14-133}$$

S·D ≥ 0.8 等同于 $W_{\mathrm{PV}}\leqslant\frac{\lambda}{4}$，$\overline{W^2}-\overline{W}^2\leqslant\frac{\lambda^2}{197.4}$，$W_{\mathrm{RMS}}=\sqrt{\overline{W^2}-\overline{W}^2}\leqslant\frac{\lambda}{14}$。

（三）调制传递函数

调制传递函数（modulation transfer function，MTF）是光学系统性能评价最全面的指标，尤其适用于成像系统。

其基本思想是：将物体看成是具有一定亮暗对比的系列空间频率成分子物的组合，换句话说，即将物体的精细结构看成是一系列黑白正弦光栅或矩形光栅，光学系统犹如线性"滤波器"，经光学系统成像（传递）后，某一限度以上的高频波被遏制，允许通过的低频成分也因衍射和像差的影响，振幅受到不同程度的衰减，相位有不同程度的推移。这些不同空间周期的黑白光栅的对比度衰减情况，可用 MTF 进行定量描述。MTF 反应系统由物到像的调制度的传递，相当于电学中的频率响应函数。为了弄清某电路模块的频响函数，常输入时间域上的冲击响应或方波，通过对输出信号做频谱分析即可。与其类似，光学中，通过让系统对点光源（相当于冲击信号）、狭缝（相当于方波）或刀口（上升沿冲击）成像，不同之处在于光学中的频率域为空间频率域，单位为 lp/mm。

1. MTF 的基本定义

设物面上的光强分布函数（非相干照明情况）为 $O(x,y)$，其傅里叶变换为

$$I_{\mathrm{o}}(\nu_x,\nu_y)=\iint_{-\infty}^{\infty}O(x,y)\exp\left[-2\pi\mathrm{i}(\nu_x x+\nu_y y)\right]\mathrm{d}x\,\mathrm{d}y \tag{14-134}$$

经光学系统后，像面上得到的光强分布为 $i(x',y')$，其傅里叶变换为

$$I_{\mathrm{i}}(\nu_x,\nu_y)=\iint_{-\infty}^{\infty}i(x',y')\exp\left[-2\pi\mathrm{i}\left(\frac{\nu_x}{\beta}x'+\frac{\nu_y}{\beta}y'\right)\right]\mathrm{d}x'\mathrm{d}y' \tag{14-135}$$

则 $\mathrm{MTF}(\nu_x,\nu_y)$ 定义为

$$\mathrm{MTF}(\nu_x,\nu_y)=\left|\frac{I_{\mathrm{i}}(\nu_x,\nu_y)}{I_{\mathrm{o}}(\nu_x,\nu_y)}\right| \tag{14-136}$$

式中，ν_x、ν_y 为系统物面上的空间频率，通过放大率可以转化为像面上的空间频率。

如物面为点物，则 MTF 可以由 PSF 的傅里叶变换获得：

$$\mathrm{MTF}(\nu_x,\nu_y)=\left|\iint_{-\infty}^{\infty}\mathrm{PSF}(x',y')\exp\left[2\pi\mathrm{i}\left(\frac{\nu_x}{\beta}x'+\frac{\nu_y}{\beta}y'\right)\right]\mathrm{d}x'\mathrm{d}y'\right| \tag{14-137}$$

2. MTF 的计算方法

（1）FFT 定义的调制传递函数

由（14-116）式计算 PSF 后，直接由（14-137）式获得。FFT 定义的 MTF 计算方法只需计算 PSF，再对像面细分采样和傅里叶变换，计算速度快，但仅适用于对系统做像差初步校正的系统。

（2）由光瞳函数计算的 MTF

可以用（14-117）式和（14-118）式由光瞳函数 $P(P'_x,P'_y)$ 计算出 PSF，再用 PSF 经二重傅里叶变换计算出 MTF。

也可以基于惠更斯（Huygens）波面包络原理，先计算出出瞳面上的光瞳函数，然后再将出瞳细分，看成是次级光源，再向像面传递，称之为惠更斯 MTF。这种计算方法相当于光瞳函数的自相关运算。

$$\mathrm{MTF}(\nu_x,\nu_y)=|\mathrm{OTF}(\nu_x,\nu_y)|=\frac{\iint P(P'_x,P'_y)P^*(P'_x-R\lambda\nu_x,P'_y-R\lambda\nu_y)\mathrm{d}P'_x\mathrm{d}P'_y}{\iint|A(P'_x,P'_y)|^2\mathrm{d}P'_x\mathrm{d}P'_y} \tag{14-138}$$

式中,OTF 为光学传递函数,其模为 MTF;R 为参考球面的半径,约为出瞳面到像面的轴向距离;λ 为工作波长;$A(P'_x,P'_y)$ 为(14-119)式中的振幅函数。

(3)几何光学的 MTF。

前述 FFT MTF 和惠更斯 MTF 的计算公式都考虑到了有限光瞳的衍射作用,考虑了光的波动性,称它们为物理光学传递函数。

对一些大像差光学系统,如果忽略衍射效应,也可以计算出 MTF,称为几何调制传递函数(geometric MTF)。

其算法为:由几何光学的光线追迹方法,求出系统的点列图,每根光线携带能量,以点列图中像面交点的密度作为像面光强分布,求出 PSF,再做 FFT,即可得到几何 MTF。

$$\mathrm{MTF}(\nu_x,\nu_y)=\frac{1}{N}\sum_{i=1}^{N}\exp\left[-\mathrm{i}(\nu_x x'_i+\nu_y y'_i)\right] \tag{14-139}$$

式中,N 为计算点列图时光瞳上追迹光线的数量;x'_i、y'_i 为第 i 根光线在像面上交点的坐标。

现代光学设计软件中,由于几何 MTF 的计算量大,计算速度慢,只给出子午和弧矢面上的 MTF 曲线,不提供三维调制传递函数(Surface MTF)。

3. 用 MTF 评价像质时应注意的问题

影响 MTF 曲线的走向有像差、中心遮拦或光瞳形状和离焦等多种因素,用 MTF 评价像质时,应概念清楚、考虑全面。

(1)特征频率和截止频率

对每一光学系统,要依据物面特征、探测器像素及响应情况,确定评价时的特征频率和调制度阈值,确定特征频率处的 MTF 值至少为多少。系统的截止频率(ν_c)与系统的 F 数及工作波长(λ)有关:

$$\nu_c=\frac{1}{\lambda F} \tag{14-140}$$

特征频率 ν_0 有时可取为 ν_c 的一半,即 $\nu_0\geqslant\frac{1}{2}\nu_c$,因此光学系统的相对孔径应足够大。

像质评价时,截止频率的确定还应考虑探测器、底片等接收器的特征。镜头需要评价的特征频率与经验频率上限(ν_m),一定小于其理论上的截止频率 ν_c。

表 14-4 不同应用场合下的特征频率和经验频率上限

应用场合		特征频率 ν_0 (lp/mm) /MTF(ν_0)	经验频率上限 ν_m(lp/mm) /MTF(ν_m)
电视物镜		16/ ⩾0.6	30/ ⩾0.3
背投电视物镜		25/ ⩾0.6	50/ ⩾0.3
单反数码相机物镜		28/ ⩾0.6	50/ ⩾0.25
CCD 阵列探测器、光纤传像束等		—	$\frac{1}{2p}$(p 为像元大小,单位:mm)/-
光刻物镜	G 谱线	50/ ⩾0.6	100/ ⩾0.3
	亚微米	1 000/ ⩾0.5	2 000/ ⩾0.15
手机镜头		110/ ⩾0.6	220/ ⩾0.25

MTF 值上限的确定也与物镜的应用场合有关,需要考虑探测器的对比度响应阈值,如人眼在良好照明条件下,对比度阈值最低可达到 0.02,而胶片对比度响应阈值需要至少大于 0.1。霍普金斯(Hopkins)提出的传递函数判别准则为

$$M(\nu_x,\nu_y)=\frac{\mathrm{MTF}(\nu_x,\nu_y)}{\mathrm{MTF}_0(\nu_x,\nu_y)}=1-k^2\left[\overline{W^2}-\overline{W}^2\right]\geqslant 0.8 \tag{14-141}$$

等同于瑞利标准。

（2）中心遮拦导致低频段 MTF 值下降

随着中心遮拦比的增加，PSF 的中心主极大直径会减小，如图 14-50 所示，相应的 MTF 曲线下降趋势如图 14-51 所示。

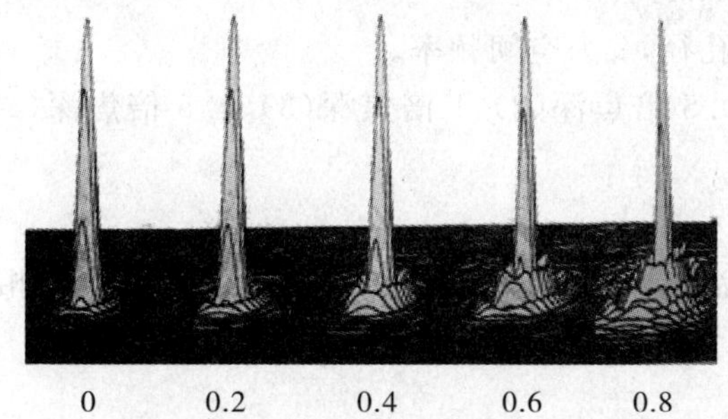

图 14-50　无像差系统的点扩散函数和中心遮拦的关系

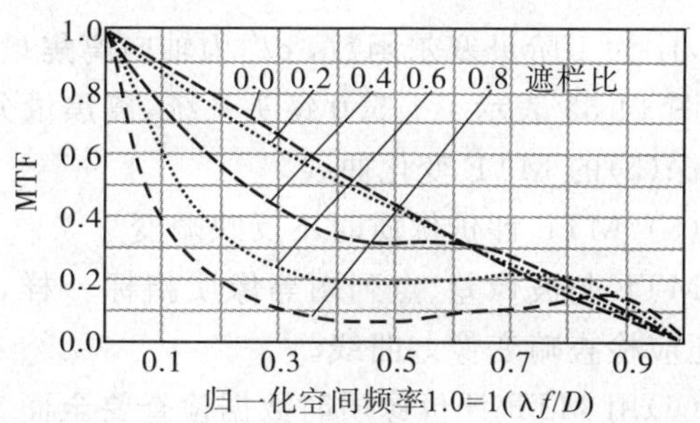

图 14-51　完善系统的 MTF 与中心遮拦的关系

（3）MTF 小于 0 时表示相位倒转

光学设计中，高频段的 MTF 可能小于 0，另外，性能良好的系统因离焦、像差或制造误差也会导致性能下降，MTF 也会降低，当性能连续降低时，MTF 值可能为负。图 14-52 给出了一完善无像差 $f/5$ 系统在离焦 1.5 λ 时的 MTF 曲线，在 50 lp/mm 左右，MTF ≈ -0.1，图 14-53 是用于证明假分辨或相位倒转的径向靶条图案，图 14-54 是这一离焦状态下靶条成像的相位倒转情况。

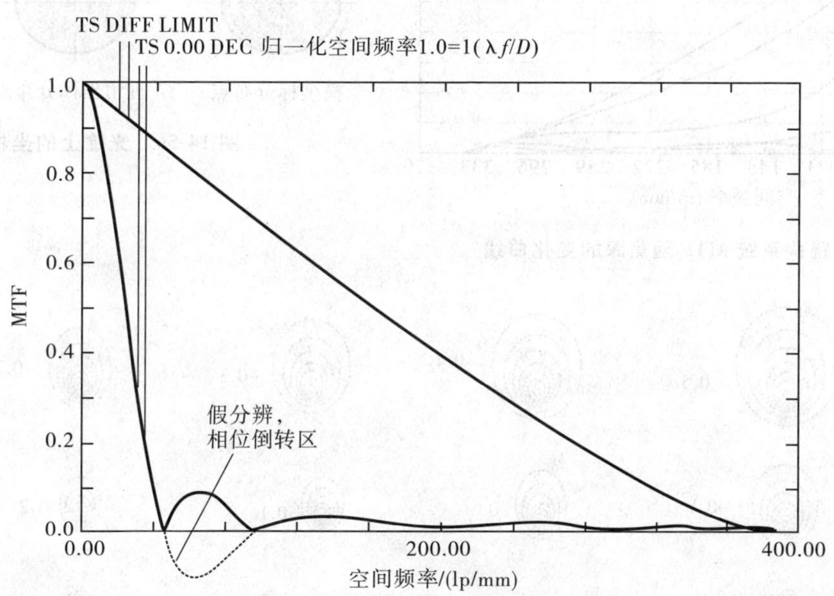

图 14-52　出现负值的 MTF 曲线

图 14-53　径向靶条图案

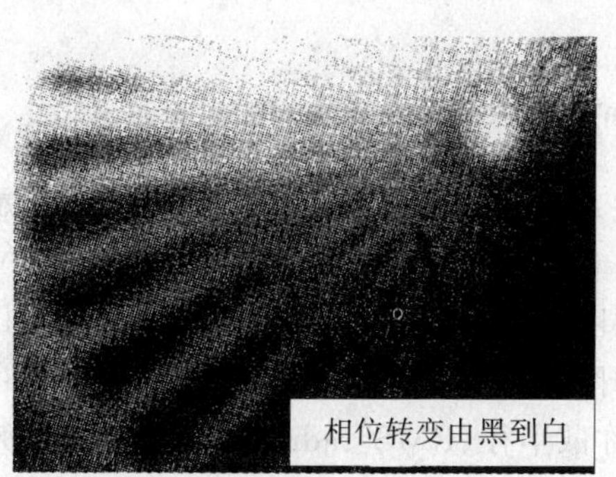

图 14-54　MTF 为负值造成径向靶条黑白反转示意图

(4)恰当离焦可以提高特征频率处的 MTF

如离焦量为 dl'，则 MTF 变化关系为

$$\mathrm{MTF}(\nu)=\frac{J_1(2\pi dl'\mathrm{NA}\nu)}{\pi dl'\mathrm{NA}\nu} \tag{14-142}$$

式中，J_1 为 1 阶贝塞尔函数，dl' 为轴向离焦量，NA 为数值孔径，ν 为空间频率。

图 14-55 表示了 f/5.0 镜头系统，离焦量分别为 0(1)、0.5 倍焦深(2)、1 倍焦深(3)、1.5 倍焦深(4)和 2 倍焦深(5)的 MTF 变化曲线。

(5) MTF 评价像质时不反映畸变

MTF 与波像差、点列图等像质指标一样，只反映成像清晰度，不反映变形，所以要查看物像的相似程度，还应检查畸变像差曲线。

(6)用 MTF 评价像质时数据检查要全面

MTF 曲线与波长、视场、离焦量、多重结构等方面关系密切。用 MTF 评价像质，须查看多色 MTF 在每一视场处的子午和弧矢传递函数曲线，还要查看 MTF 在每一单色波长下，各视场的子午和弧矢传递函数曲线。

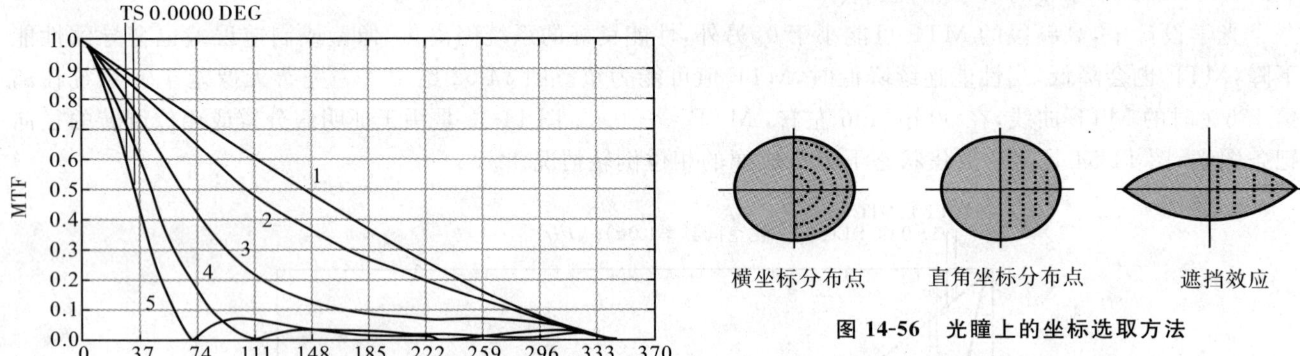

图 14-55　F/5 镜头系统 MTF 随焦深的变化曲线

图 14-56　光瞳上的坐标选取方法

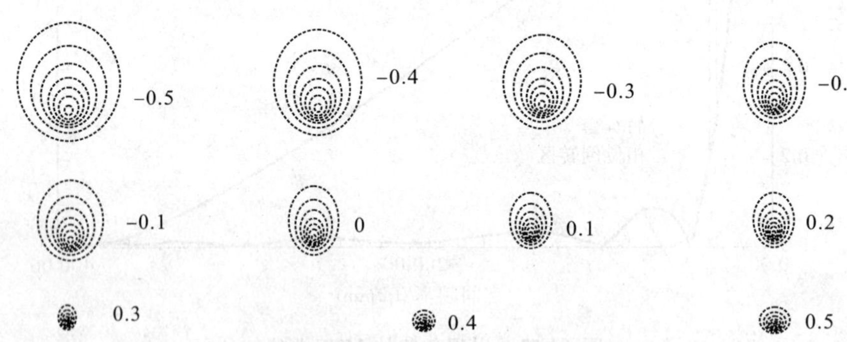

图 14-57　轴外物点的点列图计算实例

(四)点列图

点列图是系统对点物成像时所形成的几何像斑。通过将系统的入射光瞳等面积地划分为许多块(有极坐标划分方法和网格状划分方法，如图 14-56 所示)，由点物到每块元面积的中心追迹光线，它与像面的交点构成一个点列图，其交点密度代表了能量密度，图 14-57 表示了离焦−0.5～0.5 mm 某系统的点列图情况。

使用点列图评价像质，除了观察点列图形状外，一般还要检查点列图显示的标尺、几何半径(geo radius)和均方根弥散半径(RMS radius)，如图 14-58 所示。尤其是均方根弥散半径更有价值，它是包含了大约 68%能量的圆半径。设计用像素化传感器接收像的系统时，总希望让点物的像能够落在一个像素之内。

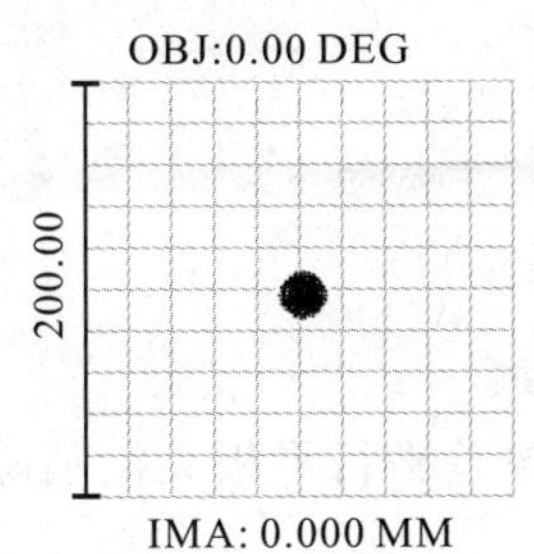

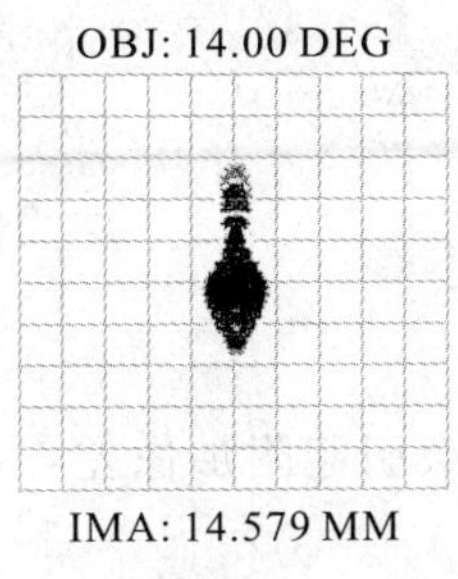

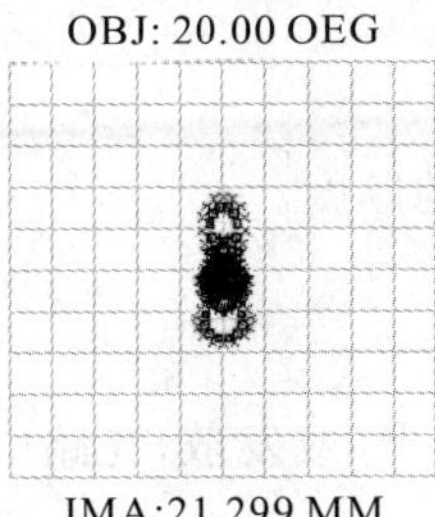

图 14-58　某镜头的点列图

第六节　成像系统中的平面元件

一、光楔

(一)光线偏向角

由夹角很小的两平面形成的棱镜称为光楔,如图 14-59 所示,由于折射角很小,其偏向角公式简化为下式:

$$\delta=(n-1)\alpha \tag{14-143}$$

式中,α 为光楔楔角,n 为光楔材料的折射率。

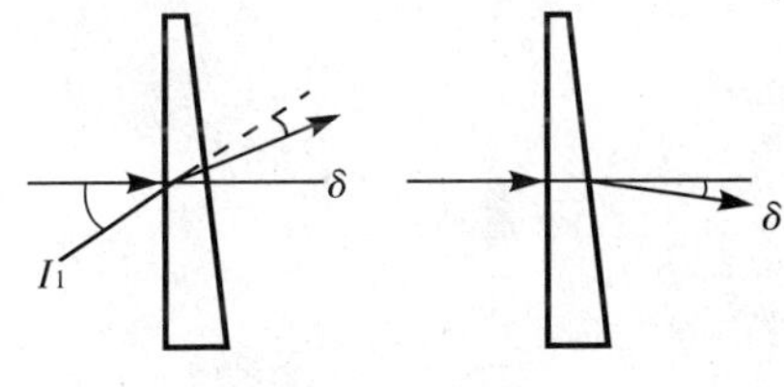

图 14-59　光楔

由于 α 很小,因而产生的色散角很小。光楔使光路实现预定的偏向旋转和平移,从而改变像的位置,大都用于光学测微器和补偿器上。

(二)消色差光楔

使光线产生偏折但消色差的光楔对为消色差光楔,其优点是:一根复色光线入射后,出射光线的偏折方向不随波长变化,仍重合在一起。消色差光楔一般由一块高色散玻璃制成的光楔与另一块低色散玻璃制成的光楔组成,如图 14-60 所示,并满足下述条件:

图 14-60　消色差光楔

$$\alpha_1=\frac{\alpha_{12}\gamma_1}{(n_1-1)(\gamma_1-\gamma_2)}$$

$$\alpha_2=\frac{\alpha_{12}\gamma_2}{(n_2-1)(\gamma_2-\gamma_1)}$$

式中,n_1、γ_1 与 n_2、γ_2 为两块玻璃材料的折射率与阿贝色散系数,$\alpha_{12}=\alpha_1(n_1-1)+\alpha_2(n_2-1)$,$\alpha_1$ 与 α_2 分别为两块棱镜的顶角。

二、平行平板玻璃

(一)作用

平行平板玻璃是由两个相互平行的折射平面构成的光学元件,如分划板、测微平板、保护玻璃、盖玻片和一般反射棱镜沿光轴展开后的等效元件等。

平行平板用于会聚或发散光路中,总会造成像的侧向位移,如图 14-61 所示。无限远物体发出的平行光束经会聚透镜 L 后应成像于 A 点,中间放有平行平板时,将成像于 A' 点,侧向位移 $\Delta l'$ 由下式计算:

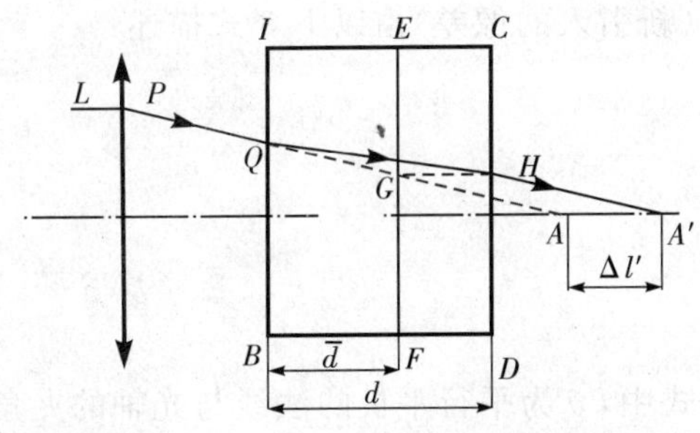

图 14-61　平行平板的等效作用

$$\Delta l' = d(1 - \frac{1}{n}) \tag{14-144}$$

式中，d 为平行平板的厚度。

（二）像差规律

平行平板用于会聚（或发散）光路中时，会引起附加像差，这些像差平行平板无法消除，只有依靠有焦系统补偿消除。

图 14-62 给出了平行平板玻璃位于有焦系统中时第一辅助光线和第二辅助光线的光路情况，下面给出平行平板的初级像差方程组：

$$S_{\mathrm{I}} = -\frac{n^2 - 1}{n^3} d U^4 \tag{14-145}$$

$$S_{\mathrm{II}} = S_{\mathrm{I}} \frac{U_z}{U} \tag{14-146}$$

$$S_{\mathrm{III}} = S_{\mathrm{I}} \left(\frac{U_z}{U}\right)^2 \tag{14-147}$$

$$S_{\mathrm{IV}} = 0 \tag{14-148}$$

$$S_{\mathrm{V}} = S_{\mathrm{I}} \left(\frac{U_z}{U}\right)^3 \tag{14-149}$$

$$S_{\mathrm{IC}} = -\frac{d}{\nu} \frac{n-1}{n^2} U^2 \tag{14-150}$$

$$S_{\mathrm{IIC}} = S_{\mathrm{IC}} \frac{U_z}{U} \tag{14-151}$$

（14-145）式～（14-151）式清晰地说明：①平板玻璃在有焦光路中引起的附加像差跟厚度 d、折射率 n、色散系数 ν 以及光束的孔径角 U 、视场角 U_z 的大小有关，U 、U_z 越大，附加像差愈大，且球差、像散为负；②附加像差大小与平板玻璃在光轴上的轴向位置无关；③平板玻璃不产生附加场曲。

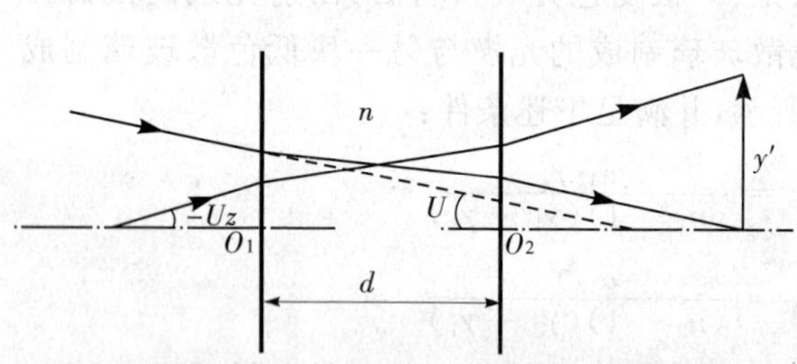

图 14-62 平行平板中光线符号示意图

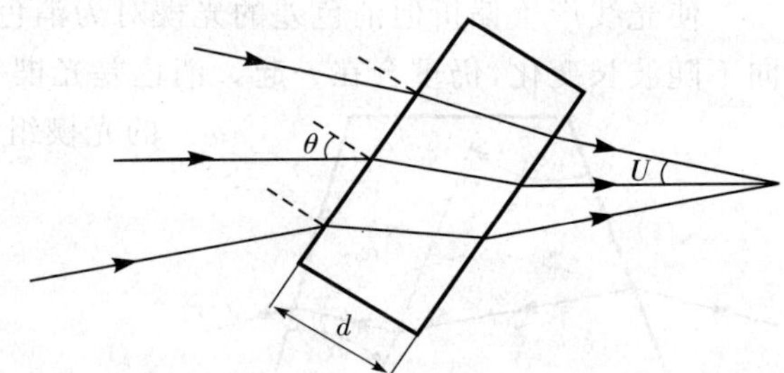

图 14-63 倾斜 θ 角的平行平板

如果平行平板倾斜置于光路中，如图 14-63 所示，引入的附加像差大小与垂直于光轴放置有所不同，尤其像散是引入的最严重像差。其余球差、场曲、轴向色差等同（14-145）式、（14-148）式、（14-150）式，不同之处（新引入的像差）由以下 3 式描述：

$$S_{\mathrm{II}} = S_{\mathrm{I}} \frac{\theta}{U} \tag{14-152}$$

$$S_{\mathrm{III}} = S_{\mathrm{I}} \left(\frac{\theta}{U}\right)^2 \tag{14-153}$$

$$S_{\mathrm{IIC}} = S_{\mathrm{IC}} \frac{\theta}{U} \tag{14-154}$$

式中，θ 为平行平板的法线与光轴的夹角。如 $\theta = 0$，表示垂直放置，因倾斜引入的附加像差消失。

可用弥散斑直径，描述因平板倾斜 45°（一般分光镜的工作姿态）引入的像散（图 14-64）、彗差（图 14-65）和垂轴色差（图 14-66）随平板厚度 d、透镜 f/D 的变化关系曲线。

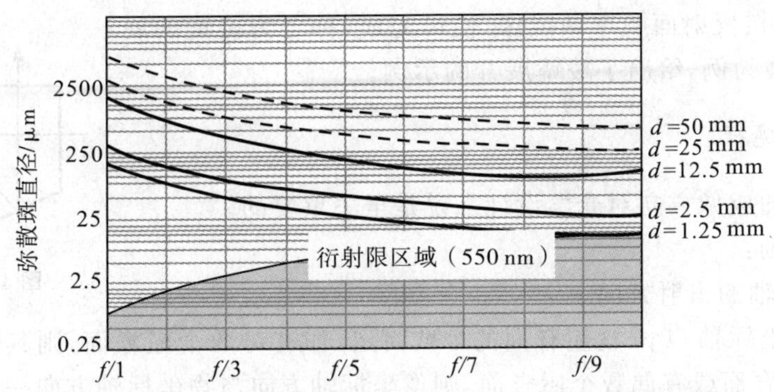

图 14-64　三级像散弥散斑直径与 45°倾斜 BK7 平板的厚度和镜头 f/D 的关系

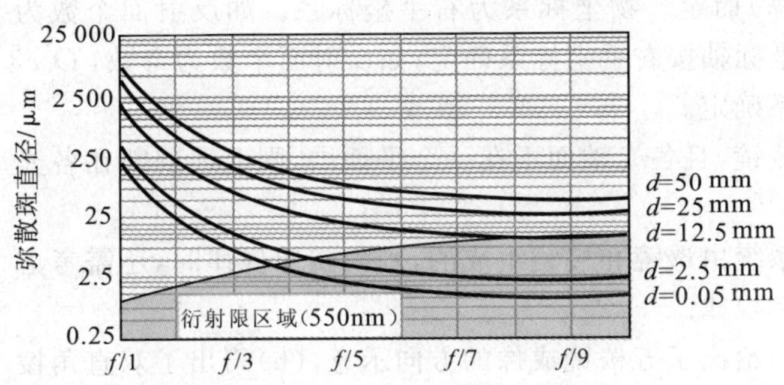

图 14-65　子午彗差弥散斑直径与折射率 1.5 的 45°倾斜 BK7 平板的厚度和镜头 f/D 的关系

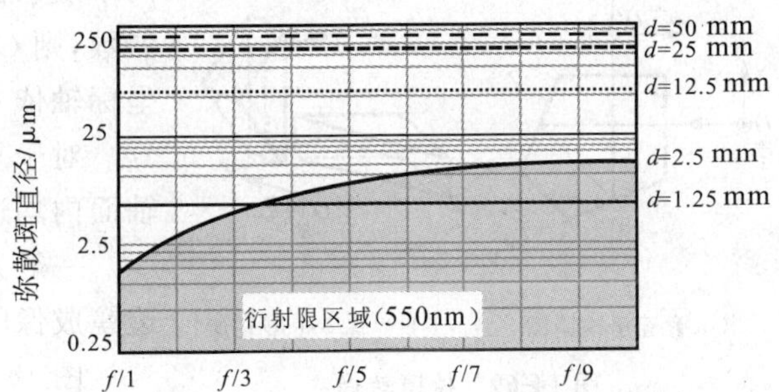

图 14-66　横向色差弥散斑直径与 45°倾斜 BK7 平板厚度和镜头 f/D 的关系

（三）像散校正方法

用普通透镜组系统不易校正因平板倾斜引入的像散，也不能用与第一块平板方向相反而且在同一倾斜平面内倾斜的第二块平板来补偿，如图 14-67 所示。可以用第二块平板在与第一块平板的倾斜平面相垂直的平面内倾斜来校正，也可以使平板的一个面变为弱球面或使平板变为弱光楔来校正。

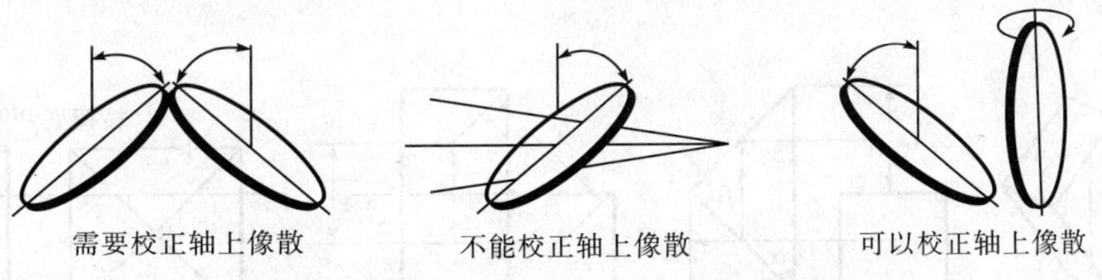

图 14-67　源于会聚光束中倾斜平板的像散的校正

三、反射棱镜与转像规律

将一个或多个反射面磨制在同一块玻璃上形成的光学元件称为反射棱镜。反射棱镜在光路中主要实现光路折射、转像、扫描等功能。

反射棱镜种类很多，在光学系统中应用时，一般需解决两个主要问题，即展开成平行平板的光轴长度和转像规律。前者与光学设计中的外形尺寸计算和像差校正有关，后者与系统成像的一致像、正倒像有关。

（一）棱镜展开

反射棱镜一般具有两个折射面和若干个反射面组成，主要起折转光路和转像作用，用于会聚（或发散）光路中时，会引入附加像差，必须与透镜系统组合消像差。如果不考虑棱镜的反射面作用，光线在两折射面之间的光路等效于一个平行平板，这种等效过程经沿光轴方向在棱镜主截面内，按反射面的顺序，以反射面与主截面的交线为轴，依次按反射面顺序做镜像，便可完成，称之为棱镜的展开。图 14-68 以五角棱镜为例，给出了棱镜展开的示例。

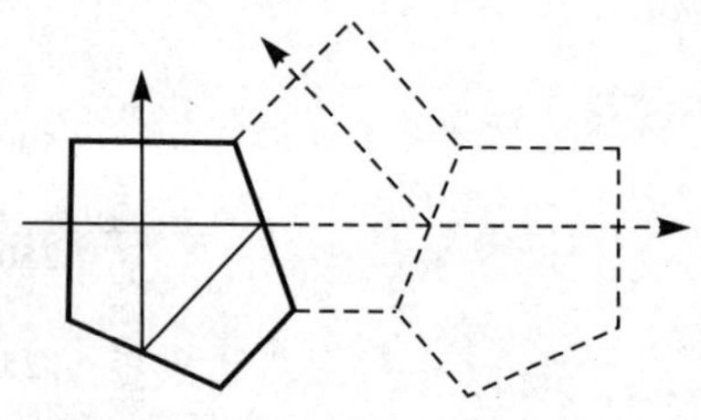

图 14-68　五棱镜的展开

（二）棱镜的转像规律

正确判断棱镜系统的成像方向对光学设计来说是至关重要的。

转像规律按以下原则：

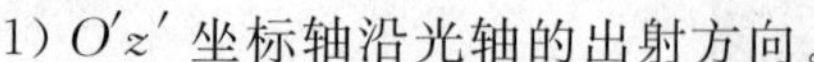

1) $O'z'$ 坐标轴沿光轴的出射方向。

2)垂直于主截面的坐标轴 $O'y'$ 视屋脊面的个数而定，如有奇数个屋脊面，则其像坐标轴方向与物坐标轴方向 Oy 相反；没有屋脊面或有偶数个屋脊面，则像坐标轴方向与物坐标轴方向一致。

3)平行于主截面的坐标轴 $O'x'$ 的方向视反射面个数（屋脊面以两个反射面计算）而定。物坐标系为右手坐标系。如反射面个数为偶数，则 $O'x'$ 坐标轴按右手坐标系确定；如反射面个数为奇数，$O'x'$ 坐标轴依左手系确定。

对于复合棱镜，且各光轴面不在一个平面内，则上述判断在各光轴面内均适应。

一般光学系统由透镜和棱镜组成的，判断转像规律时，还需考虑透镜成像的正倒规律。

图 14-69(a)给出了五棱镜成像的方向示意，(b)给出了双直角棱镜构成普罗Ⅰ型转像棱镜的转像规律。

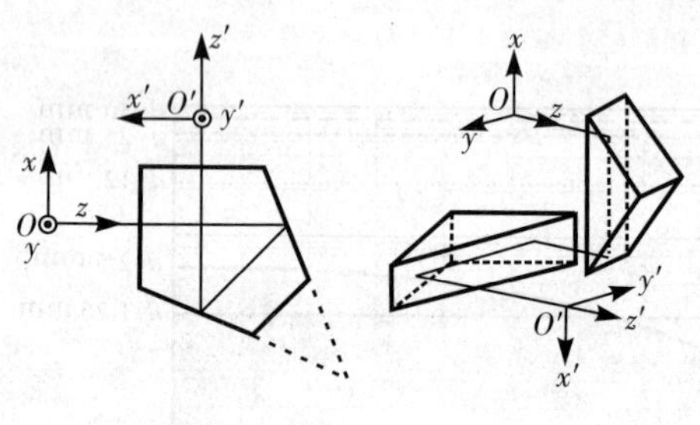

（a）五角棱镜图　　（b）普罗Ⅰ型转像

图 14-69　棱镜转像

（三）常用棱镜的特征参数表

表 14-5 给出了常用棱镜的外形尺寸，包括口径 D、光轴长度 L、等效空气厚度 L/n、允许的最大视场角 ω_1（通光孔径限制）、ω_2（全反射临界角限制）、屋脊倒棱尺寸 c 等特征参数。

表 14-5　常用棱镜的外形尺寸

保罗棱镜系统Ⅰ

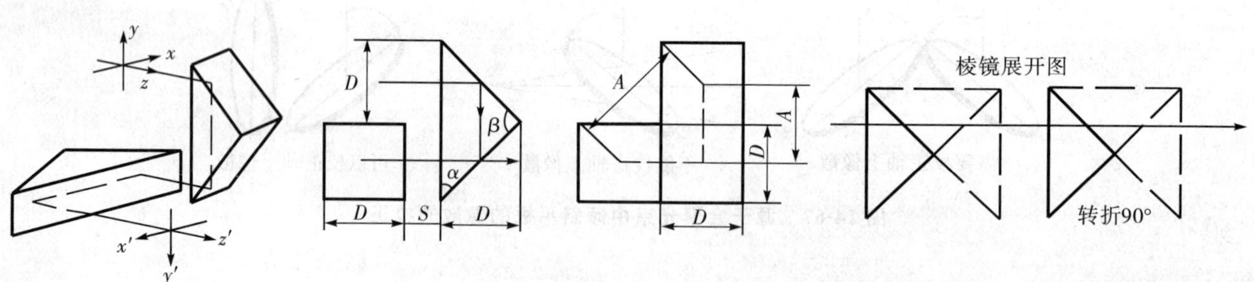

尺　寸		性　能	备　注
$A = D$	$\alpha = 45°$	正像	在双目望远镜里用作正像系统
$A^* = D\sqrt{2}$	$\beta = 90°$	移像	$n = 1.517$
$L = 4D$			4 次反射
$\frac{L}{n} = 2.687A$			
$\omega_1 \approx \pm \arctan \frac{nD}{2L} = \pm 10.84°$			
$\omega_2 \approx \pm n(45° - \arcsin \frac{1}{n}) = \pm 5.71°$			

续表

保罗棱镜系统 II——阿贝改良型

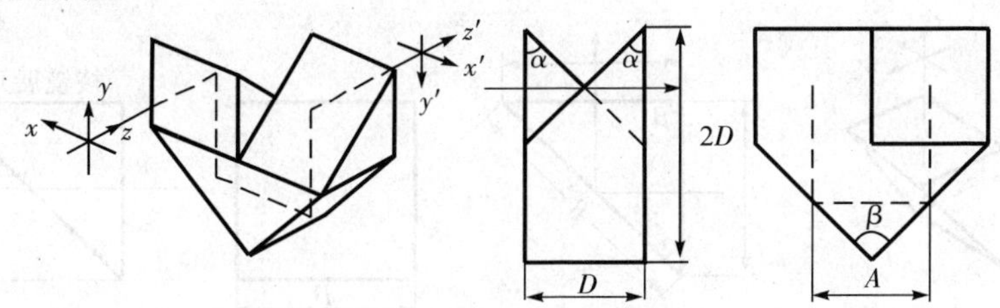

尺寸	性能	备注
$A=D$ $\alpha=45^\circ$ $L=4D$ $\beta=90^\circ$ $\frac{L}{n}=2.6317\,D$ $\omega_1\approx\pm\arctan^{-1}\frac{nD}{2L}=\pm10.84^\circ$ $\omega_2\approx\pm n(45^\circ-\arcsin\frac{1}{n})=\pm5.71^\circ$	正像 移像	在双目望远镜、显微镜中用作正像 $n=1.517$ 4 次反射

阿贝棱镜

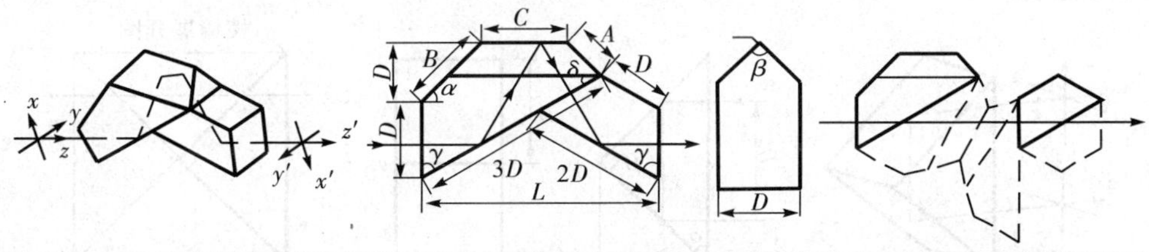

尺寸	性能	备注
$B=D\sqrt{2}$ $A=0.5774\,D$ $C=1.3094\,D$ $T=3.4644\,D$ $\alpha=45^\circ$ $\beta=90^\circ$ $\gamma=60^\circ$ $\delta=30^\circ$ $L=5.1962\,D$ $\frac{L}{n}=3.425\,D$ $\omega_1\approx\pm\arctan^{-1}\frac{nD}{2L}=\pm8.35^\circ$	正像 没有偏向和位移	可以插入直线系统，系统长度几乎没有变化（T 与 $\frac{L}{n}$ 相差甚小） 4 次反射（含屋脊面）

反转棱镜

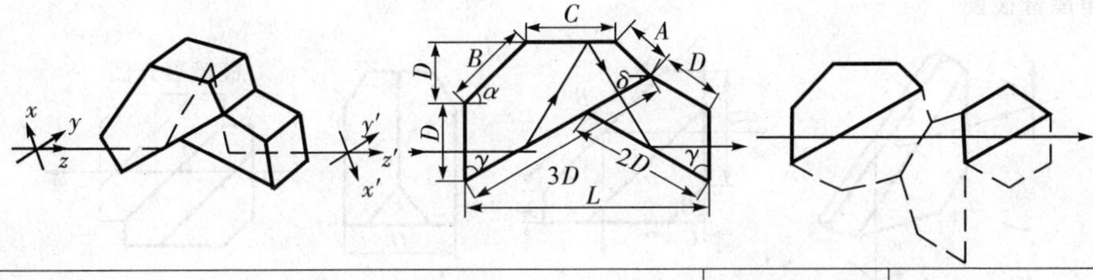

尺寸	性能	备注
$B=D\sqrt{2}$ $A=0.5774\,D$ $C=1.3094\,D$ $T=3.4644\,D$ $\alpha=45^\circ$ $\gamma=60^\circ$ $\delta=30^\circ$ $L=5.1962\,D$ $\frac{L}{n}=\frac{5.1962\,D}{n}=3.425\,D$ $\omega_1\approx\pm8.35^\circ$	转像 没有偏向和位移	除了没有屋脊，与阿贝棱镜相同。因为没有屋脊面，相当于阿贝棱镜中的 $\beta=180^\circ$。对顶面而言入射角太小，需镀银，若棱镜转动，则像以 2 倍速度转动 3 次反射

续表

直角棱镜(45°-90°-45°棱镜)

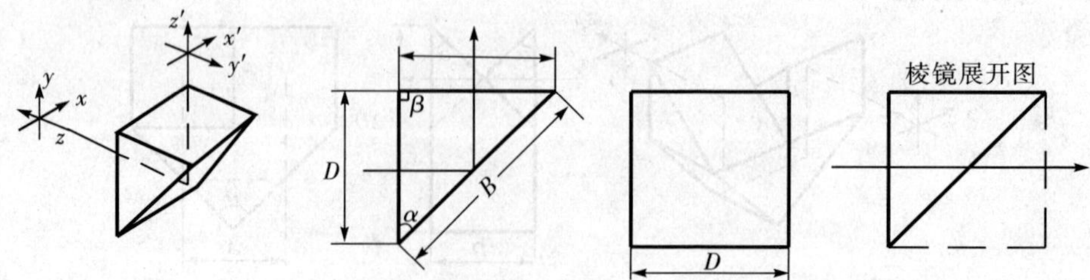

尺　寸		性　能	备　注
$B = D\sqrt{2}$ $L = D$ $\frac{L}{n} = \frac{D}{n} = 0.659\,D$ $\omega_1 \approx \pm \arctan\frac{n}{2} = \pm 42.7°$ $\omega_2 \approx \pm n(45° - \arcsin\frac{1}{n}) = \pm 5.71°$	$\alpha = 45°$ $\beta = 90°$	光束转向 90°	很多棱镜系统的基本构造单元 n=1.517 1 次反射

直角棱镜(单个保罗棱镜)

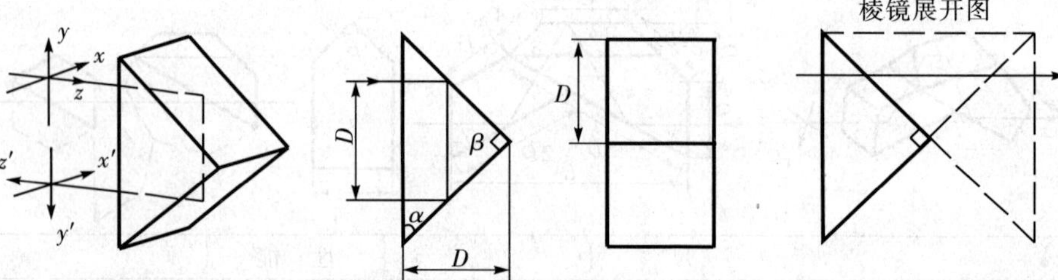

尺　寸		性　能	备　注
$L = 2D$ $\frac{L}{n} = \frac{2D}{n} = 1.319D$ $\omega_1 \approx \pm \arctan\frac{n}{4} = \pm 21.6°$ $\omega_2 \approx \pm n(45° - \arcsin\frac{1}{n}) = \pm 5.71°$	$\alpha = 45°$ $\beta = 90°$	光束转向 180°	这是一个倒转 180° 方向的常转向棱镜;出射光线与原光线平行但反向 n=1.517 2 次反射

阿米西棱镜或直角屋脊棱镜

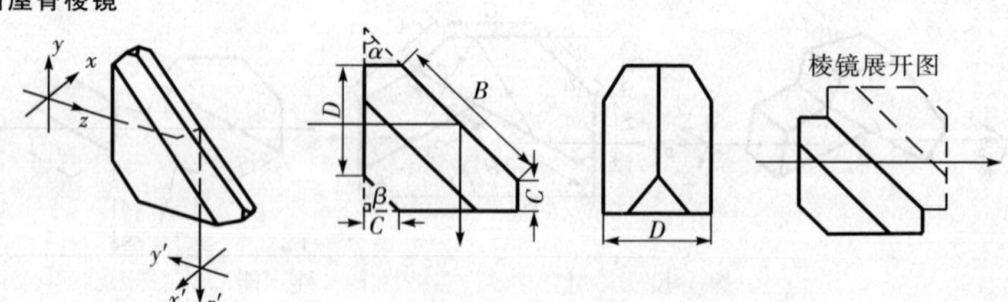

尺　寸		性　能	备　注
$B = D\sqrt{2}$ $C = \frac{D}{\sqrt{8}}$ $L = 1.707\,D$ $\omega_1 \approx \pm 23.96°$	$\alpha = 45°$ $\beta = 90°$ $\frac{L}{n} = 1.125\,D$	光束转向 90°	屋脊对直角棱镜的效果是增加了一个转像作用 2 次反射

续表

五棱镜

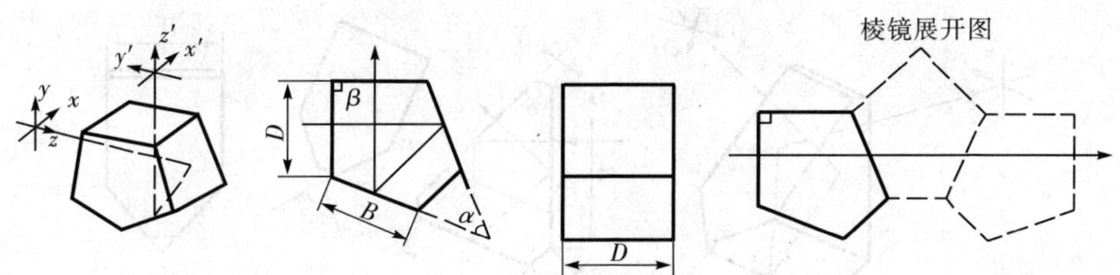

尺　寸	性　能	备　注
$B=1.0824\,D$　$\alpha=45°$ $L=3.4142\,D$　$\beta=90°$ $\frac{L}{n}=2.251\,D$ $\omega_1\approx\pm 12.52°$	光束转向90°，但不改变像的方向	90°常转向棱镜，反射面必须镀银或镀铝，2次反射 有时把一个反射面做成屋脊（五角屋脊棱镜），用于转像

道威(Dove)棱镜

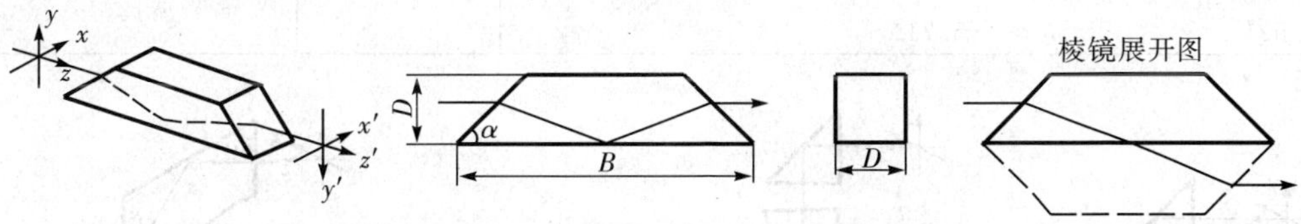

尺　寸	性　能	备　注
$B=D\left[1+\frac{\sqrt{n^2-\sin^2\alpha}+\sin\alpha}{\sqrt{n^2-\sin^2\alpha}-\sin\alpha}\right]=4.2271\,D$ $L=\frac{nD}{\sin\alpha\sqrt{n^2-\sin^2\alpha}-\sin\alpha}=3.3787\,D$ $\alpha=45°$ $\frac{L}{n}=2.227\,D$ $\omega_1\approx\pm\arctan\frac{n}{6.7574}=\pm 12.65°$	转像没有偏向和位移	由棱镜展开图可以看出，棱镜等效于倾斜的平行平板，一般用于平行光路中。若棱镜绕轴转动，则像以2倍于棱镜的转角运动，一般用于周视瞄准仪中

别汉棱镜

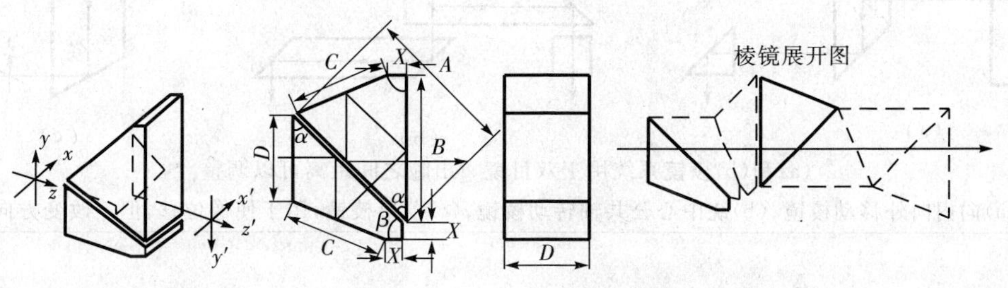

尺　寸	性　能	备　注
$B=1.8284\,D$　$T=1.2071\,D$ $C=1.0824\,D$　$L=4.6213\,D$ $\alpha=45°$　$\beta=22.5°$　$D=67.5°$ $x=0.2017\,D$ $\frac{L}{n}=3.046\,D$ $\omega_1\approx\pm 9.45°$　$\omega_2\approx\pm 5.71°$	转像光束没有偏转和位移	转动棱镜时，像以2倍速度转动；表面C镀银或镀铝；C面之一可以制成不镀银的屋脊面，使成为正像棱镜

续表

施密特棱镜

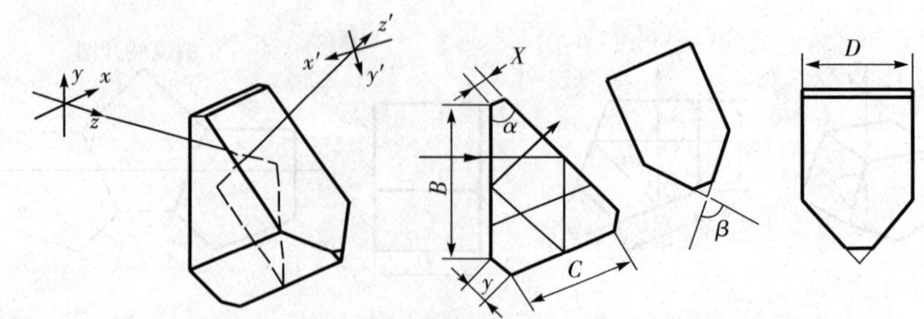

尺 寸	性 能	备 注
$B = 1.4142D$ $\alpha = 45^\circ$ $C = 1.0824D$ $\beta = 90^\circ$ $x = 0.1D$(可根据实际情况变化) $y = 1.8478x = 0.1848D$ $L = 3.4142D$ $\frac{L}{n} = \frac{3.4142D}{n} = 2.251D$ $\omega_1 \approx \pm 12.52^\circ$ $\omega_2 \approx \pm 5.71^\circ$	正像 光束转向 45°	

正像棱镜系统

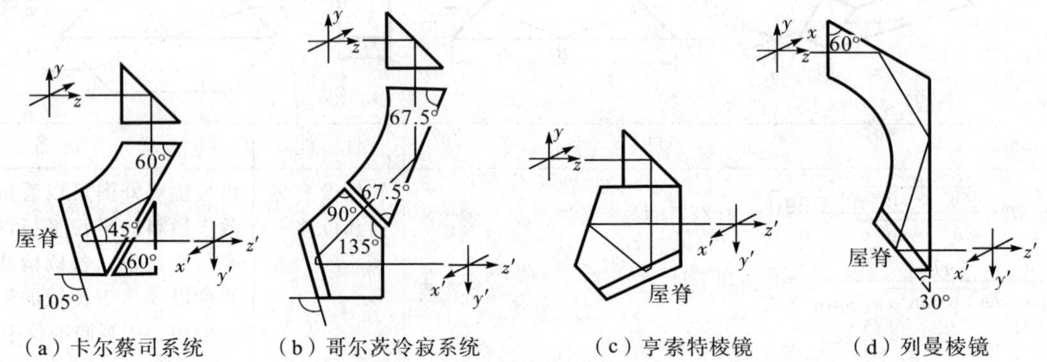

(a) 卡尔蔡司系统 (b) 哥尔茨冷寂系统 (c) 亨索特棱镜 (d) 列曼棱镜

注意:屋脊可以放在90°～45°棱镜上,但五角棱镜的两个反射面必须镀银

双目镜系统

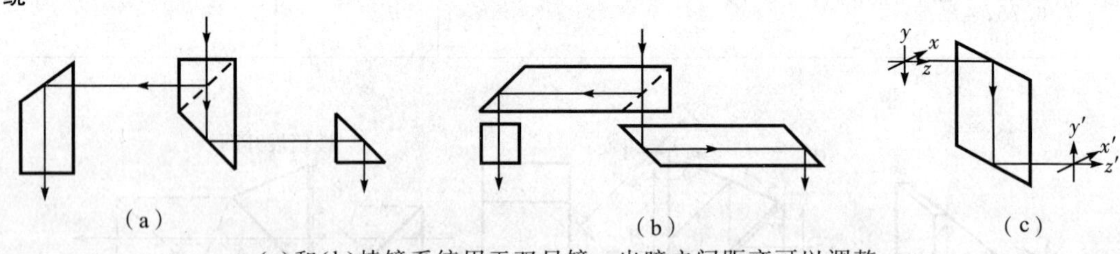

(a) (b) (c)

(a)和(b)棱镜系统用于双目镜。出瞳之间距离可以调整

(a)向内向外移动棱镜;(b)绕中心公共轴转动棱镜;(c)菱形棱镜,用于使像位移,但不改变方向

其他棱镜系统

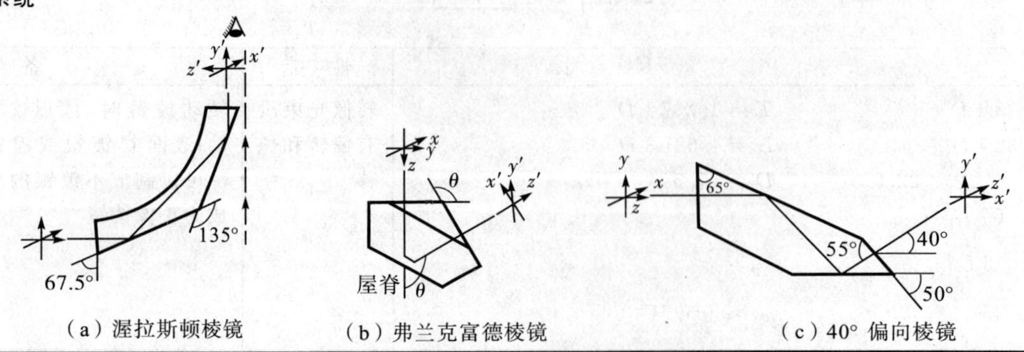

(a) 渥拉斯顿棱镜 (b) 弗兰克富德棱镜 (c) 40° 偏向棱镜

四、折射棱镜

折射棱镜的工作面是两个折射面。

(一)折射棱镜的偏向角

折射棱镜对光线的折射使出射光线向底面方向偏折，偏向角 δ 的关系由(14-155)式描述，公式中的符号参见图 14-70 所示。

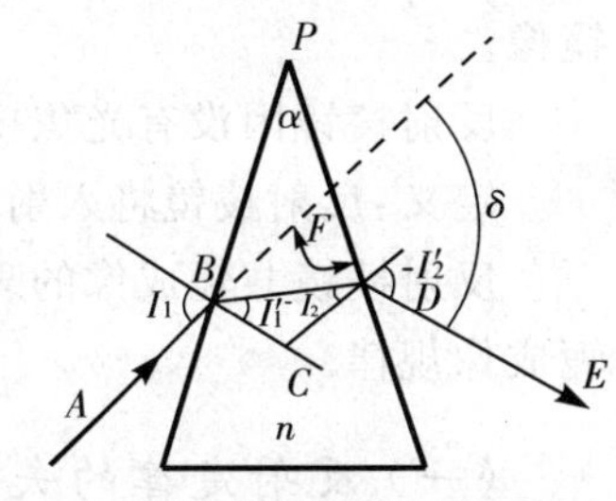

图 14-70　折射棱镜的工作原理

$$\sin\frac{1}{2}(\alpha+\delta)=n\sin\frac{\alpha}{2}\frac{\cos\frac{1}{2}(I_1'+I_2)}{\cos\frac{1}{2}(I_1+I_2')} \tag{14-155}$$

最小偏向角 δ_m 发生在 $I_1=-I_2'$，$I_1'=-I_2$，有

$$\sin\frac{1}{2}(\alpha+\delta_m)=n\sin\frac{\alpha}{2} \tag{14-156}$$

如 $\alpha=60°$(名义值)，用测角仪测出 α 实际值和 δ_m 后，可以计算出玻璃的折射率 n。

(二)棱镜色散

利用玻璃折射率随波长变化的特点，可以将折射棱镜作为色散棱镜。此时，以同一角度入射到折射棱镜上的不同波长的单色光，将有不同的偏向角。

$$\frac{d\delta}{d\lambda}=\frac{\cos I_2\ \tan I_1'+\sin I_2}{\cos I_2'}\frac{dn}{d\lambda} \tag{14-157}$$

式中，$\frac{dn}{d\lambda}$ 是折射率随波长的变化梯度。

可以利用 $\frac{dn}{d\lambda}$ 大的玻璃做成分光元件，形成分光光谱仪。

(三)直视色散棱镜

使光线不产生偏角但产生色散的棱镜为直视色散棱镜。直视色散棱镜至少由两块阿贝色散相差很大的玻璃棱镜组成，如图 14-71 所示。满足的条件是

$$\alpha_1(n_1-1)+\alpha_2(n_2-1)=0,\ \Delta_{12}=\frac{\alpha_1(n_1-1)}{\gamma_1}+\frac{\alpha_2(n_2-1)}{\gamma_2}$$

转化成棱镜对顶角的要求为

$$\alpha_1=\frac{\Delta_{12}\gamma_1\gamma_2}{(n_1-1)(\gamma_2-\gamma_1)},\ \alpha_2=\frac{\Delta_{12}\gamma_1\gamma_2}{(n_2-1)(\gamma_1-\gamma_2)}$$

式中，Δ_{12} 为直视色散棱镜需要的色散角值，n_1、γ_1 与 n_2、γ_2 为两块玻璃材料的折射率与阿贝色散系数，α_1 与 α_2 分别为两块棱镜的顶角。

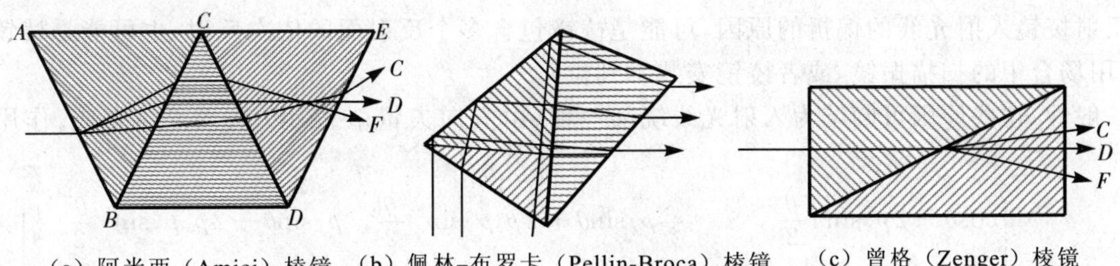

图 14-71　直视色散棱镜

五、棱镜共轭成像

与光学系统成像时存在物、像空间和物像正倒一样，反射棱镜也存在物、像空间，并且使物像存在正倒或镜像。

反射棱镜因没有光焦度(无焦元件)，因此物像之间没有缩放现象。

定义：反射棱镜将入射坐标系 xyz 变成出射坐标系 $x'y'z'$ 的过程，称为共轭成像。

反射棱镜共轭成像的理论基础是光线的反射定律。反射棱镜中各反射面的作用，可以产生组合变化的共轭成像规律。

(一) 反射定律的矢量表达

用矢量形式表示反射定律，便将复杂棱镜的作用过程用作用矩阵表示。

反射定律的矢量表述为

$$A' = A - 2(A \cdot N)N \tag{14-158}$$

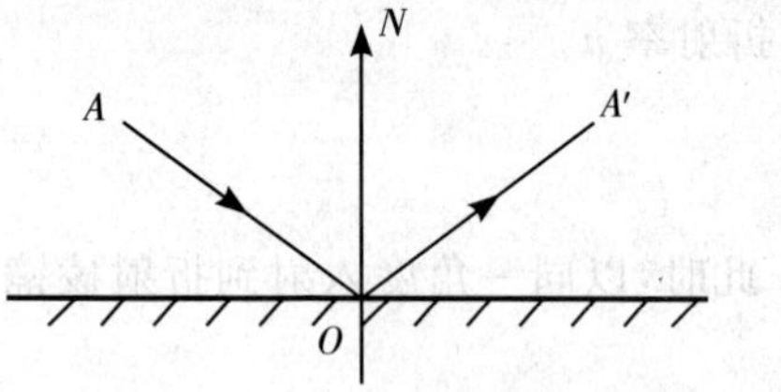

图 14-72　反射定律的矢量符号

矢量定义和符号由图 14-72 表示。

如任取一坐标系 xyz，A、N、A' 在坐标系 xyz 上的分量为 A_x、A_y、A_z、N_y、N_z、A'_x、A'_y、A'_z，则(14-158) 式可用矩阵形式表示为

$$A' = RA \tag{14-159}$$

式中，$A' = \begin{pmatrix} A'_x \\ A'_y \\ A'_z \end{pmatrix}$，$A = \begin{pmatrix} A_x \\ A_y \\ A_z \end{pmatrix}$，$R = \begin{pmatrix} 1-2N_x^2 & -2N_xN_y & -2N_xN_z \\ -2N_xN_y & 1-2N_y^2 & -2N_yN_z \\ -2N_xN_z & -2N_yN_z & 1-2N_z^2 \end{pmatrix}$

矩阵 R 可以看作为单个反射面对入射光线的作用矩阵。

如坐标系取为：z 轴方向沿入射光线方向、y 轴位于纸面内的右手坐标系，光线入射角为 θ，则

$$A = \begin{pmatrix} 0 \\ 0 \\ 1 \end{pmatrix}, N_x = 0, N_y = -\sin\theta, N_z = -\cos\theta$$

作用矩阵 R 为

$$R = \begin{pmatrix} 1 & 0 & 0 \\ 0 & 1-2\sin^2\theta & -2\sin\theta\cos\theta \\ 0 & -2\sin\theta\cos\theta & 1-2\cos^2\theta \end{pmatrix}$$

此时，$A' = \begin{pmatrix} 1 & 0 & 0 \\ 0 & \cos2\theta & -\sin2\theta \\ 0 & -\sin2\theta & -\cos2\theta \end{pmatrix}\begin{pmatrix} 0 \\ 0 \\ 1 \end{pmatrix} = \begin{pmatrix} 0 \\ -\sin2\theta \\ -\cos2\theta \end{pmatrix}$。结果表明，出射光束相对于入射光束在 yz 坐标面内偏折 2θ 角。

(二) 作用矩阵的一般规律

造成反射棱镜入射光线的偏折的原因，可能是棱镜包含多个反射面的依次反射，也可能是棱镜自身转动(如各种应用场合中的扫描振镜，或者棱镜安装不到位)。

不失一般性，这些原因可归结为入射光线绕某一轴(由方向矢量 p 表示) 转动 θ 角完成。作用矩阵记为 $S_{p,\theta}$，有

$$S_{p,\theta} = \begin{pmatrix} \cos\theta + 2p_z^2\sin^2\dfrac{\theta}{2} & p_x\sin\theta + 2p_zp_y\sin^2\dfrac{\theta}{2} & p_y\sin\theta - 2p_xp_z\sin^z\dfrac{\theta}{2} \\ -p_x\sin\theta + 2p_zp_y\sin^2\dfrac{\theta}{2} & \cos\theta + 2p_y^2\sin^2\dfrac{\theta}{2} & -p_z\sin\theta - 2p_yp_x\sin^2\dfrac{\theta}{2} \\ -p_y\sin\theta - 2p_xp_z\sin^2\dfrac{\theta}{2} & p_z\sin\theta - 2p_yp_x\sin^2\dfrac{\theta}{2} & \cos\theta + 2p_x^2\sin^2\dfrac{\theta}{2} \end{pmatrix} \tag{14-160}$$

复杂情况下，相当于依次绕几个矢量转动不同角度，作用矩阵

$$R = S_{p_t\theta_t} S_{p_{t-1}\theta_{t-1}} \cdots S_{p_2\theta_2} S_{p_1\theta_1} \tag{14-161}$$

式中，表示绕 t 个矢量转动 t 个角度。

对于扫描反射镜，如在一选定的基准坐标系中描述像矢量 A' 与物矢量 A 之间的关系，表示为

$$A'_0 = G_{10} R G_{10}^{-1} A_0 \tag{14-162}$$

式中，下标"0" 表示在基准坐标系中描述；G_{10} 表示动坐标系转换到基准坐标系（定坐标系）的转换矩阵；G_{10}^{-1} 表示定坐标系转换到动坐标系的转换矩阵，R 为扫描反射镜的作用矩阵。

（三）应用

1. 分析反射棱镜小量变化后的像面旋转量和位置量

使用反射棱镜转像或光路折叠的光学系统中，需对反射棱镜安装精度进行分析计算，并确定装校方案。反射棱镜的定位矢量有角量和线量，设反射棱镜小角转动 $\Delta\theta$ 角，会产生像面旋转量，记为 $\Delta\mu'$；如反射棱镜微量线移动 Δg，则产生像点位移量 $\Delta S'$，基本关系为

$$\Delta\mu' = (E - S_{\rho,\theta})\Delta\theta \tag{14-163}$$

$$\Delta S' = (E + (-1)^{k-1} S_{\rho,\theta})\Delta g \tag{14-164}$$

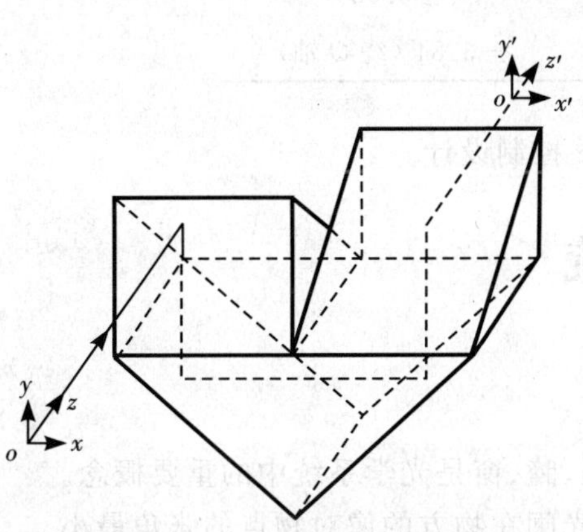

图 14-73　四次反射棱镜

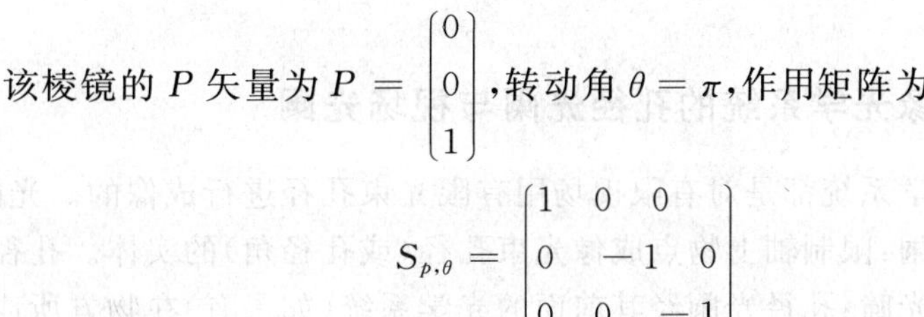

式中，E 为单位矩阵 $\begin{pmatrix} 1 & 0 & 0 \\ 0 & 1 & 0 \\ 0 & 0 & 1 \end{pmatrix}$，$k$ 表示反射面个数。

对如图 14-73 所示的反射棱镜使光线四次反射在 x 方向平移。

该棱镜的 P 矢量为 $P = \begin{pmatrix} 0 \\ 0 \\ 1 \end{pmatrix}$，转动角 $\theta = \pi$，作用矩阵为

$$S_{p,\theta} = \begin{pmatrix} 1 & 0 & 0 \\ 0 & -1 & 0 \\ 0 & 0 & -1 \end{pmatrix}$$

此时，(14-163) 式和(14-164) 式变为

$$\begin{pmatrix} \Delta\mu'_x \\ \Delta\mu'_y \\ \Delta\mu'_z \end{pmatrix} = \begin{pmatrix} 0 & 0 & 0 \\ 0 & 2 & 0 \\ 0 & 0 & 2 \end{pmatrix} \begin{pmatrix} \Delta\theta_x \\ \Delta\theta_y \\ \Delta\theta_z \end{pmatrix}$$

$$\begin{pmatrix} \Delta S'_x \\ \Delta S'_y \\ \Delta S'_z \end{pmatrix} = \begin{pmatrix} 0 & 0 & 0 \\ 0 & 2 & 0 \\ 0 & 0 & 2 \end{pmatrix} \begin{pmatrix} \Delta g_x \\ \Delta g_y \\ \Delta g_z \end{pmatrix}$$

2. 45°二维扫描镜的扫描范围分析

二维扫描镜示意图如图 14-74 所示，可用于航天遥感仪器中，通过二维扫描摆镜绕两轴摆动实现大的扫描视场。

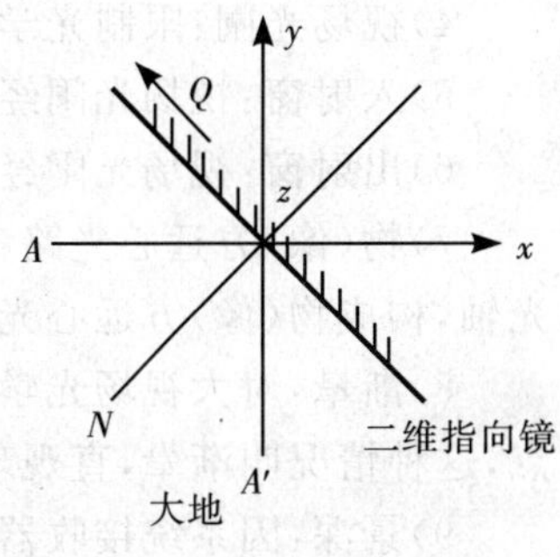

图 14-74　二维扫描镜示意图

基准坐标系见图 14-74 中 xyz 右手坐标系。

二维扫描镜扫描方法有以下两种：

1）反射镜绕 z 轴转动 α 角，绕 x 轴转动 β 角。

2）绕 z 轴转动 α 角，绕 Q 轴转动 β 角。两种转动方式下的矩阵为

$$G_{10xz} = S_{45^\circ\chi,\beta} \cdot S_{45^\circ z,\alpha} = \begin{pmatrix} 1 & 0 & 0 \\ 0 & \cos\beta & -\sin\beta \\ 0 & \sin\beta & \cos\beta \end{pmatrix} \begin{pmatrix} \cos\alpha & -\sin & 0 \\ \sin\alpha & \cos\alpha & 0 \\ 0 & 0 & 1 \end{pmatrix} \tag{14-165}$$

$$G_{10Qz} = S_{45^\circ Q,\beta} \cdot S_{45^\circ z,\alpha}$$

$$
= \begin{bmatrix} \cos\beta + \sin^2\left(\frac{\beta}{2}\right) & -\sin^2\left(\frac{\beta}{2}\right) & \frac{\sqrt{2}}{2}\sin\beta \\ -\sin^2\left(\frac{\beta}{2}\right) & \cos\beta + \sin^2\left(\frac{\beta}{2}\right) & \frac{\sqrt{2}}{2}\sin\beta \\ -\frac{\sqrt{2}}{2}\sin\beta & -\frac{\sqrt{2}}{2}\sin\beta & \cos\beta \end{bmatrix} \begin{bmatrix} \cos\alpha & -\sin\alpha & 0 \\ \sin\alpha & \cos\alpha & 0 \\ 0 & 0 & 1 \end{bmatrix} \tag{14-166}
$$

利用以下关系，即扫描视场角

$$a = \arctan(A'_x / A'_y)$$

$$b = \arctan(A'_z / A'_y)$$

可以分析45°镜实现南北物方扫描视场±10°，东西物方扫描视场±5°时对应的两种扫描方式的扫描镜摆角，如表14-6所示。

表14-6　扫描镜摆角结果

	扫描方式一	扫描方式二
南北摆角 α（绕 z 轴）	±4.98°	±5.08°
东西摆角 β（绕 x 轴 /Q 轴）	±5°（绕 x 轴）	±3.84°（绕 Q 轴）

由表14-6的结果可以看出，扫描方式二的东西摆角小，有利于轴 z 控制设计。

第七节　典型光学系统

一、成像光学系统的孔径光阑与视场光阑

实际光学系统都是对有限视场用有限光束孔径进行成像的。光阑、瞳、窗是光学系统中的重要概念。

孔径光阑：限制轴上物点成像光束孔径（或孔径角）的实体。孔径光阑在物方的像对物点的张角最小。

1）入射光瞳：孔径光阑经其前面的光学系统（如果有）在物方所成的像。经等面积细分入瞳面，可以产生物方光线束。

2）出射光瞳：孔径光阑经其后面元件（如果有）在像方所成的像。出瞳面上的波像差构成的光瞳函数是计算像质指标的重要概念。

3）出瞳距离：出射光瞳离最后一个光学面顶点的距离，又称眼点距离。

4）视场光阑：限制光学系统视场角大小的实体，其在物空间所成的像对入瞳中心张角最小。

5）入射窗：视场光阑经其前面的光学面在物空间所成的像。

6）出射窗：视场光阑经其后面的光学面在像空间所成的像。

7）物（像）方远心光路：孔径光阑位于其前（后）面光学系统的像（物）方焦点上，使物（像）方主光线平行于光轴，构成物（像）方远心光路。

8）渐晕：对大视场光学系统，由于光学元件的口径有限，造成轴外物点的成像光束孔径（角）小于轴上物点，这种情况叫渐晕，直观现象是视场中边缘照度小于中央（边缘暗，中央亮）。

9）景深：因系统接收器单元（或人眼）的分辨率有限，使得对准目标前后一定深度范围的物面信息也能在接收器上成清晰像。一般地，F数（f'/D）越大，景深越大。

二、人眼

（一）基本结构

有关眼睛的详细论述，可参阅第二十九章《视觉光学》。从光学系统的角度来研究人眼，人眼的基本结构可由图14-75说明。表14-7给出人眼的基本组成与参数。

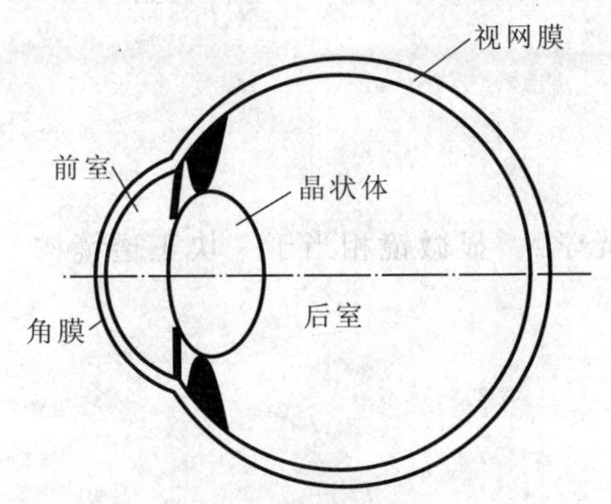

图 14-75　人眼的光学结构示意图

表 14-7　人眼的基本组成与参数

名　称	半径/mm	折射率	屈光度/D	备注
空气		1.0		
角膜前表面	7.7	1.376	48.83	组合约 $43D$
角膜后表面	6.8	1.336（房水）	−5.88	
晶状体	12.4	1.385(表面)	21	调节能力 $32.31D$
		1.41（中央）		
	−8.1	1.375(赤道)		
视网膜	−12.3	1.338（玻璃体）		

（二）焦距、瞳孔、屈光度

人眼的焦距 $f=-17$ mm，$f'=23$ mm 。

瞳孔可自动变化约 2～8 mm。

人眼的眼轴总长约为 24 mm，总屈光度约为 62.35 D。

（三）中国人眼的平均模型

通过实测中国人眼的数据与像差，推算出中国人眼平均精细模型，如表 14-8 所列。

表 14-8　中国人眼精细模型

名　称	面　型	子午/弧矢曲率半径 /mm	圆锥系数	厚　度 /mm
角膜前表面	Biconic	7.94/7.80	−0.16/−0.21	0.52
角膜后表面	Biconic	6.61/6.16	−0.14/−0.10	3.22
瞳孔	Standard	∞	0	0
晶体前表面	Biconic	3.68/12.42	−5.69/−5.86	3.81
晶体后表面	Biconic	−6.07/−6.73	−1.62/−1.05	16.28
视网膜	Standard	−12.3	0	—

（四）视角分辨率

视网膜上最小鉴别距离等于两神经细胞直径，为 0.006 mm。那么物体对人眼的张角 ε 必须满足下式，才能被人眼分辨：

$$\tan\varepsilon \geqslant \frac{0.006}{f'} \times 206\,265'' = \tan\varepsilon_0 \tag{14-167}$$

$f'\approx 23$ mm，$\varepsilon_0 \approx 60'' = 1'$，称 $\varepsilon_0 = 60''$ 为人眼的极限分辨角。

（五）近视、正视与远视眼

近视眼：看不清远处的物体，只能看清近处的物体（远点位于眼前有限距离）。需配戴负透镜将远处的物体成像到近处才能看清，称这种人眼为近视眼；也可以通过角膜屈光手术予以矫正。

正视眼：眼睛光学系统的后焦点在视网膜上，无需配戴矫正眼镜，这种人眼为正视眼。

远视眼：能看清远处的物体，不能看清近处（远点距以内）的物体。看近处物体时，需配戴正透镜予以矫正。

三、显微镜

(一)一般显微镜

有关显微镜较为详细的论述,可参阅第三十三章《显微光学和近场光学》。显微镜相当于一块正透镜构成的放大镜,将微小目标放大供人眼观察,其复合结构如图 14-76 所示。

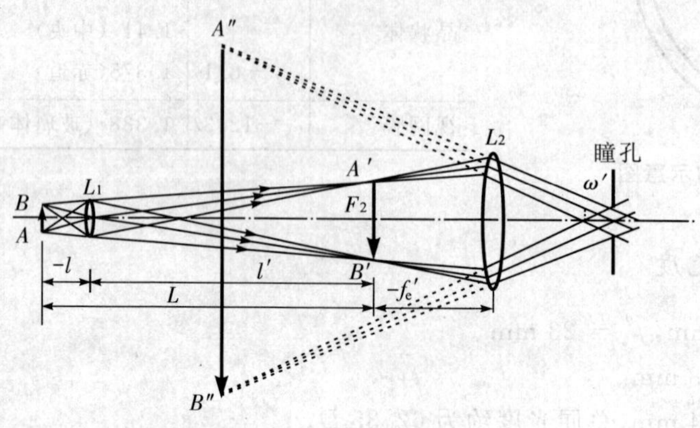

图 14-76 显微镜成像原理示意图

显微镜一般由显微物镜与目镜组成,物镜将微小物体 AB 放大成 $A'B'$,位于目镜的前焦面,再次放大供人眼观察。

通常用视角放大率表示显微镜的放大倍率,即物体经显微镜放大的像对人眼的张角正切与位于明视距离处对人眼的张角正切之比:

$$\Gamma=\frac{\tan\omega'}{\tan\omega}=-\frac{\Delta}{f'_0}\frac{250}{f'_e}=\beta\Gamma_e \tag{14-168}$$

式中,Δ 为显微物镜与目镜的光学间隔,f'_0 为物镜焦距,$\Gamma_e=250/f'_e$。

$$\text{机械筒长}=l'+f'_e \tag{14-169}$$

$$\text{共轭距}\ L=(-l)+l'=l'-l \tag{14-170}$$

显微物镜是决定显微镜分辨能力的部件,其主要术语如表 14-9 所列。显微镜的照明方式如表 14-10 所列。

表 14-9 显微物镜的主要术语

名 称	定 义	备 注
齐焦性	不同倍率的显微镜物镜具有互换性,具有相同的共轭距	我国标准 $L=195$
数值孔径	$\mathrm{NA}=n\sin U$	
分辨率	$\sigma=\frac{0.61\lambda}{\mathrm{NA}}$ 或 $\frac{0.5\lambda}{\mathrm{NA}}$	
线视场	$2y=\frac{2f'_e\tan\omega'}{\beta}$	取决于目镜的视场角或分划板尺寸
有效放大倍率	$500\ \mathrm{NA}\leqslant\Gamma\leqslant 1\,000\mathrm{NA}$	
半消色差物镜	消除了 $\Delta L'_{FC}$ 和 $\delta L'_{FC}$(高倍时)	
复消色差物镜	消除了 $\Delta L'_{FC}$ 和 $\delta L'_{FC}$(高倍时),还有 $\Delta L'_{FCD}$	
平场物镜	消除了匹兹伐场曲((14-103)式中的 x'_p)	用弯月厚透镜
无限筒长物镜	垂轴放大率由物镜与镜筒透镜(也称管镜)构成	$\beta=-\frac{250}{f'_{物}}$

表 14-10　显微镜的照明方式

名　称	图　示	特　点	应　用
透射光亮视场照明		被观察物体为透明物体，光场被透射比调制	透明标本(如生物组织、血液标本)，有临界照明和柯勒照明两种光路
反射光亮视场照明		被观察物体为不透明物体。光场被表面反射率调制	金属表面等，照明系统需经过显微物镜
透射光暗视场照明		侧向照明物体，照明光束有物体内部的衍射、折射和反射、散射，被物镜接收	可观察玻璃块内部气泡裂纹等缺陷。暗背景上出现亮颗粒像
反射光暗视场照明		旁侧照明物体，有缺陷引起的散射、反射射向物镜	暗背景上出现亮颗粒像

注：①标注为 o 的箭头表示被观察物体；② 标 L 的半球状透镜为高倍显微物镜前片。

(二)极紫外及深紫外光刻物镜

紫外及深紫外(DUV)光刻镜头，所指的波长至少是 193 nm 或 157 nm 所用的光刻镜头，其镜头口径在 300 mm以上，一套镜头有 30 多片透镜，数值孔径 NA＝0.75 甚至 0.85 左右，镜头长近 2 m，重量约为 800 kg。镜头材料一般为熔融石英和氟化钙等光学材料，其材料的均匀性、气泡、条纹等都有很高的要求。镜头光学设计的残差在 5 nm(rms)以下，最终实现 0.13 μm 的分辨率。

图 14-77 是日本尼康公司生产的光刻物镜系列镜头。当镜头的工作波长更短时，采用离轴反射式非球面系统，可以进一步提高数值孔径和简化结构。

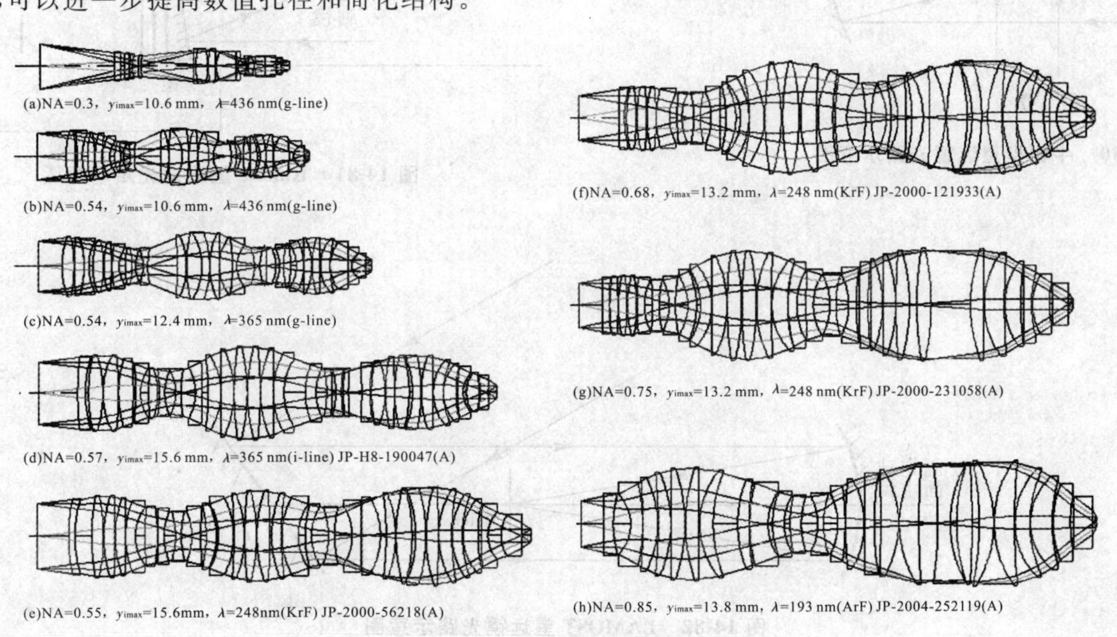

图 14-77　紫外光刻物镜

四、望远镜

望远镜由物镜与目镜组成，构成无焦系统，其视角放大倍率为

$$\Gamma=-\frac{f_0'}{f_e'}=-\frac{D}{D_0} \tag{14-171}$$

式中，D 为物镜口径，D_0 为瞳孔直径。

如果用望远系统对有限距离处的物体成像，其垂轴放大率 β 为

$$\beta=-\frac{f_e'}{f_0'}=\frac{1}{\Gamma} \tag{14-172}$$

望远镜的分辨角取决于物镜口径：

$$\varepsilon=\frac{120''}{D} \quad 或 \quad \frac{140''}{D} \tag{14-173}$$

望远镜的基本类型有：开普勒型（图 14-78）、伽利略型（图 14-79）、牛顿型（图 14-80）等。典型天文望远镜有 Hubble（哈勃）（图 14-81）、LAMOST（大天区多目标光纤光谱望远镜，如图 14-82 所示）。

典型望远物镜的结构型式如表 14-11 所列。

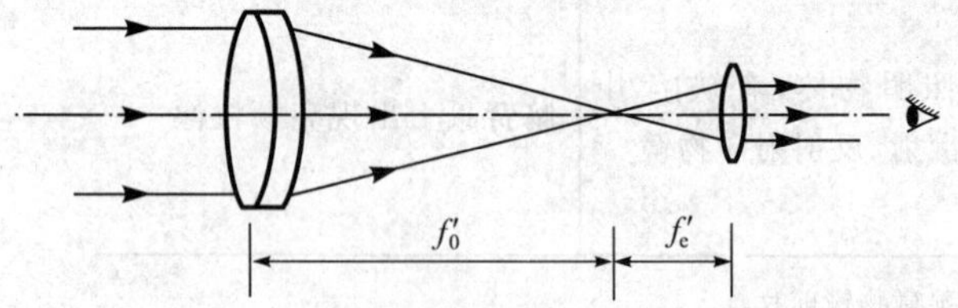

图 14-78　开普勒型望远镜光路示意图

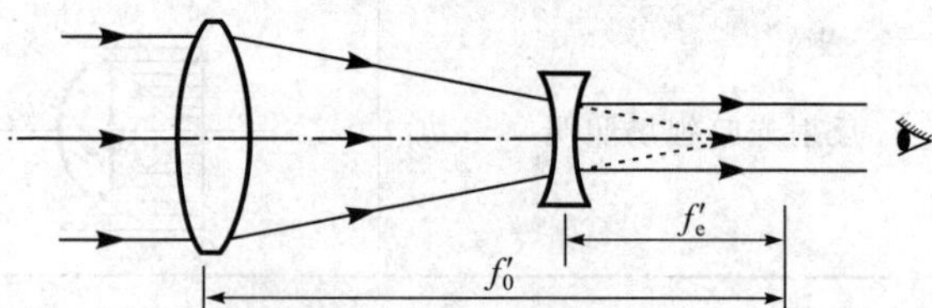

图 14-79　伽利略型望远镜光路示意图

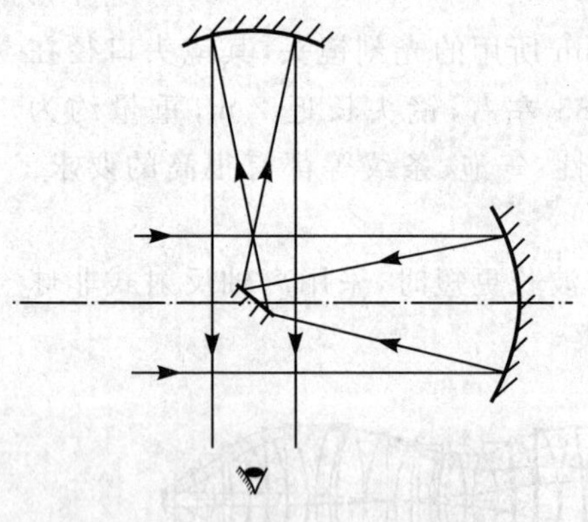

图 14-80　牛顿型望远镜光路示意图

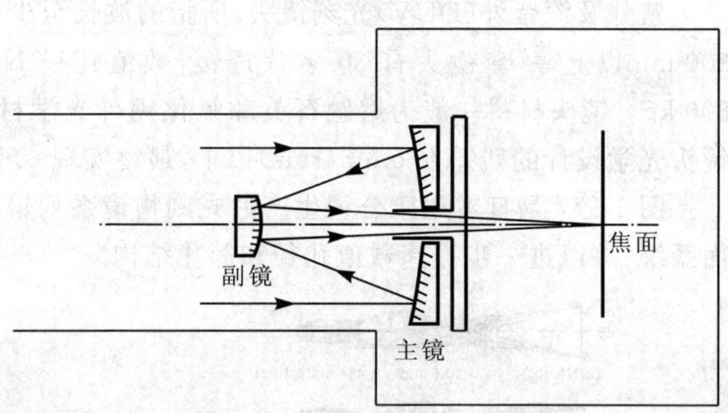

图 14-81　Hubble 望远镜光路示意图

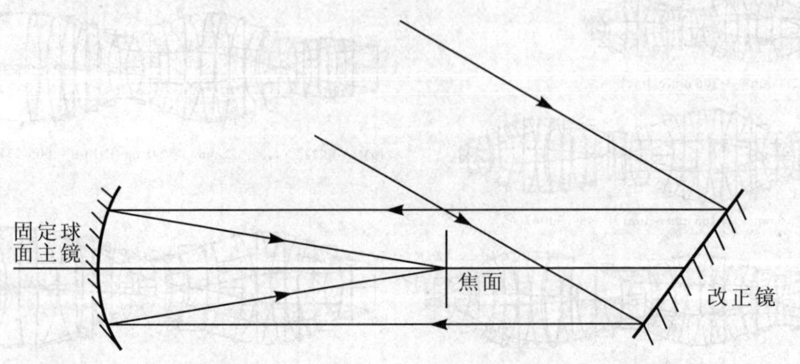

图 14-82　LAMOST 望远镜光路示意图

表 14-11　典型望远物镜的结构及特点

名　称	结构型式	特　点	应　用
双胶合	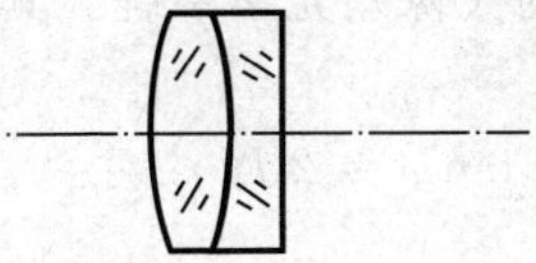	可校正球差、正弦差、轴向色差，结构简单	小相对孔径望远镜
双胶合十单片	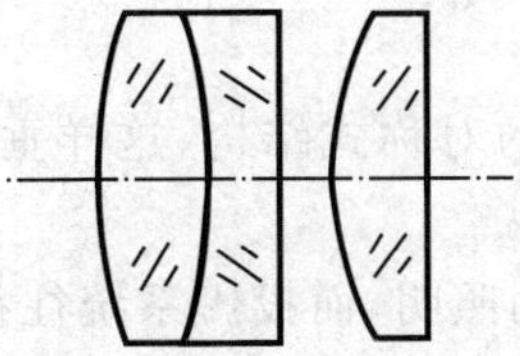	可校正各种轴上点像差，也可通过玻璃配对校正高级球差	相对孔径可做到1/3，军用望远镜
卡塞格林	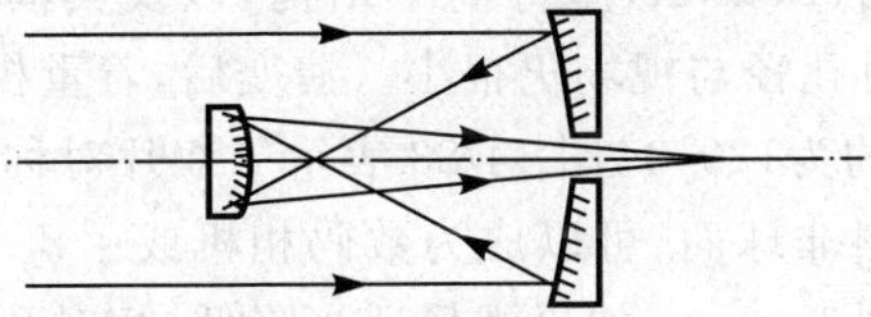	主镜抛物面，副镜双曲面	天文望远镜，倒像
格里高里	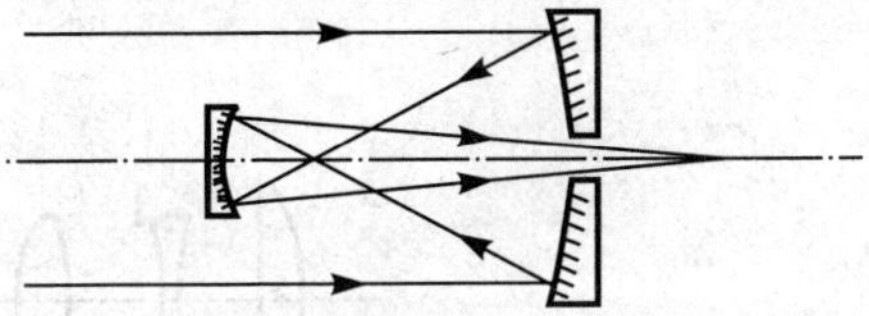	主镜抛物面，副镜椭球面	天文望远镜，正像
马克苏托夫	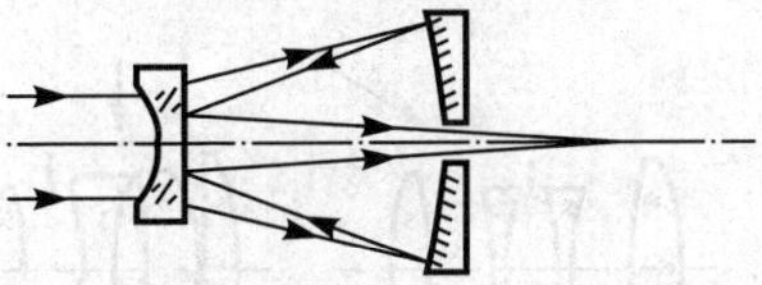	主镜球面，弯月厚透镜位于主镜球心处，满足 $r_1-r_2=\frac{n^2-1}{n^2}d$	天文或发射物镜
离轴三反系统/有中间像	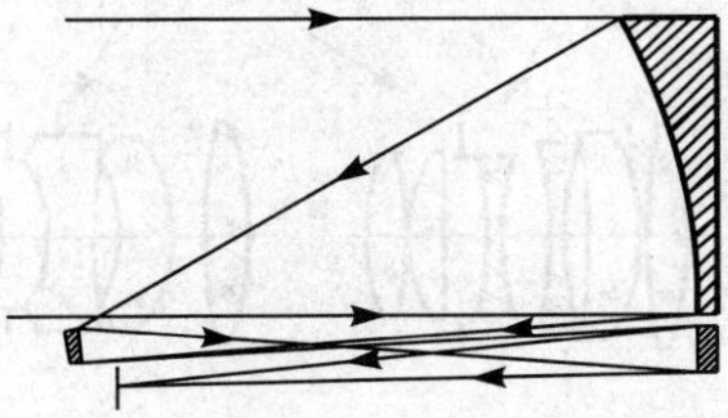	3个离轴非球面，主、次、三镜可分别为抛物面、双曲面、椭球面等。大视场、长焦距、大口径	空间载荷相机，无遮拦，视场为长条形，结合推扫
离轴四反系统	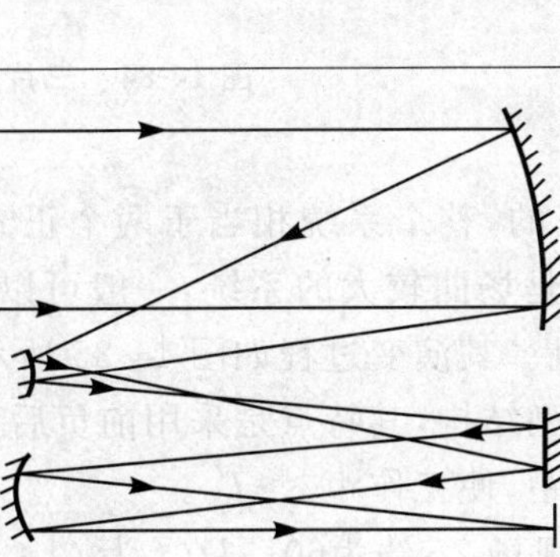	轨道高度为400～900 km，地面分辨率为0.5～1.25 m和2～5 m	星载光学遥感相机：BHRC相机

五、摄影与投影系统

摄影系统与投影系统属于具有较大相对孔径和视场的大像差光学系统。其主要表征性能指标为焦距、相对孔径、视场，三者之乘积是一个常数：

$$fD/(f\tan\omega) = 2h\tan\omega = 2J \tag{14-174}$$

式中，h 为入瞳半径，J 为拉氏不变量。

(14-174)式表明，f、D/f、ω 之间互相制约，长焦距物镜的相对孔径和视场角均不能很大，广角物镜的相对孔径和焦距也不能很大。

摄影与投影的光学结构一般尽量采用光阑位于中间的对称式结构，这样垂轴像差（彗差、畸变、垂轴色差）可以互相补偿或抵消。

摄影与投影系统的主要区别在于摄影不一定需要主动照明，而投影系统往往包含照明系统。像质评价时，MTF 是优选指标，需要考虑像面的均匀照度（减轻渐晕的影响）。

其典型的结构有双片对称型、三片型和匹兹伐（Petzval）型等简单结构，以及其演变出来的复杂结构。对称型结构的简单结构，只能校正球差和彗差，相对孔径与视场仍很小。演变后，着重校正场曲和像散，增大视场，如图 14-83 中的鲁沙（Pyccap）（D/f 小，2ω 约为120°），图 14-83 表示了双片对称型结构及其演变。

三片型物镜（一般称为 Cooke 镜头）如采用塑料非球面，可以成为数码相机或手机等大量使用的短焦镜头。三片型物镜视场角可达到 55°，相对孔径可达到 1∶3.0；如果视场适当降低，相对孔径可达 1∶2.5 以上。如图 14-84 表示了三片型物镜的演变过程，其中 Tessar 物镜已是流行采用的摄影定焦镜头结构。

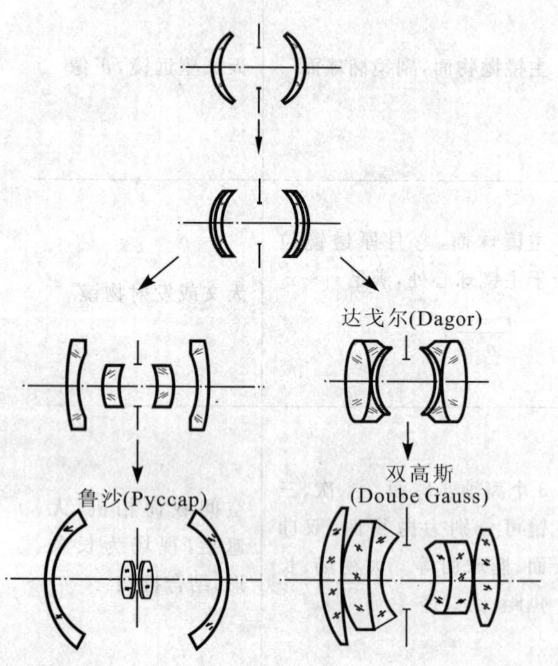

图 14-83　双片对称型结构及其演变示意图

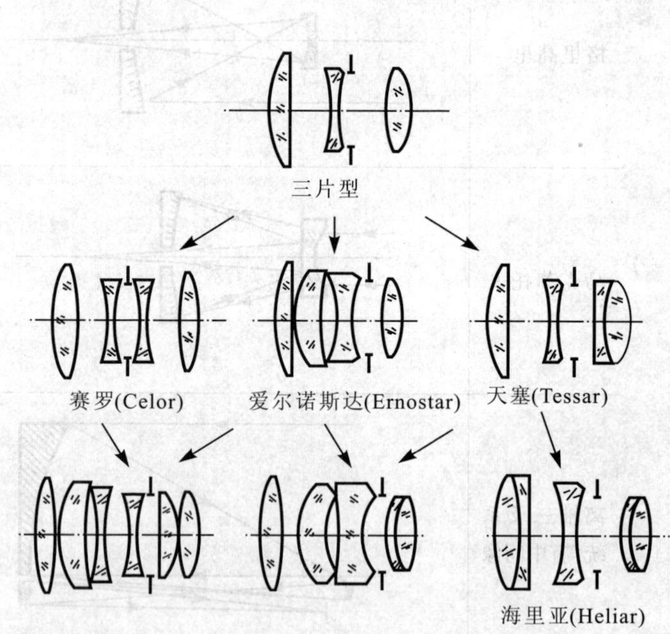

图 14-84　三片物镜的演变

Petzval 型由双光组组合，光阑前后双光组均是正的，整个系统相当于两个正光焦度透镜分开较大的距离，由像差理论知，这将使场曲加大。所以 Petzval 型是场曲较大的系统，一般可以有比较大的相对孔径，如 1/2.0～1/1.0，但视场不大，适合于电影放映和幻灯机。其演变过程如图 14-85 所示。

投影物镜和广角鱼眼镜头中，往往会采用反远距型结构，其特点是采用前负后正的光组结构，负组在前，有利于将大视场光线折向光轴，同时能够增加后工作距，使工作距 $> f'$。

图 14-86 是反远距型物镜的两种典型代表，前者视场 2ω 约为60°，D/f 为 (1∶3.5)～(1∶2.5)；后者为鱼眼镜头，2ω 约为270°。

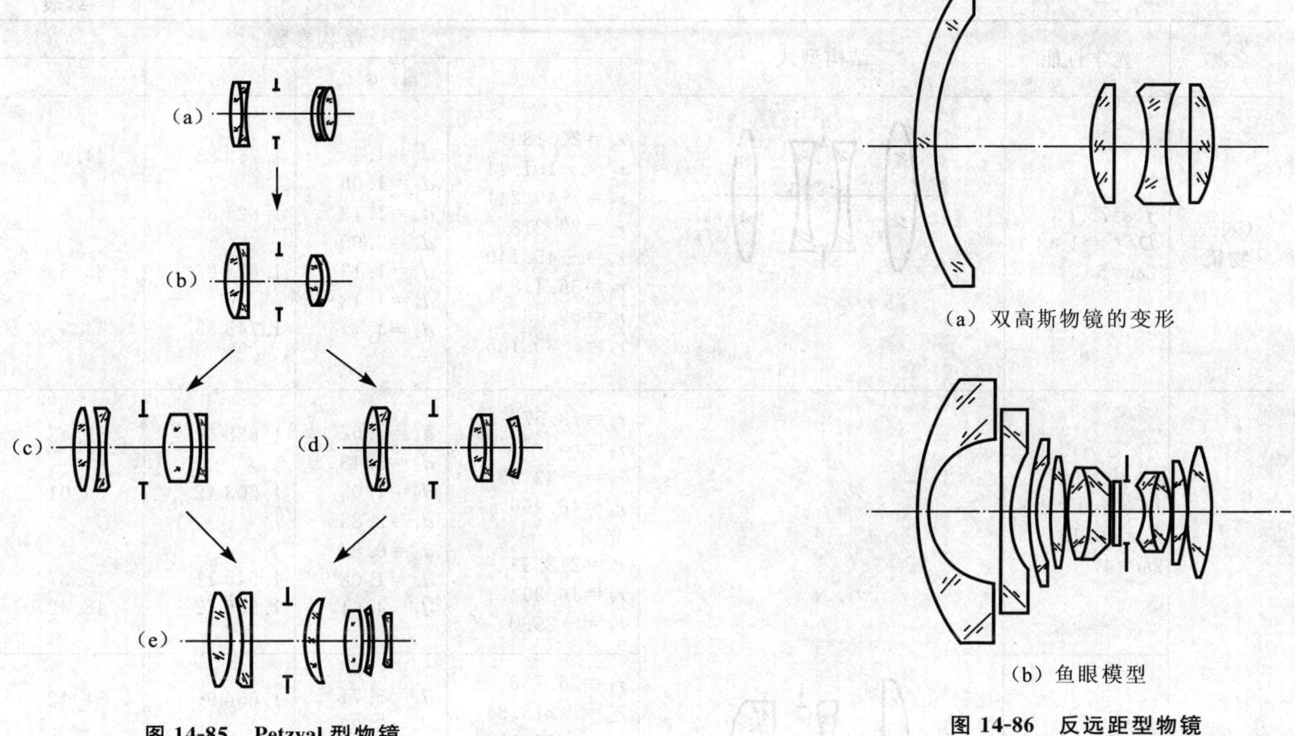

图 14-85　Petzval 型物镜

(a) 双高斯物镜的变形

(b) 鱼眼模型

图 14-86　反远距型物镜

表 14-12 列出了各种不同类型物镜的光学性能、结构型式和结构参数。

表 14-12　各种不同类型物镜的光学性能、结构型式和结构参数

名　称	光学性能	结构型式	结构参数			
			r	d	n_D	ν
	$f'=23.81$ $D/f'=1:3.5$ $l'_F=17.58$ $2\omega=13°$		$r_1=9.26$ $r_2=-63.39$ $r_3=-14.791$ $r_4=8.63$ $r_5=22.91$ $r_6=-13.092$	$d_1=2.5$ $d_2=1.98$ $d_3=1.0$ $d_4=1.98$ $d_5=2.5$	1.612 72 1.647 69 1.612 72	58.58 33.84 58.58
三片式物　镜	$f'=74.98$ $D/f'=1:3.5$ $l'_F=64.18$ $2\omega=56°$	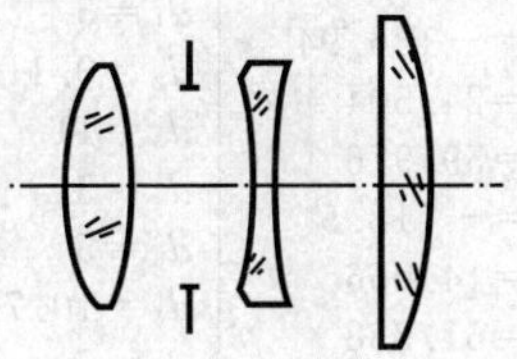	$r_1=28.25$ $r_2=-781.44$ $r_3=-42.885$ $r_4=28.5$ 光阑 $r_5=160.972$ $r_6=-32.795$	$d_1=3.7$ $d_2=6.62$ $d_3=1.48$ $d_4=4.0$ $d_5=4.17$ $d_6=4.38$	1.607 38 1.624 95 1.638 54	56.65 35.57 55.45
	$f'=74.98$ $D/f'=1:3.5$ $l'_F=64.18$ $2\omega=56°$		$r_1=85.11$ $r_2=-365.6$ $r_3=-62.95$ $r_4=84.01$ 光阑 $r_5=\infty$ $r_6=-55.98$	$d_1=8$ $d_2=23.02$ $d_3=4.0$ $d_4=4.0$ $d_5=13.93$ $d_6=8.0$	1.612 72 1.620 05 1.612 72	58.58 36.35 58.58

续表

名称	光学性能	结构型式	结构参数			
			r	d	n_D	ν
Celor 物镜	$f'=75.03$ $D/f'=1:4$ $2\omega=55°$		$r_1=25.189$ $r_2=-101.44$ $r_3=-49.241$ $r_4=29.218$ $r_5=-45.749$ $r_6=36.418$ $r_7=59.03$ $r_8=-30.185$	$d_1=4.4$ $d_2=1.06$ $d_3=1.13$ $d_4=3.95$ $d_5=1.13$ $d_6=1.13$ $d_7=4.4$	1.743 85 1.624 8 1.624 8 1.743 85	44.9 35.6 35.6 44.9
	$f'=49.92$ $D/f'=1:2.8$ $l'_F=40.19$ $2\omega=47°$		$r_1=18.57$ $r_2=\infty$ $r_3=-33.58$ $r_4=16.996$ 光阑 $r_6=218.33$ $r_7=16.36$ $r_8=-25.0$	$d_1=4.62$ $d_2=3.43$ $d_3=1.08$ $d_4=2.85$ $d_5=0.87$ $d_6=1.08$ $d_7=4.51$	1.638 54 1.603 42 1.548 11 1.666 72	55.45 38.01 45.87 48.42
Tessar 物镜	$f'=79.96$ $D/f'=1:4.5$ $l'_F=65.217$ $2\omega=30°$		$r_1=26.736$ $r_2=-213.84$ $r_3=-33.094$ $r_4=22.543$ 光阑 $r_6=-342.65$ $r_7=21.515$ $r_8=-26.964$	$d_1=5.71$ $d_2=7.29$ $d_3=1.76$ $d_4=3.72$ $d_5=3.56$ $d_6=1.51$ $d_7=6.35$	1.656 9 1.698 94 1.624 95 1.701 54	51.12 30.05 35.57 41.15
	$f'=79.96$ $D/f'=1:4.5$ $l'_F=65.217$ $2\omega=30°$		$r_1=81.66$ $r_2=\infty$ $r_3=-183.65$ $r_4=75.16$ 光阑 $r_6=-580.8$ $r_7=76.56$ $r_8=-119.12$	$d_1=12$ $d_2=13.7$ $d_3=5.4$ $d_4=5.2$ $d_5=12.03$ $d_6=4.2$ $d_7=16.0$	1.612 72 1.575 02 1.612 42 1.622 10	58.58 41.31 44.09 56.71
Ernostar 物镜	$f'=49.89$ $D/f'=1:1.7$ $2\omega=18.4°$		$r_1=83.631$ $r_2=-126.94$ $r_3=24.504$ $r_4=59.976$ $r_5=-118.5$ $r_6=14.956$ $r_7=51.338$ $r_8=-24.504$	$d_1=5$ $d_2=0.1$ $d_3=11$ $d_4=3$ $d_5=5$ $d_6=10.73$ $d_7=7$	1.638 42 1.638 42 1.739 8 1.638 42	55.5 55.5 28.2 55.5
Heliar 物镜	$f'=74.96$ $D/f'=1:3.5$ $2\omega=55°$		$r_1=23.107$ $r_2=-67.012$ $r_3=435.29$ $r_4=-60.474$ $r_5=21.258$ $r_6=\infty$ $r_7=24.146$ $r_8=-39.744$	$d_1=5.78$ $d_2=1.39$ $d_3=2.64$ $d_4=1.39$ $d_5=5.39$ $d_6=1.39$ $d_7=5.45$	1.651 5 1.603 28 1.643 16 1.582 03 1.693 39	58.5 38.0 47.9 42.1 53.4

续表

名称	光学性能	结构型式	结构参数			
			r	d	n_D	ν
Petzval物镜	$f'=135.4$ $D/f'=1:2$ $l'_F=58.36$ $2\omega=11.5°$		$r_1=95.367$ $r_2=-95.367$ $r_3=2139.4$ $r_4=92.845$ $r_5=-46.531$ $r_6=-215.46$	$d_1=21.2$ $d_2=7.7$ $d_3=91.6$ $d_4=14.4$ $d_5=4.7$	1.518 1 1.616 4 1.518 1 1.616 4	58.9 36.6 58.9 36.6
	$f'=49.89$ $D/f'=1:1.7$ $l'_F=23.15$ $2\omega=26.6°$		$r_1=47.04$ $r_2=188.98$ $r_3=304.13$ $r_4=23.02$ $r_5=58.61$ 光阑 $r_7=183.16$ $r_8=15.41$ $r_9=26.3$ $r_{10}=-39.55$	$d_1=10.0$ $d_2=3.0$ $d_3=0.4$ $d_4=3.5$ $d_5=7.0$ $d_6=3.0$ $d_7=5.0$ $d_8=6.05$ $d_9=5.0$	1.612 72 1.612 72 1.755 20 1.717 36 1.656 9	58.58 58.58 27.53 29.50 51.12
双高斯物镜	$f'=33.93$ $D/f'=1:2$ $l'_F=25.42$ $2\omega=47.7°$		$r_1=22.86$ $r_2=108.64$ $r_3=15.136$ $r_4=\infty$ $r_5=9.954$ 光阑 $r_7=-9.954$ $r_8=50.0$ $r_9=-13.49$ $r_{10}=206.5$ $r_{11}=-25.7$	$d_1=2.71$ $d_2=0.32$ $d_3=3.83$ $d_4=1.04$ $d_5=2.89$ $d_6=2.9$ $d_7=1.07$ $d_8=3.77$ $d_9=0.17$ $d_{10}=2.97$	1.572 50 1.612 72 1.575 02 1.575 02 1.612 72 1.612 72	57.49 58.58 41.31 41.31 58.58 58.58
	$f'=55.78$ $D/f'=1:2$ $2\omega=40°$		$r_1=36$ $r_2=135.64$ $r_3=22.13$ $r_4=74$ $r_5=14$ $r_6=-16.5$ $r_7=200$ $r_8=-21.6$ $r_9=73$ $r_{10}=-59.4$	$d_1=4.45$ $d_2=0.28$ $d_3=8.18$ $d_4=2.26$ $d_5=12.97$ $d_6=2.26$ $d_7=7.5$ $d_8=0.28$ $d_9=4.1$	1.622 1.622 1.624 8 1.624 8 1.622 1.622	56.7 56.7 35.6 35.6 56.7 56.7

六、变焦距系统

变焦距光学系统在摄影、放影、激光成像制导、监控等许多领域具有广泛的应用。

(一)变焦原理

变焦距光学系统有光学补偿法和机械补偿法两种型式。光学补偿法的结构如图 14-87 所示，采用光组 2 和 4 等速运动的办法，缺点是移动过程中，只有几个位置像面保持不动。机械补偿法对应的光学结构一般具有 4 个组分：前固定组、变倍组、补偿组和后固定组。变倍组做等速运动，补偿组做非均匀运动，用以补偿变倍组运动造成的像面移动，如图 14-88 所示。

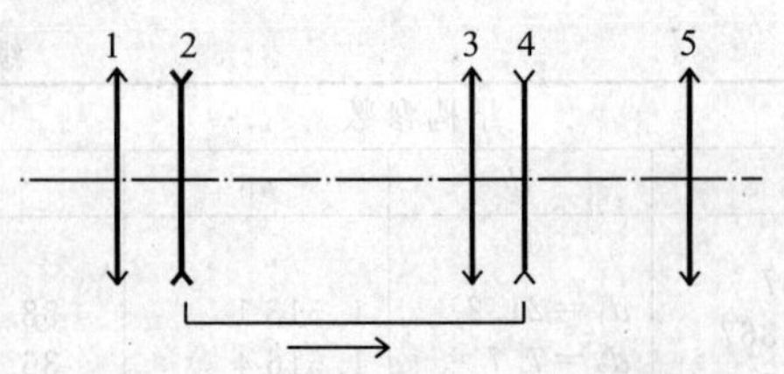

图 14-87　光学补偿法示意图

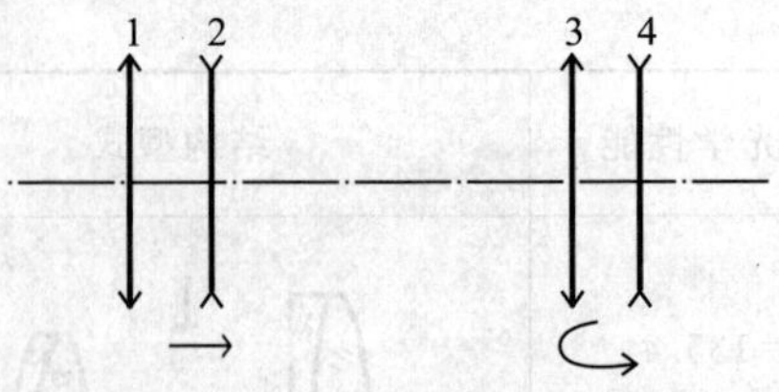

图 14-88　机械补偿法示意图

（二）变焦距的偏微分方程

以图 14-88 所示的典型连续变焦距系统为例，以像面稳定为条件，变焦距系统变焦过程满足的偏微分方程为

$$\frac{1-\beta_2^2}{\beta_2^2}f_2'\mathrm{d}\beta_2+\frac{1-\beta_3^2}{\beta_3^2}f_3'\mathrm{d}\beta_3=0 \tag{14-175}$$

式中，β_2、f_2' 分别为变倍组的垂轴放大率和焦距，β_3、$f_3{}'$ 分别为补偿组的垂轴放大率和焦距。

（三）变焦距系统的高斯计算与换根

变焦距系统的高斯计算，关键是变倍组与补偿组两个移动组件的高斯计算，要满足两个方面的要求：变倍比与像面稳定。

1. 高斯计算公式组

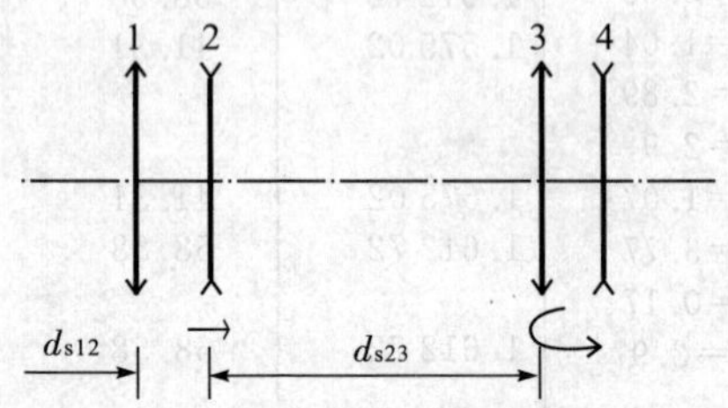

图 14-89　变焦系统示意图

（1）求变倍组的初始放大率

$$\beta_2=\frac{f_2'}{f_2'+f_1'-d_{s12}} \tag{14-176}$$

（2）求补偿组的初始放大率

$$\beta_3=\frac{f_3'}{f_3'+f_2'(1-\beta_2)} \tag{14-177}$$

（3）变倍（焦）比要求

$$M=\frac{\beta_2^*\beta_3^*}{\beta_2\beta_3}=\frac{B}{\beta_2\beta_3} \tag{14-178}$$

（4）变倍组到补偿组之间的共轭距不变条件

$$\begin{aligned}L&=f_2'\left(-\beta_2+2+\frac{1}{\beta_2}\right)+f_3'\left(-\beta_3+2+\frac{1}{\beta_3}\right)\\&=f_2'\left(-\beta_2^*+2+\frac{1}{\beta_2^*}\right)+f_3'\left(-\beta_3^*+2+\frac{1}{\beta_3^*}\right)\end{aligned} \tag{14-179}$$

（5）变焦后变倍组的倍率

$$\beta_2^*=\frac{-[L-2(f_2'+f_3')]\pm\{[L-2(f_2'+f_3')]^2-4(f_2'+f_3'/B)(f_2'+f_3'B)\}^{\frac{1}{2}}}{2(f_2'+f_3'/B)} \tag{14-180}$$

（6）变焦后补偿组的倍率

$$\left.\begin{aligned}&\beta_3^*=B/\beta_2^*=\frac{b\pm\sqrt{b^2-4}}{2}\\&b=-\frac{f_2'}{f_3'}\left(\frac{1}{\beta_2^*}-\frac{1}{\beta_2}+\beta_2^*-\beta_2\right)+\left(\frac{1}{\beta_3}+\beta_3\right)\end{aligned}\right\} \tag{14-181}$$

对双组联动，有

$$b=-\frac{f_2'}{f_3'}\left(\frac{1}{\beta_2^*}-\frac{1}{\beta_2}+\beta_2^*-\beta_2\right)+\frac{f_4'}{f_3'}\left(\frac{1}{\beta_4^*}-\frac{1}{\beta_4}+\beta_4^*-\beta_4\right)+\left(\frac{1}{\beta_3}+\beta_3\right) \tag{14-182}$$

（7）变倍组的位移

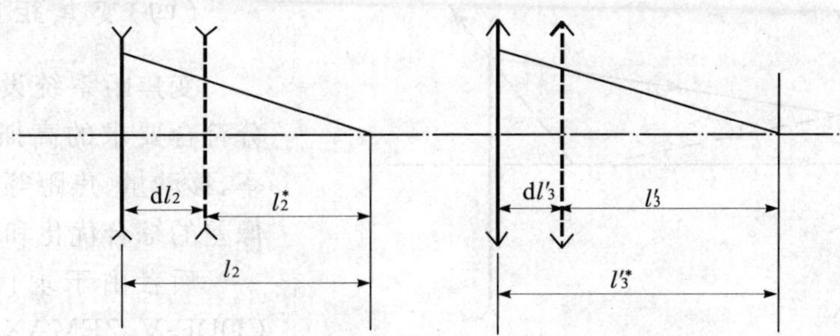

图 14-90　变倍组和补偿组的位移示意图

$$X = \mathrm{d}l = f'\mathrm{d}\left(\frac{1}{\beta}\right) = f'_2\left(\frac{1}{\beta_2} - \frac{1}{\beta_2^*}\right) \tag{14-183}$$

对双组联动,有

$$X = f'_2\left(\frac{1}{\beta_4} - \frac{1}{\beta_4^*}\right) = f'_4(\beta_4 - \beta_4^*) \tag{14-184}$$

(8)补偿组的位移

$$Y = \mathrm{d}l' = -f'\mathrm{d}\beta = f'_3(\beta_3^* - \beta_3) \tag{14-185}$$

对双组联动,有

$$Y = -f'_2\left(\frac{1}{\beta_2^*} - \frac{1}{\beta_2} + \beta_2^* - \beta_2\right) + f'_3\left(\frac{1}{\beta_3} - \frac{1}{\beta_3^*}\right) \tag{14-186}$$

(9)求固定组与变倍组之间的间隔

$$d_{23}^* = d_{23} - X + Y \tag{14-187}$$

2. 关于换根

已知一根变倍组放大率变化曲线,可以求出两根补偿组放大率曲线。但两根曲线中均只有(上或下)半段,能同时满足变倍比单调变化和稳定像面位置的要求。

(1)正组补偿存在换根

使 β_3 的两根变化曲线在 $\beta_3 = -1$ 处相切,即调节 f'_3、β_2^*、β_3^* 等使 $b=2$,称 β_3^* 在 $\beta_3 = -1$ 时满足换根条件。此时,$|\beta_2^*| < 1$(即图 14-92 中上半部),取 β_{31}^* 曲线的上半部;$|\beta_2^*| > 1$ 时,取 β_{32}^* 曲线的下半部,即补偿组在全程补偿中对变倍比都有贡献,利于实现大变倍比。

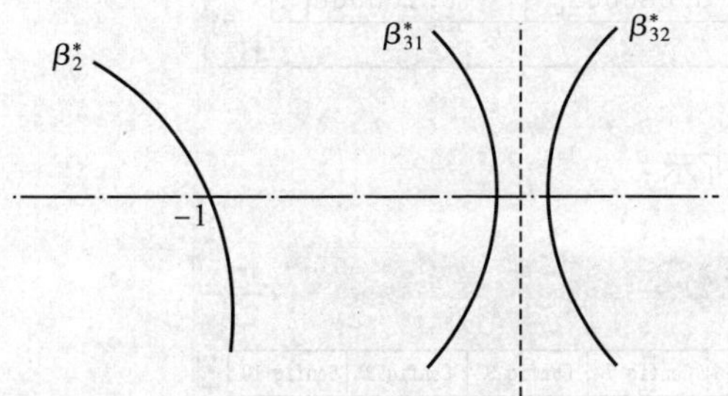

图 14-91　变倍组放大率曲线和补偿组放大率曲线

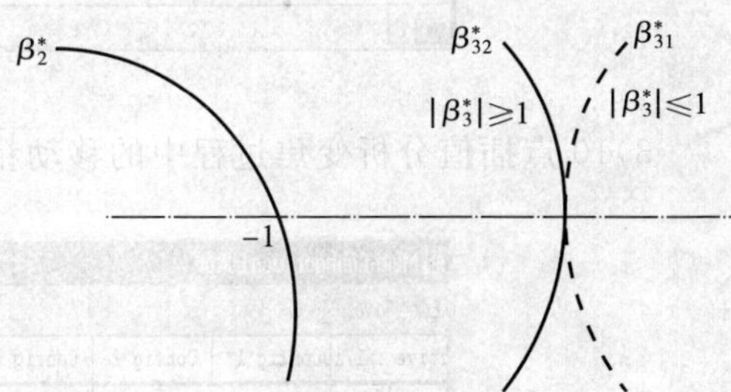

图 14-92　正组补偿存在换根情况

(2)负组补偿不存在换根

变倍组 2 提供补偿组 3 的物点一定在 3 的左侧,此时 $\beta_3 > 0$ 且 $|\beta_3| < 1$,一般 β_3 无法得到 $|\beta_3| = 1$ 或 $\beta_3 = -1$,极端情况是 3 移到 A_3 位置,必然导致 $d_{23} < 0$。

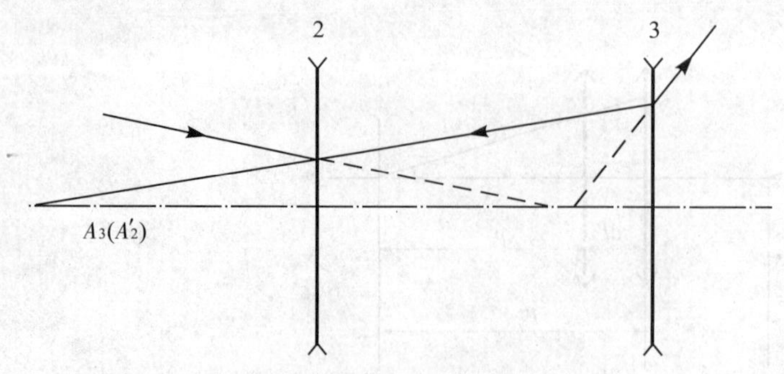

图 14-93　负组补偿不存在换根情况

（四）变焦距系统的优化设计举例

变焦距系统设计有两个难点：①各组分符合要求的高斯光学求解（包含放大倍率、移动量、焦距等）；②各个焦距状态系统像差的综合优化和平衡。

后者由于现代光学设计专用软件包CODE-V、ZEMAX等的出现，采用多重结构（multi-configuration）的定义方式，可以建立评价函数同时优化从短焦到长焦各个状态的像差。

前者的高斯光学求解过程，是一个可能反复的过程，涉及变倍与补偿高斯状态能否实现，各组分承担的光焦度与通光孔径分配是否平衡，等等。有关变焦系统的详细讨论参照参考文献[16]。

以ZEMAX设计软件为例，给出变倍比 $M=7$、放大率为0.63～4.5、共轭距460 mm左右的连续变焦（倍）系统的高斯计算分析与设计结果。

其高斯分析结果用薄透镜表示的系统结构与4点变焦的多重结构模拟结果如下：

1）用薄透镜模拟的变焦4组分高斯分析结果如下面的截屏图所示：

ZEMAX-EE - E:\变倍体视\XTL1000\样机分析\高斯分析.ZMX

File Editors System Analysis Tools Reports Macros Extensions Window Help

New Ope Sav Sas Upd Gen Fie Wav Lay L3d Ray Opd Spt Mtf Enc Opt Gla Len Sys Pre Fcd Ima MFE Qfo Lon

Lens Data Editor: Config 1/4

Edit Solves Options Help

Surf:Type		Radius	Thickness		Glass	Semi-Diameter	Conic	Par 0(unused)	Par 1(unused)	
OBJ	Standard	Infinity	114.99101	V		16.417910	0.000000			
1	Paraxial		38.000001	V		8.903644			113.30027	V
STO	Paraxial		5.000000	V		3.434264			78.008065	V
3	Paraxial		43.336216	T		3.929318			-14.79874	V
4	Paraxial		238.64226	V		19.726581			49.181745	V
IMA	Standard	Infinity				11.000000	0.000000			

2）4点变焦的多重结构模拟结果如下面的截屏图所示：

Multi-Configuration Editor

Edit Solves Tools Help

Active : 1/4		Config 1*		Config 2		Config 3		Config 4	
1: THIC	1	38.000001	V	6.403881	V	6.768034	V	10.984218	V
2: THIC	2	5.000000	V	46.769316	V	49.897974	V	53.906404	V
3: TSP2	3	86.336218	V	86.336218	P	86.336218	P	86.336218	P
4: THIC	4	238.64226	V	238.64226	P	238.64226	P	238.64226	P
5: APER	0	0.030000		0.060000		0.060000		0.100000	

3）10点插值分析变焦过程中的移动精度如下面的截屏图所示：

Multi-Configuration Editor

Edit Solves Tools Help

ctive : 1/10		Config 1*		Config 2		Config 3		Config 4		Config 5		Config 6		Config 7		Config 8		Config 9		Config 10	
THIC	0	117.912	V	117.912	P	117.912	P	117.912	P	117.912	P	117.912	P	117.912	P	117.912	P	117.912	P	117.912	P
THIC	7	11.6858	V	15.2922	V	24.3783	V	29.0128	V	33.5545	V	38.1759	V	42.9249	V	44.6655	V	45.5758	V	46.1988	V
THIC	13	49.4913		49.5802	V	46.7194	V	44.4439	V	40.9507	V	35.1335	V	23.4577	V	14.5132	V	8.1605	V	2.5489	V
TSP2	16	90.9577	V	90.9577	P	90.9577	P	90.9577	P	90.9577	P	90.9577	P	90.9577	P	90.9577	P	90.9577	P	90.9577	P
THIC	19	106.879	V	106.879	P	106.879	P	106.879	P	106.879	P	106.879	P	106.879	P	106.879	P	106.879	P	106.879	P
APER	0	0.0180		0.0195		0.0230		0.0255		0.0280		0.0320		0.0370		0.0390		0.0400		0.0415	

4)设计结果如下面的截屏图所示：

ZEMAX-EE - E:\变倍体视\XTL1000\样机分析\设计结果.ZMX

File　Editors　System　Analysis　Tools　Reports　Macros　Extensions　Window　Help

New　Ope　Sav　Sas　Upd　Gen　Fie　Wav　Lay　L3d　Ray　Opd　Spt　Mtf　Enc　Opt　Gla　Len　Sys　Pre

Lens Data Editor: Config 1/10

Edit　Solves　Options　Help

Surf:Type		Comment	Radius	Thickness		Glass	Semi-Diameter		C
OBJ	Standard		Infinity	117.600000			11.500000		0
1*	Standard		Infinity	85.000000		K9	11.000000	U	0
2*	Standard		Infinity	42.500000			11.000000	U	0
3*	Standard		74.130000	5.560000		ZK7	9.000000	U	0
4*	Standard		-98.630000	0.240000			9.000000	U	0
5*	Standard		46.880000	4.840000		K9	9.000000	U	0
6*	Standard		-90.780000	1.350000		ZF13	9.000000	U	0
7*	Standard		125.600000	10.500000			9.000000	U	0
STO	Standard		Infinity	0.000000			3.025889		0
9	Standard		196.790000	0.800000		ZBAF5	3.026370		0
10	Standard		9.532000	2.110000		ZF13	3.034093		0
11	Standard		29.040000	2.000000			3.007688		0
12	Standard		-27.230000	0.800000		ZK7	3.098593		0
13	Standard		28.424000	50.510000			3.187866		0
14*	Standard		331.900000	4.800000		BAK7	9.000000	U	0
15*	Standard		-22.540000	1.470000		ZF3	9.000000	U	0
16*	Standard		-42.360000	17.850000	T		9.000000	U	0
17*	Standard		83.322000	1.600000		ZF2	9.000000	U	0
18*	Standard		40.410000	5.480000		K9	9.000000	U	0
19*	Standard		-97.500000	108.000000			9.000000	U	0
IMA	Standard		Infinity				2.665558		0

Lens has no title.　EFFL: 60.9275　PMAG: -0.222284　PWFN: 6.17355　TOTR: 345.41

七、非球面在典型光学系统中的作用

在典型光学系统中的非球面一般为偶次非球面，包含标准二次非球面与高次非球面，其方程在本章第一节中有所描述。经典的卡塞格林望远镜包含一个抛物面主反射镜和一个双曲面次镜，其视场不大，受彗差限制。里奇-克雷奇昂卡塞格林望远镜包含主、次两个双曲面反射镜，无彗差，但视场受像散限制。反射非球面一般口径大，单件加工，成本高，应用于天文望远镜场合。

折射非球面，一般口径不大，广泛应用于照明系统、投影系统、数码相机和手机照相机中。一般应用光学塑料由模具压铸成型。

(一)光学塑料的光学与理化参数

常用的光学塑料有PMMA、丙烯酸(Acrylic)、聚苯乙烯(Polystyr)、聚碳酸酯和环烯共聚物(COC)。表14-13为几种光学塑料的特性参数。

表14-13　丙烯酸、聚苯乙烯、聚碳酸酯和环烯共聚物的特性参数

特　性	丙烯酸	聚苯乙烯	聚碳酸酯	环烯共聚物
折射率@588 nm	1.49	1.59	1.586	1.533
阿贝数	55.3	30.87	29.9	56.2
$(dn/dT)/(\times10^{-5}/℃)$	−8.5	−12	−10	−9
线膨胀系数/℃	6.5×10^{-5}	6.3×10^{-5}	6.8×10^{-5}	6.5×10^{-5}
透射比/%	92	88	90	91
双折射	低	高/低	高/低	低
抗拉强度/MPa	68.9	41.4	62.0	60.0
HDT/℃(1.819 MPa)	92	82	742	120～180

续表

特性	丙烯酸	聚苯乙烯	聚碳酸酯	环烯共聚物
抗冲击强度/(N·cm²·cm²)	16.0	21.4	>267	24.0
密度/(g/cm³)	1.2	1.05	1.2	1.02
吸水性/%	0.3	0.02	0.15	0.01
优点	高硬度,高化学耐性和低成本	高折射率和低成本	极好的抗冲击强度和高 HDT	高硬度,高 HDT,低吸水性
缺点	易碎和抗热性差	紫外吸收,双折射和低抗冲击强度	高双折射,低阿贝数和抗擦性差	易碎

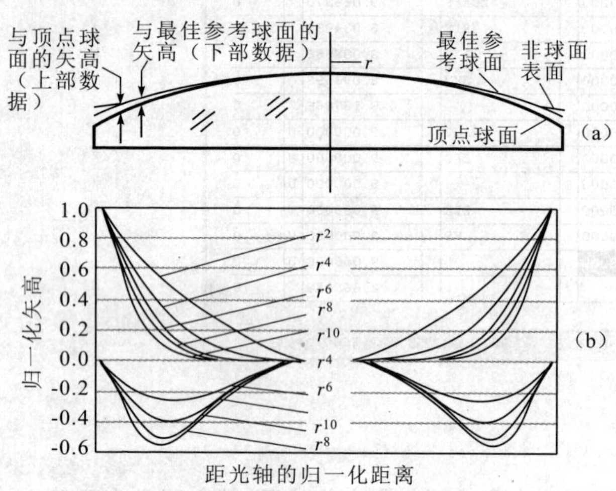

图 14-94 非球面偏离球面顶点和最佳参考球面矢高变化曲线

(a)非球面偏离球面顶点;(b)与最佳参考球面的矢高差

(二)非球面的位置与像差校正规律

如果非球面位于或接近于系统的孔径光阑处,将主要影响或有利于球差的校正;非球面远离光阑时,有利于轴外像差(彗差、像散、畸变等)的校正。

图 14-94 给出了非球面偏离球面顶点和最佳参考球面矢高变化曲线。如果系统轴上光程差曲线类似于与最佳参考球面的矢高 r^6 项,则改变孔径光阑附近非球面的 r^6 项,可以使光程差缩小。如果发现轴外视场的光程差曲线在光瞳边缘处急剧增大或减少,则将远离光阑非球面的高次项系数加入优化,有利于减小轴外像差。

(三)非球面参数参与优化时应注意的问题

1)圆锥系数可用于校正初级球差与其他初级像差。

2)如果基底球面接近于平面,则使用 r^4 和高次项系数,不使用圆锥系数作为优化变量。

3)圆锥系数和 r^4 在数学上非常相似,最好不同时选作优化变量,否则容易产生虚假的大系数,对优化收敛不利。

4)使用非球面系数,一般根据需要由低次到高次取用。如仅使用圆锥系数,有利于光学检验。一般根据光程差图的特征判断是否增加项数用于优化。

5)一般不再在系统中使用大量的非球面,因为非球面之间会相互影响。单透镜中一面使用非球面已经足够。如果两个位置接近的非球面有一个明显偏离球面,则临近的非球面会抵消其产生的作用。

6)不建议使用高次非球面系数,尽管理论上设计很好,但加工高次(如 r^{16})非球面的精度很难保证,并且成本很高。建议首先使用球面进行优化,达到一定像质条件时,再使用圆锥系数或非球面系数。

(四)非球面的图纸技术要求

1)在元件图纸上标明采用的非球面表面,并标明面型方程和非球面系数。

2)图纸上列出随孔径变化的矢高表,数据点应足够描述表面形状。

3)给出加工后的表面接近于理想的程度,如在通光孔径范围内,表面与名义表面的偏差小于 4 个光圈(可见光)或 0.001 mm。

4)根据需要,提出表面高频不规则度(用表面斜率(slope)的最大斜率偏离量,或 PSD 的上限数值)和表面粗糙度(用均方根表面粗糙度,单位:nm)。

5)可以提出检验的波长与形式。

第八节　光学设计

现代光学设计专用软件包有效而快捷，极大地提高了光学设计的速度，但从事光学设计的研究人员必须清醒地认识到：各种专用软件包只能帮助设计人员完成复杂的数值计算，不能包揽所有工作。利用专用软件设计前，设计者必须理解和掌握以下几点：

1)必须整理出所有初始要求与指标，如放大率、焦距、f'/D、视场、光谱范围和相对权重等。

2)像质性能指标评判公差和标准。要清楚校正哪些像差，像差校正到什么量级才算符合设计要求。

3)根据对加工、装配和调校公差的分析以及性能误差的预算，确保设计结果制造时成本合理。

4)考虑所有可能存在的问题，包括偏振影响、双折射、镀膜可行性、鬼像及杂散光和其他可能的问题。

在此基础上，可开始光学设计工作。

一、一般步骤

光学设计一般可以用框图 14-95 所示的步骤，简述为：

1)获得并研究所有技术指标，包括所有光学指标，如焦距、F 数、全视场、封装约束、环境要求等。

2)选择系统的类型。

3)分配元件的光焦度和间隔，以控制成像倍率、位置和需要校正的像差。

4)选择各组分的初始结构，构成系统的初始解。

5)建立评价函数，设置变量与约束。

6)优化，校正初级像差。

7)减小残余像差(高级像差)。

8)像差评价，如达到要求，进入公差分析，否则重复 4)～7)。

9)公差分析。

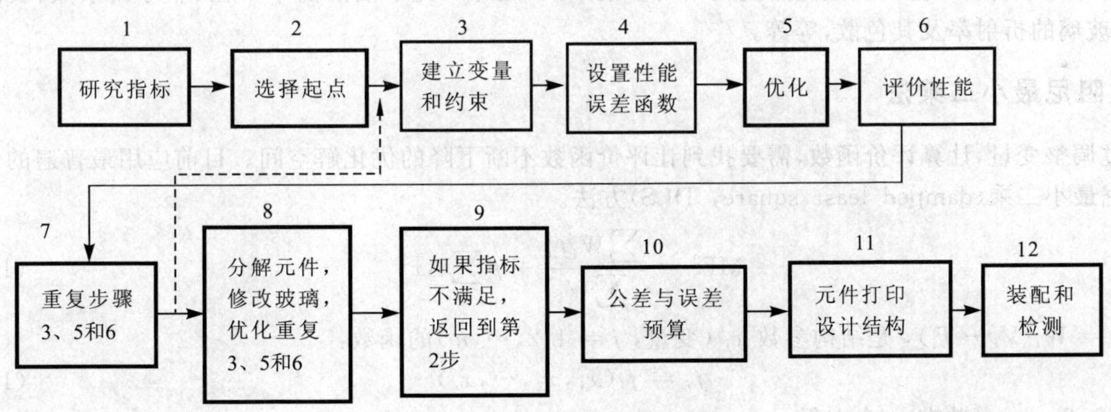

图 14-95　镜头设计与优化步骤

二、初始结构

初始结构的选择方法有以下 4 种：

1)从现有光学设计手册或分类手册中寻找，做适当焦距缩放作为初始结构。

2)由镜头数据库，如 ZEMAX 的 ZEBASE，或在美国专利、德国专利等专利库中寻找初始结构。

3)由光焦度分配结果，对每一组分用以上方法查到初始结构，采用“混合”设计方法产生新的系统结构。如一个超广角镜头的初始结构可以由天塞镜头和多个强负光焦度元件组合产生。

4)用前述 3 种方法仍找不到初始结构，只能由光焦度分配结果与像差分担方案，由初级像差方程组求解初始结构。

三、评价函数、权因子和变量

评价函数，又称价值函数、误差函数等，它是计算机辅助光学设计（光学 CAD）中出现的概念，是光学系统如何与设计目标相符的数字代表。

一般将评价函数定义成设计目标像差值与当前系统像差值之差的平方和，结合权因子构成：

$$\mathrm{MF}^2 = \frac{\sum W_i \ (V_i - T_i)^2}{\sum W_i} \tag{14-188}$$

式中，MF 是 merit function（评价函数）的缩写；V_i 是第 i 个像差的实际值，如选 m 种像差构成评价函数，则 $i=1,2,\cdots,m$；T_i 是第 i 个像差的目标值；W_i 是第 i 个像差的权因子。

(14-188)式中的像差，可以是独立几何像差，也可以是独立几何像差的垂轴像差（弥散尺寸）分量，也可以是塞德像差等，更广义地讲，可以是一切需控制的高斯参数、边界条件、形状参数，如焦距、放大倍率、径厚比等。

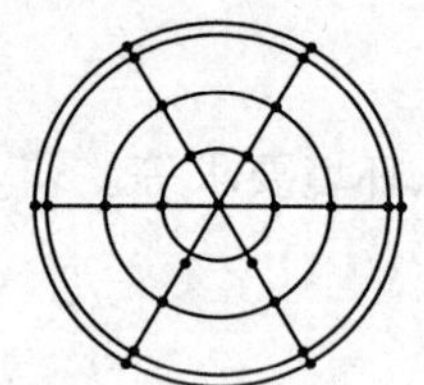

(a)3 个圆环，6 条臂，18 条光线（色光）

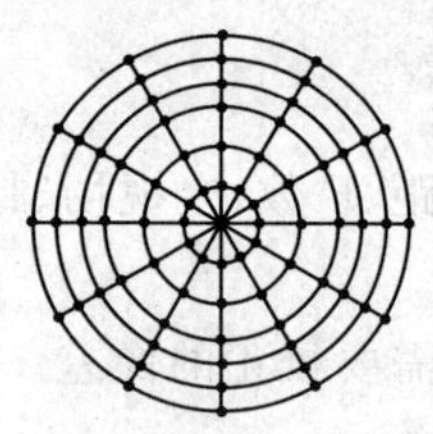

(b)6 个圆环，12 条臂，72 条光线（色光）

图 14-96 光瞳极坐标划分方法

现代光学设计软件 ZEMAX 中比较简便地建立评价函数的方法，是用通过入瞳栅格的光线在像面处的均方根弥散斑直径或出瞳处的均方根波像差建立的最易于使用的评价函数。

对入瞳栅格的划分与选取推荐使用图 14-96 所示的极坐标划分方法。图 14-96(a)是缺省栅格形式，适合于球面系统；图 14-96(b)适合于高次非球面或二元光学器件的系统。

权因子的确定体现了设计者像差校正与平衡艺术的不同风格，但上述简便建立评价函数的方法，由软件包自动完成。

能让计算机自动调整的变量是系统的结构参数，可以是每一光学面的曲率半径、非球面系数、表面之间的间隔、玻璃的折射率及其色散，等等。

四、阻尼最小二乘法

通过调整变量，计算评价函数，需要找到让评价函数不断下降的优化解空间。目前应用最普遍的优化方法是阻尼最小二乘（damped least square, DLS）方法。

$$\mathrm{MF}^2 = \frac{\sum W_i f_i^2}{\sum W_i} + p\sum \Delta x_j^2 \tag{14-189}$$

式中，$f_i = W_i(V_i - T_i)$，是结构参数 x_j（变量，$j = 1,2,\cdots,n$）的函数：

$$f_i = f_i(x_1, x_2, \cdots, x_n) \tag{14-190}$$

其中，$i=1,2,\cdots,m$，共有 m 个方程。

使 $\frac{\mathrm{d\,MF}^2}{\mathrm{d}x_j} = 0$，可以得到变量 $\boldsymbol{X} = (x_1, x_2, \cdots x_n)$ 的变化量 $\Delta\boldsymbol{X} = (\Delta x_1, \Delta x_2, \cdots \Delta x_n)$，即

$$\Delta\boldsymbol{X} = (\boldsymbol{A}^{\mathrm{T}}\boldsymbol{A} + pI)^{-1}\boldsymbol{A}^{\mathrm{T}}\boldsymbol{F}_0 \tag{14-191}$$

式中，$\boldsymbol{A}$ 是 f_i 关于 x_j 的偏导矩阵：

$$\boldsymbol{A} = \begin{bmatrix} \frac{\partial f_1}{\partial x_1} & \frac{\partial f_1}{\partial x_2} & \cdots & \frac{\partial f_1}{\partial x_n} \\ \frac{\partial f_2}{\partial x_1} & \frac{\partial f_2}{\partial x_2} & \cdots & \frac{\partial f_2}{\partial x_n} \\ \vdots & \vdots & & \vdots \\ \frac{\partial f_m}{\partial x_1} & \frac{\partial f_m}{\partial x_2} & \cdots & \frac{\partial f_m}{\partial x_n} \end{bmatrix}$$

$\boldsymbol{A}^{T}$ 是 $\boldsymbol{A}$ 的转置矩阵；p 为阻尼因子，由程序根据像差随变量的线性变化程度做动态调节，p 无需设计者关注；I 为 $n\times n$ 阶的单位矩阵；$\boldsymbol{F}_0=(f_{01},f_{02},\cdots,f_{0m})$，代表光学设计起始阶段选择的初始结构对应的像差状态。

五、全局优化方法

全局优化方法是对阻尼最小二乘法的有效补充。阻尼最小二乘法优化的缺点是其解不一定是最优解，而是局部极小值。在此基础上，如果更换使用由遗传算法、逃逸函数算法、模拟退火法组成的全局优化方法，让局部解跳出局域限制，有可能得到更好的解。

ZEMAX 提供了全局优化(global search)和汉墨(Hammer)优化两种优化功能。前者是遗传算法、逃逸函数法、传统阻尼最小二乘法的组合算法；后者是基于全局优化获得或专家给出的已经很好的初始结构，做再次提炼的最优算法，尤其适合于用玻璃配对优化消除残余像差的场合。

六、CODE-V 与 ZEMAX 软件

表 14-14　CODE-V 与 ZEMAX 软件的比较

	CODE-V	ZEMAX
供应商	Optical Research Associates	ZEMAX Development Corporation
初始结构	New Lens Wizard {CODE-V Sample lens Patent lens My favarites 按 F/♯、Fov、ZoomRatio、Magnification、BFL/EFL、OAL/EFL、%Distortion、Number of Elements 等自动筛选	ZeBase(独立文件、人工筛选)
评价函数定义	功能很强，省去了记忆操作符的麻烦。分"Specific Constraints""Gerenal Constraints""User Constraints""Ray Definitions""Through Focus Optimization Control"……评价函数不可见	通过 Default Merit Functions 填写和选择可以定义出能进行一般设计的基本评价函数框架。评价函数编辑器透明可见，评价者可以补充定义
全局优化	支持	支持
镜头设计优化速度	快	稍慢
玻璃优化	虚拟玻璃码优化，方便定义 Schott 玻璃三角形、多边形约束；虚转为实时，靠 glassfit 宏给出参考，人工替换	应用 n_d、ν_d、$\Delta n_{\lambda_1\lambda_2}$ 定义玻璃矩形区约束；应用 Hammer 优化可以在指定库中自动选择实玻璃配对
光线瞄准	自动瞄准功能	Ray Aiming 要设计者自己选择 on/off
点列图	参考比例尺，弥散大小需设计者自己估计	精确给出弥散大小(Geo radius)和均方根半径(RMS radius)数据
部分相干照明下成像分析	不支持	不支持
畸变公差分析	支持	不支持

ZEMAX 是目前国内相关专业人士使用较多的光学设计软件，它不只是透镜设计软件，而且是功能比较全面的光学分析软件。CODE-V 是一款优化功能最强的大型光学工程软件。

CODE-V 与设计者的交互关系如图 14-97 所示。

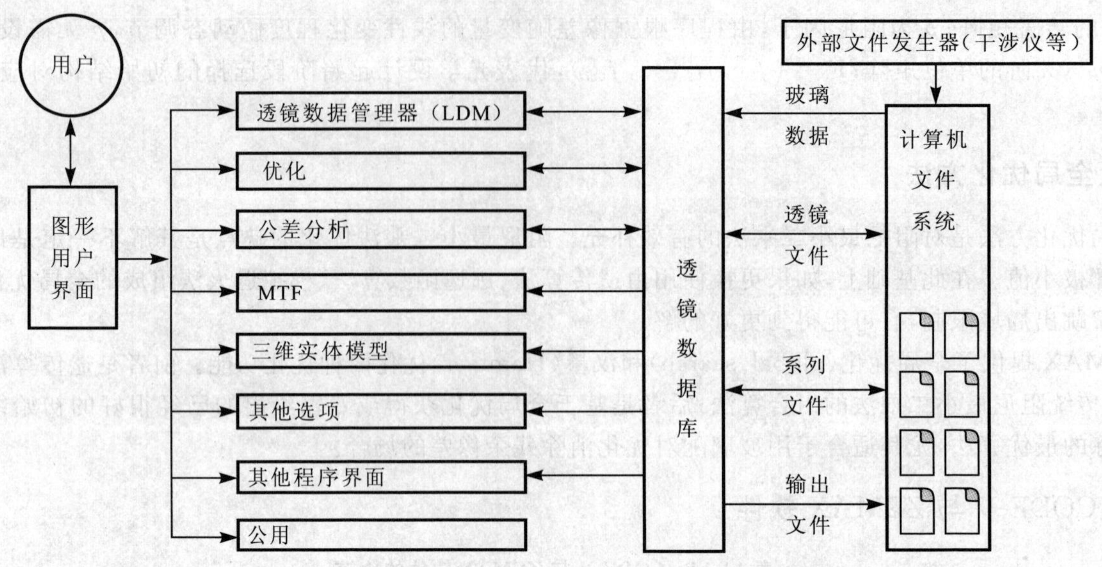

图 14-97　CODE-V 与设计者的交互关系

应用 CODE-V 设计库克三片型镜头及评价指标如图 14-98 所示。

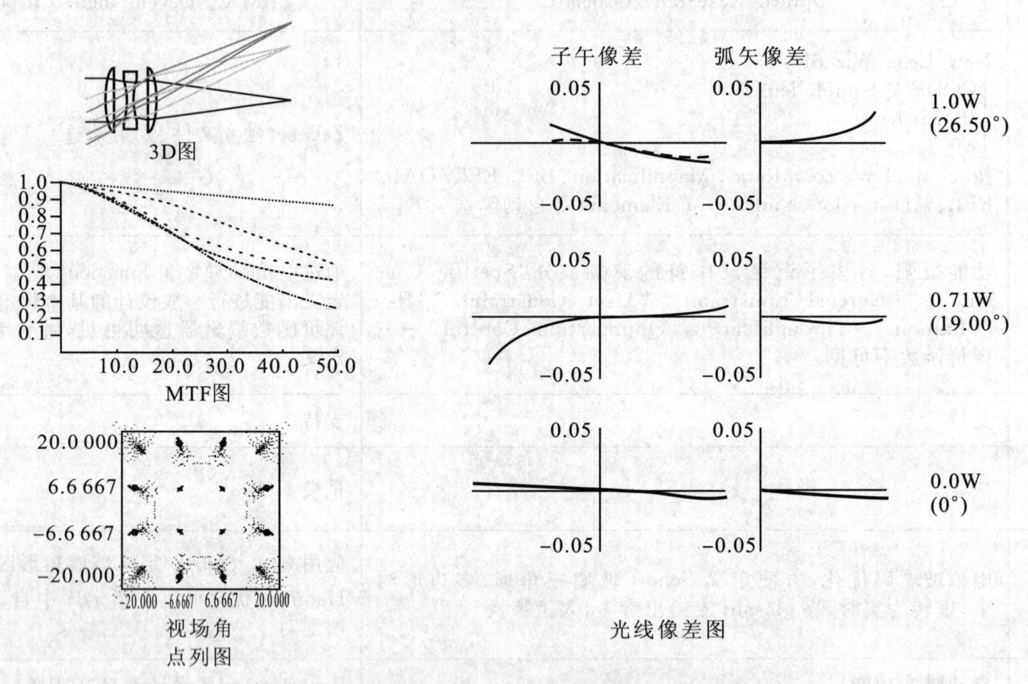

图 14-98　CODE-V 设计库克三片型镜头及评价指标示例

第九节　计算实例

现代专业光学设计软件包的出现，使得光学设计人员可将大量的精力用于研究光学系统的结构型式、模拟或实验非常规光学系统的设计可行性。如要查看光线追迹数据、像差数据等详细数据，专业光学设计软件都能给出。本节举一个全站仪物镜设计的例子，主要介绍设计要求、系统选型、光焦度分配、像差校正，如何用 ZEMAX 软件进行像差设计、像质评价方法，等等。

一、概述

全站仪，即全站型电子速测仪，是由电子测角、激光测距、电子计算和数据存储单元等组成的三维坐标测量系统，它集光、机、电、算和激光测距与经纬仪功能于一体，具有测程大、测量时间短、精度高等优点，可广泛用于火箭、导弹等运载工具和各种桥梁、大坝、隧道、大型抛物天线等三维目标的测量与测绘。

全站仪光学系统包括物镜、目镜系统和近红外激光发射与接受光学系统。这里以全站仪内调焦物镜为例，其主要技术指标为：$f' = 250$ mm，总长 160 mm，孔径小于 45 mm，在 2 m 视距内具有良好的像质，为方便近红外激光的发射与返回信号的接受，物镜前组顶焦距大于 95 mm。物镜采用内调焦型式。

二、结构选型与光焦度分配

按设计要求，内调焦物镜采用远摄型，其设计具有以下难点：①按设计指标要求，远摄比小，同时又要求物镜前组具有长的顶焦距，这是一对矛盾的要求；②视距要求短时，初级像差系数会因视距的变化而发生改变，像差校正与平衡困难，同时内调焦组需要较大的调焦范围；③其他色差得到校正时，二级光谱余量很难校正。

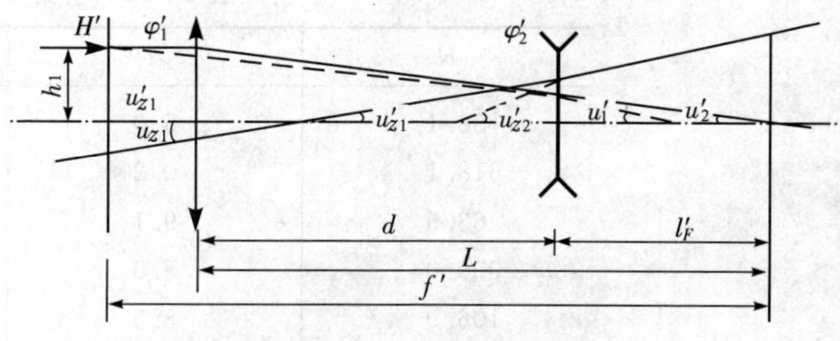

图 14-99　内调焦物镜型式

（一）内调焦物镜型式

按设计要求，采用远摄型结构，其光学原理如图 14-99 所示。

如令 $h_1 = 1, f' = 1.0, u_2' = 1$，则有

$$u'_{Z2} - u'_{Z1} = -d\,u_{Z1}\varphi'_2 \tag{14-192}$$

$$u'_1 - u_1 = h_1\varphi'_1 \tag{14-193}$$

$$u'_2 - u_2 = h_2\varphi'_2 \tag{14-194}$$

$$l'_F = f'(1 - d\varphi'_1) \tag{14-195}$$

式中，φ'_1、φ'_2 分别为正组与负组焦距 f'_1、f'_2 的倒数；f' 为总焦距；L 为筒长，有

$$L = d + l'_F \tag{14-196}$$

对(14-192)式至(14-196)式的讨论，有助于合理地确定各组的光焦度及结构的复杂程度。

（二）各组的光焦度

假设选择通用的阿贝棱镜为转像棱镜，考虑视距最短时方便于负组调焦，可以确定出 l'_F，由以下公式组可以确定前后组的光焦度：

$$d/f'_1 = 1 - l'_F/f' \tag{14-197}$$

$$\varphi'_2 = 1/f'_2 = (\varphi' - \varphi'_1)/(1 - d\varphi'_1) \tag{14-198}$$

由(14-194)式可知，在保证一定的 l'_F 时，缩短 d 可以减小 L，但导致前组 φ'_1 的增大，前组结构复杂，可以选取双胶合加单片型作为正组的结构型式。

（三）前组长顶焦距的控制

前组至少选用双胶合加单片型结构，表示由两组元构成，焦距分别为 f'_{11} 和 f'_{12}，间隔为 g，则顶焦距 l'_{12} 由下式确定：

$$l'_{12} = (1 - g/f'_{11})f'_1 \tag{14-199}$$

要增加 l'_{12}，则需 $g \approx 0$ 和 $f'_{11} > 0$ 或者 $g > 0$ 和 $f'_{11} < 0$。前者为既不增加总长，又确保前组顶焦距长的最佳选择。

三、初始结构

由以上分析，可以确定内调焦物镜各组元的光焦度与孔径、调焦距离的参数，如表 14-15 所示。

表 14-15　各组元的光焦度、孔径参数　　单位:mm

组　元	焦　距	通光孔径	原间距	调焦距离(视距为 2 m)
正组	109.6	45	63	
负组	−42	14		7.7

由正组和负组的焦距与 D/f'，查手册组合成全站仪物镜的初始结构，如表 14-16 所示。

表 14-16　全站仪物镜的初始结构

R	d	牌　号	备注
86.1	5.0	K9	正组
−618.1	0.2		
63.5	9.1	K9	
3 000.0	5.0	ZF4	
106.9	8.5		
∞	2.0	K9	支撑发射光路的平行平板
∞	30		
∞	2.0	K9	
∞	28.4		
−37.1	1.5	BAF8	负组
−37.8	1.5	ZF7	
469.0	17.5		
∞	41.6	K9	阿贝转像棱镜
∞	3.0		
∞	1.5	K9	分划板
∞	0.4		

四、ZEMAX 软件在像差设计中的应用

(一)物镜初始结构的像质评价

建立好初始结构后，ZEMAX 软件可以计算出任一根空间光线的追迹数据(在每一个光学面上的交点坐标及方向余弦等)，也可以计算出每一个光学面的像差贡献量。

该物镜属于小视场($2\omega=3°$、相对孔径不大 $D/f'=1/5.4$，但正组 $D_1/f_1'=1/2.4$)的光学系统。其主要像差是光轴附近的像差，初始结构像差值及其容限(查表 14-3 像差容限公式)如表 14-17 所示。

表 14-17　初始结构的像差及其容限

名　称	量　值	目标值	容　限
f'	247.2	250	
$\delta L'_m$	0.42	0	≤0.25
$\Delta L'_{FC}$	0.3	0	≤0.064
SC'_m	0.007	0	≤0.002 5

对初始结构优化时，必须要建立评价函数，设置变量，用 ZEMAX 中的阻尼最小二乘法让评价函数值做进一步下降。

(二)ZEMAX 中现有评价函数的建立方法及像差控制的局限性

ZEMAX 软件中已提供用户建立评价函数的方法,是用弥散范围(spot radius)或波像差等综合指标,利用在对话框中选填的方法,让软件自动建立评价函数(包括权因子),这是一种快捷有效的途径。

如果设计者习惯于像差设计或利用控制像差量值的方法完成优化设计,需要关注 ZEMAX 环境中以几何像差为像质指标的评价函数建立方法。

表 14-18 给出了 ZEMAX 中已有像差控制操作符(为评价函数编辑器的基本单元)的特征及局限性。

表 14-18　ZEMAX 中像差操作符的特征及局限性

种　类	像差操作符	含　义	局限性
球差	SPHA	塞德球差贡献量	无法控制跟孔径有关的初级球差与高级球差
轴向色差	AXCL	$\Delta L'_{FC}$	
彗差	COMA	塞德彗差	无法控制跟视场、孔径有关的子午、弧矢彗差
场曲	FCUR	塞德像差	无法控制宽光束场曲
	FCGS	细光束弧矢场曲	
	FCGT	细光束子午场曲	
像散	ASTI	塞德像差	无法控制随视场变化的像散
畸变	DIST	塞德像差	
	DIMX	视场最大畸变允许量	
	DISG	跟视场有关的百分畸变	
	DISC	校准畸变	
垂轴色差	LACL	塞德像差	无法控制随视场变化的垂轴色差 $\Delta y'_{FC}(\omega)$

(三)像差控制操作符的建立方法

应用现有操作符及其之间的运算,据像差概念建立新的像差控制操作符,下面给出几个例子:

1. 球差

与孔径有关的球差如图 14-100 所示。

$$\delta L' = \frac{\Delta T}{\tan U'} \qquad (14\text{-}200)$$

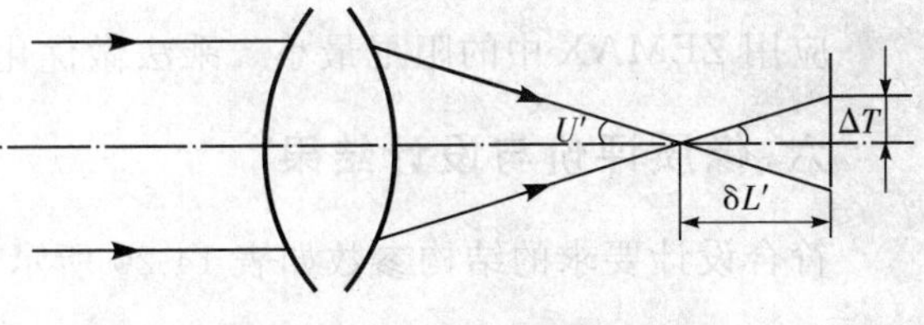

图 14-100　跟孔径有关的球差示意图

用 ZEMAX 中现有操作符表示 $\delta L'$:

$$\delta L'(h) = \frac{\mathrm{TRAY}(H_x = 0, H_y = 0, P_x = 0, P_y = h)}{\mathrm{TANG}(\mathrm{ACOS}(\mathrm{RAGC}(H_x = 0, H_y = 0, P_x = 0, P_y = h)))} \qquad (14\text{-}201)$$

式中,h 为归一化光线孔径高度;H_x、H_y 为 ZEMAX 中归一化视场的 x、y 分量;P_x、P_y 为光瞳归一化坐标;TRAY、TANG、ACOS、RAGC 为 ZEMAX 中现有的操作符,RAGC 为光线方向余弦操作符,TANG、ACOS 为数学中正切与反余弦操作符。

2. 色球差

当 0.707h 球差校正到 0 时,色球差由下式计算:

$$\delta L'_{FC} = \mathrm{AXCL}(\mathrm{Min}W, \mathrm{Max}W, \mathrm{Zone} = 1.0) - \mathrm{AXCL}(\mathrm{Min}W, \mathrm{Max}W, \mathrm{Zone} = 0.0) \qquad (14\text{-}202)$$

式中,Min$W$ 和 Max$W$ 为计算色差的波长编号。

3. 子午彗差 K'_T、弧矢彗差 K'_S

由(14-68)式对子午彗差的计算方法,将其变为下式:

$$K'_T = \frac{y'_a - y'_z + y'_b - y'_z}{2} \tag{14-203}$$

可以用现有操作符 TRAY 按下式运算：

$$K'_T(y,h) = [\text{TRAY}(H_x = 0, H_y = y, P_x = 0, P_y = h) + \text{TRAY}(H_x = 0, H_y = y, P_x = 0, P_y = -h)] * 0.5 \tag{14-204}$$

式中，y、h 分别表示归一化的视场和孔径。

弧矢彗差由(14-69)式定义：

$$K'_S(y,h) = \text{TRAY}(H_x = 0, H_y = y; P_x = h, P_y = 0) \tag{14-205}$$

4. 垂轴色差 $\Delta y'_{FC}$

按(14-84)式可以给出垂轴色差。对于边缘视场，垂轴色差由下式定义：

$$\Delta Y'_{FCm} = \text{TRAY}(\text{Wav} = 1, H_x = 0, H_y = 1.0, P_x = 0, P_y = 0) - \text{TRAY}(\text{Wav} = 3, H_x = 0, H_y = 1.0, P_x = 0, P_y = 0) \tag{14-206}$$

式中，Wav 是 ZEMAX 的波长编号，约定 1 指短波长，2 指中间波长，3 指长波长。

垂轴色差在 ZEMAX 评价函数编辑中的表现如表 14-19 所示。

表 14-19　垂轴色差控制符在评价函数编辑器中的表现

Oper#	Type		Wav	H_x	H_y	P_x	P_y	Target	Weight
1(TRAY)	TRAY		1	0	1.0	0	0	0	0
2(TRAY)	TRAY		3	0	1.0	0	0	0	0
3(DIFF)	DIFF	1	2					0	0.5

五、评价函数与优化

内调焦物镜需对不同视距的目标移动调焦组，在同一像面上成像。应用 ZEMAX 中的多重结构定义功能(multi-configuration)对视距由 ∞ 到 2 m 采样几个代表性位置。应用前述像差操作符的建立方法，在评价函数编辑器中分别控制几个结构的球差、轴向色差和小视场彗差。变量有系统中 7 个面的曲率和双光组间的空气间隔。

应用 ZEMAX 中的阻尼最小二乘法做优化，可同时优化不同视距结构的像差。

六、像质评价与设计结果

符合设计要求的结构参数如表 14-20 所示，像差校正情况与容限见表 14-21。

表 14-20　内调焦物镜的优化结果　　单位：mm

R	d	牌　号	备　注
99.35	6.0	K9	正组
−220.17	0.2		
62.814	8.8	K9	
−148.54	4.6	ZF2	
107.404	6.0		
∞	2.0	K9	支撑小反射镜的平板
∞	35		
∞	2.0	K9	
∞	19.9		
70.64	2.7	BAF8	负组
−20.4	1.9	ZBAF1	
∞	41.6	K9	阿贝转像棱镜
∞	3.0		
∞	1.5	K9	分划板
∞	0.57		

表 14-21　像差值及容限

名　称	视距 ∞	视距 2 m	容　限
焦距	249 mm	173.2 mm	
$\delta L'_{m}$	－0.18 mm	－0.3 m	≤0.25
$\Delta L'_{FC}$	0.06	－0.05	≤0.064
SC'_{m}	0.0013	－0.003	≤0.0025

可以用 ZEMAX 中的公差分析功能(tolerancing)对设计结果的光学面光圈、局部光圈、偏心、中心厚度、玻璃材料折射率、阿贝数等参数做公差估计，为光学零件加工和系统结构计算提供技术数据，限于篇幅，这里不作赘述。

第十节　光学设计领域的新概念设计

光学系统中的面型组成由简单的球面向较复杂的非球面发展，使光学系统的性能与成像质量产生了质的飞跃。当前，具有更大像差校正与补偿功能的自由曲面，有电压控制液体间表面的曲率实现变焦的液体透镜，或由变折射率方案设计新型光学元件，等等，均属于光学设计领域的新概念设计，为未来光学系统的应用和发展展现了广阔的前景。

一、自由曲面

有关自由曲面的较为详细的论述可参考第十三章《非成像光学和自由曲面光学》。本节仅从光学设计的角度对光学设计中的光学自由曲面作一简单介绍。

无法由球面或非球面方程描述的多自由度曲面都可称为自由曲面。因其自由度数量众多，更适合于补偿与校正像差，引起了光学设计和制造检测领域研究人员的广泛兴趣，其产生与定义方法有离散矢高数据组、B 样条曲线或泽尼克多项式描述，以及用二元光学元件一级衍射光产生任意波面(等同于自由曲面)等方法，如表 14-22 所示。

表 14-22　3 种自由曲面的定义

<table>
<tr><th>自由曲面种类</th><th>描述方法</th><th>举　例</th></tr>
<tr><td>离散矢高数据组</td><td>利用光学设计软件中的数据导入功能。如 ZEMAX 中的 User defined Surface 接口功能，用模板 C 程序改写，将离散矢高数据组导入数据结构体，构成 My-surf.c(属自定义文件名，可以自由定义)与头文件 Usersurf.h 一起编译得 My-surf.DLL 供 Lens Data editor 中面型调用</td><td>柱状自由曲面矢高表
<table>
<tr><td>X/mm</td><td>-1</td><td>-0.75</td><td>-0.5</td><td>-0.25</td><td>-0.125</td><td>0</td><td>0.125</td><td>0.25</td><td>0.5</td><td>0.75</td><td>1</td></tr>
<tr><td>矢高</td><td>0.839</td><td>0.347</td><td>0.284</td><td>0.801</td><td>0.315</td><td>1</td><td>0.315</td><td>0.801</td><td>0.284</td><td>0.347</td><td>0.839</td></tr>
</table>
面形图</td></tr>
<tr><td>泽尼克多项式定义</td><td>$Z=\frac{cr^2}{1+\sqrt{1-(1+k)c^2r^2}}+\sum_{i=1}^{8}\alpha_i r^{2i}+\sum_{i=1}^{N}A_iZ_i(\rho,\varphi)$
其中前两项定义基底，第三项为泽尼克多项式，有 36 项、72 项……可以定义细节丰富的自由曲面</td><td>面形图
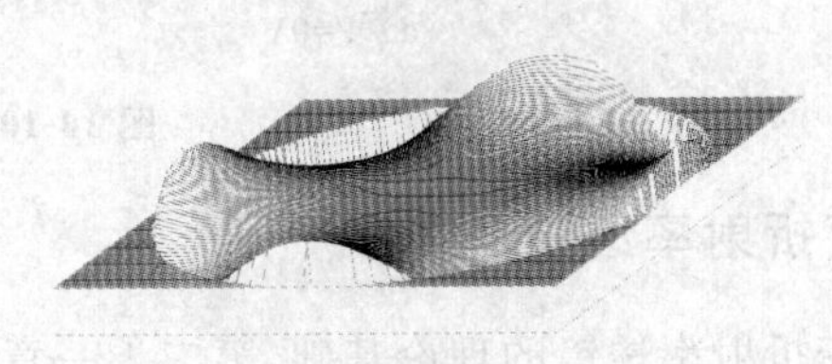</td></tr>
</table>

续表

自由曲面种类	描述方法	举　例
二元光学元件衍射产生的自由曲面	基底面型： $Z=\dfrac{cr^2}{1+\sqrt{1-(1+k)c^2r^2}}+\sum_{i=1}^{8}\alpha_i r^{2i}$ 相位浮雕函数： $\varphi(\rho)=\sum_{i=1}^{N}A_i\rho^{2i}$ 或 $\varphi(x,y)=\sum_{i=1}^{N}A_iE_i(x,y)$	面形图

二、液体透镜

液体透镜是使用一种或多种液体制作而成（无机械部件）、液面形状无限可控的透镜。2003 年 1 月，Luant 公司推出世界上第一台纯电子控制的液体变焦透镜，大小可以从几十微米到几毫米；2004 年 5 月，菲利普公司推出两种互不相溶且具有不同折射率的液体组成的液体透镜，如图 14-101 所示。

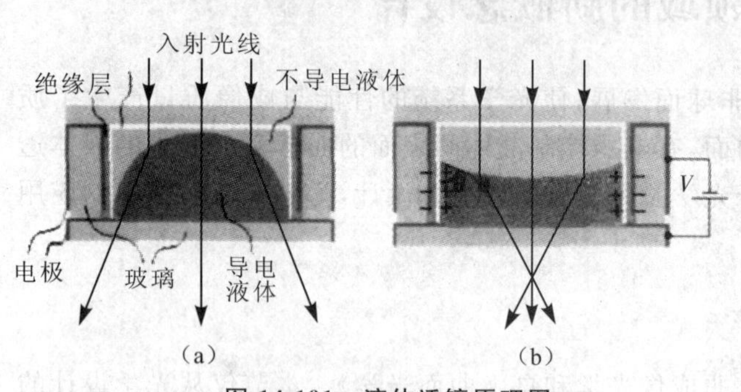

图 14-101　液体透镜原理图

(一)基本原理

如 图14-101所示，两种互不相溶的液体，一种是导电的水溶液，另一种是不导电的油，两者装在一个一端有透明盖板的短管内，管的内壁和另一端的盖板上涂有疏水性材料，使水溶液由于表面张力作用向没有疏水性材料的一端弯曲而成一半球状，通过在两端电极上加一直流电压致使液面曲率发生改变，形成变焦。

(二)应用

液体透镜的自动变焦和对焦功能模块非常小，在通信领域可用作手机相机、网络摄像机、视频会议的光学元件，在医疗领域作为医学影像或牙科成像的光学元件，在工业领域作为二维条形码扫描仪和工业内窥镜的光学元件，在安保领域作为室内视频监视器和生物测定的光学元件，在生活娱乐领域作为数码相机、便携式摄像机的光学元件等。

图 14-102 是用液体透镜对某一目标经电压调焦逐步清晰成像的应用实例。

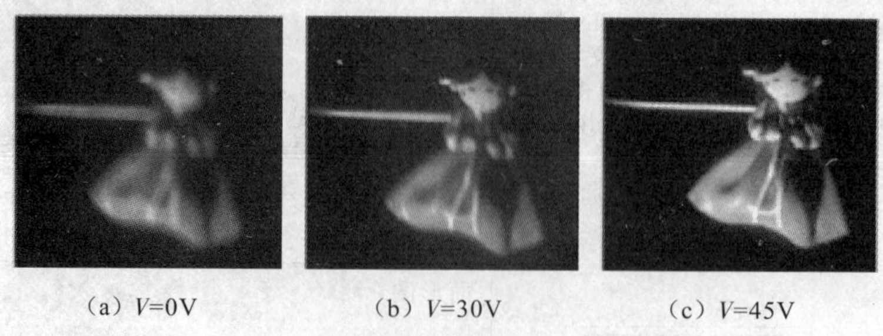

(a) V=0V　　(b) V=30V　　(c) V=45V

图 14-102　液体透镜调焦成像

三、变折射率透镜

有关变折射率透镜的理论基础，第二十一章《纤维光学和变折射率光学》中有较为详细的讨论。这里仅从光学设计的角度对变折射率透镜作一般性的介绍。

（一）基本原理

变焦折射率透镜，又称自聚焦透镜，因其通常由纤芯折射率分布沿径向渐变的光纤来实现，也被称为光纤型变折射率透镜，一般分布模型为

$$n(r)=n_0\left(1-\frac{A}{2}r^2\right) \tag{14-207}$$

式中，n_0 表示光纤透镜的中心折射率，r 表示径向坐标，A 表示折射率分布平方常数。

这种光纤透镜的聚焦点随长度的变化，具有 $\frac{\pi}{\sqrt{A}},\frac{2\pi}{\sqrt{A}},\frac{3\pi}{\sqrt{A}},\cdots$，周期性的交点。

其主要技术参量如表 14-23 所示。

表 14-23　变折射率透镜的主要技术参数

名　称	定义或图示	
截距 P	光束沿正弦曲线轨迹传播，完成一个周期的长度	$Z=0.25P$ $Z=0.50P$ $Z=1.00P$
透镜长度 Z	透镜两端面轴心之间的距离	
数值孔径 NA	$\mathrm{NA}=\sin\theta_{\max}$，$\theta_{\max}$ 为透镜聚焦后的最大光束孔径角，一般表示为 $\mathrm{NA}=\sin\left[n_0\sqrt{A}r_0\sin\left(\sqrt{A}Z\right)\right]$	
焦距	$f'=\dfrac{1}{n_0\sqrt{A}\sin\left(\sqrt{A}Z\right)}$	

（二）典型应用举例

1. 耦合聚焦

变折射率透镜外形为简单圆柱形，具有一定的数值孔径，方便应用于光纤和光源、光纤和光电探测器，以及光纤和光纤之间的耦合等，如图 14-103 所示。

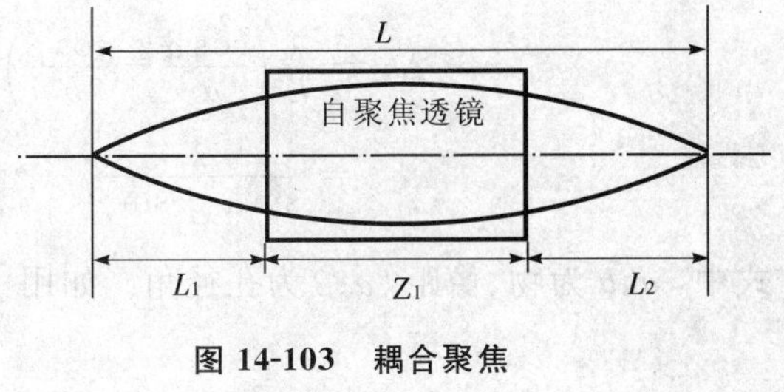

图 14-103　耦合聚焦

图中，L_1 表示光源或光纤到透镜端面的距离，Z_1 为透镜的长度，L_2 表示自聚焦透镜的端面到光纤的距离。调节 L_1 使入射光在自聚焦透镜的最大有效半径之间，调节 L_2 使出射光的焦点在光纤的有效半径之内。

2. 成像

渐变折射率透镜具有焦距，能实现物像的缩放，单个透镜可以在医用内窥镜中作为中继透镜，透镜阵列可以实现大幅图像的采集和扫描。

图 14-104 表示了渐变折射率透镜成像中的畸变。图 14-105 表示了渐变折射率透镜阵列在复眼仿真中的应用。

3. 合作目标均化器

变折射率透镜阵列跟一般的透镜阵列一样，可以构成用于合作目标或投影仪中的光照度均化器，图 14-106 是应用于空间交会对接中的合作目标均化器的光路示意图。

图 14-104 畸变

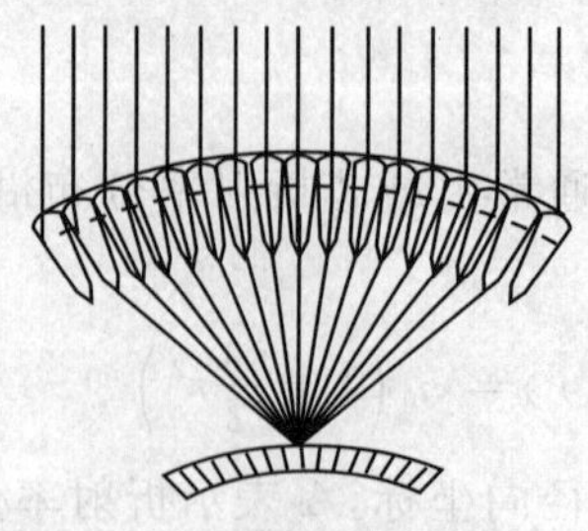
图 14-105 透镜阵列

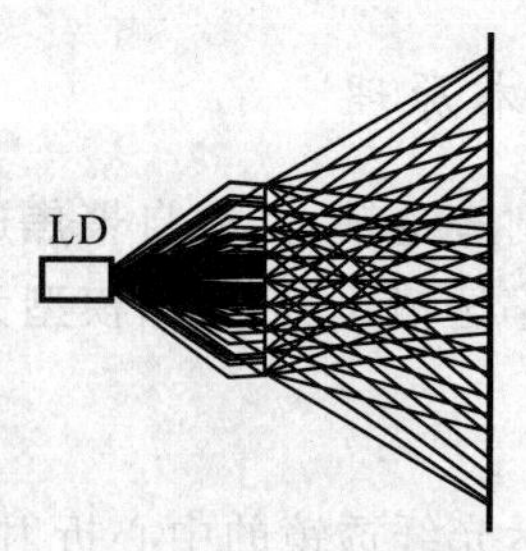

图 14-106 合作目标均化器

第十一节 间接成像方法

一、衍射成像

衍射成像与经典的几何光学成像方式具有本质的区别，它基于光波的衍射效应，利用复杂光栅的衍射来重现带有物体信息的光波。衍射成像的机理和较为详细的理论描述可参阅第十六章《衍射光学和二元光学》。

衍射成像的形式有菲涅耳衍射、夫琅禾费衍射、全息成像等，这些问题在第十五章《信息光学》中予以阐述，本节以菲涅耳波带片和二元光学成像为例，阐述衍射成像。

(一)菲涅耳波带片

菲涅耳波带片是最简单的衍射成像器件。对某一对共轭的物点 A 和像点 A'，要求的波带片应由相邻光程差为一个波长的通光环带和不通光环带相互穿插组成，其中相邻通光环带与不通光环带对应的光程差相差半个波长。

如图 14-107 所示，如 A 经波带片成像到 A'，则波带片的环带宽度 Δh，可以按(14-208)式和(14-209)式计算。

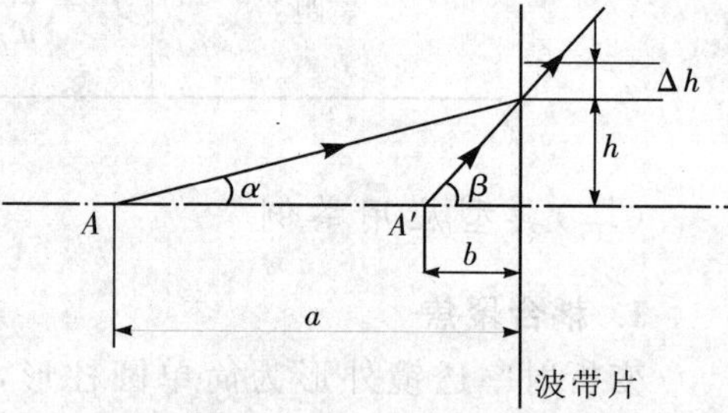

图 14-107 波带片成像示意图

允许有球差的波带片环带宽 Δh 满足的关系式为

$$\Delta h=\frac{\lambda}{h}\left(\frac{1}{a}-\frac{1}{b}\right)^{-1} \tag{14-208}$$

无像差的波带片应满足的关系式为

$$\Delta h=\frac{\lambda}{h}\left(\frac{\cos\alpha}{a}-\frac{\cos\beta}{b}\right)^{-1}=\frac{\lambda}{\sin\alpha-\sin\beta} \tag{14-209}$$

式中，a、b 为物、像距，α、β 为孔径角。如用 $f'=\frac{h\,\Delta h}{\lambda}$ 或 $\Delta h=\frac{f'\lambda}{h}$，则(14-208)式变为

$$\frac{1}{a}-\frac{1}{b}=\frac{1}{f'} \tag{14-210}$$

相当于透镜成像的高斯公式，f' 为波带片成像的等效焦距。

但波带片又与普通透镜不同，它可以有多个像点。如(14-208)式还可以变成

$$\frac{1}{a}-\frac{1}{c}=\frac{-\lambda}{h\,\Delta h}=-\frac{1}{f'} \tag{14-211}$$

此时，波带片相当于一个对光束起发散作用的负透镜，成一虚像，实像与虚像分别位于波带片两侧。

波带片成像不满足正弦条件，从波带片的制作方式看，它满足正切条件：

$$a\tan\alpha=b\tan\beta \tag{14-212}$$

一般而言，波带片对轴外点成像有彗差，如果要求波带片对轴外物点成像无彗差，则波带片上每一环带

需沿以焦点为球心的球面制作(设物位于无限远),此时,波带片的环带半径满足:

$$r_n = r_1 \sqrt{n},\ n = 1, 2, \cdots, N \tag{14-213}$$

式中,N 为菲涅耳波带片的环带数。

菲涅耳波带片的振幅透射率为

$$t(r) = \begin{cases} 1, & \sin(\pi r^2/r_1^2) > 0 \\ 0, & \sin(\pi r^2/r_1^2) < 0 \end{cases} \tag{14-214}$$

将上式展开:

$$t(r) = \frac{1}{2} + (2\pi)\sin(\pi r^2/r_1^2) + \left(\frac{2}{3}\pi\right)\sin(\pi r^2/r_1^2) + \cdots \tag{14-215}$$

表示成指数项的和为

$$t(r) = \frac{1}{2} + \frac{1}{\mathrm{i}\pi}\sum_{\substack{m=-\infty \\ \text{奇数}}}^{\infty}\left(\frac{1}{m}\right)\exp(-\mathrm{i}\pi r^2/r_1^2) \tag{14-216}$$

若用垂直平面波入射照明,则(14-213)式中的每一项对应一个球面波。各球面波的焦距为

$$f_m' = \frac{1}{m}\frac{r_1^2}{\lambda}, \qquad m \text{ 为奇数} \tag{14-217}$$

这是菲涅耳波带片具有多焦点的原因,如图 14-108 所示。

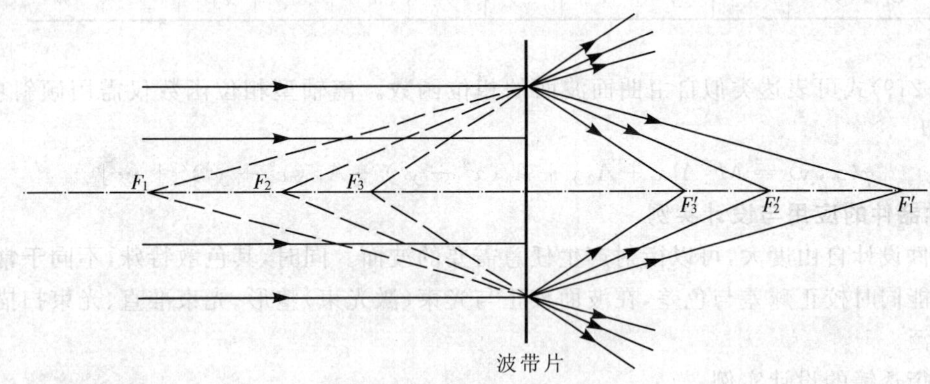

图 14-108 波带片有多个焦点

菲涅耳波带片可以用光学方法制作,如牛顿环(用平面波与球面波干涉)就是一波带片。周期数低的菲涅耳波带片可以用金刚石车床切削完成,周期数高的菲涅耳波带片就是一种全息元件,可以用光刻方法制作。菲涅耳波带片已被广泛应用于光场照明、激光红外制导、光学传感等领域中。

(二)二元光学器件

二元光学器件是基于光波的衍射理论,根据相位分布函数的设计数据,用超大规模集成(VLSI)电路制作工艺,在基片上(或传统光学器件表面)刻蚀产生两个或多个台阶深度的浮雕结构,形成纯相位的一类衍射器件。

据二元光学的基础理论,纯折射透镜的宏观面形形成的光程差,可对整数倍波长取模,演变成台阶状微观结构,即二元光学器件,其对光波的作用效果与纯折射透镜等同,如图 14-109 中的(a)(b)所示。为了提高二元光学器件的衍射效率(光强透射率),对以 2π 为周期的相位台阶,再做 2、4、8、16 等级细分,做成锯齿状台阶,衍射率最高可到 98.6%,如图 14-109 中的(c)所示。

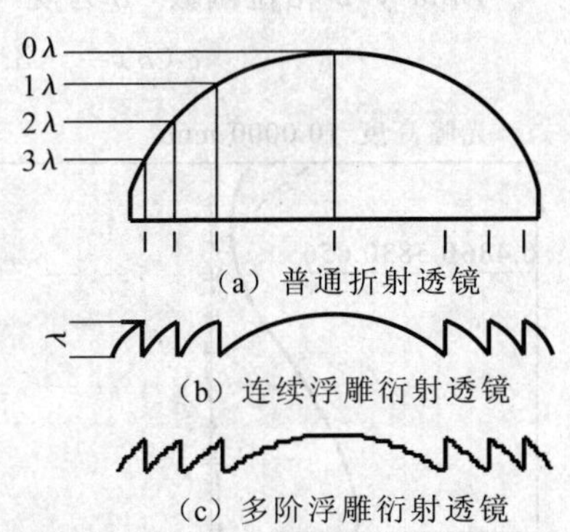

图 14-109 折射透镜到二元光学元件浮雕结构的演变

1. 二元光学器件的参数描述

早期通过计算机绘图技术缩微输出的计算全息元件(CGH)就是一种

二元光学器件，但其空间周期低，且是一种振幅型器件。

二元光学器件可以制作在平面基底上，也可以在球面、非球面基底上，一般选择在一些适合光刻、工艺成熟的玻璃材料（如光学融石英）基底上做透射型二元光学器件，可以在硅片表面上做反射型二元光学器件。

基底面型可用一般偶次非球面方程描述。可以如浮雕型结构，一般由连续的相位函数计算，确定出各台阶线的中心位置与宽度，再根据光刻设备的编码特点，生成可驱动设备进行刻蚀的机器码。

相位函数按同轴型或离轴型（非对称型）有两种表达方式：

同轴型（binary 2）：

$$\varphi(\rho)=M\sum_{i=1}^{N}A_i\,\rho^{2i} \tag{14-218}$$

式中，M 为衍射级次，N 表示总项数，ρ 为器件归一化孔径（一般为圆形）。光学设计工作的任务是根据光学要求和需要使用的衍射级次，确定出 N 和 N 个系数 $A_i(i=1,2,\cdots,N)$。

离轴型（binary 1）：

$$\varphi(x,y)=M\sum_{i=1}^{N}A_i\,E_i(x,y) \tag{14-219}$$

式中，$E_i(x,y)$ 为用直角坐标 x、y 表示的多项式，项数与各项表达式见表 14-24。

表 14-24　$E(x,y)$ 多项式的表达

项数 i	1	2	3	4	5	6	7	8	9	…
$E_i(x,y)$	x	y	x^2	xy	y^2	x^3	x^2y	xy^2	y^3	…

实际上，(14-219)式可表达类似自由曲面波面的相位函数。离轴型相位函数仅需用倾斜项与同轴型相位函数项组合，即

$$\varphi(x,y)=M[A_1x+A_2y+A_3(x^2+y^2)+A_4(x^2+y^2)^2+\cdots] \tag{14-220}$$

2. 二元光学器件的应用与设计实例

二元光学器件设计自由度大，可以衍射产生任意需要的波面。同时，其色散特殊，不同于常规光学元件，与折射系统混合能同时校正球差与色差，在波面校正与光束（激光束）整形、光束准直、光束扫描、波面零位补偿等方面应用广泛。

消色差单折衍透镜的设计实例：

$f'=107\text{ mm}$，$\dfrac{D}{f'}=\dfrac{1}{5.3}$，可见光波段，材料为 K9。

面　型	R	d	玻　璃	口　径
同轴型 2	54.83	5	K9	$\varphi=20$
标准型	∞	96.78	—	$\varphi=20$

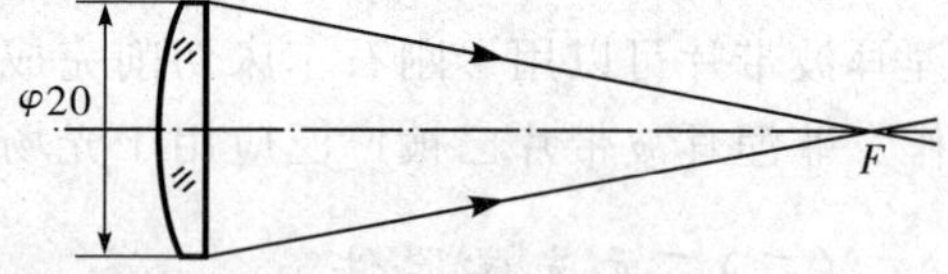

Binary 2 相位函数（ρ 为规一化半径）：

$$\varphi(\rho)=-3.07\,\rho^2+0.00338\,\rho^4-6.95\times10^{-6}\,\rho^6+6.8\times10^{-9}\,\rho^8$$

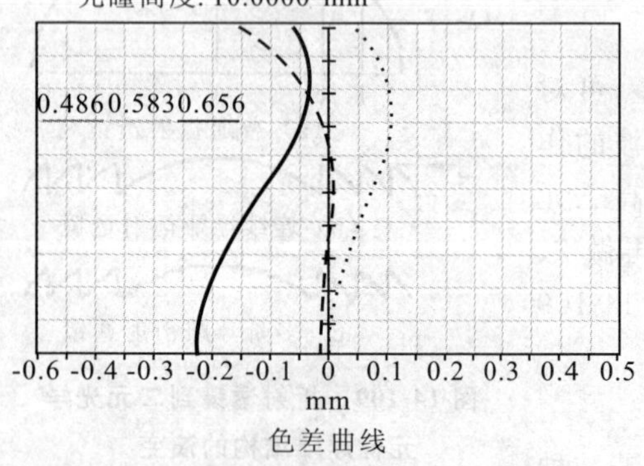

色差曲线

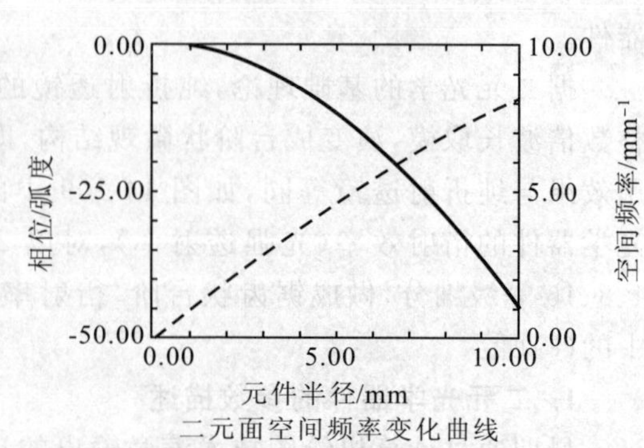

二元面空间频率变化曲线

二、扫描成像

扫描成像是成像光学的一种重要方式，它是把图像信息按一定的取样孔径，用一定的扫描方式获取和记录，再以同样的扫描方式重现图像。

扫描成像一般应用于以下几种情况：①把两维的空间图像信号转化为一维的时间信号，例如电视图像信号、计算机图像信号、扫描电子显微镜、图像数字化等都属于这种情况；②遥感图像中被摄对像地域广大，难以按普通方法成像，一般采用推扫式；近场光学成像也因视场小，需做扫描；③缺二维图像接收器件，使得红外辐射、微波、超声波等成像只能用单一接收器进行扫描接收；④为了提高接收灵敏度或显示亮度，采用扫描方式成像，如荧光显微镜、激光拉曼显微镜、外差干涉显微镜等。

(一)扫描成像的取样方式和分辨率

扫描成像中，取样扫描基本上归纳为 3 种方式：面源-点接收、点源-面接收、点源-点接收，如图 14-110 所示。

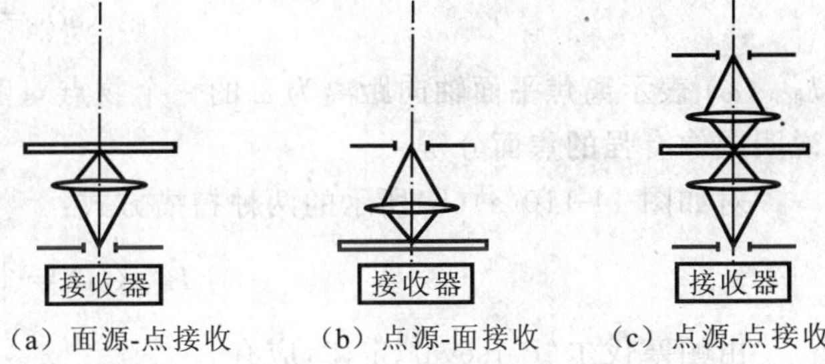

(a) 面源-点接收　(b) 点源-面接收　(c) 点源-点接收

图 14-110　扫描取样的三种方式

图 14-110(a)中，二维物体经面光源照明后，被光学系统对物体做逐点取样。若小孔的孔径函数为 $a(r)$，光学系统的点扩散函数为 $h_0(r)$，则接收器上的光场分布为

$$\int h_0(r')a(r-r')\mathrm{d}r' = h_0(r) * a(r) \tag{14-221}$$

图 14-110(b)中，光源照明孔径函数为 $a(r)$，被成像在透明物体上，形成包含物体信息的新孔径函数 $a'(r)$。光电探测器在物体后面接收，则像的光场分布为

$$P(r) = h_0(r) * a'(r) \tag{14-222}$$

方式(a)(b)形成的光场分布没有什么区别。

图 14-110(c)中，被成像物体由点光源照明，接收时，用成像光学系统把被摄物体成像在光电探测器前的小孔上，属于一种共焦系统。事实上，光源孔径 $a_1(r)$ 和接收孔径 $a_2(r)$ 分别被两个成像系统成像在透明物平面上，它们的像分别为

$$P_1(r) = a_1'(r) * h_1(r) \tag{14-223}$$

$$P_2(r) = a_2'(r) * h_2(r) \tag{14-224}$$

式中，$a_1'(r)$ 、$a_2'(r)$ 分别代表两孔径的几何像，$h_1(r)$ 、$h_2(r)$ 表示两光学系统的点扩散函数，$P_1(r)$ 、$P_2(r)$ 分别表示照明和接收系统的总点扩散函数。若物平面上有点物体 $\delta(r')$，则接收到的光强可写为

$$\int \delta(r')P_1(r-r')P_2(r-r')\mathrm{d}r' = P_1(r)P_2(-r) \tag{14-225}$$

(14-225)式表明，共焦系统的点扩散函数是照明和接收系统的点扩散函数的乘积，而不是像串级系统那样是两点扩散函数的卷积，因此共焦系统具有实现超分辨的可能。利用共焦的扫描成像系统可以用一个点扩散函数使艾里斑变窄，另一个点扩散函数抑制旁瓣，可以让共焦点扩散函数艾里斑变小，从而实现超分辨。

(二)扫描成像的纵向分辨

若光学系统是圆对称的，焦平面附近的光能分布为

$$I(\omega,\rho) = |P(\omega,\rho)|^2 \tag{14-226}$$

其中

$$\omega = \frac{2\pi}{\lambda}\left(\frac{a}{F}\right)^2 z \tag{14-227}$$

$$\rho = \frac{2\pi}{\lambda}\left(\frac{a}{F}\right) r_2 \tag{14-228}$$

式中，a 为通光孔的半径；F 为会聚球面波的焦距，观察屏置于出瞳右边 R 处，$z=F-R$ 表示离焦量；r_2 是垂直于光轴的极坐标。

如考察光轴上的光强随离焦 z 的变化，则 $r_2=0$ 或 $\rho=0$，有

$$I(\omega,0)=\left[\frac{\sin(\omega/4)}{\omega/4}\right]^2 \tag{14-229}$$

这是一般光学系统（如扫描方式图 14-110(a)(b)）的焦点附近光强随离焦坐标 ω 的变化关系。

但共焦系统焦点附近的光强随离焦坐标 ω 的关系变为

$$I(\omega,0)=\left[\frac{\sin(\omega/4)}{\omega/4}\right]^4 \tag{14-230}$$

(14-230)式表明共焦扫描成像焦深变短，纵向分辨敏感。

另一个重要表征焦深的参数是离焦物点对图像引入的背景，引入积分光强：

$$I_{积分}(\omega)=\int_0^\infty I(\omega,\rho)\rho\,d\rho \tag{14-231}$$

$I_{积分}(\omega)$ 表示离焦平面轴向距离为 ω 的一个物点对图像引入的背景能量。若 $I_{积分}(\omega)$ 随 ω 增大而衰减很快，说明成像有强的焦面分辨。

对如图 14-110(a)(b)所示的两种扫描方式：

$$I_{积分}(\omega)=\int|P(\omega,\rho)|^2\rho\,d\rho \tag{14-232}$$

由帕塞伐尔(Parseval)定律，应有

$$\int_0^\infty|P(\omega,\rho)|^2\rho\,d\rho=\int_0^1|t(r)|^2r\,dr \tag{14-233}$$

式中，$t(r)$ 为光瞳函数，它是 $P(\omega,\rho)$ 在 ρ 空间的傅里叶变换对：

$$I_{积分}(\omega)=\int_0^1|t(r,\omega)|^2r\,dr \tag{14-234}$$

式中，$t(r,\omega)$ 表示不同离焦 ω 时的光瞳函数，通常不同离焦相当于在光瞳函数中引入了二次相位因子：

$$t(r,\omega)=t(r,0)\exp\left(-\mathrm{i}\,\frac{1}{2}\omega r^2\right) \tag{14-235}$$

结合(14-234)和(14-235)式发现，离焦并不会改变 $I_{积分}(\omega)$ 的值。

但对于共焦系统，得到的结论明显不同。如设照明与接收具有相同的光学系统，离焦量为 ω 时，它们的光瞳函数为

$$t_{1,2}(r,\omega)=\mathrm{circ}(r)\exp\left(\mp\mathrm{i}\,\frac{1}{2}\omega r^2\right) \tag{14-236}$$

它们的点扩散函数为

$$\begin{aligned}P_{1,2}(\omega,\rho)&=FT_{r,\rho}[t_{1,2}(r,\omega)]\\&=\int_0^1\mathrm{J}_0(\rho r)\exp\left(\mp\mathrm{i}\,\frac{1}{2}\omega r^2\right)r\,dr\\&=c(\omega,\rho)\mp\mathrm{i}s(\omega,\rho)\end{aligned} \tag{14-237}$$

其中

$$c(\omega,\rho)=\int_0^1\mathrm{J}_0(\rho r)\cos\left(\frac{1}{2}\omega r^2\right)r\,dr \tag{14-238}$$

$$s(\omega,\rho)=\int_0^1\mathrm{J}_0(\rho r)\sin\left(\frac{1}{2}\omega r^2\right)r\,dr \tag{14-239}$$

系统总的点扩散函数满足

$$|P_1(\omega,\rho)|^2\;|P_2(\omega,\rho)|^2=[c^2(\omega,\rho)+s^2(\omega,\rho)]^2 \tag{14-240}$$

背景积分能量参数为

$$I_{积分}(\omega)=\int_0^1[c^2(\omega,\rho)+s^2(\omega,\rho)]^2\rho\,d\rho \tag{14-241}$$

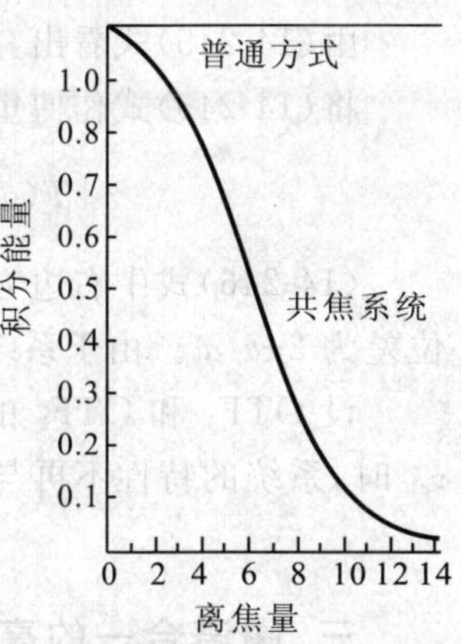

图 14-111 背景积分能量随离焦量的变化

图 14-111 给出了依据(14-241)式与(14-235)式代入(14-234)式计算得到的背景积分能量随离焦量的变化曲线。可见，普通方式是一水平线，对不同平面的光能没有任何滤除作用，但对共焦系统，随离焦量的增大，积分背景能量迅速下降。

（三）扫描成像系统的光学传递函数

大多数扫描成像都涉及取样过程，例如电视系统是一维取样过程，二维 CCD 列阵在两个方向上取样，取样间隔必须与系统带宽匹配，应避免过采样和欠采样。

图 14-112 表示电视扫描成像系统的原理示意。若将输入光学系统的作用归结为 $\mathrm{PSF}_1(x,y)$，重现电子光学系统和显示的作用归结为点扩散函数 $\mathrm{PSF}_2(x,y)$，取样函数用梳状函数表示，则有

$$\mathrm{comb}(y)\sum_{n=-N}^{N}\delta(y-na) \tag{14-242}$$

式中，a 为取样间隔；$2N$ 为扫描线数，为简化问题，可令 $N=\infty$。

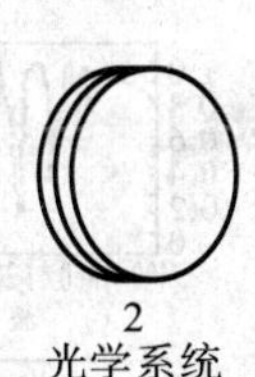

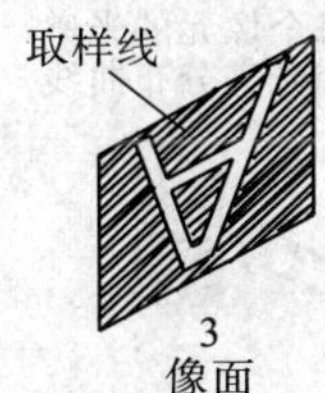

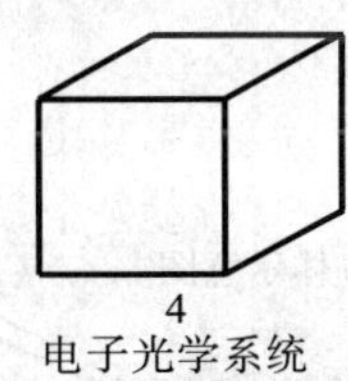

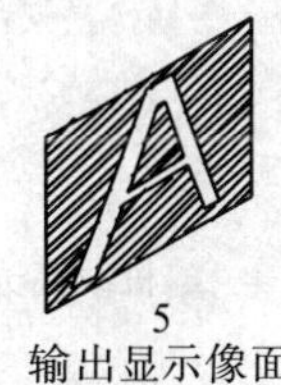

图 14-112 电视扫描成像系统原理示意图

当系统不取样时，相当于两个串级系统，整个系统的点扩散函数等于两个点扩散函数的卷积：

$$\mathrm{PSF}(x,y)=\mathrm{PSF}_1(x,y)*\mathrm{PSF}_2(x,y) \tag{14-243}$$

系统传递函数为两者的乘积：

$$\mathrm{OTF}(\nu_x,\nu_y)=\mathrm{OTF}_1(\nu_x,\nu_y)\mathrm{OTF}_2(\nu_x,\nu_y) \tag{14-244}$$

式中，OTF_1 和 OTF_2 分别为 PSF_1 和 PSF_2 的傅里叶变换。

当取样时，系统总的点扩散函数可写为

$$\mathrm{PSF}(x,y)=\mathrm{PSF}_1(x,y)\left[\sum\delta(y-na-c)\right]*\mathrm{PSF}_2(x,y) \tag{14-245}$$

式中，c 代表输入点像与取样函数的相对位置，显然 $0<c<a$。

图 14-113 给出了点的取样与重现过程。

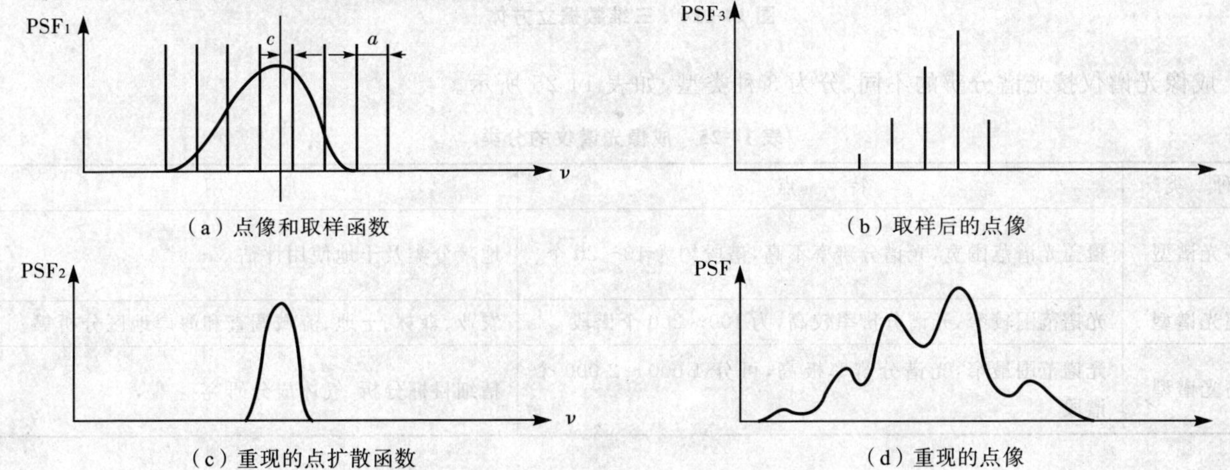

图 14-113 点像的取样和重现过程

由(14-245)式看出，系统总的点扩散函数还与物点的位置有关，说明系统不是平移不变系统。

将(14-245)式作傅里叶变换，得到

$$T(\nu_x,\nu_y)=\left[\sum_n \mathrm{OTF}_1\left(\nu_x,\nu_y-\frac{n}{a}\right)\exp\left(\mathrm{i}2\pi c\frac{n}{a}\right)\right]*\mathrm{OTF}_2(\nu_x,\nu_y) \tag{14-246}$$

(14-246)式中右边方括号内的多项式取和基本上是 $\mathrm{OTF}_1(\nu_x,\nu_y)$ 的周期性重复，周期为 $1/a$，相邻项相位差为 $2\pi c/a$ 。由于系统不是平移不变系统，因此 $T(\nu_x,\nu_y)$ 不能看成是系统的频率传递函数。

设 OTF_1 和 OTF_2 的空间截止频率分别为 ν_{c1} 和 ν_{c2}，取样(空间)频率为 $1/a$。当 $\nu_{c1}<1/2a$，$\nu_{c2}>1/a-\nu_{c1}$ 时，系统的特性不再与点像位置 c 有关，变为平移不变系统，可用光学传递函数表征系统：

$$T(\nu_x,\nu_y)=\mathrm{OTF}_1(\nu_x,\nu_y)\,\mathrm{OTF}_2(\nu_x,\nu_y) \tag{14-247}$$

三、图谱合一的高光谱干涉成像技术

过去的光学遥感成像系统，可以获取远距离目标的空间平面像，通过双相机或三相机体视可以获取三维地表地貌信息。光谱仪主要搜集远离目标辐射光谱的信息，是波长或波数空间的一维信息。成像光谱仪是融合了成像仪的空间像和光谱仪的一维光谱信息，得到如图 14-114 所示的图谱合一的三维数据立方体(data cube)。在军用目标搜索、森林植被调查和矿产普查等方面已表现出重要的应用价值。

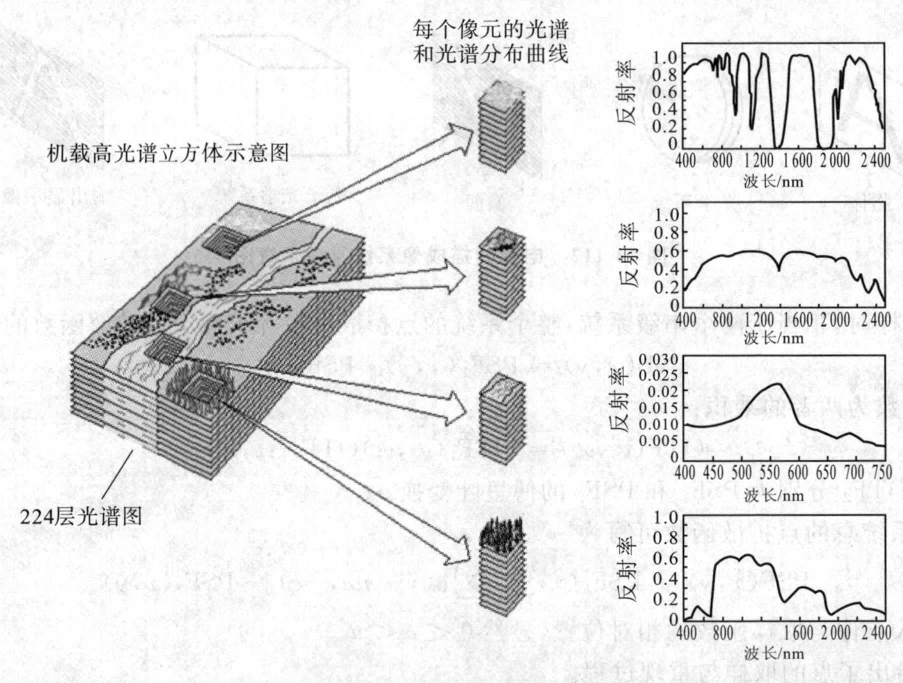

图 14-114 三维数据立方体

成像光谱仪按光谱分辨的不同，分为 3 种类型，如表 14-25 所示。

表 14-25 成像光谱仪的分类

种 类	特 点	应 用
多光谱型	覆盖光谱范围宽，光谱分辨率不高，谱段约为 10～20 个	地带分类及土地使用评估
超光谱型	光谱范围较窄，光谱分辨率较高，为 100～200 个谱段	农业、森林、土地、流域调查和海岸地区分析等
高光谱型	光谱范围最窄，光谱分辨率极高，可分 1 000～2 000 个谱段	精细目标分析，气体成分研究

基于双光束干涉的干涉成像光谱仪，是一种集空间成像和光谱成像于一体的成像方式，也是世纪之交得

到发展与应用的新型成像方法。

干涉成像光谱仪一般包含三部分:前置光学系统,干涉仪,探测器及图像数据采集与处理系统。干涉成像光谱仪的核心是干涉仪,干涉仪的类型将导致干涉成像光谱仪的种类、结构和性能差异。

(一)一般原理

图 14-115 是基于迈克尔逊干涉仪的时间调制干涉成像光谱仪。

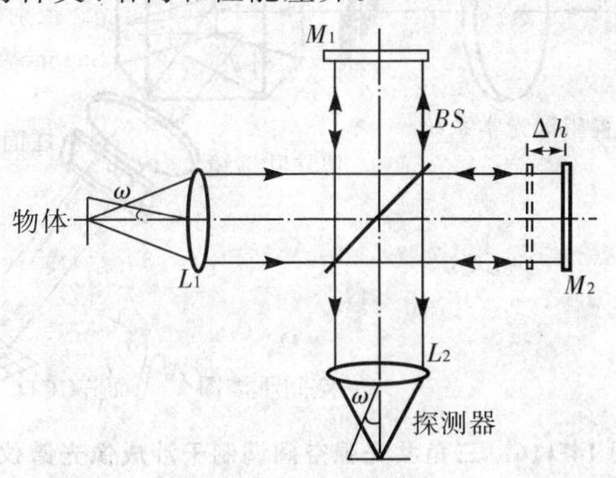

图 14-115　基于迈克尔逊干涉仪的成像光谱仪

如物体可辐射各种波长的复色光,则探测器上的干涉图强度为

$$I(\Delta)=2RT\left[\int_0^{\infty}E_0^2(k)\mathrm{d}k+\int_0^{\infty}E_0^2(k)\cos(2\pi k\Delta)\mathrm{d}k\right] \tag{14-248}$$

式中,$\Delta=z_1-z_2$ 为光程差,R 为反射率,T 为系统透射率。

当 $\Delta=0$ 时,

$$I(\Delta)=2RT\int_0^{\infty}E_0^2(k)\mathrm{d}k \tag{14-249}$$

记 $I_\mathrm{d}(\Delta)$ 为

$$I_\mathrm{d}(\Delta)=I(\Delta)-\frac{1}{2}I(0)=2RT\int_0^{\infty}E_0^2(k)\cos(2\pi k\Delta)\mathrm{d}k \tag{14-250}$$

可将 $I_\mathrm{d}(\Delta)$ 称为干涉图。

物体辐射的光谱强度 $B(k)\propto E_0^2(k)$,因此可略去不必要的常数,从而有

$$B(k)=\int_{-\infty}^{\infty}I_\mathrm{d}(\Delta)\exp(-\mathrm{i}2\pi k\Delta)\mathrm{d}\Delta \tag{14-251}$$

即光谱强度 $B(k)$ 与干涉图光强分布是一对傅里叶变换对。

在实际应用中,由于动镜移动量不是无限大,(14-251)式可写成

$$B_l(k)=\int_{-L}^{L}I_\mathrm{d}(\Delta)\exp(-\mathrm{i}2\pi k\Delta)\mathrm{d}\Delta \tag{14-252}$$

$$I_\mathrm{d}(\Delta)=\int_{k_1}^{k_2}B(k)\exp(\mathrm{i}2\pi k\Delta)\mathrm{d}k \tag{14-253}$$

由于动镜移动的光程差 L 有限,$B_l(k)$ 与 $B(k)$ 之间的关系为

$$B_l(k)=B(k)*\mathrm{ILS} \tag{14-254}$$

式中,$\mathrm{ILS}=2L\dfrac{\sin z}{z}=2L\sin cz$,称为仪器线形函数,即仪器光谱 $B_l(k)$(复原光谱)是理想光谱 $B(k)$ 与仪器线形函数 ILS 的卷积。

复原光谱的分辨率为

$$\delta k=\frac{1.21}{2L} \tag{14-255}$$

式中,L 为动镜移动的最大光程差。

(二)空间调制型干涉成像光谱仪原理

图 14-116 是以 Sagnac 棱镜为核心的三角共光路空间调制干涉成像光谱仪的原理图。它由前置光学系统、狭缝、Sagnac 分光棱镜、傅里叶变换透镜、柱面镜和面阵探测器及信号处理系统组成。前置光学系统将目标成像在傅氏透镜的前焦面上,此处垂直纸面放置一狭缝,经 Sagnac 分光棱镜形成二狭缝虚像,且位于傅氏透镜的同一焦面上,并与原狭缝平行,二狭缝虚像通过傅氏透镜后成为两束有一微小夹角的平行光束,经柱面镜后在狭缝方向上会聚,它们的行垂直于狭缝方向,每一行得到狭缝上不同位置点的干涉图。将该干涉成像光谱仪搭载在飞行器上,靠推扫获得另一维空间信息。

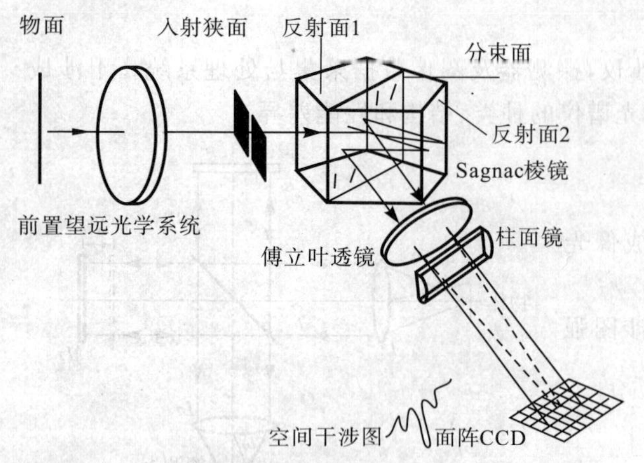

图 14-116 三角共光强空间调制干涉成像光谱仪原理图

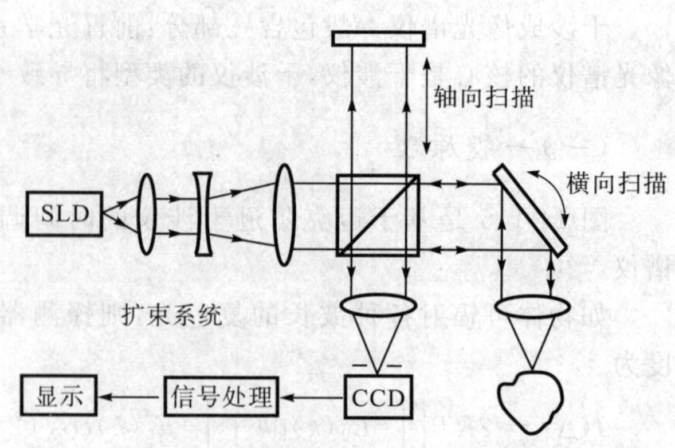

图 14-117 时域 OCT 系统原理图

四、光学相干层析成像

光学相干层析成像使用低相干宽带光源和干涉原理对物体进行透射成像，即通常的OCT(opticalcoherence tomography)。最早由哈佛医学院的 David Huang 应用迈克尔逊干涉仪和横向二维扫描机构，获得了人眼视网膜一细微结构和冠状动脉壁的结构。随后出现了多普勒 OCT(DOCT)、偏振敏感 OCT(PS-OCT)、光谱域 OCT(SD-OCT)等多种功能的 OCT。

(一)时域 OCT 原理

传统 OCT 为时域 OCT，系统原理图如图 14-117 所示。由超亮发光二极管(SLD，$\Delta\lambda$ 约为 20 nm)发出的光经扩束系统进入迈克尔逊干涉仪，干涉仪参考镜可以沿轴向移动，样品臂经二维扫描机构进入样品，参考镜位于不同的位置，样品臂对样品中不同的层干涉成像。

(二)频域 OCT(或光谱域 OCT)

传统的时域 OCT 应用了轴向扫描，因受轴向扫描速度的影响，不易实现快速成像。频域 OCT(或光谱域 OCT)是将光栅光谱精细分析技术与光学部分相干成像技术结合起来，用于解析随宽光谱变化的层析信息。

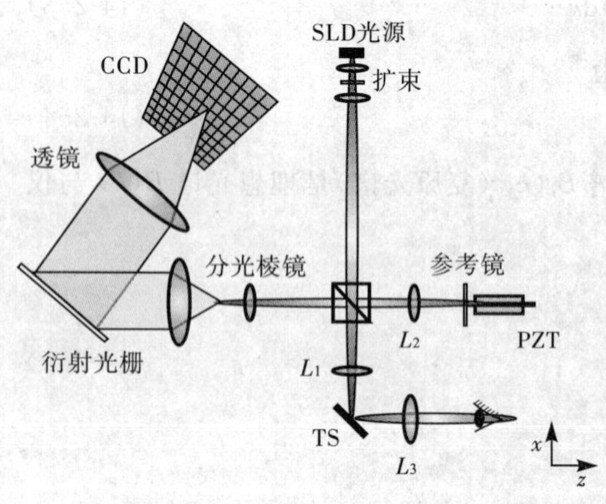

图 14-118 典型的频域 OCT 系统原理图

典型的频域 OCT 系统原理图如图 14-118 所示。由宽带光源、分光元件、衍射光栅和 CCD 等元件组成。光路的原理如下：SLD 发出一低相干光，经扩束后入射分光比为 50%：50%的分光棱镜，分光后分别进入参考臂和样品臂。参考臂固定在一个压电陶瓷 PZT 上，可以通过移动 PZT 在光路中引入相位变化提取相位信息。由样品臂返回的光束和参考臂返回的光束再由分光棱镜合成相干涉，经扩束后入射到光栅上，由消色差透镜会聚到 CCD 靶面上。光栅分光形成的光谱图由专用模型可以得到样品的深度信息。图中 TS 为二维扫描机构，通过二维扫描完成三维样品的图像。

五、综合孔径成像

实际上，光学系统成像可以看成是物分布的傅里叶分解与合成。光学系统口径越大，吸纳物分布的傅里叶频谱愈高，图像质量越好。天文成像技术中，光学系统的口径与探测遥远星空物体的距离相比总是很小的，从而图像质量受到限制，为此只有增大光学系统的孔径，方法有：

1)加大孔径的光学系统。现在我国已研制出 2.16 m 的天文望远镜，美国哈勃望远镜主镜口径达2.4 m。

随口径的进一步增加，加工难度增大。

2)小孔径拼接成大孔径。如图 14-119 所示，是著名的 Keck 天文台的一个系统，其主镜由 56 块小孔径反射镜构成，小块反射镜拼起来构成大孔径光学反射镜系统。我国正在试运行的大天区多目标光纤光谱望远镜，即 LAMOST 工程，由 317 块对角线 1.1 m、厚 75 mm 的六角形球面镜构成通光面积为 6.67 m×6.05 m、半径 40 m 的主镜，也属于“以小拼大”增加望远镜口径的情况。

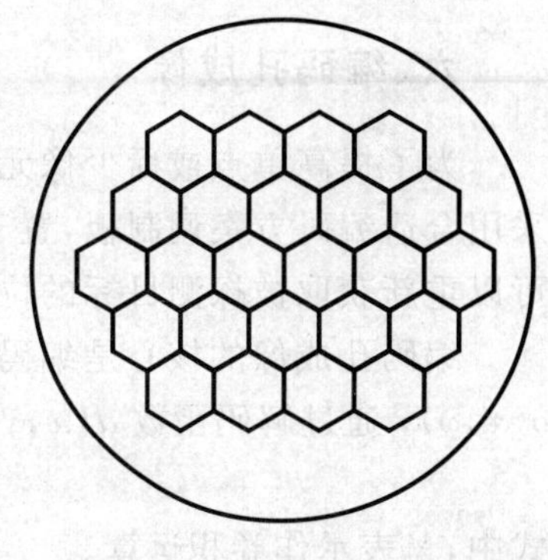

图 14-119 合成孔径

3)用几个各自独立的轴对称小孔径光学系统组成一个大孔径光学系统，如图 14-120 所示。

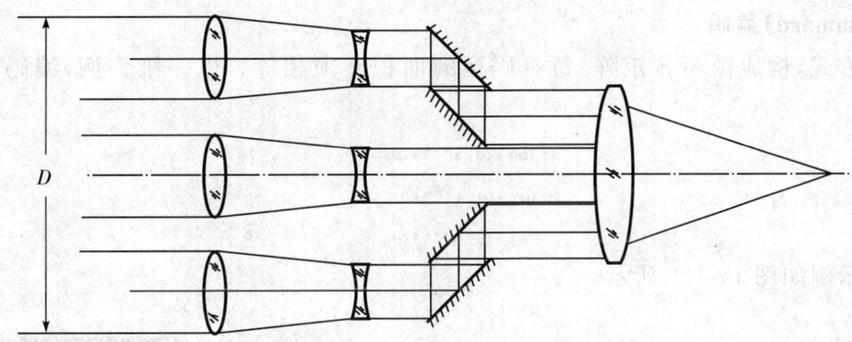

图 14-120 综合孔径望远镜

上述 3 种方法中，后两种为综合孔径，又称合成孔径，只要精心加工和调试，合成孔径光学系统能达到同样孔径的大孔径光学系统的分辨能力。

第 3 种方法属于间接成像，其基本原理可以用图 14-121 描述。

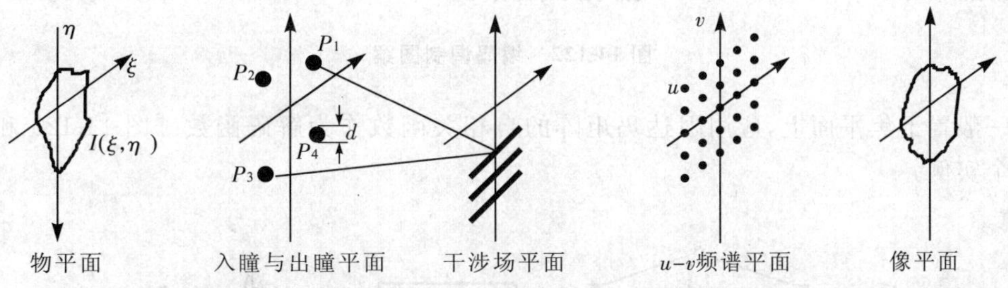

图 14-121 合成孔径干涉仪阵成像原理示意图

图 14-121 中 $I(\xi,\eta)$ 为遥远星空的物体，用 P_1、P_2、P_3、P_4 4 个小孔径望远镜阵列（至少 3 个望远镜）去探测它。把这些望远镜出射的光线引导到共同的干涉场上构成干涉条纹，4 个子孔径中每一对都可以在干涉场上构成一种频率的干涉条纹，利用组合的概念，则共有 6 个孔径对，即在干涉场上可获得 6 种空间频率的干涉条纹。这 6 种条纹的空间频率由孔径对 P_1P_2、P_1P_3、P_1P_4、P_2P_3、P_2P_4、P_3P_4 的每两个孔径对的距离（称为基线）决定。

在干涉场上探测每一对孔径所构成的干涉条纹的幅度 $|\mu_{12}|$ 和相位 Φ，从而获得 $\mu_{12}(P_1P_2)$ 分布，再由下式的逆变换重构遥远星空的物体 $I(\xi,\eta)$：

$$\mu_{12}(P_1P_2)=\left|\iint I(\xi,\eta)\exp[-\mathrm{i}k(p\xi+q\eta)]\mathrm{d}s\mathrm{d}\eta\right| \tag{14-256}$$

式中，$\mu_{12}(P_1P_2)$ 称为复相干度或视见度。

六、编码孔成像

为了提高单点或稀少像元探测(红外技术)、X射线波段探测、天文射线探测等应用场合的探测信噪比，采用合适编码方案调制板，置于光瞳面或焦平面上，对入射电磁波的辐射量进行编码，通过相应的解码方法，可以重新获取被探测目标的位置与强度等，称这种成像方法为编码孔成像。

编码孔成像的核心是编码孔的排布设计，希望其自相关函数尽量接近δ函数，旁瓣要尽量小。物函数 $o(x,y)$，通过解码函数 $d(x,y)$ 与编码孔图形函数 $a(x,y)$，可以重构出物函数 $\hat{o}(x,y)$：

$$\hat{o}(x,y) = o(x,y) * [a(x,y) * d(x,y)] \tag{14-257}$$

式中，* 表示作卷积运算。

下面介绍几种常用的编码孔成像的编码方式与解码方式。

1. 阿达玛(Hadamard)编码

循环S型编码方式，构成循环S矩阵，每一码区的面积必须相等。以一维为例，编码图案S型循环方式为

$$\omega_0, \omega_1, \cdots, \omega_{n-1}$$

$$\omega_1, \omega_2, \cdots, \omega_n$$

$$\omega_2, \omega_3, \cdots, \omega_{n+1}$$

编码调制图案示例如图 14-122 所示。

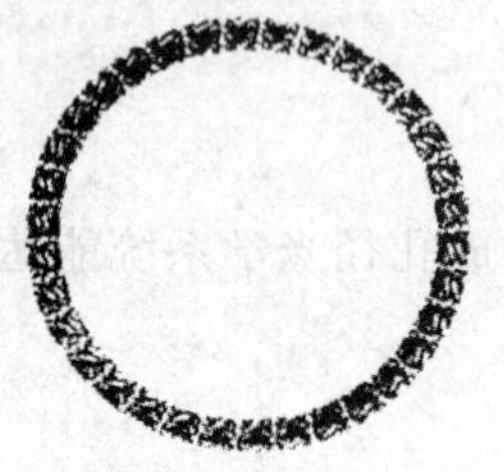

编码调制盘图案示例

局部放大的编码图形

编码板

图 14-122 编码调制图案

编码孔板一般置于焦平面上，应用阿达玛矩阵的自相关函数作为解码函数。图 14-123 和 14-124 是编码孔成像的两个实例。

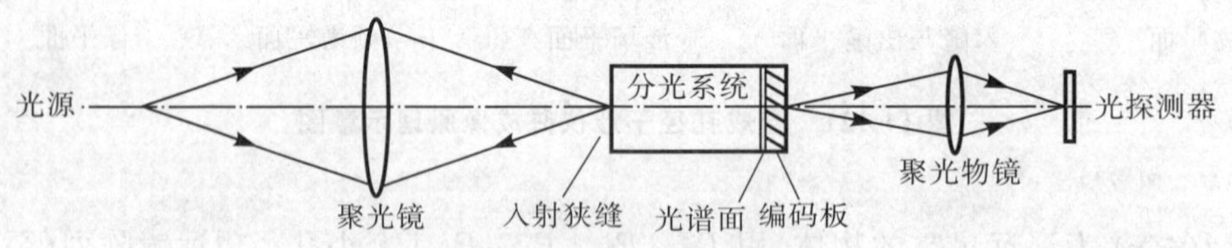

图 14-123 编码光谱仪

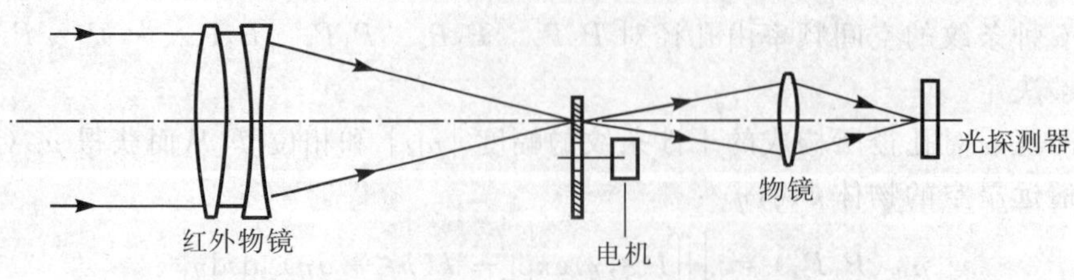

图 14-124 红外跟踪与报警系统编码孔成像示意图

2. 光瞳函数编码

通过编码孔径来改变光瞳函数，改善成像系统的传递函数，实现一定方式的像元组合，图 14-125 为环形孔径编码原理图。

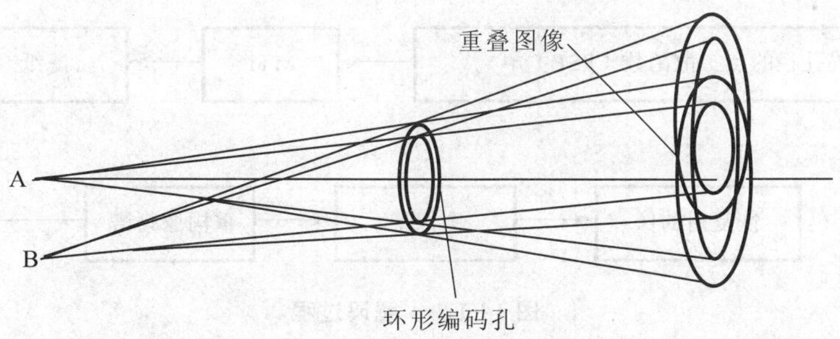

图 14-125　环形孔径编码原理图

一般编码孔单元可以为圆环型、六角环型、圆型等。编码孔板一般置于入瞳或孔径光阑上（如图 14-126 所示），天文望远镜可置于入瞳处。图 14-126 为编码板位置示意图，图 14-127 为编码孔使用示意图。

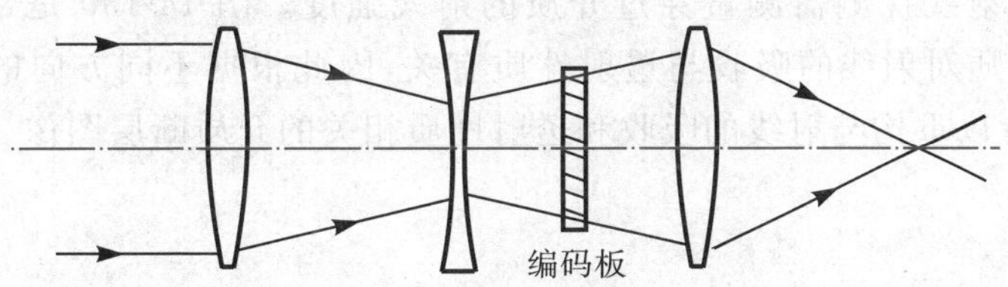

图 14-126　编码板位置示意图

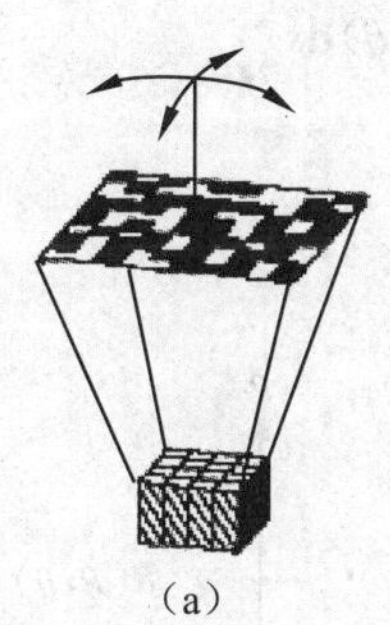
(a)

(b)

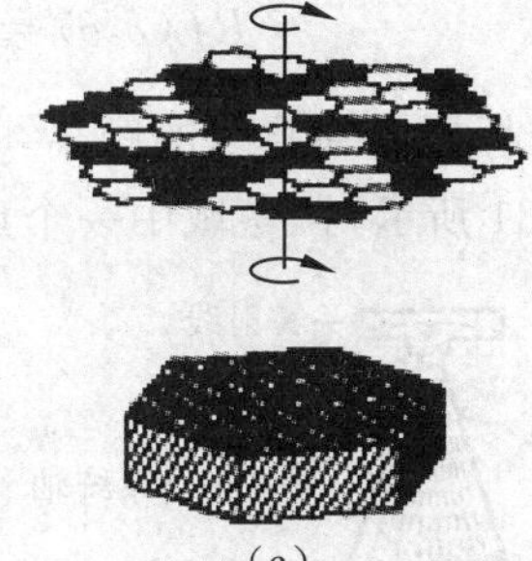
(c)

图 14-127　编码孔使用示意图

图 14-128 是六角编码孔板示意图，码板细节放大图以及天文用编码板加工实物照片。

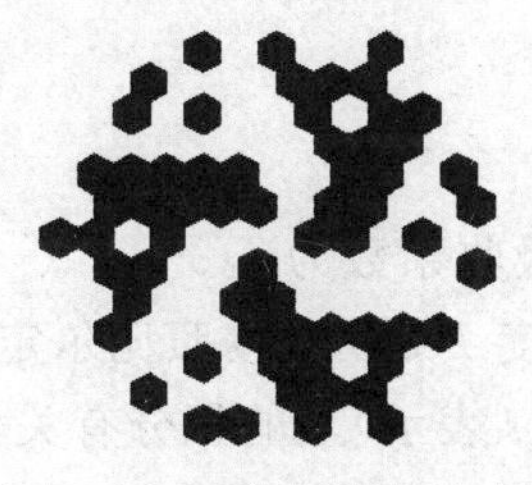
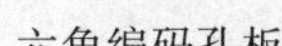
六角编码孔板

码板细节放大

天文用编码板实物

图 14-128　六角形编码孔示意图与实物照片

3. 解码过程框图

解码过程框图如图 14-129 所示。

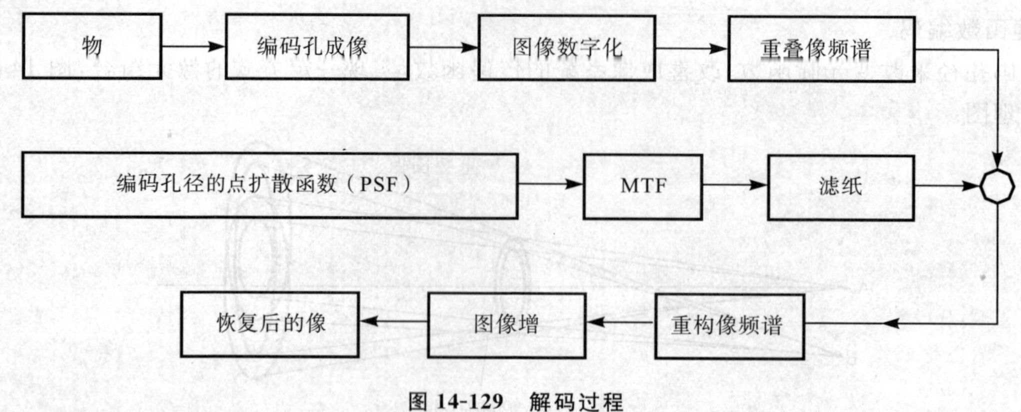

图 14-129　解码过程

七、计算机层析成像

计算机层析成像的基本原理如下：用射线束（如 X 射线、γ 射线等）从不同方向穿过被测介质（如生物组织、工艺品、地质等），再用射线探测器测量穿过介质的射线强度。图 14-130 是常用 CT 扫描原理示意图。由于射线强度测量值与介质对射线的吸收与透射性质有关，因此根据不同方向的射线强度测量值，经拉冬（Radon）变换和逆变换，可以重构与射线的吸收和透射性质相关的介质断层图像。

（一）拉冬变换

以二维函数 $f(x,y)$ 为例，其拉冬变换定义式为

$$Rf(\rho,\theta)=\int_{-\infty}^{\infty}f(\rho\cos\theta-s\sin\theta,\rho\sin\theta+s\cos\theta)\mathrm{d}s \tag{14-258}$$

式中，ρ 表示坐标原点到直线的距离，θ 表示极角。

如图 14-131 所示，拉冬域中一个点 $R(\rho,\theta)$ 对应空间域一根直线。

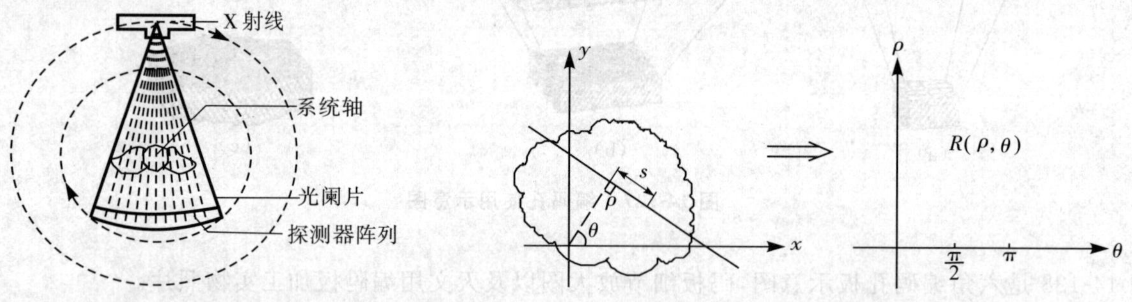

图 14-130　CT 扫描原理图　　图 14-131　拉冬变换中的空间域与拉冬域示意图

（二）CT 成像扫描过程与拉冬变换的关系

入射射线强度为 I_0，沿 s 直线（用 θ 角表示）入射，被测介质的吸收系数为 $\mu(x,y)$。

直线 s 的位置随极径 ρ 由小到大变化时，探测器测得的射线强度 $I(\rho,\theta)$。按照比尔定律，如果吸收系数 $\mu(x,y)$ 随 (x,y) 不均匀变化，则 $I(\rho,\theta)$ 与 $\mu(x,y)$ 在介质厚度（用 s 表示）上的积分有关：

$$I(\rho,\theta)=I_0\exp\left[-\int_s\mu(x,y)\mathrm{d}s\right] \tag{14-259}$$

式中，(x,y) 为介质坐标系，(ρ,s) 或 (ρ,θ) 与源-探测器方位有关，称为扫描坐标系，相互关系为

$$x=\rho\cos\theta-s\sin\theta,y=\rho\sin\theta+s\cos\theta$$

因此，$-\ln\left[I(\rho,\theta)/I_0\right]$ 与吸收特征系数 $\mu(\rho\cos\theta-s\sin\theta,\rho\sin\theta+s\cos\theta)$ 之间存在拉冬变换关系：

$$-\ln\left[I(\rho,\theta)/I_0\right]=-\int_{-\infty}^{\infty}\mu(\rho\cos\theta-s\sin\theta,\rho\sin\theta+s\cos\theta)\mathrm{d}s$$

（三）CT 成像图像重构——拉冬逆变换过程

拉冬变换的结果是 $\mu(\rho\cos\theta - s\sin\theta, \rho\sin\theta + s\cos\theta)$ 在方向 θ 距原点 ρ 上的一个投影值，当 θ 固定时，ρ 取所有不同值，即得到 θ 方向上的投影图，再改变 θ 即可得到不同方向上的投影图，这一过程由 CT 成像绕旋转中心旋转 180°即可完成。图 14-132 为投影图获取过程示意图。

由探测器接收到的这些投影图，直接作拉冬逆变换可以重构 $\mu(x,y)$。拉冬逆变换借助于傅里叶变换表示：

$$\mu(x,y) = \left(\frac{1}{\pi}\right)^2 \int_0^{\pi}\int_0^{\infty}\left[\int_{-\infty}^{\infty} Rf(\rho,\theta)\exp(-\mathrm{i}\omega\rho)\,\mathrm{d}\rho\right]\times \exp[-i\omega(x\cos\theta + y\sin\theta)]\omega\,\mathrm{d}\omega\,\mathrm{d}\theta \quad (14\text{-}260)$$

式中，ω 是 ρ 变量对应的傅里叶频域变量：

$$F[Rf(\rho,\theta)] = \int_0^{\infty} Rf(\rho,\theta)\exp(-\mathrm{i}\omega\rho)\,\mathrm{d}\rho$$

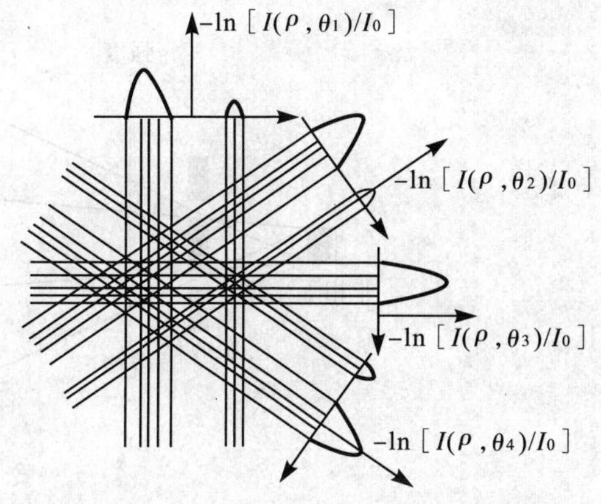

图 14-132　投影图获取过程示意

CT 成像图像重构的主要应用如下：

1)医用 X 射线 CT 成像。

2)正电子发射 CT 成像(PET)。

3)单电子发射 CT 成像(SPECT)。

八、X 射线相位衬度成像

传统X射线透视成像或CT成像，基于材料或组织对X射线的吸收强度衬度变化，反映物体密度的不均匀、物体成分或厚度的变化信息。如果被透射物体或材料几乎没有吸收或者只有很少的吸收，则记录到的像衬度很差。利用 X 射线透过物体后相位衬度的变化原理形成的成像方法，称为 X 射线相位衬度成像。

X 射线透过弱吸收材料时，材料的折射率具有复数形式：

$$n = 1 - \delta - \mathrm{i}\beta \quad (14\text{-}261)$$

式中，δ、β 随入射光子能量 E 的变化快慢程度近似为

$$\beta(E) = \frac{hc}{4\pi E}\mu(E) \approx O(E^{-4}) \quad (14\text{-}262)$$

$$\delta(E) = \frac{r_0 h^2 c^2}{4\pi E^2} N_0 f_r \approx O(E^{-2}) \quad (14\text{-}263)$$

式中，μ 为线吸收系数，r_0 为经典电子半径，N_0 为单位体积原子数，f_r 为原子散射因子的实数部分。

由上式可以看出，δ 随着 E 的减少要比 β 慢得多，表明对弱吸收物体而言，尽管 $1-\delta$ 与 1 的差值仅 10^{-6}，如果入射波长 λ 很小，即使不太大的密度或厚度变化，X 射线折射角可能只有几个弧秒量级，也会产生相当大的相位变化。

图 14-133 是 X 射线相位衬度成像原理图，光源 S 使用微聚焦 X 射线，发出多波长球面波(波前 W_1)入射到物体(O)上，用二维接收器 D 接收通过物体 O 后畸变的 X 射线波前 W_2。

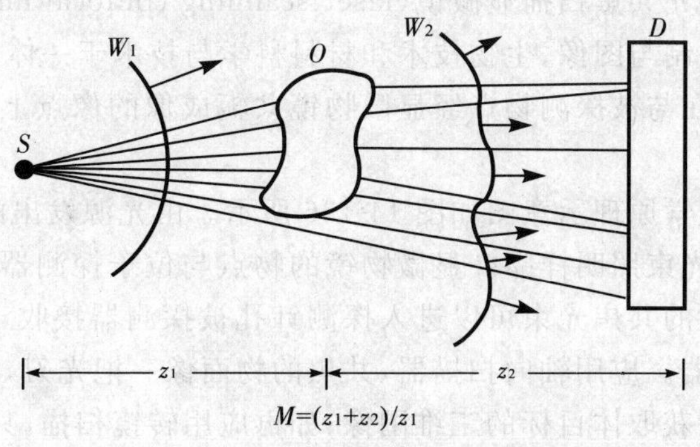

图 14-133　X 射线相位衬度成像原理图

图 14-134 给出了传统吸收衬度型 X 射线成像(a)与相位衬度型成像(b)原理的比较示意图。其中图(a)的特征是光源为非相干 X 射线光源,当波前通过物体时,产生吸收衬度,在离物体适当的距离,接收到清晰的物体吸收衬度,弱距离变化,图像变模糊。图(b)中,采用相干光源,波前通过物体时,波前产生相位畸变,进一步传播,这种畸变波前能以可观察的强度显示出来(最佳对比度和分辨率位置)。获得相位衬度成像的关键,一是相干光源,其次是适当的 z_1 和 z_2 距离。

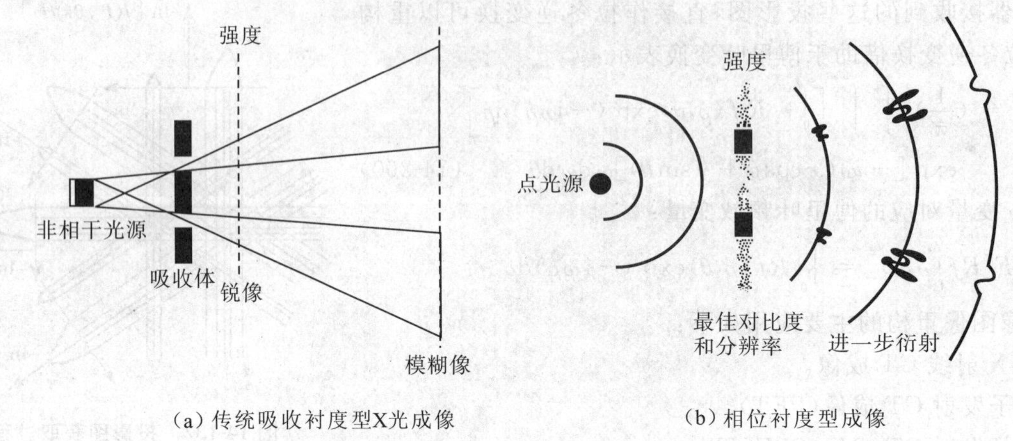

图 14-134 传统吸收衬度型 X 光成像与相位衬度型成像比较示意图

研究表明:吸收衬度成像方法在低空间频率处能获得较好的图像;相位衬度成像方法,在较高空间频率处,比吸收衬度具有更好的图像分辨率和衬度反差。图 14-135 给出了两种方法用于金鱼透射成像时的图像结果比较。

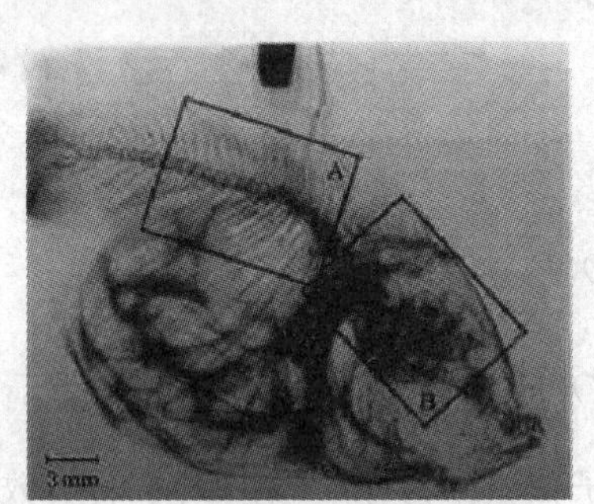

(a)传统图像(吸收衬度图像)

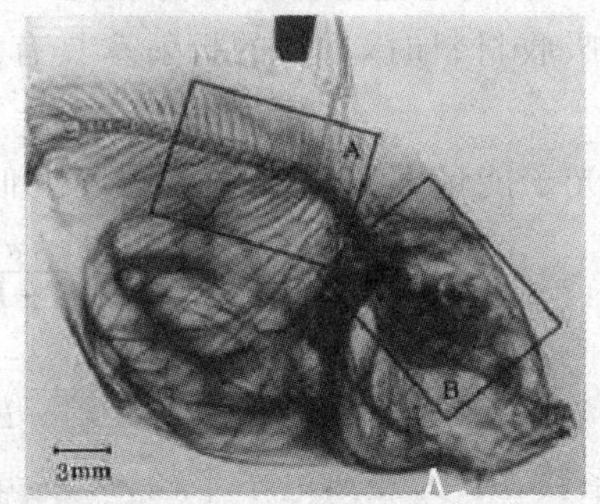

(b)相对衬度图像(位相衬度成像解折出的图像)

图 14-135 两种方法用于金鱼透射成像时的图像结果

九、激光共焦扫描成像

激光共焦扫描成像应用激光共焦扫描显微镜(laser scanning confocal microscopy, LSCM),集成了光电技术、精密机械技术、计算机控制与图像、生物技术和材料科学与技术于一体。光学原理上,是在显微镜成像基础上加载激光扫描装置,并在与被探测物点经显微物镜共轭成像的像点上,放置微小针孔,形成共焦探测成像。

激光共焦扫描显微镜的光学原理示意图如图 14-136 所示。由光源发出的光束被耦合进针孔,由分束镜折转,再经显微物镜形成探测光束照明样品。显微物镜的物点与位于探测器前的探测针孔构成一对物像共轭关系。物平面上的点物出射的共焦光束可以进入探测针孔被探测器接收,其他位置出射的非聚焦光束被探测针孔阻挡,无法进入探测器。应用轴向扫描器,共焦的物面像一把光刀,实现体样品中一层一层的图像,由计算机图像处理和重构可以获取体目标的三维图像;如再应用转镜扫描,只需偏转很小角度就能实现很大的扫描范围。

（一）分辨率

一般人眼的分辨率为 0.2mm，光学显微镜的极限分辨率由阿贝成像定理决定，分辨率约为 0.2 μm。共焦扫描显微镜的分辨率受光源、探测孔径和杂散光等主要因素的影响。如果光源相干好，并且实现相干成像分辨率可高于普通显微镜的分辨率；采用单模光纤代替针孔，具有更好的集成性，使光源、针孔、探测器在一条直线运动，消除了运动不同步带来的附加像差，同时避免针孔污染，有助于提高分辨率。

共焦显微镜的垂轴放大率一般可表示为

$$\sigma_{xy}=\frac{0.4\lambda}{\mathrm{NA}} \tag{14-264}$$

可以达到 0.18 μm，是普通显微镜的 $1/\sqrt{2}$；一般纵向分辨率可达 0.1 μm。

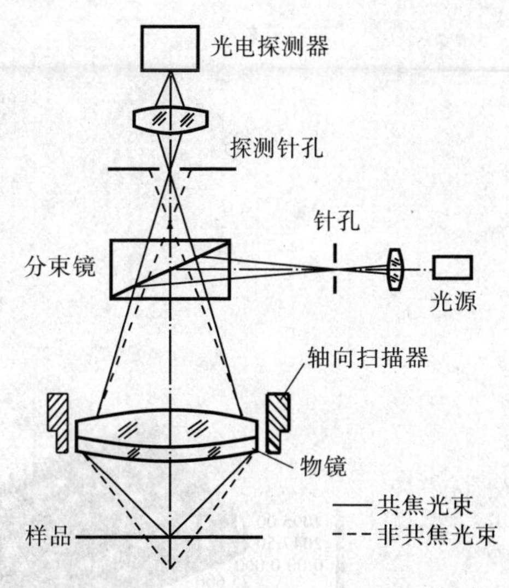

图 14-136 共焦扫描显微镜

（二）探测深度与速度

近期研究表面，在瞄准如何提高探测速度、深度、分辨率的目标中，出现了多种功能型激光共焦扫描显微镜，如波分复用共焦显微镜、光谱编码共焦显微镜、频分复用共焦显微镜。2005 年麻省理工学院报道了探测速度达 30 f/s、垂轴与轴向分辨率分别为 1.4 μm 和 6 μm、探测深度为 350 μm 的光谱编码共焦显微镜，实现了对细胞和亚细胞的大视场实时观察。

近些年，为了提高轴向分辨率，出现了激光差动共焦显微镜，原理图如图 14-137 所示，接收部分采用两支完全相同共焦探测光路，并对 D_1、D_2 信号进行差分处理。共焦差动的效果是，对共聚焦物面更敏感，灵敏度达到纳米量级。

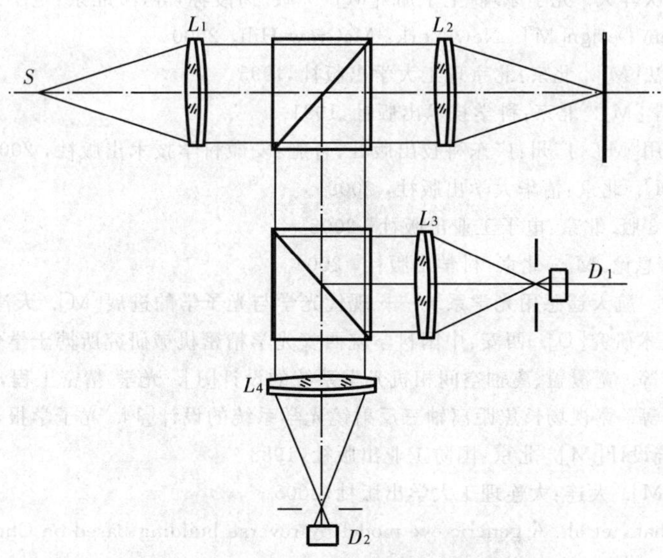

图 14-137 差动共轭扫描显微镜

（三）主要应用

激光共焦扫描显微镜可广泛应用于公安甄别、生物医学和微机电领域。图 14-138 为湿法刻蚀后的硅片表面粗糙度分析，可清晰看出，湿法刻蚀后，硅片表面呈“橘皮”状，区域 2 的表面粗糙度为 $R_8=0.027$ μm；图 14-139 是由共焦显微镜探测的干法刻蚀后硅片的三维形貌图。

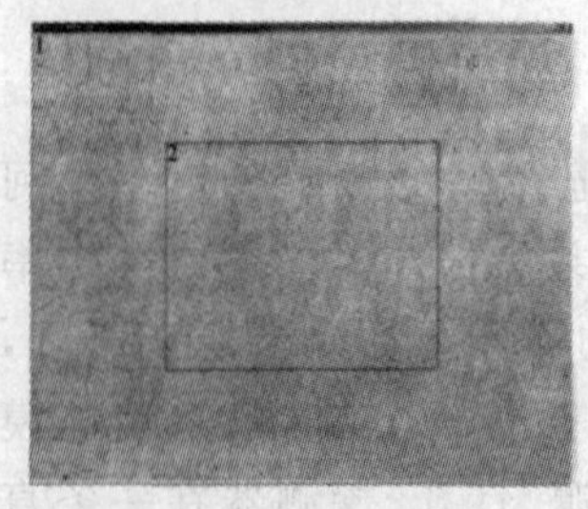

图14-138 湿法刻蚀后的硅片

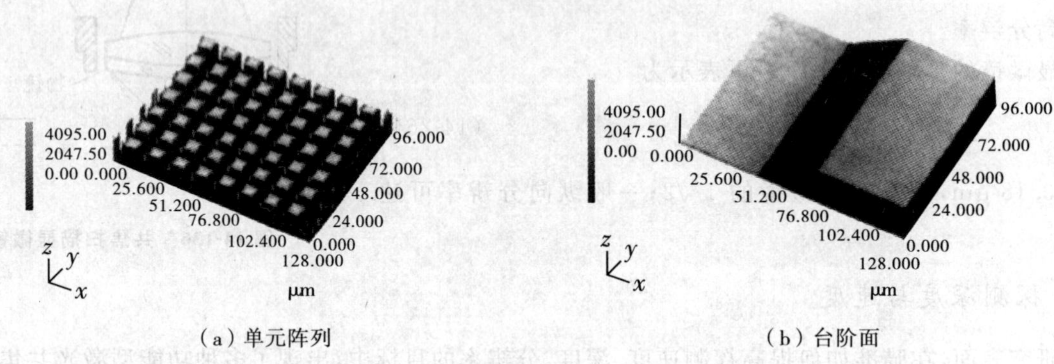

(a) 单元阵列　　　　(b) 台阶面

图 14-139 三维形貌图

参考文献

[1] 郁道银，谈恒英. 工程光学[M]. 2 版. 北京:机械工业出版社，2006

[2] 李景镇. 光学手册[M]. 西安:陕西科学技术出版社，1985

[3] 王之江，顾培森. 实用光学技术手册[M]. 北京:机械工业出版社,2007

[4] 马科斯·波恩，埃米尔·沃耳夫. 光学原理(上下册)[M]. 7 版. 杨葭荪，等译. 北京:电子工业出版社，2005

[5] Fisher R E. Optical System Design[M]. New York: McGraw-Hill, 2000

[6] 袁旭沧. 现代光学设计方法[M]. 北京:北京理工大学出版社,1995

[7] 王之江，伍树东. 成像光学[M]. 北京:科学技术出版社,1991

[8] 刘颂豪. 光子学技术与应用[M]. 广州:广东科技出版社;合肥:安徽科学技术出版社，2006

[9] 廖延彪. 成像光学导论[M]. 北京:清华大学出版社，2008

[10] 张以谟. 应用光学[M]. 3 版. 北京:电子工业出版社，2008

[11] 陶纯堪，陶纯匡. 光学信息论[M]. 北京:科学出版社，2004

[12] 薛鸣球，沈为民，潘君骅. 航天遥感用光学系统——现代光学与光子学的进展[M]. 天津:天津科学技术出版社,2003

[13] 张淳民. 干涉成像光谱技术研究[D]. 西安:中国科学院西安光学精密机械研究所博士学位论文,2000

[14] 常军，翁志成，姜会林，等. 宽覆盖、离轴空间相机光学系统的设计[J]. 光学 精密工程，2003,11(1):55-58

[15] 陈浩锋，李英才，樊超，等. 宽视场长焦距离轴三反射镜光学系统的设计[J]. 光子学报，2006,36 sup:142-145

[16] 陶纯堪. 变焦距光学系统设计[M]. 北京:国防工业出版社,1988

[17] 胡家升. 光学工程导论[M]. 大连:大连理工大学出版社,2005

[18] Kong Meimei, Gao Zhishan, et al. A generic eye model by reverse building based on Chinese population[J]. Optics Express, 2009, 17(16)

[19] Huang D, Swanson E A, et al. Optical coherence tomography[J]. Science, 1991,254:1178-1181

[20] 李士贤，李林. 光学设计手册[M]. 北京: 北京理工大学出版社，1996

[21] 高志山. ZEMAX 在像差设计中的应用[M]. 南京: 南京理工大学，2003

[22] 苏大图，沈海龙，陈进榜，曹根瑞. 光学测量与像质鉴定[M]. 北京:北京工业学院出版社,1988

[23] 萧泽新. 工程光学设计[M]. 北京:电子工业出版社,2003

[24] Gao Zhishan, Kong Meimei, Zhu Rihong, Chen Lei. Problems on design of computer-generated holograms for testing aspheric surfaces: Principle and calculation[J]. Chinese Optics Letters, 2007,5(4):241-244

[25] 高志山. 紧凑型内调焦全站仪物镜的设计[J]. 南京理工大学学报，2004,28(5)

[26] 杨国光，等. 微光学与系统[M]. 杭州：浙江大学出版社，2007

[27] 张新. 含二元光学元件的光学系统成像特性和设计方法[J]. 光学精密工程，1994,2(4):1-7

[28] 张慧娟，王肇圻，傅汝廉，母国光，卢振武. 折-衍混合超广角视场目镜系统的设计[J]. 光学学报，2003,23(1):85-88

[29] 杨智，戴一帆，张沛. 折衍混合在长焦距物镜中的应用研究[J]. 激光技术，2007,31(2):206-208

[30] 赵存华，王金艳，朱景成，刘照军. 折衍混合大相对孔径红外物镜设计[J]. 激光与红外，2007,37(8):756-758

[31] 刘琦，刘丽萍，原蒲升. 折-衍混合红外激光扫描检测设备的光学系统设计[J]. 中国激光，2008,35(2):263-267

[32] 丁学专，王欣，兰卫华，等. 离轴四反射镜光学系统设计[J]. 红外与激光工程，2008,37(2):319-321

[33] 宋波，刘钧，高明. 头盔式微光夜视仪中折/衍混合物镜的设计[J]. 电光与控制，2008,15(2):78-81

[34] 杜广庆，谢永军，张孝林，张恒金，屈恩世. 轻量化折衍混合中波红外热像仪光学系统设计[J]. 红外与激光工程，2008,37(5):843-846

[35] 白瑜，杨建峰，马小龙，阮萍，田海霞，邹刚毅. 8～12 μm 波段折/衍混合红外连续变焦光学系统[J]. 红外技术，2008,30(9):505-508

[36] 邸燕，常宏宇. Radon 变换在断层成像中的应用[J]. 数学的实践与知识，2004,34(12):87-90

[37] 田沄，徐亮，张琦，薛耿剑，郝重阳. 基于 Radon 变换的医学图像增强方法[J]. 微电子学与计算机，2003,23(5):12-14

[38] 徐海军，魏东波，傅建，张立凯，戴修斌. 三维 Radon 变换的一种快速解析方法[J]. CT 理论与应用研究，2008,17(2):1-7

[39] 孔沐生，向健勇. 编码孔成像与红外技术[J]. 红外与激光工程，1995,24(3):1-4

[40] 孔沐生，向健勇. 二维编码孔红外热像仪的设计[J]. 红外与激光工程，1996,25(2):36-41

[41] 曾建军，伍长銮，孔沐生. 编码孔成像的双色探测与识别技术[J]. 激光与红外，1998,28(5):311-313

[42] 程丽红，田晓东，谢存. 光电成像中不同形状编码孔径的解码比较[J]. 中国激光，2004,31(8):947-950

[43] 郎海涛，刘立人，阳庆国. 一种基于编码孔径成像原理的三维成像方法[J]. 光学学报，2006,26(1):34-28

[44] 杨皓明，张新，方志良，雷广智，张欣. 含三次相位元件照相物镜的设计[J]. 光学精密工程，2007,15(7):1026-1031

[45] 田晓东. 环形编码孔径成像技术及数字重建[D]. 大连:大连理工大学硕士学位论文，2003

[46] 程丽红. X 光编码孔径成像理论及实验研究[D]. 大连:大连理工大学博士学位论文，2005

[47] 秦风. 液体透镜将引发光学镜头革命[J]. 应用光学，2007,28(2):137

[48] Berge B, Peseux J. Variable focal lens controlled by an external voltage: An application of electrowetting[J]. The European Physical Journal E, 2000,3:159-163

[49] Jia W, Qiu H H. A novel optical method in micro drop deformation measurements[J]. Optics and Lasers in Engineering, 2001,35:187-198

[50] 王天武. 液体变焦透镜简介[J]. 现代物理知识，2006,18(6):19-21

[51] 鲍赟，田维坚，张薇. 液体可变焦折衍混合光学系统[J]. 光子学报，2007,36(增刊):146-148

[52] 祝澄，彭润玲，陈家璧. 基于电湿效应的双液体透镜[J]. 大学物理，2007,26(6):57-62

[53] 绳金侠，彭润玲，陈家璧. 电湿效应双液体变焦透镜性能的分析[J]. 光学仪器，2007,29(4):23-26

[54] 郑浩斌，何焰蓝，丁道一，康强. 液体透镜发展现状[J]. 物理学与高新技术，2008,37(1):33-37

[55] 彭润玲，陈家璧，庄松林. 电湿效应变焦光学系统的设计与分析[J]. 光学学报，2008,28(6):1141-1146

[56] Richard Ditteon. Modern Geometrical Optics[M]. New York: John Wiley & Sons., Inc.,1998

[57] 何上封，陈元培. 亚微米投影光刻物镜 MTF 的简便测定方法[J]. 光学仪器，2000,22(3)

[58] 高大超，麦振洪. 硬 X 射线相位衬度成像[J]. 物理学报，2000,12:49-12

[59] 章江英，高洁，江帆，等. X 射线相位衬度 CT[J]. 量子电子学报. 2005,8:22-4

[60] Ya I Nesterets, Wilkins S W. On the optimization of experimental parameters for X-ray in-line phase-contrast imaging [J]. Rev. Sci. Instrum.,2005,76,093706

[61] Pogany A, Gao D, Wilkins S W. Contrast and resolution in imaging with a microfocus X-ray source[J]. Rev. Sci. Instrum,1997,68(7)

[62] D-Chapman, Thomlinson W, Johnston R E. Diffraction enhanced X-ray imaging[J]. Phys. Med. Biol. 42, 1997: 2015-2025

[63] Timm Weitkamp, Ana Diaz, Christian David. X-ray phase imaging with a grating interferometer[J]. Optics Express. 8 August 2005,13(16)

[64] Mayo S C, Davis T J, Gureyev T E, Miller P R. X-ray phase-contrast microscopy and microtomography[J]. Optics Express. 22 September,2003,11(19)

[65] 刘鑫，郭金川，牛憨笨. 基于微焦斑源X射线传播的相衬成像模拟[J]. 深圳大学学报:理工版，2007.7,24-3

[66] 于斌，彭翔，田劲东，牛憨笨. 硬X射线同轴相衬成像的相位恢复[J]. 物理学报，2005,5,54-5

[67] 惠彬，李景镇，黄虹宾，裴云天. 45°二维扫描镜扫描轴承特性分析[J]. 红外技术. 2006, 28(9)

[68] 连铜淑. 反射棱镜共轭理论[M]. 北京:北京理工大学出版社，1988

[69] 吴超，袁艳，熊望娥，白清兰. 指向舞动镜的精度分析[J]. 光子学报，2008,37(10)

[70] 温垦，郑继红. 高分辨率激光共焦显微成像技术新进展[J]. 应用激光，2009,29(6):535-549

[71] 黄琳，陶纯堪，胡茂海. 激光共焦扫描显微镜中基于体绘制技术的三维重构[J]. 红外技术，2005,27(1):16-18

[72] 黄琳，陶纯堪，高万荣，胡茂海，杨晓青. 激光共焦扫描显微镜中一种新的三维重构算法[J]. 激光技术，2004,28(1):55-57

[73] 曾毅波，蒋书森，黄彩虹，张珑，张艳. 激光共焦扫描显微镜在微机电系统中的应用[J]. 光学精密工程，2008,16(7):1241-1246

[74] 黄琳，陶纯堪，胡茂海. 体绘制技术在激光共焦扫描显微镜中的应用[J]. 激光杂志，2005,26(1):64-67

[75] 赵维谦，贾馨，邱丽荣，孙若端. 差动共焦曲率半径测量方法与装置[P]. 国家发明专利，200910082249.0

[76] 赵维谦，孙若端，邱丽荣，沙宝国. 差动共焦组合超长焦距测量方法与装置[P]. 国家发明专利，200810226966.1

第十五章 信息光学

信息光学的产生引发了光学信息领域特别是成像领域的一场深刻革命，廓清了图像和成像过程的本质，建立了光学信息处理的基础。信息光学的基础是傅里叶光学。

从信息论的角度来看，通信系统和成像系统没有实质性的差别。与通信理论一样，光学信息的收集与传递过程也可以采用傅里叶分析和信息系统理论来描述。当把傅里叶分析及系统综合技术的原理移植到光学领域时，只需要把信息对时间的依赖关系改为对空间的依赖关系即可。在此之前，光作为信息的载体，一直是利用其空间域的强度形式。光学傅里叶变换使得在空间频率域中用振幅及相位描述和处理光学信息成为可能，但是前提是携带物体信息的光波必须具有良好的相干性。20 世纪 60 年代激光器的问世，使人们具有了时间相干性和空间相干性都非常好的光源，这就为傅里叶光学的理论研究提供了有力的实验手段，加快了这门科学的发展，获得了广泛的具有实际价值的应用。

第一节 数学物理基础

一、均方逼近与正交展开[1-2]

为了简化运算，常将一个给定函数 $f(t)$ 用一组线性独立的函数组 $\{\varphi_n(t)\}$ 的线性组合

$$\hat{f}(t)=\sum_{n=1}^{k}C_n\varphi_n(t) \tag{15-1}$$

近似表示。式中系数 C_n 按均方误差

$$\sigma=\int_{t_1}^{t_2}\left|f(t)-\hat{f}(t)\right|^2\mathrm{d}t \tag{15-2}$$

最小的原则确定。并称这样得到的系数 C_n 为最小二乘法意义上的最佳系数，对此有定理：

当 C_n 为最佳系数时，误差函数$[f(t)-\hat{f}(t)]$与函数组 $\{\varphi_n(t)\}$ 正交，即满足

$$\int_{-\infty}^{\infty}[f(t)-\hat{f}(t)]\varphi_n^*(t)\mathrm{d}t=0 \qquad n=1,2,\cdots,k \tag{15-3}$$

式中，上标符号“ * ”表示复数共轭。实际上，若假定 $\{\varphi_n(t)\}$ 为实函数组，将(15-1) 式代入(15-2) 式，并令 $\mathrm{d}\sigma/\mathrm{d}C_n=0$，得

$$-2\int_{t1}^{t_2}\left[f(t)-\sum_{n=1}^{k}C_n\varphi_n(t)\right]\varphi_n(t)\mathrm{d}t=0$$

此即(15-3) 式。(15-3) 式等价于下述方程组：

$$\sum_{m}^{k}\left\{\int_{-\infty}^{\infty}\varphi_m(t)\varphi_n^*(t)\mathrm{d}t\right\}C_m=\left\{\int_{-\infty}^{\infty}f(t)\varphi_n^*(t)\mathrm{d}t\right\}, \qquad n=1,2,\cdots,k \tag{15-4}$$

解方程组(15-4) 式即可得到最佳系数 $C_n(n=1,2,3,\cdots,k)$。一般情况下，由于 k 值较大，方程组(15-4) 式不易联立求解，但当函数组 $\{\varphi_n(t)\}$ 构成正交组时，即当

$$\int_{-\infty}^{\infty}\varphi_n(t)\varphi_m^*(t)\mathrm{d}t=E_n\,\delta_{mn}, \qquad m,n=1,2,\cdots,k \tag{15-5}$$

时，方程组(15-4) 式的求解变得简单，并可得到

$$C_n=\frac{1}{E_n}\int_{-\infty}^{\infty}f(t)\varphi_n^*(t)\mathrm{d}t, \qquad n=1,2,\cdots,k \tag{15-6}$$

如果 $E_n=1(n=1,2,3,\cdots,k)$，则称函数组 $\{\varphi_n(t)\}$ 构成正交归一组。又若对任意在所述区间(t_1,t_2)上不恒为 0 的平方可积函数 $g(t)$，都有

$$\int_{t_1}^{t_2} g(t')\varphi_n^*(t')\mathrm{d}t' = 0, \qquad n = 1,2,\cdots,k \tag{15-7}$$

则称$\{\varphi_n(t)\}$在此区间上构成正交归一完备组。一个正交归一完备组构成函数的一个正交归一基底函数组。(15-7)式表明，任意满足上述条件的函数$g(t)$都可以表示为基底函数的线性组合，并称该线性组合为函数的正交展开。

以上描述中假定了正交函数组$\{\varphi_n(t)\}$中的序号n取整数。如果用可取任意实数值的参数μ代替n，则函数组$\{\varphi(t,\mu)\}$构成一个连续集。任意函数$f(t)$的展开式可表示为

$$f(t) = \int_{t_1}^{t_2} W(\mu)\varphi(t,\mu)\mathrm{d}\mu \tag{15-8}$$

式中，$W(\mu)$称为权函数，与离散情况下的系数C_n相对应。此函数集$\{\varphi(t,\mu)\}$的正交性表示为

$$\int_{t_1}^{t_2} \varphi(t;\mu)\varphi^*(t;\mu')\mathrm{d}t = \alpha(\mu)\delta(\mu-\mu') \tag{15-9}$$

若$\alpha(\mu)=1$，则称函数集$\{\varphi(t,\mu)\}$为归一的。不失一般性，设函数集$\{\varphi(t,\mu)\}$为正交归一集。用$\varphi^*(t;\mu')$乘(15-8)式两边，并在所述区间上积分。交换积分次序，并利用(15-9)式和δ函数的筛选性质，可得

$$W(\mu) = \int_{t_1}^{t_2} f(t)\varphi^*(t;\mu)\mathrm{d}t \tag{15-10}$$

二、卷积[1-2]

(一) 一维卷积

1. 卷积的定义

一维函数$f(x)$和$h(x)$的卷积，由含参变量x的无穷积分定义，即

$$g(x) = \int_{-\infty}^{\infty} f(x')h(x-x')\mathrm{d}x' \tag{15-11}$$

这里，参变量x和积分变量x'均为实数，函数$f(x)$和$h(x)$可以是实数，也可以是复数。通常为了简化算式，特引入卷积运算符号“$*$”，这样便可将$f(x)$和$h(x)$的卷积表示为

$$g(x) = f(x)*h(x) \tag{15-12}$$

可以看出，与通常的两个函数乘积的积分不同，如图15-1所示，卷积的几何意义是：先将函数曲线$h(x')$相对于坐标原点$x'=0$作空间反转，然后再将其平移x，便得到曲线$h(x-x')$，最后求曲线$f(x')$和$h(x-x')$相重叠部分与横轴所围区域的面积，作为平移量x的函数$g(x)$。

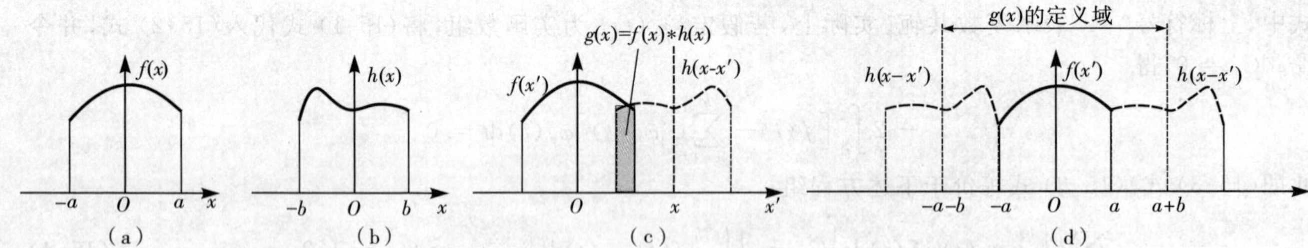

图 15-1 卷积的几何意义

卷积的定义可以推广到多个函数的情况，如

$$g(x) = \{[f_1(x)*f_2(x)]*\cdots\}*f_n(x) \tag{15-13}$$

并非任何函数之间都存在卷积。卷积存在的充分条件可叙述为：① 所有函数$f(x)$在半无穷区间$(-\infty, 0)$或$(0,\infty)$上绝对可积；② 至少除其中一个函数外，其余的在全空间$(-\infty,\infty)$上均绝对可积。

2. 卷积运算的两个效应

1) 平滑效应。被卷函数经过卷积运算，其细微结构在一定程度上被消除，函数本身的起伏振荡变得平缓光滑。一般而言，如果许多函数相卷积，则所得结果比其中任一函数都光滑，且当被卷函数越多时，所得函数

越接近高斯函数的形式。

2）展宽效应。根据卷积的定义，只有当两个被卷函数的定义域完全错开时，卷积函数的值才等于0。因此，一般情况下，卷积函数的宽度等于被卷函数宽度之和（见图15-1(d)）。这表明卷积运算使得函数的定义域展宽了。

3. 卷积运算的基本性质

1）线性。设 a、b 为任意常数，则对于满足卷积条件的函数 $f_1(x)$、$f_2(x)$ 和 $h(x)$，有

$$[af_1(x)+bf_2(x)]*h(x)=a[f_1(x)*h(x)]+b[f_2(x)*h(x)] \tag{15-14}$$

2）交换律。由(15-12)式，对于给定卷积 $f(x)*h(x)$，作变量代换 $x-x'=\alpha$，则有

$$f(x)*h(x)=\int_{-\infty}^{\infty}f(x-\alpha)h(\alpha)\mathrm{d}\alpha=h(x)*f(x) \tag{15-15}$$

3）平移不变性。若 $f(x)*h(x)=g(x)$，则有

$$f(x-x_0)*h(x)=\int_{-\infty}^{\infty}f(x'-x_0)h(x-x')\mathrm{d}x'=\int_{-\infty}^{\infty}f(\alpha)h(x-x_0-\alpha)\mathrm{d}\alpha=g(x-x_0) \tag{15-16}$$

式中，作了变量代换 $x'-x_0=\alpha$。上式表明，无论哪个函数发生平移，都将引起其卷积发生同样的平移。

4）结合律。对于二重卷积 $[f_1(x)*f_2(x)]*h(x)$，有

$$\begin{aligned}[f_1(x)*f_2(x)]*h(x)&=\int_{-\infty}^{\infty}\left[\int_{-\infty}^{\infty}f_1(\beta)f_2(\alpha-\beta)\mathrm{d}\beta\right]h(x-\alpha)\mathrm{d}\alpha\\&=\int_{-\infty}^{\infty}f_1(\beta)\left[\int_{-\infty}^{\infty}f_2(\alpha-\beta)h(x-\alpha)\mathrm{d}\alpha\right]\mathrm{d}\beta=\int_{-\infty}^{\infty}f_1(\beta)g(x-\beta)\mathrm{d}\beta\\&=f_1(x)*g(x)=f_1(x)*[f_2(x)*h(x)]\end{aligned} \tag{15-17}$$

结合律表明，多个函数卷积中，卷积的次序无关紧要。

5）比例缩放性（相似性）。若 $f(x)h(x)=g(x)$，则有

$$f\left(\frac{x}{b}\right)*h\left(\frac{x}{b}\right)=\int_{-\infty}^{\infty}f\left(\frac{x'}{b}\right)h\left(\frac{x-x'}{b}\right)\mathrm{d}x'=|b|\int_{-\infty}^{\infty}f(\alpha)h\left(\frac{x}{b}-\alpha\right)\mathrm{d}\alpha=|b|g\left(\frac{x}{b}\right) \tag{15-18}$$

6）函数微分的卷积。若 $f(x)*h(x)=g(x)$，则有

$$f^{(m)}(x)*h^{(n)}(x)=g^{(m+n)}(x) \tag{15-19}$$

7）线性算符作用于卷积。若 $f(x)*h(x)=g(x)$，而 ψ 为一线性算符，则有

$$\psi\{g(x)\}=\psi f(x)*h(x)=f(x)*\psi h(x) \tag{15-20}$$

8）卷积下的面积。卷积下的面积等于诸被卷函数下面积之积，即如果 $g(x)=f(x)*h(x)$，则有

$$\begin{aligned}\int_{-\infty}^{\infty}g(x)\mathrm{d}x&=\int_{-\infty}^{\infty}\left[\int_{-\infty}^{\infty}f(x')h(x-x')\mathrm{d}x'\right]\mathrm{d}x=\int_{-\infty}^{\infty}f(x')\left[\int_{-\infty}^{\infty}h(x-x')\mathrm{d}x\right]\mathrm{d}x'\\&=\left[\int_{-\infty}^{\infty}f(x')\mathrm{d}x'\right]\left[\int_{-\infty}^{\infty}h(x)\mathrm{d}x\right]\end{aligned} \tag{15-21}$$

（二）二维卷积

一维卷积的结果很容易推广到多维情况。对于二维情况，给定复函数 $f(x,y)$ 和 $h(x,y)$，其在直角坐标系中的卷积定义为

$$g(x,y)=f(x,y)*h(x,y)=\iint_{-\infty}^{\infty}f(x',y')h(x-x',y-y')\mathrm{d}x'\mathrm{d}y' \tag{15-22}$$

此定义式表明，如果将两个二维函数的乘积视作高度值，则其卷积运算就相当于求两被卷函数在参变量为 (x,y) 时的重叠区域的体积。其中一个函数先相对于坐标原点 $(x'=0,y'=0)$ 作空间反转，然后再沿两个坐标轴分别平移 x 和 y，而所求体积则作为平移量的函数。

二维卷积的性质可以由一维卷积直接推广，此处不再赘述。此外，如果函数 $f(x,y)$ 和 $h(x,y)$ 在直角坐标下可分离变量，则其卷积 $g(x,y)$ 在直角坐标下也可分离变量。如果两函数中仅有一个可分离变量，则一个二维卷积可表示为两个一维卷积的乘积。

三、相关[1-3]

(一) 互相关

两个函数 $f(x)$ 和 $h(x)$ 的互相关,由含参变量 x 的无穷积分定义,即

$$R_{fh}(x)=\int_{-\infty}^{\infty} f^*(x')h(x'+x)\mathrm{d}x' \tag{15-23a}$$

或

$$R_{fh}(x)=\int_{-\infty}^{\infty} f^*(x'-x)h(x')\mathrm{d}x' \tag{15-23b}$$

类似于卷积,这里,参变量 x 和积分变量 x' 均为实数,函数 $f(x)$ 和 $h(x)$ 可以是实数,也可以是复数。

(15-23a) 式表明,两个函数互相关的含义是:对两个函数分别作复数共轭和反向平移并使其相乘的无穷积分。(15-23b) 式表明,两个函数互相关的含义是,第一个函数依次作复共轭和平移后与第二个函数相乘的无穷积分。可以证明,两个定义式完全等价(可以互相导出)。从物理上看,互相关运算的结果反映了两个信号之间相似性的量度。特别是对于实函数 $f(x)$ 和 $h(x)$ 而言,其相关运算相当于求两函数的曲线相对平移 1 个参变量 x 后形成的重叠部分与横轴所围区域的面积。

为了简化算式,通常特引入相关运算符号"⊗",这样便可将 $f(x)$ 和 $h(x)$ 的互相关表示为

$$R_{fg}(x)=f(x)\otimes h(x) \tag{15-24}$$

互相关有如下性质:

1) 互相关运算一般不服从交换律,即 $R_{fh}(x)\neq R_{hf}(x)$。但可以证明

$$R_{fh}(x)=R^*_{hf}(-x) \tag{15-25}$$

并且,当函数 $f(x)$ 和 $h(x)$ 均为实数时,有 $R_{fh}(x)=R_{hf}(-x)$。

2) 互相关与卷积的意义不同,但互相关可以用卷积表示,即

$$f(x)\otimes h(x)=\int_{-\infty}^{\infty} f^*(x'-x)h(x')\mathrm{d}x'=\int_{-\infty}^{\infty} f^*[-(x-x')]h(x')\mathrm{d}x'=f^*(-x)*h(x) \tag{15-26}$$

显然,只有当函数 $h(x)$ 为实的偶函数时,才有

$$f(x)\otimes h(x)=f(x)*h(x)$$

由于相关与卷积的这种联系,相关运算的其他性质以及存在条件,可以利用其与卷积的关系,由卷积的相应性质导出。

类似地,定义二维复函数 $f(x,\ y)$ 和 $g(x,\ y)$ 的互相关为

$$\begin{aligned}f(x,y)\otimes h(x,y)&=\iint_{-\infty}^{\infty} f^*(x',y')h(x'+x,y'+y)\mathrm{d}x'\mathrm{d}y'\\&=\iint_{-\infty}^{\infty} f^*(x'-x,y'-y)h(x',y')\mathrm{d}x'\mathrm{d}y'\end{aligned} \tag{15-27}$$

同样,一维函数互相关的所有性质同样适用于二维函数的互相关,此处不再赘述。

(二) 自相关

$f(x,y)=h(x,y)$(或 $f(x)=h(x)$)时,(15-27) 式(或(15-26) 式)定义为函数 $f(x,\ y)$(或 $f(x)$)的自相关,表示为 $R_{ff}(x,y)$(或 $R_{ff}(x)$)。并且有

$$R_{ff}(x,y)=R^*_{ff}(-x,-y) \tag{15-28}$$

$$f(x,y)\otimes f(x,y)=f^*(-x,-y)*f(x,y) \tag{15-29}$$

参变量为 0 时,两自相关函数重叠区域最大,相应的自相关值 $R_{ff}(0,0)$ 最大,即有

$$|R_{ff}(x,y)|\leqslant R_{ff}(0,0) \tag{15-30}$$

$$|R_{fh}(x,y)|^2\leqslant R_{ff}(0,0)R_{hh}(0,0) \tag{15-31}$$

在实际应用中,为方便比较,常引入归一化的互相关和自相关函数,其定义分别为

$$\gamma_{fh}(x,y)=\frac{R_{fh}(x,y)}{|R_{ff}(0,0)R_{hh}(0,0)|^{1/2}}=\frac{\iint_{-\infty}^{\infty}f^*(x',y')h(x'+x,y'+y)\mathrm{d}x'\mathrm{d}y'}{\left[\iint_{-\infty}^{\infty}|f(x',y')|^2\mathrm{d}x'\mathrm{d}y'\iint_{-\infty}^{\infty}|h(x',y')|^2\mathrm{d}x'\mathrm{d}y'\right]^{1/2}} \tag{15-32}$$

$$\gamma(x,y)=\frac{R_{ff}(x,y)}{R_{ff}(0,0)}=\frac{\iint_{-\infty}^{\infty}f^*(x',y')f(x'+x,y'+y)\mathrm{d}x'\mathrm{d}y'}{\iint_{-\infty}^{\infty}|f(x',y')|^2\mathrm{d}x'\mathrm{d}y'} \tag{15-33}$$

四、傅里叶变换[1-5]

(一) 傅里叶级数

按照傅里叶定理,任何周期函数 $f(t+nT)=f(t)$,只要满足狄里赫利条件:① 在有限区间 $t_1\leqslant t\leqslant t_2$ 内单值;② 只可能有有限个极大值和极小值;③ 只可能有有限个有限间断点;④ 平方可积,则可展开成正、余弦或复指数函数的级数形式。对于在有限区间上的非周期函数,可先作周期延拓,再进行级数展开。

傅里叶级数的展开式具有(15-1) 式的形式,其基底函数可以是正、余弦函数

$$\varphi_n(t)=\begin{cases}\sin(2\pi n\nu_0 t),\\ \cos(2\pi n\nu_0 t),\end{cases}\quad n=0,1,2,\cdots \tag{15-34}$$

也可以是复指数函数:

$$\varphi_n(t)=\mathrm{e}^{\mathrm{i}2\pi n\nu_0 t},\qquad n=0,\pm1,\pm2,\cdots \tag{15-35}$$

式中,$\nu_0=1/T$,称为基底函数的基频,T 则为相应的周期。

考虑满足狄里赫利条件的周期函数 $f(t)$,用复指数形式的基底函数展开,有

$$f(t)=\sum_{n=-\infty}^{\infty}C_n\mathrm{e}^{\mathrm{i}2\pi n\nu_0 t} \tag{15-36}$$

其中

$$C_n=\frac{1}{T}\int_t^{t+T}f(t')\mathrm{e}^{-\mathrm{i}2\pi n\nu_0 t'}\mathrm{d}t' \tag{15-37}$$

级数(15-36) 式在每一连续点均匀收敛到 $f(t)$,而在每一间断点则收敛到函数在该点左右极限的平均值。

(二) 傅里叶积分与傅里叶变换

定义在有限区间上的周期函数虽然可以先周期延拓后再展开成傅里叶级数,但这种展开仅在该有限区间上适用。要使一个非周期函数能够无限延拓,必须用傅里叶积分。

将(15-37) 式代入(15-36) 式,并将在一周期内的积分写成从 $-T/2$ 到 $T/2$,得

$$f(t)=\sum_{n=-\infty}^{\infty}\frac{1}{T}\left(\int_{-T/2}^{T/2}f(t')\mathrm{e}^{-\mathrm{i}2\pi n\nu_0 t'}\mathrm{d}t'\right)\mathrm{e}^{\mathrm{i}2\pi n\nu_0 t}$$

以 $\Delta\nu$ 代替积分号外的 $1/T$,ν 代替指数因子中的 $n\nu_0$,并令 $T\to\infty$,则 $\Delta\nu\to0$,求和过渡到积分,上式变成

$$f(t)=\int_{-\infty}^{\infty}\left(\int_{-\infty}^{\infty}f(t')\mathrm{e}^{-\mathrm{i}2\pi\nu t'}\mathrm{d}t'\right)\mathrm{e}^{\mathrm{i}2\pi\nu t}\mathrm{d}\nu \tag{15-38}$$

令

$$F(\nu)=\int_{-\infty}^{\infty}f(t')\mathrm{e}^{-\mathrm{i}2\pi\nu t'}\mathrm{d}t' \tag{15-39}$$

则(15-38) 式可表示为

$$f(t)=\int_{-\infty}^{\infty}F(\nu)\mathrm{e}^{\mathrm{i}2\pi\nu t}\mathrm{d}\nu \tag{15-40}$$

$T\to\infty$ 时,函数失去周期性。(15-39) 式和(15-40) 式统称为傅里叶积分,实际上分别就是(15-8) 式和(15-10) 式形式的展开,相应的基底函数分别为 $\mathrm{e}^{-\mathrm{i}2\pi\nu t}$ 和 $\mathrm{e}^{\mathrm{i}2\pi\nu t}$。权函数 $F(\nu)$ 一般称为函数 $f(t)$ 的傅里叶变

换，而 $f(t)$ 则称为 $F(\nu)$ 的逆傅里叶变换。$f(t)$ 是某种物理量的时域表示，$F(\nu)$ 则是同一量的时间频率域表示，或称为 $f(t)$ 的时间频谱。这种变换关系也常简化表示为

$$F(\nu)=F\{f(t)\},f(t)=F^{-1}\{F(\nu)\}$$

任意函数 $f(t)$ 的频谱 $F(\nu)$ 一般是复值函数，因此可表示为

$$F(\nu)=A(\nu)\mathrm{e}^{-\mathrm{i}\varphi(\nu)} \tag{15-41}$$

式中，$A(\nu)$ 和 $\varphi(\nu)$ 都是实函数，并分别称为 $f(t)$ 的振幅谱和相位谱。

以上，若用空间变量 x 代替时间变量 t，则时间频率 ν 就被代之以空间频率 ξ，相应的时间频谱也就被代之以空间频谱。

（三）广义傅里叶变换与广义函数

一个函数 $f(t)$ 存在傅里叶变换的充分条件是：① 单值；② 在任意有限区间上只有有限个极大值和极小值；③ 在区间 $(-\infty,\ \infty)$ 上只有有限个间断点；④ 在区间 $(-\infty,\ \infty)$ 上绝对可积。实际物理量都满足上述条件，所以任何描写实际物理量的函数都存在傅里叶变换。然而，在科学研究和工程实践中为了分析方便，往往采用某些理想化的数学函数来近似表示实际物理量。对于这样一类函数，上述条件中的一个或几个可能不满足，因而不存在通常意义的傅里叶变换。但是，为了扩展傅里叶分析这一强有力的数学工具的应用范围，常对一些不存在常义傅里叶变换的函数定义其广义傅里叶变换。定义的方法有两种：一是利用函数序列极限的傅里叶变换定义广义傅里叶变换，二是利用广义函数的理论定义广义函数的傅里叶变换。

需要说明的是，工程应用中所遇到的大量函数仅存在广义傅里叶变换，但因广义变换和常义变换遵从相同的运算法则，所以一般将二者不加区别地通称为傅里叶变换，数学表示形式也相同。如果所述函数不满足上述傅里叶变换的存在条件，则"傅里叶变换"一词自然就指广义傅里叶变换。

1. 广义傅里叶变换作为函数序列的极限

引入思路：首先，将所述不存在常义傅里叶变换的函数定义为某个函数序列的极限，要求序列中的每个函数都存在常义傅里叶变换；其次，对序列中的每个函数作傅里叶变换，从而得到一个变换序列；最后，定义这个变换序列的极限为所述函数的广义傅里叶变换。显然，由此定义的广义傅里叶变换，实际上就是极限意义下的傅里叶变换。

假设 $f(x)$ 是一个不存在常义傅里叶变换的函数，并且可以用一个函数序列 $f_n(x)(n=1,2,3,\cdots,\infty)$ 的极限表示，即

$$f(x)=\lim_{n\to\infty}f_n(x) \tag{15-42}$$

而函数序列中的每一个函数 $f_n(x)$ 均满足常义傅里叶变换条件，其傅里叶变换表示为

$$F_n(\xi)=F\{f_n(x)\}$$

并且在 $n\to\infty$ 时，函数序列 $F(\xi)$ 具有确定的极限，则定义该极限为函数 $f(x)$ 的广义傅里叶变换，即有

$$F\{f(x)\}=\lim_{n\to\infty}F\{f_n(x)\} \tag{15-43}$$

现以 δ 函数为例。在电路中，δ 函数可用来表示一个窄而强的电压或电流脉冲。在光学中，一个二维 δ 函数可用来表示一个空间点脉冲（点光源或成像系统中的一个物点）。按照这一特点，δ 函数并不满足上述傅里叶变换的存在条件 ③，故不存在常义傅里叶变换。但若定义（见本节最后部分）

$$\delta(x)=\lim_{b\to\infty}b\,\mathrm{e}^{-\pi(bx)^2} \tag{15-44}$$

则序列 $b\exp[-\pi(bx)^2]$ 中的每个函数都满足上述傅里叶变换的存在条件，且其傅里叶变换为

$$F\{b\,\mathrm{e}^{-\pi(bx)^2}\}=\mathrm{e}^{-\pi\left(\frac{\xi}{b}\right)^2} \tag{15-45}$$

从而，δ 函数的广义傅里叶变换为

$$F\{\delta(x)\}=\lim_{b\to\infty}\mathrm{e}^{-\pi\left(\frac{\xi}{b}\right)^2}=1 \tag{15-46}$$

2. 广义函数的傅里叶变换

此处，"广义函数"一般指非平方可积函数。任意函数 $g(x)$，如果只在 x 的有限区间上不为 0，且无穷连续可微，则称其为检验函数。使任一检验函数 $g(x)$ 与一个数相对应的"规则"称为泛函。泛函可表示为函数的

内积。一个广义 $f(x)$ 与检验函数 $g(x)$ 的内积定义为

$$\langle f(x), g(x)\rangle = \int_{-\infty}^{\infty} f(x)g(x)\mathrm{d}x \tag{15-47}$$

如果对于任意检验函数 $g(x)$，上式表示的泛函取定数，则该广义函数 $f(x)$ 的性质完全确定。因此，(15-47)式可用作定义广义函数。比如，能够使任意检验函数 $g(x)$ 与其在 $x=0$ 的值 $g(0)$ 对应的广义函数，就定义为 $\delta(x)$ 函数，即

$$\langle \delta(x), g(x)\rangle = g(0)$$

能够使 $g(x)$ 与其在 $x=x_0$ 点的值 $g(x_0)$ 对应的广义函数，则定义为 $\delta(x-x_0)$ 函数，即

$$\langle \delta(x-x_0), g(x)\rangle = \langle \delta(x), g(x+x_0)\rangle = g(x_0)$$

广义函数具有下述性质：

1) 如果对于任意复常数 a_1、a_2，泛函(15-47)式有性质

$$\langle a_1 f_1(x) + a_2 f_2(x), g(x)\rangle = a_1\langle f_1(x), g(x)\rangle + a_2\langle f_2(x), g(x)\rangle \tag{15-48}$$

则称其为线性泛函。

2) 如果对任意检验函数 $g(x)$，恒有

$$\langle f(x), g(x)\rangle = 0 \tag{15-49}$$

则广义函数 $f(x)=0$。

3) 如果对任意检验函数 $g(x)$，恒有

$$\langle f_1(x) - f_2(x), g(x)\rangle = 0 \tag{15-50}$$

则称两广义函数相等，即 $f_1(x) = f_2(x)$。

4) 对于无穷可微函数 $a(x)$ 与任意检验函数 $g(x)$，有

$$\langle a(x)f(x), g(x)\rangle = \langle f(x), a(x)g(x)\rangle \tag{15-51}$$

5) 如果对任意检验函数 $g(x)$，都有

$$\langle xf(x), g(x)\rangle = \langle f(x), xg(x)\rangle = 0$$

则广义函数 $f(x)$ 具有形式 $f(x) = a\delta(x)$，其中 a 为一复常数。

6)
$$\left.\begin{aligned}\langle f(x-x_0), g(x)\rangle &= \langle f(x), g(x+x_0)\rangle\\ \langle f(-x), g(x)\rangle &= \langle f(x), g(-x)\rangle\end{aligned}\right\} \tag{15-52}$$

7) 广义函数经任意多次微分的结果仍为广义函数。

描写广义函数傅里叶变换性质的基本关系式是巴塞伐恒等式，即

$$\langle f(x), g^*(x)\rangle = \langle F\{f(x)\}, F^*\{g(x)\}\rangle \tag{15-53}$$

上式也是广义函数 $f(x)$ 的傅里叶变换 $F(\xi) = F\{f(x)\}$ 的定义式。比如，考虑广义函数 $\delta(x)$ 的傅里叶变换，由(15-53)式，有

$$\langle F\{\delta(x)\}, G^*(\xi)\rangle = \langle \delta(x), g^*(x)\rangle = \left\langle \delta(x), \int_{-\infty}^{\infty} G^*(\xi)\mathrm{e}^{-\mathrm{i}2\pi\xi x}\mathrm{d}\xi\right\rangle = \int_{-\infty}^{\infty} G^*(\xi)\mathrm{d}\xi = \langle 1, G^*(\xi)\rangle$$

从而得 $F\{\delta(x)\} = 1$。

并非所有广义函数都存在傅里叶变换。存在傅里叶变换的函数称为良性广义函数，其中包括绝对可积函数、有界函数以及定义在有限区间内的广义函数。良性广义函数 $f(x)$ 与一个有限因子 x^m 的乘积 $x^m f(x)$ 仍为良性广义函数，良性广义函数的任意次微分仍为良性广义函数，良性广义函数的傅里叶变换仍为良性广义函数。

(四) 切趾傅里叶变换

有时，由于系统对函数的限制，常不能完成一个完整的傅里叶变换。例如，若系统的通带范围为$(-\Omega, \Omega)$，则由 $f(x)$ 的频谱 $F(\xi)$ 只能得到它的切趾形式：

$$f_t(x) = \int_{-\Omega}^{\Omega} F(\xi)\mathrm{e}^{\mathrm{i}2\pi\xi x}\mathrm{d}\xi \tag{15-54}$$

即只能利用频谱的一部分。函数 $f_1(x)$ 称为 $F(\xi)$ 的切趾逆傅里叶变换。

（五）分数傅里叶变换

分数傅里叶变换(FRFT)是传统傅里叶变换在分数级次上的延伸，也可以看作是一种广义傅里叶变换。一维函数 $f(x)$ 的分数傅里叶变换定义为

$$F^p\{f(x)\}=\left\{\frac{\exp[-\mathrm{i}(\pi/2-\alpha)]}{2\pi\sin\alpha}\right\}^{1/2}\int_{-\infty}^{\infty}\exp\left[\mathrm{i}\left(\frac{\xi^2+x^2}{2\tan\alpha}-\frac{\xi x}{\sin\alpha}\right)\right]f(x)\mathrm{d}x\qquad|\alpha|<\pi \tag{15-55}$$

式中，$\alpha=p\pi/2$，p 称为分数傅里叶变换的阶数。通常称 $F^p\{f(x)\}$ 为 $f(x)$ 的分数傅里叶谱，记作 $F^p(\xi)$。

显然，当 $p=1$ 或 -1 时，(15-55) 式退化为 $f(x)$ 的傅里叶变换或逆傅里叶变换：

$$F^1\{f(x)\}=\int_{-\infty}^{\infty}f(x)\mathrm{e}^{-\mathrm{i}2\pi\xi x}\mathrm{d}x$$

$$F^{-1}\{f(x)\}=\int_{-\infty}^{\infty}f(x)\mathrm{e}^{\mathrm{i}2\pi\xi x}\mathrm{d}x$$

另外，当 $p=0$ 和 2 时，由(15-55) 式定义的分数傅里叶变换没有意义，因此，必须对 $F^0\{f(x)\}$ 和 $F^2\{f(x)\}$ 另行定义。根据极限运算可定义如下：

$$F^0\{f(x)\}=f(x) \tag{15-56}$$

$$F^2\{f(x)\}=f(-x) \tag{15-57}$$

上两式表明，对一个函数作 0 阶分数傅里叶变换的结果，等于给出输入函数(二维情况下即输入图像)本身，2 阶分数傅里叶变换的结果等于使其坐标反转(二维情况下即成倒立像)。

由此可见，分数傅里叶变换具有更广泛的意义。通常的傅里叶变换只是分数傅里叶变换的一种特殊形式。在二维情况下，当变换阶次 $p=0$ 时，分数傅里叶变换的结果是得到原始信号的纯空间域形式；$p=1$ 时，变换的结果得到其纯空间频率域形式；$0<p<1$ 时，变换结果直接表现为空域信息和频域信息的线性加权，从整体上体现了空-频综合的特征。

此外，上述分数傅里叶变换定义式可以与菲涅耳衍射表达式对应起来，从而使其能够利用光学方法实现。

（六）二维傅里叶变换

由一维傅里叶变换很容易推广到二维情况。定义二维函数 $f(x, y)$ 的二维傅里叶变换和逆傅里叶变换分别为

$$F(\xi,\eta)=F\{f(x,y)\}=\iint_{-\infty}^{\infty}f(x,y)\mathrm{e}^{-\mathrm{i}2\pi(\xi x+\eta y)}\mathrm{d}x\,\mathrm{d}y \tag{15-58}$$

$$f(x,y)=F^{-1}\{F(\xi,\eta)\}=\iint_{-\infty}^{\infty}F(\xi,\eta)\mathrm{e}^{\mathrm{i}2\pi(\xi x+\eta y)}\mathrm{d}\xi\,\mathrm{d}\eta \tag{15-59}$$

一个二维函数是否存在二维傅里叶变换的条件与一维情况类似，只是需要将一维区间改为二维平面。在直角坐标下，二维傅里叶变换的核是可分离变量的。因此，如果函数本身也是可分离变量的，则一个二维傅里叶变换就可以表示为两个一维傅里叶变换的乘积。另外，一个二维傅里叶变换偶的相应截面一般说来并不构成一个一维傅里叶变换偶，除非原函数是可分离变量的。即，如果 $f(x, y)$ 不可分离变量，则

$$F(\xi,0)\neq F\{f(x,0)\},F(0,\eta)\neq F\{f(0,y)\}$$

（七）傅里叶变换的性质

以二维傅里叶变换为例，设 $F\{f(x,y)\}=F(\xi,)$ 和 $F\{h(x,y)\}=H(\xi,)$ 分别为函数 $g(x, y)$ 和 $h(x, y)$ 的傅里叶变换，则对于任意常数 a 和 b，具有如下性质：

(1) 线性叠加性质

$$F\{A_1f(x,y)+A_2h(x,y)\}=A_1F(\xi,\eta)+A_2H(\xi,\eta) \tag{15-60}$$

其意义是：两个函数线性组合的傅里叶变换等于各个函数傅里叶变换的线性组合。

（2）相似性质（比例缩放定理）

$$F\{f(ax,by)\}=\frac{1}{|ab|}F\left(\frac{\xi}{a},\frac{\eta}{b}\right) \tag{15-61}$$

其意义是：函数在空间域的坐标比例放大（缩小），导致其傅里叶变换在频率域的坐标比例缩小（放大）。反之亦然。

（3）平移性质（相移定理）

$$F\{f(x\pm x_0,y\pm y_0)\}=\mathrm{e}^{\pm \mathrm{i}2\pi(\xi x_0+\eta y_0)}F(\xi,\eta) \tag{15-62a}$$

$$F\{\mathrm{e}^{\pm \mathrm{i}2\pi(\xi_0 x+\eta_0 y)}f(x,y)\}=F(\xi\mp\xi_0,\eta\mp\eta_0) \tag{15-62b}$$

其意义是：函数在空间域的坐标平移，导致其傅里叶变换在频率域发生相移；函数在空间域的相移，导致其傅里叶变换在频率域发生平移。但是，相移并不改变其强度分布，故相移性质又称为傅里叶变换的平移不变性质。

（4）微分性质（微分定理）

若 $f^{(m,n)}(x,y)$ 为函数 $f(x,y)$ 分别对 x 和 y 的 m、n 阶微分，则有

$$F\{f^{(m,n)}(x,y)\}=(\mathrm{i}2\pi\xi)^m(\mathrm{i}2\pi\eta)^n F(\xi,\eta) \tag{15-63}$$

$$F\{x^m y^n f(x,y)\}=\left(\frac{\mathrm{i}}{2\pi}\right)^m\left(\frac{\mathrm{i}}{2\pi}\right)^n F^{(m,n)}(\xi,\eta) \tag{15-64}$$

此外，定义积分

$$\iint_{-\infty}^{\infty} x^m y^n f(x,y)\mathrm{d}x\,\mathrm{d}y \qquad m,n=0,1,2,3,\cdots$$

为函数 $f(x,y)$ 的 $m+n$ 阶矩，则有

$$\iint_{-\infty}^{\infty} f(x,y)\mathrm{d}x\,\mathrm{d}y=F(0,0)$$

$$\iint_{-\infty}^{\infty} xf(x,y)\mathrm{d}x\,\mathrm{d}y=\frac{\mathrm{i}}{2\pi}F^{(1,0)}(0,0)$$

$$\iint_{-\infty}^{\infty} yf(x,y)\mathrm{d}x\,\mathrm{d}y=\frac{\mathrm{i}}{2\pi}F^{(0,1)}(0,0)$$

$$\iint_{-\infty}^{\infty} xyf(x,y)\mathrm{d}x\,\mathrm{d}y=\left(\frac{\mathrm{i}}{2\pi}\right)\left(\frac{\mathrm{i}}{2\pi}\right)F^{(1,1)}(0,0)$$

$$\iint_{-\infty}^{\infty} x^2 f(x,y)\mathrm{d}x\,\mathrm{d}y=\left(\frac{\mathrm{i}}{2\pi}\right)^2 F^{(1,1)}(0,0)$$

$$\iint_{-\infty}^{\infty} y^2 f(x,y)\mathrm{d}x\,\mathrm{d}y=\left(\frac{\mathrm{i}}{2\pi}\right)^2 F^{(1,1)}(0,0)$$

（5）积分性质（积分定理）

$$F\left\{\iint f(x,y)\mathrm{d}x\,\mathrm{d}y\right\}=\frac{1}{(\mathrm{i}2\pi\xi)(\mathrm{i}2\pi\eta)}F(\xi,\eta) \tag{15-65}$$

$$F\left\{\int_{-\infty}^{x} f(a)\mathrm{d}a\right\}=\frac{1}{\mathrm{i}2\pi\xi}F(\xi)+\frac{1}{2}F(0)\delta(\xi) \tag{15-66}$$

（6）共轭性质

$$F\{f^*(x,y)\}=F^*(-\xi,-\eta) \tag{15-67}$$

$$F\{f^*(-x,-y)\}=F^*(\xi,\eta) \tag{15-68}$$

其意义是：对一个函数的共轭作傅里叶变换等于对其傅里叶变换求共轭且作频域坐标反转。

（7）循环性质

$$F\{F(\xi,\eta)\}=F\{F\{f(x,y)\}\}=f(-x,-y) \tag{15-69}$$

$$F\{F(\xi,\eta)\}=F\{F\{F\{F\{f(x,y)\}\}\}\}=f(x,y) \tag{15-70}$$

其意义是：一个函数经过 2 次傅里叶变换后又得到函数自身，但空间坐标反转（透镜成像过程就是 2 次傅里叶变换过程，像的倒立即表明空间发生反转）；经 4 次变换后将还原为函数本身。

（8）能量守恒性质（巴塞伐定理）

$$\iint_{-\infty}^{\infty} |f(x,y)|^2 \mathrm{d}x\,\mathrm{d}y = \iint_{-\infty}^{\infty} |F(\xi,\eta)|^2 \mathrm{d}\xi\,\mathrm{d}\eta \tag{15-71}$$

其意义是:光波场在空间域的总能量等于其在频率域的总能量。

(9) 卷积性质(卷积定理)

$$F\{f(x,y) * h(x,y)\} = F(\xi,\eta)H(\xi,\eta) \tag{15-72a}$$

$$F\{f(x,y)h(x,y)\} = F(\xi,\eta) * H(\xi,\eta) \tag{15-72b}$$

其意义是:两个函数的卷积运算可以转化成其各自傅里叶变换的乘积运算,两个函数乘积的傅里叶变换可以转化成其各自傅里叶变换的卷积运算。

(10) 相关性质(相关定理,或维纳-辛钦定理)

$$F\{f(x,y) \otimes h(x,y)\} = F^*(\xi,\eta)H(\xi,\eta) \tag{15-73a}$$

$$F\{f^*(x,y)h(x,y)\} = F(\xi,\eta) \otimes H(\xi,\eta) \tag{15-73b}$$

$$F\{f(x,y) \otimes f(x,y)\} = |F(\xi,\eta)|^2 \tag{15-74a}$$

$$F\left\{|f(x,y)|^2\right\} = F(\xi,\eta) \otimes F(\xi,\eta) \tag{15-74b}$$

其意义是:两个函数的相关运算可以转化成第一个函数傅里叶变换的共轭与第二个函数傅里叶变换的乘积,函数的自相关运算可以转化成其傅里叶变换的模值平方。

五、汉克尔变换(傅里叶-贝塞尔变换)[1,5]

(一) 汉克尔变换的定义

由于光学系统中的元件多呈圆形,所以常遇到具有圆对称或径向对称的函数。设 $f(x,y)=f(r)$ 是一个径向对称函数,则其傅里叶变换为

$$F\{f(x,y)\} = F_r\{f(r)\} = \iint_{-\infty}^{\infty} f(r)\mathrm{e}^{-\mathrm{i}2\pi(\xi x+\eta y)} \mathrm{d}x\,\mathrm{d}y$$

引入极坐标表示,令 $x=r\cos\theta, y=r\sin\theta, \xi=\rho\cos\varphi, \eta=\rho\sin\varphi$,则有

$$F\{f(r)\} = \int_0^{\infty}\int_0^{2\pi} f(r)\mathrm{e}^{-\mathrm{i}2\pi r\rho\cos(\theta-\varphi)} r\,\mathrm{d}r\,\mathrm{d}\theta = 2\pi\int_0^{\infty} f(r)\mathrm{J}_0(2\pi r\rho)r\,\mathrm{d}r = F(\rho) \tag{15-75}$$

其中

$$\mathrm{J}_0(2\pi r\rho) = \frac{1}{2\pi}\int_0^{2\pi} \mathrm{e}^{-\mathrm{i}2\pi r\rho\cos(\theta-\varphi)} \mathrm{d}\theta$$

为第一类 0 阶贝塞尔函数。(15-75) 式中最后一个等式称为 0 阶汉克尔变换(或傅里叶-贝塞尔变换),记为

$$F(\rho) = H\{g(r)\} = 2\pi\int_0^{\infty} g(r)\mathrm{J}_0(2\pi r\rho)\,r\,\mathrm{d}r \tag{15-76}$$

其逆变换为

$$f(r) = 2\pi\int_0^{\infty} F(\rho)\mathrm{J}_0(2\pi r\rho)\rho\,\mathrm{d}\rho = H\{F(\rho)\} \tag{15-77}$$

函数 $f(r)$ 的 m 阶汉克尔变换及逆变换分别定义为

$$F(\rho;m) = 2\pi\int_0^{\infty} f(r)\mathrm{J}_m(2\pi r\rho)\,r\,\mathrm{d}r \tag{15-78}$$

$$f(r) = 2\pi\int_0^{\infty} F(\rho;m)\mathrm{J}_m(2\pi r\rho)\rho\,\mathrm{d}\rho \tag{15-79}$$

式中,$\mathrm{J}_m(2\pi r\rho)$ 为第一类 m 阶贝塞尔函数,m 可正可负,可为整数或非整数,也可为实数或复数。(15-78) 式和(15-79) 式可分别简写为 $F(\rho;m)=H_m\{f(r)\}$ 和 $f(r)=H_m\{F(\rho;m)\}$。由于汉克尔变换与相应逆变换具有完全相同的形式,所以统称为汉克尔变换而不加区别。

一般而言,n 维空间中的径向对称函数 $f(r)$ 的傅里叶变换也具有径向对称性,记为 $R(\rho)$,其关系可表示为

$$R(\rho) = 2\pi\rho^{-\frac{n-2}{2}}\int_0^{\infty} r^{\frac{n}{2}}\mathrm{J}_{\frac{n-2}{2}}(2\pi r\rho)f(r)\mathrm{d}r \tag{15-80}$$

$$f(r)=2\pi r^{-\frac{n-2}{2}}\int_0^{\infty}\rho^{\frac{n}{2}}\mathrm{J}_{\frac{n-2}{2}}(2\pi r\rho)R(\rho)\mathrm{d}\rho \tag{15-81}$$

上式称为$(n-2)/2$阶汉克尔变换，其特点是用一维变换代替了n维傅里叶变换。

(二) 汉克尔变换的性质

由于汉克尔变换只是傅里叶变换的特殊情况，所以类似傅里叶变换，可以导出汉克尔变换的一些相应性质。

(1) 线性叠加性质

若$H\{f_1(r)\}=F_1(\rho)$，$H\{f_2(r)\}=F_2(\rho)$，则

$$H\{a_1f_1(r)+a_2f_2(r)\}=a_1F_1(\rho)+a_2F_2(\rho) \tag{15-82}$$

(2) 相似性质(比例缩放性质)

若$H\{f(r)\}=F(\rho)$，则

$$H\{f(ar)\}=\frac{1}{a^2}F\left(\frac{\rho}{a}\right) \tag{15-83}$$

(3) 卷积性质

若将两个径向对称函数$f(r)$和$h(r)$的卷积表示为

$$f(r)*h(r)=\int_0^{\infty}\int_0^{2\pi}f(r')h(R)r'\mathrm{d}r'\mathrm{d}\theta \tag{15-84}$$

式中，$R^2=r^2+r'^2+2rr'\cos\theta$，则有

$$H\{f(r)*h(r)\}=F(\rho)H(\rho) \tag{15-85}$$

由于平移操作将破坏原函数的径向对称性，故汉克尔变换不允许原函数在$(x,\ y)$平面上作平移。因而，在平移情况下，不能用一维汉克尔变换代替二维傅里叶变换。

六、希尔伯特变换[1]

(一) 希尔伯特变换的定义

实函数$f(x)$的希尔伯特变换定义为

$$\chi(x)=H\{f(x)\}=\frac{P}{\pi}\int_{-\infty}^{\infty}\frac{f(x')}{x'-x}\mathrm{d}x' \tag{15-86}$$

式中，符号P表示该积分取柯西主值，即

$$H\{f(x)\}=\frac{1}{\pi}\lim_{\varepsilon\to 0}\left\{\left(\int_{-\infty}^{x-\varepsilon}+\int_{x+\varepsilon}^{\infty}\right)\frac{f(x')}{x'-x}\mathrm{d}x'\right\}=\chi(x)$$

希尔伯特变换是一个线性变换，它实际上表示原函数$f(x)$与广义函数$1/x$卷积的主值，即

$$\chi(x)=H\{f(x)\}=\frac{1}{\pi}P\int_{-\infty}^{\infty}\frac{f(x')}{x-x'}\mathrm{d}x'=\frac{1}{\pi}f(x)*\frac{P}{x} \tag{15-87}$$

由复变函数理论可以证明：

$$\frac{P}{x}*\frac{P}{x}=\int_{-\infty}^{\infty}\frac{f(x')}{x-x'}\mathrm{d}x'=-\pi^2\delta(x) \tag{15-88}$$

由此可得

$$HH\{f(x)\}=-f(x)，\text{或 }HH=-1 \tag{15-89}$$

(二) 希尔伯特变换的性质

希尔伯特变换等同于一个滤波器，一个信号经希尔伯特变换后，其幅度频谱、功率(能量)谱以及自相关函数和功率(能量)均不变。

类似傅里叶变换，可以证明希尔伯特变换具有下述性质：

$$H\{f(x+x_0)\}=\chi(x+x_0) \tag{15-90}$$

$$H\{f(\pm ax_0)\}=\pm\chi(x\pm ax) \tag{15-91}$$

$$H\{(x+x_0)f(x)\}=(x+x_0)\chi(x)+\frac{1}{\pi}\int_{-\infty}^{\infty}f(x)\mathrm{d}x \tag{15-92}$$

$$H\left\{\frac{\mathrm{d}f(x)}{\mathrm{d}x}\right\}=\frac{\mathrm{d}\chi(x)}{\mathrm{d}x} \tag{15-93}$$

$$f_1(x)*f_2(-x)=\chi_1(x)*\chi_2(-x) \tag{15-94}$$

$$f_1(x)*\chi_2(-x)=-\chi_1(x)*f_2(-x) \tag{15-95}$$

七、梅林变换[6]

二维函数 $f(x, y)$ 的梅林变换定义为

$$M(\xi,\eta)=M\{f(x,y)\}=\iint_{-\infty}^{\infty}f(x,y)x^{-(\mathrm{i}2\pi\xi+1)}y^{-(\mathrm{i}2\pi\eta+1)}\mathrm{d}x\,\mathrm{d}y \tag{15-96}$$

相应的逆梅林变换为

$$f(x,y)=M^{-1}\{M(\xi,\eta)\}=\iint_{-\infty}^{\infty}M(\xi,\eta)x^{\mathrm{i}2\pi\xi}y^{\mathrm{i}2\pi\eta}\mathrm{d}\xi\,\mathrm{d}\eta \tag{15-97}$$

可以证明，若分别以 $x'=\mathrm{e}^x$ 和 $y'=\mathrm{e}^y$ 代替(15-96)式中的 x 和 y，则函数 $f(\mathrm{e}^x, \mathrm{e}^y)$ 的傅里叶变换即为 $f(x,y)$ 的梅林变换，即

$$M(\xi,\eta)=\iint_{-\infty}^{\infty}f(\mathrm{e}^x,\mathrm{e}^y)\mathrm{e}^{-\mathrm{i}2\pi(\xi x+\eta y)}\mathrm{d}x\,\mathrm{d}y \tag{15-98}$$

同样有

$$f(\mathrm{e}^x,\mathrm{e}^y)=\iint_{-\infty}^{\infty}M(\xi,\eta)\mathrm{e}^{\mathrm{i}2\pi(\xi x+\eta y)}\mathrm{d}\xi\,\mathrm{d}\eta \tag{15-99}$$

梅林变换的主要特点是它具有比例不变性质。即两个具有不同比例尺度而其他方面完全相同的二维函数，其梅林变换是相等的。这一特点可应用于比例变化图像的识别处理。

八、维格纳变换[4]

(一) 维格纳变换的定义

对于函数 $g(x)$ 及其傅里叶变换 $G(\xi)$，其在空域和频域的维格纳变换分别定义为

$$W(x,\xi)=\int_{-\infty}^{\infty}g\left(x+\frac{x'}{2}\right)g^*\left(x-\frac{x'}{2}\right)\mathrm{e}^{-\mathrm{i}2\pi\xi x'}\mathrm{d}x' \tag{15-100a}$$

$$W(x,\xi)=\int_{-\infty}^{\infty}G\left(\xi+\frac{\xi'}{2}\right)G^*\left(\xi-\frac{\xi'}{2}\right)\mathrm{e}^{\mathrm{i}2\pi\xi' x}\mathrm{d}\xi' \tag{15-100b}$$

相应的逆变换式分别为

$$\int_{-\infty}^{\infty}W(x,\xi)\mathrm{e}^{\mathrm{i}4\pi\xi x}\mathrm{d}\xi=g(2x)g^*(0) \tag{15-101a}$$

$$\int_{-\infty}^{\infty}W(x,\xi)\mathrm{e}^{-\mathrm{i}4\pi\xi x}\mathrm{d}\xi=G(2x)G^*(0) \tag{15-101b}$$

可见，维格纳变换反映了函数 $g(x)$ 在空域和频域的综合特征。但是，由于不是线性变换，维格纳变换难以应用到线性系统中。

(二) 维格纳变换的性质

(1) 反演性质

若对函数 $g(x)$ 作空间反演($\rightarrow g(-x)$)，则有

$$\int_{-\infty}^{\infty}g\left(-x-\frac{x_1}{2}\right)g^*\left(-x+\frac{x_1}{2}\right)\mathrm{e}^{-\mathrm{i}2\pi\xi x_1}\mathrm{d}x_1$$

$$\overset{x_1=-x'}{=} \int_{-\infty}^{\infty} g\left(-x+\frac{x'}{2}\right) g^*\left(-x-\frac{x'}{2}\right) \mathrm{e}^{-\mathrm{i}2\pi(-\xi)x'} \mathrm{d}x'$$

$$= W(-x,-\xi) \tag{15-102}$$

其意义是：函数 $g(x)$ 在 x 空间的反演引起维格纳变换 $W(x,\xi)$ 在 (x,ξ) 空间的反演。

(2) 比例缩放性质

对于给定常数 M，函数 $g(x/M)$ 的维格纳谱为

$$\int_{-\infty}^{\infty} g\left(\frac{x}{M}-\frac{x'}{2M}\right) g^*\left(\frac{x}{M}+\frac{x'}{2M}\right) \mathrm{e}^{-\mathrm{i}2\pi\xi x'} \mathrm{d}x'$$

$$= \int_{-\infty}^{\infty} g\left(\frac{x}{M}-\frac{x'}{2M}\right) g^*\left(\frac{x}{M}+\frac{x'}{2M}\right) \mathrm{e}^{-\mathrm{i}2\pi(M\xi)x'} \mathrm{d}\left(\frac{x'}{M}\right)$$

$$= W\left(\frac{x}{M}, M\xi\right) \tag{15-103}$$

其意义是：函数 $g(x)$ 的坐标放大将引起维格纳变换中的坐标同比例放大，而空间频谱同比例缩小。

(3) 能量性质

若函数 $G(\xi)$ 为函数 $g(x)$ 的傅里叶变换，则有

$$\int_{-\infty}^{\infty} W(x,\xi)\mathrm{d}\xi = |g(x)|^2 \tag{15-104a}$$

$$\int_{-\infty}^{\infty} W(x,\xi)\mathrm{d}x = |G(\xi)|^2 \tag{15-104b}$$

$$\iint_{-\infty}^{\infty} W(x,\xi)\mathrm{d}x\,\mathrm{d}\xi = I_0 \tag{15-104c}$$

其意义是：维格纳变换对于频域和空域的积分，分别得到信号在空域和频域中的功率密度；维格纳变换同时对频域和空域的积分，得到信号的总功率(强度)。

九、小波变换[4]

(一) 小波变换的定义

如果一个函数 $g(x)$ 在整个空域中 $(-\infty,\infty)$ 呈现稳态分布，则利用傅里叶分析可以给出近乎完美的结果。然而，实际中存在着许多光学信号，其不显著为 0 的分量仅分布在一个非常有限的区域 Δx 内，并且在很多情况下，Δx 以外的取值可能是 0，也可能是背景噪声。如果不加选择地对这类局域信号在整个空间 $(-\infty,\infty)$ 内作傅里叶分析，可能会产生较大的误差甚至错误。其次，对于一个在 Δx 以外较远处几乎完全等于 0 的局域信号，当用其频谱来恢复或重构时，所得重构信号在 Δx 以外较远处往往也会出现一些非 0 分量，这些非 0 分量一般并非是有用信息，而是噪声，源于在求解逆傅里叶变换过程中频域综合的不够充分所致。此外，对于某些虽然具有较大空间分布区域的光信号，往往并不需要了解其在全域内综合的频谱分布，而只希望了解其在某一区间或某些区间部分所对应的频谱，此时，传统的傅里叶变换因为只能提供信号在全域内综合的频谱而无法满足局域分析的需要。小波变换正是为解决此类问题而提出的一种能够对局域信号进行分析的有效途径。

如同傅里叶变换一样，小波变换也需要引入一个基(元)函数，相当于变换因子。假设函数 $h(x)$ 在 $|x|\to\infty$ 时迅速衰减，则将该函数作比例伸缩和平移后得到一个基函数：

$$h_{a,b}(x) = \frac{1}{\sqrt{a}} h\left(\frac{x-b}{a}\right) \tag{15-105}$$

式中，$a>0$ 称为伸缩因子，b 称为位移因子，$h(x)$ 称为基函数 $h_{a,b}(x)$ 的母函数。这样一个基函数通常称为小波函数，简称小波。

一个信号函数 $g(x)$ 的小波变换定义为小波 $h_{a,b}(x)$ 与函数 $g(x)$ 的内积，即

$$W_{a,b}\{g(x)\} = \langle h_{a,b}(x), g(x)\rangle = \frac{1}{\sqrt{a}} \int_{-\infty}^{\infty} h^*\left(\frac{x-b}{a}\right) g(x)\mathrm{d}x \tag{15-106}$$

也可以根据相关的定义，将上式改写为

$$W_{a,b}\{g(x)\} = \frac{1}{\sqrt{a}} h\left(\frac{b}{a}\right) \otimes g(b) \tag{15-107}$$

即小波变换实际上就是缩放后的母函数与信号函数的相关，母函数的中心位移则是信号函数的变量。

在频域中，小波可表示为

$$H_{a,b}(a\xi) = \int_{-\infty}^{\infty} e^{-i2\pi\xi x} h_{a,b}(x)\mathrm{d}x = \sqrt{a}\, e^{-i2\pi\xi b} H(a\xi) \tag{15-108}$$

式中，$H(a\xi)$ 是小波母函数 $h(x)$ 的傅里叶变换。因此，小波变换也可以在频域中表示为信号频谱 $G(\xi)$ 和频域小波 $H_{a,b}(a\xi)$ 的内积：

$$W_{a,b}\{g(x)\} = \sqrt{a} \int_{-\infty}^{\infty} H^{*}(a\xi) G(\xi) e^{i2\pi\xi b} \mathrm{d}\xi \tag{15-109}$$

上式表明，小波变换可以通过小波变换滤波器 $H(a\xi)$ 在光学相关器中实现。

小波变换的逆变换定义为

$$g(x) = \frac{1}{C_h} \int_{-\infty}^{\infty} \int_{0}^{\infty} W_{a,b}\{g(x)\} \frac{h_{a,b}(x)}{a^2} \mathrm{d}a\mathrm{d}b \tag{15-110}$$

式中，C_h 满足相容性条件：

$$C_h \equiv \int_{0}^{\infty} \frac{|H(\xi)|^2}{\xi} \mathrm{d}\xi < \infty \tag{15-111}$$

而此相容性条件又要求 $H(0) = 0$，这意味着，小波函数没有零频分量，其母函数具有振荡性，平均值为 0。

(二) 常用小波函数

1. Haar 小波

Haar 小波(图 15-2) 定义为

$$h(x) = \mathrm{rect}\left[2\left(x - \frac{1}{4}\right)\right] - \mathrm{rect}\left[2\left(x - \frac{3}{4}\right)\right] \tag{15-112}$$

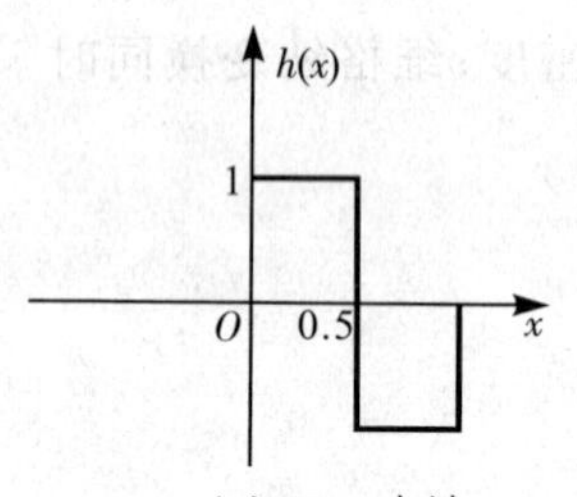

(a) Haar小波

(b) Haar小波的傅里叶变换

图 15-2 Haar 小波及其傅里叶变换

这是一个双极性阶跃函数——以 $x = 1/2$ 为中心的奇对称实函数，其傅里叶变换为

$$H(\xi) = i2e^{-i\pi\xi} \frac{1 - \cos(\pi\xi)}{\pi\xi} \tag{15-113}$$

2. Morlet 小波

Morlet 小波定义为

$$h(x) = e^{i2\pi\xi_0 x} e^{-\frac{x^2}{2}} \tag{15-114}$$

其傅里叶变换为

$$H(p) = 2\pi\left[e^{-2\pi^2(\xi-\xi_0)^2} + e^{-2\pi^2(\xi+\xi_0)^2}\right\} \tag{15-115}$$

图 15-3 是 Morlet 小波函数的实部和函数的傅里叶变换。

3. Mexican-hat 小波

Mexican-hat 小波函数的波形如墨西哥帽子，其母函数定义为(高斯函数的二阶导数)

$$h(x) = (1 - x^2) e^{-\frac{x^2}{2}} \tag{15-116}$$

其傅里叶变换为

$$H(\xi) = 4\pi^2 \xi^2 e^{-2\pi\xi^2} \tag{15-117}$$

图 15-4 为 Mexican-hat 小波的母函数及其傅里叶变换。Mexican-hat 小波变换被广泛用于零交叉多分辨边缘检测，其特点是收敛速度很快。

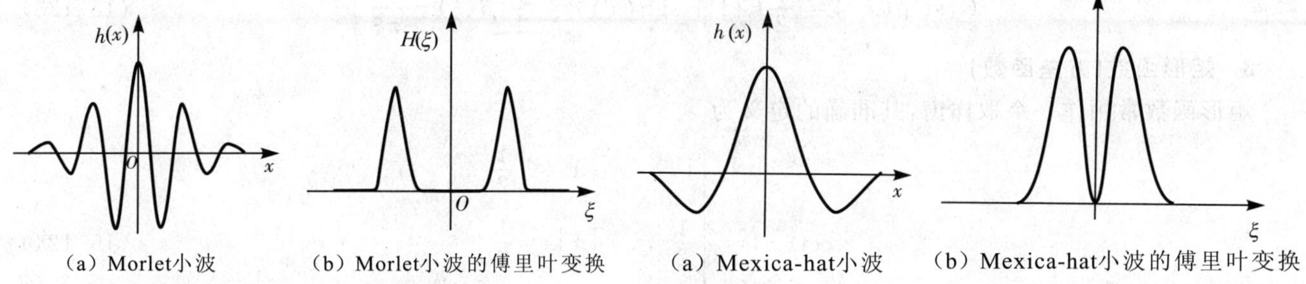

(a) Morlet小波 (b) Morlet小波的傅里叶变换

图 15-3 Morlet 小波及其傅里叶变换

(a) Mexica-hat小波 (b) Mexica-hat小波的傅里叶变换

图 15-4 Mexican-hat 小波母函数及其傅里叶变换

十、常用函数及其傅里叶变换对[1,3]

下面列举光学问题中常用的一些函数及其傅里叶变换。

(一) 常用一维函数

1. 符号函数

符号函数常用来改变一个函数的极性,其定义为

$$\mathrm{sgn}\,(x)=\begin{cases}-1, & x<0\\ 0, & x=0\\ 1, & x>0\end{cases} \tag{15-118}$$

这是一个广义函数,由于不满足绝对可积条件,故不存在常义傅里叶变换。若引入一个函数序列

$$f_n(x)=\begin{cases}-\mathrm{e}^{\frac{x}{n}}, & x<0\\ 0, & x=0\\ \mathrm{e}^{-\frac{x}{n}}, & x>0\end{cases} \tag{15-119}$$

式中,$n=1,2,3,\cdots,\infty$。不难看出

$$\mathrm{sgn}\,(x)=\lim_{n\to\infty}f_n(x)=\begin{cases}-1, & x<0\\ 0, & x=0\\ 1, & x>0\end{cases}$$

而该函数序列的傅里叶变换为

$$F_n(\xi)=F\{f_n(x)\}=\int_{-\infty}^{\infty}f_n(x)\mathrm{e}^{-\mathrm{i}2\pi\xi x}\mathrm{d}x=-\int_{-\infty}^{0^-}\mathrm{e}^{x/n}\mathrm{e}^{-\mathrm{i}2\pi\xi x}\mathrm{d}x+\int_{0^+}^{\infty}\mathrm{e}^{-x/n}\mathrm{e}^{-\mathrm{i}2\pi\xi x}\mathrm{d}x=\frac{-\mathrm{i}4\pi\xi}{(2\pi\xi)^2+1/n^2}$$

根据广义傅里叶变换定义,有

$$F(\zeta)=F\{\mathrm{sgn}\,(x)\}=\lim_{n\to\infty}F_n(\xi)=\begin{cases}-\dfrac{\mathrm{i}}{\pi\xi}, & \xi\neq 0\\ 0, & \xi=0\end{cases} \tag{15-120}$$

2. 阶跃函数

阶跃函数常用作开关来打开或关断另一个函数,其准确的定义为

$$\mathrm{step}(x)=\begin{cases}0, & x<0\\ \dfrac{1}{2}, & x=0\\ 1, & x>0\end{cases} \tag{15-121}$$

作为一个广义函数,阶跃函数可以用符号函数表示如下:

$$\mathrm{step}(x)=\frac{1}{2}[1+\mathrm{sgn}(x)] \tag{15-122}$$

于是,根据符号函数的广义傅里叶变换,很容易得到阶跃函数的广义傅里叶变换:

$$F\{\text{step}(x)\}=\frac{1}{2}F\{1+\text{sgn}(x)\}=\frac{1}{2}\left[\delta(\xi)-\frac{\mathrm{i}}{\pi\xi}\right] \tag{15-123}$$

3. 矩形函数(方垒函数)

矩形函数常用作一个取样窗,其准确的定义为

$$\text{rect}(x)=\begin{cases}1, & |x|<\dfrac{1}{2}\\ \dfrac{1}{2}, & |x|=\dfrac{1}{2}\\ 0, & |x|>\dfrac{1}{2}\end{cases} \tag{15-124}$$

作为一个广义函数,矩形函数也可以用阶跃函数表示为

$$\text{rect}(x)=\text{step}\left(x+\frac{1}{2}\right)-\text{step}\left(x-\frac{1}{2}\right) \tag{15-125}$$

于是,根据阶跃函数的广义傅里叶变换,很容易得到矩形函数的广义傅里叶变换:

$$F\{\text{rect}(x)\}=F\left\{\text{step}\left(x+\frac{1}{2}\right)\right\}-F\left\{\text{step}\left(x-\frac{1}{2}\right)\right\}=\frac{\sin(\pi\xi)}{\pi\xi} \tag{15-126}$$

4. sinc 函数(抽样函数)

sinc 函数又称抽样函数,其准确定义为

$$\text{sinc}(x)=\frac{\sin(\pi x)}{\pi x} \tag{15-127}$$

显然,它与矩形函数构成一对傅里叶变换关系。

5. 三角形函数

三角形函数的定义为

$$\text{tri}(x)=\begin{cases}0, & |x|\geqslant 1\\ 1-|x|, & |x|<1\end{cases} \tag{15-128}$$

三角形函数也可以用矩形函数表示为

$$\text{tri}(x)=\text{rect}(x)*\text{rect}(x) \tag{15-129}$$

根据傅里叶变换的卷积定理及矩形函数的傅里叶变换,可得

$$F\{\text{tri}(x)\}=F\{\text{rect}(x)\}F\{\text{rect}(x)\}=\text{sinc}^2(x) \tag{15-130}$$

6. 高斯函数

高斯函数是光学中一个极其重要的函数,其标准定义为

$$\text{Gaus}(x)=\mathrm{e}^{-\pi x^2} \tag{15-131}$$

高斯函数的特点是其各阶导数均连续,并且其傅里叶变换仍是高斯函数,即

$$F\{\text{Gaus}(x)\}=\mathrm{e}^{-\pi\xi^2} \tag{15-132}$$

7. δ 函数(脉冲函数)

前面已经提到,δ 函数是一个非常典型而且重要的广义函数,可用来表示一个电脉冲或光脉冲,故又称脉冲函数。δ 函数可视作为一个宽度逐渐减小、高度逐渐增大而面积始终等于1的脉冲序列的极限,有多种定义形式,除了可用高斯函数(见(15-44)式)定义外,通常也可用矩形函数或 sinc 函数定义,即

$$\delta(x)=\lim_{b\to\infty}\begin{cases}b\,\text{rect}(bx)\\ b\,\text{sinc}(bx)\end{cases} \tag{15-133}$$

式中的 b 为参数。由(15-127)式同样可得 δ 函数的傅里叶变换(见(15-46)式)为

$$F\{\delta(x)\}=\lim_{b\to\infty}F\{b\,\text{rect}(bx)\}=\lim_{b\to\infty}\text{sinc}\left(\frac{\xi}{b}\right)=1 \tag{15-134}$$

δ 函数具有下列重要性质:

1) 定义域: $\delta(x-x_0)=0,\quad x\neq x_0$ (15-135)

2）筛选性质：
$$\int_{x_2}^{x_1} f(x)\delta(x-x_0)\mathrm{d}x = f(x_0), \qquad x_0 \in (x_2, x_2) \tag{15-136}$$

3）定标性质：
$$\delta\left(\frac{x-x_0}{b}\right) = |b|\delta(x-x_0) \tag{15-137}$$

4）对称性质：
$$\delta(-x) = \delta(x), \delta(-x+x_0) = \delta(x-x_0) \tag{15-138}$$

5）乘法性质：
$$\left.\begin{aligned} f(x)\delta(x-x_0) = f(x_0)\delta(x-x_0) \\ x\delta(x-x_0) = x_0\delta(x-x_0) \end{aligned}\right\} \tag{15-139}$$

6）微积分性质：
$$\int_{-\infty}^{\infty} A\delta(x-x_0)\,\mathrm{d}x = A \qquad A\text{ 为任意复常数} \tag{15-140}$$

$$\delta^{(k)}(x) = \frac{\mathrm{d}^k}{\mathrm{d}x^k}\delta(x) \tag{15-141}$$

7）卷积性质：
$$\int_{-\infty}^{\infty} f(x')\,\delta(x'-x)\mathrm{d}x' = f(x) = \int_{-\infty}^{\infty} f(x')\,\delta(x-x')\mathrm{d}x' = f(x)*\delta(x) \tag{15-142}$$

$$f(x)*\delta^{(k)}(x) = f^{(k)}(x) \tag{15-143}$$

这里，$f(x)$ 为任意函数。(15-142) 式表明：任何函数与 δ 函数的卷积只是重新产生这个函数，但其宗量则取 δ 函数的宗量。(15-143) 式表明，任意函数与 δ 函数的某阶微分相卷积，等价于对该函数进行相同阶次微分。

8. 梳状函数

梳状函数可用于对其他函数抽样，定义为 δ 函数的级数和，即

$$\mathrm{comb}(x) = \sum_{n=-\infty}^{\infty} \delta(x-n) \tag{15-144}$$

根据 δ 函数的广义傅里叶变换，同样很容易得到梳状函数的广义傅里叶变换：

$$F\{\mathrm{comb}(x)\} = \sum_{n=-\infty}^{\infty} F\{\delta(x-n)\} = \sum_{n=-\infty}^{\infty} \mathrm{e}^{\mathrm{i}2\pi n\xi} = \mathrm{comb}(\xi) \tag{15-145}$$

（二）常用二维函数

二维函数可由一维函数推广得到。

1. 矩形函数与 sinc 函数

二维矩形函数常用来表示出瞳为矩形的光学系统的光瞳函数，二维 sinc 函数常用于描述矩形出瞳光学系统的相干脉冲响应。两者分别定义为

$$\mathrm{rect}(x, y) = \mathrm{rect}(x)\mathrm{rect}(y) \tag{15-146}$$

$$\mathrm{sinc}(x, y) = \mathrm{sinc}(x)\mathrm{sinc}(y) \tag{15-147}$$

与一维情况类似，两个函数构成傅里叶变换对，即

$$F\{\mathrm{rect}(x,y)\} = \mathrm{sinc}(\xi)\mathrm{sinc}(\eta) \tag{15-148}$$

$$F\{\mathrm{sinc}(x,y)\} = \mathrm{rect}(\xi)\mathrm{rect}(\eta) \tag{15-149}$$

2. 三角形函数与 sinc^2 函数

三角形函数常用来表示出瞳为矩形的光学系统的光学传递函数，sinc^2 函数则描述矩形出瞳光学系统的非相干脉冲响应。两者分别定义为

$$\mathrm{tri}(x, y) = \mathrm{tri}(x)\mathrm{tri}(y) \tag{15-150}$$

$$\mathrm{sinc}^2(x, y) = \mathrm{sinc}^2(x)\mathrm{sinc}^2(y) \tag{15-151}$$

同样，与一维情况类似，两个函数构成傅里叶变换对，即

$$F\{\mathrm{tri}(x, y)\} = \mathrm{sinc}^2(\xi)\mathrm{sinc}^2(\eta) \tag{15-152}$$

$$F\{\mathrm{sinc}^2(x, y)\} = \mathrm{tri}(\xi)\mathrm{tri}(\eta) \tag{15-153}$$

3. 高斯函数

在直角坐标系中，二维高斯函数可以表示为两个一维高斯函数的乘积，但由于径向对称性，在极坐标系中，二维高斯函数仍可表示为矢径坐标的一维高斯函数，即

$$\mathrm{Gaus}(x,\ y)=\mathrm{Gaus}(x)\mathrm{Gaus}(y) \tag{15-154}$$

$$\mathrm{Gaus}(\rho)=\mathrm{e}^{-\pi\rho^2} \tag{15-155}$$

实高斯函数常用于描述光场的强度分布，复高斯函数常用于描述光场的复振幅或相位分布。在直角坐标系中，二维高斯函数的傅里叶变换仍是高斯函数。

$$F\{\mathrm{Gaus}(x,\ y)\}=\mathrm{Gaus}(\xi)\mathrm{Gaus}(\eta)=\mathrm{Gaus}(\xi,\eta) \tag{15-156}$$

4. δ 函数(脉冲函数)

在直角坐标系中，二维 δ 函数可以表示为两个一维 δ 函数的乘积

$$\delta(x,\ y)=\delta(x)\delta(y) \tag{15-157}$$

显然，函数 $\delta(x,y)$ 的傅里叶变换仍是 1。

5. 二维梳状函数

二维梳状函数可表示为两个一维梳状函数的乘积，即

$$\mathrm{comb}(x,\ y)=\left[\sum_{m=-\infty}^{\infty}\delta(x-m)\right]\left[\sum_{n=-\infty}^{\infty}\delta(y-n)\right]=\mathrm{comb}(x)\mathrm{comb}(y) \tag{15-158}$$

类似于一维情况，函数 $\mathrm{comb}(x,y)$ 可用于对一个二维函数抽样，也用于表示一个点光源阵列，其傅里叶变换为

$$F\{\mathrm{comb}(x,\ y)\}=\mathrm{comb}(\xi)\mathrm{comb}(\eta)=\mathrm{comb}(\xi,\eta) \tag{15-159}$$

6. 圆域函数(圆柱函数)

圆域函数也称圆柱函数，可用于表示一个圆孔，如出瞳为圆形的光学系统的光瞳函数。假设圆孔半径为 1，则圆域函数的准确定义为

$$\mathrm{circ}(\rho)=\begin{cases}1, & 0<\rho=\sqrt{x^2+y^2}<1\\ \dfrac{1}{2}, & \rho=\sqrt{x^2+y^2}=1\\ 0, & \rho=\sqrt{x^2+y^2}>1\end{cases} \tag{15-160}$$

圆域函数的傅里叶变换为

$$F\{\mathrm{circ}(\rho)\}=\frac{\mathrm{J}_1(2\pi\zeta)}{\zeta},\qquad \zeta=\sqrt{\xi^2+\eta^2} \tag{15-161}$$

常用于描写圆形出瞳光学系统的相干脉冲响应，其平方则对应于圆形出瞳光学系统的非相干脉冲响应。

第二节　线性系统[1-2,5]

一、物理系统的一般描述

任何物理系统都可看作是对某种激励呈现某种响应的器件。称激励为输入，响应为输出。一般系统可以有多端输入和多端输出，且输入和输出的个数可以不等。但对光学问题，往往只关心单端输入和单端输出的系统。

图 15-5　算符和物理系统的关系

系统的模型常用一个数学算符表示，参见图 15-5。假设对一组给定的函数 $\{f_1(x),\ f_2(x),\ \cdots,\ f_n(x)\}$ 可按某种变换规则指定另一组相应的函数 $\{g_1(x),\ g_2(x),\ \cdots,\ g_n(x)\}$，其中 $g_i(x)$ 与 $f_i(x)$ 对应，现用算符 $T\{\}$ 来表示这种变换规则，则这种对应过程在数学上可表示为

$$T\{f_i(x)\}=g_i(x),\qquad i=1,2,\cdots,n \tag{15-162}$$

并称 $T\{\}$ 将第一组函数变换成第二组函数。系统的特性常用这种算符描写，其输入和输出分别对应上述两组函数的元素。系统的作用就是将输入信号变换成输出信号，支配这种变换的规则有多种，比如代数方程、微分方程、积分方程、数表、图解，等等。

下面按物理系统所呈现的特性对其进行分类。

(一) 线性系统

如果一个系统具有性质

$$T\{a_1 f_1(x)+a_2 f_2(x)\}=a_1 T\{f_1(x)\}+a_2 T\{f_2(x)\} \tag{15-163}$$

则称该系统为线性系统。线性系统服从叠加原理，即系统对于若干激励线性组合的总响应等于其分别对各激励的响应的同样线性组合(图 15-6)。根据这一线性叠加原理，在求系统对一个复杂激励的响应时，可首先将此复杂输入分解成若干简单的基元激励的线性组合，求得系统对各基元激励的响应，再取这些基元响应的线性组合。

在物理上，线性意味着系统的变换特性与输入的大小无关。这当然是一种理想化的特性，但在输入大小的一定范围内，却可以是一个很好的近似。

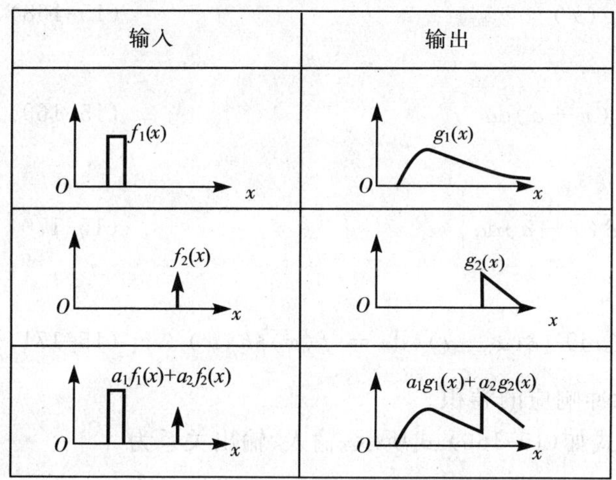

图 15-6　线性系统的叠加原理

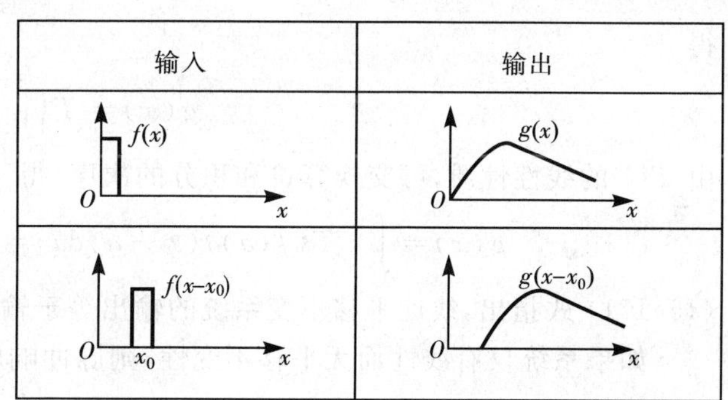

图 15-7　平移不变系统的输入-输出关系

(二) 平移不变系统

一个系统，如果其输入发生(时、空) 位置移动时，仅仅使输出也有一个同样大小的移动而形状不变，则称系统是平移不变的(图 15-7)。也即，当系统满足条件

$$T\{f(x)\}=g(x)\Rightarrow T\{f(x-x_0)\}=g(x-x_0) \tag{15-164}$$

时，则称它是平移不变的。平移不变性意味着，系统的变换特性与独立变量的大小无关。这当然也是一种理想化，但在独立变量的某一有限范围内，仍是一个很好的近似。

当系统同时满足线性和平移不变性时，有

$$T\{f(x)\}=g(x)\Rightarrow T\{a_1 f_1(x-x_0)+a_2 f_2(x-x_0)\}=a_1 g_1(x-x_0)+a_2 g_2(x-x_0) \tag{15-165}$$

(三) 表因系统

一个系统，如果其在某一点的输出值与其在此点以后的输入值无关，则称其为表因系统。显然，当输入和输出为时间信号时，任何物理系统都是表因系统。但当输入与输出为空间信号时就不一定了。

(四) 有记忆系统

一个系统，如果其输出不是输入的函数，而是输入的泛函，则称其为有记忆系统，又称为动力学系统。无记忆系统又称为零记忆系统或瞬态系统，其输出仅是输入的一个函数。有记忆系统的输出在 $x=x_1$ 点的值依赖于输入 $f(x)$ 在 x 的一个很宽范围甚至全部变化范围的值；无记忆系统的输出在 $x=x_1$ 点的值只与在 $x=x_1$ 点的输入值有关，而不记忆过去的输入值，也不预见其未来的性态。由此可见，无记忆系统仅将输入在某点的值映射成输出在该点的值，而有记忆系统则将输入在许多点的值映射成输出在一点的值。

下面，除非另有声明，“系统”一词一般将指线性平移不变非表因有记忆单端输入单端输出的多对一系统。

二、脉冲响应与叠加积分

当系统输入一个δ函数时，其输出称为系统的脉冲响应。对于非平移不变系统，其脉冲响应还与δ函数在哪一点输入有关。比如，输入脉冲位于$x=x_0$，则系统在x点的响应表示为$h(x;x_0)$，即

$$T\{\delta(x-x_0)\}=h(x;x_0) \tag{15-166}$$

而对于线性平移不变系统，按定义，则有

$$T\{\delta(x-x_0)\}=h(x-x_0) \tag{15-167}$$

现在对该系统输入$f(x)$，输出表示为$g(x)$，则有

$$T\{f(x)\}=g(x) \tag{15-168}$$

将$f(x)$分解成一些适当加权和定位的δ函数之和，即

$$f(x)=\int_{-\infty}^{\infty}f(a)\delta(x-a)\mathrm{d}a \tag{15-169}$$

得

$$g(x)=T\left\{\int_{-\infty}^{\infty}f(a)\delta(x-a)\mathrm{d}a\right\} \tag{15-170}$$

由$T\{\}$的线性性质，可交换算符和积分的次序，得

$$g(x)=\int_{-\infty}^{\infty}T\{f(a)\delta(x-a)\mathrm{d}a\}=\int_{-\infty}^{\infty}f(a)T\{\delta(x-a)\}\mathrm{d}a=f(x)*h(x) \tag{15-171}$$

(15-171)式指出，线性平移不变系统的输出等于输入与脉冲响应的卷积。

如果系统仅有线性而无平移不变性，则脉冲响应的形式如(15-166)式所示，输入、输出关系为

$$g(x)=\int_{-\infty}^{\infty}f(a)h(x;a)\mathrm{d}a \tag{15-172}$$

(15-172)式称为叠加积分，即线性系统的输入输出关系由叠加积分给出。

三、线性平移不变系统的本征函数与传递函数

如果对系统的输入是系统的一个本征函数，则输出等于一个复常数与该本征函数之积。该复常数称为系统相应于所述本征函数的本征值。

可以证明，复指数函数$\exp(\mathrm{i}2\pi\xi_0x)$是线性平移不变系统的一个本征函数。以此为输入，得

$$T\{\mathrm{e}^{\mathrm{i}2\pi\xi_0x}\}=g(x;\xi_0) \tag{15-173}$$

若以平移过的复指数函数为输入，则有

$$T\{\mathrm{e}^{\mathrm{i}2\pi\xi_0(x-x_0)}\}=\mathrm{e}^{\mathrm{i}2\pi\xi_0x_0}g(x;\xi_0) \tag{15-174}$$

由平移不变性的定义，可直接得

$$T\{\mathrm{e}^{\mathrm{i}2\pi\xi_0(x-x_0)}\}=g(x-x_0;\xi_0) \tag{15-175}$$

比较二结果，得

$$g(x-x_0;\xi_0)=\mathrm{e}^{\mathrm{i}2\pi\xi_0x_0}g(x;\xi_0) \tag{15-176}$$

要此式对所有x_0成立，函数$g(x;\xi_0)$必须具有形式$g(x;\xi_0)=H(\xi_0)\exp(\mathrm{i}2\pi\xi_0x)$。其中$H(\xi_0)$为一与$\xi_0$有关的复常数。于是(15-173)式可表示为

$$T\{\mathrm{e}^{\mathrm{i}2\pi\xi_0x}\}=H(\xi_0)\mathrm{e}^{\mathrm{i}2\pi\xi_0x} \tag{15-177}$$

(15-177)式表明，复指数函数$\exp(\mathrm{i}2\pi\xi_0x)$为线性平移不变系统$T\{\}$的本征函数，而$H(\xi_0)$即为相应的本征值，且有

$$H(\xi_0)=g(0;\xi_0) \tag{15-178}$$

即当输入为$\exp(\mathrm{i}2\pi\xi_0x)$时，输出$g(x;\xi_0)$在原点$x=0$的值$g(0;\xi_0)$就等于$H(\xi_0)$。由于$\xi_0$是完全任意的，故省去其下标0而直接写成$H(\xi)$，而$\xi$为输入本征函数的频率变量，故$H(\xi)$称为系统的频率响应函数或传

递函数。它反映了复指数函数通过线性平移不变系统时所受到的衰减和相移。

将(15-177)式两边相对于 ξ_0 作傅里叶变换，并视其中的 x 为常数，记为 x_0，得到

$$F\{T\{e^{i2\pi\xi_0 x}\}\}=T\{F\{e^{i2\pi\xi_0 x}\}\}=T\{\delta(x-x_0)\}=F\{H(\xi_0)\}*\delta(x-x_0) \quad (15\text{-}179)$$

即

$$h(x-x_0)=F\{H(\xi_0)\}\big|_{x=x_0} \quad (15\text{-}180)$$

(15-180)式指出，系统的脉冲响应和传递函数互为傅里叶变换关系。

对(15-171)式的两边作傅里叶变换，并记 $F\{f(x)\}=F(\xi)$，$F\{g(x)\}=G(\xi)$，$F\{h(x)\}=H(\xi)$，则得

$$G(\xi)=F(\xi)H(\xi) \quad (15\text{-}181)$$

(15-181)式表明，线性平移不变系统的输出频谱等于输入频谱与系统传递函数之积。利用(15-181)式求出输出频谱后，再作一次傅里叶变换就得到输出本身。这种求输出的频域方法往往有很多方便之处，它可以将空域中复杂的卷积关系变为频域中的简单乘积关系。

四、二维线性平移不变系统的传递函数

二维线性平移不变系统是一维情况的简单推广。其系统的脉冲响应定义为

$$h(x,y)=T\{\delta(x,y)\} \quad (15\text{-}182)$$

对于一个具有线性平移不变特性的光学成像系统，其脉冲响应表示对输入点源的响应，即表示一个点源的像，故又称为点扩展函数。对于一个任意输入函数 $f(x,y)$，二维线性平移不变系统的输出可表示为

$$g(x,y)=f(x,y)*h(x,y)=\int_{-\infty}^{\infty}f(x',y')h(x-x',y-y')\mathrm{d}x'\mathrm{d}y' \quad (15\text{-}183)$$

这可看作是一些适当加权和平移过的脉冲响应的叠加。对成像系统，可把物视为一个加权的点源集合，每个点源产生自己的像，表现为一些加权和平移过的点扩展函数，整个像则是这些点扩展函数的叠加。对(15-183)式作傅里叶变换，得到输入、输出频谱之间的关系

$$G(\xi,\eta)=F(\xi,\eta)H(\xi,\eta) \quad (15\text{-}184)$$

式中，函数 $H(\xi,\eta)$、$F(\xi,\eta)$ 和 $G(\xi,\eta)$ 分别为函数 $h(x,y)$、$f(x,y)$ 和 $g(x,y)$ 的傅里叶变换。

在许多光学系统中，由于光学元件呈圆形，脉冲响应亦呈径向对称，故可表示为 $h(\rho)$ 或 $h[(x^2+y^2)^{1/2}]$。如果输入也呈径向对称，如 $f(\rho)$，则可证明，相应的输出同样也呈径向对称，即

$$f(\rho)*h(\rho)=g(\rho) \quad (15\text{-}185)$$

如果输入无径向对称性，从而不能表示为 ρ 的函数，则卷积关系可表示为

$$g(\rho,\theta)=\int_0^{\infty}\int_0^{2\pi}f(\rho',\theta')h\left(\sqrt{\rho^2+\rho'^2-2\rho\rho'\cos(\theta-\theta')}\right)\rho'\mathrm{d}\rho'\mathrm{d}\theta \quad (15\text{-}186)$$

或写成

$$g(x,y)=f(x,y)*h\left(\sqrt{x^2+y^2}\right) \quad (15\text{-}187)$$

由此可见，与一维情况类似，脉冲响应完全表征了一个二维线性平移不变系统。一旦得到了系统的脉冲响应，对其作傅里叶变换便得到系统的传递函数。如果实际上不能得到系统的脉冲响应，则后面所述的线响应和阶跃响应就很有用。

直接用卷积计算系统的输出往往很困难，这种困难对二维情况比一维情况要大得多。因此，除特殊情况外，一般转入频域用传递函数计算要方便得多。输入、输出频谱之间的关系由(15-184)式给出。如果系统的脉冲响应是径向对称的，则其传递函数也是径向对称的，且有

$$H(\zeta)=H\{h(\rho)\},\qquad \zeta=\sqrt{\xi^2+\eta^2} \quad (15\text{-}188)$$

如果系统的输入是径向对称的，则其输出频谱也是径向对称的，且有

$$G(\zeta)=F(\zeta)H(\zeta) \quad (15\text{-}189)$$

如果输入不是径向对称的，则诸频谱用直角坐标分量表示较方便，此时有

$$G(\xi,\eta)=F(\xi,\eta)H(\zeta) \quad (15\text{-}190)$$

推广一维的结果，不难证明，函数

$$\varphi(x,y;\xi_0,\eta_0)=\mathrm{e}^{\mathrm{i}2\pi(\xi_0 x+\eta_0 y)} \tag{15-191}$$

是二维线性平移不变系统的一个本征函数。注意到此函数正是傅里叶变换的核，而傅里叶变换实际上是将一个任意函数表示为线性平移不变系统的本征函数的线性组合。由此就不难理解，为什么傅里叶变换是分析线性平移不变系统的有力工具。

将(15-191)式表示的函数输入二维线性平移不变系统，得输出

$$g(x,y)=\mathrm{e}^{\mathrm{i}2\pi(\xi_0 x+\eta_0 y)}*h(x,y) \tag{15-192}$$

两边作傅里叶变换，得输出频谱与输入频谱的关系

$$G(\xi,\eta)=\delta(\xi-\xi_0,\eta-\eta_0)H(\xi,\eta)=H(\xi_0,\eta_0)\delta(\xi-\xi_0,\eta-\eta_0) \tag{15-193}$$

再作逆傅里叶变换，得

$$g(x,y)=H(\xi_0,\eta_0)\mathrm{e}^{\mathrm{i}2\pi(\xi_0 x+\eta_0 y)} \tag{15-194}$$

(15-194)式表明，函数 $\exp[\mathrm{i}2\pi(\xi_0 x+\eta_0 y)]$ 的确是二维线性平移不变系统的本征函数，相应的本征值为 $H(\xi_0,\eta_0)$，即传递函数在频率(ξ_0,η_0)处的值。

如果二维线性平移不变系统的传递函数是径向对称的，则函数 $J_0(2\pi\zeta_0\rho)$ 也是该系统的本征函数。将其输入到脉冲响应为 $h(\rho)$、传递函数为 $H(\xi)$ 的二维线性平移不变系统中，可得输出

$$g(\rho)=J_0(2\pi\zeta_0\rho)*h(\rho) \tag{15-195}$$

两边作0阶汉克尔变换，得输出频谱

$$G(\zeta)=\frac{\delta(\zeta-\zeta_0)}{2\pi\zeta_0}H(\zeta)=H(\zeta_0)\frac{\delta(\zeta-\zeta_0)}{2\pi\zeta} \tag{15-196}$$

反变换得到输出

$$g(\rho)=H(\zeta_0)J_0(2\pi\zeta_0\rho) \tag{15-197}$$

可见，函数 $J_0(2\pi\zeta_0\rho)$ 的确是该系统的本征函数，相应的本征值为 $H(\zeta_0)$，即传递函数在频率 ζ_0 处的值。注意到，$J_0(2\pi\zeta_0\rho)$ 正是0阶汉克变换的核，而0阶汉克变换实际上是将一个任意径向对称函数分解成其核函数 $J_0(2\pi\zeta_0\rho)$ 的线性组合。所以也就不难理解，为什么0阶汉克变换是分析这种系统的有力工具。

五、线响应和阶跃响应

测量传递函数的最直接方法，是将大量不同频率的本征函数一一加到线性平移不变系统的输入端，并逐个确定其所受到的衰减和相移。所需要的测量次数由系统的通带宽度与各本征函数间所允许的频率间隔决定。显然，这种测量传递函数的方法虽然原理上可行，但相当耗费时间。光学中常用的另一方法是，首先计算或测量系统的脉冲响应，然后采用数值方法计算其傅里叶变换(即快速傅里叶变换 FFT)得到传递函数。在某些情况下，当无法得到脉冲响应的精确表达式时，就需要采用其他方法。常用的有线响应法和阶跃响应法。

(一) 线响应法

假定所述系统的脉冲响应 $h(x,y)$ 和传递函数 $H(\xi,\eta)$ 均未知，对其输入一个沿 y 轴的线 δ 函数 $f(x,y)=\delta(x)$，则其输出为

$$\begin{aligned}T\{\delta(x)\}&=\delta(x)*h(x,y)=\iint_{-\infty}^{\infty}\delta(\alpha)h(x-\alpha,\beta)\,\mathrm{d}\alpha\mathrm{d}\beta\\&=\int_{-\infty}^{\infty}h(x,\beta)\,\mathrm{d}\beta=T_x(x)\end{aligned} \tag{15-198}$$

这里定义函数 $T_x(x)$ 为系统的线响应或线扩展函数，它只是 x 的函数，对其作傅里叶变换，得

$$F\{T_x(x)\}=\iint_{-\infty}^{\infty}T_x(x)\mathrm{e}^{-\mathrm{i}2\pi(\xi x+\eta y)}\,\mathrm{d}x\mathrm{d}y=T_x(\xi)\delta(\eta) \tag{15-199}$$

但另一方面，由卷积定理得

$$F\{T_x(x)\}=F\{\delta(x)*h(x,y)\}=\delta(\eta)H(\xi,\eta)=H(\xi,0)\delta(\eta) \tag{15-200}$$

比较此二式，得

$$T_x(\xi)=H(\xi,0) \tag{15-201}$$

即线响应 $T_x(x)$ 的一维傅里叶变换等于传递函数 $H(\xi,\eta)$ 的 ξ 轴截面 $H(\xi,0)$。也即，线响应 $T_x(x)$ 与传递函数的 ξ 轴截面 $H(\xi,0)$ 构成一维傅里叶变换对。

若选沿 x 轴的 δ 函数 $\delta(y)$ 作为输入，则得到线响应

$$T\{\delta(y)\}=T_y(y) \tag{15-202}$$

显然，它与传递函数的 η 轴截面 $H(0,\eta)$ 互为一维傅里叶变换，即

$$T_y(\eta)=F\{T_y(y)\}=H(0,\eta) \tag{15-203}$$

如果所输入的线脉冲既不沿 x 轴也不沿 y 轴，则最好在一个经过转动而使一个坐标轴与线响应平行的 $x'Oy'$ 坐标系中描写较为方便。只要改变输入线脉冲的方向，并测量其线响应，就能得到任意多个所希望的传递函数截面 $H_\theta(\xi',0)$ 和 $H_\theta(0,\eta')$，从而得到传递函数本身。当然，如果脉冲响应是径向对称的，则传递函数也是径向对称的。此时只需一个截面（实际上只需 $\xi>0$ 的半个截面）就可以确定传递函数。如果脉冲响应可分离变量，则传递函数也可以分离变量，从而只需两个截面 $H(\xi,0)$ 和 $H(0,\eta)$（或 $H_\theta(\xi',0)$ 和 $H_\theta(0,\eta')$）即可。

（二）阶跃响应法

有些情况下，既不能直接计算或测量脉冲响应和传递函数，也不能得到线响应，此时可用阶跃响应法。将阶跃函数

$$f(x,y)=\mathrm{step}(ax+by) \tag{15-204}$$

输入系统，其输出称为阶跃响应或边缘响应。为方便，仍在 $x'Oy'$ 坐标系中描写各量，并以 $e_\theta(x')$ 表示阶跃响应，则有

$$e_\theta(x')=T\{\mathrm{step}(x')\}=h_\theta(x',y')*\mathrm{step}(x')=T_\theta(x')*\mathrm{step}(x')=\int_{-\infty}^{x}T_\theta(\alpha')\mathrm{d}\alpha' \tag{15-205}$$

由此得到

$$T_\theta(x')=\frac{\mathrm{d}}{\mathrm{d}x'}e_\theta(x') \tag{15-206}$$

可见，如果测量或计算得到阶跃响应 $e_\theta(x')$，作微分即可求得线响应 $T_\theta(x')$，进而可得到相应的传递函数截面。采用这种方法确定传递函数所必需的测量次数仍由脉冲响应的对称性与可分离变量的性质决定。

上述结果是对任意方向的阶跃输入导出的，所以是普遍的。如果输入为 $\mathrm{step}(x)$，则可将结果在 xOy 坐标系中描写为

$$e_x(x)=T\{\mathrm{step}(x)\}=\int_{-\infty}^{x}T_x(a)\mathrm{d}a,\qquad T_x(x)=\frac{\mathrm{d}}{\mathrm{d}x}e_x(x) \tag{15-207}$$

类似可得输入为 $\mathrm{step}(y)$ 时的结果。

在成像系统中，边缘响应即一个边缘物的像。可用一个与边缘平行的长狭缝在垂直方向上对像的照度扫描，并用光电器件测量通过狭缝的总功率作为狭缝位置的函数，结果应与边缘响应成正比。

六、线性系统与滤波器

一个线性平移不变系统的输出，既可在（时）空域中表示为输入与系统脉冲响应的卷积，从而把输出看作是输入经平滑处理后的结果；也可以（并且往往是更方便地）通过频域间接确定，此时可用滤波的概念，即把输出频谱看作是输入频谱经滤波处理的结果。

设一线性平移不变系统的脉冲响应为 $h(x)$，传递函数为 $H(\xi)$，输入信号为 $f(x)$，频谱为 $F(\xi)$，输出信号为 $g(x)$，频谱为 $G(\xi)$，则有

$$G(\xi)=H(\xi)F(\xi) \tag{15-208}$$

如果将传递函数写成如下形式：

$$H(\xi)=A_H(\xi)\mathrm{e}^{-\mathrm{i}\Phi_H(\xi)} \tag{15-209}$$

则称 $A_H(\xi)$ 为振幅传递函数，$\Phi_H(\xi)$ 为相位传递函数。如果将输入频谱和输出频谱也写成类似(15-209)式的形式，则(15-208)式变为

$$A_G(\xi)\mathrm{e}^{-\mathrm{i}\Phi_G(\xi)} = A_H(\xi)A_F(\xi)\mathrm{e}^{-\mathrm{i}[\Phi_H(\xi)+\Phi_F(\xi)]} \tag{15-210}$$

由此得

$$A_G(\xi) = A_H(\xi)A_F(\xi),\quad \Phi_G(\xi) = \Phi_H(\xi) + \Phi_F(\xi) \tag{15-211}$$

通常将振幅和相位传递函数分开考虑较为方便。如果一个系统对一切 ξ 都有

$$\mathrm{e}^{-\mathrm{i}\Phi_H(\xi)} = 1 \tag{15-212}$$

则称其为振幅滤波器;而如果对一切 ξ 都有

$$A_H(\xi) = 1 \tag{15-213}$$

则称其为相位滤波器。对于前者,仅振幅传递函数对输出有影响;对于后者,仅相位传递函数对输出有影响。

振幅滤波器又有高通、低通和全通之分,还可分为二元滤波器和连续滤波器,以及畸变滤波器和无畸变滤波器等。相位滤波器一般均为全通滤波器,但也有有无畸变之分。

如果有两个线性平移不变系统互相级联,其脉冲响应分别为 $h_1(x)$ 和 $h_2(x)$,传递函数分别为 $H_1(\xi)$ 和 $H_2(\xi)$,则总脉冲响应为

$$h(x) = h_1(x) * h_2(x) \tag{15-214}$$

总传递函数为

$$H(\xi) = H_1(\xi)H_2(\xi) \tag{15-215}$$

这些结果可以推广到多个线性平移不变系统级联的情况。利用这一结果,还可以把振幅传递函数与相位传递函数均不为 1 的一般滤波器看作是一个振幅滤波器与相位滤波器的级联。

第三节　抽样定理[1-2,5]

一、抽样定理

为便于数据处理和数学分析,常需将一个函数 $g(x)$ 用其在 x 轴上一个离散点集的抽样值来表示。直观上,只要抽样点取得足够密,则抽样值的集合就能够相当精确地表示原函数 $g(x)$,即只要通过简单的内插,就能以相当高的精度重现 $g(x)$。抽样定理指出:对于带限函数,只要抽样间隔不大于某一上限,就能精确地再现。所谓带限函数即频带有限的函数,其傅里叶变换只在频域的一个有限区间 R 上不为 0。

设 $g(x)$ 为带限函数,对其用梳状函数作间距为 X 的等距抽样,得样本函数:

$$g_s(x) = g(x)\frac{1}{X}\mathrm{comb}\left(\frac{x}{X}\right) = \sum_{n=-\infty}^{\infty} g(nX)\delta(x - nX) \tag{15-216}$$

求 $g_s(x)$ 的傅里叶变换,得其频谱分布为

$$G_s(\xi) = F\{g_s(x)\} = G(\xi) * \mathrm{comb}(X\xi) = \sum_{n=-\infty}^{\infty} \frac{1}{X} G\left(\xi - \frac{n}{X}\right) \tag{15-217}$$

(15-217) 式指出,$g_s(x)$ 的频谱,由沿 ξ 轴安放于诸 $\xi = n/X$ 点上的 $g(x)$ 频谱的集合得到。由于 $g(x)$ 是带限的,故 $G(\xi)$ 仅在一有限频域区间 R 上不为 0,从而样本谱 $G_s(x)$ 不为 0 的区间为频率轴 ξ 上每一 $\xi = n/X$ 点周围一个大小为 R 的区间。显然,如果 X 足够小(即抽样点足够密),则相邻频谱区的间隔 $1/X$ 将足够大,从而保证相邻频谱区不会重叠。这样,只要让 $g_s(x)$ 通过一个仅仅允许 $G_s(\xi)$ 中 $n = 0$ 的项无畸变地通过,而其他各项被完全阻止的低通线性滤波器,就能从 $G_s(\xi)$ 绝对准确地恢复原来的频谱 $G(\xi)$,从而经滤波输出就可以得到 $g(x)$ 的准确再现。

设 $g(x)$ 的带宽(即 R 在 ξ 轴上的宽度)为 $2B$,则只要 $1/X \geqslant 2B$,就能保证 $G_s(\xi)$ 中诸频谱区分开。因此,为了恢复原来的函数,抽样点的最大间距应为 $X = 1/(2B)$,这一抽样定理称为奈奎斯特抽样定理,也称为香农抽样定理,或奈奎斯特-香农抽样定理。带宽的倒数就是临界抽样间隔,又称为奈奎斯特间隔。

综上所述,抽样过程实际上就是一个滤波过程。因此,关键问题是选择满足抽样定理所要求条件的滤波器。这有一定的任意性。比如,可选矩形函数、三角形函数,或其他能够起所需窗口作用的函数作滤波器的传递函数。为简单起见,这里选矩形函数,即 $H(\xi) = \mathrm{rect}[\xi/(2B)]/(2B)$。于是,滤波器的输出频谱为

$$\frac{1}{2B}\operatorname{rect}\left(\frac{\xi}{2B}\right)G_s(\xi)$$

取抽样间距为其最大容许值 $X=1/(2B)$，则有

$$\frac{1}{2B}\operatorname{rect}\left(\frac{\xi}{2B}\right)G_s(\xi)=G(\xi) \tag{15-218}$$

对上式两端作傅里叶变换，得

$$\begin{aligned} g(x)&=\left[g(x)\frac{1}{2B}\operatorname{comb}\left(\frac{x}{2B}\right)\right]*\operatorname{sinc}(2Bx) \\ &=\sum_{n=-\infty}^{\infty}g\left(\frac{n}{2B}\right)\operatorname{sinc}\left[2B\left(x-\frac{n}{2B}\right)\right] \end{aligned} \tag{15-219}$$

此即一维抽样定理的一种简单形式。它表明，带限函数 $g(x)$ 可由其一个间隔合适的抽样值阵列准确地再现。方法是，在每一个抽样点处竖一个 sinc 函数作内插。

对抽样函数和滤波函数作不同的选择，可以得到不同形式的抽样定理。

二、抽样定理与傅里叶级数之间的关系

我们已经知道，一个函数，如果其空域宽度有限，则可作傅里叶级数展开；而如果其频域宽度有限，便可作抽样展开。设函数 $g(x)$ 的频域宽度为 $2B$，则其频谱 $G(\xi)$ 可在 $[-B,B]$ 上展成傅里叶级数

$$G(\xi)=\sum_{n=-\infty}^{\infty}C_n\mathrm{e}^{-\mathrm{i}2\pi\frac{n}{2B}\xi} \tag{15-220}$$

$$C_n=\frac{1}{2B}\int_{-\infty}^{\infty}G(\xi)\ \mathrm{e}^{\mathrm{i}2\pi\frac{n}{2B}\xi}\mathrm{d}\xi,\quad G(\xi)=\begin{cases}G(\xi), & |\xi|\leqslant B\\ 0, & |\xi|>B\end{cases} \tag{15-221}$$

另一方面，$g(x)$ 和 $G(\xi)$ 互为傅里叶变换，即

$$g(x)=\int_{-\infty}^{\infty}G(\xi)\ \mathrm{e}^{\mathrm{i}2\pi\xi x}\mathrm{d}\xi \tag{15-222}$$

比较(15-221)式和(15-222)式，可知

$$C_n=\frac{1}{2B}g\left(\frac{n}{2B}\right) \tag{15-223}$$

于是，将(15-223)式代入(15-220)式，得

$$G(\xi)=\frac{1}{2B}\sum_{n=-\infty}^{\infty}g\left(\frac{n}{2B}\right)\ \mathrm{e}^{-\mathrm{i}2\pi\frac{n}{2B}\xi} \tag{15-224}$$

(15-224)式对于给定的 $g(x)$ 计算其傅里叶变换很方便。它指出，$G(\xi)$ 可用 $g(x)$ 在一些相距为 $1/(2B)$ 的离散点集上的抽样值表示。对(15-224)式两边作逆傅里叶变换，得

$$g(x)=\sum_{n=-\infty}^{\infty}g\left(\frac{n}{2B}\right)\operatorname{sinc}\left[2B\left(x-\frac{n}{2B}\right)\right] \tag{15-225}$$

(15-225)式与(15-219)式相同。它指出，如果函数 $g(x)$ 不含区间 $[-B,B]$ 之外的空间频率成分，则可由其在一系列相距为 $1/(2B)$ 的离散点集上的抽样值完全确定。这就是采用抽样定理的抽样结果。该结果用希尔伯特空间的术语表述为：带限函数 $g(x)$ 是希尔伯特空间中的向量，而 sinc 抽样插值函数则构成此空间的一个正交完备坐标基，样本值 $g[n/(2B)]$ 就是 $g(x)$ 在此空间中的坐标。

三、抽样与模数转换

为实现数字处理，需要将模拟数据数字化。假设模拟数据由 $f(x)$ 给定，离散点的间距选为 x_s。对其中任一点，比如 $x=nx_s$，可由下式估计 $f(x)$ 在该点的值：

$$\hat{f}(nx_s)=\int_{-\infty}^{\infty}f(\alpha)\frac{1}{|b|}\operatorname{rect}\left(\frac{\alpha-nx_s}{b}\right)\mathrm{d}\alpha \tag{15-226}$$

即用该函数在一个以 $x=nx_s$ 为中心，宽度为 $|b|$ 的区间上的平均值作为 $f(nx_s)$ 的估计值。于是，整个 $f(x)$ 的离散形式可表示为

$$f_d(x)=\sum_{n=-\infty}^{\infty}\left\{\int_{-\infty}^{\infty}f(\alpha)\frac{1}{|b|}\operatorname{rect}\left(\frac{\alpha-nx_s}{b}\right)d\alpha\right\}\delta(x-nx_s)=\sum_{n=-\infty}^{\infty}\hat{f}(nx_s)\,\delta(x-nx_s)$$

$$=\hat{f}(nx_s)\sum_{n=-\infty}^{\infty}\delta(x-nx_s)=\hat{f}(x)\frac{1}{x_s}\operatorname{comb}\left(\frac{x}{x_s}\right)=f_s(x) \quad (15\text{-}227)$$

(15-227) 式指出，$f_d(x)$ 只不过是函数 $f(x)$ 的估计函数 $\hat{f}(x)$ 的抽样形式，抽样函数为梳状函数。由于矩形函数为偶函数，则

$$\hat{f}(x)=\frac{1}{|b|}\left\{\int_{-\infty}^{\infty}f(\alpha)\operatorname{rect}\left(\frac{x-\alpha}{b}\right)\right\}d\alpha=\frac{1}{|b|}\left[f(x)*\operatorname{rect}\left(\frac{x}{b}\right)\right] \quad (15\text{-}228)$$

利用(15-228) 式可将(15-227) 式表示为

$$f_d(x)=\frac{1}{|b|}\left\{f(x)*\operatorname{rect}\left(\frac{x}{b}\right)\right\}\frac{1}{x_s}\operatorname{comb}\left(\frac{x}{x_s}\right) \quad (15\text{-}229)$$

四、二维抽样定理

上述一维抽样定理很容易推广到二维情况。

设带限函数为 $g(x,y)$，带宽为$|\xi|\leqslant B,|\eta|\leqslant D$。作样本函数

$$g_s(x,y)=g(x,y)*4BD\operatorname{comb}(2Bx,2Dy) \quad (15\text{-}230)$$

求样本函数的频谱，得

$$G_s(\xi,\eta)=G(\xi,\eta)*\operatorname{comb}\left(\frac{\xi}{2B},\frac{\eta}{2D}\right)$$

$$=\sum_{m,n=-\infty}^{\infty}4BDG(\xi-2Bm,\eta-2Dn) \quad (15\text{-}231)$$

选取滤波函数

$$H(\xi,\eta)=\frac{1}{4BD}\operatorname{rect}\left(\frac{\xi}{2B},\frac{\eta}{2D}\right) \quad (15\text{-}232)$$

求滤波输出

$$G(\xi,\eta)H(\xi,\eta)=G(\xi,\eta) \quad (15\text{-}233)$$

回到空域，得

$$g(x,y)=g_s(x,y)*h(x,y)$$

$$=[4BD\,g(x,y)\operatorname{comb}(2Bx,2Dy)]*\operatorname{sinc}(2Bx,2Dy)$$

$$=\sum_{m,n=-\infty}^{\infty}g\left(\frac{m}{2B},\frac{n}{2D}\right)\operatorname{sinc}\left[2B\left(x-\frac{m}{2B}\right),2D\left(y-\frac{n}{2D}\right)\right] \quad (15\text{-}234)$$

五、抽样定理的其他形式

上述抽样定理指出：对于一个带限函数，只要抽样间隔不大于其带宽的倒数，就可用样本值完全恢复原来的函数。显然，抽样定理的实质是，只要有足够多的数据，就能够完全表征一个带限函数而不丢失其任何信息。至于采用何种函数抽样，抽何种样本值，以及抽样间隔如何取等，都具有许多可能的选择。比如，要唯一地恢复一个带限函数，可对函数及其各阶导数抽样，只要使平均抽样间隔不大于临界抽样间隔即可。也就是说，如果同时对函数及其一阶导数抽样，只要在 2 倍临界间隔上抽样即可；如果同时对函数及其一、二阶导数抽样，则只要在 3 倍界间隔上抽样即可。一般而言，如果一个函数 $f(x)$，其空域宽度近似为 $2X$，频域宽度近似为 $2B$，则只要有 $4XB$ 个独立数据(函数及其导数的样本值)，就能适当表征这个函数。这个量称为空间带宽积，它表征了函数所携带的信息量。

下面是几种其他形式的抽样定理。

(一) 坐标与导数抽样

设 $f(x)$ 为严格带限的，带宽为 $2B$，则可用函数及其一阶导数在 2 倍临界间隔 $1/B$ 上的样本值完全恢复

此函数，且有

$$f(x)=f_s(x)*\mathrm{sinc}^2(Bx)+f'_s(x)*[x\,\mathrm{sinc}^2(Bx)] \tag{15-235}$$

式中，$f(x)$ 和 $f'_s(x)$ 分别是函数及其一阶导数的样本函数。如果用梳状函数抽样，则有

$$f_s(x)=f(x)B\,\mathrm{comb}(Bx),\ f'_s(x)=f'(x)B\,\mathrm{comb}(Bx) \tag{15-236}$$

（二）交错抽样

抽样点也不必是等距的。比如，用两个相互位移小于临界间隔的梳状函数抽样。假设一个为 $B\,\mathrm{comb}[B(x+a)]$，另一个为 $B\,\mathrm{comb}[B(x-a)]$，其中$|a|<1/(4B)$，可以证明，有

$$\begin{aligned}f(x)&=[f(x)\mathrm{samp}(x+a)]*m(x)+[f(x)\ \mathrm{samp}(x-a)]*m(-x)\\&=\sum_{n=-\infty}^{\infty}\left\{f\left(\frac{n}{B}-a\right)m\left(x+a-\frac{n}{B}\right)+f\left(\frac{n}{B}+a\right)m\left(-x+a+\frac{n}{B}\right)\right\}\end{aligned} \tag{15-237}$$

其中

$$\left.\begin{aligned}\mathrm{samp}(x)&=B\,\mathrm{comb}(Bx)\\m(x)&=\mathrm{sinc}(2Bx)-\pi B\cot(2\pi aB)\pi\,\mathrm{sinc}^2(Bx)\end{aligned}\right\} \tag{15-238}$$

（三）抽样函数的变形

实际物理器件都有一定的大小，从而不可能绝对实现在一些离散的几何点上对函数抽样，也就是说，理想的梳状函数抽样实际上是无法实现的。现假定用一排等间距放置的函数 $p(x)$ 进行抽样，当然 $p(x)$ 的宽度要比抽样间距 x_s 窄得多，此时，抽样函数可表示为

$$\mathrm{samp}(x)=p(x)*\frac{1}{x_s}\mathrm{comb}\left(\frac{x}{x_s}\right) \tag{15-239}$$

则相应的样本函数及其频谱为

$$f_s(x)=f(x)\left[p(x)*\frac{1}{x_s}\mathrm{comb}\left(\frac{x}{x_s}\right)\right] \tag{15-240}$$

$$F_s(\xi)=F(\xi)*[P(\xi)\mathrm{comb}(x_s,\xi)]=\xi_s\sum_{n=-\infty}^{\infty}P(n\xi_s)F(\xi-n\xi_s) \tag{15-241}$$

式中，$P(\xi)$ 表示函数 $p(x)$ 的傅里叶变换。(15-241) 式表明，$P(\xi)$ 的作用仅仅是对梳状函数在与 $F(\xi)$ 卷积之前作一加权。因此，$P(\xi)$ 只影响各频谱级的高度而不影响其形状。

（四）有限抽样阵的影响

实际上，抽样函数不可能无限长，而只能在一个有限范围 X 内得到 $f(x)$ 的样本值。如果用梳状函数抽样，则抽样函数实际上可表示为

$$\mathrm{samp}(x)=\frac{1}{X}\mathrm{rect}\left(\frac{x}{X}\right)\left[\frac{1}{x_s}\mathrm{comb}\left(\frac{x}{x_s}\right)\right] \tag{15-242}$$

于是，相应的样本函数及其频谱为

$$f_s(x)=f(x)\frac{1}{X}\mathrm{rect}\left(\frac{x}{X}\right)\left[\frac{1}{x_s}\mathrm{comb}\left(\frac{x}{x_s}\right)\right] \tag{15-243}$$

$$\begin{aligned}F_s(\xi)&=\mathrm{sinc}(X\xi)*[F(\xi)*\mathrm{comb}(x_s\xi)]\\&=\mathrm{sinc}(X\xi)*\xi_s\sum_{n=-\infty}^{\infty}F(\xi-n\xi_s)\end{aligned} \tag{15-244}$$

(15-244) 式表明，限制抽样函数长度的作用是：使由无限长抽样函数得到的频谱与一个 sinc 函数卷积，从而使各频谱级发生扩展。其结果，尽管以临界间隔进行抽样，各频谱级间仍将发生重叠。减小抽样间隔可以减少重叠，但无论如何不再能用一个理想的低通滤波器严格恢复 $f(x)$。由(15-243) 式知，也可以将其中矩形函数的作用看作不是限制抽样函数值而是限制 $f(x)$。这样，尽管 $f(x)$ 是带限的，但 $f(x)\mathrm{rect}(x/X)$ 却不再是带

限的，从而抽样定理不再严格成立。

第四节　光波的传播和衍射

自由空间中，单色平面光波场中任一平面上的复振幅分布一般都为简单的周期结构，不会因为传播而改变其波面形状，因而服从直线传播规律。在有界空间中，当波面受到某种限制时，如由于介质的不均匀对其相位的调制或介质的吸收、反射对其振幅的调制，则波面会发生相应的改变，简单的周期结构为复杂的复振幅分布所取代，因而不再服从直线传播规律。这种现象称为光的衍射。

惠更斯最早提出了光传播的波动学原理。按照惠更斯原理，光波在传播过程中，其波面上的每一个面元，都可以看作是一个能够产生球面子波的次级扰动中心，并且后一时刻的波面是前一时刻波面上各点发出的球面子波的包络面。由惠更斯原理可以定性地说明光波的传播方向及产生衍射的原因，但不能给出衍射光场分布的定量描述。后来，菲涅耳通过引入子波干涉的概念修正了惠更斯原理，形成了今天的惠更斯-菲涅耳原理。其基本思想是：到达空间某点 $P(x, y, z)$ 的光扰动相当于该点与光源之间任一曲面上所发射的次级子波相干叠加的结果。基尔霍夫进一步将此原理建立在严格的数学基础上，并证明，可以将衍射光场看作是某一积分定理的近似形式。这个积分定理将齐次波动方程的解在空间任意一点的值，用该解及其一阶导数在包围该点的任一封闭曲面上所有点的值来表示。

光波的传播和传播中的效应是光学理论研究的主要课题，本书第一章《电磁光学》用电磁场方程对光波的传播有较为详细的论述，第三章《统计光学》是用统计理论来研究光波的传播。

一、格林定理[5]

假设 $U(P)$ 和 $U'(P)$ 为两个任意的以空间位置 $P(x, y, z)$ 为变量的复值函数，并令 S 为包围体积 V 的封闭曲面。如果 $U(P)$、$U'(P)$ 及其一、二阶偏导数都是单值的，并且在 S 内和 S 上连续，则有格林定理：

$$\iiint_V (U\nabla^2 U' - U'\nabla^2 U)\mathrm{d}V = -\oiint_S \left(U\frac{\partial U'}{\partial n} - U'\frac{\partial U}{\partial n}\right)\mathrm{d}\sigma \tag{15-245}$$

式中，$\partial/\partial n$ 表示沿 S 面的外法向偏微分，$\mathrm{d}\sigma$ 表示 S 上的任意面元。

格林定理是标量衍射理论的重要基础，只要适当选择辅助函数 $U'(P)$ 和封闭曲面 S，空间任一点上的复扰动 $U(P)$ 均可借助格林定理解出。

二、亥姆霍兹-基尔霍夫积分定理[1,5]

首先，考虑严格单色的标量波：

$$E(P,t) = U(P)\mathrm{e}^{\mathrm{i}2\pi\nu t} \tag{15-246}$$

在真空中，其随空间变化部分 $U(P)$ 满足亥姆霍兹方程

$$(\nabla^2 + k^2)\,U = 0 \tag{15-247}$$

式中，$k=\omega/c$，ω 和 c 分别表示波的圆频率和在真空中的速度。如果 $U'(P)$ 也满足亥姆霍兹方程

$$(\nabla^2 + k^2)\,U' = 0 \tag{15-248}$$

则将(15-247)式和(15-248)式代入(15-245)式，得

$$\oiint_S \left(U\frac{\partial U'}{\partial n} - U'\frac{\partial U}{\partial n}\right)\mathrm{d}\sigma = 0 \tag{15-249}$$

选取格林函数

$$U'(P) = \frac{1}{r}\mathrm{e}^{\mathrm{i}kr} \tag{15-250}$$

式中，r 表示自 P 点到积分面元 $\mathrm{d}\sigma$ 的距离。函数 $U'(P)$ 在 $r=0$ 处有奇异性，因此，要使格林定理成立，就必须把 P 点排除在积分区域之外。为此，用一个半径为 ε 的小球面 S' 将 P 点包围起来，并在 S' 和 S 所夹的区域中积分，则(155-249)式变为

$$\oiint_S\left[U\frac{\partial}{\partial n}\left(\frac{e^{ikr}}{r}\right)-\frac{e^{ikr}}{r}\frac{\partial U}{\partial n}\right]d\sigma+\oiint_{S'}\left[U\frac{\partial}{\partial n}\left(\frac{e^{ikr}}{r}\right)-\frac{e^{ikr}}{r}\frac{\partial U}{\partial n}\right]d\sigma'=0 \tag{15-251}$$

或表示为

$$\begin{aligned}\oiint_S\left[U\frac{\partial}{\partial n}\left(\frac{e^{ikr}}{r}\right)-\frac{e^{ikr}}{r}\frac{\partial U}{\partial n}\right]d\sigma&=-\oiint_{S'}\left[U\frac{e^{ikr}}{r}\left(ik-\frac{1}{r}\right)-\frac{e^{ikr}}{r}\frac{\partial U}{\partial n}\right]d\sigma'\\&=-\iint_{\Omega}\left[U\frac{e^{ik\varepsilon}}{\varepsilon}\left(ik-\frac{1}{\varepsilon}\right)-\frac{e^{ik\varepsilon}}{\varepsilon}\frac{\partial U}{\partial n}\right]\varepsilon^2 d\Omega\end{aligned} \tag{15-252}$$

式中，Ω 表示球面 S' 对应的立体角，$d\Omega$ 表示立体角元。考虑到(15-252)式左边的积分与 ε 无关，故其右边的积分可用其在 $\varepsilon\to 0$ 时的极限形式代替。此时有

$$U(P)=\frac{1}{4\pi}\oiint_S\left[U\frac{\partial}{\partial n}\left(\frac{e^{ikr}}{r}\right)-\frac{e^{ikr}}{r}\frac{\partial U}{\partial n}\right]d\sigma \tag{15-253}$$

(15-253)式称为亥姆霍兹-基尔霍夫积分定理。

其次，考虑非单色光波 $E'(P,t)$，它满足波动方程

$$\nabla^2 E'-\frac{1}{c^2}\frac{\partial^2 E'}{\partial t^2}=0 \tag{15-254}$$

按照傅里叶变换理论，非单色光波可以看作是一系列不同频率的单色波成分的线性组合，即 $E'(P,t)$ 可以表示为傅里叶积分的形式：

$$E'(P,t)=\int_{-\infty}^{\infty}U_\nu(P)e^{-i2\pi\nu t}d\nu \tag{15-255}$$

取其逆变换，得

$$U_\nu(P)=\int_{-\infty}^{\infty}E'(P,t)\ e^{i2\pi\nu t}dt \tag{15-256}$$

因为 E 满足波动方程(15-254)式，故 $U_\nu(P)$ 满足亥姆霍兹方程(15-246)式。如果 $E'(P,t)$ 又满足适当的连续性条件，则可对其每个傅里叶分量使用亥姆霍兹-基尔霍夫积分定理：

$$U_\nu(P)=\frac{1}{4\pi}\oiint_S\left[U_\nu\frac{\partial}{\partial n}\left(\frac{e^{ikr}}{r}\right)-\frac{e^{ikr}}{r}\frac{\partial U_\nu}{\partial n}\right]d\sigma \tag{15-257}$$

将(15-257)式代入(15-255)式并交换积分次序，注意到 $k=\omega/c=2\pi\nu/c$，得到

$$\begin{aligned}E(P,t)&=\frac{1}{4\pi}\oiint_S d\sigma\int_{-\infty}^{\infty}\left\{U_\nu\frac{\partial}{\partial n}\left[\frac{e^{-i2\pi\nu(t-r/c)}}{r}\right]-\frac{e^{-i2\pi\nu(t-r/c)}}{r}\frac{\partial U_\nu}{\partial n}\right\}d\nu\\&=\frac{1}{4\pi}\oiint_S d\sigma\int_{-\infty}^{\infty}\left\{U_\nu\left[\frac{\partial}{\partial n}\left(\frac{1}{r}\right)+\frac{i2\pi\nu}{rc}\frac{\partial r}{\partial n}\right]e^{-i2\pi\nu(t-r/c)}-\frac{e^{-i2\pi\nu(t-r/c)}}{r}\frac{\partial U_\nu}{\partial n}\right\}d\nu\\&=\frac{1}{4\pi}\oiint_S\left\{[E']\frac{\partial}{\partial n}\left(\frac{1}{r}\right)-\frac{1}{rc}\frac{\partial r}{\partial n}\left[\frac{\partial E'}{\partial t}\right]-\frac{1}{r}\left[\frac{\partial E'}{\partial n}\right]\right\}d\sigma\end{aligned} \tag{15-258}$$

上式最后一步用到(15-255)式。(15-258)式是亥姆霍兹-基尔霍夫积分定理的一般形式，其中方括号表示推迟值，即相应函数取时刻 $(t-r/c)$ 时的值。

三、平面孔径衍射的基尔霍夫理论[1,5]

如图 15-8 所示，假设自点光源 P_0 发出的单色球面波从左侧照明一开有小孔 A 的无限大光阑，P 为光阑右侧一点。小孔 A 的线度虽比波长大得多，但比 P_0 和 P 到小孔的距离小得多。为求 P 点的光扰动，利用亥姆霍兹-基尔霍夫积分定理，并选择闭合积分曲面由下述几部分构成：① 孔径 A；② 孔径以外的几何阴影区(光阑未被照明的一面)B；③ 以 P 点为中心、半径为 R 的球面的一部分 C。于是得

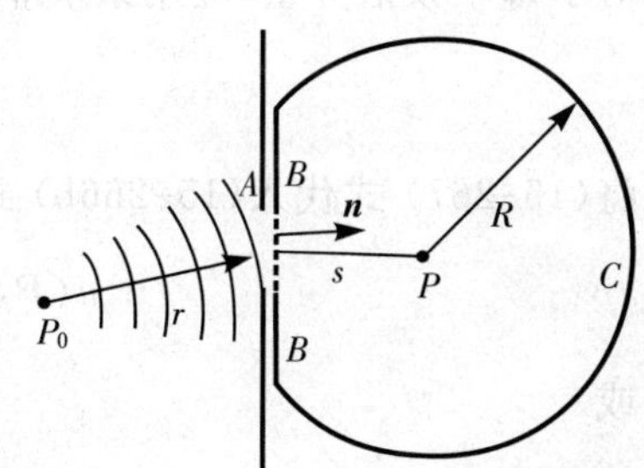

图 15-8　平面孔径的衍射示意图

$$U(P)=\frac{1}{4\pi}\left(\iint_A+\iint_B+\iint_C\right)\left\{U\frac{\partial}{\partial n}\left(\frac{e^{iks}}{s}\right)-\frac{e^{iks}}{s}\frac{\partial U}{\partial n}\right\}d\sigma \tag{15-259}$$

式中，s 表示从 P 点到积分面元 $d\sigma$ 的距离，$\partial/\partial n$ 仍表示沿封闭曲面外法线方向的微分。可以证明，只要 U 满足

索末菲辐射条件

$$\lim_{R\to\infty}\left(\frac{\partial U}{\partial n}-\mathrm{i}kU\right)=0 \tag{15-260}$$

则(15-259)式中曲面 C 上的积分在 $R\to\infty$ 时趋于0。对于在 A 和 B 上的积分，基尔霍夫假定：① 在 A 内，场分布 U 及其导数 $\partial U/\partial n$ 与无光阑时相同；② 在 B 内，场分布 U 及其导数 $\partial U/\partial n$ 恒为0。于是有

$$U=\begin{cases}\dfrac{A\mathrm{e}^{\mathrm{i}kr}}{r}, & \text{在 } A \text{ 上}\\ 0, & \text{在 } B \text{ 上}\end{cases} \tag{15-261}$$

$$\frac{\partial U}{\partial n}=\begin{cases}\dfrac{A\mathrm{e}^{\mathrm{i}kr}}{r}\left(\mathrm{i}k-\dfrac{1}{r}\right)\cos(\boldsymbol{n},\boldsymbol{r}), & \text{在 } A \text{ 上}\\ 0, & \text{在 } B \text{ 上}\end{cases} \tag{15-262}$$

式中，r 是自 P_0 点到积分面元 $\mathrm{d}\sigma$ 的距离。(15-261)式和(15-262)式称为基尔霍夫边界条件，它构成基尔霍夫衍射理论的基础。将基尔霍夫边界条件代入(15-259)式，得

$$U(P)=\frac{A}{\mathrm{i}\lambda}\iint_A \frac{\mathrm{e}^{\mathrm{i}k(r+s)}}{rs}\,\frac{[\cos(\boldsymbol{n},\boldsymbol{r})-\cos(\boldsymbol{r},\boldsymbol{s})]}{2}\mathrm{d}\sigma \tag{15-263}$$

(15-263)式称为菲涅耳-基尔霍夫衍射公式。

四、平面孔径衍射的瑞利-索末菲理论[1,5]

索末菲假定，基尔霍夫积分公式(15-249)式中的格林函数 U' 由位于 P_0 及其关于屏幕的镜像点 P'_0 的两个点源产生，并且两点源所发射光扰动的波长相同，相位差为 π。此时，格林函数可以写成

$$U'(r)=\frac{\mathrm{e}^{\mathrm{i}kr}}{r}-\frac{\mathrm{e}^{\mathrm{i}kr'}}{r'} \tag{15-264}$$

式中，r' 表示 P'_0 点到积分面元 $\mathrm{d}\sigma$ 的距离。利用(15-264)式，可得

$$U(P)=\frac{1}{\mathrm{i}\lambda}\iint_A U(s)\,\frac{\mathrm{e}^{\mathrm{i}ks}}{s}\cos(\boldsymbol{n},\boldsymbol{s})\mathrm{d}\sigma \tag{15-265}$$

式中，$\boldsymbol{n}$ 表示 s 面的外法线方向的单位矢量。

五、瑞利-索末菲衍射理论向多色光的推广[1,5]

设一非单色扰动 $u(s,t)$ 投射到衍射屏的孔径上，孔径后面一点 P 处的扰动为 $u(P,t)$。利用傅里叶变换将 $u(s,t)$ 和 $u(P,t)$ 作频谱分解，得

$$u(s,t)=\int_{-\infty}^{\infty}U_\nu(s)\mathrm{e}^{-\mathrm{i}2\pi\nu t}\mathrm{d}\nu \tag{15-266a}$$

$$u(P,t)=\int_{-\infty}^{\infty}U_\nu(P)\mathrm{e}^{-\mathrm{i}2\pi\nu t}\mathrm{d}\nu \tag{15-266b}$$

对于每一频谱分量，应用索末菲衍射公式(15-265)式，得到

$$U_\nu(P)=\frac{1}{\mathrm{i}\lambda}\iint_A U_\nu(s)\frac{\mathrm{e}^{\mathrm{i}ks}}{s}\cos(\boldsymbol{n},\boldsymbol{s})\mathrm{d}\sigma \tag{15-267}$$

将(15-267)式代入(15-266b)式，得

$$u(P,t)=\iint_A \frac{\cos(\boldsymbol{n},\boldsymbol{s})}{2\pi cs}\int_{-\infty}^{\infty}-\mathrm{i}2\pi\nu U_\nu(s)\mathrm{e}^{-\mathrm{i}2\pi\nu\left(t-\frac{s}{c}\right)}\mathrm{d}\nu\mathrm{d}\sigma \tag{15-268a}$$

或

$$u(P,t)=\iint_A \frac{\cos(\boldsymbol{n},\boldsymbol{s})}{2\pi cs}\frac{\mathrm{d}}{\mathrm{d}t}u\left(s,t-\frac{s}{c}\right)\mathrm{d}\sigma \tag{15-268b}$$

(15-268b)式表明，P 点的扰动正比于孔径上各点 s 的扰动对时间的微分，且由于扰动从 s 点传播到 P 点需要一段时间 s/c，t 时刻观测到的光波场的扰动依赖于入射光波在此前 $t-s/c$ 时刻扰动的微分。从菲涅耳-基尔霍夫衍射公式出发，也可以得到类似的结果。

六、部分相干光的传播和衍射[1,7]

(一) 实多色光波场的复数表示

由于原子发光的随机性,其所辐射的电磁波不可能是严格单色的。设有一实的多色光波场 $f(t)$,其傅里叶变换和逆变换分别为

$$F(\nu)=\int_{-\infty}^{\infty} f(t)\mathrm{e}^{-\mathrm{i}2\pi\nu t}\mathrm{d}t \tag{15-269a}$$

$$f(t)=\int_{-\infty}^{\infty} F(\nu)\mathrm{e}^{\mathrm{i}2\pi\nu t}\mathrm{d}\nu \tag{15-269b}$$

(15-269b) 式可以改写为

$$f(t)=\int_{-\infty}^{0} F(\nu)\mathrm{e}^{\mathrm{i}2\pi\nu t}\mathrm{d}\nu+\int_{0}^{\infty} F(\nu)\mathrm{e}^{\mathrm{i}2\pi\nu t}\mathrm{d}\nu \tag{15-269c}$$

可以证明,对于实函数 $f(t)$,其傅里叶变换满足 $F(\nu)=[F(-\nu)]^*$。于是上式中第一部分

$$\int_{-\infty}^{0} F(\nu)\mathrm{e}^{\mathrm{i}2\pi\nu t}\mathrm{d}\nu=-\int_{\infty}^{0} F(-\nu)\mathrm{e}^{-\mathrm{i}2\pi\nu t}\mathrm{d}\nu=\int_{0}^{\infty} F(-\nu)\mathrm{e}^{-\mathrm{i}2\pi\nu t}\mathrm{d}\nu=\left[\int_{0}^{\infty} F(\nu)\mathrm{e}^{2\mathrm{i}\pi\nu t}\mathrm{d}\nu\right]^* \tag{15-270}$$

式中使用了变量代换 $\nu\to-\nu$。将(15-270) 式代入(15-269c) 式,并取

$$F(\nu)=A(\nu)\mathrm{e}^{-\mathrm{i}\varphi(\nu)} \tag{15-271}$$

得到

$$f(t)=\mathrm{Re}\int_{0}^{\infty} 2F(\nu)\mathrm{e}^{\mathrm{i}2\pi\nu t}\mathrm{d}\nu=\int_{0}^{\infty} 2A(\nu)\cos[2\pi\nu t-\varphi(\nu)]\mathrm{d}\nu \tag{15-272}$$

相应于(15-272) 式的余弦傅里叶积分,引入如下正弦傅里叶积分:

$$\chi(t)=\int_{0}^{\infty} 2A(\nu)\sin[2\pi\nu t-\varphi(\nu)]\mathrm{d}\nu \tag{15-273}$$

并定义复解析信号

$$E(t)=f(t)+\mathrm{i}\chi(t)=\int_{0}^{\infty} 2F(\nu)\mathrm{e}^{\mathrm{i}2\pi\nu t}\mathrm{d}\nu \tag{15-274}$$

(15-274) 式表示,$E(t)$ 只含正的频率分量,故其傅里叶变换谱可写成

$$U(\nu)=2F(\nu)\mathrm{step}(\nu) \tag{15-275}$$

对(15-275) 式两边作逆傅里叶变换,得

$$\begin{aligned}E(t)&=\int_{-\infty}^{\infty} U(\nu)\mathrm{e}^{\mathrm{i}2\pi\nu t}\mathrm{d}\nu=\int_{-\infty}^{\infty} 2F(\nu)\mathrm{step}(\nu)\mathrm{e}^{\mathrm{i}2\pi\nu t}\mathrm{d}\nu=\int_{-\infty}^{\infty} F(\nu)[1+\mathrm{sgn}(\nu)]\mathrm{e}^{\mathrm{i}2\pi\nu t}\mathrm{d}\nu\\&=f(t)-\frac{1}{\mathrm{i}\pi}f(t)*\frac{1}{t}=f(t)+\mathrm{i}\frac{P}{\pi}\int_{-\infty}^{\infty}\frac{f(t')}{t'-t}\mathrm{d}t'\end{aligned} \tag{15-276}$$

上式中最后一步利用了希尔伯特变换的性质。比较(15-274) 式与(15-276) 式,可得

$$\chi(t)=\frac{P}{\pi}\int_{-\infty}^{\infty}\frac{f(t')}{t'-t}\mathrm{d}t'=H\{f(t)\} \tag{15-277}$$

(15-277) 式表明,复解析信号 $V(t)$ 的实、虚部互成希尔伯特变换关系。

(二) 互相干函数

考查两个固定的点光源 s_1 和 s_2 在空间一点 P 所产生的场。令 $E_1(t)$ 和 $E_2(t)$ 分别表示 s_1 和 s_2 所发射光扰动的解析信号,t 表示扰动离开光源的时刻,τ_1 和 τ_2 分别为扰动自 s_1 和 s_2 传到 P 点所需的时间,c 为真空中的光速,则在自由空间中,有 $\tau_1=s_1P/c$,$\tau_2=s_2P/c$。于是,在 t 时刻 P 点总扰动的解析信号为

$$E(t)=E_1(t-\tau_1)+E_2(t-\tau_2) \tag{15-278}$$

考虑到一般探测器的响应时间远大于光振动的周期,实际观测到 P 点的强度,应为其瞬时强度在探测器响应时间内的平均值,即

$$I_p=\langle E(t)E^*(t)\rangle=\langle|E_1|^2\rangle+\langle|E_2|^2\rangle+\langle E_1(t+\tau)E_2^*(t)+E_1^*(t+\tau)E_2(t)\rangle \tag{15-279}$$

式中，假定 $\tau=\tau_2-\tau_1$，并将时间原点移至 $t=\tau_2$。定义由 s_1 和 s_2 所产生的光扰动的互相干函数和复相干度分别为

$$\Gamma_{12}(\tau)=\langle E_1(t+\tau)E_2^*(t)\rangle \tag{15-280}$$

$$\gamma_{12}(\tau)=\frac{\Gamma_{12}(\tau)}{\sqrt{\langle|E_1|^2\rangle\langle|E_2|^2\rangle}}=\frac{\Gamma_{12}(\tau)}{\sqrt{I_1I_2}} \tag{15-281}$$

式中，$I_1=\langle|E_1|^2\rangle$，$I_2=\langle|E_2|^2\rangle$ 分别为 s_1 和 s_2 各自在 P 点产生的光扰动强度。从而

$$I_{\mathrm{p}}=I_1+I_2+2\sqrt{I_1I_2}\,\mathrm{Re}\,\gamma_{12}(\tau) \tag{15-282}$$

（三）解析信号与互相干函数的性质

设 $E_1(t)$ 和 $E_2(t)$ 分别为与实函数 $f_1(t)$ 和 $f_2(t)$ 对应的解析信号，则 $f_1(t)$ 与 $f_2(t)$ 的互相关函数为

$$R_{12}(\tau)=\int_{-\infty}^{\infty}f_1(t)f_2(t+\tau)\mathrm{d}t=f_1(-t)*f_2(t) \tag{15-283}$$

由于 $\chi(t)$ 为 $f(t)$ 的希尔伯特变换，故由希尔伯特变换的性质，可得

$$f_1(-t)*f_2(t)=\chi_1(-t)*\chi_2(t) \tag{15-284}$$

$$f_1(t)*\chi_2(-t)=-\chi_1(t)*f_2(-t) \tag{15-285}$$

利用(15-284)式和(15-285)式，可将解析信号 $E_1(t)$ 和 $E_2(t)$ 的互相干函数表示为

$$\begin{aligned}\Gamma_{12}(\tau)&=\int_{-\infty}^{\infty}E_1(t)E_2^*(t-\tau)\mathrm{d}t=E_1(t)*E_2^*(-t)\\&=f_1(t)*f_2(-t)+\chi_1(t)*\chi_2(-t)-\mathrm{i}H\{f_1(t)*f_2(-t)+\chi_1(t)*\chi_2(-t)\}\end{aligned} \tag{15-286}$$

上式表示，互相干函数的实、虚部互成希尔伯特变换关系，即

$$\mathrm{Im}[E_1(t)*E_2^*(-t)]=-H\left\{\mathrm{Re}[E_1(t)*E_2^*(-t)]\right\} \tag{15-287}$$

利用(15-284)式，又有

$$\mathrm{Re}[E_1(t)*E_2^*(-t)]=f_1(t)*f_2(-t)+\chi_1(t)*\chi_2(-t)=2f_1(t)*f_2(-t) \tag{15-288}$$

当 $E_1(t)=E_2(t)=E(t)$ 时，有

$$\frac{1}{2}E(t)*E^*(-t)=f(t)*f(-t)-\mathrm{i}f(t)*\chi(-t)$$

当 $\tau=0$ 时，左边为实，从而得到

$$\int_{-\infty}^{\infty}E(t)E^*(t)\mathrm{d}t=2\int_{-\infty}^{\infty}f(t)f(t)\mathrm{d}t \tag{15-289}$$

$$\int_{-\infty}^{\infty}f(t)\chi(t)\mathrm{d}t=-\int_{-\infty}^{\infty}\chi(t)f(t)\mathrm{d}t=0 \tag{15-290}$$

(15-290)式表示 $f(t)$ 和 $\chi(t)$ 互相正交。

利用互相干函数 $\Gamma_{12}(\tau)$ 可以把上述结果写成

$$\Gamma_{12}(\tau)=\langle E_1(t+\tau)E_2^*(t)\rangle=2[\Gamma_{12}^{ff}(t)-\mathrm{i}\Gamma_{12}^{f\chi}(\tau)] \tag{15-291}$$

其中

$$\left.\begin{aligned}&\Gamma_{12}^{ff}(\tau)=\langle f_1(t+\tau)f_2(t)\rangle\\&\Gamma_{12}^{f\chi}(\tau)=\langle f_1(t+\tau)\chi(t)\rangle\\&\Gamma_{12}^{f\chi}(0)=0\\&\Gamma_{11}(0)=2\Gamma_{11}^{ff}(0)=2I_1(P)\end{aligned}\right\} \tag{15-292}$$

又由(15-286)式，互相干函数的实、虚部互成希尔伯特变换关系：

$$\Gamma_{12}^{f\chi}(\tau)=-\Gamma_{12}^{\chi f}(\tau)=H[\Gamma_{12}^{ff}(\tau)] \tag{15-293}$$

由互相干函数的定义还可以看出：

$$\Gamma_{21}(\tau)=\Gamma_{12}^*(-\tau),\quad \Gamma_{21}(\nu)=\Gamma_{12}^*(\nu) \tag{15-294}$$

其中

$$\Gamma_{12}(\nu)=\begin{cases}\int_{-\infty}^{\infty}\Gamma_{12}(\tau)\mathrm{e}^{-\mathrm{i}2\pi\nu t}\mathrm{d}\tau, & \nu>0\\ 0, & \nu<0\end{cases}\tag{15-295}$$

（四）互相干函数的传播方程

设空间两点 P_1 和 P_2 处光扰动的解析信号表示为 $E(P_1,t_1)=E_1(t_1)$ 和 $E(P_2,t_2)=E_1(t_2)$，则 P_1 和 P_2 点的互相干函数可表示为下面的对称形式：

$$\Gamma(P_1,P_2,t_1,t_2)=\langle E(P_1,t_1+t)E^*(P_2,t_2+t)\rangle\tag{15-296}$$

对上式两边作用关于第一空间变量的拉氏算符 ∇_1^2，得

$$\nabla_1^2\Gamma(P_1,P_2,t_1,t_2)=\langle\nabla_1^2E(P_1,t_1+t)E^*(P_2,t_2+t)\rangle\tag{15-297}$$

由于 $E(t)$ 的实部表示实际物理场，故满足波动方程。而其虚部为实部的希尔伯特变换，考虑到函数微分的希尔伯特变换等于其希尔伯特变换的微分，可见，E 的虚部从而 E 本身，也满足波动方程。于是有

$$\nabla_1^2E(P_1,t_1+t)=\frac{1}{c^2}\frac{\partial^2}{\partial t_1{}^2}E(P_1,t_1+t)\tag{15-298}$$

用 $(1/c^2)\,\partial^2/\partial t^2$ 代替(15-297)式右边的 ∇_1^2，并交换时间平均与微分运算的次序，可得

$$\nabla_1^2\Gamma(P_1,P_2,t_1,t_2)=\frac{1}{c^2}\frac{\partial^2}{\partial t_1^2}\Gamma(P_1,P_2,t_1,t_2)\tag{15-299}$$

同理可得

$$\nabla_2^2\Gamma(P_1,P_2,t_1,t_2)=\frac{1}{c^2}\frac{\partial^2}{\partial t_2^2}(P_1,P_2,t_1,t_2)\tag{15-300}$$

(15-299)式和(15-300)式表示，互相干函数满足关于其两组变量的两个波动方程。对于平稳场，Γ 只与时间差 $\tau=t_1-t_2$ 有关，且 $\partial^2/\partial t_1^2=\partial^2/\partial t_2^2=\partial^2/\partial\tau^2$，于是，(15-299)式与(15-300)式可分别改写为

$$\nabla_1^2\Gamma(P_1,P_2,\tau)=\frac{1}{c^2}\frac{\partial^2}{\partial\tau^2}\Gamma(P_1,P_2,\tau)\tag{15-301}$$

$$\nabla_2^2\Gamma(P_1,P_2,\tau)=\frac{1}{c^2}\frac{\partial^2}{\partial\tau^2}\Gamma(P_1,P_2,\tau)\tag{15-302}$$

以上二式可合并写为

$$\nabla_1^2\nabla_2^2\Gamma(P_1,P_2,\tau)=\frac{1}{c^4}\frac{\partial^4}{\partial\tau^4}\Gamma(P_1,P_2,\tau)\tag{15-303}$$

（五）互相干函数的近似传播规律

设空间曲面 A 横截自有限扩展光源 s 发出的光束，而 B 为另一任意空间曲面。现在的问题是：如何用 A 上所有点对的互相干函数表示 B 上任意两点之间的互相干函数？

假设 P_1 和 P_2 为 A 上任意两点，Q_1 和 Q_2 为 B 上任意两点。将描写各点光扰动的解析信号 $E(R,t)$ 作傅里叶展开，得

$$E(R,t)=\int_0^{\infty}U(R,\nu)\mathrm{e}^{-\mathrm{i}2\pi\nu t}\mathrm{d}\nu\tag{15-304}$$

因为 $E(R,t)$ 满足波动方程，所以 $U(R,\nu)$ 满足亥姆霍兹方程，从而可对其应用惠更斯-菲涅耳原理，即

$$U(Q_1,\nu)=\int_A U(P_1,\nu)\frac{\mathrm{e}^{ikr_1}}{r_1}\Lambda_1\mathrm{d}s_1\tag{15-305}$$

式中，r_1 表示 P_1 点到 Q_1 点的距离，Λ_1 为倾斜因子。令(15-304)式中的 $R=Q_1$，$t=t_1$，并将(15-305)式代入，得

$$\begin{aligned}E(Q_1,t_1)&=\int_0^{\infty}U(Q_1,\nu)\mathrm{e}^{-\mathrm{i}2\pi\nu t_1}\mathrm{d}\nu=\int_0^{\infty}\left[\int_A U(P_1,\nu)\frac{\mathrm{e}^{ikr_1}}{r_1}\Lambda_1\mathrm{d}s_1\right]\mathrm{e}^{-\mathrm{i}2\pi\nu t_1}\mathrm{d}\nu\\&=\int_A\left[\int_0^{\infty}U(P_1,\nu)\mathrm{e}^{-\mathrm{i}2\pi\nu\left(t_1-\frac{r_1}{c}\right)}\Lambda_1\mathrm{d}\nu\right]\frac{1}{r_1}\mathrm{d}s_1\end{aligned}\tag{15-306}$$

式中，$k=2\pi\nu/c$ 表示波数。由于倾斜因子 Λ_1 只通过一个相乘因子 ν 依赖于频率，所以随频率的变化比其他因

子慢得多，可用其平均值$\overline{\Lambda_1}$代替，从而可提到对ν的积分号外，于是得

$$E(Q_1,t_1)=\int_A \frac{1}{r_1}E\left(P_1,t-\frac{r_1}{c}\right)\overline{\Lambda_1}\,\mathrm{d}s_1 \tag{15-307}$$

同理可得

$$E(Q_2,t_2)=\int_A \frac{1}{r_2}E\left(P_1,t-\frac{r_2}{c}\right)\overline{\Lambda_2}\,\mathrm{d}s_2 \tag{15-308}$$

由(15-307)式和(15-308)式，可得到

$$\begin{aligned}\Gamma(Q_1,Q_2,t_1,t_2)&=\langle E(Q_1,t_1)E^*(Q_2,t_2)\rangle\\&=\iint_A \frac{1}{r_1r_2}\left\langle E\left(P_1,t_1-\frac{r_1}{c}\right)E^*\left(P_2,t_2-\frac{r_2}{c}\right)\right\rangle\overline{\Lambda_1}\,\overline{\Lambda_2}^*\,\mathrm{d}s_1\mathrm{d}s_2\\&=\iint_A \frac{1}{r_1r_2}\Gamma\left(P_1,P_2,t_1-\frac{r_1}{c},t_2-\frac{r_2}{c}\right)\overline{\Lambda_1}\,\overline{\Lambda_2}^*\,\mathrm{d}s_1\mathrm{d}s_2\end{aligned} \tag{15-309}$$

对于平稳场，上式简化为

$$\Gamma(Q_1,Q_2,\tau)=\iint_A \frac{1}{r_1r_2}\Gamma\left(P_1,P_2,\tau-\frac{r_2-r_1}{c}\right)\overline{\Lambda_1}\,\overline{\Lambda_2}^*\,\mathrm{d}s_1\mathrm{d}s_2 \tag{15-310}$$

当$Q_1=Q_2=Q$，且$\tau=0$时，上式左边表示Q点的强度。如果用P_1和P_2点的强度以及复相干度γ表示右边的互相干函数，则(15-310)式可写为

$$I(Q)=\iint_A \frac{\sqrt{I(P_1)}\,\sqrt{I(P_2)}}{r_1r_2}\gamma\left(P_1,P_2,\frac{r_2-r_1}{c}\right)\overline{\Lambda_1}\,\overline{\Lambda_2}\,\mathrm{d}s_1\mathrm{d}s_2 \tag{15-311}$$

（六）互相干函数的基尔霍夫积分

设Q_1和Q_2为波场中的任意两点，A为包围这两点的任意封闭曲面。由于互相干函数满足波动方程，故可对其使用非单色光衍射的基尔霍夫积分。令P表示曲面A上的动点，方括号$[\ ]_i=1,2$，表示关于第i个时间变量的推迟值(时间延迟)，r_i表示从P_i点到Q_i点的距离，则有

$$\begin{aligned}\Gamma(Q_1,Q_2,t_1,t_2)=\frac{1}{4\pi}\int_A\Bigg\{&\left[\frac{\partial}{\partial n_1}\left(\frac{1}{r_1}\right)\Gamma(P_1,Q_2,t_1,t_2)\right]_1-\frac{1}{cr_1}\frac{\partial r_1}{\partial n_1}\left[\frac{\partial}{\partial t_1}\Gamma(P_1,Q_2,t_1,t_2)\right]_1-\\&\frac{1}{r_1}\left[\frac{\partial}{\partial n_1}\Gamma(P_1,Q_2,t_1,t_2)\right]_1\Bigg\}\mathrm{d}P_1\end{aligned} \tag{15-312}$$

$$\begin{aligned}\Gamma(P_1,Q_2,t_1,t_2)=\frac{1}{4\pi}\int_A\Bigg\{&\left[\frac{\partial}{\partial n_2}\left(\frac{1}{r_2}\right)\Gamma(P_1,P_2,t_1,t_2)\right]_2-\frac{1}{cr_2}\frac{\partial r_2}{\partial n_2}\left[\frac{\partial}{\partial t_2}\Gamma(P_1,P_2,t_1,t_2)\right]_2-\\&\frac{1}{r_2}\left[\frac{\partial}{\partial n_2}\Gamma(P_1,P_2,t_1,t_2)\right]_2\Bigg\}\mathrm{d}P_2\end{aligned} \tag{15-313}$$

式中，$\partial/\partial n_1$和$\partial/\partial n_2$表示沿曲面内法线方向的微分。将(15-313)式代入(15-312)式，得

$$\begin{aligned}\Gamma(Q_1,Q_2,t_1,t_2)=\frac{1}{(4\pi)^2}\iint_{AA}\Bigg\{&\frac{\partial}{\partial n_1}\left(\frac{1}{r_1}\right)\frac{\partial}{\partial n_2}\left(\frac{1}{r_2}\right)[\Gamma]_{1,2}-\\&\frac{\partial}{\partial n_1}\left(\frac{1}{r_1}\right)\frac{1}{cr_2}\frac{\partial r_2}{\partial n_2}\left[\frac{\partial}{\partial t_2}\Gamma\right]_{1,2}-\frac{\partial}{\partial n_1}\left(\frac{1}{r_1}\right)\frac{1}{r_2}\left[\frac{\partial}{\partial n_2}\Gamma\right]_{1,2}-\\&\frac{1}{cr_1}\frac{\partial r_1}{\partial n_1}\frac{\partial}{\partial n_2}\left(\frac{1}{r_2}\right)\left[\frac{\partial}{\partial t_1}\Gamma\right]_{1,2}+\frac{1}{c^2r_1r_2}\frac{\partial r_1}{\partial n_1}\frac{\partial r_2}{\partial n_2}\left[\frac{\partial^2}{\partial t_1\partial t_2}\Gamma\right]_{1,2}+\\&\frac{1}{cr_1}\frac{\partial r_1}{\partial n_1}\frac{1}{r_2}\left[\frac{\partial^2}{\partial t_1\partial n_2}\Gamma\right]_{1,2}-\frac{1}{r_2}\frac{\partial}{\partial n_2}\left(\frac{1}{r_2}\right)\left[\frac{\partial}{\partial n_1}\Gamma\right]_{1,2}+\\&\frac{1}{r_1}\frac{1}{cr_2}\frac{\partial r_2}{\partial n_2}\left[\frac{\partial^2}{\partial n_1\partial t_2}\Gamma\right]_{1,2}+\frac{1}{r_1r_2}\left[\frac{\partial^2}{\partial n_1\partial n_2}\Gamma\right]_{1,2}\Bigg\}\mathrm{d}P_1\mathrm{d}P_2\end{aligned} \tag{15-314}$$

其中

$$[\Gamma]_{1,2}=\Gamma\left(P_1,P_2,t_1-\frac{r_1}{c},t_2-\frac{r_2}{c}\right)$$

对于平稳场，$\Gamma(P_1, P_2, t_1, t_2) = \Gamma(P_1, P_2, \tau)$，$\tau = t_1 - t_2$，$\partial/\partial t_1 = -\partial/\partial t_2 = \partial/\partial\tau$，则(15-314)式变为

$$\begin{aligned}\Gamma(Q_1,Q_2,\tau)=\frac{1}{(4\pi)^2}\iint_{AA}\Big\{&\frac{\partial}{\partial n_1}\left(\frac{1}{r_1}\right)\frac{\partial}{\partial n_2}\left(\frac{1}{r_2}\right)[\Gamma]+\\&\frac{\partial}{\partial n_1}\left(\frac{1}{r_1}\right)\frac{1}{cr_2}\frac{\partial r_2}{\partial n_2}\left[\frac{\partial}{\partial\tau}\Gamma\right]-\frac{\partial}{\partial n_1}\left(\frac{1}{r_1}\right)\frac{1}{r_2}\left[\frac{\partial}{\partial n_2}\Gamma\right]-\\&\frac{1}{cr_1}\frac{\partial r_1}{\partial n_1}\frac{\partial}{\partial n_2}\left(\frac{1}{r_2}\right)\left[\frac{\partial}{\partial\tau}\Gamma\right]-\frac{1}{c^2r_1r_2}\frac{\partial r_1}{\partial n_1}\frac{\partial r_2}{\partial n_2}\left[\frac{\partial^2}{\partial\tau^2}\Gamma\right]+\\&\frac{1}{cr_1}\frac{\partial r_1}{\partial n_1}\frac{1}{r_2}\left[\frac{\partial^2}{\partial\tau\,\partial n_2}\Gamma\right]-\frac{1}{r_1}\frac{\partial}{\partial n_2}\left(\frac{1}{r_2}\right)\left[\frac{\partial}{\partial n_1}\Gamma\right]-\\&\frac{1}{r_1}\frac{1}{cr_2}\frac{\partial r_2}{\partial n_2}\left[\frac{\partial^2}{\partial n_1\partial\tau}\Gamma\right]+\frac{1}{r_1r_2}\left[\frac{\partial^2}{\partial n_1\partial n_2}\Gamma\right]\Big\}\mathrm{d}P_1\mathrm{d}P_2\end{aligned}\tag{15-315}$$

其中

$$[\Gamma]=\Gamma\left(P_1,P_2,\tau-\frac{r_1-r_2}{c}\right)$$

当 $Q_1 = Q_2 = Q$，且 $\tau = 0$ 时，利用 $\Gamma_{12}(\tau) = \sqrt{I_1I_2}\,\gamma_{12}(\tau)$，上式可写成

$$\begin{aligned}I(Q)=\frac{1}{(4\pi)^2}\iint_{AA}\Big(&\sqrt{I_1I_2}\Big\{\frac{\partial}{\partial n_1}\left(\frac{1}{r_1}\right)\frac{\partial}{\partial n_2}\left(\frac{1}{r_2}\right)[\gamma]+\\&\left[\frac{\partial}{\partial n_1}\left(\frac{1}{r_1}\right)\frac{1}{cr_2}\frac{\partial r_2}{\partial n_2}-\frac{\partial}{\partial n_2}\left(\frac{1}{r_2}\right)\frac{1}{cr_1}\frac{\partial r_1}{\partial n_1}\right]\left[\frac{\partial}{\partial\tau}\gamma\right]-\frac{1}{c^2r_1r_2}\frac{\partial r_1}{\partial n_1}\frac{\partial r_2}{\partial n_2}\left[\frac{\partial^2}{\partial\tau^2}\gamma\right]\Big\}+\\&\sqrt{I_1}\left\{\frac{1}{cr_1r_2}\frac{\partial r_1}{\partial n_1}\frac{\partial}{\partial n_2}\left(\sqrt{I_2}\left[\frac{\partial}{\partial\tau}\gamma\right]\right)-\frac{\partial}{\partial n_1}\left(\frac{1}{r_1}\right)\frac{1}{r_2}\frac{\partial}{\partial n_2}\left(\sqrt{I_2}\,[\gamma]\right)\right\}-\\&\sqrt{I_2}\left\{\frac{\partial}{\partial n_2}\left(\frac{1}{r_2}\right)\frac{1}{r_1}\frac{\partial}{\partial n_1}\left(\sqrt{I_1}\,[\gamma]\right)+\frac{1}{cr_1r_2}\frac{\partial r_2}{\partial n_2}\frac{\partial}{\partial n_1}\left(\sqrt{I_2}\left[\frac{\partial}{\partial\tau}\gamma\right]\right)\right\}+\\&\frac{1}{r_1r_2}\frac{\partial^2}{\partial n_1\partial n_2}\left(\sqrt{I_1I_2}\,[\gamma]\right)\Big)\mathrm{d}P_1\mathrm{d}P_2\end{aligned}\tag{15-316}$$

式中，I_1 和 I_2 分别为 P_1 点和 P_2 点的强度，$[\gamma] = \gamma[P_1, P_1, (s_2 - s_1)/c]$。

（七）条纹衬比度与互相干函数的物理意义

考虑两光束叠加时干涉条纹的衬比度。两束光可以是在两个不同时刻从同一空间点发出，也可以是在同一时刻从两个不同空间点发出，或者在不同时刻从不同空间点发出。

设 P_1 点在 t_1 时刻光扰动的解析信号为 $E_1(t_1)$，P_2 点在 t_2 时刻光扰动的解析信号为 $E_2(t_2)$，两束光经过不同的传播路程 s_1 和 s_2 后，在空间某点 Q 相遇而发生叠加，则 Q 点光扰动的解析信号为

$$E(Q,t)=K_1E_1\left(t-\frac{s_1}{c}\right)+K_2E_2\left(t-\frac{s_2}{c}\right)\tag{15-317}$$

式中，K_1 和 K_2 为几何因子。于是，Q 点光扰动的平均强度为

$$\begin{aligned}I(Q,\tau)&=K_1^2I(P_1)+K_2^2I(P_2)+2\mathrm{Re}[K_1K_2^*\Gamma_{12}(\tau)]\\&=I_1(Q)+I_2(Q)+2\sqrt{I_1(Q)I_2(Q)}\,\mathrm{Re}[\gamma_{12}(\tau)]\end{aligned}\tag{15-318}$$

式中，$\tau = (s_2 - s_1)/c$ 表示自 P_1 和 P_2 点发出的两个光扰动在 Q 点的相对时间延迟，$I_1(Q)$ 和 $I_2(Q)$ 分别为两个光扰动各自在 Q 点产生的强度，$\Gamma_{12}(\tau)$ 为两个光扰动在 Q 点的互相干函数，$\gamma_{12}(\tau)$ 为相应的复相干度。若将 $\gamma_{12}(\tau)$ 表示为

$$\gamma_{12}(\tau)=|\gamma_{12}(\tau)|\,\mathrm{e}^{\mathrm{i}[\varphi(\tau)-2\pi\nu_0t]}\tag{15-319}$$

式中，ν_0 为平均频率，则有

$$I(Q)=I_1(Q)+I_2(Q)+2\sqrt{I_1(Q)I_2(Q)}\,|\gamma_{12}(\tau)|\cos[\varphi(\tau)-2\pi\nu_0t]\tag{15-320}$$

于是，根据干涉条纹衬比度的定义，得

$$K=\frac{I_{\max}-I_{\min}}{I_{\max}+I_{\min}}=\frac{2\sqrt{I_1(Q)I_2(Q)}}{I_1(Q)+I_2(Q)}\,|\gamma_{12}(\tau)|\tag{15-321}$$

当 $I_1(Q)=I_2(Q)$ 时，得到

$$K=|\gamma_{12}(\tau)| \tag{15-322}$$

即干涉条纹的衬比度 K 等于复相干度的模值。通常习惯上总是将光场的相干性与两束光叠加时产生干涉条纹的能力联系起来。因此，$|\gamma_{12}(\tau)|$就表示了两束光的相干程度，这就是称 $\gamma_{12}(\tau)$ 为复相干度的缘故。(15-321) 式表明，只有当$|\Gamma_{12}(\tau)|\neq 0$时，两束光的叠加才产生干涉效应。由复相干度的定义(15-281) 式并利用(15-280) 式及施瓦尔兹不等式，可知，复相干度 γ 的值在 0 和 1 之间。0 表示非相干，1 表示完全相干，中间值则表示部分的相干情况。时间相干性和空间相干性分别由$|\gamma_{12}(\tau)|$和$|\gamma_{12}(0)|$描述。由于互相干函数满足波动方程，后者将 $\Gamma_{12}(\tau)$ 的时间变化和空间变化联系起来，所以一般不能将时间相干性与空间相干性完全分开。当 $\tau=0$ 时，$\Gamma_{12}(0)=\Gamma_{12}(P_1,P_2,0)$，表示 P_1 和 P_2 两点光扰动之间的互强度，常表示为 $\Gamma_{12}(0)=J(P_1,P_2)=J_{12}$；当 $P_1=P_2=P$，$\tau=0$ 时，$\Gamma_{11}(0)=\Gamma(P_1,P_2,0)=I(P)$，表示 P 点光扰动的强度。

将 $\Gamma_{12}(\tau)$ 作频谱展开，得

$$\Gamma_{12}(\tau)=\int_0^\infty S_{12}(\nu)\,\mathrm{e}^{-\mathrm{i}2\pi\nu t}\,\mathrm{d}\nu \tag{15-323}$$

对于准单色光的情况，$S_{12}(\nu)$ 只在以平均频率 ν_0 为中心的狭窄频率间隔$\Delta\nu(\ll\nu_0)$ 内才有显著值，因此有

$$\Gamma_{12}(\tau_2)=\int_0^\infty S_{12}(\nu)\,\mathrm{e}^{-\mathrm{i}2\pi\nu\tau_1}\,\mathrm{e}^{-\mathrm{i}2\pi\nu(\tau_2-\tau_1)}\,\mathrm{d}\nu \tag{15-324}$$

当

$$|\tau_2-\tau_1|\ll\frac{1}{\Delta\nu}=\tau_0 \tag{15-325}$$

时，(15-324) 式可写为

$$\Gamma_{12}(\tau_2)=\mathrm{e}^{-\mathrm{i}2\pi\nu_0(\tau_2-\tau_1)}\int_0^\infty S_{12}(\nu)\,\mathrm{e}^{-\mathrm{i}2\pi\nu\tau_1}\,\mathrm{d}\tau_1=\mathrm{e}^{-\mathrm{i}2\pi\nu_0(\tau_2-\tau_1)}\Gamma_{12}(\tau_1) \tag{15-326}$$

类似地，可得

$$\gamma_{12}(\tau_2)=\mathrm{e}^{-\mathrm{i}2\pi\nu_0(\tau_2-\tau_1)}\gamma_{12}(\tau_1) \tag{15-327}$$

令 $\tau_1=0$，$\tau_2=\tau$，由(15-326) 式和(15-327) 式，可得

$$\Gamma_{12}(\tau)=\Gamma_{12}(0)\mathrm{e}^{-\mathrm{i}2\pi\nu_0\tau}=J_{12}\mathrm{e}^{-\mathrm{i}2\pi\nu_0\tau} \tag{15-328}$$

$$\gamma_{12}(\tau)=\gamma_{12}(0)\mathrm{e}^{-\mathrm{i}2\pi\nu_0\tau}=\mu_{12}\mathrm{e}^{-\mathrm{i}2\pi\nu_0\tau} \tag{15-329}$$

当满足$|\tau|<1/\Delta\nu$时，本节所有公式中的 $\Gamma_{12}(\tau)$ 和 $\gamma_{12}(\tau)$ 均可用(15-328) 式和(15-329) 式中的右边量代替。

第五节　互强度与强度矩阵[1,7-8]

一、互强度

设光波场中两点 P_1 和 P_2 的复振幅分别为 $E(P_1,t)=E_1(t)$ 和 $E(P_2,t)=E_2(t)$，则该两点之间的互强度定义为

$$J(P_1,P_2)=J_{12}=\lim_{T\to\infty}\frac{1}{T}\int_0^T E_1(t)E_2^*(t)\,\mathrm{d}t=\langle E_1(t)E_2^*(t)\rangle \tag{15-330}$$

式中，T 表示探测器的响应时间。由(15-330) 式可以看出，P_1 和 P_2 点的光强度可分别由 J_{11} 和 J_{22} 给出，而互强度 J_{12} 满足下述厄米条件：

$$J_{12}^*=J_{21} \tag{15-331}$$

现假定使 $E_1(t)$ 和 $E_2(t)$ 分别经过不同的吸收介质后再叠加，则叠加后的强度可写成

$$I=\langle|k_1E_1(t)+k_2E_2(t)|^2\rangle=|k_1|^2J_{11}+k_1k_2^*J_{12}+k_1^*k_2J_{21}+|k_2|^2J_{22} \tag{15-332}$$

式中，k_1 和 k_2 均为复常数，与所选介质及光波在其中传播的程长等有关。因为强度 I 为非负量，所以由(15-332) 式中 J_{11}、J_{12}、J_{21}、J_{22} 组成的矩阵 $\boldsymbol{J}=[J_{ij}]$ 是半正定的，即(15-332) 式是半正定厄米二次型，从而有

$$|J_{12}|^2\leqslant J_{11}J_{22} \tag{15-333}$$

由厄米矩阵的理论知，$\boldsymbol{J}=[J_{ij}]$ 可经一幺正变换 $\boldsymbol{U}$ 对角化，即

$$\boldsymbol{J}=\boldsymbol{U}\boldsymbol{\Lambda}\boldsymbol{U}^{+} \tag{15-334}$$

式中，$\boldsymbol{\Lambda}$ 表示一对角矩阵；$\boldsymbol{U}$ 为一幺正矩阵，满足 $\boldsymbol{U}\boldsymbol{U}^{+}=\boldsymbol{U}^{+}\boldsymbol{U}=\boldsymbol{E}$，$\boldsymbol{E}$ 为单位矩阵；符号“+”表示对矩阵作转置共轭变换。若以 λ_1 和 λ_2 表示 $\boldsymbol{\Lambda}$ 的两个对角矩阵元，则 λ_1 和 λ_2 就是矩阵 $\boldsymbol{J}$ 的本征值，相应的本征向量为 $\phi_1=(V_{11},V_{21})$，$\phi_2=(U_{11},U_{22})$。由(15-334)式得

$$J_{ij}=\lambda_1U_{i1}U_{j1}^{*}+\lambda_2U_{i2}U_{j2}^{*},\qquad i,j=1,2 \tag{15-335}$$

λ_1 和 λ_2 非负，且满足本征方程

$$\lambda^2-(J_{11}+J_{22})\lambda+J_{11}J_{22}-|J_{12}|^2=0 \tag{15-336}$$

一般而言，本征值 λ_1、λ_2 和本征函数 ϕ_1、ϕ_2 都是场点 P_1 和 P_2 的函数。当(15-333)式中等号成立，即当

$$|J_{12}|^2=J_{11}J_{22} \tag{15-337}$$

时，本征方程(15-336)式只有一个非0解(本征值)。设 $\lambda_1\neq0$，则由(15-335)式得

$$J_{ij}=\lambda_1U_{i1}U_{j1}^{*}=u_ij_j^{*},\qquad i,j=1,2 \tag{15-338}$$

其中

$$u_i=\sqrt{\lambda_1}\,U_{i1},\qquad i=1,2 \tag{15-339}$$

称为场点 P_1 和 P_2 处的有效波振幅，且有关系

$$u_i=\frac{J_{ij}}{J_{jj}}u_j,\qquad i,j=1,2 \tag{15-340}$$

利用 u_i 可将(15-332)式中的强度写成

$$I=|k_1u_1+k_2u_2|^2 \tag{15-341}$$

若适当选择 k_1 和 k_2，使得 $|k_1|^2J_{11}=|k_2|^2J_{22}=J$，则当(15-337)式满足时，合成强度 I 的最小值 $I_{\min}=0$，从而，干涉条纹的衬比度

$$V=\frac{I_{\max}-I_{\min}}{I_{\max}+I_{\min}}=1 \tag{15-342}$$

这表明，(15-337)式为完全相干条件。对于部分相干的情况，合成强度的最小值 $I_{\min}\neq0$，且有

$$\left.\begin{aligned}I_{\max}&=2J(1+|\gamma_{12}|)\\I_{\min}&=2J(1-|\gamma_{12}|)\end{aligned}\right\} \tag{15-343}$$

式中，γ_{12} 为 P_1 点和 P_2 点之间的复相干度，即

$$\gamma_{12}=\frac{J_{12}}{\sqrt{J_{11}J_{22}}} \tag{15-344}$$

而由式(15-343)可得

$$\gamma_{12}=\frac{I_{\max}-I_{\min}}{I_{\max}+I_{\min}} \tag{15-345}$$

二、强度矩阵

(一) 复振幅的抽样展开

假定一光学系统，其入瞳对物平面所张的孔径角(数值孔径)为 α_0，则通过入瞳的光扰动的复振幅 $f(x)$ 可用抽样定理展开为

$$f(x)=\sum_{m=-\infty}^{\infty}f\left(\frac{m}{2\xi_0}\right)\mathrm{sinc}\left[2\xi_0\left(x-\frac{m}{2\xi_0}\right)\right]=\sum_{m=-\infty}^{\infty}f\left(\frac{n\pi}{k\alpha_0}\right)\frac{\sin(k\alpha_0x-m\pi)}{k\alpha_0x-m\pi}=\sum_m f_mu_m(k\alpha_0x) \tag{15-346}$$

式中，$\xi_0=\alpha_0/\lambda$，$k=2\pi/\lambda$，$f_m=(m\pi/k\alpha_0)$，$u_m(x)=\mathrm{sinc}(x/\pi-m)=\sin(x-m\pi)/(x-m\pi)$。抽样间隔

$$\Delta x=\frac{\pi}{k\alpha_0} \tag{15-347}$$

为物平面所能分辨的最小线度。对于透镜，其数值孔径为 $\alpha_0=n\sin\theta_0$，其中 n 为透镜材料的折射率，θ_0 为边缘入射光线与主光轴的夹角。此时，最小可分辨距离变为

$$\Delta x=\frac{\pi}{kn\sin\theta_0}=\frac{\lambda}{2n\sin\theta_0} \tag{15-348}$$

由(15-347)式和(15-348)式可见，限制光学系统分辨本领的物理原因是，有限的入射孔径使某些携带物体细节信息的大偏角光线不能进入光学系统而损失掉了。

抽样插值函数 $u_m(k\alpha_0 x)$ 构成正交完备组，且有下述常用恒等式：

$$\sum_m \frac{\sin(x-m\pi)}{x-m\pi}=\sum_m u_m(x)=1$$

$$\sum_m u_m{}^2(x)=\sum_m \frac{\sin^2(x-m\pi)}{(x-m\pi)^2}=1$$

$$\sum_m u_m(x_1)u_m(x_2)=\frac{\sin(x-m\pi)}{x_1-x_2}$$

（二）强度矩阵

设系统被一点光源照明，其光波场的复振幅分布为 $f(x)$，则 $f(x)$ 的抽样展开式具有(15-346)式的形式，而相应的强度分布为

$$I(x)=f(x)f^*(x)=\sum_{l,m}f^*\left(\frac{l\pi}{k\alpha_0}\right)f\left(\frac{m\pi}{k\alpha_0}\right)u_l{}^*(k\alpha_0 x)u_m(k\alpha_0 x) \tag{15-349}$$

现假定照明系统的是一个位于 S 平面上的有限扩展光源，并考虑波场中两点 x_1 和 x_2 之间的互强度。位于 S_0 处的点源对该互强度的贡献为

$$J(x_1,x_2,S_0)=\left\langle f^*\left(\frac{l\pi}{k\alpha_0},S_0,t\right)f\left(\frac{m\pi}{k\alpha_0},S_0,t\right)\right\rangle_t u_l^*(k\alpha_0 x_1)u_m(k\alpha_0 x_2) \tag{15-350}$$

整个光源所产生的互强度为

$$J(x_1,x_2)=\int_S J(x_1,x_2,S_0)\mathrm{d}S=\sum_{l,m}A_{lm}u_l^*(k\alpha_0 x_1)u_m(k\alpha_0 x_2) \tag{15-351}$$

其中

$$A_{lm}=\int_S\left\langle f^*\left(\frac{l\pi}{k\alpha_0},S_0,t\right)f\left(\frac{m\pi}{k\alpha_0},S_0,t\right)\right\rangle_t \mathrm{d}S \tag{15-352}$$

以 A_{ml} 为元素的矩阵 $\mathbf{A}$ 称为强度矩阵。利用抽样内插函数 $u_m(k\alpha_0 x)$ 的正交性可得

$$A_{lm}=\left(\frac{k\alpha_0}{\pi}\right)^2\iint J(x_1,x_2)u_1(k\alpha_0 x_1)u_m^*(k\alpha_0 x_2)\mathrm{d}x_1\mathrm{d}x_2 \tag{15-353}$$

(15-351)式和(15-353)式指出，用互强度和强度矩阵表示光波场的性质完全等价，并且不难看出，互强度和强度矩阵都是厄米型的，即

$$J^*(x_1,x_2)=J(x_1,x_2),\quad A_{lm}^*=A_{ml} \tag{15-354}$$

由(15-352)式可得

$$A_{lm}=J\left(\frac{l\pi}{k\alpha_0},\frac{m\pi}{k\alpha_0}\right),\quad A_{mm}=J\left(\frac{m\pi}{k\alpha_0},\frac{m\pi}{k\alpha_0}\right)=I_m \tag{15-355}$$

(15-355)式指出，强度矩阵的对角元 A_{mm} 等于光场中第 m 个抽样点处的强度。强度矩阵 $\mathbf{A}$ 包含着光场的全部信息（包括相位信息，从而相干性信息）。由(15-351)式和抽样内插 sinc 函数的正交性，可得光场的总强度为

$$I_0=\int J(x,x)\mathrm{d}x=\frac{\pi}{k\alpha_0}\mathrm{tr}(\mathbf{A}) \tag{15-356}$$

式中，$\mathrm{tr}(\mathbf{A})$ 表示矩阵 $\mathbf{A}$ 的迹，且有

$$\iint|J(x_1,x_2)|^2\mathrm{d}x_1\mathrm{d}x_2=\left(\frac{\pi}{k\alpha_0}\right)^2\mathrm{tr}(\mathbf{A}^2) \tag{15-357}$$

$$\iint J(x_1,x_2)\mathrm{d}x_1\mathrm{d}x_2=\left(\frac{\pi}{k\alpha_0}\right)^2\sum_{l,m}A_{lm} \tag{15-358}$$

也可以在空间频率域或傅里叶变换平面上引入互强度的概念。设位于 S_0 处的点源在 x 处产生的场振幅为 $f(x, S_0, t)$，其傅里叶变换为 $F(\xi, S_0, t)$。由于 $(-k\alpha_0/2\pi)<\xi<(k\alpha_0/2\pi)$，故 $F(\xi, S_0, t)$ 可展开成关于 ξ 的傅里叶级数，即

$$F(\xi,S_0,t)=\sum_m c_m \mathrm{e}^{-\mathrm{i}2\pi m\frac{\xi}{2\xi_0}} \tag{15-359}$$

$$c_m=\frac{1}{2\xi_0}\int_{-\xi_0}^{\xi_0}F(\xi,S_0,t)\mathrm{e}^{\mathrm{i}2\pi m\frac{\xi}{2\xi_0}}\mathrm{d}\xi \tag{15-360}$$

式中，$\xi_0=k\alpha_0/2\pi$。另一方面，$F(\xi, S_0, t)$ 的逆傅里叶变换为

$$f(x,S_0,t)=\int_{-\xi_0}^{\xi_0}F(\xi,S_0,t)\mathrm{e}^{\mathrm{i}2\pi x\xi}\mathrm{d}\xi \tag{15-361}$$

比较(15-360)式与(15-361)式，得

$$c_m=\frac{1}{2\xi_0}f\left(\frac{m}{2\xi_0},S_0,t\right)=\frac{\pi}{k\alpha_0}f\left(\frac{m\pi}{k\alpha_0},S_0,t\right) \tag{15-362}$$

将(15-362)式代入(15-359)式，得

$$F(\xi,S_0,t)=\sum_m\frac{\pi}{k\alpha_0}f\left(\frac{m\pi}{k\alpha_0},S_0,t\right)\mathrm{e}^{-\mathrm{i}\frac{m\pi\lambda\xi}{c}} \tag{15-363}$$

互强度为

$$\begin{aligned}M(\xi_1,\xi_2)&=\sum_{l,m}\left(\frac{\pi}{k\alpha_0}\right)^2\mathrm{e}^{\mathrm{i}\frac{l\pi\lambda\xi_1}{\alpha_0}}\mathrm{e}^{-\mathrm{i}\frac{m\pi\lambda\xi_2}{\alpha_0}}\int_S\left\langle f^*\left(\frac{l\pi}{k\alpha_0},S_0,t\right)f\left(\frac{m\pi}{k\alpha_0},S_0,t\right)\right\rangle_t\mathrm{d}S\\&=\sum_{m+l}\left(\frac{\pi}{k\alpha_0}\right)^2A_{lm}\mathrm{e}^{\mathrm{i}\frac{l\pi\lambda\xi_1}{\alpha_0}}\mathrm{e}^{-\mathrm{i}\frac{m\pi\lambda\xi_2}{\alpha_0}}\end{aligned} \tag{15-364}$$

其中

$$A_{lm}=\int_S\left\langle f^*\left(\frac{l\pi}{k\alpha_0},S_0,t\right)f\left(\frac{m\pi}{k\alpha_0},S_0,t\right)\right\rangle_t\mathrm{d}S \tag{15-365}$$

(15-365)式和(15-352)式完全相同，这说明，在空域到频域的变换下，强度矩阵不变。利用复指数函数的正交性，由(15-364)式，可得

$$A_{lm}=\left(\frac{\pi}{k\alpha_0}\right)^2\iint_{-k\alpha_0/2\pi}^{k\alpha_0/2\pi}M(\xi_1,\xi_1)\mathrm{e}^{-\mathrm{i}\frac{l\pi\lambda\xi_1}{\alpha_0}}\mathrm{e}^{\mathrm{i}\frac{m\pi\lambda\xi_2}{\alpha_0}}\mathrm{d}\xi_1\mathrm{d}\xi_2 \tag{15-366}$$

此外，如果光波场的空域有限，则也可以用以强度矩阵元为系数的傅里叶级数表示互强度。

由互强度的表达式(15-351)式，得光波场的强度分布为

$$J(x,x)=\sum_{l,m}A_{lm}u_l^*(k\alpha_0x)u_m(k\alpha_0x) \tag{15-367}$$

强度矩阵 $\boldsymbol{A}$ 是半正定厄米矩阵，因此它表示的物理量是可观测量。强度矩阵比强度分布能够更精确地描述一个给定的光波场，因为前者包含光波场振幅间的相对相位信息，而后者则没有。

三、强度矩阵的对角化

互强度表达式(15-351)式是一个半正定厄米二次型，它可以写成下述标积形式：

$$\begin{aligned}J(x_1,x_2)&=\sum_{l,m}A_{lm}u_l^*(k\alpha_0x_1)u_m(k\alpha_0x_2)\\&=[u_1(k\alpha_0x_1),u_2(k\alpha_0x_1),\cdots,u_l(k\alpha_0x_1),\cdots]^*\times\\&\quad\begin{bmatrix}A_{11}&A_{12}&\cdots&A_{1m}&\cdots\\A_{21}&A_{22}&\cdots&A_{2m}&\cdots\\\vdots&\vdots&&\vdots&\vdots\\A_{l1}&A_{l2}&\cdots&A_{lm}&\cdots\\\vdots&\vdots&&\vdots&\vdots\end{bmatrix}\begin{bmatrix}u_1(k\alpha_0x_2)\\u_2(k\alpha_0x_2)\\\vdots\\u_m(k\alpha_0x_2)\\\vdots\end{bmatrix}\\&=\langle\phi(x_1),A\phi(x_2)\rangle\end{aligned} \tag{15-368}$$

式中，向量 $\phi(x)$ 的分量是抽样内插函数 $u_m(k\alpha_0x)$。利用幺正变换 $\boldsymbol{U}$ 可将(15-368)式写成正则形式：

$$J(x_1,x_2)=\sum_{m=-\infty}^{\infty}\lambda_m\psi_m(x_1)\psi_m^*(x_2) \tag{15-369}$$

式中，λ_m 表示强度矩阵 $\boldsymbol{A}$ 的第 m 个本征值，即

$$\boldsymbol{A}\phi^{(m)}=\lambda_m\phi^{(m)} \tag{15-370}$$

$\psi_m(x)$ 表示向量 $\phi(x)$ 在第 m 个本证向量 ϕ^m 上的投影。若以 $\boldsymbol{U}_{ml}$ 表示 $\boldsymbol{A}$ 的第 m 个本征向量 $\phi^{(m)}$ 的第 l 个分量，则有

$$\psi_m(x)=\sum_{l=-\infty}^{\infty}U_{lm}^*U_l(k\alpha_0x_1)=\langle\phi^{(m)},\phi(x)\rangle \tag{15-371}$$

矩阵 $\boldsymbol{U}=[U_{lm}]=[\phi^{(1)},\phi^{(2)},\cdots,\phi^{(m)},\cdots]$ 满足下述幺正条件：

$$\boldsymbol{U}^+\boldsymbol{U}=\boldsymbol{U}\boldsymbol{U}^+=\boldsymbol{E} \tag{15-372}$$

或写成

$$\sum_{n=-\infty}^{\infty}U_{nl}^*U_{nm}=\sum_{n=-\infty}^{\infty}U_{ln}U_{mn}^*=\delta_{lm} \tag{15-373}$$

由于强度矩阵 $\boldsymbol{A}$ 是半正定厄米矩阵，所以其本征值 λ_m 都是非负实数，且相应于不同本征值的本征向量正交，即

$$\langle\phi^{(l)},\phi^{(m)}\rangle=\delta_{lm} \tag{15-374}$$

由(15-371)式可得

$$\phi(x)=\sum_{m=-\infty}^{\infty}\psi_m(x)\phi^{(m)} \tag{15-375}$$

在上述幺正变换下，强度矩阵 $\boldsymbol{A}$ 可表示为

$$\boldsymbol{A}=\boldsymbol{U}\boldsymbol{\Lambda}\boldsymbol{U}^+ \tag{15-376}$$

式中，$\boldsymbol{\Lambda}$ 是一个对角阵，其对角元为 $\boldsymbol{A}$ 的本征值。(15-376)式可写成

$$A_{lm}=\sum_{n=-\infty}^{\infty}\lambda_nU_{ln}U_{mn}^*=\sum_{n=-\infty}^{\infty}\lambda_nP_{lm}^{(n)} \tag{15-377}$$

其中

$$P_{lm}^{(n)}=U_{ln}U_{mn}^* \tag{15-378}$$

以 $P_{lm}^{(n)}$ 为元素的矩阵 $\boldsymbol{P}^{(n)}$ 称为投影算符，其定义为

$$\boldsymbol{P}^{(n)}\phi(x)=\langle\phi(x),\phi^{(n)}\rangle=\psi_n(x)\phi^{(n)} \tag{15-379}$$

即投影算符作用于向量 $\phi(x)$，等于将 $\phi(x)$ 投影到第 n 个本征向量 $\phi^{(n)}$ 上。矩阵 $\boldsymbol{P}^{(n)}$ 是厄米型的，并满足下述关系：

$$\boldsymbol{P}^{(n)}\boldsymbol{P}^{(m)}=\boldsymbol{P}^{(n)}\delta_{nm} \tag{15-380}$$

$$\mathrm{tr}[\boldsymbol{P}^{(n)}]=1 \tag{15-381}$$

利用投影算符可将强度矩阵表示为

$$\boldsymbol{A}=\sum_{n=-\infty}^{\infty}\lambda_n\boldsymbol{P}^{(n)} \tag{15-382}$$

四、强度矩阵本征值和本征向量的物理意义

首先考虑强度矩阵只有一个非0本征值的情况。此时，强度和互强度分别表示为

$$I(x)=\lambda_n\psi_n(x)\psi_n^*(x) \tag{15-383}$$

$$J(x_1,x_2)=\lambda_n\psi_n(x_1)\psi_n^*(x_2) \tag{15-384}$$

即，光波场的振幅为 $\lambda_n^{-1/2}\psi_n(x)$。总强度为

$$I_0^{(n)}=\lambda_n\frac{\pi}{k\alpha_0} \tag{15-385}$$

空间复相干度为

$$\gamma(x_1,x_2)=\frac{J(x_1,x_2)}{\sqrt{I(x_1)I(x_2)}}=\frac{\lambda_n\psi_n(x_1)\psi_n^*(x_2)}{\lambda_n\psi_n(x_1)\psi_n^*(x_2)}=1 \tag{15-386}$$

由此可见,(15-369) 式将部分相干情况下的互强度表示成了一些统计无关的完全空间相干光波产生的互强度之和。

假定强度矩阵的秩为 N,在完全相干情况下只有一个非 0 本征值,比如 λ_1,于是强度矩阵就完全由这个本征值和其相应的本征向量 $\phi^{(1)}=[U_{11},U_{21},\cdots,U_{n1},\cdots]$ 描写。这 N 个复量对应有 $2N$ 个独立参数,如振幅和相位,但由于只能确定相对相位,所以只有 $2N-1$ 个独立参数。

其次考虑只有两个非 0 本征值的部分相干情况。此时,每个非 0 本征值对应一个非 0 本征向量,从而给出 $2(2N-1)$ 个独立参数。但两个本征向量间有一个正交关系,对应于两个实数方程,于是,表征该光波场的独立参数共有 $2(2N-1)-2=4N-4$ 个。

同样,对于强度矩阵有 r 个非 0 本征值的情况,描写光波场的独立参数数目应为

$$r(2N-1)-2\frac{r(r-1)}{2}=2Nr-r \tag{15-387}$$

如果 N 个本征值均非 0,则独立参数数目为 N^2。显然,如果假定每个独立参数都携带一定量的信息,则非相干波场所携带的信息量最大。

五、相干性的强度矩阵表示

用互强度可将完全相干和部分相干光场的条件分别表示为

$$\frac{|J(x_1,x_2)|}{\sqrt{J(x_1,x_1)J(x_2,x_2)}}=1,\text{或 } |J(x_1,x_2)|^2=J(x_1,x_1)J(x_2,x_2) \tag{15-388}$$

$$\frac{|J(x_1,x_2)|}{\sqrt{J(x_1,x_1)J(x_2,x_2)}}<1,\text{或 } |J(x_1,x_2)|^2<J(x_1,x_1)J(x_2,x_2) \tag{15-389}$$

现用强度矩阵表示光场的相干性。设强度矩阵 $\boldsymbol{A}$ 的本征值为 λ_n,相应的投影算符为 $\boldsymbol{P}^{(n)}$,则由(15-379)式、(15-380) 式和(15-382) 式,可得

$$\boldsymbol{A}^2=\sum_n\lambda_n^2\boldsymbol{P}^{(n)} \tag{15-390}$$

这表示,$\boldsymbol{A}^2$ 的本征值为 λ_n^2。定义矩阵 $\boldsymbol{R}=\boldsymbol{A}\mathrm{tr}(\boldsymbol{A})-\boldsymbol{A}^2$,由(15-382) 式和(15-390) 式,得

$$\boldsymbol{R}=\boldsymbol{A}\mathrm{tr}(\boldsymbol{A})-\boldsymbol{A}^2=\sum_n\left(\lambda_n\sum_k\lambda_k-\lambda_n^2\right)\boldsymbol{P}^{(n)} \tag{15-391}$$

由此可见,矩阵 $\boldsymbol{R}$ 的本征值为 $\lambda_n\sum\limits_k\lambda_k\ (k\neq n)$,其中,$\sum$ 表示对所有 $k\neq n$ 的项求和。不难看出,对完全相干情况,$\boldsymbol{R}$ 的本征值为 0,而对部分相干情况,$\boldsymbol{R}$ 的本征值非负。因此,矩阵 $\boldsymbol{R}$ 是半正定的,并由(15-391) 式知,$\boldsymbol{R}$ 的迹为

$$\mathrm{tr}(\boldsymbol{R})=\left(\sum_k\lambda_k\right)^2-\sum_k\lambda_k^2 \tag{15-392}$$

对完全相干情况,(15-392) 式右边为 0,而对部分相干情况则大于 0。在矩阵 $\boldsymbol{A}$ 的迹为常数的条件下,当 $\lambda_1=\lambda_2=\cdots=\lambda_N=(1/N)\left(\sum\limits_k\lambda_k\right)$ 时,R 的迹取最大值 $(1-1/N)\left(\sum\limits_k\lambda_k\right)^2$。因此,可以引入一个参数:

$$h=\frac{\left(\sum\limits_k\lambda_k\right)^2-\sum\limits_k\lambda_k^2}{\left(\sum\limits_k\lambda_k\right)^2}=\frac{[\mathrm{tr}(\boldsymbol{A})]^2-\mathrm{tr}(\boldsymbol{A}^2)}{[\mathrm{tr}(\boldsymbol{A})]^2} \tag{15-393}$$

作为光场非相干性的量度。对于完全相干情况,$h=0$;当强度矩阵 $\boldsymbol{A}$ 的全部本征值都相等且总强度为常数时,h 取最大值,这对应于完全非相干情况;对于部分相干情况,$0<h<1$。

参数 h 也可以用互强度表示为

$$h=\frac{\iint[J(x_1,x_1)J(x_2,x_2)-|J(x_1,x_1)|^2]\mathrm{d}x_1\mathrm{d}x_2}{\left[\int J(x,x)\mathrm{d}x\right]^2} \tag{15-394}$$

六、传输矩阵

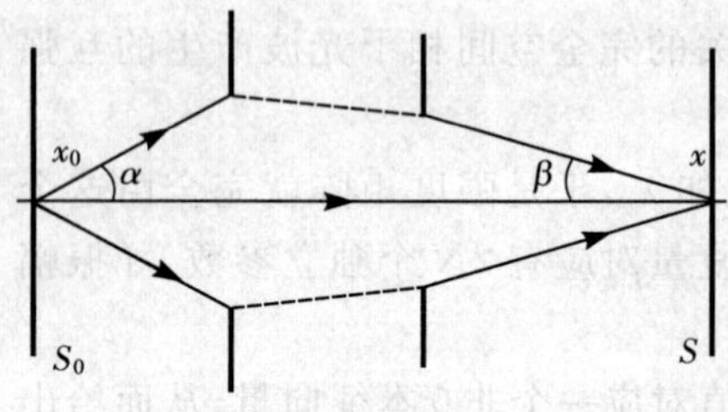

图 15-9 光波通过光学系统的传播

考虑光波通过光学系统的传播。如图 15-9 所示，设自输入平面 S_0 上 x_0 点发出的单位振幅光波通过系统后，在输出平面 S 上 x 点产生的光波复振幅为 $h(x_0, x)$，则称 $h(x_0, x)$ 为系统的传输函数，也即脉冲相应函数。如果系统的入瞳和出瞳的数值孔径分别为 α 和 β，则与变量 x_0 和 x 对应的空间频率分别被限制在 $[-k\alpha/(2\pi), k\alpha/(2\pi)]$ 和 $[-k\beta/(2\pi), k\beta/(2\pi)]$ 内，其中 k 为波数。将传输函数 $h(x_0, x)$ 抽样展开，得

$$h(x_0,x)=\sum_{m,n} h_{mn}u_m(k\alpha x_0)u_n(k\beta x) \tag{15-395}$$

其中

$$h_{mn}=\iint_{S_0,S} h(x_0,x)u_m(k\alpha x_0)u_n(k\beta x)\mathrm{d}x_0\mathrm{d}x=h\left(\frac{m\pi}{k\alpha},\frac{n\pi}{k\beta}\right) \tag{15-396}$$

矩阵 $\boldsymbol{H}=[h_{mn}]$ 称为该光学系统的传输矩阵。

设 S_0 平面上 x_0 点的光场复振幅分布为 $o_1(x_0)$，其在 S 平面上 x 点引起的复振幅分布为 $g_1(x)$，则按定义，有

$$g_1(x)=\int_{S_0} o_1(x_0)h(x_0,x)\mathrm{d}x_0 \tag{15-397}$$

同样，如果 S 平面上 x 点的光场复振幅分布为 $g_2(x)$，其在 S_0 平面上 x_0 点对应的复振幅分布为 $o_2(x_0)$，则由光学互易性定理，得

$$o_2(x_0)=\int_S h(x_0,x)g_2(x)\mathrm{d}x \tag{15-398}$$

将(15-397) 式和(15-398) 式中的有关函数作抽样展开，得到

$$g_1\left(\frac{n\pi}{k\beta}\right)=\frac{\pi}{k\alpha}\sum_m o_1\left(\frac{m\pi}{k\alpha}\right)h_{mn} \tag{15-399}$$

$$o_2\left(\frac{m\pi}{k\alpha}\right)=\frac{\pi}{k\beta}\sum_n h_{mn}g_2\left(\frac{n\pi}{k\beta}\right) \tag{15-400}$$

或写成

$$\boldsymbol{g}_1=\frac{\pi}{k\alpha}\boldsymbol{H}'\boldsymbol{o}_1 \tag{15-401}$$

$$\boldsymbol{o}_2=\frac{\pi}{k\beta}\boldsymbol{H}\,\boldsymbol{g}_2 \tag{15-402}$$

式中，$\boldsymbol{o}_1$、$\boldsymbol{o}_2$、$\boldsymbol{g}_1$、$\boldsymbol{g}_2$ 分别表示以 $o_1(m\pi/k\alpha)$、$o_2(m\pi/k\alpha)$、$g_1(n\pi/k\beta)$、$g_2(n\pi/k\beta)$ 为分量的向量，$\boldsymbol{H}$ 为系统的传输矩阵，$\boldsymbol{H}'$ 为 $\boldsymbol{H}$ 的转置。可以证明，级联光学系统的传输矩阵等于各部分系统传输矩阵之积。

S 平面上的强度矩阵元为

$$A_{mn}=\int g_1^*\left(\frac{m\pi}{k\beta},x_0\right)g_1\left(\frac{n\pi}{k\beta},x_0\right)\mathrm{d}x_0 \tag{15-403}$$

利用(15-399) 式得

$$A_{mn}=\left(\frac{\pi}{k\alpha}\right)^2\sum_{i,j} h_{mi}^*A_{ij}^{(0)}h_{jn} \tag{15-404}$$

或写成

$$\boldsymbol{A}=\left(\frac{\pi}{k\alpha}\right)^2\boldsymbol{H}^+\boldsymbol{A}^{(0)}\boldsymbol{H} \tag{15-405}$$

其中

$$A_{ij}^{(0)}=\int a_1^*\left(\frac{i\pi}{k\alpha},x_0\right)a_1\left(\frac{j\pi}{k\alpha},x_0\right)\mathrm{d}x_0 \tag{15-406}$$

利用(15-400)式可得光波自 S 平面到 S_0 平面的逆向传播结果：

$$\boldsymbol{A}_{\mathrm{r}}^{(0)}=\left(\frac{\pi}{k\beta}\right)^2\boldsymbol{H}_{\mathrm{r}}^{+}\boldsymbol{A}\boldsymbol{H}_{\mathrm{r}} \tag{15-407}$$

式中，$\boldsymbol{A}_{\mathrm{r}}^{(0)}$ 为光波在 S_0 平面的强度矩阵。逆向传输矩阵 $\boldsymbol{H}_{\mathrm{r}}$ 是正向传输矩阵 $\boldsymbol{H}$ 的转置，即

$$\boldsymbol{H}_{\mathrm{r}}=\boldsymbol{H}' \tag{15-408}$$

七、二维光场的抽样展开与强度矩阵

（一）二维光场的抽样展开

考虑一矩形孔径光学系统，假设其出瞳孔径的长、宽分别为 A_ξ 和 A_η，像平面的坐标为 x、y，出瞳对像平面所张的孔径角为 α 和 β，则出瞳平面上的光场分布 $F(\xi,\eta)$ 可展开成傅里叶级数：

$$F(\xi,\eta)=\sum_{m,n}\alpha_{mn}\mathrm{e}^{-\mathrm{i}\pi\left(\frac{m\xi}{A_\xi}+\frac{n\eta}{A_\eta}\right)} \tag{15-409}$$

$$\alpha_{mn}=\frac{1}{4A_\xi A_\eta}\int_{-A_\xi}^{A_\xi}\int_{-A_\eta}^{A_\eta}F(\xi,\eta)\mathrm{e}^{-\mathrm{i}\pi\left(\frac{m\xi}{A_\xi}+\frac{n\eta}{A_\eta}\right)}\mathrm{d}\xi\mathrm{d}\eta \tag{15-410}$$

$F(\xi,\eta)$ 的二维傅里叶逆变换为

$$f(x,y)=\int_{-A_\xi}^{A_\xi}\int_{-A_\eta}^{A_\eta}F(\xi,\eta)\mathrm{e}^{-\mathrm{i}2\pi(x\xi+y\eta)}\mathrm{d}\xi\mathrm{d}\eta \tag{15-411}$$

比较(15-410)式和(15-411)式，得

$$\alpha_{mn}=\frac{1}{4A_\xi A_\eta}f\left(\frac{m}{2A_\xi}+\frac{n}{2A_\eta}\right) \tag{15-412}$$

代入(15-409)式，得

$$F(\xi,\eta)=\sum_{m,n}\frac{1}{4A_\xi A_\eta}f\left(\frac{m}{2A_\xi}+\frac{n}{2A_\eta}\right)\mathrm{e}^{-\mathrm{i}\pi\left(\frac{m\xi}{A_\xi}+\frac{n\eta}{A_\eta}\right)} \tag{15-413}$$

对(15-413)式两边作傅里叶变换，得到

$$\begin{aligned}f(x,y)&=\sum_{m,n}f\left(\frac{m}{2A_\xi}+\frac{n}{2A_\eta}\right)\frac{\sin\left[2\pi A_\xi\left(x-\frac{m}{2A_\xi}\right)\right]\sin\left[2\pi A_\eta\left(y-\frac{n}{2A_\eta}\right)\right]}{2\pi A_\xi\left(x-\frac{m}{2A_\xi}\right)2\pi A_\eta\left(y-\frac{n}{2A_\eta}\right)}\\&=\sum_{m,n}f\left(\frac{m}{2A_\xi}+\frac{n}{2A_\eta}\right)u_m(2\pi A_\xi x)u_n(2\pi A_\eta y)\\&=\sum_{m,n}f\left(\frac{m\pi}{k\alpha}+\frac{n\pi}{k\beta}\right)u_m(k\alpha x)u_n(k\beta y)\end{aligned} \tag{15-414}$$

(15-414)式表示像平面上二维光场分布的抽样展开。像平面上的抽样面积，也即最小可分辨面元为

$$\Delta S_{\min}=\Delta x\Delta y=\frac{1}{2A_\xi}\frac{1}{2A_\eta}=\frac{\lambda}{2\alpha}\frac{\lambda}{2\beta}=\frac{\lambda^2}{\Omega} \tag{15-415}$$

式中，Ω 为出瞳对像平面所张的立体角，Δx 和 Δy 分别为像平面上沿 x 和 y 方向的最小分辨间隔。假设 A_x 和 A_y 分别为像场的长和宽，则像平面上的抽样点总数为

$$N=N_xN_y=\left(1+\frac{2A_x}{\Delta x}\right)\left(1+\frac{2A_y}{\Delta y}\right)=\left(1+\frac{2A_x}{\lambda/2\alpha}\right)\left(1+\frac{2A_y}{\lambda/2\beta}\right) \tag{15-416}$$

如果 N 很大，则上式可近似简化为

$$N=N_xN_y=\frac{2A_x}{\lambda/2\alpha}\ \frac{2A_y}{\lambda/2\beta}=\frac{S\Omega}{\lambda^2} \tag{15-417}$$

式中，$S=4A_xA_y$ 为像场的总面积。

值得注意的是，利用抽样展开或傅里叶级数展开，仅对矩形区域，其展开系数才是独立的。一般情况下，要使展开系数间彼此独立，对不同形状的区域须采用不同的基底函数。如对光学中常遇到的圆形出瞳情况，如果出瞳面上的光场被限制在半径为 ρ_0 的圆域内，则可用傅里叶-贝塞尔展开：

$$F(\rho,\theta)=\sum_{n,s=-\infty}F_{ns}\mathrm{e}^{in\theta}\mathrm{J}_n\left(\frac{\lambda_{ns}\xi}{\rho_0}\right) \tag{15-418}$$

式中，$\mathrm{J}_n(x)$ 为 n 阶第一类贝塞尔函数，λ_{ns} 为 $\mathrm{J}_n(x)$ 的第 s 个 0 点，系数

$$F_{ns}=\frac{2}{[\rho_0\mathrm{J}'_n(\lambda_{ns})]^2}\frac{1}{2\pi}\int_0^{2\pi}\int_0^{\rho_0}F(\rho,\theta)\mathrm{e}^{-in\theta}\mathrm{J}_n\left(\frac{\lambda_{ns}\rho}{\rho_0}\right)\rho\,\mathrm{d}\rho\,\mathrm{d}\theta \tag{15-419}$$

对(15-419)式两边作傅里叶变换，得到像平面上光波复振幅为

$$f(r,\varphi)=\sum_n f_n\left(\frac{\lambda_{ns}}{k\rho_0}\right)\mathrm{e}^{in\varphi}C_{ns}(k\rho_0 r) \tag{15-420}$$

其中

$$C_{ns}(k\rho_0 r)=\frac{2\lambda_{ns}}{\mathrm{J}'_n(\lambda_{ns})}\frac{\mathrm{J}_n(k\rho_0 r)}{(k\rho_0 r)^2-\lambda_{ns}^2} \tag{15-421}$$

抽样系数

$$f_n\left(\frac{\lambda_{ns}}{k\rho_0}\right)=\frac{1}{2\pi}\int_0^{2\pi}f\left(\frac{\lambda_{ns}}{k\rho_0},\varphi\right)\mathrm{e}^{-in\varphi}\mathrm{d}\varphi \tag{15-422}$$

(15-420) 式、(15-421) 式及(15-422) 式表示对圆形区域的抽样定理。其中，(15-421) 式表示的抽样内插函数满足正交性条件：

$$\int C_{ns}(k\rho_0 r)C_{nt}(k\rho_0 r)\mathrm{d}r=\frac{2\lambda_{ns}}{[k\rho_0\mathrm{J}'_n(\lambda_{ns})]^2}\delta_{st} \tag{15-423}$$

函数 $C_{ns}(k\rho_0 r)$ 在第 s 个抽样环上的值为 1，在其他抽样环上为 0。抽样系数 f_n 与傅里叶-贝塞尔系数之间的关系为

$$F_{ns}=2\pi\frac{2}{[k\rho_0\mathrm{J}'_n(\lambda_{ns})]^2}f_n\left(\frac{\lambda_{ns}}{k\rho_0}\right) \tag{15-424}$$

(二) 二维光场的强度矩阵及信息自由度

对于二维光场分布的强度矩阵，设 $\Psi_{ms}(r)$ 为该二维区域展开的基底函数，考虑到 r_1 和 r_2 两点的互强度等于该两点场振幅乘积的时间平均，故互强度可表示为以 r_1 和 r_2 为变量的基底函数的半正定厄米型，即

$$J(r_1,r_2)=\sum_{m,s}\sum_{n,t}A_{ntms}\psi_{ms}(r_1)\psi_{nt}^*(r_2) \tag{15-425}$$

式中，强度矩阵 $\mathbf{A}$ 的矩阵元为

$$A_{ntms}=\iint J(r_1,r_2)\psi_{ms}^*(r_1)\psi_{nt}(r_2)\mathrm{d}r_1\mathrm{d}r_2 \tag{15-426}$$

用信息量表征一个光场所需独立参数的数目，可得出如下一般结论：

1) 实验上只有对相干光场才能完全确定其振幅和相位。

2) 完整描述一个光场所需独立参数的数目，对于相干光为 N_{xy}，对于非相干光则为 N_{xy}^2。其中

$$N_{xy}=N_xN_y=\left(1+\frac{2A_x}{\lambda/2\alpha}\right)\left(1+\frac{2A_y}{\lambda/2\beta}\right) \tag{15-427}$$

3) 对一维光场，最大抽样间隔为

$$\Delta x=\frac{\pi}{k\alpha}=\frac{\lambda}{2\alpha}$$

对二维矩形域中的光场，则最大抽样面积为

$$\Delta S=\frac{\lambda^2}{\Omega}=\frac{\lambda^2}{4\alpha\beta} \tag{15-428}$$

以上结论中未考虑光场的时间频宽，故只适用于平稳准单色光场的情况。如果光场的时间频宽 $\Delta\nu$ 不能忽略，则必须用 N_{xy} 个时间函数来描述。这种光场的时间自由度数为

$$N_t=2(1+T\Delta\nu) \tag{15-429}$$

式中，T 为光场延续的时间或探测器响应时间。对于单色光，$\Delta\nu=0$，$N_t=2$，即只要两个独立参数，如振幅和相位，即可完全表征。

如果再考虑到光波的两个独立偏振态，则一个空间相干光场的总信息自由度数为

$$N_0 = 2N_{xy}N_t \tag{15-430}$$

关于光波通过光学系统后，其信息自由度的变化情况，有定理：通过光学系统前后，光波场的总信息自由度数不变。在总自由度数不变的情况下，可以改变其空间、时间和偏振自由度数。由此可得出下述结论：

1) 可以用减少其时间自由度数来增加空间自由度，从而提高空间分辨率。

2) 可由减小物场的大小来提高物场的分辨率。

3) 可以只用时间自由度来获得空间分辨率。

4) 可用降低 y 方向的分辨率来提高 x 方向的分辨率，反之亦然。

5) 可以只用一个偏振态来传递信息，从而使分辨率加倍。

第六节　光学成像系统的频谱分析[1-2,5]

一、光衍射的线性系统描述

(一) 傅里叶变换与平面波谱、自由空间传播的传递函数

设光波沿 z 轴传播，其在 $z=z_i$ 平面上的复振幅分布为 $E_i(x, y)$，则其傅里叶变换为

$$E_i(\xi,\eta)=F\{E_i(x,y)\}=\int_{-\infty}^{\infty}E_i(x,y)\mathrm{e}^{-\mathrm{i}2\pi(\xi x+\eta y)}\mathrm{d}\xi\mathrm{d}\eta \tag{15-431}$$

逆变换为

$$E_i(x,y)=\int_{-\infty}^{\infty}E_i(\xi,\eta)\mathrm{e}^{\mathrm{i}2\pi(\xi x+\eta y)}\mathrm{d}x\mathrm{d}y \tag{15-432}$$

另一方面，一个方向余弦为$(\gamma_x,\gamma_y,\gamma_z)$ 的平面波复振幅可表示为 $A\mathrm{e}^{\mathrm{i}k(\gamma_x x+\gamma_y y+\gamma_z z)}$，其中

$$\gamma_z=\sqrt{1-\gamma_x^2-\gamma_y^2} \tag{15-433}$$

如果就一个固定 $z=z_i$ 平面上的光波场而言，平面波复振幅可写成 $A\mathrm{e}^{\mathrm{i}k(\gamma_x x+\gamma_y y)}\mathrm{e}^{\mathrm{i}kz_i\sqrt{1-\gamma_x^2-\gamma_y^2}}$。当该平面波沿 z 方向自 $z=z_i$ 平面传播到 $z=z_l$ 平面时，其复振幅变为 $A\mathrm{e}^{\mathrm{i}k(\gamma_x x+\gamma_y y)}\mathrm{e}^{\mathrm{i}kz_l\sqrt{1-\gamma_x^2-\gamma_y^2}}$。这表明，平面波在自由空间传播时形态保持不变，只是波前相位产生相应的总体变化(延迟)。因此，适当选取初始相位，可使上述平面波在 $z=z_i$ 平面上的波前复振幅分布简化为

$$A\mathrm{e}^{\mathrm{i}k(\gamma_x x+\gamma_y y)}=A\mathrm{e}^{\mathrm{i}2\pi\left(\frac{\gamma_x x}{\lambda}+\frac{\gamma_y y}{\lambda}\right)} \tag{15-434}$$

由此可见，(15-432) 式中傅里叶变换的核实际上表示了一个方向余弦为$\{\lambda\xi,\lambda\eta,[1-\lambda^2(\xi^2+\eta^2)]\}$ 的单位振幅平面波。而(15-432) 式则将一个任意波场表示成这种具有不同方向余弦的平面波的线性组合，每个平面波的权重因子为 $E_i(x, y)$ 的傅里叶变换在相应空间频率 $\xi=\gamma_x/\lambda$、$\eta=\gamma_y/\lambda$ 处的值 $E_i(\xi, \eta)$，并称其为 $E_i(x, y)$ 的平面波谱。每个平面波分量沿不同方向传播，在另一个 $z_l>z_i$ 的平面上，其各自仍保持为平面波，但波前相位改变量为

$$\Delta=k\gamma_z(z_l-z_i)=k(z_l-z_i)\sqrt{1-\lambda^2(\xi^2+\eta^2)} \tag{15-435}$$

由于在传播中各平面波分量所经历的相位改变不同，其在 $z=z_l$ 平面上叠加后的总波前复振幅

$$E_l(x,y)=\iint_{-\infty}^{\infty}E_l(\xi,\eta)\mathrm{e}^{\mathrm{i}2\pi(\xi x+\eta y)}\mathrm{d}\xi\mathrm{d}\eta \tag{15-436}$$

一般其将与 $E_i(x, y)$ 具有不同的形式，因此，二者的平面波谱也不同。但由平面波在自由空间传播的规律可知，$E_l(\xi, \eta)$ 与 $E_i(\xi, \eta)$ 的差别仅在于相位不同，且有

$$E_l(\xi,\eta)=E_i(\xi,\eta)\mathrm{e}^{\mathrm{i}k(z_l-z_i)\sqrt{1-\lambda^2(\xi^2+\eta^2)}} \tag{15-437}$$

由此可见

$$\frac{E_l(\xi,\eta)}{E_i(\xi,\eta)}=\mathrm{e}^{\mathrm{i}k(z_l-z_i)\sqrt{1-\lambda^2(\xi^2+\eta^2)}} \tag{15-438}$$

就是光波场在自由空间中自 z_i 传播到 z_l 的传递函数。

(二) 衍射问题的线性系统描述

光波衍射的索末菲积分式可表示为

$$E(r_2)=\frac{1}{\mathrm{i}\lambda}\iint_{\Sigma}E(r_1)\frac{\mathrm{e}^{\mathrm{i}kr_{12}}}{r_{12}}\cos(n,r_{12})\mathrm{d}r_1 \tag{15-439}$$

式中，$r_{12}=|r_1-r_2|$。考虑一任意波场从 z_1 平面向 z_2 平面传播，则上式可写成

$$\begin{aligned}E_2(x,y)&=\iint_{-\infty}^{\infty}E_1(\alpha,\beta)\left(\frac{1}{\mathrm{i}\lambda r_{12}}\right)\mathrm{e}^{\mathrm{i}kr_{12}}\mathrm{d}\alpha\,\mathrm{d}\beta\\&=\iint_{-\infty}^{\infty}E_1(\alpha,\beta)\frac{\exp\left[\mathrm{i}kz_{12}\sqrt{1+\left(\frac{x-\alpha}{z_{12}}\right)^2+\left(\frac{y-\beta}{z_{12}}\right)^2}\right]}{\mathrm{i}\lambda z_{12}\sqrt{1+\left(\frac{x-\alpha}{z_{12}}\right)^2+\left(\frac{y-\beta}{z_{12}}\right)^2}}\mathrm{d}\alpha\mathrm{d}\beta\\&=E_1(x,y)*\frac{\exp\left[\mathrm{i}kz_{12}\sqrt{1+\left(\frac{x-\alpha}{z_{12}}\right)^2+\left(\frac{y-\beta}{z_{12}}\right)^2}\right]}{\mathrm{i}\lambda z_{12}\sqrt{1+\left(\frac{x-\alpha}{z_{12}}\right)^2+\left(\frac{y-\beta}{z_{12}}\right)^2}}\end{aligned} \tag{15-440}$$

(15-440) 式表示，如果将衍射过程看作是光波经一个线性空间不变(LSI)系统的传播过程，$E_1(x,\ y)$ 和 $E_2(x,\ y)$ 分别为系统的输入和输出，则系统的脉冲响应为

$$h_{12}(x,y)=\frac{\exp\left[\mathrm{i}kz_{12}\sqrt{1+\left(\frac{x}{z_{12}}\right)^2+\left(\frac{y}{z_{12}}\right)^2}\right]}{\mathrm{i}\lambda z_{12}\sqrt{1+\left(\frac{x}{z_{12}}\right)^2+\left(\frac{y}{z_{12}}\right)^2}} \tag{15-441}$$

与其相应的传递函数则如(15-438) 式所示，即

$$H_{12}(\xi,\eta)=\mathrm{e}^{\mathrm{i}kz_{12}\sqrt{1-\lambda^2(\xi^2+\eta^2)}} \tag{15-442}$$

且输入、输出关系为

$$E_2(x,y)=E_1(x,y)*h_{12}(x,y) \tag{15-443}$$

$$E_2(\xi,\eta)=E_1(\xi,\eta)H_{12}(\xi,\eta) \tag{15-444}$$

式中，$E_1=F\{E_1\}$，$E_2=F\{E_2\}$，分别为系统的输入和输出谱。

(三) 菲涅耳衍射

上述索末菲衍射积分式及其线性空间不变系统解释，虽然在物理上很好理解，但实际计算往往很困难。进一步的求解需要引入某些近似，即假定输入与输出信号均限制在 z 轴附近一个小范围内。

设输入信号在输入平面上所占区域的最大线度为 L_1，观察区域的最大线度为 L_2，则当

$$|z_{12}|\gg L_1+L_2,\ |z_{12}|^3\gg\frac{\pi(L_1+L_2)^4}{4\lambda} \tag{15-445}$$

时，可将索末菲衍射积分式(15-439) 式中的 r_{12} 作二项式展开，其中分母上只取 0 次项，相位上取到一次项，得

$$E_2(x,y)=\frac{\mathrm{e}^{\mathrm{i}kr_{12}}}{\mathrm{i}\lambda r_{12}}\iint_{-\infty}^{\infty}E_1(\alpha,\beta)\mathrm{e}^{\mathrm{i}\frac{\pi}{\lambda z_{12}}[(x-\alpha)^2+(y-\beta)^2]}\mathrm{d}\alpha\,\mathrm{d}\beta=B_{12}E_1(x,y)*\mathrm{e}^{\mathrm{i}\frac{\pi}{\lambda z_{12}}(x^2+y^2)} \tag{15-446}$$

式中，$B_{12}=\mathrm{e}^{\mathrm{i}kz_{12}}/(\mathrm{i}kz_{12})$。(15-446) 式称为菲涅耳衍射积分式。从(155-440) 式到(15-446) 式的近似称为菲涅耳近似，(15-445) 式称为菲涅耳近似条件。也可以将系统的脉冲响应

$$h_{12}(x,y)=\frac{\mathrm{e}^{\mathrm{i}kz_{12}}}{\mathrm{i}\lambda z_{12}}\mathrm{e}^{\mathrm{i}\frac{\pi}{\lambda z_{12}}(x^2+y^2)} \tag{15-447}$$

称为菲涅耳脉冲响应，其傅里叶变换

$$H_{12}(\xi,\eta)=F\{h_{12}(x,y)\}=e^{ikz_{12}}e^{-i\pi\lambda z_{12}(\xi^2+\eta^2)} \tag{15-448}$$

称为菲涅耳传递函数。于是，输入、输出关系可进一步写成

$$E_2(x,y)=E_1(x,y)*h_{12}(x,y)=E_1(x,y)*B_{12}e^{i\frac{\pi}{\lambda z_{12}}(x^2+y^2)}=E_1(x,y)*B_{12}q\left(x,y,\frac{1}{\lambda z_{12}}\right) \tag{15-449}$$

$$E_2(\xi,\eta)=E_1(\xi,\eta)H_{12}(\xi,\eta)=E_1(\xi,\eta)e^{ikz_{12}}e^{-i\pi\lambda z_{12}(\xi^2+\eta^2)}=E_1(\xi,\eta)e^{ikz_{12}}q^*(\xi,\eta,\lambda z_{12}) \tag{15-450}$$

其中

$$q(x,y;a)=e^{i\pi a(x^2+y^2)} \tag{15-451}$$

是菲涅耳变换的核函数。容易证明，$q(x,y;a)$ 具有下述运算性质：

1) $$q(\pm x,\pm y;a)=q(x,y;a) \tag{15-452a}$$

2) $$q(x,y;a_1)q(x,y;a_2)=q(x,y;a_1+a_2) \tag{15-452b}$$

3) $$q(x,y;-a)=q^*(x,y;a) \tag{15-452c}$$

4) $$q(x,y;a_1)q^*(x,y;a_2)=q(x,y;a_1-a_2) \tag{15-452d}$$

5) $$q(bx,by;a)=q(x,y;b^2a) \tag{15-452e}$$

6) $$q(x,y;0)=1 \tag{15-452f}$$

7) $$q(x,y;a_1)*q(x,y;a_2)=\frac{i}{a_1+a_2}q\left(x,y;\frac{a_1a_2}{a_1+a_2}\right) \tag{15-452g}$$

8) $$q(x,y;a)*q^*(x,y;a)=\frac{1}{a^2}\delta(x,y) \tag{15-452h}$$

9) $$F\{q(x,y;a)\}=\frac{i}{a}q^*\left(\xi,\eta;\frac{1}{a}\right) \tag{15-452i}$$

10) 对于任意函数 $s(x,y)$，有

$$\begin{aligned}s(x,y)*q(x,y;a)&=q(x,y;a)F\{s(x,y)q(x,y;a)\}|_{\xi=ax,\eta=ay}\\&=\frac{i}{a}q(x,y;a)[S(ax,ay)*q^*(x,y;a)]\end{aligned} \tag{15-452j}$$

式中，$S(ax,ay)=F\{s(x,y)\}$。对于径向对称情况，输入、输出关系可写成

$$\begin{aligned}E_2(\rho)&=E_1(\rho)*h_{12}(\rho)=E_1(\rho)*B_{12}q\left(\rho;\frac{1}{\lambda z_{12}}\right)\\&=B_{12}q\left(\rho;\frac{1}{\lambda z_{12}}\right)H_0\left\{E_1(\rho)q\left(\rho;\frac{1}{\lambda z_{12}}\right)\right\}_{\zeta=\frac{\rho}{\lambda z_{12}}}\end{aligned} \tag{15-453}$$

$$E_2(\zeta)=E_1(\zeta)H_{12}(\zeta)=E_1(\zeta)e^{ikz_{12}}q^*(\zeta;\lambda z_{12}) \tag{15-454}$$

式中，$\rho=\sqrt{x^2+y^2}$，$\zeta=\sqrt{\xi^2+\eta^2}$，$H_0\{\}$ 表示 0 阶汉克尔变换，而

$$q(\rho;a)=e^{i\pi a\rho^2} \tag{15-455}$$

为径向对称菲涅耳变换的核函数，它也具有(15-452)式中给出的全部性质。

(四) 夫琅禾费衍射

根据(15-452)式，菲涅耳衍射积分式(15-449)式可表示为

$$E_2(x,y)=E_1(x,y)*B_{12}q\left(x,y,\frac{1}{\lambda z_{12}}\right)=B_{12}q\left(x,y,\frac{1}{\lambda z_{12}}\right)F\left\{E_1(x,y)q\left(x,y,\frac{1}{\lambda z_{12}}\right)\right\}_{\xi,\eta} \tag{15-456}$$

式中，$\xi=x/\lambda z_{12}$，$\eta=y/\lambda z_{12}$。若将(15-456)式中菲涅耳变换的核函数展开成幂级数，则可进一步将菲涅耳衍射积分表示成幂级数形式。为书写简洁，令 $\boldsymbol{\rho}=(x,y)$，$\boldsymbol{\zeta}=(\xi,\eta)=\boldsymbol{\rho}/\lambda z_{12}$，且 $\rho=|\boldsymbol{\rho}|$，$\zeta=|\boldsymbol{\zeta}|$，则有

$$\begin{aligned}E_2(\boldsymbol{\rho})&=B_{12}q\left(\boldsymbol{\rho},\frac{1}{\lambda z_{12}}\right)F\left\{\left[1+\frac{i\pi}{\lambda z_{12}}\rho^2+\frac{1}{2!}\left(\frac{i\pi}{\lambda z_{12}}\right)^2\rho^2+\cdots\right]E_1(\boldsymbol{\rho})\right\}_{\zeta=\rho/\lambda z_{12}}\\&=B_{12}q\left(\boldsymbol{\rho},\frac{1}{\lambda z_{12}}\right)\left\{1-\frac{i\lambda z_{12}}{4\pi}\left(\frac{\partial^2}{\partial x^2}+\frac{\partial^2}{\partial y^2}\right)-\frac{1}{2}\left(\frac{i\lambda z_{12}}{4\pi}\right)^2\left(\frac{\partial^2}{\partial x^2}+\frac{\partial^2}{\partial y^2}\right)^2+\right.\\&\qquad\left.\frac{i}{6}\left(\frac{i\lambda z_{12}}{4\pi}\right)^3\left(\frac{\partial^2}{\partial x^2}+\frac{\partial^2}{\partial y^2}\right)^3+\cdots\right\}E_1\left(\frac{\boldsymbol{\rho}}{\lambda z_{12}}\right)\end{aligned} \tag{15-457}$$

将(15-457)式应用于具体问题时，为达到一定精度所需的项数，与$E_1(\boldsymbol{\rho})$的范围、z_{12}的大小，以及$E_1(\boldsymbol{\zeta})$的光滑程度有关。对径向对称情况，(15-457)式可写成

$$E_2(\rho)=B_{12}q\left(\rho,\frac{1}{\lambda z_{12}}\right)\left\{1-\frac{\mathrm{i}\lambda z_{12}}{4\pi}\left(\frac{1}{\rho}\frac{\mathrm{d}}{\mathrm{d}\rho}\rho\frac{\mathrm{d}}{\mathrm{d}\rho}\right)-\frac{1}{2}\left(\frac{\mathrm{i}\lambda z_{12}}{4\pi}\right)^2\left(\frac{1}{\rho}\frac{\mathrm{d}}{\mathrm{d}\rho}\rho\frac{\mathrm{d}}{\mathrm{d}\rho}\right)^2+\frac{\mathrm{i}}{6}\left(\frac{\mathrm{i}\lambda z_{12}}{4\pi}\right)^3\left(\frac{1}{\rho}\frac{\mathrm{d}}{\mathrm{d}\rho}\rho\frac{\mathrm{d}}{\mathrm{d}\rho}\right)^3+\cdots\right\}E_1\left(\frac{\rho}{\lambda z_{12}}\right) \tag{15-458}$$

当满足

$$|z_{12}|\gg\frac{\pi L_1^2}{\lambda} \tag{15-459}$$

时，(15-457)式和(15-458)式的级数展开式可近似仅取第一项，结果为

$$E_2(\boldsymbol{\rho})=B_{12}q\left(\boldsymbol{\rho},\frac{1}{\lambda z_{12}}\right)E_1\left(\frac{\boldsymbol{\rho}}{\lambda z_{12}}\right) \tag{15-460}$$

(15-460)式称为夫琅禾费衍射积分式，(15-459)式称为夫琅禾费近似条件，满足该条件的区域称为夫琅禾费衍射区。(15-460)式表明，在此衍射区内，光波场复振幅的空间分布描写输入平面上复振幅分布的空间频谱，且E_2在点(x, y)的值正比于E_1在空间频率域中点$(\xi=x/\lambda z_{12}, \eta=y/\lambda z_{12})$的值。依据平面波谱理论，$E_2$在$(x, y)$点的值正比于$E_1$中以方向余弦$\{x/z_{12}, y/z_{12}, [1-(x^2-y^2)/z_{12}]^2\}$传播的平面波分量的大小。这表示，在夫琅禾费衍射中，衍射波已传播得足够远，从而其中的诸平面波分量已彼此分开。该式前面的二次相位因子表示，所述这种关系仅在一个球面上满足，因为在此球面上该相位因子为常数。可见，夫琅禾费衍射对输入信号的作用，相当于一个空间频谱分析仪。

当$L_2\gg L_1$时，$(L_1+L_2)^{4/3}\approx L_2{}^{4/3}$，(15-445)式表示的菲涅耳近似条件变为

$$|z_{12}|^3\gg\frac{\pi L_2^4}{4\lambda} \tag{15-461}$$

上式可用于估计观察夫琅禾费衍射区域的线度，即

$$L_2^4\ll\frac{4\lambda|z_{12}|^3}{\pi} \tag{15-462}$$

并且，作为估计，只要比值相差10倍，即可认为已满足"远大(小)于"的条件。

夫琅禾费衍射图样的强度分布为

$$\begin{aligned}I_2(\boldsymbol{\rho})&=|E_2(\boldsymbol{\rho})|^2=\left(\frac{1}{\lambda z_{12}}\right)^2\left|E_1\left(\frac{\boldsymbol{\rho}}{\lambda z_{12}}\right)\right|^2\\&=\left(\frac{1}{\lambda z_{12}}\right)^2F\{E_1(\boldsymbol{\rho})\otimes E_1(\boldsymbol{\rho})\}_{\zeta=\boldsymbol{\rho}/\lambda z_{12}}\end{aligned} \tag{15-463}$$

即夫琅禾费衍射图样的强度分布正比于输入信号自相关的傅里叶变换。

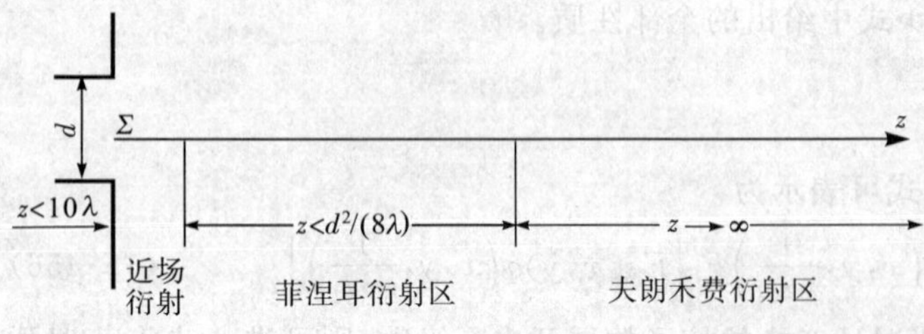

图 15-10　按观察距离区分衍射区

注意，既然夫琅禾费衍射的作用类似一个空间频谱分析仪，因此严格讲它不是空间不变的。当然，从物理上来说，它仍是空间不变的，因为当输入平移x_0时，输出也平移x_0；但要满足夫琅禾费衍射条件，x_0必须小于L_1。因此，平移量远小于输出信号的横向线度，从而可忽略不计，即认为输入平移时输出不变。

图15-10显示了衍射理论的另一种分类方法，即按观察距离来划分不同的衍射现象。

二、薄透镜的相位变换作用

透镜是光学成像系统和光学信息处理系统中最重要的元件。若某一光线在透镜前表面上以坐标(x,y)入射，而在其后表面上以同样的坐标(x, y)出射，即光线在透镜内的横向平移可以忽略，则称该透镜为薄透镜。以球面薄透镜为例，如果它能够将一入射球面波变换成一出射球面波，则称其为理想薄透镜。透镜对波面

的变换作用由透镜材料的折射率 n 和厚度函数 $d(x, y)$ 决定。设透镜的主光轴沿 z 轴，且沿 z 轴方向的最大厚度为 d_0，在坐标为 (x,y) 处的厚度为 $d(x,y)$，则光波沿 z 轴方向通过透镜时，在 (x, y) 处所产生的总相位延迟为

$$\varphi(x,y)=knd(x,y)+k[d_0-d(x,y)] \tag{15-464}$$

因此，透镜对入射光波的作用等效于用一个形式为

$$t_l(x,y)=e^{ikd_0}e^{ik(n-1)d(x,y)} \tag{15-465}$$

的透射函数相乘的相位变换器，即，其输出平面上的复振幅 $E_l'(x, y)$ 与输入平面上的复振幅 $E'(x, y)$ 之间的关系为

$$E_l'(x,y)=t_l(x,y)E_l(x,y) \tag{15-466}$$

不同类型的透镜，其厚度函数 $d(x, y)$ 的表达式不同。为使结果的表述具有普遍性，一般可约定下述符号规则：光线从左向右传播时，所遇到的每个凸面的曲率半径为正，凹面的曲率半径为负。下面给出三类透镜的厚度函数：

对于图 15-11 所示的球面薄透镜，不难看出有如下结果：

$$d(x,y)=d_0-(-R_2-\sqrt{R_2^2-x^2-y^2})-(R_1-\sqrt{R_1^2-x^2-y^2}) \tag{15-467}$$

在傍轴近似下（$|R_1|$、$|R_2|\gg(x^2+y^2)$），将上式中的根号作二项式展开并保留至一阶项，得

$$d(x,y)=d_0-\frac{x^2+y^2}{2}\left(\frac{1}{R_1}-\frac{1}{R_2}\right) \tag{15-468}$$

代入(15-465)式，得球面薄透镜的透射函数：

$$t_l(x,y)=e^{iknd_0}e^{-ik(n-1)\frac{x^2+y^2}{2}\left(\frac{1}{R_1}-\frac{1}{R_2}\right)}=e^{iknd_0}e^{-i\frac{\pi}{\lambda f}(x^2+y^2)}=e^{iknd_0}q^*\left(x,y;\frac{1}{\lambda f}\right) \tag{15-469}$$

式中，$f=1/[(n-1)(1/R_1-1/R_2)]$，表示球面薄透镜的焦距。

对于图 15-12 所示的柱面薄透镜，其特点是厚度沿 y 方向不变，故可以只取一个垂直于 y 轴的截面计算其厚度函数。类比球面薄透镜，可以证明，傍轴近似下柱面薄透镜的厚度函数和透射函数分别为

$$d(x)=d_0-\frac{x^2}{2}\left(\frac{1}{R_1}-\frac{1}{R_2}\right) \tag{15-470}$$

$$t_l(x)=e^{iknd_0}e^{-ik(n-1)\frac{x^2}{2}\left(\frac{1}{R_1}-\frac{1}{R_2}\right)}=e^{iknd_0}e^{-i\frac{\pi}{\lambda f}x^2}=e^{iknd_0}q^*\left(x;\frac{1}{\lambda f}\right) \tag{15-471}$$

式中，$f=1/[(n-1)(1/R_1-1/R_2)]$，表示柱面薄透镜的焦距。

对于图 15-13 所示的锥面薄透镜，可先选一与 y 轴垂直的截面计算厚度随 x 的变化，然后再将此截面的参数与锥面的整体参数联系起来。如，取任一高度 y 处的截面，设其最大厚度和曲率半径分别为 d_{0y} 和 R_y，则根据过 y 和 z 轴截面内的相似三角形关系，可得 $R_y=R(h-y)/h$，$d_{0y}=d_0-Ry/h$。于是，可以证明，在傍轴近似下，此锥面薄透镜的厚度函数和透射函数分别为

$$d(x,y)=d_0-\frac{R}{h}y-\frac{h}{2R(h-y)}x^2 \tag{15-472}$$

$$t_l(x,y)=e^{iknd_0}e^{-ik(n-1)\frac{R}{h}y}e^{-ik(n-1)\frac{hx^2}{2R(h-y)}} \tag{15-473}$$

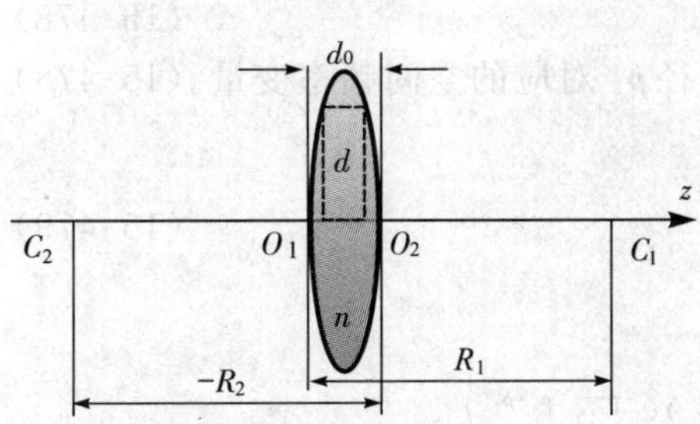

图 15-11　球面薄透镜示意图

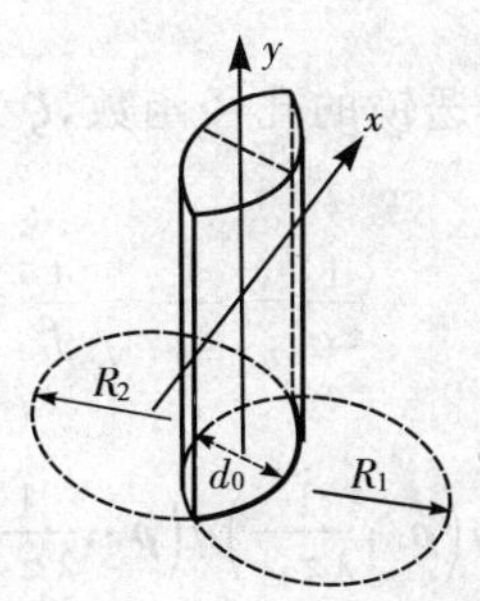

图 15-12　柱面薄透镜示意图

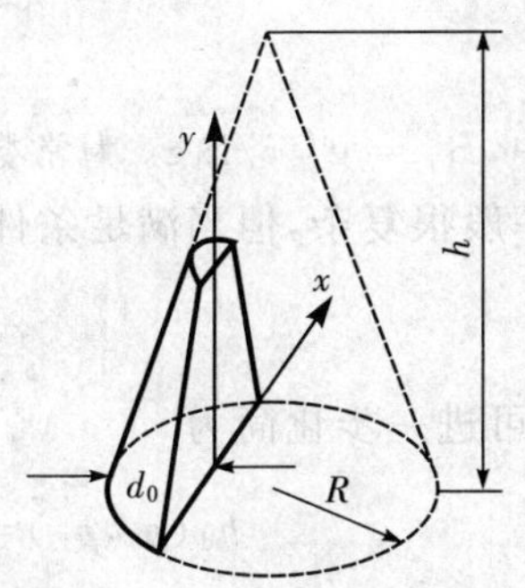

图 15-13　锥面薄透镜示意图

定义锥面透镜的焦距为

$$f(y)=\frac{R(h-y)}{h(n-1)} \tag{15-474}$$

则(15-473)式可改写成

$$t_l(x,y)=\mathrm{e}^{iknd_0}\mathrm{e}^{-ik(n-1)\frac{R}{h}y}\mathrm{e}^{-i\frac{\pi}{\lambda f}x^2}=\mathrm{e}^{iknd_0}\mathrm{e}^{-ik(n-1)\frac{R}{h}y}q^*\left(x;\frac{1}{\lambda f}\right) \tag{15-475}$$

如果将透镜中心厚度所引起的常数相位延迟以及反射、吸收等损耗一并用常数 B_l 表示，而将其对于入射光场的限制作用用孔径函数 $a_l(x,y)$ 表示，则一个焦距为 f 的球面薄透镜，由于其圆对称性，透射函数可写成

$$t_l(r)=B_l q^*\left(r;\frac{1}{\lambda f}\right)a_l(r) \tag{15-476}$$

上述结果对于凸透镜、凹透镜、正透镜、负透镜等均适用，只需注意上面约定的符号规则。

三、衍射成像及其频域描述

(一) 单色光照明下的单透镜成像

若将一被照明物体置于一个透镜之前，则在适当条件下，会在另一个平面上出现一个与被照物体相似的光场分布，称其为物体的像。像可为实像，也可为虚像。

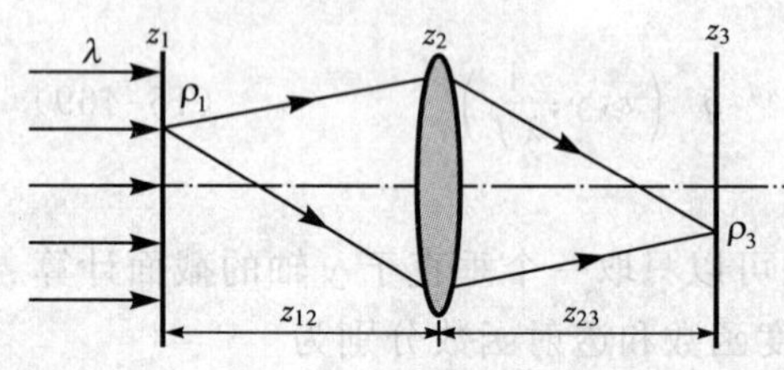

图 15-14 单透镜成像示意图

首先讨论单色光照明下一个正薄透镜的成像问题。如图 15-14 所示，假设一平面物位于 z_1 平面上，透镜位于 z_2 平面上，我们的问题是，在什么条件下，可以将观察平面 z_3 上的光场分布称作是 z_1 平面上光场分布的像。

根据波动方程的线性性质，可以将 z_3 平面上的光场复振幅分布 $E_3(\boldsymbol{\rho}_3)$ 表示为下述叠加积分：

$$E_3(\boldsymbol{\rho}_3)=\iint h(\boldsymbol{\rho}_3,\boldsymbol{\rho}_1)E_1(\boldsymbol{\rho}_1)\mathrm{d}\boldsymbol{\rho}_1 \tag{15-477}$$

式中，$E_1(\boldsymbol{\rho}_1)$ 表示物平面上的光场复振幅分布，$\boldsymbol{\rho}_1$ 和 $\boldsymbol{\rho}_3$ 分别表示物、像平面上场点的横向位置矢量，$h(\boldsymbol{\rho}_3,\boldsymbol{\rho}_1)$ 表示由位于 z_1 平面上 $\boldsymbol{\rho}_1$ 处的点源在 z_3 平面上 $\boldsymbol{\rho}_3$ 处形成的光场复振幅分布，即系统的脉冲响应。显然，只要确定了系统的脉冲响应 $h(\boldsymbol{\rho}_3,\boldsymbol{\rho}_1)$，就可以完整地描述成像系统的性质。

现考虑 z_1 平面上 $\boldsymbol{\rho}_1$ 处一点物的成像情况。假设该点物发出的光场复振幅为 $\delta(\boldsymbol{\rho}_3-\boldsymbol{\rho}_1)$，则在菲涅耳近似下，其在 z_3 平面上引起的光场分布可表示为

$$\begin{aligned}h(\boldsymbol{\rho}_3,\boldsymbol{\rho}_1)&=\left\{\left[\delta(\boldsymbol{\rho}_3-\boldsymbol{\rho}_1)*B_{12}q\left(\boldsymbol{\rho}_3;\frac{1}{\lambda z_{12}}\right)\right]B_l q^*\left(\boldsymbol{\rho}_3;\frac{1}{\lambda f}\right)a_l(\boldsymbol{\rho}_3)\right\}*B_{23}q\left(\boldsymbol{\rho}_3;\frac{1}{\lambda z_{23}}\right)\\&=B_{12}B_lB_{23}\left[q\left(\boldsymbol{\rho}_3-\boldsymbol{\rho}_1;\frac{1}{\lambda z_{12}}\right)q^*\left(\boldsymbol{\rho}_3;\frac{1}{\lambda f}\right)a_l(\boldsymbol{\rho}_3)\right]*q\left(\boldsymbol{\rho}_3;\frac{1}{\lambda z_{23}}\right)\\&=B_{12}B_lB_{23}q\left(\boldsymbol{\rho}_1;\frac{1}{\lambda z_{12}}\right)q\left(\boldsymbol{\rho}_3;\frac{1}{\lambda z_{23}}\right)F\left\{q\left[\boldsymbol{\rho}_3;\frac{1}{\lambda}\left(\frac{1}{z_{12}}-\frac{1}{f}+\frac{1}{z_{23}}\right)\right]a_l(\boldsymbol{\rho}_3)\mathrm{e}^{-\frac{i\pi}{\lambda z_{12}}2\boldsymbol{\rho}_3\cdot\boldsymbol{\rho}_1}\right\}_{\boldsymbol{\zeta}=\boldsymbol{\rho}_3/\lambda z_{23}}\end{aligned} \tag{15-478}$$

式中，$B_{ij}=\mathrm{e}^{ikz_{ij}}/\mathrm{i}\lambda z_{ij}$ 为常数，$a_l(\boldsymbol{\rho}_3)$ 为透镜的孔径函数，$\boldsymbol{\zeta}$ 为与横向矢径 $\boldsymbol{\rho}_3$ 对应的空间频率变量。(15-478)式一般很复杂，但当满足条件

$$\frac{1}{z_{12}}+\frac{1}{z_{23}}-\frac{1}{f}=0 \tag{15-479}$$

时，可进一步化简为

$$\begin{aligned}h_{\mathrm{d}}(\boldsymbol{\rho}_3,\boldsymbol{\rho}_1)&=B_{12}B_lB_{23}q\left(\boldsymbol{\rho}_1;\frac{1}{\lambda z_{12}}\right)q\left(\boldsymbol{\rho}_3;\frac{1}{\lambda z_{23}}\right)F\left\{a_l(\boldsymbol{\rho}_3)\mathrm{e}^{-\frac{i\pi}{\lambda z_{12}}2\boldsymbol{\rho}_3\cdot\boldsymbol{\rho}_1}\right\}_{\boldsymbol{\zeta}=\boldsymbol{\rho}_3/\lambda z_{23}}\\&=B_{12}B_lB_{23}q\left(\boldsymbol{\rho}_1;\frac{1}{\lambda z_{12}}\right)q\left(\boldsymbol{\rho}_3;\frac{1}{\lambda z_{23}}\right)A_l\left[\frac{1}{\lambda z_{23}}(\boldsymbol{\rho}_3-M\boldsymbol{\rho}_1)\right]\end{aligned} \tag{15-480}$$

式中，$A_l(\boldsymbol{\zeta})$ 为 $a_l(\boldsymbol{\rho}_3)$ 的二维傅里叶变换，$M=-z_{23}/z_{12}$ 为成像系统的横向放大率，而(15-479)式正是傍轴条件下的高斯物像关系。可见，在傍轴条件下，当观察平面的位置满足高斯物像关系时，单个薄凸透镜的脉冲响应仅由透镜孔径的夫琅禾费衍射图样（即孔径函数的傅里叶变换）给出，且其中心位于几何像点 $\boldsymbol{\rho}_3=M\boldsymbol{\rho}_1$ 处。由于(15-479)式中 A_l 前面的两个二次相位因子对像的强度分布的影响不大，故可以忽略，从而可将单个薄凸透镜的脉冲响应函数简化为

$$h_d(\boldsymbol{\rho}_3,\boldsymbol{\rho}_1)=B_{12}B_lB_{23}A_l\left[\frac{1}{\lambda z_{23}}(\boldsymbol{\rho}_3-M\boldsymbol{\rho}_1)\right] \tag{15-481}$$

(15-481)式表明，如果不考虑像差，则单(个薄)透镜系统的脉冲响应仅由透镜孔径的衍射效应引起。在几何光学近似下，波长 $\lambda\to0$ 时衍射效应消失，相当于透镜孔径无限大，即孔径函数 $a_l(\boldsymbol{\rho}_3)=1$，在此情况下，对(15-478)式重作处理，可得

$$h_g(\boldsymbol{\rho}_3,\boldsymbol{\rho}_1)=B_{12}B_lB_{23}\ (\lambda z_{23})^2\delta(\boldsymbol{\rho}_3-M\boldsymbol{\rho}_1) \tag{15-482}$$

忽略常数相位因子后，可将上式简化为

$$h_g(\boldsymbol{\rho}_3,\boldsymbol{\rho}_1)=M\delta(\boldsymbol{\rho}_3-M\boldsymbol{\rho}_1) \tag{15-483}$$

h_d 和 h_g 分别称为衍射受限脉冲响应和几何光学脉冲响应。将(15-483)式代入叠加积分式(15-477)式，得到几何像复振幅：

$$\begin{aligned}E_g(\boldsymbol{\rho}_3)&=\iint_{-\infty}^{\infty}E_1(\boldsymbol{\rho}_1)h_g(\boldsymbol{\rho}_3,\boldsymbol{\rho}_1)\mathrm{d}\boldsymbol{\rho}_1=M\iint_{-\infty}^{\infty}E_1(\boldsymbol{\rho}_1)\delta(\boldsymbol{\rho}_3-M\boldsymbol{\rho}_1)\mathrm{d}\boldsymbol{\rho}_1\\&=\frac{1}{M}\iint_{-\infty}^{\infty}E_1(\boldsymbol{\rho}_1)\delta\left(\boldsymbol{\rho}_1-\frac{\boldsymbol{\rho}_3}{M}\right)\mathrm{d}\boldsymbol{\rho}_1=\frac{1}{M}E_1\left(\frac{\boldsymbol{\rho}_3}{M}\right)\end{aligned} \tag{15-484}$$

而将(15-481)式代入叠加积分(15-477)式，得到衍射像场的复振幅：

$$\begin{aligned}E_d(\boldsymbol{\rho}_3)&=B_{12}B_{23}B_l\iint_{-\infty}^{\infty}E_1(\boldsymbol{\rho}_1)A_l\left(\frac{\boldsymbol{\rho}_3-M\boldsymbol{\rho}_1}{\lambda z_{23}}\right)\mathrm{d}\boldsymbol{\rho}_1\\&=\iint_{-\infty}^{\infty}h_d(\boldsymbol{\rho}_3-M\boldsymbol{\rho}_1)E_1(\boldsymbol{\rho}_1)\mathrm{d}\boldsymbol{\rho}_1=\iint_{-\infty}^{\infty}h_d(\boldsymbol{\rho}_3-\boldsymbol{\rho}')E_1\left(\frac{\boldsymbol{\rho}'}{M}\right)\frac{1}{M^2}\mathrm{d}\boldsymbol{\rho}'\end{aligned} \tag{15-485}$$

式中，已令 $\boldsymbol{\rho}'=M\boldsymbol{\rho}_1$。若再令

$$\frac{1}{M}h_d(\boldsymbol{\rho}_3-\boldsymbol{\rho}')=h'(\boldsymbol{\rho}_3-\boldsymbol{\rho}') \tag{15-486}$$

$$\frac{1}{M}E_1\left(\frac{\boldsymbol{\rho}'}{M}\right)=E_g(\boldsymbol{\rho}') \tag{15-487}$$

则(15-485)式可写成

$$E_d(\boldsymbol{\rho}_3)=h'(\boldsymbol{\rho}_3)*E_g(\boldsymbol{\rho}_3) \tag{15-488}$$

上式表明，物体经系统所成衍射像的复振幅等于其几何像的复振幅与系统点脉冲响应的卷积。

（二）一般成像系统分析

1. 相干照明情况

对于相干成像系统而言，无论其是由单个薄透镜构成，还是由多个透镜或其他元件构成，从成像的角度考虑，其作用即是将物平面上的光场复振幅分布变换成像平面上一个尽可能相似的光场分布。仍假定这一过程服从叠加积分：

$$E_3(\boldsymbol{\rho}_3)=\iint h(\boldsymbol{\rho}_3,\boldsymbol{\rho}_1)E_1(\boldsymbol{\rho}_1)\mathrm{d}\boldsymbol{\rho}_1 \tag{15-489}$$

式中，$h(\boldsymbol{\rho}_3,\boldsymbol{\rho}_1)$ 为相干成像系统的脉冲响应，即一个点物的像场复振幅分布。若系统无像差，则该点物的像场分布仅由衍射效应决定，而衍射是由于光波在传播过程中受到系统孔径限制的结果，因此，这种成像系统也称为衍射受限成像系统。对于一般的衍射受限成像系统，其孔径对光波的限制作用可归结为其入瞳或出瞳的限制作用。由入瞳和出瞳的定义知，它们对光波的限制作用相同。由此可见，对于一般衍射受限成像系统，不管其内部结构如何复杂，只要其入瞳和出瞳已定，其成像性质即完全确定。因此，对一个衍射受限成像系统的研究，只需阐明其出瞳和入瞳这种边端性质即可。

一个成像系统能够理想成像的条件是:它能够将一个自物点 $\boldsymbol{\rho}_1$ 发出的发散球面波变换成一个指向理想像点 $\boldsymbol{\rho}_3 = M\boldsymbol{\rho}_1$ 的会聚球面波,其中 M 为成像系统的横向放大率。如果出瞳到理想像平面的距离为 d_i,则这个被出瞳孔径限制的球面波自出瞳平面向像平面传播时,由于衍射效应,将并不会聚为一点,而是在理想像点周围形成一定的光场分布,即脉冲响应 $h_d(\boldsymbol{\rho}_3, \boldsymbol{\rho}_1)$。不难求出,如果用 $a_l(\boldsymbol{\rho})$ 表示出瞳的孔径函数,则有

$$h_d(\boldsymbol{\rho}_3, \boldsymbol{\rho}_1) = K\iint_{-\infty}^{\infty} a(\boldsymbol{\rho}')\mathrm{e}^{-\mathrm{i}2\pi(\boldsymbol{\rho}_3 - M\boldsymbol{\rho}_1)\cdot\boldsymbol{\rho}'/\lambda d_i}\mathrm{d}\boldsymbol{\rho}' = KA\left(\frac{\boldsymbol{\rho}_3 - M\boldsymbol{\rho}_1}{\lambda d_i}\right) \tag{15-490}$$

式中,K 为一常数;$A[(\boldsymbol{\rho}_3 - M\boldsymbol{\rho}_1)/\lambda d_i]$ 为 $a_l(\boldsymbol{\rho})$ 的傅里叶变换,基于与单透镜情况同样的理由而略去了二次相位因子。上式表明,衍射受限相干成像系统的脉冲响应正比于系统出瞳孔函数的傅里叶变换,其中心位于 $M\boldsymbol{\rho}_1$,宽度为 λd_i。

若忽略衍射效应,即设出瞳孔径无限大,则孔径函数 $a_l(\boldsymbol{\rho}) = 1$。于是,由(15-490)式可得几何光学脉冲响应为

$$h_g(\boldsymbol{\rho}_3, \boldsymbol{\rho}_1) = (\lambda d_i)^2 K\delta(\boldsymbol{\rho}_3 - M\boldsymbol{\rho}_1) \tag{15-491}$$

将(15-491)式代入叠加积分式(15-477)式,得到几何像的复振幅:

$$E_g(\boldsymbol{\rho}_3) = (\lambda d_i)^2 K\iint_{-\infty}^{\infty} E_1(\boldsymbol{\rho}_1)\delta(\boldsymbol{\rho}_3 - M\boldsymbol{\rho}_1)\mathrm{d}\boldsymbol{\rho}_1 = \frac{K(\lambda d_i)^2}{M^2}E_1\left(\frac{\boldsymbol{\rho}_3}{M}\right) \tag{15-492}$$

进而将(15-490)式代入叠加积分式(15-477)式,得到衍射像:

$$\begin{aligned} E_d(\boldsymbol{\rho}_3) &= K\iint_{-\infty}^{\infty} E_1(\boldsymbol{\rho}_1)A\left(\frac{\boldsymbol{\rho}_3 - M\boldsymbol{\rho}_1}{\lambda d_i}\right)\mathrm{d}\boldsymbol{\rho}_1 = K\iint_{-\infty}^{\infty} E_1\left(\frac{\boldsymbol{\rho}'}{M}\right)A\left(\frac{\boldsymbol{\rho}_3 - \boldsymbol{\rho}'}{\lambda d_i}\right)\frac{1}{M^2}\mathrm{d}\boldsymbol{\rho}' \\ &= \frac{1}{(\lambda d_i)^2}\iint_{-\infty}^{\infty} E_g(\boldsymbol{\rho}')A\left(\frac{\boldsymbol{\rho}_3 - \boldsymbol{\rho}'}{\lambda d_i}\right)\mathrm{d}\boldsymbol{\rho}' = \iint_{-\infty}^{\infty} E_g(\boldsymbol{\rho}')h'(\boldsymbol{\rho}_3 - \boldsymbol{\rho}')\mathrm{d}\boldsymbol{\rho}' = E_g(\boldsymbol{\rho}_3) * h'(\boldsymbol{\rho}_3) \end{aligned} \tag{15-493}$$

式中,$\boldsymbol{\rho}' = M\boldsymbol{\rho}_1$,而

$$h'(\boldsymbol{\rho}_3) = \frac{1}{K^2(\lambda d_i)^2}h(\boldsymbol{\rho}_3) = \frac{1}{(\lambda d_i)^2}A\left(\frac{\boldsymbol{\rho}_3}{\lambda d_i}\right) \tag{15-494}$$

(15-493)式和(15-494)式表明,在更普遍的情况下,实际像为几何像与出瞳所决定的脉冲响应的卷积,即系统对几何像而言是平移不变的。

对(15-494)式两边作傅里叶变换,得

$$E_d(\boldsymbol{\zeta}) = E_g(\boldsymbol{\zeta})H'(\boldsymbol{\zeta}) = (\lambda d_i)^2 KE_1(M\boldsymbol{\zeta})a(-\lambda d_i\boldsymbol{\zeta}) \tag{15-495}$$

式中,$E_1(\boldsymbol{\zeta})$ 和 $E_d(\boldsymbol{\zeta})$ 分别为物与衍射像的频谱,$H'(\boldsymbol{\zeta}) = a(-\lambda d_i\boldsymbol{\zeta})$ 则是系统的相干传递函数。(15-495)式实际上就是该相干成像过程的频域描述,它表示,成像系统相当于一个线性滤波器。

因为光瞳函数 $a(-\lambda d_i\boldsymbol{\zeta})$ 在出瞳范围之外为0,所以高于某一特定值 $\boldsymbol{\zeta}_{\max}$ 的空间频率 $\boldsymbol{\zeta}$ 将不能通过系统。也就是说,如果系统的出瞳为一个半径等于 a 的圆,则满足条件

$$|\boldsymbol{\zeta}|^2 > \left(\frac{a}{\lambda d_i}\right)^2 = |\boldsymbol{\zeta}_{\max}|^2 \tag{15-496}$$

的空间频率将被系统截止。

2. 非相干成像系统

在相干照明情况下,物上各点对应的子波场同步变化,各点所产生的脉冲响应也同步变化,因此,它们在像平面上的叠加服从相干叠加规律——复振幅相加,即相干成像系统对复振幅是线性的。在非相干照明情况下,物上各点对应的子波场的变化统计无关,各点所产生的脉冲响应随时间的变化也统计无关,因此,它们在像平面上的叠加服从非相干叠加规律——强度相加,即非相干成像对强度是线性的,且有

$$i_d(\boldsymbol{\rho}_3) = K'\iint_{-\infty}^{\infty} |h'(\boldsymbol{\rho}_3, \boldsymbol{\rho}')|^2 i_g(\boldsymbol{\rho}')\mathrm{d}\boldsymbol{\rho}' \tag{15-497}$$

式中,i_d 和 i_g 分别表示衍射像和几何像强度,$\boldsymbol{\rho}' = M\boldsymbol{\rho}_1$。如果只限于考虑物平面上一个等晕区内的成像问题,则有 $h'(\boldsymbol{\rho}_3, \boldsymbol{\rho}_1) = h(\boldsymbol{\rho}_3 - \boldsymbol{\rho}')$,(15-497)式变为

$$i_d(\boldsymbol{\rho}_3) = K'\iint_{-\infty}^{\infty} |h'(\boldsymbol{\rho}_3 - \boldsymbol{\rho}')|^2 i_g(\boldsymbol{\rho}')\mathrm{d}\boldsymbol{\rho}' \tag{15-498}$$

式中,h' 由(15-494)式给出。

定义

$$I_{\mathrm{d}}(\boldsymbol{\zeta})=\frac{\iint_{-\infty}^{\infty} i_{\mathrm{d}}(\boldsymbol{\rho}_3)\,\mathrm{e}^{-\mathrm{i}2\pi\boldsymbol{\zeta}\cdot\boldsymbol{\rho}_3}\,\mathrm{d}\boldsymbol{\rho}_3}{\iint_{-\infty}^{\infty} i_{\mathrm{d}}(\boldsymbol{\rho}_3)\,\mathrm{d}\boldsymbol{\rho}_3} \tag{15-499}$$

$$I_{\mathrm{g}}(\boldsymbol{\zeta})=\frac{\iint_{-\infty}^{\infty} i_{\mathrm{g}}(\boldsymbol{\rho}_3)\,\mathrm{e}^{-\mathrm{i}2\pi\boldsymbol{\zeta}\cdot\boldsymbol{\rho}_3}\,\mathrm{d}\boldsymbol{\rho}_3}{\iint_{-\infty}^{\infty} i_{\mathrm{g}}(\boldsymbol{\rho}_3)\,\mathrm{d}\boldsymbol{\rho}_3} \tag{15-500}$$

$$O(\boldsymbol{\zeta})=\frac{\iint_{-\infty}^{\infty} |h'(\boldsymbol{\rho}_3)|^2\,\mathrm{e}^{-\mathrm{i}2\pi\boldsymbol{\zeta}\cdot\boldsymbol{\rho}_3}\,\mathrm{d}\boldsymbol{\rho}_3}{\iint_{-\infty}^{\infty} |h'(\boldsymbol{\rho}_3)|^2\,\mathrm{d}\boldsymbol{\rho}_3} \tag{15-501}$$

对(15-498)式两边作傅里叶变换，并利用上面的定义，得到非相干成像的频域表示为

$$I_{\mathrm{d}}(\boldsymbol{\zeta})=O(\boldsymbol{\zeta})I_{\mathrm{g}}(\boldsymbol{\zeta}) \tag{15-502}$$

式中，函数 $I_{\mathrm{d}}(\boldsymbol{\zeta})$ 和 $I_{\mathrm{g}}(\boldsymbol{\zeta})$ 分别为衍射像强度 i_{d} 分布和几何像强度 i_{g} 分布的归一化频谱，$O(\boldsymbol{\zeta})$ 称为非相干成像系统的光学传递函数，其模 $|O(\boldsymbol{\zeta})|$ 称为调制传递函数，幅角 $\arg[O(\boldsymbol{\zeta})]$ 称为相位传递函数。由自相关定理，得

$$\begin{aligned}O(\boldsymbol{\zeta})&=\iint_{-\infty}^{\infty} |h'(\boldsymbol{\rho}_3)|^2\,\mathrm{e}^{-\mathrm{i}2\pi\boldsymbol{\zeta}\cdot\boldsymbol{\rho}_3}\,\mathrm{d}\boldsymbol{\rho}_3\Big/\iint_{-\infty}^{\infty} |h'(\boldsymbol{\rho}_3)|^2\,\mathrm{d}\boldsymbol{\rho}_3\\&=\iint_{-\infty}^{\infty} H(\boldsymbol{\zeta}')H^*(\boldsymbol{\zeta}'+\boldsymbol{\zeta})\,\mathrm{d}\boldsymbol{\zeta}'\Big/\iint_{-\infty}^{\infty} |H(\boldsymbol{\zeta}')|^2\,\mathrm{d}\boldsymbol{\zeta}'\\&=\iint_{-\infty}^{\infty} H\left(\boldsymbol{\nu}-\frac{\boldsymbol{\zeta}}{2}\right)H^*\left(\boldsymbol{\nu}+\frac{\boldsymbol{\zeta}}{2}\right)\mathrm{d}\boldsymbol{\nu}\Big/\iint_{-\infty}^{\infty} |H(\boldsymbol{\nu})|^2\,\mathrm{d}\boldsymbol{\nu}\end{aligned} \tag{15-503}$$

式中，取 $\nu=\zeta'-\zeta/2$，表示光瞳平面坐标矢量。对于无像差系统，有

$$H(\boldsymbol{\zeta})=a(-\lambda d_i\boldsymbol{\zeta}) \tag{15-504}$$

于是(15-503)式可写成

$$\begin{aligned}O(\boldsymbol{\zeta})&=\iint_{-\infty}^{\infty} a\left(\boldsymbol{\nu}-\frac{\lambda d_i\boldsymbol{\zeta}}{2}\right)a\left(\boldsymbol{\nu}+\frac{\lambda d_i\boldsymbol{\zeta}}{2}\right)\mathrm{d}\boldsymbol{\nu}\Big/\iint_{-\infty}^{\infty} a(\boldsymbol{\nu})\,\mathrm{d}\boldsymbol{\nu}\\&=\frac{\text{两个相互错开出瞳的重叠面积}}{\text{出瞳的总面积}}\end{aligned} \tag{15-505}$$

(15-505)式表明，非相干成像系统的光学传递函数，可表示为两个互相错开的出瞳相重叠的面积(一个中心位于 $\lambda d_i\zeta/2$，另一个中心位于 $-\lambda d_i\zeta/2$)与出瞳的总面积之比。

3. 像差对传递函数的影响

如果一个成像系统存在像差，则自点物发出的球面光波经系统出瞳出射后，其波面将变得复杂而不再是理想球面。这个复杂的实际波面与理想球面的各种偏差称为波面像差或波像差。如果该系统同时还是衍射受限的，则这个畸变的波面还将受到出瞳的限制而发生衍射效应，从而在像平面上将形成一个复杂的光场分布——系统的脉冲响应，并且其中心也可能不再位于理想的几何像点。

为简化讨论，当存在波像差时，可以设想照射出瞳的仍是一个理想球面波，但出瞳内有一块移相板使离开出瞳的波前变形。假设出瞳上 $\boldsymbol{\rho}$ 点的相位偏差为 $kL(\boldsymbol{\rho})$，其中 $k=2\pi/\lambda$，$L(\boldsymbol{\rho})$ 表示有效光程偏差，则虚拟移相板的复振幅透射系数可表示为

$$\tilde{a}(\boldsymbol{\rho})=a(\boldsymbol{\rho})\mathrm{e}^{\mathrm{i}kL(\boldsymbol{\rho})} \tag{15-506}$$

并称 $\tilde{a}(\boldsymbol{\rho})$ 为广义出瞳函数。这样，一个有像差的相干成像系统的脉冲响应就对应着一个复振幅透射系数为 $\tilde{a}(\boldsymbol{\rho})$ 的出瞳的夫琅禾费衍射，而一个有像差的非相干成像系统的脉冲响应同样也就等于相应相干成像系统的脉冲响应模值的平方。于是，有像差系统的相干传递函数和光学传递函数可分别表示为

$$H(\boldsymbol{\zeta})=\tilde{a}(-\lambda d_i\boldsymbol{\zeta})=a(-\lambda d_i\boldsymbol{\zeta})\mathrm{e}^{\mathrm{i}kL(-\lambda d_i\boldsymbol{\zeta})} \tag{15-507}$$

$$O(\boldsymbol{\zeta})=\iint_{-\infty}^{\infty} H\left(\boldsymbol{\nu}-\frac{\boldsymbol{\zeta}}{2}\right)H^*\left(\boldsymbol{\nu}-\frac{\boldsymbol{\zeta}}{2}\right)\mathrm{d}\boldsymbol{\nu}\Big/\iint_{-\infty}^{\infty} |H(\boldsymbol{\nu})|^2\,\mathrm{d}\boldsymbol{\nu}$$

$$=\iint_{-\infty}^{\infty} a\left(\boldsymbol{\nu}-\frac{\lambda d_i\boldsymbol{\zeta}}{2}\right)a\left(\boldsymbol{\nu}+\frac{\lambda d_i\boldsymbol{\zeta}}{2}\right)\mathrm{e}^{\mathrm{i}k\left[L\left(\nu-\frac{\lambda d_i\zeta}{2}\right)-L\left(\nu+\frac{\lambda d_i\zeta}{2}\right)\right]}\mathrm{d}\boldsymbol{\nu}\Big/\iint_{-\infty}^{\infty}\left|a(\boldsymbol{\nu})\mathrm{e}^{\mathrm{i}kL(\nu)}\right|^2\mathrm{d}\boldsymbol{\nu} \tag{15-508}$$

定义函数 $\Sigma(\boldsymbol{\zeta})$ 表示两光瞳 $a(\boldsymbol{\nu}-\lambda d_i\boldsymbol{\xi}/2)$ 与 $a(\boldsymbol{\nu}-\lambda d_i\boldsymbol{\xi}/2)$ 相互重叠的面积，则可将有、无像差时的光学传递函数分别表示为

$$O(\boldsymbol{\zeta})=\iint_{\Sigma(\zeta)}\mathrm{d}\boldsymbol{\nu}\Big/\iint_{\Sigma(0)}\mathrm{d}\boldsymbol{\nu} \tag{15-509}$$

$$O(\boldsymbol{\zeta})=\iint_{\Sigma(\zeta)}\mathrm{e}^{\mathrm{i}k\left[L\left(\nu-\frac{\lambda d_i\zeta}{2}\right)-L\left(\nu+\frac{\lambda d_i\zeta}{2}\right)\right]}\mathrm{d}\boldsymbol{\nu}\Big/\iint_{\Sigma(0)}\mathrm{d}\boldsymbol{\nu} \tag{15-510}$$

以半径为 a 的圆形出瞳为例，因为当 $\boldsymbol{\zeta}$ 大到使两个错开的出瞳再无重叠时，光学传递函数将为 0，故满足条件

$$|\boldsymbol{\zeta}|>\left(\frac{2a}{\lambda d_i}\right)^2 \tag{15-511}$$

的空间频率将被系统截止。

4. 部分相干成像

部分相干成像系统对互强度是线性的。设物平面坐标矢量为 $\boldsymbol{\rho}_1$，像平面坐标矢量为 $\boldsymbol{\rho}_3$，物平面和像平面上的互强度分别为 $j_0(\boldsymbol{\rho}_1,\boldsymbol{\rho}_1')$ 和 $j_i(\boldsymbol{\rho}_3,\boldsymbol{\rho}_3')$，则考虑系统的横向放大率 M，有

$$j_i(\boldsymbol{\rho}_3,\boldsymbol{\rho}_3')=\iiiint_{-\infty}^{\infty} j_0(\boldsymbol{\rho},\boldsymbol{\rho}')h(\boldsymbol{\rho}_3,\boldsymbol{\rho}')h^*(\boldsymbol{\rho}_3',\boldsymbol{\rho}')\mathrm{d}\boldsymbol{\rho}\mathrm{d}\boldsymbol{\rho}' \tag{15-512}$$

式中，$\boldsymbol{\rho}=M\boldsymbol{\rho}_1$。设物体足够小，从而落在一个等晕区内，于是，相干脉冲响应可认为是空间不变的，(15-512) 式可写成

$$j_i(\boldsymbol{\rho}_3,\boldsymbol{\rho}_3')=\iiiint_{-\infty}^{\infty} j_0(\boldsymbol{\rho},\boldsymbol{\rho}')h(\boldsymbol{\rho}_3-\boldsymbol{\rho})h^*(\boldsymbol{\rho}_3'-\boldsymbol{\rho}')\mathrm{d}\boldsymbol{\rho}\mathrm{d}\boldsymbol{\rho}' \tag{15-513}$$

对(15-513) 式两边作傅里叶变换，并利用卷积定理，得

$$J_i(\boldsymbol{\zeta},\boldsymbol{\zeta}')=J_0(\boldsymbol{\zeta},\boldsymbol{\zeta}')M(\boldsymbol{\zeta},\boldsymbol{\zeta}') \tag{15-514}$$

其中

$$M(\boldsymbol{\zeta},\boldsymbol{\zeta}')=H(\boldsymbol{\zeta})H^*(-\boldsymbol{\zeta}')=a(-\lambda d_i\boldsymbol{\zeta})a(\lambda d_i\boldsymbol{\zeta}') \tag{15-515}$$

为 $h(\boldsymbol{\rho})h^*(\boldsymbol{\rho}')$ 的傅里叶变换。(15-514) 式和(15-515) 式给出了部分相干成像的频域关系。

对于半径为 a 的圆形出瞳，则当

$$|\boldsymbol{\zeta}|^2>\left(\frac{a}{\lambda d_i}\right)^2 \quad 或 \quad |\boldsymbol{\zeta}'|^2>\left(\frac{a}{\lambda d_i}\right) \tag{15-516}$$

时，$M(\boldsymbol{\zeta},\boldsymbol{\zeta}')=0$。

表 15-1 给出了用频域表示相干、非相干和部分相干照明情况下成像系统的的基本关系式，其中已假定物场限制在一个等晕区内。

表 15-1　基本光学成像关系的频域表示

照明情况	基本量	物像关系	传递函数
相　干	复振幅 $E(\boldsymbol{\rho})$	$E_i(\boldsymbol{\zeta})=E_0(\boldsymbol{\zeta})H(\boldsymbol{\zeta})$	$H(\boldsymbol{\zeta})=a(-\lambda d_i\boldsymbol{\zeta})$
非相干	强度 $i(\boldsymbol{\rho})$	$I_i(\boldsymbol{\zeta})=I_0(\boldsymbol{\zeta})O(\boldsymbol{\zeta})$	$M(\boldsymbol{\zeta})=H(\boldsymbol{\zeta})\otimes H(\boldsymbol{\zeta})$
部分相干	互强度 $j(\boldsymbol{\rho},\boldsymbol{\rho}')$	$J_i(\boldsymbol{\zeta},\boldsymbol{\zeta}')=J_0(\boldsymbol{\zeta},\boldsymbol{\zeta}')M(\boldsymbol{\zeta},\boldsymbol{\zeta}')$	$M(\boldsymbol{\zeta},\boldsymbol{\zeta}')=H(\boldsymbol{\zeta})H^*(-\boldsymbol{\zeta}')$

四、用光线矩阵元表示的衍射积分和传递函数

（一）衍射积分

设一单色光波 $E_1(\boldsymbol{\rho}_1)$ 经过光学系统后得到输出 $E_2(\boldsymbol{\rho}_2)$，则有

$$E_2(\boldsymbol{\rho}_2)=\iint h(\boldsymbol{\rho}_2,\boldsymbol{\rho}_1)E_1(\boldsymbol{\rho}_1)\mathrm{d}\boldsymbol{\rho}_1 \tag{15-517}$$

式中，$h(\boldsymbol{\rho}_2, \boldsymbol{\rho}_1)$ 为系统的脉冲响应，即输入平面上 $\boldsymbol{\rho}_1$ 处一单位振幅点源在输出平面上 $\boldsymbol{\rho}_2$ 点产生的场分布。由于像差和孔径衍射，输入球面波经过系统后的输出一般不再是球面波，其波面将发生畸变。畸变的大小与系统在波面上各点引入的光程差 $L(\boldsymbol{\rho}_2, \boldsymbol{\rho}_1)$ 有关。因此，可将系统的脉冲响应写为

$$h(\boldsymbol{\rho}_2, \boldsymbol{\rho}_1) = K\mathrm{e}^{\mathrm{i}kL(\boldsymbol{\rho}_2, \boldsymbol{\rho}_1)} \tag{15-518}$$

式中，K 表示与系统损耗和孔径衍射有关的实函数。设点源处的初相位为 0，则 $L(\boldsymbol{\rho}_2, \boldsymbol{\rho}_1)$ 即表示光线自 $\boldsymbol{\rho}_1$ 点到 $\boldsymbol{\rho}_2$ 点的实际光程延迟，定义为程函。如果不计系统的损耗和孔径衍射，则 K 为常数。于是，(15-517) 式可写成

$$E_2(\boldsymbol{\rho}_2) = K\iint E_1(\boldsymbol{\rho}_1)\mathrm{e}^{\mathrm{i}kL(\boldsymbol{\rho}_2, \boldsymbol{\rho}_1)}\mathrm{d}\boldsymbol{\rho}_1 \tag{15-519}$$

设入射光线相对于系统主光轴（z 轴）的倾角为 θ_1，出射光线的倾角为 θ_2，光线所经介质的折射率为 n，系统的傍轴光线传输矩阵为

$$\boldsymbol{M} = \begin{bmatrix} A & B \\ C & D \end{bmatrix} \tag{15-520}$$

若令 $u_i = n_i\theta_i$，$\rho_i = |\boldsymbol{\rho}_i|$ $(i = 1, 2)$ 为光线与相应平面交点的离轴高度，则有

$$\begin{bmatrix} \rho_2 \\ u_2 \end{bmatrix} = \begin{bmatrix} A & B \\ C & D \end{bmatrix}\begin{bmatrix} \rho_1 \\ u_1 \end{bmatrix} \tag{15-521}$$

利用(15-521) 式可计算出程函 $L(\boldsymbol{\rho}_2, \boldsymbol{\rho}_1)$，从而将(15-519) 式表示为

$$E_2(\boldsymbol{\rho}_2) = \frac{\mathrm{e}^{\mathrm{i}kL_0}}{\mathrm{i}\lambda B}\iint E_1(\boldsymbol{\rho}_1)\mathrm{e}^{\mathrm{i}\frac{k}{2B}[A\rho_1^2 + D\rho_2^2 - 2\boldsymbol{\rho}_1\cdot\boldsymbol{\rho}_2]}\mathrm{d}\boldsymbol{\rho}_1 \tag{15-522}$$

式中，L_0 为光线沿系统主光轴从输入平面到输出平面的光程延迟。(15-522) 式就是利用光线矩阵元表示的衍射积分，只适用于不考虑系统孔径衍射的情况。如果系统中有限制孔径，则可以分段应用(15-522) 式。

（二）系统内无限制孔径时的相干传递函数

设输入面上的场分布为 $E_1(\boldsymbol{\rho}_1)$，输出面上的场分布为 $E_2(\boldsymbol{\rho}_2)$，系统的光线传输矩阵仍如(15-520) 式所示。由(15-522) 式，可将输入与输出之间的关系表示为

$$E_2(\boldsymbol{\rho}_2) = \widetilde{E}_1(\boldsymbol{\rho}_2) * \frac{\mathrm{e}^{\mathrm{i}kL_0}}{\mathrm{i}\lambda B}\mathrm{e}^{\frac{\mathrm{i}kD}{2B}\rho_2^2} \tag{15-523}$$

其中

$$\widetilde{E}_1(\boldsymbol{\rho}_2) = D^2\mathrm{e}^{\mathrm{i}\frac{kDC}{2}\rho_2^2}E_1(D\boldsymbol{\rho}_2) \tag{15-524}$$

称为等效输入场。对(15-523) 式两边作傅里叶变换，得到输入、输出关系的频域表示

$$E_2(\boldsymbol{\zeta}) = \widetilde{E}_1(\boldsymbol{\zeta})\frac{\mathrm{e}^{\mathrm{i}kL_0}}{D}\mathrm{e}^{-\mathrm{i}\frac{\pi\lambda B}{D}\zeta^2} \tag{15-525}$$

式中，$\widetilde{E}_1(\boldsymbol{\zeta})$ 和 $(1/D)\mathrm{e}^{\mathrm{i}kL_0}\mathrm{e}^{-\mathrm{i}\pi\lambda B\zeta^2/D}$ 分别称为等效输入谱和等效传递函数。

从(15-522) 式出发，也可将输入、输出关系表示为

$$\widetilde{E}_2(\boldsymbol{\rho}_2) = E_1(\boldsymbol{\rho}_2) * \frac{\mathrm{e}^{\mathrm{i}kL_0}}{\mathrm{i}\lambda B}\mathrm{e}^{-\mathrm{i}\frac{\pi A}{2B}\rho_2^2} \tag{15-526}$$

其中

$$\widetilde{E}_2(\boldsymbol{\rho}_2) = \mathrm{e}^{-\mathrm{i}\frac{kAC}{2}\rho_2^2}E_2(A\boldsymbol{\rho}_2) \tag{15-527}$$

称为等效输出场。对(15-526) 式两边作傅里叶变换，得到输入、输出关系的频域表示：

$$\widetilde{E}_2(\boldsymbol{\zeta}) = E_1(\boldsymbol{\zeta})\frac{\mathrm{e}^{\mathrm{i}kL_0}}{A}\mathrm{e}^{-\mathrm{i}\frac{\pi\lambda B}{A}\zeta^2} \tag{15-528}$$

式中，$\widetilde{E}_2(\boldsymbol{\zeta})$ 和 $(1/A)\mathrm{e}^{\mathrm{i}kL_0}\mathrm{e}^{-\mathrm{i}\pi\lambda B\zeta^2/A}$ 分别称为等效输出谱和等效传递函数。

（三）系统内有限制孔径的相干传递函数

设系统内有一个限制孔径 $a(\boldsymbol{\rho})$，它将系统分成前后两部分，其光线传输矩阵分别为

$$\boldsymbol{M}_1 = \begin{bmatrix} A_1 & B_1 \\ C_1 & D_1 \end{bmatrix}, \quad \boldsymbol{M}_2 = \begin{bmatrix} A_2 & B_2 \\ C_2 & D_2 \end{bmatrix} \tag{15-529}$$

则整个系统的光线矩阵为

$$\boldsymbol{S} = \boldsymbol{S}_2 \cdot \boldsymbol{S}_1 = \begin{bmatrix} A & B \\ C & D \end{bmatrix} \tag{15-530}$$

仍取 $E_1(\boldsymbol{\rho}_1)$ 和 $E_2(\boldsymbol{\rho}_2)$ 表示输入与输出平面上的光场分布。对系统中孔径前后两部分相继应用(15-522)式，得到输入、输出关系

$$\widetilde{E}_2(\boldsymbol{\rho}_2) = \mathrm{e}^{\mathrm{i}kL_0}\widetilde{E}_1(\boldsymbol{\rho}_2) * A\left(\frac{\boldsymbol{\rho}_2}{\lambda B_2}\right) * \mathrm{e}^{-\mathrm{i}\frac{\pi B_1}{\lambda B_2 B}\rho_2^2} \tag{15-531}$$

其中

$$\widetilde{E}_1(\boldsymbol{\rho}_2) = \mathrm{e}^{\mathrm{i}\frac{kA_1B_1}{2B_2^2}} E_1\left(-\frac{B_1}{B_2}\boldsymbol{\rho}_2\right), \quad \widetilde{E}_2(\boldsymbol{\rho}_2) = \mathrm{e}^{\mathrm{i}\frac{kD_2^2}{2B_2}\rho_2^2} E_2(\boldsymbol{\rho}_2) \tag{15-532}$$

分别称为等效输入场和等效输出场，$A(\boldsymbol{\rho}_2/\lambda B_2)$ 为 $a(\boldsymbol{\rho}_2)$ 的傅里叶变换，$B = B_1A_1 - D_1B_2$。对(15-531)式两边作傅里叶变换，得到输入、输出关系的频域表示

$$\widetilde{E}_2(\boldsymbol{\zeta}) = \lambda^2 B_2^2 \mathrm{e}^{\mathrm{i}kL_0}\widetilde{E}_1(\boldsymbol{\zeta}) a(-\lambda B_2 \xi) \mathrm{e}^{-\mathrm{i}\lambda m B\xi^2} \tag{15-533}$$

式中，$m = B_2/B_1$，$\widetilde{E}_1(\boldsymbol{\zeta})$ 和 $\widetilde{E}_2(\boldsymbol{\zeta})$ 分别为等效输入谱与等效输出谱，而 $a(-\lambda B_2\xi)\mathrm{e}^{-\mathrm{i}\lambda m B\xi^2}$ 为等效传递函数。

第七节　光学全息术

一、概述

根据傍轴条件下光学成像系统的物像关系，如图 15-15 所示，位于同一垂轴平面 O 上的不同物点，其共轭像点亦位于同一垂轴平面 P 上；不同垂轴平面上的物点，其共轭像点位于不同垂轴平面上。因此，一个三维物体经光学成像系统所成的像也是三维的。然而，当用感光底片记录所成的像时，由于感光底片只能放在某一确定的垂轴平面处，因此，只有与底片所处平面共轭的那些物体表面的点才能够在底片上成清晰的像，本应成在其他垂轴平面上的物点的像则投影在底片上，似乎整个物空间都被压缩在一个平面上了。人们之所以能够从所得到的平面图像或照片上感受到空间远近不同位置处物的层次，全凭眼睛和大脑已经约定成俗的图像识别功能。

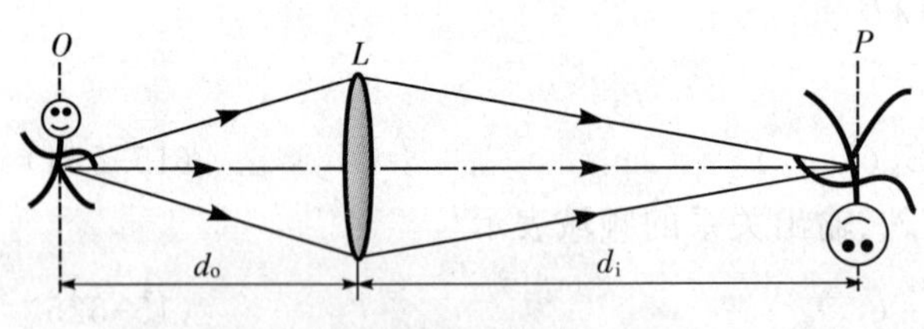

图 15-15　普通光学系统成像的三维特性

我们已经得知，由物体表面发出或自物体表面透射、反射的光波，携带着物体表面的信息。表征该光波场的波前复振幅分布可表示为

$$O(x, y) = O_0(x, y)\mathrm{e}^{\mathrm{i}\varphi_O(x, y)} \tag{15-534}$$

式中，$O_0(x, y)$ 和 $\varphi_O(x, y)$ 分别表示波前上 (x, y) 点的振幅和相位，并分别反映了物场或物体表面点的亮度和纵向位置信息。换句话说，振幅函数 $O_0(x, y)$ 和相位函数 $\varphi_O(x, y)$ 分别携带着物场或物体表面的横向和纵向信息。要记录或再现物体表面的全部信息，必须能够同时记录或再现出反映物体表面特征的光波场的振幅和相位信息，此即全息记录和显示的含义。由于一般的光探测器或感光材料只对光的强度产生响应，也就是说只能感受到光波场的振幅信息，对相位信息则无响应。因此，由普通照相术所记录到的图像，只包含了反映物体表面亮暗或色彩分布的二维图像信息。如果物体是纯相位型的，则由普通照相术只能探测或记录到一幅均匀照明的背景，而无法记录到物体的影像特征。

1948 年，英国伦敦大学学者丹尼斯·伽伯在研究如何提高电子显微镜的分辨本领时首次提出：虽然感光底片同其他光探测器一样，都不能记录光波的相位，但可以利用双光束干涉原理，令物光波与另一束与之相

干的光波叠加而产生干涉图样，从而把物光波的相位叠加到干涉图样中，用感光底片记录下干涉图样就可以同时记录下物光波的振幅和相位信息。这种成像方式被称为全息照相或全息术，所记录的干涉图样称为全息图。类似于无线电技术，这里的物光波相当于调制信号，参考光波相当于载波。通过解调，可使物光波的波前准确地再现，故通常将这一方法称为“波前再现”。然而，伽伯的这一设想，曾经在长达十多年的时间里并没有引起人们的注意。主要原因是当时还难以获得相干性很好的光源。1960 年激光的诞生，其高相干性和高亮度的特点，为伽伯的设想提供了实现的手段。最初的全息术是用平面相干光垂直照明一块透明片，透射光波与经透明片散射的光波相干涉，所形成的干涉图样被记录在照相底片上，这就是所谓的伽伯全息图。利用该全息图再现物体像时，原始像与另一共轭像同轴，因而发生重叠，引起干扰。为了克服这一缺点，利思和乌帕特尼克斯改进了伽伯的设想，不仅使观察范围扩大了，还推动了不同领域中的全息术，随后相继出现了激光全息术、微波全息术、红外全息术和超声全息术等，并被广泛应用于军事、科研、工业生产、日常生活和医疗等领域。

目前，全息术作为以光的波动理论为基础的一种新颖的记录和显示图像的方法，在现代光学成像中具有独特的位置，并成为信息光学中的一个重要组成部分。

二、全息术的基本原理[1,10]

（一）波前记录原理

图 15-16 显示了全息图记录与全息像再现原理。其中的(a)图显示了全息图的记录过程，图中 He-Ne 激光器发出的细激光束经透镜 L 扩束后，一部分照射到物体表面，并经物体表面反射后作为物光波（表示为 O）投射到全息记录介质板（如具有高空间分辨率的感光底片，又称全息干板）H 上，另一部分直接投射到 H 上作为参考光（表示为 R）；(b)图显示了全息像的再现过程，图中 H 为全息图（即(a)中的 H），O_s 为会聚实像，O_v 为虚像。

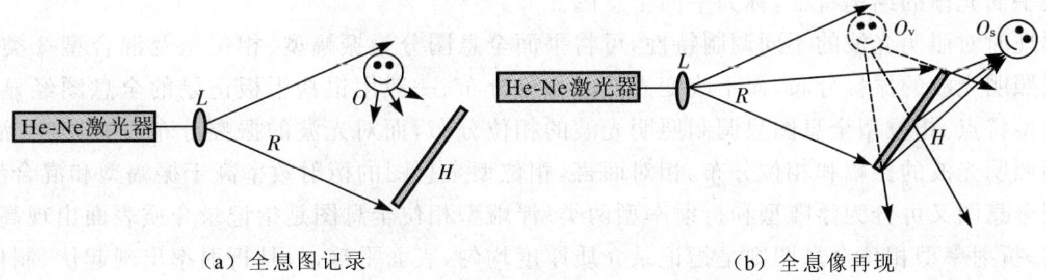

图 15-16 全息图记录与全息像再现

在记录系统中建立一坐标系。取全息干板平面为(x,y)平面，z 轴与干板平面法线重合，物光波的复振幅由(15-534)式表示，参考光波的复振幅可表示为

$$R(x,y)=R_0(x,y)\mathrm{e}^{\mathrm{i}\varphi_R(x,y)} \tag{15-535}$$

则在全息干板上的干涉光场复振幅分布 $U(x,y)$ 为

$$U(x,y)=O(x,y)+R(x,y) \tag{15-536}$$

相应的光强度 $I(x,y)$ 为

$$\begin{aligned}I(x,y)&=|U(x,y)|^2=|O(x,y)+R(x,y)|^2\\&=|O(x,y)|^2+|R(x,y)|^2+O(x,y)R^*(x,y)+O^*(x,y)R(x,y)\\&=O_0^2+R_0^2+O_0R_0^*\mathrm{e}^{\mathrm{i}(\varphi_O-\varphi_R)}+O_0^*R_0\mathrm{e}^{-\mathrm{i}(\varphi_O-\varphi_R)}\end{aligned} \tag{15-537}$$

在线性曝光及显影、定影处理下，所得全息图的复振幅透射系数正比于曝光量，因而也就正比于记录平面 H 上总的光强度，即

$$\begin{aligned}t(x,y)&=t_0+\beta I(x,y)\\&=(t_0+\beta O_0^2+\beta R_0^2)+\beta O_0R_0^*\mathrm{e}^{\mathrm{i}(\varphi_O-\varphi_R)}+\beta O_0^*R_0\mathrm{e}^{-\mathrm{i}(\varphi_O-\varphi_R)}\end{aligned} \tag{15-538}$$

式中，t_0 和 β 均为与曝光量和记录介质的感光特性有关的常数。

（二）波前再现原理

用波前复振幅分布为

$$R'(x,y) = R'_0(x,y)\mathrm{e}^{\mathrm{i}\varphi_R'(x,y)} \tag{15-539}$$

的光波照射全息图底片时，则相应的透射光波的波前复振幅分布可表示为

$$\begin{aligned} U'(x,y) &= (t_0 + \beta O_0^2 + \beta R_0^2)R' + \beta O_0 R_0^* R'_0 \mathrm{e}^{\mathrm{i}(\varphi_O - \varphi_R + \varphi'_R)} + \beta O_0^* R_0 R'_0 \mathrm{e}^{-\mathrm{i}(\varphi_O - \varphi_R - \varphi'_R)} \\ &= (t_0 + \beta O_0^2 + \beta R_0^2)R' + \beta R_0^* R'_0 \mathrm{e}^{\mathrm{i}(\varphi'_R - \varphi_R)} O + \beta R_0 R'_0 \mathrm{e}^{\mathrm{i}(\varphi'_R + \varphi_R)} O^* \end{aligned} \tag{15-540}$$

(15-540) 式显示，该全息图底片通过衍射而将照射光波分为 3 部分：第一项表示 0 级衍射，第二项表示 +1 级衍射，第三项则表示 −1 级衍射。

当 $R' = R$，即用原参考光波照射全息图底片时，+1 级衍射变为 $\beta R_0^2 O(x, y)$，此即原始物光波的再现，−1 级衍射变为 $\beta R_0^2 \exp(\mathrm{i}2\varphi_R) O^*(x, y)$。

当 $R' = R^*$，即用原参考光波的共轭光波照射全息图底片时，+1 级衍射变为 $\beta R_0^2 \exp(-\mathrm{i}2\varphi_R) O(x, y)$，而 −1 级衍射变为 $\beta R_0^2 O^*(x,y)$，此即原始物光波的共轭再现。

当 $R' = R = R_0$，$\varphi'_R = \varphi_R = 0$，即当照射光波与原参考光波相同，且为垂直入射的平面光波时，+1 级衍射变为 $\beta R_0^2 O(x, y)$，−1 级衍射变为 $\beta R_0^2 O^*(x, y)$，分别为原始物光波的再现和共轭再现。

三、平面全息图的分析[1,5,11-14]

考虑到具有任意复杂结构的物光波总可以分解成一系列方向不同的平面波分量，假设参考光波也是平面光波，则全息图所记录的物光波和参考光波的干涉图样，实际上就是构成物光波的各平面波分量与参考光波形成的双光束干涉图样的叠加。而两束相交平面光波形成的干涉图样，是一组沿垂直于两光束夹角平分线方向平行排列的余弦平方型等间隔光面。若全息图记录介质的厚度小于干涉条纹的间距，则所记录的全息图具有正弦型平面光栅的结构特征，称为平面全息图。

根据再现时对照明光波的不同调制特性，可将平面全息图分为振幅型、相位型及混合型 3 类。振幅型全息图只调制照明光波的振幅分布，而不改变光波的相位分布。一般用银盐干板记录的全息图经显影、定影后便具有振幅型特点。相位型全息图只调制照明光波的相位分布，而对光波的振幅分布没有影响。混合型全息图同时调制照明光波的振幅和相位分布。相对而言，相位型全息图的衍射效率高于振幅型和混合型全息图。

相位型全息图又可分为浮雕型和折射率型两类。浮雕型相位全息图是指记录介质表面出现高度起伏，而折射率均匀；折射率型相位全息图则是指记录介质厚度均匀，表面平整，只是折射率出现起伏。制作浮雕型相位全息图最简单的方法，是将银盐干板记录的振幅型全息图进行鞣化漂白处理，除去曝光部分的金属银粒子，并使银粒子周围的明胶因鞣化而膨胀。曝光量越大，银粒子越多，则膨胀程度越大，从而导致记录介质表面不同区域随曝光量（照射光强度）的变化而出现高低起伏，形成浮雕状。除银盐介质外，光致抗蚀剂、光导热塑料等，均可以用于制作浮雕型相位全息图。制作折射率型相位全息图的简单方法，是将银盐干板记录的振幅型全息图乳胶中的金属银利用氧化剂氧化为透明盐，因其折射率与周围的明胶不同，从而导致记录介质内不同区域随曝光量（照射光强度）的变化而出现折射率的非均匀分布。

现以点源全息图为基础，分析全息成像的物像关系，并讨论平面全息图的主要类型。

（一）点源的全息成像

如图 15-17(a) 所示，设 $S_O(x_O, y_O, z_O)$ 和 $S_R(x_R, y_R, z_R)$ 表示两个波长为 λ 的相干点光源，全息图记录平面位于 $z = 0$ 平面，$P(x, y)$ 表示该平面上任意一点。图 15-17(b) 是用点源 $S'_R(x'_R, y'_R, z'_R)$ 照明所记录的全息图时，点源 S_O 全息像的再现结果。

假定再现的原始像和共轭像点分别位于 $S'_O(x'_O, y'_O, z'_O)$ 和 $S_C(x_C, y_C, z_C)$ 点，并且点 S_O、S_R、S'_O、S_C 和 S'_R 均满足傍轴条件，则 $|x_O|(|y_O|)$、$|x_R|(|y_R|) \ll z_O$、z_R，$|x'_O|(|y'_O|)$、$|x_C|(|y_C|)$、$|x'_R|(|y'_R|) \ll z'_O$、z_C、z'_R。于是可得原始像和共轭像点的位置坐标分别为

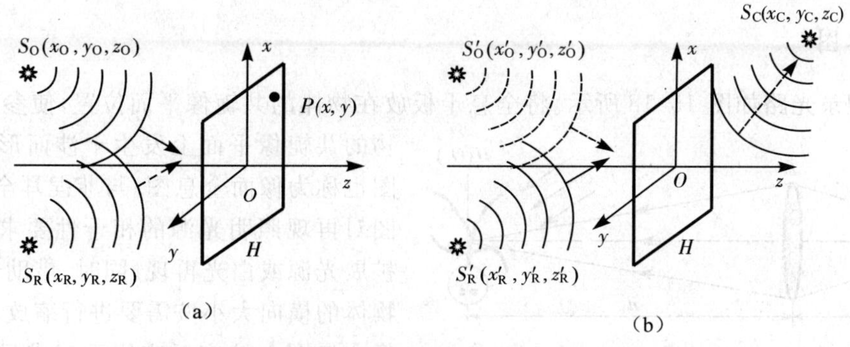

图 15-17　点源的全息记录与再现

$$\left.\begin{aligned} z'_O &= 1\Big/\left(\frac{1}{z'_R}+\frac{1}{z_O}-\frac{1}{z_R}\right)=\frac{z'_R z_O z_R}{z_O z_R+z'_R z_R-z'_R z_O} \\ x'_O &= \frac{x'_R z_O z_R+x_O z'_R z_R-x_R z'_R z_O}{z_O z_R+z'_R z_R-z'_R z_O} \\ y'_O &= \frac{y'_R z_O z_R+y_O z'_R z_R-y_R z'_R z_O}{z_O z_R+z'_R z_R-z'_R z_O} \end{aligned}\right\} \tag{15-541}$$

$$\left.\begin{aligned} z_C &= 1\Big/\left(\frac{1}{z'_R}-\frac{1}{z_O}+\frac{1}{z_R}\right)=\frac{z'_R z_O z_R}{z_O z_R-z'_R z_R+z'_R z_O} \\ x_C &= \frac{x'_R z_O z_R-x_O z'_R z_R+x_R z'_R z_O}{z_O z_R-z'_R z_R+z'_R z_O} \\ y_C &= \frac{y'_R z_O z_R-y_O z'_R z_R+y_R z'_R z_O}{z_O z_R-z'_R z_R+z'_R z_O} \end{aligned}\right\} \tag{15-542}$$

若照明光波与参考光波相同，则 $x'_R=x_R$，$y'_R=y_R$，$z'_R=z_R$。于是可得

$$\left.\begin{aligned} z'_O &= z_O \\ x'_O &= x_O \\ y'_O &= y_O \end{aligned}\right\} \tag{15-543}$$

$$\left.\begin{aligned} z_C &= \frac{z_O z_R}{2z_O-z_R} \\ x_C &= \frac{2x_R z_O-x_O z_R}{2z_O-z_R} \\ y_C &= \frac{2y_R z_C-y_O z_R}{2z_O-z_R} \end{aligned}\right\} \tag{15-544}$$

上述结果表明，此时，原始像与物体完全相同，是一无像差的像；共轭像的位置与物点和照明光源的相对位置有关，可以是实像，也可以是虚像，可为放大像，也可为缩小像；如果照明光源与再现光波不同，则原始像与共轭像的大小都可能改变。

（二）菲涅耳全息图

当全息图记录平面与物体表面之间相距较近，且没有其他成像器件（如透镜）时，由物体表面发出的光波将通过菲涅耳衍射直接到达记录平面并与参考光波发生干涉，如图 15-16 和图 15-17 所示。由此记录的全息图称为菲涅耳全息图。一般的，菲涅耳全息图要求物光波为漫射光波。当物体表面具有漫射特征时，用平面光波或球面光波照明均可满足要求；当物体表面光滑时，则需要使照明光波先透过一块漫射屏（如毛玻璃）后再投射到物体表面上，这样可使到达记录平面上任一点的物光波均携带着物体表面各点的信息。因此，如果将菲涅耳全息图分割成若干部分，则由其中的每一部分均可再现出完整的物体像（若表面光滑而非漫射且未加漫射屏时，则所记录的全息图无此特点）。只是随着该部分全息图尺寸的减小（相当于通光孔径减小），再现像的噪声增大，清晰度降低。菲涅耳全息图已被广泛应用于三维显示、全息干涉计量和无损检测等领域。

（三）像全息图

像全息图的记录光路如图 15-18 所示。将全息干板放在物体的共轭像平面位置，使参考光波与物光波在物的共轭像平面上发生干涉而形成全息图。像全息图也称为像面全息图。与菲涅耳全息图不同，像全息图对再现照明光源的相干性要求较低，并且可以用扩展光源或白光再现。同时，借助于成像系统可以使物体的横向大小按需要进行缩放，便于记录和观察。像全息图也被广泛应用于三维显示、全息干涉计量和无损检测等。

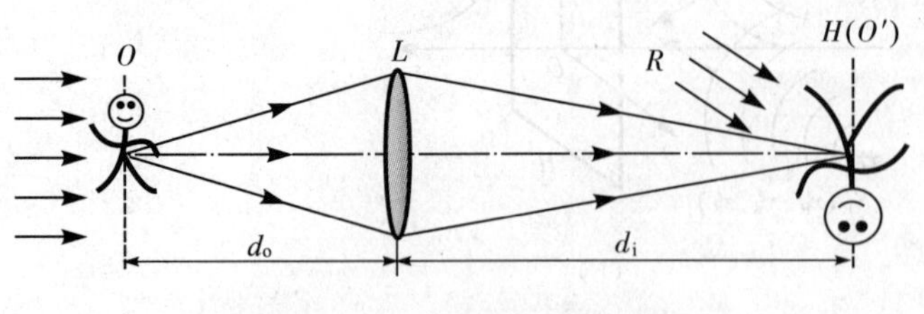

图 15-18　像全息图的记录光路

（四）傅里叶变换全息图

傅里叶变换全息图的记录光路如图 15-19 所示。用单色平面光波照射位于透镜物方焦平面上的物体，在物体的傅里叶变换平面（频谱面）上放置全息干板，同时引入一束平行参考光波使之与物光波在物的傅里叶变换平面上发生干涉而形成全息图。与像全息图不同，傅里叶变换全息图记录的是物的频谱信息，因而再现光波是物光波复振幅的傅里叶变换，需要对其再作一次逆傅里叶变换才能得到物光波的复振幅。这表明可以采用图 15-19 所示光路的逆光路实现对原始物光波的再现。一般地，也可以采用图 15-20 所示的再现光路。此时，可在透镜 L 的后焦平面上同时获得两个再现像，其中 O_r 为原始像，O_c 为共轭像，而中央亮区 O 为 0 级衍射。

需要说明的是，一般情况下，物体的有效频谱分布仅占据着频谱面上很小的区域，因此，傅里叶变换全息图占据的空间尺寸很小，这为高密度信息存储提供了一种有效途径，并已被各种全息信息存储系统普遍采用。当然，也正是因为物的有效频谱信息密度过于集中，而全息干板的空间分辨率有限，故实际记录中，需要根据具体情况适当选择记录平面的离焦量 Δf，以保证全息干板能够记录到足够的信息量。

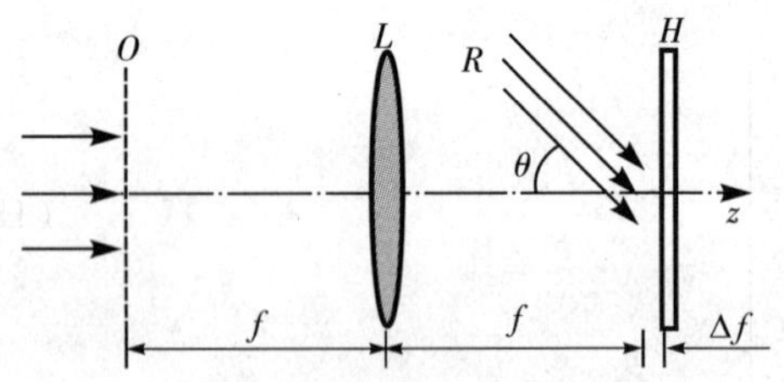

图 15-19　傅里叶变换全息图记录光路

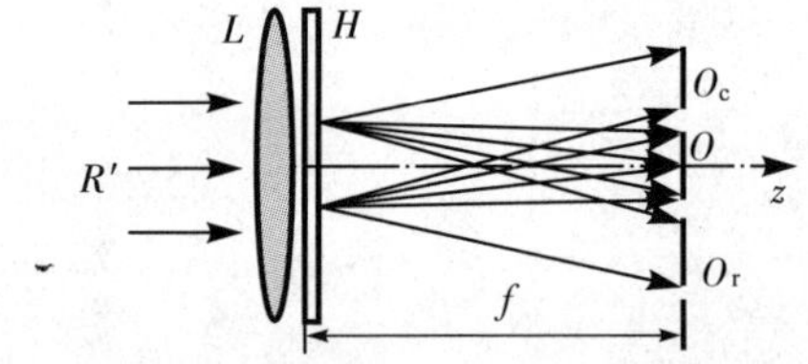

图 15-20　傅里叶变换全息再现光路

（五）无透镜傅里叶变换全息图

在记录菲涅耳全息图时，如果用点光源发出的球面波作参考光波，并且令参考点源与物体位于同一垂轴平面上，如图 15-21 所示，其中参考点源 R 与物体中心的距离为 $-b$，全息图记录平面与物平面的距离为 d，则由于在傍轴近似下，物光波和参考光波在记录平面上引起的二次相位因子正好在叠加中相消，所记录的全息图具有傅里叶变换全息图的特点，亦即全息图实际记录的是物光波复振幅的傅里叶变换，故称其为无透镜傅里叶变换全息图。

类似于菲涅耳全息图，无透镜傅里叶变换全息图可以采用图 15-21 所示的光路再现，此时挡掉物光，仅让参考光照射位于原记录平面处的全息图，即可在原物平面位置得到虚的原物再现像。也可以采用图 15-22 或图 15-20 所示的光路再现。可以看出，采用图 15-22 所示的光路时，可得到一对虚的互为共轭的再现像；采用图 15-20 所示的光路时，可得到一对实的互为共轭的再现像。

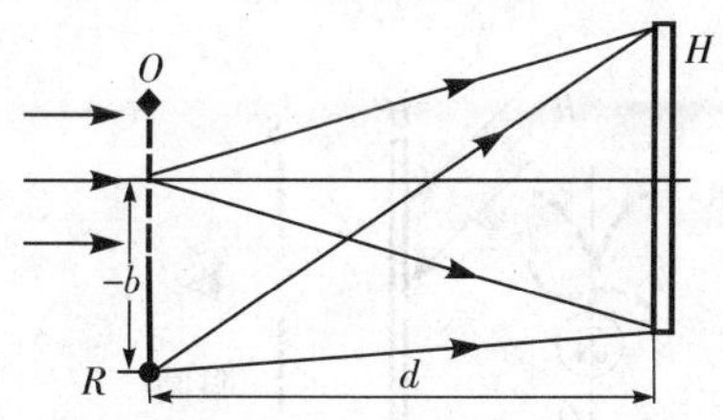

图 15-21　无透镜傅里叶变换全息图的记录光路

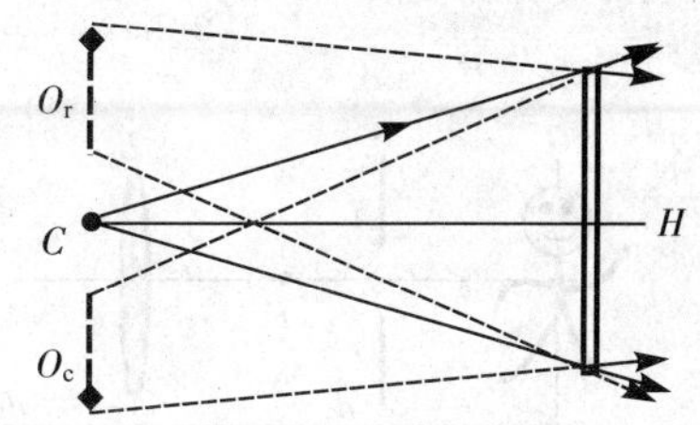

图 15-22　无透镜傅里叶变换全息再现光路

（六）彩虹全息图

就三维显示而言，菲涅耳全息图具有最大的景深，但只能用单色光再现。像全息图可以用白光再现，但再现像的景深很小，一般要求物体成像在全息干板平面附近，否则再现像会出现严重的色模糊。1969 年，本顿(Benton) 发明了一种可以用白光再现且具有较大景深的全息图，即彩虹全息图。我们知道，菲涅耳全息图之所以无法用白光再现，是因为用白光照明全息图时，不同波长色光的衍射方向及相应再现像的位置不同，从而发生混叠，导致实际再现像出现严重的色模糊。而记录彩虹全息图过程中，通过在适当的位置插入一个狭缝，将其作为物场的一部分。当用再现光波照明全息图时，狭缝的像也同时被再现出来，并在物体再现像的前部，同时将再现出该狭缝的一个实像，相当于一个狭缝滤波器，只允许衍射光波中波长范围很窄的一个单色分量穿过。当人眼透过狭缝像观察全息像时，便只能观察到相应波长范围的单色再现像。移动眼睛至不同位置，可看到不同色光的衍射像，其颜色的排列顺序与照明光波的波长排列顺序相同，犹如彩虹一般，故称为彩虹全息图。彩虹全息图的记录有两步法和一步法。

本顿最早提出的彩虹全息图采用两步记录。图 15-23 的(a) 和(b) 所示分别为第一、二步记录的光路。即先制作一张漫射光照明下物体的菲涅耳全息图 H_1，然后将 H_1 用原参考光的共轭光 R_{1C} 照明，在再现像和 H_1 之间放置全息干板 H，并在 H 和 H_1 之间的适当位置插入一竖直狭缝 S，引入参考光波 R_2 与再现物光波 O_2 在 H 处发生干涉，形成彩虹全息图 H。再现时，用参考光波 R_2 的共轭光波 R_{2C} 照明全息图 H，并将眼睛放在狭缝再现像 S' 的位置，透过 S' 观察再现像，如图 15-23(c) 所示。

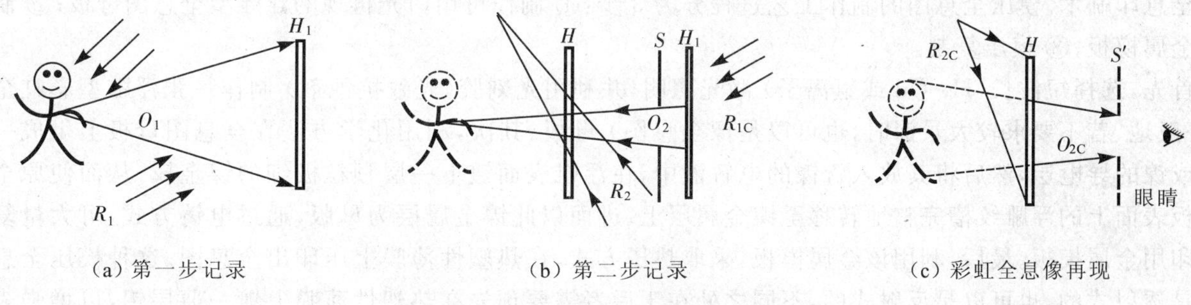

图 15-23　彩虹全息图的两步记录与再现

图 15-24 所示为一步彩虹全息图记录与再现光路。狭缝 S 放在物体 O 和成像透镜 L 之间且焦点 F 之外，因此，其所成像 S' 较物体的共轭像 O' 远离透镜 L，于是可将全息干板 H 放在 S' 和 O' 之间。引入参考光 R 与成像光波在 H 处干涉，形成彩虹全息图。再现时，用原参考光 R 直接照明，并将眼睛放在狭缝再现像 S' 的位置，透过 S' 观察再现像。

图 15-25 是另一种一步彩虹全息图记录与再现光路。狭缝 S 放在物体 O 和成像透镜 L 之间且焦点 F 以内，因此，经透镜 L 在同侧成一正立的放大虚像 S'。该狭缝像与物体一起被记录在全息图 H 中。再现时，用原参考光 R 的共轭光照明 H，并将眼睛放在狭缝再现像 S' 的位置，透过 S' 观察再现像，如图 15-25(b) 所示。

比较两步和一步彩虹全息图记录光路，可以看出：两步记录光路复杂，过程繁琐，但可以保证足够的成像范围；一步记录光路简单，但在一定程度上限制了系统的成像范围，特别是图 15-24 所示的记录光路，对成像范围限制更大。

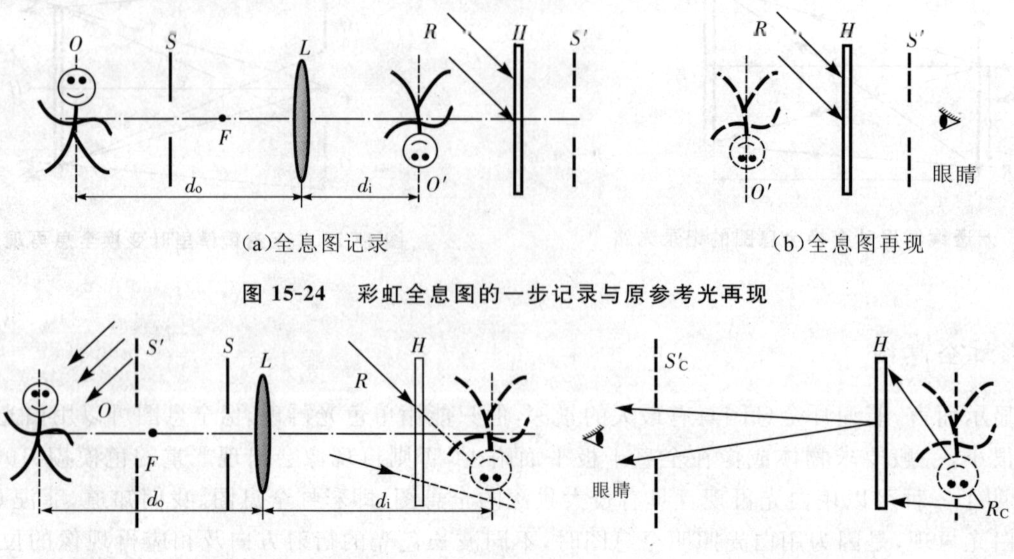

图 15-24 彩虹全息图的一步记录与原参考光再现

图 15-25 彩虹全息图的一步记录与共轭参考光再现

此外,需要说明的是,当用白光再现彩虹全息图时,由于相应的狭缝像有一定的宽度,再现像光波存在一定的频率带宽,导致再现像存在一定的色模糊。减小再现像色模糊的有效途径是:选择尽可能窄的狭缝宽度、尽可能远的观察距离、尽可能大的参考光倾斜度。

(七) 模压全息图

传统全息图的复制需要利用实际光路对全息干板一张一张进行曝光操作,因其工艺复杂、成本高和效率低下而难以推广应用。于是,人们在 20 世纪 70 年代发明了基于凸版印刷术的模压全息术,即用模压方法印制可以用白光再现的全息图,从而解决了全息图的大量复制及商品化应用问题。随着模压全息图的兴起,诞生了全息印刷术。模压全息图的制作工艺过程分为 3 步:① 制作可用白光再现的浮雕型全息图母板;② 制作电铸金属模板;③ 模压复制。

首先,选择短波长(He-Gd 或氩离子) 激光照明,并利用光刻胶(光致抗蚀剂) 制作一张浮雕型彩虹全息图(一般地,若不要求较大景深时,也可以是像全息图) 母板。其次,利用化学方法在全息图母板上生成一薄层银或镍的导电层,然后将其放入含镍的电解液中,在浮雕表面镀上一层颗粒极细的镍金属,从而使原全息图母板表面上的浮雕纹槽完整地转移至镍金属层上。进而以此镍金属层为母版,通过电铸方式,可大量复制出压印用金属模板。最后,利用该金属模板,采取热压方式,在热塑性薄膜上压印出全息图。这种模压全息图可以是透射式的,也可以是反射式的,不同之处在于后者需要预先在热塑性薄膜上镀一薄层铝,以增强表面反射。

目前,模压全息图已大量用于三维显示、工艺装璜、广告展示以及商品、货币和身份证件的防伪等。

(八) 激光直写全息图

激光直写全息图是利用激光打印机原理,由计算机设计出全息图,并控制聚焦的脉冲激光束在光敏材料表面绘制出该全息图。这种全息图可以直接绘制在各种材料表面,也可以像模压全息术一样,先制成模板,再大量压印在热塑性薄膜上。由于可以制成大幅面全息图且成本低廉,激光直写全息图目前已被广泛应用于包装印刷业。

四、体全息图[1,11]

当全息记录介质(如全息干板乳胶层) 的厚度数倍于以上干涉条纹间距时,所记录的全息图具有正弦型体光栅的结构特征，故称为体积全息图，简称体全息图。体全息图可分为透射型和反射型两种，其全息像的再现过程均服从布拉格衍射（反射）规律。相比平面全息图，体全息图具有较高的衍射效率。

（一）透射型体全息图

当物光 O 和参考光 R 均位于全息记录介质 H 同侧时，其叠加光场强度分布表现为一组近乎垂直于全息记录介质表面（实际上平行于物光和参考光夹角平分线）且强度按余弦平方规律变化的干涉光面。若全息记录介质较厚，则经线性曝光后，将在介质中形成一组正弦型体光栅结构，如图 15-26(a) 所示，栅面平行于干涉光面，栅面间距 d 等于相邻干涉光面间的垂直距离，其大小由物光和参考光束夹角及波长决定。当用波长为 λ 的单色光照射全息图 H 时，在 H 异侧的衍射光相当于自体光栅的每一层等效栅面上散射或反射光的集合，如图 15-26(b) 所示。这些散射或反射光是相干的，并且在满足布拉格条件

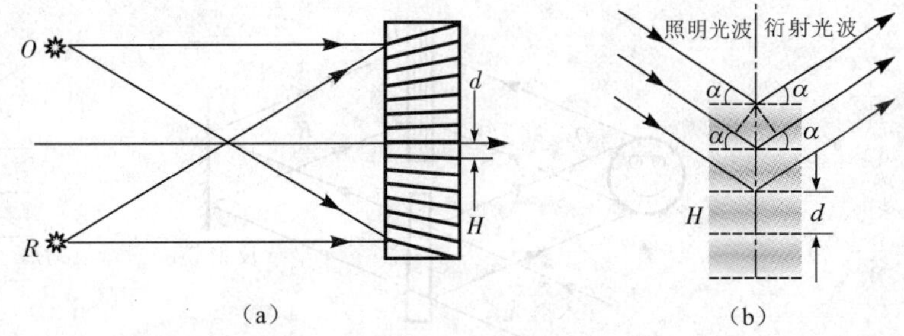

图 15-26　透射型体全息图的记录和布拉格条件

$$2d\sin\alpha = \lambda \tag{15-545}$$

的方向上，形成干涉极大。式中，α 为衍射光方向与栅面间的夹角。与平面全息图类似，如图 15-27 所示，当用原参考光 R 照明全息图时，将再现出原物的虚像；当用原参考光的共轭光 R_C 照明全息图时，将再现出原物的实像。

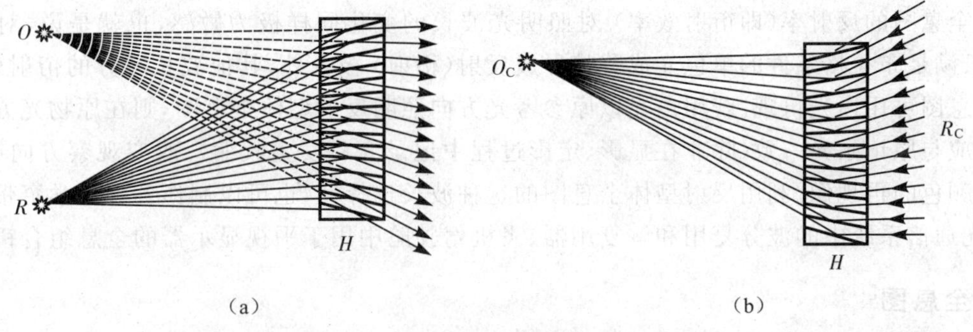

图 15-27　透射型体全息像的两种再现方式

透射型体全息图对照明光波的方向变化非常敏感，故可利用角分复用技术，在一张全息干板上通过改变参考光方向依次记录多幅全息图。透射型体全息图的另一特点是对全息干板表面上的尘埃和划痕等不太敏感。此外，需要说明的是，按照布拉格条件，当用原参考光波照明透射型体全息图时，其再现像应位于原始物光波方向。但考虑到在曝光以及显影、定影过程中全息记录介质有可能发生收缩变形，导致体全息图的光栅周期改变，从而使再现的衍射光波与原始物光波出现一定的方向偏移。此时，需要微调再现照明光波及观察方向，以满足布拉格条件，并获得最佳衍射效率。

（二）反射型体全息图

当物光 O 和参考光 R 几乎以相反的方向投射到全息记录介质 H 上时，其叠加光场强度分布表现为一组近乎平行于全息记录介质表面（实际上平行于物光和参考光夹角平分线）且强度按余弦平方规律变化的干涉光面。若全息记录介质厚度较大，则经线性曝光后，将在介质中形成一组如图 15-28 所示的正弦型体光栅结构，其栅面平行于干涉光面，栅面间距 d（即相邻干涉光面间的垂直距离）约等于 $\lambda/2n$。当用波长为 λ 的单色光照射该全息图 H 时，其同侧衍射光相当于自体光栅的每一层等效栅面上反射光的集合，如图 15-28(b) 所示，在满足布拉格反射条件的方向上，形成干涉极大。

与透射型体全息图类似，如图 15-28 中的(c)(d) 所示，当用原参考光 R 照明该全息图时，将再现出原物的虚像；当用原参考光的共轭光 R_C 照明全息图时，将再现出原物的实像。所不同的是，反射型体全息图的衍射光波与照明光波位于同一侧，且沿其反射方向，而全息图正好在这里扮演着反射镜的角色。

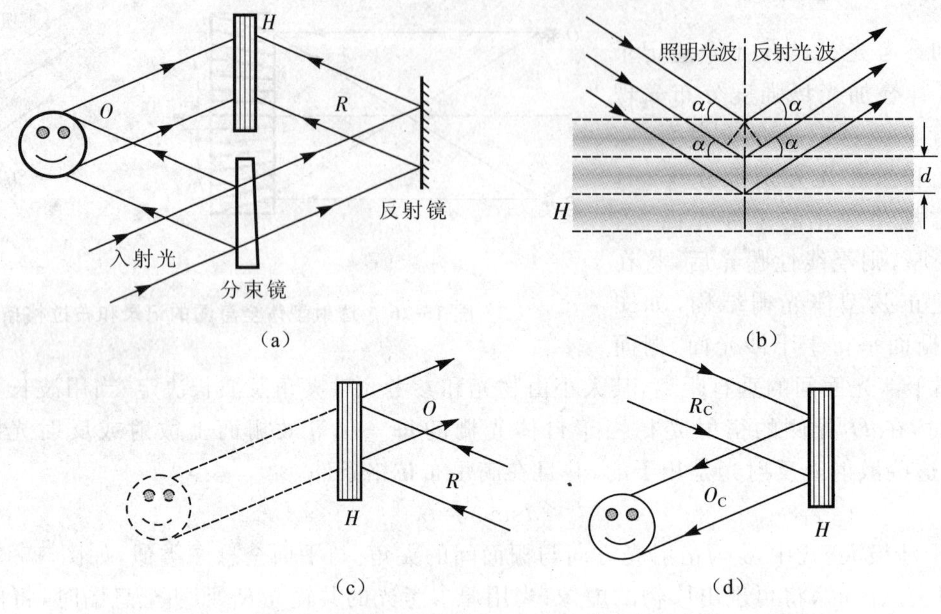

图 15-28　反射型体全息图的记录和全息像再现方式

反射型体全息图的反射率(即衍射效率) 对照明光波长的变化同样极为敏感，也就是说，对于照明光波而言，除了波长满足布拉格条件的单色光成分将形成反射(衍射) 极大外，其他波长成分的衍射效率非常低。故反射型体全息图可用白光再现。若用白光以原参考光方向照明反射型体全息图，则在原物光方向观察到的再现像的颜色应与原记录光一致(除非在显影、定影过程中记录介质发生收缩)。改变观察方向或照明方向，将观察到不同颜色的再现像。利用反射型体全息图的这种波长选择性，也可以制作各种光学窄带滤波器或窄带反射镜，如光通信系统中的波分复用和解复用器、飞机驾驶舱中用于平视显示器的全息组合镜等。

五、偏振全息图[11]

由于全息图记录的是物光和参考光的干涉图样，而振动方向平行的线偏振光叠加所形成的干涉图样衬比度最大，故一般要求物光和参考光为振动方向平行的线偏振光，这样可使所记录的全息图具有尽可能大的调制度。当物光和参考光为振动方向正交的线偏振光时，其在记录平面的叠加结果将变成椭圆偏振光，尽管合振动的椭圆度和方位随两光波相位差的不同而变化，但对各向同性的记录介质而言，所感知到的光强度(曝光量) 并不变化，自然也就无法记录下相应物光波的全息图。然而，若被记录的物体本身具有光学各向异性，或记录介质具有光致各向异性(双折射或二向色性)，则即使物光与参考光为振动方向正交的线偏振光，或同为椭圆偏振光，也可以记录下此时物光波的全息图。为区别于普通全息图，将这种由特殊偏振态的光波记录的全息图称为偏振全息图。

依据记录介质和记录原理的不同，偏振全息图一般分为两类：

一类偏振全息图采用各向同性介质(银盐或明胶干板) 记录，物光与参考光均为线偏振光，其振动方向平行或正交，但被记录物体具有光学各向异性(如应力双折射)。当物光波穿过物体时，双折射导致其偏振态发生改变(分解成具有一定相位差的两个正交偏振分量，形成椭圆偏振光)，其中与参考光平行的偏振分量将与参考光发生干涉，而另一正交偏振分量则成为该干涉图样的背景光。由此记录的偏振全息图与普通全息图并无实质区别。但再现像却与偏光干涉图样类似。实际上，这里的参考光扮演了偏振光干涉光路中检偏器的角色。因此，取物光的偏振方向平行或垂直于参考光时，相应的再现像分别对应平行或正交布置下的偏振光干涉图样。

另一类偏振全息图采用光致各向异性介质记录，物光与参考光可以是振动方向正交的线偏振光，也可以是椭圆偏振光。介质的光致各向异性包括光致双折射和光致二向色性，前者将对入射偏振光产生相位调制，后者则产生振幅调制。这种光致各向异性可以由各向同性介质经线偏振光或椭圆偏振光诱导形成，也可以通过线偏振光或椭圆偏振光诱导使介质原有的各向异性发生改变。光致各向异性介质经线偏振光或椭圆偏振光曝光后，具有类似单轴晶体的性质，其光轴方向平行于线偏振光的振动方向或椭圆偏振光的长轴。因此，若用空间调制的偏振光曝光，则介质中将产生相应空间分布的各向异性。若以振动方向正交的线偏振光或椭圆偏振光分别作为物光与参考光，则其叠加所形成的椭圆偏振光偏振态的空间分布，便可以利用这种光致各向异性介质记录下来。显然，此类偏振全息图实际记录的并不是物光和参考光的干涉图样，而是其所合成的椭圆偏振光的偏振态。

六、全息图的衍射效率[11-12]

衍射效率是评价全息图的一个重要指标性参数。不同全息图，由于记录条件不同（光路、曝光量、底片处理方式等），衍射效率也不同。表 15-2 列出了各种类型全息图在理论上可以达到的最大衍射效率。

表 15-2　各种全息图的最大理论衍射效率

全息图类型	透射型平面全息图				透射型多次曝光平面全息图	
调制方式	余弦振幅	矩形振幅	余弦相位	矩形相位	等量顺序记录 m 次	多次曝光同时记录 m 幅
衍射效率	6.2	10.13	33.9	40.5	$1/m^2$	$1/m$
全息图类型	透射型体积全息图		反射型体积全息图			
调制方式	余弦振幅	余弦相位	余弦振幅	余弦相位		
衍射效率	0.037	1.000	0.072	1.000		

七、全息干涉测量术[1,5,11,13]

全息干涉测量术是全息术应用的一个重要方面。在同一张全息干板上先后记录 2 幅或 2 幅以上不同状态物光波前的全息图，当用原参考光照明该全息图时，可以同时再现出先后记录的多个彼此相干的物光波前，且这些物光波前均有确定的幅振和相位分布，因而能够产生稳定的干涉条纹图样。当再现的两物光波前间的相位变化足够小时，所形成的干涉条纹图样可以直接观察。由此干涉图样，便可以比较先后记录的物光波前之间的（振幅和相位）差异，或物光波前的变化，进而获得有关物体变化的信息。全息干涉测量术具有高灵敏度、全场及非接触等优点。常用的全息干涉测量术包括二次曝光法、单次曝光法（实时法）和时间平均法等多种。现分述如下。

（一）二次曝光法

二次曝光法是指在保持参考光不变的情况下，在同一张全息干板上对同一物体的不同状态连续曝光两次，从而将物体在不同状态下的两幅全息图叠置在一起。

现分别以 $O(x, y)$ 和 $O'(x, y)$ 表示物体变化前后物光波前的复振幅。假定物体的变化仅仅导致物光波前的相位改变了 $\varphi(x, y)$，而振幅不变，即 $O'(x, y) = O(x, y)\exp[\mathrm{i}\varphi(x, y)]$。则在原参考光照射下，由二次曝光全息图将同时再现出两个物光波，其波前复振幅分布为 $O(x, y) + O'(x, y)$，相应的强度分布为

$$I(x,y) = 4\ |O(x,y)|^2 \cos^2 \frac{\varphi(x,y)}{2} \tag{15-546}$$

上式表明，由二次曝光全息图得到的再现像受一组干涉条纹调制，该干涉条纹由两再现物光波的干涉引起（相当于薄膜的等厚干涉），反映了两再现物光波前上相位差相同的点的轨迹。测量干涉条纹的分布，即可推知物光波前的相位变化 $\varphi(x, y)$，从而推知前后两状态下物体表面各点位置、厚度或折射率的相对改变。

采用菲涅耳全息光路记录的二次曝光全息图，需要用单色光（最好是原参考光）再现，且干涉条纹位于再现像表面附近。采用像全息光路记录的二次曝光全息图，可以用白光再现，且干涉条纹位于全息干板平面。

（二）单次曝光法（实时法）

利用二次曝光全息干涉法得到的干涉图样具有很高的衬比度，非常便于观察和测量。但两次曝光操作却限制了其用于对物体变化过程的实时观察测量。于是人们又发明了可用于实时测量的单次曝光法，其基本思路如下：在物体未变化前，记录一幅全息图，然后将曝光后的全息干板在原位进行显影和定影处理，或先作离位显影、定影后再重新放回原记录位置，进而同时用原参考光和物光照明该全息图，此时由该全息图再现的物光波与实际物光波之间将发生干涉，形成干涉条纹图样，并且随着物体的变化，干涉图样发生相应变化。这里有几点说明：

1）为了使自单次曝光全息图再现的物光波能够与实际物光波完全重合，要求全息图必须严格复位。原位显影、定影处理可严格满足这一条件，但对于银盐干板或明胶干板而言，原位显影、定影操作难度大。离位显影、定影虽然操作相对简单，但复位难度大。一般需要将全息干板事先固定在一种精密复位架上，以保证严格复位。相比较而言，采用光导热塑薄膜或光折变介质记录全息图，则不存在上述的问题。

2）为了获得衬比度较高的干涉条纹图样，要求自单次曝光全息图再现的物光波与实际物光波相差不大。对此，有效的解决途径是，一方面可适当减弱实际物光波的强度，另一方面使单次曝光全息图具有尽可能大的衍射效率。对于银盐干板而言，可以在显影和定影之外，进一步做漂白处理。

3）对于银盐干板、明胶干板、光导热塑薄膜等介质，其乳胶或薄膜在处理过程中不可避免地会发生皱缩，从而使再现物光波前的位相相对于实际物光波前发生一定的畸变，这种畸变将反映在干涉条纹图样中，进而给测量带来一定的误差。

4）与二次曝光法类似，单次曝光法既可以采用菲涅耳全息光路，也可以采用像全息光路记录全息图，前者的干涉条纹图样位于物体或再现像表面附近，后者的干涉条纹位于全息干板平面附近。但两者均需采用相干光源实现。

（三）时间平均法

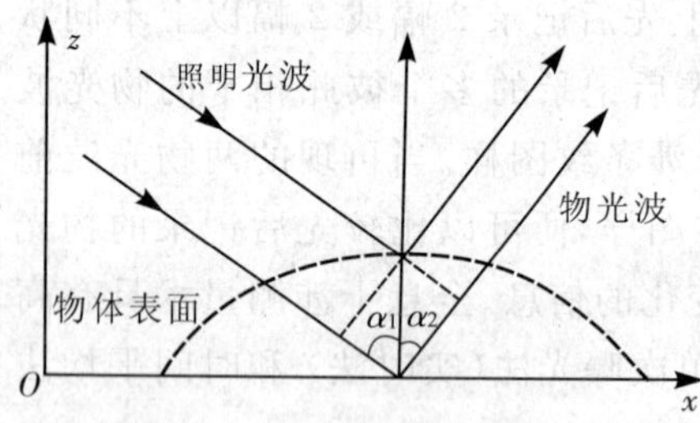

图 15-29　由物体表面振动引起物光波相位改变的计算示意图

时间平均法是对振动物体连续曝光。曝光时间远远超过振动周期，相当于无数全息图记录在同一张干板上，此法适宜于物体表面离面振动状态的分析。

如图 15-29 所示，假设某物体表面沿其法线方向做圆频率为 ω 的简谐振动，其中物体表面位于(x,y)平面，表面法线沿 z 轴方向，为简单起见，仅考虑照明光波和经表面漫射产生的物光波均位于(x,y)平面的情况，则该表面上任一点 x 在 t 时刻的振动位移$z(x,t)$可表示为

$$z(x,t)=A(x)\cos(\omega t) \tag{15-547}$$

式中，$A(x)$ 表示 x 点的振幅。若取照明光波和物光波与 z 轴（振动方向）的夹角分别为 α_1 和 α_2，则由图 15-29 所示的几何关系，可求出由于物点振动所引起的物光波前的相位变化为

$$\varphi(x,t)=\frac{2\pi}{\lambda}z(x,t)(\cos\alpha_1+\cos\alpha_2)=\frac{2\pi}{\lambda}A(x)(\cos\alpha_1+\cos\alpha_2)\cos(\omega t) \tag{15-548}$$

设物体静止时到达全息干板平面的物光波前复振幅分布为$U(x)$，则振动时到达干板平面的物光波前复振幅分布变为

$$O(x,t)=U(x)\mathrm{e}^{-\mathrm{i}\varphi(x,t)}=U(x)\mathrm{e}^{-\mathrm{i}\frac{2\pi}{\lambda}A(x)(\cos\alpha_1+\cos\alpha_2)\cos(\omega t)} \tag{15-549}$$

仍以 R 表示参考光波复振幅，则全息干板上记录的干涉图样的强度分布为

$$\begin{aligned}I(x)&=\frac{1}{T}\int_0^T|O(x,t)+R|^2\mathrm{d}t\\&=\frac{1}{T}\int_0^T\Big[|O(x,t)|^2+R^2+RO^*(x,t)+R^*O(x,t)\Big]\mathrm{d}t\end{aligned} \tag{15-550}$$

用原参考光照明再现时，因传播方向不同，(15-550) 式中各项表示的衍射光场最终将分开。若用原参考光照明全息图，则(15-550) 式中与积分号下最后一项所对应的光场可写为

$$I_{\mathrm{p}}(t)=\frac{RR^{*}}{T}\int_{0}^{T}O(x,t)\mathrm{d}t=\frac{|R|^{2}}{T}\int_{0}^{T}U(x)\mathrm{e}^{-\mathrm{i}\frac{2\pi}{\lambda}A(x)(\cos\alpha_{1}+\cos\alpha_{2})\cos(\omega t)}\mathrm{d}t \tag{15-551}$$

令 $2\pi(\cos\alpha_1+\cos\alpha_2)/\lambda=B,\omega t=\theta,|R|^2=1$，则可得

$$I_{\mathrm{p}}(x)=U(x)\frac{\lambda}{2\pi}\int_{0}^{2\pi}\mathrm{e}^{-\mathrm{i}BA(x)\cos\theta}\mathrm{d}\theta=U(x)\mathrm{J}_{0}[BA(x)] \tag{15-552}$$

上式表明，物体表面的静态再现像受 0 阶第一类贝塞尔函数调制。凡是贝塞尔函数取极大值的区域都将呈现亮纹，对应着等振幅点的轨迹。测量每个条纹的强度分布，并通过查贝塞尔函数表，即可得到物体表面相应点处的振动幅值 $A(x)$。

八、全息照相实验系统条件[1,11]

(一) 光源

全息照相实验系统中，记录全息图必须采用相干性高的激光光源，再现全息像时可用激光或白光。目前全息照相实验系统常用的激光光源如表 15-3 所示。

表 15-3　全息照相实验系统常用激光光源

名　称	典型波长 /nm	输出方式
氦氖(He-Ne) 激光器	632.8	连续
氦镉(He-Cd) 激光器	441.6	连续
氩离子(Ar^+) 激光器	488.0,514.5	连续
半导体激光器	473,635,650	连续
红宝石激光器	694.3	脉冲
Nd:YAG 激光器(倍频)	532	连续，脉冲
半导体泵浦固体激光器(Nd:YAG，Nd:YVO_4)	532	连续，脉冲

(二) 装置

在原理上，全息照相装置相当于一台开放式干涉仪，其基本组成包括激光器、减震实验台及光路调整器件 3 部分。

实验台用于搭建全息图记录光路，所记录的全息图实际上是物光和参考光的干涉图样。光路的抖动会引起干涉图样变化，而对于由分立器件搭建的开放式光路，特别是离轴全息光路，任何器件都可能引起光路的抖动，这是在全息图曝光过程中必须严格避免的。为此，不仅需要将所有器件固定在实验台上，而且需要给实验台采取一定的减震措施。如尽可能降低实验台所处实验室楼层并隔离地基，或采用厚橡胶垫、气垫等以尽可能降低实验台振动频率。当激光器功率较低(如 He-Ne 激光器) 而需要的曝光时间较长时，实验台的减震处理尤为重要。但当激光器功率较高(如脉冲激光器) 时，因曝光时间极短，则无需特殊的减震处理。

光路调整器件视实际全息记录光路的复杂程度不同而用量不同。基本器件如下：

1) 分束器。用于将激光束按一定强度比例分成两束或多束。分束比一般要求在 2∶1 到 10∶1 之间，而到达记录介质上的物、参光束强度比应在 1∶1 至 10∶1 之间。分束器可以是体块状的分光棱镜，也可以是表面镀膜的楔形玻璃板。前者的分束比一般只能做成恒定的，后者的分束比可以做成恒定的，也可以做成渐变可调的。但分束比渐变可调的分束镜一般只能用于细激光束。其次，在记录偏振全息图的光路中，需要用到偏振分束器，如偏振分光棱镜、渥拉斯顿棱镜等。此外，需要说明的是，对于介质膜分束镜，其分束比可能还与照射光波长及光束入射角有关。宽带分束镜的分束比则与照射光波长无关。

2) 扩束器。激光器直接输出的光束直径很细，且发散角很小，在全息照相光路中使用时，需要先利用扩

束器增大其发散角。一般可用焦距较短的凸透镜、凹透镜或适当倍率的显微物镜作为扩束器。

3）针孔滤波器。由于各种因素的影响，激光束不可能是完全的基模，还包含着各种高频噪声，这些均影响着光斑质量。为此，可以在扩束器的聚焦点处放置一针孔滤波器，只让中心光斑透过而挡掉杂散光，从而优化光斑质量。针孔的直径一般可在几微米至二三十微米量级。

4）漫射器。菲涅耳全息术要求物体具有漫射表面，若表面光滑，则需要用漫射光照明。漫射器的作用就是用来产生漫射光。表面均匀打磨的毛玻璃或半透明塑料板即可作为漫射器。

5）成像透镜。在记录傅里叶变换全息图或像全息图的光路中，需要用透镜实现对物的傅里叶变换或成像。其次，在需要用平行光作参考光或照明物体的光路中，可用透镜实现对扩束的发散光束进行准直。此时，由扩束器和透镜实际上构成了一个倒置的共焦望远镜系统，如图 15-30 所示。此外，也可以用一对透镜组成一个远心成像组（共焦系统），如图 15-31 所示，将远处的物通过成像而移近，同时可保持轴向远近不同的物点具有相同的横向放大率（当前后两个透镜的焦距比大于、等于或小于 1 时，其成像的横向放大率则对应小于、等于或大于 1）。

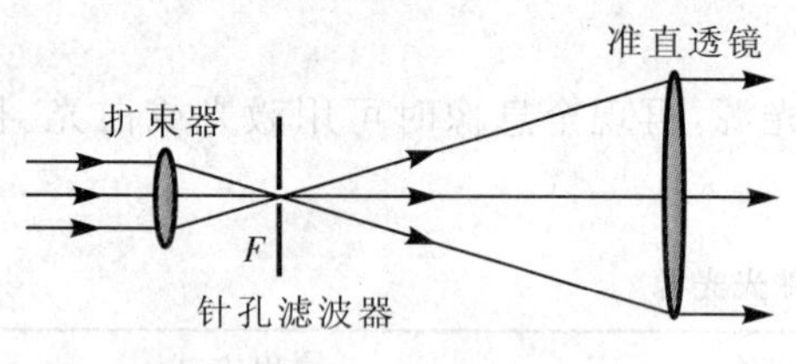

图 15-30　激光扩束器光路

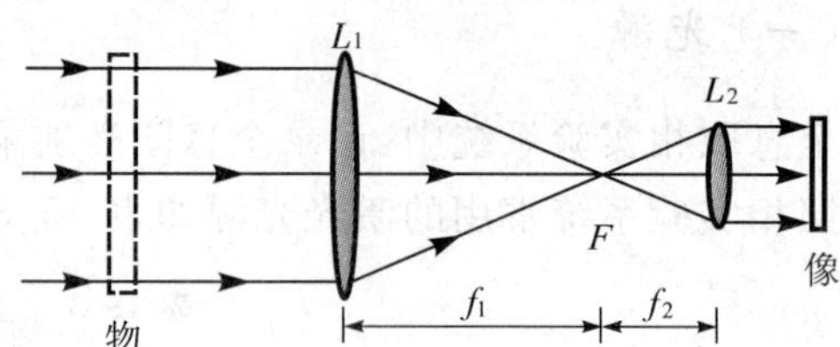

图 15-31　远心成像组光路

6）反射镜。平面反射镜在光路中用于改变光束方向，有窄带和宽带之分。窄带反射镜仅适用于反射确定波长的激光，宽带反射镜可用于反射较宽波长范围的激光。介质膜反射镜的反射率还与光束的入射角和偏振态有关。因此，针对不同波长的激光及实际光路的特征，需要选择参数合适的反射镜。此外，绝大多数情况下，实验光路均平行于实验台面，为便于转向，一般激光器输出的线偏振光的振动均沿竖直方向，这样可以保证光束被反射镜沿平行于实验台面方向反射时，其振动方向始终垂直于反射镜的入射面。然而，有时为了提升光束的高度，需要采用多个反射镜组合反射，此时，若某个反射镜方位选择不当，就有可能改变光束的偏振方向（如变为水平偏振），甚至使物光和参考光的偏振方向正交而无法记录全息图。

7）衰减器。衰减器用于对物光或参考光强度进行适当衰减，以调整光束的物参比。可用中性密度板、分束器、部分反射镜等插入光路充当衰减器，也可以利用两个叠置的偏振片作为衰减器，通过相对旋转两偏振片以改变其透振方向的夹角，既可以连续改变透射光束的强度，也可以固定或改变其偏振方向。

8）波长片。包括 1/4 波长片和 1/2 波长片，用于记录偏振全息图的光路中。前者可用来将线偏振光变为椭圆偏振光，后者则用来调整线偏振光的偏振方向。当然，也可以用旋光器替代 1/2 波长片来调整线偏振光的偏振方向。

9）底片架。用于固定全息干板。实时全息干涉光路中，底片架需要带微调机构或复位装置。

（三）常用的全息记录介质

与普通照相底片记录的图像不同，全息记录介质需要记录的是物光与参考光的干涉图样。这种干涉图样实际上是一系列精细的光栅结构的集合，其空间频率常常超过 1000 lp/mm，而普通照相底片的空间分辨率响应一般不超过 200 lp/mm。因此，全息记录介质必须具有很高的空间分辨率。然而，高分辨率意味着低感光灵敏度。因为对感光介质的高空间分辨率要求，意味着构成该介质的感光颗粒的几何尺寸必须很小，因而其感光面积也就很小。但每个感光颗粒又必须吸收一定数量的光子才能显影，于是，就正常曝光而言，高分辨率感光介质所需能量密度远大于低分辨率介质。目前，针对不同类型全息图的记录和不同记录波长，有多种类型的全息记录材料可供选择，主要包括卤化银乳胶、重铬酸盐明胶、光致聚合物、光致抗蚀剂、光导热塑料、光折变晶体、光致二向色性材料等，其性能参数见表 15-4，较为详细的论述，可参考第三十五章《感光材料》。

表 15-4 常用全息记录介质及其性质、用途

介质名称	灵敏光谱区 /nm	极限分辨率 /(lp/mm)	记录光栅类型	记录原理	调制方式	主要应用	可擦除性
卤化银乳胶	可见光(分红敏、蓝绿光敏、全色)	7 000	平面 / 体积	银离子还原导致光密度改变	振幅 相位	光学全息照相	否
重铬酸盐明胶(DCG)	蓝绿光	3 000	平面 / 体积	光致铰链导致折射率改变或表面浮雕	相位	反射型全息图 全息光学元件 模压全息模板	否
光致聚合物	近紫外 蓝绿光	5 000 3 000	平面 / 体积	光致聚合导致折射率改变或表面浮雕	相位	光学全息照相 信息存储	否
光致抗蚀剂	近紫外 蓝绿光	>1 500	平面	形成有机酸、光致铰链或光致聚合,导致表面浮雕	相位	全息光学元件 模压全息模板	否
光导热塑料	近紫外 可见光	<2 000	平面	形成带静电场的潜像、产生热塑料变形,导致表面浮雕	相位	光学全息照相 信息存储 实时全息干涉	是
光折变晶体(铌酸盐)	可见光	>2 000	体积	光致折射率改变	相位	信息存储 实时全息干涉	是
光致二向色性材料	近紫外 蓝绿光	>2 000	体积	光诱导吸收导致光密度或折射率改变	振幅 相位	信息存储 实时全息干涉	是

第八节 散斑照相术[1,15-17]

一、概述

1960 年,随着第一台激光器的成功运转,激光这种具有高度相干性的新型光源迅速成为人们关注的对象,同时也揭示出了一种不曾料到的现象:当这种高度相干光经光学粗糙表面反射或透射时,便在表面及其附近的空间中呈现出一种随机的颗粒状光场分布。无论用眼睛观察,还是用高空间分辨率的感光底片直接或(通过成像系统)间接地记录表面或其附近某一平面上的光场,均得到一幅亮暗分明的随机斑纹图样,称之为激光散斑(speckle),如图 15-32 所示。散斑的出现,给相干光学成像带来了令人烦恼的随机噪声,使得像的精细结构为大量的随机散斑点所取代,分辨率因此而降低。正因为如此,初期有关激光散斑的研究,主要都集中在如何抑制乃至消除这种随机相干噪声。有趣的是,随着对散斑现象研究的深入,人们逐渐注意到激光散斑现象还有一些非常有益的应用。现在,建立在傅里叶光学基础上的散斑技术,已作为信息光学的一个重要分支,被广泛应用于光学图像处理、微小位移检测、速度和形变测量、图像加密、振动分析以及表面粗糙度测量等方面。

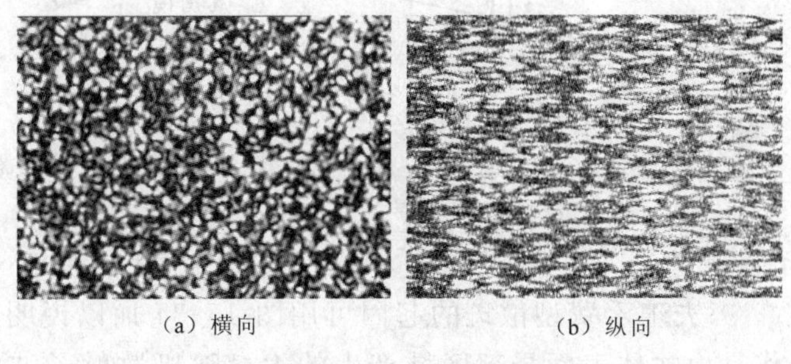
(a) 横向 (b) 纵向

图 15-32 激光散斑图样

在阅读这一节时,可以参阅第三章《统计光学》的第六节“统计散斑及其应用”,后者在理论上的探讨更有特色。从不同侧面来研究散斑,会收到更好的效果。

二、激光散斑的产生和统计性质[1,12,15-18]

绝大多数物体表面,无论是自然的还是加工过的,与光的波长这样一个尺度相比都是极粗糙的。所谓光学粗糙是指物体表面(或内部)的非均匀起伏在尺度上大于 1 个或数个照射光的波长(如经均匀研磨过的毛玻璃)。因此,相对于光的波长而言,这种光学粗糙的物体表面(或内部)可以看成是由许多相互独立的散射元所构成的。当用相干的激光束照射这些物体时,其每个散射元产生的散射子波也是相干的,但相位随机分

布。因此，经物体透射或表面反射的光波场的散斑化，正是源于这些散射子波的随机相干叠加结果。按观察方式和散斑成因的不同，通常将激光散斑分为菲涅耳型和夫琅禾费型两类。菲涅耳型散斑存在于物体表面附近空间中，因此也称为物场散斑或客观散斑。夫琅禾费型散斑位于相干成像系统的像平面上，故也称为像面散斑或主观散斑。研究表明，一般情况下，散斑场的统计特性既取决于入射光波的相干性，又取决于粗糙表面的细致特性。但对于完全相干光，若由表面的无规散射引起的散射子波的光程差大于 1 个或几个波长，则空间散斑场(无论是菲涅耳型还是夫琅禾费型)的统计特性几乎与表面的精细结构无关。

(一) 菲涅耳型散斑

菲涅耳型散斑可看作是来自表面受照射区域内各点或局部受照射区域内各点产生的大量随机散射子波的相干叠加结果。离表面越近，参与叠加的表面区域越小。图 15-33 中的(a) 和(b) 分别显示了反射和透射照明下菲涅耳型散斑的形成机制。显然，如果将物体视作一个衍射屏，则这类散斑现象相当于该衍射屏的菲涅耳衍射结果。于是，由光波场的衍射理论及统计理论，可以给出菲涅耳型散斑颗粒的平均大小。对于图 15-33(a) 和(b) 中远离物体表面的观察场点 P 所在平面上的散斑，其平均横向直径 d_0 可表示为

$$d_0 = 1.22\frac{\lambda l}{D}\text{(圆形光斑)},\quad d_0 = \frac{\lambda l}{D}\text{(方形光斑)} \tag{15-553}$$

式中，λ 为照射光波长，l 为物平面到观察平面的距离，D 为照射光斑直径(圆形) 或边长(方形)。(15-553) 式表明，菲涅耳型散斑的横向大小正比于照射光波长和观察距离，反比于照射光斑的大小。

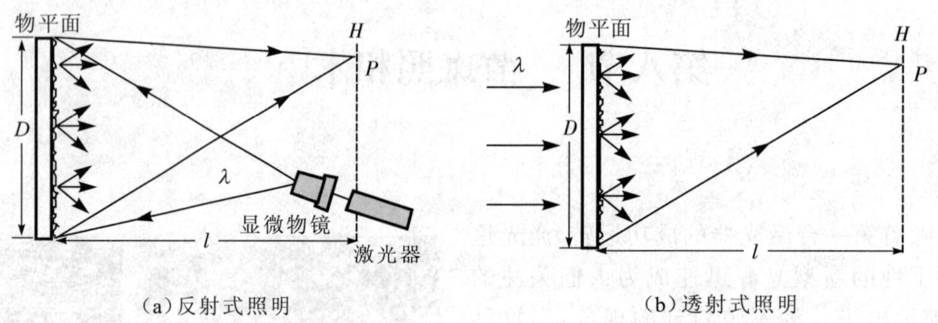

图 15-33　菲涅耳型激光散斑的产生与观察

(二) 夫琅禾费型散斑

夫琅禾费型散斑的起因可用图 15-34 加以说明。即可以看作是由物体表面局部区域产生的大量随机散射子波(空间点脉冲)，经成像系统有限孔径在像平面上所形成的夫琅禾费衍射光场(点脉冲响应) 的随机相干叠加结果。由于物体表面是光学粗糙的，这些散射子波的点脉冲响应具有不同的相位分布，因而随机叠加的结果，便形成一种形状和位置无规则分布的明暗相间的斑纹图样。根据衍射理论，对于像平面附近的夫琅禾费型散斑，其平均横向直径 d_i 可表示为

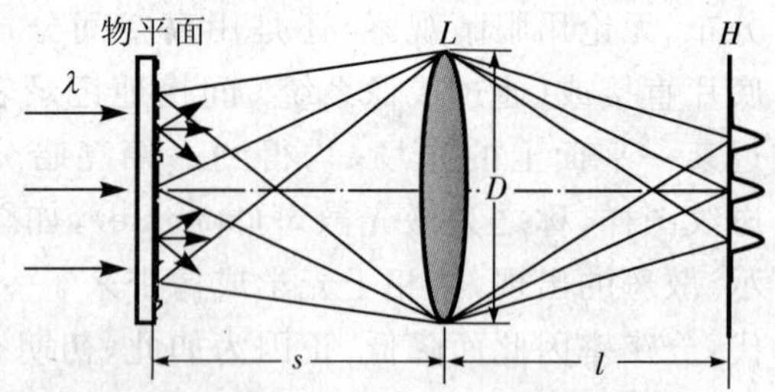

图 15-34　夫琅禾费型散斑的产生与观察

$$d_i = 1.22\frac{\lambda}{2\alpha} = 1.22\frac{\lambda l}{D} \tag{15-554}$$

式中，α 为成像系统的出射孔径角，D 表示系统出瞳直径(对于单透镜系统，即透镜的通光孔径)，l 表示出瞳平面到像平面的距离(对于单透镜系统，即像距)。(15-554) 式表明，夫琅禾费型散斑的横向大小正比于照射光波长，反比于成像系统的出射孔径角(或反比于出瞳直径，正比于出瞳平面到像平面的距离)。

(三) 激光散斑的统计性质

假设光学粗糙的物体表面具有均匀一致的宏观结构，只是在微观细节上有所不同。同时假设用单色线偏

振光波照射物体表面，并且散射光的偏振态保持不变。于是，可以将远离物体表面的空间各点的散射光场看作标量场，其波函数可表示为

$$E(x,y,z,t)=E(x,y,z)\mathrm{e}^{\mathrm{i}2\pi\nu t} \tag{15-555}$$

式中，$E(x,y,z)$ 为散射光场的复振幅，ν 为光波频率。由于探测器存在一定的响应时间 T，实际观察到的是光场强度的时间平均值，即

$$I(x,y,z)=\langle|E(x,y,z,t)|^2\rangle=\lim_{T\to\infty}\frac{1}{T}\int_{-T/2}^{T/2}|E(x,y,z,t)|^2\mathrm{d}t \tag{15-556}$$

考虑到自物体表面反射（或透过物体）的光波来自大量不同散射点或散射微区的散射子波的贡献，空间任意观察场点处的光振动，也是由物体表面上不同散射点引起的大量振幅扩散函数叠加而成，并且与不同散射点对应的扩散函数具有不同的相位，从而形成极为复杂的干涉图样。为此可以建立如下统计模型：

1）物体表面由大量相互无关的独立散射元组成。

2）由于物体表面的随机高度起伏和随机反射系数之间相互独立，每个散射元在场点的振幅和相位统计独立。

3）所有散射元在场点的相位均匀分布于主区间$[-\pi,\pi]$上。

根据这一统计模型，可以得到激光散斑场的如下统计性质：

1）在忽略散射光的退偏振效应的情况下，给定偏振分量的散射光在观察场点(x,y,z)的叠加光振动（散斑场）是一个圆形复高斯随机变量。若以 u_r、u_i 分别表示该光振动（散斑场）的实部和虚部，则其振幅的几率密度为

$$P_{r,i}(u_r,u_i)=\frac{1}{2\pi\lambda^2}\exp\left(-\frac{u_r^2+u_i^2}{2\tau^2}\right) \tag{15-557}$$

其中

$$\tau=\lim_{N\to\infty}\frac{1}{N}\sum_{k=1}^{N}\frac{1}{2}\langle|U_k|^2\rangle \tag{15-558}$$

而 U_k 表示来自第 k 个散射元的光波分量。

2）散斑场的强度服从负指数统计分布，其几率密度为

$$P_I(I)=\frac{1}{\langle I\rangle}\exp\left(-\frac{I}{\langle I\rangle}\right) \tag{15-559}$$

式中，$\langle I\rangle$ 表示给定偏振分量的强度均值。可以证明，散斑场强度分布的标准偏差 σ_I 正好等于平均强度$\langle I\rangle$，因而反衬度等于1，表明所形成的散斑场是高反差的。图 15-35 为散斑场强度分布的几率密度曲线。

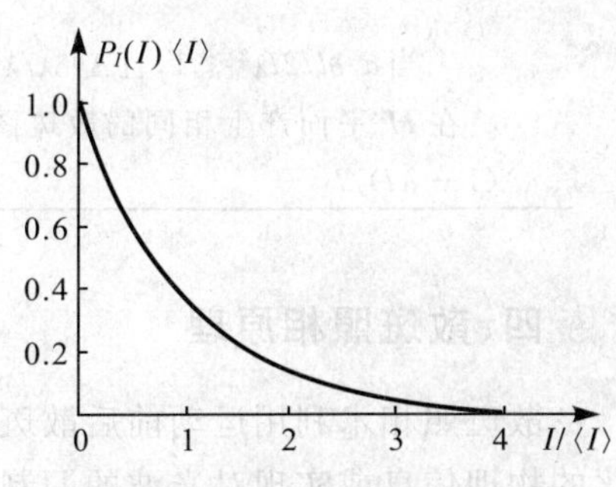

图 15-35　强度的几率密度曲线

需要说明的是，相干照明下粗糙物体所成像的平均强度分布，与具有同样功率谱密度的空间非相干光照明下观察到的该物体的像的强度相同。空间非相干照明可等效于具有快速时间序列的空间相干照明。序列中每个波前的实际相位结构可能极其复杂，且与其他波前的相位结构完全无关，于是，其时间积分结果与相干照明下的系综平均结果应该相同。因此，任何用来分析非相干成像系统中像的强度分布的方法都可以用来预言相干照明下粗糙物体像的平均散斑强度分布。

三、散斑场的相关条件[1,16]

根据激光散斑的统计特性，一方面，具有相同光学粗糙度的不同散射体表面，将给出具有相同统计特性的空间散斑场分布；另一方面，由于物体表面附近或其像平面上任意点的散斑场，均来自物体表面上一个很小区域内的散射元所产生的散射子波的贡献，故散斑场携带着物体表面点的信息。当物体表面发生某种变化，如位移或形变时，散斑场也做相应的运动。在不同条件下，运动前后散斑场之间的相关性不同。所谓相关是指两个散斑图样在一定近似下可视为全同或仅有一定标因子的差异（即相似）。根据散斑场的空间运动规律，当受照射物体表面发生空间平移或旋转时，散斑场的统计分布不变，仅仅也发生相应的空间平移或旋转。

对于投射在某个平行于物体表面的空间平面上的散斑图样而言，散斑场横向平移前后的两个散斑图样完全相同，而离面平移前后的两个散斑图样，在一定条件下虽不可能相同，但可以具有一定的相关性。同时，不同波长相干光照射下的散斑场，在一定条件下也可以具有一定的相关性。表 15-5 给出了不同照明及光路系统情况下散斑图样之间相关的条件。表中 Δ_G 表示物体表面起伏或厚度不均匀引起的平均光程差，a 表示孔径半径。

表 15-5　散斑场的相关条件

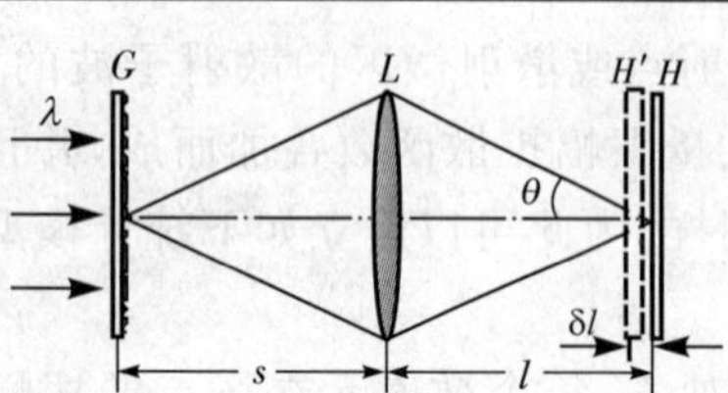 当 $\delta l \ll 2\lambda/\theta^2$ 时，H 和 H' 平面具有相似的散斑图样，定标因子为 $(1-\delta l)/l$	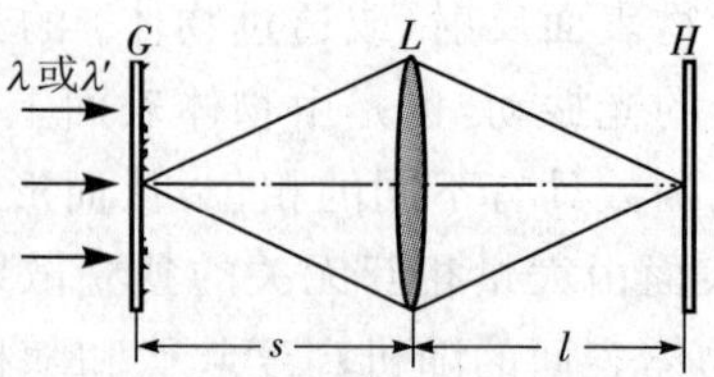 当 $\Delta_G \delta\lambda/\lambda^2 \ll 1$ 时，波长 λ 和 λ' 在 H 平面产生相同的散斑图样
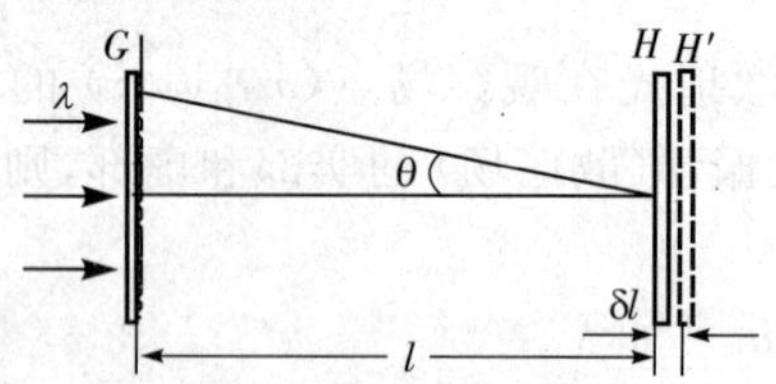 当 $\delta l \ll 2\lambda/\theta^2$ 时，H 和 H' 平面具有相似的散斑图样，定标因子为 $(1-\delta l)/l$	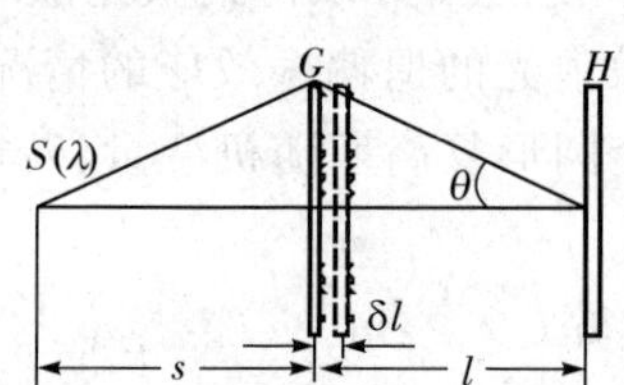 当 $s=l$ 时，即使 θ 较大，H 平面上仍可得到相似的散斑图样，定标因子为 $(1-\delta l)/l$
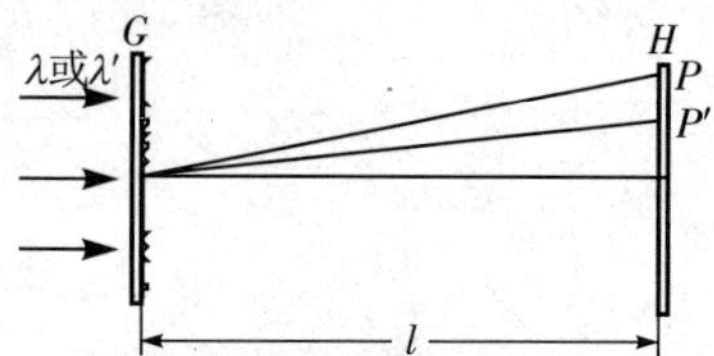 当 $a^2\delta l/2l\lambda^2 \ll 1$，且 $\Delta_G \delta\lambda/\lambda^2 \ll 1$ 时，波长 λ 和 λ' 在 H 平面产生相同的散斑图样，定标因子为 $(1-\delta l)/l$	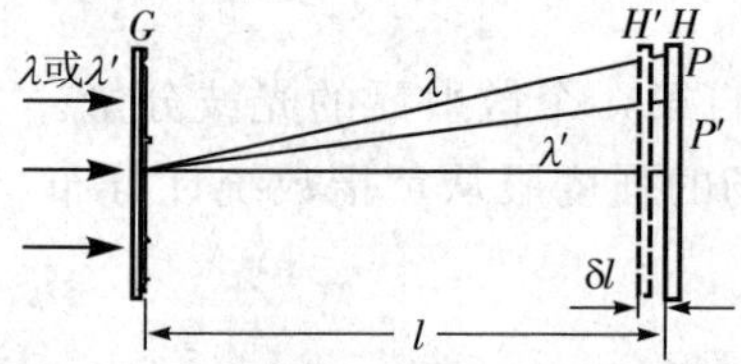 当 $\delta\lambda/=\delta l/l$，$a^2\delta\lambda/2l\lambda^2 \ll 1$，且 $\Delta_G \delta\lambda/\lambda^2 \ll 1$ 时，波长 λ 在 H 平面上产生的散斑图样与波长 λ' 在 H' 平面上的相同

四、散斑照相原理

散斑照相术利用运动前后散斑场的相关性记录散斑场运动或变化的信息，并将其用于提取物体某种变化的物理信息或实现对光波的调制。根据散斑场的空间运动规律及散斑图样之间的相关性，散斑照相术涉及的基本问题可分为面内位移、离面位移两类。

(一) 散斑场的面内位移 [1,12,15,18-20]

考察图 15-34 所示光路，以夫琅禾费型散斑为例，假设像平面 H 上共分布着 N 个随机散斑，其中第 n 个散斑位于 $r_n(x_n, y_n)$ 点，强度分布为 $I_n(x_i-x_n, y_i-y_n)$，则整个散斑场的总强度分布可表示为

$$I(x_i, y_i) = \sum_{n=1}^{N} I_n(x_i-x_n, y_i-y_n) = \sum_{n=1}^{N} I_n(x_i, y_i) * \delta(x_i-x_n, y_i-y_n) \tag{15-560}$$

现因某种原因使物体表面发生横向位移，导致像平面上的散斑场也发生相应位移。设其中第 n 个散斑的位移

为 $\boldsymbol{b}_n(b_{nx}, b_{ny})$，则散斑场的总强度分布变为

$$I'(x_i, y_i) = \sum_{n=1}^{N} I_n(x_i, y_i) * \delta(x_i - x_n - b_{nx}, y_i - y_n - b_{ny}) \tag{15-561}$$

若用同一块全息干板在像平面上依次对物体表面位移前后的散斑场作等时、线性曝光记录，则经线性显影、定影处理后的散斑图底片的振幅透射系数可表示为

$$\begin{aligned} t(x_i, y_i) &= t_0 + \beta I(x_i, y_i) \\ &= t_0 + \beta \sum_{n=1}^{N} I_n(x_i, y_i) * [\delta(x_i - x_n, y_i - y_n) + \delta(x_i - x_n - b_{nx}, y_i - y_n - b_{ny})] \end{aligned} \tag{15-562}$$

式中，t_0 和 β 均为与曝光量和记录介质感光特性有关的常数。显然，该散斑图底片记录了像平面上散斑场的位移信息，故称为位移散斑图。图 15-36 为经两次曝光记录的位移散斑图（放大像）。从中可以明显看出成对出现的散斑图样。

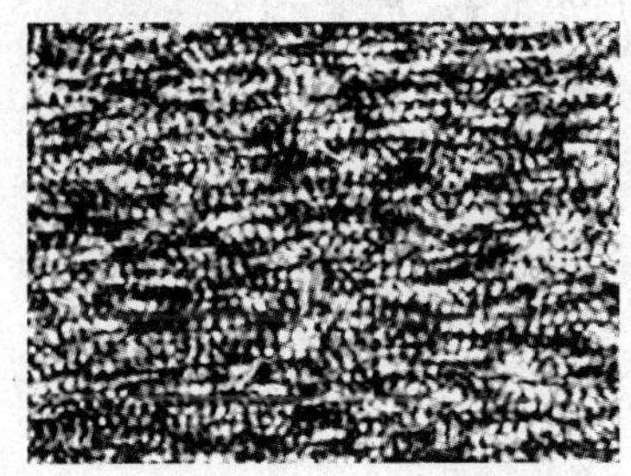
图 15-36 两次曝光的位移散斑图

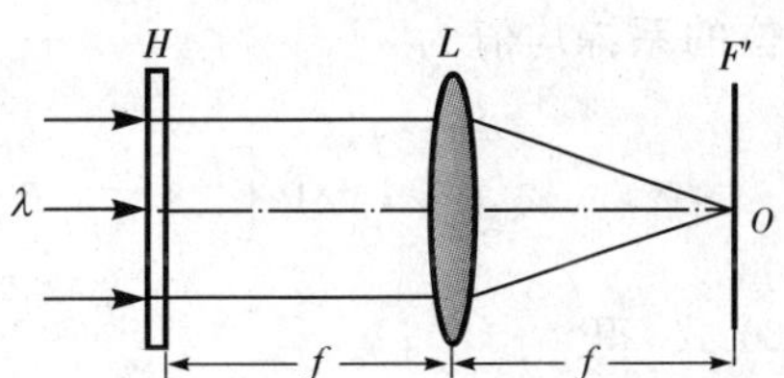

图 15-37 位移散斑图的频谱分析

将所得位移散斑图置于如图 15-37 所示光路中的 H 平面（傅里叶透镜 L 的前焦平面）。在相干平行光照射下，L 的后焦平面 F'（即频谱面）上将形成位移散斑图的空间频谱，其频谱复振幅正比于位移散斑图复振幅透射系数的傅里叶变换。若仍取散斑图平面坐标为(x_i, y_i)，频谱平面坐标为(ξ, η)，频谱复振幅为$E(\xi, \eta)$，则有

$$\begin{aligned} E(\xi, \eta) &\propto \iint_{-\infty}^{\infty} t(x_i, y_i) \exp\left[-\mathrm{i}\frac{2\pi}{\lambda f}(\xi x_i + \eta y_i)\right] \mathrm{d}x_i \mathrm{d}y_i \\ &= C_0 \delta(\xi, \eta) - 2C_1 \sum_{n=1}^{N} I_n(\xi, \eta) \exp\left(-\mathrm{i}\frac{2\pi}{\lambda f}\boldsymbol{\rho} \cdot \boldsymbol{r}_n\right) \times \\ &\quad \exp\left(-\mathrm{i}\frac{2\pi}{\lambda f}\boldsymbol{\rho} \cdot \boldsymbol{b}_n\right) \cos\left(\frac{\pi}{\lambda f}\boldsymbol{\rho} \cdot \boldsymbol{b}_n\right) \end{aligned} \tag{15-563}$$

式中，C_0、C_1 为复常数，$\boldsymbol{\rho}(\xi, \eta)$ 为频谱面位置矢量，$\boldsymbol{r}_n(x_n, y_n)$ 和 $\boldsymbol{b}_n(b_{nx}, b_{ny})$ 分别为第 n 个散斑的位置矢量和位移矢量，$I_n(\xi, \eta)$ 表示 $I_n(x_i, y_i)$ 的傅里叶变换，即

$$I_n(\xi, \eta) = \iint_{-\infty}^{+\infty} I_n(x_i, y_i) \exp\left[-\mathrm{i}\frac{2\pi}{\lambda f}(\xi x_i + \eta y_i)\right] \mathrm{d}x_i \mathrm{d}y_i \tag{15-564}$$

舍去(15-563)式右端第一项（此项只在频谱图样中心形成一个很小的亮斑，舍去后并不影响对问题的讨论），得到远离中心点的频谱强度分布为

$$\begin{aligned} I'(\xi, \eta) &= 4C \left| \sum_{n=1}^{N} I_n(\xi, \eta) \exp\left(-\mathrm{i}\frac{2\pi}{\lambda f}\boldsymbol{\rho} \cdot \boldsymbol{r}_n\right) \exp\left(-\mathrm{i}\frac{2\pi}{\lambda f}\boldsymbol{\rho} \cdot \boldsymbol{b}_n\right) \cos\left(\frac{\pi}{\lambda f}\boldsymbol{\rho} \cdot \boldsymbol{b}_n\right) \right|^2 \\ &= 4C \sum_{n=1}^{N} \sum_{m=1}^{N} I_n(\xi, \eta) I_m(\xi, \eta) \exp\left[-\mathrm{i}\frac{2\pi}{\lambda f}\boldsymbol{\rho} \cdot (\boldsymbol{r}_n - \boldsymbol{r}_m)\right] \times \\ &\quad \exp\left[-\mathrm{i}\frac{\pi}{\lambda f}\boldsymbol{\rho} \cdot (\boldsymbol{b}_n - \boldsymbol{b}_m)\right] \cos\left(\frac{\pi}{\lambda f}\boldsymbol{\rho} \cdot \boldsymbol{b}_n\right) \cos\left(\frac{\pi}{\lambda f}\boldsymbol{\rho} \cdot \boldsymbol{b}_m\right) \end{aligned} \tag{15-565}$$

式中，C 为常数。

由于散斑图样的强度分布是一个随机变量，所记录的位移散斑图的复振幅透射系数以及透过散斑图底片的光波场及其频谱复振幅也是随机变量。因此，实际观察到的频谱强度分布应是自位移散斑图上各个散斑透射的光波的随机叠加，即上式在系综$(\boldsymbol{r}_1, \boldsymbol{r}_2, \cdots, \boldsymbol{r}_n, \cdots, \boldsymbol{r}_N)$上的平均值。同时，按照偏振激光散斑的统计模

型，可以将系综平均分别对光场的振幅和相位进行，并考虑到散斑位移 $\boldsymbol{b}_n$ 是个随时间坐标缓慢变化的量，于是有

$$\overline{I}'(\xi,\eta)=\left\langle I'(\xi,\eta)\right\rangle=\left\langle 4C\sum_{n=1}^{N}\sum_{m=1}^{N}I_n(\xi,\eta)I_m(\xi,\eta)\exp\left[-\mathrm{i}\frac{2\pi}{\lambda f}\boldsymbol{\rho}\cdot(\boldsymbol{r}_n-\boldsymbol{r}_m)\right]\times\right.$$

$$\left.\exp\left[-\mathrm{i}\frac{\pi}{\lambda f}\boldsymbol{\rho}\cdot(\boldsymbol{b}_n-\boldsymbol{b}_m)\right]\cos\left(\frac{\pi}{\lambda f}\boldsymbol{\rho}\cdot\boldsymbol{b}_n\right)\cos\left(\frac{\pi}{\lambda f}\boldsymbol{\rho}\cdot\boldsymbol{b}_m\right)\right\rangle$$

$$=4C\sum_{n=1}^{N}\sum_{m=1}^{N}\left\langle I_n(\xi,\eta)I_m(\xi,\eta)\right\rangle\left\langle\exp\left[-\mathrm{i}\frac{2\pi}{\lambda f}\boldsymbol{\rho}\cdot(\boldsymbol{r}_n-\boldsymbol{r}_m)\right]\right\rangle\times$$

$$\left\langle\exp\left[-\mathrm{i}\frac{\pi}{\lambda f}\boldsymbol{\rho}\cdot(\boldsymbol{b}_n-\boldsymbol{b}_m)\right]\cos\left(\frac{\pi}{\lambda f}\boldsymbol{\rho}\cdot\boldsymbol{b}_n\right)\cos\left(\frac{\pi}{\lambda f}\boldsymbol{\rho}\cdot\boldsymbol{b}_m\right)\right\rangle \tag{15-566}$$

考虑到对相位的系综均值为

$$\left\langle\exp\left[-\mathrm{i}\frac{2\pi}{\lambda f}\boldsymbol{\rho}\cdot(\boldsymbol{r}_n-\boldsymbol{r}_m)\right]\right\rangle=\begin{cases}1, & m=n\\ 0, & m\neq n\end{cases} \tag{15-567}$$

代入(15-566)式，得

$$\overline{I}'(\xi,\eta)=4C\sum_{n=1}^{N}\left|I_n(\xi,\eta)\right|^2\cos^2\left(\frac{\pi}{\lambda f}\boldsymbol{\rho}\cdot\boldsymbol{b}_n\right)$$

$$=\sum_{n=1}^{N}4I'_n(\xi,\eta)\cos^2\left(\frac{\pi}{\lambda f}\boldsymbol{\rho}\cdot\boldsymbol{b}_n\right) \tag{15-568}$$

式中，$I'_n(\xi,\eta)=C\left|I_n(\xi,\eta)\right|^2$，表示位移散斑图上第 n 个散斑的频谱强度分布。可以看出，(15-568)式等号右边求和号以内的表达式，实际上是位移散斑图上第 n 对散斑在频谱面上产生的夫琅禾费衍射谱强度分布。因此，求和意味着位移散斑图在频谱面上的衍射谱强度分布是所有随机分布的散斑所产生的衍射谱强度分布的叠加结果。

下面作几点讨论：

1) 由(15-568)式可看出，每一对散斑的频谱强度分布由两个因子的乘积组构成：其一是单个散斑的衍射谱强度分布因子 $I_{1n}(\xi,\eta)$，其二是由散斑对产生的衍射子波相干涉而引起的余弦平方型调制因子。调制的结果，使得散斑对的衍射图样呈现出一组限制在由单个散斑所产生的夫琅禾费衍射图样内的等间距直线型干涉条纹 —— 相当于由双孔干涉形成的杨氏条纹。由于散斑的几何尺寸很小，故其衍射图样主要表现为一个具有较大面积，且强度自中心向外逐渐减小的0级衍射斑，而杨氏条纹就限制在其内。条纹展开方向与散斑位移方向正交，其间距大小 d_n 可由余弦平方因子的周期长度给出，即

$$d_n=\frac{\lambda f}{b_n} \tag{15-569}$$

或

$$d_{n\xi}=\frac{\lambda f}{b_{nx}},\quad d_{n\eta}=\frac{\lambda f}{b_{ny}} \tag{15-570}$$

式中，$d_{n\xi}$ 和 $d_{n\eta}$ 分别表示杨氏条纹沿两个正交坐标轴方向的投影间距。按照这一特点，便可以将微小的散斑位移及其方向的测量，转化为相应杨氏条纹间距和条纹展开方向的测量，后者由于线度较大而便于用常规方法较准确地测量。

2) 若位移散斑图上各点的散斑位移大小和方向相同，即假设表面只作整体平移 $\boldsymbol{b}$，则由(15-568)式，其平均频谱强度分布可表示为

$$\overline{I}'(\xi,\eta)=\left[\sum_{n=1}^{N}4I'_n(\xi,\eta)\right]\cos^2\left(\frac{\pi}{\lambda f}\boldsymbol{\rho}\cdot\boldsymbol{b}\right)=4I'(\xi,\eta)\cos^2\left(\frac{\pi}{\lambda f}\boldsymbol{\rho}\cdot\boldsymbol{b}\right) \tag{15-571}$$

其中

$$I'(\xi,\eta)=\sum_{n=1}^{N}I'_n(\xi,\eta) \tag{15-572}$$

表示位移散斑图上所有散斑的平均频谱强度之和。

(15-571) 式表明，当两次曝光记录的两个散斑图样只产生一整体的相对平移时，位移散斑图底片上的每一对散斑均在频谱面上产生一组方位和间距大小相同的杨氏条纹。因此，所有散斑对产生的杨氏条纹的非相干叠加结果仍为杨氏条纹，只是其强度大大加强了，如图 15-38 所示。虽然每一个散斑的形状及其频谱分布是任意的，但随机性保证了整个散斑图所对应的衍射谱强度分布呈现出一种具有一定频率扩展范围且强度自中心向外逐渐减小的衍射光晕，简称衍射晕，如图 15-39 所示。可以证明，衍射晕的形状取决于记录散斑图时所用成像系统的通光孔径的形状，其大小取决于位移散斑图被照射区域内的散斑平均大小。若成像系统的孔径为圆形，散斑的平均直径为 d_0，则衍射晕为圆形，相当于圆孔夫琅禾费衍射的艾里斑，其平均直径为

$$D_\rho=1.22\frac{\lambda f}{d_0} \tag{15-573}$$

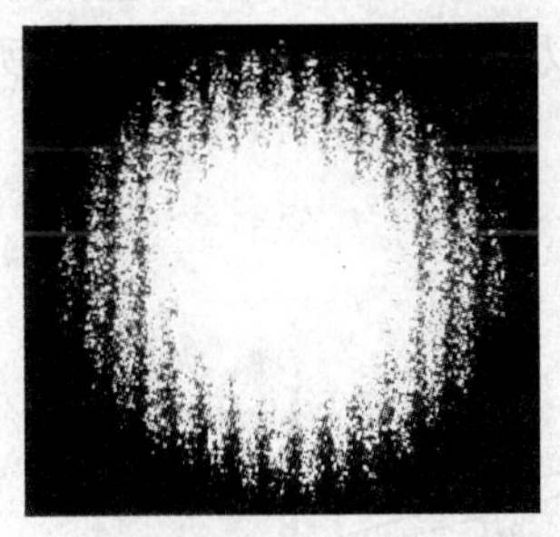

图 15-38　位移散斑图的频谱图样(位移恒定)

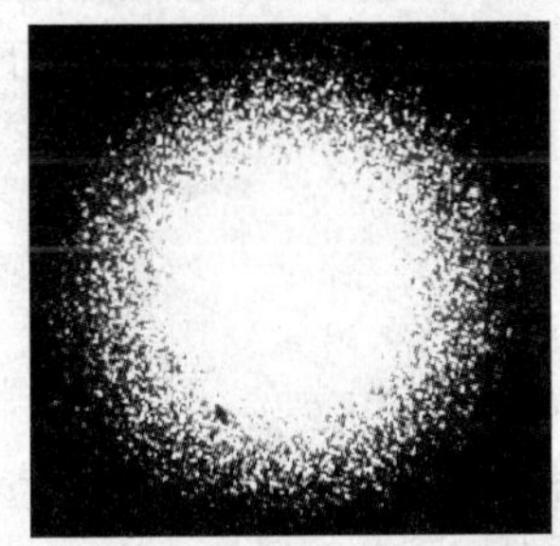

图 15-39　单次曝光散斑图的频谱图样

由此可以得出结论：当位移散斑图上被照射区域内的散斑位移大小和方向恒定不变时，其频谱图样是一组限制在由单次曝光记录的散斑图所产生的衍射晕内的杨氏干涉条纹。由于两次曝光时间(或曝光量) 相等，故杨氏条纹的衬比度等于 1。

3) 若两次曝光时间(或曝光量) 不同，设其比值为 $\gamma(<1)$，则位移散斑图底片在其频谱面上的光强分布应为

$$\overline{I}'(\xi,\eta)=I'(\xi,\eta)\left[1+\gamma^2+\gamma\cos^2\left(\frac{\pi}{\lambda f}\boldsymbol{\rho}\cdot\boldsymbol{b}\right)\right] \tag{15-574}$$

此时杨氏条纹的衬比度为

$$\gamma=\frac{I_{\max}-I_{\min}}{I_{\max}+I_{\min}}=\frac{2\gamma}{1+\gamma^2} \tag{15-575}$$

由(15-575) 式可见，γ 值越小，意味着曝光时间差别越大，则杨氏条纹的衬比度就越低。

4) 如果进行 $N(\geqslant 2)$ 次等时间曝光，且相邻两次曝光之间全息干板做同样的位移 $\boldsymbol{b}$(共移动 $N-1$ 次)，则所得位移散斑图底片的空间频谱强度分布应为

$$\overline{I}'(\xi,\eta)=I'(\xi,\eta)\frac{\sin^2\left(N\frac{\pi}{\lambda f}\boldsymbol{\rho}\cdot\boldsymbol{b}\right)}{\sin^2\left(\frac{\pi}{\lambda f}\boldsymbol{\rho}\cdot\boldsymbol{b}\right)} \tag{15-576}$$

当 N 很大时，理论上可使干涉条纹变得很细，而暗区变得很宽。但由于全息干板乳胶的动态范围很大，曝光次数一般不可能很大，通常采用与二项式系数成比例的曝光时间，且为了保证散斑图的相关性，全息干板的位移方向一般以原始记录平面为对称。如若取 $N=3$，则干板需移动 2 次，相应的曝光时间倍率依次为 1,2,1；若取 $N=5$，则干板需移动 4 次，相应的曝光时间倍率依次为 1,4,6,4,1。一般取 $N=7$ 时，条纹暗区就已变得很宽了。

(二) 散斑场的离面位移[1,12]

考虑如图 15-40 所示的光路。由单色平面波照明毛玻璃 G，在其共轭像平面上，放置全息干板 H，并相继作两次等量曝光。两次曝光之间 G 沿轴向作微位移 δs。考察 G 的表面上离轴高度为 r_o 的 A_1 点，其共轭像位于 H 上离轴高度为 r_i 的 A_1' 点。当 G 沿轴向移动 δs 时，A_1 点在 H 上的共轭像点沿横向位移 δr_i，即由 A_1' 移至 A_2' 点，与未移动前 G 的表面上 A_3 点的共轭像重合。可以证明，在傍轴条件下，两次曝光散斑图间的离轴位移大小 δr_i 与物体表面的轴向位移大小 δs 满足如下关系：

$$\delta r_i = M\delta r_o = M\delta s\tan\theta \approx M\delta s\frac{r_o}{s} = M^2\delta s\frac{r_o}{l} \tag{15-577}$$

式中，s 为物距，M 为横向放大率，δr_o 为 A_3 与 A_1 的间距，$r_o = r_i/M$。(15-577) 式表明，物体表面的轴向位移将引起其像面散斑场发生离轴位移，且该离轴位移的大小与物平面上相应物点的轴向位移大小及物点离轴高度成正比；当物体表面作整体的轴向平移时，所得位移散斑图底片上的散斑位移大小呈中心对称分布，离中心越远，位移量越大。

将显影、定影后的位移散斑图底片 H 仍用单色平面波照明，在与其相距 $2L$ 的平面 P 上观察其衍射图样，如图 15-41 所示，则在傍轴近似下，位于 H 上距离中心为 r_i 处、间隔为 δr_i 的散斑对，在 P_o 点所产生衍射光的光程差为

$$\Delta = \delta r_i \sin\alpha \approx M^2\delta s\frac{r_o^2}{sL} \tag{15-578}$$

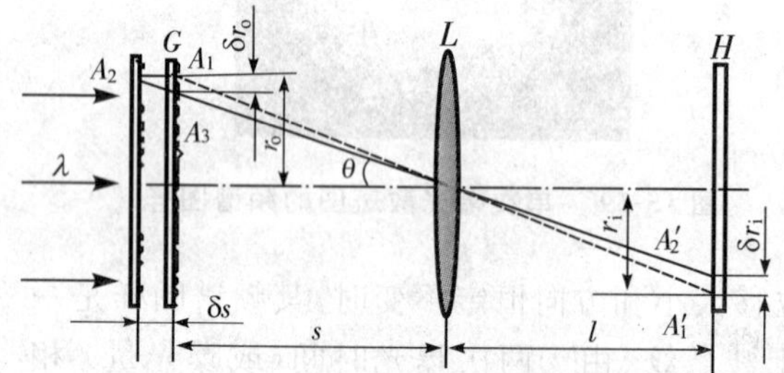

图 15-40 轴向位移散斑图的记录

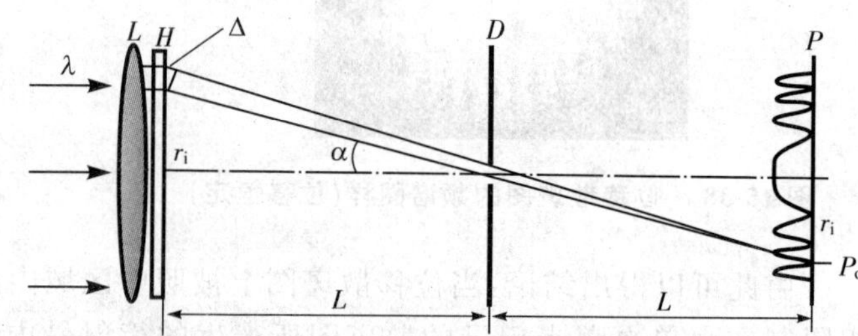

图 15-41 圆环形干涉条纹的观察

考虑到每对散斑的衍射光将分布在观察平面的很大区域，其干涉场将因随机叠加而相互干扰。为此，在平面 H 与 P 之间对称位置放置一个小孔光阑 D，以限制每对散斑只能由特定方向的衍射光穿过小孔。于是，在平面 P 上各点的衍射光场，分别来自 H 上不同散斑对的贡献——相当于双光束干涉。因此，其强度分布满足：

$$I \propto \cos^2\left(\pi\frac{\Delta}{\lambda}\right) = \cos^2\left(\frac{mr_o^2}{\lambda}\right) \tag{15-579}$$

其中

$$m = \pi M^2\frac{\delta s}{sL} \tag{15-580}$$

为常数，λ 为照射光波长。(15-578) 式表明，平面 P 上将形成以主光轴为中心的同心圆环状干涉条纹。通过测量平面 P 上第 n 个亮环的半径 r_{in}，可得到物体表面离面位移大小为

$$\delta s = \frac{n\lambda sL}{r_{in}^2} \tag{15-581}$$

式中假设照明光波与记录散斑图时的波长相同。

五、微小位移和形变的测量

(一) 普通散斑照相术[1,15-16,20]

在物体发生移动或形变前后，对其像面散斑图样用同一块全息干板分别作两次曝光记录，所得二次曝光

散斑图包含了物体表面位移或形变的信息。由于表面形变的表现形式依然是相应表面点的位移，故这里不再区分是位移还是形变，并将此二次曝光散斑图统称为位移散斑图。一般情况下，物体表面各点的位移大小和方向可能不同，因而位移散斑图上相应各点散斑的位移大小和方向也不同。这样，各散斑对在频谱面上产生的杨氏条纹就可能具有不同的方向和间距大小。由(15-568)式可以看出，众多间距大小和取向不同的杨氏条纹彼此叠加的结果，将使所有条纹都不再能被观察到。为此，一般须采用逐点和全场两种滤波方法来提取散斑位移信息。

1. 逐点滤波法

如图 15-42 所示，用细激光束直接照射位移散斑图底片 H，可以证明，在相距 H 较远的观察平面 P 上，将得到由 H 上被照射区域内散斑形成的夫琅禾费衍射图样 —— 与平行光照射下透镜后焦平面上的衍射图样类似。由于激光束很细，故可以认为被照射区域内各散斑对具有相同的位移 $\boldsymbol{b}(b_x, b_y)$。于是，在忽略直透分量影响的情况下，可得到与(15-571)式类似的衍射图样强度分布：

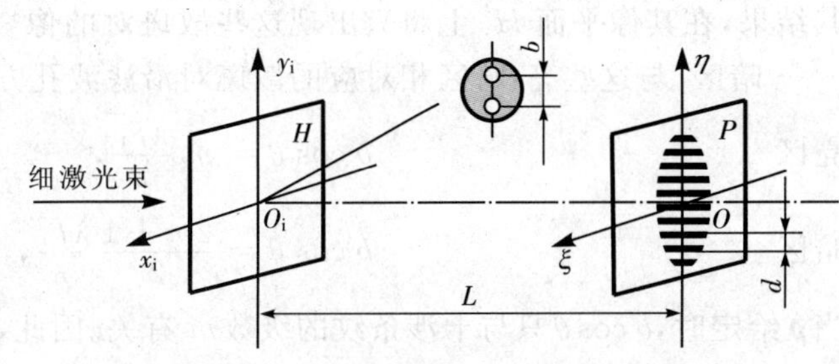

图 15-42　位移散斑图的逐点滤波原理

$$I(\xi,\eta) = 4I_1(\xi,\eta)\cos^2\left(\frac{\pi}{\lambda L}\boldsymbol{\rho}\cdot\boldsymbol{b}\right) \tag{15-582}$$

即一组限制在由单次曝光记录的散斑图样所形成的衍射晕内的杨氏干涉条纹。与(15-569)式及(15-570)式类似，条纹间距可表示为

$$d = \frac{\lambda L}{b} \tag{15-583}$$

或

$$d_\xi = \frac{\lambda L}{b_x},\quad d_\eta = \frac{\lambda L}{b_y} \tag{15-584}$$

移动 H，使激光束依次照射每一点，通过确定相应的杨氏干涉条纹间距大小和取向，就可以求得位移散斑图 H 上各点的散斑位移大小和方向，即

$$b = \lambda L/d \tag{15-585}$$

或

$$b_x = \frac{\lambda L}{d_\xi},\quad b_y = \frac{\lambda L}{d_\eta} \tag{15-586}$$

2. 全场滤波法

在如图 15-37 所示的光路中的频谱面 F' 之后再加一个傅里叶透镜 L_2，从而构成一个典型的 $4f$ 成像系统，如图 15-43 所示。当位移散斑图 H 位于透镜 L_1 的前焦平面上时，在透镜 L_2 的后焦平面 H' 上，将得到其横向放大率为 $M = f_2/f_1$ 的倒立实像。

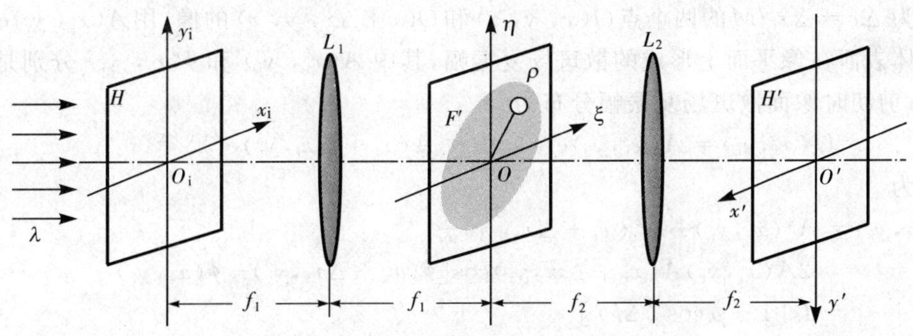

图 15-43　位移散斑图的全场滤波原理

由(15-568)式可以看出,凡是位移分别满足条件

$$\boldsymbol{\rho}\cdot\boldsymbol{b}=\rho b\cos\theta=m\lambda f_1,\qquad m=0,1,2,\cdots \tag{15-587a}$$

$$\boldsymbol{\rho}\cdot\boldsymbol{b}=\rho b\cos\theta=\frac{2m+1}{2}\lambda f_1,\qquad m=0,1,2,\cdots \tag{15-587b}$$

的散斑对,将分别在频谱面上 $\boldsymbol{\rho}(\xi,\eta)$ 点形成第 m 级亮条纹和暗条纹。其中 θ 为散斑位移矢量 $\boldsymbol{b}$ 与位置矢量 $\boldsymbol{\rho}$ 之间的夹角,故 $b\cos\theta$ 表示散斑对沿 $\boldsymbol{\rho}$ 方向的位移大小。可以设想,若在频谱面上置一小孔光阑(即小孔滤波器),且小孔位于 $\boldsymbol{\rho}(\xi,\eta)$ 点,则透过小孔的衍射光波仅包含了在该处形成亮条纹的那一部分散斑对的信息。其结果,在其像平面 H' 上将只出现这些散斑对的像 —— 亮区,没有信息通过小孔的那些散斑对将不成像 —— 暗区。与这些亮、暗区相对应的散斑对沿滤波孔方向的位移大小分别为

亮区
$$b\cos\theta=m\frac{\lambda f_1}{\rho},\qquad m=0,1,2,\cdots \tag{15-588a}$$

暗区
$$b\cos\theta=\frac{2m+1}{2}\frac{\lambda f_1}{\rho},\qquad m=0,1,2,\cdots \tag{15-588b}$$

当 $\boldsymbol{\rho}$ 给定时,$b\cos\theta$ 只与干涉条纹的级数 m 有关。因此,H' 上呈现的是一组沿 $\boldsymbol{\rho}$ 方向亮、暗相间的位移等值线条纹。它表明,同一条纹对应的位移散斑图上各点沿滤波孔方向的位移相等。条纹级次愈高,相应点散斑沿滤波孔方向的位移量愈大,故 0 级亮条纹所在点的散斑位移等于 0。取相邻亮(暗)条纹所对应的散斑位移差,得

$$\Delta(b\cos\theta)=\frac{\lambda f_1}{\rho} \tag{15-589}$$

可见,滤波孔距中心越远,则条纹越密。将滤波孔置于频谱面上的不同位置,可以得到沿不同方向且具有不同灵敏度的全场位移等值线条纹图样。通过对条纹级次的确定,即可求得位移散斑图各点沿不同方向的位移大小。

(二) 剪切散斑照相术[21-23]

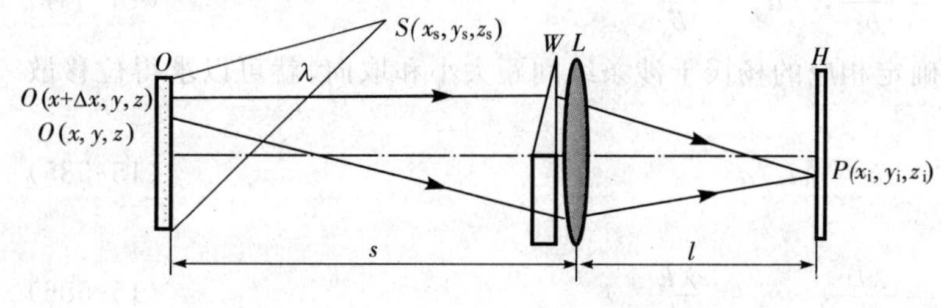

图 15-44 剪切散斑照相原理

如图 15-44 所示,如果紧贴成像透镜 L 放置一剪切镜(用光学玻璃磨制的剪切楔块或光楔,也可以是双孔光阑或其他剪切装置)W,则在像平面 H 上可获得两个相互错开但完全相同的物体表面 O 的散斑像。设两个散斑像沿 x_i 方向错开,成像系统的物距、横向放大率、剪切镜的倾角及折射率分别为 s、M、α 和 n,则两个散斑像的剪切量(即错位量)为

$$\Delta x_i=Ms(n-1)\alpha \tag{15-590}$$

用全息干板对该剪切散斑像作一次曝光记录,则所得剪切散斑图上每一点相当于同时记录了物体表面上彼此错开距离为 $\Delta x=\Delta x_i/M$ 的两个点 $O(x,y,z)$ 和 $O(x+\Delta x,y,z)$ 的像。用 $A(x_i,y_i)\exp[\mathrm{i}\phi(x_i,y_i)]$ 表示无剪切时物体表面在像平面上形成的散斑场复振幅,其中 $A(x_i,y_i)$ 和 $\phi(x_i,y_i)$ 分别是散斑场的振幅和相位分布,则有剪切时像面散斑场复振幅分布为

$$U(x_i,y_i)=A(x_i,y_i)\mathrm{e}^{\mathrm{i}\phi(x_i,y_i)}+A(x_i+\Delta x_i,y_i)\mathrm{e}^{\mathrm{i}\phi(x_i+\Delta x_i,y_i)} \tag{15-591}$$

相应的强度分布为

$$\begin{aligned}I(x_i,y_i)&=A^2(x_i,y_i)+A^2(x_i+\Delta x_i,y_i)+\\&\quad 2A(x_i,y_i)A(x_i+\Delta x_i,y_i)\cos[\phi(x_i+\Delta x_i,y_i)-\phi(x_i,y_i)]\\&=I_0[1+\mu\cos(\Delta\phi)]\end{aligned} \tag{15-592}$$

其中

$$I_0=A^2(x_i,y_i)+A^2(x_i+\Delta x_i,y_i) \tag{15-593}$$

$$\mu = \frac{2A(x_i, y_i)A(x_i + \Delta x_i, y_i)}{I_0(x_i, y_i)} \tag{15-594}$$

$$\Delta\phi = \phi(x_i + \Delta x_i, y_i) - \phi(x_i, y_i) \tag{15-595}$$

假设因物体表面形变而引起像面散斑场产生大小为 $\psi(x_i, y_i)$ 的相位变化，则像面散斑场的复振幅及相应的强度分布变为

$$U'(x_i, y_i) = A(x_i, y_i)e^{i[\phi(x_i, y_i) + \psi(x_i, y_i)]} + A(x_i + \Delta x_i, y_i)e^{i[\phi(x_i + \Delta x_i, y_i) + \psi(x_i + \Delta x_i, y_i)]} \tag{15-596}$$

$$I'(x_i, y_i) = I_0[1 + \mu\cos(\Delta\phi + \Delta\psi_x)] \tag{15-597}$$

其中

$$\Delta\psi_x = \psi(x_i + \Delta x_i, y_i) - \psi(x_i, y_i) \tag{15-598}$$

反映了因物体表面形变所引起的物点 $O(x, y, z)$ 和 $O(x + \Delta x, y, z)$ 在像平面上 P 点的相对相位差。用全息干板对剪切散斑像在物体变形前后作两次等量的线性曝光记录，则在线性处理条件下，剪切散斑图底片的复振幅透射系数正比于变形前后像面散斑场的总光强度，即

$$\begin{aligned} t(x_i, y_i) &= t_0 + \beta[I(x_i, y_i) + I'(x_i, y_i)] \\ &= t_0 + 2\beta I_0\left[1 + \mu\cos\left(\Delta\phi + \frac{\Delta\psi_x}{2}\right)\cos\frac{\Delta\psi_x}{2}\right] \\ &= (t_0 + 2\beta I_0) + 2\beta I_0\mu\cos\left(\Delta\phi + \frac{\Delta\psi_x}{2}\right)\cos\frac{\Delta\psi_x}{2} \end{aligned} \tag{15-599}$$

式中，t_0 和 β 均为与曝光量和记录介质感光特性有关的常数。可以看出，(15-599) 式中第一项具有类似普通像面散斑图的性质，第二项中第一个余弦因子为剪切操作引起的高频噪声(因 $\Delta\phi$ 具有随机分布性质)，只有第二项中的第二个余弦因子携带着表面形变信息。但由于第一项的存在，该信息无法清晰读取。现将剪切散斑图底片 H 置于图 15-45 所示的光路中，用会聚激光或白光照射，并在其频谱面上放置高通滤波器 F，用以滤除 (15-599) 式中第一项，同时用成像透镜 L_2 仅对高频分量成像，则在输出平面上的光强分布中将仅包含 (15-599) 式中第二项 —— 均匀高频噪声背景下的一组亮暗相间的余弦平方型干涉条纹。该条纹图样反映了物体表面的形变情况。

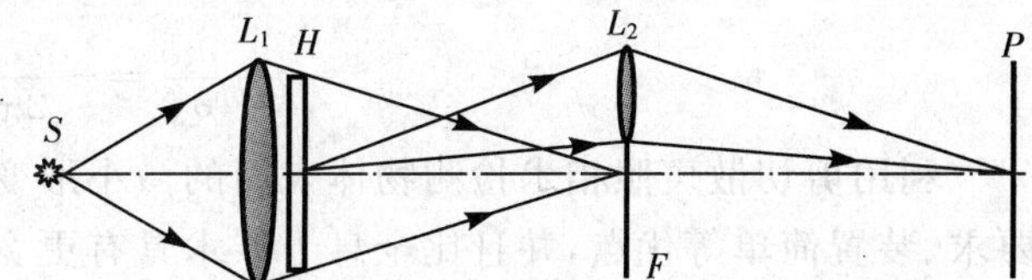

图 15-45 剪切散斑干涉条纹的提取光路

假设物体表面的形变表现为 $O(x, y, z)$ 点的微小位移 $\boldsymbol{b}(\delta u, \delta v, \delta w)$，则(15-598) 式中的 $\Delta\psi_x$ 可表示为

$$\Delta\psi_x = \frac{2\pi}{\lambda}(A\delta u + B\delta v + C\delta w) \tag{15-600}$$

式中，λ 为记录散斑图时的照射光波长，因子 A、B、C 由物点与光源点和像点的相对位置决定，即

$$\left.\begin{aligned} A &= \frac{x - x_s}{R_s} + \frac{x - x_i}{R_i} \\ B &= \frac{y - y_s}{R_s} + \frac{y - y_i}{R_i} \\ C &= \frac{z - z_s}{R_s} + \frac{z - z_i}{R_i} \end{aligned}\right\} \tag{15-601}$$

式中，$R_s = \sqrt{x_s^2 + y_s^2 + z_s^2}$，$R_i = \sqrt{x_i^2 + y_i^2 + z_i^2}$。考虑图像在 x 方向有一 Δx 的错位量，可将(15-600) 式改写为

$$\Delta\psi_x = \frac{2\pi}{\lambda}\left(A\frac{\delta u}{\Delta x} + B\frac{\delta v}{\Delta x} + C\frac{\delta w}{\Delta x}\right)\Delta x \tag{15-602}$$

当 Δx 很小时，上式等号右端中各项可看作是物点的 3 个位移分量分别沿 x 方向的位移导数，即

$$\Delta\psi_x = \frac{2\pi}{\lambda}\left(A\frac{\partial u}{\partial x} + B\frac{\partial v}{\partial x} + C\frac{\partial w}{\partial x}\right)\Delta x \tag{15-603}$$

类似地，若沿 y 方向发生剪切 Δy，则有

$$\Delta\psi_y = \frac{2\pi}{\lambda}\left(A\frac{\partial u}{\partial y} + B\frac{\partial v}{\partial y} + C\frac{\partial w}{\partial y}\right)\Delta\nu \tag{15-604}$$

可见，由剪切散斑干涉条纹可以确定出物体表面的位移导数。假设成像系统光轴（即散斑场观察方向）沿 z 轴，光源和像平面上的观察场点均位于 (x, y) 平面，则在傍轴条件下，(15-601) 式可简化为

$$\left.\begin{aligned} A &= -\frac{x_s}{R_s} = -\sin\theta \\ B &= 0 \\ C &= -\left(1+\frac{z_s}{R_s}\right) = -(1+\cos\theta) \end{aligned}\right\} \tag{15-605}$$

代入 (15-603) 式和 (15-604) 式，可得

$$\Delta\psi_x = -\frac{2\pi}{\lambda}\left[\sin\theta\frac{\partial u}{\partial x} + (1+\cos\theta)\frac{\partial w}{\partial x}\right]\Delta x \tag{15-606}$$

$$\Delta\psi_y = -\frac{2\pi}{\lambda}\left[\sin\theta\frac{\partial u}{\partial y} + (1+\cos\theta)\frac{\partial w}{\partial y}\right]\Delta y \tag{15-607}$$

特别是当表面仅发生离面位移或弯曲时，由 (15-603) 式和 (15-604) 式可以很方便地得到其离面位移导数（斜率）：

$$\left.\begin{aligned} \frac{\partial w}{\partial x} &= -\frac{\lambda}{2\pi(1+\cos\theta)}\frac{\Delta\psi}{\Delta x} \\ \frac{\partial w}{\partial y} &= -\frac{\lambda}{2\pi(1+\cos\theta)}\frac{\Delta\psi}{\Delta y} \end{aligned}\right\} \tag{15-608}$$

利用剪切散斑照相术检测物体表面的微小形变，具有全场、非接触、灵敏度可调、对被测物体表面无特殊要求、装置简单等优点，并且比全息干涉术具有更宽的加载范围。

六、振动测量

散斑方法适合于物体振动的研究，有效振幅测量范围约在 10 ～ 100 μm，其精度与全息法相当。

（一）横向振动[1,23]

按图 15-46 所示的光路，利用二次曝光法记录散斑图。第一次曝光时保持物体表面 O 静止不动，然后将全息干板 H 作微量横向位移，在表面振动条件下作第二次等量曝光。

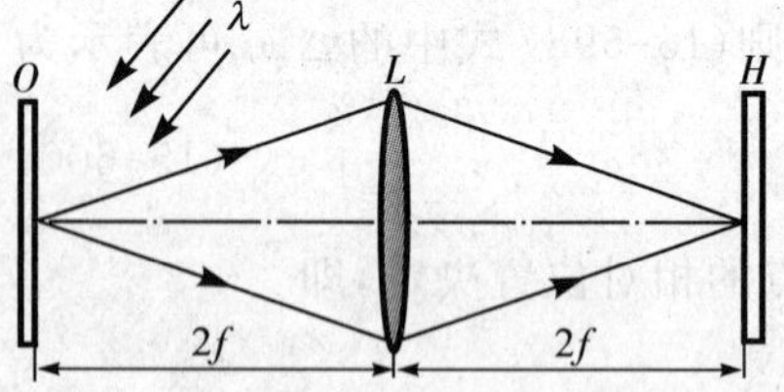

图 15-46　横向振动的研究

假设表面静止时的像面散斑图样强度分布为 $I_0(x, y)$，曝光时间为 τ，物体表面沿 x 方向振动，其振动位移为 $x = f(t)$，则在时间间隔 τ 内记录的振动散斑图样的曝光量可表示为

$$P(x,y) = I_0(x,y) * \int_{-\tau/2}^{\tau/2}\delta[x - f(t), y]\mathrm{d}t \tag{15-609}$$

于是，线性处理条件下，所得二次曝光法散斑图底片的透射系数为

$$\begin{aligned} t(x,y) &= t_0 + \beta'[I_0(x,y)\tau + P(x,y)] \\ &= t_0 + \beta'\tau I_0(x,y) + \beta' I_0(x,y) * \int_{-\tau/2}^{\tau/2}\delta[x - f(t), y]\mathrm{d}t \end{aligned} \tag{15-610}$$

式中，t_0 和 β' 均为与记录介质感光特性有关的常数，第三项的傅里叶变换与下式成正比：

$$t_3(x,y) \propto I(\xi,\eta)\int_{-\tau/2}^{\tau/2}\mathrm{e}^{\mathrm{i}2\pi\xi f(t)}\mathrm{d}t = I(\xi,\eta)T(\xi) \tag{15-611}$$

为简化计，设该振动为简谐振动，即

$$f(t) = a\sin\omega t \tag{15-612}$$

从而 (15-611) 式中的积分可利用贝塞尔函数展开为

$$T(\xi) = \mathrm{J}_0(2\pi\xi a)\int_{-\tau/2}^{\tau/2}\mathrm{d}t + 2\sum_{n=1}^{\infty}\mathrm{J}_{2n}(2\pi\xi a)\int_{-\tau/2}^{\tau/2}\cos(2n\omega t)\mathrm{d}t +$$

$$2\mathrm{i}\sum_{n=0}^{\infty}\mathrm{J}_{2n+1}(2\pi\xi a)\int_{-\tau/2}^{\tau/2}\sin[(2n+1)\omega t]\mathrm{d}t \tag{15-613}$$

如果曝光时间$\tau \gg 2\pi/\omega$，则(15-613)式后两项的贡献为0，因而振动散斑图的频谱被0阶贝塞尔函数所调制。当用逐点滤波法观测时，物体表面上的稳定区域将产生高衬比度的杨氏干涉条纹；而振动区域产生的杨氏干涉条纹图样的衬比度随干涉级次的增大按0阶贝塞尔函数衰减。由最亮线衰减至0值的间隔即可确定出振动振幅。

（二）轴向振动[1,23-24]

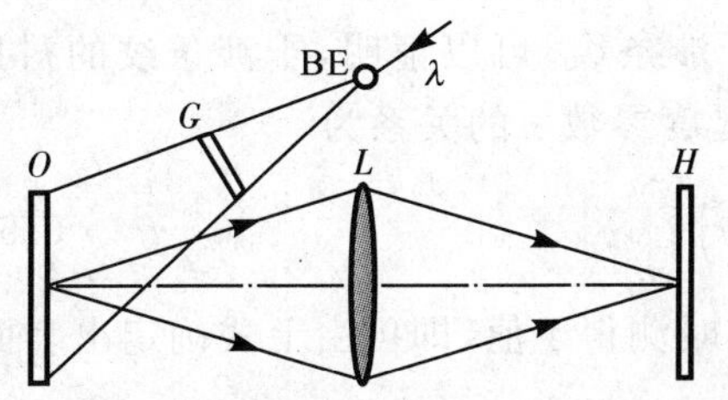

图 15-47 基于辅助漫射体照明的轴向振动测量

物体表面的轴向振动可采用图15-47所示的光路测量。自激光器发出的细激光束经扩束器BE扩束后，首先照射到一块毛玻璃G上，再由其漫射光照明待测物体O，这样可以克服散斑对轴向振动不敏感的缺点。

在这种记录条件下，与物体表面上稳定区域对应的像面散斑图样具有高的衬比度，而与振动区域对应的像面散斑图样的衬比度较小，甚至为0。于是，利用滤波技术，便可得到感兴趣的信息。

（三）基于参考光波的振动测量[1,25]

漫射体的振动也可以通过引入一个均匀的参考光波来测量。如图15-48所示，用激光照明漫射体O，经透镜L将物体表面成像，用全息干板记录其像面散斑图样。同时，利用分束镜从同一激光源分出另一束光波，并将其作为参考光波直接投射到位于像平面的全息干板上。该参考光波与成像光波在记录平面上叠加并发生干涉。在物体表面处于静态时作一次曝光记录，然后让干板沿横向作微量移动x_0，并且在物体表面处于振动状态下作第二次曝光记录。这种方法实际上是一种像面全息干涉方法，所记录的散斑图相当于二次曝光的像全息图，因此，可直接在白光下观察到振动条纹图样。

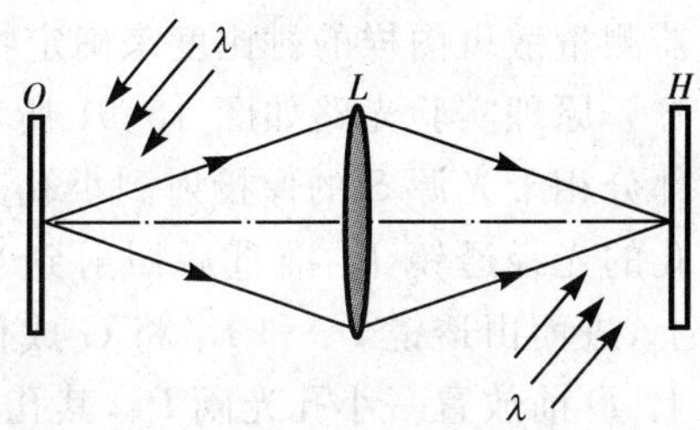

图 15-48 基于参考光波的振动测量

七、表面粗糙度检测

激光散斑现象是物体表面对照射激光随机散射的结果，因而必然携带着表面粗糙程度的信息。研究表明，利用激光散斑的统计特性，可以给出有关表面粗糙度的统计参数。

（一）根据条纹衬比度确定粗糙度[1,15,26]

如图15-49所示，用激光束以θ角倾斜照射待测表面S，在距S为d处放置全息干板H，对散斑图样作一次曝光记录。然后将入射光束方向改变$\Delta\theta$，再作第二次等量曝光记录。根据激光散斑的空间运动规律：当$\Delta\theta$较小时，所得两个散斑图样除有一横向相对位移外，分布相同；当$\Delta\theta$较大时，两个散斑图样除有一横向位移外，结构上也有区别。这表明，由于表面粗糙度的影响，使得两散斑图样的相关度降低。由此将导致所得位移散斑图底片的空间频谱中杨氏条纹的衬比度下降。可以证明，若以σ表示粗糙表面对平均表面的平均偏离，则条纹衬比度γ与σ之间关系为

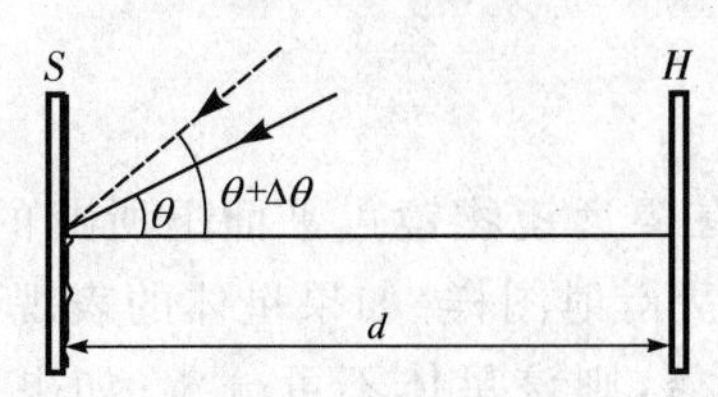

图 15-49 测量表面粗糙度的记录光路

$$\gamma = \exp\left[-\left(\frac{2\pi\sigma}{\lambda}\Delta\theta\sin\theta\right)^2\right] \tag{15-614}$$

测量出杨氏条纹的衬比度γ，即可由上式求得表面粗糙度参数σ的值。

（二）表面粗糙度的实时测量[1,15,27]

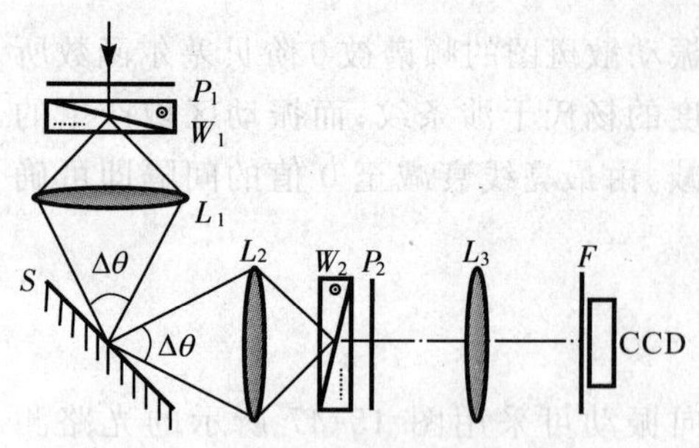

图 15-50　表面粗糙度的实时测量光路

利用图 15-50 所示的光路可以实时测量表面粗糙度。透过起偏器 P_1 的激光束由渥拉斯顿棱镜 W_1 分为两束偏振方向正交的线偏振光，经透镜 L_1 投射到待测表面 S 上同一点。进而利用透镜 L_2 以补偿的方式将表面反射光投射到渥拉斯顿棱镜 W_2 上。于是，由 W_1 分开的两束正交线偏振光，经 W_2 后又重合在一起。若给 W_2 一个小的轴向位移，并在 W_2 后放置一个检偏器 P_2 和一个透镜 L_3，则在 L_3 的后焦平面 F 上可观察到干涉条纹。可以证明，干涉条纹的衬比度 γ 与光束夹角 $\Delta\theta$ 和表面粗糙度参数 σ 的关系为

$$\gamma = \frac{1}{2}\exp\left[-\left(\frac{2\sqrt{2\pi\sigma}}{\lambda}\sin\Delta\theta\right)^2\right] \tag{15-615}$$

在 F 平面上直接用 CCD(或放置光电探测器并沿横向移动）实时测得 γ 值，即可由上式确定出表面粗糙度参数 σ 的值。

（三）利用部分相干光照明测量粗糙度[1,15,28]

采用部分相干光照明漫射体时，也会产生散斑分布，但散斑图样的衬比度较低，并且在一定范围内，散斑图样的衬比度与漫射体表面的粗糙度成线性关系。因此，可以利用部分相干光照明漫射体，通过用光电探测器测量散斑图样的衬比度来确定物体表面的粗糙度。

原理实验光路如图 15-51 所示。由聚光器 L_1 将部分相干光源 S 的像投射到小孔光阑 P_1 处，透过小孔的光经透镜 L_2 准直后照射到半透明的漫射体 G 上，进而由透镜 L_3 和 L_4 将 G 成像在光电探测器 D 上。D 前放置一小孔光阑 P_3，其孔径小于投射到此处的散斑颗粒。小孔光阑 P_2 位于透镜 L_2 的前焦平面，用以控制到达探测器上的散斑颗粒的大小。横向移动 D，即可测出散斑颗粒的强度分布。也可以用 CCD 代替 D 直接探测散斑颗粒的强度分布。

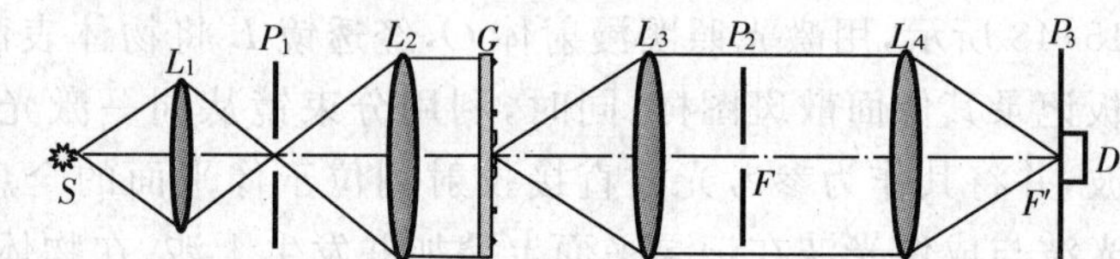

图 15-51　使用部分相干光测量物体表面粗糙度

定义平面 G 处的空间相干度参数为

$$\rho = \frac{1.22}{2a}\lambda f \tag{15-616}$$

式中，a 为光阑 P_1 的孔径半径，f 为透镜 L_2 的焦距，λ 为照射光波长。可以证明，对于给定的 ρ 值，所测得散斑图样的衬比度 γ 与表面粗糙度参数 σ 呈线性变化关系。这里 γ 定义为

$$\gamma = \frac{\sqrt{\langle(\Delta I)^2\rangle}}{\langle I\rangle} \tag{15-617}$$

式中，$\langle I\rangle$ 为散斑的平均强度，ΔI 为所测得散斑的强度变化。图 15-52 显示了不同 ρ 值时 γ 与 σ 之间的线性关系。

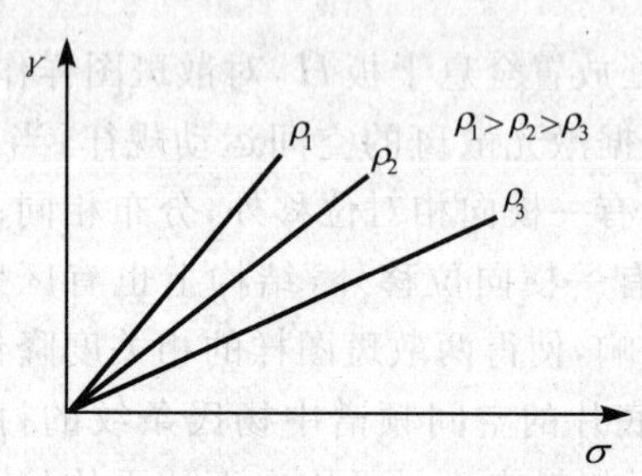

图 15-52　散斑衬比度与表面粗糙度的关系

八、星体散斑干涉术

在傍轴条件下，遥远星体在望远镜物镜焦平面上所成的像，实际上就是望远镜光瞳的夫琅禾费衍射图样。如果星体的表观直径远小于望远镜光瞳衍射图样的直径，则该星体不可分辨；如果星体的表观直径接近或与望远镜光瞳衍射图样的直径相当，则该星体可分辨。实际中，由于大气扰动的存在，使各处折射率发生无规则的变化，从而使到达望远镜的星光不再是平面波，其波前相位一般呈现出一种随时间随机变化的无规则分布。如果用高灵敏度感光介质，在极短时间内进行曝光记录，则可以认为星光的波前在这个

时间间隔内还来不及变化。于是，在星体不可分辨的情况下，所记录的将是一幅散斑图样；而在星体可分辨的情况下，所记录的应是该散斑图样与星体几何像的卷积。基于以上原因，可以利用散斑照相术来研究一些重要的天文信息。

（一）双星张角的测量[1,29]

理想情况下，自双星发出的光到达望远镜时，可视为来自两个不同方向的平行光，因而应在望远镜物镜焦点附近产生两个错位的光瞳衍射图样。由于大气扰动的影响，实际得到的将是两个错位的同结构散斑图样。若在镜头前加滤色片，并采用极短的曝光时间记录，将得到一张位移散斑图底片，其空间频谱为一组杨氏干涉条纹。设两星体的光强比为 m，则杨氏条纹的衬对比度为

$$\gamma = \frac{2m}{1+m} \tag{15-618}$$

条纹的角间距为

$$\Delta\theta = \frac{\lambda}{\xi_0} = \frac{\lambda}{\alpha f} \tag{15-619}$$

式中，$\xi_0 = \alpha f$ 表示散斑图错位量，α 为双星对望远镜入瞳中心的张角，f 为望远镜物镜的焦距。于是可求得

$$\alpha = \frac{\lambda}{f\Delta\theta} \tag{15-620}$$

（二）星体表观直径的测量[1,30]

拉贝里在 1976 年提出了通过对星体产生的散斑图样进行频谱分析来测定星体表观直径的思想。其要点是：在星体可分辨的条件下，底片上记录的散斑图样的强度分布为 $s(x, y) * A(x, y)$，其中 s 为星体不可分辨情况下所形成的散斑图样的强度分布，A 为星体像的强度分布，符号 $*$ 表示卷积运算。若将此散斑图底片放在一傅里叶透镜的前焦平面上，并用相干平行光垂直照射，可在其后焦平面上记录下其频谱强度分布 $|s(\xi, \eta)|^2 |A(\xi,\eta)|^2$。这里 $s(\xi,\eta)$ 和 $A(\xi,\eta)$ 分别为 $s(x, y)$ 和 $A(x, y)$ 的傅里叶变换。如果将不同时刻记录的许多底片的频谱叠加起来，即相当于对频谱强度求系综平均值，则由于 $|A(\xi,\eta)|^2$ 恒定不变，叠加结果将得到 $\langle|s(\xi,\eta)|^2\rangle|A(\xi,\eta)|^2$。而 $\langle|s(\xi,\eta)|^2\rangle$ 可通过对一个不可分辨的星体的测量求得，从而可最终求出 $|A(\xi,\eta)|^2$。

（三）使用多个望远镜组合测量星体的表观直径[1,31]

前述方法的分辨率受到望远镜光瞳的限制。而要进一步增大天文望远镜的光瞳直径又有相当多的困难。为此，可采用两个相隔一定距离的望远镜联合测量。此时，分辨率取决于两望远镜之间的距离，这相当于把一个望远镜的孔径增加了许多倍。图 15-53 显示了这种方法的原理光路。其中，两望远镜光路对称，记录干板 H 位于两望远镜物镜共同的焦点处。由于自两个望远镜物镜出射的光之间的干涉，所记录的散斑图样受到一组干涉条纹的调制。设 f 为望远镜物镜的焦距，d 为两望远镜轴线之间的距离，λ 为滤色片的中心波长，则这些干涉条纹的间距为 $\lambda f/d$，其他运算处理与前述方法一样。但由于现在的散斑图样中包含着条纹，当 d 较大时，条纹非常细密，因而可以得到很高的分辨率。也可以将这种方法推广到使用多个透镜形成阵列的情况。

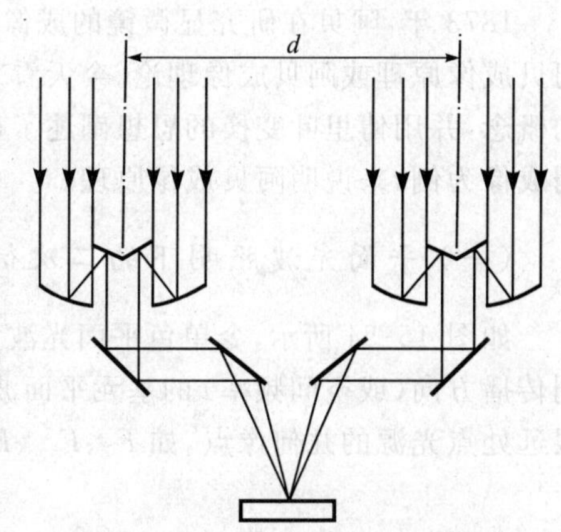

图 15-53　基于双望远镜测量星体表观直径的散斑照相原理光路

九、人工散斑[1]

随着对激光散斑现象研究的深化，人们发现，实际中有许多物体表面存在着类似于激光散斑状的随机分布图样，因而都可以像激光散斑一样加以利用，并且这种散斑图样一般只需用普通白光照明。

1）用人工方法在物体中造成随机分布的明暗相间的颗粒。如在涂料中均匀地掺入一些透明或不透明微

粒，以使被涂覆的物体表面在光照下呈现随机分布的亮暗斑纹。在透明体中均匀地扩散某种特殊的杂质微粒，也可以达到同样的效果。对于这类散斑图样，一般采用像平面记录。只要成像系统具有足够的空间分辨率，在像平面上就可以观察到一群亮暗相间的斑纹，其行为与真正的激光散斑相似。

2）利用一个具有随机强度透射率的掩膜来调制图像。如白光照射下的毛玻璃板就是一个很好的散斑掩膜。在激光照射下记录一块毛玻璃的散斑图样，并经适当的显影、定影处理，所得散斑图负片也是一个很好的散斑掩膜。利用这种调制方法，可以通过照相技术对不能接近的景物实现调制。当调制对像为透明片时，也可将散斑掩膜、透明片及记录胶片叠置起来曝光。

3）在某些情况下，物体本身具有一种足够精细的随机结构，这种结构可以直接起到散斑颗粒的作用。如某些建筑物墙壁、水泥或沥青路面以及从空中看到的草地、庄稼、森林、沙漠、戈壁等。

第九节　光学信息处理

所谓光学信息处理，一般是指用光学方法处理光学信息。这里的光学信息主要是指各种光学图像信息，如侦察照片、X 射线照片、电视图像、电子显微镜照片、遥感照片、雷达及声纳图像等。光学信息处理可视为对光学信息施行某种光学运算或变换，以便对感兴趣的信息进行提取、编码、存贮、增强、识别、恢复等，其最大优势是高速度、并行性及空间互连性。根据使用光源的不同，光学信息处理可分为相干与非相干处理两类；根据系统输出与输入的关系，又有线性与非线性、空间变与空间不变的区别。早期的光学信息处理主要采用线性或非线性的空间不变系统。光学信息处理的理论基础是标量衍射理论。按照这一理论，衍射被认为是光波在传播过程中受到某种调制的结果。由此出发，便可以将光波在任何一个光学系统中的传播过程，看作是一系列不同衍射过程的累积。其所经过的每一个光学器件，都可以看作是一种专门的光调制器或处理器。另一方面，按照傅里叶变换思想，任何一个复杂的光波场，都可以看成是由一系列方向不同的基元平面波场在空间的线性叠加。每一个方向的基元平面波，表征了该复杂波场的一个空间频率成分。光学傅里叶变换的作用就是将这些不同的空间频率成分在空间分开，以便能够对其进行分析、调制和改善。在傍轴条件下，一个薄透镜正好就具有将不同方向的平面波会聚到其像方焦平面上不同点的能力。因而，傍轴条件下的透镜作为一个线性傅里叶变换器，便成为光学处理系统中一种最基本且最重要的光学处理器。

一、阿贝成像原理[10,32]

1873 年，阿贝在研究显微镜的成像特性时，首次从衍射的角度解释了光学成像的物理机制，后被称之为阿贝成像原理或阿贝成像理论。今天看来，阿贝成像理论的重要贡献，在于首次引入了频谱和二次衍射成像的概念，并用傅里叶变换的思想阐述了显微镜成像的机理。下面分别以相干平面光波和球面光波照明下的光栅成像为例，来说明阿贝成像原理。

（一）平面光波照明下的二次衍射成像

如图 15-54 所示，令单色平面光波垂直照射一光栅 G，由于衍射，透过 G 的光波被分解成一系列具有不同传播方向（或空间频率）的基元平面波，每个基元平面波在透镜 L 的像方焦平面 F 上以其几何会聚点（即无限远处点光源的几何像点，如 F_0、F_{+1}、F_{-1} 点）为中心，形成一组夫琅禾费衍射图样。将像方焦平面 F 上的每一点看作是一个子波源，其所发出的球面子波在像平面上相干叠加的结果，形成 G 的共轭像 G'。

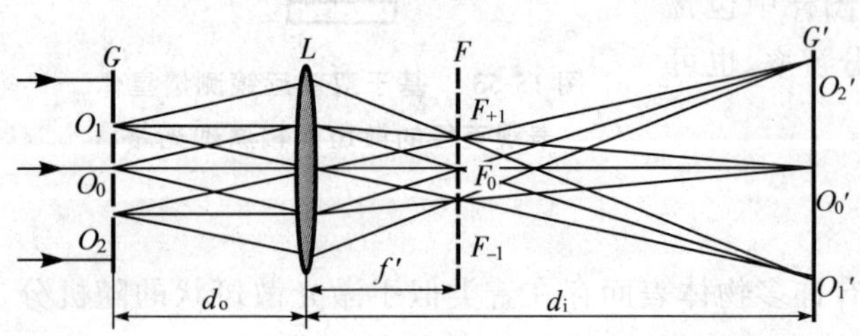

图 15-54　相干平面光波照明下的二次衍射成像原理

按照阿贝理论，上述过程可看作是物光波的两次衍射过程：从物平面到透镜的像方焦平面为第一次衍射，从透镜的像方焦平面到物的共轭像平面为第二次衍射。两次衍射过程涉及两对共轭平面，其一是位于无限远处的光源平面与透镜的像方焦平面，其二是物平面与其共轭像平面。光学系统成像的等光程条件保证了自各个物点发出且能够通过透镜的所有具有不同方向的光线（即具有不同空间频率成分的平面波分量）均能够以相同的光程到达相应的共轭像点，从而出现干涉加强，形成亮的点像。

（二）球面波照明下的二次衍射成像

如图 15-55 所示，假设照明光栅 G 的是一个位于 S_0 点的相干点光源发出的单色球面光波，则可以认为，透过 G 的光波被分解成一系列犹如来自光源平面 S 上不同点（如 S_0、S_1、S_2）的基元球面波。每个基元球面波通过透镜 L 后，在光源的共轭像平面 S' 上以其几何会聚点（如 S_0'、S_1'、S_2'）为中心形成一组夫琅禾费衍射。这相当于从物平面到光源共轭像平面的第一次衍射。S' 上的每一点都可以看作是一个子波源，其所发出的球面子波在物的共轭像平面 G' 上相干叠加的结果，形成 G 的共轭像。这相当于从光源的共轭像平面到物的共轭像平面的第二次衍射过程。这里同样存在着两对共轭平面，其一是光源平面 S 与其共轭像平面 S'，其二是物平面 G 与其共轭像平面 G'。同样，光学系统成像的等光程条件保证了自各个物点发出且能够通过透镜的所有具有不同方向的光线，均能够以相同的光程到达相应的共轭像点，从而出现干涉加强，形成亮的点像。

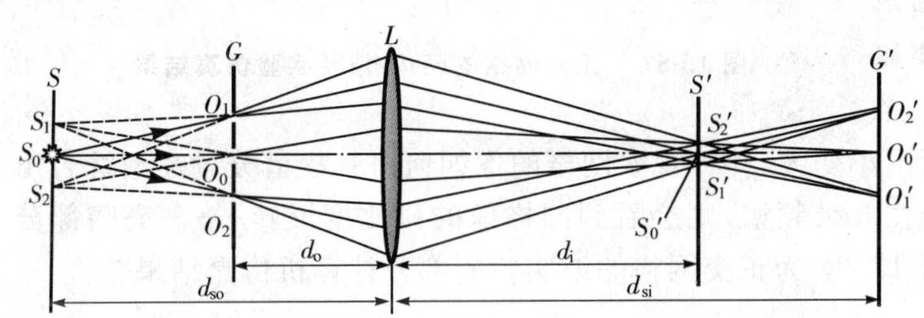

图 15-55　相干球面光波照明下的二次衍射成像原理

（三）阿贝成像原理的傅里叶描述

根据标量衍射理论，无论是平面波还是球面波照明，阿贝提出的二次衍射成像过程，实际上就是成像系统对物光波的两次傅里叶变换过程。其中，从物平面到照明光源的共轭像平面为第一次变换——频谱分解过程，即

$$U(\xi,\eta)\propto F\{U(x_o,y_o)\} \tag{15-621}$$

从光源的共轭像平面到物的共轭像平面为第二次变换——频谱综合过程，即

$$U(x_i,y_i)\propto F\{U(\xi,\eta)\} \tag{15-622}$$

按照傅里叶变换的循环性质，有

$$F\{F\{U(x_o,y_o)\}\}=U(-x_i,-y_i) \tag{15-623}$$

上式表明，两次傅里叶变换的结果相当于使原物函数发生空间反转，即对物体成倒立像。在这里，所谓光源的共轭像平面实际上就是物的频谱面。为了得到与物体完全相似的像，必须使物体的全部频谱都参与成像，这要求透镜必须具有足够大的孔径。当透镜孔径有限时，必然会有部分高频信息被孔径截止，从而导致成像的分辨率降低。

二、阿贝-波特实验[10,18,33]

受阿贝成像理论的启发，波特于 1906 年提出了一个网格滤波实验。该实验的原理光路如图 15-56 所示。位于 (x_o,y_o) 平面的正交网格 G 在单色平面光波垂直照射下，将在透镜 L 的像方焦平面（频谱面）F' 上形成一种点阵状的夫琅禾费衍射图样；自点阵状衍射光场各点发出的球面子波在平面 (x_i,y_i) 上发生相干叠加，形成网格的像 G'。

从子波叠加特性来看，所形成的网格像的结构特征，与频谱面上各衍射亮斑的贡献情况有关。像平面上，沿水平方向排列的竖格结构，来自频谱面上所有沿水平方向排列的衍射亮斑的贡献；沿竖直方向排列的横格结构，则来自频谱面上所有沿竖直方向排列的衍射亮斑的贡献。如果去掉频谱面上一些衍射亮斑，相应部分

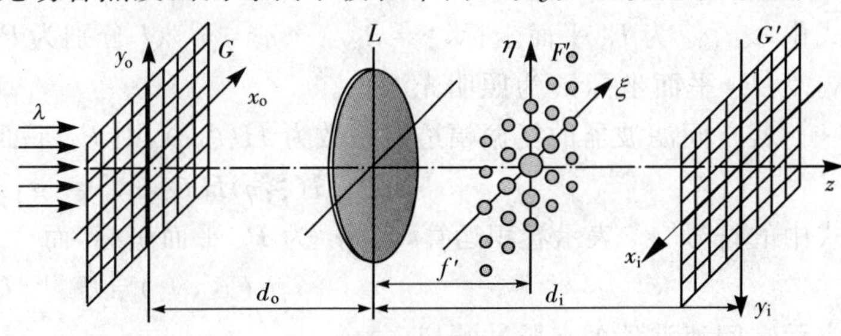

图 15-56　阿贝-波特实验原理光路

的像将由于这些频谱成分的缺少而不完整。于是考虑在频谱面上插入一个狭缝光阑，选取狭缝的宽度恰好只能让一列或一行衍射亮斑透过，其他衍射亮斑均被光阑挡掉。进而旋转狭缝光阑，使狭缝依次沿竖直、水平和倾斜 45° 方向，结果发现：当狭缝沿竖直方向时，即只允许频谱面上中心一列衍射亮斑通过狭缝时，在像平面上得到沿水平方向排列的一维网格像；当狭缝沿水平方向时，即只允许位于频谱面上中心一行衍射亮斑通过狭缝时，在像平面上得到沿竖直方向排列的一维网格像；当狭缝倾斜 45° 放置时，在像平面上相应地得到沿垂直于狭缝方向排列的一维网格像。若在频谱平面上放上一个孔径大小可变的光阑代替狭缝，并使其孔径逐渐由小变大，即可观察网格的像如何由其频谱分量逐渐综合出来。此外，如果去掉小孔光阑，换上一个小圆盘挡住 0 级频谱，则会看到网格像的衬比度反转 —— 亮暗部分与原物中透明与不透明部分的位置正好相反。图 15-57 为正交网格滤波实验的部分计算机仿真结果。

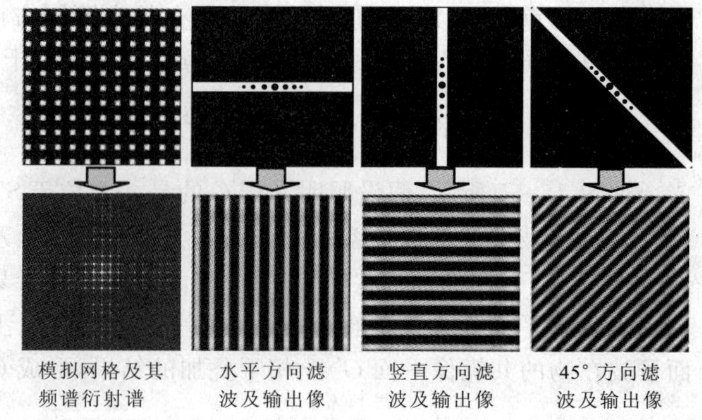

图 15-57　正交网格的阿贝-波特实验仿真结果

三、相干光学处理系统[1,18]

阿贝成像理论及阿贝-波特实验的真正价值，在于它引出了一种描述光信息的新思路，启发人们用改变空间频谱的手段来处理光信息。按照这一思路，光学成像系统实际上是一个光信息处理系统。其中物与像分别为系统的输入和输出，物平面和像平面分别为系统的输入和输出平面，频谱面为系统的处理平面，而透镜则充当着傅里叶变换器的角色。频谱面上的光场分布反映了物的结构特征，如果在频谱面上通过某种手段对物的空间频谱作适当调整，就会影响到系统的输出，即改变所成像的特性。

典型的相干光学处理系统如图 15-58 所示。其中 L_c 为准直透镜，L_1 和 L_2 为一对共焦放置的傅里叶透镜，输入（物）平面位于 L_1 的物方焦平面 P_1，频谱面位于 L_1 和 L_2 的共焦平面 P_2，输出（像）平面位于 L_2 的像方焦平面 P_3。由于 P_1、L_1、P_2、L_2、P_3 等 5 个平面间距相等且等于 f，故该系统通常称为 4f 系统。由相干点光源 S 发出的单色球面波经 L_c 准直后，垂直照射在 P_1 平面上，经位于 P_1 平面上的物体衍射后，再经 L_1 作二维傅里叶变换，在 P_2 平面上形成物的频谱。在 P_2 平面上放置空间滤波器，对频谱进行某种滤波，透过滤波器的部分频谱进而经 L_2 作二次傅里叶变换，最终在 P_3 平面上成像。因此，这一操作过程称为空间频率滤波。

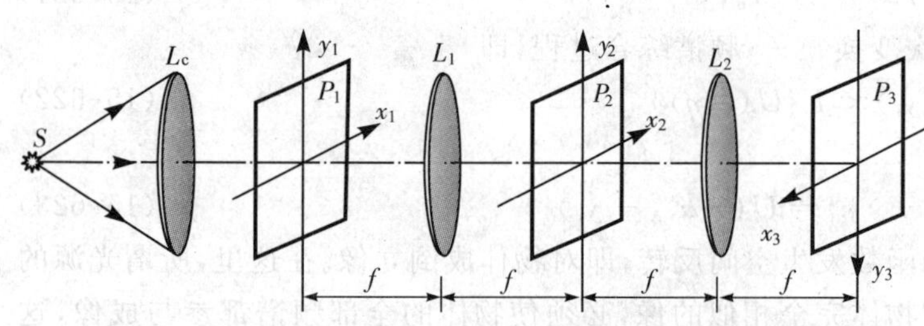

图 15-58　典型的相干光学处理系统(4f 系统)

假设输入物体的复振幅透射系数为 $g(x_1,y_1)$，则到达 P_2 平面上的光场复振幅为

$$G(\xi,\eta)=F\{g(x_1,y_1)\} \tag{15-624}$$

式中，x_1、y_1 为 P_1 平面坐标，$\xi=x_2/\lambda f$、$\eta=y_2/\lambda f$ 分别为 P_2 平面上沿水平和竖直方向的空间频率分量，x_2、y_2 为 P_2 平面坐标，λ 为照明光波长。

若空间滤波器的复振幅透射系数为 $H(\xi,\eta)$，则 P_3 平面上的光场复振幅分布为

$$F^{-1}\{G(\xi,\eta)H(\xi,\eta)\}=g(x_3,y_3)*h(x_3,y_3) \tag{15-625}$$

式中的符号“*”表示卷积运算，x_3、y_3 为 P_3 平面坐标，而

$$h(x_3,y_3)=F^{-1}\{H(\xi,\eta)\} \tag{15-626}$$

表示空间滤波器的点脉冲响应。

(15-624) 式是相干光学处理的基本关系。它表示，只要选用合适的空间滤波器，就可以按照需要对输入

图像信息进行相应处理，得到所需要的输出图像。

四、空间滤波器的分类

相干光学处理过程的关键，是针对处理对象选择合适的空间滤波器。根据对空间频谱滤波作用的不同，空间滤波器可分为多种类型，常用的有以下几种：

（一）二元振幅滤波器

二元振幅滤波器的透射系数只有 0 或 1 两个值。根据其所作用频谱区域的不同，可分为低通、高通、带通及方向型等 4 种。

1）低通滤波器：形状如图 15-59 的（a）所示，相当于一个小孔光阑，只允许位于频谱面中心区域的低频分量通过，用以滤除高频噪声和图像背景中的周期性结构。

2）高通滤波器：形状如图 15-59 的（b）所示，相当于一个不透明的小圆（或方）盘，只允许位于频谱面上远离中心区域的高频分量通过，用以实现图像的衬比度反转或边沿轮廓增强。

3）带通滤波器：形状如图 15-59 的（c）、（d）所示，相当于一个透明（图（c））或不透明（图（d））环状光阑，只允许位于频谱面上特定区域的频谱分量通过，用以除去包围规则物体的无规则噪声。

4）方向滤波器：形状如图 15-59 的（e）、（f）所示，相当于一个狭缝或十字缝光阑（图（e）），或者一个不透明的条或十字条状光阑（图（f）），只允许透过（或阻挡）一定方向上的频谱分量通过，用以突出或滤除图像的某些特征，如消除图像背景的网格或划痕等缺陷。

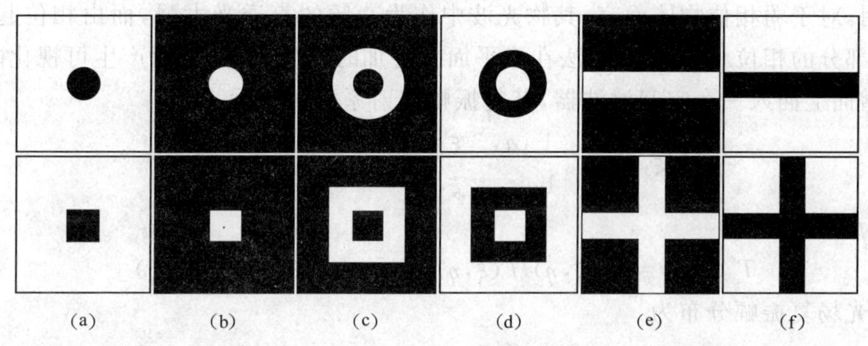

图 15-59 二元振幅滤波器

（a）低通滤波器；（b）高通滤波器；（c）（d）带通滤波器；（e）（f）方向滤波器

（二）振幅滤波器

振幅滤波器是指只调制光波振幅分布而不改变其相位分布的滤波器，但与二元振幅滤波器不同，振幅滤波器对光波具有连续变化的振幅透射系数。传统的制作方法是利用感光胶片对具有一定空间强度分布的光场进行曝光，或者按照一定函数分布来控制胶片的曝光量分布，从而得到一张具有相应黑度（或振幅透射系数）分布的负片或正片。

（三）相位滤波器

相位滤波器是指只调制光波相位而不改变其振幅分布的滤波器。这种滤波器的典型应用包括相衬显微镜和处理综合孔径雷达系统。通常利用真空镀膜方法制作相位滤波器。但是利用这种方法制作的相位滤波器，由于工艺限制，很难实现复杂的相位变化。

（四）复数滤波器

复数滤波器的透射系数为复数，意味着可同时调制光波的振幅和相位分布。其应用很广泛，但难以制造。常用全息照相方法综合或计算全息方法制作。

需要说明的是，由于计算机技术和显示技术的发展，目前人们可以利用计算机设计和绘制出上述各种空间滤波器，并借助于模拟的和数字的空间光调制器将这些空间滤波器引入光路中。

五、相衬显微术[1,3,12,18,34]

传统的光学显微镜只能用来观察物体亮暗的变化，不能辨别物体相位的变化，特别是那些相位起伏较小的弱相位物体。因此，最初用显微镜观察相位型物体（如透明生物标本）时，必须采用染色法。而染色的结果往往会导致生物体死亡，因而无法在显微镜下观察活体标本的生命过程。此外，对某些固态介质也无法进行染色处理。泽尼克于 1935 年提出的相衬显微术，通过引入相位滤波技术，很好地解决了透明生物标本的显微成像问题。

对于诸如生物细胞一类的弱相位物体，其复振幅透射系数可表示为

$$t(x,y)=\exp\left[\mathrm{i}\phi(x,y)\right] \tag{15-627}$$

若 $|\phi(x,y)|\ll 1\,\mathrm{rad}$，则可将 $t(x,y)$ 作级数展开并忽略其中的 ϕ^2 及更高阶项，得

$$t(x,y)\approx 1+\mathrm{i}\phi(x,y) \tag{15-628}$$

将物体置于显微物镜的物平面上，假设用单位振幅的平面光波垂直照射，则透过物体的光波强度为

$$I_o(x,y)\approx\left|1+\mathrm{i}\phi(x,y)\right|^2\approx 1 \tag{15-629}$$

相应地，在其频谱面上的光场复振幅分布为

$$T(\xi,\eta)\propto F\{t(x,y)\}=\delta(\xi,\eta)+\mathrm{i}\Phi(\xi,\eta) \tag{15-630}$$

式中，$\Phi(\xi,\eta)=F\{\phi(x,y)\}$。

以上分析表明，对于弱相位物体而言，其物光波中作为 0 频的直透光太强，而由相位起伏引起的高频衍射光太弱，并且两部分的相位相差 $\pi/2$，无法在像平面上叠加时发生干涉，从而产生可视化的像强度分布。

现考虑在频谱面上插入一个空间滤波器，其复振幅透射系数可表示为

$$H(\xi,\eta)=\begin{cases}\pm\mathrm{i}a, & \xi=\eta=0,\quad 0<a<1\\ 1, & \xi,\eta\neq 0\end{cases} \tag{15-631}$$

则滤波后的频谱为

$$T'(\xi,\eta)=T(\xi,\eta)H(\xi,\eta)\propto\mathrm{i}\left[\pm a\delta(\xi,\eta)+\phi(\xi,\eta)\right] \tag{15-632}$$

于是，像平面上的光场复振幅分布为

$$g(x_i,y_i)=F^{-1}\{T'(\xi,\eta)\}\propto\mathrm{i}\left[\pm a+\phi(x_i,y_i)\right] \tag{15-633}$$

强度分布为

$$I_i(x_i,y_i)=\left|g(x_i,y_i)\right|^2\propto a^2\pm 2a\phi(x_i,y_i) \tag{15-634}$$

式中，x_i、y_i 表示像平面坐标。(15-634) 式表明，经相位滤波后，像的强度分布与物体的相位分布成线性关系。

若定义像的衬比度为

$$\gamma=\frac{I_i(x_i,y_i)-a^2}{a^2} \tag{15-635}$$

则可得

$$\gamma=\pm\frac{2\phi(x_i,y_i)}{a} \tag{15-636}$$

可见，物体的相位分布转化成了像的衬比度分布，并且 a 值越小，像的衬比度越高。(15-636) 式中，正号表示正相衬，负号表示负相衬，正、负号的选取决定于 0 级频谱的相位延迟是 $+\pi/2$ 或 $-\pi/2$。

相衬显微术也可以应用于观察金相表面、抛光表面以及各种透明材料的不均匀性检测。

六、线性空间不变处理

（一）图像相减

图像相减是求两幅图像差异的运算。如果两幅图像 A 和 B 之间具有某些相同和不同部分，则通过相减处

理，可以去除其相同部分(A＋B)，而仅仅提取出其差异部分(A－B)。因此，图像相减技术广泛应用于军事侦察、卫星遥感、地理测绘、医学诊断等技术中。利用光学系统实现图像相减的思路是，设法通过某种途径使得携带两幅图像信息的光波的波前反相或相位相差 π 的奇数倍。常用的方法有朗琴光栅调制法、正弦光栅滤波法和散斑照相调制法等。

1. 朗琴光栅调制法[3,12]

将一透光部分和不透光部分宽度相等的朗琴光栅紧贴感光胶片，并依次对两幅图像作等量编码曝光记录(可采用直接几何投影或成像方式)，要求两次曝光之间光栅沿横向移动半个周期。假设光栅的强度透射率为

$$t(x)=\frac{1}{2}\left\{1\pm\frac{4}{\pi}\left[\sin(2\pi\xi_0 x)+\frac{1}{3}\sin(6\pi\xi_0 x)+\cdots\right]\right\}=\frac{1}{2}(1\pm R) \tag{15-637}$$

式中，R 表示第一个等号后大括号中的第二项，正、负号分别表示对应两次曝光的两个光栅的相位相差 π；ξ_0 表示光栅的空间频率，即光栅常数的倒数。同时假设两幅图像的光强度分布分别为 I_A 和 I_B，则所得编码底片的总曝光量

$$H\propto I_A\left[\frac{1}{2}(1+R)\right]+I_B\left[\frac{1}{2}(1-R)\right]=\frac{1}{2}(I_A+I_B)+\frac{1}{2}(I_A-I_B)R \tag{15-638}$$

上式等号右端第一项表征了两个图像的相同部分，第二项表征了受光栅调制的两个图像的差异部分。由于一般图像的空间频率都较低，只要编码光栅的空间频率足够高，则上式中的第一项将集中在编码底片的低频区域，而第二项主要集中在高频区域。于是，可将该编码底片置于图 15-58 所示 $4f$ 系统中的输入平面，并在频谱面插入高通滤波器，即可滤除上式中的第一项所携带的两图像的相同部分，从而在输出平面仅仅显示出两图像的差异部分。

2. 正弦光栅滤波法[1,3,12]

利用全息照相方法制作一空间频率为 ξ_0 的正弦光栅 G，并将其放置在图 15-58 所示的 $4f$ 系统的滤波平面 P_2 上，其复振幅透射系数为

$$t(x_2)=\frac{1}{2}+\frac{1}{2}\sin(2\pi\xi_0 x_2)=\frac{1}{2}+\frac{1}{4}e^{i2\pi\xi_0 x_2}-\frac{1}{4}e^{-i2\pi\xi_0 x_2} \tag{15-639}$$

在输入平面 P_1 上沿 y_1 轴对称放置两个分别载有图像信息 A 和 B 的透明片，其中心距离为 $2b$，且

$$b=\lambda f\xi_0 \tag{15-640}$$

若以 g_A 和 g_B 分别表示透明片 A 和 B 的复振幅透射系数，则在单位振幅平面光波垂直照射下，透过透明片的光场复振幅分布为

$$g(x_1,y_1)=g_A(x_1-b,y_1)+g_B(x_1+b,y_1) \tag{15-641}$$

相应地，到达频谱面 P_2 上的光场复振幅分布为

$$\begin{aligned}G(\xi,\eta)&=F\{g(x_1,y_1)\}=G_A(\xi,\eta)e^{-i2\pi\xi b}+G_B(\xi,\eta)e^{i2\pi\xi b}\\&=G_A(\xi,\eta)e^{-i2\pi\xi_0 x_2}+G_B(\xi,\eta)e^{i2\pi\xi_0 x_2}\end{aligned} \tag{15-642}$$

式中，$G_A(\xi,\eta)=F\{g_A(x_1,y_1)\}$，$G_B(\xi,\eta)=F\{g_B(x_1,y_1)\}$，$\xi=x_2/\lambda f$，$\eta=y_2/\lambda f$。经光栅滤波后的复振幅分布为

$$\begin{aligned}G'(\xi,\eta)&=G(\xi,\eta)t(x_2)\\&=\frac{1}{2}[G_A(\xi,\eta)e^{-i2\pi\xi_0 x_2}+G_B(\xi,\eta)e^{i2\pi\xi_0 x_2}]+\\&\quad\frac{1}{4}[G_A(\xi,\eta)e^{-i4\pi\xi_0 x_2}+G_B(\xi,\eta)e^{i4\pi\xi_0 x_2}]+\\&\quad\frac{1}{4}[G_A(\xi,\eta)-G_B(\xi,\eta)]\end{aligned} \tag{15-643}$$

于是，在输出平面 P_3 上的光场复振幅分布为

$$\begin{aligned}g'(x_3,y_3)&=F^{-1}\{G'(\xi,\eta)\}\\&=\frac{1}{2}[g_A(x_3-b,y_3)+g_B(x_3+b,y_3)]\end{aligned}$$

$$= \frac{1}{4}[g_A(x_3 - 2b, y_3) + g_B(x_3 + 2b, y_3)]$$

$$= \frac{1}{2}[g_A(x_3, y_3) - g_B(x_3, y_3)] \tag{15-644}$$

上式表明，在系统输出平面上光轴附近得到了两图像 A 和 B 的振幅透射系数之差。

3. 散斑照相法[1,3,12,35]

利用散斑照相术也可以实现图像的加减运算。将载有图像信息 A(或 B) 的透明片紧贴全息干板放置，或者将透明片与全息干板分别放在成像系统的物、像平面上，在透明片前加一块毛玻璃，并用平行相干光照明，使全息干板作一次曝光记录。然后使全息干板沿横向做一微小位移 b，并将透明片 A(或 B) 换成 B(或 A)，作第二次等量曝光记录。b 的大小与记录平面上的散斑尺寸和处理系统变换透镜的焦距 f 有关，原则是要保证两次曝光的散斑颗粒完全分开，且使处理系统频谱面上的杨氏条纹间距适当。

假设透明片 A 和 B 的强度透射率分别为 g_A 和 g_B，记录平面上散斑场的随机强度分布为 s，成像系统的横向放大率等于 1，所得散斑图底片的总曝光量为

$$H(x_i, y_i) \propto [g_A(x_i, y_i)s(x_i, y_i)] * \delta(x_i, y_i) + [g_B(x_i, y_i)s(x_i, y_i)] * \delta(x_i - b, y_i) \tag{15-645}$$

令 $g_A - g_B = g_C$，则(15-645) 式可改写成

$$H(x_i, y_i) \propto [g_A(x_i, y_i)s(x_i, y_i)] * [\delta(x_i, y_i) + \delta(x_i - b, y_i)] - [g_C(x_i, y_i)s(x_i, y_i)] * \delta(x_i - b, y_i) \tag{15-646}$$

在线性记录条件下，散斑图底片的复振幅透射系数可表示为

$$t_H(x_i, y_i) = t_0 + \beta H(x_i, y_i) \tag{15-647}$$

式中，t_0 和 β 均为与记录介质感光特性有关的常数。将散斑图底片放置在图 15-58 所示的 $4f$ 系统的物平面 P_1 上，则在单位振幅平面波的垂直照射下，频谱面上的光波复振幅分布为

$$T_H(\xi, \eta) = t_0\delta(\xi, \eta) + \beta[G_A(\xi, \eta) * S(\xi, \eta)]\cos(\pi\xi b)\mathrm{e}^{-i\pi\xi b} - \beta\{[G_A(\xi, \eta) - G_A(\xi, \eta)] * S(\xi, \eta)\}\mathrm{e}^{-i2\pi\xi b} \tag{15-648}$$

式中，$G_A(\xi, \eta)$、$G_B(\xi, \eta)$ 及 $S(\xi, \eta)$ 分别为 g_A、g_B 及 s 的傅里叶变换，$\xi = x_2/\lambda f$，$\eta = y_2/\lambda f$。(15-648) 式中第一项表示位于频谱中心的亮斑，第二项为受散斑图衍射晕和杨氏干涉条纹调制的图像 A 的频谱，第三项为两图像差异部分的频谱。若在频谱面上插入一个狭缝滤波器，令狭缝平行于杨氏条纹，并且狭缝中心位于杨氏条纹的暗区，则只有(15-648) 式中第三项能够通过狭缝，于是在输出平面上将得到

$$g'(x_3, y_3) \propto \{[g_A(x_3, y_3) - g_B(x_3, y_3)]s(x_3, y_3)\} * \delta(x_3 - b, y_3) \tag{15-649}$$

需要说明的是，若采用 3 次曝光或 5 次曝光，则可以使频谱面上的干涉条纹亮纹变窄而暗纹加宽，这样便可以加大狭缝的宽度，以保证有更多的图像差异部分信息参与成像，得到更好的相减效果。

(二) 图像边缘增强

利用高通滤波处理，可以使图像的衬比度提高，边缘更清晰。但实际应用中，如进行目标识别时，所关注的主要是图像的特征，即轮廓。此时便需要对图像进行边缘增强处理，以突出其轮廓。

1. 利用图像微分实现边缘增强[12]

如果用一个二维函数来描述图像，图像的边缘代表函数的边界或突变点，而远离边缘的区域，则为函数的缓变区域。因此，若对该二维函数求微分，则缓变区的微分值较小，而突变区的微分值较大。由此可见，通过对图像进行微分处理，即可实现图像的边缘增强。

仍然采用图 15-58 所示的 $4f$ 系统。将待处理图像制成透明片放置在物平面 P_1 上，或在 P_1 平面放置一个空间光调制器，将图像以视频方式输入到空间光调制器上。假设频谱面 P_2 和像平面 P_3 上的光场复振幅分别为 $G(\xi, \eta)$ 和 $g'(x_3, y_3)$，则有

$$g'(x_3, y_3) = F^{-1}\{G(\xi, \eta)\} \tag{15-650}$$

根据傅里叶变换的微分性质，对(15-650) 式两端沿 x 方向求微分后再作傅里叶变换，可得

$$F\left\{\frac{\partial g'(x_3,y_3)}{\partial x_3}\right\}=\mathrm{i}2\pi\xi G(\xi,\eta) \tag{15-651}$$

显然，只要在频谱面 P_2 上插入一个复振幅透射系数为

$$H(\xi,\eta)=\mathrm{i}2\pi\xi\propto\xi \tag{15-652}$$

的滤波器，即可实现输入图像的微分，得到边缘增强的像。这种滤波器具有二元特征，可以采用计算机绘制[36]，图 15-60 为其结构示意图。

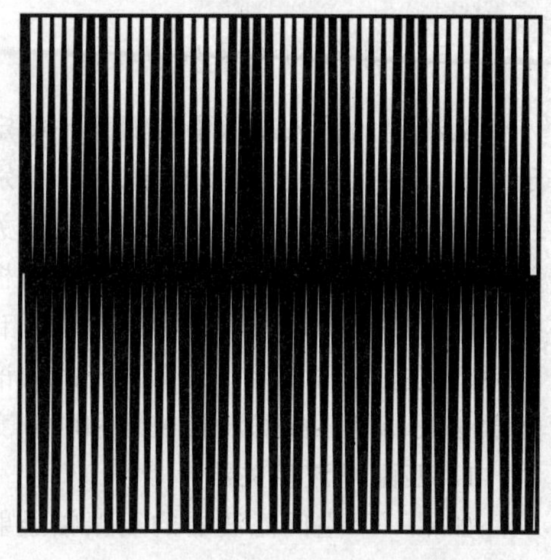

图 15-60　微分滤波器示意图

2. 利用复合正弦光栅实现图像边缘增强[1,12]

在一张全息干板上先后线性记录两组间距略有差异的双光束干涉条纹图样，经显影、定影处理后的全息图底片即为复合正弦光栅。将复合正弦光栅作为滤波器放在图 15-58 所示的 4f 系统的频谱平面，令其所形成的莫阿条纹中的某一暗纹中心过坐标原点且平行于 y_2 轴，则其滤波函数可表示为

$$H(x_2,y_2)=1+\frac{1}{2}\{\cos(2\pi\xi_0x_2)-\cos[2\pi(\xi_0+\varepsilon)x_2]\} \tag{15-653}$$

式中，ξ_0 为光栅的空间频率，ε 为两光栅的空间频率之差。设在未滤波的情况下，物体在像平面上的光场复振幅分布为 $g'(x_3,y_3)$，经滤波后像平面上的光场复振幅分布变为

$$\begin{aligned}g_{\mathrm{H}}(x_3,y_3)&=g'(x_3,y_3)*F^{-1}\{H(x_2,y_2)\}\\&=g'(x_3,y_3)*\Big\{\delta(x_3)+\frac{1}{4}[\delta(x_3+\xi_0\lambda f+\varepsilon\lambda f)-\delta(x_3+\xi_0\lambda f)]+\\&\quad\frac{1}{4}[\delta(x_3-\xi_0\lambda f-\varepsilon\lambda f)-\delta(x_3-\xi_0\lambda f)]\end{aligned} \tag{15-654}$$

上式表明，由于光栅的衍射效应，像平面上的光场由 5 部分组成，即重合于中心的 0 级像和位于两则的 ±1 级衍射像。由于两光栅空间频率略有差异，其各自的 ±1 级衍射像相互产生小的错位；而两光栅之间的相移导致其对应的衍射像相位相反，故振幅相减。当 ε 足够小时，由(15-654)式右端大括号中第二项，得

$$g_{\mathrm{H}}(x_3,y_3)\propto\left.\frac{\partial g(x_3,y_3)}{\partial x_3}\right|_{x_3=-\xi_0\lambda f} \tag{15-655}$$

这正是所需要的结果表示式。图 15-61 显示了上述处理过程的原理。

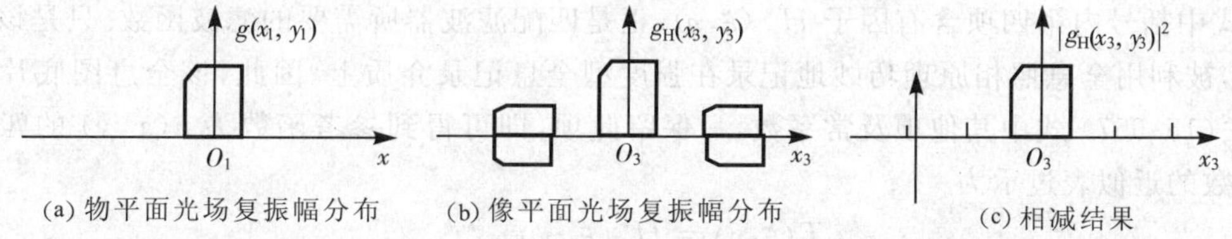

图 15-61　利用复合正弦光栅滤波实现图像边缘增强的原理

3. 利用散斑照相术实现图像边缘增强[12]

利用与图像相减类似的散斑照相方法也可以实现图像边缘增强。其原理是，利用成像光路在输入图像的像平面上用全息干板先记录一幅在焦的散斑像，然后将干板(或透明片前的毛玻璃)沿横向做微小位移，进而再将干板沿轴向做适当平移(即使其离焦)，记录第二幅离焦散斑像。后续处理步骤与图像相减的步骤一致。所不同的是，这里是准焦散斑像与离焦散斑像的相减。由于离焦导致所成像的高频信息损失，边缘变得模糊，而对低频信息影响不大。因此，相减的结果，只保留下反映高频信息的图像边缘部分。与上述两种图像微分方法相比，散斑法更为简便，不仅可以处理较大的图像，而且可以实现二维边缘增强。而上述两种方法只能实现一维方向的边缘增强。需要注意的是，离焦量的大小需要依据散斑的相关条件选择，即要保证两幅散斑图的相关性。同时，离焦量越大，被增强的图像边缘也越宽。

（三）图像相关及特征识别

从给定的输入图像中检测某一特定的信息是否存在及其存在的位置，称为特征识别。特征识别广泛应用于军事侦察、飞行器成像制导、字符识别、指纹及人像鉴别等技术中，是光信息处理研究的一个重要课题。实现图像特征识别的有效途径是利用相关运算原理。按照相关运算的定义，表征两幅图像的两个二维函数的相关值越大，表明两图像特征越接近。而根据傅里叶变换的相关定理，一个函数与另一个函数共轭的傅里叶变换，等于两个函数各自傅里叶变换的相关。因此，只要利用某种途径，使一幅图像的频谱复振幅与另一幅图像的频谱复振幅的共轭在成像系统的频谱面上重叠，即可在像平面上得到两幅图像的相关输出。最常用的两类光学相关器是匹配滤波相关器和联合变换相关器。

1. 匹配滤波相关器[1,4-6,12]

如果一个空间滤波器的复振幅透射系数 $H(\xi,\eta)$ 与输入信号 $g(x,y)$ 的频谱复振幅 $G(\xi,\eta)$ 共轭，即

$$H(\xi,\eta)=G^*(\xi,\eta) \tag{15-656}$$

则这种滤波器称为匹配滤波器，也称为 Vander Lugt 匹配滤波器，是由 Vander Lugt 于 1964 年首先提出的[37]。显然，对于输入信号 $g(x,y)$ 来说，若在相干成像系统的频谱面上插入复振幅透射系数为 $G^*(\xi,\eta)$ 的匹配滤波器，则滤波后的光场分布为 $G^*(\xi,\eta)G(\xi,\eta)=|G(\xi,\eta)|^2$，这表明此时光波场的波前相位为常数，变成了平面波。于是，在系统的输出平面上将得到一个亮点 $F\{|G(\xi,\eta)|^2\}=g(x,y)\otimes g(x,y)$——自相关结果。如果插入的滤波器与输入信号不匹配（即 $H\neq G^*$），则得到一个弥散斑 $F\{|G(\xi,\eta)H^*(\xi,\eta)|^2\}=g(x,y)\otimes h(x,y)$——互相关结果。

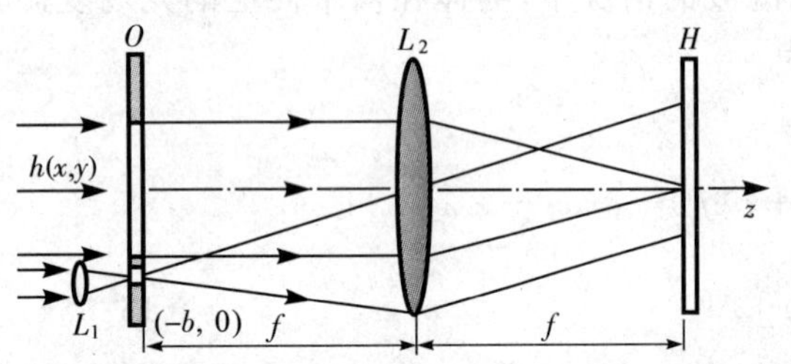

图 15-62 制作匹配滤波器的实验光路

通常采用图 15-62 所示的光路装置来制作匹配滤波器。这实际上是一个以参考函数 $h(x,y)$ 为物的傅里叶变换全息图记录光路。在线性记录条件下，所得全息图底片的复振幅透射系数中的相关项为

$$\begin{aligned}T_H(\xi,\eta)&=T_0-\beta\left|H(\xi,\eta)+e^{-i2\pi\xi b}\right|^2\\&=T_0-\beta\left[|H(\xi,\eta)|^2+1+H(\xi,\eta)e^{i2\pi\xi b}+H^*(\xi,\eta)e^{-i2\pi\xi b}\right]\end{aligned} \tag{15-657}$$

式中，T_0 和 β 均为与记录介质感光特性有关的常数，$H(\xi,\eta)=F\{h(x,y)\}$，b 为参考点源的离轴距离。可以看出，(15-657) 式中括号内第四项含有因子 $H^*(\xi,\eta)$，正是匹配滤波器所需要的滤波函数。只是该复振幅型的匹配滤波函数，被利用全息照相原理巧妙地记录在强度型全息记录介质上。因此，该全息图底片可以用作匹配滤波器。略去(15-657) 式中其他项及常系数，只保留此项，即可得到参考函数为 $h(x,y)$ 的匹配滤波器的复振幅透射系数的近似表过示为

$$T(\xi,\eta)=H^*(\xi,\eta)e^{-i2\pi\xi b} \tag{15-658}$$

将参考函数为 $h(x,y)$ 的匹配滤波器，放在图 15-58 所示的相干处理系统的频谱面上。若系统的输入信号为

$$g(x_1,y_1)=\sum_{n=1}^{N}h(x_1-x_n,y_1-y_n)+s(x_1,y_1) \tag{15-659}$$

即输入中包含 N 个位置处于$(x_n, y_n)(n=1,2,\cdots,N)$ 的参考函数，$s(x_1,y_1)$ 是输入的其余部分，照明光波的波长与记录匹配滤波器时相同，则输出平面上将出现

$$\begin{aligned}g'(x_3,y_3)=&[h(x_3,y_3)\otimes h(x_3,y_3)]*\sum_{n=1}^{N}\delta[x_3-(x_n+b),y_3-y_n]+\\&[s(x_3,y_3)\otimes h(x_3,y_3)]*\delta(x_3-b,y_3)\end{aligned} \tag{15-660}$$

的光场分布。式中等号右端第一项为自相关结果，显示在输出平面上将出现 N 个亮点，这表明输入信号中存在 N 个参考信号，亮点的位置反映了参考信号在输入信号中的相应位置；第二项为互相关结果，显示在输出平面上相应于 $s(x,y)$ 的位置上只出现弥散斑。

综上所述，匹配滤波相关识别方法的原理简单，且有很高的信噪比。但相关识别效果对图像的方位和比例的变化相当敏感，即要求待识别目标图像在方位和比例上必须与匹配滤波器记录的图像完全一致，否则将导致相关度降低，使识别结果产生误差。其次，匹配滤波器的制作需要借助于全息记录介质作为信息载体，并且需要事先对大量图像分别制作相应的匹配滤波器，不仅工作量巨大，而且识别时必须使匹配滤波器严格复位。否则，即使以原来的图像作为待识别图像也无法进行正确识别。针对前一个问题，已相继发展了多种新的匹配滤波相关器，可用以解决目标图像存在比例变化和旋转情况下的相关识别问题，具体可参考文献［4］和［6］。对于后一个问题，可采用光折变多重体全息存储技术或 CCD 与空间光调制器组合系统来解决。

2. 联合变换相关器[4-6,38]

联合变换相关器首先由 Weaver 和 Goodman 于 1966 年提出。其基本思路是：同时将参考图像和目标图像对称地置于一个 $4f$ 系统的输入平面上，对其进行联合傅里叶变换，得到相应的联合变换频谱，利用平方律转换器件接收，将其转换成联合变换功率谱，进而将该功率谱图像用相干光读出并作二次傅里叶变换，即可得到两图像的光学相关结果。

联合变换相关器的原理光路如图 15-63 所示。设中心分别位于 $(-b,0)$ 和 $(+b,0)$ 处的待识别目标图像 $t(x_1-b,y_1)$ 和参考图像 $r(x_1+b,y_1)$，同时对称地置于傅里叶透镜 L_1 的前焦平面上。在单位振幅的相干平面光波垂直照射下，透射光场的复振幅可表示为

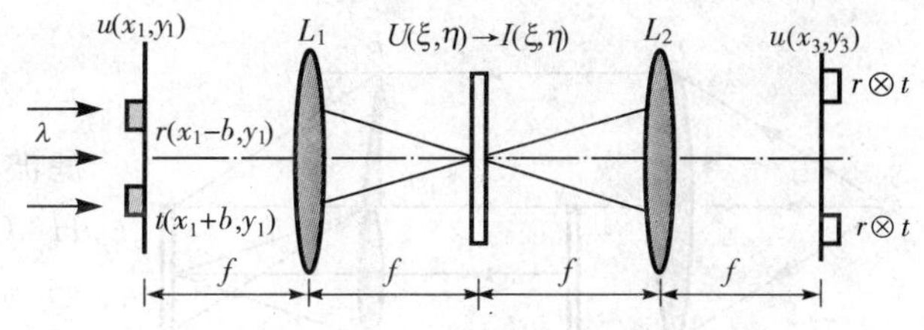

图 15-63 联合变换相关器的原理光路

$$u(x_1,y_1)=r(x_1-b,y_1)+t(x_1+b,y_1) \tag{15-661}$$

在透镜 L_1 的后焦平面上将得到 $u(x_1,y_1)$ 的联合变换频谱复振幅分布：

$$U(\xi,\eta)=R(\xi,\eta)\mathrm{e}^{-\mathrm{i}2\pi\xi b}+T(\xi,\eta)\mathrm{e}^{\mathrm{i}2\pi\xi b} \tag{15-662}$$

式中，$R(\xi,\eta)=F\{r(x_1,y_1)\}$，$T(\xi,\eta)=F\{t(x_1,y_1)\}$，$\xi=x_2/\lambda f$ 和 $\eta=y_2/\lambda f$ 分别为 L_1 后焦平面上的空间频率坐标，f 为 L_1 的焦距，λ 为相干照明光波的波长。将复振幅分布 $U(\xi,\eta)$ 经平方律转换器转换成联合变换功率谱分布，得

$$I(\xi,\eta)=|U(\xi,\eta)|^2=|R|^2+|T|^2+RT^*\exp(-\mathrm{i}4\pi\xi b)+R^*T\exp(\mathrm{i}4\pi\xi b) \tag{15-663}$$

由相干光读出的联合功率谱 $I(\xi,\eta)$ 经透镜 L_2 作 2 次傅里叶变换后，在输出平面（即 L_2 的后焦平面）上得到

$$u(x_3,y_3)=F\left\{|U(\xi,\eta)|^2\right\}=r\otimes r+t\otimes t+(r\otimes t)*\delta(x-2b)+(t\otimes r)*\delta(x+2b) \tag{15-664}$$

由(15-664)式可以看出，在输出平面上的 $x_3=\pm 2b$ 处出现 r 和 t 的相关结果。

与匹配滤波器相比，联合变换相关器具有以下特点：① 无需预先制作匹配滤波器，只需利用平方律转换器件记录下参考图像和目标图像的干涉条纹，避免了复空间滤波器的综合，并且只要用相干光对功率谱进行读出，再经透镜作 2 次傅里叶变换，即可得到相关峰，并没有严格的复位要求；② 参考图像与目标图像同时对称输入，若输入图像的位置发生改变，只引起输出平面上相关峰位置的改变，而不会影响识别效果，因而避免了对目标图像的精确复位要求；③ 对空间载频的要求较低，在傅里叶变换平面上不需要高分辨率的空间光调制器；④ 输出的衍射效率一般较高；⑤ 光路调节简单，较易实现；⑥ 参考图像和目标图像可以实时输入，功率谱转换也可以实时完成，这样易于实现实时相关目标识别。

功率谱转换器可以采用全息干板，也可以采用光折变晶体、光寻址的空间光调制器或 CCD 与电寻址空间光调制器组合系统来实现，特别是采用后两种功率谱转换器可以实现实时相关识别。

需要说明的是，联合变换相关器无法实现同时对多个目标图像的识别，而这却是匹配滤波相关器的优势。同时，传统的联合变换相关器同样无法解决目标图像存在比例变化和旋转情况下的相关识别问题。研究表明，解决比例变化需要采用梅林变换相关器，而解决旋转问题则可以采用圆谐波相关处理，具体可参考相关文献［4］［5］和［6］。

（四）逆滤波器及图像消模糊[1,5,12]

普通照相过程中，由于种种原因，如运动、抖动及离焦等，可能导致成像模糊。光学上借助逆滤波器来消

除这种模糊,使图像恢复其应有的清晰度。

假设造成模糊像的成像系统的强度点脉冲响应为 $h(x,y)$,原始物光强度分布为 $i(x,y)$,则模糊像的强度分布为

$$i'(x,y)=i(x,y)*h(x,y) \tag{15-665}$$

将载有模糊像的透明片或通过空间光调制器将模糊像置于图 15-58 所示的 $4f$ 系统的输入平面上,并用平面相干光波垂直照明,则频谱面上的光场复振幅分布为

$$I'(\xi,\eta)=I(\xi,\eta)H(\xi,\eta) \tag{15-666}$$

因而有

$$I(\xi,\eta)=I'(\xi,\eta)H^{-1}(\xi,\eta) \tag{15-667}$$

式中,$I'(\xi,\eta)=F\{i'(x,y)\}$,$I(\xi,\eta)=F\{i(x,y)\}$,$H(\xi,\eta)=F\{h(x,y)\}$。(15-667) 式表明,只要已知产生模糊的成像系统的强度点脉冲响应 $h(x,y)$,由此制作一个滤波函数为 $1/H(\xi,\eta)$ 的滤波器,并将其放置在 $4f$ 系统的频谱面上,便可在输出平面上得到清晰的消模糊像。这种滤波器通常称为逆滤波器。

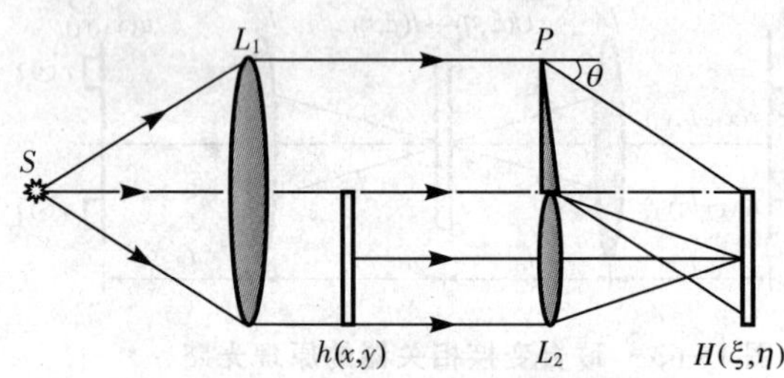

图 15-64　制作逆滤波器的实验光路

传统制作逆滤波器的方法是:分别制作一个滤波函数为 $H^*(\xi,\eta)$ 的匹配滤波器和一个滤波函数为 $1/|H(\xi,\eta)|^2$ 的滤波器,将两者叠置起来便构成所需的逆滤波器。滤波器 $H^*(\xi,\eta)$ 可采用与前述匹配滤波器类似的制作技术(见图 15-62 光路或图 15-64 光路)。滤波器 $1/|H(\xi,\eta)|^2$ 可用普通照相方法制作,即在函数 $h(x,y)$ 的频谱面上记录其频谱,并使底片的 γ 指数等于 2,则其复振幅透射系数与 $1/|H(\xi,\eta)|^2$ 成比例。

相比较传统的光学方法,利用数字图像处理技术可以更方便地制作逆滤波器。只要知道成像系统的强度点脉冲响应 $h(x,y)$,对其作二维傅里叶变换即可得到其频谱函数 $H(\xi,\eta)$,再对 $H(\xi,\eta)$ 作倒数运算,即可得到滤波函数为 $1/H(\xi,\eta)$ 的逆滤波器,进而利用空间光调制器将该滤波函数加载到相干处理系统的频谱平面上,便可以实现图像消模糊处理。

七、非线性处理

所谓非线性处理,是指处理系统的输出与输入信号之间呈非线性关系。这里主要介绍几种基于相干光照明和空间不变系统的非线性处理技术,包括相干光学反馈技术、半色调网屏技术和 θ 调制技术。

(一) 相干光学反馈技术[1,12]

类似于电子学中的反馈技术,所谓相干光学反馈技术,实际上是就是在常规的相干光学处理系统中引入一个反馈光路,将输出信号的一部分,再输送到输入信号中,以对输入信号进行某种调制。利用相干光学反馈技术,可以实现图像的衬比度反转、强度级分切和取阈值等非线性运算。这种反馈光路相当于一个法布里-珀罗腔。

图 15-65 所示为用于图像衬比度控制的相干光学反馈处理系统光路,其中图(a) 系统由透镜和平面反射镜构成,图(b) 系统仅由平行平面反射镜构成。可以证明,图(a) 和图(b) 系统最终输出的光振动复振幅分别为

$$\frac{f_a(x,y)}{a_i}=g(x,y)t_M^2\left[1+r_M^2\,g(x,y)e^{i\phi}+r_M^4\,g^2(x,y)e^{i2\phi}+\cdots\right]=\frac{g(x,y)t_M^2}{1-r_M^2\,g(x,y)e^{i\phi}} \tag{15-668}$$

$$\frac{f_b(x,y)}{a_i}=\frac{g(x,y)t_M^2}{1-r_M^2\,g^2(x,y)e^{i\phi}} \tag{15-669}$$

式中,a_i 为入射的平面相干光波的振幅,$g(x,y)$ 为原始透明片的振幅透射系数,r_M 和 t_M 分别为反射镜的振幅反射系数和振幅透射系数,ϕ 为光在两反射镜 M_1 和 M_2 之间往返一次引起的相位延迟。(15-668) 式和 (15-669) 式分母之间的差别源于光在反射镜 M_1 和 M_2 之间往返一周经过透明片 $g(x,y)$ 的次数不同。于是,

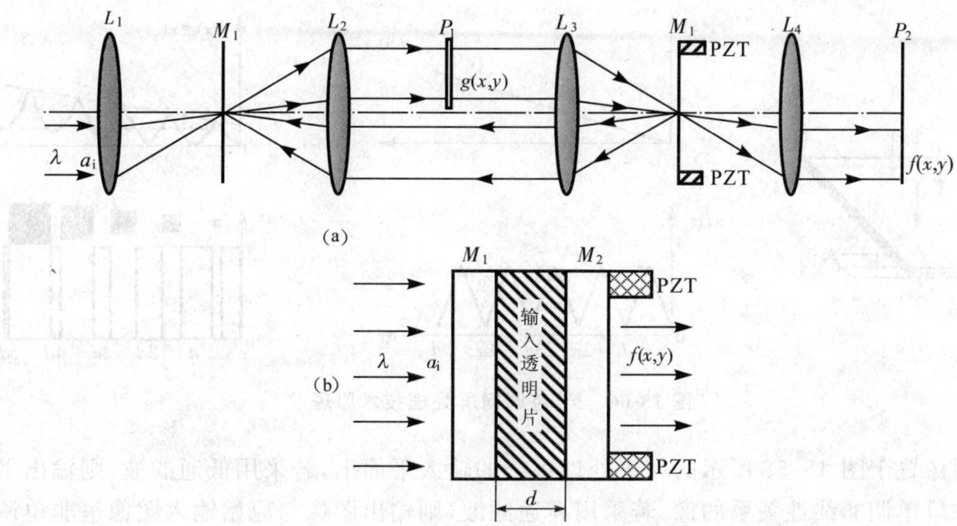

图 15-65　用于图像衬比度控制的相干光学反馈处理系统

(a) 透镜＋平面反射镜系统；(b) 平行平面反射镜系统

两系统输出的光强度应分别为

$$I_{\mathrm{a}}(x,y)=\left|\frac{f_{\mathrm{a}}(x,y)}{a_{\mathrm{i}}}\right|^{2}=\frac{T_{\mathrm{M}}^{2}T_{0}(x,y)}{1+R_{\mathrm{M}}^{2}T_{0}(x,y)-2R_{\mathrm{M}}g(x,y)\cos\phi} \tag{15-670}$$

$$I_{\mathrm{b}}(x,y)=\left|\frac{f_{\mathrm{b}}(x,y)}{a_{\mathrm{i}}}\right|^{2}=\frac{T_{\mathrm{M}}^{2}T_{0}(x,y)}{1+R_{\mathrm{M}}^{2}T_{0}^{2}(x,y)-2R_{\mathrm{M}}T_{0}(x,y)\cos\phi} \tag{15-671}$$

式中，$R_{\mathrm{M}}=r_{\mathrm{M}}^{2}$ 为反射镜的强度反射率，$T_{\mathrm{M}}=t_{\mathrm{M}}^{2}$ 为反射镜的强度透射率，$T_{0}(x,y)=|g(x,y)|^{2}$ 为原始透明片的强度透射率。上述结果表明，通过利用压电驱动器调整两反射镜的间距（即法布里-珀罗腔的腔长），可以改变相移因子 ϕ，从而可改变输出强度图像的衬比度。

由(15-670)式和(15-671)式还可以看出，若将图像的灰度变化用光波在透明介质中的相位（或介质折射率）变化记录下来，放在如图 15-65(a) 所示的光路中，则由于 $g(x,y)=\exp[\mathrm{i}\,\varphi_{0}(x,y)]$，$T_{0}(x,y)=|g(x,y)|^{2}=1$，输出图像的强度分布变为

$$I_{\mathrm{a}}(x,y)=\frac{T_{\mathrm{M}}^{2}}{1+R_{\mathrm{M}}^{2}-2R_{\mathrm{M}}\cos[\phi+\phi_{0}(x,y)]} \tag{15-672}$$

可见，输出图像的强度随 $\phi_{0}(x,y)$ 的不同而不同，从而可实现强度级分切。

（二）半色调网屏技术[1,12]

网屏是印刷技术中用于图像复制的一种元件。利用网屏可以将图像分割成大小不同而密度均匀的网点，并以网点的大小代表图像光密度的强弱。由于最初使用的网屏的平均透射率为 1/2，故称为半色调网屏。尽管后来使用的网屏的平均透射率不一定等于 1/2，但仍沿用此名称。根据与制版胶片相对位置的不同，一般将半色调网屏分为两类：一类网屏要求与胶片保持一定距离，另一类则要求与胶片紧密接触。后一种称为密接网屏。光学信息处理中所用的半色调网屏多指密接网屏。

如图 15-66 所示，将一个以函数 $g(x,y)$ 描述的强度缓慢变化的图像 A（透明片或载有图像信息的空间光调制器），通过一个强度透射率为 $T(x,y)$ 的半色调密接网屏 B 印制在一张高反差的感光胶片 C 上，即得到一幅由点阵构成的图像 —— 半色调图像。其中图(a) 显示了曝光过程，图(b) 和(c) 分别为原始透明片和网屏的强度透射率曲线（为简单起见，只显示一维曲线），图(d) 显示了透明片与网屏组合后的强度透射率曲线及胶片的曝光量阈值 T_{c}（相当于二值化的阈值，当曝光量大于此值时，胶片将不透明；小于此值时，胶片透明），图(e) 显示了曝光后胶片的强度透射率 $g_{0}(x)$ 和记录的网格点（黑斑）。可以看出，点的大小既依赖于 $g(x)$，又依赖于网目的透射特性和胶片的感光特性。适当控制半色调网屏的分布，可使半色调图像中点的大小与 $g(x)$ 呈非线性关系。

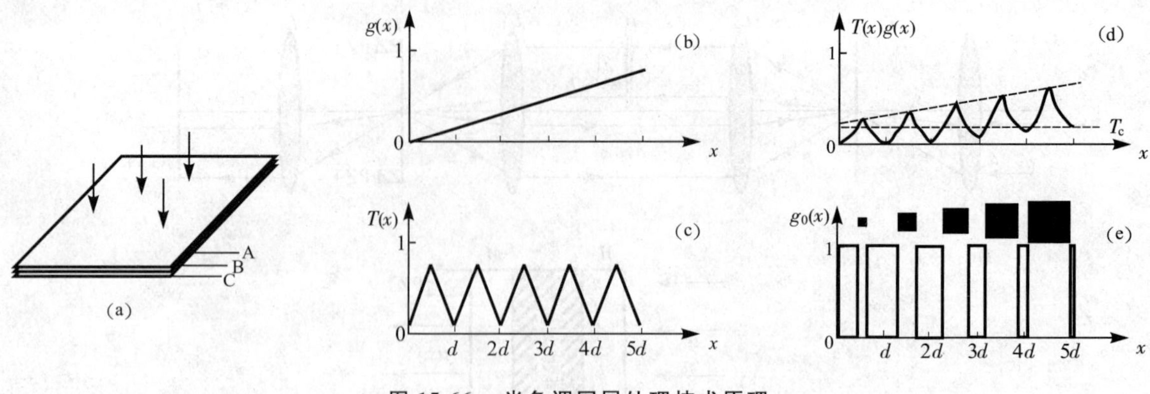

图 15-66　半色调网屏处理技术原理

将半色调图像置于图 15-58 所示的相干处理系统的输入平面上，若采用低通滤波，则输出平面上将得到与原始输入图像呈单调非线性关系的像。若采用高通滤波，则输出图像与原始输入图像呈非单调的非线性关系。为便于理解，考虑到原始图像的强度在空间缓慢变化，可以将半色调图像分成许多局部区域，每一个局部区域相当于一个光栅常数为 d 而栅宽为 b（即不透明部分——网格点的宽度）的二维矩形光栅，b 的大小依赖于载有原始图像的透明片在该区域的强度透射率。假设该区域的尺寸无限延伸，则其强度透射率可表示为

$$g_0(x,y)=\sum_{m=-\infty}^{\infty}\sum_{n=-\infty}^{\infty}\left[\mathrm{rect}\left(\frac{x}{d-b}\right)*\delta(x-md)\right]\left[\mathrm{rect}\left(\frac{y}{d-b}\right)*\delta(y-nd)\right] \tag{15-673}$$

若用单位振幅的平面相干光波垂直照射，则在频谱面上的光场复振幅分布为

$$G_0(\xi,\eta)=\left(\frac{d-b}{d}\right)^2\sum_{m=-\infty}^{\infty}\sum_{n=-\infty}^{\infty}\delta\left(\xi-\frac{m}{d}\right)\delta\left(\eta-\frac{n}{d}\right)\mathrm{sinc}[m(d-b)]\mathrm{sinc}[n(d-b)] \tag{15-674}$$

式中，$\xi=x_2/\lambda f$，$\eta=y_2/\lambda f$，x_2、y_2 为频谱面上点的位置坐标。上式表明，在频谱面上形成阵列亮斑，其中在 x_2 和 y_2 轴上的亮斑分别位于

$$0,\quad \pm\frac{\lambda f}{d},\quad \pm\frac{2\lambda f}{d},\quad \cdots,\quad \pm\frac{m\lambda f}{d},\cdots$$

$$0,\quad \pm\frac{\lambda f}{d},\quad \pm\frac{2\lambda f}{d},\quad \cdots,\quad \pm\frac{n\lambda f}{d},\cdots$$

其中，m、n 为衍射级次。如果让所有衍射级次都通过，则系统的输出平面上将形成半色调图片的像。若仅仅允许 0 级通过，则输出平面上的光场复振幅及强度分布分别为

$$g'_{00}(x_3,y_3)=1-\frac{b}{d} \tag{15-675}$$

$$I'_{00}(x_3,y_3)=\left(1-\frac{b}{d}\right)^2 \tag{15-676}$$

若仅仅允许第 m 级通过，则输出平面上的光场复振幅及强度分布分别为

$$g'_{00}(x_3,y_3)=\frac{1}{mn\pi^2}\sin\left[m\pi\left(1-\frac{b}{d}\right)\right]\sin\left[n\pi\left(1-\frac{b}{d}\right)\right]\mathrm{e}^{\mathrm{i}\frac{2\pi}{d}(mx_3+ny_3)} \tag{15-677}$$

$$I'_{00}(x_3,y_3)=\frac{1}{(mn)^2\pi^4}\sin^2\left[m\pi\left(1-\frac{b}{d}\right)\right]\sin^2\left[n\pi\left(1-\frac{b}{d}\right)\right] \tag{15-678}$$

由（15-675）式至（15-678）式可看出，矩形光栅的各级衍射项所成的像均与栅宽 b 有关，而 b 的大小与网屏的设计和原始图像的强度分布有关。0 级衍射项对应的输出像的强度与原始像呈单调变化关系，而高级次衍射项对应的输出像的强度与原始像则呈非单调的变化关系。

由于图像不同区域的强度不同，导致该区域半色调图像的 b 值不同，通过选择适当的衍射级次作滤波处理，便可以实现图像的等调分层，或者将强度连续变化的模拟图像转换成离散变化的数字图像。此外，利用光栅对不同波长色光的衍射角不同，将编码的半色调图像同时用红、绿、蓝 3 种波长的激光照射，则通过选择适当的衍射级次作滤波处理，可以在输出平面上获得一幅按强度编码的假彩色图像。

(三)θ调制技术[1,12]

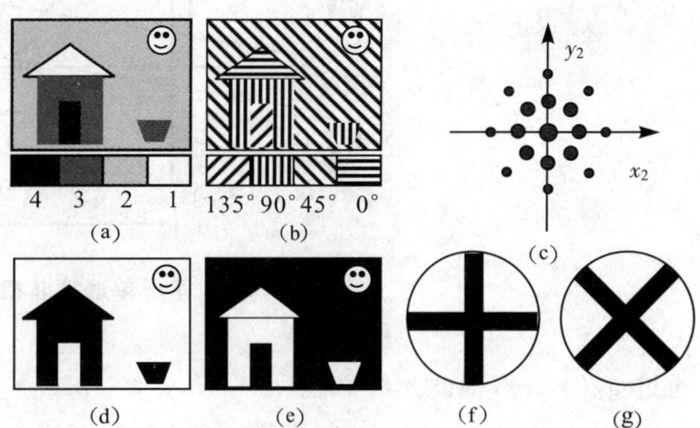

图 15-67 θ调制用于图像的振幅编码

θ调制技术是阿贝成像原理的一种巧妙应用。它将原始图像$g(x,y)$用一定角度θ取向的光栅调制(编码),θ的大小与图像振幅分割的等级数和振幅大小有关。如图 15-67(a) 所示,如需要将图像振幅分 4 个等级时,则可取每个等级对应编码光栅的方向角相差 $180°/4=45°$。于是 4 级振幅自小到大对应的光栅方向角分别为:0°、45°、90°、135°。如果将用光栅调制(编码)后的图像(如图 15-67(b))输入到图 15-58 所示的 $4f$ 系统中,则在系统的频谱面上将得到图 15-67(c) 的频谱分布。采用不同的空间滤波器(如图 15-67(f)、(g)),就会在系统的输出平面上得到相应的振幅和强度分布(如图 15-67 的(d)、(e))。

假如滤波器的振幅透射系数 $H(\xi,\eta)$ 是方位角 θ 的非线性函数,则输出像的振幅分布将与原始像呈非线性关系。下面的 3 个例子可以说明 θ 调制这种非线处理的多种功能。

1) 如果 $H(\xi,\eta)$ 只是沿一方向角的狭缝,则输出像是等振幅或等密度部分的形状。如果滤波器由等角间距的多个狭缝构成,则输出像是等振幅图。

2) 如果滤波器的振幅透射系数表示为

$$H(\xi,\eta)=\begin{cases}0, & 0<\theta<\theta_0<\pi\\ 1, & \theta_0<\theta<2\pi\end{cases} \tag{15-679}$$

则输出像失去了由方向角小于 θ_0 的光栅调制的振幅部分。

3) 如果滤波器 $H(\xi,\eta)$ 与 θ 成对数关系,则输出像与原始像也是对数关系。

如果采用多色光或白光照明经光栅编码的图像,则可以利用 θ 调制实现图像的假彩色化。如图 15-68 所示,采用不同方向角的正弦光栅对图像不同区域进行调制,经编码的底片置于 $4f$ 系统中的输入平面,并用多色光或白光照明,则在系统频谱面上将得到沿不同方向角的彩色衍射谱。利用不同波长的滤色片加在滤波平面的不同方位上,或利用多个小孔光阑分别提取不同方向 1 级衍射谱的不同波段,即可得到不同的彩色输出像。

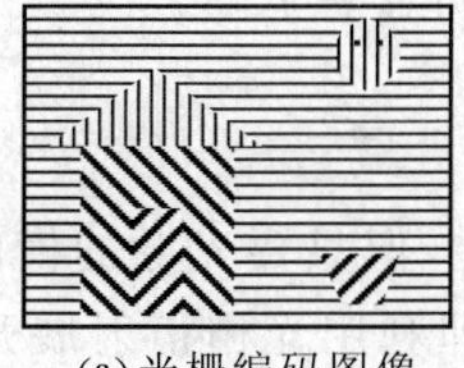
(a) 光栅编码图像

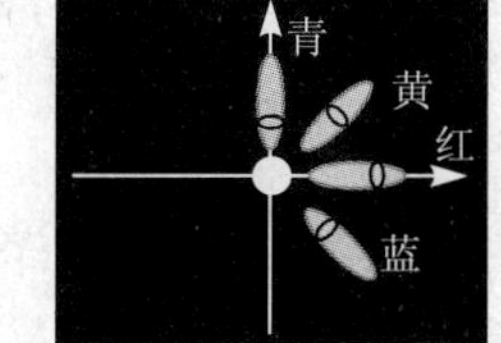

(b) 编码图像的频谱及滤波孔

(c) 解码后的图像

图 15-68 黑白图像的假彩色编码与解码原理[10]

八、非相干处理[1,12,14]

使用非相干光源的非相干处理系统,具有信息冗余度高、并行处理及抗噪能力强等优点。但是,非相干处理系统的脉冲响应只能是非负的实数,因而只能通过改变光瞳函数来改变。非相干处理系统的主要物理量是光强度的空间分布,输入图像也只能用其强度分布或空间光调制器(掩膜板)的强度透射率来表征。因而,一般非相干处理系统的设计根据的是几何光学原理,而不考虑衍射效应。

图 15-69 所示为实现图像相关与卷积运算的典型非相干处理系统光路[39]。将两个载有图像的透明片 A 和 B 平行置于扩展光源 S 和透镜 L 之间,设透镜的焦距为 f,两透明片间距为 z_0,强度透射率分别为 $g_1(x,y)$ 和 $g_2(x,y)$。根据光的直线传播原理,若单位强度和方向余弦分别为 $l=\cos\alpha$ 和 $m=\cos\beta$ 的光线自(x,y)点

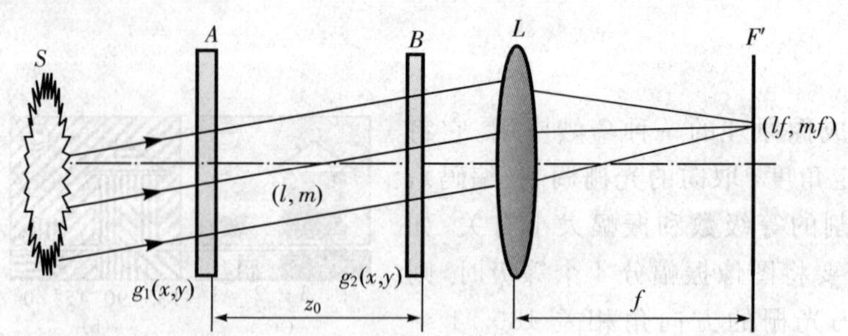

图 15-69　基于单透镜非相干处理系统的图像相关与卷积运算

通过 $g_1(x,y)$，则此光线必在$(x+lz_0,\ y+mz_0)$点通过 $g_2(x,y)$，且透射光强度变为

$$I(x,y;l,m)=g_1(x,y)g_2(x+lz_0,y+mz_0) \tag{15-680}$$

该透射光经透镜 L 会聚于其后焦平面 F' 上的$(lf,\ mf)$点，其光强度为

$$I(l,m)=\iint g_1(x,y)g_2(x+lz_0,y+mz_0)\mathrm{d}x\mathrm{d}y \tag{15-681}$$

式中，积分区域为两透明片错位重叠后的公共透光部分。显然，(15-681) 式给出的就是函数 $g_1(x,y)$ 和 $g_2(x,y)$ 的相关积分，透镜L的聚焦过程实际上扮演了积分器的角色。如果把l、m看作是变量，则 $g_1(x,y)$ 和 $g_2(x,y)$ 就是 z_0 为比例的相关函数；若 $g_1(x,y)=g_2(x,y)$，则 $I(l,m)$ 就是 $g_1(x,y)$ 的自相关函数。

若将两输入透明片之一倒置，如令透明片 B 倒置，则(15-681) 式变为

$$I(l,m)=\iint g_1(x,y)g_2(lz_0-x,mz_0-y)\mathrm{d}x\mathrm{d}y \tag{15-682}$$

显然，上式给出了函数 $g_1(x,y)$ 与 $g_2(x,y)$ 的卷积运算。

为了实现有负值的函数之间的相关运算，可采用直流偏置法，令偏置量的大小分别为 α_1 和 α_2，则透镜 L 后焦平面上的光强分布为

$$\begin{aligned}I(l,m)&=\iint[\alpha_1+g_1(x,y)][\alpha_2+g_2(x+lz_0,y+mz_0)]\mathrm{d}x\mathrm{d}y\\&=\alpha_1\alpha_2\iint\mathrm{d}x\mathrm{d}y+\alpha_2\iint g_1(x,y)\mathrm{d}x\mathrm{d}y+\alpha_1\iint g_2(x+lz_0,y+mz_0)\mathrm{d}x\mathrm{d}y+\\&\quad\iint g_1(x,y)g_2(x+lz_0,y+mz_0)\mathrm{d}x\mathrm{d}y\end{aligned} \tag{15-683}$$

上式的最后一项即是所需要的相关函数，但由于其他 3 项的存在，衬比度将显著下降。

九、白光处理[1,12,14]

白光信息处理系统采用具有连续光谱的白光光源，其时间相干性很差，但只要光源的横向尺寸足够小，则可以保证一定的空间相干性。同时，也可以通过在输入平面引入光栅（即利用光栅衍射展开光谱）来提高其时间相干性。因此，白光处理系统在实际处理上更接近于相干处理系统。与相干处理系统相比，白光处理系统具有无相干噪声、接近的处理能力以及造价低等优点，对多色信号及彩色图像的处理也相当有效，但缺点是处理过程中的能量损失较大。

如图 15-70 所示的为常用的白光信息处理系统的光路，其中 W_s 为白光点光源，G_r 为光栅，L_c 为准直物镜，L_1 和 L_2 为消色差傅里叶变换透镜，平面 P_1、P_2、P_3 分别为输入平面、频谱（滤波）平面和输出平面。将信号 $g(x,y)$ 置于输入平面 P_1 上。设 G_r 为一正弦光栅，则其振幅透射系数可以表示为

$$t(x)=\frac{1}{2}+\frac{1}{2}\cos(2\pi\xi_0x_1) \tag{15-684}$$

在准直白光照射下，输入平面的复振幅分布为

$$u_1(x_1,y_1)=Kg(x_1,y_1)\left[\frac{1}{2}+\frac{1}{2}\cos(2\pi\xi_0x_1)\right] \tag{15-685}$$

式中，K 为比例常数。频谱平面 P_2 上的复振幅分布为

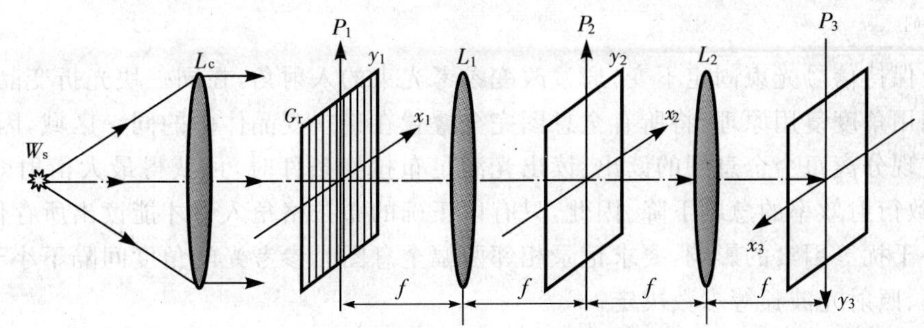

图 15-70　白光信息处理系统光路

$$u_2(x_2,y_2)=K'\iiint g(x_1,y_1)\left[\frac{1}{2}+\frac{1}{2}\cos(2\pi\xi_0x_1)\right]e^{-i2\pi(\xi x_1+\eta y_1)}dx_1dy_1d\lambda \tag{15-686}$$

式中，积分区间为输入信号的空域和光源的波长范围，K' 为复常数，$\xi=x_2/\lambda f$、$\eta=y_2/\lambda f$ 为频谱面上的空间频率坐标。为方便讨论，取一给定波长 λ，并舍去复常数 K'，由(15-686)式，可得

$$u_2(x_2,y_2,\lambda)=\frac{1}{2}G(\xi,\eta)+\frac{1}{4}G(\xi-\xi_0,\eta)+\frac{1}{4}G(\xi+\xi_0,\eta) \tag{15-687}$$

或

$$u_2(x_2,y_2,\lambda)=\frac{1}{2}G(x_2,y_2)+\frac{1}{4}G(x_2-\lambda f\xi_0,y_2)+\frac{1}{4}G(x_2+\lambda f\xi_0,y_2) \tag{15-688}$$

式中，$G(\xi,\eta)=F\{g(x,y)\}$。

由(15-688)式可以看出，由于光栅的衍射效应，输入信号的频谱被运载到滤波平面上的不同位置。同时，除0级以外的每一级频谱都沿 x_2 轴方向呈彩虹状分布。因此，在高级次衍射项处，放置适当的滤波器就可以实现各种复数滤波，如衬比度反转、信号检测[40]、模糊像还原[41]等，也可以实现黑白图像的假彩色化[42]和图像的加、减运算[43]等光学信号的综合，还可以进行光学信息的并行处理[44-45]。详细内容也可以参考文献[14]。

十、基于光折变效应的信息处理

某些电光晶体在光辐照下，其折射率会随着光强的空间分布而发生变化，这种效应被称为光致折射率变化效应，简称光折变效应。光折变效应最早由贝尔实验室的 Ashkin 等于 1966 年发现。他们用 $LiNbO_3$ 和 $LiTaO_3$ 晶体进行倍频实验时，意外发现了一种特殊的光损伤现象，这种现象严重破坏了相位匹配条件[46]。由于这种光损伤可以在光辐照撤除后的暗光条件下保持相当长的时间，因此，Chen 等认识到，这种光损伤机制可以用来进行光信息的实时存储，并深入探讨了这种光损伤效应的微观物理机制[47]。后来人们发现，这种光损伤可以通过均匀光照或加热的办法加以擦除，为了与永久性的光损伤相区别，人们改称它为光折变效应。与强光非线性效应相比，光折变效应最明显的特征是它起因于入射光强的空间调制，而不是绝对的入射光强大小。

由于光折变材料能够将入射光强的空间分布实时地转换为介质中折射率变化的空间分布，并且即使用毫瓦量级的激光照射也会产生非常明显的折射率变化，并且这种变化能够被长期保存下来，这为实时制作各种用途的非线性光学器件奠定了基础。因此，光折变效应已成为实时光学信息处理的基本手段之一，并在三维光学存贮器、光学放大和振荡器、相位共轭器、空间光调制等领域得到了广泛应用。

(一) 光折变全息信息存储[48-49]

光折变全息存储与传统光学全息存储的主要区别是以光折变材料作为全息记录介质，而全息图的记录光路类似于通常的傅里叶变换全息术。考虑到体全息光栅的频域存储特性及对光波的衍射具有强烈的角度和波长选择性[12]，已相继提出了多种存储编码方法，以提高全息信息容量。常用的编码方式包括角度编码、空间编码、空间-角度编码、相位编码、波长编码等。

1. 角度编码[50]

角度编码是指保持信号光束固定不变，通过改变参考光束的入射角，在同一块光折变晶体中写入多幅全息图。其特点是，利用角度复用原理，将所有全息图完全叠置在光折变晶体中的同一区域，因而需要通过改变参考光的角度来实现分离每个全息图的读出。读出光满足布拉格条件时，可获得最大衍射效率；偏离布拉格条件入射时，则导致衍射效率的急剧下降。因此，只有以正确的布拉格角入射才能读出所存储的信息。考虑到全息图之间的交叠干扰等因素的影响，要求记录相邻两幅全息图时参考光的角度间隔不小于一个定值，该值大小由介质折射率、照射光波长等参数决定。

2. 空间编码[51]

空间编码是指将页面信息的傅里叶变换全息图依次记录在存储介质内不同空间区域，如图 15-71 所示。空间编码是发展最早的全息存储技术，特别是可有效用于薄的表面存储介质。空间编码存储的特点是，由于相邻全息图在空间不重叠，读出时页面之间可以完全避免交扰噪音，并且每个全息图都可以达到单个全息图存储时所能达到的最大(饱和) 衍射效率。但缺点是不能充分利用存储介质的厚度，存储容量有限。

3. 空间-角度编码

空间-角度编码是空间编码和角度编码技术的结合。在空间-角度编码中不再有独立的"全息" 块，相邻两个全息图之间既不完全分开也不完全重叠，而是部分重叠，如图 15-72 所示。这种编码方式降低了角度编码复用度，提高了空间编码复用度，从而改善了全息存储器的性能。在每个参考光束的光斑尺寸 $\mathrm{d}H$ 内，相邻两个全息图之间不仅有参考光束的微小角度分离 $\delta\theta$，而且还有微小的空间分离 $\Delta x=\mathrm{d}H$，这样，每个 $\mathrm{d}H$ 内可写入彼此空间角度分离的 N 个全息图亚阵列。在 M 个彼此空间分离的 $\mathrm{d}H$ 内均可按此方式写入 N 个全息图，因此总共可写入 $M\times N$ 个全息图。这比纯角度编码写入的全息图数目增大了 M 倍，因而具有高存储密度的优点。它还在一定程度上克服了纯角度编码中交扰大、易彼此擦洗的缺点，并且提高了衍射效率。

4. 相位编码[52]

相位编码方式是指保持信号光束的波长和角度固定不变，采用不同相位编码的参考光写入和读出。参考光可由如图 15-73 所示的光路获得。利用相位调制器、微透镜阵列和针孔阵列组成的装置产生一组正交相位编码的 M 个单位振幅平面波，其彼此间的分离距离大于布拉格选择角。各个编码平面波分别与携带不同页面信息的物光波在晶体中依次干涉，形成多个全息图。相位编码的主要优点在于它具有抑制交扰噪声的能力，并且通过电寻址的空间光调制器完成对参考光的相位调制，既可实现快速寻址，又避免了机械运动部件，并且不存在声光偏转引起的多普勒频移问题。此外，采用纯相位调制时能量损耗较少。

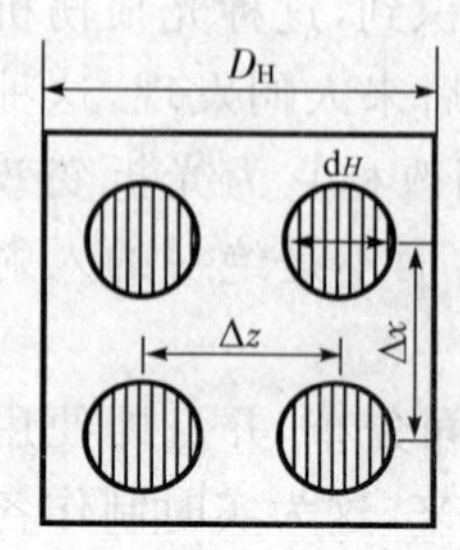

图 15-71　空间编码存储

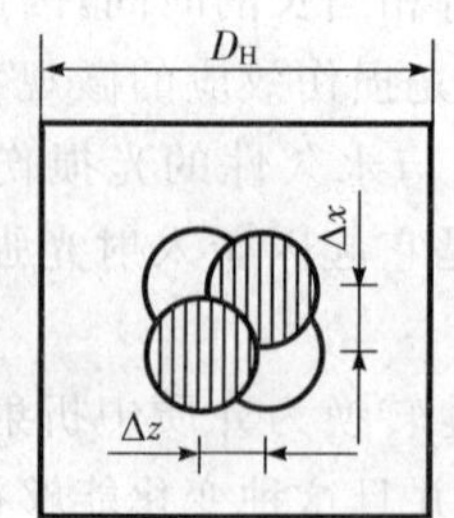

图 15-72　空间-角度编码存储

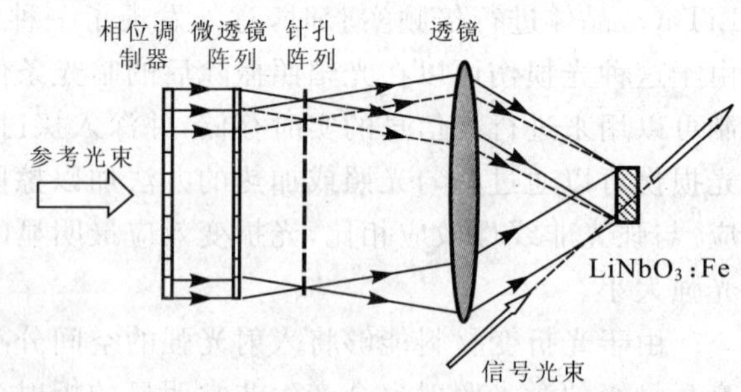

图 15-73　相位编码存储实验装置[9]

5. 波长编码

在不改变两波夹角的情况下，利用不同波长的相干光写入体全息图。由于写入光波长不同，写入体相位栅的波矢也不同，利用布拉格衍射的波长选择性，只能由特定波长的光才能读出特定的全息图信息。这与角度编码的原理类似。

与一维、二维存储器相比较，光折变体全息存储器具有很多优点，如存储容量大，并行性，可实时写入、读出和擦除，可有选择地进行检索并实现联想记忆，具有较长的暗存储时间，等等。但体全息图的叠置存储也带来了一系列问题，如后一个全息图在存储过程中会对前一个全息图产生擦除，从而使等时间曝光的全息图衍射效率不均匀。并且目前光折变晶体的响应速度较慢，需要的写入时间较长，如铁电体为几秒到几十秒，半导体也为毫秒量级，大大限制了存储速度的进一步提高。此外，光折变材料中的光扇效应（光感应光散射）会对光折变存储造成较大的噪声影响。

（二）光折变相位共轭器[4,53-54]

光束在空间传播时，由于各种环境因素的干扰，可能会导致光束波前产生畸变。这种波前畸变可以采用相位共轭技术加以消除。即利用相位共轭技术产生一束与畸变波场相位共轭的光波，则当该相位共轭波再次通过引起原光束波前畸变的非均匀介质（或与其类似的介质）后，将会消除因介质的非均匀性引起的波前畸变。一般将能够产生相位共轭波的器件分为反射式和透射式两类，分别称为相位共轭反射镜和相位共轭透镜，如图 15-74 所示。

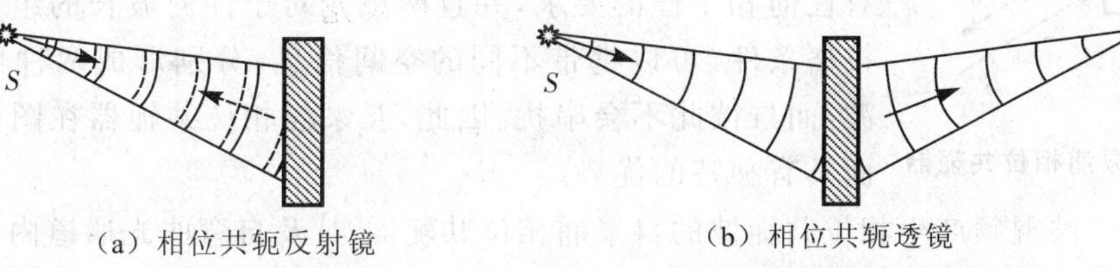

图 15-74　两种相位共轭器功能图示

目前产生相位共轭波的方法可以归结为两大类：一类是参量过程，如三波、四波混频、光子回波等；另一类是非参量过程，如受激拉曼散射和受激布里渊散射等。其中最常用的方法为四波混频。特别是简并四波混频过程自动满足相位匹配条件，而且不受频率改变或相互作用波的波矢之间夹角改变的影响，因而装置简单，应用最广。

四波混频是指由三束相干光波与其在非线性介质（如光折变介质）中产生的第四束相干光波之间的非线性相互作用过程。当参与相互作用的四束光波具有相同的频率时，称为简并四波混频。参见图 15-75，令三束光按图示方式同时入射到光折变晶体中，则泵浦光 1 与信号光 3 通过非线性相互作用（如光折变效应）而在晶体中写入体相位栅，当用与光束 1 反向的另一束泵浦光 2 读出该光栅时，按照布拉格条件，将产生衍射光 4—— 信号光 3 的相位共轭波。研究表明，在具有弱光非线性效应的光折变材料中，利用简并四波混频，只要很小的输入光功率就可以产生足够强的相位共轭波。

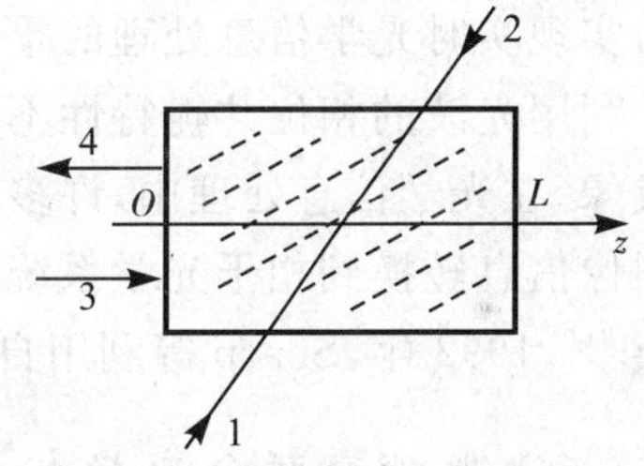

图 15-75　光折变简并四波混频光路

在四波混频过程中，为了高质量地重现原始输入图像，要求一对泵浦光束自身必须彼此相位共轭，这在实际中不易做到，即使采用良好的平面波作为泵浦光束，但晶体表面的任何缺陷都会使进入晶体的光波波前发生畸变。White 等于 1982 年首先提出的自泵浦相位共轭器[55] 可以较好地解决这一问题。如图 15-76(a) 所示，将光折变晶体放在由两个反射镜构成的谐振腔中，在该器件启动之初，入射光波通过光扇效应在两个反射镜之间产生一对反向传播的泵浦光束，它们通过四波混频产生入射光的相位共轭波。一旦器件开始运转，谐振腔的其中一个反射镜便可以撤去（如图 15-76(b) 所示）。接着，Feinberg 于同年实现了一种无需外镜，只由一块光折变晶体构成的自泵浦相位共轭器，即著名的“猫”式相位共轭器[56]。该结构如图 15-76(c) 所示，光束经晶体一个棱角处的晶体-空气界面发生全内反射，反射光束代替了外泵浦光束，并且这对泵浦光具有严格的共轭性，不受外界条件的干扰和影响，因此远远优于采用外泵浦光产生的相位共轭光束的质量。后来人们又先后采用 45° 切割法[57] 和异形切割法[58]，大大提高了相位共轭光束的反射率。

继自泵浦相位共轭效应之后，又先后发现了互泵浦相位共轭效应[59-60]。互泵浦相位共轭器是一种能够同时产生两束入射光的相位共轭光的装置。两束泵浦光分别来自两个激光器且分别从晶体两侧入射，在恰当的几何配置下可以同时产生这两束入射光的相位共轭波。如图 15-77 所示，两束入射光 1 和 2 分别携带各自的空间、时间和相位信息 A 和 B，通过在光折变晶体中相互作用，每束入射光（1 和 2）失去了自己的空间信

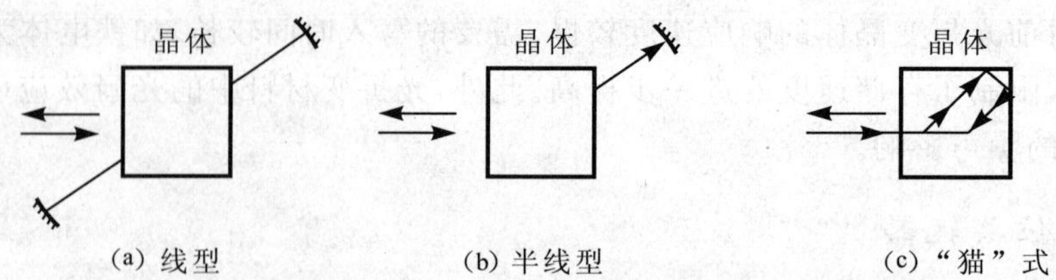

图 15-76 光折变自泵浦相位共轭器

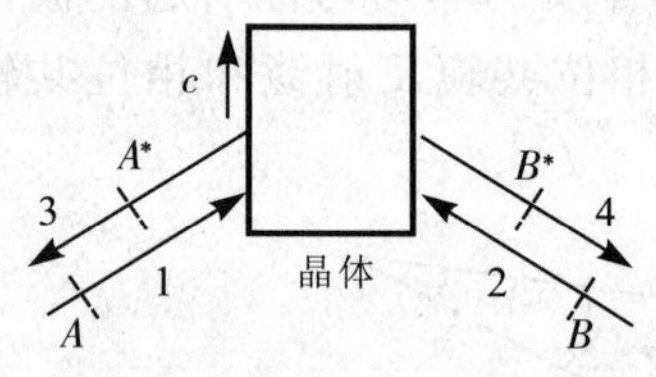

图 15-77 光折变互泵浦相位共轭器

息,却携带着另一束入射光的空间信息(B^* 和 A^*)并在另一束入射光的相反方向(4 和 3)传输。互泵浦相位共轭器中的两束入射光完全独立,没有任何相干性的要求,并且两束光对于任何波长的组合都会自动满足布拉格条件,可以携带不同的空间信息,分别形成两种信号光的相位共轭波,而且彼此不会串扰。因此,互泵浦相位共轭器在图像信息转换应用方面具有独特的优势。

此外,还有通过二波混频产生相位共轭波的自泵浦相位共轭器[61]及自弯曲光通道内相继四波混频[62-63]产生的自泵浦相位共轭器。

利用光折变效应产生相位共轭波具有若干优点:首先,由于光折变非线性响应时间较长,因此相位共轭光波的建立和稳定相对写入光延迟一段时间,从而引起某些特殊配置下瞬态响应特性和稳态响应特性的差异。其次,在产生相位共轭波的过程中,必然伴随着能量在光束间的转移和重新分配,这种能量转移在某些特定的条件下可以达到衍射光将泵浦光耗尽的程度。第三,光折变效应产生的相位共轭波具有累积效果。这些特点会导致产生一系列复杂而特殊的效应,如自泵浦相位共轭、互泵浦相位共轭、光放大、光振荡等,因而已成为实现实时光学信息处理的重要新途径。

利用光波的相位共轭特性不仅可以矫正或改善光路中的相位畸变,也可以利用其再成像特性实现无透镜成像。在光学信息处理中,许多图像信息都是加载到非相干光上,而为了使光学处理更加容易,需要把非相干图像信息转换到相干光学系统中。1983 年,Shi 等在 BSO 晶体中通过四波混频效应实现了非相干一相干光转换[64]。1992 年,Sharp 等利用自泵浦相位共轭效应在 SBN 晶体中实现了从非相干到相干光图像转换[65]。

(三) 光折变联合变换相关器

光折变材料作为一种优良的全息记录介质,不仅可以有效地用于制作匹配滤波器及匹配滤波相关器,也可以有效地用于联合变换相关器中的实时平方律转换器[66-67]。其次,利用光折变二波耦合过程的能量转移与非线性放大特性,还可以有效地改善联合变换功率谱特性,以显著提高联合变换相关的识别效果[68-71]。此外,利用光折变相位共轭技术也可以改善联合变换相关的识别效果。在联合傅里叶变换相关识别中,要求携带输入图像的光波本身不能有相位畸变,然而作为光电混合相关识别系统的重要输入器件,空间光调制器通常会产生附加的相位畸变,因此会严重影响联合变换相关器识别的准确度。研究表明[6],利用光折变二波耦合机制形成的相位共轭光波对经过空间光调制器的光束进行相位补偿,可以有效地降低噪声,提高相关输出光斑的信噪比和识别的准确度。

(四) 图像增强处理

光折变二波耦合过程会导致两束光波之间发生能量转移,一束光将因从另一束光中获得能量而得到放[72-73],并且转移方向取决于晶体光轴取向和晶体中占支配地位的载流子电荷的符号,放大的比率还与两束光的强度比有关。如果能量正好是由泵浦光向信号光转移,则可以使信号光得到放大,或使其携带的图像得以增强。其次,利用这种非线性效应还可以实现图像的边缘增强[74]。按照光折变二波耦合过程的能量转移规律,在泵浦光向信号光转移能量的情况下,光强比越大,耦合增益也越大。因此,在给定泵浦光强度的情况下,如果令耦合发生在频谱平面上,则信号光中强度较大的低频成分获得的耦合增益较小,而强度较弱的高频成分获得的耦合增益较大,从而可使像平面上输出图像边缘的强度相对增大。同样,在泵浦光与信号光光强比无反转的条件下,利用光折变体光栅的环状非线性衍射特性也可以实现光学图像的边缘增强[75]。

通过对光折变晶体中因二波耦合写入的光栅进行选择性擦除,也可以实现图像的边缘增强[76]。在两束光写入光栅的同时,用另一光束来进行擦除。由于寻常光对低空间频率成分擦除较快,而对高空间频率成分擦除较慢,从而可以观察到边缘增强的图像。如果擦除到一定程度后停止擦除,或者进行定影,则可在晶体中保留图像的边缘信息。

此外,也可以利用光折变晶体中的自衍射效应和尺寸效应来滤掉低空间频率成分,用散射光来放大边沿信息,从而突显出图像的边缘[77]。

(五) 光折变效应在信息处理中的其他应用

在光学信息处理、光通信、光计算领域内,始终困扰人们的一大难题是通过非线性介质传输无畸变图像。实际上,由于光与非线性介质相互作用会导致光束破裂而发生畸变,甚至一个平面波或展宽的高斯光束通过这种介质传输时都会存在问题。迄今为止,对于消除相位畸变问题,除了可以利用相位共轭技术外,人们还提出了利用复合(或矢量)空间孤子和非相干孤子来传输图像的方法,如利用(2+1)维暗空间孤子在自散焦非线性介质中可以传输无畸变图像[78]。

第十节　高斯光束的传播

采用稳定腔的激光器所发出的激光束,既不同于有限远点光源所发出的球面波,又不同于无限远点光源发出的平面波,而是一种具有特殊结构的高斯光束。因此,研究高斯光束在空间的传播规律和高斯光束通过光学系统的变换规律,不仅对于激光理论与技术,而且对于相干光学处理技术均具有重要意义。从信息光学应用出发,并为简单起见,这里只给出高斯光束在自由空间的传播规律,以及经薄透镜的变换规律,暂不考虑孔径的衍射效应。如果考虑孔径的衍射效应,可参看文献[79]。

一、高斯光束的基本性质[1,80]

(一) 基模高斯光束及其在自由空间的传播特性

由稳定激光谐振腔发出的沿 z 轴方向传播的基模光束,其波前复振幅可以表示为

$$\Psi_{00}(x,y,z)=\frac{C}{w(z)}\mathrm{e}^{-\frac{r^2}{w^2(z)}}\mathrm{e}^{-\mathrm{i}\left\{k\left[z+\frac{r^2}{2R(z)}\right]-\phi(z)\right\}} \tag{15-689}$$

式中,C 为常数因子,$k=2\pi/\lambda$ 为波数,λ 为波长,$r=(x^2+y^2)^{1/2}$ 为径向坐标,参数 $w(z)$、$R(z)$、$\phi(z)$ 分别表示为

$$w(z)=w_0\sqrt{1+\frac{z^2}{z_0^2}} \tag{15-690}$$

$$R(z)=z\left(1+\frac{z_0^2}{z^2}\right) \tag{15-691}$$

$$\varphi(z)=\arctan\left(\frac{z}{z_0}\right) \tag{15-692}$$

其中,参数 w_0 和 z_0 满足关系

$$z_0=\frac{\pi w_0^2}{\lambda} \tag{15-693}$$

可以看出,该光束的振幅沿径向自中心向外平滑地衰减,呈圆高斯分布,故称之为高斯光束。参数 $w(z)$ 定义为高斯光束在轴向位置 z 处的光斑半径,其大小等于轴线至振幅降至轴线处的 1/e 倍点的距离。(15-690) 式表明,$w(z)$ 随轴向坐标 z 按双曲线规律扩展,且在 $z=0$ 处,$w(0)=w_0$,达到最小值,故定义 w_0 为高斯光束的束腰半径。也就是说高斯光束在空间以束腰为对称向两侧呈发散状。参数 z_0 定义为激光谐振

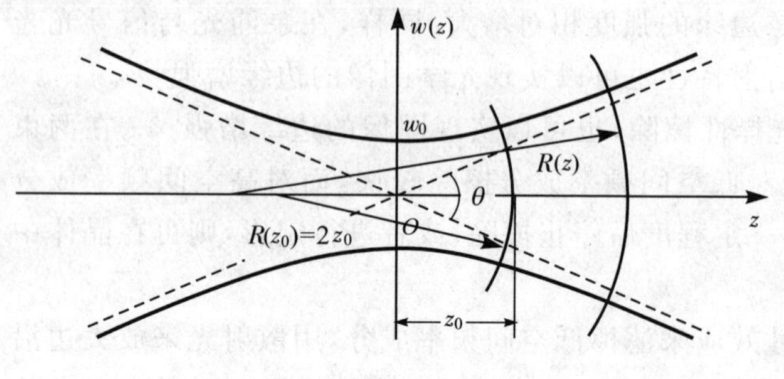

图 15-78　高斯光束的纵向结构

腔的共焦参数，表示 $w(z_0)=2^{1/2}w_0$ 的光斑所处轴向位置。参数 $R(z)$ 的意义可以从(15-689)式中的二次相位因子来理解，这个二次相位因子的存在表明，高斯光束的等相面是球面，其在轴向位置 z 处的曲率半径即 $R(z)$。(15-691)式表明，高斯光束等相位面的曲率半径不是恒定的。在 $z=z_0$ 处，$R(z_0)=2z_0$，等相面的曲率半径最小；在束腰和无限远处，$R(0)=R(\infty)\to\infty$，等相位面变为平面。当 $0<z<z_0$ 时，$R(z)>2z_0$，表明等相位面的曲率中心在 $[-\infty,-z_0]$ 区间上；当 $z>z_0$ 时，$z<R(z)<z+z_0$，表明等相位面的曲率中心在 $[-z_0,0]$ 的区间上。图 15-78 描述了基模高斯光束的纵向结构特性。

由(15-689)式可看出，高斯光束的相移特性由相位因子

$$\varphi_{00}(x,y,z)=k\left(z+\frac{r^2}{2R}\right)-\phi(z) \tag{15-694}$$

所决定。它描述了高斯光束在点 (x,y,z) 处相对于原点 $(0,0,0)$ 处的相位滞后，其中 kz 描述几何相移；$\phi(z)$ 描述高斯光束在空间行进距离 z 时相对几何位移的附加相位超前；因子 $kr^2/2R(z)$ 表示与横向坐标有关的相移，它表明高斯光束的等相位面是以 $R(z)$ 为半径的球面。

考虑到高斯光束沿轴向按双曲线规律扩展，故通常以该双曲线渐近线的夹角定义基模高斯光束的远场发散角为

$$\theta=\lim_{z\to\infty}\frac{2w(z)}{z}=2\frac{\lambda}{\pi w_0} \tag{15-695}$$

总之，基模高斯光束在其传播轴线附近可以近似地看作是一种非均匀球面波，波面的曲率中心随着传播过程而不断改变，但其振幅和强度在横截面内始终保持高斯分布特性，且其等相位面始终保持为球面。

(二) 高斯光束的特征参数

1. 束腰位置及腰斑半径 w_0

由(15-689)式和(15-690)式可以看出，整个高斯光束的结构取决于束腰位置和腰斑半径 w_0 的大小。与束腰相距为 z 处的光斑半径 $w(z)$、波面曲率半径 $R(z)$、(x,y,z) 点的相位滞后及光束发散角 θ 均可由 w_0 表示出。

2. 光斑半径 $w(z)$ 与波面曲率半径 $R(z)$

由(15-690)式和(15-691)式，可以导出

$$\left.\begin{aligned} w_0&=\frac{w(z)}{\sqrt{1+\left[\dfrac{\pi w^2(z)}{\lambda R(z)}\right]^2}}\\ z&=\frac{R(z)}{1+\left[\dfrac{\lambda R(z)}{\pi w^2(z)}\right]^2}\end{aligned}\right\} \tag{15-696}$$

可见，已知某给定位置(设坐标为 z)处的光斑半径 $w(z)$ 及波面曲率半径 $R(z)$，则可以由上式确定出高斯光束的腰斑半径 w_0 及束腰位置。

3. q 参数

将(15-689)式中与横向坐标 r 有关的因子整合在一起，则该式可以写成

$$\Psi_{00}(x,y,z)=\frac{C}{w(z)}\mathrm{e}^{-\mathrm{i}k\frac{r^2}{2}\left[\frac{1}{R(z)}-\mathrm{i}\frac{\lambda}{\pi w^2(z)}\right]}\mathrm{e}^{-\mathrm{i}[kz-\phi(z)]}$$

引入一个新的参数 $q(z)$，其定义为

$$\frac{1}{q(z)}=\frac{1}{R(z)}-\mathrm{i}\frac{\lambda}{\pi w^2(z)} \tag{15-697}$$

则(15-689)式又可以写成

$$\Psi_{00}(x,y,z)=\frac{C}{w(z)}e^{-ik\frac{r^2}{2}\frac{1}{q(z)}}e^{-i[kz-\phi(z)]} \tag{15-698}$$

于是,已知高斯光束在某一位置 z 处的 q 参数,便可由下式确定该处的 $w(z)$ 和 $R(z)$ 的值:

$$\left.\begin{aligned}\frac{1}{R(z)}&=\mathrm{Re}\left\{\frac{1}{q(z)}\right\}\\ \frac{1}{w^2(z)}&=-\frac{\pi}{\lambda}\mathrm{Im}\left\{\frac{1}{q(z)}\right\}\end{aligned}\right\} \tag{15-699}$$

若令 $q_0=q(0)$,注意到 $R(0)\to\infty$,$w(0)=w_0$,则根据(15-697)式,有

$$\frac{1}{q_0}=\frac{1}{q(0)}=-i\frac{\lambda}{\pi w_0^2}$$

所以

$$q_0=i\frac{\pi w_0^2}{\lambda}=iz_0 \tag{15-700}$$

上述3组参数都可以用来确定基模高斯光束的具体结构。一般来说,用 w_0 或 $w(z)$ 和 $R(z)$ 来描述高斯光束比较直观,用 $q(z)$ 参数来研究高斯光束的传播规律,特别是高斯光束通过光学系统的传输要方便一些。

可以证明,对于稳定球面腔,假设其两个球面的曲率半径分别为 R_1 和 R_2,腔长为 L,由其所产生的基模高斯光束的参数 w_0 和 z_0 与 R_1、R_2 及 L 的关系为

$$\left.\begin{aligned}w_0^4&=\left(\frac{\lambda}{\pi}\right)^2\frac{L(R_1-L)(R_2-L)(R_1+R_2-L)}{(R_1+R_2-2L)^2}\\ z_0^2&=\frac{L(R_1-L)(R_2-L)(R_1+R_2-L)}{(R_1+R_2-2L)^2}\end{aligned}\right\} \tag{15-701}$$

(三)高阶高斯光束

1. 厄米-高斯光束

在方形孔径的共焦腔或方形孔径的其他稳定球面腔中,除了存在由(15-689)式所表示的基模高斯光束之外,还可能存在各高阶高斯光束,其横截面内的场分布可由高斯函数与厄米多项式的乘积来描述。沿 z 轴方向传输的厄米-高斯光束可以写成如下的一般形式:

$$\begin{aligned}\Psi_{mn}(x,y,z)&=\frac{1}{\sqrt{2^m m!}}\frac{1}{\sqrt{2^n n!}}\sqrt{\frac{2}{\pi}}\frac{1}{w}\mathrm{H}_m\left(\frac{\sqrt{2}}{w}x\right)\mathrm{H}_n\left(\frac{\sqrt{2}}{w}y\right)e^{-\frac{r^2}{w^2}}e^{-i\left[k\left(z+\frac{r^2}{2R}\right)-(1+m+n)\varphi(z)\right]}\\ &=\frac{1}{\sqrt{2^m m!}}\frac{1}{\sqrt{2^n n!}}\sqrt{\frac{2}{\pi}}\frac{1}{w}\mathrm{H}_m\left(\frac{\sqrt{2}}{w}x\right)\mathrm{H}_n\left(\frac{\sqrt{2}}{w}y\right)e^{-i\left[k\left(z+\frac{r^2}{2q}\right)-(1+m+n)\varphi(z)\right]}\end{aligned} \tag{15-702}$$

式中,$w=w(z)$、$R=R(z)$ 的意义同前,$\mathrm{H}_m(\sqrt{2}x/w)$、$\mathrm{H}_n(\sqrt{2}y/w)$ 分别表示 m 阶和 n 阶厄米多项式,系数 $\frac{1}{\sqrt{2^m m!}}\frac{1}{\sqrt{2^n n!}}\sqrt{\frac{2}{\pi}}$ 为归一化常数,它使 ψ_{mn} 满足正交归一化条件:

$$\iint_{-\infty}^{\infty}\Psi_{mn}(x,y,z)\,\Psi_{m'n'}(x,y,z)\,\mathrm{d}x\mathrm{d}y=\delta_{mm'}\delta_{nn'} \tag{15-703}$$

厄米-高斯光束与基模高斯光束的区别在于:

1)厄米-高斯光束的横向场分布取决于高斯函数与厄米多项式的乘积 $\mathrm{H}_m\left(\frac{\sqrt{2}}{w}x\right)\mathrm{H}_n\left(\frac{\sqrt{2}}{w}y\right)e^{-\frac{r^2}{w^2}}$,因此,该场分布沿 x 方向有 m 条节线,沿 y 方向有 n 条节线。

2)厄米-高斯光束沿传输轴线相对于几何相移的附加相位超前随阶数 m 和 n 的增大而增大,其大小为

$$\Delta\phi_{mn}=(1+m+n)\phi(z) \tag{15-704}$$

3)厄米-高斯光束的发散角也随 m 和 n 的增大而增大。

2. 拉盖尔-高斯光束

在柱对称稳定腔(包括圆形孔径共焦腔)中,高阶横模由关联拉盖尔多项式与高斯函数的乘积描述。沿 z 轴方向传输的拉盖尔-高斯光束可表示为如下的一般形式:

$$\Psi_{mn}(r,\varphi,z)=C\frac{w_0}{w}\left(\frac{\sqrt{2}\,r}{w}\right)^m L_m^n\left(\frac{2r^2}{w^2}\right)\mathrm{e}^{-\frac{r^2}{w^2}}\mathrm{e}^{-\mathrm{i}\left[k\left(z+\frac{r^2}{2R}\right)-(m+2n+1)\phi(z)\right]}\begin{cases}\cos m\varphi\\ \sin m\varphi\end{cases} \tag{15-705}$$

式中,(r,φ,z) 表示场点的柱坐标,$w=w(z)$、$R=R(z)$ 的意义同前,$L_m^n(2r^2/w^2)$ 为关联拉盖尔多项式。

与基模高斯光束比较,柱对称系统的高阶高斯光束的横向场分布由函数 $L_m^n\left(\frac{2r^2}{w^2}\right)\mathrm{e}^{-\frac{r^2}{w^2}}\begin{cases}\cos m\varphi\\ \sin m\varphi\end{cases}$ 描述,它沿半径 r 方向有 n 个节线圆,沿辐角 φ 方向有 m 根节线。拉盖尔-高斯光束的附加相移为

$$\Delta\phi_{mn}=(m+2n+1)\phi(z) \tag{15-706}$$

它随 n 的增加比随 m 的增加来得更快,其光束发散角亦随 m 和 n 的增大而增大。

需要说明的是,拉盖尔-高斯光束也满足一定的正交关系,而且只要适当地选择常数 C,即可将其表示成归一化形式。

由上述讨论可知,基模高斯光束实际上就是高阶高斯光束的最低阶($m=0,n=0$)模。

二、高斯光束经透镜的传输

高斯光束是一种在传输过程中曲率中心不断变化的球面波,因此,其通过光学系统的行为具有与一般球面波不同的性质。然而,有趣的是,由于高斯函数的傅里叶变换仍为高斯函数,因此透镜并不改变高斯光束的横向场分布,即进入透镜的基模高斯光束在出射后仍为基模高斯光束,而且高阶模通过透镜后仍保持为相同阶次的模。透镜的作用仅仅是改变光束参数 $w(z)$ 和 $R(z)$。高斯光束的这种空间自变换特性,一方面保证了其在空间传输时的稳定性,但另一方面也给其经光学系统的会聚和准直带来技术上的困难。

(一) 透镜对高斯光束的变换

如图 15-79 所示,设一腰斑半径为 w_0 的高斯光束投射在焦距为 f 的薄透镜上,束腰与透镜的距离为 l,光束轴线与透镜主光轴重合,通过透镜的高斯光束的腰斑半径为 w_0'。束腰与透镜的距离为 l',则 w_0'、l' 与 w_0、l、f 诸量之间的关系可表示为

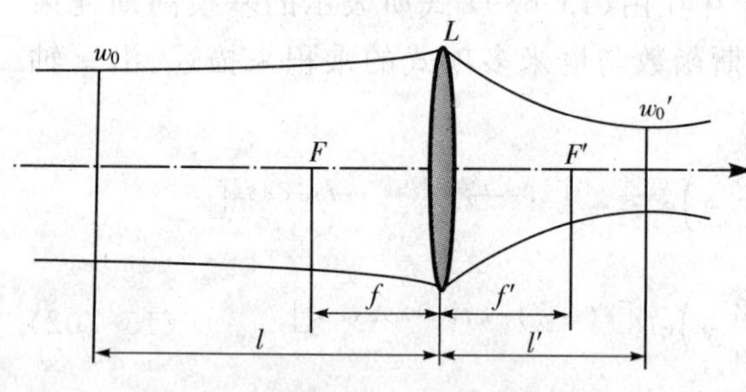

图 15-79 薄透镜对高斯光束的变换

$$w_0'=\frac{w_0 f}{\sqrt{(l-f)^2+\left(\frac{\pi w_0^2}{\lambda}\right)^2}} \tag{15-707}$$

$$l'=f+\frac{(l-f)f^2}{(l-f)^2+\left(\frac{\pi w_0^2}{\lambda}\right)^2} \tag{15-708}$$

(15-707) 式和(15-708) 式完全确定了输入、输出高斯光束之间的变换关系。

当满足条件

$$\left(\frac{\pi w_0^2}{\lambda}\right)^2\ll(l-f)^2\ 或\left(\frac{z_0}{f}\right)^2\ll\left(1-\frac{l}{f}\right)^2 \tag{15-709}$$

时,由(15-708) 式,可得

$$l'\approx f+\frac{f^2}{l-f}=\frac{fl}{l-f}$$

即

$$\frac{1}{l'}+\frac{1}{l}=\frac{1}{f} \tag{15-710}$$

这正是傍轴条件下的薄透镜成像公式 —— 高斯物像公式。同样,在(15-710) 式成立的情况下,由(15-707) 式可导出薄透镜对高斯光束腰斑的横向放大率为

$$V=\frac{w'_0}{w_0}\approx\frac{l}{l-f}=\frac{l'}{l} \tag{15-711}$$

上式结论与傍轴条件下薄透镜成像的横向放大率公式一致。

由于$(l-f)$为物方高斯光束束腰到透镜物方焦平面的距离，$\pi w_0{}^2/\lambda$为物方高斯光束的共焦参数，所以不等式(15-709)式要求物方高斯光束束腰与透镜的物方焦平面距离远大于物方高斯光束的共焦参数。简单讲，就是要求物方高斯光束束腰离透镜足够远。满足此条件时，便可以将物、像方束腰分别与几何光学中的物、像对应，从而可以用几何光学中处理傍轴光线的方法处理高斯光束，使问题简化。

如果(15-709)式的条件不能满足，则必须根据(15-707)式和(15-708)式来求像方高斯光束束腰的大小与位置。例如，当$l=f$时，$l'=f$；当$l=0$时，$0<l'<f$。此结果显然与几何光学的结果迥然不同。

(二) 高斯光束的聚集

高斯光束的自傅里叶变换特性表明，无论采用何种光学系统，都不可能使一束高斯光束会聚为一个理想的点。因此，所谓对高斯光束聚焦，实际上就是采用透镜将高斯光束的束腰半径尽可能地压缩到令人满意的程度。

由(15-707)式可以看出，当$l>f$时，w'_0随l的增大而单调地减小。结合(15-708)式，当$l\to\infty$时，有$w'_0\to 0$，$l'\to f$。一般地，当$l\gg f$时，由(15-707)式和(15-690)式可得

$$w'_0\approx\frac{w_0 f}{\sqrt{l^2+\left(\frac{\pi w_0^2}{\lambda}\right)^2}}=\frac{\lambda f}{\pi}\frac{1}{w_0\sqrt{1+\left(\frac{\lambda l}{\pi w_0^2}\right)^2}}=\frac{\lambda f}{\pi w(l)} \tag{15-712}$$

$$l'\approx f \tag{15-713}$$

其中，$w(l)$为$z=l$处高斯光束的光斑半径。若同时还满足条件$l\gg\pi w_0{}^2/\lambda$，则有

$$w'_0=\frac{f}{l}w_0 \tag{15-714}$$

由此可见，实现高斯光束聚焦的有效途径是选取短焦距的会聚透镜，并使透镜(物方焦平面)远离高斯光束的束腰位置，此外，入射光束应具有尽可能大的束腰半径W_0。

(三) 高斯光束的准直

根据(15-695)式，透镜两侧入射和出射的高斯光束的发散角应分别为

$$\theta=2\frac{\lambda}{\pi w_0} \tag{15-715}$$

$$\theta'=2\frac{\lambda}{\pi w'_0} \tag{15-716}$$

利用(15-707)式，可得到

$$\theta'=\frac{2\lambda}{\pi w_0 f}\sqrt{(l-f)^2+\left(\frac{\pi w_0^2}{\lambda}\right)^2} \tag{15-717}$$

由(15-715)式和(15-716)式可以看出，当$w'_0>w_0$时，将有$\theta'<\theta$，此时出射光束的方向性优于入射光束。可以证明，当$l=f$时，w'_0达到极大值，即

$$w'_{0\,\max}=\frac{\lambda}{\pi w_0}f \tag{15-718}$$

此时，出射光束的发散角最小，且有

$$\theta'_{\min}=\frac{2w_0}{f} \tag{15-719}$$

$$\frac{\theta'_{\min}}{\theta}=\frac{\pi w_0{}^2}{f\lambda}=\frac{z_0}{f} \tag{15-720}$$

可见，当透镜的焦距f一定时，若入射高斯光束的束腰正好位于透镜的物方焦面，则θ'达到极小。此时，f越大，即透镜焦距越长，则θ'越小。当

$$\frac{\pi w_0^{\,2}}{\lambda f} - \frac{z_0}{f} \ll 1 \tag{15-721}$$

时，可使 θ' 小到可以忽略的程度。

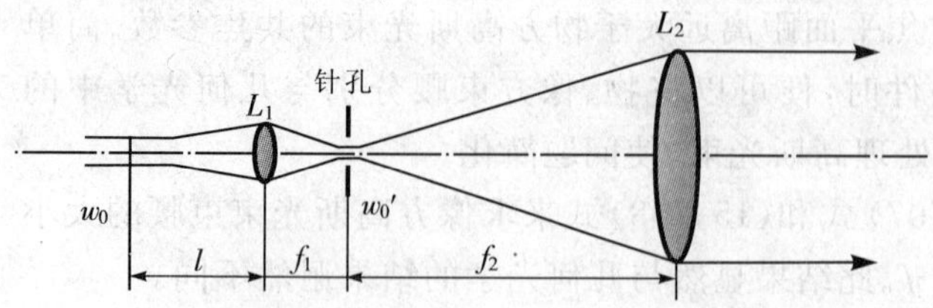

图 15-80　高斯光束的准直原理

此外，由(15-719) 式还可以看出，在 $l = f$ 的条件下，θ' 不但与 f 的大小有关，而且也与 w_0 的大小有关。w_0 越小，则 θ' 越小，出射高斯光束的方向性越好。因此，常用的激光准直系统相当于一个倒置的共焦望远镜系统，如图 15-80 所示，即先用一个短焦距透镜 L_1 将高斯光束聚焦，以便获得极小的腰斑，然后用一个长焦距透镜 L_2 来压缩光束的发散角，就可以得到很好的准直效果。同时，为了消除杂散光的影响，在聚焦点处，还常常插入一个针孔光阑进行低通滤波。

三、利用参数 q 描述高斯光束的传播[81]

由(15-697) 式定义的高斯光束的 q 参数，将参数 $w(z)$ 和 $R(z)$ 结合在一起。利用 q 参数，可以很方便地用统一的公式来描述高斯光束在自由空间和光学系统中的传播行为。

将(15-690) 式和(15-691) 式所定义的 $w(z)$ 和 $R(z)$ 代入(15-697) 式，可以得到

$$q(z) = \mathrm{i}\,\frac{\pi w_0^{\,2}}{\lambda} + z = q_0 + z \tag{15-722}$$

假设 $q(z_2)$ 和 $q(z_1)$ 分别为空间 $z = z_2$ 和 $z = z_1$ 处的 q 参数，且 $z_2 - z_1 = L$，则由(15-722) 式可以推得

$$q(z_2) = q(z_1) + (z_2 - z_1) = q(z_1) + L \tag{15-723}$$

上式表明，由 $z = z_1$ 处的 q 参数可以得到 $z = z_2$ 处的 q 参数。

当高斯光束通过薄透镜时，q 参数的变换规律也很简单。事实上，根据傍轴条件下的透镜成像特性，高斯球面波通过薄透镜时应有以下关系式：

$$\left.\begin{aligned} \frac{1}{R_1} - \frac{1}{R_2} &= \frac{1}{f} \\ w_2 &= w_1 \end{aligned}\right\} \tag{15-724}$$

式中，R_1 和 w_1 分别为入射高斯光束在透镜表面上的波面曲率半径和光斑半径，R_2 和 w_2 分别为出射高斯光束在透镜表面上的波面曲率半径和光斑半径，f 为透镜焦距。若令高斯光束在薄透镜前后表面上的 q 参数分别为 $q_1(z)$ 和 $q_2(z)$，由(15-697) 式和(15-724) 式，不难求得

$$\frac{1}{q_2(z)} = \frac{1}{R_2} - \mathrm{i}\,\frac{\lambda}{\pi w_2^{\,2}} = \frac{1}{R_1} - \frac{1}{f} - \mathrm{i}\,\frac{\lambda}{\pi w_1^{\,2}} = \frac{1}{q_1(z)} - \frac{1}{f} \tag{15-725}$$

比较(15-725) 式与(15-724) 式可看出，q 参数与高斯球面波的曲率半径 R 起着类似的作用。因此，有时又将 q 参数称为高斯光束的复曲率半径。

如果 q 和 q' 分别为在透镜的物方和像方离透镜 d 和 d' 处测得的高斯光束的 q 参数值，如图 15-81 所示，则由(15-722) 式、(15-723) 式和(15-725) 式可以求得

$$q' = \frac{\left(1 - \frac{d'}{f}\right)q + \left(d + d' - \frac{dd'}{f}\right)}{-\frac{q}{f} + \left(1 - \frac{d}{f}\right)} \tag{15-726}$$

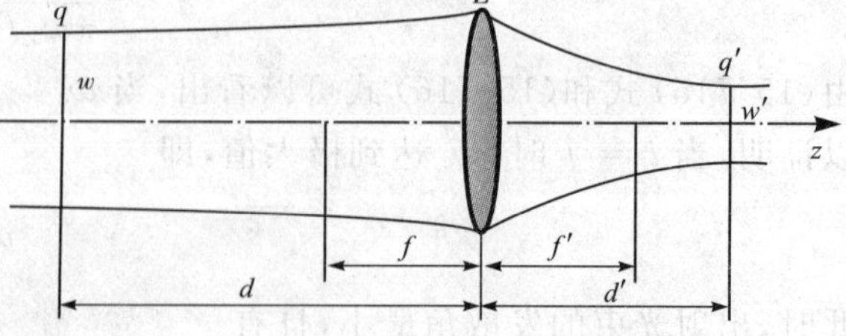

图 15-81　单透镜对高斯光束 q 参数的变换

由于 q 参数的简单适用，所以在许多文献中已被广泛地采用。

第十一节　数字光学信息处理

一、计算全息术

(一) 概述[5]

全息术实际上是一种对复振幅分布的编码记录方法。光学全息术采用的是一种光学编码方法，即通过引入参考光与物光干涉而实现对物光复振幅的编码。计算全息术则是采用人工编码的方式，通过计算机数值计算出全息图，然后利用绘图或打印设备绘制出全息图。利用计算全息术可以人为制作出在真实世界里本不存在的物体图像。计算全息术最早由 Kozma 和 Kelly 于 1965 年提出[82]。他们采用黑白线条对计算得到的信号的频谱进行编码，并将绘制的编码图样以合适的尺寸复制在透明胶片上，从而制成一个复数滤波器。1966 年，Brown 和 Lohmann 将该方法推广到二维情形，制作了用于特征识别的滤波器[83]。起初，由于计算技术的限制，只能制作一些简单的全息图。近 30 年来，随着计算机技术和数字图像处理技术的发展，已经可以很方便地利用计算机数值模拟物光波和参考光波，并使其产生数字干涉，从而制作出各种复杂物体的全息图。全息图的绘制手段也大大改进，既可以实现快速地高分辨和大面积绘制，也可以利用高分辨率空间光调制器实时显示和直接光学读出。同时，利用计算全息术制作的各种衍射光学器件已得到广泛的应用。

与光学全息图类似，计算全息图一般分为菲涅耳全息图、傅里叶变换全息图和像全息图 3 大类。计算全息图的制作过程一般分为如下三步：

第一步：数字物光波的产生。制作全息图时，无论采用模拟方式还是数字方式，首先必须在全息图记录平面上产生一个携带物体信息的光场复振幅分布，也就是想要重建的物光波前。对于计算全息图而言，必须通过计算机数值计算出该光场。因此，首先需要对物体表面附近的光场离散化，即进行抽样；其次，需要根据全息图类型计算出该离散化的光场传播到全息图平面时的波前复振幅分布。

第二步：全息图的编码。由计算得到的全息图平面上的物光波前是一个离散化的复函数 —— 二维抽样点阵列。样本点包含一个幅值和一个相位值。因此，需要采取某种编码方式，将此幅值和相位值转换成某种可在透明片或空间光调制器上表示的形式。

第三步：全息图的绘制与再现。经编码的光场分布需借助高分辨率绘图仪、激光打印机、电子束刻蚀或激光直写装置等计算机输出设备绘制在透明片上，或加载到空间光调制器上。绘制的全息图可以是二元的(只有透明和不透明两个值)，也可以包含多个灰度级。全息像的再现过程可借助于单色光或白光经全息图的衍射而实现。

(二) 数字物光波的产生[11]

1. 傅里叶变换全息图

傅里叶变换全息图记录的是物光波频谱(即物光波复振幅的傅里叶变换)与参考光波的干涉图。因此，首先需要利用计算机虚拟一个如图 15-82 所示的光学傅里叶变换全息图记录与再现光路系统。假设两个变换透镜 L_1 和 L_2 的焦距均为 f、其中 L_1 的孔径无限大，其物方焦平面为输入平面，像方焦平面为全息图记录平面，用单位振幅的相干平面光波照明物体，参考光源为位于物平面上 $(-b,0)$ 点且复振幅为 $\delta(x+b,y)$ 的相干点光源。取虚拟物体的振幅透射系数为 $g(x,y)$，略去常数因子，则在频谱面上得到其透射光场的傅里叶变换：

$$G(\xi,\eta)=F\{g(x,y)\}=\iint_{-\infty}^{\infty} g(x,y)\mathrm{e}^{-\mathrm{i}2\pi(\xi x+\eta y)}\mathrm{d}x\,\mathrm{d}y \tag{15-727}$$

相应的参考光波为

$$R(\xi,\eta)=F\{\delta(x+b,y)\}=R_0\mathrm{e}^{-\mathrm{i}2\pi\xi b} \tag{15-728}$$

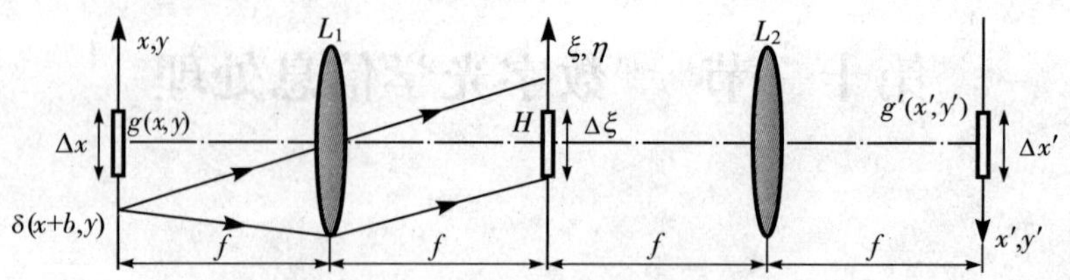

图 15-82　虚拟傅里叶变换全息图记录与再现光路

假设物体横向面积大小为 $\Delta x\Delta y$，在 x 和 y 方向满足抽样条件的抽样间隔分别为 x_s 和 y_s，则在相应方向上的抽样单元(即像素)数分别为 $M=\Delta x/x_s$ 和 $N=\Delta y/y_s$，且总抽样数为

$$MN=\frac{\Delta x\Delta y}{x_s y_s} \tag{15-729}$$

若以 m 和 n 分别表示 x 和 y 方向的抽样单元(像素)序数，则有 $x=mx_s$，$y=ny_s$，且满足条件

$$1-\frac{M}{2}\leqslant m\leqslant\frac{M}{2},\quad 1-\frac{N}{2}\leqslant n\leqslant\frac{N}{2} \tag{15-730}$$

当上式中取等号时，抽样间隔 x_s 和 y_s 正好等于物体在相应方向的最小分辨间隔 δx 和 δy，由此可得物体的空间带宽积为

$$MN=\frac{\Delta x\Delta y}{\delta x\delta y}=\Delta x\Delta y\Delta\xi\Delta\eta \tag{15-731}$$

式中，$\Delta\xi=1/\delta x$ 和 $\Delta\eta=1/\delta y$ 分别为物光波在相应方向的频域总宽度。

傅里叶变换全息图的记录平面正好是物光波的频谱面，故对其抽样与对物体抽样类似。假设沿频率坐标 ξ 和 η 方向的抽样间隔分别为 ξ_s 和 η_s，且满足抽样条件，则有

$$\xi_0\leqslant\frac{1}{\Delta x},\quad \eta_0\leqslant\frac{1}{\Delta y} \tag{15-732}$$

以 k 和 l 表示沿两个正交方向上的抽样单元序数，即取 $\xi=k\xi_s$，$\eta=l\eta_s$，则有

$$1-\frac{K}{2}\leqslant k\leqslant\frac{K}{2},\quad 1-\frac{L}{2}\leqslant l\leqslant\frac{L}{2} \tag{15-733}$$

于是，在相应方向上的抽样单元(像素)数分别为 $K=\Delta\xi/\xi_s$ 和 $L=\Delta\eta/\eta_s$，且总抽样数为

$$KL=\frac{\Delta\xi\Delta\eta}{\xi_s\eta_s}\geqslant\Delta\xi\Delta\eta\Delta x\Delta y=MN \tag{15-734}$$

可见，要保证全息图能够记录物体的全部空间频谱信息，全息图的抽样单元(像素)数必须不小于物体的可分辨单元(像素)数，或者频谱面上的抽样间隔必须不大于物体横向宽度的倒数。当(15-732)式或(15-733)式中取等号时，全息图的抽样单元(像素)数取最小值，即

$$KL=\Delta\xi\Delta\eta\Delta x\Delta y=MN \tag{15-735}$$

上式的意义在于，要保证全息图能够记录到物体足够的信息量，必须保证全息图的空间带宽积至少与物体的空间带宽积相同。

需要说明的是，$\Delta\xi$ 和 $\Delta\eta$ 是指物光波的频域总宽度。由于频谱分布具有对称性，该频域总宽度应等于空间带宽的2倍。因此，若取最大频率坐标为 ξ_m 和 η_m，则有 $\Delta\xi=2|\xi_m|$，$\Delta\eta=2|\eta_m|$。同时，空间频率坐标与频谱面上的空间坐标是两个不同的概念。若以 x_f 和 y_f 分别表示频谱面上沿两个正交方向的空间坐标，λ 表示照射光波长，f 表示透镜焦距，则有

$$\xi=\frac{x_f}{\lambda f},\quad \eta=\frac{y_f}{\lambda f} \tag{15-736}$$

按照(15-234)式，可将物平面上光场复振幅表示为

$$g(x,y)=\sum_{m=-\infty}^{\infty}\sum_{n=-\infty}^{\infty}g\left(\frac{m}{\Delta\xi},\frac{n}{\Delta\eta}\right)\mathrm{sinc}(x\Delta\xi-m)\,\mathrm{sinc}(y\Delta\eta-n) \tag{15-737}$$

对于一个抽样点来说，有

$$g_{mn}=g(mx_s,ny_s)=g\left(\frac{m}{\Delta\xi},\frac{n}{\Delta\eta}\right) \tag{15-738}$$

将上式代入(15-727)式,并利用傅里叶变换的平移定理,可得频谱面上的物光波复振幅为

$$\begin{aligned}G(\xi,\eta)&=\iint_{-\infty}^{\infty}\sum_{m=-\infty}^{\infty}\sum_{n=-\infty}^{\infty}g\left(\frac{m}{\Delta\xi},\frac{n}{\Delta\eta}\right)\mathrm{sinc}(x\Delta\xi-m)\,\mathrm{sinc}(y\Delta\eta-n)\,\mathrm{e}^{-\mathrm{i}2\pi(\xi x+\eta y)}\mathrm{d}x\,\mathrm{d}y\\&=\frac{1}{\Delta\xi\Delta\eta}\mathrm{rect}\left(\frac{\xi}{\Delta\xi}\right)\mathrm{rect}\left(\frac{\eta}{\Delta\eta}\right)\sum_{m=-\infty}^{\infty}\sum_{n=-\infty}^{\infty}g\left(\frac{m}{\Delta\xi},\frac{n}{\Delta\eta}\right)\mathrm{e}^{-\mathrm{i}2\pi\left(\frac{m\xi}{\Delta\xi}+\frac{n\eta}{\Delta\eta}\right)}\end{aligned} \tag{15-739}$$

即

$$G(\xi,\eta)=\begin{cases}\dfrac{1}{\Delta\xi\Delta\eta}\displaystyle\sum_{m=-\infty}^{\infty}\sum_{n=-\infty}^{\infty}g\left(\frac{m}{\Delta\xi},\frac{n}{\Delta\eta}\right)\mathrm{e}^{-\mathrm{i}2\pi\left(\frac{m\xi}{\Delta\xi}+\frac{n\eta}{\Delta\eta}\right)}, & |\xi|\ll\dfrac{\Delta\xi}{2},|\eta|\ll\dfrac{\Delta\eta}{2}\\0, & |\xi|>\dfrac{\Delta\xi}{2},|\eta|>\dfrac{\Delta\eta}{2}\end{cases} \tag{15-740}$$

当 $\Delta x\Delta\xi\ll1,\Delta y\Delta\eta\ll1$ 时,对于一个抽样点来说,有

$$G_{kl}=G(k\xi_s,l\eta_s)=\frac{1}{\Delta\xi\Delta\eta}\sum_{m=1-M/2}^{M/2}\sum_{n=1-N/2}^{N/2}g_{mn}\mathrm{e}^{-\mathrm{i}2\pi\left(\frac{mk}{M}+\frac{nl}{N}\right)} \tag{15-741}$$

上式表示二维离散傅里叶变换,一般需要采用快速傅里叶变换(FFT)算法进行计算。

2. 菲涅耳全息图

菲涅耳全息图记录的是物体的菲涅耳衍射光波与参考光波的干涉图。因此,首先需要利用计算机虚拟物光波自物平面到全息图平面的菲涅耳衍射过程。根据菲涅耳衍射的特点可知,在忽略一个与全息图平面坐标有关的二次相位因子的情况下,菲涅耳衍射也可以用物函数与一个二次相位因子乘积的傅里叶变换来描述。以 z 表示全息图平面到物平面的距离,则在忽略常数因子和一个与全息图平面坐标有关的二次相位因子的情况下,可将全息图平面上的光场分布表示为

$$G(\xi,\eta)=F\left\{g(x,y)\mathrm{e}^{-\mathrm{i}\frac{\pi}{\lambda z}(x^2+y^2)}\right\}=\iint_{-\infty}^{\infty}g(x,y)\mathrm{e}^{-\mathrm{i}\frac{\pi}{\lambda z}(x^2+y^2)}\mathrm{e}^{-\mathrm{i}2\pi(\xi x+\eta y)}\mathrm{d}x\mathrm{d}y \tag{15-742}$$

相应的离散化形式应为

$$\begin{aligned}G(\xi,\eta)=&\frac{1}{\Delta\xi\Delta\eta}\mathrm{rect}\left(\frac{\xi}{\Delta\xi}\right)\mathrm{rect}\left(\frac{\eta}{\Delta\eta}\right)\times\\&\sum_{m=-\infty}^{\infty}\sum_{n=-\infty}^{\infty}g\left(\frac{m}{\Delta\xi},\frac{n}{\Delta\eta}\right)\mathrm{e}^{-\mathrm{i}\frac{\pi}{\lambda z}\left[\left(\frac{m}{\Delta\xi}\right)^2+\left(\frac{n}{\Delta\eta}\right)^2\right]}\mathrm{e}^{-\mathrm{i}2\pi\left(\frac{m\xi}{\Delta\xi}+\frac{n\eta}{\Delta\eta}\right)}\end{aligned} \tag{15-743}$$

类似地,当 $\Delta x\Delta\xi\ll1,\Delta y\Delta\eta\ll1$ 时,对于一个抽样点来说,有

$$G_{kl}=G(k\xi_s,l\eta_s)=\frac{1}{\Delta\xi\Delta\eta}\sum_{m=1-M/2}^{M/2}\sum_{n=1-N/2}^{N/2}g_{mn}\mathrm{e}^{-\mathrm{i}\frac{\pi}{\lambda z}\left[\left(\frac{m}{\Delta\xi}\right)^2+\left(\frac{n}{\Delta\eta}\right)^2\right]}\mathrm{e}^{-\mathrm{i}2\pi\left(\frac{mk}{M}+\frac{nl}{N}\right)} \tag{15-744}$$

3. 像全息图

像全息图记录的是物体的成像光波与参考光波的干涉图。假设成像系统的横向放大率等于1,孔径无限大,则成像光波与平面波垂直照射下物体的透射光波一致。因此,相比较傅里叶变换全息图和菲涅耳全息图,像全息图的计算要简单得多,只需要直接对物平面上的光场复振幅分布进行抽样即可。若采用单位振幅的平面波垂直照射,则可直接对物的复振幅透射系数进行抽样。

(三) 计算全息图的编码[5,11]

全息的含义是指物体的三维信息,由物光波的振幅和相位携带,其中相位携带物体的纵向或深度信息。普通照相术无法记录到光波的相位,因而也就丢失了物体的纵向信息。即使采用全息干板或体块光敏材料,也同样无法直接记录光波的相位信息。因此,记录光波相位信息必须采取编码调制手段。目前制作计算全息图可采用两类编码方式:一类与光学全息图类似,需要引入一束数字参考光波,使之与全息图平面上的数字物光波相加,并计算出干涉图样的强度分布点阵,由此绘制出全息图;另一类不需要引入参考光,而是直接对物光波前的振幅和相位进行编码,由此制作出的全息图由一些亮暗间隔的矩形图案构成,不同于传统的干涉

图样。干涉编码方法原理简单，但灰度按正弦变化的干涉条纹对打印绘图设备要求较高。早先解决干涉编码全息图绘制问题的途径是采用非线性记录使干涉图样二值化[83-84]。目前，随着高分辨率空间光调制器和高分辨率打印绘图技术的发展，显示或绘制这种全息图已不再困难。相位编码方法无需引入参考光波，对全息图的显示或绘制设备要求相对较低，但编码过程较为复杂。

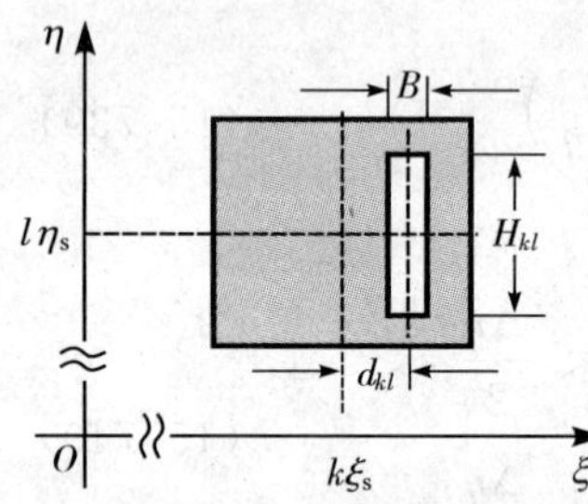

图 15-83 迂回相位编码原理

最初制作计算全息图主要采用相位编码方法。常用的相位编码方法主要是由 Lohmann 首先提出[85] 的迂回相位编码方法。图 15-83 显示了采用迂回相位编码所得全息图的一个抽样单元(像素)的结构特点。其基本编码思路如下：

首先，对计算得到的全息图平面上每个抽样点的物光波复振幅作归一化处理。设归一化后的物光波振幅为 $A_{kl}(0 < A_{kl} < 1)$，相位为 φ_{kl}，则可将该抽样点的物光波复振幅表示为

$$G_{kl} = A_{kl}\,\mathrm{e}^{\mathrm{i}\phi_{kl}} \tag{15-745}$$

其次，在全息图平面上，以抽样点$(k\xi_s, l\eta_s)$为中心，绘制一个边长分别为 ξ_s 和 η_s 的不透明矩形区域，再在该矩形区域中的适当位置开一个透明的长方形孔。取透明孔的宽度为 B_{kl}，高度为 h_{kl}，孔中心到抽样点中心的距离为 d_{kl}。这 3 个量的大小的确定原则是：B_{kl} 取一个恒定不变的值 B，这样便可用 h_{kl} 唯一决定透射光波的振幅；h_{kl} 正比于归一化振幅 A_{kl}，比例系数即抽样间隔 ξ_s，由此可直接用孔的高度来准确表示透射光波的振幅；d_{kl} 正比于相位值 ϕ_{kl}，比例系数为 $\xi_s/2\pi\kappa$，其中的 κ 表示抽样间隔与参考光波或再现照明光波在 ξ 方向的空间周期的比值，一般可取抽样间隔等于照明光波在 ξ 方向空间周期(若以 α 表示照明光波与 ξ 轴夹角，λ 为波长，即 $\xi_s = \lambda\cos\alpha$)，此时 $\kappa = 1$。于是有

$$\left.\begin{aligned} B_{kl} &= B \\ H_{kl} &= A_{kl}\eta_s \\ d_{kl} &= \frac{\phi_{kl}\,\xi_s}{2\pi\kappa} = \frac{\phi_{kl}\,\lambda\cos\alpha}{2\pi} \end{aligned}\right\} \tag{15-746}$$

显然，迂回相位编码的核心是利用透明孔的相对位置来表征光波的相位。这里 κ 或 α 的引入，隐含了编码过程实际上已经考虑了参考光的作用。这种编码的意义也可以由图 15-84 来理解。图中显示，若将按此编码绘制的全息图置于相应的再现光路中(对于傅里叶变换全息图，可置于图 15-83 中的频谱面上)，用相应的参考光照明，并使照明光波在 ξ 方向的空间周期等于抽样间隔。可以看出，如果全息图各个抽样单元上的透明孔正好都位于抽样单元的中心(即抽样点)，且大小相同，则透过每个孔的同级次衍射光波的相位相同(实际上相差 2π 的整数倍)，且振幅相等，因而叠加结果仍为平面波；如果各个孔的大小不同，则各点的振幅也不同；如果孔的中心位置相距抽样点有一距离，则透过该孔的衍射光波相对自抽样点出射的衍射光波存在一个相位差 $\phi_{kl} = 2\pi d_{kl}/\xi_s$，或波面产生一个相对位移 $\Delta\phi_{kl} = \lambda d_{kl}/\xi_s$。

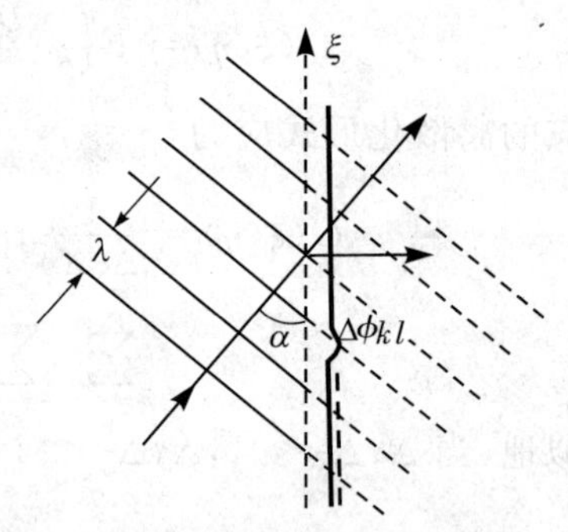

图 15-84 迂回相位编码全息图的读出原理

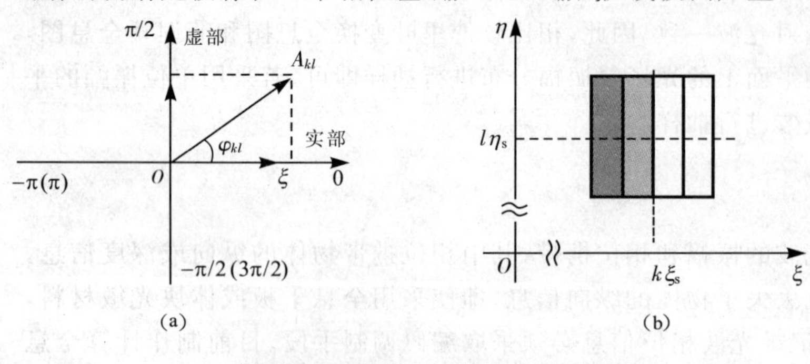

图 15-85 四阶迂回相位编码原理

继 Lohmann 提出上述迂回相位编码方法之后，Lee 于 1970 年提出了一种四阶迂回相位编码方法[86]。其主要思路是：将全息图的一个抽样单元分为 4 部分，各部分的相位依次为 0，π/2，－π(或 π)，－π/2(或 3π/2)。同时，将(15-745)式表示的归一化光波复振幅用复平面上的复矢量表示，如图 15-85(a) 所示。这样可将分为实、虚两部分，其中正实部、正虚部、负实部、负虚部的相位分别取 0、π/2、－π(或 π) －π/2(或 3π/2)。实部和虚部的大小用窗口大小或灰度等级表示。如图 15-85(b) 所示为用灰度等级表示的一个抽样单元。

（四）相息图[3,11-12]

相息图是另一种形式的计算全息图，其与一般计算全息图的区别是只记录物光波的相位，而将振幅视为常数，因此，形式上属于相位型全息图。从严格意义上讲，由于并未包含物体的振幅信息，相息图与一般意义上的全息图是有区别的，其全息的含义仅仅适用于纯相位型物体。制作相息图的一般步骤是：① 将物光波前相位从复振幅分布中单独提出（即将物光波前复振幅变成纯相位函数）进行抽样，并将每一抽样点的相位减去 2π 的整数倍，从而只保留在主区间（$0 \sim 2\pi$）内的取值；② 将主区间的相位值按灰度级编码，进而绘制成多级灰度编码图样；③ 利用感光胶片将绘制的灰度编码图样进行曝光、显影、定影、漂白，也可以利用光刻胶进行曝光和刻蚀，或采用电子束、粒子束刻蚀等，从而得到一浮雕型相位全息图 —— 相息图。实际上，这种将相位分布按灰度级编码的方法，相当于利用一束单位振幅的平面参考光波与单位振幅的物光波发生干涉，通过平面波波前对物光波波前相位进行干涉编码，因而相应的干涉图样正好反映了物光波前相位在主区间的分布。因此，也可以通过引入单位振幅的平面参考光波与单位振幅物光波干涉的方式，实现相息图的编码。

原理上可将相息图看作是由计算机控制而制作的复杂透镜，在光波照明下只产生单一的波面，没有共轭像或其他多余的衍射级次，因此，相息图具有特别高的衍射效率。

图 15-86 显示了一个点源或球面波的同轴相息图及其成像特性。显然，这样的相息图实际上相当于一个菲涅耳透镜。

一般漫射物体可以看成是大量点源的集合。每个点源均发射球面子波。因此，一般漫射物体相息图的制作思路与点源的相息图的步骤类似。关键步骤是确定表征物光波前相位分布的纯相位函数。

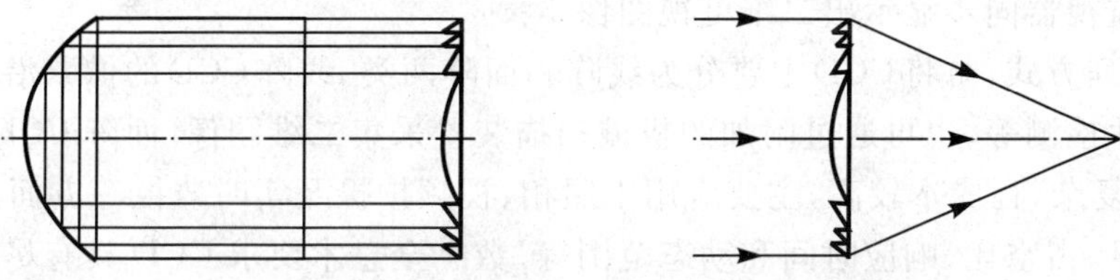

图 15-86 点源(球面波)的同轴相息图及其成像特性

需要说明的是，计算全息术为二元光学技术的发展奠定了重要基础。二元光学以光波的衍射理论为基础，利用计算机辅助设计和集成电路制作工艺，在基片或光学器件表面刻蚀具有多个台阶深度的浮雕结构，使之通过对光波的高效衍射来实现多种光学过程。相息图实际上就是一种典型的二元光学元件。

二、数字全息术

（一）概述

数字全息术是以光学全息术理论为基础，综合高分辨率光电成像技术和数字图像处理技术而形成的一种新型全息技术。Goodman 和 Lawrence[87] 于 1967 年首先提出利用光敏电子成像器件代替传统全息记录介质记录全息图，并用计算机模拟光学衍射实现所记录物光波前的数字再现。接着，T. Huang[88] 于 1971 年首次提出了数字全息术这一概念。然而，在相当长一段时间内，数字全息术却因当时计算机技术与电子技术相对落后的限制而发展缓慢。直到 1993 年 Schnars 和 Jüptner 首次采用 CCD 记录菲涅耳全息图并利用计算机数值再现出全息像以来[89-91]，特别是近年来，随着高分辨率 CCD 和高速计算机及先进数字图像处理技术的发展，使得对全息图的高速及高分辨率数字化处理成为可能，数字全息术才开始得到迅速发展，并得到实际应用。

数字全息术与传统的光学全息术相比，最大不同是以高分辨率光电成像器件（如 CCD 或 CMOS）代替全息干板记录全息图并使之数字化，通过计算机数值模拟全息图的衍射过程而实现全息像的数值再现或物光波的重建，避免了传统光学全息术中必须对全息干板进行显影、定影等复杂的物理化学操作过程。因此，数字全息术的记录和再现过程简单，可实现准实时化，是全息技术走向实用化的重要途径之一。同时，数字全息图便于存储，并可通过互联网长距离传输，实现准实时异地再现。此外，数字全息术不仅可以处理采用光学系统获取的数字全息图,也可以处理采用其他信息载体(如微波、声波、电子波及X射线等)获取的数字全息图。

数字全息术的实现过程可以分为3个部分:数字全息图的获取、数值再现和再现像的输出。其中第二部分完全在计算机上进行,包括3个环节:① 数字全息图的预处理;② 模拟物光波在全息图平面与观察平面之间的传播及数值再现,这是数字全息术最核心的部分;③ 对数值再现像采取相关的数字图像处理操作,以改善数值再现图像的质量。

在全息像的数值再现过程中,必须用到的两个数学工具是离散傅里叶变换和相位解包裹,其次还需要用到图像传感器和各种数字图像处理工具以及实现相关运算的计算机编程语言。下面分别对其作简单介绍:

1. MATLAB 语言

MATLAB是美国Mathwork公司推出的"Matrix Laboratory"(矩阵实验室,缩写为MATLAB)软件。除具备卓越的数值计算能力外,MATLAB还提供了专业水平的符号计算、文字处理、可视化建模仿真及实时控制等功能。MATLAB的基本数据单位是矩阵,指令表达式与数学和工程中常用的形式十分相似,因此,用MATLAB解算问题要比用C语言或FORTRAN语言等简单方便。此外,MATLAB包括拥有上百个内部函数的主包及多种功能性和学科性的工具包。数字全息再现过程中需要进行大量的矩阵运算和傅里叶变换操作,因其自身的特点,MATLAB语言可以方便地完成上述操作,因此非常适合应用在数字全息术中。

2. 光电图像传感器件[92]

数字全息实验系统中通常采用CCD记录全息图。CCD是charge coupled device(电荷耦合器件)的缩写。该器件由美国贝尔实验室的G. Smith和W. Boyle于1969年发明。其特点是借助必要的光学系统和适当的外围驱动电路,可将景物图像通过输入面空域上逐点的光电信号转换、存储和传输,在其输出端产生一时序视频信号,并经末端监视器同步显示出二维可视图像。

按像素的空间排列方式,可将CCD主要分为线阵和面阵两类。线阵CCD的像素沿一维方向排列,主要用于光谱分析、图形尺寸检测等,也可通过附加的机械扫描装置采集二维图像。面阵CCD的像素排列为二维点阵,工艺较线阵CCD复杂,且成本较高,主要应用于照相、视频拍摄及实时监控等方面。CCD的主要特征参数为像素尺寸、像素数目、占空比、响应时间和动态范围等。数字全息术要求CCD具有尽可能小的像素尺寸(以记录足够密的高频干涉条纹)、尽可能大的像素数目(保证记录足够多的信息量)、尽可能大的占空比(减小高频干涉条纹信息损失)、尽可能快的响应时间(避免环境振动影响及记录动态图像)和尽可能大的动态范围(可记录大的光强起伏)。

与CCD功能类似的另一种光电图像传感器件是互补金属氧化物半导体,简称CMOS。CMOS的分辨率、动态范围、噪声、功耗及成像质量等尚不如CCD,但其成本低廉且响应速度快。目前,CMOS有源像素传感器已广泛应用于机器视觉、自动控制、消费电子产品等领域,并朝着高分辨率、高动态范围、高灵敏度、超微型化、数字化和多功能化的方向发展。

3. 离散傅里叶变换

离散傅里叶变换(discrete Fourier transform,DFT)是针对数值计算提出的,用来替代解析运算中的连续傅里叶变换。其实质是通过对有限长序列傅里叶变换的有限点离散抽样,实现信号在时域或空域与频域之间的离散变换。

假设二维信号 $g(x,y)$ 经空间抽样成为离散二维信号,x 方向抽样间隔和抽样点数分别为 x_s 和 M,y 方向抽样间隔和抽样点数分别为 y_s 和 N,则 $g(x,y)$ 可以表示为

$$g(x,y)=g(mx_s,ny_s) \tag{15-747}$$

式中,m 和 n 分别表示空间域中沿 x 和 y 方向的抽样值或抽样单元序数,且满足(15-730)式限定的取值范围。为了能够在不损失信息的前提下尽可能减少计算量,对同一信号在空域和频域的抽样点数应保持相同,即在变换过程中保持信号的空间带宽积不变。因此,这里取频域中沿 ξ 和 η 方向的抽样点数也分别表示为 M 和 N,并取相应方向的抽样值或抽样单元序数分别为 k 和 l,抽样间隔分别为 ξ_s 和 η_s。于是 $g(x,y)$ 在频域的傅里叶变换可表示为

$$G(\xi,\eta)=F\{g(mx_s,ny_s)\}=G(k\xi_s,l\eta_s) \tag{15-748}$$

若以二维离散傅里叶变换表示,则有

$$G(\xi,\eta)=G(k\xi_s,l\eta_s)=\frac{1}{\Delta\xi\Delta\eta}\sum_{m=1-M/2}^{M/2}\sum_{n=1-N/2}^{N/2}g(mx_s,ny_s)\mathrm{e}^{-\mathrm{i}2\pi\left(\frac{m\xi}{\Delta\xi}+\frac{n\eta}{\Delta\eta}\right)}$$
$$=\frac{1}{MN\xi_s\eta_s}\sum_{m=1-M/2}^{M/2}\sum_{n=1-N/2}^{N/2}g(mx_s,ny_s)\mathrm{e}^{-\mathrm{i}2\pi\left(\frac{mk}{M}+\frac{nl}{N}\right)} \tag{15-749}$$

考虑到数值计算的方便[93-94]，实际进行离散傅里叶变换时，一般需将(15-749) 式中的抽样序数起点移至坐标原点。同时，考虑到数字图像处理中多使用像素坐标，此时抽样间隔均等于 1，于是，可将(15-749) 式改写为

$$G(\xi,\eta)=G(k,l)=\frac{1}{MN}\sum_{m=0}^{M-1}\sum_{n=0}^{N-1}g(m,n)\mathrm{e}^{-\mathrm{i}2\pi\left(\frac{mk}{M}+\frac{nl}{N}\right)} \tag{15-750}$$

相应地，也可以将 $g(x,y)$ 表示为

$$g(x,y)=g(m,n)=\sum_{k=0}^{M-1}\sum_{l=0}^{N-1}G(k,l)\mathrm{e}^{\mathrm{i}2\pi\left(\frac{mk}{M}+\frac{nl}{N}\right)} \tag{15-751}$$

式中，$\exp\left[-\mathrm{i}2\pi\left(\frac{mk}{M}+\frac{nl}{N}\right)\right]$和 $\exp\left[\mathrm{i}2\pi\left(\frac{mk}{M}+\frac{nl}{N}\right)\right]$分别为正、逆傅里叶变换核。

4. 数字图像处理技术

数字全息术中，为尽可能消除全息图记录和再现过程中所引入的误差，获得较好的再现像质量，往往还需要采用一定的数字图像处理手段[95]。如用于提高衍射效率的全息图衬比度增强，用于消除 0 级和降噪的高通滤波、带通及 V 型滤波、灰度级线性变换等，用于改善再现图像质量的图像平滑、小波滤噪和中值滤波等，用于提高分辨率的合成孔径、图像融合、拼接等。

5. 相位解包裹

由于MATLAB环境下的反正切运算所得结果限制在$\pm\pi$范围内，故直接通过数值再现得到的相位分布不是真实的物光波前的相位分布，而是相位差在$\pm\pi$之间的包裹相位图。为了从包裹相位图恢复真实的物光波前相位分布，需要将由反正切运算造成的截断相位恢复成连续的相位分布，这一过程称为相位解包裹[96-97]。相位解包裹也是数字光学干涉计量的一个关键环节。

设 $\phi(x,y)$ 是包裹相位值，$\phi'(x,y)$ 是真实相位值，则有

$$\phi(x,y)=\phi'(x,y)\pm 2n(x,y)\pi \tag{15-752}$$

因此，相位去包裹过程，就是采用一定的算法确定正确的整数 $n(x,y)$，使相应点的相位值 $\phi(x,y)$ 加上或减去 $2n\pi$，从而得到该点的真实相位值 $\phi'(x,y)$，进而得到一幅连续光滑的去包裹相位分布图。在相位解包裹方法中，传统的行列线扫描法[96] 在解包裹时会出现“拉线”现象。为解决此问题，相继提出了多种新的相位解包裹方法。这些方法大体可分为 3 类：① 识别后消除或绕过不连续点，如空域分割线法[98]、质量导向路径图法[99]、条纹调制度分析法[100]、滤波法[101] 等，这些算法虽然具有运行速度快，占用内存小等优点，但只能处理比较简单的包裹相位图；② 通过对图像整体作数学变换以避免涉及不连续点，如快速傅里叶变换和拉普拉斯变换算法等[102]，这些算法虽然可避免不连续点，但其精度和准确性受边界条件及背景噪声等因素的影响；③ 寻求满足最小范数解，如平行区域参照去包裹[103] 和最小二乘算法[104] 等，此类算法与路径无关，但运算量较大，并且在计算过程中涉及多次迭代，导致在实际应用过程中很难保证算法的收敛性和稳定性。新近还有提出基于消除局部不连续点和多向运算取平均的相位解包裹算法[105]，该算法可同时实现与路径无关和消除噪声的目的。

由此可见，由于实际测量中遇到的干涉图样千变万化，且存在很多大面积相位间断区的复杂非连续物体，故难以肯定说某种算法可以解决一切去包裹问题，得到满意的结果。因此，在实际应用中需要根据实际情况进行选择。不但要考虑算法的准确度、实现难易程度，还需考虑其所用的时间。

(二) 相关数字全息术[23,106]

相关数字全息术基于数字全息图的相关原理，可用于测量物体表面的形变或振动。其特点是数据处理简单，无需对全息图进行数值再现，只需要直接对全息图进行灰度(强度) 相减或相加运算即可。也正因为这一

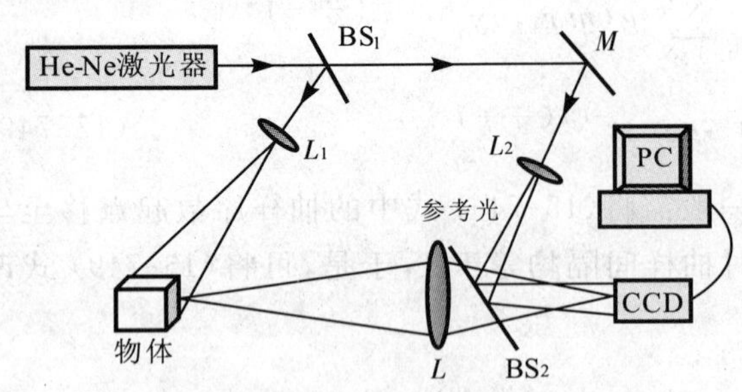

图 15-87 基于相关数字全息术的静态变形测量

特点，一般将其归类于数字散斑术，并多用最初提出时的名称[106]——电子散斑图样干涉术(electronic speckle pattern interferometry，ESPI)。

1. 静态物场的形变测量

图 15-87 为基于马赫-曾德干涉仪的同轴像全息图记录光路。图中的 BS_1 和 BS_2 为分束器或半透半反镜，M 为反射镜，L_1 和 L_2 为扩束镜或扩束滤波组件。假设记录平面上的物光波(及物体的成像光波)与参考光复振幅分别为 $O(x,y)=A_O\exp[\mathrm{i}\phi_O(x,y)]$，$R(x,y)=A_R\exp[\mathrm{i}\phi_R(x,y)]$，则在 CCD 靶面的叠加光场强度分布为

$$I(x,y)=A_O^2+A_R^2+2A_O A_R\cos(\phi_O-\phi_R) \tag{15-753}$$

先考虑在 CCD 记录该全息图后，物体表面发生形变，导致物光波前相位改变 $\Delta\phi$，但振幅不变，即物光波前复振幅变为 $O'(x,y)=A_O\exp\{\mathrm{i}[\phi_O(x,y)+\Delta\phi]\}$，于是叠加光场强度分布变为

$$I'(x,y)=A_O^2+A_R^2+2A_O A_R\cos(\phi_O-\phi_R+\Delta\phi) \tag{15-754}$$

比较(15-754)式与(15-753)式可以看出，当 $\Delta\phi=2m\pi(m=1,2,3,\cdots)$ 时，变形前后的两幅全息图完全相同。不满足此条件时，两者将有差异。

现将(15-754)式与(15-753)式相减，则得到变形前后全息图强度(灰度)分布的差值为

$$\Delta I(x,y)=I'(x,y)-I(x,y)=-4A_O A_R\cos\left(\phi_O-\phi_R+\frac{\Delta\phi}{2}\right)\sin\frac{\Delta\phi}{2} \tag{15-755}$$

即

$$\Delta I(x,y)=\begin{cases}0, & \Delta\phi=2m\pi, \quad m=0,1,2,3,\cdots \\ 4A_O A_R\sin(\phi_O-\phi_R), & \Delta\phi=(2m+1)\pi, \quad m=0,1,2,3,\cdots\end{cases} \tag{15-756}$$

可见，两幅数字全息图强度相减的结果，得到了一组条纹图样，其中暗纹区域代表未变形区域，或相位差等于 2π 整数倍的区域，亮纹代表变形区域或相位差不等于 2π 整数倍的区域，并且当 $\Delta\phi=(2m+1)\pi$ 时，条纹图样有最大的衬比度和平均强度。利用这组条纹图样便可确定物体表面形变所引起的光波波前相位的变化。

此外，也可以将(15-754)式与(15-753)式相加，则得到变形前后全息图强度分布之和为

$$I(x,y)+I'(x,y)=2A_O^2+2A_R^2+2A_O A_R[\cos(\phi_O-\phi_R)+\cos(\phi_O-\phi_R+\Delta\phi)] \tag{15-757}$$

可以看出，当 $\Delta\phi=2m\pi(m=1,2,3,\cdots)$ 时，两幅全息图完全相同，散斑完全重叠，因此相加后衬比度提高；当 $\Delta\phi\neq 2m\pi(m=1,2,3,\cdots)$ 时，两幅全息图的散斑错开，因此相加后衬比度下降。进而通过高通滤波和整流处理，即可得到反映物体表面形变的相关条纹。只是这种条纹图样的衬比度比相减条纹要低一些。

2. 振动测量

仍以图 15-87 的光路为例。假设物体表面以振幅 $\Delta\phi_0$ 和频率 ω 做余弦振动，则由此引起的物光波的相位变化为 $\Delta\phi=\Delta\phi_0\cos\omega t$，则叠加光场的瞬时强度分布为

$$I(x,y)=A_O^2+A_R^2+2A_O A_R\cos(\phi_O-\phi_R+\Delta\phi_0\cos\omega t) \tag{15-758}$$

若物体的振动频率($T=2\pi/\omega$)远大于 CCD 的帧频(15～30f/s)，则 CCD 接收到的应是叠加光场强度 $I(x,y)$ 在物体表面一个振动周期内的时间平均值，相当于时间平均全息图。因而有

$$\langle I(x,y)\rangle=\frac{1}{T}\int_0^T I(x,y)\mathrm{d}t=A_O^2+A_R^2+2A_O A_R\cos(\phi_O-\phi_R)\mathrm{J}_0(\Delta\phi_0) \tag{15-759}$$

式中，$\mathrm{J}_0(\Delta\phi_0)$ 为 0 阶第一类贝塞尔函数。当 $\Delta\phi_0=2.4, 5.5, 11.8,\cdots$ 时，$\mathrm{J}_0(\Delta\phi_0)=0$，全息图的衬比度最低；当 $\Delta\phi_0=0, 3.8, 7.0, 10.2,\cdots$ 时，$\mathrm{J}_0(\Delta\phi_0)$ 取极大或极小值，全息图的衬比度最高。因此对(15-759)式中的积分信号经高通滤波和整流后，将出现反映平均强度图样衬比度的相关条纹——$\Delta\phi_0$ 取某些恒定值时的点的轨迹。其中，$\Delta\phi_0=0$ 的 0 级条纹衬比度最高，平均光强度最大。由于 $\Delta\phi_0$ 与表面振动的振幅有关，故由条纹可读出表面振动的振幅。如果用与物体表面激振频率和振幅相同的同步信号同时调制参考光束的相位，则可以使物体表面上与调制参考光波振幅和相位相同的点相对静止，从而可获得更大的衬比度和更高的测量灵敏度。

（三）相移数字全息术[107-108]

相移数字全息术同样基于数字全息图的相关原理，但与相关数字全息术所不同的是，需要在物体形变前后各记录多幅全息图，且每次记录时，需要让参考光或物光依次产生一个附加相移。其特点同样是无需对全息图进行数值再现，只需要直接对所记录的各个相移全息图强度（灰度）进行相关初等运算。因此，一般也将其归类于数字散斑术，并称之为相移电子散斑图样干涉术。

如图 15-88 所示为两种典型的同轴和离轴相移数字全息图记录光路。图中的 BS_1、BS_2 和 BS 均为分束器或半透半反镜，M、M_1 和 M_2 为反射镜，L_1 和 L_2 为扩束镜或扩束滤波组件，L 为成像透镜。图(a) 中的相移器也可以采用图(b) 中以压电陶瓷（PZT）驱动反射镜的方式来实现。两个光路所记录的全息图均为像全息图（从 CCD 空间分辨率考虑，同轴光路更有优势）。

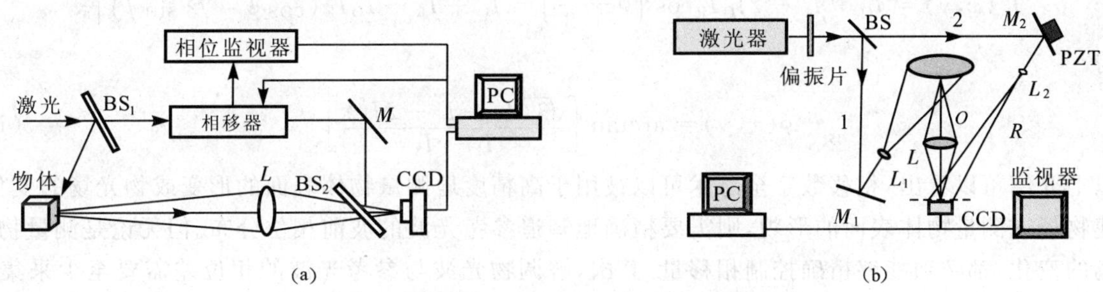

图 15-88　典型的相移数字全息图记录光路

1. 四步相移

现考虑在物体表面发生形变前分别作 4 次等量曝光记录，同时控制相移器使参考光波在各次曝光之前依次产生 0、π/2、π、3π/2 的整体附加相移。假设物光波（即物体的成像光波）与参考光在记录平面上的复振幅分别为 $O(x,y)=A_O\exp[\mathrm{i}\phi_O(x,y)]$，$R(x,y)=A_R\exp[\mathrm{i}\phi_R(x,y)]$，其初始相位差为 $\phi(x,y)=\phi_O(x,y)-\phi_R(x,y)$，则所得 4 幅全息图的强度可分别表示为

$$\left.\begin{aligned}
I_1(x,y)&=I_O+I_R+2I_OI_R\cos(\phi_O-\phi_R)=I_O+I_R+2I_OI_R\cos\phi\\
I_2(x,y)&=I_O+I_R+2I_OI_R\cos\left(\phi_O-\phi_R+\frac{\pi}{2}\right)=I_O+I_R-2I_OI_R\sin\phi\\
I_3(x,y)&=I_O+I_R+2I_OI_R\cos(\phi_O-\phi_R+\pi)=I_O+I_R-2I_OI_R\cos\phi\\
I_4(x,y)&=I_O+I_R+2I_OI_R\cos\left(\phi_O-\phi_R+\frac{3\pi}{2}\right)=I_O+I_R+2I_OI_R\sin\phi
\end{aligned}\right\}\tag{15-760}$$

由此计算出物光波与参考光波的相位差分布为

$$\phi(x,y)=\arctan\left[\frac{I_4(x,y)-I_2(x,y)}{I_1(x,y)-I_3(x,y)}\right]\tag{15-761}$$

在物体表面发生形变后，以同样的步骤记录 4 幅相移全息图，假设其强度分布分别为 $I_1'(x,y)$、$I_2'(x,y)$、$I_3'(x,y)$、$I_4'(x,y)$，相应的形变后的物光波复振幅为 $O'(x,y)=A_O\exp[\mathrm{i}\phi_O'(x,y)]$，则可得

$$\phi'(x,y)=\phi_O'(x,y)-\phi_R(x,y)=\arctan\left[\frac{I_4'(x,y)-I_2'(x,y)}{I_1'(x,y)-I_3'(x,y)}\right]\tag{15-762}$$

由此可求出物体表面形变前后物光波在记录平面上的相位变化为

$$\Delta\phi_O=\phi'-\phi=\phi_O'-\phi_O=\arctan\left(\frac{I_4'-I_2'}{I_1'-I_3'}\right)-\arctan\left(\frac{I_4-I_2}{I_1-I_3}\right)\tag{15-763}$$

此外，如果已知参考光波在记录平面上的相位分布 $\phi_R(x,y)$，则由相位差分布 $\phi(x,y)$ 可得出物光波在记录平面上的相位分布为

$$\phi_O(x,y)=\phi(x,y)-\phi_R(x,y)=\arctan\left[\frac{I_4(x,y)-I_2(x,y)}{I_1(x,y)-I_3(x,y)}\right]-\phi_R(x,y)\tag{15-764}$$

若事先已记录了物光波在全息图平面上的强度分布 $I_O(x,y)=|A_O(x,y)|^2$，则由此可得到物光波的复振幅

分布为

$$O(x,y)=A_O(x,y)\exp\left\{\mathrm{i}\left[\arctan\left(\frac{I_4-I_2}{I_1-I_3}\right)-\phi_R\right]\right\} \tag{15-765}$$

2. 三步相移

除上述的四步相移外，也可以采取三步相移的方式获得物体表面发生形变前后物光波的相位变化 $\Delta\phi_O(x,y)$。如在 3 次曝光记录之前，控制相移器使参考光波依次产生 0、$2\pi/3$、$4\pi/3$ 的整体附加相移，则所得 3 幅全息图的强度分布可分别表示为

$$\left.\begin{aligned}I_1(x,y)&=I_O+I_R+2I_OI_R\cos\phi\\I_2(x,y)&=I_O+I_R-2I_OI_R\sin\left(\phi+\frac{\pi}{6}\right)=I_O+I_R-I_OI_R(\sqrt{3}\sin\phi+\cos\phi)\\I_3(x,y)&=I_O+I_R-2I_OI_R\cos\left(\phi+\frac{\pi}{3}\right)=I_O+I_R-I_OI_R(\cos\phi-\sqrt{3}\sin\phi)\end{aligned}\right\} \tag{15-766}$$

于是可得

$$\phi(x,y)=\arctan\left[\frac{\sqrt{3}(I_2+I_3-2I_1)}{I_2-I_3}\right] \tag{15-767}$$

由以上介绍可以看出，相移数字全息术可以被用于高精度地测量物体表面的形变或物光场的变化。若要用来重建物场或测量物体表面的形貌，则需要精确地知道参考光波的波前相位分布。但无论是测量物场本身还是物场的变化，都必须能够精确控制相移量。其次，解调物光波与参考光波的相位差需要至少采集 3 幅全息图，而解调物场相位变化需要采集的全息图数量还要加倍。因此，相移数字全息术一般只能用于静态物场变化的测量，不能用于实时测量或快速变化的物场的瞬时测量。目前，相移数字全息术已被广泛应用于各种无损检测或静态物场变化的测量中。

（四）数字菲涅耳变换全息术

1. 数字菲涅耳全息图的记录

数字菲涅耳全息图的记录光路与传统记录光路相同，只是将全息干板换为 CCD。图 15-89 为离轴菲涅耳全息图记录光路。图中假设物体位于 (x_0,y_0) 平面，CCD 置于 (x,y) 平面，两平面间的距离为 d，物体表面附近的光场复振幅分布为 $o(x_0,y_0)$，传播到 CCD 靶面处的光场复振幅分布为 $O(x,y)$。一束相干平面光波倾斜投射到 CCD 靶面上作为参考光，其复振幅分布记为 $R(x,y)$。

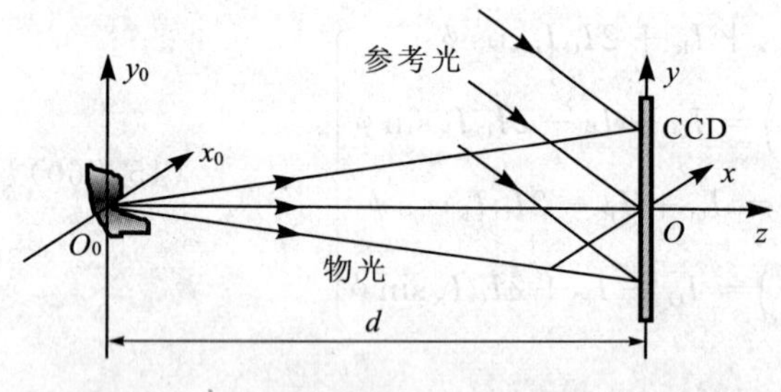

图 15-89　离轴数字菲涅耳全息图的记录原理

根据菲涅耳-基尔霍夫衍射积分式，可以将 $O(x,y)$ 与 $o(x_0,y_0)$ 之间的关系表示为

$$O(x,y)=\iint_{\Sigma}o(x_0,y_0)\frac{\exp\left[\mathrm{i}\frac{2\pi}{\lambda}\sqrt{d^2+(x-x_0)^2+(y-y_0)^2}\right]}{\mathrm{i}\lambda\sqrt{d^2+(x-x_0)^2+(y-y_0)^2}}\mathrm{d}x_0\mathrm{d}y_0 \tag{15-768}$$

式中，Σ 为物体的表面面积。如果记录距离 d 满足菲涅耳近似条件，则上式可简化为

$$O(x,y)=\frac{\mathrm{e}^{\mathrm{i}\frac{2\pi}{\lambda}d}}{\mathrm{i}\lambda d}\iint_{\Sigma}o(x_0,y_0)\mathrm{e}^{\mathrm{i}\frac{\pi}{\lambda d}[(x-x_0)^2+(y-y_0)^2]}\mathrm{d}x_0\mathrm{d}y_0 \tag{15-769}$$

假设参考光 $R(x,y)$ 为单位振幅的平面波，其传播方向与 x 轴和 y 轴的夹角分别为 θ_{Rx} 和 θ_{Ry}，则其在 CCD 靶面上的光场分布为

$$R(x,y)=\mathrm{e}^{\mathrm{i}\frac{2\pi}{\lambda}(x\cos\theta_{Rx}+y\cos\theta_{Ry})} \tag{15-770}$$

物光波和参考光波叠加后的光强分布为

$$i(x,y)=|O+R|^2=O^2+1+OR^*+RO^* \tag{15-771}$$

式中，上角标“*”表示复共轭。

2. 数字菲涅耳全息像的再现

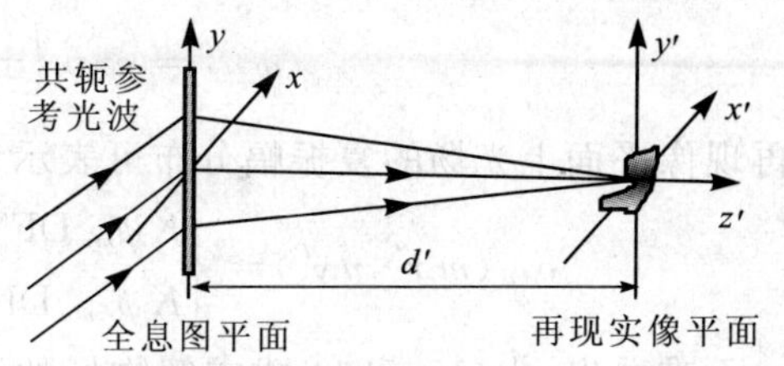

图 15-90 离轴菲涅耳全息图的再现示意图

图 15-90 所示为采用共轭参考光波再现实像的光路。与光学全息像的再现过程不同，数字全息像的再现过程是在计算机上通过数值计算(15-768)式，即菲涅耳-基尔霍夫衍射积分来模拟全息像的光学再现过程，并将所得再现像的振幅或相位显示在计算机屏幕上。由菲涅耳-基尔霍夫衍射积分式可得再现像平面上的光场复振幅分布为

$$o_{d'}(x',y')=\iint_{-\infty}^{\infty} i(x,y)R^*(x,y)\frac{\exp\left[\mathrm{i}\frac{2\pi}{\lambda}\sqrt{d'^2+(x'-x)^2+(y'-y)^2}\right]}{\mathrm{i}\lambda\sqrt{d'^2+(x'-x)^2+(y'-y)^2}}\mathrm{d}x\,\mathrm{d}y \tag{15-772}$$

式中，d' 为全息图平面到再现像平面的距离，简称再现距离。同样，如果 d' 满足菲涅耳衍射近似，则上式可简化为

$$o_{d'}(x',y')=\frac{\mathrm{e}^{\mathrm{i}\frac{2\pi}{\lambda}d'}}{\mathrm{i}\lambda d}\iint_{-\infty}^{\infty} i(x,y)R^*(x,y)\mathrm{e}^{\mathrm{i}\frac{\pi}{\lambda d}[(x'-x)^2+(y'-y)^2]}\mathrm{d}x\,\mathrm{d}y \tag{15-773}$$

将(15-773)式离散化后，即可在计算机上进行数值再现。通常可采用两种再现方法，即菲涅耳变换法和卷积法。

(1) 菲涅耳变换法[109]

菲涅耳变换法的主要思路是将菲涅耳衍射积分式用某一函数的傅里叶变换来表示，这样便可以利用成熟的傅里叶变换工具来模拟光波通过全息图后的传播过程，实现全息像的再现。将(15-773)式改写为

$$o_{d'}(x',y')=K\mathrm{e}^{\frac{\mathrm{i}\pi}{\lambda d}(x'^2+y'^2)}\iint_{-\infty}^{\infty} i(x,y)R^*(x,y)\mathrm{e}^{\mathrm{i}\frac{\pi}{\lambda d}(x^2+y^2)}\mathrm{e}^{-\mathrm{i}\frac{2\pi}{\lambda d}(x'x+y'y)}\mathrm{d}x\,\mathrm{d}y \tag{15-774}$$

式中，$K=\exp(\mathrm{i}2\pi d'/\lambda)/(\mathrm{i}\lambda d')$ 为复常数。为获得清晰的再现像，d' 必须等于 d 或 $-d$。根据傅里叶变换对的定义，当 $d'=d>0$ 时，再现像平面上光场的复振幅分布可表示为

$$o_d(x',y')=K\mathrm{e}^{\mathrm{i}\frac{\pi}{\lambda d}(x'^2+y'^2)}F\left\{i(x,y)R^*(x,y)\mathrm{e}^{\mathrm{i}\frac{\pi}{\lambda d}(x^2+y^2)}\right\}\Big|_{\xi=\frac{x'}{\lambda d},\eta=\frac{y'}{\lambda d}} \tag{15-775}$$

当 $d'=-d<0$ 时，再现像平面上光场的复振幅分布可表示为

$$o_{-d}(x',y')=K\mathrm{e}^{-\mathrm{i}\frac{\pi}{\lambda d}(x'^2+y'^2)}F^{-1}\left\{i(x,y)R^*(x,y)\mathrm{e}^{-\mathrm{i}\frac{\pi}{\lambda d}(x^2+y^2)}\right\}\Big|_{\xi=\frac{x'}{\lambda d},\eta=\frac{y'}{\lambda d}} \tag{15-776}$$

对(15-775)式和(15-776)式离散化后，可用二维离散傅里叶变换计算。当 $d'=d>0$ 和 $d'=-d<0$ 时，分别有

$$\begin{aligned}o_d(mx'_s,ny'_s)=&K\mathrm{e}^{\mathrm{i}\frac{\pi}{\lambda d}\left[\left(m-\frac{M}{2}\right)^2x_s'^2+\left(n-\frac{N}{2}\right)^2y_s'^2\right]}\times\\&\mathrm{DFT}\left\{i(kx_s,ly_s)R^*(kx_s,ly_s)\mathrm{e}^{\mathrm{i}\frac{\pi}{\lambda d}\left[\left(k-\frac{M}{2}\right)^2x_s^2+\left(l-\frac{N}{2}\right)^2y_s^2\right]}\right\}_{m,n}\end{aligned} \tag{15-777}$$

$$\begin{aligned}o_{-d}(mx'_s,ny'_s)=&K\mathrm{e}^{-\mathrm{i}\frac{\pi}{\lambda d}\left[\left(m-\frac{M}{2}\right)^2x_s'^2+\left(n-\frac{N}{2}\right)^2y_s'^2\right]}\times\\&\mathrm{IDFT}\left\{i(kx_s,ly_s)R^*(kx_s,ly_s)\mathrm{e}^{-\mathrm{i}\frac{\pi}{\lambda d}\left[\left(k-\frac{M}{2}\right)^2x_s^2+\left(l-\frac{N}{2}\right)^2y_s^2\right]}\right\}_{m,n}\end{aligned} \tag{15-778}$$

式中，DFT{} 和 IDFT{} 分别表示离散傅里叶变换和逆离散傅里叶变换操作；x_s、y_s 和 x'_s、y'_s 分别表示全息图平面和再现像平面上沿水平和竖直方向的抽样间隔；k、l 和 m、n 分别表示全息图记录平面和再现像平面上沿水平和竖直方向的抽样点序数(即像素坐标)，且 k、$m=0,1,2,\cdots,M-1$，l、$n=0,1,2,\cdots,N-1$；M 和 N 为数字全息图及再现像沿水平和竖直两个方向上的像素数。变换式外的二次相位因子

$$\psi_{\pm mn}=\exp\left\{\pm\mathrm{i}\frac{\pi}{\lambda d}\left[\left(m-\frac{M}{2}\right)^2x_s'^2+\left(n-\frac{N}{2}\right)^2y_s'^2\right]\right\} \tag{15-779}$$

对任何衍射装置均完全相同，是衍射现象普遍存在的，与全息图的记录光路无关。全息干涉计量中，由于只考虑物场在不同状态下的相位变化，该二次相位因子可以忽略。另外，由于该二次相位因子对强度分布没有任何影响，数值再现物场强度分布时，同样可以忽略其影响。但在诸如面形测量等过程中，需要测量绝对相位，此时必须考虑 ψ_{mn} 的影响。令

$$\omega_{\pm kl} = \exp\left\{\pm \mathrm{i}\frac{\pi}{\lambda d}\left[\left(k-\frac{M}{2}\right)^2 x_s^2 + \left(l-\frac{N}{2}\right)^2 y_s^2\right]\right\} \tag{15-780}$$

则再现像平面上光场的复振幅分布可表示为

$$o_{\pm d}(mx'_s, ny'_s) = \begin{cases} K\psi_{mn}\mathrm{DFT}\{i(kx_s, ly_s)R^*(kx_s, ly_s)\omega_{kl}\}, & d' = d > 0 \\ K\psi_{-mn}\mathrm{DFT}\{i(kx_s, ly_s)R^*(kx_s, ly_s)\omega_{-kl}\}, & d' = -d < 0 \end{cases} \tag{15-781}$$

不难看出，由(15-781)式求解物场的过程实际上就是用共轭参考光波照射全息图时的再现过程。需要说明的是，一般情况下，全息图的衍射光波中应该包含直透的0级衍射，因此，必须通过滤波处理去除0级衍射项。但上述按图15-90所示光路建立的数值再现模型中，实际上已经隐含了对0级衍射的滤波处理。因此，所得再现像平面上光场的复振幅分布 $o_{\pm d}(mx'_s, ny'_s)$ 应该就是滤波后的成像光波复振幅，故其模值平方 $|o_{\pm d'}(mx'_s, ny'_s)|^2$ 反映了所记录物体的相对强度分布信息，而相位信息由下式给出：

$$\phi(mx'_s, ny'_s) = \arctan\frac{\mathrm{Im}[o_{\pm d'}(mx'_s, ny'_s)]}{\mathrm{Re}[o_{\pm d'}(mx'_s, ny'_s)]} \tag{15-782}$$

式中，Re[·] 和 Im[·] 分别表示对复振幅取实部和虚部运算。

当 $d' = d > 0$ 时，利用(15-781)式中第一式可得到在焦的共轭像；当 $d' = -d < 0$ 时，利用(15-781)式中第二式可得到在焦的原始像。如果对 $i(mx'_s, ny'_s)$ 预先进行频谱滤波，只保留原始像（或共轭像）信息用于重建，则可以消除0级和共轭像（或原始像）的影响。

(2) 卷积法[109]

卷积法是一种频域再现方法。其基本思路是：将全息图平面上的光场分布看作是由许多沿不同方向传播的平面波分量的线性组合，再现像平面上的场分布等于这些平面波分量的相干叠加，但每个平面波分量引入一定的相移，相移的大小取决于系统的传递函数，即系统脉冲响应的傅里叶变换。

定义函数

$$h(x', y') = \frac{\mathrm{e}^{\mathrm{i}\frac{2\pi}{\lambda}\sqrt{d'^2 + x'^2 + y'^2}}}{\mathrm{i}\lambda\sqrt{d'^2 + x'^2 + y'^2}} \tag{15-783}$$

则(15-772)式可以改写为

$$o_{d'}(x', y') = [i(x', y')R^*(x', y')] * h(x', y') \tag{15-784}$$

上式表明，菲涅耳-基尔霍夫衍射积分可以表示成函数 $i(x', y')R^*(x', y')$ 与函数 $h(x', y')$ 卷积的形式。因此，函数 $h(x', y')$ 可以看成是数字全息再现系统的脉冲响应函数。根据傅里叶变换的卷积性质，(15-784)式也可以表示成

$$o_{d'}(x', y') = F^{-1}\{F\{i(x', y')R^*(x', y')\}F\{h(x', y')\}\} \tag{15-785}$$

将(15-785)式的结果与衍射的角谱理论（平面波理论）相对比，可以发现，上述数字全息再现系统的传递函数可表示为

$$H(\xi, \eta) = F\{h(x', y')\} = \exp\left[\mathrm{i}\frac{2\pi d'}{\lambda}\sqrt{1 - (\lambda\xi)^2 - (\lambda\eta)^2}\right] \tag{15-786}$$

其相应的离散形式为

$$H(mx'_s, ny'_s) = \exp\left[\mathrm{i}\frac{2\pi d'}{\lambda}\sqrt{1 - \frac{\lambda^2\left(m-\frac{M}{2}\right)^2}{M^2 x_s^2} - \frac{\lambda^2\left(n-\frac{N}{2}\right)^2}{N^2 y_s^2}}\right] \tag{15-787}$$

由此可见，卷积法的巧妙之处就在于：可以先对数字全息图作傅里叶变换，然后将变换结果乘以系统的传递函数，进而对相乘结果作逆傅里叶变换，即可得到再现像场的复振幅分布。

利用卷积法，很容易处理数字像全息图的数值再现问题。此时由于全息图平面就是像平面，$d' = 0$，故系统的传递函数等于1。因此，只要对所记录全息图的灰度（强度）分布函数作一次傅里叶变换，从中提取出与实像（或虚像）对应的衍射谱，移频后，再作逆傅里叶变换，即可得到数字再现像。

（五）数字无透镜傅里叶变换全息术

无透镜傅里叶变换全息图实际上是菲涅耳全息图的一种特例，只是记录无透镜傅里叶变换全息图时，要

求参考光波为球面波，且球面顶点（光源点）必须与物体处于同一平面内。从数字记录和处理的角度，无透镜傅里叶变换全息图的记录光路对 CCD 的空间分辨率要求相对较低，并且再现过程中只需作一次傅里叶变换，故计算量相对较小，有利于实时化。

实际应用中可采用马赫-曾德干涉仪光路将参考球面波与物光波在空间分开，进而通过合束镜使其重合在 CCD 靶面上[110]。数值再现过程可模拟图 15-20 的光路或图 15-22 的光路实现。现仍以图 15-20 所示的原理光路为例，只需要将全息干板换作 CCD 靶面，即可记录数字无透镜傅里叶变换全息图。假设将记录的数字全息图放在原记录平面，并以原参考光波的单位振幅共轭光波照明全息图（为获得与原物共轭的实像），则该照明光波在全息图平面上的光场复振幅分布可表示为

$$R^*(x,y)=\exp\left[-\mathrm{i}\frac{\pi}{\lambda d}(x^2+y^2)\right] \tag{15-788}$$

而透过全息图的光场复振幅分布仍可以用(15-774) 式表示。于是，取 $d'=d$，则再现像平面上的光场复振幅分布应为

$$\begin{aligned} o_d(x',y') &= K\mathrm{e}^{\mathrm{i}\frac{\pi}{\lambda d}(x'^2+y'^2)}F\left\{i(x,y)R^*(x,y)\mathrm{e}^{\mathrm{i}\frac{\pi}{\lambda d}(x'^2+y'^2)}\right\} \\ &= K\mathrm{e}^{\mathrm{i}\frac{\pi}{\lambda d}(x'^2+y'^2)}F\left\{i(x,y)\right\}\big|_{\xi=\frac{x'}{\lambda d},\eta=\frac{y'}{\lambda d}} \end{aligned} \tag{15-789}$$

可见，除了积分式外的二次相位因子外，再现像平面处的光场复振幅分布实际上就等于全息图灰度（强度）分布函数 $i(x,y)$ 的准确傅里叶变换。对(15-789) 式离散化，得

$$o_d(mx_s',ny_s')=K\exp\left\{\mathrm{i}\frac{\pi}{\lambda d}\left[\left(m-\frac{M}{2}\right)^2x_s'^2+\left(n-\frac{N}{2}\right)^2y_s'^2\right]\right\}\mathrm{DFT}\left\{i(kx_s,ly_s)\right\}_{m,n} \tag{15-790}$$

式中，x_s、y_s 和 x_s'、y_s' 分别表示全息图平面和再现像平面上沿水平和竖直方向的抽样间隔；k、l 和 m、n 分别表示全息图记录平面和再现像平面上沿水平和竖直方向的抽样点序数（即像素坐标），且 k、$m=0,1,2,\cdots,M-1$，l、$n=0,1,2,\cdots,N-1$；M 和 N 为数字全息图及再现像沿水平和竖直两个方向上的像素数。于是，可得到再现像的强度和相位分布分别为

$$I(mx_s',ny_s')=\left\{\mathrm{Re}[o_d(mx_s',ny_s')]\right\}^2+\left\{\mathrm{Im}[o_d(mx_s',ny_s')]\right\}^2 \tag{15-791}$$

$$\phi(mx_s',ny_s')=\arctan\left\{\frac{\mathrm{Im}[o_d(mx_s',ny_s')]}{\mathrm{Re}[o_d(mx_s',ny_s')]}\right\} \tag{15-792}$$

（六）数字全息术的分辨率

数字全息术中所涉及的分辨率主要是再现像的横向分辨率和再现像平面的空间分辨率。再现像的横向分辨率取决于数字全息记录系统的分辨率，是数字全息术中最重要的参数之一；再现像平面的空间分辨率取决于再现像平面上的抽样间隔。一旦数字全息系统确定，再现像的横向分辨率也就完全确定，但再现像平面的空间分辨率会随数值再现方法以及再现过程中图像处理方法的不同而异。

1. 再现像的横向分辨率

数字全息系统再现像的横向分辨率通常是指数字全息系统对物体精细结构所能分辨的最小间距的倒数，后者由数字全息系统实际所能记录到的物体衍射光场的最高空间频率 $\xi_{\max}$ 决定。提高再现像横向分辨率的关键在于所记录的数字全息图必须能够包含物体尽可能多的信息量。为此，在数字全息图的记录过程中，必须首先使到达 CCD 靶面的物光波能够携带更多的物体信息，同时 CCD 也必须具有足够大的面积和足够小的像素尺寸，以保证这些信息都能被记录下来。

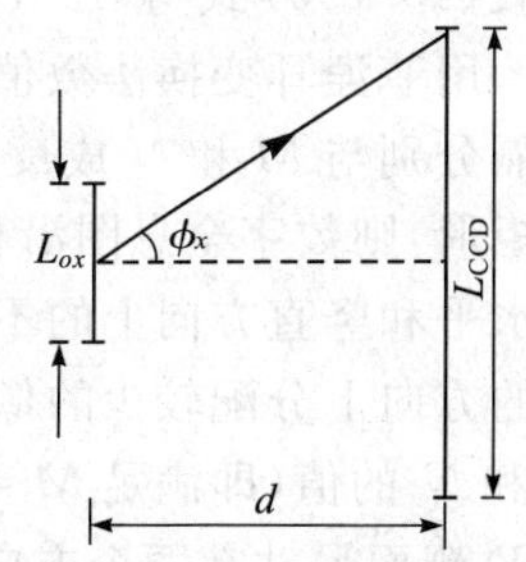

图 15-91　CCD 所能记录的最高物光波空间频率

如图 15-91 所示，假设系统沿 x 方向的最小分辨间距为 $\sigma_{\min}$，其对应的衍射角为 ϕ_x，物体和 CCD 沿相应方向的横向宽度分别为 L_o 和 L_{CCD}，物光和参考光夹角为 θ，照射光波长为 λ，记录距离为 d，则在满足抽样定理的条件下（即 CCD 的横向尺寸和像素大小至少可以保证能够记录下物光波的最高空间频率成分），数字全息系统横向分辨率的理论最小值为

$$\sigma_{\min} = \frac{1}{\xi_{\max}} = \frac{\lambda}{\sin \phi_x} = \lambda \sqrt{1 + \left(\frac{2d}{L_{\text{CCD}}}\right)^2} \tag{15-793}$$

由(155-793)式可看出,再现像的横向分辨率与数字全息系统的照射光波长成反比,并随记录距离的增大和CCD靶面尺寸的减小而减小。因此,在照射光波长一定的情况下,可通过减小全息图的记录距离或扩大CCD的靶面尺寸两种途径来提高数字全息系统再现像的横向分辨率。对于后者而言,由于目前制造工艺水平的限制,面阵CCD的靶面尺寸不可能很大。为此,已提出多种方法可用以有效地解决这一问题,如全息图补零技术[111]、合成孔径技术[112-116]及角分复用技术[117-118]等。

2. 再现像的空间分辨率

再现像平面的空间分辨率通常用再现像平面上抽样间隔的倒数来表征。它不仅由全息记录和再现过程的物理参数决定,而且随再现算法的不同而不同。由抽样定理可知,如果再现像平面上的抽样间隔大于再现物光波中所包含的某些精细结构,则得到并显示出的再现像就损失了再现物光波中的相应信息。反之,得到的再现像就能充分反映再现物光波的信息。

由菲涅耳变换法的离散表示式可知,如果将全息图平面看作是空间域,则由菲涅耳变换法所得到的再现像平面即为空间频率域。根据空间域与频率域抽样间隔之间的关系,可得

$$\xi_s = \frac{1}{M x_s}, \eta_s = \frac{1}{N y_s} \tag{15-794}$$

因而

$$x'_s = \frac{\lambda d'}{M x_s} = \frac{\lambda d'}{L_x}, y'_s = \frac{\lambda d'}{N y_s} = \frac{\lambda d'}{L_y} \tag{15-795}$$

式中,λ 为数值再现时的光波长;x'_s 和 y'_s 分别为再现像平面上沿水平和竖直方向的抽样间隔;x_s 和 y_s 分别表示全息图平面上沿水平和竖直方向的抽样间隔,即CCD的像素尺寸;M 和 N 分别为全息图沿相应方向的像素数;L_x 和 L_y 为全息图沿相应方向的宽度,即CCD靶面沿相应方向的尺寸。(15-795)式表明,再现像平面上的抽样间隔 x'_s 和 y'_s 与再现距离 d' 成正比,d' 越大,x'_s 和 y'_s 越大,再现像平面的空间分辨率就越小。在整个数值计算过程中,数字图像的像素总数保持不变(即空间带宽积不变)。因此,再现像的整体尺寸也与再现距离有关,即随再现距离的增大而增大。由此可见,数字全息术的分辨率与所能再现的视场是一对矛盾。选择适当大小的 d' 值,使之既能达到要求的分辨率,又能使再现物场范围足够大,是数字全息光路设计所必须考虑的。

对于卷积法而言,由于需要进行两次傅里叶变换,如果将全息图平面看作是空间域,则由卷积法得到的再现像仍为空间域。故再现像平面的抽样间隔与第一次傅里叶变换后的频谱宽度有关。而频谱宽度与所用CCD像素尺寸的关系为

$$\Delta\xi = \frac{1}{x_s}, \quad \Delta\eta = \frac{1}{y_s} \tag{15-796}$$

因此,再现像平面的抽样间隔与频谱宽度间的关系为

$$x'_s = \frac{1}{\Delta\xi}, \quad y'_s = \frac{1}{\Delta\eta} \tag{15-797}$$

比较(15-796)式与(15-797)式,可得 $x'_s = x_s, y'_s = y_s$,即再现像平面上的抽样间隔与CCD的像素尺寸相同。

用菲涅耳变换法数值再现数字全息像时,由(15-795)式可知,再现像平面上沿水平和竖直方向的抽样间隔分别与 M 和 N 成反比。实际情况中,CCD像素在水平和竖直方向的尺寸相同,即 $x_s = y_s$。若CCD靶面为矩形,则数字全息图沿相应方向参加运算的像素数 M 和 N 不相等,此时 $x'_s \neq y'_s$。再现像平面的空间分辨率在水平和竖直方向上的不一致,会导致物体单位面积在抽样间隔小的方向上分配较多的像素,而在抽样间隔大的方向上分配较少的像素,其结果,在显示器上显示的再现像将出现畸变。为此,可采取补零的方式来调整 M 和 N 的值(即满足 $M = N$),使得再现像平面上沿水平和竖直方向的抽样间隔相同,从而可以矫正由于CCD靶面尺寸在两个方向的不一致所造成的再现像的视觉畸变[111]。

(七)数字全息显微术

数字全息显微术是数字全息术与显微术的结合,可用以实现针对微小样品的快速、非破坏性、非侵入性、

全场及高分辨率的显微测量。其主要优点是可以得到物光波的振幅和相位信息，并由此重建物体的三维形貌。与传统光学显微术相比，数字全息显微术不仅可以对振幅型物体成像，而且也可以直接对相位型物体成像，无需经过样品染色等处理过程。

根据光路结构的不同特点，数字全息显微术可以分为无透镜傅里叶变换数字全息显微术和预放大数字全息显微术两种。前者结合数字全息术和无透镜傅里叶变换全息图记录方法，通过缩小全息图记录距离和增大全息图记录面积的方式，实现微小物体的显微记录与再现，并获得高分辨率的再现像[119]；后者通过在测量系统的光路中靠近物体处放置显微物镜，对物光波场进行预放大以充分利用 CCD 的有限空间带宽，以提高其空间分辨本领，结合数字全息术实现微小物体的显微放大并获得物体的三维形貌信息[120]。

1. 无透镜傅里叶变换数字全息显微术

对于给定的照射光波长，全息图光栅结构的空间频率取决于参考光与物光之间的夹角，其定量关系可表示为

$$\xi_0 = \frac{1}{\Lambda} = \frac{2}{\lambda}\sin\frac{\alpha}{2} \tag{15-798}$$

式中，ξ_0 和 Λ 分别为全息图光栅结构的空间频率和空间周期，λ 为照射光波长，α 为参考光与物光间的夹角。

由抽样定理可知，数字全息图光栅结构的空间周期 Λ 最小应等于 $2\Delta N$，其中 ΔN 为 CCD 的像素间距，通常为几微米到十几微米，此处假设 CCD 的像素形状为正方形（即 $\Delta N = x_s = y_s$）。当 $\alpha/2 < 5°$ 时，有 $\alpha_{max} = \lambda/(2\Delta N_{min})$。$\Delta N_{min}$ 反映了对 CCD 空间分辨率的最低要求，其值越小，表明对 CCD 空间分辨率的要求就越高。在记录全息图时，由于 α_{max} 或 ΔN_{min} 与所采用的光路有密切的关系，因此，在数字全息显微术中，应根据具体的测量对象和 CCD 的参数选择合适的光路，以解决上述问题。

当物体的横向尺寸远小于 CCD 靶面的横向尺寸时，从满足抽样定理的角度分析出发，可以得到无透镜傅里叶变换全息图记录光路对 CCD 空间分辨率的要求最低，同轴菲涅耳全息图记录光路次之，离轴菲涅耳全息图记录光路对 CCD 空间分辨率的要求最高。因此，无透镜傅里叶变换全息图记录光路最能充分利用 CCD 的带宽[121]。对于较短的记录距离和较小的物体，无透镜傅里叶变换数字全息术可以获得很高的再现像分辨率，这正是无透镜傅里叶变换数字全息显微术的理论依据。

2. 预放大数字全息显微术[122-125]

预放大数字全息显微术的基本思路是：首先利用显微物镜对物光波进行预放大，经过放大的物光波场再与参考光波在 CCD 靶面处发生干涉，并由 CCD 记录全息图，进而根据记录光路结构采用相应的数值再现方法得到物光波复振幅的重建，实现微小物体的显微放大，并最终得到表征物体三维形貌的振幅和相位信息。

图 15-92 和图 15-93 分别显示了预放大成像系统的光路及全息图记录过程中物体、显微物镜、CCD 以及物体经显微物镜所成像之间的关系[123]。假设物体位于 (x_0, y_0) 平面，经位于 (x_L, y_L) 平面的显微物镜 MO（这里等效成薄透镜）清晰成像在 (x_i, y_i) 平面，物平面与显微物镜平面相距为 d_o，显微物镜平面与像平面相距为 d_i，CCD 放置在像平面和显微物镜平面之间或者像平面之后距离为 d 的平面上。因此，CCD 实际记录的是物体放大像的全息图。其记录过程可以这样来理解：自 (x_3, y_i) 平面的物体所发出的光波衍射到相距为 d 的平面处，与投射到该平面处的参考光波发生干涉，并被位于该平面处的 CCD 记录下来。

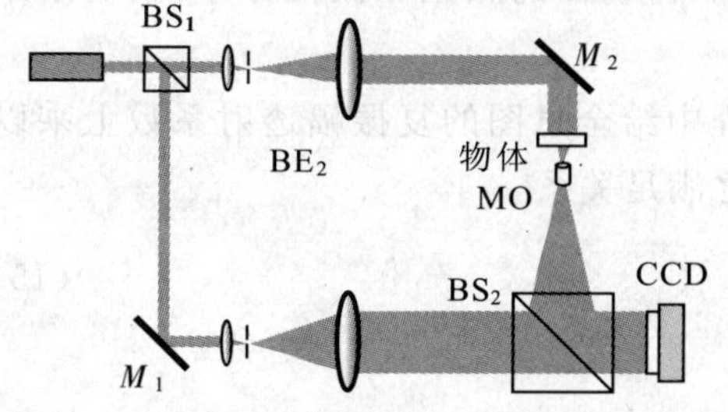

图 15-92　预放大数字全息显微系统的光路

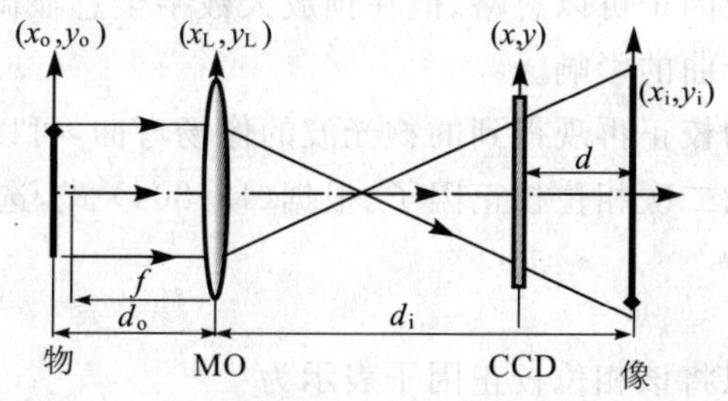

图 15-93　预放大数字全息显微系统的物像关系

(1) 物体轴向位移的影响

假设图 15-93 所示，成像过程满足傍轴条件，则存在以下物像关系：

$$\frac{1}{f}=\frac{1}{d_o}+\frac{1}{d_i} \tag{15-799}$$

相应的横向放大率为

$$V=\frac{d_i}{d_o} \tag{15-800}$$

采用预放大成像系统时，全息再现像的高分辨率是通过利用短焦距的显微物镜放大物光波场实现的，因此，物体即使发生很小的轴向位移也将使其所成像的位置产生较大的轴向移动。在保持 CCD 位置不变的情况下，当物体发生轴向位移时，如果仍然以原始记录距离（即物体位移前CCD平面与像平面之间的距离）d 作为再现距离，将发生“离焦”现象，而不能获得清晰的全息再现像。因此，采用预放大成像系统时，全息像的数值再现过程必须考虑物体轴向位移对再现像的影响并尽量加以校正。

假设物体的轴向位移为 Δd_o，相应的准焦像平面的轴向位移为 Δd_i，则根据(15-799) 式和(15-800) 式，可近似得到[126-127]

$$\Delta d_i=-V^2\Delta d_o \tag{15-801}$$

按照这一关系，若 $V=50$，则当 $\Delta d_o=1\ \mu\text{m}$ 时，$\Delta d_i=-2.5\ \text{mm}$。不过，需要指出的是，(15-801) 式是物体的轴向位移较小时的一种近似结果。当物体的轴向位移较大时，上式将不再成立。

(2) 像场弯曲及相位补偿较正[122-123]

预放大数字全息显微系统是线性不变系统。假设在物平面的物光波复振幅分布为 $o(x_o,y_o)$，相应的像平面上的成像光波复振幅分布为 $o_i(x_i,y_i)$，则

$$o_i(x_i,y_i)=o(x_o,y_o)*h(x_i,y_i;x_o,y_o) \tag{15-802}$$

式中，函数 $h(x_i,y_i;\ x_o,y_o)$ 为系统的脉冲响应函数。可以证明，理想成像情况下，考虑到物、像点坐标的对应关系 $x_i=-Vx_o,y_i=-Vy_o$，可将 $h(x_i,y_i;\ x_o,y_o)$ 表示为

$$h(x_i,y_i;x_o,y_o)=K\exp\left[\mathrm{i}\frac{\pi}{\lambda d_i}\left(1+\frac{d_o}{d_i}\right)(x_i^2+y_i^2)\right]\delta(x_i+Vx_o,y_i+Vy_o) \tag{15-803}$$

代入(15-802) 式，于是得

$$o_i(x_i,y_i)=K\exp\left[\mathrm{i}\frac{\pi}{\lambda d_i}\left(1+\frac{d_o}{d_i}\right)(x_i^2+y_i^2)\right]o(x_i,y_i) \tag{15-804}$$

式中，K 为复常数。由(15-804) 式可以看出，除复常数外，像平面上的光波场复振幅分布实际上就等于经放大的物光波场与一个二次相位因子的乘积。该二次相位因子的作用相当于一个透镜，使物体在成像过程中产生像场弯曲。以平面光波为例，如图 15-94 所示，经过透镜一次成像后，其波面变为球面。(15-804) 式中的二次相位因子使物体因相位分布发生变化无法严格成像，但并不会影响所成像的强度分布。一般情况下，往往仅关注所成像的强度，故该二次相位因子可以忽略。但在预放大数字全息显微术中，需要同时获得物体的相位和振幅分布，因而必须消除像场弯曲的影响。

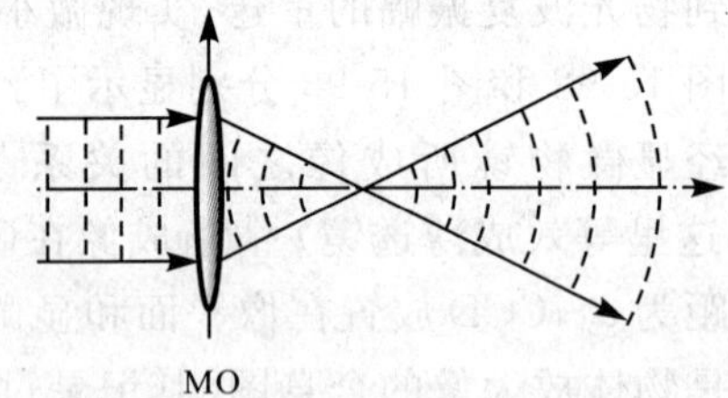

图 15-94　预放大数字全息显微术的像场弯曲

为校正再现得到的物光波的像场弯曲，可以在数值再现过程中给全息图的复振幅透射系数上乘以一个附加的二次相位校正因子。根据(15-804) 式，选取参数 D 并使之满足关系

$$D=\frac{d_i^2}{d_o+d_i} \tag{15-805}$$

则可以将该相位校正因子表示为

$$\Phi(x_i,y_i)=\exp\left[-\mathrm{i}\frac{\pi}{\lambda D}(x_i^2+y_i^2)\right] \tag{15-806}$$

当采用菲涅耳变换法重建物光波场时，将该相位校正因子与根据(15-775) 式得到的再现物光波场的复

振幅结合，得到像场弯曲校正后的再现像光波场的复振幅为

$$\begin{aligned} o_d'(x_i,y_i) &= o_d(x_i,y_i)\Phi(x_i,y_i) \\ &= K e^{-i\frac{\pi}{\lambda}\left(\frac{1}{d}-\frac{1}{D}\right)(x_i^2+y_i^2)} F\left\{ i(x,y)R(x,y)e^{i\frac{\pi}{\lambda d}(x^2+y^2)} \right\}\Big|_{\xi=\frac{x_i}{\lambda d},\eta=\frac{y_i}{\lambda d}} \end{aligned} \tag{15-807}$$

相应的离散化形式为

$$\begin{aligned} o_d(mx_s',ny_s') = {} & K e^{i\frac{\pi}{\lambda}\left(\frac{1}{d}-\frac{1}{D}\right)\left[\left(m-\frac{M}{2}\right)^2 x_s'^2+\left(n-\frac{N}{2}\right)^2 y_s'^2\right]} \times \\ & \mathrm{DFT}\left\{ i(kx_s,ly_s)R(kx_s,ly_s)e^{i\frac{\pi}{\lambda d}\left[\left(k-\frac{M}{2}\right)^2 x_s^2+\left(l-\frac{N}{2}\right)^2 y_s^2\right]} \right\}_{m,n} \end{aligned} \tag{15-808}$$

式中，参数 x_s、y_s、x_s'、y_s'、k、l、m、n 同前述。

(3) 像场弯曲的相位相减较正[123]

上述相位补偿方法中，由于难以准确测量物距 d_o 和像距 d_i，故很难得到相位校正因子的准确值。为此，可以采用相位相减法消除像场弯曲。具体方法是：在保持参考光波不变的情况下，对放入待测物体前后的物光波分别记录一幅全息图，并分别对其进行数值再现及相位去包裹，得到两个再现光波的波前相位分布 $\Phi_1(x_i,y_i)$ 和 $\Phi_2(x_i,y_i)$，然后将两者相减，即可得到物体相位分布 $\Phi(x_i,y_i)$。

$$\Phi(x_i,y_i) = \Phi_1(x_i,y_i) - \Phi_2(x_i,y_i) \tag{15-809}$$

显然，尽管相位分布 $\Phi_1(x_i,y_i)$ 和 $\Phi_2(x_i,y_i)$ 中均可能含有系统引入的像场弯曲，但相减的结果则可以完全消除该像场弯曲。此外，该方法中因为首先进行相位解包裹运算，只要所记录的全息图满足采样定理，最终的相减结果即为样品的准确相位分布。

此外，也可以采用最小二乘表面拟合方法来校正再现像场弯曲[124]。

(八) 彩色数字全息术

对彩色物体的全息记录和显示是全息术应用的一个重要方面。传统光学彩色全息术的实现方法普遍较为复杂。主要表现在：首先，全息图的记录系统复杂，不易搭建和调整；其次，需要使用专门的高质量全色干板进行彩色全息图记录，成本高且不便于全息图的复制及传输；此外，再现时，必须将全息图底片准确复位到原光路中，才能观察到彩色全息再现像，且其质量易受到色串扰、全息图复位精度及观察视角等因素的影响。这些问题恰恰是数字彩色全息术所没有的。

B. Javidi 和 D. Alfieri[128-129] 等采用离轴菲涅耳全息图记录光路，分别记录了彩色物体在红、绿两种波长激光照射下的单色全息图，然后对各单色全息图进行补零处理以调整不同全息图记录条件（记录波长和记录距离）下，数字全息像的显示大小，在此基础上对各单色全息图进行数值重建，进而由像幅显示尺寸相同的红、绿单色全息像合成得到彩色数字全息像，并可在计算机上直接进行观察。

这种对彩色物体的数字全息记录和再现过程简单，且完全数字化，能够很好地满足实用化要求。但是，由离轴菲涅耳全息图记录光路所得到的数字全息图，其数值再现像在重建像平面上的位置随记录全息图时的物光和参考光夹角及记录距离的变化而改变，因而不能保证不同记录距离处数值再现像的准确重合，这将导致合成的彩色数字全息像的边界和细节变得不清晰，在一定程度上影响了彩色全息再现像的质量。

为解决上述问题，可采用如图 15-95 所示的数字彩色无透镜傅里叶变换全息术[130]。由于数字无透镜傅里叶变换全息图的再现像在其数值重建像平面上的位置（相对于该平面中心），准确等于记录全息图时物体到与之共面的参考点光源之间的距离，而与全息图的记录距离无关，因而可以很好地保证不同记录距离下再现像在数值重建像平面上的准确重合（见图 15-96）。此外，无透镜傅里叶变换全息图记录光路中，物光波与球面参考光波形成的干涉条纹空间频率较低，且物光和参考光夹角的变化范围较小，因此对记录介质空间分辨率的要求较低，记录数字全息图时能更有效地利用 CCD 的有限空间带宽，有利于数字全息图的准确记录和再现像分辨率的提高。

(九) 数字全息干涉术

利用传统光学全息干涉术可以得到反映物场变化前后两种状态差异的干涉图样，但不能直接获得物场波前的相位分布，并且测量过程中需要对全息干板进行曝光、显影、定影甚至漂白等必须的物理、化学处理，

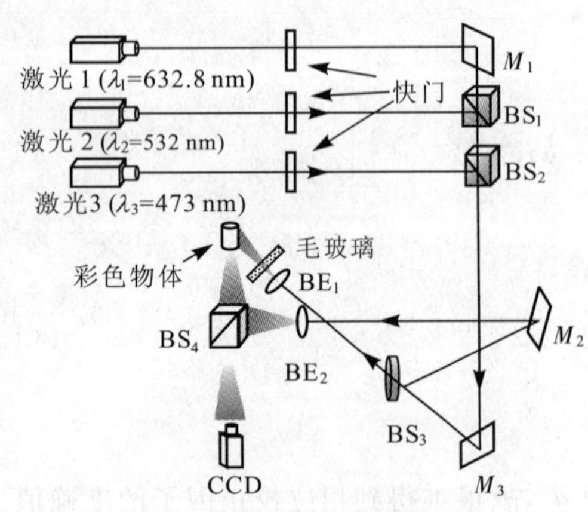

图 15-95 数字彩色傅里叶变换全息图记录光路

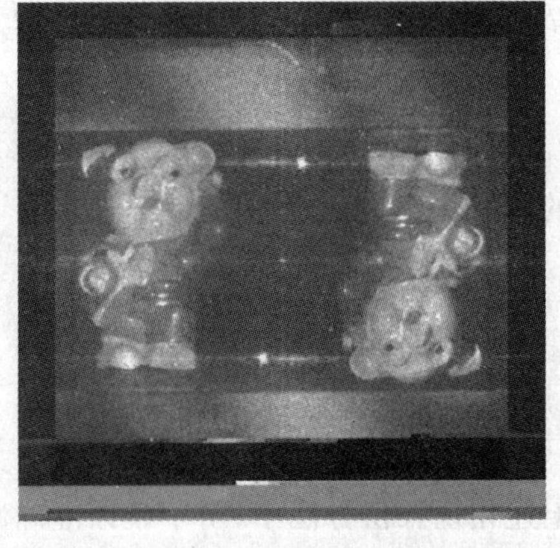

图 15-96 彩色全息再现像

故难以实现对动态过程的测量和满足测量过程的实时化与现场化等要求。数字全息干涉术与光学全息干涉术的基本原理相同。不同的只是无需将不同状态记录在同一张全息干板上，而是由 CCD 分别记录并单独存储，然后通过计算机合成或分别进行数值再现，得到各个物光波前的复振幅分布，进而通过对各个再现物场依次进行比较而从中得到物场的变化信息。相较于传统的光学全息干涉术，数字全息干涉术不仅使全息图的记录和全息像的再现过程大大简化，而且可用于现场及动态过程的连续测量，满足实用化要求。近年来，数字全息干涉术已被广泛应用于各种静态或动态测量中。

无论是用于动态测量还是静态测量，数字全息干涉术获取物场或物场变化信息的基本方法仍是二次曝光法。假设在某个待测物场相对变化前后，对物光波前分别作两次全息记录，所得数字全息图的灰度(强度) 分布函数分别为 $i_1(k,l)$ 和 $i_2(k,l)$，则有 3 种途径可以从这两幅全息图中得到物场变化的信息，如图 15-97 所示。

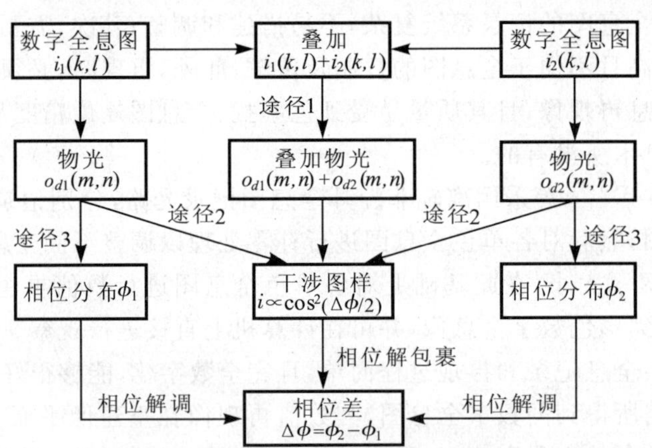

图 15-97 实现数字全息干涉术的 3 种途径

第一种途径类似于传统的二次曝光全息干涉术，即先将两幅全息图的灰度(强度) 分布相加，然后进行数值再现，可同时再现出两个物光波并发生干涉，形成干涉图样，其强度分布可表示为

$$I(mx'_s,ny'_s)=4\ |o_d(mx'_s,ny'_s)|^2\cos^2\left[\frac{\Delta\varphi(mx'_s,ny'_s)}{2}\right] \tag{15-810}$$

式中，$\Delta\phi$ 表示物场变化前后两个物光波前的相位差，故干涉条纹图样反映了等相位差点的分布轨迹，从中可解调出相位差 $\Delta\phi$。与光学全息干涉术不同，由于这里得到的干涉条纹图样是数字式的，(15-810) 式中的相位差 $\Delta\phi$ 可以直接提取出来。更有趣的是，也可以人为地给 $\Delta\phi$ 乘以整数 κ，使上式变为[131]

$$I(mx'_s,ny'_s)=4\ |o_d(mx'_s,ny'_s)|^2\cos^2\left[\kappa\frac{\Delta\phi(mx'_s,ny'_s)}{2}\right] \tag{15-811}$$

于是显示出的干涉图样中的条纹将变密，相当于将原来的干涉条纹细分 κ 倍，便于直观显示某些细节。

第二种途径类似于传统的合成全息二次曝光法，即先对两幅或依次记录的多幅全息图分别单独进行数

值再现，得到各自的再现物光场复振幅分布，然后将其中的两个再现光波复振幅相加并求其模值平方，同样得到一组与(15-810)式强度分布相同的干涉条纹图样[132-133]，而且也可以采用(15-811)式的方式，使干涉图样的条纹数目倍增[134]。

第三种途径是数字全息术所特有的，即将两再现光波波前的相位分布直接提取并使其相减，从而直接得到物场相位的变化信息[135]。

综上所述，第一种途径只需进行一次数值再现计算就可以得到全息干涉图，第二、三种途径则需经过两次数值再现计算才能得到全息干涉图或包裹相位差图。对于连续变化的动态物场，需要连续采集多幅全息图，此时采用途径二或三可以很方便地获得物场不同状态之间的相对变化或差异，或将各个状态的物场与初始状态进行比较，得到物场的动态变化过程。其次，相位型物体调制的是物光波的相位，即物光波相位的改变直接体现物场的变化情况。因此，要得到两物光波的绝对相位差，就必须选择途径二或途径三。

三、数字散斑技术

数字散斑技术以光学散斑照相术为基础，借助高分辨率光电成像器件(CCD 或 CMOS)和计算机技术，实现散斑图的记录和信息处理。由于高分辨率 CCD 的使用，使散斑图像的采集省去了传统全息干板所必需的显影、定影等复杂的物理、化学过程，并能离开暗室，实现现场测量。数字图像处理技术的引入，使得散斑信息的处理更加便捷。在一定条件下，各种数字图像采集设备所获取的图像都可视为数字散斑技术的处理对象。随着数字图像采集设备的分辨率和清晰度的不断提高，数字散斑方法的测量精度将得到相应提高，其应用领域也将得到扩展。如通过对光学显微镜或扫描隧道显微镜等设备获取的图像的处理，可实现相应的微纳尺度形变的测量；对由高速动态摄影设备获取的图像的处理，可实现物体高速运动和形变的测量。因此，数字散斑技术也已成为目前光学测量技术领域的一个非常活跃的重要分支，从而得到广泛的应用。

(一) 数字散斑相关术

数字散斑相关术是一种基于物体表面散斑图像灰度分析而获得表面运动和形变信息的新型光测方法，由 Yamaguchi[136] 和 Peters[137] 等先后独立提出。Yamaguchi 在研究物体小形变时，通过测量物体形变前后光场强度的互相关函数峰值来导出物体的位移。Peters 等则采用电视摄像机记录物体加载前后的激光散斑图，然后计算相关系数随试凑位移及其导数的变化过程。相关运算是数字散斑图像相关技术的关键，它直接影响相关搜索所需的时间和结果。较之其他测量技术，数字散斑图像相关技术更加依赖于数值计算。因此，如何加快相关运算速度、提高相关运算精度，已成为研究的重点。

1. 基本原理

数字散斑相关术的基本思路是：利用高分辨率光电成像器件记录被测物体运动或加载前后的散斑图，其间必须保证前后两个散斑图具有相关性，或者散斑场的运动与物体运动一致，经模数转换得到离散数字散斑信号矩阵，然后进行互相关迭代运算，计算互相关系数或互相关函数值随试凑位移及其导数的变化过程。由于具有光学粗糙度的物体表面与所产生的反射散斑场具有对应的因果关系，故找出互相关系数或互相关函数的最大极值点，该点的位移和应变即为与实际位移和应变相一致的位移和应变。

原则上，只要能得到反映物体表面不同状态的数字图像，并且这些图像由具有一定信噪比的信息载体(如散斑)所构成，就能应用数字散斑相关术进行表面形变等信息的提取，实现力学量的非接触式测量。由于散斑分布的随机性，物体上任一点周围一个小区域(称为子区)中的散斑分布各不相同。根据统计相关原理，对物体表面任一点形变的测量，可以通过研究以该点为中心的子区的移动和形变来实现。

在数字散斑图像相关实验中，需要采集物体形变前后的两幅散斑图，设其灰度分布分别为 $f(x, y)$ 和 $g(x, y)$，如图 15-98 所示。数字散斑图像相关计算的基本思路是：在形变前的散斑图像 $f(x, y)$ 中，以所要计算的 P 点为中心选取一个子区(一般为矩形)，利用子区的灰度信息，在形变后的图像 $g(x, y)$ 中寻找其所对应的位置，从而得到子区位置和形状的变化信息，这些变化信息，直接反映了物体表面上相应点的位移和应变的大小。假设表面变形后，子区中心由点 $P(x, y)$ 移到点 $P'(x', y')$，同时子区发生形变，如图 15-99 所示，其中点 $P(x, y)$ 和 $P'(x', y')$ 的灰度值可分别表示为

$$f(P)=f(x,y),\quad g(P')=g(x',y')=g(x+u,y+v) \tag{15-812}$$

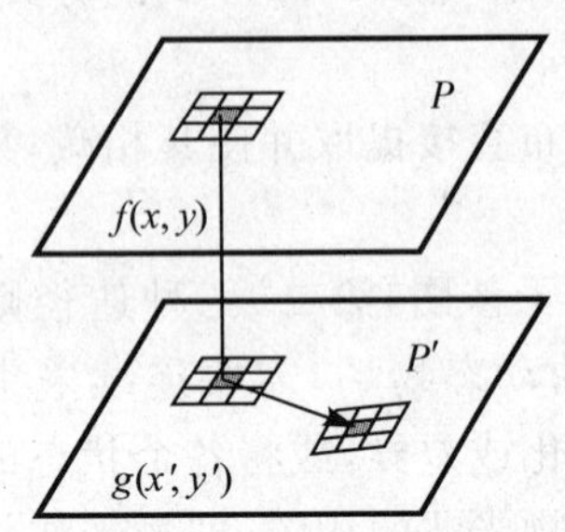

图 15-98　子区的运动和形变

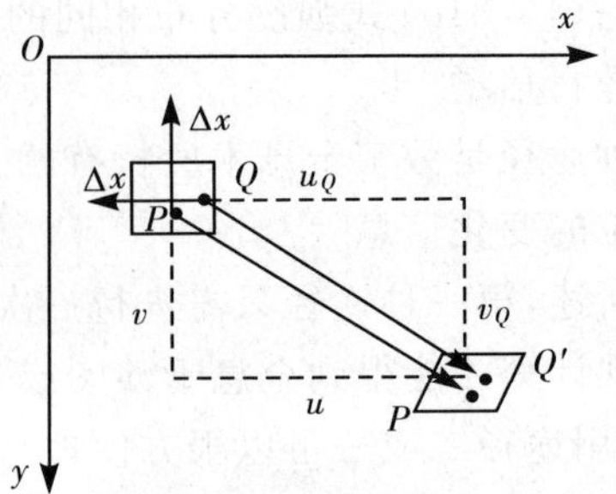

图 15-99　表征面内子区的位移和形变

式中，u 和 v 分别为点 $P(x,\ y)$ 的水平和竖直位移。对于子区中任一点 $Q(x+\Delta x,\ y+\Delta y)$，假设形变后移到 Q' 点，则有

$$f(Q)=f(x+\Delta x,y+\Delta y),\quad g(Q')=g(x+\Delta x+u_Q,y+\Delta y+v_Q) \tag{15-813}$$

式中，u_Q 和 v_Q 分别为 Q 点的水平和竖直位移。假设所选子区足够小，即 Δx 和 Δy 足够小，则根据连续介质力学原理，u_Q 和 v_Q 可以用 P 点的位移和位移的一阶导数近似表示为

$$\left.\begin{aligned} u_Q &= u+\frac{\partial u}{\partial x}\Delta x+\frac{\partial u}{\partial y}\Delta y \\ v_Q &= v+\frac{\partial v}{\partial x}\Delta x+\frac{\partial v}{\partial y}\Delta y \end{aligned}\right\} \tag{15-814}$$

将(15-814)式带入(15-813)式，可得

$$g(Q')=g\left(x+u+\frac{\partial u}{\partial x}\Delta x+\frac{\partial u}{\partial y}\Delta y+\Delta x,y+v+\frac{\partial v}{\partial x}\Delta x+\frac{\partial v}{\partial y}\Delta y+\Delta y\right) \tag{15-815}$$

这样，如果已知子区中心点 P 的位移 u、v 及其导数 $\frac{\partial u}{\partial x}$、$\frac{\partial u}{\partial y}$、$\frac{\partial v}{\partial x}$、$\frac{\partial v}{\partial y}$，即可由此式得到 $g(Q')$。

相关运算的任务就是要在形变后的图像 g 中找出与之形变前图像 f 中的 P 点最相似的 P' 点，即找到 P 点的位移 u、v 及其导数 $\frac{\partial u}{\partial x}$、$\frac{\partial u}{\partial y}$、$\frac{\partial v}{\partial x}$、$\frac{\partial v}{\partial y}$ 的值。先在形变前的图像 f 中以 P 点为中心选取一个 $m\times m$ 的子区，称为“窗口”，然后在形变后的图像 g 中的同一位置周围取出一个 $w\times w(w>m)$ 的区域，称为“搜索区域”。只要这个搜索区域足够大，则在其中一定存在一个点，以这个点为中心，大小为 $m\times m$ 的子区与“窗口”最相似。

2. 相关系数的几种形式

用数字散斑相关方法处理数字散斑图时，为了判断所找到的目标子区与样本子区是否对应，必须从数学上建立一个衡量图像相似过程的标准。由于相关系数是两个变量之间相互关系的定量描述，因此，这个标准可以用样本子区中与目标子区的相关系数来表示。数字散斑相关算法中，相关系数的选取至关重要，相关系数选取不当，会给测量结果带来极大的误差。根据实际情况不同，相关系数有以下 5 种形式：

(1) 直接相关

$$C(x,y)=\sum_{(m,n)\in W} f(x+m,y+n)g(m,n) \tag{15-816}$$

式中，$C(x,y)$ 为相关函数，$f(x,y)$ 为目标所在源图像的灰度分布函数，$g(x,y)$ 为模板灰度分布函数，W 为模板区域。当 $f(x,y)$ 和 $g(x,y)$ 确定后，两者在空间和灰度上的重叠度或相似度越大，则 $C(x,y)$ 值越大。因此通过确定相关函数的最大值位置就可以确定目标位置。

(2) 协方差相关

$$C(x,y)=\sum_{(m,n)\in W}\left[f(x+m,y+n)-\langle f\rangle\right]\left[g(m,n)-\langle g\rangle\right] \tag{15-817}$$

式中，$\langle f\rangle$ 与 $\langle g\rangle$ 分别为 $f(x,y)$ 与 $g(x,y)$ 在各自相关窗口的平均值。由于自相关公式中减去了各自窗口的灰度均值，相当于去掉了直流分量，提高了相关函数峰的尖锐程度，因而提高了定位精度。同时，也可以起到消除虚假峰值和抗灰度反转作用。

(3) 归一化相关法

$$C(x,y)=\frac{\sum\limits_{(m,n)\in W} f(x+m,y+n)g(m,n)}{\sqrt{\sum\limits_{(m,n)\in W} f^2(x+m,y+n)\sum\limits_{(m,n)\in W} g^2(m,n)}} \tag{15-818}$$

归一化相关法使相关函数的取值范围为[0，1]，通常又称为相关系数。当两函数确有相同特征时，相关函数最大值通常应大于0.8，甚至可达1。当最大相关函数值小于0.6时，表明搜索到的目标可疑，或目标受到较大的干扰。

(4) 归一化协方差相关

$$C(x,y)=\frac{\sum\limits_{(m,n)\in W}[f(x+m,y+n)-\langle f\rangle][g(m,n)-\langle g\rangle]}{\sqrt{\sum\limits_{(m,n)\in W}[f(x+m,y+n)-\langle f\rangle]^2\sum\limits_{(m,n)\in W}[g(m,n)-\langle g\rangle]^2}} \tag{15-819}$$

该方法具有对灰度线性变化的不变性。因此，当目标和模板图像间存在线性畸变时，仍然能够较好地评价它们之间的相似程度，而且具有抗灰度反转能力。同时，它还能起到突出特征变化的效果，使得相关系数矩阵呈单峰分布，且峰顶更尖锐。因此，归一化协方差相关方法在实际中的应用较多。

(5) 最小二乘相关法

$$C(x,y)=\sum_{(m,n)\in W}[f(x+m,y+n)-g(m,n)]^2 \tag{15-820}$$

该方法又称差平方和法，以相关函数最小值点为目标定位点。其与相关法的物理出发点不同，但数学表示形式可以化成近似一致，即两者的数学物理内涵相同。

3. 相关系数搜索法

数字散斑相关方法中，相关系数反映了两个图像子区间的相似程度，通过求相关系数的极大值，可实现形变量的提取。相关系数取极大值时，即认为假定的形变分量与实际一致。相关算法的选择不仅会影响到结果的精度，而且会关系到运算的速度。主要的相关系数搜索法有双参数法、粗-细搜索法、牛顿迭代法、十字搜索法和梯度法。下面介绍梯度法：

仍以 $f(x,y)$ 和 $g(x,y)$ 分别表示形变前后的散斑图像，U 和 V 表示已经找到的整像素位移，u 合 v 表示在整像素位移基础上的亚像素位移，则可以得到

$$\left.\begin{aligned}g(x+U,y+V)&=f(x-u,y-v)=f(x,y)-\frac{\partial f}{\partial x}u-\frac{\partial f}{\partial y}v\\ f(x,y)&=g(x+U+u,y+V+v)=g(x+U,y+V)+\frac{\partial g}{\partial x}u+\frac{\partial g}{\partial y}v\end{aligned}\right\} \tag{15-821}$$

由(15-821)式，可得

$$\left(\frac{\partial f}{\partial x}+\frac{\partial g}{\partial x}\right)u+\left(\frac{\partial f}{\partial y}+\frac{\partial g}{\partial y}\right)v=2(f-g) \tag{15-822}$$

令 $a=\frac{\partial f}{\partial x}+\frac{\partial g}{\partial x}$，$b=\frac{\partial f}{\partial y}+\frac{\partial g}{\partial y}$，$c=2(f-g)$，则 $au+bv=c$。

对于 $m\times m$ 的子区，可得 $m\times m$ 个数据点(a_i,b_i,c_i)，然后即可用最小二乘法求解 u 和 v，计算式可表示为

$$\left.\begin{aligned}u&=\frac{\sum a_ib_i\sum c_ib_i-\sum b_i^2\sum c_ia_i}{\left(\sum a_ib_i\right)^2-\sum a_i^2\sum b_i^2}\\ v&=\frac{\sum a_ib_i\sum c_ia_i-\sum a_i^2\sum c_ib_i}{\left(\sum a_ib_i\right)^2-\sum a_i^2\sum b_i^2}\end{aligned}\right\} \tag{15-823}$$

以上是直接由形变前后的灰度图像展开计算的。梯度法求解速度快，编程简单，对微小形变的计算效果好。

近年来,一些新的数学理论,如分形相关法、神经网络法以及小波变换法等,也逐渐应用到数字散斑图像的求解中。这些新的数学理论的引入,对于提高数字散斑相关方法的精度和收敛速度起了一定的改善作用,同时也丰富了数字散斑相关方法的理论。

(二) 数字散斑照相术

数字散斑照相术是相对于光学散斑照相术而言的,不同之处仅在于采用 CCD 或 CMOS 替代了全息干板,并且处理过程也数字化。只要 CCD 具有足够的空间分辨率,在物体表面位移或形变前后采集两幅相关散斑图,将其灰度相加后就是一幅数字位移散斑图。经快速傅里叶变换,可得到位移散斑图的频谱。如果物体表面发生整体横向平移,则该频谱给出一组杨氏干涉条纹,由此便可得到位移大小。如果表面各点位移不同,则可以采取全场滤波方式得到各点位移等值线条纹图样,或采用逐点滤波方式得到各点位移大小和方向。显然,数字散斑照相术可以处理的散斑图像不仅是激光散斑图像,也可以是在普通光源照明下的任意物体的表面。

(三) 数字剪切散斑干涉术[138-139]

与数字散斑照相术类似,数字剪切散斑干涉术仍然基于光学剪切散斑干涉术原理,散斑图的记录光路也基本相同,只是将记录介质换成了 CCD,信息处理方式换成了离散的数字式。但这一区别却使数字处理方法具有更大的优越性。模拟光学处理方法,可以将物体表面形变前后记录的两幅剪切散斑图采取灰度(强度)相加处理,此时得到合成散斑图样的灰度(强度)分布与(15-599)式类似,即

$$I_{+}(x_i,y_i)=I(x_i,y_i)+I'(x_i,y_i)=2I_0\left[1+\mu\cos\left(\Delta\phi+\frac{\Delta\psi_x}{2}\right)\cos\frac{\Delta\psi_x}{2}\right] \tag{15-824}$$

因此,还需要通过高通滤波处理,才能将所需要的剪切干涉条纹提取出来。但是,利用数字处理的特点,也可以对两幅剪切散斑图采取灰度(强度)相减处理,此时得到的相减散斑图样的灰度(强度)分布则变为

$$I_{-}(x_i,y_i)=I(x_i,y_i)-I'(x_i,y_i)=2I_0\mu\sin\left(\Delta\phi+\frac{\Delta\psi_x}{2}\right)\sin\frac{\Delta\psi_x}{2} \tag{15-825}$$

显然,(15-825) 式中已经滤掉了背景散斑,因而可直接显示出清晰的剪切干涉条纹。

也可以采用相移剪切干涉原理,在剪切镜前插入一个相移器,在物体表面形变之前,连续记录 4 幅剪切散斑图,其间令相移器依次产生 0、π/2、π、3π/2 的相移,则 4 幅剪切散斑图样的灰度(强度)分布分别为

$$\left.\begin{aligned}
I_1(x_i,y_i)&=I_0[1+\mu\cos(\Delta\phi)]\\
I_2(x_i,y_i)&=I_0\left[1+\mu\cos\left(\Delta\phi+\frac{\pi}{2}\right)\right]=I_0[1-\mu\sin(\Delta\phi)]\\
I_3(x_i,y_i)&=I_0[1+\mu\cos(\Delta\phi+\pi)]=I_0[1-\mu\cos(\Delta\phi)]\\
I_4(x_i,y_i)&=I_0\left[1+\mu\cos\left(\Delta\phi+\frac{3\pi}{2}\right)\right]=I_0[1+\mu\sin(\Delta\phi)]
\end{aligned}\right\} \tag{15-826}$$

由此可以得到

$$\Delta\phi=\arctan\left[\frac{I_4(x_i,y_i)-I_2(x_i,y_i)}{I_1(x_i,y_i)-I_3(x_i,y_i)}\right] \tag{15-827}$$

以类似的方式也可以得到物体变形后的 4 幅相移剪切散斑图,并由此得到

$$\Delta\phi+\Delta\psi_x=\arctan\left[\frac{I'_4(x_i,y_i)-I'_2(x_i,y_i)}{I'_1(x_i,y_i)-I'_3(x_i,y_i)}\right] \tag{15-828}$$

于是可得

$$\Delta\psi_x=\arctan\left[\frac{I'_4(x_i,y_i)-I'_2(x_i,y_i)}{I'_1(x_i,y_i)-I'_3(x_i,y_i)}\right]-\arctan\left[\frac{I_4(x_i,y_i)-I_2(x_i,y_i)}{I_1(x_i,y_i)-I_3(x_i,y_i)}\right] \tag{15-829}$$

参考文献

[1] 李景镇. 光学手册[M]. 西安: 陕西科学技术出版社, 1986

[2] Gaskill J D. Linear Systems, Fourier Transforms, and Optics[M]. New York: John Wiley & Sons, Inc., 1978
[3] 苏显渝，李继陶．信息光学[M]．北京：科学出版社，1999
[4] 宋菲君，Jutamulia S. 近代信息光学[M]．北京：北京大学出版社，1998
[5] Goodman J W. Introduction to Fourier Optics[M]. 3rd ed. Roberts and Company Publishers, 2005; Goodman J W. 傅里叶光学导论[M]. 3版．秦克诚，刘培森，陈家璧，曹其智，译．北京：电子工业出版社，2006
[6] Francis T S Yu, Jutamulia S. Optical Signal Processing Computing and Neural Networks[M]. New York: John Wiley & Sons, Inc., 1992；杨震寰，Jutamulia S. 光学信号处理、计算和神经网络[M]．母国光，翟宏琛，战元龄，译．北京：新时代出版社，1997
[7] Born M, Wolf E. Principles of Optics. 7th ed. Cambridge: Cambridge University Press, 1999；马科斯·玻恩，埃米尔·沃耳夫．光学原理(上/下册)[M]．7版．杨葭荪，译．北京：电子工业出版社，2005/2006
[8] Gerrard A, Burch J M. Introduction to Matrix Methods in Optics[M]. New York: John Wiley & Sons, 1975
[9] Ghatuk A K, Thyagarajan K. Contemporary Optics[M]. Plenum Press, 1978；伽塔克 A K，谢伽拉扬 K. 近代光学[M]．袁一方，等译．北京：高等教育出版社，1987
[10] 赵建林．光学[M]．北京：高等教育出版社，2006
[11] 于美文．光学全息学及其应用[M]．北京：北京理工大学出版社，1996
[12] 于美文．光学全息及信息处理[M]．北京：国防工业出版社，1984
[13] 熊秉衡，李俊昌．全息干涉计量——原理和方法[M]．北京：科学出版社，2009
[14] Francis T S Yu. Optical Information Processing, Wiley luterscience, 1983；杨震寰．光学信息处理[M]．母国光，羊国光，庄松林，译．天津：南开大学出版社，1986
[15] Dainty J C. Laser Speckle and Related Phenomena[M]. Springer-Verlag, 1975；丹蒂 J C. 激光斑纹及有关现象[M]．黄乐天，王天及，林仕英，译．北京：科学出版社，1981
[16] Franon M. Laser Speckle and Applications in Optics[M]. New York: Academic Press, 1979
[17] 刘培森．散斑统计光学基础[M]．北京：科学出版社，1987
[18] Goodman J W. Speckle Phenomena in Optics[M]. Ben Roberts & Company, 2007；Goodman J W. 光学中的散斑现象——理论及应用[M]．曹其智，陈家璧，译．北京：科学出版社，2009
[19] Burch J M, Tokarski J M J. Production of multiple beam fringes from photographic scatterers[J]. Optica Acta, 1968, 15(2): 101
[20] 赵建林．高等光学[M]．北京：国防工业出版社，2002
[21] Leendertz J A, Butters J N. An image shearing speckle pattern interferometer for measuring bending moments[J]. J. Phys. E: Sci. Instrum, 1973, 6(11): 1107
[22] Hung Y Y. A speckle-shearing interferometer: a tool for measuring derivatives of surface displacement[J]. Opt. Commun., 1974, 11(2): 132
[23] 杨国光．近代光学测试技术[M]．杭州：浙江大学出版社，1997
[24] Eliasson B, Mottier F M. Determination of the granular radiance distribution of a diffuser and its use for vibration analysis [J]. J. Opt. Soc. Am., 1971, 61(5): 559
[25] Stetson K A. New design for laser image, speckle interferometer Opt[J]. Laser Technol., 1970, 2(4): 179
[26] Leger D, Mathieu E, Perrin J C. Optical surface roughness determination using speckle correlation technique[J]. Appl. Opt., 1975, 14(4): 872
[27] Leger D, Perrin J C. Real-time measurement of surface roughness by correlation of speckle patterns[J]. J. Opt. Soc. Am., 1976, 66(11): 1210
[28] Fujii H, Asakura T. Effect of surface roughness on the statistical distribution of image speckle intensity[J]. Opt. Commun, 19747, 11(1): 35
[29] Labeyrie A. Speckle interferometry observations at mount Palomar[J]. Nouv. Rev. Opt., 1974, 5(3): 141
[30] Labeyrie A. High resolution techniques in optical astronomy[J]. Prog. Opt., 1976, 14: 47
[31] Labeyrie A. Interference fringes obtained on Vega with two optical telescopes[J]. Astrophys. J., 1975, 196: L71
[32] Abbe E. Beiträge zur Theories des Mikroskops und der mikroskopischen Wahrnehmung[J]. Archiv für Mikroskopische Anatomie, 1873, 9: 413
[33] Porter A B. On the diffraction theory of microscope vision[J]. Phil Mag., 1906, 6(11): 154
[34] Zernike F. Das Phasenkontrastverfahren bei der Mikroskopischen Beobachtung[J]. Z. Tech. Phys., 1935, 16: 454
[35] Françon M. New method of optical processing using a random diffuser[J]. Optica Acta, 1973, 20(1): 1
[36] Lohmann A W, Paris D P. Computer generated spatial filters for coherent optical data processiing[J]. Appl. Opt., 1968, 7(4): 651
[37] Vander Lugt A. Signal detection by complex spatial filtering[J]. IEEE Trans. Inform. Theory, 1964, IT-10(2): 139
[38] Weaver C S, Goodman J W. A technique for optically convolving two functions[J]. Appl. Opt., 1966, 5(7): 1246
[39] Rogers G L. Noncoherent Optical Processing[M]. John Wiley & Sons. Inc., 1977

[40] Francis T S Yu. A new technique of incoherent complex detection[J]. Opt. Commun., 1978, 27(1): 23
[41] Francis T S Yu. Restoration of a smeared photographic image by incoherent optical processing[J]. Appl. Opt., 1978,17(22): 3571
[42] Chao T H, Zhuang S L, Francis T S Yu. White-light pseudocolor density encoding through contrast reversal[J]. Opt. Lett., 1980, 5(6): 230
[43] Francis T S Yu. Incoherent image addition and subtraction: A technique[J]. Appl. Opt., 1978, 18(15): 2705
[44] Francis T S Yu, Zhuang S, Chao T. Multi-image regeneration by white light processing[J]. Opt. Commun., 1980, 34(1): 11
[45] Francis T S Yu. White light processing technique for archival storage of color films[J]. Appl. Opt., 1980, 19(14): 2457
[46] Ashkin A, Boyd G D, Dziedzic JM, Smith R G, Ballman A A, Levinstein J J, Nassan K. Optically-induced refractive index inhouogeneities in $LiNbO_3$ and $LiTaO_3$[J]. Appl. Phys. Lett., 1966, 9(1): 72
[47] Chen F S. LaMacchia J T, Fraser D B. Holographic storage in lithium niobate[J]. Appl. Phys. Lett., 1968, 13(7): 223
[48] 刘思敏，孙骞，张光寅，门丽秋，许京军. 光折变存储器的研究与进展[J]. 物理，1994，23(11):663
[49] 陶世荃，王大勇，江竹青，袁泉. 光全息存储[M]. 北京:北京工业大学出版社，1998
[50] Mok F H, Tackitt M C, Stoll H M. Storage of 500 high resolution holograms in a $LiNbO_3$ crystal[J]. Opt. Lett., 1991, 16(8): 605
[51] Tao S, Selviah D R, Midwinter J E. Spatioangular multiplexed storage of 750 holograms in an Fe:$LiNbO_3$ crystal [J]. Opt. Lett., 1993,18(11): 912
[52] Taketomi Y, Ford J E, Sasaki H, Ma J, Fainman Y, Lee S H. Incremental recording for photorefractive hologram multiplexing[J]. Opt. Lett., 1991, 16(22): 1774
[53] 石顺祥，陈国夫，赵卫，刘继芳. 非线性光学[M]. 西安:西安电子科技大学出版社，2007
[54] 刘思敏，郭儒，许京军. 光折变非线性光学及其应用[M]. 北京:科学出版社，2004
[55] White J O, Cronin-Glolmb M, Fischer B, Yariv A. Coherent oscillation by self-induced gratings in the photorefractive crystal $BaTiO_3$[J]. Appl. Phys. Lett., 1982, 40(6): 450
[56] Feinberg J. Rewritable densification gratings in boron-doped fibers[J]. Opt. Lett., 1982, 7(10): 486
[57] Ford J E, Fainman Y, Lee S H. Enhanced photorefractive from 45°-cut $BaTiO_3$[J]. Appl. Opt., 1989, 28(22): 4808
[58] Gibbs H M, Khitrova G, Peyghambarian N. Nonlinear Photonics, Springer Series in Electronics and Photonics[M]. Springer-Verlag, 1990
[59] Sharp E J, Clark III W W, Miller M J, Wood G L, Monson B, Salamo G J, Neurgaonkar R. Double phase conjugation in tungsten bronze crystals[J]. Appl. Opt., 1990, 29(6): 743
[60] James S W, Eason R W. Intensity-dependent thresholding and switching in the photorefractive bridge mutually pumped phase conjugator[J]. Opt. Lett., 1991, 16(8): 551
[61] Chang T Y, Hellwarth R W. Optical phase conjugation by backscattering in Barium Titanate[J]. Opt. Lett., 1985, 10(8): 408
[62] Xu J, Liu S, Wu Y, Zhang G, Song Y, Chen H. Observation of self-pumped phase-conjugate wave in Cu-KNSBN crystal [J]. Opt. Commun., 1991,80(3-4): 239
[63] Xu J, Wu Y, Liu S, Zhang G, Sun D, Song Y, Chen H. High-performance self-pumped phase conjugator with a multichannel in KNSBN:Cu crystal[J]. Opt. Lett., 1991,16(16): 1255
[64] Shi Y, Psaltis D, Marrakchi A, Tanguay Jr A R. Photorefractive incoherent-to-coherent optical converter[J]. Appl. Opt., 1983, 22(23): 3665
[65] Sharp E J, Wood J L, Clark III W W, Salamo G J, Neurgaonkar R R. Incoherent-to-coherent conversion using a photorefractive self-pumped phase conjugator[J]. Opt. Lett., 1992, 17(3): 207
[66] Pichon L, Huignard J P. Dynamic joint-Fouriertransform correlator by Bragg diffraction in photorefractive $Bi_{12}SiO_{20}$ crystals[J]. Opt. Commun., 1981, 36(4): 277
[67] Loiseaux B, Illiaquer G, Huignard J-P. Dynamic optical cross-correlator using a liquid crystal light valve and a BSO crystal in the Fourier plane[J]. Opt. Eng., 1986, 24(1): 144
[68] Khoury J, Kane J, Asimellis G, Cronin -Golomb M, Woods C. All optical nonlinear joint Fourier transform correlator [J]. Appl. Opt., 1994,33(35): 8216
[69] Khoury J, Cronin-Golomb M, Gianino P, Woods C. Photorefractive two-beam coupling nonlinear jointtransform correlator[J]. J. Opt. Soc. Am. B, 1994,11(11): 2167
[70] 赵建林，许其推，杨德兴，谢良平，杨东升. 基于KNSBN:Cu晶体的光折变联合变换相关器[J]. 光子学报，2002,31(5):557
[71] Zhao J, Xu Q, Zhou W, Yang D, Kapphan S, Pankrath R. Photorefractive edge-enhancement joint transform correlator [J]. Opt. Commun., 2002,212(4-6): 287
[72] Yeh P. Two-wave mixing in nonlinear media[J]. IEEE J. Quantum Electron., 1989,25: 484
[73] Zhao Jianlin, Wang Bin, Wu Jianjun, Yang Dexing, Kapphan S, Pank Rath R. Investigation of photorefractive two-wave coupling in Cr-doped strontium barium niobate crystal[J]. Chin. Phys., 10(8): 739

[74] 赵建林，吴建军，王彬，杨德兴，Kapphan S，Pankrath R. Cr:SBN 晶体用于图像边缘增强的实验研究[J]. 光学学报，2001,21(11),1343
[75] 梁宝来，王肇圻，傅汝廉，母国光. 利用 Ce:KNSBN 非线性衍射特性实现光学图像边缘增强[J]. 光电子·激光，2001, 12(1)：80
[76] Joseph，Singh K，Pillai P K C. Spatial amplification via photorefractive two-beam coupling；real-time image processing using controllable erasure of Fourier spectrum[J]. Opt. Commun.，1991，85(5-6)：389
[77] Wu Y，Xu J，Liu S，Zhang G，Guan D. Automatic low-frequency spatial filter that uses light-induced scattering in $LiNbO_3$:Fe crystal[J]. Appl. Opt.，1992，31(17)：3210
[78] 温海东，刘思敏，张心正，郭儒，张国权，孙骞，许京军，张光寅. 光折变相位图[J]. 中国激光，2001，28(1)：55
[79] Dickson L D. Characteristics of a propagating Gaussian beam[J]. Appl. Opt.，1970，9(8)：1854
[80] 周炳琨，高以智，陈倜嵘，陈家骅. 激光原理[M]. 北京：国防工业出版社，2000
[81] Kogelnik H，Li T. Laser beams and resonators [J]. Appl. Opt.，1966，5(10)：1550
[82] Kozma A，Kelly D L. Spatial filtering for detection of signals submerged in noise[J]. Appl. Opt.，1965，4(4)：387
[83] Lee W H. Binary synthetic holograms[J]. Appl. Opt.，1974，13(7)：1677
[84] Lee W H. Binary computer-generated holograms[J]. Appl. Opt.，1979，18(21)：3611
[85] Brown B R，Lohmann A W. Complex spatial filtering with binary masks[J]. Appl. Opt. 1966，5(6)：967
[86] Lee W H. Sampled Fourier transform hologram generated by computer[J]. Appl. Opt.，1970，9(3)：639
[87] Goodman J W，Lawrence R W. Digital image formation from electronically detected holograms[J]. Appl. Phys. Lett.，1967，11(3)：77
[88] Huang T. Digital holography[J]. Proc. IEEE，1971，59(9)：1335
[89] Schnars U，Jüptner W. Principles of direct holography for interferometric fringes[C]. Proc. 2nd Int. Workshop on Automatic Processing of Fringe Patterns，1993：115
[90] Schnars U，Jüptner W. Direct recording of holograms by a CCD target and numerical reconstruction[J]. Appl. Opt.，1994，33(2)：179
[91] Schnars U. Direct phase determination in hologram interferometry with use of digitally recorded holograms[J]. J. Opt. Soc. Am. A，1994，11(7)，2011
[92] 米本和也. CCD/CMOS 图像传感器基础与应用[M]. 陈榕庭，彭美桂，译. 北京：科学出版社，2006
[93] Cooley J W，Tukey J W. An algorithm for the machine calculation of complex Fourier series[J]. Math. Comput.，1965，19：297
[94] Bracewell R N. The Fourier transform[J]. Scientific American，1989，6：62
[95] 徐莹，赵建林，向强，秦川，范琦. 无透镜傅里叶变换全息图数值再现中的图像处理[J]. 光学学报，2004，24(11)：1503
[96] Itoh K. Analysis of the phase unwrapping problem[J]. Appl. Opt.，1982，21(12)：2470
[97] Asundi A，Zhou W. Fast phase-unwrapping algorithm based on a gray-scale mask and flood fill[J]. Appl. Opt. 1998，37(23)：5416
[98] Cusack R，Huntley J M，Goldrein H T. Improved noise-immune phase unwrapping algorithm[J]. Appl. Opt.，1995，34(5)：781
[99] Quiroga J A，González-Cano A，Bernabeu E. Phase unwrapping algorithm based on an adaptive criterion[J]. Appl. Opt.，1995，34(14)：2560
[100] 殷功杰，朱传贵，刘波，薛鸣球. 利用自适应阈值条纹调制度分析方法进行相位去包裹研究[J]. 中国激光，1998，25(1)：81
[101] 韦春龙，陈明仪，王之江. 基于一维快速傅里叶变换的相位去包裹算法[J]. 中国激光，1998，25(9)，813
[102] Schofield M A，Zhu Y. Fast phase unwrapping algorithm for interferometric applications[J]. Opt. Lett.，2003，28(14)：1194
[103] Huang M J，He Z N. Phase unwrapping through region-referenced algorithm and window-patching method[J]. Opt. Commun.，2002，203(3)：225
[104] Ghiglia D C，Romero L A. Robust two-dimensional weighted and unweighted phase unwrapping that uses fast transforms and iterative method[J]. J. Opt. Soc. Am. A，1994，11(1)：107
[105] 王军，赵建林，范琦，张鹏. 相位图去包裹的一种新的综合方法[J]. 中国激光，2006，33(7)：795
[106] Wykes C. Use of electronic speckle pattern interferometry (ESPI) in the measurement ofstatic and dynamic surface displacements[J]. Opt. Eng.，1982，21(3)：400
[107] Chang M，Hu C P，Lam P，Wyant J C. High precision deformation measurement by digital phase shifting holographic interferometry[J]. Appl. Opt.，1985，24(22)：3780
[108] Yamaguchi I，Zhang T. Phase-shifting digital holography[J]. Opt. Lett.，1997，22(16)：1268
[109] Schnars U，Jüptner W P O. Digital recording and numerical reconstruction of holograms. Meas. Sci. Technol.，2002，13(9)：R85
[110] 徐莹，赵建林，向强，范琦. 利用数字全息干涉术测定材料的泊松比[J]. 中国激光，2005，32(6)：787

[111] 范琦，赵建林，李世扬，陆红强，徐莹. 数字全息再现像的细节显示和畸变矫正[J]. 中国激光，2005，32(10)：1401

[112] Jurgen H Massig. Digital off-axis holography with a synthetic aperture[J]. Opt. Lett.，2002，27(24)：2179

[113] 钟丽云，张以谟，吕晓旭. 合成孔径数字全息的记录、再现及实现[J]. 中国激光，2004，31(10)：1207

[114] 姜宏振，赵建林，邸江磊，秦川，闫晓博，孙伟伟. 合成孔径数字无透镜傅里叶变换全息图的分幅再现[J]. 光学学报，2009，29(12)：3299

[115] Jiang H，Zhao J，Di J，Qin C. Numerically correcting the joint misplacement of the sub-holograms in spatial synthetic aperture digital Fresnel holography[J]. Opt. Express，2009，17(21)：18836

[116] Di J，Zhao J，Jiang H，Zhang P，Fan Q. High resolution digital holographic microscopy with a wide field of view based on a synthetic aperture technique and use of linear CCD scanning[J]. Appl. Opt.，2008，47(32)：5654

[117] Yuan C，Zhai H，Liu H. Angular multiplexing in pulsed digital holography for aperture synthesis[J]. Opt. Lett.，2008，33(20)：2356

[118] Yan X，Zhao J，Di J，Jiang H，Sun W. Phase correction and resolution improvement of digital holographic image in numerical reconstruction with angular multiplexing[J]. Chin. Opt. Lett.，2009，7(12)：1072

[119] Haddad W S，Cullen D，Solem J C，Longworth J W，McPherson A，Boyer K，Rhodes C K. Fourier-transform holographic microscope[J]. Appl. Opt.，1992，31(24)：4973

[120] Massatsch P，Charrière F，Cuche E，Marquet P，Depeursinge C D. Time-domain optical coherence tomography with digital holographic microscopy[J]. Appl. Opt.，2005，44(10)：1806

[121] 范琦，赵建林，向强，徐莹，陆红强，李继锋. 改善数字全息显微术分辨率的几种方法[J]. 光电子·激光，2005，16(2)：226

[122] Cuche E，Marquet P，Depeursinge C. Simultaneous amplitude-contrast and quantitative phase-contrast microscopy by numerical reconstruction of Fresnel off-axis holograms[J]. Appl. Opt.，1999，38(34)：6994

[123] 邸江磊，赵建林，范琦，姜宏振，孙伟伟. 数字全息显微术中重建物场波前的相位校正[J]. 光学学报，2008，28(1)：56

[124] Di J，Zhao J，Sun W，Jiang H，Yan X. Phase aberration compensation of digital holographic microscopy based on least squares surface fitting[J]. Opt. Commun.，2009，282(19)：3873

[125] Qin C，Zhao J，Di J，Wang L，Yu Y，Yuan W. Visually testing the dynamic character of a blazed-angle adjustable grating by digital holographic microscopy[J]. Appl. Opt.，2009，48(5)：919

[126] Ferraro P，Nicola S D，Finizio A，Coppola G，Alfieri D，Aiello L，Grilli S，Pierattini G. Controlling several image parameters in digital holographic reconstruction process[J]. Proc. SPIE，2004，5557:1

[127] Ferraro P，Coppola G，Alfieri D，Nicola S D，Finizio A，Pierattini G. Controlling images parameters in the reconstruction process of digital holograms[J]. Proc. IEEE，2004，10(4)：829

[128] Alfieri D，Coppola G，Nicola S D，Ferraro P，Finizio A，Pierattini G，Javidi B. Method for superposing reconstructed images from digital holograms of the same object recorded at different distance and wavelength[J]. Opt. Commun.，2006，260(1)：113

[129] Javidi B，Ferraro P，Hong S，Nicola S D，Finizio A，Alfieri D，Pierattini G. Three-dimensional image fusion by use of multiwavelength digital holography[J]. Opt. Lett.，2005，30(2)：144

[130] Zhao J，Jiang H，Di J. Recording and reconstruction of a color holographic image by using digital lensless Fourier transform holography[J]. Opt. Express，2008，16(4)：2514

[131] 赵建林，谭海蕴. 电子学全息干涉术用于温度场测量[J]. 光学学报，2002，22(12)：1447

[132] Zhao Jianlin，Zhang Peng，Zhou Jianbo，Yang Dexing，Yang Dongsheng，Li Enpu. Visualizations of light-induced refractive index changes in photorefractive crystals employing digital holography[J]. Chin. Phys. Lett.，2003，20(10)：1748

[133] 冯伟，李恩普，范琦，张琳，赵建林. 数字全息干涉术用于微波等离子体推进器羽流场的研究[J]. 光子学报，2005，34(12)：1833

[134] Zheng P，Li E，Zhao J，Di J，Zhou W，Wang H，Zhang R. Visual measurement of the acoustic levitation field based on digital holography with phase multiplication[J]. Opt. Commun.，2009，282(22)：4339

[135] Sun W，Zhao J，Di J，Wang Q，Wang L. Real-time visualization of Karman vortex street in water flow field by using digital holography[J]. Opt. Express，2009，17(22)：20342

[136] Yamaguchi I. Speckle displacement and deformation in the diffraction and image fields for small object deformation[J]. Opt. Acta，1981，28(10):1359

[137] Peters W H，Ranson W F. Digital imaging techniques in experimental mechanics[J]. Opt. Eng.，1982，21(3)：427

[138] Hung Y Y. Shearography for non-destructive evaluation of composite structures[J]. Opt. and Lasers in Eng.，1996，24(2-3)：161

[139] Hung Y Y，Ho H P. Shearography：An optical measurement technique and applications[J]. Mater. Sci. Eng. R，2005，49：61

第十六章　衍射光学和二元光学

衍射光学是在 20 世纪八九十年代发展起来的现代光学的一个重要分支。迄今为止，不同的作者从不同的角度出发，使用不同的名称来描述这个快速发展的领域，如二元光学、平面光学、计算机光学等。但在世界范围内，衍射光学这一名称使用最为广泛，内涵更为丰富。衍射光学所研究的问题通常是指：衍射光学元件(diffractive optics elements，DOE)的设计理论和计算方法、特性分析、制作技术及其应用。衍射光学的理论基础是麦克斯韦电磁理论，衍射光学元件采用计算机设计，并用现代微纳米加工技术制作。二元光学的提出和发展，为衍射光学注入了新的生命力，使衍射光学元件的设计理论发生了革命性的变化。

衍射光学元件的理论可归结为正问题和逆问题两大类。前者是根据已知的入射光场和衍射光学元件的特性参数，求解衍射光场的特性；而后者则是根据已知的衍射场的某些特征信息，求解衍射光学元件的某些未知的特性或结构参数。在实际工作中，逆问题的提出要比正问题频繁得多。粗略地说，每个衍射光学元件的设计都可被视为一个逆问题，即已知入射光强度和出射光强度分布求衍射光学元件的相位分布。在衍射理论中很少存在某种意义上可以认为是严格的解，所以关于衍射光学元件的设计大多数都必须采用数值计算进行优化设计。

根据 DOE 对入射光场调制类型的不同，可将其分为振幅型、相位型、混合型三类。相位型又可分为折射率调制和浮雕调制两类。本章中，将只讨论浮雕调制的衍射光学元件，首先概述衍射光学的发展状况及其理论基础，然后讨论基于标量和矢量衍射理论的设计和分析方法，最后讨论制作衍射光学元件的现代微纳米加工技术。

第一节　衍射光学的发展概况及其理论基础

一、从光的衍射到衍射光学

历史上，达·芬奇最早在其著作中提到光的衍射现象。然而，格利马耳弟(F. M. Grimardi)首先在其 1665 年出版的书中仔细描述了用一个小光源照明小棍时，棍的阴影中出现光带的现象。长期以来，人们为了提高视觉能力，发展了多种基于反射和折射原理的光学仪器。由于衍射对仪器分辨率的限制和成像质量的影响，在这些仪器的设计中，它和漫射一样被视作不利的因素而尽量加以避免。

随着对衍射现象的认识的深入，1819 年夫琅禾费(Franhofer)研制成功用金属丝做成的衍射光栅，它是基于衍射的色散特性而发展起来的第一个衍射光学元件。衍射光栅对光谱学的发展起过十分重要的作用。迄今，已发展了多种类型的在平面或曲面上制作的直线或曲线沟槽的现代光栅，它们在高新技术中被广泛用于计量、分束、耦合、调制、编码等诸多方面。

1871 年瑞利发明的波带片可以将入射的平面波变换成一系列具有不同焦点的球面波，因而可用作集光元件。由于波带片存在多级像、衍射效率低、制作困难等多种原因，长期以来它只在光学实验室作为一种教具，而未能得到实际的应用。然而从现代光学观点看，发明波带片的意义在于开创了利用衍射光学元件改变入射光波前以控制输出光场分布而满足多种实际需要之先河。随着微细加工技术和计算机图像处理技术的迅速发展，现代波带片的设计和制作已比较容易。波带片与透镜相比，具有重量轻、可制作大面积、可折叠等优点，特别是可制作用于微波、红外、紫外、X 射线等波段及声波的波带片，为非可见光波的成像提供了新的途径，使它有了广泛的实际应用。

1947 年伽柏发明的全息术巧妙地利用光的干涉记录物光波前，并利用光的衍射使物光波前模拟再现。实际上，全息图使物波前再现的过程就是全息图对照明光波的处理或变换的过程。因此，一个全息图或全息光学元件(HOE)实际上就是一个光波前处理器。透镜、棱镜、反射镜和其他折射或反射光学元件都具备波前变换的功能，例如一个透镜在其旁轴区内可将平面波变换成会聚球面波，但 HOE 却比普通光学元件大为扩展了其波前变换或处理的功能。

用干涉方法记录 HOE,通常只能产生对称的条纹结构,难以产生能将入射波前变换成所期望的复杂波前的 HOE 的复杂条纹结构。1965 年 Lohamnn 发明了计算全息图(computer-generated hologram,CGH),其设计中引入的新自由度增加了设计的灵活性,解决了将复函数写入物理介质的问题,从而在理论上可以设计产生任意波前的 CGH,使得衍射光学元件的设计产生了突破性进展。但是,计算全息与光学全息一样都存在衍射效率低的缺点,限制了它们的实际应用。同轴再现的相息图克服了低衍射效率的困难,使人们认识到使用衍射光学元件可以方便灵活地对光束加以控制,或者说对光波前加以处理或变换以实现多种光学功能,从而可开辟光学系统设计的新天地。

到了 20 世纪 70 年代,计算全息图和相息图的制作技术已日臻完善,但制作用于近红外和可见光波段的具有高衍射效率的精细结构的元件仍面临困难。与此同时,微电子工业中的集成电路制作技术也发生了巨大的变化,光学光刻和电子束光刻在抗蚀剂内写复杂图形已达到了前所未有的精度,干法刻蚀技术具有很高的各向异性,可将复杂图形高保真地传递到基片表面并使精细线条的边墙具有很高的陡度。在 80 年代,这些技术成功地用于制作衍射光学元件。

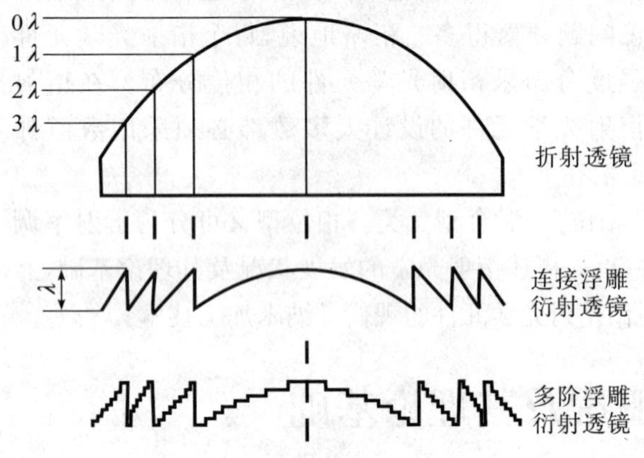

图 16-1 折射透镜到二元光学器件的演变

1987 年,美国 MIT 林肯实验室 Veldkamp 研究组在设计新型传感系统时,率先提出了“二元光学”的概念[1]。所谓二元光学是指:基于光波的衍射理论,利用计算机辅助设计,并用超大规模集成电路(VLSI)制作工艺,在基片或传统光学元件表面上刻蚀生成多级台阶状的浮雕结构,形成纯相位衍射光学元件的技术。至于“二元”名称的由来,是因为制作这类元件时,常采用黑白二元掩模光刻形成台阶即相位级,而且经过 N 次光刻得到的相位级数为 2^N 个。图 16-1 表示一个折射透镜演变成 2π 模连续浮雕衍射透镜,再演变成多台阶衍射透镜的过程。

二元光学技术的提出和发展,使光学元件的设计理论和制作技术产生了革命性的变化,为发展具有新的功能和特点的衍射光学元件提供了新的途径[2-6]。

衍射光学元件具有以下特点:

1. 高衍射效率

衍射光学元件在某衍射级的衍射效率定义为在该级的衍射能量与入射能量之比,它是表示 DOE 特性的重要参量。计算得到具有 N 相位阶的表面浮雕结构的衍射光学元件在第 m 级的衍射效率为

$$\eta_m^N = \frac{\sin^2\left(\dfrac{m\pi}{N}\right)}{\left(\dfrac{m\pi}{N}\right)^2} \tag{16-1}$$

由上式得出的多相位阶衍射光学元件的各级衍射效率值列于表 16-1 中,表中并列出了二元振幅光栅及连续相位结构 DOE 的衍射效率。由表可见,DOE 的相位阶愈多,理论衍射效率愈高。衍射效率随相位阶的变化情况如图 16-2 所示。利用连续浮雕结构或二元亚波长结构,可达到接近 100%的衍射效率。

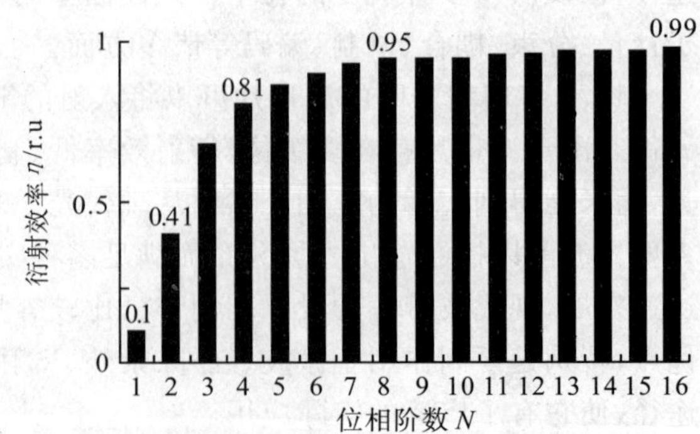

图 16-2 衍射效率与相位阶数的关系

2. 独特的色散性能

衍射光学元件具有不同于传统光学元件的色散性能,其一级色散特性与传统光学元件的比较,如表 16-2 所示,其中 $\lambda_3 > \lambda_1 > \lambda_2$,$k$ 是常数。可见,其色散特性与传统光学元件正好相反,可构成混合光学系统,以常规折射元件的曲面提供大部分的聚焦功能,而利用其表面上的浮雕相位结构校正像差或热畸变。

表 16-1　振幅和相位型 DOE 的理论衍射效率

	0 级	+1 级	−1 级	+2/−2 级	+3 级	−3 级	+4/−4 级	+5 级	−5 级	+6/−6 级	+7 级	−7 级
振幅型 DOE												
二元振幅型 DOE	25.0%	10.1%	10.1%	0%	1.1%	1.1%	0%	0.4%	0.4%	0%	0.21%	0.21%
多相位阶浮雕型 DOE												
2 相位阶	0%	40.5%	40.5%	0%	40.5%	40.5%	0%	1.6%	1.6%	0%	0.8%	0.8%
4 相位阶	0%	81.1%	0%	0%	0%	9.1%	0%	3.2%	0%	0%	0%	1.6%
8 相位阶	0%	95.0%	0%	0%	0%	0%	0%	0%	0%	0%	0%	1.95%
16 相位阶	0%	99.7%	0%	0%	0%	0%	0%	0%	0%	0%	0%	0%
连续相位浮雕型 DOE												
连续相位	0%	100%	0%	0%	0%	0%	0%	0%	0%	0%	0%	0%

3. 更多的设计自由度

传统的折射光学系统或镜头设计中只能通过改变曲面的曲率或使用不同的光学材料来校正像差，而在衍射光学元件的设计中，可以调节相位台阶的位置、宽度、深度、形状结构的相应参数，大大增加了设计自由度，能设计出许多传统光学不能实现的全新功能光学元件，例如可实现波前整形及产生一般传统光学元件所不能实现的光学波面，包括非球面、环状面、锥面等。使用亚波长结构还可得到宽带、大视场、消反射和改变光束偏振态的功能。

表 16-2　传统光学元件与衍射光学元件的一级色散特性比较

特 性	传统光学器件	二元光学器件
光焦度	$\Phi=(n-1)\Delta C$	$\Phi=k\lambda$
阿贝数	$\nu=\dfrac{n_1-1}{n_2-n_3}>0$	$\nu=\dfrac{\lambda_1}{\lambda_2-\lambda_3}<0$
部分色散	$P=\dfrac{n_1-n_3}{n_2-n_3}$	$P=\dfrac{\lambda_1-\lambda_3}{\lambda_2-\lambda_3}$

4. 宽广的材料可选择性

浮雕型衍射光学元件的制作是通过微细加工技术将浮雕结构转移到基片上来实现的，其基片材料的可选择范围极为广泛，包括电介质、金属、半导体等。

5. 体积小、重量轻、易复制、易于实现多功能及多功能集成

由于衍射光学元件具有以上特点，它可通过对入射光波的相位调制，改变光波的传播方向、振幅、相位和偏振态，从而可产生传统光学元件可以产生或无法产生的多种功能，如图 16-3 所示。在光通信、光学传感、光计算、数据存储、生物芯片、激光医学、激光聚变、微光机电系统等诸多领域获得广泛应用[7-8]。

二、衍射光学的理论基础

（一）麦克斯韦方程和边界条件

1864 年，麦克斯韦（J. C. Maxwell）总结前人关于电磁现象的实验研究成果，提出了一组完整的宏观电磁场方程，预言了电磁波的存在并提出“光就是电磁波”的重要论断，开创了光的经典电磁理论的新纪元。麦克斯韦方程是光波衍射理论的基础，也是分析和设计衍射光学元件的理论基础。介质中的麦克斯韦方程为

$$\left.\begin{aligned}&\nabla\times\boldsymbol{E}=-\frac{\partial\boldsymbol{B}}{\partial t}\\&\nabla\times\boldsymbol{H}=\frac{\partial\boldsymbol{D}}{\partial t}+\boldsymbol{J}\\&\nabla\cdot\boldsymbol{D}=\rho\\&\nabla\cdot\boldsymbol{B}=0\end{aligned}\right\}\tag{16-2}$$

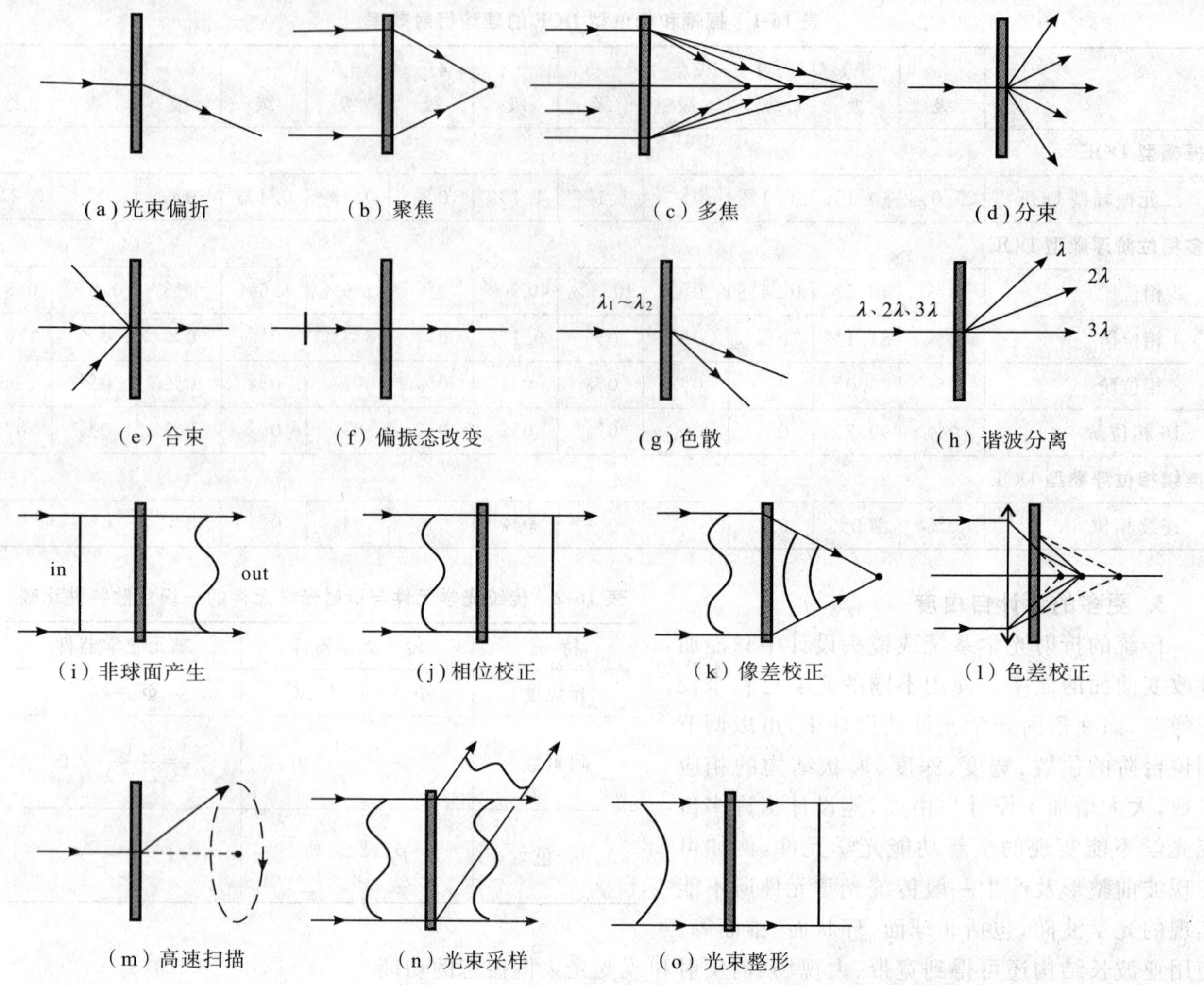

图 16-3 衍射光学元件可实现的多种功能

式中，$\boldsymbol{D}$、$\boldsymbol{E}$、$\boldsymbol{B}$、$\boldsymbol{H}$ 分别表示某一时刻、某一位置上的电位移矢量、电场强度、磁感应强度和磁场强度；ρ 为封闭曲面内的电荷密度；$\boldsymbol{J}$ 为积分回路上的电流密度；$\partial \boldsymbol{D}/\partial t$ 为位移电流密度。在这 4 个方程中，前 2 个是基本的，后 2 个方程可利用旋度场的散度恒为零及下式所示之电荷不灭定律导出。

$$\nabla \cdot \boldsymbol{J} = -\frac{\partial \rho}{\partial t} \tag{16-3}$$

若电磁场是以角频率 ω 作时谐变化的，很容易证明 $\partial/\partial t \to -\mathrm{i}\omega$。则式(16-2)可写为

$$\left.\begin{aligned} &\nabla \times \boldsymbol{E} = \mathrm{i}\omega \boldsymbol{B} \\ &\nabla \times \boldsymbol{H} = -\mathrm{i}\omega \boldsymbol{D} + \boldsymbol{J} \\ &\nabla \cdot \boldsymbol{D} = \rho \\ &\nabla \cdot \boldsymbol{B} = 0 \end{aligned}\right\} \tag{16-4}$$

麦克斯韦方程中 $\boldsymbol{D}$ 与 $\boldsymbol{E}$、$\boldsymbol{B}$ 与 $\boldsymbol{H}$ 的关系是由传播电磁波的介质的性质所决定的。在各向同性的线性介质中有

$$\boldsymbol{D} = \varepsilon \boldsymbol{E}, \qquad \boldsymbol{B} = \mu \boldsymbol{H}, \qquad \boldsymbol{J} = \sigma \boldsymbol{E} \tag{16-5}$$

以上三式称为物质方程。式中，ε、μ、σ 分别是介质的介电常数、磁导率和电导率。在各向同性均匀介质中，$\sigma = 0$；而 ε、μ 是随电磁波频率而变的常数，这将导致色散。所以常用的 $\boldsymbol{D} = \varepsilon \boldsymbol{E}$，$\boldsymbol{B} = \mu \boldsymbol{H}$ 实际上是一个频域表达式。在真空中，$\varepsilon = \varepsilon_0 = 8.854\,2 \times 10^{-12}$，$\mu = \mu_0 = 4\pi \times 10^{-7}$；对于非磁性介质，$\mu = \mu_0$。

在均匀、各向同性、非磁性介质中，从麦克斯韦方程组，并利用物质方程可推导出电场强度和磁感应强度所满足的波动方程：

$$\nabla^2 \boldsymbol{E} - \frac{1}{v^2}\frac{\partial^2 \boldsymbol{E}}{\partial t^2} = 0 \tag{16-6}$$

$$\nabla^2 \boldsymbol{B} - \frac{1}{v^2}\frac{\partial^2 \boldsymbol{B}}{\partial t^2} = 0 \tag{16-7}$$

式中，$v = 1/\sqrt{\varepsilon\mu}$ 为电磁波的传播速度，拉普拉斯算符$\nabla^2 = \partial^2/\partial x^2 + \partial^2/\partial y^2 + \partial^2/\partial z^2$。

电磁场在均匀介质中的行为，可以由(16-3)式和(16-4)式进行描述。对于非均匀介质中的电磁场，其行为依赖于电磁波在不同介质交界面上的匹配情况，即边界条件。电磁场的边界条件由下式表示

$$\hat{\boldsymbol{n}} \cdot (\boldsymbol{D}_2 - \boldsymbol{D}_1) = \rho \tag{16-8}$$

$$\hat{\boldsymbol{n}} \cdot (\boldsymbol{B}_2 - \boldsymbol{B}_1) = 0 \tag{16-9}$$

$$\hat{\boldsymbol{n}} \times (\boldsymbol{H}_2 - \boldsymbol{H}_1) = J \tag{16-10}$$

$$\hat{\boldsymbol{n}} \times (\boldsymbol{E}_2 - \boldsymbol{E}_1) = 0 \tag{16-11}$$

式中，$\hat{\boldsymbol{n}}$ 表示从区域 1 指向区域 2 的单位矢量。可以看出，(16-9)式和(16-11)式表示磁场法向分量和电场切向分量在边界上是连续的；而(16-8)式和(16-10)式表示电场法向分量和磁场切向分量在边界上不连续，其不连续量正比于边界面上的面电荷密度 ρ 和面电流密度 J。

(二) 经典标量衍射理论

通常情况下，(16-5)式所示之波动方程的解为矢量形式。但是，如果衍射孔的线度远大于光波长(通常认为 $> 3\lambda$)，并且所考察的场点与衍射屏的距离远大于光波长，不考虑麦克斯韦方程中电矢量与磁矢量间的耦合关系，将光场中的电矢量视为标量，可以相当准确而方便地用于衍射光学元件的设计与分析。

1. 基尔霍夫衍射积分公式和瑞利-索末菲公式

设真空中有一圆频率为 ω 的单色电磁波：

$$u(P,t) = U(P)\mathrm{e}^{\mathrm{i}\omega t} \tag{16-12}$$

式中，$U(P)$ 为任一场点 P 的复振幅。我们知道，电磁波在无源点上应满足波动方程式，将(16-6)式中之电场 E 改写为 u，得

$$\nabla^2 u - \frac{1}{c^2}\frac{\partial^2 u}{\partial t^2} = 0 \tag{16-13}$$

将式(16-12)代入上式，并令 $k = \omega/c$，则得

$$(\nabla^2 + k^2)U(P) = 0 \tag{16-14}$$

上式是无源场中单色扰动复振幅应满足的方程，它是一个二阶线性偏微分方程，称为亥姆霍兹方程。

如图 16-4 所示，在无限大的平面衍射屏前方有一个单色点光源 P_0 照明衍射孔 Σ。基尔霍夫根据亥姆霍兹方程，运用格林定理，并选择适当的边界条件，得出屏后衍射场中某一点 P 的复振幅为

$$U(P) = \frac{1}{\mathrm{i}\lambda}\iint_{\Sigma} U_0 \frac{\exp(\mathrm{i}kr)}{r} k(\theta)\mathrm{d}s \tag{16-15}$$

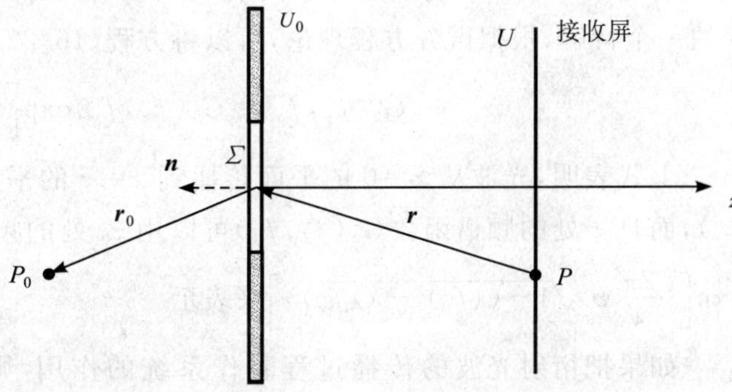

图 16-4　照明光源 P_0 与衍射孔 Σ 及观察点 P 的关系

式中，U_0 为衍射屏上的复振幅，$k(\theta) = (\cos(\boldsymbol{n},\boldsymbol{r}) - \cos(\boldsymbol{n},\boldsymbol{r}_0))/2$ 称为倾斜因子。上式即为基尔霍夫衍射积分公式。上式表明，在研究光的传输问题中，可利用此公式由某一平面上的复振幅分布计算传输方向上任一平面上的复振幅分布。

若用单色平面波照明衍射屏，$\cos(\boldsymbol{n},\boldsymbol{r}_0) = -1$，上式中之倾斜因子 $k(\theta) = \cos(\boldsymbol{n},\boldsymbol{r}) - 1$，(16-15)式可改写为

$$U(P) = \frac{1}{\mathrm{i}\lambda}\iint_{\Sigma} U_0 \frac{\exp(\mathrm{i}kr)}{r}\frac{\cos(\boldsymbol{n},\boldsymbol{r}) - 1}{2}\mathrm{d}s \tag{16-16}$$

基尔霍夫衍射积分公式是在基尔霍夫边界条件的假定下得出的，但是基尔霍夫对边界条件的假设不仅

是近似的，而且具有内在的不自洽性。为消除这种内在的不自洽性，索末菲选择了与基尔霍夫不同的格林函数，并得出瑞利-索末菲衍射积分公式

$$U(P)=\frac{1}{\mathrm{i}\lambda}\iint_{\Sigma}U_0\,\frac{\exp(\mathrm{i}kr)}{r}\cos(\boldsymbol{n},\boldsymbol{r})\mathrm{d}s \tag{16-17}$$

上式与(16-16)式都是常用的衍射积分公式，二者只是倾斜因子略有差别。

在(16-16)式和(16-17)式中，U_0 为衍射屏后表面光场的复振幅分布，U 为衍射场中任一面上光场复振幅分布，它决定于照明光源和衍射屏的特性。在研究衍射场的分布时，可将衍射看作光扰动由衍射屏后表面到接收面的自由传播过程，用(16-16)式或(16-17)式进行计算。所以(16-16)式或(16-17)式是用于设计和分析 DOE 特性的标量衍射理论的基础。

2. 衍射规律的频域描述

前面讨论的基尔霍夫衍射积分公式是在空域中描述的，这种描述比较直观。本节讨论衍射的频域描述，它可提供另外一种更为有效的计算衍射场的方法。

设衍射屏与接收屏的距离为 z，光波在衍射屏后表面及接收屏上的复振幅分布分别为 $U_0(x,y,0)$ 及 $U(x,y,z)$（见图16-4）。在频域中，它们的频谱函数或称角谱 $G_0(f_x,f_y)$ 及 $G_z(f_x,f_y)$ 分别为 $U_0(x,y,0)$ 及 $U(x,y,z)$ 的傅里叶变换，即

$$G_0(f_x,f_y)=\iint_{-\infty}^{\infty}U_0(x,y,0)exp[-i2\pi(f_x x+f_y y)]dxdy \tag{16-18}$$

$$G_z(f_x,f_y)=\iint_{-\infty}^{\infty}U(x,y,z)exp[-i2\pi(f_x x+f_y y)]dxdy \tag{16-19}$$

而 $U(x,y,z)$ 为 $G_z(f_x,f_y)$ 的逆傅里叶变换

$$U(x,y,z)=\iint_{-\infty}^{\infty}G_z(f_x,f_y)\exp[\mathrm{i}2\pi(f_x x+f_y y)]\mathrm{d}f_x\mathrm{d}f_y \tag{16-20}$$

将(16-20)式代入光振动应满足的亥姆霍兹方程 $\nabla^2U+k^2U=0$，并注意在所有的无源点上，U 均必须满足亥姆霍兹方程，于是得到

$$(\nabla^2+k^2)\{G_z(f_x,f_y)\exp[\mathrm{i}2\pi(f_x x+f_y y)]\}=0 \tag{16-21}$$

经运算及整理后得到

$$\frac{\mathrm{d}^2}{\mathrm{d}^2z}G_z(f_x,f_y)+\left(\frac{2\pi}{\lambda}\sqrt{1-(\lambda f_x)^2-(\lambda f_y)^2}\right)^2G_z(f_x,f_y)=0 \tag{16-22}$$

可以看出，(16-22)式仍然是一个关于 $G_z(f_x,f_y)$ 的亥姆霍兹方程。由于 $G_0(f_x,f_y)$ 必然是方程对应于 $z=0$ 的一个特解，根据微分方程理论，可以将方程(16-22)的解写为

$$G_z(f_x,f_y)=G_0(f_x,f_y)\exp\left[\mathrm{i}\,\frac{2\pi}{\lambda}z\,\sqrt{1-(\lambda f_x)^2-(\lambda f_y)^2}\right] \tag{16-23}$$

上式表明，光波从 $z=0$ 的平面传播到 $z=z$ 的平面时，相应的频谱函数由 $G_0(f_x,f_y)$ 转换成为 $G_z(f_x,f_y)$，而且 z 处的频谱函数 $G_z(f_x,f_y)$ 可以用 z_0 处的频谱函数 $G_0(f_x,f_y)$ 乘以一个与 z 有关的二次相位因子 $\exp\left[\mathrm{i}\,\frac{2\pi}{\lambda}z\,\sqrt{1-(\lambda f_x)^2-(\lambda f_y)^2}\right]$ 来表示。

如果把衍射光波的传播过程看作系统的作用，则(16-15)式就是表征这个系统的空域变换关系，而(16-23)式则是表征这个系统的频域变换关系。由此式可以求得上式中的二次相位因子即为表征这个系统变换关系的传递函数，即

$$H(f_x,f_y)=\frac{G_z(f_x,f_y)}{G_0(f_x,f_y)}=\begin{cases}\exp\left[\mathrm{i}\,\frac{2\pi}{\lambda}z\,\sqrt{1-(\lambda f_x)^2-(\lambda f_y)^2}\right], & f_x^2+f_y^2<1/\lambda^2\\ 0, & \text{其他}\end{cases}$$

由此表明，光波经衍射在自由空间的传播过程等效于光波通过一个线性空间不变系统的变换过程。

不难看出，与空域中计算衍射场的基尔霍夫衍射积分公式相对应，(16-23)式提供了另一种计算衍射场的途径。只要能够求出 $U_0(x,y,0)$ 的频谱 $G_0(f_x,f_y)$ 及传递函数 $H(f_x,f_y)$，由(16-23)式可得出接收面上的频谱函数 $G_z(f_x,f_y)$，再通过傅里叶逆变换(16-20)式，便可求得接收面上光场的复振幅分布。

(三)矢量衍射理论

前已指出,在一定的近似条件下,标量衍射理论可用于某些 DOE 的设计和分析。随着衍射光学的发展,大量的理论分析和实验结果表明,标量衍射理论有很大的局限性,例如对于分析特征尺寸为亚波长的结构、高占宽比结构(大刻蚀深度)、高衍射效率二元光栅、偏振敏感结构、接近衍射结构表面的近场分布等,标量理论是不适用的。

光波场是矢量场,严格的理论必须考虑光场的矢量性及其各分量之间的相互耦合作用,其理论基础是严格的电磁理论。早在 1907 年,Rayleigh 首先提出将矢量理论用于对光栅衍射场的分析,其理论的核心是假设在光栅界面两侧电磁场可以处处被展开成平面波的叠加。Rayleigh 提出的理论并不是一个真正意义上的严格理论,因为其假设并不总是成立的。Rayleigh 理论提出以后,由于当时的计算方法和工具落后,半个多世纪没有重要的发展,直到 20 世纪 70 年代通过 Marechal、Petit 等人的工作建立了光栅的严格理论的基础框架,微分法和积分法等重要算法得到充分发展,而且 1970 年 R. S. Chu 和 T. Tamir 等提出用模式法对光栅进行分析[9];1981 年 L. C. Botten 等提出了一种新的模式法[10];1981 年 Maheram 和 Gaylord 提出用耦合波法求解一维光栅的衍射场[11];1993 年 Ralf Bräuer 和 Olof Braungdahl 将其推广到二维光栅[12],Lifeng Li 等对两种方法中计算程序的收敛性问题所作的研究结果,使数值计算的收敛性和稳定性大为改善[13-14]。模式法和耦合波法现在已经成为计算周期结构光栅的最广泛使用的方法。

20 世纪 80 年代二元光学的诞生,掀起了衍射光学的研究高潮,微细加工技术的发展,实现了亚波长衍射元件的制作,同时也推动了矢量衍射理论和计算方法的发展。但是,模式法和耦合波法只适用于具有周期结构的光栅,对于非周期结构的 DOE(例如衍射微透镜),需要应用更为复杂的计算方法。由于计算机的迅速发展使计算水平迅速提高,矢量衍射理论最初的局限性得到克服,其相对于标量衍射理论更加严格的优点却更加明显。从 20 世纪末开始,人们将多种计算电磁场的方法用于有限非周期结构 DOE 的设计和分析,目前使用较多的有边界元法(BEM)[15]、有限元法(FEM)[16]、时域有限差分法(FDT)[17-18]等。由于非周期结构 DOE 的衍射问题十分复杂,用矢量理论分析 DOE 的计算量很大,近年来又发展了一种将多次迭代优化算法与矢量衍射理论相结合的设计 DOE 的混合算法,即先用优化算法确定 DOE 的初始面形结构,再通过矢量理论分析其衍射效率等特性,根据分析结果修改初始面形结构,通过这样的多次迭代过程,得到优化的最终面形结构。总之,对于非周期结构 DOE 的矢量衍射理论的分析,迄今尚无通用的完全成熟的计算方法。

第二节　衍射光学元件的理论模型

如前所述,针对不同光学系统的特殊功能需求,考虑到 DOE 特征尺寸与波长的关系,可对 DOE 采用不同的近似处理。根据其使用的理论的不同,可将其理论模型分为以下 3 种:

1) 光线模型。它以光线描述光的传播,每次只考虑单一衍射级次,分析 DOE 对光线的偏折作用。因与传统光学的分析方法类似,很适合用于折衍混合成像系统的模拟和设计。光线模型包括全息模型和无穷大折射率模型:前者将相位元件的相位调制函数看作是物光波与参考光波的相位函数之差,沿用全息图的分析方法,进行成像光线的光线追迹;无穷大折射率模型将衍射元件看作是折射率无穷大的、没有厚度的传统元件,沿袭传统光学元件初级像差分析得到衍射元件的初级像差特性,多用于像差计算和结构设计。

2) 标量模型。是基于标量衍射理论的二维模型,即复振幅透过率模型。该模型认为 DOE 是一无限薄的曲面,曲面前的光场分布乘上 DOE 的复振幅透过率就可得到曲面后的光场分布,再由标量衍射公式即可求出 DOE 后任一点的光场。该模型能够较容易地分析包括相位量化离散后的任意 DOE 后的光场分布和衍射效率,且能对此分布有效地进行相位优化设计。当光波长比局部光栅周期小得多时,它有较高的精度。它适于波面校正、特殊光场产生等非点响应系统,而不适用于成像系统的分析和设计。现已发展了 Gerchberg-Saxton(GS)算法及其改进算法、杨顾(YG)算法及其改进算法、直接搜索法、模拟退火法、遗传算法等优化算法以及各种混合优化算法。

3) 矢量模型。是基于矢量衍射理论的三维模型,通过求解受边界条件约束的 Maxwell 方程组得到光场经过 DOE 后的反射场、透射场和衍射场。该模型最严格,用于处理光栅结构的衍射分析已较为成熟,但用于处理任意形状和相位分布的 DOE 就比较困难,且难以进行 DOE 的优化设计。

一、DOE 的光线模型与折衍混合成像系统设计

折射元件和衍射元件各有其光线模型和光线追迹公式,基于此可求得单元元件的像差特性,并可进行成像光学系统初始结构的选型。基于费马(Fermat)原理,可构建适合于折射、衍射及折衍混合元件的统一的光程模型,并由此推出适于任意界面的广义斯涅尔公式。

(一)任意界面光程模型及光线追迹

费马在 1679 年用光程的概念高度概括地将几何光学三定律归结成统一的费马原理:Q、P 两点间光线的实际路径,是光程(QP)(或者说所需的传播时间 τ_{QP})为平稳的路径。若用严格的数学语言来描述,就是在光线的实际路径上光程的变分为 0:

$$\delta(QP)=\delta\int_Q^P n\,\mathrm{d}l=0 \tag{16-24}$$

一般地讲,光程具有极小值或恒定值,少数情况具有极大值。

任意界面在物理上可以是折、反射面或衍射面,在几何形状上可以是平面、球面和非球面等任意面形。设任意界面的面形方程为 $f(\xi,w,l)=0$,其上任意点 $P(\xi,w,l)$ 处的相位函数 $\Phi_{\mathrm{DOE}}(w,l)$(衍射元件可认为是无厚度的两维相位结构)为

$$\Phi_{\mathrm{DOE}}(w,l)=\sum_{i=0}^{\infty}\sum_{j=0}^{\infty}C_{ij}w^il^j\quad(C_{00}=0) \tag{16-25}$$

式中,C_{ij} 是相位函数多项式的系数,对于折射元件有 $C_{ij}=0$。

如图 16-5 所示,O 点为任意界面的几何顶点,也是系统直角坐标系的原点。设任意界面之前、后介质的折射率分别为 n 和 n',入射光线 AP 的方向余弦为(L,M,N),PB 是 m 级衍射光线(出射光线)。光线追迹的目的即是在上述已知条件下确定 m 级出射光线 PB 的方向余弦(L',M',N')。

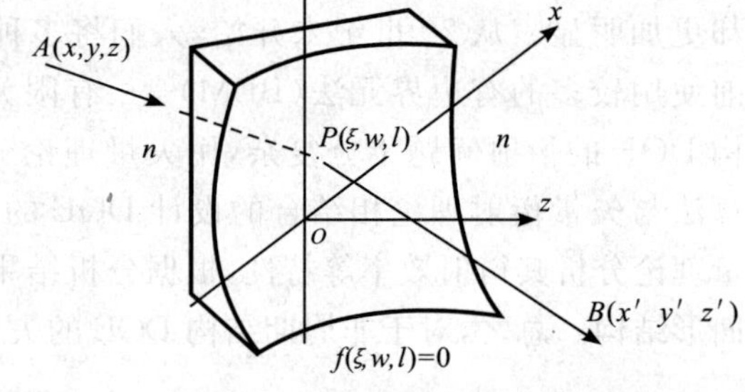

图 16-5 任意界面光线追迹示意图

由图可知,对入射波长 λ,光线 APB 的光程为

$$F=n\overline{AP}+n'\overline{PB}+m\frac{\lambda}{\lambda_{\mathrm{d}}}\Phi_{\mathrm{DOE}} \tag{16-26}$$

式中,$\overline{AP}$ 和 $\overline{PB}$ 是线段 AP、PB 的长度,相位函数的设计波长为 λ_{d}。

根据费马原理(16-24)式可得光程应满足

$$\frac{\partial F}{\partial w}=0 \tag{16-27}$$

$$\frac{\partial F}{\partial l}=0 \tag{16-28}$$

联立求解(16-26)式至(16-28)式可得

$$\frac{\partial F}{\partial w}=\left(nM-n'M'+m\frac{\lambda}{\lambda_{\mathrm{d}}}\frac{\partial\Phi_{\mathrm{DOE}}}{\partial w}\right)+\left(nL-n'L'+m\frac{\lambda}{\lambda_{\mathrm{d}}}\frac{\partial\Phi_{\mathrm{DOE}}}{\partial\xi}\right)\frac{\partial\xi}{\partial w}=0 \tag{16-29}$$

$$\frac{\partial F}{\partial l}=\left(nN-n'N'+m\frac{\lambda}{\lambda_{\mathrm{d}}}\frac{\partial\Phi_{\mathrm{DOE}}}{\partial w}\right)+\left(nL-n'L'+m\frac{\lambda}{\lambda_{\mathrm{d}}}\frac{\partial\Phi_{\mathrm{DOE}}}{\partial w}\right)\frac{\partial\xi}{\partial l}=0 \tag{16-30}$$

其中

$$L=-\frac{x-\xi}{\overline{AP}},M=-\frac{y-w}{\overline{AP}},N=-\frac{z-l}{\overline{AP}} \tag{16-31}$$

$$L'=\frac{x'-\xi}{\overline{PB}},M'=\frac{y'-w}{\overline{PB}},N'=\frac{z'-l}{\overline{PB}} \tag{16-32}$$

$$\overline{AP}=\sqrt{(x-\xi)^2+(y-w)^2+(z-l)^2} \tag{16-33}$$

$$\overline{PB}=\sqrt{(x'-\xi)^2+(y'-w)^2+(z'-l)^2} \tag{16-34}$$

界面的三维几何面形 $f(\xi,w,l)=0$，可化为 $\xi=\xi(w,l)$ 的形式，则其面上 P 点处法向量的方向余弦($\cos\alpha,\cos\beta,\cos\gamma$) 可表示为

$$\cos\alpha=\frac{1}{\sqrt{1+\left(\frac{\partial\xi}{\partial w}\right)^2+\left(\frac{\partial\xi}{\partial l}\right)^2}} \tag{16-35}$$

$$\cos\beta=\frac{-\frac{\partial\xi}{\partial w}}{\sqrt{1+\left(\frac{\partial\xi}{\partial w}\right)^2+\left(\frac{\partial\xi}{\partial l}\right)^2}} \tag{16-36}$$

$$\cos\gamma=\frac{-\frac{\partial\xi}{\partial l}}{\sqrt{1+\left(\frac{\partial\xi}{\partial w}\right)^2+\left(\frac{\partial\xi}{\partial l}\right)^2}} \tag{16-37}$$

定义色散系数 μ 和偏折系数 T 分别为

$$\mu=\frac{m\lambda}{\lambda_d},\quad T=\frac{n'L'-nL}{\cos\alpha} \tag{16-38}$$

(16-29)式和(16-30)式经化简可得到广义斯涅尔公式的标量形式

$$\left.\begin{aligned}n'L'&=nL+T\cos\alpha\\n'M'&=nM+T\cos\beta+\mu\frac{\partial\Phi_{\mathrm{DOE}}}{\partial w}\\n'N'&=nN+T\cos\gamma+\mu\frac{\partial\Phi_{\mathrm{DOE}}}{\partial l}\end{aligned}\right\} \tag{16-39}$$

由方向余弦的平方和为 1 求得成像的 T 值(略去了不能用于成像的值)为

$$T=-b+\sqrt{b^2-c} \tag{16-40}$$

其中

$$\left.\begin{aligned}b&=n(L\cos\alpha+M\cos\beta+N\cos\gamma)+\mu\frac{\partial\Phi_{\mathrm{DOE}}}{\partial w}\cos\beta+\mu\frac{\partial\Phi_{\mathrm{DOE}}}{\partial l}\cos\gamma\\c&=\mu^2\left[\left(\frac{\partial\Phi_{\mathrm{DOE}}}{\partial w}\right)^2+\left(\frac{\partial\Phi_{\mathrm{DOE}}}{\partial l}\right)^2\right]+2n\mu\left(M\frac{\partial\Phi_{\mathrm{DOE}}}{\partial w}+N\frac{\partial\Phi_{\mathrm{DOE}}}{\partial l}\right)+(n^2-n'^2)\end{aligned}\right\} \tag{16-41}$$

通过(16-39)式至(16-41)式即可求得出射光线的方向，实现任意界面的光线追迹。

(16-39)式与斯涅尔定律的标量形式很相似。实际上若 $\frac{\partial\Phi}{\partial w}=0$、$\frac{\partial\Phi}{\partial l}=0$ 或者 $\frac{\partial\Phi}{\partial w}\neq0$、$\frac{\partial\Phi}{\partial l}\neq0$ 但 $m=0$ 时，也就是界面是一个传统的折射表面或者只考虑零级光的传播情形，(16-39)式变为

$$\left.\begin{aligned}n'L'&=nL+T\cos\alpha\\n'M'&=nM+T\cos\beta\\n'N'&=nN+T\cos\gamma\end{aligned}\right\} \tag{16-42}$$

式中，$T=-b+\sqrt{b^2-c}$，$b=n(L\cos\alpha+M\cos\beta+N\cos\gamma)$，$c=n^2-n'^2$。

若设入射光线单位矢量 $\boldsymbol{AP}=\boldsymbol{r}$，出射光线单位矢量 $\boldsymbol{PB}=\boldsymbol{r}'$，任意界面 P 点处的法线单位矢量为 $\boldsymbol{n}$，其相位函数在 P 点处的法线单位矢量为 $\boldsymbol{g}$，根据(16-39)式，则可得到广义斯涅尔公式的矢量形式

$$n'(\boldsymbol{r}'\times\boldsymbol{n})=n(\boldsymbol{r}\times\boldsymbol{n})+\mu\boldsymbol{g}\times\boldsymbol{n} \tag{16-43}$$

这一部分，可参阅文献[69]。

(二) 折衍混合成像系统中衍射结构的高折射率模型及其像差特性

广义斯涅尔公式可用于任意界面的光线追迹及其优化设计，但对于成像系统，它与传统光学元件的像差理论间没有清晰的关联，难以指导折衍混合成像系统初始结构的选型与后续的优化设计。

从波动光学来看，衍射结构和折射透镜都是通过对光程适当延迟实现光波波阵面的调制，因此衍射结构可以等效为折射透镜，该等效透镜称之为衍射透镜。Sweat 最早提出了衍射透镜的概念，将衍射结构当作折

射率无限大的薄透镜[19-20]。基于高折射率模型,建立了折衍混合光学系统的初级像差理论,从而有效地指导了折衍混合设计。

1. 衍射结构的高折射率模型

实际计算中,不可能对进入具有无穷大折射率的光学材料的光线进行追迹,为此应在保证高折射率模型的有效性和计算机数据处理能力的范围内选取折射率的大小。

衍射透镜的光焦度与波长成正比

$$\varphi(\lambda)=k\lambda \tag{16-44}$$

而折射透镜的光焦度与折射率满足

$$\varphi(\lambda)=[n(\lambda)-1]\Delta C \tag{16-45}$$

式中,ΔC 是与透镜表面几何形状有关的常数。故衍射透镜的等效折射率可表示为

$$n(\lambda)=C\lambda+1 \tag{16-46}$$

由于折射率 n 很大,可令 $C=10^S$,则 $n(\lambda)=\lambda\times10^S+1$。

一般而言,在可见光光谱区内,$S\geqslant7$ 可以保证高折射率模型的准确性。当 $S=7$ 时,d 光相应的等效折射率 $n_d=5\ 877$,则放置衍射透镜前后光程差为一个波长时对应的衍射透镜厚度为 0.1 nm,这也符合衍射透镜无限薄的要求。相应的 F 光折射率 $n_F=4\ 862$,C 光折射率 $n_C=6\ 564$。可按照上述参数在 ZEMAX、OSLO、CODE V 等光学软件的玻璃库中建立相应的 DOE 材料。

2. 含衍射透镜的薄透镜系统的色差、消色差和复消色差

1)衍射透镜的阿贝数和部分色散。根据衍射结构的高折射率模型可知,阿贝数为

$$\nu=\frac{n_C-1}{n_S-n_L}=\frac{\lambda_C}{\lambda_S-\lambda_L} \tag{16-47}$$

相对部分色散为

$$P=\frac{n_S-n_C}{n_S-n_L}=\frac{\lambda_S-\lambda_C}{\lambda_S-\lambda_L} \tag{16-48}$$

式中,λ_C、λ_S、λ_L 分别为设计波长、光谱区的短波长和长波长,n_C、n_S、n_L 分别为相应的折射率。

在可见光成像系统中,$n_F=4\ 862$,$n_d=5\ 877$,$n_C=6\ 564$,则阿贝数 $\nu=-3.542$,相对部分色散 $P=0.596$。衍射透镜具有负的阿贝数,与常规光学材料的色散性质相反,衍射透镜这一特殊的色散性质有利于校正光学系统的色差和二级光谱。

2)折衍混合单透镜的消色差。根据消色差要求,可以得到折射透镜和衍射透镜的光焦度分配公式:

$$\varphi_r=\frac{\nu_r}{\nu_r-\nu_d}\varphi \tag{16-49}$$

$$\varphi_d=\frac{\nu_d}{\nu_r-\nu_d}\varphi \tag{16-50}$$

在常规正负双胶合透镜中,正透镜光焦度大于双胶合透镜的光焦度。而由(16-49)式和(16-50)式可知,衍射透镜的光焦度 φ_d 为正,折射透镜的光焦度 φ_r 小于折衍混合单透镜的光焦度 φ,因而与常规消色差正负双胶合透镜中的正透镜比较,消色差折衍混合单透镜中折射透镜的表面弯曲小,易于校正单色像差(如球差、彗差)。此外,为使衍射结构容易加工,应保证衍射结构具有较大的环带宽度(特征尺寸),衍射透镜的偏折能力(φ_d 的绝对值)应尽可能小。冕玻璃的阿贝数 ν_d 大于 54,而火石玻璃的阿贝数 ν_d 小于 38,故选择冕玻璃较火石玻璃更有利于获得较大的衍射结构特征尺寸。

3)折衍混合单透镜的二级光谱。在可见光光谱区内,消色差保证了 F 光和 C 光具有相同的焦点,但 F 光和 C 光与 d 光的焦点并不一致,存在二级光谱:

$$\Delta L'_{FD}=f(\lambda_F)-f(\lambda_d)=-\frac{l'^2}{f'}\frac{P_2-P_1}{\nu_2-\nu_1} \tag{16-51}$$

式中,$P=\dfrac{n_F-n_d}{n_F-n_C}$ 为相对局部色散,l' 为像距,对于物在无穷远的情况,$l'=f'$,则

$$\Delta L'_{FD}=-f'\frac{P_2-P_1}{\nu_2-\nu_1} \tag{16-52}$$

对于常规玻璃，有$\dfrac{P_2-P_1}{\nu_2-\nu_1}\approx-\dfrac{1}{2\,500}$，则其二级光谱为

$$\Delta L'_{\mathrm{FD}}\approx\frac{f'}{2\,500}\tag{16-53}$$

对于衍射结构，考虑到冕玻璃的阿贝数较火石玻璃的大，且冕玻璃的相对部分色散较火石玻璃的小，因此采用冕玻璃作为基材的消色差折衍混合单透镜的二级光谱最小。此时$\dfrac{P_{\mathrm{r}}-P_{\mathrm{d}}}{\nu_{\mathrm{r}}-\nu_{\mathrm{d}}}>\dfrac{1}{707.13}$，则最小二级光谱为

$$\Delta L'_{\mathrm{FD}}=-f'\frac{P_{\mathrm{r}}-P_{\mathrm{d}}}{\nu_{\mathrm{r}}-\nu_{\mathrm{d}}}=-\frac{f'}{707.13}\tag{16-54}$$

相比较而言，消色差折衍混合单透镜的二级光谱较常规双胶合透镜的二级光谱大 3.5 倍以上；消色差折衍混合单透镜的二级光谱与常规双胶合透镜的二级光谱的符号相反。因此折衍混合系统有利于消除成像系统的二级光谱。

3. 衍射透镜的热变形特性

1)光热膨胀系数。当成像系统工作于较大的温度范围时，必须考虑温度对系统光学性能的影响。1981 年 Jamieson[21] 定义折射透镜的光热膨胀系数 x_f 为对应于单位温度变化量的单位焦距的变化，此系数可以用来估计成像系统对温度的敏感程度。

单折射透镜的光热膨胀系数为

$$x_{f,\mathrm{r}}=\frac{1}{f}\frac{\mathrm{d}f}{\mathrm{d}T}=\alpha_{\mathrm{g}}-\frac{1}{n-n_0}\left(\frac{\mathrm{d}n}{\mathrm{d}T}-\frac{\mathrm{d}n_0}{\mathrm{d}T}\right)\tag{16-55}$$

式中，α_{g}、n 分别是透镜玻璃的热膨胀系数和折射率，n_0 是像空间的折射率。

衍射透镜的光热膨胀系数为

$$x_{f,\mathrm{d}}=2\alpha_{\mathrm{g}}+\frac{1}{n_0}\frac{\mathrm{d}n_0}{\mathrm{d}T}\tag{16-56}$$

它与透镜材料的折射率及其随温度的变化无关，只由透镜材料的热膨胀系数和像空间的折射率随温度的变化率决定。

根据表 16-3 中的典型材料的折射、衍射透镜的光热膨胀系数，可以总结出 $x_{f,\mathrm{r}}$ 与 $x_{f,\mathrm{d}}$ 有以下不同特点：传统透镜的光热膨胀系数有正有负，数值的变化范围较大，而衍射透镜的则全为正值，且变化范围较小；绝大多数玻璃材料的衍射热膨胀系数 $x_{f,\mathrm{d}}$ 大于折射热膨胀系数 $x_{f,\mathrm{r}}$；硅、石英、硒化锌及丙烯酸、聚碳酸酯等非玻璃的红外材料及某些特殊材料的衍射热膨胀系数 $x_{f,\mathrm{d}}$ 小于折射热膨胀系数 $x_{f,\mathrm{r}}$，且红外材料的 $x_{f,\mathrm{d}}$ 为正值，与 $x_{f,\mathrm{r}}$ 反号，所以使用衍射透镜可以补偿折射透镜的热变形。

表 16-3　几种典型材料的多种系数(α_{g}、$\mathrm{d}n/\mathrm{d}T$、$x_{f,\mathrm{r}}$、$x_{f,\mathrm{r}}$ 的单位均是 10^{-6}℃$^{-1}$)

材料＼系数	n	α_{g}	$\mathrm{d}n/\mathrm{d}T$	$x_{f,\mathrm{r}}$	$x_{f,\mathrm{d}}$
BK1	1.510	7.7	0.8	3.28	15.4
BK7	1.517	7.1	1.7	0.98	14.2
BaK1	1.573	7.6	1.3	2.68	15.2
LaKN16	1.734	5.3	4.9	−3.65	10.6
F1	1.626	8.7	2.3	2.52	17.4
LaSFN3	1.808	5.9	6.5	−4.30	11.8
SF1	1.717	8.1	6.4	−3.13	16.2
TiF6	1.617	13.9	−5.9	20.94	27.8
TiF4	1.584	8.9	−0.8	7.66	17.8
Si	3.420	4.2	162	−64.10	8.4
Ge	4.000	6.1	270	−85.19	12.2
ZnSe	2.400	7.7	48	−28.24	15.4
石英	1.450	0.55	8.0	−20.33	1.1
Acrylic(丙烯酸)	1.495	64.8	−125	315	129
聚碳酸酯	1.585	65.5	−107	246	131

2)消热变形光学系统的设计。在温度均匀变化的简单情况下,消热变形系统应满足

$$x_{f,\mathrm{s}} = \alpha_{\mathrm{m}} \tag{16-57}$$

式中,$x_{f,\mathrm{s}}$是光学系统的光热膨胀系数,α_{m} 是光学透镜外装配紧固结构的热膨胀系数。

热膨胀是所有材料均有的特性,且同色散一样,其大小是由透镜材料本身所决定的,因此光学系统消热变形设计同消色差设计一样都存在选材的问题,尤其当系统对两方面均有要求时,需同时兼顾热变形系数和阿贝数进行选材。

对于由密接双透镜构成的合成焦距为 f 的光学系统,设两透镜的光热膨胀系数分别为 x_{f_1} 和 x_{f_2},材料阿贝数分别为 ν_1 和 ν_2,焦距分别为 f_1 和 f_2,光学系统的光热膨胀系数和紧固件的热膨胀系数分别为 $x_{f,\mathrm{s}}$和 α_{m},则欲使此系统同时满足消色差和消热变的要求,应满足

$$\left.\begin{aligned}&\frac{1}{f}=\frac{1}{f_1}+\frac{1}{f_2}\\&\frac{f_2}{f_1}=-\frac{\nu_1}{\nu_2}\\&x_{f,\mathrm{s}}=\frac{f}{f_1}x_{f_1}+\frac{f}{f_2}x_{f_2}\\&x_{f,\mathrm{s}}=\alpha_{\mathrm{m}}\end{aligned}\right\} \tag{16-58}$$

即

$$x_{f,\mathrm{s}}=\frac{\nu_1 x_{f_1}-\nu_2 x_{f_2}}{\nu_1-\nu_2}=\alpha_{\mathrm{m}} \tag{16-59}$$

衍射透镜等效阿贝数为负值,而所有光学材料的阿贝数均为正值,因此(16-59)式的分母值大大增加,通常情况下折衍混合系统的光热膨胀系数比折射光学系统的小;且在消热变要求最迫切的红外光谱区,对于常用的红外材料而言,折射元件与衍射元件的光热膨胀系数符号正好相反,(16-59)式的分子值减小,折衍混合系统的光热膨胀系数自然就更小,更利于系统进行热平衡设计。

4. 谐衍射透镜[22-23]的成像特性

衍射光学具有高衍射效率的优点,但只针对特定的设计波长和特定的入射角。对于具有较大视场和较宽波长范围的折衍混合成像系统,宽波段上的衍射效率(见图 16-7)及成像质量均不高。采用谐衍射元件有利于提高宽波段上的衍射效率,改善成像质量。

谐衍射元件的特点是相邻环带间的光程差是设计波长 λ_0 的整数 p 倍,且 $p\geqslant 2$,如图 16-6 所示,左图为普通的衍射透镜或称 2π($p=1$)模衍射透镜(diffractive optical lens,DOL),右图为谐衍射透镜($p\geqslant 2$)(harmonic diffractive lens,HDL)。

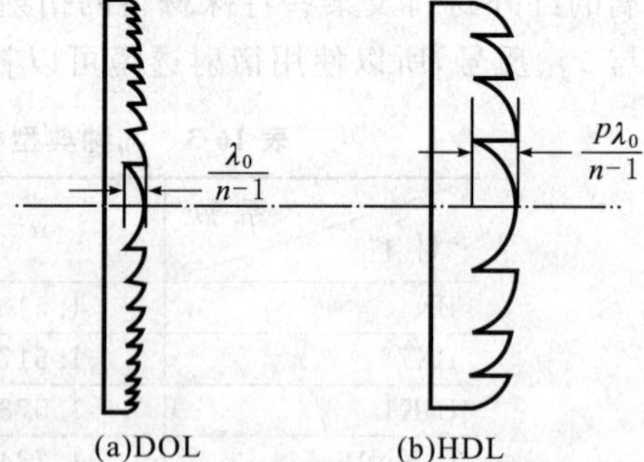

图 16-6　两类衍射透镜结构的比较

对设计波长为 λ_0、焦距为 f_0的谐衍射透镜,使用波长 λ 的 m 级衍射的焦距为

$$f_{m,\lambda}=\frac{p\lambda_0}{m\lambda}f_0 \tag{16-60}$$

若 $p\lambda_0/(m\lambda)=1$,即 $\lambda=p\lambda_0/m$,则 $f_{m,\lambda}=f_0$。这就说明,对于谐衍射透镜,凡波长满足 $p\lambda_0/(m\lambda)=1$ 的整数 m 所对应的谐振光波均将汇聚到共同的焦点 f_0处。因此 p 也是一个设计参数,提供了一个新的设计自由度,用以控制在给定的光谱范围内的几种波长汇聚到同一位置。

下面讨论谐衍射透镜的衍射效率。

谐衍射透镜第 m 级衍射的衍射效率可表示为

$$\eta_m=\mathrm{sinc}^2\left\{\frac{\lambda_0}{\lambda}\left[\frac{n(\lambda)-1}{n(\lambda_0)-1}\right]p-m\right\} \tag{16-61}$$

若设计波长 $\lambda_0=540$ nm,则可见光波段的衍射效率所对应的曲线如图 16-7 所示,以高衍射级次工作的谐衍射透镜($m=p\geqslant 2$)的衍射效率与普通衍射透镜($m=p=1$)的主要不同在于:随 p 值的增大,主衍射

级次 $m(=p)$ 的衍射效率下降得更快。但使(16-61)式具有最大衍射效率100%的波长不仅仅是设计波长，其他波长 $\lambda\neq\lambda_0$ 在不同的衍射级次也将获得100%的衍射效率。例如 $\lambda_0=540$ nm，$p=10$，则在可见光波段内，在相同焦距处，存在对应着不同衍射级次的多个波长的衍射效率达到100%，如图16-8所示。此时在整个可见光波段上的衍射效率将得以提高，从而改善成像质量。此外，随着 p 的增大，厚度将增加，材料的色散将成为影响效率的越来越重要的因素。

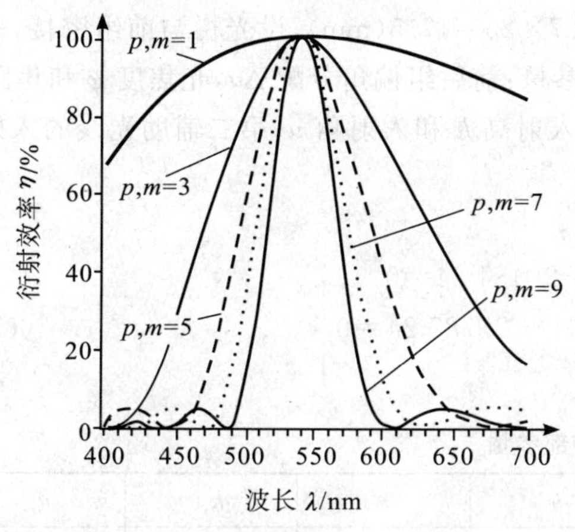

图 16-7　不同 p 值衍射效率所覆盖的带宽情况($p=m$)

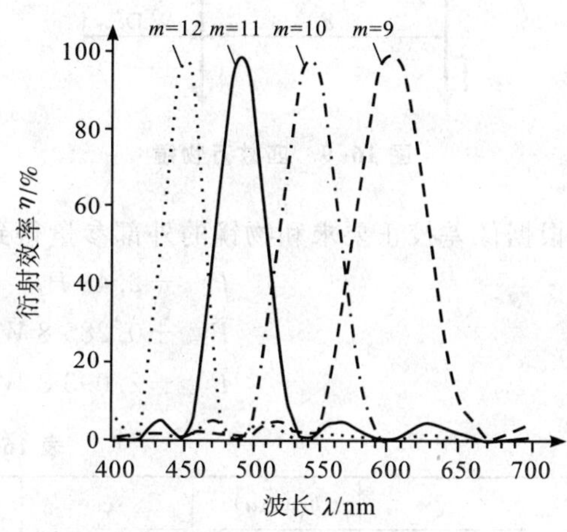

图 16-8　不同衍射级次下衍射效率与波长的关系($p=10$)

普通DOL、HDL、传统透镜(conventional optical lens，COL)三者特性的比较见表16-4。HDL在透镜厚度及色散间进行了折中，增加了厚度，减弱了色散。HDL兼具DOL与COL的优点，为光学设计提供了一种全新的元件，其单色像差与DOL类似，色散介于COL与DOL之间，且在一定程度上克服了二者的缺陷，提高了宽波段上的衍射效率，具有较好的成像特性。

表 16-4　DOL、HDL、COL三者特性的比较

类　别	p	衍射特性	色散特性	色散数值	几何特性
DOL	1	明显	仅由衍射特性确定，与材料无关	大，为负	极薄的相位透镜
HDL	>2的有限值	减弱	衍射、材料共同影响	较大，为负	微结构厚度稍有增加
COL	∞	不考虑	仅由材料特性决定	小，通常为正	体积与重量均增加

与普通DOL相比，HDL微结构的宽深比变化不大(这有别于深刻蚀衍射光学元件)，但横向、纵向的微结构尺寸较大，尤其是深度一般达到数微米。采用多层衍射面结构有利于降低每个HDL的刻蚀深度，并且提高了材料选择的灵活性，利于消色差、消热差。佳能于2001年推出的第一款产品化的高端折衍混合照像物镜EF 400 mm $f/4$ IS USM中采用的就是多层结构。

(三) 折衍混合成像系统设计实例

折衍混合在消色差、消热差、小型化、轻量化及降低成本等多方面表现出传统光学系统所无可比拟的优势和潜力，在照相物镜、头盔显示、红外波段消热差、f-θ 透镜、匹兹万(Petzval)物镜等多种系统中均得到应用。

为进行折衍混合成像系统的初始选型，将中国传统的薄透镜系统初级像差PWC[24-25]表示推广到折衍混合光学系统中，形成了一套与中国光学设计体系相衔接的折衍混合光学设计的理论和方法。含衍射光学元件的薄透镜系统初级像差的PWC表示详见参考文献[24]。

下面基于PWC方法设计折衍混合匹兹万红外物镜[25]。光学特性要求为焦距 $f=25$ mm，F数F/♯=1，视场角FOV为±5°。

匹兹万物镜要求校正球差、彗差、像散、轴向色差和垂轴色差。在常规设计中，匹兹万物镜由间隔一定距

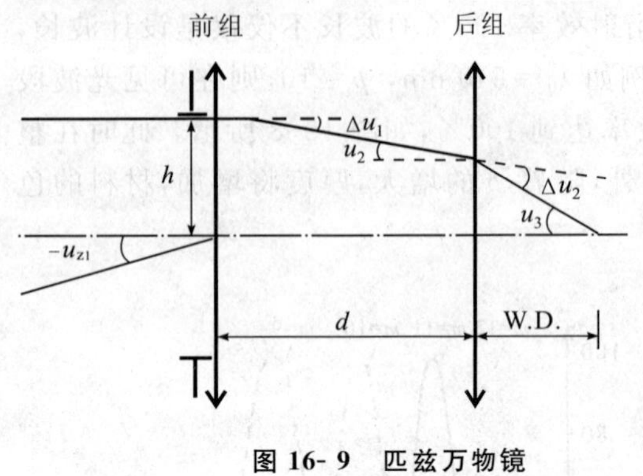

图 16-9 匹兹万物镜

离的前后两透镜组组成，如图 16-9 所示，每一透镜组至少由两片透镜组成以实现每一透镜组单独消色差。在此设计的前后透镜组均采用单片折衍混合玻璃透镜。

1. 初始选型

根据设计要求，物镜半口径 $h=12.5$ mm，则物镜总偏角 $\Delta u=h/f=0.5$，偏角分配为前组 0.2，后组 0.3。取前后透镜组间距 $d=0.7f=0.7\times25=17.5$(mm)，设光栏与前组密接，表 16-5 为物镜的外部参量：前后组偏角分配 Δu，光焦度 φ 和焦距 f；第一辅助光线的入射高 h 和入射角 u；第二辅助光线的入射高 h_z 和入射角 u_z。

根据像差校正要求和物镜的外部参量得到初级像差方程：

$$\left.\begin{aligned}&\bar{P}_{1\infty}+2.43\,\bar{P}_{2\infty}+6.480\,3\,\bar{W}_{2\infty}+2.484\,34=0\\&\bar{P}_{2\infty}+0.285\,8\,\bar{W}_{2\infty}-1.058\,2\,\bar{W}_{1\infty}-2.787\,24=0\\&\bar{P}_{2\infty}-2.095\,3\,\bar{W}_{2\infty}+1.793=0\end{aligned}\right\}\tag{16-62}$$

表 16-5 匹兹万物镜外部参量

	$h\varphi(\Delta u)$	φ	f	h	u	h_z	u_z
前透镜组 1	0.2	0.016	62.5	12.5	0	0	−0.087 22
后透镜组 2	0.3	0.033	30	9	0.2	1.526 4	−0.087 22
像面 3				0	0.5	2.180 6	−0.036 35

后组满足方程(16-62)第三式以校正像散，令 $\bar{W}_{2\infty}=0.6$，则 $\bar{P}_{2\infty}=-0.535\,8$。由方程(16-62)的前两式，则前组提供 $\bar{P}_{1\infty}=-5.070\,5$、$\bar{W}_{1\infty}=-2.978\,2$ 以校正球差和彗差。

前后组均采用玻璃 AMTIR1 ($n_C=2.497\,485$, $\nu=113.578$)为基底，衍射结构置于透镜前表面，由色差校正条件得到衍射透镜和折射透镜的光焦度分配 $\varphi_d=0.022$，$\varphi_r=0.978$，由消色差折衍混合单透镜参数表[23]查得 $a=1.783\,6$，$P_0=0.535\,4$，$Q_0=-1.086\,3$，$W_0=0.105\,9$。可计算得到表 16-6 所示的初始结构，其初级像差和数 $S_1=0.003\,104$，$S_2=0.003\,629$，$S_3=0.000\,079$，$S_{1C}=-0.000\,373$，$S_{2C}=-0.000\,005$，可见初始结构的初级球差、彗差、轴向色差和垂轴色差均已被良好校正。

表 16-6 折衍混合匹兹万红外物镜初始选型(焦距 $f=25$ mm，F 数 F/♯=1，视场角 FOV=±5°)

光学面	类 型	半 径	厚 度	材 料	四阶非球面系数 A_4
物面	球面	无穷大	无穷大	空气	
1(光阑)	偶次非球面	18.804 332 39	0	DOE	$-7.354\,24\times10^{-10}$
2(光阑)	球面	18.804 344 56	0.1	AMTIR1	
3(光阑)	球面	23.405 86	17.5	空气	
4(光阑)	偶次非球面	39.851 531 79	0	DOE	-6×10^{-10}
5(光阑)	球面	39.851 645 61	0.1	AMTIR1	
6(光阑)	球面	301.923	17.792 34	空气	
像面	球面	无穷大			

2. 优化设计

利用 ZEMAX、OSLO、CODE V 等光学软件进一步优化，图 16-10 是优化后的折衍混合匹兹万红外物镜的传递函数曲线，在 0.8 视场内达到了衍射受限的成像质量。采用新型红外玻璃和折衍混合设计可以代替锗材料设计出具有优良成像质量的远红外物镜，为设计廉价的大相对孔径远红外物镜提供了新的途径。

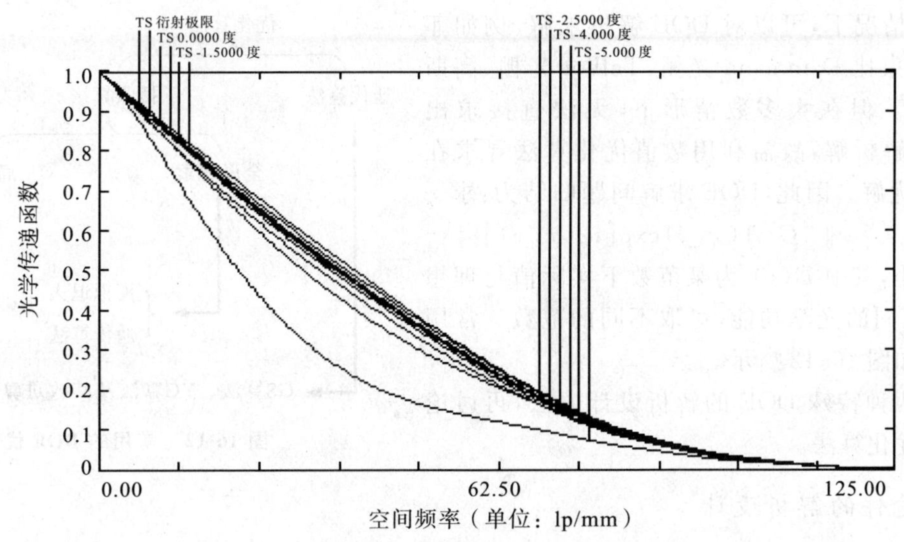

图 16-10　折衍混合匹兹万红外物镜的传递函数曲线

二、DOE 的标量模型及其优化设计

DOE 的标量模型假定它是一个具有无限薄曲面的纯相位元件，它的复振幅透过率函数为 $t(x,y)=\exp(\mathrm{i}\varphi(x,y))$，其中 $\varphi(x,y)$ 是 DOE 的相位分布函数。

设入射到 DOE 的光场复振幅分布为 $A(x,y)$，则从 DOE 出射的光场复振幅分布为 $U(x,y)=A(x,y)t(x,y)$，根据标量衍射公式即可求出 DOE 后任一点的光场。

DOE 能实现光束整形、长焦深、衍射超分辨、消像散、光束准直、光束叠加、分/合束等特殊功能，这些功能的实现均可利用 DOE 的标量模型并在此基础上进行设计。

不失一般性，DOE 实现各种特殊功能的光学系统如图 16-11 所示。根据标量衍射理论，在傍轴近似下，无论是在菲涅耳衍射区，还是夫琅禾费衍射区，它都可认为是一种空间线性变换系统。输入面光场复振幅分布 $U(x,y)\in L^2$ 与输出面光场复振幅分布 $U(x',y')\in L^2$ 间的关系可表示为

$$U(x',y')=G\{U(x,y)\} \tag{16-63}$$

式中，G 代表 L^2 空间的不同变换，例如，常用的菲涅耳变换、傅里叶变换以及消除光学系统彗差的梅林变换，光学编码中的沃尔什变换、分数傅里叶变换，圆对称系统的汉克尔变换与分数汉克尔变换等。

DOE 是一种纯相位元件，其设计非常类似于相位恢复问题，即已知光学系统输入面光场分布，如何计算 DOE 的相位分布以正确调制入射光场，高精度地给出预期输出面光场分布，实现所需功能。实际应用中，一般仅考虑输出面的光强分布，故设计问题归结为：求 DOE 的相位分布函数 $\varphi(x,y)$，使其调制入射光场复振幅分布 $A(x,y)$，经变换 G 后，得到所需的输出面复振幅分布 $|U(x',y')|$。

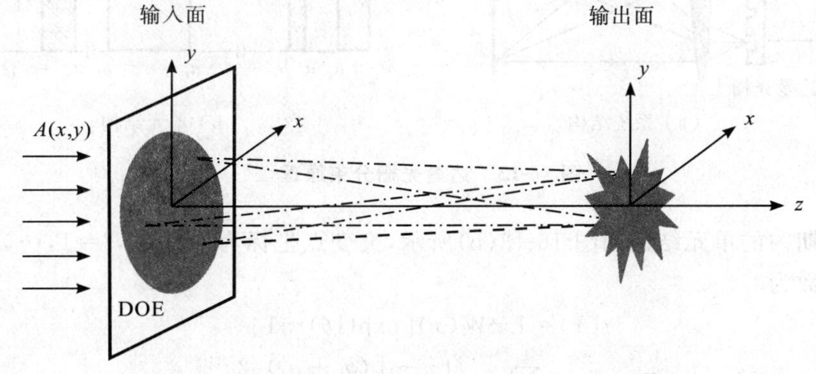

图 16-11　实现特殊功能的衍射光学元件的光学系统示意图

在某些特殊情况下，可以对 DOE 解析求解，例如菲涅耳波带片、小分束比 Dammann 光栅、Talbot 光栅、高斯光束整形元件等。但在大多数情形下，无法直接求出 DOE 相位分布的解析解，故需利用数值优化算法寻求在某种范数下的最优解。因此，DOE 求解问题归结为：求 $\varphi(x,y)$，使得 $D(\varphi)=\| |G\{A(x,y)\exp[\mathrm{i}\varphi(x,y)]\}|-|U(x',y')| \|$ 最小，其中 $D(\varphi)$ 为某范数下实际值与理想值间的差距，对不同的光学功能，可取不同的范数。常用的数值优化算法如图 16-12 所示。

下面先讨论两种特殊 DOE 的解析设计方法，再讨论几种通用的数值优化算法。

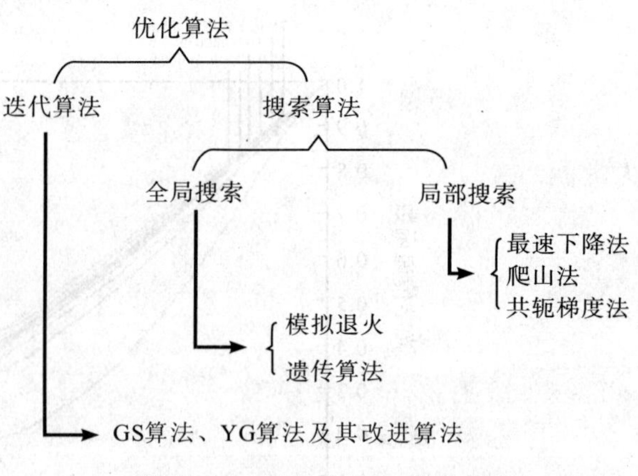

图 16-12 常用的 DOE 优化算法

(一) 分束元件的解析设计

在光纤通信、光计算、光存贮、光电技术、图像处理及精密测量等现代科技的诸多领域，需要将某一信息(图像或数据)变换成多个信息，即分束。分束器件为多重成像、多通道读写、任意光互连及三维物体的阵列采样等提供了条件，充分体现了光学并行高速的处理特点。衍射光学在分束上显示出传统光学无法比拟的优势。达曼(Dammann)光栅、塔尔博特(Talbot)光栅是最典型的两类衍射光学分束元件。

1. 达曼光栅

达曼光栅[26]是一种具有特殊孔径函数的二值相位光栅，其对入射光波产生的夫琅禾费衍射图样(傅里叶谱)是一定点阵数目的等光强光斑，避免了一般振幅光栅因 sinc 函数强度包络所引起的谱点光强的不均匀分布。随着对分束比、衍射效率及光斑光强均匀性的不断提高以及制作工艺水平的改善，相继提出了各种变异型相位光栅。其主要设计思想是：相位取二值，但周期内空间坐标(刻槽数目及槽宽)被任意调制；或仅相位调制；或空间坐标与相位同时被调制。

以最早的空间坐标调制型二值相位光栅为例，如图 16-13(a)所示，将其置于傅里叶变换透镜前，经单位振幅的平面波照射，将在透镜的后焦面(即频谱面)上得到间距相等的光点阵列分布。光栅周期规化为 1，为了得到$(2M+1)$级等光强的光束分布，必须对光栅的每一个周期进行空间坐标(包括刻槽数目及槽宽)的调制，利用这种微细结构的周期重复即可得到达曼光栅。为简化设计，通常先设计一维结构，再在正交方向上展开，得到二维达曼光栅。

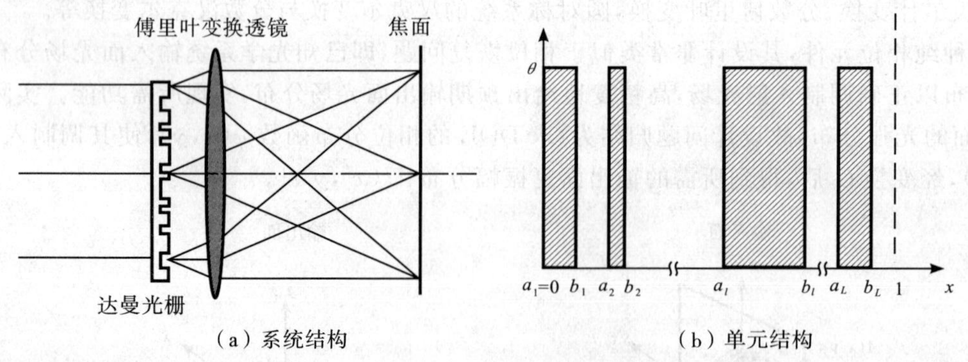

(a) 系统结构　　(b) 单元结构

图 16-13 达曼光栅分束原理

达曼光栅一个周期内的单元结构如图 16-13(b)所示，突变点坐标为$\{a_l,b_l\}$，$l=1,\cdots,L$。则一个周期结构的复振幅透射率函数为

$$t(x)=1-W(x)[\exp(\mathrm{i}\theta)-1] \tag{16-64}$$

其中

$$W(x)=\sum_{l=1}^{L}\mathrm{rect}\left\{\frac{x-[(b_l+a_l)/2]}{b_l-a_l}\right\} \tag{16-65}$$

$$\mathrm{rect}(x)=\begin{cases}1, & |x|\leqslant \dfrac{1}{2}\\ 0, & \text{其他}\end{cases}\tag{16-66}$$

根据其频谱函数

$$T(m)=\int_0^1 t(x)\exp(-\mathrm{i}2\pi mx)\mathrm{d}x\tag{16-67}$$

可求取 $T(0)$ 和各级 $T(m)$ $(m\neq 0)$。合理确定各突变点坐标$\{a_l,b_l\}$，$l=1,\cdots,L$，以产生等光强的谱点阵列，即$|T(0)|^2=|T(m)|^2$，是达曼光栅的设计核心。利用解析计算能解出小分束比光栅的结构参数，而当 $M\geqslant 2$ 时，则必须采用算法优化设计。任意孔径形状的二值相位光栅、多阶相位光栅、坐标相位复合调制型光栅显而易见地均需要利用算法进行优化设计。

当 $M=1$，只有一个相位突变点 b，则

$$T(0)=(1-b+b\cos\theta)+\mathrm{i}b\sin\theta\tag{16-68}$$

$$T(1)=\frac{1}{2\pi}\{[(\cos\theta-1)\sin(2\pi b)-\sin\theta(\cos(2\pi b)-1)]+\mathrm{i}[(\sin\theta\sin(2\pi b)+(\cos\theta-1)(\cos(2\pi b)-1)]\}\tag{16-69}$$

根据 θ 可以解出 b，例如 $\theta=\pi$ 时，$b=0.2647$，$|T(0)|^2=0.2215$，$|T(1)|^2=|T(-1)|^2=0.2213$，总衍射效率为 66.4%。改变 θ 可以提高总衍射效率。

2. 塔尔博特光栅

达曼光栅在远场实现分束，而塔尔博特光栅在近场实现分束或阵列照明。当用单色平面波照明一周期物体(如光栅)时，在其后的某些位置上会出现该周期物体的像，这种无需透镜而使周期物体成像的现象称为塔尔博特效应，或自成像效应(self-imaging)[27]。对周期为 d 的物体，发生塔尔博特效应的距离是在 $Z_t=2Nd^2/\lambda$ 处，$N=1,2,3,\cdots$，λ 为照明光波长。Z_t 称为塔尔博特距离或自成像距离。在塔尔博特像之间的某些分数塔尔博特距离 $z=Z_t/n$，$n=2,3,\cdots$ 处的光场分布也呈现相似于原周期物体的像，这些像称为分数塔尔博特像或菲涅耳像。

基于分数塔尔博特效应的塔尔博特光栅可用于实现分束或阵列照明。它的基本原理是：设计一个有特定相位分布的光栅，在单色平面波的照明下，在某些特定位置上的菲涅耳像变成一个振幅光栅，即光斑阵列。理论上，通过研究一个相位光栅菲涅耳衍射场的分布便可获得光栅相位阶次与分束性能(主要是压缩比：整个图形面积与光斑面积之比)间的关系，但这是一个复杂而冗长的过程。根据振幅光栅的菲涅耳衍射场具有沿光轴方向呈周期变化的性质，为简化分析计算，可将问题反过来考虑：如果一振幅光栅在相干平面波照明下，在某个平面上产生了纯相位分布的菲涅耳衍射光场，则当这种纯相位分布(以相位光栅的形式)在相干平面波照明下，其后某些平面上会产生振幅调制结构，即阵列光斑。

(1)分数塔尔博特距离处的菲涅耳衍射场分布

设一个矩形开孔、具有任意占空比 $\alpha=w/d(w\leqslant d)$ 的光栅受相干平面波照明，光栅的透过率函数为

$$t(x)=\mathrm{rect}(x/w)*\sum_{m=-\infty}^{+\infty}\delta(x-md)\tag{16-70}$$

式中，$*$ 表示卷积。则光栅后 z 距离处的衍射场在傍轴近似下可写成

$$U(x,z)=\frac{\exp(\mathrm{i}kz)}{\mathrm{i}\lambda z}t(x)*h(x,z)=\frac{\exp(\mathrm{i}kz)}{\mathrm{i}\lambda z}\mathrm{rect}(x/w)*p(x,z)\tag{16-71}$$

式中，$k=2\pi/\lambda$，$h(x,z)=\exp(\mathrm{i}kx^2/(2z))$，

$$p(x,z)=\sum_{m=-\infty}^{+\infty}\delta(x-md)*h(x,z)\tag{16-72}$$

在分数塔尔博特距离处，忽略常数项，经整理后可得

$$p(x,z=Z_t/n)=\frac{1}{d}\sum_{m=-\infty}^{+\infty}\exp(-\mathrm{i}2\pi\lambda zm^2/n)\exp(\mathrm{i}2\pi mx/d)\tag{16-73}$$

令 $m=nL+q$，L 为一整数，$q=0,1,\cdots,(n-1)$，且

$$c(L,n)=\frac{1}{n}\sum_{q=0}^{n-1}\exp\left[\mathrm{i}\,\frac{2\pi}{n}q(L-q)\right] \tag{16-74}$$

则

$$p(x,z=Z_t/n)=\sum_{L=-\infty}^{+\infty}c(L,n)\delta(x-Ld/n) \tag{16-75}$$

将(16-75)式代入(16-71)式，则得到在二元振幅光栅之后 $z=Z_t/n$ 平面上的菲涅耳衍射场分布：

$$U(x,z=Z_t/n)=\sum_{L=-\infty}^{\infty}c(L,n)\mathrm{rect}\left(\frac{x-Ld/n}{w}\right) \tag{16-76}$$

可见，分数塔尔博特距离处的衍射场完全由系数 $c(L,n)$ 描述，研究 $c(L,n)$ 的性质将有助于确定纯相位分布平面所在的位置。

(2)振幅光栅产生均匀菲涅耳光场分布的条件

(16-74)式表明，$c(L,n)$ 随参数 L 呈周期性变化，其周期为 n。当 n 分别为奇数和偶数时，$c(L,n)$ 具有不同的特性。

1)n 为奇数。当 n 为奇数时，对于任意 L 值，$|c(L,n)|=$常数。由(16-76)式，对 $\alpha=w/d=1/n$，分布函数 $U(x,z=Z_t/n)$ 是由宽度 $w=d/n$，间距为 d/n 的一列 $\mathrm{rect}(x/w)$ 函数组成，它们在 x 方向密接且无重叠地充满所在空间，从而得到均匀的光强分布。但 $c(L,n)$ 的相位因子并不均一，因此，所得到的分布形成了一个多阶的周期为 d 的相位结构，每个周期单元被分割成 n 个具有不同相位的子单元。

2)n 为偶数。当 n 为偶数时，其结果类似于 n 为奇数时在 $\alpha=2/n$ 的情形。因 $n/2$ 的奇偶性分为两种略有不同的情况：$n/2$ 与 L 奇偶性不同时，$c(L,n)=0$；$n/2$ 与 L 奇偶性相同时，$|c(L,n)|=$常数。由(16-76)式，分布函数 $U(x,z=Z_t/n)$ 是由宽度 $w=d/n$，间距为 $2d/n$ 的一列 $\mathrm{rect}(x/w)$ 函数组成。因此，必须使光栅的占空比从 $\alpha=1/n$ 增加到 $\alpha=2/n$，以保证在观察面上形成均匀的光强分布。

3)多阶相位塔尔博特光栅阵列照明器的设计原理与方法。按照分数塔尔博特效应，如果由(16-76)式解析出一个相位光栅结构，并由相干平面波照明，则将在其后某平面处形成一个振幅光栅。该相位光栅的周期为 d，每一个周期单元中将有 n 个(n 为奇数)或 $n/2$ 个(n 为偶数)子单元，且每个子单元具有不同的常数相位因子。当 $n=4q$、$4q+1$、$4q+2$、$4q+3(q=1,2,\cdots)$时，相位光栅的相位因子见表 16-7。

表 16-7 不同 n 值的相位因子

n	相位因子 $\Phi(K,n)$	K
$4q$	$\frac{\pi K^2}{n/2}$	$K=1,2,3,\cdots,n/2$
$4q+1$	$\pi\left[\frac{K^2}{2n}+\frac{(-1)^K}{4}\right]$	$K=1,2,3,\cdots,n$
$4q+2$	$\pi\frac{(2K-1)^2}{2n}$	$K=1,2,3,\cdots,n/2$
$4q+3$	$\pi\left[\frac{K^2}{2n}-\frac{(-1)^K}{4}\right]$	$K=1,2,3,\cdots,n$

由表 16-7 可以设计具有任意压缩比的塔尔博特光栅阵列照明器。表 16-8 是模拟计算的部分结果。表中列出不同 n 时，一维光栅一个周期内的多个常相位值。将两个一维相位光栅正交，即形成二维多相位塔尔博特阵列照明器。

根据表 16-8，对于一维方向压缩比为 6 的塔尔博特光栅，其一个周期内的相位分别为 $\pi/6$、$2\pi/3$、$3\pi/2$、$2\pi/3$、$\pi/6$ 与 0。将两个一维光栅正交重叠，合成的二维九阶相位见表 16-9。利用 $\pi/6$、$2\pi/6$、$4\pi/6$、$8\pi/6$ 四块掩模板，经过套刻，可制成压缩比为 36 的二维塔尔博特光栅，实现阵列照明或分束。实验测得的光斑点阵见图 16-14。

表 16-8 在 $z=Z_t/n$ 处一个周期内的多相位值

n	多相位值	L
3	0,0,4π/3	2
4	π/2,0	2
5	0,4π/5,4π/5,0,2π/5	3
6	0,2π/3,0	2
7	0,12π/7,4π/7,4π/7,12π/7,0,10π/7	4
8	π/4,π,π/4,0	3
9	0,2π/3,4π/9,4π/3,4π/3,4π/9,2π/3,0,4π/9	4
10	0,2π/5,6π/5,2π/5,0	3
11	0,18π/11,4π/11,2π/11,12π/11,12π/11,2π/11,4π/11,18π/11,0,16π/11	6
12	π/6,2π/3,3π/2,2π/3,π/6,0	4

注:L 是不同的相位阶数。

表 16-9 二维九阶相位塔尔博特阵列照明器的相位分布

	π/6	2π/3	3π/2	2π/3	π/6	0
π/6	2π/6	5π/6	10π/6	5π/6	2π/6	π/6
2π/3	5π/6	8π/6	π/6	8π/6	5π/6	4π/6
3π/2	10π/6	π/6	π	π/6	10π/6	9π/6
2π/3	5π/6	8π/6	π/6	8π/6	5π/6	4π/6
π/6	2π/6	5π/6	10π/6	5π/6	2π/6	π/6
0	π/6	4π/6	9π/6	4π/6	π/6	0

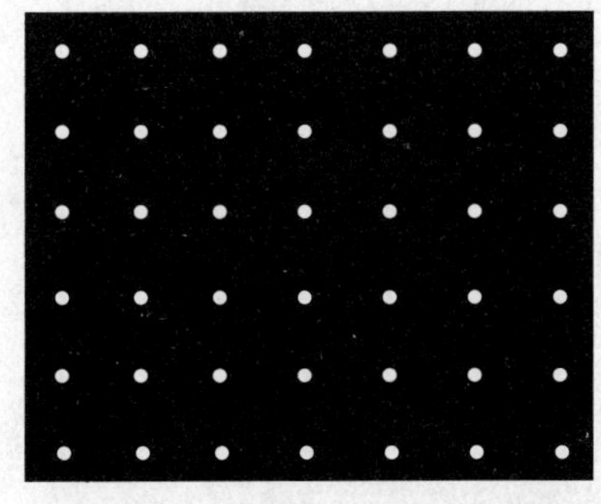

图 16-14 压缩比为 36 的二维塔尔博特光栅的光斑点阵

绝大多数的 DOE 需利用计算机完成数值优化设计。下面以衍射光学光束整形元件为例,介绍各种优化算法并比较其优缺点。光束整形元件是一种较为常见的 DOE,在激光的应用中,对激光的波面、光强分布、光斑的形状与大小等也提出了许多特殊要求,例如惯性约束聚变(inertial confinement fusion,ICF),对激光光束焦斑的光强分布有平顶、陡边、无旁瓣等特殊要求;在激光加工和热处理中,需要各种形状大小可变的激光光斑;在半导体激光器中,需将像散光束转变为准直性好的圆形光束;在原子光学中,也需要特定形状的激光光斑,实现激光冷却、激光捕获、原子囚禁等功能。

(二) 几何变换法[28-29]

将高斯光束变换为均匀光斑,需将光束能量重新分配。如图 16-15 所示,高斯光束通过衍射光学元件 P_1 后,将特定环带的能量传播到输出面 P_2 上特定的位置以获得所需的均匀光斑。

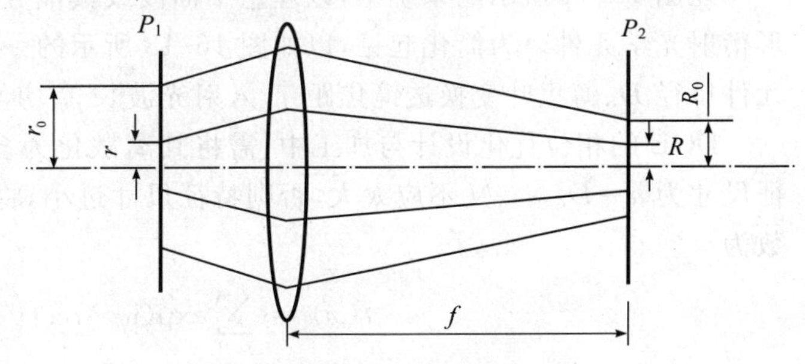

图 16-15 几何变换法

设输入面 P_1 的光场实振幅分布为

$$U_{P_1}(r)=\exp\left(-\frac{2r^2}{r_0^2}\right) \tag{16-77}$$

式中,r、r_0 分别为入射光束在相位元件 P_1 面的径向坐标和高斯光束束腰半径,P_1 放置在高斯光束束腰处,设其相位分布为 $\varphi(r)$。

在 P_1 面半径 r 内的能量无损耗地传播至 P_2

面半径 R 内，由能量守恒定理及 P_1、P_2 面的光场分布，可得出 r 与 R 间的关系

$$R(r)=\left\{\frac{r_0^2}{2\sigma}\left[1-\exp\left(\frac{2r^2}{r_0^2}\right)\right]\right\}^{1/2} \tag{16-78}$$

式中，σ 为 P_2 面理想的输出光场振幅。

由几何光学可知

$$\frac{\mathrm{d}\varphi(r)}{\mathrm{d}r}=\frac{2\pi}{\lambda f}R(r) \tag{16-79}$$

由(16-78)式和(16-79)式加上一定的边界条件，可求出衍射光学元件的相位分布。

对入射波长 $\lambda=0.632\,8\ \mu\text{m}$，DOE 半径 $r_0=25$ mm、透镜焦距 $f=800$ mm 、输出焦斑半径 $R_0=200\ \mu\text{m}$，求得的 DOE 相位分布如图 16-16 所示。

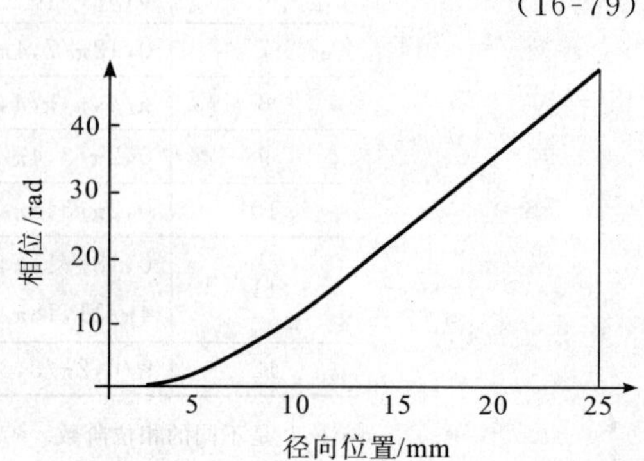

图 16-16　几何变换法求得的 DOE 相位分布

均匀光斑光强分布如图 16-17 所示，呈近“平顶”分布。几何变换法忽略了光的衍射作用而造成顶部出现了强度起伏。入射的高斯光束振幅由外而里缓慢增加，因而硬边衍射的作用尚不明显。但对于理想平面波入射，均匀光斑的质量由于受硬边衍射的影响变得很差。为此，可以采取边缘相位校正的方法，通过人为地控制光束的发散，校正衍射光学元件中不满足输入输出缓慢变化的边缘相位，从而得到高精度的优化结果[30]。

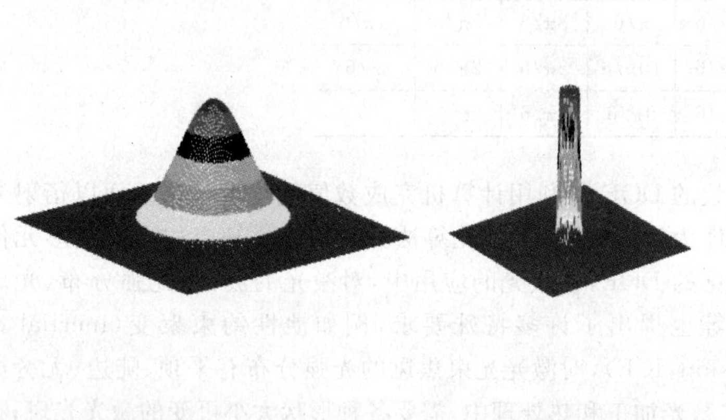

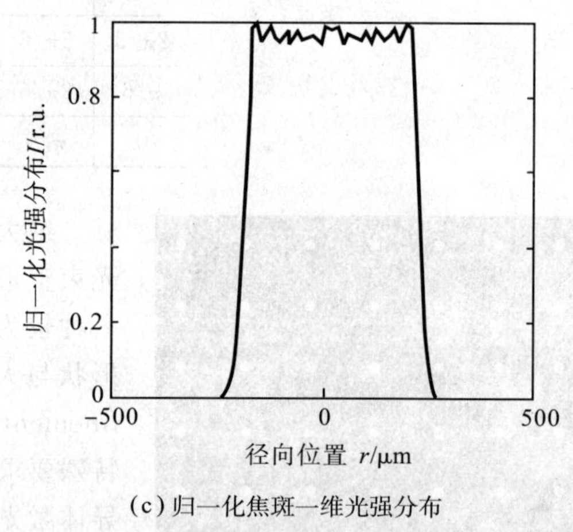

(a) 归一化输入高斯光束光强分布　(b) 归一化均匀光斑光强分布　(c) 归一化焦斑一维光强分布

图 16-17　用几何变换法实现高斯光束整形

(三) 用于光束整形的衍射光学元件求解的数学模型

在图 16-11 所示的系统中，以理想平面波或其他分布的光场入射时，需要利用优化算法才能设计光束整形衍射光学元件。为简化起见，以如图 16-18 所示的一维傅里叶变换系统为例，已知系统参数为：衍射光学元件口径 D、傅里叶变换透镜焦距 f、入射光波长 λ、均匀焦斑大小为 d，理想平面波入射。

DOE 的相位优化设计与加工中，需将其离散化为多台阶结构。设元件相位等分为 N 个单元(DOE 特征尺寸为 $a=D/N$，N 不应太大，否则特征尺寸过小，将对加工提出不必要的过高精度要求)，则其透过率函数为

$$t(x)=\sum_{j=1}^{N}\exp(\mathrm{i}\varphi_j)\,\mathrm{rect}\left(\frac{x-(j-N/2-1/2)a}{a}\right) \tag{16-80}$$

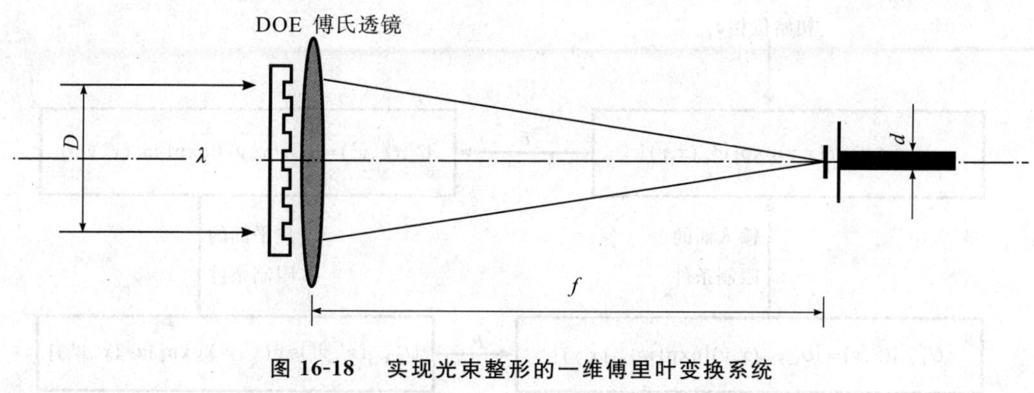

图 16-18　实现光束整形的一维傅里叶变换系统

式中，φ_j 为元件第 j 个单元的相位值。

忽略常数项，则焦面光强分布为

$$I(x')=\left|\sum_{j=1}^{N}\exp(\mathrm{i}\varphi_j)\mathrm{sinc}\left(a\frac{x'}{\lambda f}\right)\exp\left(-\mathrm{i}2\pi\frac{jax'}{\lambda f}\right)\right|^2 \tag{16-81}$$

其中

$$\mathrm{sinc}(x)=\begin{cases}1, & x=0\\ \sin(\pi x)/(\pi x), & \text{其他}\end{cases} \tag{16-82}$$

在数值计算中，只能考虑输出面某些离散点的光强值与理想值间的差距，以此作为算法评价函数。若 $\Delta x'=\lambda f/D$，即 $x'=m\lambda f/D$，$m=\cdots,-3,-2,-1,0,1,2,3,\cdots$。考虑主区间 $m=-N/2,\cdots-2,-1,0,1,2,\cdots,N/2-1$，且通常情况下，在所需的光束整形区域内，$\mathrm{sinc}(m/N)\approx1$，则

$$I(m)=|\mathrm{DFT}_m(\exp[(\mathrm{i}\varphi_j)]|^2 \tag{16-83}$$

式中，DFT 代表离散傅氏变换，且

$$\mathrm{DFT}_m(x_j)=\sum_{j=1}^{N}x_j\exp\left(-\mathrm{i}2\pi\frac{mj}{N}\right) \tag{16-84}$$

为定量描述光束整形衍射光学元件相位函数解的逼近程度，可定义两个性能参数：

1)光能利用率：

$$\eta=\frac{\sum_{m=-M/2}^{M/2-1}I(m)}{\sum_{\forall m}I(m)} \tag{16-85}$$

2)顶部不均匀性：用均方根误差 rms(root mean square)表示为

$$\mathrm{rms}=\frac{1}{M-1}\sqrt{\sum_{m=-M/2}^{M/2-1}\left[\frac{I(m)-\bar{I}}{\bar{I}}\right]^2} \tag{16-86}$$

式中，$\bar{I}=\frac{1}{M}\sum_{m=-M/2}^{M/2-1}I(m)$，$m=-M/2,\cdots,0,1,2,3,\cdots,M/2-1$ 为光束整形区域。

(四) 盖师贝格-撒克斯通算法[31]及其改进算法

盖师贝格(R. W. Gerchberg)和撒克斯通(W. O. Saxton)首先提出了一种振幅相位恢复算法，即 GS 算法，利用输入输出间的正反傅里叶变换与输入输出面上的光场限制条件，反复迭代直至满足设计要求，如图 16-19 所示，其中输入面的振幅分布为 $f(x,y)$，焦平面上的理想振幅分布为 $g(x',y')$，F、F^{-1} 分别为傅里叶变换与傅里叶反变换。

对于 GS 算法，已证明 $|U_{2,k}(x',y')|$ 与 $g(x',y')$ 间的误差不会随着迭代次数的增加而增加，因此 GS 算法也被称为误差减少算法。GS 算法在 DOE 的优化设计中得到了广泛的应用，但 GS 算法的收敛过程会出现停滞现象，即只是初始的几次迭代过程会使误差值显著减小，而后续的迭代过程不能使误差值显著减小。这意味着 GS 算法只能求得局部极小值。为了进一步提高收敛速度，并避免收敛停滞现象的发生，已有许多

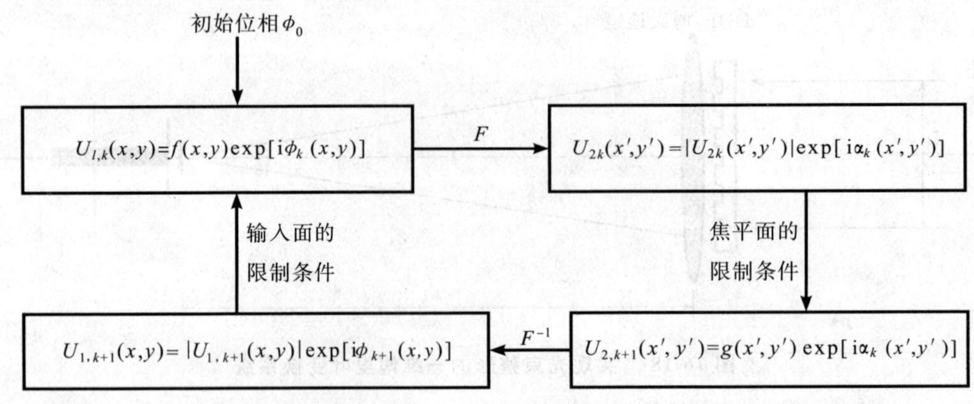

图 16-19 GS 算法流程图

改进算法。下面以一个设计实例来介绍 GS 算法及几种改进算法。

设计参数：$\lambda=1.053\ \mu\text{m}$，$f=600\ \text{mm}$，$D=100\ \text{mm}$，均匀焦斑大小 $d=100\ \mu\text{m}$。以随机相位分布作为初始迭代相位，GS 算法优化得到的设计结果如图 16-20 所示，其光能利用率 η 与顶部不均匀性 rms 分别为 98.3%、14.5%。

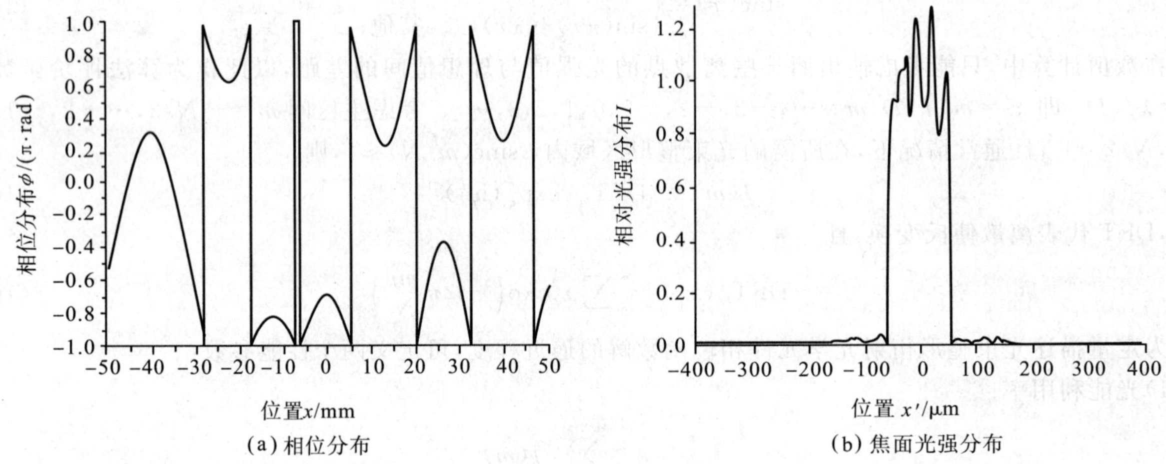

(a) 相位分布 (b) 焦面光强分布

图 16-20 GS 算法优化设计结果

从图 16-20 可知，GS 算法优化得到的相位分布包含许多相位突变点，这些突变点的产生是由于在反复迭代过程中，经过多次逆变换所致。而在某些应用场合，却需要优化得到尽可能连续的相位分布。GS 算法是一种局部优化算法，对初始值敏感，易陷入局部极值点，且优化得到的焦面光场分布易出现较大的 Gibbs 振荡，顶部的均匀性不够好。

为了获得更佳的设计性能，对图 16-19 所示之 GS 算法中的焦面理想振幅分布进行如下调整[32-33]：

$$U_{2,k+1}(x',y')=|g_{k+1}(x',y')|\exp[i\alpha(x',y')] \tag{16-87}$$

引入参数

$$\bar{P}(x',y')=\frac{g(x',y')}{\sum g(x',y')},\quad \bar{P}_k(x',y')=\frac{|U_{2,k}(x',y')|}{\sum|U_{2,k}(x',y')|} \tag{16-88}$$

则

$$g_{k+1}(x',y')=|U_{2,k}(x',y')|\left(\frac{\bar{P}}{\bar{P}_k}\right)^{\gamma} \tag{16-89}$$

式中，γ 用来控制收敛速度和设计性能。

对 GS 算法进行如上改进，可提高收敛速度，并可基本克服 GS 算法易陷于局部极值点这一缺陷，获得更理想的顶部不均匀性。设计参数同前，设计结果如图 16-21 所示，其光能利用率 η 与顶部不均匀性 rms 分别为 93.9%、1.1%。

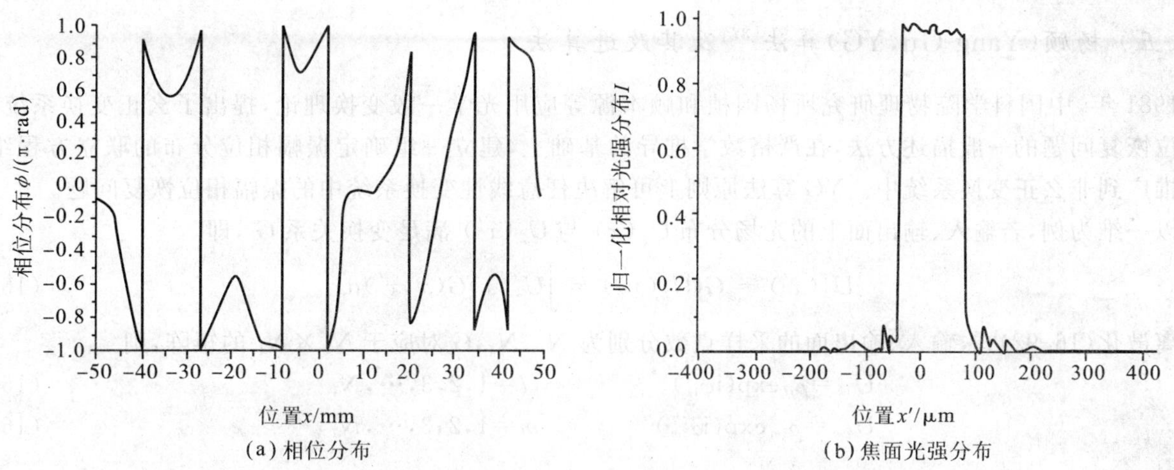

图 16-21　GS 算法的 ST 改进算法优化设计结果

为了减小相位突变点，相位混合算法（phase mixture algorithm，PMA）[34]利用每次迭代的相位与上一次相位的加权和作为下次迭代的相位值，即

$$\varphi_k = a\varphi_{k-1} + b\arg\{F^{-1}(g\exp(\mathrm{i}\alpha_k))\} \tag{16-90}$$

式中，a、b 为非负的常数因子，且 $a+b=1$。

PMA 能有效地抑制 GS 算法中出现的局部极值点和 Gibbs 振荡，设计的相位分布较之 GS 算法要平缓光滑得多，但仍然存在多个相位突变点，并未从根本上解决相位设计中相位突变点的存在问题。

通过选取随机连续相位分布作为初始相位，并选取连续替代函数缓慢逼近理想的输出面分布[35]或引入局部替代函数[36]，例如

$$g_{k+1}(x',y') = (1-\kappa)|U_{2,k}(x',y')| + \kappa g(x',y') \tag{16-91}$$

式中，$\kappa \leqslant 1$，以保证迭代过程的绝热性，可大大减小相位突变点乃至获得连续相位分布，如图 16-22 所示，上图为未进行相位展开时的相位灰阶图，下图为相位展开后的相位三维分布；左图为 GS 算法设计结果，右图为引入局部替代函数的设计结果。由于要保证过程的绝热性，采用局部替代函数的 GS 算法的计算效率要远远低于 GS 算法。

GS 算法的改进算法还有许多，例如输入-输出算法等，均是调整输入面的限制条件和（或）输出面的限制条件来改善相位分布和（或）改善设计性能，在此不一一叙述。

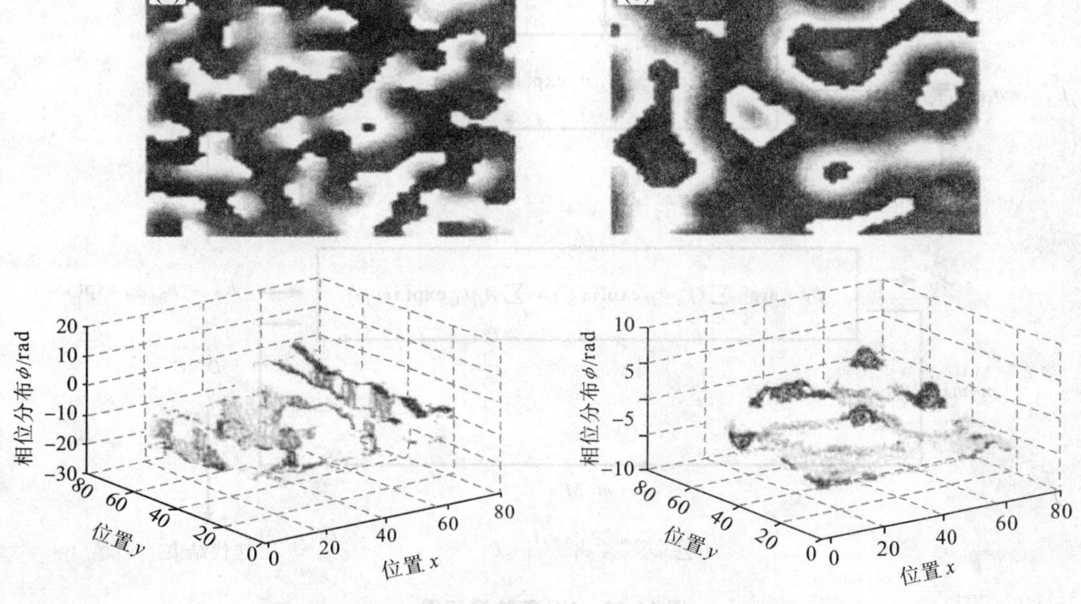

图 16-22　引入局部替代函数获得连续相位分布[36]

（五）杨顾（Yang-Gu，YG）算法[37]及其改进算法

1981年，中国科学院物理研究所杨国桢和顾本源等应用光学一般变换理论，提出了幺正变换系统中振幅相位恢复问题的一般描述方法，在严格数学推导的基础上，建立一组确定振幅相位分布的联立方程组，并将其推广到非幺正变换系统中。YG算法原则上可解决任意线性变换系统中的振幅相位恢复问题。

以一维为例，若输入、输出面上的光场分布 $U_1(x)$ 与 $U_2(x')$ 满足变换关系 G，即

$$U_2(x') = G(U_2(x)) = \int U_1(x)G(x,x')\mathrm{d}x \tag{16-92}$$

离散化(16-92)式，输入、输出面的采样点数分别为 N_1、N_2，G 对应于 $N_2 \times N_1$ 的矩阵，则

$$U_{1l} = \rho_{1l}\exp(\mathrm{i}\varphi_{1l}) \qquad l=1,2,3,\cdots,N_1 \tag{16-93}$$

$$U_{2m} = \rho_{2m}\exp(\mathrm{i}\alpha_{2m}) \qquad m=1,2,3,\cdots,N_2 \tag{16-94}$$

$$U_{2m} = \sum_{l=1}^{N_1} G_{ml}U_{1l} \tag{16-95}$$

相位设计的目标是寻求 φ_{1l}，使得 U_{2m} 充分逼近理想输出 U_m。以范数 D 来定量描述两者的逼近程度

$$D = \sum_{m=1}^{N_2}\left|\sum_{l=1}^{N_1} G_{ml}U_{1l} - U_m\right|^2 \tag{16-96}$$

DOE优化设计问题归结为求 φ_{1l}，使 D 最小。按照变分法原理，相位迭代求解公式为

$$\varphi_{1k} = \arg\left[\sum_j G_{jk}^*\rho_{2j}\exp(\mathrm{i}\alpha_{2j}) - \sum_{j\neq k} A_{kj}\rho_{1j}\exp(\mathrm{i}\varphi_{1j})\right] \tag{16-97}$$

$$\alpha_{2k} = \arg\left[\sum_j G_{kj}\rho_{1j}\exp(\mathrm{i}\varphi_{1j})\right] \tag{16-98}$$

式中，$A = G^+ G$，"+"表示取厄密共轭运算，"*"表示复数共轭。当 G 为幺正矩阵时，(16-97)式即GS算法公式，GS算法是YG算法的一个特例，YG算法更具有普遍性，流程如图16-23所示。

在焦面实现光束整形时的傅里叶变换系统是一种幺正变换系统，此时YG算法与GS算法等价。同GS算法一样，YG算法也是一种局部优化算法，同样存在一些缺点，例如设计的DOE相位不够连续，包含许多相位突变点；对初始值敏感，易陷入局部极值点，设计性能不够好，等等。针对YG算法的缺点也提出了多种

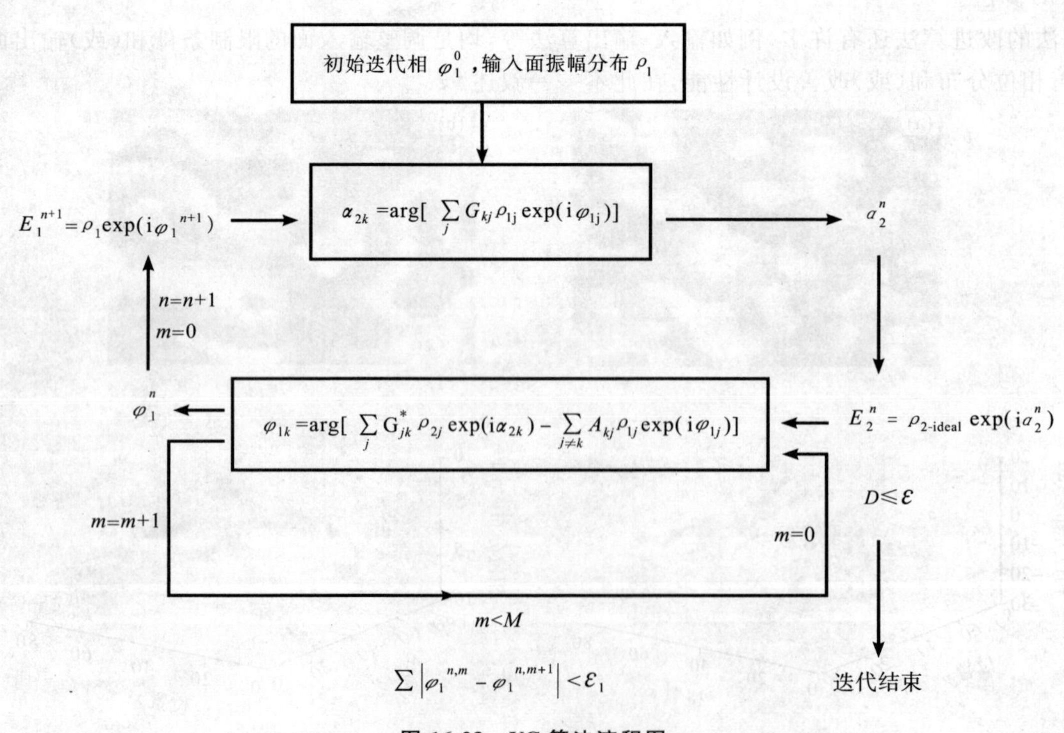

图 16-23 YG算法流程图

改进，例如采用(16-87)式至(16-89)式进行理想输出的调整等。设计参数同前，设计结果如图16-24所示，其光能利用率η与顶部不均匀性rms分别为93.6%和0.2%。

YG算法原则上可解决任意线性变换系统中的振幅相位恢复问题。利用YG算法设计DOE，取得了很大的成功，例如可实现产生多焦环、多波长光学系统中实现波分解复用、具有长焦深和横向高分辨率等各种功能的DOE设计，等等。

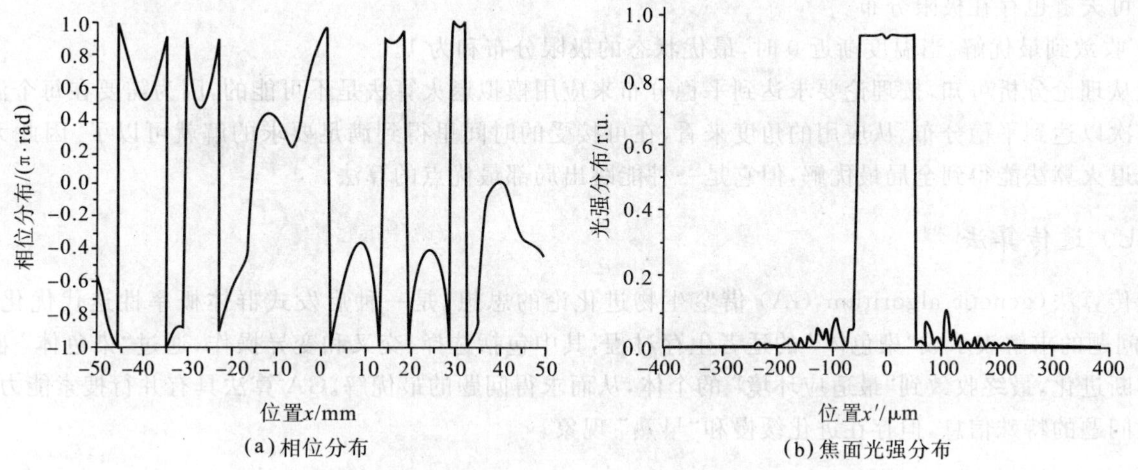

图 16-24　YG算法优化设计结果

（六）模拟退火算法[38-39]

GS、YG算法均是一种局部优化算法，而模拟退火(simulated annealing，SA)算法借鉴不可逆动力学的思想，是一种基于蒙特卡洛迭代求解法的启发式随机优化方法。它不同于局部优化算法之处在于，以一定概率选择邻域中评价函数值大的状态，从理论上讲，是一种全局优化算法。其基本思想是：将优化变量的可能取值$\varphi(x,y)$看成是某一物质体系的微观状态，而将评价函数$D(\varphi)$看成是该物质体系在对应状态下的内能，并用控制参数T类比温度。在某一温度下，不断降温，在全局解空间中随机搜索最优解，同时具有概率突跳特点，即在局部极小以一定的概率跳出并最终趋于全局最优。算法流程包括Metropolis抽样和退火过程两部分，迭代步骤如图16-25所示。

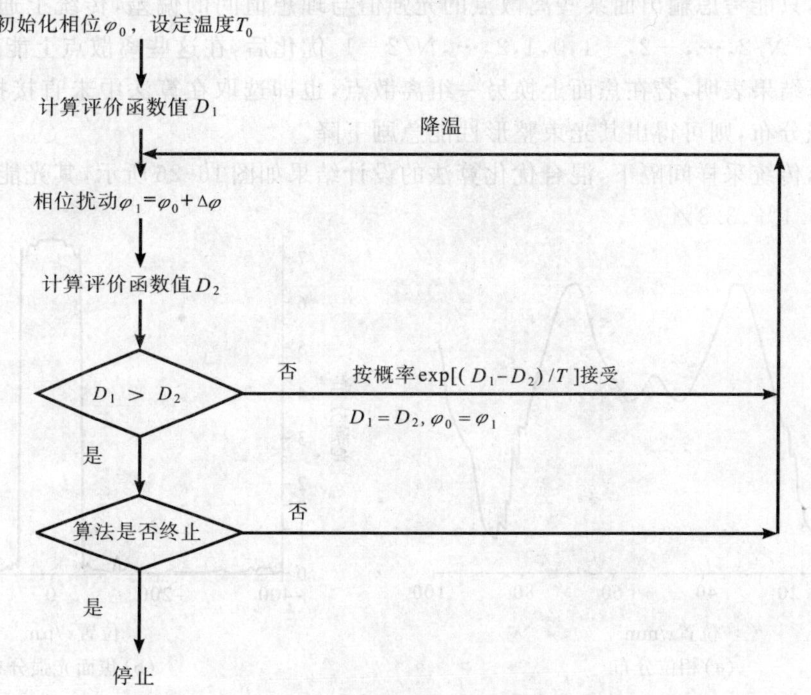

图 16-25　SA算法流程图

模拟退火算法应满足下列条件：

1）可达性。无论初始点如何选择，任何一个状态均可以达到，这样才有得到最优解的可能。

2）渐近不依赖初始点。由于初始点的选取具有非常大的随机性，要达到全局最优，应渐近地不依赖初始点。

3）分布稳定性。当温度不变时，描述模拟退火过程的马尔可夫链的极限分布应存在；当温度渐近为0时，其马尔可夫链也存在极限分布。

4）收敛到最优解。当温度渐近0时，最优状态的极限分布和为1。

但从理论分析可知，按理论要求达到平稳分布来应用模拟退火算法是不可能的，因为需要在每个温度迭代无穷次以达到平稳分布。从应用的角度来看，在可接受的时间里得到满足要求的解就可以了。因此无法保证模拟退火算法能得到全局最优解，但它是一种能跳出局部最优点的算法。

（七）遗传算法[39]

遗传算法（genetic algorithm，GA）借鉴生物进化论的思想，是一种启发式群体概率性迭代优化方法。GA将问题的求解表示成“染色体”的适者生存过程，其中包括选择、交叉和变异操作，通过“染色体”群的一代代不断进化，最终收敛到“最适应环境”的个体，从而求得问题的最优解。GA算法具有并行搜索能力，同样不依赖问题的特殊信息，但存在进化缓慢和“早熟”现象。

（八）混合优化算法

最速下降法、共轭梯度法等也可用于DOE的设计。局部优化算法（GS、YG、最速下降法、共轭梯度法等）在优化过程中，只接受目标函数下降的自变量取值，易于陷入局部极值点，寻优可靠性不高，但优化效率较高且局部寻优精度高。全局优化算法（SA、GA等）具有跳出局部极值点的能力，可在整个解空间搜索；但是新旧状态间没有有机的联系，只是在解空间内随机性地试探搜索，优化效率不高。因此，将全局优化算法与局部优化算法有机地结合起来，使其既有一定的全局搜索能力，能跳出局部极值点，又有较高的优化效率，是目前DOE设计时较多使用的算法。

（九）光束整形元件的精细化设计

在数值计算中，只能考虑输出面某些离散点的光强值与理想值间的偏差，传统上通常 $\Delta x' = \lambda f/D$，即 $x' = m\lambda f/D$，$m = -N/2, \cdots, -2, -1, 0, 1, 2, \cdots, N/2-1$。优化后，在这些离散点上能获得良好的光束整形性能。但进一步计算结果表明，若在焦面上换另一组离散点，也即选取在算法中未直接控制的焦平面非设计采样点，计算其光强分布，则可得出其光束整形性能急剧下降。

设计参数同前，传统采样间隔下，混合优化算法的设计结果如图16-26所示，其光能利用率 η 与顶部不均匀性rms分别为96.1%、3.3%。

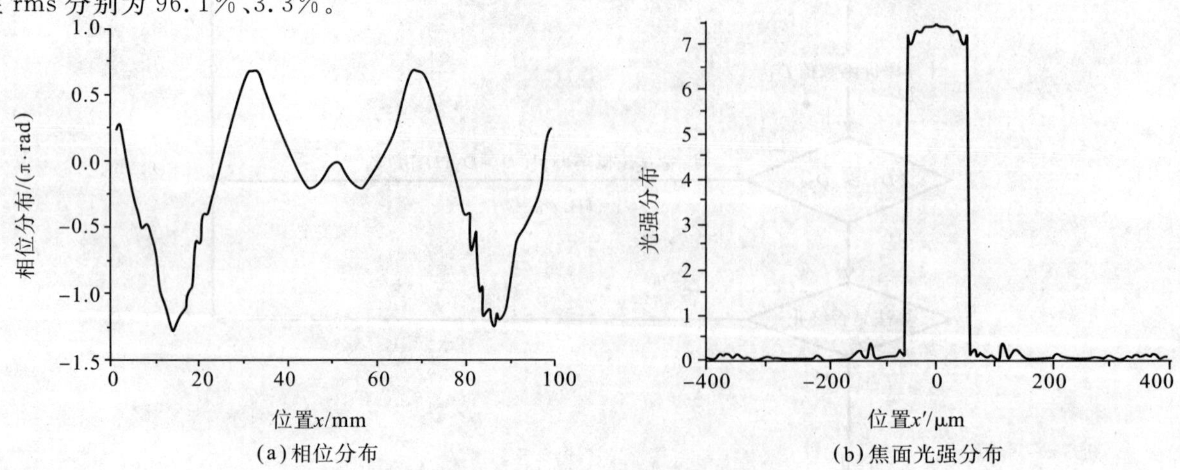

(a)相位分布　　(b)焦面光强分布

图16-26　爬山-模拟退火混合优化算法设计结果

对图 16-26 设计的相位分布，保持采样间隔 $\Delta x' = \lambda f/D$ 不变，但在焦平面上有不同的平移量 Δ，顶部不均匀性 rms 与平移量 Δ 的关系如图 16-27 所示，在 $\Delta = \Delta x'/2$ 时，顶部均匀性最差。

定性分析图 16-27 可知，如果设计中，在控制传统采样方式选取的设计采样点上的光强分布外，还控制具有传统采样间隔 $\Delta x' = \lambda f/D$，焦面平移量 $\Delta = \Delta x'/2$ 的那组采样点上的光强分布，使其也满足光束整形要求，则其他组的光强分布将被限制同样满足光束整形要求。即焦面采样间隔选取为 $\Delta x'/2$，选取相同的设计参数，利用爬山-模拟退火混合优化算法进行设计，相位分布与焦面光强分布如图 16-28 所示，顶部不均匀性 rms 与光能利用率 η 分别为 8.9%、95.0%。

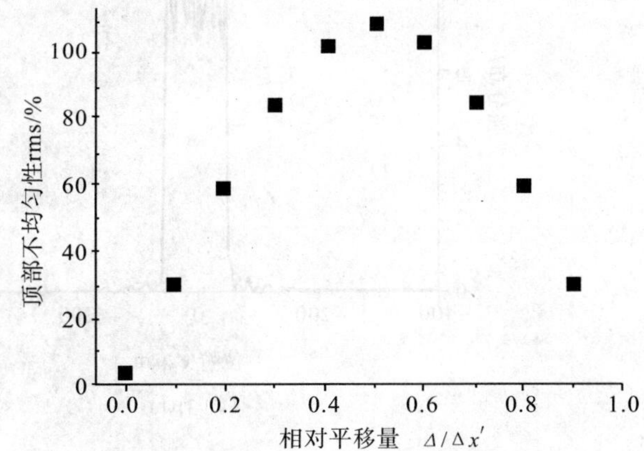

图 16-27　顶部不均匀性与焦面平移量的关系

对图 16-28 设计的相位分布，保持间隔 $\Delta x' = \lambda f/D$ 不变，在焦平面上有不同的平移量 Δ，顶部不均匀性 rms 与平移量 Δ 的关系如图 16-29 所示，均控制在 13% 以下。

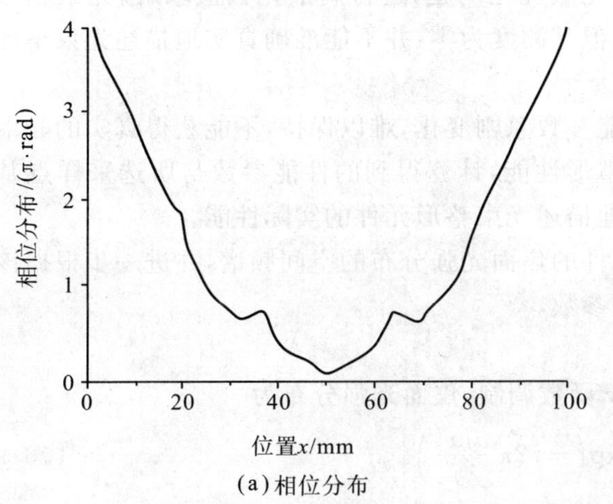

(a) 相位分布

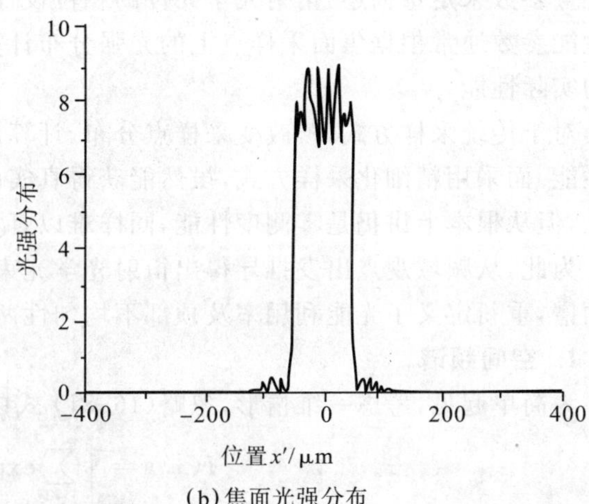

(b) 焦面光强分布

图 16-28　爬山-模拟退火混合优化算法精细化设计结果

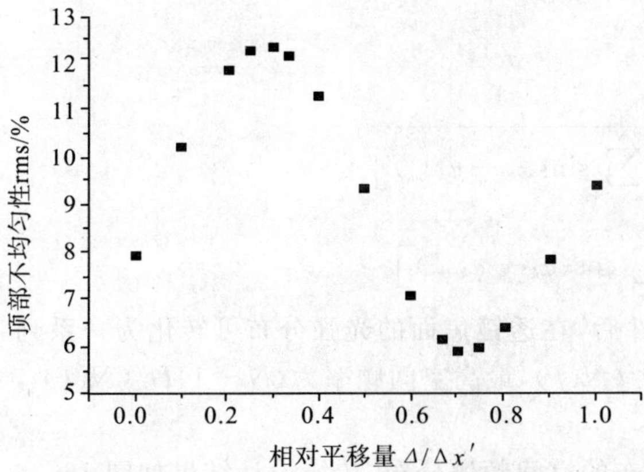

图 16-29　顶部不均匀性与焦面平移量的关系

选取不同的焦面采样间隔进行计算，例如 3 μm 与 1 μm 对应的焦面光强分布如图 16-30(a)、(b) 所示，顶部不均匀性 rms 分别为 9.4%、11.8%，满足光束整形要求。

从图 16-27 和图 7-28 可知，当选取焦面采样间隔值为 $\Delta x'/2$，设计得到的衍射光学光束整形元件，不仅在设计采样点上获得良好的光束整形性能，其他非设计采样点上的性能也基本保持不变，表明获得了真实的光束整形性能。区别于传统采样方式，采样间隔选取为 $\Delta x'/2$ 称之为精细化采样方式，按照精细化采样方式进行设计的方法称之为精细化设计。精细化设计对于采用分数傅里叶变换、菲涅耳变换、汉克尔变换等的光束整形元件均适用。

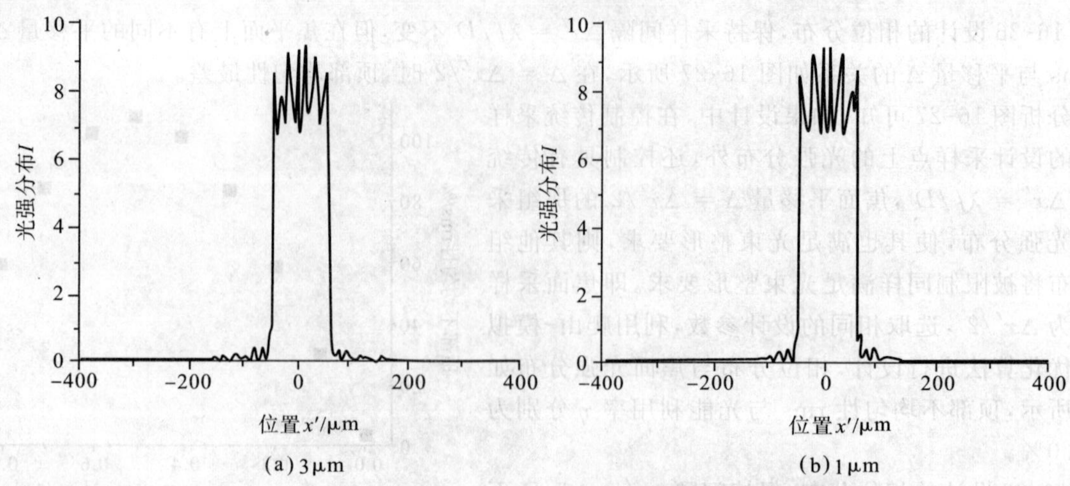

图 16-30　不同采样间隔计算得到的焦面光强分布

(十) 光束整形元件的空间频谱分析

为描述衍射光学光束整形元件的性能，可采用(16-85)式和(16-86)式所表示的光能利用率和顶部不均匀性等参数来定量描述。衍射光学元件的相位设计通常转化成优化问题，进行离散化数值求解。光束整形元件性能参数通常根据焦面采样点上的光强分布计算得出，但其测度为零，并不能准确真实地描述光束整形元件的实际性能。

对于传统采样方式，若改变采样点分布，计算出的性能参数急剧变化，难以保持，不能获得真实的光束整形性能。而采用精细化采样方式，虽然能获得真实的光束整形性能，计算得到的性能参数与所选采样点基本无关，但从根本上讲仍是零测度性能，同样难以真实准确地描述光束整形元件的实际性能。

为此，从频域观点出发推导得出衍射光学光束整形元件的焦面光强分布的空间频谱，并进一步根据该空间频谱，重新定义了光能利用率及顶部不均匀性两个性能参数。

1. 空间频谱

为简单起见，考虑一维情形，忽略(16-81)式中的 sinc 函数调制，焦面光强分布为

$$I(x') = \left| \sum_{j=1}^{N} \exp(\mathrm{i}\varphi_j) \exp\left(-\mathrm{i}\, 2\pi \frac{ajx'}{\lambda f}\right) \right|^2 \tag{16-99}$$

展开得

$$I(y,f) = \sum_{j=1}^{N} \sum_{k=1}^{N} \cos[\varphi_j - \varphi_k + (j-k)y] = N + 2\sum_{m=1}^{N-1} A_m \cos(my + B_m) \tag{16-100}$$

式中

$$y = -2\pi a x'/(\lambda f)$$

$$A_m = \sqrt{\left[\sum_{k=m+1}^{N} \cos(\varphi_k - \varphi_{k-m})\right]^2 + \left[\sum_{k=m+1}^{N} \sin(\varphi_k - \varphi_{k-m})\right]^2}$$

$$B_m = \arctan\left[\sum_{k=m+1}^{N} \sin(\varphi_k - \varphi_{k-m}) / \sum_{k=m+1}^{N} \cos(\varphi_k - \varphi_{k-m})\right]$$

从(16-100)式可以看出，平面波经衍射光学光束整形元件后，在透镜焦面的光强分布可转化为一系列不同谐波频率、振幅、初始相位的余弦函数的叠加，其基频为 $D/(N\lambda f)$，最高空间频率为$(N-1)D/(N\lambda f)$，被光学系统参数与相位采样点数所限定。

为了进行比较，计算传统设计与精细化设计后焦面光强分布的空间频谱分布，传统设计结果如图 16-26 所示，精细化设计结果如图 16-28 所示，DOE 相位均为对称分布，则 B_m 非 0 即 π，为更清晰地表现传统设计与精细化设计得到的焦面光强分布的空间频谱与理想值的偏差，其振幅 $A_m \cos B_m$ 分布如图 16-31 所示，可见精细化设计得到的焦面光强分布的空间频谱与理想分布非常接近，表明采用精细化设计可获得真实的光束整形功能。

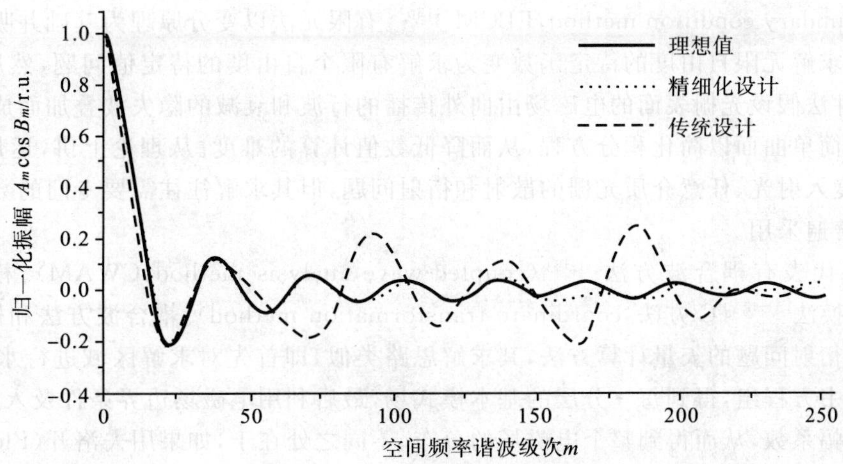

图 16-31　空间频谱振幅分布之比较

2. 性能参数定义

根据(16-100)式，在焦面均匀焦斑区域 $d_1 < x' < d_2$ 内的总光强为

$$I = \int_{y_1}^{y_2} I(y)\mathrm{d}y = N(y_2 - y_1) + 2\sum_{m=1}^{N-1} A_m/m[\sin(my_2 + B_m) - \sin(my_1 + B_m)] \quad (16\text{-}101)$$

式中，$y_j = -2\pi ad_j/(\lambda f)$，$j = 1,2$。

顶部不均匀性定义为二阶矩，即

$$\mathrm{rms} = \sqrt{\frac{\int_{y_1}^{y_2}(I(y) - \bar{I})^2\mathrm{d}y}{(y_2 - y_1)\bar{I}^2}} \quad (16\text{-}102)$$

式中，$\bar{I} = I/(y_2 - y_1)$ 为均匀焦斑区域内的平均光强。

根据(16-101)式可计算焦面总光强，此时 $y_1 = -\pi$、$y_2 = \pi$，则总光强为 $2\pi N$，因此光能利用率为

$$\eta = I/(2\pi N) \quad (16\text{-}103)$$

(16-102)式、(16-103)式所定义的顶部不均匀性与光能利用率不再是零测度定义，而是基于物理本质的、可溯源的、能真正描述光束整形性能的两个参数，所以可以作为衍射光学光束整形元件设计性能的评价标准。

可以利用(16-102)式和(16-103)式来计算传统设计与精细化设计的衍射光学光束控制元件的顶部不均匀性与光能利用率。当 $d_1 = -48.0\ \mu\mathrm{m}$、$d_2 = 48.0\ \mu\mathrm{m}$ 时，对于传统设计，rms 和 η 分别为 67.3% 和 82.4%，按照(16-85)式、(16-86)式计算出的零测度性能与此真值相差远；而对于精细化设计，分别为 7.5% 和92.7%，其零测度性能非常接近真值。这充分表明精细化设计计算出的性能参数是可信的，精细化设计能获得真实的光束整形性能。

当然，为更细致地分析衍射光学光束整形元件的性能，还可以定义其高阶矩，在此就不一一列出。

三、DOE 的矢量模型及亚波长光学元件的设计

如前所述，DOE 的标量模型没有考虑光场的偏振特性，是一定条件下的近似，存在很大的局限性。特别是在分析亚波长结构、高占宽比结构、偏振敏感结构的衍射光学元件时，标量模型不再适用，必须使用更为严格的矢量模型。

矢量模型的基础是严格的电磁波理论，通过求解麦克斯韦方程组，由边界条件求出光波经过 DOE 后的反射场、透射场的分布，从而对 DOE 的特性进行研究。由于光波各电磁场分量在 DOE 中相互作用的复杂性，采用矢量理论往往不可能获得解析解，通常需要进行大量的数值积分计算。常用的矢量计算方法可分为两大类：积分法和微分法。

积分法包括体积分法和表面积分法，主要代表是有限元法(finite element method，FEM)[16]和扩展边界

条件法(enlarge boundary condition method,EBCM)[40]。有限元法以变分原理为基础并吸收了差分思想，其基本思路是首先把求解无限自由度的待定函数变为求解有限个自由度的待定值问题，然后再进行数值积分计算。扩展边界条件法假设光栅表面的电磁场由向外传播的行波和衰减的隐失波叠加而成，并通过在光栅表面之外人为地设定简单曲面以简化积分方程，从而降低数值计算的难度。从理论上讲，运用积分法能够求解任意偏振、任意角度入射光、任意介质光栅的散射和衍射问题，但其求解往往需要专门的数学工具，且计算量巨大，因此不易于普遍采用。

微分法的主要代表有耦合波方法[11-12] (coupled-wave analysis method,CWAM)、模式法[9-10] (modal method) 和坐标变换法[41-42] (C 方法，coordinate transformation method)。耦合波方法和模式法是目前被广泛使用的解决光栅衍射问题的矢量计算方法，其求解思路类似，即首先对求解区域进行水平分层，然后对每一分层求解麦克斯韦方程组，得到每一分层的基本模式场，最后利用电磁场边界条件及入射波的已知条件求得各本征模式的振幅系数，从而得到整个电磁场的分布。不同之处在于，如果用夫洛开(Floquet) 解来表示每一分层的基本模式场，就得到耦合波方程，即耦合波方法；而如果将每一分层的电磁场本征模式用傅里叶基函数或其他基函数展开，获得需要求解的本征方程，则为模式方法。相比积分方法，耦合波法和模式法的数学过程相对简单，实现容易，计算迅速，能对任意面形、任意厚度、任意介质和入射光任意角度入射的光栅问题进行求解。

总的来讲，矢量模型比标量模型更精确，但复杂的计算过程、庞大的计算量仍使其面临着巨大的困难。目前，对于无限周期结构的亚波长衍射光学元件，可采用耦合波方法或模式法进行分析，其理论设计和制作工艺已经比较成熟。而对于有限非周期结构的亚波长衍射光学元件，例如亚波长衍射微透镜，则需采用更为复杂的电磁场计算方法，如有限元[16]、边界元[15] 或时域有限差分法[17-18] 等，由于其对计算机性能的要求更高，直到近几年才有少数学者将一些电磁场的数值计算方法应用到该类元件的理论分析与设计中。因此，本节将主要介绍目前比较成熟的亚波长周期光栅设计的一般思路和方法。

(一) 亚波长周期光栅的矢量分析

如前所述，模式法与耦合波方法的物理思想基本类似。如果模式法采用的基函数为平面波函数，则模式法与耦合波法完全等价，这时通常也称之为傅里叶模方法。本节即采用傅里叶模方法，对任意形状周期光栅的矢量求解过程作一介绍。

1. 光栅结构和分层方法

光栅如图 16-32 所示，光栅结构在 x 方向上以周期 T 变化，光栅槽沿 y 方向。在一个周期范围内，将求解区域沿 z 方向进行水平分层，共分为 L 层。在任一水平分层 l 中，其上下界面坐标分别为 z^l 和 z^{l-1}，沿 x 轴方向的分界面坐标分别为 T_1^l 和 T_2^l。

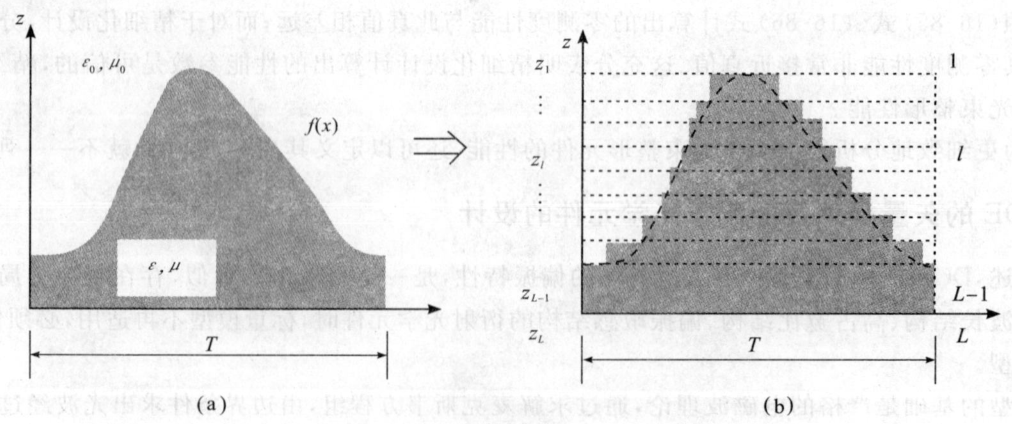

图 16-32　任意面形周期光栅的单元结构

由于光栅层呈周期性分布，因此其相对介电常数和相对磁导率也具有周期性，即

$$\varepsilon(x+T)=\varepsilon(x),\quad \mu(x+T)=\mu(x) \tag{16-104}$$

其中

$$\left.\begin{aligned}\varepsilon^l=\varepsilon_1^l,\ \mu^l=\mu_1^l,\ x\in(0,T_1^l)\ \text{和}\ (T_2^l,T)\\ \varepsilon^l=\varepsilon_2^l,\ \mu^l=\mu_2^l,\ x\in(T_1^l,T_2^l)\end{aligned}\right\}\tag{16-105}$$

式中，上标 l 代表第 l 层，ε_1^l、ε_1^l 和 μ_1^l、μ_2^l 代表第 l 层中介质的相对介电常数和相对磁导率。

2. 校正傅里叶因式分解原理

最初的傅里叶模方法直接把 $E(x,y,z)$、$H(x,y,z)$、$\varepsilon(x)$、$\mu(x)$ 作傅里叶级数展开，再代入麦克斯韦方程组得本征矩阵方程[14]。这种做法对入射波为TM波的情况其计算收敛性差。1996年，L. Li提出了"函数乘积的傅里叶因式分解规则"，大大提高了计算的收敛速度，在计算精度保持不变的情况下，使计算速度提高了几个量级[13]。其原因是该方法考虑了电磁场横向的边界条件，从而使得电磁场的边界条件能够得到严格的满足。

对于定义在 $[a,b]$ 内的函数方程

$$h(x)=f(x)g(x)\tag{16-106}$$

设 h_m、f_m、$\left(\frac{1}{f}\right)_m$ 和 g_m 分别代表以 $\exp\left(\mathrm{i}\,\frac{2\pi}{T}mx\right)$ 为基函数的 $h(x)$、$f(x)$、$\frac{1}{f(x)}$ 和 $g(x)$ 的一维傅里叶展开系数，并记 $f_{mn}\equiv f_{m-n}$，则校正傅里叶因式分解原理为

在 $[a,b]$ 内，若 $h(x)$ 连续而 $f(x)$、$g(x)$ 不连续，则由(16-106)式获得的展开系数表示成

$$\sum_n\left[\frac{1}{f}\right]_{mn}h_n=g_m\tag{16-107}$$

在 $[a,b]$ 内，若 $g(x)$ 连续，$f(x)$、$h(x)$ 均连续或均不连续，则由(16-106)式获得的展开系数表示成

$$h_m=\sum_n f_{mn}g_n\tag{16-108}$$

具体而言，对于分量 $\varepsilon(x)$（对应于上面所述的 $f(x)$）存在两种不同的展开形式，其矩阵元素分别用 $(\bar{\varepsilon})_{mn}$ 和 $(\varepsilon)_{mn}$ 表示为

$$(\bar{\varepsilon})_{mn}=\frac{1}{T}\int_0^T\frac{1}{\varepsilon(x)}\exp\left[-\mathrm{i}\,\frac{2\pi}{T}(m-n)x\right]\mathrm{d}x\tag{16-109}$$

$$(\varepsilon)_{mn}=\frac{1}{T}\int_0^T\varepsilon(x)\exp\left[-\mathrm{i}\,\frac{2\pi}{T}(m-n)x\right]\mathrm{d}x\tag{16-110}$$

式中，$m,n=0,\pm1,\pm2,\cdots,\pm M,\cdots$。

3. 光栅层中电磁场满足的微分方程和边界条件

每一水平分层中，电磁场满足麦克斯韦方程：

$$\nabla\times\boldsymbol{H}=\frac{\partial\boldsymbol{D}}{\partial t}\qquad\nabla\times\boldsymbol{E}=-\frac{\partial\boldsymbol{B}}{\partial t}\tag{16-111}$$

对于线性介质，$\boldsymbol{D}=\varepsilon_0\varepsilon\boldsymbol{E}$，$\boldsymbol{B}=\mu_0\mu\boldsymbol{H}$，麦克斯韦方程可用分量形式表示为

$$\left.\begin{aligned}\frac{\partial E_z}{\partial y}-\frac{\partial E_y}{\partial z}=\mathrm{i}\omega\mu H_x,\ \frac{\partial H_z}{\partial y}-\frac{\partial H_y}{\partial z}=-\mathrm{i}\omega\varepsilon E_x\\ \frac{\partial E_x}{\partial z}-\frac{\partial E_z}{\partial x}=\mathrm{i}\omega\mu H_y,\ \frac{\partial H_x}{\partial z}-\frac{\partial H_z}{\partial x}=-\mathrm{i}\omega\varepsilon E_y\\ \frac{\partial E_y}{\partial x}-\frac{\partial E_x}{\partial y}=\mathrm{i}\omega\mu H_z,\ \frac{\partial H_y}{\partial x}-\frac{\partial H_x}{\partial y}=-\mathrm{i}\omega\varepsilon E_z\end{aligned}\right\}\tag{16-112}$$

由于在各均匀分区的分界面上不存在自由电荷和传导电流，根据本章第一节中的边界条件(16-8)式至(16-11)式，电场强度和磁场强度的切向分量必须连续，而电位移矢量和磁感应强度的法向分量必须连续。即在纵向分界面 $z=z^l$ 处，E_x、E_y、H_x、H_y 必须连续：

$$\left.\begin{aligned}E_x^l=E_x^{l+1},\ H_x^l=H_x^{l+1},\\ E_y^l=E_y^{l+1},\ H_y^l=H_y^{l+1},\quad z=z^l\end{aligned}\right\}\tag{16-113}$$

而在横向分界面 $x=T_1^l$ 和 $x=T_2^l$ 处，$D_x(=\varepsilon E_x)$、E_y、E_z、$B_x(=\mu H_x)$、H_y、H_z 必须连续。由于 ε、μ 不连续，从而 E_x、$D_y(=\varepsilon E_y)$、$D_z(=\varepsilon E_z)$、H_x、$B_y(=\mu H_y)$、$B_z(=\mu H_z)$ 不连续。

4. 各层中的基本模式场和本征值

对于从空气中入射的波长为 λ 的单位平面电磁波

$$\left.\begin{aligned} \boldsymbol{E}_1 &= \boldsymbol{u}\exp\{\mathrm{i}k_0[\alpha_0 x+\beta_0 y+\gamma^1(z-z^l)]\} \\ \eta_0\boldsymbol{H}_1 &= \boldsymbol{b}\exp\{\mathrm{i}k_0[\alpha_0 x+\beta_0 y+\gamma^1(z-z^l)]\} \end{aligned}\right\} \tag{16-114}$$

设入射波矢量 $\boldsymbol{k}$ 与 z 轴的夹角为 θ，$\boldsymbol{k}$ 在 xy 平面上的投影矢量与 x 轴的夹角为 φ，电场矢量与入射面的夹角为 ψ，则

$$\alpha_0=\sin\theta\cos\varphi,\beta_0=\sin\theta\sin\varphi,\ \gamma^1=\cos\theta,k_0=2\pi/\lambda \tag{16-115}$$

$$\left.\begin{aligned} &u_x=\cos\psi\cos\theta\cos\varphi-\sin\psi\sin\varphi, \\ &u_y=\cos\psi\cos\theta\sin\varphi+\sin\psi\cos\varphi, \quad u^2=1 \\ &u_z=-\cos\psi\sin\theta, \end{aligned}\right\} \tag{16-116}$$

$$\left.\begin{aligned} &b_x=-\sin\psi\cos\theta\cos\varphi-\cos\psi\sin\varphi, \\ &b_y=-\sin\psi\cos\theta\sin\varphi+\cos\psi\cos\varphi, \quad b^2=1 \\ &b_z=\sin\psi\sin\theta, \end{aligned}\right\} \tag{16-117}$$

在空气层和基底层中，ε、μ 均是与 x 坐标无关的常数，其基本模式场电场强度的每一个分量可直接设为

$$\exp\{\mathrm{i}k_0[\alpha_m x+\beta_0 y+\gamma_m^l(z-z^l)]\} \tag{16-118}$$

$$\alpha_m=\alpha_0+m\lambda/T,\ m=0,\pm1,\pm2,\cdots\pm\infty \tag{16-119}$$

式中，l 仅代表空气层 1、空气层 L 和基底层 L-1。把(16-114) 式代入 Helmhotz 方程，得到其本征值为

$$\gamma_m^1=\pm\sqrt{1-\alpha_m^2-\beta_0^2} \tag{16-120}$$

$$\gamma_m^L=\pm\sqrt{\varepsilon^L\mu^L-\alpha_m^2-\beta_0^2} \tag{16-121}$$

$$\gamma_m^{L-1}=\pm\sqrt{\varepsilon^{L-1}\mu^{L-1}-\alpha_m^2-\beta_0^2} \tag{16-122}$$

从而，各均匀介质层中的本征值被完全确定。

在光栅层中，则用傅里叶函数的线性叠加来表示基本模式场。为了使横向连续条件得到严格满足，应按 L. Li 提出的校正傅里叶因式分解原理来展开麦克斯韦方程。

设 l 代表层号，m 代表傅里叶模编号，设每一分层内的基本模式场为傅里叶模：

$$[\boldsymbol{E},\eta_0\boldsymbol{H}]^l=\exp[\mathrm{i}k_0(\alpha_m x+\beta_0 y)][e_{xm},e_{ym},e_{zm},-h_{xm},h_{ym},h_{zm}]^l\exp[\mathrm{i}k_0\gamma(z-z^l)]$$

$$\alpha_m=\alpha_0+m\lambda/T,\ m=0,\pm1,\pm2,\cdots,\pm M,\cdots \tag{16-123}$$

式中，γ 是待求参量，它对应于波矢量的 z 分量。

在各光栅层中，对自变量 x 而言，E_y、E_z、H_y、H_z 是连续的，而 E_x、H_x、ε、μ 是不连续的，根据校正傅里叶因式分解原理，得到如下矩阵形式(为了简洁，略去了表示层号的上标 l)：

$$\left.\begin{aligned} &\overline{\mu}(\beta_0 e_z-e_y\gamma)=-h_x, && \overline{\varepsilon}(\beta_0 h_z-h_y\gamma)=-e_x \\ &e_x\gamma-\alpha e_z=\mu h_y, && -h_x\gamma-\alpha h_z=-\varepsilon e_y \\ &\alpha e_y-\beta_0 e_x=\mu h_z, && \alpha h_y+\beta_0 h_x=-\varepsilon e_z \end{aligned}\right\} \tag{16-124}$$

消去 e_z、h_z，得

$$\begin{bmatrix}\mu-\alpha\varepsilon^{-1}\alpha & -\alpha\varepsilon^{-1}\beta_0 \\ -\beta_0\varepsilon^{-1}\alpha & \overline{\mu}^{-1}-\beta_0\varepsilon^{-1}\beta_0\end{bmatrix}\begin{bmatrix}h_y \\ h_x\end{bmatrix}\equiv\begin{bmatrix}A_{11} & A_{12} \\ A_{21} & A_{22}\end{bmatrix}\begin{bmatrix}h_y \\ h_x\end{bmatrix}=\begin{bmatrix}e_x \\ e_y\end{bmatrix}\gamma \tag{16-125}$$

$$\begin{bmatrix}\overline{\varepsilon}^{-1}-\beta_0\mu^{-1}\beta_0 & \beta_0\mu^{-1}\alpha \\ \alpha\mu^{-1}\beta_0 & \varepsilon-\alpha\mu^{-1}\alpha\end{bmatrix}\begin{bmatrix}e_x \\ e_y\end{bmatrix}\equiv\begin{bmatrix}B_{11} & B_{12} \\ B_{21} & A_{22}\end{bmatrix}\begin{bmatrix}e_x \\ e_y\end{bmatrix}=\begin{bmatrix}h_y \\ h_x\end{bmatrix}\gamma \tag{16-126}$$

根据(16-125) 式和(16-126) 式，消去 h_x、h_y，得

$$\begin{bmatrix}A_{11} & A_{12} \\ A_{21} & A_{22}\end{bmatrix}\begin{bmatrix}B_{11} & B_{12} \\ B_{21} & B_{22}\end{bmatrix}\begin{bmatrix}e_x \\ e_y\end{bmatrix}\equiv\begin{bmatrix}C_{11} & 0 \\ C_{21} & C_{22}\end{bmatrix}\begin{bmatrix}e_x \\ e_y\end{bmatrix}=\begin{bmatrix}e_x \\ e_y\end{bmatrix}\gamma^2 \tag{16-127}$$

上式即为电场分量的本征方程，求解该公式，可获得本征值 γ^2 和电本征矢矩阵 W_{e}，然后由(16-142) 式求得磁本征矢矩阵 W_{h}

$$AW_{\mathrm{h}}=W_{\mathrm{e}}\gamma \tag{16-128}$$

其中值得注意的是，本征值 γ_m 的值正负成对出现，正值代表上行波，负值代表下行波。

在空气层($l=1$ 及 $l=L$)和基底层($l=L-1$)中，电磁本征值的解析表达为(16-120)式至(16-122)式，若取电本征矢矩阵为单位阵 $\boldsymbol{W}_{\mathrm{e}}^{l}=\boldsymbol{I}$，由公式(16-128)可得磁本征矢矩阵为

$$W_{\mathrm{h}}^{l}=\frac{1}{\gamma^{l}}\begin{bmatrix}\mu^{l}-\beta_0^2/\varepsilon^{l} & \alpha\beta_0/\mu^{l}\\ \alpha\beta_0/\mu^{l} & \varepsilon^{l}-\alpha^2/\mu^{l}\end{bmatrix} \tag{16-129}$$

5. RTCM 递推算法[43-44]

求得电磁模式场后，电磁场的通解就是这些模式场的线性叠加。第 l 层电磁场的横向分量用矩阵表示为

$$\begin{bmatrix}E_{\mathrm{S}}^{l}\\ \eta_0 H_{\mathrm{S}}^{l}\end{bmatrix}=\exp[\mathrm{i}k_0(\alpha x+\beta_0 y)]\begin{bmatrix}W_{\mathrm{e}}^{l} & W_{\mathrm{e}}^{l}\\ W_{\mathrm{h}}^{l} & -W_{\mathrm{h}}^{l}\end{bmatrix}\begin{bmatrix}\exp[+\mathrm{i}k_0\gamma^{l}(z-z^{l})u_{+}^{l}]\\ \exp[-\mathrm{i}k_0\gamma^{l}(z-z^{l})d_{+}^{l}]\end{bmatrix} \tag{16-130}$$

式中，$E_{\mathrm{S}}^{l}=\begin{bmatrix}E_x^{l}\\ E_y^{l}\end{bmatrix}$，$H_{\mathrm{S}}^{l}=\begin{bmatrix}H_y^{l}\\ H_x^{l}\end{bmatrix}$均为 N 维列矩阵，u_{+}^{l}、d_{+}^{l} 分别代表上行波和下行波各模式场振幅系数构成的 N 维列矩阵。$\exp[\mathrm{i}k_0(\alpha x+\beta_0 y)]$、$\gamma^{l}$、$\exp[\pm\mathrm{i}k_0\gamma^{l}(z-z^{l})]$ 为 N 维对角矩阵。根据电磁场切向分量的连续条件，把(16-130)式代入(16-113)式，得

$$\begin{bmatrix}W_{\mathrm{e}}^{l} & W_{\mathrm{e}}^{l}\\ W_{\mathrm{h}}^{l} & -W_{\mathrm{h}}^{l}\end{bmatrix}\begin{bmatrix}u_{+}^{l}\\ d_{+}^{l}\end{bmatrix}=\begin{bmatrix}W_{\mathrm{e}}^{l+1} & W_{\mathrm{e}}^{l+1}\\ W_{\mathrm{h}}^{l+1} & -W_{\mathrm{h}}^{l+1}\end{bmatrix}\begin{bmatrix}\exp[-\mathrm{i}k_0\gamma^{l+1}h^{l+1}]u_{+}^{l+1}\\ \exp[+\mathrm{i}k_0\gamma^{l+1}h^{l+1}]d_{+}^{l+1}\end{bmatrix} \tag{16-131}$$

式中，$h^{l+1}=z^{l+1}-z^{l}$ 为第 l 层的厚度。为求解上式，可采用 RTCM 递推算法，各分层中上行波和下行波的关系如图 16-33 所示。其中，u_{-}^{l} 定义为第 l 层下界面 z^{l-1} 处上行波的振幅系数阵，则

$$u_{+}^{l}=\exp(\mathrm{i}k_0\gamma^{l}h^{l})u_{-}^{l} \tag{16-132}$$

并定义 R_{+}^{l} 为第 l 层上界面 z^{l} 处的反射系数阵，T^{l} 为第 l 层上界面 z^{l} 处的透射系数阵，R_{-}^{l} 为第 l 层的上行波从下界面 z^{l-1} 处传递到上界面 Z^{l} 处经反射再传递到下界面 z^{l-1} 处的反射系数阵，则有

$$d_{+}^{l}=R_{+}^{l}u_{+}^{l} \tag{16-133}$$

$$u_{-}^{l+1}=T^{l}u_{+}^{l} \tag{16-134}$$

$$R_{-}^{l}=\exp(\mathrm{i}k_0\gamma^{l}h^{l})R_{+}^{l}\exp(\mathrm{i}k_0\gamma^{l}h^{l}) \tag{16-135}$$

将(16-132)式至(16-135)式代入(16-131)式，得

$$\begin{bmatrix}W_{\mathrm{e}}^{l} & W_{\mathrm{e}}^{l}\\ W_{\mathrm{h}}^{l} & -W_{\mathrm{h}}^{l}\end{bmatrix}\begin{bmatrix}I\\ R_{+}^{l}\end{bmatrix}=\begin{bmatrix}W_{\mathrm{e}}^{l+1} & W_{\mathrm{e}}^{l+1}\\ W_{\mathrm{h}}^{l+1} & -W_{\mathrm{h}}^{l+1}\end{bmatrix}\begin{bmatrix}I\\ R_{-}^{l+1}\end{bmatrix}T^{l} \tag{16-136}$$

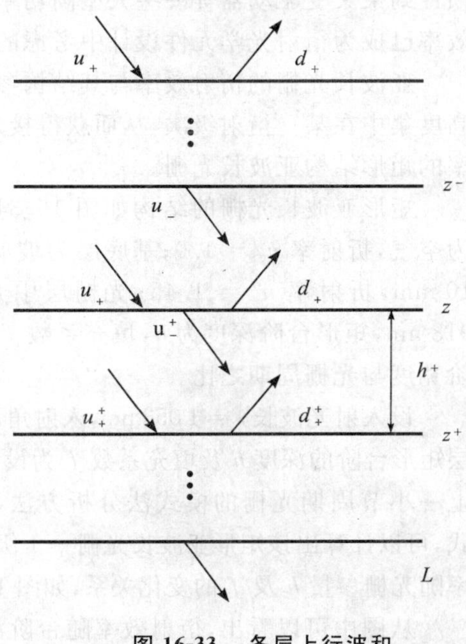

图 16-33　各层上行波和下行波的关系示意图

写成方程形式：

$$\left.\begin{aligned}(I+R_{+}^{l})&=(W_{\mathrm{e}}^{l})^{-1}W_{\mathrm{e}}^{l+1}(I+R_{-}^{l+1})T^{l}\\ (I-R_{+}^{l})&=(W_{\mathrm{h}}^{l})^{-1}W_{\mathrm{h}}^{l+1}(I-R_{-}^{l+1})T^{l}\end{aligned}\right\} \tag{16-137}$$

即可获得 T^{l}、R_{+}^{l} 的求解公式：

$$\left.\begin{aligned}&T^{l}=2[F^{l}+G^{l}]^{-1}, && R_{+}^{l}=F^{l}T^{l}-I,\\ &F^{l}=(W_{\mathrm{e}}^{l})^{-1}W_{\mathrm{e}}^{l+1}(I+R_{-}^{l+1}), && G^{l}=(W_{\mathrm{h}}^{l})^{-1}W_{\mathrm{h}}^{l+1}(I-R_{-}^{l+1})\end{aligned}\right\} \tag{16-138}$$

式中，$(W_{\mathrm{e}}^{l})^{-1}W_{\mathrm{e}}^{l+1}$，$(W_{\mathrm{h}}^{l})^{-1}W_{\mathrm{h}}^{l+1}$ 实际上代表从第 l 层的模式转换到第 $l+1$ 层的模式的转换系数阵。在最后一层中，由于不存在反射，故 $R_{-}^{L}\equiv 0$，根据(16-155)式和(16-152)式即可计算各分层中的 T^{l}，R_{+}^{l}。在第一层中，入射波为 $u_{+}^{1}=(u_x,u_y,0,\cdots,0)^{t}$ (t 代表求矩阵 u_1 的转置矩阵)，这样(16-132)式至(16-134)式就构成了计算各层中本征模式场振幅系数阵 u_{+}^{l}，d_{+}^{l} 的递推公式。

6. 反射率与透射率

一般而言，我们最感兴趣的是通过光栅后各衍射级次的能量分布情况，即各级次反射光和透射光的衍射效率。

为此，定义第 m 级次反射光的衍射效率 η_m^{R} 为第一层第 m 级次的反射能流 z 分量的平均值 $\bar{S}_{zm}^{\mathrm{R}}$ 与第一层入射能流 z 分量的平均值 $\bar{S}_{z0}^{\mathrm{I}}$ 之比；第 m 级次透射光的衍射效率 η_m^{T} 为第 L 层透射能流 z 分量的平均值 $\bar{S}_{zm}^{\mathrm{T}}$ 与 $\bar{S}_{z0}^{\mathrm{I}}$

之比。其计算公式如下面(16-139)式至(16-141)式所示。

$$\left.\begin{aligned}\eta_m^{\mathrm{R}} &= \frac{\overline{S}_{zm}^{\mathrm{R}}}{\overline{S}_{z0}^{\mathrm{I}}} = \frac{\mathrm{Re}[E_{xm}^{\mathrm{R}}(H_{ym}^{\mathrm{R}})^* + E_{ym}^{\mathrm{R}}(H_{xm}^{\mathrm{R}})^*]}{\cos\theta} \\ \eta_m^{\mathrm{T}} &= \frac{\overline{S}_{zm}^{\mathrm{T}}}{\overline{S}_{z0}^{\mathrm{I}}} = \frac{\mathrm{Re}[E_{xm}^{\mathrm{T}}(H_{ym}^{\mathrm{T}})^* + E_{ym}^{\mathrm{T}}(H_{xm}^{\mathrm{T}})^*]}{\cos\theta}\end{aligned}\right\} \tag{16-139}$$

其中

$$\begin{bmatrix} E_{xm}^{\mathrm{R}} \\ E_{ym}^{\mathrm{R}} \end{bmatrix} = [R_+^1 u_+^1]_m, \quad \begin{bmatrix} H_{ym}^{\mathrm{R}} \\ H_{xm}^{\mathrm{R}} \end{bmatrix} = [W_h^1 R_+^1 u_+^1]_m \tag{16-140}$$

$$\begin{bmatrix} E_{xm}^{\mathrm{T}} \\ E_{ym}^{\mathrm{T}} \end{bmatrix} = [u_-^L]_m, \quad \begin{bmatrix} H_{ym}^{\mathrm{T}} \\ H_{xm}^{\mathrm{T}} \end{bmatrix} = [W_h^L u_-^L]_m \tag{16-141}$$

（二）高衍射效率亚波长光栅的设计

衍射光学元件的优点之一是其具有较高的衍射效率，这对实际应用具有十分重要的意义，特别是对激光惯性约束聚变驱动器等一些大型高功率激光系统而言，1% 的能量损失也意味着极大的浪费。因此，高衍射效率已成为衍射光学元件设计中考虑的首要因素。

亚波长光栅的衍射效率与其结构参量及使用状态有非常密切的关系，在某些特殊的条件下，光束能量可高度集中在某一衍射级次，从而获得接近 100% 的衍射效率。下面介绍如何采用傅里叶模方法设计高衍射效率的矩形结构亚波长光栅。

矩形亚波长光栅的结构如图 16-34 所示，表面层为空气，折射率 $n_c = 1.0$；基底层为玻璃，层厚度 $d = 10$ mm，折射率 $n_s = 1.45$；光栅层中光栅周期 $\Lambda = 918$ nm，矩形台阶深度为 h，填充系数 f 定义为矩形台阶宽度与光栅周期之比。

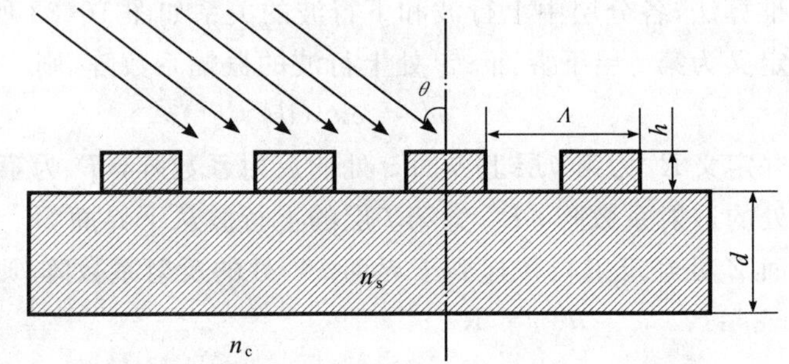

图 16-34　矩形亚波长光栅结构示意图

设入射光波长 $\lambda = 1\,053$ nm，入射角 $\theta = 35°$，则光栅层矩形台阶的深度 h 及填充系数 f 为设计自由度。采用上一小节周期光栅的模式法分析方法，根据(16-137)式，可以计算出该矩形亚波长光栅 −1 级透射光衍射效率随光栅参量 h 及 f 的变化关系，如图 16-35 所示(计算范围 $0 < h < 4$ μm，$0 < f < 1$)。

从图中可以看出，衍射效率随台阶深度 h 及填充系数 f 的变化比较复杂，在几个小区域内，衍射效率均可达到 95% 以上。考虑到制作工艺的宽容度，选取面积最大的一个区域再进行精细设计，搜索范围限制为：2.4 μm $< h <$ 3.0 μm，$0.4 < f < 0.7$，结果如图 16-36 所示。通过分析，可获得矩形亚波长光栅的优化设计结果：台阶深度 $h = 2.53$ μm，填充系数 $f = 0.6$，此时 −1 级透射光衍射效率可达 99.7%。

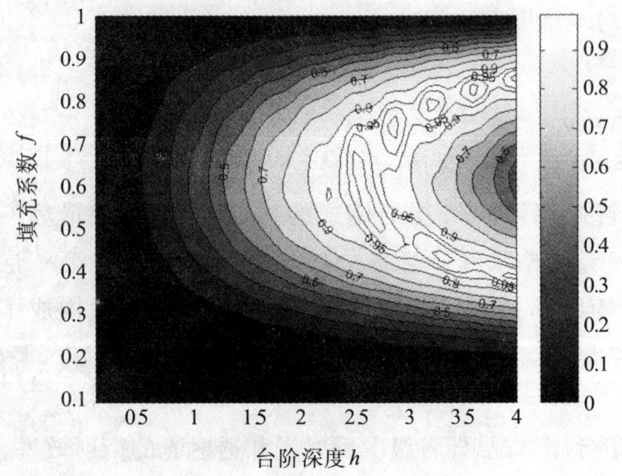

图 16-35　矩形亚波长光栅 −1 级透射光衍射效率随光栅参量 h 及 f 的变化关系

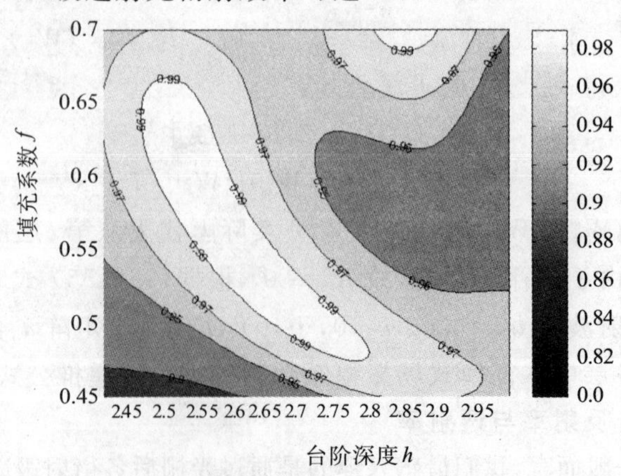

图 16-36　矩形亚波长光栅 −1 级透射光衍射效率精细设计结果

以优化设计的光栅参量为基础，可进一步分析光栅结构误差对其衍射效率的影响，计算结果如图 16-37 所示。当台阶深度误差控制在 ±7% 以内、填充系数误差控制在 ±20% 以内时，可保证矩形亚波长光栅的衍射效率维持在 95% 以上。

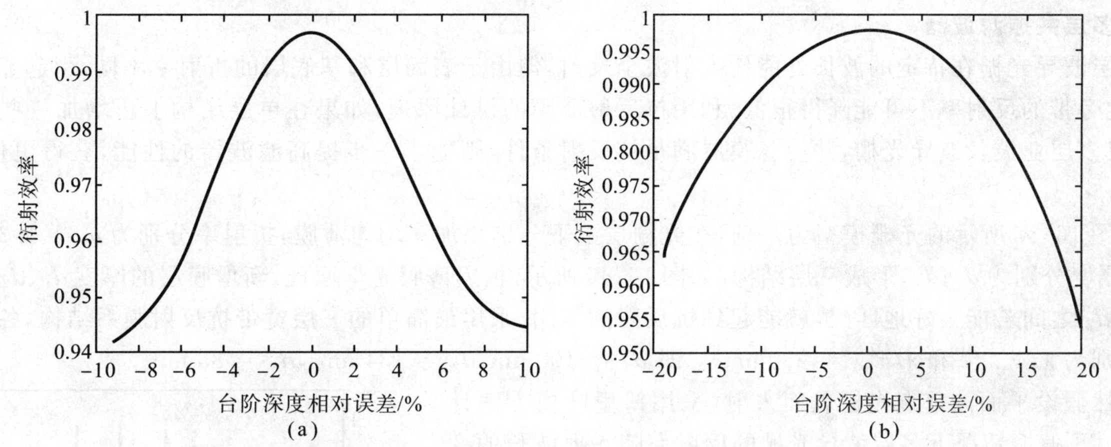

图 16-37　衍射效率与光栅结构相对误差的关系

(三) 亚波长光栅反射型窄带滤波器的设计

由于亚波长光栅的周期小于使用的波长，入射到光栅的光波各偏振分量之间的相互作用对衍射场有很大的影响，因此亚波长光栅表现出许多不同于传统光学元件的特殊性质[45-46]。特别是利用亚波长光栅的导模共振效应[47-48]，在某些特殊的条件下，经过光栅的光束能量可随入射光波长或其偏振态而发生剧烈的变化，从而可获得性能优越的高反射、高透射、窄带滤波以及高密度波分复用等光学器件[49-51]。

以下采用傅里叶模方法计算并分析亚波长波导光栅的衍射特性，并在此基础上利用导模共振效应设计窄带反射型滤波器。

1. 单层共振滤波器

单层亚波长波导光栅结构如图 16-38 所示，表面层为空气，折射率 $n_c = 1.0$，基底层为玻璃，其折射率 $n_s = 1.52$；光栅结构层由两种材料组成，光栅周期 $\Lambda = 314$ nm，光栅层厚度 $d = 134$ nm，高折射率材料 $n_h = 2.1$，低折射率材料 $n_l = 2.0$，填充系数 $f = 0.5$，因此光栅层平均折射率 $n_{av} = \sqrt{fn_h^2 + (1-f)n_l^2} = 2.05$，大于表面层折射率 n_c 和基底层的折射率 n_s，从而形成波导结构。

假设平面波垂直光栅表面入射，采用傅里叶模方法分别计算得到 TE 和 TM 偏振情况下单层波导光栅的衍射特性，图 16-39 为反射率随入射波长的变化关系，波长范围为整个可见光区域。由图可知，该亚波长波导光栅对整个可见光区域具有较低的反射率，只是在特定的波长处发生导模共振效应，使入射光全反射，TE 偏振波共振峰位置出现在 $\lambda = 550$ nm 处，TM 偏振波共振峰位置 $\lambda = 510$ nm，二者相差约 40 nm。

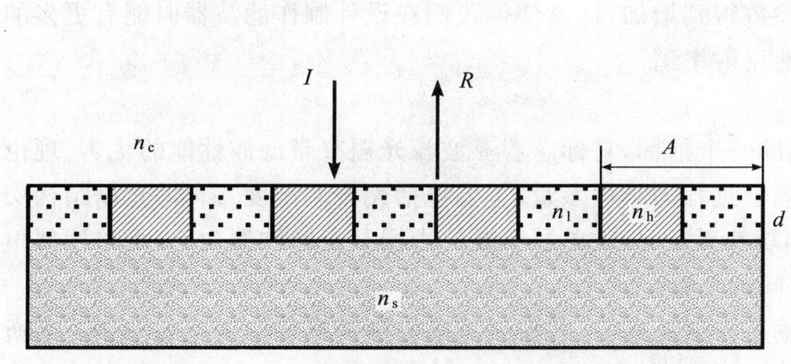

图 16-38　单层亚波长波导光栅结构示意图

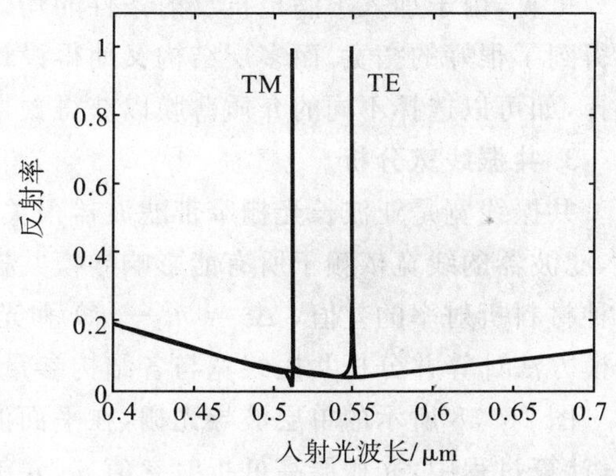

图 16-39　单层导模共振滤波器在可见光范围内的反射率曲线

该单层波导光栅结构可视为一个高性能的带阻滤波器，其在工作波长处的反射率可达100%，并且具有对称的线性。这类滤波器的工作原理可归于波导光栅的共振与薄膜干涉的共同作用。在共振波长处，外部的传播波与邻近的隐失波之间发生强烈的耦合，从而在反射谱上产生一个急剧的跃变。

2. 多层共振滤波器

单层波导光栅在特定的波长处能使入射波全反射，但由于表面层和基底层的折射率不同，引起非涅耳反射，因此旁带的反射率不可能降得很低。利用抗反射薄膜的设计原理，如果在单层结构上再增加一些均匀膜层，形成多层亚波长波导光栅，并使各膜层满足抗反射条件，则能进一步提高滤波器的性能，获得更低、更宽的旁带。

以图16-38所示的光栅模型为基础，在光栅层上下分别添加一均匀薄膜，折射率分别为$n_1 = 1.38$、$n_3 = 1.62$，厚度分别为d_1、d_3，形成三层结构，如图16-40所示。根据薄膜光学原理，新增膜层的厚度d_1、d_3与光栅层厚度d_2之间若能很好地匹配，就能起到抗反射的作用。采用最简单的三层宽带抗反射膜系结构，各膜层的厚度分别为$\lambda/4$、$\lambda/2$和$\lambda/4(\lambda = 550\ \text{nm})$，即$d_1 = 100\ \text{nm}, d_2 = 134\ \text{nm}, d_3 = 85\ \text{nm}$。

仍然假设平面波垂直光栅表面入射，采用傅里叶模方法计算得到TE偏振情况下多层波导光栅的反射率随入射波长的变化关系如图16-41所示。

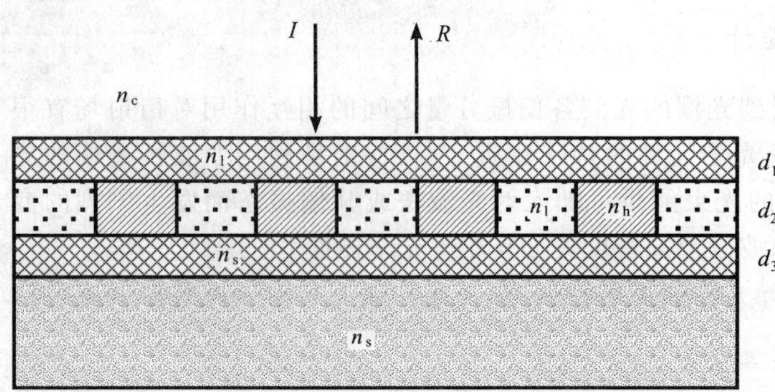

图16-40 三层亚波长波导光栅结构示意图

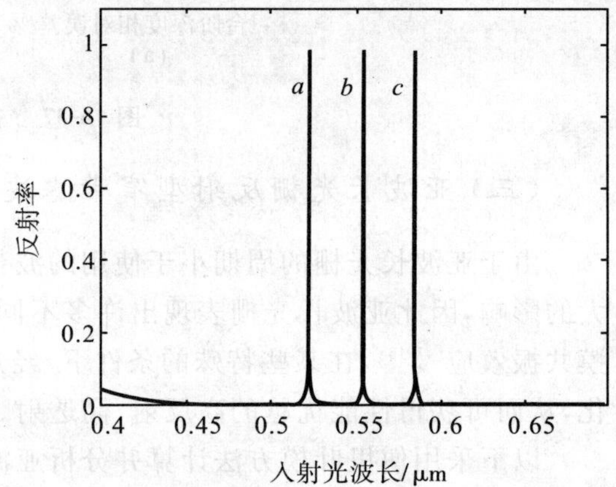

图16-41 三层导模共振滤波器在可见光范围内的反射率曲线

TE偏振，a、b、c表示的光栅周期分别为290 nm、310 nm、330 nm

就整个曲线而言，在很大的一个波长范围(450 ~ 700 nm)内，旁带的反射率值均保持在0.27%以下，与图16-39相比，旁带得到了很好的抑制，这是多层结构对单层结构的一个关键改善。多层结构的另一个优点是，共振峰的位置会随着光栅周期值的变化而发生线性的移动，同时其他参数保持不变。在本例中，光栅周期分别为290 nm、310 nm和330 nm时，所得到的共振峰位置分别在522 nm、553 nm和585 nm波长处，并且光栅周期的变化基本上对滤波器的其他性能，比如旁带反射率的大小和旁带的范围等不产生影响。

可见，由于加入了满足抗反射条件的均匀薄膜层，波导光栅滤波器的旁带得到很好的抑制，并且旁带范围得到了很好的拓宽。而多层结构又使得设计参数得到增加，这就使得我们在设计制作滤波器时能有更多的选择，如可以选择不同的介质薄膜以获得预期的反射率谱。

3. 共振线宽分析

共振线宽是亚波长光栅窄带滤波器很关键的一个指标，它标志着亚波长光栅窄带滤波性能的优劣。理论上，滤波器的线宽依赖于所有能影响导模共振耦合过程的结构参量，主要包括光栅调制度$\Delta\varepsilon$(即光栅结构层两种材料折射率的差值，$\Delta\varepsilon = n_h^2 - n_l^2$)和光栅填充系数$f$。以单层亚波长光栅共振滤波器为例，可采用傅里叶模方法计算并分析共振线宽与各结构参量之间的关系。

图16-38所示的单层波导光栅，在平面波垂直入射条件下，共振线宽随光栅调制度的变化如图16-42所示，计算过程中，光栅层高低折射率值n_h、n_l变化，但平均折射率n_{av}保持不变。由图可知，TM偏振的共振线宽呈单调上升变化，TE偏振的共振线宽则是先增大再减小，存在一个极大值；另外，TE的线宽总是大于TM的线宽。

光栅的填充系数 f 对滤波器的共振线宽的影响如图 16-43 所示。由图可知，当 $f=0$ 或 1(即光栅结构不存在)时，线宽为 0，即无共振峰出现；当 $f=0.5$ 时，无论是 TE 波还是 TM 波，共振峰的线宽均达到极大值。因此，通过调整填充系数 f 的值就可以获得不同的共振线宽。但是，填充系数 f 的改变将导致光栅层平均折射率的改变，从而使共振位置发生漂移。为消除共振位置漂移的影响，可通过改变光栅周期或入射角度来调整共振峰的位置，使之与工作波长一致。

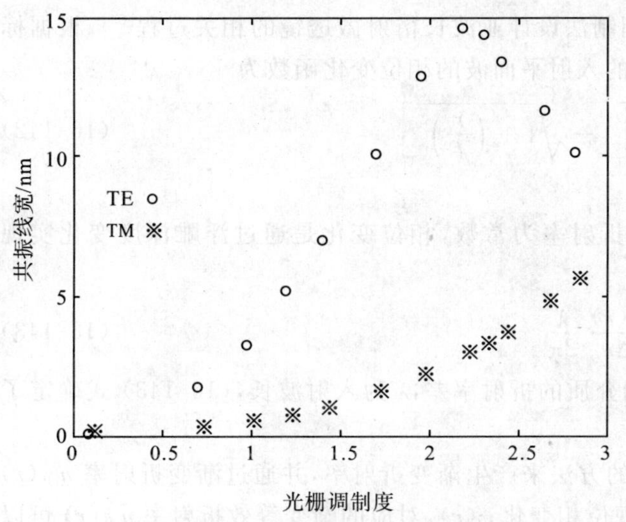

图 16-42　单层滤波器的共振线宽随光栅调制度的变化

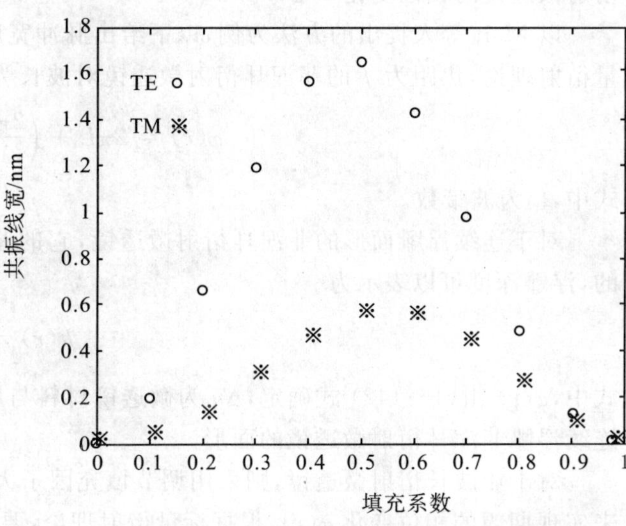

图 16-43　单层滤波器的共振线宽随光栅填充系数的变化

(四) 亚波长衍射微透镜的设计

微透镜具有会聚光能及成像的作用，微透镜组成的阵列在激光束整形、光电探测、光耦合等系统中有广泛的应用。迄今，微透镜的设计和制作经历了以下几个演变过程：折射微透镜 ⇒ 连续浮雕衍射微透镜 ⇒ 多台阶衍射微透镜 ⇒ 亚波长衍射微透镜。其前两个过程如图 16-1 所示，根据菲涅耳波带片原理将连续相位分布的折射透镜演化为 2π 模分布的连续浮雕衍射透镜；随着二元光学技术的发展，又将连续相位离散化，采用 2^n 等相位台阶近似连续浮雕结构，形成多台阶衍射微透镜。第三个过程如图 16-44 所示，在连续浮雕衍射微透镜、多台阶衍射微透镜的基础上，基于等效介质理论(即变化的填充因子会产生变化的折射率)，采用亚波长非周期二台阶结构设计具有同样聚焦功能的衍射微透镜。

图 16-44　多台阶到亚波长衍射微透镜的演变

亚波长衍射微透镜是一种非周期结构的亚波长衍射光学元件，其分析和设计方法不同于亚波长周期光栅，需采用更为复杂的电磁场计算方法。近年来随着有限非周期 DOE 分析理论的发展，有学者开始借鉴衍射光学元件的标量优化设计思路，采用综合设计方法来设计亚波长衍射微透镜[52-53]：先用优化算法(模拟退火算法或遗传算法)改变元件的初始面形结构，产生候选面形，再通过有限元或时域有限差分法等电磁场数值计算方法分析候选面型的衍射特性(主要是衍射效率)，并判断其优劣，经过这样的多次迭代过程，最终得到最佳的面形结构。

采用综合设计方法，在优化设计过程中需要多次进行矢量运算，计算量巨大，尚不太成熟。对于亚波长衍射微透镜等某些特殊的非周期结构，更实用的方法是采用等效介质理论将连续浮雕或多台阶结构演化为亚波长二台阶结构，然后再采用电磁场矢量计算方法对其进行分析。目前，概括起来有两种方法：一种是由Prather等人[52]提出的先把连续面形衍射微透镜的相位变化进行线性近似，然后通过Farn亚波长结构[54]实现线性变化相位；另一种是由Mait等人提出的基于脉冲宽度调制法设计亚波长结构直接实现连续浮雕面形衍射微透镜的相位变化[55]。

以Mait等人提出的方法为例，以下给出脉冲宽度调制法设计亚波长衍射微透镜的相关过程[56]。根据标量衍射理论，焦距为 f 的菲涅耳衍射微透镜对波长为 λ 的入射平面波的相位变化函数为

$$\varphi(r)=2\pi L+\left(\frac{2\pi f}{\lambda}\right)\left[1-\sqrt{1+\left(\frac{r}{f}\right)^{2}}\right] \tag{16-142}$$

式中，L 为波带数。

对于连续浮雕面形的菲涅耳衍射微透镜，它的基底折射率为常数，相位变化是通过浮雕深度变化实现的，浮雕深度可以表示为

$$h(r)=\frac{\varphi(r)}{\Delta n}\frac{\lambda}{2\pi} \tag{16-143}$$

式中，$\varphi(r)$ 由(16-142)式确定，Δn 为微透镜材料与周围介质的折射率差，λ 为入射波长，(16-143)式确定了连续浮雕菲涅耳衍射微透镜的面形。

对于亚波长衍射微透镜，则采用调节填充因子大小的方法来产生渐变折射率，并通过渐变折射率 $n_{\mathrm{eff}}(r)$ 来实现期望的相位变化 $\varphi(r)$，根据标量衍射理论，要实现位相变化 $\varphi(r)$，对应的渐变等效折射率 $n_{\mathrm{eff}}(r)$ 可以表示为

$$n_{\mathrm{eff}}(r)=(n_{\mathrm{r}}-1)\left[\frac{\varphi(r)}{\varphi_0}\right]+1 \tag{16-144}$$

式中，n_{r} 为透镜材料的相对折射率；$\varphi(r)$ 由(16-142)式确定；φ_0 为最大相位，与刻蚀深度 d 有关，可按下式计算：

$$\varphi_0=\frac{2\pi d n_0(n_{\mathrm{r}}-1)}{\lambda} \tag{16-145}$$

等效介质理论不仅适用于周期结构的光栅，它也可以推广到非周期结构的微透镜，只是对于周期结构的光栅，填充因子为常数，对于非周期结构的微透镜，填充因子为变化的函数。改变填充因子的大小，也就是改变亚波长结构，相应地可以调节等效折射率的大小。

采用脉冲宽度调制法来确定亚波长结构，并用其实现由(16-144)式确定的等效折射率，则亚波长衍射微透镜的面形函数 $t(r)$ 的计算公式为

$$t(r)=d\sum_{m=-\infty}^{\infty}\operatorname{rect}\left(\frac{r-m\Delta-g_m\Delta/2}{g_m\Delta}\right) \tag{16-146}$$

式中，Δ 是亚波长微透镜的子周期，小于入射波长，通常情况满足关系式 $\Delta<\lambda/2n_{\mathrm{s}}$（$\lambda$ 为入射波长；n_{s} 为微透镜材料的折射率）；$g_m=g(m\Delta)$ 为 $g(r)$ 在 $r=m\Delta$ 处的值，根据等效介质理论，$g(r)$ 可表示为[57]

对于TE偏振
$$g(r)=\frac{[n_{\mathrm{eff}}^2(r)-1]}{(n_{\mathrm{r}}^2-1)} \tag{16-147}$$

对于TM偏振
$$g(r)=\frac{[n_{\mathrm{eff}}^2(r)-1]}{(n_{\mathrm{r}}^{-2}-1)} \tag{16-148}$$

联合(16-142)式至(16-148)式，即可求出亚波长衍射微透镜的面形结构函数 $t(r)$。

按照以上方法设计一个大数值孔径的亚波长衍射微透镜，设计参数为：5个波带，入射波长 $\lambda=1\ \mu\mathrm{m}$，焦距 $f=30\ \mu\mathrm{m}$，透镜材料折射率 $n_{\mathrm{r}}=1.5$，直径为36.06 μm，最小特征尺寸为0.01 μm，面型结构如图16-45所示。

采用时域有限差分法计算软件对设计的亚波长衍射微透镜进行分析，入射场为垂直入射的平面波，波长为 $\lambda=1\ \mu\mathrm{m}$，分析得到其焦平面的电场强度分布如图16-46所示，该透镜的衍射效率为60.40%，具有较好的聚焦性能。

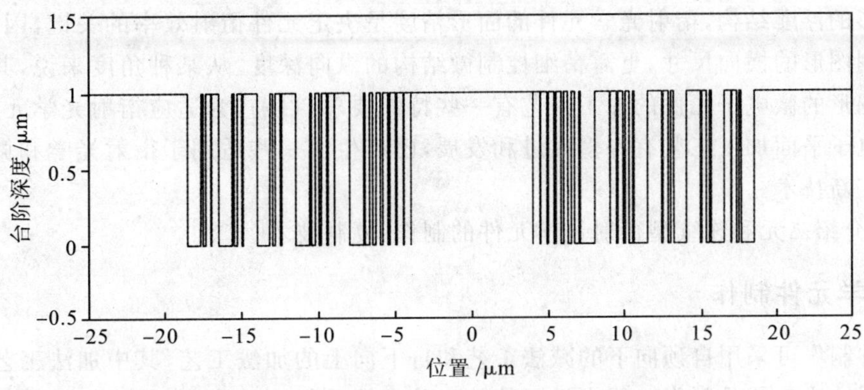

图 16-45　亚波长衍射微透镜的面型结构

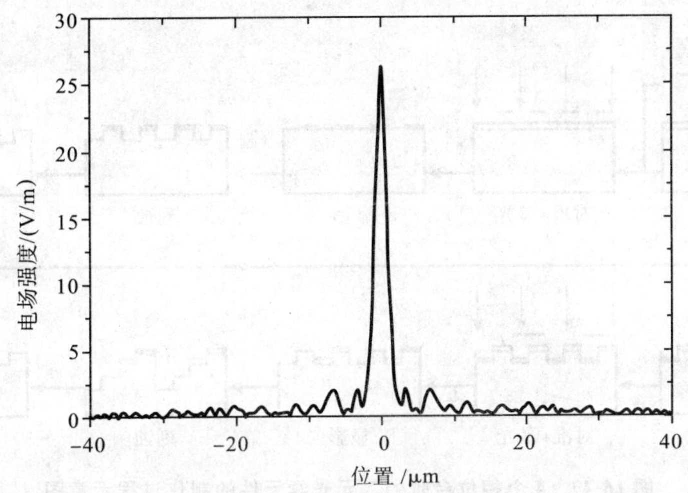

图 16-46　亚波长衍射微透镜在焦平面上的一维电场强度分布

第三节　衍射光学元件的制作

一、概述

衍射光学元件通常分为浮雕调制和折射率调制两种类型。对于前者，其表面带有特征尺寸较小的精细结构，使用传统的光学冷加工手段难以实现。20 世纪 70 年代制作集成电路的技术取得了飞速进展，为人们采用计算机优化设计并结合超大规模集成电路（VLSI）的微加工技术来制作衍射光学元件提供了全新途径。然而，DOE 是一种复杂的三维表面浮雕结构，其与集成电路所要实现的功能和目的不同，二者的设计理念和制作要求也不尽一样。从图形结构来看，通常制作超大规模集成电路中的光刻图形多为一些各种样式的线条（半导体表面上的沟槽）和节点，并且人们希望所加工的线条越细越好，这样可以提高芯片的集成度，降低芯片成本，例如酷睿 2 微处理器使用的是 45 nm 加工工艺。DOE 要加工的图形的特征尺寸与照明光波长有关。近年来，某些亚波长衍射光学元件的特征尺寸已进入纳米量级，但多数衍射光学元件的特征尺寸仍远大于 45 nm。不过，衍射光学元件的图形结构比较复杂，有线条结构的光栅、圆环结构的菲涅耳透镜、随机起伏的相位板，还有在连续曲面上刻有微细花纹的混合型衍射光学元件。一般人们根据衍射光学元件三维面形的结构形式将其分成两大类，即连续型衍射光学元件和台阶型衍射光学元件，其中台阶型衍射光学元件也被称作为二元光学元件（binary optical element）。从加工精度要求来看，集成电路线条加工中主要考虑线条的宽度和陡度偏差。与超大规模集成电路要加工的精细线条相比，多数衍射光学元件结构的特征尺寸比较大，但是作为一种三维面形的浮雕结构，衍射光学元件的面形精度是决定元件衍射效率的关键，因此，其制作过程中不仅需要精确控制图形的横向尺寸，更需精细控制微结构的纵向深度。从某种角度来说，其加工工艺比只需要控制二维薄膜图形的微电子元件的加工工艺有一些特殊要求。目前，为适应衍射光学元件的加工的需要，人们对传统的微电子平面加工工艺有许多改进和发展，已产生了一些适用于衍射光学和微系统制作的特殊平面工艺和微加工新技术。

在本节中，将介绍二元和连续型衍射光学元件的制作、复制技术[6,58-61]。

二、二元光学元件制作

二元光学元件制作可采用自顶向下的减法工艺和自下向上的加法工艺，其中加法工艺又称为薄膜淀积法，这里不作介绍。减法工艺是制作二元光学元件的一种常用手段，它利用超大规模集成电路的光刻工艺，在基片上刻出 2 个或多个台阶的微浮雕结构。图 16-47 为 4 个相位台阶的二元光学元件的制作过程示意图，图 16-48 为二元菲涅耳透镜阵列照片。

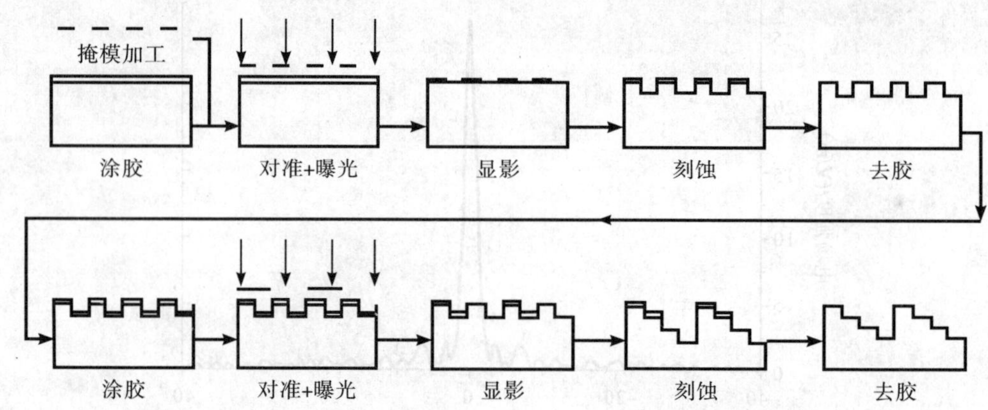

图 16-47　4 个相位台阶的二元光学元件的制作过程示意图

图 16-48　微透镜阵列照片

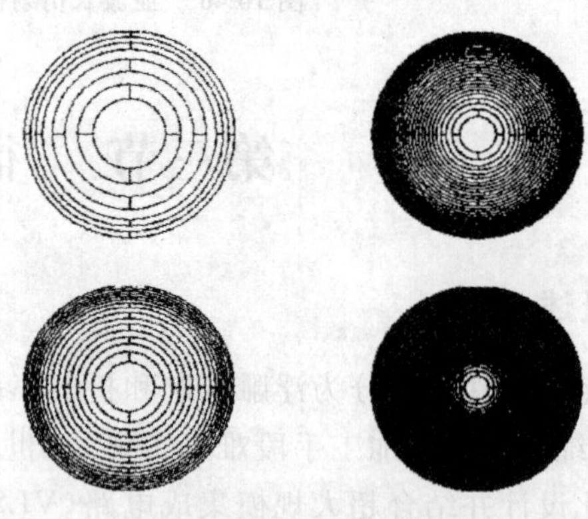

图 16-49　16 相位台阶的二元光学元件制作需要 4 个掩模图形

下面介绍二元光学元件制作的几个主要步骤。

1. 掩模设计和加工

一个复杂的三维结构可以通过设计分解为多个二维平面结构，每一个平面的二维图形构成一个掩模图形。在衍射光学元件制作过程中，掩模设计是极为关键的一步，它关系到后续制作工艺的繁易程度和加工成的衍射光学元件的性能。通常一个 2 台阶光学元件，要设计 1 块掩模板，4 台阶需要 2 块掩模板，2^n 台阶则需要 n 个掩模板。图 16-49 为一个 16 相位台阶衍射光学元件制作所需要的 4 个掩模图形。需要注意的是，掩模设计时要考虑光刻工艺所采用的是接触式曝光还是缩小成像投影曝光，针对不同的曝光系统应设计不同的掩模图形。此外，设计时也要考虑光刻过程所使用的光刻胶类型，正胶曝光和负胶曝光所使用掩模图形的亮和暗正好相反。图 16-50 和图 16-51 分别给出不同的掩模和光刻胶类型。

掩模的加工可以采用电子束直写或激光直写，掩模图形设计可采用专门的掩模设计工具，如 L-Edit、ICED 或 AutoCAD 等，图形数据可采用能被直写系统使用的 CIF 格式或 GDSII 格式存储。

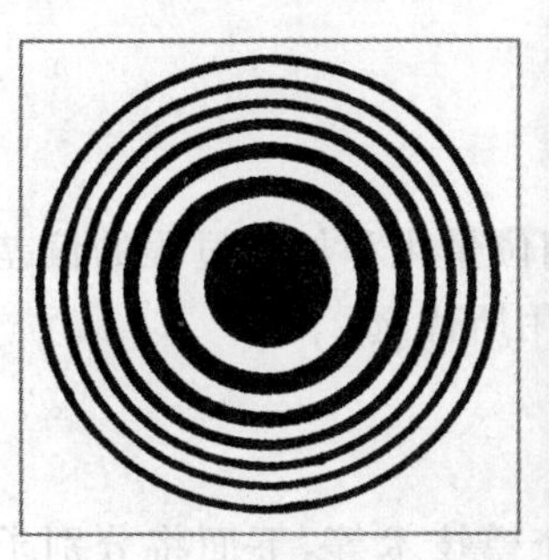

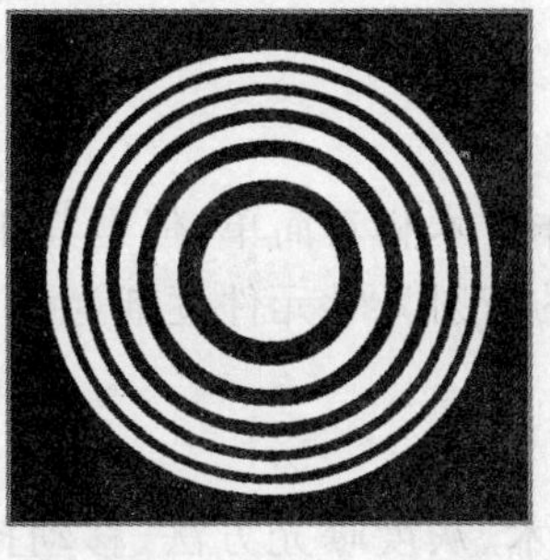

图 16-50　亮场掩模和暗场掩模

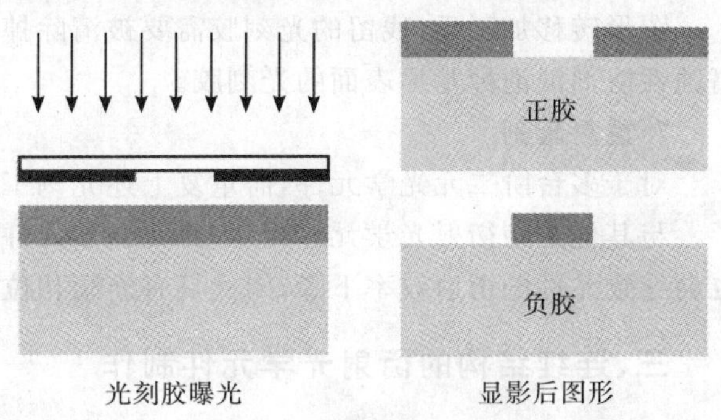

图 16-51　正胶和负胶曝光后的显影轮廓

2. 基片处理和涂胶

为了确保二元光学元件的加工质量，制作过程应在超净室中进行。光刻前应对基片表面进行清洗和烘烤处理，只有在清洁和干燥的基片表面上光刻胶才会很好地黏附。然后，根据工艺条件的需要在基片表面涂适当厚度的光刻胶。涂胶的方式较多，衍射光学元件的制作常用旋转甩胶方法，该方法先将光刻胶滴到基片上，然后通过基片旋转的速度来控制光刻胶的厚度。涂胶完毕后，还需要前烘，以便蒸发掉胶中的有机溶剂成分，使基片表面的胶膜固化在基片上。前烘时应根据使用的光刻胶类型和厚度，选择烘烤温度和时间。

3. 曝光和对准

将涂了胶的基片放进光刻机中进行曝光，如果是第一次曝光则不需要对准，如果是套刻，则需要找到基片表面上的对准标记，并与套刻掩模上的对准标记精确对准，然后选择合适的曝光时间进行曝光。对准是关系衍射光学元件加工质量的一个重要环节，制作过程中应尽量保证较高的对准精度和重复性。通常曝光过程所使用的接触(接近)式光刻机(英文名常被称作 mask aligner)如图 16-52 所示。

4. 显影

曝光完毕后，首先应对带有光刻胶的基片进行短暂的烘烤处理，这一过程有助于调整光刻胶内的光活性物质(photoactive compound，PAC)的浓度分布，减缓曝光过程中驻波效应的影响，使光刻胶内的 PAC 浓度保证光刻图形的质量。烘烤完毕后即可显影，可采用浸没法、喷淋法或搅拌法。根据胶的类型，显影可使用专门的显影液或一定浓度的氢氧化钠一类的碱性溶剂。

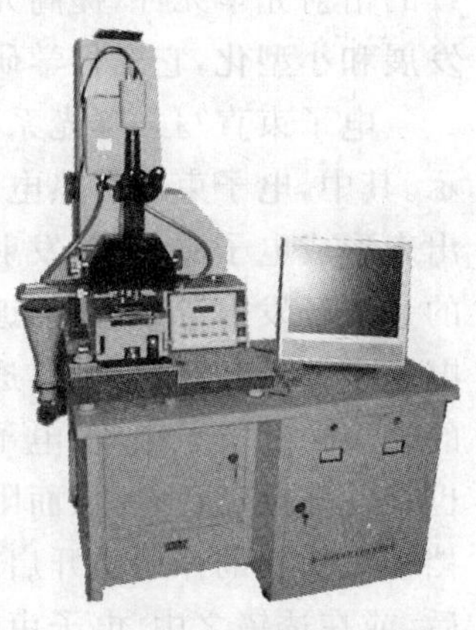

图 16-52　用于衍射光学元件加工的一种光刻机

5. 刻蚀

刻蚀前可对胶层进行烘烤坚膜处理，以增强光刻胶的抗刻蚀能力，这一工艺并不一定是必需的。刻蚀过程可采用干法或湿法工艺。湿法加工是采用氢氟酸将没有光刻胶保护的基片表面按设计要求腐蚀掉一层，由于该方法较难控制刻蚀微结构的面形，现在已较少在衍射光学元件制作中使用。干法加工一般采用离子束刻蚀机或反应离子束刻蚀机完成。反应离子束刻蚀与离子束刻蚀的差别在于前者应用时，在工作腔内通有腐蚀性气体，其与基片表面的化学反应可有效提高刻蚀速率，并可改善胶和基片间的刻蚀比，见图 16-53。干法刻蚀优点很多，它的分辨率高，刻蚀方向有选择性，主要对基片进行纵向刻蚀而较少产生横向刻蚀偏差，纵

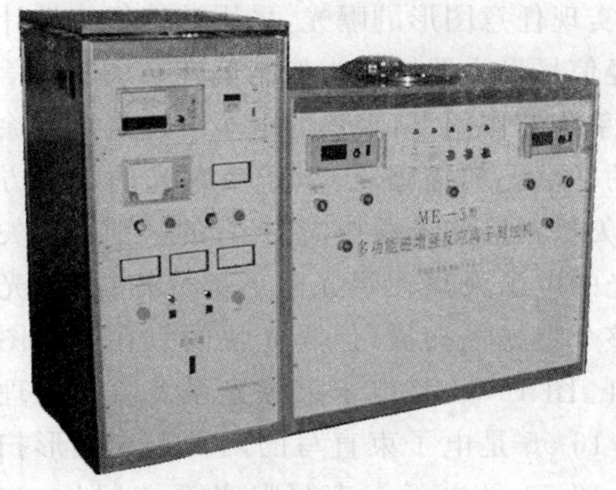

图 16-53　一种反应离子束刻蚀机

向深度容易控制，其所加工出的二元光学元件面形较好。通常，二元光学元件制作要求刻蚀深度精度达到±10 nm左右。

6. 去胶

图形转移加工后，残留的光刻胶需要被清除掉。通常二元光学元件制作中多采用湿法去胶，即使用丙酮腐蚀性溶剂浸泡掉基片表面的光刻胶。

7. 重复套刻

对于多台阶二元光学元件，需重复上述光刻工艺。

与其他类型衍射光学元件相比，二元光学元件的制作技术相对简单，但是其相位量化和加工过程的偏差也会导致元件的衍射效率下降，因此具有连续相位结构的衍射光学元件逐渐为应用所优选。

三、连续结构的衍射光学元件制作

连续或者准连续衍射光学元件的制作方法有直写技术、灰度曝光方法、移动掩模技术等，下面将分别予以介绍。

(一) 直写技术制作衍射光学元件

1. 电子束直写技术

电子束光刻是制作高精度掩模的一种常用技术，它可用于制作二元光学元件的掩模或直接用来制作衍射光学元件。不过，由于用二元型电子束直写系统直接制作二元光学元件耗时很长，也需套刻曝光，成本较高，除非有特殊需要，一般很少采用。通过控制电子束曝光剂量的模拟型电子束直写系统能一次性制作准连续的衍射光学元件，提高元件的性能和加工效率，有较好的应用需求。目前，随着直写式电子束光刻机的不断发展和小型化，它在科学研究中的应用也日益广泛。

电子束直写式曝光系统主要由电子束源、聚焦系统、偏转系统、精确定位的样品台组成，如图16-54所示。其中，电子束源有热电子源和场发射源两种。前者是将灯丝加热到足够高的温度，使电子有足够的能量逸出来形成电子源，而场发射源是利用足够强的电场使电子隧穿势垒形成电子源。一般直写式曝光机主要使用的是热场发射源(表面为镀ZrO的钨金属针尖)，工作温度为1 800 K。聚焦系统通常由电子聚焦透镜、光阑、电子束挡板和快门、变焦透镜以及消像散器组成，实现对电子束的精确聚焦。光阑的作用主要是设定电子束的会聚角和电子束流。电子透镜的作用是通过静电力或是磁力改变电子束的形态。电子透镜类似光学透镜，也存在球差和色差，从而限制了束斑的大小和会聚角的范围，消像散器可以补偿不同方位角电子束的像差。挡板或快门的作用是开启或关闭电子束。偏转系统主要实现对电子束的偏转扫描，可以在透镜之前和透镜之后，或在透镜之中。电子束曝光系统一般都有两套偏转系统：主场偏转和子场偏转。主场的偏转角度大，偏转的速度低，一般采用磁偏转；子场的偏转角度小，偏转速度高，一般采用静电偏转。

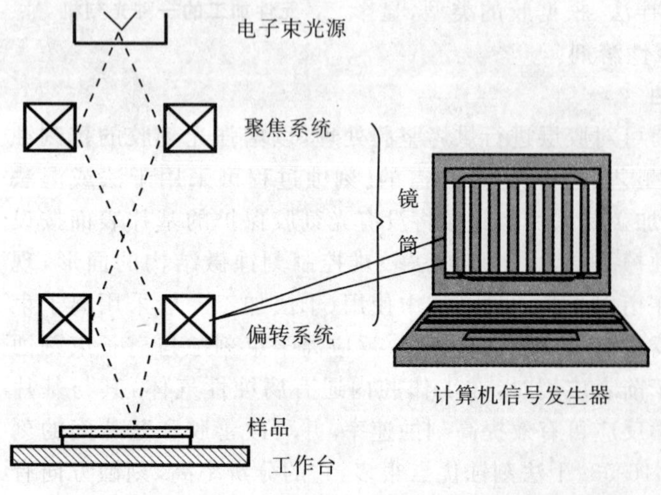

图 16-54　电子束曝光系统直写原理示意图

当使用电子束直写系统曝光时，电子源发射出来的电子束经聚焦系统可精确聚焦成纳米量级的电子束斑。为实现任意图形的曝光，采用计算机将设计图形数据经信号发生器转化为控制偏转系统的电信号，在偏转系统的作用下，聚焦的电子束逐点地在涂有光刻胶的样品上扫描曝光。电子束曝光的扫描方式有两种：矢量扫描和光栅扫描。二者的区别在于矢量扫描曝光的电子束只在曝光图形部分扫描，而光栅扫描对整个曝光场扫描，但曝光快门只在曝光图形部分打开。图16-54是电子束曝光系统直写原理示意图，图16-55是电子束直写的两种曝光图形扫描方式，图16-56是电子束直写曝光系统照片，表16-10是几种电子束直写曝光机的参数。

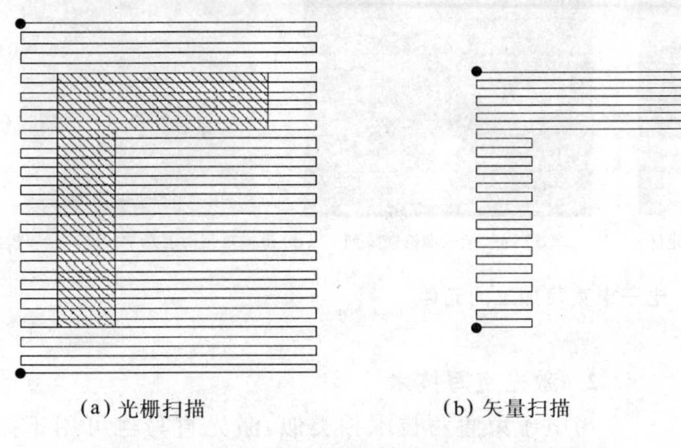
(a) 光栅扫描　　(b) 矢量扫描

图 16-55　电子束直写的两种曝光图形扫描方式

图 16-56　电子束直写设备

表 16-10　常用的几种电子束曝光设备及其性能参数

系统型号	JEOL9300FS	VB6 UHR	Raith，e-line
源类型	热场发射	热场发射	热场发射
加速电压	50 ～ 100 kV	50 ～ 100 kV	100 V ～ 30 kV
图形发生器	20 bit 50 MHz	20 bit 50 MHz	16 bit 10 MHz
扫描尺寸	500 μm	1.2 mm	2 mm
最高分辨率	＜ 20 nm	3 ～ 5 nm	＜ 20 nm
叠层精度	25 nm	25 nm	40 nm
拼接精度	25 nm	20 nm	60 nm
可加工最大晶片尺寸	304.8 mm(12in.)	203.2 mm(8in.)	101.6 mm(4in.)

电子束直写制作衍射光学元件的工艺流程如下：

1）根据实际应用的需要，并考虑电子束直写设备的加工能力和精度，设计好衍射光学元件结构。

2）采用 L-Eidt 或 AutoCAD 等软件生成 CIF 或 GDSII 格式的图形文件。应该注意的是，GDSII 格式可赋予几何图形不同的曝光剂量，而 CIF 格式文件则无此功能。因此，要想通过一次曝光获得连续结构的衍射光学元件，必须采用 GDSII 格式。

3）利用电子束直写系统生产厂家提供的软件，把 CIF 或 GDSII 格式的图形文件转换成电子束直写系统可以识别的机器数据格式，即将图形数据转换成控制光刻机扫描方式和曝光量的机器数据。

4）由计算机控制电子束曝光系统在涂有光刻胶的样品上扫描曝光。

5）经显影和刻蚀将设计图形传递到基片上，或将图形转移到金属模具上，以便大量复制。

由于电子束直写曝光过程完全是由计算机控制进行的，无需人为干预，因此其工艺流程较为清晰简单。不过，虽然电子束有较高的分辨率，但要用较少的时间制作出高质量的衍射光学元件，也必须对电子束曝光的图形数据进行优化设计。合理选择电子束的聚焦束斑、扫描步距、光刻胶的种类、曝光量分布（优化曝光量有助于减轻邻近效应的影响），可减少横向和纵向加工误差，缩短加工时间。此外，通常电子束直写机只能沿 x 或 y 方向扫描，而衍射光学元件有大量的曲线边界，电子束直写时需要用很多个子图形（矩形、梯形或平行四边形）去逼近曲线轮廓，会产生一定的偏差。因此，对于一些特殊需要的衍射光学元件加工，可考虑使用能够进行极坐标扫描的电子束直写设备。图 16-57 为用电子束直写设备加工的衍射光学元件。

电子束直写曝光技术具有高分辨率，在微纳加工和衍射光学元件制作方面有着很大的优势。但由于直写式的曝光过程是将电子束斑在表面逐点扫描，在每一个图形的像素点上需要停留一定的时间，限制了图形曝光的速度，成为直写式电子束光刻产能的“瓶颈”，并只能应用于掩模制备、原型化、小批量元件的制备和研发。

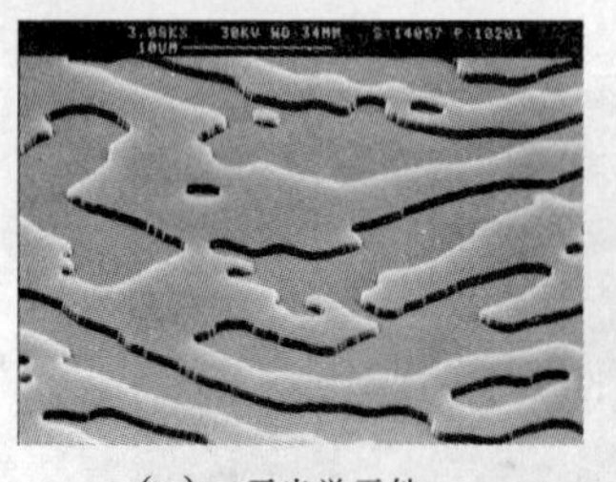
(a) 二元光学元件

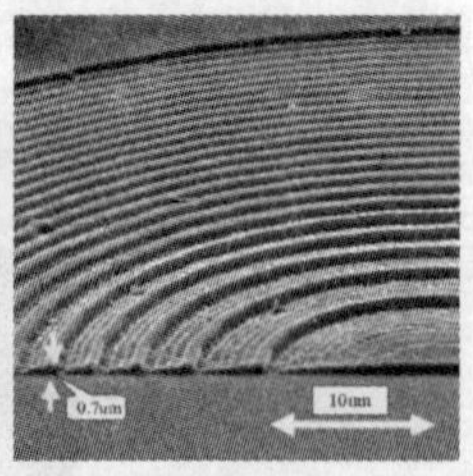
(b) 多台阶衍射光学元件

(c) 连续结构微透镜阵列

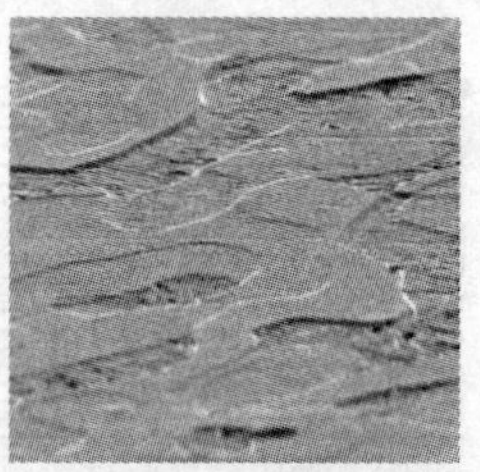
(d) 批量复制衍射光学元件的金属模具

图 16-57 电子束直写加工的元件

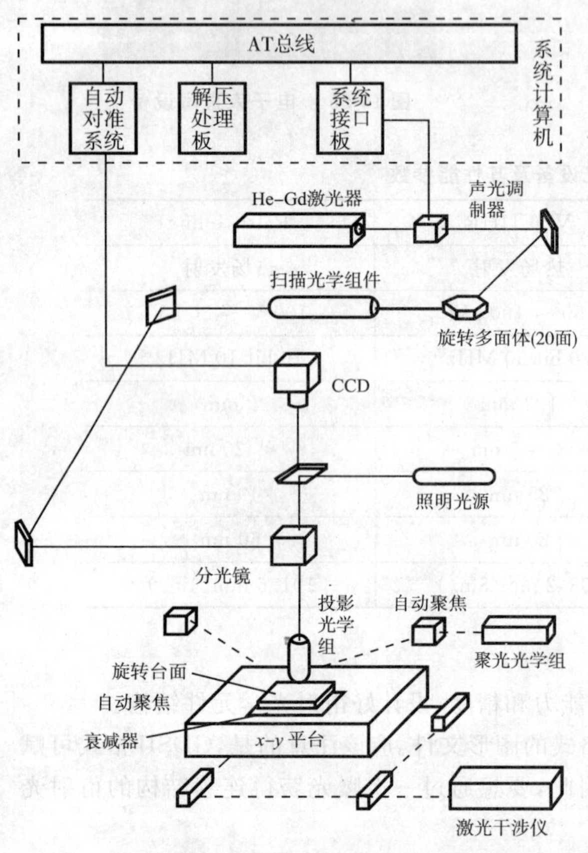

图 16-58 典型的激光直写机结构示意图

2. 激光直写技术

与电子束直写技术相类似，激光直写也可用于掩模加工和衍射光学元件的制作，但激光束斑比电子束斑大，其曝光效率也比电子束直写系统高，因此在加工衍射光学元件方面具有应用优势。

激光直写系统的基本结构如图 16-58 所示，主要由 He-Cd 激光器、声光调制器、投影光学组、CCD 摄像机、显示器、照明光源、工作台、调焦装置、He-Ne 激光干涉仪和系统计算机等部分构成。激光直写系统的基本工作原理是由计算机控制高精度激光束扫描，在光刻胶上直接曝光写出所设计的图形。由于曝光过程中，可通过调控聚焦激光束的强度对基片表面的光刻胶进行变剂量曝光，因此显影后在抗蚀层表面会形成所要求的三维浮雕轮廓。

激光直写系统中的一个重要部件是扫描装置，它由控制激光的开启与关断的声光调制器和一个以每秒 500 转速旋转的 20 面多面体组成，形成一个 10 kHz 的扫描光束。激光束在 Y 方向上256 μm 的宽度范围内扫描运动时，被曝光的样片同时在 X 方向上均速运动，从而曝光产生任意图形。与电子束直写系统相仿，激光直写制作衍射光学元件的工艺流程也很简单。

图16-59 是由激光直写系统制作的一些衍射光学元件，表 16-11 是部分激光直写机的主要参数。

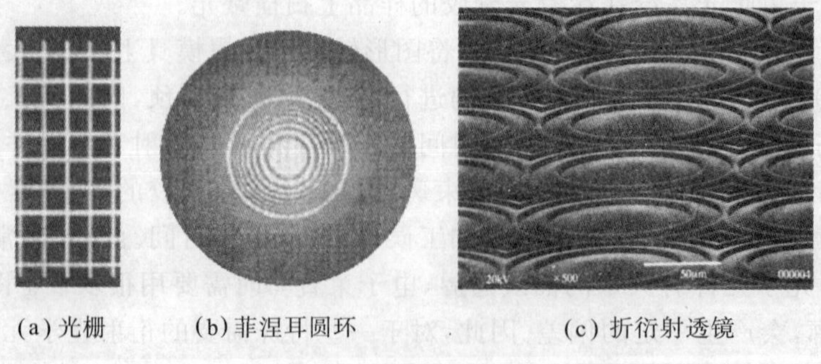
(a) 光栅　(b) 菲涅耳圆环　(c) 折衍射透镜

图 16-59 激光直写样品

目前，激光直写系统已成为实验室研究和制作衍射光学元件的一种常用工具，其优点如下：

1) 加工精度较高。激光直写的加工分辨率主要取决于激光束斑的直径，通常激光束可以聚焦到亚微米级，因此其分辨率约 1 μm，有些产品可有更高的分辨率。激光直写系统扫描过程是利用微机控制激光束扫描的，工件台移动和旋转精度都很高，可达到纳米量级。

表 16-11 部分激光直写机主要参数

型 号	DDB 101/105	DDB 355	DDB 500	LWS-3000
书写面积	10 mm × 10 mm	85 mm × 85 mm	85 mm × 85 mm	300 mm × 200 mm
定位分辨率	10 nm/100 nm	10 nm	10 nm	5 nm
书写线宽	1 μm/5 μm	0.8 ~ 20 μm	0.8 ~ 20 μm	0.8 ~ 20 μm
书写速度	50 μm/s ~ 1(5)mm/s	Max. 1 mm/s	Max. 1 mm/s	Max. 20 mm/s
光源	LD(408 nm)	YVO4 + GdYCOB (355 nm)	He-Cd 442 nm (325 nm)	He-Cd 442 nm (325 nm)

2）制作成本较低，花费时间较短。激光直写系统的造价比其他曝光设备（如电子束、离子束设备，投影光刻系统）低很多，实验中无需掩模成本，加工效率相对电子束直写来说也较高。

3）适用范围广。可用于多种光学材料的加工，有些直写系统还可直接在特殊材料上直接雕刻出所需的三维浮雕结构。

4）激光光束无电荷、质量，曝光时不会造成样品的损伤。对于一些特殊样品，其比使用聚焦电子束和聚焦离子束曝光更安全。

为提高激光直写系统制作衍射光学元件的质量，使用时也需要注意以下几个问题：

1）工件台的机械误差控制。通常电动平台的定位精度可达到亚微米量级，但由于惯性、静摩擦、松动等所造成的螺距误差与偏移，会影响系统的性能和光刻图形的质量。

2）激光直写的邻近效应。直写激光束斑为艾里斑分布，有一定的焦斑直径，曝光亚微米线条时应考虑邻近效应的影响。

3）焦深问题。根据圆孔的夫琅禾费衍射理论，平行光经透镜聚焦后，焦斑的直径与物镜的数值孔径成反比，焦深与物镜的数值孔径的平方成反比。实际中我们往往需要得到线条较细，且具有一定陡度和槽深的光学结构，因此焦深问题应予以重视。

4）线条宽度的控制。理论上，线宽与聚焦光斑的大小成比例关系。但实验中发现，除焦斑本身的大小外，影响线宽的因素很多。其中曝光强度和扫描速度是影响线宽的两个重要因素。实验表明，当扫描速度较快时，由于系统的震动将导致线条边缘的起伏或波动。扫描速度越快，激光光束能量越低，这种现象越明显。

5）轮廓深度控制。多数衍射光学元件的质量对其结构的深度误差都较敏感。而激光直写在精确控制样品轮廓深度方面是有一定困难的。因为加工结构的轮廓深度与曝光强度、扫描速度、光刻胶材料、显影液配方、显影时间和环境温度等多种因素有关，而任何一个因素的改变都会引起轮廓深度误差。

3. 聚焦离子束直写

聚焦离子束（focus ion beam，FIB）直写与电子束直写的原理基本上是一样的，都是利用带电粒子经过电磁场聚焦形成细束打在基片表面，从而实现微加工。两种系统的区别在于聚焦离子的质量要比电子的质量至少大 1 840 倍。离子束曝光时不会出现电子束曝光时常出现的邻近效应，且可以直接用于固体表面的原子溅射剥离，即聚焦离子束刻蚀（focus ion beam milling，FIBM）。显然，FIBM 技术无需二次图形转移，比在光刻胶上曝光后进行显影和刻蚀来得简单。

聚焦离子束系统由离子源、聚焦系统、偏转系统、质量分析器、工作台、控制系统等组成，液态金属镓离子源可产生高亮度的离子细束而被普遍采用。与电子束聚焦光学系统略有不同，将离子聚焦成细束的离子光学系统只采用了静电透镜和静电偏转器。目前的聚焦离子束系统镓离子的能量一般从 1 kV 到 30 kV 可调，离子束流从 1 pA 到 20 nA 可调，其最高分辨约为 4 ~ 5 nm。聚焦离子束的优点就是分辨率很高，且可以直接在物体上刻出所需图形，适合于纳米光学结构的加工。但由于聚焦离子束刻蚀的速度很慢，其很难用于大尺寸衍射光学元件的加工。

用 FIBM 技术加工衍射光学元件步骤很简单：

1）设计出要制作的衍射光学元件及其数据图形。

2）数据格式转换。

3）由计算机控制偏转系统在基片上直接刻蚀出所需元件。

图 16-60 为用聚焦离子束在直径为 8.2 μm 的单模光纤末端上直接刻出的一微闪耀光栅，图 16-61 为聚焦离子束刻蚀的连续结构衍射光学元件。

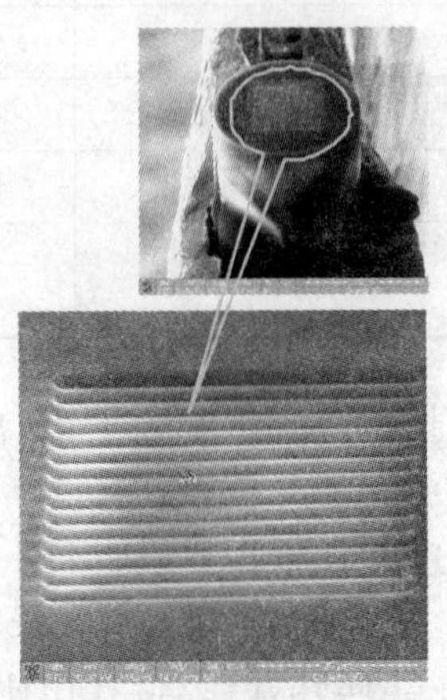

图 16-60　聚焦离子束在直径为 8.2 μm 的单模光纤末端刻出一微闪耀光栅

图 16-61　聚焦离子束加工的连续衍射光学元件(直径约为 60 μm)

4. 几种直写光刻的比较

在制作衍射光学元件方面，几种直写技术各有其特点：

1）加工微结构的特征尺寸。聚焦离子束系统的最高分辨率为几个纳米，可加工纳米光学结构；电子束直写系统分辨率也很高，可加工线宽 50 nm 的元件；而激光直写方法的分辨率相对较低，常用于加工线宽大于 100 nm 的元件。

2）加工尺寸和加工效率。因离子束和电子束的聚焦点都比较小，直写加工大尺寸元件比较困难和费时。通常加工大尺寸衍射光学元件多采用激光直写系统，其加工效率较高，可加工 600 mm 以上的元件。不过聚焦离子束系统虽然加工速度较慢，但可省去刻蚀过程。

3）加工质量。由于 3 种系统的分辨率不一样，较难对其加工质量作横向比较。一般来说，电子束直写法的曝光量是靠电子束在每个格点的驻留时间来控制的，加工复杂轮廓的衍射光学元件时，由于邻近效应的存在，曝光量控制是影响加工质量的一个重要因素。激光直写法是通过改变激光束的强度来控制曝光量的，在其可分辨的范围之内，较容易保证质量。聚焦离子束系统可直接钻蚀，加工精度较高，也无邻近效应影响，但实验时应考虑其加工深度方面的问题。

（二）灰度掩模技术

1. 高能束敏玻璃

灰度掩模也是一种光掩模，它和二元掩模的不同之处在于它可在掩模平面的不同位置提供连续可变的透过率，只需一次曝光和刻蚀过程就可以得到所需的衍射光学元件。这种方法成本低，周期短，无对准误差，精度与掩模质量有关。灰度掩模可采用许多方法产生，例如可采用镀膜技术制作有不同透过率的掩模。目前，以高能束敏(high energy beam sensitive，HEBS) 玻璃制作灰阶掩模较为流行[62-63]。

HEBS 玻璃是一种离子交换玻璃，它使用低膨胀系数的冕牌玻璃作为基质，将含有碱性物质的基质玻璃板长时间放在高温银离子酸性溶液中进行离子交换。离子交换后的玻璃呈中性且对高能粒子束（特别是对电子束）非常敏感。当使用高能粒子束对 HEBS 玻璃曝光时，曝光区域银离子产生了局部聚集，聚集的银离子团可对入射光进行散射调制获得不同灰度值。HEBS 灰度掩模版可利用激光直写或电子束直写设备根据 HEBS 曝光点灰度与高能束曝光剂量的对应关系一次制作成型。由于 HEBS 掩模版灰度值是通过原子聚集团的散射使光能量密度分布局部变化获得的，是原子量级的透射率调制，因此它能提供很高的灰度数和分辨率，并可以使用接触式曝光方式批量制作连续结构的衍射光学元件，且曝光量分布的连续性比用其他类型的灰度掩模要好。图 16-62 是 HEBS 灰度掩模制作衍射光学元件的过程示意图，整个过程分为以下 4 步：

1）电子束或激光束直写制作出灰度掩模。

2）将生成的掩模放到接触式光刻机掩模支架上，和涂有光刻胶的基片良好接触，并曝光。

3）显影后，获得光刻胶的三维浮雕轮廓。

4）利用干法刻蚀技术在基片上获得衍射光学元件。

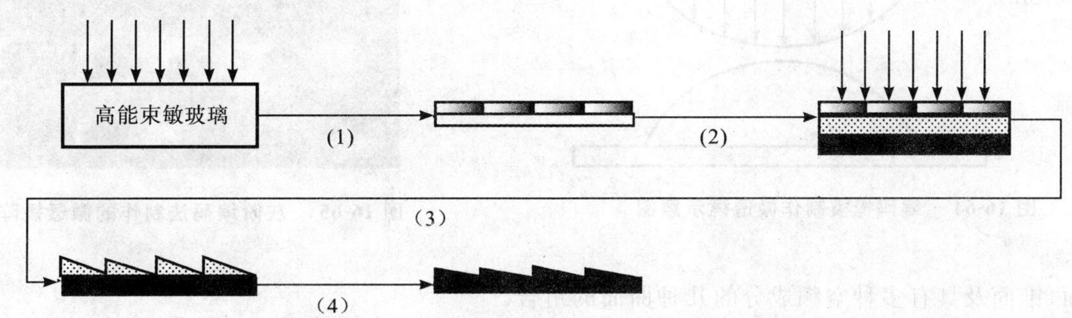

图 16-62　高能束敏玻璃制作衍射光学元件流程图

由于 HEBS 价格较昂贵，掩模制作依赖激光直写或电子束直写等大型设备，随着其灰阶数的增多，制作将变得十分困难，制作成本也将大幅度上升，因此并未在规模生产中广泛使用。

2. 灰阶编码掩模

1996 年，K. Reimer 等人提出用半色调编码产生灰阶的掩模一次曝光制作衍射光学元件的方法[64]。用这种编码方法获得的透过率为 0 和 1 的二元编码掩模替代真灰阶掩模，不仅在设计上体现了灰阶掩模的特点和优势，而且无需使用镀膜或 HEBS 等其他技术，可以采用电子束直写一次完成掩模制作。

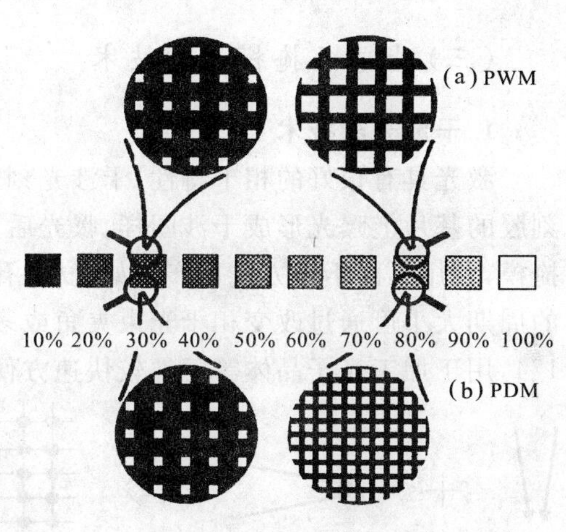

图 16-63　灰阶编码方法示意图

所谓灰阶编码是用许多小的透光和不透光的单元组成的图形代替理想灰阶图形的一种方法。利用编码灰阶掩模制作连续微浮雕结构，其基本原理是通过调制掩模的透射率以调制入射光强，而掩模的透射率是由掩模板上透光小孔的大小来进行调制的。将三维面形编码成二维灰阶掩模数据的方法通常有 3 种，如图 16-63 所示：(a) 脉冲宽度调制(PWM)，即通过改变透光单元面积的大小来改变透过光能量；(b) 脉冲密度调制(PDM)，即通过改变透光单元的密集程度来改变透过光能量；(c) 脉冲宽度调制和脉冲密度调制同时使用。

用编码掩模制作衍射光学元件的过程和其他灰度掩模制作衍射光学元件的过程类似，光刻机通常要用投影式光刻机。无论哪种灰度调制方法，透光点的尺寸都必须小于曝光系统所能分辨的临界尺寸 $R_c=\frac{\lambda}{(1+\sigma)\mathrm{NA}}$[65]，这里 σ 为曝光系统的部分相干系数，NA 为系统的数值孔径。因为如果透光点大于或等于临界尺寸，这些透光点本身就会成像到光刻胶上。曝光剂量的大小由编码掩模上各单元的透光面积控制，为了保证曝光显影后在光刻胶上得到所期望的三维轮廓，而又不使编码的微细结构可分辨，在灰阶编码时，应使掩模上的线条小于曝光系统所能分辨的最小尺寸。在显影后，为了消除编码所造成的图形的偏差，可采用热熔技术匀化光刻胶表面。图 16-64 为编码掩模制作微透镜曝光示意图，图 16-65 为灰阶编码掩模和热熔法结合制作的微透镜阵列。

灰阶编码方法的优点有：

1）元件的设计形状比较灵活。可制作矩阵、圆形、密集六边形等元件。

2）元件的衍射效率较高。可制作连续浮雕的衍射光学元件，能产生各种轮廓形状的连续表面，如抛物

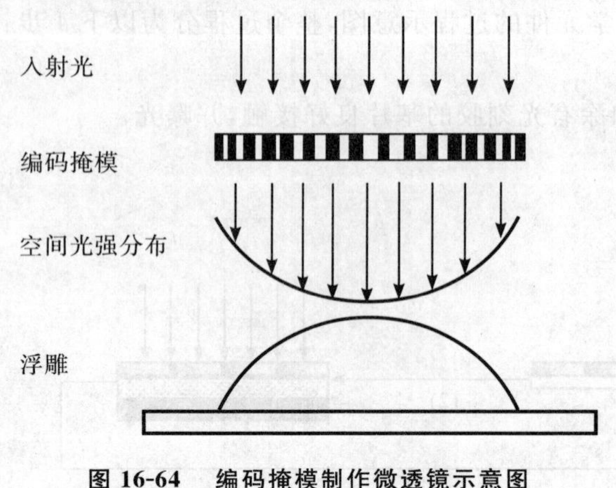

图 16-64 编码掩模制作微透镜示意图

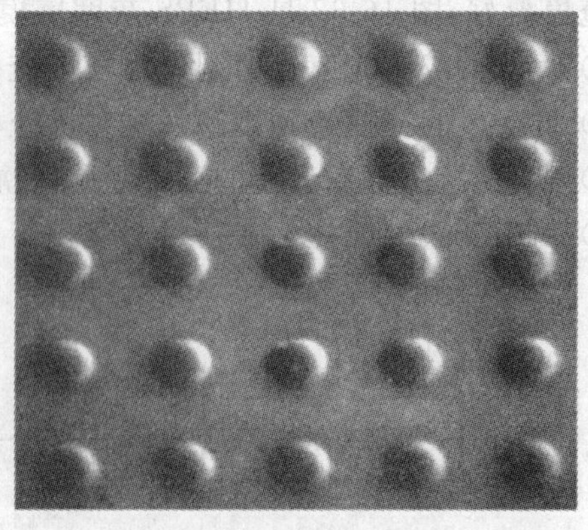
图 16-65 灰阶编码法制作的微透镜阵列

面、椭圆面、锥面及具有多种空频成分的几种曲面的组合。

3）元件制作的性价比高。该方法加工周期短，工艺简单，成品率高。

现阶段这种方法应用也有不足之处：

1）由于脉冲宽度调制方法要求电子束直写的图形比较复杂，大大增加了掩模的制作时间。

2）图形编码的数据量较大，需要运算速度较高、内存较大的计算机来完成。

3）受电子束直写分辨率的限制，直接制作面形精细的编码掩模图形有困难。

（三）光学无掩模光刻技术

1. 干涉光刻技术

激光具有很好的相干特性，干涉光刻采用一台激光器分束成的两束或多束激光干涉叠加，在表面涂有光刻胶的基片上曝光形成干涉图样。曝光后，经显影和刻蚀过程，即可获得衍射光学结构。它的优点是不用制作掩模，利用不同干涉方式可产生如光栅、孔阵、点阵、柱阵等所需的周期图形，如图 16-66 所示。干涉光刻图形的周期大小可通过改变相干光束夹角或多光束曝光实现，所加工的图形特征尺寸最小可到真空中光波长的1/4，用于加工光子晶体等元件较快速方便。图 16-67 为用干涉光刻方法制作的光刻胶上的正弦光栅图形。

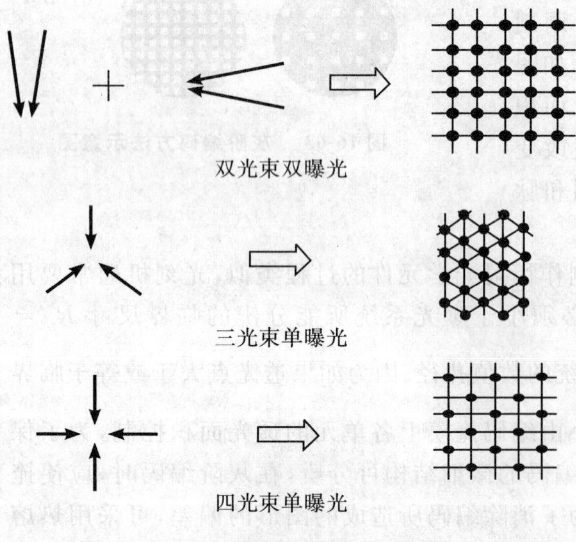

图 16-66 不同曝光方法产生不同图形之例

近年来，利用隐失波或表面等离子激元的干涉光刻技术还可加工纳米量级的衍射光学结构，图 16-68 是表面等离子激元干涉光刻示意图[66]，其装置与一般干涉光刻的差别不大，但需要在三棱镜下表面镀一层金属膜，以便利用全内反射产生的隐失波激发金属表面等离子激元（surface plasmon polariton，SPP）。SPP 是外部电磁场（如光波）诱导金属表面自由电子集体振荡所产生的一种局限在金属表面的电磁模。SPP 的电场强度在金属与介质分界面上具有最大值，并随着垂直于金属表面方向的距离增大而呈指数衰减。由于 SPP 的波长比照明光波长短，局域在金属表面的近场范围内的能量又非常强，比普通全内反射隐失波的电磁场强数倍。当两束光通过棱镜分别以一定角度入射到基底上时，其各自激发的 SPP 在沿金属表面相向传播过程中会形成可突破衍射极限的纳米级干涉图样，其对比度和纵向穿透距离优于普通隐失波干涉。可见，SPP 干涉光刻是一种很有前途的纳米光刻新技术。

总地来说，干涉光刻由于其低成本、简单易用、快速、高分辨率、元件面形大的特点，可满足许多特定应用场合的要求，在加工周期类型的衍射光学元件和纳光子元件方面有良好的应用前景。

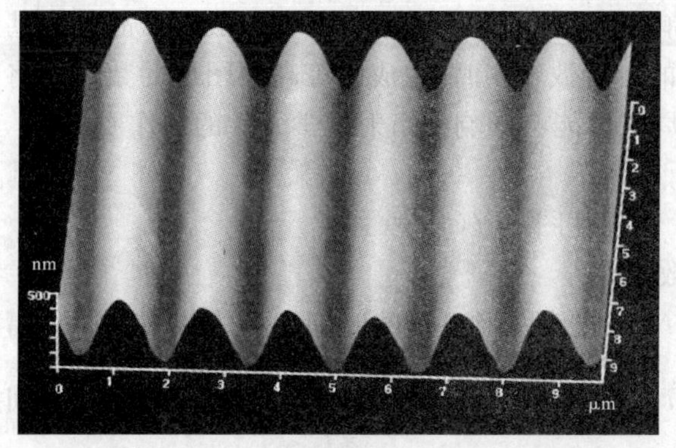

图 16-67 AFM 测得的正弦相位光栅轮廓

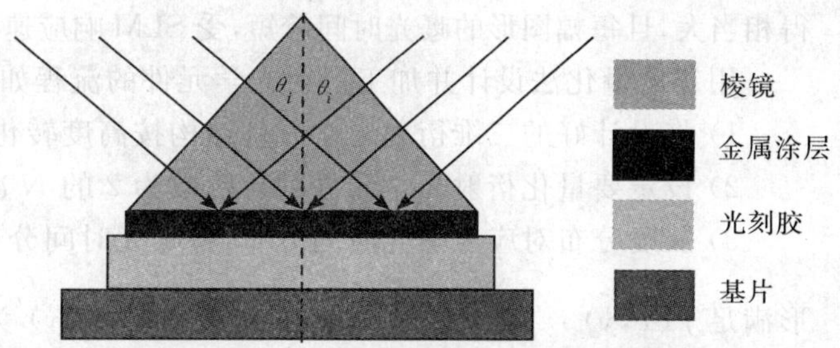

图 16-68 表面等离子激元干涉光刻示意图

2. 数字光刻技术[67]

20 世纪 90 年代末，基于空间光调制器(spatial light modulator，SLM)技术的无掩模光刻设备逐渐受到人们的重视。其中一种光刻机用计算机控制空间光调制器形成曝光图形，类似于投影光刻机的工作方式。另一种光刻机把空间光调制器与衍射光学元件阵列结合，相当于一个多光束并行激光直写系统，大大提高了直写速度。图 16-69 为一种已商用化的基于 SLM 技术的小型投影光刻机。

图 16-69 基于 SLM 技术的无掩模投影光刻机

空间光调制器是在信源信号的控制下对光波的某个物理参量(如振幅、相位、偏振态等)进行调制，从而使出射光波波前发生变化的一种光学元件。人们一般通过计算机控制，改变空间光调制器的复振幅透过率以调制光波。通常把来自计算机的信息传递到 SLM 相应位置以改变 SLM 的透过率分布的过程称为"寻址"(addressing)，其可分为光寻址和电寻址两大类。常用的电寻址的方式是通过 SLM 上两组正交的栅状电极，用逐行扫描的方法，把信号加到对应的单元上去。一对相邻的行电极和一对相邻的列电极之间的区域构成 SLM 的最小单元，又称像素(pixel)，它给出 SLM 的分辨率极限。电寻址空间光调制器是用得最多的空间光调制器，近年来人们开发出多种新元件，有薄膜晶体管液晶元件(TFT-LCD)、等离子体元件(PDP)、数字微反射镜元件(DMD)、倾斜微镜阵列、光栅光阀元件(GLV)等，它们将光学信息处理与近代电子技术特别是计算机-多媒体技术结合起来，构成光-电混合处理系统，应用非常广泛。其中，空间光调制器用于无掩模光学光刻系统中，成功地避免了掩模加工的困难，大大简化了传统光刻的一些繁琐的工艺流程，为大规模、快速、灵活地制作台阶或连续衍射光学元件开辟了一条新的道路。

下面介绍利用基于 SLM 的数字灰度光刻技术制作衍射光学元件的原理。

(1) 基于二元 SLM 制作衍射光学元件

以 SLM 作为实时掩模，并设置 SLM 只显示黑白两种图形，通过一系列黑白图形投影曝光，在光刻胶上得到需要的曝光量分布，实现连续结构衍射光学元件的制作。

用等高面方法设计并加工衍射光学元件的流程如下：

1) 将设计好的三维衍射光学元件按高度进行量化，不同高度对应不同的曝光量，结构高度相同的地方曝光量也相同，并构成一个等高面，将三维面形的衍射光学元件设计图形转换成了一系列黑白图形。

2) 计算好 SLM 显示每帧黑白图形的时间，该时间由衍射光学元件相应的高度确定，各帧显示的时间总和为总曝光时间。

3) 进行曝光过程模拟分析，优化 SLM 曝光时间和曝光图形结构，使最终曝光量分布更合理。

4)SLM 作为虚拟掩模，逐帧动态显示系列等高面图形，经投影成像系统在光刻胶上曝光，并形成所需的准连续曝光量分布。

5) 将曝光后的基片显影、刻蚀，获得衍射光学元件。

基于等高面方法制作衍射光学元件，具有设计、制作简单等优点，对 SLM 要求不高，一般的液晶光阀甚至 LCD 都可以作为实时掩模来使用。不过当衍射光学元件量化的台阶数较多时，生成的等高面图形的数据量将变得相当大，且每幅图形的曝光时间较短，受 SLM 响应速度的局限可能会影响到衍射光学元件的制作质量。

用灰度量化法设计并加工衍射光学元件的流程如下：

1）将设计好的三维衍射光学元件结构按高度转化为一个灰度图形 $f(x,y)$。

2）设定要量化衍射光学元件的台阶数为 2 的 N 次整数幂。

3）灰度分布对应为曝光时间分布，将曝光时间分布用 N 幅 2 值图形显示的时间之和来表示，这 N 幅图形满足 $f(x,y)=\sum_{n=1}^{N}2^{n-1}*b_n(x,y)$，其中 $b_n(x,y)$ 为第 n 幅图形 2 值图形的结构，每个图形的曝光时间是相同的，如图 16-70 所示。

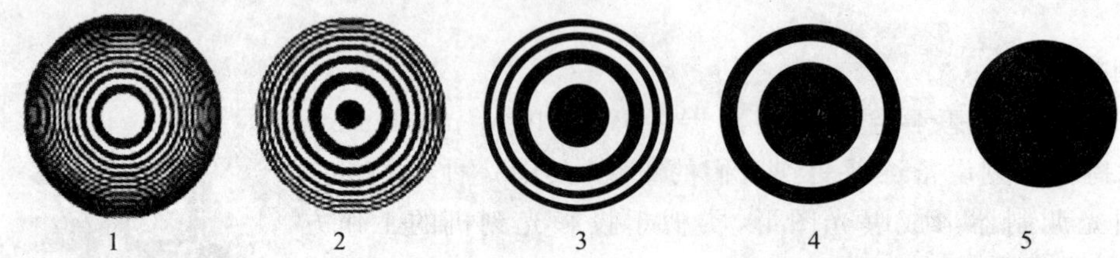

图 16-70　微透镜用灰度量化法分解的 5 幅 2 值图形

4）进行曝光过程模拟分析，优化曝光图形结构和单幅图形的曝光时间，以优化最终曝光量分布。

5)SLM 作为虚拟掩模，逐帧动态显示系列 2 值图形，经投影成像系统在光刻胶上曝光，并形成所需的连续曝光量分布。

6）将曝光后的基片显影、刻蚀，获得衍射光学元件。

灰度量化制作衍射光学元件的方法比等高面法要麻烦一些，但所要曝光的图形个数大大减少，如制作灰阶数为 31 阶的微透镜只需要 5 幅 2 值曝光图形(图 16-72)，其加工出来的衍射光学元件面形也较好。

(2) 基于 SLM 的灰度图形技术制作衍射光学元件

目前可显示灰度图形的 SLM 较多，用于光刻技术当中的 SLM 多为 MEMS 元件。国际上，ASML 公司、Ball Semiconductor 公司、Bell 实验室、Intelligent 公司等都在发展基于 SLM 的无掩模光学光刻系统。下面简要介绍一种数字微镜灰度光刻技术制作衍射光学元件的方法。

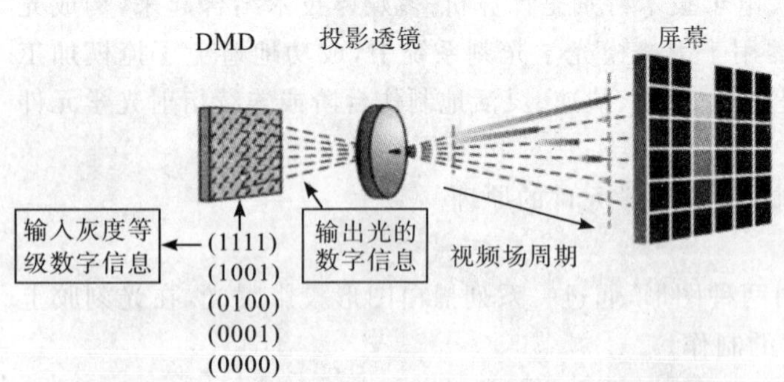

图 16-71　DMD 的时间脉冲宽度调制形成灰度图形

美国德州仪器公司的产品数字微镜阵列(DMD)是用数字光处理 DLP(digital light processing)技术实现灰度图形显示的，其可作为无掩模投影光刻系统的图形发生器。由于数字微镜是一种反射式显示元件，其镜面的反射只有亮和暗两种状态，因此微反镜阵列显示灰度图像时，只能通过数字控制信号的脉冲宽度来调整每个镜片反光时间的长短得到相应灰度等级，这被称为二进制时间脉宽调制。图 16-71 是常见的 DMD 投影显示系统在屏幕上产生灰度图形的示意图，图中 DMD 的中间一列微镜由输入信号控制，并通过控制数字信号实现像面量化深度为 4 bit 灰度（$2^4=16$ 种灰度等级）。屏幕上端为白色亮点，下端为黑色暗点，中间为灰色过渡点。其中输入数字脉冲信号的每一位表示微镜反光开启或关断的时间间隔，其时间间隔相应的权重值为 2^0、2^1、2^2、2^3 或 1、2、4、8，最短的时间间隔称为最低有效位。这里用数字脉冲信号 1111 驱动反射镜片 $+10°$ 偏转，将信号光反射到屏幕上的时间较长，人眼感觉为白色亮点；数字脉冲信号 0000 驱动反射镜片 $-10°$ 偏转，微反镜片将光线反射至吸收器吸收，因此屏幕上看到的是暗点。数字 0100 等脉冲信号驱动反射镜片在 $+10°$ 和 $-10°$ 间偏转，屏幕上呈现为灰色点。图中屏幕与镜头之间灰色线条的长短表示光脉冲的持续时间宽度。对于数字光刻成像系统而言，成像面的屏幕换成了光刻胶，光脉冲的持续时间宽度则对应不同的曝光量，光刻胶显影后将得到连续的浮雕轮廓。

（四）衍射光学元件制作的其他方法[6,58-60]

1. 热熔法

热熔法是用光刻胶热熔成形来制作微透镜阵列的一种简单可行的办法。其制作方法如下：

1）首先在干净的玻璃基片上均匀涂布一层适当厚度的光刻胶。

2）用接触或接近式光刻机在具有适当大小的圆形孔径阵列的掩模遮覆下，对光刻胶进行紫外曝光。

3）经过显影，在基底上就形成了相应的孤立的圆柱状胶体。

4）进行热处理，加热光刻胶至熔融温度，此时熔融的光刻胶借助表面张力的作用以及光刻胶层与基片的浸润作用，形成以图案孔径为边界的光滑的球冠状凸起的平凸透镜。

5）在玻璃基片上得到以光刻胶为基质材料的微透镜阵列。

热熔法的过程如图 16-72 所示。

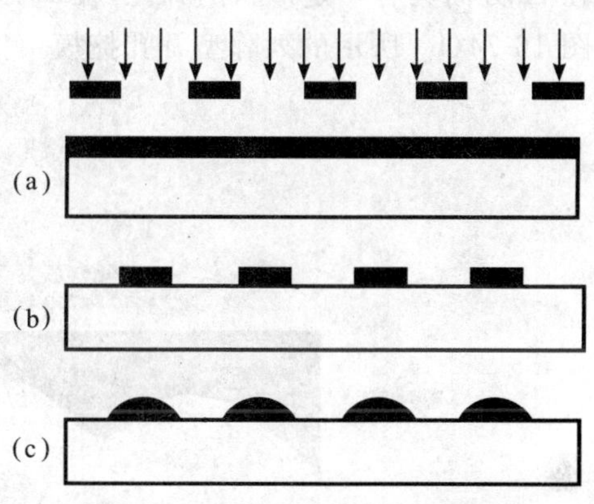

图 16-72　热熔法制作微透镜阵列示意图

热熔法的制作工艺比较成熟，工艺参数稳定且易于控制，对材料和设备要求也不高，适于制作口径较大的大规模微透镜阵列，其他方法制作的光刻胶微透镜阵列，也可使用热熔法对面形进行匀化。该方法已被广泛应用，其局限之处在于所制得元件的单元口径通常为圆形，要得到任意面形结构很困难。

2. 金刚石切削

金刚石切削是一种数控精密车床加工技术，它是用计算机编程控制刀具削去基片上多余的材料，获得规定几何形状微结构的一种机械超精加工方法。用该技术加工衍射光学元件具有很多优点：

1）该技术可将设计结构一次成型到基片上，没有掩模加工和套刻问题，工序少、使用方便、灵活简单。

2）金刚石切削过程由计算机事先编程控制完成，没有人为因素，加工精度取决于刀具和车床的精度，因此加工的衍射光学元件面形好，特别是纵向精度方面比其他直写技术控制得好，也更方便。元件表面的粗糙度很低，通常粗糙度低于 10 nm。

3）原则上，只要车床的加工精度许可，可在任意形状的基片上，加工任意设计形状的衍射光学结构。

4）生产效率高，重复性好，适合批量生产，加工成本比传统的加工技术明显降低。还可加工衍射光学结构的模具，方便大批量复制到其他光学材料上。

金刚石切削制作衍射光学元件也有一些局限，它主要用于圆对称表面加工，只适于小数值孔径、旋转对称衍射光学元件的加工。它对加工材料方面也有一定限制，比如不适于在易碎材料上加工衍射光学元件。

利用金刚石切削技术加工衍射光学元件的流程如下：

1）根据应用需求设计出衍射光学结构。

2）把衍射光学相位结构数据转换成刀具移动控制数据。

3）利用刀具控制软件控制金刚石刀具的运行轨迹，在基材上完成加工任务。

金刚石切削机床属于高精密机床，其高端产品价格十分昂贵。美国劳伦斯利弗莫尔（LLNL）实验室研制的超精密金刚石车床，可加工直径达 2 100 mm、重达 4 500 kg 的光学元件，可加工平面、球面及非球面元件。

3. 移动掩模曝光技术

移动掩模曝光技术本质上也是一种灰度曝光技术，该技术是通过控制一块二元掩模的运动速度使光刻胶产生梯度曝光量分布，进而实现连续微结构的加工。掩模移动法可适于制作具有一定对称性的连续相位衍射光学元件，它利用一个投影或接近式曝光系统，将二元掩模图形以 1：1 或缩小的方式投影到光刻感光材料上。在曝光过程中，掩模做连续平移或旋转，在感光材料上得到直线对称或旋转对称的连续曝光分布，经显影等后处理工艺后转化成为连续的浮雕分布。掩模移动法的基本机理与光强可控激光直写方法类似，也是实现曝光量的连续控制。但产生连续曝光量分布的方式不同。如图 16-73 所示，涂覆光刻胶的基片固定在投影曝光系统的像面上，掩模放在曝光系统的物面，并可与掩模台一起做连续的直线运动。掩模图形缩小成像在光刻胶上，曝光系统生成的空间像与掩模图形相同、尺寸缩小，即为一系列曝光开孔。由于曝光过程中掩模的平移运动，曝光开孔在光刻胶表面扫描，只要掩模的图形适当，就可得到所需的连续曝光分布。

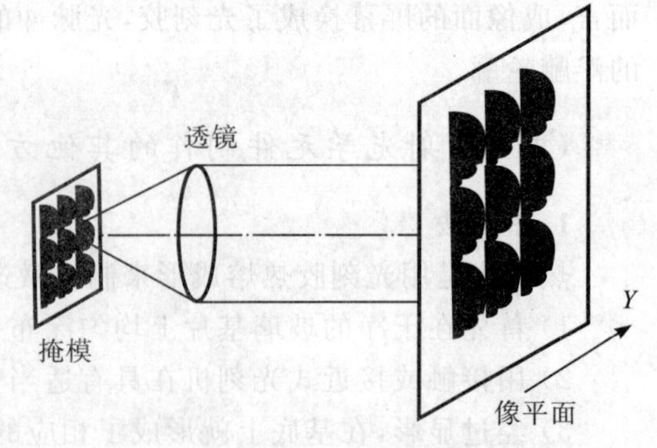

图 16-73　掩模移动曝光系统

移动掩模技术制作衍射光学元件的关键是掩模设计和曝光过程对平移机构的控制。图 16-74(a) 为一移动掩模图形结构，它在 X 方向具有一定形状的开孔，在 Y 方向经多次重复拼接，形成图 16-74(b) 所示的列阵型开孔掩模。

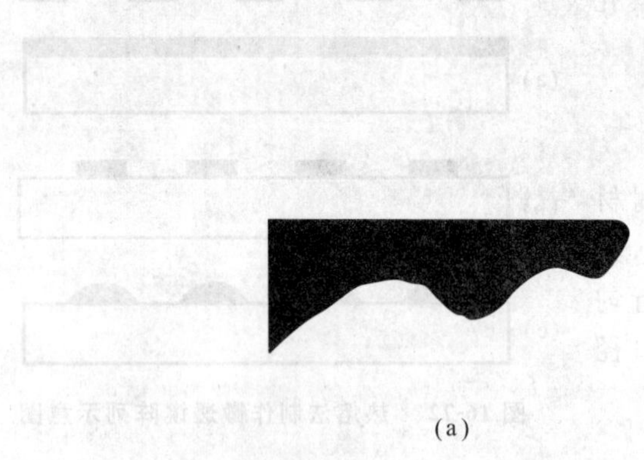
(a)

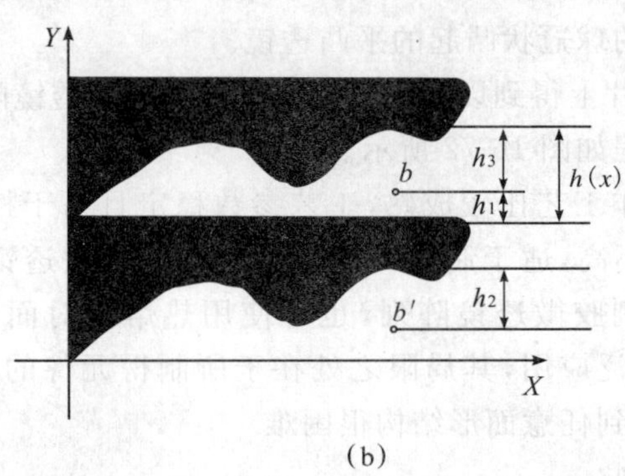

(b)

图 16-74　移动掩模的基本结构

在曝光过程中，掩模随平动台一起沿 Y 方向连续移动一个周期。在图中，掩模上 b' 点运动至 b 点，假设移动为匀速 v，在光刻胶上与 b 点相对应的点经历了两段曝光时间 $t_1=h_1/v, t_2=h_2/v$，因此这一点的曝光量为 $E(x,y)=It(x,y)=I\dfrac{h_1+h_2}{v}$，$I$ 为曝光光强。设掩模一个周期内的开孔函数为 $h(x)$，由于 $h_2=h_3$，则 $h_1+h_2=h(x)$，所以 $E(x,y)=\dfrac{I}{v}h(x)$。这表明光刻胶上的曝光量与掩模一个周期内的开孔形状成正比，与坐标位置无关。若将掩模平移机构由精密旋转机构代替，则可依此原理制作旋转对称衍射光学元件。

掩模移动技术作为连续面形衍射光学元件加工技术，其与电子束、激光束直写和灰度掩模等方法相比，具有成本低廉、制作效率高、所制元件光学性能和阵列均匀性好等优点。但掩模移动技术在掩模移动速度和移动距离上都有严格的限制，一次移动曝光所得的曝光量在掩模移动方向控制较困难，因此只能制作较大数值孔径的元件，不适于制作不具有中心对称或旋转对称的元件。图 16-75 和图 16-76 是移动掩模技术加工的衍射光学元件图片。

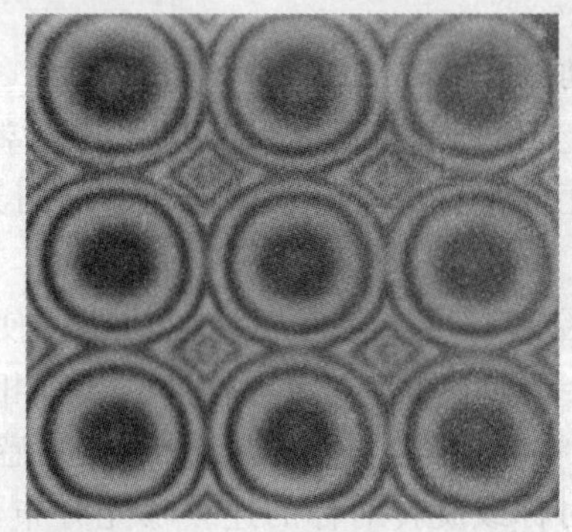

图 16-75　50 μm×50 μm、浮雕深度 1.2 μm 的微透镜阵列的干涉显微照片

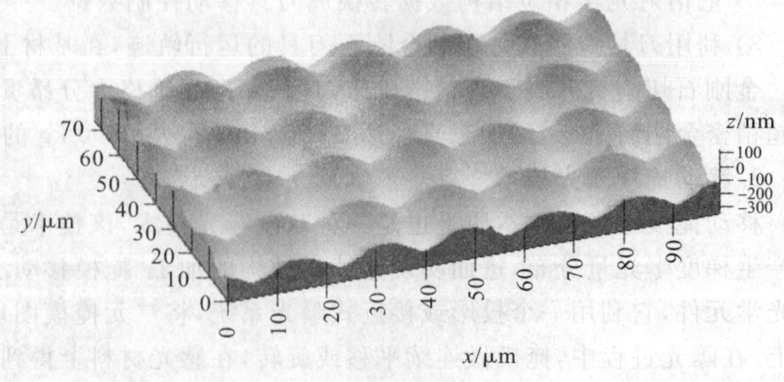

图 16-76　17 μm×17 μm 微透镜阵列的三维浮雕图片

4. 激光微加工技术

利用激光直接加工光学材料在其表面或内部形成衍射光学结构的方法有两种，下面作一简述。

(1) 准分子激光加工

准分子激光加工是通过投影系统使掩模成像直接对基片进行加工，它制作衍射光学元件的流程和传统光刻技术制作衍射光学元件的方法类似，只是不需要显影和刻蚀过程。它通过控制激光脉冲的数目来实现不同深度的材料刻蚀，用其所制作的衍射光学元件纵向误差较小，加工速度也很快，可加工多台阶结构，阶面较平滑，没有传统光刻技术的侧向钻蚀等问题。准分子激光加工所需掩模通常用铜或不锈钢材料。图 16-77 为用准分子激光加工的三维表面结构(引自 http://www.optec.be/optec_applications.htm)。

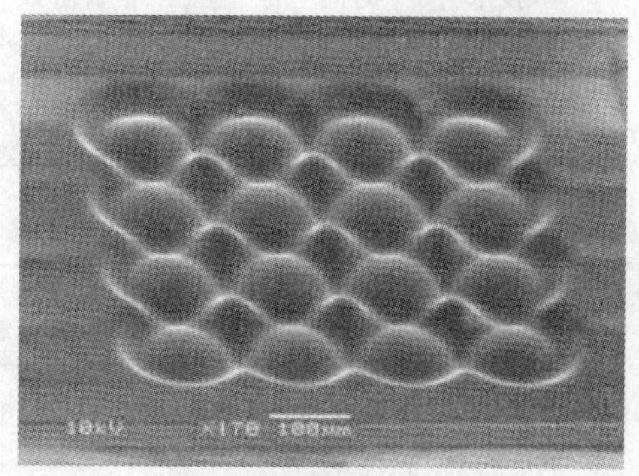

图 16-77　用准分子激光加工的三维表面结构

(2) 飞秒激光微加工

在普通激光加工中，由于激光脉冲宽度与热扩散时间差不多或更长一些，当激光脉冲与物质相互作用时，光能量被材料吸收，最终以热能形式对材料实现熔化、气化和去除。在实现微加工的同时，由于热能也会以热传导的方式传向周围区域，常造成作用区域的边缘热损伤，影响加工质量。

与常规激光微加工技术的原理有所不同，飞秒激光是脉冲宽度极短(飞秒量级)、峰值功率很高(太瓦量级)、聚焦点很小(尺寸约亚微米或纳米)的光束，利用飞秒激光进行微加工的过程是非热熔性。飞秒激光在极短的时间和极小的空间内与物质相互作用，使作用区域内的材料温度在瞬间内急剧上升，由于温度远远超过材料的熔化和气化温度值，物质被电离处于不同于常规激光微加工技术的高温、高压和高密度的等离子体状态。作用区域内的材料瞬间以等离子状态向外喷发，并几乎带走了飞秒脉冲激光给予的全部热量，因此作用区域内的材料温度骤然下降。显然，飞秒激光加工没有普通激光微加工的热熔化过程，大大减弱和消除了热效应带来的诸多负面影响。飞秒激光可以实现多种衍射光学元件的精细加工、修复和处理。图 16-78 为飞秒激光在玻璃上加工的衍射光学元件。

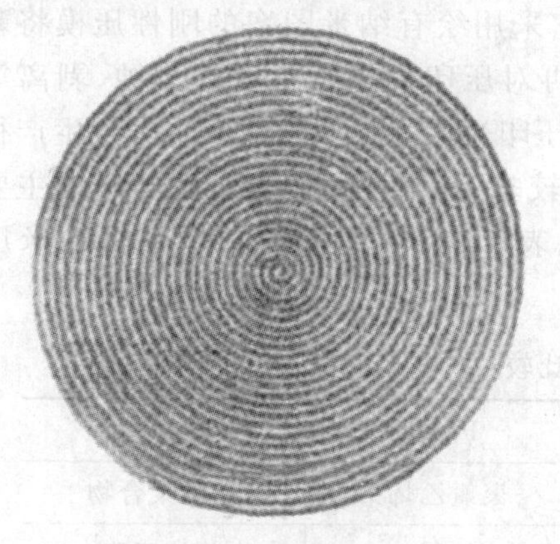

图 16-78　飞秒激光加工的衍射光学元件的图形

飞秒激光加工优点很多：

1) 高分辨率。通过调节入射飞秒激光聚焦焦斑，可使焦斑中心光的强度刚好满足材料的多光子电离的阈值，而焦斑边缘则低于此阈值，这样，加工过程中的能量吸收和作用范围就被仅限于焦点中心位置处，而非整个聚焦光斑所辐照的区域，因此加工尺度可达 1/20 波长，即数十纳米。

2) 加工极其精细。该技术克服了传统激光加工的热效应所带来的弊端，所加工的微结构的边缘极其整齐和精确。

3) 可在材料内部三维空间的微、纳米范围内，实现对物质的改性或转移。当将聚焦强度位于阈值附近的飞秒激光射向某些透明材料的内部空间时，唯有光束行进位置才能获得较高的功率密度，发生多光子吸收和电离，从而实现材料内部的材料改性(如折射率的改变等)和超精细加工，并使得飞秒激光具有空间定位加工能力。

4) 加工过程对被加工材料的无选择性。原则上，只要满足合适的条件，飞秒激光加工可以实现任何材料的加工。

5) 此外，对加工区域周围不产生或很少产生力学的、热学的和化学的影响，且加工过程能量较少浪费，低耗能，高效率。

(五) 常用衍射光学元件制作方法的比较

表 16-12 是几种常用衍射光学元件制作方法的比较。

表 16-12 常用衍射光学元件制作方法的比较

制作技术	加工时间	最小特征尺寸	最大台阶数	衍射光学元件的衍射效率	能否在曲面上制作	设计时间	制作速度	制作文件大小	母版的制作成本	批量生产的成本
干涉光刻	很短	<0.2 μm	连续	中偏高	可以	很短	快	—	很低	中度
传统光刻	很长	~2.0 μm	16	高	不可以	长	很慢	很大	高	高
灰阶编码掩模	很短	25 μm	256	低	不可以	很短	快	很小	很低	很低
二元铬版掩模	短	1 μm	8	中等	不可以	很长	快	很大	高	低
高能束敏玻璃	短	~0.2 μm	16~256	高	不可以	长	快	中等	高	低
电子束二元直写	很长	0.1 μm	16	高	不可以	长	很慢	很大	很高	很高
电子束模拟直写	中等	0.35 μm	16	很高	不可以	长	慢	大	高	很高
激光束模拟直写	中等	1.0 μm	256	高	可以	中等	慢	中等	低	高
离子交换	长	—	连续	很高	可以	短	很慢	很小	低	低
LIGA 技术	长	0.5 μm	准连续	很高	可以	中等	慢	中等	很高	高

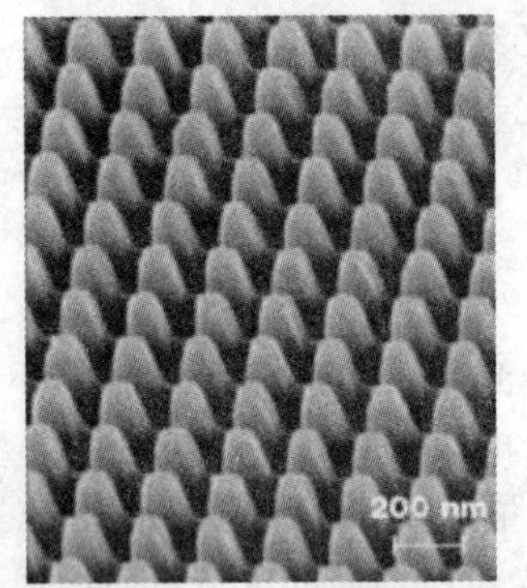

图 16-79 纳光压印图形

四、纳米压印技术[61]

为降低衍射光学元件的加工成本，压印技术经常被用于复制衍射光学元件。这里我们重点介绍纳米压印技术。

纳米压印是软刻印术的发展，它采用绘有纳米图案的刚性压模将基片上的聚合物薄膜压出纳米级图形，再对压印件进行常规的刻蚀、剥离等加工，最终制成纳米结构和元件，所以压印被认为是一种低成本批量生产衍射光学元件的关键技术。压印的方法较多，其中使用的聚合物材料的主要性能、缩写形式和相关的光学特性见表 16-13。图 16-79 是一个纳米压印图形。

表 16-13 几种聚合物纳米压印材料比较

缩 写		PC	PMMA	PVC	NOA61
材料		聚碳酸酯	有机玻璃	聚氯乙烯	光敏聚合物
压印技术		热压	热压	热压	紫外压印
折射率(λ=633 nm)		1.58	1.49	1.54	1.56
典型的波长透过范围/nm	λ_{min}	380	400	400	350
	λ_{max}	1 600	1 100	2 200	3 000
玻璃化温度		145	94~108	75~105	—

(一)热压印

热压印的制作过程如图 16-80 所示，衍射光学元件热压复制示意图见图 16-81。

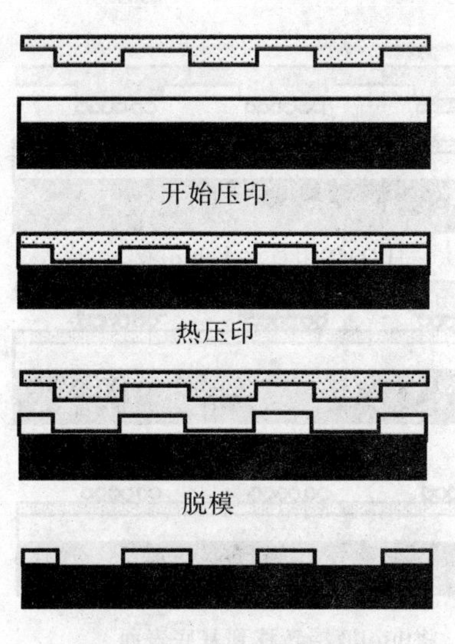

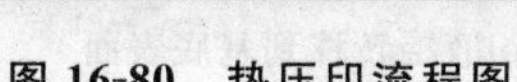

图 16-80　热压印流程图

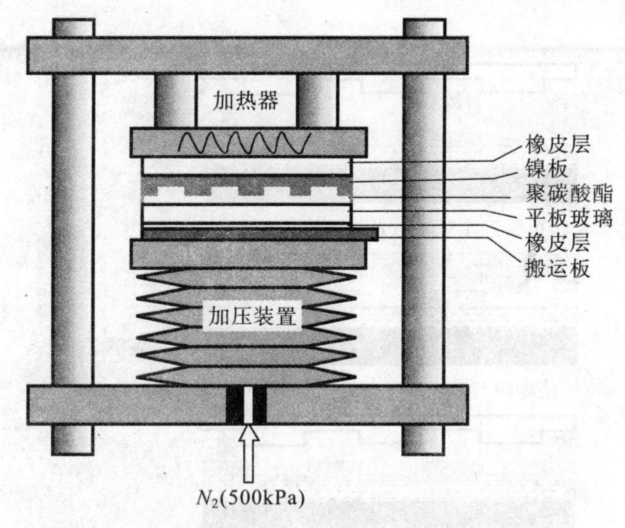

图 16-81　衍射光学元件热压复制示意图

1)首先,利用电子束直写技术(EBDW)制作一片具有纳米图案的 Si 或 SiO_2 模版,并且准备一片均匀涂布热塑性高分子光刻胶的硅基板。

2)将硅基板上的光刻胶加热到玻璃转换温度以上,利用机械力将模版压入高温软化的光刻胶层内,并且维持高温、高压一段时间,使热塑性高分子光刻胶填充到模版的纳米结构内。

3)待光刻胶冷却固化成形后,释放压力并且将模版脱离硅基板。

4)最后对硅基板进行反应离子刻蚀去除残留的光刻胶,即可以复制出与模版等比例的纳米图案。

(二)紫外压印

用于热压印光刻技术的热塑性高分子光刻胶必须经过高温、高压、冷却的相变化过程,在脱模之后压印的图案经常会出现变形现象,因此使用热压印技术不易进行多次或三维结构的压印。为了解决此问题,可以在室温、低压下使用压印光刻技术。

M. Bender 和 M. Otto 提出一种在室温、低压环境下利用紫外光硬化高分子材料的压印光刻技术[68],其前处理与热压印类似,首先都必须准备一个具有纳米图案的模板,而紫外线模版材料必须使用可以让紫外线穿透的石英,并且在硅基板涂布一层低黏度、对紫外线感光的液态高分子光刻胶,在模版和基板对准完成后,将模版压入光刻胶层并且照射紫外光使光刻胶发生聚合反应硬化成形,然后脱模,进行刻蚀基板上残留的光刻胶便完成了整个紫外压印,见图 16-82。

很明显,紫外压印相对于热压印来说,不需要高温、高压的条件,它可以廉价地得到纳米尺度高分辨率图形,它的工艺可用于发展纳米结构元件。

(三)微接触压印

微接触压印的印模是由一种硅橡胶类弹性材料制成。印模的制作方法是首先在硅片上利用电子束曝光聚甲基丙烯酸甲酯光刻胶(polymethyl methacrylate,PMMA)获得高分辨率 PMMA 浮雕图形,然后将液体状聚二甲基硅氧烷(polydimmethylsiloxane,PDMS)倾倒在 PMMA 图形表面形成一均匀薄层,在略高于室温的温度下烘烤一段时间后 PDMS 固化变成弹胶条,同时将 PMMA 浮雕图形复制到 PDMS 上。由于 PDMS 和 PMMA 不亲和,因此很容易将 PDMS 弹胶条模揭下来。将 PDMS 印模浸到一种硫醇类(alkanethiol)溶剂或称之为墨水之中,然后像图章一样将附有 alkanethiol 的 PDMS 印模放置到表面沉积金模的基底材料上,将 PDMS 表面突起的浮雕图形部分的硫醇膜转移到基底材料的金模上,如图 16-83 所示。硫醇膜图形的作用相当于光刻胶,在氰化物类腐蚀液中硫醇膜的腐蚀速率仅为金的百万分之一。

微接触印刷不但具有快速、廉价的优点,而且它还不需要洁净间的苛刻条件,甚至不需要绝对平整的表面,微接触印刷还适合多种不同表面。具有作用方法灵活多变的特点。该方法的缺点是在亚微米尺度,印刷

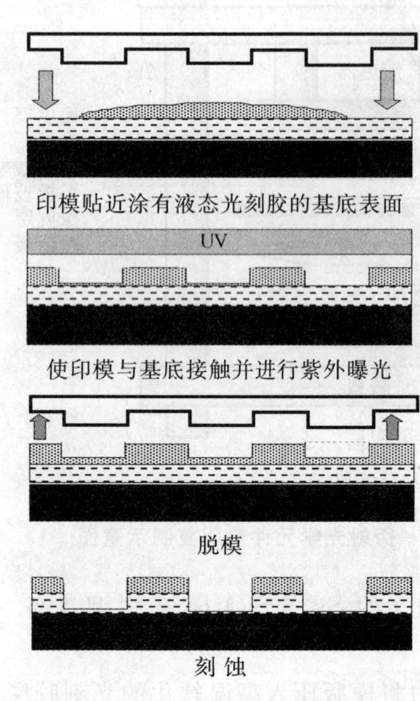

图 16-82 紫外压印流程图

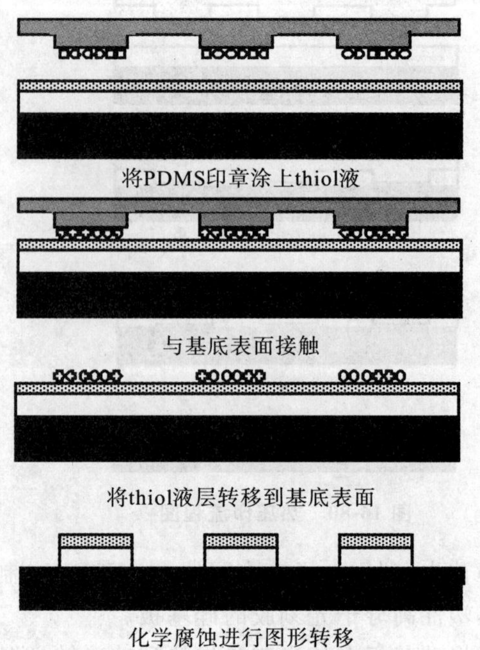

图 16-83 微接触压印过程

时硫醇分子的扩散将影响对比度，并使印出的图形变宽。通过优化浸液方式、浸液时间，尤其是控制好模具上的试剂量及分布，可以使扩散效应下降。以上 3 种方法各有优缺点，如表 16-14 所示。

表 16-14 三种纳米压印方法的比较

工 艺	热压印	紫外压印	微接触压印	工 艺	热压印	紫外压印	微接触压印
温 度	高温	室温	室温	多层压印	可以	可以	比较难
最小尺寸/nm	5	10	60	压力	0.002～40	0.01～0.1	0.001～0.04
深宽比	1～6	1～4	无	套刻精度	比较好	好	差
多次压印	好	好	差	研究动态	低温低压	S-FIL	一次性压印

参 考 文 献

[1]Veldkamp W B，McHugh T J. Binary Optics[J]. Scientific American，1992，266 (5)：92-97

[2]Special issue for diffractive optics[J]. J. Modern Optics，1993，40(4)

[3]Special issue for diffractive optics[J]. Appl. Opt.，1993，32 (14)

[4]Special issue for diffractive optics[J]. J. Opt. Soc. Am. A，1995，12 (5)

[5]Special issue for diffractive optics[J]. Appl. Opt.，1995，34 (14)

[6]金国藩，严瑛白，邬敏贤. 二元光学[M]. 北京：国防工业出版社，1998

[7]Kress B，Meyrueis P. Digital Diffraction Optics——An Introduction to Planay Diffraction Optics and Reflated Technology [M]. New York：John Wiley and Sons，Ltd，2000

[8]维克多·索菲尔. 衍射光学元件的计算机设计方法[M]. 金国藩，谭峭峰，译校. 天津：天津科学技术出版社，2007

[9]Chu R S，Tamir T. Guide-wave theory of light diffraction by acoustic microwaves[J]. IEEE Trans. Microwave Theory Tech.，MTT-18，1970：486-504

[10]BottenL C，Craig M S. The dielectric lamellar diffraction grating[J]. Opt. Acta，1981，28(3)：413-428

[11]Moharam M G，Gaylord T K. Rigorous coupled-wave analysis of planar-grating diffraction[J]. Opt. Soc. Am. A，1981，71：811-818

[12]Ralf Brauer, Olof Braungdahl. Electromagnetic diffraction analysis of two-dimensional gratings[J]. Optics Communications,1993,100:1-5

[13]Li Lifeng. Use of Fourier series periodic structures[J]. J. Opt. Soc. the analysis of discontinuous. A, 1996, 13 (9):1870-1876

[14]Li Lifeng. Multilayer modal method for diffraction gratings arbitrary profile, depth, and permittivity[J]. J. Opt. Soc. Am. A,1993,10 (12):2581-2591

[15]Prather D W, Mirotznik M S, Mait J N. Boundary element method for vector modeling diffractive optical elements[J]. SPIE,1995,2404:28-39

[16]Lichtenberg B, Gallagher N C. Numerical modeling of diffractive devices using the finite element method[J]. Opt. Eng., 1994,33:3518-3526

[17]Mirotznik M S, Prather D W, Mait J N, et al. Three-dimensional analysis of subwavelength diffractive optical elements with the finite-difference time-domain method[J]. Applied Optics, 2000, 39(6):2871-2880

[18]Shi S Y, Tao X D, Yang L Q, et al. Analysis of diffractive optical elements using a nonuniform finite-difference time-domain method[J]. Opt. Eng.,2001, 40 (4):503-510

[19]Sweat W C. Describing holographic optical element as lenses[J]. J. Opt. Soc. Am,1977,67(6):803-808

[20]Sweat W C. Mathematical equivalence between a holographic optical element and an ultra-high index lens[J]. J. Opt. Soc. Am,1979,69(3):486-487

[21]Jamieson T H. Thermal effects in optical systems[J]. Opt. Eng.,1981,20(2):156-160

[22]Sweeney D W, Sommargren G E. Harmonic diffractive lenses[J]. Appl. Opt.,1995,34(14):2469-2475

[23]Faklis D, Morris G M. Spectral properties of multiorder diffractive lenses[J]. Appl. Opt.,1995,34(14):2462-2468

[24]曾吉勇,金国藩,王民强,等. 含衍射结构薄透镜系统初级像差的 PWC 表示[J]. 光学学报,2006,26(1):96-100

[25]曾吉勇,金国藩,严瑛白,等. 基于 PWC 方法的折衍混合红外物镜设计[J]. 红外与毫米波学报,2006,25(3):213-216

[26]Dammann H, Görtler K. High-efficiency in line multiple imaging by means of multiple phase holograms[J]. Opt. Commun.,1971,3(5):312-315

[27]Talbot H F. Facts relating to optical sciences No. Ⅳ[J]. Philos. Mag.,1836,9(5):401-407

[28]Bryngdahl O. Geometrical transformations in optics[J]. J. Opt. Soc. Am,1974,64(8):1092-1099

[29]Aleksoff C C, Ellis K K, Neagle B D. Holographic conversion of a Gaussian beam to a near-field uniform beam[J]. Opt. Eng.,1991,30(5):537-543

[30]高峰,刘建莉,高福华,等. 利用边缘相位校正实现光束整形的高精度优化[J]. 光学学报,2004,24(8):1137-1140

[31]Gerchberg R W, Saxton W O. Practical algorithm for the determination of phase from image and diffraction plane pictures[J]. Optik,1972,35(2):237-250

[32]Sang Tao, Liao Jianghong, Lu Zhenwu, et al. A new Fourier iterative algorithm for the design of phase-only diffractive optical element used in laser beam shaping[J]. Chinese Journal of Laser,1996,B5(5):451-460

[33]Liu J S, Taghizadeh M R. Iterative algorithm for the design of diffractive phase elements for laser beam shaping[J]. Opt. Lett.,2002,27(16):1463-1465

[34]Deng Xuegong, Li Yongping, Qui Yue, et al. Phase mixture algorithm applied to design of pure phase elements[J]. Chinese Journal of Laser,1995,B4(5):447-454

[35]Dixit S N, Feit M D, Perry M D, et al. Designing fully continuous phase screens for tailoring focal-plane irradiance profiles[J]. Opt. Lett.,1996,21(21):1715-1717

[36]陈波,王菡子,韦辉,等. 用于惯性约束聚变束匀滑的完全连续相位板设计方法[J]. 光学学报,2001,21(4):480-484

[37]霍裕平,杨国桢,顾本源. 用光学方法实现幺正变换及一般线性变换(II用迭代法求解)[J]. 物理学报,1976,25(1):31-46

[38]Kirkpatrick S, Galatt C D, Vecchi M P. Optimization by simulated annealing[J]. Science,1983,220(4598):671-680

[39]羊国光. 用于衍射光学元件优化设计的遗传算法及其与模拟退火算法的比较[J]. 光学学报,1993,13(7):577

[40]Wen Cho Chew. 非均匀介质中的场与波[M]. 聂在平,柳清火,译. 北京:电子工业出版社,1992:361-391

[41]Chandezon J, Dupuis M. Multicoated gratings: a differential formalism appli-cable in the entire optical region[J]. J. Opt. Soc. Am. (A),1982,72(7):839-846

[42]Preist T W, Cotter N P K, Sambles J R. Periodic multiplayer gratings of arbitrary shape[J]. J. Opt. Soc. Am. (A),1995,12(8):1740-1748

[43]Li Lifeng. Formulation and comparison of two recursive matrix algorithms for modeling layered diffraction gratings[J]. J. Opt. Soc. Am. (A),1996,13(5):1024-1035

[44]Moharam M G,Pommet D A,Grann E B. Stable implementation of the rigorous coupled-wave analysis for surface-relief gratings: enhanced transmittance matrix approach[J]. J. Opt. Soc. Am. (A),1995,12(5):1077-1086

[45]Magnusson R,Wang S S. New principle for optical filters[J]. Appl. Phy. Lett.,1992,61:1022-1024

[46]Vincent P,Neviere M. Corrugated dielectric waveguides: a numerical study of second-order stop bands[J]. Appl. Phys., 1979,20:345-351

[47]Wood R W. Remarkable spectrum from a diffraction grating[J]. Philos. Mag.,1902,4:396-402

[48]Lord Rayleigh. Note on the remarkable case of diffraction spectrum described by Prof[J]. Wood. Philos. Mag.,1907,14: 60-65

[49]Wang S S,Magnusson R. Design of waveguide-grating filters with symmetrical line shapes and low sidebands[J]. Optics Letters,1994,19:919-921

[50]Magnusson R,Wang S S. Transmission bandpass guided-mode resonance filters[J]. Appl. Opt.,1995,34:8106-8109

[51]Sharon A,Rosenblatt D,A. A. Friesem. Narrow spectral bandwidth with grating waveguide structures[J]. Appl. Phys. Lett.,1996,69:4154-4156

[52]Prather D W,Mait J N. Vector-based synthesis of finite aperiodic subwavelength diffractive optical elements[J]. J. Opt. Soc. Am. A, 1998,15 (6):1599-1607

[53]Jiang J H and Nordin Gregory P. A rigorous unidirectional method for designing finite aperture diffractive optical elements [J]. Optics Express, 2000, 7 (6):237-242

[54]Farn M W. Binary grating with increased efficiency[J]. Appl. Opt.,1992,31:4453-4458

[55]Mait J N,Prather D W. Binary subwavelength diffractive-lens design[J]. Optics Letters, 1998,23 (17):1343-1345

[56]刘玉玲. 亚波长衍射透镜的严格矢量分析[D]. 北京:中国科学院博士学位论文, 2004

[57]Max Born, Email Wolf. Principle of Optics[J]. Cambridge:Cambridge University Press,1999

[58]Kress B, Meyrueis P. Digital Diffractive Optics[M]. Chichester: John Wiley & Sons,Ltd,2000

[59]Hans Peter Herzig. Micro-optics elements,system and applications[M]. London: Taylor & Francis LTD,1997

[60]杨立. 先进光学制造技术[M]. 北京:科学出版社,2001

[61]崔铮. 微纳米加工技术及其应用[M]. 北京:高等教育出版社,2005

[62]Wu C. Method of making high energy beam sensitive glasses[P]. U S Patent,No. 5078771,1992

[63]史俊锋,张光国,王东生. 任意三维表面微型光器件的灰度光刻技术[J]. 微纳电子技术,2004(10):38-43

[64]Reimer K, Henke W, Quenzer H J. One-level Gray-tone design mask data preparation and pattern transfer[J]. Microelectronic Engineering,1996,30(1-4):559-562

[65]Henke W, Hoppe W, Quenzer H J. Simulation and process design of grey-tone lithography for the fabrication of arbitrarily shaped surfaces[J]. Jpn. J. Appl. Phys.,1994,33:6809

[66]Guo X,Du J,Guo Y. Large-area surface-plasmon polariton interference lithography[J]. Optics Letters,31(17):2613-2615

[67]Guo X,Du J,Guo Y. Simulation of DOE fabrication using DMD-based gray-tone lithography[J]. Microelectronic Engineering,2006,83:1012-1016

[68]Bender M,Ctto M,Hadam B. Abrication of nanostructures using a UV-based imprint technique[J]. Microelectronic Engineering,2000,53(1-4):233-236

[69]折衍混合成像光学系统的研究[D]. 北京:清华大学博士学位论文,1998:12-19

第十七章 偏振光学和偏光器件

偏振，是矢量光束的基本属性。光束不仅有时间结构、空间结构、光谱结构，而且还有偏振结构，光束的偏振空间分布。

1808 年马吕斯(Malus)发现了光的偏振现象，19 世纪与 20 世纪初理论物理学用电磁理论完整地论证了光波的偏振特性。在 20 世纪中期，随着激光器的问世，使得有关光的偏振特性、偏光器件及其应用的研究得到了长足发展，偏振光学日趋完善。20 世纪末光纤光学的飞速发展给偏振光学注入了新的活力，径向偏振、角向偏振和量子信息的深入研究延拓了偏振光学的内涵，偏振光学与偏光技术依然在发展之中。

第一节 基本概念与公式

一、基本光学常数

电磁理论是唯象的理论，它主要说明具有确定特征的任何物质所显示的性质，而不去解释该物质为什么具有这些基本特征。在光学领域内，偏振和物质的所有其他光学性质，是用两个或更多的光学常数的唯象参数来确定的。电磁理论几乎不去说明为什么物质具有这些特殊的光学常数，或者这些光学常数和组成物质的原子、分子的特性有什么关系。在 20 世纪固体物理学中，这个问题已受到广泛的研究，但是仍然只有部分了解。然而很清楚，光学常数不仅是组成物质的原子、分子本性的函数，而且对这种物质的方位也很敏感，它可以定量地预示物质发生的光学行为。

光学常数是重要的基本量，本章采用由表 17-1 所规定的光学参数。

表 17-1 光学参数规定

电场强度	$E = E_0 \exp \mathrm{i}(\omega t + \delta) \exp(-\mathrm{i}\boldsymbol{K} \cdot \boldsymbol{r})$
复折射率	$n = n - \mathrm{i}k$
反射时的复相对振幅衰减	$\rho = \dfrac{r_\mathrm{p}}{r_\mathrm{s}} = \dfrac{\lvert E_\mathrm{p}'' \rvert / \lvert E_\mathrm{p} \rvert}{\lvert E_\mathrm{s}'' \rvert / \lvert E_\mathrm{s} \rvert} \mathrm{e}^{\mathrm{i}(\delta p - \delta s)} = \tan\psi\, \mathrm{e}^{\mathrm{i}\Delta}$
反射时的相对振幅衰减	$\tan\psi = \dfrac{\lvert r_\mathrm{p} \rvert}{\lvert r_\mathrm{s} \rvert}$
反射时的相对相位变化	$\Delta = \delta_\mathrm{p} - \delta_\mathrm{s}, 0 \leqslant \Delta \leqslant \pi$，对未镀表面

二、菲涅耳公式

菲涅耳(Fresnel)公式是在非正入射时光的反射系数和透射系数的表达式。在这个公式的推导中，坐标系决定了公式中的符号，因此也决定了反射时 p 分量和 s 分量的相位。如图 17-1 所示，在坐标系中，入射角是 θ_0，折射角是 θ_1。偏振的 s 分量是在垂直于纸平面的 $\boldsymbol{E}$(电场)波的振动平面内，而 p 分量是在纸平面内的 $\boldsymbol{E}$ 波的振动平面内(入射面在纸平面内)。对于 E_s、E_s' 和 E_s''，用圆点表示振动的正方向；对于相应的 p 分量，用箭头表示振动的正方向。应当注意的是，由于镜像效应，E_p'' 的正方向如图所示。按照规定，人们总是迎着光波的传播方向观察的，因而 E_p 的正方向向右方，E_p'' 的正方向也是向右方。反射的各 $\boldsymbol{E}$ 矢量的正方向并不与反射的各 $\boldsymbol{E}$ 矢量的真实方向相同，真实方向依赖于物质的折射率，或者可以是正方向，或者可以是负方向。例如，若 $n_1 > n_0$，当正入射时，E_s'' 是在负方向上，E_p'' 却是在正方向上。因此我们说，在反射时 s 波有 180°的相位变化，p 波有 0°的相位变化。

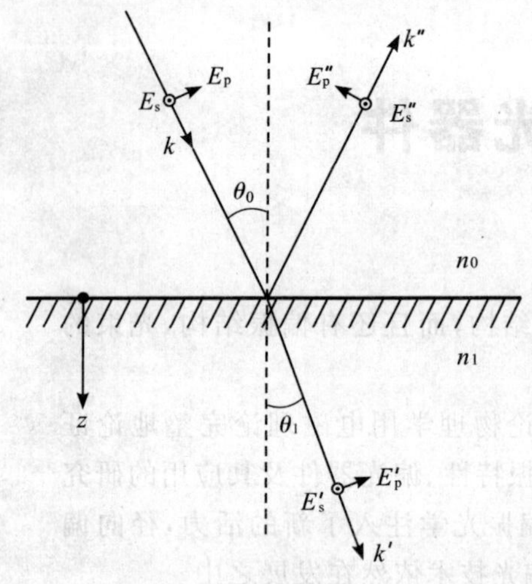

图 17-1　在折射率为 n_0 的介质与折射率为 n_1 的介质(可以是吸收介质)之间的界面上测量反射和折射平面波的 E 矢量而设置的坐标系

E_s、E_s' 和 E_s'' 分量的坐标的正方向是从纸面向外，而各 E_p 分量的坐标的正方向则是在纸平面内，并用箭头表示。应注意，虽然各坐标方向已在图中标出，但各 $\boldsymbol{E}$ 矢量本身却可以在正方向或者在负方向。例如，若 $n_1 > n_0$，E_s 和 E_s' 的方向将从纸平面向外，但 E_s'' 却从纸平面向内。同时给出了波矢量 k、波行进的方向 z，以及入射角 θ_0 和折射角 θ_1

用这个坐标系，考虑边界条件，可解出一个界面的菲涅耳振幅反射系数为

$$\frac{E_s''}{E_s} \equiv r_s = \frac{n_0\cos\theta_0 - n_1\cos\theta_1}{n_0\cos\theta_0 + n_1\cos\theta_1} \tag{17-1}$$

和

$$\frac{E_p''}{E_p} \equiv r_p = \frac{n_1\cos\theta_0 - n_0\cos\theta_1}{n_1\cos\theta_0 + n_0\cos\theta_1} \tag{17-2}$$

振幅透射系数为

$$\frac{E_s'}{E_s} \equiv t_s = \frac{2n_0\cos\theta_0}{n_0\cos\theta_0 + n_1\cos\theta_1} \tag{17-3}$$

和

$$\frac{E_p'}{E_p} \equiv t_p = \frac{2n_0\cos\theta_0}{n_1\cos\theta_0 + n_0\cos\theta_1} \tag{17-4}$$

只包含入射角和折射角的菲涅耳振幅反射系数和振幅透射系数使用起来更方便。应用斯涅尔(Snell)定律：

$$\frac{\sin\theta_0}{\sin\theta_1} = \frac{n_1}{n_0} \tag{17-5}$$

由(17-1)式至(17-4)式消去 n_0 和 n_1 后，可推导出关系式：

$$r_s = -\frac{\sin(\theta_0-\theta_1)}{\sin(\theta_0+\theta_1)} \tag{17-6}$$

$$r_p = \frac{\tan(\theta_0-\theta_1)}{\tan(\theta_0+\theta_1)} \tag{17-7}$$

$$t_s = \frac{2\sin\theta_1\cos\theta_0}{\sin(\theta_0+\theta_1)} \tag{17-8}$$

$$t_p = \frac{2\sin\theta_1\cos\theta_0}{\sin(\theta_0+\theta_1)\cos(\theta_0-\theta_1)} \tag{17-9}$$

对于非吸收物质，只要将(17-6)式和(17-7)式平方就可得到强度反射系数(反射比) R_s 和 R_p：

$$R_s = r_s{}^2 = \frac{\sin^2(\theta_0-\theta_1)}{\sin^2(\theta_0+\theta_1)} \tag{17-10}$$

$$R_p = r_p{}^2 = \frac{\tan^2(\theta_0-\theta_1)}{\tan^2(\theta_0+\theta_1)} \tag{17-11}$$

正入射时，由(17-1)式和(17-2)式可得

$$R_s = R_p = \frac{(n_0-n_1)^2}{(n_0+n_1)^2} \tag{17-12}$$

在图 17-2 中给出了 R_s 和 R_p 对入射角的函数曲线，这些曲线对应于折射率比 n_1/n_0 取不同值和物质的消光系数取不同值时的情况。从 $n_1/n_0 = 1.3$、1.8 和 2.3 的曲线，可看出正入射反射比随着 n_1 的增大而增大。对于 $n_1/n_0 = 0.3$ 和 0.8 及 $k_1 = 0$ 的曲线，如果入射介质是空气，这些曲线就没有物理意义。然而，当第二介质是空气($n_1 = 1$)时，它们分别表示折射率为 $n_0 = 3.33$ 和 1.25 的物质中的内反射。

强度透射系数 T_s 和 T_p 可从波印廷矢量出发得到，且对于非吸收物质有

$$T_s = 1 - R_s = \frac{n_1\cos\theta_1}{n_0\cos\theta_0}t_s{}^2 = \frac{4n_0n_1\cos\theta_0\cos\theta_1}{(n_0\cos\theta_0+n_1\cos\theta_1)^2} = \frac{\sin 2\theta_0\sin 2\theta_1}{\sin^2(\theta_0+\theta_1)} \tag{17-13}$$

$$T_p = 1 - R_p = \frac{n_1\cos\theta_1}{n_0\cos\theta_0}t_p{}^2 = \frac{4n_0n_1\cos\theta_0\cos\theta_1}{(n_1\cos\theta_0+n_0\cos\theta_1)^2} = \frac{\sin 2\theta_0\sin 2\theta_1}{\sin^2(\theta_0+\theta_1)\cos^2(\theta_0-\theta_1)} \tag{17-14}$$

这些系数都是对光通过单一的边界面而言的，所以在应用上受到限制。在实际情况中，光透过具有两个界面的片状材料，在这个材料内通常要发生多次反射，而且如果两个界面是光滑的平行平面时，还要产生干涉效应。

对于在空气中的透明材料片，当样片具有光滑平行平面的端面，在它的内部发生相干多次反射时，强度

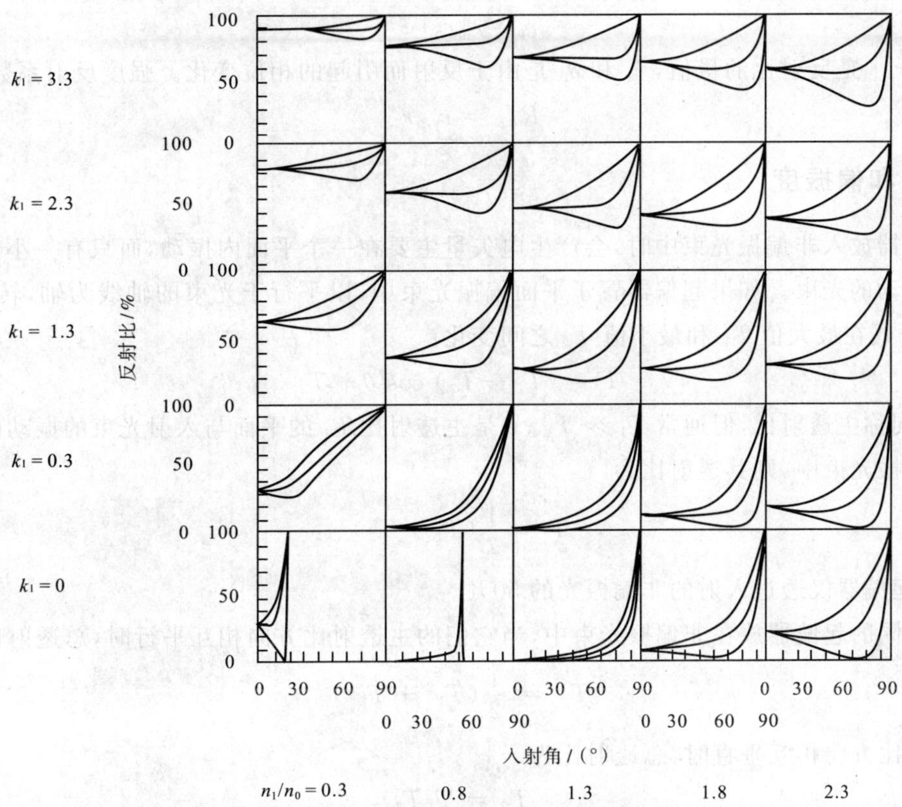

图 17-2 折射率比及消光系数对反射系数的影响

R_s（上方曲线）、R_p（下方曲线）和 $R_{av} = (R_s + R_p)/2$ 对于折射率比 n_1/n_0 和消光系数 k_1 的不同取值，作为入射角的函数曲线。假定折射率为 n_0 的入射介质是不吸收的

透射系数 T 可由著名的艾里(Airy)公式给出：

$$T = \frac{1}{1 + [4R_{s,p}/(1 - R_{s,p})^2]\sin^2\gamma} \tag{17-15}$$

其中

$$\gamma = \frac{2\pi n_1 d\cos\theta_1}{\lambda} \tag{17-16}$$

式中，R_s 和 R_p 的数值可由(17-10)式至(17-12)式决定，d 是样片的厚度，λ 是波长，n_1 是材料的折射率，θ_1 是折射角。(17-15)式对于所有的入射角(包括布儒斯特角)均适用。从艾里公式可知，当入射角一定时，样片物质的透射，在最大值 1 至最小值 $(1 - R_{s,p})^2/(1 + R_{s,p})^2$ 之间随着波长或者厚度的变化而变化。如果样片很厚，则透射比在靠得很近的波长上发生振荡，因而这振荡不能被分辨。每当 γ 改变一个 π，便发生一个完整的振荡，振荡之间的波长间隔是

$$\Delta\lambda \approx \frac{\lambda^2}{2n_1 d\cos\theta_1} \tag{17-17}$$

例如，厚度为 1 mm 的样片，在 500 nm 其折射率为 1.5，如果是在正入射($\cos\theta_1 = 1$)的情况下测量时，透射极大的间隔为 0.083 nm。这些极大值用大多数商用分光光度计是不能分辨的，这时人们测量的是平均透射：

$$T_{av} = \frac{1 - R_{s,p}}{1 + R_{s,p}} \tag{17-18}$$

对于非吸收物质，若样片内部多次反射的光束之间不相干，则所得数值与此相同；若样片是楔形的，则没有多次反射光束贡献给所测量的透射，T 简单地是 T_s^2 或 T_p^2，并且能由(17-13)式或(17-14)式来计算。

如果是吸收物质，即具有复折射率的物质，反射比和透射比的计算就没有这么容易，因为折射角是复数。但是(17-1)式、(17-2)式和(17-5)式有时却采用 n_1 和 θ_1 的复值形式。得到的振幅反射系数可写为

$$r_s = |r_s|e^{i\delta_s} \tag{17-19}$$

和
$$r_p = |r_p| e^{i\delta_p} \tag{17-20}$$
式中，$|r_s|$ 和 $|r_p|$ 是反射比的量值，δ_s 和 δ_p 是由于反射而引起的相位变化。强度反射系数为
$$R_{s,p} = r_{s,p} r_{s,p}^* \tag{17-21}$$

三、透射比和偏振度

当把线起偏器放入非偏振光束中时，会产生电矢量主要在一个平面内振动，而只有一小部分在与此平面垂直的平面内振动的光束。如果起偏器置于平面偏振光束中，以平行于光束的轴线为轴，转动起偏器，则透射比 T 依下列公式在最大值 T_1 和最小值 T_2 之间变化：
$$T = (T_1 - T_2)\cos^2\theta + T_2 \tag{17-22}$$
式中，T_1 和 T_2 同称主透射比，但通常 $T_1 \gg T_2$；θ 是主透射比 T_1 的平面与入射光束的振动面的夹角。如果起偏器放在非偏振光束中，则其透射比为
$$T = \frac{1}{2}(T_1 + T_2) \tag{17-23}$$
因此，一个完全起偏器仅透过入射的非偏振光的50%。

两个完全相同的起偏器放在非偏振光束中，当它们的主透射比方向相互平行时，总透射比为
$$T_{\parallel} = \frac{1}{2}(T_1{}^2 + T_2{}^2) \tag{17-24}$$
当它们的主透射比方向相互垂直时，总透射比为
$$T_{\perp} = T_1 T_2 \tag{17-25}$$
一般情况下，主透射比的方向互成 θ 角，这时总透射比为
$$T_\theta = \frac{1}{2}(T_1{}^2 + T_2{}^2)\cos^2\theta + T_1 T_2 \sin^2\theta \tag{17-26}$$

起偏器的偏振性通常用它的偏振度：
$$P = \frac{T_1 - T_2}{T_1 + T_2} \tag{17-27}$$
或它的消光比
$$\rho_p = \frac{T_2}{T_1} \tag{17-28}$$
来说明。人们在讨论非正入射起偏器时，一般用平行于入射面偏振的光的反射比 R_p 和垂直于入射面偏振的光的反射比 R_s 来表示 P 和 ρ_p。因此(17-27)式和(17-28)式变为 $P = (R_s - R_p)/(R_s + R_p)$ 和 $\rho_p = R_p/R_s$。如果 ρ_p 和 P 中有一个是已知的，则另一个可以推出，因为
$$P = \frac{1-\rho_p}{1+\rho_p} \tag{17-29}$$
$$\rho_p = \frac{1-P}{1+P} \tag{17-30}$$

如果要确定起偏器的偏振度或消光比，可测量两个相同的起偏器在非偏振光中的 $T_{\perp}$ 与 $T_{\parallel}$ 之比。由(17-24)式和(17-25)式，如果 $T_2{}^2 \ll T_1{}^2$，得
$$\frac{T_{\perp}}{T_{\parallel}} = \frac{T_1 T_2}{(T_1{}^2 + T_2{}^2)/2} \approx \frac{2T_2}{T_1} = 2\rho_p \tag{17-31}$$
若能得到一个完全起偏器或者一个完全平面偏振光源，T_2/T_1 可用测量起偏器的最大和最小透射比之比来直接确定。韦斯特(West)和琼斯(Jones)[1] 给出了两个相同的部分起偏器的其他关系，他们还给出了两个不同的、主轴互成 θ 角的部分起偏器 a 和 b 的透射比 $T_{\theta ab}$。后者的表达式是
$$T_{\theta ab} = \frac{1}{2}(T_{1a}T_{1b} + T_{2a}T_{2b})\cos^2\theta + \frac{1}{2}(T_{1a}T_{2b} + T_{1b}T_{2a})\sin^2\theta \tag{17-32}$$

和以前一样，式中下标 1 和 2 表示主透射比。

在包含有起偏器和二向色（光的各向异性）试样的分光光度测量中，必须知道起偏器的偏振度和如何校正仪器的偏振。仪器的偏振量可能因非正入射光在光栅、色散棱镜或反射镜上的反射而增大。有时光源也是偏振的。对于不完全起偏器、二向色试样和仪器的偏振，西蒙（Šimon）[2]和查尼（Charney）[3]提出了处理方法。当二向色试样置于起偏器和分光光度计之间时，分光光度计本身的作用如同一个不完全起偏器，整个系统的作用等效于 3 个起偏器串联。这种情况琼斯[4]已做过处理，他指出，当这些起偏器的相位推迟器的相位推迟达到一定值时出现反常现象。

四、计算偏振的矩阵法

在处理有关偏振光的许多问题时，常常需要测定各种类型的起偏器（线起偏器、圆起偏器、椭圆起偏器等）、旋光器、推迟板以及其他偏振敏感器件对于光束偏振态的影响。庞加莱球作图有助于给出对这个问题的定性了解；对于定量计算，可应用某种型式的矩阵法。矩阵法是基于：起偏器或推迟器的作用是基于偏振光束的矢量表示来进行线性变换（用矩阵表示）。这个方法优于其他方法之处是它把问题简化为简单的矩阵运算，由于人们不必思考每一问题的物理意义，因此出错的概率大为减少。矩阵计算的最普通的形式是密勒（Mueller）矩阵和琼斯矩阵。但是相干矩阵表述在涉及处理部分偏振光的问题中也得到普及。我们对庞加莱（Poincaré）球和各种矩阵法作一简要的描述。关于琼斯矩阵第一章有具体描述。

庞加莱球能形象地说明起偏器和推迟器对偏振光束的影响。各种偏振态在球上表示如下：赤道表示各种形式的线偏振，两极表示右旋和左旋圆偏振①，在球上的其他各点表示椭圆偏振光。在球上的每一点各对应于不同的偏振形式。球的半径表示光束的强度（通常假设为 1）。起偏器和推迟器的作用由球上适当的位移来决定。因为人们通常感兴趣的只是偏振态，所以对部分偏振光或存在吸收的问题，可忽略强度因子而作近似讨论。当然，讨论不吸收物质时，庞加莱球作图最有用。舒克利夫（Shurcliff）[5]、拉模钱德山（Ramachandran）[6]和杰拉德（Jerrard）[7]等人曾对庞加莱球作过介绍②。庞加莱球的主要优点和其他作图法一样，能在非常复杂的方程式中，用最重要的物理量来表示哪些项可以忽略，或者经过改进实验能够加以忽略。偏振光问题的特点是：从三角方程难以看出什么，只有借助计算机的严格计算以后，或者经过复杂处理和更明晰的三角恒等式运算以后，才能获得有用的结果。因此，庞加莱球起着对其他含糊不清的偏振现象加以物理解释的导引作用。它能用于解决有关推迟器或推迟器组合、补偿器、半影器和退偏器的问题，它还被应用于椭圆测量问题和光弹测量。

庞加莱球以常用 S_0、S_1、S_2 和 S_3 表示的斯托克斯矢量为基础。该矢量的物理解释如下：S_0 是光束强度，它对应于庞加莱球的半径；S_1 是光束的水平偏振分量与垂直偏振分量之间的强度差，当 S_1 为正值时，水平偏振占优势，当 S_1 为负值时，垂直偏振占优势③；S_2 表示 $+45°$ 偏振占优势或 $-45°$ 偏振占优势，取决于它的值是正还是负；S_3 的正值表示右旋圆偏振占优势，负值表示左旋圆偏振占优势。斯托克斯矢量 S_1、S_2 和 S_3 就是庞加莱球上一点的 3 个笛卡儿坐标；S_1 和 S_2 在赤道面内相互垂直，S_3 指向球的北极。因此，光束的任意偏振态都可以用这 3 个斯托克斯矢量表示。当光束是完全偏振时，强度矢量 S_0 与其他 3 个矢量由关系式 ${S_0}^2={S_1}^2+{S_2}^2+{S_3}^2$ 所联系。如果光束是部分偏振的，则 ${S_0}^2>{S_1}^2+{S_2}^2+{S_3}^2$。这些简单的矢量以及对于部分相干光的这些矢量的严格定义可在波恩（Bomn）和沃尔夫（Wolf）的《光学原理》[9]一书中找到，在舒克利夫的书[5]中列举了其他作者。斯托克斯（Stokes）矢量通常和米勒计算一起使用。巴德（Budde）[9]由测量的傅里叶分析论证了实验测定斯托克斯矢量和其他偏振参量的方法。约什帕（Ioshpa）和奥布赖德科（Obuidko）[10]提出了同时和独立测量 4 个斯托克斯参量的光电法。第二节较为详细地用庞加莱球描述了光

① 右旋圆偏振光定义为当观察者对着波行进方向看时，电矢量顺时针旋转。

② 舒克利夫所用的 S_3 轴指向下，所以上极表示左旋圆偏振。但是大多数作者认为上极表示右旋圆偏振更为合理。

③ 研究气溶胶光散射的一些作者认为，当垂直偏振占优势时定义 S_1 为正。

纤的偏振特性。

解偏振光问题的矩阵法都有一定的共同性。所有矩阵法对原始光束(假设是在给定方向上行进的平面波)都使用唯一地描述其偏振态的某种表示形式。但对某些矩阵法,光束也可以是非偏振的或部分偏振的,或者它的相位可以是指定的。光束遇到一个或几个器件后偏振态改变了,这些器件叫做仪器,并用适当的矩阵表示。仪器对光束作用之后,透过改变了偏振态的出射平面波。所有方法的基本问题是:找一个适当的矩阵表示入射平面波(通常为 2 分量或 4 分量列矢量),以及找一个正确的矩阵(2×2 或 4×4)来表示仪器。一旦问题设立,人们能够通过适当的矩阵运算获得出射平面波的表示。解释它的性质和解释入射平面波的性质用的方法相同。

舒克利夫[5]曾给出了琼斯计算和密勒计算入门,奥尼尔(O'Neill)[11]曾对所有矩阵法作了非常系统和严格的讨论。在密勒计算中,光束用列矢量的 4 分量斯托克斯矢量表示。这个矢量具有全部实元素,并给出了关于光束强度性质的信息。因此它不能处理涉及相变或两束相干光的组合问题。仪器矩阵是一个具有全部实元素的 4×4 矩阵。在琼斯计算中,琼斯矢量是一个 2 分量列矢量,通常具有复数元素。它包含关于光束振幅性质的信息,所以很适合于处理相干问题。然而,它不能处理有关退偏振的问题,而密勒计算能够处理。琼斯仪器矩阵是一个 2×2 矩阵,它的元素通常是复数。

舒克利夫[5]已注意到琼斯计算与密勒计算之间的一些差异。琼斯计算很适合于涉及许多同样器件串联的问题,它使研究者能得到用这些器件的数目明显表示的解答。密勒计算法不适用于这种类型的问题。一列透明的或吸收的非退偏振的起偏器和推迟器,其琼斯仪器矩阵不包含多余的信息。该矩阵包含 4 个元素,每个元素有 2 部分,共有 8 个参数,没有一个参数是其他任何一个参数的函数。这样一列器件的密勒仪器矩阵包含许多多余的信息,共有 16 个参数,但其中只有 7 个是独立的。

为了处理包括部分相干光、部分偏振光的问题,已出现了相干矩阵表述。在这个系统中,光束是用一个叫做相干矩阵或密度矩阵的 4×4 矩阵来表示的。该矩阵是琼斯矢量与它的厄米共轭乘积的时间平均值。仪器矩阵与琼斯计算中所使用的相同。奥尼尔[11]以及波恩和沃耳夫[8]对相干矩阵有很好的基本描述;后来马拉塞(Marathay)[12-13]扩充了这个理论。

各种矩阵法已有了一些改进。普里贝(Priebe)[14]对密勒矩阵引入了一个运算符号,简化了一列光学元件的函数描述而使分析更容易。科林斯(Colllins)和斯蒂尔[15]对琼斯计算法提出了改进,其中光矢量表示为两个圆偏振(并非线偏振)分量之和。施密德(Schmieder)[16]给出了包括相干矩阵在内的琼斯计算和密勒计算的统一处理,并已证明如果斯托克斯参量是用不同于通常所用的方法来排列顺序,则通常的关系式仍旧保存,且旋转矩阵看来仍像旋转矩阵而不像重新排列的矩阵。图阿森(Tewarson)提出了表示光学系统的参量与它的倒易系统的参量之间的代数关系的广义倒易方程,并对平面偏振光束和圆偏振光束都验证了这个方程。因为这个方程是由密勒计算中倒易律(reciprocity law)得出的,所以这个倒易律也得到了验证。塞尔诺塞克(Cernosek)[17]基于 4 元素的性质提出了一个简单的几何方法,以给出线推迟器和旋转器的任何组合对于系统的偏振态的影响的快速定量分析。

密勒计算和琼斯计算应用于偏振光问题时,麦克拉金(Mccracking)[18]用两种矩阵法分析了椭偏测量术中的仪器误差。赫勒斯坦(Hellerstein)[19]应用密勒计算研究了线偏振光、圆偏振光和椭圆偏振光经过塞拿蒙(Senarmont)偏光镜的通道。阿扎姆(Azzam)和巴沙拉(Bashara)[20]应用琼斯计算对椭偏测量术中的误差(包括试样盒窗片的双折射、有缺陷的元件以及不恰当的方位角的影响)作了统一的分析。

下面用琼斯矩阵和密勒矩阵来具体描述光束通过由偏振元件组成仪器时偏振性质的变化[21-22]。

(一)光束偏振态的矢量表示和光学元件的矩阵表示

光束某些偏振态的琼斯矢量和斯托克斯矢量如表 17-2 所示,几种光学元件的琼斯矩阵和密勒矩阵如表 17-3 所示。

表 17-2　某些偏振态的琼斯矢量和斯托克斯矢量

偏振态		归一化的琼斯矢量	归一化的斯托克斯矢量
线偏振光	水平	$\begin{bmatrix}1\\0\end{bmatrix}$	$\{1,1,0,0\}$
	垂直	$\begin{bmatrix}0\\1\end{bmatrix}$	$\{1,-1,0,0\}$
	$+45°$	$\frac{\sqrt{2}}{2}\begin{bmatrix}1\\1\end{bmatrix}$	$\{1,0,1,0\}$
	$-45°$	$\frac{\sqrt{2}}{2}\begin{bmatrix}1\\-1\end{bmatrix}$	$\{1,0,-1,0\}$
	一般	$\begin{bmatrix}\cos\varphi\\\pm\sin\varphi\end{bmatrix}$	$\{1,\cos 2\alpha,\sin 2\alpha,0\}$
右旋圆偏光		$\frac{\sqrt{2}}{2}\begin{bmatrix}-1\\1\end{bmatrix}$	$\{1,0,0,1\}$
左旋圆偏光		$\frac{\sqrt{2}}{2}\begin{bmatrix}\mathrm{i}\\1\end{bmatrix}$	$\{1,0,0,-1\}$
右旋椭圆		$\frac{\sqrt{2}}{2}\begin{bmatrix}-\mathrm{i}\\1/2\end{bmatrix}$	$\{1,0.6,0,0.8\}$
左旋椭圆		$\frac{2\sqrt{5}}{5}\begin{bmatrix}-\mathrm{i}/2\\1\end{bmatrix}$	$\{1,-0.6,0,0.8\}$
$+45°$右旋椭圆		$0.325\begin{bmatrix}2.73\\1+\mathrm{i}\end{bmatrix}$	$\{1,1/\sqrt{3},1/\sqrt{3},1/\sqrt{3}\}$
一般椭圆		$\begin{bmatrix}\cos\varphi\mathrm{e}\\\pm\sin\varphi\mathrm{e}\end{bmatrix}$	$\begin{bmatrix}1\\\cos 2\chi\cos 2\varphi\\\cos 2\chi\sin 2\varphi\\\sin 2\chi\end{bmatrix}$
一般椭圆部分偏振		无	$\frac{1}{E_x+E_y}\begin{bmatrix}E_x+E_y\\E_x-E_y\\(2E_xE_y\cos y)\\(2E_xE_y\sin y)\end{bmatrix}$
自然光		无	$\{1,0,0,0\}$

表 17-3　几种光学元件的琼斯矩阵和密勒矩阵

偏振元件		琼斯矩阵	密勒矩阵
线偏振镜	透光轴在水平方向	$\begin{pmatrix}1&0\\0&0\end{pmatrix}$	$\frac{1}{2}\begin{bmatrix}1&1&0&0\\1&1&0&0\\0&0&0&0\\0&0&0&0\end{bmatrix}$
	透光轴在垂直方向	$\begin{pmatrix}0&0\\0&1\end{pmatrix}$	$\frac{1}{2}\begin{bmatrix}1&-1&0&0\\-1&1&0&0\\0&0&0&0\\0&0&0&0\end{bmatrix}$
	透光轴成 45°（+45°取＋号，−45°取－号）	$\frac{1}{2}\begin{pmatrix}1&\pm1\\\pm1&1\end{pmatrix}$	$\frac{1}{2}\begin{bmatrix}1&0&\pm1&0\\0&0&0&0\\\pm1&0&1&0\\0&0&0&0\end{bmatrix}$

续表

偏振元件		琼斯矩阵	密勒矩阵
1/4波片	快轴的垂直方向	$e^{i\frac{\pi}{4}}\begin{pmatrix}1 & 0\\0 & -i\end{pmatrix}$	$\begin{pmatrix}1&0&0&0\\0&1&0&0\\0&0&0&1\\0&0&-1&0\end{pmatrix}$
	快轴的水平方向	$e^{i\frac{\pi}{4}}\begin{pmatrix}1 & 0\\0 & i\end{pmatrix}$	$\begin{pmatrix}1&0&0&0\\0&1&0&0\\0&0&0&-1\\0&0&1&0\end{pmatrix}$
	快轴成45°	$\frac{1}{\sqrt{2}}\begin{pmatrix}1 & \pm i\\\mp i & 1\end{pmatrix}$	$\begin{pmatrix}1&0&0&0\\0&0&0&\pm1\\0&0&1&0\\0&\mp1&0&0\end{pmatrix}$
半波片	快轴在垂直方向或水平方向	$\begin{pmatrix}1 & 0\\0 & -1\end{pmatrix}$	$\begin{pmatrix}1&0&0&0\\0&1&0&0\\0&0&-1&0\\0&0&0&-1\end{pmatrix}$

（二）用琼斯矢量和琼斯矩阵计算

这时光波的偏振态用琼斯矢量表示，光学元件的性质则用琼斯矩阵表示。光学元件对偏振光的作用则用两者之乘积表示，其表达式为

$$\begin{bmatrix}E_{tx}\\E_{ty}\end{bmatrix}=\begin{pmatrix}a & b\\c & d\end{pmatrix}\begin{bmatrix}E_{ix}\\E_{iy}\end{bmatrix} \tag{17-33}$$

式中，$\begin{bmatrix}E_{ix}\\E_{iy}\end{bmatrix}$ 和 $\begin{bmatrix}E_{tx}\\E_{ty}\end{bmatrix}$ 分别为通过光学元件前、后的琼斯矢量，而 $\begin{pmatrix}a & b\\c & d\end{pmatrix}$ 则为光学元件的琼斯矩阵。如果光波依次通过几个偏振元件，则其结果由各元件之矩阵依次相乘而求出，注意矩阵相乘的次序不可改变。

$$\begin{bmatrix}E_{tx}\\E_{ty}\end{bmatrix}=\begin{bmatrix}a_n & b_n\\c_n & d_n\end{bmatrix}\cdots\begin{bmatrix}a_2 & b_2\\c_2 & d_2\end{bmatrix}\begin{bmatrix}a_1 & b_1\\c_1 & d_1\end{bmatrix}\begin{bmatrix}E_{ix}\\E_{iy}\end{bmatrix} \tag{17-34}$$

（三）用斯托克斯矢量和密勒矩阵计算

用斯托克斯矢量计算一光波通过一系列光学元件后的偏振态时，光波用斯托克斯矢量表示，光学元件的性质则用一个 4×4 的密勒矩阵表示，计算方法与琼斯矢量法相同。几个光学元件组合成的一个固定偏振器，其相应的密勒矩阵可预先算出（类似于有效光学元件的矩阵），这样可简化计算。

例 设入射光为左旋圆偏振光，相继通过 4 种偏振元件：透光轴为水平方向的偏振片，快轴与 x 轴夹角为 45°的 1/4 波片，透光轴与 x 轴夹角为 45°的偏振片，90°的右旋圆延迟器，则出射光的斯托克斯矢量为

$$[V_t]=[M_4][M_3][M_2][M_1][V_i]$$

$$=\begin{bmatrix}1&0&0&0\\0&0&1&0\\0&-1&0&0\\0&0&0&1\end{bmatrix}\begin{bmatrix}1/2&0&1/2&0\\0&0&0&0\\1/2&0&1/2&0\\0&0&0&1\end{bmatrix}\begin{bmatrix}1&0&0&0\\0&0&0&-1\\0&0&1&0\\0&1&0&0\end{bmatrix}\begin{bmatrix}1/2&1/2&0&0\\1/2&1/2&0&0\\0&0&0&0\\0&0&0&0\end{bmatrix}\begin{bmatrix}1\\0\\0\\-1\end{bmatrix}$$

$$=\frac{1}{4}\begin{bmatrix}1\\1\\0\\0\end{bmatrix}$$

这个结果说明：出射光是完全线偏振光，沿水平方向振动，强度为1/4。由这个光学元件按上述顺序组成的固定偏振器，其相应的密勒矩阵为

$$[M_t]=[M_4][M_3][M_2][M_1]$$

$$=\begin{bmatrix}1&0&0&0\\0&0&1&0\\0&-1&0&0\\0&0&0&1\end{bmatrix}\begin{bmatrix}1/2&0&1/2&0\\0&0&0&0\\1/2&0&1/2&0\\0&0&0&1\end{bmatrix}\begin{bmatrix}1&0&0&0\\0&0&0&-1\\0&0&1&0\\0&1&0&0\end{bmatrix}\begin{bmatrix}1/2&1/2&0&0\\1/2&1/2&0&0\\0&0&0&0\\0&0&0&0\end{bmatrix}$$

$$=\frac{1}{4}\begin{bmatrix}1&1&0&0\\1&1&0&0\\0&0&0&0\\0&0&0&0\end{bmatrix}$$

这说明按上述顺序排列的4个偏振器等效于一个偏振轴在水平方向的线偏振器，其透射率为理想偏振片的一半。由此可见，对于复杂的偏振器的组合，用斯托克斯矢量计算很方便。

（四）用庞加莱球描述

庞加莱球提供了一个快捷的方法，以解决偏振元件对于单色的完全偏振光的作用。其方法是：在球上取点P与入射光的偏振态相对应，点R与光学元件的快轴相对应，以点R为圆心，R点的球半径为轴从P作圆弧，弧长为δ，δ是偏振元件之相位延迟。圆弧的终点就是出射光的偏振态。例如，设图17-3中的P点是$+45°$的线偏振光入射于1/4波片，其快轴夹角为$22.5°$，庞加莱球上用R点代表这一取向的波片，求出射光的偏振态。这时可以P为起点，过R的径向为轴，逆时针方向作$90°$的圆弧（因1/4波片的相位延迟为$90°$），圆弧终点P'就是所要求的出射光的偏振态。当一偏振光依次通过几个光学元件时，也可用类似的方法求出射光的偏振态。这时，前一弧线的终点便是下一弧线的起点，如图17-4所示。

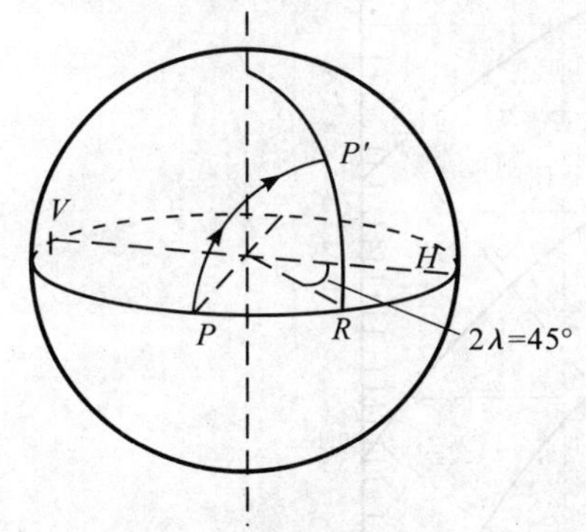

图17-3　用庞加莱球求出射光的偏振态

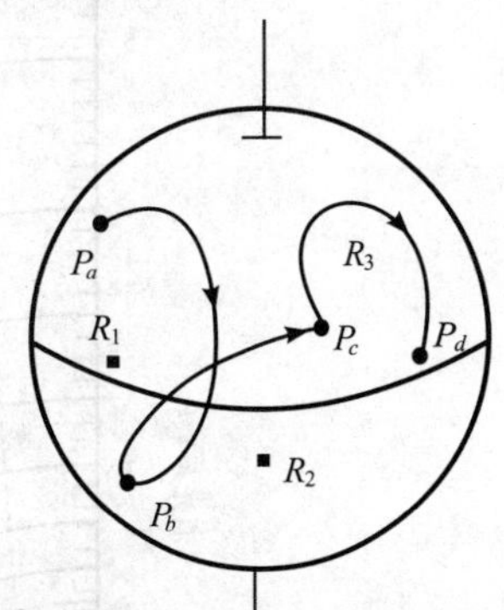

图17-4　用庞加莱球求3个偏振器串联的效应

由此可见，一般关于偏振态的基本问题都可由庞加莱球给出直接的结果。例如：为何一个1/4波片能把圆偏振光变成线偏振光？因为任一始于极点，依水平轴所绘出的$90°$弧线必终于赤道。为何数个偏振器的组合可用单一的偏振器表示？因为任一种组合只不过是由起点经几个步骤转移至终点而已，而最终则总能找出若干单一弧线以完成相同的步骤。庞加莱球还可方便地用于选择合适的光学元件，以获得预期的偏振态，因为这只不过是已知起点和终点，求合适的路径而已。

五、光度测偏术

由非正入射反射比的测量来确定光学常数的方法，通常可以分为2类：①在布儒斯特角或其他入射角下测量反射强度或反射强度比R_p/R_s；②在一定入射角下，用角度测量导出反射振幅比$|r_p|/|r_s|$，或导出反射光

的p分量和s分量之间的相差。第一类方法(强度测量,即光度测量)有时也叫做光度测偏术①,本节只涉及这一类;第二类方法是椭偏测量术,将在本节的六中讨论。光度测量有许多类型,但我们只提及3种:在布儒斯特角测量介质膜和基底的折射率,由反射比或有关的测量确定 n 和 k,以及衰减全反射测量光学常数。

如果有一个无膜介质基片,在布儒斯特角它的反射比 R_p 等于零,(17-35)式成立。因此,测量p分量的反射比为最小的角度,就可以确定基片的 n。由于这个最小角的范围相当宽,所以伯宁(Berning)[23]描述的一种光电法能给出精确值。测量介质薄膜折射率的艾贝耳布儒斯特角法既简单又准确。如果用p分量光照明镀了膜的介质基片,则在膜的布儒斯特角没有光从空气-膜界面上反射,因此镀了膜的基片的反射比和没有镀膜的基片的反射比相同。然后由公式

$$\tan\theta_B = \frac{n_1}{n_0} \tag{17-35}$$

算出膜的折射率(对空气 $n_0 = 1$)。

用目视法或者用光电技术可以使无膜基片和镀了膜的基片的反射比匹配,当膜的折射率在基片折射率 ±0.3 范围以内时,这种方法最灵敏。当基片的折射率和膜的折射率之差超过0.3时,用海勒(Heller)[24]法可获得比较准确的值。

如果要测量金属或其他吸收物质的光学常数,则在各种入射角,R_s、R_p、$R_{av} = (R_s + R_p)/2$ 或 R_p/R_s 的各种组合都是可能的。波特(Potter)[25-26]所改进的方法,包括测量赝布儒斯特角 θ_B' 和在这个角的 R_p/R_s。图17-5给出了 θ_B'、R_p/R_s 和折射率比 n_1/n_0、金属的消光系数 k_1 的函数关系(入射媒质是空气,$n_0 = 1$)。该图说明 θ_B' 随 n_1 和 k_1 的增大而增大。作为一级近似,θ_B' 为常数的线是圆心在原点的圆,而 R_p/R_s 为常数的线是半径。因 n_1 和 k_1 是波长的函数,如果粗略地知道 n_1 和 k_1 随波长变化的规律,就可以对任意波长估算赝布儒斯特角和 R_p/R_s 的近似值。

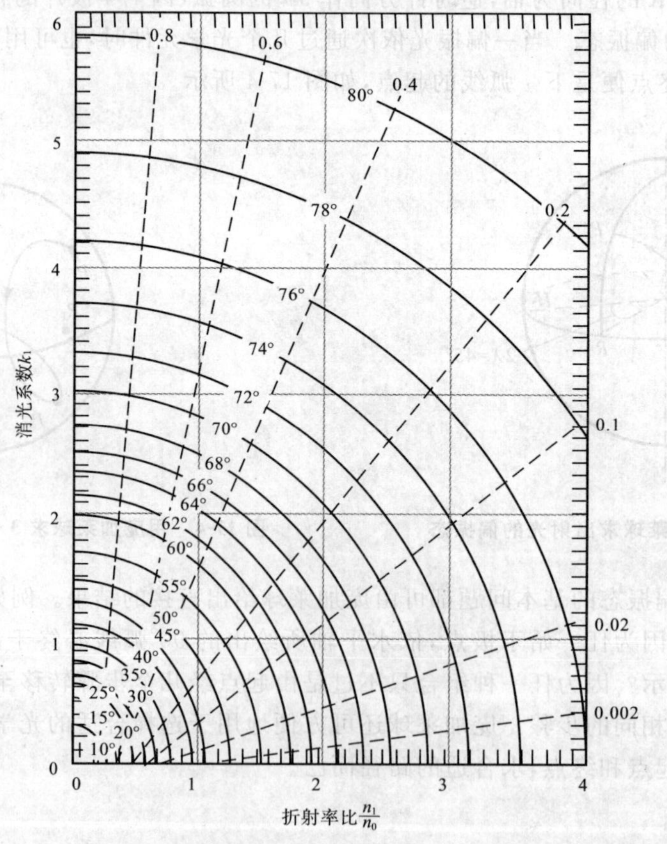

图17-5 赝布儒斯特角 θ_B'、R_p/R_s 与 n_1/n_0、k_1 的函数关系

作为一级近似,θ_B' 的常数值是圆弧,而 S_p/S_s 的常数值是半径

① 化学家用测偏振术这个词表示当线偏振光通过光学各向异性液体或溶液时,它的振动方向的变化(即旋光度)的定量研究。赫勒[22]曾经广泛地叙述过这个问题。

对于 $R_p/R_s<0.9$，反射比测量法是最灵敏的方法。当这个比值接近 1 时(如像许多金属那样)，贾斯珀森(Jasperson)和施纳特利(Schnatterly)[27]所发展的偏振调制技术灵敏得多。在测量相差 Δ（见本节六)的正弦或余弦和测量入射角的同时，直接测量 $(1-R_p/R_s)/(1+R_p/R_s)$。在固定波长下，能够获得约为介电常数的 1%的精度，当在一波长区域扫描时，精度约为 4%。这种方法的绝对准确度对入射角 θ_0 的精度很敏感(θ_0 的 1°误差引起介电常数约为 10%的误差)。因此，入射角的精度应小于 0.1°，以使这种很精确的方法变得绝对准确。

衰减全反射法已成为用透射法测量很高吸收率材料的光学常数或吸收系数的普通技术[28]。这种技术的优点是可以保护试样的表面，粗糙的试样表面不影响测量结果，而且能对很薄的吸收膜或弱吸收膜进行高精度的测量。在两个入射角(一个小于临界角，一个大于临界角)测量 R_s，一般可获得 n 和 k 的最大灵敏度。这种方法在内反射光谱学方面有很大的进展[29]。

六、椭偏测量术

若表面存在薄膜，会使反射引起的相变比反射比的变化灵敏得多。虽然应用于涉量度技术已经作出了精密的正入射时的绝对相变测量，但是直接测量 δ_s 或 δ_p 仍然困难。幸好 δ_p 与 δ_s 之间的差值对于表面薄膜也是灵敏的，由

$$\Delta=\delta_p-\delta_s \tag{17-36}$$

定义的相对相变 Δ 和由

$$\tan\psi=\frac{|r_p|}{|r_s|} \tag{17-37}$$

定义的相对振幅衰减，均可用被称为椭偏测量术的技术来测定。小于主角或大于主角的角度反射参看图 17-6。为了方便，设入射光是与入射面成 45°的线偏振光。在主角时 s 方向和 p 方向分别沿半长轴和半短轴。如果样品是一个单层的电介质分界面，则对于比主角小的入射角，r_s 和 r_p 应有 180°的相差，即 Δ 等于 π，椭圆就会塌陷成 OR 线。然而，如果表面有吸收，或如果有一层表面膜，则 r_s 和 r_p 不再有 180°的相差，结果会成为椭圆偏振。

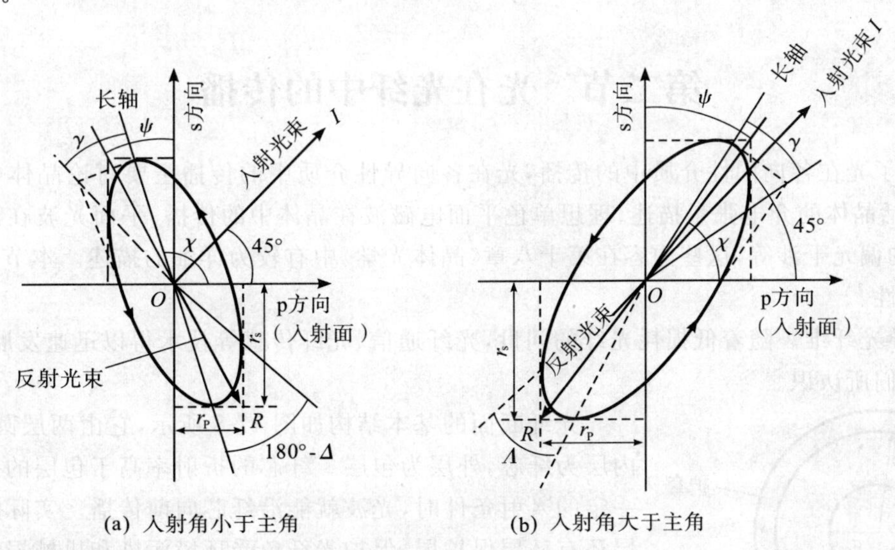

图 17-6　在入射角小于主角和大于主角反射时，各种椭偏测量参数的图示

典型的椭偏测量装置如图 17-7 所示。这里 1/4 波片固定在 45°角(当迎着光束看时，角度是从入射面沿反时针方向测量的)，并且安放在试样前面。旋转起偏器和检偏器一直到消光为止，然后记下它们的位置。对于试样的 ψ 和 Δ 的值可由下列关系式决定：

$$\tan\psi=\cot L\tan(-A) \tag{17-38}$$

$$\tan\Delta=\sin\Delta_c\tan(90°-2P) \tag{17-39}$$

$$\cos 2L = -\cos \Delta_c \cos 2P \tag{17-40}$$

式中，P 和 A 分别是起偏器和检偏器角，Δ_c 是 1/4 波片补偿器的推迟。A 可在第一和第四两个象限找到消光位置，但(17-38)式至(17-40)式仅指后者。用两个象限的 A 值完成测量并不多余，这样测量不仅能决定 Δ_c，而且也能消除一定的系统误差，否则会影响到测量的准确度。因此，当作绝对椭偏测量时，常常得到两个象限的数值。对于消光，起偏器和检偏器的位置几乎无关，并且人们没有得到局部虚假最小值。但当起偏器固定在 45°，并旋转 1/4 波片和检偏器以获得消光时，就能观察到局部虚假最小值。麦克拉金[18]和阿斯普内斯(Aspnes)[30]在椭偏测量术中给出了仪器误差的全面分析和提出了校正方法。

另一种方法是把 1/4 波片放在试样和检偏器之间，起偏器和检偏器的作用相互交换。当然，还有椭偏测量的其他各种技术。如果应用得当，椭偏测量术不仅是准确测定清洁表面光学常数的方法，而且是测量表面膜厚的最灵敏的技术之一。甚至当表面膜很不连续时，它也能够给出准确的平均厚度。用这个技术已经测量了平均膜厚 0.007 nm 的变化和小于 0.003 nm 的单层膜。

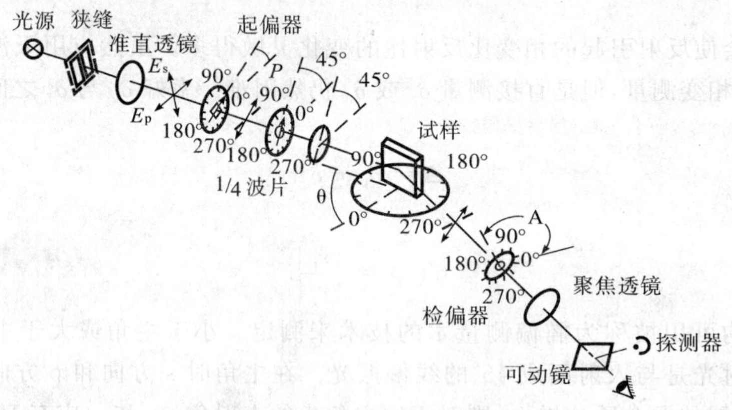

图 17-7 测量 ψ 和 Δ 的椭偏仪示意图

1/4 波片 45°放置，起偏器和检偏器可旋转使之消光

第二节 光在光纤中的传播

第一节讨论了光在各向同性介质中的传播，光在各向异性介质中的传播主要讨论晶体中的双折射现象及其应用[22]，包括晶体的介电张量描述、理想单色平面电磁波在晶体中的传播、平面光波在晶体表面上的反射和折射、晶体的偏光干涉等，这些内容在第十八章《晶体光学》中有较为详细的描述。本节仅论述光在光纤传输中的偏振特性。

光纤，又称导光纤维。随着低损耗光纤的问世，光纤通信、光纤传感等技术得以迅速发展，光纤中的偏振特性也逐渐被人们所认识。

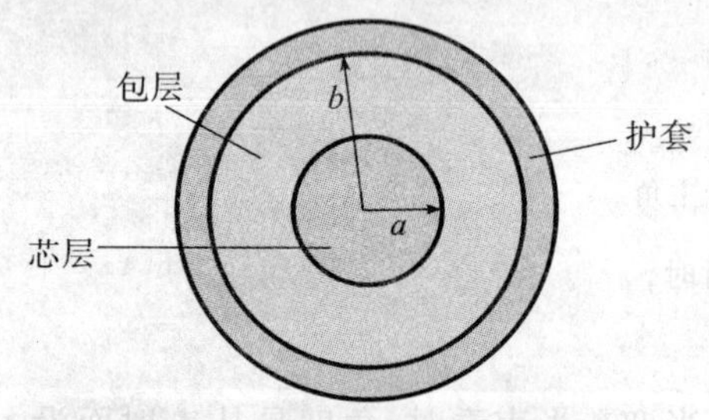

图 17-8 光纤的基本结构

光纤断面的基本结构如图 17-8 所示，它由两层圆柱状介质组成，内层为纤芯，外层为包层。纤芯的折射率高于包层的折射率。当满足一定的入射条件时，光波就能沿纤芯向前传播。实际的光纤在包层外层还有一层保护层，保护光纤免受环境污染和机械损伤。

光在光纤中传播时，由于边界的限制，其电磁场解是不连续的。这种不连续的场解称为模式。只能传播一种模式的光纤为单模光纤，能同时传播多种模式的光纤为多模光纤。在多模光纤中，由于不同模式的光的偏振态随机分布，使得光纤端面输出的光的偏振态呈现自然光的特点，因此一般不考虑多模光纤的偏振特性。光纤的偏振特性只存在于单模光纤中。

在理想情况下，单模光纤的模式矢量场可以是 $E = e_t i_x$ 或 $E = e_t i_y$(这里，e_t 为电场的横向振幅，i_x 与 i_y 分别为沿 x 方向与 y 方向的单位矢量)。从偏振的角度看，单模光纤中实际上可以传输两个相互垂直的模式，它们有相同的传播常数，彼此简并，因此可以看成是一个单一的偏振电矢量。

然而，实际的光纤多少会有一些不完善，例如纤芯的椭圆度、内部的残余应力等。这时输入光纤的一个线偏振光，在光纤中也会分解为两个相互垂直的偏振光。它们除了场形与理想的模式不同外，传播常数也不同。这样就造成了两个相互垂直的模式之间的耦合。这表现在两个正交偏振的模式，由于传播速度不同，其总的偏振将沿光纤长度方向变化。这就是所谓的光纤双折射。

一、单模光纤双折射的基本特性

(一)单模光纤偏振特性的描述

一般采用以下几个物理量描述单模光纤中光矢量的偏振状态或单模光纤的双折射。

(1)模式双折射或偏振双折射 $\delta\beta$

$\delta\beta$ 定义为单模光纤中两个相互正交的偏振基模 HE_{11x} 和 HE_{11y} 沿光纤轴向传播时的传播常数差：

$$\delta\beta = \beta_x - \beta_y = 2\pi(n_x - n_y)/\lambda \tag{17-41}$$

式中，λ 是光在自由空间的波长，n_x 和 n_y 是两个正交的偏振基模 HE_{11x} 和 HE_{11y} 的有效折射率。

(2)归一化双折射 B

归一化双折射 B 定义为两个正交偏振模有效折射率差的大小，直接反映了单模光纤双折射的大小。

$$B = (n_x - n_y)/n_1 \tag{17-42}$$

式中，$n_1 = (n_x + n_y)/2$。

(3)拍长 L_B

单模光纤中传输的模式简并被解除后，随着光纤长度的不同，这两个正交偏振模之间的相位差也不同。因此当入射光为一线偏振光时，在光纤的输出端横截面上，由两个正交偏振模合成的出射光是偏振方向随光纤长度而变化的偏振光，偏振态在线偏振、椭圆偏振和圆偏振之间周期性地演化。偏振演化周期是相位差为 2π 的横截面间距 L_B，即拍长 L_B。

拍长 L_B 又称耦合长度。在纵向均匀的单模光纤中，光的偏振会发生周期性变化。因此，拍长 L_B 的定义是：在纵向均匀的单模光纤中，当两个相互正交的偏振模 HE_{11x} 和 HE_{11y} 间的相位差为 2π 时，光在光纤中所传输的距离 L_B 就称为一个拍长的长度，即

$$L_B = 2\pi/\delta\beta \tag{17-43}$$

在上述 3 个物理量中，模式双折射或偏振双折射 $\delta\beta$ 反映了单模光纤双折射的起因，归一化双折射 B 反映了双折射与折射率分布的关系，拍长 L_B 则反映了单模光纤双折射的大小。由于前两个物理量不容易直接测量，所以通常都是通过测量单模光纤的拍长 L_B 的办法，了解单模光纤双折射的大小或了解单模光纤中光矢量的偏振状态。

拍长 L_B 与归一化双折射 B 具有以下关系：

$$L_B = \lambda/n_1 B \tag{17-44}$$

(4)模耦合参量 h

模耦合参量 h 表征了光纤的保偏能力，其值由单模光纤的消光比 η 确定：

$$\eta = 10\lg(P_x/P_y) = 10\lg[\tanh(hL)] \tag{17-45}$$

式中，P_x、P_y 分别为相应的偏振模的功率，L 为光纤的长度。

(二)单模光纤的分类

$B < 10^{-6}$ 的光纤称为低双折射(LB)光纤，$B > 10^{-5}$ 的光纤称为高双折射(HB)光纤。一般的通信用单模光纤，B 值介于 $10^{-6} \sim 10^{-5}$ 之间。LB 与 HB 光纤统称为保偏光纤。

对于 HB 光纤，又可分为单偏振(SP)光纤(只传输正交偏振模中的一个)与双偏振(TP)光纤。

按光纤中固有双折射产生的方式，偏振光纤可分为几何形状效应(GE)光纤、应力感应(SE)光纤。目前保偏光纤的几种主要结构如下所示：

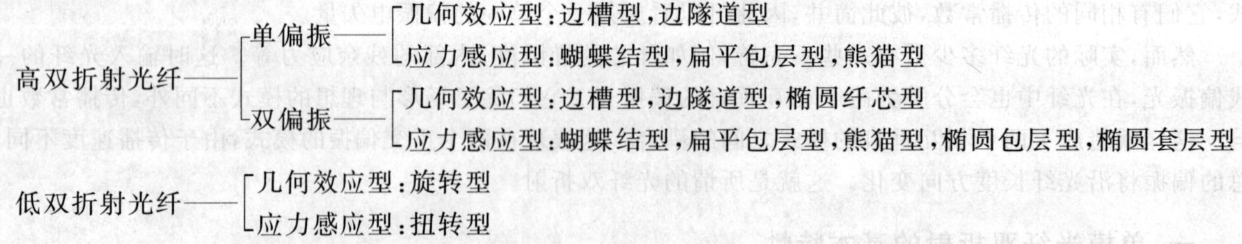

(三)单模光纤中偏振态不稳定的原因

造成单模光纤中光的偏振态不稳定的原因,有光纤本身的内部因素,也有光纤外部的因素。

1. 内部因素

内部因素引起的单模光纤中光的偏振态不稳定用内部双折射 $\delta\beta_n$ 表示。

内部因素包括以下两个方面:①光纤截面几何形状畸变引起的波导形状双折射 $\delta\beta_{GE}$;②光纤内部应力引起的应力双折射 $\delta\beta_{SE}$。因此,内部双折射 $\delta\beta_n$ 为

$$\delta\beta_n = \delta\beta_{GE} + \delta\beta_{SE} \tag{17-46}$$

$\delta\beta_{GE}$ 和 $\delta\beta_{SE}$ 的符号可能同号,也可能异号。

(1)波导形状双折射 $\delta\beta_{GE}$

在拉制光纤的过程中,由于某些原因使纤芯由圆变成了椭圆,这将导致波导形状的双折射的产生。设椭圆芯的长、短轴的长短分别为 a 和 b。光纤中的两个正交线偏振本征态分别沿长短轴方向振动。这两个正交线偏振光的相位差可表示为

$$\delta\beta_{GE} = \frac{e^2}{8a}(2\Delta)^{3/2} f(V) \tag{17-47}$$

式中,$e = \sqrt{1-(b/a)^2}$ 为纤芯的椭圆度,Δ 为光纤的相对折射率差,V 为归一化频率。若光纤工作在近截止状态($V \approx 2.4$),且当 $(a/b-1) \ll 1$ 时,$f(V) \approx 1$,有

$$\delta\beta_{GE} \leqslant \frac{e^2}{8a}(2\Delta)^{3/2} \tag{17-48}$$

一单模光纤,若 $\Delta = 0.003$,$a = 2.5\ \mu m$,$b/a = 0.975$,则可得到 $\delta\beta_{GE} \leqslant 66°/m$。

(2)应力双折射 $\delta\beta_{SE}$

光纤是由芯、包层等数层结构组成的。它们各自的掺杂材料不一样,热膨胀系数也不一样。因此,在横截面上即使有很小的热应力不对称,也会产生很大的应力不平衡,结果导致纤芯材料各向异性,从而引起应力双折射。若两正交方向之间的应力差为 σ,则有

$$\delta\beta_{SE} = \frac{\pi n^3}{\lambda E}(1+\rho)(p_{12}-p_{11})\sigma \tag{17-49}$$

式中,E 为材料的杨式模量,ρ 为泊松比,p_{11}、p_{12} 为弹光系数。对于熔融石英光纤有:$E = 7.0\times10^{10}$ Pa,$\rho = 0.17$,$p_{11} = 0.121$,$p_{12} = 0.270$,如果光纤工作波长为 0.632 8 μm,则对于一个中等应力差 $\sigma = 5\times10^4$ Pa,可得 $\delta\beta_{SE} = 109°/m$。

2. 外部因素

外部因素也会影响单模光纤中偏振态的稳定性。由于外部因素较多,外部双折射的表达式也无法统一。外部因素引起光纤双折射特性变化的原因,在于外部因素造成光纤新的各向异性。例如,光纤在成缆、施工过程中,会受到一些随机外力,如弯曲、扭绞、振动、受压等机械力的作用。另外,光纤还有可能在强电场和强磁场以及温度经常变化的环境中工作。光纤在外部机械力的作用下,会产生光弹性效应;在外磁场的作用下,会产生法拉第效应;在外电场的作用下,会产生克尔效应。所有这些效应的总结果,都会使光纤产生新的各向异性,导致外部双折射的产生。

对于外径为 A 的光纤,若其弯曲半径 $R \gg A$,则微弯产生的应力差为 $\sigma = A^2E/(2R^2)$,由(17-47)式可得因此产生的双折射为

$$\delta\beta = \frac{\pi n^2}{2\lambda}(1+\rho)(p_{12}-p_{11})\left(\frac{A}{R}\right)^2 \tag{17-50}$$

光纤弯曲时还会引起光纤截面的变形，按一级近似，弯曲导致光纤截面变成椭圆，其椭圆度为

$$e = \frac{\rho a}{R} \tag{17-51}$$

由(17-48)式可得每圈光纤引起的双折射为

$$\delta\beta = \pi(2\Delta)^{3/2}\rho^2 a/4 \tag{17-52}$$

对于熔融石英，该值为 2.6×10^{-11} rad・m/圈。

光纤受到扭曲时，由于剪应力的作用，会在光纤中产生圆双折射（左、右旋圆偏振光在光纤中传播速度不同而引起的双折射现象）。该圆双折射的大小可表示为

$$\delta\beta_t = \frac{(2\pi)^2 N}{2\lambda}n^2(p_{12}-p_{11}) = \frac{(2\pi)^2}{\lambda}Ng \tag{17-53}$$

式中，N 为每米长光纤的扭曲数；g 为常数，对于熔融石英光纤，g 的理论值为 0.18，实验值为 0.14。

光在光纤中的偏振态特性对利用光纤进行信息的获取与传递有着重要的意义。它涉及许多仪器，如光纤陀螺仪、光纤干涉仪等的稳定性。人们利用光纤中偏振态随外界场（如磁场、压力、温度等）变化而变化的特点，研制开发出了光纤电流传感器、分布式光纤压力传感器、分布式光纤温度传感器等。光纤中的偏振模色散是限制长距离光通信速率（≥10 Gbit/s）提高的一个主要因素，对光纤中传输的高速光信号进行偏振模色散补偿已成为光通信领域的一个研究热点。

二、单模光纤偏振特性的庞加莱球描述

（一）光纤偏振特性的庞加莱球描述

1997 年 R. Ulrich 首次提出把庞加莱球用于分析光在光纤中传输时状态的变化。考虑到光纤中偏振光的两个正交模式在传输过程中有相互耦合的作用，对用于光纤上的庞加莱球（参照图 17-9）的两个坐标参量为

$$2x = \arctan\left[\frac{|A_1/A_2|-1}{|A_1/A_2|+1}\right] \tag{17-54}$$

$$2\xi = \arg(A_1/A_2) \tag{17-55}$$

式中，A_1、A_2 为光纤中的模场振幅系数。

(17-54)式和(17-55)式中，A_1、A_2 两个参量由入射光的偏振态决定。

$$E_{in} = A_1(z)E_1 e^{-ik_1 z} + A_2(z)E_2 e^{-ik_2 z} \tag{17-56}$$

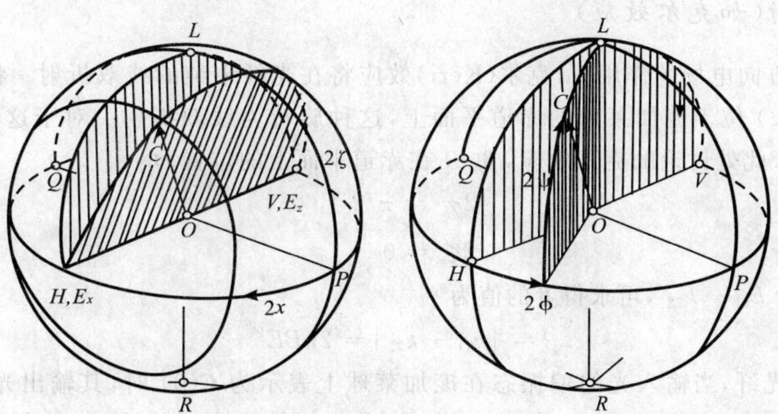

(a)坐标定义以x、y方向偏振光为本征态　(b)坐标定义以左、右旋圆偏振光为本征态

图 17-9　光纤中的庞加莱球描述

式中，E_1、E_2 分别为偏振态相互正交的本征态。入射光的偏振态发生变化，A_1、A_2 两个参量也变化，庞加

莱球上对应的 C 点在庞加莱球上运动。这时 C 点运动的轨迹表征了光在光纤中传输时的偏振态的演变情况。那么为什么会选取(17-54)式、(17-55)式所示的方位角呢？这可通过光纤中两个正交模之间的耦合方程唯象地获得。耦合波方程为

$$\left.\begin{aligned}\frac{\mathrm{d}A_1}{\mathrm{d}z}&=-\mathrm{i}k_{11}A_1(z)-\mathrm{i}k_{12}A_2(z)\mathrm{e}^{-\mathrm{i}(k_2-k_1)z}\\\frac{\mathrm{d}A_2}{\mathrm{d}z}&=-\mathrm{i}k_{21}A_1(z)\mathrm{e}^{-\mathrm{i}(k_2-k_1)z}-\mathrm{i}k_{22}A_2(z)\end{aligned}\right\}\tag{17-57}$$

在庞加莱球上定义矢量 $\boldsymbol{C}(z)=OC$ 来表示 z 点的模场系数比值 $A_1(z)/A_2(z)$，$\boldsymbol{C}(z)$ 在球面上的坐标为 $(2\chi,2\zeta)$。光波在光纤中传输时，其偏振态的变化由 $\boldsymbol{C}(z)$ 在庞加莱球上的轨迹来表示，即

$$\boldsymbol{C}'(z)=\frac{\mathrm{d}\boldsymbol{C}(z)}{\mathrm{d}z}\tag{17-58}$$

当光纤中的光沿 z 方向传输 δz 距离时，其偏振态的演变为 C 点绕 $O\Omega$ 轴转动一个角度 $\delta\theta$。在一级近似条件下，这个角度可以表示为

$$\delta\theta=\sqrt{(k_{11}-k_{12})^2+4k_{12}k_{21}}\,\delta z=|O\Omega|\,\delta z\tag{17-59}$$

式中，$\boldsymbol{O\Omega}=\sqrt{(k_{12}-k_{21})^2+4k_{12}k_{21}}$ 为矢量，其大小为单位长度光纤双折射引起的相位差。其方向用庞加莱球方位角表示：

$$\left.\begin{aligned}2\zeta&=\arg(k_{12})\\2x&=\arctan\frac{k_{11}-k_{22}}{2\sqrt{k_{12}k_{21}}}\end{aligned}\right\}\tag{17-60}$$

式中的耦合系数由下式决定：

$$k_{uv}=\frac{\omega}{4}\iint_{-\infty}^{\infty}\boldsymbol{E}_u^*\cdot(\Delta\varepsilon\boldsymbol{E}_v)\mathrm{d}x\mathrm{d}y\qquad(u,v=1,2)\tag{17-61}$$

C 点转动的方向显然同时垂直于矢量 $\boldsymbol{OC}$ 与矢量 $\boldsymbol{O\Omega}$，即垂直于它们组成的平面。不难证明：

$$\Delta\boldsymbol{OC}=|\boldsymbol{OC}|\,\delta\theta[\boldsymbol{O\Omega}\times\boldsymbol{OC}]/[|\boldsymbol{OC}|\,|\boldsymbol{O\Omega}|]=\boldsymbol{O\Omega}\times\boldsymbol{OC}\delta z\tag{17-62}$$

为简单起见，用 $\boldsymbol{C}$ 表示矢量 $\boldsymbol{OC}$，$\boldsymbol{\omega}(z)$ 表示矢量 $\boldsymbol{O\Omega}$，则有

$$\frac{\mathrm{d}\boldsymbol{C}}{\mathrm{d}z}=\boldsymbol{\omega}(z)\times\boldsymbol{C}\tag{17-63}$$

因此，沿无限短光纤 $\mathrm{d}z$ 的偏振态的变化，为庞加莱球以 $\boldsymbol{\omega}(z)$ 为轴转 $\boldsymbol{\omega}\mathrm{d}z$ 的结果。由于耦合系数在具体问题中是已知的，所以原则上沿光纤每一点的 $\boldsymbol{\omega}(z)$ 也是已知的。因此，对任意一个输入偏振态，均可以求出 $\boldsymbol{C}(z)$ 在庞加莱球上的轨迹。下面我们就采用这种方法来研究光纤中的双折射。

(二)纯线双折射(如克尔效应)

当光纤处于 x 轴方向电场的作用下，克尔(Kerr)效应将在光纤中纯的线双折射。将耦合系数代入(17-60)式可知，旋转轴 $\boldsymbol{\omega}(z)$ 位于庞加莱球的赤道平面上，这种旋转为线双折射。对于这种情况，一般用符号 $\boldsymbol{\beta}(z)$ 代替 $\boldsymbol{\omega}(z)$。对于此处讨论的克尔效应，$\boldsymbol{\beta}(z)$ 在赤道平面上的位置为

$$\left.\begin{aligned}2\chi_\beta&=\pi/2\\2\zeta_\omega&=0\end{aligned}\right\}\tag{17-64}$$

将耦合系数代入 $\Delta\beta=k_{11}-k_{22}$，可求得 $\boldsymbol{\beta}$ 的值为

$$\beta=|k_{11}-k_{22}|=2\pi BE^2\tag{17-65}$$

对于长度为 L 的光纤，当输入光的偏振态在庞加莱球上表示为 $\boldsymbol{C}(0)$ 时，其输出光的偏振态为 $\boldsymbol{C}(z)$，$\boldsymbol{C}(z)$ 为 $\boldsymbol{C}(0)$ 绕 $\boldsymbol{\beta}(z)$ 旋转 βL 角度之后的坐标。可见，偏振光在沿光纤传输时，对应于不同的传输长度 L(也就是不同的位置 z)，偏振态发生周期性的变化，$\boldsymbol{C}(z)$ 的轨迹为与 $\boldsymbol{\beta}(z)$ 垂直的同心圆，如图 17-10 所示。此时，光纤中的两个本征态分别为 H、V 两点对应的 x、y 方向的线偏振光。可见克尔效应作用下的光纤在庞加莱球上的描述与一般双折射器件完全相同。

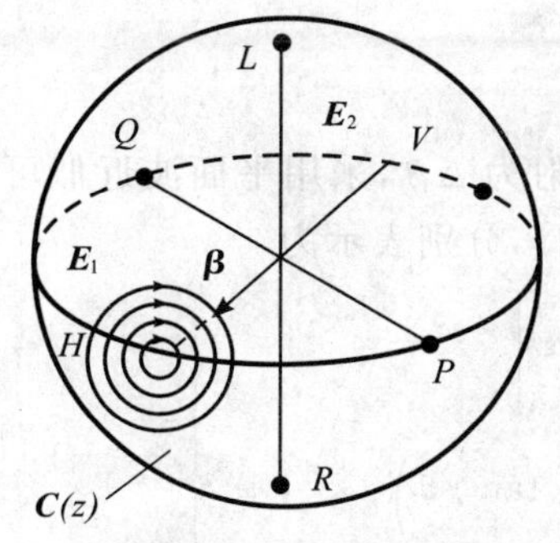

图 17-10　光纤中纯线双折射的庞加莱球描述

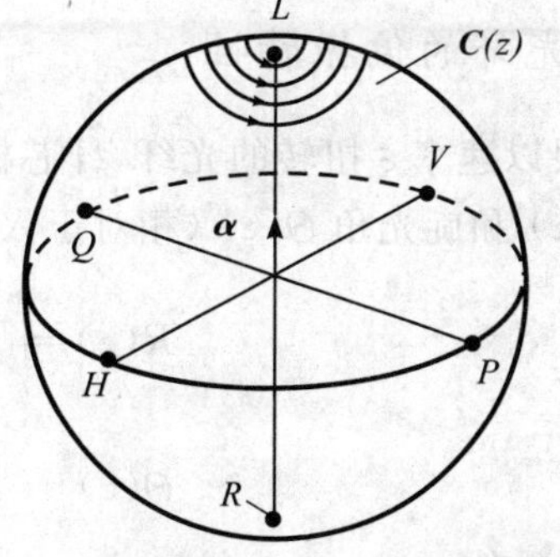

图 17-11　光纤中圆双折射的庞加莱球描述

(三)纯圆双折射(如法拉第效应)

当光纤处于 z 轴方向磁场的作用下,由于法拉第效应将在光纤中产生纯圆双折射。此时耦合系数 $k_{12}=-\mathrm{i}VH$ 为纯虚数,将耦合系数值代入(17-60)式可知,旋转轴 $\boldsymbol{\omega}(z)$ 与庞加莱球的 RL 线(球上南北极的连线)重合,这种旋转为圆双折射。对于这种情况,一般用符号 $\boldsymbol{\alpha}(z)$ 代替 $\boldsymbol{\omega}(z)$ 。对于此处讨论的法拉第效应,将耦合系数代入(17-63)式可求得 α 的值为

$$\alpha=2|k_{11}k_{12}|=2VH \tag{17-66}$$

对于长度为 L 的光纤,当输入光的偏振态在庞加莱球上表示为 $\boldsymbol{C}(0)$ 时,其输出光的偏振态为 $\boldsymbol{C}(z)$,$\boldsymbol{C}(z)$ 为 $\boldsymbol{C}(0)$ 绕 $\alpha(z)$ 旋转 αL 角度之后的坐标。可见,偏振光在沿光纤传输时,对应于不同的传输长度 L(也就是不同的位置 z),偏振态发生周期性的变化,$\boldsymbol{C}(z)$ 的轨迹为与赤道平行的同心圆,如图 17-11 所示。当入射光为线偏振时,$\boldsymbol{C}(z)$ 的轨迹为赤道大圆,任意点的偏振态仍然为线偏振光,其偏振面以 $\alpha/2$(每单位长度光纤)的速率旋转。此时,光纤中的两个本征态分别为 L、R 两点对应的左、右圆偏振光。可见,法拉第效应作用下的光纤在庞加莱球上的描述与旋光器件完全相同。

(四)椭圆双折射

椭圆双折射可以看成是线双折射和圆双折射叠加的结果。对于无限小的旋转 $\boldsymbol{\beta}\mathrm{d}z$ 及 $\boldsymbol{\alpha}\mathrm{d}z$,总的合成效果可以简单地看成是二者的合成:$\boldsymbol{\omega}\mathrm{d}z=\boldsymbol{\beta}\mathrm{d}z+\boldsymbol{\alpha}\mathrm{d}z$,即

$$\boldsymbol{\omega}=\boldsymbol{\beta}+\boldsymbol{\alpha} \tag{17-67}$$

当 $\boldsymbol{\omega}(z)$ 与 z 无关时(如前面讨论的法拉第效应和克尔效应),$\boldsymbol{C}(z)$ 的轨迹如图 17-12 所示。从图中可以看到,此时光纤中有两个本征模式,也就是轨迹不随 z 而改变的状态 C_1 与 C_2,一般情况下,这两个本征态为正交的两个椭圆偏振模式。

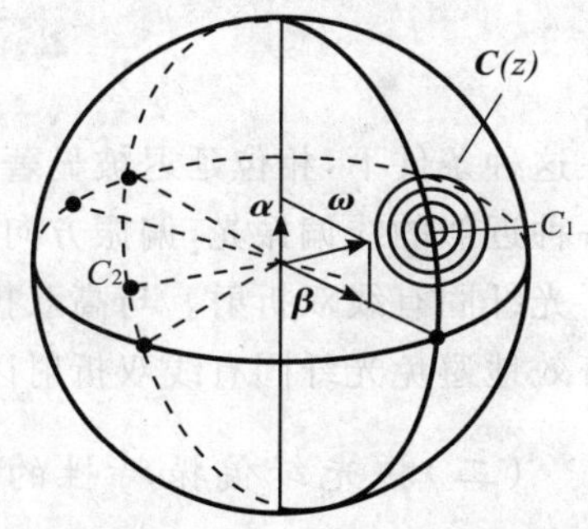

图 17-12　光纤中椭圆双折射的庞加莱球描述

三、扭光纤以及旋光光纤的偏振特性

偏振是单模光纤最重要的特性之一。在理想圆单模光纤中传播的光波应该是偏振保持的,但是实际应用中的普通圆单模光纤,即使没有受到外加的影响,由于其本身的多种不完善,也会产生双折射现象,输入的线偏振光经一段距离的传输后变为椭圆偏振光,并随传播距离周期性或非周期性地变化。这种偏振态的不稳定性对于偏振需要保持的系统来说是非常有害的。

解决上述问题的方法是研制保偏光纤,使得光纤中某一种偏振模式具有强烈的双折射效应而抑制另一种模式的双折射效应,或者使得光纤的截面接近理想圆截面而使光纤的偏振特性近似为理想圆单模光纤。下面讨论一种单模低双折射的偏振特性。这种光纤在拉制过程中高速旋转,从而将一种等效的圆对称结构引入光纤中,提高了光纤截面的圆对称性。这种光纤称为旋光光纤(spun fiber)。为了讨论旋光光纤的偏振特性,首先分析扭光纤(twisted fiber)的偏振特性。

(一)扭光纤的偏振特性

考虑一根以速率 ξ 扭转的光纤,纤芯椭圆引起的固有线双折射为 $\Delta\beta$,采用平面波近似可以得到 z 点的相位延迟 $R(z)$ 和旋光角 $\Theta(z)$(相对于入射点光纤椭圆短轴方向),分别表示为

$$\left.\begin{aligned} R(z) &= 2\arcsin\left[\frac{\rho}{\sqrt{1+\rho^2}}\sin\gamma z\right] \\ \Theta(z) &= \xi z + \arctan\left(-\frac{1}{\sqrt{1+\rho^2}}\tan\gamma z\right) \\ \Phi(z) &= \frac{\xi z - \Theta(z)}{2} \pm \frac{m\pi}{2}, \quad m = 0,1,2,\cdots \end{aligned}\right\} \tag{17-68}$$

其中

$$\rho = \frac{\Delta\beta}{2(\xi - a)}\gamma = \frac{\sqrt{(\Delta\beta)^2 + 4(\xi - a)^2}}{2} \tag{17-69}$$

对于扭光纤,上式中的 a 为由于弹光效应引起的旋光系数,可以表示为

$$a = g\xi \tag{17-70}$$

式中,比例系数 g(对石英光纤)的实验测量值为 0.08,与理论值符合。对于旋光光纤,因其是在熔融状态下形成的,成纤后不存在扭转应力,所以弹光效应可以忽略不计,此时有 $a = 0$。

在扭转速率相对于光纤固有的线双折射较小的条件下($\xi \ll \Delta\beta$),由(17-68)式可得 $\Phi \approx 0$,主轴方向基本保持不变;相位延迟 $R \approx \Delta\beta z$,由于扭转而引起的相位延迟可忽略;同时,旋光角随 z 线性变化,$\Theta \approx \xi z$。在这种情况下,平行于主轴的线偏振光入射到光纤中,其线偏振状态保持不变,同时其偏振方向将随光纤的扭转而发生同步旋转。可见弹光效应引起的旋光被强大的固有线双折射有效地抑制了。

在扭转速率相对于光纤的固有线双折射较大($\xi \gg \Delta\beta$)的条件下,相位延迟与旋光角分别为

$$\left.\begin{aligned} R(z) &\approx \frac{\Delta\beta}{\xi - a}\sin\left[(\xi - a)z\right] \\ \Theta(z) &= az \end{aligned}\right\} \tag{17-71}$$

在这种条件下,相位延迟被显著减小并且在 0 附近振荡,以任何方向入射到光纤中的线偏振光,出射后都是一种近似的线偏振光,偏振方向相对于入射时旋转了 az。可见高扭曲引起的强烈的弹光效应有效地抑制了光纤固有线双折射。与高双折射线偏振保偏光纤相对应,此时可以将扭光纤看成是圆双折射保偏光纤,能有效地避免光纤固有线双折射以及微弯等外界因素引起的线双折射对系统的影响。

(二)扭光纤偏振特性的庞加莱球描述

在具有恒定线双折射和均匀扭曲的光纤中,旋转矢量 $\boldsymbol{\omega}(z)$ 的运动可以表示为

$$\boldsymbol{\omega}'(z) = 2\boldsymbol{\xi} \times \boldsymbol{\omega}(z) \tag{17-72}$$

扭曲矢量 $\boldsymbol{\xi}$ 的大小为 $|\boldsymbol{\xi}|$,方向与庞加莱球的 RL 轴重合。对于右旋扭曲,$\boldsymbol{\xi}$ 指向上。由于光纤有扭曲,因此对于光纤的每一个截面,我们可以引进一个辅助的、本地的坐标系 R^0,其轴 X^0 平行于光纤的快轴(对应于线双折射),Y^0 平行于慢轴,Z^0 轴与光纤 z 轴重合,所以坐标系 R^0 绕光纤 z 轴以速度 ξ 旋转。而与 R^0 相对应的庞加莱球 S^0 则以速率 2ξ 绕 RL 旋转。对于和 R^0、S^0 系统有关的量均标以角标 0,这时 $\Delta\beta^0$ 为常数,$\alpha^0 = a$ 为常数,$\Delta\beta^0$ 指向 X^0。此时有

$$\omega^0 = \Delta\beta^0 + \alpha^0 \tag{17-73}$$

但是,在 S^0 上光纤中光波偏振态的变化并非以 ω^0 为角速度,而是以如下矢量为旋转矢量:

$$\left.\begin{aligned} \boldsymbol{\Omega}^0 &= \boldsymbol{\alpha} + \Delta\boldsymbol{\beta}^0 - 2\boldsymbol{\xi} \\ \Omega^0 &= |\boldsymbol{\Omega}^0| = \sqrt{|(\Delta\beta^0)^2 + (\alpha - 2\xi)^2|} \end{aligned}\right\} \tag{17-74}$$

上式中的矢量 $\boldsymbol{\Omega}^0$ 固定在 S^0 上,所有偏振态变化的轨迹 $\boldsymbol{C}^0(z)$ 都是在 S^0 上绕 $\boldsymbol{\Omega}^0$ 轴的圆。

为了求 $\boldsymbol{C}(z)$ 的轨迹,应从旋转球 S^0 回到固定球 S 上来,这时 $\boldsymbol{C}(z)$ 沿一个恒定的半圆锥运动,而圆锥的

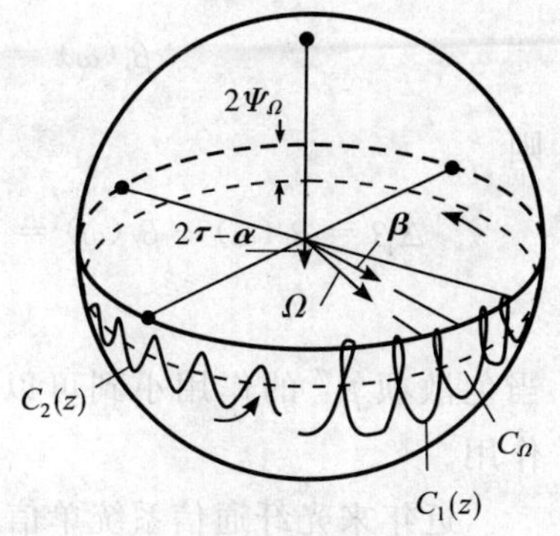

图 17-13 扭光纤偏振特性的庞加莱球描述

轴在沿平行圆运动，平行圆的纬度为

$$2\Psi_{\Omega} = \arctan\left|\frac{\alpha-\xi}{\Delta\beta}\right| \tag{17-75}$$

所以 $\boldsymbol{C}(z)$ 在 S 上的轨迹为旋轮类曲线（cycloidal curves），如图 17-13 所示。曲线相邻周期上的点在光纤上的空间距离为 $2\pi/\Omega$，它等于 S^0 上的一个旋转周期。相对于本地坐标系 R^0，这种相邻的关系是等价的，但是对于实验室坐标系，第二个状态相对于前一个状态旋转了角度 $2\pi\xi/\Omega$。当 ξ/Ω 是有理数时，$C(z)$ 是封闭的曲线。

对于弱扭曲，即 $\xi\ll\Delta\beta$，有

$$\alpha\ll\Delta\beta,\ \Omega^0\approx\Delta\beta^0 \tag{17-76}$$

这说明弱扭曲完全被光纤的固有线双折射所掩盖。

对于强扭曲，即 $\xi\gg\Delta\beta$，此时有

$$\left.\begin{aligned}&\alpha\gg\Delta\beta\\&2\Psi\rightarrow\pi/2\\&\Omega^0=\alpha-2\xi=(g-2)\xi\end{aligned}\right\} \tag{17-77}$$

在 S^0 上，此时相当于一均匀的旋转，旋转轴为 RL 轴，旋转速率为 $\alpha-2\xi$，相应地在实验室坐标系中，光纤中的光波偏振态以 $\alpha=g\xi$ 的速率旋转。在实际空间，偏振面的旋转速率为 $g\xi/2$，这时线双折射完全被圆双折射所淹没。一圆偏振光入射光纤，出射光仍为圆偏振光，即使有线双折射也无妨，所以强扭曲光纤是圆偏振光的保偏光纤。

（三）旋光光纤的偏振特性

对于一些应用场合，要求光纤高速（$\xi>2\pi\times10^3$ rad/m）扭转以达到有效抑制固有线双折射的目的，此时光纤将被扭断，因此需要采用旋光光纤。旋光光纤满足 $\alpha=0$ 及 $\xi\gg\Delta\beta$ 两个条件，由(17-68)式可得

$$\left.\begin{aligned}&R(z)\approx\frac{\Delta\beta}{\xi}\sin(\xi z)\\&\Theta(z)\approx0\\&\Phi(z)=\frac{\xi z}{2}\end{aligned}\right\} \tag{17-78}$$

可见，与扭光纤相比，旋光光纤中的固有线双折射以及圆双折射都受到了有效的抑制，其偏振特性与理想的各向同性圆单模光纤基本一致。对于一般的光纤，其固有双折射可以做到优于 1 rad/m，同样的光纤在制作过程中按 1 圈/cm 的速率旋转，得到旋光光纤，其在一个旋转周期中的最大双折射为 1.6×10^{-3} rad/cm，其残留的圆双折射为 2×10^{-4} rad/m，因此完全可以把旋光光纤当作各向同性圆单模光纤来处理。

对于旋光光纤，在 S^0 上，相当于一均匀的旋转，旋转轴为 RL 轴，旋转速率为 -2ξ。相应地在实验室坐标系中，光纤中的光波偏振态的旋转速率为 0，在实际空间，偏振面的旋转速率也为 0，出射偏振态与入射偏振态相同，所以旋光光纤可以看作是保偏光纤。

需要特别说明的是，旋光光纤对于固有线双折射的抑制是通过高速旋转破坏产生固有线双折射的结构来实现的。对于某些外场引起的线双折射，由于其产生的机理与旋光光纤中的旋转结构无关，因此旋光光纤不会抑制外场引起的线双折射。

四、光纤中的偏振模色散

偏振模色散过去一直被认为是高双折射光纤才有的现象，因此被定义为光在高双折射光纤快慢轴上传播时的群速度差。随着光纤通信技术的发展，人们发现单模光纤中的双折射使得原先简并的基模呈现出双模的特征，简并的基模的传播常数分别为 $\beta_j(\omega)(j=1,2)$。对它进行泰勒级数的展开：

$$\beta_j(\omega) = \beta_0(\omega_0) + \beta_j{}'(\omega_0)(\omega-\omega_0) + \frac{1}{2}\beta_j{}''(\omega_0)(\omega-\omega_0)^2 + \cdots \tag{17-79}$$

则

$$\Delta\beta = \beta_1(\omega) - \beta_2(\omega) = [\beta_1{}'(\omega_0) - \beta_2{}'(\omega_0)](\omega-\omega_0) + \frac{1}{2}[\beta_1{}''(\omega_0) - \beta_2{}''(\omega_0)](\omega-\omega_0)^2 + \cdots \tag{17-80}$$

当色散项 $\beta_j{}''$ 的作用小到可以忽略的时候，偏振模间的群延时差——偏振模色散(PMD)——开始起主要作用。

近年来光纤通信系统单信道速率不断提高，10 Gb/s 波分复用系统已被商用，实验室正在研究 40 Gb/s、160 Gb/s 的传输技术，从技术的角度看，光放大器的研制成功使得光纤衰减已不再是限制系统传输距离的主要因素；非线性效应和色散对传输系统的影响，随着 G. 655 光纤的引入、分布式光放大器的使用、新的调制技术的采用、色散管理技术的完善，也正在逐渐减小；原来在光纤通信系统中不太被关注的偏振模色散已成为限制高速率信号长距离传输的主要因素。如果不采取适当的偏振模色散补偿措施，单信道 40 Gb/s 的信号不可能在光纤中高质量的传输。另一方面，有线电视(CATV)也在迅猛增长，电视频道有望突破 100 个以上。在如此多的频道下，偏振模色散会使视频信号产生畸变，在电视屏幕上出现干涉条纹。

光纤较长时，偏振随机模耦合对温度、环境条件、光源波长的轻微波动都很敏感，因此偏振模色散对通信系统的影响是一个随机过程。偏振模色散已成为当今光纤通信领域中研究的热门课题之一。

偏振模色散的产生原因不外乎内因与外因。其内因为光纤所固有的双折射，即光纤在生产过程中产生的几何尺寸不规则和在光纤中残留应力导致折射率分布的各向异性。外因有二：一是光缆在铺设使用过程中，由于受到外界的挤压、歪曲、扭转和环境温度变化的影响而产生的偏振模耦合效应，从而改变两偏振模各自的传播常数和幅度，导致偏振模色散；二是当光信号通过一些光通信器件如隔离器、耦合器、滤波器时，由于器件结构和材料本身的偏振特性，产生偏振模色散。

(一)偏振模色散的定义

偏振模色散从字面上来讲，是由于光纤的双折射而导致的光脉冲的展宽弥散。但其严格的定义却与偏振模色散的测量技术密切相关。目前有两类偏振模色散的测量方法：一类属于时域测量法，另一类属于频域测量法。因此偏振模色散的定义也有两种，分别对应着不同的测试技术。对于时域测试方法，用光纤输出脉冲的均方根宽度 $\delta\tau$ 来表征偏振模色散；对于频域测试法，用偏振主态之间的差分群延差(DGD) $\Delta\tau$ 来表征偏振模色散。虽然有两种偏振模色散的定义，它们的结果却是一致的。

这两种定义体现了对单模圆偏振模色散形成的不同理解，时域测量法的思想是：把光纤分成 N 段，在每段中光纤的双折射均匀分布，但各段之间双折射方向随机分布。这样当 N 足够大时，该模型就可以用来模拟实际光纤中随机的双折射扰动。光注入光纤后，受本地双折射的影响，每段光纤都可以把一个光脉冲分解成 2 个子脉冲，在光纤的输出端最多可有 2^N 子脉冲。这些子脉冲由于经过不同的光路(不同的快慢轴)，有不同的时延，在光纤输出端形成一组完全非偏振的子脉冲列，类似于“多模光纤”中的模间色散现象，只是情况没有后者严重。这样我们就可以利用输出脉冲的均方根宽度 $\delta\tau$，即不同子脉冲渡越时间的均方差，或是通过测量两个脉冲与参考光干涉时的位置来表征偏振模色散。上述假设忽略了光源的相干性，必须满足光源的相干时间小于偏振模时延差，即要求时域的光脉冲要短。

频域测量法的思想是：在理想的双折射光纤中虽然存在两个相互正交的、与传输距离和光的频率无关的本征偏振态，但是对于长距离的实际光纤应用场合，并不存在这种完全与频率和传输距离无关的本征态，而是存在偏振主态。所谓偏振主态，指的是两正交输入偏振态，它们经过光学系统后，相应的输出偏振态仍然保持正交。当一个频带很窄的信号对准光纤的一个偏振主态方向入射，在不考虑 PMD 的高阶色散时，光纤输出端的脉冲信号并不改变形状，在两个偏振主态上传输脉冲的差分群时延差(DGD)定义为光线偏振模色散。这种思想中隐含了对光源的要求，这时必须保证测量过程中光源的相干性。

第一种定义比较直观，下面对第二种定义作详细的说明。

（二）偏振主态与偏振模色散

设线性介质的传输矩阵为 $\boldsymbol{T}(\omega)$，如忽略偏振相关的损耗，有

$$\boldsymbol{T}(\omega)=\mathrm{e}^{\beta(\omega)}\boldsymbol{U}(\omega) \tag{17-81}$$

式中，$\beta(\omega)$ 是一个复数，$U(\omega)$ 为单位矩阵：

$$U(\omega)=\begin{bmatrix} u_1(\omega) & u_2(\omega) \\ -u_2^*(\omega) & u_1^*(\omega) \end{bmatrix} \tag{17-82}$$

其中，$|u_1|^2+|u_2|^2=1$。单色光场 E_a 注入线性介质，输出电磁场 E_b 与 E_a 有如下的关系：

$$E_b=T(\omega)E_a \tag{17-83}$$

式中，ω 为光频。入射、输出电场矢量可以写成

$$\boldsymbol{E}_{a,b}=\begin{bmatrix} E_{a,b}^x \\ E_{a,b}^y \end{bmatrix}=\varepsilon_{a,b}\mathrm{e}^{\mathrm{i}\varphi_{a,b}}\hat{\boldsymbol{\varepsilon}}_{a,b} \tag{17-84}$$

式中，$\varepsilon_{a,b}$ 与 $\varphi_{a,b}$ 为电场的幅值与相位，$\hat{\boldsymbol{\varepsilon}}_{a,b}$ 为表征偏振态的单位矢量。

假设输入偏振态固定，则输出电场与频率的关系满足

$$\frac{\mathrm{d}\boldsymbol{E}_b}{\mathrm{d}\omega}=\frac{\mathrm{d}T}{\mathrm{d}\omega}\boldsymbol{E}_a=\mathrm{e}^{\beta}[\beta'U+U']\boldsymbol{E}_a \tag{17-85}$$

式中，“$'$”表示对频率求导数。由(17-85)式，可得

$$\frac{\mathrm{d}\boldsymbol{E}_b}{\mathrm{d}\omega}=[\frac{1}{\varepsilon_b}\varepsilon_b{}'+\mathrm{i}\varphi_b{}']\boldsymbol{E}_b+\varepsilon_b\mathrm{e}^{\mathrm{i}\varphi_b}\frac{\mathrm{d}\,\hat{\boldsymbol{\varepsilon}}_b}{\mathrm{d}\omega} \tag{17-86}$$

由(17-85)式和(17-86)式，可得

$$\varepsilon_b\mathrm{e}^{\mathrm{i}\varphi_b}\frac{\mathrm{d}\hat{\boldsymbol{\varepsilon}}_b}{\mathrm{d}\omega}=\mathrm{e}^{\beta}[U'-\mathrm{i}kU]\boldsymbol{E}_a \tag{17-87}$$

这里

$$k=\varphi'_b+\mathrm{i}[\beta'-\frac{1}{\varepsilon_b}\varepsilon_b{}'] \tag{17-88}$$

若 $\frac{\mathrm{d}\hat{\varepsilon}_b}{\mathrm{d}\omega}=0$，即保持输出偏振态不变，则由(17-87)式，可得

$$[U'-\mathrm{i}kU]\hat{\varepsilon}_a=0 \tag{17-89}$$

求解如下方程：

$$|U'-\mathrm{i}kU|=0 \tag{17-90}$$

可以得到允许的 k 值：

$$k_\pm=\pm\sqrt{|u_1{}'|^2+|u_2{}'|^2} \tag{17-91}$$

把 k 值代入(17-88)式，可得输入偏振态。

$$\hat{\varepsilon}_{a\pm}=\mathrm{e}^{\mathrm{i}\rho}\begin{bmatrix} \dfrac{u_2{}'-\mathrm{i}k_\pm u_2{}'}{D_\pm} \\ -\dfrac{u_2{}'-\mathrm{i}k_\pm u_1{}'}{D_\pm} \end{bmatrix} \tag{17-92}$$

这里，ρ 为任意相位，

$$D_\pm=\sqrt{2k_\pm[k_\pm-\mathrm{Im}(u_1{}^*u_1{}'+u_2{}^*u_2{}')]} \tag{17-93}$$

$\hat{\varepsilon}_{a_\pm}$ 为介质的偏振主态。很容易证明，这时的输出偏振态是正交的。输入、输出偏振态正交意味着任意输入偏振态可以分解成 $\hat{\varepsilon}_{a_\pm}$ 的组合，它们在输出端的输出分别为 $\hat{\varepsilon}_{b_\pm}$。对于脉冲传输，对应于两正交偏振态的光脉冲到达输出端的时间一般来说是不同的。

由(17 71)式可知，k 为实数，则(17-88)式中，$\mathrm{i}[\beta' - \frac{1}{\varepsilon_b}\varepsilon_b']$ 为实数。由此可得

$$\mathrm{Re}\,[\beta'] = \frac{1}{\varepsilon_{b+}}\varepsilon_{b+}' = \frac{1}{\varepsilon_{b-}}\varepsilon_{b-}' \tag{17-94}$$

及

$$\varphi_{b_\pm}{}' = \tau_\pm = \mathrm{Im}\,[\beta] \pm \sqrt{|\,u_1{}'\,|^2 + |\,u_2{}'\,|^2} \tag{17-95}$$

由(17-95)式可得传输矩阵的时延为

$$\Delta\tau = 2\sqrt{|\,u_1{}'\,|^2 + |\,u_2{}'\,|^2} \tag{17-96}$$

如果存在偏振模耦合，就必须考虑与频率相关的二阶偏振主态，(17-96)式需要修正。

为了直观理解偏振模色散，下面考察偏振态随频率变化的关系在庞加莱球上的演化。考虑不同频率下，固定点 z 处光的偏振态变化，即 $\frac{\mathrm{d}C}{\mathrm{d}\omega}$ 的表达式。由(17-56)式，有

$$\boldsymbol{E}_{\mathrm{out}}(\omega_0) = A_1(\omega_0)\boldsymbol{E}_1(\omega_0)\mathrm{e}^{\mathrm{i}\varphi_1(\omega_0)} + A_2(\omega_0)\boldsymbol{E}_2(\omega_0)\mathrm{e}^{\mathrm{i}\varphi_2(\omega_0)}$$

频率变化 $\Delta\omega$，一级近似条件下，有

$$\boldsymbol{E}_{\mathrm{out}}(\omega_0) = A_1(\omega_0)\boldsymbol{E}_1(\omega_0)\mathrm{e}^{\mathrm{i}[\varphi_1(\omega_0)+\tau_1\Delta\omega]} + A_2(\omega_0)\boldsymbol{E}_2(\omega_0)\mathrm{e}^{\mathrm{i}[\varphi_2(\omega_0)+\tau_2\Delta\omega]}$$

式中，$\tau_1 = \frac{\mathrm{d}\varphi_1}{\mathrm{d}\omega}$、$\tau_2 = \frac{\mathrm{d}\varphi_2}{\mathrm{d}\omega}$ 为两个偏振主态的群时延。不妨设 $\tau_1 > \tau_2$，则偏振态演变为 C 点绕 Ω 轴转动一个角度 $\delta\theta$：

$$\delta\theta = \tau\Delta\omega \tag{17-97}$$

式中，$\tau = \tau_1 - \tau_2 = |\boldsymbol{\Omega}|$。$C$ 点转动的方向显然同时垂直于矢量 $\boldsymbol{OC}$ 与 $\boldsymbol{\Omega}$，即垂直于它们组成的平面。显然 $\boldsymbol{\Omega}$ 的方向即为 $\boldsymbol{E}_1$，不难证明：

$$\Delta\boldsymbol{OC} = \boldsymbol{\Omega}\times\boldsymbol{C}\Delta\omega \tag{17-98}$$

即

$$\frac{\mathrm{d}\boldsymbol{C}}{\mathrm{d}\omega} = \boldsymbol{\Omega}\times\boldsymbol{C} \tag{17-99}$$

可以看到，在一级近似条件下，庞加莱球的旋转轴是恒定不变的。

第三节　棱镜起偏器

一、方解石中的双折射

虽然除了立方晶体结构以外，有许多矿物都是双折射体，但是，几乎所有用于可见光、近紫外与远红外光谱区域的起偏棱镜都是用光学方解石制成的。方解石在很宽的光谱区域都显示出很强的双折射性质。用其他双折射晶体制成的起偏棱镜，主要用在方解石对其不透明的紫外区域，这类晶体有结晶石英、氟化镁、硝酸钠和磷酸二氢铵。金红石起偏棱镜用在方解石的红外截止波长以外。一种新的棱镜材料——正钒酸钇，已被用来制造对可见和近红外光谱区高透射的起偏器。许多非方解石起偏器将在下面叙述。

方解石晶体是负单轴晶体，它有显著的双折射性。这种材料很容易沿 3 个不同的面劈开，成为如图 17-14 所示的菱面体。在 B 点和 H 点，任一面和其他两个面都构成 101°55′角。在其他所有点，两个角是 78°05′，另一个角是 101°55′。光轴 HI（在晶体中两个折射波沿光轴方向以相等的速度传播）在 H 点与 3 个面构成相等的角度。含有光轴并垂直于两个相对的菱形面 $ABCD$ 和 $EFGH$ 的任一平面，如 $DBFH$ 面，叫做主截面。表示主截面边线(DB)的菱面体的正视图见图 17-15，而主截面的侧视图如图 17-16 所示。如果光在菱面体上的入射面和主截面重合，则光分成两个互为直角的偏振分量。其中之一是寻常光线 o，遵守斯涅尔定律，它的振动面垂直于主截面。另一个是非常光线 e，它的振动面平行于主截面。非常光的折射在一些情况下违背斯涅尔定律，至少违背简单形式的斯涅尔定律。光线的这种不正常的偏斜是由于波阵面变成椭球

面而引起的，因此光的传播方向不是沿着波的法线方向。这种椭球波阵面导致晶体中的光速，进而其折射率是角度的函数。如果光线平行于菱形面体的边 BF 入射在 $EFGH$ 面上，则 o 光线和 e 光线在主截面内，如图 17-15 和图 17-16 所示。图 17-16 中改变入射角，使 o 光线靠近光轴 HI，则 o 光线和 e 光线的间距减小。如果菱体面绕平行于 HD 的轴转动，则 e 光线绕 o 光线旋进。和 o 光线不同，除了入射面与主截面重合以外，e 光线不在入射面内。

包含 o 光线和光轴的平面定义为 o 光线的主平面，包含 e 光线和光轴的平面定义为 e 光线的主平面。在上述情况中，两个主平面和主截面重合。在一般情况下，它们是不重合的。然而，在所有情况下，o 光线的振动面垂直于它的主平面，而 e 光线的振动面在它的主平面内（见图 17-16）。为了帮助理解，把晶体看成有条纹的木块，木纹就是光轴。o 光线总是垂直于木纹振动，因此只有一个速度，从而只有一个折射率 n_o。e 光线在包含木纹的平面内振动，并取决于它对木纹的倾角，振动方向可以由平行变到垂直于木纹。因而 e 光线的折射率可以由等于 o 光线的折射率（当振动方向垂直于木纹时）变到与 o 光线的折射率之差为最大（当振动方向平行于木纹时）。在所有情况下，e 光线的振动方向总是保持与 o 光线振动方向垂直。

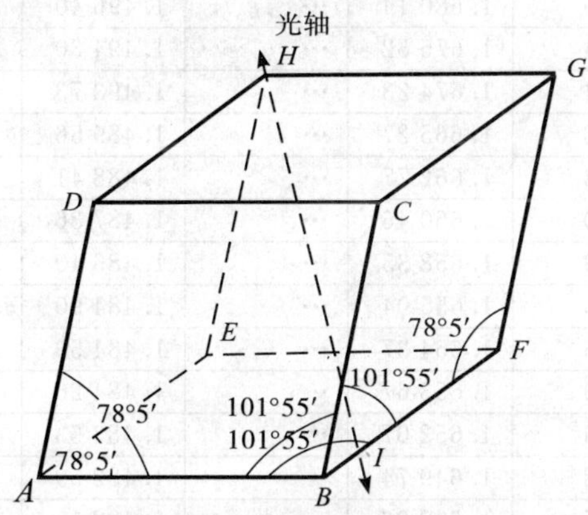

图 17-14　菱形方解石晶体各面之间的角度

光轴通过角 H 和 BF 边上的 I 点

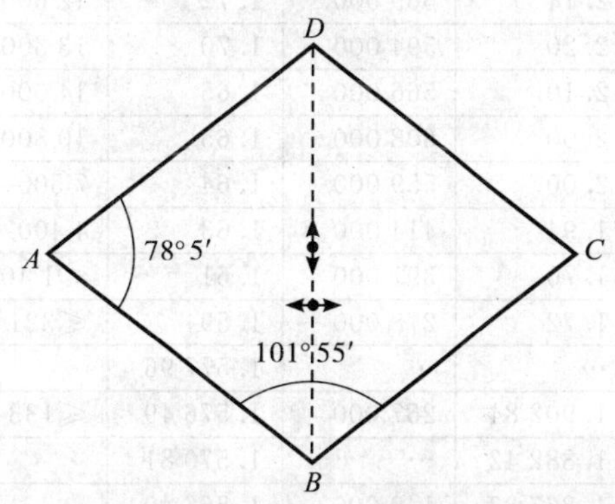

图 17-15　图 17-14 中的方解石菱面体的正视图

图中指出了主截面的边线（BD）和入射光在 $EFGH$ 面的中心时（见图 17-14），o 光线和 e 光线的出射位置

e 光线和 o 光线的折射率差最大时，即当 e 光线平行于光轴振动时的折射率，叫做非常光线的主折射率 n_e。图 17-17 表示的是 e 光线具有主折射率的位置。此时，斯涅尔定律可以用来计算 e 光线通过棱镜的路径。图 17-17 中分界面垂直于纸平面，光轴也垂直于纸平面。主截面和两个主平面都不重合，e 光线在它的主平面内振动，但 o 光线在与它的主平面垂直的方向上振动。

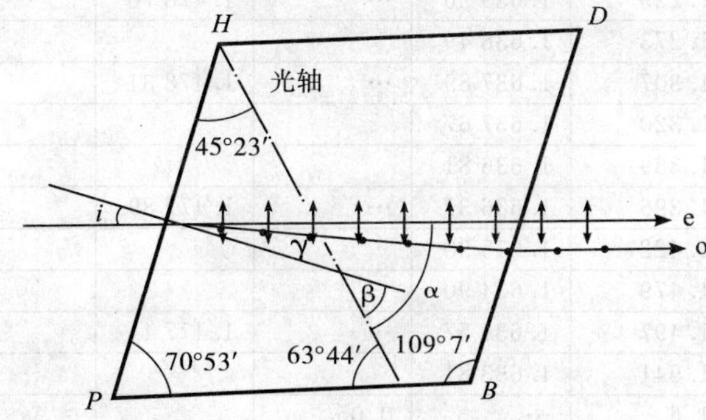

图 17-16　图 17-14 中的方解石菱面体的侧视图

图中指出了光轴的方向和主截面的角度。入射角为 i，折射角为 r，e 光线与光轴的夹角为 α，表面法线与光轴的夹角为 β。e 光线和 o 光线的振动方向分别在纸平面内和垂直于纸平面

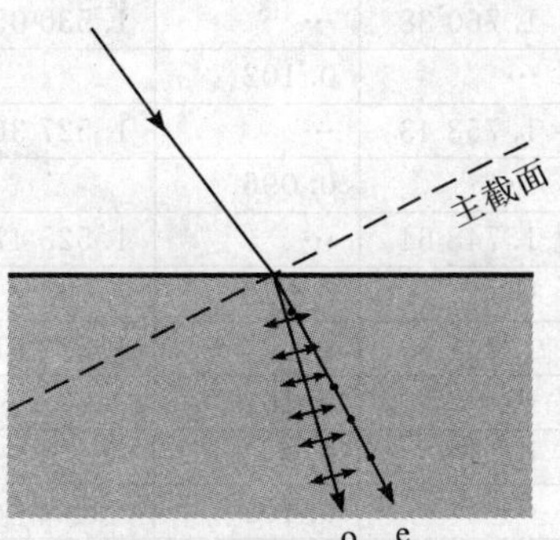

图 17-17　不在方解石菱面体主截面内的光线的折射

主截面是垂直于纸平面的平面；用点表示的光轴方向也垂直于纸面。o 光线和 e 光线的主平面都垂直于纸面，但它们相互之间以及与主截面之间有一夹角

表 17-4 方解石折射率和吸收系数①[31]

λ/μm	n_o	α_o	n_e	α_e ②	λ/μm	n_o	α_o	n_e	α_e ②
0.131 8	1.56	534 000	1.80	477 000	0.319 5	…	0.059		
0.135 5	1.48	473 000	1.84	380 000	0.327	…	0.028		
0.141 1	1.40	561 000	1.82	196 000	0.330	1.705 15	…	1.507 46	
0.144 7	1.48	669 000	1.80	87 000	0.335 5	…	0.028		
0.146 7	1.51	711 000	1.75	20 500	0.340	1.700 78	…	1.505 62	
0.147 8$_5$	1.54	722 000	1.75	17 000	0.345 0	…	0.017 0		
0.148 7	1.58	735 000	1.75	14 400	0.346	1.698 33	…	1.504 50	
0.149 5$_5$	1.62	714 000	1.75	12 600	0.356 5	…	0.011 2		
0.151 3	1.68	756 000	1.75	8 300	0.361	1.693 16	…	1.502 24	
0.151 8$_5$	1.72	753 000	1.74	10 700	0.368 5	…	0.005 6		
0.153 6	1.80	761 000	1.74	9 000	0.382 0	…	0.005 6		
0.154 4$_5$	1.87	748 000	1.74	6 500	0.394	1.683 74	…	1.498 10	
0.155 8$_5$	1.92	766 000	1.74	8 100	0.397	…	0.000		
0.158 1$_5$	2.02	715 000	1.73	11 100	0.410	1.680 14	…	1.496 40	
0.159 6	2.14	669 000	1.72	12 600	0.434	1.675 52	…	1.494 30	
0.160 8	2.20	594 000	1.70	13 300	0.441	1.674 23	…	1.493 73	
0.162 0	2.10	566 000	1.65	14 000	0.508	1.665 27	…	1.489 56	
0.163 3	2.00	608 000	1.65	10 800	0.533	1.662 77	…	1.488 41	
0.166 2	2.00	559 000	1.64	7 500	0.560	1.660 46	…	1.487 36	
0.170 0	1.94	414 000	1.63	4 400	0.589	1.658 35	…	1.486 40	
0.180 0	1.70	391 000	1.61	≤1 400	0.643	1.655 04	…	1.484 90	
0.190 0	1.72	278 000	1.59	≤321③	0.656	1.654 37	…	1.484 59	
0.198	…	…	1.577 96		0.670	1.653 67	…	1.484 26	
0.200	1.902 84	257 000	1.576 49	≤133	0.706	1.652 07	…	1.483 53	
0.204	1.882 42	…	1.570 81		0.768	1.649 74	…	1.482 59	
0.208	1.867 33	149 000	1.566 40		0.795	1.648 86	…	1.482 15	
0.211	1.856 92	…	1.563 27		0.801	1.648 69	…	1.482 16	
0.214	1.845 58	…	1.559 76	～0.1	0.833	1.647 72	…	1.481 76	
0.219	1.830 75	…	1.554 96		0.867	1.646 76	…	1.481 37	
0.226	1.813 09	…	1.549 21		0.905	1.645 78	…	1.480 98	
0.231	1.802 33	…	1.545 41		0.946	1.644 80	…	1.480 60	
0.242	1.781 11	…	1.537 82		0.991	1.643 80	…	1.480 22	
0.247 5	…	0.159④			1.042	1.642 76	…	1.479 85	
0.252 0	…	0.125			1.097	1.641 67	…	1.479 48	
0.256	…	0.109			1.159	1.640 51	…	1.479 10	
0.257	1.760 38	…	1.530 05		1.229	1.639 26	…	1.478 70	
0.260 5	…	0.102			1.273	1.638 49			
0.263	1.753 43	…	1.527 36		1.307	1.637 89	…	1.478 31	
0.265	…	0.096			1.320	1.637 67			
0.267	1.748 64	…	1.525 47		1.369	1.636 81			
0.270	…	0.096			1.396	1.636 37	…	1.477 89	
0.274	1.741 39	…	1.522 61		1.422	1.635 90			
0.275	…	0.102			1.479	1.634 90			
0.280 5	…	0.096			1.497	1.634 57	…	1.477 44	
0.286	…	0.102			1.541	1.633 81			
0.291	1.727 74	…	1.517 05		1.6	…	0.05		
0.291 8	…	0.109			1.609	1.632 61			
0.298 0	…	0.118			1.615	…	…	1.476 95	
0.303	1.719 59	…	1.513 65		1.682	1.631 27			
0.305	…	0.118			1.7	…	0.09		
0.312	1.714 25	0.096	1.511 40		1.749	…	…	1.476 38	

续表

λ /μm	n_o	α_o	n_e	α_e ②	λ /μm	n_o	α_o	n_e	α_e ②
1.761	1.629 74				2.4	…	2.3	…	0.09
1.8	…	0.16			2.5	…	2.7	…	0.14
1.849	1.628 00				2.6	…	2.5	…	0.07
1.9	…	0.23			2.7	…	2.3	…	0.00
1.909	…	…	1.475 73		2.8	…	2.3	…	0.09
1.946	1.626 02				2.9	…	2.8	…	0.18
2.0	…	0.37			3.0	…	4.0	…	0.28
2.053	1.623 72				3.1	…	6.7	…	0.46
2.100	…	0.62	1.474 9	0.02	3.2	…	10.6	…	0.69
2.172	1.620 99		…		3.3	…	15.0	…	0.92
2.2	…	1.1	…	0.05	3.324	…	…	1.473 92	
2.3	…	1.7	…	0.07	3.4	…	19.0	…	1.2

① n_o 和 n_e 分别是寻常光线的和非常光线的折射率，相应的吸收系数为 $\alpha_o = 4\pi k_o/\lambda\ \mathrm{cm}^{-1}$ 和 $\alpha_e = 4\pi k_e/\lambda\ \mathrm{cm}^{-1}$，其中 λ 的单位是 cm。② α_o 和 α_e 是由报道的 k_o 和 k_e 值计算的。③ α_e 是由非常光线的光密度计算的。④ α_o 是假定 $\alpha_e = 0$ 计算的。

表 17-4 中给出了方解石的 n_o 和 n_e 以及两个吸收系数 α_o 和 α_e 作为波长的函数的值。因为在紫外、可见和红外区域 $n_e < n_o$，所以方解石是负单轴晶体。然而在比真空紫外 152 nm 更短的波长，双折射 $n_e - n_o$ 变为正的，和理论的判断一致。方解石对于非常光线的透明区域约为 0.214～3.3 μm，但对寻常光线的透明区域大约是 0.23～2.2 μm。方解石中寻常光线的传播方向和折射直接由斯涅尔定律确定。对于非常光线的计算要复杂得多。在光轴与入射面成直角的特殊情况下（见图 17-17），除了折射率是 n_e 而不是 n 以外，非常光线也遵从斯涅尔定律。在其他情况下，波阵面的法线与光线方向，即与由玻印廷矢量给出的波传播的方向不再重合。

如果 e 光线的主平面与主截面重合（图 17-16），则波法线（而不是 e 光线）遵从斯涅尔定律，只不过这个波的折射率 n_φ 由下式给出[8]：

$$\frac{1}{n_\varphi^{\ 2}} = \frac{\sin^2\varphi}{n_e^{\ 2}} + \frac{\cos^2\varphi}{n_o^{\ 2}} \tag{17-100}$$

式中，φ 是波法线方向与光轴之间的夹角（$\varphi \leqslant 90°$）。当 $\varphi = 0°$ 时，$n_\varphi = n_o$；当 $\varphi = 90°$ 时，$n_\varphi = n_e$。波法线的折射角是 $\varphi - \beta$，其中 β 是分界面的法线与光轴之间的夹角。对非常光线波法线的斯涅尔定律变为

$$n \sin i = \frac{n_e n_o \sin(\varphi - \beta)}{(n_o^{\ 2}\sin^2\varphi + n_e^{\ 2}\cos^2\varphi)^{1/2}} \tag{17-101}$$

式中，i 是光在折射率为 n 的媒介中的入射角。因为这个方程中的其他量都已知，φ 是唯一要确定的量，但往往要用迭代法求解。一旦 φ 知道了，则非常光的折射角 r 可用如下的方法来确定：设 α 是光线与光轴之间的夹角（$\alpha \leqslant 90°$），则 $r = \alpha - \beta$，并且

$$\tan\alpha = \frac{n_o^{\ 2}}{n_e^{\ 2}}\tan\varphi \tag{17-102}$$

虽然非常光的折射率决定光束经过棱镜的路径，但当计算 e 光线在棱镜分界面上的反射损失时，在菲涅耳方程中必须用波法线的折射角 $\varphi - \beta$。

当光轴平行于分界面，并且在入射面内的特殊情况时，α 和 φ 分别是光线的折射角和波法线的折射角的余角。如果光是垂直入射到分界面上，则 φ 和 α 都是 90°，且非常光线不偏斜，其折射率具有最小值 n_e。在光轴不平行于分界面的其他情况，甚至于是垂直入射，非常光线也要折射。

如果入射面既不在主截面内又不垂直于光轴，则确定非常光线的折射角比较困难。在这种情况下，惠更斯（Huygens）作图法是有帮助的。

二、起偏棱镜的类型及其定义

为了用方解石制成起偏棱镜，必须知道分开两个偏振光束的方法。在方解石吸收的波长区域（因而只能

用厚度极小的方解石),可用很薄的方解石光劈来分开光束,方解石光劈的光轴平行于劈面,这样 e 光束和 o 光束能分开得最大。入射光束被限制在一狭窄的锥角内。这种类型的方解石起偏器能用于短到 190 nm 的波长。在对光通过方解石的厚度要求不是这样苛刻的波长区域,通常采用更好的设计。这样的棱镜可分为两个主要类别:常规起偏棱镜和起偏分束棱镜。此外还有第三类:福斯纳(Feussner)棱镜。

在常规起偏棱镜中,只有一个方向的偏振光透过。这种棱镜是将一块棱镜切割为两半并胶合在一起而成的,它使另一光束在切割面发生全反射。这个光束通常偏斜到一边,被含有灯烟的敷层所吸收。因为通常偏斜的是具有较高折射率的寻常光线,所以灯烟常混合在高折射率的粘合剂,如混合在芦荟树脂($n_D = 1.634$)或妥鲁香胶($n_D = 1.628$)中,这样反射能减至最小。当使用大功率激光器时,不用敷层,以避免棱镜过热,让光在外部被吸收。

常规起偏棱镜分为以下两类:格兰(Glan)型和尼科耳(Nicol)型,如图 17-18 所示。格兰型棱镜的光轴在入射端面的平面内。如果主截面平行于切割面,那么该棱镜就是格兰-汤普森(Thompson)型(有时叫做格拉-斯布鲁克型)棱镜;如果主截面垂直于切割面,就是利皮什(Lippich)型棱镜;如果主截面与切割面成 45°,就是夫兰克-里特(Frank-Ritter)型棱镜。在包括各种尼科耳设计和哈特纳克-普拉斯莫斯基(Hartnack-Parazmoski)设计的尼科耳型棱镜中,主截面垂直于入射端面,但光轴既不平行于也不垂直于端面。

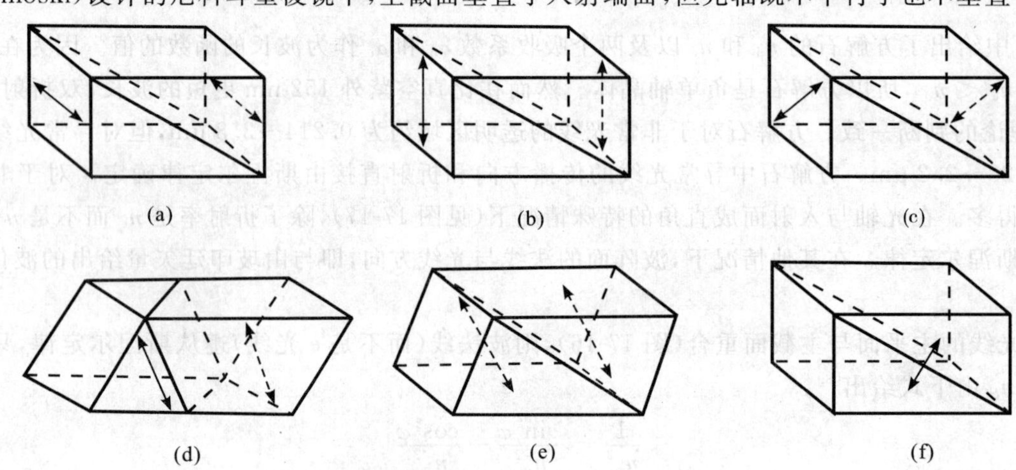

图 17-18 常规起偏棱镜的类型

格兰型:(a)格兰-汤普森,(b)利皮什,(c)夫兰克-里特;尼科耳型:(d)常规尼科耳,(e)尼科耳-哈尔,(f)哈特纳克-普拉斯莫斯基。光轴用虚线箭头表示

空气间隔棱镜比胶合棱镜能用在更短的波长。一些空气间隔棱镜有特殊的名称。空气间隔格兰-汤普森棱镜叫做格兰-傅科(Foucault)棱镜,空气间隔利皮什棱镜叫做格兰-泰勒(Taylor)棱镜,一般都把它们叫做格兰棱镜。空气间隔尼科耳棱镜叫做傅科棱镜。也可以制成双棱镜,以增大棱镜的孔径,而不必相应地增加长度。大多数双棱镜叫做双夫兰克-里特棱镜,但双格兰-汤普森棱镜叫做阿伦斯(Ahrens)棱镜。

在起偏分束棱镜中,两个光束是在互成直角的两个方向偏振,并在空间中分开射出。这种棱镜通常用于当两个光束都需要的时候,例如用于干涉实验,但是也可用于只需要一个光束的时候。这种棱镜也有两种(如图 17-19 所示)类型:一种是棱镜的两个部分的光轴互相垂直,一种是光轴相互平行。第一类型的棱镜包括罗雄(Rochon)棱镜、塞拿蒙(Sénarmont)棱镜、渥拉斯顿(Wollaston)棱镜、双罗雄棱镜和双塞拿蒙棱镜。第二类型的棱镜与常规起偏棱镜相似,但其形状通常作了修改,以使两个光束沿着特别的方向。例如福斯特(Foster)棱镜、分束格兰-汤普森棱镜和分束阿伦斯棱镜。

图 17-20 中所示的福斯纳型棱镜由各向同性材料制成,并用双折射的膜片将它隔开。如膜片是负单轴材料,则是寻常光而不是非常光透过。这种棱镜的好处是所需的双折射材料比其他类型的起偏棱镜所需的双折射材料少得多,但是若用方解石或硝酸钠,则波长范围受到很大的限制,因为非常光比寻常光透射的波长范围更宽。

能够穿透棱镜或其他光学元件的光通量的大小取决于它们的角孔径和横截面积。穿透的光通量越大,则系统的聚光本领越好。如果光瞳或物被放大,则光束的会聚角反比于像的增大。因而棱镜的最大聚光本

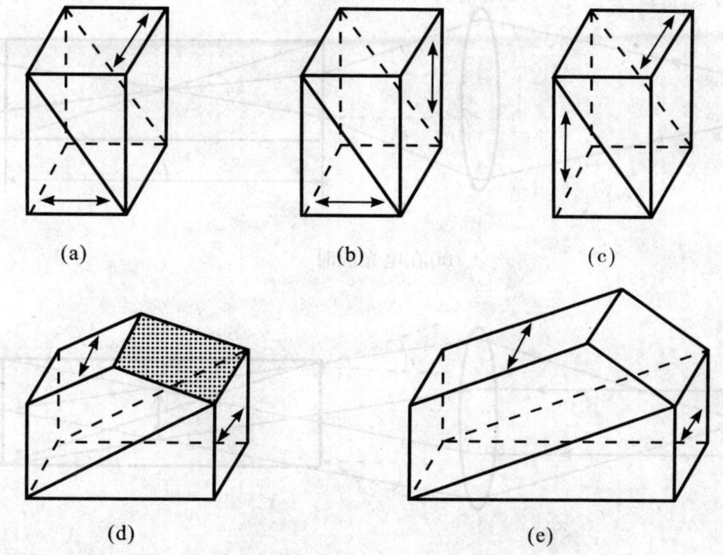

图 17-19　起偏分束棱镜的类型

(a)罗雄棱镜；(b)塞拿蒙棱镜；(c)渥拉斯顿棱镜；(d)福斯特棱镜(阴影面镀银)；(e)分束格兰-汤普森棱镜。在各种情况下光都是从左端面射入

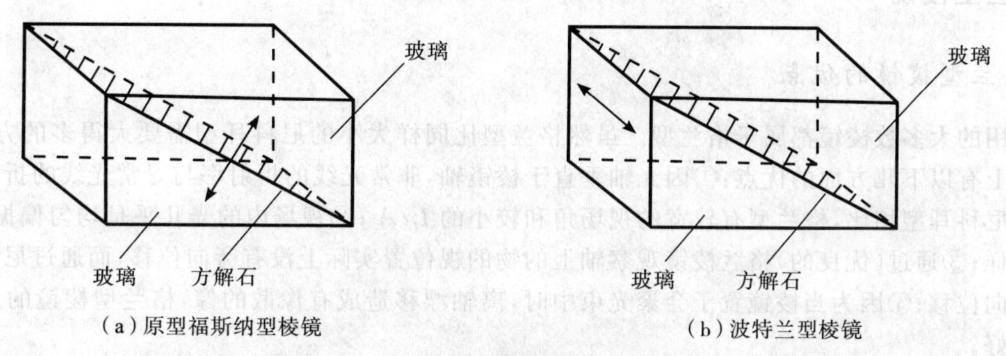

图 17-20　福斯纳型棱镜

箭头表示方解石(或其他双折射材料)中光轴的取向

领正比于棱镜的接受立体角与垂直于棱镜轴的横截面积的乘积。所以，具有 8°视场角的大格兰-泰勒棱镜，如果采用适当的放大率，则其聚光本领与角孔径和有效孔径(净孔径)都应尽可能地大(有效孔径是棱镜所能包含的垂直于棱镜轴的最大圆的直径)。

对于一个棱镜，其参数通常是它的有效孔径、视场角和长度/孔径比(L/A)。半视场角定义为：当棱镜绕其轴旋转时，能够穿透棱镜并保持完全偏振的光线与棱镜轴所夹的最大角度。视场角正好是半视场角的 2 倍(有些制造厂对其生产的对于棱镜不对称的起偏棱镜引用“视场角”一词，因此在大多数情况下不用这个术语)。长度/孔径比(L/A)是棱镜底面的长度(平行于棱镜轴)与垂直于棱镜底面量得的棱镜最小线度之比，因而方形端面棱镜的 L/A 比是棱镜的长度比。

在确定通过棱镜的光束所能具有的最大角发散时，棱镜的视场角和 L/A 都必须加以考虑。如图 17-21(a)所示，如果点光源的像聚焦在棱镜中心，光束的限制角发散度要由棱镜的视场角 $2i$ 决定。然而，如果是扩展光源在棱镜中心聚焦，则限制角发散度要由 L/A 决定，而不是由视场角决定。

起偏棱镜的视场角强烈依赖于波长。例如，格兰棱镜在 0.4 μm 有 8°的视场角，而在 2 μm 只有 2°的视场角(见图 17-21)。在设计应用起偏棱镜的光学系统时，设计者必须考虑到视场角的这种变化。如果不考虑这种变化而用这样的系统进行测量，则会发生严重的系统误差。

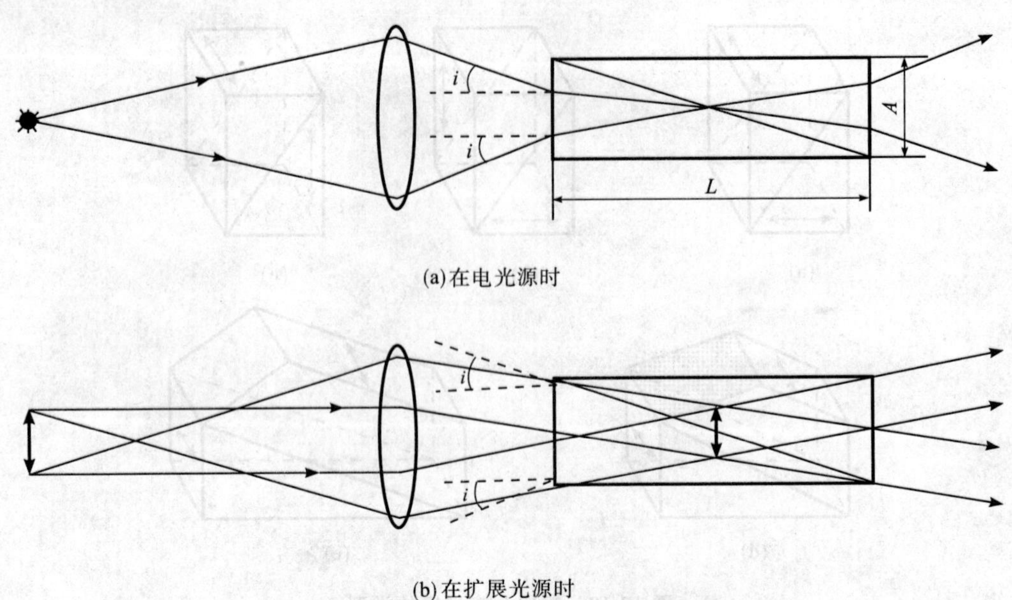

(a)在电光源时

(b)在扩展光源时

图 17-21　棱镜起偏器的视场角和长度/孔径比对于光束的最大角发散的影响

视场角为 $2i$，$L/A=3$。为了明显起见，对视场角加以夸张

三、格兰型棱镜

(一)格兰型棱镜的优点

现在所用的大多数棱镜都属于格兰型。虽然格兰型比同样大小的尼科耳型需要大得多的方解石，但格兰型在光学上有以下几方面的优点：①因光轴垂直于棱镜轴，非常光线的折射率与寻常光线的折射率之差最大。所以和尼科耳型相比，格兰型有较宽的视场角和较小的 L/A；②视场内的光几乎是均匀偏振的，而尼科耳型不是这样；③通过(优良的)格兰棱镜观察轴上的物的视位置实际上没有旁向位移，而通过尼科耳型棱镜观察则有旁向位移；④因为当棱镜置于会聚光束中时，离轴漂移造成有像散的像，格兰型棱镜的成像质量比尼科耳型略好。

另外两个常提到的格兰型棱镜超过尼科耳型棱镜的优点看来是错误的。一个"优点"是尼科耳型棱镜的斜端面的反射损失大于格兰型棱镜的方形端面的反射损失。因为非常光线在入射面内振动，也就是在 p 方向振动，所以把入射角向起偏角增大应当减小反射损失。然而在尼科耳棱镜中非常光线折射率较大(格兰型棱镜有最小的非常折射率)，所以在两种类型的棱镜中反射损失实际上几乎相等。格兰型棱镜的第二个不正确的"优点"是尼科耳型的斜端面会导致椭圆偏振。这个广为流传的观念，可能是由于在会聚光中尼科耳型起偏器中的视场不是均匀偏振面引起的，这个效应会被认为是椭圆性。有可能由于某些光学抛光技术在方解石棱镜的表面层中造成应变双折射，从而在透射光中产生椭圆性，但是没有理由说尼科耳型棱镜受到的影响比格兰型棱镜更大。

(二)格兰-汤普森型棱镜

1. 格兰-汤普森型棱镜的结构和消光比

格兰-汤普森型棱镜可以是胶合的或者是空气间隔的。如上所述，空气间隔的格兰-汤普森型棱镜叫做格兰-傅科棱镜，或简称为格兰棱镜，所以格兰-汤普森棱镜就意味着是胶合的。然而胶合棱镜和空气间隔棱镜都有同样的基本设计。胶合棱镜对大多数的应用来说是光学上较好的设计，并且也是现今应用中最普遍的棱镜型式。格兰在 1880 年描述了一种空气间隔的"格兰-汤普森型"棱镜，汤普森在 1881 年绘制了一种胶合的形式，并在 1882 年把它修改成现在的方形端面设计。格兰-汤普森型棱镜是平行于光轴切割的，光轴或者平行于两边，如图 17-18(a)和 17-22(a)所示，或者沿着对角线，如图 17-22(b)所示。端面总是垂直于棱镜轴并包含光轴。

一个好的格兰-汤普森棱镜能达到的消光比等于或者超过任何其他起偏器。虽然已有报道，对于经过挑选的小孔径棱镜，其消光比的值高达 3.3×10^{-8}，但可指望得到的消光比为 $1\times10^{-6}\sim5\times10^{-5}$。少量剩余主要是由方解石中的缺陷或由棱镜面的散射产生的退偏振所造成的，当然光轴不是严格地在端平面内，或者棱镜两个半块中的光轴不精确平行，消光比也要减低。消光比还强烈地依赖于棱镜的入射端面，当棱镜两端颠倒时消光比可变化 6 倍。

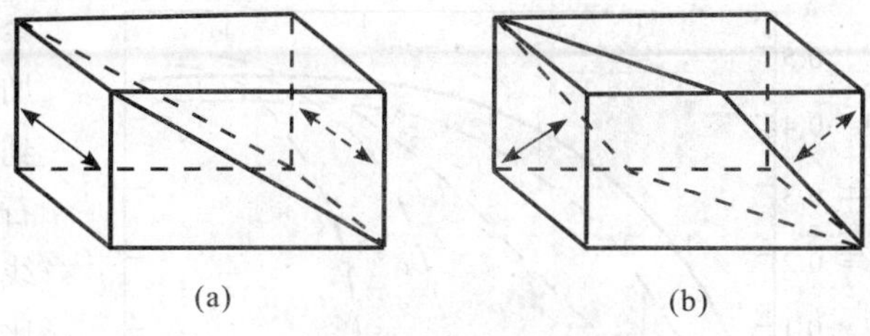

图 17-22　格兰-汤普森棱镜的切割法

(a)平行于两边切割；(b)沿着晶体的对角线切割。在这两种情况中，光轴(用双箭头表示)都是在端平面内，而且切割是平行于光轴的

当测量消光比时，最重要的是在分界面上内反射，并在涂黑的棱镜边上被吸收或被散射的不需要的寻常光一点也不要落到探测器上。金(King)和塔利姆(Talim)发现[32]，为消除 o 光线的散射光，他们不得不使用两个直径为 4 mm 的孔，并使光电倍增探测器与棱镜相距 80 mm，没有限制孔且相距 20 mm 时，他们测得的消光比误差可达 80 倍。

棱镜的视场角依赖于两半块之间的胶合剂，也依赖于由比值 L/A 决定的切割角。视场角的计算见本节后面的讨论。用格兰-汤普森棱镜可以得到很大的视场角。例如，如果 L/A 等于 4，则视场角约为 42°。不过通常使用较小的 L/A。最普通的胶合棱镜类型是 L/A 为 3、视场角为 26° 的长方形和 L/A 为 2.5、视场角为 15° 的短形。

2. 格兰-汤普森型棱镜的透射

在图 17-23 中对典型的格兰-汤普森棱镜的透射曲线与格兰-泰勒棱镜和尼科耳棱镜的透射曲线作了比较。格兰-汤普森棱镜在大部分波长范围是优越的，但在近紫外它的透射率就降低了，主要原因是胶合剂开始吸收。使用紫外透明的胶合剂，它的可用透射范围可以扩展到约 250 nm。高纯甘油、矿物油、蓖麻油和 DC－200 硅油由于具有高黏滞性，而不像轻油那样易渗出，已被用作紫外胶合剂，其中包括右旋糖、葡萄糖和格达明胶(溶于丁醇的脲甲醛树脂)。1 mm 厚的几种这类材料的透射曲线和加拿大树脂胶的透射曲线，被表示在图 17-24 中，加拿大树脂胶是以前广泛用于可见区域的起偏棱镜的胶合剂。格达明胶是最好的紫外透明胶合剂之一，其折射率 $n_D=1.465$，并符合色散关系式：$n=1.464+\dfrac{0.0048}{\lambda^2}$，式中，波长 λ 的单位是μm。

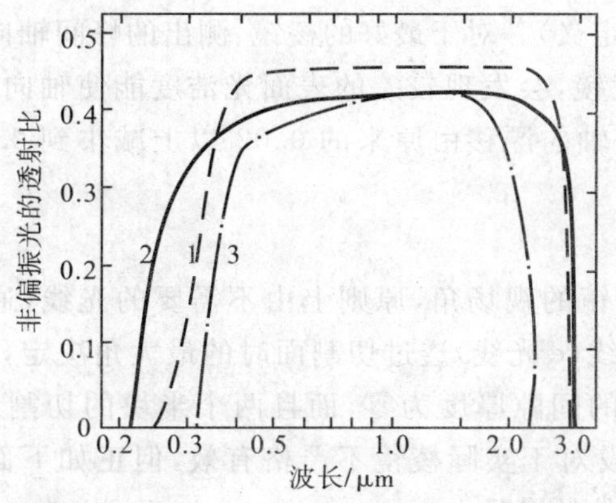

图 17-23　典型起偏棱镜的透射比曲线

1. 格兰-汤普森棱镜；2. 格兰-泰勒棱镜；3. 尼科耳棱镜(迈克耳逊实验室德克尔测量)。在可见和近红外区格兰-汤普森棱镜具有最好的透光本领。在近紫外区格兰-汤普森棱镜仍较好，因为格兰-泰勒棱镜有非常小的视场角，切断了大部分入射光束

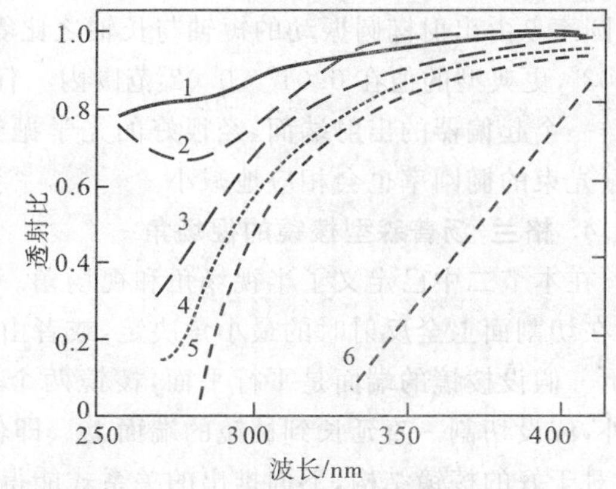

图 17-24　1 mm 厚的各种胶合剂的透射比曲线

1. 结晶葡萄糖；2. 甘油；3. 格达明胶(溶于丁醇的脲甲醛树脂)；4. 罗德帕斯 N60A(溶于酒精的聚乙烯醋酸酯)；5. 脲甲醛；6. 加拿大树脂胶。这些材料的透射比在更长的波长也相当令人满意

图 17-25 表示 L/A 为 2.5 和 3 的格兰-汤普森棱镜的紫外透射曲线，这种棱镜很可能是用一种低折射率

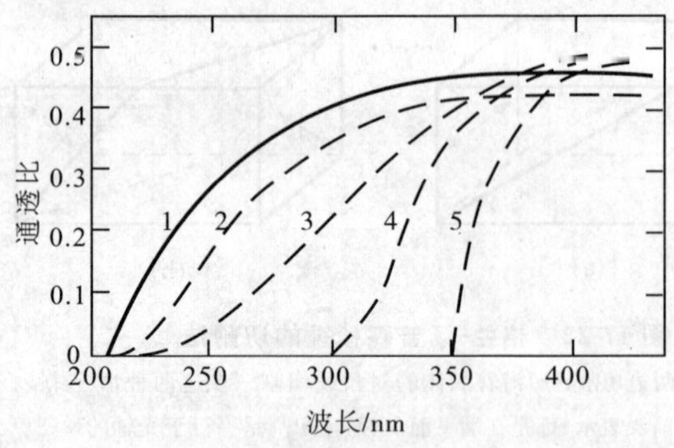

图 17-25　各种格兰-汤普森棱镜和空气间隔棱镜的紫外透射比曲线

1. 格兰-泰勒棱镜(空气间隔利皮什型棱镜)；2. 格兰-傅科棱镜(空气间隔格兰-汤普森棱镜)；3. 用 DC-200 硅油胶合的 L/A 为 2 的格兰-汤普森棱镜；4. 可能是用甲基丙烯酸正丁酯胶合的 L/A 为 2.5 的格兰-汤普森棱镜；5. 与 4 相似，但为 $L/A=3$ 的格兰-汤普森棱镜

聚合物甲基丙烯酸正丁酯胶合的，这种聚合物基本上已代替加拿大树脂胶。用 DC－200 硅油胶合的格兰-汤普森棱镜得到较好的紫外透射。空气间隔棱镜在紫外区域可用到方解石开始强烈吸收的将近 214 nm 处。两个这种棱镜的透射曲线如图 17-25 所示。格兰-泰勒棱镜(空气间隔利皮什棱镜)比格兰-傅科棱镜的两个半块之间发生更多次反射，从而降低了透射，但在格兰-泰勒设计中基本上不是这样。

虽然典型的格兰-汤普森棱镜的红外透射极限大约为 2.7 μm，但已用到 3 μm。2.5 cm 长的格兰-汤普森棱镜应用于 4.4～4.9 μm 区域。

3. 格兰-汤普森型棱镜的缺点

虽然在原则上当格兰-汤普森棱镜起偏器转动时，轴向光束不应当移动，但在实际上难以把棱镜制作成不发生这种移动。这种缺点叫做扭曲(squirm)，当棱镜的两个半块中光轴不完全平行时会产生这种缺点。另外，如果两个棱镜面不平行，则轴向光线要偏离轴线。对于一个好的格兰-汤普森棱镜来说，3′的剩余偏差是正常的容限；特级棱镜能达到 1′或更小的偏差。

值得提出的是，即使用很好的格兰-汤普森棱镜，当把棱镜转动 180°时，透射比不一定相同。这种反常现象的一个原因，是在入射视场角和出射视场角之外有附加光存在。甚至在视场角以外没有附加光时，这个效应仍然存在。所以，如果在光度学应用中使用这种棱镜，则在棱镜的各种角度安置下，应把棱镜旋转 180°加以校正。

除消光比以外，还有两个限制起偏器特性的因素，就是轴向漂移(即在起偏器孔径范围内透射光束的方位角的变化)和出射偏振光束的椭圆率。在测量偏振时，与光度学相反，这两个因素可能比消光比更重要。虽然椭圆率对消光比的测量所起的作用可能很小，但它的效应可由其他部分的剩余双折射而加强，并在精密测偏振术导致显著误差。轴向漂移和椭圆率都是由构成棱镜的第二个半块的材料缺陷造成的。椭圆率因胶合层和棱镜的实际装配中的应变而增大。金(King)和塔利姆(Talim)[33]发现，对于同一棱镜，整个棱镜孔径的椭圆率和轴向漂移的大小近似。最好的棱镜具有小于 0.005°的椭圆率，典型的最大值为 0.01°～0.04°(椭圆率 θ 由出射椭圆振动的短轴与长轴之比等于 $\tan\theta$ 定义)。对于最好的棱镜，测出的峰间轴向漂移只有 0.003°，更典型的值在 0.01°～0.02°范围内。仔细观察棱镜，会发现较差的表面光洁度能使轴向漂移增大。这样一个起偏器的出射端面，经很好的光学抛光以后，使轴向漂移由原来的 0.02°以上减小到 0.005°以下，偏振光束的椭圆率也会相应地减小。

4. 格兰-汤普森型棱镜的视场角

在本节二中已定义了半视场角和视场角。格兰型棱镜的视场角，原则上由不需要的光线(通常是 o 光线)在切割面上全反射时的最小角决定，或者由需要的光线(e 光线)透过切割面时的最大角决定，如图 17-26 所示。假设棱镜的端面是平行平面，棱镜两个半块之间的间隙厚度为零，而且两个半块的切割角 S 相同。此外，假设切割一直延长到棱镜的端面上。即使这些假设对于实际棱镜不严格有效，但正如下面将要讨论的，对于好的棱镜结构，下面推出的关系式能得到令人意外的满足。

为了使寻常光线在切割面上全内反射，图 17-26 中光线 A 在切割面上的入射角 i_2 必须大于由下式所决定的值：

$$\sin i_2 = \frac{n_2}{n_o} \tag{17-103}$$

i_2 的最小值对应于光线 A 在空气-方解石分界面上的入射角 i_1 的最大值，此最大值由下式给出：

$$n_1 \sin (i_1)_{\max} = (n_o^2 - n_2^2)^{1/2} \cos S - n_2 \sin S \tag{17-104}$$

式中，S 是切割面和棱镜的底面构成的锐角。由斯涅尔定律和等式(见图 17-26)

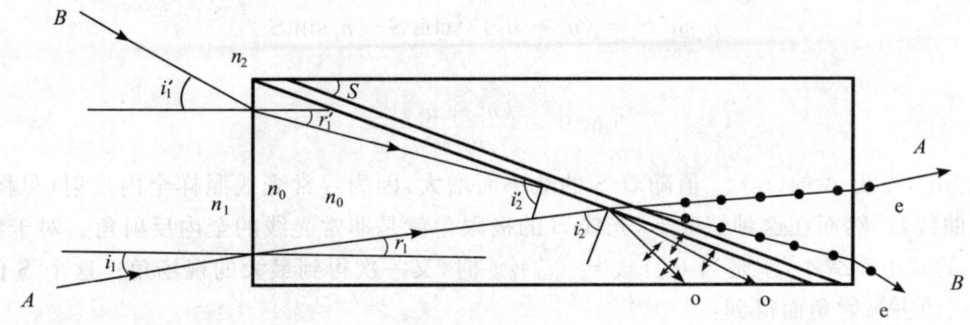

图 17-26　各种格兰-汤普森棱镜视场角的确定

棱镜的 $L/A=3$，光轴垂直于入射面，即垂直于纸面，入射媒质的折射率为 n_1。寻常光线的折射率为 n_o，非常光线的折射率最小值为 n_e，而且 o 光线和 e 光线都遵守斯涅尔定律；胶合剂的折射率是 n_2。光线 A 是以 i_1 角入射到起偏器上，以致在切割面上的 i_2 角是使 o 光线发生全内反射的最小角。光线 B 是以 i_1' 角入射，以致折射角 r_1' 实质上等于 S，从而 e 光线刚好透过切割面。视场角是 i_1 和 i_1' 中的较小者的 2 倍

$$r_1+S+i_2=90° \tag{17-105}$$

得到的(17-104)式，可以用来计算半视场角，超过半视场角的寻常光线不再发生全内反射。

在计算非常光线不能透过的角度范围时，有以下两种情况：①当 $n_2\geqslant n_e$ 时，不发生全内反射；②当 $n_2<n_e$ 时，对 e 光线有一临界角。对第一种情况，极限角假设是一个这样的角，对它来说光线 B 的折射角 r_1' 等于 S，因此折射的 e 光线平行于切割面行进①。于是有

$$\frac{\sin(i_1')_{\max}}{\sin S}=\frac{n_e}{n_1} \tag{17-106}$$

在第二种情况，e 光线的临界角 i' 可由(17-104)式用 $-i_1'$ 代替 i_1 和用 n_e 代替 n_o 来计算：

$$n_1\sin(i_1')_{\max}=n_2\sin S-(n_e^2-n_2^2)^{1/2}\cos S \tag{17-107}$$

半视场角是由(17-104)式和(17-106)式或(17-107)式确定的 i_1 和 i_1' 中较小的值。

对于胶合的格兰-汤普森棱镜，我们能够用以下方法确定可能的最大视场角：如果 $n_2\geqslant n_e$，A 光线的 $(i_1)_{\max}$ 值随着 S 的减小(即 L/A 增大)而增加，但 B 光线的 $(i_1')_{\max}$ 随着 S 的减小而减小。这种关系如图 17-27(a)中 $n_2=1.540$ 的曲线所示。最大的视场角在 $(i_1)_{\max}=(i'_1)_{\max}$ 时获得，相应的 S 值可由(17-104)式和(17-107)式消去入射角得到：

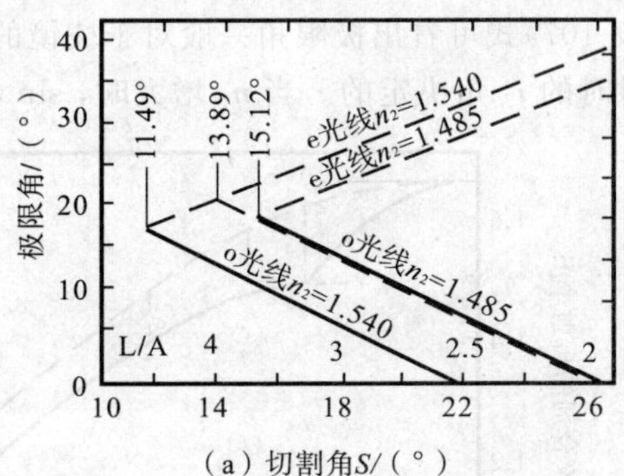

(a) 切割角S/(°)

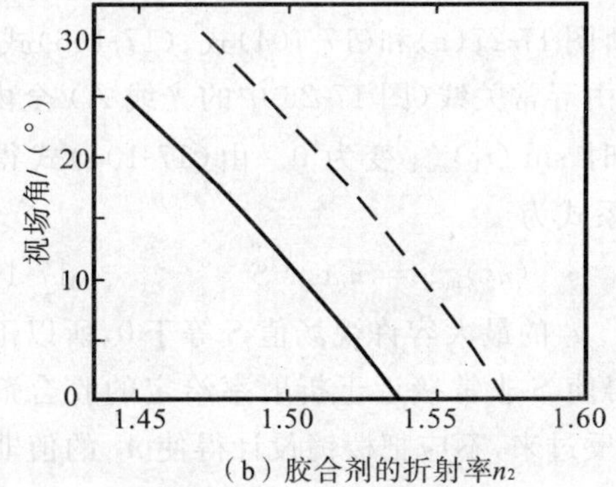

(b) 胶合剂的折射率n_2

图 17-27　格兰-汤普森棱镜的视场角曲线

(a)对两种普通的胶合剂($n_2=1.540$ 的加拿大树脂胶和 $n_2=1.485$ 的甲基丙烯酸正丁酯聚合物，波长 589.3 nm)，由(17-104)式、(17-106)式和(17-107)式算出的作为切割角 S 的函数的极限角 $(i_1)_{\max}$ 和 $(i'_1)_{\max}$($n_o=1.658\,35$，$n_e=1.486\,40$)。在两种情况下，与半视场角对应的是较低的实线。虚线是 $n_2=n_e$ 时的曲线，它在 $S=13.89°$ 时给出最大可能的半视场角。两种胶合剂的曲线上标明了与最大半视场角对应的 S 值，它们分别由(17-109)式和(17-111)式算出。当 S 达到(17-112)式所给定的值时，o 光线的极限角为零。(b) $L/A=3.0$(长画线)和 $L/A=2.5$(实线)的格兰-汤普森棱镜的视场角随胶合剂的折射率而变化的关系曲线。n_2 的容许值表示在图 17-28 中

① 这种假设仅仅是为了数学上的方便。在实际的棱镜中，这个极限光线要受棱镜的几何形状的影响，但这一角度与 $(i_1')_{\max}$ 只差一个很小的量。

$$n_e \sin S = (n_o^2 - n_2^2)^{1/2} \cos S - n_2 \sin S \tag{17-108}$$

或

$$\tan S = \frac{(n_o^2 - n_2^2)^{1/2}}{n_e + n_2} \tag{17-109}$$

如果 $n_2 < n_e$，光线 A 的$(i_1)_{max}$ 值随着 S 的减小而增大，因为寻常光线照样全内反射（见图 17-27(a)中 $n_2 = 1.485$ 的曲线）。然而在这种情况下，光线 B 的极限角就是非常光线的全内反射角。对于给定的 n_2 值，$(i'_1)_{max}$ 随着 S 的减小而减小，于是当 $(i_1)_{max} = (i'_1)_{max}$ 时，又一次得到最大的视场角。这个 S 值由(17-104)式和(17-107)式消去入射角而得到：

$$(n_o^2 - n_2^2)^{1/2} \cos S - n_2 \sin S = -(n_e^2 - n_2^2)^{1/2} \cos S + n_2 \sin S \tag{17-110}$$

或

$$\tan S = \frac{(n_o^2 - n_2^2)^{1/2} + (n_e^2 - n_2^2)^{1/2}}{2n_2} \tag{17-111}$$

当(17-109)式和(17-111)式化为相同的形式时，即当 $n_2 = n_e$ 时，视场角最大。在波长为 589.3 nm 时，从这些式子得出 $S = 13.89°$，L/A 等于 $1/(\tan S) = 4.04$。由(17-104)式和(17-106)式得到半视场角的最大值等于 20.91°，即方解石格兰-汤普森棱镜在此波长的视场角为 41.82°。福斯纳推断，这种构形给出了任何单一的格兰型或尼科耳型棱镜设计所可能得到的最大视场角。然而，在双棱镜中能超过这个视场角。

当 $n_2 = n_e$ 时，极限角与切割角的关系曲线如图 17-27(a)中的短画线所示。这条曲线紧挨着 $n_2 = 1.485$ 时的 o 光线的极限曲线和 $n_2 = 1.540$ 时的 e 光线的极限曲线。令人惊奇的是，这些曲线形成两族非常近似的平行直线，虽然它们计算的方程全是超越方程。

图 17-27(b)表示的是两个普通格兰-汤普森棱镜的与 n_2 的容许值对应的视场角。这个图清楚地说明：① L/A 值不变，由寻常光线决定的视场角随着 n_2 的减小而增大，因此，当采用折射率最小的胶合剂时，可得到最大的视场角。胶合剂的最小折射率由当 o 光线与 e 光线的极限角相等时切割角的适当关系式计算（见(17-111)式、(17-110)式和图 17-28）；② n_2 值不变，视场角随 L/A 的增大而增大。如上所述，对于 $L/A = 4.04$ 和 $n_2 = n_e$，得到了最大可能的视场角。

胶合剂的容许折射率与 S 之间的关系如图 17-28 所示。图中 $L/A = 4$ 的左边的较低实线，给出了当 $n_2 \geqslant n_e$ 时 n_2 的最小值，这些值是由(17-109)式算出的。$L/A = 4$ 的右边的较低的实线，给出了当 $n_2 < n_e$ 时 n_2 的最小值，这些值是由(17-110)式算出的。还有由上方的虚线表示的 n_2 的最大容许值，这些值如下所述与 S 有关。由图 17-27(a)和(17-104)式、(17-106)式和(17-107)式可看出极限角一般对于棱镜的纵向轴是不对称的，而是由寻常关线（图 17-26 中的光线 A）全内反射时的 i_2 角决定的。当 n_2 增大时，$\sin(i_1)_{max}$ 减小，在某一 n_2 值时 $\sin(i_1)_{max}$ 变为 0。由(17-104)式得到 $(n_2)_{max}$ 的关系式为

$$(n_2)_{max} = n_o \cos S \tag{17-112}$$

因为对于 n_2 的最大容许视场值 S 等于 0，所以不应把棱镜设计得使 S 非常接近于折射率给定的胶合剂的极限值，或者反过来，不应把棱镜设计得使 n_2 的值非常接近于切割角给定的棱镜的极大值，除非棱镜用于非常平行的光源。总之，对于给定 L/A 的棱镜，n_2 只能在一个非常有限的范围内取值，如图 17-28 中垂直的虚线以及图17-27(b)中的实线和虚线所示。

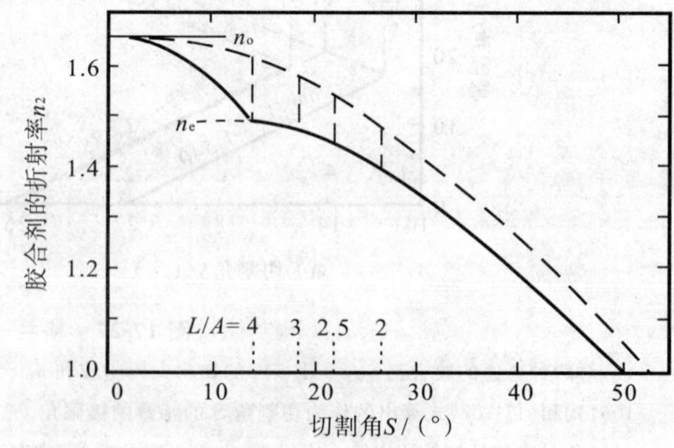

图 17-28 胶合剂的折射率与切割角的关系

格兰-汤普森棱镜（在 589.3 nm 的 $n_0 = 1.658\,35$，$n_e = 1.486\,40$）胶合剂的折射率 n_2 的容许值范围是 S 的函数，最大值（虚线）由(17-112)式计算，最小值（实线）当 $n_2 < n_e$ 时由(17-111)式计算，当 $n_2 \geqslant n_e$ 时由(17-109)式计算，和胶合剂的折射率容许值一起，还标明了格兰-汤普森棱镜的几种常用的 L/A

加拿大树脂胶是应用于方解石起偏棱镜的传统胶合剂，它的折射率对 589.3 nm 的波长一般在 1.534 和 1.540 之间。它能用于 $L/A = 3.0$ 的棱镜，但视场角只有约 12°；如果 $L/A = 2.5$，则它根本不能用。折射率较小的胶合剂可能制成视场角更大的棱镜。$n_D = 1.485$

的亚麻仁油使 $L/A=3.0$ 的棱镜的视场角增大到 26.7°，使 $L/A=2.5$ 的棱镜的视场角增大到 15.4°。然而，亚麻仁油容易渗出，它已由永久性的胶合剂甲基丙烯酸正丁酯所代替。这种永久性胶合剂当为单体时折射率是 1.426，当为完全聚合物时折射率是 1.485，这点和亚麻仁油一样。这种胶合剂的缺点是聚合时会产生永久性的应变。另一种解决的办法是在棱镜的两个半块之间用加拿大树脂胶胶合一个低折射率的玻璃板。在采用甲基丙烯酸正丁酯以前，由伯特兰首先提出的这种技术被 Hilger-Watts 公司广泛使用[33]。

如果使用的胶合剂的折射率比甲基丙烯酸正丁酯的折射率更低，则视场角会变得更大。例如，如果 $L/A=2.5$，而且胶合剂的 $n_D=1.445$，则视场角约为 25°，这个角度接近于 $L/A=3.0$、胶合剂 $n_D=1.485$ 的棱镜的视场。然而，这时接近于非常光线的全内反射角(见图 17-28)，由于这个原因，视场角受到限制。

所有上面所说的具体视场角只用于钠 D 线的平均波长 589.3 nm，这个波长的接收角通常是给定的。因为方解石和胶合剂的折射率依赖于波长，所以视场角也随波长而变。原则上，在任意波长视场角可由(17-104)式或(17-107)式计算，因而使棱镜最佳地被用于特定的波长范围应当是可能的。然而事实上胶合剂的折射率通常只对钠 D 线给出，所以在其他波长不能计算视场角。对于空气间隔棱镜，如格兰-傅科棱镜和格兰-泰勒棱镜，“胶合剂”的折射率等于 1。

上述理论严格地适用于理想的棱镜，即它们有平行平面端面，棱镜的两个半块之间的间隙厚度为 0，两个半块中的切割角相等，而且切割一直延伸到棱镜表面。幸而一些典型的棱镜缺陷对半视场角的影响是微不足道的。德克尔(Decker)等人的分析表明[34]，空气间隔棱镜的空气隙厚度不等于 0 和空气隙的楔形角对半视场角的影响是不可忽略的。然而，空气隙的楔形角可指示棱镜两个半块中的切割角不同或者端面不平行，这两点可导致出射光束的偏向。有些棱镜中的切割角不是延伸到棱镜表面，因此关于半视场角的关系(17-104)式和(17-107)式必须修改。幸好德克尔等人还非常近似地证明，切割的位置不影响计算或测量的半视场角。

5. 玻璃-方解石结构——阿曼-马塞棱镜

光学上完美的大块方解石晶体难以获得，因此，任何减少起偏棱镜中对方解石需要量的技术都是很重要的。早期的一些设计提出用折射率匹配的玻璃代替起偏棱镜的两个半块方解石中的一块，由于缺乏合适折射率的玻璃可供使用，所以这种起偏棱镜实际上并未制成。现在已有了合适的玻璃，并且阿曼(Ammann)和马塞(Massey)[35]已讨论了方解石-玻璃组合的最佳设计问题。图 17-29 所示的是阿曼-马塞棱镜，虽然阿曼和马塞称之为格兰-汤普森棱镜，但它实际上是修改了的利皮什设计。然而他们的讨论也可用于真正的格兰-汤普森棱镜。通常的格兰-汤普森棱镜是需要改进的，因为如果非常光线透射，则与光轴成一角度行进的光线会在棱镜的两个半块中作不同的折射，将引起严重的像畸变。然而，如果使用与方解石中寻常光线的折射率接近匹配的高折射率玻璃，并且光从棱镜的玻璃一端入射，那么未透射的将是寻常光线而不是非常光线。因为寻常光线的折射率不依赖于光线在方解石中的传播方向，所以不会造成像畸变。

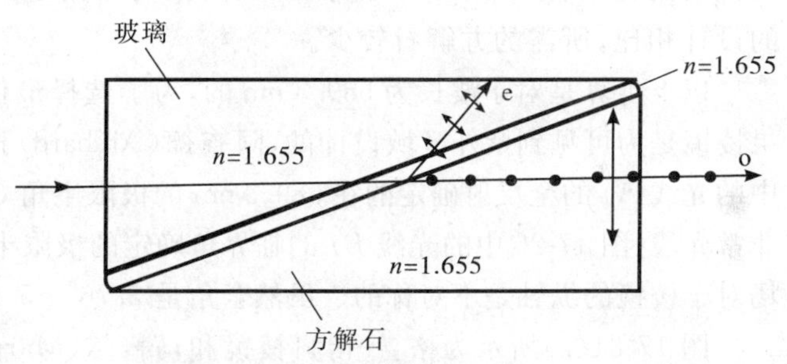

图 17-29　阿曼-马塞棱镜

一个由玻璃和方解石组成的修改了的利皮什设计。在胶合剂一方解石分界面上寻常光线透射而非常光线反射。光轴在纸平面内

除了节省方解石以外，玻璃-方解石棱镜还有另外一个优点。因为一半是玻璃，棱镜的两个半块中的光轴校直问题得以消除，且不会存在扭曲。然而，玻璃-方解石棱镜是不能反向的。如果光从玻璃一端入射，棱镜的作用如同格兰-汤普森棱镜或利皮什棱镜，但如果光从方解石一端入射，则寻常光线和非常光线都是透射的，棱镜的作用如同罗雄棱镜一样。

尽管玻璃-方解石棱镜有其优点，但在比较好的胶合剂被找到以前，它不可能受到人们的欢迎。因为玻璃的热膨胀是各向同性的，不能与方解石的热膨胀匹配，而方解石的热膨胀在平行于和垂直于光轴方向之差超过 4 倍，除非胶合剂容易流动，否则会发生应变和应变双折射。这个问题的理想解决方法是采用随着应力增大而流动更容易的触变性胶合剂。

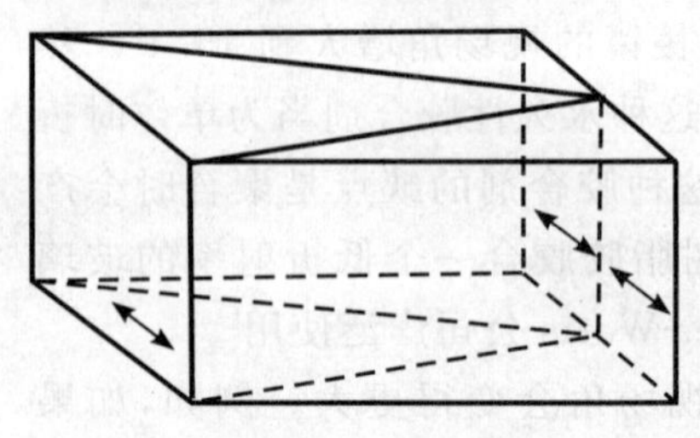

图 17-30 阿伦斯棱镜

相当于并排放置的 2 个格兰-汤普森棱镜。它的视场角为具有相同 L/A 的格兰-汤普森棱镜的视场角的 2 倍

6. 双格兰-汤普森棱镜——阿伦斯棱镜

如果采用如图 17-30 所示的双格兰-汤普森棱镜，则它的 L/A 为具有相同视场角的常规格兰-汤普森棱镜的 L/A 的一半。这一设计因由阿伦斯于 1886 年提出而叫做阿伦斯棱镜。阿伦斯棱镜有 1.8 的 L/A 和 26° 的视场角，但 1.75 和 1.25 的 L/A 现在更为普遍。阿伦斯棱镜的视场角等于具有 2 倍的 L/A 值的格兰-汤普森棱镜的视场角。好的阿伦斯棱镜难以制作，因为 3 个部分的光轴必须重合，前端面必须仔细地抛光，以使切割面勉强可见。常常在入射端面上胶合一片薄的玻璃盖，以改善光学连续性。此外，沿着切缝涂一条细黑线，以保证没有非偏振光透过。为了防止多次反射造成干扰，包含切缝的棱镜端面必须朝向光源。

阿伦斯棱镜的主要优点是对一定的 L/A 有较大的视场角。然而，作为一个完全起偏器，它与简单的格兰-汤普森棱镜相比，是不太令人满意的。它的消光比一般要比好的格兰-汤普森棱镜的消光比差 2～10 倍。这种差别可能部分地是由于阿伦斯棱镜的两个胶合分界面和胶合的前玻璃盖片中的剩余应变引起的。

7. 空气间隔格兰-汤普森棱镜——格兰-傅科棱镜

在波长短到方解石开始强烈吸收的 214 nm 时，因为没有令人满意的胶合剂可供使用，所以用于这个波长范围的格兰-汤普森棱镜必须是空气间隔的。从紫外到近红外的宽广的波长范围，采用空气间隔棱镜也是很方便的。1857 年傅科报道了第一个尼科耳型空气间隔起偏棱镜（见傅科棱镜），1880 年格兰描述了第一个空气间隔格兰-汤普森型棱镜。因此，空气间隔格兰-汤普森棱镜叫做格兰-傅科棱镜，或简称格兰棱镜。因为此时“胶合剂”的折射率等于 1，图 17-28 指出棱镜必须有很大的切割角，应用在波长 589.3 nm 的切割角应在 50.46° 与 52.91° 之间。对于较大的 S 值，有效视场角为零，甚至对于较小的 S 值，由(17-104)式计算的最大视场角也只有 8.15°，L/A 为 0.85，所以对于给定的长度，棱镜有相当大的入射端面，与其他大多数棱镜的设计相比，所需的方解石较少。

以上计算是对于波长为 589.3 nm 的，为了选择最佳的切割角，必须对棱镜要用的其他波长重复计算。如果棱镜是为可见到紫外区域设计的，阿查德(Archard)和泰勒推荐的角度是 51.25°[37]。由寻常光线（图 17-26 中的光线 A）的全反射确定的在 589.3 nm 的极限半角 $(i_1)_{max}$ 为 2.76°，这是由(17-102)式计算的。另一方面，由非常光线（图 17-26 中的光线 B）的临界角确定的极限半角 $(i_1')_{max}$ 为 5.25°，这是由(17-107)式计算的。因此角场对于棱镜的纵轴是不对称的。虽然全角是 2.76°+5.25°=8.01°，而视场角仅为 2×2.76°=5.52°。

图 17-31(a)所示为格兰-傅科棱镜和马普尔(Marple)-赫斯(Hess)棱镜的半视场角与波长的关系曲线。对于格兰-傅科棱镜，在紫外波长区域(0.214～0.355 μm)，寻常光线和非常光线在大于半视场角的角度都是全反射的，直到半角大于 5° 时为止（这时寻常光线开始透过）。如果半视场角略微被超过，则棱镜仅起着减小光学系统曝光速率的光阑的作用，而由棱镜透射的略微会聚的光束中的任何光将是完全偏振的。在较长的波长区域，对大于半视场角的角度，寻常光线和非常光线均透过棱镜，所以超过半视场角的会聚光束将不是线偏振的。因此，特别是在近红外区，如果空气间隔格兰-傅科棱镜用于会聚光中，可能产生严重的系统误差。

因为在制作间隔棱镜时，方解石的消耗量相当小，棱镜的孔径大到 2～3 cm 是可能的。因而在设计包含空气间隔的格兰-傅科棱镜的光学系统中，光源的像可以被放大以减小会聚角并聚焦于棱镜中心附近。这样，在棱镜上的会聚角能减少到满意的值（见图 17-34）。于是能得到非常好的消光比，其值在 1×10^{-5} 和 5×10^{-6} 之间，并且棱镜可应用于紫外的 0.214 μm 到红外的 2.3 μm。

格兰-傅科棱镜的主要缺点，是在棱镜的两部分之间出现多次反射，由于这种反射损失导致透射较低。这种缺点在格兰-泰勒设计中得到校正，格兰-泰勒棱镜在其他方面与格兰-傅科棱镜几乎一样，并已大量取代了它。这两种棱镜的紫外透射比曲线的比较如图 17-25 所示。

8. 空气间隔阿伦斯棱镜——格罗斯棱镜

正如阿伦斯棱镜（见双格兰-汤普森棱镜）那样将格兰-汤普森棱镜的 L/A 减小一半，格兰-傅科棱镜的 L/A 也能用类似的结构同样地减小。空气间隔阿伦斯棱镜叫做格罗斯棱镜，它的 L/A 仅为 0.5。正如格兰

-傅科棱镜一样，格罗斯棱镜只能用于基本上平行的光束中。当在仪器轴的方向上可利用的空间受到很大限制时，格罗斯棱镜特别有用。

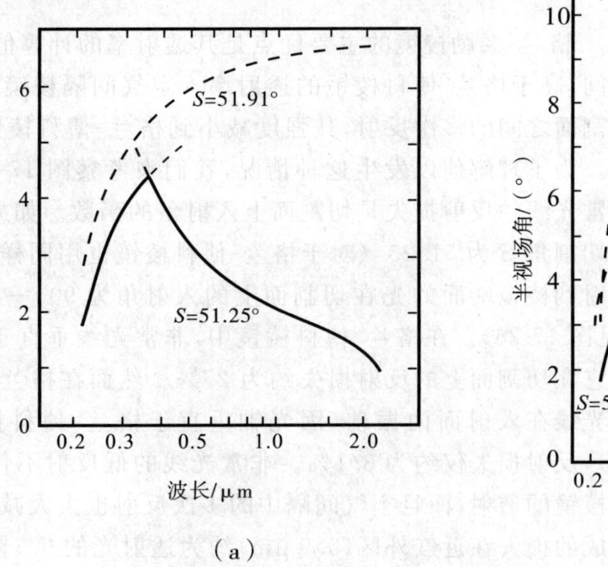

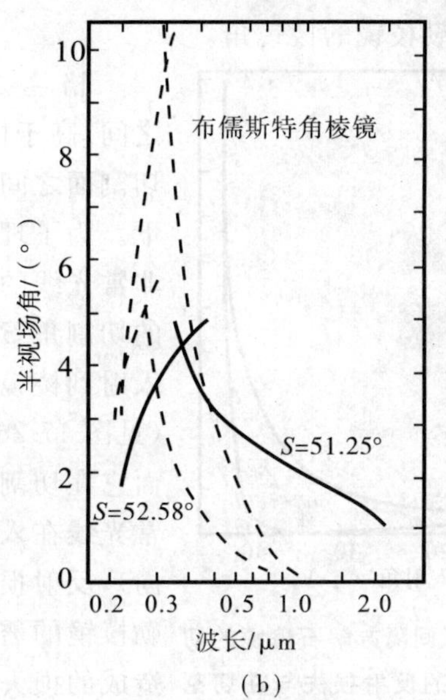

图 17-31　格兰-傅科棱镜和马普尔-赫斯棱镜的半视场角与波长的关系

(a) $S=51.25°$ 的格兰-傅科棱镜（实线）和 $S=51.91°$ 的马普尔-赫斯棱镜（长画线）的半视场角依赖于波长的关系曲线。对于格兰-傅科棱镜在波长范围 0.214～0.355 μm 半视场角是由(17-107)式计算的 $(i'_1)_{max}$；在其余的波长范围，半视场角是由(17-104)式计算的 $(i_1)_{max}$。对于马普尔-赫斯棱镜，半视场角是由(17-108)式以 n_o 代替 n_e 计算的 $(i'_1)_{max}$。格兰-泰勒棱镜的半视场角基本上等于格兰-傅科棱镜的半视场角。(b) (a)中所示的 $S=51.25°$ 的格兰-傅科棱镜（或格兰-泰勒棱镜）（实线）、$S=52.58°$ 的最适合激光的格兰-泰勒棱镜（虚线）以及布儒斯特角起偏棱镜（长画线）的半视场角依赖于波长的关系曲线。曲线的长波长部分由 o 光线透射时的角度确定，曲线的短波长部分由 e 光线全内反射时的角度确定

(三)利皮什型棱镜

1. 利皮什棱镜

1885 年利皮什提出了一种类似于格兰-汤普森棱镜的起偏棱镜设计，但其光轴在入射端面内并垂直于切割面与入射端面的交线（见图 17-28(b)）①。对于这种棱镜，非常光线的折射率是入射角的函数，在波法线的折射角的余角 φ 由(17-101)式决定以后，非常光线的折射率由(17-100)式计算。因为光轴平行于入射端面，所以在(17-101)式中表面法线与光轴的夹角 β 是 90°。因光线方向与波法线的方向不再一致，光线方向必须由(17-102)式计算。

前面对格兰-汤普森棱镜的视场角的分析适用于利皮什棱镜，不过因为光轴现在位于图 17-26 的纸平面内（而不是垂直于纸平面），(17-106)式至(17-111)式中的 n_e 必须用 n_φ 代替。对于棱镜的任何切割角 S，半视场角 $(i_1)_{max}$ 或 $(i'_1)_{max}$ 可由(17-104)式或(17-105)式确定。因对于所有倾斜角 $n_\varphi > n_e$，由(17-107)式可清楚地看到，在相同的 S 值时，利皮什棱镜的半视场角总是小于格兰-汤普森棱镜的半视场角。因此，除了被称为格兰-泰勒棱镜的空气间隔利皮什棱镜以外，利皮什棱镜很少应用。

2. 空气间隔利皮什棱镜——格兰-泰勒棱镜

格兰-泰勒棱镜[36]与格兰-汤普森棱镜设计中相应的格兰-傅科棱镜相比，具有突出的优点。因空气间隔棱镜有很小的视场角，光必须接近于正入射，这样，格兰-泰勒棱镜的视场角与格兰-傅科棱镜的视场角之差（由非常光折射率不同引起的）可以忽略。例如，在前面讨论的格兰-傅科棱镜如果换成格兰-泰勒棱镜，视

① 不要把利皮什棱镜和利皮什半影棱镜弄混，利皮什半影棱镜是测定光度匹配点的装置。半影棱镜由安置在起偏器与检偏器之间的一个格兰-汤普森棱镜或尼科耳棱镜构成，棱镜安置得使它拦截一半光束，并且在光束中稍微倾斜。在视场中心的棱镜边缘经过高度抛光以给出明显的界线。眼睛注视这个边缘，这个边缘的消失即给出光度匹配点。

场角只减小了大约 2 弧分。所以，格兰-泰勒棱镜的半视场角也用图 17-31(a)中的实曲线表示，关于在会聚光中的退偏振效应的解释也能应用此图。在小视场角时可取 $n_\varphi \approx n_e$，因此，可用对格兰-傅科棱镜推导的方程来计算格兰-泰勒棱镜的棱镜角。

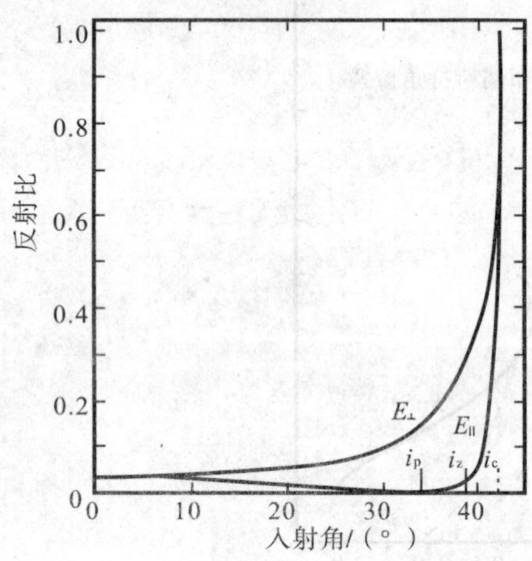

图 17-32　在空气间隔方解石棱镜的切割面上非常光线的反射损失与在切割面上的入射角的关系曲线

在 589.3 nm，$n_e = 1.486\,40$。在这个波长方解石的起偏角 i_1 是 33.93°，对于在棱镜端面上正入射的光在切割面上的入射角 i_2 是 38.75°。方解石的临界角 i_c 是 42.28°。在格兰-傅科棱镜中，非常光线的振动面垂直于入射面 ($E_\perp$)；在格兰-泰勒棱镜中，非常光线的振动面在入射面内($E_\parallel$)

格兰-泰勒棱镜的主要优点是其透射率的计算值在 60%～100% 之间，高于格兰-傅科棱镜的透射率。空气间隔棱镜的主要缺点是两切割面之间的多次反射，其强度减小到格兰-傅科棱镜的值的 10% 以下。为了理解何以发生这种情况，我们来考察图 17-32。图中所画的非常光线的反射损失是切割面上入射角的函数。如果格兰-泰勒棱镜的切割角 S 为 51.25°(对于格兰-傅科棱镜也用同样的角度)，一束正入射到棱镜端面的光在切割面上的入射角为 $90° - 51.25° = 38.75°$ (见图 17-26)。在格兰-傅科棱镜中，非常光线垂直于入射面振动，因而它在切割面上的反射损失约为 27%。然而在格兰-泰勒棱镜中，非常光线在入射面内振动(因光轴垂直于格兰-傅科棱镜中的光轴方向)，反射损失仅约为 3.1%。非常光线的低反射不仅提高了格兰-泰勒棱镜的透射，而且空气间隔中的多次反射也大大减小。由多次反射造成的损失在近红外区(0.9 μm)约为透射光的 0.1%，在紫外区仅为 3%，对于格兰-傅科棱镜，则分别为 7% 和 30%[37]。

格兰-泰勒棱镜的透射比的计算值和测量值相当一致，但是格兰-傅科棱镜的透射比的测量值可能大大超过它的理论值[36]。即使如此，格兰-泰勒棱镜的透射肯定大于格兰-傅科棱镜的透射，这从图 17-25 中可以看出。对于格兰-泰勒棱镜获得的消光比，比 $1/10^5$ 还要好。

格兰-泰勒棱镜的最后一个优点是它能用节省方解石的方法切割而成。阿查德和泰勒能把原来方解石菱面体的 35% 用在制成的棱镜中。

激光中应用广泛的棱镜是格兰-泰勒棱镜的改进型，它的切割角增大，前后端面镀有减反射膜，侧面部分用吸收光的黑色玻璃片覆盖，或高度抛光让无用的光束逸出。增大切割角有双重效用：正入射到棱镜端面上的光束，会在切割面上有较小的入射角，因而在切割面上比标准的格兰-泰勒棱镜有较小的反射损失(见图 17-26 和图 17-32)，但与此同时，由(17-104)式可以看出，在整个可见和近红外区域半视场角会减小。在图 17-31(b)中 $S = 52.58°$ 的最适合于激光应用的格兰-泰勒棱镜的半视场角如短画线所示。这个曲线已由可见和紫外区域的几个波长所作的测量证实。

一种新型的空气间隔棱镜对于非常光线有很高的透射比。它和格兰-泰勒棱镜类似的是：光轴平行于入射端面，且垂直于切割面与入射端面的交线。然而，光不是正入射到棱镜端面上而是以对于非常光线的布儒斯特角(对于 632.8 nm 的氦氖激光波长为 54.02°)入射，这样非常光线在棱镜端面上没有反射损失。因为寻常光线的偏折比非常光线的偏折约大 3°，寻常光线的临界角小 4° 以上，所以它在切割面上的全反射有较宽的容限，而非常光线能以超过布儒斯特角仅几度的角入射到切割面上。因此，这个棱镜设计有在棱镜的各个表面上由反射引起的光损失极低的可能性。一个这种棱镜对 632.8 nm 的非常光测量的透射率为 98.5%[37]。

如果棱镜用在非激光的光源上，它的半视场角也是重要的。对于顶角(相应于图 17-26 中的 $90° - S$ 角)为 67° 的棱镜，其半视场角已作了计算，如图 17-31(b)中长画线所示。当波长大于 0.300 μm 时，半视场角由寻常光线开始透射的角度决定(由寻常光线折射率和斯涅尔定律计算)，而当波长小于 0.300 μm 时，半视场角由非常光线在切割面全内反射的临界角决定(由(17-101)式计算，在第一个表面 $\beta = 90°$，在切割面 $\beta = 90° - 67° = 23°$)。我们注意到，布儒斯特棱镜的半视场角在 0.22～0.45 μm 之间的波长区域，要比其他两种棱镜的半视场角大得多，然而在更长的波长区域，却小于标准的格兰-泰勒棱镜的半视场角。

布儒斯特角棱镜的主要缺点是：由于光束非正入射，它经过方解石平行平板而发生位移，位移量正比于方解石的总厚度。一些棱镜是用玻璃取代第二块方解石。在这种情况下，光束除位移以外还发生偏向。测量表明,方解石-玻璃型棱镜的出射光束横向移动了几毫米,同时估计有小于 0.5° 的偏向角。

3. 马普尔-赫斯棱镜

如果需要的视场角比格兰-泰勒棱镜的视场角更大,则可以使用马普尔-赫斯棱镜(见图 17-33)。这种棱镜于 1960 年首先是由马普尔作为双格兰-傅科棱镜提出的,并由霍华德·赫斯修改成泰勒设计。这实际上是两个背靠背的格兰-泰勒棱镜,可用和利皮什型棱镜分析的同样方法来对这个棱镜进行分析,因为这些棱镜是空气间隔的,所以要考虑到"胶合剂"的折射率是 1。在第二分界面上,(17-104)式中的角度 S 是负的,在物理上这意味着在第一分界面上没有全反射的任何寻常光线将在第二分界面上全反射。因而只要求 S 足够小,以使正入射到棱镜入射端面上的寻常光发生全反射。对于正入射的光,$r_1 = 0$,当 $\sin i_2 = 1/n_o$ 时即发生全内反射(见图 17-26)。然后由(17-105)式得到

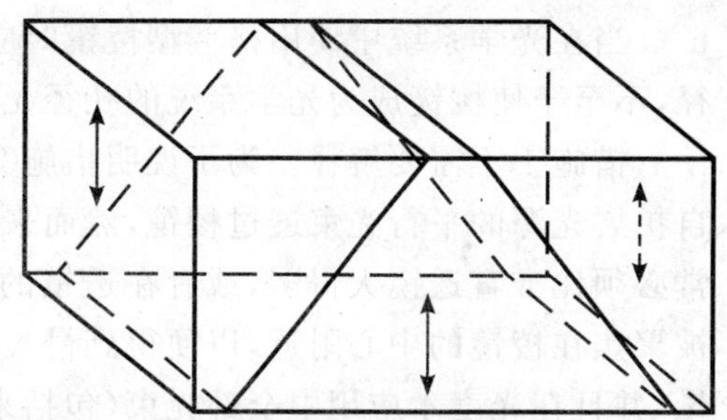

图 17-33　将方解石切割成光轴平行的三块而制成的马普尔-赫斯棱镜

光由左端面上入射,非常光线通过两个切割面。L/A 是 1.8

$$S = 90° - \arcsin \frac{1}{n_o} \tag{17-113}$$

S 值是在 n_o 为最小的波长时决定的。如果棱镜要使用在远达 2.17 μm 的红外区,n_o 的最小值为 1.620 99,因此 S 将是 51.91°。如果设计的棱镜只在可见和紫外区域使用,则 S 的值和视场角可以增大。

因为对于任何入射角寻常光线都要被两个切割面中的一个全反射,所以视场角对于棱镜的纵轴是对称的,视场角完全由非常光线在两切割面中的一个的全反射的角度决定。这个角可由(17-107)式用 n_φ 取代 n_e 来计算。所以视场角远大于格兰-傅科棱镜或格兰-泰勒棱镜的视场角,而且当波长增大时并不减小。$S =$ 51.91° 的马普尔-赫斯棱镜的半视场角与格兰-傅科棱镜的半视场角的比较见图 17-31(a)。

格兰-傅科棱镜或格兰-泰勒棱镜,当在棱镜端面上的入射角太大时就不再是有效的起偏器了,而马普尔-赫斯棱镜只要近轴寻常光线不透射,它仍然是有效的起偏器。如果棱镜使用在比设计的最长波长还要长的波长(n_o 的最小值用以决定切割角 S),则 n_o 的值仍然比较小,且不会超过近轴寻常光线的临界角。因此近轴寻常光线将在离轴寻常光线通过以前开始透射。当发生这一情况时,减小会聚角只会把事情弄坏。所以有一个由切割角 S 决定的极限波长,超过这个波长马普尔-赫斯棱镜不是一个好的起偏器。在比极限波长短的波长,马普尔-赫斯棱镜比其他空气间隔棱镜有显著的优点。

马普尔-赫斯棱镜不容易制作,商品棱镜的消光比在 1×10^{-4} 和 5×10^{-5} 之间,这要比格兰-泰勒棱镜的消光比略低一些。另一方面,虽然马普尔-赫斯棱镜的 L/A 为 1.8,与格兰-泰勒棱镜的 L/A 为 0.85 相比有所增大,但它的紫外透射仍然超过类似孔径的紫外透射的格兰-汤普森棱镜。

(四)夫兰克-里特型棱镜

格兰型起偏棱镜的第三个通用类型是夫兰克-里特型。这种类型棱镜的特征是光轴在入射端面的平面内,这和其他格兰型棱镜一样,但是切割面与光轴成 45°(见图 17-18(c)),而不是像格兰-汤普森棱镜那样成 0°,或像利皮什棱镜那样成 90°。夫兰克-里特棱镜在前苏联特别流行,在那里 80% 以上的起偏镜均属这种设计[39]。通常使用的是与格兰-汤普森棱镜的阿伦斯改进型类似的双棱镜,这主要因为由一块冰洲石菱面体可制出两个夫兰克-里特双棱镜,但只能制出相同截面的一个阿伦斯棱镜或较小截面的一个格兰-汤普森棱镜[39]。然而这个优点可能是空想的,因为常常得不到菱形的冰洲石晶体。例如,如果天然晶体是板形的,把它制成格兰-汤普森棱镜或阿伦斯棱镜,要比制成夫兰克-里特棱镜少浪费材料[39]。

从光学上来说,夫兰克-里特棱镜应与格兰-汤普森棱镜和阿伦斯棱镜相似,虽然由于在包含纵轴并垂直于切割面的棱镜截面内非常光线的折射率大于 n_e,给定 L/A 的夫兰克-里特棱镜的接受角稍微小了一些。实际上,夫兰克-里特棱镜的偏振度远不如好的格兰-汤普森棱镜或阿伦斯棱镜的偏振度。

(五)格兰型棱镜在光学系统中的应用

当在光学系统中使用格兰型棱镜时应采取如下措施:①不要超过棱镜的视场角;②应有适当的入射孔径,不至于使棱镜成为光学系统的孔径光阑;③障板应当放在棱镜的前面和后面以避免杂散光的影响。

措施①不需要解释。为了说明措施②,我们考虑如图 17-34 所示的两个普通情况。在图 17-34(a)中,来自扩展光源的平行光束透过棱镜,然而来自光源不同部分的光线不是平行的而是发散的。因此,棱镜端面经常必须比准直透镜大得多,或者在透镜的前面必须放置孔径光阑(如图所示)。在图 17-34(b)中,扩展光源被聚焦在棱镜的中心附近,以便得到最大的光透射。来自扩展光源每一端的主光线必须经过棱镜以避免渐晕,并且在光度术应用中全部光束(包括来自限制孔径的每一边缘的极端光线)都应透过。因为光束在像的位置以后还要散开,所以常常最好是把扩展光源成像于棱镜的背面而不要成像在棱镜的中点。

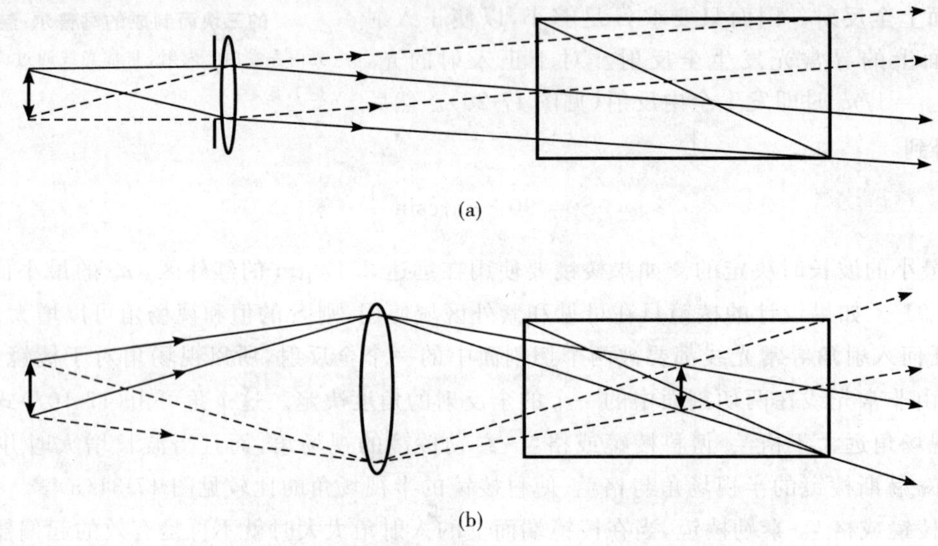

图 17-34　扩展光源的光透过格兰棱镜

(a)因光源位于透镜的焦点,来自光源上每一点的平行光束经过棱镜。孔径光阑必须放在透镜前面作为限制孔径(而不是棱镜作为限制孔径);(b)光源成像在棱镜的中心。从限制孔径边缘来的极端光线应当透过以避免光束渐晕

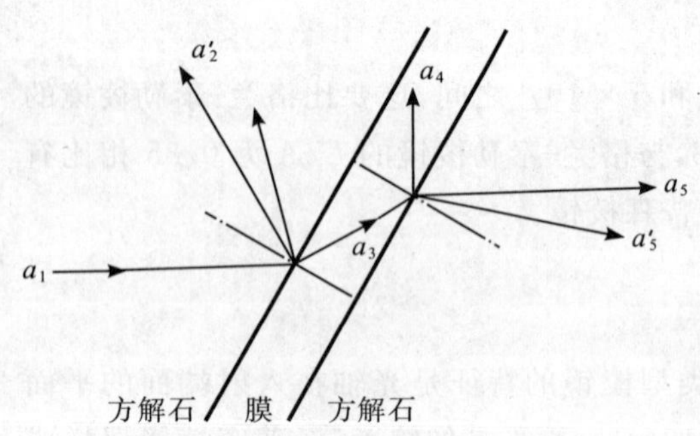

图 17-35　与纸面成微小角度入射的斜光线 a_1 的反射和折射

光轴垂直于纸平面(平行于切割面)。反射光线 a_2 是 e 光线,反射光线 a'_2 是 o 光线;透射光线 a_3 的振动面相对于入射面转动一角度,a_4 是它的反射分量。透射光线 a_5 是 e 光线,它沿平行于 a_1 的方向行进;透射光线 a'_5 是 o 光线,它的传播方向不同于棱镜第一块中的 o 光线的传播方向

措施③由阿查德提出,这个措施可用入射到格兰型棱镜切割面上的与轴不相交的斜光线来了解,其中一条光线 a_1 如图 17-35 中所示。设这个光线是由稍微离开纸平面的方向入射的非常光线,并且光轴平行于切割面亦即垂直于纸平面。光线 a_1 有平行于光轴的小振动分量。因为这两个分量的折射率不同,它们的反射系数也不同,所以透射光线 a_3 的振动面相对于入射平面转动了一个角度。因此有两条在第二界面折射的光线,一条 e 光线 a_5,它平行于 a_1,另一条是折射得比较厉害的 o 光线 a'_5。最终结果,如图 17-36(a)所示,在半视场角以内入射的斜 e 光线得出附加的 o 光线,它在半视场角以外从棱镜射出。因此,为了不使棱镜的消光比降低,必须用障板限制出射光的角度范围。

如图 17-36(b)所示,在半视场角以外入射的斜 o 光线也产生相似的效应。这个光线在半视场角以内得出附加的 e 光线。在这种情况下,除非光束受置于入射端面的障板的限制,在比半视场角大的角度进入棱镜的散射光会引起附加的(但为正确偏

振的)光束,这光束从棱镜的半视场角以内射出。

应当注意,在切割面上的多次反射对透射光的偏振没有重大影响,仅当光线在半视场角以外入射时才发生问题。

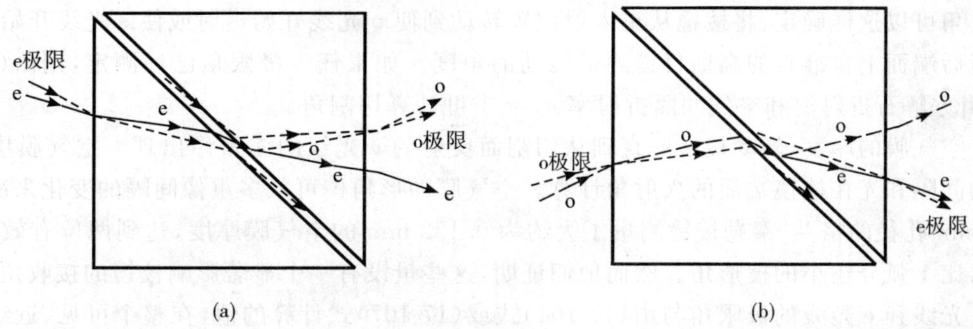

图 17-36　斜光线(与纸平面成微小角度入射)在格兰-傅科棱镜中的透射

棱镜的光轴垂直于纸面。(a)在半视场角以内入射的斜 e 光线,除得出平行于入射 e 光线行进的 e 光线以外,还在半视场角以外得出弱的 o 光线;(b)在半视场角以外入射的斜 o 光线,除得出平行于入射 o 光线的 o 光线以外,还在半视场角以内得出弱的 e 光线

(六)格兰型棱镜的检验

在格兰型棱镜的结构中发现有 3 种主要误差:①光轴不在端面内;②切割角不正确,或者是棱镜的两半块不相同;③棱镜两个半块中的光轴不平行。第一种误差常常是最严重的,因为光轴不在端面内并且棱镜用会聚光照明,透射光的振动面横越棱镜端面不再是平行的。这将在尼科尔型棱镜中引起兰多尔特条纹的效应。对于半锥角 i 的会聚光束,出射光束振动面的最大变化为 $\pm\gamma$,近似地有

$$\tan\gamma = n_e \sin i \tan\varphi \tag{17-114}$$

式中,φ 是由抛光误差引起的光轴对于端面的倾角。当 $i=3°$ 或 $\varphi=5°$ 时,出射光束的振动面横越棱镜端面变化 ± 23 弧分。因此,甚至是几乎平行的光入射在棱镜上,沿整个棱镜的孔径也不能得到很好的消光。如果光轴不是在端面内,或者不是严格地在端面内取向,视场角也会受到影响,不过这种影响微弱。

如果切割角稍微不正确,则视场角可能减小。这个误差在格兰-傅科棱镜或格兰-泰勒棱镜中特别重要,对于这些棱镜的角度容差是非常严格的,这些棱镜的切割角的微小变化,可以大大地改变视场角。如果棱镜两个半块中的切割角不同,当棱镜的两端面反转时会改变视场角。视场角是由棱镜朝向入射光束的半块中的切割角决定的。两个切割角不同也可以引起光束偏向。如果两个半块中的切割角相差微小的角度 α,则使两端面不平行,光束将偏折一角度 $\delta=\alpha(n_e-1)$ 。如果不是这样,端面是平行的,而切割角的差异承受在胶合层中,胶合层的折射率近似地为 n_e,则不存在偏向。然而,如果棱镜是空气间隔的,则由于不平行的空气膜(即空气层)造成的偏折近似地为 $\delta'=\alpha n_e$,这就说明了为什么空气间隔棱镜比常规格兰-汤普森棱镜更难制造。

如果在棱镜两部分中的光轴不是严格平行的,则棱镜将会出现扭曲现象,即当棱镜绕视线转动时,通过整个棱镜观察线状物体,看到线状物体在摇摆。在进行光度测量时,可能更严重的问题是,在恰好相隔 180°的两个方向上棱镜的透射是不相同的。这个效应可能是由方解石中的应变双折射引起的。

为了确定切割角、视场角、棱镜端面的平行性、空气膜或胶合层的厚度和平行性以及其他棱镜参量,可应用德克尔等人[34]提出的检验方法,这个方法需要带高斯目镜的分光计、激光源和中等质量的起偏器。将棱镜放在分光计的台子上,并使其端面几乎与光束垂直。端面的平行性偏差可用高斯目镜测量棱镜两个端面反射像的竖向差而得。然后将棱镜绕它的轴转动 90°,重复测量以获得棱镜端面在另一方向的平行性偏差。若棱镜安装在管内,则棱镜的轴与管轴重合的准确度可以这样确定:将管子放在 V 形支座内,转动管子并观察像的位置的变动。

由棱镜引起的光束偏折可以这样确定:先把望远镜和准直管校直,然后插入棱镜,使其端面垂直于光束,并测量通过棱镜看到的准直管狭缝像的角位移。棱镜通常有 6 分或更小的光束偏向,但特殊定做的棱镜,光束偏向小于 1′也是可能的。

在空气间隔棱镜的检验中，根据透射光束（e 光线）的振动面，容易区别格兰-傅科设计和格兰-泰勒设计。如图 17-26 所示的棱镜俯视图中，如果透射光束在水平面内振动，则棱镜是格兰-泰勒设计，如果振动面是竖直的，则棱镜是格兰-傅科型。

极限接收角可以这样确定：将棱镜从正入射位置转动到使 o 光线开始透射或使 e 光线开始渐晕时为止，然后用在棱镜后端面上自准直的高斯目镜测量转动的角度。如果任一极限角已经测定，则由（17-104）式或（17-107）式，由方解石折射率和空气间隔折射率 $n_2 = 1$ 可计算切割角。

为了决定空气膜的厚度，转动棱镜一直到从切割面反射的 e 光线的多重像出现。空气膜层厚度可直接由测得的像的间隔和光在棱镜端面的入射角计算。空气膜的形角楔可从多重像间隔的变化来决定。德克尔等人对 25.4 mm 孔径的格兰-泰勒棱镜测量了大约为 0.152 mm 的空气膜厚度，达到两位有效数字，并用上述技术检测出比 1 弧分还小的楔形角。然而他们证明，这些量没有一个显著影响棱镜的接收角，并且测量的这个棱镜对 o 光线和 e 光线的极限角与由（17-104）式或（17-107）式计算的值，在整个可见、近红外和紫外波长区域，相符合的程度约在 0.05°以内。

四、尼科耳型棱镜

（一）常规尼科耳棱镜

现在常用格兰型棱镜，一般不用尼科耳型棱镜。然而尼科耳型棱镜却是首先制造出来的，而且一度曾如此普及，以至于尼科耳成了起偏器的同义词。制造格兰型棱镜要比制造简单的尼科耳型棱镜耗费更多的方解石，因而，即使在 19 世纪格兰起偏器已开始发展，但只是在最近随着新的方解石矿床的发现，格兰型棱镜才得到普及。许多比较旧型的仪器仍装配着尼科耳棱镜，所以，忽略尼科耳棱镜去讨论起偏棱镜是不全面的。

第一个起偏棱镜是 1928 年由尼科耳制造出来的。他将一块方解石菱面体沿着对角线对称地通过它的钝角隅切开，然后用加拿大树脂胶将两块胶合在一起，这样他就制造出那时最好的起偏器。尼科耳棱镜的立体视图示于图 17-18（d）和图 17-37（a）中。其切割面要做成垂直于主截面，切割角要做得使寻常光线全反射，仅让非常光线射出。尼科耳棱镜的端面看起来就像图 17-15 所示的那样，不过只让 e 光线射出，因此偏振光的振动面平行于菱面体的短对角线。当菱面体完整无缺时，偏振方向能够借助目视方法来决定。然而，有时隅角被切掉，使菱面体难以认识。

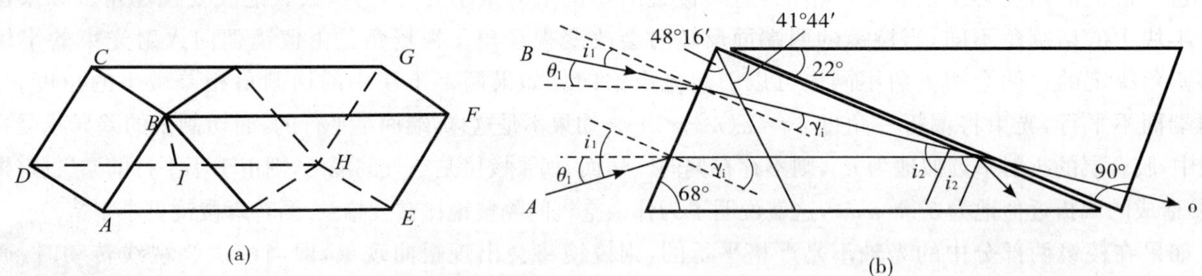

图 17-37　尼科耳棱镜的三维视图和光路分析图

（a）由方解石菱面体切割成的尼科耳棱镜的三维视图，图中角度和字母标记同图 17-14。光轴的方向用与 DH 边相交的粗线 BI 表示。切割面垂直于主截面 $DBFH$。（b）常规尼科耳棱镜的主截面，棱镜端面已稍加修磨。光线 A 给出极限角 θ_1，超过该角度时寻常光线不再从切割面全内反射；光线 B 给出极限角 θ'_1，在个角度非常光线开始从切割面全内反射

尼科耳原始棱镜的主截面与图 17-16 所示相似，不过寻常光线在沿对角线 BH 的切割面上内反射。切割面与 BF 边和 DH 边成 19°8′的角，而与菱面体的端面（FH 线）约成 90°的角。由于钝角 DHF 为 109°7′，切割面与光轴的夹角为 44°36′。菱镜的视场在一侧要受到寻常光线不再从胶膜（即胶层）上全反射时的角度限制，这个角度偏离棱镜轴线约 18.8°，在另一侧要受到非常光线被胶膜全反射时的角度限制，这个角度偏离轴线约 9.7°。因此总角度约为 28.5°，可知不对称于棱镜的转轴；而视场角仅为 $2 \times 9.7° = 19.4°$。为了制成较为对称的视场和增大视场角，尼科耳棱镜的端面常被修磨成 68° 的角。这一做法开始于尼科耳本人。

如果使切割面与新的端面成 90° 角，如图 17-37(b)所示，新的视场角是 θ_1 和 θ'_1 的较小者的 2 倍。这个角度计算如下：寻常光线（光线 A）的极限角可由斯涅尔定律简单地确定。加拿大树脂胶的折射率近似为 1.54，n_o 的值在表 17-4 中给出。对于波长 589.3 nm，在切割面上的临界角是：$\sin i_2 = 1.54/1.658\,35$ 或 $i_2 = 68.22°$，切割面垂直于棱镜的入射端面，所以在入射端面的折射角 r_1 为 $90° - i_2 = 21.78°$；由斯涅尔定律，入射角为 $i_1 = 37.97°$。因入射端面与棱镜的纵向轴成 68°角，所以入射端面的法线与纵向轴的夹角为 $90°-68°=22°$。因此，寻常光线被胶膜全内反射的极限角结果就是相对于纵向轴的半角 $\theta = 37.97° - 22° = 15.97°$。

非常光线在切割面上不发生全反射的极限角用类似的方法来计算，不过非常光线的折射率是波法线与光轴之间夹角 φ 的函数。图 17-37(b)中的光线 B 表示 e 光线的波法线在棱镜中的路径，可用斯涅尔定律计算。如前所述，$i_2' = 90° - r_1'$，因而在切割面上的临界角时

$$\sin(90° - r_1') = \cos r_1' = \frac{1.54}{n_\varphi} \tag{17-115}$$

式中，n_φ 可由(17-100)式给出，$\varphi = r_1' + 41°44'$，于是得到超越方程：

$$\frac{\cos^2 r_1'}{1.54^2} = \frac{\sin^2(r_1' + 41.73°)}{n_e^2} + \frac{\cos^2(r_1' + 41.73°)}{n_o^2} \tag{17-116}$$

利用表 11-4 中在 589.3 nm 的 n_o 和 n_e 的值得出 $r_1' = 7.44°$ 和 $i_1' = 11.61°$，所以 $\theta_1' = 22° - 11.61° = 10.39°$。

因为 θ_1' 小于 θ_1，所以半视场角是 10.39°，全视场角是 $2 \times 10.39° = 20.78°$。人们可能怀疑：既然 n_e 小于胶合剂的折射率 1.54，为什么非常光线在切割面上全内反射？因为 $n_\varphi = 1.553\,1$，由(17-115)式可得 r_1'，所以 e 光线能够全内反射。

透过尼科耳棱镜容易观察到视场边缘。汤普森曾描述所看到的现象："透过任一通常的尼科耳棱镜，向被照亮如一张白纸或一团白云的表面看去，向不同方向转动棱镜并凝视它，同时把它移近眼睛，立即观察到有效的视场，其范围约在 15°到 20°之间变化（在通常的尼科耳棱镜中）；视场限定在两个略微弯曲的边缘之间，一个边缘是蓝色带，其外是暗区，另一个边缘是带彩色的一组条纹，其外是更亮的区域。蓝色带标志着有用光线（非常光线）以大于非常光线折射率的临界角的角度入射在胶膜上发生全反射而消失的界限。带彩色的条纹标志着这样的界限，超过这个界限寻常光就不再因全反射而消失，并且超过这个界限的光，不但包含着寻常光束，也包含着非常光束，因而是非偏振的。"汤普森所指的条纹实际上是干涉条纹。

棱镜一边的长度与入射端面的斜高之比，由切割成的角度决定。对于一个其切割面与入射端面成 90°的棱镜，如图 17-37(b)中所示的那样，这个比值为 2.7。在商品说明书中，这个所谓的长度/孔径比常标明在 2.5 和 3 之间。然而，在实际装配棱镜时，还需要知道棱镜的总长度和垂直于棱镜轴的孔径高度。这两个量的比值远大于以上所给的数值，例如，对于图 17-37(b)中所示的棱镜，这个比值为 3.3。

（二）修改的尼科耳棱镜

1. 斯蒂格和罗特尼科耳棱镜

尼科耳型棱镜的切割角不严格，因而影响到视场角，但即使切割角远不等于 90°的棱镜，也可能得到有用的棱镜。在这里所讨论的修改了的尼科耳棱镜，被表示在图 17-38(a)中，这个图中所示的 6 种修改的尼科耳棱镜的主截面是重叠在基本的方解石菱面体的主截面之上。因此，可以清楚地看出，在制作不同形式的尼科耳棱镜中，有多少菱面体原材料损失掉。

图 17-38(b)所示的是斯蒂格(Steeg)和罗特(Reutter)尼科耳棱镜，菱面体的端面没有修改，切割面与端面成 84°的角而不是 90°，这样得到较小的 L/A。利用一种胶合剂，其折射率比加拿大树脂胶的折射率略高，结果可减小视场的不对称性。

2. 阿伦斯尼科耳棱镜

阿伦斯尼科耳棱镜如图 17-38(c)所示，其端面从相反方向修改，以使端面与菱体面长边的夹角由 70°53′增加到 74°30′或更大。也可以把长棱边修改为 3°30′，这时极限角对于棱镜轴更为对称。

3. 汤普森倒尼科耳棱镜

汤普森倒尼科耳棱镜如图 17-38(d)所示，其端面作了重大修改，以使光轴几乎位于端面内，其结果，蓝色条纹与其在常规尼科耳棱镜中相比，退缩得更远。虽然制出的棱镜比较短，但实际上却增大了它的视场角。

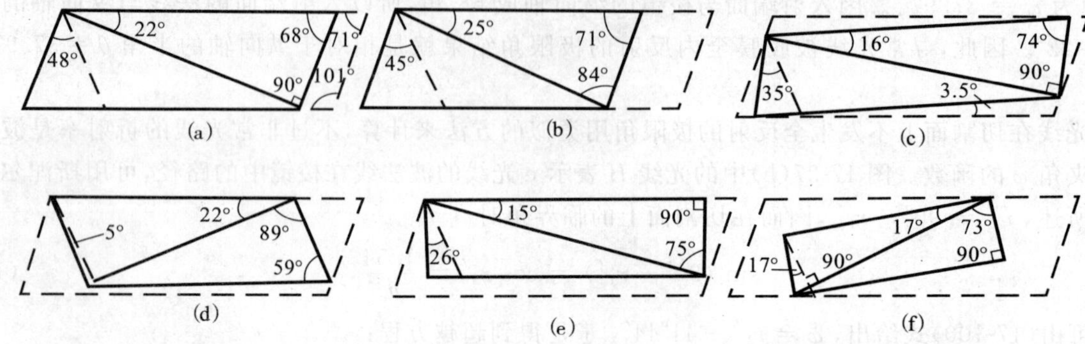

图 17-38　6 种修改过的胶合尼科耳棱镜的主截面

这些主截面与解理的方解石菱面体的主截面重叠。(a)常规修改的尼科耳棱镜；(b)斯蒂格和罗特缩短的尼科耳棱镜；(c)阿伦斯尼科耳棱镜；(d)汤普森倒尼科耳棱镜；(e)方形端面尼科耳棱镜；(f)哈特纳克-普拉斯莫斯基倒尼科耳棱镜。在所有图中均表示了棱镜端面与光轴(粗虚线)之间的夹角、切割角和菱面体的锐角

4. 缩短的尼科耳棱镜(或哈尔-尼科耳棱镜)

方解石棱面体的侧面也可以修改成平行于或垂直于主截面。因而，棱镜的端面变成方形(间或成为八角形)，方形的边平行于图 17-15 中的直线 DB。这就是哈尔型棱镜，如图 17-18(e)所示。哈尔还采用稠化的亚麻仁油以代替加拿大树脂胶，并改变了切割角。按照这样的方法他将棱镜的长度/孔径比从约为 2.7 减小到 1.8，将全接收角由 25°减小到约 17°。这种用低折射率胶合剂胶合的缩短了的棱镜常叫做缩短的尼科耳棱镜。

5. 方形端面尼科耳棱镜

常规尼科耳棱镜的斜端面，由于棱镜转动时像发生轻微的位移而造成某些不便。为了有助于改正这一缺点，可将方解石菱面体的斜端面切成方形，如图 17-38(e)所示，从而制作成方形端面尼科耳棱镜。而且切割角也必须改变，因为在常规棱镜中，寻常光线的极限角 θ_1 依赖于端面的折射角，极限光线在棱镜内几乎沿平行于棱镜轴的方向行进(17-37(b)中的光线 A)。如果切割角保持不变，则 θ_1 的极限值会等于零。然而，如果将切割面修改为与棱镜的侧面成 15°的角，则全接收角在 24°到 27°的范围内因所采用的胶合剂的类型而定。

由于光轴不在入射端面的平面内。所以甚至在方形端面尼科耳棱镜中，也要发生一些像的位移。因此，即使光是正入射到棱镜的入射端面上，非常光线也将偏折。

6. 哈特纳克-普拉斯莫斯基棱镜

切割面与光轴成 90°角的倒尼科耳棱镜如图 17-18(f)和图 17-38(f)所示。如果该棱镜用亚麻仁油胶合，则由哈特纳克计算的最佳切割角与棱镜的长轴成 17°的角度，由此得到全接收角为 35°，L/A 为 3.4。如果使用加拿大树脂胶，则切割角应为 11°，此时全接收角为 33°，L/A 为 5.2。

7. 傅科棱镜

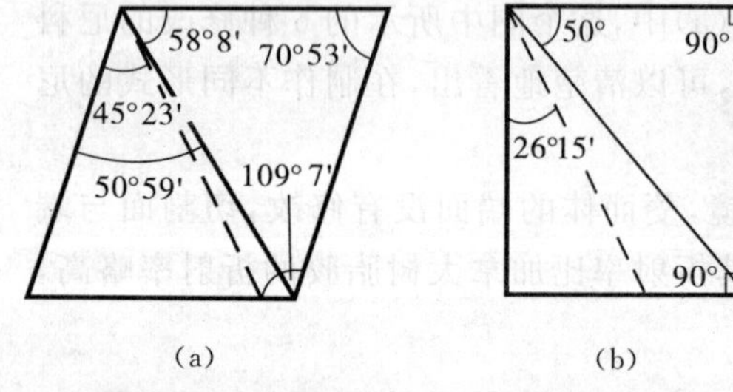

图 17-39　空气间隔尼科耳棱镜的主截面

(a)傅科棱镜；(b)霍夫曼方形端面棱镜。粗虚线表示光轴并表明了各个角度值

图 17-39(a)中所示的是由天然解理方解石菱面体构成的一种修改的尼科耳棱镜，称为傅科棱镜，切割面与端面成 51°角，棱镜的两个半块之间采用空气间隔以代替胶合层。切割面几乎平行于光轴。方形端面傅科型棱镜，如图 17-39(b)所示的霍夫曼棱镜，也有报道。在正规的傅科棱镜和由它改变而来的霍夫曼棱镜中，切割角均可略加改变。在这两种棱镜的设计中，L/A 为 1.5 或更小，全接收角约为 8°或更小。棱镜受到多次反射的一些干扰，但是正如所有的尼科耳棱镜那样，主要的麻烦是光轴不在入射端面的平面内。这将产生种种困难，其中包括横越视场的

不均匀偏振和当两个尼科耳型棱镜正交时产生的兰多尔特(Landolt)条纹。

(三)兰多尔特条纹

如果通过正交起偏棱镜向强扩展光源看去,仔细观察将发现视场不是均匀地发暗。在尼科耳型棱镜中,发暗的视场被一条更暗的线越过,这条暗线的位置是起偏器与检偏器交角的非常灵敏的函数。其他类型的起偏器也显示出同样的异常现象,但并不显著。这个效应首先由兰多尔特[38]发现,并为利皮什[39]所解释。利皮什利用这个效应制成了偏振计,其检偏器可参考条纹相对于一对固定叉丝的位置移动到 2 或 3 弧秒。兰多尔特条纹很可能是尼科耳棱镜产生透射光带有椭圆性的原因。

格鲁斯马勒(Groosmuller)[40]对兰多尔特(Landolt)条纹的起因作了严格的讨论,这个现象定性地解释于图 17-40 和图 17-41 中。尼科耳棱镜的恒偏振线表示在图 17-40(a)中,而格兰-汤普森型棱镜的恒偏振线如图 17-40(b)所示。我们用 E 矢量的振动面表征偏振光,E 矢量的振动面垂直于图 17-40 中的实线。虚线圆代表具有常值的入射角,入射角是由棱镜的入射端面的法线量起的。图中画出的等 $\tan i$ 线有相等的增量。尼科耳棱镜的最大极限角 i 为 38°,相应的 $\tan i$ 值为 0.78,所以我们关心的只是图 17-40(a)的中央部分,而不是不对称性更强的更大角度。格兰-汤普森棱镜的最大极限角约为 21°,相应的 $\tan i = 0.38$,因而恒偏振线相当平行。

对于尼科耳棱镜中的小视场角,可把 E 矢量的振动面近似地看成直线,其延长线在视场的一边交于一点,这样的情况如图 17-41(a)所示。如果两个这样的尼科耳棱镜正交,则情况如图 17-41(b)所示。完全消光只能发生在这些线互相垂直的那些点,所以会有一个很暗的弯曲区域,其周围是不完全消光的较亮区域。这个暗弯曲区域就是兰多尔特条纹。

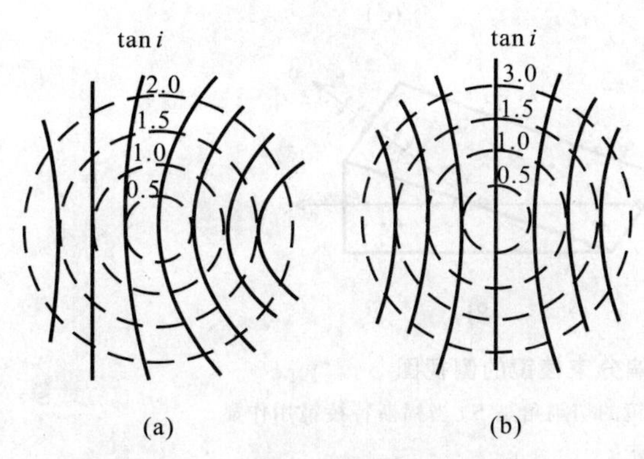

图 17-40　横越棱镜端面的恒偏振线

(a)横越尼科耳棱镜;(b)横越格兰-汤普森棱镜。虚线圆表示 $\tan i$ 线,i 是从入射端面的法线量得的入射角

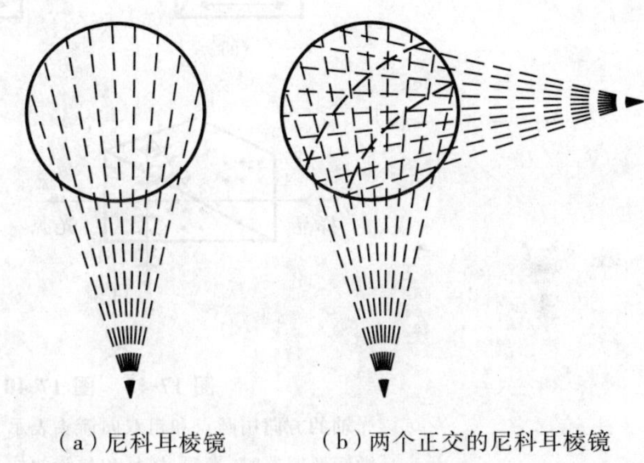

图 17-41　横越棱镜入射端面的小视场角内 E 矢量的恒振动线

这些线延长交于棱镜入射端面一边的一点。在(b)中,兰多尔特条纹发生在这些线相交成严格的直角的那些点,其界线用虚线表示。视场的其他部分不太暗

五、起偏分束棱镜

(一)一般特征

有三类起偏分束棱镜——罗雄棱镜、塞拿蒙棱镜和渥拉斯顿棱镜,被分别示于图 17-42(a)(b)(c)中,其侧视图见图 17-43(a)(b)(c)。此外,任何起偏棱镜都能用作起偏分束器,只要将其一侧的形状改变,并除去其侧面的吸收膜。福斯特棱镜和分束格兰-汤普森棱镜就是这种棱镜的两个例子。在福斯特棱镜中,寻常光线和非常光线互成直角出射;在分束格兰-汤普森棱镜中,寻常光线垂直于一个侧面出射(见图 17-42(d)和(e)及图 17-43(d)和(e)。这个形式的另一棱镜是分束阿伦斯棱镜,它是双分束格兰-汤普森棱镜。

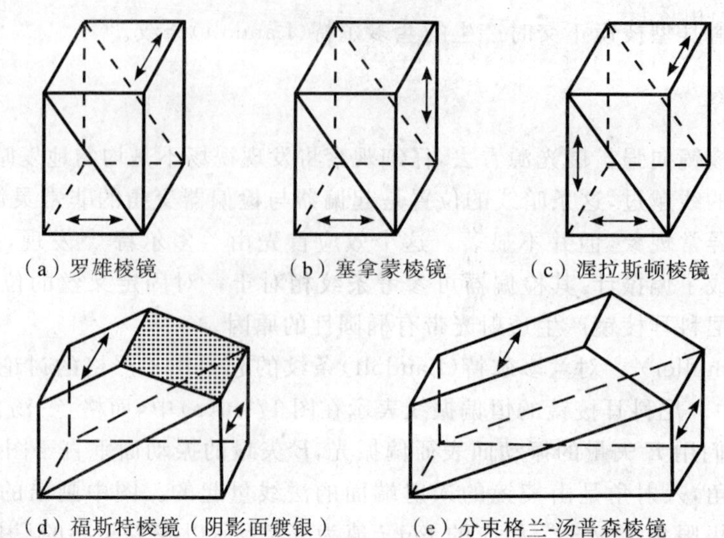

图 17-42 各种型式起偏分束棱镜的三维视图

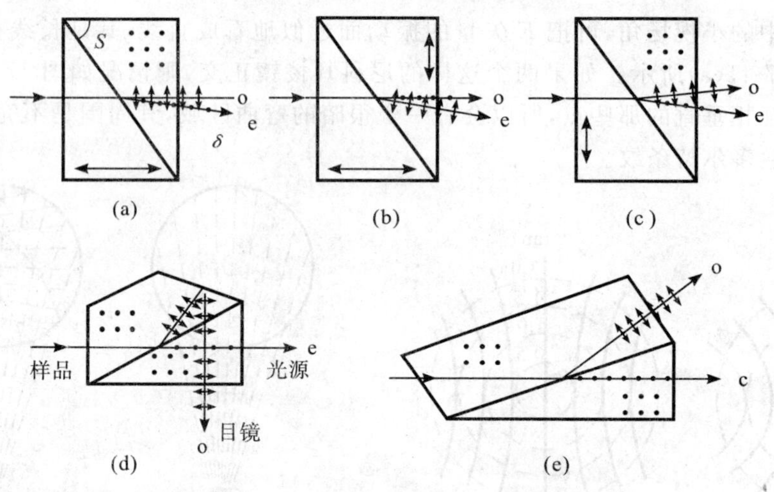

图 17-43 图 17-40 中的起偏分束棱镜的侧视图

光轴的方向用圆点和粗双向箭头表示。罗雄棱镜的切割角是 S。当福斯特棱镜用作显微镜照明器时,光源、样品和目镜的位置如图所示

在起偏棱镜中,棱镜的两个半块内的光轴总是相互平行的。与此相反,在罗雄、塞拿蒙和渥拉斯顿起偏分束棱镜的两个半块中的光轴相互垂直。结晶石英常被用来制造这些分束器,这种棱镜可用至真空紫外。在波长不需要这样短的应用中,方解石比较合适,因为方解石能把光束的角度分开得比较大(石英能分开 0.5°,而方解石能分开 10°),并且不会产生旋光性。

(二)罗雄棱镜

罗雄棱镜发明于 1783 年,它是最常见的一种起偏分束棱镜。罗雄棱镜常在光度学中用到,在这种应用中两个光束都要利用。它也被用作紫外起偏镜,此时其中一个光束必须消除,消除的方法是将光源成像在超过棱镜之处并将偏离的像挡掉。

两束光经过棱镜的路径如图 17-43(a)所示。正入射到入射端面上的光线在棱镜的第一个半块中沿光轴行进,因而寻常光线和非常光线都不偏折,且有相同的折射率 n。棱镜的第二个半块的光轴与第一个半块的光轴垂直,这时寻常光线不偏折,因为在两个半块中寻常光线的折射率相同。然而非常光线在第二个半块中具有最小的折射率,所以根据斯涅尔定律它在切割面将发生折射。因偏向角依赖于比值 n_e/n_o,所以它是波长的函数。如果切割角是 S,则非常光线的偏向角 δ 可按下式计算[43]:

$$\tan S = \frac{n_o - n_e}{n_e \sin\delta} + \frac{1}{2}\sin\delta \tag{17-117}$$

这个关系式只对于光在棱镜面上正入射时才成立。半视场角 i_{max} 由下式给出[41]：

$$\tan i_{max} = \frac{1}{2}(n_e - n_o)\cot S \tag{17-118}$$

罗雄棱镜也可以反向用作起偏分束器，但是这样两个光束的偏离较小。由计算光在棱镜面上正入射时e光线在切割面上的折射角可知，光束的偏离较小。在切割面上的入射角为 $90° - S$，于是由斯涅尔定律可知，对于正常的罗雄棱镜有

$$\sin r = \frac{n_o}{n_e}\cos S \tag{17-119}$$

而对于反向的罗雄棱镜有

$$\sin r = \frac{n_e}{n_o}\cos S \tag{17-120}$$

式中，角 r 是光由棱镜的第一个半块进入第二个半块的折射角。因对于方解石 $n_o > n_e$，(17-119)式得出较大的 r 值。当罗雄棱镜用于反向时，色散和旋光性(对于石英)对偏振都有不利的影响。然而当石英罗雄棱镜用作检偏器时情况例外。在这种情况下最好将棱镜反转，并用对偏振性不灵敏的探测器监测两个透射光束的相对强度。

罗雄棱镜对寻常光线是消色差的，而对非常光线是有色差的。与常规起偏棱镜不同，这种棱镜的两个半块之间的胶合使两个光束在切割面上的入射角都小于临界角，所以两个光束都不发生全内反射。通常用的是加拿大树脂胶，然而在高功率激光器的应用中，或当用到波长短于350 nm的紫外光时，棱镜的两个半块是光学接触(光胶)的。光线接触的结晶石英罗雄棱镜能用于短达170 nm的波长，氟化镁材料的罗雄棱镜已用到真空紫外130 nm[41]的波长。光学接触的单氟化镁罗雄棱镜也已被制作出来，这样一个棱镜的透明度已由140 nm测量到7 μm。采用紫外透明的胶合剂和格达明胶可将方解石棱镜的短波极限扩展到大约250 nm。

石英和方解石罗雄棱镜有一些缺点，当光平行于光轴透过石英时出现旋光性，虽然两个互相垂直的偏振光束会从正常方向使用的石英罗雄棱镜射出，但是这两个光束的光谱成分将不再现入射光水平分量和垂直分量的光谱成分。如果石英罗雄棱镜反向使用，则由棱镜射出的光，不同波长在不同平面内振动。所以出射光由许多不同的偏振所组成，而不是所需要的两个偏振。

方解石罗雄棱镜不会出现旋光性，但难以制作(如在前面所指出的)，这是因为当棱镜表面是沿垂直于光轴方向切割而成时，在沥青抛光中有从表面裂开小四面体的趋势。当擦拭棱镜时也会裂开小四面体，有时在这样的表面上胶合玻璃片以防止损坏。在方解石棱镜中存在着像的畸变：如果非正入射的光线经过棱镜，两光束将沿着它们的振动方向畸变，亦即在竖直平面内振动的不偏折的光束(o光线)将产生竖直畸变，在水平平面内振动的偏折的光束(e光线)将产生水平畸变。

如果将罗雄棱镜的入射半块用折射率相匹配的玻璃制成，若用不同的石英或方解石，则以上提出的一些困难可以减小或消除。在棱镜的入射半块中，o光线和e光线的行进路径相同，折射率也相同，因而石英或方解石的双折射性质没有用上，代以各向同性介质是完全可以的。适当地选择玻璃的折射率，可使寻常光线或非常光线偏离，并且玻璃能够与方解石的两个折射率的任一个在可见区域的大部分匹配得相当好。非常光线在它的振动方向总是受到一些畸变，但寻常光线的畸变在玻璃-方解石结构中能被消除。适当地选择玻璃的折射率，能确定e光线是偏离的还是不偏离的光束。哈代(Hardy)采用了另一种获得不偏离光束的方法[42]。虽然能找到一种玻璃，其折射率和色散与方解石的折射率和色散相匹配，但他选择了具有合适色散率的玻璃。然后在方解石面上放置一小的楔形角以补偿折射率差，这样一来玻璃能有较多的选择，但是玻璃-方解石棱镜在延伸的波长范围内不能做到严格的消色差，此外还有因棱镜两部分的膨胀系数不同而引起的热应变，除非胶合剂容易塑性变形。

用罗雄棱镜作起偏器，必须把两束光中的一束遮蔽和消除。如果把棱镜的两个半块之间的切割角做得足够小，以使非常光线发生全反射，则这个限制可以解除。计算表明这个办法应该是容易做到的。

（三）塞拿蒙棱镜

塞拿蒙起偏分束器如图 17-42(b)和 17-43(b)所示。棱镜在入射半块中的光轴与在出射半块中的光轴共面，除此以外与罗雄棱镜相似，亦即出射半块中的光轴与罗雄棱镜出射半块中的光轴垂直。其结果是在塞拿蒙棱镜中振动平面竖直的光发生偏离，而在罗雄棱镜中振动平面水平的光发生偏离(假定在这两种情况中都没有旋光性)(比较图 17-43(a)和(b))。由于塞拿蒙棱镜中非常光线的折射率不具有其最小值(见(17-100)式)，所以光束的偏离量略小于在罗雄棱镜中的偏离量。

塞拿蒙棱镜的一种变形是直角塞拿蒙起偏器或科顿起偏器，它只是由塞拿蒙棱镜的第一半块构成的。在棱镜面正入射的非偏振光在斜面上全内反射，然后分解为两个振动平面，一个振动平面平行于光轴，另一个振动平面与光轴成直角。因而正如在通常的塞拿蒙棱镜中一样，会产生双折射。这种棱镜的透明度等于光学接触的塞拿蒙或罗雄棱镜的透明度，但耗费要少得多。

（四）渥拉斯顿棱镜

渥拉斯顿棱镜(见图 17-42(c)和 17-43(c))是一种起偏分束器，也用作真空紫外起偏棱镜，它使两个透过的光束都偏离。在图 17-43(c)中所表示的偏离对于入射方向几乎是对称的，因而渥拉斯顿棱镜的角分离约为罗雄棱镜或塞拿蒙棱镜的 2 倍。正入射的光束在进入棱镜时是不偏离的，但是垂直于光轴振动的 o 光线有折射率 n_o，而平行于光轴振动的 e 光线有最小的折射率(或主折射率) n_e。经过分界面 e 光线变为 o 光线，o 光线变为 e 光线，这是因为第二个半块中的光轴方向与第一个半块中的光轴方向成直角。所以原来的 o 光线进入折射率较低的媒质，折离切割面的法线，而原来的 e 光线进入折射率较高的媒质，折向切割面的法线。当射出棱镜的第二个半块时，两束光束都折离法线，因而它们分离得更开。

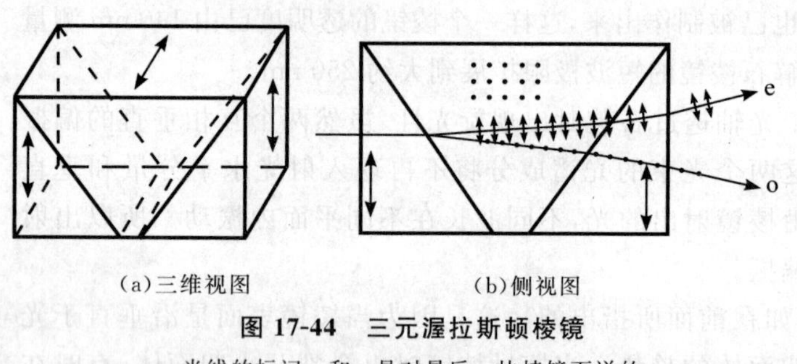

(a)三维视图　　(b)侧视图

图 17-44　三元渥拉斯顿棱镜

光线的标记 o 和 e 是对最后一块棱镜而说的

在渥拉斯顿棱镜中两个偏离的光束都是有色差的，这个棱镜的最常见的用途是用来决定光束的两个平面偏振成分的相对强度。因为光在棱镜中永不沿光轴行进，也不会发生旋光性，所以两个光束的相对强度总是正比于入射光束的水平偏振分量和竖直偏振分量的强度。对于结晶石英渥拉斯顿棱镜来说，如果 L/A 等于 1.0，则光束之间的角分离约为 1°；如果 L/A 等于 4.0，则角分离高达 3°30′。对于方解石棱镜来说，如果 L/A 等于 1.0，光束就有约达 19°的角分离，但当用到这样大的角分离时会产生严重的像畸变和横向色差。采用如图 17-44 所示的三元渥拉斯顿棱镜能够减小这些效应，或者在已知 L/A 的情况下能增大角分离。经过这种改进，能获得大到 30°的角分离。

金和塔利姆已测量了出射偏振光束的椭圆率[33]。对方解石渥拉斯顿棱镜，椭圆率在 0.004°和 0.025°之间，这和格兰-汤普森棱镜的椭圆率差不多。对于结晶石英渥拉斯顿棱镜，测得了更大的值，在 0.12°到 0.16°之间。这种并非由于晶体内部的缺陷，而是由于晶体中的旋光性和双折射结合在一起对于椭圆率的大的影响，在石英起偏器中是不能避免的。

（五）可调分束角棱镜

可调分束角棱镜[43]，仍采用渥拉斯顿棱镜的晶体棱镜结构，但把中间平行胶层作为光学结构的一部分，所以是三元结构式。这种棱镜(见图 17-45)最大的特点是分束角连续可调，分束角被大大展宽，同样结构角的棱镜，其分束角可扩展 1 倍多，一只 15°分束角的这种棱镜，分束角可连续变化到 35°。另一特点是，光强分束比相等，这一特点优于

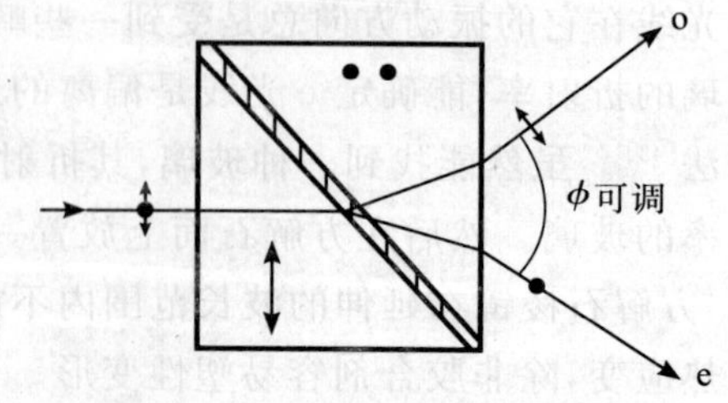

图 17-45　可调分束角棱镜的主截面

其他棱镜。在大分束角且对像畸变要求不高的场合,使用还是很方便的。如不调整分束角(不改变入射光的入射角)而让入射光垂直棱镜面入射,其各项指标都优于渥拉斯顿棱镜。

由于偏光分束镜中光的偏折(如渥拉斯顿棱镜中的e光,渥拉斯顿棱镜中的两束光)都会产生像畸变和横向色差,所以偏光分束镜和单纯的偏光棱镜的输出光质量是有区别的。在对偏振光质量要求很高的场合,一般不能用简单的遮挡办法以偏光分束镜来代替偏光棱镜使用。表17-5给出了几种常用偏光分束镜的性能参数。

表17-5　常用偏光分束镜性能参数

名　称	最大通光尺寸/mm^2	消光比	透射比/%	分束角/(°)	抗光损伤阈值		最佳使用波段/μm
					连续/(W/cm^2)	脉冲/(MW/cm^2)	
塞拿蒙棱镜	20×20	10^{-5}	≤90	2.5～7.5	10	50	0.35～2.8
罗雄棱镜	20×20	10^{-5}	≤90	2.5～7.5	10	50	0.35～2.8
渥拉斯顿棱镜	20×20	10^{-5}	85	5～15	50	100	0.35～2.8
双渥拉斯顿棱镜	18×18	10^{-5}	85	<25	10	50	0.35～2.5
分束格兰-汤普森棱镜	14×14	10^{-5}	90	45	10	50	0.35～2.5
90°分束角棱镜	φ15	10^{-5}	85	90	50	200	0.3～3
微角分束角棱镜	20×20	10^{-5}	90	<2	200	200	0.3～3
可调分束角棱镜	20×20	10^{-5}	90	5～45	20	100	0.35～2.8

(六)福斯特棱镜

福斯特棱镜的三维视图和横截面被分别表示在图17-42(d)和17-43(d)中,这个棱镜能形成两个互相偏离90°的平面偏振光束。福斯特棱镜的结构与格兰-汤普森棱镜相似,所不同的是一个侧面切割成一定角度并镀银,以使寻常光束反射并从另一侧面射出。

福斯特棱镜常反向用作偏光显微镜照明器来观察反射样品。在这个应用中光源置于图17-43(d)中的e处,非偏振光进入棱镜的右方端面。寻常光线(图中未表示)在切割面上反射并被涂黑的棱镜侧面所吸收,而非常光线透过且不偏向地射出棱镜的左端面。然后光线通过显微镜物镜,由样品反射,沿相同路径返回棱镜。偏振未变的光将沿着向光源的路径不偏向地透过棱镜。然而,如果振动面已旋转到与光轴成直角(在图平面内),那么光即反射到目镜。因此棱镜的作用如同一个正交起偏-检偏器组合。

如果把取向校正了的1/4波片插入棱镜与显微镜之间的光束中,则照射样品的光是圆偏振光,它反射回来后经过1/4波片,将又成为线偏振光,但振动平面旋转了90°。这束光的振动方向垂直于光轴,反射后进入目镜,得到明视场照明。用这种情况的福斯特棱镜不产生像散,因为成像的光进入和离开棱镜时均垂直于棱镜端面,而且只有平面反射。

(七)分束格兰-汤普森棱镜

如果棱镜设计与福斯特棱镜相似,但是棱镜侧面切割成的角能使偏转的寻常光线垂直于棱镜表面射出而不是反射,这种棱镜就叫做分束格兰-汤普森棱镜(见图17-42(e)和17-43(e))。因为每一个光束都不发生折射,所以这个棱镜是消色差的,并且几乎没有畸变。两个出射光束的夹角由棱镜两半块之间的切割角决定,因而这个夹角依赖于棱镜的L/A。如L/A为2.414,则夹角为45°。每个光束的视场角是对于不同的L/A来计算的,这和常规格兰-汤普森棱镜一样。把棱镜制成双棱镜,即分束阿伦斯棱镜,能把入射光束分为三部分:一部分偏左,一部分偏右,还有一部分不偏离。

六、福斯纳棱镜

到目前为止,所讨论过的各种起偏棱镜都需要大块的双折射材料,而且通常透射的是非常光线。福斯纳1884年提出了另外一种棱镜设计,这种棱镜只需要薄片双折射材料,对于负单轴材料透射的是寻常光线而不是非常光线。福斯纳思想的本质是把各向同性棱镜用双折射薄层分开,如图17-20所示。各向同性棱镜的折射率与双折射材料的较高折射率相同,这样一来,对于负单轴材料(如方解石或硝酸钠)透射的是寻常光线，而非常光线发生全内反射。这种设计的优点是：①因为透射的是寻常光，所以折射率不随入射角而变，因而像是消像散的；②可以获得大视场角或体积紧凑的棱镜；③节省双折射材料。此外，由于光线通过双折射材料的程长小，所以可以采用质量较差的材料。

福斯纳棱镜的缺点是：①对于方解石和硝酸钠来说，非常光线比寻常光线可在更大的波长范围内透过，所以福斯纳棱镜不能像常规棱镜那样在较大的波长范围内透射；②由于各向同性材料和双折射材料的热膨胀系数不同，所以很可能形成热应变。为了解决第二个问题，可以用触变性胶合剂，这种胶合剂随着应力的增加而更容易流动；或者把系统密封在金属套管中并用油代替胶合剂。如果油与寻常折射率匹配，则双折射材料并不需要很好的抛光。甚至可以利用方解石的解理面，只要视场的损失是容许的。

福斯纳提出双折射片的光轴取向垂直于切割面，如图 17-20(a)所示。因为在垂直于光轴一切方向上双折射片的热膨胀相同，所以这个方法可使热应变减至最小。采用方解石和硝酸钠片的福斯纳棱镜，在切割角 S 为不同值时相应的视场列于表 17-6 中。

表 17-6　福斯纳棱镜的视场角[44]

双折射片材料	视场角/(°)	切割角 S/(°)	L/A
方解石	44(最大)	13.2	4.26
	30	17.4	3.19
	20	20.3	2.70
硝酸钠	54(最大)	16.7	3.53
	30	24	2.25
	20	27	1.96

福斯纳的论文发表后不久，伯特兰指出，双折射片的光轴应平行于棱镜的入射端面，以使寻常光线和非常光线的折射率差最大。用这种方法制成的棱镜，有时叫做伯特兰型福斯纳棱镜，如图 17-20(b)所示。

由于硝酸钠容易得到，且其双折射甚至比方解石还大，所以曾经多次试图用这种材料制造起偏棱镜。然而，这种材料不仅易潮解，而且硬度很低，所以虽能得到较大的单晶，也难以加工。应用韦斯特[45]所发明的技术，可由熔体按要求的取向结晶成单晶体。当硝酸钠在云母的解理面上由熔体结晶时，它的底面之一的取向平行于云母的解理面，因此它的光轴垂直于云母表面。韦斯特认为，用这种方法生长的单晶可大到 38 cm×19 cm×2 cm。耶马格蒂[46-47]制成了装有硝酸钠薄片的起偏棱镜，他是把留有小间隔的薄玻璃板竖放在云母片上，然后一起浸入硝酸钠熔体中。这样形成的薄单晶逐渐冷却后胶合在玻璃棱镜之间，成为伯特兰型福斯纳棱镜。可以设想在玻璃棱镜之间直接生长硝酸钠，但是用这样厚的玻璃块时，难以避免在晶体中产生应变，从而降低了偏振比。耶马格蒂用 23°切割角的 SK5 玻璃棱镜($n_D = 1.5889$)制成起偏棱镜，并有相对入射端面的法线成对称的 31°的视场角。福斯纳棱镜适用的另一种双折射材料是白云母，这种棱镜实际上已经制成，并且进行过试验，可以获得 6°的视场角，这对于用激光照明的许多光学系统来说是足够的了。

七、非方解石起偏棱镜

如前面曾提到的，用方解石以外的其他材料制成的起偏棱镜，主要用在对方解石不透明的区域。正钒酸钇这种新材料是个例外，它在可见区域显示出有希望成为高透射的起偏器。这种新材料可以生成大约从 0.380 μm 至 3.7 μm 波长范围内都具有良好透射的正单轴单晶。用 0.4880～3.93 μm 区域内所选择的激光波长已测量了寻常折射率和非常折射率，所测得的数值符合塞耳迈耶尔公式 $n^2 = 1 + A\lambda^2/(\lambda^2 - B)$，对于寻常光线 $A = 2.7665$，$B = 0.026884$，对于非常光线 $A = 3.5930$，$B = 0.032103$（λ 的单位是μm)。在波长为 0.4880～1.0 μm 之间，这个公式给出的数值对于 n_o 精确到 0.0001 乘几，对于 n_e 精确到 0.001 左右。在 0.6328 μm，$n_o = 1.9915$，$n_e = 2.2148$。双折射略小于金红石而大于方解石，光学质量比金红石好得多。正钒酸钇的努普硬度为 480 而方解石为 135，可进行很好的抛光。目前可得到的光学单晶的大小为2.5 cm×2.5 cm×1.3 cm。正钒酸钇的主要优点是：在格兰-傅科型棱镜中寻常光线(对于正双折射材料是透明的)在切割面上以非常接近于布儒斯特角的角度入射，因此反射损失小于 1%。如果棱镜的前后端面均镀上减反射膜，则其透射应远大于方解石格兰-泰勒棱镜的透射。在方解石棱镜不太适用的激光系统中，目前运用着几种正钒酸钇棱镜。

用于紫外区的其他非方解石起偏棱镜已经制作出来。罗雄棱镜或渥拉斯顿棱镜有时用结晶石英制成，以用于远紫外区。用结晶石英棱镜既可作为紫外区的色散元件，也可作为紫外区分光偏振计的起偏器。石英的短波截止波长随所含的杂质而改变，但可以低于160 nm。

用氟化镁起偏棱镜代替石英起偏棱镜，短波极限可以延长到130 nm。氟化镁透射到大约112.5 nm，但在130 nm以下它的双折射很快减小，并且在119.4 nm改变符号。虽然在这个波长区域氟化镁是最合用的双折射材料，但它的双折射比方解石的小。因此，对于这种棱镜来说，小的切割角和大的 L/A 是不可避免的。因为要产生吸收，所以希望棱镜的长度最小。小约翰逊制造的氟化镁渥拉斯顿棱镜解决了这个问题，这种棱镜只有罗雄棱镜长度的一半。然而两个光束都偏离，这会引起制作仪器的困难。

斯坦梅茨等人制作了氟化镁的双罗雄棱镜[40]，这种棱镜具有和渥拉斯顿棱镜相同的 L/A，但不会使所要的光束偏离。该棱镜长16.25 mm，L/A 约为2，而且顶部涂黑以减少散射光。当用水杨酸钠窗口探测器而不用不感日光探测器时，在145 nm以下的荧光引起了困难。来自抛光棱镜表面的散射光也是一个问题，这种散射光可以用不同的抛光技术来减小。如果双罗雄棱镜的两个边块的光轴不严格平行，则这种棱镜的作用如同相位差约为2°的两个独立的起偏器，并且偏振效率减小。然而，从原则上讲，一个氟化镁双罗雄起偏棱镜应当是一个对于130～300 nm波长范围有效的、高消光比的、沿轴向的起偏器，并且也适用于更长的波长区域。莫里斯和艾布拉姆森报道了 L/A 约为5的光学接触的氟化镁的单罗雄棱镜的特性。这种棱镜所具有的寻常光的偏向角 δ（见图17-43(a)）在632.8 nm为3°，在180 nm约为5.2°。

在真空紫外区还有一种代替罗雄棱镜或渥拉斯顿棱镜的不同类型的起偏器，它由两个氟化镁透镜组成：一个是平凹透镜，另一个是曲率半径相同的平凸透镜。这两个透镜的光轴要正交。这个组合的作用对于一个偏振成分如同一个会聚透镜，而对于另一个偏振成分如同一个发散透镜。其优点是偏振光束仍然在轴线上，而且是聚焦的。在160.8 nm测得的偏振度为98.5%，和计算值相符合。

也可以制造用于比方解石的透射波长更长的红外区的棱镜起偏器。金红石是具有大双折射的正单轴晶体，它在红外区直到5 μm都有好的透射比，兰代斯已用这种晶体来制造格兰-傅科型晶体起偏器[51]，如图17-46所示。因金红石是正双折射晶体（与负双折射的方解石不同），所以寻常光线不偏离地透射，而非常光线由上边反射出去。视场角（对称的）相当小：在2.6 μm为2.4°，在3.7 μm为4.4°，在5 μm为2°；消光比在2.6 μm小于1/2 000，在更长的波长区域小于1/1 000。其透射除了在3.1 μm由于水蒸气而明显下降外，在2.5～5 μm的波长区域内透射为20%到35%之间。

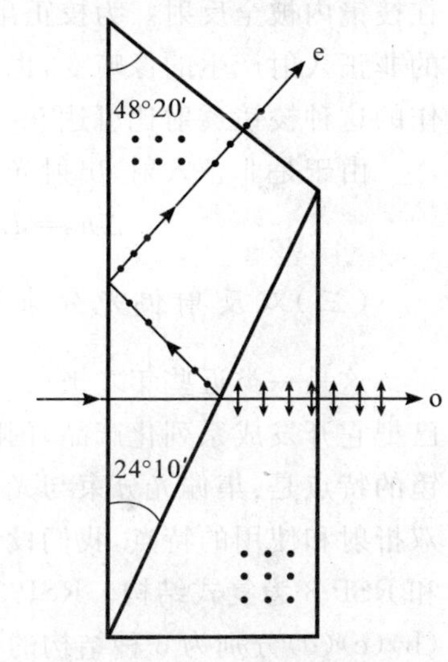

图17-46　用于红外区的金红石格兰-傅科型起偏棱镜

正双折射金红石的光轴垂直于纸面

八、其他类型的偏光棱镜

双折射偏光棱镜的优点不仅在于起偏精度高，它还可以根据实际应用和不同情况做出各种各样的设计，以满足不同场合或不同起偏性能的需要，这是其他任何形式的偏光器件都无法相比的。事实上，专用激光偏光器件的设计已成为激光无源器件研究的一个重要方面。下面介绍近几年研制成功并推广使用的几种专用偏光器件。

（一）微角分束棱镜和平行分束偏光镜

微角分束棱镜为单元结构（见图17-47(a)），其分束角一般在2°以内，这样小的分束角，使出射光的偏折不大，不会产生明显的像畸变，适合制作分束角为分级的分束镜。

图17-47(b)是分束角为零的平行分束偏光镜，出射的o、e两束光按设计要求有一定的剪切距离，保持平行传播。特点是出射光束基本无像畸变。

以上两种偏光分束镜多用于激光显微、光纤耦合、光隔离器及剪切干涉等系统。

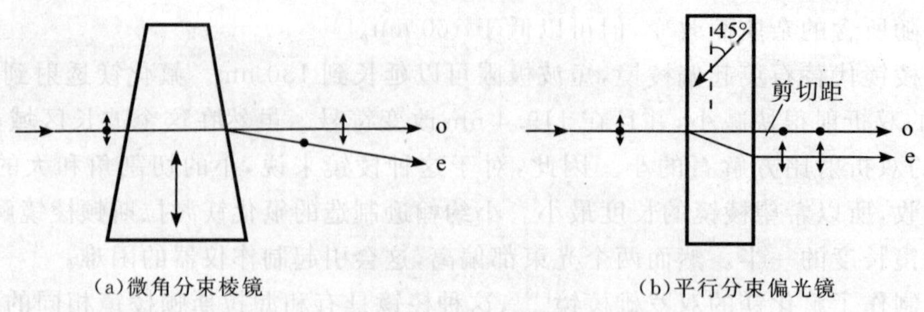

(a)微角分束棱镜　　(b)平行分束偏光镜

图 17-47　微角分束棱镜和平行分束偏光镜

(二)超高透偏光镜

为了最大限度地提高宽波段偏光棱镜的透射比,我们设计出了如图 17-48 所示的超高透偏光镜结构,其特点是使 e 光在晶体棱镜通光面上以布儒斯特角入射,这样没有反射损失,而 o 光则在棱镜内被全反射。为校正出射光的偏向,并尽可能补偿入射光的非正入射产生的像畸变,也可采用二元结构。由冰洲石晶体制作的这种棱镜透射比可达 99.2%以上,抗光损伤能力也相当好。

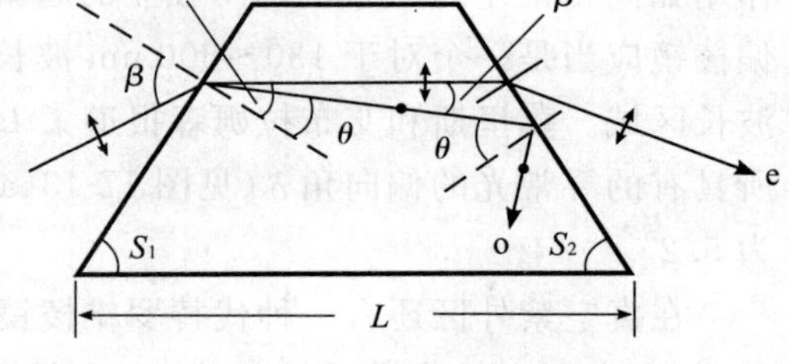

图 17-48　超高透偏光镜原理图

由于是非正入射,出射光相对入射光产生的横移为

$$\Delta h = L\sin(\beta_{cy} - \beta_{cN}) \tag{17-121}$$

(三)双反射偏光分束棱镜[48]

这是一类近些年才被人们注意的偏光分束棱镜。它是根据双折射晶体表面的双反射现象设计的(我国已把它开发成系列化产品,国际上仅有原理性研究文献,即双折射晶体光性研究,未见产品报道)。这类偏光镜的特点是:集偏光分束与光传播的变向于一身,在偏光分束的同时,使光的传播方向改变 90°。根据晶体双折射和使用的特点,我们设计了 3 种结构形式 4 个品种的这类偏光分束镜。RSP-1 为单元结构式,RSP-2 和 RSP-3 为复式结构。RSP-2 分为 RSP-2-84 系列和 RSP-2-110 系列。其光路图如图 17-49 所示。图中(a)(b)(c)(d)分别为 3 种结构的系列棱镜,(b)(c)是同一结构的两种设计形式。

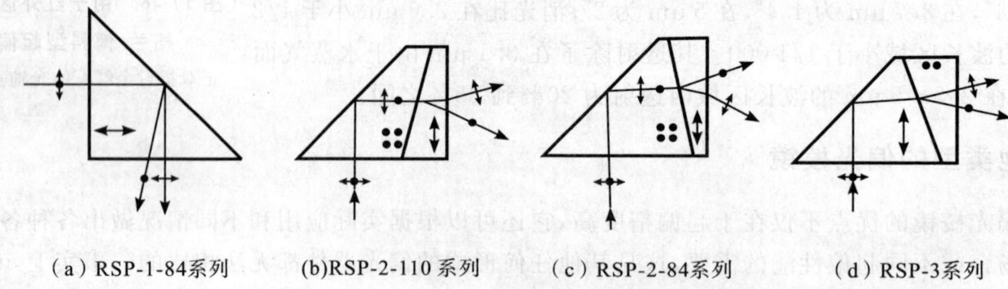

(a) RSP-1-84系列　　(b)RSP-2-110 系列　　(c) RSP-2-84系列　　(d) RSP-3系列

图 17-49　各系列双反射分束偏光器的光路图

其中点和箭头表示晶体的光轴方向

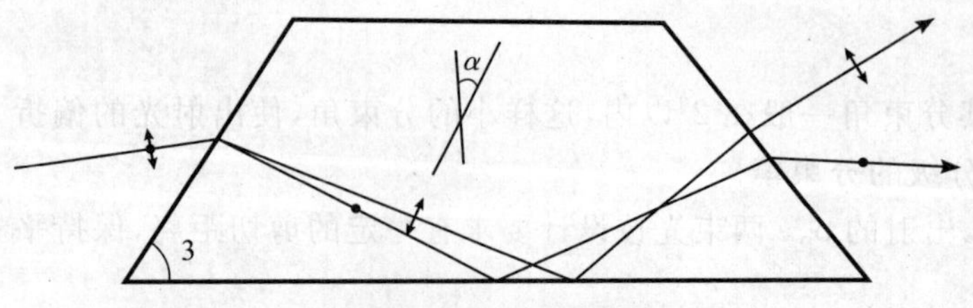

图 17-50　等腰梯形结构

图 17-50 是一个等腰梯形的单式结构设计,适当选择光轴的取向,可使出射光方向与入射光方向成一固定夹角,适合于激光腔内二次谐波分离、染料激光器泵浦耦合、大功率激光光谱测量和环形激光放大等系统。

第四节　二向色起偏器和衍射型起偏器

一、一般特征

一些最有用的起偏器是利用二向色性或衍射效应制成的。这些起偏器制成薄片状，往往有较大的尺寸，容易旋转，而产生的光束偏离是微不足道的。此外，它们通常比较薄，重量轻，而且坚固，大多数能做成任意所要求的外形。其价格比棱镜型起偏器低得多。再者，二向色起偏器和衍射型起偏器对光束的准直度都不敏感，所以它们能用于强会聚或发散的光中。

二向色[①]物质对某一方向偏振的光的吸收比对垂直于此方向的偏振光的吸收更强。二向色材料与双折射材料不同，双折射材料对于在两个互相垂直的方向上振动的电矢量有不同的折射率；但是吸收系数相近似(通常其差异可以忽略)。处于自然状态或应力状态下的许多材料都是二向色的。用作二向色起偏器的材料通常是有应力的聚乙烯醇片(用吸收燃料或碘聚合物处理过)，其商品名称叫做人造偏振片。二向色起偏器的另一种类型是把玻璃或塑料表面按一个方向摩擦，然后用适当的燃料处理，其商品名称叫做偏振涂层。在红外光谱区域的某些部分，方解石有强的二向色性，可制成极好的高消光起偏器。热解石墨是电的和光的各向异性体，已被成功地用作红外起偏器。在红外区显示二向色性的其他材料有单晶碲、硝酸铵、云母、张力下的橡皮膜、聚乙烯醇和聚乙烯。在可见区域内，微晶形的金、银和汞，针状碲，石墨微粒和含有小的拉长了的银粒的玻璃都是二向色的。

耶马格蒂所描述的硝酸钠起偏器严格地说不是二向色的，不过其作用等同于二向色起偏器。一些粗糙的SK5玻璃片用硝酸钠单晶连接在一起。硝酸钠晶体对于寻常光线的折射率近似地等于玻璃的折射率，而对于非常光线的折射率较低。因此非常光线被粗糙的表面从光束中散射开，而寻常光线几乎没有衰减地透过。

衍射型起偏器包括衍射光栅、红外光栅和线栅。这些都是平面结构。当辐射的波长远大于光栅或线栅的间隔时，它们除了透射一个偏振分量和反射另一个分量以外，还具有与二向色起偏器相似的性质。

二、片状起偏器

兰德及其合作者发展了各种类型的片状起偏器。J型片状起偏器由相互平行排列在纤维素醋酸酯片中的碘硫酸奎宁的亚微观针状结晶所构成，由于这个类型的起偏器是微晶体，对光有某种程度的散射，已由H型和K型片状分子起偏器所代替，H型和K型实际上不存在散射。被最广泛使用的是H型片状起偏器，它由单向拉伸的聚乙烯醇片并用聚合形式的碘着色构成。K型片状起偏器的制作是在催化剂中加热聚乙烯醇片以去掉一些水分子，从而得到二向色体聚乙烯醇。K型片状起偏器主要是为抗高温和高湿的应用而发展起来的。由H型和K型组合成的另一类型的片状起偏器，称作HR人造偏振片，它在红外区1.5 μm处有一吸收最大。

图17-51表示各种H型和K型片状起偏器在可见和近紫外区的主透射比 T_1 和消光比 T_2/T_1，另外还给出了蔡司公司制造的两种片状起偏器和由偏振涂层制成的两种偏振滤光器的曲线。人造偏振片的牌号中的字母N表示中性(区别于由有色染料制成的片状起偏器)，数字22、32等表示非偏振可见光的近似透射比。图17-52给出了典型的塑料叠片HR红外起偏器的主要透射比和消光比。为了把偏振度与消光比联系起来，我们在图17-53中给出了这两个量的关系曲线。作图时有时用起偏器的光密度 D 代替它的透射比。这两个量之间的关系为

$$D = \lg \frac{1}{T} \tag{17-122}$$

① 在另外3种情况下也使用二向色(或称二色性)这个词：表示染料溶液的颜色随浓度的变化而变化；表示一种滤色器，它在可见光谱区域内的不同部分有两个透射带，当光源的光谱分布改变时它的颜色也跟着变化；表示一种干涉滤光器，当观察它的反射或透射光时出现不同的颜色。

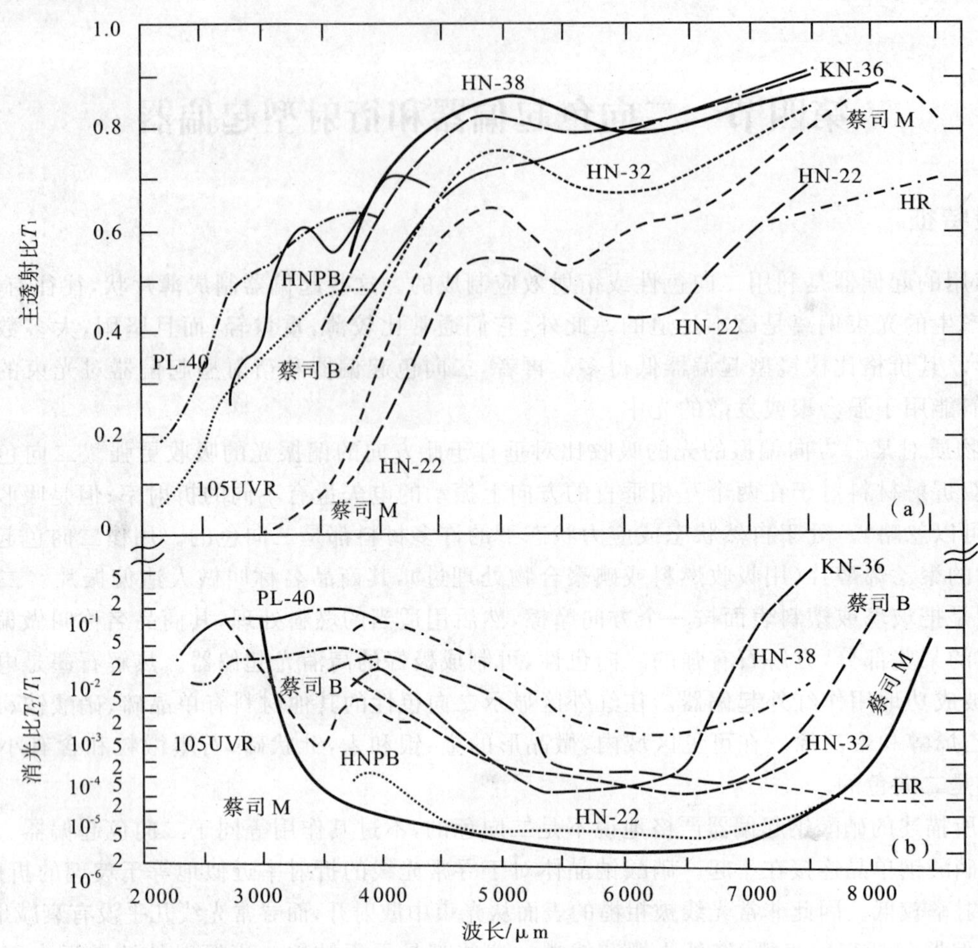

图 17-51 各向二向色起偏器的透射比和消光比

(a)透射比；(b)消光比。人造偏振片 HN-22、HN-32、HN-38 和 KN-36，蔡司 B 和 M 偏振滤光器；偏振涂层 PL-40 和 105UVR 起偏滤光器。据称 105UVR 在 546 nm 有 32%的透射比(对非偏振光)

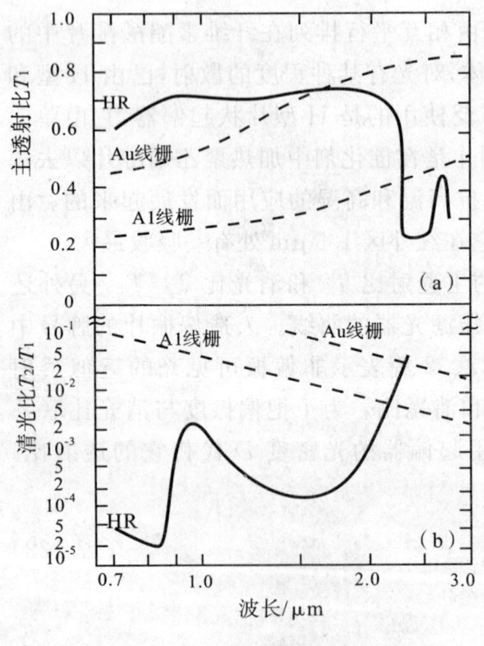

图 17-52

塑料叠片 HR 红外起偏器的主透射比(a)和消光比(b)，此外还有线栅间隔为 0.463 μm 的两个线栅起偏器的曲线

在整个可见区域，HN-22 人造偏振片的消光比优于格兰-汤普森棱镜，但格兰-汤普森棱镜的透射较高。在紫外区域，新的 HNP′B 材料对于比 320 nm 大的波长有相当好的消光比(约 10^{-3} 或更好)。HNP′B 是 HN-32 的特别精致的形式，其性质与标准的 HN-32 人造偏振片在波长大于 450 nm 的区域相当。韦斯特和琼斯[1] 认为，人造偏振片型二向色起偏器的消光比有一个大约为 10^{-5} 的实际限制，因为二向色体的浓度增加到超过一定数值时，光密度不再成正比例地增加。

如果人造偏振片用在光束的偏向不可忽略的情况时，则要控制可能出现的偏向。大多数人造偏振片是由塑料片叠压而成，会产生轻微的光束偏向，因而当转动人造偏振片时，通过望远镜可观察到像位置的移动。光束偏向的大小，在人造偏振片上是逐点变化的，如果把材料夹在玻璃板之间，则情况会更坏。有可能购到特别选择的叠夹在抛光玻璃板之间的人造偏振片，使光束产生约为 5 弧秒的偏向。

用碘或各种染料着色的拉伸聚乙烯醇制成的片状起偏器，在德国生产的有蔡司和考斯曼公司，在英国有巴尔和斯特劳德公司。考斯曼(Käsemann)发表了 Ks-MIK 可见起偏器和 Ks-W58 可见和

紫外起偏器的光密度曲线。Ks-MIK 起偏器在 400～700 nm区域有极好的消光比和好的透射性，Ks-W58 起偏器在 200 nm 以外还有一定的透射，但由 350 nm 到 200 nm 区域消光比急剧变坏。

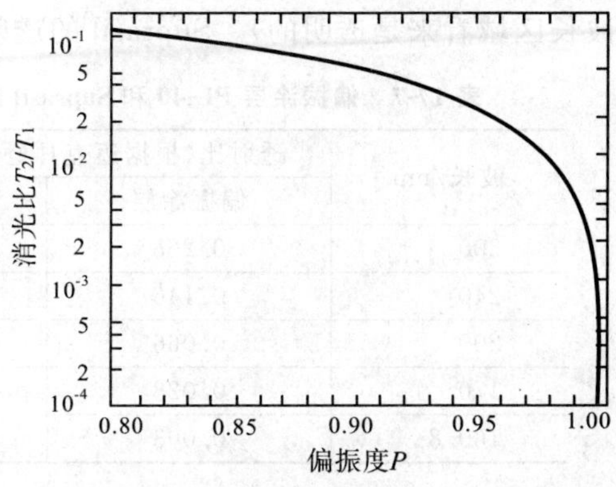

图 17-53　由(17-30)式计算的消光比与偏振度之间的关系

图 17-51 中给出了两个蔡司偏振滤光器的曲线，作为目前这类产品的代表。标明 B 的偏振滤光器是为在照相工作中消除耀目的和不需要的反射光。这种应用中的主要要求是在整个可见区域(对于彩色照相)具有几乎不变的高透射，而较少强调好的消光比。对于精密的光学测量要求较好的消光比，标明 M 的偏振滤光器是最好的。它与 HN-22 人造偏振片比较，有稍高的透射和较好的消光比。所有蔡司的偏振滤光器都是叠压在经过挑选的没有应变的玻璃板之间，并且胶合的像质好和光束偏向最小。

金和塔利姆用对格兰-汤普森棱镜那样的方法，测量了透过各种类型片状起偏器的光束轴向漂移和椭圆率[33]。与棱镜起偏器明显不同，当在片状起偏器的同一区域扫描时，看出轴向漂移与椭圆率的变化无相似之处。例如，横向扫过起偏器的孔径，椭圆率显示出平稳的变化，而相应的轴向漂移作不规则变化。轴向漂移可能由二向色分子的取向决定，而椭圆率是由起偏器的塑料或玻璃支座的剩余双折射而引起的，因而片状起偏器中的轴向漂移和椭圆率的扫迹之间缺少对应是可以理解的。

从一种片状起偏器到另一种，轴向漂移有相当大的变化，越过一个片状起偏器也是这样。在玻璃装配的 HN-32 人造偏振片的某些区域，10 mm 的扫描得出透射平面方位角的总变化高达 0.4°，然而在丁酸盐叠片 HN-32 材料的选择区域，对于同样长的扫描，轴向漂移低到 0.015°。对于考斯曼 Ks-MIK 片状起偏器，10 mm的扫描得出轴向漂移的典型值在 0.01°～0.05°范围内，在考斯曼 Ks-DEM 材料的选择区域，得出相似的数值，然而在其他区域则比较差，对于 10 mm 的扫描一般是 0.1°。对高质量的片状起偏器，椭圆率已相当低，其值一般在 0.01°和 0.03°之间，这个值对于 10 mm 的扫描几乎是常数。HN-32 人造偏振片的椭圆率变化相当大，然而不难得出对于同一片材的不同区域，椭圆率的值在 0.01°与 0.5°之间。

三、二向色起偏薄膜

拜尔比(Beilby)层起偏器[5]是涂在玻璃或塑料表面上的二向色薄膜。德雷尔(Dreyer)发展了制作方法并建立公司生产偏振涂层起偏滤光器。这种起偏器的生产有 3 个主要步骤：第一步，用滤纸、棉花或红粉沿同一方向摩擦基片(石英、玻璃、塑料等)以获得优先选择的表面取向(每个微小的划痕达到的深度小于 1 μm)。其次，清洗薄片，并用二向色分子溶液进行处理，例如用 0.5%的亚甲基蓝的乙醇溶液或用一偶氮或多偶氮染料处理，然后以可控的方式进行干燥。分子优先沿摩擦方向排列，结果在此方向偏振的光有较大的吸收。最后一步，用酸性溶液，常用二氯化锡那样的金属盐的酸性溶液处理表面，这样可以增加二向色性和更加表现出无彩色。在偏振表面涂以防护膜，以对易损伤的薄层提供无透射损失的机械防护。

图 17-51 给出了两种标准的偏振涂层薄膜 PL-40 和 105UVR 的主透射比和消光比(在 546 nm 处非偏振光的透射率为 32%)。为了与其他材料的曲线比较，对石英表面的反射损失所作的校正已除去。在大约 650 nm以内的可见区域，这些材料的透射比约略为一常数，650 nm 以外开始微弱地增加。偏振涂层胜过人造偏振片的主要优点是在强紫外辐射照射下不发生漂白。曾经在辐射通量约为 0.003 W/cm² 的 228 nm 的紫外光照射长达 50 h 后，偏振涂层的特性没有明显的变化。另一方面，改进的 HN 紫外人造偏振片在较弱的曝光下就发生明显的漂白，从而降低了它的起偏性能。

迈克耳逊实验室测量了涂敷在直径为 2.5 cm、厚 1.6 mm 的 Suprasil① 光学平板上的无防护漆的偏振涂层 PL-40 薄膜的透射比，为了确定在较短波长是否透射，测量在真空紫外范围 150～300 nm 进行。所测透射比(对非偏振光)示于表 17-7 中(因为这些值与标准的 PL-40 滤光器的透射比差不多。所以防护漆在这个

① Suprasil 是 Amersil 公司制造的紫外级熔凝石英的牌号。

波长区域看来是透明的)。Suprasil 的透射比也示于表 17-7 中。

表 17-7　偏振涂层 PL-40 和 Suprasil 的透射比[49]

波长/nm	透射比(根据迈克耳逊实验室的资料)	
	偏振涂层	Suprasil
300	0.268	0.925
240	0.146	0.910
200	0.066	0.804
170	0.028	0.788
160.8	0.003	0.108

迈克耳逊实验室还对两个涂敷在 Suprasil 上的 PL-40 薄膜测量了消光比，其平均值在 546.1 nm 为 0.028，在 435.8 nm 为 0.008 7，在 365 nm 为 0.104，相应的偏振度分别为 0.945、0.983 和 0.812。在可见区域，PL-40 偏振涂层显然不会有与以前讨论过的聚乙烯醇片状起偏器可以比拟的消光比。PL-40 起偏器还使透射光带有椭圆率和使它的偏振面旋转。凯泽发现了另外的困难，他用熔凝石英上的 PL-40 偏振涂层起偏滤光器做实验，发现产生了大量不需要的散射光。这种光是色散的，并在大约 20°的范围内散射，好像是摩擦表面上的划痕起着衍射光栅划线的作用。轴上不需要的散射光比较少，大部分光是在较大角度散射的。尽管有这些困难，偏振涂层 PL-40 起偏器看来仍是能在紫外 200～300 nm 波长范围内工作得最好的大孔径透射型起偏器。

四、线栅起偏器和光栅起偏器

线栅是由许多平行的金属丝或金属条组成的平面结构。它用作光学元件在远红外和无线电波区域使辐射发生色散和探测偏振已有长久的历史。当波长远大于线栅的间隔时，线栅使 $\boldsymbol{E}$ 矢量的振动垂直于栅线的辐射透过，而使 $\boldsymbol{E}$ 矢量的振动平行于栅线的辐射反射。当波长与线栅的间隔差不多时，两个分量都透射。由于线栅由良导体制成，吸收可以被忽略。

辐射被线栅反射和透射的理论的各个方面均已被提出[50]。因为许多工作是关系到微波而完成的，所以给出的方程一般用的是传输线表示。奥顿(Auton)[51]把关系式简化并变成光学符号，线栅的透射比 T_1 和 T_2 为

$$(T_1)_\perp = \frac{4nA^2}{1+(1+n)^2A^2} \tag{17-123}$$

$$(T_2)_\parallel = \frac{4nB^2}{1+(1+n)^2B^2} \tag{17-124}$$

式中，n 为基底材料(透明的)的折射率，$(T_1)_\perp$ 为偏振垂直于栅线的辐射的透射比，$(T_2)_\parallel$ 为偏振平行于栅线的辐射的透射比。A 和 B 的一般表式为

$$\frac{1}{A} = \frac{4d}{\lambda}\left\{\ln\left[\csc\frac{\pi(d-a)}{2d}\right]+\frac{Q_2\cos^4[\pi(d-a)/2d]}{1+Q_2\sin^4[\pi(d-a)/2a]}+\frac{1}{16}\left(\frac{d}{\lambda}\right)^2\left[1-3\sin^2\frac{\pi(d-a)}{2d}\right]^2\cos^4\frac{\pi(d-a)}{2d}\right. \tag{17-125}$$

$$B = \frac{d}{\lambda}\left[\ln\left[\csc\frac{\pi a}{2d}\right]+\frac{Q_2\cos^4(\pi a/2d)}{1+Q_2\sin^4(\pi a/2d)}+\frac{1}{16}\left(\frac{d}{\lambda}\right)^2\left(1-3\sin^2\frac{\pi a}{2d}\right)^2\cos^4\frac{\pi a}{2d}\right] \tag{17-126}$$

其中

$$Q_2 = \frac{1}{[1-(d/\lambda)^2]^{1/2}}-1 \tag{17-127}$$

这些关系式适用于当 $\lambda > 2d$ 时由宽度为 a 和间隔为 d 的细金属条制成的线栅。当 $\lambda > 2d$ 时，(17-123)式和(17-124)式的误差小于 1%，而当 $\lambda > d$ 时认为误差小于 5%，但对于更短的波长误差要增大。当金属条的宽度等于条之间的间隔宽度时($d = 2a$)，则因 $d-a=a=d/2$，(17-125)式和(17-126)式可以大大地简化为

$$B = \frac{d}{\lambda}\left[0.346\,6+\frac{0.25Q_2}{1+0.25Q_2}+0.003\,906\left(\frac{d}{\lambda}\right)^2\right] \tag{17-128}$$

$$A = \frac{1}{4B} \tag{17-129}$$

这个情况已被奥顿证明是提供尽可能宽的有用波长范围的最佳情况。(17-128)式和(17-129)式适合于线栅特性的大部分计算。然而，许多线栅在实际使用中比较更像金属线而不像在推导中假定的平金属条。对于

金属线可得到类似于(17-125)式和(17-126)式的表达式,但是这些式子含有无穷级数之和,不便于计算。

图 17-54 表示的是主透射比和消光比作为 λ/d 的函数对不同的 n 值由方程(17-122)式和(17-129)式计算的值。显然,已知的线栅会起到有效起偏器的作用的最短波长为 $\lambda \approx 2d$;再者,最好的性能是用最低折射率的基底获得的。由于基底材料中的吸收已被忽略,所以对于实际材料所测量的主透射比要低于计算值,但消光比应当不受影响。如果必须使用高折射率基底如硅或锗,则在基底上淀积导体条以前,先镀上减反射膜,线栅的性能可大大地改善,因为完全减反的基底作用如同一个无支座的线栅。然而,如果减反层覆盖在栅条之上,则 $(T_1)_\perp$ 和 $(T_2)_\parallel$ 的表达式变成[50]

$$(T_1)_\perp = \frac{4n^2A^2}{1+4n^2A^2} \tag{17-130}$$

$$(T_2)_\parallel = \frac{4n^2B^2}{1+4n^2B^2} \tag{17-131}$$

如果 $\lambda \gg d$,$(T_1)_\perp$ 趋近于 1,$(T_2)_\parallel$ 趋近于无支座线栅的 $(T_2)_\parallel$ 值的 n^2 倍。消光比也比减反基底上的线栅的消光比增大到 n^2 倍,所以由金属条制成线栅而后减反的起偏器要比减反层在线栅与基底之间的起偏器坏得多。

已经制出的不同线栅起偏器列于表 17-8 中,其中几种的主透射比和消光比已表示在图 17-52 中。

表 17-8　线栅起偏器的类型

线栅间距/μm	线栅材料	基　底	波长/μm
0.347	蒸发　Au	氯化银	2.5～30
0.463	蒸发　Au	Kel-F①	1.5～10②
0.463	蒸发　Al	Kel-F	0.7～15③
0.463	蒸发　Al	聚甲基丙烯酸甲酯	1～4 000③
1.67	蒸发　Al	Irtran2④	6～14
1.67	蒸发　Al	Irtran4	8～19
1.69	蒸发　Al	聚乙烯	2.9～200⑤
2	蒸发　Cr	硅	10.6
4	光刻　Al	聚乙烯	>16
5.1	光刻　Al	硅	54.6
10	光刻　Al	聚乙烯	>16
25.4	光刻　Al	硅	54.6
25.4	光刻　Au	聚酯薄膜	>60
317	直径为 152 μm 的钨丝	空气	40～300

注:①聚三氟氯化乙烯聚合体;②接近 8.3 μm 和 10.5 μm 有强吸收带;③在 5.7 μm 与 12.5 μm 之间有强吸收带;④Irtran 光学材料见第二十四章;⑤在 6 μm 与 15.5 μm 之间有吸收带。

线栅间隔为 1.69 μm 和小于 1.69 μm 的起偏器,都是把线栅材料以很斜的角度蒸发到光栅表面而成的,该光栅是用适当的基底材料(溴化银、Kel-F、聚甲基丙烯酸甲酯等)复制成的衍射光栅,或者是直接在基底(Irtran2 和 Irtran4)上刻划。斜角蒸发(与表面成 8°～12°角)在刻槽顶端产生金属线,其作用如同理论的导体条,而其余部分未镀上,金属条之间成为透明区域。较大的线栅间隔(4～25.4 μm)用光刻法制造,一个 25.4 μm 间隔的线栅是用电铸成型法制成的。

如果线栅起偏器用于近红外区,线栅间隔应尽可能小。伯德(Bird)和帕里什(Parrish)[52] 用镀铝的 Kel-F基底成功地在 2～6 μm 波长区域得到了非常好的消光比(见图 17-52);但是 Kel-F 在 7.7～9.2 μm 和 10.0～11.0 μm 有吸收带,使得起偏器在这些区域不能用,但它能用于更长的波长区域,可达到 25 μm。聚

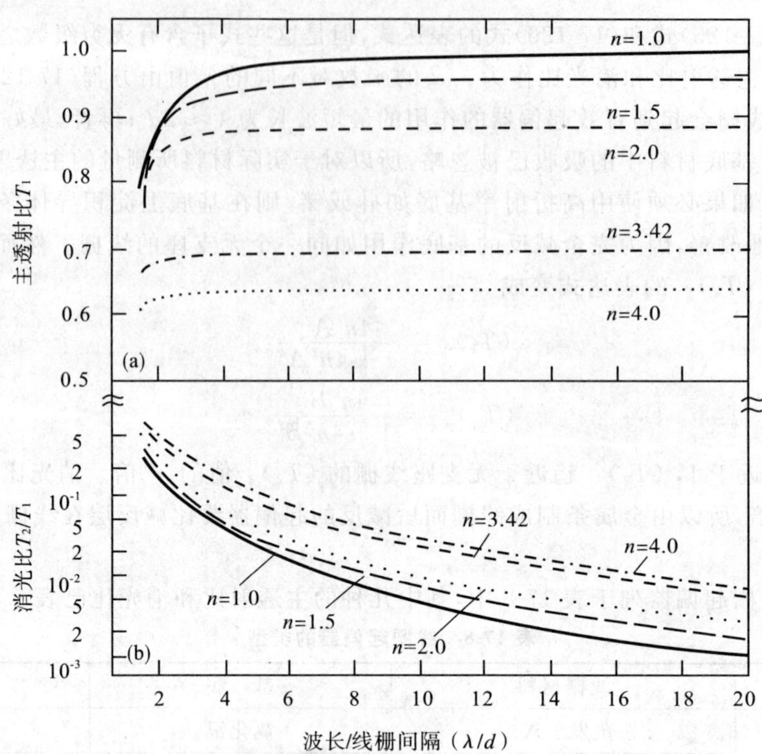

图 17-54　对于基底的不同 n 值由(17-123)式、(17-124)式、(17-128)式和(17-129)式计算的主透视比和消光比依赖于 λ/d 的关系曲线

(a)主透视比;(b)消光比。基底折射率近似地等于减反基底空气、有机塑料、氯化银、硅和锗的折射率

乙烯是一种很好的基底材料,因为它比 Kel-F 有更少的吸收带,但是它在一般溶剂中不溶解,用于制造复制光栅有很多困难。然而,对于光刻的线栅来说,它是一种极好的基底材料。

对大于 24 μm 的红外波长,如果基底的折射率是 1.5,例如聚乙烯,则具有 1 μm 线宽(接近于目前光刻方法的极限)和 2 μm 间隔的光刻线栅,应有 5×10^{-3} 或更好的消光比。当波长增加时,消光比继续下降,即偏振性质改进。在很长的波长时,具有较大间隔的线栅也会有高偏振度。重要的因素是波长与线栅间隔的比值,这个比值应当保持尽可能大(见图 17-54(b))。

线栅起偏器的一个明显的优点是它可用于锐会聚光束,即可用于高数值孔径的系统。杨等人发现,在波长 12 μm 入射角从 0°变成 45°,Irtran2 起偏器的偏振度没有降低。然而透射比却由垂直入射时的 0.55 降低到在 45°入射时的 0.40 以下。

如果线栅用于单一波长,则我们可以利用基底的干涉效应来增加透射。如果基底具有完全平行的平面,则它起法布里-珀罗干涉仪的作用,当厚度与折射率的乘积的 2 倍等于波长的整数倍时,透射光量最大。奥顿使用的 0.25 μm 厚的压缩聚乙烯基底不够均匀,难以显示出干涉效应,但是衬在电铸成型的线栅背面的聚酯薄膜能显出干涉效应。

近来发展了两相层状共晶体,它是由细针状导体材料嵌入到透明基体而成的。这种材料是由存在单向温度梯度的受控冷却过程制成的。这个冷却法使导电针的取向平行于温度梯度,所以这样的材料能起线栅起偏器的作用。韦斯(Weiss)及其同事已生产出 InSb 和 NiSb 共晶的合金,其中 NiSb 导电针的直径接近于 1 μm,长度接近于 50 μm,偏振度超过 99%。对包含 Ni、Fe、Mn、Cr 和 Co(或它们的化合物)的导电类针状晶体的 InAs、GaSb 和 InSb 的其他共晶合金也进行过研究。威德及其同事[53]蒸发 InSb 膜并用电子束微区结晶法生长锑层。在 InSb 基体内部的导电层如同线栅一样,它在 InSb 的吸收限以外产生平面偏振光。对于比 5 μm 更长的波长,透射光的偏振垂直于导电层,典型的薄膜 $a\approx1.2$ μm、$d\approx2.7$ μm。戴维斯(Davis)等人[53]在波长 11 μm 对其中一个薄膜测量的最大主透射比为 0.19,消光比为 0.10。随着导电层的有序度进一步提高,这些值还可改善。这种类型起偏器的优点是:在某一特点的波长上,例如在 CO_2 激光谱线的波长上，选择 InSb 薄膜的厚度可以使干涉最大，能使起偏器的性能达到最佳。

总之，线栅是很有用的红外起偏器，特别是对于波长比线栅间隔大得多的情况。线栅是紧凑的，易旋转的，且可用于锐会聚光束。线栅的主要优点是波带极宽，在整个波带内都有很好的起偏性质。长波限由基底材料的透射决定，而不是由线栅偏振的丧失决定。短波限是由线栅间隔决定的，如果具有较小间隔的光栅能够成功地复制和镀膜，则短波限可以延伸到接近于可见区域。

产生平面偏振光的另一个可能的方法是使用衍射光栅或小阶梯光栅。衍射光栅反射的光是偏振的，但是效应微弱，并且与波长极为有关。实验证明，偏振度 $(I_{\perp}-I_{\parallel})/(I_{\perp}+I_{\parallel})$ 通常为正，对于闪耀光栅来说，当角度大于闪耀角时，偏振度随光栅角的增大而增大（$I_{\perp}$ 和 $I_{\parallel}$ 分别是垂直和平行于光栅刻槽而偏振的衍射光能量）。李(Lee)和尼奥(Neo)指出，对于 100 线条/mm 的光栅在贝克曼 IR-12 型分光计观察到了这个经验定则。

与衍射光栅相反，小阶梯光栅产生明显的平面偏振光。彼得斯(Peters)等人在研究 3 cm 微波从小阶梯光栅的第一级反射时，发现 $\boldsymbol{E}$ 矢量垂直于刻槽的波与 $\boldsymbol{E}$ 矢量平行于刻槽的波相比有更高的反射（这个效应与由线栅所得到的相反，有线栅反射的偏振分量，其 $\boldsymbol{E}$ 矢量的振动平行于线栅）。哈德尼(Hadni)等人使用小阶梯光栅在零级用作 100～300 μm 远红外区域的滤光器，这是由于它强烈反射 $\boldsymbol{E}$ 矢量垂直于划线的偏振光，但只微弱反射 $\boldsymbol{E}$ 矢量平行于划线的光。在红外区可用小阶梯光栅的零级和第一级观察到偏振效应。

一般来说，由于偏振效应常常与光栅的反常有关，所以人们设法避免衍射光的偏振以获得闪耀光栅的高效率。

第五节　非正入射起偏器

本节讨论由若干平面片在非正入射的情况下反射或透射而产生光的偏振的起偏器。这类起偏器叫做片堆起偏器，又因为大多数这类起偏器是在接近于布儒斯特角或起偏角的角度下使用的，所以也常把它们叫做布儒斯特角起偏器。这类起偏器主要用于红外和紫外光谱区域，在此区域二向色片状起偏器和方解石棱镜起偏器已不能应用。

大多数片堆起偏器用于照明，如摄影仪、分光光度计等这样的仪器，这些仪器包含棱镜或光栅，有几次非正入射的反射。这些仪器可以产生明显的光束偏振。当选择起偏器的取向时，应当考虑仪器的起偏性质，以使二者互相增强。在如利特罗摄谱仪这样的仪器中，光束以接近于布儒斯特角的角度 4 次穿过棱镜，如果只需要定性的结果，则仪器的起偏性能已达到足够的程度而不必要有起偏器。

一、布儒斯特角反射起偏器

大多数反射型起偏器由不吸收的片或只轻微吸收的片制成。例如用于红外的有 Ge、Se、AgCl 和塑料片起偏器，用于真空紫外的有 LiF、CaF_2、Al_2O_3、MgF_2 等材料的起偏器。金属膜，特别是 Au、Ag 和 Al 膜，往往在极端紫外区用作起偏器，在这个区域所有材料都强烈吸收。反射型起偏器的起偏效率可用多种方法实验测定，专门为这个类型的起偏器发展了哈姆(Hamm)法[54]、霍顿(Horton)法、施莱德曼(Schlederman)和斯基鲍斯基(Skibowski)法[55]。消光比和“透射比”也能直接由菲涅耳方程计算。对于不吸收的或轻微吸收的片可作某些简化。

(17-10)式和(17-11)式对于振动垂直于入射平面(s 分量)和平行于入射平面(p 分量)的光，给出了强度反射系数 R_s 和 R_p 的值。这两个方程中的折射角 θ_1 与材料的折射率 n 的关系由斯涅尔定律(见(17-5)式①)决定。在布儒斯特角时，$R_p=0$，所以原则上反射光是完全平面偏振的。这是所有布儒斯特角反射起偏器的基础。

现在我们研究反射起偏器的特性是怎样依赖于其折射率的。在图 17-55 中画着对于不同折射率值的反射比 R_s 和 R_p，这些折射率值能代表紫外区的卤化碱和红外区的塑料片材料、氯化银、硒和锗的折射率。图中表示了布儒斯特角以及在布儒斯特角时 R_s 的大小。图 17-56 给出了在布儒斯特角时的 R_s 值和折射率的

① 我们假定入射媒质是空气，$n_0=1$，$n_1=n$，n 是材料的折射率。

函数关系。由这些图可以看出，如果光是由不吸收材料一次反射而起偏，则折射率最大的起偏器具有最大的聚光本领。在反射起偏器中，量 R_s 基本上是起偏器的主"透射比"((17-22)式至(17-32)式中的 T_1)，除非必须乘以用来使光束返回其轴向位置的任意其他反射镜的反射比。

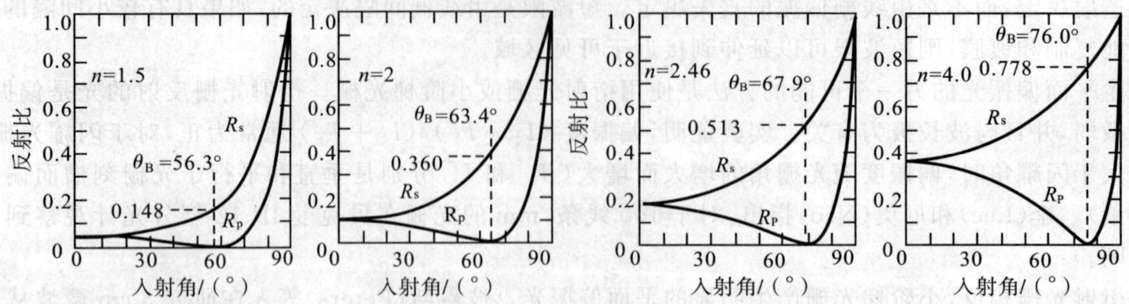

图 17-55　R_s 和 R_p 与折射率的关系

由具有不同折射率 n 的材料反射时，平行于入射面偏振的光的反射比 R_p 和垂直于入射面偏振的光的反射比 R_s，它们是入射角的函数。(a) $n=1.5$(卤化碱在紫外区，塑料片在红外区)；(b) $n=2.0$($AgCl$ 在红外区)；(c) $n=2.46$(Se 在红外区)；(d) $n=4.0$(Ge 在红外区)。图中还示出了布儒斯特角 θ_B(在此角时 R_p 变为零)和在 θ_B 时 R_s 的大小

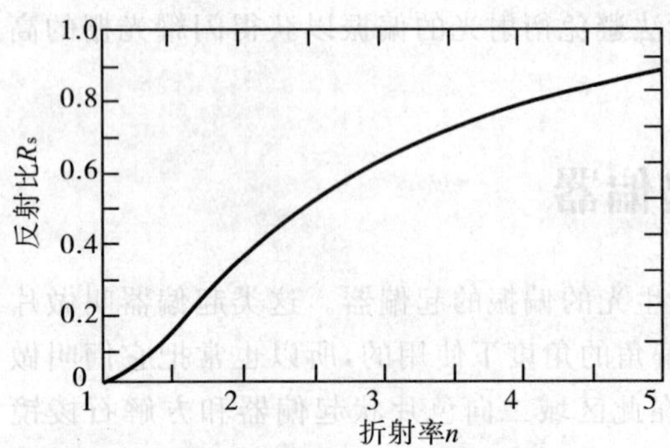

图 17-56　在布儒斯特角时的反射比 R_s

R_s 是材料折射率 n 的函数

反射比 R_p 可等于起偏器的最小"透射比"T_2，于是反射起偏器的消光比 ρ_p ((17-28)式)为 $\rho_p = R_p/R_s$。如果 R_p 在布儒斯特角时确实为零，则对于所有材料消光比都等于零而与 n 值无关。这些结果用另一种方式表示在图 17-57 中，在这个图中画出了对应 4 个 n 值的 R_s 和 R_p/R_s 作为入射角的函数的图线。如果消光比已定，例如 10^{-3}(相应的偏振度为 99.8%)，则光束的会聚角必须这样小，其所有入射角都在布儒斯特角附近 ±1° 的范围以内。在此情况下，会聚角只微弱地依赖于折射率，它由 $n=1.5$ 时的 ±1.2° 变到 $n=4.0$ 时的 ±0.8°。

如果对会聚角较大的光束要求有好的消光比，可利用两次起偏反射。这样一来，图 17-57(b)中的所有指数都成为 2 倍，消光比不变，所需的会聚角要大大增加。为了用两次反射获得 10^{-3} 的消光比，入射角必须在 n 值小于 3.5 的布儒斯特角附近的 ±6° 左右以内；而对于 $n=4$，则反射角范围略减，并且变得更不对称(+4.0° 和 −5.2°)。由起偏材料两次反射的缺点是聚光本领减小。在图 17-57(a)中的所有 R_s 值要取平方，于是对于 $n=4$，$R_s=0.78$，而 $R_s^2=0.61$；对于较小的折射率，聚光本领减小得更多。

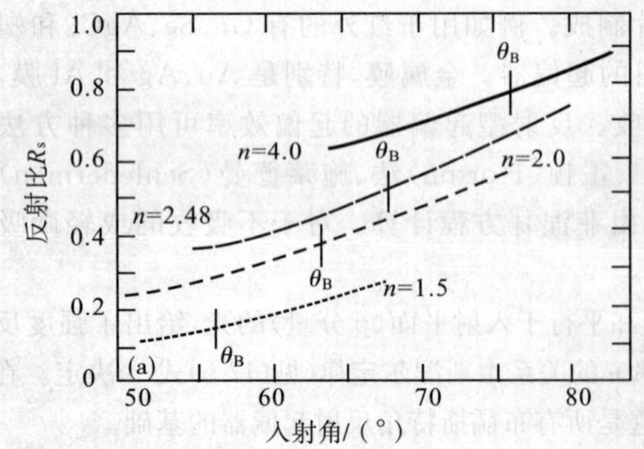

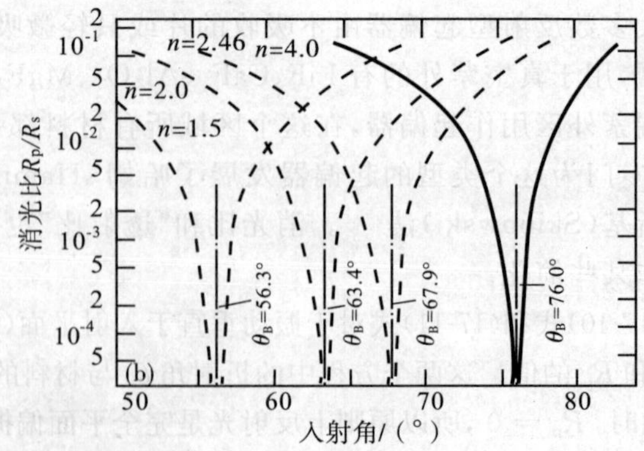

图 17-57　不同折射率的材料在接近布儒斯特角时的 R_s 和 R_p/R_s

(a)反射比 R_s；(b)消光比 R_p/R_s。假定材料只有一个表面

虽然在许多情况下一个片内的多次反射降低了它的起偏性能，但对于布儒斯特角反射起偏器来说不是这样。在图 17-58 中画着在材料表面一次反射和在这个材料平行平面片内多次反射时对于 $n=1.5$ 和 $n=4.0$ 的 R_s 和 R_p/R_s。在平行平面片的情况下，假定为多次内反射而且没有干涉或吸收，则

$$(R_{s,p})_{片} = \frac{2R_{s,p}}{1+R_{s,p}} \tag{17-132}$$

式中，R_s 和 R_p 由(17-10)式和(17-11)式给定。注意多次反射对消光比有轻微的影响，而使 R_s 增大是明显的。为了满足(17-132)式的条件，片必须有平行平面的两侧面，并且无衬底。例如在另一个衬底上的硒膜或锗膜是不行的，因为在第二表面上的布儒斯特角不同于前表面上的布儒斯特角。我们还假定片是厚的或不均匀的，足可忽略片内的干涉效应。

所有以上讨论严格地说只适用于不吸收材料。如果存在小量的吸收，R_p 有极接近于零的最小值，材料仍能制成好的发射起偏器。然而如果消光系数变为相当大，则 R_p 的最小值增大，并且起偏效率降低。参看图 17-2 可粗略地知道，对于给定的一组光学常数有怎样的比值 R_p/R_s 。R_p 和 R_s 的精确值可由(17-21)式以及前面的其他有关的关系式计算出。当选择用作金属反射起偏器的材料时，需要 R_s 与 R_p 之间最大的差值以及 R_p 在最小值时有最小的数值。所以理想中 n 应远大于 k 。

用于红外的布儒斯特角反射起偏器几乎全由半导体硒和锗制成，这些材料在它们的吸收限以外是透明的，并且有高折射率。表 17-9 列出了各种红外起偏器。除了哈利克(Harrick)[56] 描述的锗-汞起偏器以外，全部涉及外反射。在锗-汞起偏器中光在锗棒内受到两次或四次反射。虽然这个型式的起偏器有引人注目的特点，但它要求材料保持偏振不变，所以必须格外小心以获得具有最小应变双折射的锗。

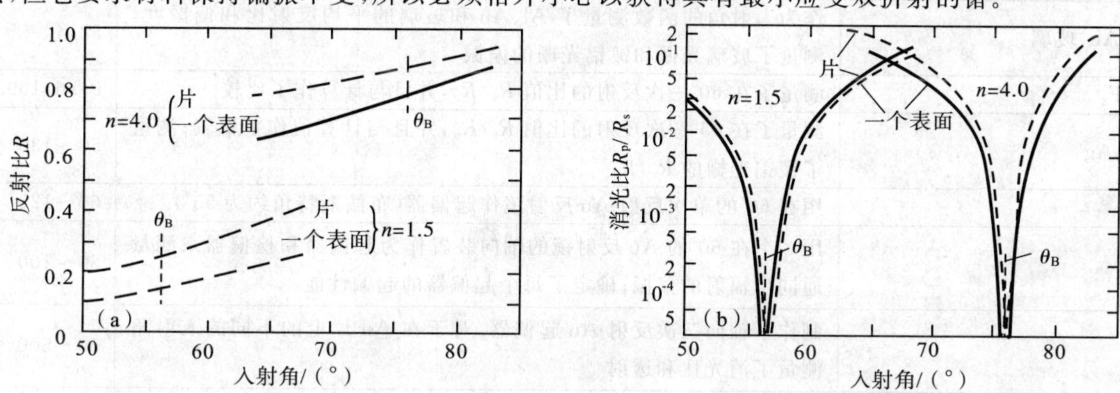

图 17-58 折射率为 1.5 和 4.0 的材料在布儒斯特角 θ_B 附近的 R_s 和 R_p/R_s

(a)反射比 R_s；(b)消光比 R_p/R_s 。较低的曲线是由材料的一个表面反射得到的，较高的曲线是由材料的平行平面片多次反射并假定在材料内无干涉而得到的

表 17-9 红外布儒斯特角反射起偏器[58]

材 料	说 明
Ge-Hg	在浸入 Hg 中的 Ge 中多次内反射
Ge	由 1 cm 厚抛光的 Ge 单晶一次外反射
Ge	建议两个平行和逆平行装置的 Ge 片
Ge	双光束系统。光束 1 单次反射；光束 2 一次透射，一次反射
Ge	由两个 Ge 劈和两个 Al 反射镜反射的轴向装置
Se	由毛玻璃片上的两个铸硒膜反射
Se	由蒸发在 NaCl 上的两个 Se 膜和一个 Ag 反射镜反射的轴向装置
Se	由毛玻璃片上的蒸发 Se 膜一次或两次反射(附加由 Al 反射镜反射)的大孔径、轴向、百叶窗装置
Si	由抛光的单晶 Si 一次反射
Si	由两个 Al 反射镜和粗背面的抛光 Si 片反射的轴向装置
PbS	由两个化学淀积的 PbS 膜和一个 Al 膜反射的轴向装置

在紫外区，诸如 LiF、MgF_2、CaF_2、Al_2O_3 等材料，可在它们的透明波长区域用作起偏器。在 100～600 nm 区域，发现用黑云母作起偏器很好。在更短的波长区域，Au、Ag、Al 等金属已用作起偏器。表 17-10 列举了各种

非正式入射紫外反射起偏器以及用作(或建议用作)紫外起偏器的各种材料的说明及适用波长范围。

表 17-10 紫外反射起偏器和偏振测量[49]

材料	说明	波长/nm
Al_2O_3、Al、Au、ZnS、玻璃等	计算了一次反射的 R_s 和(R_s/R_p)最大依赖于波长的值	58～200
Al_2O_3、Al、玻璃及其他	计算了一次反射的 R_s 和(R_s-R_p)/(R_s+R_p)依赖于入射角的值;还计算了主角和相关角	58.4
Al_2O_3、CaF_2、LiF 和派热克斯玻璃	测量了光学常数,计算了一次反射的 R_s 和(R_s-R_p)/(R_s+R_p)依赖于入射角的值	20～200
Al_2O_3 和 CaF_2	测量了一次反射的(R_s-R_p)/(R_s+R_p)在选定的波长依赖于入射角的值,应用了两种材料作单次反射起偏器	102.6～160
LiF、Al_2O_3、MgF_2、SiO、ZnS	用单次反射 LiF 起偏器对各种材料在布儒斯特角测量 R_s 和(R_s/R_p),最好的起偏器是 Al_2O_3 和 MgF_2	121.6
Al、Ag、Au、MgF_2、SiO、ZnS	测量了未镀膜的铝光栅的偏振和所有列举材料的光学常数	30.4～121.6
Al、Au	由测量 Au 和熔凝氧化硅反射镜在 45°时的反射比确定了镀 Au 光栅和镀 Al 光栅的偏振	60～200
Al、Au、玻璃	作为入射角的函数测量了 Al、Au 和玻璃的平均反射比和偏振度,测量了玻璃光栅和镀铝光栅的偏振	58.4
MgF_2	测量了在 60°一次反射的比值 R_s/R_p,并且与计算作了比较	91.6,109.5
Au、Ag	测量了在 45°一次反射的比值 R_s/R_p,并且与计算值作了比较;测量了镀铂光栅的 R_s/R_p	50～130
Au	用在 60°的单次反射 Au 反射镜作起偏器(布儒斯特角约为 55°)	60～120
Au	用 8 个在 60°的 Au 反射镜的轴向装置作为起偏器和检偏器来测量同步辐射的偏振;确定了每个起偏器的起偏性能	50～100
Au	制作了轴向三次反射 Au 起偏器,对于在 Au 片上的不同的入射角测量了消光比和透射	50～500
黑云母	制作了轴向起偏器和检偏器,每个都以 61°布儒斯特角由黑云母一次反射和由镀 Al 的 MgF_2 反射镜两次反射;测量了透射和消光比	110～600
黑云母	制作了两个起偏器:①轴向起偏器有由黑云母两次 60°反射和由镀 Al 的 MgF_2 30°反射;②位移光束起偏器,由两个黑云母片 60°反射;测量了各种光栅的偏振度	100～200

最通用的非正入射反射起偏器不使光束由其轴向位置偏向或位移。一种方便的安排是对称的三次反射系统,其中光在三角形的一个边上入射,然后反射到三角形的另一边。如果要使起偏器有相当好的消光比,而且光束是高会聚的,则可由起偏材料两次反射,由镀银或镀铝反射镜作第三次反射。如果光束是高准直的或要求更大的光通量,则可由起偏材料只作一次反射。利用平面平行片起偏反射也可以增加光通量(见图 17-58)。对于反射起偏器来说,为了适合大横截面积而需装置很长。例如锗起偏器用在布儒斯特角(76°)时,若光束宽度约为 25 mm,则每一个锗片约要 25 mm×100 mm,如果采用上述三次反射的轴向安排,则起偏器的全长要大于 200 mm。

艾贝耳(Abele)条件和它的一些应用,是布儒斯特角反射起偏器所讨论的重要内容。艾贝耳条件给出了介质或金属在 45°入射角时的振幅反射比 r_s 和 r_p 的关系。在这个角度时

$$r_s^2 = r_p \tag{17-133}$$

$$2\delta_s = \delta_p \tag{17-134}$$

式中,δ_p 和 δ_s 是反射时对 p 分量和 s 分量的绝对相位变化。(17-133)式常适用于直接和振幅反射比有关的强度反射比 R_s 和 R_p。

舒尔茨(Schulz)和汤赫里尼(Tangherlini)[57]也发现了艾贝耳条件,他们用比值 $R_s^2/R_p=1$ 作为评价反射表面的标准。他们发现表面粗糙可使比值很小,而把金属膜加热到超过 150℃以后冷却可使比值大于 1。

拉宾诺维奇(Rabinovitch)等人[58]利用艾贝耳条件确定了他们的 Seya-Kamioka 真空紫外单色器的偏振度。当样片的入射面分别垂直于出射狭缝和平行于出射狭缝时,他们测量了样片在 45°时的反射比。由这些测量,根据艾贝耳条件他们推出了仪器的偏振度。利用细心制备的全样片和利用熔凝氧化硅样片获得的仪器偏振度,其数值极为一致,这证明这两种样片的表面膜都未能使艾贝耳条件失效(表面膜通常对艾贝耳条件在可见区域有轻微的影响,但是在真空紫外区域这个影响变得重要)。哈姆等人利用艾贝耳条件在 45°入射角的非偏振光中决定了样片的反射比,即他们由测量消除了仪器偏振的影响。麦基尔拉斯(Mcllrath)[59]虽然没有这样提到艾贝耳条件,但他用艾贝耳条件校正了他的真空紫外仪器,从而测量了绝对反射比,办法是用 45°入射角的样片确定仪器的偏振度。

二、布儒斯特角透射起偏器

为了克服反射型起偏器的光束偏向和起偏器过长的问题,常常用布儒斯特角起偏器的透射光,特别是在红外区域可获得透明材料时。在布儒斯特角,可透射 p 分量的全部和 s 分量的一部分。因而要达到适当的偏振度,必须采用几个片,片的折射率越高,则所需要的片就越少。

布儒斯特角透射起偏器的理论直接由前面反射起偏器的理论推得。列入表 17-11 的关系式给出了在多次反射、干涉、吸收等情况下起偏器的 s 光波和 p 光波的透射比①。所有这些关系式都包含单一分界面上的反射比 R_s 和 R_p,R_s 和 R_p 的关系式在表的下部给出。

表 17-11　用单一表面的 R_s 和 R_p 表示的单片和多片在任意入射角的透射比和偏振度[69]①

类　别	单片(2 个表面) 1 个($T_{s,p}$)单片	m 个片($2m$ 个表面)	
		($T_{s,p}$)多片	$P=\dfrac{T_p-T_s}{T_p+T_s}=\dfrac{1-T_s/T_p}{1+T_s/T_p}$
单一透射光束,无多次反射,无吸收	$(1-R_{s,p})^2$	$(1-R_{s,p})^{2m}$ ②	$\dfrac{1-\cos^{4m}(\theta_0-\theta_1)}{1+\cos^{4m}(\theta_0-\theta_1)}$ ②
片内多次反射,无干涉效应,无吸收	$\dfrac{1-R_{s,p}}{1+R_{s,p}}$ ④	$\left(\dfrac{1-R_{s,p}}{1+R_{s,p}}\right)^m$ ②,④	$\dfrac{1-\left[\cos^2(\theta_0-\theta_1)\dfrac{1+R_p}{1+R_s}\right]^m}{1+\left[\cos^2(\theta_0-\theta_1)\dfrac{1+R_p}{1+R_s}\right]^m}$ ②,④
		$\dfrac{1-R_{s,p}}{1+(2m-1)R_{s,p}}$ ③	$\dfrac{1-\cos^2(\theta_0-\theta_1)\dfrac{1+(2m-1)R_p}{1+(2m-1)R_s}}{1+\cos^2(\theta_0-\theta_1)\dfrac{1+(2m-1)R_p}{1+(2m-1)R_s}}$ ③
片内多次反射,无干涉效应,小的吸收	$\dfrac{(1-R_{s,p})^2e^{-\alpha d}}{1-R_{s,p}^2e^{-2\alpha d}}$	$\dfrac{(1-R_{s,p})^{2m}e^{-m\alpha d}}{(1-R_{s,p}^2e^{-2\alpha d})^m}$ ②	$\dfrac{1-\cos^{4m}(\theta_0-\theta_1)\left(\dfrac{1-R_p^2e^{-2\alpha d}}{1-R_s^2e^{-2\alpha d}}\right)^m}{1+\cos^{4m}(\theta_0-\theta_1)\left(\dfrac{1-R_p^2e^{-2\alpha d}}{1-R_s^2e^{-2\alpha d}}\right)^m}$
片内多次反射,片内有干涉效应,无吸收	$\dfrac{1}{1+\dfrac{4R_{s,p}}{(1-R_{s,p})^2}\sin^2\gamma}$	$\left[\dfrac{1}{1+\dfrac{4R_{s,p}}{(1-R_{s,p})^2}\sin^2\gamma}\right]^m$ ②	最大 最小 $\left(\dfrac{1-R_{s,p}}{1+R_{s,p}}\right)^{2m}$
单一表面	$R_s=\dfrac{\sin^2(\theta_0-\theta_1)}{\sin^2(\theta_0+\theta_1)}$	$R_p=\dfrac{\tan^2(\theta_0-\theta_1)}{\tan^2(\theta_0+\theta_1)}$	
	$T_s=1-S_s=\dfrac{\sin 2\theta_0\sin 2\theta_1}{\sin^2(\theta_0+\theta_1)}$	$T_p=1-R_p=\dfrac{\sin 2\theta_0\sin 2\theta_1}{\sin^2(\theta_0+\theta_1)\cos^2(\theta_0-\theta_1)}$	$P=\dfrac{1-\cos^2(\theta_0-\theta_1)}{1+\cos^2(\theta_0-\theta_1)}$

注:① $\alpha=4\pi k/(\lambda\cos\theta_1)$,$\gamma=24\pi nd\cos\theta_1/d$。$\theta_0$ 为入射角;θ_1 为折射角;n 为折射率,$n=\sin\theta_0/\sin\theta_1$;$k$ 为消光系数;d 为片厚;λ 为波长;② 各片之间无多次反射;③ 各片之间有多次反射;④ 对于相干多次反射在 $\sin^2\gamma$ 的一个周期内平均值也成立。

在布儒斯特角,单一界面上的 R_p 等于零,片的透射比可用材料的折射率和片的数目来表示。在布儒斯特角 s 和 p 分量的透射比关系式在表 17-12 中给出。片堆偏振度可由普罗沃斯泰(Provostaye)和德塞恩斯(De-

① 起偏器中多次内反射光是相干的并产生干涉效应的透射起偏器将在本节三中讨论。

sains)公式计算,这个公式假设对于大多数实际的透射起偏器是没有意义的。康恩(Conn)和伊顿(Eaton)[60]已证明,假设在一个片中是非相干的多次反射而在片与片之间没有多次反射,则所得公式对于一个硝基清漆膜系列($n = 1.54$)和一个 8 重硒膜系列能给出正确的偏振度,而普罗沃斯泰和德塞恩斯的公式所给出的数值太低了。光学系统中片之间多次反射光束的数目依赖于片之间的间距和用来限制光束数目的光阑。根据伯德和舒克利夫的建议,可采用扇形装置消除多次反射光束,而每个片内的内反射可用楔形片除去。

对于大多数平行片起偏器,可以假定每个片内的多次反射是非相干的,而且在片之间没有反射。图 17-59 给出了几个 4 重片起偏器的主透射比和消光比①。消光比随着折射率的提高而得到很大的改善。片上的入射角稍大于布儒斯特角时,消光比也可以得到改善。对高折射率片很有用的这个方法,降低了每个片的透射比,因此在使用很多片时由吸收或散射造成的损失与在大于布儒斯特角使用少数几个片时每一个片的反射损失之间需要折中。在有些情况下,用以下方法可以得到大的改善。

表 17-12　在布儒斯特角 θ_B 单片和多片的透射比和偏振度($\tan\theta_B = n$ 及 $\theta_0 + \theta_0 = 90°$ [49]①)

	单片(2 个表面)		m 个片(2m 个表面)		
	(T_p) 单片	(T_s) 单片	(T_p) 多片	(T_s)多片	$P = \frac{T_p - T_s}{T_p + T_s} = \frac{1 - T_s/T_p}{1 + T_s/T_p}$
单一透射光束,无多次反射,无吸收	1	$\left(\frac{2n}{n^2+1}\right)^4$	1	$\left(\frac{2n}{n^2+1}\right)^{4m}$ ②	$\frac{1 - [2n/(n^2+1)]^{4m}}{1 + [2n/(n^2+1)]^{4m}}$ ②
片内多次反射,无干涉效应,无吸收	1	$\frac{2n^2}{n^4+1}$	1 1	$\left[\frac{2n^2}{n^4+1}\right]^m$ ②,⑤ $\frac{1}{1 + m(n^2-1)^2/2n^2}$ ③	$\frac{1 - [2n^2/(n^4+1)]^m}{1 + [2n^2/(n^4+1)]^m}$ ②,⑤ $\frac{m}{m + [2n/(n^2-1)]^2}$ ③,④
片内多次反射,无干涉效应,小的吸收	$e^{-\alpha d}$	$\frac{\left(\frac{2n}{n^2+1}\right)^4 e^{-\alpha d}}{1 - \left(\frac{n^2-1}{n^2+1}\right)^4 e^{-2\alpha d}}$	$e^{-m\alpha d}$	$\frac{\left(\frac{2n}{n^2+1}\right)^{4m} e^{-m\alpha d}}{\left[1 - \left(\frac{n^2-1}{n^2+1}\right)^4 e^{-2\alpha d}\right]^m}$ ②	$\frac{1 - \frac{[2n/(n^2+1)]^{4m}}{\{1 - [(n^2-1)/(n^2+1)]^4 e^{-2\alpha d}\}^m}}{1 + \frac{[2n/(n^2+1)]^{4m}}{\{1 - [(n^2-1)/(n^2+1)]^4 e^{-2\alpha d}\}^m}}$ ②
片内多次反射,片内有干涉,无吸收	1	$\frac{1}{1 + \frac{(n^4-1)^2}{4n^4}\sin^2\gamma}$	1	$\left[\frac{1}{1 + \frac{(n^4-1)^2}{4n^4}\sin^2\gamma}\right]^m$ ②	最大　1 最小　$\left(\frac{2n^2}{n^4+1}\right)^{2m}$
单一表面		$R_p = 0$ $T_p = 1 - R_p = 1$		$R_s = \left(\frac{n^2-1}{n^2+1}\right)^2$ $T_s = 1 - R_s = \left(\frac{2n}{n^2+1}\right)^2$	$P = \frac{1 - [2n/(n^2+1)]^2}{1 + [2n/(n^2+1)]^2}$

注:①表中 $\alpha = 4\pi k (n_1 + 1)^{1/2}/\lambda n$, $\gamma = 2\pi n^2 d/\lambda(n^2+1)$。$n$ 是折射率,k 是消光系数,d 是片厚,λ 是波长;②各片之间无多次反射;③各片之间有多次反射;④普罗沃斯泰和德塞恩斯公式;⑤对于相干多次反射在 $\sin^2\gamma$ 的一个周期内的平均值也成立。

当折射率给定时,对低折射率和高折射率材料,增加片数的效应由图 17-60 和图 17-61 来说明。在没有吸收的情况下,用较多的低折射率片或较少的高折射率片,可以得到大致相同的透射比和消光比。图 17-62 和图 17-63 说明起偏器每片的小量吸收 αd 的效应。图 17-62 表示由 16 个折射率为 1.5 的微小吸收片构成的起偏器的透射比和消光比。图 17-63 表示的是具有差不多相同的消光比但是只由两个折射率为 4.0 的微小吸收片构成的起偏器。在这些图中,$\alpha d = 0.10$ 对应于厚度为 12.7 μm(0.000 5 in)的片在波长为 2 μm 时的消光系数 $k = 0.001$ 。具有相同的 αd 值的另一种材料的较厚的片,在同样的波长下会有很小的消光比。吸收可以是真正的吸收,也可以是由内部的散射或片表面的散射引起的。很明显,数目很多的低折射率片,每个片吸收的量很少,就能强烈地减小起偏器的透射比而对消光比没有改进。用少数几个高折射率片,消光比或多或少地得到了改善,而透射比没有显著减小。

① m 重片堆的消光比(各片之间无多次反射)简单地是各单色消光比的乘积。

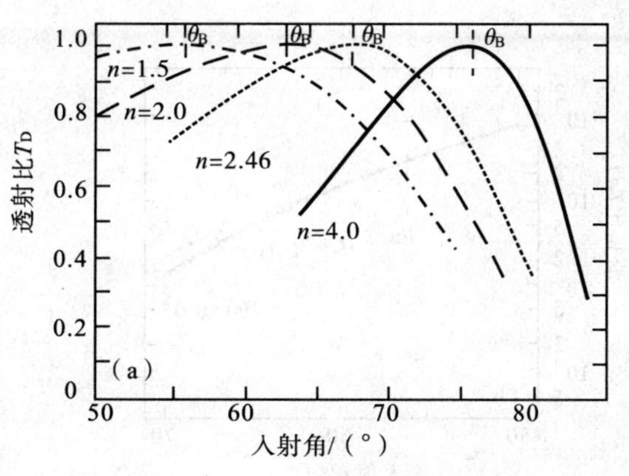

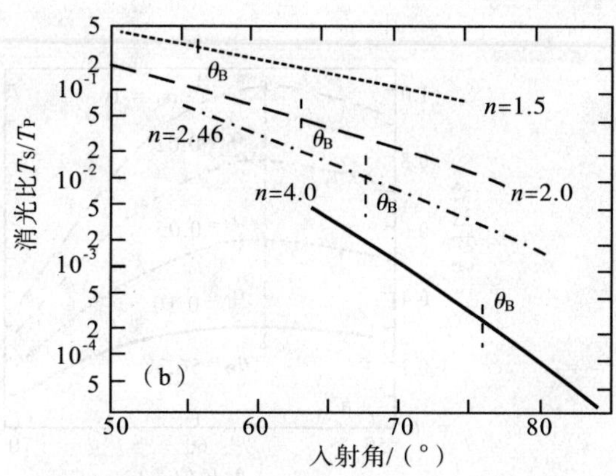

图 17-59　折射率为 n 的 4 重平行平面片的透射和消光曲线

(a)透射比;(b)消光比随入射角(在布儒斯特角附近)的变化。假设在每一片中有多次反射而无干涉,而且片之间无反射

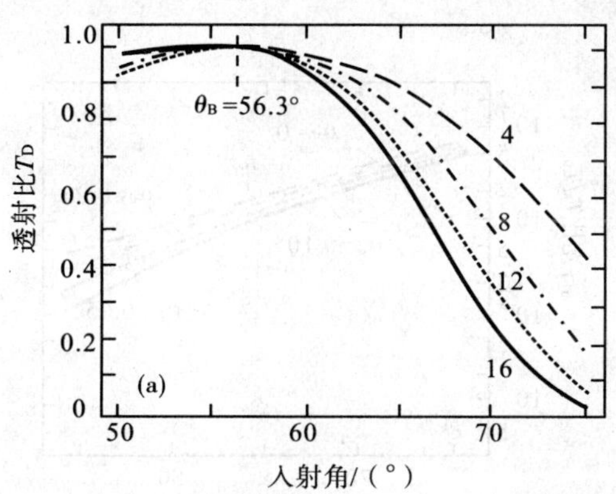

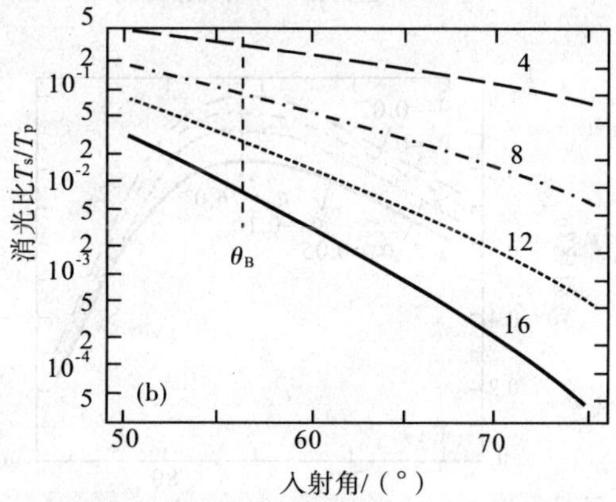

图 17-60　折射率为 1.5 的不同数目的平行平面片的透射比和消光比在 θ_B 附近随入射角的变化

(a)透射比;(b)消光比。图中标明了片数和 θ_B。和图 17-59 有相同的假设

表面消光比随入射角而变化的灵敏值,可如图 17-64 中所定义,图中的纵坐标是在给定入射角时的消光比与在布儒斯特角时的消光比之比。图中入射角以布儒斯特角为坐标原点,并且表示了折射率不同时的相应曲线。这些曲线是简单透明膜(或片)内发生多次非相干内反射时,由下式计算得到的:

$$\frac{\left(\dfrac{T_s}{T_p}\right)_\theta}{\left(\dfrac{T_s}{T_p}\right)_{\theta_B}}=\frac{\left(\dfrac{1-R_s}{1+R_s}\,\dfrac{1+R_p}{1-R_p}\right)_\theta}{\left(\dfrac{1-R_s}{1+R_s}\right)_{\theta_B}} \tag{17-135}$$

一个折射率为 4.0 的 2 重片锗起偏器,如果入射角在布儒斯特角附近由 $-1.4°$ 变到 $1.5°$,则消光比在 $1.10^2=1.21$ 和 $0.90^2=0.81$ 之间变化(对于 m 个片是 1.10^m 和 0.90^m)。因此,为了把消光比的变化百分数限制在某一给定值,在采用较多的片时必须用较小的接收角。

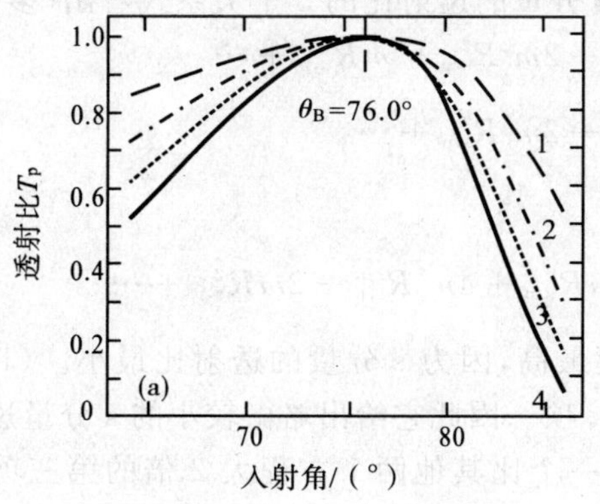

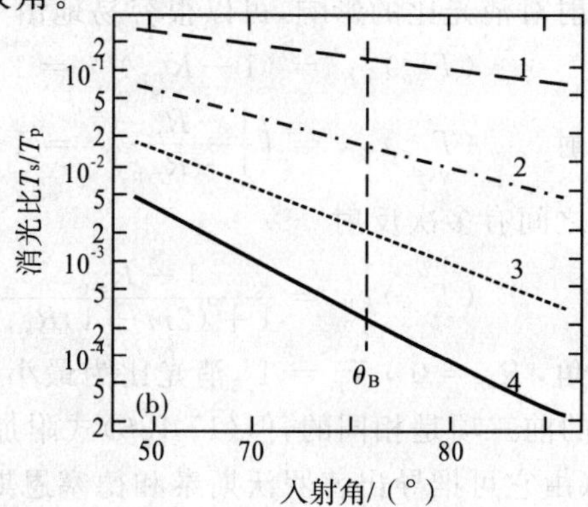

图 17-61

除 $n=4.0$ 外,其余同图 17-60

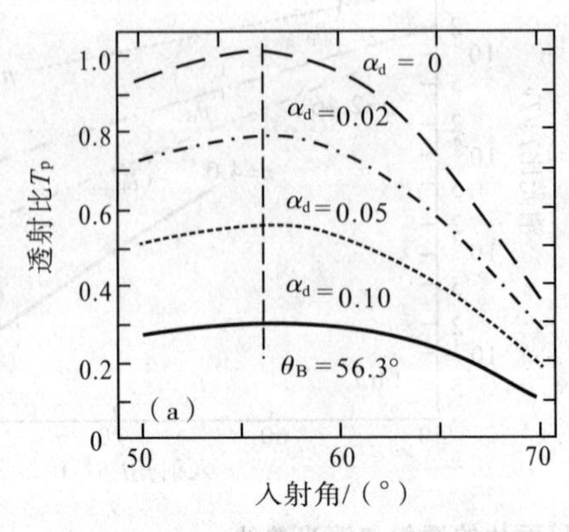

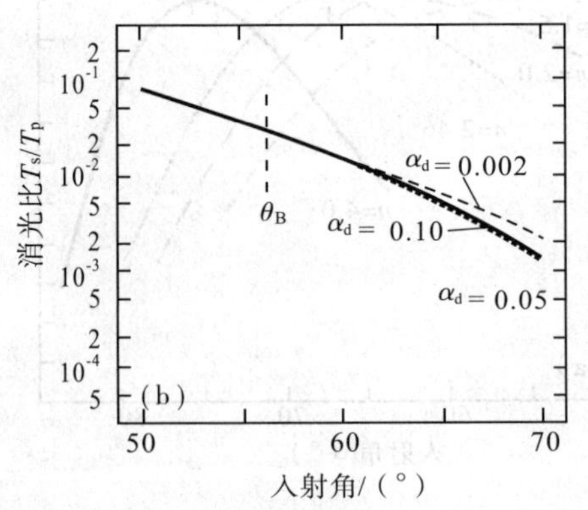

图 17-62 折射率为 1.5、每片有不同的吸收 αd 的 16 重平行平面的透射比和消光比

(a)透射比;(b)消光比,其中 $\alpha = 4\pi k/(\lambda\cos\theta)$, d 为片厚。和图 17-59 有相同的假设

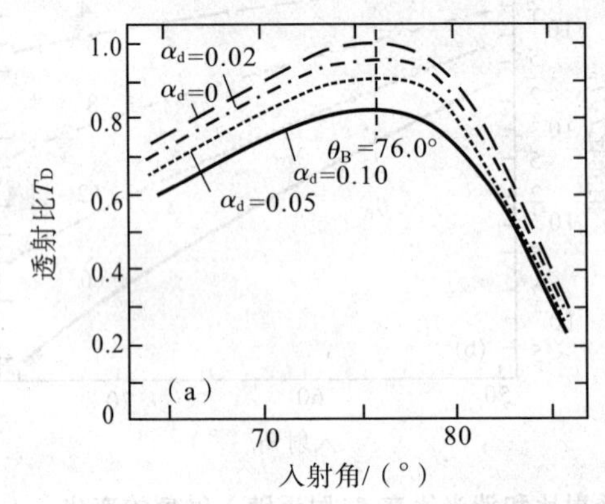

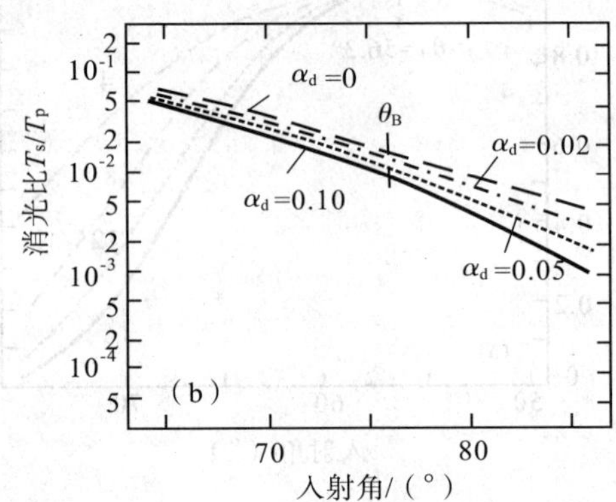

图 17-63

除了有两个折射率为 4.0 的平行平面片外,其余和图 17-62 一样

由图 17-64 可以看出,最好用较多的低折射率片,使消光比的变化为最小。然而,将 $n = 1.5$ 的 16 重片起偏器(图 17-62(b))和 $n = 4.0$ 的 2 重片起偏器(图 17-63(b))相比较就可以看出这并不正确。这两种起偏器在布儒斯特角的消光比都在 2×10^{-2} 附近。对于锗起偏器在布儒斯特角近旁约 $\pm 1.6°$ 的接收角和对于 $n = 1.5$ 的起偏器为 $\pm 1.0°$ 的接收角得到相同的消光比变化百分数(由(17-135)式计算得到)。

我们已经假定在每个片中有多次非相干反射,而各片之间没有多次反射。对于一个 4 重片系,有内反射和没有反射时消光比的区别被表示在图 17-41 中。当 T_p 的值在 0.70 以上时,主透射比如图 17-59 所示,基本上是一样的(当 T_p 降到 0.30 时,主透射比只降低了约 0.025)。然而,高折射率材料的消光比当不存在多次内反射时要好得多,低折射率材料的消光比的差别较小。

多次反射对消光比的影响,可以很容易地由 p 分量和 s 分量的透射比的 3 个关系式看出(多片时):

无多次反射 $$(T_{s,p})_{多片} = (1-R_{s,p})^{2m} = 1-2mR_{s,p}+2m^2R_{s,p}^2-mR_{s,p}^2+\cdots \tag{17-136}$$

片内多次反射 $$(T_{s,p})_{多片} = \left(\frac{1-R_{s,p}}{1+R_{s,p}}\right)^m = 1-2mR_{s,p}+2m^2R_{s,p}^2+\cdots \tag{17-137}$$

片内和各片之间有多次反射

$$(T_{s,p})_{多片} = \frac{1-R_{s,p}}{1+(2m-1)R_{s,p}} = 1-2mR_{s,p}+4m^2R_{s,p}^2-2mR_{s,p}^2+\cdots \tag{17-138}$$

在布儒斯特角, $R_p = 0$, $T_p = 1$,消光比为最小,即偏振度最高,因为 s 分量的透射比最小。(17-136)式和(17-137)式的前三项是相同的,但(17-136)式附加一负的 R_s^2 项。因此它给出略微较小的 s 分量透射比的值。(17-138)式(由它可推导出普罗沃斯泰和德塞恩斯公式)有一个比其他两个方程大 2 倍的第三项,而负的第四项只是第三项的 $1/2m$,因此它并不能明显降低这个式子的值。这样一来,(17-138)式给出了明显较大的 s 分量透射比的值,幸而它只是一种极限情况,而且是实验上很少遇到的情况。

大多数红外布儒斯特角透射起偏器是用硒、氯化银或聚乙烯片制成的(表17-13)。在由3 μm以上(这时方解石起偏器棱镜成为高吸收)到大约10 μm(10 μm以上线栅起偏器有好的消光比)的波长范围,布儒斯特角透射起偏器是最有用的,因为它有较好的消光性,而且轴向的反射型起偏器(见本节一)有难以达到的长度。如果光束会聚角小,则由本节三～五描述的一些干涉起偏器较为优越。紫外布儒斯特角透射起偏器远未普遍,氟化锂和氟化钙主要用于150～250 nm的波长(见表17-14)。在方解石起偏棱镜可使用的范围内(>240 nm),布儒斯特角起偏器的优点是有较大的线孔径和较小的吸收。

在可见区域,为了提高巨脉冲红宝石激光器的输出功率,宁愿使用低吸收玻璃片堆起偏器,而不使用有较大吸收的格兰-汤普森棱镜起偏器。温伯格(Weinberg)[61]还在可见区域计算了玻璃和氟化银片的偏振度,但不幸的是他没有考虑包括物理上最合适的情况,或者说他没有计算起偏器的透射比。

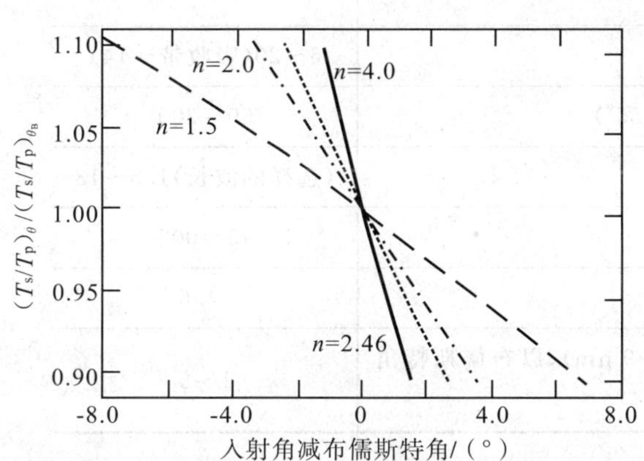

图17-64　每个膜的消光比作为在布儒斯特角附近的角度 $\theta-\theta_B$ 的函数而变化

纵坐标是在 θ 角的消光比与在 θ_B 角的消光比的比值

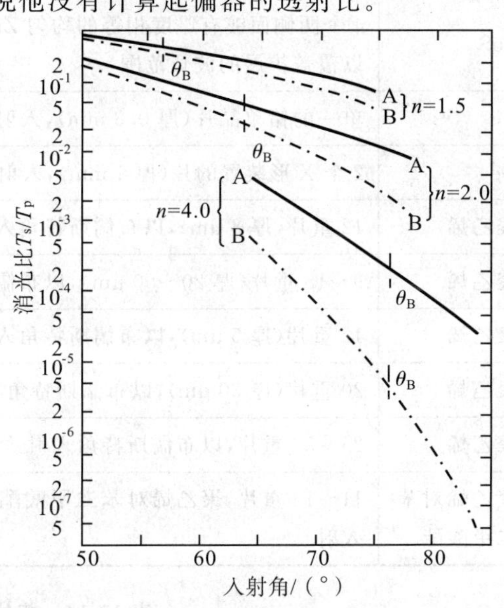

图17-65　折射率为 n 的四重平行平面片的消光比在布儒斯特角附近随入射角的变化

A曲线表示每个片内有多次反射而无干涉,而且各片之间无反射;B曲线表示每个片内和各片之间都无多次反射。条件A和B的透射比基本上相同(见图17-59(a))

表17-13　红外布儒斯特角透射起偏器[49]

材　料	说　　明	波长/μm
Se	5重或6重无衬底膜(厚4 μm),入射角65°(布儒斯特角68.5°)	2～14
Se	5重无衬底膜,入射角65°(制备方法不同于上面)	
Se	8重无衬底膜,以布儒斯特角入射	
Se	蒸镀在火棉胶膜的一个侧面上的Se膜(厚3～8 μm),入射角68.5°	1～15
Se	1～6重无衬底膜(厚1.44～8 μm),入射角68°	可见～25
Se	3重无衬底膜(厚0.95 μm),入射角71°	6～17
Se	5重两侧面镀Se的聚醋酸甲基乙烯脂膜(不同厚度),入射角65°	1.8～3.2
Se	多重无衬底膜	
Se	4～6重有褶皱的无支座膜(厚4～8 μm),以布儒斯特角入射	2.5～25
AgCl	3重片(厚1 mm),入射角63.5°	可见～15

续表

材　料	说　　明	波长/μm
AgCl	6～12 重片(厚 0.05 mm),入射角 60°～75°	2～20
AgCl	6 重片(厚 0.5 μm),以 63.5°交替方向叠堆	
AgCl	建议在扇形装置上以 68°交替方向叠堆 6 个楔形片	
AgCl	2 个 V 形片(厚 3.2 mm),入射角 77°;大孔径	
KRS-5	1～3 重溴化铊-碘化铊片(厚 1 mm 和 4 mm),以起偏角入射	1～15
ZuS	4 个两侧面镀有厚度相等的均匀 ZnS 膜的玻璃片(厚 0.1 mm)(几套片以覆盖扩展的波长范围)	可见～6
Ge	单一的锗单晶片(厚 0.8 mm),入射角 76°	
Ge	2 个 X 形装置的片(厚 1 mm),入射角 76°	
聚乙烯	12 重片(厚 8 μm),以布儒斯特角入射	6～20(吸收带～14)
聚乙烯	9～15 重片(厚 20～50 μm),以布儒斯特角入射(55°)	30～200
聚乙烯	12 重片(厚 5 μm),以布儒斯特角入射	(选择的波长)1.5～13
聚乙烯	20 重片(厚 30 μm),以布儒斯特角入射	45～002
聚乙烯	25～30 重片,以布儒斯特角入射	54.6
聚乙烯对苯二甲酸酯	11～13 重片,聚乙烯对苯二甲酸酯片(厚 4.25～9 μm),以布儒斯特角入射	1～5

表 17-14　紫外布儒斯特角透射起偏器[49]

材　料	说　　明	波长/nm
LiF	4～8 重片(厚 0.3～0.8 mm),入射角 60°(布儒斯特角 55.7°～58.7°),以交替方向叠堆	120～200
LiF	8 重片	110～300
LiF	8 重片(厚 0.25～0.38 mm),入射角 60°分 4 组交替方向叠堆	120～200
CaF_2	4 重和 8 重楔形片,在扇形装置上交替方向叠堆,入射角 65°(布儒斯特角 56.7°)	150～250
Al	计算 100 nm 厚无衬底铝膜以及每个用 3 nm Al_2O_3 膜和 10 nm Au 膜覆盖的 100 nm 和 50 nm 铝膜的起偏效率	30～80

三、干涉起偏器

当构成非正入射透射起偏器的片或膜很薄且有很光滑的表面时,内反射光束可发生相长干涉或相消干涉。在这种情况下,以布儒斯特角入射的 p 透射比保持为 1(这时 $R_p=0$),当入射角在布儒斯特角近旁时,p 分量只作轻微振荡(随波长)。然而,每当 λ 改变的量能使(17-16)式中的量 $nd\cos\theta_1/\lambda$ 改变 1/4 时①,s 透射比由最大值 1 变到最小值 $(1-R_s)^2/(1+R_s)^2$ 。对于折射率为 1.5 的单一膜来说,s 透射比的振荡仅为±0.225,而当 $n=4.0$ 时可大到±0.492 。因为 p 透射比基本上保持不变,所以消光比会随着 s 透射比周期地变化,如图 17-66 上端的曲线所示,该曲线是对于 2.016 μm 厚的硒膜得到的。

① 波长间隔 $\Delta\lambda$ 的近似表达式在(17-7)式中给出(假定振荡足够密集,以致 $\lambda_1\lambda_2\approx\lambda^2$)。

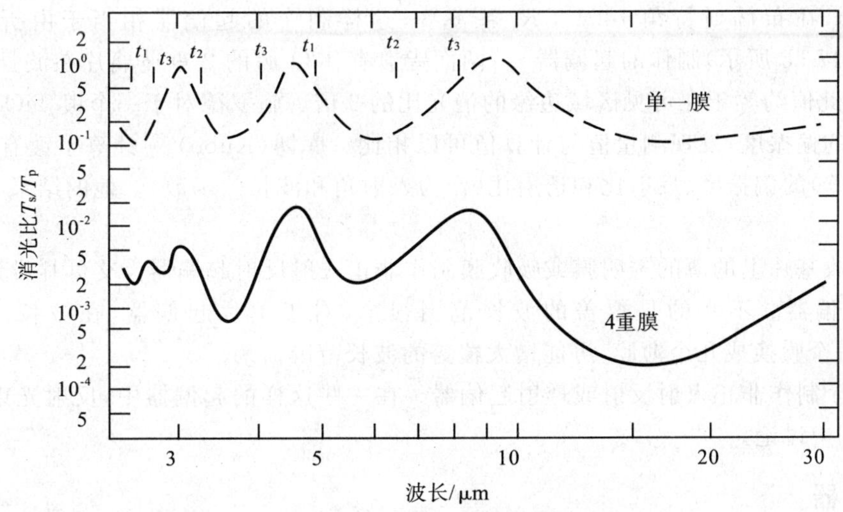

图 17-66　硒膜系列（$n=2.46$）的消光比在 2.5～30 μm 区域作为波长的函数的计算值

光从布儒斯特角 67.9°入射，膜内的多次反射光束发生干涉。上面的曲线是关于 2.016 μm 厚的单一膜的；箭头所指为对于 3 个较薄的膜（$t_1=1.080$ μm，$t_2=1.440$ μm 和 $t_3=1.800$ μm）的最大值位置。下面的曲线是膜之间无反射的 4 重膜系列的消光比。对于单一膜（以及 4 重膜系列）计算的 p 透射比在布儒斯特角时为 1

如果在一限定的波长范围内要求透射起偏器有好的消光比，则这个透射起偏器可由几个均匀膜构成，这些膜的厚度须能在给定的波长区域产生最小的消光比（当膜与膜之间不存在多次反射时，m 重膜的消光比是 $(T_s/T_p)^m$）。为了获得给定的消光比，这个方法所需膜的数目只有当不存在干涉效应时所需膜数的一半。这个相当惊奇的结果可由表 17-12 中 m 重片在有干涉效应和无干涉效应时的 $(T_s)_{多片}$ 的表示式看出。假定在各片之间无多次反射，这两种情况的表示式分别为 $[2n^2/(n^4+1)]^{2m}$ 和 $[2n^2/(n^4+1)]^m$。赫茨(Hertz)用 3 重 0.95 μm 厚的无衬底硒膜在 6～17 μm区域获得了 99.5%的偏振度。康恩和伊顿用 8 重较厚的不均匀硒膜只获得了稍微较好的结果。

由图 17-66 可知，对于 2.016 μm 厚的膜，在3.064 μm、4.596 μm 和 9.191 μm 处消光比的计算值是 1，这就是说，在这些波长 s 透射比和 p 透射比都是 1。如果有相同厚度的几个膜，在上述波长这个比值仍然是 1。即使膜的厚度有微小的差别，或者如果膜的表面有些不平，干涉效应仍可保留，仍对起偏器的性能有不利影响。

如果选择适当的膜厚，则干涉效应可以利用。图 17-66 中下面的曲线表示当 4 个厚度为 1.080 μm、1.440 μm、1.800 μm 和 2.016 μm 的硒膜用作透射起偏器时在布儒斯特角获得的消光比（图的上方用箭头指示出对于 3 个较薄的膜发生最大消光比的波长的位置）。在这个例子中，4 重膜系列的消光比在 2.5～30 μm 的区域优于 2×10^{-2}，而且在大多数的波长优于 10^{-2}（相应的偏振度超过 98%）。在 11～27 μm 的区域内消光比优于 10^{-3}。无干涉效应的 4 重厚的或不均匀的硒膜，其消光比的计算值约为 10^{-2}。如消光比的值变为 10^{-3}，则需要 6 重膜。因此，在 11～27 μm 波长区域，有干涉、厚度适当的 4 重硒膜，比无干涉的 6 重硒膜有更好的消光比。不幸，在消光比上的收益被比图 17-64 所示更为灵敏的角函数所抵消，因而入射光束必须很好地准直。

干涉效应也可以用于其他类型的非正入射起偏器中。贝内特(Bennett)等人用蒸镀在无应变氯化钠片上的 4 重锗膜系列（厚度范围 0.164～0.593 μm）制成透射起偏器。这些片子以锗的布儒斯特角倾斜，并排列成 X 形，从而起偏器会有大的正方孔径，且不会使光束偏离。在 2.5 μm 测得的消光比优于 3×10^{-3}，而且透射范围为 2～13 μm（在这个波长范围对于以布儒斯特角入射的辐射，消光比的计算值由1×10^{-3}变至 2×10^{-4}）。

用于可见区域的起偏器，已被提出由低折射率透明基片上的高折射透明膜制成。这种起偏器仍然有 $R_p=0$ 的布儒斯特角，在这个角度 R_s 大大增加，超过了不镀膜的低折射率基片的 R_s 值。因此，可得到大孔径、无吸收损失的高效率起偏器。在激光器系统中，这种起偏器应得到广泛应用。施罗德(Schräder)和艾贝耳[62]独立地提出了这种类型的一个起偏器，它由蒸镀在玻璃基片（$n=1.5$）的两个面上的高折射率 TiO_2

膜($n=2.5$)构成。在布儒斯特角 74.4°,$R_s\approx0.8$,这样制作的起偏器相当于由折射率为 4 的材料($\theta_B=76.0°$,如图 17-65 所示)制作的起偏器①。两面皆镀有 TiO_2膜的 2 重玻璃片在波长 5 500 μm 的消光比约为 1.6×10^{-3},此值约等于在可见区域边缘的消光比的 2 倍。施罗德对于一个镀 TiO_2 的玻璃片,测量了作为入射角的函数的偏振度,发现测量值与计算值可以相比。库博(Kubo)[63]计算了镀有折射率为 2.20 的薄透明片($n=1.50$)的偏振度、反射比和透射比(作为入射角和波长的函数)。他的结果与艾贝耳和施罗德的结果相似。

可用淀积在吸收基片上的薄的透明膜或吸收膜制作非正入射反射起偏器。艾贝耳设计了一些特别用于真空紫外的反射起偏器。不幸的是覆盖的波长范围很窄,对于单片起偏器,在波长 150 nm 附近只有 2.5 nm。然而,将一个膜换成几个薄膜,可能增大覆盖的波长范围。

多层膜堆也用于制作非正入射反射或透射起偏器。在一些这样的起偏器中,反射光束和透射光束都应用了,这将在本节四中讨论。

四、起偏分束器

起偏分束器是非正入射干涉起偏器的一种特殊形式。在起偏分束器中,光束以 45°角入射到多层介质膜堆上。透射光束近似地是在 p 方向上完全平面偏振的光束,而反射光束近似地是在 s 方向上完全平面偏振的光束。通常将高折射率和低折射率介质层交替地淀积在 2 个直角棱镜的斜面上,然后把这两个棱镜胶合在一起形成立方体。光束正入射于立方体端面,穿过斜面上的多层膜(高折射率层与玻璃紧接),然后反射光束和透射光束分开 90°正交于立方体端面出射。

克拉彭(Clapham)等人[64]对由麦克尼尔(MacNeille)发明的并由班宁(Banning)[65]发展的起偏分束器作了很好的讨论。班宁的分束器用镀有 3 层硫化锌和 2 层冰晶石的棱镜制成。在立方体端面法线的每一侧 5°角以内的反射光束和透射光束,对于白光,其偏振度都超过 98%。

各种高折射率和低折射率材料已被成功地用来制作多层膜堆。除了玻璃棱镜上的硫化锌和冰晶石交替层以外,还有熔凝氧化硅棱镜上的二氧化硅与二氧化钛按比例控制的混合物和纯二氧化钛的交替层,熔凝氧化硅棱镜上的二氧化钍和二氧化硅交替层,熔凝氧化硅棱镜上的锥冰晶石(氟化钠和氟化铝混合物)和氟化铅的交替层,特重火石玻璃棱镜上的氧化铋和氧化镁交替层,以及重火石玻璃棱镜上的氧化锆和氟化镁交替层。关于这些分束器,为达到好的起偏特性、消色差性和对入射角的相对不灵敏性的最佳化的计算是完全不可缺的。克拉彭还测量了用氧化锆和氟化镁多层膜制成的高性能消色差起偏分束器的特性。

虽然起偏分束器通常设计得使 s 和 p 偏振光束互成直角出射,施罗德和施弗莱在反射光束的通路中引入半波片和反射镜,使反射光束平行于透射光束,且有相同的振动方向。

为了某种目的,需要有对入射光束的偏振状态不灵敏的分束器。鲍梅斯特(Baumeister)讨论了用低折射率和高折射率材料交替的多层介质膜堆制作这种分束器的设计。他的设计之一是用 6 层介质膜组成分束器,其在带宽约为 80 nm、入射角改变 ±1°时的消光比 T_s/T_p 的改变为从 0.93 到 0.99。原则上,在正入射时不反射的任何多层滤光器,在任意入射角时都不起偏。科斯蒂奇(Costich)[66]描述了用于近红外的滤光器的设计,在 45°角入射时该滤光器与偏振无关。

五、受抑全反射滤光器

一般不认为受抑全反射滤光器(简称 FTR 滤光器)是偏振器件,因为其带通极窄。然而这种滤光器的透射光几乎是完全偏振的,因此可用作窄带起偏器。用金属膜制成的一种特殊型式的 FTR 滤光器,它即使作为窄带透射滤光器也尚未证实有用,进一步的工作是要验证这个型式的滤光器设计的有效性。

FTR 滤光器与起偏分束器不同,在起偏分束器中,高折射率与低折射率棱镜邻接,在棱镜材料的全部透明范围内都透射,而由特纳(Turner)发明的 FTR 滤光器是由高折射率玻璃棱镜和夹在棱镜之间的交替的低折射率－高折射率－低折射率介质膜制成。光束以大于临界角的角在棱镜-低折射率膜分界面上入射,因

① 我们假定在这两种情况下基片内无多次反射光束。

而如果膜很厚，就发生全发射。当膜变得较薄时，全反射受到抑制，一部分入射能量进入中间的高折射率层。调节低折射率膜的厚度，可以得到反射比与透射比的任意比值，且因膜是透明的，无能量损失。然而，s 分量和 p 分量在这个膜中反射的相变不同，因此出现两个窄的透射峰。对于由氟化镁和硫化锌组成的 FTR 滤光器，较短波长的一个峰是 p 方向偏振的，另一个峰是 s 方向偏振的。

对于适当的偏振态，在峰值波长的最大透射是 100%，半宽度主要由低折射率层的厚度确定（层越厚，通带越窄）。高折射率层的厚度控制着透射峰的波长，其次控制着透射峰的半宽度。这是非常敏锐的，如在氟化镁和硫化锌组成的 FTR 滤光器中，光学厚度只改变 1 nm，就要使峰值波长移动 2 nm。为了检验这些间隔层的光学均匀性，发展了一些灵敏的方法。FTR 滤光器的 s 和 p 透射带的典型半宽度在 3～10 nm，大多数是在 6 nm 附近。

受抑全反射滤光器已被应用于红外区。这样的滤光器已由毕林斯（Billings）和皮特曼（Pittman）[67] 用夹在氯化钠棱镜之间的低折射率的氟化钠膜和高折射率的氯化银膜制成。该滤光器具有大约在 4.5 μm 和 5.0 μm 交替偏振的通带，将滤光器倾斜可使通带移向较长波长。然而，遗憾的是，滤光器的视场很小，以致表观峰值透射比和半宽度是测量所用分光光度计中光束的会聚角的函数。用锗棱镜和氯化钠膜与锗膜制成的 FTR 滤光器已被建议用于 10.6 μm。工作在 250 μm 的远红外区域具有带宽约 0.25 μm 的滤光器业已被设计出来。这种滤光器用聚苯乙烯棱镜和以空气为低折射率间隔层、以聚苯乙烯为高折射率层制成。

一种改进的 FTR 滤光器，其 s 和 p 通带增宽到使滤光器在扩展的光谱区域有效地起着具有大发散角入射光束的起偏器的作用。由 2 个锗棱镜和 3 个薄膜层组成的这种红外滤光器有优于 $1/10^3$ 的理论消光比。

将 FTR 滤光器中的高折射介质层换成银膜，在理论上可获得滤光器透射的光谱变化。这个效应可解释为在银（或其他金属）的电子气中激励了等离子体振荡，或由于银的特殊光学常数而解释为感生透射的一种特殊情况，奥托（Otto）对包括薄的银层或铝层（厚度约为 10～15 nm），低折射率介质如 LiF、NaF 或 NaCl，以及 Suprasil 石英棱镜或 As_2S_3 棱镜的各种滤光器的设计作了一系列的计算。萨尔温（Salwèn）和斯坦斯兰德（Stemsland）对奥托[68] 的一些滤光器设计作了进一步的计算，证明除了预期的 p 分量的锐峰以外，还有出现在较长波长的偏振相同的较宽的峰，然而斯坦斯兰德制作的滤光器只显示出较宽的峰。尽可能地改进蒸镀条件和更好地控制介质层和金属层的厚度、均匀性和不平度，可以使滤光器也出现与计算值一致的锐峰。

第六节　推迟片

一、推迟片的理论

推迟片是一块双折射的单轴（或以单轴出现的）材料，寻常光线和非常光线在其中以不同的速度行进。因此，一光线相对于另一光线推迟了。两光线之间的程差 $N\lambda$ 由下式给出：

$$N\lambda = \pm d(n_e - n_o) \tag{17-139}$$

式中，n_o 为寻常光线的折射率，n_e 为非常光线的折射率，d 为片的厚度，λ 为波长。

对于正单轴晶体（$n_e > n_o$），(17-139)式右边取正号；对于负单轴晶体（$n_e < n_o$），则取负号。因为 $N\lambda$ 是两光线之间的程差，N 可以看作是以波长的分数表示的推迟。例如，对于 1/4 波片（或 $\lambda/4$ 片）$N = 1/4$，对于半波片（或 $\lambda/2$ 片）$N = 1/2$，对于 3/4 波片（$3\lambda/4$ 片）$N = 3/4$ 等。

通过双折射材料的两光线之间的相差是程差的 $2\pi/\lambda$ 倍，于是相位推迟 δ 为

$$\delta = 2\pi N = \pm \frac{2\pi d(n_e - n_o)}{\lambda} \tag{17-140}$$

因此，1/4 波片、半波片和 3/4 波片中，两光束之间引起的相差分别为 $\pi/2$、π 和 $3\pi/2$。

推迟片可以用晶体制作，晶体被切成使其光轴位于与片面平行的平面内，如图 17-67 所示。设一束非偏振光或一束平面偏振光正入射到晶体上，它可以被分解成沿着相同路程通过晶体但振动相互垂直的两个分量。寻常光线的振动方向垂直于光轴，而非常光线的振动方向平行于光轴。在正单轴晶体中，$n_e > n_o$，结果是非常光线比寻常光线行进得慢。快轴定义为行进较快的光振动的方向，因此，在正单轴晶体中，快轴（寻常光线振动

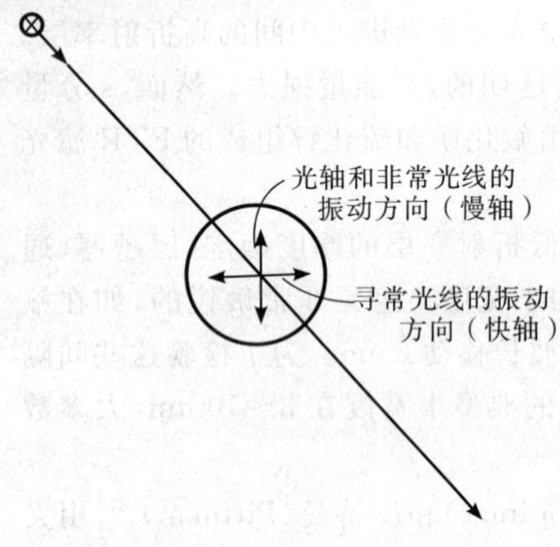

图 17-67　光在推迟片的前表面上正入射

图中表示了寻常光线和非常光线的振动方向在正单轴晶体中快轴和慢轴表示在括弧内；在负单轴晶体中，两个轴交换

方向)与光轴重合。对于负单轴晶体，快轴与光轴垂直。

图 17-68 表明，当入射光为平面偏振光，其振动方向在与推迟片的快轴成 45°的方位角时，通过各种厚度的推迟片以后光波的偏振态如何变化。如果推迟片有 $\lambda/8$ 的推迟，即寻常波和非常波的相位相互偏离 $\pi/4$，则透射光将是椭圆偏振的，椭圆的长轴与原平面偏振光束的振动方向重合。当推迟逐渐增大时(对于给定的波长，片逐渐变厚时；或对于给定的片厚，波长逐渐变短时)，椭圆逐渐变成圆，但它的长轴仍然与推迟片的快轴成 45°角。对于 $\lambda/4$ 的推迟，出射光是左旋圆偏振光。当推迟继续增加时，透射光变成椭圆偏振光，椭圆的长轴与入射偏振光束的振动方向垂直，椭圆的短轴渐渐收缩成 0，并且当推迟变为 $\lambda/2$ 时产生平面的偏振光。当推迟进一步增加时，图形以相反的顺序变化，并且当推迟等于 $3\lambda/4$ 时，偏振光是右旋椭圆偏振光。最后，当推迟为一个波长时，虽然此时慢波相对于快波已推迟了一个波长，但入射平面偏振光透射不改变其偏振状态。

推迟片的最普通形式是 1/4 波片。图 17-69 表示了当快轴位于水平面内和相当于入射平面偏振光的方位角由 $\theta=0°$ 变到 $\theta=90°$ 时，这个波片如何影响透射光的偏振态。当 $\theta=0°$ 时，只有寻常光线(对于正双折射材料)通过这个片，于是光束的偏振态是不变的。当 θ 微微增加时，则透射光束是椭圆偏振的，椭圆的主轴沿着 $\lambda/4$ 片的快轴；$\tan\theta=b/a$ 是椭圆的短轴与长轴之比。在下一情况，$\theta=15°$，$\tan\theta=0.268$，所以椭圆是长而窄的。当振动旋转到 45°方位角时，出射光束是左旋圆偏振光(与图 17-68 中所示的第二种情况相同)。对于在 45°和 90°之间的 θ 值，光再一次是椭圆偏振的，这时椭圆的长轴沿着 $\lambda/4$ 片的慢轴方向。在图中所表示的角度是 60°，$\tan 60°=1.732$，于是 b/a(相对于快轴)大于 1。当 θ 增加到 90°时，振动面与慢轴重合，并且透射光再一次成为平面偏振光。当 θ 继续增加时，透射的图形是已描述过的图形的重复，且对于慢轴是对称的，不过椭圆的旋转方向由左旋变为右旋。所以，当 $\theta=135°$ 时，产生右旋圆偏振光。

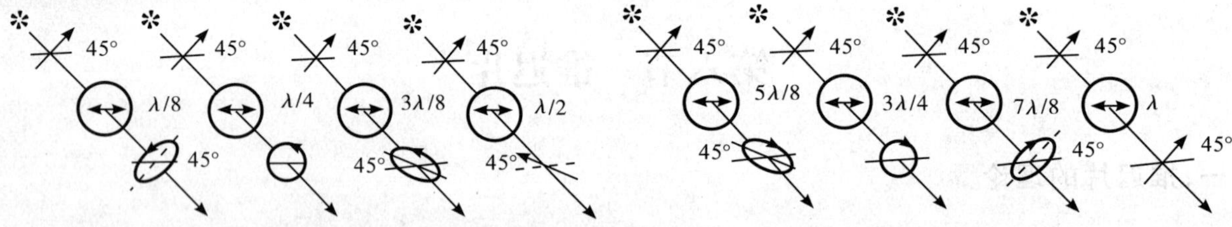

图 17-68　通过晶片以后光波的偏振态

晶片的推迟用波长的分数表示(相位推迟是这个值的 $2\pi/\lambda$ 倍)，它的快轴用双箭头表示。入射光是平面偏振的，其振动方向与快轴成 45°方位角

根据习惯，右旋圆偏振光和左旋圆偏振光的定义是：当观察者迎着传播的方向看去，如果电矢量顺时针旋转，该光称为右旋圆偏振光；如果电矢量逆时针旋转，该光称为左旋圆偏振光。当圆偏振光由镜面反射时，传播方向反向，于是圆偏振的指向改变，即左旋圆偏振光经反射后变成右旋圆偏振光，反之也一样。因在磁场中圆偏振光的指向是重要的，所以，在涉及磁场的实验中，重要的是首先要知道是左旋还是右旋圆偏振光，然后要知道在其余的光程中还要发生多少次镜面反射。回旋加速器共振实验有时可用于决定圆偏振的指向。利用起偏器和 $\lambda/4$ 片的另一方法已由伍德(Wood)[69]描述过了。

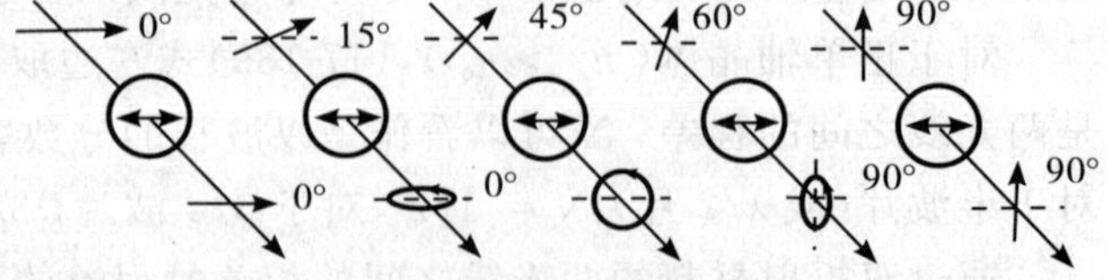

图 17-69　入射平面偏振光的振动平面在不同方位角时，光波通过 $\lambda/4$ 片以后的偏振态

$\lambda/4$ 片的快轴用双箭头表示

在平面偏振光束中的半波片的作用完全不同于 1/4 波片的作用，透射光总是平面偏振的。如果入射振

动面相对于 $\lambda/2$ 片的快轴是方位角 θ，则透射光束相对于入射光束的方位转动角为 2θ。图 17-69 中的第 5 种情况即说明 $\theta=45^\circ$ 时，振动方位转动了 90°。在这种情况中，非常光束相对于寻常光束推迟了半个波长（对于正双折射材料），因此有半波片这个名称。如果起偏器固定，$\lambda/2$ 片转动，则透射光束振动面的转动频率为 $\lambda/2$ 片的转动频率的 2 倍。

1/4 波片对于分析各种偏振光是有用的。此外 $\lambda/4$ 片广泛地应用于使用偏振光的实验中，例如用椭偏测量术对薄膜的厚度和折射率的测量，或对旋光色散、圆振二向色性或应变双折射的测量。偏光显微镜、干涉显微镜和岩石显微镜通常装配有 $\lambda/4$ 片。在某些应用中只需要 $\lambda/4$ 片产生圆偏振光（例如对于一些激光器实验中的光泵浦），或者只需转变部分偏振光源为非偏振的，即在整个方位角内有相等的振幅。对于这些以及类似的应用，人们有时可能使用不具有 $\lambda/4$ 片的所有其他性质的圆起偏器。

通常 $\lambda/2$ 片的应用是使偏振面旋转 90° 角。例如可把 $\lambda/2$ 片安装在干涉显微镜的聚光器中和安装在广角补偿器中。

推迟片通常用云母、张紧的有内应力的聚乙烯醇、石英等材料制成，尽管其他张紧的塑料（如赛璐玢、聚酯薄膜、纤维素醋酸酯、纤维素硝酸酯等）、蓝宝石、氟化镁以及其他材料也能使用。片状的聚乙烯醇能很好地透射紫外光，超过了天然云母的截止频率，因此在制作紫外推迟片时特别有用。一些材料的折射率和双折射在表 17-15 至表 17-17 中列出。对于云母和鱼眼石，测量是在一个样品上做的，所以列出的它们的双折射应当认为是近似的。有可靠的理由相信，鱼眼石的双折射不同于其他样品。虽然方解石初看似乎是推迟片的好材料，但它的双折射是如此之高，以致对于单个的 $\lambda/4$ 推迟片只需要不到 1 μm 的极薄的片。如果要制造"一级"片或多级片，或者如果方解石用作消色差推迟片的一部分，则厚度的容许误差必须很严格。

表 17-15　某些材料在 589.3 nm 的折射率

材　料	n_o	n_e
正单轴晶体		
冰，H_2O	1.309	1.313
氟化镁，MgF_2	1.378	1.390
鱼眼石，$2[KCa_4Si_8O_{20}(F,OH)\cdot 8H_2O]$	1.535±	1.537
结晶石英，SiO_2	1.544	1.553
透视石，$CuSiO_3\cdot H_2O$	1.654	1.707
锆石，$ZrSiO_4$	1.923	1.968
金红石，TiO_2	2.616	2.903
负单轴晶体		
绿宝石（绿柱石），$Be_3Al_2(SiO_3)_6$	1.581±	1.575±
硝酸钠，$NaNO_3$	1.584	1.336
白云母（复合硅酸盐）	1.5977±	1.5936±
磷灰石，$Ca_{10}(F,Cl)_2(PO_4)_6$	1.634	1.631
方解石，$CaCO_3$	1.658	1.486
电气石（复合硅酸盐）	1.669±	1.638±
蓝宝石，Al_2O_3	1.768	1.760

表 17-16　两个云母样品的折射率

λ /μm	样品 1			样品 2		
	n_o	n_e	n_e-n_o	n_o	n_e	n_e-n_o
0.435 8	1.610 92	1.606 37	−0.004 55	1.609 86	1.604 87	−0.004 99
0.478 0	1.605 92	1.601 31	−0.004 61	1.604 95	1.599 93	−0.005 02
0.546 1	1.602 13	1.597 34	−0.004 79	1.601 12	1.596 13	−0.004 99
0.589 3	1.599 78	1.595 00	−0.004 78	1.598 85	1.593 89	−0.004 96
0.660 0	1.596 67	1.591 84	−0.004 83	1.596 02	1.590 92	−0.005 10
0.706 5	1.595 05	1.590 23	−0.004 82	1.594 51	1.589 50	−0.005 01
		平均值	−0.004 73		平均值	−0.005 01

表 17-17　鱼眼石的双折射

λ /μm	n_e-n_o	$\frac{n_e-n_o}{\lambda}$ /μm^{-1}
0.435 8	0.001 8	0.004 1
0.508 6	0.002 2	0.004 3
0.546 1	0.002 4	0.004 4
0.589 3	0.002 6	0.004 4
0.643 8	0.002 8	0.004 3

虽然当一个推迟片需要的厚度太小时，可使用两个较厚的片，其中一个片的快轴平行对准另一个片的慢轴，使除所需的推迟外其余全部抵消，但是通常推迟片用单片材料制成。稍微嫌薄或稍微嫌厚的片子，可以绕平行于或垂直于光轴的轴旋转以改变推迟，使其达到所需的量。还有一些新型的圆起偏器和偏振旋转器被应用于远紫外区、远红外区和可见区。

在一个波长区域内有相同推迟的消色差推迟片可以用两个或更多不同的材料制成，也可以用相同材料的两个片或多个片使它们的轴相互之间取适当的角度制成。后一种器件叫做复合片。虽然复合片能把平面偏振光改变成圆偏振光，但它们不具有真正推迟片的所有其他性质。绝大多数消色差 λ/4 推迟器，如菲涅耳菱体，是由在比临界角更大的角度时内反射而得到 λ/4 推迟的器件。

二、云母推迟片

云母 1/4 波片可能是迄今应用最普遍的形式。λ/4 片可以用厚云母片劈裂到适当的厚度而成。寻常光线的速度和非常光线的速度之间的差值很小，所以云母片不需要劈裂得太薄。对于黄光，典型的厚度在 0.032～0.036 mm 范围。云母 1/4 波片的快轴和慢轴可以用塔顿检验法来区别，推迟可用几种相当简单的检验法之一来测定。

如果使用的云母片没有玻璃盖片，则在云母内的多次反射光束可能引起推迟在由简单理论计算的值(见(17-139)式)附近振荡。幸而这个效应可用本节中将要描述的方法之一消除。云母有一个严重的缺陷，就是在劈开的云母片上有晶带，晶带相互间保持有角度，以致晶带不能在相同角度消光。因此，整个云母片内不能同时得到消光。在要求很高的应用中，如椭偏测量术，使用无此效应的结晶石英制成的 1/4 波片，能够得到很好的消光。

云母是复合的片状硅酸盐，并且有多种形式。实际上它是一种负双轴晶体，光轴之间的夹角几乎可以是 0°～42°之间的任意一个角度。白云母(云母的最普通形式，淡褐色)的两个光轴之间的夹角是 42°。从外部看，由于折射，这个角显得更大。折射率随晶片样品的不同而不同，但是对钠光(589.3 nm)的典型值是 $n_\alpha=1.5601$，$n_\beta=1.5936$，$n_\gamma=1.5977$。云母劈裂所沿的解理面不与任一个光轴平行，而是沿着晶轴，于是 $n_o=n_\gamma$，$n_e=n_\beta$。对于两种云母样品，在可见光区域 n_o 和 n_e 的值在表 17-16 中给出，样片 1 的 n_e-n_o 值列于表 17-18 中。由于后面这些值是对单个样品的，所以这些值无疑不是所有白云母样品的双折射的典型值。薄云母片(厚度<30 μm)由紫外到近红外有很高的透射比，而较厚样品的透射比受到杂质的影响，杂质因样品的不同而异。在紫外区，透射比降到比 10%还小的极限波长，对于 10.9 μm 厚的样品近似地为 280 nm，而对于 4.7 μm 厚的样品近似地为 210 nm。在近红外区大约 2.7 μm 处有一个强而窄的水吸收带。另外，材料透射远达 8 μm。还有，在更远的红外区域(达到 40 μm)薄云母片显示出相当高的透射比，它们适合用于各种光谱学研究。一些云母片是多向色的，即对于沿快轴和慢轴振动的光表现出不同的吸收。如果存在多向色性，则可能影响云母推迟片的性能，因为全部理论都是假定吸收或者为零，或者沿着两个轴相同。

表 17-18　各种光学材料的双折射 $n_e - n_o$[49]

波长 /μm	金红石 TiO_2	CdSe	结晶石英	MgF_2	CdS	鱼眼石	ZnS（纤维锌矿）	方解石	$LiNbO_3$	$BaTiO_3$	ADP	KDP	蓝宝石（Al_2O_3）	云母
0.15	…	…	0.0214	0.0143										
0.20	…	…	0.0130	0.0134	…	…	…	−0.326	…	…	−0.0613	−0.0587	−0.0111	
0.25	…	…	0.0111	0.0128	…	…	…	−0.234	…	…	−0.0543	−0.0508	−0.0097	
0.30	…	…	0.0103	0.0125	…	…	…	−0.206	…	…	−0.0511	−0.0474	−0.0091	
0.35	…	…	0.0098	0.0122	…	…	…	−0.193	…	…	−0.0492	−0.0456	−0.0087	
0.40	…	…	0.0069	0.0121	…	…	0.004	−0.184	…	…	−0.0482	−0.0442	−0.0085	
0.45	0.338	…	0.00937	0.0120	…	0.0019	0.004	−0.179	−0.1049	−0.097	−0.0473	−0.0432	−0.0083	−0.00457
0.50	0.313	…	0.00925	0.0119	…	0.0022	0.004	−0.176	−0.0998	−0.079	−0.0465	−0.0424	−0.0082	−0.00468
0.55	0.297	…	0.00917	0.0118	0.014	0.0024	0.004	−0.173	−0.0947	−0.070	−0.0458	−0.0417	−0.0081	−0.00476
0.60	0.287	…	0.00909	0.0118	0.018	0.0026	0.004	−0.172	−0.0919	−0.064	−0.0451	−0.0410	−0.0081	−0.00480
0.65	0.279	…	0.00903	0.0117	0.018	0.0028	0.004	−0.170	−0.0898	…	−0.0444	−0.0403	−0.0080	−0.00482
0.70	0.274	…	0.00898	0.0117	0.018	…	0.004	−0.169	−0.0882	…	−0.0438	−0.0396	−0.0080	−0.00483
0.80	0.265	…	0.0089	0.0116	0.018	…	0.004	−0.167	−0.0857	…	−0.0425	−0.0382	−0.0079	
0.90	0.262	0.0195	0.0088	0.0115	0.018	…	0.004	−0.165	−0.0840	…	−0.0411	−0.0367	−0.0079	
1.00	0.259	0.0195	0.0088	0.0114	0.018	…	0.004	−0.164	−0.0827	…	−0.0396	−0.0350		
1.10	0.256	0.0195	0.0087	0.0114	0.018	…	0.004	−0.162	−0.0818	…	−0.0379	−0.0332		
1.20	0.254	0.0195	0.0087	0.0114	0.017	…	0.004	−0.151	−0.0810	…	−0.0361	−0.0313		
1.30	0.252	0.0195	0.0086	0.0113	0.017	…	0.004	−0.150	−0.0804	…	−0.0342	−0.0292		
1.40	0.251	0.0195	0.0085	0.0113	0.017	…	0.004	−0.158	−0.0798	…	−0.0321	−0.0269		
1.50	0.250	0.0195	0.0085	0.0113	…	…	…	−0.157	−0.0793	…	−0.0298	−0.0245		
1.60	0.249	0.0195	0.0084	0.0112	…	…	…	−0.156	−0.0788	…	−0.0274	−0.0219		
1.70	0.248	0.0195	0.0084	0.0112	…	…	…	−0.154	−0.0782	…	−0.0248	−0.0191		
1.80	0.247	0.0195	0.0083	0.0112	…	…	…	−0.153	−0.0777	…	−0.0221	−0.0162		
1.90	0.246	0.0195	0.0082	0.0112	…	…	…	−0.151	−0.0774	…	−0.0192	−0.0130		
2.00	0.246	0.0195	0.0081	0.0111	…	…	…	−0.150	−0.0771	…	−0.0161	−0.0097		
2.10	0.245	0.0195	0.0081	0.0111	…	…	…	−0.148	−0.0766					
2.20	0.244	0.0195	0.0080	0.0111	…	…	…	…	−0.0761					
2.30	0.243	0.0195	0.0079	0.0110	…	…	…	…	−0.0752					
2.40	0.241	0.0195	0.0078	0.0110	…	…	…	…	−0.0744					
2.50	…	0.0195	0.0077	0.0110	…	…	…	…	−0.0739					
2.60	…	0.0195	0.0076	0.0110	…	…	…	…	−0.0734					

注：对于结晶石英、MgF_2、方解石、ADP 和 KDP，表中给出的是由分析式得到的在 24.8℃的计算值。

以下我们讨论推迟片中多次反射的理论。云母推迟片很薄是它的一个缺点，在云母中多次反射光束是相干的，因而能够互相干涉。这种干涉效果要导致相位推迟和透射比的振荡，如图 17-70 所示。假设云母片如由简单理论（(17-139)式）算得的那样，在 589.3 nm 处严格地具有 1/4 波的推迟，该理论假定光仅仅通过波片 1 次。尽管简单理论预言推迟的变化是缓慢的（图 17-70(a)中的虚线），且透射比应近似地为常数，但完全理论却预言相位推迟和透射比二者都是振荡的。其振荡的大小取决于云母的平均折射率，相邻最大值的间距是总的光学厚度的函数。

史密斯（Smith）[70]已观察到推迟的振荡，温伯格和哈里斯曾探测出透射强度的振荡。约尔肯（Yolken）等人在他们的云母推迟片中测量了强度变化，并且发现这一变化非常接近于图 17-70(b)中所给的曲线。他们对于一个在 546.1 nm 波长的云母 1/4 波推迟片测得的相邻最大值的间隔是接近正确值的。

如果采用的是未镀膜的云母 $\lambda/4$ 片和窄的带宽光源，可以预料相位推迟约在 84°和 96°之间（见图 17-70(a)），而不必是 90°。沿着快轴和慢轴透射的强度之比约在 1.00/0.81＝1.23 与 0.81/1.00＝0.81 之间（见

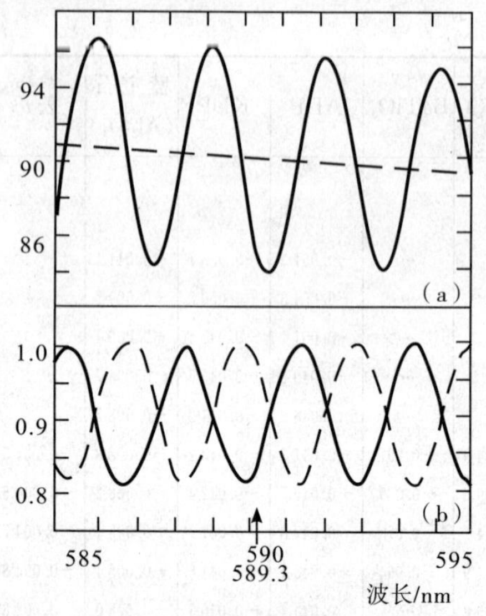

图 17-70 云母推迟片的相位推迟及透射比

(a)由推迟片的简单理论((17-139)式)算得的云母 $\lambda/4$ 片的相位推迟(虚曲线)和由完全理论((17-144)式)计算的相位推迟(实线),在完全理论中假定云母片内有多次反射。按照简单理论,云母片在 589.3 nm 严格地具有 90°的推迟;(b)假定在云母中有多次反射算得的对于寻常光线(虚线)和非常光线(实线)的透射比(见(17-141)式及正文)

图 17-70(b))。相位和强度二者的变化必须在计算中加以考虑,要不然必须加以消除。消除多次反射的一个方法是在云母的表面上蒸镀减反射膜。应用 $\lambda/4$ (光学厚度)SiO_2 镀层和在 SiO_2 上的 $\lambda/4$ MgF_2 镀层,约尔肯等人能完全消除多次反射。另一个解决的办法是将云母嵌入退火的盖玻璃上的加拿大树脂胶中。加拿大树脂胶的折射率约为 1.54,介于云母和玻璃的折射率之间,从而使得在云母-玻璃分界面上的反射有效地得到消除。此方法与商品云母 1/4 波片的制作方法类似。利用折射率介于云母与玻璃之间的胶合剂,将云母片封装在玻璃片之间。于是只有在外部的空气-玻璃分界面上产生反射。由于夹层的厚度大(一个这样的片为 4.83 mm),多次反射光束的相干性大体丧失,并且认为所透射的光是它的平均值。即使片子是精确平坦的,并且是平行平面的(通常有意识地引入楔形角),相邻的强度最大值的间隔仅约为 0.02 nm,这间隔太小,用通常的分光计不能分辨。

推迟片中多次相干反射的严格理论已由霍姆斯(Holmes)[71]给出,这里作简要的介绍。推迟片的作用类似于平行平面板(法布里-珀罗)干涉仪,沿着快轴或者慢轴方向透射的光的强度 I,由艾里公式(见(17-15)式)给出,对于不吸收物质此公式还可写为

$$I=\frac{1}{1-(1-1/T^2)\sin^2(2\pi nd/\lambda)} \tag{17-141}$$

如排除干涉效应,则片的透射比 T 等于 $2n/(n^2+1)$。折射率 n 可以是 n_e,也可以是 n_o,因为对于云母来说,它们几乎是相等的,所以可以采用平均值。透射强度从最大值 1 变化到最小值 T^2。沿快轴和慢轴的透射有相同的数值范围,但对于 $\lambda/4$ 片,两个透射恰好彼此异相。这一点可以从量值 $2\pi n_e d/\lambda-2\pi n_o d/\lambda$ 得到证明。根据(17-140)式,对于 $\lambda/4$ 片该量值等于 $\pi/2$。当量 $2\pi n_e d/\lambda$ 等于 $M\pi$ 时(M 为正整数),(17-139)式中的 $\sin^2$ 项变为 0,I 取其最大值 1。在此情况下,因量 $2\pi n_o d/\lambda$ 与 $2\pi n_e d/\lambda$ 相差 $\pi/2$,对于寻常光线来说透射为最小。

相位推迟的振荡解释并非如此容易,但可由干涉方程来解决。经过波片透射的相变 γ 由透射电矢量与入射电矢量之比求得,并由关系式[72]

$$\tan\gamma=-\frac{1}{T}\tan\frac{2\pi nd}{\lambda} \tag{17-142}$$

给出,式中各符号的含意与前相同(霍姆斯在这个方程中采用了正号,但物理结果与正负无关)。我们的兴趣在于相位推迟 δ,它等于 γ_e 与 γ_o 之差(γ_e 和 γ_e 分别是非常光和寻常光的相变)。根据三角关系式

$$\tan(a-b)=\frac{\tan a-\tan b}{1+\tan a\tan b} \tag{17-143}$$

可获得这个差。从而

$$\tan\delta\equiv\tan(\gamma_e-\gamma_o)=\frac{-(1/T_e)\tan(2\pi n_e d/\lambda)+(1/T_o)\tan(2\pi n_o d/\lambda)}{1+(1/T_e T_o)\tan(2\pi n_e d/\lambda)\tan(2\pi n_o d/\lambda)} \tag{17-144}$$

显然,这个函数随波长的改变而振荡。

对于一个严格的 $\lambda/4$ 片来说,$\tan(2\pi n_o d/\lambda)=-\cot(2\pi n_e d/\lambda)$,且有 $T_e\approx T_o\approx T$ 和 $n_e\approx n_o\approx n$,于是(17-144)式能简化为

$$\tan\delta\equiv\tan(\gamma_e-\gamma_o)=\frac{T}{1-T^2}\left(\tan\frac{2\pi nd}{\lambda}+\cot\frac{2\pi nd}{\lambda}\right) \tag{17-145}$$

每当 $2\pi nd/\lambda=M\pi/2$ 时,$\delta=\pi/2$。然而,当 $2\pi nd/\lambda=(\pi/2)(M+\frac{1}{2})$ 时,$\tan(2\pi nd/\lambda)=\cot(2\pi nd/\lambda)=\pm1$,于是 $\tan\delta=\pm2T/(1-T^2)$。对于这样一些角度,δ 将偏离 $\pi/2$ 一个量,其大小依赖于

T 的值，而 T 的值又依赖于材料的折射率。

在图 17-70(a)中，实线表示对于云母 $\lambda/4$ 片应用(17-144)式算得的相位推迟作为波长的函数。值得注意的是，波长 589.3 nm(在此波长由(17-139)式得 $\delta=\pi/2$)不与极大值、极小值或拐点对应。这可解释为：波片的厚度 d 是由(17-139)式令 $n_e-n_o=-0.0041$，$\lambda=589.3$ nm 和 $N=1/4$ 计算的；由此得到 $d=0.0359329$ mm(保留多位数字是为了计算需要)，由 $n_e=1.5936$ 和 $n_o=1.5977$ 算出 $2\pi n_e d/\lambda=194.34\pi$ 和 $2\pi n_o d/\lambda=194.84\pi$。虽然这两个数的小数部分不简单，可是它们相差 0.50π。同样，$n_e d/\lambda-n_o d/\lambda=0.25$。正因如此，$d$ 是由(17-139)式在这个关系的假定下确定的。

对于非常光线来说(图 17-70(b)中的实线)，强度极大发生在 λ 为这样一些数值处，即 $2\pi n_e d/\lambda=193.00\pi$，$194.00\pi$，$195.00\pi$ 和 196.00π，而强度极小发生在 192.50π，193.50π，194.50π 和 195.50π。相位推迟极大相对于强度极大偏离了 $\pi/4$，只要推迟保持在 $\lambda/4$ 附近，这一关系式就成立。

无论是相位推迟或者是透射比，其相邻极大之间的间隔可以从以下关系式得到：

$$\frac{2\pi nd}{\lambda_1}-\frac{2\pi nd}{\lambda_2}=\pi \tag{17-146}$$

将各式整理后，得到

$$\lambda_2-\lambda_1=\frac{\lambda_2\lambda_1}{2nd}\approx\frac{\lambda^2}{2nd} \tag{17-147}$$

在这个例子中，如果 $\lambda=589.3$ nm，$n=1.5956$，$d=0.0359329$ mm，则 $\lambda_2-\lambda_1=3.03$ nm。

三、结晶石英推迟片

结晶石英，尤其是高级的优质石英，也常用来制作推迟片。它可以避免如同在云母中出现的那种有不同取向的晶带问题，在氦-氖激光波长 632.8 nm 的单片 1/4 波推迟所需的石英厚度约为 0.017 mm，这太薄了，不便于抛光。如果推迟片用在红外区域，那么单级 1/4 波片是可行的。在可见和紫外区域，通常使用两种类型的石英推迟片："一级"片和多级片。所谓"一级"片是由两片材料制成的(见下面的内容)，它对于一些要求严格的应用来讲是最合适的，而多级片则是由一片厚的结晶石英制成的。多级片一般不使用于高精度的工作，因为它对于很小的温度变化和入射角都是非常灵敏的。再者，只有在一定的波长多级片才具有 $\lambda/4$ 的推迟。在其他波长，推迟甚至不可能接近 $\lambda/4$。

(一)一级片

所谓的一级片，是由两块几乎等厚度的石英切片胶合在一起制成的，胶合时要使其中一块的快轴校准成与另一块的慢轴平行(二者的快轴和慢轴都要位于与抛光面平行的平面内)。然后将该晶片抛光，直至两切片的厚度差等于单一的石英 $\lambda/4$ 片的厚度。此晶片的推迟可由(17-139)式令 d 等于两切片的厚度差而计算出。一级片所起的作用，就其推迟随波长的变化、推迟的温度系数和入射角的变化而论，严格地像单级 1/4 波片的作用。

在波长 632.8 nm，相位推迟随温度的改变，由(17-150)式或(17-151)式计算为 0.0091°/℃。在这一波长，推迟随入射角的改变[①]也是很小的：$(\Delta N)_{10°}=0.0016$，与此相比，对于厚晶片为 0.18。

一级石英 $\lambda/4$ 片有几个优点胜过云母 $\lambda/4$ 片：①结晶石英具有均匀的结构，因而在给定的角装置，遍及晶片的整个面积都能获得消光；②由于晶片的总厚度通常比较大，数量级约为 1 mm，以致失去了多次内反射光束的相干性和不存在透射光或相位推迟的振荡(见本节二)；③除非在红外区，结晶石英不是多向色的，因而沿着两个轴的方向强度透射是相同的；④结晶石英同云母相比能透过更远的紫外光，于是在大约从 0.185 μm到 2.0 μm 的区域内都能使用一级片(见表 17-18)。

布鲁哈特(Bruhat)和韦尔(Weil)曾描述由 0.1077 mm 厚的右旋石英片和 0.1013 mm 厚的左旋石英片

---

① 关于相位推迟随入射角的改变，有的看法是不正确的，即在波片的两半中相位推迟是相加，而不是相减，其所产生的推迟与一块厚的石英片所产生的推迟。

制成的一种稍微不同类型的一级片，每一个片切割均平行于光轴。两个切片应放置得使它们的轴相对，且相互倾斜成约1°的角，以便消除多次反射。他们证明，左旋光和右旋光互相抵消，总的合成作用如同一个没有旋光本领的双折射晶片在253.7～313 nm的紫外区域，测得的推迟变化在98°47′～73°40′，同计算值高度一致。

（二）用于红外的单级片

虽然推迟为$\lambda/4$片的结晶石英推迟片在可见区域由单片材料来制作太薄了，但在红外区域制成这样一个推迟片所需要的厚度还是比较大的。雅各布斯(Jacobs)及其同事[73]描述了用于氦-氖激光谱线3.39 μm的单级$\lambda/4$片。他们测量了石英在这一波长的双折射，求得其值为$0.006\,5\pm0.000\,1$，因此，对这样的晶片所需的厚度是0.130 4 mm。实际的晶片较此厚度要略薄一些(0.127 8 mm)，以便使它倾斜10°(使它绕平行于光轴的轴线旋转)而给出严格的$\lambda/4$推迟。梅拉德(Maillard)[74]在3.391 μm和3.508 μm也测量了石英的双折射，所获得的数值分别为0.006 59和0.006 42(二者$\pm0.000\,02$)，此值与雅各布斯所测得的值是一致的。

在红外区域使用结晶石英时，通常所遇到的问题是，寻常光和非常光有着不同的吸收系数，因而无论光线之间的相对推迟如何，要用石英来制造一个完美的波片是不可能的。对于有吸收的波片，要想使它具有严格的$\lambda/4$推迟，要求必须满足[73]

$$\left(\frac{n_o+1}{n_e+1}\right)^2\exp\left[-\frac{(\alpha_e-\alpha_o)\lambda}{\delta(n_e-n_o)}\right]=1 \tag{17-148}$$

式中，α_e和α_o分别是非常光和寻常光的吸收系数。在短于3.39 μm的波长，双折射足够地小，以致当$\alpha_e\approx\alpha_o$时有可能近似地满足这个条件。$\lambda>3.51$ μm区域的双折射尚未测量，因而不能精确设计出用于这个波长区域的波片。

对于结晶石英来说(其他材料也如此)，在红外区域发生的另一个问题是，寻常光和非常光的菲涅耳反射系数略有差别，因为它们的折射率和吸收系数通常是不同的。解决这个问题的一个可能办法是，在晶体的表面上淀积各向同性的薄膜。薄膜的折射率应这样选取：要使菲涅耳反射系数有合适的各向异性，从而抵消各向异性的吸收效应。另一方面，如果各向异性的菲涅耳反射被证明是不需要的，利用减反射膜能大大降低各向异性反射。

如果单级结晶石英波片应用于连续的波长范围，那么，由于在石英中的多次相干反射，寻常光和非常光的相位推迟和透射都将依照在本节二中所描述的那种方式，作为波长的函数而振荡。相位推迟的相邻极大值之间的间隔可由(17-147)式计算。如取$\lambda=3.391\,3$ μm，$n\approx1.488\,1$和$d=127.8$ μm，则$\Delta\lambda=0.030\,24$ μm，使用大多数红外仪器能很好地分辨这个量。因此，如果要在一个波长范围内使用波片，则须很好地使表面减反射以消除相位振荡。

（三）多级片

由结晶石英制成的厚推迟片有时用于在单一波长或在分立的一系列波长产生圆偏振光。片的厚度通常有一个或几个毫米量级，以使推迟为波长的整数加上$\lambda/4$，所以有多级波片的名称。假若只用于某一指定的波长，则多级片和单一的$\lambda/4$片的作用相同，而在其他波长不能达到所需要的推迟。例如，有一个1.973 mm厚的石英片，它在632.8 nm的干涉级数为$N=28.25$。由(17-139)式和表17-18可知，这个片子在589 nm具有干涉级$N=30.52$，所以它在波长589 nm是一个接近完美的半波片。

如果多级片用于在非指定的、分立的波长产生圆偏振光，例如用于测量圆偏振二向色性或线偏振二向色性，可把它放在起偏器之后，取向与偏振光束的振动面成45°。当波长满足(17-139)式中的N等于1/4、3/4或一般而言等于$(2M-1)/4$时(其中M是正整数)，出射光束将交替地为右旋和左旋圆偏振光。发生圆偏振的波长之间的频率间隔为

$$\Delta\nu=\frac{1}{2d(n_e-n_o)} \tag{17-149}$$

式中，$\nu = 1/\lambda$。如果双折射不依赖于波长，则推迟片将在频率标度上的等间隔处产生圆偏振光，这可便于用来测量圆偏振二向色性。

为了在一系列波长近似地校准多级推迟片，可把它插进正交起偏器之间，并且与起偏器双轴成45°取向。当片的推迟为$\lambda/2$或其奇数倍时发生透射极大；当推迟为一个波长或其倍数时发生透射极小。如果推迟片的厚度已知，测量发生透射极大或极小时的波长，即可决定推迟片的双折射。另外，d可用测微计测量，从而能够得到$n_e - n_o$的近似值。

帕利克(Palik)[75]为用于2～15 μm红外区域，制作和试验了2.070 mm厚的CdS片；他还制作了厚的SnSe、蓝宝石和结晶石英推迟片，以用在红外的各个波段。霍尔茨沃斯(Holzwarth)[76]用0.8 mm厚的人造石英晶体推迟片在紫外1 850～250 nm区域测量了圆偏振二向色性。贾菲(Jaffe)等人用厚石英片和线起偏器在紫外区测量了线偏振二向色性。

(四)对温度变化的灵敏度

微小的温度变化对于多级片的推迟能产生很大的效应，以下我们来计算这个效应。由(17-139)式可知，由于温度变化而造成的程差为

$$(\Delta N)\lambda = \pm[\Delta d(n_e - n_o) + d(\Delta n_e - \Delta n_o)] \tag{17-150}$$

式中，Δd、Δn_e和Δn_o是在给定的波长下厚度和折射率随温度的变化(式中的二阶项已被忽略)。我们可把线膨胀系数α(垂直于光轴的)代入这个式子，这里$\alpha = \Delta d/d$，由(17-139)式解出d，获得ΔN依赖于N的表达式为

$$\Delta N = N\left(\alpha + \frac{\Delta n_e - \Delta n_o}{n_e - n_o}\right) \tag{17-151}$$

如果相位推迟的变化需要用弧度或度表示，则(17-151)式应分别乘以2π或360°。

对于结晶石英，垂直于光轴的线膨胀系数$\alpha = 13.37 \times 10^{-6}$/℃，$\Delta n_e = -0.651 \times 10^{-5}$/℃，$\Delta n_o = -0.547 \times 10^{-5}$/℃和$n_e - n_o = 0.009\,06$(在632.8 nm)，于是(17-151)式变为

$$\Delta N = -1.014 \times 10^{-4} N/℃ \tag{17-152}$$

和

$$360°\Delta N = -0.036\,5N/℃ \tag{17-153}$$

因此，对于1.973 mm厚的石英片(在632.8 nm，$N = 28.25$)，温度每增加1 ℃，相位推迟要减小1.03°。如果波片的温度不是控制得极为精密，则大的推迟温度系数在精密的椭偏测量中能够带来相当大的误差，而在这个测量中起偏器和检偏器装置可做到±0.01°。当温度发生漂移时，在不同时间所取的检偏器读数不能处理得到正确的φ值。

(五)对入射角的灵敏度

入射角(因而也是视场角)对推迟的效应也能确定。如果推迟片绕平行于光轴的轴转动，则寻常光线和非常光线二者都以与正入射时相同的速度行进，但它们必须经过较大的材料厚度。如果入射角θ甚小，则由斯涅尔定律，在石英内的折射角近似地等于θ/n，这里n为几何平均折射率$(n_e n_o)^{1/2}$①。在石英内寻常光束和非常光束在非正入射时的程长近似地为$d/[\cos(\theta/n)]$，于是(17-139)式变为

$$(N\lambda)_\theta = \pm\frac{d}{\cos(\theta/n)}(n_e - n_o) \approx \pm d(n_e - n_o)\left(1 + \frac{\theta^2}{2n^2}\right) \tag{17-154}$$

式中的θ用弧度度量。在正入射时，$N\lambda$的表示式由(17-139)式给出，因而随着θ的改变，N的改变量ΔN为

$$(\Delta N)_\theta = \frac{N\theta^2}{2n^2} \tag{17-155}$$

① 实际上在这种情况下寻常光线和非常光线的折射角严格等于θ/n_o和θ/n_e，此外还应考虑非常光线离开推迟片以后为赶上寻常光线在空气中行进的程长。然而对于小入射角来说，这些校正可以被忽略。

所以当片绕平行于光轴的轴转动时，相位推迟随入射角而改变的量 $2\pi(\Delta N)$，正比于片的总厚度(已归并在 N 中)和入射角的平方。

我们现在计算 10°入射角(绕平行于光轴的轴转动)在波长 632.8 nm 对于上述 1.973 mm 厚的推迟片的效应。在正入射时，$N=28.25$，$\theta=0.174$ rad，$n_{平均}=1.5475$，得到 $(\Delta N)_{10°}=0.18$。这就是说总推迟由 28.25 改变到 28.43，于是 $\lambda/4$ 片几乎变成 $\lambda/2$ 片。

如果推迟片绕垂直于光轴的轴做了转动，在入射角为 90°的极限情况下，光束就要沿着光轴行进；此时寻常光线和非常光线以相同的速度行进，它们之中的一个相对于另一个将不会有推迟。对于任意中间的入射角所发生的推迟均比在正入射时的推迟为小。推迟作为入射角的函数，其关系式并不简单，但是和绕平行于光轴的轴转动的情况一样，推迟几乎总是对角度灵敏的。绕与光轴平行或垂直的轴转动的好处，是人们可以把一个不精确的波片的推迟精确地调节到所需的值。绕平行于光轴的轴转动使推迟增大，而绕垂直于光轴的轴转动使推迟减小。

四、消色差推迟片

相位推迟与波长无关的推迟片叫做消色差推迟片。这种推迟片放在起偏器之间不呈现颜色，故名消色差推迟片。消色差推迟片能用各种方法制成。这里只讨论由一种双折射材料制成的消色差推迟片和由两种或两种以上的不同的材料组合成的消色差推迟片。

(一)最简单的消色差推迟片

最简单的消色差推迟片可由一种材料制成，如果这种材料的双折射满足 $(n_e-n_o)/\lambda$ 与波长无关的要求，亦即要求 n_e-n_o 正比于 λ。这一结果由(17-139)式得到，因为必须使 $d(n_e-n_o)/\lambda$ 与 λ 无关，才能使 N 与波长无关(板厚 d 是常数)。各种材料的双折射列举在表 17-18 中并画出曲线于图 17-71 和图 17-72 中。只有一种材料——鱼眼石，其双折射随波长的增大而正比例地增大(见图 17-71 和表 17-17)[①]。鱼眼石 1/4 波片的相位推迟依赖于波长的曲线如图 17-73 中曲线 4 所示。图 17-73 还包括其他消色差 $\lambda/4$ 片以及石英和云母的简单 $\lambda/4$ 片的曲线。鱼眼石的相位推迟随 λ 而变，不像菱体型推迟器那样几乎是一常数，但比其他“消色差”$\lambda/4$ 片变化小得多。因为鱼眼石的双折射很小，所以鱼眼石 $\lambda/4$ 片所需厚度约为 56.8 μm，这样的厚度足可以把它做成单片而不必做成“一级”片。可惜光学品味的鱼眼石稀少，这里提出数据的样品产自瑞典。有些报道指出，另外的鱼眼石样品的光学性质可能有异：有各向同性的，有单轴负晶体，甚至有光轴平面交叉色散的双轴晶体。

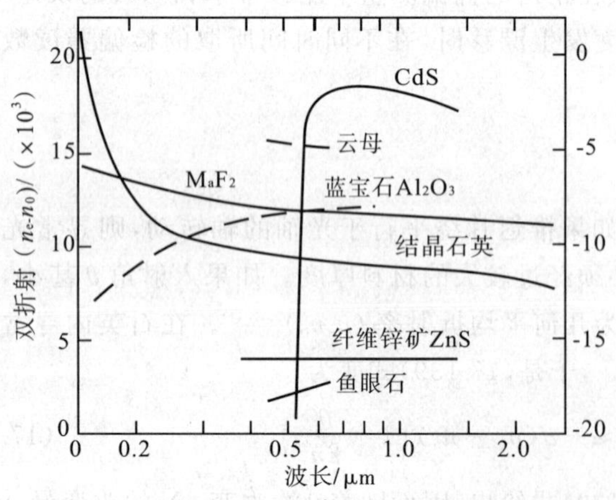

图 17-71　各种光学材料的双折射与波长的关系

左边的坐标是表示正双折射材料的(实线)，右边的坐标是表示负双折射材料的(虚线)

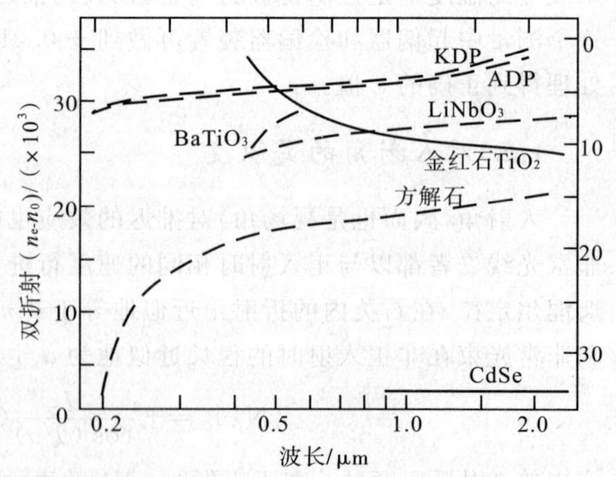

图 17-72　各种光学材料的双折射

其值大于图 17-71 中所示的值。左边的坐标是表示正双折射材料的(实线)，右边的坐标是表示负双折射材料的(虚线)

① 对于负双折射材料，要求 $-(n_e-n_o)$ 正比于 λ。

有些塑料膜，在制备过程中将它张紧，会有与波长几乎成比例的双折射，如有适当的膜厚，则可用作消色差推迟片。图 17-73 中曲线 3 表示了张紧纤维素硝酸酯膜的推迟。张紧的纤维素醋酸酯片与张紧的纤维素硝酸酯片的轴互相平行的组合也能制成适用于可见区的消色差 $\lambda/4$ 片。应用张紧的塑料膜制作推迟片的好处是：价格低廉，容易获得，在大面积内推迟是均匀的，以及能用在强会聚光中。然而，每一片必须挑选，因为双折射强烈地依赖于制备过程中的处理，并且各片有不同的厚度，各片的推迟不一定是 $\lambda/4$ 或 $\lambda/2$。恩诺斯(Ennos)[77]还发现，虽然推迟量在片的大面积内是均匀的，但在有效晶轴的方向逐点改变，在他试验的样品上高达 1.5°。因此，膜推迟器在许多应用中显得很好，但不适于高精密度的测量。

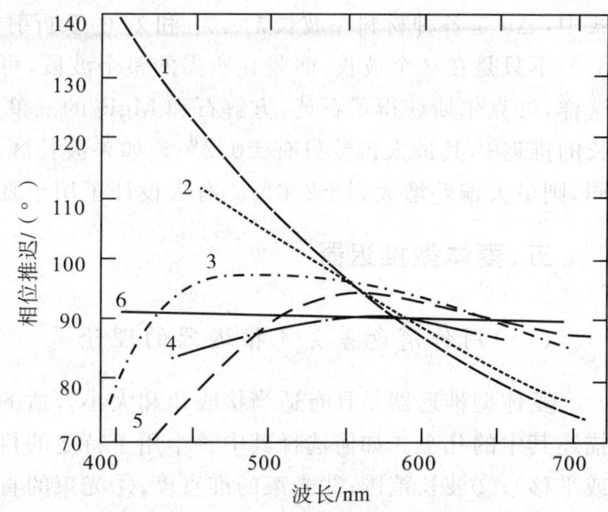

图 17-73　$\lambda/4$ 片的相位推迟随波长的变化

1. 石英；2. 云母；3. 张紧的塑料膜；4. 鱼眼石；5. 石英-方解石消色差组合；6. 菲涅耳菱体的曲线，但也表示所有其他菱体

(二) 多种材料的组合片

消色差推迟片可由双折射材料配对构成，这些材料如结晶石英、蓝宝石、氟化镁、方解石或双折射数据列在表 17-18 中的其他材料。假定消色差推迟片由材料 a 和 b 构成，这两种材料的厚度分别为 d_a 和 d_b，并假定在波长 λ_1 和 λ_2 消色差。由(17-139)式，得到关系式

$$\left.\begin{aligned} N\lambda_1 &= d_a\Delta n_{1a} + d_b\Delta n_{1b} \\ N\lambda_2 &= d_a\Delta n_{2a} + d_b\Delta n_{2b} \end{aligned}\right\} \tag{17-156}$$

式中，对于 $\lambda/4$ 片，$N=1/4$；对于 $\lambda/2$ 片，$N=1/2$；各 Δn 是各所用材料在指定波长的 $n_e - n_o$ 值。对于正单轴晶体 Δn 是正的，对于负单轴晶体 Δn 是负的(一个正单轴材料和另一个正单轴材料用在一起时，它们的快轴互成正交，在这种情况下第一个材料的 Δn 为负值)。由(17-146)式可解出 d_a 和 d_b：

$$\left.\begin{aligned} d_a &= \frac{N(\lambda_1\Delta n_{2b} - \lambda_2\Delta n_{1b})}{\Delta n_{1a}\Delta n_{2b} - \Delta n_{1b}\Delta n_{2a}} \\ d_b &= \frac{N(\lambda_2\Delta n_{1a} - \lambda_1\Delta n_{2a})}{\Delta n_{1a}\Delta n_{2b} - \Delta n_{1b}\Delta n_{2a}} \end{aligned}\right\} \tag{17-157}$$

作为组合推迟片的例子，考虑设计一个在波长 $\lambda_1 = 0.508\ \mu m$ 和 $\lambda_2 = 0.656\ \mu m$ 消色差的结晶石英和方解石的 $\lambda/4$ 片。石英有正的双折射，方解石有负的双折射(见表 17-18)，因而 Δn_{1a} 和 Δn_{2a} (对于石英)是正的，Δn_{1b} 和 Δn_{2b} (对于方解石)是负的。由(17-157)式得 $d_{石英} = 426.2\ \mu m$ 和 $d_{方解石} = 21.69\ \mu m$，所以在这两个波长相位推迟严格等于 90°。然后利用形式如(17-156)式的方程计算对于可见区域所有波长的 N 值，所用双折射值取自表 17-18，计算结果画成如图 17-73 中的曲线 5。虽然这个石英-方解石组合的消色差性不如用菱面体型装置或鱼眼石所获得的消色差性好，然而在波长区域 490～700 nm 的相位推迟是在 90° ± 5° 以内，比单独云母或石英 $\lambda/4$ 片的推迟要稳定得多。更好的双片组合已由贝克尔斯(Beckers)计算出，最好的是 MgF_2-ADP 和 MgF_2-KDP，它们分别有±0.5%和±0.4%的最大偏差，与此比较，石英-方解石组合在相同的 400～700 nm 波长区域有最大偏差±7.2%。为产生 $\lambda/4$ 片推迟所需的材料厚度为 $d_{MgF_2} = 113.79\ \mu m$，$d_{ADP} = 26.38\ \mu m$ 和 $d_{MgF_2} = 94.47\ \mu m$，$d_{KDP} = 23.49\ \mu m$。因 ADP 和 KDP 需这么薄，所以可像“一级”片那样，将组合片的这个单元用两片材料制成。

如果想得到较好的消色差性，但又不希望用菱面体型 $\lambda/4$ 装置时，可应用满足以下关系式的 3 种材料：

$$\left.\begin{aligned} N\lambda_1 &= d_a\Delta n_{1a} + d_b\Delta n_{1b} + d_c\Delta n_{1c} \\ N\lambda_2 &= d_a\Delta n_{2a} + d_b\Delta n_{2b} + d_c\Delta n_{2c} \\ N\lambda_3 &= d_a\Delta n_{3a} + d_b\Delta n_{3b} + d_c\Delta n_{3c} \end{aligned}\right\} \tag{17-158}$$

式中，Δn 是各种材料在波长 λ_1、λ_2 和 λ_3 的双折射。

不只是在 3 个波长，而是在所需的整个波段，可求得最佳厚度以使偏离消色差性的最大偏差减至最小。这样，贝克尔斯获得了石英、方解石和 MgF_2 的三单元组合。这个组合在 400～700 nm 波长区域内有一个波长的推迟①，其最大偏差只有±0.2%。如果波长区域扩展到 300～1 100 nm，用同样 3 种材料而厚度稍有不同，则最大偏差增大到±2.6%。有人设计了用于真空紫外的石英、MgF_2 和蓝宝石三单元 $\lambda/4$ 片[78]。

五、菱体型推迟器

（一）用作消色差 λ/4 推迟器的理论

菱体型推迟器是具有适当接收角和大小合适的、最简单而且稳定的高度消色差的 $\lambda/4$ 推迟器。这里要描述其中的几个。如何选择其中一个用于特定的目的，取决于：①光学系统的几何形状（是否允许光束偏向或平移）；②波长范围；③光束的准直度；④光束的直径（决定推迟器的孔径）；⑤可利用的空间；⑥要求的准确度。几个类型的菱体装置如图 17-74 所示，图中近似地按比例画出了长度/孔径比的估计值。

当相对于入射面的方位角为 45°的平面偏振入射光束遇到两次或多次内反射时②，可由反射时的 p 分量和 s 分量的相位变化差导出一切菱体的相位推迟。如果 δ_p 和 δ_s 是相位变化，则它们的差 Δ 由下式给出：

$$\tan\frac{\Delta}{2}=\tan\left(\frac{\delta_p}{2}-\frac{\delta_s}{2}\right)=\frac{\cos\theta\ \sqrt{n^2\ \sin^2\theta-1}}{n\sin^2\theta} \tag{17-159}$$

式中，n 是材料的折射率，θ 是内部的入射角。制造菱体的材料必须是均匀的和各向同性的，因为相位推迟必须不为应变双折射所改变。(17-159)式给出了单次内反射的相位推迟。有两个相等反射角的菱体，为了使其出射光是圆偏振的，每次反射的 Δ 应当是 45°。通常，菱体的总相位推迟是每次反射时所产生的相位推迟的总和。

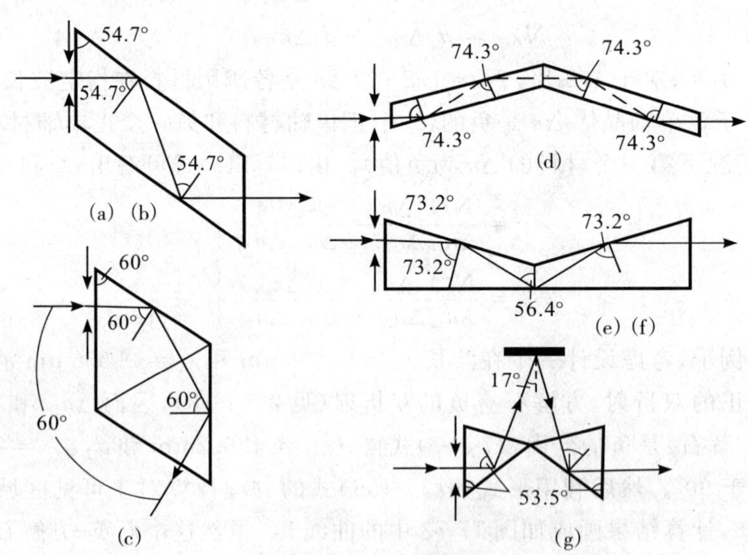

图 17-74　菱体的类型

(a)菲涅耳菱体；(b)金改进的有 51.5°角和一个反射面上镀有 20 nm MgF_2 的菱体；(c)穆尼菱体；(d)消色差器 1(AD-1)；(e)消色差器 2(AD-2)；(f)角度改变 72.2°并在基面上镀有 27.5 nm MgF_2 的 AD-2；(g)消色差器(AD)(两个玻璃棱镜和一个铝反射镜)。箭头表示有用孔径

为了确定菱体的消色差性如何，把适当波长的 n 值代入(17-159)式。以这种方法对图 17-74 中所示的每一个菱体，计算出表示相位推迟随波长变化的曲线，如图 17-75 和图 17-76 所示。每个菱体的推迟严格等于 90°的

① 为了获得 $\lambda/4$ 推迟所需要的厚度值，可将求得的所有 d 乘以 1/4。百分偏差应保持不变。

② 如果材料的折射率足够高，则可由单次内反射的“菱体”制成 $\lambda/4$ 推迟器。例如哈尔建议用金刚石，尤克汉诺夫建议用锗和其他高折射率红外透射材料。

相应的波长，依赖于菱体材料的折射率和入射角以及菱体设计。如果入射角稍微变一点，则整个曲线平行于 y 轴移动，而且与 90°线相交于另一波长。在紫外区域，由于玻璃的折射率增大而引起相位推迟增大。

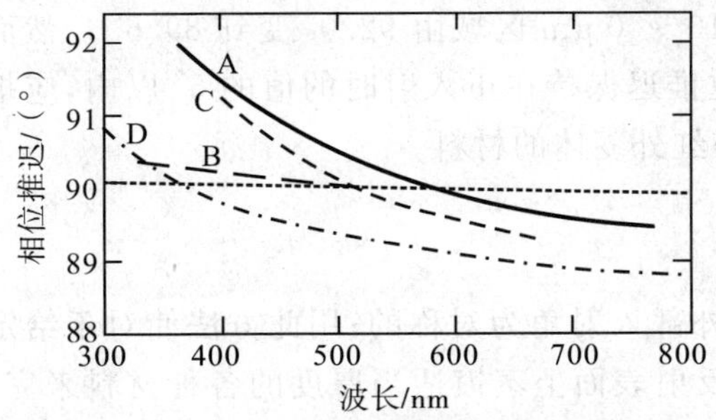

图 17-75 图 17-74 中所示的几种菱体的相位推迟随波长的变化曲线

A. 菲涅耳菱体；B. 镀膜的菲涅耳菱体；C. 穆尼菱体；D. AD-1

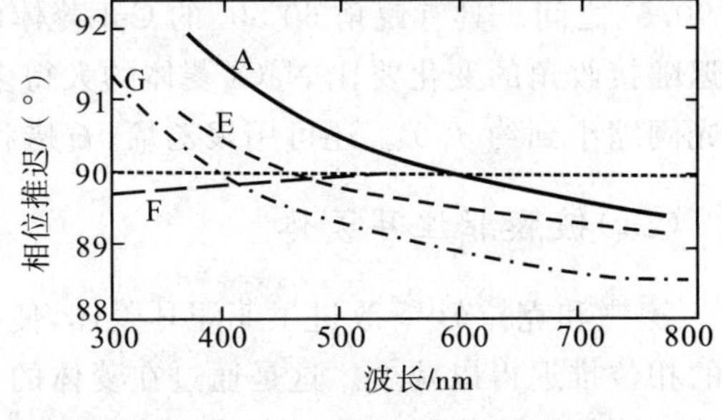

图 17-76 图 17-74 中所示的几种菱体的相位推迟随波长的变化曲线

A. 菲涅耳菱体；E. AD-2；F. 镀膜的 AD-2；G. AD

为了求得相位推迟在 90°的指定范围内菱体的接收角，把 θ 的不同值代入(17-159)式以获得如图 17-77 中所示的曲线。图中的 0°角意味着光束是正入射在菱体端面上，而内部的入射角列于表 17-19 中。负的入射角对应于较小的内部入射角，正的入射角对应于较大的内部入射角。波长的选取原则是：当外部入射角等于 0°时，相位推迟准确地为 90°。

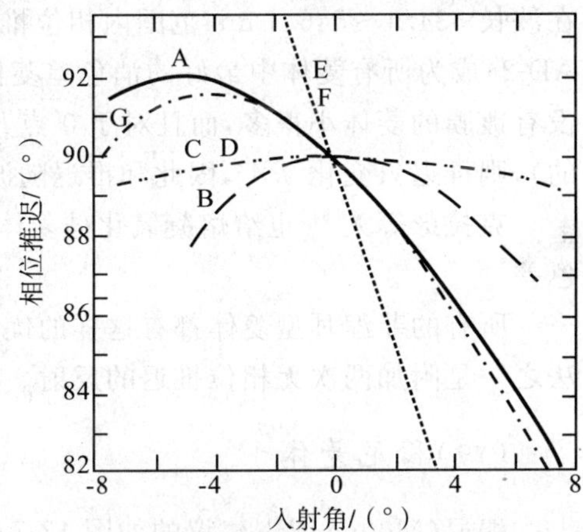

图 17-77 菱体的相位推迟随外部入射角的变化

负角对应于较小的内部入射角，正角对应于较大的内部入射角

(二)菲涅耳菱体

菲涅耳菱体的传统形式(图 17-74(a))是用 $n_D = 1.51$ 的冕牌玻璃制成的，因此存在两个入射角：48°37′和 54°37′，每次反射引起的相位推迟是 45°。通常选用较大的角，因为消色差性相当好。为了计算相位推迟随波长的变化，我们选取 $n_D = 1.511\,00$ 的硅酸硼冕牌玻璃，因而较大的入射角实际上是 54°72′(菱体的锐角也应为 54°72′，以便光仅正入射到菱体的端面上)。图 17-75 和图 17-76 的曲线 A 表示，在可见光区域相位推迟的变化约为 2°，图 17-77 中的曲线 A 表示，相位推迟在 0°外部入射角附近不是对称的。

表 17-19 消色差菱体的性质[79]

名 称	光线路程	内部的入射角/(°)	材 料	折射率		相位推迟的变化			
						随波长		随入射角	
				n	波长/nm	变化/(°)	波长/nm	变化/(°)	角/(°)
菲涅耳菱体	平 移	54.7	冕牌玻璃	1.511	589.3	2.5	365.0～768.2	9.1	−7～+7
镀膜菲涅耳菱体	平 移	51.5	冕牌玻璃	1.521 7	546.1	0.4	334.1～546.1	2.5	−4～+6
	平 移	54.0	熔凝石英	1.488 0	300.0	0.7	214.8～334.1	<0.5	−1.5～+1.5
穆尼菱体	偏 向	60.0	火石玻璃	1.650	589.3	1.9	404.7～670.8	0.7	−7～+7
AD-1	不偏向	74.3	熔凝石英	1.470 2	400.0	2.0	300.0～800.0	0.7	−7～+7
AD-2	不偏向	73.2 56.4	熔凝石英	1.470 2	400.0	2.9	300.0～800.0	13.2	−3～+3
镀膜 AD-2	不偏向	72.2	熔凝石英	1.460 1	546.1	0.3	214.0～576.1	6.0	−1.5～+1.5
AD	不偏向	53.5	冕牌玻璃	1.511	589.3	1.6	365.0～768.2	9.4	−7～+7

帕利克建议在红外区用 NaCl 和 CsI 菱体。在 1～13 μm 波长区域，具有锐角 53°20′ 的 NaCl 菱体的相位推迟在 93.7° 到 86.3° 的范围内。如果把菱体放在 $f/4.5$ 系统的焦点上，则在 9 μm 的相位推迟值在 85.2° 和 90.5° 之间。具有锐角 60°30′ 的 CsI 菱体的相位推迟在 10～40 μm 区域由 92.0° 变到 89.6° 。然而相位推迟随接收角的变化要比 NaCl 菱体的大得多。为了把相位推迟保持在正入射时的值的 5° 以内，应把系统的光阑缩小到约 $f/9$ 。还可用聚乙烯、石蜡和结晶石英作为红外菱体的材料。

(三)镀膜菲涅耳菱体

金[80]和克拉彭[64]改进了菲涅耳菱体，使推迟对于 0°的外部入射角为对称的；用此方法使对于给定接收角的相位推迟得以减少。这是通过在菱体的一个或两个内反射表面上蒸镀适当厚度的各种材料来完成的。蒸镀的膜能把相位推迟的最大值准确地调整到 90°，并且有时能使相位推迟随波长的变化减小。更重要的是能补偿玻璃中的应变双折射，并能修整抛光过程中剩留的表面层。特别是在紫外区工作时，这样做特别重要，因为在一级近似下，由剩余应变引起的相位推迟与波长成反比。

对一个反射面上镀有 20 nm MgF_2 膜的冕牌玻璃菱体，测得的消色差曲线如图 17-75 中的曲线 B 所示。在波长 334.1～546.1 nm 范围内相位推迟的变化只有 0.4°，从而这种菱体和金镀膜的 AD-2(Kings-coated AD-2)成为所有菱体中最好的消色差菱体。测得的相位推迟随接收角的变化(图 17-77 中的曲线 B)也是比没有镀膜的菱体小得多，而且对于 0°点几乎是对称的。如果接收角限制在 ±0.2° 以内(这个限制量是合理的)，则推迟只变化 0.4°，因此和推迟随波长的变化不相上下。

克拉彭等人[64]也给熔凝氧化硅菱体镀了各种厚度的 NdF_3 和 MgF_2 膜，在紫外波长区域达到了极好的消色差。

所有的菲涅耳型菱体都有这样的优点：它们都使光束平移(但不偏向)。使光束恢复到其轴向位置的方法之一是附加两次无相位推迟的反射。

(四)穆尼菱体

穆尼(Mooney)[81]建议的如图 17-74(c)所示的菱体，由两个相接触的 60°重火石玻璃棱镜组成。光正入射在第一个棱镜的端面上，再以 60°角全内反射两次，最后由直通的方位偏向 120°离开菱体。光束的这种偏转使得难于把穆尼菱体用在普通的同轴光学系统中。然而，在所有菱体中，这个菱体有与其长度成比例的最大的孔径，而且由于两次内反射的补偿特性，该菱体也有很大的接收角。在菲涅耳菱体中，如果内入射角在第一次反射时增大，则在第二次反射时也增大相同的量，因为两个内反射面是平行的。用穆尼菱体时，如果第一个内入射角增大，则第二个内反射角要减小同样的量，因此，一级近似下总的相位推迟不变(图 17-77 中的曲线 C)。

在这里讨论的所有菱体中，穆尼菱体的相位推迟随波长的变化(图 17-75 中的曲线 C)最大，因为重火石玻璃的折射率随波长的变化最快。最好用不同的材料来制造菱体，例如用熔凝石英，且要相应地改变角度。

(五)消色差器 1 和 2(AD-1 和 AD-2)

这些器件是由一对串接的菱体组成的，最先由奥克斯利(Kizel)提出，后来基泽尔(Oxley)等人[82]又重新发展。AD-1 和 AD-2 是用熔凝石英制成的，分别以图 17-76 中 D 和 E 所示的角度发生了 4 次和 3 次内反射。它们超过上述各种菱体的主要优点是光束不发生偏向或移动。因为它们是用熔凝石英制成的，所以有很平坦的消色差曲线(图 17-75 中的曲线 D 和图 17-76 中的曲线 E)。AD-1 有和穆尼菱体相同的优点：它的反射是补偿的，因而有同样小的推迟随波长的变化(图 17-77 中的曲线 D)。然而它的有用孔径与全长相比很小，这个比值近似地为 1∶17.5。再者，在石英中长的光束路程不可避免地要导致几度的相位推迟，这是由石英中的剩余双折射引起的，所以实际上绝不可能达到良好的理论性能。

AD-2 有较满意的长度-孔径比，可以把它设计得较短，因此受应变双折射的影响应当较小。然而由于 3 次无补偿的反射，它的推迟对于入射角非常灵敏(图 17-77 中的曲线 E)。校准的要求也很苛刻，必须使入射光束严格地正交于端面，以防止出射光束的偏向。

克拉彭等人[64]修改了 AD-2，把棱镜角改变为 72.2°，并在基面上镀了 27.5 nm 厚的 MgF_2 膜。其结果相位推迟随波长的变化非常小（图 17-76 中的曲线 F），但不能减小相位推迟对于入射角的灵敏度（图 17-77 中的曲线 F）。

（六）消色差器（AD）

最后一个 $\lambda/4$ 推迟器（图 17-74(g)）是克拉西洛夫（Krasilov）设计的，它由等腰棱镜中的 2 次全内反射和在镀铝表面上的 1 次外反射构成。遗憾的是，克拉西洛夫在他的文章中发生了几处计算错误，因此角度要全部重新计算。AD 的优点是光束不偏向和不移动，而且和它的长度相比有比较大的孔径。波长消色差（图 17-76 中的曲线 G）几乎和 AD-1 一样好，比 AD-2 的更好，即使所有这些器件都用熔凝石英制成。AD 的接收角特性（如图 17-77 曲线 G）和菲涅耳菱体的原型类似。这种推迟器的主要缺点是难以校准，因为是 3 个独立的部分。

六、复合推迟片

复合推迟片是由两个或几个相同材料的单元组合而成的，它们的光轴相互成适当的角度。一些复合推迟片几乎具有真正的推迟片的全部性质，而另一些则不然。以下介绍在给定波长下产生圆偏振光的复合推迟片，起消色差圆起偏器作用的复合片，以及起消色差偏振旋转器作用或起赝 $\lambda/2$ 片作用的复合片。光轴相互成任意角的几个双折射片组合的作用，利用庞加莱球更容易理解。

（一）非消色差圆起偏器

在讨论用作圆起偏器的二元复合片之前，我们先说明用来使表面的反射光减到最小的圆起偏器，例如用它减小示波器荧光屏上的反射光，同时使光由荧光屏透射。这种器件是用线起偏器（通常用人造偏振片）胶合在张紧的醋酸丁酯片（其作用如同 $\lambda/4$ 推迟片）上而成，起偏器的光轴与推迟器的快轴和慢轴成 45°。这种组合体让第一次通过它的光透过，而消除第二次通过它的光（在两次通过之间有一次反射）。

二元复合片也可以用作产生圆偏振光的推迟片。为了区别这种复合片与真正的 $\lambda/4$ 推迟片，我们把前者叫做圆起偏器（此时假定入射光是平面偏振光）。二元非消色差复合片的理论是：任何两个推迟片，如果其推迟的总和在 90°和 270°之间，就能用来组合产生圆偏振光。于是，一个推迟精确地为 $\lambda/4$ 的复合片可以由差不多是任意推迟的两个片制成。这是一个显著的优点，因为把云母劈成具有严格正确的厚度是困难的。

如果使两个片具有相同的推迟 δ（在 45°和 135°之间），则可使一般表达式发生某些简化。为了由入射的平面偏振光产生圆偏振光，两个片的快轴之间存在一个位移角 φ_c，这个角满足下式：

$$\cos 2\varphi_c = \pm \cot^2\delta \tag{17-160}$$

入射平面偏振光束的振动方向与第一个片的快轴之间的夹角 θ_1 也是特定的。当产生圆偏振光时，这个角用 θ_{1c} 表示，它满足下式：

$$\sin 2\theta_{1c} = \pm \cot\delta \tag{17-161}$$

旋转同一复合片，使 $\theta_1 = \theta_{1p}$，并满足

$$\cot 2\theta_{1p} = \tan\varphi_c \cos\delta \tag{17-162}$$

时，也会产生平面偏振光。因此，角 θ_{1p} 定义出复合片的一个轴，因为入射平面偏振光束的振动方向对于复合片的第一个单元的快轴取向为 θ_{1p} 时，会出射平面偏振光①。然而，振动面将转过一个角度 $\varphi_2 - \theta_{2p}$，其中 φ_2 是光通过两个片之后的振动面与第二个片的快轴之间的夹角，而 θ_{2p} 是入射平面偏振光的振动方向与第二个片的快轴之间的夹角。注意所有的这些角必须按固定的方向测量。

在简单的 $\lambda/4$ 片中，为了出射光是圆偏振光，入射平面偏振光的方位角必须相对于快轴或慢轴成 45°。对于复合片，相应的角 $\theta_1 - \theta_{1p}$ 也等于 45°。复合片还类似于简单的 $\lambda/4$ 片的是：当一束平面偏振光以任意的

① 对于简单的 $\lambda/4$ 片，入射平面偏振光的振动面平行于快轴或慢轴时，出射光是平面偏振的而不旋转。

方位角通过复合片时,出射椭圆光束的方位角与入射光束的方位角无关①。

如果有一个复合 1/4 波片,则可用以下方法测量未知样片的推迟:把样片放置于起偏器与复合片之间,使起偏器的轴平行于复合片的一个"轴"。样片的快轴和慢轴必须是确定了的,并使它对于起偏器的轴取向于 45°的方位角。在这样的安置中,复合片把未知的椭圆振动转变成直线振动,其方位角可由检偏器的消光方位来确定。于是样片的相位差可由检偏器的方位角计算出。

为制造产生圆偏振光的复合片,可以从两个具有相同推迟的片开始,这两个片的推迟可以用本节八的(3)中给出的方法之一测定。两个快轴之间的夹角 φ_c 可由(17-160)式近似地确定,两个片按照这个角度装配。把这个组合放在固定起偏器与旋转起偏器之间(固定起偏器是这样安置的:使 θ_1 适合(17-161)式,这个角可称作 i_{c1}),调节 φ_c 和 θ_1 直到旋转起偏器旋转时,在此旋转频率的正弦波消失为止。这个组合不是消色差的,所以在安装过程中所用的光源必须与实际实验用的光源具有同一波长。为了达到复合片的最佳性能,每个单片应镀以减反射膜,以使片之间的附加反射最小。另一个办法是把两个片胶合在一起成为一个片。

艾本(Aben)描述了校准复合片的另一方法,该方法需要一个起偏器和一个检偏器,而不需要旋转的偏振片或光电探测器。起偏器与检偏器成正交,将第一个双折射片插入其间并旋转,直到完全消光为止。在这样的安置中,片的一个轴和起偏器的轴相重合。其次,把起偏器转过角度 θ_{1p},并把检偏器转过角度 $\varphi_c+\varphi_2$。然后插入第二个片,转到完全消光为止。复合片此时装置得使平面偏振光通过它并成为振动面旋转了的出射平面偏振光;检偏器使出射平面偏振光消光。如果整个复合片现在旋转 45°,则由片射出的光是圆偏振的,不能用检偏器使它消光。在这个校准过程中,必须细心地以固定方向测量所有角度。

维奥利诺(Violino)描述了一种可变的圆起偏器,它是由对于波长 λ_0 的两个 $\lambda/4$ 片制成。他指出这个系统对于 $2\lambda_0/3 \sim 2\lambda_0$ 范围内的任意单色波长可以调节到产生完全的圆偏振光。在这个系统的一次实验检验中,他用了钠 D 线或对于铷 D_1 线的一对 $\lambda/4$ 推迟片。用这个复合片装置在这二者中的任一波长,测得的推迟为 $90°\pm 10'$,作为比较,他用一个单片能做到的最好结果是 $90°\pm 3'$。

(二)消色差圆起偏器

上面的讨论只限于非消色差的复合片。现在我们讨论由两个或几个相同材料的单元制成的不同的消色差或准消色差组合。为了和真正的 $\lambda/4$ 推迟片区别,把这些称为消色差圆起偏器(如在本节里劈裂云母中假设的,入射光为平面偏振光)。通常消色差度是依赖于所要求的波长间隔而变的,波长间隔越小,则消色差越好。

德斯特里奥(Destriau)和普劳托(Prouteau)[83]首先提出用相同材料的两个片叠加的方法制作准消色差圆起偏器,这两个片对于要求消色差的范围的中心波长来说,一个是 $\lambda/2$ 片,一个是 $\lambda/4$ 片。两个片的快轴之间的夹角是 $60°-\beta$,此时 β 是小于 3.5°的角,这个角依赖于片的性质和消色差的光谱区域而变。入射平面偏振光束与第一个 $\lambda/2$ 片的慢轴成 15°角。在由对钠 D 线的 $\lambda/2$ 和 $\lambda/4$ 云母片制成的这种类型的消色差推迟器的实验检验中,这些作者在可见光谱区域(0.44~0.64 μm)获得了变化范围为 83°~95°的推迟,并且称如果波长范围减小,则消色差还可改进。

奥斯特伯格(Osterberg)和卡兰(Carlan)独立地发现了德斯特里奥和普劳托提出的相同 $\lambda/2$、$\lambda/4$ 消色差组合,并研究出详细的理论。他们发现,如果两个片的推迟准确地有比值 2∶1,则存在着两个波长 λ_1 和 λ_2,在此二波长组合的推迟正好是 $\lambda/4$。这两个波长可以使 λ_0 彼此相等(在这里两个单片分别严格地具有 $\lambda/2$ 和 $\lambda/4$ 的推迟)或者变为 $\lambda_1<\lambda_0$ 和 $\lambda_2>\lambda_0$。于是我们可以把 λ_1 和 λ_2 放置在可见和红外区域的各种波长,只要简单地改变两个片的轴之间的夹角,从而在所要求的波长区域内获得消色差圆起偏器。因此这个组合比下面叙述的潘查拉特纳姆(Pancharatnam)的三元组合更为灵活。

潘查拉特纳姆用同样材料的 3 个片叠加制成了消色差圆起偏器;前 2 个片是半波片,第 3 个片是 1/4 波片,这些都是对所覆盖的光谱区域的中心波长 λ_0 来说的。如果双折射的色散可以忽略,则这个组合可以在 3 个波长 $(1-\varepsilon/90°)\lambda_0$、$\lambda_0$ 和 $(1+\varepsilon/90°)\lambda_0$ 产生精确的圆偏振光,这里 ε 是简单的 $\lambda/4$ 片在 λ_0 附近的波长产

① 对于简单的 $\lambda/4$ 片,出射的椭圆偏振光束的方位角,总是沿着片的快轴,或者沿着片的慢轴。

生的推迟与 90°之差。可设想两个极端波长如所需的那样离得很开，不过消色差不如两端波长离得近时那样好。潘查拉特纳姆说，三元组合与普通 $\lambda/4$ 片作用不同，因为当起偏器由产生圆偏振光所必需的方位角转过 45°角时，所有出射波长都是接近平面偏振的，但是方位角不同（在真正的 $\lambda/4$ 片中，振动平行于快轴或慢轴的平面偏振光射出沿入射方位角振动的平面偏振光）。

潘查拉特纳姆还描述了消色差圆起偏器的第二种设计，设想其作用更像真正的 $\lambda/4$ 片。该组合是由 3 个双折射片叠加而成；两边的 2 个具有相同的推迟，并使它们的快轴平行。中间的片对于覆盖的光谱范围的中心波长 λ_0 是 $\lambda/2$ 片。这个设计对于两个波长 $(1-f)\lambda_0$ 和 $(1+f)\lambda_0$ 是严格消色差的，这里 f 是每个单片的推迟的分数乘数。如果材料中双折射的色散是明显的，则看作是消色差组合的波长变化的值，只说当白色平面偏振光通过这种复合片 2 次时，几乎完全消光。奥斯特伯格和卡兰得出了这种组合的理论，并证明了潘查拉特纳姆的断定。然而，他们得出结论，他们的二元组合具有更好的性能，并且比限定较多的三元组合更为灵活。

消色差度很高的推迟片，或者推迟为任意所需波长的函数的推迟片，可利用哈里斯等人描述的综合程序来设计。所需要的双折射片的数目取决于推迟作为波长函数的形式。麦金太尔和哈里斯(Mcintyre)[84] 设计、制造和检验了一个由 400 nm 到 800 nm 波长区域的消色差圆起偏器。它是由每片厚 1 mm 和 8 mm 见方的 10 个蓝宝石片组成，在这个波段用频率标度测量的中心 533 nm 的推迟为 $\pi/2$（不是 $\pi/2\pm 2N\pi$）。每一个片都磨光和抛光到计算的推迟的 1%波长以内。这些片装在可以绕三个互相垂直的轴转动的支架内，然后整个放入折射率匹配的油浴中以消除片之间的多次反射。在整个可见光谱区域内（400～800 nm）这个圆起偏器的推迟的计算值是 $90°\pm 15'$，在实验误差的限度内测量证实了这个值。任何复合片的消色差以这种装置为最好，但它的缺点是太长（实验模型长 457 mm，后来减为 51 mm）而且难以装配和调整。如果对于一个实验要求有这样的消色差度的消色差圆起偏器，考虑用本节五中叙述的菱体型设计中的一个为宜。

（三）消色差偏振旋转器

两个重叠的双折射片也能在有限的情况下用作偏振旋转器。亚当斯和韦克斯勒以及艾本(Aben)曾经指出，对于任何两个双折射片的组合，可以找到两个互相垂直的方位角，以使入射的平面偏振光由这个复合片射出成为直线偏振光。然而光的振动面旋转了 $\varphi_2-\theta_{2p}$ 角。真正的半波片可以使入射平面偏振光的方位角连续变化，所以复合片很少是多用途的。

制作产生 180°相差的复合片是可能的，因而能把入射平面偏振光束的振动面转过 90°角。而且制作这样的消色差系统也是可能的。科斯特指出，如果两个 $\lambda/2$ 片放置得使它们的慢轴分别与入射振动平面成 22.5°和 67.5°角，则每个片把振动面旋转 45°，整个组合把入射光束旋转 90°。然而这个组合不是消色差的。如果把这两个角变为 $22.5°+\delta$ 和 $67.5°-\delta$，这里 δ 是 1°数量级的小角度，则在这两个波长 λ_1 和 λ_2 入射平面偏振光的振动面转动 90°，而只有很小的椭圆偏振光成分。这个系统可用 3 个或 4 个半波片改进。把在 0.546 μm 有 $\lambda/2$ 推迟的 4 个云母片装成使它们的慢轴分别与入射光束的振动面成 8°、30°、60°和 82°，则分别在波长 0.325 μm、0.468 μm、0.625 μm 和 0.768 μm 产生 90°旋转。因此这个复合片在整个可见和近紫外光谱区域都是消色差旋转器。科斯特用琼斯计算法推出了二元和三元 $\lambda/2$ 片消色差组合的理论，并用庞加莱球作图做了校验。四元的情况完全是在庞加莱球上研究的，因而消色差波长只是近似值。

一个对波长 λ_0 的 3 个半波长的复合系统，它的 3 个片的方位相互成相等的 φ 角。这些片组成对波长 λ_0、λ_1 和 λ_2 有 180°相位推迟的复合片，此时 $\lambda_1=\lambda_0/(1+2\varepsilon/180°)$，$\lambda_2=\lambda_0/(1-2\varepsilon/180°)$（忽略了波长间隔中的双折射的色散）。单片的相位推迟对于波长 λ_1 是 $180°+2\varepsilon$，对于波长 λ_2 是 $180°-2\varepsilon$。例如，如果片在 $\lambda_0=0.520$ μm 的推迟为 180°，而且 $\varepsilon=20°$，则 $\lambda_1=0.425$ μm，$\lambda_2=0.670$ μm。在此情况下 φ 是 66°10′，但片相对于入射平面偏振光的方位没有给出。这个复合片据说几乎在整个可见光谱区域把入射平面偏振光的振动面旋转 90°，而且对于中间波长复合片在正交起偏器之间的透射，与全透射相差不超过百分之几。

第七节　可变推迟片和补偿器

可变推迟片可用来调制或改变平面偏振光束的相位，用来测量矿物试样的双折射、流动双折射或透明材料的应力，或者用来分析椭圆偏振光束，例如分析经过双折射材料透射产生的，或由金属表面或镀膜表面反射产生的椭圆偏振光。补偿器一词常用于可变推迟片，因为它能够用于补偿由试样引起的相位推迟。可变补偿器的常见形式有巴俾涅补偿器。电光调制器和压光调制器也可用作可变推迟片，因为它们的双折射可以由改变电场或压力而改变。它们一般用于调制光束的振幅、相位、频率或方向，特别是激光束，因为对于机械光闸或转镜来说，跟随频率太高。

一、巴俾涅补偿器

有许多光学元件，利用其厚度可变的双折射材料(例如结晶石英)来补偿相位推迟的差异。最常见的这类元件是巴俾涅(Babinet)补偿器和索累补偿器。巴俾涅补偿器是1837年由巴俾涅提出的，后来由雅满进行了改进。

巴俾涅补偿器的原理如图17-78所示。它由两块结晶石英劈组成，每一个劈的光轴均在端平面内，但是两个光轴严格地成90°。一个劈是固定的，另一个劈利用测微螺旋系统可沿箭头指的方向运动，于是光通过石英的总长可以均匀地改变。在第一个劈中，非常光线在水平面内振动，并且相对于寻常光线推迟(结晶石英为正双折射，见表17-16)。当光线进入第二个劈时，在水平面内振动的光线变成寻常光线，并且相对于在竖直面内振动的光线超前。因此，总的推迟与两劈的厚度差成比例，即

$$N\lambda = (d_1 - d_2)(n_e - n_o) \tag{17-163}$$

式中，N 为以波长为单位的整数和分数推迟，d_1、d_2 分别为光通过的第一个劈和第二个劈的厚度，n_o、n_e 分别为结晶石英的寻常折射率和非常折射率。

如果与补偿器的一个光轴成45°角的偏振光通过补偿器，则视场如图17-78所示，两个劈调整得使视场中心有零推迟(如果入射平面偏振光束的角 α 不是45°，则相角推迟或超前180°的光束与原光束形成 2α 夹角，而不是90°)。当检偏器的光轴与起偏器的光轴正交时，用此检偏器观察通过补偿器的光束，则在单色光中看到一系列亮带和暗带。在白光中只有推迟为零的一个带保持为黑的。所有其他带均是彩色的。这些彩色的带的推迟是 2π 的整数倍(或用程差表示为波长的整数倍)。在中央黑带的一边，一束光线相对于另一束光线相位超前，在另一边相位推迟。如果一个劈移动，则视场内的整个条纹系统随之移动。参考线划在不动的劈上，以使它保留在视场中心。

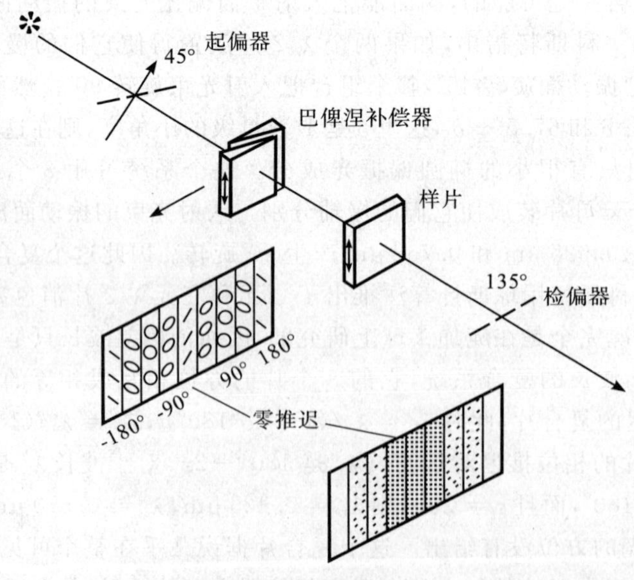

图 17-78 测量样品推迟用的巴俾涅补偿器、起偏器和检偏器系统

光通过补偿器后，视场出现的现象表示在图中样片位置的左边。光束通过检偏器后，在视场中有一系列暗带，在检偏器的左边，只给出了其中的一个暗带

当使用补偿器时，光轴的取向应当确定，与相位超前(或推迟)对应的劈的移动方向也应当确定。这个做

法如下：起偏器和检偏器的光轴正交，插入补偿器并转动它，一直到整个视场呈现黑暗。在这种取向中，补偿器的快轴或慢轴平行于起偏器的轴。如果补偿器的结构和取向是正确的，则整个视场呈现黑暗。然而，如杰拉德(Jerrard)所述[85-86]，某些光学的和机械的缺陷可能产生条纹而不是均匀的视场。不幸的是，市场上可以买到的补偿器，一般没有调节机构能使一个劈相对于另一个劈重新取向。

使用如图 17-78 所示的装置，用白光可以找出产生相位超前或相位推迟的劈的移动方向。零推迟的黑带调定在叉丝下视场中心。一个已知推迟的辅助片插入用虚线表示的位置。然后旋转测微螺旋使零推迟带回到视场中心，记下它的转动方向。这个实验告诉我们，为了补偿样片产生的推迟，应增加还是减少石英劈的厚度。

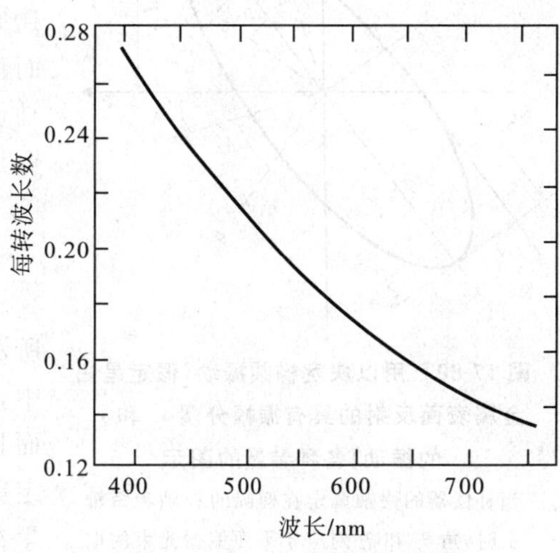

图 17-79　巴俾涅补偿器的校正曲线

纵坐标的倒数是为把推迟量改变 2π(或一个波长)所需的测微螺旋的转数 K

其次，必须校正可动劈以求出多少直线移动相当于推迟变化一个全波长。一些补偿器制有表格，对可见光谱区的一系列波长给出测微螺旋每转的波长的分数。图 17-79 表示一个补偿器的校正曲线。这种形式的曲线很容易由实验确定，起偏器、补偿器和检偏器按图 17-78 所示取向，并首先用白光寻找零推迟带。然后用已知波长的单色光调定在中央带任一边的黑带上，并记录测微计的读数。这些带应当是等间隔的，测量中央带两边的位置可以决定测微计对于中央带的读数是否正确。如果这些带在调整的精度之内是不等间隔的，则一个劈可能是不均匀的。

现在校正巴俾涅补偿器。一般来说用下述方法测量已知快轴或慢轴的样片推迟。起偏器、补偿器和检偏器取向如图 17-78 所示。样片放在用虚线表示的位置。假定补偿器的叉丝最初是调定在零推迟带，则样片的推迟可以由直接转动测微螺旋直到使零推迟带再一次调到叉丝下的视场中心为止来决定。由类似图 17-79 的曲线，找出对于使用的波长每个波长推迟的转数 K(纵坐标的倒数)。如果劈(用测微螺旋控制的)移动一段距离 x 复原到中央黑带，则被样品引入的相位推迟是 $(x/K)2\pi$ 弧度，或 x/K 波长。样片双折射的符号可以由记下测微螺旋为恢复到中央黑带而需转动的方向来决定。

巴俾涅补偿器的另一应用是决定光束(例如由金属面反射的光束)的相位推迟和椭圆率。这样的椭圆偏振光束如图 17-78 所示。两个直角坐标对应于图 17-78 中的水平方向和竖直方向。首先，不放样片，把起偏器、检偏器和补偿器按图 17-78 所示调整，并使黑的零推迟带在叉丝下。然后把样片插入光束中(如果是反射样片，则检偏器必须绕转到适当的入射角)。这时，重调补偿器，使黑带再一次处于视场中心，记下测微计度数之差。相位推迟(或超前)是 $(x/K)2\pi$ rad，这里 K 是前面决定的暗带之间的线距离。

为了确定椭圆的取向和短轴与长轴之比 b/a，在样片取出的情况下，调整补偿器使离开中央暗带有一段距离 $K/4$。在这样调整时，补偿器视场的中心有 $\lambda/4$ 的推迟。此时插入样片，并转动补偿器和检偏器，一直到暗带再一次位于叉丝下为止。补偿器的轴此时与椭圆的长轴或短轴重合。因为补偿器的作用如同 1/4 波片推迟器，它把椭圆偏振光转变成线偏振光，以便能被检偏器消光。由图 17-69(假定光反向通过推迟片)可知，平面偏振光束的取向与椭圆偏振光束的椭圆率有关：$\tan\theta = b/a$，这里 θ 是平面偏振光束与椭圆长轴之间的夹角。

实际上补偿器(和检偏器)有 4 个位置能使暗线对准叉丝中心。这些位置对应于补偿器快轴与椭圆的长轴或短轴重合。如果补偿器有正确的结构并准确地调到 $\lambda/4$ 的推迟，则补偿器的两对位置恰好相差 90°。由图 17-80 可以看出，相应的检偏器角 A_1 和 A_2 可用来决定椭圆的取向和椭圆率，这是因为 φ(椭圆的长轴与水平坐标之间的夹角)等于 $90° - (A_1 + A_2)/2$。又因为 $A_2 - A_1 = 2\theta$，于是得到 $\tan(A_2 - A_1)/2 = b/a$。

在椭圆测量术中，有从补偿器的推迟值决定相差的一个方法，对于这一应用以及其他应用，知道使用巴俾涅补偿器可预期怎样的调整准确度是有用的。杰拉德提出，在波长 589 nm 时，大约 $1.4\times10^{-3}\times2\pi$ 或大约 0.5°的下限是有可能的。然而，这个数字只是与调定在沿约 30 弧分角度的石英劈间隔约 5 mm 的条纹上

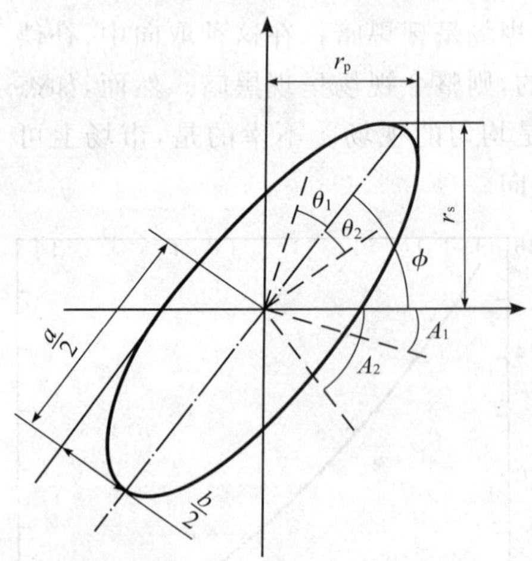

图 17-80 用以决定椭圆振动(假定是由金属表面反射的具有振幅分量 r_s 和 r_p 的振动)各种参量的图示

当补偿器的快轴调定在椭圆的长轴和短轴上时,角 θ_1 和 θ_2 对应于平面偏振光束的取向。A_1 和 A_2 是为使平面偏振光束消光检偏器所需调定的角度

有关的误差。当制作一组巴俾涅劈,并且查看这些劈是否比得上调整精度时,必须给出适当的光学容差和机械容差,这也是应当计算的。为使相角误差不大于 0.5°而需要的厚度均匀性可由(17-163)式计算。计算时令 $n_e - n_o = 0.009\,11$ (在波长 589 nm)和 $N = 1.4\times10^{-3}$。因此,$d_1 - d_2 = 0.15\lambda$。表面平面度达到 $\lambda/4$ 是比较普通的,而且有可能得到比 0.1λ 更好的光学平面度。然而,在每个劈中的光轴仍须正确取向,并且两个劈必须被正确地装配。这样,如果巴俾涅劈是最佳的,则补偿器使用的误差与目视调整误差不相上下。

二、索累补偿器

索累(Soleil)补偿器,有时也叫做巴俾涅-索累补偿器,如果 17-81 所示。索累补偿器的使用方法与巴俾涅补偿器相似。但是在单色光中,如果补偿器构造正确的话,整个视场不出现交替的亮带和暗带,而且有均匀的色度。这是因为两个石英板(其中一个板是由一个固定劈和一个可动劈组成的)的厚度之比在整个视场中是相同的。索累补偿器会产生椭圆率随可动劈的位置而变的光。索累补偿器的校正与巴俾涅补偿器的校正相似。寻找零推迟位置的方向同前,不过现在整个视场是暗的。索累补偿器在白光中的均匀暗视场对应于巴俾涅补偿器的黑零推迟带。

索累补偿器的主要优点是可以使用光电接收器来调整。把补偿器在零位置的每边调偏一小量,以得到等强度度数。两个鼓轮位置的平均值给出零点位置。光电调整能比目视调整精密得多,但这并不意味着增加准确度,除非补偿器有恰当的结构。因为索累补偿器是由 3 块结晶石英组成的,这 3 块石英必须很精确地制作,所以索累补偿器比巴俾涅补偿器更容易受到光学的和机械的缺陷的影响。

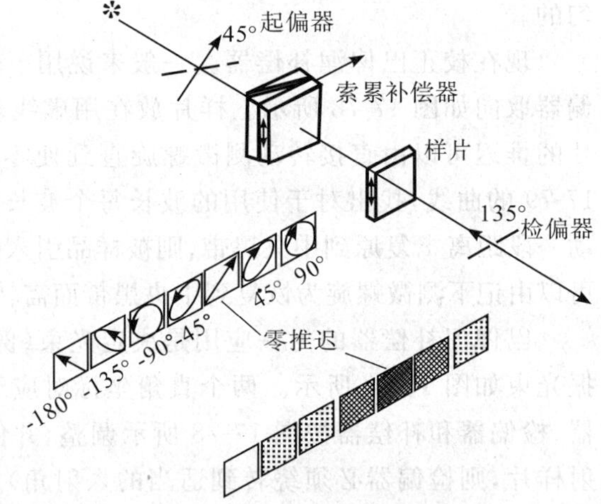

图 17-81 测量样片推迟用的索累补偿器、起偏器和检偏器的装置

光通过补偿器后,视场出现的现象如图中样片位置的左边所示。光束通过检偏器后,视场呈现为检偏器左边所示的各灰色阴影中的一个

由结晶石英、硫化镉和氟化镁制成的索累补偿器已被用于红外区推迟的测量。这个工作的另外成果是测量这些材料在红外区的双折射。

还提出了另外两种均匀视场的补偿器。杰拉德[87]根据索累的建议取了两个巴俾涅劈,使其中一个反向,以便光通过每个劈的较厚部分。这个反向巴俾涅补偿器受机械缺陷的影响比索累补偿器小,但会使光束产生小的偏向。哈里汉(Hariharan)和森(Sen)[88]提出两次通过巴俾涅补偿器(在两次通过之间有一次反射)以获得均匀的视场。

三、塞拿蒙补偿器

塞拿蒙补偿器常用于决定平面偏振光束的椭圆率。这种补偿器由一个 $\lambda/4$ 片(它的快轴取向平行于拖延的长轴)接随一个转动的检偏器所组成,如图 17-82 所示。当 $\lambda/4$ 片的任一轴的取向平行于椭圆的长轴时,椭圆偏振光转变成平面偏振光。相对于 $\lambda/4$ 片的快轴,这个平面偏振光的方位角 θ 与原光束的椭圆率有关,其关系式为 $\tan\theta = b/a$,这里 a 和 b 分别是椭圆的长轴和短轴的长度。产生椭圆偏振的两个光束之间的相位推迟即是 2θ,这从图 17-69 中可以看出。检偏器用于使平面偏振光消光,于是它的取向(相对于 $\lambda/4$ 片的快轴测量)为由所求得的 θ 角再转 90°。

塞拿蒙补偿器已被应用于测量诸如电光晶体这样的双折射材料中通过的光的相位差。对于这一应用,双折射材料光轴的取向与平面偏振光的方位成45°，也与$\lambda/4$片的快轴成45°(见图17-82)。塞拿蒙补偿器的详细数学处理已由杰拉德给出，他还用庞加莱球描述了这个补偿器的作用。

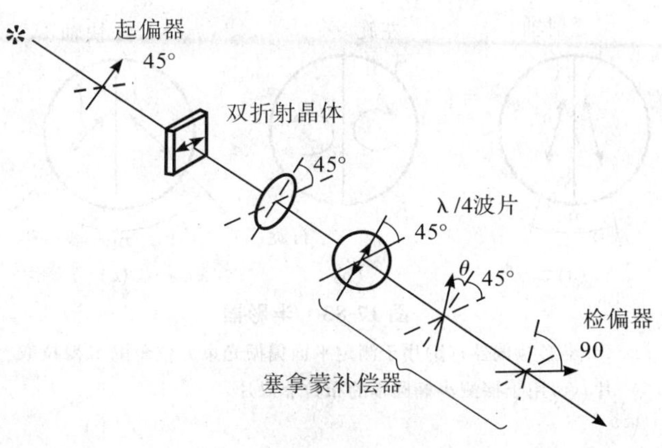

图17-82　塞拿蒙补偿器用作决定光通过双折射材料所产生的椭圆率或相位推迟

$\lambda/4$片的轴是固定的，而检偏器的轴是可转动的

四、斜片补偿器

改变光程中双折射材料厚度的另一方法是将双折射片绕垂直于光传播方向的轴倾斜，因此，改变了光子射向片的入射角。根据这个原理的可变推迟片有贝雷克补偿器和埃林豪斯(Ehringhaus)补偿器，这两个补偿器均由霍姆斯(Holmes)[89]讨论过。

典型的贝雷克补偿器由单一的方解石片组成，其厚度通常约为0.1 mm，其光轴与片表面垂直。当忽略多次内反射时，推迟为[89]

$$N\lambda = d\left[(n_o^2 - \sin^2\theta)^{\frac{1}{2}} - \frac{n_o}{n_e}(n_e^2 - \sin^2\theta)^{\frac{1}{2}}\right] \tag{17-164}$$

式中，N为以光波长λ为单位的推迟，d为片的厚度，θ为入射角。

典型的埃林豪斯补偿器用的是两个等厚度的结晶石英片，其厚度d通常为1.0 mm，光轴平行于片的表面并且相互垂直(这个装置类似于在零推迟使用的索累补偿器)。转轴平行于两光轴之一，推迟为[89]

$$N\lambda = d\left[(n_e^2 - \sin^2\theta)^{\frac{1}{2}} - \frac{n_e}{n_o}(n_o^2 - \sin^2\theta)^{\frac{1}{2}}\right] \tag{17-165}$$

仍然是忽略了多次内反射。推迟如果用相角表示，(17-164)式和(17-165)式须乘以$2\pi/\lambda$。

霍姆斯[89]证明，在补偿器内的多次反射能够影响推迟，引起推迟以振荡的方式改变，这有些类似于相位推迟在薄云母片内的改变。消除这种振荡的方法类似于对云母所建议的方法：减小空气-方解石(或石英)表面的反射比。达到这个目的的一种方法是将补偿器浸入在折射率匹配的流体中。不幸的是，流体的进入降低了调整准确度，而且进入媒质的折射率可能对温度是敏感的。

斜片补偿器的其他类型是使用CR39树脂应力片、锂云母(云母的单轴品种)或一对亚硒酸盐片。这些补偿器有大视场的优点，适于观察透明材料的应力和适于要求准确度不高的其他应用。

第八节　半影器与退偏器

一、用于平面偏振光的半影器

有时我们必须准确地测量平面偏振光束的方位角，即振动面与参考坐标系所成的角。这是很容易办到的，只要使用任何一种起偏器作为检偏器，将它旋转到使视场呈现黑暗的位置即可。这时检偏器的方位角与平面偏振光束的方位角恰为90°。更为灵敏的方法是使用光电探测器调偏在消光位置的每一边强度相等的角度处。这两个角度的平均值通常比直接测量的值更为准确，但必须注意保持偏斜角相当小，从而不致发生显著的不对称。

在灵敏的光电探测器出现以前，最准确地调定在最小值的方法是使用半影器作为检偏器，或者是将半影器与检偏器结合使用。半影器通常由两个起偏器组成，它们的轴相互倾斜一定的角度α(在有些类型中角α是固定的，而在另一些类型中α是可变的)，如图17-83(a)中所示。当半影器旋转时，视场的一部分变得更暗，而其他部分变得更亮。在匹配位置的每一边，应使视场的两半有给定的强度差。因为在匹配位置的强度通常很暗，半影一词就是由此而来的。

如果可能的话，在光源强度给定的情况下选择半影角α以使灵敏度最大。对于很强的光源，可用小的半

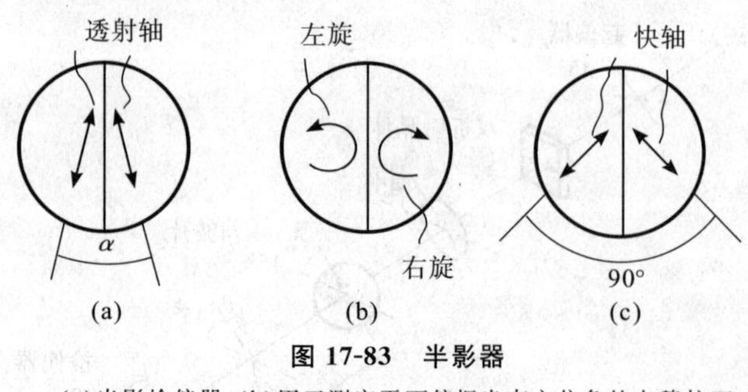

图 17-83　半影器

(a)半影检偏器；(b)用于测定平面偏振光束方位角的卡穆拉双片；(c)用于探测小椭圆率的布拉菲双片

影角得到非常高的调整精度，半影角 0.5°时精度的极限约为 4 弧秒。对于强度小的光源必须采用较大的半影角，但调整精度并不是同样地好。

虽然半影器通常使用在单色光中，但有些形式适用于白光。这种半影器放置在检偏器的前面，并由所谓的灵敏色辉获得其调整精度。索累双石英片就属于这种半影器，它具有极为灵敏的、随着检偏器极轻微的转动而变成红的或蓝的剩余色的功能。

(一)耶雷-考纽棱镜

用于单色光中的最简单的一种半影器是耶雷棱镜的考纽改型，它是由格兰-汤普森棱镜从中心锯成两半，其中半块磨成斜角，然后两半块又胶合在一起制成的。这个棱镜用来代替检偏器，使相互成一微小角度偏振的光束通过(考纽用这个裂开的棱镜起偏器，但原理是一样的)。类似的装置也能用一片高消光的人造偏振片(或其他二向色片状起偏器)制成。主要问题是在视场的两半之间获得尽可能锐的分界线，从而可以目视区别相互非常接近的灰色区域。

(二)利皮什半影器和劳朗半影器

与有固定的耶雷-考纽棱镜不同，利皮什棱镜有可变半影角。把遮盖视场一半的一个小的格兰-汤普森棱镜放置在格兰-汤普森检偏器的前面，将这个格兰-汤普森检偏器的轴调整到与主检偏器成一微小的(可变的)角度。在劳朗可变半影器中，遮盖视场一半的一个石英半波片放置在检偏器的前面。其作用原理已由赫勒索解释。这样的可变半影器的主要缺点是，随着方位角的改变半影是不对称的，而视场两半的亮度不同，这是由于遮盖视场一半的辅助片中的反射和吸收所致。

(三)纳卡穆拉双片

依据不同的原理工作的纳卡穆拉双片，是更合适的一种半影装置。它由垂直于光轴切割的右旋和左旋结晶石英片组成，每片各遮盖视场的一半，沿着两片的边缘胶合在一起(图 17-83(b))。当结晶石英垂直其光轴切割时，所有沿着光轴行进的光都具有相同的速度，但是平面偏振光束是以顺时针方向旋转还是以逆时针方向旋转(对迎向光束的传播方向观察而言)，这取决于是右旋石英还是左旋石英。因纳卡穆拉双片是由相等厚度的两种石英组成的，通过双片的平面偏振光束变为振动平面相互成角度 α 的两个光束。角 α 依赖于石英片的厚度(在 0.04～0.2 mm 之间)和光的波长。表 17-20 给出了以(°)/mm(石英厚度)为单位的旋光频率随波长而变的数值。例如，0.1 mm 厚的纳卡穆拉双片用于波长 546.1 nm 时，使平面偏振光分成两束，其振动面相互成一角度：2×2.55°＝5.10°。因纳卡穆拉双片不是起偏器，它可在检偏器的前面以任意方位角安置；当检偏器调至消光时，视场的两半会呈现相同的亮度。杰拉德声称可获得$10^{-5}\times 2\pi$ 的调整精度。

表 17-20　平面偏振光在石英中的旋光率

波　长/nm	旋光率/((°)/mm)	波　长/nm	旋光率((°)/mm)
226.503	201.9	508.582	29.728
250.329	153.9	546.072	25.535
303.412	95.02	589.290	21.724
340.365	72.45	643.847	18.023
404.656	48.945	670.786	16.535
435.834	41.548	728.135	13.924
467.815	35.601	794.763	11.589
486.133	32.761		

当波长给定时，纳卡穆拉双片有固定的半影角；但当波长变短时，由于石英的旋光效率增大而半影角变

大。这是一个优点,因为通常光源的强度很小,而且人眼对光谱的蓝端较不灵敏。如果需要具有不同半影角的装置,则要有一组不同厚度的纳卡穆拉双片;较薄的双片有较小的半影角(与片的厚度成正比)。如果双片两部分的厚度不同,则当视场的两半呈现同样明亮时,检偏器的方位角会偏离真正的消光位置。然而,如果在所有的调整中都用到双片,则因为这种偏离总是在真正消光位置的同一侧,所以不会带来误差。

(四)萨伐尔片

虽然没有绝对严格的半影器,但萨伐尔(Savart)片是检验小量偏振光的极精密的装置。它包含与光轴成45°切割的两个石英片或方解石片,这两个片叠置在一起,叠置得使它们的主截面互成直角,并且用加拿大树脂胶胶合。当把萨伐尔片安置在检偏器前面时,如果光是非偏振的,则看不出什么变化。然而,只要光束有轻微的偏振,则出现把片的主截面之间的夹角等分为二的平行光带(萨伐尔带)。当光束的振动面接近光带本身的方向时,光带的强度增大。萨伐尔片是极为灵敏的,能够探测天空光或来自日冕的偏振度。在这个应用中,将1/4波片放置在萨伐尔片的前面,1/4波片的光轴要与萨伐尔片的推迟轴成45°。在这样装置下,条纹反衬度只依赖于光的偏振度,而条纹的位置只依赖于振动面的方向。萨伐尔片与衍射光栅的组合,也用作消色差波片。

二、用于椭圆偏振光的半影器

如果人们要测定椭圆偏振光的椭圆率或椭圆长轴的取向,通常用1/4波推迟片或者可变推迟片(例如巴俾涅补偿器或索累补偿器)把椭圆偏振光变为平面偏振光。

下面描述两种用于探测微小平面偏振光束的很小椭圆率的半影器,它们能够指示用何种补偿器可以把椭圆偏振光完全转变为平面偏振光。这两种半影器是布喇菲双片和布喇斯半影片。

(一)布喇菲双片

布喇菲(Bravais)双片由两个1/4波片(或更薄的波片)构成,两片的边缘接连在一起,其光轴与边缘成45°角,如图17-83(c)所示。一个片的快轴与另一个片的慢轴平行。当布喇菲双片放置在正交起偏器之间,并且视场中没有样品时,无论半影方位角相对于起偏器的方位角如何变化,双片的两半的亮度相同(然而视场的总亮度随半影的方位角而变)。

布喇菲双片的作用如下:当平面偏振光射入双片时,射出两个邻接的椭圆偏振光束,它们的椭圆率和椭圆取向皆相同,但旋转的向指相反。如果用检偏器观察光,把检偏器调整到使沿椭圆长轴的振动消失的方位,则视场的两部分呈现出一样的暗。当检偏器转动到不同方位时,整个视场会变得较亮,但是视场的两半仍有相同的亮度。如果现在把样品插入光束,使得有椭圆偏振光入射到双片上,则视场的两半不再呈现出一样地暗。甚至椭圆的轴长之比小到10^{-4},视场两半的差别都能观察得出[90]。

因为要使两个片的快轴严格地成90°角和使片的两半之间有锐分界线是很困难的,所以,传统的布喇菲双片使用有限。特朗斯塔德(Tronstad)[91]提出了一种更容易制造的改型,在光学上与布喇菲双片相当。它由三个分离的云母片组成。其中两个片由同一云母片切成,这两个片的轴平行,两片重叠在一起并覆盖视场的一半。第三个片也由同一云母片切成,被夹持在独立旋转的支架中,覆盖整个视场。如果使大片的快轴调节到平行于一对小片的慢轴,则小片所在部分的净推迟等效于快轴与大片的快轴成90°角的一个单片的推迟。这样制成的双片的优点是:当双片安置在正交起偏器之间时,可以借助观察片的两半的强度变化来调整各部分的方位。这时视场中心的分界线即为一对小片的边缘,而不是接连在一起的两个边缘。另一种布喇菲双片的改型由佩鲁卡(Perucca)[90]提出,他使用一个薄云母片覆盖视场的一半,而用受小单轴应力的玻璃片代替特朗斯塔德的云母片来覆盖整个视场。布喇菲双片(和1/4波片一起)在测定椭圆偏振光的方位角、椭圆率和向指中的用处,已为里查兹(Richartz)[92]所讨论。

(二)布喇斯半影片

布喇斯(Brace)半影片包含一个极薄的(约170 nm)云母片,它嵌镶在加拿大树脂胶中并覆盖视场的一半。它有几乎消失的分界线。虽然它能使用于各种亮度级，但一般调整在效果最好的位置。使用这个半影器时，光不完全恢复到直线振动，而是有一定的小椭圆率。布喇斯称他的补偿器比布喇菲双片灵敏 200 倍，能够探测 $3\times10^{-5}\lambda$ 的推迟。

已经提出的其他半影系统是由几个上述半影器组合在一起形成的复合系统。

三、退偏器

退偏器指的是将偏振光变为自然光的一种偏振器。

偏振光由于其直观而深刻地反映了光波的矢量特征，因而通过它与物质的相互作用，能够获取采用其他手段难以得到的许多信息。采用偏振光研究问题的好处在于将研究对象进行纯化。但是偏振光给单纯的强度测量带来麻烦，我们的研究表明，几乎所有的光探测器件都具有偏振敏感性，即光能的探测需经探测器件的转化(如转换成电能来进行计量)，而探测器件的转换效率与偏振光的态势和方位角有关。某方位振动的平面偏振光相对另一方位要敏感些，即转换效率高一些，这与对自然光的探测是不同的，在弱信号探测中，其影响就更不能忽视。偏振敏感度是描写探测器件自身在光能测量中对平面偏振光能量转换性质的物理量，它与平面偏振光的入射方位角和波长有关，与入射光能的大小无关。我们用下式对光探测器件的偏振敏感度作定量描述，用 ξ 表示探测器件的偏振敏感度，可写成：

$$\xi_\lambda=\frac{\beta_{\max}-\beta_{\min}}{\beta_{\max}+\beta_{\min}} \tag{17-166}$$

式中，$\beta_{\max}$ 和 $\beta_{\min}$ 表示波长为 λ 的平面偏振光以不同方位角正入射到探测器件时的最大和最小转换效率，β 值是由探测器件本身的性质决定的。在入射平面偏振光光能不变的情况下，可直接用探测到的光强表示 ξ_λ，即若以波长 λ 的平面偏振光 I_0 正入射，则

$$\xi_\lambda=\frac{I'_{\max}-I'_{\min}}{I'_{\max}+I'_{\min}} \tag{17-167}$$

式中，$I_{\max}$ 和 $I_{\min}$ 分别是以不同方位角入射时测得的最大和最小光强。

为了保证测量精度，通常的做法是在探测器窗口处加一退偏器，以消除因探测器件的偏振敏感性带来的测量误差。退偏器件用于把有规则取向的光矢量(偏振光)恢复到杂乱无序状态(自然光)。无序化程度越高，退偏效果越好。理想化的退偏器是使偏振光的相位和振动方向完全随机化。退偏要比起偏困难得多，迄今还没有见到能够真正实现全退偏的理想器件。使偏振光通过散射型介质或具有梯度相位差的双折射材料，是实现退偏的两种基本方法，现代光学技术中普遍采用的退偏器件是用双折射材料(如冰洲石和石英晶体)制成。让平面偏振光通过具有一定梯度相位差的双折射晶体，使光束在微区内干涉并叠加，从而改变其有序状态以达到退偏的目的。这种方法还无法达到光波微观上的真正无序，而只是一种宏观的平均效应，称这类退偏器件为伪退偏器。

(一)散射型退偏器

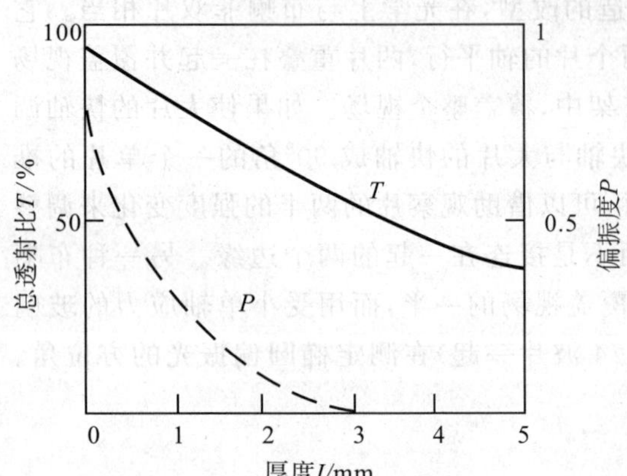

图 17-84　玉髓退偏器的透射比和偏振度随器件厚度变化的关系

使偏振光在粗糙介质表面反射，或使之通过一内部具有微观非对称性分子团的光学材料，都能产生明显的退偏效果。毛玻璃、乳色玻璃、热压多晶 Al_2O_3、冷压 MgO 和熔石英等均可作为退偏器件，可在精度要求不高的场合使用，其特点是取材方便，加工简单，体积大小可任意设计，可直接安装在探测器的窗口前或直接作为窗口材料。缺点是散射损失大，剩余偏振度大。

如图 17-84 所示，给出了用玉髓薄片制作的散射型退偏器性能曲线，该器件用于 He-Ne 激光 632.8 nm 的光束退偏，性能较优良。

玉髓是一种半透明的固体材料，莫氏硬度为 6.5～7 之间，

内部含有部分无规则取向的 SiO_2 微晶粒，分子团直径在 10～100 nm 左右，晶粒与周围介质的折射率差 $\Delta n_{max} \leqslant 0.01$。当偏振光在这种介质中传播时，将在小晶粒界面上发生散射，产生退偏。与其他材料的散射型退偏器相比，该器件除具有体薄、坚固、抗光损伤阈值高等特点外，其透射比较高，透射谱宽(0.25～2.6 μm)，而且加工性能好、成本低，是目前颇有实用价值的退偏器件。

（二）双折射棱镜型退偏器（伪退偏器）

当光斑直径较大的一束光入射到一只双折射劈形板上时，出射光在劈附近的两束平面偏振光往往是不能完全分开的。如果选择适当的光轴方位和楔角，可以使沿整个输出截面上的光强积分各向相同，这是由局部的干涉和叠加造成的有效退偏效果。图 17-85 和图 17-86 所示的是两种典型的双折射退偏器，它们均为二元结构，两种结构的优点是退偏效果与入射的偏振方位角无关，出射光不发生偏折。但对于过细的激光束入射需要扩束。

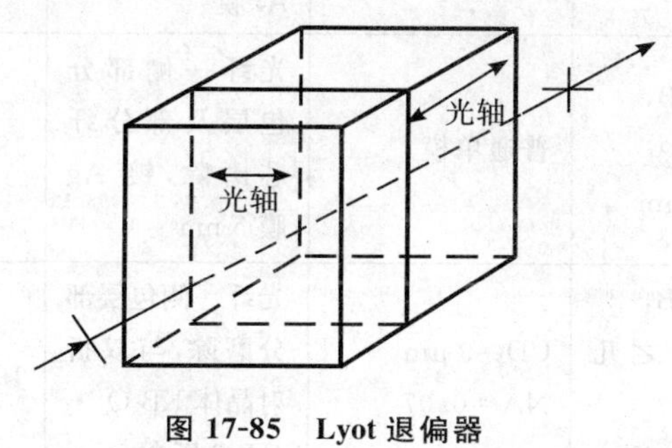

图 17-85　Lyot 退偏器

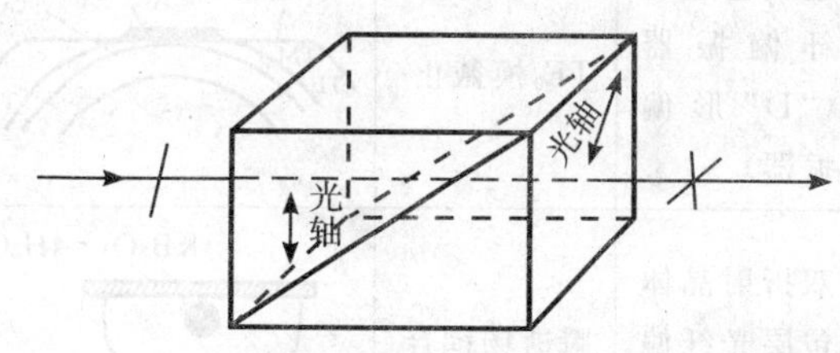

图 17-86　Wollaston 棱镜退偏器

第九节　光纤偏振器件

在光纤系统中，往往需要在光纤中产生、控制和检测偏振光。为此需要相应的偏振器件[93]。目前已有越来越多的适用于光纤系统的偏振器件面世，其中以全光纤的偏振器件最受欢迎，因为它具有体积小、便于和光纤连接、连接损耗小等诸多优点。下面介绍几种典型的全光纤偏振器：偏振控制器，偏振器，隔离器和退偏器等。表 17-21 给出了光纤偏振器的概况[94]。

一、光纤偏振控制器

一般的光学系统均采用波片来改变光波的偏振态。在光纤系统中可采用更简单的方法：利用弹光效应来改变光纤中的双折射，以控制光纤中光波的偏振态。

当光纤在 (x,z) 平面内受到弯曲时，由于应力作用，光纤中 x 轴和 y 轴方向的折射率发生变化，其变化量为

$$\Delta n_x = \frac{n^3}{4}(p_{11} - 2\mu p_{12})\left(\frac{a}{R}\right)^2 \tag{17-168}$$

$$\Delta n_y = \frac{n^3}{4}(p_{11} - \mu p_{11} - \mu p_{12})\left(\frac{a}{R}\right)^2 \tag{17-169}$$

式中，a 为光纤半径，R 为光纤弯曲的曲率半径，p_{ij} 为熔融石英的弹光张量，μ 为泊松比。则

$$\delta n = \Delta n_x - \Delta n_y = -0.133\left(\frac{a}{R}\right)^2 \tag{17-170}$$

由上式可知，对于图 17-87 所示的弯曲光纤，快轴位于弯曲平面内，慢轴垂直于弯曲平面。因此，利用弯曲光纤的双折射效应，可以制成波片。对于弯曲半径为 R 的 N 圈光纤，如选择适当的 N 和 R，使得

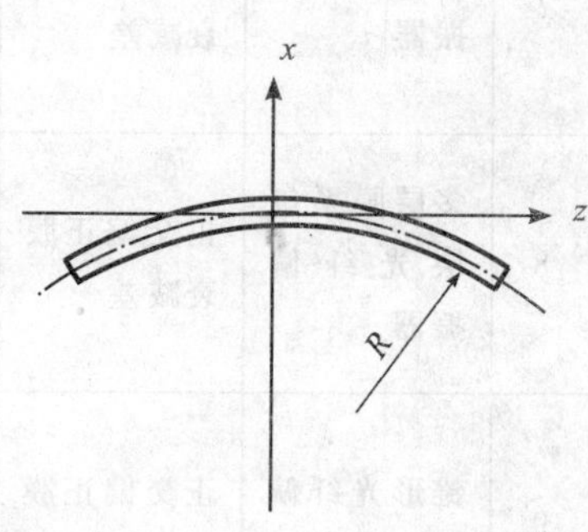

图 17-87　光纤弯曲所偏振效应

$$|\delta n| 2\pi NR = \frac{\lambda}{m} \tag{17-171}$$

表 17-21　光纤偏振器概况

序号	结构名称	原理提要	器件结构示意图	性能指标（消光比：ER，插入损耗：IL，工作波长 λ）	光纤参数（芯径：CD，外径：OD，数值孔径：NA）	制作工艺及材料	发表时间
1	金属包层光纤偏振器（"D"形偏振器）	正交偏振膜衰减差	Au 光纤	IL=11 dB， λ=0.676 μm	普通单模	光纤一侧包层部分磨除，真空蒸发镀 0.15 μm 厚的 Au 或 Al 膜	1980 年
2	金属包层光纤偏振器（"D"形偏振器）	TE_0 模截止	包层 Ag 芯 TM TE TM	ER=47 dB， IL=1 dB λ=0.82 μm	普通单模	光纤一侧部分包层及部分纤芯磨除，镀 Ag 膜 5 nm	1986 年
3	双折射晶体包层光纤偏振器	瞬逝场耦合	$KB_5O_3 \cdot 4H_2O$ 光线	ER=60 dB， IL=百分之几分贝， λ=1.55 μm	CD=9 μm NA=0.07	光纤一侧包层部分磨除，与双折射晶体 $KB_5O_3 \cdot 4H_2O$ 压合	1980 年
4	双折射晶体包层光纤偏振器	传输模理论	光纤 $KB_5O_3 \cdot 4H_2O$	ER=40 dB， IL=1 dB， λ=1.25~1.6 μm	CD=9 μm OD=125 μm	一段光纤包层全部化学腐蚀，裸芯周围生长 $KB_5O_3 \cdot 4H_2O$	1990 年
5	环形线圈光纤偏振器	正交偏振膜衰减差		ER=40 dB， IL=0.5 dB， λ=0.83 μm、1.30 μm、1.55 μm	椭圆包层保偏光纤	绕成线圈，半径为 40~60 mm，匝数为 15~40	1988 年
6	偏芯形光纤偏振器	正交偏振膜衰减差		ER=41 dB， IL=1.2 dB， λ=1.15 μm	CD=9.4 μm OD=240 μm	将预制件磨抛成偏芯，外圆镀 70 nm Au	1982 年
7	微孔光纤偏振器	正交偏正膜衰减差	微孔	ER=37 dB， IL=1 dB λ=1.16~1.42 μm	OD=140 μm NA=0.16	拉制微孔光纤向微孔中注入 Tin－In 合金	1986 年
8	多层膜系包层光纤偏振器	正交偏正膜衰减差	d_1 d_2	ER=几十至上百分贝， IL=百分之几分贝	保偏光纤	光纤磨抛成"D"形，溅射 35 对金属-介质膜	1989 年
9	锥形光纤偏振器	正交偏正膜衰减差	Au 光纤	ER=30 dB， IL=0.5 dB	CD=10 μm， OD=125 μm	火焰或放电使光纤软化，拉伸变细，镀条形金属膜	1991 年

则该光纤圈即成为 λ/m 波片。例如,对于 $\lambda=0.63\ \mu m$ 的红光,把半径为 62.5 μm 的光纤绕成 $R=20.6$ mm 的一个光纤圈时,就成为 $\lambda/4$ 波片;若绕成两圈,就构成 $\lambda/2$ 波片。

光纤偏振控制器的工作原理如图 17-88 所示。当改变光纤圈的角度时,便改变了光纤中双折射轴的主平面方向,产生的效果与转动波片的偏振轴方向一样。因此,在光纤系统中加入这种光纤圈,并适当转动光纤圈的角度,就可控制光纤中的双折射的状态。常用的偏振控制器一般由 $\lambda/4$ 光纤和 $\lambda/2$ 光纤圈组成。图 17-89 为光纤偏振控制器的装置图,适当调节偏振控制器中两个光纤圈的角度,就可获得任意方向的线偏振光。

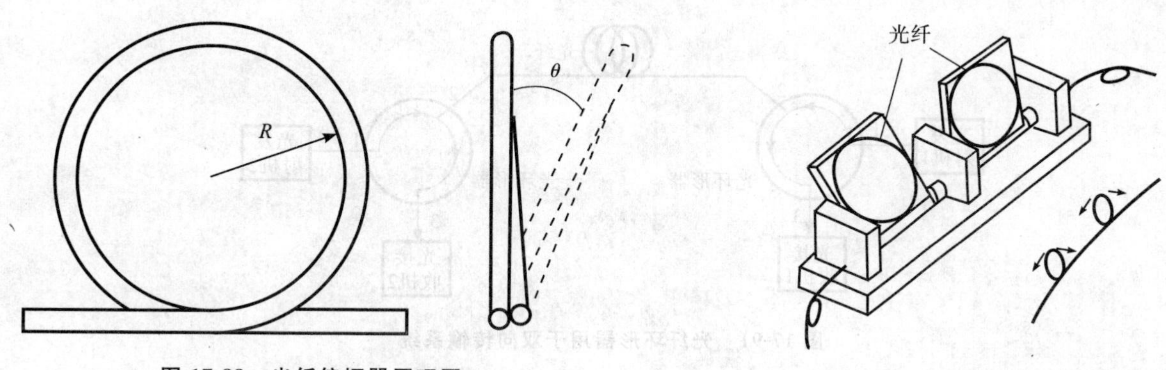

图 17-88　光纤偏振器原理图　　图 17-89　光纤偏振器装置简图

二、光纤隔离器

利用光纤材料的法拉第效应可以构成光纤隔离器:

$$\theta = VHL \tag{17-172}$$

式中,θ 是磁场强度 H(沿光纤轴方向)作用下在光纤中传输的光的偏振面的转角,L 是在磁场中的光纤长度,V 是光纤材料的 Verdet 常量。

利用光纤做隔离器的主要问题是:一般低损耗光纤,其材料的 Verdet 常量都很小(例如,熔融石英的 Verdet 常量为 0.012 4 min/(cm·Oc))。因此要获得 45°转角,就需要很长的光纤处于强磁场中。对于熔融石英光纤,若 $H=1\ 000$ Oc,则在磁场中的光纤长度约为 2 m。这是光纤隔离器实用化的主要问题之一。利用高 Verdet 常量的材料制成单晶光纤以构成隔离器是解决此问题的途径之一。

下面介绍用石英构成的一个隔离器的实例。

如图 17-90 所示[95],隔离器磁场由 14 块永磁体构成,每块厚 0.53 cm,两相邻磁体的中心距离为 1.65 cm,极性相反,选择中心距离恰好等于光纤拍长的一半(光纤拍长 $L_p=3.30$ cm),磁体中开一宽为 0.03 cm的槽以便放置光纤。此槽中沿光纤方向的磁场强度为 5 kG。为减少隔离器中永磁体的数目,光纤往返 9 次通过上述串连的磁体,光纤总长为 700 cm,其中在磁场区的长度为 200 cm,光纤芯径为 3.3 μm,工作波长为 0.633 μm,损耗为 20 dB/km。当入射线偏振光沿 x 方向输入时(光纤的消光比为 30 dB),调整器件使从隔离器输出的光功率为 $P_x=P_y$,这说明出射光振动方向已旋转了 45°。这时在入射端若有起偏器,它就构成隔离器。若无起偏器,则构成圆偏振器。隔离器的消光比为20 dB。由于光纤拍长会随温度而变,因此使用时应注意控制温度,也可利用温度变化来微调器件。

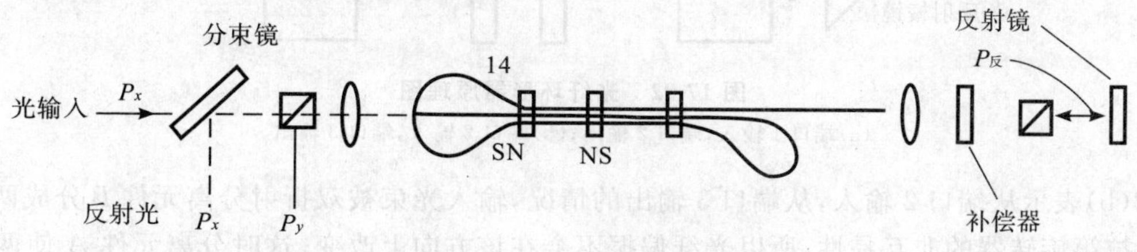

图 17-90　全光纤型隔离器

三、光纤环形器

光纤环形器除了有多个端口外，其工作原理与光纤隔离器类似，也是一种单项传输器件，主要用于单纤双向传输系统和光分插复用器中。光纤环形器用于单纤双向传输系统的工作原理如图 17-91 所示，端口 1 输入的光信号只有在端口 2 输出，端口 2 输入的光信号只有在端口 3 输出。在所谓"理想"的环形器中，在端口 3 输入的信号只会在端口 1 输出。但是在许多应用中，这最后一种状态是不必要的。因此，大多数商用环形器都设计成"非理想"状态，即吸收从端口 3 输入的任何信号，方向性一般大于 50 dB。

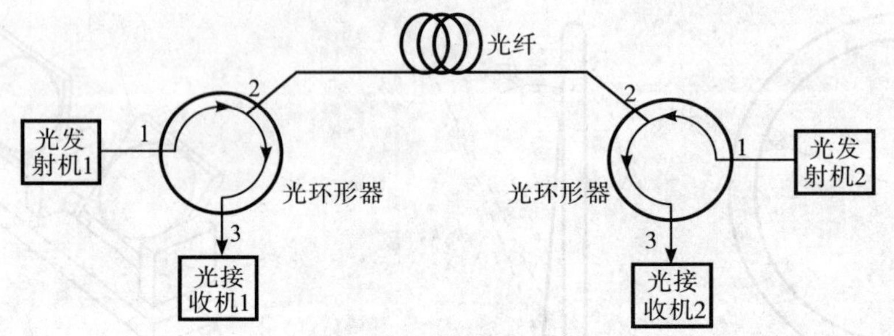

图 17-91　光纤环形器用于双向传输系统

用多个光纤隔离器就可以构成一个只允许单一方向传输的光纤环形器，图 17-92 表示一种光纤环形器的结构图，图中省略了输入/输出对中的装置和连接器。图 17-92(a)表示从端口 1 输入，从端口 2 输出的情况，双折射分离元件 A 将输入光束分离成正交偏振的寻常光线和非寻常光线。寻常光线继续沿着其原来的光路前进，而非寻常光线则向上位移。接着单向法拉第旋转器和相位延迟器的复合效应使两束光线的偏振方向反转。由于偏振反转，双折射分离元件 B 的作用与分离元件 A 的作用正好相反，它把两束光线重新复合，在端口 2 输出。

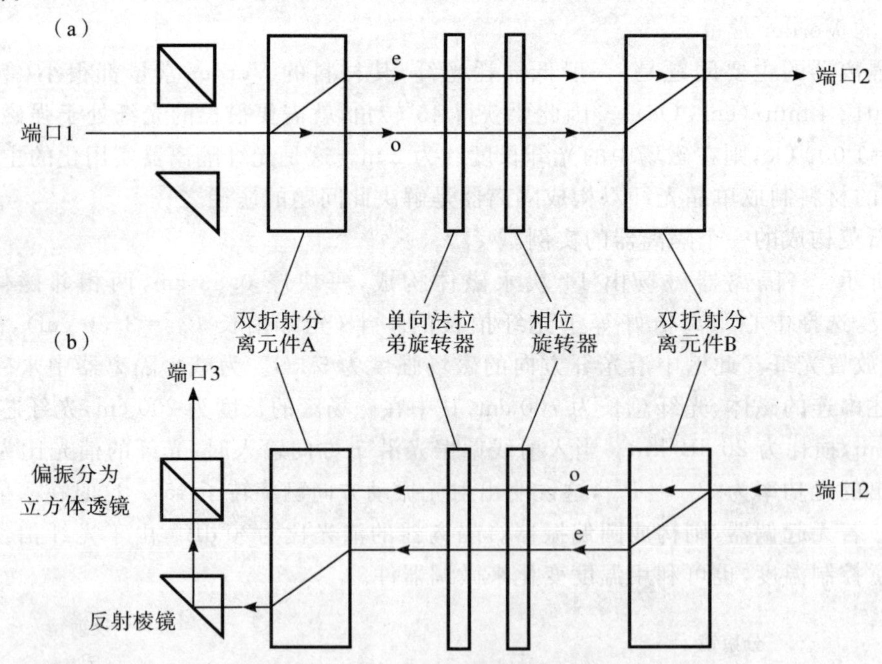

图 17-92　光纤环形器原理图

(a)端口 1 输入，端口 2 输出；(b)端口 2 输入，端口 3 输出

图 17-92(b)表示从端口 2 输入，从端口 3 输出的情况，输入光束被双折射分离元件 B 分成两个正交偏振光线，由于法拉第旋转器的非互易性，所以光纤偏振不会在该方向上改变。这时分离元件 A 使两束光线更加分离，以致使它们偏离端口 1 的轴。但是两束光线分别通过偏振分束立方体透镜和反射棱镜后又重新组合，从端口 3 输出。

光纤环形器的插入损耗一般为 0.5～1.5 dB,反射损耗和方向性均大于 50 dB。当用光纤环形器取代光隔离器(插入损耗 1 dB)和 3 dB 方向耦合器用于双向传输时,可允许传输线路损耗增加 4 dB。

四、光纤调制器

利用光纤中的 Kerr 效应可构成光纤相位调制器,或 Kerr 效应相位调制光纤,其结构如图 17-93 所示。在纤芯两侧包层区做两个金属电极,电极材料为铟/镓的混合物。当电极上有外加电压时,由于 Kerr 效应,在纤芯中将引起双折射效应。其大小与外加 E 的平方成正比,即 $B_h = \delta\beta/\beta = KE^2$ 。式中,K 为材料的归一化 Kerr 常数,石英材料的 Kerr 效应虽然很弱,但可利用光纤的长作用区以获得足够大的相移。图 17-94 为30 m长的光纤上外加电压和相移的关系,外加电压频率为 2 kHz,由图可见,外加电压为 5 V,可获得 150°相位差。

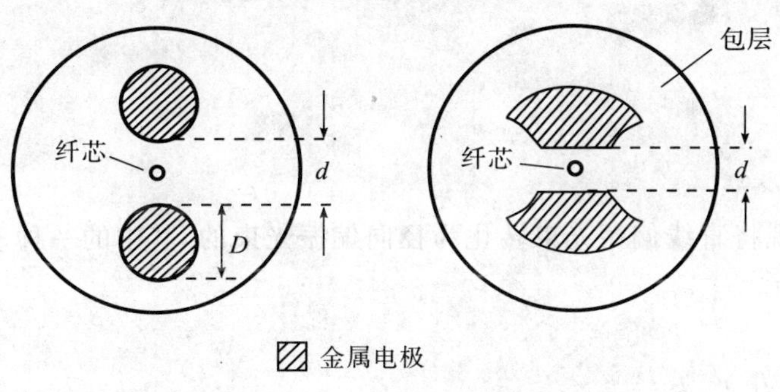

图 17-93　光纤调制器结构简图

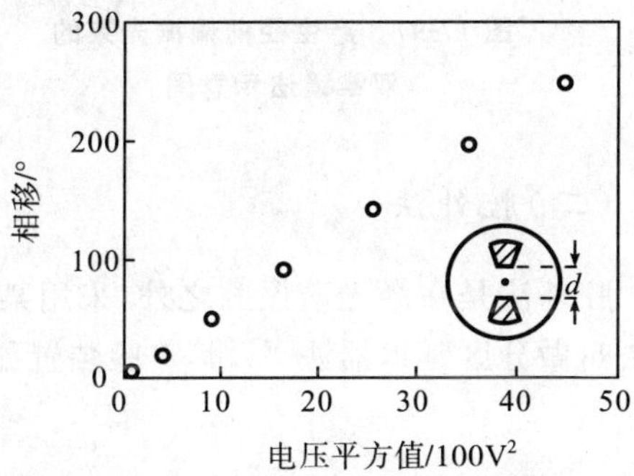

图 17-94　外加电压和相移的关系

第十节　非均匀偏振光束

一、定义

非均匀偏振光束是一种偏振态比较复杂的光束[96],常用的有径向偏振光束,角向偏振光束和径向偏振及角向偏振都存在的复杂偏振光束。

径向偏振光束是其电场矢量 $\boldsymbol{E}$ 的振动方向在与光束垂直的横截面上具有轴对称性,而且始终沿着径向的一种偏振光束,如图 17-95 所示。角向偏振光束是电矢量振动方向在横截面上并始终与径向垂直的一种偏振光束,如图 17-96 所示。

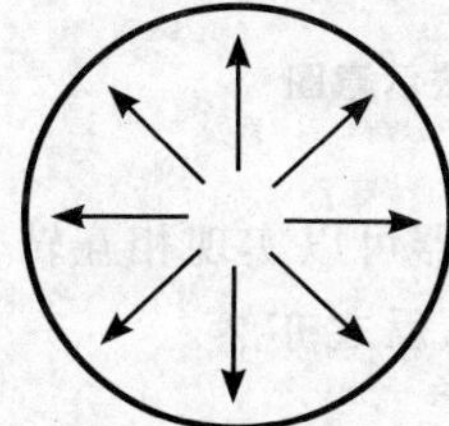

图 17-95　径向偏振光束的电场分布

图 17-96　角向偏振光束的电场分布

二、产生

由常规激光器所输出的光束,在一般情况下是椭圆偏振光束(属均匀偏振光束)。要获得非均匀偏振光束就必须采取特殊的方法,一般分为腔内法和腔外法两大类。

(一)腔内法

腔内法是在激光谐振腔内安放某种装置来实现径向偏振光束输出的,其中比较简单的方法是双锥镜方法[97]，这种方法的实验装置如图 17-97 所示。

此方法采用的主要光学元件叫做布儒斯特锥镜，由两个玻璃锥镜构成，如图 17-98 所示。

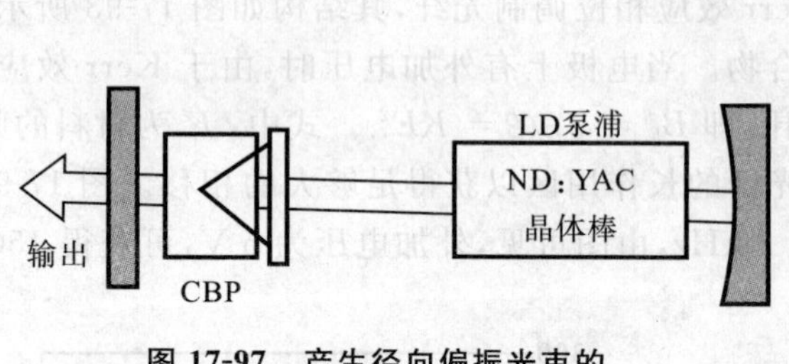

图 17-97 产生径向偏振光束的双锥镜法示意图

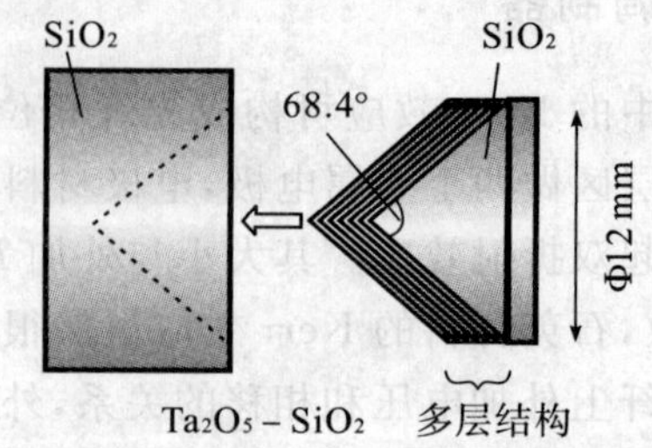

图 17-98 共轭布儒斯特锥镜示意图

(二)腔外法

腔外法是在激光谐振腔之外，采用某种装置来实现将直线偏振光束转化为径向偏振光束的，其中的一种方法叫做分区延迟器法[98]，其实验装置如图 17-99 所示。

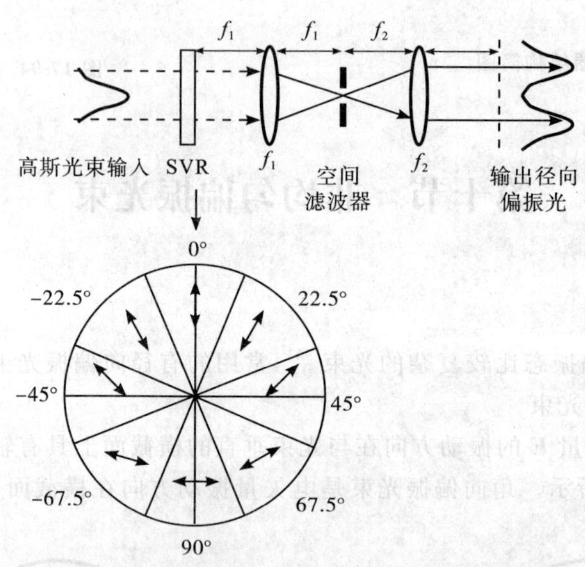

图 17-99 产生径向偏振光束的分区延迟器法示意图

由于径向偏振光束与角向偏振光束是对偶光束，故通过偏振旋转器可以实现相互转化，即若已经产生了径向偏振光束，则只要用偏振旋转器就可以将其转化为角向偏振光束，反之亦然。

三、应用[99-103]

非均匀偏振光束虽然是近一二十年才被人们认识到的一种特殊光束，但因其具有均匀偏振光束所不具有的一些新特点，使得这种光束在显微镜、平版印刷、频率位移、电子加速、光学操控、材料加工等领域具有广泛的应用，而且随着人们对非均匀偏振光束认识的深入，其应用还会更加广泛。

需要说明的是，本章是在 1986 年版《光学手册》第十七章的基础上[104]，融入了近 20 多年这一领域在理论和器件上的发展成就修正充实而成的，在此对老版本的撰写者表示感谢。

参 考 文 献

[1]West，C D a J R C. On the properties of polarization elements as used in optical instruments. I. Fundamental considerations[J]. J. Opt. Soc. Am.，1951，41：976

[2]Simon I. Spectroscopy in infrared by reflection and its usd for highly absobing substance[J]. J. Opt. Soc. Am.，1951. 41：336

[3]Charney E. Dichroic ratio measurements in the infrared region[J]. J. Opt. Soc. Am.，1955. 45：980

[4]Jones R C. Transmittance of a train of three polarizers[J]. J. Opt. Soc. Am.，1956，46：528

[5]Shurcliff W A. Polarized Light[M]. Cambridge：Harvard University Press，1962：15-29，43-64，95-98，109-123

[6]Ramachandran，G N a R S. Crystal Optics[M]// Handbuch der Physik. Berlin：Springer，1961：1-54

[7]Jerrard H G. Transmission of light through birefringent and optically active media：The Poincare sphere[J]. J. Opt. Soc. Am.，1954. 44：634

[8]Born M a W E. 光学原理[M]. 杨葭荪，等译. 北京:科学出版社，2005：30-32，544-555，680

[9]Budde W. Photoelectric analysis of polarized light[J]. Appl. Opt.，1962. 1：201

[10]Ioshpa B A a O，V N. Electro-optical modulator used to develop photoelectric method which allows simultaneous measurement of four stokes parameters of arbitrarily polarized emission[J]. USSR：Opt. Spectrosc，1963，15：60

[11]O'Neill E L. Introduction to Statistical Optics[M]. Reading：Addison-Wesley，1963：133-156

[12]Marathay A S. Operator Formalism in the Theory of Partial Polarization[J]. J. Opt. Soc. Am.，1965，55：969

[13]Marathay A S. Extension of the Commutation Relations in the Theory of Partial Polarization[J]. J. Opt. Soc. Am.，1966，56：619

[14]Priebe J R. Operational Form of the Mueller Matrices[J]. J. Opt. Soc. Am.，1969，59：176

[15]Collins J G a S，W H. Letters to the Editor[J]. J. Opt. Soc. Am.，1962，52：339

[16]Schmieder R W. Stokes-Algebra Formalism[J]. J. Opt. Soc. Am.，1969，59：297

[17]Cernosek J. Simple Geometrical Method for Analysis of Elliptical Polarization[J]. J. Opt. Soc. Am.，1971，61：324

[18]McCracking F L. Analyses and Corrections of instrumental Errors in Ellipsometry[J]. J. Opt. Soc. Am.，1970，60：57

[19]Hellerstein D. Application of the Senarmont polariscope to analysis of optical maser light[J]. App. Opt.，1963，2：801

[20]Azzam R M A a B，N M. Unified Analysis of Ellipsometry Errors Due to Imperfect Components，Cell-Window Birefringence，and Incorrect Azimuth Angles，General Treatment of the Effect of Cell Windowsin Ellipsometry，Ellipsometry with imperfect components including incoherent effects[J]. J. Opt. Soc. Am.，1971，61：600，733，1380

[21]廖延彪. 光学原理与应用[M]. 北京：电子工业出版社，2006

[22]廖延彪. 偏振光学[M]. 北京：科学出版社，2003

[23]Berning P H. Physics of Thin Films[M]. New York：Academic Press，1963：1，78-81

[24]Heller W. Physical Methods of Organic Chemistry，1960，1：2147

[25]Potter R F. Analytical Determination of Optical Constants Based on the Polarized Reflectance at a Dielectric-Conductor Interface[J]. J. Opt. Soc. Am.，1964，54：904

[26]Potter R F. Reflectometer for determining optical constants[J]. Appl. Opt.，1965，4：53

[27]Jasperson S N a S，S E. An Improved Method for High Reflectivity Ellipsometry Based on a Mew Polarization Modulation Technique[J]. Rev. Sci. Instrum.，1969，40：761

[28]Harrick N J. Internal Reflection Spectroscopy[J]. Interscience，1968

[29]Wendlandt W W. Modern Aspects of Reflectance Spectroscopy[M]. New York：Plenum，1968

[30]Aspnes D E. Measurement and correction of first-order errors in ellipsometry[J]. J. Opt. Soc. Am.，1971，61：1077

[31]Drissoll W G, Vaugban, W. Sponsored by OSA, Handbook of Optics[M]. New York: McGraw-Hill Co., 1978, 10-26

[32]King R J a T. Some aspects of polarizer performance[J]. J. Phys. GB. ser. E, 1971, 4: 93

[33]Twyman F, Prism, Lens Making[M]. London: Hilger and Watts, 1952: 244

[34]Decker D L, Stanford, J L Bennett, H E Back Matter[J]. J. Opt. Soc. Am., 1970, 60: 1557A

[35]Ammann E O a M G A. Modified Forms for Glan-Thompson and Rochon Prisms[J]. J. Opt. Soc. Am., 1968, 58: 1427

[36]Archard J F a T, A M. Improved Glan-Foucault Prism[J]. J. Sci. Instrum., 1948. 25: 407

[37]Swartz J Wilson, D K, Kapash, R J. High Efficiency Laser Polarrizers[C]. Electro-Opt. West Conf., Anaheim, Calif., May, 1971

[38]Landolt H. Das Optische Drehungsvermogen Organischer Substanzen[M]. 2nd ed. Braunschweig, 1898: 293

[39]Lippich F, Wien Akad. Si, Wien Akad. Sitzungsber. ser 3[M], 1882. 85: 268

[40]Groosmuller J T Z. Instrumentenkd., 1926. 46: 563

[41]Steinmetz D L P, W G Wirick M, Forbes F F. A polarizer for the VUV[J]. Appl. Opt., 1967, 6: 1001

[42]Hardy A C. A New Recording Spectrophotometer[J]. J. Opt. Soc. Am., 1935, 25: 305

[43]李国华. 可调分束角棱镜[J]. 应用激光联刊, 1982, 2(1): 60

[44]Feussner K, Z. I nstrumentenkd, 1884, 4: 41

[45]West C D. A method of growing oriented sections of certain optical crystals[J]. J. Opt. Soc. Am., 1945, 35: 26

[46]Yamaguti T. On a Sodium Nitrate Polarization Prism and a Polarization Plate of Scattering Type[J]. J. Phys. Soc. Jap., 1955, 10: 219

[47]Yamaguti T, Makino I, Shinoda S, Kuroha I. Spectro-Polarization Characteristics of the Sodium Nitrate Polarizer[J]. J. Phys. Soc. Jap., 1959, 14: 199

[48]李国华, 赵明山. 新型双反射偏光分束棱镜[J]. 应用激光联刊, 1989, 8(5): 268

[49]Driscoll W G, Vaughan W. Handbook of Optics[M]. McGraw-Hill Co., 1978: 10-107

[50]Kerr D W a P, C P. Anomalous Behavior of Thin-Wire Gratings[J]. J. Opt. Soc. Am., 1971, 61: 450

[51]Auton J P. Infrared transmission polarizers by photolithography[J]. Appl. Opt., 1967, 6: 1023

[52]Bird G R, M Parrish Jr. The wire grid as a near-infrared polarizery[J]. J. Opt. Soc. Am., 1960, 50: 886

[53]Davis N M, Clawson A R, Wieder H H. Lamellar eutectic InSb+Sb films as an infrared polarizer[J]. Appl. Phys. Lett., 1969, 15: 213

[54]Hamm R N, MacRae R A a A, E T. Polarization Studied in the Vacuum Ultraviolet[J]. J. Opt. Soc. Am., 1965, 55: 1460

[55]Schledermann M a S, M. Determination of the ellipticity of light and of optical constants by use of two reflection polarizers [J]. Appl. Opt., 1971, 10: 321

[56]Harrick N J. Reflection of infrared radiation from a germanium-mercury interface, Infrared polarizer[J]. J. Opt. Soc. Am., 1959, 49: 376, 379

[57]Schulz L G a T, F R. Optical constants of silver, gold, copper, and aluminum. II. The index of refraction[J]. J. Opt. Soc. Am., 1954, 44: 362

[58]Rabinovitch K, Canfield L R, Madden R P. A method for measuring polarization in the vacuum ultraviolet[J]. Appl. Opt., 1965, 4: 1005

[59]Mcllrath T J. Circular Polarizer for Lyman-alpha Flux[J]. J. Opt. Soc. Am., 1968, 58: 506

[60]Conn G K T a E, G K. On polarization by transmission with particular reference to secenium films in the infrared[J]. J. Opt. Soc. Am., 1954, 44: 553

[61]Weinberg J L. On the use of a pile-of-plates polarizer: the transmitted component[J]. Appl. Opt., 1964, 3: 1057

[62]Abelés F. Les applications des couches minces en polarimetrie[J]. J. Phys. Radium, 1950, 11: 403

[63]Kubo K, J. Sci. Res. Instrum[J]. Tokyo Inst. Pnys. Chem. Res., 1953, 47: 1

[64]Clapham P B D, King M J R J. Some applications of thin films to polarization devices[J]. Appl. Opt., 1969, 8: 1965. See also Clapham, P B, Thin Solids Films, 1969, 4: 291

[65]Banning M. Practical methods of making and using multilayer filters[J]. J. Opt. Soc. Am., 1947, 37: 792

[66]Costich V R. Reduction of polarization effects in interference coatings[J]. Appl. Opt., 1970, 9: 866. Leurgans, P and Turner, A F. J. Opt. Soc. Am., 1947, 37, 983A

[67]Billings B H a P, M A. A frustrated total reflection filter for the infrared[J]. J. Opt. Soc. Am., 1949, 39: 978

[68]Salwen A a S, L. Spectral filtering possibilities of surface plasma oscillations in thin metal films[J]. Opt. Commun., 1970, 2: 9

[69]Wood R W. Physical Optics[M]. New York: McMillan, 1934: 360

[70]Smith P F. Proc. Symp. Recent Dev[J]. Ellipsometry, Surf. Sci., 1969, 57: 283

[71]Holmes D A. Exact Theory of Retardation Plates[J]. J. Opt. Soc. Am., 1964, 54: 1115

[72]Heavens O S. Optical Properties of Thin Solids Films[M]. London: Butterworths, 1955: 92

[73]Gieszelmann E L, Jacobs S F, Morrow H E. Letters to the Editor[J]. J. Opt. Soc. Am., 1969, 59: 1381. Querry Marvin R. Direct solution of the generalized fresnel reflectance equations: Errata[J]. J. Opt. Soc. Am, 1970, 60: 705

[74]Maillard J P. Direct measurement of the birefringence of quartz at 3.39 and 3.50 μm[J]. Opt. Commun., 1971, 4: 175

[75]Palik E D. The use of polarized infrared radiation in magneto-optical studies of semiconductors[J]. Appl. Opt., 1963, 2: 527

[76]Holzwarth G. Circular Dichroism Measurements to 185 nm in a Commercial Recording Spectrophotometer[J]. Rev. Sci. Instrum., 1965, 36: 59

[77]Ennos A E. A simple variable retardation plate for polarized light[J]. J. Sci. Instrum., 1963, 40: 316

[78]Chandrasekharanm V a D H. Birefringence of sapphire, magnesium fluoride, and quartz in the vacuum ultraviolet, and retardation plates[J]. Appl. Opt., 1968, 7: 939

[79]Bennett J M. A Critical Evaluation of Rhomb-Type Quarterwave Retarders[J]. Appl. Opt., 1970, 9: 2123

[80]King R J, Quarter-wave retardation systems based on the Fresnel rhomb principle[J]. J. Sci. Instrum., 1966, 43: 617

[81]Mooney F. Modification of the Fresnel rhomb[J]. J. Opt. Soc. Am., 1952, 42: 181

[82]Kizel V A, Krasilov Yu I, Shamraev V N. Achromatic 4 device[J]. USSR: Opt. Spectrosc., 1964, 17: 248

[83]Destriau G a P, J. Realisation d'un quart d'onde quasi achromatique parjuxtaposition de deux lames critallines de meme nature[J]. J. Phys. Radium, 1949, ser 8, 10: 53

[84]Mcintyre C M a H, S E. Achromatic Wave Plate for the Visible Spectrum[J]. J. Opt. Soc. Am., 1968, 58: 1575

[85]Jerrard H G. Formation of fringes in a Babinet compensator[J]. J. Opt. Soc. Am., 1949, 39: 1031

[86]Jerrard H G. Accurate Adjustment of the Wedges of a Babinet Compensator[J]. J. Sci. Instrum., 1949, 26: 353

[87]Jerrard H G. Use of a half-shadow plate with uniform field compensators[J]. J. Sci. Instrum., 1951, 28: 10

[88]Harihan P a S, D. Accurate measurements of phase differences with the Babinet compensator[J]. J. Sci. Instrum., 1960, 37: 278

[89]Holmes D A. Wave Optics Theory of Rotary Compensators[J]. J. Opt. Soc. Am., 1964, 54: 1340

[90]Perucca E. A simplified half-shadow ellliptic detector of the Bravais biplate type[J]. J. Sci. Instrum., 1935, 12: 8

[91]Tronstad L. An improved half-shade system for the detection of elliptically polarized light[J]. J. Sci. Instrum., 1934, 11: 144

[92]Richartz. M. Letters to the Editor[J]. J. Qpt. Soc. Am, 1965, 55: 453

[93]廖延彪. 光纤光学[M]. 北京:清华大学出版社，2000

[94]胡永明. 保偏光纤偏振器研究[D]. 北京:清华大学博士学位论文,1990

[95]Turner E Ha S, R H, Fiber Faraday circulator or isolator[J]. Opt. Lett. ,1981,6(7): 322

[96]Nesterov A V Niziev V G. Laser beams with axially symmetric polarization[J]. J. Phys. , 2000, D33: 1817-1822

[97]Kozawa Y, Sato S. Generation of a radially polarized laser beam by use of a conical Brewster prism[J]. Opt. Lett. , 2003, 28: 807

[98]Machavariani G, Lumer Y, Moshe I, Meir A, Jackel S. Efficient extracavity generation of radially and azimuthally polarized beams[J]. Opt. Lett. , 2007, 32: 1468

[99]Helseth L E, Roles of polarization, phase and amplitude in solid immersion lens system[J]. Opt. Commu. , 2001, 191: 161-172

[100]Courtial J, Robertson D A, Dholakia K, et al. Rotational frequency shift of a light beam[J]. Phy. Rev. Lett. , 1998, 81: 4828-4830

[101]Hafizi B, Esarey E, Sprangle P. Laser-driven acceleration with Bessel beams[J]. Phy. Rev. E, 1997, 5: 3539-3545

[102]Kuga T, Torii Y, Shiokawa N, et al. Novel optical trap of atoms with a doughnut beam[J]. Phy. Rev. Lett. , 1997, 78: 4713-4716

[103]Zhan Q, Leger J R. Focus and shaping using cylindrical vector beams[J]. Opt. Express, 2002, 10(7): 324-331

[104]李景镇. 光学手册. 西安:陕西科学技术出版社,1986

第十八章　晶体光学

晶体光学在激光出现后的半个世纪中，获得了重要进展：发现了一些重要的线性和非线性光学效应，研制出一大批有重要应用价值的光学晶体和基于晶体光学原理的器件，这些器件和由它们构成的系统已被广泛应用于各个领域。晶体光学已成为了解和掌握这些器件和由它们构成的系统的必要基础。本章主要介绍晶体光学的基础理论和基本性能：晶体的基本知识，光学各向异性的麦克斯韦方程和相应的波动方程，描述晶体固有的光学各向异性的基本方程和方法，外加场引起的晶体光学各向异性的基本方程和效应（诸如弹光效应、电光效应、磁光效应和非线性效应），给出常用线性光学晶体、非线性光学晶体、电光晶体、声光晶体和磁光晶体的性能参数。

第一节　晶体学基础

晶体学的研究对象是各种天然或人工晶体以及由其制成的晶体器件。晶体一般具有规则、对称的外形，故其物理性质与方向有关，而且受到晶体对称性的制约。所以要了解晶体的物理性质，就需具备晶体学的基础知识，特别是与晶体的各向异性和对称性有关的知识。

一、晶体结构要素和晶体点阵

（一）晶体结构

晶体是由晶胞（unit cell）有规则地堆积而成的，晶胞堆积的方向称为晶轴，通常由不共面的 3 个矢量 $\boldsymbol{a}$、$\boldsymbol{b}$、$\boldsymbol{c}$ 表示。点阵中任意两个阵点的矢径一定存在如下的关系：

$$\boldsymbol{r}' = \boldsymbol{r} + u\boldsymbol{a} + v\boldsymbol{b} + w\boldsymbol{c} = \boldsymbol{r} + \boldsymbol{T} \tag{18-1}$$

$$\boldsymbol{T} = u\boldsymbol{a} + v\boldsymbol{b} + w\boldsymbol{c} \tag{18-2}$$

式中，u、v、w 为整数，$\boldsymbol{T}$ 为平移矢量，它是基矢的线性组合。(18-1)式称为空间点阵定义式，满足该式的空间所有点组成一个点阵。点阵是晶体结构的数学抽象，它与构造基元和晶体结构之间的关系可表示为

点阵＋构造基元＝晶体结构

晶体中的构造基元是按一定的空间点阵中阵点配置的规律排列，这些基元在组成、排列和取向上完全一致。通过晶胞的有规则的平移，就能构成具有各种外形的晶体，而且晶轴也有各种选法，若用一个点（如晶胞的中心点）来代表晶胞，这些点将在三维空间中有规则地排列。这些点称为阵点，点的排列称为晶体点阵，含有不在同一直线上的 3 个以上阵点的平面称为晶格面。任取一阵点，连接它和另外 3 个阵点的 3 条直线不在同一平面时，这 3 条直线就可成为晶轴（坐标轴）。在同一个晶体中可选取多种晶轴，但是，通常选用对称性最高的一组。

（二）晶体的通性

1. 自限性（自范性）

晶体具有自发地形成封闭几何多面体的特性，称为自限性。这是晶体内部点阵构造在宏观形态上的反映。

在任一空间点阵中，分布在同一直线上的阵点构成行列（或直线点阵）；分布在同一平面上的阵点构成面网（或平面点阵）。在晶体的最外层的面网、相邻面网相交处的公共行列以及面网或行列相聚处的公共点（阵点），分别对应于构成晶体几何外形的面（晶面）、线（晶棱）以及点（晶顶）。它们的数目满足如下关系：

$$晶面数+晶顶数=晶棱数+2$$

在相同的物理化学条件下形成的同一种晶体，其多面体外形(各晶面的数目和相对大小)可能因生长环境的影响而有差别，但其相应的两个晶面之间的夹角恒定。此规律称为晶面角守恒定律。

2. 均匀性

晶体的均匀性是指晶体在不同部位上具有相同的性质。

3. 各向异性

各向异性是指晶体因方向不同而表现出性质差异的特性，它是晶体区别于非晶体的重要特性。晶体的均匀性和各向异性是晶体点阵结构在宏观性质上表现出的两个侧面。晶体的某些性质为各向异性，如光学性质，要用矢量或张量来描述。但是，晶体的有些性质却是各向同性的，如晶体的密度、立方晶系晶体的介电常数、电导率、折射率等。

4. 对称性

晶体的外形在自身的不同方向上自相重合或晶体的内部结构在不同位置上有规则地重复出现，称为晶体的对称性。晶体的物理性质也具有一定的对称性，即晶体几个不同方向上的物理性质可以相同。

5. 最小内能性

同种物质的几种不同状态(气态、液态、非晶态、晶态)中，以晶态的内能最小，这种性质称为晶体的最小内能性。

(三)点坐标、方向符号、面指数和解理面

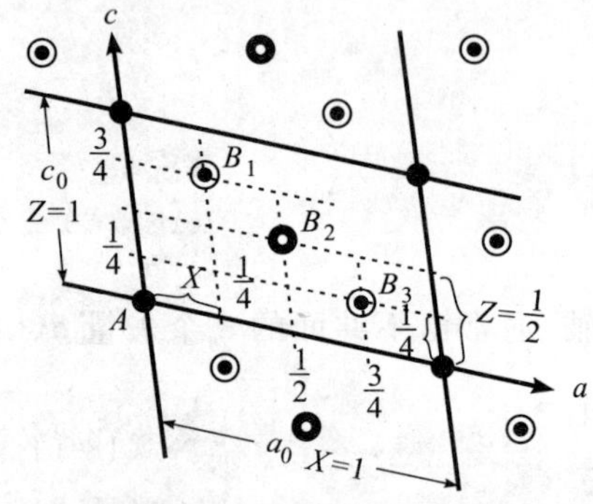

图 18-1 点坐标[[*XYZ*]]

1. 点坐标

在晶胞内，构造基元中各原子都占有一定的位置，此位置可用原子重心的坐标来确定。若把晶胞的一个顶点选作坐标原点，晶轴 $\boldsymbol{a}$、$\boldsymbol{b}$、$\boldsymbol{c}$ 选作 3 个坐标轴，则构造基元中一个原子的坐标就是 X、Y、Z。通常用二重方括号表示，即[[*XYZ*]]。在如图 18-1 所示的晶胞中(只画出了 $\boldsymbol{a}$、$\boldsymbol{c}$ 平面，$\boldsymbol{b}$ 轴垂直于图面)以 A 点为坐标原点，则晶胞中各原子重心的点坐标为

$$A:[[000]] \qquad B_1:\left[\left[\frac{1}{4}\,0\,\frac{3}{4}\right]\right]$$

$$B_2:\left[\left[\frac{1}{2}\,0\,\frac{1}{2}\right]\right] \qquad B_3:\left[\left[\frac{3}{4}\,0\,\frac{1}{4}\right]\right]$$

轴单位 $\boldsymbol{a}_0$、$\boldsymbol{b}_0$、$\boldsymbol{c}_0$ 是点阵在 3 个晶轴方向上的重复周期，所有在晶轴方向上相差一个单位周期的各点是等同的，其坐标可看作是相同的。这样，点坐标可只用重复周期的分数表示，因而点坐标也称为分数坐标。

2. 方向符号

方向符号用来表示晶体中一直线点阵(行列)的方向。晶棱的符号(晶棱指数)就是晶体中方向的符号，两者均用[*uvw*]表示。所有互相平行的晶棱，其符号都相同。例如，在图 18-2 中晶轴 $\boldsymbol{a}$、$\boldsymbol{b}$、$\boldsymbol{c}$ 的方向符号分别为[100]、[010]和[001]($\boldsymbol{b}$ 轴在图中未画出)。

3. 面指数和解理面

一个面网在空间的位置可用轴截距来表示。轴截距是指晶轴被晶面所截切的长度，该长度是以各晶轴的单位周期 $\boldsymbol{a}_0$、$\boldsymbol{b}_0$、$\boldsymbol{c}_0$ 为度量单位。

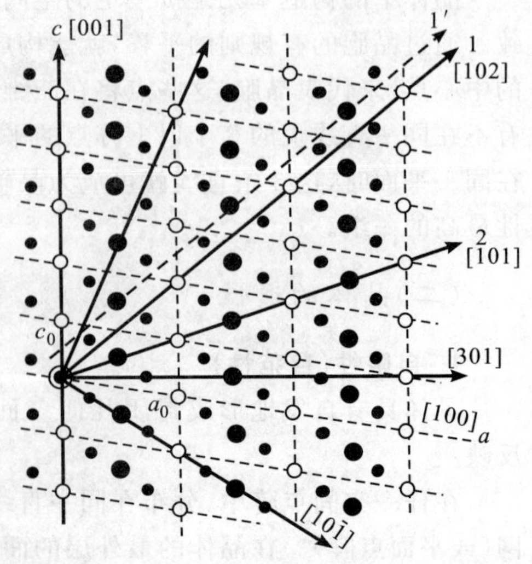

图 18-2 方向符号[*uvw*]

图 18-3 为某一点阵的 $\boldsymbol{a}$ 轴和 $\boldsymbol{c}$ 轴所在的面，$\boldsymbol{b}$ 轴与图面垂直。图中标记为面 1 的直线代表垂直于图面的一个面网(面网在图中标记为面)的投影，它与 $\boldsymbol{b}$ 轴切于无限远，因此在 $\boldsymbol{b}$ 轴上的轴截距为 ∞，这一面网在 $\boldsymbol{a}$ 轴截切的长度为 2 个 $\boldsymbol{a}_0$ 单位，在 $\boldsymbol{c}$ 轴截切的长度

为 3 个 c_0 单位，即面网 1 的轴截距为：在 **a** 轴上 2 个单位，在 **b** 轴上∞个单位，在 **c** 轴上 3 个单位。

晶格面或晶格面的延长分别同 **a** 轴的 n_1a、**b** 轴的 n_2b、**c** 轴的 n_3c 相交时，选定 N 使 N/n_1、N/n_2、N/n_3（N 为整数）成为 3 个最小互质整数，并用 (h,k,l) 表示，这 3 个最小互质整数称为密勒（Miller）指数，亦即密勒指数（hkl）的面是分别同 **a** 轴在 a/h 点上、同 **b** 轴在 b/k 点上、同 **c** 轴在 c/l 点上相交的平面以及和它平行的一族平面。此外，面与晶轴在负的一侧相交时，在表示面的数字上方划一条横线表示负（参看表 18-1）。

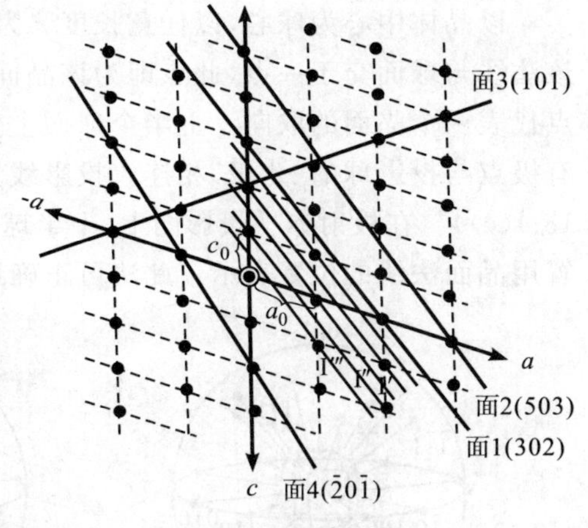

图 18-3　面指数（hkl）

按上述规定，图 18-3 中各面网的指数为：面网 1 为(302)，面网 2 为(503)，面网 3 为($\bar{1}01$)，面网 4 为($\bar{2}0\bar{1}$)。面网指数（$h\ k\ l$）实际上是一组平行面网中最逼近原点的那个面网的轴截距的倒数。指数高的面，面网密度（即单位面积的阵点数）和面间距（该组平行面网中相邻两个面网的间距）比较小；指数低的面，面网密度和面间距就比较大。晶体的晶面往往是低指数面，这一规律称为布拉维法则。晶面符号（$h\ k\ l$）和（$\bar{h}\bar{k}\bar{l}$）分别代表位于原点两侧、互相平行的两个不同晶面。

表 18-1　参数 n_1、n_2、n_3 与密勒指数（hkl）的关系

n_1，n_2，n_3	（$h\ k\ l$）	备　注
1 1 1	(1 1 1)	与 **a** 轴在 a 点上，**b** 轴在 b 点上，与 **c** 轴在 c 点上分别相交的平面
∞ ∞ 1	(0 0 1)	平行于 **a** 轴和 **b** 轴的平面
1 −1 ∞	(1 $\bar{1}$ 0)	平行于 **c** 轴的面，它与 **a** 轴在 a 点上，与 **b** 轴在 $-b$ 点上分别相交
1 2 3 1/3 2/3 1	(6 3 2) (6 3 2)	平行的面是用同一个密勒指数来表示

由图 18-3 中可以看出，密勒指数简单的晶面，如(101)，它们面上的原子聚集的密度较大，而晶面间的距离也较大。这是因为，在同一个晶体中，每个原子所占的体积是一定的，在面间距大的晶面上，原子的面密度必然大。原子聚集密度较大的晶面，它们之间的距离较大，结合力较弱，因而容易分裂开，这样的晶面称为解理面。表 18-2 列出了一些晶体的解理面[1]。

表 18-2　晶体的解理面

结晶形	物　质	解 理 面
体心立方(A2)	Fe，W	(0 0 1)
六角密集(A3)	Cd，Zn，Be	(0 0 0 1)
	ζ-Cu-Ge	(1 0 $\bar{1}$ 1)
菱面(A7)	As，Sb	(1 1 1)，(1 1 0)，(1 1 $\bar{1}$)
	Bi	(1 1 1)，(1 1 $\bar{1}$)
六角晶(A8)	Te，Se	(1 0 $\bar{1}$ 0)
NaCl(B1)	NaCl，LiF，MgO，KCl	(1 0 0)
萤石(C1)	CaF_2	(1 1 1)
闪锌矿	ZnS，InS	(1 1 0)
金刚石(A4)	Ge，Si，C	(1 1 1)
石墨(A9)	C	(0 0 0 1)

晶体学中通常还使用｛hkl｝符号表示晶体中与（hkl）面等同的（由对称性联系起来的）一组晶面，这组晶面称为单形。晶体中与［uvw］等同的（由对称性联系起来）一组方向或一组晶棱，则用〈uvw〉表示。

4. 晶体的极射赤平投影

以晶体中心为球心,以任意长度 r 为半径作一投影球包围整个晶体。然后,由球心向某个晶面作法线,该法线与球面交于一点,此点即为该晶面在球面上的投影点,或称为晶面的极点(参看图 18-4(a))。每一个点代表一个晶面的取向。上半个球面上所有极点与投影球的"南极"相连(图 18-4(b)),下半个球面上的所有极点与投影球的"北极"相连。投影线穿过赤道面所得到的许多交点,就组成了晶体的极射赤平投影(图 18-4(c))。在极射赤平投影图上,上半球的极点一般用"·"表示,下半球上的极点一般用"×"表示,晶面位置用晶面法线的位置表示。此法可正确地表示出晶面角和晶体的一些对称要素。

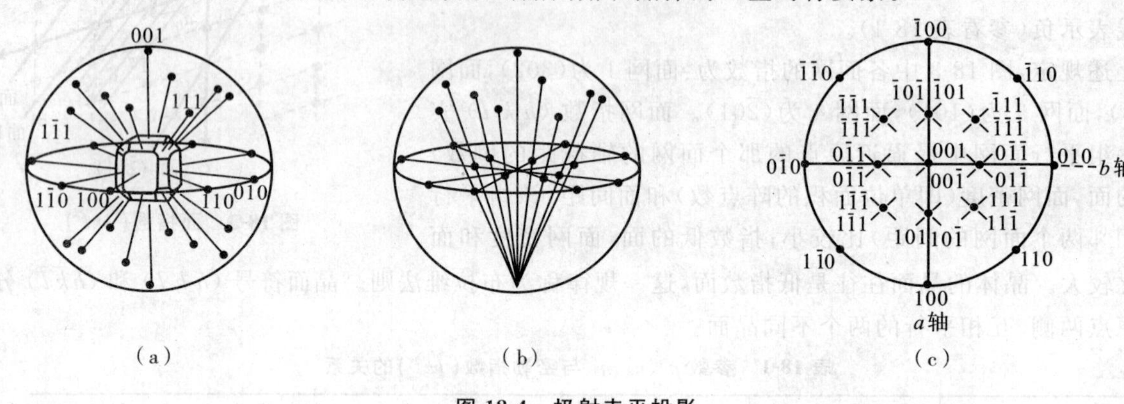

(a) (b) (c)

图 18-4 极射赤平投影

二、晶体的对称性

(一)晶体的对称性、对称变换和对称要素

晶体的对称特点既具多样化,又受点阵构造限制。晶体的对称性包括微观对称性和宏观对称性,微观对称性是指组成晶体的基元在空间做有规律的重复,宏观对称性是指晶体外形的相同部分有规律地重复。晶体的对称性是通过某种变换或操作来实现的,被称为对称变换或对称操作。

(二)晶体的宏观对称要素

1. 对称中心(对称心)

对称中心是一个假想的定点,其相应的对称变换称为倒反(或反伸)。若把对称中心作为坐标原点,则对称中心的作用是将点(X,Y,Z)变换到点($-X,-Y,-Z$)。

2. 对称面(镜面)

对称面是一个假想的平面,其相应的对称变换称为反映。对称面的习惯记号为 P。

3. 旋转轴(对称轴)

旋转轴是一条假想的直线,其相应的对称变换称为旋转。图形本身旋转到一定角度后能自相重合。其中最小的角度称为基转角,以 α 表示。

图形在围绕旋转轴旋转一周的过程中,晶体相同部分重复的次数 n,称为旋转轴的轴次。

若这些旋转轴是晶体中唯一的对称要素,则这些轴称为极轴。晶体在极轴两端的性质是不相同的。旋转轴的习惯记号为 L^n,如 3 次轴记为 L^3。

4. 旋转倒反轴

旋转倒反轴是一种复合的对称要素,其相应的对称变换称为旋转倒反,具体操作是在绕轴旋转后,紧接着对轴上的一个定点进行倒反。旋转和倒反两个动作紧密连接、不可分割。

旋转倒反轴的习惯记号为 L_i^n,其中 i 为倒反,n 为轴次。图 18-5 是 2 次旋转倒反轴与对称面的示意图。

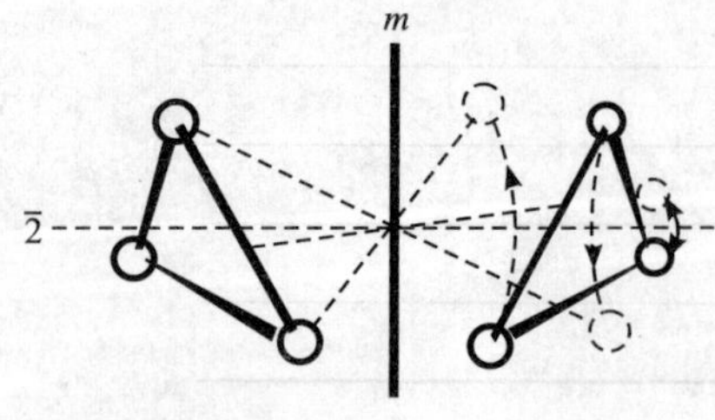

图 18-5 2 次旋转倒反轴与对称面的示意图

(三)晶类和晶系

1. 晶类及其称号

宏观对称要素的可能组合，称为点群。晶体只有 32 个点群。按照所具有的点群的对称性，晶体可分为 32 种晶类。通常用熊夫利 (Schöflies) 符号和国际符号表示。

(1)熊夫利符号

C (Circulus)表示只有旋转轴的晶类，用下标数字表示轴次，如 C_1、C_2 等。D (Diedergruppe)表示垂直于主旋转轴的 2 次轴，用下标数字表示主轴的轴次，如 D_2、D_3 等。i(inversion)表示对称中心。当对称中心单独出现时，以 C_i 表示。有时附加在旋转轴之后，表示旋转倒反轴，如 C_{3i} 表示 3 次旋转倒反轴。S_4 表示 4 次旋转倒反轴。

当一种对称面单独存在时，该对称面以 C_s表示，否则，将字母 h(horizontal)、v(vertical)或 d(diagonal)列于旋转轴晶类或复轴晶类符号之后，分别表示对称面处于水平、垂直角线的位置，如 C_{3h}，C_{4v}、C_{2d} 等。

在立方晶系中，T (Tetraeder)表示 4 个三次轴和 3 个二次轴的组合。这些对称要素的位置和在一个四面体中所表现的相同。O (Oktaeder)表示在八面体中所存在的 4 个三次轴和 3 个四次轴的组合。T 和 O 还可附加 d、h 以表示对称面，如 T_d、O_h 等。

(2)国际符号

国际符号是由数字(表示对称轴)、字母 m (表示对称面)以及由数字和字母 m 构成的分数所组成的。根据晶体所属晶系的不同，它们分别表示晶体某 3 个(对三方晶系为两个，对单斜、三斜晶系为 1 个)方向上的对称要素。数字表示在该方向上的对称轴，字母 m 表示与该方向垂直的对称面，分数表示该方向旋转轴和垂直于该方向的对称面同时存在。各晶系的 3 个方向(或是 2 个，或是 1 个)规定如下：

单斜晶系：只表示 $Y(b)$方向，如 $2/m$ 表示 $Y(b)$方向有一个二次轴和与该方向垂直的对称面。

正交晶系：表示 3 个互相垂直的方向，其顺序为 $X(a)$、$Y(b)$、$Z(c)$，如 $mm2$ 表示在 X、Y 两个方向均垂直的对称面，在 Z 方向有 1 个二次轴。

三方晶系：表示下列 2 个方向，其顺序为

1)主轴方向——垂直于极射赤平投影图图画的 Z 轴方向。

2)等同对称轴方向——垂直于主轴，并受主对称轴对称性制约而等同的那些方向，一般以 X 方向代表。例如 32，表示主轴 Z 方向有 1 个三次轴，X 方向有 1 个二次轴(实际上，受主轴方向三次轴制约的，有 3 个等同的二次轴，这里以 X 方向的 1 个表示)。

四方及六方晶系：有 3 个方向，其顺序为

1)主轴方向—— Z 轴方向。

2)等同对称轴方向。

3)相邻 2 个等同对称轴的角平分线方向——如 $\bar{4}2m$ 表示在主轴 Z 方向有 1 个四次旋转倒反轴；在 X 和 Y 方向各有 1 个二次轴；在 X 和 Y 的角平分线方向有一个与该方向垂直的对称面。

立方晶系：有 3 个方向，其顺序为

1)3 个互相垂直而等同的四次轴(或二次轴)方向——立方体各个面法线方向〈100〉。

2)4 个三次立方——立方体的 4 个体对角线方向〈111〉。

3)立方体 6 个面对角线方向〈110〉——如 $\frac{4}{m}\bar{3}\frac{2}{m}$ (常简记为 $m3m$)。

在国际符号中，只写出各种晶类的几种基本对称要素，由此可推出其他的对称要素。

2. 晶系和晶族

通常根据各晶类的对称特点，将 32 种晶类分为 7 个晶系，同时还根据晶体是否具有高次轴(即 3、4、6 次旋转轴或旋转倒反轴)以及高次轴的数目(是 1 个还是多个)，将各晶系分为 3 大晶族。这种划分与按晶体光学性质分类(光学均质体，单轴晶，双轴晶)是对应的。各晶族、晶系的划分及对称特点列于表 18-3 中。

表 18-3　晶系与晶族的划分

晶　族	晶　系	对称特点(特征对称要素)		所属晶类
低级晶族(双轴晶)	三斜晶系	无高次轴	只有一次轴(旋转轴或旋转倒反轴)	C_1—1,C_i—$\bar{1}$
	单斜晶系		只有1个二次轴(旋转轴或旋转倒反轴)	C_2—2,C_s—m,C_{2h}—$2/m$
	正交(斜方)晶系		有3个互相垂直的二次轴(旋转轴或旋转倒反轴)	D_2—222,C_{2v}—$mm2$,D_{2v}—mmm
中级晶族(单轴晶)	四方晶系	只有1个高次轴	唯一的高次轴为四次轴(旋转轴或旋转倒反轴)	C_4—4,S_4—$\bar{4}$,C_{4h}—$4/m$,D_4—422,C_{4v}—$4mm$ D_{2d}—$\bar{4}2m$,D_{2h}—$4/mmm$
	三方晶系		唯一的高次轴为三次轴(旋转轴或旋转倒反轴)	C_3—3,C_{3i}—$\bar{3}$,D_3—32,C_{3v}—$3m$,D_{3d}—$\bar{3}m$
	六方晶系		唯一的高次轴为六次轴(旋转轴或旋转倒反轴)	C_6—6,C_{3h}—$\bar{6}$,C_{6h}—$6/m$,D_6—622,C_{6v}—$6mm$ D_{3h}—$\bar{6}2m$,D_{6h}—$6/mmm$
高级晶族(光学均质体)	立方晶系	多于1个高次轴	在立方体体对角线方向有4个三次轴	T—23,T_h—$m3$,O—432,T_d—$\bar{4}3m$,O_h—$m3m$

图 18-6 是对称元素的标记、符号和运算的图示。

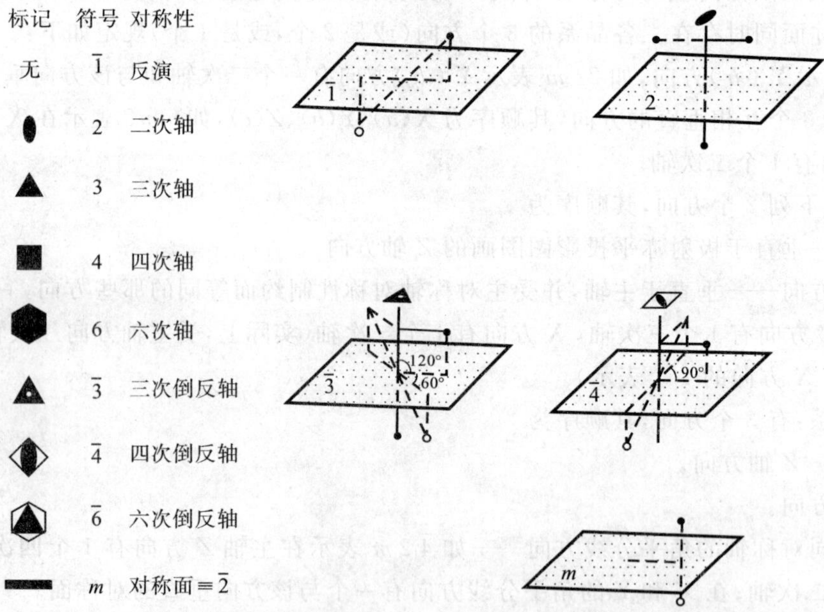

图 18-6　对称元素的标记、符号和运算

三、简单晶体结构[1]

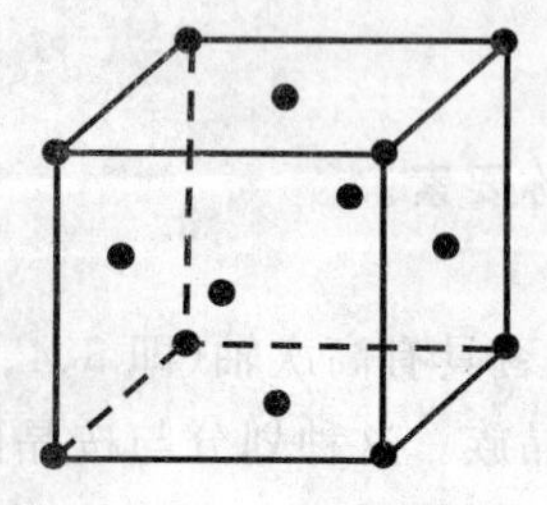

图 18-7　面心立方点阵的晶胞

最简单、最典型的晶体结构为面心立方点阵(f c c)、体心立方点阵(b c c)和六角密集型(c p h)结构。

面心立方点阵的单位晶胞中,每个顶角上和每个面的中心都有一个原子,如图 18-7 所示。晶胞中棱边的长度称为点阵常数或晶胞常数,用字母 a 来表示,以纳米(nm)为单位,也有使用埃(Å)的,1 nm=10 Å。点阵常数并不是原子间的最近距离。在面心立方点阵中,最近原子间距离为 $d=\frac{\sqrt{2}}{2}a$。原子间距是指近邻原子中心间的距离。如 Al，$a=0.4041$ nm，而 $d=0.286$ nm。

点阵中和某一个原子相邻的原子数称为配位数。配位数常以某一个原子最近邻的原子数来计算；但也有将距离稍远一点的次近邻原子数计算在内的，不过此时必须分别标明。在面心立方点阵中，每一个原子的配位数为 12。

晶胞内原子所占的体积和晶胞总体积之比称为点阵内原子致密度。面心立方点阵的原子致密度为 0.74。

具有面心立方点阵结构的金属有：γ-Fe，Cu，Ag，Au，Pb，Al，β-Ni，β-Co，Pt，Pd，In 和 Rh 等。

氯化钠(NaCl)的空间点阵也是面心立方，基元是由 1 个 Na^+ 离子和 1 个 Cl^- 离子组成的，其间距为一个单位立方体体对角线的一半。在每个单位立方体中，有 4 个 NaCl 单元，其离子位置为

$$Cl^-: 0\,0\,0;\quad \frac{1}{2}\,\frac{1}{2}\,0;\quad \frac{1}{2}\,0\,\frac{1}{2};\quad 0\,\frac{1}{2}\,\frac{1}{2}$$

$$Na^+: \frac{1}{2}\,\frac{1}{2}\,\frac{1}{2};\quad 0\,0\,\frac{1}{2};\quad 0\,\frac{1}{2}\,0;\quad \frac{1}{2}\,0\,0$$

每个离子被电荷反号的 6 个最近邻离子围绕。图 18-8 为氯化钠的晶体结构。

图 18-9 为方解石($CaCO_3$)的结构模型，方解石的 6 空间群为 $D_{3d}^6-R\bar{3}C$，晶胞常数 $a=0.6361$nm，$\alpha=46°7'$，晶胞内原子数目 Z＝2。这种结构可视为一个沿体对角线方向压缩了的 NaCl 结构，Ca^{2+} 代替了 Na^+ 的位置，CO_3^{2-} 代替了 Cl^- 的位置，因此，每一个 Ca^{2+} 被 6 个 CO_3^{2-} 所包围，在 CO_3^{2-} 中，O^{2-} 排列成三角形，而较小的 C^{4+} 位于此三角形中心的空隙中，各个 CO_3^{2-} 的三角形平面垂直于 C_3 轴。方解石晶体又称为冰洲石，由于它具有大的双折射率，可用于制作各种偏光器件和尼科耳棱镜等，在光学工业上有重要用途。

体心立方点阵的晶胞如图 18-10 所示，原子在晶胞的每一个顶角上和中心处。在体心立方点阵中，最近的原子间距为 $\frac{\sqrt{3}}{2}a$；配位数为 8＋6，即最近邻原子数为 8，次近邻原子数为 6；原子的致密度为 0.68。

具有体心立方点阵结构的金属有 α-Fe，δ-Fe，α-Cr，Na，Cr，Mo，W，V 和 Li 等。

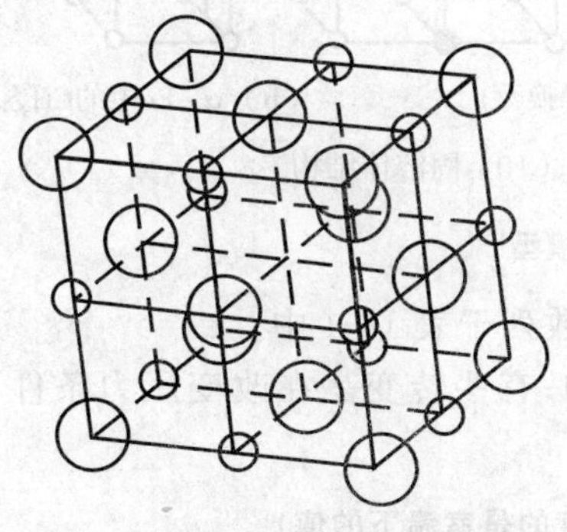

图 18-8　氯化钠的晶体结构模型

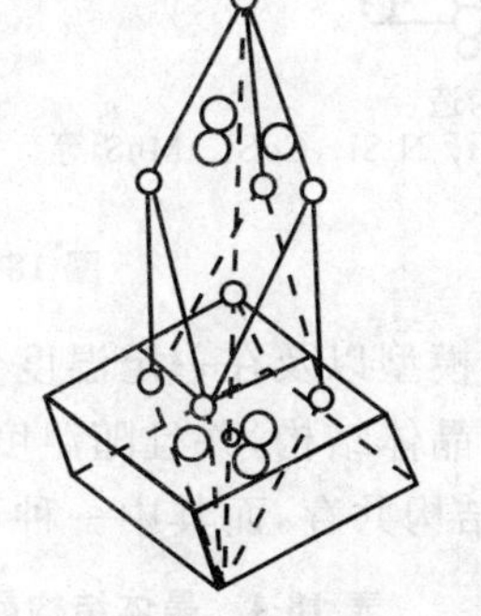

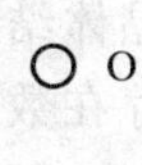

图 18-9　方解石的结构模型

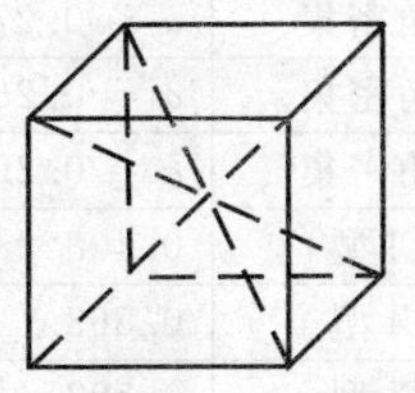

图 18-10　体心立方点阵的晶胞

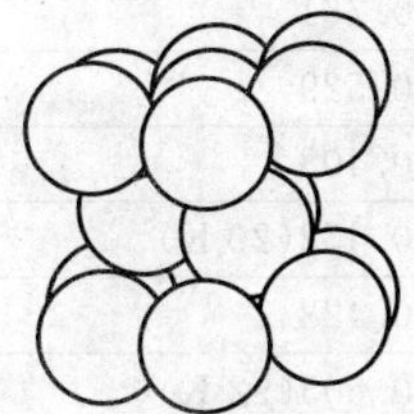

图 18-11　六角密集型结构的晶胞

六角密集型结构的晶胞如图 18-11 所示，它的晶胞常数有 2 个，即正六边形底面的边长 a 和两底面间的距离(高度) c。当 $\frac{c}{a}$ 值为 1.633 时，结构内的原子是真正密集排列的，但一般六角密集型结构的金属，其 $\frac{c}{a}$ 值在 1.57～1.64 之间。在六角密集型结构中，原子间距为

$$d = \sqrt{\frac{a^2}{3} + \frac{c^2}{4}} \tag{18-3}$$

当 $c/a = 1.633$ 时，$d = a$；$c/a > 1.633$ 时，$d > a$；$c/a < 1.633$ 时，$d < a$。

当 $d = a$ 时，结构内原子的配位数为 12，原子的致密度为 0.74。当 $d \neq a$ 时，配位数为 6+6。

前面我们讨论了几种主要的晶体结构：面心立方、体心立方、六角密集型。为了查考方便起见，现列出主要的晶体结构模型，如图 18-12 所示。

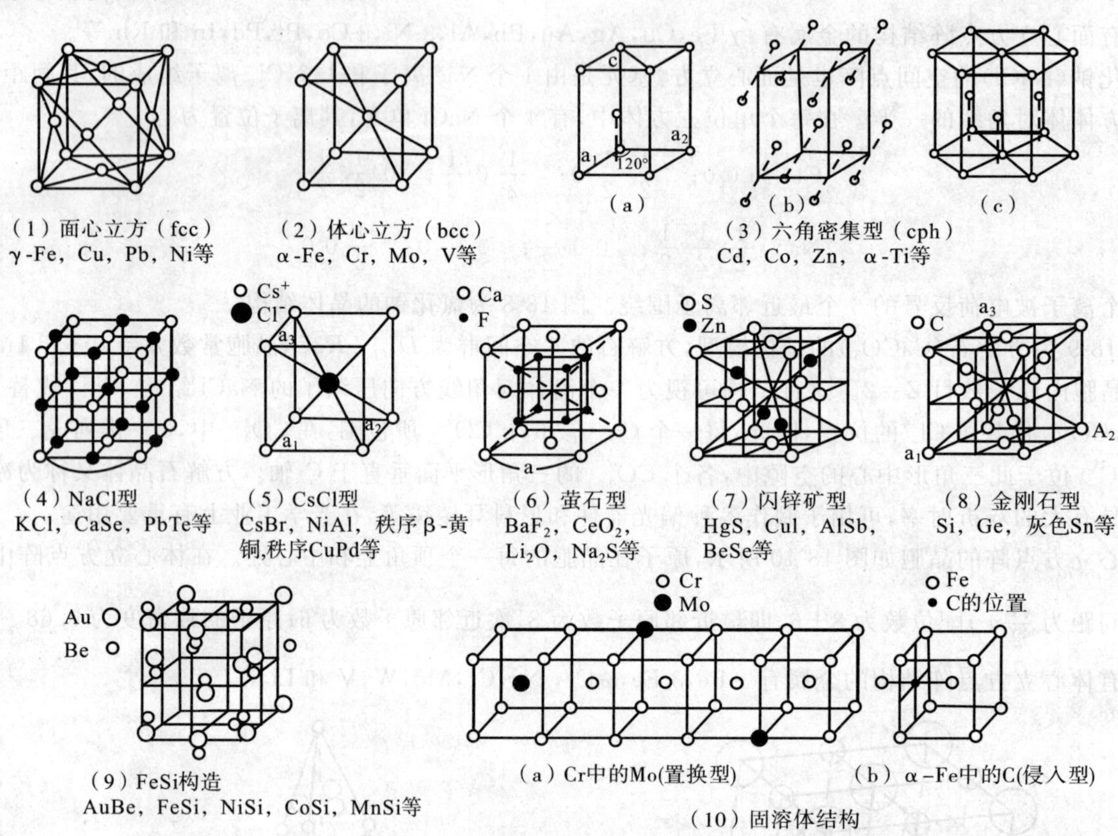

图 18-12 主要的晶体结构模型

各元素的晶体结构模型以及在一定温度下各元素的晶胞常数列于表 18-4 中。

许多元素存在数种晶体结构，并且随温度变化而改变其结构；有些转变是在改变压力条件下发生的；有时在同一温度下，两种结构共存，而其中一种可能更稳定些。

表 18-4 晶体结构晶胞常数表(未注明温度的是室温下的值)

物　质	晶体结构	晶胞常数/nm	物　质	晶体结构	晶胞常数/nm
Ar	面心立方	0.543(20 K)	Ca	六角密集	$a = 0.398$，$c = 0.652$(723 K)
Cu	面心立方	0.361	β-Cr	六角密集	$a = 0.2717$，$c = 0.4418$
La	面心立方	0.529	Ni	六角密集	$a = 0.265$，$c = 0.432$
Ag	面心立方	0.408	Ti	六角密集	$a = 0.292$，$c = 0.467$
Ne	面心立方	0.452(20 K)	LiH	NaCl 型	0.408
Na	体心立方	0.428	NaCl	NaCl 型	0.563
Cs	体心立方	0.605(92 K)	PbS	NaCl 型	0.592
Ba	体心立方	0.501	NH_4I	NaCl 型	0.724
Nb	体心立方	0.329	AgBr	NaCl 型	0.577
Fe(a)	体心立方	0.286	UO	NaCl 型	0.492
Mg	六角密集	$a = 0.320280$，$c = 0.519983$(293 K)	TiC	NaCl 型	0.4327
Be	六角密集	$a = 0.228105$，$c = 0.357714$(291 K)			

第二节　张量基础知识

一、张量的含义及表示法

零阶张量（标量）是由一个与坐标轴的选择无关的数值确定的；一阶张量（矢量）是在给定的坐标系中，由3个数（分量）来确定，其中每一个数与坐标轴中的1个轴相关；二阶张量由9个数（分量）确定，其中每个数与一对坐标轴（按一定的顺序）相关。所以标量无下标，矢量的分量有1个下标，二阶张量的分量有2个下标。一般情况下，下标的数目等于张量的阶数。

如果量 $\boldsymbol{T}$ 以如下方式联系着两个矢量 $\boldsymbol{p}=[p_1,p_2,p_3]$ 和 $\boldsymbol{q}=[q_1,q_2,q_3]$：

$$\left.\begin{aligned} p_1 &= T_{11}q_1+T_{12}q_2+T_{13}q_3 \\ p_2 &= T_{21}q_1+T_{22}q_2+T_{23}q_3 \\ p_3 &= T_{31}q_1+T_{32}q_2+T_{33}q_3 \end{aligned}\right\} \tag{18-4}$$

式中，T_{11}、T_{12}、…、T_{33} 均为常数，则 T_{11}、T_{12}、…、T_{33}，…就形成二阶张量：

$$\boldsymbol{T}=\begin{bmatrix} T_{11} & T_{12} & T_{13} \\ T_{21} & T_{22} & T_{33} \\ T_{31} & T_{32} & T_{33} \end{bmatrix} \tag{18-5}$$

(18-4)式也可写成矩阵形式：

$$\begin{bmatrix} p_1 \\ p_2 \\ p_3 \end{bmatrix}=\begin{bmatrix} T_{11} & T_{12} & T_{13} \\ T_{21} & T_{22} & T_{23} \\ T_{31} & T_{32} & T_{33} \end{bmatrix}\begin{bmatrix} q_1 \\ q_2 \\ q_3 \end{bmatrix} \tag{18-6}$$

或写成

$$p_i=\sum_j T_{ij}q_j,\qquad i,j=1,2,3 \tag{18-7}$$

习惯上可去掉求和符号（爱因斯坦规则），变成简化形式

$$p_i=T_{ij}q_j,\qquad i,j=1,2,3 \tag{18-8}$$

式中，下标 i 称为自由下标，重复出现2次的下标 j 称为求和下标，应该特别注意求和规则和求和下标的位置。求和下标的位置极为重要，不能随意更换。例如，在(18-8)式中，j 为求和下标，表示对 j 求和，j 和 i 不能换位，否则，T_{ij} 的含义完全改变。

如果矢量 $\boldsymbol{p}$ 是由两个矢量 $\boldsymbol{u}$ 和 $\boldsymbol{v}$ 决定，必定可写成

$$p_i=T_{ijk}u_jv_k,\qquad i,j,k=1,2,3 \tag{18-9}$$

分量 T_{ijk} 构成一个三阶张量，共有27个分量

$$[T_{ijk}]=\begin{bmatrix} T_{111} & T_{112} & T_{113} & T_{121} & T_{122} & T_{123} & T_{131} & T_{132} & T_{133} \\ T_{211} & T_{212} & T_{213} & T_{221} & T_{222} & T_{223} & T_{231} & T_{232} & T_{233} \\ T_{311} & T_{312} & T_{313} & T_{321} & T_{322} & T_{323} & T_{331} & T_{332} & T_{333} \end{bmatrix} \tag{18-10}$$

一般而言，一个三维空间的张量是 3^m 个数有序集合的总称，m 为该张量的阶数。表18-5是张量的表示法及代表的典型物理量，从表18-5中可以看出，张量的阶数和张量分量的下标数目是相等的。表中所列出的张量形式是其符号式，要把全部张量分量都列出，对于高阶张量是相当复杂的。当我们了解到某些张量的对称性而能将其分量下标简化时，就可以写出其相应的矩阵式。为了区别张量和矩阵，通常对前者使用方括弧（如表18-5所示），而对矩阵则用圆括弧。在一般情况下，用粗体字表示张量的总体。

一般情况下，若可测物理量之间的关系为线性时，则可采用

$$\boldsymbol{B}=\boldsymbol{C}\boldsymbol{A} \tag{18-11}$$

来表示，其中 $\boldsymbol{A}$ 为作用物理量，代表所施于材料的各种类型的作用，如电场强度；$\boldsymbol{B}$ 称为感生物理量或效果物理量，是在该材料中对 $\boldsymbol{A}$ 的响应而产生的物理量，如受电场作用而产生的有电极化强度。$\boldsymbol{A}$ 和 $\boldsymbol{B}$ 只描述对材

料施加的作用及由此所产生的响应，都是可测的量，但它们并不代表材料本身所具有的任何性质，故一般称之为场量；**C**则代表**A**与**B**之间的关系，不同的材料，虽受到相同**A**的作用，但会得到不同的效果量**B**，这是由于不同材料有不同的**C**值而造成的。因此，**C**表示了材料本身所具有的特性，即材料的物理性质，也称为物质量。通常，**C**是用物质系数来表示的，例如电极化率、介电系数，等等。确定它们的数值都是通过测量**A**值和**B**值，然后再由(18-11)式得到。

表 18-5　张量的表示法及相应的物理量

张量表示式和名称	阶数 m	分量数 3^m	物理量示例
[$\boldsymbol{T}$] 标量	0	$3^0=1$	质量、温度、密度
[$\boldsymbol{T}_i$] 一阶张量(矢量)	1	$3^1=3$	电场强度、电极化强度、热释电系数
[$\boldsymbol{T}_{ij}$] 二阶张量	2	$3^2=9$	介电系数、电极化率、应力、应变
[$\boldsymbol{T}_{ijk}$] 三阶张量	3	$3^3=27$	压电模量、线性电光系数、二极非线性极化
[$\boldsymbol{T}_{ijkl}$] 四阶张量	4	$3^4=81$	弹性系数、光弹系数、二次电光系数、电致伸缩系数

根据(18-11)式，材料的物理性质用物质量**C**来表示。不论是场量还是物质量，它们都是张量。在一般情况下，材料的物理性质可用张量描述。考虑到场量**A**和**B**可以是阶数不同的张量，所以用张量的形式来表示(18-11)式时应该写成下列形式：

$$B_{ijk}\cdots = C_{ijk\cdots lmn\cdots}A_{lmn} \tag{18-12}$$

其中设 [$A_{lmn\cdots}$] 为 p 阶作用张量，$A_{lmn\cdots}$ 为其某一分量；[$B_{ijk\cdots}$]为 q 阶感生张量，$B_{ijk\cdots}$ 为其某一分量，则根据下面即将讨论的张量运算规则，[$C_{ijk\cdots lmn\cdots}$]为 $(p+q)$ 阶物理性质张量，$C_{ijk\cdots lmn\cdots}$ 为其某一分量，(18-12)式应理解为一个对 l、m、n、⋯ 各下标的求和式，即按爱因斯坦求和惯例，对重复下标进行求和，以后遇到类似的情况，均按此惯例求和。

二、张量的变换

(一)二阶张量的变换

张量[T_{ij}]的 9 个分量与所选择的坐标系有关，从一个坐标系转换到另一个坐标系时，必须寻找另一组 T_{ij}，但是，两组 T_{ij} 是同一个物理量，坐标系发生改变时，只是物理性质的表示方法发生了变化，而性质本身并不改变，因此，两组分量之间存在一定的关系。

在分析问题时，经常需旋转一个坐标系。例如，直角坐标系 (x_1,x_2,x_3) 绕其原点旋转到新坐标系 (x'_1,x'_2,x'_3)。经过这样的旋转，标量是不变的。但是对于矢量 **A**，它在旧坐标中的分量 A_i 将变成新坐标系中的分量 A'_i：

$$A'_i = a_{ij}A_j \tag{18-13}$$

式中，a_{ij} 是新轴 x'_i 与旧轴 x_i 之间夹角的余弦。a_{ij} 组成变换矩阵：

$$(a_{ij}) = \begin{bmatrix} a_{11} & a_{12} & a_{13} \\ a_{21} & a_{22} & a_{23} \\ a_{31} & a_{32} & a_{33} \end{bmatrix}$$

由新坐标系反转回旧坐标系，逆变换矩阵应是 (a_{ij}) 的逆矩阵 $(a_{ij})^{-1}$。对于转动，它显然又是 (a_{ij}) 的转置矩阵 $(a_{ij})^{\mathrm{T}}$，即 $(a_{ij})^{\mathrm{T}} \equiv (a_{ji}) = (a_{ij})^{-1}$。矢量 $\boldsymbol{p}$ 和 $\boldsymbol{q}$ 的分量由旧坐标系变换到新坐标系时分别写成

$$p'_i = a_{ij}p_j \tag{18-14}$$

$$q'_i = a_{ij}q_j \tag{18-15}$$

而新坐标系变换到旧坐标系时是

$$p_j = a_{ji}p'_i \tag{18-16}$$

$$q_j = a_{ji}q'_i \tag{18-17}$$

由于下标可选取任意字母，所以为了找出张量的坐标变换，把(18-8)式、(18-14)式和(18-17)式中的下标符号作如下更动：

$$p_k = T_{kl} q_l \tag{18-18}$$

$$p'_i = a_{ik} p_k \tag{18-19}$$

$$q_l = a_{lj} q'_j \tag{18-20}$$

由(18-18)式至(18-20)式三式，可得

$$p'_i = a_{ik} T_{kl} a_{lj} q'_j$$

在新坐标系中定义 T'_{ij}：

$$p'_i = T'_{ij} q'_j \tag{18-21}$$

因此，在新坐标系里张量的分量是

$$T'_{ij} = a_{ik} a_{jl} T_{kl} \tag{18-22}$$

上式就是二阶张量分量的正变换关系式，也称二阶张量分量的变换定律。它说明，在坐标变换时，T_{ij} 的 9 个分量要换成 T'_{ij} 的 9 个分量。(18-22)式中，k 和 l 是求和下标，而 i 和 j 是自由下标。展开时，先按一个下标展开，再按另一个展开。如先展开 l 可得

$$T'_{ij} = a_{ik} a_{j1} T_{k1} + a_{ik} a_{j2} T_{k2} + a_{ik} a_{j3} T_{k3}$$

再按 k 展开，则可得

$$T'_{ij} = a_{i1} a_{j1} T_{11} + a_{i1} a_{j2} T_{12} + a_{i1} a_{j3} T_{13} + a_{i2} a_{j1} T_{21} + a_{i2} a_{j2} T_{22} + a_{i2} a_{j3} T_{23} + a_{i3} a_{j1} T_{31} + a_{i3} a_{j} T_{32} + a_{i3} a_{j1} T_{33} \tag{18-23}$$

(18-22)式也可写成矩阵表示式：

$$\begin{bmatrix} T'_{11} & T'_{12} & T'_{13} \\ T'_{21} & T'_{22} & T'_{33} \\ T'_{31} & T'_{32} & T'_{33} \end{bmatrix} = \begin{bmatrix} a_{11} & a_{12} & a_{13} \\ a_{21} & a_{22} & a_{23} \\ a_{31} & a_{32} & a_{33} \end{bmatrix} \begin{bmatrix} T_{11} & T_{12} & T_{13} \\ T_{21} & T_{22} & T_{33} \\ T_{31} & T_{32} & T_{33} \end{bmatrix} \begin{bmatrix} a_{11} & a_{21} & a_{31} \\ a_{12} & a_{22} & a_{32} \\ a_{13} & a_{23} & a_{33} \end{bmatrix}$$

用张量的新分量来表示旧分量的方程，可由逆变换得到。这一变换可由同一个 a_{jl} 表给出，但下标排列次序正好相反，其结果为

$$T_{ij} = a_{ki} a_{lj} T'_{kl}, \qquad i,j,k,l = 1,2,3 \tag{18-24}$$

(二)三阶、四阶及更高阶张量分量的变换

1)三阶张量分量的变换。三阶张量联系着 1 个矢量和 1 个二阶张量。利用已知的矢量和二阶张量的变换定律，可以得到三阶张量分量的正逆变换关系式，即

$$T'_{ijk} = a_{i'l} a_{j'm} a_{k'n} T_{lmn} \tag{18-25}$$

和

$$T_{lmn} = a_{i'l} a_{j'm} a_{k'n} T'_{ijk} \tag{18-26}$$

(18-25)式和(18-26)式的右边都有 27 项，每个式子都代表了 27 个分式子，即 27 个分量的变换关系。

2)四阶张量分量的变换。同理，由于四阶张量联系着 2 个二阶张量或者 1 个矢量和 1 个三阶张量，利用类似方法可得四阶张量分量的正逆变换关系式

$$T'_{ijkl} = a_{i'm} a_{j'n} a_{k'o} a_{l'p} T_{mnop} \tag{18-27}$$

和

$$T_{mnop} = a_{i'm} a_{j'n} a_{k'o} a_{l'p} T'_{ijkl} \tag{18-28}$$

上面两式右边各有 81 项，而每个式子又代表着 81 个分量的变换式。

3)任意 m 阶张量分量的变换。由上面讨论的方法可以得到 m 阶张量分量变换的关系式。为省略起见，下面只写出正变换关系式：

$$T'_{abc\cdots m} = a_{a'\alpha} a_{b'\beta} a_{c'\gamma} \cdots a_{m'\upsilon} T_{\alpha\beta\gamma\cdots\upsilon} \tag{18-29}$$

此式概括了各阶张量分量的变换规律，这些结果列于表 18-6 中。同样，对于任意 m 阶张量分量的变换也可以用坐标的 m 重积变换来计算，只要保持坐标的顺序不变。

表 18-6 张量的变换定律

名 称	张量的阶数	变换定律		分量的数目
		正变换	逆变换	
标量	0	$\Phi' = \Phi$	$\Phi' = \Phi$	$3^0 = 1$
矢量	1	$T'_i = a_{i'j} T_j$	$T'_j = a_{i'j} T_i$	$3^1 = 3$
二阶张量	2	$T'_{ij} = a_{i'k} a_{j'l} T_{kl}$	$T'_{kl} = a_{i'k} a_{j'l} T_{ij}$	$3^2 = 9$
三阶张量	3	$T'_{ijk} = a_{i'l} a_{j'm} a_{k'n} T_{lmn}$	$T_{lmn} = a_{i'l} a_{j'm} a_{k'n} T'_{ijk}$	$3^3 = 27$
四阶张量	4	$T'_{ijkl} = a_{i'm} a_{j'n} a_{k'o} a_{l'p} T_{mnop}$	$T_{mnop} = a_{i'm} a_{j'n} a_{k'o} a_{l'p} T'_{ijkl}$	$3^4 = 81$
⋮	⋮	⋮	⋮	⋮
m 阶张量	m	$T'_{abc\cdots m} = a_{a'\alpha} a_{b'\beta} a_{c'\gamma} \cdots a_{m'v} T_{\alpha\beta\gamma\cdots v}$	$T_{\alpha\beta\gamma\cdots v} = a_{a'\alpha} a_{b'\beta} a_{c'\gamma} \cdots a_{m'v} T'_{abc\cdots m}$	3^m

(三)张量的定义

有了张量的变换定律后,可对各阶张量作出以下的准确定义:凡在三维空间直角坐标系的坐标变换($a_{i'j}$)下,物理量的 3^m 个分量依照表 18-6 所列变换定律进行变换者,这 3^m 个分量的有序集合称为三维空间中的一个 m 阶张量。

张量是一种物理量,在坐标变换时,改变的只是其表示方式(即分量的数值变),而物理量本身并不改变。同时应注意区别张量和矩阵。前者为物理概念,后者为数学概念,是数学工具。

三、对称张量和反对称张量

一个二阶张量[T_{ij}],如果有 $T_{ij} = T_{ji}$,则称该张量是对称的。二阶对称张量对任意坐标系只有 6 个独立分量,与任何二阶曲面一样,它有 3 个正交的主轴。如把主轴选为坐标轴(称为主轴变换),则表达式更简单,只有 3 个不为 0 的独立分量。例如二阶对称张量

$$[s_{ij}] = \begin{bmatrix} s_{11} & s_{12} & s_{13} \\ s_{21} & s_{22} & s_{23} \\ s_{31} & s_{32} & s_{33} \end{bmatrix} \tag{18-30}$$

经主轴变换后,可以写成

$$[s_{ij}] = \begin{bmatrix} s_1 & 0 & 0 \\ 0 & s_2 & 0 \\ 0 & 0 & s_3 \end{bmatrix} \tag{18-31}$$

s_1、s_2、s_3 称为张量[s_{ij}]的主分量。

如果 $T_{ij} = -T_{ji}$,则称二阶张量[T_{ij}]是反对称的,这意味着 $T_{11} = T_{22} = T_{33} = 0$。例如

$$[T_{ij}] = \begin{bmatrix} 0 & -\gamma & \beta \\ \gamma & 0 & -\alpha \\ -\beta & \alpha & 0 \end{bmatrix} \tag{18-32}$$

是一个典型的二阶反对称张量。

应注意,一个张量的性质是对称或是反对称,取决于物理性质本身,与坐标轴的选择无关。

四、二阶对称张量的示性面

为便于直观地了解各量之间的方向关系,二阶对称张量可用二阶曲面来表示。一般的二阶曲面方程为

$$s_{ij} x_i x_j = 1, \qquad i,j = 1,2,3 \tag{18-33}$$

式中,s_{ij} 为系数。把上式展开,并利用对称张量 $s_{ij} = s_{ji}$ 的关系化简,则可得

$$s_{11}x_1^2 + s_{22}x_2^2 + s_{33}x_3^3 + 2s_{23}x_2x_3 + 2s_{31}x_3x_1 + 2s_{12}x_1x_2 = 1 \tag{18-34}$$

这是中心位于坐标原点的二阶曲面的一般方程式，是椭球面或双曲面。

利用 $x_i = a_{ki}x'_k$ 和 $x_j = a_{lj}x'_l$，可把(18-33)式进行坐标变换：

$$s_{ij}a_{ki}a_{lj}x'_kx'_l = 1$$

或

$$s'_{kl}x'_kx'_l = 1$$

式中，$s'_{kl} = a_{ki}a_{lj}s_{ij}$ 是新旧坐标系中系数的变换关系。与二阶张量的变换式 $T'_{ij} = a_{ik}a_{jl}T_{kl}$ 相比较，可见 T_{ij} 与 s_{ij} 的变换规律是一致的。所以由二阶曲面的变换可知相应的二阶对称张量的分量变换，因而二阶曲面可用于描述二阶对称张量。

二阶曲面具有主轴(3 个相互垂直的对称轴)，若把主轴选为坐标轴，则其表达式简化为

$$s_1x_1^2 + s_2x_2^2 + s_3x_3^2 = 1 \qquad (18\text{-}35)$$

若[s_{ij}]代表张量，则 s_1、s_2、s_3 称为张量[s_{ij}]的主分量。在 s_1、s_2、s_3 均为正值的情况下，(18-35)式是椭球面方程，椭球面的半轴长分别为 $1/\sqrt{s_1}$、$1/\sqrt{s_2}$ 和 $1/\sqrt{s_3}$，如图 18-13 所示。若对称张量[s_{ij}]联系矢量 $\boldsymbol{p}$ 和 $\boldsymbol{q}$，则有

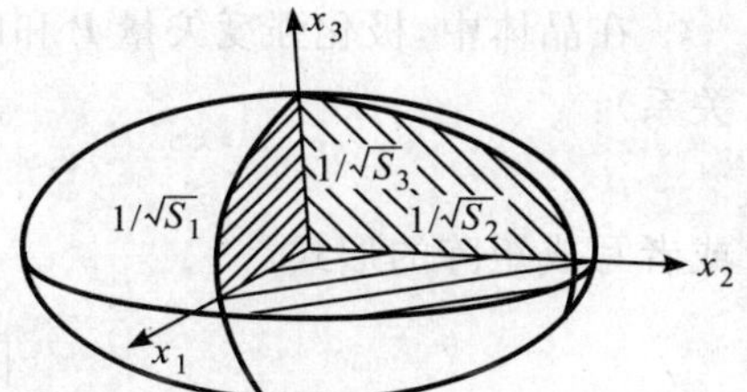

图 18-13　张量[s_{ij}]的示性曲面(椭球面)

$$p_1 = s_{ij}q_j, \qquad i,j = 1,2,3$$

进行主轴变换后，则得

$$p_1 = s_1q_q,\ p_2 = s_2q_2,\ p_3 = s_3q_3 \qquad (18\text{-}36)$$

由此可见，二阶张量在主轴化后，不仅形式简单，且更容易求得 $\boldsymbol{p}$ 的大小和方向。

第三节　光波在晶体中的传播特性

一、晶体的电学性质

(一)电介质晶体分类

根据导电性能的差别，材料常可分为电介质(绝缘体)、导体、半导体和超导体等。电介质的一个重要特性，是内部电荷处于束缚状态。它的主要表现形式是电极化(正、负电荷重心不重合)。晶体的某些电学性质，需要用电极化和外场(包括电场、力场、温度场等)的相互关系来描述，这些性质又受到晶体对称性的制约。据此，电介质晶体可分为以下几类：

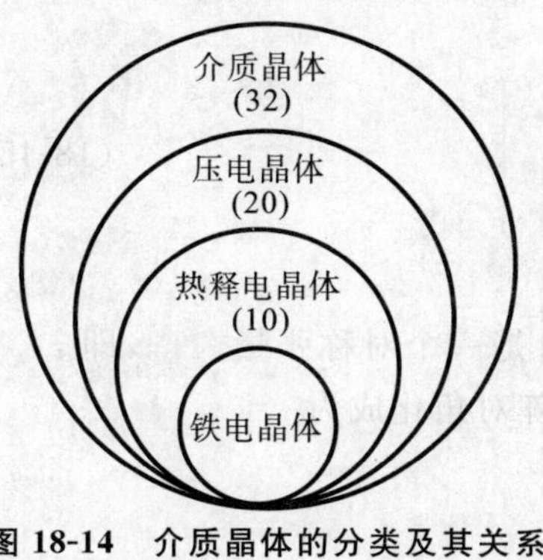

图 18-14　介质晶体的分类及其关系

1)介质晶体。包括所有 32 种晶类的晶体，其介电性质一般需用二阶张量来描述。

2)压电晶体。存在于 20 种没有对称中心的晶体中，其压电性质需用三阶张量来描述。

3)热释电晶体。存在于 10 种极性晶类中，其热释电性质需用一阶张量(矢量)来描述。

4)铁电晶体。热释电晶体中自发极化可随外电场反向的晶体。

上述四类晶体之间的关系如图 18-14 所示。

(二)电极化及其描述

不带电的介电晶体置于电场中，在其内部和表面将感生出一定的电荷，这就是电极化现象。为定量地描述此现象，可引入电极化强度矢量 $\boldsymbol{P}$，其定义为：单位体积内的感生电矩(或电偶极矩)的矢量和。如果介质的极化是均匀的，则在其内部将不会出现体感生电荷，只在表面有面感生电荷，此时 $\boldsymbol{P}$ 的数值就等于介质表面上单位面积的感生电荷值。

当介质中的电场强度 $\boldsymbol{E}$ 不太强时，在一级近似条件下，介质中的电极化强度 $\boldsymbol{P}$ 与电场强度 $\boldsymbol{E}$ 成线性关系：

$$\boldsymbol{P}=\varepsilon_0\chi\boldsymbol{E} \tag{18-37}$$

式中，ε_0 为真空介电系数，在 SI 单位制中，其值为 8.854×10^{-12} C/(V·m)；χ 为介质的电极化率。

对于各向同性介质(气体、液体及非晶固体)，$\boldsymbol{P}$ 与 $\boldsymbol{E}$ 有相同的方向，(18-37)式中的电极化率 χ 为标量。同样地，由于

$$\boldsymbol{D}=\varepsilon_0\boldsymbol{E}+\boldsymbol{P}=\varepsilon_0(1+\chi)\boldsymbol{E}=\varepsilon_0\varepsilon\boldsymbol{E} \tag{18-38}$$

在各向同性介质中，$\boldsymbol{D}$ 和 $\boldsymbol{E}$ 也有相同的方向，(18-38)式中 ε 为相对介电系数，也是标量的 ε 与 χ 之间满足以下关系：

$$\varepsilon=1+\chi \tag{18-39}$$

在晶体中，极化强度矢量 $\boldsymbol{P}$ 和电场强度 $\boldsymbol{E}$ 有不同的方向，场强不太大时应用下式代替(18-37)式(为线性关系)：

$$P_i=\varepsilon_0\chi_{ij}E_j,\qquad i,j=1,2,3 \tag{18-40}$$

或者写成矩阵的形式

$$\begin{bmatrix}P_1\\P_2\\P_3\end{bmatrix}=\varepsilon_0\begin{bmatrix}\chi_{11}&\chi_{12}&\chi_{13}\\\chi_{21}&\chi_{22}&\chi_{23}\\\chi_{31}&\chi_{32}&\chi_{33}\end{bmatrix}\begin{bmatrix}E_1\\E_2\\E_3\end{bmatrix} \tag{18-41}$$

式中，$[\chi_{ij}]$ 为(3×3)的方阵，组成电极化率张量。

在晶体中，由于 $\boldsymbol{P}$ 和 $\boldsymbol{E}$ 方向不同，电位移矢量 $\boldsymbol{D}$ 也和 $\boldsymbol{E}$ 有不同的方向，这三者的关系如图 18-15 所示。

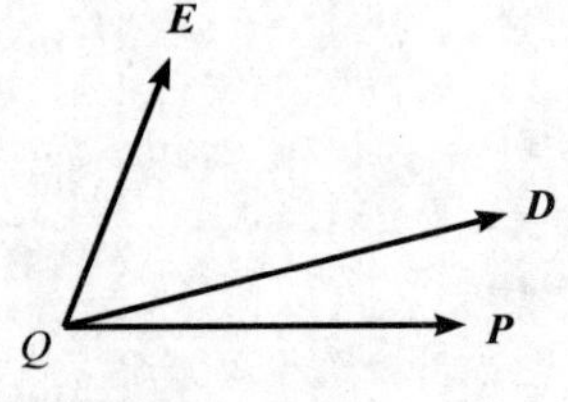

图 18-15 晶体中 $\boldsymbol{D}$、$\boldsymbol{E}$、$\boldsymbol{P}$ 之间的关系

(18-38)式可用下式替代：

$$D_i=\varepsilon_0E_i+P_i=\varepsilon_0(\delta_{ij}+\chi_{ij})E_j \tag{18-42}$$

令(18-42)式括弧中的量用$[\varepsilon_{ij}]$表示：

$$[\varepsilon_{ij}]=[\delta_{ij}+\chi_{ij}]=\begin{bmatrix}1+\chi_{11}&\chi_{12}&\chi_{13}\\\chi_{21}&1+\chi_{22}&\chi_{23}\\\chi_{31}&\chi_{32}&1+\chi_{33}\end{bmatrix} \tag{18-43}$$

则(18-42)式具有与(18-38)式相类似的形式，即

$$D_i=\varepsilon_0\varepsilon_{ij}E_j \tag{18-44}$$

只是其中的 $[\varepsilon_{ij}]$ 由(18-43)式给出(这是一个(3×3)方阵)，称 $[\varepsilon_{ij}]$ 为介电系数张量。(18-43)式表示介电系数张量和电极化率张量的关系，它也可以写成另一形式：

$$[\chi_{ij}]=[\varepsilon_{ij}-\delta_{ij}]=\begin{bmatrix}\varepsilon_{11}-1&\varepsilon_{12}&\varepsilon_{13}\\\varepsilon_{21}&\varepsilon_{22}-1&\varepsilon_{23}\\\varepsilon_{31}&\varepsilon_{32}&\varepsilon_{33}-1\end{bmatrix} \tag{18-45}$$

晶体介电系数的矩阵也适用于介电极化率。

应用能量守恒原理于晶体内部所发生的电磁过程时，可以证明介电张量是一个对称张量[2-3,8]，即 $\varepsilon_{ij}=\varepsilon_{ji}$。因此，它有 6 个独立分量，经主轴变换后，只有 3 个不为 0 的分量，其矩阵对角化成为

$$[\varepsilon_{ij}]=\begin{bmatrix}\varepsilon_1&0&0\\0&\varepsilon_2&0\\0&0&\varepsilon_3\end{bmatrix}$$

的形式。

当晶体具有对称性时，其介电张量的独立分量的数目要进一步减少。在主轴坐标系中，7 个晶系的介电张量形式和独立分量数目如下：

1)各向同性介质、立方晶系：

$$\begin{bmatrix} \varepsilon_1 & 0 & 0 \\ 0 & \varepsilon_1 & 0 \\ 0 & 0 & \varepsilon_1 \end{bmatrix} \qquad \varepsilon_1 = \varepsilon_2 = \varepsilon_3 \tag{18-46}$$

2)四方、六方、三方晶系：

$$\begin{bmatrix} \varepsilon_1 & 0 & 0 \\ 0 & \varepsilon_1 & 0 \\ 0 & 0 & \varepsilon_3 \end{bmatrix} \qquad \varepsilon_1 = \varepsilon_2 \neq \varepsilon_3 \tag{18-47}$$

3)正交、单斜、三斜晶系：

$$\begin{bmatrix} \varepsilon_1 & 0 & 0 \\ 0 & \varepsilon_2 & 0 \\ 0 & 0 & \varepsilon_3 \end{bmatrix} \qquad \varepsilon_1 \neq \varepsilon_2 \neq \varepsilon_3 \tag{18-48}$$

ε_1、ε_2 和 ε_3 称为主介电系数，由 $n = \sqrt{\varepsilon_r \mu_r} = \sqrt{\varepsilon_r}$ 的关系，可以相应地定义 3 个主折射率 n_1、n_2、n_3 如下：

$$n_1^2 = \varepsilon_1, \quad n_2^2 = \varepsilon_2, \quad n_3^2 = \varepsilon_3 \tag{18-49}$$

在主轴坐标系中，(18-44)式可写成

$$D_i = \varepsilon_0 \varepsilon_i E_i, \qquad i = 1,2,3 \tag{18-50}$$

这说明，在主轴 (x_1, x_2, x_3) 方向上 $\boldsymbol{D}$ 和 $\boldsymbol{E}$ 平行。

表 18-7 给出了各种晶系的介电系数的矩阵形式。

表 18-7　(ε_{ij}) 的矩阵形式

三斜晶系	单斜晶系
$\begin{bmatrix} \varepsilon_{11} & \varepsilon_{12} & \varepsilon_{31} \\ \varepsilon_{12} & \varepsilon_{22} & \varepsilon_{23} \\ \varepsilon_{31} & \varepsilon_{23} & \varepsilon_{33} \end{bmatrix} \begin{bmatrix} \bullet & \bullet & \bullet \\ \bullet & \bullet & \bullet \\ \bullet & \bullet & \bullet \end{bmatrix}$ (6)	$\begin{bmatrix} \varepsilon_{11} & 0 & \varepsilon_{31} \\ 0 & \varepsilon_{22} & 0 \\ \varepsilon_{31} & 0 & \varepsilon_{33} \end{bmatrix} \begin{bmatrix} \bullet & \cdot & \bullet \\ \cdot & \bullet & \cdot \\ \bullet & \cdot & \bullet \end{bmatrix}$ (4)
正交晶系	**四方、三方和六方晶系**
$\begin{bmatrix} \varepsilon_{11} & 0 & 0 \\ 0 & \varepsilon_{22} & 0 \\ 0 & 0 & \varepsilon_{33} \end{bmatrix} \begin{bmatrix} \bullet & \cdot & \cdot \\ \cdot & \bullet & \cdot \\ \cdot & \cdot & \bullet \end{bmatrix}$ (3)	$\begin{bmatrix} \varepsilon_{11} & 0 & 0 \\ 0 & \varepsilon_{11} & 0 \\ 0 & 0 & \varepsilon_{33} \end{bmatrix} \begin{bmatrix} \bullet & \cdot & \cdot \\ \cdot & \bullet & \cdot \\ \cdot & \cdot & \bullet \end{bmatrix}$ (2)（(1,1) 与 (2,2) 以线相连）
四方、三方和六方晶系	
$\begin{bmatrix} \varepsilon_{11} & 0 & 0 \\ 0 & \varepsilon_{11} & 0 \\ 0 & 0 & \varepsilon_{11} \end{bmatrix} \begin{bmatrix} \bullet & \cdot & \cdot \\ \cdot & \bullet & \cdot \\ \cdot & \cdot & \bullet \end{bmatrix}$ (1)（对角线三点以线相连）	

注：1. 图例：—— · 等于 0 的分量，● 不等于 0 的分量，●——● 彼此相等的分量；2. 表中右下方括号内的数字，表示独立分量的数目。

二、理想单色平面电磁波在晶体中的传播

(一)光在晶体中传播的解析法描述

对无自由电荷的均匀透明电介质，麦克斯韦方程组为

$$\left.\begin{aligned} \nabla \times \boldsymbol{H} &= \frac{\partial \boldsymbol{D}}{\partial t} \\ \nabla \times \boldsymbol{E} &= -\mu_0 \frac{\partial \boldsymbol{H}}{\partial t} \\ \nabla \cdot \boldsymbol{H} &= 0 \\ \nabla \cdot \boldsymbol{D} &= 0 \end{aligned}\right\} \tag{18-51}$$

此方程组应用于各向异性晶体时，与各向同性介质的情况不同，这时 $\boldsymbol{D}$ 和 $\boldsymbol{E}$ 的关系为

$$D_i = \varepsilon_0 \varepsilon_{ij} E_j, \qquad j = 1,2,3 \tag{18-52}$$

设在晶体中传播着一单色平面波：

$$\boldsymbol{E},\boldsymbol{D},\boldsymbol{H} = (\boldsymbol{E}_0,\boldsymbol{D}_0,\boldsymbol{H}_0)\mathrm{e}^{\mathrm{i}\omega(t-\frac{n}{c}\boldsymbol{l}_k\cdot\boldsymbol{r})} \tag{18-53}$$

式中，$n=\sqrt{\varepsilon_r}$，$c=1/\sqrt{\varepsilon_0\mu_0}$，$\boldsymbol{l}_k$ 是波法线方向的单位矢量。此时，(18-51)式变成

$$\boldsymbol{H}\times\boldsymbol{l}_k = \frac{c}{n}\boldsymbol{D} \tag{18-54a}$$

$$\boldsymbol{E}\times\boldsymbol{l}_k = -\frac{\mu_0 c}{n}\boldsymbol{H} \tag{18-54b}$$

$$\boldsymbol{l}_k\cdot\boldsymbol{D} = 0 \tag{18-54c}$$

$$\boldsymbol{l}_k\cdot\boldsymbol{H} = 0 \tag{18-54d}$$

由(18-54)式可见，在非磁性晶体中的单色平面光波有以下特点：

1) $\boldsymbol{D}$、$\boldsymbol{H}$、$\boldsymbol{l}_k$ 组成右手螺旋正交关系的三矢量(因 $\boldsymbol{D}$ 垂直于 $\boldsymbol{H}$ 和 $\boldsymbol{l}_k$)，$\boldsymbol{l}_k$ 的方向就是光波波法线的方向，光波的光振动矢量是 $\boldsymbol{D}$ 和 $\boldsymbol{E}$。

2)由 $\boldsymbol{S}=\boldsymbol{E}\times\boldsymbol{H}$ 可知，$\boldsymbol{E}$、$\boldsymbol{H}$、$\boldsymbol{l}_s$ 组成具有右手螺旋正交关系的另一套三矢量组。$\boldsymbol{l}_s$ 是光能流 S 的单位矢量。

3)矢量 $\boldsymbol{D}$、$\boldsymbol{E}$、$\boldsymbol{l}_k$，$\boldsymbol{l}_s$ 均位于与矢量 $\boldsymbol{H}$ 垂直的同一平面内。

晶体中单色平面波的各矢量关系如图 18-16 所示，它给出了晶体中光波的主要特点：光能流的方向(光线方向) $\boldsymbol{l}_s$ 与光波法线方向 $\boldsymbol{l}_k$ 一般不重合，即光能不沿波法线方向而是沿光线方向传播。其原因是 $\boldsymbol{D}$，$\boldsymbol{E}$ 两矢量方向不一致。若 $\boldsymbol{D}$、$\boldsymbol{E}$ 间的夹角为 α，则 $\boldsymbol{l}_s$、$\boldsymbol{l}_k$ 的夹角也是 α。等相面前进的方向(法线方向)既然与光能传播方向(光线方向)不同，其所对应的速度(相速度)与光线速度也就不同。

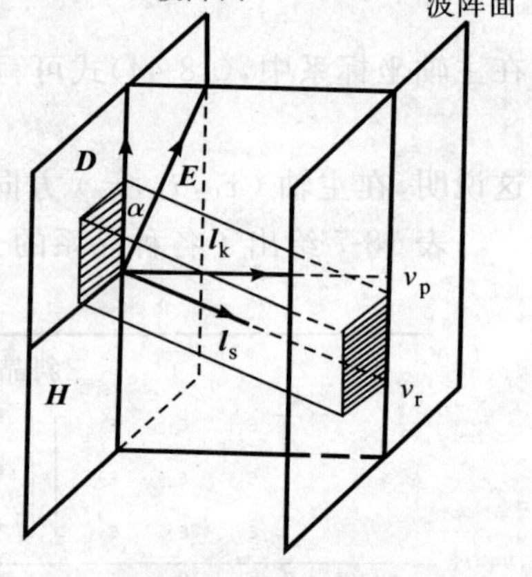

图 18-16　晶体中的单色平面波

这两种速度之间的关系为

$$v_p = \frac{c}{n} = \frac{S}{W}\boldsymbol{l}_s\cdot\boldsymbol{l}_k = v_r\cos\alpha$$

式中，$v_r=S/W$，是光线速度(能量的传播速度)；v_p 是相速度，在形式上可以定义一个"光线折射率(或"能流折射率")"：

$$n_r = \frac{c}{v_r} = n\cos\alpha \tag{18-55}$$

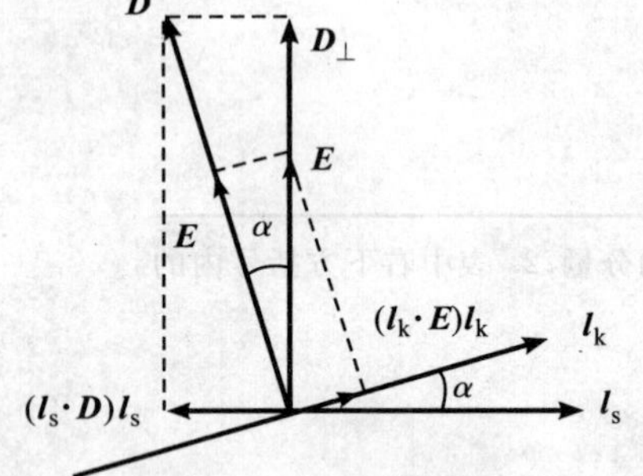

图 18-17　$\boldsymbol{E}_\perp$ 和 $\boldsymbol{D}_\perp$ 的定义

在晶体中相速度与光线速度方向的分离，是晶体光学的基本现象之一。

由(18-54)式，可得

$$\boldsymbol{D} = \varepsilon_0 n^2[\boldsymbol{E}-\boldsymbol{l}_k(\boldsymbol{l}_k\cdot\boldsymbol{E})] \tag{18-56a}$$

$$\boldsymbol{D} = \varepsilon_0 n^2\boldsymbol{E}_\perp \tag{18-56b}$$

$\boldsymbol{E}_\perp=[\boldsymbol{E}-\boldsymbol{l}_k(\boldsymbol{l}_k\cdot\boldsymbol{E})]$ 是 E 垂直于 $\boldsymbol{l}_k$ 的分量(平行于 $\boldsymbol{D}$)(图 18-17)，因为 $\boldsymbol{E}_\perp=\boldsymbol{E}\cos\alpha$，所以

$$\boldsymbol{E} = \frac{\boldsymbol{D}}{\varepsilon_0 n^2\cos\alpha} = \frac{1}{\varepsilon_0\ (n\cos\alpha)^2}\boldsymbol{D}\cos\alpha = \frac{1}{\varepsilon_0\ (n\cos\alpha)^2}\boldsymbol{D}_\perp \tag{18-57}$$

式中，$\boldsymbol{D}_\perp=\boldsymbol{D}\cos\alpha$ 是 $\boldsymbol{D}$ 在 $\boldsymbol{E}$ 方向上的分量。

利用(18-55)式，(18-57)式可写成

$$\boldsymbol{E} = \frac{1}{\varepsilon_0 n_r^2}\boldsymbol{D}_\perp \tag{18-58a}$$

或

$$\boldsymbol{E} = \frac{1}{\varepsilon_0 n_r^2}[\boldsymbol{D}-\boldsymbol{l}_s(\boldsymbol{l}_s\cdot\boldsymbol{D})] \tag{18-58b}$$

(18-56a)式和(18-58b)式，(18-56b)式和(18-58a)式相对应，它们是麦克斯韦方程组的直接推论，决定了电磁波在晶体中传播的性质，因而是晶体光学性质的基本方程。利用此方程，进一步可得菲涅耳波法线方程[2-3,8]。

由(18-56a)式和(18-52)式可得主轴坐标系中 $\boldsymbol{D}$ 的诸分量：

$$D_i = \varepsilon_0 n^2 \left[\frac{D_i}{\varepsilon_0 \varepsilon_i} - l_{k_i}(\boldsymbol{l}_k \cdot \boldsymbol{E})\right] \tag{18-59}$$

或

$$D_i = \frac{\varepsilon_0 l_{k_i}(\boldsymbol{l}_k \cdot \boldsymbol{E})}{\dfrac{1}{\varepsilon_i} - \dfrac{1}{n^2}}, \qquad i = 1,2,3$$

再利用 $\boldsymbol{D} \cdot \boldsymbol{l}_k = 0$，即得

$$\frac{l_{k_1}^2}{\dfrac{1}{n^2} - \dfrac{1}{\varepsilon_1}} + \frac{l_{k_2}^2}{\dfrac{1}{n^2} - \dfrac{1}{\varepsilon_2}} + \frac{l_{k_3}^2}{\dfrac{1}{n^2} - \dfrac{1}{\varepsilon_3}} = 0 \tag{18-60}$$

若利用 $v_p = c/n$，再定义

$$v_i = c/\sqrt{\varepsilon_i}, \qquad i = 1,2,3$$

这里，v_1、v_2、v_3 分别是沿主轴 x_1、x_2、x_3 方向的传播速度，这时(18-60)式可改写成表达相速度与波法线方向的关系式：

$$\frac{l_{k_1}^2}{v_p^2 - v_1^2} + \frac{l_{k_2}^2}{v_p^2 - v_2^2} + \frac{l_{k_3}^2}{v_p^2 - v_3^2} = 0 \tag{18-61}$$

(18-60)式和(18-61)式等效，均被称为菲涅耳波法线方程。它们表达了 n 或 v_p 与晶体性质(主介电常量 ε_1、ε_2、ε_3 或主相速 v_1、v_2、v_3)和传播方向 l_{k_1}、l_{k_2}、l_{k_3} 之间的关系，它说明对一定的晶体(ε_1、ε_2、ε_3 一定)，n(或 v_p)随 l_{k_1}、l_{k_2}、l_{k_3} 而变，即沿不同的方向，光波有不同的传播速度，这就是晶体的光学各向异性。

把(18-60)式通分，再利用 $l_{k_1}^2 + l_{k_2}^2 + l_{k_3}^2 = 1$ 可得

$$n^4(\varepsilon_1 l_{k_1}^2 + \varepsilon_2 l_{k_2}^2 + \varepsilon_3 l_{k_3}^2) - n^2[\varepsilon_1\varepsilon_2(l_{k_1}^2 + l_{k_2}^2) + \varepsilon_2\varepsilon_3(l_{k_2}^2 + l_{k_3}^2) + \varepsilon_3\varepsilon_1(l_{k_3}^2 + l_{k_1}^2)] + \varepsilon_1\varepsilon_2\varepsilon_3 = 0 \tag{18-62}$$

为了确定与波法线方向 $\boldsymbol{l}_k(l_{k_1}, l_{k_2}, l_{k_3})$ 相应的 $\boldsymbol{D}$ 和 $\boldsymbol{E}$ 的方向，可将(18-59)式展开如下：

$$\left.\begin{aligned}
&[\varepsilon_1 - n^2(1 - l_{k_1}^2)]E_1 + n^2 l_{k_1} l_{k_2} E_2 + n^2 l_{k_1} l_{k_3} E_3 = 0 \\
&n^2 l_{k_2} l_{k_1} E_1 + [\varepsilon_2 - n^2(1 - l_{k_2}^2)]E_2 + n^2 l_{k_2} l_{k_3} E_3 = 0 \\
&n^2 l_{k_3} l_{k_1} E_1 + n^2 l_{k_3} l_{k_2} E_2 + [\varepsilon_3 - n^2(1 - l_{k_3}^2)]E_3 = 0
\end{aligned}\right\} \tag{18-63}$$

把由(18-60)式或(18-62)式解出的两个折射率值 n' 和 n'' 分别代入(18-63)式，即可求出两组相应的比值($E_1' : E_2' : E_3'$)和($E_1'' : E_2'' : E_3''$)，从而定出与 n' 和 n'' 分别对应的 $\boldsymbol{E}'$ 和 $\boldsymbol{E}''$ 的方向。再由关系式 $D_i = \varepsilon_0\varepsilon_i E_i$ 求出相应的($D_1' : D_2' : D_3'$)和($D_1'' : D_2'' : D_3''$)，从而定出与 n' 和 n'' 分别对应的 $\boldsymbol{D}'$ 和 $\boldsymbol{D}''$ 的方向。

利用(18-59)式还可以进一步得到 $\boldsymbol{D}'$ 和 $\boldsymbol{D}''$ 两个方向之间的一般关系：

$$\boldsymbol{D}' \cdot \boldsymbol{D}'' = 0 \tag{18-64}$$

这说明，$\boldsymbol{D}'$ 和 $\boldsymbol{D}''$ 相互垂直。

这是关于晶体光学性质的又一重要结论：一般情况下，对于晶体中每一个既定的波法线方向，只允许有两个特许的线偏振方式的波传播，这两个偏振波的振动面相互垂直，并具有不同的折射率和相速。而且，由于 $\boldsymbol{E} \neq \boldsymbol{D}$，$\boldsymbol{E}$、$\boldsymbol{D}$、$\boldsymbol{l}_k$、$\boldsymbol{l}_s$ 共面和 $\boldsymbol{E} \perp \boldsymbol{l}_s$，显然这两个偏振波有不同的射线方向和光线速度。见图 18-18。

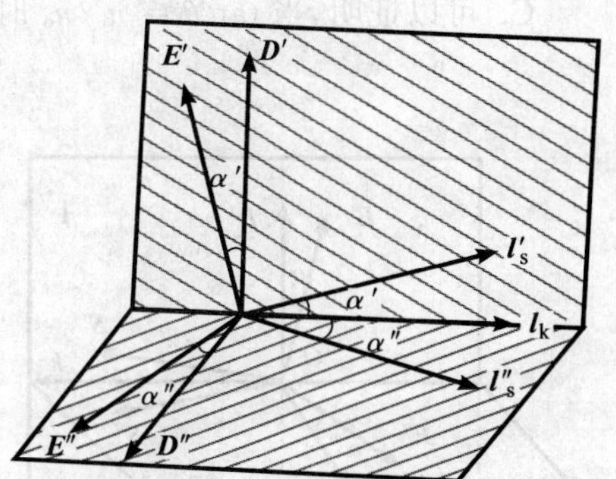

图 18-18 与给定法线 $\boldsymbol{l}_k$ 相应的 $\boldsymbol{D}$、$\boldsymbol{E}$ 和 $\boldsymbol{l}_s$ 的两个可能方向

对给定光线方向 $\boldsymbol{l}_s$，线速度 v_r 与主介电常量(或主速度)之间的关系为

$$\frac{l_{s_1}^2}{n_r^2 - \varepsilon_1} + \frac{l_{s_2}^2}{n_r^2 - \varepsilon_2} + \frac{l_{s_3}^2}{n_r^2 - \varepsilon_3} = 0 \tag{18-65a}$$

$$\frac{l_{s_1}^2}{\dfrac{1}{v_r^2} - \dfrac{1}{v_1^2}} + \frac{l_{s_2}^2}{\dfrac{1}{v_r^2} - \dfrac{1}{v_2^2}} + \frac{l_{s_3}^2}{\dfrac{1}{v_r^2} - \dfrac{1}{v_3^2}} = 0 \tag{18-65b}$$

(18-65)式称为菲涅耳光线方程式，由它可得结论：在晶体中沿给定的一个光线方向，可以有两个不同的

光线速度 v'_r 和 v''_r。它们所对应的光振动矢量是 $\boldsymbol{E}'$ 和 $\boldsymbol{E}''$，两者相互垂直。

在一定的晶体中，光波法线方向 $\boldsymbol{l}_k$ 和光线方向 $\boldsymbol{l}_s$，光振动矢量 $\boldsymbol{D}$ 和 $\boldsymbol{E}$，相速度 v_p 和光线速度 v_r 都一一对应。只要知道光波法线的传播规律就能推导出相应光线的传播规律，因为法线方向与光线方向之间的夹角为 α。

由菲涅耳方程可得出以下重要结论[8]：

1)在各向同性介质或立方晶体中，$\boldsymbol{E}$ 矢量与 $\boldsymbol{D}$ 矢量方向一致，能流方向(射线方向) $\boldsymbol{l}_s$ 与波法线方向 $\boldsymbol{l}_k$ 一致。沿任何方向传播的光波，虽然只有两个线性不相关的偏振态，但这两个偏振态的振动方向并不局限在某一特许的方向上，即光的偏振态不受限制。

2)在单轴晶体中，对应于一个波法线方向 $\boldsymbol{l}_k$ 有两条光线：o 光和 e 光，且有 $\boldsymbol{E}_o \perp \boldsymbol{E}_e, \boldsymbol{D}_o \perp \boldsymbol{D}_e$，即 o 光和 e 光的振动方向相互垂直。对于 o 光，$\boldsymbol{E}_o /\!/ \boldsymbol{D}_o, \boldsymbol{l}_{so} /\!/ \boldsymbol{l}_{ko}$；折射率与 $\boldsymbol{l}_k$ 的方向无关，与各向同性介质中光传播的情况一样，故称为“寻常光线”，对于 e 光，一般情况下 $\boldsymbol{E}_s \neq \boldsymbol{D}_s, \boldsymbol{l}_{se} \neq \boldsymbol{l}_{ke}$，折射率随 $\boldsymbol{l}_k$ 的方向变，与各向同性介质中光传播情况不同，故称为“非常光线”，上述诸矢量相对取向如图 18-19 所示。相应的折射率分别为

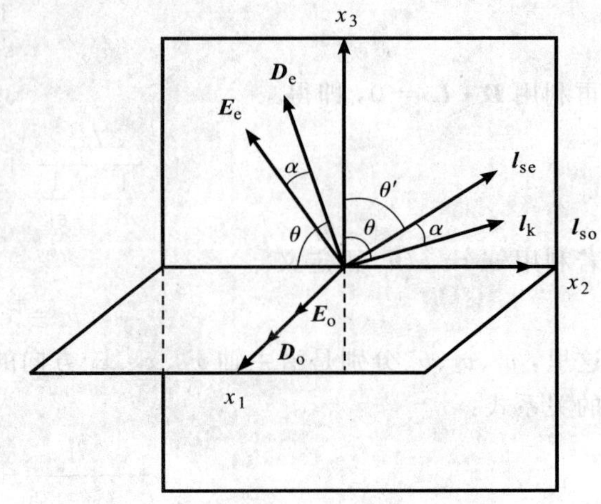

图 18-19 单轴晶体中与 l_k 对应的 o 光和 e 光的各矢量

$$n'^2 = n_o^2 \tag{18-66a}$$

$$n''^2 = \frac{n_o^2 n_e^2}{n_o^2 \sin^2\theta + n_e^2 \cos^2\theta} \tag{18-66b}$$

e 光的光线与波法线之间的夹角 α 为

$$\tan\alpha = \frac{1}{2}\,\frac{n_e^2 - n_o^2}{n_o^2 \sin^2\theta + n_e^2 \cos^2\theta}\sin 2\theta \tag{18-67}$$

由此可见：

A. 当 $\theta = 0$ 或 $\pi/2$ 时，$\alpha = 0$，说明当波法线 $\boldsymbol{l}_k$ 平行或垂直于光轴时，e 光线与波法线方向一致。

B. 对于正单轴晶体，$n_e > n_o, \alpha = \theta - \theta' > 0$。说明 e 光线较其波法线靠近光轴。反之，对于负单轴晶体，$n_e < n_o, \alpha = \theta - \theta' < 0$。说明 e 光线较其波法线远离光轴。

C. 可以证明，当 $\tan\theta = n_e/n_o$ 时，α 角有最大值，其值为

$$\alpha_{\max} = \arctan\frac{n_e^2 - n_o^2}{2n_o n_e} \tag{18-68}$$

3)低级晶族(正交、单斜、三斜晶系)的晶体是双轴晶体，在主轴坐标系中对于给定的波法线方向 $\boldsymbol{k}$，通过求解(18-62)式，可得两个不相等的折射率 n' 和 n'' 以及相应的光矢量方向，进而得出这两种光波的各个矢量，其结果如图 18-20 所示(此处约定 $\varepsilon_1 < \varepsilon_2 < \varepsilon_3$)。图中，Ⅰ 面和 Ⅱ 面相互垂直，交线是 $\boldsymbol{k}$。除 $\boldsymbol{H}'$ 外，第一光波的各矢量都在 Ⅰ 面上；第二光波的各矢量都在 Ⅱ 面上。Ⅰ 面是第一光波的振动平面，Ⅱ 面是第二光波的振动平面。图中 α' 和 α'' 分别为这两光波的离散角。

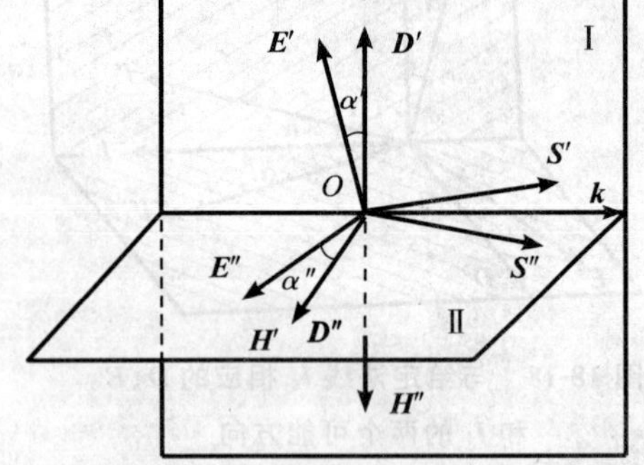

图 18-20 双轴晶体中与 k 对应的两光线的各矢量

由图 18-20 显见，在低级晶族晶体中有两个特殊方向：c_1 和 c_2，它们位于 (x_1, x_3) 平面内，并在 x_3 轴两侧的对称位置上，如果光波法线 $\boldsymbol{k}$ 沿 c_1 和 c_2 中任一方向，则由(18-62)式可求得两个相等的折射率 $n'_2 = n''_2 = n_2$。这种情况和单轴晶类似，因此 c_1 和 c_2 称为第一类光轴。低级晶族的晶体有两个光轴，故称为双轴晶。对于沿每一个给定的 $\boldsymbol{l}_s$ 方向，都有两种光线传播，其光线折射率和光波振动方向都不同，波法线和光线方向之间的夹角 α' 和 α'' 为

$$\cos\alpha' = \frac{\boldsymbol{E}'\cdot\boldsymbol{D}'}{|\boldsymbol{E}'||\boldsymbol{D}'|},\quad \cos\alpha'' = \frac{\boldsymbol{E}''\cdot\boldsymbol{D}''}{|\boldsymbol{E}''||\boldsymbol{D}''|} \tag{18-69}$$

4）单轴晶的光轴和双轴晶第一类光轴有很大区别。在双轴晶中，波法线 $\boldsymbol{k}$ 沿第一类光轴方向时，虽然也只有一个折射率 n_2，但是却对应于无数个振动方向互不相同，而且 $\boldsymbol{k}$ 与 $\boldsymbol{l}_k$ 也不一致的线偏振光波。此外，在双轴晶中，只有 $\boldsymbol{k}$ 沿主轴 x_1、x_2、x_3 的光波，$\boldsymbol{l}_s$ 与 $\boldsymbol{k}$ 方向一致，其他光波的 $\boldsymbol{l}_s$、$\boldsymbol{k}$ 都不一致，因此，双轴晶中的光波都是非常光。

（二）光在晶体中传播的几何法描述[8]

晶体中光波传播的规律还可用几何图形表示，它有助于直观地了解晶体中光波各矢量间的方向关系，以及与各个传播方向相应的光速或折射率的空间取向分布，这正是解析法所欠缺的。但应注意，几何图形只是一种表示方法，它是基于解析法的物理方程和晶体光频介电常数 $[\varepsilon_{ij}]$ 的二阶对称张量性质构造的。

1. 折射率椭球（光率体）

晶体中 ε_{ij} 和 β_{ij} 是二阶对称张量，在主轴坐标系中，其二阶示性曲面方程分别为

$$\varepsilon_1 x_1^2 + \varepsilon_2 x_2^2 + \varepsilon_3 x_3^2 = 1 \tag{18-70a}$$

$$\beta_1 x_1^2 + \beta_2 x_2^2 + \beta_3 x_3^2 = 1 \tag{18-70b}$$

（18-70a）式称为菲涅耳椭球，（18-70b）式称为折射率椭球（习惯上称为光率体），折射率椭球是描述光学性质最常用的几何图形，一般把其表达式写成

$$\frac{x_1^2}{\varepsilon_1}+\frac{x_2^2}{\varepsilon_2}+\frac{x_3^2}{\varepsilon_3}=1 \quad 或 \quad \frac{x_1^2}{n_1^2}+\frac{x_2^2}{n_2^2}+\frac{x_3^2}{n_3^2}=1 \tag{18-71}$$

这是一个在归一化 $\boldsymbol{D}$ 空间中的椭球（图 18-21），它的 3 个主轴方向就是介电主轴方向。

折射率椭圆的含义是：它表示晶体折射率（对某个确定的频率）在晶体空间各方向（光波的 $\boldsymbol{D}$ 矢量方向）上的全部取值分布的几何图形。通过椭球中心的每一矢径的方向，代表 $\boldsymbol{D}$ 的一个方向，其长度即为其 $\boldsymbol{D}$ 矢量在此方向光波的折射率。若设 $\boldsymbol{d}$ 为 $\boldsymbol{D}$ 矢量方向的单位矢量，则折射率椭球可简称为（d,n）曲面。

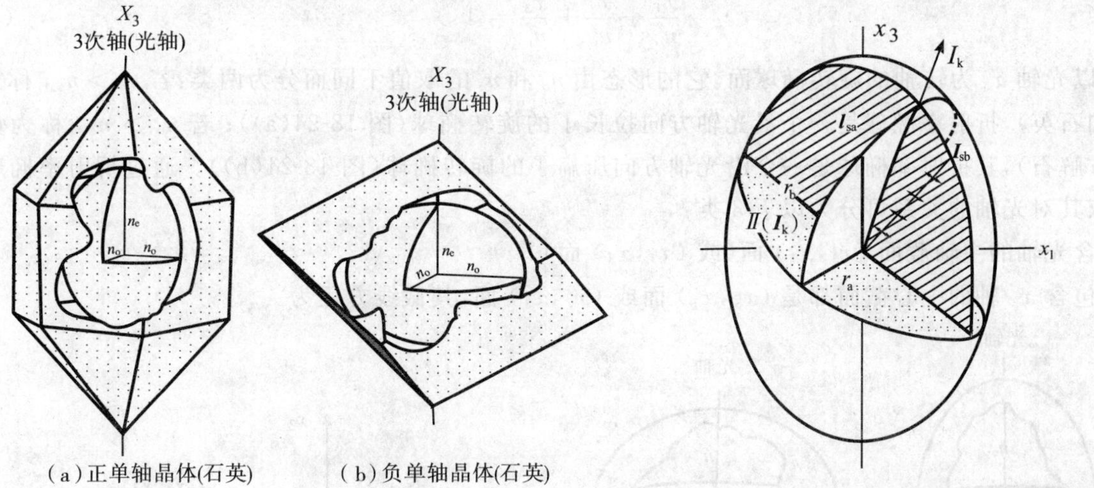

（a）正单轴晶体(石英)　（b）负单轴晶体(石英)

图 18-21　单轴晶折射率椭球（光率体）

图 18-22　利用折射率椭球确定与任一 l_k 矢量相应的两个折射率和 D 的两个振动方向

折射率椭球具有以下重要性质：从坐标原点出发作波法线矢量 $\boldsymbol{l}_k$，再通过坐标原点作一平面（称为中心截面）$\Pi(\boldsymbol{l}_k)$ 与 $\boldsymbol{l}_k$ 垂直，参看图 18-22。$\Pi(\boldsymbol{l}_k)$ 与椭球的截线为一椭圆，椭圆半长轴和半短轴的矢径分别记作 $\boldsymbol{r}_a(\boldsymbol{l}_k)$ 和 $\boldsymbol{r}_b(\boldsymbol{l}_k)$，则可证明[2-3,8]：

1）波法线方向为 l_k 的两个波的折射率 n' 和 n'' 分别等于这个椭圆的两个主轴的半轴长，即

$$\left.\begin{aligned} n'(l_k) &= |\boldsymbol{r}_a(\boldsymbol{l}_k)| \\ n''(l_k) &= |\boldsymbol{r}_b(\boldsymbol{l}_k)| \end{aligned}\right\} \tag{18-72}$$

2）波法线方向为 $\boldsymbol{l}_k$ 的两个波的 $\boldsymbol{D}$ 矢量的振动方向分别平行于这个椭圆的两个主轴方向 $\boldsymbol{r}_a$（折射率为

n'）和 $\boldsymbol{r}_b$（折射率为 n''）。仍用 $\boldsymbol{d}$ 表示 $\boldsymbol{D}$ 矢量方向的单位矢量，则有

$$\left.\begin{aligned} \boldsymbol{d}'(\boldsymbol{l}_k) &= \frac{\boldsymbol{r}_a(\boldsymbol{l}_k)}{|\boldsymbol{r}_a(\boldsymbol{l}_k)|} \\ \boldsymbol{d}''(\boldsymbol{l}_k) &= \frac{\boldsymbol{r}_b(\boldsymbol{l}_k)}{|\boldsymbol{r}_b(\boldsymbol{l}_k)|} \end{aligned}\right\} \tag{18-73}$$

因此，只要给定晶体的介电张量，就可作出折射率椭球，从而用几何作图法定出与任一波线法矢量 $\boldsymbol{l}_k$ 相应的两个折射率和 $\boldsymbol{D}$ 的两个方向 $\boldsymbol{d}'$ 和 $\boldsymbol{d}''$。

利用折射率椭球的上述性质，可用几何方法直观地求出 $\boldsymbol{D}$、$\boldsymbol{E}$、$\boldsymbol{l}_k$ 和 $\boldsymbol{l}_s$ 各矢量之间的方向关系。这 4 个矢量都与 $\boldsymbol{H}$ 矢量垂直，因而在同一平面内，它与折射率椭球的交线是一个椭圆。如图 18-23 所示。

设与 $\boldsymbol{D}$ 平行的矢径端点是 $\boldsymbol{B}$，则椭球在 $\boldsymbol{B}$ 点处的法线方向平行于该 $\boldsymbol{D}$ 矢量对应的 $\boldsymbol{E}$ 矢量的方向而 OQ（$/\!/ \ BT$）的方向就是与 $\boldsymbol{l}_k$ 相应的 $\boldsymbol{l}_s$ 的方向。

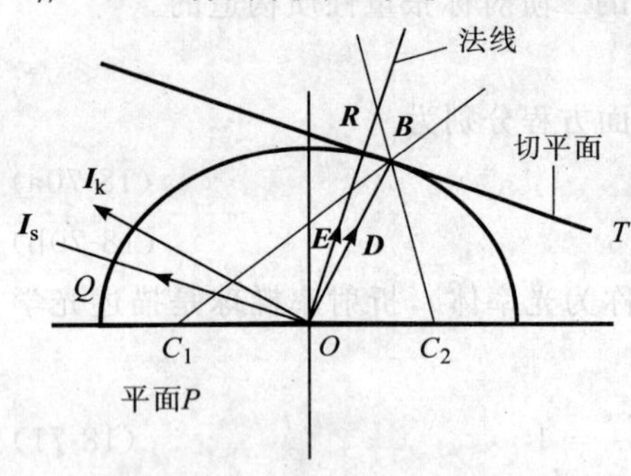

图 18-23　已知 $\boldsymbol{D}$ 方向，求 $\boldsymbol{E}$ 和 $\boldsymbol{l}_s$ 方向的几何作图法

2. 晶体对称性对折射率椭球的影响

根据各类晶体对称性对折射率椭球的影响，可求其椭球的形状和取向，并由此确定各类晶体的光学性质。

(1)立方晶体的折射率椭球

在立方晶体中折射率椭球蜕化成半径为 n_o 的球。方程为

$$\frac{x_1^2}{n_o^2}+\frac{x_2^2}{n_o^2}+\frac{x_3^2}{n_o^2}=1 \tag{18-74}$$

无特定的长短轴方向，不产生双折射，与各向同性介质的光波无区别。

(2)单轴晶体的折射率椭球

这类晶体的对称特点是只有一个高次轴（即三、四、六次旋转轴或旋转倒反轴），此高次轴通常取为 x_3。其折射率椭球方程为

$$\frac{x_1^2}{n_o^2}+\frac{x_2^2}{n_o^2}+\frac{x_3^2}{n_e^2}=1 \tag{18-75}$$

这是一个以光轴 x_3 为转轴的旋转椭球面。它的形态由 n_o 和 n_e 的取值不同而分为两类：若 $n_e > n_o$，称为正单轴晶体（如石英），折射率椭球是一个沿光轴方向拉长了的旋转椭球（图 18-24(a)）；若 $n_o > n_e$，称为负单轴晶体（如方解石），其折射率椭球是一个沿光轴方向压扁了的旋转椭球（图 18-24(b)）。通过折射率椭球中心的截面，依其对光轴的关系可分为以下 3 类：

1)包含光轴的主轴截面 (x_3,x_1) 面（或 (x_2,x_3) 面）。

任意包含 x_3 轴的中心截面都是 (x_3,x_1) 面或 (x_2,x_3) 面，其截线方程为

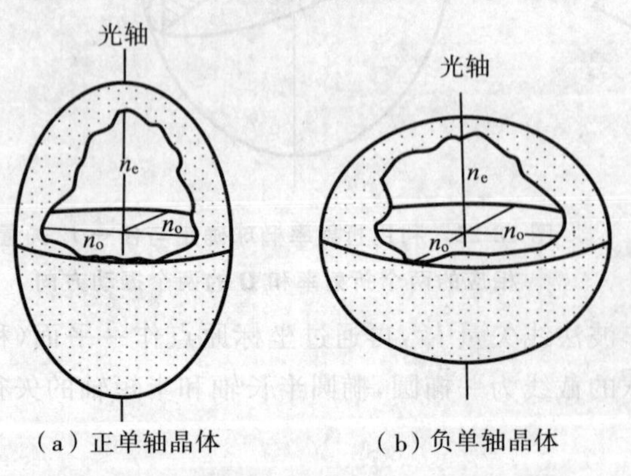

图 18-24　单轴晶体的折射率椭球外形

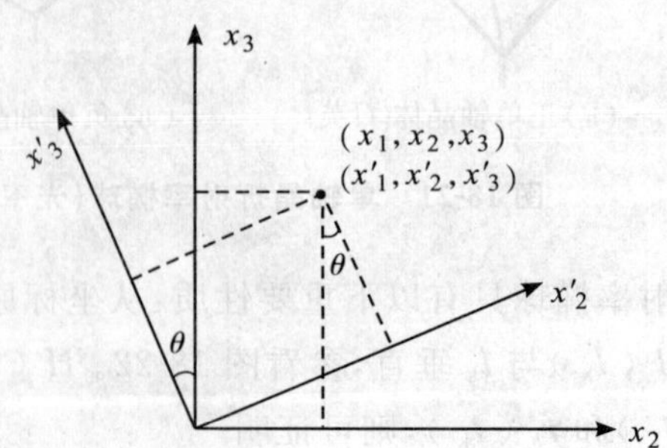

图 18-25　两个坐标系的关系

$$\frac{x_1^2}{n_o^2}+\frac{x_3^2}{n_e^2}=1 \text{ 或 } \frac{x_2^2}{n_o^2}+\frac{x_3^2}{n_e^2}=1 \tag{18-76}$$

两个主轴的半轴长分别为 n_o 和 n_e。

2)垂直光轴的主截面 (x_1,x_2) 面。

截线方程为

$$x_1^2 + x_2^2 = n_o^2 \tag{18-77}$$

是一个半径为 n_o 的圆。

3)法线方向 N 与光轴(x_3 轴)成任意夹角 θ 的中心截面。

建立新的坐标系 (x_1', x_2', x_3')，其 x_3' 轴与 N 重合，x_1' 轴与 x_1 轴重合，x_2' 轴在 (x_2, x_3) 面内，新旧坐标的变换如图 18-25 所示。则该截即为 (x_1', x_2') 面。

此截面与折射率椭球的截线方程为

$$\frac{x_1^2}{n_o^2} + \frac{x_2^2}{n_e'^2} = 1 \tag{18-78}$$

其中

$$n_e' = \frac{n_o n_e}{\sqrt{n_o^2 \sin^2\theta + n_e^2 \cos^2\theta}} \tag{18-79}$$

上述 3 种截面示于图 18-26 中。

利用折射率椭球可分析在单轴晶体中传播的单色平面光波的结构。

设一平面光波在晶体内的波法线方向 $\boldsymbol{l}_k$ 与光轴的夹角为 θ。通过椭球的中心且垂直于 $\boldsymbol{l}_k$ 的平面 $\boldsymbol{P}$ 和椭球的截线必定是一椭圆(参看图 18-26)。此椭圆的长轴和短轴方向就是波法线方向为 $\boldsymbol{l}_k$ 的两个波的 $\boldsymbol{D}$ 矢量的方向。且各半轴的长度等于该振动方向的折射率。其 $\boldsymbol{D}$ 矢量垂直于 $\boldsymbol{l}_k$ 与光轴 x_3 所在的平面，这是 o(寻常)光。且有 $\boldsymbol{E} /\!/ \boldsymbol{D}, \boldsymbol{l}_s /\!/ \boldsymbol{l}_k$，另一个半轴在 $\boldsymbol{l}_k$ 所在的 (x_2, x_3) 面内。其半轴长 n_e' 由(18-79)式给出。这说明，波法线方向为 $\boldsymbol{l}_k$ 的另一允许的偏振成分是在($\boldsymbol{l}_k$, x_3)面内振动，即其 $\boldsymbol{D}$ 矢量在波法线方向与光轴所在的面内。它的折射率随 $\boldsymbol{l}_k$ 与 x_3 轴的夹角 θ 而变，这就是 e 光(非常光)。由于 e 光的 $\boldsymbol{D}$ 矢量方向不是主轴方向，所以，其 $\boldsymbol{E}$ 矢量和 $\boldsymbol{D}$ 矢量不平行，光线方向 $\boldsymbol{l}_s$ 与波法线方向 $\boldsymbol{l}_k$ 不平行。

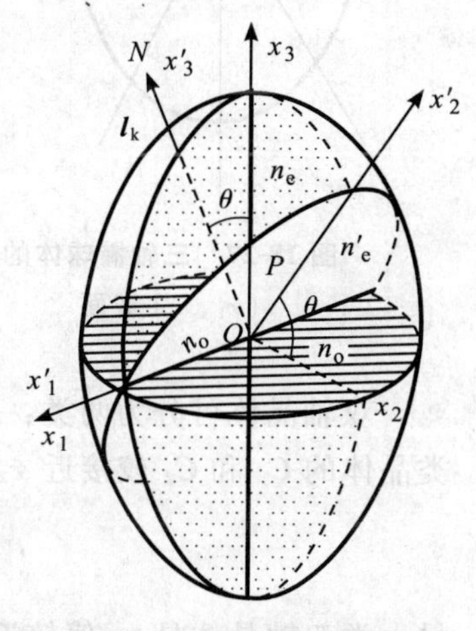

图 18-26　主轴坐标系内单轴晶体折射率椭球的截面

当 $\theta = 0$，即波法线方向 $\boldsymbol{l}_k$ 与 x_3 轴方向重合时，$n_e' = n_0$，相应的 $\boldsymbol{D}$ 矢量方向与光轴垂直，此时与 $\boldsymbol{l}_k$ 垂直的折射率椭球中心截面是圆。这说明，x_3 轴方向可以允许任何偏振态的光以同样的折射率 n_o 传播，x_3 轴为光轴。

当 $\theta = \frac{\pi}{2}$，即波法线方向 $\boldsymbol{l}_k$ 与 x_3 方向垂直时，$n_e' = n_e$，对于正单轴晶体，这是 e 光的最大折射率，而对于负单轴晶体，则是 e 光的最小折射率，此时 e 光的 $\boldsymbol{D}$ 矢量方向与 x_3 轴平行，此时 e 光的 $\boldsymbol{D}$ 矢量与 $\boldsymbol{E}$ 矢量平行，光线方向 $\boldsymbol{l}_s$ 与波法线方向 $\boldsymbol{l}_k$ 平行。

(3)双轴晶体的折射率椭球

1)双轴晶体中的光轴。

双轴晶体的对称特点是无高次轴，故折射率椭球为三轴椭球：

$$\frac{x_1^2}{n_1^2} + \frac{x_2^2}{n_2^2} + \frac{x_3^2}{n_3^2} = 1 \tag{18-80}$$

一般选择 x_1、x_2、x_3 使上式中 $n_1 < n_2 < n_3$，椭球的取向使其对称性和晶体的对称性一致。对于正交晶系，晶体的 3 个晶轴与折射椭球的 3 个主轴重合，晶体中的 3 个对称面与椭球的 3 个对称面重合。对于单斜晶系，其二次轴要与折射率椭球 3 个主轴之一重合，其对称面要与椭球中 3 个光学对称面中的 1 个重合。单斜晶系晶体的另外 2 个晶轴与椭球另 2 个相交成一角度。在三斜晶系晶体中，没有对称轴和对称面，折射率椭球的 3 个主轴和晶体的 3 个晶轴都相交成一定角度，角度的大小均由实验测定。

(18-80)式椭球的 (x_1, x_3) 截面方程为

$$\frac{x_1^2}{n_1^2}+\frac{x_3^2}{n_3^2}=1 \tag{18-81}$$

若用极坐标表示,则上式变成

$$\frac{1}{r^2}=\frac{\cos^2\psi}{n_1^2}+\frac{\sin^2\psi}{n_3^2}$$

式中,ψ 为矢径 $\boldsymbol{r}$ 与 x_1 之间的夹角,由于 $n_1<n_2<n_3$,在 x_1 轴与 x_3 轴之间必有一矢径 $\boldsymbol{r}_0$,其长度 $|\boldsymbol{r}_0|=n_2$,$\boldsymbol{r}_0$ 与 x_1 的夹角为 ψ(图 18-27)。ψ_0 应满足:

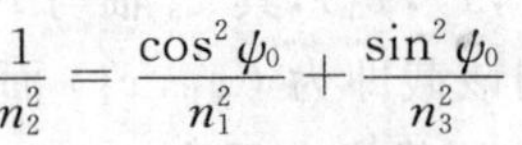

$$\frac{1}{n_2^2}=\frac{\cos^2\psi_0}{n_1^2}+\frac{\sin^2\psi_0}{n_3^2}$$

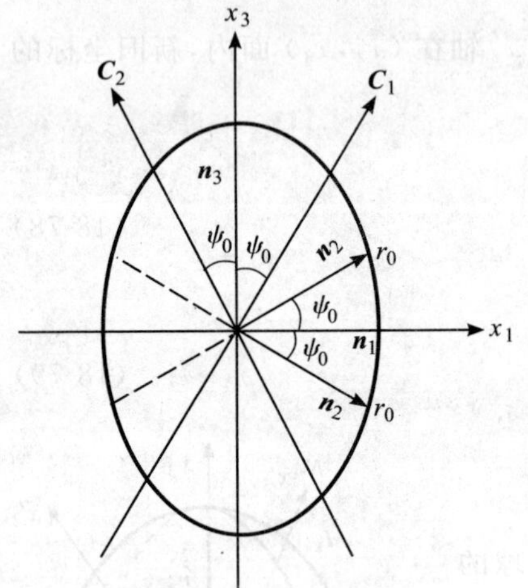

图 18-27　三轴椭球体的 (x_1,x_3) 截面

所以

$$\tan\psi_0=\pm\frac{n_3}{n_1}\sqrt{\frac{n_2^2-n_1^2}{n_3^2-n_2^2}} \tag{18-82}$$

满足(18-82)式的 ψ_0 在图 18-27 中有 2 个,与矢径 $\boldsymbol{r}_0$ 垂直的即为光轴 $\boldsymbol{C}_1$ 与 $\boldsymbol{C}_2$ 的方向,是为双轴晶体。$\boldsymbol{C}_1$ 和 $\boldsymbol{C}_2$ 的方向为

$$\boldsymbol{C}_1=\left(\frac{n_3}{n_2}\sqrt{\frac{n_2^2-n_1^2}{n_3^2-n_1^2}},\ 0,\ \frac{n_1}{n_2}\sqrt{\frac{n_3^2-n_2^2}{n_3^2-n_1^2}}\right)$$

$$\boldsymbol{C}_2=\left(-\frac{n_3}{n_2}\sqrt{\frac{n_2^2-n_1^2}{n_3^2-n_1^2}},\ 0,\ \frac{n_1}{n_2}\sqrt{\frac{n_3^2-n_2^2}{n_3^2-n_1^2}}\right)$$

显然,$\boldsymbol{r}_0$ 和 x_2 轴所决定的平面与折射率椭球相截的截面,是垂直于 $\boldsymbol{C}_1$ 和 $\boldsymbol{C}_2$ 的半径为 n_2 的圆,光波的波法线方向 $\boldsymbol{l}_k$ 若垂直于此圆截面,则 $\boldsymbol{D}$ 矢量在圆截面内振动,其振动方向无限制,折射率均为 n_2。

双轴晶体可分为两类:一类是 n_2 值与 n_1 值比较接近,即 $n_3-n_2>n_2-n_1$,称其为正光性双轴晶体。这类晶体的 $\boldsymbol{C}_1$ 和 $\boldsymbol{C}_2$ 较接近 x_3 轴($\psi_0<45°$)。定义 $2\Omega_{正}=2\psi_0$ 为正双轴晶体的光轴角:

$$\tan\Omega_{正}=\frac{n_3}{n_1}\sqrt{\frac{n_2^2-n_1^2}{n_3^2-n_2^2}} \tag{18-83}$$

另一类双轴晶体是 n_2 值较近于 n_3,即 $n_3-n_2<n_2-n_1$,称之为负光性双轴晶体。这时 $\boldsymbol{C}_1$ 和 $\boldsymbol{C}_2$ 较接近 x_1($\psi_0>45°$),定义 $2\Omega_{负}=\pi-2\psi_0$ 为负双轴晶的光轴角:

$$\tan\Omega_{负}=\frac{n_1}{n_3}\sqrt{\frac{n_3^2-n_2^2}{n_2^2-n_1^2}} \tag{18-84}$$

2)波法线方向折射率与主折射率的关系。

波法线方向与任一光轴重合时,折射率为 n_2。波法线方向与某一主轴方向平行时,相应的两个折射率则是其他两个主轴方向上的主折射率。而当波法线不与任一主轴平行时,可以证明,其相应的两个折射率分别介于 n_1 与 n_2 和 n_2 与 n_3 之间,即

$$n_3^2\geqslant n''^2\geqslant n_2^2\geqslant n'^2\geqslant n_1^2 \tag{18-85}$$

3)已知波法线方向与两个光轴的夹角时折射率(相速)的表达式。

如用波法线与两个光轴的夹角 θ_1 和 θ_2 表示波法线 $\boldsymbol{l}_k$ 的方向,则与 $\boldsymbol{l}_k$ 相应的相速度或折射率的表达式分别为[2-3,8]

相速度

$$v_p^1=\frac{1}{2}\left[v_1^2+v_3^2+(v_1^2-v_3^2)\cos(\theta_1\pm\theta_2)\right] \tag{18-86}$$

折射率

$$\frac{1}{n^2}=\frac{1}{2}\left[\frac{1}{n_1^2}+\frac{1}{n_3^2}+\left(\frac{1}{n_1^2}-\frac{1}{n_3^2}\right)\cos(\theta_1\pm\theta_2)\right] \tag{18-87}$$

形式上,在(18-86)式和(18-87)式中 v_2 或 n_2 没有出现,实际上它包含在 θ_1 和 θ_2 中,因为这些角依赖于 ψ 角,而 ψ 角则是 3 个主速度或 3 个主折射率的函数。

4)由波法线和 2 个光轴的方向确定 $\boldsymbol{D}$ 的 2 个振动面。

可以证明,已知 2 个光轴方向和波法线方向就可方便地确定与波法线方向相应的 $\boldsymbol{D}$ 矢量的 2 个振动面。

如图 18-28 所示,通过双轴晶体折射率椭球的中心作波法线矢量 $\boldsymbol{l}_k$,II 是垂直于它的中心截面,则截线椭圆的长轴和短轴方向就是与该传播方向相应的 2 个 $\boldsymbol{D}$ 矢量的振动方向 $\boldsymbol{D}'$ 和 $\boldsymbol{D}''$(半轴长就是相应的折射率值)。$\boldsymbol{C}_1$ 和 $\boldsymbol{C}_2$ 是光轴方向。可以证明:$\boldsymbol{D}$ 矢量的 2 个振动面($\boldsymbol{D}',\boldsymbol{l}_k$)和($\boldsymbol{D}'',\boldsymbol{l}_k$)分别是($\boldsymbol{C}',\boldsymbol{l}_k$)和($\boldsymbol{C}'',\boldsymbol{l}_k$)两个平面的内等分面和外等分面。

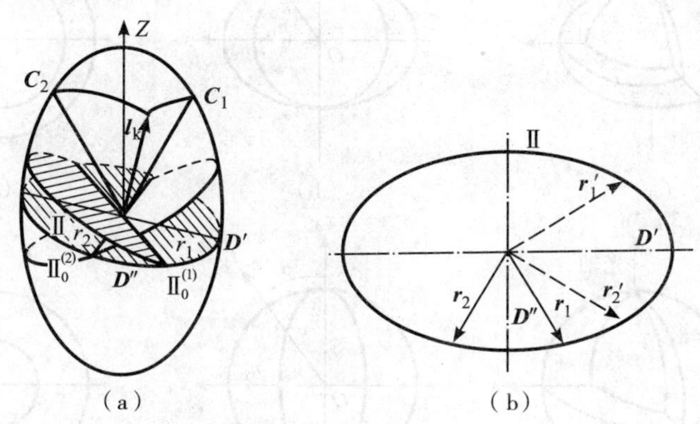

图 18-28 振动面 (l_k,D') 和(l_k,D'') 的确定

3. 折射率面

折射率面是描述晶体的折射率在晶体空间各方向(沿光波法线 $\boldsymbol{l}_k$ 矢量方向)上全部取值分布的几何图形。折射率面的定义是:矢径 $\boldsymbol{r} = n\boldsymbol{l}_k$,即矢径的方向平行于某一给定的波法线方向 $\boldsymbol{l}_k$,矢径长度等于相应的两种光波的折射率。

折射率面和折射率椭球的主要差别是:折射率椭球是将折射率在光波的 $\boldsymbol{D}$ 矢量方向上以一定长度的线段表示,它是二阶对称张量 β_{ij} 的示性曲面,是一个单层曲面,折射率面则是将折射率值直接在波法线 $\boldsymbol{l}_k$ 方向上以一定长度的线段来表示。由于晶体的各向异性,在 $\boldsymbol{l}_k$ 方向上一般有两个不同的折射率,故折射率面是一个双层曲面。主轴坐标系中折射率面的表达式为

$$(n_1^2x_1^2+n_2^2x_2^2+n_3^2x_3^2)(x_1^2+x_2^2+x_3^2)-[n_1^2(n_2^2+n_3^2)x_1^2+n_2^2(n_3^2+n_1^2)x_2^2+n_3^2(n_1^2+n_2^2)x_3^2]+n_1^2n_2^2n_3^2=0 \tag{18-88}$$

在上述折射率面的表达式中,只要按 $n\to k, n_i\to k_i$ 的关系代换,即成为相应的波矢曲面的方程。下面给出各类晶体的折射率面的表达式。

(1)立方晶体的折射率面

这类晶体有 $n_1=n_2=n_3=n_o$,因此(18-88)式变为

$$x_1^2+x_2^2+x_3^2=n_o^2 \tag{18-89}$$

这是一个半径为 n_o 的球面。

(2)单轴晶体的折射率面

对于单轴晶体,$n_1=n_2=n_o, n_3=n_o$,折射率曲面由一个球面和一个以 x_3 为轴的旋转椭球构成:

$$\left.\begin{aligned}x_1^2+x_2^2+x_3^2=n_o^2\\ \frac{x_1^2+x_2^2}{n_e^2}+\frac{x_3^2}{n_o^2}=1\end{aligned}\right\} \tag{18-90}$$

(18-90)式中的第一式所表示的是半径为 n_o 的球面,折射率值为 n_o,这是 o 光;第二式所表示的是一个旋转椭球面,x_3 轴为旋转轴,这是 e 光。

对于正单轴晶,$n_o<n_e$,球面内切于椭球面,折射率面如图 18-29(A) 所示;对于负单轴晶,$n_o>n_e$,球面外切于椭球面,折射率面如图 18-29(B) 所示。两种情况下的切点都在 x_3 轴上,x_3 轴是光轴。当与 x_3 轴夹角为 θ 的任一波法线方向 $\boldsymbol{l}_k$ 与折射率面相交时,得到长度为 n_o 和 $n_e'(\theta)$ 的矢径,分别代表 $\boldsymbol{l}_k$ 方向的两个折射率值,$n_e'(\theta)$ 的值可由下式求出:

$$n_e'(\theta)=\frac{n_o n_e}{(n_o^2\sin^2\theta+n_e^2\cos^2\theta)^{1/2}} \tag{18-91}$$

这与(18-66b)式结果一致。

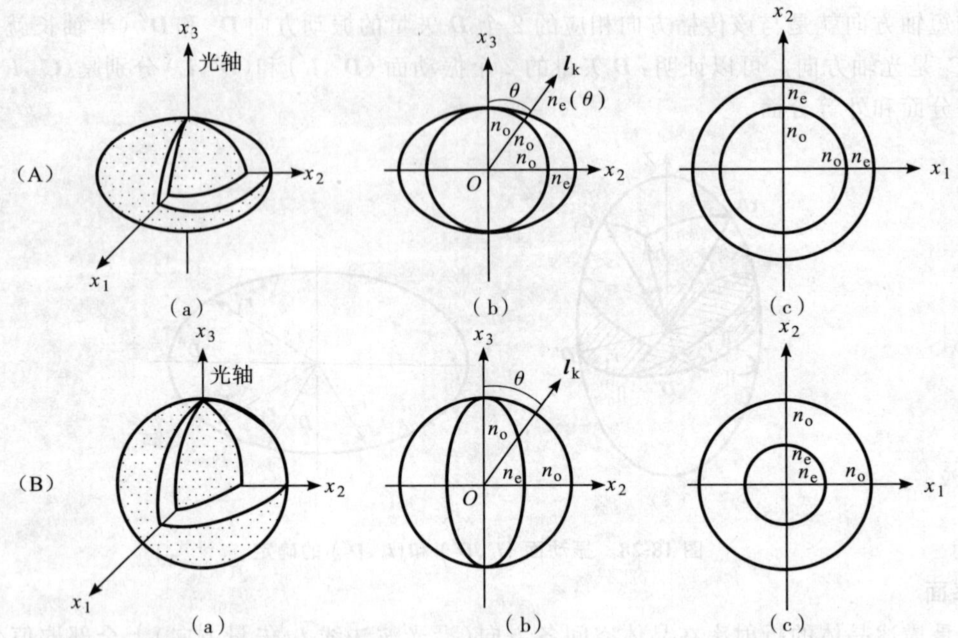

图 18-29　单轴晶体折射率面

(A)正单轴晶;(B)负单轴晶。(a)折射率面示意图;(b)折射率面的 x_2-x_3 截面;(c)折射率面的 x_1-x_2 截面

(3)双轴晶体的折射率面

对双轴晶体,$n_1\neq n_2\neq n_3$,一般仍规定 $n_1<n_2<n_3$。其折射率面的表达式为(18-88)式,这是一个复杂的双层面。在3个主截面 (x_2,x_3)、(x_3,x_1)、(x_1,x_2) 上的方程分别为

$$\left.\begin{aligned}(x_2^2+x_3^2-n_1^2)\left(\frac{x_2^2}{n_3^2}+\frac{x_3^2}{n_2^2}-1\right)=0\\(x_3^2+x_1^2-n_2^2)\left(\frac{x_3^2}{n_1^2}+\frac{x_1^2}{n_3^2}-1\right)=0\\(x_1^2+x_2^2-n_3^2)\left(\frac{x_1^2}{n_2^2}+\frac{x_2^2}{n_1^2}-1\right)=0\end{aligned}\right\} \tag{18-92}$$

由于 $n_1<n_2<n_3$,因此在 x_3x_1 面上折射率面的截面是圆和椭圆相交(图18-30(b)),通过中心把交点连接起来,连线就是双轴晶的光轴 $\boldsymbol{C}_1$ 和 $\boldsymbol{C}_2$。其余两平面上的截面都是圆与椭圆套接(图18-30(a)(c))。折射率曲面的2个壳层只有4个交点,就是 x_3x_1 面上的4个交点。在三维示意图中可以看出“脐窝”(图18-31)。

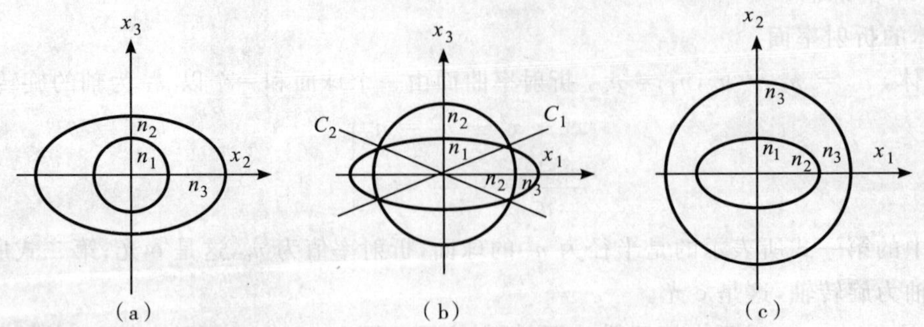

图 18-30　双轴晶体折射率面的主截面图

(a) (x_2,x_3) 面上折射率面的截面;(b) (x_3,x_1) 面上折射率面的截面;(c) (x_1,x_2) 面上折射率面的截面

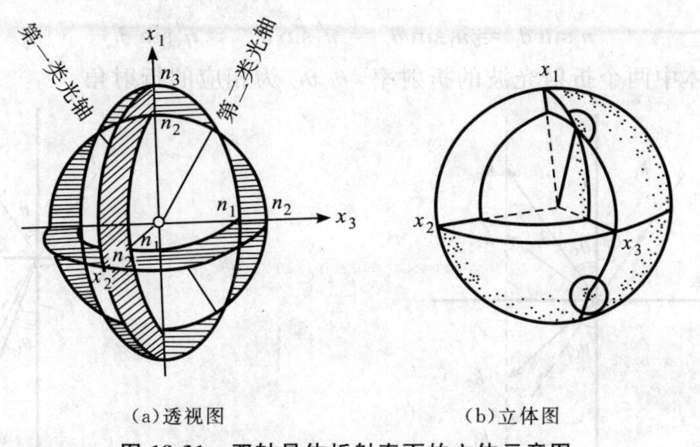

(a)透视图　　(b)立体图

图 18-31　双轴晶体折射率面的立体示意图

三、平面光波在晶体表面上的反射和折射

(一)光在晶体界面上的双反射和双折射

设单色平面光波自真空射向晶体。令 $\boldsymbol{k}_i,\boldsymbol{k}_r,\boldsymbol{k}_t$ 分别为入射波、反射波和折射波的波矢 $\left(\boldsymbol{k}=\frac{\omega}{\nu}\boldsymbol{l}_k\right)$；相应的场矢量分别是相应变量 $(\omega\tau-\boldsymbol{k}_i\cdot\boldsymbol{r})$，$(\omega t-\boldsymbol{k}_r\cdot\boldsymbol{r})$ 和 $(\omega t-\boldsymbol{k}_r\cdot\boldsymbol{r})$ 的函数。场的切向分别在边界两侧的连续性，要求对于边界上的任一点(由位置由 $\boldsymbol{r}$ 确定，$\boldsymbol{r}$ 在界面内)在所有的时刻 t 满足：

$$\omega t-\boldsymbol{k}_i\cdot\boldsymbol{r}=\omega t-\boldsymbol{k}_r\cdot\boldsymbol{r}=\omega t-\boldsymbol{k}_t\cdot\boldsymbol{r}$$

即

$$\boldsymbol{r}\cdot(\boldsymbol{k}_r-\boldsymbol{k}_i)=0 \tag{18-93}$$

$$\boldsymbol{r}\cdot(\boldsymbol{k}_t-\boldsymbol{k}_i)=0 \tag{18-94}$$

由于 $\boldsymbol{r}$ 在界面内可取任意方向，因而矢量$(\boldsymbol{k}_r-\boldsymbol{k}_i)$和$(\boldsymbol{k}_t-\boldsymbol{k}_i)$都必须垂直于界面。

(18-93)式是晶体界面上反射定律的矢量形式，它说明：反射波矢与入射波矢的差矢与界面垂直。(18-94)式是晶体界面上折射定律的矢量形式，它说明，折射波矢与入射波矢的差矢与界面垂直。反射光和折射光的波法线都在入射面内。

若设 $\theta_i,\theta_r,\theta_t$ 分别为入射角、反射角和折射角(见图 18-32)，则有

$$k_i\sin\theta_i=k_r\sin\theta_r=k_t\sin\theta_t \tag{18-95}$$

即

$$\left.\begin{aligned}n_i\sin\theta_i&=n_r\sin\theta_r\\n_i\sin\theta_i&=n_t\sin\theta_t\end{aligned}\right\} \tag{18-96}$$

(18-95)式和(18-96)式形式上与各向同性介质的情况并无不同，但应注意：

1)在各向异性介质中波法线方向与光线方向一般不同，而(18-95)式和(18-96)式中的入射角 θ_i、反射角 θ_r 和折射角 θ_t 都是对波法线而言的。反射波和折射波的波法线在入射面内，但它们的光线却可能不在入射面内。

2)在各向异性介质中，光的折射率因电矢量的振动方向而异。光沿不同方向传播时，电矢量的振动方向一般不同，所对应的折射率也不同。所以如果光从真空入射，则 n_t 不是常数，如果光从各向异性介质内部入射，则 n_i 和 n_r 不是常数。在后一情况下，由于 n_r 一般不等于 n_i，所以反射角不等于入射角。

3)由于双折射和双反射现象的存在，所以满足(18-95)式的 θ_r 和 n_r 以及满足式(18-96)的 θ_r 和 n_r 都有两个可能值。

图 18-32 是双反射的情况，这时有

$$n_i\sin\theta_i=n_r'\sin\theta_{r_1}=n_r''\sin\theta_{r_2}=n_t\sin\theta_t$$

式中，n_r'和 n_r''是晶体中反射的两个光波的折射率，θ_{r_1} θ_{r_2} 是相应的反射角。

图 18-33 是双折射的情况，这时有

$$n_i \sin\theta_i = n_r \sin\theta_r = n'_t \sin\theta_{t_1} = n''_t \sin\theta_{t_2}$$

式中，n'_1 和 n''_1 分别为晶体中两个折射光波的折射率，$\theta_{t_1}\theta_{t_2}$ 为相应的折射角。

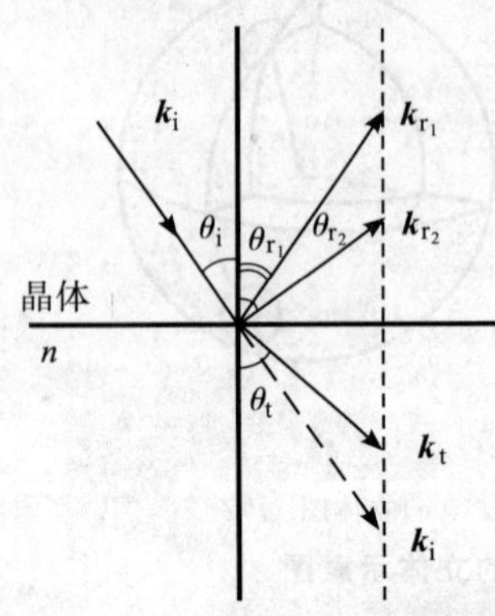

图 18-32　光由晶体射入均匀介质时在界面上的反射与折射

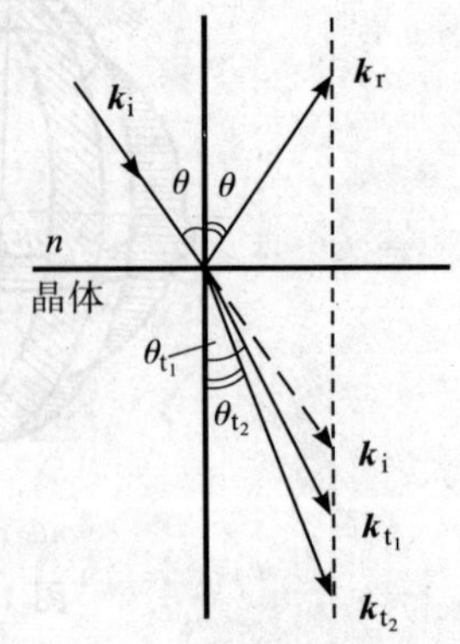

图 18-33　光由均匀介质射入晶体时在界面上的反射与折射

（二）单轴晶体中的光路

可用两种方法确定晶体中反射波与折射波的方向：计算法和作图法。

1. 计算法

利用反射定律和折射定律可直接计算晶体中折射光波和反射光波的方向。但计算时要注意：①晶体中折射率会随波法线的方向 $\boldsymbol{l}_k$ 而变；② 用反射定律和折射定律求出的只是波法线 $\boldsymbol{l}_k$ 的方向。具体的计算公式如下：

$$n_i \sin\theta_i = n_r \sin\theta_r = n_t \sin\theta_t \tag{18-97}$$

$$n'^2 = n_o^2 \tag{18-98}$$

$$n''^2 = \frac{n_o^2 n_e^2}{n_o^2 \sin^2\theta + n_e^2 \cos^2\theta} \tag{18-99}$$

$$\tan\alpha = \frac{1}{2}\,\frac{n_e^2 - n_o^2}{n_o^2 \sin^2\theta + n_e^2 \cos^2\theta}\sin 2\theta \tag{18-100}$$

式中，n_i、n_r、n_t 分别为入射波、反射波和折射波所在处的介质折射率，θ_i、θ_r、θ_t 分别为相应的波矢与分界面法线的夹角，n' 和 n'' 分别为晶体中光波的寻常光和非常光的折射率，θ 是晶体中光轴与波法线的夹角，α 是光波法线方向与光线方向之间的夹角。显见，只要给出入射光波矢的方向（θ_i 已知）和晶体光轴的方向（由此可确定 θ），则由(18-97) 式和(18-99) 式可求出折射光波法线的方向（或反射光波法线的方向），再从(18-100) 式可求出相应的光线方向。

2. 作图法

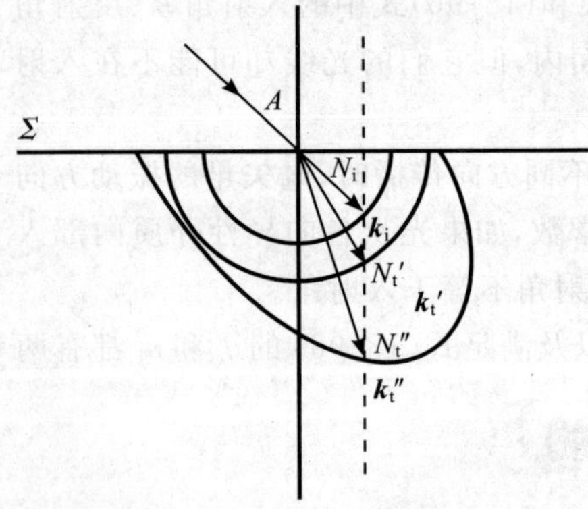

图 18-34　由波矢曲面确定折射波的波矢

利用折射率椭球、折射率面等几何图形，通过作图法，可方便地求出 o 光和 e 光的 $\boldsymbol{l}_k$ 矢量和 $\boldsymbol{l}_s$ 矢量的方向。用折射率椭球求折射波方向的一般作图方法，参见前述的几何法。用折射率面求反射波和折射波的一般方法如下：

如图 18-34 所示，以分界面 Σ 上任一点 A 为原点，在晶体一侧按同一比例尺分别画出入射光所在介质中的波矢面和晶体中的波矢面，再自 A 点引一直线平行于入射光法线方向，该直线交入射光所在介质的波矢量于 N_i 点 AN_i 即代表入射波矢 $\boldsymbol{k}_i$，过 N_i 点作 Σ 的垂线交晶体中的波矢面于 N'_t 和 N''_t 两点，由 N'_t 和 N''_t 所确定的两个波矢，就是符合(18-94) 式的两个可能的折射波矢 $\boldsymbol{k}'_t$ 和 $\boldsymbol{k}''_t$。

对于在晶体内部的反射光，可用同样的方法：以界面上任一点为原点，在界面两侧画出该晶体的波矢面。自原点所引的与入射光法线方向平行的直线，确定入射波矢 $\boldsymbol{k}_i$（入射波矢在晶体外侧）。一般情况，对应于同一法线方向的入射光有两个波矢，对于这两个波矢的取舍要视具体情况而定。过 $\boldsymbol{k}_i$ 末端所作的 Σ 的垂线在晶体内侧交波矢面于两点，从而可定出符合式(18-93)的两个可能的反射波矢 $\boldsymbol{k}'_t$ 和 $\boldsymbol{k}''_t$。

应注意，由作图法所确定的两个反射波矢和两个折射波矢只是允许的或可能的两个波矢，至于实际上这两个波矢是否同时存在，要由入射光的偏振态决定。

四、晶体的偏光干涉

同频率、同振动方向、有固定相位差的两光波叠加时，产生干涉现象，干涉光强 I 由下式求出：

$$I = I_1 + I_2 + 2\sqrt{I_1 I_2}\cos\delta$$

式中，I_1、I_2 分别为两相干光的强度，δ 为两相干光之间的相位差，光波通过晶片时，一般分成 o、e 两光波，但叠加时不产生干涉现象，原因是两光波振动方向相互垂直。若能使其同方向振动，则将出现干涉现象。这种通过晶片后产生的干涉为偏振光的干涉。这时应考虑光振动方向（由起偏器的取向决定）和相位差 δ（由晶体中 n'、n'' 差，晶片厚度和光波传播方向决定）两因素对干涉光强 I 的影响。

（一）平行光的偏光干涉

如图 18-35 所示，一平面平行晶片 C 置于两偏振器 P_1 和 P_2 之间，单色平面波垂直入射于晶片，两光波通过晶片后产生的相位差为[8]

$$\delta = \frac{2\pi h}{\lambda\cos\theta_t}(n'' - n') \qquad (18\text{-}101)$$

式中，h 是晶片的厚度；$h/\cos\theta_t$ 是晶片中两波法线的平均几何路程，即折射角为 θ_t 的"折中"波法线在晶片中的几何路程，它与 $(n''-n')$ 的乘积就是相应的光程差。

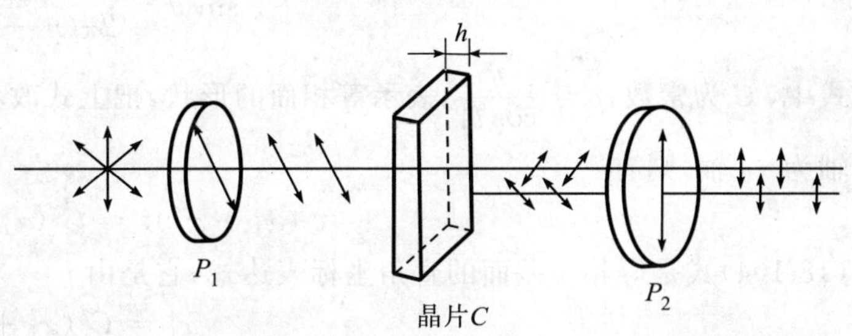

图 18-35　平行线偏振光的干涉光路

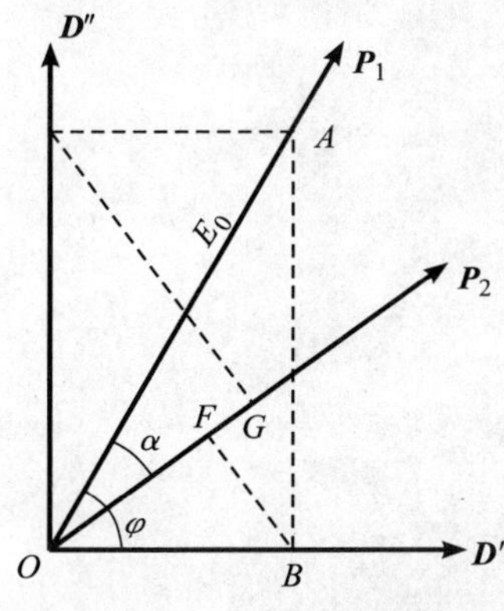

图 18-36　从起偏器和检偏器通过的光波

两叠加光波的光强 I_1 和 I_2 取决于晶片和两偏振器之间的相对取向。设它们之间的相对取向如图 18-36 所示，图面与晶片平行。D' 和 D'' 代表晶体中两个相互垂直的振动方向，P_1 和 P_2 分别表示起偏器和检偏器的透光轴。φ 为 P_1 和 D' 之间的夹角，α 为 P_1 和 P_2 之间的夹角，$OA = E_0$ 为入射到晶片上的线偏振光的振幅，则通过晶片后能透过检偏器的两光波的振幅分别为

$$\overline{OF} = E_o\cos\varphi\cos(\varphi - \alpha)$$

$$\overline{OG} = E_o\sin\varphi\sin(\varphi - \alpha)$$

将上式代入干涉式，即得干涉光强 I 的表达式（为简单起见，略去常数因子，而令 $I = E^2$，以下同）：

$$I = I_0\left\{\cos^2\alpha - \sin 2\varphi\sin 2(\varphi-\alpha)\sin^2\frac{\delta}{2}\right\} \qquad (18\text{-}102)$$

式中，$I_0 = E_0^2$。显见，干涉光强 I 与 δ（晶片产生的相位差）、α（两偏振器的相对取向），以及 φ 和 $\varphi-\alpha$（晶片与偏振器的相对取向）有关[8]。

（二）会聚光的偏光干涉

在会聚光入射时，偏振光以不同的入射角和入射面射入晶片，随着晶片的切法不同，相位差的变化不仅与入射角的大小有关，而且随入射面取向不同而改变。图 18-37 是观察会聚光干涉现象的光路图。P_1 和 P_2 分别为起偏器和检偏器，C 是晶片，L_1、L_2 是透镜，面光源 S 在 L_1 的焦平面上，观察屏 B 在 L_2 的焦平面上。

由图 18-37 可见，会聚于观察屏上同一点的诸偏振光，都来自光源平面上的同一点，且按同一方向通过

晶片，于是观察屏上各点的光强仍用(18 102)式计算。因为(n'' n')与晶片中折射光对光轴方向的方位有关，所以干涉条纹与晶体的光学特性及晶片的切法有关。

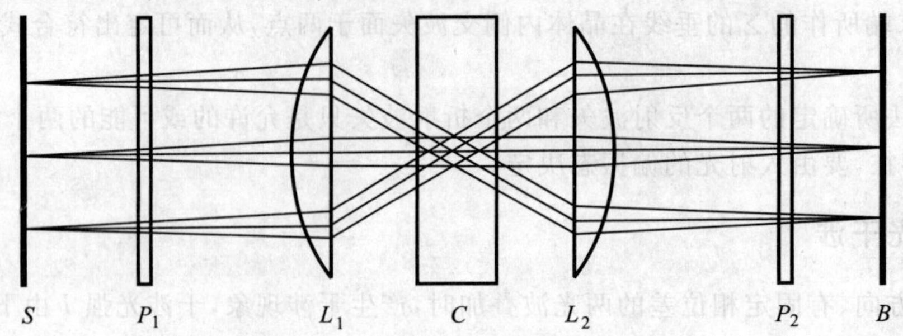

图 18-37 会聚光偏光干涉装置简图

1. 单轴晶体干涉图

在单轴晶体中，当波法线与光轴的夹角为 θ 时，相位差为[8]

$$\delta = \frac{2\pi}{\lambda}\rho(n_e - n_o)\sin^2\theta$$

等相位差面的极坐标表达式为

$$\rho\sin^2\theta = \frac{\lambda\delta}{2\pi(n_e - n_o)} = C \tag{18-103}$$

式中，C 为常数；$\rho = \dfrac{h}{\cos\theta_1}$，表示等相面的形状，把上式改为直角坐标系的表达式。为此选 A 为坐标原点，光轴为 x_3 轴，则有

$$(x_1^2 + x_2^2)^2 = C^2(x_1^2 + x_2^2 + x_3^2) \tag{18-104}$$

(18-104)式是等相位差面的直角坐标表达式，它是由

$$x_1^4 = C^2(x_1^2 + x_3^2) \tag{18-105}$$

所表示的曲线绕 x_3 轴旋转而成，如图 18-38(a)所示。

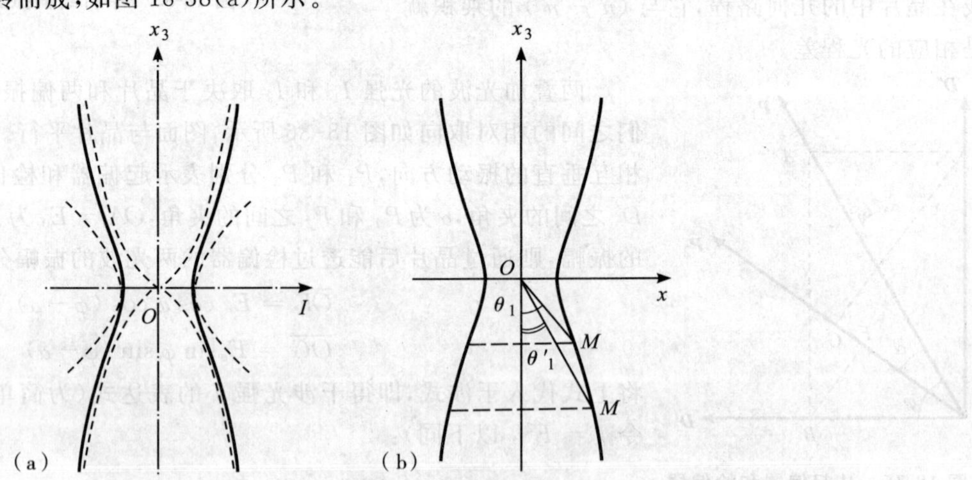

图 18-38 单轴晶体等相位差面与 x_1Ox_3 平面的交线

这等相位面与 x_1Ox_3 平面的交线是一个复杂的四次曲线，但在一定条件下则趋近于二次曲线，当 $x_3^2 \gg x_1^2$ 时，曲线趋于抛物线：

$$x_1^2 = \pm Cx_3 \tag{18-106}$$

在 x_1 轴附近，(18-105)式可展成

$$C^2 = \frac{x_1^4}{x_1^2 + x_3^2} = x_1^2\left(1 - \frac{x_3^2}{x_1^2} + \cdots\right)$$

因为 $x_3 \ll x_1$，故可略去 x_3^2/x_1^2 以上的项，这时式(18-105)趋于双曲线：

$$x_1^2 - x_3^2 = C^2 \tag{18-107}$$

图 18-38(a)中的虚线即为(18-106)式和(18-107)式所示的抛物线和双曲线，由上述等相位差面方程，即可确定干涉场中干涉条纹的形状，它们是等相位差面 $x_1^2+x_2^2=C(x_1^2+x_2^2+x_3^2)^{1/2}$ 和离原点不同距离 h 的平面的交线，这些平面是晶片的出射平面，显然干涉条纹的形状与晶片的切法密切相关，当晶片光轴与平行平面晶片的表面垂直时，晶体的入射平面与 x_1Ox_3 面重合，因此晶片出射表面与等相位差面的交线就与干涉条纹相对应，这种干涉条纹有时又称为等色线。显然，这种情况下等色线是同心圆，当光轴与晶片表面有一夹角时，等色线是卵圆形，光轴与晶片表面平行时，等色线是一对双曲线。

干涉条纹的强度分布情况如下：在平行薄板等倾干涉条纹中，同一干涉条纹（等色线）的强度是相同的，但在偏光干涉的条纹中，同一等色线上的强度则不相同，它与强度公式中的 φ（晶片与起偏器的相对位置）有关，当起偏器与检偏器相互垂直时（$\alpha=90°$），则在同心圆形干涉条纹（光轴垂直于晶片表面）的基础上出现与 P_1、P_2 方向平行的暗十字（图 18-39）；当 P_1、P_2 相互平行（$\alpha=0°$）时，则出现亮十字，十字线的成因，可参看有关资料[2-3,7-8]。

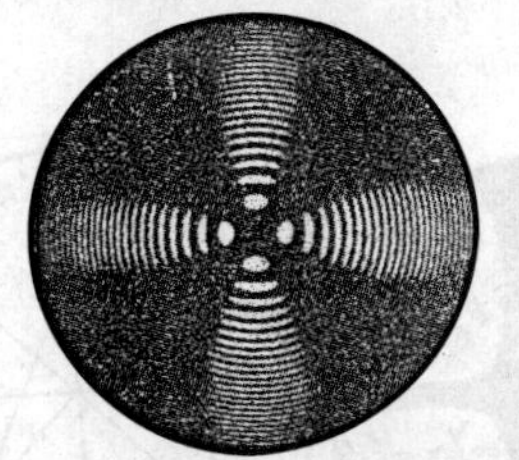
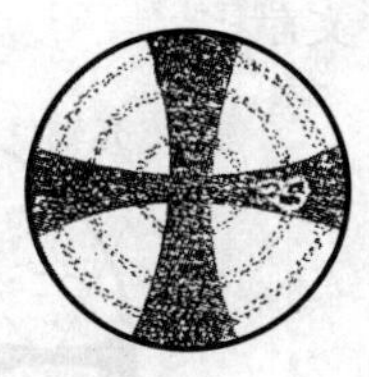

图 18-39　单轴晶体的锥光干涉图

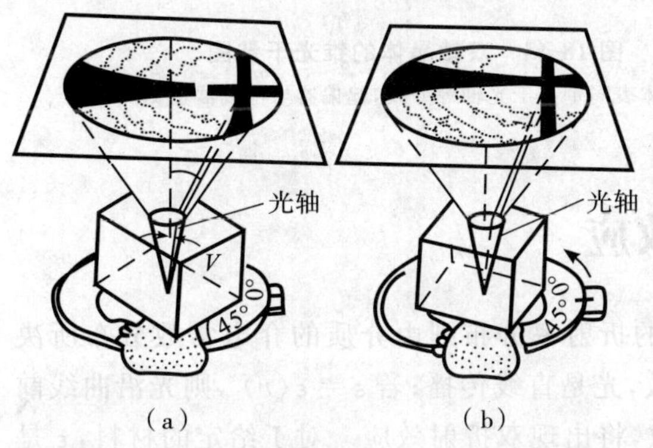

图 18-40　转动对偏心的锥光干涉图的影响

(a)光轴出露点在视场内 0°位置；(b)22.5°位置

当晶体的表面与光轴不垂直时，干涉图不对称，由于光轴是倾斜的，所以光轴出露点不在视场中心。当倾斜角度不大时，光轴出露点仍在视场之内，这时黑十字与干涉卵圆环都不完整(图 18-40(a))。当转动晶片时，光轴出露点绕视场中心做圆周运动，其旋转方向与晶片旋转方向一致，而黑十字两臂也随之移动，且始终分别保持与起偏镜和检偏镜的透光轴平行(图 18-40(b))。当光轴倾斜角度较大时，光轴出露点就会落到视场外，这时视场中只能看见一条黑臂以及部分干涉卵圆环。如果光轴接近和晶片表面平行时，黑臂就变得宽大而模糊，转动晶片时黑十字即分成双曲线迅速离开视场，这种干涉图称为闪图。根据干涉图的形状，可初步判断光轴的大致方向。

2. 双轴晶体干涉图

对于由双轴晶体制成的平行平面晶片，干涉图的等相位差面由下式给出[2-3,8]：

$$\rho\sin\theta_1\,\sin\theta_2=\frac{\lambda\delta}{2\pi(n_3-n_1)}=C(\text{常数})\tag{18-108}$$

当波法线方向分别趋近于两个光轴时，例如趋近于光轴 1 时，θ_1 很小，这时 $\theta_2\approx 2\psi_0$（两光轴的夹角），(18-108)式变成

$$\rho\sin\theta_1=\frac{C}{\sin 2\psi_0}\tag{18-109}$$

式中，$\rho\sin\theta_1$ 是等相位差面上的点到光轴 1 的距离，其轨迹是围绕光轴 1 的圆柱。同样，波法线趋近于光轴 2 时，等相位差面的轨迹是围绕光轴 2 的圆柱。显然，光轴附近的等色线卵圆形是封闭曲线。逐渐向外，卵圆形逐渐扩大，直至两卵圆形相切，形成“∞”形，再向外使包围两光轴的曲线合而为一，如图 18-41 所示。

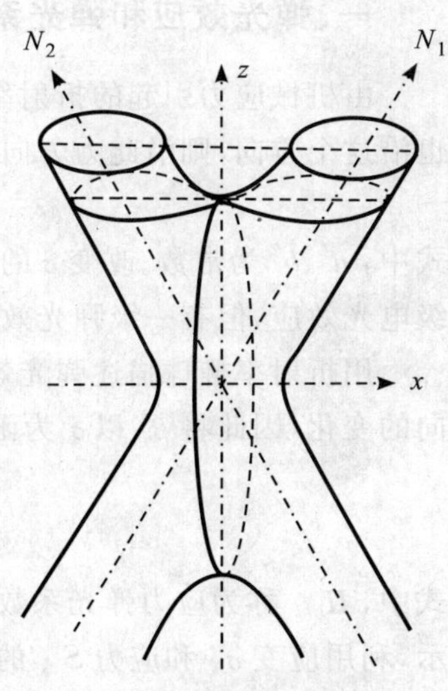

图 18-41　双轴晶体的等相位差面

双轴晶体的锥光图比单轴晶体的锥光图复杂，下面给出晶片表面垂直锐角等分线的干涉图。这时干涉图的特征如下：当光轴面与起偏器或检偏器之一的透光轴平行时，干涉图由一黑十字及“∞”字形干涉条纹组成(图 18-42(a))。黑十字的两臂分别与起偏器和检偏器的透光方向 P_1 和 P_2 平行，两臂的粗细不等，沿光轴面方向的臂较细，沿光轴出露点处最细。垂直于光轴面方向的黑臂较宽，黑十字中心为锐角分角线的出露点，位于视场中心。卵圆

形干涉条纹以两个光轴出露点为中心，在靠近光轴处为卵圆形，向外合并成"∞"字形，再向外则成凹形椭圆。当转动晶片，即光轴面偏离 P_1 或 P_2 方向时，黑十字便从中心分裂，形成一组弯曲的黑带。当光轴面与 P_1、P_2 成 45°角时，两个弯曲黑带顶点间的距离最远（图 18-42(b)），两弯曲黑带顶点为两光轴的出露点，它们之间的距离与光轴角成正比。当继续转动晶片，弯曲黑带顶点逐渐向视场中心移动，至 90°时，又合成黑十字，但两臂粗细位置已经更换，继续转动晶片，黑十字又分裂。在转动晶片时，卵形干涉条纹随光轴出露点而移动，但形状不变[2-3,7-8]。图 18-43 所示为双轴晶体的锥光干涉图。关于消色线的形状和分析可参看有关文献[2-3,8]

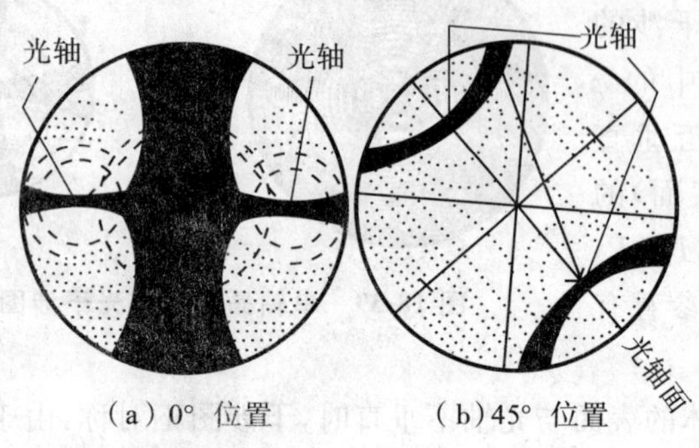

图 18-42 双轴晶锐角等分线干涉图

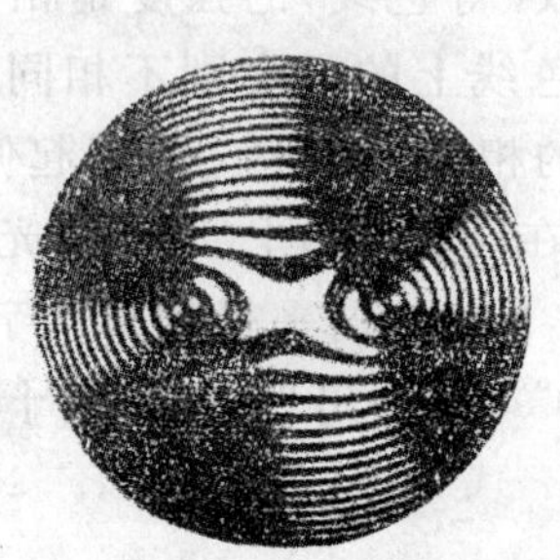
图 18-43 双轴晶体的锥光干涉图

晶体表同垂直于光轴等分线，起偏器与检偏器正交

第四节 弹光效应

光在介质中传播的规律受介质折射率分布所制约，而介质的折射率分布则由介质的介电常数分布所决定。例如：光在各向同性介质中传播时，由于 $D=\varepsilon E$，$\varepsilon=$常数，光是直线传播；若 $\varepsilon=\varepsilon(r)$，则光沿曲线前进；光在各向异性介质中传播时，由于 $D_i=\varepsilon_0\varepsilon_{ij}E_j$，$\varepsilon_{ij}$ 均为常数，将出现双折射效应。对于给定的材料，ε 是物质常数，实际上外界的各种因素常常会引起 ε 的变化（n 亦随之变化），从而引起各种光学效应。例如，介质因力场而引起的折射率变化，称为弹光效应；因电场引起的折射率变化，称为电光效应；因磁场引起的折射率变化，称为磁光效应……本节介绍弹光效应。以后各节将分别介绍电光效应、磁光效应、非线性效应等。这是一类重要的晶体光学性质，并有广泛应用。

一、弹光效应和弹光系数[5,7-10,12,14]

由机械应力引起的折射率变化称为弹光效应。如沿晶体主轴方向加单向机械应力 σ，而且光波电矢量也沿这个方向，则沿此力方向的折射率 n 将发生变化，其表达式为

$$n=n^0+a'\sigma+b'\sigma^2+\cdots \tag{18-110}$$

式中，a'、b' 为常数。改变 σ 的方向，物体就由受拉变成受压，相应的 n 值也随之改变，所以各向同性材料无一级电光效应，但有一级弹光效应，晶体的折射率分布可用折射率椭球来描述，即 $\beta_{ij}x_iy_j=1$。

用折射率椭球描述弹光效应时，由机械应力引起的折射率变化，等同于折射率椭球的形状、大小以及取向的变化，因此将 β_{ij} 以 σ 为函数展开：

$$\begin{aligned}\beta_{ij}&=\beta_{ij}^0+\Pi_{ijkl}\sigma_{kl}\\ \Delta\beta_{ij}&=\beta_{ij}-\beta_{ij}^0=\Pi_{ijkl}\sigma_{kl}\end{aligned} \tag{18-111}$$

式中，Π_{ijkl} 称为应力弹光系数（或称压光系数），是四级张量，其典型值约为 $10^{-12}\ \mathrm{m^2/N}$；$\Delta\beta_{ij}$ 也可用应变表示，利用应变 σ_{ij} 和应力 S_{rs} 的关系式，$\sigma_{ij}=C_{ijrs}S_{rs}$，可得

$$\Delta\beta_{ij}=P_{ijrs}S_{rs} \tag{18-112}$$

从而

$$\Pi_{ijkl}=P_{ijrs}\lambda_{rskl},\quad P_{ijrs}=\Pi_{ijkl}C_{klrs} \tag{18-113}$$

式中，P_{ijrs} 是弹光系数，是一无量纲的量。注意 Π_{ijkl} 和 λ_{rskl} 的量纲相同，其数值也相近。由于晶体的对称性，独立变量数大大减少，因而下标可简化，故有

$$\Delta\beta_m = \Pi_{mn}\sigma_n, \qquad m,n = 1,2,\cdots,6 \tag{18-114}$$

其中

$$\Pi_{mn} = \Pi_{ijkl}, \qquad n = 1,2,3, \qquad \Pi_{mn} = 2\Pi_{ijkl}, \qquad m = 4,5,6$$

同理

$$\Delta\beta_m = P_{mn}S_n, \qquad m,n = 1,2,\cdots,6 \tag{18-115}$$

其中

$$P_{mn} = P_{ijrs}, \qquad m,n = 1,2,\cdots,6$$

一般情况下

$$\Pi_{mn} \neq \Pi_{nm}; P_{mn} \neq P_{nm} \tag{18-116}$$

表 18-8～表 18-12 给出了几种晶系的弹光性质[9]。

表 18-8　立方晶系晶体的弹光性质

晶　类	材　料	λ/ μm	P_{11}	P_{12}	P_{13}	P_{44}	M_2
	GaP	0.63	−0.151	−0.082		−0.074	29.5
	GaAs	1.15	−0.165	−0.140		−0.072	69
	YAG	0.63	−0.029	+0.009		−0.061	0.048
	YIG	1.15	0.025	0.073		0.041	0.22
	β-ZnS	0.63	+0.091	−0.01		+0.075	2.3
	Ge	10.6	+0.27	+.235		+0.125	540
	$ZnAl_2O_4$	0.63	<0.009	0.03			0.005
	$SrTiO_3$	0.63	0.15	0.095		0.072	1.1
$\bar{4}3m$	$Y_3Ga_5O_{12}$	0.63	0.091	0.019		0.079	0.56
432	$Bi_4Ge_3O_{12}$	0.63					3.3
$m3m$	KRS-5(溴碘化铊)	0.63					118
	金刚石	0.59	−0.31	−0.03			
	LiF	0.59	−0.43	+0.19		−0.16	
	MgO	0.59	+0.02	+0.128		−0.064	
	KBr	0.59	−0.32	−0.08			
	KCl	0.59	+0.22	+0.171		−0.026	
	KI	0.59	+0.17	+0.124			
	NaCl	0.59	+0.21	+0.169			
		0.59	+0.11	+0.153		−0.010	
	$Ba(NO_3)_2$	0.63	0.15	0.35	0.29	0.02	15
	$Bi_{12}GeO_{20}$	0.63					6.6
23	$Bi_{12}SiO_{20}$	0.63					6.0
$m3$	$Pb(NO_3)_2$	0.63					17
	$NaBrO_3$	0.59	0.185	0.218	0.213	−0.0139	
	$NaClO_3$	0.59	0.162	0.24	0.20	−0.198	

表 18-9 六方晶系晶体的弹光性质

晶 类	材 料	λ/ μm	P_{11}	P_{12}	P_{13}	P_{16}	P_{31}	P_{33}	P_{44}	P_{45}	M_2
$6m2,6mm$ $622,6/mmm$	CaS	0.63	0.142	0.066	0.041		0.041	0.054	0.054		8.0
$6,\bar{6}$ $6/m$	$LiIO_3$	0.63	0.32	0.41	0.41	0.03	0.41	0.41	0.41	0.41	8.3

表 18-10 四方晶系晶体的弹光性质

晶 类	材 料	λ/ μm	P_{11}	P_{12}	P_{13}	P_{16}	P_{31}	P_{33}	P_{44}	P_{45}	P_{61}	P_{66}	M_2
$4mm$ $\bar{4}2m$ 422 $4/mmm$	TiO_2(金红石)	0.63	−0.01	−0.172	−0.168		−0.096	−0.058					2.6
	ADP	0.63	+0.302	+0.246	+0.236		+0.159	+0.263				0.075	4.2
	KDP	0.63	+0.251	+0.249	+0.246		+0.225	+0.221	−0.17			0.058	2.5
	$ZrSiO_4$	0.63	0.06		0.13		0.07	0.09				0.10	2.4
	TeO_2	0.63	0.0074	+0.187	+0.340		+0.090	+0.240				−0.046	525
	$Sr_{0.75}Ba_{0.25}Nb_2O_6$	0.63	0.16	0.10	0.08		0.11	0.47					26
	$Sr_{0.5}Ba_{0.5}Nb_2O_6$	0.63	0.06	0.08	0.17		0.09	0.23					28
4 $\bar{4}$ $4/m$	$PbMoO_4$	0.63	0.24	0.24	0.255		0.15	0.29					23.7
	$CdMoO_4$	0.63	0.12	0.10	0.13		0.11	0.18					4.5
	$PbWO_4$												21.0

表 18-11 三方晶系晶体的弹光性质

晶 类	材 料	λ/ μm	P_{11}	P_{12}	P_{13}	P_{14}	P_{31}	P_{33}	P_{41}	P_{44}	M_2
$3m$	$LaTiO_3$	0.63	0.08	0.08	0.09	0.03	0.09	0.15	0.02	0.02	0.91
	α-Al_2O_3	0.63	0.20	0.078	~0		~0	0.252		0.09	0.22
32	Te	10.6	0.155	0.130							2920
$\bar{3}m$	$LiNbO_3$(PE)红宝石	0.63	−0.02	+0.08	+0.13	−0.08	+0.17	+0.07	−0.15	+0.12	9
	(Al_2O_3+0.05%Cr)	0.63	−0.23	−0.03	+0.02	0.00	−0.04	−0.20	−0.01	−0.10	
	α-SiO_2	0.59	+0.16	+0.27	+0.27	−0.03	+0.29	+0.10	−0.047	−0.079	
	$CaCO_3$		+0.095	+0.189	+0.215	−0.006			+0.01	−0.090	
$3,\bar{3}$	Li_2WO_4	0.63									2.5

表 18-12 正交晶系和单斜晶系晶体的弹光性质

晶 类	材 料	λ/ μm	P_{11}	P_{12}	P_{13}	P_{21}	P_{22}	P_{23}	P_{31}	P_{32}	P_{33}	P_{44}	P_{55}	P_{66}	M_2
正交晶系所有晶类	α-HIO_3	0.63	0.406	0.277	0.304	0.279	0.343	0.305	0.503	0.310	0.334				55
	$Ca(NbO_3)_2$	0.63													1.3
	$PbCO_3$	0.63	0.15	0.12	0.16	0.05	0.06	0.21	0.14	0.16	0.12				15
	$BaSO_4$	0.59	+0.21	+0.25	+0.16	+034	+0.24	+0.19	+0.27	+0.22	+0.31	+0.002	−0.012	+0.037	
	$Ba_2NaNb_5O_{15}$								0.17						5~10
单斜晶类	Pb_2MoO_5	0.63													27

二、声光效应

声波和光波同时入射到晶体上，将发生相互作用，即发生声光效应。声光效应的主要表现之一是：受到声波扰动作用的晶体,会在晶体内形成衍射光栅,使入射光波发生衍射。声光效应的物理本质是:声波在晶体中传播时引起弹性应变,使晶体的介电系数和折射率改变。所以声光效应是弹光效应的一种,是一种动态的弹光效应,可以按弹光效应方法处理。

声光效应有正常声光效应和异常声光效应之分:通过声光晶体的出射光的偏振态与入射光的偏振态相同者,称为正常声光效应;而出射光和入射光具有不同偏振态的声光效应则称为异常声光效应。

产生异常声光效应的原因是:在一定条件下,声光晶体由于弹光效应,3 个新的主折射率数值各不相等,这时进入晶体后的偏振光,其出射光的振动方向将随晶体厚度而变,并将出现异常声光效应。

设声光介质中的超声波是沿 z 方向传播的平面纵波,频率为 ω,波矢为 $\boldsymbol{k}_s$,弹性波引起的折射率 n 的变化为

$$\Delta\left(\frac{1}{n^2}\right) = PS \tag{18-117}$$

式中,P 为介质的弹光系数,S 为弹性波引起的弹性应变。一般 P 和 S 均为张量,在各向同性介质中引起折射率的变化为

$$\Delta n = -\frac{1}{2}n^3 PS_m \sin(\omega_s t - k_s z) = A\sin(\omega_s t - k_s z) \tag{18-118}$$

式中,$A = -\frac{1}{2}n^3 PS_m$ 是声致折射率变化的幅值。由于介质的折射率发生周期性的变化,入射到介质上的光的相位将受到调制,因此可等效地将存在超声波的介质看作是一个相位光栅,当平面光波通过介质后,引起光的传播方向和光强分布发生变化。声光衍射依实验条件不同有两种类型:拉曼-奈斯型衍射和布拉格衍射。

(一)拉曼-奈斯型衍射

当超声波频率较低、声光相互作用距离较小,光的入射方向垂直于声场的传播方向,且满足:$L \leqslant \lambda_s^2/(2\pi\lambda/n)$,则产生拉曼-奈斯型衍射,其中 L 为声光相位作用区的距离,λ_s 为声波波长,λ 为光波波长。这时光通过声光作用区的过程中,n 的变化可忽略不计,因而超声介质可看作一个平面光栅,光波通过介质后的相位延迟为

$$\varphi = kn(z,t)L = knL + kLA\sin(\omega_s t - k_s z) \tag{18-119}$$

式中的第一项为无超声场时的相位延迟,第二项为超声引起的相位延迟。利用衍射积分可求出夫琅禾费衍射的光场振幅,计算结果表明:

1)声光光栅的光栅方程为

$$\lambda_s \sin\theta = m\lambda \tag{18-120}$$

式中,λ_s 为光栅常数,m 为衍射级次,λ 为光波波长。由于 λ_s 又为声波波长,因此改变超声波的频率,可改变衍射极大的方向。

2)由于衍射光强与 $kLA = kL\left(-\frac{1}{2}n^3 PS_m\right)$ 有关,而 S_m 由超声波功率决定,因此改变超声波功率可达到改变衍射光强的目的,这就是声光调制。

3)衍射光频率有变化,变化量为 ω_s 及其倍数,但各级衍射光仍为单色光。

(二)布拉格衍射

当超声波频率较高,声光相互作用距离较大,满足 $L \geqslant n\lambda_s^2/(2\pi\lambda)$,而且光束与声波波面间有一定的角度入射时,产生布拉格衍射,这时的声光介质应作为体光栅处理。它只出现 0 级和 +1 级(−1 级)衍射,由于衍射光相对于入射光的偏转角 α 和超声频率 f_s 成正比。入射光强为 I_i 时,0 级和 1 级衍射光的光强分别为

$$I_0 = I_i\cos^2\left(\frac{\varphi_m}{2}\right), \quad I_1 = I_i\sin^2\left(\frac{\varphi_m}{2}\right) \tag{18-121}$$

显见,$\varphi_m = \pi$ 时,$I_1 = l_i$,即入射光能量全部转移到 1 级衍射光。

结论:变化超声波频率可控制衍射光方向,改变超声波功率可控制衍射光强。

三、声光器件的品质因素

声光器件的品质因素 M 与材料的性质有关,由于对不同声光器件有不同的性能要求,从而定义了不同的品质因素。3 种品质因素 M_1、M_2、M_3 的定义如下:

$$M_1 = \frac{n^7 \overline{p}^2}{\rho v} \tag{18-122}$$

$$\left.\begin{aligned} M_2 &= \frac{n^6 \overline{p}^2}{\rho v^3}（\text{正常布拉格衍射}） \\ M_2 &= \frac{n_i^3 n_d^3 \overline{p}^2}{\rho v^3}（\text{异常布拉格衍射}） \end{aligned}\right\} \tag{18-123}$$

$$M_3 = \frac{n^7 \overline{p}^2}{\rho v^2} \tag{18-124}$$

$$M_1 = \frac{n^7 \overline{p}^2}{\rho v} = (n v^2) M_2 = v M_3 \tag{18-125}$$

式中,$\overline{p}$ 为有效弹光系数,ρ 为材料的密度,v 为材料中的声速,n_i 和 n_d 分别为入射光和衍射光的折射率。在正常衍射条件下,$n_i = n_d = n_g M_2$ 也称为声光优值,M_2 越大,效率越高。(18-122)式是声波引起的应变所产生的折射率变化的平方值与声波的能流密度的比值。

由此可知,高的弹光系数 p,高的折射率 n 以及小的质量密度 ρ 是获得高的声光优值的主要条件,其中尤以高折射率的影响最大。而对 M_1 、M_2 和 M_3 不同贡献,则以超声波波速 v 的影响最大:v 小有利于 M_2 大,即衍射效率大,扫描范围增大;但对于 M_1 和 M_3 的增大影响较小,即工作带宽的增加并不太显著。

另外,晶体的声吸收系数与 M_2 值关系密切,凡 M_2 大的晶体,其声吸收系数一定较大,有近似于线性的经验关系。

四、声光晶体的特点

声光晶体的优点:

1)声吸收比玻璃小,特别是高频使用(>100 MHz)时比玻璃优良。

2)各向异性的光学性质、声学性质和弹光性质有利于获得优良的声光性能。例如:TeO_2 晶体[110]方向的声波速度特别低,有利于提高声光衍射效率,获得高带宽性能以及高分辨的光束扫描性能。TeO_2 晶体[001]面存在声速的零温度系数方向,十分稳定,Te 晶体的衍射效率特别高,并可以实现中红外声光衍射。

3)可以实现反常声光衍射。例如:临界反常衍射可具有高带宽;共线反常衍射可制作大孔径的滤波器;可使衍射光偏振与入射光不同。

4)许多声光晶体具有压电效应,可制作波导型声表面波器件。

缺点:加工难,成本高,尺寸小。

要求:一低(声损耗低),一大(大尺寸),四高(高透射率、高声光优值、高光学质量、高稳定可靠)。

重要参量:衍射效率和工作频带宽度。如果考虑高的衍射效率,应选有可能产生最大的 M_2方向的声光晶体,这对重视声光衍射效率的应用是很重要的;但如制作扫描器那样要求高工作带宽的器件,则应选用有可能产生 M_3最大方向的声光晶体,而对于要求兼顾衍射效率和调制带宽时,则应选用声光优值 M_1大者。

五、常用声光晶体

声光晶体品种较多,常用声光晶体列于表 18-13 中。20 世纪 60 年代末,采用铌酸锂(LN)、钽酸锂(LT)、蓝宝石(Al_2O_3)和钇铝石榴石(YAG)晶体作为声光晶体,它们是对称性较高的立方晶体或单轴晶。后来发现钼酸铅(PM)和二氧化碲(TeO_2)声光性能特别优良,特别是 TeO_2的[110]方向有很小的声速,同时又发现反常布拉格声光衍射的优异性能,使声光晶体得以实用。

目前最常用的声光晶体是单轴晶或立方晶体,双轴晶由于声模和光模的复杂性,目前应用尚不普及。

表 18-13　常用声光晶体的性能

<table>
<tr><th colspan="3">材　料</th><th rowspan="2">透射波段/μm</th><th rowspan="2">测量波长/μm</th><th rowspan="2">密度/(g/cm³)</th><th colspan="3">声　波[1]</th><th colspan="2">光　波[2]</th><th colspan="3">品质因子[3]</th></tr>
<tr><th colspan="2">晶　类</th><th>名　称</th><th>传输模式及方向</th><th>声速/(×10⁵ cm/s)</th><th>衰减系数/(dB/(cm·GHz))</th><th>光波偏振方向</th><th>折射率</th><th>M_1/(×10⁻⁷ cm²·s/g)</th><th>M_2/(×10⁻¹⁸ s²/g)</th><th>M_3/(×10⁻¹² cm·s²/g)</th></tr>
<tr><td rowspan="13">立方晶体</td><td rowspan="13">m3m</td><td rowspan="2">YAG ($Y_3Al_5O_{12}$)</td><td rowspan="2">0.3～5.5</td><td>0.633</td><td rowspan="2">4.55</td><td>L[110]</td><td>8.60</td><td>0.25</td><td>⊥</td><td>1.83</td><td>0.98</td><td>0.073</td><td>0.114</td></tr>
<tr><td>0.633</td><td>S[100]</td><td>5.03</td><td>1.1</td><td>任意</td><td>1.83</td><td>1.1</td><td>0.25</td><td>0.23</td></tr>
<tr><td rowspan="2">YGC ($Y_3Ga_5O_{12}$)</td><td rowspan="2"></td><td>0.633</td><td rowspan="2">5.79</td><td>L[100]</td><td>7.08</td><td>1.0</td><td>∥</td><td>1.93</td><td>2.04</td><td>0.21</td><td>0.28</td></tr>
<tr><td>0.633</td><td>S[100]</td><td>4.06</td><td>0.25</td><td>任意</td><td>1.93</td><td>2.7</td><td>0.84</td><td>0.65</td></tr>
<tr><td rowspan="2">YIG ($Y_3Fe_5O_{12}$)</td><td rowspan="2">1～6</td><td>1.153</td><td rowspan="2">5.17</td><td>L[100]</td><td>7.21</td><td>1.1</td><td>⊥</td><td>2.22</td><td>3.94</td><td>0.33</td><td>0.53</td></tr>
<tr><td>1.153</td><td>S[100]</td><td>3.85</td><td>0.35</td><td>任意</td><td>2.22</td><td>2.3</td><td>0.70</td><td>0.58</td></tr>
<tr><td rowspan="2">$SeTO_3$</td><td rowspan="2">0.4～5</td><td>0.633</td><td rowspan="2">5.12</td><td>L[100]</td><td>7.88</td><td>1.3</td><td>∥</td><td>2.38</td><td>24.1</td><td>1.60</td><td>3.10</td></tr>
<tr><td>0.633</td><td>S[100]</td><td>4.91</td><td>2</td><td>任意</td><td>2.38</td><td>8.65</td><td>1.52</td><td>1.76</td></tr>
<tr><td>金刚石</td><td>0.2～5</td><td>0.589</td><td>3.52</td><td>L[100]</td><td>17.5</td><td>～1.5</td><td>∥</td><td>2.417</td><td>75.2</td><td>1.00</td><td>4.30</td></tr>
<tr><td>Si</td><td>1.5～10</td><td>10.6</td><td>2.33</td><td>L[111]</td><td>9.85</td><td>6.5</td><td>∥</td><td>3.42</td><td>206</td><td>6.2</td><td>20.9</td></tr>
<tr><td rowspan="2">Ge</td><td rowspan="2">2～20</td><td>10.6</td><td rowspan="2">5.33</td><td>L[111]</td><td>5.50</td><td>30</td><td>∥</td><td>4.00</td><td>10200</td><td>840</td><td>1850</td></tr>
<tr><td>10.6</td><td>S[100]</td><td>3.51</td><td>9</td><td>任意</td><td>4.00</td><td>1430</td><td>290</td><td>400</td></tr>
<tr><td colspan="10"></td></tr>
<tr><td rowspan="14">立方晶体</td><td rowspan="9">3m</td><td rowspan="2">GaAs</td><td rowspan="2">1～11</td><td>1.153</td><td rowspan="2">5.34</td><td>L[110]</td><td>5.15</td><td rowspan="2">30</td><td>∥</td><td>3.37</td><td>925</td><td>104</td><td>179</td></tr>
<tr><td>1.153</td><td>S[100]</td><td>3.32</td><td>任意</td><td>3.37</td><td>155</td><td>46.3</td><td>49.2</td></tr>
<tr><td rowspan="2">GaP</td><td rowspan="2">0.6～10</td><td>0.633</td><td rowspan="2">4.13</td><td>L[110]</td><td>6.32</td><td rowspan="2">6</td><td>∥</td><td>3.31</td><td>590</td><td>44.6</td><td>93.5</td></tr>
<tr><td>0.633</td><td>S[100]</td><td>4.13</td><td>任意</td><td>3.31</td><td>137</td><td>24.1</td><td>33.1</td></tr>
<tr><td rowspan="2">α-ZnS</td><td rowspan="2">0.4～12</td><td>0.633</td><td rowspan="2">4.09</td><td>L[001]</td><td>5.82</td><td>27</td><td>∥</td><td>2.351</td><td>27</td><td>3.4</td><td>4.7</td></tr>
<tr><td>0.633</td><td>S[001]</td><td>2.63</td><td>130</td><td colspan="2">2.348～2.351</td><td>13.6</td><td>8.4</td><td>5.2</td></tr>
<tr><td rowspan="2">ZnTe</td><td rowspan="2">0.55～20</td><td>0.633</td><td rowspan="2">5.67</td><td rowspan="2">L[110]</td><td rowspan="2">3.87</td><td rowspan="2">130</td><td>∥</td><td>2.983</td><td>201</td><td>45.1</td><td>52.0</td></tr>
<tr><td>1.153</td><td>∥</td><td>2.765</td><td>74.5</td><td>18.0</td><td>19.2</td></tr>
<tr><td rowspan="2">$Bi_{12}GeO_{20}$</td><td rowspan="2">0.45～7.5</td><td>0.633</td><td rowspan="2">9.22</td><td>S[100]</td><td>3.42</td><td rowspan="2">2.5</td><td>任意</td><td>2.55</td><td>29.5</td><td>9.91</td><td>8.64</td></tr>
<tr><td>0.633</td><td>S[110]</td><td>1.77</td><td>任意</td><td>2.55</td><td>4.13</td><td>5.17</td><td>2.33</td></tr>
<tr><td></td><td>$Bi_{12}SiO_{20}$</td><td>0.45～7.5</td><td>0.633</td><td>9.2</td><td>L[100]</td><td>3.83</td><td></td><td>任意</td><td>2.55</td><td>33.8</td><td>9.02</td><td>8.83</td></tr>
<tr><td rowspan="2">6mm</td><td>CdS</td><td>0.5～11</td><td>0.633</td><td>4.82</td><td>L[100]</td><td>4.17</td><td>90</td><td>∥</td><td>2.44</td><td>51.8</td><td>12.1</td><td>12.4</td></tr>
<tr><td>β-ZnS</td><td>0.4～12</td><td>0.633</td><td>4.10</td><td>L[110]</td><td>5.51</td><td></td><td>∥</td><td>2.35</td><td>24.3</td><td>3.41</td><td>4.41</td></tr>
<tr><td rowspan="2">6</td><td rowspan="2">$LiIO_3$</td><td rowspan="2">0.3～6</td><td>0.633</td><td rowspan="2">4.5</td><td>L[001]</td><td>4.13</td><td rowspan="2">930</td><td>⊥</td><td>1.88</td><td>25.7</td><td>8.0</td><td>6.2</td></tr>
<tr><td>0.633</td><td>L[100]</td><td>4.3</td><td>[001]</td><td>1.74</td><td>41.9</td><td>13.0</td><td>9.8</td></tr>
<tr><td rowspan="8">四方晶体</td><td rowspan="2">4/m</td><td rowspan="2">$PbMoO_3$</td><td rowspan="2">0.42～5.5</td><td>0.633</td><td rowspan="2">6.95</td><td>L[100]</td><td>3.56</td><td rowspan="2">15</td><td>∥</td><td>1.986</td><td>125</td><td>50</td><td>35</td></tr>
<tr><td>0.633</td><td>L[001]</td><td>3.63</td><td>∥</td><td>2.262</td><td>108</td><td>36.3</td><td>29.8</td></tr>
<tr><td rowspan="4">422</td><td rowspan="4">TeO_2</td><td rowspan="4">0.35～5</td><td>0.633</td><td rowspan="4">6.0</td><td rowspan="3">L[001]</td><td rowspan="3">4.20</td><td rowspan="3">15</td><td>⊥</td><td>2.386</td><td>113</td><td>36.1</td><td>31.3</td></tr>
<tr><td>0.633</td><td>⊥</td><td>2.260</td><td>1138</td><td>34.5</td><td>32.8</td></tr>
<tr><td>0.633</td><td>∥</td><td>2.412</td><td>109</td><td>25.6</td><td>25.9</td></tr>
<tr><td>0.633</td><td>S[110]</td><td>0.616</td><td>290</td><td>o</td><td>2.260</td><td>68.0</td><td>793</td><td>110</td></tr>
<tr><td rowspan="2">4/mm</td><td rowspan="2">TiO_2</td><td rowspan="2">0.45～6</td><td>0.633</td><td rowspan="2">4.23</td><td>L[001]</td><td>10.3</td><td rowspan="2">0.55</td><td>⊥</td><td>2.584</td><td>44.0</td><td>1.52</td><td>4.0</td></tr>
<tr><td>0.633</td><td>L[001]</td><td>8.03</td><td>[010]</td><td>2.584</td><td>62.5</td><td>3.93</td><td>7.97</td></tr>
<tr><td rowspan="5">立方晶体</td><td rowspan="3">$\bar{4}2m$</td><td rowspan="2">ADP</td><td rowspan="2">0.13～1.7</td><td>0.633</td><td rowspan="2">1.803</td><td>L[100]</td><td>6.15</td><td rowspan="2"></td><td>∥</td><td>1.58</td><td>16.0</td><td>2.78</td><td>2.62</td></tr>
<tr><td>0.633</td><td>S[100]</td><td>2.83</td><td>任意</td><td>1.58</td><td>3.34</td><td>6.43</td><td>1.83</td></tr>
<tr><td>KDP</td><td>0.25～1.7</td><td>0.633</td><td>2.24</td><td>L[100]</td><td>5.50</td><td></td><td>∥</td><td>1.51</td><td>8.72</td><td>1.91</td><td>1.45</td></tr>
<tr><td rowspan="2">4mm</td><td>$Sr_{0.75}Ba_{0.25}Nb_2O_6$</td><td>0.4～6</td><td>0.633</td><td>5.4</td><td>L[001]</td><td>5.5</td><td></td><td>∥</td><td>2.299</td><td>268</td><td>38.6</td><td>48.8</td></tr>
<tr><td>$Sr_{0.5}Ba_{0.5}Nb_2O_6$</td><td>0.4～6</td><td>0.633</td><td>5.5</td><td>L[001]</td><td>5.5</td><td></td><td>∥</td><td>2.273</td><td>59.3</td><td>8.62</td><td>10.8</td></tr>
</table>

续表

材料			透射波段/μm	测量波长/μm	密度/(g/cm³)	声波[1]			光波[2]		品质因子[3]		
晶类		名称				传输模式及方向	声速/(×10⁵ cm/s)	衰减系数/(dB/(cm·GHz))	光波偏振方向	折射率	M_1/(×10⁻⁷ cm²·s/g)	M_2/(×10⁻¹⁸ s²/g)	M_3/(×10⁻¹² cm·s²/g)
三方晶体	$\bar{3}$	Al_2O_2	0.15～6.5	0.633 0.633	4.0	L[100] L[001]	11.0 11.2	0.2 0.2	‖ ‖	1.766 1.758	7.7 7.32	0.36 0.34	0.70 0.66
三方晶体	$\bar{3}$	Ag_3AsS_3	0.6～13.5	0.633	5.57	L[001]	2.65	800	⊥	2.98	816	390	308
立方晶体	3*m*	Tl_3AsS_3	0.66～12	0.633 1.153	6.20	L[001]	2.15	29	‖ ‖	2.825 2.626	1040 620	800 510	380 290
立方晶体	3*m*	L_iTaO_3	0.4～5	0.633	7.45	L[001]	6.19	0.1	‖	2.18	11.4	1.37	1.84
立方晶体	3*m*	L_iNbO_3	0.4～4.5	0.633 0.633	4.64	L[100] S[001]	6.57 3.59	0.15 2.6	c ⊥	2.20 2.29	56.5 9.2	7.0 2.92	10.1 2.4
立方晶体	3*m*	*α*-HgS	0.662～16	0.633 1.153	8.1	L[001]	2.45	28.5	⊥ ⊥	2.887	1670	960	680
立方晶体	32	S_iO_2	0.12～4.5	0.589 0.589	2.65	L[100] L[100]	6.32 5.72	2.1 3.0	⊥ [001]	2.705 1.544	730 9.11	450 1.43	300 1.44
立方晶体	32	Te	5～20	10.6	6.24	L[100]	2.2	～60	‖	1.553 4.8	12.1 10200	2.38 4400	2.11 4640
正交晶体	222	*α*-HIO_2	0.3～1.8	0.633 0.633	5.0	L[001]	2.44	10	[100] [010]	1.986 1.960	102 95	86 80	42 38

注：1)L：纵向模；S：切变模。2)‖：偏振在 $\boldsymbol{k}$ 和 $\boldsymbol{k}_s$ 组成平面内；⊥：偏振垂直 $\boldsymbol{k}$ 和 $\boldsymbol{k}_s$ 组成的平面；任意：沿光轴方向的寻常光；o：沿光轴方向圆偏光。3) $M_1=n^7p^2/\rho v_s$，$M_2=n^6p^2/\rho v_s^3$，$M_3=n^7p^2/\rho v_s^2$

第五节　电光效应

一、线性电光效应

设外电场 $\boldsymbol{E}$ 沿晶体的主对称轴方向加在晶体上，晶体无对称中心，这时电位移 $\boldsymbol{D}$ 与电场强度 $\boldsymbol{E}$ 方向一致，改变 $\boldsymbol{E}$ 的大小，$\boldsymbol{D}$ 将随之变化，但为非线性关系。$\boldsymbol{D}$-$\boldsymbol{E}$ 函数可展成以下级数形式：

$$\boldsymbol{D}=\varepsilon^0\boldsymbol{E}+\alpha\boldsymbol{E}^2+\beta\boldsymbol{E}^3+\cdots \tag{18-126}$$

式中，ε^0、α、β，… 都是常数，ε^0 为线性介电常量(不是真空中的介电常量)，是 $E\to 0$ 时的 ε 值，α、β、… 系数描述了 ε 的非线性，通常 α 为负值。

若按 $\boldsymbol{D}$-$\boldsymbol{E}$ 曲线的斜率来定义介电常量 ε，则有

$$\varepsilon=\frac{\mathrm{d}D}{\mathrm{d}E}=\varepsilon^0+2\alpha E+3\beta E^2+\cdots \tag{18-127}$$

在通常电场所能达到的数值内，第二项以后的项对 ε 的贡献很小，与之有关的一些效应也难以探测，但在光频下，ε 的微小变化相当于折射率 n 的微小变化，而 n 的微小变化则可用干涉法高度精确地测量出来，并可产生明显的光学效应，因此，由于有限大小的电场所引起的介电常数的改变，尽管数值不大，但有重要意义。

在光频条件下，和(18-127)式相对应，晶体折射率的表达式为

$$n^2=(n^0)^2+2\alpha E_0+3\beta E_0^2+\cdots \tag{18-128}$$

所以

$$n-n^0=aE_0+bE_0^2+\cdots \tag{18-129}$$

式中，$a=\alpha/n^0$，$b=3\beta/2n^0$。aE_0 是一次项，由它引起的折射率变化($n-n^0$) 称为一次电光效应，亦称线性电光效应或泡克耳斯(Pockels)效应。由二次项 bE_0^2 引起的称为二次电光效应或克尔(Kerr)效应。

若晶体有对称中心则无一次电光效应，因这种晶体外加电场反向时，其物理性质(包括折射率)应保持不

变，故无一次项 αE_0。

用折射率椭球可完整而方便地表示折射率在晶体空间各方向上的取值分布。因此，外电场对晶体折射率的影响，也可通过此折射率椭球的大小、形状和取向等的变化来描述，折射率椭球的一般形式为

$$\frac{x_i x_j}{n_{ij}^2} = 1, \qquad i,j = 1,2,3 \tag{18-130}$$

或

$$B_{ij} x_i x_j = 1 \tag{18-131}$$

其中

$$B_{ij} = 1/n_{ij}^2 = 1/\varepsilon_{ij} \tag{18-132}$$

若无外电场与有外电场时的折射率椭球分别记为 $B_{ij}^0 x_i x_j = 1$ 和 $B'_{ij} x_i x_j = 1$，则折射率椭球的变化可用系数 B_{ij}^0 的变化 ΔB_{ij} 来描述，求出 ΔB_{ij} 即可确定椭球的大小、形状和方位。若把 B_{ij} 以外场E 为函数展开则有

$$\Delta B_{ij} = B'_{ij} - B_{ij}^0 = \gamma_{ijk} E_k + h_{ijpq} E_p E_q + \cdots \tag{18-133}$$

式中，γ_{ijk} 是三阶张量，称线性电光系数(泡克耳斯系数)，h_{ijpq} 是四阶张量，称为二次电光系数(或克尔系数)。对于线性电光效应(只考虑一次项，略去高次项)有

$$\Delta B_{ij} = \gamma_{ijk} E_k \tag{18-134}$$

于是电场对晶体光学性质影响的问题就归结为求解 ΔB_{ij}，若已知 γ_{ijk}，h_{ijpq}，… 即可求出 ΔB_{ij}。

二、线性电光系数

在主轴化和未加电场的情况下，晶体的折射率椭球为

$$B_1^0 x_1^2 + B_2^0 x_2^2 + B_3^0 x_3^2 = 1 \tag{18-135}$$

晶体上加电场后，由于电光效应，折射率椭球要发生变化，其表达式一般为

$$B_{11} x_1^2 + B_{22} x_2^2 + B_{33} x_3^2 + 2B_{23} x_2 x_3 + 2B_{31} x_3 x_1 + 2B_{12} x_1 x_2 = 1 \tag{18-136}$$

比较(18-135)式和(18-136)式可得加电场后各系数的变化

$$\left.\begin{aligned} \Delta B_{11} &= B_{11} - B_1^0 \\ \Delta B_{22} &= B_{22} - B_2^0 \\ \Delta B_{33} &= B_{33} - B_3^0 \\ \Delta B_{23} &= B_{23} \\ \Delta B_{31} &= B_{31} \\ \Delta B_{12} &= B_{12} \end{aligned}\right\} \tag{18-137}$$

由于 B_{ij} 是二阶对称张量，其二重下标可简化成单个下标，对应关系为

B_{11}	B_{22}	B_{33}	B_{23}	B_{31}	B_{12}
B_1	B_2	B_3	B_4	B_5	B_6

相应地 ΔB_{ij} 也可用单个下标表示。

γ_{ijk} 是三阶张量，由于对称性有

$$\gamma_{ijk} = \gamma_{jik} \tag{18-138}$$

γ_{ijk} 的独立分量数从 27 个减少到 18 个；再把前两个下标简化成数值为 1～6 的单个下标，(18-134)式简化成

$$\Delta B_i = \gamma_{ij} E_j, \qquad i = 1,2,\cdots,6; j = 1,2,3 \tag{18-139}$$

相应的矩阵形式为

$$\begin{bmatrix} \Delta B_1 \\ \Delta B_2 \\ \Delta B_3 \\ \Delta B_4 \\ \Delta B_5 \\ \Delta B_6 \end{bmatrix} = \begin{bmatrix} B_1 - B_1^0 \\ B_2 - B_2^0 \\ B_3 - B_3^0 \\ \Delta B_4 \\ \Delta B_5 \\ \Delta B_6 \end{bmatrix} = \begin{bmatrix} \gamma_{11} & \gamma_{12} & \gamma_{13} \\ \gamma_{21} & \gamma_{22} & \gamma_{23} \\ \gamma_{31} & \gamma_{32} & \gamma_{33} \\ \gamma_{41} & \gamma_{42} & \gamma_{43} \\ \gamma_{51} & \gamma_{52} & \gamma_{53} \\ \gamma_{61} & \gamma_{62} & \gamma_{63} \end{bmatrix} \begin{bmatrix} E_1 \\ E_2 \\ E_3 \end{bmatrix} \tag{18-140}$$

(18-140)式中的(6×3)的 γ 矩阵就是线性电光系数矩阵的形式，由此可求出 ΔB_i 各分量的具体值。加电场后，晶体折射率椭球的表达式为

$$(B_1^0+\Delta B_1)x_1^2+(B_2^0+\Delta B_2)x_2^2+(B_3^0+\Delta B_3)x_3^2+2\Delta B_4x_2x_3+2\Delta B_5x_3x_1+2\Delta B_6x_1x_2=1 \quad (18\text{-}141)$$

20 种无对称中心晶类的电光系数矩阵列于表 18-14 中，表 18-15 是几种晶体的有关特性。

表 18-14　所有晶类的电光系数张量矩阵

三斜

$$\begin{bmatrix} \gamma_{11} & \gamma_{12} & \gamma_{13} \\ \gamma_{21} & \gamma_{22} & \gamma_{23} \\ \gamma_{31} & \gamma_{32} & \gamma_{33} \\ \gamma_{41} & \gamma_{42} & \gamma_{43} \\ \gamma_{51} & \gamma_{52} & \gamma_{53} \\ \gamma_{61} & \gamma_{62} & \gamma_{63} \end{bmatrix}$$

斜方

222

$$\begin{bmatrix} 0 & 0 & 0 \\ 0 & 0 & 0 \\ 0 & 0 & 0 \\ \gamma_{41} & 0 & 0 \\ 0 & \gamma_{52} & 0 \\ 0 & 0 & \gamma_{63} \end{bmatrix}$$

$mm2$

$$\begin{bmatrix} 0 & 0 & \gamma_{13} \\ 0 & 0 & \gamma_{23} \\ 0 & 0 & \gamma_{33} \\ 0 & \gamma_{42} & 0 \\ \gamma_{51} & 0 & 0 \\ 0 & 0 & 0 \end{bmatrix}$$

单斜

$2(\parallel X_2)$

$$\begin{bmatrix} 0 & \gamma_{12} & 0 \\ 0 & \gamma_{22} & 0 \\ 0 & \gamma_{32} & 0 \\ \gamma_{41} & 0 & \gamma_{43} \\ 0 & \gamma_{52} & 0 \\ \gamma_{61} & 0 & \gamma_{63} \end{bmatrix}$$

$2(\parallel X_3)$

$$\begin{bmatrix} 0 & 0 & \gamma_{13} \\ 0 & 0 & \gamma_{23} \\ 0 & 0 & \gamma_{33} \\ \gamma_{41} & \gamma_{42} & 0 \\ \gamma_{51} & \gamma_{52} & 0 \\ 0 & 0 & \gamma_{63} \end{bmatrix}$$

$m(\perp X_2)$

$$\begin{bmatrix} \gamma_{11} & 0 & \gamma_{13} \\ \gamma_{21} & 0 & \gamma_{23} \\ \gamma_{31} & 0 & \gamma_{33} \\ 0 & \gamma_{42} & 0 \\ \gamma_{51} & 0 & \gamma_{53} \\ 0 & \gamma_{62} & 0 \end{bmatrix}$$

$m(\perp X_3)$

$$\begin{bmatrix} \gamma_{11} & \gamma_{12} & 0 \\ \gamma_{21} & \gamma_{22} & 0 \\ \gamma_{31} & \gamma_{32} & 0 \\ 0 & 0 & \gamma_{43} \\ 0 & 0 & \gamma_{53} \\ \gamma_{61} & \gamma_{62} & 0 \end{bmatrix}$$

四方

4

$$\begin{bmatrix} 0 & 0 & \gamma_{13} \\ 0 & 0 & \gamma_{23} \\ 0 & 0 & \gamma_{33} \\ \gamma_{41} & \gamma_{51} & 0 \\ \gamma_{51} & -\gamma_{41} & 0 \\ 0 & 0 & 0 \end{bmatrix}$$

4

$$\begin{bmatrix} 0 & 0 & \gamma_{13} \\ 0 & 0 & -\gamma_{13} \\ 0 & 0 & 0 \\ \gamma_{41} & -\gamma_{51} & 0 \\ \gamma_{51} & \gamma_{41} & 0 \\ 0 & 0 & \gamma_{63} \end{bmatrix}$$

422

$$\begin{bmatrix} 0 & 0 & 0 \\ 0 & 0 & 0 \\ 0 & 0 & 0 \\ \gamma_{41} & 0 & 0 \\ 0 & -\gamma_{41} & 0 \\ 0 & 0 & 0 \end{bmatrix}$$

$4mm$

$$\begin{bmatrix} 0 & 0 & \gamma_{13} \\ 0 & 0 & \gamma_{13} \\ 0 & 0 & \gamma_{33} \\ 0 & \gamma_{51} & 0 \\ \gamma_{51} & 0 & 0 \\ 0 & 0 & 0 \end{bmatrix}$$

$\bar{4}2m(2\parallel X_1)$

$$\begin{bmatrix} 0 & 0 & 0 \\ 0 & 0 & 0 \\ 0 & 0 & 0 \\ \gamma_{41} & 0 & 0 \\ 0 & \gamma_{41} & 0 \\ 0 & 0 & \gamma_{63} \end{bmatrix}$$

立方

$43m$，23

$$\begin{bmatrix} 0 & 0 & 0 \\ 0 & 0 & 0 \\ 0 & 0 & 0 \\ \gamma_{41} & 0 & 0 \\ 0 & \gamma_{41} & 0 \\ 0 & 0 & \gamma_{41} \end{bmatrix}$$

续表

三方

3	32	$3m(m\perp X_1)$	$3m(m\perp X_2)$
$\begin{bmatrix} \gamma_{11} & -\gamma_{22} & \gamma_{13} \\ -\gamma_{11} & \gamma_{22} & \gamma_{13} \\ 0 & 0 & \gamma_{33} \\ \gamma_{41} & \gamma_{51} & 0 \\ \gamma_{51} & -\gamma_{41} & 0 \\ -\gamma_{22} & -\gamma_{11} & 0 \end{bmatrix}$	$\begin{bmatrix} \gamma_{11} & 0 & 0 \\ -\gamma_{11} & 0 & 0 \\ 0 & 0 & 0 \\ \gamma_{41} & 0 & 0 \\ 0 & -\gamma_{41} & 0 \\ 0 & -\gamma_{11} & 0 \end{bmatrix}$	$\begin{bmatrix} 0 & -\gamma_{22} & \gamma_{13} \\ 0 & \gamma_{22} & \gamma_{13} \\ 0 & 0 & \gamma_{33} \\ 0 & \gamma_{51} & 0 \\ \gamma_{51} & 0 & 0 \\ -\gamma_{22} & 0 & 0 \end{bmatrix}$	$\begin{bmatrix} \gamma_{11} & 0 & \gamma_{13} \\ -\gamma_{11} & 0 & \gamma_{13} \\ 0 & 0 & \gamma_{33} \\ 0 & \gamma_{51} & 0 \\ \gamma_{51} & 0 & 0 \\ 0 & -\gamma_{11} & 0 \end{bmatrix}$

六方

6	6mm	622	$\bar{6}$	$\bar{6}m2(m\perp X_1)$	$\bar{6}m2(m\perp X_2)$
$\begin{bmatrix} 0 & 0 & \gamma_{13} \\ 0 & 0 & \gamma_{13} \\ 0 & 0 & \gamma_{33} \\ \gamma_{41} & \gamma_{51} & 0 \\ \gamma_{51} & -\gamma_{41} & 0 \\ 0 & 0 & 0 \end{bmatrix}$	$\begin{bmatrix} 0 & 0 & \gamma_{13} \\ 0 & 0 & \gamma_{13} \\ 0 & 0 & \gamma_{33} \\ 0 & \gamma_{51} & 0 \\ \gamma_{52} & 0 & 0 \\ 0 & 0 & 0 \end{bmatrix}$	$\begin{bmatrix} 0 & 0 & 0 \\ 0 & 0 & 0 \\ 0 & 0 & 0 \\ \gamma_{41} & 0 & 0 \\ 0 & -\gamma_{41} & 0 \\ 0 & 0 & 0 \end{bmatrix}$	$\begin{bmatrix} \gamma_{22} & -\gamma_{11} & 0 \\ -\gamma_{11} & \gamma_{22} & 0 \\ 0 & 0 & 0 \\ 0 & 0 & 0 \\ 0 & 0 & 0 \\ -\gamma_{22} & -\gamma_{11} & 0 \end{bmatrix}$	$\begin{bmatrix} 0 & -\gamma_{22} & 0 \\ 0 & 0 & 0 \\ 0 & 0 & 0 \\ 0 & 0 & 0 \\ 0 & 0 & 0 \\ -\gamma_{22} & 0 & 0 \end{bmatrix}$	$\begin{bmatrix} \gamma_{11} & 0 & 0 \\ \gamma_{11} & 0 & 0 \\ 0 & 0 & 0 \\ 0 & 0 & 0 \\ 0 & 0 & 0 \\ 0 & -\gamma_{11} & 0 \end{bmatrix}$

表 18-15 常用电光晶体的性能

点群	晶 体	透明波段/μm	使用波长/μm	电光系数/($\times10^{-12}$m·V^{-1})	半波电压/kV	折射率	介电常数
$\bar{4}3m$（闪锌矿结构）	碲化镉(CdTe)	0.9～30	1.06	(T)$\gamma_{41}=4.5$	4.9	2.84	(S)$\varepsilon=9.4$
			3.39	(T)$\gamma_{41}=6.8$			
			10.6	(T)$\gamma_{41}=6.8$		2.60	
			23.35	(T)$\gamma_{41}=5.47$		2.58	
			27.95	(T)$\gamma_{41}=5.04$		2.53	
	砷化镓(GaAs)	0.9～15	0.9	(T)$\gamma_{41}=1.1$	4.5	3.60	
			1.15	(T)$\gamma_{41}=1.43$		3.43	(S)$\varepsilon=13.2$
			3.39	(T)$\gamma_{41}=1.24$		3.3	(T)$\varepsilon=12.3$
			10.6	(T)$\gamma_{41}=1.51$	5.6	3.3	
$\bar{4}3m$（闪锌矿结构）	碲化锌(ZnTe)	0.57～52	0.589	(T)$\gamma_{41}=4.51$	2.2	3.06	(T)$\varepsilon=10.1$
			0.616	(T)$\gamma_{41}=4.27$	2.3	3.01	(S)$\varepsilon=10.1$
			0.633	(T)$\gamma_{41}=4.04$		2.99	
				(S)$\gamma_{41}=4.3$			
			0.690	(T)$\gamma_{41}=3.97$		2.93	
			3.41	(T)$\gamma_{41}=4.2$		2.70	
			10.6	(T)$\gamma_{41}=3.9$		2.70	
	β-相硫化锌(β-ZnS)	0.3～14.5	0.4	(T)$\gamma_{41}=1.1$	10.2	2.52	
			0.5	(T)$\gamma_{41}=1.81$	10.4	2.42	(T)$\varepsilon=16$
			0.6	(T)$\gamma_{41}=2.1$		2.36	(S)$\varepsilon=12.5$
			0.633	(S)$\gamma_{41}=-1.6$		2.35	
			3.39	(S)$\gamma_{41}=-1.4$			

续表

点群	晶 体	透明波段 /μm	使用波长 /μm	电光系数 /($\times10^{-12}$ m·V^{-1})	半波电压 /kV	折射率	介电常数
23	硅酸铋 ($Bi_{12}SiO_{20}$)	0.45～2.5	0.633	(T)$\gamma_{41}=5.0$	3.4	2.54	
	锗酸铋 ($Bi_{12}GeO_{20}$)	0.35～6	0.633	(T)$\gamma_{41}=3.22$	5.6	2.55	
6mm (纤锌矿结构)	硫化镉 (CdS)	0.5～16	0.589 0.633 1.15 3.39 10.6	(T)$\gamma_c=4$ (T)$\gamma_c=4.8$ (T)$\gamma_{31}=3.1$ (T)$\gamma_c=6.2$ (T)$\gamma_{33}=3.2$ (T)$\gamma_{31}=3.5$ (T)$\gamma_c=6.4$ (T)$\gamma_{33}=2.9$ (T)$\gamma_{13}=2.45$ (T)$\gamma_c=5.2$ (T)$\gamma_{33}=2.75$	8.6	$n_o=2.501$ $n_e=2.519$ $n_o=2.460$ $n_e=2.417$ $n_o=2.320$ $n_e=2.336$ $n_o=2.276$ $n_e=2.292$ $n_o=2.226$ $n_e=2.239$	(T)$\varepsilon_1=9.35$ (T)$\varepsilon_3=10.33$ (S)$\varepsilon_1=9.02$ (S)$\varepsilon_3=9.53$
	α-相硫化锌 (α-ZnS)	0.4～14	0.633	(S)$\gamma_{13}=0.9$ (S)$\gamma_{33}=1.8$	10.4	$n_o=2.347$ $n_e=2.360$	(T)$\varepsilon_1=8.7$ (S)$\varepsilon_1=8.7$
	硒化镉 (CdSe)	0.72～24	3.39	(S)$\gamma_{13}=1.8$ (S)$\gamma_{33}=4.3$		$n_o=2.452$ $n_e=2.471$	(T)$\varepsilon_3=10.65$ (S)$\varepsilon_3=10.2$
3m (钛锌矿结构)	铌酸锂 ($LiNbO_3$,LN)	0.35～5	0.633 1.15 3.39	(T)$\gamma_{13}=9.6$ (S)$\gamma_{13}=8.6$ (T)$\gamma_{33}=30.9$ (S)$\gamma_{33}=30.8$ (T)$\gamma_c=21.1$ (S)$\gamma_{22}=3.4$ (T)$\gamma_{22}=6.8$ (S)$\gamma_{51}=28$ (T)$\gamma_{51}=32.6$ (T)$\gamma_c=19$ (T)$\gamma_{22}=5.4$ (T)$\gamma_c=18$ (S)$\gamma_{13}=6.5$ (T)$\gamma_{22}=3.1$ (S)$\gamma_{33}=28$	5.4	$n_o=2.286$ $n_e=2.200$ $n_o=2.229$ $n_e=2.150$ $n_o=2.136$ $n_e=2.073$	(T)$\varepsilon_1=78$ (T)$\varepsilon_3=32$ (S)$\varepsilon_1=43$ (S)$\varepsilon_3=28$
	钽酸锂 ($LiTaO_3$,LT)	0.28～2.9 3.2～4.0	0.633 3.39	(T)$\gamma_{13}=8.4$ (S)$\gamma_{13}=7.5$ (T)$\gamma_{33}=30.5$ (S)$\gamma_{13}=33$ (T)$\gamma_c=22$ (S)$\gamma_c=25.5$ (S)$\gamma_{13}=4.5$ (S)$\gamma_{33}=27$ (S)$\gamma_c=22.3$	2.84	$n_o=2.176$ $n_e=2.180$ $n_o=2.060$ $n_e=2.065$	(T)$\varepsilon_1=51$ (T)$\varepsilon_3=45$ (S)$\varepsilon_1=41$ (S)$\varepsilon_3=43$
	偏硼酸钡 (β-BaB_2O_4, β-BBO)	0.19～3.5	1.064	(T)$\gamma_c=2.7$	9.2	$n_o=1.6551$ $n_e=1.5426$	(T)$\varepsilon_1=6.7$ (T)$\varepsilon_3=8.1$
4mm	铌酸锶钡(SBN, $Ba_{0.25}Sr_{0.75}$ Nb_2O_6) ($T_c=395$ K)	0.4～5.5	0.633	(T)$\gamma_{13}=67$ (S)$\gamma_c=1\,090$ (T)$\gamma_{33}=1\,340$ (T)$\gamma_c=1\,410$		$n_o=2.311\,7$ $n_e=2.298\,7$	(S)$\varepsilon_3=3\,400$ (15 MHz)
	钛酸钡 ($BaTiO_3$) ($T_c=395$ K)	0.45～6.3	0.546	(T)$\gamma_c=108$ (S)$\gamma_c=23$ (T)$\gamma_{13}=19.5$ (T)$\gamma_{33}=97$	0.48	$n_o=2.437$ $n_e=2.365$	(T)$\varepsilon_1=3\,600$ (T)$\varepsilon_3=135$
	钽铌酸钾 ($KTa_{0.35}$ $Nb_{0.65}O_3$) ($T_c=325$ K)	0.4～6	0.633	(T)$\gamma_c=500$		$n_o=2.275$ $n_e=2.318$	(T)$\varepsilon_1=1\,600$ (T)$\varepsilon_3=400$

续表

点群	晶 体	透明波段/μm	使用波长/μm	电光系数/($\times10^{-12}$ m·V^{-1})	半波电压/kV	折射率	介电常数
$\bar{4}2m$	磷酸二氢钾 (KH_2PO_4，KDP)	0.25～1.7	0.546 0.633 0.633 3.39	(T)$\gamma_{41}=8.77$ (T)$\gamma_{63}=-10.3$ (T)$\gamma_{41}=8.6$ (T)$\gamma_{63}=-10.6$ (T)$\gamma_{63}=-9.7$	8.45 8.4 8.75	$n_o=1.5115$ $n_e=1.4698$ $n_o=1.5074$ $n_e=1.4669$	(T)$\varepsilon_1=42$ (T)$\varepsilon_3=21$ (S)$\varepsilon_1=45$ (S)$\varepsilon_3=20$
	磷酸二氘钾 (KD_2PO_4，DKDP)	0.19～2.15	0.546 0.633	(T)$\gamma_{63}=26.8$ (T)$\gamma_{63}=24.1$	3.45 3.85	$n_o=1.5079$ $n_e=1.4683$ $n_o=1.502$ $n_e=1.462$	(T)$\varepsilon_1=58$ (T)$\varepsilon_3=50$ (S)$\varepsilon_3=48$
	磷酸二氢铵 ($NH_4H_2PO_4$，ADP)	0.125～1.7	0.546 0.633	(T)$\gamma_{63}=8.56$ (T)$\gamma_{63}=8.3$	9.6 9.2	$n_o=1.5266$ $n_e=1.4808$ $n_o=1.5220$ $n_e=1.4773$	(T)$\varepsilon_1=56$ (T)$\varepsilon_3=15$ (S)$\varepsilon_1=58$ (S)$\varepsilon_3=14$
$mm2$	钛氧磷酸钾 ($KTiOPO_4$，KTP)	0.35～4.5	1.064	(T)$\gamma_{13}=9.5$ (S)$\gamma_{13}=8.8$ (T)$\gamma_{33}=36.3$ (S)$\gamma_{33}=35$ (T)$\gamma_{c1}=28.6$ (S)$\gamma_{c1}=27$ (T)$\gamma_{c2}=23.2$ (S)$\gamma_{c2}=21.5$	(T)2.9 (S)3.2	$n_1=1.7416$ $n_2=1.7496$ $n_3=1.8323$	(T)$\varepsilon_1=11.9$ (S)$\varepsilon_1=11.6$ (T)$\varepsilon_2=11.3$ (S)$\varepsilon_2=11.0$ (T)$\varepsilon_3=17.5$ (S)$\varepsilon_3=15.4$
	钛氧磷酸铷 ($RbTiOPO_4$，RTP)	0.35～4.5	1.064	(T)$\gamma_{13}=9.7$ (T)$\gamma_{23}=10.8$ (T)$\gamma_{33}=22.5$ (T)$\gamma_{c1}=21.8$ (T)$\gamma_{c2}=14.2$		$n_1=1.779$ $n_2=1.788$ $n_3=1.875$	$\varepsilon_3=18(100\ k_c)$
	钛氧砷酸钾 ($KTiOAsO_4$，KTA)	0.35～5.3	1.064	(T)$\gamma_{13}=15$ (T)$\gamma_{33}=40$ (T)$\gamma_{c2}=26.8$		$n_1=1.782$ $n_2=1.790$ $n_3=1.868$	$\varepsilon_3=26(100\ k_c)$

注：T 表示直流到声频电压时的测量值；S 表示高频电压时的测量值；$\gamma_c=\gamma_{33}-n_o^3\gamma_{13}/n_e^3$，$\gamma_{c1}=\gamma_{33}-n_2^3\gamma_{23}/n_3^3$，$\gamma_{c2}=\gamma_{33}-n_1^3\gamma_{13}/n_3^3$。

三、实用的晶体电光效应类型

目前实用的块状晶体电光效应有 7 种，这 7 种电光效应具有以下共同特点：

1)电场方向都与晶体的较高次对称轴一致。

2)施加电场后，晶体的光波本征模方向不再随电场强度大小而改变，本征模的对应折射率都随电场强度线性改变。

3)通光方向与电场方向或是平行(纵向电光效应)，或是垂直(横向电光效应)。

4)实用晶体的点群都高于 $mm2$ 点群。

由此可知，实用的块状电光晶体的点群只有 11 种，即：

$\bar{4}3m$，23，$\bar{4}2m$，4，$4mm$，6，$6mm$，$\bar{6}m2$，3，$3m$，$mm2$。

表 18-16 列出了 7 种电光效应晶体的电光效应类型。

表 18-16 实用电光效应的类型

类型		加电场后晶体的本征模*				通光方向 K	所用电光晶体点群
		电场方向 E	本征矢方向 D	主折射率	图示		
1	立方晶体〈001〉电光效应	〈001〉	〈$\bar{1}$10〉 〈110〉 〈001〉	$n_o+\frac{1}{2}n_0^3\gamma_{41}E$ $n_o-\frac{1}{2}n_0^3\gamma_{41}E$ n_o 双轴晶	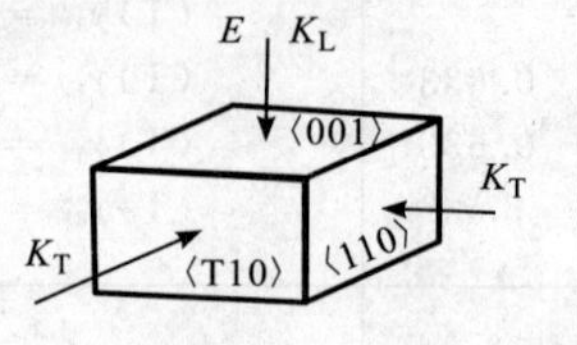 E K_L 〈001〉 K_T K_T 〈$\bar{1}$10〉 〈110〉	〈001〉纵向效应 〈110〉〈$\bar{1}$10〉横向效应	
2	立方晶体〈110〉电光效应	〈100〉	〈11$-\sqrt{2}$〉 〈11$\sqrt{2}$〉 〈$\bar{1}$10〉	$n_o+\frac{1}{2}n_0^3\gamma_{41}E$ $n_o-\frac{1}{2}n_0^3\gamma_{41}E$ n_o 双轴晶	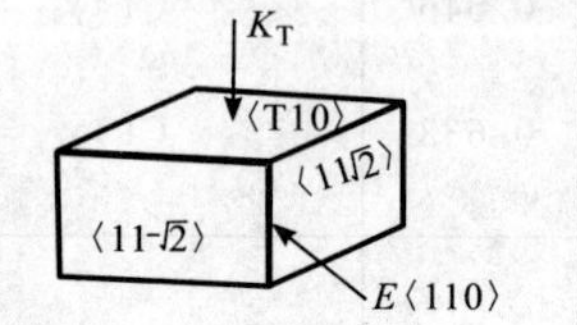 K_T 〈$\bar{1}$10〉 〈11$\sqrt{2}$〉 〈11-$\sqrt{2}$〉 E〈110〉	〈110〉纵向效应	$\bar{4}3m$,23
3	立方晶体〈111〉电光效应	〈111〉	〈111〉 ⊥〈111〉	$n_o-\frac{1}{\sqrt{3}}n_0^3\gamma_{41}E$ $n_o+\frac{1}{\sqrt{3}}n_0^3\gamma_{41}E$ 单轴晶	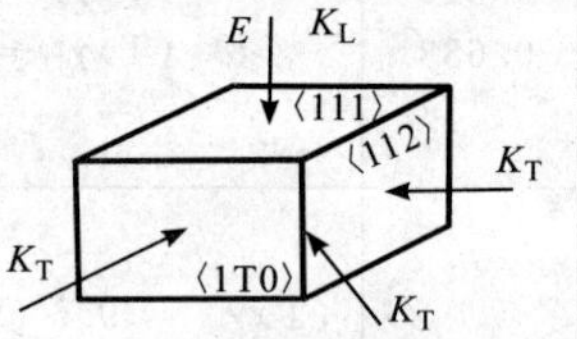 E K_L 〈111〉 〈11$\bar{2}$〉 K_T K_T 〈1$\bar{1}$0〉 K_T	〈$\bar{1}$10〉纵向效应 ⊥〈111〉横向效应	
4	$\bar{4}2m$ 晶体 γ_{63} 电光效应	[001]	[110] [$\bar{1}$10] [001]	$n_o-\frac{1}{2}n_0^3\gamma_{63}E$ $n_o+\frac{1}{2}n_0^3\gamma_{63}E$ n_e 双轴晶	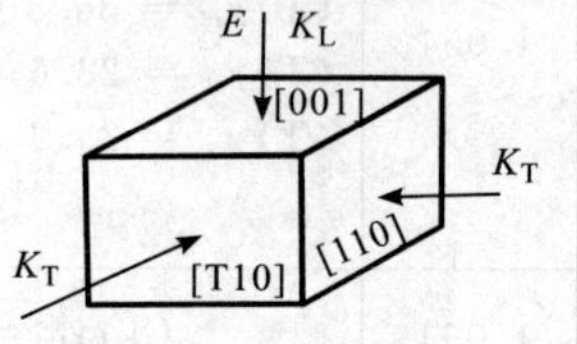 E K_L [001] K_T K_T [$\bar{1}$10] [110]	[001]纵向效应 [110] [$\bar{1}$10]横向效应	$\bar{4}2m$
5	单轴晶[001]电光效应	[001]	[001] ⊥[001]	$n_e-\frac{1}{2}n_e^3\gamma_{33}E$ $n_o-\frac{1}{2}n_0^3\gamma_{13}E$ 单轴晶	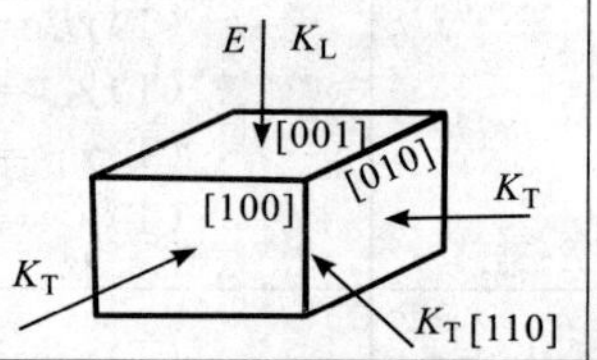 E K_L [001] [100] [010] K_T K_T K_T[110]	[001]纵向效应 ⊥〈001〉横向效应	3,3m,4,4mm 6,6mm
6	$mm2$ 晶体[001]电光效应	[001]	[100] [010] [001]	$n_1-\frac{1}{2}n_1^3\gamma_{13}E$ $n_2-\frac{1}{2}n_2^3\gamma_{23}E$ $n_3-\frac{1}{2}n_3^3\gamma_{33}E$ 双轴晶	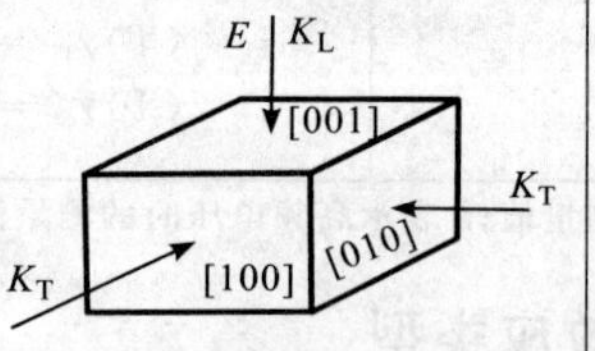 E K_L [001] K_T K_T [100] [010]	[001]纵向效应 [100] [010]横向效应	$mm2$
7	$3m$ 晶体 γ_{22} 电光效应	[100]	[110] [1$\bar{1}$0] [001]	$n_o+\frac{1}{2}n_0^3\gamma_{22}E$ $n_o-\frac{1}{2}n_0^3\gamma_{22}E$ n_e 双轴晶	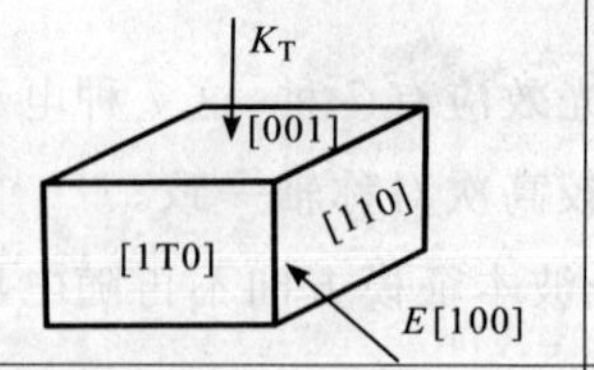 K_T [001] [110] [1$\bar{1}$0] E[100]	[001]横向效应	$3m$,$\bar{6}m2$
		[010]	[010] [100] [001]	$n_o-\frac{1}{2}n_0^3\gamma_{22}E$ $n_o+\frac{1}{2}n_0^3\gamma_{22}E$ n_e 双轴晶	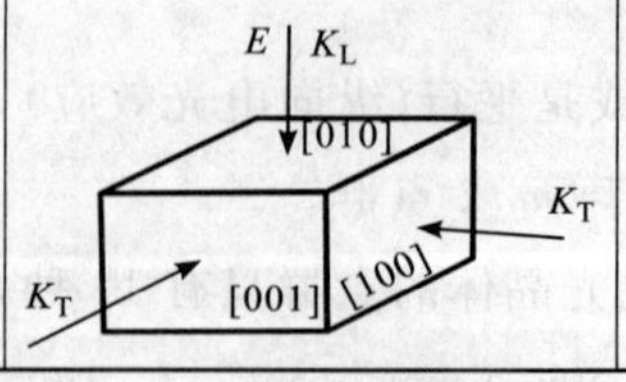 E K_L [010] K_T K_T [001] [100]	[001] [100]横向效应 [010]纵向效应	

注：* 用角括号表示的方向，是指与用方括号对应方向的立方对称允许的所有方向。例如，〈001〉表示对称允许的[010]、[001]这两个方向。

四、线性电光效应计算举例

(一)KDP 晶体的线性电光效应

KDP 晶体是人工培养的 KH_2PO_4 单晶体，是单轴晶，属四方晶系，与 ADP 和 KD^*P 等晶体同属 $\bar{4}2m$ 点群，其光轴和 4 次反轴重合，是激光技术中常用的电光晶体。现以 KDP 晶体为例，说明晶体受到电场作用后，光在其中传播时的变化。

晶体上无外电场时，折射率椭球为旋转椭球，其方程为

$$B_1^0(x_1^2+x_2^2)+B_3^0x_3^2=1 \tag{18-142}$$

其中

$$B_1^0=\frac{1}{n_1^2}=\frac{1}{n_o^2},\qquad B_3^0=\frac{1}{n_3^2}=\frac{1}{n_e^2}$$

n_o，n_e 分别为单轴晶的寻常光和非常光的主折射率。

当晶体上加有外电场后，其折射率椭球将发生变化，其线性电光效应矩阵为

$$\begin{bmatrix}\Delta B_1\\ \Delta B_2\\ \Delta B_3\\ \Delta B_4\\ \Delta B_5\\ \Delta B_6\end{bmatrix}=\begin{bmatrix}0&0&0\\0&0&0\\0&0&0\\ \gamma_{41}&0&0\\0&\gamma_{41}&0\\0&0&\gamma_{63}\end{bmatrix}\begin{bmatrix}E_1\\E_2\\E_3\end{bmatrix} \tag{18-143}$$

由此得出

$$\left.\begin{aligned}&\Delta\beta_1=\Delta\beta_2=\Delta\beta_3=0\\&\Delta\beta_4=\gamma_{41}E_1\\&\Delta\beta_5=\gamma_{41}E_2\\&\Delta\beta_6=\gamma_{63}E_3\end{aligned}\right\} \tag{18-144}$$

将(18-144)式代入(18-141)式，得

$$B_1^0x_1^2+B_1^0x_2^2+B_3^0x_3^2+2\gamma_{41}(E_1x_2x_3+E_2x_3x_1)+2\gamma_{63}E_3x_1x_2=1 \tag{18-145}$$

由此可见，加电场后折射率椭球方程出现了交叉项，这说明新的折射率椭球的 3 个主轴不再与晶轴重合，3 个主折射率也要随之发生变化。上式还说明，平行于光轴方向的电场分量其电光效应只与 γ_{63} 有关，而垂直于光轴方向的电场分量其电光效应只与 γ_{41} 有关，实际应用中，外电场一般也是取平行于光轴或垂直于光轴的方向。

1. 电场方向平行于光轴

这时 $E_1=E_2=0$，(18-145)式变成

$$B_1^0(x_1^2+x_2^2)+B_3^0x_3^2+2\gamma_{63}E_3x_1x_2=1 \tag{18-146}$$

或

$$\frac{x_1^2+x_2^2}{n_o^2}+\frac{x_3^2}{n_e^2}+2\gamma_{63}E_3x_1x_2=1$$

这是 x_3 方向加电场后，折射率椭球在与晶轴方向一致的 $x_1x_2x_3$ 坐标系中的方程。进一步分析表明：沿 x_3 方向加电场后，折射率椭球要绕 x_3 轴旋转 45°，该转角与电场大小无关，但转动方向与电场方向有关，此时主轴化的新折射率椭球方程为

$$\left(\frac{1}{n_o^2}+\gamma_{63}E_3\right)x_1'^2+\left(\frac{1}{n_o^2}-\gamma_{63}E_3\right)x_2'^2+\frac{1}{n_e^2}x_3'^2=1 \tag{18-147}$$

(18-147)式是双轴晶体折射率椭球的一般方程式。这说明，KDP 晶体沿 x_3 方向加电场 E_3 以后，从单轴晶变成了双轴晶，其折射率椭球与 x_1x_2 面的交线则由 $r=n_0$ 的圆变成了主轴在 45°方向上的椭圆，新折射率

椭球的 3 个主折射率可从(18-147)式求出：

$$\left.\begin{aligned} n_1' &= n_o(1+n_o^2\gamma_{63}E_3)^{-\frac{1}{2}} \\ n_2' &= n_o(1-n_o^2\gamma_{63}E_3)^{-\frac{1}{2}} \\ n_3' &= n_e \end{aligned}\right\} \tag{18-148}$$

又因 KDP 晶体的 $\gamma_{63}\approx10^{-10}$ cm/V，而外电场 $E\approx10^4$ V/cm，所以有 $\gamma_{63}E_3=1$。

$$\left.\begin{aligned} n_1' &\approx n_o-\frac{1}{2}n_o^3\gamma_{63}E_3 \\ n_2' &\approx n_o+\frac{1}{2}n_o^2\gamma_{63}E_3 \\ n_3' &\approx n_e \end{aligned}\right\} \tag{18-149}$$

沿新折射率椭球 3 个主轴方向上的折射率差为

$$\left.\begin{aligned} \Delta n_1' &= n_2'-n_3'=(n_o-n_e)+\frac{1}{2}n_o^3\gamma_{63}E_3 \\ \Delta n_2' &= n_1'-n_3'=(n_o-n_e)-\frac{1}{2}n_o^3\gamma_{63}E_3 \\ \Delta n_3' &= n_2'-n_1'=n_o^3\gamma_{63}E_3 \end{aligned}\right\} \tag{18-150}$$

这是沿 x_3 方向加电场时，折射率椭球的变化情况，但晶体中的双折射性质尚与光波的传播方向有关。下面进一步给出沿 x_3' 方向通光(γ_{63} 的纵向电光效应)与沿 x_1' 或 x_2' 方向通光(γ_{63} 的横向电光效应)时的效应。

(1) γ_{63} 的纵向电光效应

光沿 x_3 方向传播时，由 E_3 引起的折射率差最大。未加电场 E_3 时，x_3 是晶体光轴的方向，无双折射，这是纵向运用的优点，缺点是需用透光电极(因通光方向与电场方向一致)。

γ_{63} 的纵向电光效应引起的相位差为

$$\begin{aligned} \delta &= \frac{2\pi}{\lambda}(n_2'-n_1')l \\ &= \frac{2\pi}{\lambda}n_o^3\gamma_{63}E_3 l \end{aligned} \tag{18-151}$$

式中，λ 为入射光波长，l 为晶片厚度。当晶体上所加电压为 V 时，有 $E_3=V/l$，因此

$$\delta=\frac{2\pi}{\lambda}n_o^3\gamma_{63}V \tag{18-152}$$

(18-152)式表明，γ_{63} 的纵向电光效应是 $\delta\propto V$，与 l 无关；新折射率椭球的主轴(x_1',x_2',x_3') 的方位不随 V 而改变。

当 $\delta=\pi$ 时，由(18-152)式，可得

$$V_\pi=\frac{\lambda}{2n_o^3\gamma_{63}} \tag{18-153}$$

式中，V_π(或 $V_{\lambda/2}$) 称为半波电压，是电光晶体十分重要的参数。γ_{63} 越大，V_π 越低。由于 γ_{63} 约为 10^{-12} m/V 的量级，因此 V_π 的值一般都很大，例如，对 $\lambda=0.69$ μm 的红光，KDP 晶体的 $V_\pi\approx9.6$ kV。

(2) γ_{63} 的横向电光效应

电场方向仍与光轴方向一致，但光的传播方向和电场方向垂直，晶体内光波法线方向与 x_1x_2 轴成 45°夹角，即沿 x_1' 方向(或 x_2' 方向)。相应的光矢量方向则为 x_2'(或 x_1')和 x_3 轴方向，对应的折射率是

$$n_2'=n_o+\frac{1}{2}n_o^3\gamma_{63}E_3,\quad n_3=n_e$$

通过长度为 l 的晶片后，两偏振分量之间的相位差为

$$\delta=\frac{2\pi}{\lambda}\Delta nl=\frac{2\pi}{\lambda}(n_o-n_e)l+\frac{2\pi}{\lambda}n_o^3\gamma_{63}E_3 l$$

设晶体厚为 d，则 $V=E_3d$，

$$\delta=\frac{2\pi}{\lambda}(n_o-n_e)l+\frac{\pi}{\lambda}\frac{l}{d}n_o^3\gamma_{63}V \tag{18-154}$$

(18-154)式说明,这时的δ是由自然双折射和线性电光效应两个因素引起的。

γ_{63} 的横向效应(与纵向效应相比)有以下特点:①与晶体的尺寸(d/l)有关;②存在自然双折射引起的相位差;③不需用透明电极;④可通过改变晶体的尺寸(d/l)来改变半波电压。横向效应存在的自然双折射使其电光效应易受温度的影响。例如,对于$\lambda=0.633\ \mu\mathrm{m}$的红光,长30 mm的KDP晶体,温度引起的相位变化约为π/℃。如要求相位变化不超过20 mrad,则晶体必须严格恒温,其精度应控制在0.005℃以内。要做到这点十分困难,为此在应用横向效应时,常用两块晶体进行补偿,以消除自然双折射对相位差的影响。

2. 电场方向垂直于光轴

KDP晶体为$\bar{4}2m$晶类,由电光系数矩阵可知,沿晶体的x_1轴和x_2轴加电场所产生的效果一样,因此,下面只给出电场平行于x_2轴的电光效应。这时有$E_1=E_3=0$,$E_2\neq0$,所以(18-145)式变为

$$B_1^0(x_1^2+x_2^2)+B_3^0x_3^2+2\gamma_{41}E_2x_3x_1=1 \tag{18-155}$$

这说明,加电场E_2后折射率椭球绕x_2轴发生了转动,进一步分析表明:沿x_2方向加电场时,主折射率变化不大,不能纵向运用,但与主轴成45°方向上变化最大,这时(18-155)式变成

$$B_1''x_1''^2+B_2''x_2''^2+B_3''x_3''^2+B_5''x_1''=1 \tag{18-156}$$

其中

$$\left.\begin{aligned}B_1''&=\frac{1}{2}B_1^0+\frac{1}{2}B_3^0+\gamma_{41}E_2\\B_2''&=B_1^0\\B_3''&=\frac{1}{2}B_1^0+\frac{1}{2}B_3^0-\gamma_{41}E_2\\B_5''&=-B_1^0+B_3^0\end{aligned}\right\} \tag{18-157}$$

x_1''和x_3''都在(x_1,x_3)平面内,并分别与x_1和x_3成45°。

(1)平面线偏振光波沿x_1''轴传播

这时两偏振分量的振动方向分别垂直和平行于(x_1,x_3)平面,两偏振分量穿出晶体时的相位延迟为

$$\left.\begin{aligned}\delta_{x_1''}&=\frac{2\pi l}{\lambda}(n_3''-n_2'')\\\delta_{x_1''}&=\frac{2\pi l}{\lambda}\left[\frac{\sqrt{2}\,n_\mathrm{o}n_\mathrm{e}}{\sqrt{n_\mathrm{o}^2+n_\mathrm{e}^2}}-n_\mathrm{o}\right]+\frac{2\pi}{\lambda}\sqrt{2}\left(\frac{1}{n_\mathrm{o}^2}+\frac{1}{n_\mathrm{e}^2}\right)^{-\frac{3}{2}}\gamma_{41}E_2l\end{aligned}\right\} \tag{18-158}$$

(2)平面线偏振光波沿x_3''轴传播

两偏振分量穿出晶体时的相位延迟为

$$\delta_{x_3''}=\frac{2\pi l}{\lambda}\left[\frac{\sqrt{2}n_\mathrm{o}n_\mathrm{e}}{\sqrt{n_\mathrm{o}^2+n_\mathrm{e}^2}}-n_\mathrm{o}\right]-\frac{2\pi}{\lambda}\sqrt{2}\left(\frac{1}{n_\mathrm{o}^2}+\frac{1}{n_\mathrm{e}^2}\right)^{-\frac{3}{2}}\gamma_{41}E_2l \tag{18-159}$$

(二)铌酸锂晶体的线性电光效应

铌酸锂晶体点阵的对称性为$3m$,其中3表示存在三次旋转轴,即:若绕这个轴旋转120°,操作前后的点阵重合,铌酸锂有3个三次旋转轴和2个对称面,这种对称性使铌酸锂在没有外电场时是一种单轴晶体,其线性电光系数矩阵为

$$\begin{bmatrix}0&-\gamma_{22}&\gamma_{13}\\0&\gamma_{22}&\gamma_{13}\\0&0&\gamma_{33}\\0&\gamma_{51}&0\\\gamma_{51}&0&0\\-\gamma_{22}&0&0\end{bmatrix} \tag{18-160}$$

如外电场沿光轴x_3的方向,即$E_1=E_2=0$,$E_3\neq0$,这时折射率椭球方程是

$$\left(\frac{1}{n_\mathrm{o}^2}+\gamma_{13}E_3\right)x_1^2+\left(\frac{1}{n_\mathrm{o}^2}+\gamma_{13}E_3\right)x_2^2+\left(\frac{1}{n_\mathrm{e}^2}+\gamma_{33}E_3\right)x_3^2=1 \tag{18-161}$$

式中未出现交叉项，说明晶体的3个主轴没有转动，仍保持为一个光轴沿 x_3 轴方向折单轴晶体，主折射率和 E_3 的近似关系式为

$$\left.\begin{aligned} n_1' &= n_0 - \frac{1}{2}n_0^3\gamma_{13}E_3 \\ n_2' &= n_0 - \frac{1}{2}n_0^3\gamma_{13}E_3 \\ n_3' &= n_e - \frac{1}{2}n_e^3\gamma_{33}E_3 \end{aligned}\right\} \tag{18-162}$$

由于 $n_1'=n_2'$，所以铌酸锂的纵向线性电光效应(外电场和光波传播方向都沿 x_3 轴)只能对光波进行位相调制，不能进行偏振态调制，即不能改变光波的偏振态。但是，如果令光波沿 x_1 或 x_2 方向传播，则铌酸锂也呈现双折射性质。例如，当光波沿 x_1 方向传播时，晶体的双折射率为

$$n_2'-n_3'=(n_o-n_e)-\frac{1}{2}(n_o^3\gamma_{13}-n_e^3\gamma_{33})E_3 \tag{18-163}$$

对于 $\lambda=633$ nm 的光波和低频电场 E_3，近似地有

$$n_2'-n_3'=0.086+1.07\times10^{-10}E_3(\mathrm{V/m})$$

钽酸锂($LiTaO_3$)和铌酸锂有相似的线性电光效应。

(三)砷化镓、锗酸铋和硅酸铋的线性电光效应

砷化镓晶体点阵的对称性为 $\bar{4}3m$，锗酸铋($Bi_{12}GeO_{20}$，记为BGO)和硅酸铋($Bi_{12}SiO_{20}$，记为BSO)晶体点阵的对称性为“23”。它们都属于立方晶体，在没有外电场时，为光学各向同性。加上外电场后，变为双轴晶体，呈现光学各向异性。当外加电场平行于晶轴方向 x_3 轴时，折射率椭球方程为

$$\frac{x_1^2}{n^2}+\frac{x_2^2}{n^2}+\frac{x_3^2}{n^2}+2\gamma_{41}E_3x_1x_2=1 \tag{18-164}$$

式中，n 是无外电场时的晶体折射率，把 $x_1x_2x_3$ 坐标系中的 x_3 轴旋转45°，可得外电场中的主轴坐标系 $x_1'x_2'x_3'$。在新坐标系中，折射率椭球方程为

$$\left(\frac{1}{n^2}+\gamma_{41}E_3\right)x_1'^2+\left(\frac{1}{n^2}-\gamma_{41}E_3\right)x_2'^2+\left(\frac{1}{n^2}\right)x_3'^2=1 \tag{18-165}$$

3个主折射率的近似表达式为

$$\left.\begin{aligned} n_1' &= n - \frac{1}{2}n^3\gamma_{41}E_3 \\ n_2' &= n + \frac{1}{2}n^3\gamma_{41}E_3 \\ n_3' &= n \end{aligned}\right\}$$

当光波沿 x_3 方向传播时(纵向线性电光效应)，晶体的双折射率为

$$n_2'-n_1'=n^3\gamma_{41}E_3$$

线性电光效应使得晶体的折射率或双折射可以用外电场来控制，因此被广泛地用于电光调制技术。电光调制大致可分成两种情况：第一种情况是，加于晶体的电场在空间上基本上是均匀的，但在时间上是变化的，它可用于使一个随时间变化的电信号转换成光信号，变成由光波的相位、偏振态或振幅的变化所体现的光信息，可用于光通信、光传感、光信息处理等。第二种情况是，加在晶体上的电场在空间有一定的分布(即电场图像)，但在时间上是稳定的或相对缓慢变化的，这属于空间光调制器。

五、晶体的二次电光效应

许多各向同性的固体、液体或气体，在强电场(电场方向与光传播方向垂直)作用下会变成各向异性，而且电场引起的双折射与电场强度的平方成反比，这就是二次电光效应(克尔效应)。它存在于所有电介质中，某些极性液体(如硝基苯)和铁电晶体的二次电光效应很大。

二次电光效应的一般表示式为

$$\Delta B_{ij} = h_{ijpq} E_p E_q \tag{18-166}$$

式中，E_p 和 E_q 为电场分量；h_{ijpq} 为二次电光系数（或克尔系数），单位是 m^2/V^2。通常用极化强度 P 来表示二次电光效应：

$$\Delta B_{ij} = g_{ijpq} P_p P_q \tag{18-167}$$

式中，P_p、P_q 为极化强度分量；g_{ijpq} 也称为二次电光系数，一般手册中给出的是 g_{ijpq} 的值，单位为 m^4/C^2。系数 h 与 g 之间的关系为

$$h_{ijkl} = \left(\frac{1}{4\pi}\right)^2 (\varepsilon_k - 1)(\varepsilon_l - 1) g_{ijkl} \tag{18-168}$$

式中，ε_k、ε_l 为坐标系中的介电常量张量的分量。h_{ijpq} 和 g_{ijpq} 均为四阶张量，下标的取值范围都是 1～3。

例如：求 Oh－ $m3m$ 晶类的二次电光效应。

由手册可查出 Oh－ $m3m$ 晶类的 g_{mn} 矩阵形式为

$$(g_{mn}) = \begin{bmatrix} g_{11} & g_{12} & g_{12} & 0 & 0 & 0 \\ g_{12} & g_{11} & g_{12} & 0 & 0 & 0 \\ g_{12} & g_{12} & g_{11} & 0 & 0 & 0 \\ 0 & 0 & 0 & g_{44} & 0 & 0 \\ 0 & 0 & 0 & 0 & g_{44} & 0 \\ 0 & 0 & 0 & 0 & 0 & g_{44} \end{bmatrix} \tag{18-169}$$

因此，这一晶类只有 3 个独立的二次电光系数：g_{11}、g_{12} 和 g_{44}，晶体上未加电场时的，它是各向同性，折射率椭球蜕化成球；若外场沿[001]方向（即 x_3 方向）作用于晶体上，则有 $E_1 = E_2 = 0$，$E_3 = E_0$，$P_1 = P_2 = 0$，$P_3 = \chi E$，折射率椭球方程为

$$\left(\frac{1}{n_o^2} + g_{12}\chi^2 E^2\right)(x_1^2 + x_2^2) + \left(\frac{1}{n_o^2} + g_{11}\chi^2 E^2\right) x_3^2 = 1$$

这说明，加外电场后折射率椭球由球体变成一旋转椭球，其主折射率为

$$n_1' = n_2' = n_o - \frac{1}{2} n_o^3 g_{12} \chi^2 E^2$$

$$n_3' = n_o - \frac{1}{2} n_o^3 g_{11} \chi^2 E^2$$

光沿 x_3 方向传播时，无双折射现象。光沿[100]方向（即 x_1 方向）传播时，产生的相位差为

$$\delta = \frac{2\pi}{\lambda}(n_2' - n_3') l = \frac{\pi n_o^3 \chi^2 E^2}{\lambda}(g_{11} - g_{12}) l$$

相应的半波电压为

$$V_\pi = \sqrt{\frac{\lambda l^2}{n_o^3 \chi^2 (g_{11} - g_{12})}}$$

第六节　磁光效应

一、晶体的旋光效应

（一）旋光效应及其性质

单色线偏振光沿光轴方向通过某些晶体后，其光振动面（即 $\boldsymbol{E}$、$\boldsymbol{H}$ 矢量）会旋转，这种现象被称为晶体的旋光现象。这是材料结构所确定的固有性质，又称为自然旋光。其特点如下：

1）对于一定波长的光，光振动面旋转的角度（旋光角）θ 与晶片厚度 d 成正比。

$$\theta = \alpha d \tag{18-170}$$

式中，α 是物质的旋光率，单位是(°)/mm。α 的值与波长、晶体的性质以及温度等因素有关。

2)旋光有左旋和左旋之分。旋转方向的确定:迎着从旋光物质出射的光看去,线偏振光振动面在物质中是顺时针旋转的称为右旋,逆时针旋转的称为左旋,其旋光率分别用 α_+ 和 α_- 表示。对同一物质,其左、右旋转的值相同($\alpha_+=\alpha_-$)。

3)旋光方向,由光传播方向确定。如果通过晶体的偏振光从镜面上反射后再通过同一晶体,振动面就恢复到原来的取向。

4)旋光率 α 是光传播方向与晶体光轴夹角的函数,但对大多数晶体,偏离光轴的旋光性已被双折射性所掩盖,所以对于晶体一般是指沿光轴方向的旋光率。

5)在有些材料中, α 近似地随波长倒数的平方而变,称之为旋光色散。

(二)旋光效应的起因和分类

晶体中的旋光效应来源于晶体的介电张量中包含有回旋张量,从而导致晶体中左旋和右旋偏振光的折射率不相等。介电张量中出现回旋张量的原因有二:一是晶体的结构,二是外加场。前者产生自然旋光,后者产生场致旋光。场致旋光包括磁致旋光(磁光效应)、电致旋光和声致旋光等。

1. 自然旋光

自然旋光起因于晶体的结构。在主轴坐标系中介电张量(非对角元素是回旋张量)为

$$\varepsilon=\varepsilon_0\begin{bmatrix} n_o^2 & \mathrm{i}\varepsilon_{12} & 0 \\ -\mathrm{i}\varepsilon_{12} & n_o^2 & 0 \\ 0 & 0 & n_e^2 \end{bmatrix} \tag{18-171}$$

若晶体的吸收可忽略,则 ε 为实数。把 ε 的值代入麦克斯韦方程,可得旋光折射率为

$$n_{1,2}^2=n_o^2\left[1\pm\frac{\varepsilon_{12}}{n_o^2}\right] \tag{18-172}$$

相应的偏振光的电矢量 3 个分量为:$[1 \quad \pm\mathrm{i} \quad 0]$,分别对应于左右旋圆偏振光。它表明:当一线偏振光沿旋光晶体(例如石英晶体)的光轴方向进入晶体后,即被分解为左右旋圆偏振光,并以不同的相速度向前传输。经过距离 d 后,出射仍为线偏振光,但振动方向旋转了 θ 角,表达式为

$$\theta=\frac{1}{2}(k_R-k_L)d=\frac{\pi}{\lambda}(n_R-n_L)d;\qquad k_R=\frac{2\pi}{\lambda}n_R,\quad k_L=\frac{2\pi}{\lambda}n_L$$

旋光率为

$$\alpha=\frac{\theta}{d}=\frac{(n_R-n_L)\pi}{\lambda} \tag{18-173}$$

此结果表明:晶体中光的波矢面虽然仍是旋转对称,但在光轴处并不接触。在光轴附近波矢面是偏离圆球和椭球的,正是这种微小畸变造成晶体中光沿光轴呈现旋光性。由于旋光的射率极小,所以光波传播方向稍偏离光轴,光的偏振态就由圆变成椭圆,继而迅速变成正交的线偏振光。

(1)石英晶体

石英晶体是一种典型的旋光晶体,表 18-17 是石英晶体的几种折射率值。表中数据表明:石英晶体 o 光、e 光折射率的值 n_o 和 n_e 比左、右旋圆偏振光的折射率 n_-、n_+ 要大约 100 倍。

石英晶体中的旋光性质是一种轴性物理量,有右旋和左旋两种,每种的旋转方向不会因为观察的方向不同而旋向相反,此种性质称为互易性。利用旋光的互易特性可以设计出避免旋光效应影响的器件。图 18-44 是用石英作为紫外分光棱镜的两种实用器件,前者应用互易特性,保证所分出的光波不受旋光影响;后者则是用一对旋向相反的石英,以保证光束旋光效应相消。

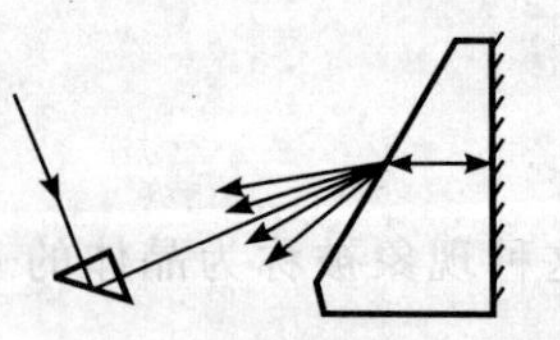

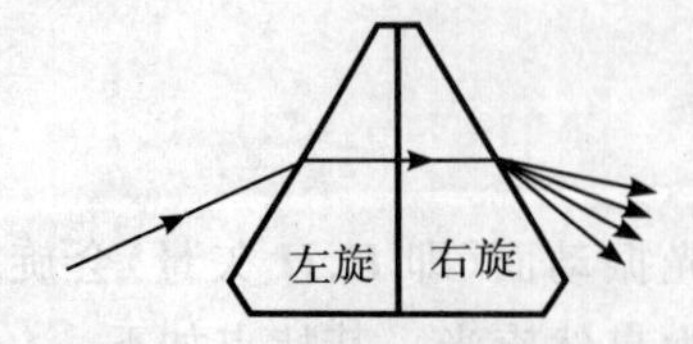

图 18-44 紫外石英消旋光色散棱镜

表 18-17 石英晶体折射率

λ/ μm		方 向	n		$n_e\Delta n$
0.395 8		⊥光轴	$n_e=1.567\ 11$	$n_o=1.558\ 15$	$n_e-n_o=0.956\times10^{-2}$
		∥光轴	$n_R=1.558\ 10$	$n_L=1.558\ 21$	$n_R-n_L=0.11\times10^{-3}$
0.632 8	左旋石英	⊥光轴	$n_e=1.551\ 8$	$n_o=1.542\ 7$	$n_e-n_o=0.91\times10^{-2}$
		∥光轴	$n_R=1.542\ 753$	$n_L=1.542\ 687$	$n_R-n_L=0.66\times10^{-4}$
0.762 0		⊥光轴	$n_e=1.548\ 11$	$n_o=1.539\ 17$	$n_e-n_o=0.894\times10^{-2}$
		∥光轴	$n_R=1.539\ 14$	$n_L=1.539\ 20$	$n_R-n_L=0.6\times10^{-4}$

石英晶体的 ρ_o 和 ρ_e 反号,其值列于表 18-18 中。图 18-45(a)画出石英晶体的双折射与旋光耦合后折射平面的形状示意图:实线为不考虑旋光耦合时的折射率面(图中 n_e-n_o 的值被夸大了),虚线为考虑旋光后的折射率面。$\alpha=56°10'$处,正、负旋光效应相抵消,这是石英晶体完全消旋光的方向。这对无旋光器件的制作有意义。图 18-45(b)(c)中画出了其本征模随 α 角变化的情况。

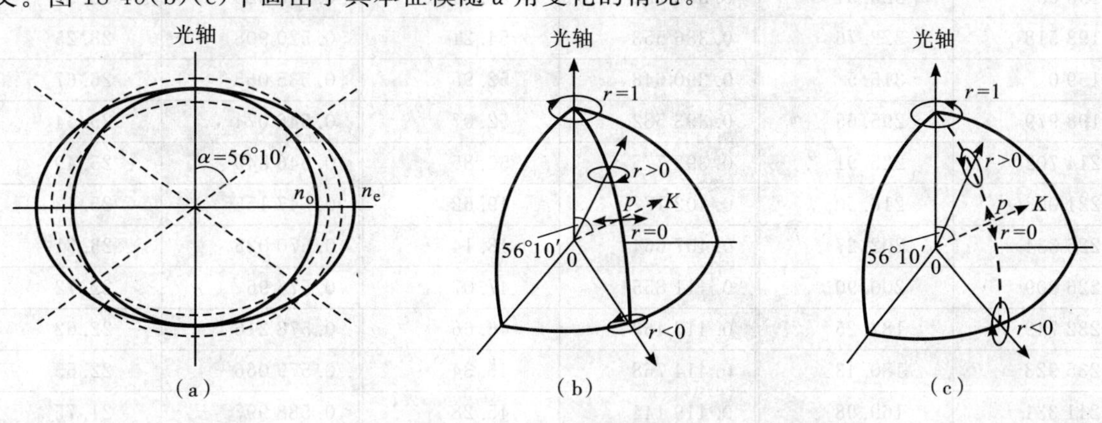

图 18-45 石英晶体波面图

(2)旋光色散

旋光效应的色散是指比旋光 ρ 随光波波长的改变,一般 ρ 与波长 λ 的平方倒数成正比;在更宽的波段内,$\rho(\lambda)$ 可以展开为

$$\rho(\lambda)=\frac{A}{\lambda^2}+\frac{B}{\lambda^4}+\frac{C}{\lambda^6}+\frac{D}{\lambda^8}+\cdots \tag{18-174}$$

式中,λ 的单位为μm,$\rho(\lambda)$ 的单位为(°)/mm。例如,石英晶体(室温 20℃时)ρ_o 所对应的色散常数值为

$A=7.060\ 741\times10^{-6}$,$B=0.168\ 535\times10^{-12}$,$C=-0.002\ 589\ 49\times10^{-18}$,$D=0.000\ 130\ 708\times10^{-24}$

表 18-18 是石英在室温时,不同波长的比旋光率 ρ_o 的值。表 18-19 列出了石英晶体光轴方向的比旋光率 $\rho_o(\lambda)$。图 18-46 是室温时,石英晶体对可见光波段每毫米的旋转角度值。

表 18-18 石英晶体的旋光色散

光波长/nm	ρ_o/((°)·mm^{-1})	ρ_e/((°)·mm^{-1})
396.9	50.98	−22.89
430.8	42.37	−19.02
486.1	32.69	−14.68
527.0	27.46	−12.33
589.3	21.67	−9.73
656.3	17.22	−7.73
686.7	15.55	−6.98

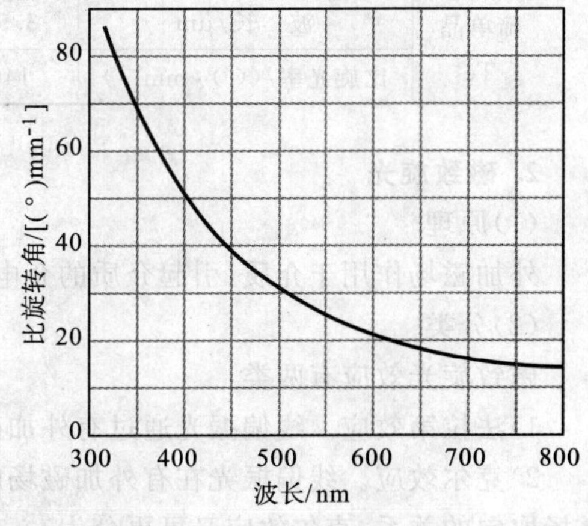

图 18-46 室温时石英晶体光轴方向的比旋光率

表 18-19 石英晶体光轴方向的比旋光率 $\rho_o(\lambda)$

λ/ μm	ρ_o/((°)·mm^{-1})	λ/ μm	ρ_o/((°)·mm^{-1})	λ/ μm	ρ_o/((°)·mm^{-1})
0.180 0	410.5	0.281 329	114.29	0.435 274	41.66
0.182 5	391.5	0.291 216	104.97	0.435 834	41.55
0.185 0	374.0	0.307 573	91.97	0.467 816	35.61
0.185 398	370.9	0.322 579	82.13	0.468 014	35.57
0.185 735	368.6	0.327 100	79.49	0.472 216	34.89
0.186 209	365.6	0.338 399	73.43	0.479 991	33.68
0.187 5	357.5	0.340 365	72.46	0.481 054	33.52
0.190 0	342.5	0.349 058	68.36	0.508 582	29.73
0.192 5	328.5	0.369 4	60.06	0.510 554	29.49
0.193 03	325.31	0.372 732	58.84	0.515 325	28.90
0.193 518	322.76	0.386 553	54.21	0.520 908	28.25
0.159 0	315.5	0.390 648	52.95	0.535 065	26.67
0.198 979	295.65	0.393 582	52.07	0.546 074	25.54
0.214 702	226.91	0.397 775	50.85	0.546 549	25.49
0.221 003	216.50	0.402 187	49.62	0.547 155	25.43
0.226 334	202.27	0.407 664	48.14	0.570 025	23.31
0.226 909	200.90	0.411 855	47.07	0.576 96	22.72
0.232 749	187.25	0.413 469	46.66	0.578 216	22.62
0.235 923	180.43	0.414 768	46.34	0.579 066	22.55
0.241 331	169.98	0.419 144	45.28	0.588 997	21.75
0.247 482	158.66	0.423 362	44.29	0.589 593	21.70
0.262 83	135.66	0.428 241	43.19	0.636 235	18.48
0.273 955	122.12	0.431 509	42.47	0.643 847	18.02
0.670 785	16.54	1.1	5.836	2.1	1.46
0.761	12.59	1.342	3.89	2.6	0.922
0.940	8.14	1.6	2.656	3.1	0.584

表 18-20 硒和碲单晶的比旋光率

硒单晶 Se	波 长/μm	0.7	0.79	0.9	1.0	1.14	3.39	110.6
	比旋光率/((°)·mm^{-1})	450	307.5	207.5	155	105	5.0	2.7
碲单晶 Te	波 长/μm	3.94	4.34	5.0	5.76	7.02	6.0	10.0
	比旋光率/((°)·mm^{-1})	140	93.3	55.6	37.1	23.4	40	15

2. 磁致旋光

(1)原理

外加磁场作用于介质，引起介质的介电张量发生变化，产生回旋张量：$\pm i\varepsilon_{12}$，从而引起磁致旋光效应。

(2)分类

磁致旋光效应有两类：

1)法拉第效应。线偏振光通过有外加磁场的介质时，透射光发生偏振面的旋转，如图 18-47 所示。

2)克尔效应。线偏振光在有外加磁场的介质表面反射时，反射光发生偏振面的旋转。按入射面和外加磁场取向的关系，克尔效应又可再分为：

极向克尔效应：光入射面和外加磁场平行的克尔效应，如图 18-48(a)所示。

横向克尔效应:磁场和介质分界面平行,光入射面和外加磁场垂直的克尔效应,如图 18-48(b)所示。

纵向克尔效应:磁场和介质分界面平行,也和入射面平行的克尔效应,如图 18-48(c)所示。

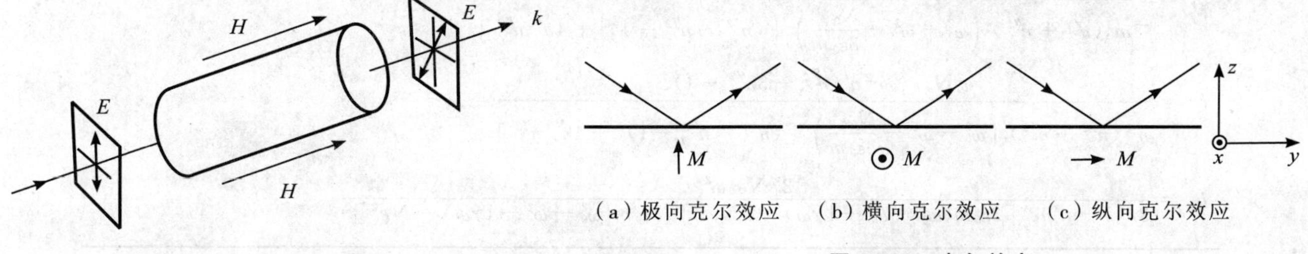

(a)极向克尔效应　(b)横向克尔效应　(c)纵向克尔效应

图 18-47　法拉第效应　　**图 18-48　克尔效应**

(3)方法

1)法拉第效应。法拉第效应是透射光的偏振面旋转。计算方法是:把和外加磁场有关的旋光张量代入麦克斯韦方程组,求解出射光的光波表达式,由此左旋和右旋圆偏振光的表达式求出介质中左旋和右旋圆偏振光的折射率值,进而可求出偏振面的旋转角 θ。

2)克尔效应。克尔效应是介质分界面上反射光的偏振面旋转。计算方法是:把和外加磁场有关的旋光张量,通过菲里耳公式(反射光复振幅表达式),求解反射光振幅比,从而求出反射光的偏振面的旋转角 θ。

(4)结果

各种情况下磁致旋光角和磁场关系的表达式以及旋光特性,如表 18-21 和表 18-22 所示。

表 18-21　各种磁性介质中的法拉第效应

旋光介质	法拉第旋光角 θ 和费尔德常数 V	旋光特性
抗磁性介质	$\theta = VLH_e$ $V = \frac{e\mu_0}{mc}\left(\frac{b}{\lambda^2}+\frac{c}{\lambda^4}+\cdots\right)$	$V \propto \frac{1}{\lambda^2}$ V 和温度 T 无关
顺磁性介质	$\theta = V_p LH_e$ $V_p = V(1+\nu\chi) = \frac{e\mu_0}{mc}\left(\frac{b}{\lambda^2}+\frac{c}{\lambda^4}+\cdots\right)(1+\nu\chi)$	$V \propto \frac{1}{\lambda^2}$ $V \propto T$
铁磁性介质	$\theta = V_1 LHv$ $V_1 = \frac{e\mu_0}{mc}\left(\frac{b}{\lambda^2}+\frac{c}{\lambda^4}+\cdots\right)$	$V \propto \frac{1}{\lambda^2}$ 有的材料法拉第效应有各向异性,可见光到近红外光波段的吸收系数大,甚至不透明
反铁磁性和亚铁磁性介质	$\theta \approx \frac{e\mu_0 L}{mc}\left(\frac{b}{\lambda^2}+\frac{c}{\lambda^4}+\cdots\right)\left(H_e+\sum_{i=1}^{l}\nu_i M_i\right)$ $\theta \approx \frac{e\mu_0 L}{mc}\left(\frac{b}{\lambda^2}+\frac{c}{\lambda^4}+\cdots\right)\sum_{i=1}^{l}\nu_i M_i$	$V \propto \frac{1}{\lambda^2}$ 有的材料有各向异性法拉第效应

表 18-22　克尔效应的分类和特点

克尔效应的种类	旋转角度	特　点
极向克尔效应(线偏振光垂直入射,介质 1 为空气,介质 2 有外加磁场)	$\theta_k = \theta'_k + i\theta''_k$ $\theta'_k = b_1 H_i$ $\theta''_k = b_2 H_i$ θ_k 为克尔旋转,H_i 为有效场强,b_1、b_2 为由介质结构决定的常数	在正常色散区,不遵守柯西公式,关系复杂,极向克尔旋转的实部和虚部的相对比值: $\theta_k \propto H_i$
横向克尔效应(线偏振光垂直入射,介质 1 为空气,介质 2 有磁场 H_i)	$\theta^t_k = b_3 H_i^2$	在正常色散区,不遵守柯西色散公式,关系复杂: $\theta_k \propto H_i^2$

续表

$$b_1 = -\frac{\mu_0^2 N_o e^3 \omega c^2 n''(3n'^2 - n''^2 - 1)}{m^2(n'^2 + n''^2)\left(\omega_0^2 - \omega^2 - \dfrac{N_0 e^2}{3\varepsilon_0 m}\right)^2 [(n'^2 - n''^2 - 1)^2 + 4n'^2 n''^2]}$$

$$b_2 = \frac{\mu_0^2 N_o e^3 \omega c^2 n'(n'^2 - 3n''^2 - 1)}{m^2(n'^2 + n''^2)\left(\omega_0^2 - \omega^2 - \dfrac{N_0 e^2}{3\varepsilon_0 m}\right)^2 [(n'^2 - n''^2 - 1)^2 + 4n'^2 n''^2]}$$

$$b_3 = \frac{27Ne^4\omega^2}{2n(1-n^2)c^4[3\varepsilon_0 m(\omega_0^2 - \omega^2 - \mathrm{i}\gamma\omega) + 2Ne^2][3\varepsilon_0 m(\omega_0^2 - \omega^2 - \mathrm{i}\gamma\omega) - Ne^2]^2}$$

二、晶体旋光性的电磁理论

当一束水平(x 轴)线偏振光沿光轴方向进入旋光晶体(例如石英晶体)后,分解为左、右旋圆偏振的单色平面波,并以不同的相速度向前传播。经过晶体厚度 L 后,出射光将是偏转了 θ 角的线偏振光。晶体的旋光性表现在其介电张量的表达式中的有关元素。在主轴坐标系中,其介电张量应包含非对角的对称的共轭复元素。令晶体的光轴沿 z 轴,则旋光晶体的介电张量为(18-171)式。

若晶体的吸收可以忽略,则 ε 为实数。将 ε 的表达式(18-171)式代入麦克斯韦方程组,可得到晶体中平面波的表达式[8,14],它是 3 个关于单色平面波偏振状态(E_x, E_y, E_z)的线性齐次方程组,可写成矩阵形式:

$$\begin{bmatrix} k_0^2 n_0^2 - k^2(1-\alpha_1^2) & k^2\alpha_1\alpha_2 + \mathrm{i}k_0^2\varepsilon_{12} & k^2\alpha_1\alpha_3 \\ k^2\alpha_1\alpha_2 - \mathrm{i}k_0^2\varepsilon_{12} & k_0^2 n_0^2 - k^2(1-\alpha_2^2) & k^2\alpha_2\alpha_3 \\ k^2\alpha_1\alpha_3 & k^2\alpha_2\alpha_3 & k_0^2 n_e^2 - k^2(1-\alpha_3^2) \end{bmatrix} \begin{bmatrix} E_x \\ E_y \\ E_z \end{bmatrix} = 0 \tag{18-175}$$

$$\left.\begin{aligned} &\text{波矢} && k = k\{\alpha_1, \alpha_2, \alpha_3\} \\ &\text{介质波数} && k = k_0 n \\ &\text{方向余弦 } \alpha_1、\alpha_2、\alpha_3 \text{ 满足} && \alpha_1^2 + \alpha_2^2 + \alpha_3^2 = 1 \end{aligned}\right\} \tag{18-176}$$

对于实际的旋光晶体(例如石英晶体),其 n_o、n_e 比 n_+、n_- 要大很多(表 18-17)。所以,只有线偏振光波沿晶体的光轴传播时,才有明显的旋光效应。这时可令

$$k = k_0 n,\ \alpha_1 = \sin\theta, \alpha_3 = \cos\theta$$

即在 (x,z) 平面内的波矢 k 与 z 轴的夹角为 θ,所对应的折射率为 $n = n(\theta)$,波矢量 $k(\theta) = k_0 n(\theta)$,$n(\theta)$ 所应满足的方程为

$$n^4(n_e^2\cos^2\theta + n_o^2\sin^2\theta) - n^2[n_o^2 n_e^2(1+\cos^2\theta) + n_o^4\sin^2\theta - \varepsilon_{12}^2\sin^2\theta] + n_e^2(n_o^4 - \varepsilon_{12}^2) = 0 \tag{18-177}$$

这时,折射率 $n(\theta)$ 或波矢量 $\boldsymbol{k}(\theta)$ 曲线,已不是简单的圆或椭圆。

当 $\theta = 90°$ 时,有

$$\left.\begin{aligned} n &= n_e \\ n &= n_o^2\left(1 - \frac{\varepsilon_{12}^2}{n_o^2}\right)^{1/2} = n_o\left(1 - \frac{\varepsilon_{12}^2}{2n_0^4}\right) \end{aligned}\right\} \tag{18-178a}$$

略去高阶小量后,折射率仍然为 n_o 和 n_e。

当 $\theta = 0°$ 时(光波沿光轴传播),有

$$n^2 = n_o^2 \pm \varepsilon_{12}$$

或

$$n = n_o(1 \pm \varepsilon_{12}/2n_0^2) \tag{18-178b}$$

由(18-178a)式及(18-178b)式可见,旋光性石英晶体中,由于非对角的旋光项 ε_{12} 的影响,波矢面在 k_z 方向是分离的,分离的间隔为 $\Delta k = k_o\varepsilon_{12}/n_o^2$。在(x,z)面内,旋光石英晶体的波面图如图 18-45 所示。以石英晶体的 n_o、n_e、ε_{12} 值代入(18-177)式,可以求得准确的 $n(\theta)$ 数值解。把解得的 $n(\theta)$ 或 $k(\theta)$ 代回波动方程,可求解出 E 的偏振状态(求解过程请参看有关的文献,例如文献[8][14])。其结论如下:

1)平面波电矢量的两个横向分量相位差为 $\pi/2$,是正椭圆偏振光(因石英晶体中可忽略吸收,n_e、n_o、ε_{12}

都是实数)。

2)对应每个方向的波矢 k,有一方位角 θ,相应两个 n 值,记为 n_+、n_-,分别对应两个平面波的折射率。这两个平面波的偏振态是正交的左、右旋椭圆偏振光。

3) E_L/E_T 值不为 0,表明平面波有纵向分量。计算表明,E_L/E_T 值在 10^{-3} 到 10^{-5} 量级,即纵向分量微弱。

4)当 $\theta=0°$ 时,光沿石英晶体的光轴方向(z 轴)传播,是左、右旋圆偏振光。其折射率为

$$n_{+,-}=n_o(1\pm\varepsilon_{12}/2n_0^2)$$

与(18-178)式一致。

5)当 $\theta=90°$ 时,仅有 e 光及 o 光。

三、磁致旋光性的电磁理论

磁致旋光性的电磁理论和上述晶体自然旋光性的电磁理论有一致性也有差别,其一致性是推导旋光角表达式的方法:两者都是基于有旋光张量介电常数((18-171)式),求解麦克斯韦方程得出左旋和右旋圆偏振光折射率。其差别是:晶体旋光性的旋光张量是材料的物理常数,而磁致旋光性的旋光张量则由外加磁场决定。所以,要获得磁致旋光角的具体表达式,就需进一步分析入射线偏振光的偏振面取向、光波传播方向和外加磁场方向之间的相对取向,以及介质的磁性。下面介绍磁致旋光角和入射光波以及外加磁场的关系[8,13-14]:

(一)法拉第效应

法拉第效应是透射光的磁旋光效应。一束线偏振光沿外加磁场方向或磁化强度方向通过介质时,偏振面发生旋转的现象称为法拉第效应。描述法拉第效应大小的物理量是法拉第旋转,也可称为磁光旋转。可用经典理论(宏观理论和经典电动力学理论)分别描述法拉第效应。

1. 法拉第效应的宏观理论

法拉第效应的宏观理论基于介电张量和麦克斯韦方程。光波从具有磁矩(包括固有磁矩和感应磁矩)的物质反射或透射后,光的偏振状态会发生变化,这是具有磁矩的物质(以下简称为介质)与电磁波的电场和磁场相互作用的结果。它与介质的介电常量张量 $\boldsymbol{\varepsilon}$、电导率张量 $\boldsymbol{\sigma}$ 和磁导率张量 $\boldsymbol{\mu}$ 密切相关。磁光效应及其与各种物理效应的相互作用多处于高频情况,此时 $\boldsymbol{\varepsilon}$ 已涵盖了 $\boldsymbol{\sigma}$ 所有的作用,而 $\boldsymbol{\mu}\approx1$。可以证明,对 $\boldsymbol{\mu}$ 的处理与对 $\boldsymbol{\varepsilon}$ 的处理相似。因此,在磁光效应理论中,仅用 $\boldsymbol{\varepsilon}$ 即可对于对称性高于正方(四角)的晶系,磁化强度 $\boldsymbol{M}\parallel c$ 轴或 z 方向,$\boldsymbol{\varepsilon}$ 应具有以 c 轴为旋转的 C_4 旋转对称操作,由此可得

$$\varepsilon=\begin{bmatrix}\varepsilon_{11} & \mathrm{i}\varepsilon_{12} & 0\\ -\mathrm{i}\varepsilon_{12} & \varepsilon_{11} & 0\\ 0 & 0 & \varepsilon_{33}\end{bmatrix}\tag{18-179}$$

坐标轴 x、y、z 分别平行于晶体的 a、b、c 轴。对于无吸收的晶体,ε_{12} 应为实数。可以证明,法拉第效应的旋光角 θ 为[8,13-14]

$$\theta=\arctan\frac{E_y}{E_x}=\frac{\pi L}{\lambda}(n_+-n_-)\tag{18-180}$$

式中,E_y、E_x 为入射光波电矢量 $\boldsymbol{E}$ 的分量,L 为入射光波在介质中沿 z 向传输的距离,n_+ 和 n_- 分别为介质中右旋和左旋圆偏振光的折射率,λ 为入射光在真空中的波长。

在介质对光波存在吸收的情况下,比法拉第旋转 θ_F 成为复数:

$$\theta_F=\theta'_F+\mathrm{i}\theta''_F\tag{18-181}$$

式中,$\theta'_F=(\theta'_{1F}+\theta'_{2F})/2$,$\theta''_F=(\theta''_{1F}+\theta''_{2F})/2$,$\theta'_{1F}$、$\theta''_{1F}$ 和 θ'_{2F}、θ''_{2F} 分别为右旋和左旋圆偏振光比法拉第旋转的实部和虚部。由(18-180)式和(18-181)式可得比法拉第旋转 θ_F 的实部 θ'_F 和虚部 θ''_F 分别为

$$\left.\begin{aligned}\theta'_F&=\frac{\pi}{\lambda}(n'_+-n'_-)\\ \theta''_F&=-\frac{\pi}{\lambda}(n''_+-n''_-)\end{aligned}\right\}\tag{18-182}$$

其中

$$n_{\pm}=n'_{\pm}-\mathrm{i}\,n''_{\pm} \tag{18-183}$$

定义

$$\left.\begin{aligned} n'&=\frac{1}{2}(n'_{+}+n'_{-})\\ n''&=\frac{1}{2}(n''_{+}+n''_{-}) \end{aligned}\right\} \tag{18-184}$$

$$\delta=\delta'+i\delta'' \tag{18-185}$$

可得[13]

$$\left.\begin{aligned} \theta'_{\mathrm{F}}&=\frac{\pi}{\lambda(n'^2+n''^2)}(n'\delta'-n''\delta'')\\ \theta'_{\mathrm{F}}&=\frac{\pi}{\lambda(n'^2+n''^2)}(n''\delta'-n'\delta'') \end{aligned}\right\} \tag{18-186}$$

比法拉第旋转实部 $\theta'_{\mathrm{F}}=\theta'/L$。$\theta'$ 表示介质存在吸收的情况下，出射的椭圆偏振光长轴方向相对于入射线偏振光电矢量 $\boldsymbol{E}$ 旋转的角度。此时，由(18-186)式可见，θ'_{F}的大小与介质损耗 δ'' 亦有一定的关系。

应注意，在上述结果中，并未涉及外加磁场。这说明法拉第磁光效应本质上是与介质的磁化强度 $\boldsymbol{M}$ 相联系的，而不是与外加磁场相联系的。但是，在没有外加磁场时，许多磁性介质，例如钇铁石榴石材料中的原子或离子磁矩都是混乱排列的，此时 $\boldsymbol{M}$ 很小，甚至为 0，因此介质的法拉第旋转一般都很小。在这种情况下，除了应用法拉第效应观察磁性薄膜或透明磁性薄片的磁畴结构外，很少有其他用途。

显然，上述理论亦适用于外加磁场存在时的情形。一般情况下，磁性介质中的法拉第旋转 θ 正比于 $\boldsymbol{M}$ 在光传播方向上的投影，为了获得大的磁旋光，通常都要施加外磁场。鉴于目前文献中把这种磁旋光也称作法拉第旋转，故以后也不加区别地称这种磁旋光为法拉第旋转。事实上，下面所涉及的法拉第效应，都是指存在外加磁场时的情形。

在顺磁性和抗磁性等弱磁性介质中，法拉第旋转 θ 与外加磁场 $\boldsymbol{H}_{\mathrm{e}}$的关系为

$$\theta=(\theta_{\mathrm{F0}}+V\boldsymbol{H}_{\mathrm{e}})L \tag{18-187}$$

式中，θ_{F0} 为弱磁性介制的本征旋转角 θ_0，L 为光在弱磁性介质中通过的距离。比例常数 V 称为费尔德常数(Verdet constant)。在铁磁性和亚铁磁性介质中，由于$\boldsymbol{M}$-$\boldsymbol{H}_{\mathrm{e}}$关系的非线性和介质存在磁饱和，$\theta$和$\boldsymbol{H}_{\mathrm{e}}$之间并不是简单的正比关系。因此，严格地说，在铁磁性和亚铁磁性介质情形，定义费尔德常数的意义并不大。

2. 法拉第效应的经典电动力学理论

磁光效应是具有磁矩的物质与光波相互作用所产生的一种物理现象。解释这一现象需用分别描述这类物质属性和光波的两套数学表达式。介电常量张量 $\boldsymbol{\varepsilon}$ 或磁导率张量 $\boldsymbol{\mu}$ 是描述这类物质属性的，而麦克斯韦方程是反映光波属性的，描述具有磁矩的物质的物理属性的方法有多种，且各具特色。用洛伦兹电子运动方程描述这类物质，并与麦克斯韦方程组一起描述磁光效应，可较为直接地计算得到各种磁性介质的磁光效应与外磁场 $\boldsymbol{H}_{\mathrm{e}}$、磁化强度 $\boldsymbol{M}$ 的关系，以及磁光效应的温度和色散特性。[13]

在介质中，每一个谐振电子的运动可用洛伦兹电子运动方程表示：

$$m\ddot{\boldsymbol{r}}=-m\omega_0^2\boldsymbol{r}+e\left(\boldsymbol{E}+\frac{1}{3\varepsilon_0}\boldsymbol{P}\right)-g\dot{\boldsymbol{r}}+e\mu_0H_{\mathrm{i}}\dot{\boldsymbol{r}}\times\boldsymbol{h} \tag{18-188}$$

等式右边第一项为正电中心对电子的作用力，ω_0 为电子运动的固有频率。第二项为介质中电子受到的区域电场的作用力，$\boldsymbol{P}$ 为电极化强度矢量；考虑到光波的磁感应强度远小于外加磁场的磁感应强度，$B\ll B_{\mathrm{e}}$，故式中忽略了 $\boldsymbol{B}$ 对电子的作用力 $\mathrm{e}\ddot{\boldsymbol{r}}\times\boldsymbol{B}$。第三项为电子加速运动过程中受到的阻尼力。第四项为有效(内)场 $\boldsymbol{H}_{\mathrm{i}}$ 对电子的作用力，$\boldsymbol{H}_{\mathrm{i}}$ 为

$$\boldsymbol{H}_{\mathrm{i}}=\boldsymbol{H}_{\mathrm{e}}+\boldsymbol{H}_{\mathrm{v}}+\boldsymbol{H}_{\mathrm{d}}+\cdots \tag{18-189}$$

其中，$\boldsymbol{H}_{\mathrm{v}}$ 为与自旋转一转道相互作用、(间接)交换作用有关的有效场；$\boldsymbol{H}_{\mathrm{d}}$ 为退磁场，这是介质磁化后自身产生的一种磁场，其大小与介质形状上的各向异性密切相关。对于无限大或某些特殊情况下的介质，$\boldsymbol{H}_{\mathrm{d}}\approx 0$，可不考虑 $\boldsymbol{H}_{\mathrm{d}}$ 的作用。$\boldsymbol{h}$ 为 $\boldsymbol{H}_{\mathrm{i}}$ 方向的单位矢量。

用 Ne/m 乘以(18-188)式，并注意到电极化矢量 $\boldsymbol{P}=Ne\boldsymbol{r}$，可得

$$\dot{\boldsymbol{P}}+\omega_0^2+\gamma\dot{\boldsymbol{P}}-\frac{e\mu_0 H_{\rm i}}{m}\dot{\boldsymbol{P}}\times\boldsymbol{h}=\frac{Ne^2}{m}\left(\boldsymbol{E}+\frac{1}{3\varepsilon_0}\boldsymbol{P}\right) \tag{18-190}$$

式中，$\gamma=g/m$，N 为单位体积中的电子数，设入射光为线偏振光，可得

$$\boldsymbol{E}=\alpha\boldsymbol{P}+{\rm i}\beta\boldsymbol{P}\times\boldsymbol{h} \tag{18-191}$$

其中

$$\left.\begin{aligned}\alpha&=\frac{\omega_0^2-\omega^2-i\gamma\omega}{Ne^2/m}-\frac{1}{3\varepsilon_0}\\ \beta&=\frac{\mu_0 H_{\rm i}\omega}{Ne}\end{aligned}\right\} \tag{18-192}$$

将 $\boldsymbol{E}$ 的表达式(18-191)式代入麦克斯韦方程组，可得

$$\left.\begin{aligned}\boldsymbol{s}\cdot(\alpha'\boldsymbol{P}+{\rm i}\varepsilon_0\beta\boldsymbol{P}\times\boldsymbol{h})&=0\\ \boldsymbol{s}\cdot\boldsymbol{H}&=0\\ \frac{n}{\mu_0 c}[\boldsymbol{s}\times(\alpha\boldsymbol{P}+{\rm i}\beta\boldsymbol{P}\times\boldsymbol{h})]&=\boldsymbol{H}\\ -\frac{n}{c}(\boldsymbol{s}\times\boldsymbol{H})&=\alpha'\boldsymbol{P}+{\rm i}\varepsilon_0\beta\boldsymbol{P}\times\boldsymbol{h}\end{aligned}\right\} \tag{18-193}$$

其中

$$\alpha'=\varepsilon_0\alpha+1 \tag{18-194}$$

(18-193)式为基本关系式，是处理各种磁光效应的经典理论基础。

对于法拉第效应，有 $\boldsymbol{s}\parallel\boldsymbol{h},\boldsymbol{h}\parallel z$ 轴，通过求解上述方程，可得相应于右旋圆偏振光 $E_y=-{\rm i}E_x$ 和左旋圆偏振光 $E_y={\rm i}E_x$ 的折射率 n_+ 和 n_- 分别为

右旋圆偏振光的折射率 n_+

$$n_+^2-1=\frac{\mu_0 Ne^2c^2/m}{\omega_0^2-\omega^2-{\rm i}\gamma\omega-\dfrac{Ne^2}{3\varepsilon_0 m}+\dfrac{e\mu_0 H_{\rm i}\,\omega}{m}} \tag{18-195}$$

左旋圆偏振光的折射率 n_-

$$n_-^2-1=\frac{\mu_0 Ne^2c^2/m}{\omega_0^2-\omega^2-{\rm i}\gamma\omega-\dfrac{Ne^2}{3\varepsilon_0 m}-\dfrac{e\mu_0 H_{\rm i}\,\omega}{m}} \tag{18-196}$$

若忽略阻尼项，即 $\gamma=0$，不难算得

$$\frac{n_+^2-1}{n_+^2+2}=\frac{\mu_0 Ne^2c^2/3}{\omega_0^2-\omega^2+e\mu_0 H_{\rm i}\,\omega/m} \tag{18-197}$$

$$\frac{n_-^2-1}{n_-^2+2}=\frac{\mu_0 Ne^2c^2/3}{\omega_0^2-\omega^2-e\mu_0 H_{\rm i}\,\omega/m} \tag{18-198}$$

由此可解得各种磁性的介质(包括抗磁性、顺磁性、铁磁性、反铁磁性和亚铁磁性介质)中的法拉第效应。下面以抗磁性介质为例进行分析。

在抗磁性介质中，有效场 $H_{\rm v}\approx 0$，因此，$H_{\rm i}\approx H_{\rm e}$。(18-197)式和(18-198)式分母中的 $e\mu_0 H_{\rm i}/(2m)\approx e\mu_0 H_{\rm e}/(2m)$ 为电子绕外磁场 $H_{\rm e}$ 方向做拉莫尔进动的角频率 $\omega_{\rm L}$。若 $H_{\rm e}\approx 10^6/(4\pi)\,{\rm A/m}$，则 $\omega_{\rm L}\approx 10^{10}\,{\rm rad/s}$，介质中光波角频率为 $\omega=10^{15}\,{\rm rad/s}$，故 $\omega_{\rm L}\ll\omega$，于是两式可写为

$$\frac{n_+^2-1}{n_+^2+2}=\frac{\mu_0 Ne^2c^2/3}{\omega_0^2-(\omega-\omega_{\rm L})^2} \tag{18-199a}$$

$$\frac{n_-^2-1}{n_-^2+2}=\frac{\mu_0 Ne^2c^2/3}{\omega_0^2-(\omega+\omega_{\rm L})^2} \tag{18-199b}$$

显然，$n_\pm$ 为 $(\omega\mp\omega_{\rm L})$ 的函数。因此，可得抗磁性介质的法拉第效应的旋光角 θ 为

$$\theta=VLH \tag{18-200}$$

式中，L 为光在介质中通过的距离，在正常色散区费尔德常数 V 为[13]

$$V=\frac{e\mu_0}{mc}\left(\frac{b}{\lambda^2}+\frac{c}{\lambda^4}+\cdots\right) \tag{18-201}$$

式中，b、c 的值由下式求出：

$$n=\left[\frac{\mu_0 Ne^2c^2}{2m\left(\omega_0^2-\dfrac{Ne^2}{3\varepsilon_0 m}\right)}\right]^{1/2}\times\left[1+\frac{1}{2}\frac{\omega^2}{\omega_0^2-\dfrac{Ne^2}{3\varepsilon_0 m}}+\frac{3}{8}\frac{\omega^4}{\left(\omega_0^2-\dfrac{Ne^2}{3\varepsilon_0 m}\right)^2}+\cdots\right]+\text{常数}=a-\frac{b}{\lambda^2}-\frac{c}{2\lambda^4} \tag{18-202}$$

各种磁性介质中的法拉第效应见表 18-21。

(二)克尔效应

克尔效应是反射光的磁旋光效应。

1. 极向克尔效应

一束线偏振光从介质 1 入射到与介质 2 的交界面处，设波矢 $\boldsymbol{k}$ 与界面法线方向的交角为 θ_1，进入介质 2 后，与法线的交角为 θ_2，如图 18-49 所示。

入射线偏振光电矢量的平行分量 E_p^i 和垂直分量 E_s^i 与反射光电矢量的平行分量 E_p^r 和垂直分量 E_s^r 之间的关系，可用矩阵形式表示为

$$\begin{bmatrix}E_s^r\\E_p^r\end{bmatrix}=\begin{bmatrix}r_{11}&r_{12}\\r_{21}&r_{22}\end{bmatrix}\begin{bmatrix}E_s^i\\E_p^i\end{bmatrix} \tag{18-203}$$

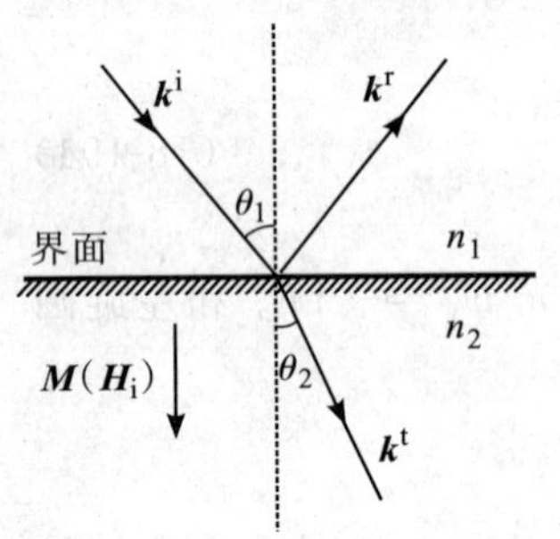

图 18-49 极向克尔效应

式中，各反射系数矩阵元 r_{ij} 为

$$\left.\begin{aligned}r_{11}&=\frac{n_1^2\cos^2\theta_1-n_{2+}n_{2-}\cos^2\theta_2}{(n_1\cos\theta_1+n_{2+}\cos\theta_2)(n_1\cos\theta_1+n_{2-}\cos\theta_2)}\\r_{12}&=\mathrm{i}\frac{n_1\cos\theta_1\cos\theta_2(n_{2-}-n_{2+})}{(n_1\cos\theta_2+n_{2+}\cos\theta_1)(n_1\cos\theta_2+n_{2-}\cos\theta_1)}\end{aligned}\right\} \tag{18-204a}$$

$$\left.\begin{aligned}r_{21}&=\mathrm{i}\frac{n_1\cos\theta_1\cos\theta_2(n_{2-}-n_{2+})}{(n_1\cos\theta_1+n_{2+}\cos\theta_2)(n_1\cos\theta_1+n_{2-}\cos\theta_2)}\\r_{22}&=\frac{n_1^2\cos^2\theta_2-n_{2+}n_{2-}\cos^2\theta_1}{(n_1\cos\theta_2+n_{2+}\cos\theta_1)(n_1\cos\theta_2+n_{2-}\cos\theta_1)}\end{aligned}\right\} \tag{18-204b}$$

式中，n_1 和 n_2 分别为介质 1 和 2 的折射率，n_{2+} 和 n_{2-} 分别为介质 2 中传播的右旋、左旋圆偏振光折射率。

线偏振光垂直入射到介质分界面上，介质 1 为空气的实际情况，设 $E'_p=0$，反射光将相对于入射线偏振光产生一个小的旋转角 θ_k，即极向克尔旋转 θ_k，

$$\tan\theta_k=-\frac{E_p^r}{E_s^r}=-\frac{r_{21}}{r_{11}}=\mathrm{i}\frac{n_+-n_-}{1-n_+n_-} \tag{18-205}$$

式中，$n_{2\pm}=n_\pm$ 为介质 2 中传播的右旋、左旋圆偏振光折射率。习惯上可将极向克尔旋转简称为克尔旋转。由于 θ_k 很小，故 $\tan\theta'_k\approx\theta_k$。将克尔旋转 θ_k 写成复数形式：

$$\theta_k=\theta'_k+\mathrm{i}\theta''_k \tag{18-206}$$

θ'_k 和 θ''_k 均和有效磁场 H 成正比，表达式见表 18-22。

2. 横向克尔效应

横向克尔效应如图 18-50 所示。设介质 1 为空气或真空，介质 2 的磁化强度 $\boldsymbol{M}$ 或有效场 $\boldsymbol{H}_i$ 与介质界面平行，并与光的入射面垂直。入射线偏振光波矢 $\boldsymbol{k}^i$ 与界面法线交角为 θ_1，进入介质 2 的光波波矢 k 与界面法线交角为 θ_2。

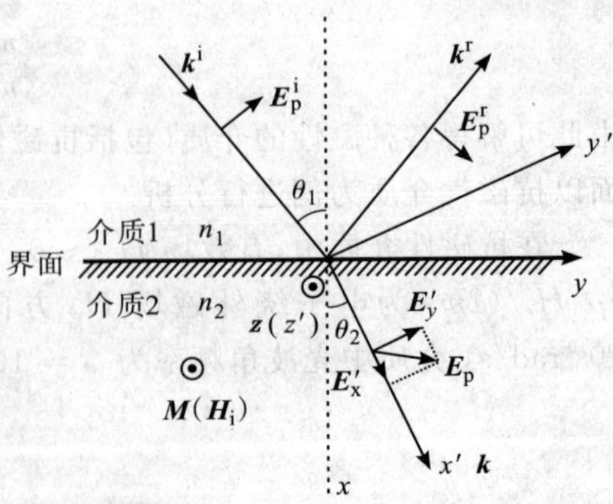

图 18-50 横向克尔效应

设入射光为正入射，又 $E_s^i=E_p^i$，则定义近似的横向克尔旋转或称准横向克尔旋转 θ_k^i 为

$$\tan(45°-\theta_k^i)=\frac{E_p^r}{E_s^i}=\frac{r_p}{r_s}\approx1+\frac{2(n_\parallel-n_\perp)}{1-n_\parallel n_\perp}\approx1+\frac{2(n_\parallel-n_\perp)}{1-n^2} \tag{18-207}$$

又因为 $\tan\theta'_k \approx \theta'_k$，$\tan(45^\circ - \theta'_k) \approx 1 - 2\theta'_k$，得

$$\theta'_k = \frac{n_\perp - n_\parallel}{1 - n^2} \approx \frac{n_\perp^2 - n_\parallel^2}{2n(1 - n^2)} \tag{18-208}$$

θ'_k 和有效磁场 H_i 的平方成正比，表达式见表 18-22。

四、实用磁光晶体

几乎各种点群的晶体都具有磁光效应，但大多数材料的磁光效应较弱，而且磁光效应种类多，对材料性能的要求差别较大，因而选取优良实用的磁光晶体是一件很复杂的工作。

（一）器件对磁光晶体性能的要求

磁光效应种类多，各种器件对磁光晶体性能的要求差异很大，这里只列出最主要的要求归纳如下：

1)磁光效应大。主要是单位磁场产生的 θ_F、θ'_F 或 θ''_F 要大。

2)光损耗低。法拉第效应要求 θ_F/α 大，α 是光吸收系数。

3)饱和磁化强度 $\mu_0 M_s$ 要合适。一般 $\mu_0 M_s$ 大的材料可以获得大的磁光效应，但是，相应要求器件有强的外磁场，这使调制线圈庞大，热效应严重，调制频率无法提高。$\theta_F/\mu_0 M_s$ 常作为磁光调制器要求的品质因子，希望它有适当的大小。

4)磁光参量稳定。希望在环境温度变化或有振动的场合有长期稳定、可靠的性质。

5)居里温度或补偿温度适中。与室温太接近的居里温度不利于材料性能的稳定，而过高的居里温度又将造成存储器工作的不便，所以希望有适中的值。

（二）实用磁光晶体

磁光晶体按其磁性能可分为弱磁晶体（包括逆磁、顺磁两个亚类）和强磁晶体（包括铁磁和反铁磁两个亚类）两类。弱磁晶体的磁光效应在外加磁场为 0 时很小，实用器件都应用外加磁场时的磁光效应；强磁晶体外加磁场和晶体的磁化强度都能产生磁光效应，特别是当在外加磁场使晶体达到磁饱和时，晶体具有以饱和磁化强度 $\mu_0 M_s$ 所决定的恒定的磁光效应，用它可制作性能可靠的磁光隔离器。

1. 磁光玻璃

磁光玻璃是可见光范围内具有高费尔德常数 V 的磁光材料，可用于制作可见光波段的磁光器件，如光隔离器等。目前在可见光波段有较大费尔德常数的磁光玻璃有 AOT－5、AOT－44B、FR－5 和 FR－6 以及 MOS－31、MOS－14 玻璃。其中 AOT－5 和 AOT－44B 是两种含有大量 TeO_2 的抗磁性玻璃材料，以前主要用作声光材料，而 FR－5 则是一种含有 Tb 离子的顺磁性玻璃。表 18-23 列出了 AOT－5、AOT－44B 和 FR－5 玻璃的费尔德常数。

表 18-23　三种磁光玻璃的费尔德常数

波　长/μm	磁光玻璃的费尔德常数/($\times 10^4$ min·T^{-1}·cm^{-1})		
	AOT－44B	AOT－5	FR－5
0.454 5	0.187	0.148	−0.549
0.457 9	0.181	0.144	−0.550
0.465 8	0.175	0.137	−0.521
0.472 7	0.166	0.132	−0.499
0.476 5	0.162	0.128	−0.495
0.488 0	0.151	0.119	−0.468
0.496 5	0.144	0.115	−0.448
0.501 7	0.141	0.111	−0.437
0.514 5	0.133	0.105	−0.410
0.568 2	0.105	0.081	−0.325
0.632 8	0.081	0.061	−0.245
0.647 1	0.079	0.060	−0.231
0.676 4	0.071	0.054	−0.201

2. 金属合金和化合物

FeRh、CrTe、MnAs、Fe_5Si_3、Mn_5Ge_3、MnSb、MnAlGe、MnGaGe、MnBi 等材料的居里温度 T_c、比法拉第旋转 θ_F、吸收系数和易磁化方向在表 18-24 中列出，其中 MnBi 为低温相的值，以示比较。

表 18-24 金属化合物磁光材料的居里温度 T_c、比法拉第旋转 θ_F、吸收系数 α 和易磁化方向

材料	T_c/℃	测定波长/μm	θ_F /((°)·cm^{-1})	α/cm^{-1}	易磁化方向
FeRh	60	0.7	0.9×10^5	3×10^5	—
CrTe	61	0.55	0.5×10^5	2×10^5	面内
MnAs	40	0.8	1.56×10^5	4.5×10^5	—
Fe_5Si_3	120	0.63	1.3×10^5	3.7×10^5	面内
Mn_5Ge_3	40	0.63	1.9×10^5	4.5×10^5	面内
MnSb	315	0.63	2.3×10^5	6.7×10^5	面内
MnAlGe	245	0.63	约 1×10^5	约 10×10^5	与面垂直
MnGaGe	185	0.63	0.8×10^5	5.8×10^5	与面垂直
MnBi	360	0.63	3.8×10^5	5.2×10^5	与面垂直

3. 用于低温的磁光材料

研究表明，$CoCr_2S_4$ 是 $Cd_xCo_{1-x}Cr_2S_4$ 系列中最好的磁光材料。在 0.9～1.4 μm、4.3 K 时，其磁光优值超过 60°/dB；在 80 K 为 30°/dB，因而在液氮温度下是一种有用的磁光材料。在几种温度、波长下，其光吸收系数、比法拉第旋转和磁光优值的数据列于表 18-25 中，其折射率与波长的关系列于表 18-26 中。

表 18-25 热压 $CdCr_2S_4$ 的磁光性能

温度/K	波长/μm	光吸收系数 α /cm^{-1}	比法拉第旋转* θ_F /((°)·cm^{-1})	磁光优值 θ_F/α /((°)·dB^{-1})
4	0.8	65	12 700	45
4	1.0	23	6 900	70
80	0.8	80	7 500	22
80	1.0	25	3 800	35
100	0.8	90	4 000	10
100	1.0	27	1 500	～12

注：* 外加磁场为 4.77×10^5 A/m。

表 18-26 热压 $CdCr_2S_4$ 的折射率 n 与波长 λ 的关系

波长/μm	0.633	0.800	0.850	0.900	0.950	1.00	1.20
折射率 n	3.57	3.86	3.75	3.58	3.46	3.37	3.13
波长/μm	1.50	2.00	2.50	5.00	10.00	15.00	
折射率 n	2.97	2.89	2.86	2.84	2.84	2.84	

4. 稀土材料

(1)稀土铁石榴石晶体

对于激光陀螺中所选用的法拉第效应很强的稀土铁石榴石晶体，如 $(BiPrGdYb)_3(FeAl)_5(O_{12})$ 构成的磁膜，其旋光率随外加磁场的增加很快饱和。一般在几高斯的磁场下，就可达到饱和。因此有很好的开关性能，适用于交变磁光偏频激光陀螺。在〈111〉$Gd_3Ga_3O_{12}$ 衬底下（简称 GGO 晶体）用等温液相外延法生长的 $(BiPrGdYb)_3$

表 18-27 铋、镨、钆、镱、铁石榴石 $(BiPrGdYb)_3(FeAl)_5(O_{12})$ 单晶体薄膜的光学参数

λ/ μm	n_o	δ'_F/((°)·cm^{-1})	Re (ε_{12})
0.63	2.34	1×10^4	8×10^{-3}
1.15	2.25	1×10^3	1.4×10^{-3}

$(FeAl)_5(O_{12})$单晶薄膜，其饱和的δ'_F和ε_{12}值的量级列于表 18-27 中。

表 18-28 列出了几种稀土铁石榴石在光波长 1.064 μm 处的比法拉第旋转。Bi 可取代稀土铁石榴石中的稀土离子，结果使可见光谱区的法拉第效应大大增强。

表 18-28　部分稀土铁石榴石在 1.064 μm 的比法拉第旋转

材　料	比法拉第旋转 θ_F /((°)·cm^{-1})	材　料	比法拉第旋转 θ_F /((°)·cm^{-1})
[$Lu_3Fe_5O_{12}$]	[+200]	[$Nd_3Fe_3O_{12}$]	[−840]
$Yb_3Fe_5O_{12}$	+12	[$Pr_3Fe_5O_{12}$]	[−1 730]
$Tm_3Fe_5O_{12}$	+115	$Y_2Pr_1Fe_5O_{12}$	−400
$Er_3Fe_5O_{12}$	+120	$Eu_{2.5}Pr_{0.5}Fe_5O_{12}$	−125
$Ho_3Fe_5O_{12}$	+135	$Gd_2Pr_1Fe_5O_{12}$	−573
$Y_3Fe_5O_{12}$	+210	$Gd_1Pr_2Fe_5O_{12}$	−1 125
$Dy_3Fe_5O_{12}$	+310	$Gd_1Pr_2Al_{0.5}Fe_{4.5}O_{12}$	−790
$Tb_3Fe_5O_{12}$	+535	$Gd_1Pr_2Ga_{0.5}Fe_{4.5}O_{12}$	−720
$Gd_3Fe_5O_{12}$	+65	$Eu_1Pr_2Ga_{0.5}Fe_{4.5}O_{12}$	−687
$Eu_3Fe_5O_{12}$	+167	$Gd_{1.5}Pr_{1.5}G_{a1}Fe_4O_{12}$	−450
$Sm_3Fe_5O_{12}$	+15	[$Gd_1Nd_2Fe_5O_{12}$]	[−530]

(2)铁磁石榴石晶体薄膜

由于一些铁磁石榴石晶体有很大的比法拉第旋转角 θ_F，但也有较大的光吸收系数，因而，利用这类晶体薄膜，既可减少通过光波的损耗，又具有适当的磁光效应，成为常用的磁光材料。表 18-29 列出一些钆镓石榴石(GGG)晶体[111]面上生成的各种铁磁石榴石薄膜的主要性能。由表可见，它们除了有明显的磁光效应外，其饱和磁矩较低，而且磁矩方向可以在垂直或平行薄膜表面内变化。应用这类薄膜可以制作磁泡类磁光存储器，一些饱和磁矩平行于薄膜表面的材料，可以制作磁光偏转器。

表 18-29　在[111]GGG 面上生长的外延膜的组成及性能

名义组分	磁饱和强度 $\mu_0 M_s$ / 10^{-4} Γ	比法拉第磁光角 $\theta_F(\lambda=1.5\ \mu m)$/((°)·cm^{-1})	磁光调制品质因子 $M_1=\dfrac{\theta_F}{\mu_0 M_s}$
$Y_3Fe_5O_{12}$	1 780⊥	+250	0.02
$Bi_{0.1}Y_{2.9}Fe_5O_{12}$	1 750⊥	+150	0.008
$Bi_{0.45}Y_{2.55}Fe_4Ga_1O_{12}$	310⊥	340	1.2
$Y_3Fe_{4.75}Sc_{0.25}O_{12}$	1 780⊥	+175	0.01
$Y_3Fe_{4.75}Sc_{0.25}Ga_{0.8}O_{12}$	620∥	+95	0.02
$Y_3Fe_{3.75}Sc_{0.25}Ga_1O_{12}$	400∥	+80	0.04
$Y_3Fe_{3.55}Sc_{0.25}Ga_{1.2}O_{12}$	180∥	+70	0.14
$Gd_{0.6}Y_{2.4}Fe_{4.3}Ga_{0.7}O_{12}$	450∥	+180	0.16
$Gd_{0.7}Y_{2.3}Fe_{3.9}Ga_{1.1}O_{12}$	100∥	+140	1.96
$Gd_{0.7}Y_{2.3}Fe_{3.8}Ga_{1.2}O_{12}$	30∥	+53	3.12
$Yb_{2.9}Pr_{0.1}Fe_4Ga_1O_{12}$	250∥	−123	0.25
$Yb_{2.9}Pr_{0.7}Fe_4Ga_1O_{12}$	260∥	−125	0.23
$Yb_2Pr_1Fe_4Ga_1O_{12}$	386∥	−135	0.12
$(YbPr)_{2.5}Bi_{0.5}Fe_4Ga_1O_{12}$	270∥	−675	6.25
$(YbPr)_{2.3}Bi_{0.7}Fe_{3.8}Ga_{1.2}O_{12}$	150∥	−950	40
$(YbPr)_{2.1}Bi_{0.9}Fe_{3.85}Ga_{1.15}O_{12}$	220∥	−1 190	30

5. 逆磁晶体

表 18-30 中列出了一些逆磁磁光晶体材料，它们的磁光效应较铁磁石榴石类小，但是其光吸收低，温度稳定性好，可以用于制作可见光以及红外波段的磁光调制器。

表 18-30　若干逆磁材料的费尔德常数和磁旋比($\lambda = 589.3\ \mathrm{nm}$)

晶　体	$V/(\mathrm{min \cdot cm^{-1} \cdot Gs^{-1}})$	磁旋比 γ
ZnS	0.226	0.91
KI	0.070	0.78
NH_4Br	0.050	0.69
KBr	0.040	0.74
NH_4Cl	0.037	0.72
NaCl	0.035	0.91
MgO	0.034	0.81
KCl	0.028	0.85
C(金刚石)	0.023	0.28
Al_2O_3(C axis)	0.021	0.64
$CaCO_3$(C axis)	0.018 5	0.49
$NaClO_3$	0.017	0.67
SiO2(C axis)	0.017	0.78
$NH_4Al(SO_4)_2 \cdot 12H_2O$	0.013	0.54
$KAl(SO_4)_2 \cdot 12H_2O$	0.012	0.53
CaF_2	0.009	0.64
LiF	0.009	0.76

注：1 Gs$=10^{-4}$ T。

第七节　晶体中的非线性效应

一、非线性光学介质中的波动方程

讨论晶体中的非线性效应时，需用光波通过非线性光学介质时的波动方程。它和线性光学介质中的差别是：电极化强度中需包括线性电极化强度和非线性电极化强度。

麦克斯韦方程的微分形式为

$$\nabla \times \boldsymbol{E} = -\frac{\partial \boldsymbol{B}}{\partial t} \tag{18-209a}$$

$$\nabla \times \boldsymbol{H} = \boldsymbol{J} + \frac{\partial \boldsymbol{D}}{\partial t} \tag{18-209b}$$

$$\nabla \cdot \boldsymbol{D} = \rho \tag{18-209c}$$

$$\nabla \cdot \boldsymbol{B} = 0 \tag{18-209d}$$

物质方程为

$$\boldsymbol{J} = \sigma \boldsymbol{E} \tag{18-210a}$$

$$\boldsymbol{D} = \varepsilon_0 \boldsymbol{E} + \boldsymbol{P} \tag{18-210b}$$

$$\boldsymbol{B} = \mu \boldsymbol{H} \tag{18-210c}$$

式中，电极化强度可表示成线性部分 $\boldsymbol{P}^{(1)}$ 和非线性部分 $\boldsymbol{P}^{\mathrm{NL}}$ 之和

$$\boldsymbol{P} = \boldsymbol{P}^{(1)} + \boldsymbol{P}^{\mathrm{NL}} = \boldsymbol{P}^{(1)} + \boldsymbol{P}^{(2)} + \boldsymbol{P}^{(3)} + \cdots + \boldsymbol{P}^{(n)} + \cdots \tag{18-211}$$

上标 (n) 表示极化的阶数，它与外电场强度的 n 次幂有关。2 阶以上属于非线性极化。

电位移矢量 $\boldsymbol{D}$ 和电极化强度 $\boldsymbol{P}$ 的关系为

$$\boldsymbol{D} = \varepsilon_0 \boldsymbol{E} + \boldsymbol{P}^{(1)} + \boldsymbol{P}^{\mathrm{NL}} = \boldsymbol{D}^{(1)} + \boldsymbol{P}^{\mathrm{NL}} \tag{18-212}$$

$$\begin{aligned}\boldsymbol{D}^{(1)} &= \varepsilon_0\boldsymbol{E}+\boldsymbol{P}^{(1)} = \varepsilon_0\boldsymbol{E}+\varepsilon_0\chi^{(1)}\boldsymbol{E} \\ &= \varepsilon_0(1+\chi^{(1)})\boldsymbol{E} = \varepsilon_0\varepsilon_r^{(1)}\boldsymbol{E} \\ &= \varepsilon^{(1)}\boldsymbol{E}\end{aligned} \tag{18-213}$$

式中，$\boldsymbol{D}^{(1)}$ 为 $\boldsymbol{D}$ 的线性部分，$\varepsilon_r^{(1)}$ 为线性相对介电张量。

由此可得非线性介质中的波动方程为

$$\nabla\times\nabla\times\boldsymbol{E}+\mu_0\sigma\frac{\partial\boldsymbol{E}}{\partial t}+\mu_0\frac{\partial^2\boldsymbol{D}^{(1)}}{\partial t^2} = -\mu_0\frac{\partial^2\boldsymbol{P}^{\mathrm{NL}}}{\partial t^2} \tag{18-214}$$

在无色散的介质中，$\varepsilon_r^{(1)}$ 的张量元与频率无关，在各向同性介质中 $\varepsilon_r^{(1)}$ 为一标量。

$$\boldsymbol{D}^{(1)} = \varepsilon_0\varepsilon_r^{(1)}\boldsymbol{E}$$

对于各向同性介质的情况，波动方程(18-214)式化为

$$\nabla\times\nabla\times\boldsymbol{E}+\mu_0\sigma\frac{\partial\boldsymbol{E}}{\partial t}+\frac{\varepsilon_r^{(1)}}{c^2}\frac{\partial^2\boldsymbol{E}}{\partial t^2} = -\mu_0\frac{\partial^2\boldsymbol{P}^{\mathrm{NL}}}{\partial t^2} \tag{18-215}$$

方程的右边是一个源项，当 $\boldsymbol{P}^{\mathrm{NL}}\neq 0$ 时，它要激起新的波场从而成为介质中新的场源。在非线性介质中，不同频率光波之间的能量交换通过 $\boldsymbol{P}^{\mathrm{NL}}$ 来实现。当 σ、$\boldsymbol{P}^{\mathrm{NL}}=0$ 时，方程的解是一个在介质中自由传播的电磁波。

对于一个有色散的介质，$\boldsymbol{D}_n^{(1)}(r,t)$ 和 $\boldsymbol{E}_n(r,t)$ 之间的关系由下式表示：

$$\boldsymbol{D}_n^{(1)}(r,t) = \varepsilon_0\varepsilon_r^{(1)}(\omega_n)\cdot\boldsymbol{E}_n(r,t) \tag{18-216}$$

式中，介电张量 $\varepsilon_r^{(1)}(\omega_n)$ 是频率 ω_n 的函数。此时光场中每一个频率分量 $\boldsymbol{E}_n(r,t)$ 所满足的波动方程为

$$\nabla\times\nabla\times\boldsymbol{E}_n(r,t)+\mu_0\sigma\frac{\partial\boldsymbol{E}_n(r,t)}{\partial t}+\frac{\boldsymbol{\varepsilon}_r^{(1)}\omega_n}{c^2}\cdot\frac{\partial^2\boldsymbol{E}_n(r,t)}{\partial t^2} = -\mu_0\frac{\partial^2\boldsymbol{P}_n^{\mathrm{NL}}(r,t)}{\partial t^2} \tag{18-217}$$

光场中每一个频率分量的复振幅 $\boldsymbol{E}(\omega_n)$ 所满足的波动方程为

$$\nabla\times\nabla\times\boldsymbol{E}(\omega_n)-\mu_0\sigma\omega_n\boldsymbol{E}(\omega_n)-\frac{\omega_n^2}{c^2}\boldsymbol{\varepsilon}_r^{(1)}(\omega_n)\cdot\boldsymbol{E}(\omega_n) = \mu_0\omega_n^2\boldsymbol{P}^{\mathrm{NL}}(\omega_n) \tag{18-218}$$

当慢变振幅近似的条件成立时，$\nabla\times\nabla\times\boldsymbol{E}(\omega_n) = -\nabla^2\boldsymbol{E}(\omega_n)$，波动方程简化为含有非线性极化项 $\boldsymbol{P}^{\mathrm{NL}}(\omega_n)$ 和损耗项的亥姆霍兹方程：

$$\nabla^2\boldsymbol{E}(\omega_n)+\mu_0\sigma\omega_n\boldsymbol{E}(\omega_n)+\frac{\omega_n^2}{c^2}\boldsymbol{\varepsilon}_r^{(1)}(\omega_n)\cdot\boldsymbol{E}(\omega_n) = -\mu_0\omega_n^2\boldsymbol{P}^{\mathrm{NL}}(\omega_n) \tag{18-219}$$

以上的波动方程是非线性光学中普遍适用的关系式，在不同的非线性光学现象中确定了 $\boldsymbol{P}^{\mathrm{NL}}$ 的具体表达式，即可由此得出所需的光波表达式。

二、三波混频的耦合方程

介质中的三波混频是研究许多有实用价值的二阶非线性效应的基础。三波混数是指非线性光学介质中存在有频率为 ω_1、ω_2 和 ω_3 的光波，其相应的电矢量、波矢和波的振幅分别为 E_n、k_n 和 $A_n(n=1,2,3)$。设：①三波均沿 z 方向传播；②振幅为慢变，即 $\nabla\times\nabla\times\boldsymbol{E}_n(z,t)\approx -\nabla^2\boldsymbol{E}_n(z,t)$；③标量近似，即用标量函数 $\varepsilon_r^{(1)}(\omega_n)$ 代替张量 $\varepsilon_r^{(1)}$ 。这时，(18-219)式简化为

$$\nabla^2\boldsymbol{E}_n(z,t)-\mu_0\sigma\frac{\partial\boldsymbol{E}_n(z,t)}{\partial t}-\frac{\varepsilon_r^{(1)}(\omega_n)}{c^2}\frac{\partial^2\boldsymbol{E}_n(z,t)}{\partial t^2} = \mu_0\frac{\partial^2\boldsymbol{P}_n^{\mathrm{NL}}(z,t)}{\partial t^2} \tag{18-220}$$

介质中的非线性电极化强度为

$$\boldsymbol{P}^{\mathrm{NL}}(z,t) = \boldsymbol{P}^{(2)}(z,t) = \varepsilon_0\chi^{(2)}:\boldsymbol{EE} \tag{18-221}$$

式中，$\boldsymbol{E}$ 表示介质中总的电场强度，具体是 $\boldsymbol{E}(z,t) = \boldsymbol{E}_1(z,t)+\boldsymbol{E}_2(z,t)+\boldsymbol{E}_3(z,t)$。

当 ω_1、ω_2 和 ω_3 远离共振频率时，由真实性条件和全交换对称性可得

$$\boldsymbol{\chi}^{(2)}(\omega_3;\omega_1,\omega_2) = \boldsymbol{\chi}^{(2)}(\omega_2;\omega_3,-\omega_1) = \boldsymbol{\chi}^{(2)}(\omega_1;\omega_3,-\omega_2) \tag{18-222}$$

统一用 $\boldsymbol{\chi}^{(2)}$ 表示以上 3 个量，电矢量偏振方向上的单位矢量 $\boldsymbol{e}_1$、$\boldsymbol{e}_2$、$\boldsymbol{e}_3$ 各有 3 个直角坐标分量，按分量展开后为

$$\boldsymbol{e}_3\cdot\boldsymbol{\chi}^{(2)}:\boldsymbol{e}_1\boldsymbol{e}_2 = \boldsymbol{e}_2\cdot\boldsymbol{\chi}^{(2)}:\boldsymbol{e}_3\boldsymbol{e}_1 = \boldsymbol{e}_1\cdot\boldsymbol{\chi}^{(2)}:\boldsymbol{e}_3\boldsymbol{e}_2 \tag{18-223}$$

(18-223)式的结果是一个标量，统一用 χ_{eff} 来表示，称之为有效非线性极化率，又设

$$d_{\mathrm{eff}} = \frac{\chi_{\mathrm{eff}}}{2}$$

称 d_{eff} 为有效倍频极化率，简记为 d_{e}。

令 $\Delta k = k_1 + k_2 - k_3$，它表示波矢矢量失配的大小，令 $\alpha_i = \mu_0 \sigma c / n_i (i = 1,2,3)$，则可得三波混频的耦合方程：

$$\frac{\mathrm{d}A_3}{\mathrm{d}z} = -\frac{\alpha_3}{2} A_3 + \frac{2\mathrm{i}d_{\mathrm{e}}\omega_3^2}{k_3 c^2} A_1 A_2 \mathrm{e}^{\mathrm{i}\Delta kz} \tag{18-224a}$$

$$\frac{\mathrm{d}A_2}{\mathrm{d}z} = -\frac{\alpha_2}{2} A_2 + \frac{2\mathrm{i}d_{\mathrm{e}}\omega_2^2}{k_2 c^2} A_3 A_1^* \mathrm{e}^{-\mathrm{i}\Delta kz} \tag{18-224b}$$

$$\frac{\mathrm{d}A_1}{\mathrm{d}z} = -\frac{\alpha_1}{2} A_1 + \frac{2\mathrm{i}d_{\mathrm{e}}\omega_1^2}{k_1 c^2} A_3 A_2^* \mathrm{e}^{-\mathrm{i}\Delta kz} \tag{18-224c}$$

在无损耗的介质中 $\sigma = 0$，因而 $\alpha_i = 0$，(18-224)式进一步简化为

$$\frac{\mathrm{d}A_3}{\mathrm{d}z} = \frac{2\mathrm{i}d_{\mathrm{e}}\omega_3^2}{k_3 c^2} A_1 A_2 \mathrm{e}^{\mathrm{i}\Delta kz} \tag{18-225a}$$

$$\frac{\mathrm{d}A_2}{\mathrm{d}z} = \frac{2\mathrm{i}d_{\mathrm{e}}\omega_2^2}{k_2 c^2} A_3 A_1^* \mathrm{e}^{-\mathrm{i}\Delta kz} \tag{18-225b}$$

$$\frac{\mathrm{d}A_1}{\mathrm{d}z} = \frac{2\mathrm{i}d_{\mathrm{e}}\omega_1^2}{k_1 c^2} A_3 A_2^* \mathrm{e}^{-\mathrm{i}\Delta kz} \tag{18-225c}$$

(18-225)式是三波混频的耦合波振幅方程。由此方程可以描述和频、差频、参量放大等二阶非线性光学现象。

表 18-31 列出了晶体的二阶非线性光学极化率。

表 18-31 晶体的二阶非线性光学极化率[21]

材料	点群	d_{il} /($\times 10^{-12}$ m/V)
石英	$32 = D_3$	$d_{11} = 0.4$ $d_{14} = 0.008$
$Ba_2NaNb_5O_{15}$	$mm2 = C_{2V}$	$d_{31} = -14.66$ $d_{32} = -14.66$ $d_{33} = -20.10$
$LiNbO_3$	$3m = C_{3V}$	$d_{22} = 3.1$ $d_{31} = 5.86$ $d_{33} = 41.05$
$BaTiO_3$	$4\ mm = C_{4V}$	$d_{15} = -17.17$ $d_{31} = -18.01$ $d_{33} = -6.70$
$NH_4H_2PO_4$(ADP)	$\bar{4}2m = D_{3d}$	$d_{14} = 5.03$ $d_{36} = 5.03$
KH_2PO_4(KDP)	$\bar{4}2m = D_{2d}$	$d_{14} = 5.03$ $d_{36} = 4.61$
$LiIO_3$	$6 = C_6$	$d_{35} = -5.45$ $d_{36} = -4.19$
CdSe	$6mm = C_{6V}$	$d_{15} = 31.0$ $d_{31} = 28.49$ $d_{33} = 54.46$
KD_2PO_4(KD^*P)	$\bar{4}2m = D_{2d}$	$d_{36} = 0.53$ $d_{14} = 0.53$
CdS	$6mm = C_{6V}$	$d_{33} = 36.03$ $d_{31} = 37.70$ $d_{36} = 41.89$

续表

材　料	点　群	d_{il} /($\times 10^{-12}$ m/V)
Ag_3AsS_3(硫砷银矿)	$3m=C_{3v}$	$d_{22}=2.49$ $d_{31}=15.08$
$CdGeAs_2$	$\bar{4}2m=D_{2d}$	$d_{36}=456.6$
$AgGaSe_2$	$\bar{4}2m=D_{2d}$	$d_{36}=33.93$
$AgSbS_3$(深红银矿)	$3m=C_{3v}$	$d_{31}=12.57$ $d_{22}=13.40$
β-BaB_2O_4 (β型偏硼酸钡)		$d_{11}=1.93$

在非线性光学文献中，对二阶非线性极化率张量 $\boldsymbol{\chi}$ 或 $\boldsymbol{d}$ 有以下 3 种定义方法：

定义 1(MKS 制)：$\boldsymbol{p}=\varepsilon_0\boldsymbol{\chi}\boldsymbol{E}^2$，　$d_{ijk}=\frac{1}{2}\chi_{ijk}$，$d$ 的单位为 m/V。

定义 2(MKS 制)：$\boldsymbol{p}=\boldsymbol{\chi}\boldsymbol{E}^2$，　$d_{ijk}=\frac{1}{2}\chi_{ijk}$，$d$ 的单位为 C/V²。

定义 3(高斯制)：$\boldsymbol{p}=\boldsymbol{\chi}\boldsymbol{E}^2$，　$d_{ijk}=\frac{1}{2}\chi_{ijk}$，$d$ 的单位为 esu，即 $\frac{\text{cm}}{\text{statvolt}}=\left(\frac{\text{erg}}{\text{cm}^3}\right)^{-1/2}$。

本书采用定义 1。以上 3 种定义中在形式上均有关系式 $d_{ijk}=\frac{\chi_{ijk}}{2}$，用缩减符号表示的张量元有下面的换算关系：

$$d_{il}(\text{MKS,定义 2})=\varepsilon_0 d_{il}(\text{MKS,定义 1})=8.85\times 10^{-12}d_{il}(\text{MKS,定义 1})$$

$$d_{il}(\text{高斯制,定义 3})=\frac{3\times 10^4}{4\pi}d_{il}(\text{MKS,定义 1})\approx 2.387\times 10^3 d_{il}(\text{MKS,定义 1})$$

例如，由表 18-31 查得由定义 1 表示的 KDP 晶体二阶倍频极化率张量无 $d_{14}=5.03\times 10^{-12}$ m/V。

由定义 2 表示的二阶倍频极化率张量元在 MKS 制中：$d_{14}=5.03\times 10^{-12}\times 8.85\times 10^{-12}$ C/V² $=4.45\times 10^{-23}$ C/V²。

由定义 3 在高斯制中：$d_{14}=5.03\times 10^{-12}\times 2.387\times 10^3$ esu $=1.2\times 10^{-8}$ esu。

三、和频的产生

频率为 ω_1、ω_2 的单色光入射到一个无损耗、非中心对称的非线性光学介质中。在晶体输出端的光波中，除入射光的频率 ω_1 和 ω_2 外，在一定条件下还将出现频率为 $\omega_3=\omega_1+\omega_2$ 的和频光。这种和频过程称为频率上转换或参量上变频。图 18-51(a)是和频产生的示意图，图 18-51(b)是和频产生过程的能级图。这种和频过程的特点是：光场与晶体之间无能量交换，虽有新的光频产生，但晶体的原子状态无变化。此过程称为光学参量过程。

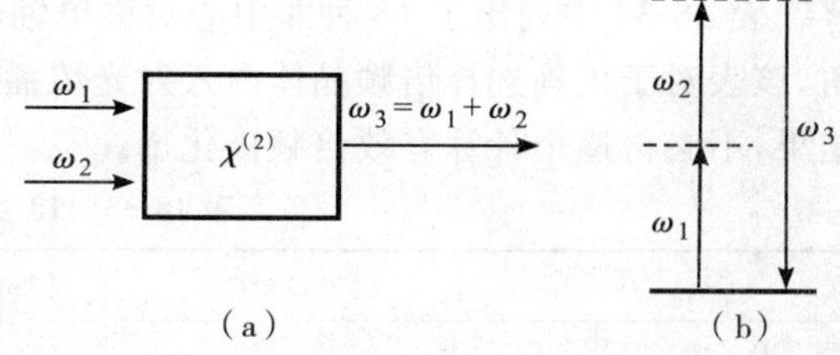

图 18-51　和频的产生

(a)和频产生的示意图；(b)和频产生的能级图

在无损耗的介质中，当泵浦光振幅变化很小，即 $\mathrm{d}A_2/\mathrm{d}z=0$ 时，耦合波方程(18-225)式简化为

$$\frac{\mathrm{d}A_1}{\mathrm{d}z}=K_1A_3\mathrm{e}^{-\mathrm{i}\Delta kz} \tag{18-226a}$$

$$\frac{\mathrm{d}A_3}{\mathrm{d}z}=K_3A_1\mathrm{e}^{\mathrm{i}\Delta kz} \tag{18-226b}$$

其中

$$K_1=\frac{2\mathrm{i}d_e\omega_1^2}{k_1c^2}A_2^*,\quad K_3=\frac{2\mathrm{i}d_e\omega_3^2}{k_3c^2}A_2,\quad \Delta k=k_1+k_2-k_3 \tag{18-227}$$

在 $\Delta k = 0$、$A_3(0) = 0$ 的条件下，和频波的振幅 A_3 为

$$A_3(z) = \mathrm{i}\left(\frac{n_1\omega_3}{n_3\omega_1}\right)^{1/2} A_1(0)\sin kz\, \mathrm{e}^{\mathrm{i}\varphi_2} \tag{18-228}$$

式中，$A_1(0)$ 为 $z = 0$ 时，频率为 ω_1 的入射光波的振幅；k 是耦合系数。

图 18-52 是 $A_3(0) = 0$ 的情况下和频产生过程的示意图。图 18-53 是在频率为 ω_2 的泵浦光功率不变和完全相位匹配的条件下 $|A_1|^2$ 和 $|A_3|^2$ 随 kz 的变化曲线。

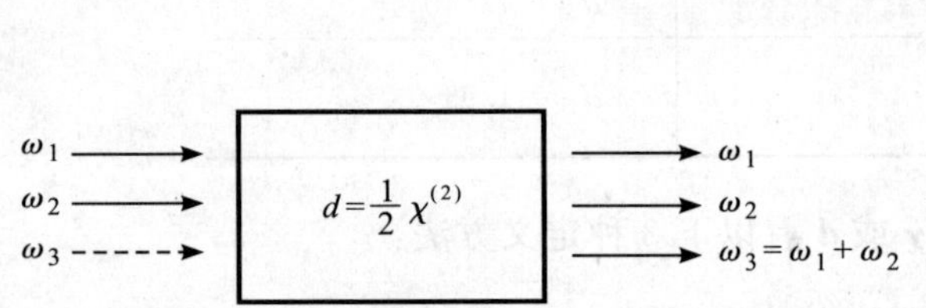

图 18-52　$A_3(0)=0$ 情况下和频的产生

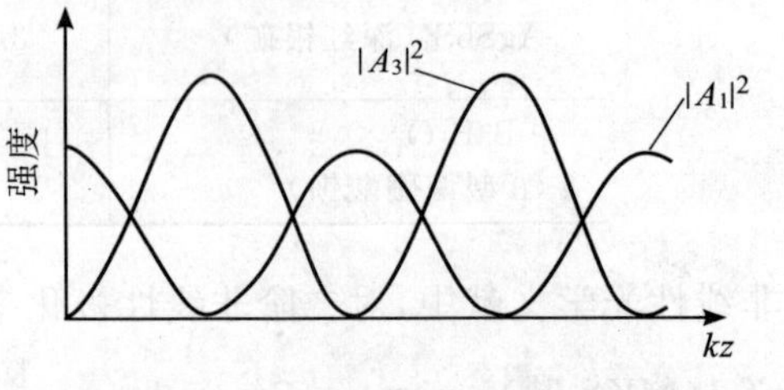

图 18-53　在频率为 ω_2 的泵浦光功率不变和完全相位匹配的条件下 $|A_1|^2$ 和 $|A_3|^2$ 随 kz 的变化曲线

可以证明：为满足 $\Delta k = 0$ 的波矢匹配条件，即满足 $k_1 + k_2 = k_3$，或

$$\omega_1 n_1(\omega_1) + \omega_2 n_2(\omega_2) = \omega_3 n_3(\omega_3) \tag{18-229}$$

的条件，只有在各向异性晶体中才有可能。例如，在单轴晶体中，由于有 o 光和 e 光的存在，且光的折射率随晶体中波矢 $\boldsymbol{k}$ 的方向而变。

频率为 ω_1、ω_2 的入射光及频率为 $\omega_3 = \omega_1 + \omega_2$ 的和频光在单轴晶体中按照所取的偏振方向组合有两种匹配类型：分量 ω_1、ω_2 的光偏振方向相同的叫平行式，即Ⅰ型；分量 ω_1、ω_2 的光偏振方向正交的叫正交式，即Ⅱ型。表 18-32 中列出了两类单轴晶体中的匹配方式，采取这些方式就能有效地实现三波相位匹配。

表 18-32　单轴晶体中电矢量的匹配方式

	正单轴晶体（$n_e > n_o$）	负单轴晶体（$n_e < n_o$）
Ⅰ型（平行式）	e+e→o ω_1 ω_2 ω_3	o+o→e ω_1 ω_2 ω_3
Ⅱ型（正交式）	e+o→o ω_1 ω_2 ω_3	e+e→e ω_1 ω_2 ω_3

表 18-33 中列出了 13 种非中心对称单轴晶体 d_{eff} 的表达式，其中 θ 表示所选择的波矢与光轴之间的夹角，该表对于正确选择倍频晶体内入射光传播和偏振方向具有指导意义，使用时根据具体情况直接引用表中结果，不必再逐个计算有效倍频极化率。

表 18-33　13 类单轴晶体的有效倍频极化率 d_{eff}

(a)不考虑克莱曼近似关系

晶　类	eeo	oee	ooe	eoo
6 和 4	$-d_{14}\sin 2\theta$	$\frac{1}{2}d_{14}\sin 2\theta$	$d_{31}\sin\theta$	$d_{15}\sin\theta$
622 和 422	$-d_{14}\sin 2\theta$	$\frac{1}{2}d_{14}\sin 2\theta$	0	0
6 *mm* 和 4 *mm*	0	0	$d_{31}\sin\theta$	$d_{15}\sin\theta$
$\bar{6}m2$	$d_{22}\cos^2\theta\cos 3\varphi$	$d_{22}\cos^2\theta\cos 3\varphi$	$-d_{22}\cos\theta\sin 3\varphi$	$-d_{22}\cos\theta\sin 3\varphi$
3 *m*	$d_{22}\cos^2\theta\cos 3\varphi$	$d_{22}\cos^2\theta\cos 3\varphi$	$d_{31}\sin\theta - d_{22}\cos\theta\sin 3\varphi$	$d_{15}\sin\theta - d_{22}\cos\theta\sin 3\varphi$
$\bar{6}$	$\cos^2\theta(d_{11}\sin 3\varphi + d_{22}\cos 3\varphi)$	$\cos^2\theta(d_{11}\sin 3\varphi + d_{22}\cos 3\varphi)$	$\cos\theta(d_{11}\cos 3\varphi - d_{22}\sin 3\varphi)$	$\cos\theta(d_{11}\cos 3\varphi - d_{22}\sin 3\varphi)$
3	$\cos^2\theta(d_{11}\sin 3\varphi + d_{22}\cos 3\varphi) - d_{14}\sin 2\theta$	$\cos^2\theta(d_{11}\sin 3\varphi + d_{22}\cos 3\varphi) + \frac{1}{2}d_{14}\sin 2\theta$	$\cos\theta(d_{11}\cos 3\varphi - d_{22}\sin 3\varphi) + d_{31}\sin\theta$	$\cos\theta(d_{11}\cos 3\varphi - d_{22}\sin 3\varphi) + d_{15}\sin\theta$

续表

(a)不考虑克莱曼近似关系

晶　类	eeo	oee	ooe	eoo
32	$d_{11}\cos^2\theta\sin 3\varphi - d_{14}\sin 2\theta)$	$d_{11}\cos^2\theta\sin 3\varphi + \frac{1}{2}d_{14}\sin 2\theta$	$d_{11}\cos\theta\cos 3\varphi$	$d_{11}\cos\theta\cos 3\varphi$
$\bar{4}$	$(d_{14}\cos 2\varphi - d_{15}\sin 2\varphi)\sin 2\theta$	$\frac{1}{2}(d_{14}+d_{36})\cos 2\varphi\sin 2\theta -$ $\frac{1}{2}(d_{15}+d_{31})\sin 2\varphi\sin 2\theta$	$-\sin\theta(d_{31}\cos 2\varphi + d_{36}\sin 2\varphi)$	$-\sin\theta(d_{15}\cos 2\varphi + d_{14}\sin 2\varphi)$
$\bar{4}m2$	$d_{14}\sin 2\theta\cos 2\varphi$	$\frac{1}{2}(d_{14}+d_{36})\cos 2\varphi\sin 2\theta$	$-d_{36}\sin\theta\sin 2\varphi$	$-d_{14}\sin\theta\sin 2\varphi$

(b)克莱曼近似关系成立情况

晶　类	eeo 及 oee	ooe 及 eoo	晶　类	eeo 及 oee	ooe 及 eoo
6 和 4	0	$d_{15}\sin\theta$	$\bar{6}$	$\cos^2\theta(d_{11}\sin 3\varphi + d_{22}\cos 3\varphi)$	$\cos\theta(d_{11}\cos 3\varphi - d_{22}\sin 3\varphi)$
622 和 422	0	0	3	$\cos^2\theta(d_{11}\sin 3\varphi + d_{22}\cos 3\varphi)$	$d_{15}\sin\theta + \cos\theta(d_{11}\cos 3\varphi - d_{22}\sin 3\varphi)$
$6mm$ 和 $4mm$	0	$d_{15}\sin\theta$	32	$d_{11}\cos^2\theta\sin 3\varphi$	$d_{11}\cos\theta\cos 3\varphi$
$\bar{6}m2$	$d_{22}\cos^2\theta\cos 3\varphi$	$-d_{22}\cos\theta\sin 3\varphi$	$\bar{4}$	$\sin 2\theta(d_{14}\cos 2\varphi - d_{15}\sin 2\varphi)$	$-\sin\theta(d_{14}\sin 2\varphi + d_{15}\cos 2\varphi)$
$3m$	$d_{22}\cos^2\theta\cos 3\varphi$	$d_{15}\sin\theta - d_{22}\cos\theta\sin 3\varphi$	$\bar{4}2m$	$d_{14}\sin 2\theta\cos 2\varphi$	$-d_{14}\sin\theta\sin 2\varphi$

四、光学二次谐波

(一)二次谐波产生的耦合波方程

频率为 ω_1 的入射光，在非线性介质中满足相位匹配条件时，由于介质的二阶非线性效应，将产生二次谐波 $\omega_2 = 2\omega_1$。

介质中的非线性电极化强度为

$$\boldsymbol{P}^{\mathrm{NL}}(z,t) = \boldsymbol{P}^{(2)}(z,t) = \varepsilon_0 \chi^{(2)} : \boldsymbol{EE} \tag{18-230}$$

式中，$\boldsymbol{E}$ 表示介质中总的电场强度，具体是

$$\boldsymbol{E}(z,t) = \boldsymbol{E}_1(z,t) + \boldsymbol{E}_2(z,t)$$

假定介质在基频 ω_1 和倍频 $\omega_2 = 2\omega_1$ 处均无损耗，由真实性条件和全交换对称性，非线性极化率为

$$\boldsymbol{\chi}^{(2)}(\omega_1;\omega_2,-\omega_1) = \boldsymbol{\chi}^{(2)}(\omega_2;\omega_1,\omega_1) \tag{18-231}$$

统一用 $\boldsymbol{\chi}^{(2)}$ 表示以上两个量，电矢量偏振方向上的单位矢量 $\boldsymbol{e}_1$、$\boldsymbol{e}_2$ 各有三个直角坐标分量，按分量展开后容易验证：

$$\boldsymbol{e}_1 \cdot \boldsymbol{\chi}^{(2)} : \boldsymbol{e}_2\boldsymbol{e}_1 = \boldsymbol{e}_2 \cdot \boldsymbol{\chi}^{(2)} : \boldsymbol{e}_1\boldsymbol{e}_1 \tag{18-232}$$

统一用标量 $2d_{\mathrm{e}}$ 表示以上两个量，令 $\Delta k = 2k_1 - k_2$，则耦合波方程组式为[16]

$$\frac{\mathrm{d}A_1}{\mathrm{d}z} = \frac{2\mathrm{i}d_{\mathrm{e}}\omega_1^2}{k_1c^2}A_2A_1^*\,\mathrm{e}^{-\mathrm{i}\Delta kz} \tag{18-233a}$$

$$\frac{\mathrm{d}A_2}{\mathrm{d}z} = \frac{\mathrm{i}d_{\mathrm{e}}\omega_2^2}{k_2c^2}A_1^2\mathrm{e}^{\mathrm{i}\Delta kz} \tag{18-233b}$$

这就是描述二次谐波产生的耦合波振幅方程。

(二)二次谐波产生的稳态小讯号解

采用非抽空抽运近似，设 $\mathrm{d}A_1/\mathrm{d}z = 0$，在输入面处 $A_2(0) = 0$，在 $z = L$ 处，

$$A_2(L) = \frac{\mathrm{i}d_{\mathrm{e}}\omega_2^2A_1^2}{k_2c^2}\int_0^L \exp(\mathrm{i}\Delta kz)\mathrm{d}z = \frac{\mathrm{i}d_{\mathrm{e}}\omega_2^2A_1^2}{k_2c^2}\,\frac{\mathrm{e}^{\mathrm{i}\Delta kL}-1}{\mathrm{i}\Delta k} \tag{18-234}$$

由式 $I_1 = 2n_1 \sqrt{\omega_0/\mu_0}\,|A_1|^2$ 分别写出基频光光强 I_1 和倍频光光强 I_2，并由它们求出倍频转换效率：

$$\eta = \left|\frac{I_2}{I_1}\right| = \frac{8\pi d_e^2 L^2 |I_1|}{n_1^2 n_2 \lambda_1^2 \varepsilon_0 c} \sin c^2\left(\frac{\Delta k L}{2\pi}\right) \tag{18-235}$$

式中，λ_1 表示基频光在真空中的波长。相位匹配条件为 $\Delta k = 0$，即 $2k_1 = k_2$，此时由于倍频效应而产生的二次谐波的光强在小信号近似条件下与 L^2、d_e^2 成正比。基频波和由它产生的倍频波在介质中的传播速度相等。

(三)二次谐波产生中的相位匹配

定义相干长度

$$l_c = \frac{\pi}{|\Delta k|} = \frac{\pi}{|2k_1 - k_2|} \tag{18-236}$$

相干长度 l_c 可以作为我们选取晶体长度时的参考标准。

用关系式 $k_i = \omega_i n_i / c (i = 1,2)$，波矢失配可以表示成

$$\Delta k = 2k_1 - k_2 = \frac{2\omega_1}{c}(n_1 - n_2) \tag{18-237}$$

将(18-237)式代入(18-236)式中，得到相干长度：

$$l_c = \frac{\lambda_1}{4|n_2 - n_1|} \tag{18-238}$$

当实现完全相位匹配时，基频光和倍频光的折射率应满足关系 $n_1 = n_2$。这只有利用各向异性晶体的双折射，才能满足 $n_1 = n_2$ 的条件，目前实用的相位匹配方法有角度匹配法、温度匹配法等。

单轴晶体中当传播的光的波矢方向确定以后，借助于折射率椭球能够确定本征矢 D_o 和 D_e 的方向。o 光的折射率就等于主折射率 n_o，而相应的 e 光折射率 $n_e(\theta)$ 与该单轴晶体的主折射率 n_e、n_o 之间的关系为[8]

$$n_e(\theta) = \frac{n_o n_e}{(n_o^2 \sin^2\theta + n_e^2 \cos^2\theta)^{1/2}} \tag{18-239}$$

当波矢 $\boldsymbol{k}$ 与光轴的夹角 θ 变化时，$n_e(\theta)$ 的值也在变化，由此可选择符合要求的匹配角 θ_m 以实现相位匹配。实现角度相位匹配有 2 种型式共 4 种匹配方法，列于表 18-34 中。

表 18-34　单轴晶体中二次谐波产生的相位匹配角

晶体类型	Ⅰ型匹配(平行式)	Ⅱ型匹配(正交式)
正单轴晶体	e＋e→o $\sin\theta_m = \frac{n_1^e}{n_2^o}\left[\frac{(n_2^o)^2 - (n_1^o)^2}{(n_1^e)^2 - (n_1^o)^2}\right]^{\frac{1}{2}}$	e＋o→o $\sin\theta_m = \left[\frac{\left(\frac{n_1^o}{2n_2^o - n_1^o}\right)^2 - 1}{\left(\frac{n_1^o}{n_1^e}\right)^2 - 1}\right]^{\frac{1}{2}}$
负单轴晶体	o＋o→e $\sin\theta_m = \frac{n_2^e}{n_1^o}\left[\frac{(n_2^o)^2 - (n_1^o)^2}{(n_2^o)^2 - (n_2^e)^2}\right]^{\frac{1}{2}}$	o＋e→e $\frac{1}{2}n_1^o + \frac{1}{2}\frac{n_1^o n_1^e}{[(n_1^o)^2 \sin^2\theta_m + (n_1^e)^2 \cos^2\theta_m]^{1/2}}$ $= \frac{n_2^o n_2^e}{[(n_2^o)^2 \sin^2\theta_m + (n_2^e)^2 \cos^2\theta_m]^{1/2}}$

当入射光的波矢方向与光轴方向的夹角偏离匹配角 θ_m 时 Δk 不再为 0，由表 18-34 中所列的方程计算出 Δk 的变化值为

$$\Delta k = \frac{\omega}{c}(n_2^o)^3[(n_1^o)^{-2} - (n_1^e)^{-2}]\sin 2\theta_m\,\Delta\theta \qquad \text{(eeo)} \tag{18-240}$$

$$\Delta k = \frac{\omega}{c}(n_1^o)^3[(n_2^e)^{-2} - (n_2^o)^{-2}]\sin 2\theta_m\,\Delta\theta \qquad \text{(ooe)} \tag{18-241}$$

$$\Delta k = -\frac{\omega}{2c}(2n_2^o - n_1^o)^3[(n_1^e)^{-2} - (n_1^o)^{-2}]\sin 2\theta_m\,\Delta\theta \qquad \text{(eoo)} \tag{18-242}$$

$$\Delta k = \frac{\omega}{c}\left\{[n_2^e(\theta_m)]^3[(n_2^e)^{-2}-(n_2^o)^{-2}]-\frac{1}{2}[n_1^e(\theta_m)]^3[(n_1^e)^{-2}-(n_1^o)^{-2}]\right\}\sin 2\theta_m\,\Delta\theta$$

$$\approx \frac{\omega}{2c}(n_1^o)^3[(n_2^e)^{-2}-(n_2^o)^{-2}]\sin 2\theta_m\,\Delta\theta \qquad (\text{oee}) \qquad (18\text{-}243)$$

五、深紫外非线性光学晶体

深紫外非线性光学晶体是指适合产生深紫外谐波光输出，特别是能使用倍频方法产生深紫外相干光的非线性光学晶体[22]。这类晶体应满足的条件是：①晶体在紫外区的截止边，至少应达到 150 nm 附近；②晶体必须具有大的双折射率，以实现宽波段的相位匹配，一般要求 $\Delta n \geqslant 0.06$。目前可满足使用要求的此类晶体是：$KBe_2BO_3F_2$(KBBF)。图 18-54 是 KBBF 晶体在紫外区的透射光谱，由此曲线可见：KBBF 晶体在紫外区的截止波长为 153 nm。

表 18-35 是 KBBF 晶体对 7 条光谱线的折射率的实验值和计算值。但由于 KBBF 晶体的透光范围很宽，因此表 18-35 中的折射率值尚不足以确定晶体在整个透光光谱区的折射率色散方程(Sellmeieer 方程)。但利用 KBBF I 型倍频相匹配角的数据，可弥补此不足，并拟合出 KFFB 晶体在整个透光光谱区的折射率色散方程[22]：

$$\left.\begin{aligned} n_o^2 &= 1+\frac{1.171\,3\lambda^2}{\lambda^2-0.007\,33}-0.010\,22\lambda^2 \\ n_e^2 &= 1+\frac{0.931\,6\lambda^2}{\lambda^2-0.006\,75}-0.001\,69\lambda^2 \end{aligned}\right\} \qquad (18\text{-}244)$$

式中，n_o、n_e 分别为 o 光和 e 光的折射率；λ 为波长，单位为μm。表 18-35 中折射率的计算值即为(18-244)式的计算结果。两者符合达 4 位有效数。表 18-36 给出了目前最完整的 KBBF I 型倍频相匹配角的数据[22]。表中相匹配角的计算值亦由(18-244)式求出，两者符合得很好。图 18-55 是 KBBF I 型倍频相匹配角随波长变化的关系曲线。曲线表明；相匹配角的计算值和实验值符合得很好。

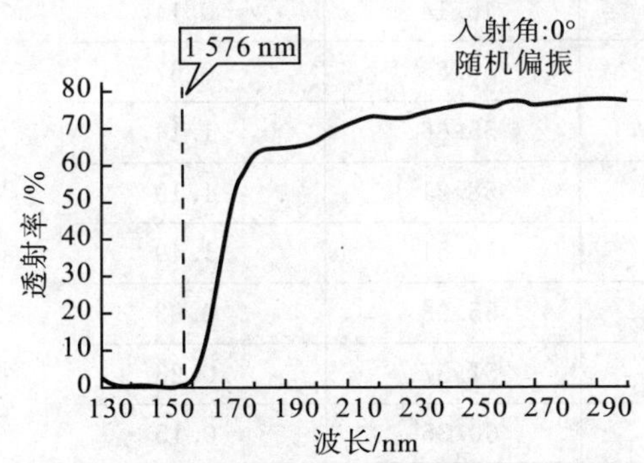

图 18-54　KBBF 晶体在紫外区的透射光谱

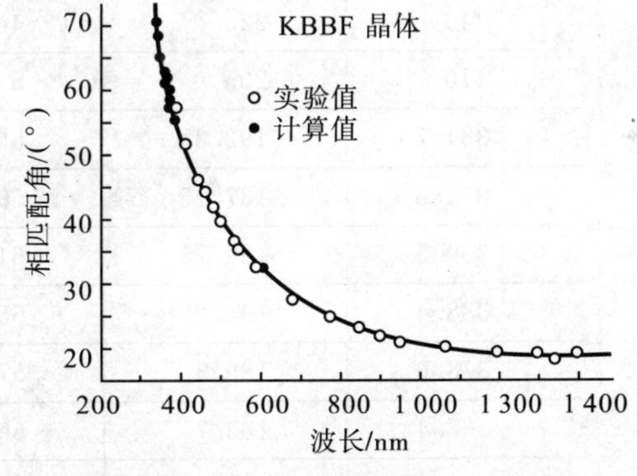

图 18-55　KBBF I 型倍频相匹配角随波长的变化

表 18-35　KBBF 晶体折射率的实验值和计算值

波长/μm	o 光折射率			e 光折射率		
	实验值	计算值	Δ	实验值	计算值	Δ
0.404 7	1.491 5	1.4914 8	+0.000 02	1.403 5	1.404 05	−0.000 55
0.435 8	1.488 7	1.488 75	−0.000 05	1.401 8	1.402 00	−0.000 2
0.491 6	1.485 1	1.485 08	0.000 02	1.399 3	1.399 27	0.000 03
0.546 1	1.482 4	1.482 49	−0.000 09	1.397 6	1.397 38	0.000 22
0.578 0	1.481 1	1.481 27	−0.000 17	1.396 8	1.396 51	0.000 29
0.589 3	1.480 8	1.480 88	−0.000 08	1.396 6	1.396 24	0.000 36
0.656 2	1.478 8	1.478 91	−0.000 11	1.395 4	1.394 89	0.000 51

表 18-36 KBBF I 型倍频相匹配角的计算值和实验值

基频波长/nm	倍频波长/nm	相匹配角/(°)		
		实验值	计算值	差值
1 400	700	19.3	19.06	0.24
1 300	650	19.3	19.05	0.25
1 200	600	19.6	19.27	0.33
1 342	671	18.6	19.03	−0.43
1 064	532	20.2	20.11	0.09
950	475	21	21.41	−0.41
900	450	22	22.21	−0.21
850	425	23.1	23.18	−0.08
770	385	25.1	25.16	−0.06
680	340	27.6	28.24	−0.64
600	300	32.1	32.07	0.03
589	294.5	32.5	32.71	−0.21
550	275	34.9	35.25	−0.35
532	266	36.2	36.6	−0.4
500	250	39.6	39.34	0.26
480	240	41.7	41.33	0.37
460	230	44	43.57	0.43
440	220	46	46.14	−0.14
410	205	51.5	50.83	0.67
384.7	192.35	56.8	55.66	1.14
374.3	187.15	59.4	58.21	1.19
369.5	184.75	61	59.51	1.49
388.4	194.2	55.1	55.08	0.02
378.6	189.3	57.6	57.37	0.23
367.4	183.7	60.2	60.35	−0.15
364.4	182.2	61.1	61.24	−0.14
361.2	180.6	62.5	62.24	0.36
354.7	177.35	64.5	64.42	0.08
352.4	176.2	65.3	65.27	0.03
345	172.5	68.3	68.28	0.02
340	170	70.4	70.66	−0.26

六、中红外非线性光学晶体

中红外相干光源在许多领域均有重要应用，如环境中痕量气体检测、红外遥感、激光制导等。但目前尚无可直接产生中红外相干光的光源，而采用中红外非线性光学晶体对激光进行频率变换是可行办法之一。

目前，获得中红外非线性光学晶体的困难是，难以生长大尺寸、高质量的晶体。现在应用的中红外非线性光学晶体主要有 $AgGaS_2$、$AgGaSe_2$、$ZnGeP_2$ 等。这些晶体均属黄铜矿结构，其缺点是：热导率低、热膨胀各向异性大、透射率低（中红外区本征缺陷引起的吸收和散射大）、大尺寸晶体生长难。铅锌矿结构的含锂非

线性光学晶体 $LiInS_2$，具有优良的热学性能和非线性光学性质，是当前的研究热点。表 18-37 是 $LiInS_2$、$AgGaS_2$、$AgGaSe_2$、$ZnGeP_2$ 晶体的部分性能参数[23]。

表 18-37 $LiInS_2$、$AgGaS_2$、$AgGaSe_2$、$ZnGeP_2$ 晶体的部分性能参数

晶 体	点 群	χ /(pm/V)	透射范围 /μm	热导率 /(W/cm·K)	热膨胀率 /($\times 10^6$/K)	激光损伤阈值 /(W/cm)
$LiInS_2$	$mm2$	$d_{32}=1.58$ @1.0 μm	0.35～13	0.076	∥c 6.8 ⊥c9.0	>1 G @1.064 μm,10 ns
$AgGaS_2$	$\bar{4}2m$	$d_{33}=31$ @1.0 μm	0.47～13	0.015	∥c 2.5 ⊥c−13.2	10～20 M @10.6 μm,150 ns
$AgGaSe_2$	$\bar{4}2m$	$d_{36}=33$ @10.6 μm	0.71～18	0.011	∥c 16.8 ⊥c−7.8	10～20 M @10.6 μm,150 ns
$ZnGeP_2$	$\bar{4}2m$	$d_{36}=35$ @9.6 μm	0.75～12	0.18	∥c 5.0 ⊥c−7.8	60 M @10.6 μm,150 ns

1)$LiInS_2$ 晶体。$LiInS_2$ 晶体的特点是：透射波段宽，非线性光学系数大，热导率高，双光子吸收弱，激光损伤阈值高，可实现高能短脉冲激光。

2)$AgGaS_2$ 和 $AgGaSe_2$ 晶体。$AgGaS_2$ 晶体的特点是：透射波段在短波可达 550 nm。因而可在 Nd:YAG 激光器的 OPO 中以及其他波长范围为 3～12 μm 的激光器的各种不同的混频试验中使用。

$AgGaSe_2$ 晶体的特点是：相位匹配范围大。例如，当使用 2.05 μm 波长的 Ho:YLF 泵浦时，波长在 2.5～12 μm 范围内可调；泵浦波长为 1.4～1.55 μm 时，在 1.9～5.5 μm 范围内可使用非临界相位匹配(NCPM)操作，大大提高了转换效率等。

上述两种晶体的不足是：热膨胀率为各向异性，当降温冷却时，晶体沿 a 轴收缩，而沿 c 轴(即光轴)膨胀。因此大大限制了这类晶体的应用。

3)$ZnGeP_2$ 晶体。$ZnGeP_2$ 晶体的特点是：机械性能好，易于加工；双折射大。在红外倍频、混频和光参量振荡中的应用前景好。

七、有机非线性光学晶体

有机非线性光学晶体在非线性光学领域有重要作用。在光信息、光记忆、光图像处理、激光器等领域，都需要大尺寸、高机械强度、大非线性光学系数、高激光损伤阈值、高化学稳定性以及高透明度的有机材料[24]。

有机非线性光学晶体在非线性光学领域应用的优点是：

1)有机分子种类和结构多样，分子可裁剪或修饰，且分子结构和晶体结构易于按器件需要进行特定的组合设计。

2)有机晶体的光学非线性可发生在非共振区，吸收和热损耗小，具有超快的响应时间，可达飞秒量级。

3)有机晶体材料的抗光损伤阈值和非线性电极化率远大于无机晶体，高出 1～2 个数量级。

4)有机晶体材料的介电常数远小于无机晶体，可有大带宽；且介电常数随频率的变化不大，对相位匹配有利。

有机非线性光学晶体在非线性光学领域应用的固有缺点是：双折射率过大，接受角太小，导热系数小，熔点低，易潮解等。

有机非线性光学晶体包括简单有机化合物、有机聚合物以及有机加合物等几种，目前均处于探索研究阶段。表 18-38 是几种简单有机化合物的非线性光学性能参数。

表 18-38 几种简单有机化合物的非线性光学性能参数

晶体名称	通过波长范围/nm	截止波长/nm	光损伤阈值/(GW/cm)	倍频效率
TNP	325～950			13.4 KDP
LATF	232～2 000	232	3.5@1064 nm	2.5 KDP
SCPDB	240～1 100	240		1.08 urea
LTN	280～1 900	280		2.3 KDP
LAHCBr	1 500～1 900	240	29.84	
8-HQ	200～1 064	200		2.64 石英
Urea-doped Benzophenone	400～1 650	388		0.896 427(0.5 M)KDP 1.035 531 (1 M)KDP
LARM	300～1 400	290		1.5 KDP

注：TNP 即 trinitrophenol，三硝基苯酚；LATF 即 L-arginine trifluoroacetate，L-精氨酸，三氟乙酸盐；SCPDB 即 semicarbazone of p-dimethylamino benzaldehyde，p-二甲基氨苯醛缩氨基脲；LTN 即 L-tartaric acid-nicotinamide NLO crystals，L-酒石酸烟酰胺非线性光学晶体；LAHCBr 即 L-arginine halide，L-精氨酸卤化物；8-HQ 即 8-hydroxyquinoline，8-羟基醌；Urea-doped Benzophenone 即掺脲苯酮；LARM 即 phase-matchable，l-arginine maleate，相位可匹配 L-精氨酸顺丁烯二酸盐(或酯)。

八、光折变效应

(一)概述

1. 物理过程

光折变效应是入射光波在晶体中传播时由于光致电离作用，造成晶体中电荷的重新分布，从而引起晶体中折射率空间分布发生变化的一种效应。其具体过程是：

强度非均匀的光在晶体中产生非均匀的电荷分布→由于扩散和漂移运动造成晶体内电荷重新分布→分离的电荷在晶体内部产生一个强电场→由于线性电光效应造成晶体的折射率改变。

2. 特点

(1)积分效应

光折变效应引起的折射率改变与入射光波能量的积分有关。即低入射光功率，长作用时间也可引起明显的折射率改变。

(2)非局域性

光折变效应引起的折射率改变的空间分布和入射光波光强的空间分布不一致。即最大光强处并不对应最大折射率变化。

(3)光折变效应和光克尔效应的比较

1)相同点。两者均为外加光场引起的介质折射率变化。

2)不同点。光克尔效应是在各向同性介质中产生的三阶非线性效应；光折变效应是在不具中心对称的晶体中的二阶非线性效应。

(二)光折变效应理论

目前通用的光折变效应理论是 Kukhtarev 的带传输模型，与之相应的 Kukhtarev 方程组为

$$\frac{\partial N_D^+}{\partial t} = (SI+\beta)(N_D^0 - N_D^+) - \gamma_R\, n_e N_D^+ \tag{18-245a}$$

$$\boldsymbol{J} = en_e\,\mu\boldsymbol{E} + eD\,\nabla n_e + \boldsymbol{J}_{ph} \tag{18-245b}$$

$$\frac{\partial n_e}{\partial t} = \frac{\partial N_D^+}{\partial t} + \frac{1}{e}(\nabla\cdot\boldsymbol{J}) \tag{18-245c}$$

$$\nabla\cdot(\varepsilon\boldsymbol{E}) = e(N_D^+ - N_A - n_e) \tag{18-245d}$$

(18-245a)式是光折变晶体中离化了的施主数密度的速率方程，式中右边的项 $N_D^0 - N_D^+$ 表示晶体中尚未离化的施主数密度，$(SI+\beta)(N_D^0 - N_D^+)$ 表示电子的产生率，它由两部分组成：第一部分 $SI(N_D^0 - N_D^+)$，是由光电离作用产生的，S 是光电离截面，I 是光强；第二部分是 $\beta(N_D^0 - N_D^+)$，β 是电子的热产生率。产生的电子在晶体的导带中由于扩散或漂移而运动。被电离后的施主成为未被电子占据的空态，它可作为陷阱心与电子复合。γ_R 表示电子与陷阱心的复合率，单位体积中 N_D^+ 的减少率为 $\gamma_R n_e N_D^+$。

(18-245b)式是晶体中的电流密度方程，$\boldsymbol{J}$ 由 3 部分组成：第一部分 $en_e\mu\boldsymbol{E}$ 是在电场作用下的漂移运动形成的，μ 是电子迁移率，$\boldsymbol{E}$ 是总的电场强度，它等于外加于晶体中的电场和内建的空间电荷电场 $\boldsymbol{E}_{sc}$ 之和。第二部分 $eD\nabla n_e$ 是由于电子浓度梯度导致的扩散运动而形成的，D 是扩散常数，由爱因斯坦关系确定：

$$D = \frac{kT_\mu}{e} \tag{18-246}$$

式中，k 为玻尔菲曼常量，T 为热力学温度。第三项 $\boldsymbol{J}_{ph}$ 是光生伏打电流，是光照射各向异性晶体时产生的。

(18-245c)式是由于晶体中电流密度 $\boldsymbol{J}$ 的改变而引起的电子密度和电离施主密度的变化。

(18-245d)式是(18-245b)式中静电场 $\boldsymbol{E}$ 所应满足的麦克斯韦方程。此电场 $\boldsymbol{E}$ 是由外加电场和晶体中内建的空间电荷所形成的电场两部分组成。

(18-245a)式至(18-245d)式 4 个方程是一组非线性耦合方程，建立此方程时所采用的模型只涉及一个施主能级，一种载流子即电子，一个带即导带，故又称为单能级单带模型，若要全面求解光折变效应中的问题，则需涉及缺陷多能级、双载流子的双带(导带和价带)模型。然而，单能级单载流子的单带模型已可用于解释许多常见的光折变效应中的现象。

表 18-39 是几种常见光折变晶体的性质，表中 τ_d 为材料的介电弛豫时间。

表 18-39　光折变晶体的性质

材　料	工作波长范围/μm	在 $E=2$ kV/cm 时载流子的漂移长度/μm	τ_d/s	$n^3\gamma_{eff}$/(pm/V)
InP:Fe	0.85～1.3	3	10^{-4}	52
GaAs:Cr	0.8～1.8	3	10^{-4}	43
$LiNbO_3:Fe^{+3}$	0.4～0.7	$<10^{-4}$	300	320
$Bi_{12}SiO_{20}$	0.4～0.7	3	10^5	82
$Sr_{0.4}Ba_{0.6}Nb_2O_6$	0.4～0.6	—	10^2	2 460
$BaTiO_3$	0.4～0.9	0.1	10^2	11 300
$KNbBO_3$	0.4～0.7	0.3	10^{-3}	690

(三)光折变材料的基本性能

不同的应用领域对光折变材料有不同的性能要求，但光折变灵敏度、响应时间、最大折射率调制等性能是所有光折变材料应该共同具备的。

1. 光折变灵敏度

单位体积内每吸收单位光能量所引起的晶体折射率改变，定义为光折变灵敏度 S_n，它描述了晶体利用指定光能量来建立光折变光栅的能力，

$$S_n = \frac{|\Delta n|}{\alpha I_0 t} \tag{18-247}$$

$$\Delta n = \frac{1}{2} n_r^3 \gamma_{eff} E_{sc} \tag{18-248}$$

式中，Δn 是折射率调制度，α 是晶体的吸收系数，I_0 是光强，t 是时间；$\alpha I_0 t$ 是在时间 t 内吸收的光能量，n_r 是晶体主折射率，γ_{eff} 是有效电光系数，E_{sc} 是折射率光栅写入初始时刻的空间电荷场。

$$E_{sc} = \mathrm{i}M\frac{E_q(E_d + \mathrm{i}E_0)}{E_q + E_d + \mathrm{i}E_0}\frac{t}{\tau_d} = \mathrm{i}Mq\frac{t}{\tau_d} \tag{18-249}$$

其中，M是光调制度；$q=\dfrac{E_q(E_d+iE_0)}{E_q+E_d+iE_0}$；$\tau_d=\dfrac{\varepsilon\varepsilon_0}{e\mu n}$是介电弛豫时间；$\rho$是自由电荷密度，$\rho=sl_0(N_D=N_A)$。将(18-248)式和(18-249)式代入(18-247)式，有

$$S_n=\frac{M}{2}n_\gamma{}^3\frac{\gamma_{eff}}{\varepsilon\varepsilon_0}e\mu\tau_e\frac{|q|}{h\nu} \tag{18-250}$$

式中，$\gamma_{eff}/\varepsilon\varepsilon_0$ 称为极光系数，其最大值仅与材料本身有关，为此可再定义光折变晶体的品质因素 Q：

$$Q=n_\gamma{}^3\frac{\gamma_{eff}}{\varepsilon\varepsilon_0} \tag{18-251}$$

所有光折变材料的主折射率 n_r 值都相近，变化不大。表 18-40 列出了一些光折变材料的品质因素和其他性能参数。

表 18-40　光折变材料的性能参数[17]

材　料	λ/nm	Λ/μm	τ_d/s	$n_r{}^3\gamma_{eff}$/(pm·V^{-1})	ε	$\dfrac{n_r{}^3\gamma_{eff}}{\varepsilon}$/(pm·V^{-1})
$Sr_{0.61}Ba_{0.39}Nb_2O_6$	514.5	2	1.0	2 972	880	3.4
$Sr_{0.61}Ba_{0.39}Nb_2O_6$:Ce	514.5	2	10	2 972	880	3.4
$Sr_{0.75}Ba_{0.25}Nb_2O_6$:Ce	514.5	0.1	50	17 390	3 400	5.1
$BaTiO_3$	514.5	1	10	11 300	3 600	3.1
	514.5	0.7	—	11 300	3 600	3.1
	458	1.4	5×10^4	11 300	3 600	3.1
$LiNbO_3$	442	2	—	320	32	10
	514.5	—	10^5	320	32	10
$KNbO_3$	488	2	—	690	55	13
$Bi_{12}SiO_{20}$	514.5	1	—	82	47	1.7
GaAs	1 060	4	—	43	13	3.3
ZnP:Fe	1 060	4	10^{-4}	52	13	4.0
GaAs:Cr	1 060	4	10^{-4}	43	13	3.3

2. 最大折射率调制度 Δn_{max}

表征材料光折变效应强弱的参数是晶体的折射率调制度 Δn，也称光折变材料的动态范围，它决定了给定厚度的晶体中可实现的最大衍射效率和给定体积内所能记录的全息光栅数目。如晶体内空间电荷场能达到其饱和值 E_q，则

$$\Delta n_{max}=\frac{1}{2}n_r{}^3\gamma_{eff}E_q=\frac{Q}{4\pi}eN_A^-(1-a)\Lambda \tag{18-252}$$

(18-252)式表明，晶体的折射率调制度与晶体内陷阱中心密度 N_A 有关。理论上，在晶体中掺入适当的杂质或对生长后的晶体进行氧化/还原退火处理可增大其 N_A 值。但除 $LiNbO_3$ 外，目前对大多数晶体来说，N_A^- 值仍无法完全掌握。

3. 响应时间

一般情况，光折变晶体的响应时间与多种材料参数和实验条件有关，其表达式十分复杂，且不同材料的光折变响应时间的表达式也不同。具体情况可参看有关的文献[15,17-19]。

4. 光谱响应范围

光折变晶体对入射激光波长敏感。为了适应不同的应用需求，光折变晶体的光谱响应范围越宽越好。但对于大多数铁电氧化物晶体，其光谱响应并不能完全覆盖从近紫外到近红外的区域，因此，需要通过适当的掺杂或组元取代，来拓宽其光谱响应范围。

5. 空间分辨率

空间分辨率是表征光折变材料性能的重要参数之一，代表材料分辨输入图像细节的能力。原则上，光折

变晶体的空间分辨率由陷阱间的距离决定，在未掺杂晶体中，陷阱密度很低（$10^{15}\ cm^{-3}$），所记录的全息图分辨率可达 1 000 lp/mm。掺入杂质离子后，晶体中陷阱密度可达 $10^{17} \sim 10^{19}\ cm^{-3}$，此时陷阱之间的距离大约只有 10 nm，晶体的空间分辨率进一步提高。实际工作中，空间分辨率的定义不同，在光学领域，空间分辨率是指当记录一个被测试物体时，如分辨标准图，光敏材料所能探测到的最小组元的尺寸。这种方法适用于非相干光学系统。对于全息术等相干光学系统，空间分辨率定义为空间频率带宽 $\Delta\gamma$，即材料所能记录的光强空间调制的最小周期。

6. 晶体的光学质量

晶体的光学质量是其使用受到限制的关键因素之一。影响光折变晶体质量的主要是晶体生长过程中出现的点缺陷、生长条纹和组分浓度梯度，以及铁电多畴态的存在等，这些缺陷会引起物光图像畸变，同时也会引起参考光散射，并导致读出时的背景噪声[7]。

7. SBN 晶体的基本物理参数和光折变性能

铌酸锶钡 $Sr_xBa_{1-x}Nb_2O_6$（SBN，$0.25 < x < 0.75$）晶体是一种具有四方钨青铜结构的固熔体。空间群为 $P4bm$，点群为 $4mm$。这类晶体计算中可能用到的物理参数在表 18-41 中列出。

表 18-41　SBN 晶体的物理参数[18]

参数名称			参数值
密度			5.4×10^3 kg/m^3
Mohs 硬度			5.5
光性			负光性单轴晶，$n_o > n_e$
晶格常数	a	$x = 0.75$	1.245 8 nm
	c		0.392 8 nm
	a	$x = 0.60$	1.246 7 nm
	c		0.393 8 nm
	a	$x = 0.50$	1.248 1 nm
	c		0.395 4 nm
居里点温度			60～250℃（随 Sr/Ba 的比例而变化）
折射率	n_o	$x = 0.75$	2.314 4
	n_e		2.259 6
	n_o	$x = 0.50$	2.312 3
	n_e		2.273 4
	n_o	$x = 0.25$	2.311 7
	n_e		2.298 7
相对介电常数（$\varepsilon = \varepsilon_{33}/\varepsilon_0$）		$x = 0.75$	118
		$x = 0.50$	450
		$x = 0.25$	3 400
压电系数	d_{33}	$x = 0.60$	165
	d_{15}		31
	d_{33}	$x = 0.50$	90
	d_{15}		35
电光系数 γ_{ij}	γ_c^σ	$x = 0.50$	$1\,410\times10^{-12}$ m/V
	γ_c^5	$x = 0.25$	$1\,090\times10^{-12}$ m/V
	γ_{33}^σ	$x = 0.25$	$1\,380\times10^{-12}$ m/V
半波电压 V_π		$x = 0.75$	1.35 kV
		$x = 0.50$	0.25 kV
		$x = 0.25$	0.037 kV

晶体的光折变性能包括衍射效率 η、响应时间 τ、光折变灵敏度 S_n、指数增益系数 Γ、四波混频反射率 R 等。这些指标均与实验条件有关。利用二波耦合技术可定量得到这些性能指标。线 SBN 晶体的光折变性

能不是很好，但可通过掺杂对 SBN 晶体进行改性。如在 SBN 晶体中掺入 Ce 可以提高晶体的指数增益系数和光折变响应速度，Ce、Co 双掺晶体的指数增益系数和响应速度都会增强。表 18-42 列出了各种掺杂 SBN 的光折变性能。

表 18-42　掺杂 SBN 晶体的光折变性能[18]

晶　体	相位共轭响应时间 τ /ms	光折变灵敏度 S_n /(J·cm^{-2})	指数增益系数 Γ /cm^{-1}	相位共轭反射率 R /%
SBN	2.10×10^5	—	—	7
Ce:SBN	700	10^{-5}	13	—
Co:SBN	40	—	4.6	—
(Ce,Co):SBN	500	—	13	—
Cr:SBN	1.2×10^4	—	4.1	—
Rh:SBN	70	—	—	10
Fe:SBN	—	10^{-3}	—	—
Ce:Cu:SBN	1.0×10^4	—	—	90
Ce:Mn:SBN	1.6×10^4	—	—	105

8. KNSBN 晶体的光折变性能

铌酸锶钡钾钠（$(K_xNa_{1-x})_z(Sr_yBa_{1-y})_{n-z}Nb_2O_6$，KNSBN）也是四方钨青铜结构晶体。空间群为 P4bm，点群为 4mm。KNSBN 晶体的基本物理参数及其光折变性能的计算中可能用到的物理参数在表 18-43 中列出。

表 18-43　KNSBN 晶体的物理参数[18]

参数名称	参　数　值	
介电常数	ε_{11}	360
	ε_{32}	120
压电常数/(m·V^{-1})	d_{33}	270
	d_{15}	400
折射率	n_o	2.31
	n_e	2.28
透射范围	400～500 nm	
电光系数/(pm·V^{-1})	γ_{33}	270
	γ_{15}	400

KNSBN 晶体是一种非全充满型结构，这种非充满特性，使其易于进行多种过渡金属的掺杂，从而提高其光折变效应，表 18-44 中是几种掺杂 KNSBN 晶体的光折变性能。

表 18-44　掺杂 KNSBN 晶体的光折变性能[18]

晶　体	相位共轭响应时间 τ/ms	光折变灵敏度 S_n /(J·cm^{-2})	指数增益系数 Γ /cm^{-1}	相位共轭反射率 R/%	全息存储响应时间 τ_h/ms	分辨率 /(lp·mm^{-1})
Cu:KNSBN	$<1\times10^4$	10^{-3}	20	30～68	—	>30
Co:KNSBN	$<2\times10^4$	10^{-3}	—	20～70	<200	>20
Ce:KNSBN	$<2\times10^4$	10^{-4}	15	20～45	—	—
Mn:KNSBN	—	—	7.5	70	—	—

（四）光折变材料的应用

光折变材料的应用领域十分广泛，这里仅简要介绍与光束耦合作用有关的几种光折变材料的应用。

1. 光存储

全息信息存储是光折变材料最吸引人的应用之一，其原理是利用光折变折射率光栅记录和读取全息图。

与普通全息光栅不同，在光折变材料中全息图的记录和读取过程中光束之间有能量转移，全息存储所需要的材料性能，如衍射效率、灵敏度和响应速度等，主要依赖于材料本身的性质，而且可以通过掺杂等手段加以改善。另外，人们还发展了折射率光栅的定影技术来长期保存晶体内所存储的信息。在多重存储应用中需要额外考虑的因素是各全息图之间的串扰光学关联存储，采用光折变晶体相位共轭技术，可以实现光学关联存储，且结构简单、处理能力强。

2. 图像放大

光束在光折变晶体中，由于耦合作用可以产生非常大的能量转移。利用这种特性可以实现弱信号的放大，在实际应用中光折变晶体的放大倍数和信噪比是两个最重要的性能指标。

3. 实时和动态干涉计量

利用光折变晶体可实现实时和动态干涉计量。对携带物体信息的信号光同时还有放大功能，在显微观察、动态记录等方面有重要应用。此外，利用光折变材料还可以实现光学逻辑和加减运算、图像的反转和边缘增强、光互联、光束导向等应用。

4. 光折变材料的选择

不同的应用技术要求光折变材料具有不同的性能，如有时要求衍射效率高，有时又要求响应速度快等，表 18-45 列出了若干光折变晶体的基本性能和应用领域。

表 18-45　若干光折变晶体的基本性能和应用领域[18]

材　料	性　能				应　用
	响应时间	光强（波长）	增益系数 /cm^{-1}	四波混频反射率 /%	
$Bi_{12}(Si,Ge,Ti)O_{20}$	10 ms～1 s	10～100 mW/cm^2 (514 nm)	2～10	1～30	光放大，相位共轭，干涉计量，无散斑成像，光学卷积和相关，空间光调制等
GaAs，InP	10 ms	10～100 mW/cm^2 (1.06 nm)	1～6	0.1～1	近红外和红外波段的相位共轭，光放大，高速信息处理
$LiNbO_3$ $BaTiO_3$ SBN，KNSBN KTN，$KNbO_3$	1～10 s	10～100 mW/cm^2 (514 nm)	10～30	1～1 000	全息存储，相位共轭，光放大干涉仪，相位共轭激光器，图像处理，光学逻辑运算，光通信等

对于给定的材料，还可以通过掺杂和退火等多种技术来改善其性能参数，也可以通过施加外电场等技术来增强其光折变效应。目前，在光折变晶体应用上的最大限制还是材料本身的光学质量。

（五）光折变晶体材料

几乎在所有的电光材料中都观察到光折变效应，但有显著的光致折射率变化的材料是：无机金属晶体材料和部分半导体材料。

这些材料的光学、电学和结构特性差别非常大，但它们有共同点，如晶格较易被扭曲，可在光致内电场的作用下发生晶格结构的畸变，并进一步导致折射率的改变；晶体内部含有大量缺陷，用于充当电荷载流子的施主和陷阱等。

不同的光折变材料的特性不同，取决于材料的带宽、材料中杂质离子施主和陷阱的能级位置和浓度以及辐照光源的波长等。光折变晶体是那些没有对称中心的晶体。

1. 铁电体晶体

铁电体晶体的特点是：电光系数大，折射率变化大，暗存储时间大。此外，在居里点附近有结构相变。铁电光折变晶体材料的种类如下：

(1)钙钛矿结构晶体

典型的钙钛矿结构铁电氧化物晶体包括钛酸钡（$BaTiO_3$）、铌酸钾（$KNbO_3$）和钽铌酸钾（KNb_{1-x}

Ta_xO_3,KTN)等,其有关的光折变参数列于表 18-46[20] 中。这 3 种晶体的缺点是很难获得大尺寸完全单畴化的晶体,这也限制了它们的应用。

表 18-46 钙钛矿结构有关折变晶体的光折变参数

材 料	$BaTiO_3$	$KNbO_3$	KTN
居里点温度/℃	120	225	90
对称性	4 *mm*	*mm*2	4 *mm*
折射率	$n_o = 2.484$ $n_e = 2.424$	$n_a = 2.333$ $n_b = 2.3394$ $n_c = 2.212$	$n_o = 2.318$ $n_e = 2.275$
介电系数	$\varepsilon_{11} = 3770$ $\varepsilon_{33} = 135$	$\varepsilon_{11} = 140$ $\varepsilon_{22} = 1200$ $\varepsilon_{33} = 40$	$\varepsilon_{11} = 1600$ $\varepsilon_{33} = 400$
电光系数/$(pm \cdot V^{-1})$	$\gamma_{13} = 19.5$ $\gamma_{33} = 97$ $\gamma_{42} = \gamma_{51} = 1640$	$\gamma_{13} = 28$ $\gamma_{23} = 1.3$ $\gamma_{33} = 64$ $\gamma_{42} = 380$ $\gamma_{51} = 105$	$\gamma_{13} = 100$ $\gamma_{42} = 2\times10^4$ $\gamma_{33} = 240$
电荷类型	空穴或电子	电子或空穴	空穴
受主浓度 N_A /cm^{-3}	$10^{16}\sim10^{18}$	$10^{15}\sim10^{18}$	$10^{15}\sim10^{17}$
灵敏度 S/$(cm^2 \cdot J^{-1})$	0.67	2.2	
电荷迁移率 μ/$(cm^2 \cdot V^{-1} \cdot s^{-1})$	0.5	0.2~0.6	
复合系数 γ_R/$(cm^3 \cdot s^{-1})$	5×10^{-8}	3.3×10^{-13}	
Σ	0.33~0.98		
τ_{di}/s	$67(I_0 = 0.1\ W/cm^2)$ $0.3(I_0 = 20\ W/cm^2)$	$\leqslant3\times10^{-6}$	
τ_R/s	1.0×10^{-9}		
τ_I/s	$0.3(I_0 = 0.1\ W/cm^2)$ $1.3\times10^{-3}(20\ W/cm^2)$	6.25×10^{-2} $(50\ W/cm^2)$	
σ_d/$(\Omega^{-1} \cdot cm^{-1})$	6×10^{-12}	$10^{-2}\sim10^{-14}$	7×10^{-11}
σ_{ph}/$(\Omega^{-1} \cdot cm^{-1})$		1.4×10^{-5} $(0.1\ W/cm^2)$	
$\mu\tau_R$/$(cm^2 \cdot V^{-1})$	5×10^{-10}	2.3×10^{-10} 7.6×10^{-18} (还原样品)	2×10^{-10}
L_{ph}/nm	7±1	$o(KN_bO_3;T_a)$	
L_D/nm	100±5	150±7	10~40
L_s/nm	0.75±0.04	1.1±0.05	

(2)钨青铜结构晶体

与其他光折变材料相比,钨青铜型材料有以下特点:①电光系数张量中不为零的元素比钙钛矿型晶体多;②畴结构简单,容易极化;③电光效应大,且可通过晶体组分的调整来改变电光系数的大小(见表 18-43);④可制备相变晶界化合物,具有非常大的极化率和电光系数;⑤结构空位多,易于引入其他的光折变杂质中心以增强其光折变效应;⑥较易得到大尺寸的单畴晶体。

典型的钨青铜结构光折变晶体包括:铌酸锶钡 $Sr_xBa_{1-x}Nb_2O_6$(SBN,$0.25 < x < 0.75$),钾钠铌酸钡 $(K_yNa_{1-y})a(Sr_xBa_{1-x})_bNb_2O_6$(KNSN),铌酸铅钡 $Pb_xBa_{1-x}Nb_2O_6$(PBN)等。表 18-47 列出了这些晶体的光

折变参数。

表 18-47 钨青铜结构晶体 SBN、KNSBN、PBN 的光折变参数[18]

材 料	SBN:60	SBN:75	KNSBN	PBN
居里点温度/℃	78	56	175	300～400
折射率 (波长/nm)	$n_o = 2.36$ $n_e = 2.33$ (514)		$n_o = 2.35$ $n_e = 2.36$ (514)	$n_e = 2.27$ $n_o = 2.41$ (633)
介电系数	$\varepsilon_{11} = 470$ $\varepsilon_{33} = 880$	$\varepsilon_{11} = 500$ $\varepsilon_{33} = 3\,000$	$\varepsilon_{11} = 700$ $\varepsilon_{33} = 170$	
电光系数/(pm・V^{-1})	$\gamma_{13} = 47$ $\gamma_{33} = 235$ $\gamma_{42} = 30$	$\gamma_{13} = 50$ $\gamma_{33} = 1\,400$ $\gamma_{42} = 42$	 $\gamma_{33} = 170$ $\gamma_{42} = 350$	$\gamma_{13} = 32$ $\gamma_{33} = 160$ $\gamma_{51} = 1\,600$
电荷类型	电子	电子		电子
受主浓度/cm^{-3}	10^{16}～10^{17}	～10^{16}	10^{16}～10^{17}	
载流子迁移率和寿命之积/(cm^2・V^{-1})	$(1.7～5.6)\times10^{-18}$	1.7×10^{-10}		
暗电导/(Ω^{-1}・cm^{-1})	$(0.14～2.65)\times10^{-10}$	1.4×10^{-11}		

(3)类钙钛矿结构晶体

$LiNbO_3$ 和 $LiTaO_3$ 是典型的类钙钛矿结构晶体，与其他铁电光折变晶体相比，这两种晶体更易于获得大尺寸、高质量的单畴单晶，且在长期使用过程中不会退极化，在 $LiNbO_3$ 晶体中通常掺入 Fe 杂质可增强其光折变性能，$LiNbO_3$:Fe 晶体也是目前最通用的光折变三维全息记录材料，表 18-48 列出了 $LiNbO_3$ 和 $LiTaO_3$ 晶体的部分光折变参数。

表 18-48 $LiNbO_3$ 和 $LiTaO_3$ 晶体的有关光折变参数[18]

材 料	$LiNbO_3$	$LiTaO_3$
折射率	$n_o = 2.323, n_e = 2.234, (\lambda = 532$ nm)	$n_o = 2.183\,4, n_e = 2.187\,8, (\lambda = 600$ nm)
介电常数	$\varepsilon_{11} = \varepsilon_{22} = 78, \varepsilon_{33} = 32$	$\varepsilon_{11} = \varepsilon_{22} = 51, \varepsilon_{33} = 45$
电光系数/(pm・V^{-1})	$\gamma_{13} = 10, \gamma_{33} = 33, \gamma_{22} = 6.8, \gamma_{51} = 32$	$\gamma_{13} = 7, \gamma_{33} = 30, \gamma_{22} = 1, \gamma_{51} = 20$
N_A/cm^{-3}	6×10^{16}	
μ/(cm^2・V^{-1}・s^{-1})	0.8	
γ_R/(cm^3・s^{-1})	10^{-13}	
τ_R/s	0.013	

2. 硅铋族立方氧化物晶体

这类材料主要包括硅酸铋 $Bi_{12}SiO_{20}$(BSO)和锗酸铋 $Bi_{12}GeO_{20}$(BGO)。它们都具有顺电电光和光导特性，晶体属立方结构，$\bar{4}3m$ 对称点群，无外加电场时晶体为各向同性，在外电场作用下表现出双折射。与铁电氧化物晶体相比，这类晶体具有较强的旋光系数，在光折变应用时必须考虑晶体对光束偏振性的影响。这类晶体的应用一般采用两种不同的光路配置：一种是光栅矢量平行于晶体的[001]面，以获得最大的光衍射效率，常用于记录全息图；另一种是光栅矢量垂直于晶体的[001]面，对应着最大的

表 18-49 BSO，BGO，BTO，$Bi_4Ge_3O_{12}$ 光折变参数[18]

材 料	BSO	BGO
折射率 (λ/nm)	2.650，2.615，2.530 (515)，(633)	2.6
介电系数	56	48
γ_{41}/(pm・V^{-1}) (λ/nm)	4.25，3.81 (850)	3.67，3.29 (850)
旋光系数/((°)/mm) (λ/nm)	45，22，11 (633)，(850)	20.5，9.5 (850)
N_A/cm^{-3}	10^{16}	
μ/(cm^2・V^{-1}・s^{-1})	0.24(室温)	
$\mu\tau_R$/(cm^2・V^{-1})	10^{-7}	0.84×10^{-7}
σ/(Ω^{-1}・cm^{-1})	10^{-18}	10^{-14}

光束耦合作用;常用于相干光放大和光学相位共轭。表 18-49 列出了 BSO 和 BGO 晶体的光折变参数。与铁电氧化物光折变晶体相比,这两种晶体的电光系数虽然较小,光折变效应也较弱,但由于它们是光电导材料,因此具有很快的光折变响应速度,如要采用外加直流或交流电场等方法,也可以增强这些晶体的光折变效应,以满足实际应用的需要。BSO 和 BGO 晶体易于获得大尺寸、高质量的晶体。

3. 半导体光折变材料

半导体光折变材料具有大的电荷迁移率、高的光电导和很快的响应速度,但它们的电光系数很小,必须借助于外加电场来得到较大的空间电荷场。这类材料的光谱响应波段在红外区的 0.95～1.35 μm 处,且载流子的迁移率、寿命以及迁移特征长度等性能参数都与外加电场有关,例如,在 GaAs 中外加交流电场时会大大降低电荷迁移率与寿命之积 $\mu\tau_R$,在 CdTe 中当外加电场强度超过 13 kV/cm 时也会导致电荷迁移率下降。

掺杂对半导体材料的光折变效应同样具有增强作用。常见的块状掺杂半导体晶体包括 GaAs:Cr、InP:Fe、Cd Te:Fe、CdTe:V 等,另外,半导体量子阱结构(如 AlGaAs/GaAs[11]),通过斯塔克(Stark)量子限制效应可以使得光折变效应大大增强。

九、介电体超晶格

介电体超晶格是一种新型的有序微结构材料,它是在绝缘的介电材料中引入在几何结构上与晶格相似的人工有序微结构[25-26]。

介电体中引入有序微结构,可以实现不同物理常数的有序调制。其中,介电常数(折射率)周期调制的介电体超晶格称为光子晶体,具有光子能带;弹性常数周期调制的称为声子晶体,具有声子能带;压电常数周期调制的称为离子型光子晶体(ionic-type photonic crystals),具有极化激元能带;非线性光学常数被调制的称为准相位匹配材料(quasi-phase-matching materials),在激光变频领域有广泛的应用。表 18-50 列举了半导体晶格和介电体超晶格的重要特点和应用领域。

表 18-50 半导体晶格和介电体超晶格的重要特点和应用领域

半导体晶格		介电体超晶格	
电子(粒子)	光子(粒子)	声子(准粒子)	极化激元(准粒子)
晶格周期势场	介电周期结构	弹性周期结构	压电周期结构
电子能带	光子能带	声子能带	极化激元能带
信息技术	光电子技术	声电子技术	微波技术

这里以有序铁电畴为例,简要说明介电体超晶格的组成。有序铁电畴属 3m 点群的铌酸锂($LiNbO_3$,LN)、钽酸锂($LiTaO_3$,LT)铁电体中,铁电畴的自发极化矢量,或是平行于 z 轴(正畴),或是反平行于 z 轴(负畴)。取一对正、负畴作为改造单元。如果只取一种构造单元重复排列,就构成周期超晶格,见图 18-56;如果取两种构造单元按 Fibonacci 序列重复排列,就构成二单元 Fibonacci 准周期超晶格,如图 18-57 所示。

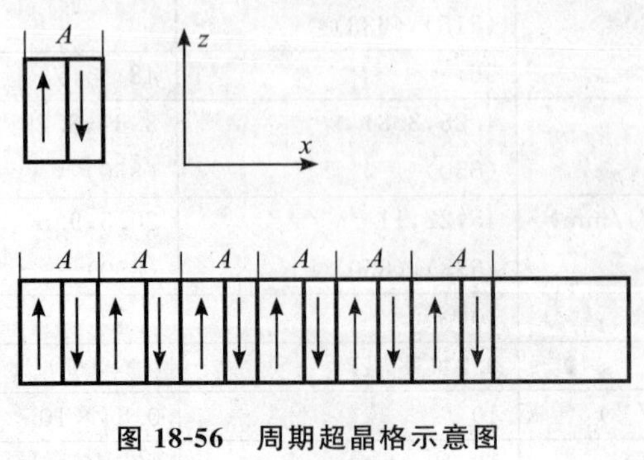

图 18-56 周期超晶格示意图

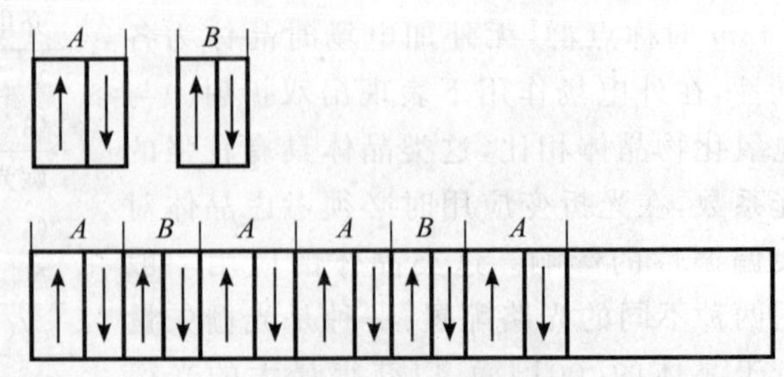

图 18-57 二单元 Fibonacci 准周期超晶格示意图

一般用倒格矢来描述晶格或超晶格。对周期超晶格,其倒格矢可表示为

$$\boldsymbol{G}_m = m\frac{2\pi}{\Lambda}\boldsymbol{g}, \qquad m = 1,2,3\cdots \tag{18-253}$$

式中,Λ 为超晶格周期;$\boldsymbol{g}$ 是 G_m 的单位矢量,垂直于畴界。当 $m=1$ 时,$\boldsymbol{G}_1=(2\pi/\Lambda)\boldsymbol{g}$ 为超晶格的初基倒格矢。在光参量过程中,使用初基倒格矢,其转换效率最高。

对二单元 Fibonacci 准周期超晶格,其倒格矢可表示为

$$\boldsymbol{G}_{mn} = \frac{2\pi(m+n\tau)}{\tau\Lambda_A+\Lambda_B}\boldsymbol{g}, \qquad m,n = 1,2,3\cdots \tag{18-254}$$

式中,$\tau=(1+\sqrt{5})/2$ 为黄金分割数,Λ_A 和 Λ_B 是超晶格结构参量,$\boldsymbol{g}$ 为 $\boldsymbol{G}_{mn}$ 的单位矢量,垂直于畴界。设计准周期超晶格,有更多的晶格参量可调,更多的倒格矢可选用。因而在一块准周期超晶格中,可以同时高效地实现多个光参量过程[24]。

介电体超晶格的光学效应主要有:

1)准相位匹配。准相位匹配是指:在任何光参量过程中,利用超晶格提供的倒格矢可以补偿由于折射率色散所引起的波矢量失配。此时,周期超晶格的所有构造单元产生的倍频光都满足干涉加强。如周期超晶格的构造单元数(周期数)为 N,则超晶格的倍频光的输出光强为单个构造单元产生的倍频光强的 N^2 倍(多光束干涉的结果)。

2)多重准相位匹配。多重准相位匹配是指:利用准周期超晶格提供的多个倒格矢,分别参与相互级联的或相互独立的多个光参量过程,以实现多个光参量过程的准相位匹配。利用此多重准相位匹配,可实现多波长激光的同时输出。例如,通过基波(1 342 nm)的倍频可得到红光(671 nm)、三倍频可得蓝光(447 nm),由此级联可实现红、蓝双波长激光输出。再如,通过基波(1 342 nm)的倍频得到红光,通过 1 342 nm 和 1 064 nm 的和频得到黄光(671 nm),通过 1 064 nmd 倍频得到绿光(532 nm),可实现红、黄、绿、蓝四波长激光的同时输出。

3)三基色与白光激光器。利用多重准相位匹配原理,可实现红、绿、蓝三波长激光的同时输出,在此基础上可构成全固态准白光激光器。

第八节 晶体的多重效应

晶体材料在信息领域扮演着重要的角色,电流、电压、温度、压力等传感器都可以选它作传感材料。然而,正是由于晶体材料对诸多参数的敏感性,使得用它来测量某一参量时,不可避免地会受到其他因素的干扰。一般把待测量对晶体的作用称为主效应,把干扰量对晶体的作用称为次效应。如果次效应在测量过程中不变,则它对测量系统的影响相当于一个恒定的系统误差,可以通过定标校正。但在实际情况下,次效应是时变的。对于在户外使用的光纤传感器而言,其普遍情况是:次效应随温度而变,造成传感器输出随使用环境温度而起伏。次效应的产生有多种多样:有因晶体固定方式而引起的,当温度发生变化时,由于晶体、胶及基底三者的热膨胀系数不一致,晶体内部将产生热应力,即晶体受到随温度变化的应力;有因晶体加工而引起的,晶体在生产、加工过程中引入的附加双折射;还有因其他物理效应引起的。故晶体在受到主效应,如电光效应的同时,还会存在弹光效应、压电效应、热光效应,有时还会受到磁光效应的作用。如果材料具有旋光效应,则系统还会受旋光效应的影响。因此,从晶体所受的多重效应中获取主效应的理论和技术,是解决以晶体材料为敏感元件的偏振调制光纤传感器长期稳定性的关键技术之一。

晶体的种类很多,通过对晶体特性进行初步的分析,可知双轴晶体不适于做传感器的敏感元件。这主要因为不论波沿什么方向入射到双轴晶体中,都会产生双折射现象。即使光沿光轴方向,也不会得到简并为一束光的结果,而是锥形折射。这些情况阻碍了双轴晶体在传感器中的应用。为此,本节只给出单轴晶体在热光效应、电光效应、弹光效应、热电效应、压电效应、旋光效应、磁光效应等诸多效应共同作用下的光学传输特性以及单轴晶体在多重效应下的普适介电张量表达式和光传输矩阵[8,15]。由于立方晶体、各向同性材料可

以看成是单轴晶体的特例，因此理论分析具有普遍性和实用性。由于电致旋光效应并不普遍存在，因而在众多效应中没有考虑。关于电致旋光效应对测量的影响可参考有关的文献。对于那些没有线性电光效应、压电效应的材料，可以认为其相应的张量元素为0。

一、多重效应下单轴晶体的光传输特性

为方便讨论，这里给出麦克斯韦方程组：

$$\nabla\times\boldsymbol{E}=-\frac{\partial\boldsymbol{B}}{\partial t} \tag{18-255}$$

$$\nabla\times\boldsymbol{H}=\frac{\partial\boldsymbol{D}}{\partial t} \tag{18-256}$$

其中

$$\boldsymbol{B}=\mu_0\boldsymbol{H} \tag{18-257}$$

$$\boldsymbol{D}=\varepsilon_0\boldsymbol{\varepsilon}\cdot\boldsymbol{E} \tag{18-258}$$

式中，$\boldsymbol{\varepsilon}$ 为晶体的介电张量。单轴晶体在无外界作用情况下的介电张量在主轴坐标系中有如下形式：

$$\boldsymbol{\varepsilon}^0=\begin{bmatrix}\varepsilon_1 & 0 & 0\\ 0 & \varepsilon_1 & 0\\ 0 & 0 & \varepsilon_3\end{bmatrix} \tag{18-259}$$

由(18-258)式可得

$$\boldsymbol{E}=\frac{\boldsymbol{\beta}}{\varepsilon_0}\cdot\boldsymbol{D} \tag{18-260}$$

其中，$\boldsymbol{\beta}$ 为晶体的逆介电张量，

$$\boldsymbol{\varepsilon}\cdot\boldsymbol{\beta}=\boldsymbol{I} \tag{18-261}$$

式中，$\boldsymbol{I}$ 为单位张量。这时麦克斯韦方程可简化为

$$\nabla\times\nabla\times\boldsymbol{E}+\mu_0\varepsilon_0\boldsymbol{\varepsilon}\frac{\partial^2\boldsymbol{E}}{\partial t^2}=0 \tag{18-262}$$

设晶体中传输的电磁波为一单色平面波，其角频率为 ω，电场取如下形式：

$$E=E_0\exp\left[-\mathrm{i}(\omega t-\boldsymbol{k}\cdot\boldsymbol{r})\right] \tag{18-263}$$

(18-263)式中的 $\boldsymbol{k}$ 为波矢，$\boldsymbol{k}=k\boldsymbol{s}$，$\boldsymbol{s}$ 为光波的方向矢量，则(18-262)式简化为

$$\boldsymbol{k}\times(\boldsymbol{k}\times\boldsymbol{E})=-k_0^2\boldsymbol{\varepsilon}\cdot\boldsymbol{E} \tag{18-264}$$

(18-264)式中，$k_0^2=\omega^2\mu_0\varepsilon_0$，而由(18-256)式，有

$$\boldsymbol{H}=\frac{\boldsymbol{k}\times\boldsymbol{E}}{\mu_0\omega} \tag{18-265}$$

设光沿 z 方向传输，则有

$$\boldsymbol{k}=(0,0,1)k \tag{18-266}$$

（一）多重效应下单轴晶体的介电张量[8,15]

外界作用晶体前后，晶体光学性质的变化表现为其逆介电张量的变化：

$$\Delta\boldsymbol{\beta}=\boldsymbol{\beta}-\boldsymbol{\beta}^0 \tag{18-267}$$

式中，$\boldsymbol{\beta}^0$、$\boldsymbol{\beta}$ 分别为变化前和变化后的逆介电张量。相应地，

$$\Delta\boldsymbol{\varepsilon}=\boldsymbol{\varepsilon}-\boldsymbol{\varepsilon}^0 \tag{18-268}$$

式中，$\boldsymbol{\varepsilon}^0$、$\boldsymbol{\varepsilon}$ 分别为变化前和变化后的介电张量，而

$$\Delta\boldsymbol{\varepsilon}=-\boldsymbol{\varepsilon}^0\cdot\Delta\boldsymbol{\beta}\cdot\boldsymbol{\varepsilon}^0 \tag{18-269}$$

现假定：单轴晶体的主轴坐标系与空间坐标系在未受外界作用时两者相同，都用 (x,y,z) 表示。

1. 热光效应

当温度变化时，晶体的折射率发生变化，设温度变化 $\Delta\theta$，则有

$$\Delta\boldsymbol{\beta}_{\mathrm{r}} = \boldsymbol{b}\Delta\theta \tag{18-270}$$

式中，$\boldsymbol{b}$ 为热光系数张量，对于单轴晶体，有

$$\boldsymbol{b} = \begin{bmatrix} b_{11} & 0 & 0 \\ 0 & b_{11} & 0 \\ 0 & 0 & b_{33} \end{bmatrix} \tag{18-271}$$

因此

$$(\Delta\boldsymbol{\beta}_{\mathrm{r}}) = \begin{bmatrix} b_{11} \\ b_{11} \\ b_{33} \\ 0 \\ 0 \\ 0 \end{bmatrix} \Delta\theta \tag{18-272}$$

2. 线性电光效应

线性电光效应也称为泡克耳斯效应，这时

$$\Delta\boldsymbol{\beta}_{d} = \boldsymbol{\gamma}\cdot\boldsymbol{E} \tag{18-273}$$

式中，$\boldsymbol{\gamma}$ 为线性电光系数张量。这时的电场可以是待测场，也可以是外界强电磁场干扰，作为待测场。其为一维量比较普遍；如果是干扰，则三维是普遍情况。对于单轴晶体，$\boldsymbol{\gamma}$ 一般可表示为

$$\boldsymbol{\gamma} = \begin{bmatrix} \gamma_{11} & -\gamma_{22} & \gamma_{31} \\ -\gamma_{11} & \gamma_{22} & \gamma_{31} \\ 0 & 0 & \gamma_{33} \\ \gamma_{41} & \gamma_{51} & 0 \\ \gamma_{51} & -\gamma_{41} & 0 \\ 2\gamma_{22} & -2\gamma_{11} & 0 \end{bmatrix} \tag{18-274}$$

如果 $\boldsymbol{E} = [e_2\ e_2\ e_3]$，则有

$$(\Delta\boldsymbol{\beta}_{\mathrm{d}}) = \begin{bmatrix} \gamma_{11}e_1 - \gamma_{22}e_2 + \gamma_{31}e_3 \\ -\gamma_{11}e_1 + \gamma_{22}e_2 + \gamma_{31}e_3 \\ \gamma_{33}e_3 \\ \gamma_{41}e_1 + \gamma_{51}e_2 \\ \gamma_{51}e_1 - \gamma_{41}e_2 \\ 2\gamma_{22}e_1 - 2\gamma_{11}e_2 \end{bmatrix} \tag{18-275}$$

3. 弹光效应

材料在应力作用下的双折射为

$$\Delta\boldsymbol{\beta}_{\mathrm{t}} = \boldsymbol{\pi}:\boldsymbol{T} \tag{18-276}$$

式中，$\boldsymbol{\pi}$ 为晶体的压光系数张量；$\boldsymbol{T}$ 为应力张量，应力来源同样可以是外界待测量，也可以是由于材料的加工、安装过程中附加的应力场。对于单轴晶体其最一般的形式为

$$\boldsymbol{\pi}=\begin{bmatrix}\pi_{11} & \pi_{12} & \pi_{13} & \pi_{14} & -\pi_{25} & 2\pi_{62}\\ \pi_{12} & \pi_{11} & \pi_{13} & -\pi_{14} & \pi_{25} & -2\pi_{62}\\ \pi_{31} & \pi_{31} & \pi_{33} & 0 & 0 & 0\\ \pi_{41} & -\pi_{14} & 0 & \pi_{44} & \pi_{45} & 2\pi_{52}\\ -\pi_{52} & \pi_{52} & 0 & -\pi_{45} & \pi_{44} & 2\pi_{41}\\ -\pi_{62} & \pi_{62} & 0 & \pi_{25} & \pi_{14} & \pi_{11}-\pi_{12}\end{bmatrix} \tag{18-277}$$

如果 $\boldsymbol{T}=\begin{bmatrix}T_1\\T_2\\T_3\\T_4\\T_5\\T_6\end{bmatrix}$，则有

$$(\Delta\boldsymbol{\beta}_{t})=\begin{bmatrix}\pi_{11}T_1+\pi_{12}T_2+\pi_{13}T_3+\pi_{14}T_4-\pi_{25}T_5+2\pi_{62}T_6\\ \pi_{12}T_1+\pi_{11}T_2+\pi_{13}T_3-\pi_{14}T_4+\pi_{25}T_5-2\pi_{62}T_6\\ \pi_{31}T_1+\pi_{31}T_2+\pi_{33}T_3\\ \pi_{41}T_1-\pi_{14}T_2+\pi_{44}T_4+\pi_{45}T_5+2\pi_{52}T_6\\ -\pi_{52}T_1+\pi_{52}T_2+\pi_{45}T_4+\pi_{44}T_5+2\pi_{41}T_6\\ -\pi_{62}T_1+\pi_{62}T_2+\pi_{25}T_4+\pi_{14}T_5+(\pi_{11}-\pi_{12})T_6\end{bmatrix} \tag{18-278}$$

4. 压电效应

具有线性电光效应的晶体在承受机械应力 $\boldsymbol{T}$ 时，其表面会感应出电荷，其感生的电极化强度 $\boldsymbol{p}$ 与所受的应力成线性关系：

$$\boldsymbol{p}=\boldsymbol{d}:\boldsymbol{T} \tag{18-279}$$

式中，$\boldsymbol{d}$ 为压电模量张量，对于单轴晶体其最一般的形式为

$$\boldsymbol{d}=\begin{bmatrix}d_{11} & -d_{11} & 0 & d_{14} & d_{15} & -2d_{22}\\ -d_{22} & d_{22} & 0 & d_{15} & -d_{14} & -2d_{11}\\ d_{31} & d_{31} & d_{33} & 0 & 0 & 0\end{bmatrix} \tag{18-280}$$

根据

$$\boldsymbol{p}=\varepsilon_0\boldsymbol{\chi}\cdot\boldsymbol{E} \tag{18-281}$$

（式中，$\boldsymbol{\chi}$ 为电极化率张量）可得

$$\boldsymbol{E}=\frac{1}{\varepsilon_0}\boldsymbol{\chi}^{-1}\cdot\boldsymbol{p}=\frac{1}{\varepsilon_0}\boldsymbol{\chi}^{-1}\cdot(\boldsymbol{d}:\boldsymbol{T}) \tag{18-282}$$

把(18-280)式、(18-281)式代入(18-282)式，得

$$\boldsymbol{E}=\begin{bmatrix}\dfrac{d_{11}T_1-d_{11}T_2+d_{14}T_4+d_{15}T_5-2d_{22}T_6}{\varepsilon_0\chi_{11}}\\ \dfrac{-d_{22}T_1+d_{22}T_2+d_{15}T_4-d_{14}T_5-2d_{11}T_6}{\varepsilon_0\chi_{11}}\\ \dfrac{d_{31}T_1+d_{31}T_2+d_{33}T_3}{\varepsilon_0\chi_{33}}\end{bmatrix} \tag{18-283}$$

此电场对单轴晶体光学特性的影响由(18-275)式可得

$$
(\Delta\boldsymbol{\beta}_\gamma)=\begin{bmatrix}
\gamma_{11}\dfrac{d_{11}T_1-d_{11}T_2+d_{14}T_4+d_{15}T_5-2d_{22}T_6}{\varepsilon_0\chi_{11}}-\\
\gamma_{22}\dfrac{-d_{22}T_1+d_{22}T_2+d_{15}T_4-d_{14}T_5-2d_{11}T_6}{\varepsilon_0\chi_{11}}+\\
\gamma_{31}\dfrac{d_{31}T_1+d_{31}T_2+d_{33}T_3}{\varepsilon_0\chi_{33}}-\\
\gamma_{11}\dfrac{d_{11}T_1-d_{11}T_2+d_{14}T_4+d_{15}T_5-2d_{22}T_6}{\varepsilon_0\chi_{11}}+\\
\gamma_{22}\dfrac{-d_{22}T_1+d_{22}T_2+d_{15}T_4-d_{14}T_5-2d_{11}T_6}{\varepsilon_0\chi_{11}}+\\
\gamma_{31}\dfrac{d_{31}T_1+d_{31}T_2+d_{33}T_3}{\varepsilon_0\chi_{33}}\\
\gamma_{33}\dfrac{d_{31}T_1+d_{31}T_2+d_{33}T_3}{\varepsilon_0\chi_{33}}\\
\gamma_{41}\dfrac{d_{11}T_1-d_{11}T_2+d_{14}T_4+d_{15}T_5-2d_{22}T_6}{\varepsilon_0\chi_{11}}+\\
\gamma_{51}\dfrac{-d_{22}T_1+d_{22}T_2+d_{15}T_4-d_{14}T_5-2d_{11}T_6}{\varepsilon_0\chi_{11}}\\
\gamma_{51}\dfrac{d_{11}T_1-d_{11}T_2+d_{14}T_4+d_{15}T_5-2d_{22}T_6}{\varepsilon_0\chi_{11}}-\\
\gamma_{41}\dfrac{-d_{22}T_1+d_{22}T_2+d_{15}T_4-d_{14}T_5-2d_{11}T_6}{\varepsilon_0\chi_{11}}\\
2\gamma_{22}\dfrac{d_{11}T_1-d_{11}T_2+d_{14}T_4+d_{15}T_5-2d_{22}T_6}{\varepsilon_0\chi_{11}}-\\
2\gamma_{11}\dfrac{-d_{22}T_1+d_{22}T_2+d_{15}T_4-d_{14}T_5-2d_{11}T_6}{\varepsilon_0\chi_{11}}
\end{bmatrix} \tag{18-284}
$$

5. 热电效应

当整个晶体内温度发生均匀变化时，晶体内部的电极化强度也发生变化，其变化量与温度成正比：

$$
\Delta\boldsymbol{p}=\boldsymbol{p}\,\Delta\theta \tag{18-285}
$$

式中，$\boldsymbol{p}$ 为热电系数，对于单轴晶体有

$$
\boldsymbol{p}=\begin{bmatrix}0\\0\\p_3\end{bmatrix} \tag{18-286}
$$

该效应在晶体内部产生与温度有关的电场：

$$
\boldsymbol{E}_{\mathrm{t}}=\frac{\Delta\boldsymbol{p}}{\varepsilon_0\chi}=\begin{bmatrix}0\\0\\\dfrac{p_3\Delta\theta}{\varepsilon_0\chi_{33}}\end{bmatrix} \tag{18-287}
$$

此电场对单轴晶体光学特性的影响由(18-285)式可得

$$
\Delta\boldsymbol{\beta}_{\mathrm{s}}=\begin{bmatrix}\gamma_{31}\\\gamma_{31}\\\gamma_{33}\\0\\0\\0\end{bmatrix}\frac{p_3\Delta\theta}{\varepsilon_0\chi_{33}} \tag{18-288}
$$

6. 多重效应

当上述诸多效应同时作用于单轴晶体时，其逆介电张量的变换在一级近似条件下可写成

$$\Delta\boldsymbol{\beta} = \Delta\boldsymbol{\beta}_r + \Delta\boldsymbol{\beta}_d + \Delta\boldsymbol{\beta}_t + \Delta\boldsymbol{\beta}_\gamma + \Delta\boldsymbol{\beta}_s \tag{18-289}$$

写成分量形式有

$$(\Delta\bar{\boldsymbol{\beta}}) = (\Delta\beta_1\,\Delta\beta_2\,\Delta\beta_3\,\Delta\beta_4\,\Delta\beta_5\,\Delta\beta_6) \tag{18-290}$$

其中

$$\left.\begin{aligned}
\Delta\beta_1 = {} & b_{11}\Delta\theta + \pi_{11}T_1 + \pi_{12}T_2 + \pi_{13}T_3 + \pi_{14}T_4 - \pi_{25}T_5 + 2\pi_{62}T_6 + \\
& \gamma_{11}\frac{d_{11}T_1 - d_{11}T_2 + d_{14}T_4 + d_{15}T_5 - 2d_{22}T_6}{\varepsilon_0\chi_{11}} - \\
& \gamma_{22}\frac{-d_{22}T_1 + d_{22}T_2 + d_{15}T_4 - d_{14}T_5 - 2d_{11}T_6}{\varepsilon_0\chi_{11}} + \\
& \gamma_{31}\frac{d_{31}T_1 + d_{31}T_2 + d_{33}T_3 + p_3\Delta\theta}{\varepsilon_0\chi_{33}} + \gamma_{11}e_1 - \gamma_{22}e_2 + \gamma_{31}e_3 \\
\Delta\beta_2 = {} & b_{11}\Delta\theta + \pi_{12}T_1 + \pi_{11}T_2 + \pi_{13}T_3 - \pi_{14}T_4 + \pi_{25}T_5 - 2\pi_{62}T_6 - \\
& \gamma_{11}\frac{d_{11}T_1 - d_{11}T_2 + d_{14}T_4 + d_{15}T_5 - 2d_{22}T_6}{\varepsilon_0\chi_{11}} + \\
& \gamma_{22}\frac{-d_{22}T_1 + d_{22}T_2 + d_{15}T_4 - d_{14}T_5 - 2d_{11}T_6}{\varepsilon_0\chi_{11}} + \\
& \gamma_{31}\frac{d_{31}T_1 + d_{31}T_2 + d_{33}T_3 + p_3\Delta\theta}{\varepsilon_0\chi_{33}} - \gamma_{11}e_1 + \gamma_{22}e_2 + \gamma_{31}e_3 \\
\Delta\beta_3 = {} & b_{33}\Delta\theta + \pi_{31}T_1 + \pi_{31}T_2 + \pi_{33}T_3 + \\
& \gamma_{33}\frac{d_{31}T_1 + d_{31}T_2 + d_{33}T_3 + p_3\Delta\theta}{\varepsilon_0\chi_{33}} + \gamma_{33}e_3 \\
\Delta\beta_4 = {} & \pi_{41}T_1 - \pi_{41}T_2 + \pi_{44}T_4 + \pi_{45}T_5 + 2\pi_{52}T_6 + \gamma_{41}e_1 + \gamma_{51}e_2 + \\
& \gamma_{41}\frac{d_{11}T_1 - d_{11}T_2 + d_{14}T_4 + d_{15}T_5 - 2d_{22}T_6}{\varepsilon_0\chi_{11}} + \\
& \gamma_{51}\frac{-d_{22}T_1 + d_{22}T_2 + d_{15}T_4 - d_{14}T_5 - 2d_{11}T_6}{\varepsilon_0\chi_{11}} \\
\Delta\beta_5 = {} & \gamma_{51}e_1 - \gamma_{41}e_2 - \pi_{52}T_1 + \pi_{52}T_2 + \pi_{45}T_4 + \pi_{44}T_5 + 2\pi_{41}T_6 + \\
& \gamma_{51}\frac{d_{11}T_1 - d_{11}T_2 + d_{14}T_4 + d_{15}T_5 - 2d_{22}T_6}{\varepsilon_0\chi_{11}} - \\
& \gamma_{41}\frac{-d_{22}T_1 + d_{22}T_2 + d_{15}T_4 - d_{14}T_5 - 2d_{11}T_6}{\varepsilon_0\chi_{11}} \\
\Delta\beta_6 = {} & 2\gamma_{22}e_1 - 2\gamma_{11}e_2 - \pi_{62}T_1 + \pi_{62}T_2 + \pi_{25}T_4 + \pi_{14}T_5 + (\pi_{11} - \pi_{12})T_6 + \\
& 2\gamma_{22}\frac{d_{11}T_1 - d_{11}T_2 + d_{14}T_4 + d_{15}T_5 - 2d_{22}T_6}{\varepsilon_0\chi_{11}} - \\
& 2\gamma_{11}\frac{-d_{22}T_1 + d_{22}T_2 + d_{15}T_4 - d_{14}T_5 - 2d_{11}T_6}{\varepsilon_0\chi_{11}}
\end{aligned}\right\} \tag{18-291}$$

相对介电系数的变化量由(18-269)式可得

$$\Delta\boldsymbol{\varepsilon} = \begin{bmatrix} \varepsilon_1^2\Delta\beta_1 & \varepsilon_1^2\Delta\beta_6 & \varepsilon_1\varepsilon_3\Delta\beta_5 \\ \varepsilon_1^2\Delta\beta_6 & \varepsilon_1^2\Delta\beta_2 & \varepsilon_1\varepsilon_3\Delta\beta_4 \\ \varepsilon_1\varepsilon_3\Delta\beta_5 & \varepsilon_1\varepsilon_3\Delta\beta_4 & \varepsilon_3^2\Delta\beta_3 \end{bmatrix} \tag{18-292}$$

这时弹光材料的介电张量由(18-268)式，为

$$\boldsymbol{\varepsilon} = \begin{bmatrix} \varepsilon_{11} & \varepsilon_{12} & \varepsilon_{13} \\ \varepsilon_{21} & \varepsilon_{22} & \varepsilon_{23} \\ \varepsilon_{31} & \varepsilon_{32} & \varepsilon_{33} \end{bmatrix} \tag{18-293}$$

其中

$$\varepsilon_{11}=\varepsilon_1-\varepsilon_1^2\Delta\beta_1 \tag{18-294}$$

$$\varepsilon_{22}=\varepsilon_1-\varepsilon_1^2\Delta\beta_2 \tag{18-295}$$

$$\varepsilon_{33}=\varepsilon_3-\varepsilon_3^2\Delta\beta_3 \tag{18-296}$$

$$\varepsilon_{12}=\varepsilon_{21}=-\varepsilon_1^2\Delta\beta_6 \tag{18-297}$$

$$\varepsilon_{13}=\varepsilon_{31}=-\varepsilon_1\varepsilon_3\Delta\beta_5 \tag{18-298}$$

$$\varepsilon_{23}=\varepsilon_{32}=-\varepsilon_1\varepsilon_3\Delta\beta_4 \tag{18-299}$$

由(18-293)式可知，当热光效应、热电效应、电光效应、弹光效应、压电效应同时作用于单轴晶体时，其介电张量的形式与最一般的双轴晶体的介电张量的形式相同。

由(18-265)式得方程组：

$$\begin{bmatrix}\varepsilon_{11}-m & \varepsilon_{12} & \varepsilon_{13}\\ \varepsilon_{21} & \varepsilon_{22}-m & \varepsilon_{23}\\ \varepsilon_{31} & \varepsilon_{32} & \varepsilon_{33}\end{bmatrix}\begin{bmatrix}E_1\\ E_2\\ E_3\end{bmatrix}=0 \tag{18-300}$$

为保证有非零解，必须满足

$$\begin{bmatrix}\varepsilon_{11}-m & \varepsilon_{12} & \varepsilon_{13}\\ \varepsilon_{21} & \varepsilon_{22}-m & \varepsilon_{23}\\ \varepsilon_{31} & \varepsilon_{32} & \varepsilon_{33}\end{bmatrix}=0 \tag{18-301}$$

$$m=k^2/k_0^2 \tag{18-302}$$

得

$$am^2+bm+c=0 \tag{18-303}$$

其中

$$a=\varepsilon_{33} \tag{18-304}$$

$$b=-(\varepsilon_{11}+\varepsilon_{22})\varepsilon_{33}+\varepsilon_{13}\varepsilon_{31}+\varepsilon_{23}\varepsilon_{32} \tag{18-305}$$

$$c=\varepsilon_{11}\varepsilon_{22}\varepsilon_{33}-\varepsilon_{11}\varepsilon_{23}\varepsilon_{32}-\varepsilon_{22}\varepsilon_{31}\varepsilon_{13}-\varepsilon_{33}\varepsilon_{12}\varepsilon_{21}+\varepsilon_{12}\varepsilon_{23}\varepsilon_{31}+\varepsilon_{21}\varepsilon_{13}\varepsilon_{32} \tag{18-306}$$

得到两个根

$$m=\frac{1}{2a}\left[-b\pm\sqrt{(b^2-4ac)}\right] \tag{18-307}$$

其中

$$b^2-4ac=[(\varepsilon_{11}-\varepsilon_{22})\varepsilon_{33}-\varepsilon_{13}\varepsilon_{31}+\varepsilon_{23}\varepsilon_{32}]^2+4[\varepsilon_{33}(\varepsilon_{33}\varepsilon_{12}\varepsilon_{21}-\varepsilon_{12}\varepsilon_{23}\varepsilon_{31}-\varepsilon_{21}\varepsilon_{23}\varepsilon_{31})+\varepsilon_{13}\varepsilon_{31}\varepsilon_{23}\varepsilon_{32}] \tag{18-308}$$

$$k=\sqrt{m}k_0 \tag{18-309}$$

这时方程组(18-300)式可写成

$$\left.\begin{aligned}(\varepsilon_{11}\varepsilon_{33}-\varepsilon_{13}\varepsilon_{31}-\varepsilon_{33}m)E_1+(\varepsilon_{12}\varepsilon_{33}-\varepsilon_{13}\varepsilon_{32})E_2&=0\\ (\varepsilon_{21}\varepsilon_{33}-\varepsilon_{31}\varepsilon_{23})E_1+(\varepsilon_{33}\varepsilon_{22}-\varepsilon_{23}\varepsilon_{32}-\varepsilon_{33}m)E_2&=0\\ E_3&=-\frac{\varepsilon_{31}E_1+\varepsilon_{32}E_2}{\varepsilon_{33}}\end{aligned}\right\} \tag{18-310}$$

由(18-256)式，得

$$\boldsymbol{H}=\begin{bmatrix}-E_2\\ E_1\\ 0\end{bmatrix}\frac{k}{\mu_0\omega} \tag{18-311}$$

根据

$$\boldsymbol{S}=\boldsymbol{E}\times\boldsymbol{H}=\begin{bmatrix}E_2H_3-E_3H_2\\ E_3H_1-E_1H_3\\ E_1H_2-E_2H_1\end{bmatrix} \tag{18-312}$$

可以得知光能量在晶体中传输的方向为

$$\begin{bmatrix} -E_1E_3 \\ -E_2E_3 \\ E_1^2+E_2^2 \end{bmatrix}$$

（二）多重效应下单轴晶体的光学特性[8,15]

一般情况，由于 E_3 的存在，使得光能量不再沿 z 方向传输，而且传播方向与外界作用有关，这时从晶体出射的光的方向是一个与外界效应有关的量。但分析表明，单轴晶体在多重效应下，其介电张量虽然具有双轴晶体的形式，然而却有其特殊的一面。

1. 如果外界作用仅使得(18-290)式中的 $\Delta\beta_1$、$\Delta\beta_2$、$\Delta\beta_3$ 不为 0

除 $\bar{4}$、23 晶类外，其他晶类出现这种情况的普遍条件由(18-291)式得

$$T_3\neq 0, e_3\neq 0 \tag{18-313}$$

应力、电场的其他分量全为 0，这时

$$\Delta\beta_1=b_{11}\Delta\theta+\pi_{13}T_3+\gamma_{31}\frac{d_{33}T_3+p_3\Delta\theta}{\varepsilon_0\chi_{33}}+\gamma_{31}e_3$$

$$\Delta\beta_2=b_{11}\Delta\theta+\pi_{13}T_3+\gamma_{31}\frac{d_{33}T_3+p_3\Delta\theta}{\varepsilon_0\chi_{33}}+\gamma_{31}e_3$$

$$\Delta\beta_3=b_{22}\Delta\theta+\pi_{33}T_3+\gamma_{33}\frac{d_{33}T_3+p_3\Delta\theta}{\varepsilon_0\chi_{22}}+\gamma_{33}e_3$$

$$\Delta\beta_1=\Delta\beta_2$$

(18-293)式简化为

$$\boldsymbol{\varepsilon}=\begin{bmatrix} \varepsilon_1-\varepsilon_1^2\Delta\beta_1 & 0 & 0 \\ 0 & \varepsilon_1-\varepsilon_1^2\Delta\beta_1 & 0 \\ 0 & 0 & \varepsilon_3-\varepsilon_3^2\Delta\beta_3 \end{bmatrix} \tag{18-314}$$

晶体仍为单轴。光波矢沿 z 向时，两本征光矢的偏振方向、相位差与晶体没有受到外界影响时相同。结论是：满足条件(18-313)式的多重效应不影响晶体的光传输特性。

如果晶体材料所有上述次效应都是沿第 3 轴方向，则次效应不改变其光传输特性。

晶体材料在安装时，应尽可能地使得支撑、固定力均沿 z 方向；使用时，应尽可能使干扰信号平行于通光方向。

2. 如果外界作用仅使(18-290)式中的 $\Delta\beta_1$、$\Delta\beta_2$、$\Delta\beta_3$、$\Delta\beta_4$ 不为 0

当表 18-51 中晶体所受应力 T_5，T_6 分量为 0 时，此结果成立。

表 18-51　晶体类型及其在外加电场中的取向

晶体系数	32	3m	$\bar{3}m$	4mm	$\bar{4}2m$	422	4/mmm	622	6mm	6/mmm
电场为 0 的分量	2	1	×	1	2,3	2	×	1	1	×

注：×表示为非线性电光材料。

这时(18-293)式简化为

$$\boldsymbol{\varepsilon}=\begin{bmatrix} \varepsilon_{11} & 0 & 0 \\ 0 & \varepsilon_{22} & \varepsilon_{23} \\ 0 & \varepsilon_{32} & \varepsilon_{33} \end{bmatrix} \tag{18-315}$$

这时的主轴坐标系 (x',y',z') 相对于 (x,y,z) 发生了旋转，(x',y',z') 为 (y,z) 平面绕 x 轴转动而得。转动的角度由下式确定：

$$\tan(2\theta)=\frac{2\varepsilon_1\varepsilon_3\Delta\beta_4}{\varepsilon_{22}-\varepsilon_{33}} \tag{18-316}$$

光波矢在晶体中沿 z 向，由(18-310)式可得电磁波电场：

$$\boldsymbol{E}_1=\begin{bmatrix}1\\0\\0\end{bmatrix},\qquad \boldsymbol{E}_2=\begin{bmatrix}0\\1\\1-\dfrac{\varepsilon_{32}}{\varepsilon_{33}}\end{bmatrix}\tag{18-317}$$

这时晶体中传输的两个本征电矢量仍然是正交的。其中一个线偏振的振动方向与没有外界效应时是一致的，在 x 方向，其能量传输方向由(18-312) 式显然为 $\begin{bmatrix}0\\0\\1\end{bmatrix}$，另一个线偏振光的振动在平面$(y,z)$，与 y 轴的夹角 α 为 $\alpha=\arctan\left(-\dfrac{\varepsilon_{32}}{\varepsilon_{33}}\right)$。该偏振光能量传输方向为 $\begin{bmatrix}0\\\dfrac{\varepsilon_{32}}{\varepsilon_{33}}\\1\end{bmatrix}$，显然该方向与 z 轴的夹角为 $-\alpha$。

对于单轴晶体，由于 ε_{33} 的量级在 10^0，$\varepsilon_{22}-\varepsilon_{33}$ 的量级一般为 10^{-2}，而 $\varepsilon_{32}=\varepsilon_1\varepsilon_3\Delta\beta_4$ 的量级在 10^{-6}，因而：① 第二本征偏振光偏振方向偏离 y 方向在 10^{-6} 量级，可认为与没有扰动时是一致的，在 y 方向。② 其能量传输偏离 z 轴的角度在 10^{-6} 量级，可认为两个本征偏振光重合在一起沿 z 方向传输。③ 晶体的介电张量主轴的转动也很小，其量级在 10^{-4}，故可认为晶体的主轴坐标轴未转动。

对于立方晶体，这时 $\varepsilon_{22}-\varepsilon_{33}$ 与 $\varepsilon_{32}=\varepsilon_1\varepsilon_3\Delta\beta_4$ 同一个量级，主轴坐标绕 x 轴转动的角度在 0°～45°之间变化，然而上述结论的前两点仍然成立，即：①第二本征偏振光偏振方向偏离 y 方向在 10^{-6} 量级，可认为与无扰动时一致，仍在 y 方向。② 其能量传输偏离 z 轴的角度在 10^{-6} 量级，可以认为两个本征偏振光重合在一起沿 z 方向传输。所以虽然主轴坐标发生了转动，但是当光波矢沿 z 向时，这种转动对光的偏振态及传输方向影响甚微，可以忽略不计。此时两本征光矢量的相位，由(18-307) 式、(18-308) 式和(18-309) 式，可得

$$m=\begin{cases}\varepsilon_{11}\\ \varepsilon_{22}-\dfrac{\varepsilon_{23}\varepsilon_{32}}{\varepsilon_{33}}\end{cases}\tag{18-318}$$

$$k=\begin{cases}\sqrt{\varepsilon_{11}}\,k_0\\ \sqrt{\varepsilon_{22}}\left(1-\dfrac{\varepsilon_{23}\varepsilon_{32}}{2\varepsilon_{22}\varepsilon_{33}}\right)k_0\end{cases}\tag{18-319}$$

由(18-318)式、(18-319)式可知，$\varepsilon_{23}(\Delta\beta_4)$ 对相应的影响为二阶小量，数量级在 10^{-12} 左右，完全可以忽略不计，即两式可写成

$$m=\begin{cases}\varepsilon_{11}\\ \varepsilon_{22}\end{cases}\tag{18-320}$$

$$k=\begin{cases}\sqrt{\varepsilon_{11}}\,k_0\\ \sqrt{\varepsilon_{22}}\,k_0\end{cases}\tag{18-321}$$

由此可得光波矢沿 z 向，仅考虑光在晶体中传输特性(方向、偏振态、相位差)时，(18-315)式等效为如下形式：

$$\bar{\boldsymbol{\varepsilon}}=\begin{bmatrix}\varepsilon_{11}&0&0\\0&\varepsilon_{22}&0\\0&0&\varepsilon_{33}\end{bmatrix}$$

3. 如外界作用仅使(18-290)式中的 $\Delta\beta_1$、$\Delta\beta_2$、$\Delta\beta_3$、$\Delta\beta_5$ 不为 0

对于表 18-52 中的晶体类型，所受应力分量中 T_4、T_6 分量为 0 时，此结果成立。

表 18-52　晶体类型及其在外加电场中的取向

晶体系数	$\bar{3}m$	$4mm$	$\bar{4}2m$	422	$4/mmm$	622	$6mm$	$6/mmm$
电场为 0 的分量	×	2	1,3	1	×	2	2	×

这时(18-293)式简化为

$$\boldsymbol{\varepsilon}=\begin{bmatrix}\varepsilon_{11} & 0 & \varepsilon_{13}\\ 0 & \varepsilon_{22} & 0\\ \varepsilon_{31} & 0 & \varepsilon_{33}\end{bmatrix} \tag{18-322}$$

主轴坐标 (x',y',z') 为 (x,z) 平面绕 y 轴旋转而得,旋转角度由下式确定:

$$\tan(2\theta)=\frac{2\varepsilon_1\varepsilon_3\Delta\beta_5}{\varepsilon_{11}-\varepsilon_{33}} \tag{18-323}$$

光波矢在晶体中沿 z 向传输,由(18-310)式可得电磁波电场:

$$\boldsymbol{E}_1=\begin{bmatrix}0\\1\\0\end{bmatrix},\quad \boldsymbol{E}_2=\begin{bmatrix}1\\0\\-\dfrac{\varepsilon_{31}}{\varepsilon_{33}}\end{bmatrix} \tag{18-324}$$

晶体中传输的两个本征电矢量仍然是正交的,其中一个线偏振的振动方向与没有外界效应时是一致的,在 y 方向;其能量传输方向显然为 $\begin{bmatrix}0\\0\\1\end{bmatrix}$,另一个线偏振光的振动在平面 (x,z),与 x 轴的夹角 α 为 $\alpha=\arctan\left(-\dfrac{\varepsilon_{31}}{\varepsilon_{33}}\right)$,该偏振光能量传输方向显然为 $\begin{bmatrix}\dfrac{\varepsilon_{31}}{\varepsilon_{33}}\\0\\0\end{bmatrix}$,该方向与 z 轴的夹角为 $-\alpha$。

显然,虽然主轴坐标有转动,但是当光波矢沿 z 向传输时,这种转动对光的偏振态及传输方向影响甚微,可以忽略不计,同时对相位的影响为二阶小量,可忽略。

因此(18-322)式可等效为如下形式:

$$\boldsymbol{\varepsilon}=\begin{bmatrix}\varepsilon_{11} & 0 & 0\\ 0 & \varepsilon_{22} & 0\\ 0 & 0 & \varepsilon_{33}\end{bmatrix} \tag{18-325}$$

4. 如果外界作用仅使得(18-290)式中的 $\Delta\beta_1$、$\Delta\beta_2$、$\Delta\beta_3$、$\Delta\beta_6$ 不为 0

对于表 18-53 中的晶体类型,所受应力分量中 T_4、T_5 分量为 0 时,此结果成立。

表 18-53 晶体类型及其在外加电场中的取向

晶体系数	$4/m$	$4/mmm$	$\bar{4}2m$	$\bar{6}2m$	$6/m$	$6/mmm$
电场为 0 的分量	×	×	1,2	1	×	×

这时(18-293)式简化为

$$\boldsymbol{\varepsilon}=\begin{bmatrix}\varepsilon_{11} & \varepsilon_{12} & 0\\ \varepsilon_{21} & \varepsilon_{22} & 0\\ 0 & 0 & \varepsilon_{33}\end{bmatrix} \tag{18-326}$$

主轴坐标 (x',y',z') 为 (x,z) 平面绕 y 轴旋转而得,旋转角度由下式确定:

$$\tan(2\theta)=\frac{2\Delta\beta_6}{\Delta\beta_1-\Delta\beta_2} \tag{18-327}$$

转动角度在 0°～45°之间变化。光波矢在晶体中沿 z 向,由(18-310)式可得电磁波电场:

$$\boldsymbol{E}_1=\begin{bmatrix}1\\ \tan\theta\\0\end{bmatrix},\quad \boldsymbol{E}_2=\begin{bmatrix}-\tan\theta\\1\\0\end{bmatrix} \tag{18-328}$$

晶体中传输的两个本征电矢量正交,振动面都在 (x,y) 平面内,E_1 与 x 轴的夹角为 θ,E_2 与 x 轴的夹角

为 $\pi/2+\theta$。但由(18-312)式可知，其能量传输方向显然都为 $\begin{bmatrix}0\\0\\1\end{bmatrix}$。

此时两本征光矢量的相位，由(18-307)式、(18-308)式和(18-309)式，可得

$$m=\frac{1}{2}\left[(\varepsilon_{11}+\varepsilon_{22})\pm\sqrt{(\varepsilon_{11}-\varepsilon_{22})^2+4\varepsilon_{12}\varepsilon_{21}}\right] \tag{18-329}$$

(18-326)式等效为条件(18-327)式加下式：

$$\boldsymbol{\varepsilon}=\begin{bmatrix}\varepsilon'_{11} & 0 & 0\\ 0 & \varepsilon'_{22} & 0\\ 0 & 0 & \varepsilon'_{33}\end{bmatrix} \tag{18-330}$$

其中

$$\left.\begin{aligned}\varepsilon'_{11}&=\frac{1}{2}\left[(\varepsilon_{11}+\varepsilon_{22})+\sqrt{(\varepsilon_{11}-\varepsilon_{22})^2+4\varepsilon_{12}\varepsilon_{21}}\right]=\varepsilon_1-\frac{1}{2}\varepsilon_1^2\left[\Delta\beta_2+\Delta\beta_1-\sqrt{(\Delta\beta_2-\Delta\beta_1)^2+4\Delta\beta_6^2}\right]\\ \varepsilon'_{22}&=\frac{1}{2}\left[(\varepsilon_{11}+\varepsilon_{22})-\sqrt{(\varepsilon_{11}-\varepsilon_{22})^2+4\varepsilon_{12}\varepsilon_{21}}\right]=\varepsilon_1-\frac{1}{2}\varepsilon_1^2\left[\Delta\beta_2+\Delta\beta_1+\sqrt{(\Delta\beta_2-\Delta\beta_1)+4\Delta\beta_6^2}\right]\\ \varepsilon'_{33}&=\varepsilon_{33}=\varepsilon_3-\varepsilon_3^2\Delta\beta_3\end{aligned}\right\} \tag{18-331}$$

5. 最一般的情况是所有的逆介电张量分量都不为 0

这时，电矢量中 z 方向的分量相当小。正常情况下，ε_{31}、ε_{32}、ε_{21} 的量级与波长类似，因此它们与 ε_{11}、ε_{22}、ε_{33} 的比值与波长的量级一样。一级近似下，(18-307)式可以写成

$$m=\frac{1}{2}\left[(\varepsilon_{11}+\varepsilon_{22})\pm\sqrt{(\varepsilon_{11}-\varepsilon_{22})^2+4\varepsilon_{12}\varepsilon_{21}}\right] \tag{18-332}$$

故晶体中传输的两偏振光矢量为

$$\left.\begin{aligned}\boldsymbol{E}_1&=\begin{bmatrix}1\\ \dfrac{2\varepsilon_{12}}{(\varepsilon_{11}+\varepsilon_{22})+\sqrt{(\varepsilon_{11}-\varepsilon_{22})^2+4\varepsilon_{12}\varepsilon_{21}}}\\ 0\end{bmatrix}\\ \boldsymbol{E}_2&=\begin{bmatrix}-\dfrac{2\varepsilon_{21}}{(\varepsilon_{11}+\varepsilon_{22})+\sqrt{(\varepsilon_{11}-\varepsilon_{22})^2+4\varepsilon_{12}\varepsilon_{21}}}\\ 1\\ 0\end{bmatrix}\end{aligned}\right\} \tag{18-333}$$

如把(18-327)式及 ε_{11}、ε_{22}、ε_{12}，θ 的关系代入到(18-333)式，则(18-333)式与(18-328)式一致，结论是晶体在多重效应作用下，其介电张量虽然具有(18-293)式的复杂的表达式，但是当光的波矢沿 z 向时，对光传输的偏振态、传输方向、两个本征偏振光的相位差具有实质影响的只有(18-293)式中的 $\varepsilon_{21}(=\varepsilon_{12})$。介电张量的表达式与(18-330)式和(18-331)式同。

6. 小结

1)单轴晶体在多重效应作用下，描述其光学特性的介电张量矩阵虽然可能变得相当复杂，如(18-293)式所示，但当光波矢沿 z 方向传输时，$\varepsilon_{13}(=\varepsilon_{31})$、$\varepsilon_{23}(=\varepsilon_{32})$ 对光在晶体中传输的偏振态、相位差、光传输方向的影响属于二阶小量，可忽略不计。对光传输特性有影响的主要是 $\varepsilon_{12}(=\varepsilon_{21})$。因此(18-330)式、(18-331)式及条件(18-327)式共同组成了单轴晶体在多重效应下普适的介电张量形式。

2)敏感元件安装、使用时，为了降低次效应的影响，应当使其满足上述 1、2、3 中的前提条件。

3)检验晶体材料好坏的一个简单方法就是用一束平行光沿 z 向正入射到晶体表面，然后在晶体后面一定距离观察出射光斑，通过观测出射光有无两个光斑及两个光斑的位置差，就可以初步判定晶体是否满足使用要求。

单轴晶体如果具有旋光效应，其旋光张量不失一般性可表示为

$$\boldsymbol{g}=\begin{bmatrix} g_1 & 0 & 0 \\ 0 & g_1 & 0 \\ 0 & 0 & g_3 \end{bmatrix} \tag{18-334}$$

则光波矢沿 z 向时，旋光矢量为

$$\boldsymbol{G}=\begin{bmatrix} 0 \\ 0 \\ g_3 \end{bmatrix} \tag{18-335}$$

因此，多重效应下单轴晶体的介电张量具有空间色散形式：

$$\boldsymbol{\varepsilon}(K)=\boldsymbol{\varepsilon}-i\boldsymbol{\mu}\cdot\boldsymbol{G} \tag{18-336}$$

式中，$\boldsymbol{\mu}$ 为 Levi-Civita 张量，是一个全反对称的单位张量。写成矩阵形式，(18-330)式为

$$\boldsymbol{\varepsilon}(K)=\begin{bmatrix} \varepsilon'_{11} & -\mathrm{i}g_3 & 0 \\ \mathrm{i}g_3 & \varepsilon'_{22} & 0 \\ 0 & 0 & \varepsilon'_{33} \end{bmatrix} \tag{18-337}$$

磁光效应：当晶体在磁场作用下，介电张量发生如(18-336)式旋光效应类似的变化。旋光效应与磁光效应的区别是：磁光效应是不可逆的，而旋光效应是可逆的。所以(18-337)式应改写为

$$\boldsymbol{\varepsilon}(K)=\begin{bmatrix} \varepsilon'_{11} & -\mathrm{i}y & 0 \\ \mathrm{i}y & \varepsilon'_{22} & 0 \\ 0 & 0 & \varepsilon'_{33} \end{bmatrix} \tag{18-338}$$

式中，$y=g_3-f$，f 为法拉第(Faraday)磁光效应。

二、多重效应下晶体的光传输矩阵

主轴坐标系中(18-265)式可表示成

$$\boldsymbol{\varepsilon}(K)\cdot\boldsymbol{E}-m\boldsymbol{E}=0 \tag{18-339}$$

式中，$m=(k/k_0)^2$，由此可得单轴晶体中两正交偏振态的波数为

$$k_{\pm}^2=\frac{1}{2}k_0^2\left[\varepsilon'_{11}+\varepsilon'_{22}\pm\sqrt{(\varepsilon'_{11}-\varepsilon'_{22})^2+4y^2}\right] \tag{18-340}$$

则其相位差

$$2\varphi=(k_{+}-k_{-})L=\sqrt{\phi^2+(2\rho)^2} \tag{18-341}$$

其中

$$\phi=\frac{2\pi L(n'_{+}-n'_{-})}{\lambda} \tag{18-342}$$

$$\rho=\frac{\pi y}{\lambda n}L \tag{18-343}$$

分别为多重效应中线双折射与圆双折射引起的相位变化。由于

$$n'_{\pm}=n_0\left\{1-\frac{n_0^2}{4}\left[\Delta\beta_1+\Delta\beta_2\mp\sqrt{(\Delta\beta_2-\Delta\beta_1)^2+4(\Delta\beta_6)^2}\right]\right\} \tag{18-344}$$

所以

$$\phi=\frac{\pi Ln_0^2\sqrt{(\Delta\beta_2-\Delta\beta_1)^2+4(\Delta\beta_6)^2}}{\lambda}=\sqrt{\phi_1^2+(2\phi_2)^2} \tag{18-345}$$

$$\phi_1=\frac{\pi Ln_0^3(\Delta\beta_1-\Delta\beta_2)}{\lambda} \tag{18-346}$$

$$\phi_2=\frac{\pi Ln_0^3\Delta\beta_6}{\lambda} \tag{18-347}$$

而

$$\bar{n}=\frac{n_{+}+n_{-}}{2} \tag{18-348}$$

同时可得两个正交的电矢量为

$$\boldsymbol{E}_1=A\begin{bmatrix}1\\P_{+}\\0\end{bmatrix}\exp\left[-\mathrm{i}(\omega t-k_{+}z)\right] \tag{18-349}$$

$$\boldsymbol{E}_2=A\begin{bmatrix}1\\P_{-}\\0\end{bmatrix}\exp\left[-\mathrm{i}(\omega t-k_{-}z)\right] \tag{18-350}$$

(18-349)式、(18-350)式中，P_{+}、P_{-} 为

$$P_{\pm}=\frac{\mathrm{i}}{2y}\left[\varepsilon'_{22}-\varepsilon'_{11}\pm\sqrt{(\varepsilon'_{11}-\varepsilon'_{22})^2+4y^2}\right] \tag{18-351}$$

以 $\boldsymbol{E}_1$ 及 $\boldsymbol{E}_2$ 为基底的坐标系(e_1,e_2)与空间坐标(x,y)之间的转换关系为

$$\begin{bmatrix}e_1\\e_2\end{bmatrix}=\begin{bmatrix}1&P_{+}\\1&P_{-}\end{bmatrix}\begin{bmatrix}x\\y\end{bmatrix} \tag{18-352}$$

其转换矩阵为

$$(\boldsymbol{A})=\begin{bmatrix}1&P_{+}\\1&P_{-}\end{bmatrix} \tag{18-353}$$

转换矩阵的逆矩阵为

$$(\boldsymbol{A})^{-1}=\frac{1}{|\boldsymbol{A}|}\begin{bmatrix}P_{-}&-P_{+}\\-1&1\end{bmatrix} \tag{18-354}$$

在 $z=0$ 处，空间一任意电场矢量 $\boldsymbol{E}(0)$ 在(e_1,e_2)坐标系中为

$$E_e(0)=(A)E(0) \tag{18-355}$$

若晶体沿光传输方向的长度为 l，则 $z=l$ 处，

$$E_e(l)=(\mathrm{tr})E_e(0) \tag{18-356}$$

式(18-356)中，(tr)为

$$(\mathrm{tr})=\begin{bmatrix}\exp(\mathrm{i}2\varphi)&0\\0&1\end{bmatrix} \tag{18-357}$$

为电场矢量的相位传输矩阵，$2\varphi=(k_{+}-k)l$，从而有

$$E(l)=(A)^{-1}E_e(l)=(A)^{-1}(\mathrm{tr})(A)E(0) \tag{18-358}$$

晶体的琼斯矩阵：

$$\mathbf{J}_q=(A)^{-1}(\mathrm{tr})(A) \tag{18-359}$$

由此可得主轴坐标系中，晶体在多重效应下的琼斯矩阵：

$$\mathbf{J}_q=\begin{bmatrix}\cos\varphi+\mathrm{i}\dfrac{\phi}{2\varphi}\sin\varphi & -\dfrac{\rho}{\varphi}\sin\varphi\\ \dfrac{\rho}{\varphi}\sin\varphi & \cos\varphi-\mathrm{i}\dfrac{\phi}{2\varphi}\sin\varphi\end{bmatrix} \tag{18-360}$$

这时主轴坐标与空间坐标的转换矩阵可表示成

$$\boldsymbol{A}=\begin{bmatrix}\cos\theta&\sin\theta\\-\sin\theta&\cos\theta\end{bmatrix} \tag{18-361}$$

则晶体在空间坐标系中的琼斯矩阵为

$$\mathbf{J}_o=A^{-1}\mathbf{J}_qA=\begin{bmatrix}\cos+\mathrm{i}\dfrac{\phi}{2\varphi}\sin\varphi\cos(2\theta) & -\dfrac{\rho}{\varphi}\sin\varphi+\mathrm{i}\dfrac{\phi}{2\varphi}\sin\varphi\sin(2\theta)\\ \dfrac{\rho}{\varphi}\sin\varphi+\mathrm{i}\dfrac{\phi}{2\varphi}\sin\varphi\sin(2\theta) & \cos\varphi-\mathrm{i}\dfrac{\phi}{2\varphi}\sin\varphi\cos(2\theta)\end{bmatrix} \tag{18-362}$$

$\theta = 0$ 时

$$\mathbf{J}_0 = \begin{bmatrix} \cos\varphi + \mathrm{i}\dfrac{\phi}{2\varphi}\sin\varphi & -\dfrac{\rho}{\varphi}\sin\varphi \\ \dfrac{\rho}{\varphi}\sin\varphi & \cos\varphi - \mathrm{i}\dfrac{\phi}{2\varphi}\sin\varphi \end{bmatrix} \tag{18-363}$$

$\theta = \pi/4$ 时

$$\mathbf{J}_0 = \begin{bmatrix} \cos\varphi & -\dfrac{\rho}{\varphi}\sin\varphi + \mathrm{i}\dfrac{\phi}{2\varphi}\sin\varphi \\ \dfrac{\rho}{\varphi}\sin\varphi + \mathrm{i}\dfrac{\phi}{2\varphi}\sin\varphi & \cos\varphi \end{bmatrix} \tag{18-364}$$

以上为偏振调制传感器的两个常用的晶体的琼斯矩阵。

参考文献

[1]金石琦. 晶体光学[M]. 北京:科学出版社,1995

[2]Born M, Wolf E. Principles of Optics[M]. 7th. ed. London: Pergamon Press, Ltd, 1999

[3]杨葭荪,等译. 光学原理[M]. 7版. 北京:电子工业出版社,2005

[4]Bass M. Handbook of Optics[M]. New York: McGraw-Hill, 1995

[5]NEY J F. Physical Porperties of Crystals[M]. Oxford University Press, 1985

[6]Yariv A. Quantum Electronics[M]. New York: John Wiley & Sons, 1975

[7]陈纲,廖理几. 晶体物理学基础[M]. 北京:科学出版社,1992

[8]廖延彪. 偏振光学[M]. 北京:科学出版社,2003

[9]蒋民华. 晶体物理[M]. 济南:山东科学技术出版社,1980

[10]小川智裁. 应用晶体学[M]. 崔承甲,译. 北京:科学出版社,1985

[11]方俊鑫. 固体物理学[M]. 上海:上海科学技术出版社,1981

[12]Theocaris P S, Gdoutos E E. Matrix Theory of Photoelasticity[M]. Springer-Verlag, 1979

[13]刘公强,乐志强,沈德芳. 磁光学[M]. 上海:上海科学技术出版社,2001

[14]姜亚南. 环行激光陀螺[M]. 北京:清华大学出版社,1985

[15]郑小平. 偏振调制光纤传感器性能的研究[D]. 北京:清华大学博士学位论文,1998

[16]季家镕,冯莹. 高等光学教程——非线性光学与导波光学[M]. 北京:科学出版社,2008

[17]刘颂豪. 光子学技术与应用[M]. 广州:广东科技出版社; 合肥:安徽科学技术出版社,2006

[18]李铭华,杨春晖,徐玉桓,等. 光折变晶体材料科学导论[M]. 北京:科学出版社,2003

[19]张克从,王希敏. 非线性光学晶体材料科学[M]. 北京:科学出版社,1996

[20]岳学锋,邵宗书. 光折变材料及其应用[M]. 济南:山东科学技术出版社,1994

[21]Singh S. Handbook of Lasers, Chemical Rubber Company[M]. Cleveland Ohio, 1971

[22]陈创天,刘丽娟. 深紫外非线性光学晶体及其应用[J]. 硅酸盐学报,2007,35(S1): 1-9

[23]董春明,王善朋,陶绪堂. 中红外非线性光学晶体的研究进展[J]. 人工晶体学报,2006,35(4): 785-789

[24]常新安,陈丹,臧和贵,张玮. 非线性光学晶体的研究进展[J]. 人工晶体学报,2007,36(2): 327-333

[25]闵乃本,朱永元,祝世宁,等. 介电体超晶格的研究[J]. 物理,2008,37(1): 1-10

[26]胡小鹏,祝世宁. 基于光学超晶格和全固态激光技术的准白光激光器[J]. 物理学进展,2008,28(2): 204-213

第十九章　薄膜光学和滤光片

薄膜光学主要研究光在光学分层介质中的传播规律，包括膜层对光的反射、透射、吸收以及光通过膜层的相位特性和偏振效应等，是现代光学、光子学的重要组成部分。目前最常用的光学薄膜软件是 FilmStar。该软件是基于 Windows 下开发的用于光学薄膜设计、制作和测量的软件包，功能强大且实用。此外，OptiLayer 光学薄膜设计软件也是镀膜工艺专家、数学家和软件专家的作品，采用独特的针式算法，计算速度快且设计能力强大，能完成各种膜系的设计，并反映实际镀膜环境下的材料参数。

广义地讲，光学滤光片是一种器件或材料，它能按要求改变入射光的光谱分布、强度分布和相位特性，也可使入射光的偏振状态发生变化。本章将着重讨论干涉和吸收滤光片（因所用材料不同，有时也称为滤光器），如增透膜、高反射膜、截止滤光片、带通滤光片、分束器、偏振器、相位膜等。通常滤光片所涉及的光谱区域从0.01 μm的远紫外延伸至 1000 μm 的远红外。本章所介绍的光学滤光片，均为常用，对于一些特殊要求的滤光片，如紫外光光学薄膜、红外光薄膜等，本章未予以涉及；紫外光、X 射线或者更短波长的薄膜可参阅第八章的有关节。另外，各向异性纳米薄膜是目前薄膜光学的研究热点，由于篇幅所限，本章也未涉及，请参考有关文献。

第一节　光学薄膜设计的理论基础

一、滤光片的一般理论

（一）概述

光学滤光片的分类有许多种方法。按滤光片的光谱特性可分为带通滤光片、带止滤光片、截止滤光片和分光滤光片等。按光谱波段可分为紫外滤光片、可见光滤光片和红外滤光片。按实际应用类型和特点分类名目繁多，如医用滤光片、生物芯片滤光片、激光波长滤光片、显微用滤光片、多波段警用滤光片、谱线分析滤光片，等等。按镀膜材料和镀膜技术可分为软膜滤光片和硬膜滤光片。按反射特性可分为全反射反光镜、紫外反光镜、红外反光镜等。按工作表面类型可分为平面反光镜、球面反光镜、椭球面反光镜、抛物面反光镜等。也可以用颜色来分类，依据是 CIE 色度图。然而，不管用什么方法分类，一个滤光片性能的完整描述应该包括光谱反射率、光谱透射率、光吸收率和光密度曲线，这就是本章采用的方法。

（二）一般理论

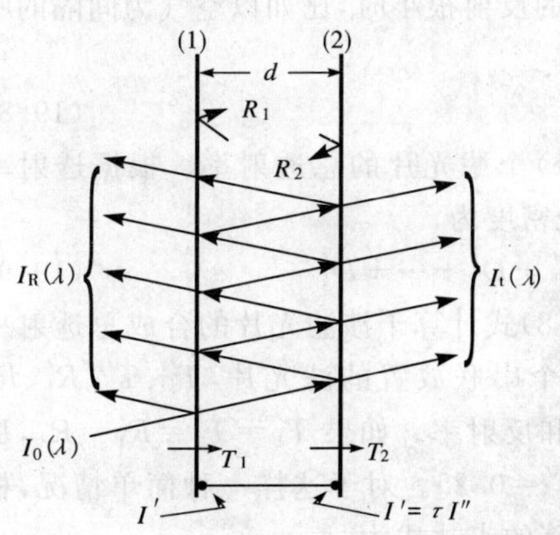

图 19-1　平行平面薄板的反射与透射示意图

如图 19-1 所示，设一束波长为 λ 的光垂直入射到一平行平面薄板上，光谱透射率 $T(\lambda)$ 等于薄板的透射光强 $I_t(\lambda)$ 与入射到薄板的光强 $I_0(\lambda)$ 之比，即

$$T(\lambda)=\frac{I_t(\lambda)}{I_0(\lambda)} \tag{19-1}$$

在斜入射情况下，上式表示的是垂直于界面的强度分量[1]。薄板的光谱反射率 $R(\lambda)$ 同样可定义为

$$R(\lambda)=\frac{I_r(\lambda)}{I_0(\lambda)} \tag{19-2}$$

薄板的光密度 $D(\lambda)$ 与透射率 $T(\lambda)$ 之间的关系为

$$D(\lambda)-\lg \frac{1}{T(\lambda)} \tag{19-3}$$

本章中滤光片的反射和透射率曲线采用线性坐标和对数坐标两种坐标表示。线性坐标是最常用的，对数坐标对于低反射和透射区域的精确描述特别适用，但在高反射和透射区域不适用，这是对数坐标的缺点。在本章中，波长以μm为单位，并假定反射率、透射率和吸收率（或称光密度）都是依赖于波长的函数关系。

（三）内透射率和滤光片的总透射率

许多光学薄膜都是沉积在透明或部分透明的基底上，不管是膜层还是基底，都对滤光片的光学性能产生影响。比如，基底的吸收通常使滤光片的透射谱范围受到限制，而基底界面的反射也是需要考虑的因素。然而，这种影响能够通过镀增透膜得到减小。

一般情况下，一个滤光片是由沉积在基底的一边或两边的多层膜构成的。基底的总透射率 T_{total} 由基底的内在透射率 τ，基底两个界面的透射率 T_1、T_2 和两个界面的反射率 R_1、R_2 来表示，如图 19-1 所示。

基底的内透射率 τ 定义为

$$\tau=\frac{I''}{I'} \tag{19-4}$$

式中，I' 是光刚进入基底面(1)的光强，I'' 是光刚到达基底面(2)的光强（见图 19-1）。

对于沉积在基底上膜层的反射率 R 和透射率 T 的计算，由下面介绍的光学薄膜干涉理论计算的矩阵方法得到。

若入射光是非相干光，即使基底的表面是平行平面，基底两个表面的反射光也不具有干涉性，在基底两个面对内部反射求和，可得到滤光片总的光谱透射率 T_{total} 为

$$T_{\text{total}}=\frac{T_1 T_2 \tau}{1-R_1 R_2 \tau^2} \tag{19-5}$$

如果滤光片的基底和膜层都是无吸收介质（$\tau=1$），那么

$$T_{\text{total}}=\frac{T_1 T_2}{1-R_1 R_2} \tag{19-6}$$

如果 R_1 很小，T_{total} 的近似表达式为

$$T_{\text{total}}\approx[1-R_1(1-R_2)]T_2 \tag{19-7}$$

然而，一般情况下(19-7)这个近似表达式不可用，比如红外基底材料具有很高的反射率，计算 T_{total} 就必须采用(19-6)式。

（四）滤光片组合的透射率

为了获得比较理想的光谱透射特性，常常把若干个滤光片串联组合放置在一起，如图 19-2(a)和(b)所示。但是，由于在滤光片界面之间的内反射，透射率的计算很复杂，精确计算必须借助于矩阵方法[2]。

设滤光片组合系统由 k 个滤光片串联放置构成，当滤光片界面间的反射很小时，比如以空气为间隔的吸收滤光片组合，组合系统的合成透射率 T' 取一级近似，有

$$T'\approx T_1' T_2' \cdots T_k' \tag{19-8}$$

式中，T_i' 为第 i（$i=1,2,\cdots,k$）个滤光片的总透射率。根据透射率与光密度之间的关系，可得光密度为

$$D'=D_1'+D_2'+\cdots+D_k' \tag{19-9}$$

在某些情况下，利用(19-8)式计算干涉滤光片的合成总透射率会带来严重的误差。考虑两个串联放置的滤光片，T_1'、T_2'、R_1'、R_2' 分别为两个滤光片的透射率和反射率。如果 $T_1'=T_2'=R_1'=R_2'$，那么，根据(19-8)式计算可得 $T'=0.25$。对于这样一种简单情况，根据(19-5)式可推导出精确计算的表达式为

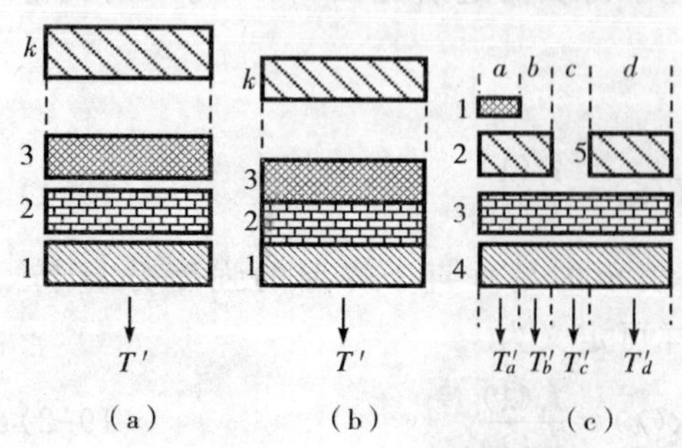

图 19-2　滤光片组合示意图

(a)和(c)的间隔为空气；(b)滤光片之间为胶合

$$T' = \frac{T_1' T_2'}{1 - R_1' R_2'} \tag{19-10}$$

根据此式计算结果为 $T'=0.33$，两者之间存在明显的不同。

对于在某些场合的应用，为了得到满意的光谱透射曲线，单独用串联放置组合的滤光片并不能解决问题，而是采用串并联相结合的组合方式[3]，如图 19-2(c)所示。串并联组合滤光片的有效谱透射率可表达为

$$T' = \frac{a}{A} T_a' + \frac{b}{A} T_b' + \frac{c}{A} T_c' + \frac{d}{A} T_d' \tag{19-11}$$

式中，A 为滤光片的总面积；a、b、c、d 分别为 4 个支透射区域滤光片的面积；T_a'、T_b'、T_c'、T_d' 分别为 4 个支透射区域滤光片的透射率。4 个支透射区域的透射率由下式给出：

$$\left.\begin{aligned} T_a' &= T_1' T_2' T_3' T_4' \\ T_b' &= T_2' T_3' T_4' \\ T_c' &= T_3' T_4' \\ T_d' &= T_3' T_4' T_5' \end{aligned}\right\} \tag{19-12}$$

须注意的是，使用串并联组合滤光片时要慎重考虑。因为在每个透射的支区域的光谱透射率是不同的，如果入射光不是均匀地照射，就会带来误差。对于这样的问题，解决的办法是把滤光片分割成许多小的规则的滤光片，然后重新镶嵌组合在一起[4]。

(五)滤光片组合的反射率

当反射是来自 k 个不同的滤光片时，则滤光片的合成反射率为

$$R' = R_1' R_2' \cdots R_k' \tag{19-13}$$

此式与串联放置滤光片的合成透射率(19-8)式类似。同样需要考虑的是，对于入射光而言，只有每个滤光片的透射率很小，总反射率才有效。(19-13)式主要用于金属膜、高反射膜的情况。图 19-3 给出了一些可能的反射面组合图，光束方向的改变可用于不同的场合。图 19-3(b)所示的组合不改变入射光束的方向。在每一种情况下，反射面的数目取决于反射板的长度和光束入射的角度。

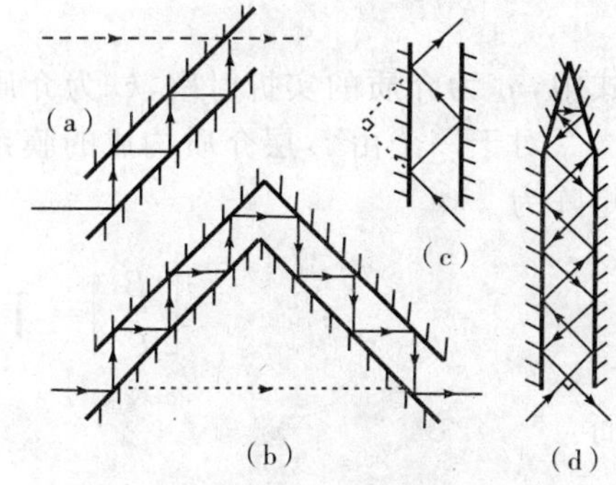

图 19-3　多次反射滤光片的各种排列

显然，并联放置的反射滤光片需要更多的空间，与透射滤光片相比使用也更复杂。但是，在应用中如果这些缺点可以接受的话，多次反射滤光片会提供很大的方便，这主要由反射滤光片结构的特性所决定。

二、光学薄膜干涉理论计算的矩阵方法

(一)概述

一束光入射到由不同介质材料组成的平行平面分层结构中，层间厚度为光学厚度，由于光在层中产生多次反射和透射，出射光会产生干涉，干涉薄膜和干涉滤光片就是利用这种干涉效应制成的。

光学薄膜的计算方法主要有矢量法、递推法和矩阵法。这 3 种方法各有所长。矢量法形象直观，计算简便，但精度较低，层数多时误差较大，由于篇幅所限，本章不予讨论，文献[5]有详细介绍。递推法是根据菲涅耳系数计算反射率，物理概念清晰，计算结果精确，但由于它是一层一层进行递推，计算过程十分繁琐，现已不多用。矩阵法是研究分层介质理论的现代方法，具有简洁性和普遍性两方面的优点，是目前最为广泛使用的方法[1,5-6]。矩阵法的理论基础是电磁场的麦克斯韦方程[5-7]，根据电磁场在介质层间界面满足的边界条件，从麦克斯韦方程出发推导出计算膜层反射率的特征矩阵。这种方法不仅适用于多层介质膜，也适用于金属膜。

(二)光学薄膜干涉理论计算的矩阵方法

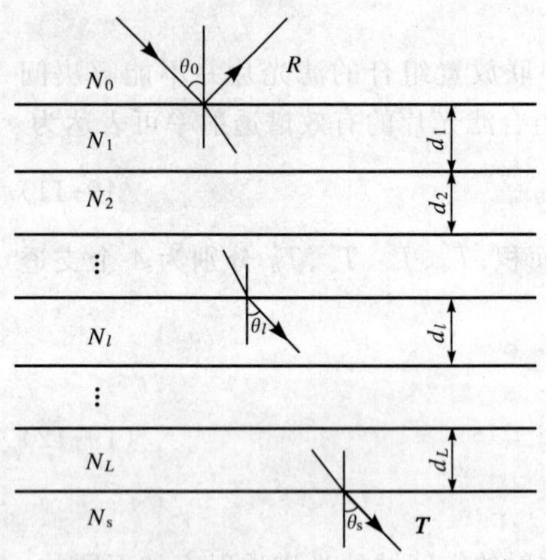

图 19-4　多层膜系及其参数

如图 19-4 所示的是一个由 L 层均匀介质构成的膜系，其参数包括入射介质的复折射率 N_0，基底的复折射率 N_s，第 l 层介质的复折射率 N_l，第 l 层介质的几何厚度 d_l，入射光的波长 λ，入射角 θ_0，第 l 层的入射角 θ_l（也是第 l 层的折射角）。根据麦克斯韦方程和膜层间的边界条件，推导可得第 l 层的特征矩阵为

$$M_l=\begin{bmatrix}\cos\delta_1 & \dfrac{\mathrm{i}}{\eta_l}\sin\delta_l\\ \mathrm{i}\eta_l\sin\delta_l & \cos\delta_l\end{bmatrix}\tag{19-14}$$

其中

$$\delta_l=\frac{2\pi}{\lambda}N_l\,d_l\,\cos\theta_l\tag{19-15}$$

为第 l 层的相厚度，而 $N_l d_l\cos\theta_l$ 为第 l 层的光学厚度，相厚度对 p 偏振（指光矢量 $\boldsymbol{E}$ 在入射面内）和 s 偏振（指光矢量 $\boldsymbol{E}$ 垂直于入射面）都相同。η_l 为介质的有效导纳，对于 p 偏振和 s 偏振取不同的形式，有

$$\eta_l=\begin{cases}N_l\cos\theta, & \text{s 偏振}\\ \dfrac{N_l}{\cos\theta_l}, & \text{p 偏振}\end{cases}\tag{19-16}$$

第 l 层的折射角 θ_l 由斯涅尔定律确定，即

$$N_0\cos\theta_0=N_l\cos\theta_l=N_s\cos\theta_s\tag{19-17}$$

介质的复折射率 N_l 取如下形式：

$$N_l=n_1-\mathrm{i}\,k_l\tag{19-18}$$

式中，n_l 为介质的实折射率，k_l 为介质的消光系数。k_l 反映介质的吸收，$k_l=0$ 说明介质无吸收。

对于一个由 L 层介质构成的膜系，当光从入射介质 N_0 以 θ_0 角入射时，可定义基底和薄膜组合的特征矩阵为

$$\begin{bmatrix}B\\ C\end{bmatrix}=\prod{}_{l=1}^{L}M_l=\prod{}_{l=1}^{L}\begin{bmatrix}\cos\delta_l & \dfrac{\mathrm{i}}{\eta_l}\sin\delta_l\\ \mathrm{i}\eta_l\sin\delta_l & \cos\delta_l\end{bmatrix}\begin{bmatrix}1\\ \eta_s\end{bmatrix}\tag{19-19}$$

而

$$Y=\frac{C}{B}\tag{19-20}$$

称为膜系与基底组合的光学导纳。由光学导纳可计算膜系的振幅反射系数 r、振幅透射系数 t，反射率 R、透射率 T 和吸收 A，分别为

$$r=\frac{\eta_0 B-C}{\eta_0 B+C}=|r|\,\mathrm{e}^{\mathrm{i}\varphi_r}\tag{19-21}$$

$$t=\frac{2\eta_0}{\eta_0 B+C}=|t|\,\mathrm{e}^{\mathrm{i}\varphi_t}\tag{19-22}$$

$$\varphi_r=\arg r\tag{19-23}$$

$$\varphi_t=\arg t\tag{19-24}$$

$$R=|r|^2=\left(\frac{\eta_0 B-C}{\eta_0 B+C}\right)\left(\frac{\eta_0 B-C}{\eta_0 B+C}\right)^*\tag{19-25}$$

$$T=\frac{4\eta_0\,\mathrm{Re}(\eta_s)}{(\eta_0 B+C)(\eta_0 B+C)^*}\tag{19-26}$$

$$A=1-R-T=\frac{4\eta_0\,\mathrm{Re}(BC^*-\eta_s)}{(\eta_0 B+C)^2}\tag{19-27}$$

式中，Re 表示取实部，* 表示取共轭，φ_r 和 φ_t 分别表示反射和透射振幅的相位变化。根据以上公式，可以得到以下重要结论：

1)膜系的光学性质随入射角的变化而变化，如(19-15)式和(19-16)式所示。在某些应用中，相对于吸收滤光片而言，这是干涉滤光片的主要缺点。

2)光学性质的变化也取决于入射光的偏振状态，如(19-16)式所示。对于非偏振状态的斜入射，反射率 R 和透射率 T 由下面的公式计算：

$$R=\frac{1}{2}(R_p+R_s) \tag{19-28}$$

$$T=\frac{1}{2}(T_p+T_s) \tag{19-29}$$

3)如果膜层没有吸收，且膜层的光学厚度都是 $\lambda_0/4$ 的整数倍，以相对波数 λ_0/λ 为坐标的透射率曲线是关于 λ_0 为对称的曲线，如(19-14)式和(19-15)式所示。

4)非吸收多层膜系所有膜层的厚度变化，以相对波数为坐标的透射率曲线仅仅表现为曲线的横向位移，如(19-15)式所示。因此，在光谱的范围内设计膜系是否适宜，受所用材料的色散和透射性能的限制。

5)一般来说，含有吸收层的滤光片，反射和吸收与光在滤光片哪一侧入射有关，而透射不依赖于入射光的方向[8]。

对于光学薄膜系统的设计，根据(19-14)式至(19-29)式编制计算机程序看起来很简单，实际上，要设计一个简单光谱特性的滤光片，仍是一个复杂的问题。近年来，设计方面的理论不断得到完善并取得进展，提出了许多增透膜和高反射膜等设计的新方法，可提供给设计者参考。比如，文献[9]和[10]介绍了全方向增透膜的设计理论，并给出了数值研究的结果，证明在很宽的波长和入射角范围内方法都是有效的。文献[12]提出了梯度折射率增透膜设计的一种新方法。文献[13]提出了一种通用的可见光增透膜设计方法，该方法适用于任何基底材料，具有方便、快捷且实用的特点。目前最常用的光学薄膜软件是 FilmStar。该软件是基于 Windows 下开发的用于光学薄膜设计、制作和测量的软件包，功能强大且实用。此外，OptiLayer 光学薄膜设计软件采用独特的针式算法，计算速度快，设计能力强大(包括各种膜系的设计，并反映实际镀膜环境下的材料参数)。有关设计方面可资利用的理论和数学工具的详细描述，可参考[1][5][9][10]等相关文献。

为了便于阅读，将基本膜系特性列于表 19-1。

三、符号约定

由上面的讨论可知，反射率和透射率与相位厚度有直接的关系，而相位厚度与波长的倒数成正比，为了讨论问题方便，引入一无量纲的参数 g，定义

$$g=\lambda_0/\lambda \tag{19-30}$$

称为相对波数或波长比。因此，相位厚度可改写为

$$\delta_l=\frac{2\pi}{\lambda}N_l d_l\cos\theta_l=2\pi\left(\frac{N_l d_l\cos\theta_l}{\lambda_0}\right)\left(\frac{\lambda_0}{\lambda}\right)=2\pi D_l g \tag{19-31}$$

当 $D_l=N_l d_l\cos\theta_l/\lambda_0=1/4$，即 $\delta_l=\pi/2$ 时，就称第 l 层的光学膜厚为 1/4 波长厚；当 $D_l=N_l d_l\cos\theta_l/\lambda_0=1/2$，即$\delta_l=\pi$ 时，就称第 l 层的光学厚度为 1/2 波长厚。

在薄膜光学设计中，镀膜符号通常以 $\lambda_0/4$ 或 $\lambda_0/2$ 的整数倍表示膜层厚度，例如，S|HML|A 就表示在基底 S 上镀有高、中、低折射率分别为 N_H、N_M、N_L，光学厚度均为 $\lambda_0/4$ 的 3 层膜，A 表示入射介质为空气。同样，S|HH|A、S|2H|A、S|H^2|A 表示光学厚度为 $\lambda_0/2$ 的高折射率膜层，S|MM|A、S|2M|A、S|M^2|A 表示光学厚度为 $\lambda_0/2$ 的中等折射率膜层，S|LL|A、S|2L|A、S|L^2|A 表示光学厚度为 $\lambda_0/2$ 的低折射率膜层。另外，在任意膜厚的情况下，还有把介质折射率和膜层厚度写在一起的数字表示方法和数字、字母混合表示方法，如：

$$1.52\left|\begin{matrix}2.2\\0.0588\lambda_0\end{matrix}\right|\begin{matrix}1.38\\0.0708\lambda_0\end{matrix}\left|\begin{matrix}2.2\\0.5\lambda_0\end{matrix}\right|\begin{matrix}1.38\\0.25\lambda_0\end{matrix}\bigg|1.0$$

$$1.52\mid 0.26442\mathrm{H}1.322\mathrm{L}\mid 1.0$$

表 19-1 基本膜系特性

膜 系	光学导纳	反射率	条 件	备 注
单层膜零反射	$Y=\frac{n^2}{n_s}$	$R=\left[\frac{n_0 n_s-n^2}{n_0 n_s+n^2}\right]^2$	垂直入射 $n=\sqrt{n_0 n_s}$	假设基底折射率 $n_s=1.52$，$n_0=1.0$，$n=1.233$。在现有镀膜材料中，没有这么低折射率的材料，理论上可以达到零反射，实际无法实现。改善的办法是多层膜
无效层	$Y=n_s$	$R=\left[\frac{n_0-n_s}{n_0+n_s}\right]^2$	$\delta=\pi$，即 $n_l d_l\cos\theta_l=\frac{\lambda}{2}$	在设计波长处与镀膜折射率无关，称为无效层。但可以拓宽反射率的光谱范围
镀低折射率膜	$Y=\frac{n_1^{\ 2}}{n_s}$ $n_1<n_s$	$R=\left[\frac{n_0-Y}{n_0+Y}\right]^2$	$\delta=\frac{\pi}{2}$，即 $n_l d_l\cos\theta_l=\frac{\lambda}{4}$	在设计波长处，反射率降低
镀高折射率膜	$Y=\frac{n_1^{\ 2}}{n_s}$ $n_1>n_s$	$R=\left[\frac{n_0-Y}{n_0+Y}\right]^2$	$\delta=\frac{\pi}{2}$，即 $n_l d_l\cos\theta_l=\frac{\lambda}{4}$	在设计波长处，反射率提高
s 偏振零反射		$R_s=0$	$(n_s-n_0)(n_s+n_0)=0$	$n_s\neq n_0$，不可能产生零反射
p 偏振零反射		$R_p=0$	$\theta_B=\arctan\frac{n_s}{n_0}$	θ_B 入射，全透射
斜入射		$\overline{R}=\frac{R_s+R_p}{2}$ $R_s>R_p$		$\overline{R}$ 为平均反射率。反射率曲线极值向短波长方向移动
双层增透膜	$Y=\frac{\eta_1^{\ 2}\eta_s}{\eta_2^2}$	$R=\left[\frac{\eta_0-Y}{\eta_0+Y}\right]^2$ $R=0$	垂直入射 $\frac{n_2}{n_1}=\sqrt{\frac{n_s}{n_0}}$	$n_2>n_1$ 为增透，$n_2<n_1$ 为增反射
V 型增透膜	$Y=\frac{\eta_1^{\ 2}\eta_s}{\eta_2^2}$	$R=\left[\frac{\eta_0-Y}{\eta_0+Y}\right]^2$	$n_0\|LH\|n_s$	出现单一极值。设计波长处反射率降低，其余波段劣于单层设计
W 型增透膜	$Y=\frac{\eta_1^{\ 2}}{\eta_s}$	$R=\left[\frac{\eta_0-Y}{\eta_0+Y}\right]^2$	$n_0\|L2H\|n_s$	出现双极值。拓宽低反射率波段，使整个波段反射率低于单层设计
高反射膜	1. $Y=\left(\frac{n_H}{n_L}\right)^{2m}n_s$ 2. $Y=\left(\frac{n_H}{n_L}\right)^{2m}\frac{n_H^2}{n_s}$ 3. $Y=\left(\frac{n_L}{n_H}\right)^{2m}n_s$ 4. $Y=\left(\frac{n_L}{n_H}\right)^{2m}\frac{n_L^2}{n_s}$	$R=\left[\frac{n_0-Y}{n_0+Y}\right]^2$	垂直入射 1. $n_0\|(HL)^m\|n_s$ 2. $n_0\|(HL)^m H\|n_s$ 3. $n_0\|(LH)^m\|n_s$ 4. $n_0\|(LH)^m L\|n_s$	膜系由光学厚度为 λ/4 的高、低折射率交替膜层构成。调整高、低折射率的比率，可以改变高反射区域的宽度，比率越高，宽度越宽。另外，镀膜层数越多，反射率越高，各类型高反射膜的反射率越接近，但外层是高折射率的镀膜有最高的反射率。典型应用有：镜片、分光镜、偏振分光镜、截止滤光片、带通滤光片等

在镀膜技术中，镀膜光学厚度为 $\lambda_0/4$ 的整数倍简称 QWOT 膜，镀膜光学厚度为 $\lambda_0/2$ 的整数倍简称为 HWOT 膜。

第二节　增透膜

光学系统未经镀膜处理，由于界面反射的缘故，致使透射光能量很弱，降低了系统成像的质量和像的分辨率。因此，为了解决这种问题，需要在光学器件表面镀增透膜。增透膜有时也称抗反射膜或减反射膜，简称 ARC。

经过增透膜处理的光学系统，不仅可以提高透射率，同时也大大减少了光在元件之间连续反射的能量，提高了像的清晰度。增透膜可以是针对单一波长零反射率的单层或双层设计，也可以是针对双波长或某波段零反射率的多层设计，视具体应用需要而定。对于可见光和红外光，增透膜的设计与基底材料紧密相关，比如皇冠玻璃($n_s=1.52$)适用于可见光，而硅(Si，$n_s=3.4$)、锗(Ge，$n_s=4$)适用于红外光。

一、表面反射对光学系统性能的影响

光从折射率为 n_1 的介质垂直入射到折射率为 n_2 的介质，假如介质没有吸收，则两介质分界面的反射率为

$$R=\left[\frac{n_1-n_2}{n_1+n_2}\right]^2 \tag{19-32}$$

设平行平面板的折射率为 n_2，放置于折射率为 n_1 的介质上，两介质都没有吸收，当光垂直入射到平行平板上，如果计入在板内的多次反射，根据(19-6)式，透过平行平面板的总透射率为

$$T_0=\frac{1-R}{1+R} \tag{19-33}$$

如果不计多次反射，平行平板内也没有吸收，光垂直入射通过平板的透射率为$(1-R)^2$。

如果把许多相同的平行平板串联放置在一起，并且考虑每个平板内的多次反射，光垂直入射的情况下，可以证明[2]，m 个平板串联放置的总透射率为

$$T_{\text{total}}=\frac{T_0}{m-T_0(m-1)} \tag{19-34}$$

若不计多次反射，m 个平板串联放置的直接透射率为

$$T_{\text{dir}}=(1-R)^{2m} \tag{19-35}$$

平行平板内的多次反射是造成像平面杂散光和伪像的原因，把平行平板内经历多次反射后的透射光记为 T_{str}，则有

$$T_{\text{str}}=T_{\text{total}}-T_{\text{dir}} \tag{19-36}$$

取不同的 m 值，T_{str} 和 T_{dir} 随 R 变化的关系如图 19-5 所示。平板材料的折射率示于图的上部，平板放置于空气中。

由图 19-5 可以看出，对于低折射率的平行平板，即使数目很少，放置在一起后比值 $T_{\text{str}}/T_{\text{dir}}$ 也很明显。这就是说，成像系统在不利的条件下，杂散光完全可以使像变得模糊不清[14]。其次，在非成像系统中，光能量的反射损失$(1-T_{\text{str}}-T_{\text{dir}})$也变得相当严重。

为了解决以上两个问题，可以在平行平板的表面镀增透膜以减小表面的反射。但在整个光谱区域使膜层具有零反射很困难，所以选择增透膜的光谱反射率 $R(\lambda)$，通常是以积分 $\int_\lambda R(\lambda)I(\lambda)S(\lambda)\mathrm{d}\lambda$ 取最小为依据，其中 $I(\lambda)$、$S(\lambda)$分别表示入射光的强度分布和探测器的光谱灵敏度。也就是在 $I(\lambda)S(\lambda)$有意义的光谱区域内需要有低的反射率。需要强调的是，对大多数应用来说，增透膜的力学强度必须非常硬，能经受急剧的气候变化和温度变化，也应该经得起常用的透镜清洁处理。通过增透膜的使用，可使成像光学系统和非成像光学系统的性能得到改善，应用实例可参见文献[14]和[15]。

在实际应用中，增透膜的设计是复杂的。要满足实际问题的需要，增透膜设计可以是均匀层，也可以是

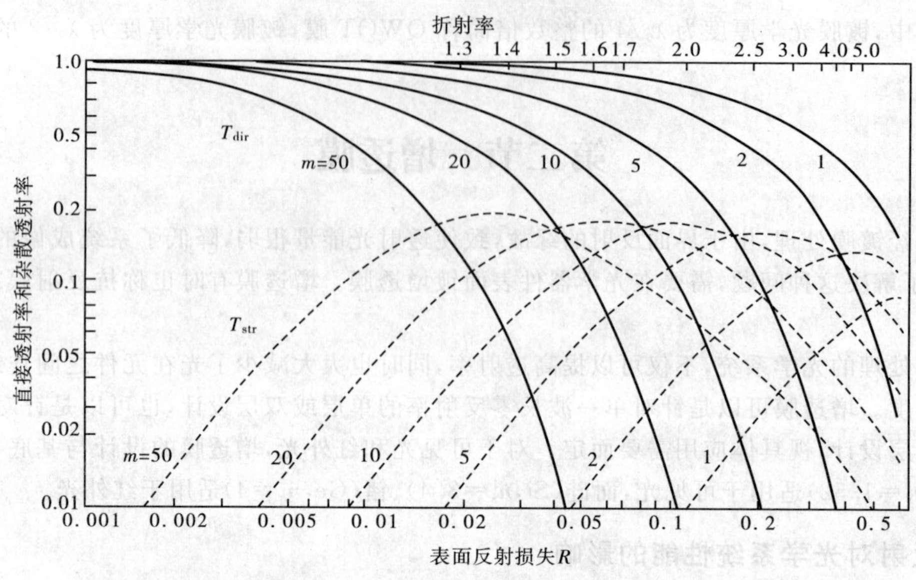

图 19-5 由 m 个平行平板组成的光学系统置于空气中，光垂直入射，光学系统的直接透射率和杂散透射率随 R 变化的关系

非均匀层，可以是单层，也可以是多层。图 19-6 给出了均匀和非均匀增透膜层的几种类型[16]。由于增透膜在可见光和红外光谱区域对工业领域有重要价值，所以许多方面有待研究和开发。这方面的专著有文献[5][17]和[18]。另外，在许多科学和技术杂志中也有大量的文献。对于增透膜的系统讨论和有关这方面文章的评述，读者可参阅文献[5][9][10][11][14]和[19]。在这一节，仅仅给出到目前为止所得到的结果的简要总结，希望在特殊应用中对增透膜的选择有所帮助。本节给出的计算数据是对数坐标，波长采用相对波数坐标，而实测数据仍采用线性坐标和波长坐标。

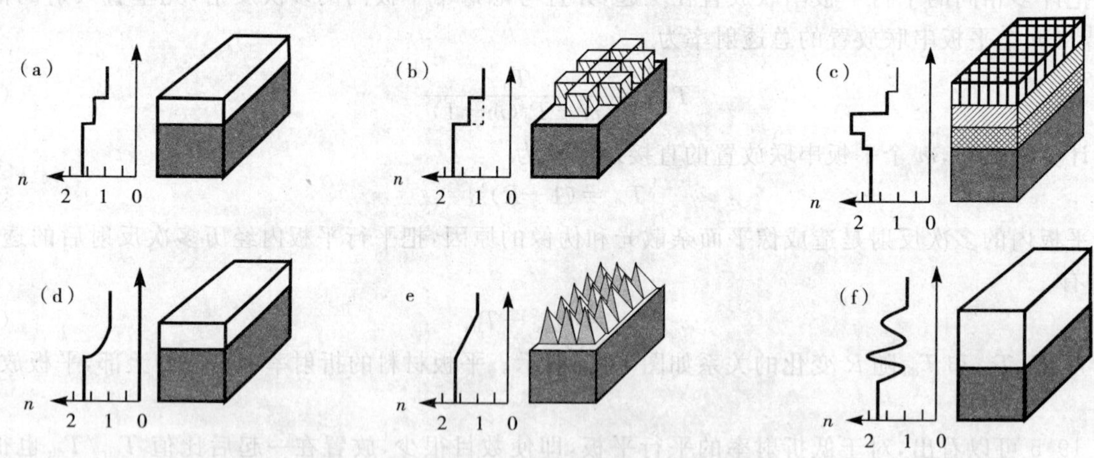

图 19-6 均匀和非均匀增透膜的几种类型[16]

均匀增透膜：(a)单层；(b)数字式单层；(c)均匀多层。非均匀增透膜：(d)非均匀单层；(e)构造的非均匀单层；(f)折射率复杂变化的非均匀增透膜

二、均匀介质增透膜

截至目前，单层均匀介质增透膜仍被广泛使用。理论上，单层镀膜在某一波长处可获得零反射率，但由于缺乏合适的低折射率材料，对于折射率比 1.9 小的玻璃基底实际上不能得到零反射率。尽管如此，用玻璃材料作基底，膜层用现有的材料，单层镀膜也可使光在一个宽的谱范围内反射率有效减小。图 19-7 给出了不同基底材料镀单层多孔均匀介质增透膜的特性曲线[20-23]。图中的曲线 8 是玻璃未镀膜的反射曲线。用

溶胶-凝胶方法，可以产生具有很低折射率的多孔氧化物和多孔氟化物薄膜材料，这样的薄膜具有极好的光学特性，也具有比常规方法产生的高得多的激光损伤阈值。然而，这些益处是以力学强度和长期稳定性的损失为代价的。通过亚波长结构的沉积或刻蚀也可模拟低折射率镀膜材料（见图 19-6 的(b)(e)），此时，有效折射率取决于结构中的占空比[24]。

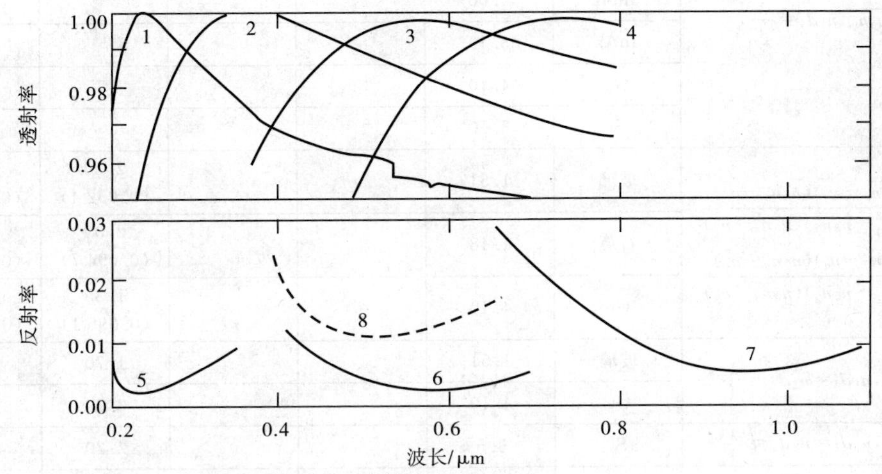

图 19-7　不同基底材料表面镀单层多孔均匀介质增透膜的特性

1、3、5. 在石英玻璃表面镀多孔硅；2. 在石英玻璃上镀多孔 MgF_2；6. 在玻璃上镀多孔硅；4. 在 SF8 上镀多孔硅；7. 在 KDP(磷酸二氘钾)晶体上镀多孔硅；8. 在玻璃上未镀膜

实际工作中，可能会出现如下几种情况：①在特定的光谱区域得到完全的增透；②增加低反射光谱区域的宽度；③光穿过增透膜低反射率光谱区域非常均匀一致。要解决这样的问题，可采用多层镀膜。文献[17]借助于图 19-8 证明，即使对于两层增透膜，在某一波长处得到零反射率，也存在大量的折射率组合。由于膜层数和镀膜厚度的增加，解决特定问题的途径就是可能的，不仅可以满足设计方面光谱区域增透特性的要求，也可以满足力学强度和温度方面的要求。

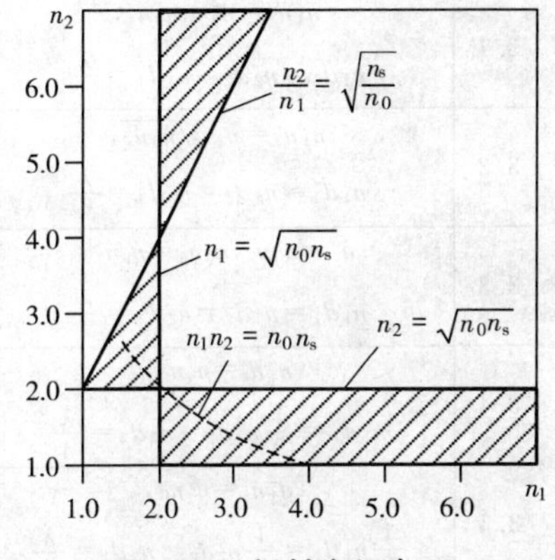

图 19-8　折射率组合

双层增透膜中可造成零反射率的折射率值(阴影区域)，在单一波长处实现零反射率($n_s=4.0$，$n_0=1.0$)

表 19-2 给出了各种类型增透膜折射率和膜层厚度组合所必须满足的条件。对于少数情况，增透膜设计是很复杂的，比如非整数 $\lambda_0/4$ 膜系或任意镀膜厚度，则需参考相应的文献。图 19-9 给出了一组计算得到的增透膜透射率曲线，曲线上标明了与表 19-2 所对应的类型。图 19-9(a)(b)(c)对应于玻璃基底，图 19-9(d)对应于石英基底，图 19-9(e)和(f)对应于锗基底，图 19-9(g)对应于硅基底，图 19-9(h)基底是其他红外材料。计算中选用的折射率多数是实际镀膜材料。因此，给出的曲线不单是理论上的计算，而是代表实际问题的求解，可供实际问题参考和利用。透射率曲线计算采用的折射率见表 19-2。另外，非 $\lambda/4$ 整数倍的光学厚度膜层，表 19-2 在括号中已给予注明。

图 19-9(a)的一组曲线反映的是在玻璃基底上镀增透膜的特性，可以看出在有限的波长范围内具有很小的反射率。其中，类型 2.1 的增透膜已广泛使用，图 19-10 给出了对应薄膜的实测曲线。图 19-9(b)和图 19-11 给出的是在很宽的光谱范围内具有低反射率的增透膜特性曲线(图 19-11 给出的是波长坐标)，图 19-9 中的类型 3.4 在实际中已广泛应用。

在表 19-2 中所列的结果假定镀膜材料具有所要求的折射率是存在的，这点常常做不到，因此，要求薄膜设计者必须在已有的镀膜材料中寻求解决办法。比如，文献[28]给出了基底材料折射率 在 1.5～4.0 之间取 10 个不同的值，镀 2 层、3 层、4 层膜的一系列实际问题的解决办法，文献[29]提供了基底材料折射率 n_s 在 1.46～1.82 之间取 10 个不同的值，镀 7 层膜的实际问题解决办法。

表 19-2 不同类型增透膜

类型	条件	基底材料	n_s	$n_4(n_4d_4/\lambda)$	$n_3(n_3d_3/\lambda)$	$n_2(n_2d_2/\lambda)$	$n_1(n_1d_1/\lambda)$	n_0
1.1	$n_1=\sqrt{n_sn_0}, n_1d_1=\frac{\lambda}{4}$	玻璃	1.51				1.38	1.00
		IrtranⅡ	2.20				1.59	1.00
		InSb	4.00				2.20	1.00
		InAs	3.40				1.85	1.00
		Ge	4.10				2.20	1.00
		Si	3.50				1.85	1.00
2.1	$\tan^2\delta_1=\frac{n_1^2(n_0-n_s)(n_0n_s-n_2^2)}{(n_sn_1^2-n_0n_2^2)(n_0n_s-n_1^2)}$ $\tan^2\delta_2=\frac{n_2^2(n_0-n_s)(n_0n_s-n_1^2)}{(n_sn_1^2-n_0n_2^2)(n_0n_s-n_2^2)}$	玻璃	1.51			2.30 (0.052 4)	1.38 (0.325 0)	1.00
		石英	1.48			2.09 (0.094 7)	1.48 (0.325 5)	1.00
		Ge	4.10			1.35 (0.095 1)	4.10 (0.058 6)	1.00
2.2	$n_1^2n_s=n_2^2n_0, n_1d_1=n_2d_2=\frac{\lambda}{4}$	玻璃	1.51			1.70	1.38	1.00
		Ge	4.10			3.30	1.57	1.00
2.3	$n_1n_2=n_sn_0, n_1d_1=n_2d_2=\frac{\lambda}{4}$	Si	3.5			2.20	1.35	1.00
2.4	$n_2^2-\frac{n_2n_s}{2n_1n_0}(n_0^2+n_1^2)\times$ $(n_1+n_2)+n_1n_s^2=0,$ $n_1d_1=\frac{1}{2}n_2d_2=\frac{\lambda}{4}$	玻璃	1.51			1.70	1.38	1.00
2.5	$n_1d_1=n_2d_2=\frac{\lambda}{4}$(参见文献[25])	玻璃	1.55			1.484	1.32	1.00
3.1	$n_1n_3=n_2^2=n_0n_s,$ $n_1d_1=n_2d_2=n_3d_3=\frac{\lambda}{4}$	Ge	4.1		3.30	2.20	1.35	1.00
3.2	$n_1n_3=n_2\sqrt{n_0n_s},$ $n_1d_1=n_2d_2=n_3d_3=\frac{\lambda}{4}$	玻璃	1.53		1.80	2.14	1.47	1.00
3.3	$n_2^2=n_0n_s, n_0n_3^2=n_sn_1^2,$ $n_1d_1=n_2d_2=n_3d_3=\frac{\lambda}{4}$	Si	3.45		2.56	1.86	1.38	1.00
3.4	$n_1^2n_s=n_3^2n_0,$ $n_1d_1=\frac{1}{2}n_2d_2=n_3d_3=\frac{\lambda}{4}$	玻璃	1.51		1.65	2.10	1.38	1.00
		石英	1.48		1.65	2.10	1.38	1.00
3.5	$n_1^2n_s=n_3^2n_0,$ $\frac{1}{3}n_1d_1=\frac{1}{2}n_2d_2=n_3d_3=\frac{\lambda}{4}$	玻璃	1.51		1.659	2.20	1.38	1.00
3.6	参见文献[26]	玻璃	1.52		1.80 (0.179 9)	2.20 (0.410 5)	1.38 (0.240 2)	1.00
3.7	$n_1d_1=n_2d_2=n_3d_3=\frac{\lambda}{4}$ (参见文献[25])	玻璃	1.55		1.53	1.454	1.32	1.00
4.1	$n_1n_4=n_3\sqrt{n_0n_s},$ $n_1d_1=\frac{1}{2}n_2d_2=n_3d_3=n_4d_4=\frac{\lambda}{4}$	玻璃	1.51	1.38	1.548	2.35	1.38	1.00
4.2	$n_1n_4=n_2n_3=n_0n_s,$ $n_1d_1=n_2d_2=n_3d_3=n_4d_4=\frac{\lambda}{4}$	Ge	4.0	2.96	2.20	1.82	1.38	1.00
4.3	$n_1d_1=n_2d_2=n_3d_3=n_4d_4=\frac{\lambda}{4}$ (参见文献[25])	玻璃	1.55	1.846	2.289	2.014	1.32	1.00
4.4	参见文献[25]	玻璃	1.55	1.656 (0.241 7)	1.888 (0.246 3)	1.832 (0.239 0)	1.38 (0.242 4)	1.00
10.1	$n_1=n_s-l\frac{n_s-n_2}{10}, l=1,2,\cdots,10,$ $n_1d_1=n_2d_2=\cdots=n_{10}d_{10}=\frac{\lambda}{4}$	Ge	4.00	$n_1=1.35, n_2=1.614, \cdots, n_{10}=3.735$				1.00

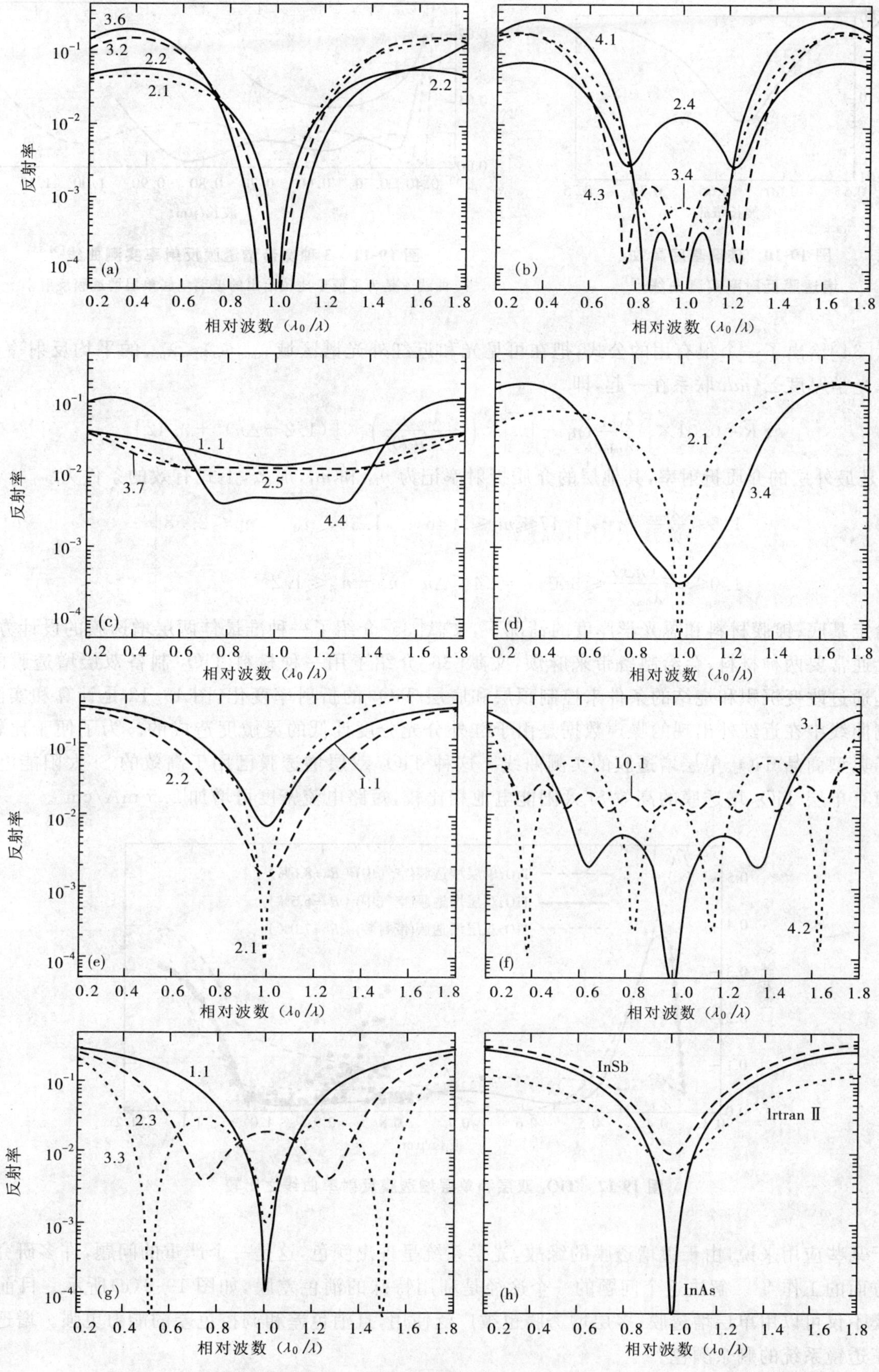

图 19-9　各种增透膜特性计算曲线

图中曲线标的数字与表 19-1 中的类型相对应。(a)玻璃基底高效增透膜；(b)玻璃基底宽带增透膜；(c)玻璃基底高消色差增透膜；(d)石英基底增透膜；(e)锗基底增透膜；(f)锗基底宽带增透膜；(g)硅基底增透膜；(h)IrtranⅡ(艾尔兰特-Ⅱ)、InAs 和 InSb 基底单层增透膜

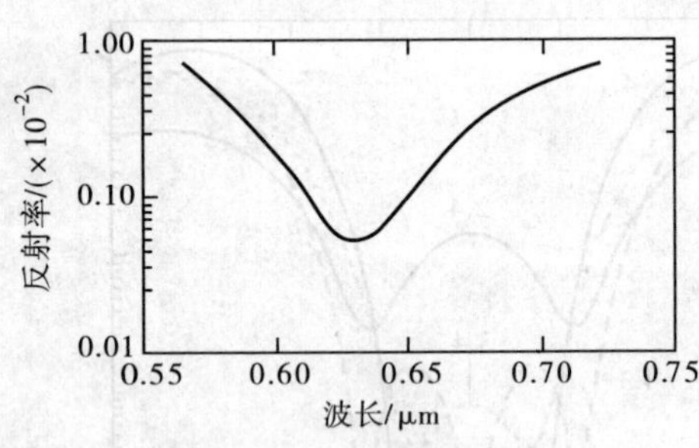

图 19-10 玻璃基底高效增透膜反射率实测曲线[27]

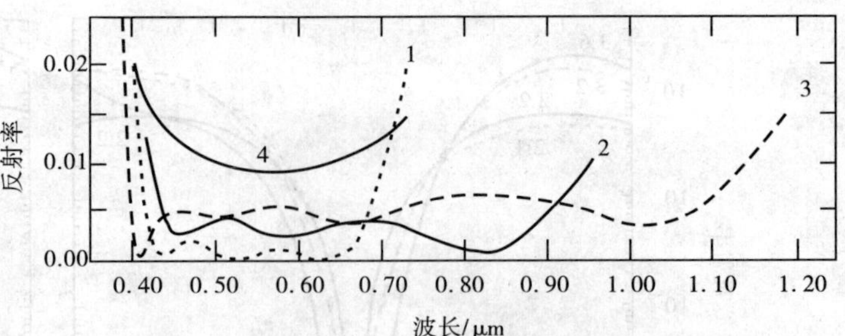

图 19-11 3 种宽带增透膜反射率实测曲线[31-33]

曲线 4 是为了便于比较给出的玻璃基底单层增透膜反射率[30]

文献[34]给出了一个很有用的公式，把在可见光和近红外光谱区域 $\lambda_{\min} \leqslant \lambda \leqslant \lambda_{\max}$ 的平均反射率 $\overline{R}$ 与增透膜的总光学厚度 $\sum(nd)$ 联系在一起，即

$$\overline{R}=0.01\times\left[\frac{\lambda_{\max}}{\lambda_{\min}}(n_{\mathrm{L}}-1)\right]^{3.4}\left(\frac{\lambda_{\max}}{\sum(nd)}\right)^{0.63}\left[(1.2-\Delta n)^{2}+0.42\right] \tag{19-37}$$

式中，n_{L} 是最外层的介质折射率，其他层的介质折射率记为 n_{M} 和 n_{H}，那么，上式有效的条件为

$$\left.\begin{array}{l} 1.5\leqslant\dfrac{\lambda_{\max}}{\lambda_{\max}}3.0,\ 1.17\leqslant n_{\mathrm{L}}\leqslant1.46,\quad 1.38\leqslant n_{\mathrm{M}},\quad n_{\mathrm{H}}\leqslant2.58 \\ 1.0\leqslant\dfrac{\sum(nd)}{\lambda_{\max}}\leqslant3.0,\quad 0.4\leqslant\Delta n=n_{\mathrm{H}}-n_{\mathrm{M}}\leqslant1.2 \end{array}\right\} \tag{19-38}$$

在给定基底、镀膜材料和总光学厚度的情况下，文献[35]介绍了一种准最佳两层增透膜的设计方法。两层膜设计通常要两种材料，会给制备带来麻烦，文献[36]介绍了用一种材料 TiO_2 制备双层增透膜的方法，其过程是通过改变沉积和烧结的条件来控制顶层和底层 TiO_2 的折射率变化，图 19-12 是计算和实测曲线，注意实测曲线中在近红外出现的噪声数据是由于红外分光分度计低的灵敏度造成的。为了便于比较，图中也给出了典型商品 TiO_2 单层增透膜的实测曲线。这种 TiO_2 双层增透膜已用于高效的 Si 太阳能电池。与商品化镀有单层 TiO_2 增透膜的高效 Si 太阳能电池相比较，短路电流密度可增加 2.5 $\mathrm{mA/cm^2}$。

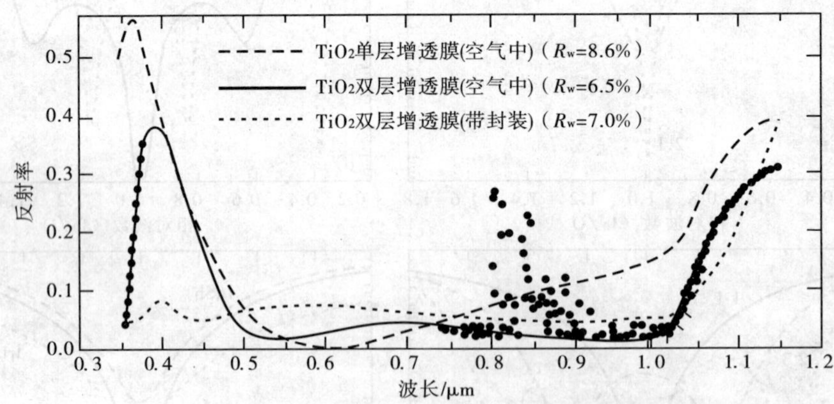

图 19-12 TiO_2 双层和单层增透膜反射率曲线之比较

对于某些应用来说，由于镀增透膜的缘故，光学系统呈现出颜色，这是一个严重的问题，许多研究者都曾从事这方面的工作[37]。解决这个问题的一个途径是利用特殊的消色差膜，如图 19-9(c)所示。目前高消色差增透膜不仅可以用单层增透膜，多层增透膜也被广泛使用，且消色差和调控色差的能力更强。增透膜也能用于校正透镜系统的剩余颜色[38]。

通常，评价增透膜是测量透射率而不是反射率。但是要特别注意的是：一般情况下，假定膜系的透射率 $T=1-R$ 是不正确的，比如镀有增透膜的红外基底材料的透射率不仅取决于增透膜的效率，而且还取决于红外材料的厚度和温度，这是因为红外材料中的有限散射和吸收，而在某些情况下吸收又依赖于温度。图

19-13 给出 3 种普通红外材料镀增透膜在室温下测量的谱透射率曲线。文献[19]还给出了其他红外材料的透射率曲线，在此不再列出。

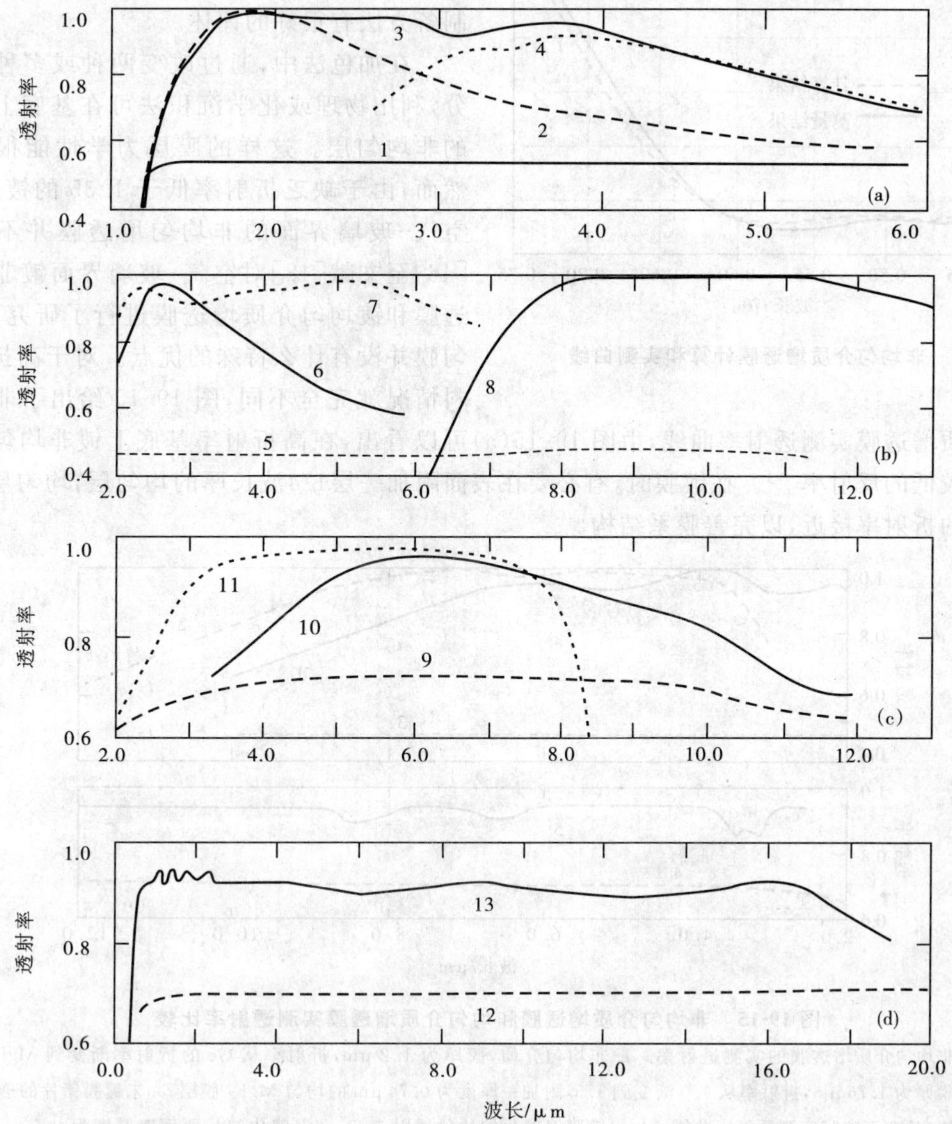

图 19-13　红外材料基片两面镀增透膜的实测透射率[19,30,39-40]

(a)硅片。1.未镀膜，厚度为 1.5 mm；2.镀 $\lambda_0/4$ 单层 SiO_2 膜($\lambda_0=1.8$ μm)；3.镀 $\lambda_0/4$ 的 MgF_2 和 CeO_2 双层膜($\lambda_0=2.2$ μm)；4.镀硬碳层。(b)锗片。5.未镀膜；6.镀 $\lambda_0/4$ 单层 SiO 膜($\lambda_0=2.7$ μm)；7.镀 $\lambda_0/4$ 的 MgF_2、CeO_2 和 Si 三层膜($\lambda_0=3.5$ μm)；8.高激光损耗阈值三层膜设计。(c)IrtranII 片。9.未镀膜，厚度 2 mm；10.镀 $\lambda_0/4$ 的单层 CeF_3 膜；11.镀 $\lambda_0/4$ 的 MgF_2 和 SiO 双层膜($\lambda_0=4.2$ μm)。(d)硒化锌片。12.未镀膜；13.由分子束沉积产生的 398 层超宽带增透膜

三、非均匀介质增透膜

在折射率为 n_1 和 n_2 的两介质界面之间镀一折射率从 n_1 到 n_2 连续变化的过渡层(见图 19-6(d))，可在非常宽的光谱区域实现增透。图 19-14 是 $Si_xO_yN_z$ 非均匀增透膜研究的一个实例[41]，采用非均匀过渡层代替文献[42]提出的常规三层膜系，非均匀层的折射率从基底的折射率单调减小到 Si_3N_4 的折射率。计算模型为 S|非均匀介质$(2\lambda/3)$|$L(\lambda/4)$|A，非均匀介质层的折射率公式为

$$n=n_H-(n_H-n_L)\left(\frac{d-z}{d}\right)^{1.3} \tag{19-39}$$

式中，d 为非均匀层的厚度，n_L 和 n_H 分别为低折射率层和高折射率层的折射率，z 是厚度变量。显而易见，计算结果和实测结果非常一致。非均匀介质增透膜的另一优点是对入射角不敏感[43]。

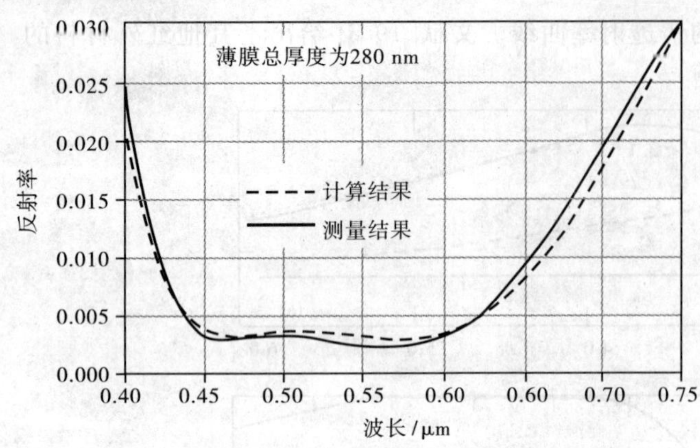

图 19-14　非均匀介质增透膜计算和实测曲线

产生非均匀介质增透膜的制备方法有加色法、减色法、加-减色法和复制方法。文献[44]和[45]对制备方法有很好的评述。

在加色法中，通过改变两种或多种化合物的成分，利用物理或化学沉积法可在基底上形成比较密的非均匀层。这样的膜层力学性能很好，很耐用。然而，由于缺乏折射率低于1.35的镀膜材料，对于空气-玻璃界面的非均匀增透膜并不合适。文献[46]至文献[48]对空气-玻璃界面镀非均匀介质增透膜和镀均匀介质增透膜进行了研究，发现镀非均匀膜并没有什么特殊的优点。对于高折射率基底材料情况就完全不同，图 19-15 给出了非均匀介质增透膜和均匀介质增透膜实测透射率曲线，由图 19-15(a)可以看出，在高折射率基底上镀非均匀介质增透膜可获得均匀且较低的反射率[49]。在镀膜时，有必要在表面附加一层1/4波长厚的均匀层，均匀层折射率与非均匀介质顶端的折射率接近，以完善膜系结构。

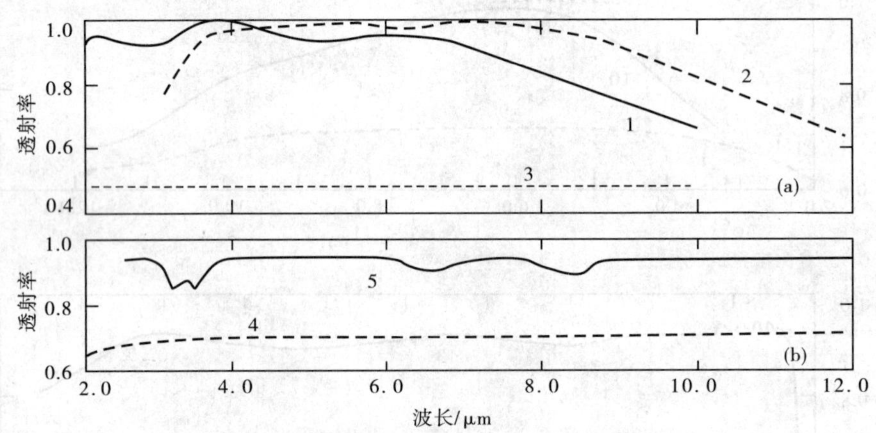

图 19-15　非均匀介质增透膜和均匀介质增透膜实测透射率比较

(a)锗片两面镀非均匀介质增透膜的实测透射率。1.非均匀介质，膜厚为1.2 μm，折射率从Ge的折射率渐变到MgF_2的折射率；2.非均匀介质，膜厚为1.76 μm，折射率从4.0渐变到1.5，附加一厚度为0.74 μm的均匀MgF_2膜层；3.未镀膜锗片的透射率。(b)溴碘化铊(合成晶体)片两面镀膜实测透射率曲线。4.未镀膜溴碘化铊片的透射率；5.在溴碘化铊片两面镀厚度为2.5 μm的均匀介质10层，折射率从1.3变到2.29，通过蒸发适当的NaF-CdTe混合物就可得到这样的均匀层

非均匀膜层可以用折射率渐减的一系列均匀层来近似，图19-9(f)中的曲线10.1就是利用表19-1类型10.1计算的结果。对于这样的情况，采用两个独立的蒸发源，通过蒸发把两种镀膜材料适当混合，可以得到折射率渐减的均匀层。或者不进行混合，利用文献[50]等价折射率的概念也可以得到中间层渐变的折射率材料。一个更实际的解决办法是仅用两种材料的一系列均匀薄层就可替代非均匀层，文献[51]给出了理论计算和实测结果如图19-16所示。

另一种加色方法是在基底上沉积透明氧化物或氟化物的微球状颗粒，在基底表面形成一层棱锥状的小团，这样就可获得连续变化的折射率，顶端的折射率为1.0，见图19-6(e)。如果要求低的散射损耗，这种结构的平均横向尺寸的大小必须比最短波长小得多，这样得到的涂层才是有效的。这种结构的涂层可获得0.3%的反射率，缺点是薄膜不耐磨。

制备非均匀介质增透膜，加色方法需要昂贵的沉积设备，减色方法并不需要，这是减色方法的一大优点。减色方法是在要镀增透膜材料的表面通过浸沥和刻蚀形成多孔的过渡层，过渡层的折射率随浸沥的厚度而变化。这种制备方法所用材料受到限制，这是减色方法的一大缺点。然而，相位分离玻璃适用于这种处理方法。文献[52]和[53]介绍了在相位分离玻璃上采用这种方法镀增透膜的结果，在0.35～2.5 μm的光谱区

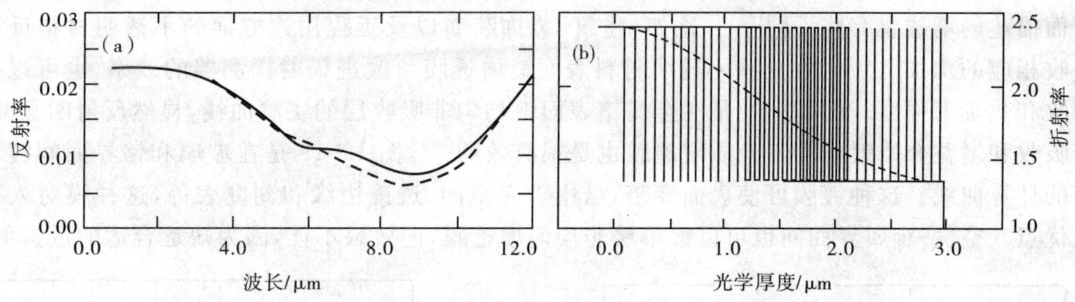

图 19-16　两种介质均匀薄层等效非均匀层的计算和实测曲线

(a)计算和实测结果；(b)两种介质等效非均匀层的折射率剖面

域反射率小于 0.5%，见图 19-17(a)。对于其他一些材料，比如聚合碳酸盐、聚酯树脂和 CR-39 塑料，在刻蚀前需进行离子注入预处理[54]。

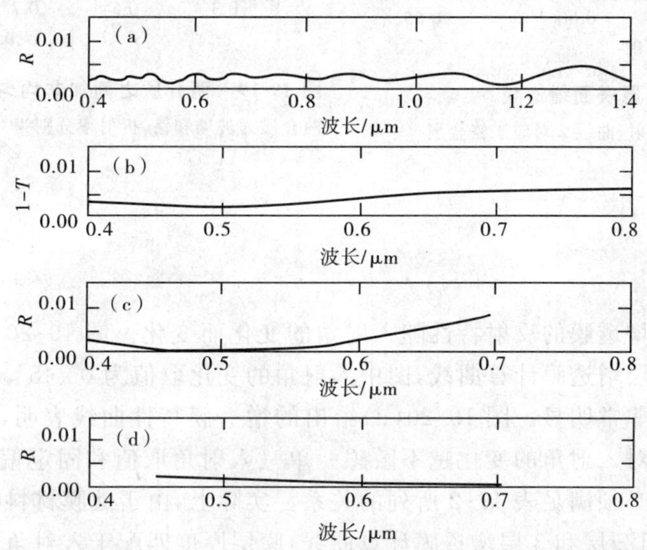

图 19-17　几种宽带非均匀介质增透膜实测曲线

(a)减色方法——浸沥和刻蚀相位分离玻璃；(b)加-减色方法——浸沥和刻蚀沉积在石英玻璃上的相位分离薄膜；(c)在醋酸纤维素表面采用复制方法；(d)用感光树脂构造的增透膜

从技术角度看，加-减色方法更重要。首先，通过溶胶-凝胶方法在其要求镀增透膜的材料表面沉积单一的玻璃状膜，相位分离后，很容易被浸沥或刻蚀形成多孔的微结构，微结构的折射率具有可控制的折射率梯度[55-56]。这种方法不必用代价高的相位分离玻璃，用于增透膜可得到 0.13%的低反射率，比用常规物理蒸发沉积技术得到的薄膜激光损耗域值高出 4 倍多[57]，如图 19-17(b)所示。这种方法存在多种变化，在此不再列举文献。

用聚合材料或类似的材料通过复制方法也可以得到微结构表面。这种方法处理结果已有报道，如图 19-17(c)所示，在可见光范围内平均反射率在 0.3%的量级。

近年来，出现了用光化学方法和机械方法产生密集规则形状的结构来模拟浸沥或刻蚀层的变化空隙率，把这种方法用于增透膜的研究引起了人们的兴趣。文献[58]首先提出这样的实验装置。他们把感光树脂涂于镀膜材料表面，再曝光于两组正交的紫外干涉条纹，然后用另外的离子束刻蚀，有选择地进行放大就可形成突起的规则排列。这样形成的反射膜层在可见光范围反射率小于 0.3%，如图 19-17(d)[59]所示。许多研究者对这种结构的理论进行了研究[60-61]，也已研制出波长范围延伸到毫米和亚毫米范围的仪器和设备[62]。

四、吸收和增益介质增透膜

对于在弱吸收区域的玻璃和半导体材料镀增透膜以及现有激光材料(复折射率虚部小而且取负值)镀增

透膜与前面描述的增透膜有些不同[63]。比如，建筑、装饰装潢以及工程用途方面的不透明材料反射的减小会导致吸收相应的增加[64-65]。在这些不透明材料表面镀增透膜可改进辐射探测器的效率，也可以控制表面的日光吸收和热辐射强度。图 19-18 是在金属铬表面镀均匀非吸收层的实测曲线，显然反射明显减小[64]。

对于吸收和增益介质镀非均匀介质增透膜也是很有效的[66]，图 19-19 是在玻璃和铬界面间镀非均匀介质增透膜的计算曲线。这种镀膜可使表面变暗，已用于棱镜面、透镜边缘和刻度表等，这种膜对入射角不敏感是一大优点。空气-金属界面间也可以镀单层非均匀增透膜，但效果不佳，因为缺乏合适的低折射率材料。

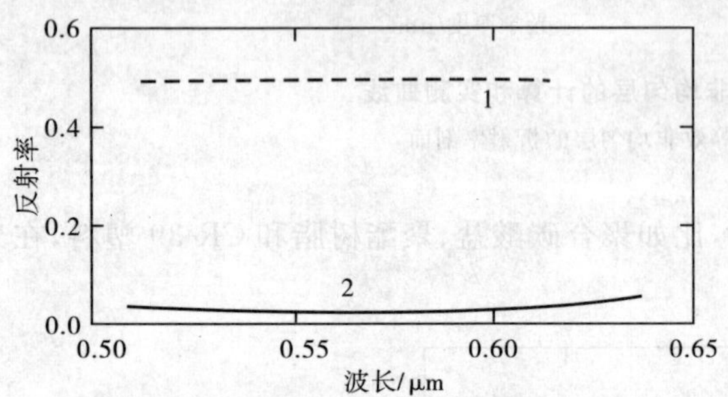

图 19-18　不透明金属表面增透膜

曲线 1 对应于铬金属表面的反射，曲线 2 对应于铬金属表面镀 ZnS 膜的反射

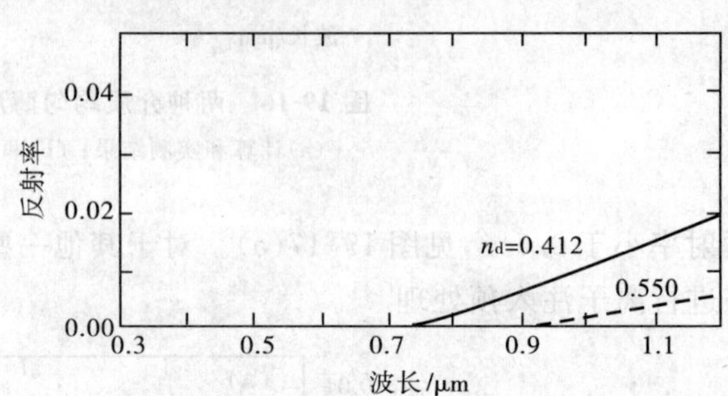

图 19-19　两介质之间加非均匀过渡层增透膜计算曲线

两介质为玻璃和铬，折射率分别为 $n_1=1.52$，$n_2=2.26-i0.43$

五、斜入射增透膜

在非垂直入射的情况下，增透膜的反射特性随入射角的变化而变化。图 19-20 给出了 3 种重要商品的增透膜和镀于锗基底上的 10 层增透膜计算曲线，图中入射角的变化取值为 0°、45°、60°。对于高效窄带增透膜，膜的特性随入射角的变化非常明显。图 19-20(d)给出的增透膜特性曲线表明，增透膜的设计越是接近非均匀过渡层，增透膜的特性对入射角的变化越不敏感。单一入射角取值和固定偏振面的情况下设计增透膜，膜层的有效厚度和折射率必须满足表 19-2 所列的关系。实际上，由于镀膜材料的限制，设计中总会有小的偏差。图 19-21 给出了两组 2 层和 3 层增透膜计算曲线，膜层厚度匹配于入射角 45°。

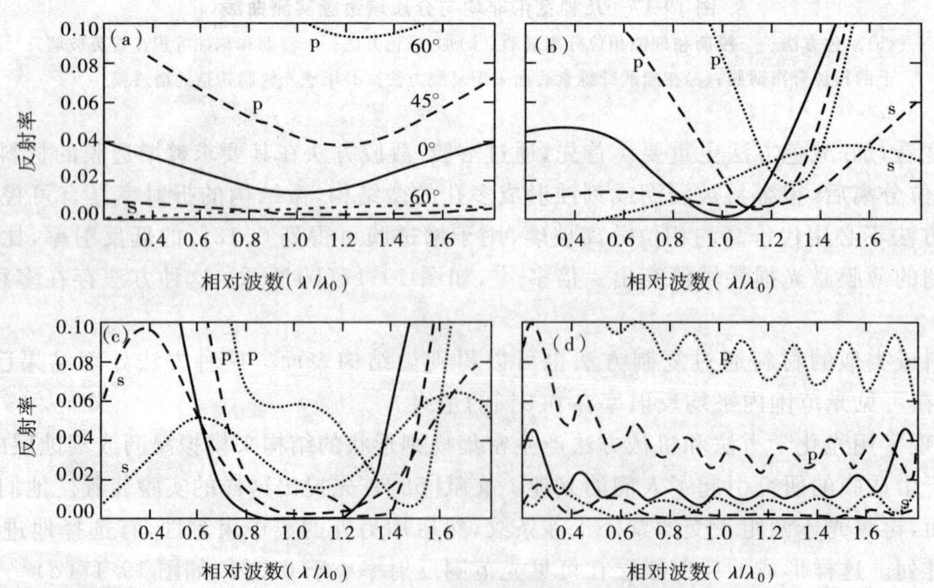

图 19-20　单层、双层、三层、十层增透膜计算曲线

(a)、(b)、(c)、(d)分别为单层、双层、三层、十层增透膜计算曲线，与表 19-2 中的膜系 1.1、2.1、3.4 和 10.1 相对应；偏振面为平行于入射面的 p 偏振和垂直于入射面的 s 偏振，入射角为 0°(实线)、45°(虚线)、60°(点线)

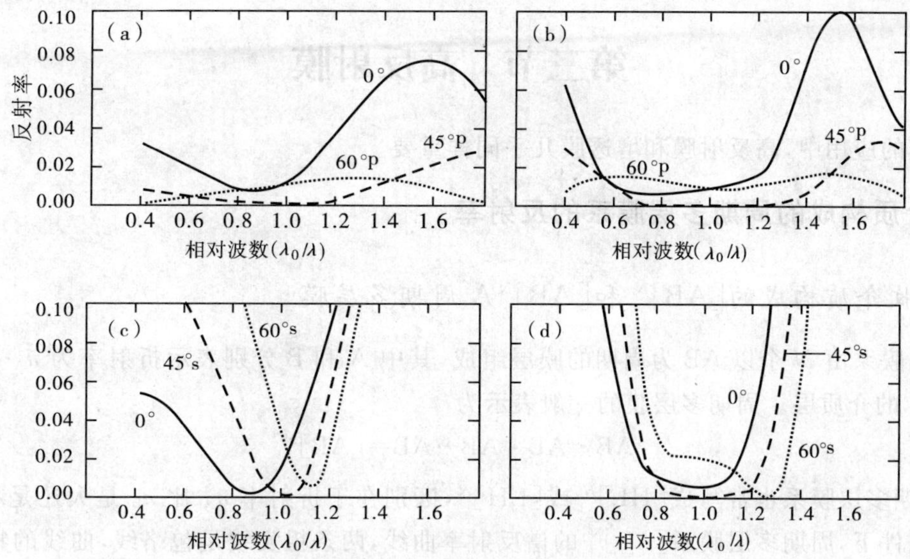

图 19-21 双层和三层增透膜计算曲线

(a)和(c)双层、(b)和(d)三层增透膜计算曲线[67-68]，入射角分别为 0°、45°、60°。(a)和(b)对应于 p 偏振，(c)和(d)对应于 s 偏振

如果斜入射是非偏振光，采取折中办法很有必要。膜层的有效厚度匹配于设计的入射角，但表 19-2 中所列的折射率满足的条件是垂直入射的情况。因此，不可能同时满足两种偏振，图 19-22 就是例证。消色差增透膜能够同时满足两种偏振的设计要求，并且可以达到最佳设计，也可适用于宽角度范围的入射，见图 19-23(b)。然而，若所需之光谱范围和入射角的变化范围很大，问题就变得比较困难，尤其是入射角大于 60°的情况。图 19-24 给出的是单一波长增透膜特性曲线，很明显，对于入射角从 0°～60°都是很有效的。对于超过 60°的大角度入射的情况，增透膜的设计请参考文献[69]。

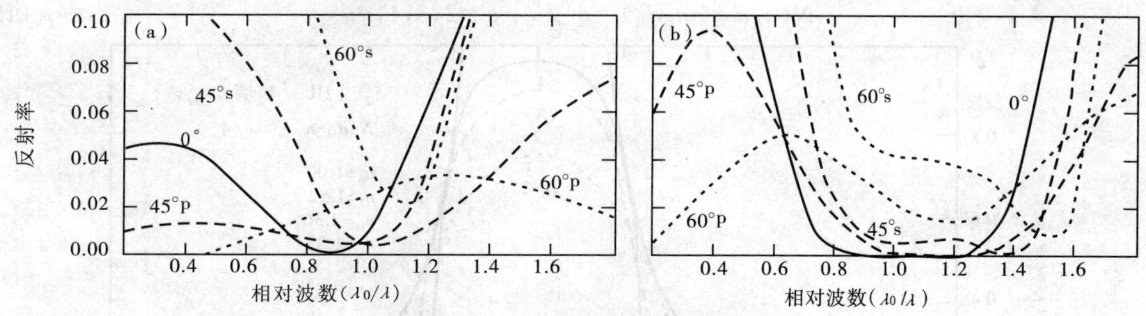

图 19-22 双层、三层增透膜计算曲线

(a)双层、(b)三层增透膜计算曲线(对应于表 19-1 中的膜系 2.1 和 3.4)，入射角分别为 0°(实线)、45°(虚线)、60°(点线)，入射光为非偏振光，膜层厚度匹配于 45°入射角

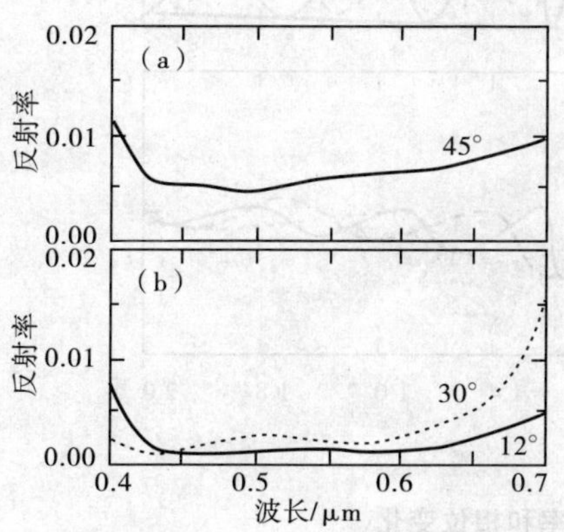

图 19-23 非偏振光入射增透膜的平均反射率

(a)入射角 45°；(b)30°半角会聚光锥

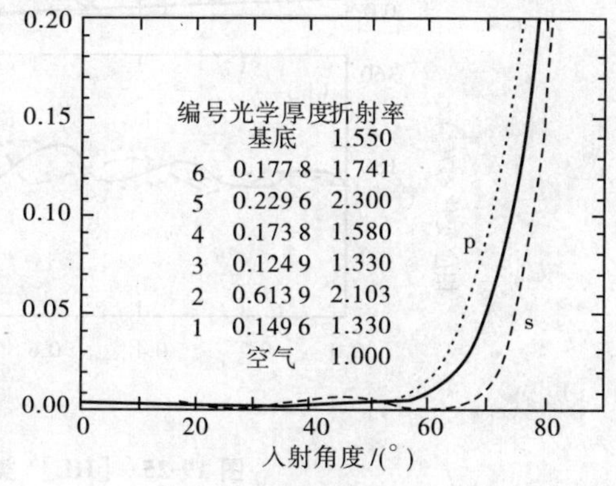

图 19-24 宽角度增透膜[70]

$\lambda=0.632\,8\ \mu m$

第三节 高反射膜

在光学薄膜的应用中，高反射膜和增透膜几乎同样重要。

一、两种介质构成的周期多层膜系的反射率

(一)非吸收介质构成的$[AB]^N$ 和$[AB]^N A$ 周期多层膜

设周期多层膜系由 N 个以 AB 为周期的膜层组成，其中 A 和 B 分别表示折射率为 n_A 和 n_B、光学厚度为 $n_A d_A$ 和 $n_B d_B$ 的介质层。周期多层膜的一般表示为

$$\underset{1}{AB}\cdot\underset{2}{AB}\cdot\underset{3}{AB}\cdots\underset{N}{AB}=[AB]^N \tag{19-40}$$

实际上，周期多层膜系也常写成$[HL]^N$ 或$[LH]^N$，区别在于折射率 n_A 比 n_B 是大还是小。图 19-25 是在垂直入射的条件下，周期多层膜系$[AB]^N$ 的谱反射率曲线，两条粗实线是包络线，曲线的特性取决于介质的折射率 n_A、n_B、n_0、n_s 和光学厚度 $n_A d_A$、$n_B d_B$。对于 $n_0=n_s$，包络线的中间区域 $R=0$。包络线包含高反射区域，在此区域的反射率随膜层周期数的增加而单调增加，当周期数 N 趋向于无穷时，反射率趋向于1.0。在高反射区域的外边，存在许多次极大和次极小，次极大和次极小的数目取决于比值 $n_A d_A/n_B d_B$ 并随 N 的增大而增加。高反射带的宽度是有限的，随着层数的增加高反射带的宽度并不改变。高反射区域的中心波长为 λ_1，λ_1 由下式确定：

$$n_A d_A+n_B d_B=\frac{\lambda_1}{2} \tag{19-41}$$

次极大位于波长 $\lambda_q(\lambda_1>\lambda_2>\lambda_3>\cdots)$处，$\lambda_q$ 由下式确定：

$$N(n_A d_A+n_B d_B)=q\,\frac{\lambda_q}{2},\quad q=2,3,4,\cdots \tag{19-42}$$

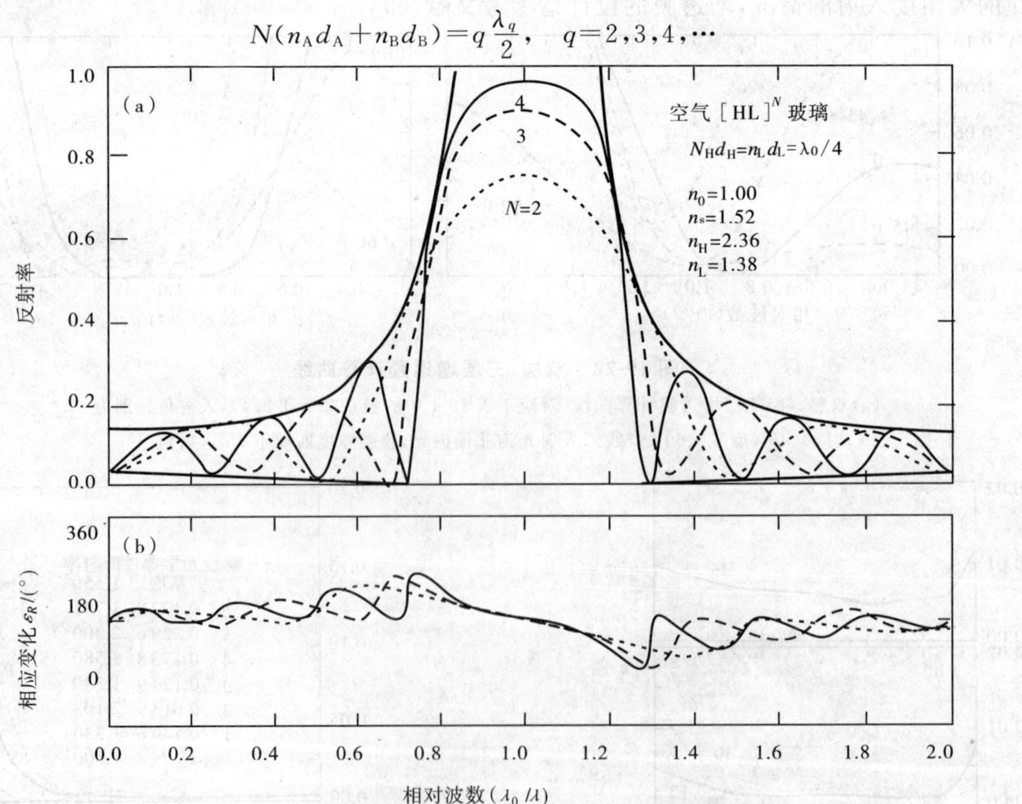

图 19-25 $[HL]^N$ 类型周期多层膜系的反射率和相位变化

H 和 L 分别表示在 $\lambda_0=1.0\ \mu m$ 处四分之一波长厚的高、低折射率膜，粗实线表示反射曲线的包络线。

(a)反射率；(b)相位变化

并假定

$$n_A d_A, n_B d_B \neq p\frac{\lambda_q}{2}, \quad p=1,2,3\cdots \tag{19-43}$$

另外，由于极大和极小取决于两种介质的光学厚度比，通过选择合适的比率就可以调整或压缩同时存在的若干个谱区域内的高反射带。在宽带高反射镜、截止滤光片、热反射镜、冷反射镜和激光反射镜的设计中这个特性是很有用的。图 19-26 给出了光学厚度比为 1∶1 和 2∶1 的两个典型曲线，曲线采用相对波数坐标，膜层厚度是光学厚度 $n_A d_A$ 和 $n_B d_B$ 之和，都取 $\lambda/4$ 的整数倍，明显可以看出曲线具有对称性。

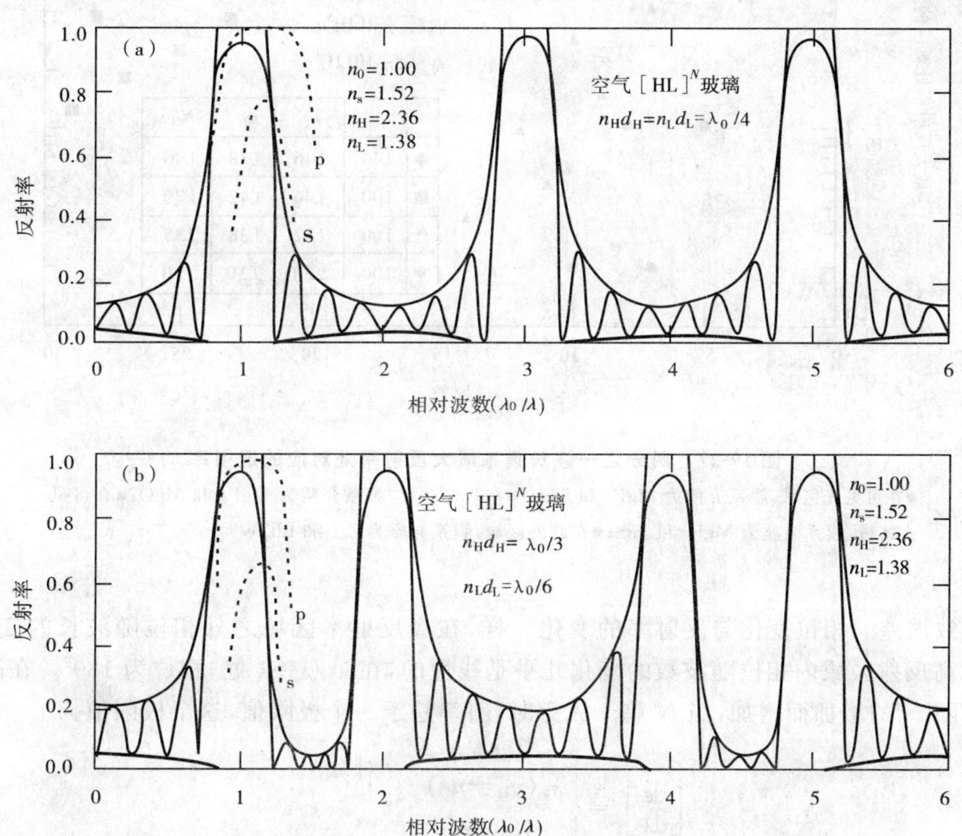

图 19-26 [HL]^N 类型周期多层膜系的反射率

(a)光学厚度比率 1∶1；(b)光学厚度比率 2∶1。图中虚线表示 60°角入射时偏振光的反射率

(二)最大反射率

当折射率比(n_A/n_B)和周期 N 给定之后，$n_A d_A$ 和 $n_B d_B$ 都取 $\lambda/4$ 的奇数倍，最大反射率为

$$R_{\max}=\left[\frac{n_0/n_s-(n_A/n_B)^{2N}}{n_0/n_s+(n_A/n_B)^{2N}}\right]^2 \tag{19-44}$$

对于相关的对称多层膜系[AB]^{N}A 的中间最大反射率为

$$R_{\max}=\left[\frac{n_0 n_s/n_A^2-(n_A/n_B)^{2N}}{n_0 n_s/n_A^2+(n_A/n_B)^{2N}}\right]^2 \tag{19-45}$$

图 19-27 提供了在给定 n_0、n_s、n_H 和 n_L 的情况下，多层膜系最大反射率的计算结果，可供参考。通过改变膜系中任何层的折射率即可获得对称多层膜系[AB]^{N}A 的中间反射率。对于其他厚度的情况，R 的表达式很复杂。

(三)反射率的相位变化

与金属反射镜相比，全电介质周期多层膜相位变化的色散要大得多。如果不进行校正，在某些计量和干

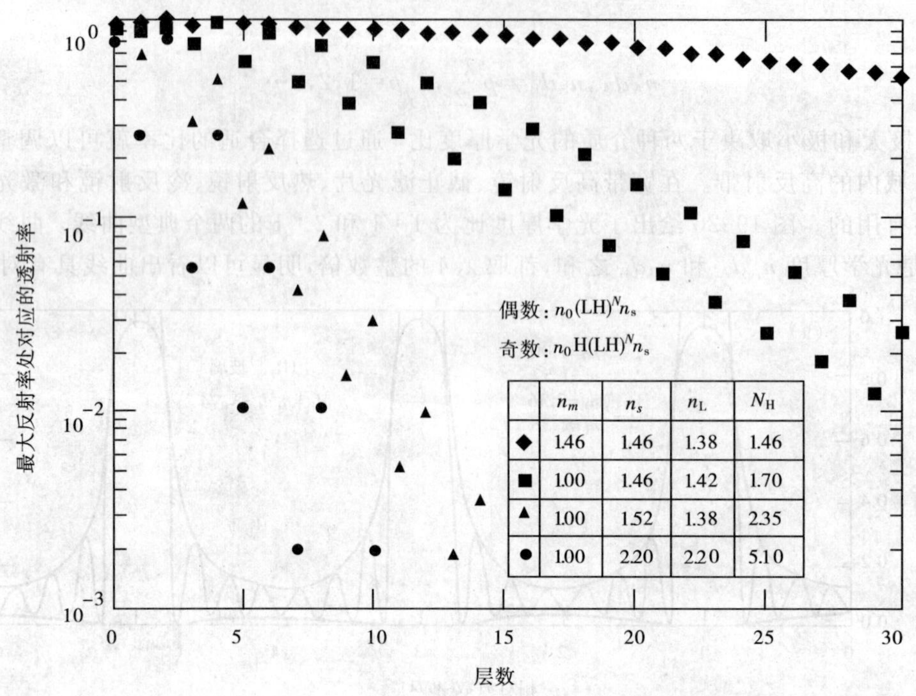

图 19-27　四分之一波长膜系最大反射率处对应的透射率

◆在可见光区域，膜系介质为 MgF_2 和 SiO_2；■在紫外区域，膜系介质为 MgF_2 和 MgO；▲在可见光区域，膜系介质为 MgF_2 和 ZnS；●在红外区域，膜系介质为 Z_nS 和 PbTe

涉应用中会导致误差。相位变化与反射率的变化一样，在高反射率区域之外相位随波长的变化很快，见图 19-25(b)。在高反射区域内相位随波数的变化几乎是线性的，在 $\lambda_0/\lambda=1$ 处，相位为 180°。在高反射区域相位变化的斜率随 N 的增加而增加，当 N 趋于无穷时，斜率趋于一个极限值，这个极限值为

$$\left[\frac{d\varepsilon}{d\lambda}\right]_\lambda=\begin{cases}\dfrac{180n_0}{\lambda_0(n_H-n_L)}, & 对\ n_H\\[2ex]\dfrac{180n_Hn_L}{\lambda_0n_0(n_H-n_L)}, & 对\ n_L\end{cases}\tag{19-46}$$

这个极限值取决于光入射介质是高折射率 n_H 层还是低折射率 n_L 层[71]。若膜系是由 $3\lambda/4$、$5\lambda/4$…膜层构成，则上式应该倍乘 3，5，…。文献[72]已经证明，通过改变 1/4 膜系其中一层的折射率，在 λ_0 处就可获得相位变化的零值。

（四）$[(0.5A)B(0.5A)]^N$ 类型的周期多层膜

$[(0.5A)B(0.5A)]^N$ 膜系的结构不同于前面讨论的$[AB]^N A$ 膜系，它是把 A 等分为两层镀于 B 层的两侧，厚度为 B 层的一半。这两种膜系的高反射率区域的位置和宽度是相同的，但对于$[(0.5A)B(0.5A)]^N$ 膜系，如果 $n_Ad_A=n_Bd_B$，可减小高反射区域一边次极大的高度。文献[73]对这种膜系结构参数(N，n_A，n_B，n_s，n_0)的最佳选择作了深入细致的研究。如果基底材料的折射率 n_s 和 n_0 选定之后，要使高反射区域外次极大区域长波长一边或短波长一边的透射得到最大的改善，镀膜材料的折射率 n_A 和 n_B 必须满足关系

$$n_sn_0=n_An_B\tag{19-47}$$

或

$$n_sn_0=\frac{n_A^3}{n_B}\tag{19-48}$$

对于比较大的 N 值，根据图 19-27 可获得最大反射率的估算值。这种周期多层膜系在设计截止滤光片时很必要，图 19-28 给出了这种膜系的计算实例。

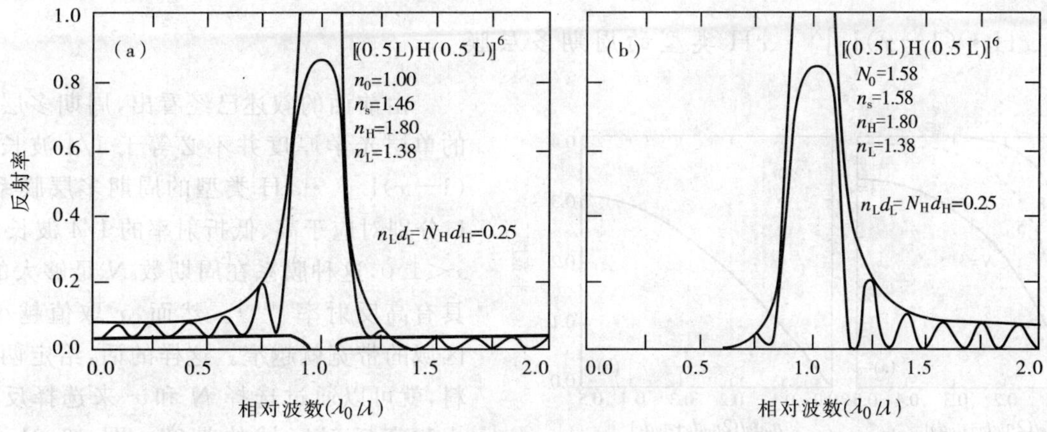

图 19-28 $[(0.5A)B(0.5A)]^N$ 类型对称周期多层膜系的反射率计算曲线

(a)长波长一边次极大减小;(b)短波长一边次极大减小

(五)高反射区域的带宽

对于给定的折射率比值 n_A/n_B,当 $n_Ad_A=n_Bd_B=\lambda/4$ 时,高反射区域的带宽 $\Delta\lambda_R/\lambda$ 是最大的,其表达式为

$$\frac{\Delta\lambda_R}{\lambda}=\frac{4}{\pi}\arcsin\left(\frac{1-n_A/n_B}{1+n_A/n_B}\right) \tag{19-49}$$

上式是两层膜得到的结果。如果是 1/4 波长的 N 阶周期多层膜系,带宽有一因子 $1/2N-1$,因而,带宽受到压缩。图 19-29 是高反射区域宽度与折射率比率的关系曲线,周期膜系的光学厚度分别取 $\lambda_0/4$、$3\lambda_0/4$、$5\lambda_0/4$。由图可见,具有相等折射率比率的周期多层膜系具有相等宽度的高反射区域,但是,如果入射介质和基底的折射率比率不同,反射曲线也是不同的,如图 19-30 所示。

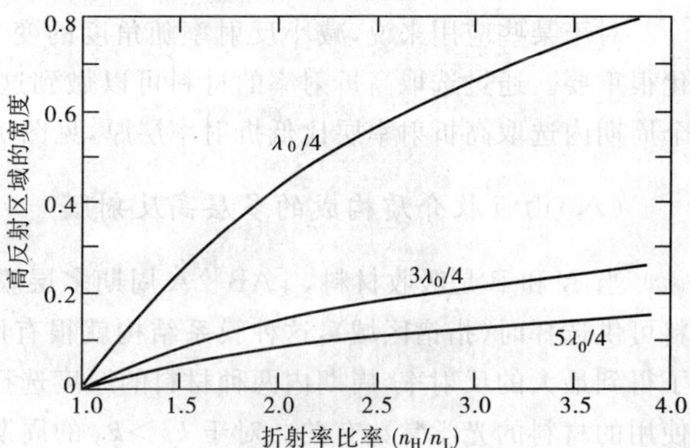

图 19-29 高反射率区域与折射率比率关系计算曲线

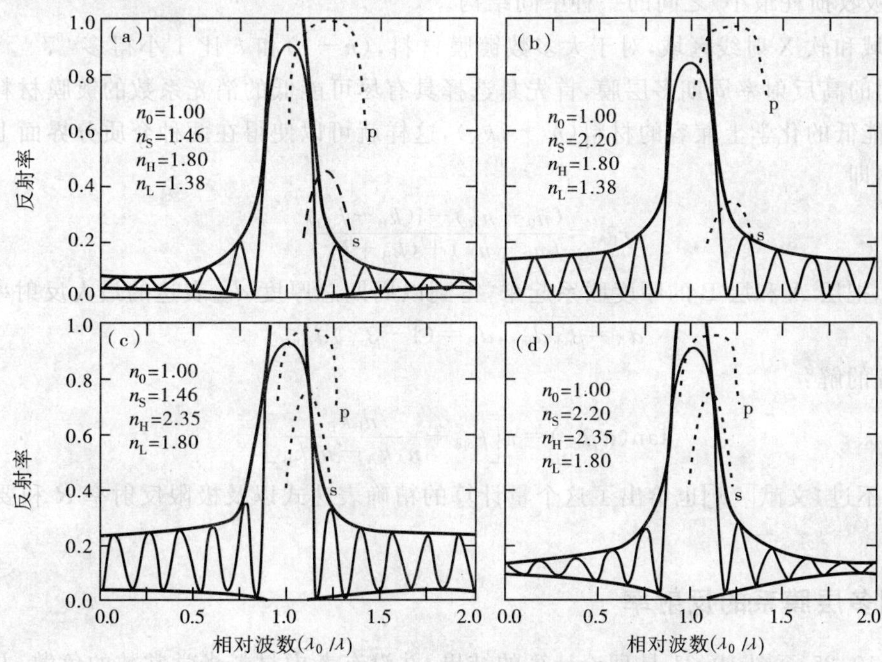

图 19-30 $H(LH)^N$ 类型周期多层膜系的反射率计算曲线

n_H 和 n_L 取不同值,但比率 n_H/n_L 相同,基底材料也不同。虚线表示 60°角入射时 p 偏振和 s 偏振的反射率

(六)$[x\mathrm{H}\cdot(1-x)\mathrm{L}]^{N}\cdot x\mathrm{H}$ 类型的周期多层膜

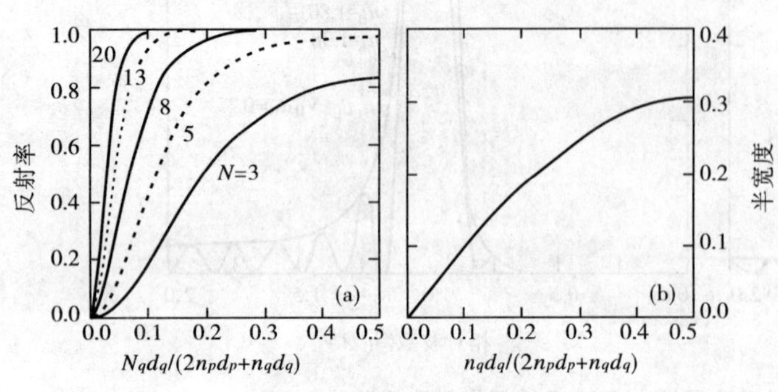

图 19-31 $[x\mathrm{H}\cdot(1-x)\mathrm{L}]^{N}\cdot x\mathrm{H}$ 类型周期多层膜系

(a)最大反射率；(b)高反射区域的带宽($n_{\mathrm{H}}=2.4$，$n_{\mathrm{L}}=1.51$)

由前面的叙述已经看出，周期多层高反射膜的单层光学厚度并不必等于 1/4 波长。$[x\mathrm{H}\cdot(1-x)\mathrm{L}]^{N}\cdot x\mathrm{H}$ 类型的周期多层膜系中，H 和 L 分别对应于高、低折射率的 1/4 波长层，而 $0<x<1.0$，这种膜系在周期数 N 足够大的情况下，具有高反射率[74-75]。然而，x 取值越小，高反射区域的带宽就越窄。这样的话，给定两种镀膜材料，就可以通过选择 N 和 x 来选择反射率的大小和高反射区域的带宽。图 19-31 给出的是 $R_{\max}$、$\Delta\lambda_R/\lambda$、x 和 N 之间的关系曲线，n_{H} 和 n_{L} 分别对应于 ZnS 和聚乙烯的折射率。

(七)角灵敏度

对于某些应用来说，减小反射率随角度的变化很重要。通过选取高折射率的材料可以做到这一点，见图 19-30。另外一种途径是在周期多层膜系的一个周期内选取高折射率层比低折射率层厚，见图 19-26(b)。

(八)由吸收介质构成的多层高反射膜

当 A 和 B 是吸收材料，$[\mathrm{AB}]^{N}\mathrm{A}$ 周期多层膜系也可以获得高的反射率。实际中没有非吸收的镀膜材料可供选择时(指谱区域)，这种膜系结构就很有用。这种膜系结构的周期光学厚度仍近似取 $\lambda/2$，但是，为了得到最大的反射率，周期内两种材料的厚度选择 d_{A} 和 d_{B} 就可以完全不同，选择厚度也与周期数 N 和所使用的材料的光学常数有关。对于 $k_{\mathrm{A}}>k_{\mathrm{B}}$ 的周期多层高反射膜系结构是介于非吸收的 1/4 波长膜系结构(这种结构 $k_{\mathrm{A}}=k_{\mathrm{B}}=0$，光学厚度取 $\lambda/4$，相长干涉效应最大)和理想布拉格晶体结构(这种结构 $k_{\mathrm{A}}\gg k_{\mathrm{B}}$，膜层中要求 $d_{\mathrm{A}}\ll d_{\mathrm{B}}$，使吸收损耗最小)之间的一种中间结构。

在极远紫外区域和软 X 射线区域，对于大多数镀膜材料，$(n-1)$ 和 k 比 1 小得多[76-77]。对于给定的波长，要设计垂直入射的高反射率周期多层膜，首先是选择具有尽可能低的消光系数的镀膜材料($n_{\mathrm{B}}-\mathrm{i}k_{\mathrm{B}}$)，其次是选择具有尽可能低的化学上兼容的材料($n_{\mathrm{A}}-\mathrm{i}k_{\mathrm{A}}$)，这样就可以使得在两种介质分界面上的垂直入射菲涅耳反射系数最小，即

$$r_{\mathrm{BA}}=\frac{(n_{\mathrm{B}}-n_{\mathrm{A}})-\mathrm{i}(k_{\mathrm{B}}-k_{\mathrm{A}})}{(n_{\mathrm{B}}+n_{\mathrm{A}})+(k_{\mathrm{B}}+k_{\mathrm{A}})} \tag{19-50}$$

文献[78]用因子 β_{opt} 把层 A 和层 B 的厚度联系起来，得到以周期总厚度 d_{opt} 表达的最大反射率，而

$$d_{\mathrm{A}}=\beta_{\mathrm{opt}}d_{\mathrm{opt}},\ d_{\mathrm{B}}=(1-\beta_{\mathrm{opt}})d_{\mathrm{opt}} \tag{19-51}$$

式中 β_{opt} 是下面方程的解：

$$\tan(\pi\beta_{\mathrm{opt}})=\pi\left[\beta_{\mathrm{opt}}+\frac{n_{\mathrm{B}}k_{\mathrm{B}}}{n_{\mathrm{A}}k_{\mathrm{A}}-n_{\mathrm{B}}k_{\mathrm{B}}}\right] \tag{19-52}$$

d_{opt} 近似等于 $\lambda/2$。不过，文献[78]也给出了这个量计算的精确表达式以及极限反射率 R 和要达到此反射率所要求的周期数 N。

二、实际周期多层膜系的反射率

前面给出的图 19-25 至图 19-31 是理论计算的结果，并没有考虑材料光学常数的色散，并假定膜是无吸收也无散射，膜的厚度是精确的值。实际镀膜过程中，这些假定并不严格有效，与计算值会有偏差。一般而言，理论计算值与实验测量值在高反射区域内比在高反射区域外的一致性要好。

(一)用于干涉仪和激光器等光学器件的多层高反射膜

图 19-32 是用于法布里-珀罗干涉仪的许多 1/4 波长周期多层反射膜的实测反射率和透射率曲线。图 19-33是已商品化的某典型激光器在 $\lambda=0.6328\ \mu m$ 处的周期多层反射膜的实测透射率曲线。对于红外区域许多高反射周期多层膜的反射率实测曲线示于图 19-34 中。

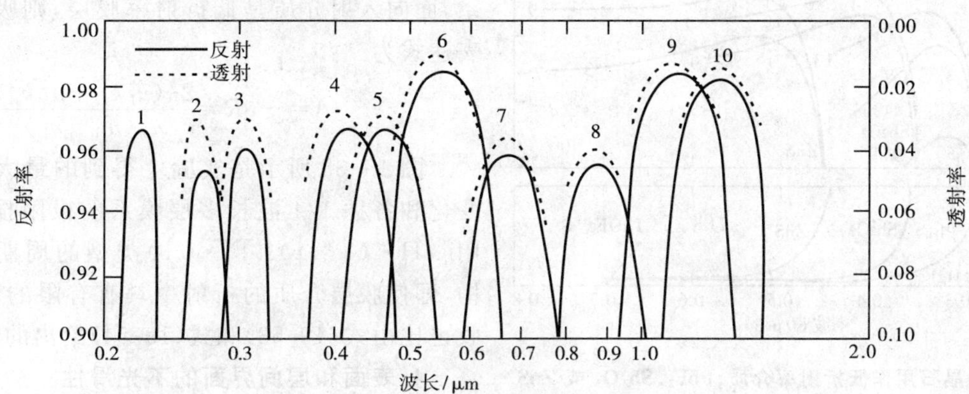

图 19-32 $(LH)^N H$ 类型全电介质周期多层高反射膜在紫外、可见光、近红外谱区域的实测反射率和透射率曲线[79]

1. 介质 MgO 和 MgF_2,共 27 层;2 和 3. 介质 PbF_2 和冰晶石(Na_3AlF_6),分别为 11 层和 13 层;4、5、7 和 8. 介质 ZnS 和冰晶石,共 7 层;6、9 和 10. 介质 ZnS 和冰晶石,共 9 层

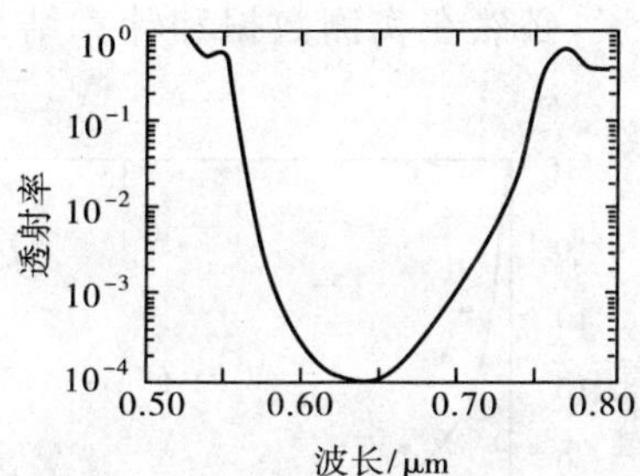

图 19-33 一种用于激光器的高反射膜透射率实测曲线[80]

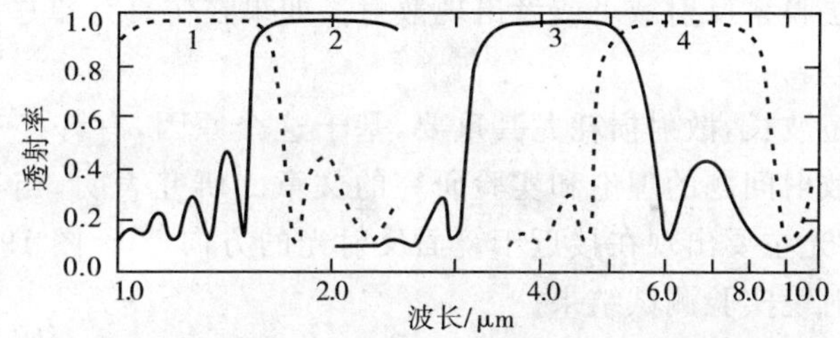

图 19-34 由辉锑石和锥冰晶石全电介质构成的周期多层高反射膜在红外谱区域的实测反射率曲线[81]

1 和 2. 玻璃基底,$(LH)^4 H$ 类高反射膜;3 和 4. 氟化钡基底,$[(0.5A)B(0.5A)]^4$ 类高反射膜

(二)影响反射特性的因素

1. 膜层厚度误差

实际镀膜时,膜层厚度与理论模拟中采用的膜层厚度肯定有小误差,1/4 周期多层膜系在高反射区域内的反射率和相位变化,受膜层厚度的影响很小,但在高反射区域外的确有影响[82]。事实上,由于基底表面的不均匀性会引起厚度明显的变化,这种影响可能很严重[83]。

2. 色散

对于给定类型的 1/4 波长周期多层膜系,色散的明显影响在于随着波长的减小峰值反射率在增加,也体现在高反射区域两边的次极大是不对称的。

3. 吸收

由图 19-32 可见,反射曲线与透射曲线是分离的,这是由于介质吸收引起的。对某些应用来说,这种损耗会限制反射膜的用途。比如,在干涉滤光片和法布里-珀罗干涉仪中,会导致峰值透射率减小,并限制可能达到的半宽度。在光信息存储器件中,吸收限制了可能达到的最高反射率。在激光器件中,这种损耗直接与激光介质的增益相抵消。另外,在介质层中的吸收也是造成激光反射膜损坏的原因。

构成 1/4 波长周期多层膜系的两种介质，如果消光系数小但有限，总的效果是反射和透射减小。对于 $[HL]^N H$ 类型的膜系，随着膜系反射率的增加，吸收接近于极限值：

$$A=-\delta R=\frac{2\pi n_{\mathrm{m}}}{n_{\mathrm{H}}^2-n_{\mathrm{L}}^2}(k_{\mathrm{H}}+k_{\mathrm{L}}) \tag{19-53}$$

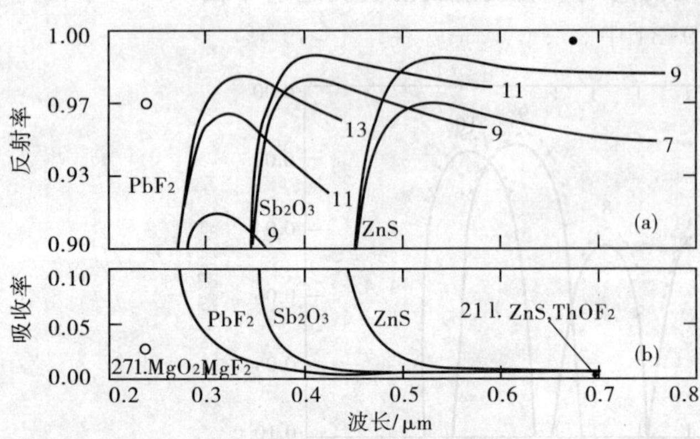

图 19-35　冰晶石用作低折射率介质，PbF_2、Sb_2O_3 或 ZnS 用作高折射率介质构成的四分之一波长多层膜系

图中曲线分别对应于 7 层、9 层、11 层和 13 层峰值反射率(a 图)和吸收系数(b 图)随波长的变化曲线

这个值与膜系的层数无关[1]。对于 $[HL]^N$ 类型的膜系，面向入射介质是低折射率膜层，则吸收极限值的表达式为

$$A=-\delta R=\frac{2\pi(n_{\mathrm{L}}^2k_{\mathrm{H}}+n_{\mathrm{H}}^2k_{\mathrm{L}})}{n_{\mathrm{m}}(n_{\mathrm{H}}^2-n_{\mathrm{L}}^2)} \tag{19-54}$$

图 19-35 所示是实验上得到的最大反射率的谱变化和各种 1/4 波长多层膜系的极限损耗。如果采用 $[xH\cdot(1-x)L]^N\cdot xH$ 类型的周期多层膜系结构，即使膜层介质的折射率具有有限的消光系数，吸收也比由式(19-53)和式(19-54)给出的值要小[84]。

4. 表面和层间界面的不光滑性

在薄膜仿真计算中，通常假定基底介质的表面和层间界面是光滑的，且介质层是均匀的。实际上，基底和层间界面是不光滑的，有时甚至由于两种镀膜材料的氧化、化学相互作用或相互扩散，在两层的界面间形成薄的均匀或非均匀界面层。通常，界面层在 AB 和 BA 边界上是不同的，典型的厚度是 0.000 3 μm 或 0.001 μm。由于这些因素和其他因素的影响，会导致周期多层膜系反射减小或者出现散射。如果在仿真计算中不考虑这些因素，必然在实测数据和计算结果间出现误差。

在短波长，散射损耗尤其重要，基于这个原因，有许多有关界面间和薄膜散射问题的理论和实验研究的文章。研究表明，当有散射出现时，散射光主要出现在接近于镜面反射光的方向[85]。图 19-36 是典型介质反射镜实验测试结果。

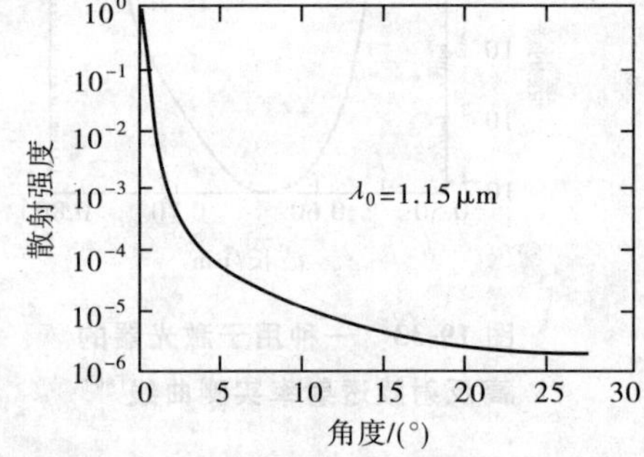

图 19-36　散射强度在远离镜面反射方向随角度变化实测曲线[86]

5. 激光极低损耗反射镜

在激光谐振腔和环形激光器中需要极低损耗的反射镜。商品化的激光器所使用的反射镜总的损耗强度 L(透射损耗＋吸收损耗＋散射损耗)大约在 5×10^{-5} 的量级。实际上，随着制造技术的发展，现在可以达到反射镜几乎无损耗。根据文献[87]，由 Ta_2O_5 和 SiO_2 介质构成的 1/4 波长膜系共 41 层，总的损耗量级为 $L=1.6\times10^{-6}$，对应于在 0.633 μm 波长的反射率为0.999 998 4。估计吸收和散射的损耗大约在 1.1×10^{-6}。要得到极低的损耗，技术的关键是超级光面基底，基底光滑度在 0.05 nm(rms)或更小。

6. 软 X 射线和 XUV 区域的多层反射膜

在软 X 射线和 XUV 区域，由于基底表面和层间界面的不光滑造成的缺陷大小可与单层厚度相比较，这种影响尤为重要。基于这一点，现在许多研究都集中到这一方面的模拟计算。采用的方法有本章前面介绍的矩阵方法[88]。另外还有用递推方法，该方法计算第 j 层振幅反射系数 r_j 的公式为

$$r_j=\frac{r_{j-1}+r_{\mathrm{BA}}\exp(2\mathrm{i}\delta_j)}{1+r_{j-1}r_{\mathrm{BA}}\exp(2\mathrm{i}\delta_j)} \tag{19-55}$$

式中，δ_j 为有效光学厚度(见(19-15)式)，r_{j-1} 为第 $j-1$ 层的振幅反射系数，r_{BA} 是第 j 层和第 $j+1$ 层之间界面的振幅反射系数。在这种近似方法中，如果菲涅耳振幅反射系数 r_{BA} 由式

$$r_{\mathrm{BA}}=\exp\left\{-\frac{1}{2}\left[\frac{4\pi}{\lambda_0}\sigma\mathrm{Re}(\tilde{n}\cos\tilde{\theta}_0)\right]^2\right\} \tag{19-56}$$

替代，就可修正基底和层间界面不光滑的组合影响 σ 值[89]。在硬 X 射线区域，对于所有的材料，取 $n=1$，k

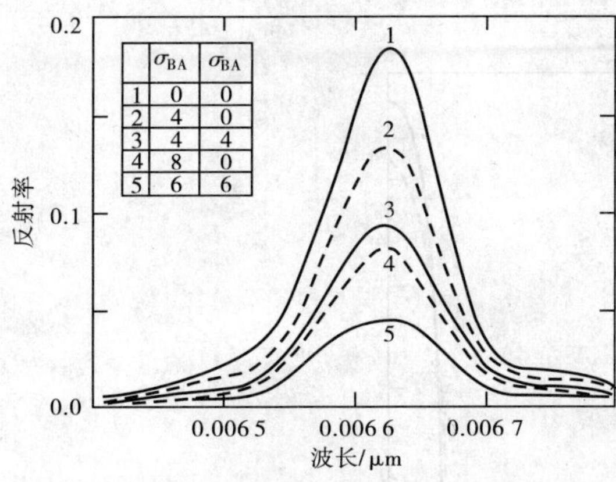

图 19-37　在 ReW-C 和 C-ReW 界面上用不同的影响因子 σ(Å) 计算 64 层 X 射线介质反射镜的反射率曲线[90]

$=0$，上式中指数项就简化为

$$\mathrm{DW}=\exp\left[-\frac{1}{2}\left(\frac{4\pi}{\lambda_0}\sigma\cos\theta_j\right)^2\right] \tag{19-57}$$

称之为德拜-沃勒(Debye-Waler)因子。XUV 区域表面不光滑性的影响，计算结果见图 19-37。

(三)窄带反射滤光片

窄带反射滤光片是在极窄的谱范围内可将入射光全部或部分反射，而在此区域外全部透射的滤光片。文献[91]曾在氯酸钾晶体中观察到窄带反射的自然现象，后来实验上也报道了这种晶体的反射带宽在 0.001～0.038 μm 之间，带宽内的反射率在 33%～99.9%之间变化[92-93]。然而遗憾的是，目前能生长的晶体大小不够，且反射带的位置和宽度也不易控制，故用晶体来实现非常窄的带宽和高反射很困难。文献[94]提出一种观点，就是用$[AB]^N A$类型的 1/4 周期多层膜系来替代晶体用作窄带反射滤光片。根据图 19-27 到图 19-29 可以看出，折射率比率 n_A/n_B 越接近于 1，反射区域的宽度就越窄；周期多层膜的层数越多，反射率也越大。图 19-38 是由 720 层构成的多层膜系的实测反射率曲线，镀膜采用等离子体化学沉积技术[95]。遗憾的是，这种方法只能在一个管子的里面沉积膜层。为了减少层数，可选择比率 n_A/n_B 较高的膜；为了减小反射带宽，可选择 1/4 波长奇数周期多层膜系结构。但是，这样做的结果使高阶峰值和低阶峰值间的距离更近，谐振腔反射镜就是个很好的实例。

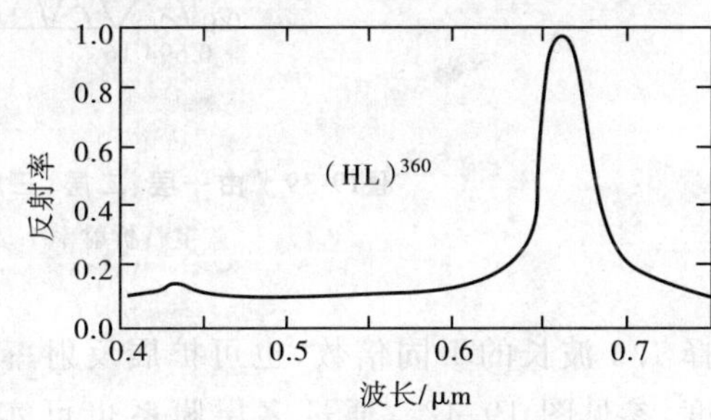

图 19-38　1/4 波长周期多层膜系的反射率实测曲线

$n_H=1.585, n_A=1.575$

(四)谐振腔反射镜

光学谐振腔是激光器的重要组成部分。激光器中谐振腔由两个反射镜构成，一个是全反射镜，一个是部分反射镜。全反射镜的设计可以采用 1/4 波长周期多层膜系。过去激光谐振腔全反射镜是使用刚性好的高光学质量介质，由厚度为毫米数量级的一块或多块空气间隔的平行平板构成。由于激光的相干长度很长，在平行平板内会产生干涉，因此，在高功率激光器中，即使是“硬”蒸发膜也经不起能流密度的冲击，以致损坏高反射膜，降低反射率，影响激光输出。现在由石英和蓝宝石作为全反射镜的介质构成的激光谐振腔已商品化。使用石英和蓝宝石作为镀膜材料，各有优缺点。石英比蓝宝石便宜得多且温度敏感性低，但由于石英的折射率比蓝宝石要低，获得同样反射率石英镀膜的层数要比蓝宝石多。解决这个矛盾的办法是石英扩散掺杂，以提高石英折射率，减少石英镀膜层数[96]。图 19-39 是一层、两层、三层和四层蓝宝石谐振反射镜的反射率计算曲线。

(五)全电介质宽带高反射膜

前面介绍的 1/4 波长周期多层膜系可以获得高反射率，但带宽比较窄。实际工作中，往往需要宽带的高反射率区域，有若干种方法可供选择。一种办法是通过调节中心波长使叠加在一起的两个 1/4 波长膜系的高反射率区域邻接在一起来展宽带宽。要做到这一点，就要求选择尽可能高的折射率比，膜层厚度的选择要使两个高反射区域正好连续，图 19-40 是一个实例。想要得到很宽的高反射率区域，也可把多个 1/4 波长膜系叠加在一起。要特别注意的是，两个高反射区域叠加时，在衔接处可能会出现透射峰值[98]，因此，采用这种方法，要获得非常均匀一致的高反射区域并不容易。另外一种近似方法是在基底上交替沉积厚度渐增或渐减的高、低折射率膜，实例见图 19-41。周期 1/4 波长多层膜系，层间厚度为 1/4 波长。如果层间厚度选

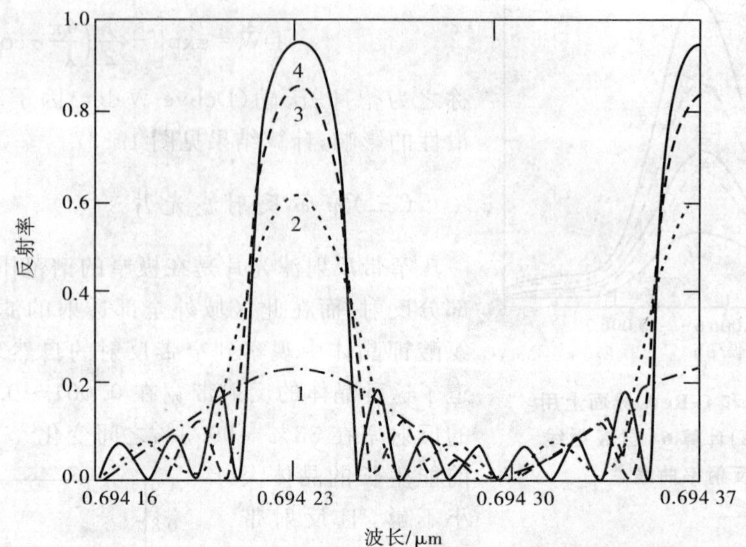

图19-39　由一层、二层、三层和四层蓝宝石片构成的谐振腔反射镜反射率计算曲线

蓝宝石折射率 1.7，蓝宝石片和空气间隔的光学厚度假定是 1.7 mm

择 1/4 波长的不同倍数，也可扩展反射率区域的宽度，参见图 19-42。通过多层膜系也可实现 10∶1 的高反射区域，办法是用两种介质在基底上交替沉积许多随机厚度的层，要求这两种介质在感兴趣的光谱范围没有吸收。这种想法已经提出[100]，但到目前为止，还没有实验结果报道。

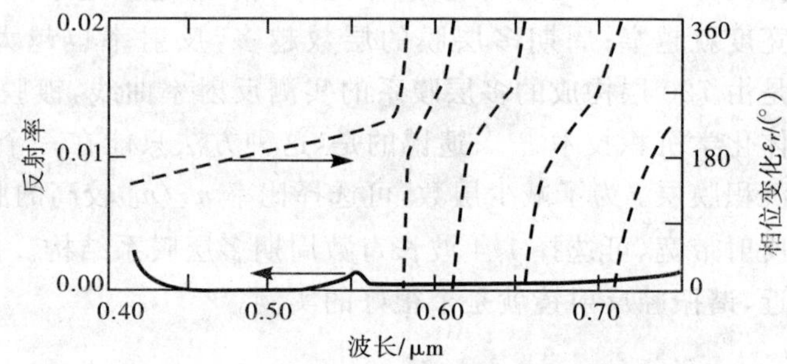

图 19-40　两个 1/4 波长膜系叠加展宽带宽的实例[97]

虚线表示反射的相位变化

如果仅需要高反射区域有相对小的展宽，或者需要一个均匀(对波长而言)而又适中的高反射区域，在计算机模拟程序中修改 1/4 波长多层膜系的层间厚度和折射率，或者在多层膜系中插入一消色差的 $\lambda/2$ 附加层，就可得到希望的效果，图 19-43 和图 19-44 就是采用这种方法得到的实测结果。

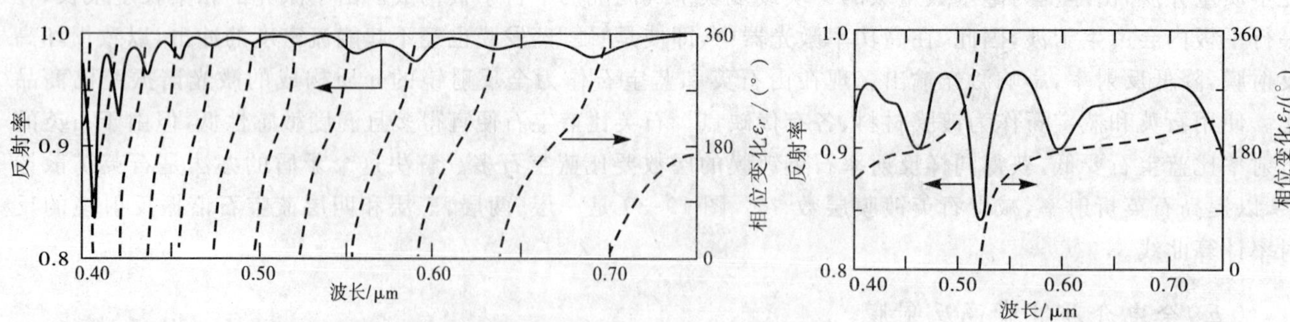

图 19-41　由高低折射率介质构成，层间厚度渐变的 35 层膜系宽带反射计算曲线[98]

图 19-42　11 层全电介质宽带反射计算曲线[99]

层间厚度为 0.13 μm 的不同倍数

紫外谱区域宽带增透膜的研究可参见文献[101]和[102]。

与 1/4 周期多层膜系相比，多层宽带高反射膜反射相位随波长的变化甚至更剧烈[103]，这在计量应用方面是一大缺点。在膜层存在系统性不均匀的情况下，反射相位急剧变化的另一个结果是可以给出基底上平面缺陷的影响[104]。图 19-43(d)和图 19-44(a)就是在宽带高反射膜设计过程中消除这种影响的结果。

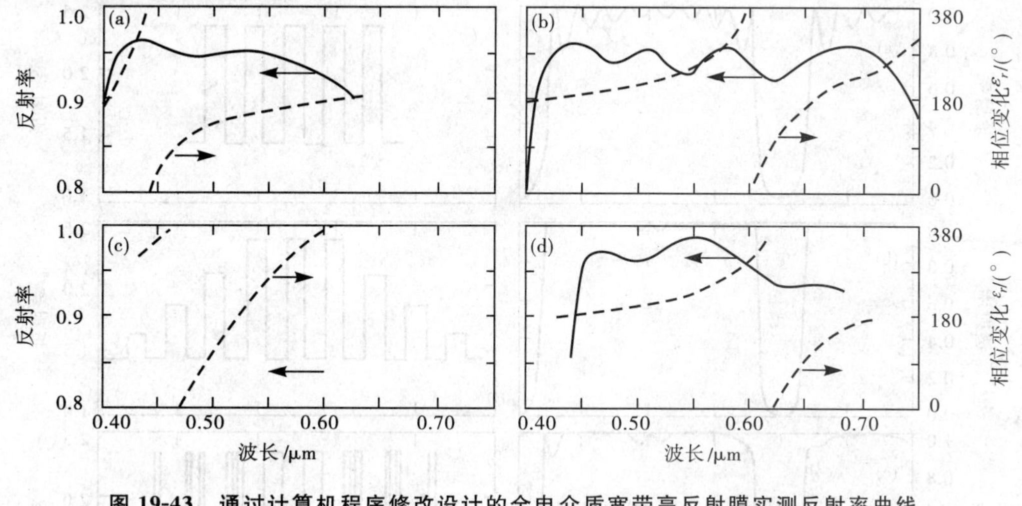

图 19-43 通过计算机程序修改设计的全电介质宽带高反射膜实测反射率曲线

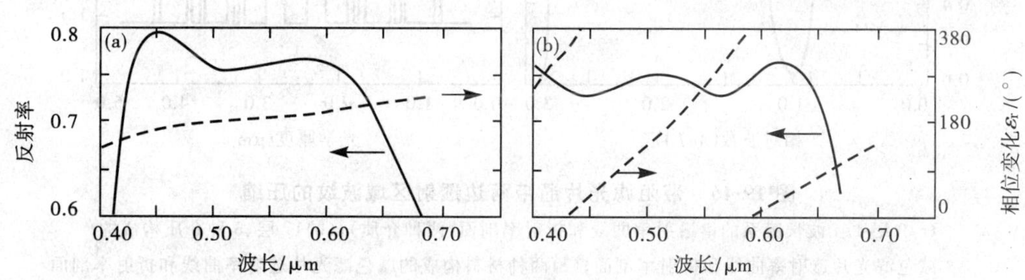

图 19-44 由四分之一波长周期多层膜系演化而得到的中等反射率消色差全电介质反射膜系的反射率实测曲线

(a)附加一 λ/2 消色差层;(b)按修改程序设计

(六)带阻滤光片

1. 减色滤光片

减色滤光片本质上讲也是多层介质膜系,相比之下,减色滤光片在高反射区域两边的透射区域波纹要很小或被消除。这种滤光片具有不同的带宽和衰减,用作校正滤光片有许多应用。尤其是具有高衰减的窄带减色滤光片有各种不同的科学和技术用途,比如为了避免有害的激光辐射,保护设备、实验和工作人员的安全,就可使用窄带减色滤光片。图 19-45 给出了几种具有不同宽度和衰减的带阻滤光片的实测透射率曲线[105]。

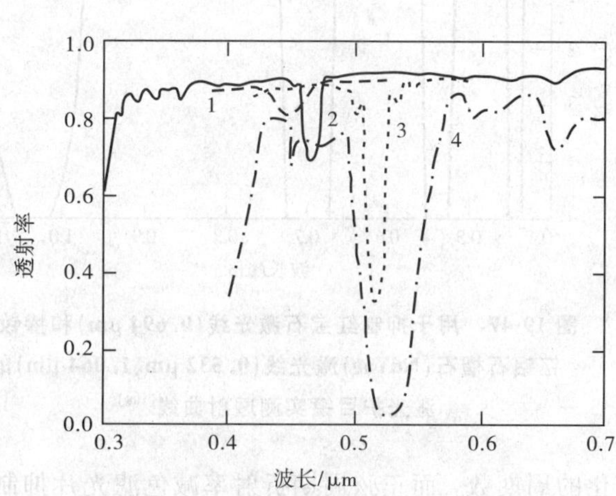

图 19-45 4 种窄带带阻滤光片实测谱透射曲线

减色滤光片设计的难点在于消除抑制带两边透射区域的波纹,文献[106]给出了一种优化方法。由周期多层膜系得知,如果在周期多层膜系的最外边镀相同的介质,即取 $n_0=n_s=n_A$,这样膜系就具有对称性,可表示为 $C[AB]^N AC$、$DAC[AB]^N ACAD$ 等,这里 A、B、C、D 是 1/4 中心波长光学厚度层。折射率 n_C、n_D 的取值依赖于 n_A 和 n_B。在多层膜系结构中使用的介质材料越多,抑制带两边的透射区域的波纹就越小。但是选择超过两种材料,将给镀膜带来不方便,简单的办法还是用两种介质材料,具体做法见图 19-46。

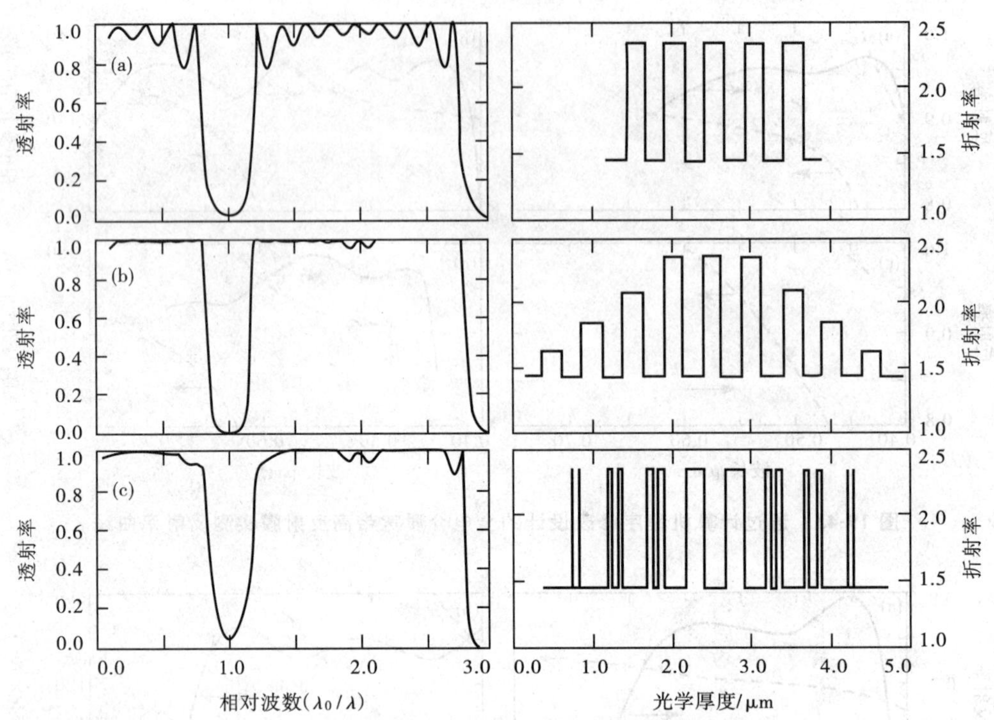

图 19-46 带阻滤光片通带两边透射区域波纹的压缩

(a)9 层 1/4 波长膜系的谱透射率曲线和折射率剖面(两种介质);(b)17 层、5 种介质构成的减色滤光片透射率曲线和折射率剖面;(c)两种材料构成的减色滤光片透射率曲线和折射率剖面

文献[107]描述了另外两种设计方法,可用于窄带带阻滤光片改善其透射特性。这两种方法是以天线理论为基础,采用非周期等波纹设计,即取所有的膜层厚度相同而折射率不同,或者仅由两种介质构成,但膜层厚度可取许多不同值。

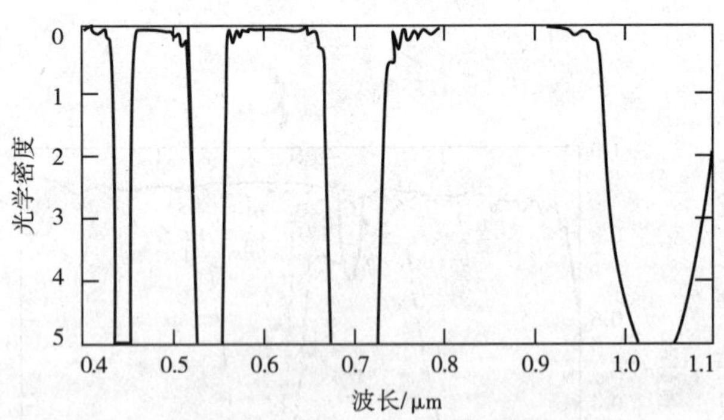

图 19-47 用于抑制红宝石激光线(0.694 μm)和掺钕的钇铝石榴石(NdYag)激光线(0.532 μm、1.064 μm)的激光护目镜实测透射曲线[108]

如果要求同时抑制多个波长的光,制备减色滤光片时可采用叠加方法,在一块基底上沉积多个减色滤光片,实例见图 19-47。

2. 正弦周期折射率滤光片

在增透膜一节曾讨论过非均匀介质增透膜,其实减色滤光片也可用非均匀介质膜。如果非均匀介质膜层的折射率在两个极值之间作周期性变化,就可得到在抑制带的两边具有高透射的减色滤光片,如图 19-48 所示。这种结构的周期非均匀层有时被称为正弦周期折射率滤光片。也有人把这个名称用于折射率的对数以正弦方式变化的非均匀层。减色滤光片的抑制波长与两个折射率变化周期相对应。在多层减色滤光片设计中,衰减程度取决于高、低折射率的比率和折射率变化的周期数,而正弦周期折射率减色滤光片抑制区域的宽度也取决于折射率的比值。正弦周期折射率减色滤光片不具有周期多层膜系所具有的高阶反射峰值,这是很吸引人的地方。然而,正弦周期折射率减色滤光片制备更困难。如果必要,可以选择几种介质材料,用多层均匀膜系来近似。

和减色滤光片的情况一样,在一块基底上沉积多个正弦周期折射率膜层,就可同时抑制多个波长的光。这样做的缺点是正弦周期折射率膜层的厚度很厚。文献[109]提出了一种解决厚度太厚的办法,就是选择更为复杂的折射率剖面,如图 19-49 所示。

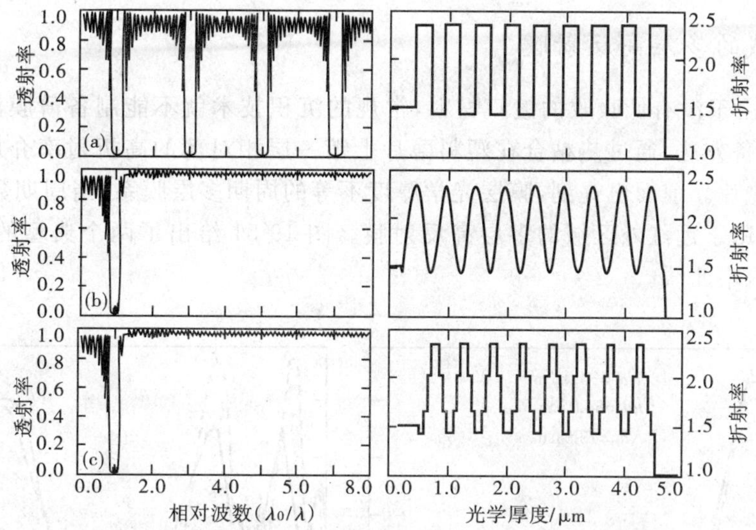

图 19-48　带阻滤光片高阶反射峰值的压缩，理论计算的谱透射率曲线和折射率剖面

(a)17 层 1/4 波长周期多层膜系；(b)折射率变化 9 个正弦周期；(c)4 种介质，49 层[6]

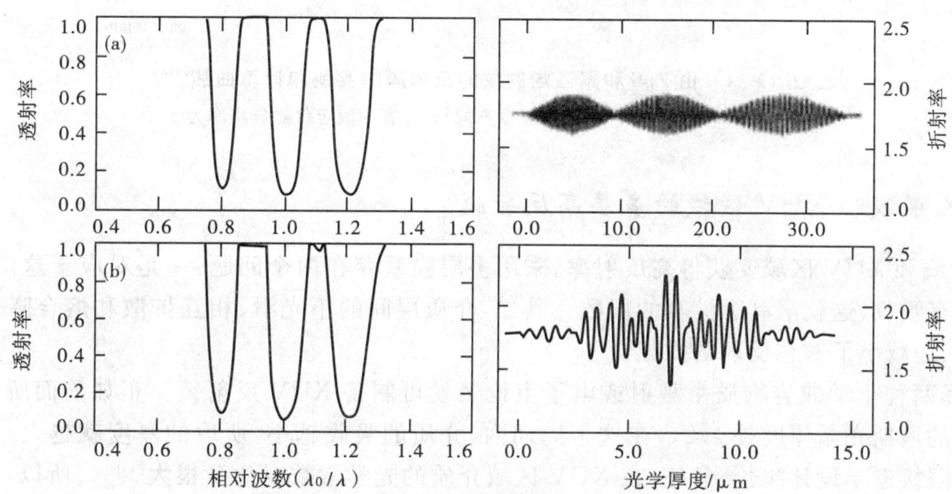

图 19-49　同时压缩多个激光波长的计算谱透射率曲线和介质折射率剖面

在李普曼-布拉格全息镜中，膜层的折射率在垂直于基底平面的方向连续变化。这种镜的性能跟薄膜系一样，具有类似于正弦周期折射率滤光片的特性，因此，全息边缘抑制和窄带抑制滤光片商品化是有可能的[110-111]。

(七)梯度折射率反射镜

为了控制激光谐振腔输出的模式和边缘衍射效应，曾提出过吸收或反射率径向变化的反射镜[112-113]。除了满足技术上要求的条件外，梯度折射率反射镜对于高功率激光器也必须具有足够高的激光损耗域值。梯度折射率反射镜的制备是在基底上沉积薄层时穿过一个合适的掩模板，基底和掩模板可以是固定的，也可以是一个旋转，或两个都旋转。单一成型层就可在中间获得最大反射率。要在中间获得更高的反射率，可以在许多均匀厚度层之间嵌入成型层，或者交替地穿过掩模板沉积所有的层[115]，即全成型层。两个梯度折射率反射镜的实测反射率曲线示于图 19-50 中。

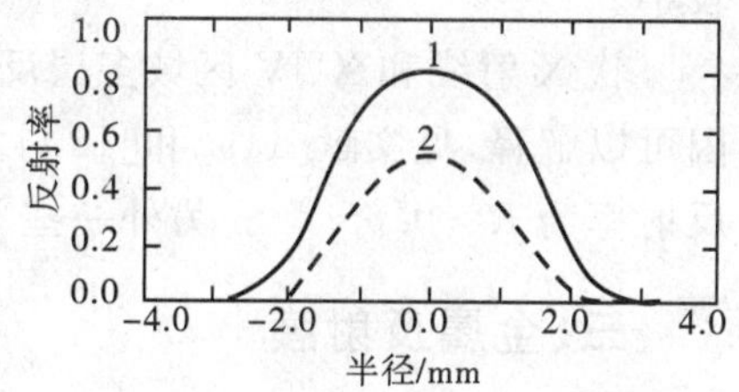

图 19-50　超高斯梯度折射率反射镜实验曲线($\lambda=1.064\ \mu m$)

1. 有一个变厚度层的三层膜系[114]，中间最大反射率 $R_{max}=0.5$，$\omega=1.92$ mm；2. 全成型的反射镜[115]，中间最大反射率 $R_{max}=0.85$，$\omega=1.90$ mm

(八)远红外区域的多层高反射膜

波长大于 80 μm,由于没有低吸收的镀膜材料,常规的沉积技术就不能制备薄膜滤光片。文献[116]和[117]提出一种混合制备方法,通过热粘合在塑料薄片上镀一层相对薄的高折射率介质膜,就可用于制备独立的光学多层薄膜滤光片。前面也提到,膜层光学厚度不等的周期多层膜系,当周期数足够高时就可获得高的反射率,这个同样可用于远红外区域的多层高反射膜。图 19-51 给出了两个典型的混合方法制备的多层薄膜滤光片的实测反射率曲线。

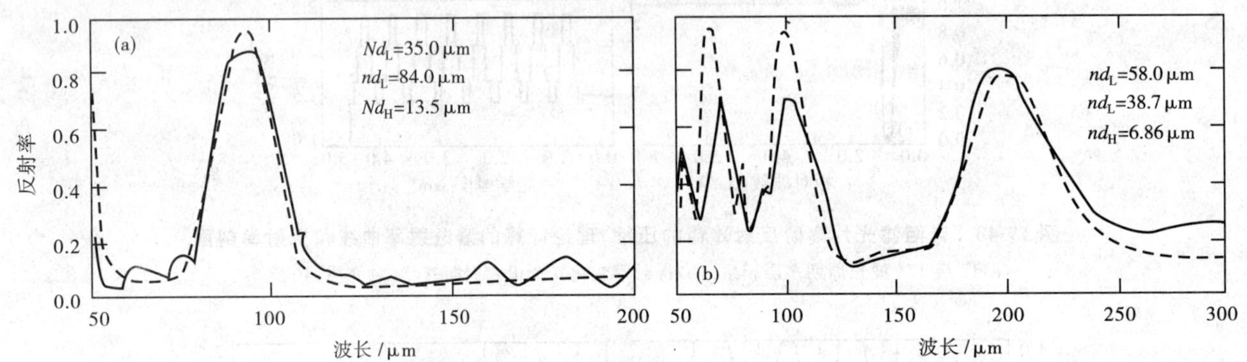

图 19-51 由 ZnS 和聚乙烯制成的反射膜的实测和计算曲线[116]

(a)$L'[HL]^{16}$;(b)$L'[HL]^{16}$(光学厚度不同)。计算中假定仪器分辨率为 3 cm^{-1}

(九)软 X 射线和 XUV 区域的多层高反射膜

在软 X 射线和 XUV 区域要获得高反射率,采用多层膜系存在两个问题:一是对应于这两区域的波长,所有的材料都有吸收,这就限制了镀膜的层数。其二,介质层间的不光滑、相互扩散和熔合降低了各个界面的反射特性,从而减小了对总反射的贡献。

通常,选择两种化学兼容物质由溅射或电子束枪蒸发可制备 XUV 反射镜。正如前面所述,XUV 周期多层膜反射镜的周期光学厚度是 $\lambda/2$。在这个周期内,介质的吸收越小,所取的厚度就越大。通常,这种介质有一个吸收限接近于设计波长,另外,在 XUV 区域介质的光学常数变化又很大[118]。所以,为了使获得界面的菲涅耳反射系数最大,选择吸收较大的介质。

理论上讲,为了获得好的反射率,应选用无杂质元素的介质。但有时也使用合金,因为合金会得到反射率高的层间界面。因此,$MgSi_2$ 可以替代 Mg,或者用 B_4C 替代 B 或 C。更多常用的介质对的例子是:①Mo/Si(在 13～25 nm 区域);②Mo/Y(在 9～13 nm 区域);③W/B_4C、Ru/B_4C、Mo/B_4C 等(在 7～25 nm 区域);④Co/C、W/C、Re/C、ReW/C、Ni/C 等(在 4.5～7 nm 区域)。在这些介质对中,每对的第二种介质消光系数较小。

软 X 射线和 XUV 区域多层反射膜的理论反射特性与同步加速器实测的反射率之间的差别,有许多原因可以解释,见文献[119]和[120]。到目前为止,对于 Mo/Si 多层反射膜在 13.5 nm 波长处所获得的最高反射率为 $R\approx0.65$[121]。另外一些 X 射线和 XUV 反射镜的实测反射率曲线如图 19-52 所示。

三、金属反射膜

金属经抛光后,其抛光面在很宽的光谱范围内具有高反射率。但由于抛光不易,加之即使抛光后表面也不够光滑,所以现在几乎不用纯金属反射镜。一般而言,下面讨论的金属反射镜或反射膜是指把某种具有光学表面、坚而轻的介质作为基底,在其上镀金属膜,从而得到高反射率。不过要强调的是,由于高功率激光的出现,利用钻石加工抛光,可得到纯金属的高质量反射镜。

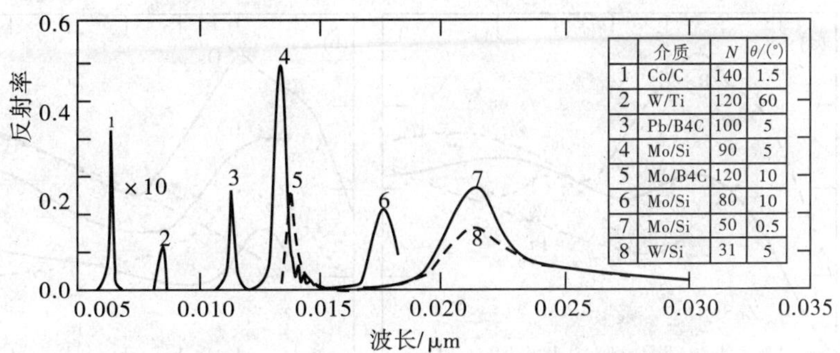

图 19-52 几种具有代表性的多层 X 射线反射镜实测谱反射率曲线

图中列表为所用介质、反射镜的层数和测量角度

(一)常用金属反射膜

偏振光斜入射到复折射率分别为 $\tilde{n}_0$ 和 $\tilde{n}_s$ 的两个半无限介质的分界面上,其界面上的菲涅耳反射系数为

$$R=\left|\frac{\eta_s-\eta_0}{\eta_s+\eta_0}\right|^2 \tag{19-58}$$

式中,η_s、η_0 由式(19-16)给出。当 $\tilde{n}_0$ 和 $\tilde{n}_s$ 分别是空气和金属的折射率时,如果入射角为 0,反射系数的表达式简化为

$$R=\frac{(n_s-1)^2+k_s^2}{(n_s+1)^2+k_s^2} \tag{19-59}$$

该式表明,如果基底不透明,除了在金属中被吸收的能量外,其余能量全部反射。

金属反射镜通常是在玻璃或石英基底上真空沉积金属膜。在沉积之前,有时首先用镍磷合金涂敷铝镜或者铍镜的表面。这样沉积可以很好地把合金附着到基底上,并使基底的表面非常坚硬,以便在镀膜前进行光学抛光。

常用的一些金属对于可见光、红外和紫外谱反射率如图 19-53 和图 19-54 所示。利用(19-59)式和相应的光学常数,可以计算许多其他金属的谱反射率。银在可见光和红外区域有最高的反射率,因此被用于干涉仪反射镜和干涉滤光片,其缺点是暴露的银容易氧化。铝在所有的金属中间具有最宽的高反射区域,因而常用作前表面镜。铝膜在大气中表面会生成薄的氧化层,在 0.18 μm 波长以下有较大的吸收,不然,铝膜直到 0.1 μm都具有高反射率。

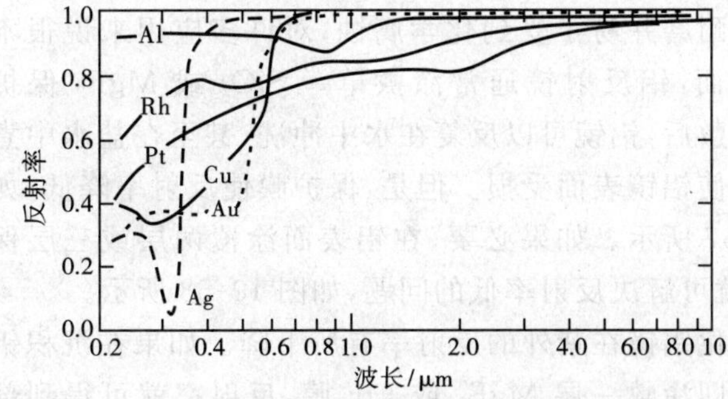

图 19-53 常用金属的反射率曲线[122]

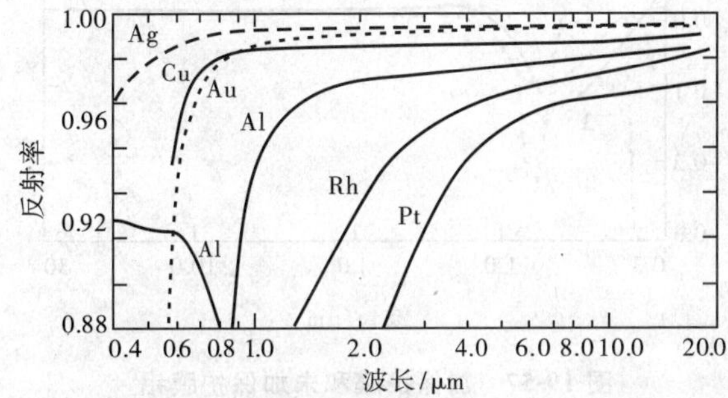

图 19-54 常用金属在可见光和红外区域的反射率曲线[122-125]

在紫外区域一些材料的反射率曲线如图 19-55 所示。在比紫外波长更小的区域,所有材料的折射率都接近于 1,而且消光系数非常小。由此,根据(19-59)式可以推断,在垂直入射的情况下,在其相应的谱区域反射率很小。然而,要是入射角超过临界角 θ_c,即会导致高反射率。

$$\theta_c=\arccos\left[\sqrt{2(1-n_s)}\right] \tag{19-60}$$

在 0.002 3~0.019 μm 区域,文献[131]和[132]给出了许多材料的斜入射反射系数的实测曲线。图 19-56 给出了一些典型材料的谱反射率实测曲线。

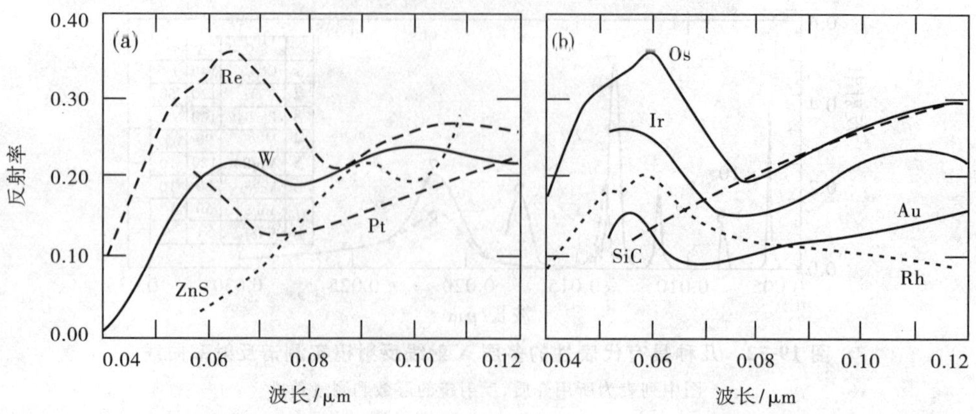

图 19-55 若干材料在紫外区域的实测反射率曲线[126-130]

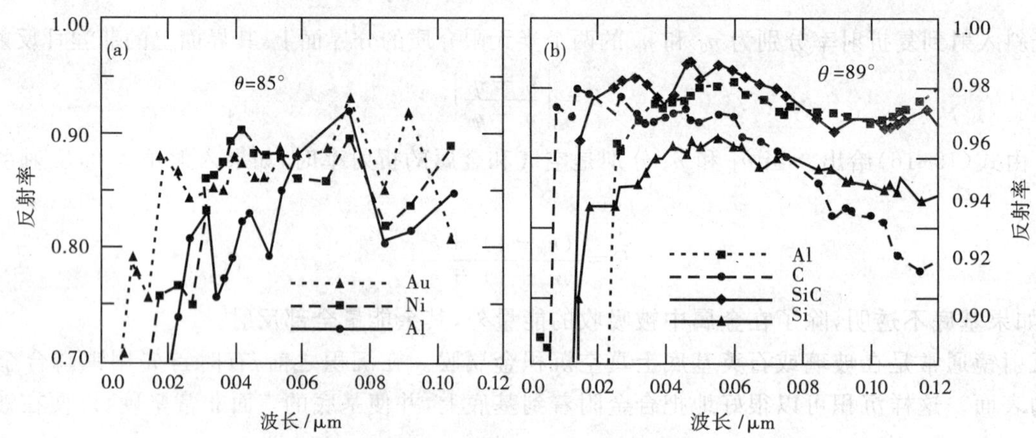

图 19-56 X射线实测反射率[133-134]

(a)Ni、Au 和 Al 膜，入射角为 85°；(b)Al、Si、C 和 CVC SiC 膜，入射角为 89°

(二)金属-电介质反射镜

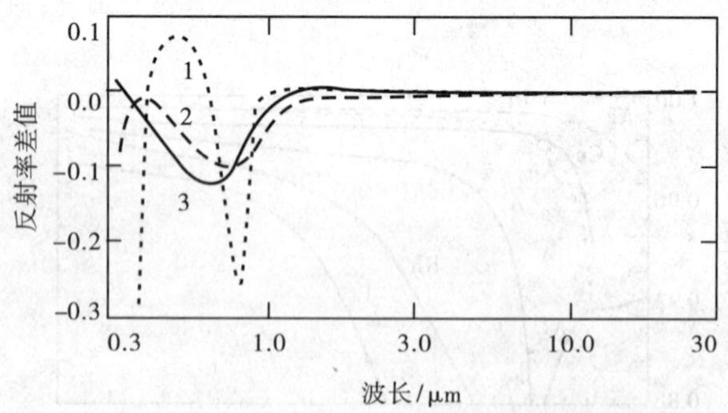

图 19-57 加保护膜和未加保护膜铝镜反射率之间差别的实测曲线

1. 未加保护膜；2. 在铝镜上分别加厚度为(0.112±0.002)μm 和(0.075±0.001)μm 的 MgF_2 和 SiO_2 保护膜

1. 保护膜

在空气中铝表面会氧化，形成薄的铝氧化层，这种氧化层不耐磨并易于受到化学腐蚀，对许多应用来说很不利。因而，铝反射镜通常涂敷单一 SiO_2 或 MgF_2 保护膜。涂敷后，铝镜可以反复在水中冲洗，甚至在盐水中煮也不会使铝镜表面受损。但是，保护膜使反射率降低，如图 19-57 所示。如果必要，在铝表面涂覆两层或三层保护膜，就可解决反射率低的问题，如图 19-58 所示。

氧化铝镜在紫外的反射率有所下降。如果在沉积铝膜后立即涂敷一层 MgF_2 或 LiF 膜，反射率就可得到部分改善，这种涂敷保护膜的铝镜反射率见图 19-59。文献[135]对 0.03～0.16 μm 区域的铝镜反射率随入射角的变化进行了讨论。

对于银镜加保护膜和未加保护膜反射率的研究可参考文献[136]和[137]。对于红外区域斜入射加保护膜金属镜的反射率问题请参考文献[138]和[139]等。

2. 反射的增强

如果在金属反射镜面上沉积 1/4 波长周期多层膜，可大大增强镜面的反射(参见前面讨论的$[AB]^N$ 和 $[AB]^N A$ 周期多层膜理论和$[(0.5A)B(0.5A)]^N$ 类型周期多层膜理论)。但周期多层膜带来的影响是反射

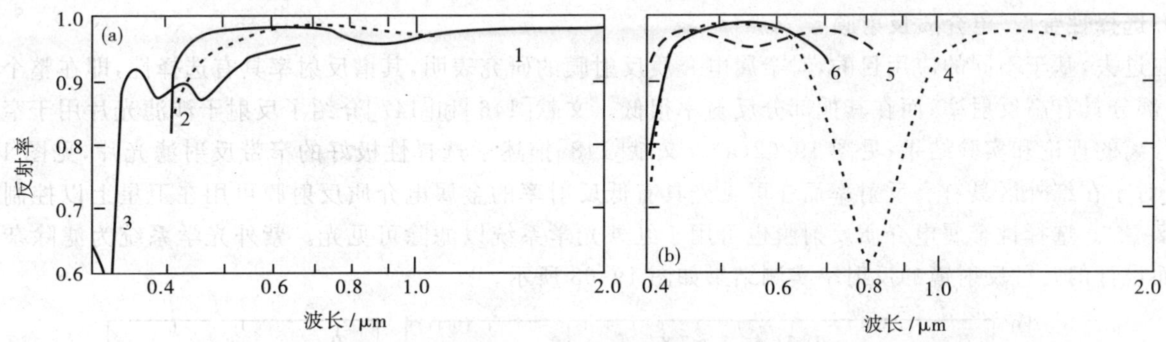

图 19-58　涂敷保护膜的金属反射镜的反射率

(a)银镜。1.带有保护膜的前表面镜；2.增强反射镜；3.扩展反射镜。(b)铝镜。4.有 4 层 MgF_2 和 CeO_2 保护膜；5.有 4 层 SiO_2 和 TiO_2 保护膜；6.有 4 层 MgF_2 和 ZnS 保护膜

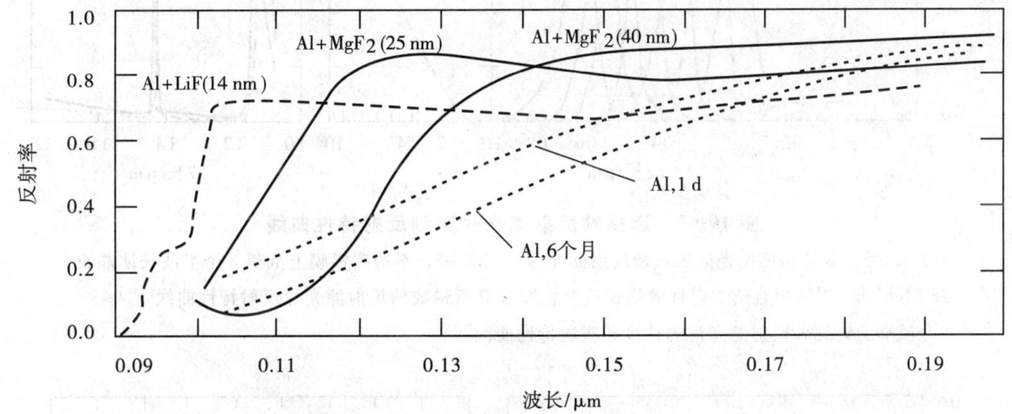

图 19-59　未加保护膜铝镜和加 MgF_2 和 LiF 保护膜铝镜的实测谱反射率曲线

图中已标明镀膜厚度和未加保护铝膜在空气中的氧化时间

的相位变化，为了补偿这种变化可调节第一层的光学厚度[140]。另外，周期多层膜也会带来在高反射区域两边的谱反射率有所下降，影响下降的因素在前面周期多层膜理论中高反射区域的带宽已有讨论。如果在最外边加一层半波长层，反射区域的带宽会有所改善，见图 19-58。在紫外区域 3 种金属电介质反射镜的实测谱反射特性如图 19-60 所示。

银膜的反射率在可见光区域很高，但在近紫外区域反射率下降很迅速。对于这个问题，文献[143]给出了解决办法，既可以增强近紫外区域的反射率，同时也可以保护银膜免于氧化，参见图 19-58(a)。

远紫外区域如何增强反射率已有许多文献报道。文献[144]表明，两种不同基底的不透明膜在 0.058 4 μm 和 0.073 6 μm 波长处有 19.3%和 12.8%的反射率，沉积半透明的铂薄膜后，反射率分别增加了 2.8%和 3.8%。对于空间应用，在铱基底上镀适当厚度的铝膜，在相同波长处可以得到高达 40%和 52%的反射率，参见图 19-61。

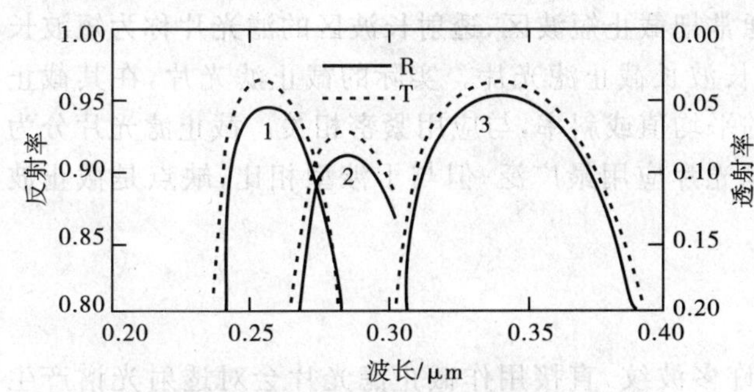

图 19-60　紫外区域半透明铝膜镀 1/4 波长周期膜层的增强反射率曲线[141-142]

1、2. 11 层 PbF 和 MgF；3. 9 层 Sb_2O_5 和 MgF_2

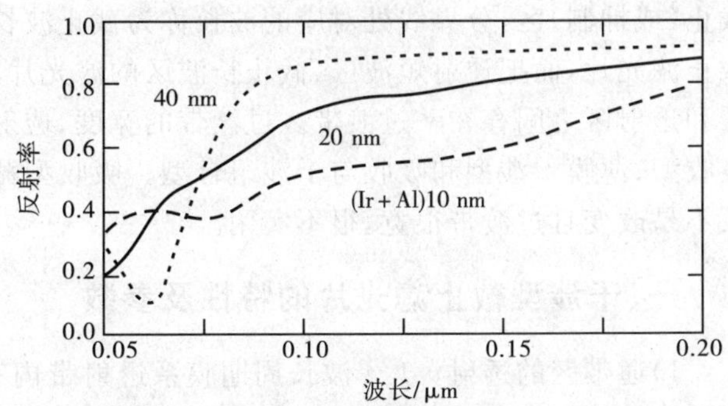

图 19-61　铱基底上涂敷不同厚度未氧化铝膜的谱反射率理论计算曲线[145]

3. 选择性金属-电介质反射膜

在过去，基于不同的应用目的，对金属电介质反射膜的研究表明，其谱反射率具有选择性，即在整个谱区域，一部分具有高反射率，而在其他部分反射率很低。文献[146]和[147]介绍了反射干涉滤光片用于窄带谱区域分离的理论和实验结果，见图 19-62(a)。文献[148]描述了选择性极好的窄带反射滤光片，见图 19-62(b)。对于在红外区具有高反射率而在可见光具有低反射率的金属电介质反射膜可用在卫星上以控制卫星的温度[149]。选择性金属电介质反射膜也可用于红外光学系统以滤除可见光。紫外光学系统为滤除杂散可见光而设计的几种反射镜的反射率实测结果如图 19-63 所示。

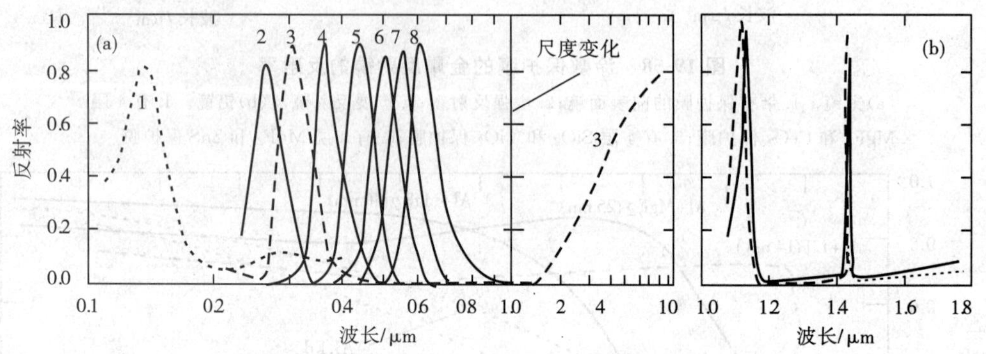

图 19-62 选择性反射滤光片实测反射特性曲线

(a) 1. 用于紫外和可见光谱区域的反射滤光片[150]；2～8. 不透明铝膜上沉积 3 个半波长冰晶石或 MgF_2 层，层间由合适透射性的铬镍铁合金膜分离所构成的反射滤光片反射特性曲线[151]；(b)极窄的近红外反射滤光片的计算和实验特性曲线[152]

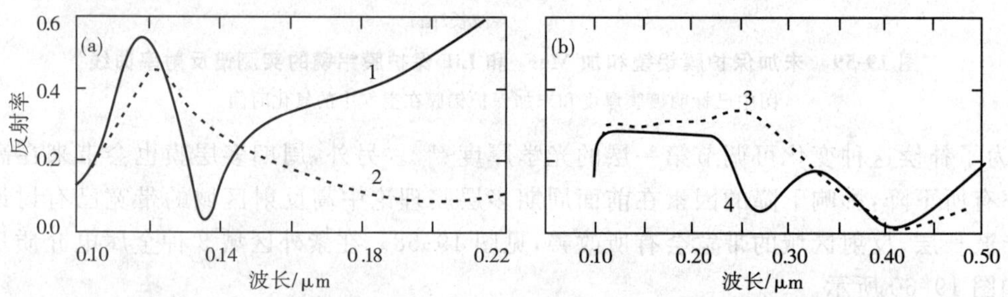

图 19-63 用于在中紫外和可见光区域滤除杂散光的 4 个多层选择性紫外反射滤光片的实测特性曲线[153-155]

第四节 截止滤光片

理想的截止滤光片是以某波长为分界线，在其一边为高反射区，另一边为高透射区，高反射的区域称为截止(或抑制)区，分界线处对应的波长称为截止波长。通常把截止短波区、透射长波区的滤光片称为短波长截止滤光片，而把透射短波区、截止长波区的滤光片称为长波长截止滤光片。实际的截止滤光片，在其截止区和透射区之间存在一过渡带。过渡带的宽度、透射率的平均值或斜率，与应用紧密相关。截止滤光片分为吸收型、薄膜干涉型和吸收与干涉组合型。吸收型截止滤光片应用最广泛，但与干涉型相比，缺点是截止波长不易改变且过渡带很宽，很不实用。

一、干涉型截止滤光片的特性及参数

1)通带区的透射。1/4 波长周期膜系透射带内存在许多波纹，直接用作截止滤光片会对透射光谱产生影响，有必要进行修正，使其透射带内的波纹光滑或消除。其办法是调整 1/4 波长膜系各层的厚度，或者在膜系两边加均匀层和非均匀层，或者层间厚度不变而折射率变化。这些方法现在很少使用，干涉型截止滤光片的设计常采用$[(0.5A)B(0.5A)]^N$ 类型周期多层膜系。

2)透射区的宽度。对于短波长截止滤光片,透射区域的宽度由结构中所用介质的透射特性决定。而长波长截止滤光片,透射区域的宽度与高阶反射最大的形态有关,参见非吸收$[AB]^N$和$[AB]^NA$类型周期多层膜系的设计。对于长波长截止滤光片,如果透射区的宽度受到限制,可以用3种或更多介质构成的周期多层膜系,以消除许多相邻的反射最大,从而拓宽透射带,参见图19-64。如果利用具有特殊折射率剖面的非均匀周期多层膜系,就可使更多连续的反射最大被消除,大大拓宽透射带,如图19-48所示。

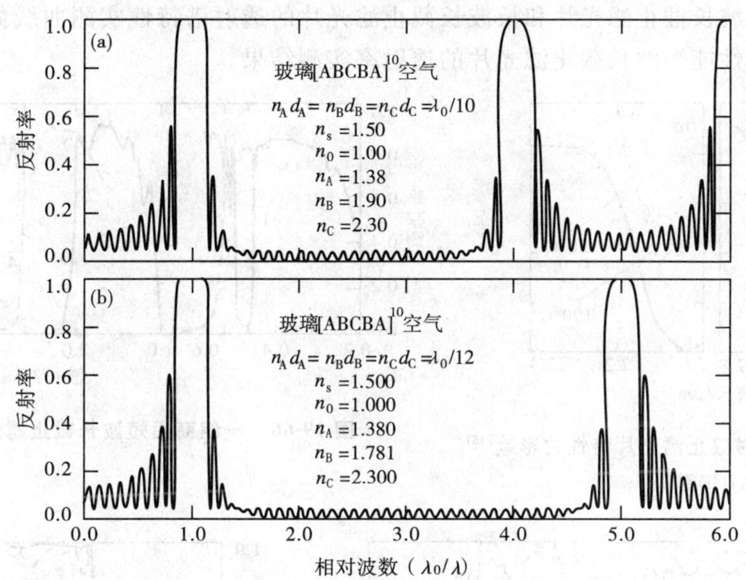

图19-64　由3种介质构成的周期多层膜系的反射率计算结果[156]

相邻高阶反射最大被消除,透射区域展宽

3)抑制区的透射。抑制区的透射率与镀膜的层数有关,在给定透射率大小的情况下,根据图19-27,可估计出所需镀膜的层数。对于短波长截止滤光片和长波长截止滤光片,如果选择合适的基底介质,整个抑制区域透射率大小可分别在0.01%和0.1%以下。为了获得更高抑制效果的截止滤光片,可以把两个或更多的滤光片串联组合使用,放置时相互间有一小的角度。

4)抑制区的宽度。对于$[(0.5A)B(0.5A)]^N$类型周期多层膜系,高反射区域的宽度可根据图19-30来估计。扩展短波长截止滤光片的抑制区域所必需的吸收材料并不缺乏,而扩展长波长截止滤光片抑制区域的合适吸收材料的数目却受到许多限制。通常,把调谐到不同波长处的两个或多个截止滤光片叠加在一起用来扩展截止区,也可把这样的涂层沉积在不同的基底上或沉积在同一基底的两面。总的透射率的计算要考虑多方面的因素,可参见本章第一节"滤光片组合的透射率"中的内容。

5)截止斜率。截止斜率是描述截止滤光片的一个重要参数,有许多定义方式。一种常用的定义为

$$\left|\frac{\lambda_{0.8}-\lambda_{0.05}}{\lambda_{0.5}}\right|\times 100\% \tag{19-61}$$

式中,$\lambda_{0.8}$、$\lambda_{0.05}$、$\lambda_{0.5}$分别对应于截止滤光片最大透射率的80%、5%和50%处的波长。另外一种定义方式为[5]

$$\left|\frac{\lambda_{0.05}}{\lambda_{0.8}-\lambda_{0.05}}\right|\times 100\% \tag{19-62}$$

关于斜率的明确表达式是很复杂的,斜率随周期数和折射率比值的变化而变化。实际中,大约5%的斜率值已是很通用的了。

6)截止波长λ_c。截止波长是指在截止区域邻近其透射率为最大透射率5%处所对应的波长。

7)入射角的影响。随着入射角度的增加,截至滤光片过渡带的边缘向短波长方向移动。使用高折射率介质可减小这种影响。图19-65是截止滤光片采用高折射率介质层减小边缘移动的实测结果,高折射率介质层的厚度是低折射率介质层的3倍。

此外，截止滤光片还涉及如下几个基本概念：透射区的平均透射率(比如 90%)，透射区可允许的最小透射率(比如 80%)，截止区的平均透射率(比如 0.1% 或 0.5%)，截止区可允许的最大透射率(比如 1% 或 3%)。

二、实验结果

许多已商品化的短波长截止滤光片和长波长截止滤光片的透射谱特性实测曲线如图 19-66 和图 19-67 所示。图 19-68 是一高性能短波长截止滤光片的透射率实测结果。

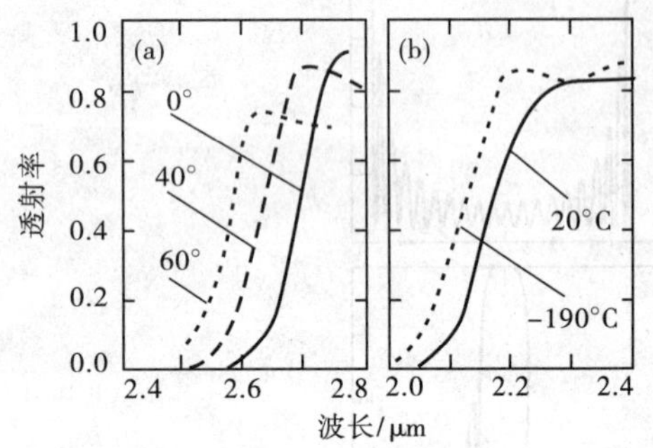

图 19-65 入射角和温度对截止滤光片特性的影响[157]

(a)入射角；(b)温度℃

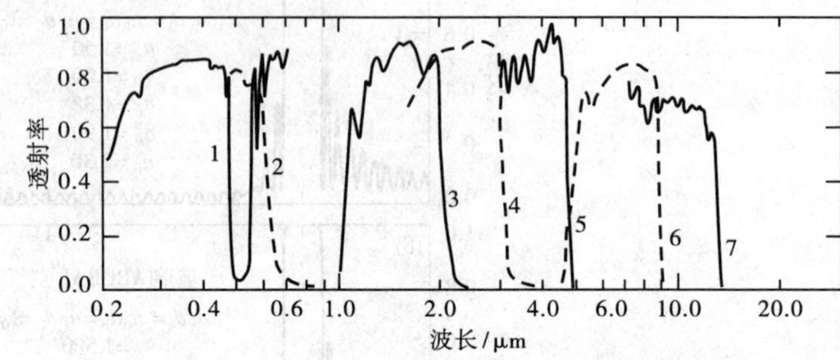

图 19-66 一组商用短波长截止滤光片的透射曲线[16]

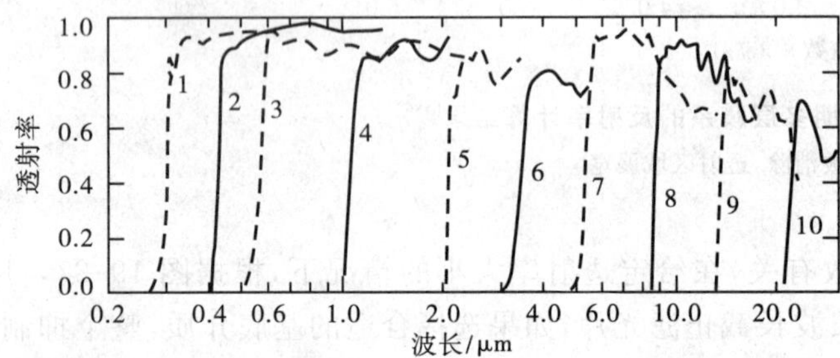

图 19-67 一组商用长波长截止滤光片的透射曲线[16]

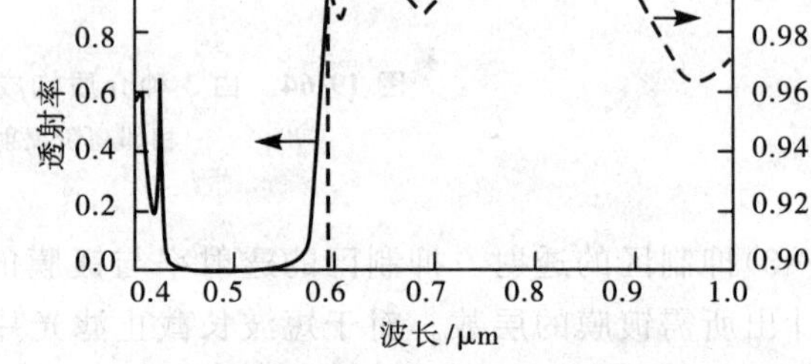

图 19-68 一短波长截止滤光片的实测透射率曲线[16]

三、热反射镜、冷反射镜和太阳能电池覆盖膜

碳弧灯辐射能量的 30% 和运行于 3 250 K 的钨灯辐射能量的 13% 是可见光，其余绝大部分能量是红外辐射，红外辐射能量转换成热能被吸收。电影放映机、电视机和电影演播室用的聚光灯等光学仪器中如果使用热反射镜和冷反射镜就可大大减少无用的热量。

热反射镜也称为热镜。热镜是一种特殊的长波长截止滤光片，截止波长是 0.7 μm，从 0.4～0.7 μm 透射可见光，在透射区域谱均衡不会受到干扰。热镜抑制区域的宽度与所用光源有关，也与是否使用热吸收玻璃有关。图 19-69(a)给出了 3 个典型商品化热反射镜的谱透射率曲线。两个热反射镀层的实测谱透射和

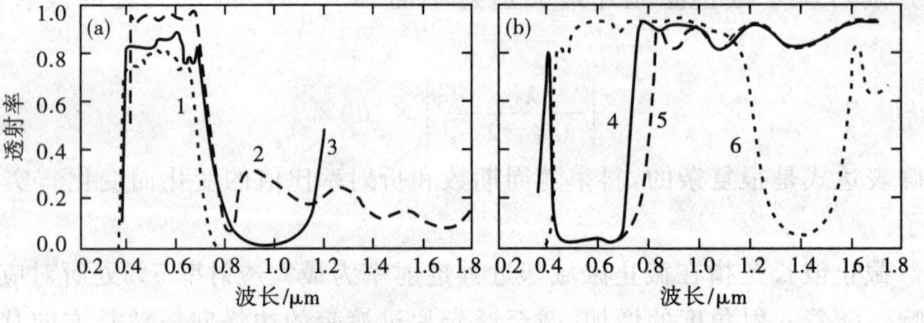

图 19-69 用于热控制的商品多层膜层实测透射率曲线[16]

(a)热反射膜；(b)冷镜和蓝-红太阳能电池覆盖膜

反射曲线示于图 19-70 中，此处热反射镀层并不是周期多层膜。

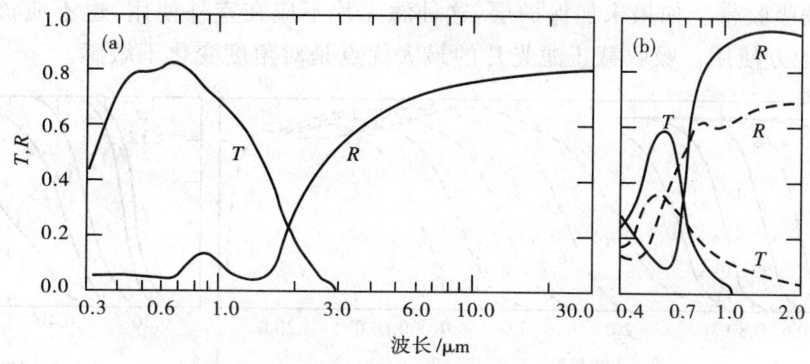

图 19-70　两个具有热反射特性的非周期膜层的特性曲线[16]

(a) 喷涂沉积的锡氧化导电膜；(b)金膜（虚线）和一种宽带金属电介质滤光片（实线）的反射和透射曲线，该滤光片含同样厚度的半透明金膜

冷反射镜反射尽可能多的可见光，而透射其他的入射辐射能量。两个商品化的冷镜反射率曲线如图 19-69(b)所示。

太阳能电池覆盖膜也是截止滤光片实际应用中的一个例子。太阳能电池覆盖膜可以消除对电池电能输出没有贡献的入射太阳能量，并保护电池免受紫外辐射的损害。一种蓝-红太阳能电池覆盖膜的谱透射曲线如图 19-69(b)所示。

光学介质的折射率几乎是随温度的增加而线性增加，这样就造成了截止滤光片的截止边缘向长波长方向移动。实际的滤光片随温度变化而产生的相对波长漂移量在 $3\times10^{-3}/℃$ 和 $1\times10^{-4}/℃$ 之间。离子镀膜和常规的电子束蒸发镀膜相比，离子镀膜的温度漂移量要小。高折射率的介质对温度变化更敏感，因此，用高折射率材料很难构成对温度变化和入射角变化都不敏感的滤光片。图 19-65(b)是一截止滤光片在两个温度下的实测特性曲线。

四、金属-电介质反射截止滤光片

图 19-71 是金属电介质反射截止滤光片的实测特性曲线，图中短波长截止滤光片由一不透明的金属膜和一层或多层附加层构成，膜系内的吸收层吸收可见光，从而使可见光反射截止。通过调节膜系中各层的厚度可使滤光片的吸收最大，并可调节滤光片截止区的宽度。长波长截止滤光片是由叠加在非可见光吸收膜层的全电介质多层反射膜构成。如果把两种滤光片按图 19-3 的方式组合放置，就可使无用辐射光得到最大衰减。

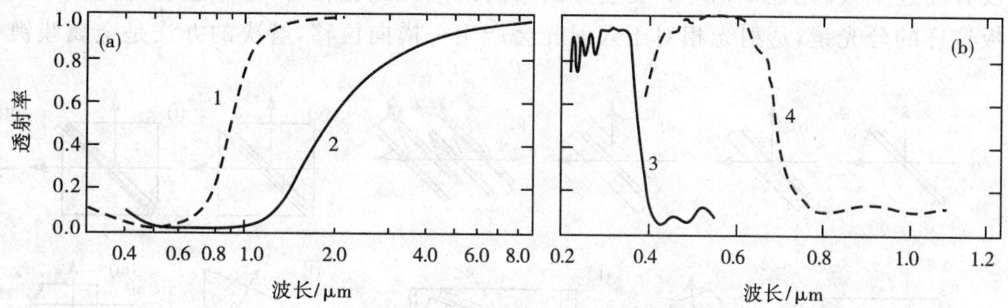

图 19-71　短波长和长波长金属-电介质反射截止滤光片[16]

(a)1 和 2. 铝膜上镀三层附加层；(b)3 和 4. 非可见光吸收膜上镀多层反射膜

五、吸收截止滤光片

多层干涉薄膜使用的所有介质都具有短波长和长波长吸收边缘，通常利用这一点对截止滤光片进行分段。在蒸发剂或有机镀膜溶液中加入少量的吸收材料，可以调节吸收边缘，见图 19-72(a)和(c)。比如，含有紫外吸收材料的增透膜可用于保护艺术品。

用于红外谱区域的一系列商品化的短波长截止滤光片的透射特性如图 19-72(b)所示。这种滤光片是在氯化银基底上化学沉积硫化银制成的，很容易受损，需要附加一聚苯乙烯保护层。但是，附加保护层使透射率减小，并出现窄的吸收带。如果未加保护层，这种滤光片不应在室外使用，也不应该暴露于紫外辐射和在温度超过 110℃的地方使用。吸收截止滤光片的最大优点是对角度变化不敏感。

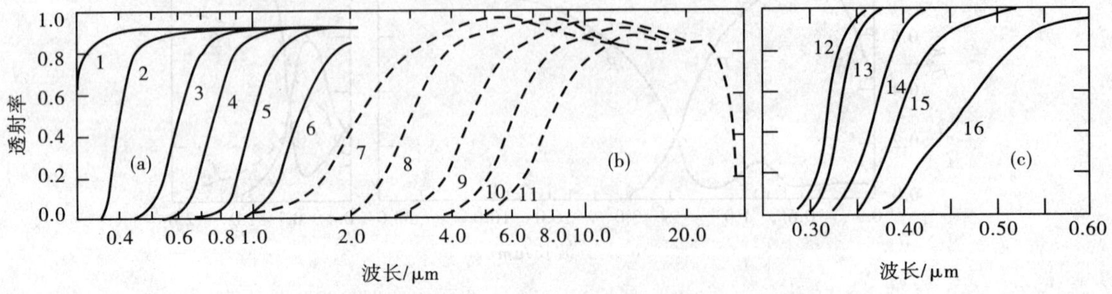

图 19-72 各种方法产生的吸收膜谱透射特性曲线[16]

(a)透射最大的包络线。1. 玻璃基底透射率；2. 玻璃基底上蒸发厚的 ZnS 膜；3～5. 玻璃基底上沉积 ZnS 和 Ge 混合膜；6. 玻璃基底上蒸发沉积厚的 Ge 膜。(b)7～11. 氯化银基底上化学沉积硫化银膜。(c)二氧化钛与重金属氧混合薄膜的内在透射率。12. $TiO_2+1.5SiO_2$ 13. TiO_2；14. $TiO_2+0.5PbO$；15. $TiO_2+0.15Fe_2O_3$；16. $TiO_2+5.7UO_3$

第五节 分光镜

在光学系统或光学实验中，通常需要将一光源的光束分成两束，其一般的方法是用分光镜，使一部分光反射，而另一部分光透射。这两束光一束作为参考光，另一束作为测试光。两束光的光强比称为分光比，即 T/R。实用中对反射角(也称分离角)和分光比有特定的要求。依据光谱特性来区分，分光镜可分为中性分光镜和双色分光镜。中性分光镜即将一束光分成光谱成分相同的两束光，而双色分光镜则将谱成分分成两部分：一部分反射，一部分透射。依据光的偏振特性，将光束分成两束，一束为 s 偏振，另一束为 p 偏振，这种分光镜称之为偏振分光镜。

一、分光镜的几何形式

分光镜的若干不同几何形式如图 19-73 所示。最简单的分光镜是在透明的平行平板基底上镀一层金属膜，可获得各种 T/R 值的分光镜，见图 19-73(b)。这种分光镜出来的两束光由于一束经过平板，而另一束没有经过平板，光程不相等。要使分出来的两束光光程相等，可用胶合分光镜，见图 19-73(c)。对于平行平板这样的分光镜，透射光相对于入射光会产生一横向位移，解决的办法是金属膜镀在棱镜斜面上并胶合成立

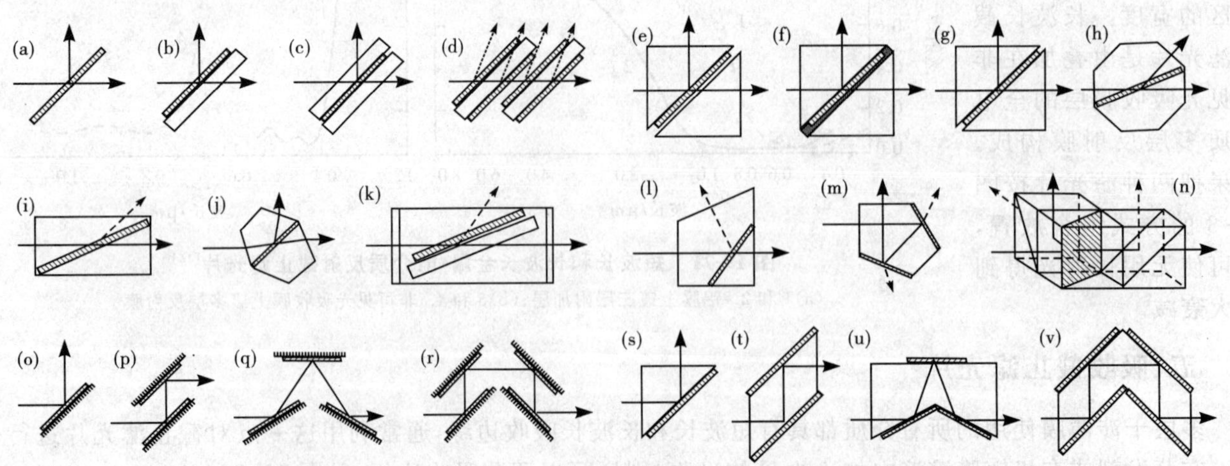

图 19-73 分光镜、偏振片、相位延迟器和多次反射器组合示意图[16]

图中薄膜用窄的阴影矩形表示，带箭头的实线表示可用的光束，虚线表示不用的光束。入射角度与具体的应用有关

方体，见图 19-73(f)。为了减小光学系统中的杂散反射光，分光镜的自由表面都镀有增透膜。另一种办法是在大约 2 μm 厚的硝化纤维素胶片上沉积一层膜，构成胶片分束膜，见图 19-73(a)。这种分束膜极轻且很耐用，其干涉特性可用于改变分光镜的 T/R 比值。然而，这种胶片分束膜易受空气流动和声波作用而振动，文献[158]讨论了胶片分束膜镶嵌于耐振稳定底板的机械设计问题。由聚酯薄膜构成的胶片分束膜已用于 4K 以下的温度[159]。

一般而言，分光镜的反射系数 R 和透射系数 T 取决于入射光的偏振状态。利用复杂的薄膜设计可以减小偏振的影响，但是常常以牺牲其他方面的性能为代价。文献[160]研究了消色差和选色分光镜的组合，可以在很宽的谱区域实现两束光的强度完全与入射光的偏振状态无关。这种组合由 3 个等同的分光镜构成，排列的方式使每束光在系统中经历相同的反射和透射，见图 19-73(n)。

二、消色差分光镜

如果要把一束光分成谱分量近似相等而传播方向不同的两束光，可在光传播的方向上放置一分光镜。对于中性分光镜，即使 R_p 和 R_s 值可以差异很大，但量 $0.5(R_p+R_s)_{\theta=45°}$ 总是接近于垂直入射的反射率。吸收非胶合分光镜的反射率与入射光的方向有关，T 和 R 的最优值取决于具体的应用。例如，对于非偏振显微镜上的双目镜，要求 $T_p+T_s=R_p+R_s$，见图 19-74(a)；对于垂直反光镜，$R_pT_p+R_sT_s$ 应该取最大值，见图 19-74(b)；在某些干涉仪中，最大条纹可见度(衬比度)要求 $R_{1,p}T_p=R_{2,p}T_p$ 和 $R_{1,s}T_s=R_{2,s}T_s$，见图 19-74(c)。这个条件对于无吸收胶合分光镜和吸收胶合分光镜会自动得以满足。对于分光镜的两个面，有时要求反射光的相位变化相同，如果膜层为四分之一波长全电介质多层膜，在设计波长处会自动得以满足，但非胶合金属分光镜除外[161]。

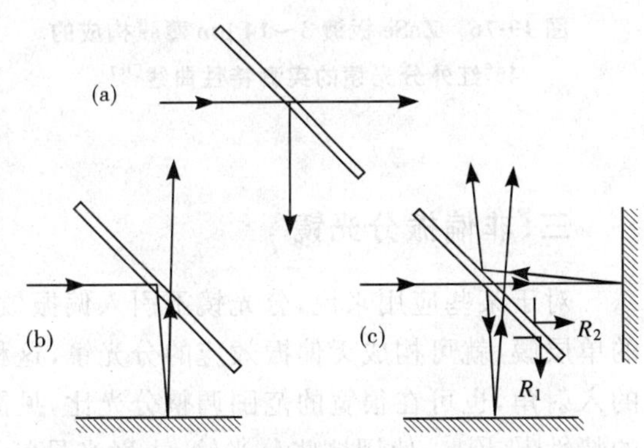

图 19-74 使用分光镜的 3 种方法[16]

对于非偏振光来说，分光镜的最佳分光效果是 R_p、R_s、T_p 和 T_s 都接近于 0.5。然而，由于多次反射的缘故，这样的膜层未必会给出直接透射和反射的最佳比值[162]。通常要求分光镜在宽的谱区域是均匀的。铬镍铁合金膜满足这样的要求，但由于膜的吸收，会损失 1/3 的入射能量。许多人对消色差全电介质分光镜的设计进行过研究[163-164]，文献[165]在反射和反射相位变化两方面研究了分光镜设计的消色差问题。若干分光镜的实测特性曲线如图 19-75 和图 19-76 所示。

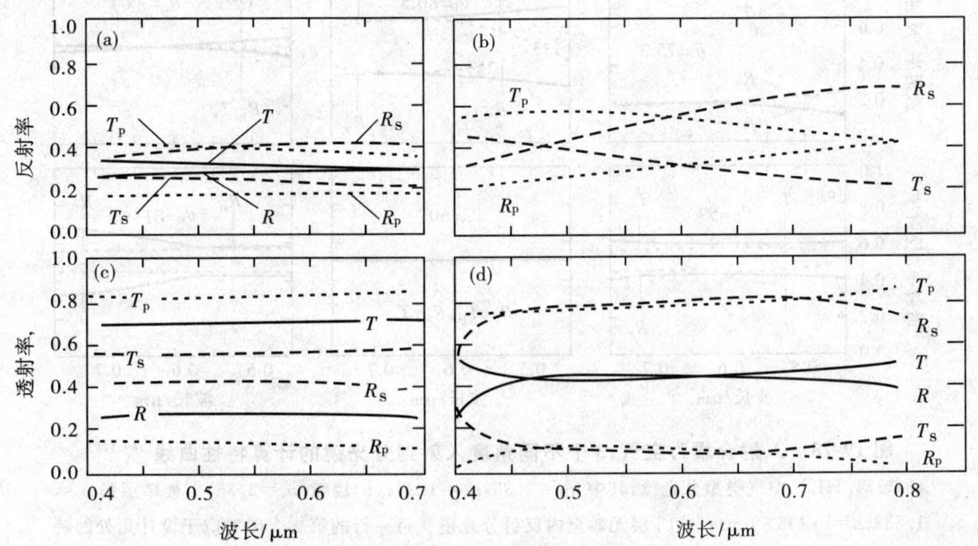

图 19-75 偏振光和非偏振光入射，分光镜的实测谱透射和反射曲线[162]

(a)铬镍铁合金分光膜；(b)银分光膜；(c)电介质层分光板；(d)电介质层分光体

直到目前为止，对于X射线区域分光镜的研究仅限于接近垂直入射的情况，并在很窄的波长范围内才有效。X射线区域分光镜是由沉积在膜片或基底上的多层反射膜系构成，膜片或基底要薄，以增强透射分量[166]，如图19-77所示。

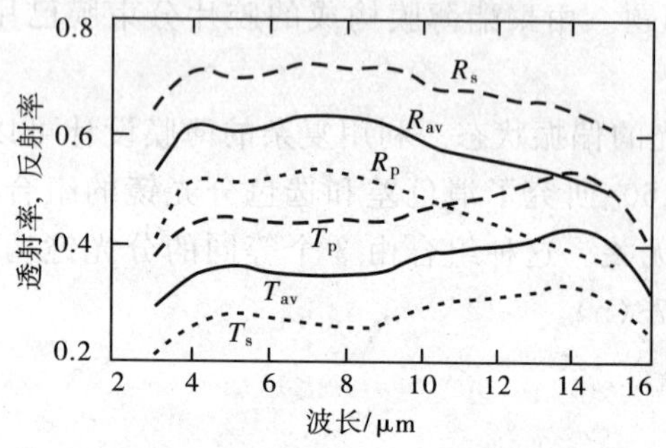

图19-76 ZnSe板镀3～14 μm薄膜构成的45°红外分光镜的实测特性曲线[167]

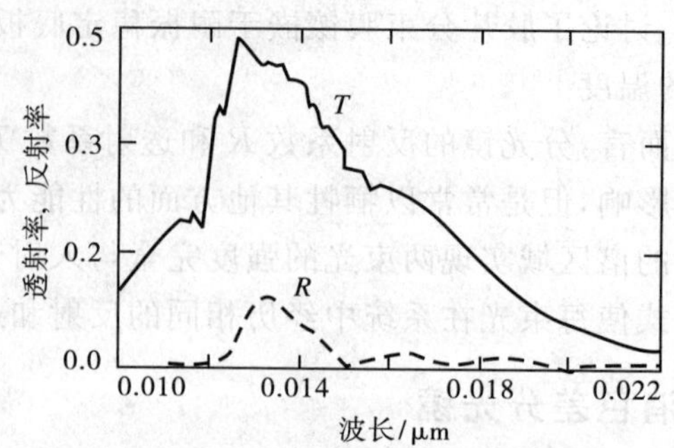

图19-77 0.03 μm厚的Si_3N_4薄膜上镀11个周期Mo和Si膜层构成的X射线分光镜的实测特性曲线[168]

入射角为0.5°

三、非偏振分光镜

对于某些应用来说，分光镜不引入偏振效应很重要。文献[169]已证明在一些高折射率棱镜表面镀合适的单层膜，就可构成无偏振效应的分光镜，这种分光镜是完全消色差的分光镜。另外，通过改变入射到棱镜的入射角，也可在很宽的范围调整分光比，见图19-78(b)。可用无效全内反射原理设计分光镜，其具有很好的特性[170-171]。使用这些分光镜，入射光是斜入射到两个棱镜之间的空气间隙或低折射率薄膜上，见图19-73(e)和(f)。不幸的是，这种分光镜的特性对入射角非常敏感，见图19-78(c)。

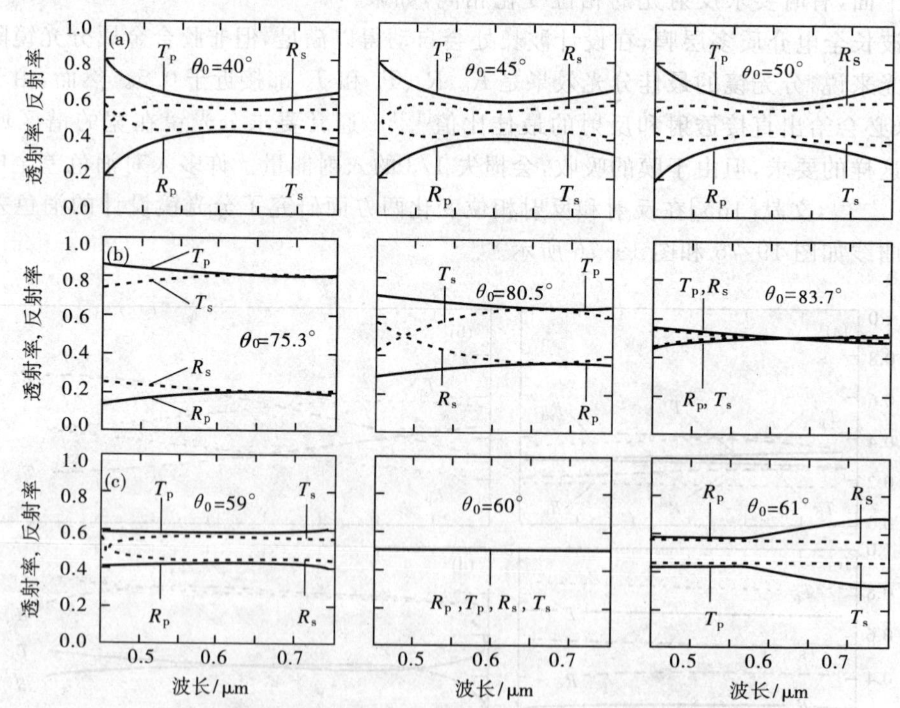

图19-78 入射介质为空气，3个不同角度入射到分光镜的计算特性曲线[169,171]

(a)玻璃$[HL]^2$空气类型分光镜，其中$n_H=2.35$，$n_L=1.38$；(b)棱镜($n_s=2.35$)上镀单层膜($n=1.533$，$d=0.1356$ μm)；(c)15层无效全内反射分光镜。每一行的第二个图对应于设计角处的特性，其余两个图是对不同的入射角偏振无关性和不同的分光比T/R

在许多应用中，重要的是分光镜对入射角相对不敏感。一种办法是尽可能减小入射角度[172]，见图19-

73(h)。但在许多情况下，要求入射角必须是45°。相对而言，对于分光镜偏振效应的影响较入射角的影响有更多的研究。文献[173]和[174]研究了介质—金属—介质膜系嵌入两棱镜之间的偏振非敏感分光镜。为了寻求问题的解决办法，仅仅以电介质层为基础就做了大量的研究工作[175-180]。然而，取得的效果通常以牺牲谱区域的宽度为代价，而此谱区域又是分光镜的有效谱区域。一些偏振非敏感分光镜的典型结果示于图19-79和图19-80中。

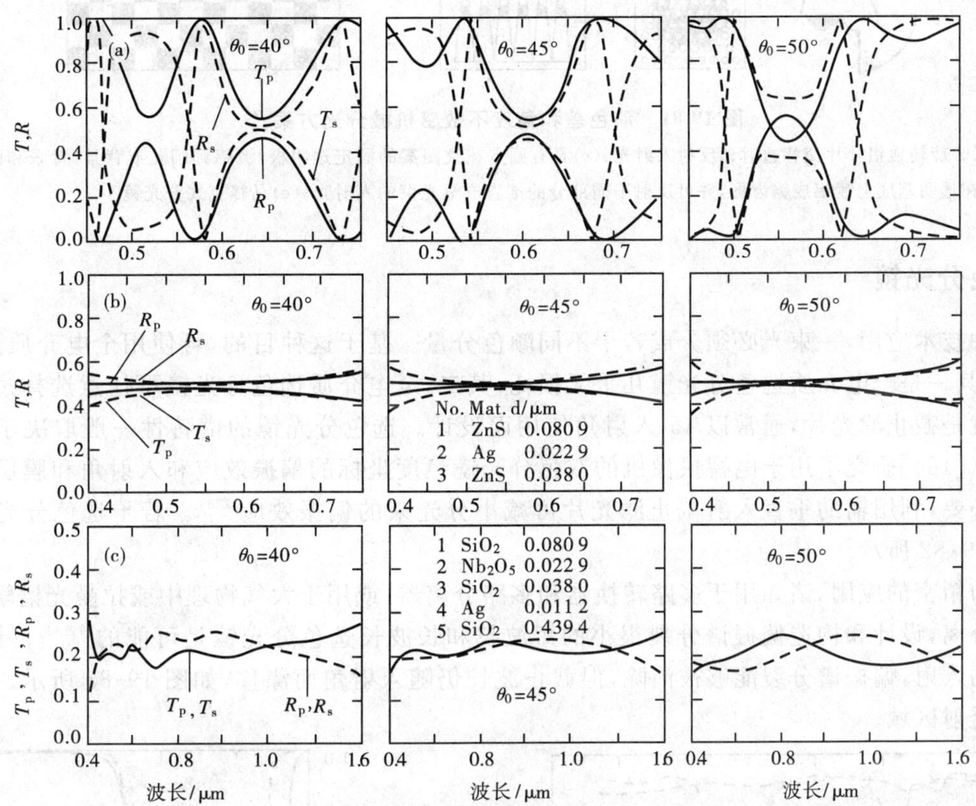

图19-79　在玻璃棱镜间镀有多层膜系构成的非偏振消色差分光镜的计算特性曲线[6,181-182]

(a)n_s[LMHMHML]^2n_s类型全电介质膜系，$n_s=1.52$，$n_L=1.38$，$n_M=1.63$，$n_H=2.35$，膜层厚度1/4波长，入射角45°；(b)三层金属-电介质膜系；(c)3个等同棱镜组成的非偏振分光组合特性，见图19-73(n)

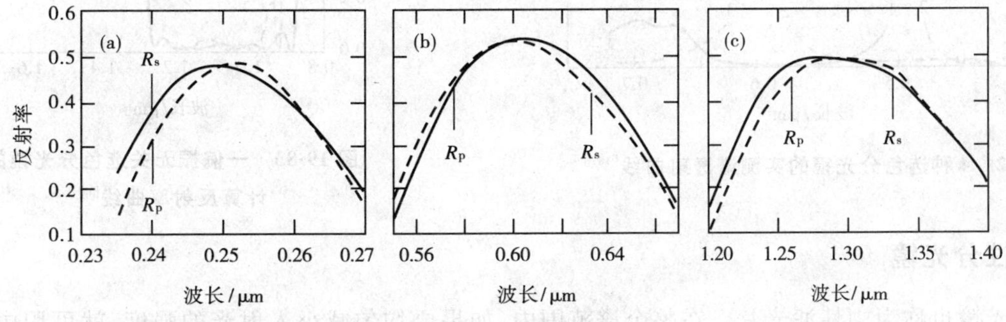

图19-80　图19-79(a)类型非偏振分光镜在3个不同谱区域的实测特性曲线[183]

如果应用中容许空间或时间光束共用，对于消色差分光问题，存在简单且角度和偏振都不敏感的机械解决办法，如图19-81所示。

有时由于膜厚不易控制，在入射角给定的情况下，要得到合适的分光比T/R很难。解决问题的办法是把膜层用如图19-81(e)所示的马赛克图案代替。黑区是不透明的高反射金属膜，即高反射区，白区是高透射区。通过控制黑白区面积之比可得到所需的T/R比值，而且$T+R$值很高。应该注意的是，黑白间隔要大于波长两个数量级以避免引起衍射效应，尤其是间隔小于可见光波长会产生色差。

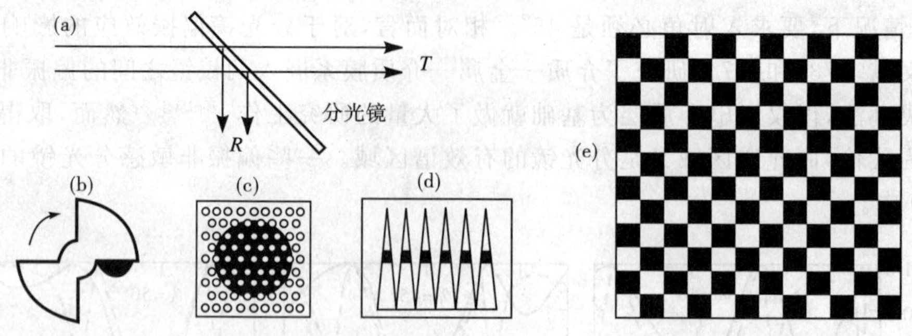

图 19-81　消色差和角度不敏感机械分光方案[16]

(a)分光镜;(b)旋转镀铝叶片交替透射和反射入射光;(c)具有圆点花纹图案的固定透明板,镀铝到圆孔或背景,背景和圆孔的总面积相等;(d)在透明基底上镀铝成锯齿形,并可反射不同部分的准直成窄光束的入射光;(e)马赛克式分光镜[5]

四、选色分光镜

对于各种技术应用,一束光必须分成若干不同颜色分量。基于这种目的,可使用全电介质选色分光镜,原因有两点:其一是全电介质选色分光镜几乎无损耗,其二,全电介质选色分光镜可任意选择过渡波长。实际上选色镜就是截止滤光片,通常以 45°入射角使用而设计。选色分光镜的谱特性一般取决于入射光的偏振状态。文献[184]研究了用于电视摄像机的双色分光镜色度坐标的偏振效应和入射角和膜层厚度变化的影响。如果必要,利用辅助垂直入射截止滤光片可减小分光束的偏振效应[185]。若干选色分光镜的典型透射曲线如图 19-82 所示。

对于更为精密的应用,诸如用于多路转换器和多路分离器,或用于大气物理中或拉曼光谱学中的辐射线和吸收线的分离,设计和构造偏振谱分裂很小的短波长和长波长选色分光镜是可能的[6,186]。设计中,对于比设计角小的入射,偏振谱分裂能够被消除,但截止波长仍随入射角而漂移,如图 19-83 所示。某些设计并不具有宽的透射区域。

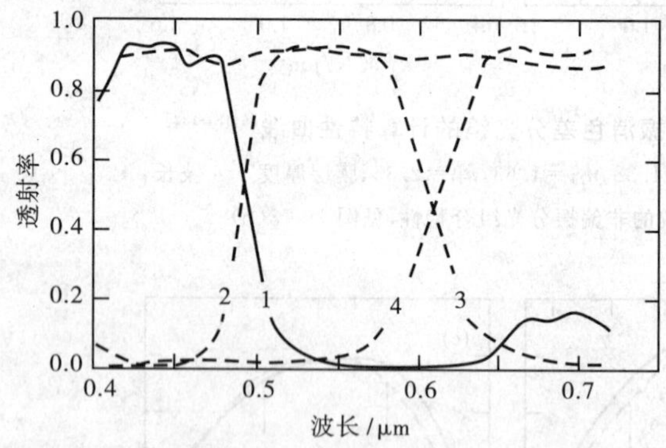

图 19-82　4 种选色分光镜的实测谱透射曲线[187]

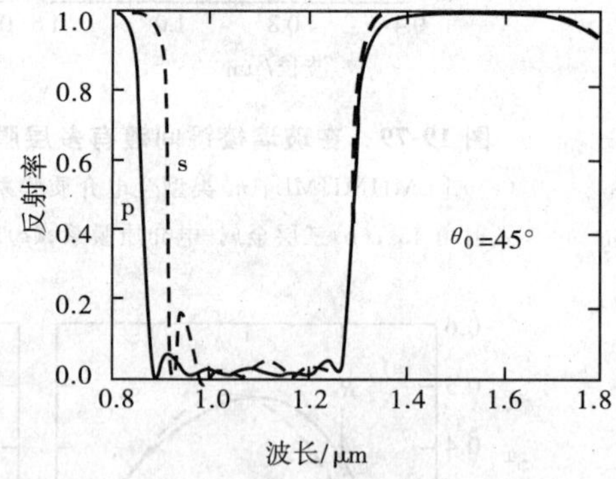

图 19-83　一偏振无关选色分光镜的计算反射率曲线[6]

五、中性分光镜

中性分光镜也称为中性滤光片。在整个谱范围内,如果要均匀减小入射光的强度,就可用中性分光镜。只要入射光垂直或近似垂直通过中性分光镜,透射或反射光强均匀减小但不改变颜色。许多吸收玻璃和明胶滤光片适合于作中性密度分光镜,密度可达 5.0,但这种分光镜的谱透射曲线并不很均匀。

长时间以来,一直使用金属(比如铝、铬、钯、铂、铑和钨)和合金(比如铬镍耐热合金、镍铬合金和铬镍铁合金)蒸镀生产中性密度分光镜,密度可达 6.0。这种分光镜的一个明显缺点是具有高的镜面反射。目前,铬镍铁合金通常用于高精度的中性密度分光镜。金属铬由于机械强度好、化学特性稳定,当要求耐用、不需加保护膜时,用金属铬分光更合适,见图 19-84。分光镜的工作范围和中性与基底介质密切相关。氟化镁(MgF_2)、氟化钙、石英、玻璃、蓝宝石和锗基底中性密度分光镜的谱透射曲线如图 19-85 所示。

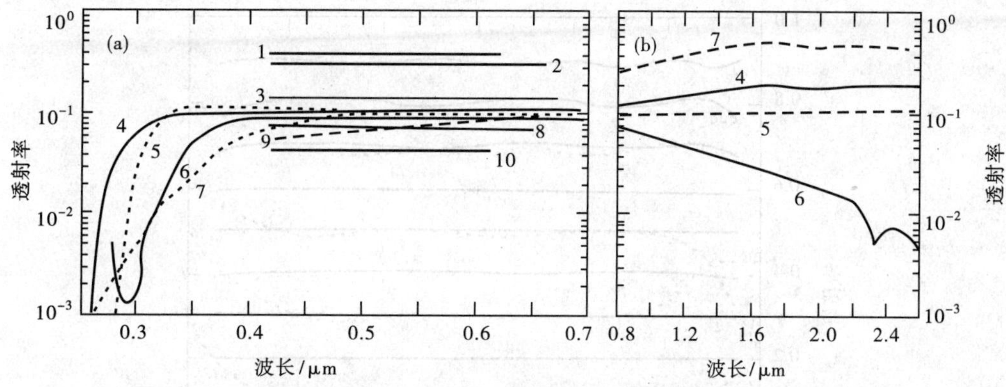

图 19-84　各种中性密度介质的谱透射特性[192-193,187]

(a)(b)1. 玻璃基底镀钨膜;2 和 3. 照相乳胶的散射和镜透射比;4. 明胶中 M-类型碳悬浮;5. 玻璃基底铬镍铁合金膜;6. 照相底片银密度;7. Wratten 96 密度滤光片;8. 铬膜;9 和 10. 玻璃基底分别以两种压力 0.13 Pa 和 0.013 Pa 蒸镀的镍铬合金 A 膜

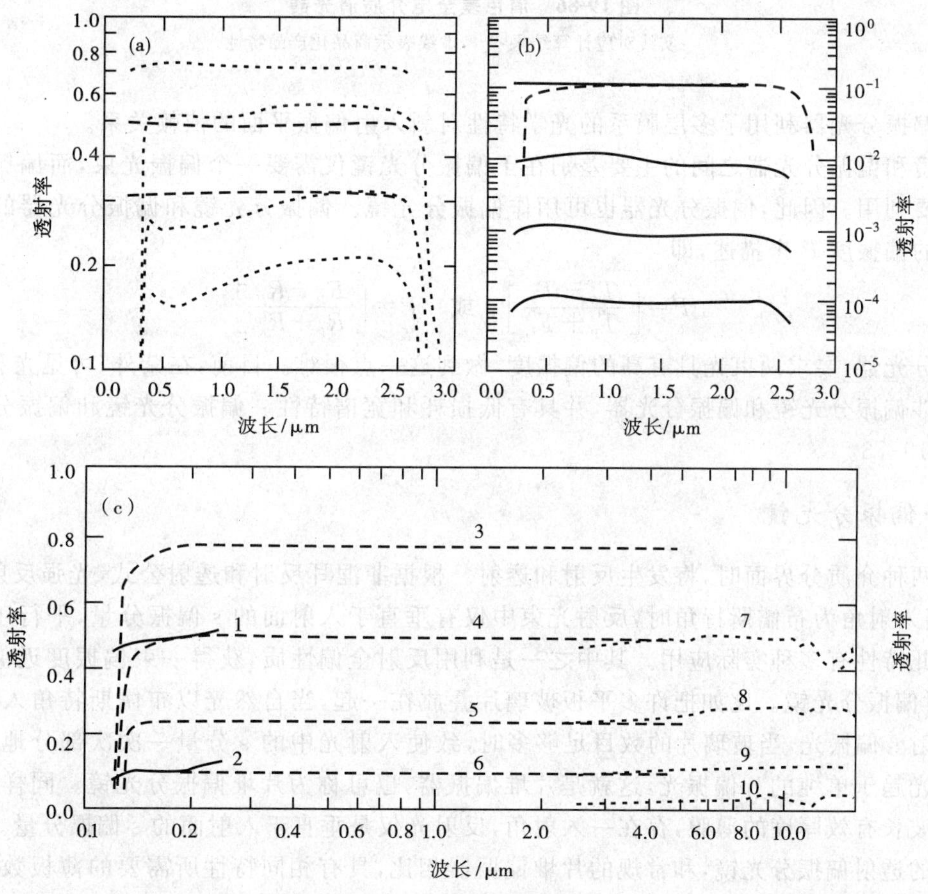

图 19-85　中性密度消光器[194-198]

(a)(b)玻璃和石英基底上镀铬镍铁合金膜;(c)在 MgF_2、CaF_2 和 Ge 基底上镀合金膜

中性衰减可以利用介质的吸收特性,有时也可以不用。许多文献对于紫外、可见光和近红外谱区域采用全电介质多层膜设计得到均匀的透射谱[188-191],如图 19-86 所示。

六、偏振分光镜

现代光学系统中的大多数偏振光学器件,都是采用非线性光学特性的光学晶体。光学晶体具有很好的偏振特性,在很多光学系统中具有不可替代的作用,但光学晶体偏振特性具有不可改变的特性,这样就不能满足光学工程中偏振选择的要求。多层膜偏振分光镜可以满足在特定波段内获得偏振光。设计多层膜干涉

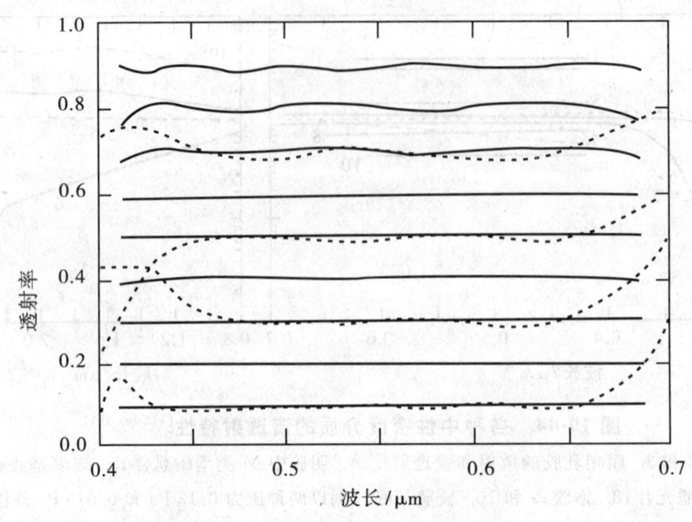

图 19-86 消色差全电介质消光器

实线对应计算结果[190]，虚线表示商品化产品特性[199]

偏振分光镜和偏振分光器利用了多层膜系的光学特性对斜入射偏振平面的依赖关系。

偏振分光镜和偏振分光器之间的主要差别在于偏振分光镜仅需要一个偏振光束，而偏振分光器得到的两束偏振光都要利用。因此，偏振分光器也可用作偏振分光镜。偏振分光镜和偏振分光器的透射和反射特性通常由它们的偏振度 P 来描述，即

$$P=\left[\frac{T_{\mathrm{p}}-T_{\mathrm{s}}}{T_{\mathrm{p}}+T_{\mathrm{s}}}\right] \quad 或 \quad P=\left[\frac{R_{\mathrm{p}}-R_{\mathrm{s}}}{R_{\mathrm{p}}+R_{\mathrm{s}}}\right] \tag{19-63}$$

对于偏振分光器，要求两束光具有高的偏振度，做到这一点很难。目前，在紫外、可见光和红外谱区域可构造有效的干涉偏振分光镜和偏振分光器，并具有低损耗和宽谱特性。偏振分光镜和偏振分光器的一些几何简图参见图 19-73。

(一)组合偏振分光镜

光波遇到两种介质分界面时，将发生反射和透射。根据菲涅耳反射和透射公式，光强反射率随入射角的变化而变化，当入射角为布儒斯特角时，反射光束中仅有垂直于入射面的 s 偏振分量，平行于入射面的 p 偏振分量为零。此特性有多种实际应用。其中之一是利用反射全偏性质，获得一束偏振度近似于 1 的透射偏振光，称为透射偏振分光镜。比如把许多平板玻璃片叠放在一起，当自然光以布儒斯特角入射时，在每个玻璃片的表面反射 s 偏振光，当玻璃片的数目足够多时，致使入射光中的 s 分量一次次部分地被反射，而使最后透射出来的光趋于单纯的 p 偏振光，这就是片堆偏振器，也可称为片堆偏振分光镜。同样，在基底平板表面镀四分之一波长有效厚度的薄膜，存在一入射角，反射光仅是垂直于入射面的 s 偏振分量。利用这一特性就可构成有效的透射偏振分光镜，和常规的片堆偏振器相比，具有相同特性所需要的薄板数要少得多，见图 19-73(d)。对于一系列薄膜折射率和偏振角，计算不同平板数所获得的偏振度见图 19-87。实验结果与计算结果基本一致。这种偏振分光镜，偏振度的变化在一个倍频程的波长范围都很小，孔径角可达 10°。可是，这种类型的偏振分光镜体积过大，通常不用。但在红外区域是个例外，由于红外谱区域存在高折射率镀膜材料，即使低折射率平板仅镀一层高折射率膜，光透射通过平板都可获得高的偏振度[200]。

如图 19-73 所示，与多平板偏振分光镜等价的若干反射几何形式是存在的。反射镜可以由沉积在非吸收平行平板基底或棱镜表面的一层或多层介质构成，见图 19-73(s)到(v)。另外几种反射镜，基底是金属或非金属基底上镀不透明金属膜，见图 19-73(o)到(r)。这些反射镜的入射角并不需要是相同的。这种类型的反射镜尤其适用于真空紫外和红外谱区域。两个反射镜在 XUV 区域的实测特性曲线示于图 19-88 中，光通过反射镜经历 3 次反射，如图 19-73(q)所示。基于全内反射或受抑全内反射的反射镜是有意义的变种，见图 19-73(l)和(m)。

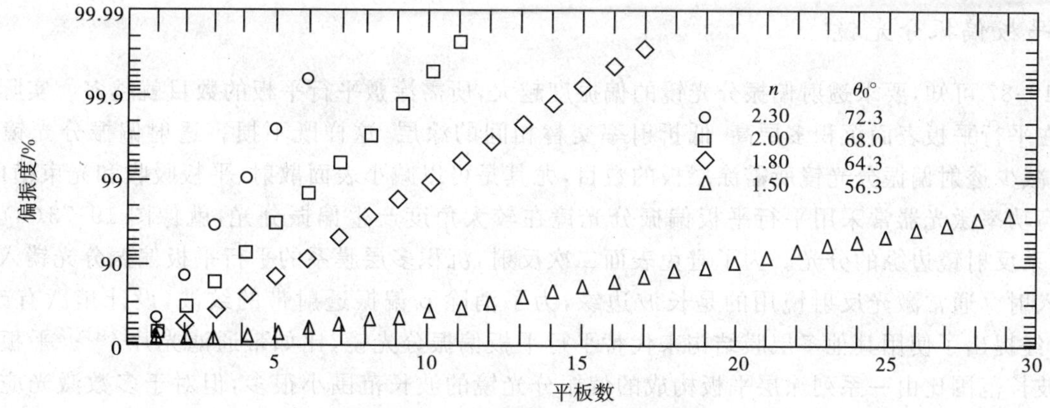

图 19-87 平板数对偏振度的影响

折射率为 n 的不同介质镀于基底折射率为 1.5 的平行平板两面，膜层有效光学厚度在偏振角 θ 处为 1/4 波长，平行片板可叠放在一起，图中曲线就是平板叠放在一起的数目与由此板堆出射的偏振光偏振度之间的关系曲线

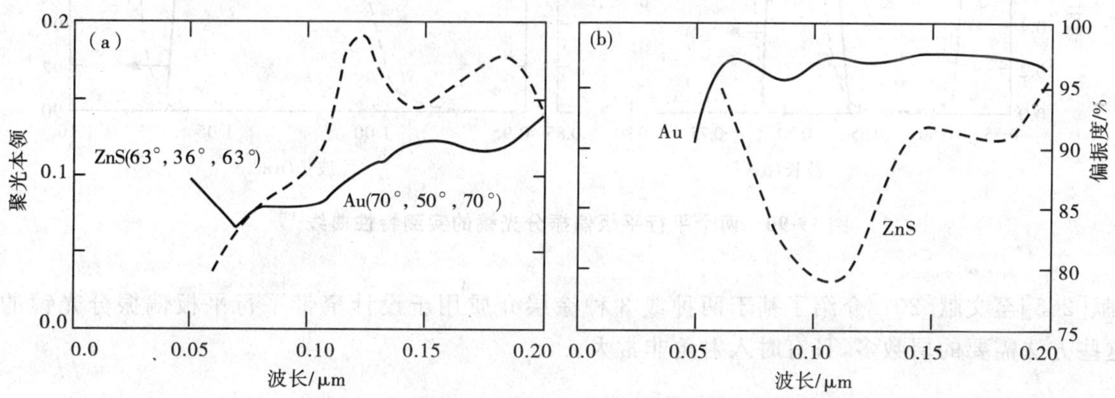

图 19-88 两个真空紫外偏振分光镜的实测特性曲线[202]

入射光在 Au(70°,50°,70°)和 ZnS(63°,36°,63°)表面经历三次反射，图中括号中给出的就是在 3 个反射镜面的入射角，见图 19-73(q)

在软 X 射线区域斜入射的情况下，X 射线多层膜反射镜的反射率对于平行于入射面和垂直于入射面的入射非常不同。由于高反射的区域非常窄，多层 X 射线偏振反射镜基本上可在一个波长上工作[201]。然而，如果入射是由两个等同的反射镜反射，见图 19-73(p)，就可构成具有合理聚光本领(>0.05)的反射镜，并可在很宽的波长范围调节而不需改变出射光束的方向，如图 19-89 所示。

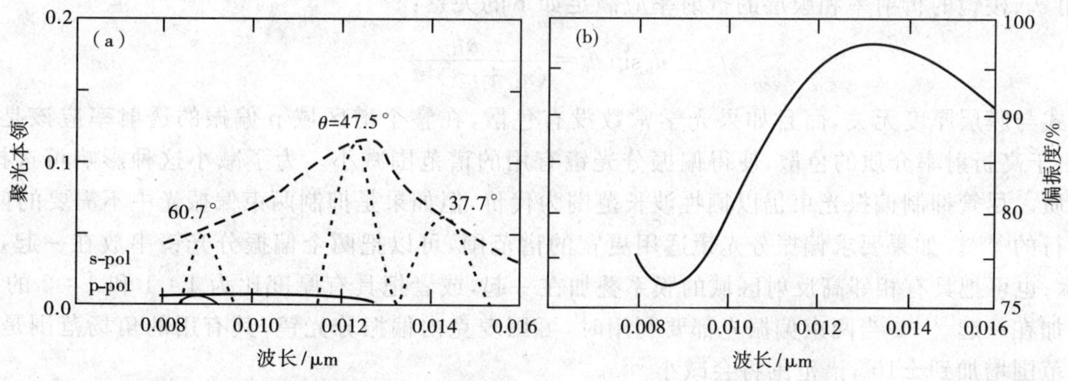

图 19-89 在 Si 基底两面镀 21 层 Ru-C 周期多层膜构成的 X 射线偏振分光镜实测特性曲线[203]

通过改变在两个镜面的入射角 θ 就可把偏振分光镜调整到不同的波长处

（二）平板偏振分光镜

由图 19-87 可知，要求透射偏振分光镜的偏振度越大，所需涂敷平行平板的数目就越多。实际上没有必要。如果在平行平板表面沉积多层高、低折射率交替相间的涂层，这样既不损害透射偏振分光镜的偏振特性，又可以减少透射偏振分光镜所需涂层板的数目，尤其是可以减小表面散射、平板吸收和光束横向位移。

对于高功率激光器常采用平行平板偏振分光镜在较大角度产生偏振分光，就像图 19-73(b)所示的镀1/4周期膜系反射镜边缘的分光。为了避免表面二次反射，沉积多层膜系的平行平板偏振分光镜入射光以布儒斯特角入射。通常激光反射镜用的是长波边缘，为了消除 p 偏振透射带的纹波，设计稍微有改进，见图 19-90。已经提出了使用其他多层膜结构来代替平行平板偏振分光镜，比如带通滤光片[204]。平板偏振分光镜有效的波长范围比由一系列涂层平板构成的偏振分光镜的波长范围小很多，但对于多数激光应用来说是可以接受的。

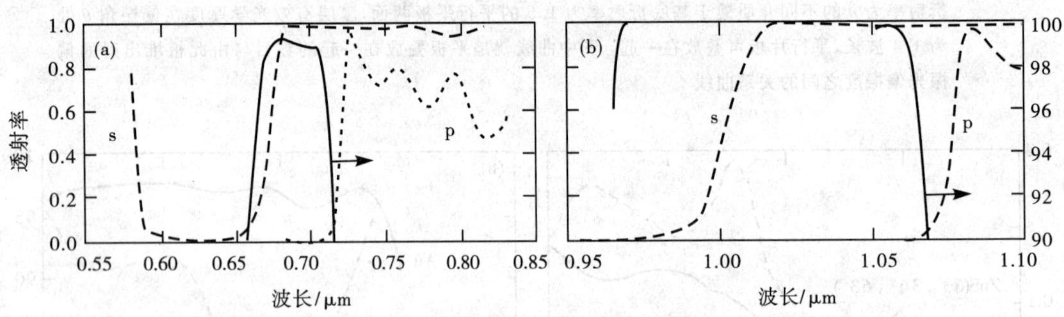

图 19-90　两个平行平板偏振分光镜的实测特性曲线[199]

文献[205]至文献[207]介绍了基于两种或 3 种涂层介质用于设计窄带平行平板偏振分光镜的其他方法，但这些方法需要的层数多，且有时入射角非常大。

（三）镶嵌偏振分光镜和偏振分光器

当在较高折射率介质之间镶嵌$[HL]^N H$或$[(0.5H)L(0.5H)]^N$类型多层膜系，就可在宽的谱区域获得有效的偏振分光镜和偏振分光器[208]。所用两个涂层介质折射率比值越高，获得一定偏振度所需的层数就越少，从而偏振片有效的谱区域就越宽。然而，介质折射率与入射角之间必须满足一定的关系[209]，并且对于这个入射角层的光学厚度应该是 1/4 波长。

当在两个直角棱镜间嵌入多层膜时，可获得特别适用的偏振分光镜，并不产生横向光束位移，如图 19-73(i)所示。麦克内(MacNeille)偏振分光镜工作在很宽的波长范围，见图 19-91(a)和(b)。为了得到最佳结果，入射角 θ_p、棱镜的折射率和膜层的折射率应满足如下的关系：

$$n_p \sin\theta_p = \frac{n_L n_H}{(n_L^2 + n_H^2)^{1/2}} \tag{19-64}$$

这个表达式与膜层厚度无关，而且如果光学常数没有色散，在整个谱区域 p 偏振的透射率应该是 1.0。然而，正是由于高折射率介质的色散，使得偏振分光镜有用的谱范围减小。为了减小这种影响可选择 V 族元素基底介质。尽管抑制偏振光束仍以牺牲波长范围为代价，但如果是抑制两束偏振光中不需要的偏振光，一般还是可行的[210]。如果要求偏振分光镜适用更宽的谱范围，可以把两个偏振分光镜串放在一起，如图 19-91(c)所示；也可把具有相邻高反射区域的膜系叠加在一起，或者把具有厚度比为 1∶1 和 1∶2 的两个周期多层膜叠加在一起[211]。当两束偏振光都要利用时，可用麦克内偏振分光镜，其有用的角场范围是±2°。要是把角场范围增加到±10°，谱范围将会减小[212]。

当把麦克内分光镜用作偏振分光器时，可使入射光垂直于棱镜表面，而两束出射偏振光之间的偏角为 90°，见图 19-73(j)[210]。当然，在两个 45°棱镜之间镶嵌多层膜更方便，但要满足(19-64)式，需要高折射率的棱镜材料，结果是有效波长范围再一次减小了[215]，如图 19-92 所示。

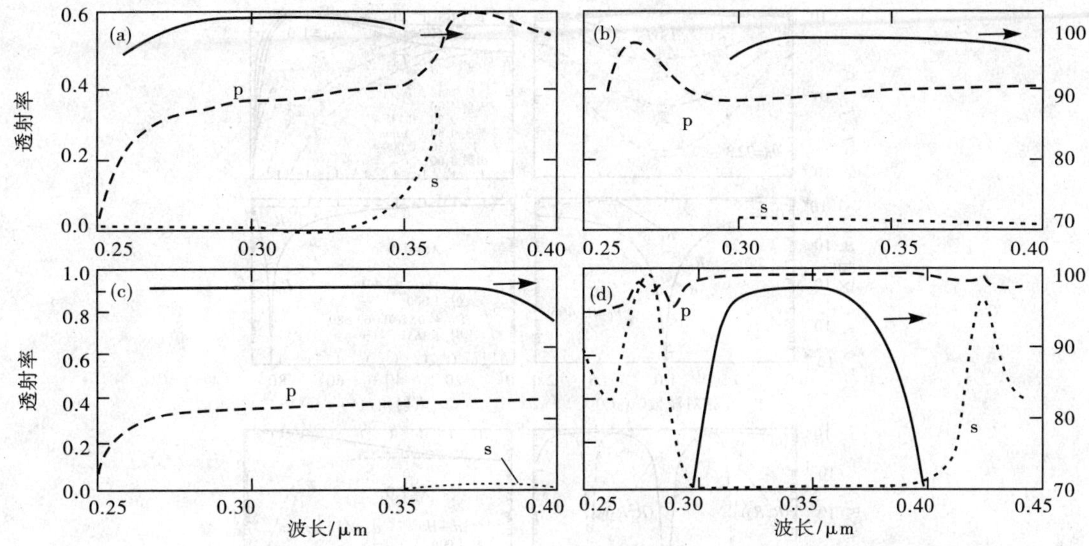

图 19-91　平行和正交麦克内干涉偏振分光镜在紫外谱域的实测偏振度和透射率

(c)把图(a)和(b)中的偏振分光镜胶合在一起所得的结果[213]；(d)具有高激光损耗域值的分光镜光学接触放置的实测特性曲线[214]

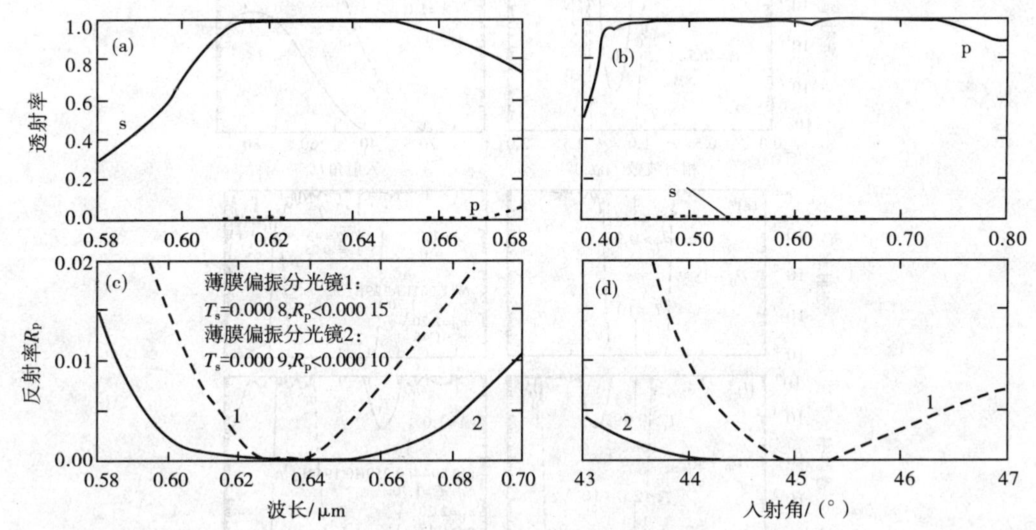

图 19-92　偏振分光器实测特性曲线

(a)(b)两个分光器商品的实测谱透射曲线[199]；(c)(d)两个不同分光系统的实测谱特性和角特性[215]

麦克内偏振分光镜和偏振分光器有若干缺点：由于偏振分光镜的体积大小、造价和所用棱镜材料等因素，使分光镜的孔径受到限制，这是其一；其二是偏振分光镜可获得的偏振度取决于棱镜中的剩余双折射；其三是胶合偏振分光镜不能用于高功率激光器。为了克服这些困难，提出了一种液体棱镜偏振分光镜[216]，其构成是在石英平板上镀多层膜并浸入蒸馏水中，见图 19-73(k)和图 19-93。避免使用胶合的另一种途径是光学上让两个棱镜相接触[217]，见图 19-73(g)和图 19-91(d)。更为常见的是在分离棱镜的一个或两个表面镀多层膜[218]，见图 19-73(e)，这种分光镜与用于 45°设计的平板偏振分光镜类同，因而特性也相同。

在图 19-94(a)到(h)中给出了许多偏振分光镜和偏振分光器谱特性和角特性的计算结果，并进行了比较。文献[219]

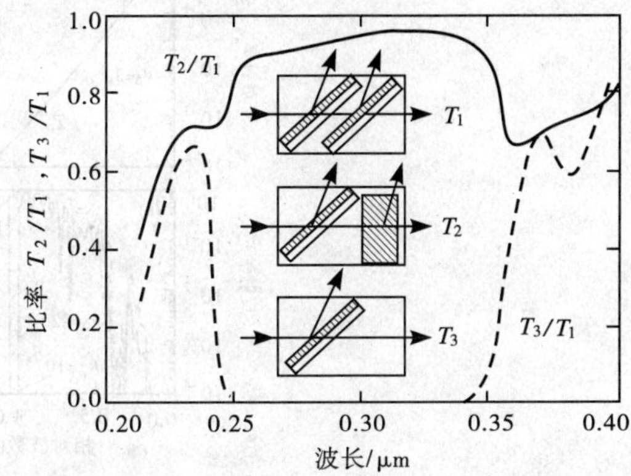

图 19-93　两个平行和正交涂层平板构成液体棱镜麦克内偏振分光镜在外谱区域的实测谱特性[216]

两平板镀有相同的多层膜，膜层由交替镀 HfO_2 和 SiO_2 1/4 波长层构成，层数为 13

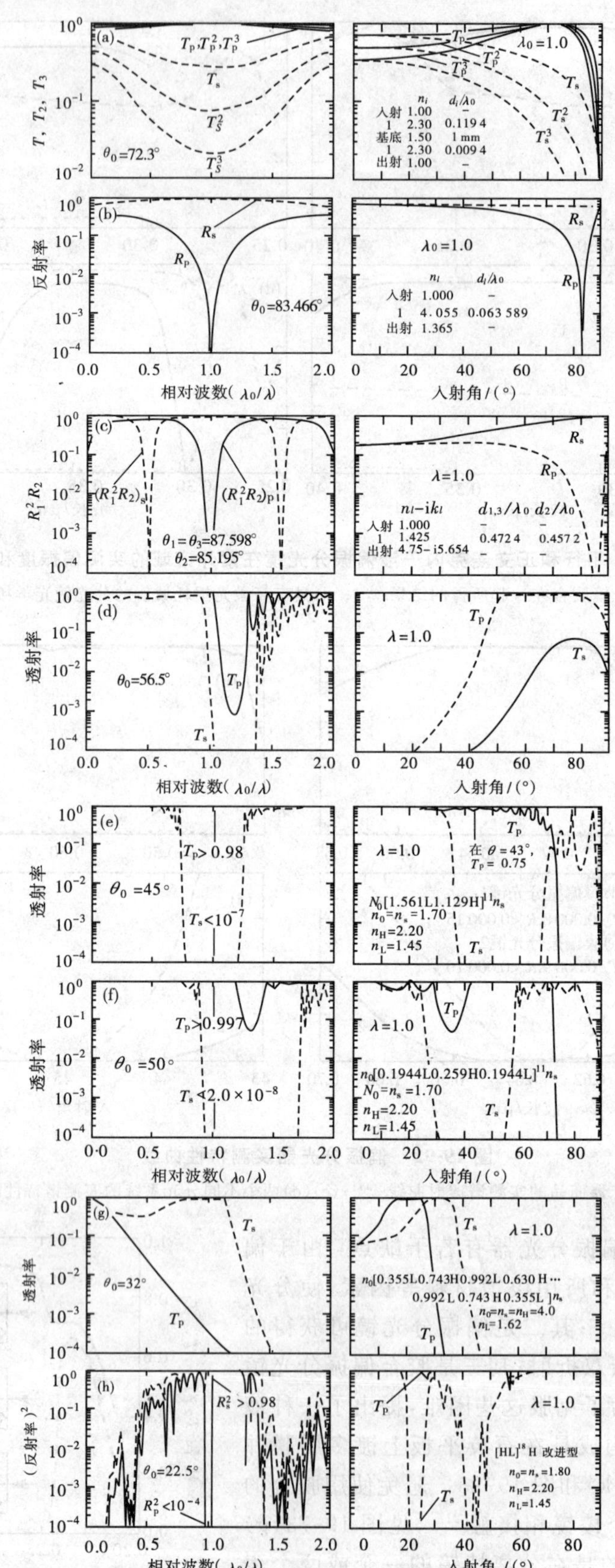

图 19-94 若干类型偏振分光镜和偏振分光器的谱特性和角特性计算结果

(a)(b)(c)(d)入射介质为空气，(e)(f)(g)(h)入射介质不是空气。计算假定所用非金属介质无吸收、无色散。(a)多平板分光镜；(b)一次反射分光镜[200]；(c)三次反射分光镜[220]；(d)平板分光镜[221]；(e)麦克内分光镜[212]；(f)宽角麦克内分光器[212]；(g)受抑全内反射偏振分光器[222]；(h)五边棱镜偏振分光镜[223]

理论上比较了麦克内分光镜、偏振分光器和平板偏振分光镜在一个波长处的特性。

七、其他形式分光镜

基于不同用途，分光可采用的形式很多。前面介绍的平板镀膜分光和棱镜表面镀膜分光都属于薄膜光学的范畴，除此之外，还有衍射分光、双频声光分光和非线性分光等，这些分光形式不涉及薄膜干涉理论，因而不予讨论，有兴趣的读者可参考文献[224][225]和[226]。

第六节　带通滤光片

一个理想的带通滤光片在某一谱区域透射率为 1.0，而在其他谱区域透射率为零。这种滤光片完全可以由透射区域的带宽和在此区域中心处的波长来描述。然而，实际的带通滤光片并不是理想的，需要更多的参数来描述它们的特性。截至目前，描述带通滤光片参数的术语还没有统一，常常用不同的术语来描述不同的滤光片，有时也会出现同名称的量定义却完全不同，这将会给读者带来麻烦。因此，在阅读文献或写作时应倍加小心。

带通滤光片透射带的位置有各种确定方法，可以用最大透射率所对应的波长 λ_{max}，或者用通带中心处的波长 λ_0，也可用通带谱重心对应的波长 λ_c。当确定在 λ_0 处的谱范围时，应该记住倾斜入射干涉滤光片的峰值仅向短波长方向移动，参见本章第一节中的“光学薄膜干涉理论计算的矩阵方法”。

带通滤光片的峰值透射率 T_0 可以考虑基底和（或）遮光滤光片内的吸收，也可以不考虑。遮光滤光片的作用是把通过干涉滤光片不想要的透射从主通带中移去，如图 19-95 所示。

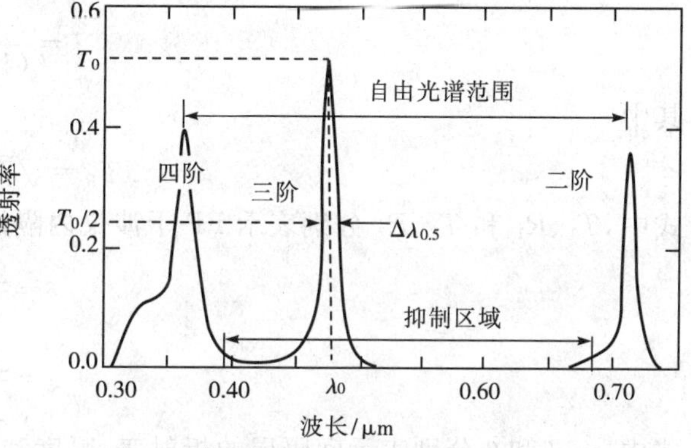

图 19-95　带通滤光片

用于描述窄带通滤光片一些术语的定义。曲线表示未遮光二阶金属电介质法布里-珀罗型干涉滤光片[194]

带通滤光片的半宽度（HW）$\Delta\lambda_{0.5}$ 是透射率为峰值透射率一半处所对应的两个波长之间的差，这个量有时也称为半值全宽度（FWHM），通常表达为 λ_0 的百分比。同样可定义基准宽度（BW）$\Delta\lambda_{0.01}$。比值 $\Delta\lambda_{0.01}/\Delta\lambda_{0.5}$ 称为形状因子，表示透射带的“方”度。有时也用透射区其他部分的宽度定义形状因子。带通滤光片的最小透射率 T_{min} 不考虑遮光滤光片的影响。量 T_{min}/T_0 称为抑制比。

对于全电介质透射带通滤光片，在主透射带两边某一波长处出现透射最大，这两个透射最大之间低透射率的范围称为抑制区域，而紧邻主透射带的这两个透射最大之间的距离称为自由光谱范围。如果这两个量中的其中一个不满足要求，应用中就可能必须提供辅助遮光滤光片，以滤掉紧邻的透射最大峰。

对于特殊用途的带通滤光片，设它的遮光谱透射率为 $T(\lambda)$，最适合的基本测量量是信噪比 SN。信噪比用光源的谱能量分布 $I(\lambda)$和探测器的光谱探测灵敏度 $D(\lambda)$定义为

$$\mathrm{SN}=\frac{\int_{\lambda_1}^{\lambda_2} I(\lambda)T(\lambda)D(\lambda)\mathrm{d}\lambda}{\int_0^{\lambda_1} I(\lambda)T(\lambda)D(\lambda)\mathrm{d}\lambda+\int_{\lambda_2}^{\infty} I(\lambda)T(\lambda)D(\lambda)\mathrm{d}\lambda} \tag{19-65}$$

式中，λ_1、λ_2 是带通滤光片透射区域的下限波长和上限波长。信噪比 SN 有时也用光学密度表达。

一、窄带通和中等带通滤光片（0.1％～35％HW）

最简单的窄带滤光片是法布里-珀罗干涉仪。法布里-珀罗（FP）干涉仪由两块相同的平行平板构成，两平板表面镀有高反射金属膜，两板之间以平板介质相间隔。图 19-96 是法布里-珀罗干涉仪多种变形。尽管图中给出的 FP 形式不同，但基本上都是低阶干涉仪，因此，下面介绍的理论全都适用[7]。

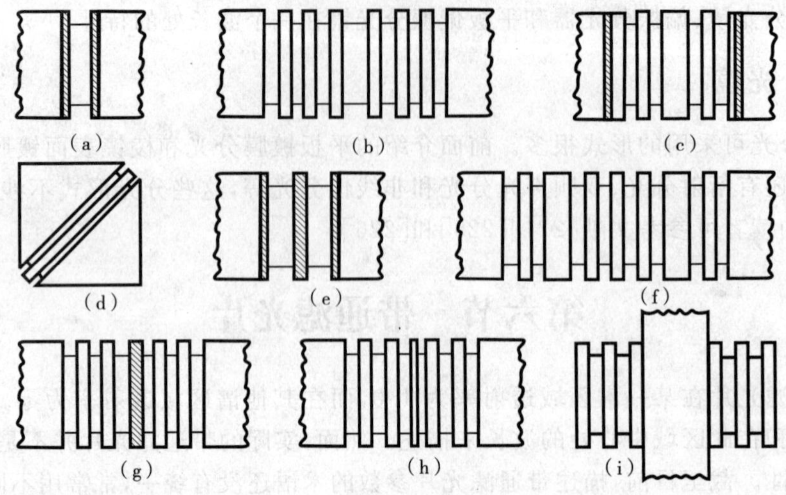

图 19-96　各种带通干涉滤光片的示意图

(a)基本 FP 干涉仪，平板表面镀有金属高反射膜；(b)平板表面镀有多层电介质高反射膜的 FP 干涉仪；(c)平板表面镀有金属-电介质高反射膜的 FP 干涉仪；(d)受抑全内反射滤光片；(e)有金属反射镜的方顶多腔滤光片；(f)有电介质反射镜的方顶多腔滤光片；(g)诱导滤光片；(h)相色散滤光片，也称无隔层滤光片；(i)有云母或石英隔层的 FP 干涉滤光片

不考虑在基底介质内的吸收和多次反射，FP 类型干涉滤光片的透射率为

$$T=\frac{T_R^2}{(1-R)^2+4R\sin^2\delta} \tag{19-66}$$

其中

$$T_R=\sqrt{T_1T_2},\quad R=\sqrt{R_1R_2} \tag{19-67}$$

式中，T_1、R_1 和 T_2、R_2 分别表示 FP 干涉仪内隔层第一和第二反射面的透射和反射率。

$$\delta=\frac{2\pi}{\lambda}nd\cos\theta+\varepsilon \tag{19-68}$$

$$\varepsilon=\frac{\varepsilon_1+\varepsilon_2}{2} \tag{19-69}$$

式中，n、d 和 θ 分别表示间隔层的折射率、厚度和间隔层内折射角，而 ε_1 和 ε_2 分别表示干涉仪内间隔层第一和第二反射面在波长 λ 处的相位变化。最大透射率 T 发生在波长 λ_0 处，其关系式为

$$T_0=\left(\frac{T_R}{1-R}\right)^2=\left(\frac{1}{1+A/T_R}\right)^2 \tag{19-70}$$

$$\lambda_0=\frac{2nd\cos\theta}{k-\varepsilon/\pi},\qquad k=0,1,2,\cdots \tag{19-71}$$

式中，$A=1-T_R-R$ 是隔层的平均吸收。在 $\lambda_{\min}$ 处透射最小，其关系式为

$$T_{\min}=\left(\frac{T_R}{1+R}\right)^2 \tag{19-72}$$

$$\lambda_{\min}=\frac{2nd\cos\theta}{k-\varepsilon/\pi},\qquad k=\frac{1}{2},\frac{3}{2},\frac{5}{2},\cdots \tag{19-73}$$

如果 T_R 和 R 在 λ_0 和 $\lambda_{\min}$ 处基本相等，抑制比为

$$\frac{T_{\min}}{T_0}=\left(\frac{1-R}{1+R}\right)^2 \tag{19-74}$$

对于 $R>0.7$，透射带的半宽度用 λ_0 的百分比表示为

$$\frac{\Delta\lambda_{0.5}}{\lambda_0}\times100\approx\frac{1-R}{\sqrt{R}}\frac{100}{\dfrac{2\pi nd\cos\theta}{\lambda_0}-\lambda_0\dfrac{\partial\varepsilon}{\partial\lambda}} \tag{19-75}$$

给定干涉仪的阶，干涉仪的半宽度和抑制比不能独立变化。在 λ_0 邻近，如果 $\partial\varepsilon/\partial\lambda$ 值很小，对于 FP 干涉仪，近似公式

$$T\approx\frac{T_0}{1+4[(\lambda-\lambda_0)/\Delta\lambda_{0.5}]^2} \tag{19-76}$$

是有效的，此关系表示 $\Delta\lambda_{0.1}=3\Delta\lambda_{0.5}$ 和 $\Delta\lambda_{0.01}=10\Delta\lambda_{0.5}$ 的洛伦茨函数曲线。这样一来，所有 FP 类型干涉仪的形状因子都是 10 的阶次。

文献[227]已经证明在干涉滤光片内的隔层并不一定仅由单层构成，而把间隔分割为许多层会有很多优点。

(一)法布里-珀罗干涉滤光片(0.1%～10%HW)

1. 金属反射膜 FP 干涉带通滤光片

金属反射膜 FP 干涉带通滤光片是有史以来第一个干涉滤光片，也是最简单的干涉滤光片[228]。这种滤光片由两个部分透射的基板上镀高反射的金属膜并间隔电介质层构成，符号表示为 MDM，如图 19-96(a)所示。目前，最好的金属反射膜是铝和银，适用的谱范围分别为 0.125 ～0.34 μm 和 0.34～3.0 μm。许多典型 FP 干涉滤光片实测谱透射曲线如图 19-97 所示。

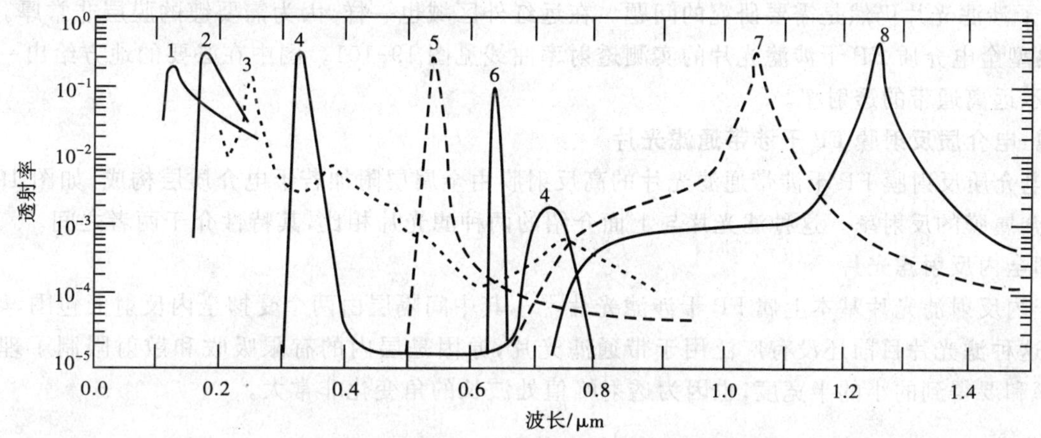

图 19-97　镀有金属反射膜的 FP 干涉滤光片的实测透射率曲线[16]

曲线 6 表示两个等同滤光片胶合在一起的透射率曲线[229]

由于在电介质隔层-金属膜表面的反射相位变化是有限的，所以影响透射最大的位置，参见(19-71)式。但是，反射相位变化的色散可以忽略，这样，干涉滤光片的半宽度仅取决于金属膜的反射率和隔层的阶。半宽度为 1%到 8%的滤光片很常见，因为对金属膜比率 A/T 比较大，这就使最大透射率受到限制，见式(19-70)。40%的最大透射率相对来说是通用的。对具有较窄带宽的滤光片或适用较短波长的滤光片，能够获得的透射率大约在 20%，这与具有几乎相同带宽的全电介质干涉带通滤光片相比，透射率要小得多。尽管如此，这种类型的滤光片还是有用的，因为除了出现一阶和高阶透射最大的地方之外，其他地方的透射仍保持很低，参见式(19-70)。因此，对这种滤光片遮光很容易，尤其是一阶滤光片通常在高波长端并不需要任何遮光——做到这一点并不容易。尽管没有引起注意，但这种滤光片的抑制效果很好。如果要求更好的抑制并能容许较低的透射，两个等同的滤光片可以胶合在一起，见图 19-97 中的曲线 6。因为金属膜的吸收有限，做到这一点是可能的。另一方面，也可用金属方顶滤光片或具有更为复杂结构的滤光片。

2. 全电介质反射膜 FP 干涉带通滤光片

波长若大于 0.2 μm，金属反射膜就可由全电介质 1/4 波长膜系代替[230]。这种膜系的符号可用 $[HL]^N 2mH[LH]^N$ 或 $H[LH]^N 2mL[HL]^N H$ 表示，H 和 L 分别表示高、低折射率 1/4 波长层，m 为隔层的阶，N 为膜系总周期数，如图 19-96(b)所示。这种滤光片在隔层和周期多层反射膜系之间边界反射相位的变化并不影响 λ_0 的位置，如(19-71)式所示，但反射相位变化的色散是有限的，取决于所用的材料。对于低阶隔层，相位变化对透射带半宽度减小的影响非常大，见(19-75)式。文献[1]给出这种滤光片半宽度的表达式为

$$\frac{\Delta\lambda_{0.5}}{\lambda_0}\times 100=\frac{4n_0 n_L^{2N}(n_H-n_L)\times 100}{m\pi n_H^{2N+1}(n_H-n_L+n_L/m)} \text{ 和 } \frac{4n_0 n_L^{2N-1}(n_H-n_L)\times 100}{m\pi n_H^{2N}(n_H-n_L+n_L/m)} \tag{19-77}$$

可分别适用于高、低折射率隔层。

通过适当组合反射率和隔层的阶，在光谱的可见光部分就可获得 0.1% 到 0.5% 之间半宽度的任何值，而仍然保持有用的抑制比。

全电介质 FP 滤光片的最大透射率达不到单位 1，这是因为薄膜有限的吸收、散射以及厚度和折射率的误差引起的。在可见光谱的中心位置，0.8 的最大透射率对于不遮光滤光片是正常的，并具有 1% 的半宽度，但也可以获得更高的透射率。随着 λ_0 接近 0.2 μm 或 20 μm，透射渐渐减小，由于达不到足够大的的透射率，要得到更窄带宽的滤光片就变得不切实际。

由两种介质构成的周期多层高反射膜系，远离最大透射区的透射率仅仅在抑制区的范围很低，这样的话，不管是在长波长端还是在短波长端通常需要另加遮光。这样做可能导致遮光滤光片的最大透射率严重降低，在紫外或红外谱区域出现的峰值透射损耗 30% 到 40% 很常见。

在可见光和红外区域，无吸收、机械性好又坚固耐用的镀膜材料有很多，都可用于平顶干涉滤光片，使之具有比较好的形状因子和较高的抑制比。在紫外区域，没有合适的镀膜材料，镀膜厚度也难于控制，所以全电介质 FP 干涉滤光片仍然是需要研究的问题。在远红外区域也一样，因为需要镀的膜层非常厚。

许多典型全电介质 FP 干涉滤光片的实测透射率曲线见图 19-101。图中在必要的地方给出一些附加曲线，用于显示远离通带的透射率。

3. 金属-电介质反射膜 FP 干涉带通滤光片

金属-电介质反射膜 FP 干涉带通滤光片的高反射膜由金属层附加若干电介质层构成，如图 19-96(c) 所示，以增强金属膜的反射率。这种滤光片与上面介绍的两种滤光片相比，其特性介于两者之间。

4. 受抑全内反射滤光片

受抑全内反射滤光片基本上属 FP 干涉滤光片[231]，其中间隔层由两个受抑全内反射面包围，如图 19-96(d) 所示。这种滤光片目前还没有广泛用于带通滤光片，原因是层内的有限吸收和散射限制了理论上期望的高透射率和要得到的小的半宽度，也因为透射峰值处波长的角变化非常大。

(二) 平顶多腔带通滤光片（0.1%～35%HW）

当把两个或多个基本的 FP 干涉滤光片并排耦合放置在一起时，就得到一新的具有平顶特性的滤光片，称为平顶多腔带通滤光片。这种滤光片克服了基本 FP 滤光片的缺点[232-233]，滤光片的高反射膜可以镀金属高反射膜，也可以镀全电介质多层高反射膜，见图 19-96(e) 和 (f)。$[HL]^N 2H[LH]^N C[HL]^N 2H[LH]^N$ 表示全电介质平顶滤光片，它是将基本 FP 结构 $[HL]^N 2H[LH]^N$ 重复 2 次，其中 1/4 波长层 C 称为耦合层或连接层，而半波长厚的间隔层 2H 常称为腔。有时为了改进通带的透射率和滤光片的角特性，需要对这种模型进行小的修正。

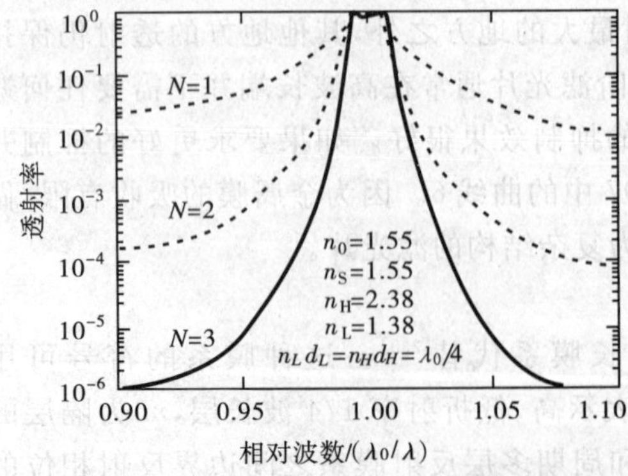

图 19-98 带通滤光片透射率随腔数变化曲线

空气$[[(0.5H)L(0.5H)]3H[(0.5H)(0.5H)]^3]^N$ 玻璃，$N=1,2,3$

窄带多腔滤光片的半宽度与基本 FP 结构的半宽度完全相同，见 (19-75) 式。这种滤光片的形状因子随腔数的增加而减小，似乎并不取决于所用材料[232]。对于 1 个、2 个、3 个和 4 个腔的滤光片，相应的形状因子分别近似为 11、3.5、2.0 和 1.5。如果滤光片完全由 1/4 波长层构成，可粗略得到在抑制区域的最低透射率，见 (19-45) 式。因而，这种滤光片不同于 FP 干涉滤光片，有一些调节半宽度和抑制比的方法。为了说明问题，图 19-98 给出平顶多腔带通滤光片透射特性随腔数变化的计算结果。平顶多腔滤光片受层内残余吸收的影响比 FP 类型干涉滤光片要小。跟 FP 干涉滤光片一样，为了增强抑制比，可把两个等同的金属-电介质平顶滤光片胶合在一起，如图 19-99(曲线 5) 所示。

平顶带通滤光片与FP类型干涉滤光片相比要求更高，代价也更大，但性能的改善使多数商家都把它们作为自己滤光片的标准种类。典型商品化产品具有不同半宽度的金属-电介质反射镜和全电介质反射镜带通干涉滤光片的谱透射特性分别示于图19-99和图19-102～图19-105中。

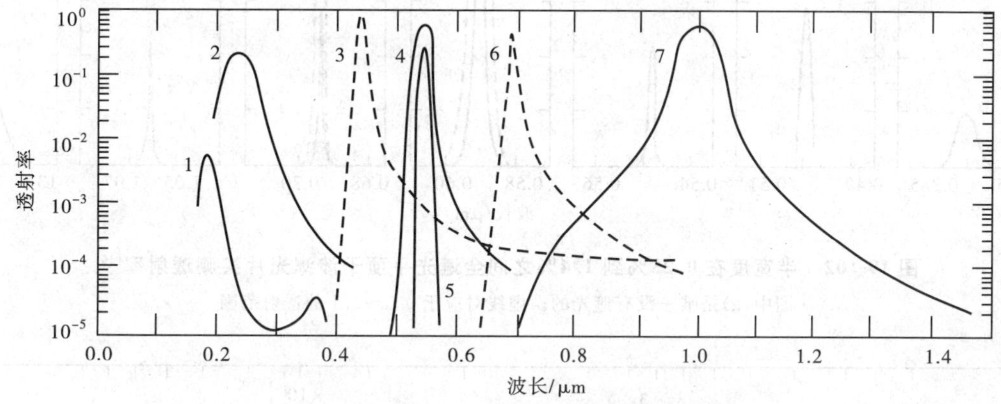

图 19-99　涂敷金属高反射膜平顶带通滤光片的实测透射率[16]

曲线5对应于两个等同的滤光片胶合在一起后的透射率

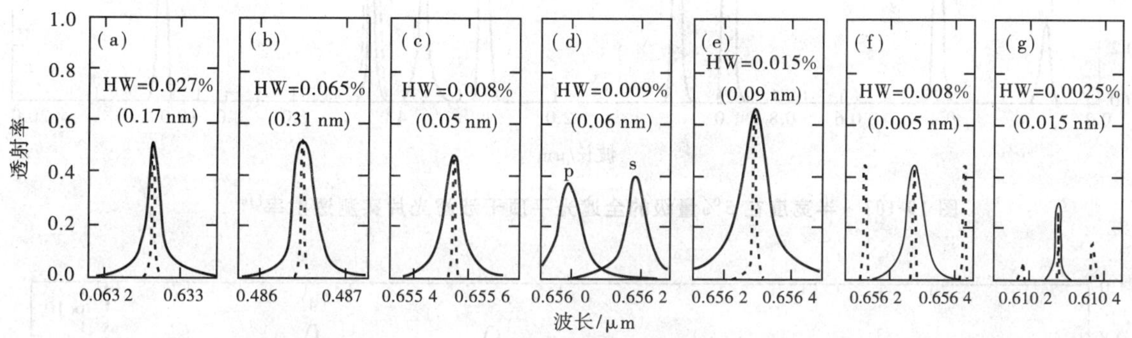

图 19-100　半宽度小于0.1%的极窄带通干涉滤光片实测透射率[16]

(a)和(b)蒸镀间隔层；(c)供Hα谱线用的云母干涉滤光片；(d)云母干涉滤光片，图中曲线分别对应相互垂直的两个偏振的透射带；(e)单层、(f)和(g)双石英间隔层干涉滤光片。图中点线表示在10倍宽的谱区域绘制的滤光片的透射率

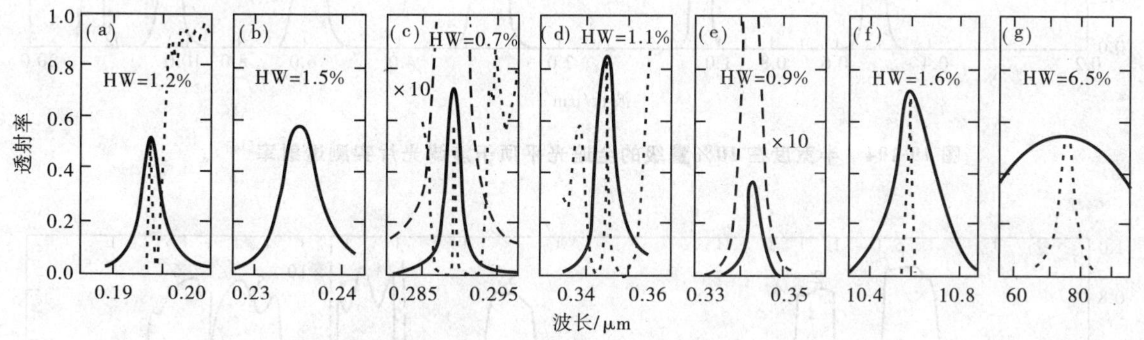

图 19-101　窄半宽度FP全电介质干涉滤光片实测透射率[16]

(a)至(g)为蒸镀间隔层；图中虚线对应0.0到0.1的透射范围，图中点线表示在10倍宽的谱区域绘制的滤光片的透射率

在一些特殊的应用场合，要求多腔滤光片的特性非常高。比如，用于光纤通信系统，要求多腔滤光片的峰值透射率接近于1。用于设计这种滤光片的各种方法文献[6][234]和[235]作了详细的描述，其中包括利用以切比雪夫多项式为基础的一些方法。为了满足峰值透射率的要求，特别必须注意的是镀层的制备。典型的实测谱透射曲线见图19-106。对于其他的应用，诸如荧光光谱学或拉曼光谱学，峰值透射并不重要，但是要求具有10^{-8}量级的信噪比，这也必须使用多腔滤光片，见图19-107。

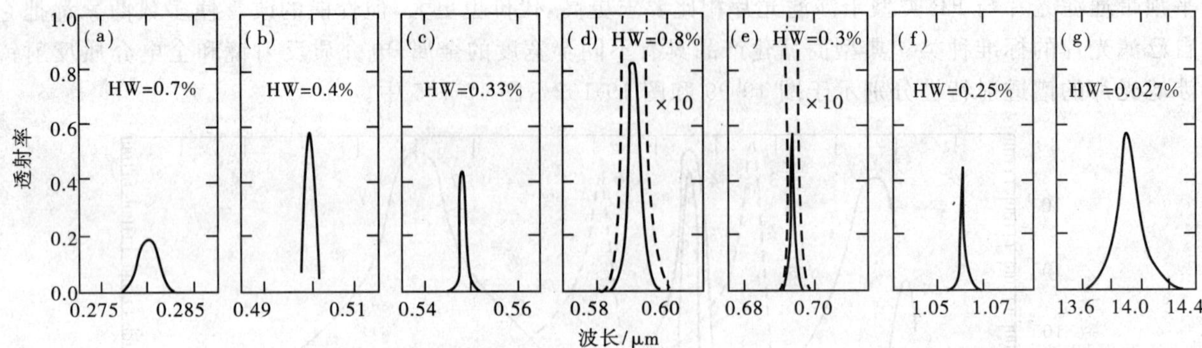

图 19-102 半宽度在 0.25%到 1.4%之间全遮光平顶干涉滤光片实测透射率[16]

图中(g)是唯一没有遮光的。虚线对应于 0.0～0.1 的透射范围

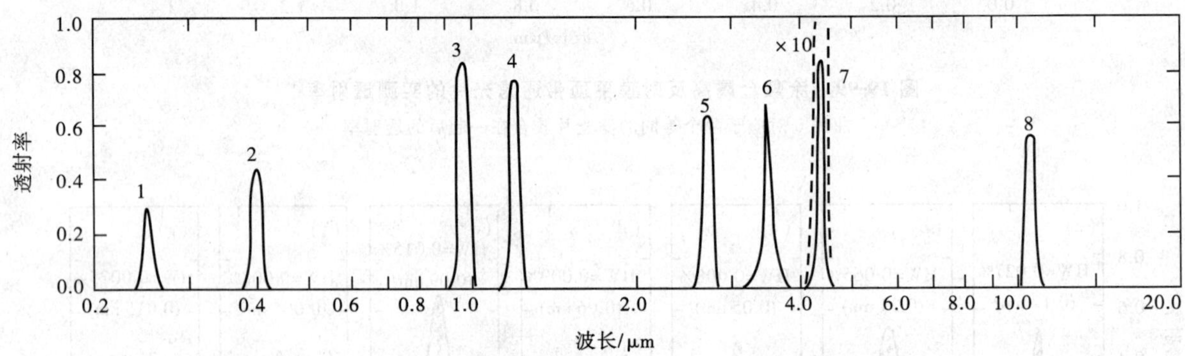

图 19-103 半宽度在 5%量级的全遮光平顶干涉滤光片实测透射率[16]

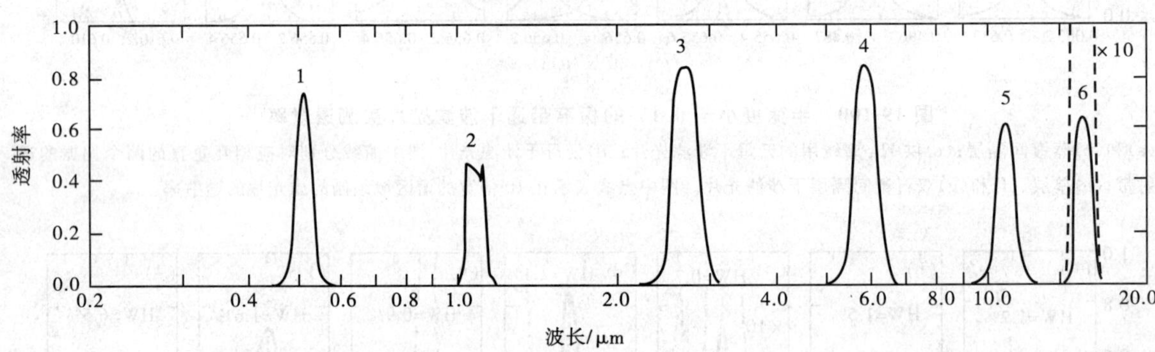

图 19-104 半宽度在 10%量级的全遮光平顶干涉滤光片实测透射率[16]

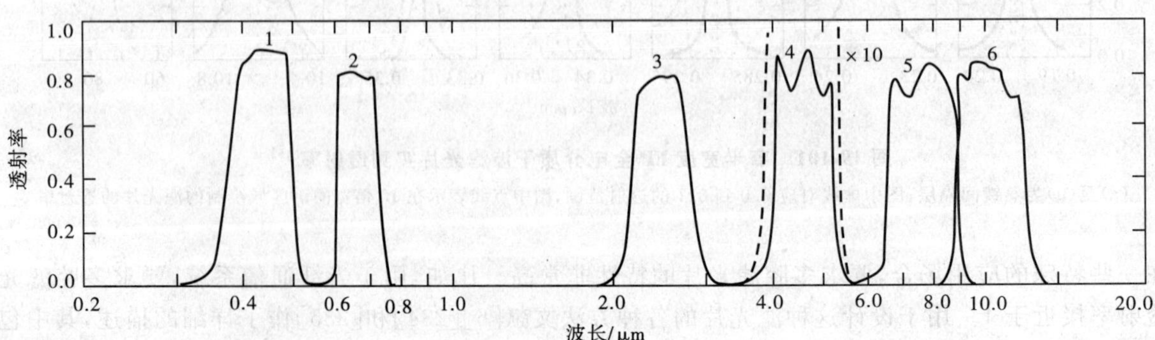

图 19-105 半宽度在 25%量级的遮光平顶干涉滤光片实测透射率[16]

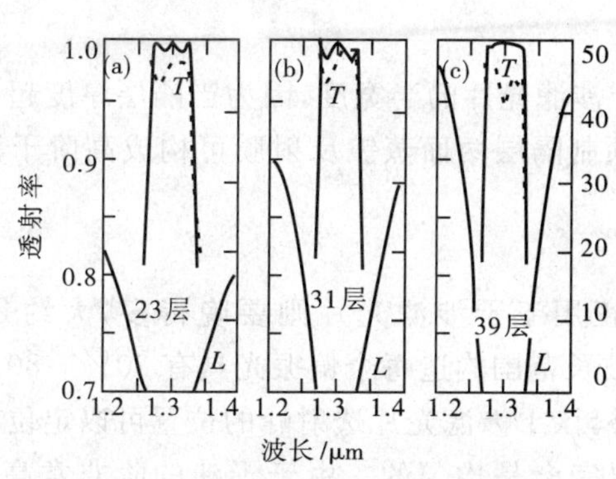

图 19-106 多腔带通滤光片计算和实验谱透射特性以及实测衰减曲线[236]

(a) 3 腔;(b) 4 腔;(c) 5 腔

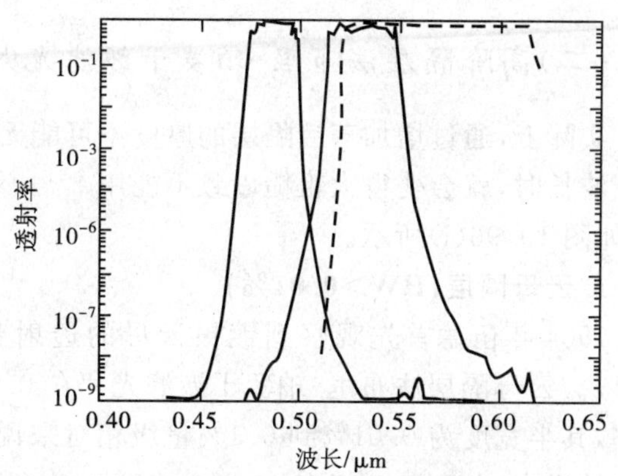

图 19-107 用于荧光的两个带通滤光片和用于拉曼分光镜的一个截止滤光片的实测谱透射特性[237]

(三)诱导滤光片(0.1%~35%HW)

诱导滤光片也称为感应传输滤光片,其结构是在金属层的两面镀合适的多层介质膜,这样可大大增强金属膜的透射率,见图 19-96 (g)。例如,0.03 μm 厚的铝膜直接沉积在石英基底上,在 $\lambda=0.25\ \mu m$ 波长处透射率仅为 2.5%,而同样的入射光诱导滤光片可达 65%的透射率[238]。诱导透射对波长非常敏感,可用于构成包含单层金属膜或多层金属膜的带通滤光片[239-242]。诱导透射滤光片把更为通用的金属-电介质类型滤光片的良好长波长衰减特性与更为接近全电介质类型滤光片的峰值透射特性结合在一起。某些试验用诱导透射滤光片的特性曲线如图 19-108 所示。

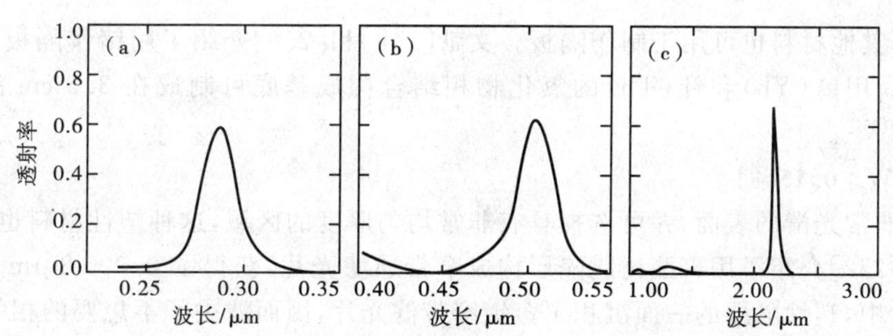

图 19-108 诱导透射滤光片用于紫外、可见光和红外区域的实测透射曲线[239,243-244]

二、极窄带通滤光片(HW—0.1%)

根据(19-75)式可以作出判断,增加反射镜的反射率、隔层的阶或者反射相位的色散,就可减小干涉滤光片的半宽度,所有这些手段在过去都做过尝试。

(一)蒸镀隔层干涉滤光片(HW>0.03%)

常规结构的窄带滤光片中,既要使用高阶间隔,又要得到高反射,制备过程要求非常高,必须注意每个细节。薄膜表面必须非常均匀,薄膜既没有吸收,也没有散射,薄膜的使用寿命必须能够加以补偿或抑制。制备过程的监控也必须精确,以致峰值透射出现在设计的波长处或接近设计波长。

现在,不管是 FP 极窄带滤光片还是平顶极窄带滤光片都可以加工制作,不过平顶极窄带滤光片应用更为广泛。这种滤光片的半宽度的范围界限大约是 0.03%的量级,图 19-100 中的(a)和(b)给出的是两个商用产品的特性曲线。

(二)高阶隔层法布里-珀罗干涉滤光片

实际上,通过增加蒸镀隔层的厚度不可能无限制地减小干涉滤光片的半宽度,因为当隔层厚度超过大约两个波长时,就会变得太粗糙以致不能用[245]。然而,在薄的预制隔层两面蒸镀反射膜可构成高阶干涉滤光片,如图 19-96(i)所示。

1. 云母隔层(HW>0.01%)

1904 年伍德首先观察到镀银云母的透射带,但云母真正用于干涉滤光片则要晚得多,大约是 1947 年[246]。云母隔层法布里-珀罗干涉滤光片在 0.45～2.0 μm 波长范围构造每个偏振光具有 30%～80%的透射率,其半宽度为 0.01%到 0.1%量级相对来说很容易。此外,该干涉滤光片透射峰的位置可以定位在零点零几纳米内,并不随时间变化,在 2～5 cm 直径的空间区域也完全是均匀的。由于干涉的阶非常高(70 到 700 阶),自由光谱范围相当小,因而遮光滤光片对于大多数应用来说很有必要。云母厚度的选择要多加注意,不然会因为云母的双折射产生两个相互垂直的偏振透射带。当然,在某些应用中这种双折射现象可加以利用。用于 Hα 谱线的全遮光云母干涉滤光片的谱透射曲线如图 19-100(c)所示。

2. 光学抛光隔板(HW>0.002%)

除云母隔层外,还可用薄的熔融石英作为隔板构成极窄带通滤光片[247-248]。在熔融石英板的一个面涂敷全电介质反射膜,让涂层面光学接触另一块石英板,然后对此板进行抛光形成所需厚度的隔层,再涂敷全电介质反射膜,这样就构成了石英极窄带通滤光片。和云母滤光片一样,这种滤光片透射带的位置非常稳定,但因其自由光谱范围非常小,也需要辅助遮光滤光片。石英隔板滤光片与相应的云母滤光片相比透射率要高,这是因为熔融石英透光性好,也没有双折射现象。对于非偏振光,一个具有 3.5 cm 通光孔径和 0.007%半宽度的典型无遮光滤光片的透射率为 45%。熔融石英隔板滤光片的一个重要优点是:通过重复上述过程构成多石英隔板的平顶滤光片的半宽度可达 0.002%,如图 19-100(g)所示。然而,这种滤光片非常昂贵。

通过光学抛光,其他材料也可用于制作隔板。文献[249]和[250]介绍了用锗作隔板制作用于红外区域的极窄带通滤光片。用镱(Yb)和钍(Th)的氧化物相结合构成基底可制成在 3.3 cm 波长处具有半宽度为0.004%的滤光片[251]。

3. 塑性隔层(HW>0.15%)

聚酯树脂具有非常光滑的表面,并可选择具有非常均匀厚度的区域,这种塑性材料也可用于隔层构成窄带通滤光片。文献[252]介绍了用聚酯树脂隔层构成窄带通滤光片,获得了 0.000 8 μm 量级的半宽度。此外,在该文献的设计中,塑性隔层的一面沉积了蒸镀窄带滤光片,因而滤去了不想要的相邻阶的透射。

(三)相色散滤光片(HW>0.1%)

由(19-75)式可以看出,反射相位变化的色散影响 FP 滤光片的半宽度。在 $\lambda=0.5$ μm 处,对于银反射镜、$n_H/n_L=1.75$ 的 9 层 1/4 波长膜系和宽带反射镜这个量的典型值分别为−0.5、−6.8 和−112.0。与此相对应,由这 3 种反射镜构成的 FP 干涉滤光片的半宽度,受大约为 1.05、2.0 和 20.0 的因子影响而减小[253]。对于最后一种情况,宽带反射镜隔层对半宽度的贡献可以忽略。文献[254]和[255]探讨了无间隔层设计的 FP 滤光片,如图 19-96(h)所示。遗憾的是,到目前为止实际中还没有实现所期望的半宽度的减小,这可能是因为监控方面带来的误差,也可能是因为无法获得绝对均匀的膜层[256]。

(四)可调谐滤光片(HW>0.001%)

可调谐滤光片就是通常所说的空气间隔的 FP 干涉仪,干涉仪带有精密的平板平行度和间隔自动调节,这种干涉仪更类似于分光计而不是滤光片[257]。通过改变两块反射板之间的间隔就可很有效地调节通带的位置。这种调节与滤光片调节倾角不一样,并不影响视场和透射带的形状。文献[258]和[259]对这种干涉仪的结构和用途,以及存在的各种问题进行了讨论。

文献[260]描述了在两个导电反射膜之间加入铌酸锂隔层的电调谐干涉仪,其半宽度为 0.005%,如图

19-109 所示。

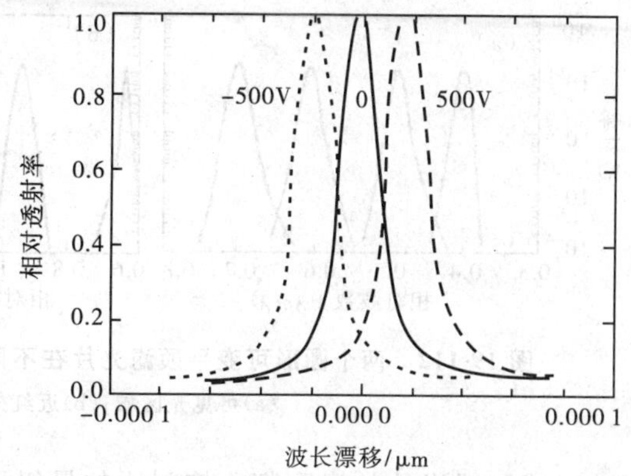

图 19-109　铌酸锂隔层电调谐窄带滤光片的特性曲线

三、宽带通滤光片(HW－0.1％)

利用本节前面介绍的一些方法可得到半宽度在 10％～40％的滤光片,如图 19-104 和图 19-105 所示。要得到透射带更宽的滤光片,通常是把短波长截止滤光片和长波长截止滤光片在期望的波长处结合在一起。截止滤光片可以是全电介质截止滤光片,如图 19-66 和图 19-67 所示;也可以是玻璃截止滤光片、明胶截止滤光片或增透膜红外材料。某些短波长或长波长截止滤光片在截止波长的右端区域可认为是宽带滤光片。可以把许多截止滤光片结合在一起构成单一的带通滤光片。换句话说,就是把许多短波长截止滤光片和长波长截止滤光片装配在一起,构成具有不同半宽度和峰值波长的宽带滤光片。在这种组合中,通过单独调节滤光片的倾斜度就可以把全电介质短波长和长波长截止滤光片的截止波长位置调节到期望的波长处。另外一种途径是调节透射带的边缘,办法是让入射光通过两个串放在一起的圆形光楔短波长和长波长截止滤光片。

用两个适当位移并由相应匹配层隔离的长波长截止滤光片叠加形成多层结构,也能够获得极宽带透射滤光片[261],如图 19-110(a)所示。为了设计具有高抑制比和接近单位 1 的形状因子的高透射宽带滤光片,可利用自动优化程序[262],如图 19-110(b)所示。

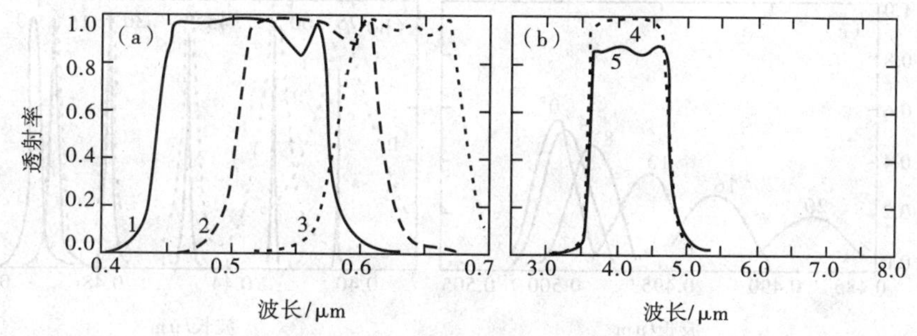

图 19-110　宽带透射滤光片

(a)由两个可调谐长波长截止滤光片叠加构成的 3 个滤光片的计算透射率[263];

(b)用自动合成程序设计的滤光片计算(曲线 4)和实测(曲线 5)透射曲线[264]

四、多峰值干涉滤光片

对于某些应用来说,在特殊的谱区域常常需要滤光片具有多个透射峰。文献[265]已研究了这种滤光片的设计问题,典型的结果如图 19-111 所示。设计滤光片具有不同峰值间隔、抑制比和半宽度都是可能的。

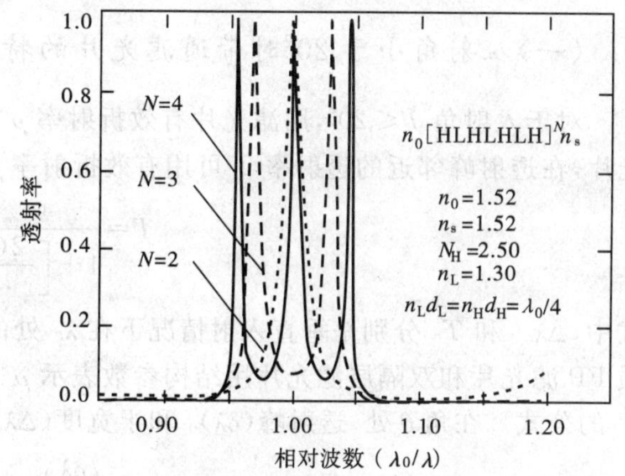

图 19-111　具有一个、两个和 3 个透射峰的干涉滤光片的计算特性曲线[265]

干涉滤光片的类型为玻璃[HLHLHLH]^N 玻璃,其中 $N=2,3,4$

五、线性和圆形光楔滤光片(HW－0.1％)

如果一个带通滤光片所有层的厚度在基底表面成比例变化(称为楔形滤光片),则透射峰的位置将以相同的方式变化,参见第一节多层膜系的矩阵理论的内容。这样的楔形滤光片和干涉滤光片同时代出现,在结构形式上可以做到波长变化沿一条直线或者一个圆周。波长沿圆周变化尤其有用,因为非常适合构成造价低、体

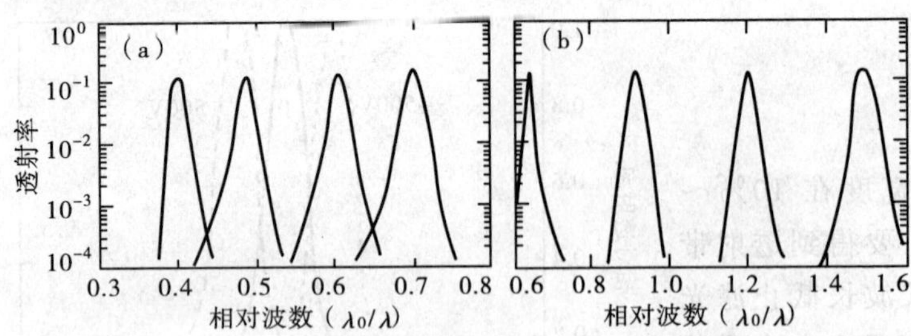

图 19-112　两个圆形可变平顶滤光片在不同角位置的透射率

(a)可见光区域；(b)近红外区域

积小、重量轻的中等分辨率的快速扫描单色仪，而且坚固耐用、环境稳定性好[266]。文献[267]至文献[271]介绍了波长随角度变化具有线性关系的圆形可变滤光片的制备方法和楔形滤光片制备的一些参考资料。文献[272][273]描述了关于 0.24～0.4 μm和 0.4～25 μm谱区域圆形可变平顶滤光片。对于全遮光滤光片的最大透射率在 15%～75%之间变化，这种变化取决于谱区域和滤光片的半宽度。抑制比的量级可达到 0.1%～0.01%。两个圆形可变平顶滤光片若干角位置的典型透射曲线如图 19-112 所示。波长变化 1 周，最大与最小波长的比率在 1.11 和 16 之间变化[272]。如果不引起分辨率的显著减小，与圆形可变滤光片连接用的缝的角宽度表达为滤光片楔形角大小的百分率，应该不会超过滤光片的标定半宽度(以百分率表示)。

六、带通滤光片的角特性

随着入射角逐渐增加，典型带通滤光片的透射最大趋向短波长方向移动。入射角继续增加，最大透射率变小，半宽度变宽，透射带变得不对称，最终分列成 p 偏振和 s 偏振分量，如图 19-113(a)所示。对于非平行分量这种衰变更快。

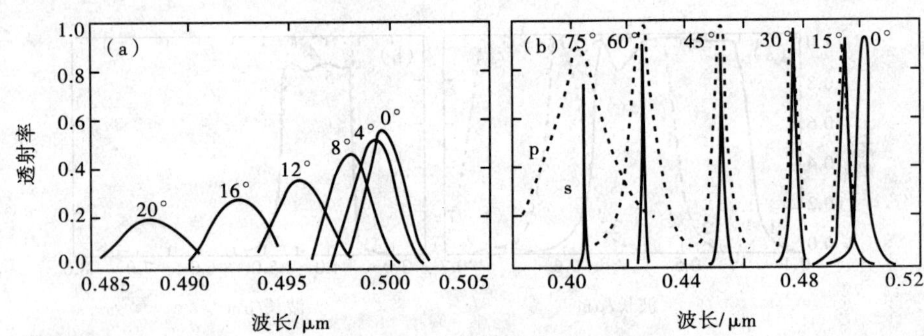

图 19-113　全电介质干涉滤光片的角特性

(a)一典型商品干涉滤光片的谱透射率随入射角变化的实测结果[279]；(b)一滤光片的计算透射率，非垂直入射两个偏振透射带的峰值相重合。这种滤光片的类型是：空气$[HL]^4(2A)[LH]^4$ 玻璃，其中 $n_H d_H = n_L d_L = n_A d_A = \lambda/4$，$n_S = 1.52, n_M = 1.00$，$n_H = 2.30, n_L = 1.38, n_A = 1.825$

(一)入射角小于 20°时带通滤光片的特性

对于入射角 $\theta_0 \leqslant 20°$，用滤光片有效折射率 μ^* 的概念，可定量描述带通滤光片的特性。对于任何 FP 滤光片，在透射峰邻近的透射率 T 可用有效折射率 μ^* 表示为[274]

$$T = \frac{T_0}{1 + \left[\frac{2(\lambda - \lambda_0)}{\Delta\lambda_{0.5}} + \frac{\lambda_0}{\Delta\lambda_{0.5}} \frac{\theta_0^2}{\mu^{*2}}\right]^2} \tag{19-78}$$

式中，$\Delta\lambda_{0.5}$ 和 T_0 分别是垂直入射情况下在 λ_0 处的半宽度和最大透射率。文献[275]和[276]已得到全电介质 FP 滤光片和双隔层滤光片用结构参数表示 μ^* 的公式，而文献[277]给出了金属电介质 FP 和诱导滤光片 μ^* 的公式。在角 θ 处，透射峰$(\delta\lambda)_0$ 和半宽度$(\Delta\lambda_{0.5})_\theta$ 位置的变化分别为

$$\left(\frac{\delta\lambda}{\lambda_0}\right)_\theta = -\frac{\theta_0^2}{2\mu^{*2}} \tag{19-79}$$

和

$$\frac{(\Delta\lambda_{0.5})_\theta}{\Delta\lambda_{0.5}} = \left[1 + \left(\frac{\theta_0^2 \lambda_0}{\mu^{*2}\Delta\lambda_{0.5}}\right)^2\right]^{1/2} \tag{19-80}$$

对于会聚辐射，半角宽度为 α，相应的表达式为

$$\left(\frac{\delta\lambda}{\lambda_0}\right)_\alpha=-\frac{\alpha^2}{4\mu^{*2}} \tag{19-81}$$

$$\frac{(\Delta\lambda_{0.5})_\alpha}{\Delta\lambda_{0.5}}=\left[1+\left(\frac{\alpha^2\lambda_0}{2\mu^{*2}\Delta\lambda_{0.5}}\right)^2\right]^{1/2} \tag{19-82}$$

文献[274]和[278]讨论了在这种情况下滤光片的设计和必要条件。

尽管小的倾斜对滤光片角场有不利影响，但通常还是利用它调节滤光片的峰值到期望的波长处。

(二)小偏振分光或无偏振分光带通滤光片

数值计算已经证明，对于相位色散滤光片、受抑全内反射滤光片、金属-电介质和全电介质 FP 滤光片，在大角度入射时都有两个重合的偏振透射带，两个透射带具有不同的宽度，如图 19-113(b)所示。尽管透射最大的位置仍然随入射角而移动，但出现的窄而对称的高透射带对某些应用来说是很有用的。文献[280]介绍了怎样设计对于某一入射角没有偏振分光的多腔滤光片，如图 19-114 所示。

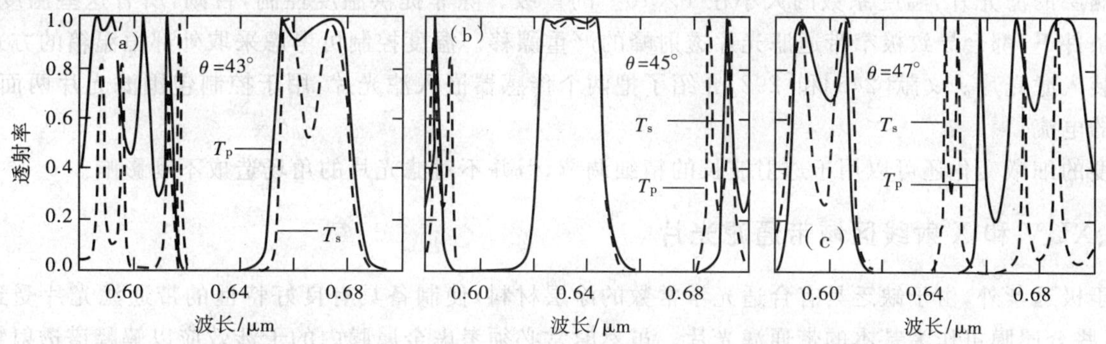

图 19-114　没有偏振分光的多腔带通滤光片的透射率曲线

入射角为 45°

(三)宽角带通滤光片

图 19-115 给出的是 FP 滤光片角场随有效折射率 μ^* 的变化关系，对于波长为 λ_0 的入射，为了把滤光片的透射率减小到 $0.8T_0$，图中取斜角的 2 倍。从图中可以看出，为了增加角场，必须增加 μ^*。例如，在全电介质 FP 滤光片中，μ^* 的表达式表明 $n_L<\mu^*<n_H$，并且随着隔层阶的增加 μ^* 趋向于隔层的折射率，可参见文献[281]。对于全电介质 FP 滤光片，在紫外、可见光和红外谱区域，μ^* 上限分别约为 2.0、2.35 和 5.0。对于高阶固体隔层滤光片的角场，增加很难。对于金属-电介质 FP 滤光片和诱导透射滤光片，文献[277]给出的有效折射率 μ^* 可分别达到 3.2 和 2.0。

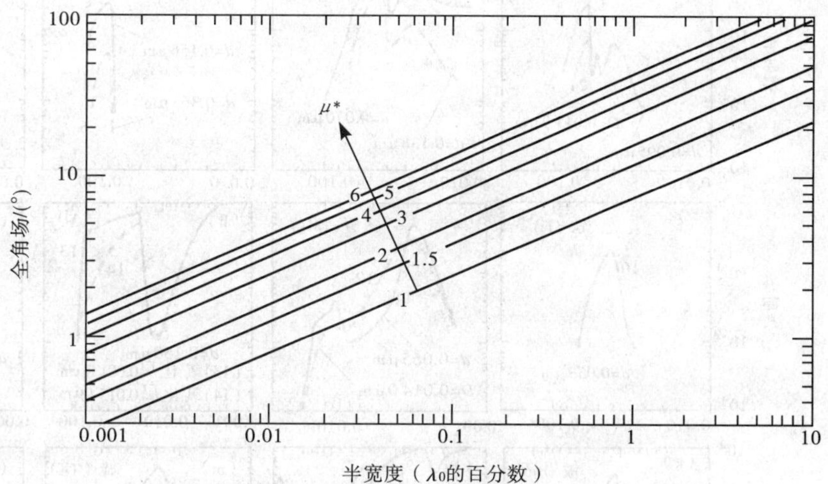

图 19-115　对于不同的有效折射率 μ^*，FP 滤光片角场随半宽度变化的关系曲线

文献[282]和[283]曾报道过由一薄的平行平面光纤平板两面涂敷全电介质反射镜构成的滤光片。由于这样的滤光片半宽度仅由板的厚度和涂层的折射率决定，而视场取决于波长与光纤直径的比率，因而这两个量是无关的。由直径为 1.5 μm 直径的光纤构成的 6 mm 直径的滤光片，半宽度为 1.5 nm 的半宽度，透射率为 30%。另外，与常规滤光片相比，波长随入射角的漂移是 1/8。

七、带通滤光片的稳定性和温度相关性

对于透射峰位置的稳定性有过许多研究，比如文献[284]和[287]等。研究的结果表明，透射峰位置的变化(可达 λ_0 的 1%)似乎主要取决于材料和制备条件。对于有蒸镀隔层的滤光片，即观察到可能由于结构变化带来的不可逆变化，也观察到由于水蒸气的吸收带来的可逆变化。为了减小这种影响，可利用更加稳定的材料，也可采用高能量沉积方法，或者采用加速人工老化处理方法。对于固体隔层滤光片没有观察到这种变化。

通常，工作温度的变化对于中等带宽和宽带干涉滤光片的半宽度和透射峰影响不大，参见文献[288]和[289]。但是，包含半导体的滤光片是个例外，比如锗加热时出现有效吸收，碲化铅(PbTe)冷却时出现有效吸收，可参见文献[290]和[291]。

透射峰的位置随温度的增加线性地向长波长方向漂移，漂移的大小很大程度取决于隔层材料。在 0.3～1.0 μm 的谱区域，对有蒸镀隔层的滤光片，温度系数(用每摄氏度 λ_0 的变化百分比表示)位于 2×10^{-4} 和 3×10^{-3} 之间，而在红外谱区域，温度系数位于 2×10^{-3} 和 2×10^{-2} 之间，可参见文献[187]和[279]。对云母和石英隔层的滤光片，温度系数的大小在 1×10^{-3} 的量级。除非提供温度控制，否则，所有这些温度系数在不利的条件下，都会导致极窄带通滤光片透射峰的严重漂移。温度控制可考虑采取外部恒温箱的方式，或者把温控装入滤光片。文献[245]和[292]介绍了把两个传感器嵌入滤光片，用于控制包围滤光片两面的透明导电膜的电流。

温度的细微变化还可以用于透射波长的精细调节，但并不对滤光片的角场造成不利影响。

八、XUV 和 X 射线区域带通滤光片

对于极远紫外，由于缺乏具有合适光学常数的涂层材料，使制备具有良好特性的带通滤光片受到限制。然而，某些金属膜可作为基本的带通滤光片。虽然时常必须考虑金属膜内的干涉效应以解释谱透射特性，但在金属膜内的主要过程还是吸收。某些材料的实测谱透射特性如图 19-116 和图 19-117 所示。通过增加膜的厚度，以牺牲峰值透射率为代价可获得比较高的抑制比。如果不是吸收氧化层，铝作为最合适的材料，可

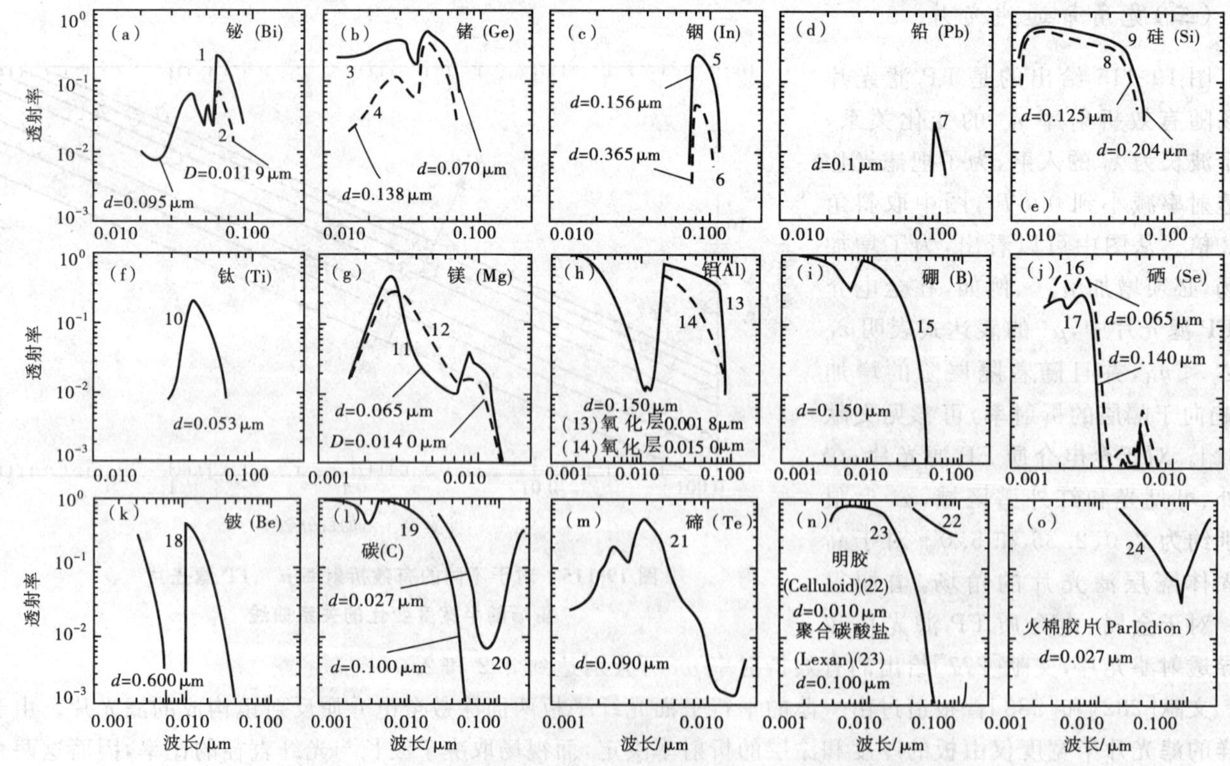

图 19-116　若干自支持金属膜的实测极紫外和软 X 射线透射率曲线

图中标明了膜的厚度

得到更高的透射率。由图 19-116 可以看出，许多材料不需要基底，是自支持膜或自支撑膜。而另外一些材料必须沉积在合适的透明基底上，如图 19-117 所示。铝膜有时可作为基底使用，但在过去使用的其他材料是硝化纤维、珂珞酊、火棉胶片和明胶，还有聚酯树脂和聚醋酸甲基乙烯酯，见图 19-116 的(n)和(o)。当然，在基底中的任何残余吸收对整个透射曲线都是有贡献的。文献[293]和[294]介绍了支持膜的制备过程。由于这种支持膜易碎，通常被裱贴在网形屏上。

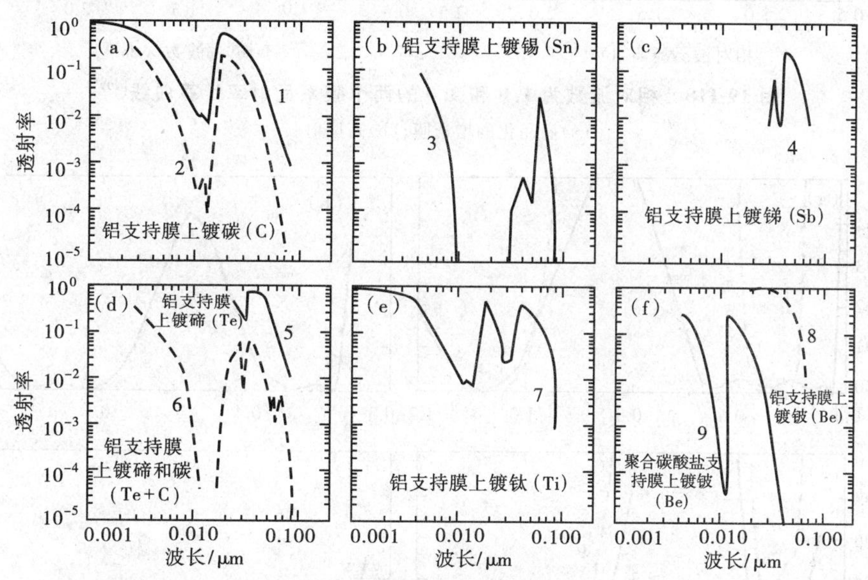

图 19-117　沉积在铝支持膜和塑料支持膜上的若干金属膜的实测极紫外和软 X 射线透射率曲线

对于软 X 射线区域的多层膜 FP 干涉滤光片也已经出现，可参见文献[295][296]和[297]。然而，到目前为止，报道的谱测量曲线仅是非垂直入射的反射[298]，并且滤光片的光洁度很低，反射曲线的调制取决于隔层的厚度，这种装置在测量方面很有用。

第七节　其他种类滤光片

一、多个通带区域的多层膜滤光片

前面介绍的带通滤光片，仅有一个通带区域。然而，随着科技的发展，许多应用中需要有两个或更多的透射或反射通带区域，尤其是激光科学[299]。与一个通带区域相比较，设计和制备多个通带区域的多层膜系要困难得多，尤其是当两个区域的波长比很大时更加困难。

(一)两个通带区域的多层膜滤光片

文献[300]介绍了在波长比为 1.5∶1.0、2.0∶1.0 和 3.0∶1.0 时，怎样确定低反射和高反射特性所有可能的组合膜系结构参数，其解决问题的办法仍然是以 1/4 波长膜系或者其他具有简单厚度关系的膜层为基础，实验结果与理论计算值一致性很好。图 19-118 给出的是两个膜系的计算特性。图 19-119 是许多这种类型膜系商品化产品的特性。有时要求把膜系的反射率控制在波长比为 10∶1 或者更大，对于这样在两个波长处具有不同反射特性的膜系设计，系统的方法参见文献[302]和[303]。图 19-120 给出的是这种膜系在波长为 0.632 8 μm 和 10.6 μm 处的计算结果。

(二)三个通带区域的多层膜滤光片

对于激光的某些应用来说，必须控制反射或透射通带在 3 个或更多个波长处，对于这样的问题也已经找到了解决的办法，见图 19-121 和文献[304]。

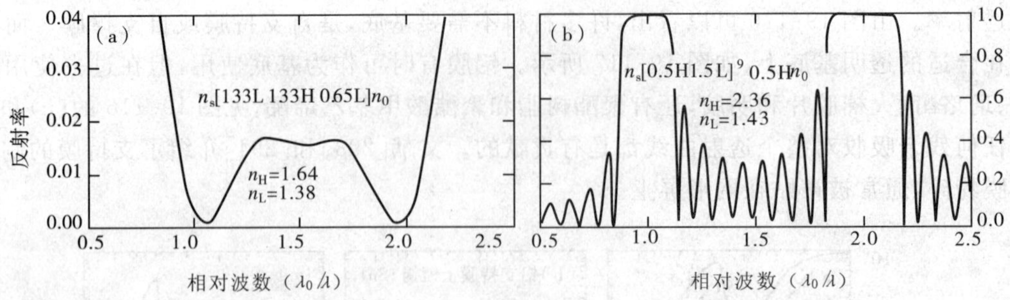

图 19-118 相对波数为 1.0 和 2.0 的两个膜系反射率计算曲线[299]

(a)商品化的增透膜；(b)高反射膜

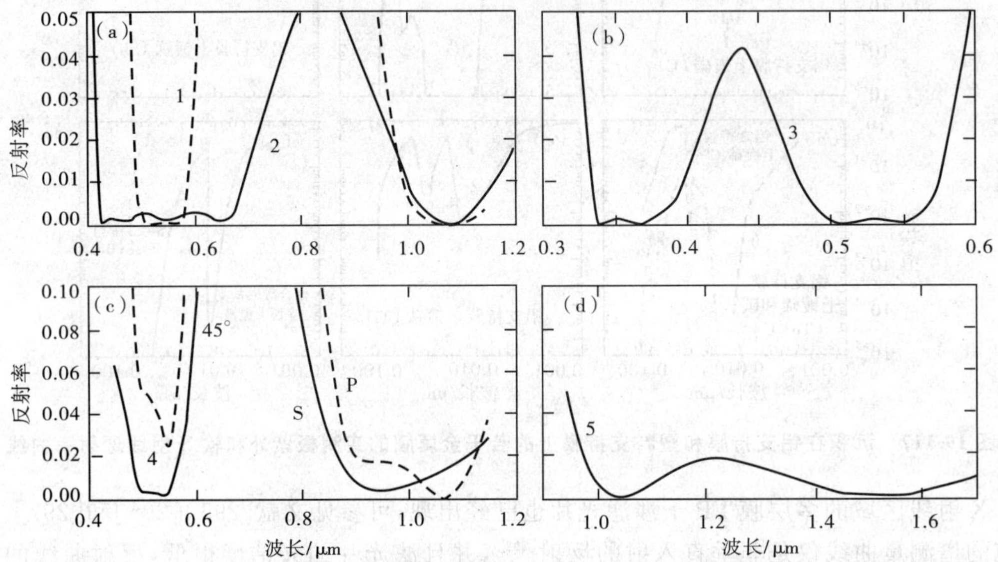

图 19-119 在两个波长处增透的商品化产品膜系实测特性曲线[301]

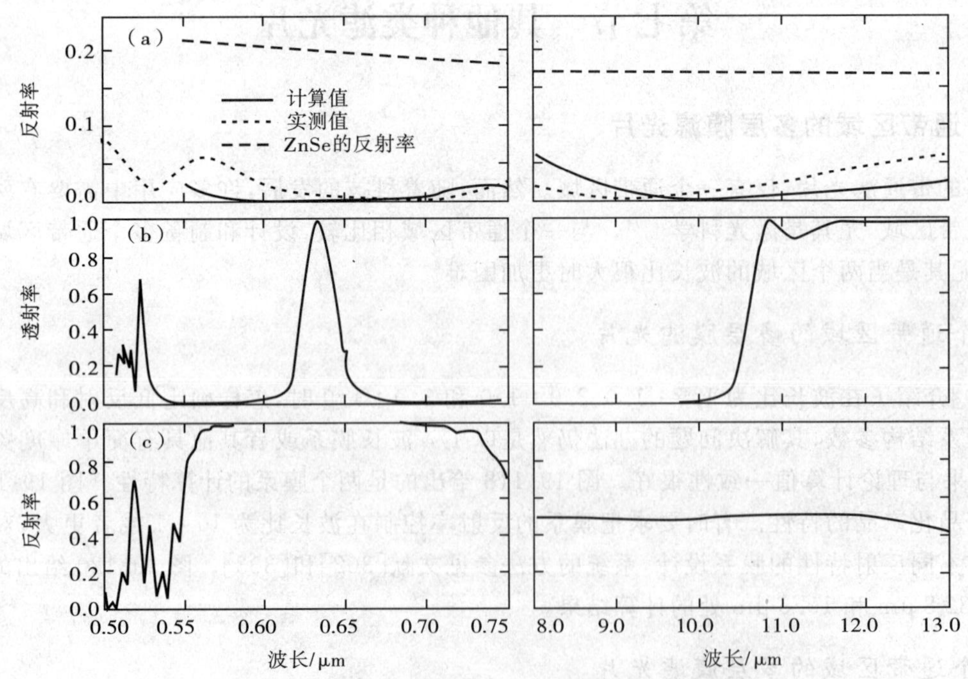

图 19-120 3 个多层膜系的计算特性曲线，具有两个宽的分离谱区域

第一列和第二列分别对应于在可见光区域和红外区域多层膜的特性曲线

原理上，前面提到的用于两个分离很远的通带谱区域涂层的设计方法可推广到 3 个或多个谱分离涂层设计的情况。但是，随着最大波长区域所需层数的增加，多层膜系所需层数惊人地增加。图 19-122 给出的是某一多层膜系的计算特性曲线，其特性在 $\lambda=0.63\ \mu m$、$\lambda=2.521\ \mu m$ 和 $\lambda=10.6\ \mu m$ 分别与高反射膜、分光镜和增透膜相近。

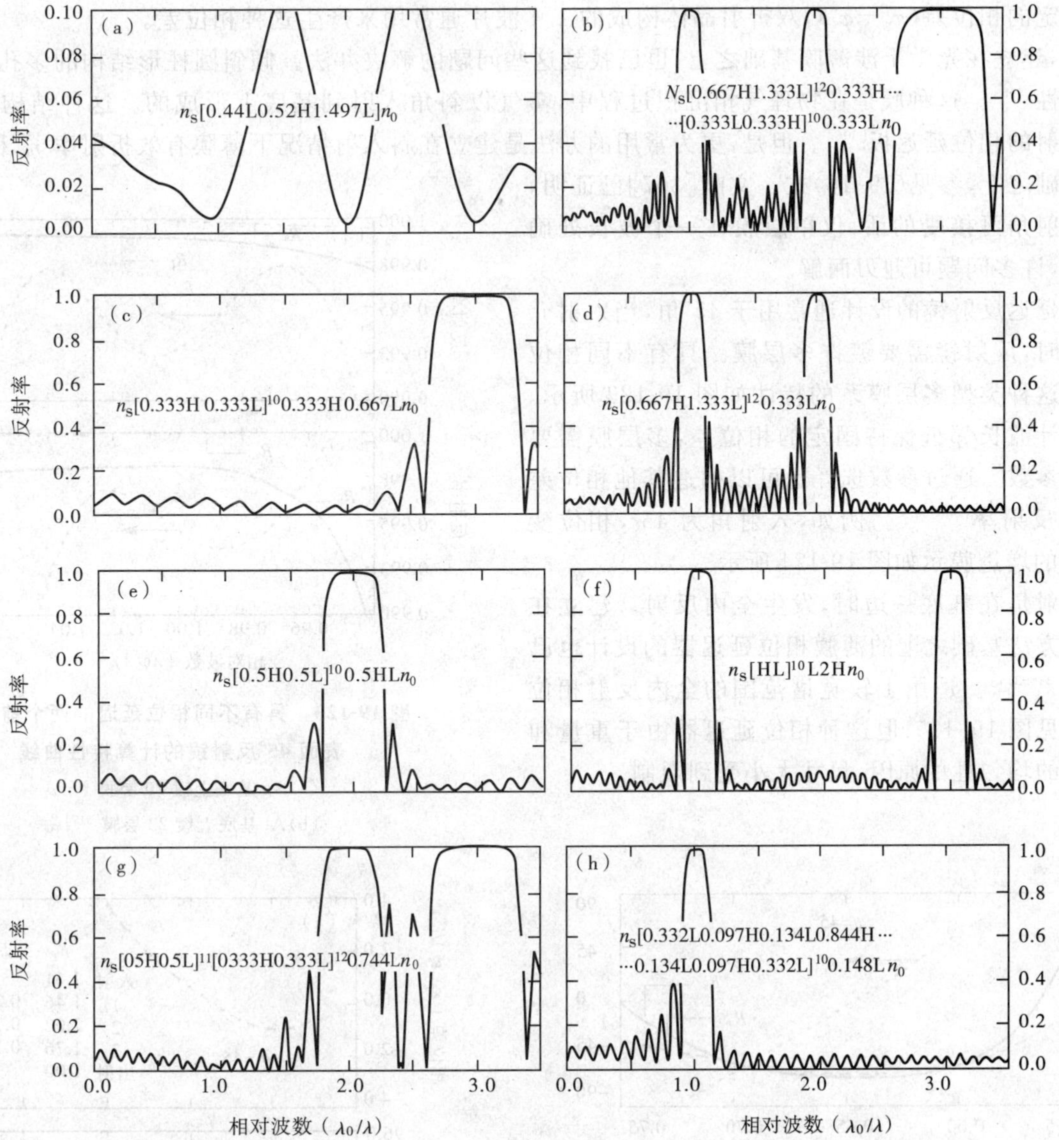

(a) $n_s[0.44L0.52H1.497L]n_0$

(b) $N_s[0.667H1.333L]^{12}0.333H\cdots$ $\cdots[0.333L0.333H]^{10}0.333Ln_0$

(c) $n_s[0.333H\,0.333L]^{10}0.333H\,0.667Ln_0$

(d) $n_s[0.667H1.333L]^{12}0.333Ln_0$

(e) $n_s[0.5H0.5L]^{10}0.5HLn_0$

(f) $n_s[HL]^{10}L2Hn_0$

(g) $n_s[05H0.5L]^{11}[0333H0333L]^{12}0.744Ln_0$

(h) $n_s[0.332L0.097H0.134L0.844H\cdots$ $\cdots0.134L0.097H0.332L]^{10}0.148Ln_0$

反射率　相对波数（λ_0/λ）

图 19-121　玻璃基底上镀多层膜，在相对波数为 1.0、2.0 和 3.0 处的反射率计算特性曲线[299]

设计中，H 和 L 对应于在 $\lambda_0=1.0\ \mu m$ 的 1/4 波长层，$n_0=1.00$，$n_s=1.52$，$n_H=1.95$，$n_L=1.43$。在图(a)中，$n_H=1.64$，$n_L=1.38$

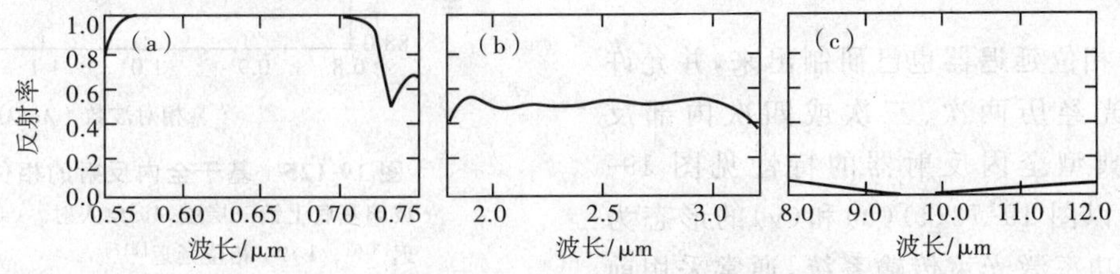

图 19-122　一多层膜系在 3 个谱区域具有不同特性的计算曲线[304]

二、相位膜

在某些应用中，除了满足反射或透射条件的要求外，相位关系也必须满足。对于垂直入射，相位关系可以是确定的反射相位变化关系式(19-23)或透射相位变化关系式(19-24)。有时，为了使一束光位移或产生偏转而又不影响其偏振状态，也需要满足相位关系。然而，大多数情况下，在 p 偏振和 s 偏振光之间有必要引入一确定的相位差($\varphi_p-\varphi_s$)，双折射晶体构成的 1/4 波片通常用来产生这种相位差。

现在，建立在光学干涉薄膜基础之上，也已找到这些问题的解决办法。倾斜圆柱形结构的多孔膜就具有双折射特性[305]。这种膜是在物理气相沉积过程中，蒸气以斜角入射到基底上形成的。这种结构的膜已用于垂直入射的相位延迟板[306]。但是，更为常用的办法是建立在斜入射情况下薄膜有效折射率 η_p 和 η_s 之间差值的基础之上，参见(19-16)式。文献[307]已证明，当倾斜入射角可接受的话，仅单层膜在一个波长处确定其特性，许多问题可迎刃而解。

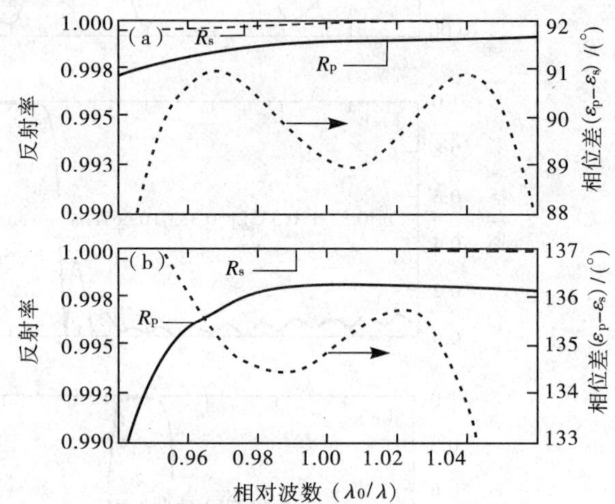

图 19-123　具有不同相位延迟的两个前表面 45°反射镜的计算特性曲线

(a)Ag 基底上镀 20 层膜[314]；

(b)Al 基底上镀 22 层膜[315]

相位延迟反射镜的设计通常用于 45°角，当入射介质是空气时，反射镜需要镀许多层膜。具有不同相位差的两个这种类型多层膜系的特性如图 19-123 所示。为了在设计波长邻近保持固定的相位差，多层膜需要选择最佳参数。通过参数选择也可以构造其他相位差的膜系和反射率[308-309]。例如，入射角为 45°，相位变化是 180°的增透膜示如图 19-124 所示。

当入射是在基底一边时，发生全内反射。建立在这种近似方法基础之上的薄膜相位延迟器的设计也已经研究过[310-311]。适用于较宽谱范围的全内反射相位延迟器参见图 19-125，但这种相位延迟器由于重量和棱镜材料的均匀性的原因，尺寸大小受到限制。

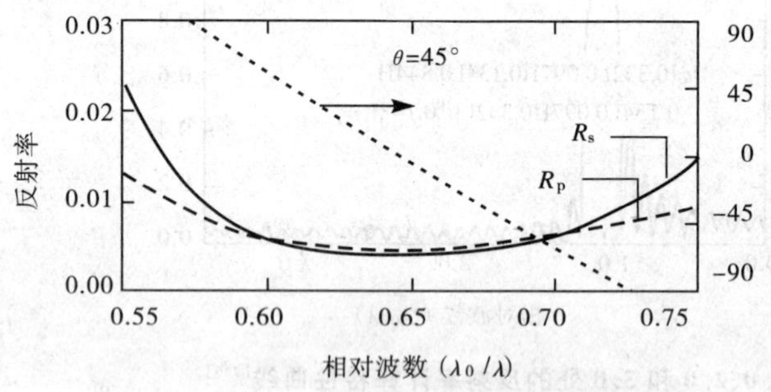

图 19-124　在 λ=0.647 1 μm 处具有零相位延迟的增透膜[301]

基底为玻璃，45°角入射

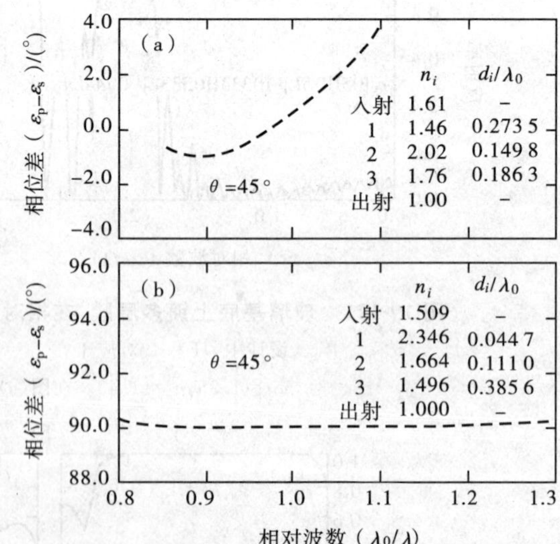

图 19-125　基于全内反射的相位延迟器

玻璃基底上镀三层膜，45°角入射。(a)0°相位延迟[316]；(b)90°相位延迟[317]

更为复杂的相位延迟器也已研制出来，并允许在其内部入射光经历两次、三次或四次内部反射[312-313]。某些典型全内反射器的特性见图 19-126，这种装置是以图 19-73(t)(u)和(v)的形态为基础的。对于高功率激光束传输系统，通常采用前表面反射镜，如图 19-127 所示。

在图 19-128 中，给出了一组四层金属-电介质干涉仪反射镜反射的相位变化曲线，所有曲线 $R>0.97$，在整个谱范围内，相邻反射相位变化曲线的差大约是 90°。对于相位变化或相位变化差的其他要求也可以用薄膜得到满足。

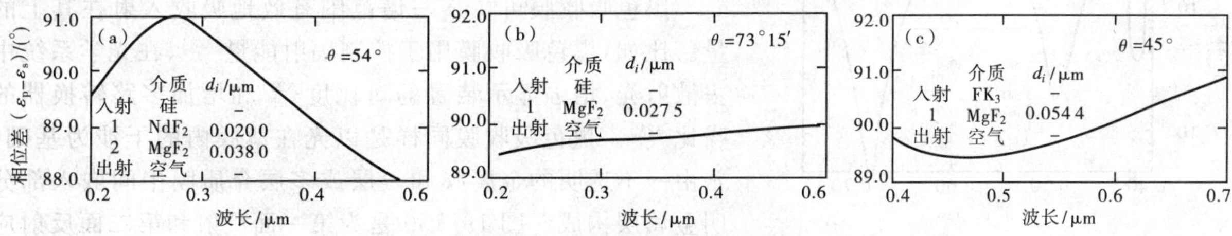

图 19-126　90°相位延迟器[318-319,313]

(a)两次全内反射；(b)三次全内反射；(c)四次全内反射。图中标明的是第一反射面的入射角

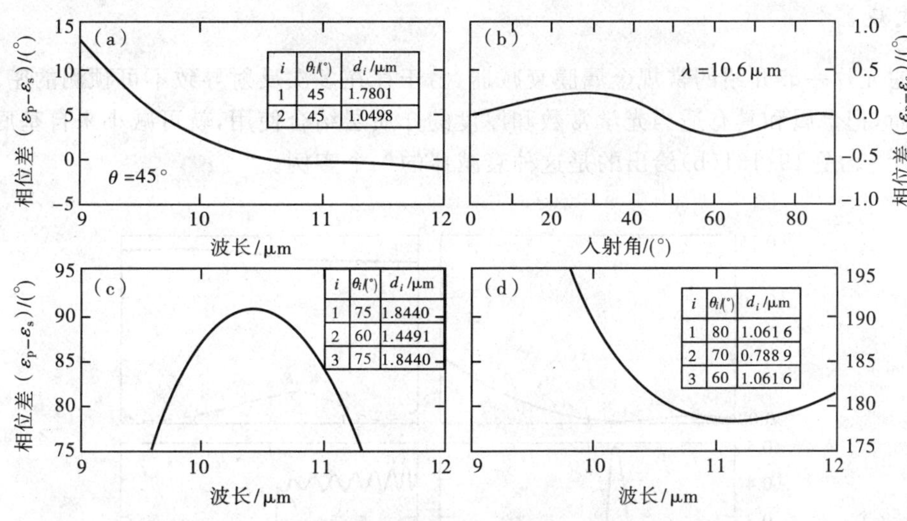

图 19-127　多次反射相位延迟器

入射波长 λ=10.6 μm，多次反射是介于不透明银膜表面和单层 ZnS 膜表面之间，膜的厚度见图中的列表
(a)和(b)为全角度入射的 0°相位延迟器[320]；(c)和(d)分别为 90°、180°相位延迟器[321]

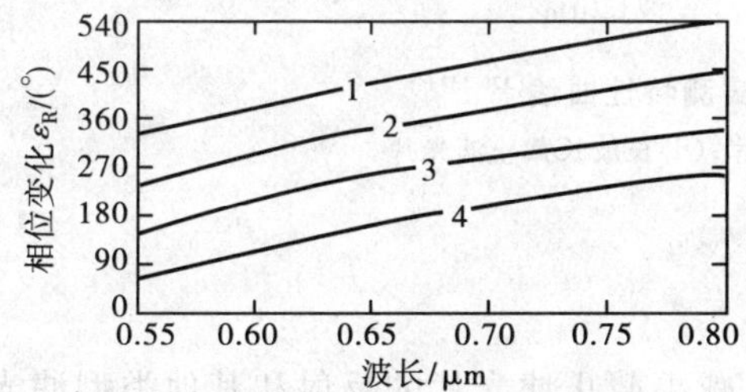

图 19-128　用于迈克耳逊干涉仪的 4 个高反射镜相位变化[322]

入射角为 90°

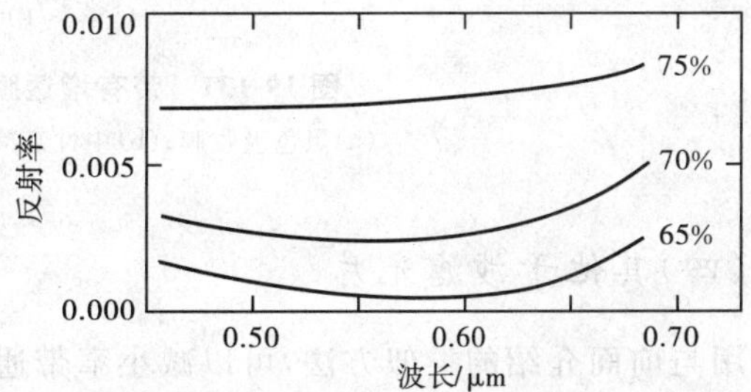

图 19-129　薄消色差膜的谱反射特性曲线[16]

玻璃基底，入射自基底一边，图中标明的是在 λ=0.565 μm 处膜层的透射率

三、低反射率干涉滤光片

(一)金属膜增透

在玻璃表面沉积适当的薄金属膜，光从玻璃未镀膜的一边入射时，就可作为非常有效的消色差增透膜，如图 19-129 所示。由图 19-129 可以看出，光从未镀膜的空气一边入射，反射率并没有变化，透射率由于在膜内的吸收而减小[16]。如果把这样的薄金属膜再附加其他的膜层，就可获得有广泛用途的有色玻璃或建筑上用的涂层。

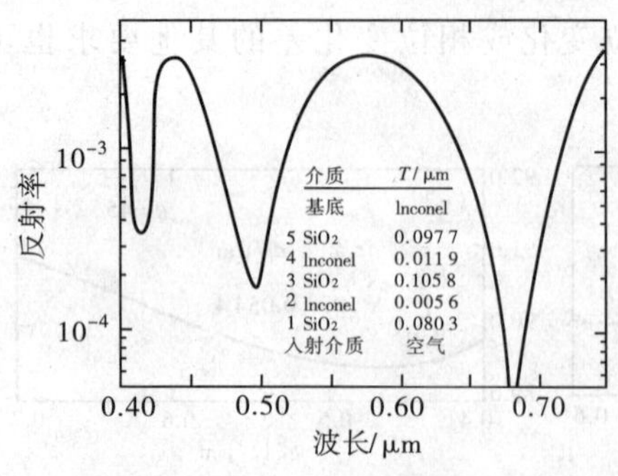

图 19-130 五层金属-电介质黑色吸收膜的计算特性[327]

(二)黑色吸收膜

黑色吸收膜可在某一谱范围有效地吸收入射在其上的能量。比如,黑色吸收膜用于控制辐射能量[323]、在光学系统中移去散射光、增强显示装置的对比度[324]和增加多路转换器的信噪比[325]。黑色吸收膜同样是以光在薄膜内的干涉为基础,通常由一不透明的金属膜和一层或多层介质膜中间嵌入部分透明金属层构成。图 19-130 是为第一面反射和第二面反射应用而设计的黑色吸收膜的特性曲线。这种类型的吸收膜也可用于紫外和红外谱区域[326]。

(三)中性衰减器

前面在中性滤光片一节介绍的常规金属膜衰减器,由于存在多次反射导致不可预测的密度值,因而不能串放在一起。然而,把金属和具有适当光学常数和厚度的介质层结合使用,就可减小来自基底一边或两边的金属膜的反射[328-329]。图 19-131(b)给出的是这种衰减器的一个实例。

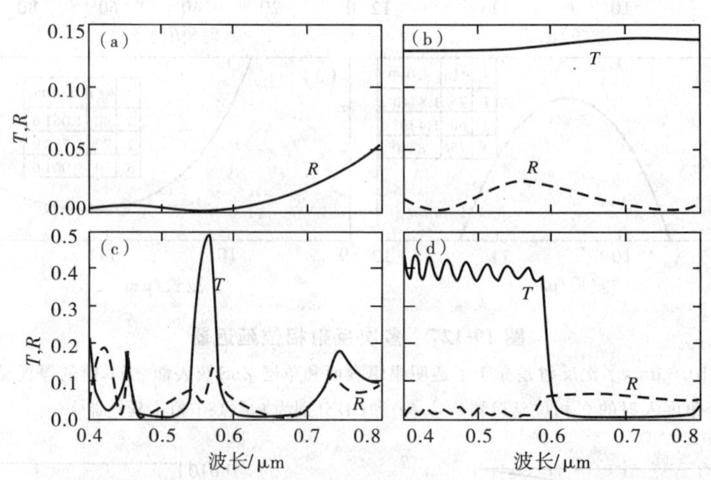

图 19-131 带有增透膜的干涉滤光片的实测特性曲线[330-332]

(a)黑色吸收膜;(b)中性衰减器;(c)窄带通滤光片;(d)长波长截止滤光片

(四)其他干涉滤光片

用与前面介绍的类似方法,可以减小窄带通滤光片的反射,减小截止滤光片的反射和其他类型滤光片的反射。图 19-131(c)和(d)给出的是一带通滤光片和长波长截止滤光片的实验特性曲线。由图可以看出,和常规设计相比,两种情况下光反射比已减小一个数量级,但这也以牺牲透射为代价。文献[333]介绍了一种焊接应用中的低反射窄带干涉滤光片。

四、多次反射滤光片

(一)金属和金属-电介质多次反射滤光片

在图 19-3 中,多次反射滤光片可采用银、铜、金等金属反射镜和金属-电介质反射镜。不过,金属和金属-电介质反射镜要有理想的抑制带、锐的过渡边沿和宽而不衰减的通带区域。相对于透射滤光片,截止滤光片更具优点,这方面的内容请参见本章第四节"截止滤光片"中的讨论。

(二)由薄膜干涉涂层构成的多次反射滤光片

在不出现偏振干扰的情况下,基底在有效的光谱区域内透射性能很好,但也只能用于小角度入射,因此,在多次反射中使用的干涉涂层并不需要沉积在基底上[334]。下面是一些难于用滤光片解决问题的实例。假如有空间使用多次反射组合,用干涉涂层构成的多次反射滤光片就可以很容易地解决这些问题。

对于图 19-100 到图 19-105 给出的窄带通滤光片,要提供合适的透射滤光片给予屏蔽,很难做到不严重影响峰值透射率。这个问题用多次反射滤光片很容易实现,多次反射滤光片由与构成带通滤光片的相同材料的 1/4 波长膜系组成,两者的中心波长也相同,如图 19-132 所示。

用若干邻接在一起的膜系组成的宽带反射镜就可构成高效的短波长带通滤光片,这种滤光片具有很宽而且低的抑制带。这部分内容的详细描述见“全电介质宽带反射镜”一节。

在图 19-3 中所示的多次反射滤光片的组合中使用窄带透射滤光片,就会在高透射率区域中间出现一个高衰减窄带抑制区,从而构成高衰减窄带滤光片,如图 19-133 所示。然而,这样的滤光片必须用于高准直光束。

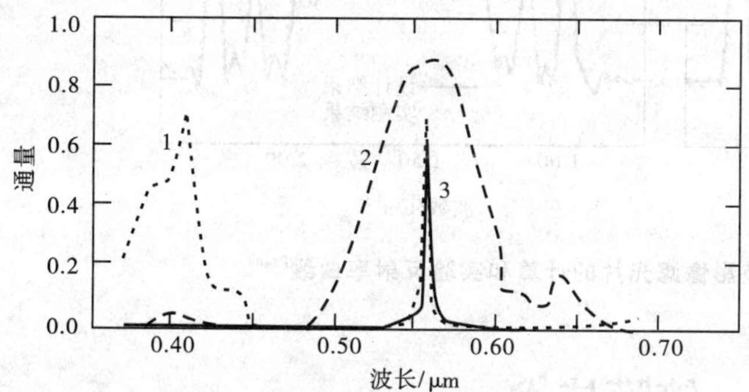

图 19-132　用多次反射滤光片屏蔽全电介质窄带干涉滤光片[335]

1. 未屏蔽干涉滤光片的透射率;2. 1/4 波长膜系 4 次反射后的反射率;3. 屏蔽后滤光片的透射率

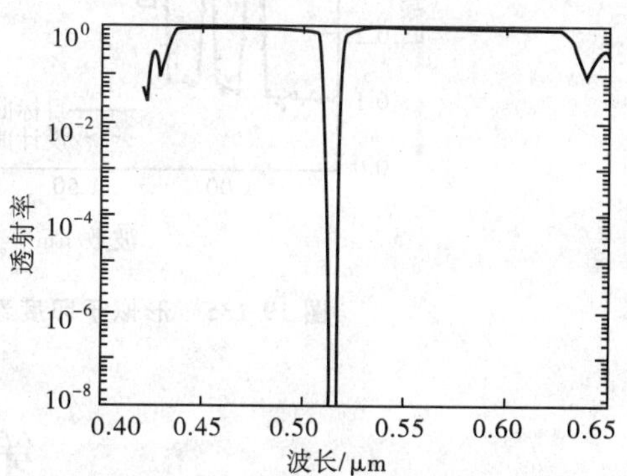

图 19-133　同一窄带干涉滤光片上 4 次反射后的实测透射率[108]

图 19-134 给出了 3 个多次反射带通滤光片的透射特性曲线。利用许多具有锐边缘的多次反射滤光片,就可把传输过程中具有非常低的串扰和低插入损耗的不同小间隔波长的光信号分离开[325]。

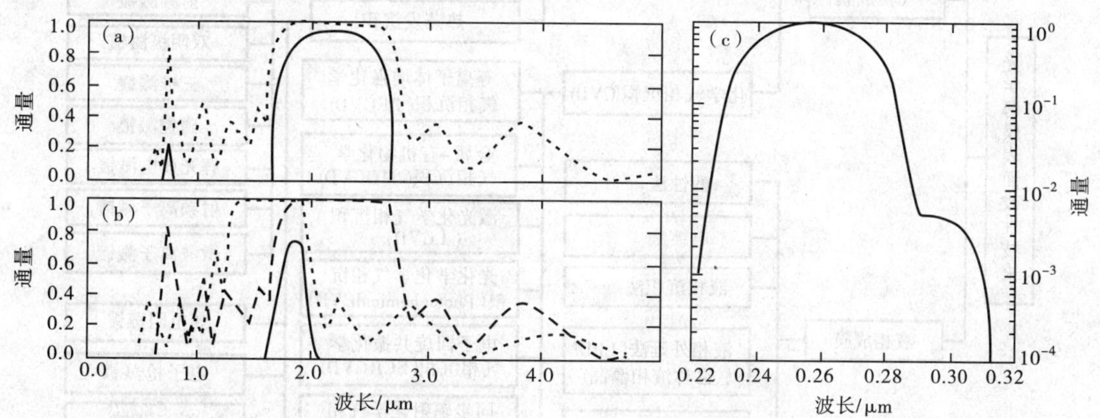

图 19-134　用于红外和紫外谱区域的宽带通和窄带通多次反射滤光片的实测谱特性曲线[338-339]

(a)同一 1/4 波长膜系上 8 次反射以后的透射率(实线),点线为 1/4 波长膜系的透射率;(b)两个调节于不同波长处的 1/4 波长膜系每个膜系都经历 6 次反射(实线),点线和虚线对应于两个膜系的透射率;(c)商用多次反射干涉滤光片的特性曲线

有关反射涂层和滤光片的其他详细信息,参见文献[336]和[337]。

五、特殊用途的涂层

光学薄膜和滤光片的用途日益广泛，比如，为了增强外观效果和热及照明控制，玻璃基底上镀多层吸收膜在建筑和汽车工业中已得到应用。这种多层吸收膜也可用于太阳能转换，并已提出可用于辐射冷却。光学记录介质和光学多路调制器和多路解调器中使用薄膜涂层。在光子计算机中作为光开关提出了使用双稳态法布里-珀罗装置。特殊用途的滤光片和涂层已在色度测量、辐射测量、检波和高对比度的显示装置中得到应用。定向消费产品包括各种装饰薄膜以及用于产品防伪保护涂层。无疑，光学多层膜的应用在将来会更为广泛。某些应用涉及极为复杂的谱特性，现在已存在这种薄膜设计的方法，图 19-135 是文献[340]给出的形似于印度泰姬马哈陵影像滤光片的反射率实验和设计曲线，由图可见，此滤光片的谱特性很复杂。

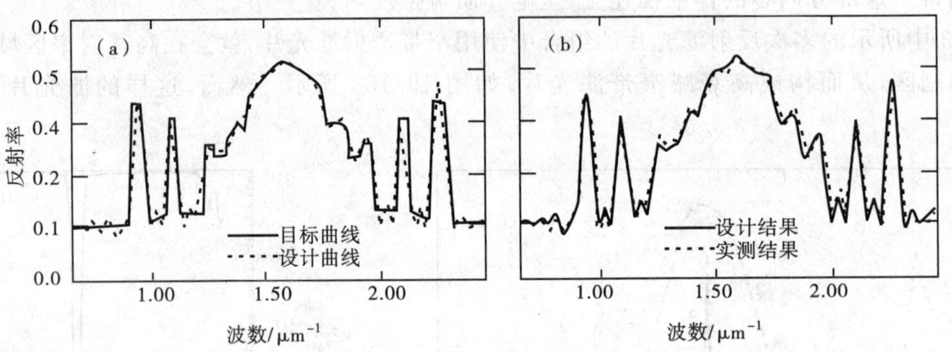

图 19-135 形似于印度泰姬马哈陵影像滤光片的计算和实验反射率曲线[340]

第八节 镀膜技术

前面几节给出了众多膜系设计的实例，在实际工作中大多可以借鉴。光学薄膜表面改性除了膜系设计的内容外，“成败”的关键是镀膜技术。镀膜有许多种方法[5]，可适用于不同目的和用途，见图 19-136。鉴于篇幅所限，下面仅就常用的几种方法作概括描述。此外，对于光学薄膜特性的测量也给予简单讨论。

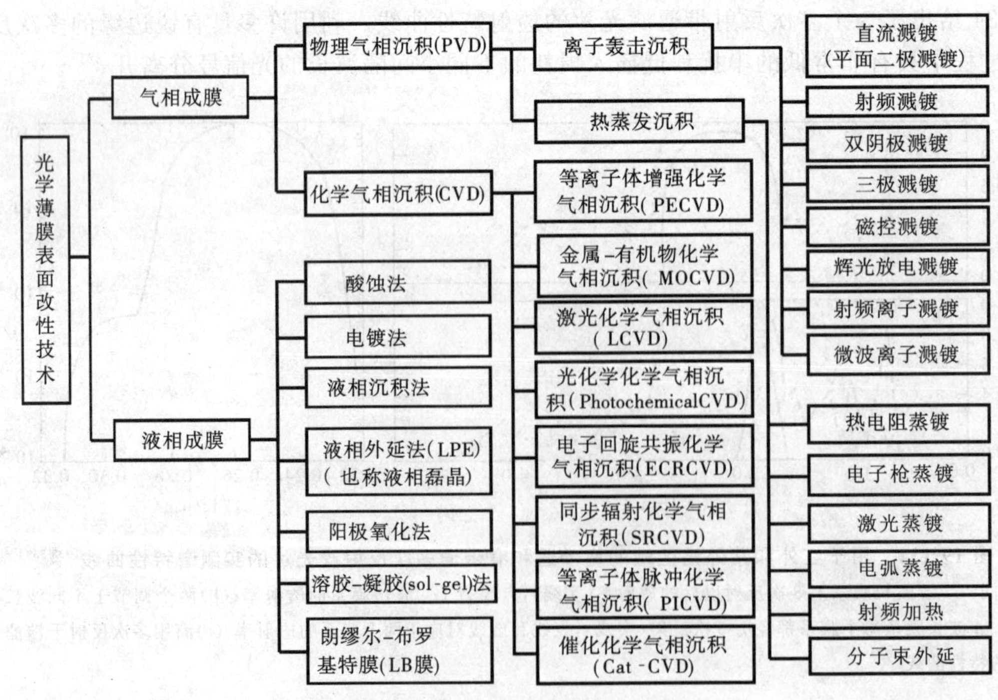

图 19-136 光学薄膜表面改性技术概要

一、薄膜制备技术

多层膜系的光学、力学和环境特性不仅取决于镀膜所用的材料,也取决于镀膜过程和采用的镀膜方法以及镀膜所用基底材料的表面质量。镀膜方法和镀膜过程中所使用的参数对生成膜层的微结构有影响,膜层可以是致密的非晶结构或微晶结构,也可以是具有大量空隙的柱状结构。很显然,光学常数取决于这种微结构。膜层的力学特性也与膜层的微结构紧密相关。在多层膜中,各个层间存在张应力和压应力,总的应力大到可以使基底变形,或者引起膜系破裂。另外,即使是镀膜材料相同,因为镀膜方法和过程不同,膜层特性也有很大差异。有关详细讨论微结构对光学薄膜特性的影响,参见文献[5]和[341]等。

(一)镀膜材料

常用镀膜材料参数见表 19-3,该表参数取自文献[5]和[342]。前面已述及,膜系的特性取决于构成膜系的材料。比如,氧化物层一般比氟化物、硫化物或半导体层硬得多,因而,氧化物层适合于在外表面使用。在温度范围很宽的情况下,滤光片应避免使用半导体膜层,因为半导体的光学常数随温度变化很大。对于某些金属材料,由于强度很低,易造成损伤,暴露在大气中,也容易氧化。对于这样的膜层要加保护层,或者将其胶合在两个透明板之间。对于其他材料,镀膜时为了保证膜层与基底很好地粘合,需要在基底上镀附着层。比如,在玻璃基底上镀金(Au)膜之前,常常先在玻璃上镀镍(Ni)附着层。

(二)蒸镀法

用电阻源、感应源或电子束枪进行常规蒸镀(也称无反应蒸镀)或反应蒸镀都属于低能方法(大约0.1eV),生成的薄膜常常是多孔结构,孔隙率随材料、基底温度、沉积室的剩余压力、沉积速率以及基底上蒸汽的入射角而变化。目前,已观察到这种孔隙率的取值在0%~40%。这种孔隙结构的薄膜暴露在大气中,空隙可吸收水蒸气,结果是薄膜的有效折射率增加,并导致膜层的谱结构向长波长方向移动。这种谱移动在某些情况下是可以减小或克服的,比如把滤光片放在惰性气体中、放在真空中或对滤光片加热,滤光片中的吸收水蒸气就可以部分移去。在滤光片设计阶段必须考虑这种因素,否则,可能导致滤光片无法使用。

一种解决问题的办法是在沉积时借助于辅助离子束源的能量离子对基底进行轰击,可大大影响薄膜的微结构[5,343-344]。这种能量离子(大约50~100eV)会使膜变得致密。因此,离子辅助沉积所产生的薄膜折射率高,即使暴露在大气中吸收的水分也比较少。

另外一种解决问题的方法是采用离子镀膜方法,该方法会产生更为致密的薄膜[5,345-346]。这种高速沉积方法的原始材料是良导电物质(一般是金属),然后把氩和反应气体放入燃烧室,与蒸发物一起被离子化,离子束获得10~50 eV的能量射向基底。这种方法获得的透明薄膜具有近乎一致的块状结构,折射率随温度的变化比较小。对于大多数材料,这种方法形成的膜层是透明的,而且层间界面是光滑的,散射也比较小。

常规的蒸发镀膜会产生张应力和压应力,如果不加以控制,这些应力足以使基底变形,或引起多层膜破裂。应力的大小取决于镀膜材料和沉积条件,所以通过选择镀膜材料和镀膜过程的参数可使层间应力相互抵消。可是,几乎所有离子镀层都产生压应力,因而要产生张应力的补偿膜层很困难。

(三)溅射法

1)磁控溅射。光学镀膜也常采用反应或无反应直流(DC)或射频(RF)磁控溅射,这种方法存在许多变种。和蒸镀法相比较这种方法过程复杂、费时,而且靶材也很昂贵,因此,利用直流或射频磁控溅射方法制备的滤光片很昂贵。然而,假如镀膜过程中层的厚度控制得很好,这种方法会很稳定,很容易得到大面积的均匀膜层。磁控溅射可以镀金属膜层,也可以镀金属氧化物膜层。溅射是一个高能过程,形成的膜层致密而均匀,膜层表面不会吸入水蒸气,所以不存在谱结构的移动。

2)离子束溅射。在离子束溅射方法中,一束高能惰性离子束射向靶材,溅出靶材原子或原子束,并以高能量沉积在基底表面。这种方法是一种最慢的物理气相薄膜沉积方法,不易获得大尺度的膜层。但这种方法得到的膜层质量很高,激光陀螺中用的高反射膜就是用这种方法镀的。

（四）沉积法

沉积法是利用液体本身或把液体作为起化学反应或电化学反应的媒介使之成为薄膜溶液，并与基板接触而生成薄膜。该方法包括酸蚀法、电镀法、阳极氧化法和溶胶-凝胶法等。溶胶-凝胶法是将有机金属溶液做成胶水状，然后将基板浸泡在溶液中，再缓慢而匀速拉起，就可将凝胶涂敷在基板上；也可采用旋转离心法，即通过一滴管把溶液滴在旋转的基底上。基底涂敷金属溶液后经热烘烤而成透明薄膜。这种方法生成的薄膜厚度与溶液的浓度、抽拉的快慢或基底旋转的速度有关，其他的影响因素包括温度、湿度以及溶液的新鲜程度。溶胶-凝胶法生成的薄膜完全是多孔膜，但这种方法生成的薄膜激光损耗域值高，用途很广。

（五）沉积过程中膜厚的控制

多层膜系的光学特性与单个膜层厚度紧密相关，因而在成膜期间膜层厚度的控制非常重要。膜层厚度监控有许多方法，比如目视法、石英晶体监控法、光学监控法及定值监控法等，详细描述参见文献[5]。对于非常稳定的沉积过程，比如溅射，简单定时就可以获得好的结果，但大多数情况下使用的方法是石英晶体监控法和光学监控法。石英晶体监控法非常灵敏，可用于薄膜和厚膜、透明膜和不透明膜。石英晶体监控法是直接方法，优点是控制参量输出是电信号，很容易实现自动控制。光学监控法可以在基底上直接监控，也可以采用目视镜间接监控。光学监控法通常所测量的量是透射率 T、反射率 R 或椭圆偏振参数。直接光学监控方法的一大优点是测量参数直接与所需要的光学特性参数有关，因而，在每层沉积完后，可确定实时误差。根据实时误差对膜系剩余层进行重新优化组合就可进行校正和补偿[347]，以满足膜系设计的要求。

二、光学薄膜特性测量

（一）光学特性测量

1. 反射、透射和吸收

光学薄膜特性测量通常使用分光光度计。商品化仪器在 0.185 ～8.00 μm 谱范围由棱镜或全息光栅提供波长的色散值，而在软 X 射线和极远紫外（XUV）谱区域使用的是掠入射光栅、晶体或多层膜。光谱分析仪能测量的谱范围是 2～500 μm。对于镜面反射率和漫反射率的测量，可能还会用到各种各样的辅助光学系统。反射率 R 和透射率 T 的绝对测量，即使在可见光部分，要达到±0.1%的精度也是很困难的。

1）反射率测量。薄膜反射率测量是用分光光度计和光谱分析仪，但测量精度不高，尤其是在垂直入射的情况下更为困难，因为在测量光路上，不管是双光路还是单光路都需要经过几个反射面，这些反射面本身的反射率会直接影响到反射率测量值的精度。为了提高反射率测量的精度，有许多方法可以借鉴，比如利用调整共振腔损耗[348]、利用光信号相位偏移[349-350]、利用共振腔 Q 值[351]、利用锐度系数[351]和共振腔输出线宽 $\Delta\nu$[352-353]等。如果反射率测量精度要求很高，而且又要简单易行，目前最为流行的方法是利用测量共振腔光子衰减的方法，可参见文献[354]和[355]，文献[5]也有详细描述。

2）透射率测量。分光光度计和光谱分析仪测量透射率精度已很高，仪器的精确度主要取决于光源的稳定性、仪器的分光能力及探测器本身干扰的大小。分光光度计的分光能力与光栅、光路中的反射镜及光路系统的设计有关，而光谱分析仪的分光能力与法布里-珀罗干涉仪的锐度有关。为了减小光源不稳定性及探测器本身的干扰，通常采用双光路系统，其中一束为参考光，一束为实测光。在待测量的样品未放入实测光路之前，先对两路光强度进行测量，然后放入样品测量，即可得到精确的透射率。目前分光光度计测量的透射率精度可达 0.1%以上，光谱分辨率可达 0.1 nm，而光谱分析仪分辨能力可达 20 pm。当光斜入射时，要特别注意的是对于多层膜有偏振现象，在光源处要加偏振片，可测 p 偏振透射率和 s 偏振透射率，否则测量值为 p 偏振和 s 偏振的混合透射率。

3）吸收测量。薄膜吸收光能量可分为 3 类：短波吸收区、透明吸收区和长波吸收区。短波吸收区也称为本征吸收区，吸收主要是由电子吸收光子能量从价带激发至导带引起的，只有当光子的能量高于材料的禁带宽度时才会出现本征吸收，因此存在吸收波长限 λ_c。对于半导体材料禁带宽度小，因而吸收波长限较长。透明吸收区主要是来自杂质吸收和载流子吸收，吸收很小，因而表现为透明区。绝缘介质的吸收主要表现为杂质吸收，半导体材料的吸收主要为载流子吸收。由于半导体中载流子浓度受温度的影响显著，吸收与温度紧密相关，因而半导体材料不宜在高温下使用。长波长吸收区主要由晶格振动引起，也存在一吸收波长限 λ_c，此波长限与材料的原子量和化学结合力的大小有关。

吸收测量一般是间接测量，利用分光光度计或光谱分析仪测得薄膜的透射率 和反射率 R，忽略散射的情况下，吸收为 $A=1-T-R$，依此可算出消光系数 k。在吸收比较大、反射很小的情况下，测量误差较小。另外一种方法是用激光照射薄膜，薄膜吸收光能量而升温，可由吸收热量得到吸收率 A，称为激光量热法[356-357]。由于此法很难准确测量温度变化 ΔT，对样品的隔热也很难做到理想化，因而测量误差比较大。激光热偏转法也是用激光照射薄膜，薄膜吸收光能而变形，由此变形测量激光偏转角度，可算出吸收率 A[358-359]。此外，光波导法也是可供选择的一种方法[360-361]。以上所述方法适用于消光系数 k 比较大的情况。k 值较小时，如果 $k \geqslant 10^{-4}$ 可选用包络法[5]，对于 $k \leqslant 10^{-5}$，可用共振腔损耗测量法，参见文献[5]。

4）散射测量。由于基底表面的不光滑，膜层和层间界面的非均匀性，薄膜对入射光会产生散射。对许多应用来说，减小薄膜对入射光的散射很重要。散射测量仪可用于测量光散射的角变化，其数据可提供分析基底和膜层中的非均匀性。

2. 光学常数

镀膜过程中首先要知道镀膜材料的光学常数，这一点很重要。确定镀膜材料的光学常数有许多方法，归纳起来可分为光度法和椭圆偏振法。光度法是测量光经薄膜透射或光经薄膜反射后的变化来求得折射率 n、消光系数 k 和薄膜厚度 d，而椭圆偏振法是偏振光经薄膜反射后测量其振幅和相位的变化，从而求得 n、k 和 d。文献[5]对光度法和椭圆偏振法有较为详细的描述，可供参考。文献[362]和[363]是专题描述各种测量方法的手册，可供借鉴和查阅。在 X 射线、XUV 和亚毫米波段，光学常数的确定必须使用特殊方法，请参阅有关文献。

3. 激光破坏域值

激光破坏域值是指光学元件承受强激光辐射能力的度量，简记为 LIDT（laser-induced damage threshold）。定义这个量有许多方法，最简单的一种定义是当光学元件受不同激光能量密度照射时，光学元件剩余的百分比曲线。实验点平均曲线与纵坐标交点处对应的能量密度值名义上定义为 LIDT，这个值就是光学元件无损坏对应的最大能量密度。也有采用剩余百分比曲线斜率定义 LIDT 的报道。

激光破坏的主要原因是吸收。光学元件吸收入射光能量，然后转换成热能。如果光学元件的热导率很低，光学元件表面的局部吸收点的温度就会上升到使元件损坏的一个温度值。因而，损坏取决于构成元件的材料的热导率。例如，某些在 Si、SiC、W 或 Cu 基底上镀膜构成的高反射镜，为了加速散热，使用时采用水冷却。

薄膜的热导率与同质的大块材料热导率相比，要小数个量级（对某些氟化物膜层这一点是个例外），这就使问题复杂化。为了增加 LIDT，通过优化沉积方法可获得低吸收的均匀薄膜，而且薄膜热导率更接近同质大块材料的热导率。

薄膜也会因为缺陷和其他不完美性而引起吸收破坏。因而，避免材料具有色中心、次表面损伤和杂质非常重要。比如说基底，即使基底材料无吸收，吸收破坏也可能发生在基底表面或表面以下。事实上，对薄膜而言，大多数脉冲激光破坏域值都发生在像球瘤的离散位置，所以基底表面必须非常光滑、无刻痕、划伤和细孔，否则，基底表面就会捕捉到抛光剂和沾污物质，在其表面形成球瘤，这就要求在镀膜前尽可能把基底表面清洗干净。

用于沉积高 LIDT 膜层的镀膜材料必须纯度很高，并具有远离有效波长的吸收边缘，对于许多脉冲辐射，也远离谐波的吸收边缘。一般来说，同样的材料形成薄膜后它的消光系数与同质的块状材料相比要大几个量级。目前，制备高 LIDT 薄膜的方法包括离子辅助沉积、离子束溅射、溶胶-凝胶沉积和电子束枪蒸发。为了减小剩余表面粗糙度的影响，通常的做法是调整膜层的厚度以适应远离杂质堆积边缘电场的峰值。

LIDT 也取决于激光脉冲宽度。对于非常短的脉冲（<10 ns），热导率不起主要作用，而对于较长脉冲，LIDT 常与脉冲宽度的平方根成正比，这主要是表示依赖于扩散的一种机理。对于高的脉冲重复频率，

LIDT 与重复频率关系不大。在工业环境中，为了获得长寿命的脉冲（$>10^6$），激光器应该工作在额定 LIDT 的几分之一，比如说 1/4 或 1/10。对连续波激光器，不是指 LIDT，而是指平均功率处理能力（即能量）。在光学元件损伤发生之前，长时间加热可引起表面变形，进而引起功率破坏、模式变化和聚焦问题，甚至引起材料破裂。

研制具有高 LIDT 的激光膜很重要。自从 1969 年以来，每年都要举行关于此类题目的国际会议，要详细了解这方面的内容，可参考会议的研究报告集以及有关的国际标准草案。

（二）其他物理特性测量

光学多层膜系通常是在恶劣的力学和环境条件下使用，薄膜和基底的质量、膜层的附着力、薄膜的耐磨性、薄膜的抗湿性等就必须满足环境的要求。现在已经存在这方面的标准手册[364-365]，在使用时可以查到这些标准技术数据。对于在基底上薄膜的应力和硬度问题，文献[366]全面而细致地进行了讨论和总结概括。下面仅就一些概念作简单说明，较为详细的讨论见文献[5]和有关参考文献。

1. 薄膜密度测量

不管是物理沉积还是化学沉积镀膜，膜层中都存在空隙，薄膜密度是对膜层中存在空隙多少的度量。定义薄膜密度有多种方法，如折射率定义法，频率漂移定义法和透射率定义法[367-368]，也有采用薄膜微观结构来定义薄膜密度。下面给出几种定义[5]供参考。

1）折射率定义。设镀膜材料折射率为 n_b，空隙折射率为 n_0，镀膜后的膜层折射率为 n_f，则薄膜密度定义为

$$P=\frac{n_f-n_0}{n_b-n_0} \tag{19-83}$$

比如在真空中（$n_0=1$）测得 n_f，查镀膜材料折射率得到 n_b，可求得 P 值。也可以浸泡于水中，然后取出测量，此时 $n_0=1.33$。另外一种真空中测量的薄膜密度定义式为

$$P=\frac{n_f^2-n_b^2+2}{n_f^2+2n_b^2-1} \tag{19-84}$$

2）频率漂移定义。利用石英振荡器在真空中测得膜层的频率漂移 $\Delta f=f'-f_0$，f' 为石英振荡器透过薄膜后的频率，f_0 为真空中石英振荡器的频率；然后把薄膜浸泡水中，取出并测量频率漂移 $\Delta f'=f'-f_0$，f' 为浸泡水后石英振荡器透过薄膜的频率，则薄膜密度定义为

$$P=\frac{\Delta f}{\Delta f+\Delta f'\rho_b} \tag{19-85}$$

式中，ρ_b 为镀膜材料的密度。

3）透射率定义。设 T_0 和 T 分别为薄膜在真空中和浸泡水后在波长 2.96 μm 处的透射率，d 为薄膜厚度，薄膜密度定义为

$$P=1-\frac{\ln(T_0/T)}{\alpha_w d} \tag{19-86}$$

式中，α_w 为在波长 2.96 μm 处水的吸收系数，$\alpha_w=1.24\times10^4\ \text{cm}^{-1}$。

2. 薄膜表面粗糙度测量

如果已知薄膜表面粗糙度，可以推算出薄膜的散射损耗值。但测量薄膜表面粗糙度最主要的目的是为改进镀膜质量，供镀膜时作为参考。

测量薄膜表面粗糙度，根据其大小不同，可用光学方法测量，也可用扫描电子显微镜（SEM）或透射电子显微镜（TEM）测量。对于高分辨率测量，可用扫描隧道显微镜（STM）或原子力显微镜（AFM）。光学测量方法中，如果粗糙度在微米量级，可用斐索（Fizeau）干涉仪、诺莫斯基（Nomarski）干涉显微镜；如果粗糙度小于微米量级，用等色级条纹（FECO）干涉仪，精确度可达纳米量级，如果用相位比较法，如光外差轮廓测量（optical heterodyne profilemetry）或相移干涉测量（phase shift interferometry），精确度可提高到 0.1 nm 量级。SEM 和 TEM 测量都要在真空室进行，很不方便，而 STM 或 AFM 可在大气中进行，测量结果清晰度和精确度要比 SEM 和 TEM 高 1 个量级。因此，对于精细测量，采用 STM 或 AFM 更简单易行。

3. 应力测量

不管是液相成膜还是气相成膜，由于成膜过程中原子或分子在基板上冷却，排列成膜后不会都处于最低能态，会形成不规则的微结构，这样在薄膜内必然存在着应力，称为薄膜内应力。另一方面，成膜过程中由于薄膜和基底的膨胀系数的差异，使基底与薄膜之间也存在着应力，这种应力称为外应力或热应力。如果薄膜应力使薄膜与基底显凹面，此应力为张应力；如果薄膜应力使薄膜与基底显凸面，此应力为压应力。

薄膜应力的大小与基底材料、镀膜材料、制镀方法及制镀过程中的参数选择紧密相关。如果薄膜本身的内应力大于薄膜与基底之间的附着力，薄膜会脱落；如果薄膜内应力较小，虽然不会造成脱落，也可造成龟裂；如果薄膜应力很小，造成薄膜表面凹凸不平，因而使光波波面变形。因此，如何制镀应力小的薄膜是一个很重要的问题，而测量薄膜应力就是为改善镀膜质量提供依据。薄膜应力测量常用方法有以下 4 种：牛顿环法、悬臂法、干涉相移法和 X 射线绕射法。

1)牛顿环法。将镀膜后的膜板放置于参考平面，由于膜板因应力而变形（一般变形很小，曲率半径很大），在膜板与参考平面间就会产生小的不均匀空气间隙，当用垂直光照射时就会产生牛顿环。根据牛顿环干涉条纹的曲率半径 r 就可计算出薄膜的应力 σ，公式为[5]

$$\sigma=\frac{1}{6}\frac{E_s}{r(1-\nu)}\frac{t_s^2}{t_f} \tag{19-87}$$

式中，t_s 为基底厚度，t_f 为薄膜厚度，E_s 为基底杨氏弹性模量，ν 为基底的泊松比（一般为 0.25～0.4）。

2)悬臂法。将镀膜后的膜板一端固定，如图 19-137 所示，由于膜板存在应力，必然是未固定的一端向下弯（膜面向上，压应力）或向上弯（膜面向上，张应力），当激光束照射膜板自由端的一点时，可测出反射光的偏移角 θ，则 $\delta=\theta/2$。设光入射点距膜板固定点的距离为 l，弯曲半径近似为 $r=l^2/(2\delta)$，应力为[5]

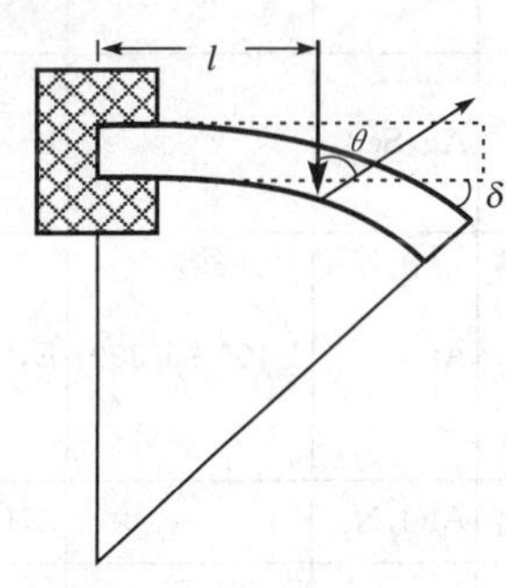

图 19-137　悬臂法测应力

$$\sigma=\frac{1}{3}\frac{E_s\delta}{l^2(1-\nu)}\frac{t_s^2}{t_f} \tag{19-88}$$

式中其他量的意义同上。

3)干涉相移法。干涉相移法是利用泰曼-格林（Twyman-Green）干涉仪，首先测量未镀膜前基底的曲率半径 r_1，再测量镀膜后膜板的曲率半径 r_2，求出

$$\frac{1}{r}=\frac{1}{r_2}-\frac{1}{r_1} \tag{19-89}$$

再代入(19-87)式，即可求得应力。干涉相移法与前两种方法相比，由于曲率半径值更为准确，因而薄膜应力计算也更为精确。

4)X 射线绕射法。X 射线绕射法是利用布拉格绕射公式，借由 X 射线求出薄膜结构中晶粒之间的距离 d，无应力条件下镀膜材料标准间距为 d_0，则晶粒之间的应变为[369-370]

$$\varepsilon=\frac{d-d_0}{d_0} \tag{19-90}$$

而应力为

$$\sigma=\frac{E_f}{(1-\nu_f)}\varepsilon P \tag{19-91}$$

式中，E_f 为镀膜材料的弹性模量，ν_f 为镀膜材料的泊松比，P 为薄膜密度。

4. 激光辐射损伤测量

激光照射薄膜会使薄膜受到损伤，其机理目前有两种解释：其一是薄膜吸收辐射能量使薄膜急剧升温而损伤薄膜，其二是激光强烈的电场震荡而破坏膜层分子组织。另外，膜层中的缺陷、杂质、界面粗糙、应力及不清洁的基底表面都可能是造成低激光损耗域值（LIDT）的原因。

激光辐射损伤测量一般是以脉冲激光聚焦照射薄膜，可以照射一次，也可以照射几百次，还可以逐渐增加照射能量，然后用显微镜或散射仪测量在哪种功率下薄膜损伤破坏，这个值就是激光损伤承受值，详细的测量说明参见文献[371]至文献[374]。

5. 其他特性测量

除了上述几种薄膜特性测量外，力学特性还包括硬度测量、附着性测量、环境温度变化测量、薄膜微观结构分析和薄膜成分测量等，详细情况请参阅文献[5][375]和其他相关资料。

表 19-3 常见薄膜材料参数

材料名称	化学符号	蒸发温度/C°	镀膜方法	折射率	消光系数	透明区/μm	备注
银	Ag	1 000～1 200	B(Mo,Ta),E,S	0.05(0.5 μm) 0.07(0.65 μm) 0.09(0.8 μm) 1.89(4.06 μm)	4.2(0.65 μm)	VIS,IR	反射镜,分光镜
溴化银	AgBr		B	2.25(0.55 μm)			软膜,用于红外
氯化银	AgCl	790	B(Mo)	2.07(0.55 μm) 2.02(1 μm)		0.4～30	软膜,抗湿性优
硒化银	Ag_2Se		B				黑色晶体物质,半导体材料,20℃时的禁带宽度为 0.08 eV
铝	Al	1 100～1 300	E,S,I	0.82(0.546 μm) 1.3(0.65 μm) 1.99(0.8 μm) 5.97(4.0 μm)	7.11(0.65 μm)	可见光	反射镜
氮氧化铝	AlO_xN_y		S,I(Al 靶),E,B	1.65～2.2(0.63 μm)		0.3～6.5	
三氧化二铝	Al_2O_3	2 000～2 200	E,S,I(Al_2O_3) S,I(Al, Al_2O_3 靶)	1.54(0.55 μm) 1.62(0.55 μm) 1.63(0.55 μm)	2.3×10^{-3}(0.515 μm) 8×10^{-3}(1.06 μm)	0.2～8	高硬度,抗激光损伤强,抗潮湿;多层膜,保护膜
氟化铝	AlF_3	800～1 300	B(Mo,Ta,Pt),E	1.36(0.23 μm) 1.38(0.55 μm)		0.12～12	强毒性;UV 镀膜、UV 激光镜
氮化铝	AlN		E	2.1(1～8 μm)		>0.33	蓝白色晶体,硬膜,无毒,用于红外
磷化铝	AlP			3.4(1～8 μm)		>0.4	遇潮湿和酸放出剧毒,用于红外
锑化铝	AlSb			3.4(1 μm) 3.1(3 μm)		0.78～3	用于红外、太阳能电池
三氧化二砷	As_2O_3			1.75(<1 μm)		>0.3	有非晶系、等轴晶系、单斜晶系的结晶或无色粉末 3 种状态,剧毒,用于红外
三硫化二砷	As_2S_3	246	B(Mo,Ta)	2.65(0.55 μm) 2.47(1.06 μm) 2.41(3.8 μm) 2.37(10 μm)	8×10^{-3}(1.08 μm) 8×10^{-3}(3.8 μm)	0.58～10	有毒性,硬度中等,抗湿性优,用于红外
硒化砷	As_2Se_3		B(Mo,Ta)	2.82(3.8 μm)	3×10^{-3}(3.8 μm)		有毒性,硬度中等,抗湿性中等,用于红外
碲化砷	As_2Te_3			3.8(1～8 μm)			用于红外
金	Au	1 100～1 300	B(W,Mo),E,S	0.33(0.55 μm) 0.142(0.65 μm) 0.15(0.80 μm) 1.49(4.00 μm)	3.374(0.65 μm)	VIS,IR	反射镜,导电膜
氧化硼	B_2O_3	460	B(Pt,Mo)	1.485 1.610～1.640			因结构不同,密度、熔点和折射率也不同。吸湿性极强,张应力小

续表

材料名称	化学符号	蒸发温度/C°	镀膜方法	折射率	消光系数	透明区/μm	备注
氟化钡	BaF_2	1 300～1 500	B(W,Mo,Ta),E	1.48(0.5 μm) 1.47(1.0 μm) 1.40(8.0 μm) 1.395(10.0 μm)	5×10^{-4}(10.6 μm)	0.25～15	有毒性,硬度中等,抗湿性差,用于红外增透膜、多层膜
氧化钡	BaO	1 540	B(Pt)	1.980			
硫化钡	BaS			2.15(<1.0 μm)			有毒性,有腐蚀性,分光膜,多层膜和干涉滤光片
氧化铍	BeO	2 230	B(Ta,W),E	1.82(0.193 μm) 1.72(0.55 μm)		0.19～IR	极硬膜;强毒性,用于红外
铋	Bi	698	B(Ta,Mo)				性脆而硬,缺乏延展性
氧化铋	Bi_2O_3	1 840	R(Pt),E,S	1.90－2.45		0.45～12	硬膜;抗湿性优,分光膜等
硒化铋	Be_2Se_3			5.6～4.5(1～8 μm) 4.5～3.0(>8 μm)		>3.5	用于红外
碲化铋	Bi2Te3			10(8.5 μm) 9(15 μm)		>8	用于红外
氟化铋	BiF_3		B(C)	1.74(1.0 μm) 1.65(10.0 μm)	8×10^{-4}(10.6 μm)	0.26～20	硬度中等,压应力,抗湿性优
碳	C	2 600	E	2.38(4～5 μm)		0.25～80	极硬膜,抗湿性优,UV膜
氟化钙	CaF_2	1 280	B(Ta,W,Mo),E	1.23～1.26(低堆积密度) 1.40～1.43(0.55 μm) 1.27(3～5 μm)		0.15～12	硬膜,张应力小,抗湿性优,增透膜,多层膜
氧化钙	CaO	2 050	B(W),E	1.84(0.589 μm)			硬膜,抗湿性差,用于红外
碳酸钙	CaCO3			1.64(0.95～1.42 μm)			用于红外
硅酸钙	$CaSiO_3$		B(W)	1.68(0.60 μm) 1.71(0.44 μm)			双层增透膜
镉	Cd	264	B(Mo,Ta)				可用作铁、钢、铜之保护膜
砷化镉	Cd_3As_2			5～4.7(1～8 μm) 4.5(>8 μm)			用于红外
氧化镉	CdO	900	RS	2.06(0.589 μm)			抗湿性中等,用于透明导电膜
硫化镉	CdS	600～800	B(W,Mo,Ta)	2.30(3.0 μm)	2.9×10^{-3}(0.515 μm)	0.55～18	毒性小,压应力;太阳能电池,IR多层膜
硒化镉	CdSe	500～700	B(Ta,Mo),E	3.50(1.0 μm) 2.45(3.0 μm)		0.70～25	硬度中等,抗激光损伤弱,抗湿性中等;IR多层膜,光敏元件
碲化镉	CdTe	900～1 100	B(Mo,W)	3.05(1.0 μm) 2.70(2.0 μm) 2.66(10.0 μm)		0.86～30	极硬膜,抗激光损伤弱,压应力,抗湿性中等;IR多层膜
氟化铈	CeF_3	1 400～1 600	B(W,Mo,Ta),E	1.63(0.55 μm) 1.59(2 μm)	1.4×10^{-5}(0.633 μm)	0.30～12	有毒性,硬膜,张应力大,抗湿性优;多层膜,增透膜

续表

材料名称	化学符号	蒸发温度/C°	镀膜方法	折射率	消光系数	透明区/μm	备注
二氧化铈	CeO_2	~2 000	B(W),E	2.0~2.4(0.55 μm) 2.2(近红外)		0.40~16	极硬膜,压应力,抗湿性优,多层膜,增透膜
三氧化二铈	Ce_2O_3			2.2(<1.0 μm)		0.40~16	用于红外
铬	Cr	1 300~1 400	B(W),E,S	3.67(0.65 μm)	4.365(0.65 μm)	VIS	硬膜,抗湿性优,附着层,分光镜
氧化铬	Cr_2O_3	1 900~2 200	B(W,Mo),E	2.1(0.63 μm) 2.24(0.70 μm)	7.0×10^{-2}(0.7 μm)	1.2~10	硬膜,抗湿性优,可用于吸收膜、增透膜
溴化铯	CsBr		B(W,Mo)	1.80(0.25 μm) 2.0(0.30 μm) 1.67(3.30 μm)		0.23~40	软膜,用于紫外作高折射率材料;也用于红外
碘花铯	CsI	600~800	B(Ta,Mo)	1.70(0.5 μm) 1.787(0.55 μm) 1.73(15 μm) 1.71(28 μm)		0.25~60	软膜,抗湿性差;X射线荧光屏,紫外作高折射率材料
氯化铯	CsCl			1.61(1~8 μm)			抗湿性差,用于红外
铜	Cu	1 250~1 450	B(Mo,Ta),E,S,I	0.46(0.6 μm) 0.25(0.8 μm)	3.1(0.6 μm) 5.0(0.8 μm)		导电线,分光膜,保护膜
氧化亚铜	Cu_2O			2.7(<1 μm) 2.56(1~8 μm)		>0.54	有毒,抗湿性优,用于红外
溴化亚铜	CuBr			2.02(1~8 μm)		0.6~28	抗湿性中等,用于红外
氯化亚铜	CuCl			1.89(1~8 μm)		0.5~20	抗湿性优,用于红外
氟化钕谱	Dinymi-um-flu-orido		B(Ta)	1.6(0.55 μm) 1.57(2 μm)			
氟化镝	DyF_2	1 200~1 300	B(Mo,Ta),E	1.53(0.55 μm)		0.22~12	红外光镀膜
氧化镝	Dy_2O_3		E	2.00(0.29 μm) 1.91(0.55 μm) 1.83(1.4 μm)		>0.28	硬膜,抗湿性优
氧化铒	Er_2O_3		E	1.95(0.5 μm) 2.010(0.29 μm)		>0.25	
氧化铕	Eu_2O_3		E	1.88(0.70 μm) 1.95(0.50 μm) 2.01(0.29 μm)		>0.30	硬膜,抗湿性优
铁	Fe		E,S	2.88(0.65 μm)	3.37(0.65 μm)		
三氧化二铁	Fe_2O_3	1 600~1 800	B(W),E	2.72(0.55 μm) 3.46(0.546 μm)	0.11(0.55 μm)	>0.80	硬度中等,抗湿性优;增透膜
磁铁矿	Fe_3O_4		B(W),RS	2.5(0.546 μm)	0.3(0.546 μm)		
镓	Ga	1 093		1.26(0.436 μm) 3.69(0.589 μm)			高反射率反射镜
砷化镓	GaAs	850	B(W),E	3.20		0.90~18	有毒性;硬度中等,抗湿性中等
磷化镓	GaP			3.5(0.7 μm) 3.2~2.9(1~8 μm)		0.6~12	用于红外
锑化镓	GaSb			3.8(1.8~2 μm) 3.6(3 μm)		0.77~3.5	用于红外

续表

材料名称	化学符号	蒸发温度/C°	镀膜方法	折射率	消光系数	透明区/μm	备 注
氟化钆	GdF_3		B,E	1.59(0.55 μm)		0.14～12	与 Na_3AlF_6 或 MgF_2 搭配做高功率 UV 激光镜及增透膜
氧化钆	Gd_2O_3	2 200	RS,E	1.92(0.55 μm)[5] 1.8(0.55 μm) 1.83(0.7 μm) 1.75(0.6 μm) 1.9(1.6 μm)		0.32～15	硬膜,抗激光损伤强,抗湿性优
钛酸钆	$Gd_2Ti_2O_7$		B(W)	2.040		0.4～6	
	Ge	1 300～1 500	B(C),E	4.25		1.70～25	极硬膜,抗激光损伤弱,张应力大,抗湿性优;红外光镀膜
锗	$Ge_{28}Sh_{12}Se_{60}$		S	2.707(1.06 μm) 2.662(1.358 μm)		＞0.9	有毒性
	$Ge_{33}As_{13}Se_{55}$		S	2.586(1.06 μm) 2.56(1.358 μm)		＞0.85	有毒性
硒锗合金	$Ge_{45}Se_{55}$		E	2.9(2.75 μm) 2.85(10 μm)	7.7×10^{-4}(10.6 μm)	1～10	增透膜
二氧化锗	GeO_2			1.65(＜1 μm)			红外膜
硫化锗	GeS			2.3(1～8 μm)		0.9～12	用于红外
氧化铪	HfO_2	2 300～2 500	E(HfO_2); S,I(Hf 靶)	1.90～2.15	2.0×10^{-3}(0.25 μm) 7.0×10^{-4}(0.30 μm)	0.23～12	极硬膜,抗激光损伤中等,抗湿性优;与 AlF_3 搭配做紫外光用多层膜
硫化汞	HgS			2.8(1～8 μm)		＞0.63	有毒,用于红外
氟化钬	HoF_3		B(Ta),E	1.6(0.55 μm)		0.25～	与 AlF_3 搭配做 KDP 晶体,近紫外高功率增透膜
氧化钬	Ho_2O_3		E	2.0(0.55 μm)		0.25～	硬膜,抗湿性优
铟	In	952	B(Mo)				抗湿性优
砷化铟	InAs		双源	4.50[5] 3.4(4 μm) 3.2(15 μm)		3.80～7.0	有毒性,软膜,抗湿性优
氧化铟	In_2O_3		B(W),E	2.00(0.5 μm)		0.35～1.5	极硬膜,抗湿性优;导电膜
磷化铟	InP			3.4(＜1 μm) 3.3～3.1(1～8 μm)		1～14	用于红外
锑化铟	InSb		双源	4.0(＜1 μm) 4.3(8 μm) 3.9(13.9 μm)		3～30	强毒性,软膜,抗湿性优
氧化锡铟	ITO	～1 400	B,E,S	2.06(0.5 μm)[5]	1.6×10^{-2}(0.5 μm)	0.4～1.0	透明导电膜,电热膜,防红外、紫外、微波膜
溴化钾	KBr		B	1.56(0.589 μm) 1.46(25 μm)		0.6～30	抗湿性差,用于红外
氯化钾	KCl	635		1.490		0.18～20	抗湿性差,用于红外
氟化钾	KF			1.36(1～8 μm)			有毒性,多层膜

续表

材料名称	化学符号	蒸发温度/C°	镀膜方法	折射率	消光系数	透明区/μm	备注
碘化钾	KI			1.81(0.4 μm) 1.79(0.58 μm) 1.62(53 μm)		0.24～70	抗湿性差,用于红外
氟化镧	LaF_3	1 200～1 600	B(Mo,Ta,W)	1.59(0.55 μm)[5]	1.0×10^{-3}(0.25 μm)	0.2～14	硬膜,抗激光损伤强,抗湿性优;与 Na_3AlF_6 或 AlF_3 搭配做高功率 UV 激光镜及增透膜
氧化镧	La_2O_3	1 500	B(w),E	1.95(0.55 μm)	1.0×10^{-3}(0.25 μm)	0.26～11	极硬,抗湿性优,增透膜
氟化锂	LiF	870	B(Mo,Ta),E	1.36(0.55 μm)[5] 1.35(2 μm)		0.11～7	强毒性,软膜,抗激光损伤强,抗湿性差,张应力小;增透膜
氧化镥	Lu_2O_3		B	2.02(0.5 μm)		>0.235	
氟化镁	MgF_2	1 300～1 600	B(W,Ta,Mo),E	1.38(0.55 μm)[5]	9.0×10^{-6}(0.5 μm) 6.0×10^{-6}(1.0 μm)	0.14～10	有毒性,极硬膜,抗激光损伤强,张应力大,抗湿性优;增透膜,多层膜
氧化镁	MgO	1 700～2 000	B(W,Ta),E	1.7(0.55 μm)	2.0×10^{-3}(0.24 μm)	0.23～9	有毒性,极硬膜,抗激光损伤中等,压应力大,抗湿性中等
镁矾土	MgO: Al_2O_3		B(W),E	1.68(0.55 μm) 1.72(0.89 μm)			抗湿性差
锰	Mn	980	B(W,Ta,Mo)				硬膜
二氧化锰	MnO_2		B(W)	2.16			
钼	Mo	2 533	E				
氧化钼	MoO_3	1 460	B(Mo)	2.000			用于红外
冰晶石	Na_3AlF_6	800～1 200	B(Ta,Mo)	1.35(0.5 μm)	7.0×10^{-3}(0.24 μm)	0.13～14	软膜,抗激光损伤弱,张应力小,抗湿性差;多层膜,增透膜
锥冰晶石	$Na_5Al_3F_{14}$	800～1 000	B(Ta,Mo)	1.35(0.5 μm)		0.13～14	多层膜,增透膜
溴化钠	NaBr			1.62(1～8 μm)			用于红外
氯化钠	NaCl			1.54(0.589 μm) 1.53(1 μm)		0.17～25	抗湿性差,硬度中等,用于红外
氟化钠	NaF	988	B(Mo)	1.34(0.55 μm)	9.0×10^{-3}(0.24 μm)	0.2～15	强毒性,软膜,抗激光损伤中等,抗湿性差;与 Na_3AlF_6 搭配做 UV 激光镜
铌	Nb	2415	B(W),E			IR	红外增透膜,分光膜
三氧化二铌	Nb_2O_3						
五氧化二铌	Nb_2O_5	1 600～2 500	E,S,I(Nb_2O_5) E,S,I(Nb 靶)	2.1～2.3(0.5 μm)		0.32～8	多层膜
氟化钕	NdF_3	1 200～1 600	B(W,Mo,Ta)	1.6(0.55 μm)		0.17～12	硬度中等,抗湿性中等;与 Na_3AlF_6 搭配做 UV 激光镜
氧化钕	Nd_2O_3	1 900	B(W),E	2.0(0.55 μm)		0.24～10	极硬膜,抗湿性优
镍	Ni		B,E,S	2(0.65 μm)	3.8(0.65 μm)		硬膜,中性滤光膜,反光镜

续表

材料名称	化学符号	蒸发温度/C°	镀膜方法	折射率	消光系数	透明区/μm	备 注
镍	Ni-Cr-Fe (Inconel)	1300～1400	B(W),S				中性分光镜
	Ni-Cr (Nichrome)	1 300～1 400	B(W,Ta)				中性分光镜
氧化镍	NiO	1 580	B(Al_2O_3)	2.15			硬膜,抗湿性优
铅	Pb	700～850	B(W),E,S			VIS,IR	有毒性
氯化铅	$PbCl_2$	850	B (Pt,Ta,Mo)	2.3(0.55 μm) 2.0(10.0 μm)		0.30～14	强毒性,硬度中等,张应力小,抗湿性差,用于红外
二氟化铅	PbF_2	700～1 000	B(Pt),E,B(Ta)	1.75(0.55 μm)		0.24～20	强毒性,常用于紫外、红外多层膜
三氟化铅	PbF_3	850	B(W,Pt)	1.98(0.3 μm) 1.75(0.55 μm)	6.0×10^{-3}(3.8 μm)	0.24～20	软膜,抗激光损伤弱,张应力,抗湿性中等
氧化铅	PbO	>900	B(Pt)	2.6(0.55 μm)		0.53～	强毒性,软膜,抗湿性中等
	Pb_6O_{11}		B(W)	1.92～2.05(0.55 μm)		0.4～10	硬膜,抗湿性优
硫化铅	PbS	675	B(W)	3.9～4.2		3.0～7.0	强毒性,软膜,抗湿性中等,用于红外高反膜等
硒化铅	PbSe		E	4.87(5.4 μm) 4.78(8 μm)		4～8	用于光敏电阻和红外探测器件
碲化铅	PbTe	850	B(Ta,Mo)	5.6(5 μm)		3.4～30	强毒性,软膜,抗激光损伤弱,抗湿性差;IR多层膜
钯	Pd		E, S	1.78(0.65 μm)	4.35(0.65 μm)		中性滤光片
三氧化二镨	Pr_2O_3		E	1.92～2.050			
氧化镨	Pr_6O11		B(W),E	1.9～2		0.35～2	极硬膜,抗湿性优,用于红外
铂	Pt	1 800～2 000	B(W),E	2.37(0.65 μm)	4.2(0.65 μm)		软膜,中性分光镜,反射镜
氧化铂	PtO_2		RS				抗湿性优
碘化铷	RbI			2.0(UV)		>0.250	
铑	Rh	2 149	E,S	2.18(0.65 μm)	5.6(0.65 μm)		极硬膜,中性滤光片,反射镜
氧化锑	Sb_2O_3	>700	B(W,Mo),E	2.0(0.55 μm)		0.3～12	强毒性,过热会分解,抗湿性优,用于红外
硫化锑	Sb_2S_3	300～500	B(Mo,Ta)	3.0(0.55 μm)		0.8～24	软膜,抗湿性中等;IR多层膜
氧化钪	Sc_2O_3	2 400	E	1.86(0.55 μm)		0.3～13	
硒	Se	437	B(Mo,Ta,W)	2.45(2.0 μm)		0.8～20	硬膜,抗湿性差
	强毒性	$Se_{30}As_{17}$-$Te_{30}Se_{23}$		E	3.1(10.6 μm)		
碲化硒	SeTe	1 000	B	2.8(0.55 μm)			软膜

续表

材料名称	化学符号	蒸发温度/C°	镀膜方法	折射率	消光系数	透明区/μm	备注
硅	Si	1 500	E	3.45(3.0 μm)	1.7×10^{-4}(2.7 μm)	1.1～14	硬膜，抗激光损伤弱，压应力大，抗湿性优
	Si_3N_4		E,S,I(Si靶)	1.72(1.5 μm)		0.25～9	
一氧化硅	SiO	1 200～1 600	B(W,Ta,Mo),E	1.9(0.55 μm)		0.55～8	有毒性，极硬膜，抗激光损伤中等，压应力，抗湿性优；多层膜，增透膜，附着层，装饰
二氧化硅	SiO_2	1 800～2 200	E,S,I(Si,SiO_2靶)	1.45～1.47(0.55 μm)	7.7×10^{-4}(0.35 μm) 2.0×10^{-6}(1 μm)	0.16～8	极硬膜，抗激光损伤强，压应力，抗湿性优；多层膜
三氧化二硅	Si_2O_3	1 200～1 600	B(W,Ta,Mo),E	1.55(0.55 μm)		0.35～8	多层膜，保护膜
	SiO_xN_y			1.6(VIS) 1.4(IR)		0.25～9.7	硬度中等
氧化钐	Sm_2O_3		E	1.88(0.59 μm)		>0.34	硬膜，抗湿性优，增透膜
二氧化硒	SnO_2	1 220	B(Mo,Ta),E,S	2.0(0.55 μm)		0.4～1.5	导电膜
三氧化硒	SnO_3		B(W),E	2.0—2.1(0.55 μm)		0.4～	极硬膜，张应力小，抗湿性优
氟化锶	SrF_2	1 300～1 500	B(Ta,Mo)	1.44(0.55 μm)		0.2～10	硬度中等，抗湿性中等；IR 膜
硫化锶	SrS			2.1(<1 μm)		>0.3	用于红外
	Sub-stance1	2 200～2 400	B(W),E	2.1(0.5 μm)		0.4～7	多层膜，增透膜，附着层
	Sub-stance2	2 000～2 200	B(W),E	2.1(0.5 μm)		0.4～7	多层膜，增透膜，附着层
	Sub-stanceM1	2 100	E	1.7(0.55 μm)		0.3～9	可代替 MgO 做增透膜，压应力小
	Sub-stanceH4	2 250	E	2.1(0.55 μm)		0.3～7	EM Ind. Inc. 产品
钽	Ta	2 820	E,RS			IR	用于红外
氧化钽	Ta_2O_5	1 900～2 200	E,S,I(Ta_2O_5,Ta靶)	2.0～2.3(0.5 μm)	8.0×10^{-3}(0.3 μm) 1.0×10^{-3}(0.6 μm)	0.35～10	硬膜，抗激光损伤弱，抗湿性优；滤光片
氧化铽	Tb_2O_3		E	1.94(0.7 μm)		>0.33	
碲	Te	550	B(Mo,Ta)	4.9(6 μm) 4.8(10 μm)		3.4～20	有毒性，硬膜，抗湿性差，用于红外
氟化钍	ThF4	900～1 300	B(Ta,Mo,Pt),E	1.5(0.55 μm) 1.35(10.6 μm)	5.0×10^{-3}(0.5 μm) 2.0×10^{-3}(1.0 μm) 1.0×10^{-4}(10.6 μm)	0.2～15	放射性，强毒性，硬度中等，抗激光损伤强，张应力，抗湿性优；多层膜，增透膜
氧化钍	ThO_2	3 050	E	1.86(0.55 μm)[5] 1.95(0.3 μm) 1.75(2 μm) 2.200(0.59 μm)	5.0×10^{-3}(0.24 μm)	0.25～15	放射性，强毒性，极硬膜，抗激光损伤弱，抗湿性优；UV、VIS、IR 多层膜，增透膜
钛	Ti		E,S,I	3.03(0.65 μm)	3.65(0.65 μm)		附着层，导电膜，光衰减膜，吸收层
氮化钛	TiN		E,S,I	1.39(0.65 μm)	2.84(0.65 μm)		装饰，强化表面

续表

材料名称	化学符号	蒸发温度/C°	镀膜方法	折射率	消光系数	透明区/μm	备注
	TiN_xW_y		E,S,I	1.3(0.633 μm)	1.8(0.633 μm)		
二氧化钛	TiO_2	1 900～2 200	E,S,I(TiOx,Ti) B(Ta,W)(TiO)	2.2(0.55 μm)	2.5(0.55 μm)	0.35～12	极硬膜,抗激光损伤中等,压应力,抗湿性优;与 SiO_2 搭配做滤光片;附着层
溴化铊	TlBr			2.32(24 μm)		VIS～50	有毒性,抗湿性优,用于红外
氯化铊	TlCl		B(Ta)	2.6(0.2 μm)		0.2～20	有毒性,软膜,抗湿性差,用于红外
碘化铊	TlI			2.55(IR)		<40	有毒性,抗湿性差
氧化铀	U_3O_8		B(W)				有放射性
五氧化二钒	V_2O_5	>700	E,S	1.9(0.55 μm)[5] 2.3(<1 μm)		0.56～7	热变色膜,保护膜
钨	W	3 309	E				
三氧化钨	WO_3	1 400～1 600	B(W,Mo,Pt),E	1.8(UV) 2.2(0.55 μm)[5] 2.0(2 μm)		0.4～10	电变色膜
氟化钇	YF_3	～1 100	B(Mo),E	1.38 1.45 1.47 1.5(0.55 μm)[5]	5.0×10^{-4}(0.24 μm)	0.2～14	软膜,IR 镀膜
氧化钇	Y_2O_3	2 300～2 500	E	1.89(0.33 μm) 1.79(0.55 μm)[5] 1.94(大块) 1.83(2 μm)	5×10^{-3}(0.25 μm)	0.25～12	极硬膜,抗激光损伤弱,抗湿性优;多层膜,绝缘层
氟化镱	YbF_3	1 200～1 300	B(Mo,Ta),E	1.52(0.55 μm)[5] 1.57(3.8 μm)		0.22～12	IR 镀膜
氧化镱	Yb_2O_3	1 900	E	1.75(0.55 μm0)[5] 1.92(0.7 μm)		>0.28	硬膜,抗湿性优
氧化锌	ZnO	1 100	B(W,Mo),E	2.0(0.55 μm)[5]		0.35～20	软膜,抗湿性优
硫化锌	ZnS	1 000～1 100	B(Ta,Mo),E	2.35(0.55 μm) 2.16(10.6 μm)	2.7×10^{-4}(0.5 μm) 4×10^{-3}(1 μm) 2×10^{-4}(10.6 μm)	0.38～25	硬度中等,抗激光损伤弱,压应力,抗湿性优;多层膜,保护膜,可见光高折射率膜,红外光低折射率膜
锡化锌	ZnSe	600～900	B(W,Ta,Mo),E	2.6(0.55 μm) 2.42(10.6 μm)	3.4×10−3(0.5 μm) 1×10^{-4}(10.6 μm)	0.6～18	软膜,抗湿性中等;红外光膜,多层膜,彩色膜
碲化锌	ZnTe	1 000	B	2.8(0.55 μm)	6.7×10−3(0.515 μm)		软膜,抗湿性差
氧化锆	ZrO_2	2 500	E,S,I(ZrO_2,Zr 靶)	2.05(0.5 μm)	6×10^{-3}(0.25 μm) 1.6×10^{-4}(0.5 μm)	0.3～12	极硬膜,抗激光损伤弱,张应力,抗湿性优;多层膜
钛酸锆	$ZrTiO_4$		E	2.2(0.5 μm)			用于红外
锆钇	ZrO_2 $+Y_2O_3$ (4∶1)						高功率激光膜

注:①几种蒸发源材料:W(钨),Ta(钽),Mo(钼),Pt(铂);②B 为电阻加热,E 为电子束蒸发,R 为反应蒸发,RS 为反应溅射,S 为直流或射频溅射,I 为离子束溅射;③UV 为紫外光,IR 为红外光,VIS 为可见光;④本表所给薄膜折射率及消光系数与镀膜方法及衬底温度有关,仅供参考。

参考文献

[1] 李景镇. 光学手册[M]. 西安:陕西科学技术出版社,1986

[2] Dioffo A M. Treatment of General Case of n Dielectric Films with Different Optical Properties[J]. Rev. Opt. Theor. Instrum. ,1968,47:117-129

[3] Dresler A. Über eine neuartige Filterkombinnation zur genauen Angleichung der spektralen Empfindlinchkeit von Photozellen an die Augenempfindlichkeitskurve[J]. Das Licht,1933,3:41-43

[4] Nagel M R. A Mosaic Filter Daylight Source for Aerophotographic Sensitometry in the Visible and Infrared Region[J]. J. Opt. Soc. Am. ,1954,44:621-624

[5] 李正中. 薄膜光学与镀膜技术[M]. 北京:艺轩图书出版社,2001

[6] Thelen A. Design of Optical Interference Coatings[M]. New York:McGraw-Hill,1988:256

[7] Born M, Wolf E. Principles of Optics[M]. Pergamon,1959

[8] Liberty Mirror——A Division of Libbey-Owens Ford Glass Co. , Coatings[P]. 851 Third Avenue, Brackenridge, PA 155014, USA,1966

[9] Dobrowolski J A,Poitras D,Penghui M,Himanshu V, Acree M. Toward Perfect Antireflection Coatings: Numerical Investigation[J]. Appl. Opt. ,2002,41:3075-3083

[10] Poitras D, Dobrowolski J A. Toward Perfect Antireflection Coatings. 2. theory[J]. Appl. Opt. , 2004, 43:1286-1295

[11] Dobrowolski J A, Guo Yanen, Tiwaid T, Ma Penghui, Poitras D. Toward Perfect Antireflection Coatings. 3. Experimental Results Obtained with the Use of Reststrahlen materials[J]. Appl. Opt. ,2006,45:1555-1562

[12] Mahdjoub A, Zighed L. New Designs for Graded Refractive Index Antireflection Coatings[J]. Thin Solid Films,2005, 478:299-304

[13] Liou Yeuh-Yeong. Universal Visible Antireflection Coating Designs for Various Substrates[J]. Japanese Journal of Applied Physics,2004,43(4A):1339-1342

[14] Mussett A, Thelen A. Multilayer Antireflection Coatings[M]//Wolf E (ed.). Progress in Optics. Amsterdam: North-Holland Publishing Co. ,1970,8:203-237

[15] Faber W A,Kruse P W,Saur W D. Improvement in Infrared Detector Performance through Use of Antireflection Film [J]. J. Opt. Soc. Am. ,1961,51:115

[16] Dobrowolski J A. Optical Properties of Films and Coatings[M]// Driscoll W G and Vaughan W. (eds.). Handbook of Optics. New York: McGraw-Hill, 1995:42,21

[17] Grebenshchikov I V. Prosvetlenie Optiki(Antireflection Coating of Optical Surfaces)[M]. Moscow-Leningrad:State Publishers of Technical and Theoretical Literature,1946

[18] Sawaki T. Studies on Anti-reflection Films,Research Report No. 315[R]. Osaka Industrial Research Institute, 1960

[19] Cox J T, Hass G. Antireflection Coatings for Optical and Infrared Optical Materials[M]// Hass G, Thun R E(eds.). Physics of Thin Films. New York:Academic Press,1964,2:239-304.

[20] Wilder J G. Porous silica AR coating for use at 248 nm or 266 nm. Appl[J]. Opt. ,1984,23:1448-1440

[21] O'Neill F,Ross D, Evans D,Langridge J U D,Bilan B S, Bond S. Colloidal Sillca Coatings for KrF and Nd:Glass Laser Applications[J]. Appl. Opt. ,1987,26:828-832

[22] Thomas I M. Porous Fluoride Antireflective coatings[J]. Appl. Opt. ,1988,27:3356-3358

[23] Thomas I M. Method for the Preparation of Porous Silica Antireflection Coatings Varying in Refractive Index from 1. 22 to 1. 44[J]. Appl. Opt. ,1992,31:6145-6149

[24] Motamedi M E, Southwell W H, Gunning W J. Antireflection Surfaces in Silicon Using Binary Optics Technology[J]. Appl. Opt. ,1993,31:4371-4376

[25] Kard P. Optical Theory of Anti-reflection Coatings[J]. Loodus ja matemaatika I,1959:67-85

[26] Thetford A. A Method of Designing Three-layer Anti-reflection coatings[J]. Opt. Acta,1969, 16:37-43

[27] Costich V R. Spectra-Physics private communication,1968

[28] Furman S A. Broad-band Antireflection Coatings[J]. Sov. J. Opt. Technol. ,1966,33:559-564

[29] Stolov E G. New Constructions of Interference Optical Antireflection Coatings[J]. Sov. J. Opt. Technol. , 1991, 58:175-

178

[30] Balzers Aktiengesellschaft für hochvakuumtechnik und Dünne Schichten. Kurvenbl ätter und ihre Bezeichnungen, FL-9496 Balzers, Principality of Liechtenstein, 1962

[31] Turner A F. Bausch and Lomb. private communication, 1970

[32] Optical Coating Laboratory Inc. Multilayer Antireflection Coatings, 2789 Northpoint Parkway[M]. Santa Rosa, CA 95407-9397, USA, 1965

[33] Thin Film Lab. Product Information[M]. 501B Basin Rd. West Hurley, NY 12491, USA, 1992

[34] Willey P R. Broadband Antireflection Coating Design Performance Estimation[R]. in Proceedings, 34th Annual Technical Conference of the Society of Vacuum Coaters, March 17-22, 1991, Philadelphia 1991:205-209

[35] Tikhonravov A V, Dobrowolski J A. A New Quasi-optimal Synthesis Method for Antireflection Coatings[J]. Appl. Opt., 1993, 32:4265-4275

[36] Richards B S. Single-Material TiO_2 Double-Layer Antireflection Coatings[J]. Solar Energy Materials & Solar Cells, 2003, 79:369-390

[37] Murray A E. Effect of Antireflection Films on Colour in Optical Instruments[J]. J. Opt. Soc. Am., 1956, 46:790-796

[38] Dobrowolski J A, Mandler W. Color Correcting Coatings for Photographic Objectives[J]. Appl. Opt., 1979, 18: 1879-1880

[39] Oh T L. Broadband AR Coatings on Germanium Substrates Using Ion-assisted Deposition[J]. Appl. Opt., 1988, 27: 4255-4259

[40] Fisher S P, Leonard J F, Muirhead I T, Buller I G, Meredith P. The Fabrication of Optical Devices by Molecular Beam Deposition Technology[R]. in Optical Interference Coatings. 1992 Technical Digest Series, Washington, D. C., Optical Society of America, 1992, 15:131-133

[41] Lange S, Bartzsch H, Frach P, Goedicke K. Pulse Magnetron Sputtering in a Reactive Gas Mixture of Variable Composition to Manufacture Multilayer and Gradient Optical Coatings[J]. Thin Solid Films, 2006, 502:29-33

[42] Thetford A. Opt. Acta, 1969, 16:37

[43] Minot M J. The Angular Reflectance of Single-Layer Gradient Refractive-index Films[J]. J. Opt. Soc., Am., 1977, 67: 1046-1050

[44] Cook L M, Mader K H. Integral Antireflective Surfaces on Optical Glass[J]. Opt. Eng., 1982, 21:SR-008-SR-012

[45] Lowdermilk W H. Graded/Index Surfaces and Films[M]//Weber M J(ed.). Handbook of Laser Science and Technology. Optical Materials: Part 3/CRC Press, Inc., Boca Raton, Fla., 1987:431-458

[46] Sawaki T. Studies on Antireflection Film, Research Report No. 315[R]. Osaka Industrial Research Institute, issued September, 1960

[47] Lessman G. Optical Properties of Inhomogeneous Thin Film of Varying Modes of Gradation[J]. J. Opt. Soc. Am., 1966, 56:554

[48] Bertram R, Ouellette M F, Tse P Y. Inhomogeneous Optical Coatings: an Experimental Study of a New Approach[J]. Appl. Opt., 1989, 28:2935-2939

[49] Jacobsson R. Calculation and Deposition of Inhomogeneous Thin Film[J]. J. Opt. Soc. Am., 1966, 56:1435

[50] Epstein L I. The Design of Optical Filters[J]. J. Opt. Soc. Am., 1952, 42:806-810

[51] Southwell W H. Coating Design Using Very Thin High- and Low-index Layers[J]. Appl. Opt., 1985, 24:457-460

[52] Minot M J, Single Layer. Gradient Refractive Index Antireflection Films-Effective 0. 35 to 2. 5 μm[J], J. Opt., Soc. Am., 1976, 66:515-519

[53] Asahara Y, Izumitani T. The Properties of Gradient Index Antireflection Layer on the Phase Separable Glass[J]. J. Non-Crystalline Solids, 1980, 42:269-280

[54] Fujikawa S, Oguri Y, Arai E. Antireflection Surface Modification of Plastic CR-39 by Means of ^{16}O-and 35Cl-ion Bombardment[J]. Optik(Stuttgart), 1990, 84:1-5

[55] Mukherjee S P. Gel-Derived Single-Layer Antireflection Film with a Refractive Index Gradient[J]. Thin Solid Films, 1981, 81:L89-L90

[56] Yoldas B E, Partlow D P. Wide Spectrum Antireflective Coating for Fused Silica and Other Glasses[J]. Appl. Opt, 1984, 23:1419-1424

[57] Mukherjee S P, Lowdermilk W H. Gel-Derived Single Layer Antireflection Film[J]. J. Non- Crystalline Solids, 1982,48: 177-184

[58] Clapham P B, Hutley M C. Reduction of Lens Reflexion by the "Moth Eye" Principle[J]. Nature,1973, 244:281-282

[59] Wilson S J, Hutley M C. The Optical Properties of "Moth Eye"Antireflection Surfaces[J]. Opt. Acta, 1982,29:993-1009

[60] Southwell W H. Pyramid-array Surface-relief Structures Producing Antireflection Index Matching on Optical Surfaces[J]. J. Opt. Soc. Am. ,1991,A8:649-553

[61] Raguin D H, Morris G M. Antireflection Structured Surfaces for the Infrared Spectral Region[J]. Appl. Opt. , 1993,32: 1154-1167

[62] Ma J Y L, Robinson L C. Night Moth Eye Window for the Millimetre and Sub-Millimetre wave Region[J]. Opt. Acta. , 1983,30:1685-1695

[63] Smiley V N. Conditions for Zero Reflectance of Thin Dielectric Film on Laser Materials[J]. J. Opt. Soc. Am. , 1968,58: 1469-1475.

[64] Lupashko E A, Shkyarevskii I N. Multilayer Dielectric Antireflection Coatings[J]. Opt. Spectrosc(USSR), 1964, 16: 279-281

[65] Park K C. The Extreme Values of the Reflectivity and the Conditions for Zero Reflection from Thin Dielectric Films on Metal[J]. Appl. Opt. ,1964,3:877-881

[66] Anders H, Eichinger R. Die Optische Wirkung und Praktische Bedeutung Inhomogener Schichten[J]. Appl. Opt. ,1965, 4:899-905

[67] Turbadar T. Equi-reflectance Contours of Double-layer Anti-reflection Coatings[J]. Opt. Acta. , 1964,11:159-205

[68] Turbadar T. Complete Absorption of Plane Polarized Light by Thin Metallic Films[J]. Opt. Acta. , 1964, 11:207-210

[69] Monga J C. Anti-reflection Coatings for Grazing Incidence Angles[J]. J. Modern Optics, 1989,36:381-387

[70] Dobrowolski J A, Piotrowski S H C. Refractive Index as a Variable in the Numerical Design of Optical Thin Film System [J]. Appl. Opt. ,1982,21:1502-1510

[71] Seeley J S. Resolving Power of Multilayer Filters[J]. J. Opt. Soc. Am. ,1964,54:342-346

[72] Bö hme H. Dielektrische Mehrfachschichtsysteme ohne Dispersion des Phasensprungs[J]. Optik, 1984,69:1-7

[73] Kard P, Nesmelov E, Konyukhov G. Theory of Quarterwave Reflecting Filter[J]. Eesti NSV Tead. Akad. Toim. , Fuus. -Mat. ,1968,17:314-323

[74] Ovcharenko A P, Lupashko E A, Multilayer Dielectric Coatings of Unequal Thickness[J]. Opt. Spectrosc (USSR), 1983,55:316-318

[75] Zukic M, Toerr D G. Mutiple Reflectors as Narrow-band and Broadband Vacuum Ultraviolet Filters[J]. Appl. Opt. , 1992,31:1588-1596

[76] Barbee T W Jr. Multilayers for X-ray Optics[J]. Opt. Eng. ,1986,25:898-915.

[77] Barbee T W Jr. Multilayer Optics for the Soft X-ray and Extreme Ultra-violet[J]. Physica Scripta, 1990,T31:147-153

[78] Vinogradov A V, Zeldovich B Y. X-ray and Far UV Multilayer Mirror: Principles and Possibilities[J]. Appl. Opt. ,1977, 16:89-93

[79] Apfel J H. Multilayer Interference Coatings for the Ultraviolet[J]. J. Opt. Soc. Am. ,1966,59:553

[80] Costich V R. Spectra-Physics private communication,1968

[81] Turner A F, Baumeister P W. Multilayer Mirrors with High Reflectance over an Extended Spectral Region[J]. Appl. Opt. ,1966,5:69-76

[82] Heavens O S. All-dielectric High-reflecting Layers[J]. J. Opt. Soc. Am. ,1954,44:371-373

[83] Ramsay J V, Ciddor P E. Apparent Shape of Broad Band, Multilayer Reflecting Surfaces[J]. Appl. Opt. , 1967,6:2003-2004

[84] Zukic M, Toerr D G. Multiple Reflectors as Narrow-band and Broadband Vacuum Ultraviolet Filters[J]. Appl. Opt. , 1992,31:1588-1596

[85] Gloge D,Chinnock E L, H. E. Earl. Scattering from Dielectric Mirrors,Bell Syst[J]. Tech. J. , 1969,48:511-526

[86] Blazey R. Light Scattering by Laser Mirrors[J]. Appl. Opt. ,1967,6:831-836

[87] Rempe G,Thompson R J,Kimble H J, Lalezari R. Measurement of Ultralow Losses in an Optical Interferometer[J]. Opt. Lett. ,1993,17:363-365

[88] Vidal B, Vincent P. Metallic Multilayers for X-rays Using Classical Thin-film Theory[J]. Appl. Opt., 1984, 23: 1794-1801

[89] Stearns D G. The Scattering of X-rays from Nonideal Multilayer Structures[J]. J. Appl. Phys., 1989, 65: 491-506

[90] Spiller E. Multilayer Optics for X-rays [M]// Weisbuch P D a C(ed.). Physics, Fabrication, and Applications of Multilayered Strucures. New York: Plenum Publishing Corporation, 1988: 271-309

[91] Lord Rayleigh. On the Remarkable Phenomenon of Crystalline Reflexion Described by Prof. Stokes[J]. Philos. Mag., 1888, 26(Fifth Series): 256-265

[92] Wood R W. Physical Optics[M]. New York: McMillan, 1940

[93] Strong J. Iridescent $KCIO_3$ Crystals and Infrared Reflection Filters[J]. J. Opt. Soc. Am., 1961, 51: 853-855

[94] Schrö der H. The Light Distribution Functions of Multiple-layers and Their Applications[J]. Z. Anfew. Phys., 1951, 2: 53-66

[95] Edmonds L, Baumeister P, Krisl M F, Boling N. Spectral Characteristics of a Narrowband Rejection Filter[J]. Appl. Opt., 1990, 29: 3203-3204

[96] Anon. Quartz Etalon Outperforms Sapphire[J]. Microwaves, September 1969: 106

[97] Perry D L. Low-loss Multilayer Dielectric Mirrors[J]. Appl. Opt., 1965, 4: 987-991

[98] Heavens O S, Liddell H M. Taggered Broad-band Reflecting Multilayers[J]. Appl. Opt., 1966, 5: 373-376

[99] Elsner Z N. On the Calculation of Multilayer Interference Coatings with Given Spectral Characteristics[J]. Opt. Spectrosc. (USSR), 1964, 17: 238-240

[100] Yoo K M, Alfano R R. Broad Bandwidth Mirror with Random Layer Thicknesses[J]. Appl. Opt., 1989, 28: 2456-2458

[101] Sokolova R S. Wide-band Reflectors for Ultraviolet Radiation[J]. Sov. J. Opt. Technol., 1971, 38: 295-297

[102] Stolov E G. Constructions of Neutral Lightsplitters and Wide-band Mirrors[J]. Sov. J. Opt. Technol., 1990, 57: 632-634

[103] Ciddor P E. Phase-dispersion in Interferometry. Interferometers with Solid Spacers and with Broadband- reflecting Surfaces[J]. Opt. Acta., 1965, 12: 177-183

[104] Ramsay J V, Ciddor P E. Apparent Shape of Broad Band, Multilayer Reflecting Surfaces[J]. Appl. Opt., 1967, 6: 2003-2004

[105] Dobrowolski J A. Optical Interference Filters for the Adjustment of Spectral Response and Spectral Power Distributions [J]. Appl. Opt., 1970, 9: 1396-1402

[106] Telen A. Design of Optical Minus Filters[J]. J. Opt. Soc. Am., 1971, 61: 365-369

[107] Young L. Multilayer Interference Filters with Narrow Stop Bands[J]. Appl. Opt., 1967, 6: 297-315

[108] Omega Optical Inc. Bandpass Filters[M]. 3 Grove Street, P. O. Box 573, Brattleboro, VT05302-0573, USA, 1992

[109] Gunning W J, Hall R L, Woodberry F J, Southwell W H, Gluck N S. Codeposition of Continuous Composition Rugate Filters[J]. Appl. Opt., 1989, 28: 2945-2948

[110] Physical Optics corp. Holographic Filters Aid Spectroscopy[J]. Photonics Spectra, January, 1992: 113-114

[111] Kaiser optical Systems Inc. Holographic Notch Filters[M]. 371 Parkland Plaza, P. O. Box 983, Ann Arbor, MI 48106, USA, 1993

[112] Vlasov S N, Talanov V I, Selection of Axial Modes in Open Resonators[J]. Radio Eng. Electron. Phys., 1965, 10: 469-470

[113] Vahitov N G. Open Resonators with Mirrors Having Variable Reflection Coefficients[J]. Radio Eng. Electron. Phys., 1965, 10: 1439-1446

[114] Piegari A, Tirabassi A, Emiliani G. Thin Films for Special Laser Mirrors with Radially Variable Reflectance: Production Techniques and Laser Testing[J]. Proc. Soc. Photo-Opt. Instrum. Eng., 1989, 1125: 68-73

[115] Duplain G, Verly P G, Dobrowolski J A, Waldorf A, Bussière S. Graded Reflectance Mirrors for Beam Quality Control in Laser Resonators[J]. Appl. Opt., 1993, 32: 1145-1153

[116] Shao J, Dobrowolski J A. Multilayer Interference Filters for the Far-infrared and Submillimeter Regions[J]. Appl. Opt., 1993, 32: 2361-2370

[117] Costich V R. Study to Demonstrate a New Process to Produce Infrared Filters[M]. NASA Ames NAS2-12639, issued 1 March, 1990

[118] Henke B L, Lee P, Tanaka T J, Shimabukuro R L, Fujikawa B K. Low-energy X-ray Interaction Coefficients: Photoab-

sorption, Scattering, and Reflection-e=100-200eV, z=1-94[J]. Atom. Data and Nucl. Tables, 1982,27:1,144

[119] Barbee T W Jr. Multilayers for X-ray Optics[J]. Opt. Eng. ,1986,25:898-915

[120] Spiller E. Multilayer Optics for X-rays[M]// Weisbuch P D a C(ed.). Physics, Fabrication, and Applications of Multilayered Structures. New York: Plenum Publishing Corporation, 1988:271-309

[121] Stearns D G. The Scattering of X-rays from Nonideal Multilayer Structures[J]. J. Appl. Phys. ,1989,65:491-506

[122] Drummeter L F, Hass G. Solar Absorptance and Thermal Emittance of Evaporated Coatings[M]//Hass G, Thun R E. Physics of Thin Films. New York: Academic Press, 1964:305-361

[123] Bennett H E, Siver M, Ashley E J. Infrared Reflectance of Aluminum Evaporated in Ultra-high Vacuum[J]. J. Opt. Soc. Am. ,1963,53:1089-1095

[124] Bennett J M, Ashley E J. Infrared Reflectance and Emittance of Silver and Gold Evaporated in Ultrahigh Vacuum[J]. Appl. Opt. ,1965,4:221-224

[125] Hass G, Hadley L. American Institute of Physics Handbook[M]. New York: McGraw-Hill, 1972:6-118

[126] Hunter W R. High Reflectance Coatings for the Extreme Ultraviolet[J]. Opt. Acta. ,1962, 9:255-268

[127] Hass G, Jacobus G F. Optical Properties of Evaporated Iridium in the Vacuum Ultraviolet from 500 to 2000Å[J]. J. Opt. Soc. Am. ,1967,57:758-762

[128] Cox J T, Hass G, Hunter W R. Optical Properties of Evaporated Rhodium Films Deposited at Various Substrate Temperatures in the Vacuum Ultraviolet from 150 to 2000Å[J]. J. Opt. Soc. Am. , 1971,61:360-364

[129] Cox J T, Hass G, Ramsey J B. Reflectance of Evaporated Rhenium and Tungsten Films in the Vacuum Ultraviolet from 300 to 2000 Å[J]. J. Opt. Soc. Am. , 1972,62:781-785

[130] Seely J F, Holland G E, Hunter W R, McCoy R P, Dymond K F, Corson M. Effect of Oxygen Atom Bombardment on the Reflectance of Silicon Carbide Mirrors in the Extreme Ultraviolet Region[J]. Appl. Opt. ,1993,1805:1805-1810

[131] Lukirskii A P, Savinov E P, Ershov O A, Shepelev Y F. Reflection Coefficients of Radiation on the Wavelenth Range from 23. 6 to 113Å for a Number of Elements and Substances and the Determination of the Refractive Index and Absorption coefficient[J]. Opt. Spectrosc(USSR),1964,16:168-172

[132] Lukirskii A P, Savinov E P, Ershov O A, Zhukova II , Forichev V A. Reflection of X-Rays with Wavelengths from 23. 6 to 190. 3Å. Some Remarks on the Performance of Diffraction Gratings[J]. Opt. Spectrosc. (USSR),1965,19:237-241

[133] Malina R F, Cash W. Extreme Ultraviolet Reflection Efficiencies of Diamond-turned Aluminum, polished Nickel, and Evaporated Gold Surfaces[J]. Appl. Opt. ,1978,17:3309-3313

[134] Windt D L, Cash W C Jr, Scott M, Arendt P, Newman B, Fisher R F, Swartzlander A B, Takacs P Z, Pinneo J M. Optical Constants for Thin Films of C, Diamond, Al, Si and CVD SiC from 24Å to 1216Å[J]. Appl. Opt. ,1988,27:279-295

[135] Hunter W R, Osantowski J F, Hass G. Reflectance of Aluminum Overcoated with MgF_2 and LiF in the Wavelength Region from 1600Å to 300Å at Various Angles of Incidence[J]. Appl. Opt. ,1971,10:540-544

[136] Burge D K, Bennett H E, Ashley E J. Effect of Atmospheric Exposure on the Infrared Reflectance of Silvered Mirrors with and without Protective Coatings[J]. Appl. Opt. ,1973,12:42-47

[137] Volgunova E A, Golubeva G L, Klochkov A M. Highly Stable Silver Mirrors[J]. Sov. J. Opt. technol. , 1983, 50:128-129

[138] Cox J T, Hass G, Hunter W R. Infrared Reflectance of Silicon Oxide and Magnesium Fluoride Protected Aluminum Mirrors at Various Angles of Incidence from 8 μm to 12 μm[J]. Appl. Opt. ,1975,14:1247-1250

[139] Pellicori S F. Infrared Reflectance of a Variety of Mirrors at 450 Incidence. Appl. Opt. ,1978,17:3335-3336

[140] Young L. Multilayer Reflection Coatings on a Metal Mirrors[J]. Appl. Opt. ,1963,2:445-447

[141] Leś M Z, Leś F, Gabla L. Semitransparent Metallic-dielectric Mirrors with Low Absorption Coefficient in the Ultra-violet Region of the Spectrum[J]. Acta Physica Polonica,1963,23:211-214

[142] Les F, Les M Z, Metallic-dielectric Mirrors with High Reflectivity in the Near Ultra-violet for the Fabry-Perot Interferometer[J]. Acta Physica Polonica,1962,21:523-528

[143] Song D Y, Sprague R W, Macleod H A, Jacobson M R. Progress in the Development of a Durable Silver-based High-reflectance Coating for Astronomical Telescopes[J]. Appl. Opt. ,1985,24:1164-1170

[144] Hass G, Ramsey J B, Hunter W R. Reflectance of Semitransparent Platinum Films on Various Substrates in the Vacu-

um Ultraviolet[J]. Appl. Opt. ,1969,8:2255-2259

[145] Hass G, Hunter W R. Calculated Reflectance of Aluminum-overcoated Iridium in the Vacuum Ultraviolet from 500Å to 2000Å[J]. Appl. Opt. ,1967,6:2097-2100

[146] Hadley L N, Dennison D M. Reflection and Transmission Interference Filters. Part Ⅱ. Experimental, Comparison with Theory, Results[J]. J. Opt. Soc. Am. ,1948,38:483-496

[147] Hadley L N, Dennison D M. Reflection and Transmission Interference Filters, Part Ⅰ. Theory[J]. J. Opt. Soc. Am. , 1947, 37:451-465

[148] Zheng S Y, Lit J W Y. Design of a Narrow-band Reflection IR Multilayer[J]. Canadian Journal of Physics, 1983, 61: 361-368

[149] Drummeter L F, Hass G. Solar Absorptance and Thermal Emittance of Evaporated Coatings[M]// Hass G, Thun R E. Physics of Thin Films. New York: Academic Press, 1964, 2:305-361

[150] Stelmack L A. Vacuum Ultraviolet Reflectance Filter[P]. US patient 4408825, 11 October, 1983

[151] Turner A F, Hopkinson H R. Reflection Filters for the Visible and Ultraviolet[J]. J. Opt. Soc. Am. , 1953, 43:326

[152] Gamble R, Lissberger P H. Reflection Filter Multilayers of Metallic and Dielectric Thin Films[J]. Appl. Opt. , 1989, 28: 2838-2846

[153] Hunter W R. High Reflectance Coatings for the Extreme Ultraviolet[J]. Opt. Acta. , 1962, 9:255-268

[154] Berning P H, Hass G, Maden R P. Reflectance-increasing Coatings for the Vacuum Ultraviolet and Their Applications [J]. J. Opt. Soc. Am. , 1960, 50:586-597

[155] Hass G, Tousey R. Reflecting Coatings for the Extreme Ultraviolet[J]. J. Opt. Soc. Am. , 1959, 49:593-602

[156] Thelen A. Multilayer Filters with Wide Transmittance Bands[J]. J. Opt. Soc. Am. , 1963, 53:1266-1270

[157] Optical Coating Laboratory Inc. Effect of the Variation of Angle of Incidence and Temperature on Infrared Filter Characteristics[M]. 2789 Northpoint Parkway. Santa Rosa, CA 95407-7397, USA, 1967

[158] Lipshutz L L. Optomechanical Considerations for Optical Beam Splitters[J]. Appl. Opt. , 1968, 7:2326-2328

[159] Larson H P. Evaluation of Dielectric Film Beamsplitters at Cryogenic Temperature[J]. Appl. Opt. , 1986, 25:1917-1921

[160] Ho F C, Dobrowolski J A. Neutral and Color-Selective Beam Splitting Assemblies with Polarization- independent Intensities[J]. Appl. Opt. , 1992, , 31:3813-3820

[161] Rowley W R C. Some Aspects of Fringe Counting in Laser Interferometers[J]. IEEE Trans. instrum. Meass. , 1966, IM-15:146-148

[162] Anders H. Thin Film in Optics[M]. New York: Focal Press, 1967

[163] Sergeyeva A L. Achromatic Nonabsorbing Beam Splitters[J]. Sov. J. Opt. Technol. , 1970, 37:187-188

[164] Clapham P B. The Design and Preparation of Achromatic Cemented Cube Beam-splitters[J]. Opt. Acta. , 1971, 18:563-575

[165] Knittl Z. Synthesis of Amplitude and Phase Achromatized Dielectric Mirrors[J]. Le Journal de Physique, 1964, 25:245-249

[166] Malek C K, Susini J, Madouri A, Ouahabi M, Rivoira R, Ladan F R, Lepetre Y, Barchewitz R. Semitransparent Soft X-ray Multilayer Mirrors[J]. Opt. Eng. , 1990, 29:597-602

[167] Pellicori S F. Beam Splitter and Reflection Reducing Coatings on ZnSe for 3～14 μm[J]. Appl. Opt. , 1979, 18: 1966-1968

[168] Ceglio N M. Revolution in X-ray Optics[J]. J. X-Ray Sci. Technol. , 1989, 1:7-78

[169] Azzam R M A. Variable-reflectance Thin-Film Polarization-independent Beam Splitters for 0. 6328- and 10. 6 μm Laser Light[J]. Opt. Lett. , 1985, 10:110-112

[170] Veremei V V, Rozhdestvenskii V N, Khazanov A B. Radiation Dividers for the Infrared[J]. Sov. J. Opt. Technol. , 1981, 48:619-619

[171] Macleod H A, Milannovic Z. Immersed Beam Splitters—an Old Problem[C]. Proceedings of Optical Interference Coatings, Tucson, Arizona, 1992:28-30

[172] Dobrowolski J A, Ho F C, Waldorf A. Beam Splitter for a Wide Angle Michelson Doppler Imaging Interferometer[J]. Appl. Opt. , 1985, 24:1585-1588

[173] Refermat S J, Turner A F. Polarization Free Beam Divider[P]. U. S. patent 3559090, 26 January, 1971

[174] Itoh S, Sawamura M. Achromatized Beam Splitter of Low Polarization[P]. US patent 4415233,15 November 1983
[175] Costich V R. Reduction of Polarization Effects in Interference Coatings[J]. Appl. Opt. ,1970,9:866-870
[176] Saleh A A M. Polarization-independent, Multilayer Dielectrics at Oblique Incidence[J]. The Bell System Tech. J. ,1975, 54:1027-1049
[177] Henderson A R. The Design of Non-polarizing Beam Splitters[J]. Thin Solid Films,1978,51:339-347
[178] Sterke C M D, Laan C J V D, Frakena H F. Nonpolarizing Beam Splitter Design[J]. Appl. Opt. ,1983, 22:595-601
[179] Zukic M, Guenther K H. Design of Nonpolarizing Achromatic Beamsplitters with Dielectric Mutilayer Coatings[J]. Opt. Eng. ,1989,28:165-171
[180] Gilo M. Design of a Nonpolarizing Beam Splitter Inside a Glass Cube[J]. Appl. Opt. ,1992,31:5345-5349
[181] Chang LY, Mo S H. Design of Non-polarizing Prism Beam Splitter[C]//Proceedings of Topical Meeting on Optical Interference Coatings. Tucson,Ariz. ,1988:381-384
[182] Ho F C, Dobrowolski J A. Neutral and Color-Selective Beam Splitting Assemblies with Polarization- independent Intensities[J]. Appl. Opt. ,1992,31:3813-3820
[183] Konoplev Y N, Mamaev YA,Starostin VN, Turkin A A. Nonpolarizing 50 percent Beam Splitters[J]. Opt. Spectrosc. (USSR),1991,71:303-305
[184] Pohlack H. Zur Theorie der absorptionsfreien achromatischen Lichtteilungsspiegel[M]//Zeiss C(ed.). Jenaer Jahrbuch. Gustav Fischer Verlag,1957:79-86
[185] Turner A F. Design Principles of Interference Film Combinations[J]. J. Opt. Soc. Am. ,1954,44:352
[186] Seeley J S. Simple Nonpolarizing High-pass Filter[J]. Appl. Opt. ,1985, 24:742-744
[187] Optical Coating Laboratory, catalog,2789 Northpoint Parkway. Santa Rosa,CA 95407-7397,USA,1964
[188] Kurochkina L N, Tulyakova N M. Achromatic Lightsplitters for the Ultraviolet Spectrum[J]. Sov. J. Opt. Technol. , 1985,52:101-102
[189] Stolov E G. Constructions of Neutral Lightsplitters and Wide-band Mirrors[J]. Sov. J. Opt. technol. , 1990, 57:632-634
[190] Hodgkinson I J, Stuart R G. Achromatic Reflector and Antireflection Coating Designs for Mixed Two-component Deposition[J]. Thin Solid Films,1982,87:151-158
[191] Mouchart J, Begel J, Chalot S. Déôts achromatiques Partiellement réfléchissants[J]. J. Mod. Opt. , 1990,37:875-888
[192] Banning M. Neutral Density Filters of Chromel[J]. J. Opt. Sov. Am. ,1947,37:686-689
[193] Eastman Kodak Company. Kodak Neutral Density Attenuators[M]. 343 State Street, Bldg. 701,Rochester NY 14650-3512,USA,1969
[194] Bausch & Lomb. Bausch and Lomb Multi-Films[M]. 1400 North Goodman Street. P. O. Box 450,Rochester,NY 14692-0450,USA,1968
[195] Corion Instrument Corporation. Thin Film Optical Filters[M]. 73 Jeffrey Ave. Holliston, MA 01746-2082, USA,1969
[196] Acton Research Corporation. Optical Filters[M]. P. O. Box 2215,525 Main Street, Acton, MA 01720,USA,1992
[197] Spindler. Hoyer, Precision Optics[M]. Königsalee 23,Postfach 3353,D-3400 Göttingen, Germany,1990
[198] Oriel Optics Corporation, catalog Section C: Optical Filters[M]. 2789 Northpoint Parkway, Santa Rosa, CA 95407-7397,USA,1968
[199] TechOptics Ltd. Laser Optics and Instrumentation[M]. Second Avenue,Onchan,Isle of Man,British Isles,1992
[200] Azzam R M A. Efficient Infrared Reflection Polarizers Using Transparent High-index Films on Transparent Low-index Substrates[J]. Proc. Soc. Photo-Opt. Instrum. Eng. ,1986,652:326-332
[201] Dhez P. Polarizers and Polarimeters for the XUV Range, Nucl. Instrum[J]. Methods Phys. Res. ,1987,A26:66-71
[202] Remneva T A, Kozhevnikov A V, Nikitin M M. Polarizer of Radiation in the Vacuum Ultraviolet[J]. J. Appl. Spectrosc. (USSR),1967,25:1587-1590
[203] Yanagihara M, Maehara T, Normura H, Yamamoto M, Namioka T, Kimura H. Performance of a Wide- band Multilayer Porlarizer for Soft X-rays[J]. Rev. Sci. Unstrum. ,1992,63:1516-1518
[204] Blance D, Lissberger P H, Roy A. The Design, Preparation and Optical Measurement of Thin Film Polarizers[J]. Thin Solid Films,1979,57:191-198
[205] Minkov I M. Theory of Dielectric Mirrors in Obliquely Incident Light[J]. Opt. Spectrosc. (USSR), 1973, 33:175-178
[206] Mahlein H F. Non-polarizing Beam Splitters[J]. Opt. Acta,1974,21:577-583

[207] Thelen A. Avoidance or Enhancement of Polarization in Multilayers[J]. J. Opt. Soc. Am. ,1980,70:119-121
[208] Clapham P B, Downs M J, King R J. Some Applications of Thin Films to Polarization Devices[J]. Appl. Opt. , 1969, 8:1965-1974
[209] Kard P. Theory of Achromatic Multilayer Interference Polarizers[J]. Eesti NSV tead. Akad. Toim. ,Fuus. -Mat. , 1960, 9:26-32
[210] Wetherell W B. Polarization Matching Mixer in Coherent Optical Communications System[J]. Opt. Eng. ,1989, 28:148-156
[211] Turner A F, Baumeister P W. Multilayer Mirrors with High Reflectance Over an Extended Spectral Region[J]. Appl. Opt. ,1966,5:69-76
[212] Mouchart J, Begel J, Duda E. Modified McNeille Cube Polarizer for a Wide Angular Field[J]. Appl. Opt. , 1989,28:2847-2853
[213] Sokolova R S, Krylova T N. Interference Polarizers for the Ultraviolet Spectral Region[J]. Opt. Spectrosc(USSR), 1963,14:213-215
[214] Wimperis J, Interoptics. A Division of Lumonics, Inc. , 14 Capella Court, Nepean(Ottawa) Ontario, Canada K2E 7V6, private communication,1993
[215] Netterfield R P. Practical Thin-Film Polarizing Beam-splitters[J]. Opt. Acta. ,1977,24:69-79
[216] Dobrowolski JA, Waldorf AJ. High-performance Thin Film Polarizer for the UV and visible Spectral Regions[J]. Appl. Opt. ,1981,20:111-116
[217] Sobol VP, Petrenko R A, Dimitreev A S. Interference Polarizer Employing Optical Contact[J]. Sov. J. Opt. Technol. , 1986,53:692
[218] Gilo M, Rabinovitch K. Design Parameters of Thin-Film Cubic-type Polarizers for High Power Lasers[J]. Appl. Opt. , 1987,26:2519-2521
[219] Cojocaru E. Comparison of Theoretical Performances for Different Single-wavelength Thin-film Polarizers[J]. Appl. Opt. ,1992,31:4501-4504
[220] Thonn T F, Azzam R M A. Multiple-reflection Polarizers Using Dielectric-coated Metallic Mirrors[J]. Opt. Eng. ,1985, 24:202-206
[221] Songer L. The Design and Fabrication of a Thin Film Polarizer[J]. Optical Spectra. ,1978:49-50
[222] Lees D, Baumeister P. Versatile Frustrated-total-reflection Polarizer for the Infrared[J]. Opt. lett. ,1979, 4:66-67
[223] Lotem H, Rabinovitch K. Penta Prism Laser Polarizers[J]. Appl. Opt. ,1993,32:2017-2020
[224] Sven Bühling. Hagen Schimmel Frank Wyrowski. Challenges in Industrial Applications of Diffractive Beam Splitting(Invited Paper). Wave-Optical Systems Engineering Ⅱ ,edited by Frank Wyrowski. Proc. of SPIE , 2003,5182:123-131
[225] Kastelik J C, Dupont S, Benaissa H, Pommeray M. Bifrequency Acousto-Optic Beam Splitter[J]. Rev. Sci. Instrum. , 2006,77: 075103-1-075103-4
[226] Pezzé L, Smerzi A, Berman G P, Bishop A R, Collins L A. Nonlinear Beam Splitter in Bose-Einstein- Condensate Interferometers[J]. Physical Review A, 2006,77:033610-1-033610-8
[227] Southwell W H, Gunning W J, Hall R L. Narrow-bandpass Filter Using Partitioned Cavities, SPIE-Optical Thin Films Ⅱ[J]. New Developments,1986,678:177-184
[228] Geffcken W. Interference Light Filter[P]. DB patent 716,153,8 December, 1939
[229] Balzers Aktiengesellschaft für hochvakuumtechnik und Dünne Schichten. Interference Filters[M]. FL-9496 Balzers, Principality of Liechtenstein,1968
[230] Geffcken W. Interference Light Filter[P]. DB patent 913,005,issued 8 June, 1954:44
[231] Turner A F. Some Current Developments in Multilayer Optical Films[J]. Le Journal de Physique et le Radium, 1950, 11:444-460
[232] Warren S W. Properties and Performance of Basic Designs of Infrared Interference Filters[J]. Infrared Phys. ,1968,8:65-78
[233] Thelen A. Design of Multilayer Interference Filter[M]// Hass G, Thun R E(eds.). Physics of Thin Films, New York and London: Academic Press,1969,5:47-86
[234] Baumeister P. Use of Microwave Prototype Filters to Design Multilayer Dielectric Bandpass Filters[J]. Appl. Opt. ,

1982,21:2965-2967

[235] Zheng A, Seeley J S, Hunnerman R, Hawkins G J. Design of Narrowband Filters in the Infrared Region[J]. Infrared Phys. ,1991,31:237-244

[236] Minowa J, Fujii Y. High Performance Bandpass Filters for WDM Transmission[J]. Appl. Opt. ,1984, 23:193-194

[237] Omega Optical Inc. Bandpass Filters[M]. 3 Grove Street,P. O. Box 573,Brattleboro,Vt05302-0573,USA,1992

[238] Bumeister P W, Costich V R, Pieper S C. Bandpass Filters for the Ultraviolet[J]. Appl. Opt. ,1965,4:911-914

[239] Berning P H, Turner A F. Induced Transmission in Absorbing Films Applied to Band Pass Filter Design[J]. J. Opt. Soc. Am. ,1957,47:230-239

[240] Landau B V, Lissberger P H. Theory of Induced-transmission Filters in Terms of the Concept of Equivalent Layers[J]. J. Opt. Soc. Am. ,1972,62:1258-1264

[241] Lissberger P H. Coatings with Induced Transmission[J]. Appl. Opt. ,1981,20:95-104

[242] Matshina N P, Nesmelov E A, Nagimov I K, Validov R M, Soboleva N N. Theory of Narrow-band Filters with Induced Transparency[J]. J. Appl. Spectrosc. (USSR),1991,55:1273-1278

[243] Tsypin V I, Sukhanov E A. Metal-dielectric Filters for the 200～350 nm Spectral Regions[J]. Sov. Opt. Technol. , 1992,59:438-439

[244] Holloway R J, Lissberger P H. The Design and Preparation of Induced Transmission Filters[J]. Appl. Opt. , 1969,8: 653-660

[245] Eather R H, Reasoner D L. Spectrophotometry of Faint Light Source with a Tilting-filter Photometer[J]. Appl. Opt. , 1969,8:227-242

[246] Kartashev A I, Syromyatnikova N M. Mica Interference Filters, in Wavelength of Light as a Standard of Length[J]. Proc. Mendeleev State Sci. Res. Inst. ,Leningrad,1947:86-93

[247] Title A. Fabry-Perrot Interferometers as Narrow-band Optical Filters: Part one—heoretical Considerations. TR-18 issued June, 1970

[248] Herriott D R, Wimperis J R, Perry D L. Filters, Wave Plates and Protected Mirrors Made of Thin Polished Supported Layers[J]. J. Opt. Soc. Am. ,1965,4:546

[249] Smith S D, Pidgeon C R. Application of Multiple Beam Interferometric Methods to the Study of CO_2 Emissions at 15 μ m,Mem[J]. Soc. R. Liege 5iem serie,1963,9:336-349

[250] Costich V R. Study to Demonstrate a New Process to Produce Infrared Filters[R]. NASA Ames NAS2-12639,Issued 1 March, 1990

[251] Roche A E, Title A M. Tilt Tunable Ultra Narrow-band Filters for High Resolution Infrared Photometry[J]. Appl. Opt. ,1975,14:765-770

[252] Candille M, Saurel J M. Réalisation de filters “souble onde” *à* bandes passantes trèsétroites sur supports en matière plastique(mylar)[J]. Opt. Acta. ,1974,21:947-962

[253] Baumeister P W, Jenkins F A. Dispersion of the Phase Change for Dielectric Multilayers, Application to the Interference Filter[J]. J. Opt. Soc. Am. ,1957,47:57-61

[254] Baumeister P W, Jenkins F A, Jeppesen M A. Characteristics of the Phase-dispersion Interference Filter[J]. J. Opt. Soc. Am. ,1959,49:1188-1190

[255] Austin R R. Narrow Band Interference Light Filter[P]. U. S. patent 3528726, issued 15 September, 1970

[256] Giacomo P, Baumeister P W, Jenkins F A. On the Limiting Band Width of Interference Filters[J]. Proceedings of the Physical Society,1959,73:480-489

[257] Atherton P D, Reay N K, Ring J, Hicks T R. Tunable Fabry-Perot Filters[J]. Opt. Eng. ,1981,20:806-814

[258] Ramsay J V. Control of Fabry-Perot Interfermeters and Some Unusual Applications[J]. The Australian Physicist, 1968,5:87-89

[259] Ramsay J V, Kobler H, Mugridge E G V. A New Tunable Filter with a Very Narrow Pass-band[J]. Solar Physics, 1970,12:492-501

[260] Burton C H, Leistner A J, Rust D M. Electrooptic Fabry-Perot Filter Development for the study of Solar Oscillations [J]. Appl. Opt. ,1987,26:2637-2642

[261] McKenney D B, Slater P N. Design and Use of Interference Passband Filters with Wide-angle Lenses for Multispectral

Photography[J]. Appl. Opt. ,1970,9:2435-2440

[262] Dobrowolski J A, Bastien R C. Square-top Transmission Band Interference Filters for the Infrared[J]. J. Opt. Soc. Am. , 1966,56:554

[263] McKenney D, Turner A F. Univ. Ariz. Opt. Cent. Newsl. ,1967,1

[264] Michael J. Perkin-Elmer Corporation. private communication,1968

[265] Pelletier E, Macleod H A. Interference Filters with Multiple Peaks[J]. J. Opt. Soc. Am. ,1982,72:683-687

[266] Hovis W A Jr. , Kley W A, Strange M G. Filter Wedge Spactrometer for Field Use[J]. Appl. Opt. , 1967, 6:1057

[267] Thelen A. Circularly Wedged Optical Coatings, I. Theory[J]. Appl. Opt. ,1965,4:977-981

[268] Apfel J H. Circularly Wedged Optical Coatings, II. Experimental[J]. Appl. Opt. ,1965,4:983-985

[269] Martsinovskii V A, Safiullin F K. Determination of the Conditions of Formation of Annular Coatings with Linear Dependence of Thickness on Rotation Angle[J]. J. Appl. Spectrosc. (USSR),1983,39:976-980

[270] Avilov V P, Khosilov A. Apparatus for Producing Annular Variable Interference Filters, Sov[J]. J. Opt. Technol. , 1988,55:613-615

[271] Minkov I M. Calculation of Narrow-band Circular Wedge Filter for 4～12 μm Spectral Region[J]. Sov. J. Opt. Technol. , 1991,58:491-492

[272] Yen V L. Circular Variable Filters[J]. Optical Spectra,1969,3:78-84

[273] Avilov V P. Tsypin V I, Shipulin E M. Circular-wedge Filter for the 0. 24～0. 40 μm Region[J]. Sov. J. Opt. Technol. , 1987,54:515

[274] Lissberger P H. Effective Rafractive Index as a Criterion of Performance of Interference Filters[J]. J. Opt. Soc. Am. , 1968,58:1586-1590

[275] Lissberger P H. Properties of All-dielectric Interference Filters, I. A. New Method of Calculation[J]. J. Opt. Soc. Am. , 1959,49:121-125

[276] Pidgeon C R, Smith S D. Resolving Power of Multilayer Filters in Nonparallel Light[J]. J. Opt. Soc. Am. , 1964,54: 1439-1466

[277] Hemingway D J, Lissberger P H. Effective Refractive Indices of Metal-dielectric Interference Filters[J]. Appl. Opt. , 1967,6:471-476

[278] Linder S L. Optimization of Narrow Optical Spectral Filters for Nonparallel Monochromatic Radiation[J]. Appl. Opt. , 1967,6:1201-1204

[279] Blifford I H Jr. Factors Affecting the Performance of Commercial Interference Filters[J]. Appl. Opt. , 1966, 5:105-111

[280] Baumeister P. Bandpass Design—Application to Nonnormal Incidence[J]. Appl. Opt. ,1992,31:504-512

[281] Ring J. The fabry-Pérot Interfermeter in Astronomy[M]//Kopal Z(ed.). Astrtonomical Optics. Amsterdam: North-Holland Publishing Co. , 1956:381-388

[282] Wilmot W, Schineller E R. A Wide-angle Narrow-band Optical Filter[J]. J. Opt. Soc. Am. ,1966,56:549

[283] Schineller E R, Flam R P. Development of a Wide-angle Narrow-band Optical Filter[R]. in Proceedings, Spring meeting Program-Optical Society of America, 1968:FF11-1-FF11-4

[284] Lazareva L D. The Effect of Temperature on the Position of the Passband Maximum in Interference Filters[J]. Opt. Tech. , 1970,36:801-802

[285] Furman S A, Levina M D. Stabilization of the Location of the Transmission Band of a Narrow-band Dielectric Interference Filter[J]. Sov. J. Opt. Tech. ,1971,38:272-275

[286] Levina M D, Furman S A. Improving the Stability of the Optical Characteristics of Metal-dielectric Filters[J]. Sov. J. Opt. Technol. ,1982,49:128-129

[287] Brunsting A, Kheiri M A,Simonaitis D F, Dosmann A J. Environmental Effects on All-dielectric Bandpass Filters[J]. Appl. Opt. ,1986,25:3235-3241

[288] Furman S A. Effects of Temperature, Angle of Incidence, and Dispersion of Index of Refraction of Layers on the Position of the Pass Bands of a Dielectric Narrow-band Filter[J]. Opt. Spectrosc. (USSR),1970,28:219-222

[289] Chaikin A S, V. V. Pukhonin. An Investigation of the Temperature and Time Dependence of the Parameters of Narrow-band Interference Filters[J]. J. Appl. Spectrosc(USSR),1970,13:1513-1515

[290] Zheng A M, Seeley J S, Hunneman R, Hawkins G J. Ultranarrow Filters with Good Performance when Tilted and

Cooled[J]. Appl. Opt. ,1992,31:4336-4338

[291] Feng W, Yan Y. Shift in Infrared Interference Filters at Cryogenic Temperature[J]. Appl. Opt. ,1992, 31:6591-6592

[292] Mark R, Morand D, Waldstein S. Temperature Control of the Bandpass of an Interference Filter[J]. Appl. Opt. ,1970, 9:2305-2310

[293] Novikov V M. Vacuum Installation with a Manipulator[J]. Sov. J. Opt. Technol. ,1968,35:121-122

[294] Sorokin O M, Blank V A. Thin-film Metal and Semiconductor Filters for the Vacuum Ultraviolet[J]. Sov. J. Opt. Tech. , 1970,37:343-346

[295] barbee T, Underwood J H. Solid Fabry-Perot Etalons for X-rays[J]. Opt. Commun. ,1983,48:161-166

[296] Lepetre Y, Rivoira R, Philip R, Rasigni G. Fabry-Perot Etalons for X-rays: Construction and Characteri- zation[J]. Opt. Commun. ,1984,51:127-130

[297] Lepetre Y, Schuller I K, Rasigni G, Rivoira R, Philip R. Novel Characterization of Thin film Multilayered Structures: Microcleavage Transmission Electron Spectroscopy[J]. Proc. Soc. Photo-Opt. Instrum. Eng. , 1985, 563:258-263

[298] bartlett R J, Trela W J, Kania D R, Hockaday M P, Barbee T W, Lee P. Soft X-ray Measurement of Solid Fabry-Perot Etalons[J]. Opt. Commun. ,1985,55:229-235

[299] Costich V R. Multilayer Dielectric Coatings[M]//Weber M J(ed.). Handbook of Laser Science and Technology. Optical Materials: Part 3. Boca Raton:CRC Press,Inc. ,1987:389-430

[300] Costich V R. Coatings for 1,2,even 3 Wavelengths[J]. Laser Focus Magazine,1969:41-45

[301] Thin Film Lab. Product Information[M]. 501B Basin Rd. ,West Hurley, NY 12491,USA,1992

[302] Li L,Dobrowolski J A, Sankey J D, Wimperis J R. Antireflection Coatings for Both Visible and Far Infrared Spectral Regions[J]. Appl. Opt. ,1992,31:6150-6156

[303] Li L, Dobrowolski J A. Design of Optical Coatings for Two Widely Separated Spectral Regions[J]. Appl. Opt. ,1993, 32:2969-2975

[304] Li L. National Research Council of Canada. Private Communication,1993

[305] Macleod H A. Structure-related Optical Properties of Thin Films[J]. J. Vac. Sci. Technol. ,1986,A4:419-422

[306] Motohiro T, Taga Y. Thin Film Retardation Plate by Oblique Deposition[J]. Appl. Opt. ,1989,28:2466-2482

[307] Azzam R M A. Single-layer-coated Optical Devices for Polarized Light[J]. Thin Solid Films,1988,16:33-41

[308] Apfel J H. Graphical Method to Design Multilayer Phase Retarders[J]. Appl. Opt. ,1981,20:1024-1029

[309] Apfel J H. Phase Retardance of Periodic Multilayer Mirrors[J]. Appl. Opt. ,1982,21:733-738

[310] Apfel JH. Graphical Method to Design Internal Reflection Phase Retarders[J]. Appl. Opt. ,1984,23:1178-1183

[311] Azzam R M A, Khan M E R. Polarization-preserving Single-layer-coated Beam Displacers and Axicons[J]. Appl. Opt. , 1982,21:3314-3322

[312] Bennett J M. A Critical Evaluation of Rhomb-type Quarter-wave Retarders[J]. Appl. Opt. ,1970, 9:2123-2129

[313] Filinski T, Skettrup T. Achromatic Phase Retarders Constructed from Right-angle Prisms: Design[J]. Appl. Opt. , 1984,23:2747-2751

[314] Southwell W H. Multilayer Coating Design Achieving a Broadband 900 Phase Shift[J]. Appl. Opt. ,1980, 19:2688-2692

[315] Grishina N V. Synthesis of Mirrors with Constant Phase Difference under Oblique Incidence of Light[J]. Opt. Spectrosc. (USSR),1990,69:262-265

[316] Cojocaru E. polarization-preserving Totally Reflecting Prisms[J]. Appl. Opt. ,1992,31:4340-4342

[317] Spiller E. Totally Reflecting Thin-Film Phase Retarders[J]. Appl. Opt. ,1984,23:3544-3549

[318] King R J. Quarter-wave Retardation Systems Based on the Fresnel Rhomb Principle[J]. J. Sci. Instrum. ,1966, 43:622-627

[319] Clapham P B. The Design and Preparation of Achromatic Cemented Cube Beam-splitters[J]. Opt. Acta. ,1971, 18:563-575

[320] Azzam R M A. ZnS-Ag Film-surbstrate Parallel-mirror Beam Displacers that Maintain Polarization of 10. 6 μm Radiation Over a Wide Range of Incidence Angles[J]. Infrared Phys. ,1983,23:195-197

[321] Thonm T F, Azzam R M A. Three-reflection Halfwave and Quarterwave Retarder Using Dielectric-coated Metallic Mirrors[J]. Appl. Opt. ,1985,23:2752-2759

[322] Piotrowski S H C-McCall,Dobrowolski J A, Shepherd G G. Phase Shifting Thin Film Multilayers for Michelson Inter-

ferometers[J]. Appl. Opt. ,1989,28:2854-2859

[323] Hass G, Schroeder H H, Turner A F. Mirror Coatings for Low Visible and High Infrared Reflectance[J]. J. Opt. Soc. Am. ,1956,46:31-35

[324] Dobrowolski J A, Sullivan B T, Bajcar R C. Optical Interference,Contrast-enhanced Electroluminescent Device[J]. Appl. Opt. ,1992,31:5988-5996

[325] Dobrowolski J A, Hara E H, Sullivan B T, Waldorf A J. High Performance Optical Wavelength Multiplexer-demultiplexer[J]. Appl. Opt. 1992,31:3800-3806

[326] Dobrowolski J A, Kemp R A. Flip-flop Thin-film Design Program with Enhanced capabilities[J]. Appl. Opt. ,1992,31:3807-3812

[327] Dobrowolski J A. Versatile Computer Program for Absorbing Optical Thin-film System[J]. Appl. Opt. ,1981, 20:74-81

[328] Cushing D H. Neutral Density Filters for the Ultraviolet that Obey Beer's Law[J]. Proc. Soc. Photo-Opt. instrum. Eng. , 1989,1158:189-193

[329] Cushing D H. Broad Band Nonreflective Neutral Density Filter[P]. US patent 4,960,310,2 october, 1990

[330] Sullivan B T. National Research Council of Canada. Private communication,1993

[331] Li L. Low Reflection Interference Coatings with Arbitrary Transmittance Shapers[C]. 1993 Optical Society of America Annual Meeting Technical Digest, October 3-8,1993,Toronto,Ontario,Canada,P. 114(abstract)

[332] Dobrowolski J A, Kemp R A, Sullivan B T. Black Bandpass Interference Filters[C]. 1993 Optical Society of America Annual Meeting Technical Digest, Toronto. Ontario,Canada,P. 115(abstract)October,1993: 3-8

[333] Jacobsson J R. Protective Device for Protection against Radiation During Welding[P], U. S. patent 4169655, 2 October 1979

[334] van Rooyen E, Theron E. A Multiple Reflection Multilayer Reflection Filter[J]. Appl. Opt. ,1969,8:832-833

[335] Cohendet MA, Saudreau B. DRME-66-34-443, 1967

[336] Hass G, Heaney JB, Hunter W R. Reflectance and Preparation of Front Surface Mirrors for Use at Various Angles of Incidence from the Ultraviolet to the Far Infrared, in Physics of Thin Films[M]. San Diago:Academic Press, 1992,12:1-51

[337] Lynch D W. Mirror and Reflector Materials[M]//Weber M J(ed.). Handbook of Laser Science and Technology. Optical Materials: Part 2,CRC Press, Inc. ,Bora Raton. Fla. ,1986:185-219

[338] Valeyev A S. Multilayer Reflection-type Interference Filters , So y[J]. J. Opt. Technol. , 1967, 34 : 317-319

[339] Schott und Gen. Interference Reflection Filter UV-R-250[R], Geschä ftsbereich Optik , Hattenbergstrasse 10, D-6500 Mainz. Germany, 1967

[340] Sullivan B T, Dobrowolski J A. Deposition of Optical Multilayer Coatings with Automatic Error Compensation : II. Magnetron Sputtering[J]. Appl. Opt. ,1993, 32 : 2351-2360

[341] Macleod H A. Thin-Film Optical Coatings[M]//Kingslake R,Shannon R R,and Wyant J C(eds.). Applied Optics and Optical Engineering. Academic Press, San Diego, 1987,10:1-69

[342] 卢进军,刘卫国.光学薄膜技术[M].西安:西北工业大学出版社,2005

[343] Hirvonen J K. Ion Beam Assisted Thin Film Deposition[J]. Mater. Sci. Rep. ,1991,6:215-274

[344] Smidt F A. Ion-beam-assisted Deposition Provides Control over Thin Film Properties[M]. NRL Publication 215-4670 issued May, 1992

[345] Guenther K H, Loo B, Burns B,Edgell J,Windham D, Muller K H. Microstructure Analysis of Thin Films Deposited by Reactive Evaporation and by Reactive Ion Plating[J]. J. Vac. Sci. Technol. , 1989,A7:1435-1445

[346] Waldorf A J, Dobrowolski J A, Sullivan B T, Plante L M. Optical Coatings by Reactive Ion Plating[J]. Appl. Opt. , 1993,32:5583-5593

[347] Sullivan B T, Dobrowolski J A. Deposition Error Compensation for Optical Multilayer Coatings: I. Theoretical Description[J]. Appl. Opt. ,1992, 31:3821-3835

[348] Sanders V. High-precision Reflectivity Measurement Technique for Low-loss Laser Mirror[J]. Appl. Opt. ,1977, 6:19-20

[349] Herbelin J M, Kckay J A, Kwok M A, Ueunten R H, Ureving D S, Spencer D J, Benard D J. Sensitive Measurement of Photon Lifetime and True Reflectance in an Optical Cavity by a Phase-shift Method. [J]Appl. Opt. ,1980,19:144-147

[350] Herbelin J M, Mckay J A. Development of Laser Mirrors of Very High Reflectivity using the Cavity-attenuated Phase-shift method[J]. Appl. Opt. ,1981,20:3341-3344

[351] rempe G, Thompson R J, Kimble H J. Measurement of Ultralow Losses in an Optical Interferometer[J]. Opt. Letter, 1992,17:363-365

[352] Yariv A. Optical Electronics[M]. 4th ed. ,Sec. 4. 7,130,Saunders College Publishing, a Division of Holt, Rinehart and Winston,Inc. Philadelphia, 1991

[353] Peek T H. Measurements on Laser Mirror Loss Using a Low-finesse Scanning Interferometer[J]. Opt. Commun. ,1970, 1:341

[354] Anderson D Z, Frisch J C, Massor C S. Mirror Reflectometer based on Optical Cavity Decay Time[J]. Appl. Opt. , 1984,23:1238-1245

[355] O'Keefe A, Deacon D A. Cavity Ring-down Optical Spectrometer for Absorption Measurements Using Pulsed Laser Soures[J]. Rev. Sci. Instrum. ,1988,59:2544-2551

[356] Temple P A. Thin Film Absorption Measurements Using Laser Calorimetry[M]//Pallik E D. Handbook of Optical Constants of of Solids. New York: Academic,1985

[357] Alkinson R. Development of a Wavelength Scanning Laser Calorimeter[J]. Appl. Opt. ,1985,24:464

[358] Boccara A C, Fournier D, Jackson W, Amer N M. Sensitive Photo Thermal Deflection Technique for Measuring Absorption in Optically thin Media[J]. Opt. Lett. ,1980,5:377-379

[359] Commandre M. Roche P. Characterization of Absorption by Photothermal Deflection[M]//Flory F R. Thin Films for Optical System. Marcel Dekker Inc. ,1995

[360] Flory F R. Guided Wave Technique for Characterization of Optical Coatings[M]//Flory F R. Thin Films for Optical Systems. Marel Dekker Inc, 1995

[361] Pulker H K. Coating on Glass[M]. Amsterdam:Elsevier,1984

[362] Palik E D. Handbook of Optical Constants of Solids II[M]. Boston:Academic Press,1991

[363] Palik E D. Handbook of Optical Constants of Solids II[M]. Orlando:Academic Press,1985

[364] 田民波.薄膜科学与技术手册[M].刘德令,编译.北京:机械工业出版社,1991

[365] Rancourt J D. Optical Thin Films Users' Handbook. New York: MaCmilan, 1987:289

[366] Baker S P, Nix W D. Mechanical Properties of Thin Films on Substrates[J]. Proc. Soc. Photo-Opt. Instrum. eng. , 1990, 1323:263-276

[367] Rusk A N, Williams D, Querry M R. Optical Constant of Water in the Infrared[J]. J. of Opt. Soc. Am. , 1971,61:895-903

[368] Atanassov G, Thielsch,R, Popov D. Optical Properties of TiO_2, Y_2O_3 and CeO_2 Thin Films Deposited by Electron Beam Evaporation[J]. Thin Solid Film, 1993, 233:288-292

[369] Pulker H K. Mechanical Properties of Optical Thin Films[M]//Flory F R. Thin Films for Optical System, Marcel Dekker Inc. ,1995

[370] Lee C C,Lee T Y, Jen Y J. Ion-Assisted Deposition of Silver Thin Films[J]. Thin Solid Films, 2000, 359:95-97

[371] Wood R M. Laser Damage in Optical Material[M], Adam. Hilger,Boston, 1986

[372] Seitel S C. Laser Damage Test Handbook and Database of Nd-Yag Laser Optics[M]. Montna Laser Optics Inc. Bozeinan MT, 1988

[373] Hucker E, Lauth H, Weissbrodt P. Review of Structural Influence on the Laser Damage Threshed of Oxide Coatings [J]. SPIE,1996,2714:316-330

[374] Kozlowski M R. Damage-resistant Laser Coatings[M]//Flory F R. Thin Films for Optical System. Marcel Dekker Inc. ,1995

[375] 唐晋发,顾培夫,刘旭,李海峰.现代光学薄膜技术[M].杭州:浙江大学出版社,2006

第二十章　光学调制器

光学调制是利用光波的振幅、频率、相位、强度、偏振状态等参数的变化，实现信息的传输。100 多年前，人们就提出了能够控制光束的方法，例如，在早期测量光速时用齿轮旋转来实现对光的调制。

光波与无线电波相比，载波频率高，信息传递容量大，但在激光出现以前，由于找不到理想的光源，光信息传输技术的进展不大。激光的出现大大推进了光通信技术的发展。激光作为传递信息的载体，首先需要解决的问题是如何将信息加载到激光上去，把欲传输的信息加载到激光上的过程称为激光调制。

在翻阅本章时，如果能参考第五章《分子光学和磁光学》、第十八章《晶体光学》，会对光学调制器有更为深入的了解。

第一节　内调制和外调制

按照激光调制与激光器之间的关系，可将光学调制分为内调制（直接调制）和外调制。

直接调制是将信息信号转变为电流信号注入半导体光源中，改变其输出功率。由于它是在光源内部进行的，因此又称为内调制。直接调制中半导体光源既是光载波源，又充当调制器，具有结构简单、易于实现、成本低等优点。然而，半导体光源的直接调制不可避免地会遇到啁啾效应问题，极大地限制了信号的调制效率和调制速率。当数据速率增高，由于“电子瓶颈”，直接调制受到较大局限。外调制是指将激光器的输出光注入外调制器中，调制信号控制外调制器，利用调制器的电光、声光等物理效应使其输出光的强度等参数随信号变化。由于激光器工作在静态直流状态下，因此可以减小频率啁啾，提高信号传输性能。在新一代超高速、大容量光纤通信系统中，外部光调制器的使用正在逐渐普及。

外部光调制器从其实现的机理来讲，主要基于电光、声光、磁光和电吸收等效应。电光效应是指材料折射率随外加电场变化的现象，是在光调制中应用最广泛的物理现象。声光效应是指在外加超声波场的作用下，介质的折射率发生周期变化形成折射率光栅，光波在介质中传播就会发生衍射现象，衍射光的强度、频率和方向等将随着超声波场的变化而变化。磁光效应是指光与处于磁化状态的物质发生相互作用而引起的各种光学现象，主要包括法拉第效应、科顿-穆顿效应和克尔磁光效应等，通过施加外磁场控制可以改变传播光束的特性，光调制器中最重要的磁光效应是法拉第旋转效应。电吸收效应是指利用半导体超晶格结构的量子限制斯塔克效应，垂直于量子阱薄层施加电场能够引起光吸收边的展宽，而锐吸收特性仍被保持，基于此效应可制作光调制器。表 20-1 给出了光调制中常用的物理现象和代表性材料。

表 20-1　光调制中常用的物理现象和代表性材料[5]

利用的物理现象		光调制原理	代表性材料
电光效应	泡克耳斯效应	折射率改变量与电场成正比	$LiNbO_3$，KH_2PO_4（KDP），GaAs，GaP，$KTa_{0.65}Nb_{0.35}O_3$（KTN）（$T<T_c$）
	克尔效应	折射率改变量与电场平方成正比	玻璃，硝基苯
磁光效应	法拉第效应	偏振面的旋转与电场成正比	YIG
声光效应	布拉格衍射	由声波形成的三维光栅产生光衍射	$PbMoO_4$，TeO_2，$Bi_{12}GeO_{20}$，熔融石英
	拉曼-纳斯衍射	由声波形成的二维光栅产生光衍射	$PbMoO_4$，TeO_2，$Bi_{12}GeO_{20}$，熔融石英
电吸收效应	弗朗兹-凯尔迪什效应	半导体的基片吸收端随外加电场移动，其吸收量也变化	
	量子束缚斯塔克效应	量子阱内的激子吸收系数随外加电场而变化	InGaAs/InAlAs 多重量子阱，InGaAs/In-GaAsP 多量子阱

按调制时所改变的光波参数，可将光学调制分为幅度调制、频率调制、相位调制和强度调制等。

(一)光幅度调制

用调制信号改变光波电场振幅的调制方法称为光幅度调制，其调制后的电场为

$$E(t)=[A_c+K_a a(t)]\cos(\omega_c t+\varphi_c) \tag{20-1}$$

式中，A_c、ω_c、φ_c 分别是载波的振幅、角频率和相位角，$a(t)$ 为调制信号，K_a 为比例系数。若调制信号为余弦波，调制后的电场为

$$\begin{aligned}E(t)&=A_c[1+m_a\cos\omega_m t]\cos(\omega_c+\varphi_c)\\&=A_c\cos(\omega_c t+\varphi_c)+\frac{m_aA_c}{2}\cos[(\omega_c+\omega_m)t+\varphi_c]+\\&\quad\frac{m_aA_c}{2}\cos[(\omega_c-\omega_m)t+\varphi_c]\end{aligned} \tag{20-2}$$

式中，$m_a=K_aA_0/A_c$ 为调制深度，A_0、ω_m 分别为调制信号的振幅和角频率。由(20-2)式可知，余弦调制的调幅波由 3 个不同频率的余弦波组成。频率 ω_c 为载波频率。频率 $\omega_c+\omega_m$ 和 $\omega_c-\omega_m$ 对称地排列在载波频率两侧，称为边频分量。余弦调制的调幅振荡如图 20-1 所示。

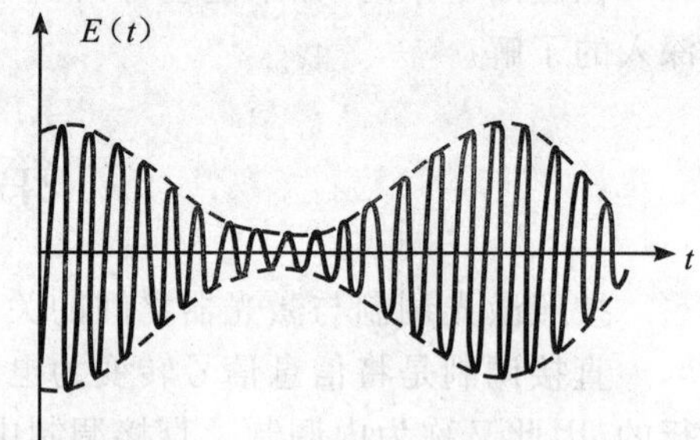

图 20-1 余弦调制的调幅振荡

(二)光频率调制和相位调制

用调制信号改变光波频率的调制方法称为光频率调制。用调制信号改变光波相位角的方法称为光相位调制。这两种调制都导致光波总相位角的变化，因此称为角度调制。调制后的振荡如图 20-2 所示。

光频率调制后的电场为

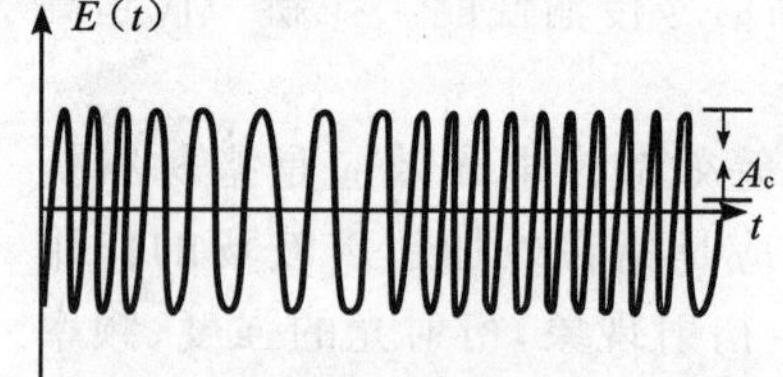

图 20-2 光频率调制和相位调制

$$E(t)=A_c\cos\left[\omega_c t+\int_0^t K_f a(t)\mathrm{d}t+\varphi_c\right] \tag{20-3}$$

若调制信号是振幅为 A_0、角频率为 ω_m 的余弦波，则调频振荡为

$$E(t)=A_c\cos[\omega_c t+m_f\sin\omega_m t+\varphi_c] \tag{20-4}$$

式中，$m_f=\dfrac{K_fA_0}{\omega_m}$。

光相位调制后的电场为

$$E(t)=A_c\cos[\omega_c t+K_\varphi a(t)+\varphi_c] \tag{20-5}$$

若调制信号为正弦波，调相振荡为

$$E(t)=A_c\cos[\omega_c t+m_\varphi\sin\omega_m t+\varphi_c] \tag{20-6}$$

式中，$m_\varphi=K_\varphi A_0$。(20-5)式和(20-6)式是调频和调相表示式，两式在形式上相似，但两者的调制方法是不同的。在调制深度 m(m_f 或 m_φ)较小时，角度调制也可分解为一个载波频率和两个边频分量。但在 m 较大时，角度调制应用贝塞尔函数展开：

$$\begin{aligned}E(t)&=A_c\sin[\omega_c t+m\sin\omega_m t]\\&=A_c\{J_0(m)\sin\omega_c t+J_1(m)[\sin(\omega_c+\omega_m)t-\sin(\omega_c-\omega_m)t]+\\&\quad J_2(m)[\sin(\omega_c+2\omega_m)t+\sin(\omega_c-2\omega_m)t]+J_3(m)[\sin(\omega_c+3\omega_m)t-\sin(\omega_c-3\omega_m)t]+\cdots\}\end{aligned} \tag{20-7}$$

式中，$J_n(m)$ 是以 m 为模的 n 阶第一类贝塞尔函数，此时已调振荡的频率谱由 $\omega_c\pm n\omega_m$，$n=1,2,3,\cdots$ 等一系列的边频组成。

(三)光强度调制

用调制信号改变光强的调制方法称为光强度调制。调制后的光强为

$$I(t)=\frac{A_c^2}{2}[1+K_pA_0a(t)]\cos^2\omega_c t \tag{20-8}$$

式中，A_c、ω_c 分别是载波的振幅和角频率，$a(t)$ 为调制信号，K_p 是比例系数。若调制信号为正弦波，强度调制的振荡电场为

$$I(t)=\frac{A_c^2}{2}[1+m_p\sin\omega_m t]\cos^2\omega_c t \tag{20-9}$$

式中，$m_p=K_pA_0$ 为强度调制系数，A_0、ω_m 分别是调制信号的振幅和角频率，调制后的波形如图 20-3 所示。

以上介绍的是对连续光作为载波进行光学调制的，称为模拟调制。另外一种光学调制是将周期性光脉冲序列作为载波，改变脉冲的振幅、位置、脉冲宽度、频率等参数，使其按调制信号的规律变化，这种调制称为光脉冲调制，即数字式调制。这种调制一般先用模拟调制信号对一电脉冲序列的某个参量进行电调制，使之成为按调制信号规律变化的已调电脉冲序列，进而变成代表信号信息的二进制编码，然后再用这已调电脉冲序列对光载波进行强度调制来传递信息。图 20-4 中各图分别给出了光脉冲振幅调制、脉宽调制、频率调制和位置调制的波形。要实现脉冲编码调制(pulse code modulation，PCM)，必须经过抽样、量化和编码 3 个过程。

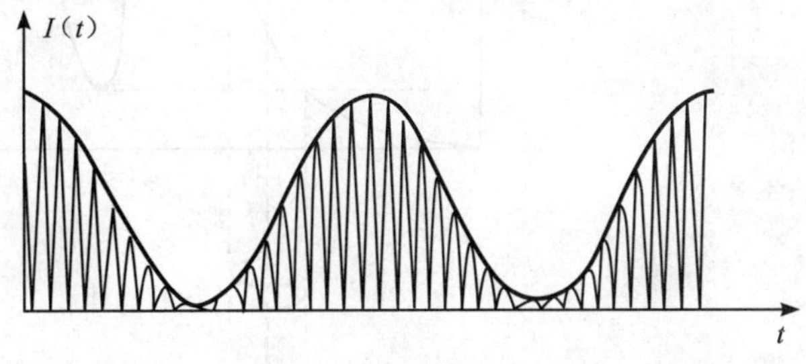

图 20-3　光强度调制

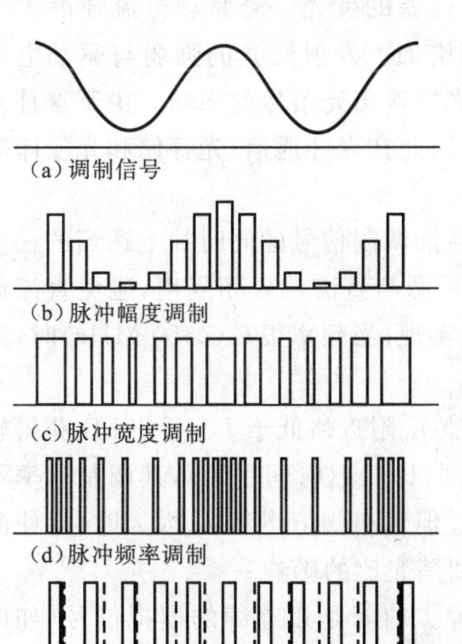

图 20-4　脉冲调制形式

1)抽样。抽样就是把连续的信号分割成不连续的脉冲波，用一定周期的脉冲列来表示，且脉冲列(称为样值)的幅度是与信号波的幅度相对应的，即通过抽样后，原来的模拟信号变成了脉幅调制信号。

2)量化。量化就是把抽样之后的脉幅调制波作分级取“整”处理，用有限个数的代表值取代抽样值的大小。

3)编码。编码是把量化后的数字信号变换成相应的二进制代码的过程。即用一组等幅度、等宽度的脉冲作为“码字”，用“有”脉冲和“无”脉冲分别表示二进制的数码“1”和“0”。再将这一系列反映数字信号规律的电脉冲加到一个调制器上，以控制激光的输出，由激光载波的极大值代表信息样品振幅二进制编码的“1”bit，而用激光载波的零值代表“0”bit，这样用码字的不同组合就可以表示欲传递的信息。这种调制形式要求更宽的带宽并具有更强的抗干扰性，因此目前在数字光纤通信中得到了广泛应用。

尽管光调制有各种不同的分类，但总体上可以分为内调制和外调制两大类，外调制的工作机理主要是基于电光、声光、磁光和电吸收等物理效应。因此下面先介绍内调制，然后分别讨论电光调制、声光调制、磁光调制和电吸收调制等的基本原理和调制方法。

第二节　半导体激光器直接(内)调制

一、半导体激光器直接调制的原理

半导体激光器(LD，laser diode)的最大优点之一是容易进行直接电调制，这给实际应用带来了很大的方便[1]。所谓直接调制，就是将信息信号转变为电流信号注入半导体光源(激光二极管 LD 或发光二极管 LED，light-emitting diode)中，LD 注入电流的变化完全与信息电信号同步，由于 LD 输出有良好的线性特性，光源的输出功率随电信号变化。在这一过程中，LD 既是光载波源，同时又充当了调制器，不需要其他的物理效应，调制效率很高。图 20-5 和图 20-6 分别给出了半导体激光器直接调制的结构示意图和调制原理图。

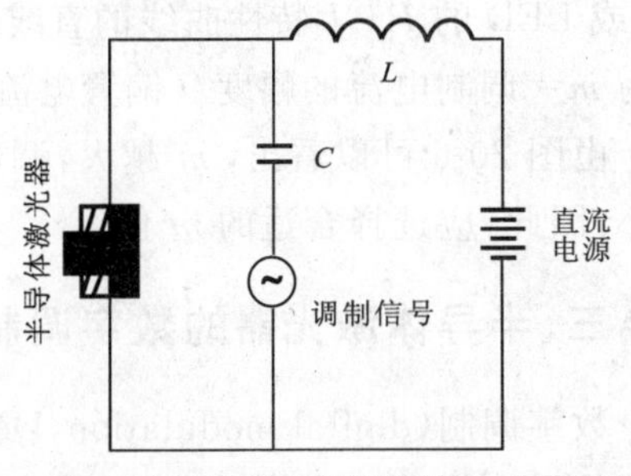

图 20-5　半导体激光器调制的结构示意图

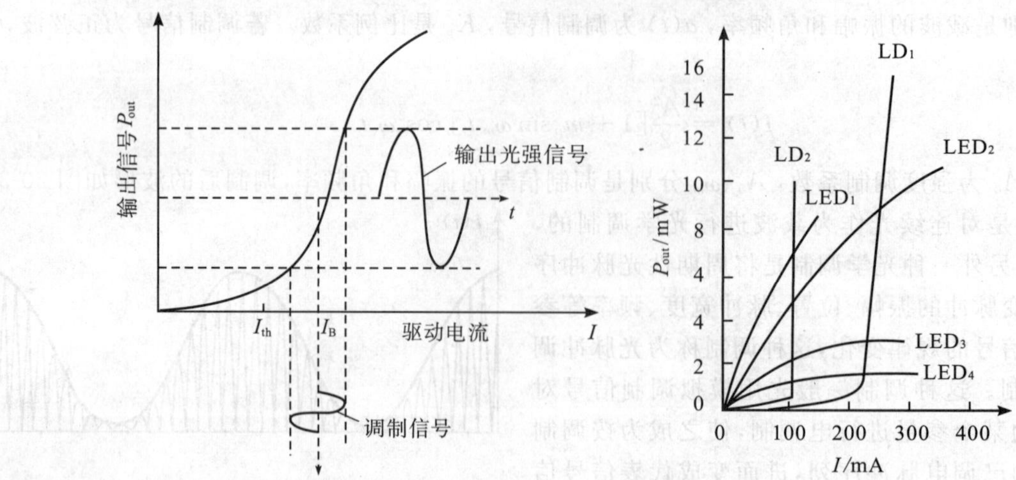

图 20-6　半导体激光器直接调制的原理

半导体激光器是电子与光子相互作用并进行能量直接转换的器件，半导体激光器有一阈值电流 I_{th}，当驱动电流强度小于 I_{th}时，激光器基本不发光，或发射光谱很宽、方向性很差的荧光。当驱动电流强度大于 I_{th}时，则开始发射激光。此时，谱线宽度、辐射方向显著变窄，强度大幅增加。发射激光的强弱与驱动电流的大小有关，若把调制信号加到激光器的驱动电流上，即可直接改变激光器输出光信号的强弱。由于这种调制方法简单，且能在较高的频率下工作，并有良好的线性工作区和带宽，因此在光纤通信、光存储和光复印等方面有广泛的应用。

为了获得线性调制，使工作点处于输出特性曲线的直线部分，必须在加调制信号的同时加上适当的偏置电流 I_B，这样可以使输出的光信号不失真。值得注意的是，应把调制信号源与直流偏置相隔离，避免直流偏置源对调制信号源产生影响。当频率较低时，可用电容和电感线圈串联实现；当频率很高(>50 MHz)时，则必须采用高通滤波电路。

另外，偏置电流 I_B 直接影响 LD 的调制特性，通常应选择在阈值电流 I_{th}附近略低于 I_{th}，可使 LD 获得较高的调制速率。因为在这种情况下，LD 连续发射光信号不需要准备时间(即延迟时间很短)，其调制速率不受激光器中载流子平均寿命的限制，同时，弛豫振荡也得到一定的抑制。但偏离阈值电流 I_{th} 太大时，会使激光器的消光比变差，故在选择偏置电流 I_B 时要综合考虑其对调制速率和消光比的影响。

根据调制信号的类型，直接调制又可分为模拟调制和数字调制两种。前者是用连续的模拟信号(如电视、话音等信号)直接对光源进行光强度调制，后者是用脉冲编码调制的数字信号对光源进行强度调制。

二、半导体激光器的模拟调制

模拟调制(analog modulation，AM)用于某些特定场合，如 CATV(cable television)传输、光载无线通信 RoF(radio over fiber)、相控雷达的光控波束形成网络等[2-3]。无论使用 LD 还是 LED 作光源(LED，其 $P-I$ 特性曲线具有良好的线性特性，在模拟光纤通信系统中得到了广泛的应用，但在数字光纤通信系统中，因为它不能获得很高的调制速率(最高只能达到 100 Mb/s)而受到限制)，都要施加偏置电流，使其工作点处于 LD 或 LED 的 $P-I$ 特性曲线的直线区域，其调制线性好坏与调制深度 m 有关，对于 LD 的调制深度可以表示为 m=调制电流的幅度/(偏置电流－阈值电流)。

由图 20-6 可以看出，m 越大，调制信号的幅度越大，但线性变差；m 小，线性虽然好了，但调制信号幅度变小。因此，应选择合适的 m 值。

三、半导体激光器的数字调制

数字调制(digital modulation，DM)是用二进制数字信号“1”和“0”码对光源发出的光载波进行调制，而数字信号大都采用脉冲编码调制(PCM)，即先将连续的模拟信号通过“抽样”变换成一组调幅的脉冲序列，再通过“量化”和“编码”过程，形成一组等振幅、等宽度的矩形脉冲作为“码元”，“有”脉冲和“无”脉冲的不同组合代表抽样值的幅度，这就是脉冲编码。这一过程把连续的模拟信号变成了 PCM 数字信号，称为模/数(analog to digital，A/D)转换，然后，再将 PCM 数字信号调制到光载波上，其调制特性曲线如图 20-7 所示。

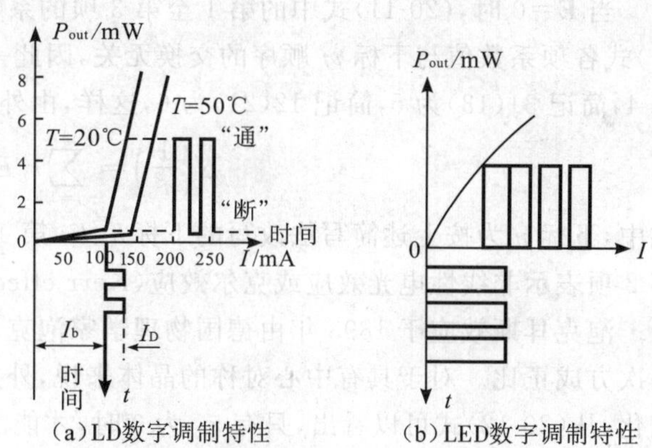

(a) LD数字调制特性　(b) LED数字调制特性

图 20-7　半导体光源 PCM 的数字调制器

当调制信号为二元数字信号时，利用 LD 的阈值特性，可以明显地区分“1”与“0”这两种状态，以至于经过长距离传输后，仍然可以保持极低的误码率，这也就是人们常说的“光纤通信特别适合数字传输”的道理。

由于数字光通信的优点突出，其有很好的应用前景。首先，因为数字光信号在传输过程中引起的噪声和失真，可采用间接中继器的方式去掉，故抗干扰能力强；其次，对数字光纤通信系统的线性要求不高，可充分利用光源的发光功率；第三，数字光通信设备便于和 PCM 电话终端、数字电视终端、计算机终端相连接，从而组成既能传输电话、电视信号，又能传输计算机信号的多媒体综合通信系统。

第三节　电光调制器

一、电光调制的物理基础

(一)电光效应

电光效应(electro-optic effect，EOE)是指材料折射率随外加电场变化的现象，是在光调制中得到最广泛应用的物理效应。因为电光效应的实质是由于构成材料的原子的电子状态随电场的变化，所以对电场变化的响应速度非常快，对飞秒级的电场变化也能瞬息响应。因此可以说这一物理效应最适合于用在超高速光调制器中[4-5]。

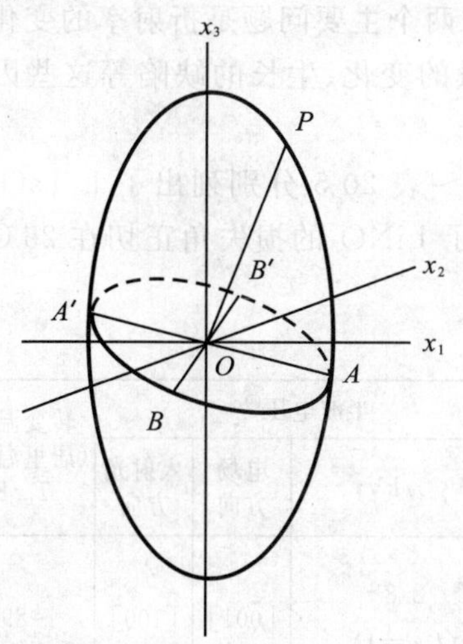

图 20-8　折射率椭球及用其求偏振方向和折射率的图示

在晶体中，光波以正交的两束线偏振光(寻常光和非常光)传播。每束线偏振光通常以不同的相位速度传播，因此，相应的折射率不同。另外，这两束线偏振光的偏振方向和相应的折射率依赖于晶体中光波的传播方向。晶体中的光波传播方向、偏振方向和折射率之间的关系，可以用下式表述的折射率椭球表示[4]：

$$\frac{x_1^2}{n_{11}^2}+\frac{x_2^2}{n_{22}^2}+\frac{x_3^2}{n_{33}^2}=1 \tag{20-10}$$

式中，x_1、x_2 和 x_3 为将晶体的(假设没有外加电场)3 个主轴方向分别作为 3 个直角坐标轴时各自的坐标，如图 20-8 所示。

该折射率椭球是用几何的方法表示沿某一方向传播的光的偏振方向、折射率和相位速度。首先，用通过原点并垂直于传播方向 $\overline{OP}$ 的平面，切开折射率椭球，则其切口为一个通过原点的椭圆。该椭圆的长轴和短轴的方向 $\overline{AA'}$ 和 $\overline{BB'}$ 对应于两个偏振方向，而且长轴和短轴长度的一半 $|\overline{OA}|$ 和 $|\overline{OB}|$ 对应于各自偏振光的折射率 n_A、n_B，因此各自的偏振光以 c/n_A 和 c/n_B 传播(c 为真空中的光速)。

若对(20-10)式表述的折射率椭球的晶体外加电场 $\boldsymbol{E}=(E_1,E_2,E_3)$，则晶体折射率发生变化，其变化量与外加电场的强度和方向有关。其结果是折射率椭球的大小和主轴方向发生变化，且(20-10)式变为

$$\left(\frac{1}{n^2}\right)^{11} x_1^2+\left(\frac{1}{n^2}\right)^{22} x_2^2+\left(\frac{1}{n^2}\right)^{33} x_3^2+2\left(\frac{1}{n^2}\right)^{23} x_2x_3+2\left(\frac{1}{n^2}\right)^{31} x_3x_1+2\left(\frac{1}{n^2}\right)^{12} x_2x_1=1 \qquad (20\text{-}11)$$

当 $\boldsymbol{E}=0$ 时,(20-11)式中的第 1 至第 3 项的系数和(20-10)式相同,第 4 至第 6 项系数变为 0。因为(20-11)式各项系数值与下标 ij 顺序的交换无关,因此一般简记 11 为 1,简记 22 为 2,简记 33 为 3,简记 23(32)为 4,简记 31(13)为 5,简记 12(21)为 6,这样,由外加电场引起的晶体折射率的变化可表示为

$$\Delta\left(\frac{1}{n^2}\right)=\sum_{j=1}^{3} r_{ij}E_j+\frac{1}{2}\sum_{h=1}^{3}\sum_{k=1}^{3} B_{in}E_hE_k \qquad (20\text{-}12)$$

式中,下标 n 为按上述简写法改写的下标 h、k,第 1 项表示线性电光效应或泡克尔斯效应(Pockels effect),第 2 项表示非线性电光效应或克尔效应(Kerr effect),r_{ij} 称为线性电光常数,B_{in} 称为克尔常数。

泡克耳斯效应于 1893 年由德国物理学家泡克耳斯发现,基于该效应的折射率改变量与所加电场强度的一次方成正比。对于具有中心对称的晶体来说,外加电场方向改变,晶体的物理性质(包括折射率)并不发生变化,从(20-12)式可以看出,只有 r_{ij} 为 0 时,才能满足这一要求,因此具有对称中心的晶体没有线性电光效应,即线性电光效应只存在于不具有中心对称的晶体中。

克尔效应于 1875 年由英国物理学家克尔发现,基于该效应的折射率改变量与所加电场强度的二次方成正比。其特点是弛豫时间极短,在加电场后不到 10^{-9} s(可短到 10^{-14} s)内就可完成极化过程,撤去电场后在同样短的时间内重新变为各向同性。克尔效应的这种迅速动作的性质可用来制造几乎无惯性的光的开关——光闸,在高速摄影、光速测量和激光技术中获得了重要应用。

利用具有克尔效应的介质作为电光介质时,其半波电压比利用泡克尔斯效应的半波电压高得多,一般克尔效应的电光体调制器半波电压高达数千伏。

(二)电光材料

1. 电光晶体材料

许多固体和液体材料均能够显示出电光效应,其中最为重要的一类是电光晶体材料,电光晶体的电光效应主要表现为线性电光效应(泡克耳斯效应)和二阶电光效应(克尔效应)。利用晶体的线性电光效应实现光的调制,所需的调制电压通常较低,因此研究和使用得较为广泛;二阶电光效应的电光系数较大,尽管实现调制所需的电压较高,通常为几千伏,在一些特殊领域,如光参量振荡器和激光器中,仍发挥着重要的作用。对于电光体调制器来讲,关键在于生长出较好和较大的晶体,涉及光学质量的两个主要问题是折射率的变化和强激光束对晶体的损伤。折射率的变化是由残余应力、所含杂质、化学计量的变化、生长的缺陷等这些因素中的一个或几个引起的。

表 20-2 给出了线性电光效应具有代表性的晶体的特性参数。表 20-3～表 20-5 分别列出了 $LiTaO_3$ 和 $LiNbO_3$、GaAs 和 CuCl 以及 $Ba_2NaNb_5O_{15}$ 的特性参数比较。图 20-9 给出了 $LiNO_3$ 的损失角正切在 25℃时随频率变化的关系。

表 20-2 线性电光效应代表性晶体的特性[5]

晶 体	对称性	线性电光学系数①/(×10⁻¹²m/V)	折射率	光透过区/μm	介电常数	半波电压②			转变温度(居里温度)T_c/K
						$V_{\lambda/2}$/kV③	电场方向	入射光方向	
$LiTaO_3$	3m (C_{3v})	$r_{13}^{(S)}=7$ $r_{33}^{(S)}=30.3$ $r_{53}^{(S)}=r_{42}^{(S)}=20$	$n_o=2.176$ $n_e=2.180$ ($\lambda=0.633$ μm)	0.45～0.5	$\varepsilon_a=41$ $\varepsilon_c=43$	2.8 ($l/d=1$)	[001]	[100]	～890
$LiNbO_3$	3m (C_{3v})	$r_{13}^{(S)}=8.6$ $r_{33}^{(S)}=30.8$ $r_{51}^{(S)}=r_{42}^{(S)}=28$ $r_{22}^{(S)}=3.4$ $r_{22}^{(T)}=7$	$n_o=2.286$ $n_e=2.200$ ($\lambda=0.633$ μm)	0.4～5	$\varepsilon_a=43$ $\varepsilon_c=28$	2.9 ($l/d=1$)	[001]	[100]	～1470

续表

晶 体	对称性	线性电光学系数① /($\times10^{-12}$m/V)	折射率	光透过区 /μm	介电常数	半波电压② $V_{\lambda/2}$/kV③	电场方向	入射方向	转变温度(居里温度)T_c/K
GaAs	$\bar{4}3m$ (T_d)	$r_{41}^{(T)}=0.27\sim1.2$ ($\lambda=1\sim1.8$ μm)	$n_o=3.60$ ($\lambda=0.9$ μm) $n_e=3.47$ ($\lambda=1.25$ μm)	1～16	11～12	13.3 ($\lambda=1$ μm)	[001]	[001]	
GaP	$\bar{4}3m$ (T_d)	$r_{41}^{(T)}=1.06$	$n_o=3.315$ ($\lambda=0.6$ μm)	0.6～6	10～12	7.6 ($\lambda=0.54$ μm)	[001]	[001]	
KH_2PO_4 (KDP)	$\bar{4}2m$ (V_d)	$r_{41}^{(T)}=8.6$ $r_{63}^{(T)}=-10.5$ $r_{63}^{(S)}=-9.7$	$n_o=1.51$ $n_e=1.47$ ($\lambda=0.546$ μm)	0.2～1.55	$\varepsilon_a=42$ $\varepsilon_c=21$	7.5 ($\lambda=0.546$ μm)	[001]	[001]	～122
KD_2PO_4 (DKDP) [90%置换]	$\bar{4}2m$ (V_d)	$r_{41}^{(T)}=8.8$ $r_{63}^{(S)}=26.4$	$n_o=1.51$ $n_e=1.47$ ($\lambda=0.546$ μm)	0.2～2.15	$\varepsilon_c=50$	3.0 ($\lambda=0.546$ μm)	[001]	[001]	～213
$NH_4H_2PO_4$ (ADP)	$\bar{4}2m$ (V_d)	$r_{41}^{(T)}=24.5$ $r_{63}^{(T)}=8.5$ $r_{63}^{(S)}=5.5$	$n_o=1.52$ $n_e=1.48$ ($\lambda=0.546$ μm)	0.125～1.7	$\varepsilon_c=15.4$	9.6 ($\lambda=0.546$ μm)	[001]	[001]	～148
$KTa_{0.45}Nb_{0.35}O_3$ (KTN)[$T<T_c$]	4mm (C_{4v})	$(r_{33}-r_{13})^{(T)}=500$ $r_{42}^{(T)}=16\,000$	$n_o=2.318$ $n_e=2.27$ ($\lambda=0.546$ μm)	0.5～4.5	$\varepsilon_a=20\,000$	0.11 ($l/d=1$)	[001]	[010]	室温
$Ba_2NaNb_5O_{15}$	4mm (C_{4v})	$(n_e^3r_{33}-n_o^3r_{13})=370$ $r_{13}^{(T)}=15$ $r_{33}^{(T)}=48$	$n_o=2.32$ $n_e=2.22$ ($\lambda=0.633$ μm)	0.45～0.5	$\varepsilon_a=246$ $\varepsilon_c=51$	1.72 ($l/d=1$)	[001]	[010]	～833

注:①没有注明的是室温值。(S):恒应变,(T):恒应力。没有注明波长的为$\lambda=0.5\sim0.6$ μm时的值。未注明波长的晶体在该区几乎是一定的;②半波电压因外加电压和入射光方向而不同。表中的方向为一个例子,并非最佳的方向;③l:光在晶体中传播方向的长度,d:只是晶体的电场方向。

表 20-3 $LiTaO_3$和$LiNbO_3$的特性[6]

特性＼材料	$LiTaO_3$	$LiNbO_3$	特性＼材料	$LiTaO_3$	$LiNbO_3$
电光常数/(pm/V)			弹性光学常数/(pm²/N)		
r_{13}^S	7	8	p_{11}	—	0.032
r_{33}^S	30.3	28	p_{12}	—	0.063
r_{51}^S	20	28	p_{13}	—	0.069
r_{51}^T	—	32	p_{33}	—	0.061
r_{22}^S	1	3.4	p_{31}	—	0.153
r_{22}^T	—	3.3	p_{41}	—	0.136
r_C^S	28	21	压电常数	应力/(C/m²)	应变/(pC/N)
r_C^T	22	19	d_{15}	—	68
介电常数			d_{22}	—	21
$\varepsilon_{33}^T/\varepsilon_0$	49	26	d_{31}	—	1.0
$\varepsilon_{33}^S/\varepsilon_0$	43	23	d_{33}	—	6.1
$\varepsilon_{11}^T/\varepsilon_0$	45	80	e_{15}	3.7	—
$\varepsilon_{11}^S/\varepsilon_0$	41	42	e_{22}	2.5	—
损失角正切	0.002(100 MHz)	见图 20-9	e_{31}	0.2	—
居里温度	883K	1 210℃	e_{33}	1.3	—

表 20-4 GaAs 和 CuCl 的特性[6]

特性 \ 材料	GaAs	CuCl
电光常数/(pm/V)	$r_{41}=1.0(\lambda=1\ \mu m)$	$r_{41}^{S}=4.3$, $r_{41}^{T}=6.1$
介电常数	11～12	7.5
损失角正切	<0.000 5	0.001
半波电压(单位纵横比)	13.3 kV($\lambda=1\ \mu m$)	

表 20-5 $Ba_2NaNb_5O_{15}$ 的特性[6]

电光常数/(pm/V) ($\lambda=633$ nm)	$n_3^3 r_{33}=620$	$n_1^3 r_{13}=230$	$n_2^3 r_{23}=170$
介电常数(30℃)	$\varepsilon_x=246$	$\varepsilon_y=242$	$\varepsilon_z=51$
折射率 (透明范围 0.45～5 μm)	532 nm	633 nm	1 060 nm
n_x	2.373	2.326	2.263
n_y	2.370	2.324	2.261
n_z	2.256	2.221	2.175
居里温度/℃		560	
半波电压	电场 ∥ z	电场 ∥ x	1.57 kV
(单位纵横比，$\lambda=633$ nm)	电场 ∥ z	电场 ∥ y	1.72 kV

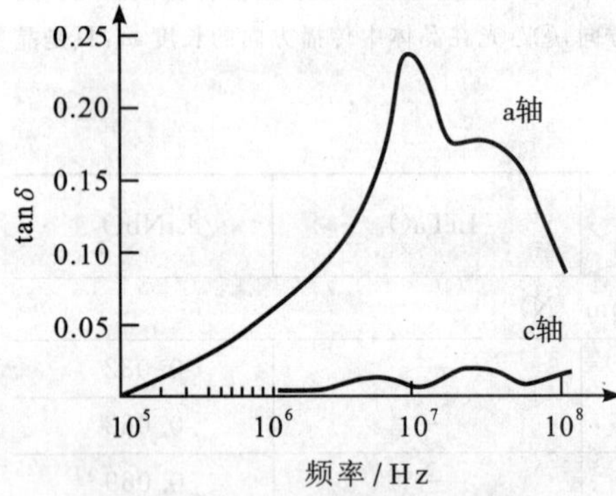

图 20-9 $LiNO_3$ 的损失角正切在 25℃时随频率变化的关系图线

图 20-10～图 20-12 给出了由可见光到近红外光谱区 7 种晶体的透射比曲线。所有这些透射比曲线都包含了菲涅耳反射损失以及吸收和散射损失。在大多数情况下，利用减反射膜能够把菲涅耳反射损失降低到 1% 或更低(与光学带宽有关)，特别是对高折射率材料，改善透射比有特别重要的意义。

当受到足够强的光束或激光光束的作用时，有些材料的折射率变得不均匀，这种现象叫做光学损伤。光学损伤除了与暴露时间有关外，与功率密度和辐射波长也有关。例如 $LiNbO_3$ 已经被成功地应用在 1.06 μm 激光 Q 开关中而无光学损伤。然而，在室温下可见光区内每平方毫米几毫瓦的功率就足以引起损伤。把 $LiNbO_3$ 加热到 160℃可以消除损伤，并能防止进一步损伤。

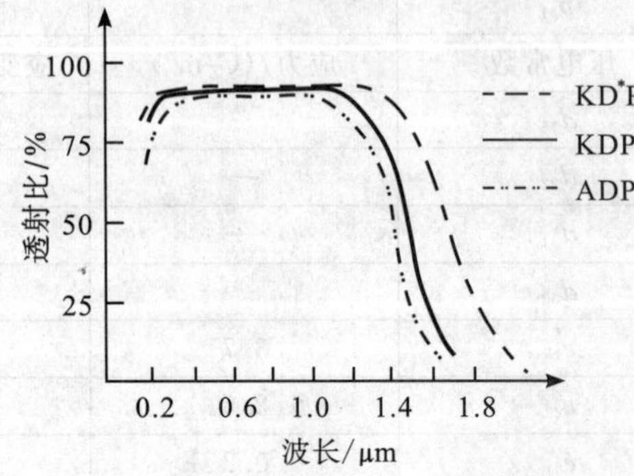

图 20-10 KD* P、KDP 和 ADP 的透射比曲线

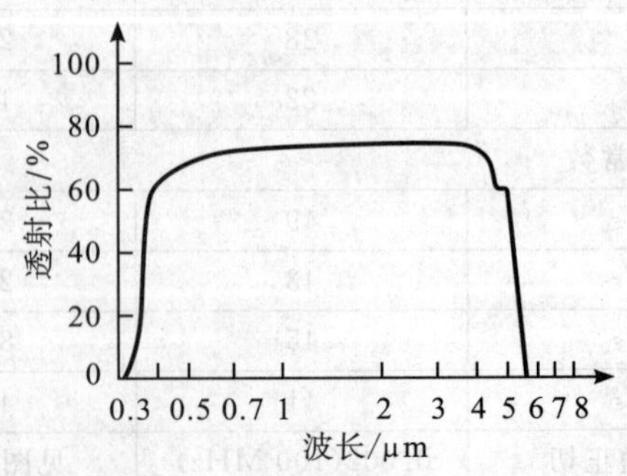

图 20-11 $LiNO_3$ 的透射比曲线

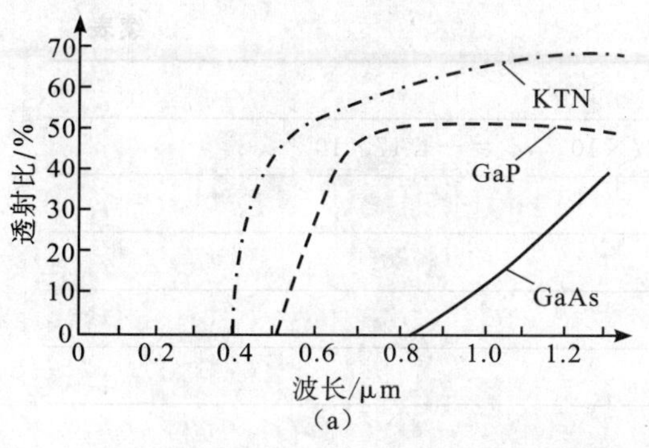

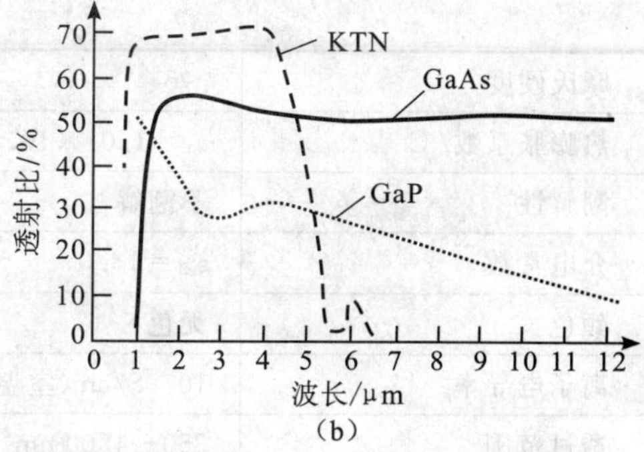

图 20-12　GaAs、GaP 和 KTN 的透射比曲线

表 20-6～表 20-8 分别给出了 KDP 和 ADP、KD* P，KDA 和 ADA 以及 $LiNbO_3$ 和 $LiTaO_3$ 在不同波长条件下的折射率值。

RTP(磷酸氧钛铷或磷酸钛氧铷，分子式为 $RbTiOPO_4$)是 KTP 同族晶体，主要应用于非线性和电光方面，透射范围是 350～4 500 nm。表 20-9 给出了 RTP 的物理结构参数和光学特性参数。图 20-13 给出了该类晶体的透射曲线。

表 20-6　KDP 和 ADP 的折射率[7]

λ/μm	KDP		ADP	
	n_o	n_e	n_o	n_e
0.200	1.621	1.563	1.648	1.587
0.300	1.545	1.498	1.563	1.512
0.400	1.524	1.480	1.540	1.492
0.500	1.514	1.472	1.530	1.483
0.600	1.509	1.468	1.524	1.478
0.700	1.505	1.465	1.519	1.475
0.800	1.502	1.463	1.515	1.473
0.900	1.499	1.462	1.512	1.471
1.000	1.496	1.461	1.509	1.469
1.100	1.493	1.459	1.505	1.467
1.200	1.490	1.458	1.502	1.466
1.300	1.487	1.457	1.498	1.464
1.400	1.483	1.456	1.495	1.463
1.500	1.480	1.455	1.491	1.461
1.600	1.476	1.454	1.486	1.459
1.700	1.472	1.453	1.482	1.457
1.800	1.468	1.452	1.478	1.456
1.900	1.464	1.451	1.473	1.454
2.000	1.460	1.450	1.468	1.452

表 20-7　KD* P，KDA 和 ADA 的折射率[6]

λ/nm	KD* P		KDA		ADA	
	n_o	n_e	n_o	n_e	n_o	n_e
656.3	…	…	1.563	1.514	1.572	1.518
589.3	…	…	1.567	1.518	1.576	1.522
546.1	1.508	1.468	…	…	…	…
486.1	…	…	1.576	1.525	1.586	1.530
407.8	1.518	1.477	…	…	…	…

表 20-8　$LiNbO_3$ 和 $LiTaO_3$ 的折射率

λ/μm	$LiNbO_3$		$LiTaO_3$	
	n_o	n_e	n_o	n_e
4.00	2.115 5	2.055 3	2.033 5	2.037 7
2.00	2.197 4	2.125 0	2.106 6	2.111 5
1.00	2.237 0	2.156 7	2.139 1	2.143 2
0.80	2.257 1	2.174 5	2.153 8	2.157 8
0.70	2.271 6	2.187 4	2.165 2	2.169 6
0.60	2.296 7	2.208 2	2.183 4	2.187 8
0.50	2.341 0	2.245 7	2.216 0	2.220 5
0.45	2.378 0	2.277 2	2.242 0	2.246 8

表 20-9　RTP 晶体的物理结构参数和光学特性参数

晶体结构	正交晶系
晶格常数	$a=1.296$ nm，$b=1.056$ nm，$c=0.649$ nm
密度	3.6g/cm³
熔点	～1000℃
居里温度	～810℃

续表

摩氏硬度	～5			
热膨胀系数/℃$^{-1}$	$a_1=1.01\times10^{-5}$，$a_2=1.37\times10^{-5}$，$a_3=-4.17\times10^{-6}$			
潮解性	不潮解			
介电常数	$\varepsilon_{\rm eff}=13.0$			
颜色	无色			
离子电导率	10^{-8} S/cm(室温，10 kHz)			
透过范围	350～4500 nm			
吸收系数	＜0.05%/cm@1 064 nm，＜4%/cm@532 nm			
非线性系数	$d_{15}=2.0$ pm/V，$d_{24}=3.6$ pm/V，$d_{31}=2.0$ pm/V			
	$d_{32}=3.6$ pm/V，$d_{33}=8.3$ pm/V			
	$d_{\rm eff}=2.39$ pm/V，for type Ⅱ SHG @ 1 064 nm			
电光系数/(pm/V)	$r_{13}=10.6$，$r_{23}=12.5$；$r_{33}=35$(x-cut)；$r_{33}=38.5$(y-cut)			
损伤阈值/(MW/cm^2)	860(@1 064 nm，10 ns)，590(@532 nm，10 ns)，150(@532 nm，35 ps)			
消光比	20 dB@633nm			
Sellmeier 方程	$n^2(\lambda_i)=A+B/(\lambda_i^2-C)-D\lambda_i^2$			
	A	B	C	D
n_x	2.155 59	0.933 07	0.209 94	0.014 52
n_y	2.384 94	0.736 03	0.238 91	0.015 83
n_z	2.277 23	1.110 30	0.234 54	0.019 95

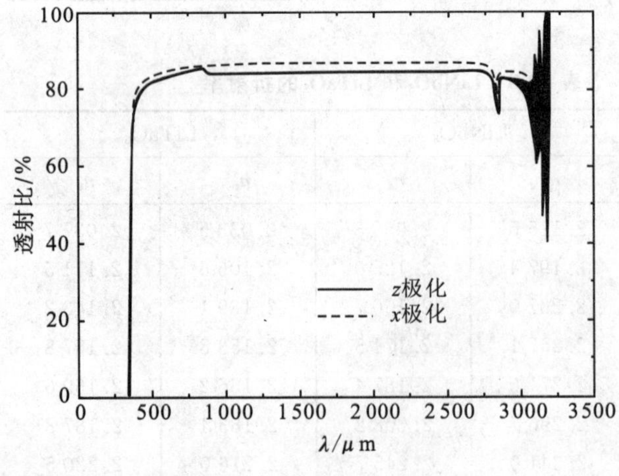

图 20-13 RTP 晶体的透射曲线

2. 克尔效应材料

克尔盒是利用固体或液体中电场感应的二次效应即克尔效应来实现对光的调制功能的光学器件。光的传播方向垂直于电场方向，由感应双折射引起的光学相位差为

$$\varphi=\frac{2\pi}{\lambda}(n_e-n_o)l \tag{20-13}$$

式中，l 为沿光传播方向的几何距离的长度，光学相位差和电场之间的关系为

$$\varphi=2\pi KE^2l \tag{20-14}$$

式中的 K 为克尔常数。克尔常数可正可负，是波长和温度的函数。表 20-10 列出了 12 种典型液体的克尔常数和其他一些相关数据。在其他波长处的克尔常数可以由下式计算：

$$\frac{K(\lambda_1)}{K(\lambda_2)}=\frac{\lambda_1}{\lambda_2} \tag{20-15}$$

利用 $E=V/d$ 和 $\varphi=\pi$，由(20-14)式定义克尔盒的半波电压为

$$V_{\lambda/2}=\frac{d}{\sqrt{2Kl}} \tag{20-16}$$

图 20-14 是平行板克尔盒的外形结构示意图，表 20-11 列出了 2 种特殊尺寸的克尔盒所需的电压。两个正交偏振器之间克尔盒的透射为

$$\frac{I}{I_0}=\sin^2\left[\frac{\pi}{2}\left(\frac{V}{V_{\lambda/2}}\right)^2\right] \tag{20-17}$$

偏振面与电场成45°。因为克尔物质没有固有双折射，所以在(20-17)式中没有附加项。当需要的是调制光而不是光闸时，则克尔盒通常用直流电场偏置在50%的透射点上。这样，所用的是透射特性最好的线性部分。恰好在半波电压使用时，三次谐波的强度是基波的12%。要使三次谐波小于基波的1%，则使用电压不能超过半波电压的30%。

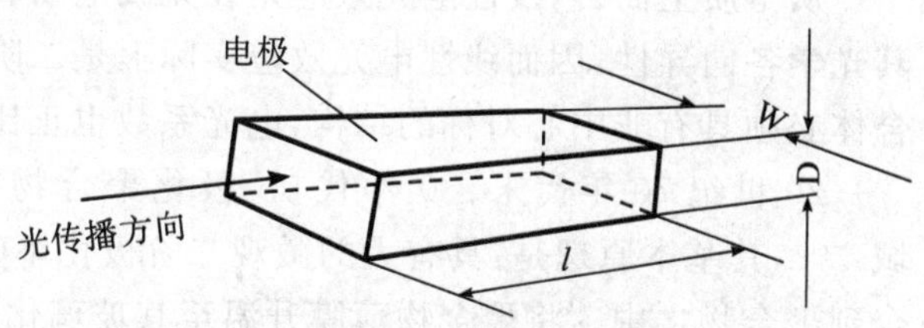

图 20-14　平行板克尔盒的外形结构示意图

表 20-10　12种具有大克尔常数的液体的特性[8]

液　体	分子式	克尔常数 K /(静电单位×10^6)(在538 nm)	静态介电常数	分子弛豫时间/ps	直流电阻率/(Ω·cm)	截止短波长/nm	几何尺寸不变时的比值① V_2/V_1	C_2/C_1	E_2/E_1
氰乙酸乙脂	$NCH_2COOC_2H_5$	4.4	28.2	54.0	1.40×10^6	310	2.74	0.78	5.8
邻二氯苯	$C_6H_4CL_2$	4.6	10.4	21.5	2.6×10^9	290	2.68	0.29	2.1
硝基苯	$C_6H_5NO_2$	33.0	36.0	42.2	5.5×10^7	420	1.00	1.00	1.00
苯甲醛	C_6H_5CHO	7.5	18.9	25.8	4.1×10^6	380	2.10	0.53	2.3
间硝基钾苯	$NO_2C_6H_4CH_3$	17.8	28.0	58.1	2.2×10^7	440	1.37	0.78	1.5
苯乙酮	$CH_3COC_6H_5$	6.1	18.0	45.4	3.2×10^6	380	2.32	0.50	2.7
乙腈	CH_3CN	4.7	38.11	12.1	1.4×10^6	215	2.65	1.08	7.6
苯烯腈	CH_2CHCN	7.8	32.5	12.0	4.9×10^5	300	2.05	0.90	3.8
丙腈	CH_3CH_2CN	3.5	29.4	25.4	3.5×10^5	250	3.07	0.82	7.7
α,α,α-三氟甲苯	$C_6H_5CF_3$	2.3	9.77	14.5	1.1×10^9	290	3.80	0.27	3.9
苯基腈	C_6H_5CN	12.1	26.3	36.4	3.0×10^6	310	1.64	0.73	2.0
苯基乙腈	$C_6H_5CH_2CN$	2.6	19.5	36.4	3.0×10^6	310	3.58	0.54	6.9

注：①下标1指硝基苯，下标2指其他液体。

表 20-11　两种特殊形式下克尔盒所需的电压[8]

克尔盒的液体	尺寸	1/4波和半波电压/kV 550 nm $V_{\lambda/2}$	550 nm $V_{\lambda/4}$	700 nm $V_{\lambda/2}$	700 nm $V_{\lambda/4}$	1 060 nm $V_{\lambda/2}$	1 060 nm $V_{\lambda/4}$
硝基苯	a	48.9	37.3	55	42	67.6	51.7
	b	6.2	4.5	7	5	8.6	6.2
邻二氯苯	a	120.2	98.8	135	111	166.1	136.5
	b	16.5	12.0	18.5	13.3	22.8	16.3
丙烯腈	a	97.9	74.8	110	84	135.3	103.3
	b	12.5	8.9	14	10	17.2	12.3
苯基腈	a	79.2	60.5	89	68	109.5	83.6
	b	10.3	7.1	11.5	8	14.2	9.8
乙腈	a	128.0	99.7	136	112	167.2	137.8
	b	16.0	12.0	18.5	13.3	22.8	16.3

注：a为3.175 cm×5.08 cm，b为0.305 cm×0.635 cm。

3. 电光聚合物材料

从本质上而言，线性电光效应是在光波电场和外加电场的共同作用下，引起材料的非线性极化，并导致其光学各向异性，因而线性电光效应实际上是二阶非线性光学现象的一种特殊情况，要求构成材料的分子集合体必须具有非中心对称的结构，电光系数也正比于二次非线性极化率 $\chi^{(2)}$ 。

20 世纪 70 年代末、80 年代初，极化聚合物概念的提出开辟了二阶非线性光学材料研究的全新领域[9-11]，其基本原理是：具有大的微观二阶极化率（β）的有机分子（又称发色团或生色团）通过掺杂或化学键合到聚合物之中。将聚合物薄膜升温至其玻璃化温度（T_g）附近，并加以强直流电场，使发色团取向，然后在保持电场的情况下降温以“冻结”取向，经此处理后的聚合物称为极化聚合物，一般都能表现出宏观上的二阶非线性光学效应。根据发色团取向气体模型，$\chi^{(2)}$ 与 β 之间的关系可表示为

$$\chi^{(2)} = NF\beta\langle\cos^3\theta\rangle \approx NF\beta\mu E_P/kT \tag{20-18}$$

式中，N 为发色团分子的数密度，F 为局域因子，$\langle\cos^3\theta\rangle$ 为取向因子，μ 为偶极距，E_P 为极化电场，T 为温度，k 为玻耳兹曼常数。其中决定 $\chi^{(2)}$ 大小的关键指标是发色团的 $\beta\mu$ 值及其浓度 N 。

发展至 20 世纪 90 年代，极化聚合物的研究已经涉及了众多的高分子体系。从化学组成来看，主要有聚丙烯酸酯类、聚苯乙烯类、聚酯类、环氧树脂类、聚氨酯类、聚酰亚胺类，等等。从结构特点来看（这里指发色团分子与高分子主体骨架的位置关系），大致又可分为掺杂型、侧链型、主链型和交联型 4 类。下面分别做简要的介绍[12]：

1）掺杂型聚合物。所谓掺杂型聚合物，就是将非线性系数较高的有机小分子和聚合物进行混合，形成主客体系材料，也称掺杂型聚合物材料，这是研究得最早的一类极化聚合物。1979 年 Havinga 等为了研究分子内的电荷转移，将染料分散在聚合物基体中，用加热和电场极化的方法测定电致变色现象。他的这一工作具有开创性，启迪人们通过将非线性系数较高的有机分子和聚合物进行混合，从而形成主客体系的聚合物材料。

2）侧链型聚合物。侧链型极化聚合物是将生色团通过化学反应键合到聚合物主链上，从而可以大大增加生色团的含量，这样可以得到非线性系数较大并且极化稳定性较好的聚合物。将生色团作为侧基连接到聚合物主链上，这将大大提高生色团浓度，而不易形成结晶或相分离现象，从而获得较大的 $\chi^{(2)}$ 值，同时由于生色团受主链的牵制，也会减缓松弛。

3）主链型聚合物。主链型聚合物就是将生色团引入聚合物主链中，使生色团成为聚合物主链的一部分。将生色团引入聚合物主链中，可进一步阻止极化取向松弛，这是由于与侧链型相比，生色团的转动需要牵动整个大分子的运动。如果将生色团直接键入聚合物主链中，使生色团成为聚合物主链的一部分，可望克服侧链体系在低于 T_g 下的易于极化松弛的缺点。但是，同侧链体系相比，在主链体系中需加入柔性链连接生色团来改善非线性聚合物材料的加工性能。

4）交联型聚合物。从以上侧链型极化聚合物的介绍中可见，虽然取向弛豫和热稳定性能有了大幅度的提高，但在工作温度（80～120℃）下长时间使用，该类材料的电光效应仍会有 10%～50%的降低，因此人们又想出了通过合成交联型极化聚合物来提高取向稳定性，以满足电光器件长时间高性能使用的要求。但交联过程也会引发诸多问题，如会降低膜的光学透明性，增加光传输损耗，会有一定的体积收缩和小分子释放，影响成膜质量，降低膜的电光系数等，这就需要选择合适的交联体系、交联剂和交联工艺来弥补缺陷。只有多官能度单体所合成的聚合物才能发生交联，形成体形结构。由于交联会使产物不溶，难以成膜，交联过程一般都在极化同时或极化后进行，交联的方法有热交联和光交联两种。热交联是在升温极化的同时，线形聚合物上剩余的官能团之间发生热缩合，从而形成体形聚合物网络。光交联是在极化后，通过一定时间和一定波长的紫外光照射，使线形聚合物形成网络。除某些不饱和聚酯可通过紫外光照射而不需要加入交联剂即可形成交联网络外，比较常见的交联聚合物有环氧树脂、聚氨酯和互穿聚合物网络等。

相对于无机和半导体材料而言，极化聚合物具有许多无法比拟的优点，如介电常数低，非线性光学效应大，易于分子设计和加工成型等，因而在光电子技术的电光调制、光倍频等方面具有潜在的应用前景[13-14]。从极化聚合物近 20 多年的发展来看，聚合物电光材料一直是其研究热点之一，特别是近几年来，聚合物电光材料的研究取得了较大的进展，成为最有希望率先进入市场的聚合物二阶非线性光学材料[15-16]。

然而，要使聚合物调制器件真正得到实用，以下两方面的性能还必须有较大幅度的改进：一是极化膜电光系数必须进一步提高，以降低器件驱动电压来满足器件集总要求，在提高聚合物的电光系数的同时，还必须做到其综合性能（如耐温性、透明性和可加工性等）的优化；二是光传播损耗进一步降低，虽然目前聚合物波导的损耗已可降至 0.1 dB/cm，但一经制成器件并与光纤耦合后要达到 1 dB/cm 甚至更低还是一个极其艰巨的任务，显然这些都必须由材料和器件领域两方面共同努力才能解决。

4. 压电材料

所有显示线性电光效应（泡克耳斯效应）的晶体也是压电晶体。施加电场，一般会在这类晶体中产生应变，从而改变主折射率。于是在“真正的”电光效应上叠加了一个附加的相移。一般的关系式是

$$r_{\alpha k}^{\mathrm{T}} = r_{\alpha k}^{\mathrm{S}} + p_{\alpha\beta} d_{k\beta} \tag{20-19}$$

上式只是对直流场的情况是严格正确的。式中，α、β 和 k 是折射率椭球的下标，α、β 的值取 1～6；i、j、k 的值取 1～3。$p_{\alpha\beta}d_{k\beta}$ 项表示应变对常应力电光系数 $r_{\alpha k}^{\mathrm{T}}$ 的贡献（二次电光效应）。$p_{\alpha\beta}$ 表示弹性光学系数，而 $d_{k\beta}$ 是压电系数。在高频下，电光系数低于常应变值 $r_{\alpha k}^{\mathrm{S}}$ 。在基波共振的奇数倍可能产生附加共振。

感应双折射 ΔB 为

$$\Delta B_{\alpha} = r_{\alpha k}^{\mathrm{T}} E_k \tag{20-20}$$

式中，E_k 为施加的电场。

由(20-19)式和(20-20)式可以看出，如果 $p_{\alpha\beta}d_{k\beta}/r_{\alpha k}^{\mathrm{T}} \ll 1$，则应变感应双折射为最小。用相应常数的文献值计算应变双折射。对于 ADP 计算的 $p_{44}d_{14}/r_{41}^{\mathrm{T}}$ 是 0.003 1。对 ADP 电光系数 r_{63} ，计算的 $p_{66}d_{36}/r_{63}^{\mathrm{T}}$ 是 0.43，比前者高两个多数量级。对于 AD* P，$p_{66}d_{36}/r_{63}^{\mathrm{T}}$ 的计算值是 0.16。由这些值可以看出，对 r_{41}^{T} ，ADP 具有很低的二次电光效应。于是，一个 r_{41}^{T} ADP 调制器的响应可能在 0.05 dB 以内。

另外，利用材料的压电效应可以实现机械能与电能的转换。当沿着一定方向对压电材料施力而使它变形时，内部就产生极化现象，同时在它的两个表面上便产生符号相反的电荷，当外力去掉后，又重新恢复到不带电的状态。当作用力方向改变时，电荷的极性也随之改变，这样压电材料可以实现机械能与电能的转换，这种效应称为“正压电效应”，利用该效应可以制作压电传感器。相反，当在电介质极化方向施加电场，这些电介质也会产生几何变形，应变的大小与施加的电场成正比，这种现象称为“逆压电效应”。

在自然界中大多数晶体都具有压电效应，但压电效应十分微弱。随着对材料的深入研究，发现石英晶体、钛酸钡、锆钛酸铅等材料是性能优良的压电材料。压电材料可以分为以下两大类：压电晶体和压电陶瓷。

压电材料的主要特性参数有：

1）压电常数。压电常数是衡量材料压电效应强弱的参数，它直接关系到压电输出灵敏度。

2）弹性常数。压电材料的弹性常数、刚度决定着压电器件的固有频率和动态特性。

3）介电常数。对于一定形状、尺寸的压电元件，其固有电容与介电常数有关；而固有电容又影响着压电传感器的频率下限。

4）机械耦合系数。它的意义是，在压电效应中，转换输出能量（如电能）与输入的能量（如机械能）之比的平方根，这是衡量压电材料机-电能量转换效率的一个重要参数。

5）电阻。压电材料的绝缘电阻将减少电荷泄漏，从而改善压电传感器的低频特性。

6）居里点温度。它是指压电材料开始丧失压电特性的温度。

表 20-12 给出了常见的几种压电材料的特性参数。

5. 电致伸缩材料

在外电场作用下电介质所产生的与场强二次方成正比的应变，称为电致伸缩。这种效应是由电场中电介质的极化所引起，并可以发生在所有的电介质中。其特征是应变的正负与外电场方向无关。在压电体中，外电场还可以引起另一种类型的应变，其大小与场强成比例，当外场反向时应变正负亦反号。后者是压电效应的逆效应，不是电致伸缩。外电场所引起的压电体的总应变为逆压电效应与电致伸缩效应之和。对于非压电体，外电场只引起电致伸缩应变。

表 20-12 常用压电材料的性能参数

压电材料	石 英	钛酸钡	锆钛酸铅 PZT-4	锆钛酸铅 PZT-5	锆钛酸铅 PZT-8
压电系数/(pC/N)	$d_{11}=2.31$ $d_{14}=0.73$	$d_{15}=260$ $d_{31}=-78$ $d_{33}=190$	$d_{15}\approx 410$ $d_{31}=-100$ $d_{33}=230$	$d_{15}\approx 670$ $d_{31}=-185$ $d_{33}=600$	$d_{15}\approx 330$ $d_{31}=-90$ $d_{33}=200$
相对介电常数 ε_r	4.5	1 200	1 050	2 100	1 000
居里点温度/℃	573	115	310	260	300
密度/(10^3 kg/m^3)	2.65	5.5	7.45	7.5	7.45
弹性模量/GPa	80	110	83.3	117	123
机械品质因数	$10^5\sim10^6$	—	≥500	80	≥800
最大安全力系数/(10^5 N/m^2)	95～100	81	76	76	83
体积电阻率/(Ω·m)	$>10^2$	10^{10}(25℃)	$>10^{10}$	10^{11}(25℃)	—
最高允许温度/℃	550	80	250	250	
最高允许湿度/%	100	100	100	100	

一般地，电致伸缩所引起的应变比压电体的逆压电效应小几个数量级。要在普通电介质中获得相当于压电体所能得到的大小的应变，外电场需高达 10^8 V/m。但在某些介电常数很高的电介质中，即使外电场低于 10^6 V/m，也可获得与强压电体相近的机电耦合作用。

电致伸缩的另一个特点是在应用中其重现性较好。在外加强直流偏置电场的作用下，对于叠加的交变电场，电致伸缩材料的机电耦合效应的滞后及老化现象比之常用的铁电性压电陶瓷要小得多。这个优点使得电致伸缩效应常用于压力测量、连续可调激光器、双稳态光电器件等方面。

自 20 世纪 70 年代末，人们对弛豫型铁电体的电致伸缩效应进行了大量的研究，开发出铌镁酸铅(PMN)、镧锆钛酸铅(PLZT)和铌锌酸铅(PZN)等二元、三元固溶体材料，并对它们进行了各种施、受主离子掺杂改性的性能研究、机理和工艺探索。表 20-13 和表 20-14 给出了这几类电致伸缩材料性能参数的比较[17]。

表 20-13 各类电致伸缩材料的性能比较[17]

材 料	性 能									
	α_T /%	ε_{RT} (室温)	ε_m	T_m /℃	Q_{11} /(×10^{-2} m^4·C^{-2})	Q_{12} /(×10^{-3} m^4·C^{-2})	Q_k /(×10^{-3} m^4·C^{-2})	S_{12} /(×10^{-4})	开关速度 /μs	T_t /℃
0.9PMN-0.1PT	2.28	7 000	19 000	0～40	2.18	−9.0	—	−3.5	3.5	0
0.87PMN-0.13PT	2.76	8 000	17 420	50	2.85	−9.2	—	−4.0	—	—
0.40PMN-0.36PT-0.24BZN	0.45	3 600	4 000	125	—	—	—	−0.4	—	—
0.80PMN-0.20PMW	—	2 300	—	−45	2.5	−6.8	—	−0.04	—	—
PLZT(7～9.5/65/35)	—	—	—	—	1.6～2.2	8.7～11.5	—	−9	—	—
PZN 单晶	—	—	22 000	140	1.6	−8.6	6.5	—	—	—
0.85PZN-0.1BT-0.05PT	—	7 000	13 100	75	1.8	−8.5	—	−6.4	1.5	27

注：T_t 为去极化温度，$\alpha_T=\left(\varepsilon_{0℃}-\dfrac{\varepsilon_{50℃}}{50\times\varepsilon_{25℃}}\right)$。

表 20-14　PMN、PLZT 和 PZN 基陶瓷的制备条件和电致伸缩性能比较[17]

	$(1-x)PMZ_{-x}PT$	PLZT	$(1-x-y)PZN_{-x}BT_{-y}PT$
组成	$0\leqslant x\leqslant 0.10$	7～9/65/35	$0.05\leqslant x\leqslant 0.3, 0.05\leqslant y\leqslant 0.3$
合成步骤	3	2	2
烧结温度	1 200～1 250 ℃	1 250 ℃	1 050～1 100 ℃
应变	小	大	中间
温度稳定性	中间	不好	好
敏感性	中间	很敏感	相对不敏感

2004 年日本科学技术振兴机构(JST)开发了一种作为点缺陷而含有微量的铁或钙的钛酸钡($BaTiO_3$)电致伸缩材料。该材料利用晶格中偏振方向不同的区域的变形，来产生伸缩效应，在 200V/mm 的电场中变形率为 0.75%，比锆钛酸铅(PZT)材料大大提高。同时由于利用了"点缺陷纳米有序的对象性"现象，使得这种电致伸缩效应可逆。

由于聚合物具有较低的声阻抗、较好的机械柔韧性、良好的加工性能以及较低的加工成本等优点，人们对具有电致伸缩功能的聚合物材料也进行了大量的研究。如聚偏二氟乙烯(PVDF)和偏二氟乙烯-三氟乙烯(TRFE)共聚物[18-19]、聚氨酯弹性体[20]等材料。这些聚合物材料初步表现出较好的电致伸缩效应。表 20-15 至表 20-17 给出了由不同摩尔比(合成比例由表 20-15 给出)的 4 -甲苯二异氰酸酯(TDI)、聚酯多元醇(PBNPA)、1,4 -丁二醇(BD)和三羟甲基丙烷(TMP)合成的聚氨酯弹性体系列材料(PUE-1 至 PUE-4)的相对介电常数、介质损耗、电致伸缩系数、密度和玻璃转化温度等参数[21]。

表 20-15　聚氨酯弹性体原料的摩尔比[21]

聚氨酯弹性体	TDI∶PBNPA∶BD∶TMP(摩尔比)
PUE-1	2.00∶1.00∶0.36∶0.36
PUE-2	2.00∶1.00∶0.28∶0.42
PUE-3	2.00∶1.00∶0.20∶0.47
PUE-4	2.00∶1.00∶0.12∶0.52

表 20-16　聚氨酯弹性体的相对介电常数和介质损耗[21]

聚氨酯弹性体	相对介电常数		介质损耗	
	频率 1 kHz	频率 1 MHz	频率 1 kHz	频率 1 MHz
PUE-1	7.129	5.646	0.080 3	0.083 9
PUE-2	6.998	5.569	0.088 7	0.089 8
PUE-3	6.985	5.398	0.090 4	0.092 6
PUE-4	6.941	5.334	0.091 1	0.092 1

表 20-17　聚氨酯弹性体的电致伸缩系数、密度和玻璃化转变温度[21]

聚氨酯弹性体	电致伸缩系数/($\times 10^{-15} m^2 \cdot V^{-2}$)	密度/($g \cdot cm^{-3}$)	T_g/℃
PUE-1	−5.188	1.157 4	−32.8
PUE-2	−4.010	1.172 7	−34.0
PUE-3	−2.932	1.184 2	−35.2
PUE-4	−1.137	1.196 1	−34.3

二、电光体调制器

利用泡克尔斯效应的电光效应可以将电光体调制器分为纵向的和横向的。在纵向调制器中，电场是平行于光的传播方向的，因此需要半透明的或环形的电极结构。横向调制器的电场垂直于光的传播方向，因而避免了在光路中放置电极的问题[22-23]。克尔盒是横向类很好的例子。

(一)纵向电光体调制器

在纵向调制器中，外加电场平行于晶体的光轴（z轴）方向，并使入射的平面偏振光的偏振面平行于晶体的x'轴，或者平行于晶体的y'轴。

1. 纵向电光相位调制器

在电光晶体前放置起偏器即可实现对入射光的相位调制，其原理如图 20-15 所示。根据电光晶体的各向异性的特点，通过调整晶体的切割方向和偏振器通光方向的不同组合等因素，可以实现多种调制功能。

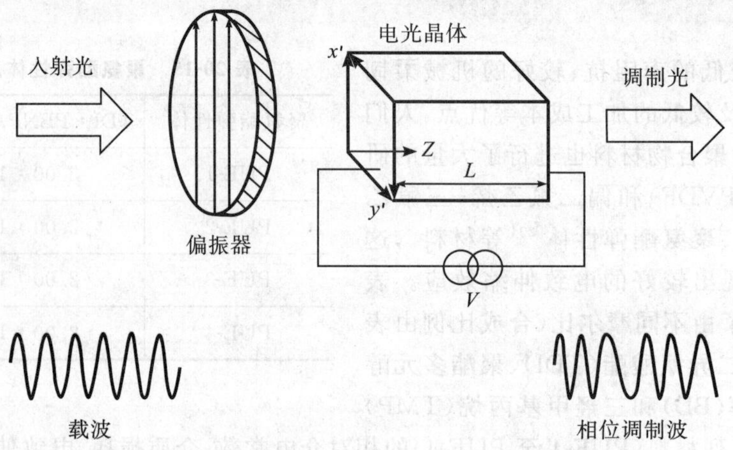

图 20-15 电光相位调制原理图

设起偏器的偏振通光方向平行于晶体的感应主轴x'（或y'），此时透过起偏器的线偏振光会沿x'（或y'）轴方向振动，故外加电场不改变，出射光的偏振态，仅改变其相位。相位变化为

$$\Gamma = \frac{2\pi}{\lambda} \Delta n_{x'} L \tag{20-21}$$

式中，λ为入射光波波长，L为晶体长度。

光波沿x'方向偏振，相应的折射率改变量为

$$\Delta n_{x'} = n_{x'} - n_o = \frac{1}{2} n_o{}^3 \gamma_{63} \frac{V}{L} \tag{20-22}$$

式中，n_o为电光材料的寻常光折射率，γ_{63}为电光系数，V为加在材料两端的外加电压。则相位变化为

$$\Gamma = \frac{\pi n_o{}^3 \gamma_{63} V}{\lambda} \tag{20-23}$$

对应$\Gamma = \frac{\pi}{2}$所加的电压定义为半波电压。对于给定的波长，纵向相位调制的半波电压与晶体的大小无关，但随着波长的增加而增加。

2. 纵向电光强度调制器

纵向电光体强度调制器的原理如图 20-16 所示，从结构上看，强度（振幅平方）调制器较相位调制器多了一个检偏器A，其实除了两个通光方向相互垂直的正交偏振器外，最主要的差别是电光晶体的放置方式（电光晶体的感应主轴与起偏器的偏振光通光方向不平行）。取光波传播方向为z轴，电光晶体沿z向加调制电压，类似于电光Q开关，光的偏振面的改变由外加电场决定。在外加电场的作用下，电光晶体

就像一个波片，其相位延迟随外加电场的大小而改变，随后引起偏振态的变化，从而使得检偏器出射的光的振幅得到调制。

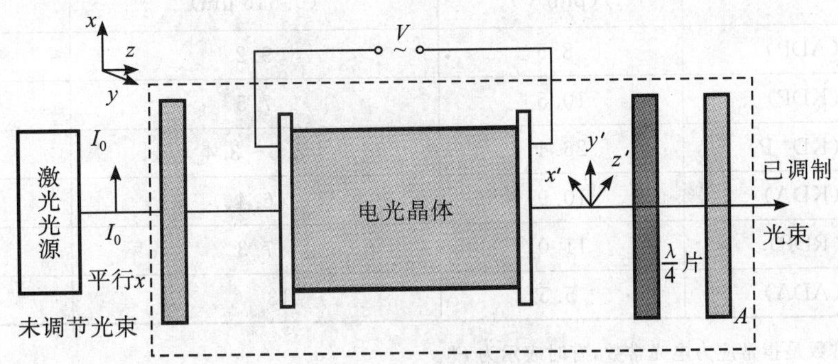

图 20-16　纵向电光体强度调制原理

下面以 KDP 晶体为例来说明电光体强度调制器的工作原理。x、y、z 为 KDP 晶体不加调制电压的主轴方向，x'、y'、z' 为外加电场后的折射率椭球主轴（感应主轴）方向。x'、y' 与 x、y 成 45°夹角。输入端偏振器的透光方向平行于 x 轴，输出端偏振器的透光方向平行于 y 轴。1/4 波片的快轴平行于 x'轴，慢轴平行于 y' 轴，引入 $\Gamma=\pi/2$ 的固定相位延迟，起相位延迟偏置作用。因为 1/4 波片的快轴和慢轴分别平行于 x' 轴和 y' 轴，光路中的两个偏振波的总相位差等于电光晶体的相位延迟与波片的固定相位延迟之和。在电光晶体的入射面处，由于入射光偏振方向平行于 x 轴，x' 方向和 y' 方向上应有幅度相等、相位相同的场强分量 $E_{x'}(0)$ 和 $E_{y'}(0)$，即 $E_{x'}(0)=E_{y'}(0)=A\exp(\mathrm{i}\omega t)$。

于是，入射光强可写为

$$I_\mathrm{i}\propto \boldsymbol{E}\cdot\boldsymbol{E}^*=|E_x{}'(0)^2|+|E_y(0)^2|=2A^2$$

光波经过电光晶体和 1/4 波片后两列偏振光的相位差为

$$\Gamma=\frac{\pi}{2}+\pi\frac{V}{V_\pi}$$

式中，V_π 是相位变化 π 所需的电压大小，通常称为半波电压。

由于输出偏振器的透光方向在 y 方向，调制器的输出光束的偏振方向应取 y 方向，并为 1/4 波片输出端两列偏振光在 y 方向投影的代数和，即

$$E_y=E_{x'}(l)\cos 135^\circ+E_{y'}(l)\cos 45^\circ$$

$$=\frac{A}{\sqrt{2}}\exp\left[\mathrm{i}\omega t-\frac{\omega}{c}l\right]\left[\exp(-\mathrm{i}\Gamma)-1\right] \tag{20-24}$$

相应的输出光强为

$$I_0=E_yE_y{}^*=\frac{A^2}{2}[\exp(-\mathrm{i}\Gamma)-1][\exp(\mathrm{i}\Gamma)-1]$$
$$=2A^2\sin^2(\Gamma/2) \tag{20-25}$$

定义透射率 T 为输出光强与输入光强之比，则

$$T=\frac{I_0}{I_\mathrm{i}}=\sin^2\left(\frac{\Gamma}{2}\right)=\sin^2\left(\frac{\pi}{4}+\frac{\pi V}{2V_\pi}\right) \tag{20-26}$$

光波的透射率（或者调制器的输出光强）将按调制信号电平变化。图 20-17 表示出了光强度调制过程，1/4 波片的作用是使工作点偏置在 50%的透射率处。

表 20-18 列出了一些重要电光材料用于纵向调制器的特征参数。

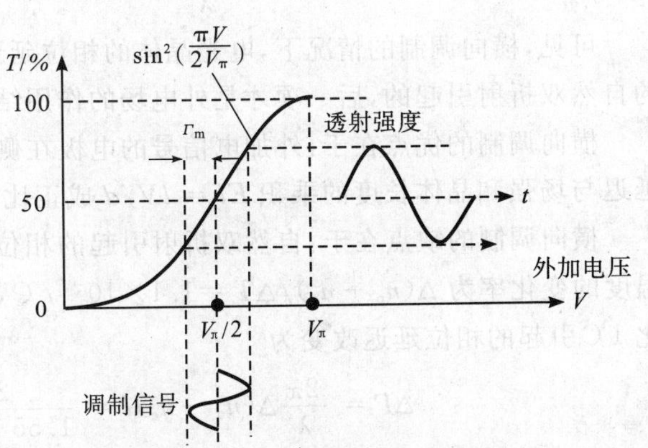

图 20-17　电光强度调制原理

表 20-18　纵向调制器的特性[24]

材　料	电光常数 r_{63}* /(pm/V)	典型的半波电压/kV (0.546 μm)	n_o 近似值
磷酸二氢铵(ADP)	8.5	9.2	1.526
磷酸二氢钾(KDP)	10.5	7.5	1.50
磷酸二氘钾(KD*P)	26.4	2.6～3.4	1.52
砷酸二氢钾(KDA)	10.9	6.4	1.57
砷酸二氢铷(RDP)	11.0	7.3	—
磷酸二氢铵(ADA)	5.5	13	1.58

*注：这里电光常数是指常应力电光常数，有时表示为 r^{Ψ}。

(二)横向电光体调制器

1. 集总电极横向电光体调制器

电光横向调制器使用的电场垂直于光的传播方向。图 20-18 为电光横向体调制器的结构示意图，电极施加在电光晶体的上下两端，调制信号电平与光传播的方向垂直，光波沿 y' 方向，调制信号加在 z' 方向。输入偏振片的透光方向平行于(x'，z')面，且与 z' 轴成 45°夹角。与先前不同的是，光波经过输入偏振器进入晶体后将分解成沿 x' 方向和 z' 方向(而不再是 x' 和 y')的两个偏振分量，它们之间的折射率差为

$$n_{x'} - n_{z'} = (n_o - n_e) - \frac{1}{2} n_0^3 \gamma_{63} E \tag{20-27}$$

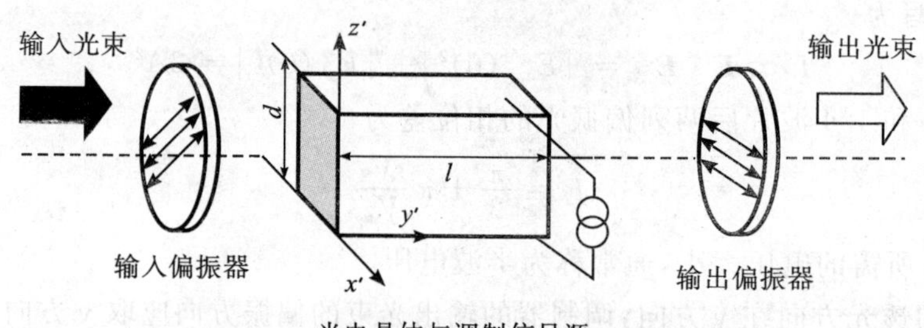

图 20-18　集总电极横向电光体调制原理

设通光方向上的晶体长度为 l，晶体在 z' 方向的厚度为 d，外加电压为 $V = Ed$。x' 方向和 z' 方向偏振分量间的相位差为

$$\Gamma = \frac{2\pi}{\lambda}(n_{x'} - n_{z'})l = \frac{2\pi}{\lambda}(n_o - n_e)l - \frac{1}{2} n_0^3 \gamma_{63} \frac{Vl}{d} \tag{20-28}$$

可见，横向调制的情况下，电光晶体的相位延迟包含有两项。前一项与外加电场无关，它是由晶体本身的自然双折射引起的，后一项才是外电场的作用结果。

横向调制的优点在于：外加电信号的电极在侧边，不会挡住光路；有自偏置，省去了 1/4 波片；电光相位延迟与场强和晶体长度的乘积 $El = lV/d$ 成正比，可以通过增大晶体长度 l 和减薄厚度 d 来降低调制电压。

横向调制的缺点在于：自然双折射引起的相位延迟会随温度而敏感变化。例如，KDP 晶体双折射率随温度的变化率为 $\Delta(n_o - n_e)/\Delta T = 1.1 \times 10^{-5}/℃$，如果取晶体长度 $l = 30$ mm，激光波长为 1.55 μm，温度变化 1℃引起的相位延迟改变为

$$\Delta\Gamma = \frac{2\pi}{\lambda}\Delta(n_o - n_e)l = \frac{2\pi}{1.55 \times 10^{-6}} \times 1.1 \times 10^{-5} \times 0.03 = 0.426\pi$$

这个数值与调制电压引起的相位延迟同量级，势必会破坏调制器的正常工作。解决温度漂移的办法：一是选用其他的电光材料，例如使用光学各向同性的 $\bar{4}3m$ 类晶体(如 GaAs)，因其 $n_o = n_e$，自然双折射的相位

延迟得以抵消。或者采用 $3m$ 类晶体(如 $LiNbO_3$),并选择在 x 方向或 y 方向加电场,z 方向通光,这样也可以避免自然双折射引起的相位延迟随温度的漂移。此外,还有一种方法是采用"组合调制器"结构实行补偿,其原理如图 20-19 所示,在两块反向放置(即 z 轴方向相反)且特性、尺寸完全相同的 KDP 晶体之间贴一块 1/2 波片,利用波片的旋光作用将前一块晶体中的寻常光和非寻常光在第二块晶体中分别变成非寻常光和寻常光,使两块晶体中的自然双折射相位差相抵消。

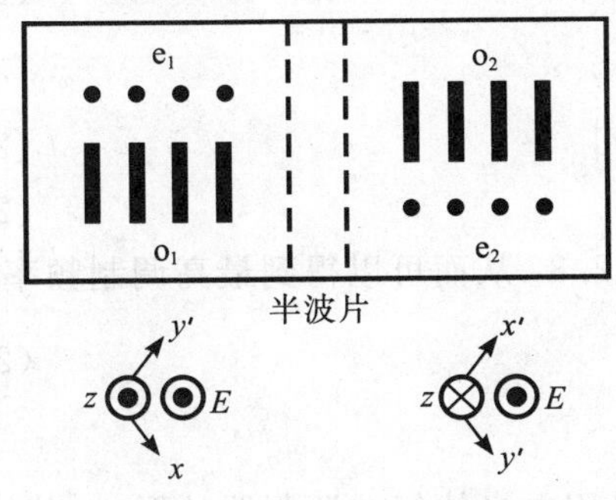

图 20-19　KDP 组合调制器

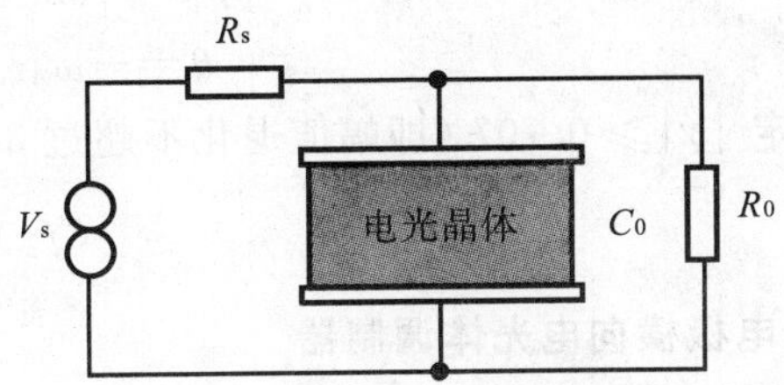

图 20-20　集总调制器的等效电路

图 20-18 所示的调制器电极结构为集总型,其等效电路如图 20-20 所示。电光晶体的一对界面加上平板电极构成了一个平板电容($C_0 = \varepsilon A/d$),R_0 为介质的等效电阻,R_s 为调制电源的内阻与连线电阻之和,V_s 为调制电压。作用于电光晶体的有效电压 V 为

$$V = \frac{V_s}{R_s + 1/(1/R_0 + \mathrm{i}\omega C_0)} \frac{1}{(1/R_0 + \mathrm{i}\omega C_0)} = \frac{V_s R_0}{R_s + R_0 + \mathrm{i}\omega C_0 R_0 R_s} \tag{20-29}$$

定义 V 与 V_s 的模之比为传输系数 K:

$$K = \frac{|V|}{|V_s|} = \frac{R_0}{\sqrt{(R_s + R_0)^2 + (\omega C_0 R_0 R_s)^2}} \tag{20-30}$$

通常 $R_0 \gg R_s$,所以

$$K = \frac{1}{\sqrt{1 + (\omega C_0 R_s)^2}} \tag{20-31}$$

(20-31)式说明传输系数 K 将随调制频率的提高而降低,如果定义 K 值降低 3 dB 时对应的调制频率为截止频率,则调制带宽可以写为

$$\Delta f = \frac{1}{2\pi C_0 R_s} \tag{20-32}$$

除了上述 RC 常数对集总调制器带宽的限制外,光波通过晶体的渡越时间也将限制调制器的带宽。前面分析电光纵向相位调制器时,忽略了光波通过晶体的渡越时间,认为调制信号电压不随晶体中的位置改变。在调制频率很高时,光波通过晶体单位长度的相位延迟就不能再简单地看作常数,(20-23)式表示的电光相位延迟应改写为瞬时相位延迟的积分

$$\Gamma(t) = \frac{\pi n_o^3 \gamma_{63}}{\lambda} \int_0^l E(t) \mathrm{d}z \tag{20-33}$$

光波通过晶体的渡越时间用 $\tau_d = l/v = nl/c$ 表示,则

$$\Gamma(t) = \frac{\pi n_o^3 \gamma_{63}}{\lambda} \frac{c}{n} \int_{t-\tau_d}^{t} E(t') \mathrm{d}t' \tag{20-34}$$

考虑调制信号为正弦波形式,则有

$$\Gamma(t) = \frac{\pi n_o^3 \gamma_{63}}{\lambda} \frac{c}{n} E_m \int_{t-\tau_d}^{t} \exp(\mathrm{i}\omega_m t') \mathrm{d}t'$$

$$= \Gamma_0 \frac{1-\exp(-\mathrm{i}\omega_m \tau_d)}{\mathrm{i}\omega_m \tau_d} \exp(\mathrm{i}\omega_m t) \tag{20-35}$$

式中，$\Gamma_0 = \frac{\pi n_o{}^3 \gamma_{63}}{\lambda} \frac{c}{n} E_m \tau_d$ 是一个常数，表示相位延迟的峰值。(20-35)式中的分式部分为一复量，称之为衰减因子 γ，有

$$\gamma = \frac{1-\exp(-\mathrm{i}\omega_m \tau_d)}{\mathrm{i}\omega_m \tau_d} = |\gamma| \mathrm{e}^{\mathrm{i}\theta} \tag{20-36}$$

其模和相位角分别为

$$|\gamma| = |\sin(\omega_m \tau_d/2)/(\omega_m \tau_d/2)| \tag{20-37}$$

$$\theta = -\omega_m \tau_d/2 \tag{20-38}$$

如果限定 $|\gamma| \geqslant 0.707$（即幅值退化不超过 3 dB），则有 $\omega_m \tau_d \leqslant 2.8$，从而可以得到最高调制频率为

$$(f_m)_{max} = \frac{2.8c}{2\pi nl} \tag{20-39}$$

2. 行波电极横向电光体调制器

为了能工作在更高的调制频率而又能克服渡越时间的影响，可采用电光体行波调制器的形式，其结构如图 20-21 所示。其原理是调制信号以行波的形式加到晶体上，使高频调制场以行波形式与光波场相互作用，并使光波与调制信号在晶体内始终具有相同的相速度。这样，光波波前在通过整个晶体的过程中所经受的调制电压是相同的，故可消除渡越时间的影响。

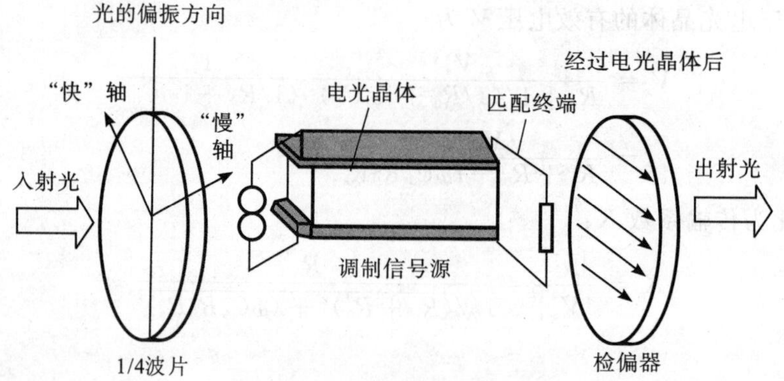

图 20-21　电光体行波调制器

设 t_0 时刻，光波的波阵面在 $z=0$ 处，t 时刻光波的波阵面传播到 $z(t)$ 位置，则 $z(t) = v(t-t_0)$，v 为光波在电光晶体中的相速，以 τ_d 表示光波在晶体中的渡越时间。光波通过整块晶体产生的电光相位延迟通过以下积分计算：

$$\Gamma = a \frac{c}{n} \int_{t_0}^{t_0+\tau_d} E(t,z) \mathrm{d}t \tag{20-40}$$

式中，a 为不随 t、z 变化的常数。

$E(t,z)$ 为行波调制电场，其数学表达式为

$$E(t,z) = E_m \exp[\mathrm{i}(\omega_m t - k_m z)] = E_m \exp\{\mathrm{i}[\omega_m t - \frac{\omega_m}{v_m} v(t-t_0)]\} \tag{20-41}$$

将(20-41)式代入(20-40)式，完成积分，得

$$\Gamma = \Gamma_0 \exp(\mathrm{i}\omega_m t_0) \frac{\exp[\mathrm{i}\omega_m (1-v/v_m)\tau_d]-1}{\mathrm{i}\omega_m (1-v/v_m)\tau_d} \tag{20-42}$$

式中，v 和 v_m 分别为晶体中的光波和电调制信号的相速，$\Gamma_0 = a(c/n)E_m \tau_d$。后面的分式部分也是一个复量，它表示行波调制器相位延迟的衰变因子，其幅值为

$$|\gamma| = \left| \frac{\sin\left[\frac{1}{2}\omega_m \tau_d (1 - v/v_m)\right]}{\frac{1}{2}\omega_m \tau_d (1 - v/v_m)} \right| \tag{20-43}$$

当光波和电调制信号的相速趋于相等时，有 $\gamma \to 1$，表明调制器的带宽将不受限制。v 和 v_m 不相等时，取 $|\gamma| = 0.707$，可得 $\omega_m \tau_d |1 - v/v_m| = 2.8$。相应地，可得到最高调制频率为

$$f_m|_{\max} = \frac{2.8c}{2\pi n l} \frac{1}{|1 - v/v_m|} \tag{20-44}$$

与集总调制器((20-39)式)相比，最高调制频率提高了 $1/|1 - v/v_m|$ 倍。再将相速之比用折射率之比表示出来 $\frac{v}{v_m} = \frac{c/n}{c/n_m} = \frac{n_m}{n}$，则有 $f_m|_{\max} = \frac{2.8c}{2\pi l} \frac{1}{|n - n_m|}$。

三、电光波导调制器

(一)电光波导调制器的概念

先前介绍的各种电光体调制器，都是具有较大体积尺寸的分立器件，一般称之为“体调制器”。它们共有的局限性就是几乎整个晶体材料都受到外加电场的作用，因此器件必须施加强大的电场，以改变整个晶体的光学特性，从而使通过的光波得到调制。在光纤通信系统中实用的是波导调制器，电光波导调制器实现调制的物理基础是介质的泡克尔斯效应。当波导上加电场时，产生介电张量 ε(折射率)的微小变化，将引起波导中本征模传播常数的变化。波导调制器中包含有两种或多种电光性质不同的材料构成的光波导，光波被限制在波导区内传播。调制电场只需要加在通光波导区，为获得同样大的相位延迟所要求的调制电压较低，其所需的驱动功率比体调制器要减小 3～4 个数量级，因而可以显著的改善调制效率。施加调制电场的电极配置在同一平面内，平面电容要比平板电容小得多，减轻了 RC 时间因子对传输系数的影响。

波导调制器的另一个优点是，除了像体调制器那样通过外加电场使电光介质的感应折射率发生变化，造成相位延迟以实现电光调制外，波导本身的模式特性以及模间耦合状态也可以随外场改变，从而出现某些新的调制机理，如模耦合调制器和偏振旋转调制器等。

(二)电光波导相位调制器

图 20-22 是 $LiNO_3$ 电光波导相位调制器的结构示意图。z 轴为 $LiNO_3$ 光轴方向，当电极上施加调制电压时，波导折射率因电光效应发生改变，造成波导内导模通过电极作用区域的相位随外加电压而变化。

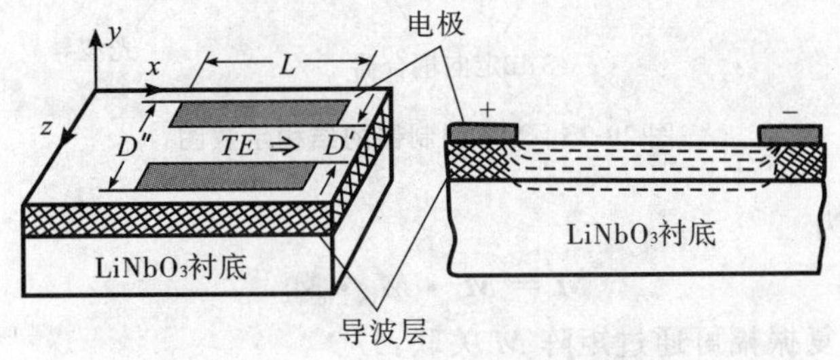

图 20-22　电光波导相位调制器

对于 TE 模，电场产生波导折射率的改变为

$$\Delta n_e = \frac{1}{2} n_0{}^3 \gamma_{33} E_z \tag{20-45}$$

波导传输的相位变化为

$$\Delta\varphi = \frac{2\pi}{\lambda} \Delta n L = \frac{\pi}{\lambda} n_0{}^3 \gamma_{33} E_z L \tag{20-46}$$

式中，L 是电极的长度。设电极上的电压为 V，若波导层很薄，根据电磁场理论可以得到

$$E_z \approx \frac{2V}{\pi D'} \tag{20-47}$$

式中，D' 为电极间距。则 TE 模在波导中传输的相位变化和电极电压的关系是

$$\Delta\varphi = \frac{2n_0{}^3\gamma_{33}L}{\lambda D'}V \tag{20-48}$$

通常定义 $\Delta\varphi=\pi$ 时所需的电压为半波电压 V_π，所以，由(20-48)式，可以得到

$$V_\pi = \frac{\pi\lambda D'}{2n_0{}^3\gamma_{33}L} \tag{20-49}$$

(20-48)式又可以写成

$$\Delta\varphi = \pi\frac{V}{V_\pi} \tag{20-50}$$

上述结构的优点是工艺简单，易于制作；缺点是要求高压调制信号，调制带宽较窄，而且调制器基本上仍为集总形式，只是电极构成的电容 C_0 有所降低。

(三)MZ 电光波导调制器

1. MZ 调制器的工作原理

MZ 调制器(Mach-Zehnder modulator，MZM)的基本原理是马赫-曾德尔光干涉(Mach-Zehnder interferometer，MZI)，其结构如图 20-23 所示，由前后两个 3 dB 定向耦合器和一个可变移相器组成。令 δ 为两波导间的耦合系数(δ 取决于定向耦合器处两列波导的靠拢程度)，d 为耦合长度。定向耦合器与移相器的传输矩阵可以表示为

$$\boldsymbol{M}_c = \begin{bmatrix} \cos(\delta d) & \mathrm{i}\sin(\delta d) \\ \mathrm{i}\sin(\delta d) & \cos(\delta d) \end{bmatrix}, \boldsymbol{M}_p = \begin{bmatrix} \exp(\mathrm{i}\Delta\varphi/2) & 0 \\ 0 & \exp(-\mathrm{i}\Delta\varphi/2) \end{bmatrix} \tag{20-51}$$

式中，$\Delta\varphi$ 的表达式为(20-48)式。

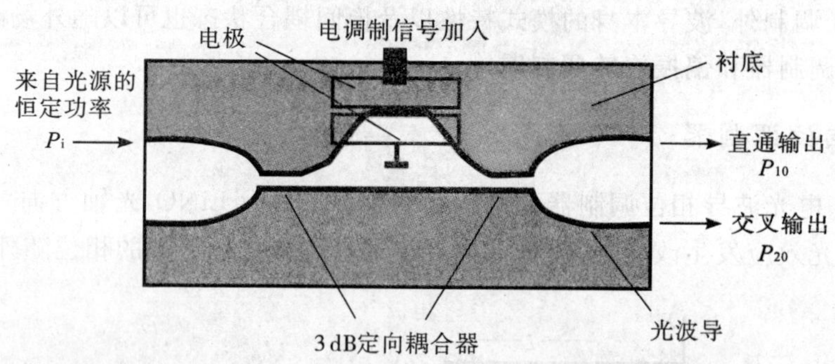

图 20-23　MZ 调制器的结构示意图

整个 MZM 的传输矩阵为

$$\boldsymbol{M} = \boldsymbol{M}_c \cdot \boldsymbol{M}_p \cdot \boldsymbol{M}_c \tag{20-52}$$

MZM 的输入、输出强度复振幅可通过矩阵 $\boldsymbol{M}$ 关联：

$$\begin{bmatrix} E_{10} \\ E_{20} \end{bmatrix} = \boldsymbol{M} \cdot \begin{bmatrix} E_i \\ 0 \end{bmatrix} \tag{20-53}$$

相应的功率关联式为

$$\begin{bmatrix} P_{10} \\ P_{20} \end{bmatrix} = \begin{bmatrix} |M_{11}|^2 & |M_{12}|^2 \\ |M_{21}|^2 & |M_{22}|^2 \end{bmatrix} \cdot \begin{bmatrix} P_i \\ 0 \end{bmatrix} \tag{20-54}$$

$\boldsymbol{M}$ 的 4 个矩阵元的表示式为

$$\left.\begin{aligned} M_{11} &= \cos(2\delta d)\cos(\Delta\varphi/2) + \mathrm{i}\sin(\Delta\varphi/2) \\ M_{12} &= M_{21} = \mathrm{i}\sin(2\delta d)\cos(\Delta\varphi/2) \\ M_{22} &= \cos(2\delta d)\cos(\Delta\varphi/2) - \mathrm{i}\sin(\Delta\varphi/2) \end{aligned}\right\} \tag{20-55}$$

将(20-55)式代入(20-54)式，得

$$\left.\begin{aligned} P_{10} &= [\cos^2(2\delta d)\cos^2(\Delta\varphi/2) + \sin^2(\Delta\varphi/2)]P_{\mathrm{i}} \\ P_{20} &= \sin^2(2\delta d)\cos^2(\Delta\varphi/2)P_{\mathrm{i}} \end{aligned}\right\} \tag{20-56}$$

设计 $2\delta d = \pi/2$，耦合器即成为 3 dB 定向耦合器，(20-56)式简化为

$$\left.\begin{aligned} P_{10} &= \sin^2(\Delta\varphi/2)P_{\mathrm{i}} \\ P_{20} &= \cos^2(\Delta\varphi/2)P_{\mathrm{i}} \end{aligned}\right\} \tag{20-57}$$

当 MZM 两臂的相位差 $\Delta\varphi = (2K+1)\pi, K = 0,1,2,3,\cdots$ 时，$P_{10} = P_{\mathrm{i}}, P_{20} = 0$，为“直通”输出；当 $\Delta\varphi = 2K\pi, K = 0,1,2,3,\cdots$ 时，$P_{10} = 0$，$P_{20} = P_{\mathrm{i}}$，为“交叉”输出。“直通”与“交叉”间的转换通过电调制信号来控制。为了能够实现“直通”与“交叉”态间高速率的转换，还需要采取措施，尽可能地减小电极引入的电容，以提高两种状态间的转换速率。

MZM 进行工作时，可以不必要求正好在“直通”态与“交叉”态之间转换，只需做成“直通”态与“非直通”态，或者“交叉”态和“非交叉”态间的转换。例如，不加电调制信号时，设计 $\Delta\varphi = \pi$，MZM 的输出为“直通”；加上电调制信号时，改变折射率，使 $\Delta\varphi$ 偏离相位 π，但不一定正好是 2π，此时只要 $P_{10} < 0.158P_{\mathrm{i}}$，就可以构成插入损耗很小且消光比大于 8 dB 的外调制发送。P_{10} 端与传输光纤固定连接，P_{20} 端通过光吸收材料接地。另一种做法是设计调相区的两个支路长度相等，不加电调时，由于 $\Delta\varphi = 0$，MZM 的输出为“交叉”态，将 P_{20} 端与传输光纤固定连接，P_{10} 端通过光吸收材料接地；加上电调时，因为折射率的变化，使 $\Delta\varphi$ 不再为 0，P_{20} 端的输出也就不为 0，构成了有光和无光输出两种状态。这样构成的调制器消光比没有问题，只有信号输出功率大小的问题(本质上是调制效率的问题)。

将(20-50)式代入(20-57)式，得到

$$\left.\begin{aligned} P_{10} &= \sin^2\left(\frac{\pi}{2}\frac{V}{V_\pi}\right)P_{\mathrm{i}} \\ P_{20} &= \cos^2\left(\frac{\pi}{2}\frac{V}{V_\pi}\right)P_{\mathrm{i}} \end{aligned}\right\} \tag{20-58}$$

从(20-58)式可以看出，半波电压 V_π 越小，调制信号 V 的微小变化就可以引起输出端口光强的明显变化，调制器的灵敏度就越高。

2. 典型的 MZM

MZM 可以基于多种电光材料来实现，目前广泛使用的有 $LiNbO_3$，Ⅲ-V 半导体材料(如 GaAs 和 InP)和聚合物材料等。$LiNbO_3$材料制备的调制器具有低的插入损耗和较高的调制带宽，在实际光通信系统中的应用最多。GaAs 和 InP 等半导体材料制备的调制器易与半导体激光器集成，因此也具有较大的发展潜力。目前以上两类材料的波导调制器均有商品出售。聚合物电光材料以其高电光系数、较低的介电常数、易与其他材料集成和相对简单的制备工艺等优点引起众多研发单位的极大兴趣，在近十几年的时间里聚合物电光波导材料的研究取得了迅速的进展，基于该类材料的调制器也被相应地研发出来，并有相关产品问世。

图 20-24 给出了在 z 向切割的 $LiNbO_3$ 晶体衬底上，用射频溅射刻蚀法制造的 Ti 扩散分叉条状波导 MZ 结构电光波导行波调制器[25]的结构示意图。调制器的输入端使用保偏光纤控制了传输光的偏振方向。MZM 用 Y 分支结构取代了 3 dB 定向耦合器。采用 3 dB 定向耦合器时耦合波导中的光信号能直接产生$\pi/2$的相位突变，但 3 dB 定向耦合区的长度和间距会随 Ti 的浓度和波导上面的覆盖层而改变，并需要多次实验调整。Y 分支结构靠两路波导长度的差异引入了 $\pi/2$ 的相位差，长度差的少许偏差可以由调制信号电压予以补偿，不致影响 MZM 的工作。当长支路的电极加正电压引入 $\pi/2$ 的电光相移时，两支路光场的相位差为 π，相干叠加的结果使得调制器的输出光强为 0。当短支路的电极加正电压引入 $\pi/2$ 的电光相移时，两支路光场的相位差为 0，相干叠加的结果使调制器的输出光强最大。高速调制信号是通过同轴线加在 z 方向上

排布的两块厚电极板上，然后通过 y 方向排列的两块电极提供 y 方向电光调制电场，从而实现了调制信号的行波化，因而允许采用长的电极，在较低驱动电压下获得所需的电光相位调制。在图 20-24 所示的调制器中，$LiNbO_3$表面加 SiO_2和 Si 涂层的作用一是降低调制器的插入损耗，二是改善调制器的温度稳定性。使用 SiO_2和 Si 涂层，在浅波导情况下，既抑制了光波导的泄漏，又通过 Si 涂层较高的介电常数，在低调制电压下仍可获得需要的调制电场强度，同时改善了光波导与传输光纤间的耦合，从而实现了调制器的低调制电压和低损耗特性。同时，加有 Si 表面涂层后，可以使表面电荷分布均匀化，因而显著地改善了调制器的温度特性。

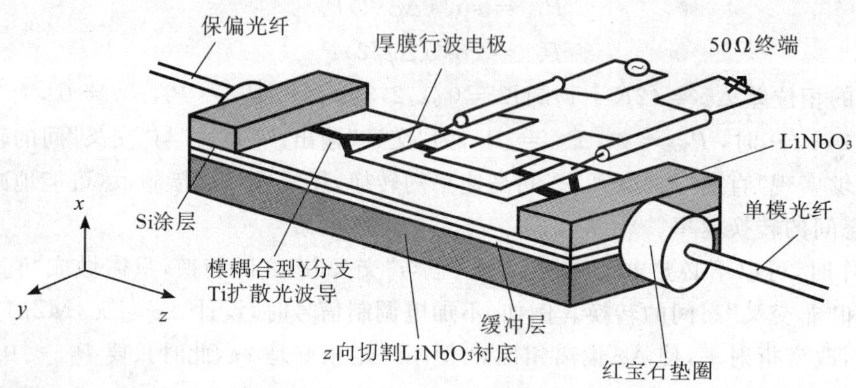

图 20-24　MZ 铌酸锂波导行波调制器

图 20-25 是 NTT 公司研发的一种基于 SI-InP 材料的 N-I-N 结构的 MZ 调制器[26]。该调制器用两个 2×2 多模干涉耦合器代替了定向耦合器来实现 3 dB 的分束功能，多模干涉耦合器的特性受制作工艺起伏的影响小，具有接近常数的分束比，从而保证了 MZ 调制器实现较高的消光比。从器件横截面结构图可以看出，波导结构是在 N 型半导体层之间插入非掺杂 MQW(multiple quantum well)层，调制电信号施加在两个 N 型半导体层上，该种波导结构的电极之间可以产生很强的电场，同时可以降低电信号和光信号的损耗。实验测得该调制器在调制频率为 40 Gb/s 时的驱动电压为 2.3 V。

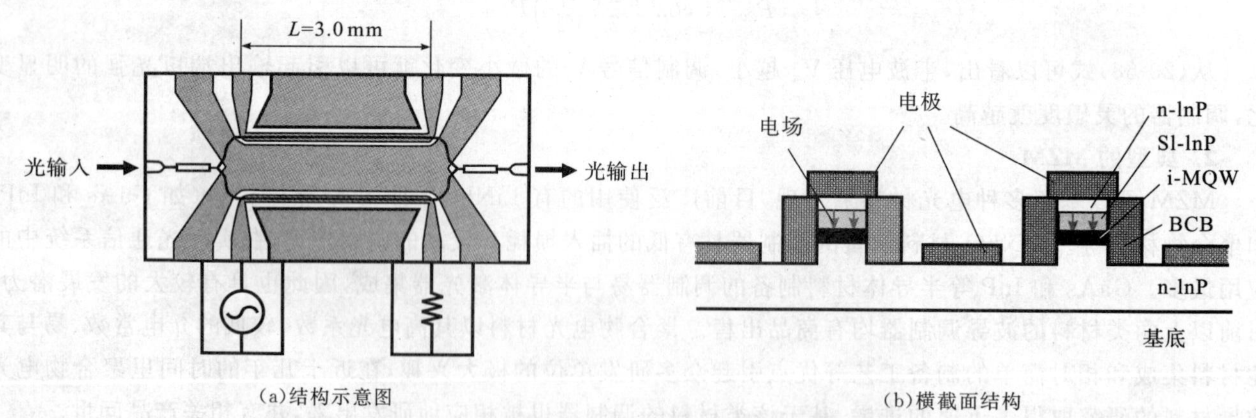

图 20-25　基于 SI-InP 基底的 N-I-N 结构 MZ 调制器

Bell-Lucent 实验室在 2002 年报道了基于 DR1－PMMA 聚合物制备的波导 MZ 调制器[27]，其结构如图 20-26 所示。通过精心设计优化波导结构和折射率分布，可以使传输线中微波信号的速度与波导中光波的速度匹配，从而获得较高的调制带宽，实验测得该调制器在单边带调制的情况下的调制带宽最高可达 200 GHz，图 20-27 给出了实验测得的调制频率在 25～145 GHz 的单边带光功率谱(波长偏移是相对于 1 310 nm载波，插图是不同微波频率下的调制边带)。

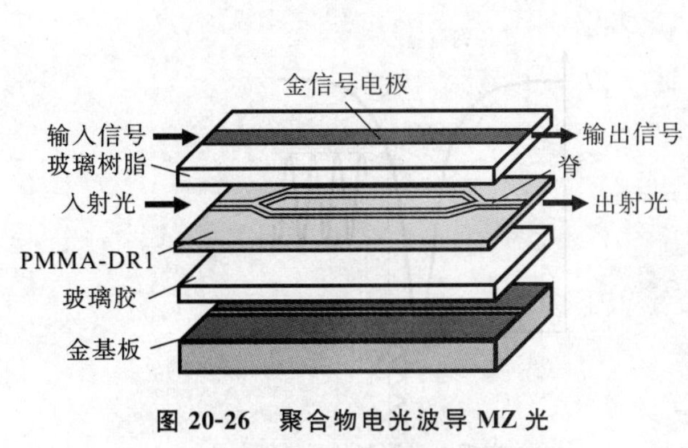

图 20-26　聚合物电光波导 MZ 光调制器的结构示意图

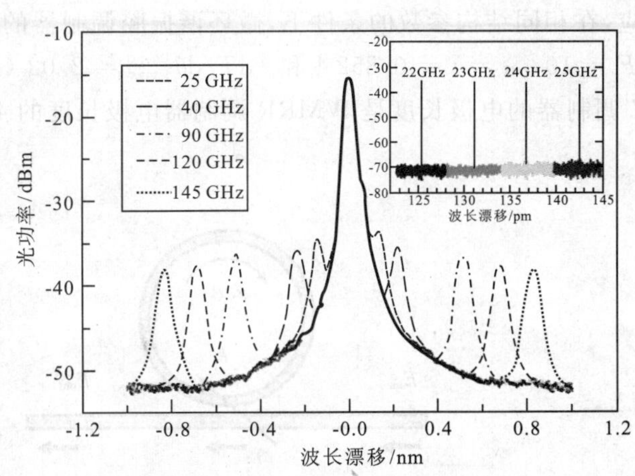

图 20-27　聚合物电光波导 MZ 调制器在不同调制频率下的光功率谱

(四)微环谐振腔电光波导调制器

波导微环谐振腔(wave guide micro-ring resonator, WMRR)以其优异的滤波性能、紧凑的结构近年来引起科研工作者的极大兴趣，分别在玻璃材料、二氧化硅、氮化硅、硅、聚合物等波导材料上开展了基于微环谐振腔结构的集成光波导器件及其在光通信、生化传感等领域应用的研究工作，并且取得了显著的研究成果，已有相关的集成光波导器件产品问世。

基于微环谐振腔结构的电光波导调制器具有更高的调制效率和调制灵敏度。图 20-28 给出了该调制器的基本结构及实现电光调制的示意图[28]。该调制器由以电光材料制备的波导微环和一直波导构成，输出端口的场振幅为

$$E_{\text{out}} = \frac{t - \alpha \mathrm{e}^{-\mathrm{i}\theta}}{1 - \alpha t \mathrm{e}^{-\mathrm{i}\theta}} E_{\text{in}} \tag{20-59}$$

式中，t 为微环和直波导构成的耦合器的场振幅直通耦合系数，在忽略耦合器损耗的情况下，有 $t^2 + \kappa^2 = 1$，κ 是场振幅交叉耦合系数；α 为波导微环的振幅周损耗因子；θ 为绕环一周的相位因子。基于该结构的波导微环谐振腔强度输出函数为

$$T(\theta) = \left| \frac{E_{\text{out}}}{E_{\text{in}}} \right|^2 = 1 - \frac{(1-\alpha^2)(1-t^2)}{(1-\alpha t)^2 + 4\alpha t \sin^2(\theta/2)} \tag{20-60}$$

在 $\alpha = t$ 的条件下，当相位因子满足 $\theta = 2K\pi, (K = 0,1,2,3,\cdots)$ 时，输出光强为 0，该条件称为临界耦合条件。微环谐振腔的精细度为

$$F = \frac{\pi}{2 \arcsin\left(\dfrac{1-\alpha t}{\sqrt{2 + 2\alpha^2 t^2}}\right)} \tag{20-61}$$

当大小为 V_0 的电压施加于波导微环上时，相位因子 θ 为

$$\theta = \theta_0 + \Delta\beta L, \quad \Delta\beta = \frac{\pi n_0^3 r \Gamma V_0}{\lambda g} \tag{20-62}$$

式中，θ_0 为偏置电压引起的相位变化，L 为环周长，n_0 为波导微环的有效折射率，r 为电光系数，λ 为真空中的光波长，g 是电极间距，Γ 是电-光重叠积分因子。如果注入的是调制电压，那么输出光强 $I(\alpha T)$ 将被该电压调制，输出波形如图 20-28(b)所示。微环谐振腔调制器的调制灵敏度，即等效半波电压 V_π^{eq}，可以根据 MZ 调制器的半波电压定义为

$$V_\pi^{\text{eq}} = \frac{\pi}{2}\left(\left|\frac{\mathrm{d}T}{\mathrm{d}V}\right|_{\max}\right)^{-1} = \frac{\pi}{2}\left(\left|\frac{\mathrm{d}T}{\mathrm{d}\theta}\frac{\mathrm{d}\theta}{\mathrm{d}V}\right|_{\max}\right)^{-1} \tag{20-63}$$

对于单臂驱动 MZ 调制器，其半波电压为 $V_\pi^{\text{MZ}} = \pi\,|\mathrm{d}\theta/\mathrm{d}V|^{-1}$，比较(20-63)式可以看出，由于谐振增强

效应，在相同结构参数的条件下，微环谐振腔调制器的调制灵敏度提高了 $2\times|\mathrm{d}T/\mathrm{d}\theta|$ 倍。例如，取在精细度 $F=10$、$\alpha=t=0.8524$ 和 $|\mathrm{d}T/\mathrm{d}\theta|_{\max}=2.02$ ($\theta_0=0.059\pi$) 的条件下，为了达到相同的调制灵敏度，MZ 调制器的电极长度是 WMRR 调制器电极长度的 4.04 倍。

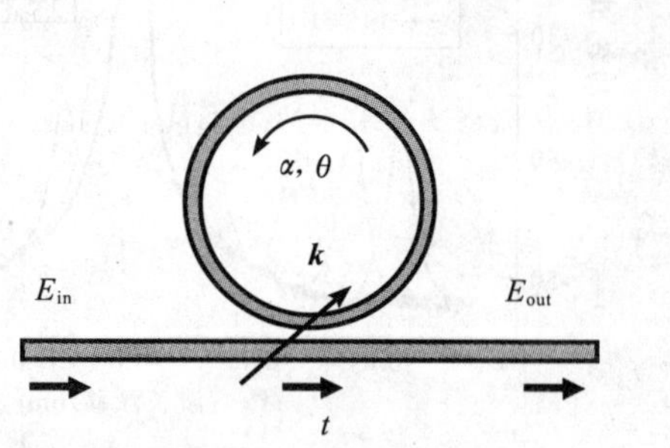

(a) 基于微环谐振腔结构的电光波导调制器结构

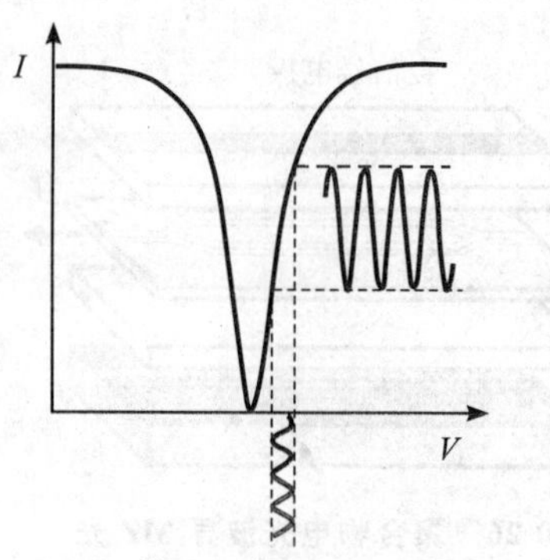

(b) 实现电光调制的示意图

图 20-28　基于微环谐振腔结构的电光调制

图 20-29 给出了采用行波电极在电光聚合物材料 AJL8/APC 上制备的微环谐振腔电光波导调制器的结构示意图和实验测试结果[29]。从图 20-29(b)中可以看出，在 84 GH 和 111 GHz 的频率下达到了调制响应极大值，表明微环谐振腔电光波导调制器将在毫米波(milimeter-wave，MMW)通信、光学信号处理(optical signal processing，OSP)以及微波光纤传输(radio over fiber，RoF)等领域有着巨大的潜在应用前景。

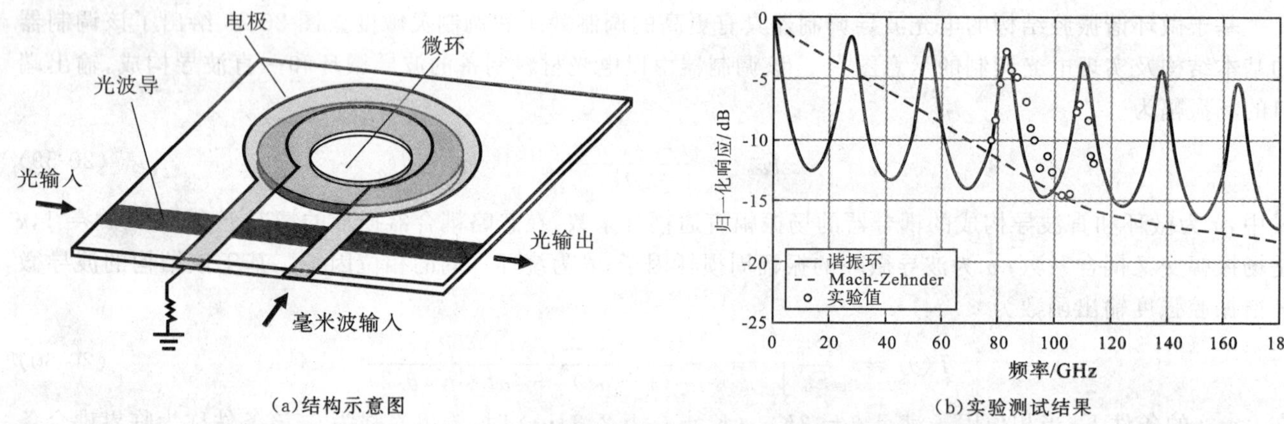

(a)结构示意图　　(b)实验测试结果

图 20-29　行波电极聚合物微环谐振腔电光波导调制器

目前，高速光通信网络每个信道使用的带宽为 10 GHz，40 GHz 的相关产品正在逐渐引入，实验室的研发正在向 80 GHz、100 GHz 甚至 200 GHz 的目标努力。如何将如此高频的电信号加载到光载波上，对光学调制器提出了更高的要求。聚合物电光波导调制器已经初步显示出它的优越性，并有相关产品问世，相信随着聚合物电光调制器性能(半波电压、调制带宽、长期光学稳定性等)的进一步提高，在未来光通信领域将发挥巨大的作用。

四、电光空间光调制器

空间光调制器(spatial light modulator，SLM)是一种对光波的空间分布，如相位、偏振、振幅(或强度)等进行调制的器件[30]。它一般包含许多独立单元并在空间上排列成一维或二维阵列，每个单元都可以独立接收光学信号或电学信号的控制，并按此信号改变自身的光学性质，从而对照射在其上的光波进行调制。

按照读出光的方式不同，空间光调制器一般可分为反射式和透射式，而按照输入控制信号的方式又可分为光寻址(optical spatial light modulators，O-SLMs)和电寻址(electro spatial light modulator，E-SLMs)(也有极少数的热寻址器件)。前者多为模拟的非像素单元构成，主要用于光-光转换器件；后者主要是由单个分立的元素或像素组成，主要用做电-光实时接口器件，所以从应用角度可分为模拟的和数字的两类。如图 20-30 所示，分别表明这类器件的不同工作方式。透射式光调制器，其作用类似于一个二维的薄膜片，当光通过该薄膜时在空间上调制光的模式，该二维器件上每个点调制的大小是由该点上的光的透射率多少决定的。反射式空间光调制器，除了由材料的每一点上的反射率控制光的调制度以外，与透射式的操作是类似的。

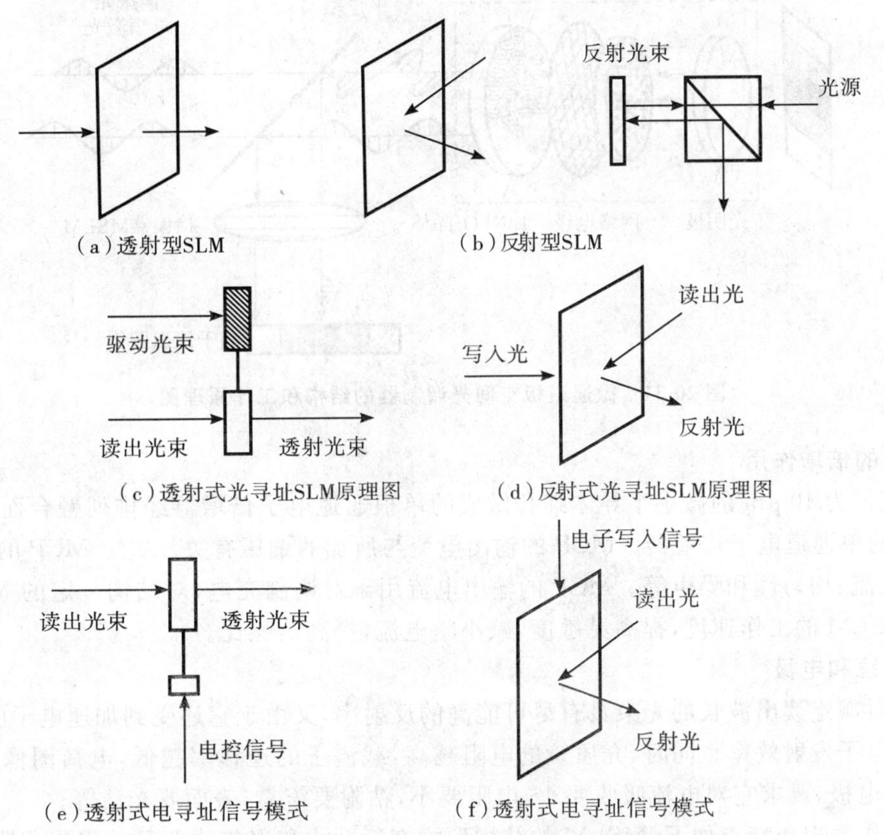

图 20-30 电光空间光调制器的类别

(一)微通道板空间光调制器

由于微通道板(micro channel plate，MCP)具有倍增作用，同时可以对紫外光和 X 射线响应，省掉了光电阴极，制作相对容易，因此这种调制器被广泛地用在微光探测、X 光探测、紫外光探测及各种图像处理(实时图像的可调阈值限幅，轮廓提取，边缘增强，对比度反转，多级矩阵加减运算，同步检测，闩锁存储，并行布尔逻辑运算，白光/彩色处理等)要求较高的场合，如航天、空间光电弱光探测系统中，现已成为光电系统中运用十分广泛的、活跃的分支。

1. 微通道板空间光调制器的结构和作用

对于光寻址的微通道板空间光调制器(micro-channel spatial light modulator，MSLM)的基本结构如图 20-31 所示。器件由外部电源和控制线路及封装在真空管内的光电阴极、微通道板、加速栅极、电光晶体薄片等组成。电光晶体在面向 MCP 的一面镶有高阻高反射率膜，另一面镀有透明电极。

2. MSLM 中的材料及电光调制作用

MSLM 的核心器件是电光晶体片，目前 MSLM 最常用的材料有 $LiNbO_3$、$LiTaO_3$ 和 SBO。特别是55°切角的 $LiNbO_3$ 晶体被广泛用作 MSLM 中的电光调制材料。调制特性与晶体上所加纵、横向电压和所选材料的介电常数有关。若利用纵向电光效应，则作用于 MSLM 上的横向电场电量可用纵横调制比 $\rho_{xy}(\omega)=S_L(\omega)/S_T(\omega)$ 来表示。

3. MSLM 中的二次电子发射及控制作用

从图 20-31 可以看出，MSLM 中的网络加速栅是由两种介质镜交替沉积而成的光学薄膜栅，主要用于控制出射电子量。出射电子量的大小由透射率(也为耦合系数)决定。如果光学薄膜耦合系数近似为1,注入到网络加速栅的电流密度(初级电流密度)与网络加速栅发射的二次电子电流密度之和 $J_g=J_i+J_o$ 为网络加速栅的控制电流,只要控制 J_g 就可以很方便地实现 MSLM 的写入、擦除操作。

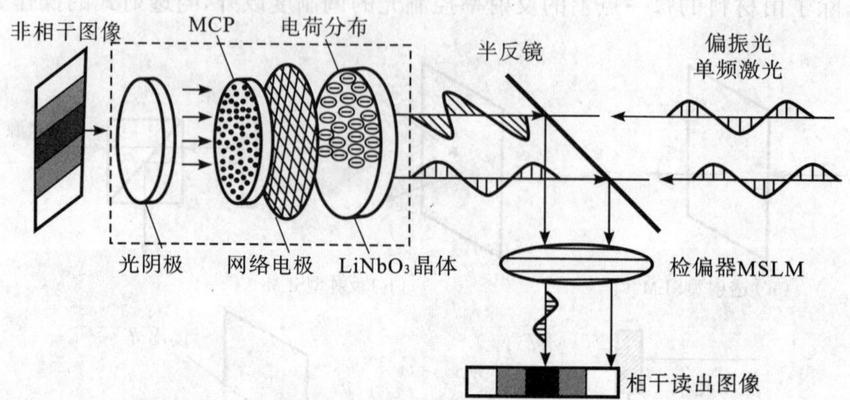

图 20-31 微通道板空间光调制器的结构和工作原理图

4. 微通道板的倍增作用

MCP 是由直径为 10 μm 的微小半导体细孔做成的单根通道电子倍增器经排列融合而成的。每平方米约有 10^5 个这样的单通道电子倍增器。MCP 的输出电流与所加的偏压有关。决定 MCP 的转换特性的主要参数有增益、暗电流、均匀性和噪声等。MCP 的输出电流用于对调制充电,对结构一定的 MSLM,高的输出电流可以提高 MSLM 的工作速度,提高灵敏度,减小暗电流,提高信噪比。

5. 介质反射镜和电极

介质反射镜对额定读出波长的光束具有尽可能高的反射率,又由于它还受到加速电子的轰击,所以还应具备较大的二次电子发射效率。同时,介质镜的电阻越高,载流子的迁移率越低,电荷图像储存的时间就越长。常用 ITO 膜电极,要求它对电流吸收要小,电阻要小,粘附要牢靠,表面要光洁等。

MSLM 的工作原理和特点如下:MSLM 的结构形式有近贴式和聚焦式两种。聚焦式阴极与 MCP 间的图像传输采用静电聚焦,故较为简单。近贴式结构要求阴极与 MCP 间、MCP 与栅极间、栅极与电光晶体的近贴距离要尽量小,因此这种调制器具有结构简单、紧凑、图像无畸变、均匀性好等优点。

工作时,写入图像投射到光电阴极上产生光电子图像,光电子经 MCP 进行二次倍增,在经过栅极加速电子束后,对应于图像光强分布的电荷图像就沉积于电光晶体的介质层上。晶体上的电荷分布产生相应的空间分布的静电场,通过纵向电光效应实现对读出光束的空间调制。读出光可通过检偏镜或干涉系统得到振幅或光强调制的图像,如图 20-31 所示。

由栅极控制到达介质膜上的电子能量,利用介质膜的二次电子反射特性,可在介质膜上得到正电荷沉积或负电荷沉积,对应于 MSLM 的两种工作模式——电子积累和电子耗尽及其相应的擦除模式。MSLM 既能以连续方式完成写入、读出、擦除,又能在离散方式下工作。对高电导的电光材料及介质膜,在工作带宽内,读出图像只与瞬时写入图像有关,可得到瞬时调制。而对于高电阻材料,光学信息能以电荷积累的方式存储,然后需要经过擦除后再进行写入。通常写入图像强度为 $10^1\sim10^2\,\mathrm{nW/cm^2}$ 时,MSLM 的响应时间为 20~100 ms。

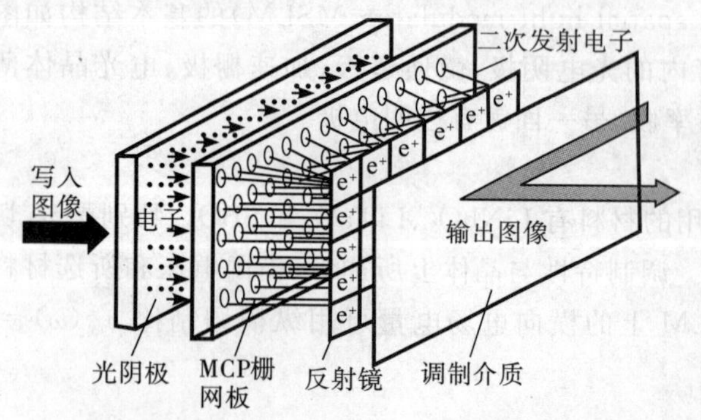

图 20-32 MSLM 的组合单元成像过程

当写入光进入光阴极后,就要刺激光阴极发射电子,经过网格板二次发射电子获得倍增放大,在经反射镜反射到调制介质上获得调制图像信号,如图 20-32 所示。从其工作过程可以看出,MSLM 具有以下突出特点:

1)通过电光调制材料和光电阴极的多样化选择,MSLM 的输出、输入可以具有很宽的光谱响应范围,这样便能够满足不同应用的特殊要求。输入可以从 X 射线、紫外到中红外,输出光谱也可以从中紫外到中红外变化。

2)MCP 具有很大的内增强功能,介质膜具有积累电荷的能力,它使 MSLM 具有很高的光子灵敏度。能在弱光下工作,可记录强度仅为 $10^{-14}\ \mathrm{W/cm^2}$ 的可见光图像。

3)选择高阻的电光调制材料和介质膜,可以使器件具有很长的存储时间。

4)二次电子发射特性使 MSLM 具有独特的、灵活的本征信息处理能力。

(二)泡克尔斯电光空间光调制器

泡克尔斯入射-读出调制器(Pockels readout optical modulator,PROM)是一种利用电光效应制成的典型的光学编址型空间光调制器,其性能比较好,目前已得到广泛的应用。

1. 泡克尔斯光调制器的结构

为了满足实时处理的要求,陆续出现了多种结构原理的器件,有的是把光敏薄膜与铁晶体管结合起来,有的则利用本身具有光敏性能的光致导晶体管制成。其中以硅酸铋($Bi_{12}SiO_2$,简写为 BSO)晶体材料制成的空间光调制器得到了较快的发展,BSO 是一种非中心对称的立方晶体(23 点群),它不但具有光电导效应,而且还具有线性电光效应。它的半波电压比较低,对 $\lambda=400\sim500$ nm 的蓝光比较灵敏(因为蓝光的光子能量很高),而对 600 nm 的红光的光电导效应是微弱的。由于光敏特性随波长的不同而剧烈变化,材料对蓝光敏感,对红光不敏感,所以可以用蓝光作为写入光,用红光作为读出光,从而可减少读出光和写入光之间的互相干扰。

BSO-PROM 空间光调制器的结构如图 20-33 所示。在 BSO 晶体的两侧涂上 3 μm 厚的绝缘层(聚氯代对苯二甲川),最外层镀上透明电极就成为透射式的器件;如果在写入侧镀上双色反射层用以反射红光而透射蓝光,就构成反射式的器件。反射式结构不但降低了半波电压,而且消除了晶体本身旋光性的影响。

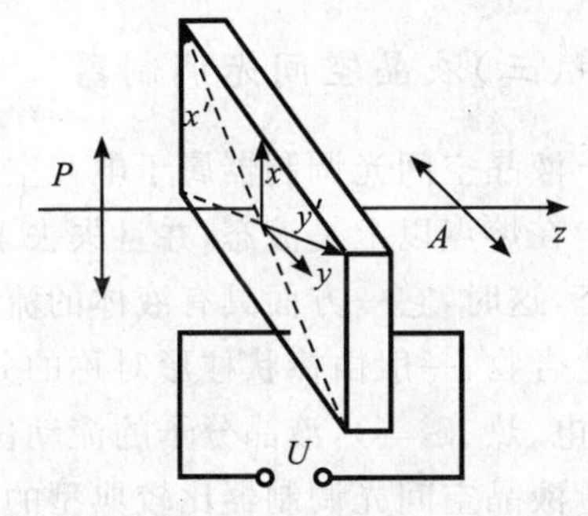

图 20-33　泡克尔斯空间调制器原理

2. 泡克尔斯光调制器的调制原理

PROM 是一种利用泡克尔斯电光效应的空间光调制器。可在随时间变化的电驱动信号的控制下,或在任一种空间光强分布的作用下改变空间中光分布的相位、偏振、振幅(或强度)和波长,被广泛应用于光学信息领域。

典型的 PROM 采用具有电光效应和光电导性的 BSO 晶体材料,它具有较低的半波电压($V_{\lambda/2}=3.9$ kV),且易于生成大块晶体。BSO 晶体属立方晶系,不加电场时是各向同性的,沿 z 轴施加电压后变为类似于 KDP 的晶体。其感应主轴为图 20-33 中的 x'、y' 方向。当垂直振动的线偏振光通过切割的 BSO 晶体时,经检偏器透过的光强为 0。若沿着 z 轴加上一直流电压 U,由于晶体的电光效应产生双折射,其感应主轴方向上的双折射与外加电场成正比。随着外加电场正、负极的反转,折射率也随之交换。此时,垂直振动的线偏振光通过晶体后变为椭圆偏振光,得到检偏器后的输出光强为

$$I=I_0\sin^2\left(\frac{\pi}{2}\frac{V}{V_{\lambda/2}}\right) \tag{20-64}$$

当外加电压等于半波电压时,输出光强最大。

PROM 的基本工作循环过程如图 20-34 所示。当晶体充分绝缘时,在电极间施加电压 V_0(约 1.2 kV),该电压被分配到各层间,见图 20-34(a)。擦除时,用一短持续时间的氙灯照射器件,由于 BSO 晶体的光电导性,产生移动电子,电子漂移于晶体和绝缘层接口之间,在每一绝缘层间建立一个电位差,见图 20-34(b),器件中以前所有的图像已被擦除。关掉擦除光,并使电压 V_0 反转(图 20-34(c)),这时晶体上的电压变为 $2V_0$ 量级,分配于晶体与绝缘层之间。在图 20-34(d)中,用蓝光(写入光)开始对图像曝光,蓝光在晶体照明面积内由于光电导效应而使存储电场衰减,器件内形成了相应于原图像光强模式的电荷分布图形,并被存储下来,于是图像在器件的负极面写入。

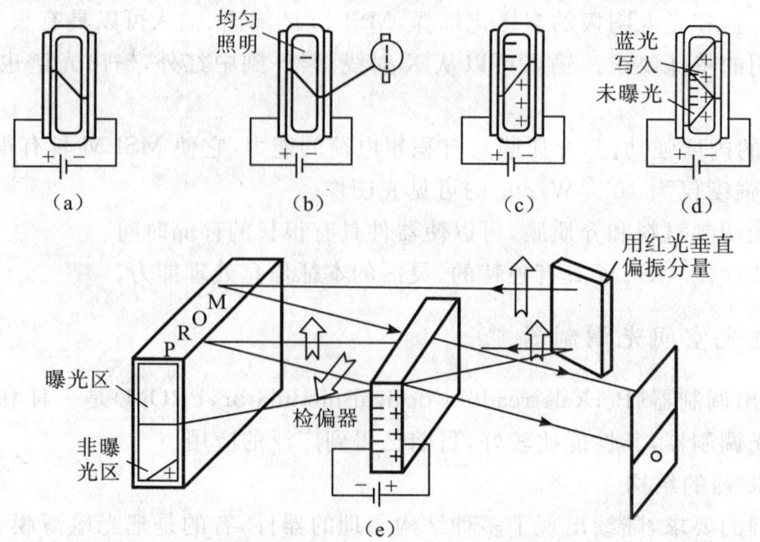

图 20-34　泡克尔斯-PROM 空间光调制器的基本工作循环过程

(a)施加电压;(b)氙灯闪光擦除;(c)电压反转;(d)曝光;(e)反射读出

最后用线偏振的红光(读出光)进行图像读出(见图 20-34(e))。红光对光导性不敏感,不能产生新的空间电荷。读出光振动面平行于晶面,经晶体的电光效应使光的偏振态发生变化,再被正交的偏振器检偏,使器件存储的电荷图像再次转换成光的图像。至此,整个过程结束。

(三)液晶空间光调制器

液晶空间光调制器属于电光空间调制器(称为液晶光阀)。普通的晶体从固态转变为液态时有一定的熔点。在熔点以上是液态,并且失去了晶体的性质。但有些物质不是直接由固态变为液态,而是经过一个过渡相态,这时,它一方面具有液体的流动性质,同时又有晶体的特性,这种过渡相态称为"液晶"。液晶是一种有机化合物,一般由棒状柱形对称的分子构成,具有很强的电偶极矩和容易极化的化学团。对这种物质施加外场(电、热、磁等),液晶分子的流动位置就会发生变化,即改变液晶的物理状态,此即为液晶的电光效应。

液晶空间光调制器比较典型的应用器件是硫化镉(CdS)液晶光阀,其结构如图 20-35 所示。其中平板玻璃是为了保持器件的固定形状,透明电极材料为氧化铟(In_3O_3)和氧化锡(Sn_2O_3)的混合材料——铟锡氧化物(ITO)。液晶分子取向膜层,材料是 SiO_2,它使与之接触的液晶分子薄层沿面排列。多层介质膜反射镜,反射率约为 90%,它同时还用作透明电极之间的电绝缘体,以防止直流电流流经液晶层。隔光层材料是碲化镉(CdTe),它使自右侧入射的写入光 I_w 不能射向隔光层左侧,同时也阻挡了反射膜透出的光射向右面的光导层,使写入光与读出光隔离。

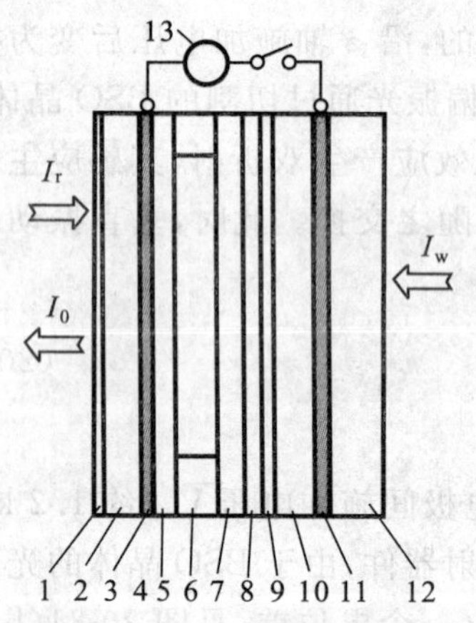

图 20-35　硫化镉液晶光阀结构

1. 介质膜;2、12. 平板玻璃;3、11. 透明电极;4、7. 液晶分子取向膜层(SIOZ);5. 液晶;6. 隔圈;8. 多层介质膜反射镜;9. 隔光层;10. 光导层;13. 电源

这种液晶光阀的主要功能是实现图像的非相干—相干转换。其工作过程是:将待转换的非相干图像通过一光学系统(作为写入光 I_w)从器件右侧成像到光导层上,同时有一束线偏振相干光(作为读出光 I_r)从器件左侧射向液晶层,其偏振方向与液晶层左端的分子长轴方向一致,由于高反射膜的作用,这束光将两次通过液晶层,最后从左方出射,通过一个偏振轴方向与 I_r 偏振方向相垂直的检偏器,得到输出光 I_0。

当电源通过两个透明电极把电压加在液晶层、高反射膜、隔光层和光导层相串联的主体上时,因为隔光层和高反射膜都很薄,交流阻抗比较小,故电压主要分配到液晶层和光导层上。这两层上电压的分配比例取决于光导层受光照的情况,对入射光图像上暗的地方,光导层没有受到光照,其电导率很低,故电压主要分配在光导层上,液晶层获得的电压较小,不足以产生明显的电光效应,因此在相应的位置上,液晶仍然处于原有状态(即具有扭曲45°的排列结构),读出光通过该处后,其输出光强为0。对入射光图像上照度最大的单元位置,由于内电光效应,光导层的阻抗急剧变小。电压的大部分都分配在液晶层的相应位置上,于是产生明显的电光效应,读出光通过该处时,输出光I_0最大,那么,对入射光图像上其他照度的单元位置,相应的值在0和极大值之间,这样,输出光强度(或振幅)的空间分布便被写入光图像的空间分布所调制,实现了图像的相干—非相干转换。

第四节　声光调制器

一、声光调制的物理基础

(一)声光效应

声光效应(acousto-optic effect,AOE)是指光波在介质中传播时,被超声波场衍射的现象。衍射光的强度、频率和方向将随超声场的变化而变化。声波和超声波在介质中传播,导致介质密度的疏密变化,从而引起介质折射率的周期性变化,形成光栅。声光效应则可简单地视为声光栅对光的衍射。

在介质中传播的声波,有行波和驻波两种形式,行波形成的声光栅在空间上是运动的,其运动速度等于声速。折射率的变化用下式表示:

$$\Delta n(z,t) = \Delta n \sin\left(\omega t - \frac{2\pi}{\lambda_s}z\right) \tag{20-65}$$

式中,ω、λ_s分别为声波的角频率和波长;Δn由声光介质的弹光张量P和介质在超声场作用下弹性应变幅值S确定,$\Delta n = -\frac{1}{2}n^3PS$。由于声速远小于光速,在光通过声光作用区的短暂时间内,可把声光栅看成是静止不动的。折射率的变化可简化为

$$\Delta n(z,t) = \Delta n \sin\left(\frac{2\pi}{\lambda_s}z\right) \tag{20-66}$$

声驻波形成的声光栅在空间是固定不动的。因为驻波的波腹与波节在介质中的位置是固定的,不随时间改变,这时,折射率的变化为

$$\Delta n(z,t) = 2\Delta n \sin\omega_s t \sin\left(\frac{2\pi}{\lambda_s}z\right) \tag{20-67}$$

按声光相互作用的条件不同,大体上将声光衍射分为拉曼-奈斯型衍射和布拉格衍射两种类型。当超声波频率较低,声光相互作用长度较短,光波平行于声波波面入射时,将产生拉曼-奈斯型声光衍射。此时,超声光栅与普通光学的平面光栅类似,衍射光强零级两边对称出现多级衍射极值,强度逐级下降。如图20-36(a)所示,其各级衍射角为

$$\sin\varphi_m = \frac{m\lambda}{\lambda_s} \tag{20-68}$$

式中,λ为入射光波波长。各级衍射的极值强度为

$$I_m = I_i J_m^2(\varphi) \tag{20-69}$$

式中,I_i是入射光强,$m=0,\pm1,\pm2,\cdots$为衍射级次,J_m为m阶贝塞尔级数,相应各级衍射光的频率为$w+mw_s$,$\varphi=\frac{2\pi}{\lambda}\Delta nL$是光波穿过厚度为$L$的超声场所产生的附加相位延迟。

当超声波的频率较高,声光作用长度较大,入射光线以布拉格角入射时,产生布拉格衍射。布拉格衍射角θ_B应满足

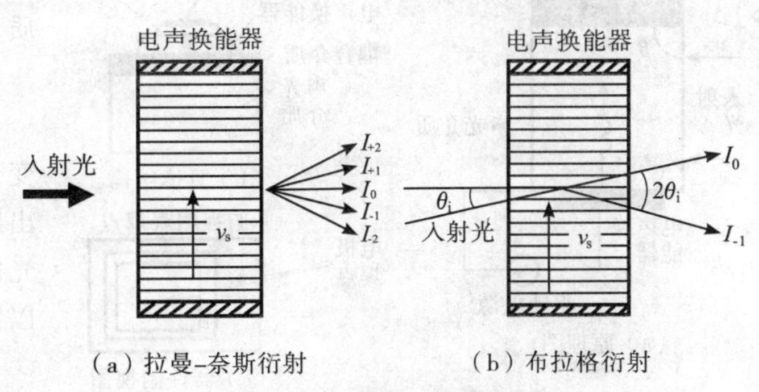

图 20-36　声光衍射原理图

$$\sin\theta_B = \lambda/2\lambda_s \tag{20-70}$$

式中，θ_B 角为入射光线与声波波面间的夹角。布拉格声波衍射的光强分布是不对称的，只出现 0 级和 +1 级或 −1 级衍射光。其衍射角等于入射角。如图 20-36(b)所示，出现 +1 还是 −1 级衍射光视入射光的方向而定。若入射光的光强为 I_i，其 0 级光和 1 级衍射光的光强为

$$\left.\begin{aligned} I_0 &= I_i\cos^2(\varphi/2) \\ I_1 &= I_i\sin^2(\varphi/2) \end{aligned}\right\} \tag{20-71}$$

式中，$\varphi=\pi[(2/\lambda^2)(L/b)(n^6P^2/\rho v_s^3)P_\lambda]^{1/2}=\pi[(2/\lambda^2)(L/b)M_2P_\lambda]^{1/2}$，$n$ 为声波媒质的折射率，P 为光弹性常数，ρ 为材料密度，v_s 为声传播速度，P_λ 为声功率。

若合理安排选择参数，在超声波足够强时，布拉格衍射可使入射光能量几乎全部转移到 0 级或 +1 级（或 −1 级）衍射上。因此，利用布拉格衍射制成的声光调制器有较高的能量转换效率。

（二）声光材料

声光材料的品质因数决定于声光材料的折射率 n，材料的密度 ρ，声波相速度 v_s 和光弹性张量 P。通常用 3 个品质因数 M_1、M_2 和 M_3 来评价声光材料的特性。

$$M_1=\frac{n^6P^2}{\rho v_s^3} \tag{20-72}$$

M_1 为表征声光介质的物理性质以及声光衍射效率的品质因数。由(20-71)式和(20-72)式可知，声光材料的折射率越大，声波波速越慢，品质因数 M_1 就越大，调制效率就越高。除 M_1 外，评价声光材料性能还常用另外两个品质因数 M_2 和 M_3。

$$M_2=\frac{n^7P^2}{\rho v_s}=(nv_s{}^2)M_1 \tag{20-73}$$

M_2 为表征声光介质布拉格带宽的品质因数，M_2 越大，可能的调制带宽越宽。

$$M_3=\frac{n^7P^2}{\rho v_s{}^2}=M_2\left(\frac{1}{v_s}\right) \tag{20-74}$$

M_3 为表征声光介质中声波穿过光束的渡越时间的品质因数。由于入射光束有一定的宽度，而声波在介质中是以有限的速度传播的，因此，声波通过光束需要一定的渡越时间。材料的声速 v_s 越小，渡越时间越长。表 20-19 列出了一些材料的品质因数。

对于声光材料各种品质因数的要求有时是相互矛盾的。所以在选用材料时，应视声光器件的具体要求，综合考虑各种因素，以确定合适的材料。一般从以下几个方面来评价声光材料的质量：材料的品质因数要好，材料本身对声波的吸收系数要小，材料对激光波长要透明，材料的光学均匀性要好。

二、声光体调制器

（一）声光体调制器的构成

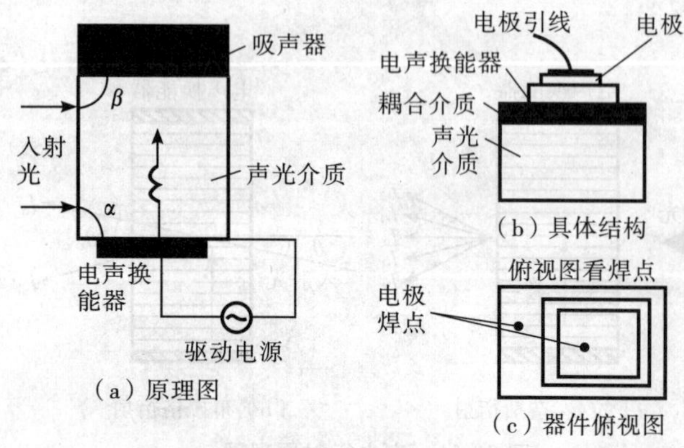

图 20-37 声光调制器的原理与结构

声光体调制器的结构如图 20-37 所示，由声光介质、电—声换能器、吸声装置及驱动电源等部分构成。

1. 声光介质

声光介质是声光互作用的场所。当一束光通过变化的超声波场时，由于光和超声波场的互作用，其出射光就具有随时间而变化的各级衍射光，利用衍射光的强度随超声波场强度的变化而变化的性质，就可以制成光强度调制器。

2. 电声换能器

它是利用某些压电晶体（石英，铌酸锂等）或压电半导体（CdS，ZnO 等）的反压电效应，在外加电场的

作用下产生机械振动而形成超声波，起着将调制的电功率转换成声功率的作用，又被称为超声发生器。

表 20-19 声光材料的品质因数[31-32]

材 料	λ/μm	n	偏振和方向①		品质因数②	
			声波	光波	$M_1\times10^{-18}$	$M_2\times10^{-7}$
熔凝石英	0.63	1.46	L	⊥	1.51	7.89
			T	‖或⊥	0.467	0.963
GaP	0.63	3.31	L,[110]	‖	44.6	590
			T,[110]	‖或⊥,[010]	24.1	137
GaAs	1.15	3.37	L,[110]	‖	104	925
			T,[100]	‖或⊥,[010]	46.3	155
TiO_2	0.63	2.58	L,[11$\bar{2}$0]	⊥,[001]	3.93	62.5
$LiNbO_3$	0.63	2.20	L,[11$\bar{2}$0]	…	6.99	66.5
YAG	0.63	1.83	L,[100]	‖	0.012	0.16
			L,[110]	⊥	0.073	0.98
YIG	1.15	2.22	L,[100]	⊥	0.33	3.94
$LiTaO_3$	0.63	2.18	L,[001]	‖	1.37	11.4
As_2S_3	0.63	2.61	L	⊥	433	762
	1.15	2.46	L	‖	347	619
SF-4	0.63	1.616	L	⊥	4.51	1.83
β-ZnS	0.63	2.35	L,[110]	‖,[001]	3.41	24.3
			T,[110]	‖或⊥,[001]	0.57	10.6
α-Al_2O_3	0.63	1.76	L,[001]	‖,[11$\bar{2}$0]	0.34	7.32
CdS	0.63	2.44	L,[11$\bar{2}$0]	‖	12.1	51.8
ADP	0.63	1.58	L,[100]	‖,[010]	2.78	16.0
			T,[100]	‖或⊥,[001]	6.43	3.34
KDP	0.63	1.51	L,[100]	‖,[010]	1.91	8.72
			T,[100]	‖或⊥,[001]	3.83	1.57
H_2O	0.63	1.33	L	…	160	43.6
Te	10.6	4.8	L,[11$\bar{2}$0]	‖,[0001]	4 400	10 200
α-HIO_3	0.63	…	L-a	a-c	48.2	
			L-b	b-c	20.8	
			L-c	c-a	46.0	
			切变 a-b	a-c	41.6	
				b-c	58.9	
				c-a	32.8	
				a-b	83.5	
				b-a	77.5	
				c-a	63.0	
				a-c	17.1	

注：①L 表示纵向，T 表示横向。‖或⊥表示垂直或平行于声波传播方向和光波传播方向所定的平面；② M_1见(20-72)式，单位为 s^3/g；M_2见(20-73)式，单位为 $cm^2\cdot s/g$。

3. 吸声(反射)装置

该装置放置在超声源的对面，用以吸收已通过介质的声波，以免其返回介质而产生干扰，但要使超声场工作在驻波状态，则需要将吸声装置换成声反射装置。

4. 驱动电源

用以产生调制信号并将其施加于电声换能器的两个电极上，驱动声光调制器（换能器）工作。

（二）声光体调制器的工作原理

声光调制是利用声光效应将信息加载于光载波上的一种物理过程。调制信号是以电信号（调幅）形式作用于电声换能器上而转化为以电信号形式变化的超声场，当光波通过声光介质时，由于声光作用，使光载波受到调制而成为“携带”信息的强度调制波。

由理论分析可知，无论是拉曼-奈斯型衍射，还是布拉格衍射，其衍射效率均与附加相位延迟因子有关，即

$$\varphi = \frac{2\pi}{\lambda}\Delta nL \tag{20-75}$$

式中，φ 为相位延迟因子，Δn 为声致折射率差。Δn 正比于弹性应变幅值 S，而 S 正比于声功率 P_s，故当声波场受到信号的调制时，声波振幅随之变化，则衍射光强也将随之作相应的变化，布拉格声光调制特性曲线与电光强度调制相似，如图 20-38 所示。由图可以看出，衍射效率 η 与超声功率 P_s 是非线性调制曲线形式，为了使调制不发生畸变，则需要加超声偏置，使其工作在线性较好的区域。

对于拉曼-奈斯型衍射，工作声频率低于 10 MHz，图 20-36(a) 表示了这种调制器的工作原理，其各级衍射光强正比于 $J_m^2(\varphi)$。若取某一级衍射光作为输出，可利用光阑将其他级的衍射光遮挡，则从光阑孔射出的光束就是一个随 φ 变化的调制光。由于拉曼-奈斯型衍射效率低，光能利用率也低，根据拉曼-奈斯型衍射条件 (20-68) 式和 (20-75) 式所确定的相互作用长度 L 小；当工作频率较高时，最大允许长度太小，要求的声功率很高，因此拉曼-奈斯型声光调制器只限于在低频工作，只具有有限的带宽。

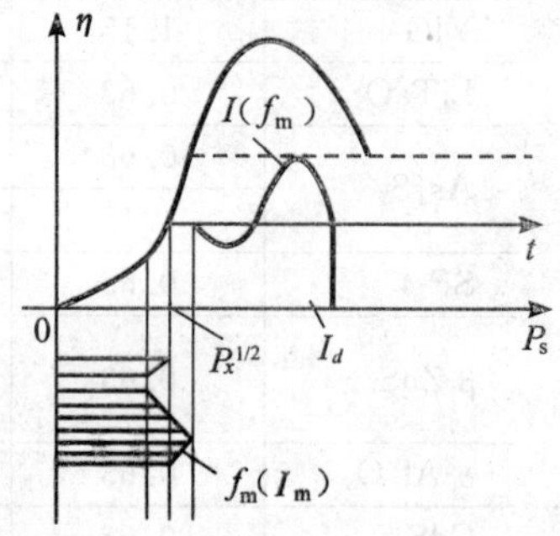

图 20-38 布拉格声光调制特性曲线

布拉格型声光调制器的工作原理如图 20-36(b) 所示。在声功率 P_s（或声强 I_s）较小的情况下，衍射效率随声强度 I_s 单调地增加（线性关系，见图 20-38），其衍射效率表达式为

$$\eta_s \approx \frac{\pi^2 L^2}{2\lambda^2 \cos^2\theta_B} \tag{20-76}$$

式中，的 $\cos\theta_B$ 因子体现了布拉格角对声光作用的影响。由 (20-76) 式可见，若对声强加以调制，衍射光强也就受到限制了。布拉格衍射必须使入射光束以布拉格角入射，且同时在相对声波阵面对称方向接收衍射光束时，才能得到满意的结果。布拉格衍射由于效率高，调制带宽较宽，而被较多采用。

三、声光波导调制器

图 20-39 是声光布拉格衍射型波导调制器的结构示意图。它是由平面波导和交叉电极换能器组成。为了在波导内有效地激起表面弹性波，波导材料采用压电材料（如 ZnO 等），其衬底可以是压电材料，也可以是非压电材料。图中衬底是 y 切割的 $LiNbO_3$ 压电晶体材料，扩散 Ti 形成的波导。用光刻法在表面做出交叉电极的电声换能器。整个器件可绕 y 轴旋转，使导波光与电极板条间的夹角可以调节到布拉格角，此时入射光经输入棱镜通过波导，换能器产生的超声波会引起波导及衬底内折射率的周期变化，因而相对于声波波前以 θ_φ 角射入波导的光波穿出输出棱镜后，得到与主光束成 $2\theta_\varphi$ 角方向的 1 级衍射光，其光强为

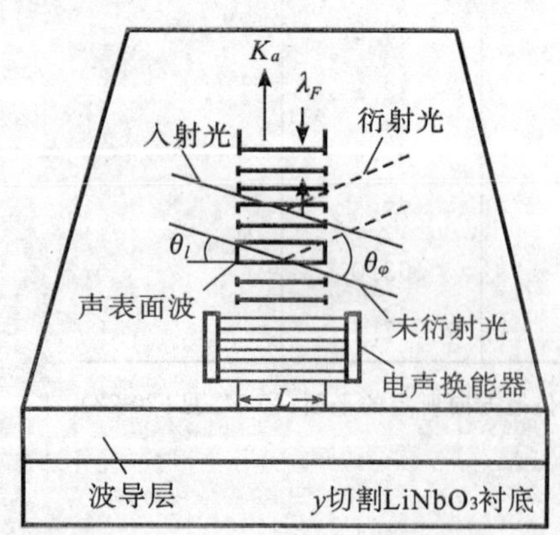

图 20-39 声光波导调制器

$$I_s = I_i \sin^2\left(\frac{\Delta\varphi}{2}\right) = I_i \sin^2(BV) \tag{20-77}$$

式中，$\Delta\varphi$ 是在电场的作用下，导波光通过长度 L 所经历的相位延迟；B 是一个比例系数，它取决于波导有效折射率 n_{eff} 等因素。上式表明，

衍射光强 I_s 随电压 V 的变化而改变，从而实现了对导波光的强度调制。

布拉格调制带宽与声波孔径 L 近似成反比，同时还受到声波中心频率 f_s 的限制，L 不能取得太小，否则会使衍射效率下降，因此，实际器件的带宽受到这一因素的限制，故应折中考虑这一因素。另外，为了既能获得一定的衍射效率，又能增加调制器的带宽，在实际应用中，采用改变换能器结构的方法，即把等周期叉指形换能器改为变周期叉指形（即其间隔沿声波传输方向渐变）。由于叉指间隔等于声波的半波长时，电声换能器的效率最高，因此变周期换能器在不同的指条位置上产生不同波长的声波，从而加宽了换能器的带宽。

四、声光多量子阱空间光调制器

当表面声波在多量子阱（multiple quantum well，MQW）材料表面传播时，其诱导的垂直方向的电场分量足以产生明显的量子限制斯塔克效应，从而导致多量子阱材料的电吸收系数和折射率的变化，实现对入射到材料中的光束的调制。量子阱材料中增强的折射率变化可用于新型布拉格型的调制器中，可构成声光空间光调制器。

（一）声波诱导的斯塔克效应及其调制器的基本结构

在多量子阱材料表面声波诱导的垂直方向上，利用电场 E_0 在材料中的量子限制斯塔克效应（Stark effect）来实现光调制器的结构，如图 20-40 所示。

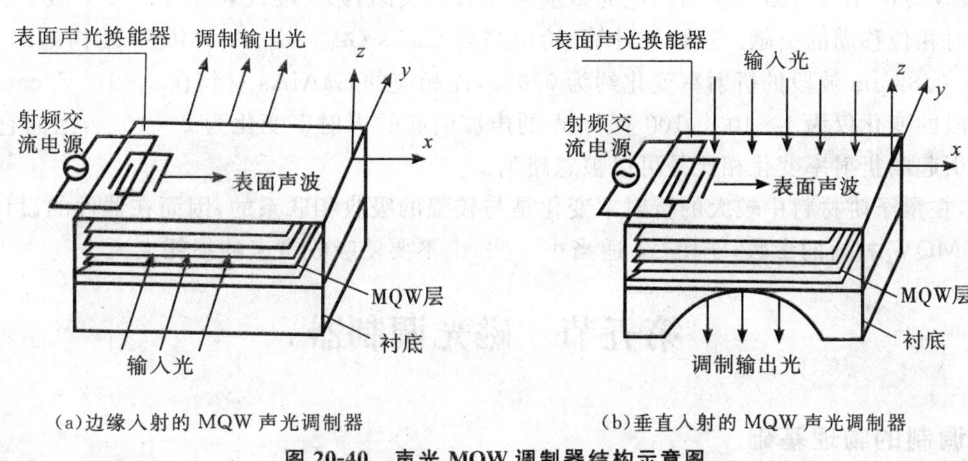

(a)边缘入射的 MQW 声光调制器　　(b)垂直入射的 MQW 声光调制器

图 20-40　声光 MQW 调制器结构示意图

在如图 20-40(a)所示的结构中，光束从邻近的波导中以与量子阱材料表面平行的方向入射到 MQW 层中，声波由直接制作在材料表面的换能器产生，声波的传播方向与光束的传播方向垂直。表面声波诱导的电场分别位于图示的 x 方向（$E_{\parallel} = E_x$）和 z 方向（$E_{\perp} = E_z$）。在这种结构的器件中并不需要制作一层接触膜来向多量子阱层施加电场。

垂直于声波传播表面的电场分量可近似表示为

$$E_{\perp} = 1.265\left[(2P/Y_0)(\lambda_s/W)\right]^2 \tag{20-78}$$

式中，P 为表面声波强度，λ_s 为声波波长，W 为换能器的口径，Y_0 为与表面声波传播有关的特征参数。调制材料中的诱导电场的幅值可通过在换能器和 MQW 层之间制作的一层 ZnO 薄膜而得到增强。

值得一提的是，表面声波场与入射光场之间的相互作用，除了占主导地位的量子受限的斯塔克效应外，还有很多其他的效应，例如表面波纹效应、弹光效应及其相应的折射率变化、MQW 中的电致折射率变化等，但相对于量子受限的斯塔克效应，它们对光束的调制都很小。

（二）量子限制斯塔克效应增强的布拉格调制器

使用表面声波诱导的电场分量进行调制，不但简化了器件结构，而且为基于 MQW 材料的光调制器、光开关（调制器的特例）、空间光调制器等元件的设计增添了灵活性。一种使用量子限制斯塔克效应增强的布拉格型光调制器的结构如图 20-41 所示。

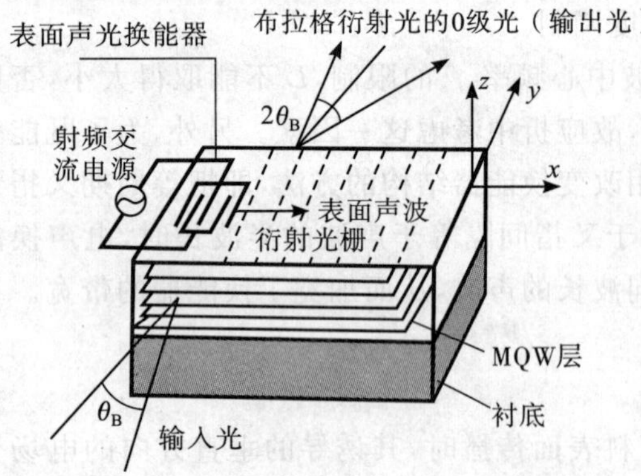

图 20-41　量子限制斯塔克效应增强的布拉格型光调制器的结构

这种器件的原理与声波诱导斯塔克效应调制器的原理相似，只不过它的声光相互作用长度与布拉格周期和布拉格角有关。这种器件还可以通过施加表面声波使入射光束原方向向布拉格衍射方向偏转来实现光开关功能。其调制深度可以表示为

$$\eta = (I_0 - I)/I = \sin^2(\Delta\Phi/2) \tag{20-79}$$

式中，I_0 为无调制信号时的零级光强，I 为表面声波施加调制时的 0 级方向的光强，$\Delta\Phi$ 为透射光的相移。$\Delta\Phi$ 还可进一步表示成

$$\Delta\Phi = (2\pi/\lambda_0)\left[(n-1)\delta_0\cos(\omega t - r) + \int_{-\infty}^{0}\Delta n_{\delta_0}\,dz + \int_{-\infty}^{0}\Delta n_{\mathrm{MQW},1}\,dz + \int_{-\infty}^{0}\Delta n_{\mathrm{MQW},2}\,dz\right] \tag{20-80}$$

式中，λ_0 为入射光波的真空波长，n 为调制材料的折射率，Δn 为调制材料的折射率变化，ω 为声波的圆频率，k 为声波的波矢，δ_0 为声波传播引起的 $z=0$ 处的粒子位移。

(20-80)式中的第 1 项代表声波的表面波纹效应引起的相位移动，第 2 项表示弹光效应引起的相位移动，第 3 项代表 MQW 中没有激子参与的电光效应对相移的贡献，第 4 项代表在外电场下激子吸收效应引起的折射率变化对相位移动的贡献。经详细计算，给出当对 GaAs-$Ga_{0.6}Al_{0.4}$As MQW 结构施加 4×10^4 V/cm 的电场时，它在 0.82 μm 波段的折射率变化约为 0.025，而相应的 GaAlAs 材料在 3×10^4 V/cm 的电场下，折射率在相应波段的变化仅为 1×10^{-4}，100 W/cm^2 的声波引起的折射率变化为 2×10^{-4}，因而它与 MQW 中激子吸收效应引起的折射率变化相比是可以被忽略的。

一般来说，在量子阱材料中较大的折射率变化是与较强的吸收相联系的，因而在器件的设计中应适当选择工作波长和 MQW 材料的参数，宁使 Δn 适当小一些，也不要使吸收带来的损耗太大。

第五节　磁光调制器

一、磁光调制的物理基础

磁光效应(MOE，magneto-opti ceffect)是磁光调制的物理基础。某些磁光材料通过施加外磁场控制可以改变光传播的特性，称为磁光效应。最重要的磁光效应是法拉第旋转效应，当光平行于磁场方向通过具有旋光特性的物质时，平面偏振光的偏振面要旋转一定的角度 θ，旋转角度的大小为

$$\theta = VHl \tag{20-81}$$

式中，V 为费尔德常数，其定义为每单位路程每单位场强的旋转角度，一般情况下，费尔德常数的符号对于抗磁性物质是正的，对于顺磁性物质是负的；H 为磁场强度；l 为旋光材料的厚度。

表 20-20　一些常用物质的费尔德常数[33]

物　质	T/℃	V(对 589.3nm)/(弧分/(A·m^{-1}·cm))
水	20	1.04
磷酸盐冕玻璃	18	1.28
轻火石玻璃	18	2.52
二氧化碳	20	0.979
磷	33	10.6
石英(⊥光轴)	20	1.32

表 20-20 列出了一些物质的费尔德常数。表 20-21 给出了一些玻璃对不同波长的费尔德常数。

二、磁光体调制器

图 20-42 是磁光调制器的示意图。从图中可见，磁光调制与电光调制一样，也是把要传递的信息转换成光载波的强度(振幅)等参量随时间的变化，所不同的是，磁光调制是将电信号先转换成与之对应的交变磁

场。在图 20-42 中，磁光体调制器的工作物质（铝铁石榴石 YIG 或掺 Ga 的 YIG 棒）放在沿轴方向 z 的光路上，它的两端放置有起、检偏器，高频螺旋形线圈环绕在 YIG 棒上，受驱动电源的控制，用以提供平行于 z 轴的信号磁场。为了获得线性调制，在垂直于光传播的方向上加一恒定磁场 H_{dc}，其强度足以使晶体饱和磁化。当工作时，高频信号电流通过线圈就会感生出平行于光传播方向的磁场。入射光通过 YIG 晶体时，由于法拉第旋转效应，其偏振面发生旋转，旋转角与磁场强度 H 成正比。因此，只要用调制信号控制磁场强度的变化，就会使光的偏振面发生相应的变化。但这里因加有恒定磁场 H_{dc}，且与通光方向垂直，故旋转角与 H_{dc} 成正比，则有

$$H_{dc}\theta = \theta_s \frac{H_0 \sin(\omega_H t)}{H_{dc}} \tag{20-82}$$

式中，θ_s 是单位长度饱和法拉第旋转角，$H_0 \sin(\omega_H t)$ 是调制磁场。如果再通过检偏器，就可以获得一定强度变化的调制光。

磁光调制器需要的驱动功率较低，受温度影响也小，但其调制频率低（不如电光调制），因此，目前它只用在红外波段（1～5 μm）。

表 20-21　法拉第旋光玻璃的费尔德常数[34]

玻　璃	λ/μm	T/K	V/（弧分/（A·m⁻¹·cm））	有效波长范围/μm
肖特 SFS-6(Pb-Si)	0.700	300	5.65	1.45～2.0
	1.000	300	2.55	
肖特 SF-6(Pb-Si)	0.632	300	4.22	0.45～2.0
AO　As-S	1.100	300	5.17	0.9～8
TeO_2 20%，PbO80%	0.7	300	10.2	
C_e^{3+}-P	0.5	300	−25.9	0.4～2.0
		24	−205	
	0.7	300	−10.5	
P_r^{3+}-P	0.7	300	−9.78	0.65～0.85
Tb^{3+}-P	0.7	300	−11.9	0.5～1.4
Pr_r^{3+}-B	0.67	300	−19.3	0.65～0.85
Pr_r^{3+}-Al-Si	0.7	300 196	−15.8 −52.1	0.65～0.85
Tb^{3+}-Al-Si	0.7	300 196	−17.2 −63.7	0.5～1.4
Dy^{3+}-Al-Si	0.6	300 196	−21.6 −82.0	0.5～0.67

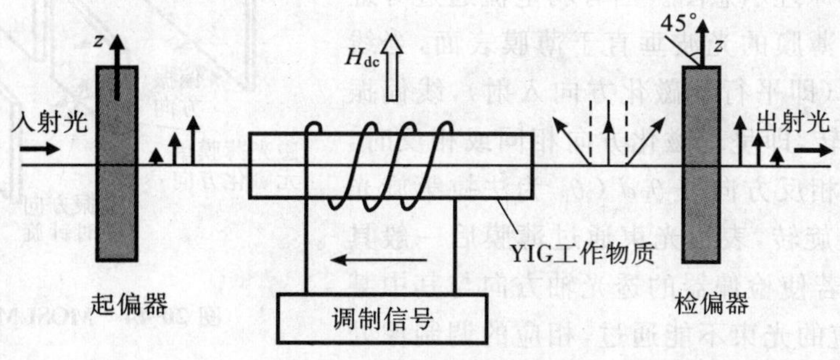

图 20-42　磁光调制器示意图

三、磁光波导调制器

图 20-43 为磁光波导模式转换调制器的结构示意图。[44] 圆盘形的钆镓石榴石($Gd_3Ga_5O_{12}$-GGG)衬底上,外延生长掺 Ga 和 Se 的 YIG 磁性薄膜作为波导层(厚度 $d=3.5\ \mu m$)。在磁性薄膜表面上,用光刻技术制作一条金属蛇形线路,当电流通过蛇形线路时,蛇形线路中某一条通道的电流沿 y 方向,则相邻通道中的电流就沿 $-y$ 方向,此电流可以产生 $+z$、$-z$ 方向交替变化的磁场,磁性薄膜内便可出现沿 $+z$、$-z$ 方向交替磁化的情况,设磁场变化的周期(即蛇形结构的周期)为

$$\Lambda=\frac{2\pi}{\Delta\beta} \tag{20-83}$$

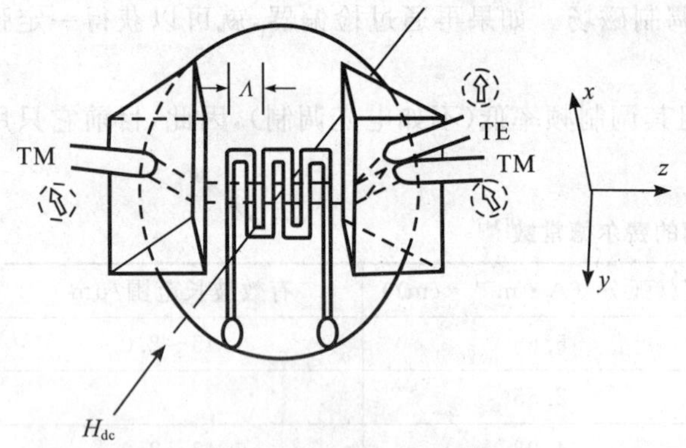

式中,$\Delta\beta$ 为 TE 模和 TM 模传播常数之差。由于薄膜与衬底之间晶格常数和热膨胀的失配,易磁化方向处在薄膜平面内,薄膜平面的退磁因子为 0,故用小的磁化场就可使磁化强度 M 在薄膜平面内自由转动。若激光波长 $\lambda=1.152\ \mu m$,由两个棱镜耦合器输入和输出,入射的是 TM 模,由于法拉第磁光旋转效应,随着光波在波导薄膜中沿 z 方向(磁化方向)信号,原来处于薄膜平面内的电场分量方向就转向薄膜的法线方向(y 方向),即 TM 模逐渐转换成 TE 模。由于磁光效应和磁化强度 M 在传播方向上的分量 M_z 成正比,故在 z 轴和 y 轴之间45°方向上加一直流磁场 H_{dc} 后,改变输入蛇形线路中的电流,就可以改变其转换频率,当输入的电流大到使 M 沿 z 轴方向饱和时,则转换效率达到最大。若器件的磁场变化的周期 $T=2.5\ \mu s$,蛇形线路中输入 0.5 A 的直流电流,磁光相互作用长度 $L=6$ mm,则可将输入的 TM 模($\lambda=1.152\ \mu m$)52%的功率转换到 TE 模。磁光波导模式转换调制器的输出耦合器是一个具有高双折射的金红石棱镜,使输出的 TE 和 TM 模分成两条光束,输入蛇形线路的电流频率从 0 到 80 MHz,均可观察到两个模式的光强度被调制的情况。

图 20-43　磁光波导模式转换调制器结构示意图

四、磁光空间光调制器

(一)磁光空间光调制器的结构

磁光空间光调制器(magneto-optic spatial light modulator,MOSLM)是基于法拉第效应的电寻址器件,具有实时地对光束进行空间调制的重要功能,已成为实时光学处理、光计算和光学神经网络等系统的关键器件[35]。

MOSLM 由磁光薄膜调制单元和寻址电极组成的一维或二维的像元数组及外围电路和附件组成。如图 20-44 所示的是 MOSLM 的工作原理示意图。当有弱电流通过寻址电极时,像元即被寻址,薄膜的光波垂直于薄膜表面,当线偏振光垂直薄膜入射时(即平行于磁化方向入射),线偏振光的振动平面将发生旋转,即呈现磁化方向相同或相反时,光振动面将分别向两个相反方向 $\pm\theta_F d$ (θ_F 为法拉第旋光系数,d 为调制层厚度)旋转,表明光束通过薄膜后一般具有二值化的偏振方向。若使检偏器的透光轴方向与其中某一偏振方向垂直,则相应的光束不能通过,相应的调制像处于关的状态;而另一种偏振方向的光则部分或全部透过($\theta=45°$),即对应像处于开的状态,从而可以实现信息的写入和读取。

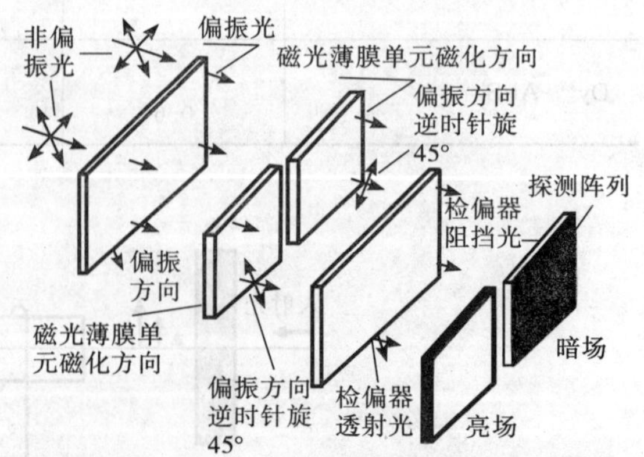

图 20-44　MOSLM 工作原理示意图

(二)磁光空间光调制器的调制过程

磁光空间光调制器是利用对铁磁材料的诱导磁化来记录写入信息,利用磁光效应来实现对读出光的调制。

1. 信息的写入

有些磁性材料在外磁场的诱导下即被磁化,当撤去外磁场后,材料的磁感应强度并不恢复为0,而仍有一个“剩磁强度”,这时,即使有一个反方向的外磁场,只要其强度不超过临界值,上述剩磁强度方向仍不会改变,只有当反向外磁场的大小超过临界值之后,剩磁强度方向才会随之改变。因此,可以利用磁性材料稳定的剩磁强度的方向“记忆”原来的外磁场方向。若要使它发生变化则必须施加足够大的反向磁场才行。由于稳定的剩磁方向有两个,所以记录的信息是二元的,如果把磁性材料做成薄膜形状,并分成大量互相独立的像元(被刻蚀成矩形像元数组),在各像元之间制作正交的编址电极,便可以记录一个以二进制数字表示的二维数据数组。具体进行数据记录的方法是:利用一种所谓矩阵编址方法,通过在电极上施加电流,在某个需要改变剩磁方向的单元处产生较强的局部反向磁场,达到使指定像元发生剩磁方向反转的效果。当电流通过两正交方向的编址电极时,电极交叉处的像元即被编址(交叉点周围的4个像元中哪个像元被编址,由磁光薄膜的设计及电极中电流的方向而定),薄膜的磁化状态随编址磁场而发生变化。这样,利用逐行写入的方式,便能把二元的电写入信号转变成按二位数组排列的以剩磁方向表征的信息数组。

2. 信息的读出

在磁光调制器中,对读出光的调制是通过磁光效应来实现的。即当一束线偏振光通过磁光介质时,如果存在着沿光传播方向的磁场,则由于法拉第效应,入射光的偏振方向将随着光的传播而发生旋转,旋转的方向取决于磁场的方向,这样,我们就可以把记录在上述磁性薄膜中的剩磁方向分布的信息转换成输出光的偏振态的不同分布,若再通过一检偏器,便可完成二元的振幅调制或相位调制。

具体调制过程如图20-45所示:如调制器的两个像元 P_1 和 P_2 已被写入信号调制成具有相反方向的剩磁强度(图中用箭头方向表示,其中 P_1 表示薄膜磁化方向与光束方向相同,P_2 相反)。由于法拉第效应,沿 y 轴方向偏振的线偏振光 P 通过这两个单元后,其偏振方向会分别旋转角度 θ 和 $-\theta$,得到 P_1 和 P_2 两个出射光(一个顺时针旋转 θ 角,一个逆时针旋转 θ 角),再在器件后面设置一个检偏器 A,其透光方向与 y 轴成 φ 角,则 P_1 通过 A 之后,光强正比于 $\cos^2(\varphi-\theta)$,而 P_2 通过 A 之后,光强正比于 $\cos^2(\varphi+\theta)$,实现了二元的振幅调制。若适当选取 φ 角,使 $\varphi-\theta=\pm 90°$,便能得到全对比输出,即一个像元处于“关”态,无光通过,而另一个像元的光则可部分或全部透过,处于“开”态。

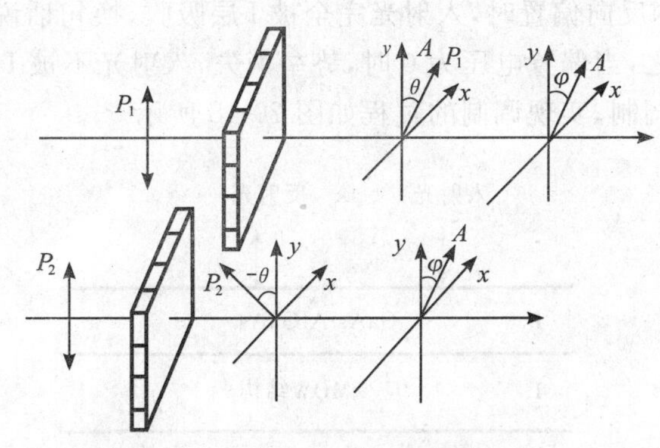

图 20-45　磁光调制器的信息读出

第六节　电吸收调制器

电吸收调制器(electric absorption modulator,EAM,电吸收半导体光调制器)是半导体超晶格结构最先达到实用化的器件之一。由于其体积小、驱动电压低,便于与激光器、放大器和光检测器等其他光学器件集成在一起,是很有发展前景的一种光调制器[36-37]。

一、电吸收调制器的原理与基本结构

半导体量子阱中电子和空穴的运动受量子阱势垒的限制。当阱宽小于体材料中激子的波尔直径(如GaAs中激子直径约为30 nm)时,由于电子和空穴的平均空间距离减少,电子-空穴对的库仑能量增加,激子结合能由体材料的约2 meV增加到约10 meV。由于这个能量已经能和载流子的室温平均热能相比似,载流子以一定的概率以激子态存在，量子阱或超晶格的室温吸收光谱和发射光谱中出现激子共振吸收或发射峰。室温激子的存在，导致了量子阱和超晶格带边附近的特殊光学性质。尤其重要的是，在垂直于量子阱的电场作用下吸收边附近的光学特性有很大改变。对体材料，要观察到 Franz-Keldysh 效应，电场强度要大于 10^5 V/cm；而对 10 nm 厚的量子阱，10^4 V/cm 的电场就能引起光学常数的很大变化。

在二维量子阱中，当未受到外加电场作用时，导带、价带与电子空穴波函数分布如图 20-46(a)所示，其能带呈现水平，且波函数的重叠概率最高；当受收到外加电场作用时，能带产生倾斜并且电子空穴波函数分布呈现分离错位，使得重叠积分变小，如图 20-46(b)所示，除了波函数产生错位外，也因为能带的倾斜使得次能带跃迁变短，而使得波长会随着外加偏压增大而往长波方向移动，一般称之为“红移”，这种在量子阱结构施加电场能使激子吸收边红移的现象称之为量子限制斯塔克效应，其能量变化量为

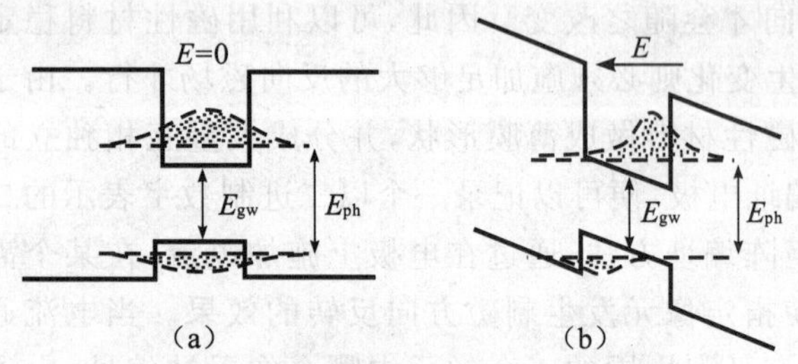

图 20-46 量子限制斯塔克效应

$$\Delta E \propto \frac{m^* e^2 E^2 L^4}{h^2} \tag{20-84}$$

式中，m^* 为有效质量，E 为电场，L 为量子阱宽度。由公式可以看出，若要增加红移的效应，除了增加电场外，也可以改变量子阱的宽度。

电吸收调制器是利用量子限制斯塔克效应，通过设计多量子阱结构(MQW)的阱和垒的组分和厚度以及周期数来实现的。图 20-47 给出了反射式 EAM 的结构示意图。其基本结构是一个 PIN 单元，其中 N 区部分是交替生长的多层结构，相当于光学增反膜堆。每层的折射率和厚度根据中心波长按光学增反膜堆设计，依靠应变超晶格结构实现与衬底间的晶格匹配。I 区部分为多量子阱结构，是利用量子限制的斯塔克效应，人为制作出的一种性能独特的吸收材料。I 层对光的吸收损耗与外加的调制电压有关，当调制电压使 PIN反向偏置时，入射光完全被 I 层吸收，换句话说，因势垒的存在，入射光不能通过 I 层，相当于输出“0”码；反之，当偏置电压为 0 时，势垒消失，入射光不被 I 层吸收而让其通过，相当于输出“1”码，从而实现对入射光的调制，实现调制的过程如图 20-48 所示[38]。

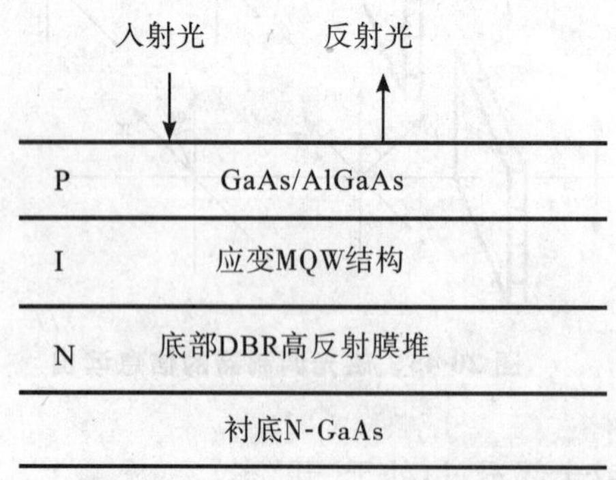

图 20-47 反射式 EAM 的基本结构

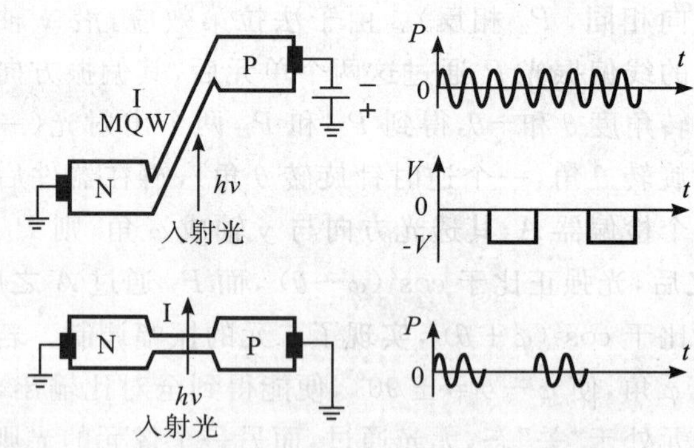

图 20-48 电吸收波导调制器的工作原理

图 20-49 为半绝缘掩埋异质结构(semi-insulating buried heterostructure，SIBH)EAM 管芯的横截面[39]，其基本结构仍然是一个 PIN 结构，而且 I 区也由 MQW 构成。它与图 20-48 所示意的早期的 EAM 理论模型最明显的区别是：不再从 P 面或者 N 面进光和出光，而是由 MQW 波导区的端面直接与光源和传输光纤耦合，这不仅甩掉了上、下两面的反射堆，使器件易于制作，而且对改善调制带宽和插入损耗有显著的意义。具体特点为：第一，I 区做得很薄，MQW 只有 6 个周期，阱为 InGaAs，厚 11～

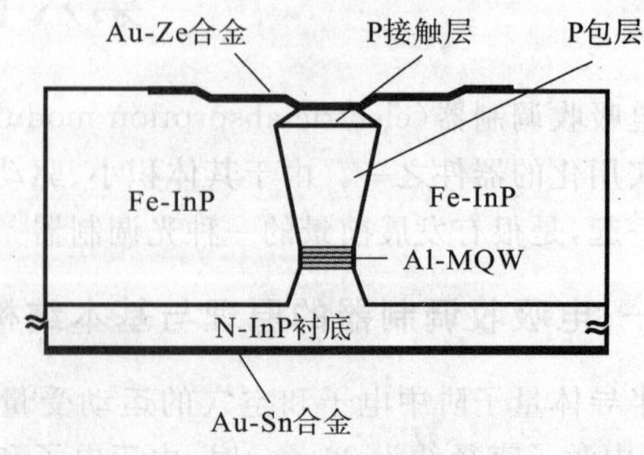

图 20-49 用半绝缘 InP 掩埋的 EAM 横截面

12 nm,势垒为 InAlAs,只有 5 nm 厚,光波导层的总厚度仅为 90 nm。同时,其波导宽度也减小到 1 μm(波导长度为 200 μm)。较小的波导横截面大幅度减少了 EAM 与光纤的耦合损耗,因为其波导边缘的光散射正好可以落在光纤前端的准球透镜的范围之内。波导宽度的减小又是显著降低偏振相关损耗的措施之一。第二,量子阱采用三元系组分,阱中为−0.35%～−0.40%的张应变,势垒层为+0.5%的压应变作为应变补偿。采用张应变晶格结构,显著地提高了阱内的电吸收效率。同时,张应变又是获得低的极化敏感性的关键。第三,成功地实现了用掺 Fe 的半绝缘 InP 将异质结掩埋,有效地降低了器件的漏电流,并能在低调制电压下获得高的对比度。

SIBH-EAM 已经同时获得了高速率、低调制电压、低插入损耗、低啁啾、低偏振敏感度和高饱和输出功率的综合特性[40]。在 2003 年(美)光纤通信年会上,D. Mood 等人[41]对 SIBH-EAM 在高速长距离传输系统中的应用,分1.3 μm和 1.55 μm,10 Gbit/s 和 40 Gbit/s 的各种系统作了实测报道,证实了该结构电吸收调制器的优良特性。

二、提高电吸收调制器性能的技术动向

EAM 要满足 40 Gb/s 或更高速率传输系统的实用要求,必须进一步完善其综合性能,目前所开展的工作主要集中在采用 InP:Fe 衬底,缩短调制器吸收区的长度,增多 MQW 光吸收层的周期数,优化 MQW 光吸收层的材料组分,使 MQW 光吸收层的应变量处于最佳状态,采用脊型波导结构,使用行波电极和采用 FCB(flip-chip bonding)技术等几个方面[42]。

1. 缩短调制器吸收区的长度

通常 EAM 的长度为 200～300 μm,采用集总电极的较多。集总电极(lumped electrode,LE)的 EAM 的高频响应特性与其电容量和终端阻抗的乘积 *CR* 成反比,减少 LE-EAM 的电容量能够提高频率响应特性。在这种情况下,通过缩短调制器长度来降低电容量,可以实现高速调制。

缩短调制器的长度,是减少器件电容量的最简单、有效的办法,然而缩短 EAM 的长度,会带来副作用,即光吸收量相应变小,调制器的消光比特性恶化。目前扼制消光比恶化的办法是增加 EAM 中的 MQW 光吸收层的周期数(例如从 8 个增加到 14 个)。这样,即使缩短 EAM 的长度,也能够保证消光比特性足够好。

2. 采用行波电极

外加信号的电极结构不同,限制 EAM 工作速度的因素会有差异。在采用集总常数电极的情况下,由与 PN 结电容成反比的几何尺寸决定工作速度;采用行波(traveling wave,TW)电极的情况下,光与高频信号两者的传播速度匹配的良好程度和电极内部的微波损失决定工作速度。通过降低寄生电容,LE-EAM 和集成有 DFB 激光器的 LE-EAM 的带宽都能够达到 50 GHz。为了克服 *CR* 限制,在不影响调制效率的前提下获得更大的调制带宽,引入 TW 电极结构对于超高速 EAM 至关重要。采用 TW 电极的 EAM,缩短交互作用的长度可有效避免 *CR* 对带宽的限制,不论是单体的 TW-EAM 还是与 DFB-LD 一起单片集成的 TW-EAM,带宽都能够满足 40 Gbit/s 高速率调制的要求。

3. 采用 InP:Fe 衬底材料

在 InP:Fe 衬底上制作 EAM,InGaAsP-MQW 结构构成吸收层,调制区两端集成出透明的 InGaAsP 波导。通过干法刻蚀工艺制作出脊型波导结构,获得未掩埋脊型波导结构 EAM。此外还将 P 型电极和 N 型电极制作在衬底的同一侧面上,使得倒装芯片与共平面馈线连接比使用 N 型 InP 衬底的常规 EAM 更容易,且能提高工作速率。

4. 优化多量子阱结构

优化多量子阱结构,能够使 EAM 兼备 EAM 和 MZM 的传统优势:体积小、驱动电压低、输出功率大、偏振敏感性小。掩埋异质结构的 InGaAs/InAlAs MQW EAM,与传统深刻蚀脊型波导结构相对比显示出良好的综合特性,尤其是传送光功率的能力增强,与光纤的耦合损耗降低,适合于高速率系统应用。

此外,介质折射率动态变化对传播的光信号实施相位调制,即引起波长变化,这是在 EAM 中通常会出现的一种波长啁啾现象。光在具有波长色散的光纤中传输时,啁啾成为传输波形恶化的重要因素,作为光调制技术,抑制啁啾显得格外重要。通常从调制器设计、制作、应用等不同角度都能够降低啁啾或者减轻其影

响程度。优化多量子阱光吸收层的材料组分和使多量子阱光吸收层的应变量处于最佳状态是最重要的措施。EAM 的啁啾与外加电压密切相关，外加电压升高则啁啾减少。

5. 用 FCB 技术

调制器芯片的安装结构对于获得高速调制器模块非常重要，引线压焊技术被广泛应用于 EAM 的芯片和电信号传输线之间的连接，然而压焊引线的寄生电感会降低 EAM 模块在高频区的电气性能。采用 FCB 技术能够使 EAM 芯片与电传输线路之间的互联长度降至最短，减少 EAM 安装的寄生电感。

降低 EAM 驱动电压、与其他光器件单片集成也是重要的技术发展趋势。随着调制速率升高，驱动电路的负载、调制器的驱动电压应当降低。调制器模块本身的功耗也应该下降，即要控制末端电阻上的发热量。弗朗兹-凯尔迪什效应(Franz-Keldysh effect，调制器工作原理)、斯塔克效应(量子封闭)都对温度敏感，发热少则控制温度升高容易，为 EAM 小型化、稳定可靠创造条件，同时也方便在光开关阵列等方面的应用。EAM 体积小，便于与其他半导体发光器件单片集成，与单纵模 DFB 激光器集成在一起的模块并不比单个 DFB 激光器的体积大多少，却可以提高系统的整体性能、降低造价。图 20-50 给出了 EAM 与 DFB 集成的结构示意图。调整 DFB 激光器的布拉格波长，使它落在调制器激子吸收峰的波长侧，使零偏压下 EA 调制器对 DFB 激光器输出光透明，由于 DFB 激光器与 EA 调制器可以采用半导体器件加工工艺同时制备，它们之间通过无源波导相连接，连接损耗很小，避免了传统的半导体激光器与外调制之间连接而产生的大的耦合损耗。2007 年日本 NTT 公司对研发的 DFB 与 EAM 集成器件进行了 40 Gb/s 的传输试验，图 20-51(a)给出该器件产品的实物照片，图 20-51(b)给出了该器件在不同的偏压下传输 2 km 和 3 km 的误码率测试结果。

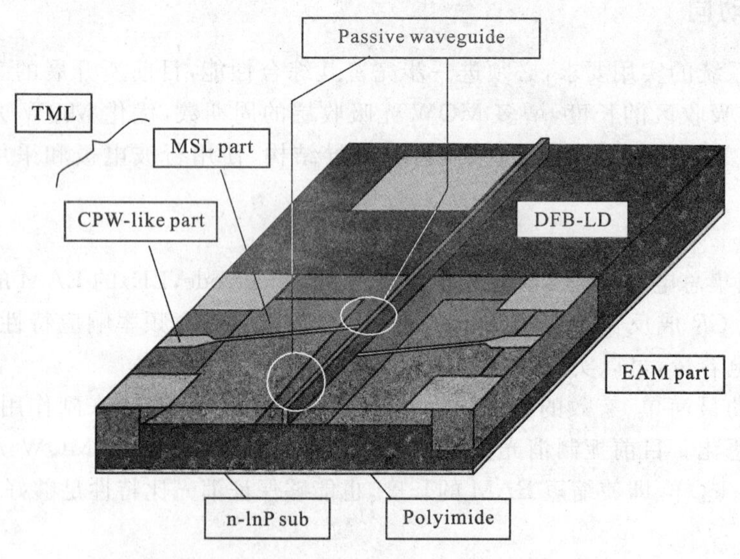

图 20-50 DFB 和 EAM 集成器件结构示意图

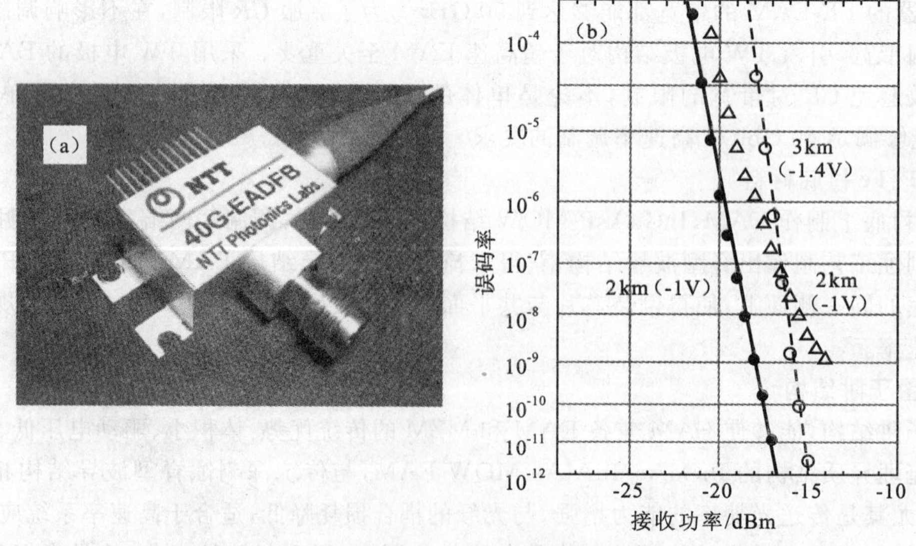

图 20-51 NTT 公司研发的 DFB 与 EAM 集成器件

(a)产品实物；(b)40 Gb/s 速率下传输的误码率测试结果

参考文献

[1]宋丰华. 现代光电器件技术及应用[M]. 北京：国防工业出版社，2004

[2]余建国，徐力，郭华志，何良. ROF在无线宽带移动通信中的应用[J]. 光通信研究，2007，139：15-18

[3]谢世钟，陈明华，陈宏伟. 微波光子学研究的进展[J]. 中兴通讯技术，2009，15(3)：16-10

[4]马声全，陈贻汉. 光电子理论与技术[M]. 北京：电子工业出版社，2005

[5](日)斎藤富士郎. 超高速光器件[M]. 崔承甲，译. 北京：科学出版社，2002

[6]Driscoll W G，Vaughan W Sponsored by OSA. Handbook of Optics[M]. McGraw-Hill Book Co.，1978：17-22

[7]Zernicke F. Refractive indices of ADP and KDP between 2000 Å and 1.5 μm[J]. J. Opt. Soc. Am.，1964，54(10)：1215-1220

[8]Schenck W J. ISA Trans.，1966，5：14

[9]Meredith G R，Van Dusen J G，Williams D J. Nonlinear Optical Properties of Organic and Polymer Materials[M]. D. Williams Ed. ACS Symposium Series，1983，233：109

[10]Havinga E E，et al. Ber. Bunsenges. Electrochromism of Substituted Polyalkylenes in Polymer Matrices；Influence of Chain Length on Charge Transfer[J]. Phys. Chem.，1979，83：816-821

[11]罗敬东，詹才茂，秦金贵. 极化聚合物电光材料研究进展[J]. 高分子通报，2000，1：9-19

[12]侯阿临. 极化聚合物电光调制器的基础研究[D]. 长春：吉林大学，2007

[13]叶成，朱培旺，王鹏，吴伟，冯知明. 二阶非线性光学聚合物光波导与器件的现状与问题[J]. 物理，2000，29(3)：148-151

[14]沈玉全，潘裕斌，锺宝璇. 有机/聚合物光电子学器件的应用与研究进展[J]. 功能材料，2000，31(1)：1-4-8

[15]Oh M C，Zhang H，Zhang C，Erlig H，Chang Y，Tsap B，Chang D，Szep A，Steier W，Fetterman H，Dalton L. Recent advances in electrooptic polymer modulators incorporating highly nonlinear chromophore[J]. IEEE J. Sel. Topics Quantum Electron，2001，7(5)：826-835

[16]Luo Jingdong，Liu Sen，Marnie A Haller，Kang Jaewook，Kim Taedong，Jang Seihum，Chen Baoquan，Neil Tucker，Li Hongxiang，Tang Hongzhi，Larry R Dalton，Liao Yi，Bruce H Robinson，Alex K Jen. Recent progress in developing highly efficient and thermally stable nonlinear optical polymers for electro-optics[J]. Proceedings of SPIE Vol. 5351 Organic Photonic Materials and Devices VI，2004：36-43

[17]秦效慈，余尚银. 电致伸缩材料研究的新进展[J]. 压电与声光，1996，18(2)：129-133

[18]Hilczer B，Smogor H. Dielectric response and conformational disorder in polymer relaxors[J]. Ferroelectrics，2004，298：229-240

[19]Zhang Q M，Vivek B，Zhao X. Giant electrostriction and relaxor roelectric behavior in electron radiated poly (vinylidene fluoride-tri-fluoroethylene) copolymer[J]. Science，1998，280：2101-2104

[20]丛羽奇，吴建锋，黄伟生，林保平，李建清，冈本弘. 聚氨酯弹性体的电致伸缩效应[J]. 聚氨酯工业，2005，20(1)：5-9

[21]丛羽奇，吴建锋，黄伟生，林保平，李建清，冈本弘. 聚氨酯弹性体电致伸缩性能研究[J]. 聚氨酯工业，2006，21(3)：18-22

[22]Kaminow I P，Turner E H. Electrooptic light modulators[J]. Appl. Opt.，1966，5(10)：1612-1628

[23]Spencer E G，Lenzo P V，Ballman A A. Dielectric materials for electrooptic，elastooptic，and ultrasonic device applications[J]. Proc. IEEE，1967，55：2074-2108

[24]Robert Goldstein. Pochels Cell Primer[J]. Laser Focus Magazine，Feb.，1968

[25]赵玉兰，冯佩珍. 超高速光通信用器件[J]. 光纤通信技术，1994，1：22-28

[26]Ken Tsuzuki，Tadao Ishibashi，Tsuyoshi Ito，et al. A 40-Gb/s InGaAlAs-InAlAs MQW n-i-n Mach-Zehnder modulator with a drive voltage of 2.3V[J]. IEEE Photonics Technology Letters，2005，17(1)：46-48

[27]Mark Lee，Howard E Katz，Christoph Erben，et al. Broadband modulation of light by using an electro-optic polymer[J]. Science，2002，298(5597)：1401-1403

[28]Tazawa H，Steier W H. Analysis of ring resonator-based travelingwave modulators[J]. IEEE Photon. Technol. Lett.，2006，18(1)：211-213

[29]Bartosz Bortnik，Hung Yu-Chueh，Hidehisa Tazawa，Seo Byoung-Joon，Luo Jingdong，Alex K Y Jen，William H Steier，Harold R Fetterman. Electrooptic polymer ring resonator modulation up to 165 GHz[J]. IEEE Journal of Selected Topics in Quantum Electronics，2007，13(1)：104-110

[30]李育林，傅晓理. 空间光调制器及其应用[M]. 北京：国防工业出版社，1999

[31]Dixon R W. Photoelastic properties of selected materials and their relevance for applications to acoustic light modulators and scanners[J]. J. Appl. Phys，1967，38:5149-5153

[32]Pinnow D A，Dixon R W. Alpha-iodic acid：a solutiongrown crystal with a high figure of merit for acousto-optic device applications[J]. Appl. Phys. Lett，1968，13:156-158

[33]Jenkings F A，White H E. Fundamentals of Optics[M]. New York:McGraw-Hill，1957

[34]Snitzer，E. Glass lasers[J]. Applied Optics，1966,5(10):1487

[35]赵达尊,张怀玉. 空间光调制器[M]. 北京：北京理工大学出版社,1992

[36]Wang C S，Chang Yu-Chia，Raring J W，Coldren L A. Short-cavity 980 nm DBR lasers with quantum well intermixed integrated high-speed EA modulators[J]. IEEE 20th International Semiconductor Laser Conference，2006:129-130

[37]Hitoshi Murai，Masatoshi Kagawa，Hiromi Tsuji，Kozo Fuji. EA-modulator-based optical time division multiplexing/demultiplexing techniques for 160-Gb/s optical signal transmission[J]. IEEE J. Selected Topics in Quantum Electronics，2007，13(1):70-78

[38]原荣. 光纤通信[M]. 2 版. 北京:电子工业出版社,2006

[39]Koichi Wakita，et al. Very-high -allowability of inxidental opotical power for opiarizaiton-insensitive InGaAs/InAlAs muitiple quantum well modulators buried in semi-insulating InP[J]. Jpn. J. Appl. Phys，1998，37(3B):1432-1435

[40]Moodie D G，Harlow M J，Guy M J，Perrin S D，Ford C W，Robertson M J. Discrete electroabsorption modulators with enhanced modulation depth[J]. J. Lightwave Technology，1996，14(9):2035-2043

[41]Moodie D，Ellis A，Chen X，et al. Application of electro absorption modulators in high bit-rate extended reach transmission systems[J]. OFC2003，2003，1(1):267-268

[42]刘骋,李勇. 高速光调制器[J]. 光通信研究，2003，3:43-46

[43]李景镇. 光学手册[M]. 西安:陕西科学技术出版社,1986

[44]Tien P K，Martin R J，Wolfe R，Lecraw R C，Blank S L. Switching and modulation of light in magneto-optic waveguide of garnet films[J]. Appl. Phys. Lett.，1972,27(8):394-396

光学手册

下卷

主 编 李景镇

HANDBOOK OF OPTICS

陕西出版集团
陕西科学技术出版社

内容简介

本书在浩如烟海的光学文献资料中，精炼光学成就，构筑发展光学学科的基础，提供几乎所有光学分科的基本概念、基本原理、基本公式、基本数据和基本方法，做到一本手册具有几十本书的功能，方便实用。

全书 38 章，49 门光学分科，7 200 多个公式，3 200 余幅插图，800 多个表格和 3 300 条参考文献，分上、下两卷，为从事光学科研、设计、教学的科技人员、工程人员、广大教师和高等院校有关专业的研究生，光学行业的技术工人，以及相关学科的科技工作者，提供一部有实用价值的工具书。

图书在版编目(CIP)数据

光学手册 / 李景镇主编. —西安：陕西科学技术出版社，2010.7
ISBN 978-7-5369-4857-0

Ⅰ. 光… Ⅱ. 李… Ⅲ. 光学—手册 Ⅳ. 043-62

中国版本图书馆 CIP 数据核字(2010)第 131996 号

出版人 张会庆
策　划 杨　波　**责任编辑** 杨　波　**封面设计** 曾　珂
责任校对 秦　延　**质量总监** 邵仁发　**印制总监** 张一骏

出版者 陕西出版集团　陕西科学技术出版社
西安北大街 131 号　邮编 710003
电话(029)87211894　传真(029)87218236
http://www.snstp.com
发行者 陕西出版集团　陕西科学技术出版社
电话(029)87212206　87260001
印　刷 万裕文化产业有限公司
规　格 889mm×1194mm　1/16 开本
印　张 189.75
字　数 5800 千字
版　次 2010 年 7 月第 1 次版
2010 年 7 月第 1 次印刷
定　价 555.00 元(上、下卷)

目　录

上　卷

第一章　电磁光学

第二章 量子光学

第三章 统计光学

第四章　非线性光学

第五章 分子光学和磁光学

第六章 纳米光子学

第七章 太赫兹波和红外光学

第八章 紫外光学、X射线光学和中子光学

第九章　辐射度学和光度学

第十章　色度学

第十一章 光谱学

第十二章　光源和同步辐射

第十三章 非成像光学和自由曲面光学

第十四章 成像光学

第十五章 信息光学

第十六章　衍射光学和二元光学

第十七章　偏振光学和偏光器件

第十八章　晶体光学

第十九章 薄膜光学和滤光片

第二十章　光学调制器

下 卷

第二十一章 纤维光学和变折射率光学

第二十二章　导波光学和集成光学

第二十三章　金属表面等离子体光学

第二十四章　海洋光学

第二十五章 大气光学

第二十六章　空间光学

第二十七章　自适应光学

第二十八章 生物光子学和生物光子检测

第二十九章 视觉光学

第三十章 显示光学

第三十一章 瞬态光学和高速成像

第三十二章　飞秒光学和超短激光脉冲

第三十三章　显微光学和近场光学

第三十四章 光电探测器和光电探测

第三十五章 感光材料

第三十六章 光学材料

第三十七章　光学测试计量学

第三十八章　光学零件工艺学

第二十一章　纤维光学和变折射率光学

纤维光学是近代光学领域的一个重要分支，是研究光学信息（光线和图像）在透明纤维状光学元件（光学纤维）中的传输机理、制作工艺和应用技术的科学。变折射率光学是研究一种特殊的折射率不是常数的非均匀介质的光学性能、制作工艺和实际应用的理论和技术。这两个学科都是近年来发展起来的微小光学领域的基础学科。光纤通信和光纤传感，这是目前两个最引人注目的领域，本章只是论及其理论基础和技术基础。同时，光子晶体光纤和平面微透镜阵列，本章也作了精练的论述。

第一节　纤维光学和光学纤维

一、发展历史

纤维光学的发展，大致可分为3个阶段[13]：

第一阶段，早期发展阶段。利用透明材料的细长纤维导管传输光线和图像的现象，很早就为希腊玻璃工人所发现，他们利用这种现象制作了装饰用的玻璃器皿。1870年，英国的廷德尔首先通过实验观察到光线沿弯曲水柱传播的现象。1929年美国的哈塞尔、1930年德国的拉姆，先后制成了石英纤维，并在短距离内观察到了光线经过石英纤维传输的现象，但由于光学纤维质量较差，没有什么实际应用。

第二阶段，蓬勃发展阶段。1953年，荷兰的范希尔[2]和美国的卡帕尼[1]首先制成了玻璃（芯）-塑料（包层）光学纤维。1955年，美国的希斯肖威兹制成了玻璃（芯）-玻璃（包层）光学纤维，初步解决了光学绝缘问题，为光学纤维的发展打下了良好的基础。1958年，卡帕尼利用拉制复合纤维的工艺制作了高分辨率的光学纤维面板，1960年，又采用排列工艺制作了光学纤维传像束，并成功地将其应用于医疗器械中。微通道板也于1961年问世。

第三阶段，纤维光学发展的新阶段。随着激光通信的发展，一种新的通信介质——光学纤维波导——迅速地发展起来。1970年，美国康宁玻璃公司根据华人学者高锟[20,74]在1966年提出的设想首先制成了世界上第一根低损耗光学纤维（20 dB/km）。1972年，美国贝尔实验室发展了制作低损耗光学纤维的新工艺——化学气相沉积（CVD）法，从此进入了低损耗光学纤维波导研究的新阶段。另外，1964年，日本的西泽和佐佐木提出了一种和以往的光学纤维完全不同的新型光学纤维——变折射率（当时称为自聚焦）光学纤维——制作工艺的设想。1969年，日本学者北野一郎[34]等人，采用离子交换工艺成功地制作出变折射率透镜。同时，自从1977年正式提出光学纤维传感器以来，光学纤维传感器发展很快，目前，已有多种不同性能的光学纤维传感器问世，由于它具有灵敏度高、机动性大、不怕电磁干扰、工艺简单的优点，在未来信息社会中将会有重要作用。此外，随着激光通信和空间科学的发展，红外光学纤维和塑料光学纤维也有了很大的发展。

随着科学技术的发展，以石英为基质的光学纤维的损耗下降很快，1972年为7 dB/km，1973年为2.5 dB/km，1976年为0.47 dB/km（波长1.2 μm），1979年下降到0.2 dB/km（波长1.5 μm）。由于光学纤维的损耗下降很快，因此以光学纤维波导为介质的激光通信技术发展也很快。目前，石英光纤的损耗已降低到0.154 dB/km，接近理论极限值；其色散性能也有了很大改善。由于损耗和色散间存在相互制约的关系，石英光纤的制作技术发展很快。为了进一步提高光导纤维的性能，就必须突破以前的工艺、材料，在光纤的结构和光波导理论上有一个新的突破，在这种情况下，光子晶体光纤应运而生，损耗更低的新材料光纤亦在发展之中。

20世纪90年代，随着信息高速公路的发展，计算技术、视像技术的发展，特别是国际协议（IP）和互联网技术研究的飞速发展，因特网(Internet)获得了广泛的应用。开展的一系列网络业务，如电子邮件、数据传递、电子政务、电子商务等已成为人们必不可少的新的工作方式和生活方式，通信和网络信息系统成为当今信息社会的重要基础设施。社会信息量的剧增，激发了新一轮的技术进步。Internet Ⅱ的实施促进了高速、宽带光系统技术、光放大技术、WDM 波分复用技术的发展，推动了常规光纤通信系统向全光通信和全光网络的升级和转换，逐步用光放大器取代电中继器，实现了全光传输，以 WDM/DWDM 技术在光域上进行光信道的多路复用，实现了每秒太比特量级的高速、宽带、大容量和长距离的光信息传输。利用光交换技术、光交叉连接技术、光分插复用技术、光-光调制技术、光编码技术，将节点全光化，构建全光节点，实现光信息在光域上的全光交换，致使常规的光网络发展为全光网络，产生了光纤通信发展史上又一次飞跃[23]。

1962 年，在光学专家、中国科学院院士龚祖同教授的组织和指导下[13]，中国科学院西安光学精密机械研究所在国内率先开展了普通光学纤维的研究。1970 年以后，武汉邮电科学研究院、桂林激光所等单位开展了低损耗石英光纤和光纤通信系统研究。目前，全国已有不少单位研制和生产了各种光学纤维元件，并在生产、科研中有了初步应用。1972 年，西安光机所首先开展了变折射率光学纤维的研究。低损耗、低色散光学纤维已在上海、武汉、西安、北京的许多单位被研制成功，并已投入批量生产。光通信线路在全国大量建立，光通信和光网络已在全国普遍铺设，这说明纤维光学在中国有了很大的发展，已进入世界信息社会强国行列。

二、光学纤维的分类

随着光学纤维的广泛应用，对光学纤维有许多特殊的要求，因而就出现了许多不同类型和不同性能的光学纤维。光学纤维的分类见表 21-1[23]。

表 21-1　光学纤维的分类

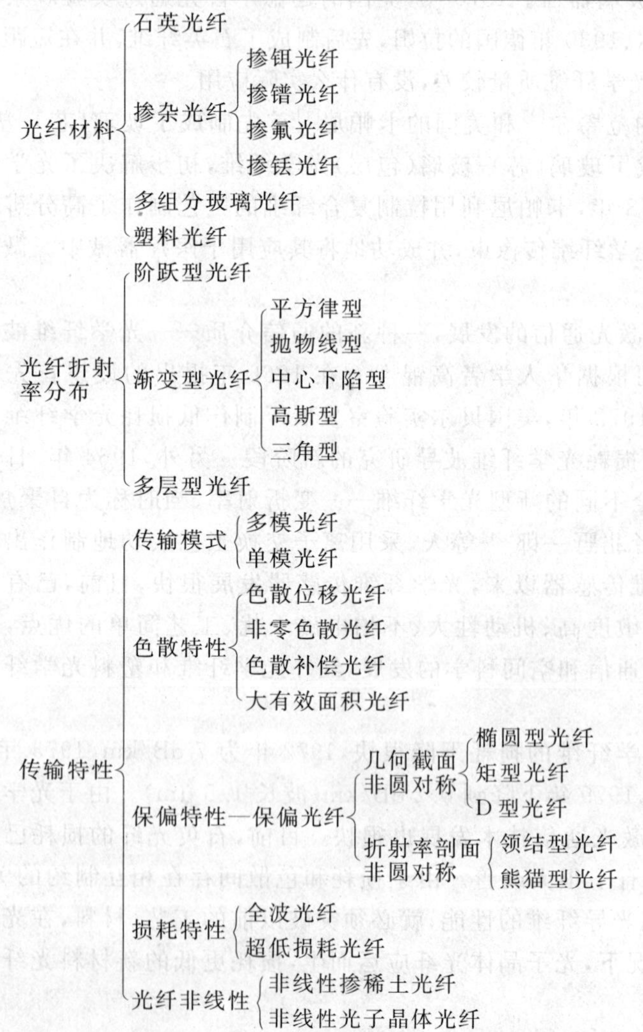

按材料分，有玻璃光学纤维、石英光学纤维、掺杂光纤和塑料光纤 4 类；按折射率分布形式分，有普通阶跃折射率分布光学纤维、变折射率光学纤维和多层型光学纤维 3 种；按使用波段分，除在可见光波段使用的光学纤维外，还有红外光学纤维和紫外光学纤维；按传输模的数目分，有单模光学纤维和多模光学纤维；按色散特性分，有色散位移光学纤维、非零色散光学纤维、色散补偿光学纤维和大有效面积光学纤维等。此外，还有激活光学纤维、发光光学纤维和耐辐照光学纤维等。

(一)玻璃光学纤维[13]

这是性能良好、应用广泛的一种光学纤维，它的芯和涂层全由玻璃组成，为了和低损耗石英光纤相区分，这种光纤又称为普通光学纤维。材料选择的主要依据是要有合适的折射率、透射率和热膨胀系数。对于长光学纤维，透射率是主要的，芯材料和涂层材料的匹配要适当。为了得到高强度的光学纤维，涂层材料的膨胀系数要略低于芯材料。对于短光学纤维应用，芯材料的折射率要尽可能大于涂层材料，透射率不是主要问题。膨胀系数的选择应根据应用的要求而定。玻璃光学纤维通常有两种：

(1)普通阶跃折射率光学纤维

又称包层-芯光学纤维,如图 21-1 所示。这种光学纤维由具有折射率为 n_1 的均匀芯和折射率为 n_2($n_2 < n_1$)的均匀包层组成。光波的电磁场在和传输方向垂直的方向上很快衰减,在传输方向呈振荡分布。芯和包层材料的组成以及它们的直径大小和折射率分布,主要由光学纤维的损耗和色散特性所决定。

(2)变折射率光学纤维

又称梯度折射率光学纤维、渐变折射率光学纤维或非均匀芯折射率光学纤维,如图 21-2 所示。这种光学纤维芯的折射率不是均匀的,而是从中心轴向四周沿径向梯度减小,这种折射率分布称为径向变折射率分布。折射率分布满足如下关系:

$$n(r)=\begin{cases} n(0)\left[1-\dfrac{1}{2}\Delta\left(\dfrac{r}{a}\right)^{\alpha}\right], & r<a \\ n(a), & r\geqslant a \end{cases} \tag{21-1}$$

式中,a 为光学纤维芯的半径,$n(0)$、$n(r)$ 和 $n(a)$ 分别为轴上、距轴 r 处和包层的折射率,$\Delta=[n^2(0)-n^2(a)]/[2n^2(0)]\approx[n(0)-n(a)]/n(0)$ 为相对折射率差,α 为大于 0 的实数,称为变折射率分布的幂。当 $\alpha\to\infty$ 时,就是阶跃折射率分布;$\alpha=2$,称为抛物线折射率分布;当 $\alpha=2.25$ 时,光学纤维有最大带宽。

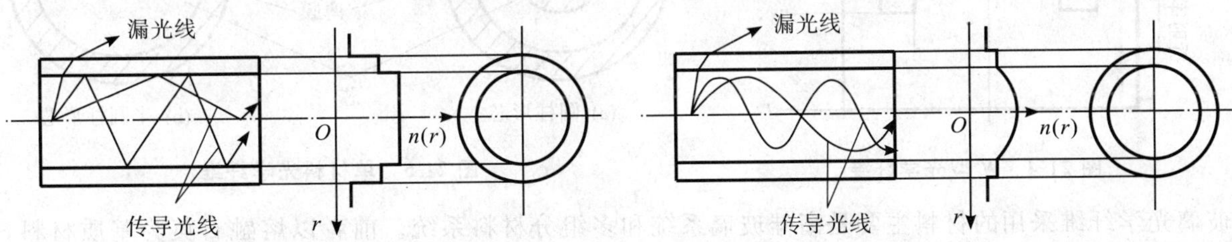

图 21-1　普通阶跃折射率光学纤维　　**图 21-2　变折射率光学纤维**

此外,如果非均匀介质的折射率围绕某一点呈球对称分布,并沿球径向增加,这就是球向变折射率分布。如果非均匀介质的折射率仅是到某一平面的距离 Z 的函数,这种平面对称的折射率分布称为轴向变折射率分布。

在阶跃折射率光学纤维和变折射率光学纤维中,当芯的直径如此之小(或者相对折射率差 Δ 很小),以至于仅有一条轴向光线或者仅有一个基模(HE_{11})可以在光学纤维中传输,这种光学纤维通常称为单模光学纤维。如果希望得到大的带宽,单模光纤是比较理想的。单模光学纤维的带宽通常由和入射光源的发射带宽有关的材料色散确定。单模光学纤维芯半径的临界值是

$$a_1=\left(\frac{1.202}{\pi}\right)\frac{\lambda}{\dfrac{n_1}{(2\Delta)^{\frac{1}{2}}}} \tag{21-2}$$

如果 $\Delta=0.01$,则单模光学纤维芯半径的临界值是 $2a_1=3.6\lambda$。当 $2a_1>3.6\lambda$,则在光学纤维中可以传输两个以上的模,这就是多模光学纤维。图 21-3 给出了 3 种主要光学纤维类型的芯径范围。对于单模阶跃折射率光学纤维为 1～5 μm,对于多模阶跃折射率光学纤维为 30～100 μm,对于多模变折射率光学纤维为 20

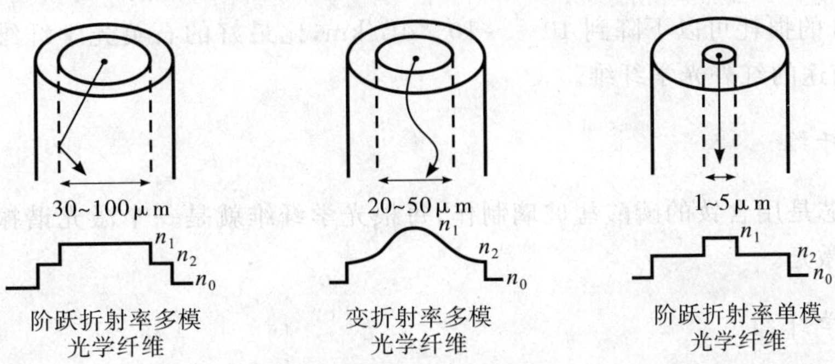

图 21-3　3 种光学纤维的折射率分布和芯径大小

~50 μm。实际上，对于很多常用的光学纤维，包层和芯半径之比是 $a_2/a_1 \approx 0.6$。当芯的直径为 50 μm 时，涂层的典型厚度是 15 μm。

近来，为了改善光学纤维的传输特性，又发展了两种不同结构的光学纤维，即 W 型光学纤维和单材料光学纤维。W 型光学纤维的折射率分布如图 21-4 所示。它由高折射率 n_1 的芯、低折射率 n_3 的包层和较高折射率 n_2($n_1 > n_2 > n_3$)的外包皮组成。总直径的典型值为 20 μm。虽然它的直径较粗，但却是一种很好的单模光学纤维。由于 W 型光学纤维可以显著地降低总色散，甚至可以使总色散接近于 0。因此，W 型光学纤维的带宽可以远大于多模光学纤维。但是，这种纤维的制作工艺比较复杂，精度要求较高，因而应用受到限制。

图 21-5 是一种典型的单材料光学纤维横截面示意图。这种纤维完全由一种材料组成，不管是圆柱形芯或者是半圆柱芯，电磁场都集中在芯中。芯的两边是薄膜，最外边是环形横截面的空心圆柱体。

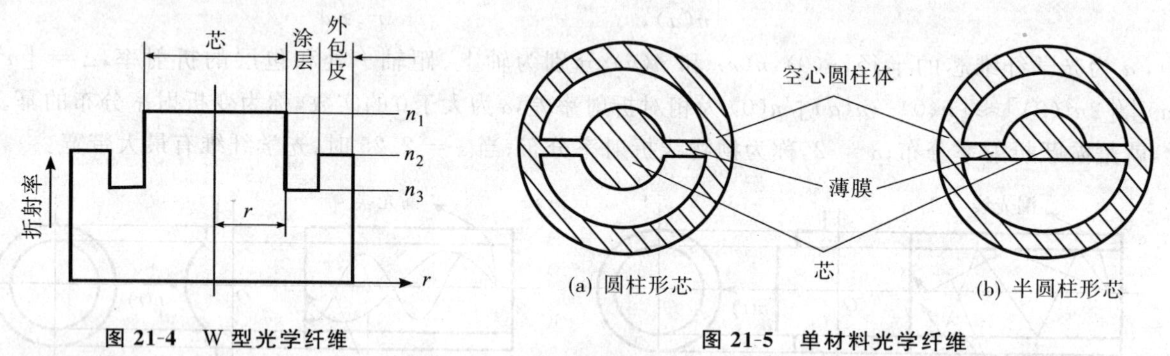

图 21-4　W 型光学纤维　　**图 21-5　单材料光学纤维**

玻璃光学纤维采用的材料主要是高硅玻璃系统和多组分材料系统。前者以熔融石英为基质材料，利用掺杂少量硼、磷、锗以降低或者增加折射率，以形成芯和包层材料之间的折射率差。由于这种材料的损耗可以降到很低，因而可以被广泛用来制作长距离使用的光学纤维。后者有掺铊或铯的钠硼硅酸盐系统、钠硼锗酸盐系统等，这类材料可以用来制作变折射率光学纤维，也可以制作短距离使用的普通光学纤维。

(二)聚合物光学纤维

聚合物光纤也可称塑料光纤，这种光学纤维的芯和涂层材料全是聚合物，它可以作成阶跃折射率普通聚合物光学纤维，也可以作成具有变折射率分布的聚合物光学纤维。

(三)液芯光学纤维

液芯光学纤维的结构是在空心圆柱状玻璃(或石英)管中充满折射率比玻璃管高的液体(如四氯化碳)。这种结构很适合于制作发光纤维。由于管的内径不可能做得很细，因而，这种光学纤维柔软性差，使用不便，应用不多。

(四)红外光学纤维和紫外光学纤维

红外光学纤维和紫外光学纤维可以在红外波段或紫外波段使用。目前，TlBr－TlI 材料制作的红外光学纤维波导，在 10 μm 的损耗可以下降到 10^{-2}～10^{-3} dB/km，比最好的石英光学纤维波导还要低几个数量级，是一种很有发展前途的红外光学纤维。

(五)激活光学纤维

激活光学纤维的芯是用含钕的磷酸盐玻璃制作，每根光学纤维就是一个激光谐振腔，在泵浦作用下，这种光学纤维可以发射激光。

(六)耐辐照光学纤维

耐辐照光学纤维的芯和涂层材料都是用耐辐照光学玻璃制作，因此，它可以在强辐照环境中使用。

第二节　光学纤维的光纤理论[11,13-14]

我们知道，当光学纤维的直径远大于入射光波长而折射率变化又很缓慢时，就可以采用“光线”来处理光波在光学纤维中的传输。

一、光线的种类

在阶跃折射率光学纤维中传输的光线通常有两种：

1)子午光线。即在一个周期内和光学纤维轴相交两次的光线，它传输的轨迹为通过轴的一个平面内的锯齿形轨迹。

2)斜光线。即和纤维轴不相交的光线，它的轨迹是围绕纤维轴的螺旋状折线。

二、光学纤维元件传光、传像的基本原理

前面已经提到，光学纤维是一种带有包层的透明介质细丝，通常由玻璃(芯)-玻璃(包层)或玻璃(芯)-塑料(包层)及塑料(芯)-塑料(包层)组成，而且要求芯的折射率 n_1 必须大于包层的折射率 n_2，芯和包层之间有良好的光学接触，可以形成良好的光学界面。只要我们选取适当的入射角，总可以使折射光线在界面上的入射角大于全反射的临界角。这样，光线将在界面上发生内全反射，经过多次这样的内全反射，光线就可以从光学纤维的一端传至另一端，直至射出为止。

光学纤维元件传像的基本原理基于以下 4 点[11]：

1)在理想情况下，每根光学纤维都有良好的光学绝缘，都能独立地传光。

2)每根光学纤维的端面都可以看作是一个取样孔，在传像过程中都能独立地传输一个像元。像元的大小和光学纤维的取样孔径相等。

3)光学纤维束的两端(中间部分除外)必须是相关排列、一一对应的，即每根光学纤维在入射端面和出射端面的几何位置应当是完全一样的。

4)光线在光学纤维中的入射角和出射角应当是量值相等、符号视内全反射次数的奇偶而定。当次数为奇时，取“+”号；当次数为偶时，取“−”号。

由于光学纤维元件有上述 4 个特点，当一个图像入射在光学纤维元件的端面上时，该图像就能被光学纤维束传输到光学纤维的另一端，而保持图像的形状不变。

三、子午光线分析

(一)数值孔径

如图 21-6 所示，一条光线从折射率为 n_0 的介质入射到直圆柱光学纤维端面的轴 O 处，入射角为 α，折射角为 α'。折射光线入射到折射率为 n_1 的芯和折射率为 n_2 的包层之间的界面上，入射角大于临界角 ϕ_c 时，这条光线就将在界面上发生内全反射。

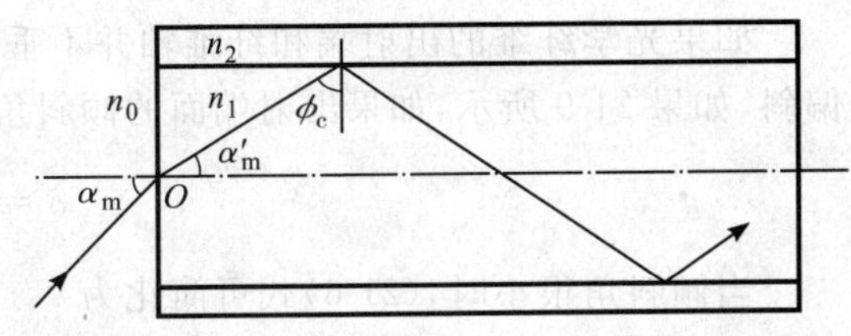

图 21-6　子午光线在直圆柱光学纤维中的传播

$$\phi_c = \arcsin\frac{n_2}{n_1} \tag{21-3}$$

当芯和包层材料不存在吸收和界面是理想的情况下，全反射应当是完全的。对实际光学纤维透过性能的测量表明，反射系数可以超过 0.999 9。

利用斯涅尔定律，最大的入射角 α_m 应当满足如下关系：

$$\begin{aligned} n_0\sin\alpha_m &= n_1\sin\alpha'_m = n_1\cos\phi_c \\ &= n_1(1-\sin^2\phi_c)^{\frac{1}{2}} \end{aligned} \tag{21-4}$$

因为 $\sin\phi_c = \dfrac{n_2}{n_1}$，所以有

$$n_0\sin\alpha_m = n_1\left[1-\left(\frac{n_2}{n_1}\right)^2\right]^{\frac{1}{2}} = (n_1^2-n_2^2)^{\frac{1}{2}} \tag{21-5}$$

和应用光学一样，我们把 $n_0\sin\alpha_m$ 称为光学纤维的数值孔径，并用 NA（也可写成 N. A.）表示，相应的入射角 α_m 称为光学纤维的孔径角。NA 是表征光学纤维聚光能力大小的物理量。严格地说，数值孔径这个定义(21-5)式仅对理想阶跃光学纤维的子午光线适用。

实际上，光学纤维的孔径角 α_m 不可能由(21-5)式确定。由于材料可能存在成分和折射率的不均匀性，芯-包层界面也可能存在不规则性，光的散射就难以避免，数值孔径就可能显著的减小。因而，数值孔径和孔径角的实测值通常都比理论值小。

光学纤维数值孔径可能值的范围仅由芯和包层材料的折射率确定。只要选择不同的材料对，就可以得到 NA 等于零点几到 1.4 的光学纤维。原则上，NA 也可以做到任意小，但由于在拉制光学纤维的过程中，不可能很好地控制折射率的变化，要想得到很小和很大 NA 的光学纤维通常都是比较困难的。

但是，并非所有的玻璃对都可以随便地选取。因为还要考虑其他条件，如热性能和化学性能、光吸收特性等。材料的选取还要受纤维拉制工艺的限制。这样一来，作为芯-包层玻璃对的材料就为数不多了。

在选择芯玻璃时，必须在 NA 和透射率这两个性能要求之间进行权衡。一般情况下，芯玻璃的折射率较高，NA 也较大，在光谱的短波边的透射率就较低。对于短光学纤维应用来说，大 NA 性能是很适合的，对于长光学纤维应用来说，就要求透射率较高，因而要采用小 NA 的光学纤维。

（二）直圆柱光学纤维

一般来说，在传输过程中，子午光线的方位保持不变，并且入射角和出射角相同（当内全反射次数为奇数时）或者相反（当内全反射次数为偶数时）。但在实际情况下，对于一个直径很小的光束以角度 α 入射在光学纤维的端面上时，在传播过程中，其方位角将逐渐变化，这是因为或多或少地总是存在斜光线成分，而且当反射次数很大时，在出射端就成为半锥角为 α 的空心圆锥，如图 21-7 所示。

如果让一汇聚光锥入射在光学纤维端面上，如图 21-8 所示，出射光锥也是一空心圆锥，其锥角和入射汇聚光锥完全一样。

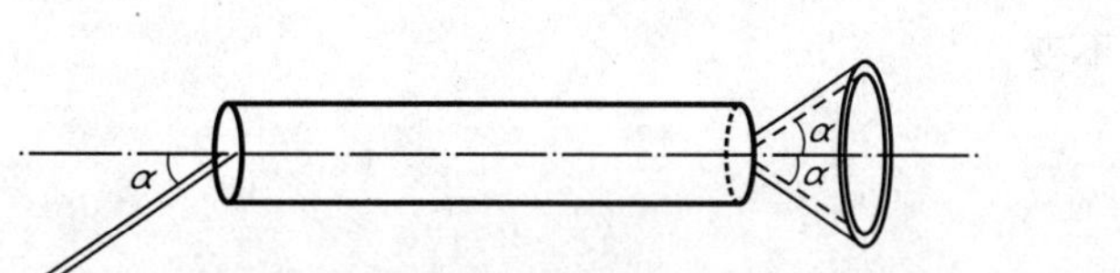

图 21-7　子午光线通过直圆柱光学纤维的行为

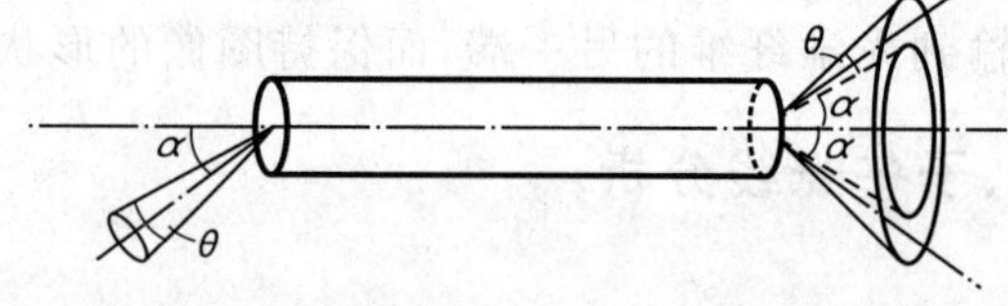

图 21-8　会聚光锥通过直圆柱光学纤维的行为

如果光学纤维的出射端和纤维轴并不垂直，这种倾斜端面的作用和棱镜很相似，它可以使出射光锥发生偏斜，如果 21-9 所示，如果出射端面的倾斜角为 β，出射光锥的偏斜量 δ 的大小是

$$\delta = \arcsin\frac{n_1-\sin\beta}{n_0}-\beta \tag{21-6}$$

当倾斜角很小时，(21-6)式可简化为

$$\delta \approx \left(\frac{n_1-n_0}{n_0}\right)\beta \tag{21-7}$$

对于 $n_0=1$ 的空气介质，(21-7) 式变成

$$\delta = (n_1-1)\beta \tag{21-8}$$

由(21-8)式可知，出射光锥的偏斜量 δ 与出射端面的倾斜角 β 成正比。

如果光学纤维的入射端面与纤维轴构成角度 α，如图 21-10 所示，不难证明[12]

$$n_0\sin\beta = \mathrm{NA}\cos\alpha \pm n_2\sin\alpha \tag{21-9}$$

(21-9)式右端的"$\pm$"号表示入射光线分别位于法线两侧的情况。当 $n_0=1$ 时，入射端面倾斜的光学纤维的数值孔径为

$$\mathrm{NA}_\alpha=\frac{1\pm n_2\sin\alpha}{\cos\alpha} \tag{21-10}$$

从上式可知 NA_α 随 α 的增加而迅速增大。

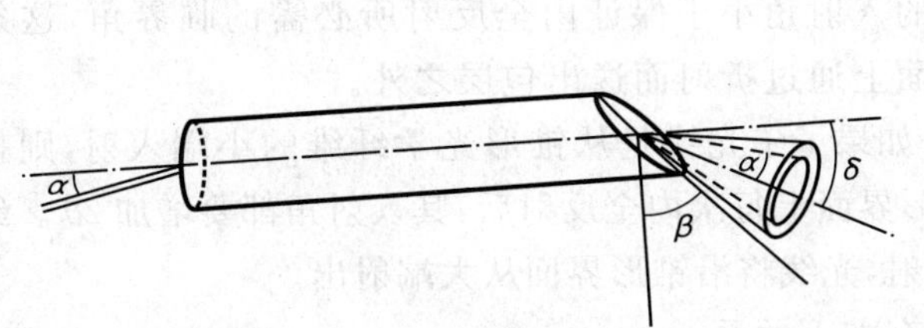

图 21-9　出射端面倾斜的光学纤维

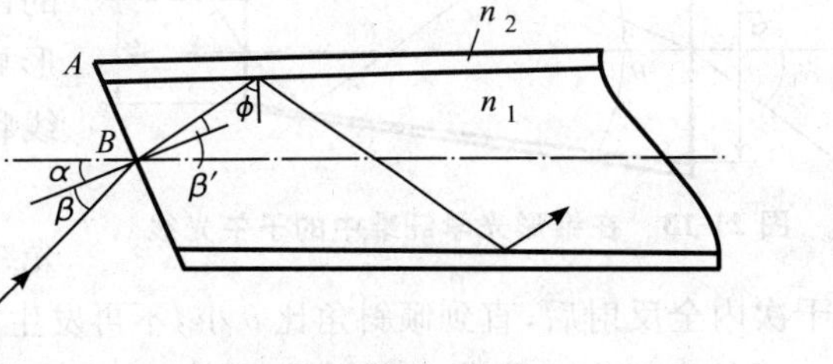

图 21-10　入射端面倾斜的光学纤维

(三)弯曲的光学纤维

光学纤维的弯曲，是经常碰到的现象，而且光学纤维往往是在弯曲通道条件下作光束的传输使用，因而研究光学纤维的弯曲对光学纤维传输性能的影响是十分必要的。

设弯曲光学纤维的直径为 d，曲率半径为 R，入射光锥半角为 $\alpha_入$，出射光锥半角为 $\alpha_出$，则有如下关系：

$$\Delta\cos\alpha_出=\frac{2dR\cos\alpha_入}{R^2-\left(\frac{d}{2}\right)^2} \tag{21-11}$$

如果 $R\gg d$，则(21-11)式可简化成

$$\Delta\cos\alpha_出=\frac{2d}{R}\cos\alpha_入 \tag{21-12}$$

对于平行光束($\cos\alpha_入=1$)，入射到直径为 0.01 cm、弯曲半径为 2 cm 的光学纤维中，从(21-12)式可以得到 $\Delta\cos\alpha_出=0.01$，即 $\Delta\alpha_出\approx8^\circ$。由此可知，对于弯曲半径为 $R/d=200$ 的光学纤维，出射光锥的偏离角 $\Delta\alpha_出$ 为 8°，因而出射光锥不再是平行光锥而是一个发散光锥。

图 21-11 给出了子午光线在弯曲的圆柱形光学纤维中的传输。从图 21-11 不难算出弯曲光学纤维的数值孔径 $\mathrm{NA}_弯$ 是：

$$\mathrm{NA}_弯=n_0\sin\alpha_\mathrm{m}=\left\{n_1^2-n_2^2\left[1+\frac{d}{R}+\left(\frac{d}{R}\right)^2\right]\right\}^{\frac{1}{2}} \tag{21-13}$$

很明显，弯曲的光学纤维的数值孔径小于直圆柱光学纤维(相当于 $R\to\infty$ 情况)的数值孔径。图 21-12 给出了当 $n_1=1.62$ 和 $n_2=1.51$ 时，弯曲的光学纤维的孔径角 θ_m 与 R/d 的关系曲线。从图可知，当 $R/d<20$ 时，θ_m 随弯曲半径的减小而急剧减小。

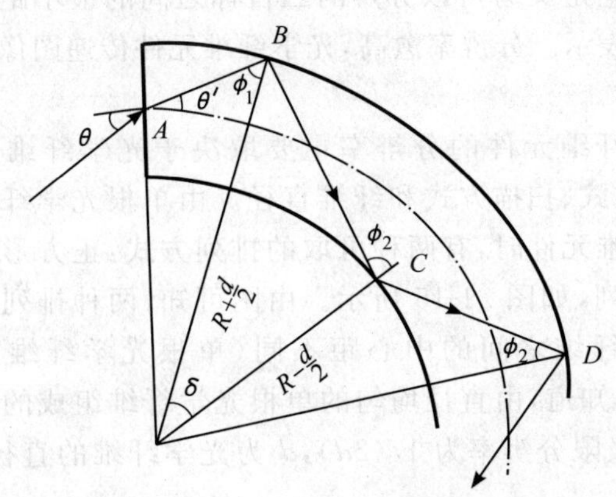

图 21-11　子午光线在弯曲光学纤维中的传输

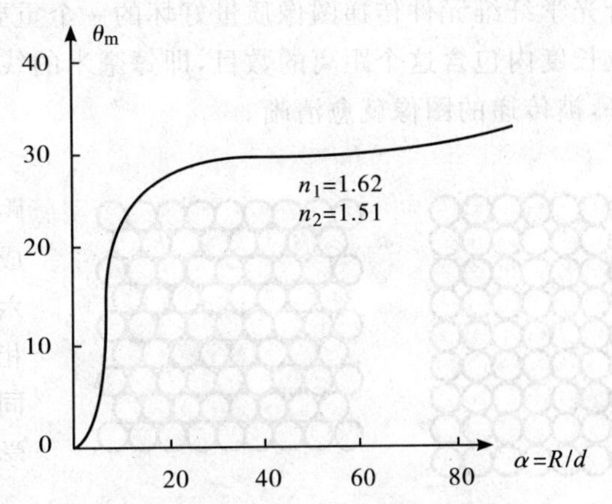

图 21-12　孔径角与弯曲半径的关系

(四)锥形光学纤维

如图 21-13 所示,当一条子午光线入射到锥形光学纤维的大端时,折射光线在锥形界面上每次反射时,其入射角都要减小 2θ(θ 为锥形光学纤维的锥角)。这条子午光线或者经过多次内全反射后,从锥形光学纤维的小端射出,这时的出射角 α_2 大于入射角 α_1;或者经过若干次内全反射后,在锥形界面上的入射角小于保证内全反射所必需的临界角,这条光线将在界面上通过折射而逸出包层之外。

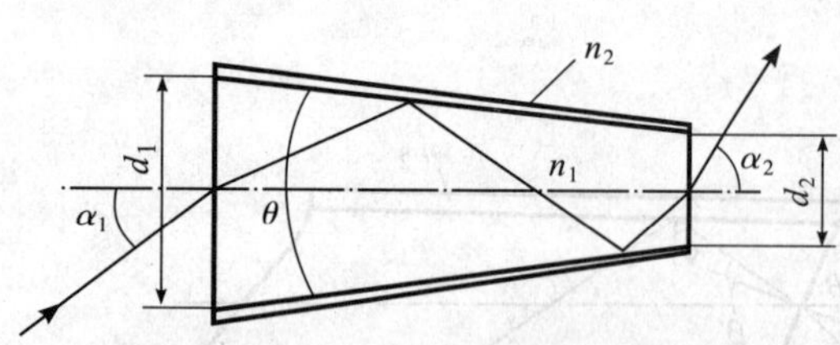

图 21-13 在锥形光学纤维中的子午光线

反之,如果子午光线是从锥形光学纤维的小端入射,则折射光线在锥形界面上每次内全反射后,其入射角都要增加 2θ。经过若干次内全反射后,直到倾斜角比 θ 小,不再发生内全反射,光线将沿锥形界面从大端射出。

子午光线通过锥形光学纤维后,角度 α_1 和角度 α_2 有如下关系:

$$a_1 \sin \alpha_1 = a_2 \sin \alpha_2 \tag{21-14}$$

式中,a_1 和 a_2 分别为大端面和小端面的半径,α_1 和 α_2 分别为大端面和小端面的入射角和出射角。

锥形光学纤维大端的数值孔径 $\mathrm{NA}_{大}$ 是

$$\mathrm{NA}_{大} = n_0 \sin \alpha_1 = \frac{a_2}{a_1}(n_1^2 - n_2^2)^{\frac{1}{2}} \tag{21-15}$$

显然,在锥形光学纤维中,大端面的数值孔径 $\mathrm{NA}_{大}$ 比同样情况下的直圆柱光学纤维要大。

四、斜光线

前面已经提到,在光学纤维中传输的光线,在子午面上并通过纤维轴的光线称为子午光线,和纤维轴不相交的非子午面光线称为斜光线。图 21-14 是任一条斜光线在直圆柱光学纤维中传播的示意图。在传播过程中,每次反射时的入射角 φ 保持不变,其反射光线相对于法线的方位角 γ 也保持不变,和轴所成的角 θ' 也保持不变,3 个角度之间有关系:$\cos\varphi = \cos\gamma \sin\theta'$,数值孔径 $\mathrm{NA}_{斜}$ 是

$$\mathrm{NA}_{斜} = \frac{1}{\cos\gamma}(n_1^2 - n_2^2)^{\frac{1}{2}} = \frac{\mathrm{NA}_{子午}}{\cos\gamma} \tag{21-16}$$

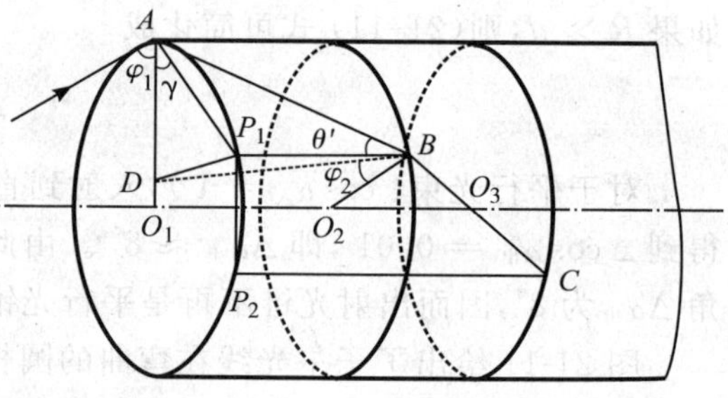

图 21-14 斜光线在直圆柱光学纤维中的传播

从(21-16)式可知,一般情况下,$\mathrm{NA}_{斜} > \mathrm{NA}_{子午}$,只有当 $\gamma = 0$ 时,才有 $\mathrm{NA}_{斜} = \mathrm{NA}_{子午}$,即子午光线的情形。

五、光学纤维元件的分辨本领

前面已经指出,每根光学纤维的端面都是一个取样孔径,在传递图像时都携带着一个像元。分辨本领就是评价光学纤维元件传递图像质量好坏的一个重要标志,它定义为可以分辨的二目标之间的最小距离。常用单位长度内包含这个距离的数目,即每毫米的线对数来表示。分辨率愈高,光学纤维元件传递图像的性能就愈好,被传递的图像就愈清晰。

光学纤维元件的分辨率主要取决于光学纤维的中心距、排列方式、扫描方式和纤维直径。由单根光学纤维集合成光学纤维元件时,有两种可取的排列方式:正方形排列和六角形排列,如图 21-15 所示。由图可知,两种排列方式的相邻光学纤维之间的中心距不同(单根光学纤维直径相同)。我们知道,由直径均匀的单根光学纤维组成的单层光学纤维,极限分辨率为 $1/(2d)$,d 为光学纤维的直径。对于正方形排列的光学纤维元件,有效传光面积为 $\frac{\pi}{4}\left(\frac{d}{a}\right)^2$,$a$ 为

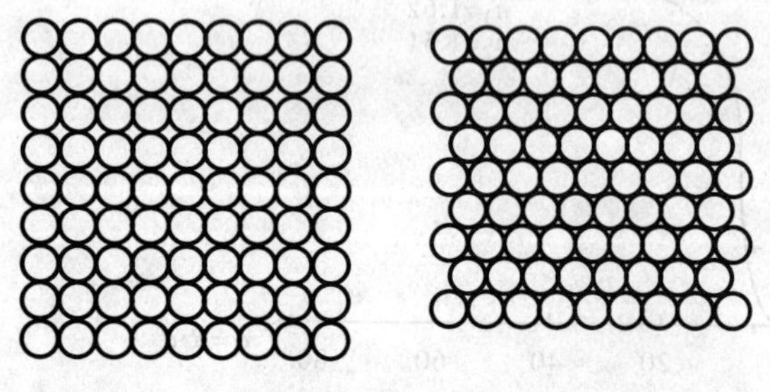

图 21-15 光学纤维元件的两种可能排列方式

二相邻纤维间的中心距，在紧密排列的情况下，可以近似地认为 $d=a$。这时，有效传光面积可达 78.5%。根据分析指出，极限分辨率为

$$R_{正}=\frac{1}{2d} \tag{21-17}$$

对于六角形排列的光学纤维元件，其有效传光面积是 $\frac{\pi}{3.464}\left(\frac{d}{a}\right)^2$。在紧密排列的情况下，有效传光面积可达 90.7%。在静态条件下，极限分辨率为

$$R_{六}=\frac{1}{\sqrt{3}\,d} \tag{21-18}$$

因此，在光学纤维直径相同的条件下，六角形排列的光学纤维元件的极限分辨率 $R_{六}$ 的为正方形排列的光学纤维元件的极限分辨率 $R_{正}$ 的 1.15 倍。还可以看到，分辨率与光学纤维的直径成反比，直径越小，分辨率就越高。常用的光学纤维传像束（又称为相关束），单丝直径一般应小于 15 μm，光学纤维面板，采用拉制复合纤维工艺，可使单纤维直径小于 5 μm，分辨率可达 100 lp/mm 以上。

在光学纤维传像束相对目标运动的动态扫描情况下，由于每根光学纤维可以对很多像元取样，因而分辨率有所提高，传递图像的质量有所改进。根据计算，在动态扫描的情况下，光学纤维相关束的截止空间频率，即动态分辨率与排列方式无关，可表示为

$$R_{动}=\frac{1.22}{d} \tag{21-19}$$

动态分辨率与静态分辨率之间有如下关系：

对正方形排列

$$\frac{R_{动}}{R_{正}}=2.44 \tag{21-20}$$

对六角形排列

$$\frac{R_{动}}{R_{六}}=2.12 \tag{21-21}$$

当两个或两个以上的光学纤维元件串联使用时，分辨率显著下降。经验证明，n 个分辨率相同（都为 R'）的光学纤维元件串联时，系统的静态分辨率 R 为

$$R=\frac{R'}{\sqrt{n}} \tag{21-22}$$

六、透射性能

透射率（也称透过率）T 是表示光学纤维传光性能好坏的一个重要的物理参量。它定义为输出光通量 I 和输入光通量 I_0 之比值：

$$T=\frac{I}{I_0} \tag{21-23}$$

影响光学纤维透过性能的因素很多，主要有：

1. 端面菲涅耳反射损失

当光线从空气中入射到光学纤维端面时，不管入射角多大，总有一部分光通量被反射，这就是菲涅耳反射损失，反射率是

$$R(\theta)=\frac{1}{2}\left\{\left[\frac{\cos\theta-(n_1^2-\sin^2\theta)^{\frac{1}{2}}}{\cos\theta+(n_1^2-\sin^2\theta)^{\frac{1}{2}}}\right]^2+\left[\frac{(n_1^2-\sin^2\theta)^{\frac{1}{2}}-n_1^2\cos\theta}{(n_1^2-\sin^2\theta)^{\frac{1}{2}}+n_1^2\cos\theta}\right]^2\right\} \tag{21-24}$$

正入射时，上式简化为

$$R(\theta)=\left(\frac{1-n_1}{1+n_1}\right)^2 \tag{21-25}$$

经过菲涅耳反射后，进入光学纤维的光通量为 $1-R(\theta)$。再考虑出射端面的菲涅耳反射后，由光学纤维传输的光通量应为

$$t_1 = [1 - R(\theta)]^2 \tag{21-26}$$

图 21-16 给出了菲涅耳端面损失和光学纤维芯的折射率 n_1 之间的关系曲线。由图可知，当 n_1 增加时，$R(\theta)$ 明显增大。图 21-17 给出了当 $n_1 = 1.52$ 时，菲涅耳反射率 $R(\theta)$ 和入射角 θ 的关系曲线。由图可知，在正入射时，$R(\theta)$ 很小，当入射角接近 $\pi/2$ 时，$R(\frac{\pi}{2}) \to 1$ 。

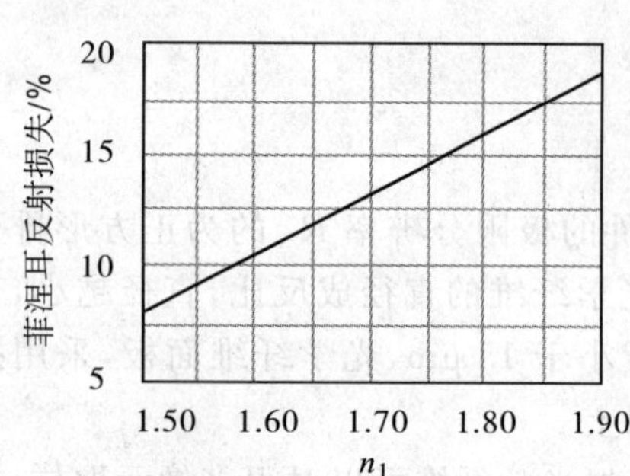

图 21-16　菲涅耳端面损失和芯折射率 n_1 的关系曲线

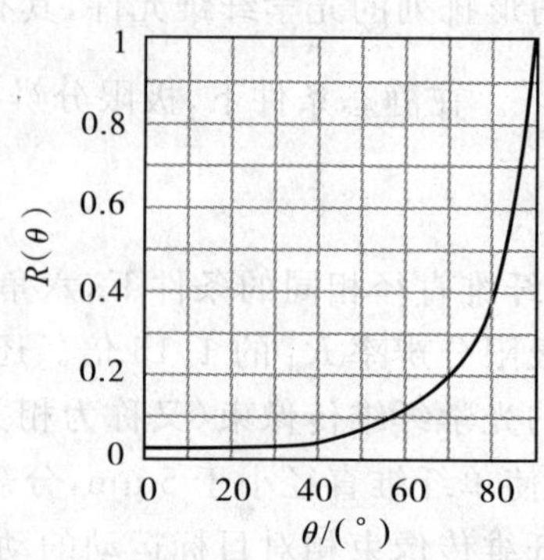

图 21-17　当 $n_1 = 1.52$ 时，$R(\theta)$ 和入射角 θ 的关系曲线

2. 界面内全反射损失

设芯-包层界面上的内全反射系数为 α，在理想情况下，$\alpha = 1$，这时不存在内全反射损失。但在一般情况下，总有 $\alpha < 1$。如果内全反射损失系数为 $A(\theta_1)$，则 $\alpha = 1 - A(\theta_1)$。当光线在界面上的内全反射次数为 η，则考虑内全反射损失后，光学纤维传输的光通量 t_2 为

$$t_2 = [1 - A(\theta_1)]^\eta \tag{21-27}$$

对于直圆柱光学纤维，子午光线的全反射次数是

$$\eta = \frac{L}{2a} \tan \theta_1$$

式中，L 为光学纤维的长度；a 为光学纤维的半径；θ_1 为光线在入射端面上的折射角，其取值范围为 $\pi/2 \sim \Phi$，Φ 为内全反射角。对小直径、长光学纤维，η 相当大，内全反射损失很明显。例如，对于 $a = 20\ \mu\text{m}$，$L = 1\ \text{m}$ 的光学纤维，当 $\theta_1 = 35^\circ$ 时，η 为 35 000 次。

3. 吸收损失

设 β 为光学纤维芯料的吸收系数，$s(\theta_1)$ 为光线在光学纤维中传播所通过的路程长度。考虑吸收损失后，光线通过光学纤维的光通量 t_3 应为

$$t_3 = \exp[-\beta s(\theta_1)] \tag{21-28}$$

对于直圆柱光学纤维，子午光线通过的路程长度是 $s(\theta_1) = L\sec\theta_1$，$L$ 越长，θ_1 越大，$s(\theta_1)$ 就越大，吸收损失就越严重，t_3 就越小。

4. 透射率表达式

考虑上述三种光能损失因素后，就能得到通过光学纤维的光通量是

$$t = t_1 t_2 t_3 = [1 - R(\theta_1)]^2 [1 - A(\theta_1)]^\eta \exp[-\beta s(\theta_1)] \tag{21-29}$$

如果考虑一束入射光线，则通过光学纤维的光通量是

$$T = 2\pi K \int F(\theta_1)[1 - R(\theta_1)]^2 [1 - A(\theta_1)]^\eta \exp[-\beta s(\theta_1)] \sin\theta_1 \, d\theta_1 \tag{21-30}$$

式中，$F(\theta_1)$ 是入射光束的角分布；K 是常数，它可由 $2\pi K \int_0^{\theta_1} F(\theta) \sin\theta \, d\theta = 1$ 确定。

第三节　变折射率光纤的光线理论[12,14]

光线方程是研究光线在变折射率介质中传播特性的基本方程。其一般形式是

$$\frac{d}{ds}\left[n(r)\frac{dr}{ds}\right] = \nabla n(r) \tag{21-31}$$

从上式出发，经过较复杂的运算[12,14]，可以得到光线在任一点 r 的斜率是

$$\frac{\mathrm{d}r}{\mathrm{d}s}=\sqrt{\frac{n^2(r)}{n^2(r_0)\cos^2\theta_n}-1-\tan^2\theta_n\sin^2\varphi_0\left(\frac{r_0}{r}\right)^2} \tag{21-32}$$

在近轴近似下，完成上式积分，可以得到光线在变折射率介质中任一点的纵坐标是

$$z=\int_0^r\frac{\mathrm{d}r}{\sqrt{\frac{n^2(r)}{n^2(r_0)\cos^2\theta_n}-1-\tan^2\theta_n\sin^2\varphi_0\left(\frac{r_0}{r}\right)^2}} \tag{21-33}$$

对于子午光线，$\sin\varphi_0=0$，(21-33)式可简化为

$$z=\int_0^r\frac{\mathrm{d}r}{\sqrt{\frac{n^2(r)}{n^2(r_0)\cos^2\theta_n}-1}} \tag{21-34}$$

将变折射率光纤的折射率分布表达式

$$n^2(r)=n^2(0)\left[1-\Delta\left(\frac{r}{a}\right)^2\right]$$

（式中，$\Delta=\frac{n_1^2-n_2^2}{2n_1^2}$）代入(21-34)式，完成积分后可以得到

$$r=\frac{a\sin\theta_n}{\sqrt{2\Delta}}\sin\left(\frac{\sqrt{2\Delta}}{a\cos\theta_n}z\right) \tag{21-35}$$

式中，a 是光纤芯半径，Δ 是光纤的相对折射率差。令 $\sqrt{A}=g=\frac{\sqrt{2\Delta}}{a\cos\theta_n}$ 为变折射率光纤的聚焦常数或折射率分布常数（它与相对折射率差、入射角和光纤芯的半径有关），于是，(21-35)式又可重新写成

$$r=r_0\sin(\sqrt{A}z),\ r_0=\frac{a\sin\theta_n}{\sqrt{2\Delta}} \tag{21-36}$$

图 21-18　光线在变折射率光纤中的轨迹是一条正弦曲线

(a)实验照片；(b)轨迹为一条正弦曲线

从上式可知，光线在变折射率光纤中的传播轨迹是一条周期为 $P=\frac{2\pi}{\sqrt{A}}$ 的正弦曲线，其振幅为 r_0，如图 21-18 所示。

第四节　普通光纤的波动理论[13-14]

光线光学方法对光线在光纤中的传输可以提供直观的光线图像，由于光纤的芯径仅几微米至几十微米，采用光线理论方法研究光线在光纤中的传输特性仅是一种近似的描述。只有采用波动光学方法，深入分析光波在光纤中的传输，才能准确地得到光波在光纤中的传输特性。采用波动光学处理光波在光纤中的传输通常有两种理论体系：一是从麦克斯韦方程出发，得到光波场的普遍解，再分别讨论各种模的特性；另一体系是首先根据横向模的特点，先对光波场方程进行简化处理，最后再研究混合模的特性。我们采用第一种理论体系来讨论光波在光纤中的传输理论。

一、光波在光纤中的解

光波是电磁波，它服从麦克斯韦方程：

$$\left.\begin{aligned}\nabla\times\boldsymbol{E}(\boldsymbol{r},t)&=-\frac{\partial\boldsymbol{B}(\boldsymbol{r},t)}{\partial t}\\ \nabla\times\boldsymbol{H}(\boldsymbol{r},t)&=\frac{\partial\boldsymbol{D}(\boldsymbol{r},t)}{\partial t}\\ \nabla\cdot\boldsymbol{D}(\boldsymbol{r},t)&=0\\ \nabla\cdot\boldsymbol{B}(\boldsymbol{r},t)&=0\end{aligned}\right\} \tag{21-37}$$

其中

$$\boldsymbol{D}(\boldsymbol{r},t)=\varepsilon\boldsymbol{E}(\boldsymbol{r},t),\boldsymbol{B}(\boldsymbol{r},t)=\mu\boldsymbol{H}(\boldsymbol{r},t)$$

式中，$\boldsymbol{E}$ 为电场强度矢量，$\boldsymbol{H}$ 为磁场强度矢量，$\boldsymbol{D}$ 为电位移矢量，$\boldsymbol{B}$ 为磁感应强度矢量，ε 为介电常数，μ 为磁导率。

在芯区（$r<a$）求解麦克斯韦方程，可以得到光纤场解的纵向分量：

$$E_z^{芯}=A_E\mathrm{J}_m(\Re r)\sin(m\theta+\varphi) \tag{21-38}$$

$$H_z^{芯}=B_H\mathrm{J}_m(\Re r)\cos(m\theta+\varphi) \tag{21-39}$$

以及横向分量：

$$\left.\begin{aligned}
E_r^{芯}&=\left[-A_E\frac{\mathrm{i}}{\Re}\beta\mathrm{J}'_m(\Re r)+B_H\frac{\mathrm{i}}{\Re^2}\frac{m}{r}\omega\mu\mathrm{J}_m(\Re r)\right]\sin(m\theta+\varphi)\\
E_\varphi^{芯}&=\left[-A_E\frac{\mathrm{i}}{\Re^2}\frac{m}{r}\beta\mathrm{J}_m(\Re r)+B_H\frac{\mathrm{i}}{\Re}\omega\mu\mathrm{J}'_m(\Re r)\right]\cos(m\theta+\varphi)\\
H_r^{芯}&=\left[-A_E\frac{\mathrm{i}}{\Re^2}\frac{m}{r}\omega\varepsilon_1\mathrm{J}_m(\Re r)-B_H\frac{\mathrm{i}}{\Re}\beta\mathrm{J}'_m(\Re r)\right]\cos(m\theta+\varphi)\\
H_\varphi^{芯}&=\left[-A_E\frac{\mathrm{i}}{\Re}\omega\varepsilon_1\mathrm{J}'_m(\Re r)+B_H\frac{\mathrm{i}}{\Re^2}\frac{m}{r}\beta\mathrm{J}_m(\Re r)\right]\sin(m\theta+\varphi)
\end{aligned}\right\} \tag{21-40}$$

式中，贝塞尔函数右上角的一撇表示对 r 的微分。上式中已引入符号：

$$\Re^2=k_1^2-\beta^2=\omega^2\varepsilon_1\mu-\beta^2=n_1^2k^2-\beta^2,\varepsilon_1=\varepsilon_0n_1^2 \tag{21-41}$$

这里，ε_0 为自由空间的介电常数，ε_1 为光纤芯区的介电常数，n_1 是光纤芯区的折射率。

在包层（$r>a$），光波场的纵向分量是

$$E_z^{包}=C_E\mathrm{K}_m(\eta r)\sin(m\varphi+\theta) \tag{21-42}$$

$$H_z^{包}=D_H\mathrm{K}_m(\eta r)\cos(m\varphi+\theta) \tag{21-43}$$

横向分量是

$$\left.\begin{aligned}
E_r^{包}&=\left[C_E\frac{\mathrm{i}}{\eta}\beta\mathrm{K}'_m(\eta r)-D_H\frac{\mathrm{i}}{\eta^2}\frac{m}{r}\omega\mu\mathrm{K}_m(\eta r)\right]\sin(m\varphi+\theta)\\
E_\varphi^{包}&=\left[C_E\frac{\mathrm{i}}{\eta^2}\frac{m}{r}\beta\mathrm{K}_m(\eta r)-D_H\frac{\mathrm{i}}{\eta}\omega\mu\mathrm{K}'_m(\eta r)\right]\cos(m\varphi+\theta)\\
H_r^{包}&=\left[-C_E\frac{\mathrm{i}}{\eta^2}\frac{m}{r}\omega\varepsilon_2\mathrm{K}_m(\eta r)+D_H\frac{\mathrm{i}}{\eta}\beta\mathrm{K}'_m(\eta r)\right]\cos(m\varphi+\theta)\\
H_\varphi^{包}&=\left[C_E\frac{\mathrm{i}}{\eta}\omega\varepsilon_2\mathrm{K}'_m(\eta r)-D_H\frac{\mathrm{i}}{\eta^2}\frac{m}{r}\beta\mathrm{K}_m(\eta r)\right]\sin(m\varphi+\theta)
\end{aligned}\right\} \tag{21-44}$$

上式中已引入：

$$\eta^2=\beta^2-k_2^2=\beta^2-\omega^2\varepsilon_2\mu=\beta^2-n_2^2k^2,\varepsilon_2=\varepsilon_0n_2^2 \tag{21-45}$$

式中，J 为贝塞尔函数，K 为第二类变型贝塞尔函数，如图 21-19 和图 21-20 所示[15]。

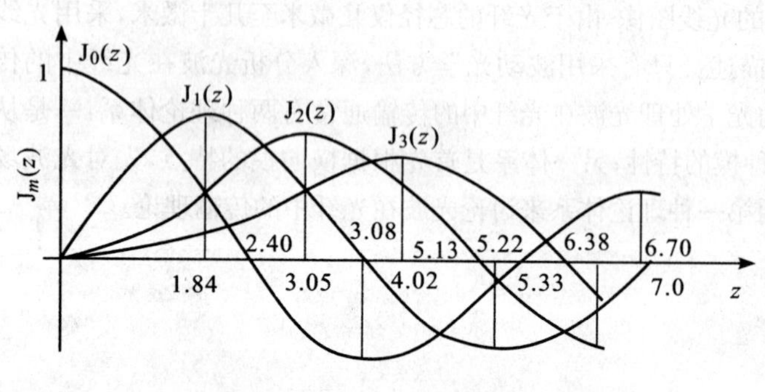

图 21-19　$\mathrm{J}_m(\mathrm{K}r)$ 关系曲线

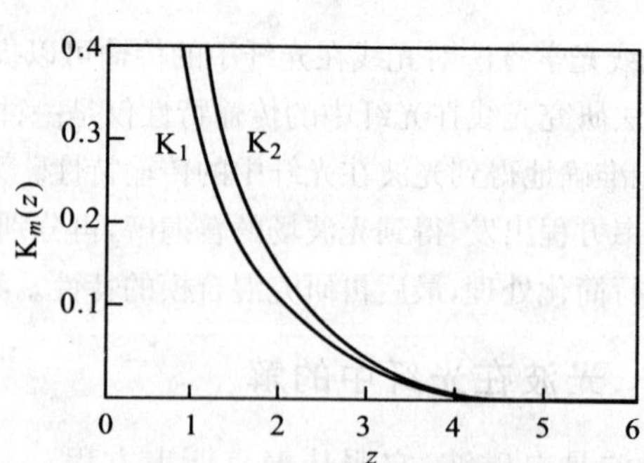

图 21-20　K_m 关系曲线

二、光波场的本征值方程

（一）本征值方程

根据光纤中光波场的切向分量连续的边界条件可以得到光波在光纤中的本征值方程：

$$\left[\frac{J'_m(u)}{uJ_m(u)}+\frac{K'_m(v)}{vK_m(v)}\right]\left[\frac{\varepsilon_1}{\varepsilon_2}\frac{J'_m(u)}{uJ_m(u)}+\frac{K'_m(v)}{vK_m(v)}\right]=m^2\left(\frac{1}{u^2}+\frac{1}{v^2}\right)\left(\frac{\varepsilon_1}{\varepsilon_2}\frac{1}{u^2}+\frac{1}{v^2}\right) \tag{21-46}$$

两端同乘以 ε_2，上式可改写成

$$\left(\frac{J'_m(u)}{uJ_m(u)}+\frac{K'_m(v)}{vK_m(v)}\right)\left(\frac{\varepsilon_1 J'_m(u)}{uJ_m(u)}+\frac{\varepsilon_2 K'_m(v)}{vK_m(v)}\right)=m^2\left(\frac{1}{u^2}+\frac{1}{v^2}\right)\left(\frac{\varepsilon_1}{u^2}+\frac{\varepsilon_2}{v^2}\right) \tag{21-47}$$

式中，u 和 v 分别是光纤芯中的横向相位参数和光纤包层中的衰减参数。

$$\left.\begin{aligned} u &= Ka = \sqrt{\omega^2\varepsilon_1\mu-\beta^2}\,a \\ v &= \eta a = \sqrt{\beta^2-\omega^2\varepsilon_2\mu}\,a \end{aligned}\right\} \tag{21-48}$$

从上式还可以得到光纤的归一化纤维参量或归一化频率参量：

$$V=\sqrt{u^2+v^2}=\frac{2\pi a}{\lambda}\sqrt{n_1^2-n_2^2} \tag{21-49}$$

(二)光纤中光波场的 TE 模和 TH 模

在 $m=0$ 的轴对称情况下，本征值方程可简化为

$$\left[\frac{J'_m(u)}{uJ_m(u)}+\frac{K'_m(v)}{vK_m(v)}\right]\left[\frac{\varepsilon_1 J'_m(u)}{uJ_m(u)}+\frac{\varepsilon_2 K'_m(v)}{vK_m(v)}\right]=0 \tag{21-50}$$

1. TE 模

对 TE 模，有

$$\left.\begin{aligned} E_z^{芯} &= 0 \\ E_r^{芯} &= 0 \\ E_\theta^{芯} &= B_H\frac{i}{\Re}\omega\mu J'_0(\Re r) \\ H_z^{芯} &= B_H J_0(\Re r) \\ H_r^{芯} &= -B_H\frac{i}{\Re}\beta J'_0(\Re r) \\ H_\theta^{芯} &= 0 \end{aligned}\right\} \tag{21-51}$$

电场只有一个 θ 分量，磁场有 z 和 r 分量，这正是普通光纤 TE 模的特征，如图 21-21 所示。

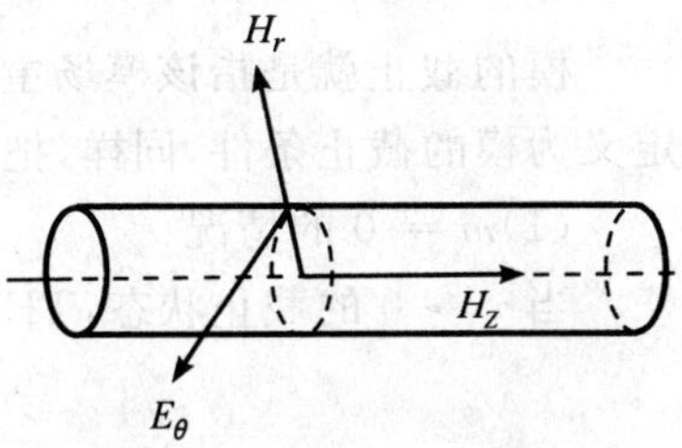

图 21-21　TE 模的电磁场特性

同样，可以求出在光纤包层中光波场 TE 模存在的 3 个分量分别是

$$\left.\begin{aligned} E_\theta^{包} &= -D_H\frac{i}{\eta}\omega\mu K'_0(\eta r) \\ H_z^{包} &= D_H K_0(\eta r) \\ H_r^{包} &= D_H\frac{i}{\eta}\beta K'_0(\eta r) \end{aligned}\right\} \tag{21-52}$$

对 TE 模，本征值方程是

$$\frac{J'_m(u)}{uJ_m(u)}+\frac{K'_m(v)}{vK_m(v)}=0 \tag{21-53}$$

2. TH 模

对 TH 模，光波场不为 0 的 3 个分量分别是：

芯区

$$\left.\begin{aligned} E_z^{芯} &= A_E J_0(\Re r) \\ E_r^{芯} &= -A_E\frac{i}{\Re}\beta J'_0(\Re r) \\ H_\theta^{芯} &= -A_E\frac{i}{\Re}\omega\varepsilon_1 J'_0(\Re r) \end{aligned}\right\} \tag{21-54}$$

包层

$$\left.\begin{aligned} E_z &= C_E \mathrm{K}_0(\eta r) \\ E_r &= C_E \frac{\mathrm{i}}{\eta}\beta \mathrm{K}'_0(\eta r) \\ H_\theta &= C_E \frac{\mathrm{i}}{\eta}\omega\varepsilon_2 \mathrm{K}'_0(\eta r) \end{aligned}\right\} \tag{21-55}$$

由于 TH 模存在 $m = B_H = 0$,本征值方程是:

$$\frac{\varepsilon_1 \mathrm{J}'_0(u)}{u\mathrm{J}_0(u)} + \frac{\varepsilon_2 K'_0(v)}{vK_0(v)} = 0 \tag{21-56}$$

（三）光纤中光波场的混合模

$m=0$ 的轴对称模,在光线图像中相当于子午光线在光纤中的传播。对于和光线图像中的斜光线相应的光波模场,就不再具有纯横向特性,电场和磁场的纵向分量均不为 0,而是混在一起的混合模。在光波传输方向上,如果 $E_z > H_z$,该光波模场称为 HE_{mn} 模,反之,如果 $E_z < H_z$,称为 EH_{mn} 模。经过一系列运算,HE_{mn} 模的本征值方程可以写成

$$\frac{\mathrm{J}_{m-1}(u)}{\mathrm{J}_m(u)} = -\left(\frac{n_1^2+n_2^2}{2n_1^2}\right)uX_m + \frac{m}{u} - u\left[\left(\frac{n_1^2-n_2^2}{2n_1^2}\right)^2 X_m^2 + m^2\left(\frac{1}{u^2}+\frac{1}{v^2}\right)\left(\frac{1}{u^2}+\frac{n_2^2}{n_1^2}\frac{1}{v^2}\right)\right]^{\frac{1}{2}} \tag{21-57}$$

同样,可以得到 EH_{mn} 模的本征值方程:

$$\frac{\mathrm{J}_{m+1}(u)}{\mathrm{J}_m(u)} = -\left(\frac{n_1^2+n_2^2}{2n_1^2}\right)uX_m - \frac{m}{u} + u\left[\left(\frac{n_1^2-n_2^2}{2n_1^2}\right) X_m^2 + m^2\left(\frac{1}{u^2}+\frac{1}{v^2}\right)\left(\frac{1}{u^2}+\frac{n_2^2}{n_1^2}\frac{1}{v^2}\right)\right]^{\frac{1}{2}} \tag{21-58}$$

三、模的截止特性[13,17]

截止特性是光波场的一个重要性质,截止状态下的本征值方程可由光波模场的本征值方程在截止条件下导出。模的截止特性与归一化频率 V 的数值有关。

（一）接近截止的 u 值

模的截止就是指该模场主要集中在包层中,这时传导模变成辐射模。因此,通常把包层中衰减常数 $v\to 0$ 定义为模的截止条件,同样,把 $v\to\infty$ 定义为模的传输条件。

(1)$m=0$ 的情况

当 $v\to 0$ 的截止状态,TE 模和 TH 模的特征方程是一样的,即

$$\mathrm{J}_0(u_c^{\mathrm{TE,TH}}) = 0 \tag{21-59}$$

上式说明,TE 模和 TH 模有相同的特征方程和一样的截止值 $u_c = V_c$(归一化截止频率)。查贝塞尔函数表 21-2 可以得到零阶贝塞尔函数的一系列 u_c 值。

当模的截止值 $u_c = V < V_c$ 时,该模被截止;反之,当模的截止值 $u_c = V > V_c$ 时,该模可以在光纤中传输。当 $u_c = V = V_c$ 时,该模处于临界状态。

表 21-3 为贝塞尔函数的值和模的关系。

(2)$m=1$ 的情况

这时 HE_{1n} 模在截止状态下的特征方程是

$$u_c\mathrm{J}_1(u_c) = 0 \tag{21-60}$$

上式的解是 $u_c = 0$ 和 $\mathrm{J}_1(u_c) = 0$,其根统一写成 $u_c = \mu_{1,n-1}$。

从表 21-4 可知,对应于根 $\mu_{1,0}=0$ 就是 HE_{11} 模。由于 $\nu=0$,截止频率为无穷大,即该模无截止,所以把模 HE_{11} 称为基模。

表 21-2　$J_\nu(z)$ 前几个函数的根值[13,15]

阶数 ν	$J_\nu(z)=0$ 根的序号							
	1	2	3	4	5	6	7	8
0	2.404 83	5.520 03	8.653 73	11.791 53	14.930 92	18.071 06	21.211 64	24.352 47
1	3.831 71	7.015 59	10.173 47	13.323 69	16.470 63	19.615 86	22.760 08	
2	5.135 62	8.417 24	11.619 84	14.795 95	17.959 82	21.117 00	24.271 12	
3	6.380 16	9.761 02	13.015 20	16.223 47	19.409 42	22.582 73		
4	7.588 34	11.064 71	14.372 54	17.616 00	20.826 90	24.19 90		
5	8.771 42	12.338 60	15.700 17	18.980 10	22.217 8			
6	9.936 11	13.589 29	17.003 80	20.320 80	23.586 10			
7	11.086 37	14.821 27	18.287 60	21.641 60	24.934 90			
8	12.225 09	16.037 30	19.554 50	22.945 20				
9	13.354 30	17.241 20	20.807 00	24.232 90				
10	14.475 50	18.433 50	22.047 00					
11	15.589 85	19.616 00	23.275 90					
12	16.698 30	20.789 90	24.494 90					
13	17.801 40	21.956 20						
14	18.900 00	23.115 80						
15	19.994 40	24.269 20						
16	21.085 10							
17	22.172 50							
18	23.256 80							
19	24.338 30							

表 21-3　贝塞尔函数的值和模的关系

序　号	μ_1	μ_2	μ_3	μ_4	μ_5
u_c	2.404 83	5.520 08	8.653 73	11.791 53	14.930 92
TE_{0n} 模	TE_{01}	TE_{02}	TE_{03}	TE_{04}	TE_{05}
TH_{0n} 模	TH_{01}	TH_{02}	TH_{03}	TH_{04}	TH_{05}

表 21-4　当 $m>1$ 时，$u_c J_1(u_c)=0$ 的根 $\mu_{1,n-1}$ 与模式关系

m	n	$n-1$	$\mu_{1,n-1}$	$U_c=\mu_{1,n-1}=V_c$	HE_{1n}
1	1	0	0	0	HE_{11}
1	2	1	3.831 71	3.831 71	HE_{12}
1	3	2	7.015 59	7.015 59	HE_{13}
1	4	3	10.173 47	10.173 47	HE_{14}
1	5	4	13.323 69	13.323 69	HE_{15}

(二)远离截止近似条件下的本征值方程

远离截止近似下有 $v\to\infty$。这时，光波场在包层中有无限大衰减，即光波场主要在芯中。在 HE 模的本征值方程(21-57)中，因 $v\to\infty$，有 $X_m\to 0$，从本征值方程可知，HE 模的远离截止近似即在光纤芯中的传输条件是

$$J_{m-1}(u_\infty^{HE}) = 0 \tag{21-61}$$

其根为 $u_\infty = \mu_{m-1,n}$ 。

同样，从本征值方程(21-58)可以得到 EH 模在芯中的传输条件：

$$J_{m+1}(u_\infty^{EH}) = 0 \tag{21-62}$$

其根为 $u_\infty = \mu_{m+1,n}$ 。

当 $m=0$ 时，在远离截止时，TE_{0n} 和 TH_{0n} 的特征方程都是

$$J_1(u_\infty^{HE,EH}) = 0 \tag{21-63}$$

当 $m=1$ 时，HE 模的远离截止近似条件是

$$J_0(u_\infty^{HE}) = 0$$

EH 的远离截止近似条件是

$$J_2(u_\infty^{EH}) = 0$$

(三)横向相位参量与贝塞尔函数的关系

表 21-5 为横向相位参量 u 的本征值方程和截止条件。图 21-22 为归一化本征值 u 与归一化频率 V 的关系，图 21-23 为低阶模的横向相位参量区间与贝塞尔函数的关系。

表 21-5　横向相位参量 u 的本征值方程和截止条件[13]

模　型	模阶数	接近截止 ($v=0$)	远离截止 ($v\to\infty$)	本征方程式(一般情况)
	$\nu=0$ (TE 模)	$J_0(u)=0$	$J_1(u)=0$	$X_0+Y_0=0$ 或 $\dfrac{J_1(u)}{uJ_0(u)}=\dfrac{H_1^{(1)}(iv)}{ivH_0^{(1)}(iv)}$
$HE_{1,2}$	$\nu=1$	$J_1(u)=0$	$J_0(u)=0$	$Y_\nu=-\dfrac{n_1^2+n_2^2}{2n_1^2}X_\nu-\left[\left(\dfrac{n_1^2-n_2^2}{2n_1^2}X_\nu\right)^1+\dfrac{\nu^2N^2}{n_1^2(u^2B)^2}\right]^{\frac{1}{2}}$
	$\nu\geqslant 2$	$\dfrac{J_{\nu-2}(u)}{J_{\nu-1}(u)}=-\dfrac{n_1^2-n_2^2}{n_1^2+n_2^2}$	$J_{\nu-1}(u)=0$	$Y_\nu=\dfrac{n_1^2+n_2^2}{2n_1^2}X_\nu-\left[\left(\dfrac{n_1^2-n_2^2}{2n_1^2}X_\nu\right)^2+\dfrac{\nu^2N^2}{n_1^2(u^2B)^2}\right]$
	$\nu=0$ (TH 模)	$J_0(u)=0$	$J_1(u)=0$	$n_1^2Y_0+n_1^2X_0=0$ 或 $\dfrac{J_t(u)}{uJ_0(u)}=\dfrac{n_2^2}{n_1^2}\dfrac{H_1^{(1)}(iv)}{ivH_0^{(1)}(iv)}$
$EH_{1,2}$	$\nu=1$	$J_i(u)=0$ ($u\neq 0$)	$J_2(u)=0$	$Y_\nu=-\dfrac{n_1^2+n_2^2}{2n_1^2}X_\nu+\left[\left(\dfrac{n_1^2-n_2^2}{2n_1^2}X_\nu\right)^2+\dfrac{\nu^2N^2}{n_1^2(u^2B)^2}\right]^{\frac{1}{2}}$
	$\nu\geqslant 2$	$J_\nu(u)=0$	$J_{\nu+1}(u)=0$	$Y_\nu=-\dfrac{n_1^2+n_2^2}{2n_1^2}X_\nu+\left[\left(\dfrac{n_1^2-n_2^2}{2n_1^2}X_\nu\right)^2+\dfrac{\nu^2N^1}{n_1^2(u^2B)^2}\right]^{\frac{1}{2}}$

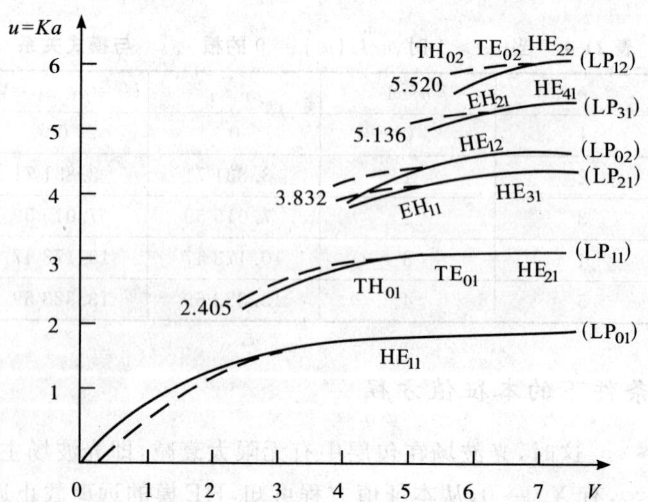

图 21-22　归一化本征值 u 与归一化频率 V 的关系

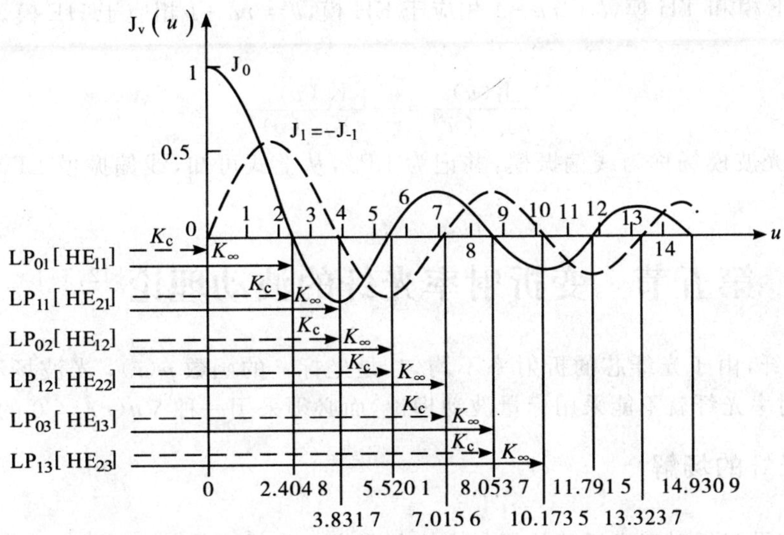

图 21-23　低阶模的横向相位参量区间与贝塞尔函数的关系

四、弱传导近似与线偏振模[13]

(一)弱传导近似

上面我们讨论了在光纤中波场导模的严格解。对本征值方程求解是十分困难和复杂的,从数学上讲,如果 $n_1 \backsim n_2$,则本征值方程将被简化,求解就容易得多。从实际应用观点来说,为了改善光纤的传输性能,就要求光纤的归一化频率参量 $V=\frac{2\pi a}{\lambda}(n_1^2-n_2^2)^{\frac{1}{2}}$ 小于 2.404 83,但光纤芯的半径不宜过小,这就要求芯和包层的折射率差位于 0.3%~0.8%之间。早在 1971 年,A. W. Snyder[16]就把

$$\frac{n_2}{n_1}\approx 1 \tag{21-64}$$

称为弱传导近似,并将满足(21-64)式的光纤中传输的本征模称为线偏振模(linea polarized mode,简记为 LP 模)。

在弱传导近似下,不少物理量都可以得到简化。

相对折射率差:$\Delta=\frac{n_1^2-n_2^2}{2n_1^2}\approx\frac{n_1-n_2}{n_1}$ 远小于 1。

数值孔径:$\mathrm{NA}=n_1(2\Delta)^{\frac{1}{2}}$。

光学纤维参量:$V=\frac{2\pi a}{\lambda}\sqrt{n_1^2-n_2^2}\approx n_1ka\sqrt{2\Delta}$。

(二)线偏振模

在弱传导近似下,本征值方程(21-46)式可以简化为

$$\frac{J'_m(u)}{uJ_m(u)}+\frac{K'_m(v)}{vK_m(v)}=\mp m\left(\frac{1}{u^2}+\frac{1}{v^2}\right) \tag{21-65}$$

(21-65)式中右边取"—"号相当于 HE 模;取"+"号,相应于 EH 模。可以证明,在弱传导近似下,HE_{mn} 模和$EH_{m-2,n}$ 模是简并的。

现在,引入参量:

$$l=\begin{cases}1\\ m+1\\ m-1\end{cases} \tag{21-66}$$

其中，$l=1$ 相应于 TE 模和 TH 模，$l=m+1$ 相应于 EH 模，$l=m-1$ 相应于 HE 模。于是，LP 模的本征值方程可以统一写成

$$\frac{\mathrm{J}_l(u)}{u\mathrm{J}_{l-1}(u)}=-\frac{\mathrm{K}_l(v)}{v\mathrm{K}_{l-1}(v)} \tag{21-67}$$

弱传导近似下的光波模场称为线偏振模，并记为 LP_{ln}，从上式可知，线偏振模 LP 实际上是 $\mathrm{HE}_{m-1,n}$ 和 $\mathrm{EH}_{m+1,n}$ 模的叠加。

第五节　变折射率光纤的波动理论[12,14]

对于变折射率光纤，由于光纤芯的折射率不均匀，是坐标 r 的函数 $n(r)$，光波场不是标量场而是矢量场。因此，分析变折射率光纤就不能采用标量波动理论，而必须采用一种 $\nabla \boldsymbol{n}(r)\neq 0$ 的矢量波动理论。

一、变折射率光纤的场解

在一般情况下，如果变折射率光纤芯的折射率变化很小，即 $\frac{\Delta\varepsilon}{\varepsilon}$ 很小，矢量波动方程可简化为

$$\left.\begin{aligned}\nabla^2\boldsymbol{E}_t+[\omega^2\varepsilon(r)\mu-\beta^2]\boldsymbol{E}_t=0\\ \nabla^2\boldsymbol{H}_t+[\omega^2\varepsilon(r)\mu-\beta^2]\boldsymbol{H}_t=0\end{aligned}\right\} \tag{21-68}$$

这正是一般的标量波动方程式。如果变折射率光纤的折射率分布是

$$n^2(r)=\begin{cases}n^2(0)\left[1-2\Delta\left(\dfrac{r}{a}\right)^2\right], & r\leqslant a\\ n^2(a), & r\geqslant a\end{cases} \tag{21-69}$$

$$\varepsilon=\varepsilon_0 n^2(r)$$

$$k^2=\omega^2\varepsilon_0\mu$$

式中，$n(0)$、$n(a)$ 分别为光纤中心和周边的折射率，于是，变折射率光纤标量波动方程的场解可以写成[12]

$$\psi(x,y,z)=\sum_{p=0}^{\infty}\sum_{q=0}^{\infty}A_{pq}\frac{1}{\omega_0}\sqrt{\frac{1}{2^{p+q}p!q!\pi}}\mathrm{H}_p\left(\frac{x}{\omega_0}\right)\mathrm{H}_q\left(\frac{y}{\omega_0}\right)\exp\left(-\frac{x^2+y^2}{2\omega_0^2}\right)\exp(-\mathrm{i}\beta z) \tag{21-70}$$

式中，A_{pq} 是与 p，q 有关的常数，当 $p=q=0$ 时，得到的模是 LP_{00} 模，称为基模，其模场的表示式是

$$\psi(x,y,z)=\sqrt{\frac{1}{\pi}}\frac{1}{\omega_0}\exp\left(-\frac{x^2+y^2}{2\omega_0}\right)\exp(-\mathrm{i}\beta_{00}z) \tag{21-71}$$

由于标量波动方程是在弱传导近似下得到的，因而传导模几乎是线偏振的。可以用线偏振模来讨论变折射率光纤的模解。这时，可以得到

$$\beta_{pq}=n(0)k\left[1-\frac{2\sqrt{2\Delta}}{n(0)ka}(p+q+1)\right]^{\frac{1}{2}} \tag{21-72}$$

对于低阶模，可将上式的平方根按级数展开：

$$\beta=n(0)k\left\{1-\frac{2\sqrt{2\Delta}}{n(0)ka}(p+q+1)-\frac{\Delta}{[n(0)ka]^2}(p+q+1)^2-\frac{\sqrt{2\Delta^3}}{[n(0)ka]^3}(p+q+1)^3+\cdots\right\} \tag{21-73}$$

对于 $p=q=0$ 的基模，上式可简化为

$$\beta_{00}=n(0)k\left\{1-\frac{2\sqrt{2\Delta}}{n(0)ka}-\frac{\Delta}{[n(0)ka]^2}-\frac{\sqrt{2\Delta^3}}{[n(0)ka]^3}+\cdots\right\} \tag{21-74}$$

由此可见，基模的相位常数最大。

二、变折射率光纤光波的模场分析

(一)圆柱坐标系下的标量波动方程式[12,14]

在圆柱坐标系中，变折射率光纤的标量波动方程式为

$$\frac{1}{r}\frac{\mathrm{d}}{\mathrm{d}r}\left(r\frac{\mathrm{d}E_b}{\mathrm{d}r}\right)+\left[\omega^2\varepsilon(r)\mu-\beta^2-\frac{(l\mp 1)^2}{r^2}\right]E_b=0 \tag{21-75}$$

式中，$b=r,\theta$；“$\mp$”上边的“－”号对应于 HE 模，下面的“＋”号对应于 EH 模。

(二)横向场分量表达式

1. TE 模

横向场分量 TE 模的基本波动方程式是

$$\frac{1}{r}\frac{\mathrm{d}}{\mathrm{d}r}\left(r\frac{\mathrm{d}R_E}{\mathrm{d}r}\right)+\left[\omega^2\varepsilon(0)\mu(x-f)-\frac{1}{r^2}\right]R_{\mathrm{E}}=0 \tag{21-76}$$

不为 0 的分量是 $E_\theta=R_{\mathrm{E}}(r)$，$H_r=-\frac{\beta}{\omega\mu}R_{\mathrm{E}}(r)$，$H_z=\frac{\mathrm{i}}{\omega\mu}\left[\frac{\mathrm{d}R_{\mathrm{E}}(r)}{\mathrm{d}r}+\frac{1}{r}R_{\mathrm{E}}(r)\right]$。

2. TH 模

类似上面对 TE 模的分析，同样可以得到 TH 模的基本波动方程式：

$$\frac{1}{r}\frac{\mathrm{d}}{\mathrm{d}r}\left(r\frac{\mathrm{d}R_{\mathrm{H}}}{\mathrm{d}r}\right)+\left[\omega^2\varepsilon(0)\mu(x-f)-\frac{1}{r^2}\right]R_{\mathrm{H}}=0 \tag{21-77}$$

不为 0 的 3 个电磁场分量是 $E_r=R_{\mathrm{H}}(r)$，$H_\theta=-\frac{\beta}{\omega\mu}R_{\mathrm{H}}(r)$，$E_z=\frac{\mathrm{i}}{\omega\mu}\left[\frac{\mathrm{d}R_{\mathrm{H}}(r)}{\mathrm{d}r}+\frac{1}{r}R_{\mathrm{H}}(r)\right]$。

3. 混合模

1)EH 模。经过运算可得 EH 模的基本波动方程式：

$$\frac{1}{r}\frac{\mathrm{d}}{\mathrm{d}r}\left(r\frac{\mathrm{d}R_{\mathrm{EH}}}{\mathrm{d}r}\right)+\left[\omega^2\varepsilon(0)\mu(x-f)-\left(\frac{l+1}{r}\right)^2\right]R_{\mathrm{EH}}=0 \tag{21-78}$$

各分量的表示式是

$$E_\theta=R_{\mathrm{EH}}\sin(l_\theta+\rho_l)$$
$$E_r=R_{\mathrm{EH}}\cos(l_\theta+\rho_l)$$
$$E_z=-\frac{\mathrm{i}}{\beta}\left(\frac{\mathrm{d}R_{\mathrm{EH}}}{\mathrm{d}r}+\frac{l+1}{r}R_{\mathrm{EH}}\right)\cos(l_\theta+\rho_l)$$
$$H_\theta=\frac{\beta}{\omega\mu}R_{\mathrm{EH}}\cos(l_\theta+\rho_l)$$
$$H_r=-\frac{\beta}{\omega\mu}R_{\mathrm{EH}}\sin(l_\theta+\rho_l)$$
$$H_z=-\frac{\mathrm{i}}{\omega\mu}\left(\frac{\mathrm{d}R_{\mathrm{EH}}}{\mathrm{d}r}+\frac{l+1}{r}\right)\sin(l_\theta+\rho_l)$$

2)HE 模。可以得到 HE 模的基本波动方程式：

$$\frac{1}{r}\frac{\mathrm{d}}{\mathrm{d}r}\left(r\frac{\mathrm{d}R_{\mathrm{HE}}}{\mathrm{d}r}\right)+\left[\omega^2\varepsilon(0)\mu(x-f)-\left(\frac{l-1}{r}\right)^2\right]R_{\mathrm{HE}}=0 \tag{21-79}$$

电磁场的各分量是

$$E_\theta=R_{\mathrm{HE}}\sin(l_\theta+\rho_l)$$
$$E_r=R_{\mathrm{HE}}\cos(l_\theta+\rho_l)$$
$$E_z=-\frac{\mathrm{i}}{\beta}\left(\frac{\mathrm{d}R_{\mathrm{HE}}}{\mathrm{d}r}-\frac{l-1}{r}R_{HE}\right)\cos(l_\theta+\rho_l)$$
$$H_\theta=\frac{\beta}{\omega\mu}R_{\mathrm{HE}}\cos(l_\theta+\rho_l)$$
$$H_r=\frac{\beta}{\omega\mu}R_{\mathrm{HE}}\sin(l_\theta+\rho_l)$$
$$H_z=-\frac{\mathrm{i}}{\omega\mu}\left(\frac{dR_{\mathrm{HE}}}{\mathrm{d}r}+\frac{l+1}{r}R_{\mathrm{HE}}\right)\sin(l_\theta+\rho_l)$$

综上所述，各模态的基本波动方程式有相同的形式，因此可以统一表达为

$$\frac{1}{r}\frac{\mathrm{d}}{\mathrm{d}r}\left(r\frac{\mathrm{d}R}{\mathrm{d}r}\right)+\left[\omega^2\varepsilon(0)\mu-\beta^2-\left(\frac{\nu}{r}\right)^2\right]R=0 \tag{21-80}$$

其中

$$\nu=\begin{cases}1, & \mathrm{TE},\mathrm{TH}(l=0)\\ l+1, & \mathrm{EH}(l\geqslant 1)\\ l-1, & \mathrm{HE}(l\geqslant 1)\end{cases}$$

第六节 传输的模总数和光功率分布

一、传输的模总数

对于阶跃折射率光学纤维，传播的模总数是[13,27]

$$M(\beta)_{阶跃}=\frac{1}{2}V^2 \tag{21-81}$$

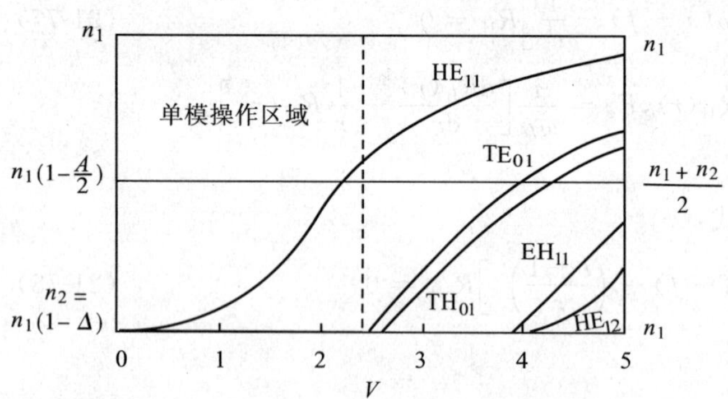

图 21-24 阶跃光学纤维的折射率 n_1 和归一化频率 V 的关系曲线

即传输的模总数和归一化频率参量 V 的平方成正比。为了减少传输的模数，就要减少 Δ 或者降低光学纤维的直径。降低光学纤维直径不仅会给制作工艺带来困难，而且光纤和光源的耦合效率也会大大降低，因此，通常都采用减小折射率差的办法。当 $V<2.405$ 时，$M(\beta)_{阶跃}=1$，就可得到单模光学纤维。图 21-24 给出了阶跃光学纤维中归一化频率参量 V 和折射率 n_1 之间的关系曲线。图 21-25 给出了归一化频率 V、模总数 $M(\beta)_{阶跃}$ 和折射率、芯直径、波长的关系曲线。表 21-6 给出了归一化频率 V、模总数 $M(\beta)_{阶跃}$ 和光纤直径 a、波长 λ 的关系。

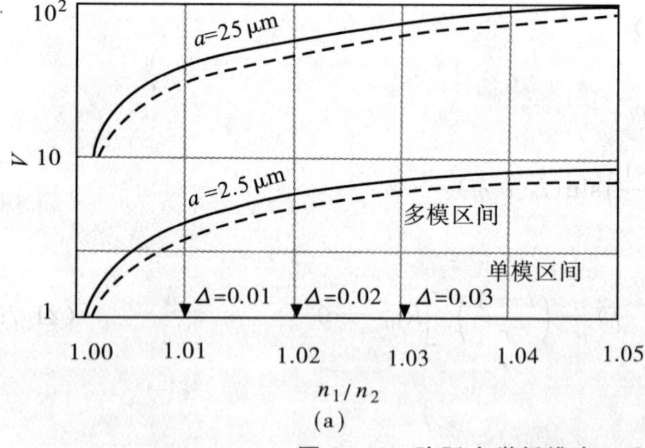

(a)

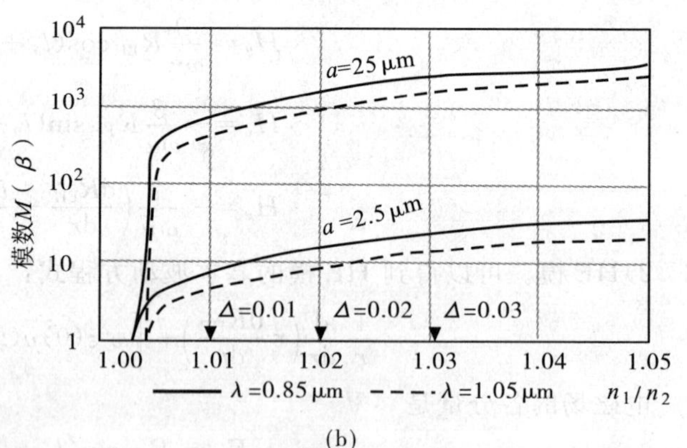

(b)

图 21-25 阶跃光学纤维中 V 和 $M(\beta)_{阶跃}$ 与 n_1、a 和 λ 的关系曲线

对于变折射率光学纤维，传输的模总数 $M(\beta)_{变}$ 是[13-14]

$$M(\beta)_{变}=\frac{\alpha}{\alpha+2}a^2n^2(0)k^2\Delta\left[\frac{n^2(0)k^2-\beta^2}{2\Delta n^2(0)K^2}\right]^{\frac{\alpha+2}{\alpha}} \tag{21-82}$$

β 越小，传输的模总数就越多。令

$$\beta=\beta_{\min}=n(a)K \tag{21-83}$$

则传输的模总数是

$$M(\beta)_{变}=\frac{\alpha}{\alpha+2}a^2n^2(0)K^2\Delta=\frac{\alpha}{\alpha+2}\frac{1}{2}V^2 \tag{21-84}$$

当 $\alpha = 2$ 时，即抛物线分布的光学纤维，有

$$M(\beta)_{变}\Big|_{\alpha=2} = \frac{1}{4}V^2 \tag{21-85}$$

当 $\alpha \to \infty$时，(21-87)式变成

$$M(\beta)_{变}\Big|_{\alpha\to\infty} = \frac{1}{2}V^2 \tag{21-86}$$

由上式可知，变折射率光学纤维传输的最大模总数是阶跃折射率光学纤维的一半。表 21-7 给出了变折射率光学纤维的模总数和折射率、直径、波长的关系。

表 21-6　阶跃光纤中，V、$M(\beta)$ 与 n_2、a 的关系($n_1 = 1.5$)

n_1/n_2	n_2	$\lambda = 0.85$ μm				$\lambda = 1.05$ μm			
		$a = 2.5$ μm		$a = 25$ μm		$a = 2.5$ μm		$a = 25$ μm	
		V	$M(\beta)$	V	$M(\beta)$	V	$M(\beta)$	V	$M(\beta)$
1.000	1.500	0	1.0	0	1.0	0	1.0	0	1.0
1.005	1.496	2.7	3.6	26.8	358	2.2	2.3	21.7	234
1.010	1.485	3.9	7.7	39.1	764	3.2	5.0	31.7	501
1.015	1.478	4.7	11.0	47.3	1 118	3.8	7.3	38.3	733
1.020	1.471	5.4	15.0	54.2	1 472	4.4	9.6	43.9	964
1.025	1.463	6.1	19.0	61.2	1 872	5.0	12.0	49.5	1 227
1.030	1.456	6.7	22.0	66.6	2 222	5.4	15.0	54.0	1 455
1.035	1.449	7.2	26.0	71.7	2 568	5.8	17.0	58.0	1 683
1.040	1.442	7.6	29.0	76.3	2 714	6.2	19.0	61.8	1 909
1.045	1.435	8.1	33.0	80.7	3 258	6.5	21.0	65.3	2 135
1.050	1.429	8.4	36.0	84.3	3 552	6.8	23.0	68.2	2 327

表 21-7　变折射率光纤 ($n_1 = 1.5$) 的模数 $M(\beta)$ 和 $n(r)$、a、λ 的关系

$\frac{n_1}{n_2}$	相对折射率差参量 Δ	模　数 $M(\beta)$											
		$\lambda = 0.85$ μm						$\lambda = 1.05$ μm					
		$a = 2.5$ μm			$a = 25$ μm			$a = 2.5$ μm			$a = 25$ μm		
		$\alpha = 2$	$\alpha = 2.25$	$\alpha = 2.5$	$\alpha = 2$	$\alpha = 2.25$	$\alpha = 2.5$	$\alpha = 2$	$\alpha = 2.25$	$\alpha = 2.5$	$\alpha = 2$	$\alpha = 2.25$	$\alpha = 2.5$
1.003	0.003	1	1	1	115	122	128	1	1	1	76	79	84
1.005	0.005	2	2	2	192	203	213	1	1	1	126	133	140
1.010	0.010	4	4	4	384	407	427	3	3	3	252	267	280
1.020	0.020	8	8	9	768	814	854	5	5	6	504	533	560
1.030	0.029	11	12	12	1 114	1 180	1 238	7	8	8	730	773	811
1.040	0.038	15	15	16	1 460	1 546	1 622	10	10	11	957	1 013	1 063
1.050	0.048	18	20	20	1 844	1 953	2 049	12	13	13	1 209	1 280	1 343
折射率剖面参量 α	对理想折射率分布剖面的偏离量/%	模　数 $M(\beta)$											
		$\Delta = 0.005$				$\Delta = 0.01$				$\Delta = 0.03$			
		$\lambda = 0.85$ μm		$\lambda = 1.05$ μm		$\lambda = 0.85$ μm		$\lambda = 1.05$ μm		$\lambda = 0.85$ μm		$\lambda = 1.05$ μm	
		$a = 2.5$ μm	$a = 25$ μm	$a = 2.5$ μm	$a = 25$ μm	$a = 2.5$ μm	$a = 25$ μm	$a = 2.5$ μm	$a = 25$ μm	$a = 2.5$ μm	$a = 25$ μm	$a = 2.5$ μm	$a = 25$ μm
1.50	−33	2	165	1	108	3	329	2	216	10	988	6	647
1.75	−22	2	179	1	117	4	359	2	235	11	1 076	7	705
2.00	−11	2	192	1	126	4	384	3	252	12	1 153	8	755
2.25	0	2	203	1	133	4	407	3	267	12	1 220	8	800
2.50	11	2	213	1	140	4	427	3	280	13	1 281	8	839
2.75	22	2	222	1	146	4	447	3	292	13	1 335	9	875

二、光功率分布[13]

在光学纤维中，入射光的能量主要集中在芯中，一小部分能量在包层中传输，还有部分能量逸出波导壁外。因此，能量在光学纤维中不是集中在一个地方，而是有一定的分布。集中在光学纤维芯区的那部分功率是

$$P_{芯}=\frac{1}{2}\int_0^{2\pi}\int_0^a r(E_xH_y^*-E_yH_x^*)\mathrm{d}r\mathrm{d}\Phi \tag{21-87}$$

同样，在包层中的功率是

$$P_{包}=\frac{1}{2}\int_0^{2\pi}\int_0^\infty r(E_xH_y{}^*-E_yH_x{}^*)\mathrm{d}\Phi\mathrm{d}r \tag{21-88}$$

经过不复杂的计算，在截止时，有

$$\frac{P_{包}}{P_{总}}=\begin{cases}1, & 当\ \nu=0,1\\ \dfrac{1}{\nu}, & 当\ \nu\geqslant 2\end{cases} \tag{21-89}$$

远离截止时，有

$$\frac{P_{涂}}{P_{总}}=0 \tag{21-90}$$

因此，在截止时，对于 $\nu=0,1$ 的低阶模，总有 $P_{涂}/P_{总}=1$，即入射光能量全部集中在包层中；对于 $\nu\geqslant 2$ 的高阶模，功率分布在涂层中的比率为 $1/\nu$，当 ν 很大时，大部分功率仍集中在纤维芯中；远离截止时，$P_{涂}/P_{总}=0$，功率完全集中在芯中，这就是传导模情况。

第七节　光纤的传输特性

光信号经光纤传输一段距离后，信号就会减弱和失真，传输的光脉冲要展宽，信号强度要下降，误码率增加。产生的原因是光纤存在色散和损耗。

一、光纤色散[13,17-19]

（一）光纤色散分析

光纤色散是由于光纤传输的信号中有不同的频率成分和不同的模式成分，它们的群速度不同而引起传输的光信号发生畸变。

我们知道，光源发出的光并非完全单色光，而总有一定的线宽。半导体激光器的典型线宽为零点几纳米到几纳米，发光二极管为 10～40 nm。进行调制时，信号是按同样方式对光源谱线中的每个光谱分量进行调制，一般调制带宽远小于光源谱线，因而可以认为光源的线宽即为已调制信号的带宽。将调制的信号送入单模光纤，将激发基模 HE_{11} 模。对多模光纤，则可激发大量模式。由此可见，光纤中的信号能量是由不同频率成分和不同模式成分携带的，它们有不同的传播速度，从而产生色散。

在单位长度光纤上光脉冲传播的延迟时间称为群时延：

$$\tau(\lambda)=\frac{1}{v_g}=\frac{1}{c}\frac{\mathrm{d}\beta}{\mathrm{d}k_0}=-\frac{\lambda^2}{2\pi c}\frac{\mathrm{d}\beta}{\mathrm{d}\lambda} \tag{21-91}$$

其中

$$v_g=\frac{\mathrm{d}\omega}{\mathrm{d}\beta}=c\left(\frac{\mathrm{d}\beta}{\mathrm{d}k_0}\right)^{-1} \tag{21-92}$$

$$k_0=\frac{2\pi}{\lambda}$$

称为光波的群速度和波矢量。由于群时延与波长有关，某一特定模式内的每个光谱成分通过一段距离就会

产生时延差。定义 $D=\frac{d\tau(\lambda)}{d\lambda}$ 为色散系数。在光源谱宽 $\Delta\lambda$ 内，单位长度的时延差为

$$\Delta\tau=\frac{d\tau(\lambda)}{d\lambda}\Delta\lambda=-\frac{\Delta\lambda}{2\pi c}\left(2\lambda\frac{d\beta}{d\lambda}+\lambda^2\frac{d^2\beta}{d\lambda^2}\right) \tag{21-93}$$

1. 材料色散

材料色散是因材料的折射率与波长有关，而模的群速与折射率有关，因此，材料色散是一种模内色散。从(21-91)式可以得到单位光纤长度的群时延为

$$\tau_{材}=\frac{1}{c}\left(n-\lambda\frac{dn}{d\lambda}\right) \tag{21-94}$$

将上式对波长 λ 微分，就可以得到对谱宽 $\Delta\lambda$ 的光源，单位长度的脉冲展宽：

$$\Delta\tau_{材}=-\frac{\lambda\Delta\lambda}{c}\frac{d^2n}{d\lambda^2} \tag{21-95}$$

图 21-26 为二氧化硅的折射率与材料色散系数和波长的关系曲线。从图中可以看出，在某一波长处有：$\frac{d^2n}{d\lambda^2}=0$，即时延差为 0，这就是材料的零色散波长。

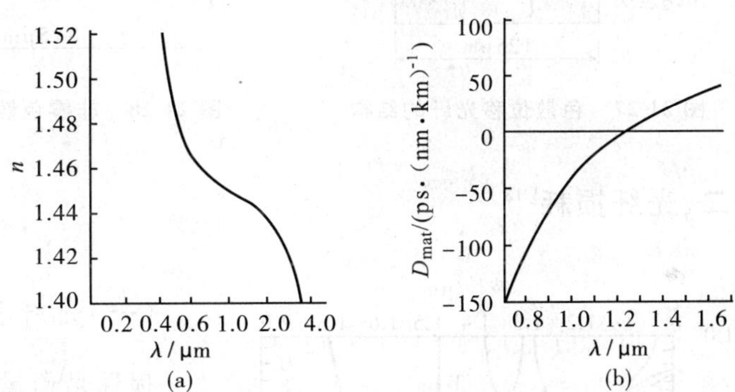

图 21-26　二氧化硅的折射率和材料色散与波长的关系

2. 波导色散

这是某一导模在不同波长下的群速度不同引起的色散，它与波导结构有关，因此波导色散又称为结构色散。波导色散引起的单位光纤长度内的群时延是

$$\tau_{波}=\frac{1}{c}\frac{d\beta}{dk_0}=\frac{1}{c}\left[n_2+n_2\Delta\frac{d(k_0b)}{dk_0}\right] \tag{21-96}$$

式中，b 是归一化传播常数，并利用了关系：$\beta=n_2k_0(1+b\Delta)$ 和 $V\approx k_0an_2\sqrt{2\Delta}$。(21-96)式可改写成：

$$\tau_{波}=\frac{1}{c}\frac{d\beta}{dk_0}=\frac{1}{c}\left[n_2+n_2\Delta\frac{d(Vb)}{dV}\right] \tag{21-97}$$

波导色散引起的单位长度脉冲展宽为

$$\Delta\tau_{波}\frac{d\tau_{波}}{d\lambda}=-\frac{n_2\Delta}{c\lambda}\frac{d^2(Vb)}{dV^2}\Delta\lambda \tag{21-98}$$

3. 模间色散

在多模光纤中，由于存在许多传输模式，对同一波长的光，因不同模式有不同的群速度，到达光纤终点有不同的时间，在输出端形成一个展宽的脉冲波形，因而出现色散。

在阶跃折射率光纤中，因模间色散引起的单位长度的脉冲展宽由最快的模和最慢的模之间的渡越时间之差确定，经简单推导，结果是

$$\Delta\tau_{多}=\frac{n_1\Delta}{c}$$

对于变折射率光纤，有

$$\Delta\tau_{多}=\frac{a\pi n(0)}{c\sqrt{2\Delta}}\Delta$$

(二)色散光纤

1)色散位移光纤。色散位移光纤可将单模光纤的零色散波长由 1.3 μm 移到光纤的最低损耗点 1.55 μm，使光纤同时具有色散小和损耗低的优点。这类光纤适用于长途干线，可使传输距离达数百千米。这类光纤不能用于 WDM 波分复用系统，因对多个波长的 WDM 传输，光纤会出现严重的四波混频非线性效应。色散位移光纤的结构如图 21-27 所示。

2)非零色散光纤。非零色散光纤具有色散位移光纤和标准光纤的优点,保持了微量色散。零色散波长在 1.525 μm 或 1.585 μm,有利于抑制四波混频及所引起的串扰。这种光纤适用于 WDM 全光网络。非零色散光纤的结构如图 21-28 所示。

3)色散补偿光纤。这是一种具有负色散的光纤。当使用标准光纤时,在 1.55 μm 处会产生 17～20 ps/(nm·km)的色散,采用一段色散补偿光纤,能有效地消除色散效应,提高传输质量。色散补偿光纤如图 21-29 所示。

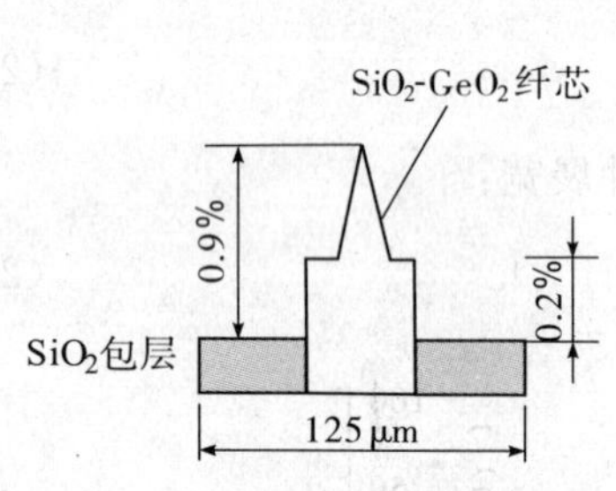

图 21-27 色散位移光纤的结构

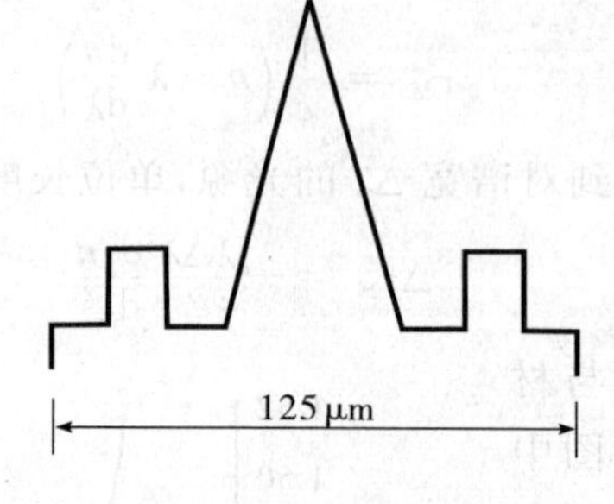

图 21-28 非零色散光纤的结构

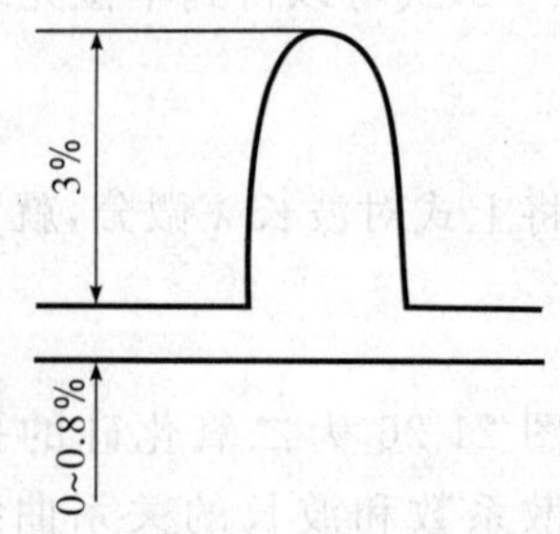

图 21-29 色散补偿光纤的结构

二、光纤损耗[13]

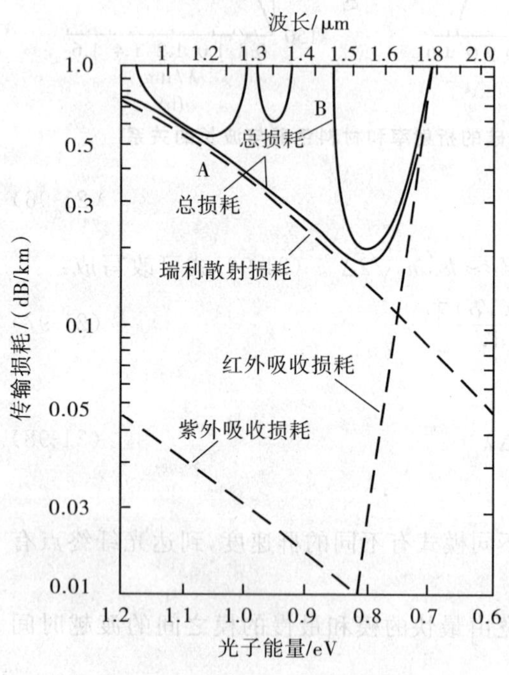

图 21-30 光学纤维的典型损耗曲线

(一)光纤损耗分析

损耗是衡量光学纤维通信介质质量好坏的一个重要指标。从 1970 年出现低损耗光学纤维后,光学纤维作为激光通信介质才有可能实现。近年来,光学纤维的损耗下降很快,已降到 0.47 dB/km(1976 年)、0.2 dB/km(1979 年)和 0.151 dB/km。图 21-30 给出了典型的光学纤维样品的典型损耗曲线。表 21-8 给出了光学纤维损耗的各种机理。

表 21-8 光学纤维损耗分类

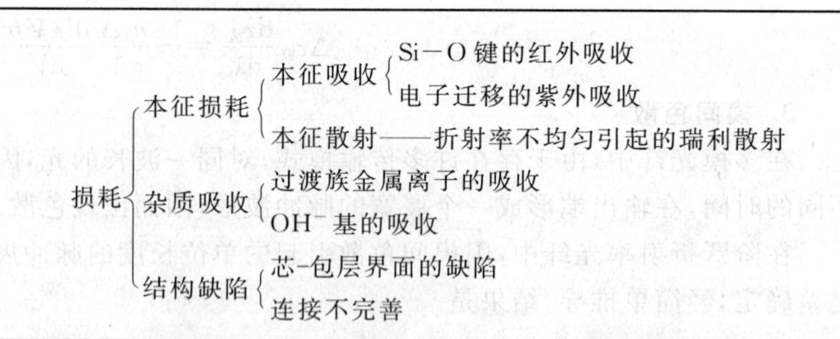

损耗
- 本征损耗
  - 本征吸收
    - Si—O 键的红外吸收
    - 电子迁移的紫外吸收
  - 本征散射——折射率不均匀引起的瑞利散射
- 杂质吸收
  - 过渡族金属离子的吸收
  - OH^- 基的吸收
- 结构缺陷
  - 芯-包层界面的缺陷
  - 连接不完善

1. 吸收损耗

这是一个重要的损耗,又可分为

1)本征吸收。这是物质的固有吸收。它是组分原子振动产生的吸收,位于 8～12 μm 的近红外区域。还有一个位于紫外波段,其尾部会延伸到 0.7～1.1 μm。

2)杂质吸收。主要的杂质有 Cu^{2+}、V^{3+}、Cr^{3+}、Mn^{3+}、Fe^{2+}、Co^{2+} 和 Ni^{2+} 等。它们的吸收峰位于可见和近红外区域,如图 21-31 所示。表 21-9 给出了在玻璃中产生 1 dB/km 的损耗时各种杂质离子的允许浓度(以重量计)。

当原料经过多次精制后,金属杂质的吸收几乎完全消除。这时,OH^- 离子的吸收就成为一种重要的杂质吸收损耗。在熔融石英玻璃中,OH^- 的吸收带位于 0.5～1 μm 波段,OH^- 的基本吸收峰位于 2.7 μm 附近，0.95 μm 和 0.72 μm 是振动损耗的二次和三次谐波。对于掺锗的硅玻璃单模纤维，OH^- 在 1.4 μm 附近有一吸收峰。图 21-32 给出了 OH^- 的吸收曲线。

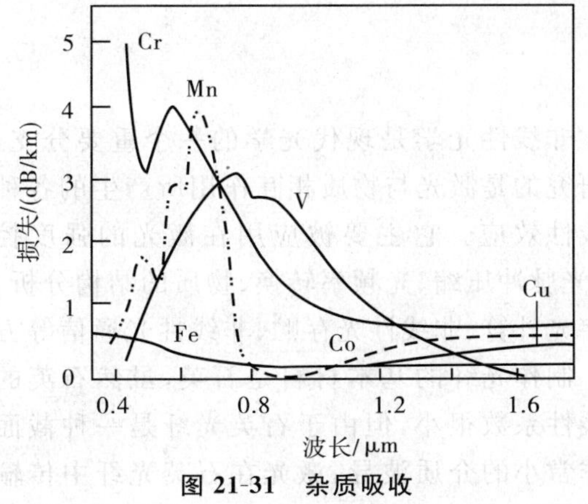

图 21-31　杂质吸收

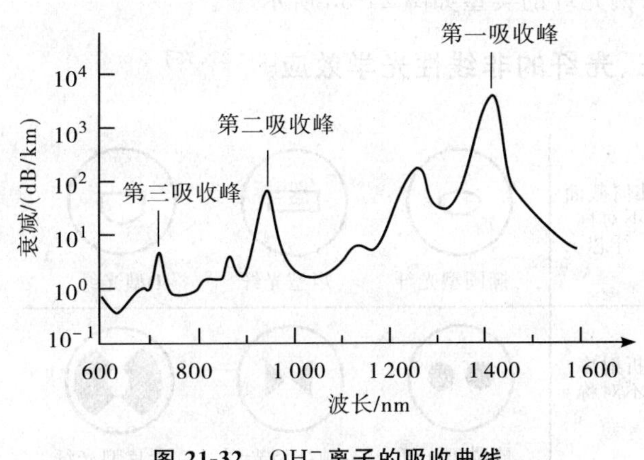

图 21-32　OH^-**离子的吸收曲线**

表 21-9　在玻璃中，产生 1dB/km 的吸收时的杂质允许浓度

离　子	产生 1dB/km 吸收损耗时的杂质离子的允许浓度(重量)
OH^-	1.25×10^{-6}
Cu^{2+}	2.5×10^{-9}
Fe^{2+}	1×10^{-9}
Cr^{2+}	1×10^{-9}

2. 散射损耗

1)本征散射。物质散射中最重要的是本征散射，又称为瑞利散射，它是由玻璃熔制过程中造成的密度不均匀而产生的折射率不均匀所引起的散射，它与波长的四次方成反比。这种损耗随波长的增加而很快减小。掺杂不均匀(如扩散不均匀)也能引起散射，产生损耗。

在强大电场的作用下，光学纤维会呈现非线性，它也可以诱发或激发起受激拉曼散射和受激布里渊散射[46]。

2)波导散射。这种散射是由波导的结构缺陷产生的，如波导芯的直径有起伏，界面粗糙、凹凸不平，就会引起传导模的附加损耗，即波导散射损耗。

(二)低损耗光纤

1. 全波光纤

为美国 LUCENT 公司开发，这种光纤消除了 1.385 μm 处 OH^- 离子的吸收峰，开辟了 1.350～1.450 μm的新通信波段，实现了在 1.280～1.652 μm 的整个波长范围都可以传输光信息，这种光纤称为全波光纤。这种光纤的损耗低，如在 1.385 μm 处的损耗为 0.26～0.29 dB/km，色散小，为 5.76～6.63 ps/(nm·km)，有很优越的性能。

2. 超低损耗光纤

采用纯硅芯、双包层(不同掺杂材料)制成。其特点是：有效面积大，利于减少非线性效应和改善弯曲特性，在 1.568 μm 处的损耗是 0.151 dB/km。

3. 保偏光纤

单模光纤只传输一个基模 HE_{11}，这个基模实际是由两个偏振方向相互垂直的 HE_{11x} 和 HE_{11y} 模构成，这两个模式的电场分别沿 x 和 y 方向偏振，形成了两个简并在一起的正交偏振模式。保偏光纤是仅传输单一偏振模的光纤，这就能避免出现偏振模式色散问题。保偏光纤有两种类型：

1)具有非圆对称折射率剖面的保偏光纤。如熊猫形光纤和领结形光纤等。按双折射程度不同又可分为高双折射率光纤和低双折射率光纤。

2)具有非圆对称几何剖面的保偏光纤。如椭圆形光纤、矩形光纤和D形光纤等。

保偏光纤的类型如图 21-33 所示[23]。

三、光纤的非线性光学效应[21,23,75]

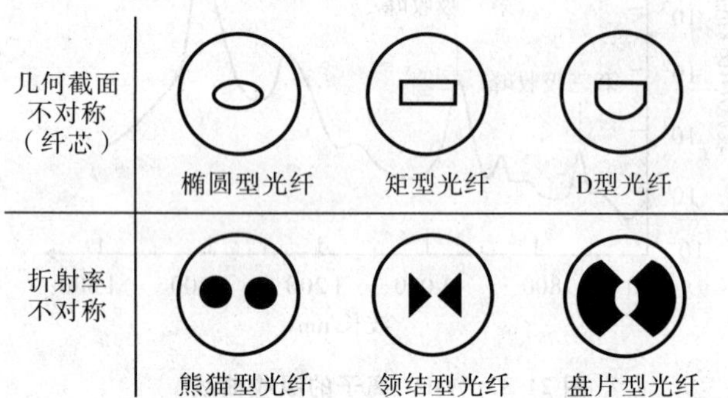

图 21-33 保偏光纤的类型

非线性光学是现代光学的一个重要分支,它研究的是激光与物质相互作用所产生的各种非线性效应。它主要被应用在激光的强度控制、光脉冲压缩、光频率转换、物质的结构分析、数字光计算、非线性光存贮、非线性光通信等方面。制作光纤的基本材料是石英,虽然石英的非线性系数很小,但由于石英光纤是一种截面积非常小的介质波导,激光在石英光纤中传输的能量密度很大,传输的距离很长,因此在石英光纤中就容易出现光频率变化、强度变化、相位和偏振特性变化,从而产生非线性光学效应。

以激光为光源的非线性光学与以普通光为光源的线性光学的主要区别如表 21-10 所示。

表 21-10 非线性光学与线性光学的主要区别[75]

线性光学	非线性光学
在介质中,光束通过干涉、衍射、折射可以改变光能量的空间分布和传播方向,但光的频率不变	通过光与物质的相互作用,一定频率的光可以转变成和入射光频率不同的二次谐波和三次谐波,还可以在光谱上产生频率周期分布的光
多束光交叉传播,不发生能量交换,不改变自己的频率	多光束交叉传播,光束间可能发生能量相互转移,改变各自的频率或产生新的频率
光与介质相互作用,介质的物理性能不会改变	光与介质相互作用,介质的物理性质如极化率、吸收系数、折射率等要发生变化
光束通过光学系统,入射光强与透射光强间一般呈线性关系	光束通过光学系统,入射光强和透射光强间可以呈现非线性关系和双稳回线关系
多光束交叉传输,各光束的相位信息彼此不能相互传递	在介质中传输的光束间可以相互传递相位信息,而且两束光的相位可以互成共轭关系

(一)非线性极化率

当激光在光纤中传播时,由于光强很高,极化强度和光场不再是线性关系,必须考虑高阶项的作用,这时有

$$P=\varepsilon_0\chi^{(1)}\cdot E+\varepsilon_0\chi^{(2)}:EE+\varepsilon_0\chi^{(3)}\vdots EEE+\cdots \tag{21-99}$$

式中,$\chi^{(1)}$ 是线性极化率,$\chi^{(2)}$ 和 $\chi^{(3)}$ 是二阶和三阶非线性极化率。于是,可以把极化强度重新写成

$$P=P^{(1)}+P^{(2)}+\cdots+P^{(n)}+\cdots=P_{\mathrm{L}}+P_{\mathrm{NL}} \tag{21-100}$$

式中,P_{L} 是线性极化率,P_{NL} 是非线性极化率。非线性光学是非线性极化率产生的有关现象。

通常,电极化率 $\chi(\omega)$ 是频率的函数,是一个复数,它可以表示为

$$\chi(\omega)=\chi'(\omega)+\mathrm{i}\chi''(\omega) \tag{21-101}$$

可以证明,一阶极化率的实部和虚部分别与线性介质的线性折射率和线性吸收系数有关,即

$$n_0=\sqrt{1+\chi^{(1)'}(\omega)}\approx 1+\frac{1}{2}\chi^{(1)'}(\omega),\alpha_0=\frac{\omega}{cn_0}\chi^{(1)''}(\omega)$$

对于具有三阶非线性介质，有

$$n = n_0 + \Delta n, \alpha = \alpha_0 + \Delta\alpha$$

式中，n_0 和 α_0 为线性折射率和线性吸收系数；Δn 和 $\Delta\alpha$ 为非线性折射率和非线性吸收系数，它们分别是

$$\left.\begin{aligned} \Delta n &= \frac{1}{c\varepsilon_0 n_0^2}\chi^{(3)'}(\omega)I \\ \Delta\alpha &= \frac{2\omega}{c^2\varepsilon_0 n_0^2}\chi^{(3)''}(\omega)I \end{aligned}\right\} \tag{21-102}$$

式中，$I = \frac{1}{2}c\varepsilon_0 n_0 \ |E(z)|^2$ 为入射激光束的强度。从(21-102)式可知，对于三阶非线性介质，非线性折射率由三阶极化率的实部确定，并与光强成正比；而非线性吸收系数由三阶极化率的虚部确定，也与光强成正比。

(二)二阶非线性光学效应[75]

当两个光波场 $E(\omega_1)$ 和 $E(\omega_2)$ 共同作用于一个介质时，就会引起二阶极化，产生一个新波场 $E(\omega_3)$，这是一个二阶非线性效应的和频过程，其频率关系为：$\omega_3 = \omega_1 + \omega_2$。在这一过程中，也可能存在差频关系：$\omega_1 = \omega_3 - \omega_2$ 和 $\omega_2 = \omega_3 - \omega_1$。当这3个波相互耦合时，必须服从能量守恒定律和动量守恒定律：$\hbar\omega_3 = \hbar\omega_1 + \hbar\omega_2$，$\hbar\kappa_3 = \hbar\kappa_1 + \hbar\kappa_2$。

经过运算，这3个波相互耦合形成的混频方程可以写成

$$\frac{\partial E_1(z)}{\partial z} = \mathrm{i}\frac{D\omega_1}{2cn_1}\chi^{(2)}(\omega_1;-\omega_2,\omega_3)E_2^* E_3 \mathrm{e}^{\mathrm{i}\Delta kz}$$

$$\frac{\partial E_2(z)}{\partial z} = \mathrm{i}\frac{D\omega_2}{2cn_2}\chi^{(2)}(\omega_2;\omega_3,-\omega_1)E_3 E_1^* \mathrm{e}^{\mathrm{i}\Delta kz}$$

$$\frac{\partial E_3(z)}{\partial z} = \mathrm{i}\frac{D\omega_3}{2cn_3}\chi^{(2)}(\omega_3;\omega_1,\omega_2)E_1 E_2 \mathrm{e}^{\mathrm{i}\Delta kz}$$

式中，D 为简并因子，相位失配因子是

$$\Delta k = \begin{cases} k_1 - (k_3 - k_2), & \text{差频} \\ k_2 - (k_3 - k_1), & \text{差频} \\ -[k_3 - (k_1 + k_2)], & \text{和频} \\ 0, & \text{三波相位匹配} \end{cases} \tag{21-103}$$

从相位失配因子的不同关系(21-103)式，可以得到如下效应：

1)光倍频效应。对频率为 ω 的单色平面光通过非线性光学晶体后，可以产生频率为 2ω 的倍频光。可以证明，在小信号近似情况下，倍频光强与基频光强的平方成正比，对一定的波矢失配量 Δk 和晶体长度 L，倍频光功率与晶体的倍频系数的平方成正比，当 Δk 较小时，倍频的光功率与晶体长度 L 成正比。当 $\Delta k = 0$ 时，倍频光功率和倍频效率最大。

2) 光学和频。可以证明，满足能量守恒 $\omega_3 = \omega_1 + \omega_2$ 和动量守恒 $k_3 = k_1 + k_2$ 的3个不同频率的光，在晶体中共线传播时，可以发生频率上转换，即利用近红外的强泵浦光(ω_2)。可以把入射的红外弱信号光(ω_1)，转换成可见光(ω_3)。例如，当和频晶体为 Ag_3AsS_3，泵浦光是1.06 μm时，可以把10.6 μm的光转换为波长为0.96 μm的光波。和频的转换效率是

$$\eta = \frac{8\omega_3^2 d^2 L^2 I_2}{\varepsilon_0 n_1 n_2 n_3 c^3}$$

这里，d 是倍频系数，L 是和频晶体长度。

3) 光学差频。可以证明，满足能量守恒 $\omega_2 = \omega_3 - \omega_1$ 和动量守恒 $k_2 = k_3 - k_1$ 的不同频率的光，在晶体中共线传播时，可以发生频率下转换。即由两频率的差频可以得到可调谐的红外相干辐射。当采用铌酸锂作差频晶体，以氩离子激光与可调谐染料激光差频，就能获得可调谐的2.2～4.2 μm的红外激光输出。在小信号下，差频的转换效率是

$$\eta = \frac{8\omega_2^2 d^2 L^2 I_3}{\varepsilon_0 n_1 n_2 n_3 c^3}$$

（三）三阶非线性效应[75]

由于三阶非线性极化率 $\chi^{(3)}$ 远小于二阶非线性极化率 $\chi^{(2)}$，因此，三阶非线性效应比二阶非线性效应弱得多。不具备中心对称的各向异性介质才具有二阶非线性，而所有介质都存在三阶非线性。

1）三次谐波。对输入光场 $E(t)$ 是由沿 z 方向传播的3个不同频率（$\omega_1, \omega_2, \omega_3$）的单色光组成时，三阶非线性极化强度可以写成

$$P^{(3)}(t) = \sum_{j=1,2,3} P(\omega_j)\mathrm{e}^{-\mathrm{i}\omega_j t} + \mathrm{c.\,c.}$$

三阶非线性极化强度包括了多种频率成分，这些频率项分别表示三阶极化的各种效应：三次谐波、四波混频、相位共轭、简并四波混频、光克尔效应、斯托克斯拉曼散射、反斯托克斯拉曼散射等。

2)四波混频。当3个不同频率的入射波 $E(\omega_1)$、$E(\omega_2)$、$E(\omega_3)$ 入射在介质中，其合成波为 $E(\omega_4)$，在四波混频过程中必须遵守能量守恒与动量守恒关系：

$$\omega_4 = \omega_1 + \omega_2 + \omega_3, \quad \Delta k = k_4 - k_1 - k_2 - k_3$$

这时，介质的三阶非线性极化强度是 $P^{(3)}(\omega_4)6\varepsilon_0\chi^{(3)}(\omega_4;\omega_1,\omega_2,\omega_3)E(\omega_1)E(\omega_2)E(\omega_3)$。

3）光学相位共轭。沿 z 方向传播的频率为 ω 的光波的电场可以写成复数形式：

$$E(r,t) = E(r)\mathrm{e}^{\mathrm{i}(kz-\omega t)} + \mathrm{c.\,c.}$$

通过系统后，其输出光的电场的复振幅是原入射光电场复振幅的复数共轭，则称输出光波是输入光波的相位共轭波：

$$E_{\mathrm{c}}(r,t) = E^*(r)\mathrm{e}^{\mathrm{i}(\pm kz-\omega t)} + \mathrm{c.}$$

式中，波矢 k 前取“+”号，称前向相位共轭波，其传播方向与原光波方向相同；波矢 k 前取“−”号，称后向相位共轭波，其传播方向与原光波方向相反。利用后向相位共轭原理做成的共轭反射镜，可以自动补偿光束经过不规则扰动后的波面畸变[75-76]。

（四）光致折射率变化

前面已经提到，光场可以使介质极化率的实部发生变化，从而可以导致介质的折射率发生变化，这就是光致折射率变化，是一种非线性折射率效应。非线性折射率效应有很多种，可参考本书第四章的有关内容，这里主要讨论常见的光学克尔效应和光束自聚焦效应。

1. 光学克尔效应

光场作用于介质后，引起介质的折射率发生变化（非线性折射率），折射率变化的大小与光场的平方成正比，$n(\omega) = n_0 + n_2|E|^2$。这是一种三阶非线性光学效应，被称为光学克尔效应或克尔效应。光学克尔效应因产生非线性极化率的方式不同而分成自作用光克尔效应和互作用光克尔效应两种。由于光致折射率变化可以调制光波的相位。因而，又存在自相位调制（SPM）和交叉相位调制（XPM）两种情况。

现在，简单讨论自相位调制效应中的折射率与光强的关系。在仅考虑一阶非线性效应和三阶非线性效应的情况下，经过一些运算，克尔介质的总折射率可以写成

$$n = n_0 + \Delta n = n_0 + n_2 I \tag{21-104}$$

式中，n_0 为线性折射率，$\Delta n = n_2 I$ 为非线性折射率，I 为光强。非线性折射率是 $n_2 = \dfrac{\chi^{(3)'}(\omega)}{c\varepsilon_0 n_0^2}$。

克尔效应引起的光致折射率变化的原因很多，表 21-11[75,77] 给出了一些典型的物理过程中介质的光波非线性折射率 n_2、非线性极化率 $\chi^{(3)}$ 和相应的响应时间 τ。从表可知，克尔介质的非线性折射率越大，介质的响应时间就越小。

当光束传播距离为 L 时，因克尔效应引起介质折射率发生变化，传播光束就产生了如下的非线性相位差：

$$\Delta\varphi = \frac{2\pi}{\lambda}(n_2 I)L \ \frac{2\pi n_2 LP}{\lambda S}$$

式中，S 为光束传播的有效截面积。

2. 光束的自聚焦

在克尔介质中传播的单模激光束，其光强具有高斯型的横向分布，由于非线性折射率与光强成正比，就形成折射率沿径向呈非均匀分布。光束中心光强大，非线性折射率高，光束边缘光强小，非线性折射率低。介质对其中传播的光束产生类似透镜的作用，当非线性折射系数 $n_2 > 0$ 时，称光束自聚焦，即具有正透镜效应；当 $n_2 < 0$ 时，称自散焦，即具有负透镜效应。

可以证明[75]，自聚焦光束的会聚角与激光引起的非线性折射率间有如下关系：

$$\theta_s^2 = \frac{2\Delta n}{n_0}$$

表 21-11　几种光克尔效应的物理机制与参数

机　制（室温）	n_2 /(cm^2/W)	$\chi^{(3)}$ /esu	τ/s
电子极化	10^{-16}	10^{-14}	10^{-15}
电致伸缩	10^{-14}	10^{-12}	10^{-9}
分子取向(CS_2)	10^{-13}	10^{-11}	10^{-12}
饱和原子吸收	10^{-10}	10^{-9}	10^{-8}
双激子(CuCl)	10^{-10}	10^{-8}	10^{-9}
半导体掺杂玻璃(掺 CdSe)	10^{-10}	10^{-8}	10^{-8}
价带内跃迁(HgCdTe)	10^{-8}	10^{-6}	10^{-12}
双光子(InSb)	10^{-7}	10^{-5}	10^{-8}
热效应(Si)	10^{-7}	10^{-5}	10^{-4}
热效应(染料)	10^{-6}	10^{-4}	10^{-3}
自由激子(GaAs)	10^{-6}	10^{-4}	10^{-8}
束缚激子(CdS)	10^{-5}	10^{-4}	10^{-9}
自由激子(GaAs/AlGaAs 量子阱)	10^{-4}	10^{-2}	10^{-8}
分子取向(相列液晶)	10^{-3}	10^{-1}	1

我们知道，当高斯激光束的束腰位于介质入射面时，高斯型激光的衍射角是

$$\theta_d = \frac{\lambda}{\pi a n} = \frac{2}{ka}$$

式中，k 是波矢，a 是激光的束腰半径。自聚焦光束的会聚角与激光束的衍射角的平方比是

$$\frac{\theta_s^2}{\theta_d^2} = \frac{1}{2}\left(\frac{\dfrac{\Delta n}{n_0}}{\dfrac{1}{k^2a^2}}\right)$$

从上式可知，在光束自聚焦过程中有两种效应：非线性折射率 Δn 引起光束聚焦，激光衍射使光束发散。光越强，光束的会聚光斑越小，则衍射越强。当 $2\Delta n/n_0 \geqslant 1/(k^2a^2)$ 或 $\theta_s \geqslant \theta_{d/2}$ 时，光束的自聚焦效应始终大于激光的衍射效应，在介质中的激光束是会聚的。为实现这种自聚焦效应，从 $\Delta n = n_2 IA$ 可知，必须使激光的强度满足：$I \geqslant n_0/(2n_2k^2a^2)$ 如果激光自聚焦的会聚作用与激光的衍射作用平衡时，即 $\theta_s = \theta_d/2$ 时，就会出现一种自陷(self-trapping)效应。稳定的自陷实际上就是空间光孤子。

（五）受激拉曼散射

拉曼(Raman)1928 年发现自发拉曼散射。在散射光谱中，除了原来的入射光频率 ω_0 外，还出现了新频率成分 ω_s（斯托克斯线）和 ω_a（反斯托克斯线），并有 $\omega_s < \omega_0 < \omega_a$，而且，反斯托克斯线远弱于斯托克斯线。图 21-34[75] 给出了拉曼散射的能级图。当基态分子吸收了频率为 ω_p 的泵浦光光子，跃迁到虚能级，再由该能级弛豫到分子的第一激发态的振动能级，发出频率为 ω_s 的斯托克斯光子；处于振动能级的分子，吸收了 ω_p 光子后，跃

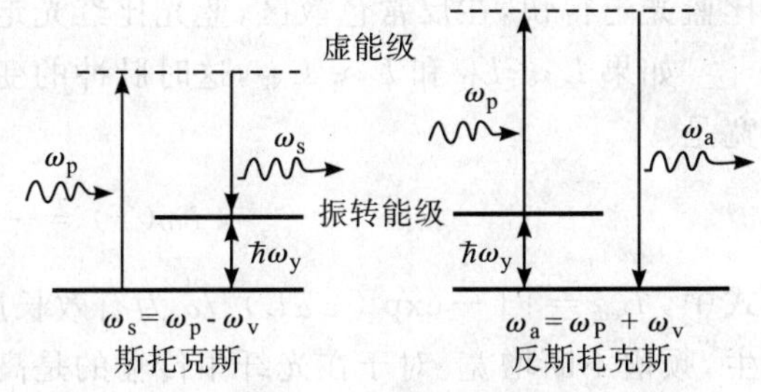

图 21-34　拉曼散射能级图

迁到另一虚能级，再弛豫到基态，发射出频率为 ω_a 的反斯托克斯光子。在热平衡时，基态上的分子数比振动能级上的分子数大很多，因此，频率为 ω_s 的光子数远大于频率为 ω_a 的光子数，即斯托克斯散射光强远大于反斯托克斯散射光强。

可以证明，受激拉曼散射的斯托克斯光场随 z 方向的传播距离而增长，反斯托克斯光场随 z 方向传播距离增加而衰减。由于石英光纤的拉曼增益有一个很宽的频率范围(40THz)，并在 13 THz 处有一个较宽的峰，因此，利用石英光纤的拉曼效应可以研制宽带放大器。

(六)受激布里渊散射

布里渊散射是激光电场与分子或固体中的声波场的相互作用，即光子与声子的相互作用。在激光的电场作用下，通过电致伸缩效应，介质的密度和介电常数发生周期性的变化，从而感生声波场，因而出现入射光和声波场之间发生相互作用，产生受激布里渊散射，布里渊散射分为前向散射和后向散射两种。

(七)光脉冲在光纤中的传输——光孤子[75]

研究光脉冲在非线性光纤中的传输规律，必须要从非线性薛定谔方程出发。经过分析，可以导出非线性薛定谔方程有如下形式[75]：

$$\mathrm{i}\,\frac{\partial A}{\partial z}=-\frac{\mathrm{i}\alpha}{2}A+\frac{\beta_2}{2}\frac{\partial^2 A}{\partial T^2}-\gamma\,|A|^2A \tag{21-105}$$

式中，$A(z,T)$ 是脉冲包络的振幅，α 为吸收系数，$\beta_2=\frac{1}{c}\left(2\frac{\mathrm{d}n}{\mathrm{d}\omega}+\omega\frac{\mathrm{d}^2n}{\mathrm{d}\omega^2}\right)$是传播常数或波数按频率展开式中的二阶项，$T$ 为在群速度运动坐标系中测量的时间，γ 为非线性系数。上式左边第一项表述的是光波在光纤中的吸收，第二项表述的是光波在光纤中的群速色散，第三项表述的是光纤的自相位调制非线性光学效应。当引入色散长度 L_D 和非线性长度 L_{NL}，并引入归一化时间量 τ 和归一化振幅 U 时，非线性薛定谔方程可以改写成

$$\mathrm{i}\,\frac{\partial U}{\partial z}=\frac{\mathrm{sgn}\,(\beta_2)}{2L_D}\frac{\partial^2 U}{\partial \tau^2}-\frac{\exp\,(-\alpha z)}{L_{NL}}\,|U|^2U$$

式中，$L_D=\frac{T_0^2}{|\beta_2|}$，$L_{NL}=\frac{1}{\gamma P_0}$，$\tau=\frac{T}{T_0}=\frac{t-\frac{z}{\nu_g}}{T_0}$，$A(z,\tau)=\sqrt{P_0}\exp\left(-\frac{\alpha z}{2}\right)U(z,\tau)$，$P_0$ 是入射脉冲的峰值功率。

1. 群速色散与自相位调制

当光纤很短时，由于色散和非线性的效应很小，非线性薛定谔方程的右边两项全为 0，脉冲传输时保持形状不变。如果 $L\ll L_{NL}$ 和 $L\approx L_D$，这时，脉冲主要受群速色散的影响。可以证明，这时光纤的色散对脉冲施加了一个频率变化：

$$\delta\omega(T)=-\frac{\partial\varphi}{\partial T}=\frac{\mathrm{sgn}\,(\beta_2)\left(\frac{2z}{L_D}\right)}{1+\left(\frac{z}{L_D}\right)}\frac{T}{T_D} \tag{21-106}$$

从上式可知，频率变化与时间有线性关系，称为线性啁啾。在 $\beta_2>0$ 的正常色散区，在 $T<0$ 的脉冲前沿，$\delta\omega$ 为负，是红移，在 $T>0$ 的脉冲后沿，$\delta\omega$ 为正，是蓝移。在 $\beta_2<0$ 的反常色散区，情况与此相反，脉冲前沿，$\delta\omega$ 为正，是蓝移，脉冲后沿，$\delta\omega$ 为负，是红移。换句话说，由于光的速度与频率有关，在正常色散区，红光比蓝光走得快，在反常色散区，蓝光比红光走得快。

如果 $L\ll L_D$ 和 $L\approx L_{NL}$，这时脉冲的变化主要由自相位调制决定。可以证明，自相位调制引起的频率增宽是

$$\delta\omega(T)=-\frac{\partial\varphi_{NL}}{\partial T}=\left(\frac{L_{eff}}{L_{NL}}\right)\frac{\partial}{\partial T}\,|U(0,T)|^2$$

式中，$L_{eff}=[1-\exp\,(-\alpha L)]/\alpha$ 为有效长度。上式说明，随着光脉冲在光纤中的传播，新的频率成分不断产生，频谱不断增宽。对于在光纤中传输的是高斯型光脉冲，在脉冲的前沿附近 $\delta\omega$ 为负，出现红移，在后沿附近，$\delta\omega$ 为正，是蓝移，在脉冲较宽的中心区，啁啾是线性的和正的(向上的)，在前沿和后沿较陡的拐点处，啁

啾特别大。

当 $L \geqslant L_D$ 和 $L \geqslant L_{NL}$ 时，群速色散和自相位调制共同作用于光脉冲。在光纤 $\beta_2 < 0$ 的反常色散区域，群速色散和自相位调制的作用相反，群速色散产生紫头红尾的啁啾，自相位调制产生红头紫尾的啁啾。当群速色散和自相位调制达到平衡时，可以在光纤中消除啁啾，使脉冲的形状保持不变，产生光孤子。

2. 光孤子[75]

1834 年，英国造船工程师 S. Russell 在河道中观察到一个孤立的圆形平滑水波波峰。1895 年，Korteweg 和 De Vries 对这一现象作出了解释，称之为孤子波（solitary wave）或孤子（soliton）。直到 20 世纪 70 年代，由于光纤通信的发展，对光孤子的研究才引起了人们的重视。1973 年，美国贝尔实验室的 A. Hasegawa 和 F. Tappert 首先提出将光孤子用于光纤通信的设想。1980 年，Mollenauer 等人首先在贝尔实验室观察到光孤子。1991 年，Smith 等人研制成功全光纤集成的掺铒光纤孤子激光器；同年，Mollenauer 成功地实现了12 000 km的光孤子传输。

光孤子是光波在光纤中传输时，线性效应和非线性效应达到平衡时的一种状态。光孤子可分为因光的色散效应和非线性啁啾效应达到平衡产生的时间光孤子和因光的衍射效应和非线性自聚焦效应达到平衡时产生的空间光孤子两种。

通过求解非线性薛定谔方程可以得到如下形式的孤子解：

$$u(\xi,\tau) = \sec h(\tau)\exp\left(\frac{\mathrm{i}\xi}{2}\right)$$

实践证明，对于 1.55 μm 的色散位移光纤，典型参数是 $\beta_2 = -1\ \mathrm{ps/km}$，$\gamma = 3\ \mathrm{W^{-1}/km}$。当 $T_0 = 1\ \mathrm{ps}$ 时，P_0 约 1 W，当 $T_0 = 10\ \mathrm{ps}$ 时，P_0 下降到 10 Ma。因此，对于 20 Gb/s 的比特率，在半导体激光器的输入功率下，能在光纤中形成基态光孤子。

同样，从非线性薛定谔方程还可以得到暗孤子波的标准形式：

$$u(\xi,\tau) = \tanh(\tau)\exp(\mathrm{i}\xi)$$

从上式可知，暗孤子的振幅具有双曲正切型，为一个中心凹陷的双曲线正切脉冲，在光纤的正常色散区内传播时，其脉冲形状保持不变。

空间孤子是指在非线性介质中，当线性衍射效应和非线性自聚焦效应达到平衡时，以空间稳定不变的形态传播的一种光脉冲。从非线性薛定谔方程出发，也能得到亮孤子和暗孤子两类孤子解。

四、非线性光纤[23]

1. 掺铒光纤

在硅光纤中掺铒离子或在氟光纤中掺铒离子的光纤，这种光纤是一种很好的增益介质，在 980 nm（或 1 480 nm）泵浦下，可以使光信号得到放大而成为 C、L 波段光纤放大器。硅光纤掺铒，增益平坦区较窄，仅在1 550～1 560 nm 之间约 10 nm 的范围内，在 1 530～1 542 nm 之间的部分增益起伏很大，可达 8 dB。氟光纤掺铒的光纤放大器，增益平坦区可达 1 530～1 560 nm，带内增益起伏可从 8 dB 减少到 2 dB，信噪比可从传统的 5 dB 减少到 1.5 dB。

2. 掺镨光纤

硅光纤中掺镨离子的光纤，作为一种增益介质主要用于光纤放大器，适用于 1 300 nm 由掺镨光纤构成的光纤通信系统。放大窗口在 1 310 nm 波长区与 G 波段。光纤的零色散点一致，因而在 1 300 nm 光纤通信系统中可用掺镨光纤放大器来提高系统的性能。

3. 掺铥光纤

掺铥氟化物光纤作为一种增益介质，主要用于掺铥氟化物光纤放大器。工作在 S^+ 波段（1 450～1 480 nm）和 S 波段（1 480～1 530 nm）。

4. 掺锗光纤

由于锗元素对紫外光敏感，在紫外光作用下，掺锗光纤的折射率会发生轴向的周期性变化，形成永久性光栅，可用于光纤放大器、光纤激光器、光纤波长变换器等。

第八节　红外光纤和聚合物光纤

一、红外光学纤维[13]

红外光学纤维在1960年左右就有报道，但由于红外光源、探测器和材料工艺本身的困难，发展一直比较缓慢。近年来，由于红外激光器、探测器的出现，特别是红外光通信的迅速发展，红外光学纤维发展很快。

(一)对红外材料的要求

红外光学纤维的材料有很多种，但是为了实现 10^{-3} dB/km 以下的低损耗，材料必须满足如下要求：

1)本征吸收位于短波区，即要求材料的能隙较宽，这样的材料对红外光波才是透明的。

2)晶格吸收边(红外吸收)位于所需要的红外区域以外。

3)散射损耗要充分小。

4)使用的红外波长应当充分接近材料色散为0的波长。

5)杂质(过渡族金属离子、OH^- 离子)的吸收损耗应当充分小。

6)要求材料能形成稳定的玻璃态。顶角相连的四面体和三角形结构对形成玻璃是有利的。

(二)红外光学纤维材料

表21-12给出了一些主要的红外材料的主要性能。现分述如下：

表 21-12　红外光学纤维材料的主要性能

	材　料	透明区域/μm	折射率(5 μm)	$(dn/dT)/(\times10^{-5}\cdot℃^{-1})$	膨胀系数/$(\times10^{-6}℃^{-1})$	传导率/$(W/(cm^2\cdot℃)$	硬度	杨氏模量/GPa	起伏应力/MPa	溶解度(20℃)/(g/100g水)
碱卤化合物	NaCl	0.2～15	1.52	−2.5	44	0.065	15	40	3.93	36
	KCl	0.4～21	1.47	−2.7	36	0.065	7	30	4.41	31.7
	KBr	0.2～27	1.54	−4.0	43	0.048	6	27	3.31	65.2
	KI	0.3～31	1.63	−5.0	43			34		144
	CsBr	0.2～40	1.67	−7.9	48	0.010	20	14	16.5	124
	CsI	0.2～50	1.74	−8.5	50	0.011	很软	55		85.5
	KRS-5	0.6～40	2.61		58	0.054	40	16	26.2	5×10^{-2}
碱土氟化物	CaF_2	0.1～12	1.43	−1.2	19.7	0.092	158	76	36.5	1.3×10^{-3}
	SrF_2	0.3～11	1.44	−1.2	15.8	0.10		101	42.1	
	BaF_2	0.3～8.5	1.47	−1.7	18.4	0.120	82	53	26.9	0.12
半导体	Ge	1.8～23	4.02	+28	6	0.59	700	103	931	不溶
	Si	1.2～15	3.42	+16	2.3	1.48	1150	131	62.1	不溶
	CaAs	0.9～18	3.34	+19	5.7	0.48	750	83	138	0.005
	ZnS	0.4～12	2.26	+5.2	7.8	0.7	354	74	75.8	6.5×10^{-5}
	ZnSe	0.5～22	2.45	+4.9	8.5	0.18	150	67	55.2	<0.01
	CdTe	0.9～30	2.67	+12	5.9	0.06	45	23	31.0	
玻璃	As_2S_2	1～11	2.41	−1.0	25	0.0036	109	16	0.586	软化温度 210℃
	$As_{10}Se_{90}$	1～19	2.48		34					70
	$Ge_{33}As_{12}S_{55}$	0.8～16	2.49		13		171	21		300
	$Ge_{10}As_{20}Te_{10}$	2～20	3.55		18		111			178
	$Si_{25}As_{25}Te_{50}$	2～9	2.93	+10	13		167			317
	$Ge_{30}P_{10}S_{60}$	2～8	2.15		15		185			520
	$Ge_{28}Sb_{12}Se_{60}$	1～14	2.62	+8.0	15	0.003	150	29	17.2	200

1)碱性卤化物。在碱性卤化物中,产生红外吸收的主要原因是含氧的离子和分子键。为了在生长单晶过程中去掉氧,可采取在CCl_4活性气体中培养单晶的方法。图21-35给出了一些红外光纤材料的光吸收,表21-13给出了一些红外光纤材料的吸收系数。

2)碱土氟化物。采用在CF_4活性气体介质中培养晶体以去氧的方法得到的CaF_2和CrF_2,在5.25 μm的吸收系数分别为4.2×10^{-4}/cm和3.2×10^{-5}/cm。

3)半导体材料。这类材料的明显特点是力学强度大,透过范围广。采用化学气相沉积法可以得到高纯度、均匀、大尺寸的多晶材料,例如得到的ZnSe,在1.06 μm的吸收系数为4×10^{-4}/cm。

4)红外玻璃。主要有金属氧化物玻璃、氟化物玻璃和硫属化合物玻璃等几类。氟化物玻璃系统是当前人们最感兴趣的红外玻璃。由于它具有透过区域广阔、化学性能稳定、抗潮性能好、不怕腐蚀、力学强度好等优点,因而很有发展前途。

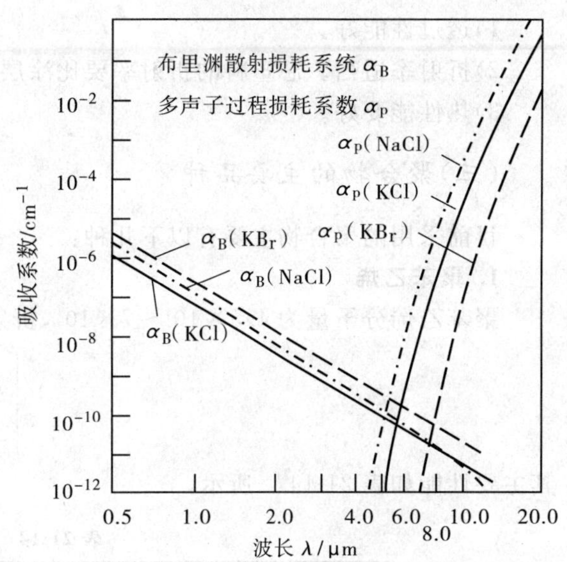

图21-35　红外光学纤维材料的吸收

表21-13　红外光学纤维材料的吸收系数(10.6 μm)

材　料	吸收系数/cm^{-1}(dB/km)	
	大块材料	纤　维
KRS-5	7×10^{-4}	7×10^{-4}
TlBr	10^{-3}	10^{-3}
KCl	8×10^{-5}	
KBr	10^{-5}	

(三)红外光学纤维的制作

红外光学纤维的制作方法主要有以下几种:

1)单晶生长工艺。

2)挤压法。

3)双坩埚法等。

二、聚合物光学纤维[13,53]

聚合物光纤也可称塑料光纤,这种光学纤维的芯和包层材料全是聚合物,它可以作成阶跃折射率普通聚合物光学纤维,也可以作成具有变折射率分布的聚合物光学纤维。

(一)聚合物光学纤维的优缺点

聚合物光学纤维具有如下优点:

1)重量轻。光学塑料的比重一般是0.83～1.50,为玻璃比重的1/2～1/3。

2)韧性好。直径2 mm仍可自由弯曲,而玻璃光学纤维直径大于150 μm就不能弯曲了。

3)对不可见光波段透过性能好。

4)成本低、工艺简便。

其主要的缺点是:耐热性能差,抗化学腐蚀和表面磨损性能差,易潮解。

(二)对聚合物光学纤维的要求

对聚合物光学纤维材料主要有如下要求:

1)透过性能好。

2)折射率适当。芯塑料的折射率要比涂层塑料折射率高。

3)热性能要好。

(三)聚合物的主要品种

目前采用的聚合物主要有以下几种:

1. 聚苯乙烯

聚苯乙烯分子量为 $4.5\times10^4\sim7\times10^4$,折射率 $n=1.49$,其分子结构是

$$\left[\begin{array}{c} C_6H_5 \\ | \\ -CH-CH_2- \end{array}\right]_n$$

其主要性能如表 21-14[53] 所示。

表 21-14 聚苯乙烯(PS)的一般特性

性 能	测试方法	日本 Asahi 化学公司		韩国 LG 公司	
		666	685	15NF	258D
密度/(g·cm⁻³)	D792	1.05			
收缩率/(mm/mm)	D955	0.4~0.8			
拉伸强度/MPa	D638	50	54	43.1	46
伸长率/%	D638	2.2	2.5	4	4
冲击强度/(J·m⁻¹)	D256	12	13	10.8	12.7
弯曲强度/MPa	D790	72	95	84.3	93.1
弯曲模量/MPa	D790	3 300	3 350	3 087	3 087
洛氏硬度	D785	84	84	119	120
热变形温度/℃	D648	82	87	79	83
维卡软化点温度/℃	D1525	100	106	98	103
MFI/(g/10min)	D1238	7.5	2.1	10	3.3

2. 聚甲基丙烯酸甲酯

聚甲基丙烯酸甲酯(PMMA)的分子结构式是

$$\left[\begin{array}{c} \quad CH_3 \\ \quad | \\ -CH_2-C- \\ \quad | \\ \quad COOCH_3 \end{array}\right]_n$$

这是一种特殊的合成树脂,性能稳定,透明性好,软化点较高,抗张强度好,比重小,易机械加工。

常用的 PMMA 的性能如表 21-15[53] 所示。

3. 聚碳酸酯

聚碳酸酯的分子结构式是

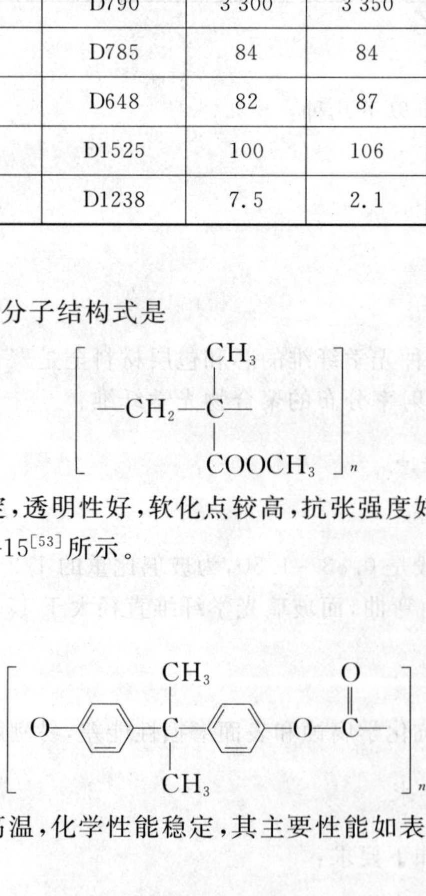

$$\left[O-\langle\bigcirc\rangle-\underset{CH_3}{\overset{CH_3}{\underset{|}{\overset{|}{C}}}}-\langle\bigcirc\rangle-O-\overset{O}{\overset{\|}{C}}\right]_n$$

它具有优良的韧性和纯度,耐高温,化学性能稳定,其主要性能如表 21-16[53] 所示。

表 21-15　聚甲基丙烯酸甲酯(PMMA)的性能

性　能	试验条件	测试方法	美国 Rohm & Hass 公司		中国台湾奇美公司		韩国 LG 公司	
			T-260	plexiglas	CM-207	CM-211	IF850	IF870
密度/(g/cm^{-3})		D792	1.20	1.19	1.19	1.19	1.18	1.18
透射率/%	3.2 mm	D1003	90	92	92	92	93	93
折射率		D542	1.54	1.49	1.491	1.491	1.49	1.49
阿贝数			51					
雾度/%			2	2				
玻璃化温度/℃		DSC	160					
连续工作温度/℃			135～146	77～96				
饱和吸水率/%	50%RH 24h	D570	1.2		0.3	0.3	0.3	0.3
弯曲强度/MPa		D790	138		98	91	120	88
弯曲弹性模量/MPa		D790	3 972～4 137				3 100	3 100
流动速率/(g/10min)	230℃	D1238			8.0	16	12.5	23
软化点/℃	1 kg	D1525	177		105	102	90	85
热变形温度/℃	18.5 kg	D648			92	90	90	86

表 21-16　聚碳酸酯的性能

性　能	测试方法	Dow 化学公司 Calibre 系列		GE 公司 LEXAN 系列	
		201-15	1080DVD	LS2	OQ3620
密度/(g·cm^{-3})	D792		1.20		
透射率/%	D1003	87～91	>91	90	
维卡软化点/℃	D1525(1200/h)	154	147(ISO306B)		
热变形温度/℃	D648(未退火)	128	124	121	132
弯曲强度/MPa	D790	93	100(ISO178)	96	96
弯曲模量/MPa	D790	2 200	230(ISO178)	2 343	
拉伸强度/MPa	D638	62	60(ISO R527)	62	69
流动速率/(g/10min)	D1238	15	80(300°C)	11	8
吸水率/%	D570		0.2	0.15	
雾度/%	D1003				0.6
黄色指数					0.5
折射率	D542		1.583		

(四)聚合物光学纤维

聚合物光学纤维(polymer optical fiber,POF)也可称塑料光纤。20 世纪 60 年代中期,美国杜邦公司推出了全反射型、牌号为 Crofon 的聚合物光纤,我国在 70 年代末也开始研制聚合物光纤。这里仅简单讨论几种常用的聚合物光纤。

1. 聚苯乙烯芯光纤

聚苯乙烯的折射率为 1.59,采用的包层材料多为 PMMA、改性 PMMA、EVA 和硅树脂。表 21-17 给出了聚苯乙烯光纤的损耗特性表[53],图 21-36 为聚苯乙烯光纤传输损耗图[53]。

表 21-17 聚苯乙烯光纤的损耗特性表 单位:dB/km

波长/nm	552	580	624	672	734	784
总损耗	162	138	129	114	466	445
损耗极限	117	93	84	69	421	400
振动吸收损耗	0	4	22	24	390	377
紫外吸收损耗	22	11	4	2	1	0
瑞利散射损耗	95	78	58	43	30	23
结构缺陷损耗	45	45	45	45	45	

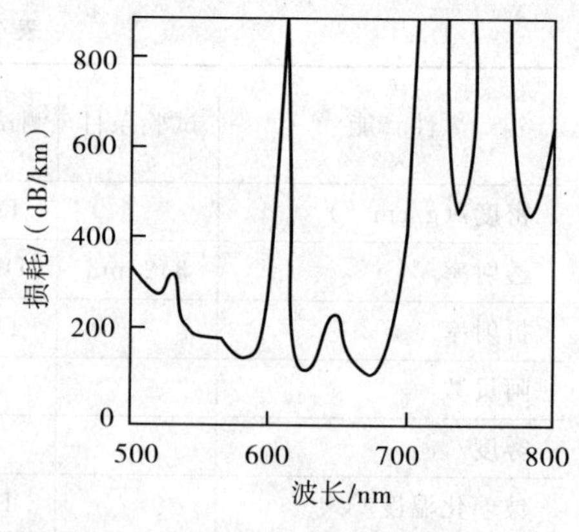

图 21-36 聚苯乙烯芯光纤传输损耗图

2. 低损耗聚合物光纤

早期研制的聚合物光纤损耗很大,如 1974 年,日本三菱公司采用熔融法制作的聚合物光纤,最小损耗为 3 500 dB/km。1977 年,美国杜邦公司发现用氘化甲基丙烯酸甲酯聚合物作光纤芯,可以大大提高光纤的透过性能。甲基丙烯酸甲酯聚合物作光纤芯,可采用甲基丙烯酸氟化酯类均聚合物作光纤的包层材料,采用这种方法制作的聚合物光纤的损耗如表 21-18[53] 所示。

从表中可知,PMMA 芯聚合物光纤的理想极限损耗为 35 dB/km。图 21-37 为 PMMA 芯光纤的传输损耗图。为了进一步降低损耗,必须消除由于C－H 鍵产生的振动吸收损耗,故采用在 PMMA 中的所有 H 全为 D(氘)所取代的氘化的 PMMA-d8 作为聚合物光纤的芯材料。得到的 PMMA-d8 聚合物光纤的损耗如表 21-19[53] 所示。

表 21-18 PMMA 芯聚合物光纤的损耗 单位:dB/km

波长/nm	516	568	650
总损耗	57	55	126
吸收损耗	11	17	96
瑞利损耗	26	18	10
结构缺陷损耗	20	20	20
损耗极限	37	35	106

表 21-19 PMMA-d8 聚合物光纤的损耗 单位:dB/km[53]

波长/nm	680	780	850
总损耗	19.1	25	56
电子吸收损耗	1.6	9	36
瑞利散射损耗	7.5	6	4
结构缺陷损耗	10	10	10
损耗极限	9.1	15	40

图 21-38 为 PMMA-d8 芯光纤和 PMMA 光纤的传输损耗[53],图 21-39 为聚苯乙烯芯光纤和 PMMA 芯光纤的传输损耗对比图[53]。

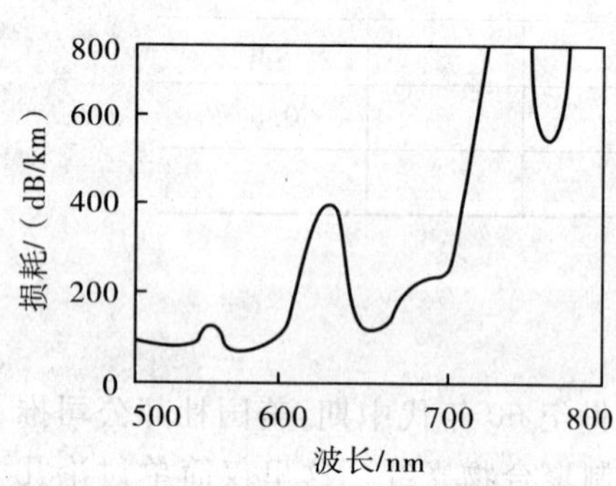

图 21-37 PMMA 芯光纤传输损耗图

图 21-38 PMMA-d8 芯光纤传输损耗

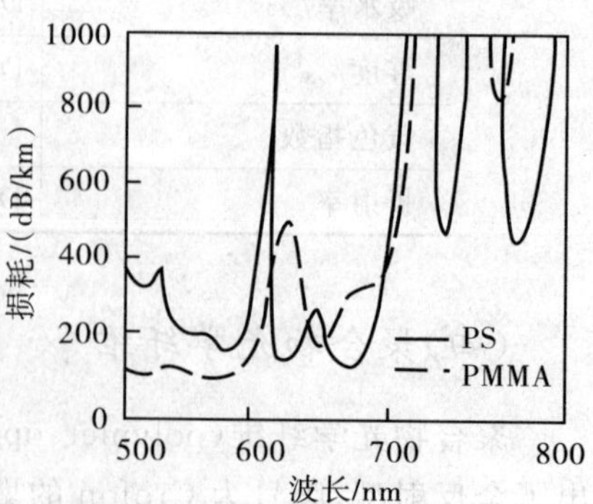

图 21-39 聚苯乙烯芯和 PMMA 芯光纤传输损耗对比图

3. 耐温聚合物光纤

聚合物光纤的最大弱点是耐温低和质软,因此,研制耐温聚合物光纤是聚合物光纤今后一个重要发展方向。1985年，日本三菱公司开始生产耐温115℃的聚合物光纤，采用的芯是PMMA，包层是氟化聚合物，在650 nm处的损耗为200 dB/km。1994年，日本合成橡胶公司研制成功耐温150℃的聚合物光纤。我国对耐温光纤的报道很少。

4. 聚合物变折射率光纤

1973年，日本Keio大学的Y. Ohtsuka采用两步热扩散共聚工艺成功制作了甲基丙烯酸甲酯(MMA)—安息香乙烯(VB)聚合物变折射率光纤。1981年，中国科学院西安光机所刘德森等人采用热扩散共聚工艺成功制作出PMMA聚合物变折射率透镜，并对其扩散共聚机理、成像特性进行了初步研究。

第九节　光纤通信基础

光纤通信就是用光作为信息载波、光纤作为光传输介质的通信技术。光纤通信使用的是电磁波谱中的可见光至近红外波段的高频电磁波(～100 THz)，因而，光波通信频率高、带宽很宽。光纤通信又称为光波通信。光纤通信是一门庞大的学科，本节只论及光纤通信的理论基础和技术基础。

根据定义，光波波长λ和频率f间的关系为$\lambda=\frac{c}{f}$，$\lambda_m=\frac{v}{f}=\frac{\lambda}{n}$，这里，$c$为光在真空中的速度，$n$为介质的折射率，$v$为光在介质中的速度，$\lambda_m$为光在折射率为$n$的介质中的波长。

一、光通信分类

光通信按传输介质不同可以分成光纤通信和大气激光通信两类。

(一)大气激光通信

利用光波直接在大气中传输实现的通信。美国林肯实验室最早利用氦氖激光器通过大气传输了一路彩色电视信号。大气通信存在的主要问题是气候条件对通信影响较大。主要影响因素有：

1)大气中的雨、雪、雾会使传输的信号严重衰减。实验表明，在大雾情况下，通信距离只有500 m。

2)大气的温度变化和大气湍流会使大气的折射率发生变化，使通信的信噪比变坏，传输很不稳定。

3)在传输线路上，意外的空间拦截物有很大的影响。

大气激光通信在宇宙通信中很有发展前途。

(二)光纤通信

光纤通信有很大的优越性，如频带宽、信息量大，单模光纤带宽可达太赫·千米量级，在1.45～1.55 μm波段的频带宽可达25 THz以上；传输损耗低，中继间距大；原材料丰富；体积小、重量轻；抗干扰能力强，安全保密性好。

1. 光纤通信的发展

用光来传送信息的历史悠久，它是人类最早使用的一种通信手段。

1)目视光通信，这是最早使用的通信方式。在古代，人们用手势、表情来相互交流信息，用火光来传送特定的信号，这种光通信方式至今还在大量使用。中国古代的烽火报警，欧洲的扬旗式光通信机等就是一种目视光通信。

2)电波方式通信。19世纪以后，随着电报、电话的出现，电波通信有了迅速发展，并成为信息的主要传播方式。1835年，莫尔斯发明电报；1876年，贝尔发明电话；1896年，马可尼发明无线电通信，第一次利用电波来传送信息。以后的技术发展是开拓“更高频率”的历史，如图21-40示。由图21-40可知，至1990年为止，平均

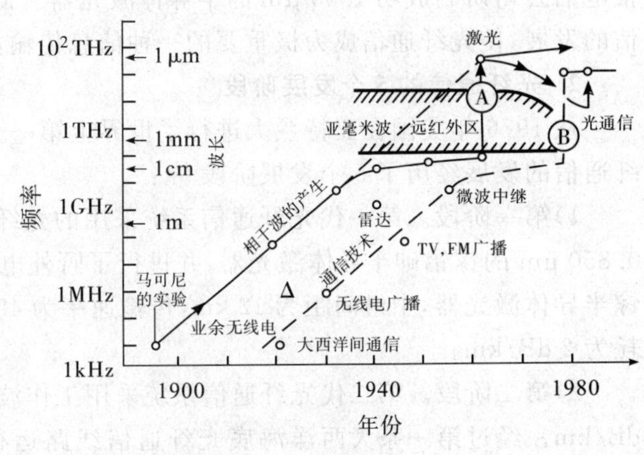

图21-40　电波通信技术高频率化的发展历史[27]

每6年通信频率递增1个数量级。但在1 mm波长附近,停滞了将近20年。

3)传光线路的探索。由电波通信的发展历程看到,从马可尼采用无线电通信开始,通信采用的波长总是向短波长方向发展。随着微波通信的出现到毫米波通信的开发,人们看到了通信短波化带来的容量增大的好处。

在短波化的发展历程中,一个重要的进展是1880年贝尔制成的光电话。光源采用的是弧光灯,发射的光照射在话筒的薄膜上,薄膜随声波振动实现对光的调制,接收采用大抛物面反射镜,将调制光束经过反射后会聚到硅光电池上并被转变为电信号,再送到听筒。第一次世界大战中,用硅弧光灯光源和硅光电池接收器的光电话,通信距离可达8 km。若使用红外光源,传输距离只有5 km;当光源改用钨丝灯时,传输距离可达15 km。由于光源不理想,光谱频率成分复杂,调制困难,信号发散角大,应用困难。

1960年,美国科学家梅曼制出了第一台红宝石激光器,发出的激光具有谱宽很窄、方向性好、亮度高、相干性好等特性,是光通信很理想的光载波。激光器的出现给光通信带来了新的希望。

激光器出现后,许多研究人员在20世纪60年代初进行了光通信传输介质的探索。主要有光圈式传输线路、透镜阵列波导、反射镜阵列波导、气体透镜波导、介质薄膜波导、空心金属波导和介质表面波导等。

4)光纤通信线路。20世纪60年代初传光线路的探索虽未成功,但却使不少学者转向研究光导纤维作为光通信传输介质的可能性。当时的玻璃光导纤维的损耗在1 000 dB/km以上,由于损耗太大,无法用作光通信传输介质。于是,不少学者着手研究光导纤维产生高损耗的原因和降低损耗的可能性。1966年,英国标准电信局的华人学者高锟和霍克哈姆[20,74]在对大量玻璃光导纤维样品的损耗进行分析后指出,玻璃光导纤维“这样大的传输损耗不是石英质光纤本身固有的特性,而是由于材料中带有杂质,如含有过渡族金属离子所产生的,材料本身的损耗是很低的。因此,有可能制造出适用于长距离通信的低损耗光纤。如果把材料中金属离子的含量的比重降低到10^{-6}以下,则可使光纤的传输损耗下降到10 dB/km以下,再通过改进拉丝工艺的热处理来提高材料的均匀性,就可以把损耗降低至每千米数分贝以下”。高锟提出的这一新思想和大胆预言,为制作低损耗光导纤维传光线路指明了方向,引起了科学家的极大兴趣,大家开始探索降低光纤损耗的具体工艺。

1970年,美国康宁公司采用化学气相沉积工艺成功地制作出损耗20 dB/km(对波长0.632 8 μm)的低损耗石英光纤,基本解决了光通信传输介质的低损耗问题,打开了光纤通信的大门,是光纤通信发展进程中的一个里程碑。1972年,康宁公司制作出的高纯石英多模光纤损耗下降到4 dB/km。1973年,美国贝尔实验室制作出损耗为2.5 dB/km的石英光纤。1974年,光纤的损耗降至1.1 dB/km。1976年,日本电报电话公司在1.2 μm波长处,使光纤的损耗下降至0.47 dB/km。在这以后,光纤的损耗大大降低,1979年降为0.2 dB/km,1984年是0.157 dB/km,1986年达到0.154 dB/km,接近石英光纤损耗的理论极限。氟化物光纤有更低的损耗。

另一方面,激光器也取得了重要进展。1970年,美国贝尔实验室和日本电气公司先后研制出室温下连续振荡的镓铝砷(GaAlAs)短波长双异质结半导体激光器,为半导体激光器的发展奠定了基础。1976年,日本电报电话公司研制成功波长1.3 μm的铟镓砷磷(InGsAsP)激光器;1979年,美国电报电话公司和日本电报电话公司研制成功1.55 μm的半导体激光器。低损耗光纤和半导体激光器的发展,大大地促进了光纤通信的发展,使光纤通信成为极重要的一种信息传输方式。

2. 光纤通信的5个发展阶段

从1976年美国在亚特兰大进行了世界上第一个实用光纤通信系统的现场试验至今,30多年过去了,光纤通信的发展经历了5个发展阶段[17]:

1)第一阶段。第一代光纤通信系统采用的光纤是芯径为50 μm或62.5 μm的多模阶跃光纤,波长位于0.850 μm的镓铝砷半导体激光器,并进行了野外电话通信试验。以后,激光器采用工作波长0.8 μm的砷化镓半导体激光器,中继间距为12 km,传输速率为45 Mb/s,最大通信容量为500 Mb/(s·km),光纤的最低损耗为2 dB/km。

2)第二阶段。第二代光纤通信系统采用工作波长为1.3 μm的铟镓砷磷激光器,光纤的最低损耗是0.5 dB/km。经过第一条大西洋海底光纤通信线路运行证明,单模光纤系统是可行的。通信运营商建立了以1.3 μm光源的单模光纤国家级电信骨干网。到1987年,运行速率可达1.7 Gb/s,中继间距为50 km。

3)第三阶段。第三代光纤通信系统采用工作波长为1.55 μm的激光器,光纤损耗为0.2～0.3 dB/km,由于波长1.55 μm光纤的色散较大,直到1990年速率为2.5 Gb/s的系统才进入商用,中继间距为60～70 km。

4)第四阶段。20世纪80年代末至90年代初,英国南普顿大学发明了掺铒光纤放大器,成为光纤传输系统发展史上的又一个里程碑。光纤放大器避免了光—电—光的转换。第四代光纤通信系统,还采用了波分复用技术,使光纤通信的容量自1992年以来每16个月增长1倍,使光纤通信的速率在2001年达到10 Tb/s。

5)第五阶段。第五代光纤通信系统采用密集波分复用(DWDM)和光纤放大技术,它不仅可以同时对大约30 nm宽波段内的多个波长信号进行放大以增加系统的通信容量,而且还可以提高每个信道的速率,由原来的10 Gb/s,提高到40 Gb/s,大大提高了通信系统的容量。

光纤通信技术得到了巨大发展,光纤通信系统在通信网中的应用也得到了快速发展。但当今的光纤通信网络为光电混合网,属第二代通信网(第一代为全电信网)。为了进一步提高光纤通信的传输容量、速率和中继间距,就必须探索新的光纤通信单元技术和系统技术,克服“电子瓶颈”效应,使光纤通信系统在光域上实现信号的光一光传输、放大、复用和交换,极大地提高通信系统的传输性能,这就是发展第三代通信网——全光通信网,这是光纤通信今后发展的方向之一。

二、光纤通信系统[17,23]

光纤通信系统是指两个用户之间的链路。目前采用较多的是强度调制/直接检波的光纤数字通信系统。图21-41是点到点的光纤数字通信系统的框图。

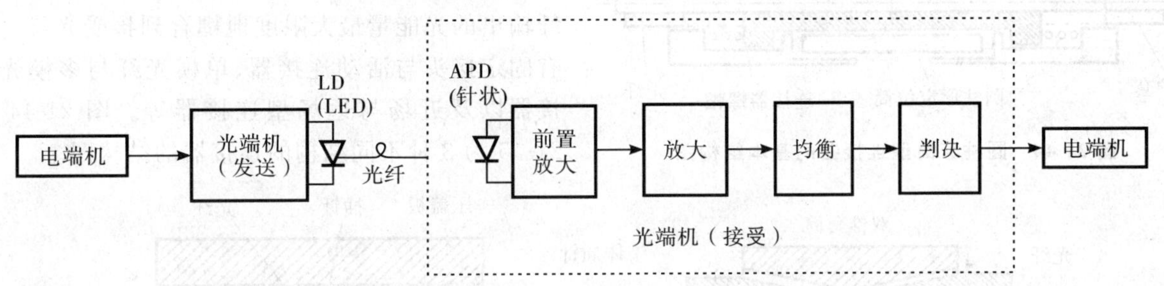

图21-41　光纤数字通信系统框图

由图可知,光纤数字通信系统主要由光发射机、光接受机和光纤组成。在这样的系统中,首先将电端机的输入电信号送入光发射机,经过码型变换后,再通过驱动电路对光源直接调制,使电信号转换为光信号,完成了电/光转换。再经过光纤传输,并通过光放大器,对光纤传输的衰减光信号进行放大。当光信号到达接受端后,通过光电检波器对输入的光信号直接检波,完成光/电转换,再经过电放大、判决等处理,恢复为原来的电信号,从而完成整个信号的传输。

1. 发射端机

发射端机由电发射机和光发射机组成,如图21-42所示。

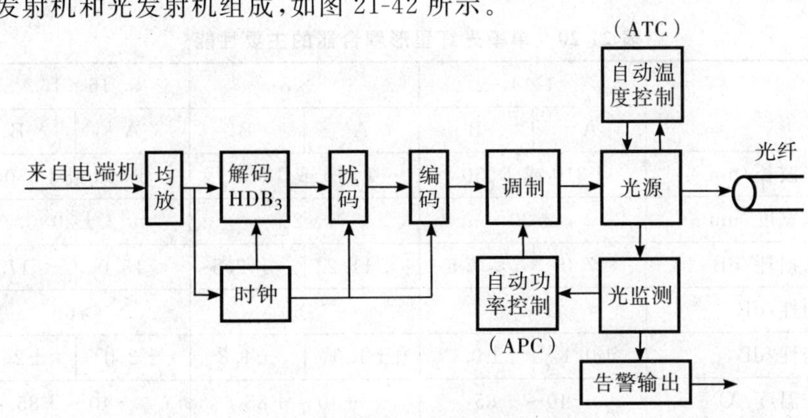

图21-42　光发射机原理框图

2. 光接受机

光接受机主要由光电探测器、前置放大器、主放大器、均衡器、判决器和时钟恢复电路、光接受机动态范围和自动增益控制电路和其他一些辅助电路组成，如图 21-43 所示。

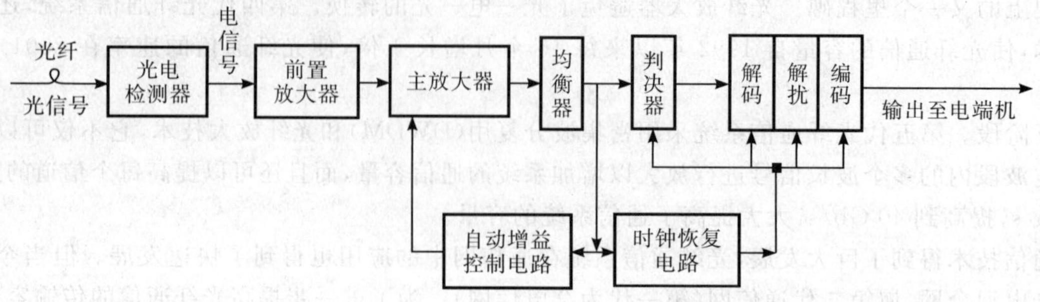

图 21-43　数字光纤接受机原理框图

三、光纤通信的基础器件[17,21,23]

1. 光纤连接器

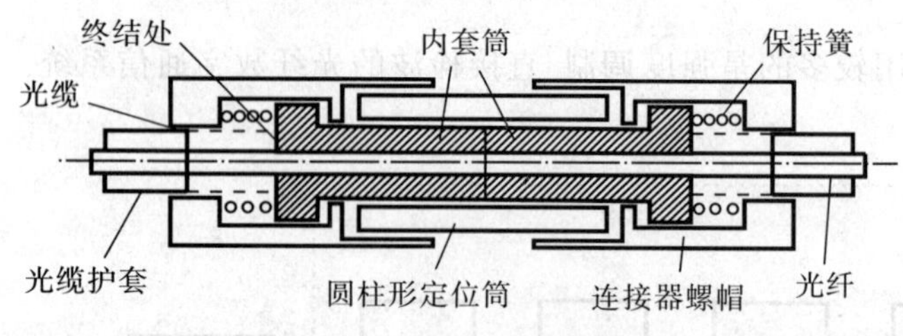

图 21-44　圆柱套筒型连接器的基本结构图

光纤连接器是把两个光纤端面连接在一起，以实现光纤间可拆卸的器件，是光纤通信系统中使用量最多的器件。对这种器件的基本要求是使发射光纤输出的光能量最大限度地耦合到接受光纤。主要有固定接头与活动连接器、单模光纤与多模光纤连接器以及近场与远场型连接器等。图 21-44 和图 21-45 为 3 种不同结构的连接器的结构图。

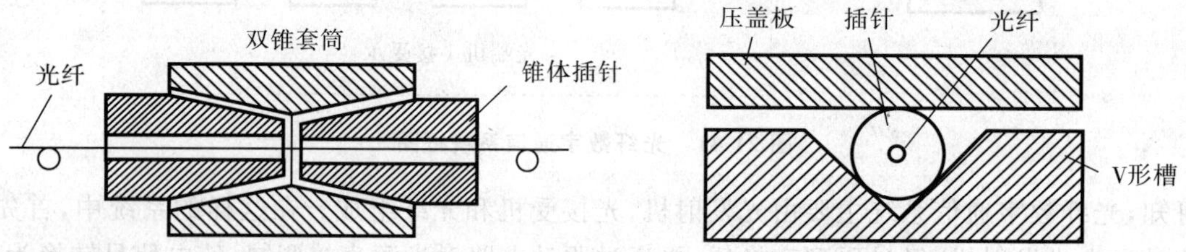

图 21-45　光连接器的双锥结构(左)和 V 形槽结构(右)

2. 光纤耦合器

光纤耦合器是实现光信号分路、合路的一种功能器件，一般是对同一波长进行的，因此，又称分路器或双工器。按端口形式不同，光纤耦合器可分为对称的星形耦合器和非对称的树形耦合器。表 21-20 列出了单模光纤星形耦合器的主要性能。图 21-46 为基于 2×2 耦合器串级的 $N\times N$ 星形耦合器。

表 21-20　单模光纤星形耦合器的主要性能

	4×4		8×8		16×16	
	A	B	A	B	A	B
工作波长/nm	1 310 或 1 550		1 310 或 1 550		1 310 或 1 550	
工作宽度/nm	±20		±20		±20	
插入损耗/dB	≤7.0	≤7.5	≤11.2	≤12.5	≤15.0	≤17.0
方向性/dB	>60		>60		>60	
均匀性/dB	±0.1	±0.6	±1.0	±1.8	±2.0	±2.5
工作温度/℃	−40～+85		−40～+85		−40～+85	

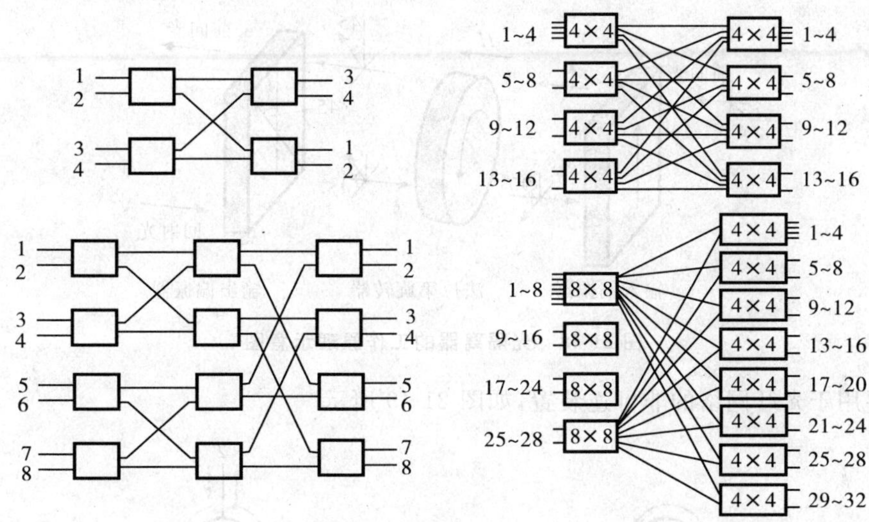

图 21-46　基于 2×2 耦合器串级的 $N\times N$ 星形耦合器

3. 光衰减器

光衰减器是减少传输光能量的器件。按功能可分为插入型光衰减器、阻塞头型光衰减器和在线型光衰减器，如图 21-47 所示。

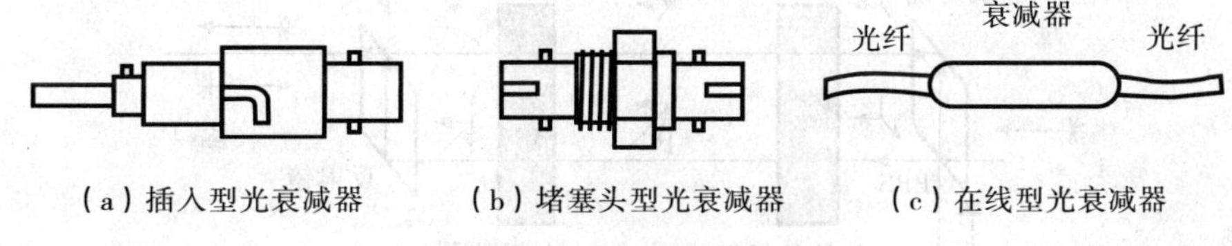

（a）插入型光衰减器　（b）堵塞头型光衰减器　（c）在线型光衰减器

图 21-47　光衰减器的分类

4. 光隔离器和环形器

光隔离器是一种只允许光单向传输的无源器件，用来隔离反射光传到光源和其他装置。光隔离器主要由起偏器、旋光器和检偏器组成。图 21-48 为光隔离器的工作原理图，表 21-21 为光隔离器的特性参数。

表 21-21　光隔离器的性能参数

特性参量	参数值					
工作波长/mm	1 310，1 480，1 550，1 610					
级数	单			双		
等级	S	H	A	S	H	A
峰隔离度/dB	＞40	＞38	＞36	＞60	＞55	＞50
最小隔离度/dB	＞32	＞28	＞26	＞48	＞46	＞44
最大插入损耗/dB	0.5	0.7	1.0	0.7	0.9	1.3
偏振相关损耗(PDL)/dB	＜0.1	＜0.15	＜0.2	＜0.1	＜0.15	＜0.2
回波损耗/dB(输入/输出)	＞65/60	＞60/55	＞60/55	＞65/60	＞60/55	＞60/55
偏振模色散(PMD)/ps	＜0.5	＜0.5	＜0.5	＜0.05	＜0.07	＜0.15
工作温度/℃	－20～＋60					
最大输出功率/mW	300					
典型尺寸	ϕ5～6 mm，长 30～40 mm					

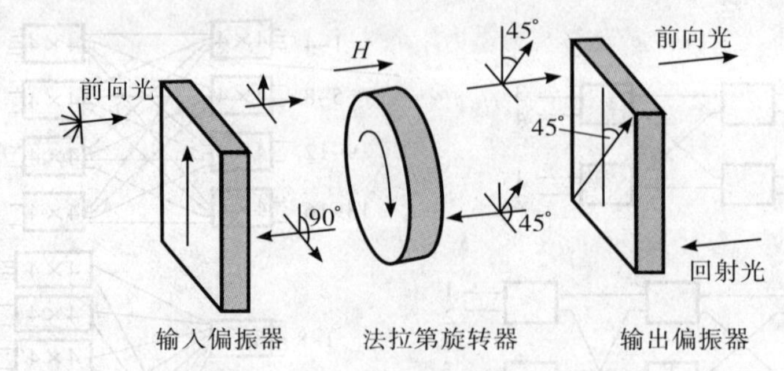

图 21-48　光隔离器的工作原理示意图

光环行器主要用于光纤网络的非可逆装置，如图 21-49 所示。

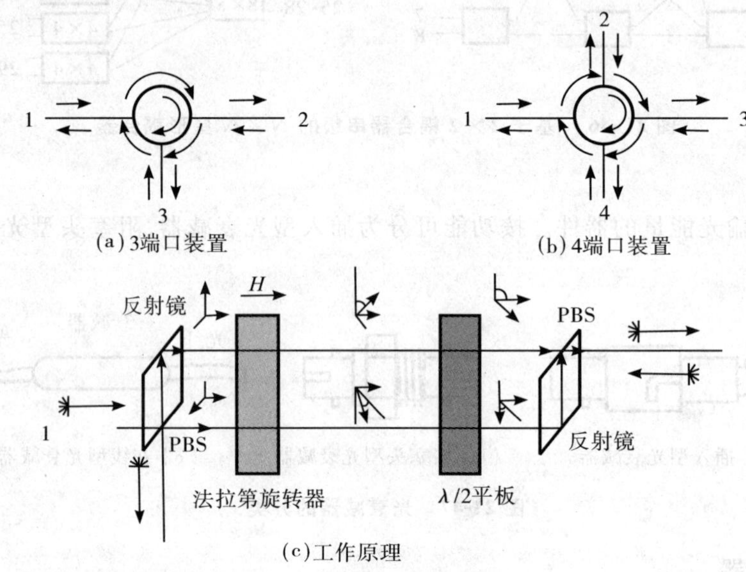

图 21-49　光环行器示意图

5. 光开关器件

光开关是全光交换中的关键器件，通过它可以实现在全光层的路由选择、波长选择、光交叉连接和自愈保护等功能。按工作媒质分，光开关可分为自由空间光开关和波导光开关；根据器件原理划分，光开关又可分为机械式开关和非机械式开关。目前实用化的主要有聚合物光开关、微光机电光开关、液晶光开关和喷墨光开关等。图 21-50 为两种光开关结构的示意图。表 21-22 为光开关的分类。

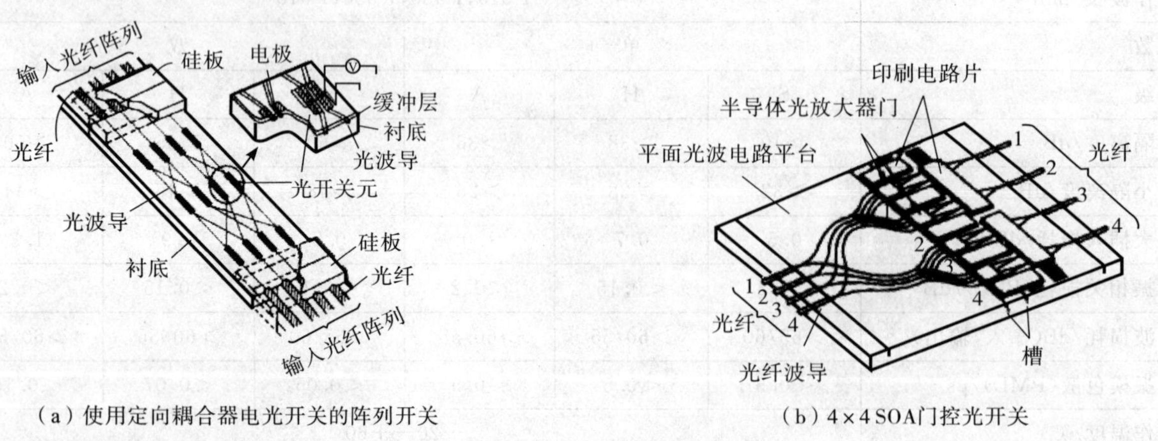

图 21-50　两种光开光

表 21-22　光开关的分类

光开关	电控光开关	电光开关	定向耦合器电光开关
			MZ 干涉型电光开关
			Y 分支干涉型电光开关
			偏振干涉型电光开关
			SOA 电光开关
			液晶电光开关
			声光电控开关
			SEED 光开关
			电光 FP 双稳光开关
		热光开关	定向耦合器型热光开关
			MZ 干涉型热光开关
			Y 分支干涉型热光开关
			气泡型光开关
		光机电光开关	移动光纤型光开关
			移动微镜型光开关
			移动棱镜型光开关
	光控光开关(全光开关)		非线性环腔光开关
			非线性环镜光开关
			吸收型光双稳开关
			折射型光双稳开关
			非线性界面光开关
			全内反射型光开关
			全息型光开关

6. 光交叉连接器

光交叉连接器(OXC)是实现光交换(空间交换和波长交换)的器件,前者有各种类型的光开关,它们在空间域上完成输入端到输出端的交换功能,后者是各种类型的波长变换器,它们将信号从一个波长转换到另一个波长上,实现波长域上的转换。

图 21-51 为基于空间光开关矩阵和可调谐滤波器的 OXC 结构。

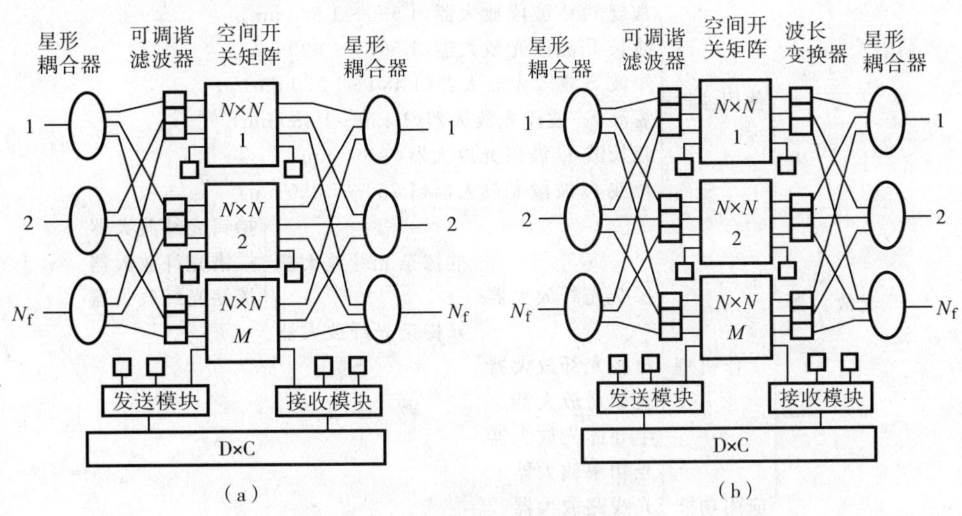

图 21-51　基于空间光开关矩阵和可调谐滤波器的 OXC 结构

图 21-52 为基于阵列波导光栅复用器的多级波长交换 OXC 结构。

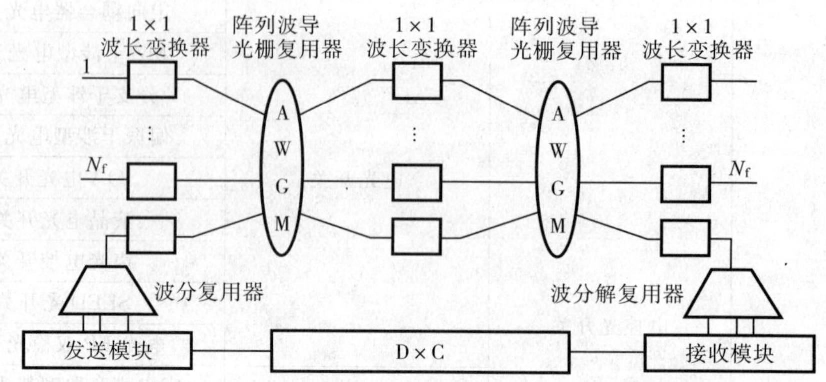

图 21-52 基于阵列波导光栅复用器的多级波长交换 OXC 结构

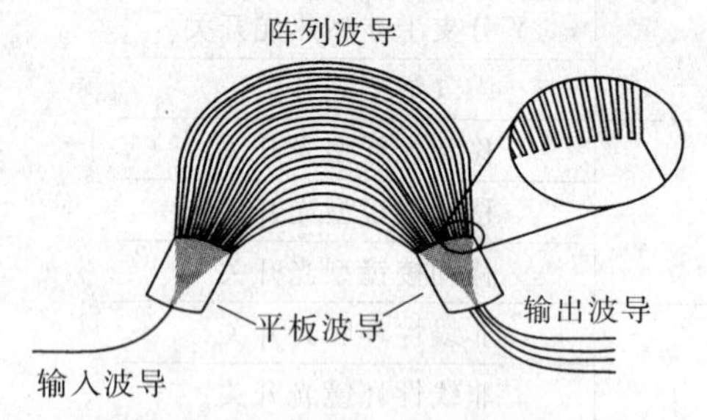

图 21-53 阵列波导光栅的构成

7. 阵列波导光栅

阵列波导光栅(AWG)是正在迅猛发展的 DWDM 网络的关键器件。它由输入输出波导、平板波导(自由空间耦合区)和阵列波导光栅 3 部分组成,如图 21-53 所示。AWG 由于其波长间隔小、利于集成、信道数多、串扰低、输出平坦等优点,在现代光纤通信网络中有广泛的应用,如可以作为波分复用/解复用器、波长路由器等,而且也是光分插复用器、信道选择器等的重要组成部分。

四、光纤通信的关键技术[17,21,23-24]

(一)光放大技术

光放大器的出现是光纤通信的重大技术突破,它替代了需要进行光一电一光转换的电中继器,解决了"电子瓶颈",实现了光一光的全光传输。

1)光放大器的分类。光放大器按使用波段、应用功能、工作机理的划分如表 21-23[23] 所示。

表 21-23 光放大器的分类

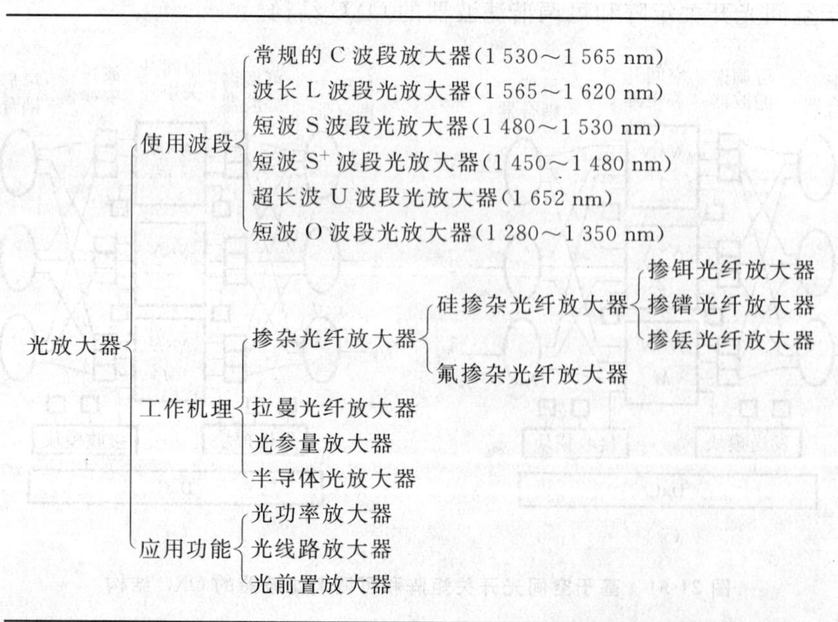
- 光放大器
  - 使用波段
    - 常规的 C 波段放大器(1 530～1 565 nm)
    - 波长 L 波段光放大器(1 565～1 620 nm)
    - 短波 S 波段光放大器(1 480～1 530 nm)
    - 短波 S^+ 波段光放大器(1 450～1 480 nm)
    - 超长波 U 波段光放大器(1 652 nm)
    - 短波 O 波段光放大器(1 280～1 350 nm)
  - 工作机理
    - 掺杂光纤放大器
      - 硅掺杂光纤放大器
        - 掺铒光纤放大器
        - 掺镨光纤放大器
        - 掺铥光纤放大器
      - 氟掺杂光纤放大器
    - 拉曼光纤放大器
    - 光参量放大器
    - 半导体光放大器
  - 应用功能
    - 光功率放大器
    - 光线路放大器
    - 光前置放大器

2)半导体光放大器。半导体光放大器是一种具有光增益的光电器件,主要有两种结构:法布里-珀罗腔和行波(TW)型。其特点是:工作波段宽,可覆盖 0.8～1.6 μm;工作频段宽,可达 50 nm;尺寸小,仅为 0.1～1 mm;与光纤耦合损耗较大,约为 5～8 dB。

(二)光调制技术

主要的光调制器有:电光效应光调制器,声光效应光调制器,磁光效应光调制器,热光效应光调制器,光吸收效应光调制器。

(三)光复用技术[17,21-23]

光波有很高的频率,利用光载波进行信息传输具有很大的带宽。采用石英光纤的光纤通信,在其低损耗窗口的带宽大于 200 nm,可用带宽大于 25 THz。随着低损耗窗口带宽的进一步拓宽,1 300 nm 和 1 550nm 的低损耗区将连成一片,光纤的可用带宽将成倍增长。但在实际的光波传输系统中,由于光纤色散和电子器件工作频率的限制,单信道的传输速率限制在 10 Gb/s 左右,因此,充分利用光纤的带宽,提高光波传输的通信容量,就是光纤传输领域研究的一个重要问题。

解决问题的一种办法是将一根光纤的频带分区,采用不同频率的光载波传输信息,将多个频率光载波传输的光信息分别进行调制,然后再输入到同一根光纤中同时传输,只要各信道的载波频率间的间隔足够大,使调制信号的光频在频域中并不重叠,就能实现在同一根光纤上同时传输多路不同信号。采用这种办法的光波传输系统,分为波分复用(wave division multiplex,WDM)系统和光频分复用(optical frequency division multiplex,OFDM)系统。此外,在光域采用时分复用技术进行多路传输,这种系统称为光时分复用(optical time division multiplex,OTDM)系统。

1. 光波分复用

波分复用系统是目前投入运行的多信道光波系统中唯一采用的一种复用技术,也是高速全光传输中容量潜力最大的一种复用技术。最早的 WDM 系统采用 1.3 μm 和 1.5 μm 两个波长进行复用传输,信道间隔为 250 nm,称为稀疏波分复用系统(coarse wave division multiplex,CWDM)。随着技术的发展,信道间隔不断缩小,实现了 0.8 nm 和 0.4 nm 的间隔,其中波长间隔 0.8 nm 的波分复用系统已投入商用。这种波分复用系统也称为光频分复用系统(OFDM)。把在同一窗口中信号间隔较小的 WDM 称为密集波分复用。稀疏波分复用系统、密集波分复用系统和光频分复用系统的技术特点如表 21-24 所示[17],图 21-54 为波分复用器。

表 21-24　波分复用技术分类比较

复用技术	光信道间隔	采用的关键技术
稀疏波分复用(CWDM)	10～100 nm	普通光纤耦合器
密集波分复用(DWDM)	1～10 nm	衍射光栅,薄膜滤光片
光频分复用(OFDM)	1 nm 以下	阵列波导光栅,相干接收器

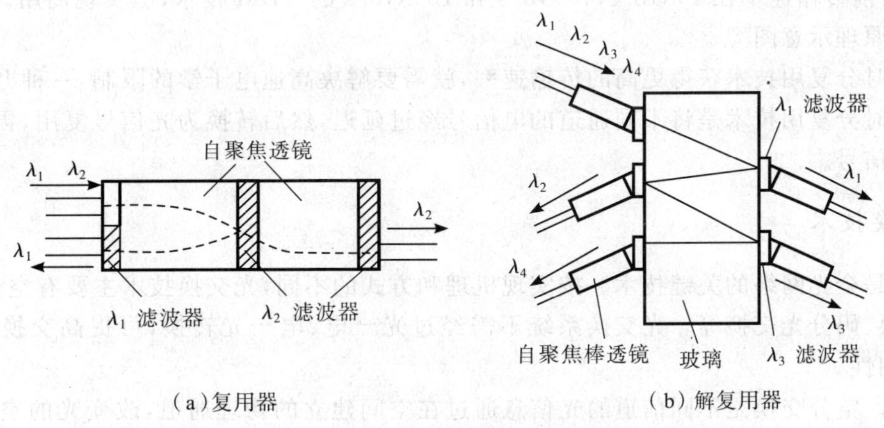

(a)复用器　　(b)解复用器

图 21-54　4 波长多层介质膜波分复用/解复用系统

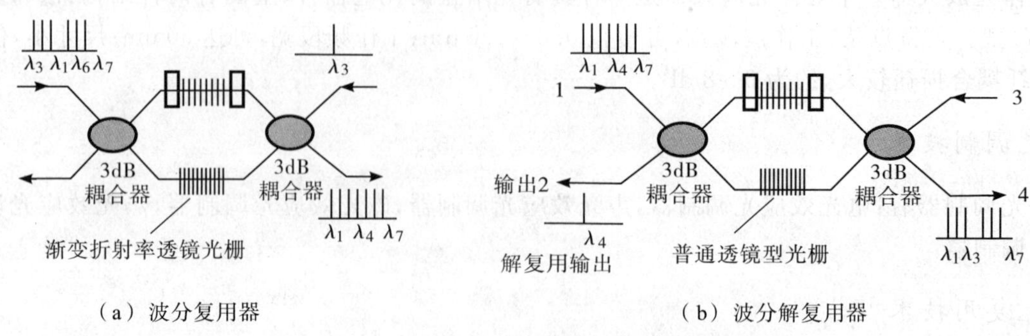

（a）波分复用器　　（b）波分解复用器

图 21-55　光纤光栅用作波分复用/解复用器

WDM 技术可用于点到点的连接，以增加线路的传输容量，如图 21-56 所示，图中 MUX 为光复用器，DMUX 为光解复用器。发送点发出 N 个不同波长的光信号，通过光复用器耦合到一根光纤上进行传输，接收点通过光学解复用器再把 N 个波长的复用信号分开，完成解复用，对接收到的 N 个波长信号分别进行接收。这样线路传输的总容量就是 N 个信道容量之和。

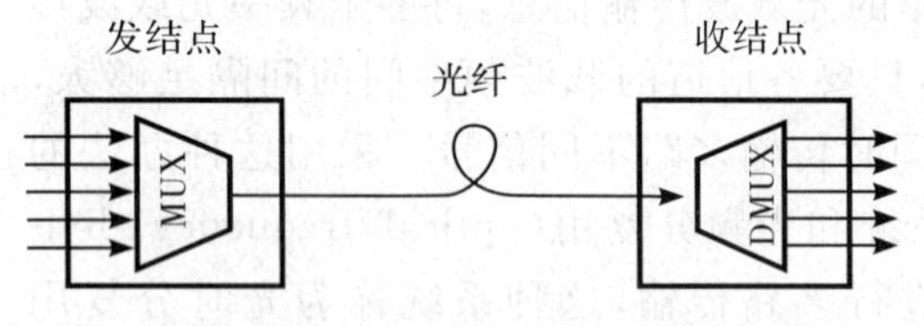

图 21-56　WDM 技术用于点到点线路

波分复用光传输系统的关键器件是光复用器和解复用器。对它们的要求是：插入损耗要小、隔离度要好、信道带宽要窄。波分复用技术的主要特点是：

1)可以大量节约光纤。

2)波分复用通道对传输信号完全透明，可同时提供多种协议的业务。

3)可扩展和充分利用光纤的巨大带宽能力，使一根光纤上的传输容量比单波长传输增加上万倍。

目前，WDM 面临的最重要问题是信道串音。产生串音的主要原因是光复用器和光解复用器不理想和光纤线路的非线性效应引起的非线性串音。光纤中的非线性效应主要有受激拉曼散射（SRS）、受激布里渊散射（SBS）、交叉相位调制（XPM）和四波混频（FWM）。

2. 光时分复用

将用于通信传输的时间区间分为分离的时间“间隔”，每个时间间隔作为一个通信通道，在通信中，将低速的光支路数据流（如 10 Gb/s，甚至 40 Gb/s）通过电子时分复用技术（time division multilpexing，TDM），直接复用合成为高传输速率的数据流。典型的复用器可以将低速率数据流的数据交叉得到高速率数据流。例如，从第一通道数据流中取一个比特数据，再从第二通道数据流中取下一个比特，等等，照这样提取下去，64 个 155 Mb/s 数据流可以复合为一个 10 Gb/s 的信号。目前传输速率在 10 Gb/s，40 Gb/s 和 100 Gb/s 的 TDM 技术，已实现商用。图 21-57 给出了时分复用技术的原理示意图[20]。

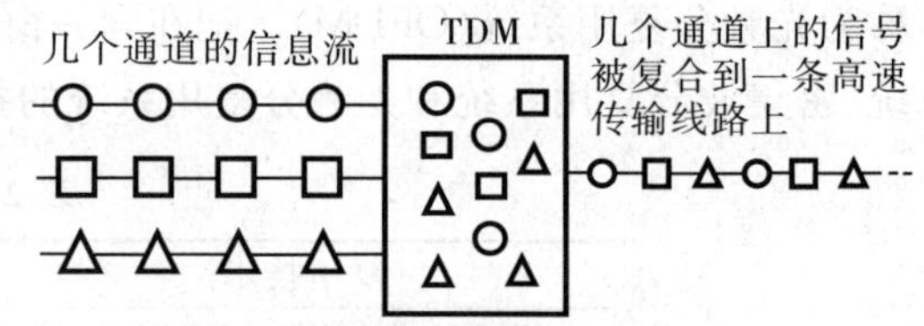

图 21-57　时分复用技术原理图

为了使通过时分复用技术获得更高的传输速率，就需要解决高速电子学的限制，一种办法就是采用光时分复用技术。光时分复用技术是将不同通道的电信号经过延迟，然后转换为光信号复用，再合成为在一个线路上传输的高速信号。

（四）光交换技术

光交换技术是全光网络的关键技术。按实现机理和方式的不同，光交换技术主要有空分光交换、时分光交换、波分光交换、码分光交换等。光交换系统不需经过光－电、电－光转换，可提高交换速率和网络吞吐量，有很好的透明性。

1)空分交换。空分交换是不同信道的光信息通过在空间建立的物理通道，改变光的空间传输路径来完成交换。一般通过空分光开关来实现。空分光开关主要有空间光开关、光纤全光开关、$LiNbO_3$ 集成光开关、空间光调制器光开关、光机电光开关。图 21-58 为两种光机电光开关的示意图。

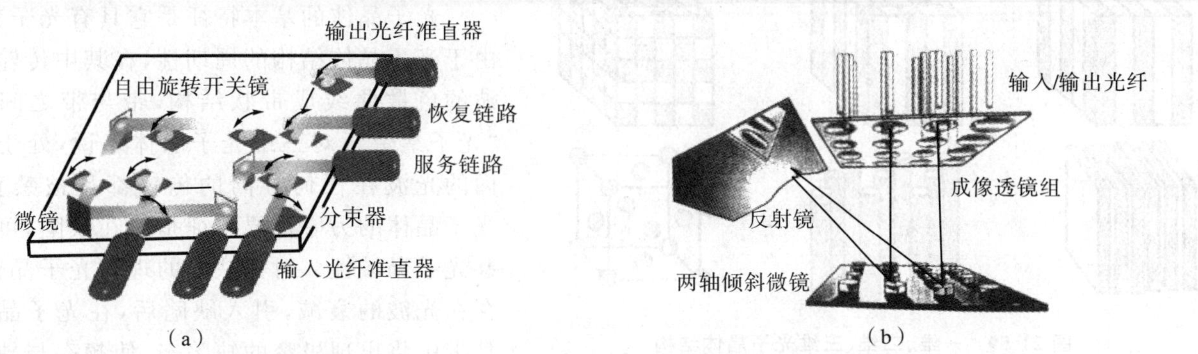

图 21-58 两种光机电光开关

(a)采用可旋转微反射镜的 3×3 光机电型光交换器件;(b)自由空间二维光机电型光交换系统

2)时分光交换。时分光交换是在一条线路上把时间划分成一个个帧,再把每帧划分成 N 个时隙,把这些时隙轮流给出原始信号,在另一端用有 N 个出口通道的分路器就能恢复出各路的原始信号,实现时分复用。

3)波分光交换。波分光交换是从波分复用信号中分出某一波长信号,并把它变换到另一波长上去。其核心器件是波长变换器,常见的波长变换器有基于交叉增益调制的波长变换器、基于交叉相位调制的 SOA 波长变换器,基于四波混频的 SOA 波长变换器、非线性光纤环境波长变换器和光纤光栅外腔波长变换器等。

4)码分光交换。这是用一种地址码变成另一种地址码的技术。

第十节 光子晶体光纤[20,23-24,52]

一、光子晶体发展简介

在光纤的早期发展过程中,1953 年,荷兰的范希尔(Van Heel)[25]将一种折射率为 1.47 的塑料涂敷在玻璃纤维上,首先制成玻璃芯、塑料包层的光导纤维;1955 年,美国的希斯乔威兹(Hirschowitz)[26]把高折射率的玻璃棒插入低折射率的玻璃管中,放入高温炉中拉制,得到了玻璃芯、玻璃包层的光导纤维,为光导纤维的结构和制作工艺奠定了基础。这种芯-包层结构和制作工艺一直被沿用至今。玻璃光导纤维的损耗一般很大,在 1 000 dB/km 以上,无法在光纤通信中使用。1970 年,美国康宁公司根据华人学者高锟的设想,采用化学气相沉积工艺首先拉制出石英芯-石英包层的低损耗(20 dB/km)光纤,这以后,不断优化石英光纤的设计、提高二氧化硅的纯度和改进制作工艺,把石英光纤的损耗降低到 0.154 dB/km,已接近石英损耗的理论极限值,同时,色散性能也有很大的改进。但由于芯-包层型石英光导纤维的损耗和色散间存在着相互制约的关系,经过 30 多年的研究,使得光导纤维系统和制作技术几乎达到了极限。为了进一步提高光导纤维的性能,就必须突破现有的光纤制作工艺,在光纤的结构和理论上有新的突破。

早在 20 世纪 80 年代,物理学家就曾指出,具有波长尺度(即小到 1 μm 的尺寸)的结构材料,有可能成为一种新型光学材料。1987 年,E. Yablonovitch 和 S. John[22] 指出,在这种新型光学材料中存在类似半导体能带理论的禁带(带隙),这是一种折射率在空间周期变化的电介质微结构,其变化的周期与光波长在同一量级,在这种结构中,光子的运动与周期介电常数有关,这就是光子晶体(photonic crystal,PC)。

光子晶体按结构不同可分为以下几种:

1)一维光子晶体。仅对沿周期方向传输的光有“光子禁带”。这种光子晶体是由折射率不同的两种介质在一维方向相互交叠而成的,多层介质膜形成的布拉格反射镜就是其中的一例。

2)二维光子晶体。仅在具有周期结构的平面内才有“光子禁带”,它可以由介质柱与空气柱在二维方向周期交替排列而形成。

3)三维光子晶体。是具有完全带隙的结构,它可以由球形或六面体晶胞在三维空间按面心立方、体心立方或其他方式排列而成。

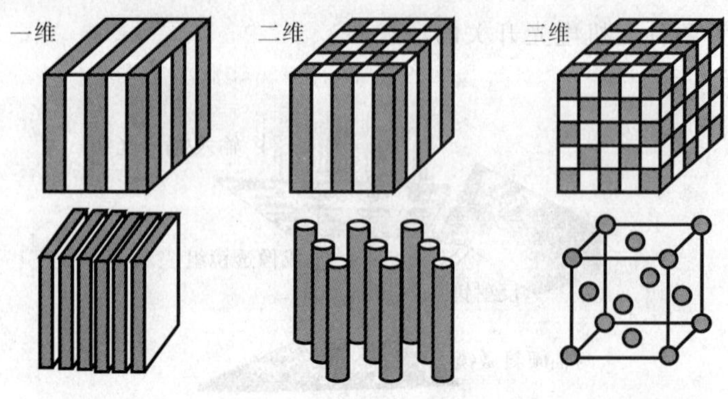

图 21-59　一维、二维、三维光子晶体结构

3 种结构的实际构成如图 21-59 所示[23]。

光子晶体的基本特征是它具有光子禁带。由于光子晶体结构的周期性，在其中传输的光波的色散曲线成带状结构，带与带之间存在“光子禁带”，对三维光子晶体来说，处于禁带内的光波在任何方向的传输都是被禁止的。光子晶体的另一重要特征是存在缺陷，可以引起光子局域性。对无缺陷的理想光子晶体，不存在光波的衰减，引入缺陷后，在光子晶体的禁带中将出现极窄的缺陷态，使频率与缺陷态频率相同的光子被局限在缺陷位置上，偏离缺陷频率的光波将很快衰减。对线缺陷，光只能沿线缺陷方向传输，在垂直于线缺陷的平面上，光波不能传输。对点缺陷，光被“俘获”在点缺陷位置上，无法从任何方向向外传输。因此，在光子晶体中引入一个点缺陷，就可以构成一个谐振腔；引入一个线缺陷，就可以构成波导。

光子晶体的有关理论和技术在第六章《纳米光子学》中有较多叙述，本节仅围绕光子晶体光纤介绍光子晶体的有关内容。

二、光子晶体理论

光子晶体是一种折射率在空间周期性变化的电介质微结构。光子在光子晶体中的运动规律与电子在固体晶格中的运动规律相似。电子波函数 Ψ 满足薛定谔方程：

$$\left[-\frac{\hbar^2}{2m}\nabla^2+V(r)\right]\psi(r)=E_l\,\psi(r),V(r)=V(r+R_n)$$

式中，$V(r)$ 为晶体的周期电势，R_n 为晶格的平移矢量。上式的解为布洛赫函数。

$$\psi(r)=u(r)\mathrm{e}^{ikr},u(r)=u(r+R_n)$$

类似地，频率为 ω 的光波，在光子晶体中传输时，其电矢量 E 应满足亥姆霍兹方程：

$$\left.\begin{aligned}-\nabla^2E+\nabla(\nabla E)-\frac{\omega^2}{c^2}\varepsilon(r)E&=\frac{\omega^2}{c^2}\varepsilon_0E\\ \varepsilon(r)&=\varepsilon(r+R_n')\end{aligned}\right\}\tag{21-107}$$

式中，$\varepsilon(r)$ 为周期变化的介质函数，ε_0 是介质的平均介电常数。

从这一对比可知，在固体物理中，适用于解薛定谔方程的方法都可以用来进行光子晶体的理论分析。常用的光子晶体能带的计算方法有平面波方法、时域有限差分法、转移矩阵法、多重散射法、散射矩阵法、格林函数法等。

三、光子晶体的制备方法

要使晶体中出现光子禁带，主要取决于 3 个因素：

1)两种介质的介电常数(折射率)差越大就越容易出现光子禁带。由于半导体材料具有较高的介电常数，它与空气有很大的折射率差，因此，半导体材料是一类较理想的光子晶体材料。

2)介质的填充比。

3)晶体结构。

目前，制作光子晶体的主要材料有半导体材料，如金刚石、Si、SiO_2、TiO_2、GdAs、AlGsAs 等；制作的主要思路是构成周期性结构，制作的主要方法有精密机械加工法、半导体制作工艺(如电子束刻蚀、反应离子束刻蚀、激光刻蚀)、胶体自组织结合法、多光子聚合法、多光子吸收与胶体自组织结合法、全息光刻法及生物组装法等。现以采用半导体制作技术的逐层叠加法为例，说明光子晶体的制作方法。

首先利用半导体技术制作许多片状二维结构，然后再叠加在一起构成三维光子晶体。图 21-60 为用逐层叠加法制作光子晶体的示意图[23]。用外延生长工艺在基片（GaAs 或 InP）上形成 GaAs 或 InP 的光子晶体层和 AlGaAs 或 InGaAsP 腐蚀终止层，用半导体显微制作技术以一定的周期、宽度和厚度在最上层的 GaAs 或 InP 层上制作二维条纹结构。把上述方法制成的有条纹的薄片以条纹相对方式交叉放置，在氧气中加热使它们熔接在一起，将熔合后的晶片一侧的基板（GaAs 或 InP）和终止层刻蚀掉，只留下条纹层，形成了两层棒交叉放置的结构。不断重复上述做法，以 4 层为 1 个单元，再交叉对放，就组成面心立方结构的光子晶体。

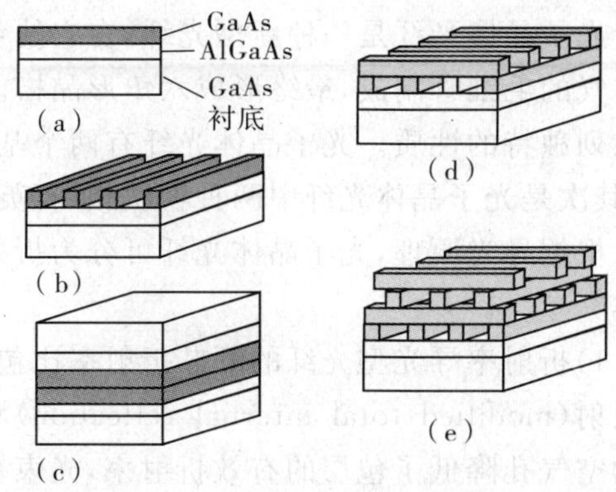

图 21-60　逐层叠加法制作光子晶体示意图

(a)外延生长；(b)二维基本结构制备；(c)晶片熔接；(d)选择刻蚀；(e)重复(c)和(d)

四、光子晶体光纤

光子晶体光纤（photonic crystal fiber，PCF）又称多孔光纤（holey fiber）或微结构光纤（microstructure fiber），是 P. St. J. Russell 等人在 1992 年首先提出来的，并在 1996 年的国际光纤通信会议上首次展示了第一根光子晶体光纤样品。

（一）光子晶体光纤的分类

根据光子晶体光纤的结构、导光原理和应用功能的不同，光子晶体光纤的分类列于表 21-25 中[23]。

表 21-25　光子晶体光纤的分类[23]

分　类	名　称	特　点
按结构划分	实芯光子晶体光纤	光纤的芯为电介质材料，利用全反射实现光波的单模传输，可以用来制作高非线性光纤
	空芯光子晶体光纤	光纤的芯为空气，利用光子带隙来传光。其非线性光学阈值比普通光纤提高了 1 000 倍以上，可以消除光纤与光纤的连接部折射率的不连续性，因而可以大大降低光纤的连接损耗
	多芯光子晶体光纤	可以很好地隔离多种光信号，使传输的信号数目成倍增长。纤芯可以排列成线性、三角形、四边形和六边形等
	双包层光子晶体光纤	中心部分的三个空气导孔被三根掺镱棒代替。并在截面上构成一个等边三角形，使模场面积达到 350 μm^2，实现了较大的数值孔径
按导光原理划分	改进的全反射光子晶体光纤	横截面的中心是高折射率材料，周围是周期性分布的空气孔，中心位置由于空气孔空缺形成缺陷，利用全反射实现光波的传输
	光子带隙光子晶体光纤	包层为沿轴向周期性排列的石英-空气孔结构，横截面中心折射率低于包层材料（一般为空气），形成缺陷。利用光子禁带实现对光的限制
按功能划分	无限单模光纤	光纤的芯为无掺杂的石英玻璃，周围是含有周期性排列的小孔阵列的无掺杂石英玻璃。这种光纤对任何波长、任何芯径均可以保持单模传输特性。
	非线性光子晶体光纤	采用非常小的芯径使光纤具有非常小的模场面积，并可以在光纤芯充填掺杂的高非线性材料，从而可以大大提高光子晶体光纤的非线性
	光子晶体保偏光纤	石英和空气间较大的折射率差使其产生双折射（随波长的增加而增强），比熊猫型普通保偏光纤的双折射要大 1 个量级。对温度变化和机械变化不敏感
	多模大数值孔径光子晶体光纤	由于空气和二氧化硅之间有很大的折射率差，在光纤直径较小的情况下易形成高非线性。这种光纤结构确保了光纤具有大数值的孔径，最大可达 0.8，具有对弯曲不敏感和大功率传输等特性

光子晶体光纤是一种新型光纤，在它的包层区内有许多平行于光纤轴的微孔，可用内部有周期结构的充满空气的毛细管制成，最终形成六角形晶格。将光纤和光晶体的特性结合在一起，可以得到传统光纤没有的一系列独特的性质。光子晶体光纤有两个基本特性与普通光纤不同，首先是光子晶体光纤微结构的二维特性，其次是光子晶体光纤中两种物质相（石英相和空气相）的折射率对比度比普通光纤的对比度高两个数量级。根据导光原理，光子晶体光纤可分为折射率导光（index-guiding）和光子带隙（photonic band gap）导光两类[53]。

1）折射率导光型光纤的纤芯折射率比包层的有效折射率高，其导光机理和普通光纤一样，是基于改进的全反射（modified total internal reflection）原理。典型的如光纤的芯区是实芯石英，包层是多孔结构，包层中的空气孔降低了包层的有效折射率，光束被束缚在芯内传输，这类光纤也称为多孔光纤。空气孔的尺寸和分布可根据需要进行设计，所以这类光纤有许多新的传输特性。如当孔直径与相邻孔间距之比小于 0.45 时，可实现任何波长下的单模工作，单模工作时可获得高达 35 μm 的模场半径和 1 dB/km 的低损耗；芯区小、空气填充率大，可制作高非线性光子晶体光纤；在芯区某半径区域内掺杂相应浓度的 Ge，或者沿光纤半径方向改变空气孔的尺寸，可以控制光子晶体光纤的色散和色散斜率；沿两个正交方向的空气孔尺寸不同时，可以制备高双折射光子晶体光纤；精确的设计和工艺，可以获得在 100 nm 波长范围内支持单模单偏振的光子晶体光纤。

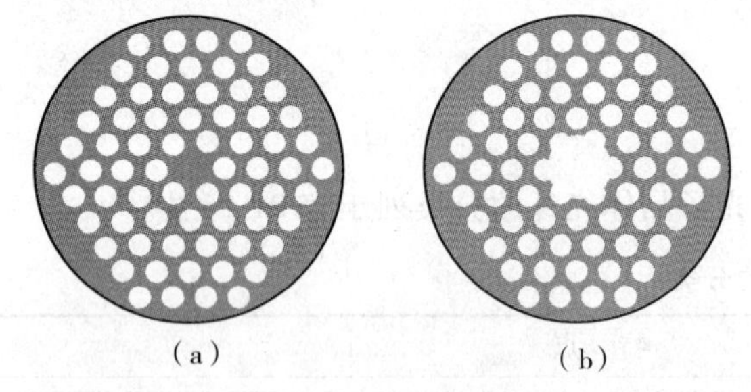

图 21-61　两种光子晶体光纤结构

（a）折射率导光型的实芯光子晶体光纤；（b）中心为大气孔的光子带隙型导光光子晶体光纤

2）光子带隙光纤的芯区（缺陷）折射率低，包层是二维光子晶体结构。包层中至少应有一个光子带隙。由于芯区折射率比包层的基本空间填充模的折射率低，不能靠全反射导光。光子带隙效应指出，光波不可能在微结构的包层区传输。只能沿低折射率的芯传输。由于包层具有特殊的周期结构的衍射效应，只有满足布拉格条件的模才有可能在光纤中传输。所以在低折射率的芯中有光波传输。由于有一定角度的光子带隙结构，阻止了其他模的传输，就得到了单模传输。由于光子带隙光纤的大部分光功率被限制在空芯区域，因此材料吸收、色散、散射、非线性等与材料有关的效应都明显降低，这种光纤可以得到极低的非线性效应和传输损耗、较高的破坏阈值、可控制的色散（主要是波导色散），图 21-61 为这两种光纤的结构示意图。

图 21-62[20] 给出了实芯光子晶体光纤和与之相应的传统光纤结构的比较。

光子带隙型光子晶体光纤的结构如图 21-63[53] 所示。

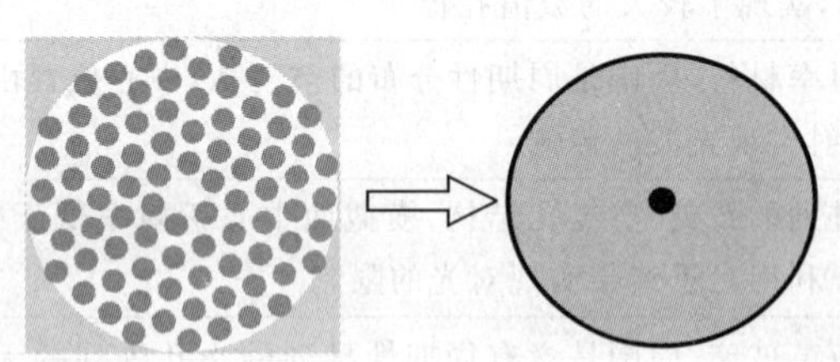

图 21-62　高折射率导波晶体光纤与传统光纤的比较

图 21-63　光子带隙型晶体光纤

（二）光子晶体光纤的制作

1. 熔炉拉丝法

如图 21-64[20] 所示，首先采用具有确定直径、壁厚、模截面（圆形、方形、六边形）的材料（石英、硅酸盐形玻璃、多元氧化物）的毛细管，用手工方式按要求规则排列成有一定对称性的预制棒，然后在拉丝机上的充满氩气的拉丝炉中，温度 1 800℃以上，拉成直径为几毫米的中间棒（图（a）），然后将中间棒再排列成二次预制棒（图（b）），进行二次拉丝（图（c）），三次拉丝（图（d）），最后拉成单丝直径为几十微米的含有气孔的光纤。图

21-65[20]为制作实芯光子晶体光纤的过程图，图 21-66[20]为制作空芯光子晶体光纤的过程图。

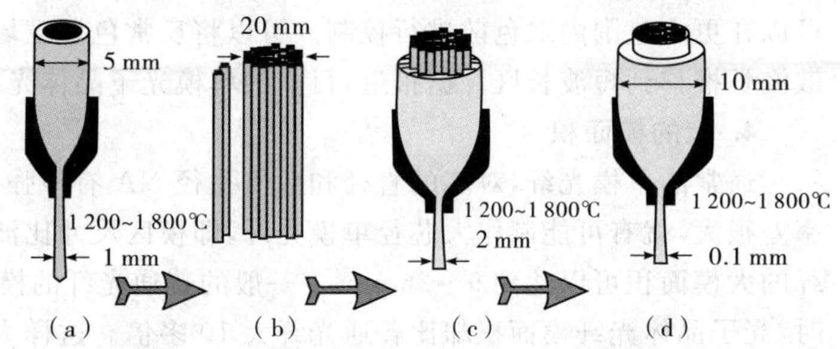

图 21-64 拉丝法制作光子晶体光纤的示意图

制作的光子晶体光纤中的气孔间距只有 1 μm，气孔本身的直径为 0.025 μm。还可以在制作过程中，在排列时引入一些缺陷，缺陷是用实心玻璃棒代替空心玻璃管，或去掉一些玻璃管，也可以同时引入多个缺陷或气孔排列为六角形，通过在不同位置引入厚薄不同的外壁管，就可以改变缺陷或气孔附近的几何结构，以便改善导模的光学性质。

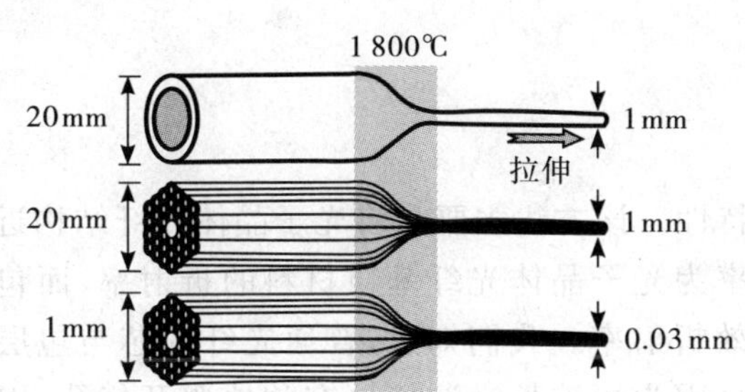

图 21-65 实芯光子晶体光纤的制作过程图

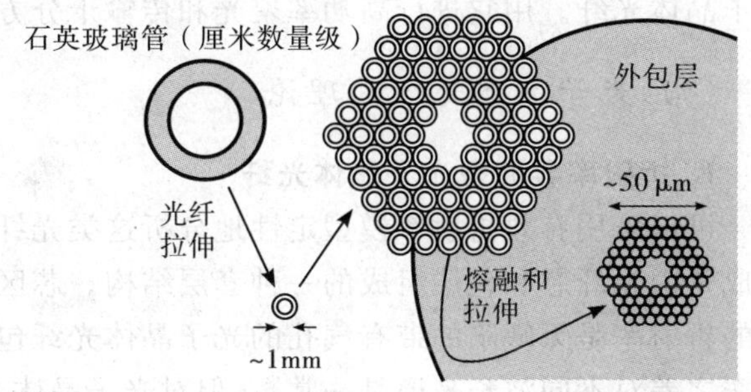

图 21-66 空芯光子晶体光纤的制作过程图

2. 挤压法

该方法关键是先制作一个多孔坩埚熔炉，开孔的直径大小、形状和排列方式要事先设计好，然后将玻璃放入加热的坩埚炉中，玻璃熔化后，就可以直接拉制成光子晶体光纤。这种方法的优点是可以直接由大块玻璃一次拉成光子晶体光纤。存在的问题主要是多孔坩埚熔炉制作困难。

(三)光子晶体光纤的特性[20,23]

光子晶体光纤的模截面可以是三角形、蜂窝状、网状，小孔的大小、孔间距和排列方式都可以随意改变，小孔中还可以充填气体或液体，光纤还可以做成双包层、三包层、多包层。因此，光子晶体光纤有一些普通光纤不具备的光学性质，如强非线性效应、新奇的色散特性、高双折射特性、无载频单模传输特性和超大模面积等。

1. 无载频单模传输特性

对普通阶跃光纤，导模的数目可由归一化纤维参量 V 确定：$V=\frac{2\pi a}{\lambda}\sqrt{n_1^2-n_2^2}$，只要 $V<2.404\,83$，在光纤中只能传输基模，就是单模光纤。但是，一根光纤在长波长时是单模光纤，在短波长区就可以是多模光纤，不可能实现在很宽的波长范围中都能实现单模操作。

光子晶体光纤在 337～1 555 nm 波长范围内都可以实现单模操作。

2. 高光学非线性效应

由有效非线性系数 $\gamma=\frac{\omega}{c}\frac{n_2}{A_{\text{eff}}}=\frac{2\pi}{\lambda}\frac{n_2}{A_{\text{eff}}}$（这里，$A_{\text{eff}}$ 是有效模截面）可知，当加大气孔和减少光纤直径后，可迫使光进入气孔中，就可以获得比普通光纤大得多的有效折射率对比，就能获得很强的模式限制，使芯区的强场导致非线性效应增加。同时，通过改变空气孔的间距，还可以调节有效模的面积，可以使 A_{eff} 降低到 1 μm²，从而可以大大增加非线性。如果再在空气孔中掺杂高非线性材料，就可以使非线性折射率 n_2 比石英提高 2 个数量级，因而，光子晶体光纤可以做到很高的非线性效应。

3. 新奇的色散曲线

由于石英和空气的折射率对比很大，而气孔大小和排列方式又可以灵活变化，光子晶体光纤比普通光纤可以在更大范围内对色散进行控制。可以将反常色散区域拓展到可见光波段，从而使光子晶体光纤的零色散波长推移到短波长区。据报道，目前的单模光子晶体光纤的零色散点已达 700 nm 左右。

4. 大的模面积

通常的单模光纤，对芯的直径和数值孔径 NA 有很强的限制。由于光子晶体光纤的芯和包层间的折射率差很大，就有可能制作大芯径单模光纤，即模区尺寸比波长大很多，对所有的波长，典型的单模光子晶体光纤的大模面积可以达到 9～26 μm^2。一般的普通光纤的模场半径在 1 555 μm 处为 9 μm^2，但在 400 μm 波长时，光子晶体光纤模面积却比普通光纤大 10 多倍。这样大的芯径，很容易实现高功率传输而不会导致传输信号发生畸变。

5. 高数值孔径

光子晶体光纤的芯和包层有很大的折射率差，就有可能制作大数值孔径（NA＞0.7）的大数值孔径多模光子晶体光纤。用它进行高功率聚光和传输十分方便。

（四）光子晶体光纤的理论

1. 折射率导波型光子晶体光纤

可以采用有效折射率模型定性地分析这类光纤的基本特性。该方法主要是将光子晶体光纤结构近似地看成是由光纤芯和包层组成的一种套层结构。芯区的折射率为光子晶体光纤基质材料的折射率，而包层材料的折射率是无缺陷的带有气孔的光子晶体光纤包层的有效折射率。我们知道，普通光纤的芯与包层的折射率之差对不同波长来说是一常数，但对光子晶体光纤来说，因为短波长光波能更有效地避开气孔，因而包层的有效折射率在短波长极限处更接近于基质材料的折射率。如果气孔的直径和气孔间的间距的比值小于 0.4，则这种光子晶体光纤对于所有的波长都是单模光纤。图 21-67[20] 给出了折射率导波型光子晶体光纤和普通光纤的传输机理的比较。

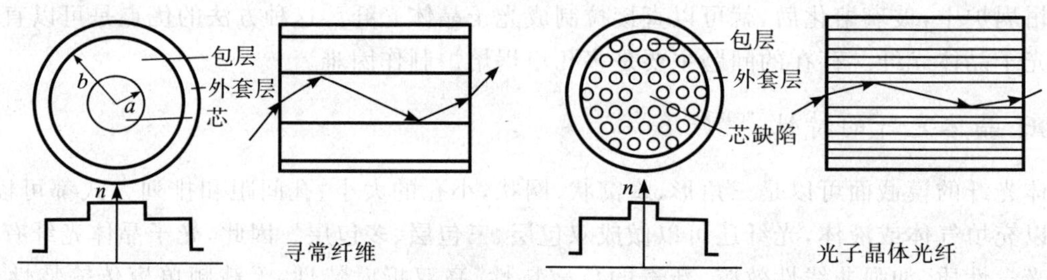

图 21-67 折射率导波型光子晶体光纤和普通光纤的传输机理的比较

由图 21-67 可知，两种光纤的主要区别在于普通光纤导模的传播常数 β 为实数，没有损耗，而非导模的传播常数 β 为复数，其虚部与损耗有关。在折射率导波型光子晶体光纤中，由于空气孔的周期性排列，使其具有一定的隧道效应，因而传播常数 β 和有效折射率都是复数。对于普通阶跃光纤，归一化纤维参量可以写成 $V(\lambda)=\frac{2\pi a}{\lambda}\sqrt{n_1^2-n_2^2}$，式中，$a$ 为光纤半径，n_1 和 n_2 分别为光纤芯和包层的折射率。由于光子晶体光纤的芯通常不是圆形，其等效芯区半径表达式比较复杂，而且有效折射率和波长有关，因而不能用上面的式子来描述光子晶体光纤的性质。可以用下式来研究光子晶体光纤的性质：

$$V(\lambda)=\frac{2\pi\Lambda}{\lambda}\sqrt{n_{co}^2-n_{cl}^2} \tag{21-108}$$

式中，n_{co} 和 n_{cl} 分别为芯区和包层区的有效折射率，Λ 是包层中的孔间距。

有效折射率方法可应用传统的光纤传输和色散理论求解，包层的有效折射率可以通过研究包层基模的传输特性得到。该方法的优点是计算较简单，缺点是不可能精确分析对包层几何结构敏感的特性，由于计算中采用了标量近似，在空气孔较大时精度较差。

2. 光子带隙型光子晶体光纤

光子带隙型光子晶体光纤（photonic band gap photonic crystal fiber，PBG）和折射率导波型光子晶体

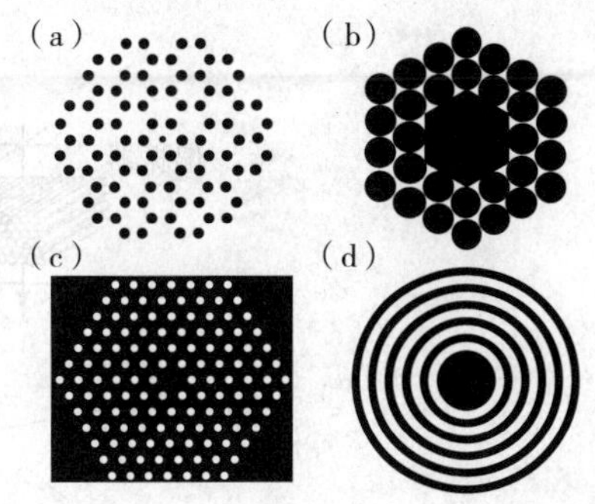

图 21-68　四种光子带隙光子晶体光纤结构简图

(a)蜂窝型 PBG 光纤;(b)空气导波型 PBG 光纤;(c)高折射率棒的 PBG 光纤;(d)全导型光纤

光纤的主要区别在前者光纤中包层模比导模的有效折射率更高,这意味着芯区的平均折射率小于包层,因此,PBG 光纤是在低折射率材料中传输导波。另一特点是后者通常对所有频率都存在导模,而 PBG 光纤只有在特定频率下才存在导模。而且,当基模不传输时,可能存在一些传输高阶模的频率。光子带隙型光子晶体光纤主要有 4 种结构,如图 21-68[20] 所示。

我们知道,在自由空间传输的传播常数 为 k 的光波入射到折射率为 n_1 和 n_2 两种材料的界面上,光的反射和折射定律告诉我们,平行界面的波矢量保持不变。在普通光纤中,对给定的模式,传播常数沿光纤轴向的分量是一常数,与 β 方向不平行的界面是输入和输出平面,要在光纤芯区形成导模,芯区入射光的 β 值不能在包层中传输。在折射率为 n 的无限大的均匀介质中,能够存在的 β 的最大值为 $\beta = nk$,小于该值的 β 都不存在,从 β 导出的模折射率 $\beta_m = \dfrac{\beta}{k}$ 存在的范围就决定了形成导模的方式。对任何材料,二维光子晶体光纤能够传输的一个最大的 β 值,在一定频率,该 β 值相应于该材料的无限大平面光波导的基模。如果所选芯材料的折射率大于有效折射率,这光纤将通过全内反射传输光信号。但是,在光子晶体光纤的模折射率范围中存在间隙,这就是光子晶体带隙,在该间隙中,虽然 β 不为 0,但不存在导模。必须指出的是模折射率小于或大于 1 时,都能出现带隙,都可以形成空芯区,而且包层为带隙材料的光纤,它不是靠全内反射传输光波的。

为了计算光子带隙结构,假设光子晶体在空间无限扩张,因此任何解都可以外推。由于光子晶体具有周期性,其解可以表示为一系列平面波的叠加。二维光子晶体是在两个方向上有周期性的介电结构,而在第三方向上具有不变性。

光子带隙型光子晶体光纤的空芯结构,在其中光波传输的机理通常需要求解磁场的矢量波方程:

$$\nabla\times\left[\frac{1}{\omega(\boldsymbol{r})}\nabla\times\boldsymbol{H}(\boldsymbol{r})\right]=\frac{\omega^2}{c^2}\boldsymbol{H}(\boldsymbol{r}) \tag{21-109}$$

(21-109)式可作为本征值问题处理。其中,$\boldsymbol{H}$ 是本征矢量,$\dfrac{\omega^2}{c^2}$ 是本征值。该方程的解可以表示为受到与介质结构有关的函数调制的平面波形式:

$$H_k = \sum h_{kG}\exp[-\mathrm{i}(\boldsymbol{k}-\boldsymbol{G})\cdot\boldsymbol{r}] \tag{21-110}$$

式中,$\boldsymbol{G}$ 是倒格子空间的晶格矢量。介电常数 $\varepsilon(\boldsymbol{r})$ 可用傅里叶展开来表示:

$$\frac{1}{\varepsilon(\boldsymbol{r})} = \sum V_G\exp(\mathrm{i}\boldsymbol{G}\cdot\boldsymbol{r}) \tag{21-111}$$

将(21-110)式和(21-111)式代入(21-109)式,就可以得到代数本征值问题,对其求解,就能得到允许模的所有频率。

五、光子晶体的应用[23]

光子晶体有十分广泛的应用,如图 21-69[23] 所示。

从光子晶体的带隙图可知,光子晶体有 3 个可以利用的频率范围:一是频率位于光子禁带以下,其带结构的斜率由光子晶体的有效折射率确定,有效折射率对不同的偏振态有不同的值。因此,可以通过对带结构的设计对每个偏振模式的有效折射率进行控制,利用这一点可以制作双折射器件。二是光子带隙。处于这个频率范围内的光在所有方向都不能传输,该频率光从任何方向入射到光子晶体都全部被反射回去,可以用来制作反射型器件,如激光器和光波导。三是在光子禁带以上复杂光子带结构相应的频率范围。在这个区域中,光子带的斜率与光的群速度成正比,因此,带边缘的平行带意味着群速为 0 和光能量的局限。在二维和三维光子晶体中,零群速度或小的群速度不仅出现在一个带的边缘,而且出现在很多带的边缘。这个频率范围可以用来制作传输型功能器件。

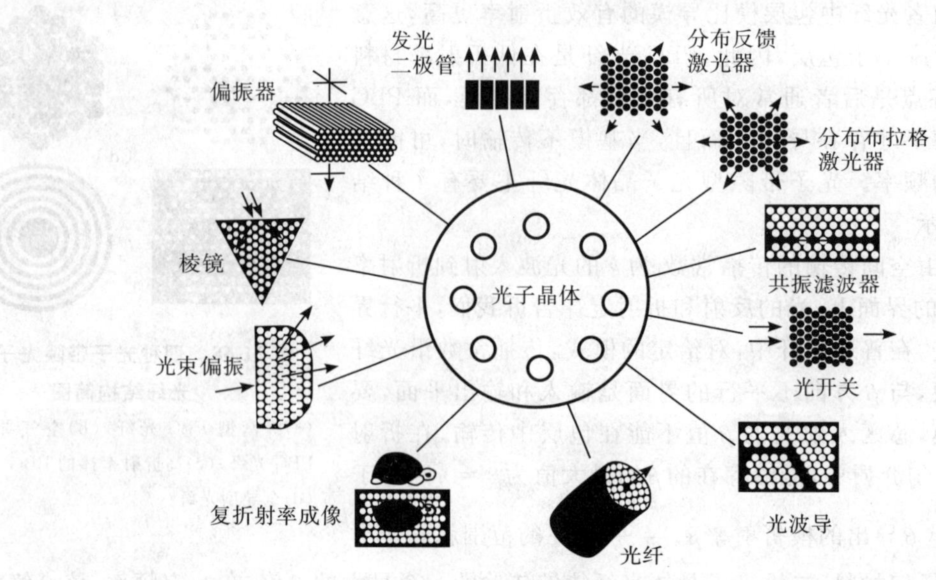

图 21-69 光子晶体的应用

光子晶体的主要应用有：①高性能反射镜；②光子晶体光波导；③光子晶体定向耦合器；④波长滤波器；⑤光开关；⑥光发射器件等。

图 21-70 为填充液晶的 Y 分支波导[23]，图 21-71 为光子晶体发射器[23]，图 21-72 为马赫-曾德尔干涉仪热光开关[23]。

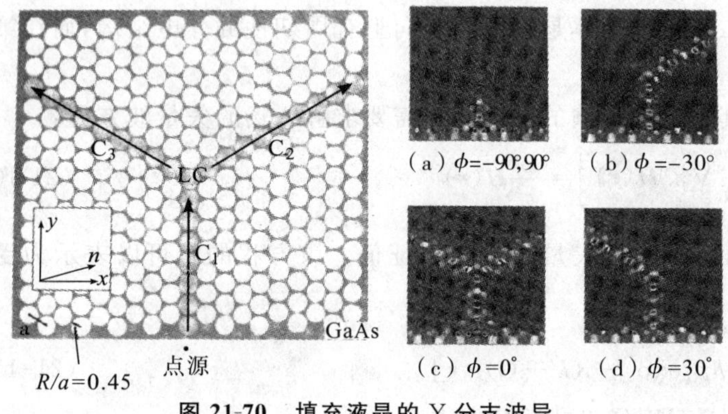

图 21-70 填充液晶的 Y 分支波导

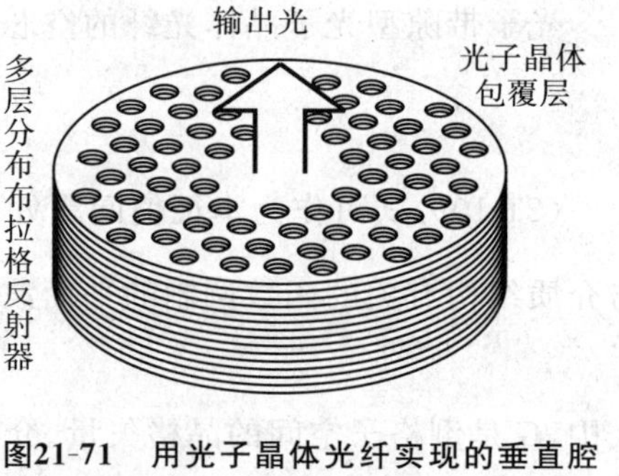

图21-71 用光子晶体光纤实现的垂直腔表面发射激光器

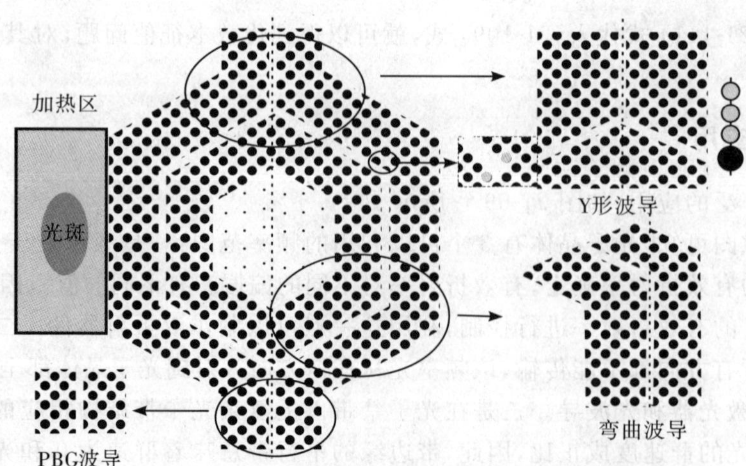

图 21-72 马赫-曾德尔干涉仪热光开关

第十一节　变折射率光学[12,14]

变折射率(gradient index)一词,是已故我国应用光学创始人、著名光学专家、中国科学院院士龚祖同教授于1974年提出来的。变折射率介质是一种折射率不是常数,而按一定规律变化的介质。因此,变折射率介质是一种非均匀介质,对这种介质,也有人称为梯度折射率介质、渐变折射率介质。常用的变折射率介质有如下3类:轴向变折射率介质、径向变折射率介质和球向变折射率介质。

在自然界中,变折射率介质是普遍存在的,例如,人眼的水晶体和地球的大气层就是一种典型的变折射率介质。"海市蜃楼"就是由于大气层折射率的局部变化对地面景色产生折射出现的一种奇特现象。

对变折射率介质的早期研究始于1854年。麦克斯韦(Maxwell)[28]首先研究了非均匀介质的光学性能,从理论上论证了一种对某点呈球对称的折射率分布函数,并指出在这种介质区域中的每点都能无像差地锐成像在其共轭点上,这就是著名的麦克斯韦"鱼眼透镜"。1944年,鲁尼伯格[29]提出了一种称为鲁尼伯格透镜的变折射率介质,它可以将平行光聚焦于该透镜表面上的一点。1855年斯德特拉(Stettler)[30]、1958年摩根(Morgan)[31]、1983年索查基(Sochacki)[32]等人提出了改进的鲁尼伯格模型,可以使球向变折射率介质外一点成像在球外的另一点。1905年,伍德[33]设计了一种具有两个平端面,折射率随径向距离增加而变化的简单透镜模型。这些研究工作,主要停留在理论模型分析上,由于制作工艺没有突破,变折射率光学发展十分缓慢。

早在1964年,日本的西泽和佐佐木大胆提出了采用离子交换工艺制作变折射率介质的设想。1969年,日本板玻璃公司的北野一郎[34]等人,采用离子交换工艺成功地制作出变折射率透镜,当时称为径向变折射率透镜。1973年,奥特萨卡[35]采用两步扩散-共聚工艺制作出塑料径向变折射率透镜。变折射率透镜的研制成功,大大促进了变折射率光学的发展。

在理论研究方面,早在1968年,有人采用求解光线方程的方法,计算了在非均匀介质中的光线轨迹和成像特性。1970年,卡皮安[36]研究了变折射率透镜中的近轴光线轨迹和成像特性。桑德[37]和莫尔[38]利用布克德尔理论研究了具有旋转对称折射率分布介质的三级像差,古普德计算了变折射率透镜的五级像差。这些工作,在马钱德[39]、苏达哈和伽塔克[40]等人的著作中都有很好的表述。

在我国,在龚祖同院士的领导下,中国科学院西安光机所从1972年开始研制变折射率透镜,1974年在国内首先做出径向变折射率透镜,1982年又研制出塑料变折射率透镜,2007年刘德森等人研制出异形(正方形和正六边形)径向变折射率透镜、异形孔径变折射率平面微透镜阵列。这方面的研究工作,在刘德森等人编著的著作《纤维光学》[13]《变折射率介质的物理基础》[14]和《变折射率介质理论及其技术实践》[12]中有很好的表述。

一、变折射率介质的折射率分布[12]

(一)折射率分布的推导

从费马原理即等光程原理

$$\delta L=\delta\int n(r)\mathrm{d}s=0 \tag{21-112}$$

出发,采用平面分割法将径向变折射率透镜分割成一系列与光轴平行的圆柱层,再经过较复杂的运算,可以得到

$$\left.\begin{aligned} n^2(r)&=n^2(0)(1-r^2A\cos^2\theta_0)\\ \int n(r)\mathrm{d}s&=\frac{2\pi}{\sqrt{A}}n(0)=Pn(0)\end{aligned}\right\} \tag{21-113}$$

其中,引入了光线在变折射率透镜轨迹的传播周期:

$$P=\frac{2\pi}{\sqrt{A}} \tag{21-114}$$

在近轴近似条件下将(21-113)式按 r 展成幂级数，有

$$n^2(r)=n^2(0)(1-r^2A) \tag{21-115}$$

并仅取到平方项，有

$$n(r)=n(0)\left(1-\frac{1}{2}Ar^2\right) \tag{21-116}$$

上式通常称为变折射率介质的抛物线折射率分布，光线在这种变折射率镜中的轨迹是正弦式曲线，可以周期性聚焦，传播周期是 P，$\sqrt{A}$ 称为聚焦常数或折射率分布系数。

在一般情况下，折射率分布可写成[12]

$$n(r,z)=n_{00}+n_{01}z+n_{02}z^2+\cdots+(n_{10}+n_{11}z+n_{12}z^2+\cdots)r^2+ (n_{20}+n_{21}z+n_{22}z^2+\cdots)r^4+\cdots+(n_{p0}+n_{p1}z+n_{p2}z^2+\cdots)r^{2p}+\cdots \tag{21-117}$$

式中，z 是沿光轴方向的坐标。

(二)三种变折射率介质的折射率分布表示

1. 轴向折射率分布

这时，折射率分布仅与坐标 z 有关，而与 r 无关，于是，(21-117) 式将变成

$$n(r)=n_{00}+n_{01}z+n_{02}z^2+\cdots \tag{21-118}$$

图 21-73 给出了轴向变折射率透镜的折射率分布示意图。从图可知，轴向变折射率透镜有如下特点：

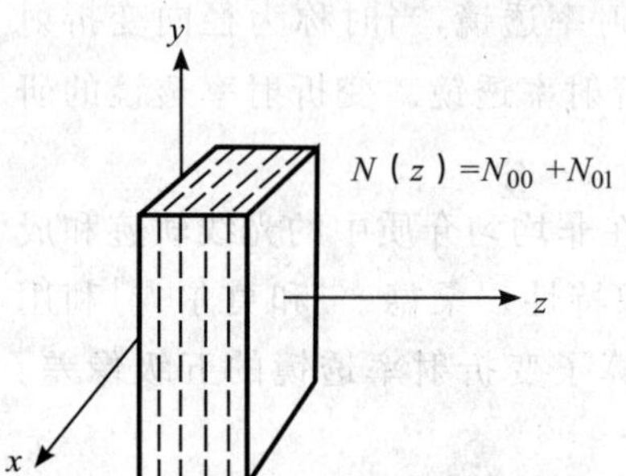

图 21-73 轴向变折射率透镜折射率分布示意图

1)等折射率面为与端面平行的平面。

2)等折射率面以中心平面为对称面。

3)将一个端面或两个端面做成球面，就等价于一个非球面透镜。

根据轴向变折射率透镜折射率分布的特性，可以将轴向变折射率介质的光线方程写成

$$\left.\begin{aligned}\frac{\mathrm{d}p_x}{\mathrm{d}s}&=\frac{\mathrm{d}}{\mathrm{d}s}\left(n\frac{\mathrm{d}x}{\mathrm{d}s}\right)=0\\ \frac{\mathrm{d}p_y}{\mathrm{d}s}&=\frac{\mathrm{d}}{\mathrm{d}s}\left(n\frac{\mathrm{d}y}{\mathrm{d}s}\right)=0\\ \frac{\mathrm{d}p_z}{\mathrm{d}s}&=\frac{\mathrm{d}}{\mathrm{d}s}\left(n\frac{\mathrm{d}z}{\mathrm{d}s}\right)=\frac{\partial n}{\partial z}\end{aligned}\right\} \tag{21-119}$$

式中，p_x、p_y、p_z 分别为光学方向余弦的 x、y、z 分量。

2. 径向折射率分布

折射率分布仅与 r 有 关，于是，折射率分布(21-117)式可写成

$$n(r)=n_{00}+n_{10}r^2+n_{20}r^4+n_{30}r^6+\cdots \tag{21-120}$$

通常，径向折射率分布可以写成

$$n^2(r)=n^2(0)\left[1-(\sqrt{A}z)^2+h_4(\sqrt{A}z)^4+h_6(\sqrt{A}z)^6+\cdots\right] \tag{21-121}$$

式中，$\sqrt{A}$ 是折射率分布常数。图 21-74 是径向折射率分布示意图。从图可知，其显著特点是：

1)折射率分布是以 z 轴为中心的对称分布。

2)等折射率面为一系列围绕光轴的同心圆柱。

将折射率分布(21-115)式展开，结果是

$$n(r)=n(0)\left[1-\frac{1}{2}(\sqrt{A}r)^2-\frac{1}{8}(\sqrt{A}r)^4-\frac{1}{16}(\sqrt{A}r)^6-\cdots\right]$$

将上式写成一般形式：

$$n(r)=n(0)\left[1-\frac{1}{2}(\sqrt{A}r)^2-\hbar_4(\sqrt{A}r)^4-\hbar_6(\sqrt{A}r)^6-\cdots\right] \tag{21-122}$$

径向变折射率透镜的光线方程可以写成

$$\left.\begin{aligned}\frac{\mathrm{d}p_x}{\mathrm{d}s}&=\frac{\mathrm{d}}{\mathrm{d}s}\left(n\frac{\mathrm{d}x}{\mathrm{d}s}\right)=\frac{\partial n}{\partial x}\\\frac{\mathrm{d}p_y}{\mathrm{d}s}&=\frac{\mathrm{d}}{\mathrm{d}s}\left(n\frac{\mathrm{d}y}{\mathrm{d}s}\right)=\frac{\partial n}{\partial y}\\\frac{\mathrm{d}p_z}{\mathrm{d}s}&=\frac{\mathrm{d}}{\mathrm{d}s}\left(n\frac{\mathrm{d}z}{\mathrm{d}s}\right)=0\end{aligned}\right\}\tag{21-123}$$

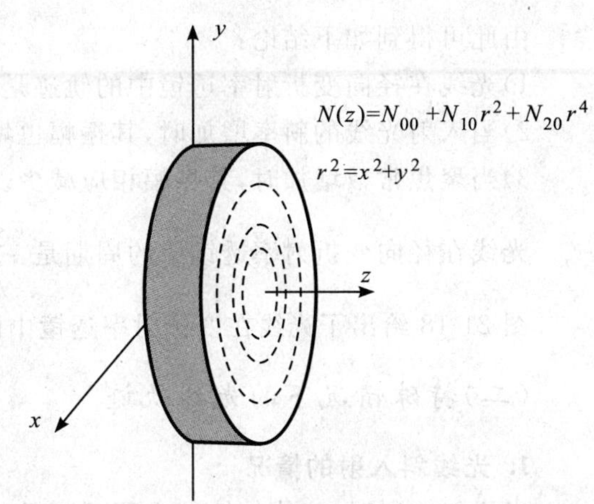

图 21-74　径向折射率分布示意图

3. 球向折射率分布

球向折射率分布的明显特点是：

1)折射率分布不仅与 r 有关，还与坐标 z 有关。

2)等折射率面为一系列围绕球心的同心球面。

球向变折射率透镜的光线方程可以写成

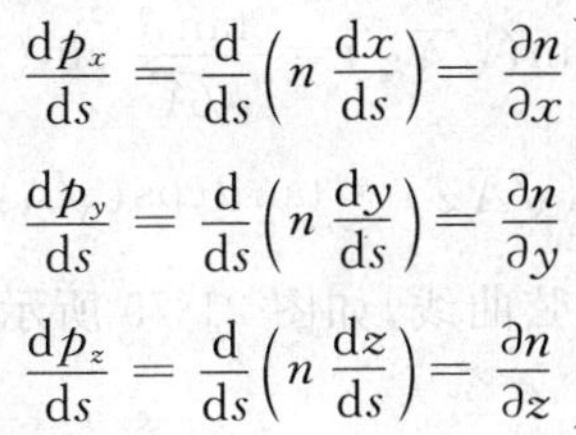

$$\left.\begin{aligned}\frac{\mathrm{d}p_x}{\mathrm{d}s}&=\frac{\mathrm{d}}{\mathrm{d}s}\left(n\frac{\mathrm{d}x}{\mathrm{d}s}\right)=\frac{\partial n}{\partial x}\\\frac{\mathrm{d}p_y}{\mathrm{d}s}&=\frac{\mathrm{d}}{\mathrm{d}s}\left(n\frac{\mathrm{d}y}{\mathrm{d}s}\right)=\frac{\partial n}{\partial y}\\\frac{\mathrm{d}p_z}{\mathrm{d}s}&=\frac{\mathrm{d}}{\mathrm{d}s}\left(n\frac{\mathrm{d}z}{\mathrm{d}s}\right)=\frac{\partial n}{\partial z}\end{aligned}\right\}\tag{21-124}$$

二、径向变折射率透镜的光学特性

(一)光线轨迹的近似解

对于近轴子午光线，在圆柱坐标系中，光线方程的 r 分量可以写成

$$\frac{\mathrm{d}}{\mathrm{d}z}\left(n\frac{\mathrm{d}r}{\mathrm{d}z}\right)=\frac{\mathrm{d}n}{\mathrm{d}r}\tag{21-125}$$

从(21-125)式可知，$n(r)$ 与 z 无关，即 $\frac{\mathrm{d}n}{\mathrm{d}z}=0$。在近轴近似下，假定 $\frac{1}{2}Ar^2$ 远小于1，将折射率分布表达式代入(21-125)式，可以得到如下二阶微分方程式：

$$\frac{\mathrm{d}^2r}{\mathrm{d}z^2}=-Ar\tag{21-126}$$

在考虑初始条件后，上式之解即光线的轨迹方程可写成如下形式：

$$\left.\begin{aligned}r&=r_0\cos\left(\sqrt{A}z\right)+\frac{p_0}{\sqrt{A}}\sin\left(\sqrt{A}z\right)\\p&=-r_0\sqrt{A}\sin\left(\sqrt{A}z\right)+p_0\cos\left(\sqrt{A}z\right)\end{aligned}\right\}\tag{21-127}$$

或

$$\begin{pmatrix}r\\p\end{pmatrix}=\begin{vmatrix}\cos\left(\sqrt{A}z\right) & \frac{1}{\sqrt{A}}\sin\left(\sqrt{A}z\right)\\-\sqrt{A}\sin\left(\sqrt{A}z\right) & \cos\left(\sqrt{A}z\right)\end{vmatrix}\begin{bmatrix}r_0\\p_0\end{bmatrix}\tag{21-128}$$

在(21-127)式中，令 $B=D\sin\varphi, C=D\cos\varphi$，很容易得到

$$r=D\sin\left(\sqrt{A}z+\varphi\right)\tag{21-129}$$

由上式可知，光线轨迹是一条正弦曲线，振幅是

$$D=\sqrt{r_0^2+\frac{p_0^2}{A}}\tag{21-130}$$

初相位是

$$\tan\varphi=\frac{r_0\sqrt{A}}{p_0}$$

由此可得到如下结论：

1)光线在径向变折射率透镜中的轨迹是正弦式曲线。

2)当入射光线的斜率增加时，其振幅也增大。

3)当聚焦常数增加时，其振幅相应减少。

光线在径向变折射率透镜中的周期是 $\frac{2\pi}{\sqrt{A}}$，振幅是 $\sqrt{r_0^2+\frac{p_0^2}{A}}$，初相位是 $\frac{r_0\sqrt{A}}{p_0}$。

图 21-18 给出了光线在变折射率透镜中的传播轨迹。

(二)特殊情况下的光线轨迹

1. 光线斜入射的情况

光线斜入射时，光线的轨迹方程可写成

$$\left.\begin{aligned} r &= \frac{p_0}{\sqrt{A}}\sin(\sqrt{A}z) = \frac{\tan\theta}{\sqrt{A}}\sin(\sqrt{A}z) \\ p &= p_0\cos(\sqrt{A}z) = \tan\theta\cos(\sqrt{A}z) \end{aligned}\right\} \tag{21-131}$$

很明显，光线的轨迹是初相位为 0 的正弦曲线，如图 21-75 所示。其周期为 $\frac{2\pi}{\sqrt{A}}$，振幅是 $\frac{\tan\theta}{\sqrt{A}}$。

2. 光线平行入射的情况

光线平行入射的情况时光线的轨迹方程式变为

$$\left.\begin{aligned} r &= r_0\cos(\sqrt{A}z) \\ p &= -r_0\sqrt{A}\sin(\sqrt{A}z) \end{aligned}\right\} \tag{21-132}$$

(1)光线平行出射

在光线平行入射的情况下可以得到 $\sqrt{A}z = n\pi(n=1,2,3,\cdots)$，因此有

$$z = \frac{n\pi}{\sqrt{A}} = (P_{\frac{1}{2}})n, \qquad n=1,2,3,\cdots \tag{21-133}$$

式中，$P_{\frac{1}{2}}$ 为 1/2 周期长度。图 21-76 为 1/2 周期长度时的光线轨迹曲线。由图 21-75 可知，当径向变折射率透镜的长度为 1/2 周期长度的奇数倍时，出射光线和光轴平行，且位于光轴的另一侧。当径向变折射率透镜长度为 1/2 周期长度的偶数倍时，出射光线平行于光轴，且位于光轴的同侧。

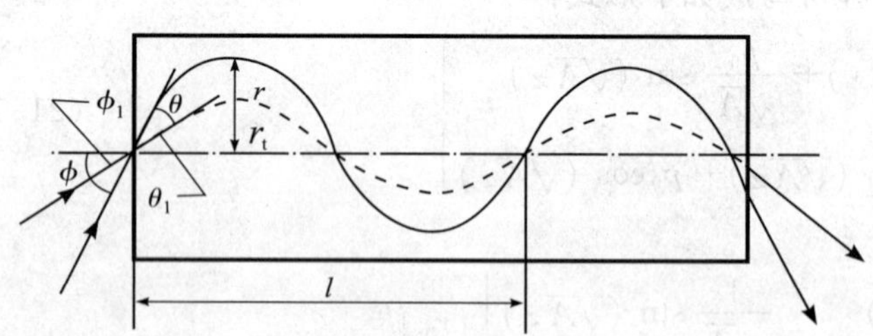

图 21-75 光线斜入射在径向变折射率透镜端面上的传播示意图

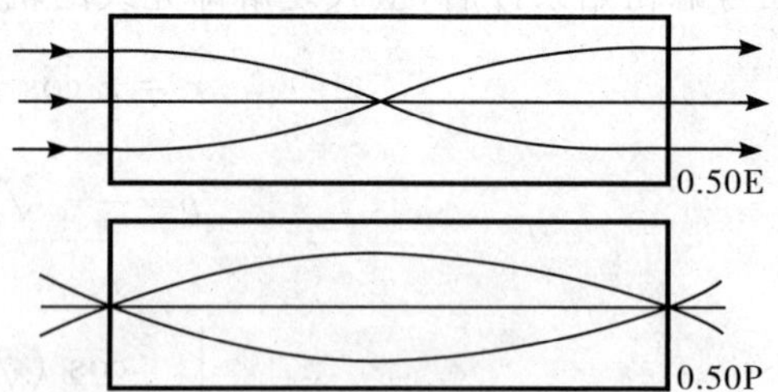

图 21-76 1/2 周期长度径向变折射率透镜中的光线轨迹

(2)光线聚焦在出射端面的轴上

在平行入射条件下，光线聚焦于出射端面光轴上的条件是

$$\sqrt{A}z = \left(\frac{2n+1}{2}\right)\pi, \qquad n=0,1,2,3,\cdots$$

因此，变折射率透镜的长度是

$$z = \frac{2n+1}{2\sqrt{A}}\pi = (p_{\frac{1}{4}}) + \frac{n\pi}{\sqrt{A}}, \qquad n=0,1,2,3,\cdots \tag{21-134}$$

式中，$p_{\frac{1}{4}}$ 为 1/4 周期长度。从图 21-77 可知，当入射光线和光轴平行时，长度为 1/4 周期长度的奇数倍时，出射光线聚焦于径向变折射率透镜端面的光轴处。图 21-77 为1/2周期长度时，径向变折射率透镜中的光线轨迹。

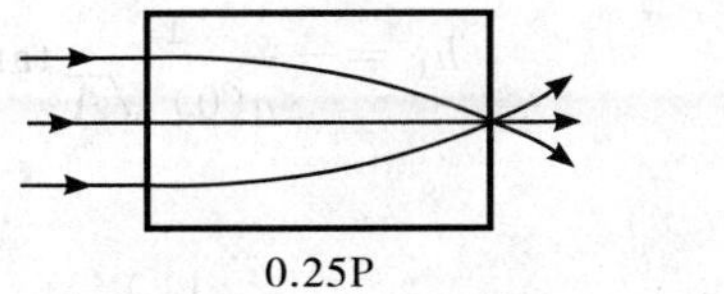

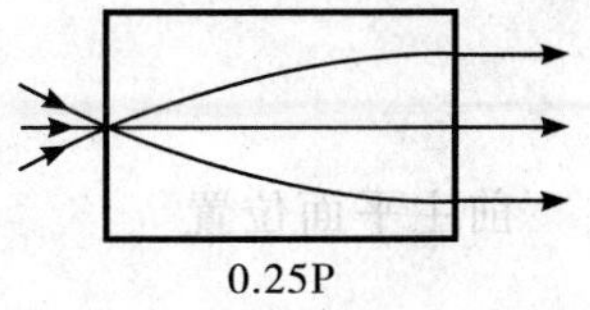

图 21-77　1/2 周期长度时径向变折射率透镜中的光线轨迹

（三）数值孔径

如果径向变折射率透镜的半径为 a，中心轴和边缘处的折射率分别为 $n(0)$ 和 $n(a)$，则有

$$\sin\theta_0=\sqrt{\left[n^2(0)-n^2(a)\right]\left[1-\left(\frac{r}{a}\right)^2\right]}$$

对于孔径角内的光线，上式可写成

$$\mathrm{NA}=\sin\theta_c=\mathrm{NA}_m\sqrt{1-\left(\frac{r}{a}\right)^2}\tag{21-135}$$

从上式可知，变折射率透镜的数值孔径不是常数，而是坐标 r 的函数，有如下关系：

$$\mathrm{NA}=\begin{cases}\sqrt{n^2(0)-n^2(a)}=\mathrm{NA}_m, & r=0\\ \mathrm{NA}_m\sqrt{1-\left(\dfrac{r}{a}\right)^2}, & 0\leqslant r\leqslant a\\ 0, & r=a\end{cases}\tag{21-136}$$

三、径向变折射率透镜的成像特性

有两种方法可用来研究径向变折射率透镜的成像特性，即光线追迹方法和光线矩阵方法。这两种方法可以得到一样的结果。

（一）近轴光学参量

（1）焦距

后焦距

$$f_1=-\frac{1}{C}=\frac{1}{n(0)\sqrt{A}\sin(\sqrt{A}z)}\tag{21-137}$$

前焦距

$$f_2=\frac{1}{C}=-\frac{1}{n(0)\sqrt{A}\sin(\sqrt{A}z)}\tag{21-138}$$

（2）像距

$$l_2=\frac{1}{n(0)\sqrt{A}}\frac{n(0)\sqrt{A}l_1\cos(\sqrt{A}z)+\sin(\sqrt{A}z)}{n(0)\sqrt{A}zl_1\sin(\sqrt{A}z)-\cos(\sqrt{A}z)}\tag{21-139}$$

（3）像高

$$r_1=Ar_0=\left[\cos(\sqrt{A}z)-n(0)\sqrt{A}l_2\sin(\sqrt{A}z)\right]r_0\tag{21-140}$$

（4）横向放大率

$$m=\frac{r_2}{r_1}=-\frac{1}{n(0)\sqrt{A}l_1\sin(\sqrt{A}z)-\cos(\sqrt{A}z)}\tag{21-141}$$

（5）主平面位置

后主平面位置

$$h_1 = -\frac{1}{n(0)\sqrt{A}} \tan\left(\frac{1}{2}\sqrt{A}z\right) \tag{21-142}$$

前主平面位置

$$h_2 = \frac{1}{n(0)\sqrt{A}} \tan\left(\frac{1}{2}\sqrt{A}z\right) \tag{21-143}$$

(6)焦点位置

焦点位置由焦点至端面的距离确定，这个距离通常称为截距。

后截距

$$s_1 = f_1 - h_1 = \frac{1}{n(0)\sqrt{A}} \cot\left(\sqrt{A}z\right) \tag{21-144}$$

前截距

$$s_2 = f_2 - h_2 = -\frac{1}{n(0)\sqrt{A}} \cot\left(\sqrt{A}z\right) \tag{21-145}$$

这里讨论的物距和像距都是从端面计算的，若从主平面计算，则有 $L_{1H} = l_1 - h_1$，$L_{2H} = l_2 - h_2$。高斯成像公式仍可写成和普通透镜一样的形式：

$$\frac{1}{L_{2H}} - \frac{1}{L_{1H}} = \frac{1}{f} \tag{21-146}$$

(二)径向变折射率透镜的成像特性

1. 焦距、截距和主平面位置与透镜长度的关系

表 21-26 给出了当 $\sqrt{A}z$ 取一些典型值时，焦距、截距和主平面位置的数值，其变化规律如图 21-78 所示。表 21-27 为近轴成像特性汇总表。

表 21-26　焦距、截距和主平面位置的一些典型值

z 或 $\sqrt{A}z$ 的数值	焦距 f	截距 s	主平面位置 h
$z=0$	∞	∞	0
$z\left(0,\frac{P}{4}\right),\sqrt{A}z\left(0,\frac{\pi}{2}\right)$	$\infty,\frac{1}{n(0)\sqrt{A}}$	$\infty,0$	$0,\frac{1}{n(0)\sqrt{A}}$
$z=\frac{P}{4},\sqrt{A}z=\frac{\pi}{2}$	$\frac{1}{n(0)\sqrt{A}}$	0	$\frac{1}{n(0)\sqrt{A}}$
$z\left(\frac{P}{4},\frac{P}{2}\right),\sqrt{A}z\left(\frac{\pi}{2},\pi\right)$	$\frac{1}{n(0)\sqrt{A}},\infty$	$0,-\infty$	$\frac{1}{n(0)\sqrt{A}},\infty$
$z=\frac{P}{2},\sqrt{A}z=\pi$	$\pm\infty$	$\mp\infty$	$\pm\infty$
$z\left(\frac{P}{2},\frac{3P}{4}\right),\sqrt{A}z$	$-\infty,-\frac{1}{n(0)\sqrt{A}}$	$\infty,0$	$-\infty,-\frac{1}{n(0)\sqrt{A}}$
$z=\frac{3P}{4},\sqrt{A}z=\frac{3\pi}{2}$	$-\frac{1}{n(0)\sqrt{A}}$	0	$-\frac{1}{n(0)\sqrt{A}}$
$z\left(\frac{3P}{4},P\right),\sqrt{A}z\left(\frac{3\pi}{2},2\pi\right)$	$-\frac{1}{n(0)\sqrt{A}},-\infty$	$0,\infty$	$-\frac{1}{n(0)\sqrt{A}},0$
$z=P,\sqrt{A}z=2\pi$	$\mp\infty$	$\mp\infty$	0

2. 几种特殊情况下的成像规律

(1)准直情况

这时,像在无限远处,

$$l_1 = \frac{1}{n(0)\sqrt{A}}\cot(\sqrt{A}z) = s \tag{21-147}$$

即当物位于焦点时,物距等于截距,出射光是准直的。

(2)像面与出射端面重合

这时像距为0,有

$$l_1 = -\frac{1}{n(0)\sqrt{A}}\tan(\sqrt{A}z) \tag{21-148}$$

上式表明,平行光经1/4周期长度变折射率透镜后,其焦点一定位于出射端面上。

(3)放大率为1的情况

$m=+1$ 时

$$l_1 = \frac{1}{n(0)\sqrt{A}}\cot\left(\frac{1}{2}\sqrt{A}z\right) \tag{21-149}$$

$m=-1$ 时

$$l_1 = -\frac{1}{n(0)\sqrt{A}}\tan\left(\frac{1}{2}\sqrt{A}z\right)$$

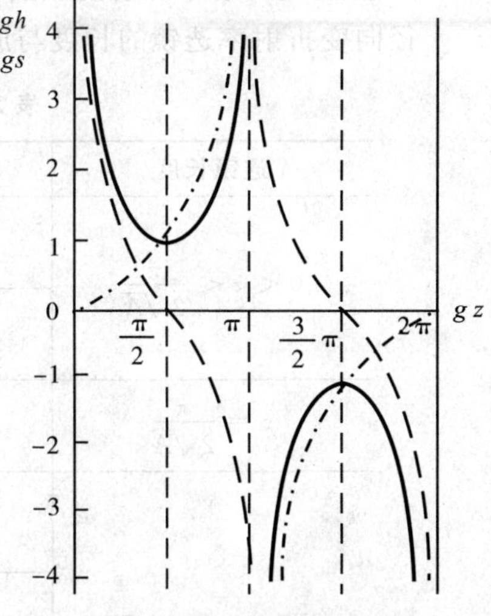

图 21-78 焦距、截距和主平面位置与透镜长度 z 的关系曲线

为了使物面和像面均位于透镜外面,要求 $\tan\left(\frac{1}{2}\sqrt{A}z\right)<0$,即径向变折射率透镜的长度应当大于1/2周期长度,小于3/4周期长度。

表 21-27 成像特性公式表

项 目	公 式	备 注
焦距 f	$f=\frac{1}{n(0)\sqrt{A}\sin(\sqrt{A}z)}$	距主平面
截距 s	$s=\frac{1}{n(0)\sqrt{A}}\cot(\sqrt{A}z)$	距端面
主平面位置 h	$h=-\frac{1}{n(0)\sqrt{A}}\tan\left(\frac{1}{2}\sqrt{A}z\right)$	距端面
像距 l_2	$l_2=\frac{1}{n(0)\sqrt{A}}\frac{n(0)\sqrt{A}l_1\cos(\sqrt{A}z)+\sin(\sqrt{A}z)}{n(0)\sqrt{A}l_1\sin(\sqrt{A}z)-\cos(\sqrt{A}z)}$ $=\frac{1}{n(0)\sqrt{A}}\frac{n(0)\sqrt{A}l_1+\tan(\sqrt{A}z)}{n(0)\sqrt{A}l_1+\tan(\sqrt{A}z-1)}$	距端面,$l_2>0$ 为实像,$l_2<0$ 为虚像
放大率 m	$m=-\frac{1}{n(0)\sqrt{A}l_1\sin(\sqrt{A}z)-\cos(\sqrt{A}z)}$ $\lvert m\rvert=\sqrt{\frac{1+l_z^2n^2(0)\sqrt{A}}{1+l_1^2n^2(0)}}$	$m>0$ 为正立像, $m<0$ 为倒立像
$\lvert m\rvert=1$ 时的物距 l_1	$l_1=-\frac{1}{n(0)\sqrt{A}}\tan\left(\frac{1}{2}\sqrt{A}z\right)$ $l_1=\frac{1}{n(0)\sqrt{A}}\cot\left(\frac{1}{2}\sqrt{A}z\right)$	$m=-1$ $m=1$
像在端面时的物距 l_1	$l_1=-\frac{1}{n(0)\sqrt{A}}\tan(\sqrt{A}z)$	$l_2=0$

3. 径向变折射率透镜的长度与成像特性的关系

径向变折射率透镜的长度与成像特性的关系见表 21-28。

表 21-28　径向变折射率透镜的长度与成像特性关系

透镜长度	物像位置	成像特性
$0<z<\frac{\pi}{2\sqrt{A}}$	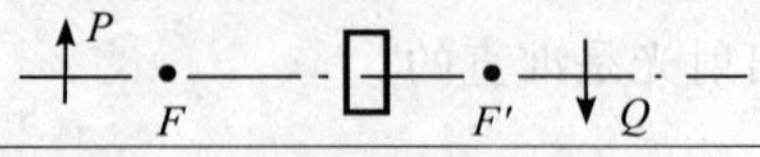	倒立实像
	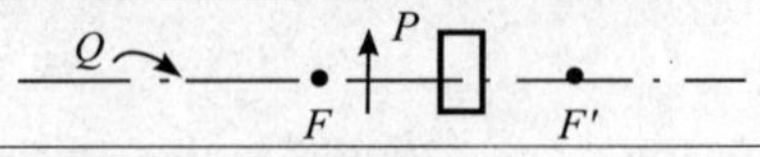	正立虚像
$z=\frac{\pi}{2\sqrt{A}}$	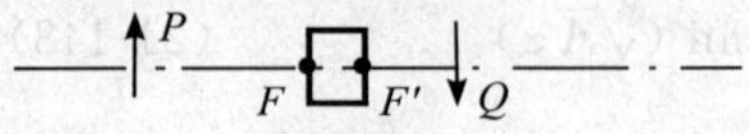	倒立实像
$\frac{\pi}{2\sqrt{A}}<z<\frac{\pi}{\sqrt{A}}$	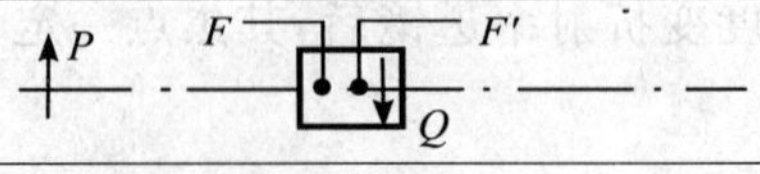	倒立虚像
	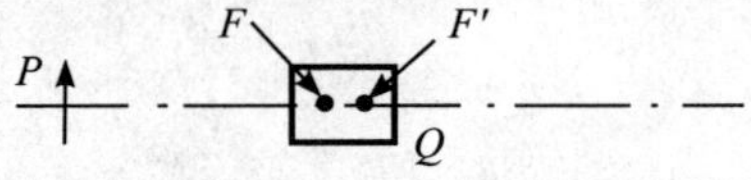	端面上的倒像
	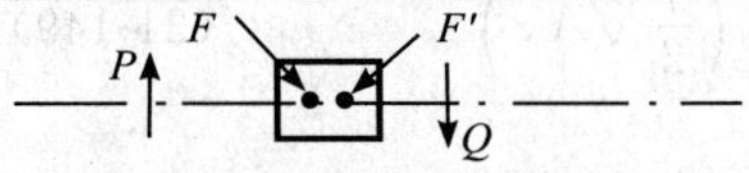	倒立实像
$z=\frac{\pi}{\sqrt{A}}$	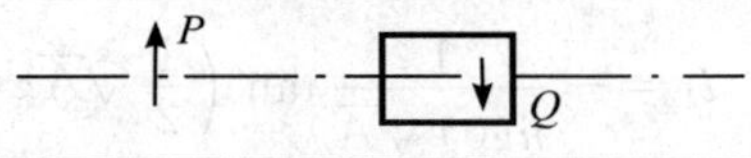	$m=1$ 倒立虚像
	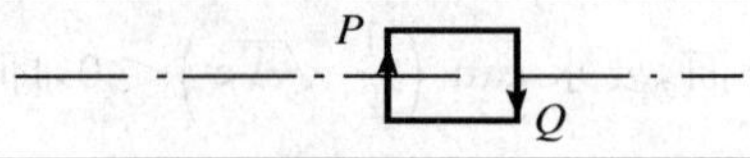	$m=1$ 端面上的倒像
$\frac{\pi}{\sqrt{A}}<z<\frac{3\pi}{2\sqrt{A}}$	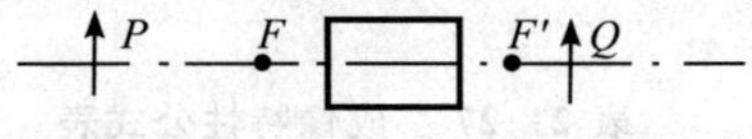	正立实像
	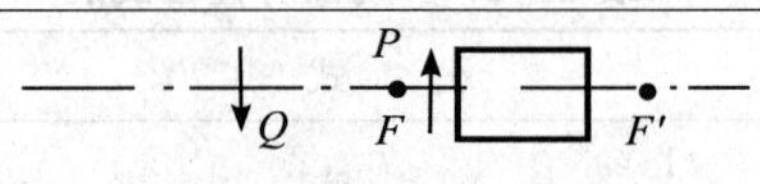	倒立虚像
$\frac{3\pi}{2\sqrt{A}}$	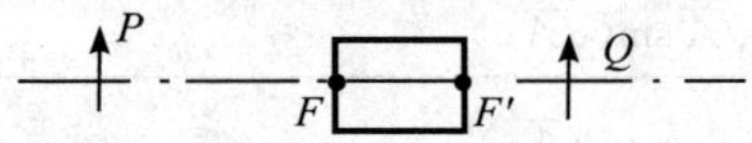	正立实像
$\frac{3\pi}{2\sqrt{A}}<z<\frac{2\pi}{\sqrt{A}}$	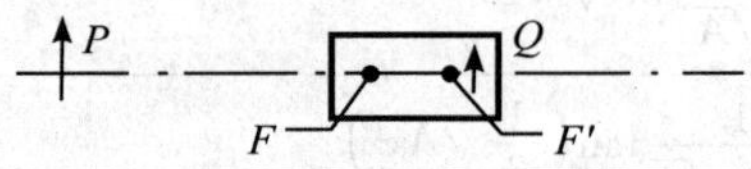	正立虚像
	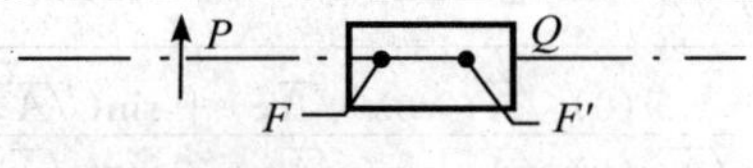	在端面上 的正立像
	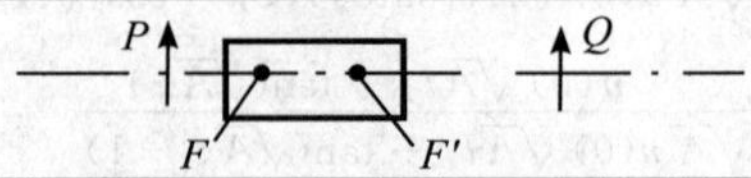	正立实像
$z=\frac{2\pi}{\sqrt{A}}$	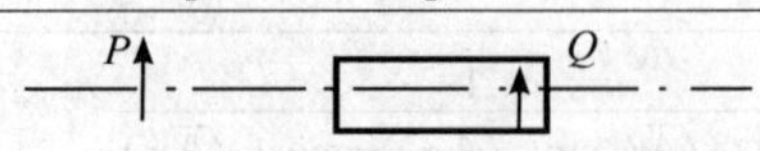	$m=1$ 的 正立虚像
		$m=1$ 端面上的正立像

第十二节　平面微透镜阵列[12]

变折射率透镜是折射率为变量的一种非均匀介质透镜，变折射率光学研究的是非均匀介质透镜的制作工艺和光信息在这种介质中的传输、变换、聚焦、成像和耦合等光学特性的一门新学科。变折射率光学的出现，开创了微小光学研究的新领域，使光学元件向微型化、轻量化、集成化和智能化方向发展[41-42]。

随着科学技术的发展，特别是光信息技术的发展，要求充分发挥光信息的“并行性”这一重要特性，这就需要采用密集的、规则排列的、光性均匀的微透镜阵列，于是光学元器件的微型化、阵列化、集成化就成为微小光学元器件发展的重要方向和当今高科技发展的前沿领域之一。变折射率平面微透镜阵列的研制成功，使变折射率透镜从分立元件发展为面阵列元件，促进了微小光学元器件、导波器件、集成光子学器件的阵列化、微型化和轻量化。由于变折射率平面微透镜阵列本身具有微小、阵列、变折和掩埋（透镜位于基片内部）等特点，因此它体现了集成光学和微小光学等多学科交叉的特点。

微透镜阵列的发展主要是在 20 世纪 80 年代，在微电子技术基础上，发展了一系列光学微加工工艺，出现了一些制作微透镜阵列的新工艺。按成像原理的不同，微透镜阵列可分为折射型和衍射型两大类。折射型微透镜阵列的制作工艺主要有光刻离子交换工艺[43-44]、光敏热处理工艺[45]、离子束刻蚀工艺[46]和光刻热成型工艺[47-48]等。

和微电子学一样，微小光学的发展也经历了几个阶段[41-42]：分立元件的微型化、同类光学元件的集成、不同类光学元件的三维集成、三维光电子器件集成。

一、平面微透镜的折射率分布

折射率分布通常有以下 3 种表述方法：

1）折射率分布可以表示成径向坐标 r 和轴向坐标 z 的幂级数展开形式（(21-117) 式）：

$$n(r,z)=n_{00}+n_{01}z+n_{02}z^2+\cdots+(n_{10}+n_{11}z+n_{12}z^2+\cdots)r^2+(n_{20}+n_{21}z+n_{22}z^2+\cdots)r^4+\cdots+(n_{p0}+n_{p1}z+n_{p2}z^2+\cdots)r^{2p}+\cdots$$

上式中，将折射率表达式分成 3 部分：一是常数项，二是仅与径向坐标或仅与轴向坐标有关的项，三是既与径向坐标有关又与轴向坐标有关的交叉项。

2）用折射率分布的平方代替折射率分布，并将它写成幂级数展开形式（(21-121)式）：

$$n^2(r)=n^2(0)\left[1-(\sqrt{A}r)^2+h_4(\sqrt{A}r)^4+h_6(\sqrt{A}r)^6+\cdots\right]$$

式中，h_4 和 h_6 称为折射率分布的四阶和六阶系数，它们和透镜的像差性能有关。

3）在求解三维问题时，可将折射率分布写成如下矩阵形式：

$$n^2(r,z)=n^2(0,0)\left[1,\sqrt{A}z,(\sqrt{A}z)^2,(\sqrt{A}z)^3,\cdots\right](N)\begin{bmatrix}1\\(\sqrt{A}r)^2\\(\sqrt{A}r)^4\\\vdots\end{bmatrix}\tag{21-150}$$

式中，(N) 是折射率分布系数矩阵。对于轴对称的情况，折射率分布仅与坐标 r 有关，而与 z 无关。折射率分布系数矩阵有如下形式：

$$(N)=\begin{bmatrix}1&-1&\nu_{04}&\nu_{06}&\cdots\\\nu_{10}&0&0&0&\cdots\\\nu_{20}&0&0&0&\cdots\\\nu_{30}&0&0&0&\cdots\\\vdots&\vdots&\vdots&\vdots&\end{bmatrix}\tag{21-151}$$

于是，光线方程简化为积分表达式，在一定近似条件下，其折射率分布可简化为

$$n^2(r,z)=n^2(0,0)[R(r)+Z(z)]\tag{21-152}$$

忽略高阶项后，有

$$R(r)=1-(\sqrt{A}r)^2$$
$$Z(z)=-\nu_{20}(\sqrt{A}z)^2\tag{21-153}$$

于是，(21－152)式可写成常用的形式：

$$n^2(r,z)=n^2(0,0)\left[1-(\sqrt{A}r)^2-\nu_{20}(\sqrt{A}z)^2\right]\tag{21-154}$$

二、变折射率平面微透镜的光线轨迹

(一)广义鲁尼伯格近似

利用圆孔掩膜下的离子交换工艺，当交换时间充分长时制作的平面微透镜，其外形很接近于半个广义鲁尼伯格透镜，因此，鲁尼伯格透镜就被作为平面微透镜的理想模型。这时，半球形平面微透镜的折射率分布可表示为[12]

$$n(r)=n_2\exp\left[2\omega\left(\rho,\frac{f}{a}\right)\right],r=a\rho\exp\left[2\omega\left(\rho,\frac{f}{a}\right)\right] \tag{21-155}$$

式中，$n(r)$ 和 a 分别为平面微透镜的折射率和半径，n_2 是玻璃基片的折射率，r 是从球心算起的距离，$\rho=\dfrac{n(r)r}{n_2a}$，f 是焦距，如图 21-79 所示。

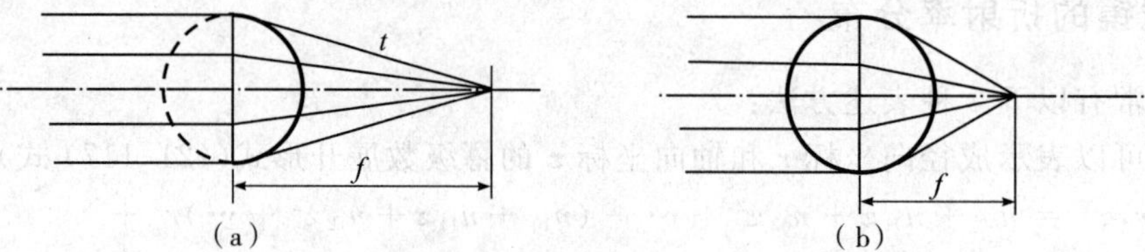

图 21-79 平面微透镜对平行光束的聚焦

(a)半球形平面微透镜；(b)由两个半球平面微透镜叠合成一个球形平面微透镜

对于由两个参数完全一样的半球形平面微透镜叠合成的球形平面微透镜，有

$$n(r)=n_2\exp\left[\omega\left(\rho,\frac{f}{a}\right)\right],r=a\rho\exp\left[\omega\left(\rho,\frac{f}{a}\right)\right] \tag{21-156}$$

其中

$$\omega\left(\rho,\frac{f}{a}\right)=\frac{1}{\pi}\int_{\rho}^{1}\frac{\sin\left(\frac{ta}{f}\right)}{\sqrt{t^2-\rho^2}}\mathrm{d}t \tag{21-157}$$

对半球形平面微透镜，有

$$n(r)\mid_{r=0}=n_2\exp\left[2\omega\left(\rho,\frac{f}{a}\right)\right]\approx n_2\exp\frac{2a}{f\pi} \tag{21-158}$$

$$\left.\begin{aligned}\Delta&\approx\frac{n(0)-n_2}{n_2}\approx\exp\left(\frac{2a}{\pi f}\right)-1\\ f&\approx\frac{2a}{\pi\ln\left(\frac{n(0)}{n_2}\right)}=\frac{2a}{\pi\ln(1+\Delta)}\end{aligned}\right\} \tag{21-159}$$

$$\mathrm{NA}=\frac{n_2a}{f}\approx\frac{\pi}{2}n_2\ln\left(\frac{n(0)}{n_2}\right)=\frac{\pi}{2}n_2\ln(1+\Delta) \tag{21-160}$$

对于由两片半球形平面微透镜叠合成的球形平面微透镜，同样可以得到

$$\left.\begin{aligned}n(r)\mid_{r=0}&=n_2\exp\left[\omega\left(\rho,\frac{f}{a}\right)\right]\approx n_2\exp\frac{a}{f\pi}\\ \Delta&\approx\exp\left(\frac{a}{\pi f}\right)-1\\ f&\approx\frac{a}{\pi\ln(1+\Delta)}\\ \mathrm{NA}&\approx\pi n_2\ln(1+\Delta)\end{aligned}\right\} \tag{21-161}$$

将鲁尼伯格透镜作为平面微透镜的理想模型还存在以下问题：

1)鲁尼伯格透镜对与光轴不平行的斜入射光线不能很好地聚焦。

2)鲁尼伯格透镜的折射率分布是球对称分布，平面微透镜的折射率分布一般是旋转对称。只有在当交换时间充分长的特定条件下，折射率分布才可能是球对称分布。

（二）旋转对称近似[12,67-68]

在旋转对称近似下，利用积分形式的光线方程来分析光线在平面微透镜中的传输特性比较方便。

1. 光线平行入射的情况

利用积分形式的光线方程式

$$\int_{r_0}^{r}\frac{\mathrm{d}r}{\sqrt{R(r)-c_z^2R(r_0)+Z(0)(1-c_z^2)}}=\pm\int_0^z\frac{\mathrm{d}z}{\sqrt{Z(z)+c_z^2R(r_0)+Z(0)(c_z^2-1)}}$$

式中，右端的"+"号对应 $\frac{\mathrm{d}r}{\mathrm{d}z}>0$，"−"号对应 $\frac{\mathrm{d}r}{\mathrm{d}z}<0$，$\frac{\mathrm{d}r}{\mathrm{d}z}$ 是光线对光轴的斜率。当平面微透镜的折射率分布可用(21-152)式表示，入射平行光和光轴平行时，光线在平面微透镜中传播时始终有 $\frac{\mathrm{d}r}{\mathrm{d}z}<0$，因此，在上式中取"−"号。对两端完成积分后，有

1）当 $\nu_{20}>0$ 时，可以得到

$$r=r_0\cos\left\{\frac{1}{\sqrt{\nu_{20}}}\left[\arcsin\frac{\sqrt{\nu_{20}}\sqrt{A}z}{\sqrt{1-(\sqrt{A}r_0)^2}}\right]\right\}\tag{21-162}$$

2）当 $\nu_{20}<0$ 时，可以得到

$$r=r_0\cos\left\{\frac{1}{\sqrt{-\nu_{20}}}\left[\arcsin h\frac{\sqrt{-\nu_{20}}\sqrt{A}z}{\sqrt{1-(\sqrt{A}r_0)^2}}\right]\right\}\tag{21-163}$$

同时，还可以得到光线的斜率：

$$\frac{\mathrm{d}r}{\mathrm{d}z}=-\frac{\sqrt{-\nu_{20}(\sqrt{A}z)^2+1-(\sqrt{A}r_0)^2}}{\sqrt{(\sqrt{A}r_0)^2-(\sqrt{A}r)^2}}\tag{21-164}$$

(21-162)式至(21-164)式是光线平行入射情况下平面微透镜的光线轨迹方程式。

如图 21-80 所示，设 $M(r_1,z_1)$ 为光线在半球平面微透镜表面与基片界面间的轨迹点，出射光线与光轴相交于 F 点，则 MF 的直线方程是

$$r_1=f\frac{\mathrm{d}r_1}{\mathrm{d}z_1}\tag{21-165}$$

计算后可得

$$r_1=r_0\cos\left\{\frac{\sqrt{A}r_1}{\sqrt{2\Delta-(\sqrt{A}r_1)^2}}\left[\arcsin\frac{\sqrt{2\Delta-(\sqrt{A}r_1)^2}}{\sqrt{1-(\sqrt{A}r_0)^2}}\right]\right\}=r_0\cos F(z_1)\tag{21-166}$$

其中
$$F(z_1)=\frac{\sqrt{A}r_1}{\sqrt{2\Delta-(\sqrt{A}r_1)^2}}\left[\arcsin\frac{\sqrt{2\Delta-(\sqrt{A}r_1)^2}}{\sqrt{1-(\sqrt{A}r_0)^2}}\right]$$

在近轴近似下，焦距是

$$f=\frac{\sqrt{1-2\Delta}}{\sqrt{A}}\cot\left(\frac{\sqrt{A}a}{\sqrt{2\Delta}}\arcsin\sqrt{2\Delta}\right)\tag{21-167}$$

2. 光线斜入射在平面微透镜端面上

如图 21-81 所示，光线从 P 点以角度 θ 斜射在平端面的 Q 点，折射后以角 θ' 在平面微透镜中传播，光线的斜率由大于 0 逐渐减少到 0 到达平面微透镜的边界。图中的 M_0 点的斜率 $\frac{\mathrm{d}r}{\mathrm{d}z}=0$，我们称这一点为光线的转向点，这时，光线方程可简化为

$$\int_0^r\frac{\mathrm{d}r}{\sqrt{R(r)-c_z^2R(r_0)}}=\pm\int_0^z\frac{\mathrm{d}r}{\sqrt{Z(z)-c_z^2R(r_0)}}\tag{21-168}$$

对上式经过较复杂的运算，可以得到

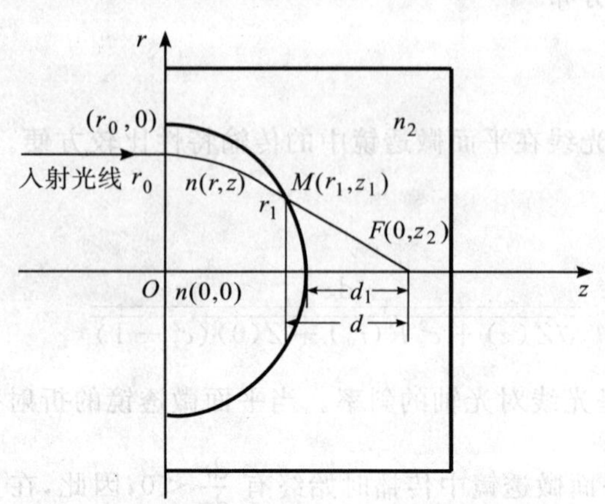

图 21-80　平面微透镜中的光线轨迹示意图

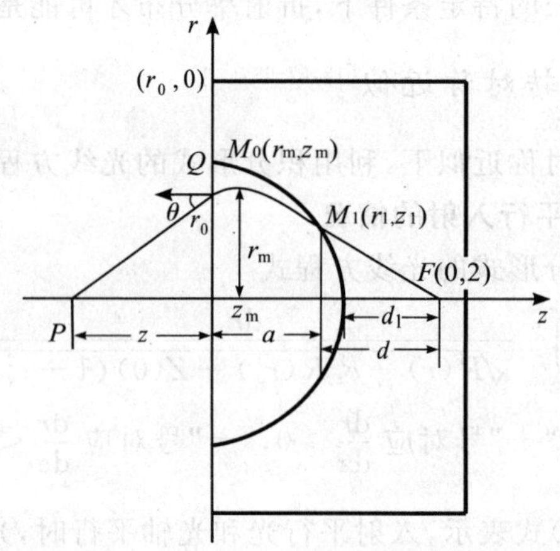

图 21-81　光线斜入射在平面微透镜的端面上

$$
\left.\begin{aligned}
r &= r_0\cos F(z) + \frac{p_x(0)}{\sqrt{A}\,n(0)}\sin F(z) \\
p &= -n(0)r\sqrt{A}\sin F(z) + p_x(0)\cos F(z)
\end{aligned}\right\} \tag{21-169}
$$

其中
$$
F(z) = \frac{1}{\sqrt{|\nu_{20}|}}\arcsin\frac{n(0)\sqrt{|\nu_{20}|}\sqrt{A}\,z}{p_z(0)} \tag{21-170}
$$

(21-169)式称为光线斜入射在平面微透镜时的光线轨迹方程，并可用矩阵表示为

$$
\begin{bmatrix} r \\ p \end{bmatrix} = \begin{bmatrix} \cos F(z) & \dfrac{1}{\sqrt{A}\,n(0)}\sin F(z) \\ -n(0)\sqrt{A}\sin F(z) & \cos F(z) \end{bmatrix}\begin{bmatrix} r_0 \\ p_0 \end{bmatrix} \tag{21-171}
$$

三、平面微透镜的成像特性

(一) 近轴成像公式

如图 21-82 所示，平面微透镜的成像过程可分为 5 个连续的变换过程：① 光束在长为 l_1 的空气中的传播，光线矩阵为 M_{12}；② 光线在平面微透镜的前端面上的折射，光线矩阵为 M_{23}；③ 光线在平面微透镜中的传播，光线矩阵为 M_{34}；④ 光线在平面微透镜后端面上的折射，光线矩阵为 M_{45}；⑤ 光线在长为 l_2、折射率为 n_2 的基片中传播，光线矩阵为 M_{56}。于是，光束经过平面微透镜的成像过程的 $ABCD$ 光线矩阵可以写成

$$
\begin{bmatrix} A & B \\ C & D \end{bmatrix} = \boldsymbol{M}_{56}\boldsymbol{M}_{45}\boldsymbol{M}_{34}\boldsymbol{M}_{23}\boldsymbol{M}_{12}
$$

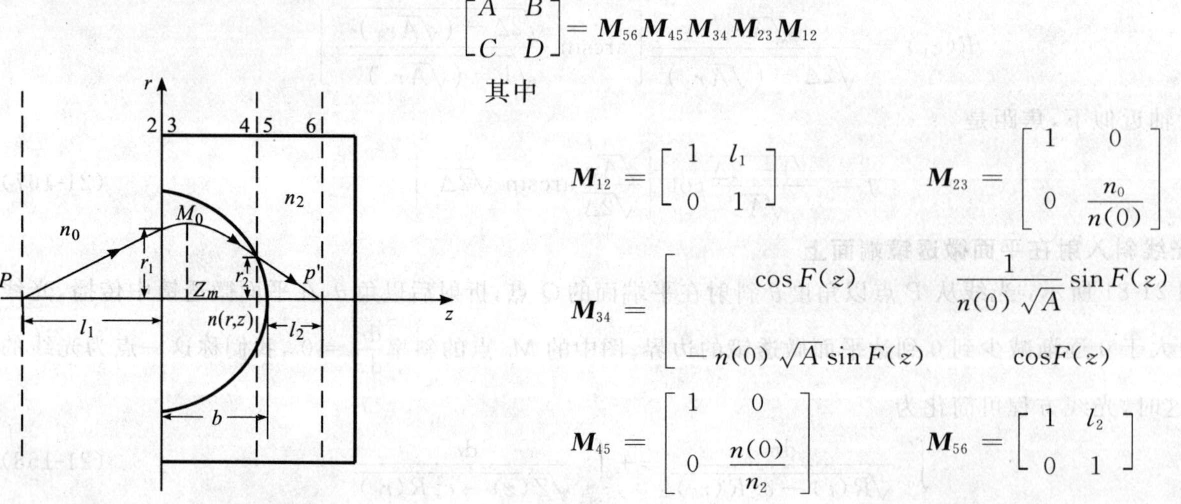

图 21-82　平面微透镜成像示意图

其中

$$
\boldsymbol{M}_{12} = \begin{bmatrix} 1 & l_1 \\ 0 & 1 \end{bmatrix} \qquad \boldsymbol{M}_{23} = \begin{bmatrix} 1 & 0 \\ 0 & \dfrac{n_0}{n(0)} \end{bmatrix}
$$

$$
\boldsymbol{M}_{34} = \begin{bmatrix} \cos F(z) & \dfrac{1}{n(0)\sqrt{A}}\sin F(z) \\ -n(0)\sqrt{A}\sin F(z) & \cos F(z) \end{bmatrix}
$$

$$
\boldsymbol{M}_{45} = \begin{bmatrix} 1 & 0 \\ 0 & \dfrac{n(0)}{n_2} \end{bmatrix} \qquad \boldsymbol{M}_{56} = \begin{bmatrix} 1 & l_2 \\ 0 & 1 \end{bmatrix}
$$

因此有

$$\begin{bmatrix} A & B \\ C & D \end{bmatrix} = \begin{bmatrix} 1 & l_2 \\ 0 & 1 \end{bmatrix} \times \begin{bmatrix} 1 & 0 \\ 0 & \dfrac{n(0)}{n_2} \end{bmatrix} \times \begin{bmatrix} \cos F(z) & \dfrac{1}{n(0)\sqrt{A}} \sin F(z) \\ -n(0)\sqrt{A}\sin F(z) & \cos F(z) \end{bmatrix} \times \begin{bmatrix} 1 & 0 \\ 0 & \dfrac{n_0}{n(0)} \end{bmatrix} \times \begin{bmatrix} 1 & l_1 \\ 0 & 1 \end{bmatrix}$$

经过计算，可以得到矩阵元是

$$A = \cos F(z) - l_2 \frac{n^2(0)\sqrt{A}}{n_0} \sin F(z)$$

$$B = l_1 \cos F(z) + \frac{n_2}{n^2(0)\sqrt{A}} \sin F(z) + l_2 \left[\frac{n_2}{n_0} \cos F(z) - \frac{n^2(0)\sqrt{A}\, l_1}{n_0} \sin F(z) \right]$$

$$C = -\frac{n^2(0)\sqrt{A}}{n_0} \sin F(z)$$

$$D = \frac{n_2}{n_0} \cos F(z) - l_1 \frac{n^2(0)\sqrt{A}}{n_0} \sin F(z)$$

于是，我们就可以得到变折射率平面微透镜的近轴光学成像特性：

(1)像距

$$l_2 = \frac{l_1 n^2(0)\sqrt{A}\cos F(z) + n_2 \sin F(z)}{n^2(0)\sqrt{A}\left[l_1 \dfrac{n^2(0)\sqrt{A}}{n_0} \sin F(z) - \dfrac{n_2}{n_0} \cos F(z) \right]} \tag{21-172}$$

(2)焦距

后焦距

$$f_1 = \frac{n_0}{n^2(0)\sqrt{A}\sin F(z)}$$

前焦距

$$f_2 = -\frac{n_0}{n^2(0)\sqrt{A}\sin F(z)} \tag{21-173}$$

(3)像高

$$r_2 = A r_1 = \left[\cos F(z) - l_2 \frac{n^2(0)\sqrt{A}}{n_0} \sin F(z) \right] r_1 \tag{21-174}$$

(4)横向放大率

$$m = \frac{r_2}{r_1} = A = -\cos F(z) - l_2 \frac{n^2(0)\sqrt{A}}{n_0} \sin F(z) \tag{21-175}$$

(5)主平面位置

后主平面位置

$$h_1 = l_2|_{m=1} = -\frac{n_0}{n^2(0)\sqrt{A}} \tan\left[\frac{1}{2} F(z) \right] \tag{21-176}$$

前主平面位置

$$h_2 = -h_1 = \frac{n_0}{n^2(0)\sqrt{A}} \tan\left[\frac{1}{2} F(z) \right] \tag{21-177}$$

(6)截距

后截距

$$s_1 = f - h = \frac{n_0}{n^2(0)\sqrt{A}} \cot F(z) \tag{21-178}$$

前截距

$$s_2 = -s_1 = -\frac{n_0}{n^2(0)\sqrt{A}} \cot F(z) \tag{21-179}$$

(二)几种特殊情况

1. 焦距、截距和主平面与 $F(z)$ 的关系

焦距、截距和主平面与 $F(z)$ 的关系见表 21-29。

表 21-29　关于 f、s 和 h 的一些典型值

F 数值	焦距 f	截距 s	主平面位置 h
0	∞	∞	0
$0<F<\frac{\pi}{2}$	$\left[\infty,\frac{1}{n^2(0)\sqrt{A}}\right]$	$(\infty,0)$	$\left[0,\frac{1}{n^2(0)\sqrt{A}}\right]$
$F=\frac{\pi}{2}$	$\frac{1}{n^2(0)\sqrt{A}}$	0	$\frac{1}{n^2(0)\sqrt{A}}$
$\frac{\pi}{2}<F<\pi$	$\left[\frac{1}{n^2(0)\sqrt{A}},\infty\right]$	$(0,-\infty)$	$\left[\frac{1}{n^2(0)\sqrt{A}},\infty\right]$
$F=\pi$	$\pm\infty$	$\mp\infty$	$\pm\infty$
$\pi<F<\frac{3\pi}{2}$	$\left[-\infty,-\frac{1}{n^2(0)\sqrt{A}}\right]$	$(\infty,0)$	$\left[-\infty,-\frac{1}{n^2(0)\sqrt{A}}\right]$
$F=\frac{3\pi}{2}$	$-\frac{1}{n^2(0)\sqrt{A}}$	0	$-\frac{1}{n^2(0)\sqrt{A}}$
$\frac{3\pi}{2}<F<2\pi$	$\left[-\frac{1}{n^2(0)\sqrt{A}},\infty\right]$	$(0,\infty)$	$\left[\frac{1}{n^2(0)\sqrt{A}},0\right]$
$F=2\pi$	$\mp\infty$	$\mp\infty$	0

2. 准直情况

这时，由(21-172)式的分母为 0 可以得到

$$l_1=\frac{n_2}{n^2(0)\sqrt{A}}\cot F(z) \tag{21-180}$$

上式告诉我们，当物位于焦点处，即物距等于截距时，出射光是准直的。

3. 像面与平面微透镜出射端面重合

这时有像距为 0，由此可以得到

$$l_1=-\frac{n_2}{n^2(0)\sqrt{A}}\tan F(z) \tag{21-181}$$

4. 放大率为 1 的情况

当 $m=1$ 时

$$l_1=-\frac{n_0}{n^2(0)\sqrt{A}}\tan\left(\frac{1}{2}F(z)\right) \tag{21-182}$$

当 $m=-1$ 时

$$l_2=\frac{n_0}{n^2(0)\sqrt{A}}\cot\left(\frac{1}{2}F(z)\right) \tag{21-183}$$

四、平面微透镜阵列的制作

平面微透镜阵列可以采用平面光刻工艺和离子交换技术(简称光刻离子交换工艺)等光学微加工工艺制作，其工艺流程如图 21-83 所示[49]

由图 21-83 可知，制作工艺主要分为两个阶段：第一阶段是光刻阶段，即采用光刻方法将离子交换图形(窗口)制作在玻璃基片的掩膜上；第二阶段是离子交换阶段，即利用掩膜上的窗口作为在溶盐中离子交换的源，通过离子交换工艺在玻璃基片内制作出掩埋在基片内部的一个半球形变折射率区域，这就是平面微透镜。

在离子交换过程中，影响折射率分布的主要因素有基质玻璃的组分、溶盐离子的性质、离子源(窗口)的

大小和形状、离子交换的温度和时间等。离子交换引起的折射率改变可以用下式表示：

$$\Delta n = \frac{x}{V_O}\left(\Delta R - R_O \frac{\Delta V_O}{V_O}\right) \qquad (21\text{-}184)$$

式中，x 为表征离子交换程度的量，V_O 为每摩尔氧原子在玻璃中所占的体积，ΔV_O 表示离子交换后每摩尔氧原子体积的变化，R_O 为每摩尔氧原子的折射度，ΔR_O 为离子交换后每摩尔氧原子折射度的变化。表 21-30 为我们制作的一些平面微透镜的性能参数。

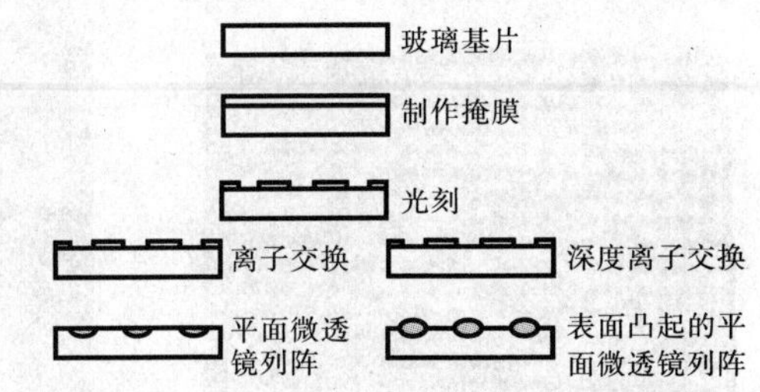

图 21-83　平面微透镜阵列制作工艺流程图

表 21-30　平面微透镜样品的有关性能参数

样品编号	PSLA - 027	PSLA - 028	PSLA - 029	PSLA - 041
窗口直径 $2a$ /mm	0.60	0.10	0.10	0.30
相邻透镜中心距 d /mm	2.00	0.70	0.70	0.70
球透镜半径 a /mm	0.53	0.14	0.25	0.24
离子交换深度 h /mm	0.23	0.13		
窗口突起高度 δ /mm	0.015	0.015		
透镜数($m\times n$)	18×18	35×35	35×35	35×35
焦距 f /mm	2.40	0.35	0.35	1.40
成像分辨率 R /(lp/mm)	107	150		196
出射光斑直径 D /μm	40	8～10		
折射率差 Δn	0.036	0.036		
数值孔径 NA	0.216	0.371	0.581	0.17

(21-184)式告诉我们，折射率变化主要由两个因素引起，即交换离子对的极化率差和半径差引起的玻璃摩尔体积的变化。为了得到最大的折射率差 Δn，一般可以采用 $Tl^{+}-K^{+}$ 离子交换。基片玻璃采用一种碱金属含量较高的特种光学玻璃，溶盐采用铊盐。表 21-30 为我们制作的平面微透镜阵列样品的有关性能参数，图 21-84 是我们制作的平面微透镜阵列样品的成像照片，图 21-85 为表面突起的平面微透镜阵列样品的截面照片。

我们采用两步离子交换工艺成功制作了球形平面微透镜阵列。其主要光学特性与半球形平面微透镜的比较见表 21-31，其截面照片如图 21-86 所示。

表 21-31　球形平面微透镜阵列和半球形平面微透镜阵列主要参数的比较

参　数	半球形平面微透镜阵列	球形平面微透镜阵列
焦距 f /mm	0.9	1.6
折射率差 Δn		0.027
分辨率 R /(lp/mm)	179	192
数值孔径 NA	0.11	0.09
聚焦光斑 D /μm	>12	>10
透镜直径 $2a$ /mm	0.098	0.136
交换深度 h /mm	0.07	0.22
椭圆度/%	71	81

图 21-84 平面微透镜阵列样品的成像照片

图 21-85 平面微透镜表面突起的截面照片

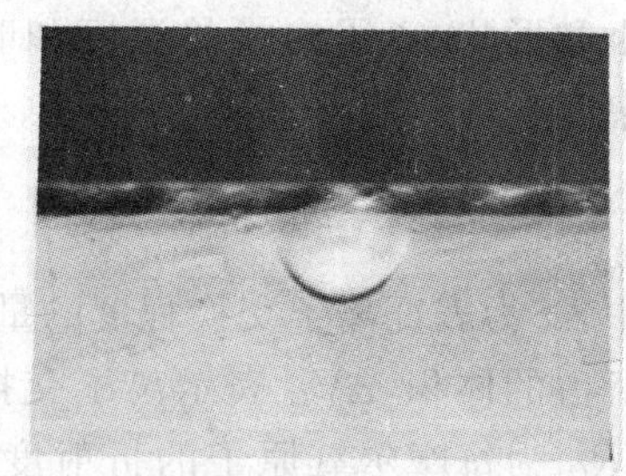

图 21-86 球形平面微透镜阵列样品的截面照片

五、异形(正方形和正六角形)径向变折射率透镜阵列

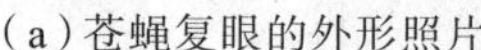

(a)苍蝇复眼的外形照片

(b) 放大250倍的照片

图 21-87 苍蝇的复眼及其显微照片

在微透镜阵列的许多应用中,不仅要求有好的成像质量,而且要求传输的信息不丢失、图像不失真,这就要求微透镜阵列的填充系数达到98%以上,一般的平面微透镜阵列根本达不到这一要求。理论计算表明[11],圆形孔径透镜阵列有两种排列方式:正方形堆积排列,填充系数最大不超过 78.8%;六角紧密堆集排列,填充系数最大也不超过 90.7%。因此,为了实现高填充系数的微透镜阵列,必须改进微透镜阵列的结构,研制新结构微透镜阵列。

众所周知,一些生物的复眼都是六角孔径紧密堆积排列的微透镜阵列,如苍蝇复眼就是由若干正六角形小眼(透镜)构成的曲面微透镜阵列,透镜间几乎没有空隙,如图 21-87 所示。

在生物复眼的启示下,只有制作异形孔径(正方形或正六角形)微透镜阵列才能使填充系数达到 98%以上。通过研究,采用了两种办法来制作异形孔径微透镜阵列。

(一)方形径向变折射率透镜的制作及光学性能研究

1. 三种制作工艺

1)先成形后交换工艺[55-61]。采用机械研磨的方法先制作对边距为 1.4 mm 左右的方形玻璃丝,然后在(540±15)℃的硝酸盐中进行离子交换 60~80 h 以改变折射率分布,再将交换好的玻璃丝按确定尺寸加工成径向变折射率透镜,然后再将单个方形径向变折射率透镜在模具中精确排列成阵列,最后对样品的主要光学特性进行测量。图 21-88 为方形径向变折射率透镜的成像照片,图 21-89 为 3×3 方形径向变折射率透镜阵列的多重像和综合像照片。在阵列中,每个透镜元都对目标单独成像,这就是方形径向变折射率透镜的多重像,在一定条件下(一定长度径向变折射率透镜),径向变折射率透镜阵列中的每个透镜对目标所成像相互叠加,形成一个叠加像,这就是方形径向变折射率透镜阵列的综合像。

图 21-88 方形径向变折射率透镜的成像照片

图 21-89 方形孔径径向变折射率透镜阵列对目标的多重像(左)和综合像(右)

2)先交换后成形[57]。就是先对圆形丝先进行离子交换工艺以形成确定的折射率分布,然后再加工成方形,最后再对其主要光学特性进行研究。图 21-90 是采用此工艺制作的方形径向变折射率透镜的成像照片。

3)先制作异形玻璃预制棒,拉成玻璃丝后,再通过离子交换工艺制作异形孔径径向变折射率透镜阵列。图 21-91 为深圳市昊谷光电有限公司采用该方法制作的六角形孔径径向变折射率透镜阵列的外形和多重像照片。

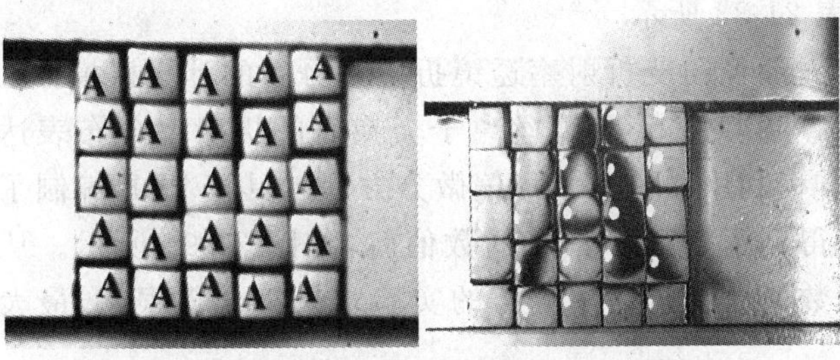

图 21-90　多重像照片(左)和综合像照片(右)

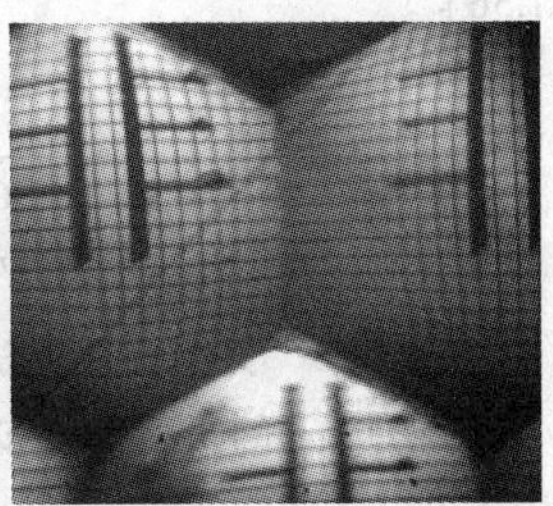

图 21-91　外形照片(左)和多重成像照片(右)

3 种制作工艺比较:从图 21-89～图 21-91 可以知道,第一、第二种方法由于单丝直径很小(1.8 mm),通过机械研磨方法加工成正方形,很难保证几何尺寸的精度和均匀性,第三种方法尺寸的精度和均匀性就很好。第二种方法是对交换好的丝进行加工,很难保证透镜中心和几何中心一致,因而成像有的是倾斜的,从成像情况来说,一般中心较好,四周特别是 4 个角上的像差较大,像质较差。

2. 方形径向变折射率透镜的折射率分布

(1)理论计算

在确定的边界条件和初始条件下求解扩散方程[58]:

$$\frac{\partial^2 C}{\partial r^2}+\frac{1}{r}\frac{\partial C}{\partial r}+\frac{1}{r^2}\frac{\partial^2 C}{\partial \theta^2}=\frac{1}{D}\frac{\partial C}{\partial t} \tag{21-185}$$

图 21-92　方形径向变折射率透镜的干涉照片

可以得到折射率分布表达式:

$$n(r,\theta,t)=\sum_{j=0}^{\infty}\sum_{k=0}^{\infty}A_{kj}\exp\left(-\alpha_j Dt\right)J_{\frac{k}{2}}(\alpha_j r)\cos\left(\frac{k}{2}\theta\right)+\sum_{k=0}^{\infty}c_k r^{\frac{k}{2}}\cos\left(\frac{k}{2}\theta\right)$$

在定态,忽略高阶项后,上式变为

$$n(r,\theta)=a+br^{\frac{3}{2}}+cr^{\frac{1}{2}}\cos\left(\frac{1}{2}\theta\right)+d\left[r\cos\theta+r^{\frac{3}{2}}\cos\left(\frac{3}{2}\theta\right)\right] \tag{21-186}$$

折射率分布(21-186)式不仅与径向坐标 r 有关,而且还与方位坐标 θ 有关。采用薄片干涉方法可以得到方形径向变折射率透镜的干涉照片,如图 21-92 所示[58],从表 21-32 可以得到在不同方向、不同位置的折射率数值和相应的折射率分布曲线。

表 21-32　不同方向、不同位置的折射率实验值[58]

方位角	$\theta=0°$		$\theta=15°$		$\theta=30°$		$\theta=45°$	
干涉级	r_k	$n(r)$	r_k	$n(r)$	r_k	$n(r)$	r_k	$n(r)$
1	0.131	1.614	0.131	1.614	0.131	1.614	0.131	1.614
5	0.352	1.601	0.352	1.601	0.353	1.601	0.354	1.601
9	0.499	1.587	0.499	1.587	0.512	1.587	0.520	1.587
13	0.600	1.574	0.602	1.574	0.630	1.574	0.649	1.574
15	0.639	1.568	0.644	1.568	0.681	1.568	0.704	1.568
17	0.673	1.561	0.680	1.561	0.721	1.561	0.757	1.561
19	0.702	1.555	0.713	1.555	0.759	1.555	0.806	1.555

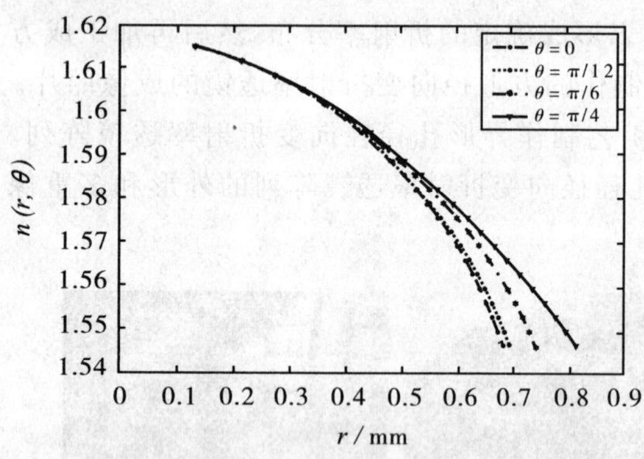

图 21-93 方形径向变折射率透镜不同方位的折射率分布曲线

从表 21-31 和图 21-93 可知，方形径向变折射率透镜的折射率分布不仅与 r 有关，还与 θ 有关。在 r 不大的中心区域，折射率与 θ 的关系不明显，干涉条纹仍呈圆形，在 r 很大的周边区域，折射率受 θ 影响很大，干涉条纹呈方形分布。

对方形径向变折射率透镜的主要光学性能进行了测量，结果如表 21-33 所示[6,25]。

(2)方形径向变折射率透镜折射率分布的计算机模拟

文献[59]对方形玻璃丝离子交换后的折射率分布表达式的扩散方程利用 MATLAB 偏微分方程工具箱 PDE 编制了计算程序，得到了折射率分布的数值解，如图 21-94 所示。从图中可知，数值解与折射率分布的实验结果符合得很好，最大误差为 0.3%。

表 21-33 方形径向变折射率透镜的主要性能参数

样品序号	正方形边长/mm	周期长度/mm	聚焦常数/mm^{-1}	数值孔径	畸 变/%
01	1.32	16.908	0.391	0.409	9.0
02	1.32	16.852	0.373	0.416	13.2
03	1.32	16.612	0.375	0.414	13.8
04	1.32	16.968	0.370	0.398	11.4
05	1.32	16.900	0.372	0.410	9.0

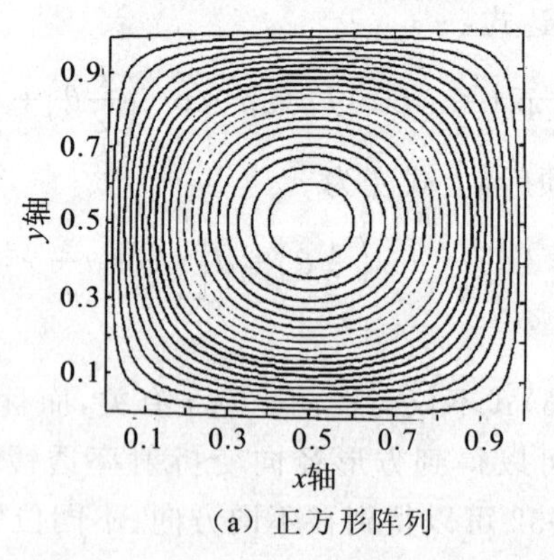

(a) 正方形阵列

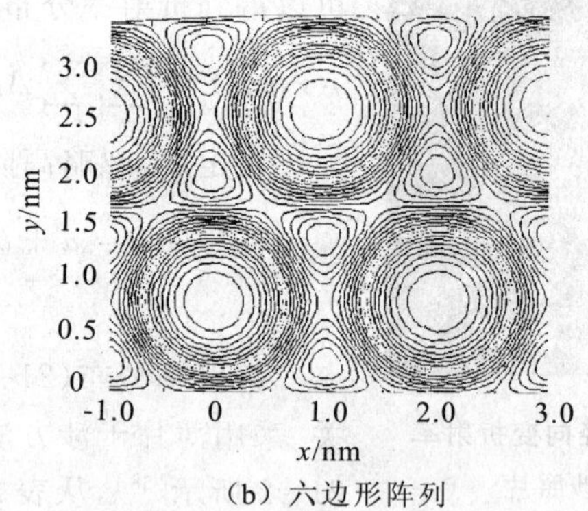

(b) 六边形阵列

图 21-94 折射率分布的理论计算值

(二)异形孔径径向变折射率平面微透镜阵列的制作

1. 平面型异形孔径径向变折射率平面微透镜阵列

采用光刻离子交换工艺制作异形(方形和六角形)孔径平面微透镜阵列[61-62]。图 21-83 给出了制作工艺流程图，从中可知，首先制作异形孔径微透镜阵列母板，然后将母板图形光刻在镀有钛膜的玻璃基片上，然后将玻璃基片放入(430±15)℃的硫酸盐熔盐中进行离子交换 40～70h，就可以得到掩埋在玻璃基片表面下、窗口表面凸起的变折射率半球阵列，这就是半球形平面微透镜。

图 21-95 是我们制作的方形和六角形平面微透镜阵列成像照片。对六角形孔径平面微透镜阵列的样品的主要光学性能进行了测量，结果见表 21-34。采用这种方法制作的平面微透镜阵列，主要的特点是掩埋式、变折型。就是半球透镜是变折射率型，而且掩埋在玻璃基片内部，表面可以制作其他光学元件，或与其他元件耦合。

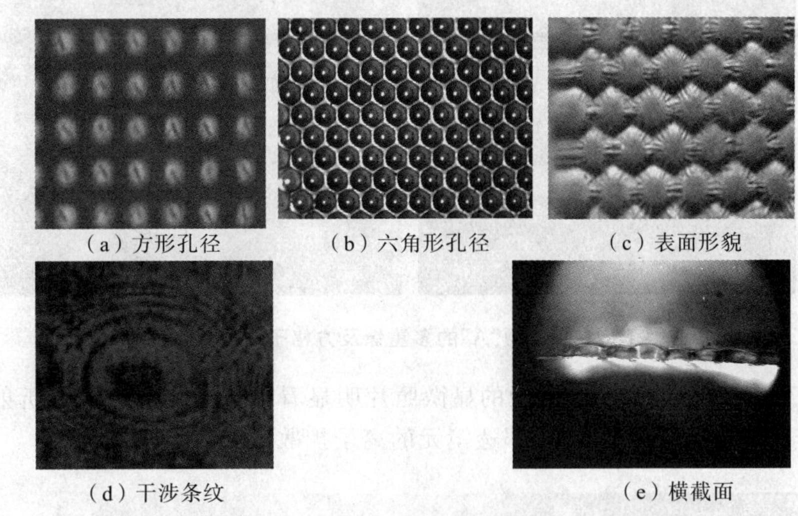
(a) 方形孔径　(b) 六角形孔径　(c) 表面形貌
(d) 干涉条纹　(e) 横截面

图 21-95　异形孔径平面微透镜阵列照片

表 21-34　六角形孔径平面微透镜阵列主要性能参数测试值

序　号	前截距/mm	后截距/mm	数值孔径	畸　变/%
01	1.991	2.578	0.142 1	4.76
02	2.072	2.484	0.146 5	4.76
03	2.324	2.425	0.146 5	4.50

2. 曲面型六角形孔径 GRIN 平面微透镜阵列

在一些应用中，如仿生物复眼研究中，为了扩大视场，满足获得不同倍率像的需要，要求基片不是平面，而是有一定曲率的球面。为此，我们采用光刻离子交换工艺，在弯曲玻璃基片上，制作出了曲面型六角形孔径 GRIN 平面微透镜阵列。

阵列基片采用 Na_2O 含量较高的玻璃，做成球面曲率半径为 500 mm 的球形。将光刻后的基片放入以一定比例混合的 Tl_2SO_4 和 $ZnSO_4$ 熔融盐中进行离子交换。交换温度为 450～500℃，交换时间为 30～50 h。制作的曲面型六角形孔径 GRIN 平面微透镜阵列外形如图 21-96 所示，基片直径 25 mm，有效微透镜元数为 2 052，阵列排列整齐、均匀。表 21-35 为阵列部分光学特性参数的测量值。

图 21-96　曲面型六角形孔径 GRIN 平面微透镜阵列外形

表 21-35　阵列部分光学特性参数的测量值

离子交换深度/mm	截距/mm	数值孔径	畸　变
0.198	2.241	0.100	0.077

图 21-97 为该阵列对物“A”和方格子图的成像及畸变情况。根据表 7 的测试数据及成像图可知，阵列成像质量和一致性较好，畸变较小。

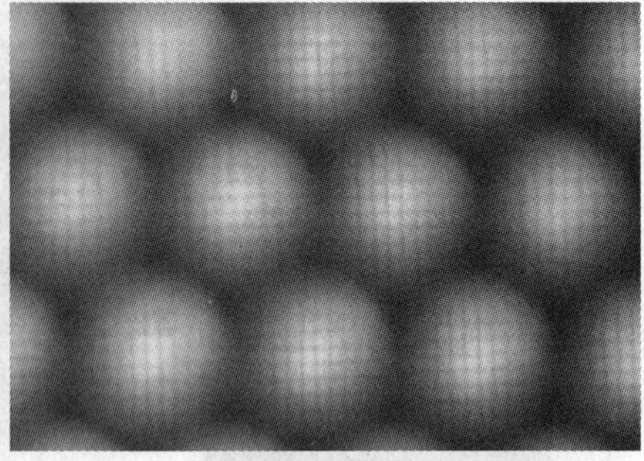

图 21-97　物“A”的多重像及方格子成像畸变

图 21-98 为该阵列横截面结构照片，图中的显微照片明显看出离子交换后的变折射率(半球透镜)区域的三维形貌。当离子扩散至一定深度时，相邻透镜元的离子扩散区域将开始重叠。

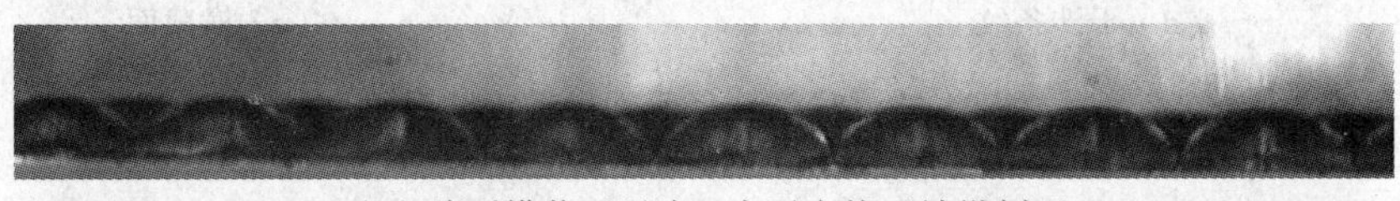

(a) 阵列横截面照片、离子交换区域纵剖面

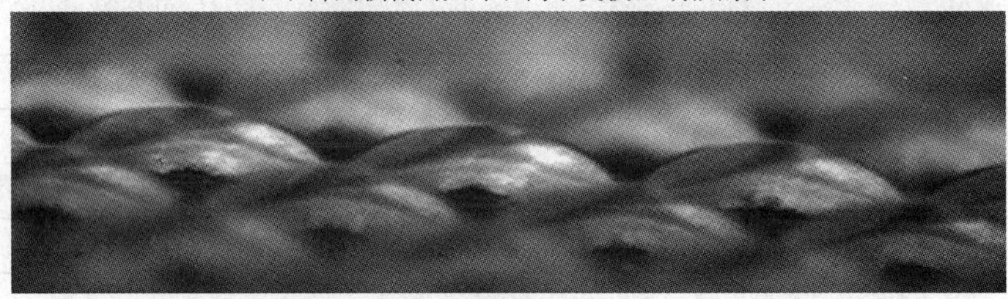

(b) 三维离子交换区域侧俯视图

图 21-98　阵列横截面照片、离子交换区域纵剖面及三维离子交换区域侧俯视图

测量和计算指出，离子纵向扩散最大深度为 0.198 mm，横向(自六角形窗口边界算起)扩散最大宽度为 0.142 mm，重叠区域最大宽度为 0.042 mm，填充系数可达 98%。

六、微透镜阵列的基本理论[12,63-64]

(一)阵列光学

微透镜阵列的基本理论是研究光信息在微透镜阵列中的传输、成像、变换等特性的理论，这就是阵列光学(array optics)的研究内容。在微透镜阵列中，光信息的传输、成像、变换与透镜元不同，主要是：

1)并行性。对物平面上的一个信息，透镜元具有来自透镜本身固有的成像并行性，微透镜阵列不仅存在透镜元的这种并行性，还存在阵列中各透镜元间的阵列并行性，对每个透镜元，可以分别进行信息传输、成像和变换处理。

2)线性性。透镜元具有线性不变性，微透镜阵列由于出现各透镜元传输的光信息的交叉、重叠、变换，因此，不再具有线性不变性。

3)空不变性。透镜元是一个空不变系统，微透镜阵列的空间维数是可变的。

4)独立性。光信息在透镜元中的传输、变换是并行的、独立的，在微透镜阵列中，由于透镜元传输的信息可以交叉、重叠，不再具有独立性。

以上 4 点就是阵列光学研究的基本问题。

(二)微透镜阵列的光线理论

如果 $O(x_i, y_i, l_1)$ 和 $I(x_i, y_i, l_2)$ 分别为透镜元 i 对应物面和像面上的光信息，Φ_i 为透镜元 i 对光信息从物面到像面的变换关系，透镜元 i 的传输矩阵是 $\begin{bmatrix} a_i & b_i \\ c_i & d_i \end{bmatrix}$，则有

$$I(x_i', y_i' v_i) = \varphi_i[O(x_{io}, y_{io}, l_1)] = O(\beta_i x_{io}, y_{io}, l_1)$$

其中：

$$\left.\begin{aligned} &\text{放大倍率} \quad \beta_i = a_i + c_i l_{2i} = \frac{1}{c_i l_{1i} + d_i} \\ &\text{像距} \quad l_{2i} = \frac{a_i l_{1i} + b_i}{c_i l_{1i} + d_i} \\ &\text{并有} \quad x_i = \beta_i x_0 + \varepsilon_i (1 - \beta_i) \\ &\qquad\quad y_i = \beta_i y_0 + \gamma_i (1 - \beta_i) \end{aligned}\right\} \tag{21-187}$$

式中，ε_i、γ_i、l_{1i} 和 l_{2i} 分别为透镜元 i 相对于微透镜阵列坐标系的坐标、物距和像距。由(21-187)式可知，在物面上的输入信息 $O(x_0, y_0)$，对透镜元 i 在像空间的输出信息是 $I(x_i, y_i)$，对一个由 N 个透镜元组成的微透镜阵列系统($i = 1, 2, \cdots, N$)，在像空间就会有 N 个独立的输出信息，$I(x_i, y_i)(i = 1, 2, \cdots, N)$，维数扩大了 N 倍，这就是微透镜阵列的多重像。

对于由参数完全一样的径向变折射率透镜组成的径向变折射率微透镜阵列，多重像的像距可以写成

$$l_2 = \frac{1}{n(0)\sqrt{A}} \frac{n(0)\sqrt{A}\, l_1 \cos(\sqrt{A} z) + \sin(\sqrt{A} z)}{n(0)\sqrt{A} z \sin(\sqrt{A} z) - \cos(\sqrt{A} z)}$$

在(21-187)式中，如果 $\beta_i = \beta_j = 1$，则透镜元 i 和透镜元 j 的像完全重合，出现像的重叠(简并)，维数减少一次。若微透镜阵列的 N 个透镜元的参数完全一样，即

$$\begin{pmatrix} a_i & b_i \\ c_i & d_i \end{pmatrix}_{i=1,2,\cdots,N} = \begin{pmatrix} a & b \\ c & d \end{pmatrix} \tag{21-188}$$

这时，$\beta_1 = \beta_2 = \cdots = \beta_i \cdots = \beta_N$，当物面为平面时，$N$ 个透镜元的像位于同一个像面上，而且这 N 个像将重合在一起成为重叠像，这就是综合像。

对径向变折射率透镜而言，当放大倍数为 1 时，可得到存在综合像的条件是物距必须满足

$$l_1 = -\frac{1}{n(0)\sqrt{A}} \tan\left(\frac{1}{2}\sqrt{A} z\right) \tag{21-189}$$

从(21-189)式可知，径向变折射率透镜的长度必须在 1/2 周期至 3/4 周期之间。

从上面的分析可知，由完全相同的透镜组成的阵列，只有按一定的规律排列时，才会有综合像，综合像的位置和放大率(对平面阵列，放大率恒为 1)总是和透镜元的像相同。对于一般的微透镜阵列，仅在一对由阵列的排列决定的固定的共轭面上才有综合像。

(三)微透镜阵列的衍射理论[12,63-64]

微透镜阵列衍射分析所选的坐标如图 21-99 所示。

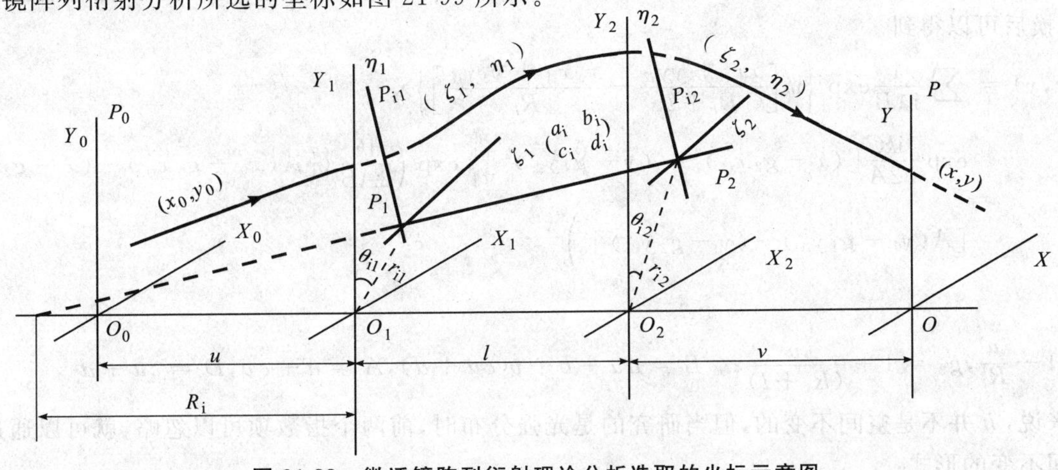

图 21-99　微透镜阵列衍射理论分析选取的坐标示意图

表 21-36　图 21-99 中选用的符号说明

O_1O_2，$O_{i1}O_{i2}$	分别为系统的光轴和阵列中第 i 个光学元件的光轴
P_1，P_i	为相距为 l 的系统输入和输出平面
P_{i1}，P_{i2}	为第 i 个光学元件的输入和输出平面
x_{i1}，y_{i1} 和 x_{i2}，y_{i2}	分别为阵列中第 i 个光学元件的光轴与系统的输入和输出平面交点
x_1，y_1 和 x_2，y_2	分别为阵列输入和输出界面上考察点的坐标
ζ_1，η_1 和 ζ_2，η_2	分别为上述考察点在第 i 个光学元件的本地坐标系中的坐标
u，v	分别为物面和观察面到系统输入和输出平面的距离
R_i	为第 i 个光学元件的光轴与系统光轴的交点到输入平面的距离

当光信息通过由传输矩阵 $\begin{pmatrix} A & B \\ C & D \end{pmatrix}$ 表示的微透镜阵列系统（透镜元的光线传输矩阵是 $\begin{pmatrix} a & b \\ c & d \end{pmatrix}$）时，经典的菲涅耳衍射公式不能直接应用。可以从范滇元[65-66]提出的菲涅耳衍射公式出发，求出微透镜阵列的点扩散函数，研究微透镜阵列的光学成像特性。经过一系列运算后，可以得到经过透镜元 i 在观察面 (x,y) 上的衍射积分表达式：

$$U_i(x,y)=\frac{\exp\left[\mathrm{i}k(u+l+v)\right]}{(\mathrm{i}\lambda)^3 uvb}\iiiint\!\!\iint U(x_0,y_0)\exp\left\{\frac{\mathrm{i}k}{2u}\left[(x_0-x_{i1}-\xi_1)^2-\frac{2ux_{i1}\xi_1}{R_i}+(y_0-y_{i1}-\eta_1)^2-\frac{2uy_{i1}\eta_1}{R_i}\right]\right\}\exp\left\{\frac{\mathrm{i}k}{2b}\left[a(\xi_1^2+\eta_1^2)-2(\xi_1\xi_2+\eta_1\eta_2)-d(\xi_2^2+\eta_2^2)\right]\right\}\times \exp\left\{\frac{\mathrm{i}k}{2v}\left[(x-x_{i2}-\xi_2)^2+\frac{2vx_{i2}\xi_2}{R_i+l}+(y-y_{i2}-\eta_2)^2+\frac{2vy_{i2}\eta_2}{R_i+l}\right]\right\}\mathrm{d}x_0\,\mathrm{d}y_0\,\mathrm{d}\xi_1\,\mathrm{d}\xi_2\,\mathrm{d}\eta_1\,\mathrm{d}\eta_2$$

点扩散函数是

$$h_i(x_0,y_0;x,y)=\frac{1}{(\mathrm{i}\lambda)^3uvb}\iiiint\exp\left\{\frac{\mathrm{i}k}{2u}\left[(x_0-x_{i1}-\xi_1)^2-\frac{2ux_{i1}\xi_1}{R_i}+(y_0-y_{i1}-\eta_1)^2-\frac{2uy_{i1}\eta_1}{R_i}\right]\right\}\times \exp\left\{\frac{\mathrm{i}k}{2b}\left[a(\xi_1^2+\eta_1^2)-2(\xi_1\xi_2+\eta_1\eta_2)+d(\xi_2^2+\eta_2^2)\right]\right\}\exp\left\{\frac{\mathrm{i}k}{2v}\left[(x-x_{i2}-\xi_2)^2+\frac{2vx_{i2}\xi_2}{R_i+l}+(y-y_{i2}-\eta_2)^2+\frac{2vy_{i2}\eta_2}{R_i+l}\right]\right\}\mathrm{d}\xi_1\,\mathrm{d}\xi_2\,\mathrm{d}\eta_1\,\mathrm{d}\eta_2 \tag{21-190}$$

在微透镜阵列输出面上的光场，是各透镜元在输出面上光场的叠加，因此，经过微透镜阵列的光波在输出面上引起的场分布和点扩散函数为

$$\left.\begin{aligned} U(x,y)&=\sum U_i(x,y)\\ h(x_0,y_0;x,y)&=\sum h_i(x_0,y_0;x,y)\end{aligned}\right\} \tag{21-191}$$

当透镜元的线度远大于波长时，完成(21-190)式的积分后，为求光学传递函数，必须把 h 变换成空间不变形式，变换后可以得到

$$h(x_0,y_0;x,y)=\sum\frac{1}{\mathrm{i}\lambda B}\exp\left\{\mathrm{i}k\left[\frac{xx_{i2}+yy_{i2}}{R_i+l}-\frac{x_0x_{i1}+y_0y_{i1}}{R_i}\right]\right\}\times \exp\left\{\frac{\mathrm{i}kC}{2A}\left[(x-g_2x_{i2})^2+(y-g_2y_{i2})^2\right]\right\}\exp\left(\frac{\mathrm{i}k}{2AB}\left\{\left[A(x_0-g_1x_{i1})-(x-g_2x_{i2})\right]^2+\left[A(y_0-g_1y_{i1})-(y-g_2y_{i2})\right]^2\right\}\right)$$

其中

$$g_1=1-\frac{u}{R_i},\ g_2=1+\frac{v}{(R_i+l)};\quad B=au+b+v(cu+d),\ A=a+cv,\ D=cu+d$$

一般来说，h 并不是空间不变的，但当研究的是光强分布时，前两个指数项可以忽略，就可以通过坐标变换化为空间不变的形式：

$$h(x-Ax_0,y-Ay_0)=\sum\frac{1}{\mathrm{i}\lambda B}\exp\left(\frac{\mathrm{i}k}{2AB}\left\{[(x-Ax_0)-(g_2x_{i2}-Ag_1x_{i1})]^2+[(y-Ay_0)-(g_2y_{i2}-Ag_1y_{i1})]^2\right\}\right)\tag{21-192}$$

在成像条件 $B=0$ 时，上式变成

$$h(x-Ax_0,y-Ay_0)=\sum\delta[(x-Ax_0)-(g_2x_{i2}-Ag_1x_{i1}),(y-Ay_0)-(g_2y_{i2}-Ag_1y_{i1})]\tag{21-193}$$

从(21-193)式和(21-192)式可知，满足透镜元成像条件时，对于物面上一个信号(光脉冲)输入，在像面上的场强是一系列的尖锐脉冲，脉冲位置为

$$\left.\begin{aligned}x&=Ax_0-(g_2x_{i2}-Ag_1x_{i1})\\y&=Ay_0-(g_2y_{i2}-Ag_1y_{i1})\end{aligned}\right\},\quad i=1,2,\cdots,N\tag{21-194}$$

上式表明，对于一个物分布，经过由 N 个透镜元组成的微透镜阵列系统后，一般可以得到 N 个放大率一样，但位置不同的分立像，这就是微透镜阵列的多重像。当各光学透镜元的传输矩阵相同，并有

$$\frac{x_{i2}}{x_{i1}}=A\frac{g_1}{g_2},\quad\frac{y_{i2}}{y_{i1}}=A\frac{g_1}{g_2},\quad i=1,2,\cdots,N\tag{21-195}$$

同时满足时，各透镜元像的位置只取决于物的位置而与透镜元 i 无关，各透镜元所成像都重叠在一起形成综合像。在极坐标下，上述条件可以改写成

$$\frac{r_{i2}\cos\theta_{i2}}{r_{i1}\cos\theta_{i1}}=A\frac{g_1}{g_2},\quad\frac{r_{i2}\sin\theta_{i2}}{r_{i1}\sin\theta_{i1}}=A\frac{g_1}{g_2},\quad i=1,2,\cdots,N\tag{21-196}$$

(21-195)式和(21-196)式要想成立，必有

$$\theta_{i1}=\theta_{i2},\quad\frac{r_{i2}}{r_{i1}}=A\frac{g_1}{g_2},\quad i=1,2,\cdots,N\tag{21-197}$$

如果透镜元 i 的光轴与系统光轴的交点距微透镜阵列输入面的距离为 R_i，即微透镜阵列的曲率半径，这时有

$$\frac{r_{i2}}{r_{i1}}=\frac{R_i+l}{R_i}$$

可得微透镜阵列存在综合像的条件是

$$R=R_i,\quad i=1,2,\cdots,N$$

物像关系是

$$\nu=-\frac{au+b}{cu+d}$$

$$\nu=\frac{(1-a)R+(1-b)}{cR-(1-d)}\tag{21-198}$$

从上面的分析，可以得到如下结论：

1)存在综合像时，微透镜阵列各透镜元的光轴必相交于一点。

2)综合像的位置和放大率与透镜元相同。$\beta=a+cv=\dfrac{1-a+(R+l)c}{cR-(1-d)}$，放大率 β 可以不为 1。当 R 趋于无限大时，β 恒为 1，$v=\dfrac{(1-a)}{c}=l_h$，综合像发生在一对主平面上。

3)阵列的物方孔径角和透镜元的物方视场角相等，而与透镜元的孔径角无关。

4)阵列的光能利用率比透镜元高，成像的像差比透镜元大，综合像的分辨率比透镜元低。

5)综合像克服了渐晕现象，整个像面上的照度和像质一致性比多重像好。

对于变折射率平面微透镜阵列，各透镜元的光学性能完全一致，这时，透镜元的传输矩阵为

$$\begin{pmatrix}a&b\\c&d\end{pmatrix}=\begin{pmatrix}1&0\\-\dfrac{1}{f}&1\end{pmatrix}$$

(21-187)式可以改写成

$$\left.\begin{aligned}&I(x,y)=\sum_{i,j}O[\beta x_0+ib(1-\beta),\beta y_0+jb(1-\beta)]\\&x=\beta x_0+ib(1-\beta),y=\beta y_0+jb(1-\beta)\\&\beta=\frac{1}{1-\dfrac{u}{f}}\\&v=\frac{f}{1-\dfrac{f}{u}}\end{aligned}\right\}\tag{21-199}$$

式中，O 表示物，I 表示像。对每一对(ij)就对应一个透镜元，在像面上可以得到由每个透镜元像组成的多重像，各单元像位于同一像面上，大小相等，相邻二单元像的中心距是

$$b_d=b(1-\beta)=\frac{b}{1-\dfrac{f}{u}}$$

如果变折射率平面微透镜阵列存在综合像，则必有 x、y 与 i、j 无关。由从上可知，只有让 $\beta=1$，这时有 $u=0$，相应有 $v=0$，这是不可能的。因此，对一片自聚焦平面微间阵列，不存在有意义的综合像。对自聚焦平面微透镜阵列来说，通过计算可知，单片平面微透镜阵列没有综合像[12]，对两片同样参数的自聚焦平面微透镜阵列耦合后，经过计算，其综合像满足如下关系：

$$l_2=\frac{1-\cos(2F)+\dfrac{n^2(0)\sqrt{A}z}{2n_1}\sin(2F)}{\dfrac{n^4(0)Az}{n_0n_1}\sin^2F-\dfrac{n^2(0)\sqrt{A}}{n_0}\sin(2F)}$$

第十三节　光纤传感技术[21,23,51-52]

光纤不仅是光的传输介质，而且在外界条件（如温度、压力、磁场、电场、位移、转动等）的影响下，光纤传输光波的一些特征参量（如振幅、相位、偏振态、模式、波长等）会发生变化。因此，通过对光纤传输光波的特征参量的变化进行准确测量，就可以实现对外界环境相应参数的间接测量。这种测量的技术称为光纤传感技术。

一、光纤传感器的分类

1. 按光纤的功能来划分

1）功能型光纤传感器，或称全光纤型传感器。在这类光纤传感器中，光纤具有“传”和“感”两种功能，如光纤微弯曲传感器。

2）非功能型光纤传感器。这时，光纤仅起“传”导光波的功能，“感”功能由外加元件实现。

2. 按光纤中光波被调制的方式来划分

1）光强调制型。以输出光强的变化来表示被测量的物理量。

2）相位调制器。以输出光波相位的变化来表示被测量的物理量。

3）偏振态调制型。以输出光波偏振态的变化来表示被测量的物理量。

4）波长调制型。采用宽带光源，利用传感部分的选频特性来调制出射光波的波长，从而获得被测物理量的数值。

5）频率调制型。主要指利用多普勒效应的光纤传感器。

3. 按被测量对象来划分

按被测量的对象不同，光纤传感器可以分为光纤温度传感器、光纤位移传感器、光纤电流传感器、光纤压力传感器、光纤陀螺仪等。

二、强度调制型光纤传感器

强度调制型光纤传感器是利用外界因素引起光纤中传输的光束的强度变化来探测外界物理量的光纤传感器。这种传感器一般采用多模光纤作为信号的传输光纤，光源采用非相干光源（如 LED、白炽灯等），光检测器采用 PIN 或 APD 型光电二极管。

1. 光纤微弯曲传感器

如图 21-100 所示，利用光纤的微弯曲损耗特性（包层模能量或芯模能量的变化）来探测外界物理量（如位移、振动、压力等）的变化。这类光纤传感器用来测量位移，最小可达 0.01 nm，动态范围可以超过 110 dB。用来检测轴向应变，能达到 100 μm 应变的分辨率。微弯技术可以用于局部注入光及探测光技术。以辅助光纤级联处理来模拟光纤上的长距效应，或用作模量耦合器，在双模光纤中将光能从一模耦合进另一模。微弯技术用于干涉传感器以产生单模光纤的相位偏移。

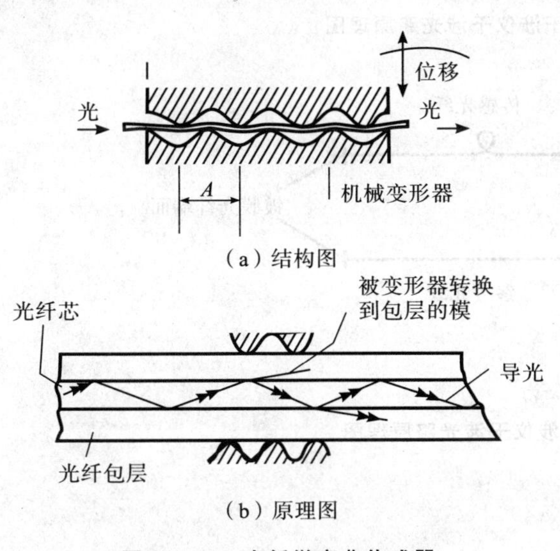

图 21-100　光纤微弯曲传感器

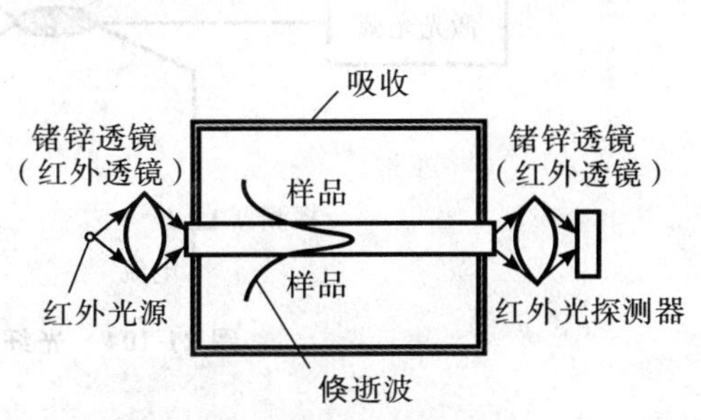

图 21-101　受抑全内反射光纤传感器原理示意图

2. 光纤受抑全内反射传感器

光纤受抑全内反射传感器的原理如图 21-101 所示。利用光波在高折射率芯区介质内的受抑全反射现象引起的光能量的变化可以探测外界物理量。

3. 光纤辐射传感器

如图 21-102 所示，由于 X 射线、γ 射线等辐射可以增加光纤的吸收损耗，从而使光纤的输出光能明显下降。利用这一原理可以构成光纤辐射传感器。这种辐射传感器，结构灵活、牢固可靠，灵敏度比一般玻璃辐射计要高 10^4，线性范围为 $10^{-2}\sim10^6$ rad，可用于核电站、放射性物质堆放处等场合的大范围监测。

强度调制型光纤传感器产生的误差主要是光源、光纤、光纤器件、光探测器等本身引起的光强变化，为了减少测量误差，就要引进参考信号以补偿非传感因素引起的光强变化。这种补偿技术主要有双波长补偿法、光桥平衡补偿法等。

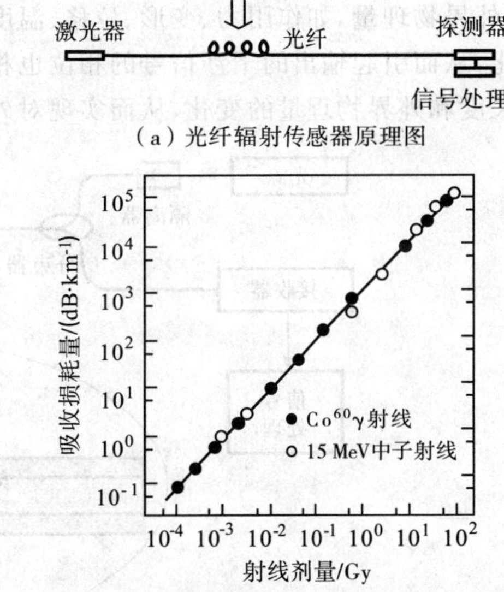

图 21-102　光纤辐射传感器的原理和特性曲线

三、相位调制型光纤传感器

相位调制型光纤传感器主要有 3 种类型：

(一)功能型调制

这类传感器是将欲测物理量通过光纤产生的力应变效应、热应变效应、弹光效应和热光效应,使传感光纤的几何尺寸、折射率等参量发生变化,从而导致光纤中的相位发生变化,以实现对输出光相位的调制,达到探测外界物理量的目的。如用传光光纤代替光学干涉仪的干涉光路,就可以构成相位调制型光纤传感器,如光纤马赫-曾德尔干涉仪(图 21-103)和光纤迈克尔逊干涉仪(图 21-104)。

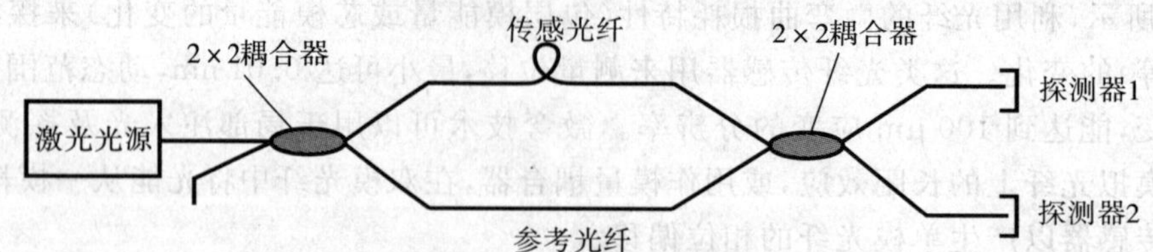

图 21-103 光纤马赫-曾德尔干涉仪干涉光路原理图

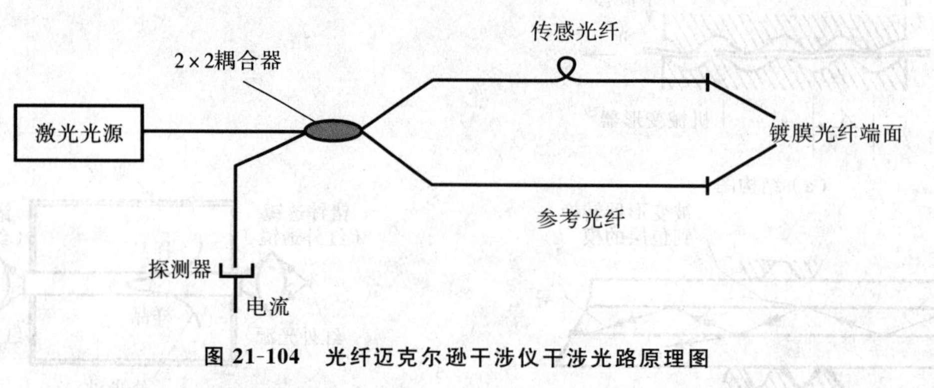

图 21-104 光纤迈克尔逊干涉仪干涉光路原理图

(二)光纤法布里-珀罗传感器[52]

1. 工作原理

光纤法布里-珀罗(F-P)传感器,是目前历史最长、技术成熟、应用广泛的一种光纤传感器。其结构是在光纤内制作出两个高反射膜层,从而形成一个腔长为 L 的微腔,如图 21-105 所示。当相干光束沿光纤入射到此微腔时,光束在微腔的两端面反射后沿原路返回并相遇而产生干涉,其输出的干涉信号与微腔的长度有关。当外界物理量,如作用力、变形、位移、温度、电压、电流、磁场、液压等作用到此微腔上时,微腔的长度会发生变化,从而引起输出的干涉信号的相位也相应发生变化。根据这一原理,就可以从干涉信号的变化导出微腔的长度和外界物理量的变化,从而实现对外界物理量的传感。

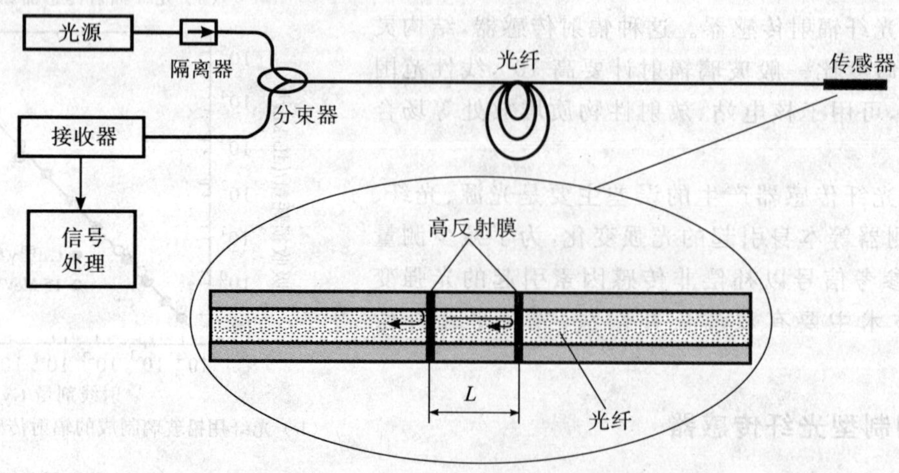

图 21-105 光纤 F-P 传感器原理示意图

2. 光纤 F-P 传感器的分类[21,52]

1)本征型光纤 F-P 传感器。将光纤分成 A、B、C 三段，在 A、C 两段的端面上镀高反射膜，然后将它们与 B 段光纤焊接在一起而构成，如图 21-106 所示。很明显，B 的长度就是珐珀腔的腔长 L，由于它不仅有传输功能，还有感知功能，因而是一种本征型光纤 F-P 传感器。

2)非本征型光纤 F-P 传感器。这是目前应用广泛的一种光纤 F-P 传感器。它是由两个端面镀膜的单模光纤构成，其端面严格平行、同轴，并密封在一个长度为 D、内径为 d 的特种管道内。这种结构的优点是：腔长容易调整，制作工艺较简单、灵活；可以通过改变管道的长度来控制传感器的灵敏度；只要管道的热膨胀系数与光纤相同，温度对光纤 F-P 传感器的影响较小。图 21-107 为该传感器的工作原理示意图。

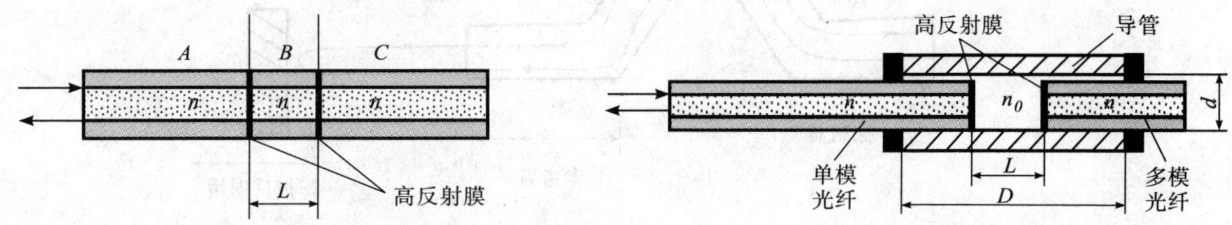

图 21-106　本征型光纤 F-P 传感器原理示意图

图 21-107　非本征型光纤 F-P 传感器原理示意图

3)光纤 Fizeau 传感器[21]。工作原理如图 21-108 所示。它与非本征光纤 F-P 传感器的区别主要是它的右边反射面镀了一层高反射膜，反射率可达 95%。Fizeau 传感器的谐振腔长度可达毫米量级，这对珐珀传感器的复用十分有利。

4)线性复合腔光纤 F-P 传感器。工作原理示意图如图 21-109 所示。它是将图 21-106 中的 B 段光纤用与光纤外径相同的导管代替而成，因此，它是本征型与非本征型的复合结构，兼有两类的部分特点。

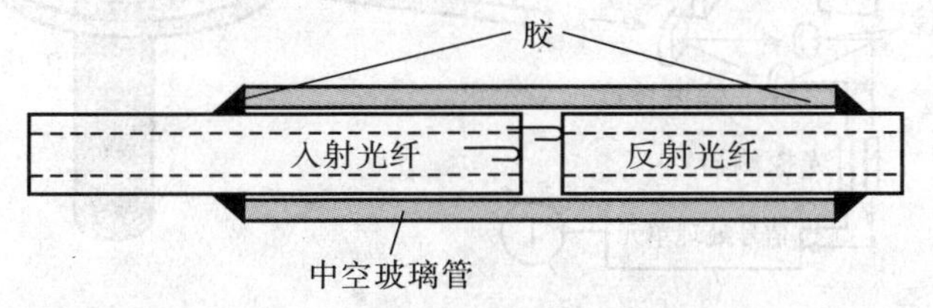

图 21-108　光纤 Fizeau 传感器原理示意图

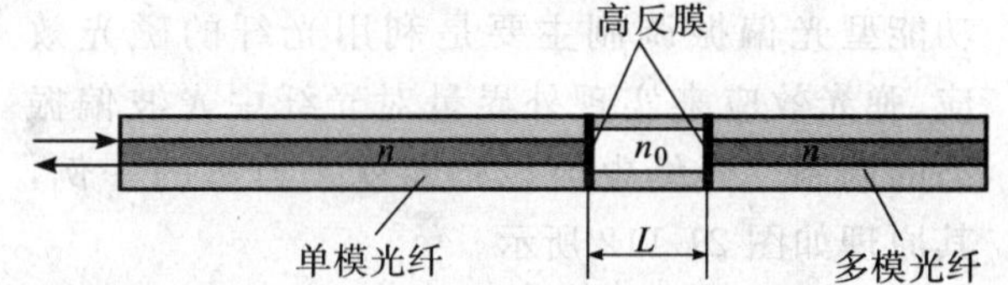

图 21-109　线型复合腔光纤 F－P 传感器原理示意图

3. 光纤 F-P 传感器的解调方法

解调就是由其输出的光信号求解出腔长值。根据解调时用的光学参数不同，光纤珐珀传感器的解调主要有强度解调和相位解调两类。强度解调方法简单，但误差较大，是早期常用的方法。相位解调较复杂，但精度高，是目前普遍采用的解调方法。

(三)萨格奈克光纤干涉仪

如图 21-110 所示，由同一根光纤组成的光纤环中，光纤环以某一角速度 Ω 转动，对同时射进光纤的两个输入端面的光沿相反方向前进，而以不同的时间射出，在外界因素作用下产生不同的相移，再通过干涉效应进行检测。萨格奈克效应是 1913 年首先由萨格奈克提出来的，1925 年迈克尔逊和盖尔利用这一原理制作了光纤陀螺仪，测量了地球的自转。

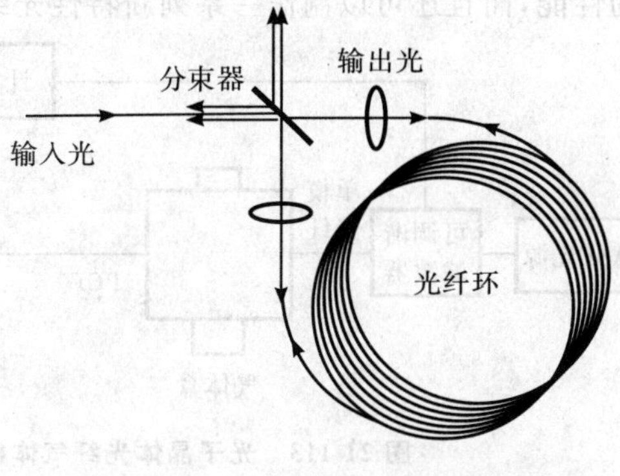

分束器
输出光
输入光
光纤环

图 21-110　萨格奈克光纤干涉仪

(四)白光干涉型光纤传感器[21,52]

白光干涉型光纤传感器的工作原理如图 21-111 所示。在该干涉仪中，作为参考和传感的两臂通过使用一个 3 dB 的耦合器对光进行分路和合路，产生的光程差通过一个扫描反射镜来改变。当产生的光程差小于光源相干长度时，就会产生一个白光干涉图。当产生的光程差精确为 0 时，光程精确匹配，干涉图出现位于干涉图中心的中央条纹，且具有极大的振幅。应用光纤白光干涉技术可以对应变、温度和压力引起的光程变化进行测量，而且还发展了光纤白光干涉的多路复用技术等。

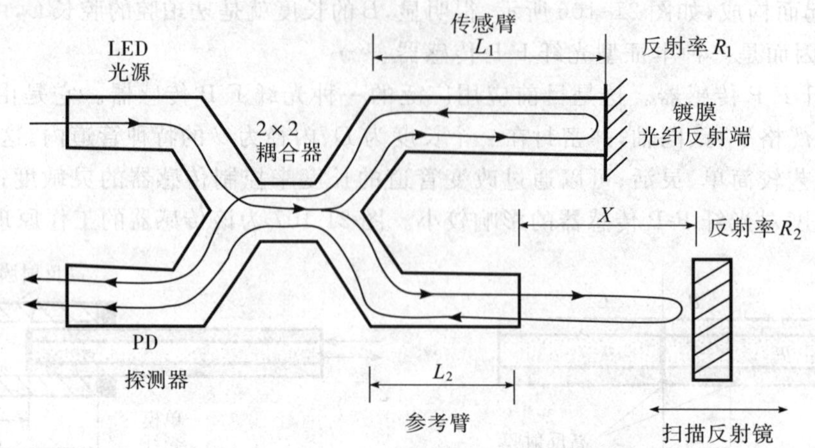

图 21-111　白光干涉型光纤传感器原理图

四、偏振态调制型光纤传感器

外界被测量物通过一定方式使光纤中的光波的偏振面发生偏转(旋光)或产生双折射，从而引起光波的偏振性能发生变化，通过检测光的偏振态的变化，即可测出外界被测的物理量。功能型光偏振调制主要是利用光纤的磁光效应、弹光效应来实现外界量对光纤中光波偏振态的调制。光纤电流传感器就是典型的一例，其原理如图 21-112 所示。

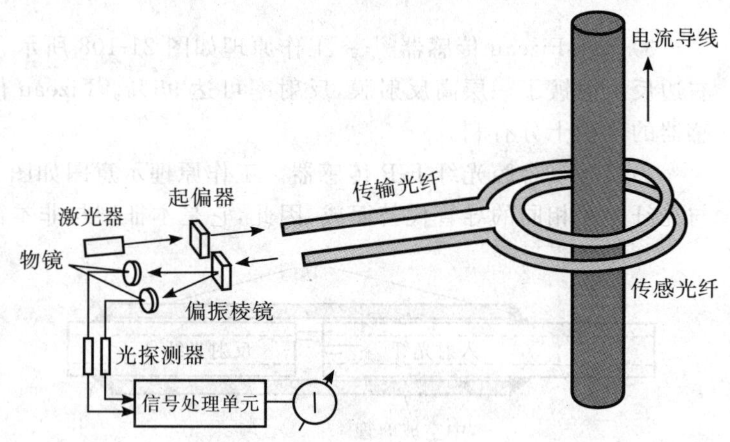

图 21-112　光纤电流传感器原理图

五、几种重要的光纤传感器

(一)光子晶体光纤传感技术[52]

从本章第十节光子晶体光纤的讨论可知，光子晶体光纤是一种微结构光纤，它本身具有普通光纤没有的特殊性质，是一种新颖、奇特的光纤。在光纤传感器中采用这种光纤作“传”“感”元件，不仅可以提高传感器的性能，而且还可以制作一系列新特性光纤传感器，因此，该技术促进了光纤传感技术的发展。

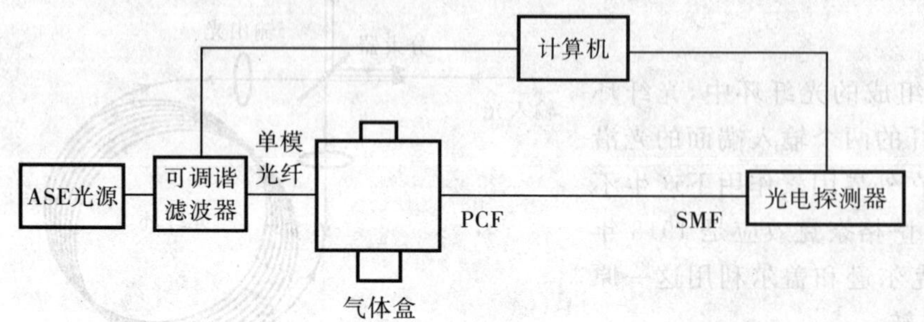

图 21-113　光子晶体光纤气体检测装置原理图

1)光子晶体光纤气体传感器。由于折射率导光型光子晶体光纤芯区小、空气填充率高，包层孔中倏逝波的光功率大，可以用倏逝波检测孔内的填充气体。图 21-113 为实验装置原理图。实验采用的光子晶体光纤长度为 75 cm，芯区直径为 1.7 μm，孔间距为 1.5 μm。

当光子晶体光纤的气孔内填充其他介质，如液体，就可以用来检测填充液体的光学性质。这在化学、生物和环境等领域有广泛的应用。

2)利用高双折射光子晶体光纤具有很好的保偏特性，偏振串扰可以优于 −25 dB，温度系数显著低于普通高双折射光纤，这可以大大改善光纤陀螺的性能。

3)双模光子晶体光纤传感器。文献[52]报道了采用双模光子晶体光纤的应变传感器的实验。工作原理基于光纤中 LP_{01} 模和 LP_{11} 模之间的干涉，实验装置如图 21-114 所示。实验结果表明，这种应变传感器有更高的灵敏度。

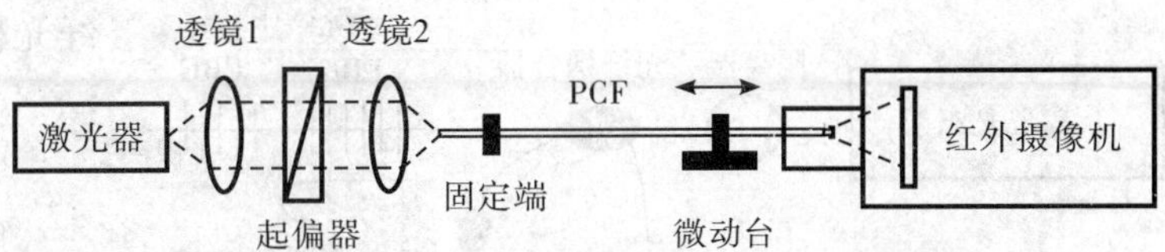

图 21-114　双模光子晶体光纤应变传感器示意图

(二)聚合物光纤传感器[52]

聚合物光纤传感器是在 20 世纪 80 年代发展起来的。目前报道的聚合物光纤传感器有结构安全检测传感器、湿度传感器、生物传感器、化学传感器、气体传感器、露点传感器、流量传感器、pH 传感器、浑浊度传感器等。

1. 聚合物光纤的种类

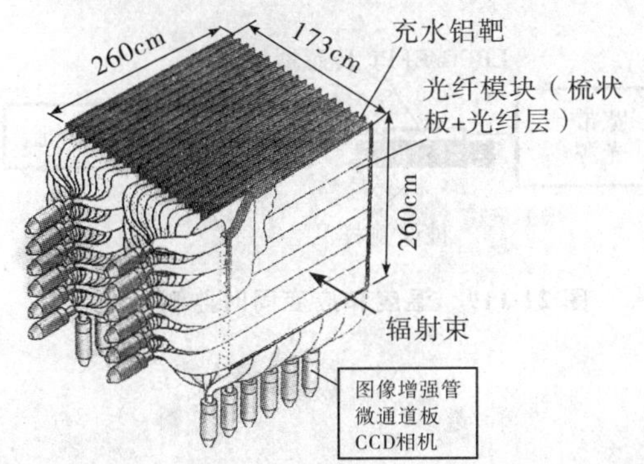

图 21-115　用 274 080 根聚合物光纤构成的辐射探测器

聚合物光纤的种类有：①阶跃折射率多模聚合物光纤；②变折射率多模聚合物光纤；③单模聚合物光纤；④电光聚合物光纤；⑤闪烁聚合物光纤；⑥激光染料掺杂聚合物光纤；⑦微结构聚合物光纤等。

2. 聚合物光纤传感器的应用

1)辐射探测。目前闪烁聚合物光纤辐射探测仪已成功用来探测各种射线，文献[52]报道的一种探测宇宙射线与大气外层的大气分子碰撞时产生的中微子的探测器。采用274 080根聚合物光纤构成的辐射探测器如图 21-115 所示。

2)生物医学和化学传感。采用聚合物光纤制作的适用于生物医学和化学的光纤传感器，可用来检测化学和生物制剂、生物薄膜、生物胶团、生物组织和医疗数据。

3)工程结构安全与材料断裂监测。图 21-116 为聚合物光纤传感器对混凝土样本进行测试的实验装置原理示意图。

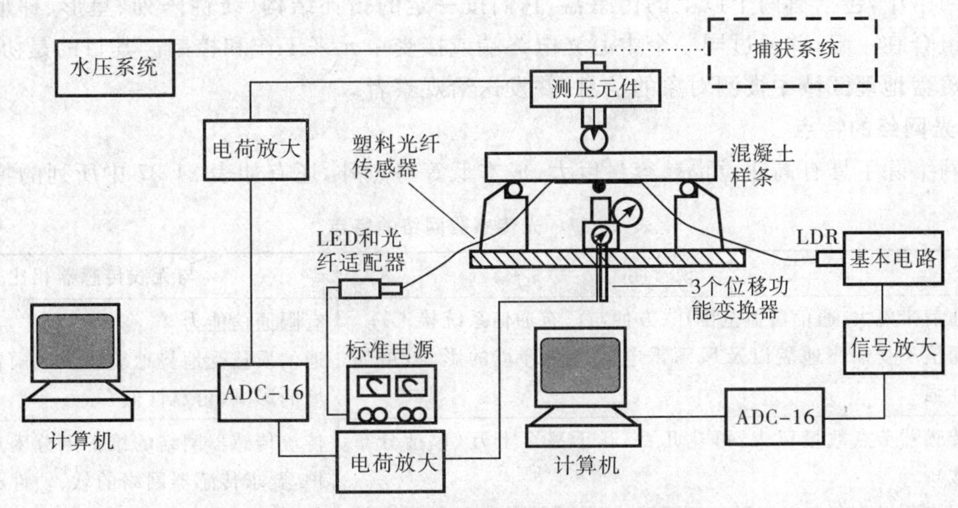

图 21-116　聚合物光纤传感器对混凝土样本测试示意图

4)在环境监测中，聚合物光纤传感器可以对环境因素，如湿度、露点、pH 值、特种气体等，进行精确的测量、监测和控制。如聚合物光纤湿度传感器、聚合物光纤露点传感器、聚合物光纤氧传感器、聚合物光纤危险气体传感器等。

5)聚合物光纤光栅传感器。这种传感器可以用来测量应变和温度。图 21-117 为利用聚合物和石英光

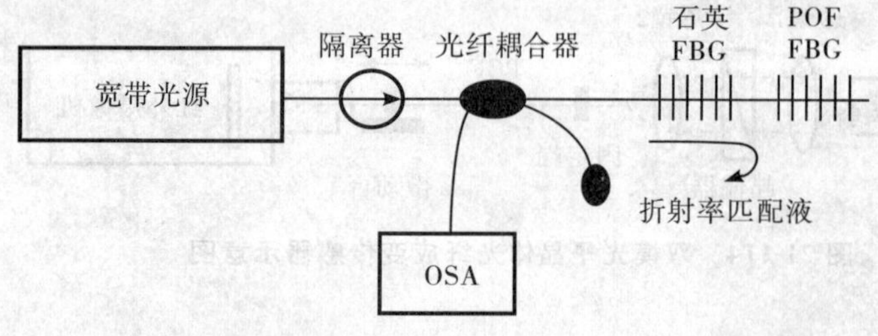

图 21-117　利用聚合物和石英光纤光栅组成的传感器

纤光栅组成的传感器的原理示意图。

(三)长周期光纤光栅传感器[51-52]

由于长周期光纤光栅是一种透射型光纤光栅，无后向反射，在传感系统中不需要隔离器，测量精度较高，而且满足相位匹配条件的是同向传输的纤芯基模和包层模，因而长周期光纤光栅的谐振波长和幅值对外界环境变化非常敏感，具有比光纤布拉格光栅更好的温度、应变、弯曲、扭曲、横向负载、浓度和折射率灵敏度，因而它在光纤传感器中有广泛的应用。

1)温度和应变同时测量。图 21-118 为采用长周期光纤光栅和非本征型 F-P 干涉腔构成的同时测量温度和应变的传感器结构示意图，其监测实验系统如图 21-119 所示。

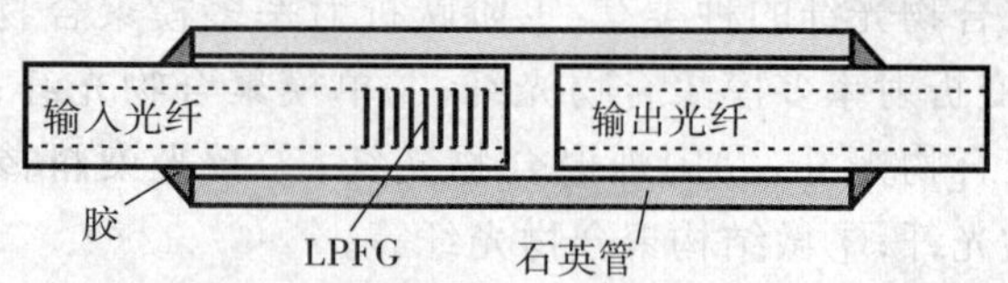

图 21-118　长周期光纤光栅和非本征型 F-P 干涉腔传感器结构

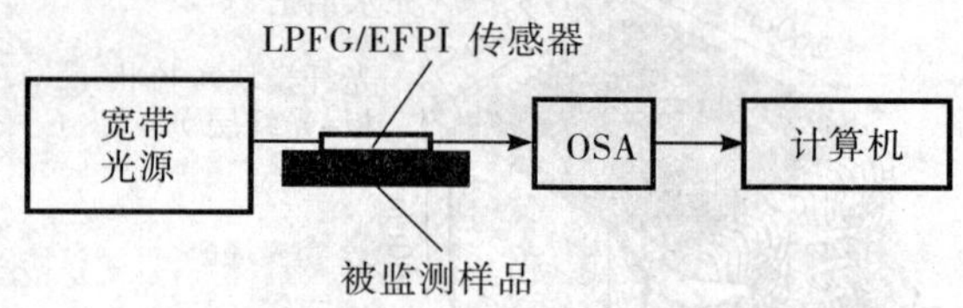

图 21-119　温度和应变同时监测系统

2)长周期光纤光栅高温传感器。

3)弯曲不灵敏的长周期光纤光栅传感器。

4)能判别弯曲方向的长周期光纤光栅弯曲传感器。其弯曲灵敏度高达 7 nm/m。

5)能判别扭曲方向的长周期光纤光栅扭曲传感器。

6)能同时测量温度和负载的长周期光纤光栅传感器。

(四)光纤传感器网络和多路复用[23,54]

在传感器网络中，包括有两个以上的传感器，它们按一定的拓扑结构(线性阵列、星形、梯形、环形等)离散地或连续地组合在一起，并通过同一个中心光电终端或接受单元来工作和控制。其目的是协同传感、采集和处理网络所覆盖地理区域中被测对象的信息，并发送给观察者。

1. 传感器光网络的特点

传感器光网络除了具有高速、可靠、容量巨大、成本低等特点外，还有如表 21-37 中所列的特点[23]。

表 21-37　光传感器网络的特点

特　点	说　明	与无线传感器相比较
通信能力强	通信带宽大，通信覆盖范围广(方便与已有通信系统接入)； 通信不受地势地貌以及风雨雷电等自然环境的影响，可靠性强	有限通信能力 通信质量受地势地貌以及风雨雷电等自然环境的影响，可靠性低
传感器数量大、分布广	传感器节点数量巨大，可达几百、几千甚至上万(包括分布式)； 网络可以分布在极广泛的地理区域，传感器的数量与用户数量大	传统传感器网络的维护十分困难甚至不能维护，要求传感器网络的软、硬件必须具有高稳定性和容错性，而光网络无此要求
网络动态性强	网络中的传感器、感知对象和观察者都可能具有移动性； 常有新节点加入或已有节点失效被取消； 网络的拓扑结构动态变化，通信路径也随之变化	传感器网络具有可重构和自调整性

续表

特　点	说　明	与无线传感器相比较
不受电源能量限制	光网络的长距离传播特性，降低甚至根本解决了系统对现场电源供电寿命的要求	无线网络中电源质量的约束是阻碍传感器网络应用的严重问题。商品化的无线发送、接收器电源远远不能满足传感器网络的需要
计算能力提高	光网络的长距离传播特性，使得数据采集和处理系统无需集成于传感节点上，从而根本解决了系统对嵌入式系统能力和容量的要求	传感器网络中的传感器都具有嵌入式处理和存储器，由于能力和容量有限，传感器的计算能力十分有限
大规模分布式触发器	很多传感器网络需要对感知对象进行控制，如温度控制，这样，很多传感器具有回控装置和控制软件。我们称网控装置和控制软件为触发器	
数据流巨大	每个传感器通常都产生较大的流式数据，并具有实时性，单个传感器所具有的有限计算资源，难以处理巨大的实时数据流，需要强有力的分布式数据流管理、查询、分析和挖掘方法	

2. 光纤传感器网络的结构

光纤传感器网络的结构主要有如图 21-120 所示的 7 种结构[54]：(a)是反射式传感器线性阵列型，(b)是透射式传感器环形网络，(c)是反射式传感器星形网络，(d)是在(c)基础上发展起来的树状网络，(e)是透射式星形网络，(f)是梯形网络。

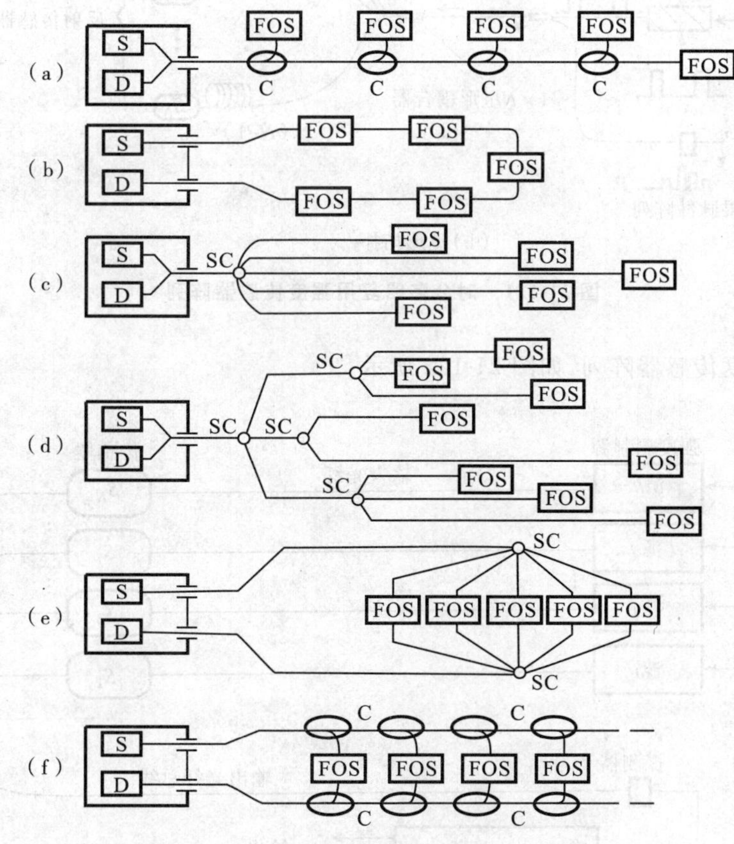

图 21-120　光纤传感器网络的基本结构

3. 常用的组网用光纤传感器

1)点式传感器。如光纤在线珐珀传感器、绝对测量光纤干涉仪、光纤布拉格光栅传感器等。

2)积分式传感器。如光纤干涉仪、光纤偏振干涉仪等。

3)分布式光纤传感器。如分布式光纤温度传感器、分布式光纤应力传感器、分布式光纤微弯光纤传感器、分布式萨尼亚克光纤应力传感器等。

4)光纤传感器的复用。

4. 光纤传感器的多路复用技术[54]

(1)基于强度的光纤传感器的多路复用技术

1)时分多路复用强度传感器阵列,如图21-121所示[54],图中的S是光纤传感器,τ是光延迟线路。

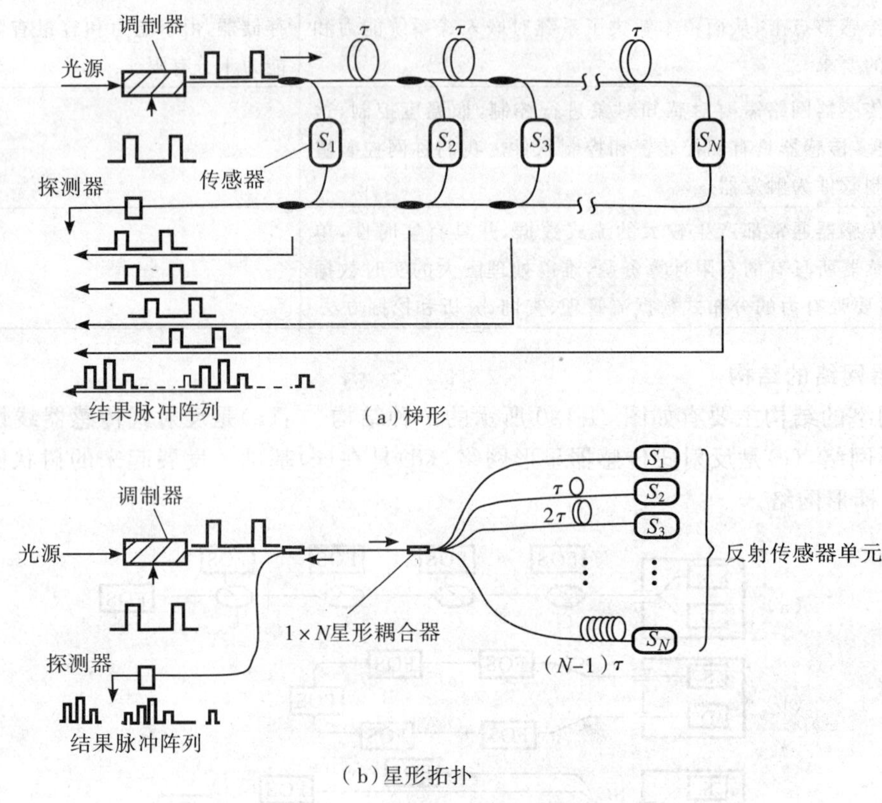

(a)梯形

(b)星形拓扑

图21-121 时分多路复用强度传感器阵列

2)频分多路复用强度传感器阵列,如图21-122所示[54]。

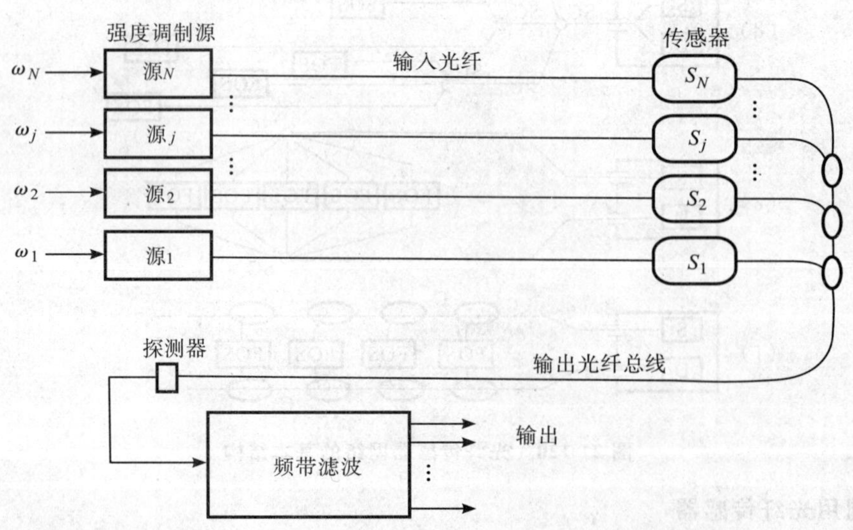

图21-122 使用多个频率调制源的光纤传感器的频域寻址

3)码分多路复用强度传感器阵列，如图 21-123 所示[54]，图中的 S 是光纤传感器，τ 是光延迟线路。

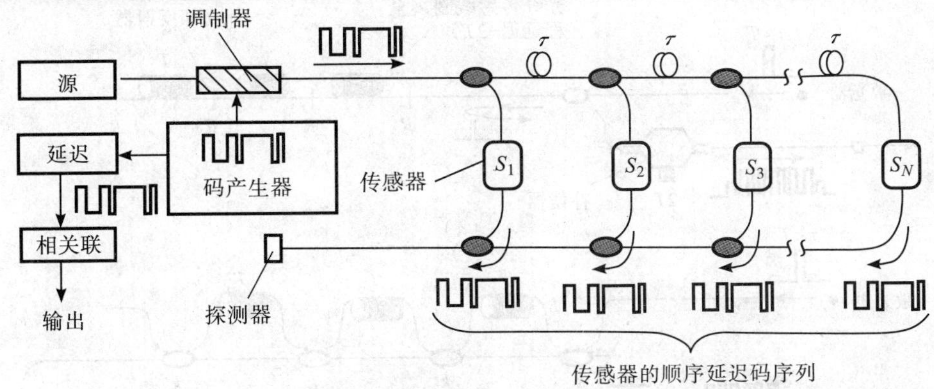

图 21-123　码分多路复用强度传感器阵列基本原理图

4) 波分多路复用强度传感器阵列，如图 21-124 所示[54]，图中的 λ 是波长。

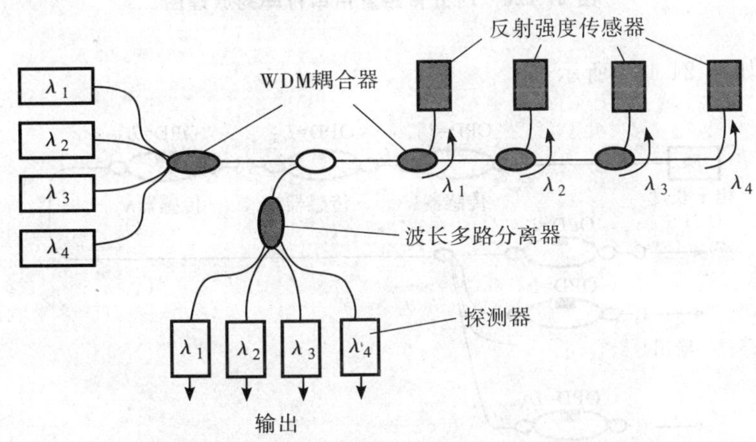

图 21-124　波分多路复用强度传感器阵列示意图

(2) 基于干涉的光纤传感器的多路复用技术

1) 分多路复用干涉传感器阵列，如图 21-125 所示，[54] 图中的 L 是干涉计光路，S 是光纤传感器。

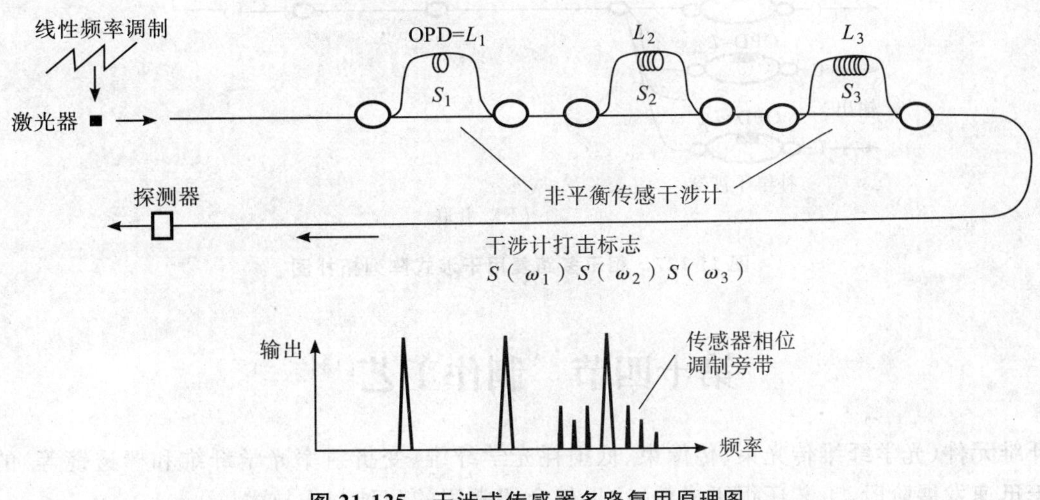

图 21-125　干涉式传感器多路复用原理图

2)时分多路复用，如图 21-126 所示[54]。

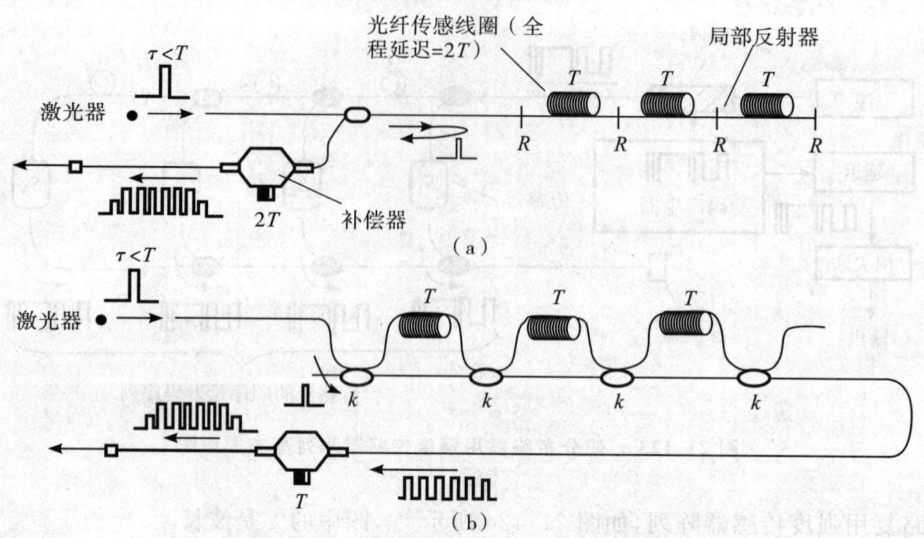

图 21-126　时分多路复用串行阵列原理图

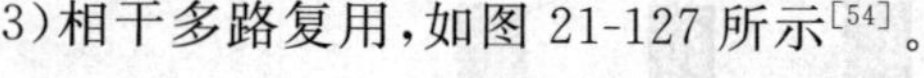

3)相干多路复用，如图 21-127 所示[54]。

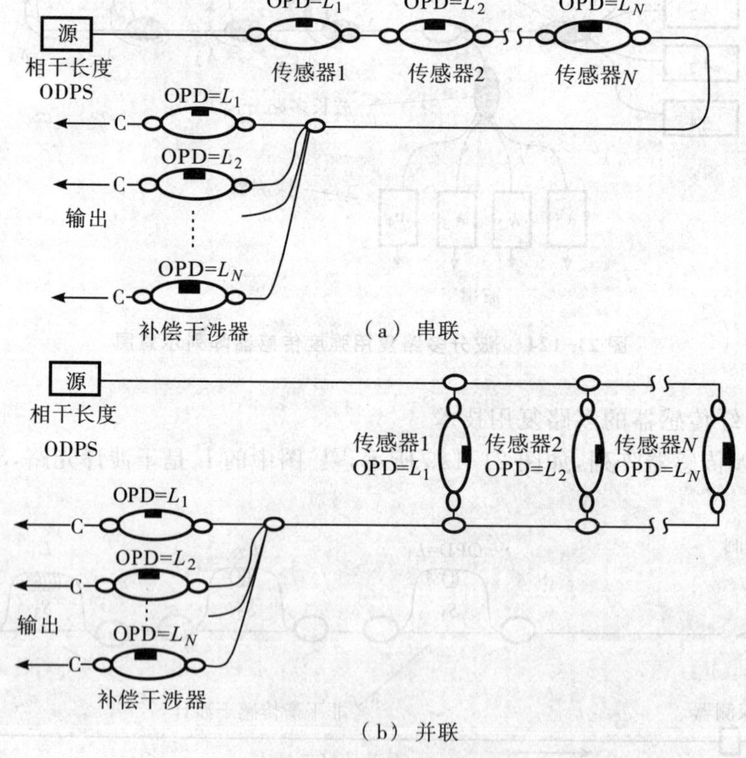

图 21-127　相干多路复用干涉式阵列拓扑图

第十四节　制作工艺[13]

光学纤维元件(光学纤维传光束、传像束、低损耗光学纤维、变折射率光学纤维和棒透镜等)的制作工艺目前正处于迅速发展阶段，工艺还很不成熟，这里仅介绍常用的几种制作技术。

一、棒管组合工艺[69]

这是一种拉制普通光学纤维常用的方法，与拉制低损耗石英光纤预制棒的方法类似。把高折射率玻璃芯棒放入低折射率玻璃包层管中，再把这种棒管组合体放入中空的圆形坩埚炉中加热，就可拉制出光学纤维。为了得到良好的芯-包层界面，玻璃棒的直径和管的内径要配合得很好，而且棒的外表面、管的内表面一定要抛光和清洗干净，玻璃管的壁厚一般小于棒直径的1/10。

光学纤维的直径可以通过控制炉温、棒管组合体的送料速度和拉丝鼓轮的旋转速度而得到保证。采用这种方法可以拉出直径几微米至50 μm的光学纤维。拉丝机设备如图21-128所示。为了拉出直径为1 mm左右的粗光学纤维，由于纤维丝不柔软，就不能采用鼓轮绕丝的拉丝设备，而必须采用拔丝轮和自动切割设备。

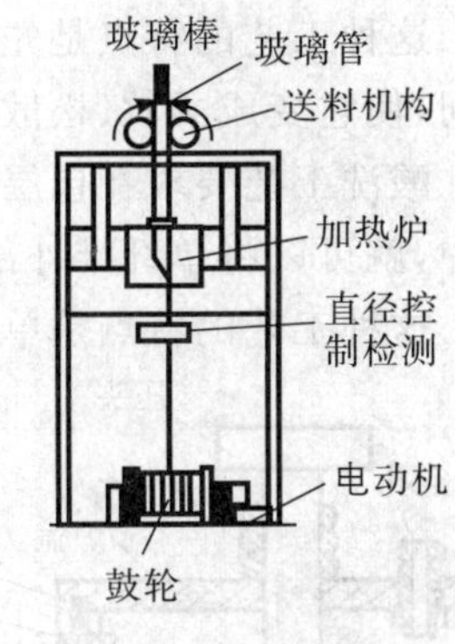

图21-128　拉丝设备简图

二、双坩埚工艺

棒管组合法工艺比较简单，但有不能连续生产、加工棒和管的代价较高的缺点。为了把玻璃熔制和拉丝工艺统一起来，简化工艺流程，使生产连续进行，降低成本，提出了一种拉制光学纤维的新工艺——双坩埚法，如图21-129所示。在这种方法中，芯料玻璃放入内坩埚中，包层玻璃放入外坩埚中，就可以连续地拉成光学纤维。该方法只要严格控制内外坩埚嘴之间的距离、嘴的截面积、液面高度和拉丝速度，就能得到一定直径和包层厚度比的阶跃折射率光学纤维和变折射率光学纤维。

三、制作传像束的排列工艺[13]

前面已经提到，光学纤维传像的必要条件是两端面的光学纤维必须是一一对应地相关排列。为此，发展起来了许多排列工艺。常用的方法有如下几种：

1)单层合片法。就是先制成若干光学纤维单层，然后将这些单层沿同螺旋方向用冷胶胶合在一起，在胶合部位切开后，就可以得到中间部位是松散的、两端纤维的排列是一一对应地传像束。

2)自动补偿法。如图21-130所示，利用一个弹簧探头紧贴鼓轮表面，而且沿鼓轮轴向和光学纤维横动机构同步运动，这样，利用弹簧的作用使探头对纤维施加一个推力，从而可使光学纤维一根挨一根地紧密排列在鼓轮上。这种方法对排列直径较粗(15 μm以上)的光学纤维，特别是方形纤维效果较好。

3)斜面溜丝法。如图21-131所示，在鼓轮表面沿轴向放置一个倾斜的光滑平板，当鼓轮上缠绕光学纤维时，由于光学纤维的重力有一个沿斜面向下的分力，在这个分力的作用下，就可以使光学纤维自动地一根挨一根的紧密排列。值得注意的是，要使光滑平板在鼓轮上倾斜的角度大小和光学纤维的拉力相适应。采用斜面溜丝法，特别适合于排列直径为8～15 μm的细光学纤维。这个方法非常简单而有效，因此目前采用得较多。

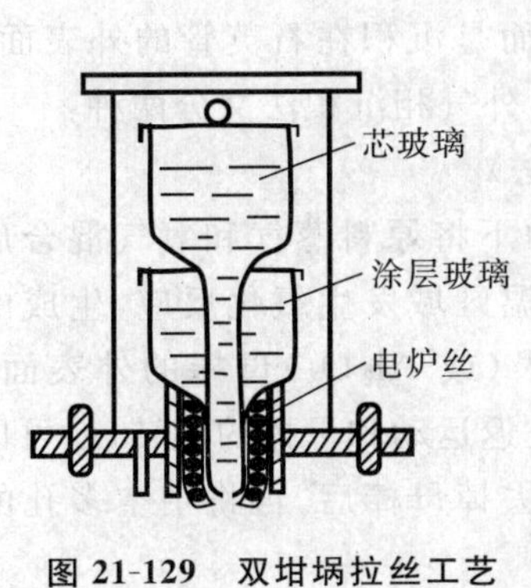

图21-129　双坩埚拉丝工艺

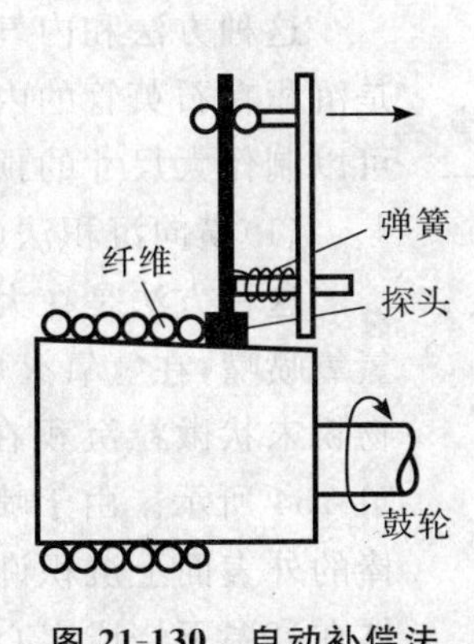

图21-130　自动补偿法

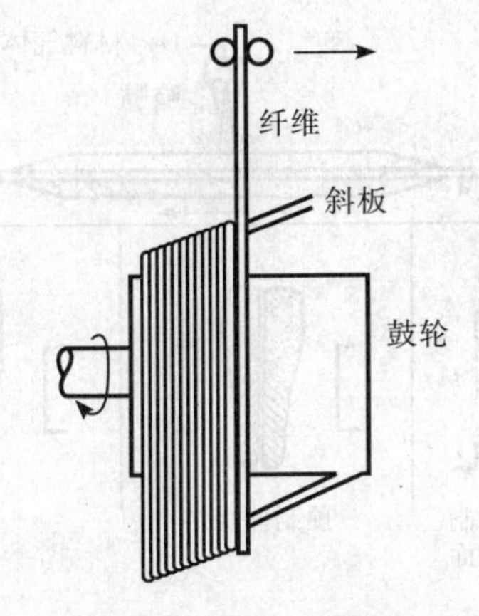

图21-131　斜面溜丝法

四、酸洗工艺

这种工艺的特点是先拉制出一定直径和长度的复合纤维棒，然后将棒的中间部分放入弱酸中浸泡一定时间，使它变成柔软、松散的单纤维，两端的硬部再进行研磨加工，即成为一根好的传像束。

酸洗工艺要求在包层外面再涂敷一层可溶性玻璃，而包层和芯玻璃对酸的溶解度很小。这样，在酸洗过程中，就可以将单纤维外部的可溶性玻璃溶解。

这种工艺的特点是单纤维可以排列得很好，因而传像束的分辨率较高。

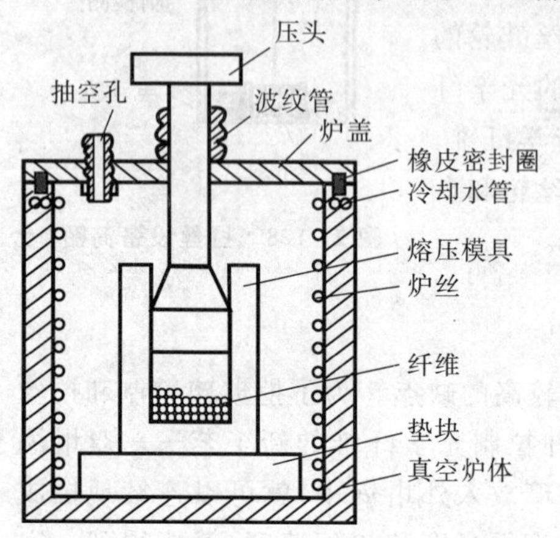

图 21-132 热熔工艺

五、热熔工艺

光学纤维面板的单纤维（或复式纤维）之间不是利用胶合方法用胶粘在一起的，而是利用如图 21-132 的热熔工艺使单纤维的涂层材料熔合在一起。在熔压过程中要抽真空，然后将放在模具中的光学纤维束（经过排列）加压（在熔压温度下，即涂层玻璃软化点附件）。模具可以采取不同的形式，常用的模具有六角压模，U 形槽压模和钢带压模等。这种方法也可用来制作光纤传像束。

六、低损耗光学纤维预制棒的制作方法[13]

这种工艺是 1970 年以后才发展起来的一种化学气相沉积（简称 CVD）工艺。它又可分为两类，即内气相氧化法（简称 IVPO 法）和外气相氧化法（简称 OVPO 法）。

1. 内气相氧化法

基本方法是化学气相沉积法，如图 21-133 所示。原材料蒸气被运载气体（如氧气）输送到一旋转的石英管内，在高温区域沉积到石英管的内壁上，并被烧成玻璃态。只要沿石英管轴向往返移动热源，就可以在石英管内壁上沉积若干层玻璃态物质，最后把沉积好的中空石英管烧塌成实芯棒。这种工艺的好处是：

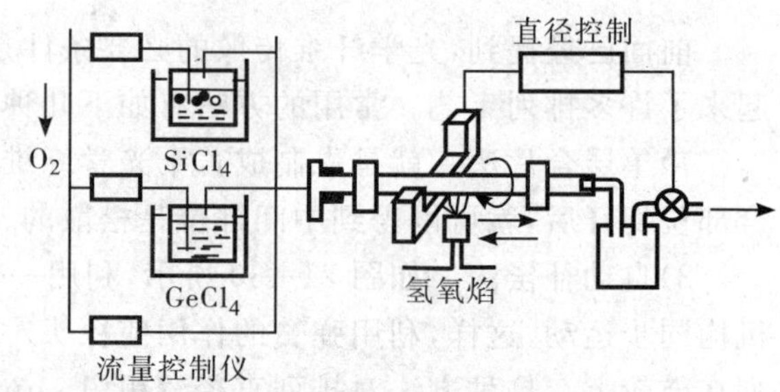

图 21-133 化学气相沉积法

1）由于整个沉积过程是在封闭的管状系统中进行的，可以避免外界杂质造成的污染，大幅度地降低损耗。

2）玻璃组分和沉积层厚度可以严格控制（例如可以用计算机自动控制），因而芯和包层材料掺杂容易，可以制作任何特定折射率剖面（如阶跃折射率剖面、剖面参量 α 为任何值的变折射率剖面、“W”型光学纤维）。近来，在 CVD 法基础上，又发展了一种改进的气相沉积法（MCVD 法）和高频等离子体激发的 CVD 法（PCVD 法），其基本原理和 CVD 法完全一样。

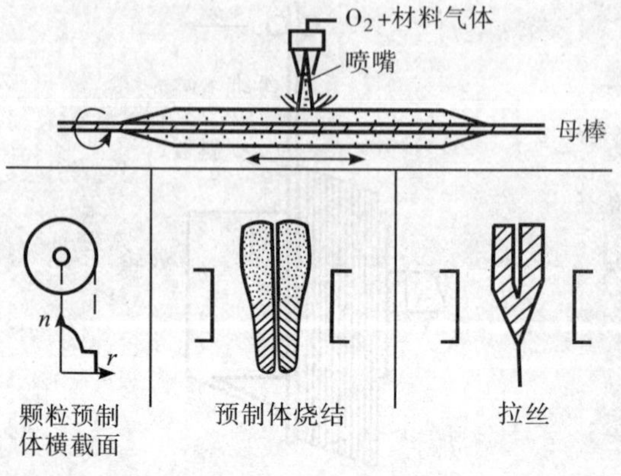

图 21-134 VLD 法

2. 外气相沉积法

这种方法和内气相沉积法的不同之处在于氧化物微粒不是沉积在石英管的内表面，而是沉积在石英管的外表面，因而可以制作大尺寸的预制体。外气相沉积法又分两种：

（1）横向沉积法（VLD 法）

这种方法是在大气压力下将原料蒸气和氧气混合后送进氢氧喷嘴，在氢氧火焰的高温区域发生氧化反应，生成的氧化物粉末状微粒沉积在一石墨（或 Al_2O_3）母棒的外表面，如图 21-134 所示。由于喷嘴的往返运动和母棒的旋转，就可以在母棒的外表面上沉积许多层，去掉母棒后，再将中空多孔的预制体在高温下烧成实心棒。

(2)轴向沉积法(VAD 法)

在这种方法中,芯玻璃和包层玻璃微粒通过喷灯同时轴向沉积在母棒的一端,如图 21-135 所示。这种方法可以直接沉积出实心预制棒,而且还可以连续操作,因而能生产出很大的预制体(如 120 kg)。如果整个系统放在一个超净环境或者封闭系统中,再采用脱水工艺,就可以得到损耗很低的光学纤维。这种方法引起了不少人的重视,很有发展前途。

先制备出石英光纤预制棒,然后再利用拉丝机将预制棒拉成所需直径的石英光纤。

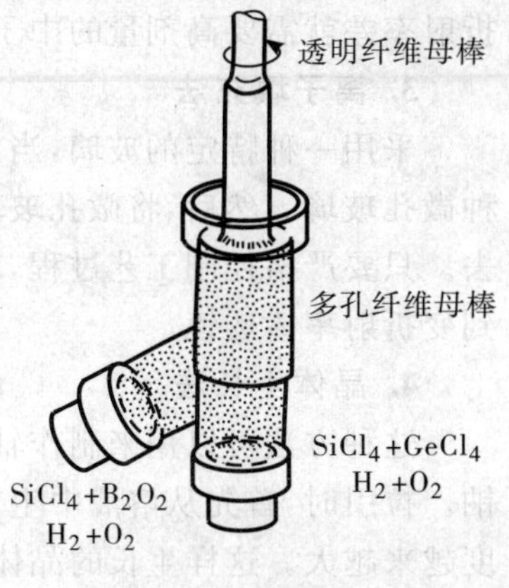

图 21-135　轴向沉积法

七、变折射率棒透镜的制作[12-14]

1. 离子交换法[12,14]

这是一种制作玻璃变折射率棒透镜的常用方法。其实质主要是将事先研磨抛光好的含铊(或铯)的钠硼硅酸盐玻璃圆棒浸泡在 KNO_3(或 $NaNO_3$)溶液中,在低于玻璃软化点温度的条件下,使玻璃中的 Tl^+(Cs^+)离子和溶液中的 K^+(或 Na^+)离子发生热扩散交换。这样,玻璃棒中 Tl^+(Cs^+)的组分从轴到周边按一定梯度规律减少。因而,玻璃的折射率也从轴到周边按同样的梯度规律减小,就得到了具有梯度折射率剖面的变折射率棒透镜。

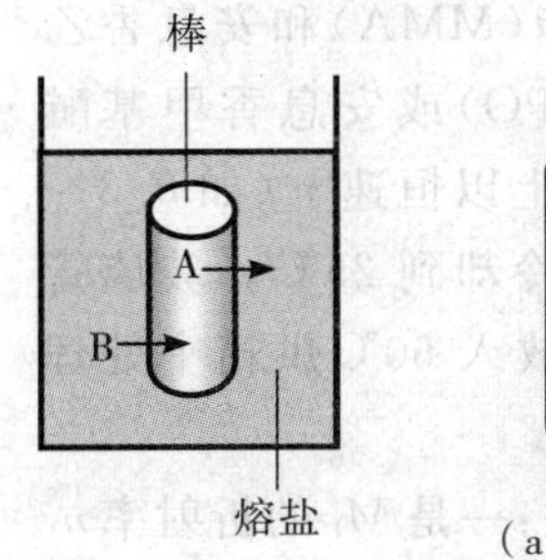

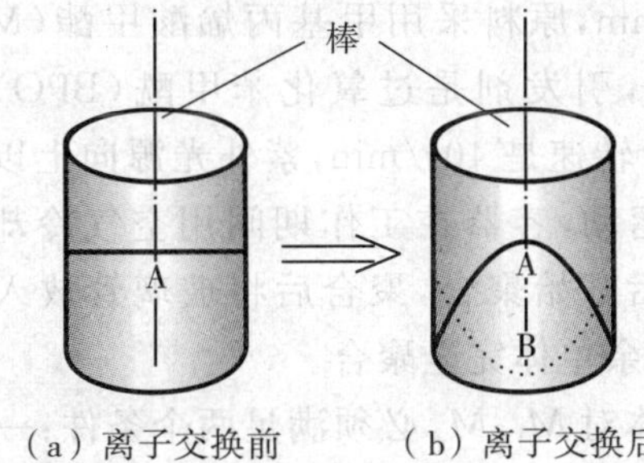

(a) 离子交换前　(b) 离子交换后

图 21-136　离子交换示意图

一般来说,玻璃的折射率与玻璃组分、分子折射度和分子量有关。而分子折射度近似等于组成分子的各离子的折射度之和。因此,构成玻璃的某一种离子在单位体积内的电子极化率与离子半径的立方之比值就直接影响玻璃的折射率。表 21-38 给出了玻璃中各离子的半径、电子极化率和电子极化率与离子半径的立方之比值。图 21-136 给出离子交换示意图。因为一价阳离子的半径较小,扩散系数较大,所以一般都选用一价离子,而且 Tl^+ 离子的电子极化率与离子半径的立方之比值最大,利用它和其他碱金属离子交换就可以得到最大的折射率差。因而通常采用 Tl^+-Na^+ 离子交换以制作变折射率棒透镜。由于铊挥发性强和毒性大,现在正在研制其他更好的材料。

表 21-38　离子半径、电子极化率和电子极化率与离子半径的立方之比值[12]

离　子	离子半径/nm	电子极化率	电子极化率/离子半径^3
Li^+	0.078	0.03	0.063 2
Na^+	0.095	0.41	0.478
K^+	0.133	1.33	0.565
Rb^+	0.149	1.98	0.599
Cs^+	0.165	3.34	0.744
Tl^+	0.140	5.2	1.572
Mg^{++}	0.078	0.094	0.20
Ca^{++}	0.099	1.1	1.13
Sr^{++}	0.127	1.6	0.78
Ba^{++}	0.143	2.5	0.85
Zn^{++}	0.083	0.8	1.39
Cd^{++}	0.103	1.8	1.71
Pb^{++}	0.132	4.9	0.11
La^{+++}	0.122	1.04	1.68
Sn^{+++}	0.078	3.4	8.35

2. 中子辐照法

用中子照射高硼玻璃,如 BK_7,使硼发生变化从而使折射率发生变化。这种方法的困难在于要产生大的折射率差就需要高剂量的中子源，而且不能制作直径较大的变折射率棒透镜。

3. 离子填充法

采用一种特定的玻璃，当加热后它可以出现分相现象。其中一个相可以溶解到酸中，经清洗后就成为一种微孔玻璃。然后，将微孔玻璃浸泡在一特定溶盐中，溶盐中的离子或分子就能扩散到多孔玻璃的微孔中去。只要严格控制工艺过程，就可以得到扩散离子或分子浓度呈梯度变化的多孔玻璃。再经热处理就能得到变折射率棒透镜。

4. 晶体生长法

这种方法可以用来制作轴向变折射率透镜。采用的溶液是氯化钠和氯化银的混合溶液，籽晶采用氯化钠。拉引时，首先从溶液中生长出氯化钠晶体，随着时间的增加，溶液中氯化钠的浓度越来越小，氯化银的浓度越来越大。这样生长的晶体中，由于氯化银的浓度轴向增加，氯化钠的浓度轴向减小，就形成了轴向变折射率分布的晶体棒。利用这种工艺，还可以生长出硅和锗的组合单晶体。这种轴向梯度晶体在红外波段有重要的应用。

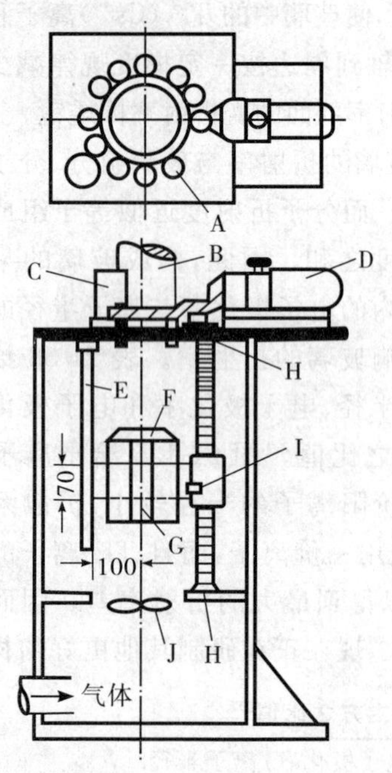

图 21-137 光敏共聚法实验装置

A. 转动装置；B. 排气管；C、D. 电动机；E. 玻璃管；F. 圆柱形遮光罩；G. 紫外灯；H. 限制开关；I. 监测用硅光电池；J. 电风扇

5. 光敏共聚法

光敏共聚法的装置见图 21-137。紫外光源 G 和上下两个遮光罩 F 配装，二者间距约为 70 mm。盛料玻璃管 E 和紫外光源之间的距离为 100 mm，原料采用甲基丙烯酸甲酯（MMA）和安息香乙烯酯（VB）单体，引发剂是过氧化苯甲酰（BPO）或安息香甲基醚（BME），玻璃管转速是 40r/min，紫外光源向上以恒速 v（如 0.3～1.2 mm/min）运动，容器在工作期间用空气冷却到 25℃。玻璃管受紫外光照射后开始聚合，聚合后将玻璃管放入 60℃ 烘箱中处理几十小时，使剩余单体完全聚合。

采用的单体对 M_1-M_2 必须满足两个条件：一是 M_1 的折射率 n_1 要比 M_2 的折射率 n_2 低；二是 M_1 的单体竞聚率 $\gamma_1 > 1$，M_2 的单体竞聚率 $\gamma_2 < 1$。例如，当 M_1 采用 MMA，M_2 采用 VB 时，$n_1 = 1.490$，$n_2 = 1.5775$，$\gamma_1 = 8.52$，$\gamma_2 = 0.07$。

为了进一步扩大抛物线折射率分布区域和提高数值孔径，可以采取 $M_1 - M_2 - M_3$ 的三元共聚系统。

用这种方法可以制作直径较大和较长的聚光塑料棒，由于它是线性结构，可以通过热拉引方法作成塑料变折射率光学纤维。

6. 扩散-共聚法[70-73]

扩散共聚法是制作塑料变折射率棒透镜常用的一种方法。它和离子交换法不同之处在于它不是母体离子和掺杂离子的扩散交换，而是掺杂单体向母体内扩散并和母体的单质发生共聚。这种方法是先将母体单质作成半聚合状态的聚合物，然后将它在一定温度（如 80℃）下浸泡在掺杂单体的液体中，经热扩散共聚阶段后，再将母体棒取出并放在一定温度下若干小时，使剩余的单体完成共聚。表 21-39 是常见的几种二元塑料共聚体变折射率棒透镜材料的主要特性。表 21-40 是用不同方法制作的变折射率棒透镜的典型物理性能。

表 21-39 几种常用的变折射率棒透镜材料的主要特性[13]

名　称	ν	n_D	$\frac{n_F - n_C}{n_D}$	名　称	ν	n_D	$\frac{n_F - n_C}{n_D}$
8FMA	58.957 26	1.389	0.004 75	n-BMA	47.760 60	1.482	0.006 81
4FMA	61.695 91	1.422	0.004 81	DAIP	30.038 40	1.571	0.012 1
3FMA	62.916 36	1.425	0.004 74	DAP	34.159 27	1.573 5	0.010 67
MMA	56.082 15	1.497	0.005 92	VB	29.680 48	1.575	0.012 3
CR 39	59.630 86	1.504	0.005 62	PS	41.738 53	1.005	0.009 031

表 21-40　用不同方法制作的塑料变折射率棒透镜的性能[13]

制作方法	扩散-共聚法						光敏共聚法		
M_1	DAP	DAIP	CR39	CR39	CR39	CR39	VB	VCB	VB
M_2	MMA	MMA	3 FMA	3 FMA	4 FMA	8 FMA	MMA	MMA	EMA
周期/mm	50	63	27	31	34	51	178	66	11
A/mm^{-2}	0.015 8	0.009 9	0.054 6	0.042	0.034	0.015 4	0.001 24	0.009 0	0.006 1
色差	高	高	低	低	低	低	高	高	高

第十五节　测试技术[12-14]

一、数值孔径的测量

前面已经讲过，光学纤维元件的数值孔径可定义为 $\text{NA}=n_0\sin\alpha_m=(n_1^2-n_2^2)^{\frac{1}{2}}$。但是，严格地说，要精确地测量孔径角 α_m 是很困难的。实际上，常把输出光强度下降到它的最大值的 50% 的入射角的正弦定义为光学纤维的数值孔径。

数值孔径通常利用测角仪测量出输出光的相对强度和入射角（或出射角）的关系曲线来确定。当入射光是漫射光时，测量出射光锥是很方便的，实验装置如图 21-138 所示。为使入射光完全进入光学纤维，我们用漫射光照明光学纤维元件。漫射板采用毛玻璃，样品的输出表面被安放在探测器支架的旋转轴上。探测器是由一个低 NA 的物镜、光阑和光探测器组成。光阑的直径由样品面积的大小确定，典型的值是 1～3 mm。在没有光学纤维元件时，首先单独对漫射源扫描以建立标准。然后，放入光学纤维元件进行扫描。用有光学纤维元件的读数和没有光学纤维元件的读数之比对所调整的角度作图，利用截止值或者 50% 最大光强度就可以确定光学纤维的数值孔径。

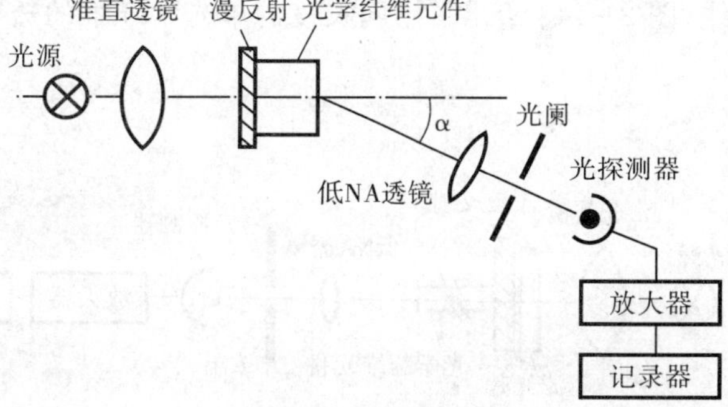

图 21-138　数值孔径测量装置

当光学纤维元件的数值孔径接近或大于 1 时，测量工作将遇到困难。利用在仪器上安装一个其轴位于探测器支架的旋转中心上的半圆柱透镜就可以解决这一难题。柱状透镜的曲率半径为 3 cm 左右。为了确保透镜和光学纤维元件间有良好的光学接触，在它们之间必须增加浸渍油层。测量中，重要的是要使入射光锥等于或略大于光学纤维元件的数值孔径，在漫射光源和光学纤维元件之间增加匹配油层就可以做到这一点。

对于由平行纤维组成的光学纤维元件，两端面的数值孔径通常相同。对于锥形或者扭转的光学纤维元件，数值孔径将随方向或者位置而变。在这种情况下，可以利用这一装置在不同方向和位置来检测。

如果不采用漫射器，输入光将是准直的。这时，这一装置可以用来测量光学纤维元件的非准直或漫射性质。

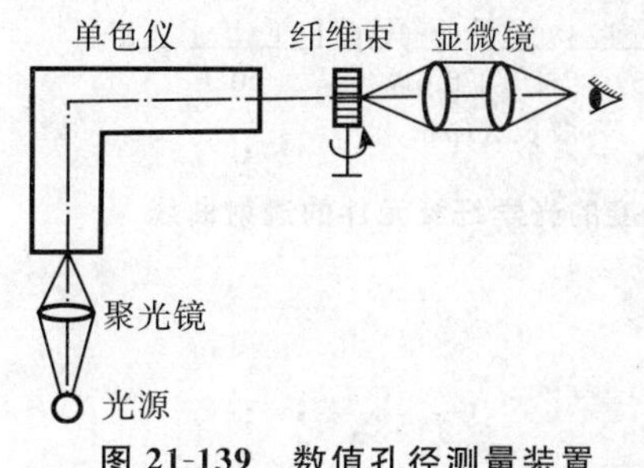

图 21-139　数值孔径测量装置

数值孔径的测量还可以采取如图 21-139 所示的装置进行。因为，当入射光线以孔径角入射时，光线在芯-包层介面上的折射角是 90°，折射光线将沿界面传输。如果在出射端观察，就可以发现在纤维芯-包层边界上有一明亮光带。根据这一思想，当白炽光通过单色仪输出单色光来照明光学纤维元件的入射端时，出射端用一放大倍数为 300 的显微镜来观察，旋转纤维元件以改变光线的入射角度。当观察到芯-包层界面上有一明亮光带，而芯区和包层区的亮度又相同，这时的入射角就是孔径角。

二、光学纤维束透射率的测量[11,13]

光学纤维元件透射率的测量方法将随要求不同而有所不同。例如，每种方法都是在一定波长和数值孔径意义下来确定输入和输出的光通量的。利用单色仪，就可以在一定波长条件下测量光学纤维元件的透射率。单色仪往往不方便，利用许多滤光片也可以从白光源中得到不同波长的单色入射光。

输入端的数值孔径仅在准直光或漫射光的情况下才有意义。在准直透镜焦点上放一小光源就可以得到准直光，利用毛玻璃就可以得到漫射光。通常，将准直光变成漫射光的最简便方法就是在测试目标的入射面上放一毛玻璃。如果需要有确定的数值孔径，就要采用一个具有相应数值孔径的透镜来照明试验目标。

可以利用传感器来收集输出的光通量。准直输出光的传感器可以利用一个低数值孔径透镜，在其焦点上放置一个小孔光阑和一个光探测器。漫射光的传感器是在光探测器前面放入一个毛玻璃漫射圆盘。作为另一种选择，可以利用积分球作漫射光收集器。

考虑到所利用的条件，输入光和输出光的性质（准直光或漫射光）可以独立地选取。图 21-140 和图 21-141 就是两种不同的测量透射率的实验装置。在每种情况下，都要在确定的光谱波长下测量有光学纤维元件和无光学纤维元件时输出光通量的数值和二者之比值。如果利用双光束分光光度计，就可以自动给出输出光通量的比值和作出透射率曲线图。图 21-142 给出了单根光学纤维和纤维束的透射率随长度的变化曲线，图 21-143 给出了不同长度的单光学纤维的透射曲线。

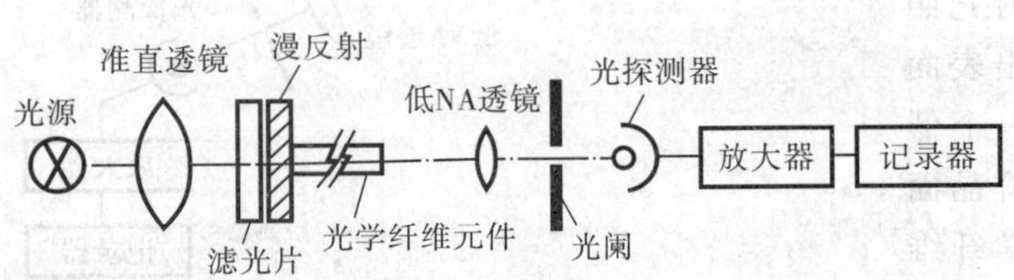

图 21-140 透射率测试装置：漫射光输入准直传感器

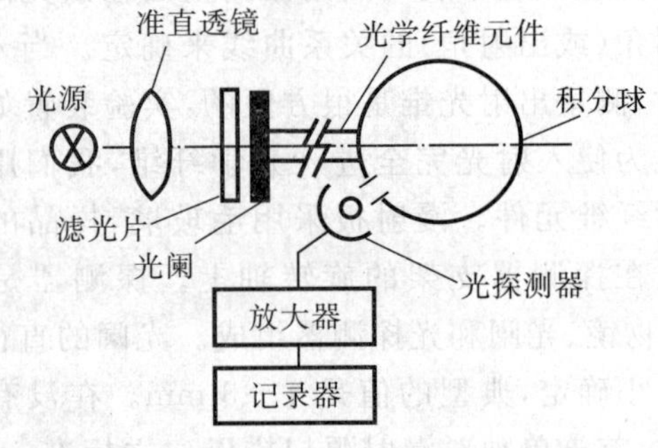

图 21-141 透射率测试装置：准直光输入漫射传感器

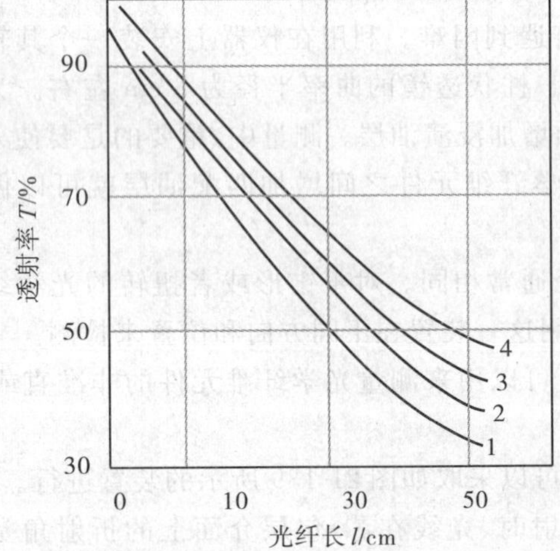

图 21-142 透射率与光学纤维长度的关系

1～3. $n_1=1.62, n_2=1.52, d=100\ \mu m$，界面反射系数分别为 0.999 2，0.999 3，0.999 4；4. $n_1=1.75, n_2=1.52, d=254\ \mu m$，界面反射系数为 0.999 2

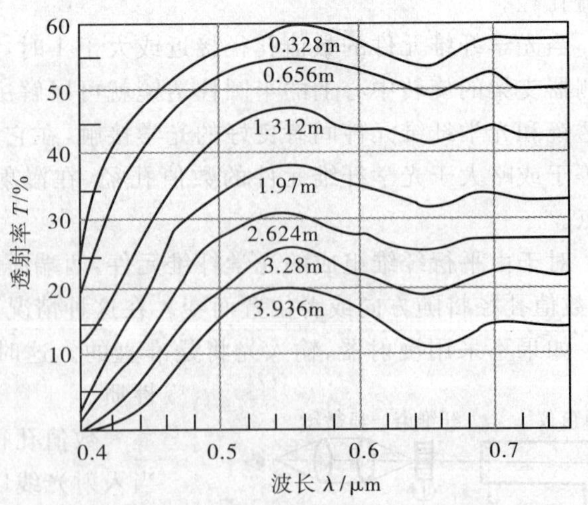

图 21-143 不同长度的光学纤维元件的透射曲线

从图中可以明显地看出，由于纤维束的有效传光面积较小，因而透射率比单根纤维低。光学纤维越长，透射率就越小。

三、低损耗的测量[13,17]

由于低损耗光学纤维的损耗很小，上述测量透射率的装置不能直接用来测量损耗。图 21-144 给出了测量损耗的实验装置图。这里，光源采用激光器，光束经过光阑后在分束器处被分成样品光束和参考光束。参考光束的目的是监视光源的发光强度，样品光束经过中性衰减片后被显微物镜聚焦到待测纤维上。插入已知透射率的衰减片的目的是使激光束强度减弱，以保证接收器工作在线性工作区域。纤维入射端面可以通过三维调节架进行微调。包层模剥离器的作用是可以很好的除去在包层中的光线。如果光学纤维已采用强吸收的预包层，包层模剥离器就不必采用。输出光可用探测器来测量和记录。测量结果的处理方法和透射率一样，这里不再讨论。

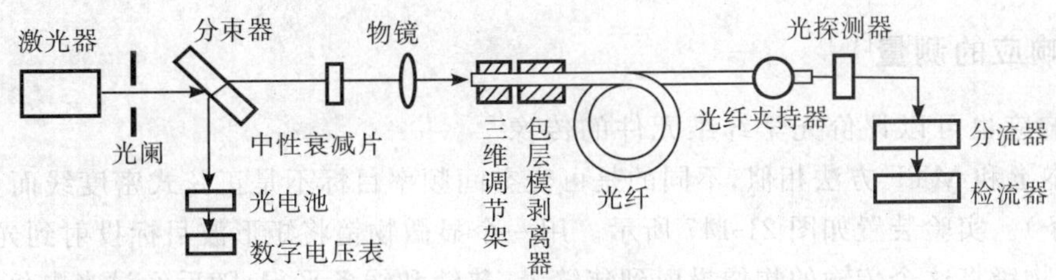

图 21-144　损耗测量装置

四、光纤传像束分辨率的测量[11,13]

柔软光学纤维传像分辨率的测量装置如图 21-145 所示。光源发出的光经过聚光镜将分辨率板照明，分辨率板放在照相机镜头的焦平面上。照相机镜头将分辨率板成像在光学纤维束的入射端面上，在输出端通过目镜观察经过光学纤维束输出的像。

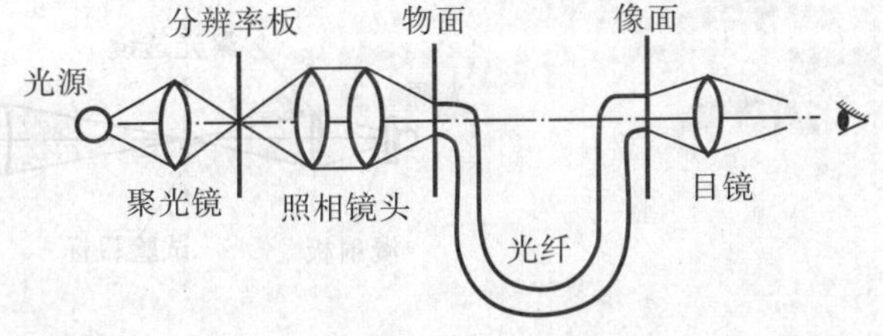

图 21-145　柔软光学纤维传像束分辨率的测量装置

分辨率板可采用国产的 WT1005-62 型鉴别率板，共 5 块，互相以 2 倍比例缩放。每块有 25 个单元，每个单元由方向不同的 4 组线条组成。线条宽度按几何宽度的 $1/(12\sqrt{2})$ 从第 1 单元到 25 单元按递减顺序排列。测量时，要以能同时看清 4 个方向的线条为准。

五、调制传递函数的测量[11,13]

利用分辨率的测量并不能很好地评价光学纤维传像束传像质量的好坏，因为分辨率的测量值一方面和测试目标像的对比度有关，另一方面测试结果还与接收器(人眼、照相底片)有关。近来，人们用调制传递函数(MTF)来全面、客观地评价光学纤维元件传像质量的好坏，取得了良好的效果。

光学纤维元件调制传递函数是对被传递的像的调制度(有的文献上称为对比度)相对于目标的调制度之比，并且是目标的空间频率的函数。光学纤维元件的 MTF 又可考虑为系统的线性展开函数的傅里叶变换。但是，光学纤维元件要用 MTF 来描述，必须满足线性和扩散函数空间不变性的要求。光学纤维元件是线性元件，并不满足空间不变性。因此，不能严格地应用傅里叶分析，尽管如此，通常采用 MTF 方法来评价光学纤维元件的像质，还是可以给出比简单的分辨率测试更多的信息。

通常，可以用许多方法来测试光学纤维元件的 MTF。一般利用很精确的透镜将调制的试验目标的象来扫描光栏或者狭缝，最后，再成像在光学纤维元件上。常用的两种基本方法是：

1)狭缝(小于光学纤维直径)的像被投射到光学纤维样品的输入端，经过光学纤维样品传输的像被投射到可变空间频率的正弦波试验目标上。调制光用光探测器接受。该信号是电信号，可以直接记录并作出MTF曲线。这时，一般都采用宽带放大器来接收可变空间（包括瞬时）频率。

2）具有恒定瞬时频率的扫描目标在可变的光学放大情况下被投射到光学纤维样品的输入面上，输出像被投射在一个固定的狭缝上，随后为光探测器接收和记录。在这种情况下，通过一窄带电子放大器的仅是目标的基频，这就将方位目标变成有效的正弦波目标。

在这两种方法中，在一确定时间下，仅是光学纤维元件的特定部位和取向才被试验，这是静态的MTF情况。为了对整个光学纤维元件的所有部位和取向都能给出MTF特性，就要对所有情况下进行MTF测量的结果取平均。

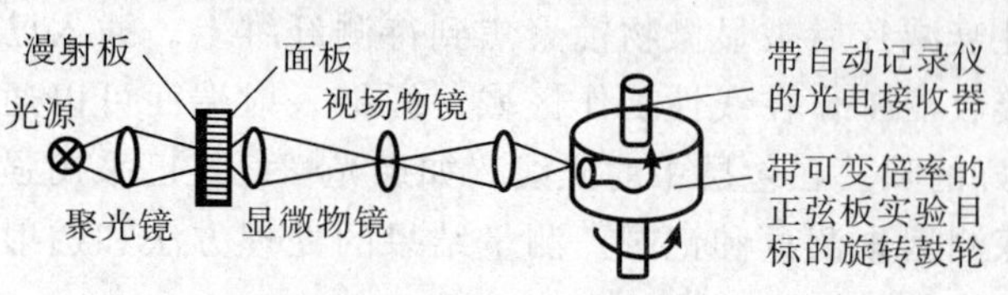

图 21-146 MTF 测量装置

原则上，使光学纤维元件相对于试验系统做迅速运动就可以得到动态的MTF。图21-146给出了光学纤维元件MTF测量装置示意图。

六、矩形波响应的测量[13]

利用矩形波响应也可以评价光学纤维元件的传像质量。其方法基本上和MTF方法相似，不同的是可变空间频率目标不是正弦式密度线而是矩形波（具有相同间距的黑白线条）。实验装置如图21-147所示。用一个显微物镜将矩形波目标投射到光学纤维元件的输入端，另一个显微物镜将这个传输的物像投射到狭缝上，狭缝和线条平行，随后经过光电倍增管、放大器而将曲线记录下来。如果目标运动，则仅有一孤立纤维排被取样。如果光学纤维元件的某一排纤维直接落在取样范围内，就可以得到最大的响应。

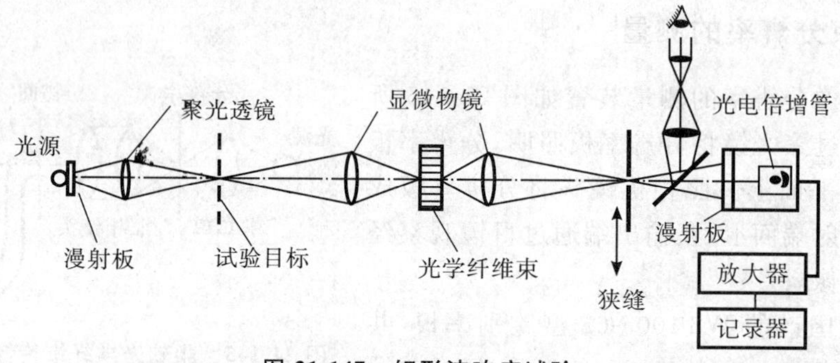

图 21-147 矩形波响应试验

如果狭缝和目标像正交（因而可以通过很多光学纤维），就实现了和纤维有关的许多目标位置的平均响应。于是，我们就可以得到较低的，而且是很现实的响应。

在实验中，首先在没有光学纤维元件的情况下利用一个具有适当的空间频率范围的矩形波目标而得到光学系统的响应。传输光的强度调制可利用图表记录仪对每一频率都进行记录，在每一频率下的调制度（对比度或者响应）是

$$C=\frac{I_{\max}-I_{\min}}{I_{\max}+I_{\min}} \qquad (21\text{-}200)$$

这是在存在光学纤维元件下测量的。有光学纤维元件的对比度和无光学纤维元件的调制度之比对频率作图，就能得到响应曲线。

七、折射率分布的测量[12-14,27]

折射率分布剖面是变折射率光学纤维的一个重要参量。因为光线的传输特性、色散特性、传输的模总数、成像特性等都与变折射率光学纤维本身的折射率剖面有关。因而，折射率剖面的测量和评定是一项重要的工作。

一种理想的测量方法应当满足的条件是：①非破坏性测量；②适用于任何折射率分布；③精度和分辨率高；④测量方法、数据处理方法简便。

表 21-41 给出了折射率剖面的各种测量方法的分类与比较。由于要同时满足上述 4 个条件比较困难，因而在具体测量光学纤维的折射率分布剖面时，应当按照不同的要求采取不同的测量方法。表 21-42 给出了折射率剖面测试方法的比较。

表 21-41　折射率分布测量方法的分类

测量对象	破坏，非破坏	研究者	测量的数据	所得值（误差）
无涂层光纤	非破坏	Presby	后方散射图样	n(0.2%)，r(5%)
均匀芯光纤	非破坏	Watkins	前方散射图样	n_1(±0.003)，$r_{z,包}$
	非破坏	Liu	匹配油的折射率	n_1，$r_{包}$
平方律分布光纤	破坏	Kitano	远场图样	四次项系数(i.1±0.1)
	破坏	末松	近场图样	四次项系数
	破坏	Rawson	表、里面的反射光产生的干涉图	四次项系数(1.36±0.04) 六次项系数(−3±0.3)
	破坏	前田	远场图中的阶跃折射率差	四次项系数
任意形状分布的折射率	破坏	Martin，Cherin	干涉显微镜像	任意点的 n 值
		Ikeda，Eickhoff，上野	纤维端面的反射光	任意点的 n 值(约 5%)
		Glogc，Payhe，田中	非相干光的近场图	任意点的 n 值
		小山内	用 X 射线显微分析测掺杂浓度	任意点的 n 值
任意形状分布的折射率	非破坏	白山，Hunter，伊贺	干涉显微镜像	任意点的 n 值(轴对称)
	非破坏	大越，保立	前方散射图	任意点的 n 值(轴对称)
任意形状分布的折射率	破坏	Burrus	电子显微镜	
阶跃折射率预制块料	非破坏	千吉良	前方、后方散射图	各个参量
任意形状分布的预制块料	非破坏	大越，保立	在中央面成像的干涉图	任意点的 n 值(轴对称)

表 21-42　折射率测试方法的比较

测量方法	类　型	数　据	运用对象		备　注
			光纤	变折射率透镜，光纤预制棒	
薄片干涉法	破坏	干涉条纹	可用	常用	应用广泛，样品制作困难
纵向干涉法	破坏	干涉条纹	常用	常用	应用广泛，样品制作困难
端面反射法	破坏	反射光	常用	可用	端面精度影响大
横向干涉法	非破坏	干涉条纹	常用	可用	数据处理较复杂
散射图样法	非破坏	前方散射图	可用	—	分辨率高
空间滤波法	非破坏	光纤折射角	可用	常用	简便
干涉条纹计数法	非破坏	干涉条纹间隔	可用	常用	对大样品适用
横向微分干涉法	非破坏	干涉条纹的移动量	可用	常用	对大样品适用

下面扼要地介绍几种光学纤维折射率剖面的测量方法。

(一)散射法

这是一种根据光学纤维对激光的散射图样反推计算而得到折射率剖面的方法。对于传输模数较少的光学纤维,测量精度较好,理论分辨率可达 $\lambda/4$,这种非破坏性的测量方法可用作单模或近似单模光学纤维的折射率剖面测量。测量系统如图 21-148 所示[3,65]。一束偏振方向与纤维轴平行的偏振激光垂直入射到光学纤维上,然后用光探测器测量出在前方生成的远方散射图随角度 θ 而变化的函数关系。为了消除纤维包层的折射率与空气折射率差所引起的散射,一般要将光学纤维放入和包层折射率相匹配的匹配油中,匹配油中有自动温度控制设备,保持涂层和匹配油的折射率差在 0.001% 以下。在光电倍增管受光面的正前方放一个纵向狭缝以提高 θ 方向的分辨率和使朝纵向扩散的光全被光电倍增管所接收。利用反推法,就可以从测量结果得到光学纤维的折射率剖面。

还有一种是后方散射法[3,66],测量系统如图 21-149 所示。用此方法可以测量无涂层的均匀光学纤维的折射率和半径。对于有包层的光学纤维,当芯的直径大约小于外径一半时,这种方法也可用来测量包层的折射率。

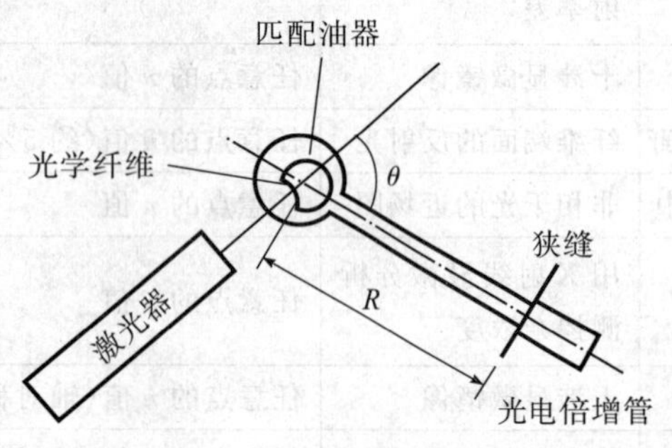

图 21-148 散射法测量系统

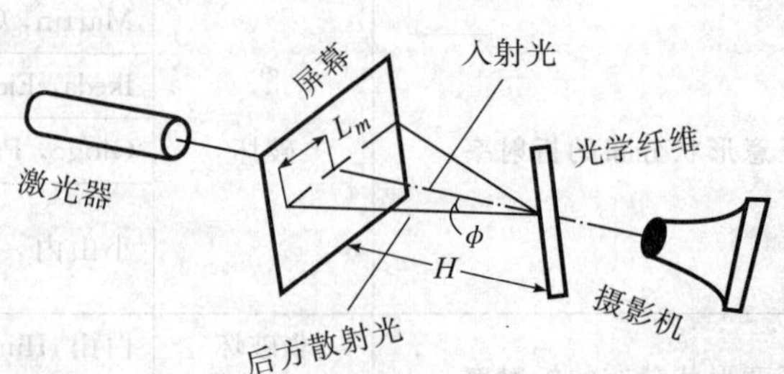

图 21-149 后方散射系统

(二)干涉法

利用干涉法测量光学纤维的折射率分布的方法种类很多,这里简单介绍几种:

1. 沙敏干涉法[12,14]

利用相干光因程差不同发生干涉而生成明暗交替条纹的原理设计的沙敏干涉测试系统如图 21-150 所示。I 和 II 为两个具有相同厚度 t 的平镜,L 为会聚透镜,M 为照相底片。当激光束 S 入射后可得到 4 条光线,用光阑去掉 2 条后,仅留下 1 和 2 两条光线。如果两平镜的厚度完全一样,则光线在两个平镜内部的反射角就完全一样。这时两条光线有相同的光程,程差为 0,在照相底片上看不到干涉条纹。如果将厚度为 l 的变折射率光纤薄片(厚度为 0.3 mm 左右)放入平镜 I 后的光路 1 或 2 中,则两光线之间就产生程差 Δ,并发生干涉,产生明暗相间的同心圆干涉条纹。出现亮环的条件是 $\Delta = k\lambda (k = 1,2,3,\cdots)$,$k$ 表示从中心向边缘计算的亮环数目。两亮环之间的折射率差为 $\Delta n = \lambda/l$。第 k 个亮环和中心亮环之间的折射率差是 $\Delta n = k\lambda/l$。因此,只要知道轴中心处的折射率(近似情况下,可用大块均匀芯材料的折射率代替),数出亮环数目,就可以算出该亮环所对应处的折射率。这样,就可以逐点求出光学纤维横截面上各点的折射率,从而得到光学纤维的折射率剖面。

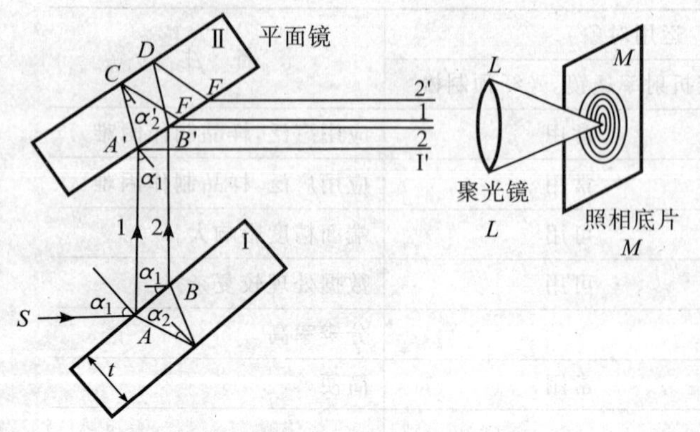

图 21-150 沙敏干涉法测量系统

该方法的优点是设备简单、测量精度高，但属于破坏性测量，样品加工精度要求高，而且要求轴上的折射率已知。

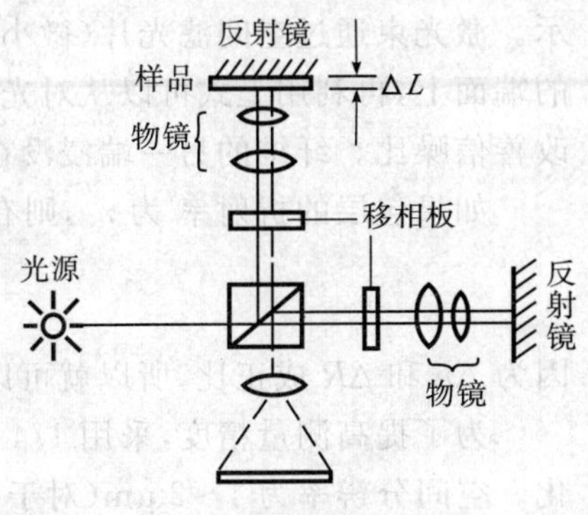

图 21-151 反射式干涉显微镜方法的测量系统

2. 反射式干涉显微镜方法[12,14]

图 21-151 为使用反射式干涉显微镜测量折射率剖面的原理示意图。被测光学纤维先用环氧树脂固定，然后在和它的轴垂直的方向上把纤维切成厚度为几百微米的薄片，再把表面进行研磨抛光，放入显微镜中且和光轴对齐。这时，让通过相位板的光线同屏幕倾斜成角度 θ，则由于加入相位板的那部分光线的相位被延迟，干涉条纹将发生移动。若干涉条纹移动的间隔为 D，则相位板造成的相移 φ 可表示为（当 $\theta \ll 1$ 时）

$$\varphi = \frac{2\pi d}{D}$$

利用上式及 φ 与折射率的关系就可以得到任何点的折射率，当采用显微密度计和模数变换器把显微镜照片的信息进行数字化后，就可以用计算机自动控制干涉条纹的移动量，从而可以精确地算出折射率分布。折射率测试精度可以达到 ± 0.0005，空间分辨率为 0.7 μm。

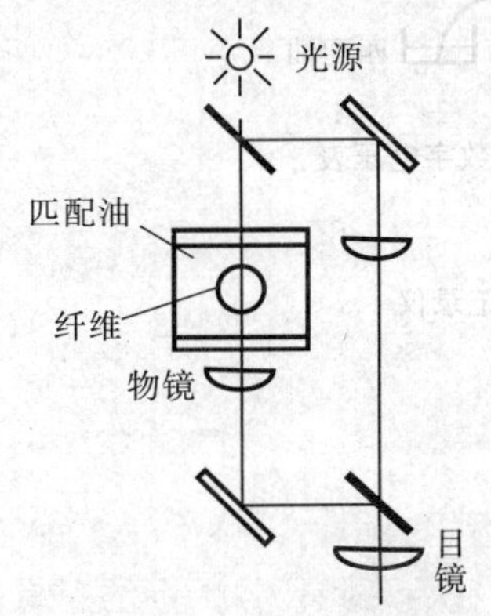

图 21-152 透射式干涉显微方法的测试系统

这种方法可以比较简单地求出任意形状的折射率剖面，所以应用比较广泛。但它是一种破坏性的测量方法。

3. 透射式干涉显微方法[12,14]

如图 21-152 所示，在透射式干涉显微镜的一个光路中，在与轴垂直的方向放入光学纤维，就可以非破坏性地得到光学纤维的干涉条纹。为了消除包层和空气的折射率差造成的散射干扰，被测光学纤维要放入折射率和包层折射率相等的匹配液中。这种方法对芯内折射率变化剧烈时的测量误差较大。

4. 两端面反射干涉法[12,14,27]

实验系统如图 21-153 所示。这种方法的出发点是把变折射率光学纤维的折射率分布表示为

$$n(r) = \varepsilon(r)^{\frac{1}{2}} = \varepsilon_0^{\frac{1}{2}}\left[1 - (\alpha r)^2 + c_4(\alpha r)^4 + \cdots\right]^{\frac{1}{2}}$$

再利用该方法求解高次项系数。式中的 $\varepsilon(r)$ 和 ε_0 分别为光学纤维内部和中心轴上的相对介电常数。利用会聚在入射端面上的入射光束可以再次被会聚在某一距离 $nL(n=1,2,3,\cdots)$ 的特性，取半周期（即 $L/2$）长的变折射率光学纤维如图那样放置，则在纤维表面和另一端面上的反射光将通过同一光路在底片上形成干涉条纹。再利用 $\lambda/4$ 波片和偏振片去掉不需要的光线，就可以得到理想的干涉图样。由于相邻干涉条纹之间的间隔对应于 2π 相位差，所以可将纤维表面和里面的反射光互相间的相位差作为入射角 r_0 的函数而求出。如果折射率剖面偏离聚焦分布很远，则测量精度将大大减小。

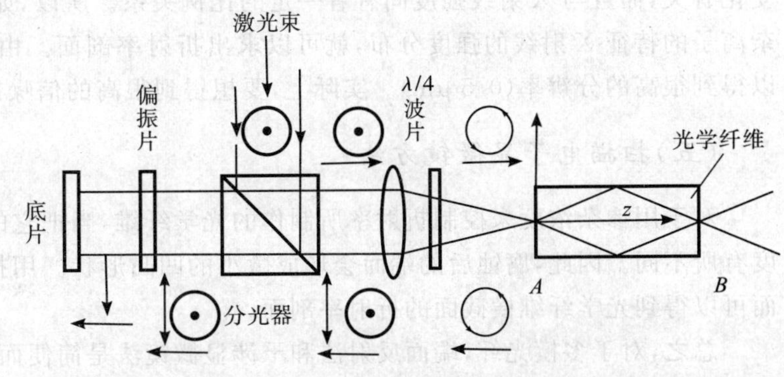

图 21-153 光学纤维两端面反射干涉法

（三）端面反射法[12,27]

正入射时，端面菲涅耳反射率为 $R = \left(\frac{1-n}{1+n}\right)^2$，根据此公式设计的端面反射法实验系统如图 21-154 所

示。激光束通过空间滤光片(微小针孔)成为良好的高斯光束后,再通过显微物镜聚光,然后入射到光学纤维的端面上,再利用上式可以从对光学纤维反射光的扫描测量中得到折射率分布。遮光器和锁定放大器可以改善信噪比。纤维的另一端浸没在匹配液中以除去从该端面上来的反射光。

如果包层的折射率 为 n_2,则有

$$\Delta n=\frac{(n_2^2-1)}{4}\frac{\Delta R}{R_2}$$

因为 Δn 和 ΔR 成正比,所以就可以用 $x-y$ 记录仪直接读出 Δn。

为了提高测量精度,采用 1/4 波片把入射光变成圆偏振光,以降低偏离垂直入射时所引起的反射率的变化。空间分辨率为 1~2 μm(对于 He-Ne 激光入射)。本方法能比较简单地测出多模光纤的任意形状的折射率剖面。

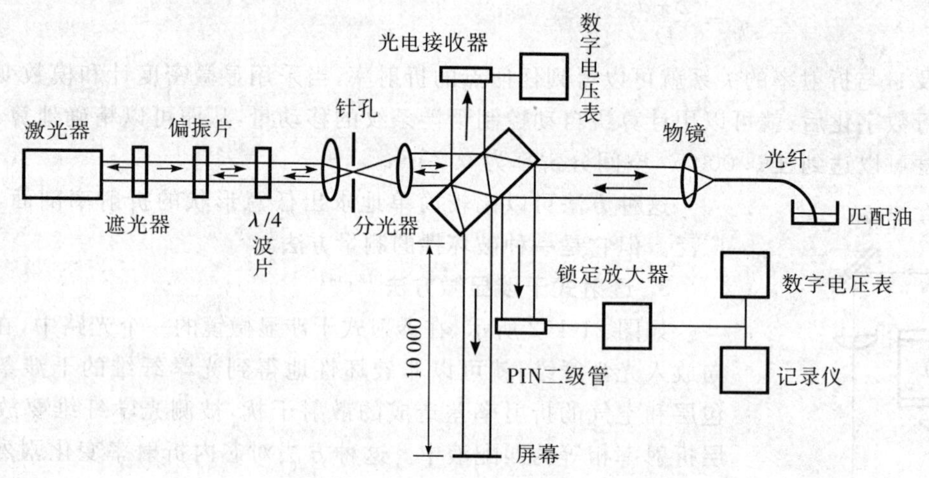

图 21-154 端面反射法测量系统

(四)X 射线显微分析法

我们知道,在光学纤维中,为了改变折射率我们往往要加入一定量的掺杂离子。掺杂离子浓度与折射率变化有关,而且与 X 射线强度间有着一定的比例关系。所以,如果使用 X 射线显微分析仪(XMA)测量出掺杂离子的特征 X 射线的强度分布,就可以求出折射率剖面。由于电子束直径可以做得很小,所以原则上可以得到很高的分辨率(0.5 μm)。实际上,要想得到很高的信噪比是很困难的。

(五)扫描电子显微镜方法

对于用掺杂浓度来控制折射率所制作的光学纤维,当把它的端面进行化学腐蚀时,腐蚀速度将随掺杂浓度有所不同。因此,腐蚀后的端面会形成微小的凹凸形状。用扫描电子显微镜就可以观察这种凹凸形状,因而可以得到光学纤维横截面的折射率剖面。

总之,对于多模光纤,端面反射法和干涉显微镜法是简便而有效的方法,被广泛使用。对单模光纤来说,X 射线显微分析法和散射法最为有效。

八、色散特性的测量[13,17]

光学纤维的色散是决定光学纤维通信容量的重要因素,因而测量和评价光学纤维的色散特性十分重要。

(一)脉冲法

脉冲法是直接测量光脉冲在接收端的波形畸变,或者由它反推计算出脉冲响应的方法。

1. 全色散测量

测量系统如图 21-155 所示。激光器可以采用半导体激光器，如砷化镓、砷铝化镓激光器（光脉冲半宽度为 0.2～1 ns，激光峰值波长为 850～900 nm，光谱半宽度为 1～3 nm），钕玻璃激光器、氪离子激光器和掺钕钇铝石榴石激光器，检波采用雪崩光电二极管（APD），其响应截止频率为 3 MHz。

设光学纤维的输入脉冲波形为 $x(t)$，输出脉冲波形为 $y(t)$，脉冲响应为 $h(t)$，它们都是高斯波形，其宽度分别为 Δt_1，Δt_2 和 $\Delta\tau$。它们之间有下列线性关系：

$$y(t) = \int_0^t h(t-\tau)x(\tau)\mathrm{d}\tau = h(t) * (t)$$

$$\Delta\tau_2^2 = \Delta\tau_1^2 + \Delta\tau^2$$

式中，$*$ 表示卷积，$x(t)$、$y(t)$ 和 $h(t)$ 都表示光强随时间的变化。

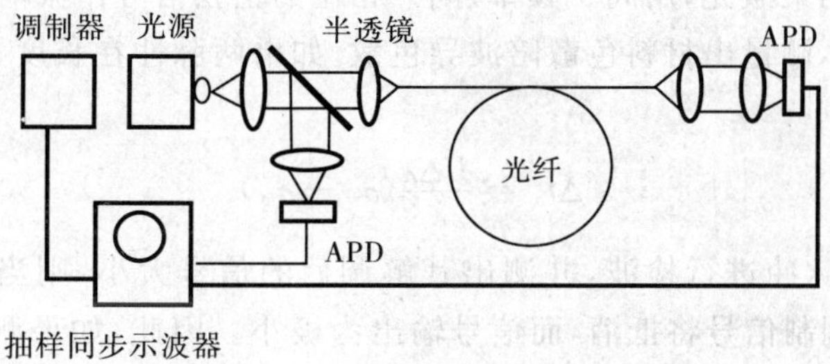

图 21-155　脉冲法全色散的测量系统

可以采用傅里叶变换来计算脉冲响应。还可以通过上述实验系统，把取样同步示波器的输出平滑以后以低速取出，并用小型计算机进行傅里叶变换和逆变换计算，就能很快得到脉冲响应 $h(t)$。

2. 多模色散分离测量法

测量系统如图 21-156 所示。振荡波长取 $\lambda_1 = 860$ nm 和 $\lambda_2 = 900$ nm 的两个砷化镓激光器输出，经半透（半反）镜合成后入射到光学纤维中。由于波长为 λ_1 的脉冲和波长为 λ_2 的脉冲的传输时间差 Δt_a 与多模色散无关，而是由波导色散和材料色散引起的，故有

$$\Delta t_a = \frac{(\delta_w + \delta_m)(\lambda_2 - \lambda_1)}{\lambda}$$

式中，δ_w 为波导色散，δ_m 为材料色散，λ 为 λ_1 和 λ_2 的平均值，Δt_a 可从波形的测量确定。再从上式就可算出 $\delta_w + \delta_m$。由于

$$\Delta\tau_w + \Delta\tau_m = \left(\frac{\Delta\lambda}{\lambda}\right)(\delta_w + \delta_m)$$

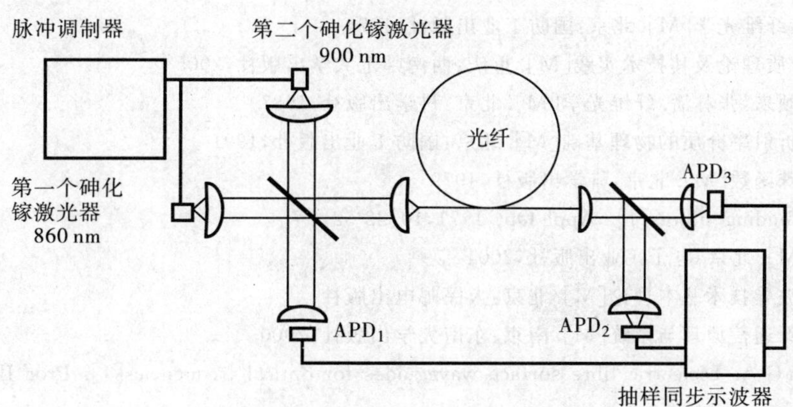

图 21-156　多模色散分离测量系统

这里 $\Delta\lambda/\lambda$ 为激光器的振荡光谱宽度的相对带宽，因而，从上式就可以求出 $\Delta\tau_w + \Delta\tau_m$。于是，就得到了多模色

散 $\Delta\tau_M$ 。

(二)扫描调制法

扫描调制法是采取连续波(CW)发射光作振幅调制,改变调制频率并测量出调制频率相对应的响应(即基带特性)的方法。

1. 全色散测量

测量系统基本上和脉冲法相同,不同之处在于光源的发光强度被来自扫描信号发生器的正弦信号所调制。在接收端,出射波经检波后由选频放大器放大,直接求出相对于调制波的传输特性,即基带频率响应。

2. 多模色散分离测量

把不同波长 λ_1 和 λ_2 的两束激光,用同一频率、同一相位的正弦信号作振幅调制后入射到光学纤维,再由解调后的信号相位差的关系,测量出材料色散陪波导色散。如果两脉冲在长度为 L 的光学纤维上传输后,群时延迟 Δt_a 为

$$\Delta t_a = \frac{L\Delta\lambda}{\lambda}(\sigma_w + \sigma_m)$$

在接收端,同时对这两个光脉冲进行检波,并测出其解调后的信号大小,则当调制频率为 f_m ,而且 Δt_a 为 $1/(2f_m)$ 的奇数倍时,两个调制信号将抵消,而信号输出为极小。因此,如果测出两个以上的使输出为极小的调制频率,就能计算出 Δt_a ,进而由上式就可以求出 $\sigma_w + \sigma_m$ 。

这种测量方法是零位法,因而精度很高,是常用的一种方法。

参 考 文 献

[1]Kapany N S. Fiber Optics[M]. New York: Academic, 1976

[2]Van Heel A C S. De Ingenieur,1953,65:23

[3]大越孝敬. 光学纤维基础[M]. 北京:人民邮电出版社,1980

[4]Kapron F P,et al. Appl. Phys,1970,17:423

[5]Giallorenzi T G,et al[J]. IEEE Journal of Quant,electron,1982,QE-18:626

[6]小山内裕. 电子通信学会志,1980,63:385

[7]Horiguohi M. Electron, Lett,1976,12:310

[8]Miya T, Terunuma Y, Hosaka T, Miyashita T. Electron Lett.,1979,15:106

[9]Unger H G. Planar Optical Waveguides and Fibers[M]. Oxford: Clarendon Press,1977

[10]Wolf H F. Handbook of fiber optics-theory and applications[M]. New York,London: Garland Stpm Press,1979

[11]《纤维光学》编写组. 纤维光学[M]. 北京:国防工业出版社,1974

[12]刘德森. 变折射率介质理论及其技术实践[M]. 重庆:西南师范大学出版社,2005

[13]刘德森,殷宗敏,祝颂来,张林潘. 纤维光学[M]. 北京:科学出版社,1987

[14]刘德森,高应俊. 变折射率介质的物理基础[M]. 北京:国防工业出版社,1991

[15]王竹溪,郭敦仁. 特殊函数[M]. 北京:科学出版社,1979

[16]Gloge D. Weakly Guiding Fibres[J]. Appl Opt,1971,10:22-52

[17]陈才和. 光纤通信[M]. 北京:电子工业出版社,2004

[18]叶培大,吴彝尊. 光波导技术基本理论[M]. 北京:人民邮电出版社

[19]张明德,孙小菡. 光纤通信原理与系统[M]. 南京:东南大学出版社,2000

[20]Kao K C, Hockham G A. Dielectric fibre surface waveguides for optical frequencies[J]. Proc IEEE,1966,133(7):1151-1158

[21]饶云江,刘德森. 光纤技术[M]. 北京:科学出版社,2006

[22]Yablonovitch E, Gmitter T J. Photonic band structure: face-centered cubic case[J]. Phys. Rev. Lett, 1989, 63: 1950-1953

[23]刘颂豪.光子学技术与应用[M].广州:广东科技出版社,安徽科学技术出版社,2006

[24]谢树森,雷仕湛.光子技术[M].北京:科学出版社,2004

[25]Van Heel A C S. Nature,1954,173:39

[26]Hirschowitz B I, Curtiss L E, Peters C W, Pollard H M. Gastroenterology,1958,35:50

[27]大越孝敬,等.通信光纤[M]. 刘时衡,梁民基,译. 北京:人民邮电出版社,1989

[28]Maxwell J C. Cambridge and Dublin Math. J.1854,8:88

[29]Luneburg R K. Mathematical Theory of Optics[M]. Berkeley: University of California Press,1964

[30]Stettler R. Optik,1955,12:529

[31]Morgan S P J. Appl. Phys,1959, 27:1358

[32]Sochacki J J. Opt,Soc. Am,1983,73:789

[33]Wood R W. Physical Optics[M]. New York:McMillan,1905

[34]Kitano I J. Appl. Phys,1970,39:63

[35]Ohtsuks Y. Appl. Phys. Lett,1973,23:247

[36]Kapron E P J. Opt. Soc. Am,1970,60:1433

[37]Sands P J J. Opt. Soc. Am,1970,60:1436

[38]Moore D T J. Opt. Soc. Am,1971,61:886

[39]Marchand E W. Gradient Index Optics[M]. New York:Academic Press,1978

[40]Sodha M S, Ghatak A K. Inhomogeneous Optics Waveguides[M]. New York:Plenum Press,1977

[41]刘德森.微小光学的研究现状[J].物理,1994,23(6):12

[42]刘德森.微透镜阵列与微小光学的发展[J].光子学报,1994,23(Z1):67

[43]Oikawa M, Iga K. Appl. Opt,1982,21(6):1052

[44]刘德森,高应俊,阎国安.自聚焦平面微透镜阵列的研制及特性[J].光子学报,1955,24(Z1):21

[45]Borrelli N F, Moore D T. Appl. Opt,1988,27(3):476

[46]Jewell J L. Appl. Opt,1990,97(34):5050

[47]Popovic Z D. Appl. Opt,1988,27(7):1281

[48]高应俊,刘德森,阎国安.高质量光刻胶微小透镜阵列研究[J].光子学报,1996,25(10):909

[49]刘德森,高应俊,覃亚丽,等.大数值孔径自聚焦平面微透镜阵列研究[J].高速摄影与光子学,1990,25(10):209

[50]刘德森,梅锁海.球形自聚焦平面微透镜阵列研究[J].北京:光学学报,1992,12(6):533

[51]饶云江,王义平,朱涛.光纤光栅原理及应用[M].北京:科学出版社,2006

[52]靳伟,阮双琛.光纤传感技术新进展[M].北京:科学出版社,2005

[53]江源,邹宁宇.聚合物光纤[M].北京:化学工业出版社,2002

[54]涂亚庆,刘兴长.光纤智能结构[M].北京:高等教育出版社,2005

[55]韩艳玲,刘德森,李景艳,蒋小平.方形径向变折射率透镜的研制[J].光子学报,2006,35(6):1301-1304

[56]韩艳玲,刘德森,蒋小平.方形径向变折射率透镜元阵列及其成像[J].光子学报,2007,36(2):221-223

[57]王风,刘德森,蒋小平,周素梅.方形径向变折射率透镜 5×5 阵列的成像特性[J].应用光学,2008,29(4):518-521

[58]韩艳玲.方形径向变折射率透镜及阵列的理论分析和制作工艺[D]. 重庆:西南大学硕士学位论文,2006

[59]陈凯,韩艳玲,周自刚.方形径向变折射率透镜折射率分析[J].光子学报,2008,37(4):648-651

[60]张玉,刘德森.蒋小平,周素梅,边玲.六角形孔径平面微透镜阵列的研制[J].科学研究月刊,2007,3:90-93

[61]秦先明,王风,刘德森,韩艳玲.方形径向变折射率透镜的研制及光学特性测试[J].激光杂志,2006,27(6):53-55

[62]张玉,刘德森.六角形孔径平面微透镜阵列的制作及基本特性研究[J].光子学报,2008,3(8):1639-1642

[63]朱传贵,薛鸣球,刘德森,高应俊.光学元件阵列的衍射理论分析[J].物理学报,1993,42(3):394-399

[64]朱传贵.自聚焦平面微透镜阵列及其光学性质研究[D].西安:中国科学院西安光学精密机械研究所博士学位论文,1992

[65]范滇元.光学系统的衍射积分及其应用[J].中国激光,1980,7(8):26

[66]范滇元.在矩阵光学元件中的光学传递函数[J].光学学报,1981,1(5):395

[67]梅锁海,刘德森.自聚焦平面微透镜的成像矩阵[J].高速摄影与光子学,1991,20(3):233

[68]朱传贵,薛鸣球,刘德森,高应俊.平面微透镜阵列的折射率分布和成像特性[J].激光技术,1992,16(4):48

[69]Kapany N S. Fiber Optics[M]. New York: Academic, 1976

[70]Ohtsuka Y, Koike Y, Yamazaki H. Appl Opt,1981,20:280

[71]Koike Y, Ohtsuka Y. Appl Opt,1983,22:418

[72]Ohtsuka Y, Terao Y. J Appl Polym Sci,1981,26:2907

[73]Ohtsuka Y, Sugano T, Terao Y. Appl Opt,1981,20:2319

[74]Kao KC, Davies TW. Spectrophotometric studies of Ultra low-loss optical glasses-1:Single beam method[J]. Journal of scientific instruments (Journal of physics E),1968,2(1):1063-1068

[75]李淳飞.非线性光学[M]. 2版. 北京:电子工业出版社,2009

[76]Giuliano C R. Phys. Today, 1980,34:27

[77]Boyd R W. Nolinear Optics [M]. New York: Acadmic Press,1992

第二十二章　导波光学和集成光学

导波光学研究介质波导中相干光导波的产生、调制、耦合、传输、衰减、放大、开关、探测和参量相互作用等物理现象，而集成光学主要研究多种光波导器件集成在同一材料衬底上以实现某种特定功能的集成化系统。由于集成光路系统具有体积小、质量轻、耐震动以及频带宽、容量大、损耗小、速度快、能平行处理、抗电磁干扰等优点，因而在光通信、光信息处理、光传感、计算机和自动控制等领域有着极为广泛的应用前景，是当今信息社会的一个重要技术支撑。

导波光学和集成光学经过30多年的发展，特别是近年来随着材料科学、光电子学以及微细加工技术的进步，消除了不少制约导波光电子器件进一步发展的障碍，一系列具有新原理、新材料和新结构的光波导功能器件和系统在技术上日益成熟，已初步形成了一门体系较为完整的学科。随着科学技术的发展，以导波光学和集成光学为基础的光通信和光传感等技术势头迅猛。这种快速发展吸引了人们对于导波光学和集成光学的关注。近年来，在器件的计算机模拟、材料处理、工艺技术的优化以及结构的创新，特别是已成为研究热点的光子集成光路(PIC)、波导光子带隙结构、纳米阵列材料、光纤-波导的耦合和器件的封装领域，以及集微电子与光电子于一体的新型科学——等离子激元光学(plasmonics)，导波光学和集成光学已经显示出其强大的生命力。

第一节　介质平板波导[1-3]

平板光波导由平面薄膜构成。这类光波导不仅几何形状简单，其导模和辐射模的场分布可以用简单的初等函数描述，而且平板光波导也是各类复杂光波导(渐变折射率光波导、矩形波导等)的基本单元。因此，详细而透彻地了解本节内容是十分重要的。本节首先介绍光在平板波导中传播的光线光学图像，使读者对介质平板波导约束光传播的功能有一个基本的认识。然后再利用光的电磁理论较为严格的处理光波导模式、色散及场分布等基本性质，为以下各节的分析奠定必要的基础。

一、平板光波导的光线光学模型

本小节讨论和研究光在平板波导中传播的光线光学模型，并利用这个模型介绍介质光波导理论的基本概念和术语，其中包括导模、导模的截止、传播常数以及波导的有效厚度等。光线光学模型是一种简明直观的模型，但应该指出的是，为了解释波导中的光传播特性，还必须引入相位和相干等波动概念，才能得到光波导的模式本征方程和分立导模的结果。

(一)平板光波导

介质平板波导如图22-1所示，它由3种材料组成。中间一层折射率为n_1的薄膜被称为导波层，其厚度一般为微米量级，可与光波长相当，导波层两侧则是折射率分别为n_0和n_2的衬底和覆盖层。由于衬底和覆盖层的厚度远大于导波层，故在理论处理时都可看作是无穷大尺度的介质。图中，光沿z方向传播，y方向波导的厚度也可以看作是无穷大。因此，光仅在x方向受约束。为了构成真正的波导，要求n_1必须大于n_0和n_2。在实际波导中，导波层一般淀积在衬底材料上，而覆盖层通常是空气。因而在不失一般性的情况下，可假设$n_1 > n_0 > n_2$，如果$n_0 = n_2$，则称该波导为对称平板波导。当$n_0 \neq n_2$时，则波导是非对称的。由于对称平板波导仅仅是非对称平板波导的特殊情况，因而本书中不分别进行讨论，而专门叙述非对

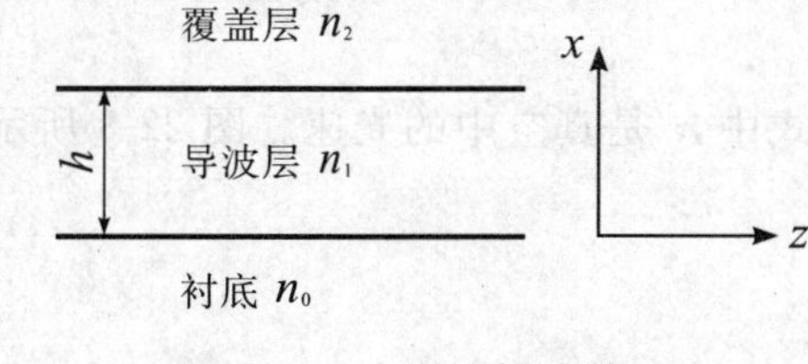

图22-1　介质平板波导

称平板波导的光学特性。除非专门指出，本章始终假定导波光是相干单色光，并假定光波导是由无损耗、各向同性和非磁性的无源介质构成。

（二）平板波导的模式

考虑图 22-2 所示的非对称平板波导结构，其中薄膜的折射率为 n_1，衬底和覆盖层的折射率分别为 n_0 和 n_2，且设 $n_1 > n_0 > n_2$。薄膜/衬底分界面上的全反射临界角设为 θ_s，而薄膜/覆盖层分界面上的全反射临界角设为 θ_c，显然有 $\theta_c < \theta_s$。当入射角 θ 逐渐增大时，如图 22-2 所示，经分析可知，存在着 3 种不同的情况：①对应于入射角 θ 小的情况，即 $\theta < \theta_c < \theta_s$，从衬底一侧入射的光按照菲涅耳定律进行折射，并穿过覆盖层从波导逸出。此时，光没有受到限制，相应于这一图像的电磁模式称为辐射模（或称包层模）。②如图所示，入射角 θ 增大，满足 $\theta_c < \theta < \theta_s$。这时，自衬底入射的光在薄膜/衬底分界面上被折射，而在薄膜/覆盖层分界面上全反射，然后再发生折射，最终逸出波导回到衬底。这时，光仍然没有受到限制。这种传播方式称为衬底辐射模。③当入射角 θ 足够大时，满足 $\theta_c < \theta_s < \theta$。也就是光在两个分界面上都发生全反射，光一旦进入薄膜后就被封闭在里面沿 Z 字形路径传播。这种情况对应于传播的导模。根据波动理论，在垂直于分界面方向上，导模在薄膜内形成驻波，而在覆盖层和衬底中形成指数衰减的倏逝波。以后还将会看到，并不是所有满足 $\theta > \theta_s > \theta_c$ 的光线都能在波导中传播，并构成导模。实际上，构成导模的 θ 角只能是有限个离散值，因此，导模属离散谱。而包层辐射模和衬底辐射模的 θ 角可取无限多个连续值，因此，辐射模属连续谱。由于导模是实际在光波导中传播的光波，它是研究所有光波导器件的基础，因此以下将着重研究导模。

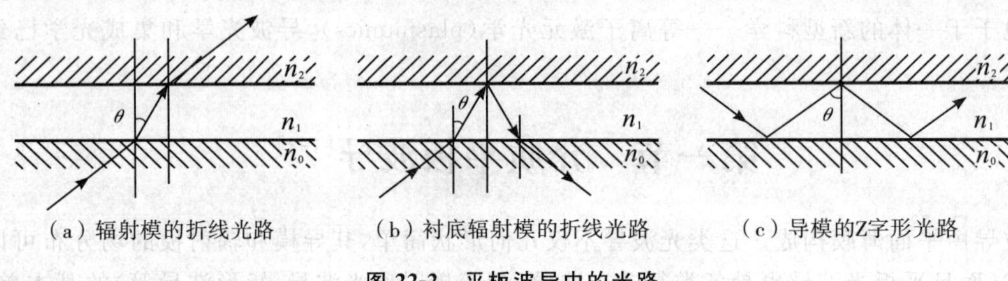

图 22-2　平板波导中的光路

（三）平板波导的导模

图 22-3 是平板波导的侧视图以及所选的坐标系，图中画出了对应于导模的 Z 字形波的波阵面。前面已指出，平板波导的导模可以用锯齿形光线图像描述，并且锯齿光线与界面法线的夹角 θ 只能取有限个离散值。下面对这个问题作进一步的分析。设波导中的光沿坐标 z 方向传播，而在 x 方向受到限制。至于在垂直于 xz 平面的 y 方向上，由于波导的尺寸相对比较大，所以在理论上认为平板波导的几何结构和折射率分布沿 y 方向是不变的，并可进一步认为光场沿 y 方向也是均匀一致的。于是可以看出，锯齿光线实际上是两个重叠的均匀平面波的图像，一个是斜向上的传播，另一个是斜向下传播的，其波阵面法线即是图22-3所示的锯齿形光线。设这两个平面波是单色并相干的，其角频率为 ω，自由空间的波长为 λ，则自由空间的波数为

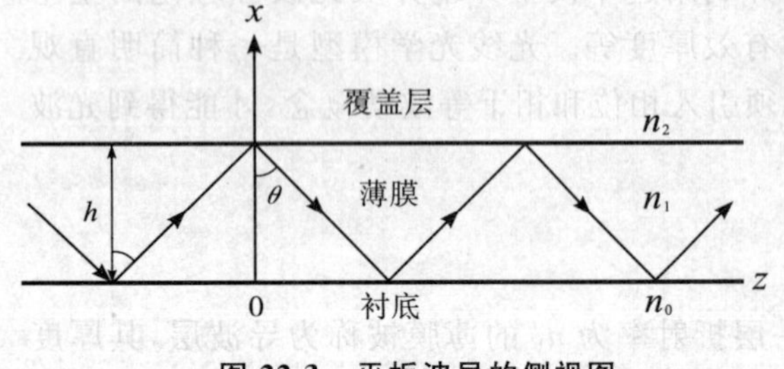

图 22-3　平板波导的侧视图

$$k_0 = \frac{\omega}{c} = \frac{2\pi}{\lambda} \tag{22-1}$$

式中，c 是真空中的光速。图 22-3 所示的平面波的波矢量为

$$|\boldsymbol{k}| = k_0 n_1 \tag{22-2}$$

$$\kappa = k_0 n_1 \cos\theta \tag{22-3}$$

$$\beta = k_0 n_1 \sin\theta \tag{22-4}$$

式中，κ 和 β 分别是波矢 $\boldsymbol{k}$ 的 x 分量和 z 分量。由此可见，薄膜中的波动场按以下方式变化：

$$E \text{ 或 } H = \exp[\mathrm{i}(\pm \kappa x + \beta z)] \tag{22-5}$$

式中，κ 前面的正负号分别对应于斜向上和斜向下传播的平面波。考察某一 z 为常数的波导截面，这时只能看到光波沿 x 方向的上下运动，因而可不考虑光波沿 z 方向的运动。以下从这个观点出发推导平板波导维持导模的条件。设一光波从薄膜下界面 ($x=0$) 出发向上行进到薄膜上界面 ($x=h$)，在上界面经全反射后返回到下界面，在下界面又经全反射后与原先从下界面出发的光波叠加在一起，将此过程中光波所经历的相移累加起来，可以看到，为了达到相干加强(谐振)的结果，这个相移累加总和必须是 2π 的整数倍。对于厚度为 h 的薄膜，光线第一次横向穿过薄膜的相移是 κh，在薄膜/覆盖层分界面上的全反射相移是 $-2\varphi_{12}$，另一次向下横穿薄膜的相移也是 κh，在薄膜/衬底分界面上的全反射相移是 $-2\varphi_{10}$。因此，光波能在薄膜中传播的条件，即平板波导能维持导模的条件是

$$2\kappa h - 2\varphi_{12} - 2\varphi_{10} = 2m\pi \tag{22-6}$$

式中，m 为模阶数，它取从 0 开始的有限个正整数；相移 φ_{10} 和 φ_{12} 是角度 θ 的函数。由此可以看出，只有满足(22-6)式的入射角 θ 才为波导所接受。即波导对光线的入射角是有选择性的。在厚度 h 确定的情况下，平板波导所能维持的导模数量是有限的，因此 m 只能取有限个正整数。(22-6)式称为平板波导的模式本征方程，该方程的未知数是 β 或 θ。对于给定的 m，一定有 β_m 或 θ_m 与之对应。β_m 叫做 m 阶导模的传播常数，θ_m 叫做 m 阶导模的模角。当然，上述方程也可以表示成光频 ω 与传播常数 β 的关系，故上式也称为平板波导的色散方程。

由(22-6)式，可得到与两种偏振态有关的平板波导模式的本征方程。对 TE 模，有

$$\kappa h = m\pi + \arctan\left(\frac{p_0}{\kappa}\right) + \arctan\left(\frac{p_2}{\kappa}\right) \tag{22-7}$$

其中

$$\left.\begin{aligned} \kappa &= (k_0^2 n_1^2 - \beta^2)^{1/2} \\ p_0 &= (\beta^2 - k_0^2 n_0^2)^{1/2} \\ p_2 &= (\beta^2 - k_0^2 n_2^2)^{1/2} \end{aligned}\right\} \tag{22-8}$$

对 TM 模，有

$$\kappa h = m\pi + \arctan\left(\frac{n_1^2}{n_0^2}\frac{p_0}{\kappa}\right) + \arctan\left(\frac{n_1^2}{n_2^2}\frac{p_2}{\kappa}\right) \tag{22-9}$$

由(22-4)式和全反射条件可以看出，当导模的传播常数 β 介于平面波在衬底和薄膜的波数之间时，即有

$$k_0 n_0 < \beta < k_0 n_1 \tag{22-10}$$

为了方便，定义波导的有效折射率：$N = \beta / k_0 = n_1 \sin\theta$，$N$ 又可称为模折射率和模指数，根据(22-10)式，可知它的取值范围是

$$n_0 < N < n_1 \tag{22-11}$$

(四) 平板波导的传播常数

为了研究光在平板波导中的传播特性，必须根据模式本征方程(22-7)式和(22-9)式求得导模的传播常数。下面将讨论平板波导模式本征方程的图解方法和数值分析方法。

1. 模式本征方程的图解方法

为简单起见，讨论单模的情况。对于平板波导中的基模($m=0$)，模式本征方程(22-7)式或(22-9)式变为

$$\kappa h = \varphi_{10} + \varphi_{12} \tag{22-12}$$

若波导是对称的，则 $n_0 = n_2$，从而有 $\varphi_{10} = \varphi_{12}$，于是上式化为

$$\kappa h = 2\varphi_{12} \tag{22-13}$$

图 22-4 是对称和非对称波导基模的模式本征方程的图解。图中画出了关于 θ 角的两种相移曲线。即光在薄膜中的横向穿越相移 $k_0 n_1 h \cos\theta$ (图中的点线画出)和光在薄膜上下分界面上的全反射相移和 ($\varphi_{10} + \varphi_{12}$)。下面就 ($\varphi_{10} + \varphi_{12}$) 的两种情况，即 $\varphi_{10} = \varphi_{12}$ 的对称波导(图中以实线画出)和非对称波导(图中以虚线

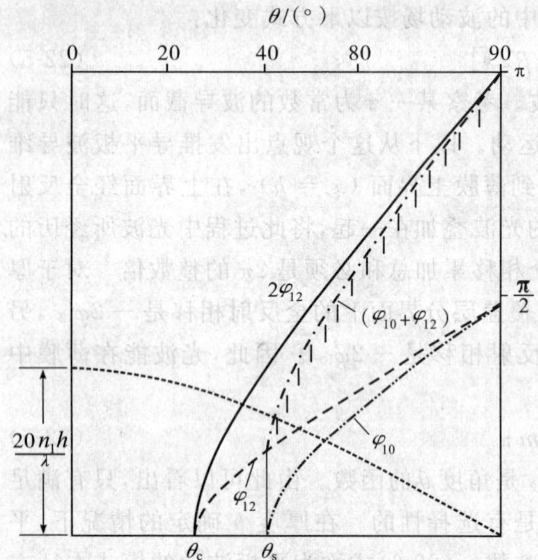

图 22-4 平板波导的基模的色散方程示意图

画出)分别加以分析。对于对称波导,图中实线和点线的交点给出了基模的 Z 字形路径的 θ 角量值。随着 h/λ 变得越小,Z 字形就显得越尖锐(θ 角越小)。但是,即使薄膜厚度取得很小(或光波长很长),也总存在着一个解。这就意味着,对称平板波导的基模是不会截止的。对于非对称平板波导,从图上考察点线与虚线之间的交点,可以看到,在$(\varphi_{10}+\varphi_{12})$曲线中只有用阴影线表示的那一部分才大于薄膜/衬底分界面上的临界角 θ_s。于是,对于较薄的薄膜(或较长的波长),无法得到点线和虚线的交点。这意味着非对称平板波导并不总能维持导模,也就是说,即使是基模,也存在着截止条件。顺便指出,所谓截止条件是指:$\beta=k_0n_0$。

2. 模式本征方程的数值解

平板波导的模式本征方程除了用图解法求解外,还可以用数值方法求解。根据数值解绘制出的平板波导色散特性曲线,可用来讨论光在平板波导中的传播特性,也可供波导设计和测量使用。图 22-5 是根据数值解画出的有效折射率 N 对波导薄膜厚度 h 的关系曲线。而图 22-6 是光频 ω 对传播常数 β 的关系曲线。在这两个图中,只画出了前 3 个低阶模的色散曲线,但都标出了截止厚度和截止频率。由图 22-5 可以看到,当 h 等于截止厚度时,有效折射率 N 等于衬底折射率 n_0。当 h 增大时,N 随之增大,但趋于一个上限值 n_1(薄膜折射率)。显然,h 增大时,模式数量随之增多。图中 h_{c0}、h_{c1}、h_{c2} 分别是 m 为 0、1、2 三个导模的截止厚度。由图 22-6 可以看到,在截止频率处,传播常数取下限值 k_0n_0。当 ω 增大时,β 趋向于上限值 k_0n_1。同样,随着频率 ω 的增大,模式数量也随之增加。ω_{c0}、ω_{c1}、ω_{c2} 分别是 m 为 0、1、2 三个导模的截止频率。图 22-6 除画出了导模的分立谱外,还画出了辐射模的连续谱。

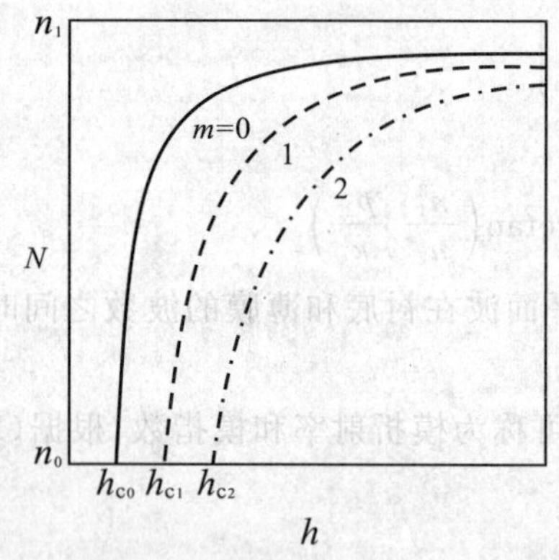

图 22-5 平板波导 N 对 h 的曲线

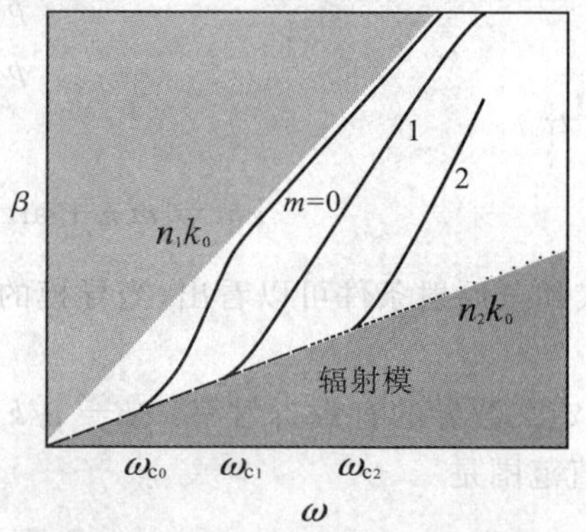

图 22-6 平板波导 β 对 ω 的曲线

二、平板波导的电磁理论

平板波导的理论处理可采用简单而直观的光线光学模型,但这种理论是不完善的。首先,它无法给出波导的模场分布、波导所携带的功率等概念;其次,为解释波导中光的传播特性,还必须引入相位和相干等波动概念。而模场分布等知识对于光波导和光波导器件等大部分研究课题是必须具备的。本节将从麦克斯韦(Maxwell)方程的边值问题出发,推导平板波导各类模式的场分布、携带功率以及模式本征方程等。

(一)平板波导的波动方程

非对称平板波导如图 22-7 所示。它由 3 种材料组成,中间

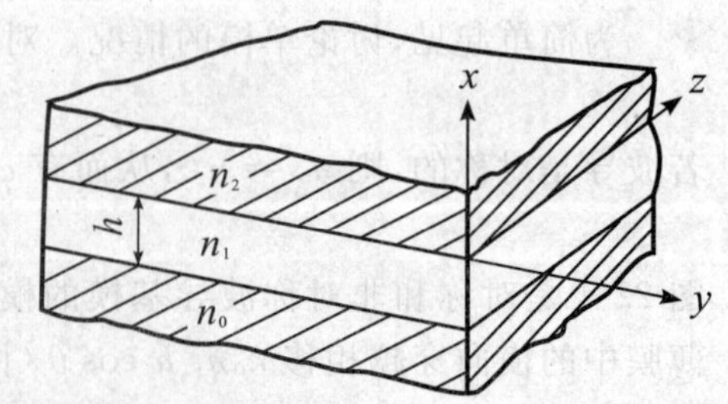

图 22-7 非对称平板波导及其坐标系选择示意图

是折射率为 n_1 的导波层，两侧是折射率分别为 n_0 和 n_2 的衬底和覆盖层。设衬底和覆盖层分别延伸到无穷远，且导波层的宽度远大于它的厚度。在这种假设条件下，可认为平板波导中的光场只在一个方向上受到限制，将它选为 x 方向，并设平板波导的几何结构和折射率分布沿 y 方向不变，即折射率分布 $n(x)$ 只是 x 的函数，相应的模场也只是坐标 x 的函数，于是可令

$$\frac{\partial \psi}{\partial y} = 0 \tag{22-14}$$

ψ 为电场或磁场。设 h 为导波层的厚度，则折射率分布 $n(x)$ 可以写为

$$n(x) = \begin{cases} n_2, & 0 < x < \infty \\ n_1, & -h < x < 0 \\ n_0, & -\infty < x < -h \end{cases} \tag{22-15}$$

在此条件下，平板波导的麦克斯韦方程的解与坐标 y 无关，并可写成如下形式：

$$\left.\begin{aligned} E(x,z,t) &= E(x)\exp\left[\mathrm{i}(\beta z - \omega t)\right] \\ H(x,z,t) &= H(x)\exp\left[\mathrm{i}(\beta z - \omega t)\right] \end{aligned}\right\} \tag{22-16}$$

式中，β 是电磁场沿 z 方向的传播常数。(22-16)式表明，波导中的横向(x 向)电场以相速度 ω/β 沿波导的纵向(z 向)传播，这个沿 z 向传播的行波，就是通常所说的导波光。

将(22-16)式代入麦克斯韦方程，可得

$$\left.\begin{aligned} \beta E_y &= -\omega\mu H_x \\ \frac{\partial E_y}{\partial x} &= \mathrm{i}\omega\mu H_z \\ \mathrm{i}\beta H_x - \frac{\partial H_z}{\partial x} &= -\mathrm{i}\omega\varepsilon E_y \end{aligned}\right\} \tag{22-17}$$

$$\left.\begin{aligned} \beta H_y &= \omega\varepsilon E_x \\ \frac{\partial H_y}{\partial x} &= -\mathrm{i}\omega\varepsilon E_z \\ \mathrm{i}\beta E_x - \frac{\partial E_z}{\partial x} &= \mathrm{i}\omega\mu H_y \end{aligned}\right\} \tag{22-18}$$

由上述 6 式，可以看出麦克斯韦方程分解为两组独立的方程，其中一组方程有电磁场分量 E_y、H_x 和 H_z，而另一组方程含有电磁场分量 H_y、E_x 和 E_z。前者称为 TE 波，即电场垂直于波传播方向的模式；后者称为 TM 波，即磁场垂直于波传播方向的模式。在(22-17)式中，把第一式和第二式代入第三式中，消去 H_x 和 H_z，可得到 E_y 所遵从的方程：

$$\frac{\partial^2 E_y}{\partial x^2} + (k_0^2 n_j^2 - \beta^2)E_y = 0 \tag{22-19}$$

对(22-18)式采取相同的步骤，可得到 H_y 所遵从的方程：

$$\frac{\partial^2 H_y}{\partial x^2} + (k_0^2 n_j^2 - \beta^2)H_y = 0 \tag{22-20}$$

式中，$k_0 = \omega\sqrt{\varepsilon_0\mu_0} = 2\pi/\lambda$，是光在真空中的传播常数(或称波数)；$\lambda$ 为真空中的光波长；$j = 0, 1, 2$。(22-19)式和(22-20)式分别称为 TE 波和 TM 波的标量亥姆霍兹(Helmholtz)方程，或称为波动方程，它们适用于无源、无损耗、各向同性和非磁性的介质平板波导。

(二)TE 导模

1. TE 导模的场分布和模式本征方程

考虑如图 22-8 所示的介质平板波导。设 $n_1 > n_0 > n_2$，且导波沿 z 方向传播，传播常数为 β。根据上节的分析可知，该平板波导中 TE 导模的电磁场分量是 E_y、H_x、H_z。对导模而言，衬底和覆盖层中的场呈指数衰减形式，而在导波层中的场是振荡的，是两个相反方向传播的平面波

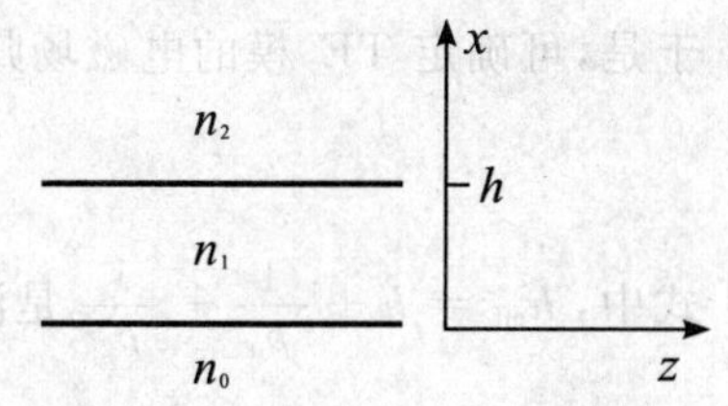

图 22-8　介质平板波导及选用的坐标

叠加的图像。因此该平板波导图3个区域中的电场分布为

$$E_y=\begin{cases}A\exp(p_0x), & -\infty<x<0\\ B\exp(\mathrm{i}\kappa_1x)+C\exp(-\mathrm{i}k_1x), & 0<x<h\\ D\exp[-p_2(x-h)], & h<x<+\infty\end{cases} \tag{22-21}$$

式中,A、B、C、D 是待定常数。若把(22-21)式代入波动方程(22-19),则可得

$$\left.\begin{aligned}\kappa_1&=(k_0^2n_1^2-\beta^2)^{1/2}\\ p_0&=(\beta^2-k_0^2n_0^2)^{1/2}\\ p_2&=(\beta^2-k_0^2n_2^2)^{1/2}\end{aligned}\right\} \tag{22-22}$$

在光线光学模型中,上述3个量的意义是不明确的。而在这里显然κ_1是沿x方向的传播常数,而p_0和p_2分别是衬底和覆盖层中场的衰减系数。

根据边界条件,可知E_y和H_z在边界上连续。而由(22-17)式,H_z连续可用$\partial E_y/\partial x$连续代替。因此,对TE模,利用E_y和$\partial E_y/\partial x$在$x=0$和$x=h$界面上连续的条件,可得色散方程:

$$\kappa_1h=m\pi+\varphi_{10}+\varphi_{12},\qquad m=0,1,2,\cdots \tag{22-23}$$

其中

$$\varphi_{10}=\arctan\left(\frac{p_0}{\kappa_1}\right) \tag{22-24}$$

$$\varphi_{12}=\arctan\left(\frac{p_2}{\kappa_1}\right) \tag{22-25}$$

由于κ_1、p_0、p_2都是β的函数,因此可通过本征方程(22-23)式求出模式本征值。

2. TE导模携带的功率

介质平板波导TE模在y方向单位间隔内沿z方向携带的功率为

$$P=\frac{\beta}{2\omega\mu_0}\int_{-\infty}^{\infty}[E_y(x)]^2\mathrm{d}x \tag{22-26}$$

利用模场分布和色散方程(22-23)式,可得导波层、覆盖层和衬底中的功率分布,分别以P_{core} P_{cover}和P_{sub}表示,分别为

$$P_{\text{core}}=A^2\frac{\beta}{2\omega\mu}\frac{\kappa_1^2+p_0^2}{2\kappa_1^2}\left(h+\frac{p_0}{\kappa_1^2+p_0^2}+\frac{p_2}{\kappa_1^2+p_2^2}\right) \tag{22-27}$$

$$P_{\text{sub}}=A^2\frac{\beta}{2\omega\mu}\frac{1}{2p_0} \tag{22-28}$$

$$P_{\text{cover}}=A^2\frac{\beta}{2\omega\mu}\frac{1}{2p_2}\frac{\kappa_1^2+p_0^2}{\kappa_1^2+p_2^2} \tag{22-29}$$

而TE导模携带的全部功率为

$$\begin{aligned}P&=P_{\text{core}}+P_{\text{cover}}+P_{\text{sub}}\\ &=A^2\frac{\beta}{2\omega\mu}\frac{\kappa_1^2+p_0^2}{2\kappa_1^2}\left(h+\frac{1}{p_0}+\frac{1}{p_2}\right)\end{aligned} \tag{22-30}$$

功率归一化的条件为

$$\frac{\beta}{2\omega\mu_0}\int_{-\infty}^{\infty}[E_y(x)]^2\mathrm{d}x=1 \tag{22-31}$$

于是,可确定TE模的电磁场归一化系数:

$$A=2\kappa_1\left[\frac{\omega\mu_0}{\beta(\kappa_1^2+p_0^2)h_{\text{eff}}}\right]^{1/2} \tag{22-32}$$

式中,$h_{\text{eff}}=h+\dfrac{1}{p_0}+\dfrac{1}{p_2}$是波导的有效厚度。

（三）TM 导模

1. TM 导模的场分布和模式本征方程

平板波导中的 TM 导模具有 H_y、E_x 和 E_z 3 个电磁场分量，类似于上节 TE 导模的分析，该平板波导 3 个区域中的电场分布为

$$H_y=\begin{cases}A\exp(p_0x), & -\infty<x<0\\ B\exp(\mathrm{i}\kappa_1x)+C\exp(-\mathrm{i}\kappa_1x), & 0<x<h\\ D\exp[-p_2(x-h)], & h<x<+\infty\end{cases} \tag{22-33}$$

利用 H_y 和 $\frac{1}{n_j^2}\frac{\partial H_y}{\partial x}$ 在界面上连续的条件可得色散方程：

$$\kappa_1h=m\pi+\varphi_{10}+\varphi_{12},\quad m=0,1,2,\cdots \tag{22-34}$$

其中

$$\varphi_{10}=\arctan\left(\frac{n_1^2}{n_0^2}\frac{p_0}{\kappa_1}\right) \tag{22-35}$$

$$\varphi_{12}=\arctan\left(\frac{n_1^2}{n_2^2}\frac{p_2}{\kappa_1}\right) \tag{22-36}$$

2. TM 导模携带的功率

介质平板波导 TM 模在 y 方向单位间隔内沿 z 方向携带的功率为

$$P=\frac{\beta}{2\omega\varepsilon_0}\int_{-\infty}^{\infty}\frac{1}{n_j^2}[H_y(x)]^2\mathrm{d}x \tag{22-37}$$

通过直接计算，可得 TM 模的电磁场归一化系数：

$$A=2\kappa_1\left[\frac{n_1^2n_0^4\omega\varepsilon_0}{\beta(n_0^4\kappa_1^2+n_1^4p_0^2)h_{\text{eff}}}\right]^{1/2} \tag{22-38}$$

式中，TM 导模的波导有效厚度定义为

$$h_{\text{eff}}=h+\frac{n_1^2n_2^2}{p_2}\frac{\kappa_1^2+p_2^2}{n_2^4\kappa_1^2+n_1^4p_2^2}+\frac{n_1^2n_0^2}{p_0}\frac{\kappa_1^2+p_0^2}{n_0^4\kappa_1^2+n_1^4p_0^2} \tag{22-39}$$

第二节　渐变折射率波导

前面几节讨论了电磁波在介质平板波导中的传播特性，这种平板波导是由一个高折射率的平板夹在两个或多个低折射率的平板之间组成的。从光线光学的观点看，在这种波导中，光束在分界面上反复地做内部全反射而传播。随着分界面不规则程度的增加，光线在界面上的每次反射都将引起散射，从而使波导的传输损耗急剧增加，这是阶梯状折射率分布波导的缺陷所在，它严格地限制了低损耗波导的制作容差。为了改善波导的传输损耗，一个自然的想法是使这种阶梯状折射率分布波导改变为渐变折射率波导，在这种渐变折射率波导中，传播的光线不再是锯齿形的，而将变为连续的“弧形光线”，从而避免了因界面不规则引起的散射损耗。因此，这种波导引起了研究人员极大的兴趣。现在，已经有多种成熟的工艺过程，特别是扩散、离子交换和离子注入技术，可使介质波导具有渐变折射率分布，这种波导也叫做非均匀波导。

一、光线近似方法[4-6]

光线近似方法能简单而直观地分析非均匀波导的传播特性，可得到与 WKB 方法完全一致的模式本征方程。

（一）色散方程

考虑图 22-9 所示的非均匀平板波导，它的折射率分布由下式给出：

$$n^2(x)=\begin{cases}n_2^2+(n_1^2-n_2^2)f(x/d), & x>0\\ n_0^2, & x<0\end{cases} \tag{22-40}$$

式中，n_0 和 n_2 分别为波导覆盖层和衬底的折射率；n_1 为波导表面的折射率；$f(x/d)$ 是折射率变化函数，它的取值范围在 0 到 1 之间；d 是扩散深度。如图 22-9(a)所示，$n(x)$ 在 $x=0$ 处取最大值 n_1，而在 $x>0$ 区域从 n_1 逐渐递减，直到等于衬底折射率 n_2。在这种非对称渐变线射折率波导中，如图 22-9(b)所示，光在 $x=0$ 界面上发生全内反射，而在转折点 x_t 处发生弯曲，光线按弧形光路沿 z 方向传播。若把弧形光线分成若干个线段，与各个线段对应的横向坐标和间隔分别记作 x_i 和 Δx_i，当 Δx_i 很小时，其范围内的介质折射率可近似为 $n(x_i)$。于是，光线上任意一点的波矢量可表示为

$$|\boldsymbol{k}(x)| = k_0 n(x_i) \tag{22-41}$$

$$k_x = \kappa = k_0 n(x_i)\cos\theta_i \tag{22-42}$$

$$k_z = \beta = k_0 n(x_i)\sin\theta_i \tag{22-43}$$

式中，θ_i 是第 i 个小区域的波矢量与 x 轴的夹角，κ 和 β 分别是波矢量 $\boldsymbol{k}$ 的 x 分量和 z 分量，如图 22-9(c) 所示。传播常数 β 是与 x 无关的常数。另外，由于波矢量 $\boldsymbol{k}$ 在转折点处没有 x 分量，所以有

$$\beta = k_0 n(x_t) \tag{22-44}$$

有效折射率为

$$N = \beta/k_0 = n(x_t) \tag{22-45}$$

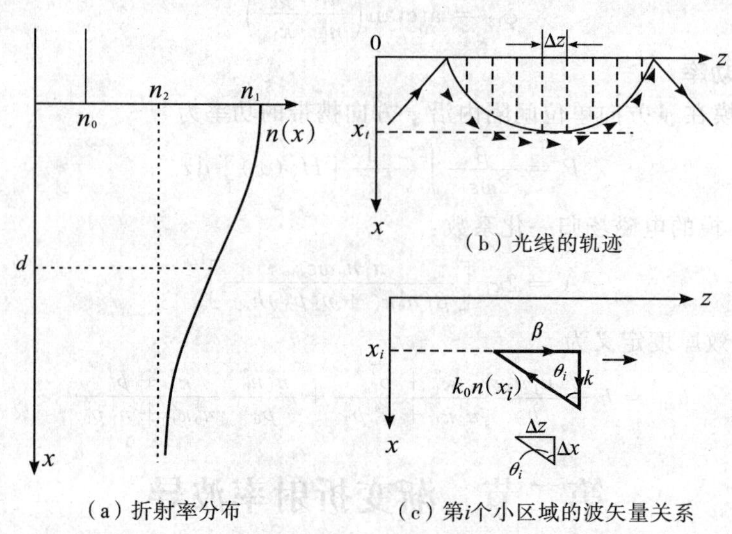

（a）折射率分布　　（c）第i个小区域的波矢量关系

图 22-9　光线近似分析图

为了建立渐变折射率波导的模式本征方程，采用类似于阶梯形折射率平板波导的方法。观察光波的横向运动所经历的相位变化，光线横越间隔 Δx_i 所经历的相移为

$$\Delta\varphi_i = k_0 n(x_i)\cos\theta_i \Delta x_i = k_0\left[n^2(x_i) - N^2\right]^{1/2}\Delta x_i \tag{22-46}$$

欲求光线从波导表面行进到转折点 x_t 处的相移，可令 $\Delta x_i \to 0$，并对(22-46)式求和，于是有

$$\lim_{\Delta x_i \to 0}\sum_i \Delta\varphi_i = k_0\int_0^{x_t}\left[n^2(x) - N^2\right]^{1/2}\mathrm{d}x \tag{22-47}$$

此外，还应考虑在界面 $x=0$ 处的全反射相移 $2\varphi_{10}$ 和转折点处的弯曲相移 $2\varphi_{12}$。容易知道，半全反射相移为

$$\varphi_{10} = \arctan\left(\frac{p_0}{\kappa_1}\right) \tag{22-48}$$

式中，$p_0 = (\beta^2 - k_0^2 n_0^2)^{1/2}$，$\kappa_1 = (k_0^2 n_1^2 - \beta^2)^{1/2}$。

(二)转折点处的相移

为了分析弯曲相移，把坐标原点选在光线的转折点处(如图 22-10 所示)，并且画出 $x=\delta$ 和 $x=-\delta$ 两条直线。当 δ 很小时，$\delta > x > 0$ 和 $0 > x > -\delta$ 区域可近似看成是折射率分别为 $n(\delta)$ 和 $n(-\delta)$ 两个均匀介质区域，从而可把弯曲的光线看作是在 $x=0$ 界面上发生全反射的光线。

对于 TE 波，半全反射相移为

$$\phi_{12}^{\mathrm{TE}}=\arctan\sqrt{\frac{\beta^2-k_0^2n^2(-\delta)}{k_0^2n^2(\delta)-\beta^2}} \tag{22-49}$$

式中，$n(\delta)$ 和 $n(-\delta)$ 分别近似为

$$n(\delta)=n(0)+\delta\frac{\mathrm{d}n(0)}{\mathrm{d}x} \tag{22-50}$$

$$n(-\delta)=n(0)-\delta\frac{\mathrm{d}n(0)}{\mathrm{d}x} \tag{22-51}$$

由于转折点为 $x=0$，于是得到

$$\beta=k_0n(0) \tag{22-52}$$

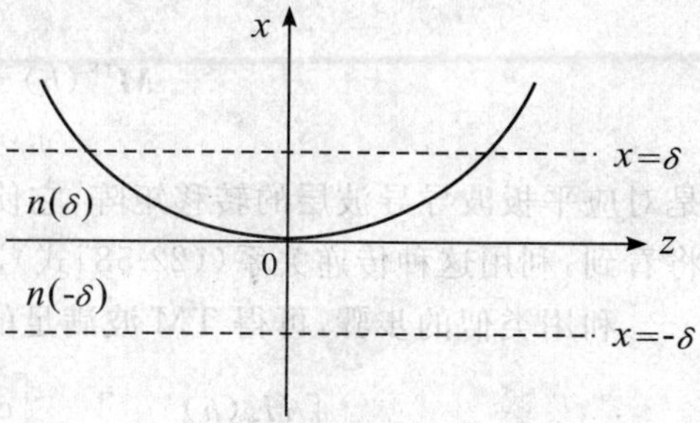

图 22-10　光线在非均匀介质中的弯曲

将(22-50)式、(22-51)式和(22-52)式代入(22-49)式，并取 $\delta\to0$，可得

$$\varphi_{12}^{\mathrm{TE}}=\arctan(1)=\frac{\pi}{4} \tag{22-53}$$

同样，对于 TM 波，也有

$$\varphi_{12}^{\mathrm{TM}}=\frac{\pi}{4} \tag{22-54}$$

以上证明了光线在非均匀介质中发生弯曲时，转折点处的全反射相移是 $-\pi/2$。由以上分析可知，非对称渐变折射率波导的模式本征方程可写为

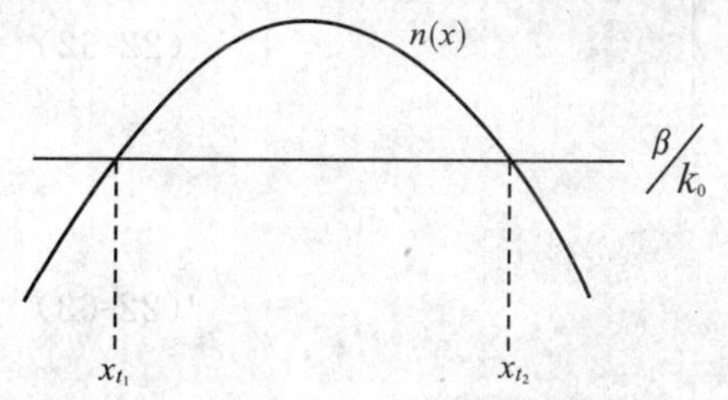

图 22-11　有两个转折点的非均匀光波导

$$\int_0^{x_t}\kappa(x)\mathrm{d}x=m\pi+\arctan\left(\frac{p_0}{\kappa_1}\right)+\frac{\pi}{4},\qquad m=0,1,2,\cdots \tag{22-55}$$

其中

$$\kappa(x)=[k_0^2n^2(x)-\beta^2]^{1/2} \tag{22-56}$$

对图 22-11 所示的有两个转折点的非均匀光波导，模式本征方程为

$$\int_{x_{t_1}}^{x_{t_2}}\kappa(x)\mathrm{d}x=\left(m+\frac{1}{2}\right)\pi,\qquad m=0,1,2,\cdots \tag{22-57}$$

(22-55)式和(22-57)式也称为 WKB 近似方程。

二、分析转移矩阵理论

利用矩阵技术描述光在薄膜中的传播是一种简单易行的方法。例如，玻恩和沃耳夫利用特性矩阵[7]求解光通过多层介质膜时的透射率和反射率问题，还有很多人曾利用光线矩阵[8]处理光线通过透镜或似透镜介质的传输问题，都得到了很好的结果。下面根据介质光波导的特点，选取了合适的波动方程的特解，构造出一种与特性矩阵不同的转移矩阵。这种转移矩阵是一个实矩阵，它具有物理意义更加明确、计算更为方便的特点，而且具有给出解析公式的潜力。利用这种转移矩阵，介绍分析转移矩阵理论。

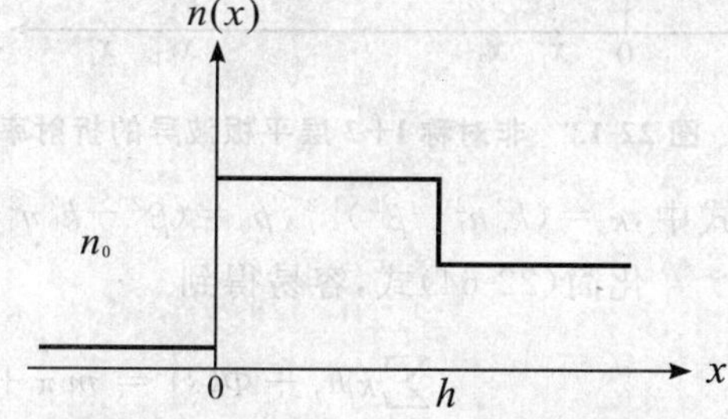

图 22-12　三层平板波导的折射率分布

（一）转移矩阵

对如图 22-12 所示的厚度为 h 的三层介质平板波导的折射率分布，选取了合适的波动方程的特解，可得到以下 TE 波满足的矩阵方程：

$$\begin{bmatrix}E_y(h)\\E'_y(h)\end{bmatrix}=\begin{bmatrix}\cos(\kappa_1h) & \frac{1}{\kappa_1}\sin(\kappa_1h)\\-\kappa_1\sin(\kappa_1h) & \cos(\kappa_1h)\end{bmatrix}\begin{bmatrix}E_y(0)\\E'_y(0)\end{bmatrix} \tag{22-58}$$

式中 2×2 矩阵

$$\boldsymbol{M}^{\mathrm{TE}}(h)=\begin{bmatrix}\cos(\kappa_1 h) & \dfrac{1}{\kappa_1}\sin(\kappa_1 h)\\ -\kappa_1\sin(\kappa_1 h) & \cos(\kappa_1 h)\end{bmatrix} \tag{22-59}$$

是对应平板波导导波层的转移矩阵，它使导波层两端 $x=0$ 和 $x=h$ 界面上的电磁场矢量建立起关系。下面将看到，利用这种传递关系((22-58)式)，可以完全确定光导波的传播特性。

利用类似的步骤，可得 TM 波满足的矩阵方程：

$$\begin{bmatrix}H_y(h)\\ \dfrac{1}{n_2^2}H'_y(h)\end{bmatrix}=\begin{bmatrix}\cos(\kappa_1 h) & \dfrac{n_1^2}{\kappa_1}\sin(\kappa_1 h)\\ -\dfrac{\kappa_1}{n_1^2}\sin(\kappa_1 h) & \cos(\kappa_1 h)\end{bmatrix}\begin{bmatrix}H_y(0)\\ \dfrac{1}{n_0^2}H'_y(0)\end{bmatrix} \tag{22-60}$$

对应的 TM 波的转移矩阵为

$$\boldsymbol{M}^{\mathrm{TM}}(h)=\begin{bmatrix}\cos(\kappa_1 h) & \dfrac{n_1^2}{\kappa_1}\sin(\kappa_1 h)\\ -\dfrac{\kappa}{n_1^2}\sin(\kappa_1 h) & \cos(\kappa_1 h)\end{bmatrix} \tag{22-61}$$

若把 TE 波和 TM 波对应导波层的转移矩阵写成统一的形式，则有

$$\boldsymbol{M}(h)=\begin{bmatrix}\cos(\kappa_1 h) & \dfrac{f}{\kappa_1}\sin(\kappa_1 h)\\ -\dfrac{\kappa_1}{f}\sin(\kappa_1 h) & \cos(\kappa_1 h)\end{bmatrix} \tag{22-62}$$

其中

$$f=\begin{cases}1, & \text{对 TE 波}\\ n_1^2, & \text{对 TM 波}\end{cases} \tag{22-63}$$

(二)非对称多层平板波导

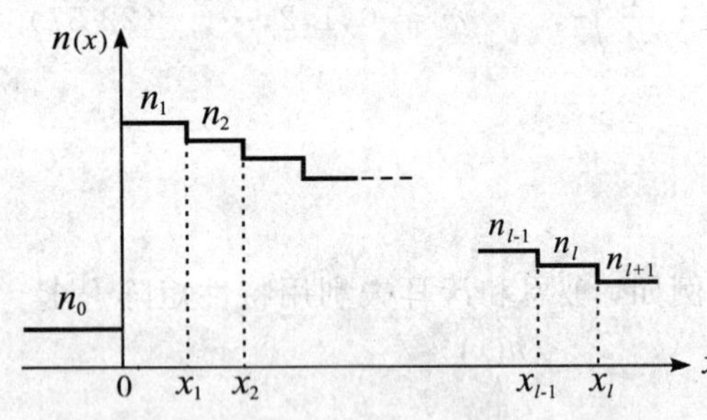

图 22-13 非对称 l+2 层平板波导的折射率分布

对于如图 22-13 所示的非对称 $l+2$ 层平板波导，TE 波的矩阵形式的模式本征方程可表示为

$$\begin{bmatrix}-p_0 & 1\end{bmatrix}\prod_{i=1}^{l}\boldsymbol{M}_i\begin{bmatrix}1\\ -p_{l+1}\end{bmatrix}=0 \tag{22-64}$$

其中，相应于第 i 层薄膜的转移矩阵 $\boldsymbol{M}_i$ 由下式表示：

$$\boldsymbol{M}_i=\begin{bmatrix}\cos(\kappa_i h_i) & -\dfrac{1}{\kappa_i}\sin(\kappa_i h_i)\\ \kappa_i\sin(\kappa_i h_i) & \cos(\kappa_i h_i)\end{bmatrix} \tag{22-65}$$

式中，$\kappa_i=(k_0^2 n_i^2-\beta^2)^{1/2}$，$p_0=(\beta^2-k_0^2 n_0^2)^{1/2}$，$p_{i+1}=(\beta^2-k_0^2 n_{i+1}^2)^{1/2}$。

化简(22-64)式，容易得到

$$\sum_{i=1}^{l}\kappa_i h_i+\Phi(s)=m\pi+\arctan\left(\frac{p_0}{\kappa_1}\right)+\arctan\left(\frac{p_{l+1}}{\kappa_l}\right)\qquad m=0,1,2,\cdots \tag{22-66}$$

其中

$$\Phi(s)=\sum_{i=1}^{l-1}\left[\varphi_{i+1}-\arctan\left(\frac{\kappa_{i+1}}{\kappa_i}\tan\varphi_{i+1}\right)\right] \tag{22-67}$$

代表反射子波的相位贡献。

(三)渐变折射率波导[9]

利用光的电磁理论严格分析渐变折射率波导是非常困难的，到目前为止，除有限的几种折射率分布(包括线性分布、平方率分布、指数分布和爱波斯坦型分布)具有严格的精确解之外，绝大多数非均匀波导只能用

近似法和数值法求解。数值方法可得到精度极高的结果，但由于无法导出解析公式，故看不清问题的物理意义。近似方法中，光线近似和 WKB 近似具有物理图像清晰、分析简单的特点，因而获得了广泛的应用。但它们只适用于变化缓慢的折射率分布和波导中远离截止的模式。对不符合上述条件的折射率分布和波导模式，其结果的精确度将无法接受。到目前为止，虽已发展了多种改进技术，但这些方法多数仍囿于 WKB 近似的框架之中，无法克服 WKB 近似的缺点，难以得到突破性的进展。我们从分析多层平板波导着手，利用转移矩阵这一有效的数学工具，详细研究了光线近似和 WKB 近似的实质，提出了改进的途径，得到了以下几个实质性的结论：

1)转折点处的相移严格等于 π，而不是通常选择的 π/2 或其他数值。

2)导出了明确的散射子波相位贡献的表达式。

3)给出了物理意义清晰而且能得到精确数值结果的色散方程。

1. 色散方程

考虑如图 22-14 所示的渐变折射率平板波导，折射率分布由下式确定：

$$n^2(x)=\begin{cases}n_2^2+(n_1^2-n_2^2)f(x/d), & x>0\\ n_0^2, & x<0\end{cases} \tag{22-68}$$

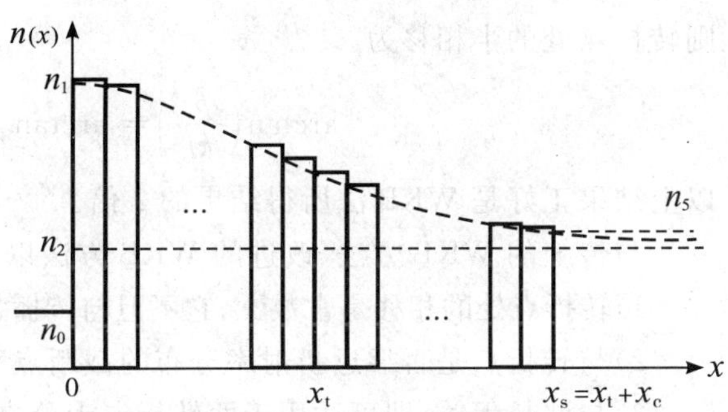

图 22-14　渐变折射率波导

为了用转移矩阵求解，首先在远离转折点的 $x_s=x_t+x_c$ 处截断，在 x_s 处假设场足够小，且在 $x>x_s$ 处设有 $n(x)=n_s$。然后分割区域 $(0,x_t)$ 和 (x_t,x_s) 分别为 l 和 m 等份，每层的厚度均为 h，即有 $x_t=lh$ 和 $x_c=mh$。则对 TE 波，相应每一小层的转移矩阵分别为

$$\boldsymbol{M}_i=\begin{bmatrix}\cos(\kappa_i h) & -\dfrac{1}{\kappa_i}\sin(\kappa_i h)\\ \kappa_i\sin(\kappa_i h) & \cos(\kappa_i h)\end{bmatrix},\qquad i=1,2,\cdots l \tag{22-69}$$

$$\boldsymbol{M}_j=\begin{bmatrix}\cosh(\alpha_j h) & -\dfrac{1}{\alpha_j}\sinh(\alpha_j h)\\ -\alpha_j\sinh(\alpha_j h) & \cosh(\alpha_j h)\end{bmatrix},\qquad j=l+1,l+2,\cdots,l+m \tag{22-70}$$

其中

$$\left.\begin{aligned}\kappa_i&=[k_0^2n^2(x_i)-\beta^2]^{1/2}\\ \alpha_j&=[\beta^2-k_0^2n^2(x_j)]^{1/2}\end{aligned}\right\} \tag{22-71}$$

由转移矩阵理论可得色散方程：

$$\sum_{i=1}^{l}\kappa_i h+\Phi(s)=m\pi+\arctan\left(\frac{p_0}{\kappa_1}\right)+\arctan\left(\frac{p_t}{\kappa_l}\right),\qquad m=0,1,2,\cdots \tag{22-72}$$

其中

$$\Phi(s)=\sum_{i=1}^{l-1}\left[\varphi_{i+1}-\arctan\left(\frac{\kappa_{i+1}}{\kappa_i}\tan\varphi_{i+1}\right)\right] \tag{22-73}$$

$$\Phi_i=\arctan\left(\frac{p_i}{\kappa_i}\right) \tag{22-74}$$

而

$$p_i=\kappa_i\tan\left[\arctan\left(\frac{p_{i+1}}{\kappa_i}\right)-\kappa_i h\right],\qquad i=1,2,\cdots,l \tag{22-75}$$

$p_t=p_{l+1}$ 是转折点外的等效衰减系数，即转折点外的场可用一衰减系数为 p_t 的指数场等效，即有

$$E_y(x)=A_t\exp[-p_t(x-x_t)],\qquad x>x_t \tag{22-76}$$

显然，当 $l\to\infty(h\to0)$ 时，(22-72)式转变为相位积分的简单形式

$$\int_0^{x_t}\kappa\,\mathrm{d}x+\Phi(s)=m\pi+\arctan\left(\frac{p_0}{\kappa_1}\right)+\arctan\left(\frac{p_t}{\kappa_l}\right),\qquad m=0,1,2,\cdots \tag{22-77}$$

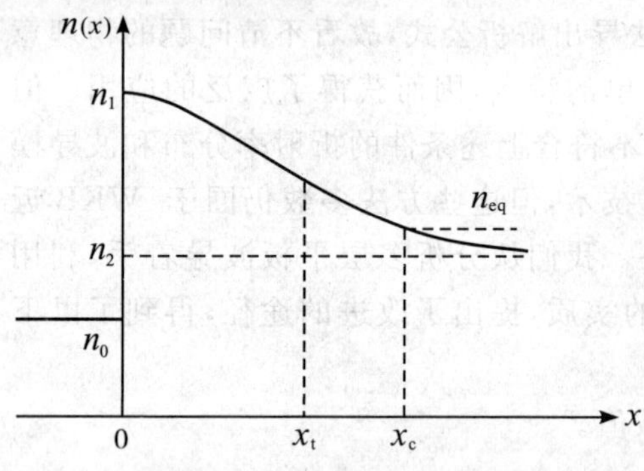

图 22-15　用等效折射率 n_{eq} 代替转折点外的渐变折射率分布

2. 转折点处的相移[10]

由上节的分析可知，转折点外的场是衰减的，且可用一指数衰减系数为 p_t 的场等效。这说明转折点外的渐变折射率分布，可用一恒定的、小于 $n(x_t)$ 的折射率 n_{eq} 等效，如图 22-15 所示。而 WKB 方法是用一恒定的折射率 $n(x_t)$ 代替转折点外的渐变折射率分布，可以看出两者有本质的不同。根据以上分析，可得等效指数衰减系数为

$$p_t = (\beta^2 - k_0^2 n_{eq}^2)^{1/2} \tag{22-78}$$

在无泄漏的情况下，可以证明 p_t 一定是有限的正实数，因此，当 $l \to \infty (h \to 0)$ 时，有

$$\kappa_l = [k_0^2 n^2(x_l) - \beta^2]^{1/2} \to [k_0^2 n^2(x_t) - \beta^2]^{1/2} = 0 \tag{22-79}$$

则转折点处的半相移为

$$\arctan\left(\frac{p_t}{k_l}\right) = \arctan\sqrt{\frac{\beta^2 - k_0^2 n_{eq}^2}{k_0^2 n^2(x_l) - \beta^2}} \to \frac{\pi}{2}, \qquad l \to \infty \tag{22-80}$$

以上结果正好是 WKB 法所得结果的 2 倍。

与传统的 WKB 方法、改进的 WKB 方法以及非整数 Maslov 指数等方法比较，以上结果有如下特点：

1)转折点处的相移是常数 π，它不但与传播常数无关，而且与折射率分布的形状也无关，是普遍成立的。

2)与转折点是否靠近折射率分布的截断点和不连续点无关。

3)与波长无关，即可适用于两转折点十分靠近的折射率分布。

利用(22-80)式，则对图 22-11 所示的具有一个转折点的折射率分布，(22-77)式转变为如下形式：

$$\int_0^{x_t} \kappa \, dx + \Phi(s) = m\pi + \arctan\left(\frac{p_0}{\kappa_1}\right) + \frac{\pi}{2}, \qquad m = 0,1,2,\cdots \tag{22-81}$$

式中，散射子波的相位贡献由(22-73)式给出。对存在两个转折点的折射率分布，(22-81)式变为

$$\int_{x_{t_1}}^{x_{t_2}} \kappa \, dx + \Phi(s) = m + 1\pi, \qquad m = 0,1,2,\cdots \tag{22-82}$$

以上推导从完全不同于 WKB 近似的路径出发，得到了物理意义十分清楚的模式本征方程。与 WKB 方法比较，(22-81)式和(22-82)式不但保持了相位积分方程简单的形式，而且可给出精确的模式本征值和转折点处的相移。同样重要的是：提出了散射子波相位贡献的概念，而在 WKB 方法及其改进方法中，散射子波的相位贡献是被忽略的。

(四)积分形式的散射子波的相位贡献[11]

在精确的本征方程(22-81)式和(22-82)式中，散射子波的相位贡献 $\Phi(s)$ 是以求和形式出现的，这说明方程的精确度尚依赖于分析中的薄膜分割这一中间过程，而且积分式与求和式同处于一个公式中，理论缺乏自洽性。下面的工作是对求和形式的 $\Phi(s)$ 进行改造，以便得到一个完全解析的公式。

从以下矩阵方程出发：

$$\begin{bmatrix} E_y(0) \\ E'_y(0) \end{bmatrix} = \left[\prod_{i=1}^{l} \boldsymbol{M}_i\right] \begin{bmatrix} E_y(x_t) \\ E'_y(x_t) \end{bmatrix} \tag{22-83}$$

定义以下参数：

$$\left.\begin{aligned} q_0 &= -E'_y(0)/E_y(0) \\ q_t &= -E'_y(x_t)/E_y(x_t) \\ q_i &= -E'_y(x_i)/E_y(x_i) \end{aligned}\right\} \tag{22-84}$$

则可得

$$\Phi(s) = \int_0^{x_t} \frac{q}{\kappa^2 + q^2} \frac{d\kappa}{dx} dx \tag{22-85}$$

$q(x)$ 满足以下微分方程

$$\frac{\mathrm{d}q(x)}{\mathrm{d}x}=\kappa(x)^2+q(x)^2 \tag{22-86}$$

于是(22-81)式可写成

$$\int_0^{x_t}\kappa\,\mathrm{d}x+\int_0^{x_t}\frac{q}{\kappa^2+q^2}\frac{\mathrm{d}\kappa}{\mathrm{d}x}\mathrm{d}x=(m+1/2)\pi-\arctan\left(\frac{q_0}{\kappa_1}\right) \tag{22-87}$$

注意,这里的 q_0 正好与 p_0 差一负号。

在存在两个转折点的情况下,则有

$$\int_{x_{t_1}}^{x_{t_2}}\kappa\,\mathrm{d}x+\int_{x_{t_1}}^{x_{t_2}}\frac{q}{\kappa^2+q^2}\frac{\mathrm{d}\kappa}{\mathrm{d}x}\mathrm{d}x=(m+1)\pi \tag{22-88}$$

显然,方程(22-87)式和(22-88)式左边第一项对应于主波相位的贡献,而第二项对应于子波相位的贡献。若定义总波矢

$$K=\kappa+\frac{q}{\kappa^2+q^2}\frac{\mathrm{d}\kappa}{\mathrm{d}x} \tag{22-89}$$

则方程(22-87)式和(22-88)式变为十分简洁的形式:

$$\int_0^{x_t}K\,\mathrm{d}x=(m+1/2)\pi-\arctan\left(\frac{q_0}{\kappa_1}\right) \tag{22-90}$$

和

$$\int_{x_{t_1}}^{x_{t_2}}K\mathrm{d}x=(m+1)\pi \tag{22-91}$$

第三节　矩形介质波导

介质平板波导的电磁场仅在一个方向受限制,而光场在另一方向不受限制。因而,光场在介质平板波导中传播时要沿非束缚方向发散。虽然可以利用薄膜透镜使发散光束聚焦,但仍然受到衍射极限的限制,难以构成好的光路系统。所以在实际的集成光路中,经常使用的是能在横截面的二维方向上限制光场能量的矩形介质波导。图 22-16 表示矩形介质波导的两种基本结构。其中,(a)称作镶入波导,这是一根折射率为 n 的矩形介质棒被镶嵌在折射率为 $n(1-\Delta)$ 的介质之中的结构,而矩形介质棒的上表面与空气相接;(b)称作埋入波导,这种结构中的矩形介质棒被折射率为 $n(1-\Delta)$ 的介质所包围。矩形介质波导之所以引人注意,不仅在于它尺寸小、结构简单和易构成稳定可靠的光路系统,而且还在于能够选择足够小的相对折射率差 Δ,以使该结构成为单模波导,而波导的横向尺寸仍可大大超过自由空间的光波长。这样,在制作工艺上就降低了对公差的要求。目前,矩形介质波导已被广泛应用于集成光路中,成为集成光路中的一种基本元件。在半导体激光器、调制器、滤波器、方向耦合器以及光开关等领域,它也得到了特别的重视。

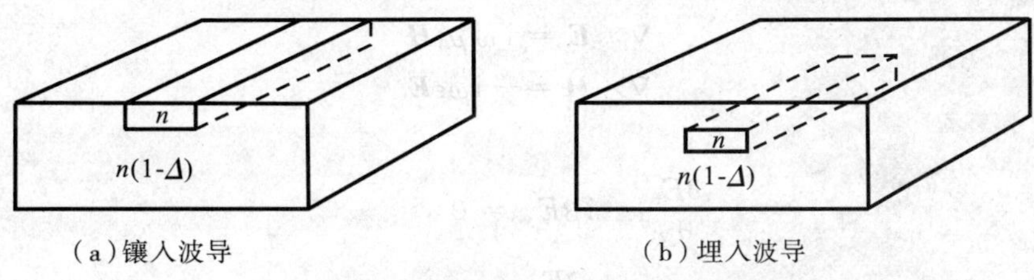

图 22-16　矩形介质波导的两种基本结构

对矩形介质波导的研究,牵涉到复杂的二维电磁场问题,因此,要得到严格的解析解几乎是不可能的。如采用数值计算方法,可以得到近似解,并且可以达到所希望的精确度。但无论是戈耳(Goell)建立的圆谐函数展开法,还是叶(Yeh)等人提出的有限元法,都需要进行大量的数值计算,十分麻烦,而且物理概念不甚清晰。因此本章对数值计算方法不作介绍,而仅讨论几种有效的近似解析运算。本节首先介绍马卡提里[12](Marcatili)的近似解析法,然后介绍简单而实用的有效折射率法[13],并把这种方法具体应用到脊形波导和条载波导之中。

一、马卡提里近似解析法

矩形介质波导的解析处理是马卡提里在 1969 年提出的，由于这种方法分析简单、物理概念清晰，因而至今仍得到广泛的应用。

(一)近似假设

考虑一种普遍的结构，这种结构允许矩形芯子四周的材料都不相同，而不必假设矩形芯子镶嵌在同一种衬底材料之中。这一几何结构如图 22-17 所示。由图可以看出，矩形介质波导由 9 个区域构成。马卡提里假设在波导中传播的模式满足远离截止的条件。这样，导模的大部分功率被约束在波导芯子中，露出芯子外面的功率很少，而进入 4 个标有阴影线区域的功率更微弱，因而这部分功率可忽略不计。这 4 个区域的边界条件也可不予考虑，因而使复杂的电磁场边值问题大为简化。设 5 个非阴影区的折射率分别为 n_1 、n_2 、n_3 、n_4 和 n_5 ，其中 n_1 最大。每个区域的波数用 k_j 表示，它们与各分量的关系由下式确定：

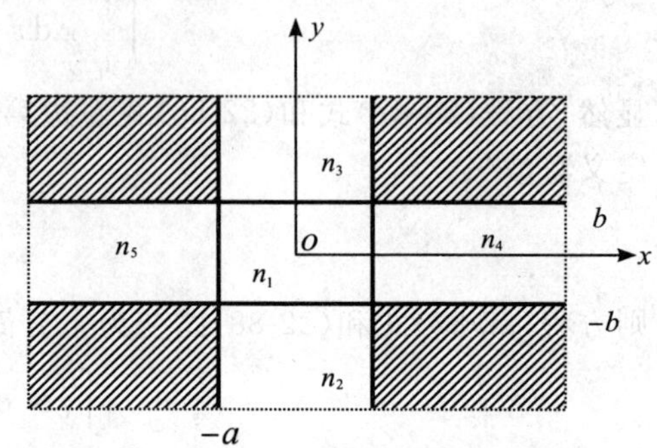

图 22-17 马卡提里分析中的矩形介质波导

$$k_{jx}^2 + k_{jy}^2 + k_{jz}^2 = k_j^2 \qquad j=1,\ 2,\cdots,\ 5 \tag{22-92}$$

设每个区域中的电磁场分布可用一个函数表示，不难预料，在波导芯子中沿 x 轴和 y 轴的分布均为单一的振荡函数，在折射率为 n_2 和 n_3 的区域，沿 x 轴的分布应与波导芯子内相同，而沿 y 轴的分布应是指数衰减函数。在折射率为 n_4 和 n_5 的区域，沿 y 轴的分布应与波导芯子内相同，而沿 x 轴应是指数衰减函数。根据上述分析，可得到下列关系：

$$\left.\begin{aligned} k_{1x} = k_{2x} = k_{3x} = k_x \\ k_{1y} = k_{4y} = k_{5y} = k_y \end{aligned}\right\} \tag{22-93}$$

而电磁场随时间 t 和传输轴 z 的变化仍为 $\exp\left[\mathrm{i}(\beta z - \omega t)\right]$，故对 5 个区域均有

$$k_{jz} = \beta, \qquad j=1,\ 2,\cdots,5 \tag{22-94}$$

利用光线模型不难看出，这种波导中不存在纯粹的 TE 模或 TM 模，但可以有两类模式近似地满足波动方程和边界条件，分别称为 E_{mn}^x 模和 E_{mn}^y 模。前者的电磁场分量主要为 E_x 和 H_y ，而后者的主要电磁场分量为 E_y 和 H_x 。下角标 m、n 分别表示沿 x 轴和 y 轴场强极大值的数目。与三层平板波导的模序数的意义不同，矩形介质波导中的 m 和 n 不是从 0 开始，而是从 1 开始的正整数。

(二) E_{mn}^x 模式分析

因 E_{mn}^x 模的主要电磁场分量为 E_x 和 H_y ，设 $H_x = 0$ ，根据麦克斯韦方程

$$\nabla\times \boldsymbol{E} = \mathrm{i}\,\omega\,\mu_0 \boldsymbol{H} \tag{22-95}$$

$$\nabla\times \boldsymbol{H} = -\,\mathrm{i}\omega\varepsilon \boldsymbol{E} \tag{22-96}$$

可得分量方程

$$\frac{\partial E_z}{\partial y} - \mathrm{i}\beta E_y = 0 \tag{22-97}$$

$$\mathrm{i}\beta E_x - \frac{\partial E_z}{\partial x} = \mathrm{i}\omega\mu_0 H_y \tag{22-98}$$

$$\frac{\partial E_y}{\partial x} - \frac{\partial E_x}{\partial y} = \mathrm{i}\omega\mu_0 H_z \tag{22-99}$$

$$\frac{\partial H_z}{\partial y} - \mathrm{i}\beta H_y = -\,\mathrm{i}\omega\varepsilon_0 n^2 E_x \tag{22-100}$$

$$\frac{\partial H_z}{\partial x} = \mathrm{i}\omega\varepsilon_0 n^2 E_y \tag{22-101}$$

$$\frac{\partial H_y}{\partial x}=-\mathrm{i}\omega\varepsilon_0 n^2 E_z \tag{22-102}$$

再利用 $\nabla\cdot\boldsymbol{H}=0$，可得

$$\frac{\partial H_y}{\partial y}+\mathrm{i}\beta H_z=0 \tag{22-103}$$

于是，用 H_y 表示的各电磁场分量可写成：

$$H_x=0 \tag{22-104}$$

$$E_x=\frac{\omega\mu_0}{\beta}H_y+\frac{1}{\omega\varepsilon_0 n^2\beta}\frac{\partial^2 H_y}{\partial x^2} \tag{22-105}$$

$$E_y=\frac{1}{\omega\varepsilon_0 n^2\beta}\frac{\partial^2 H_y}{\partial x\,\partial y} \tag{22-106}$$

$$E_z=\frac{\mathrm{i}}{\omega\varepsilon_0 n^2}\frac{\partial H_y}{\partial x} \tag{22-107}$$

$$H_z=\frac{\mathrm{i}}{\beta}\frac{\partial H_y}{\partial y} \tag{22-108}$$

把(22-105)式和(22-108)式代入(22-100)式，则可得 E_{mn}^x 模关于主要磁场分量 H_y 的波动方程：

$$\frac{\partial^2 H_y}{\partial x^2}+\frac{\partial^2 H_y}{\partial y^2}+(k_0^2 n^2-\beta^2)H_y=0 \tag{22-109}$$

根据近似分析，可写出 5 个区域中 H_y 的函数形式：

$$H_y=\begin{cases} H_1\cos(k_x x+\xi)\cos(k_y y+\eta) & (\text{区域 }1)\\ H_2\cos(k_x x+\xi)\exp(\alpha_{2y}y) & (\text{区域 }2)\\ H_3\cos(k_x x+\xi)\exp(-\alpha_{3y}y) & (\text{区域 }3)\\ H_4\cos(k_y y+\eta)\exp(-\alpha_{4x}x) & (\text{区域 }4)\\ H_5\cos(k_y y+\eta)\exp(\alpha_{5x}x) & (\text{区域 }5)\end{cases} \tag{22-110}$$

式中，H_1、H_2、H_3、H_4 和 H_5 均为振幅因子常数，其下标表示各个区域的代号；ξ 和 η 为任意的相位因子。把(22-110)式代入波动方程(22-109)，可得

$$\left.\begin{aligned} k_x^2+k_y^2+\beta^2&=k_0^2 n_1^2\\ k_x^2-\alpha_{2y}^2+\beta^2&=k_0^2 n_2^2\\ k_x^2-\alpha_{3y}^2+\beta^2&=k_0^2 n_3^2\\ k_x^2-\alpha_{4x}^2+\beta^2&=k_0^2 n_4^2\\ k_x^2-\alpha_{5x}^2+\beta^2&=k_0^2 n_5^2 \end{aligned}\right\} \tag{22-111}$$

根据导模远离截止的近似条件，可知必有：$\beta\gg k_x$ 和 k_y，再由(22-106)式、(22-107)式和(22-108)式，不难验证 E_{mn}^x 模的主要电磁场分量是 E_x 和 H_y，纵向分量 E_z 和 H_z 较小，而 E_y 更小，从而说明电场主要在 x 方向偏振。

利用 $x=\pm a$ 处 H_y 和 E_z 切向连续的条件，可得关于 k_x 的色散方程：

$$2k_x a=m\pi-\arctan\left(\frac{n_4^2}{n_1^2}\frac{k_x}{\alpha_{4x}}\right)-\arctan\left(\frac{n_5^2}{n_1^2}\frac{k_x}{\alpha_{5x}}\right),\qquad m=1,2,3,\cdots \tag{22-112}$$

其中

$$\left.\begin{aligned}\alpha_{4x}^2&=k_0^2(n_1^2-n_4^2)-k_x^2\\ \alpha_{5x}^2&=k_0^2(n_1^2-n_5^2)-k_x^2\end{aligned}\right\} \tag{22-113}$$

再利用 $y=\pm b$ 处 E_x 和 H_z 切向连续的条件，可得关于 k_y 的色散方程：

$$2k_y b=n\pi-\arctan\left(\frac{k_y}{\alpha_{2y}}\right)-\arctan\left(\frac{k_y}{\alpha_{3y}}\right),\qquad m=1,2,3,\cdots \tag{22-114}$$

其中

$$\left.\begin{aligned}\alpha_{2y}^2&=k_0^2(n_1^2-n_2^2)-k_y^2\\ \alpha_{3y}^2&=k_0^2(n_1^2-n_3^2)-k_y^2\end{aligned}\right\} \tag{22-115}$$

由(22-112)式和(22-114)式构成的方程组，称为矩形介质波导 E_{mn}^x 模的本征方程。不难看出，在一维介质平板波导中，只需要一个方程就能求出模式本征值 β；而在二维介质平板波导中，必须由两个方程联立，分别求出横向波数 k_x 和 k_y，再应用(22-111)式，才能求出模式本征值 β。

(三) E_{mn}^y 模式分析

E_{mn}^y 模的主要电磁场分量为 E_y 和 H_x，而 E_{mn}^y 模关于主要电磁场分量 H_x 满足的波动方程为

$$\frac{\partial^2 H_x}{\partial x^2}+\frac{\partial^2 H}{\partial y^2}+({k_0}^2 n^2-\beta^2)H_x=0 \tag{22-116}$$

再利用边界条件，可得 E_{mn}^y 模的本征方程为

$$2k_x a = m\pi-\arctan\left(\frac{k_x}{\alpha_{4x}}\right)-\arctan\left(\frac{k_x}{\alpha_{5x}}\right),\qquad m=1,2,3,\cdots \tag{22-117}$$

$$2k_y b = m\pi-\arctan\left(\frac{n_2^2}{n_1^2}\frac{k_y}{\alpha_{2y}}\right)-\arctan\left(\frac{n_3^2}{n_1^2}\frac{k_y}{\alpha_{3y}}\right),\qquad m=1,2,3,\cdots \tag{22-118}$$

(四)导模的电场分布

导模的电场分布如图 22-18 所示，图中箭头指向为偏振方向，长短表示强弱。另外，已假设 $n_2=n_3=n_4=n_5$ 的对称情况。

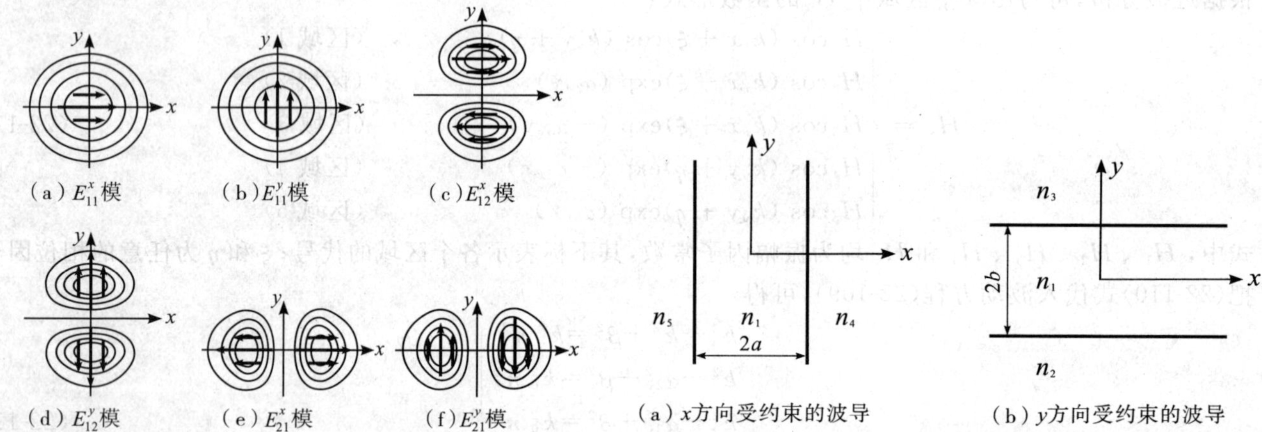

图 22-18 导模的电场分布

图 22-19 平板波导变换

(五)平板波导变换

马卡提里近似分析得到的矩形介质波导模式本征方程，实际上是由两个独立的介质平板波导 TE 模和 TM 模的模式本征方程组成。因此，所谓马卡提里近似分析，实际上是把图 22-17 所示的矩形介质波导分解为图 22-19 所示的两个介质平板波导。其中(a)所示的波导的两个界面与 x 轴垂直，而(b)所示的波导的两个界面与 y 轴垂直。下面通过具体的模式分析来说明这一有效的变换。

1. E_{mn}^x 模式分析

已知对 E_{mn}^x 模，其主要电磁场分量是 E_x 和 H_y。对图 22-19(a)所示的波导，电场振动方向与界面垂直，而磁场振动方向与界面平行，这种场型相当于 TM 模。而对图(b)所示波导，电场振动方向界面平行，而磁场振动方向与界面垂直，这种场型相当于 TE 模。再考虑到 m、n 的定义，可写出 E_{mn}^x 模的模式本征方程：

$$2k_x a = m\pi-\arctan\left(\frac{n_4^2}{n_1^2}\frac{k_x}{\alpha_{4x}}\right)-\arctan\left(\frac{n_5^2}{n_1^2}\frac{k_x}{\alpha_{5x}}\right) \tag{22-119}$$

$$2k_y b = n\pi-\arctan\left(\frac{k_y}{\alpha_{2y}}\right)-\arctan\left(\frac{k_y}{\alpha_{3y}}\right) \tag{22-120}$$

式中，m 和 n 都是从 1 起始的正整数。显然，方程(22-119)式、(22-120)式与方程(22-112)式、(22-114)式是

完全相同的。

2. E_{mn}^{y} 模式分析

同样，对 E_{mn}^{y} 模，已知其主要电磁场分量是 E_y 和 H_x。对图 22-19(a)所示的波导，电场振动方向与界面平行，而磁场振动方向与界面垂直，这种场型相当于 TE 模。而对图(b) 所示的波导，电场振动方向与界面垂直，而磁场振动方向与界面平行，这种场型相当于 TM 模。因此可写出 E_{mn}^{y} 模的模式本征方程：

$$2k_x a = m\pi - \arctan\left(\frac{k_x}{\alpha_{4x}}\right) - \arctan\left(\frac{k_x}{\alpha_{5x}}\right) \tag{22-121}$$

$$2k_y b = m\pi - \arctan\left(\frac{n_2^2}{n_1^2}\frac{k_y}{\alpha_{2y}}\right) - \arctan\left(\frac{n_3^2}{n_1^2}\frac{k_y}{\alpha_{3y}}\right) \tag{22-122}$$

式中，m 和 n 都是从 1 起始的正整数。

同样可以看出，方程(22-121)式、(22-122)式与方程(22-117)式、(22-118)式是完全相同的。由此可见，根据马卡提里的近似分析，一个二维矩形介质波导，可以看成是两个独立的一维介质平板波导的组合。而这两个独立的介质平板波导的导波层的折射率与矩形介质波导芯子的折射率相同，即都为 n_1。根据各类模式所具有的电磁场分量，可分别列出两个介质平板波导的模式本征方程，从而分别求出横向波数 κ_x 和 κ_y，再应用(22-111)式，求出模式本征值 β。

二、有效折射率法[13]

本节介绍有效折射率法，由于它简单实用，目前已在波导器件的设计中得到了广泛的应用。

(一)分析基础

有效折射率法是以马卡提里近似为基础，但更为实用也更为精确的一种近似分析。与马卡提里近似类似，这种分析也仅适用于远离截止的模式。在远离截止时，矩形介质波导中有两类导模：一类是 E_{mn}^{x}，其主要电磁场分量是 E_x 和 H_y；另一类是 E_{mn}^{y} 模，其主要电磁场分量是 E_y 和 H_x。利用上节的平板波导变换，把图 22-17 所示的二维矩形介质波导分解为图 22-20 所示的两个一维介质平板波导。与图 22-19 不同的是，这里的两个介质平板波导不是完全独立的，而是相互联系的。其中图 (a) 所示的介质平板波导导波层的折射率与矩形介质波导芯子层的折射率相同，均为 n_1。但图 (b) 所示介质平板波导导波层的折射率不是 n_1，而是图 (a) 所示介质平板波导的有效折射率 N_1 的值由下式确定：

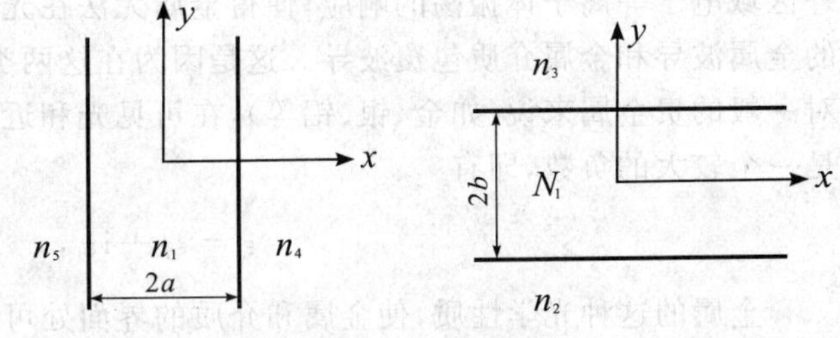

图 22-20　有效折射率法

$$N_1^2 = n_1^2 - \left(\frac{k_x}{k_0}\right)^2 \tag{22-123}$$

一旦确定了 N_1，则由图(b)所示波导确定的传播常数即为矩形介质波导的传播常数。

(二)模式本征方程

1. E_{mn}^{x} 模式分析

对于 E_{mn}^{x} 模，已知其主要电磁场分量是 E_x 和 H_y，由图 22-20 可以看出，这种场型相当于图(a)所示波导的 TM 模和图(b)所示波导的 TE 模。根据前面的分析，可写出模式本征方程：

$$2k_x a = m\pi - \arctan\left(\frac{n_4^2}{n_1^2}\frac{k_x}{\alpha_{4x}}\right) - \arctan\left(\frac{n_5^2}{n_1^2}\frac{k_x}{\alpha_{5x}}\right) \tag{22-124}$$

$$2k_y b = n\pi - \arctan\left(\frac{k_y}{\alpha'_{2y}}\right) - \arctan\left(\frac{k_y}{\alpha'_{3y}}\right) \tag{22-125}$$

其中

$$(\alpha'_{2y})^2 = k_0^2(N_1^2 - n_2^2) - k_y^2 \tag{22-126}$$

$$(\alpha'_{3y})^2 = k_0^2(N_1^2 - n_3^2) - k_y^2 \tag{22-127}$$

值得注意的是，在马卡提里近似分析中，两个介质平板波导是同等重要的。它们的作用是为矩形介质波导提供各自的横向波数 k_x 和 k_y。然后利用(22-111)式，求出矩形介质波导的模式传播常数 β。而在有效折射率法中，图 22-20 所示的两个介质平板波导的地位是不相同的，图(a)所示波导的作用是为图(b)所示的波导提供导波层的折射率 N_1，N_1 一旦确定，则图(b)所示波导的传播常数即为所求矩形介质波导的传播常数。

根据以上分析，图 22-20(b)所示波导的模式本征方程是(22-125)式，则该波导 E_{mn}^x 模的传播常数为

$$\beta = (k_0^2 N_1^2 - k_y^2)^{1/2} \tag{22-128}$$

代入(22-123)式，可得

$$\beta = [k_0^2 n_1^2 - (k_x^2 + k_y^2)]^{1/2} \tag{22-129}$$

(22-129)式即为(22-111)式，说明 β 即是所求矩形介质波导的传播常数。

2. E_{mn}^y 模式分析

对 E_{mn}^y 模，已知其主要电磁场分量是 E_y 和 H_x。由图 22-20 可以看出，这种场型相当于图(a)所示波导的 TE 模和图(b)所示波导的 TM 模。于是可写出两介质平板波导的模式本征方程分别是

$$2k_x a = m\pi - \arctan\left(\frac{k_x}{\alpha_{4x}}\right) - \arctan\left(\frac{k_x}{\alpha_{5x}}\right) \tag{22-130}$$

$$2k_y b = n\pi - \arctan\left(\frac{n_2^2}{N_1^2}\frac{k_y}{\alpha'_{2y}}\right) - \arctan\left(\frac{n_3^2}{N_1^2}\frac{k_y}{\alpha'_{3y}}\right) \tag{22-131}$$

第四节　表面等离子体波和金属包覆波导

前几节介绍的介质光波导，其制作材料可以看作是理想的无损耗的介质，而低损耗的射频传输线和微波波导一般是由金属线、金属条或金属管制成的。在低频条件下，金属可以看作是理想的导体，虽然由于在紫外区域电子等离子体振荡的响应，使得金属无法在光频范围内仍然保持为良好的导体，但仍可以制成低损耗的金属波导和金属介质包覆波导。这是因为在这两类结构中，电磁场在金属中以倏逝场形式存在的；另外，对一般的贵金属来说(如金、银、铝等)，在可见光和近红外区域，其复介电常数的实部相对于虚部来说，往往是一个较大的负数，即有

$$\varepsilon = \varepsilon_r + i\varepsilon_i, \qquad \varepsilon_r < 0, |\varepsilon_r| \geqslant \varepsilon_i \tag{22-132}$$

金属的这种光学性质，使金属和介质的界面处可传输表面等离子体波(surface plasma wave, SPW)，使夹于两介质中间的金属薄膜可传输长程表面等离子体波(long-range surface plasma wave)。这两类表面波具有不同于光波导的独特性质，例如，有效折射率的存在范围大、具有强的场增强效应等。金属表面波的传输不仅丰富了传统导波光学的研究内容，还使金属介质波导不仅在集成光电子领域，而且在非线性光学、生物学和分子学等领域获得日益广泛的应用。近年来，随着电子束刻蚀和自组装等纳米制备技术，以及暗场和近场显微等纳米表征技术的发展，导致表面等离子波研究的进一步复苏，出现了一系列超越光衍射极限的物理预言、实验结果和超小型的亚微米光器件的设想的提出。一门研究金属表面纳米结构与光相互作用的新兴学科“等离子体激元学”(plasmonics)正在快速形成。

一、金属与介质界面上的表面等离子体波

(一)表面等离子体波的存在条件

考虑如图 22-21 所示的两种半无限大、各向同性介质构成的简单界面。设表面等离子波沿 z 轴方向传播，取 x 轴沿界面法向，零点取在界面处。$x>0$ 处为介质 1，其介电常数为 $\varepsilon_1(\omega)$；$x<0$ 处为介质 2，其介电常数为 $\varepsilon_2(\omega)$。设两种介质都是非铁磁介质，即有 $\mu_1=\mu_2=\mu_0$。根据麦克斯韦方程和电磁场边界条件，可得两种介质中电场分量之间的关系

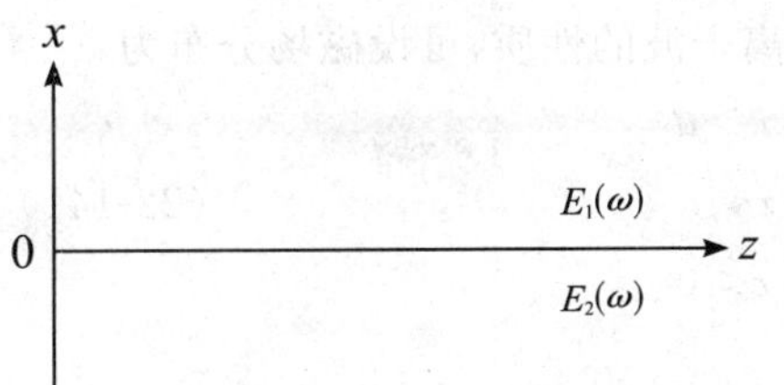

图 22-21　两种半无限大介质构成的简单界面

$$E_{1y}^0 = E_{2y}^0 \tag{22-133}$$

$$E_{1z}^0 = E_{2z}^0 \tag{22-134}$$

$$\frac{\varepsilon_1}{\alpha_1}E_{1z}^0 = -\frac{\varepsilon_2}{\alpha_2}E_{2z}^0 \tag{22-135}$$

$$\alpha_1 E_{1y}^0 = -\alpha_2 E_{2y}^0 \tag{22-136}$$

式中，衰减系数 α_1 和 α_2 分别为

$$\left.\begin{aligned}\alpha_1{}^2 &= \beta^2 - k_0{}^2\varepsilon_1\\ \alpha_2{}^2 &= \beta^2 - k_0{}^2\varepsilon_2\end{aligned}\right\} \tag{22-137}$$

由上述 4 式可得出以下 3 个结论：

1)由于 α_1 和 α_2 都是正实数，则由(22-133)式和(22-136)式可知

$$E_{1y}^0 = E_{2y}^0 = 0 \tag{22-138}$$

说明表面等离子体波一定是 TM 波。

2)由(22-134)式和(22-135)式，可得

$$\frac{\alpha_1}{\alpha_2} = -\frac{\varepsilon_1}{\varepsilon_2} \tag{22-139}$$

说明表面等离子体波只能存在于界面两侧介质的介电常数符号相反的情况。

3)由(22-137)式和(22-139)式，可得表面等离子体波的有效折射率为

$$\frac{\beta}{k_0} = \sqrt{\frac{\varepsilon_1\varepsilon_2}{\varepsilon_1+\varepsilon_2}} \tag{22-140}$$

根据上述第二个结论可知，在图 22-21 所示的结构中，如果两种介质中有一种是金属，由于金属介电常数的实部是负数，因此，这样的结构满足表面等离子体波存在的条件。表面等离子体波的磁场分布如图 22-22 所示。

(二)表面等离子体波的激发

根据以上分析，金属和介质的界面满足表面等离子体波存在的条件。奥托[14](Otto)和克莱切曼[15](Kretschmann)等人在工作中研究了金属和介质界面处表面等离子体波的光学激励问题。他们采用了如图 22-23 所示的棱镜耦合方式，在这两种方式中，棱镜材料的折射率必须足够大，从而可通过调整在棱镜底面的入射角，使入射光(TM 波)在界面方向的波矢分量等于表面等离子体波的波矢。调整间隙或金属膜的厚度 d，即能有效地激励这种表面等离子体波，从而使大部分入射光的能量耦合到表面等离子体波中，而由棱镜底全反射光强明显地下降，形成一个吸收峰。这种激励方式称为衰减全反射(attenuated total reflection，ATR)技术。

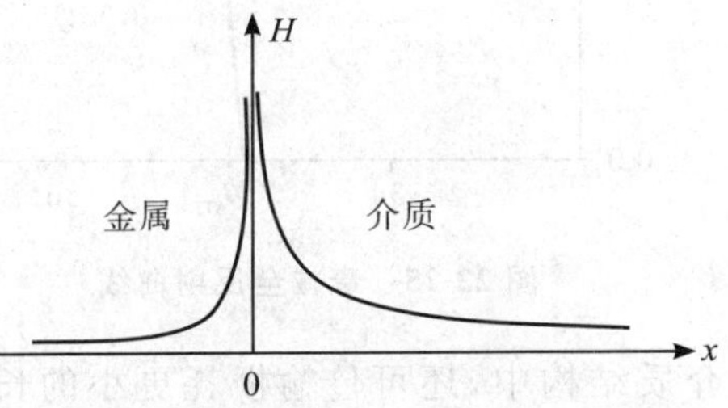

图 22-22　表面等离子体波的磁场分布

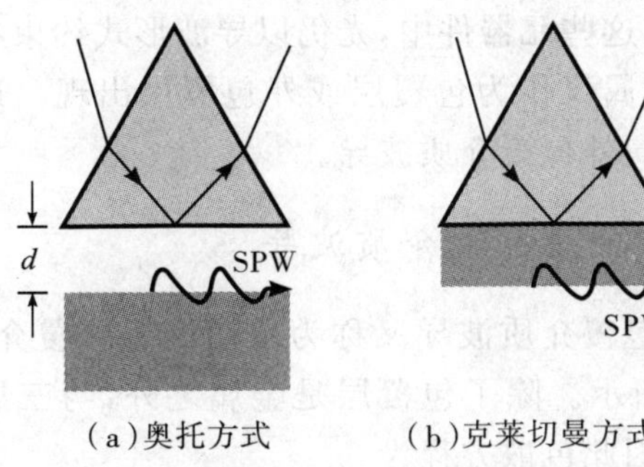

图 22-23　表面等离子体波的棱镜耦合激发方式

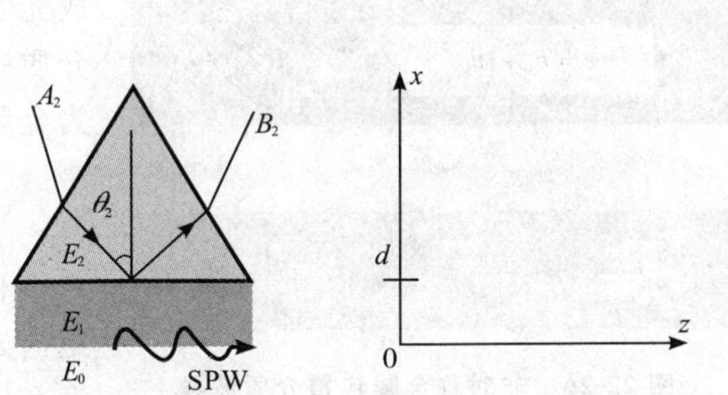

图 22-24　实际的衰减全反射结构和坐标系统

下面以克莱切曼方式为例，推导这种实验结构下的反射率公式。考虑如图 22-24 所示的实际结构和坐标系统。设棱镜和介质的介电常数分别为 ε_2 和 ε_0，金属薄膜的介电系数为 $\varepsilon_1 = \varepsilon_{r1} + i\varepsilon_{i1}$，薄膜厚度为 d。表面

等离子体波沿 z 方向传播，在棱镜底面上的光线入射角为 θ_2 。根据表面等离子波的性质，可设磁场分布为

$$H_y(x)=\begin{cases}A_2 e^{\alpha_2(x-d)}+B_2 e^{-\alpha_2(x-d)}, & x>d\\ A_1 e^{\alpha_1 x}+B_2 e^{-\alpha_1 x}, & 0<x<d\\ A_0 e^{\alpha_0 x}, & x<0\end{cases} \tag{22-141}$$

其中

$$\alpha_j=(\beta^2-k_0{}^2\varepsilon_j)^{1/2}, \qquad j=0,1,2 \tag{22-142}$$
$$\beta=k_0\sqrt{\varepsilon_2}\sin\theta_2$$

由于在棱镜中，光场呈振荡形式，因此 α_2 是虚数。而在金属薄膜中，由于 ε_1 是复数，故 α_1 也是复数。利用 TM 波的 H_y 和 $\frac{1}{\varepsilon}H_y$ 在 $x=0$ 和 $x=d$ 处连续的条件，可得反射率公式：

$$R=\left|\frac{B_2}{A_2}\right|^2=\left|\frac{\gamma_{12}+\gamma_{01}e^{-2\alpha_1 d}}{1+\gamma_{12}\gamma_{01}e^{-2\alpha_1 d}}\right|^2 \tag{22-143}$$

其中

$$\gamma_{01}=\frac{\varepsilon_0\alpha_1-\varepsilon_1\alpha_0}{\varepsilon_0\alpha_1+\varepsilon_1\alpha_0},\ \gamma_{12}=\frac{\varepsilon_1\alpha_2-\varepsilon_2\alpha_1}{\varepsilon_1\alpha_2+\varepsilon_2\alpha_1} \tag{22-144}$$

在确定了实验结构及有关参数之后，就可利用(22-143)式计算反射率 R 与入射角 θ_2 之间的关系曲线。在图 22-25 的例子中，取 $\varepsilon_0=1.0$，$\varepsilon_1=-18.0+i0.7$，$\varepsilon_2=3.24$，$d=50.0$ nm，$\lambda=632.8$ nm。由图可见，当入射角 θ_2 为一特定值 θ_{ATR} 时，反射率 R 达到最小值，这时入射光线在 z 方向的波矢分量正好等于表面等离子体波的传播常数 β_{ATR}，表面等离子体波被光激发，入射光的能量转移到金属薄膜与介质的界面上。衰减全反射曲线的半宽度反映了能量的耗散，即由金属介电系数的虚部引起的能量的吸收。

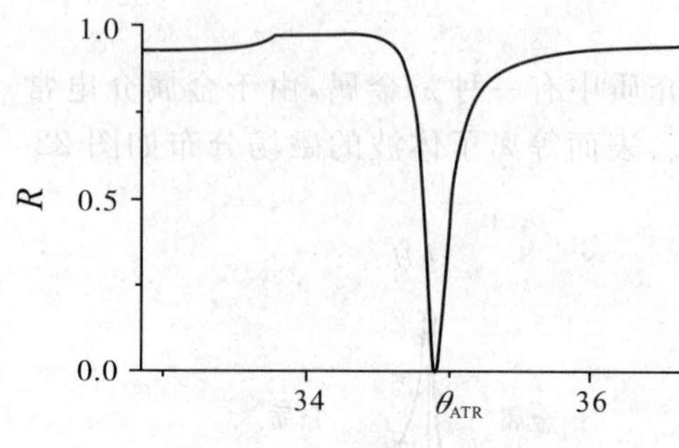

图 22-25　衰减全反射曲线

由于金属薄膜的介电常数和厚度是与实验条件有关的参量，因此在实验中，往往需要通过测量确定这两个参数。目前常用的方法有双波长激发法[16]，即用两种波长的激光进行实验，可得到两个不同的衰减全反射衰减峰，然后通过计算机拟合确定金属介电系数的实部、虚部和厚度。在对称金属薄膜/介质结构中，还可传输损耗更小的长程表面等离子体波。

二、金属包覆介质波导

由于金属介电常数虚部的作用，光在以金属为传输介质的结构中难以传输宏观意义上的距离。长程表面等离子波被冠以“长程”两字，其意义是指传输距离大于光波长。但如此短的传输距离仍无法满足许多用于光通信目的的集成光学元器件的需要。虽然如此，仍有一些需要金属电极或需要用负介电系数材料的集成光学元器件，在这些元器件中，光仍以导波形式约束在无吸收的介质中传输，而金属仅作为包覆层或外包覆层出现。这类结构称为金属包覆或金属外包覆介质波导。

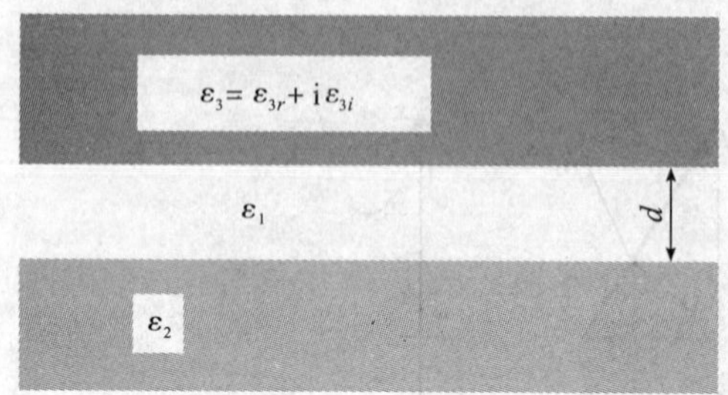

图 22-26　非对称金属包覆介质波导

(一)非对称金属包覆介质波导

非对称金属包覆介质波导又称为单面金属包覆介质波导，其结构如图 22-26 所示。除了包覆层是金属之外，与三层介质波导没有什么差别。因此色散方程为

$$\kappa_1 d=m\pi+\varphi_{12}+\varphi_{13}, \qquad m=0,1,2,\cdots \tag{22-145}$$

其中

$$\left.\begin{aligned}\varphi_{12}^{\mathrm{TE}} &= \arctan\left(\frac{\alpha_2}{\kappa_1}\right)\\ \varphi_{13}^{\mathrm{TE}} &= \arctan\left(\frac{\alpha_3}{\kappa_1}\right)\end{aligned}\right\} \tag{22-146}$$

$$\left.\begin{aligned}\varphi_{12}^{\mathrm{TM}} &= \arctan\left(\frac{\varepsilon_1}{\varepsilon_2}\frac{\alpha_2}{\kappa_1}\right)\\ \varphi_{13}^{\mathrm{TM}} &= \arctan\left(\frac{\varepsilon_1}{\varepsilon_3}\frac{\alpha_3}{\kappa_1}\right)\end{aligned}\right\} \tag{22-147}$$

且有

$$\left.\begin{aligned}\kappa_1 &= (k_0^2\varepsilon_1-\beta^2)^{1/2}\\ \alpha_2 &= (\beta^2-k_0^2\varepsilon_2)^{1/2}\\ \alpha_3 &= (\beta^2-k_0^2\varepsilon_3)^{1/2}\end{aligned}\right\} \tag{22-148}$$

分析时先略去金属介电常数的虚部，即令 $\varepsilon_3=\varepsilon_{r3}<0$ 且设 $|\varepsilon_{r3}|>\varepsilon_1>\varepsilon_2$，则可得如下性质：

1)导膜有效折射率的存在范围仍为

$$\sqrt{\varepsilon_2}<\frac{\beta}{k_0}<\sqrt{\varepsilon_1} \tag{22-149}$$

在以金属为衬底、空气为覆盖层的介质波导中，导膜有效折射率的存在范围比介质波导要大得多。

2)由于 $\varepsilon_3<0$，$\varphi_{13}^{\mathrm{TM}}<0$，可以证明，对于确定的光频 ω 和薄膜厚度 d，第 m 阶 TE 模所具有的 β 值小于同阶的 TM 模所具有的 β 值，即有 $\beta^{\mathrm{TM}}>\beta^{\mathrm{TE}}$，这与全介质波导的情况正好相反。

3)基于同样的理由，与全介质波导相比，金属包覆介质波导中，同阶的 TE 模和 TM 模的色散曲线分离程度较大。这个性质对制备波导偏振器件具有现实的意义。

4)非对称金属包覆波导中的 TM_0 模是一个特殊的模式，其色散曲线如图 22-27 所示。

总结成表格，可得表 22-1。

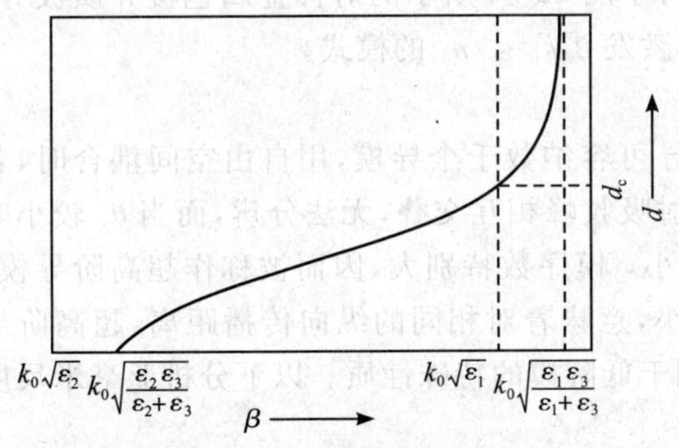

图 22-27　TM_0 模的色散曲线

表 22-1　非对称金属包覆波导中 TM_0 模的色散性质

d	β/k_0	波　型
0	$\sqrt{\frac{\varepsilon_2\varepsilon_3}{\varepsilon_2+\varepsilon_3}}$	表面等离子体波
$0<d<d_c$	$\sqrt{\frac{\varepsilon_2\varepsilon_3}{\varepsilon_2+\varepsilon_3}}<\frac{\beta}{k_0}<\sqrt{\varepsilon_1}$	导波
$d_c<d<\infty$	$\sqrt{\varepsilon_1}<\frac{\beta}{k_0}<\sqrt{\frac{\varepsilon_1\varepsilon_3}{\varepsilon_1+\varepsilon_3}}$	表面等离子体波

(二)对称金属包覆介质波导

对称金属包覆介质波导的结构如图 22-28 所示。模式本征方程为

$$\kappa_1 d = m\pi+2\varphi \tag{22-150}$$

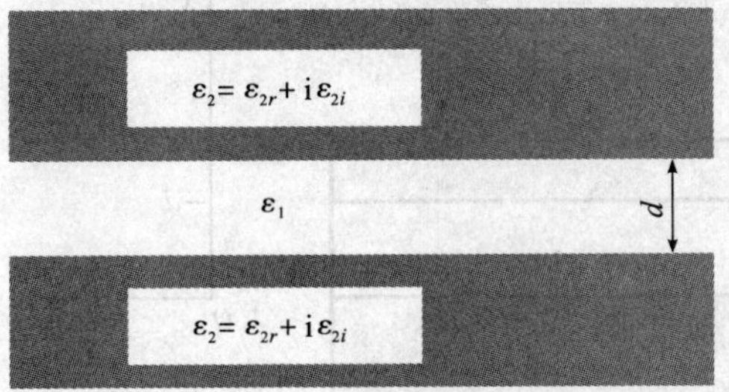

图 22-28　对称金属包覆介质波导

式中，κ_1 和 φ 的定义由(22-148)式、(22-146)式和(22-147)式给出。

利用(22-150)式，可画出如图 22-29 所示的对称金属包覆介质波导的色散曲线，由图可以看出，对称金属包覆介质波导最主要的性质有：

1)导模有效折射率的存在范围是

$$0<\frac{\beta}{k_0}<\sqrt{\varepsilon_1} \tag{22-151}$$

2）TM_0 和 TM_1 模是两个特殊的模式，把两模的性质总结成表格，可得表 22-2。

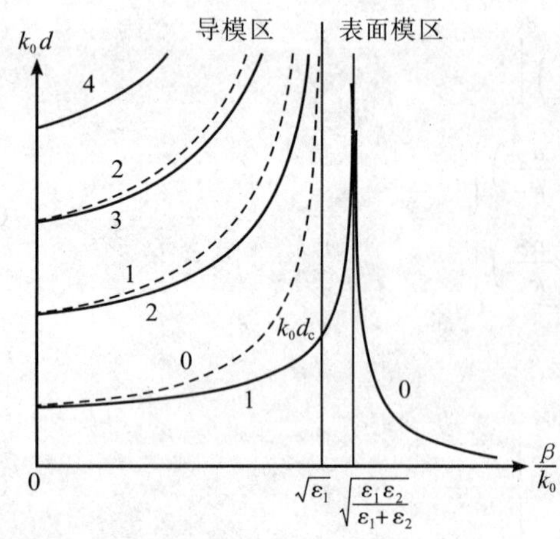

图22-29　双层金属包覆介质波导的色散曲线

表 22-2　对称金属包覆介质波导中 TM_0 模和 TM_1 模的色散性质

$\frac{\beta}{k_0}$	d	波型
$0<\frac{\beta}{k_0}<\sqrt{\varepsilon_1}$	$d_s<d<d_c$	TM_1 导波
$\sqrt{\varepsilon_1}<\frac{\beta}{k_0}<\sqrt{\frac{\varepsilon_1\varepsilon_2}{\varepsilon_1+\varepsilon_2}}$	$d_s<d<\infty$	TM_1 表面等离子体波
$\sqrt{\frac{\varepsilon_1\varepsilon_2}{\varepsilon_1+\varepsilon_2}}<\frac{\beta}{k_0}<\infty$	$0<d<\infty$	TM_0 表面等离子体波

（三）对称金属包覆介质波导的直接耦合方法[17]

导波光学器件的基本元件是光波导，与光波导同时产生和发展的是它的耦合技术。目前常用的有棱镜耦合、光栅耦合、端面耦合和劈形耦合等方法。棱镜耦合虽不利于集成化，但利用该方法可以测量波导的参数。因此，这一方法仍在实验室中普遍使用。光栅耦合利于集成，但复杂的制备技术和低的耦合效率阻碍了光栅耦合的广泛使用。端面耦合和劈形耦合也各有其优缺点和适用的波导。

1. 耦合原理

与全介质波导和非对称金属包覆介质波导不同，对称金属包覆介质波导的有效折射率可在 0 与∞之间变化，即有 $0<\beta/k_0<\sqrt{\varepsilon_1}$ 。利用这个特点可将光束直接从自由空间射向波导的金属表面，在入射光与导模传播常数匹配的情况下，可实现光能与部分导模能量的耦合。对于图 22-30 所示的对称金属包覆介质波导，当光束直接从上层金属膜上的自由空间（$n_3=1$）入射时，可以激发 $\beta/k_0<n_3$ 的模式。

2. 亚毫米尺度波导中的超高阶导模[18]

当图 22-30 所示波导导波层的厚度 d 为亚毫米尺度时，波导可容纳数千个导模，用自由空间耦合时，若入射角 θ_3 较大，波导中的模密度相当大，衰减全反射谱的全反射吸收峰相互交叠，无法分辨，而当 θ_3 较小时可激发出一系列分立的导模，由于这些模的有效折射率 N 相当小，模序数特别大，因而被称作超高阶导模。从光线光学角度分析，超高阶导模在波导上下界面的入射角极小，意味着对相同的纵向传播距离，超高阶导模将经受更多次的反射，传播的光线距离更长，产生一系列有别于低阶模的特殊性质。以下分析亚毫米尺度金属包覆波导中超高阶导模的性质：

1）偏振不灵敏性。根据色散方程：

$$\kappa_1 d = m\pi + 2\arctan\left(\rho\frac{\alpha_2}{\kappa_1}\right) \tag{22-152}$$

式中，ρ 为与偏振有关的参数：

$$\rho=\begin{cases}1, & \text{TE 模}\\ \varepsilon_1/\varepsilon_2, & \text{TM 模}\end{cases} \tag{22-153}$$

当 d 为亚毫米尺度，而光波长为微米量级时，一般 m 的数量级为 1 000，而(22-152)式右边第二项绝对值的最大值为 π，因而忽略这一项不会产生很大的误差，于是可得与偏振无关的方程：

$$\kappa_1 d = m\pi \tag{22-154}$$

说明超高阶导模是偏振不灵敏的。

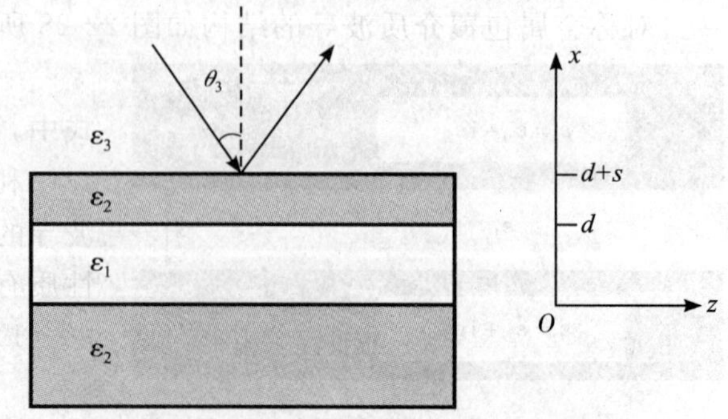

图 22-30　对称金属包覆介质波导的自由空间耦合

2)强色散特性。由于超高阶导模在导波层中滞留时间长,因而光源波长、导波层折射率和厚度的任何小的变化,都将引起超高阶导模的灵敏变化,若灵敏度定义为有效折射率对某一特征参数的导数,即

$$s=\frac{\mathrm{d}N}{\mathrm{d}\xi} \tag{22-155}$$

式中,ξ 代表波长 λ 、导波层折射率 n_1 和厚度 h 。利用(22-154)式,容易得到

$$\frac{\mathrm{d}N}{\mathrm{d}n_1}=\frac{n_1}{N} \tag{22-156}$$

$$\frac{\mathrm{d}N}{\mathrm{d}\lambda}=\frac{n_1^2-N^2}{N\lambda} \tag{22-157}$$

$$\frac{\mathrm{d}N}{\mathrm{d}h}=\frac{n_1^2-N^2}{Nh} \tag{22-158}$$

由上述 3 式可见,灵敏度与有效折射率 N 成反比,因此对超高阶导模($N\to 0$),可得到很大的灵敏度。以上性质可在传感器[19-22]和滤波器[23]等领域获得广泛应用。

3)慢波特性。根据(22-157)式可知,微小的波长变化可产生很大的有效折射率变化,说明超高阶模具有强色散性质。利用(22-154)式,可得超高阶模的群速度为

$$\frac{\mathrm{d}\omega}{\mathrm{d}\beta}=\frac{Nc}{n_1(n_1+\omega\,\mathrm{d}n_1/\mathrm{d}\omega)} \tag{22-159}$$

式中,因子 $\frac{c}{n_1+\omega\,\mathrm{d}n_1/\mathrm{d}\omega}$ 显然是光在折射率为 n_1 介质中传输的群速度,而因子 N/n_1 可称为慢波因子,当 $N\to 0$ 时,超高阶导模的群速度也趋于 0。

三、超高阶导模的应用

由于超高阶导模具有一系列优良的光学特性,因而可以预计,利用超高阶导模可实现以前难以达到的效应或器件功能。下面介绍利用超高阶导模的强色散特性实现超大古斯-汉欣(Goos-Hänchen)位移和超高灵敏传感的理论和实验研究。

(一)古斯-汉欣位移增强的理论和实验研究

1947 年,古斯和汉欣两位物理学家发现,光束在两种介质界面上全反射时,反射点相对于入射点在相位上有一突变,而反射光相对于入射光在空间上有一段距离,这一距离被称为古斯-汉欣位移。由于古斯-汉欣位移深刻的物理内涵,自发现以来,受到了物理学界广泛的关注。例如上世纪末引发的粒子穿越势垒时的超光速现象,以及近几年来发现的共振激发引起的异常大的古斯-汉欣位移和超棱镜效应等。通常情况下,古斯-汉欣位移为光源的波长量级。因此,若使用激光光源(波长约为 1 μm),实验上很难测量到古斯-汉欣位移,已有人使用微波观察到了厘米尺度的古斯-汉欣位移。近年的实验发现,共振模激发时会引起异常大的古斯-汉欣位移,而且这种位移既可为正,也可为负。本节利用棱镜-波导耦合系统对这种增强效应进行了理论探讨。

考虑图 22-31 所示的棱镜-波导耦合系统,其中 ε_0 、ε_1 、ε_2 和 ε_3 分别为衬底、导波层、空气隙和棱镜的介电常数,d_1 和 d_2 分别为导波层和空气隙的厚度。当满足同步条件时,可利用稳相条件导出近似的古斯-汉欣位移公式[19]:

$$S=-\frac{2\mathrm{Im}\,(\Delta\beta^L)}{\mathrm{Im}\,(\beta^0)^2-\mathrm{Im}\,(\Delta\beta^L)^2}\cos\theta \tag{22-160}$$

式中,$\mathrm{Im}\,(\beta^0)$ 和 $\mathrm{Im}\,(\Delta\beta^L)$ 分别表示共振模的本征损耗和泄漏损耗,θ 为棱镜中的入射角。由(22-160)式可得以下结论:

1)当本征损耗等于泄漏损耗,即当

$$\mathrm{Im}\,(\beta^0)=\mathrm{Im}\,(\Delta\beta^L) \tag{22-161}$$

时,可得到最大的古斯-汉欣位移。在下面的内容中我们将看到该条件也是最佳耦合条件。

2)如果本征损耗大于泄漏损耗,即 $\mathrm{Im}(\beta^0) > \mathrm{Im}(\Delta\beta^L)$ 时,$S<0$;而当 $\mathrm{Im}(\beta^0) < \mathrm{Im}(\Delta\beta^L)$ 时,$S>0$。

为了得到尽可能大的古斯-汉欣位移,在如图 22-32 所示的亚毫米尺度双面金属包覆波导中开展了古斯-汉欣位移增强的实验研究。首先,在波导设计上要尽量满足本征损耗等于泄漏损耗的条件。然后利用半导体激光和自由空间耦合技术激发波导中的超高阶导模,并通过改变激光波长控制泄漏损耗的大小。虽然半导体激光器可调谐的波长范围很有限,但由于超高阶导模的强色散特性,调节波长满足(22-161)式的条件变得十分方便。在此基础上,获得了迄今为止有报道的最大的约为激光波长 1 000 倍的正向位移和 200 多倍的负向位移[20]。

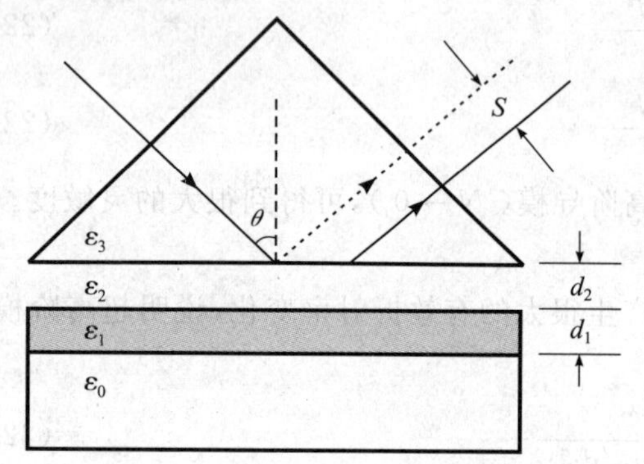

图 22-31 棱镜-波导耦合系统

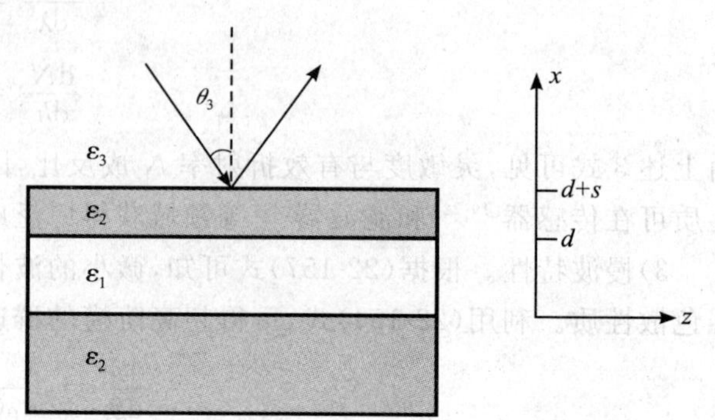

图 22-32 亚毫米尺度双面金属包覆波导

(二)高灵敏度传感器的研究

传感器是获取信息的工具,它涉及整个科学技术和日常生活的各个领域,是现代信息技术的重要支柱技术之一。尤其是随着我国国民经济的发展,环境污染的问题日益突出。煤矿中的瓦斯爆炸、江河水源严重污染的事件时有发生。据一些城市监测部门的调查报告,某些致癌物质,如汽车尾气中的一氧化碳、二氧化碳和甲烷,室内空气中的甲醛,饮用水中的六价铬和食品中的农药残留等,浓度超标已到了十分惊人的程度。因此,快速、方便地检测这些有毒物质已成为当前刻不容缓的迫切任务。而作为关键技术的高灵敏度、小型化的传感器可在这些领域发挥重要的作用。

1. 倏逝场传感器

自 20 世纪 80 年代后期以来,以表面等离子体共振(SPR)、光波导技术为基础的小型传感器受到了广泛的重视。这类传感器的一个共同特点是,待测样品处于共振模(表面等离子体波和光导波)的倏逝场区域。因此,这类传感器也被称为倏逝场传感器。倏逝场传感器通常采用如图 22-33 所示的表面等离子共振结构或泄漏波导(LW)结构,而通过测量衰减全反射曲线的变化来获取样品折射率的信息。

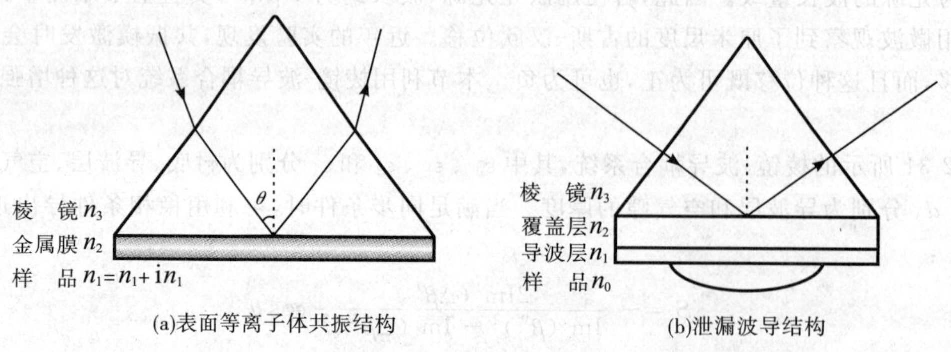

图 22-33 倏逝场传感器

对表面等离子体共振[21]传感器灵敏度的分析发现,由于表面等离子体波传输于金属与介质之间的界面上,而金属对可见和红外波段的光有吸收,衰减全反射曲线共振吸收峰的半宽度较大。如图 22-34 所示,引起的衰减全反射吸收峰的下降沿或上升沿的斜率($\mathrm{d}R/\mathrm{d}\theta$)不陡,而且底部比较平坦,限制了等离子体共振传感器的探测灵敏度。为改变这种情况，Okamoto[22]等人提出了一种不用金属的光波导泄漏模传感器。这种泄漏波导传感器的结构如图 22-33(b)所示。它由玻璃棱镜、覆盖层、导波层和作为衬底的样品 4 部分组成。这类传感器既可用于液体样品浓度的测量，也可用于样品吸收的测量，即测量溶液的消光系数。由于消除了金属影响，使衰减全反射谱的半宽度大大减小，从而提高了这种传感器的灵敏度。但理论表明[23]，共振模传感器的灵敏度与待测样品所处区域占有的光功率份额成正比，即有

$$s = \frac{n}{N}\frac{P}{P_{\text{total}}} \tag{22-162}$$

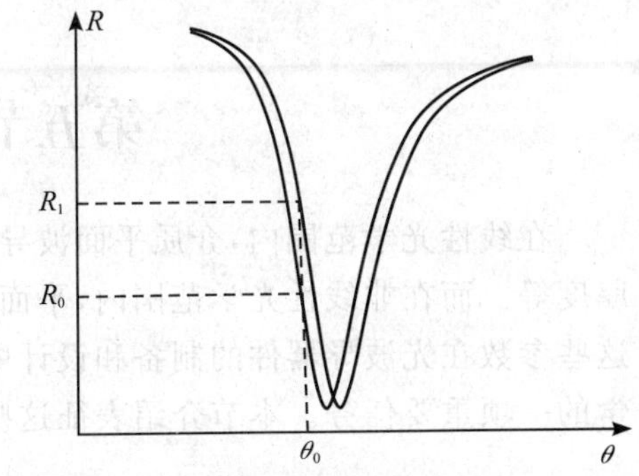

图 22-34　共振吸收峰移动时反射率的变化

式中，n 为待测介质的折射率，P 为待测区域共振模的功率，N 为共振模有效折射率，P_{total} 为共振模总功率。根据倏逝场传感器的特点，有 $N > n$ 和 $P \ll P_{\text{total}}$。所以，这种倏逝场传感器的灵敏度总是小于1。近年来，为提高这类传感器的灵敏度，发展了一种反对称波导（RSW）倏逝场传感器[23]，目的是使（n/N）和（P/P_{total}）两个因子尽可能趋于1。但由于原理的限制，这类传感器的灵敏度不可能超越1的极限值。

2. 光波导振荡场传感器

针对倏逝场传感器的不足，已经发展了一种新型的光波导振荡场传感器[24]，其中待测介质不是作为覆盖层或衬底，而是作为波导的芯子——导波层。由于导波层中的电磁场是振荡的，因而这种传感器被叫做振荡场传感器。在这种振荡场传感器中，因子 P/P_{total} 趋于1，而因子 n/N 却大于1。尤其对超高阶模，由于 $N \to 0$，因此，光波导振荡场传感器的灵敏度在原理上是不受限制的。但要构造这种传感器，必须克服两大障碍：首先，传统波导的导波层厚度仅为波长量级，要使待测介质（液体或气体）引入如此狭小的空间是不容易的；其次，作为导波层的液体或气体的折射率一般都比较小，要找到折射率更小的衬底或覆盖层材料也是困难的。而亚毫米尺度双面金属包覆波导却能克服这两大障碍。首先，样品空间达到亚毫米到毫米量级；其次，由于金属包覆，原则上待测介质的折射率可从1至任何正数，极大地扩展了探测范围。

测量溶液浓度变化的光波导振荡场传感器如图 22-35 所示。该传感器由3部分组成：第一部分是一块顶角大于150°的玻璃棱镜，玻璃的折射率 $n_{\text{P}} = 1.50$（$\lambda = 650$ nm）。棱镜底部预先镀制厚度约为40 nm的金膜。第二部分为玻璃衬底和在其上表面制备的通孔和连接管道。由于衬底上表面的金膜足够厚，使光无法穿透，因此玻璃衬底的折射率对测量无任何影响。第三部分是处于两金膜之间的厚度为500 μm的环形衬垫，与两相对的金膜构成一样品室。样品进出由一蠕动泵操作，而金膜的厚度与介电系数由双波长法测量。实验光路如图 22-36 所示。半导体激光器(LD)发出的波长为650 nm的准直光，通过一偏振棱镜后成为TE或TM光束，再经过空间滤波(SF)滤除高阶分量后发散输出，然后由一透镜聚焦于棱镜基底，反射光再通过透镜变成平行光，最后由CCD接收。在聚焦光束中满足同步角的光束，将引起能量向导模的转移，从而在反射光斑中形成多条黑线。当液体样品的浓度发生变化时黑线将产生移动。根据移动量可计算溶液浓度和折射率的变化。

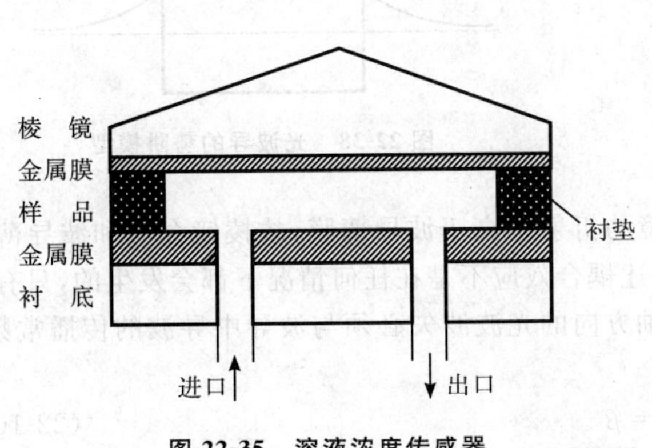

图 22-35　溶液浓度传感器

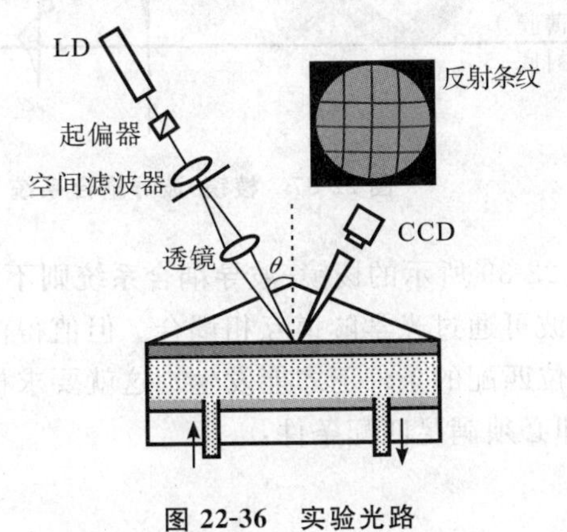

图 22-36　实验光路

第五节 光波导特征参数的表征

在线性光学范围内，介质平面波导的特征参数包括波导模式的传播常数、传输损耗、导波层的折射率和厚度等。而在非线性光学范围内，平面波导的特征参数包括线性和二次电光系数、倍频系数和热光系数等。这些参数在光波导器件的制备和设计中起着十分重要的作用。因此，对这些特征参数的测量就成为导波光学的一项重要任务。本节介绍表征这些线性参数的原理和实验方法。

一、棱镜-波导耦合系统

用折射率较高的棱镜把光束耦合到平面结构中去的问题在介质光波导出现之前很久就已进行了研究。例如，奥斯特伯格(Osterberg)和史密斯(Smith)在 1964 年就报道过用棱镜耦合的实验，奥托(Otto)在 1968 年开始了在金属薄膜中用棱镜激发表面等离子体激元的一系列工作。然而，只是在 1969 年，才由贝尔实验室田炳耕教授领导的研究小组用实验证明了能用棱镜高效率地激发介质光波导中的光导波。

(一)工作原理和 m 线光谱学

棱镜-波导耦合系统的结构如图 22-37 所示，它是用一折射率高于波导薄膜的三角棱镜压在介质平板波导上构成的。在棱镜的底部和波导薄膜的表面之间有一层很窄的空气间隙。从激光器射来的光束进入棱镜后，在棱镜底部发生全反射，在空气间隙中产生倏逝场。由于空气间隙层很薄，只有几分之一个激光波长，因此倏逝场的尾部可以到达空气/薄膜界面，由于反射作用，在空气/薄膜界面形成一个相反的倏逝场。正是由于这两个相反方向的倏逝场的相应作用，才使入射光耦合进波导。当然，这一过程是可逆的。即介质波导中的导模功率也能转化为棱镜介质中的空间光束，这就是导模与辐射模之间的能量交换过程。类比于量子力学中微观粒子穿透势垒的行为，这个过程称为光学隧道效应。实际上，由于光波导的标量波动方程类似于薛定谔方程，折射率分布相当于势函数。折射率高的部分相当于势阱，而折射率低的部分相当于势垒，因此光波导可用如图 22-38 所示的势阱来类比。由于对应势垒的衬底和覆盖层伸展于无限远，光波导的能量只能约束在波导中。

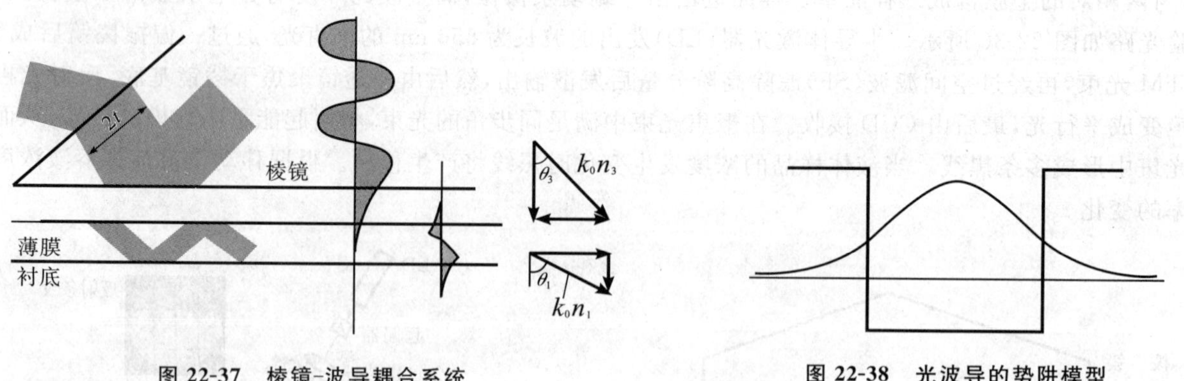

图 22-37 棱镜-波导耦合系统

图 22-38 光波导的势阱模型

图 22-39 所示的棱镜-波导耦合系统则不然，由于棱镜的折射率高于波导薄膜，故棱镜介质和波导薄膜中的光波可通过光学隧道互相耦合。但值得注意的是，上述耦合效应不是在任何情况下都会发生的，只有在满足相位匹配的条件下才能发生。这就要求棱镜中沿 z 轴方向的光波波矢必须与波导中导波的传播常数 β 相等，即必须满足匹配条件：

$$k_0 n_3 \sin\theta_3 = \beta \tag{22-163}$$

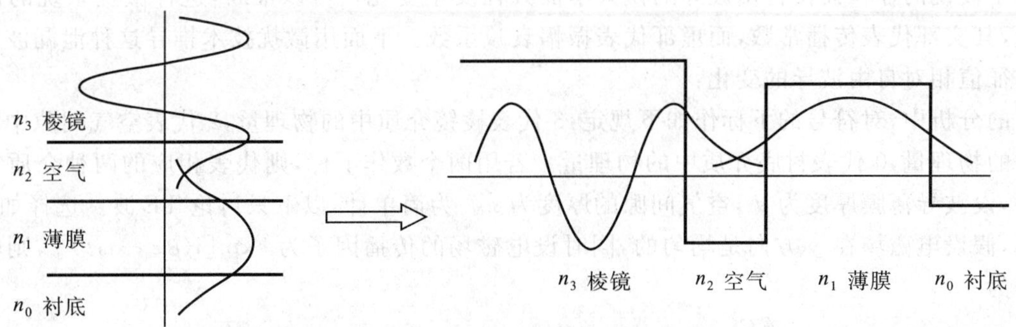

图 22-39　棱镜-波导耦合系统与势阱模型

图 22-40 是田炳耕[25]小组用来观察 m 线的实验装置。在这个实验中，用一等腰棱镜使激光束从一腰耦合进光波导，然后从另一腰耦合输出，右方屏幕用来显示从棱镜输出的光。实验者调节入射激光束的方向，使得同步条件得以满足，在波导中激发出某一导模。由于实际波导绝不可能是理想的，总是存在光散射，于是这个导模的部分能量被耦合成其他的导模，这些导模将以不同的方向耦合出棱镜。每一个模式都有它自己的、满足同步条件的输出角，因此，在屏幕上可看到一组亮线，这些亮线是波导模式的精彩显示。测量这些模式的同步角，并利用波导的模式本征方程，可计算波导薄膜的折射率和厚度，这种技术叫做 m 线光谱法。

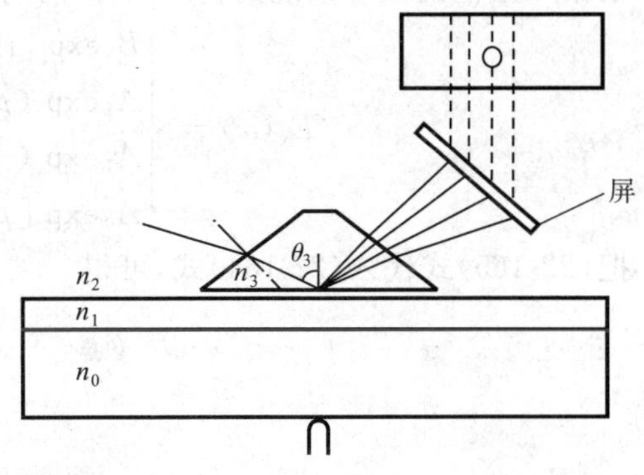

图 22-40　观察 m 线的实验装置

（二）反射率公式与衰减全反射谱

1. 4 层泄漏波导

由于波导薄膜的折射率大于覆盖层和衬底介质的折射率，因而光导波是一种慢波。这表明在衬底和覆盖层介质中的光波不可能直接进入波导薄膜成为光导波；反过来，光导波也不可能成为衬底和覆盖层介质中的辐射波。按照波导的势阱模型，波导薄膜对应于势阱，而覆盖层和衬底对应于势垒，这两个向无限远伸展的势垒保证了光导波无损耗（不考虑介质的吸收和散射）地传输。但在集成光路中，由于光的耦合、器件制备的需要以及光路方向的改变等原因，必然引起波导结构的变化，而某些波导结构的变化往往会引发波导内模式的耦合。导模和导模之间的耦合只涉及导模间能量的交换，而导模与辐射模的耦合将引起波导能量的泄漏。例如，棱镜耦合器和弯曲波导，由于这两种结构破坏了向无限远伸展的势垒的形态，使波导内的能量向周围空间辐射。我们把这两类结构称为泄漏波导。严格地说，这两类结构中已不存在真正的导模，只有当波导中能量泄漏极为微小时，才能在微扰的意义上分析这两类结构中光导波的传输。下面首先介绍 4 层泄漏波导的微扰处理，并在此基础上再分析光能量通过棱镜-波导系统的耦合。

(1)泄漏波导的色散方程

考虑如图 22-41 所示的 4 层泄漏波导的光线图。相对于波导薄膜来说，棱镜可看作是无穷大的介质。如前所述，由于棱镜的折射率高于波导薄膜，故该系统是一典型的泄漏波导。因此，在波导中传播模式的能量是逐渐衰减的，故不存在真正的导模，只有当空气间隙 S 足够大时，从波导中向外辐射的能量很少，导模的功率衰减很慢，故仍然可认为这种衰减模是导模，或称为“伪导模”。实际上，可将这种棱镜-波导耦合系统看作是自由波导的微扰系统。

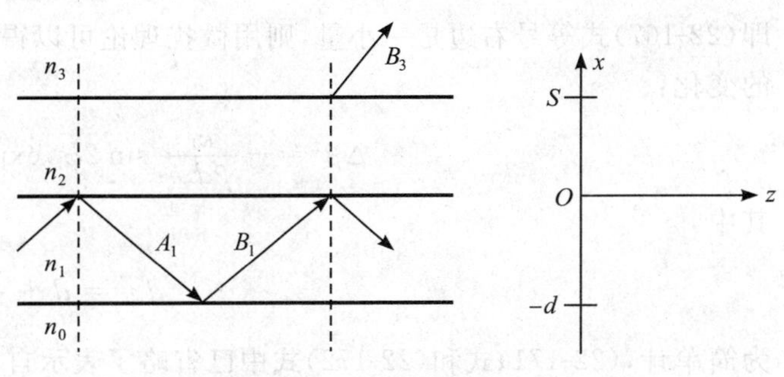

图 22-41　四层泄漏波导

其意义是由于棱镜的存在而使自由波导的模式本征方程发生变化。可以推断,这种微扰系统的模式本征值一定是复量,其实部代表传播常数,而虚部代表振幅衰减系数。下面用微扰技术推导这种泄漏波导的色散方程和模式本征值相对自由波导的变化:

在以下的分析中,对符号的下标作如下规定:3 代表棱镜介质中的物理量,2 代表空气间隙中的物理量,1 代表薄膜中的物理量,0 代表衬底介质中的物理量。若用两个数作下标,则代表相应的两种介质界面上的物理量。另外,设波导薄膜厚度为 d,空气间隙的厚度为 s。为简单计,以下只讨论 TE 波。选择如图 22-41 所示的坐标系,假设电磁场在 y 方向是均匀的,同时设电磁场的传播因子为 $\exp\left[\mathrm{i}(\beta z-\omega t)\right]$,则电磁场满足的波动方程为

$$\frac{\partial^2 E_y}{\partial x^2}+(k_0^2 n_j^2-\beta^2)E_y=0,\qquad j=0,1,2,3 \tag{22-164}$$

根据 4 层泄漏波导系统的物理图像,可写出各个区域的电场分布为

$$E_y(x)=\begin{cases}B_3\exp\left[\mathrm{i}\kappa_3(x-s)\right], & s<x<+\infty\\ A_2\exp(p_2x)+B_2\exp(-p_2x), & 0<x<s\\ A_1\exp(-\mathrm{i}\kappa_1x)+B_1\exp(\mathrm{i}\kappa_1x), & -d<x<0\\ A_0\exp\left[p_0(x+d)\right], & -\infty<x<-d\end{cases} \tag{22-165}$$

把(22-165)式代入(22-164)式,可得

$$\left.\begin{aligned}\kappa_3&=(k_0^2n_3^2-\beta^2)^{1/2}\\ \kappa_1&=(k_0^2n_1^2-\beta^2)^{1/2}\\ p_2&=(\beta^2-k_0^2n_2^2)^{1/2}\\ p_0&=(\beta^2-k_0^2n_0^2)^{1/2}\end{aligned}\right\} \tag{22-166}$$

利用边界条件,可得传输型色散方程:

$$\exp\left[\mathrm{i}2(\kappa_1d-\varphi_{10}-\varphi_{12})\right]-1=\{\exp\left[\mathrm{i}2(\kappa_1d-\varphi_{10})\right]-\exp(-2\mathrm{i}\varphi_{12})\}\exp(-2\mathrm{i}\varphi_{32})\exp(-2p_2s) \tag{22-167}$$

其中

$$\left.\begin{aligned}\varphi_{10}&=\arctan\left(\frac{p_0}{\kappa_1}\right)\\ \varphi_{12}&=\arctan\left(\frac{p_2}{\kappa_1}\right)\\ \varphi_{32}&=\arctan\left(\frac{p_2}{\kappa_3}\right)\end{aligned}\right\} \tag{22-168}$$

显然,当间隙 $s\to\infty$时,(22-167)式还原为 3 层自由波导的模式本征方程:

$$\exp\left[\mathrm{i}2(\kappa^{\circ}{}_1d-\varphi^{\circ}{}_{10}-\varphi^{\circ}{}_{12})\right]=1 \tag{22-169}$$

(2)传播常数的变化

在弱耦合情况下,s 为几个波长的尺度,这时应有

$$\exp(-2p_2s)\leqslant 1 \tag{22-170}$$

即(22-167)式等号右边是一小量,则用微扰理论可以得到因能量辐射而产生的传播常数相对模式本征值 β^0 的变化:

$$\Delta\beta^L=-\frac{\kappa_1}{\beta d_{\mathrm{eff}}}\sin 2\varphi_{12}\exp(-\mathrm{i}2\varphi_{32})\exp(-2p_2s) \tag{22-171}$$

其中

$$d_{\mathrm{eff}}=d+\frac{1}{p_0}+\frac{1}{p_2} \tag{22-172}$$

为简单计,(22-171)式和(22-172)式中已省略了表示自由波导参数的上标“°”。由(22-171)式可见,$\Delta\beta^L$ 是一个复数,表明除了模式的移动之外,还有能量的损耗,这种损耗不是因吸收,而是由能量的泄漏引起的。模式本征值的移动为

$$\mathrm{Re}\,(\Delta\beta^{L}) = -\frac{\kappa_1}{\beta d_{\mathrm{eff}}}\sin 2\varphi_{12}\cos 2\varphi_{32}\exp\,(-2p_2 s) \tag{22-173}$$

而表征泄漏的传播常数的虚部为

$$\mathrm{Im}\,(\Delta\beta^{L}) = \frac{\kappa_1}{\beta d_{\mathrm{eff}}}\sin 2\varphi_{12}\sin 2\varphi_{32}\exp\,(-2p_2 s) \tag{22-174}$$

由(22-174)式可见，能量的泄漏与耦合间隙 s 密切相关，s 愈大，泄漏愈小；s 愈小，则泄漏愈大。因此，4 层泄漏波导的传播常数为

$$\beta^{L} = \beta^{\circ} + \Delta\beta^{L} \tag{22-175}$$

2. 反射率公式

为了推导如图 22-40 所示实验装置的反射率公式，必须先确定如图 22-42 所示的结构参数和坐标系统。

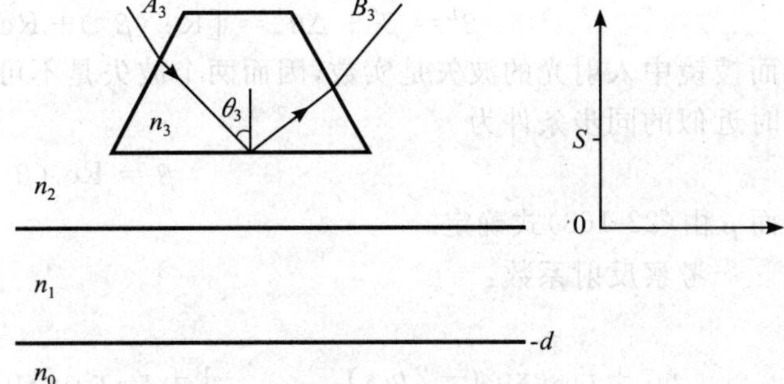

图 22-42　计算反射率的系统模型

由工作原理分析可知，该系统中的场分布与 4 层泄漏波导稍有不同。这里，棱镜中有入射光和反射光，而 4 层泄漏波导中，n_3 介质中仅有泄漏光线，而其他区域的场分布完全相同。因此，对 TE 波，棱镜-波导耦合系统的横向电场分布为

$$E_y(x) = \begin{cases} A_3\exp\,[-\mathrm{i}\kappa_3(x-s)] + B_3\exp\,[\mathrm{i}\kappa_3(x-s)] & s < x < +\infty \\ A_2\exp\,(-p_2 x) + B_2\exp\,(p_2 x) & 0 < x < s \\ A_1\exp\,(-\mathrm{i}\kappa_1 x) + B_1\exp\,(\mathrm{i}\kappa_1 x) & -d < x < 0 \\ A_0\exp\,[p_0(x+d)] & -\infty < x < -d \end{cases} \tag{22-176}$$

式中，κ_3、κ_1、p_2、p_0 等参数仍由(22-166)式定义。利用边界条件，可得反射系数：

$$r = \frac{B_3}{A_3} = \frac{r_{32} + r_{210}\exp\,(-2p_2 s)}{1 + r_{32}r_{210}\exp\,(-2p_2 s)} \tag{22-177}$$

其中

$$r_{32} = \exp\,(-\mathrm{i}2\varphi_{32}) \tag{22-178}$$

$$r_{210} = \frac{\exp\,(-\mathrm{i}2\varphi_{12}) - \exp\,[\mathrm{i}2(\kappa_1 d - \varphi_{10})]}{\exp\,[\mathrm{i}2(\kappa_1 d - \varphi_{10} - \varphi_{12})] - 1} \tag{22-179}$$

容易得到反射率：

$$R = rr^{*} = |r|^{2} \tag{22-180}$$

3. 理想系统

所谓理想体统，即系统中不存在散射和吸收、4 种介质的折射率都不存在虚部的情况，因而可知 β 和 κ_3、κ_1、p_2 和 p_0 都是实数，从而 φ_{10}、φ_{12} 和 φ_{32} 也是实数。这时，显然有

$$r_{32}^{*} = \exp\,(\mathrm{i}2\varphi_{32}) = 1/r_{32} \tag{22-181}$$

$$\begin{aligned} r_{210}^{*} &= \frac{\exp\,(\mathrm{i}2\varphi_{12}) - \exp\,[-\mathrm{i}2(\kappa_1 d - \varphi_{10})]}{\exp\,[-\mathrm{i}2(\kappa_1 d - \varphi_{10} - \varphi_{12})] - 1} \\ &= \frac{\exp\,[\mathrm{i}2(\kappa_1 d - \varphi_{10})] - \exp\,(-\mathrm{i}2\varphi_{12})}{1 - \exp\,[\mathrm{i}2(\kappa_1 d - \varphi_{10} - \varphi_{12})]} = r_{210} \end{aligned} \tag{22-182}$$

于是有

$$r^{*} = \frac{r_{32}^{*} + r_{210}^{*}\exp\,(-2p_2 s)}{1 + r_{32}^{*}r_{210}^{*}\exp\,(-2p_2 s)} = \frac{r_{32}^{-1} + r_{210}\exp\,(-2p_2 s)}{1 + r_{32}^{-1}r_{210}\exp\,(-2p_2 s)} = \frac{1}{r} \tag{22-183}$$

从而得

$$R = rr^{*} = 1 \tag{22-184}$$

这表明：在理想情况下，即使入射角满足同步条件，入射光的能量也不可能转移到波导中。但当系统（棱镜和波导）存在损耗（吸收和散射）时，(22-181)式、(22-182)式和(22-183)式不再成立，因而(22-184)式也不再成立。换句话说，系统的损耗也是能量耦合的必要条件。

4. 满足同步条件时的反射率公式

无入射光时，$A_3=0$，棱镜波导耦合系统退化为 4 层泄漏波导。根据(22-177)式，有

$$1+r_{32}r_{210}\exp\left(-2p_2 s\right)=0 \tag{22-185}$$

显然，(22-185)式就是 4 层泄漏波导的色散方程。因此，棱镜-波导耦合系统可看作是入射光作用于 4 层泄漏波导的系统。

下面考虑一种实际的结构，即棱镜无吸收，n_3 是实数，而波导存在损耗，其传播常数 β^0 是复数的情况。这时，由(22-175)式，4 层泄漏波导的传播常数可写为

$$\beta^L=\beta^0+\Delta\beta^L=\left[\mathrm{Re}\left(\beta^0\right)+\mathrm{Re}\left(\Delta\beta^L\right)\right]+\mathrm{i}\left[\mathrm{Im}\left(\beta^0\right)+\mathrm{Im}\left(\Delta\beta^L\right)\right] \tag{22-186}$$

而棱镜中入射光的波矢是实数，因而两个波失是不可能匹配的，仅当 β^L 的虚部很小时，才有近似的匹配。这时近似的同步条件为

$$\beta=\mathrm{Re}\left(\beta^0\right)+\mathrm{Re}\left(\Delta\beta^L\right) \tag{22-187}$$

而 β 由(22-163)式确定。

考察反射系数：

$$\begin{aligned}r&=\frac{r_{32}+r_{210}\exp\left(-2p_2 s\right)}{1+r_{32}r_{210}\exp\left(-2p_2 s\right)}=r_{32}\frac{1+r_{32}^{-1}r_{210}\exp\left(-2p_2 s\right)}{1+r_{32}r_{210}\exp\left(-2p_2 s\right)}\\&=r_{32}\frac{\left\{\exp\left[\mathrm{i}2\left(\kappa_1 d-\varphi_{10}-\varphi_{12}\right)\right]-1\right\}+\left\{\exp\left(-2\varphi_{12}\right)-\exp\left[\mathrm{i}2\left(\kappa_1 d-\varphi_{10}\right)\right]\right\}r_{32}^{-1}\exp\left(-2p_2 s\right)}{\left\{\exp\left[\mathrm{i}2\left(\kappa_1 d-\varphi_{10}-\varphi_{12}\right)\right]-1\right\}+\left\{\exp\left(-2\varphi_{12}\right)-\exp\left[\mathrm{i}2\left(\kappa_1 d-\varphi_{10}\right)\right]\right\}r_{32}\exp\left(-2p_2 s\right)}\end{aligned} \tag{22-188}$$

在弱耦合条件下，有 $\exp\left(-2p_2 s\right)\leqslant 1$，则在同步角近似下，(22-188)式中的 β 可用 3 层波导的 β^0 展开，从而可得

$$r=r_{32}\frac{\left(\beta-\beta^0\right)-\dfrac{\mathrm{i}\kappa_1}{2\beta d_{\mathrm{eff}}}\left\{\exp\left[\mathrm{i}2\left(\kappa_1 d-\varphi_{10}\right)-\exp\left(-\mathrm{i}2\varphi_{12}\right)\right]\right\}r_{32}^{-1}\exp\left(-2p_2 s\right)}{\left(\beta-\beta^0\right)-\dfrac{\mathrm{i}\kappa_1}{2\beta d_{\mathrm{eff}}}\left\{\exp\left[\mathrm{i}2\left(\kappa_1 d-\varphi_{10}\right)-\exp\left(-\mathrm{i}2\varphi_{12}\right)\right]\right\}r_{32}\exp\left(-2p_2 s\right)} \tag{22-189}$$

根据(22-171)式，不难看出上式分母中第二项即为 $\Delta\beta^L$。又因为 $\mathrm{Re}\left(r_{32}^{-1}\right)=\mathrm{Re}\left(r_{32}\right)$，$\mathrm{Im}\left(r_{32}^{-1}\right)=-\mathrm{Im}\left(r_{32}\right)$，所以，(22-189)式变为

$$r=r_{32}\frac{\beta-\left[\mathrm{Re}\left(\beta^0\right)+\mathrm{Re}\left(\Delta\beta^L\right)\right]-\mathrm{i}\left[\mathrm{Im}\left(\beta^0\right)-\mathrm{Im}\left(\Delta\beta^L\right)\right]}{\beta-\left[\mathrm{Re}\left(\beta^0\right)+\mathrm{Re}\left(\Delta\beta^L\right)\right]-\mathrm{i}\left[\mathrm{Im}\left(\beta^0\right)+\mathrm{Im}\left(\Delta\beta^L\right)\right]} \tag{22-190}$$

反射率可改写为

$$\begin{aligned}R&=\left|r_{32}\right|^2\frac{\left\{\beta-\left[\mathrm{Re}\left(\beta^0\right)+\mathrm{Re}\left(\Delta\beta^L\right)\right]\right\}^2+\left[\mathrm{Im}\left(\beta^0\right)-\mathrm{Im}\left(\Delta\beta^L\right)\right]^2}{\left\{\beta-\left[\mathrm{Re}\left(\beta^0\right)+\mathrm{Re}\left(\Delta\beta^L\right)\right]\right\}^2+\left[\mathrm{Im}\left(\beta^0\right)+\mathrm{Im}\left(\Delta\beta^L\right)\right]^2}\\&=\left|r_{32}\right|^2\left[1-\frac{4\mathrm{Im}\left(\beta^0\right)\mathrm{Im}\left(\Delta\beta^L\right)}{\left\{\beta-\left[\mathrm{Re}\left(\beta^0\right)+\mathrm{Re}\left(\Delta\beta^L\right)\right]\right\}^2+\left[\mathrm{Im}\left(\beta^0\right)+\mathrm{Im}\left(\Delta\beta^L\right)\right]^2}\right]\end{aligned} \tag{22-191}$$

满足同步条件(22-187)时，反射率取极小值，即有

$$R_{\min}=\left|r_{32}\right|^2\left\{1-\frac{4\mathrm{Im}\left(\beta^0\right)\mathrm{Im}\left(\Delta\beta^L\right)}{\left[\mathrm{Im}\left(\beta^0\right)+\mathrm{Im}\left(\Delta\beta^L\right)\right]^2}\right\} \tag{22-192}$$

(22-192)式对损耗的测量和传感器中待测介质对光的吸收等课题，具有重要的指导意义。不难看出，当波导的本征损耗与泄漏损耗相等时，即

$$\mathrm{Im}\left(\beta^0\right)=\mathrm{Im}\left(\Delta\beta^L\right) \tag{22-193}$$

有

$$R_{\min}=0 \tag{22-194}$$

(三)光波导薄膜厚度和折射率的测量

根据全反射公式可知，若连续改变入射角 θ_3，则反射率 R 对 θ_3 的曲线上将呈现一系列衰减全反射吸收

峰。吸收峰的位置对应的入射角即为同步角。在泄漏损耗可忽略不计的情况下，由(22-187)式可知，同步角对应的入射光线在传播方向的波矢分量 β，即是待测波导模式的传播常数。这就是棱镜-波导耦合器测量波导模式传播常数的工作原理。

利用计算机控制实现衰减全反射谱测量的装置如图 22-43 所示，它由半导体激光器、起偏器、探测器、$\theta/2\theta$ 转角仪和计算机组成。由半导体激光器发出的准直光经起偏器后，直接入射到放于 $\theta/2\theta$ 仪中心平台上的棱镜-波导耦合系统中，该平台每转动 1°，放探测器的外盘转动 2°，这样可保证探测器时刻跟踪反射光。角度扫描通过步进电动机由计算机控制，探测器接收的信号放大后经 A/D 卡进入计算机，在屏幕上得到扫描曲线。

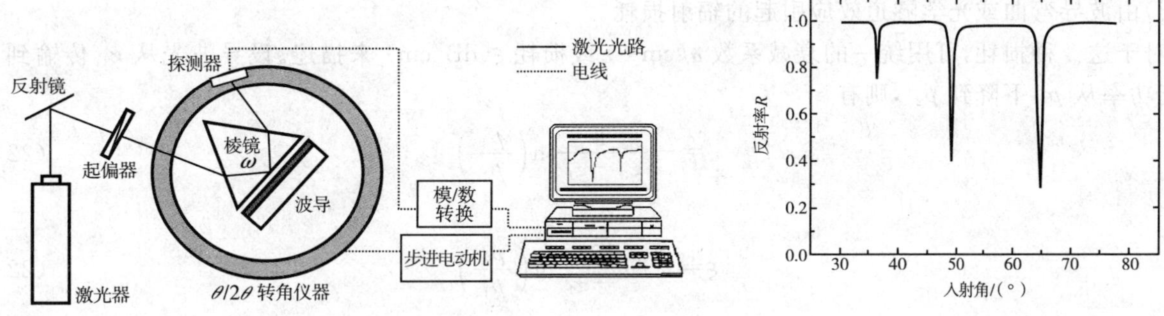

图 22-43　衰减全反射谱测量装置　　**图 22-44　衰减全反射谱**

利用反射率公式，可用计算机模拟激发能量通过棱镜耦合进入波导的角度扫描过程，反射率随入射角的变化曲线也称为衰减全反射谱，图 22-44 表示某一波导 TE 或 TM 模的衰减全反射谱。

已知该波导模式满足的色散方程为

$$\kappa_1 h = m\pi + \arctan\left(\frac{f_1}{f_0}\ \frac{p_0}{\kappa_1}\right) + \arctan\left(\frac{f_1}{f_2}\ \frac{p_2}{\kappa_1}\right), \qquad m = 0,1,2,\cdots \tag{22-195}$$

其中

$$\left.\begin{aligned} \kappa_1 &= (k_0^2 n_1^2 - \beta^2)^{1/2} \\ p_0 &= (\beta^2 - k_0^2 n_0^2)^{1/2} \\ p_2 &= (\beta^2 - k_0^2 n_2^2)^{1/2} \end{aligned}\right\} \tag{22-196}$$

而

$$f_j = \begin{cases} 1, \\ n_j^2, \end{cases} \qquad j = 0,1,2 \tag{22-197}$$

$f_j = 1$ 对应 TE 模式，$f_j = n_j^2$ 对应 TM 模式。其中 β 为传播常数，$k_0 = 2\pi/\lambda$ 为真空中的波矢，λ 为实验中所用激光的波长。n_0、n_1、n_2 分别为衬底、波导薄膜和空气间隙的折射率，h 为薄膜厚度。导模有效折射率 n_{eff} 定义为

$$n_{\mathrm{eff}} = \frac{\beta}{k_0} \tag{22-198}$$

通过测量同步角便可得到 n_{eff} 和传播常数 β。对于多模波导，若知道了 3 个模的 β_{m-1}、β_m、β_{m+1}，便可联立模序数分别为 $m-1$、m、$m+1$ 的超越方程：

$$\left.\begin{aligned} {\kappa_1}^{m-1} h &= (m-1)\pi + \arctan\left(\frac{f_1}{f_0}\ \frac{{p_0}^{m-1}}{{\kappa_1}^{m-1}}\right) + \arctan\left(\frac{f_1}{f_2}\ \frac{{p_2}^{m-1}}{{\kappa_1}^{m-1}}\right) \\ {\kappa_1}^{m} h &= m\pi + \arctan\left(\frac{f_1}{f_0}\ \frac{{p_0}^{m}}{{\kappa_1}^{m}}\right) + \arctan\left(\frac{f_1}{f_2}\ \frac{{p_2}^{m}}{{\kappa_1}^{m}}\right) \\ \kappa^{m+1} h &= (m+1)\pi + \arctan\left(\frac{f_1}{f_2}\ \frac{{p_2}^{m+1}}{{\kappa_1}^{m+1}}\right) + \arctan\left(\frac{f_1}{f_2}\ \frac{{p_2}^{m+1}}{{\kappa_1}^{m+1}}\right) \end{aligned}\right\} \tag{22-199}$$

由(22-199)式可求出波导薄膜的厚度 h 和折射率 n_1。

严格地说，利用 3 层平面波导的色散方程(22-198)式和(22-199)式来确定 h 和 n_1 并不正确，正确的方程

应该是(22-167)式,但该式中间隙 s 的精确测量是非常困难的。不过在弱耦合的情况下,可完全忽略棱镜的影响,利用 3 层平面波导的色散方程只会产生很小的误差。

二、光波导传输损耗的测量

波导薄膜中导波光的传输损耗是评价介质光波导的一个重要参数。制约波导能量传输效率主要有以下因素:

1)由折射率分布不均匀或波导界面的粗糙引起的散射损耗。

2)光波导材料点阵离子、杂质离子或电子吸收引起的吸收损耗。

3)由波导弯曲或光学隧道效应引起的辐射损耗。

对于这 3 种损耗,可用统一的衰减系数 $\alpha(\mathrm{cm}^{-1})$ 或损耗 $\xi(\mathrm{dB/cm})$ 来描述。设导波光从 z_1 传输到 z_2 处时,光功率从 p_1 下降到 p_2,则有

$$\alpha=-\frac{1}{z_2-z_1}\ln\left(\frac{p_2}{p_1}\right) \tag{22-200}$$

而

$$\xi=-\frac{10}{z_2-z_1}\lg\left(\frac{p_2}{p_1}\right) \tag{22-201}$$

(一)光波导传输损耗的微扰计算

若已知波导各层薄膜的复折射率,则可利用数值方法计算光波导传输损耗,并可获得相对高精度的计算结果,但无法给出解析表达式,且计算过程难以准确反映物理参数的变化,因而近似计算方法引起了较大的关注。近似方法中使用较多的是光线方法。这种近似图像直观、方法简单,但计算误差较大。下面仍采用微扰法,把有损耗的波导(复折射率表征)看作是理想波导(实折射率表征)的微扰。通常情况下,实际波导介质折射率的虚部相对其实部来说是极其微小的。因而,利用这种微扰法计算光波导传输损耗可获得极好的效果。因前面已讨论了因泄漏引起的波导损耗,因此,这里以复折射率导波层为例,计算光波导传输损耗。对复折射率覆盖层或衬底,或几层同时为复折射率的情况,读者可参照上述理论自行处理。

导波层存在吸收的波导结构如图 22-45 所示。图中衬底和覆盖层的折射率 n_0 和 n_2 是实数,而

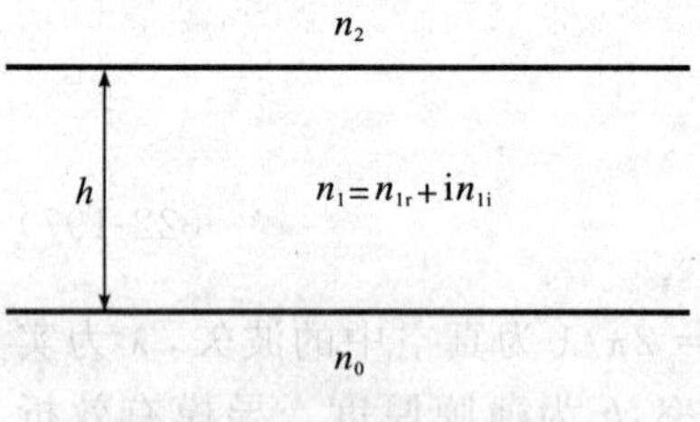

$$n_1=n_{1r}+\mathrm{i}\,n_{1i} \tag{22-202}$$

图 22-45 存在吸收的介质平板波导

且有

$$n_{1i}\ll n_{1r} \tag{22-203}$$

模式本征方程为(以 TE 模为例)

$$\kappa_1 h=m\pi+\arctan\left(\frac{p_0}{\kappa_1}\right)+\arctan\left(\frac{p_2}{\kappa_1}\right) \tag{22-204}$$

因 n_1 为复数,有

$$\kappa_1=(k_0^2n_1^2-\beta^2)^{1/2}\approx\kappa_{1r}+\mathrm{i}\,\kappa_{1i} \tag{22-205}$$

其中

$$\kappa_{1r}=\sqrt{k_0^2n_{1r}^2-\beta^2} \tag{22-206}$$

$$\kappa_{1i}=\frac{k_0^2n_{1r}n_{1i}}{\sqrt{k_0^2n_{1r}^2-\beta^2}} \tag{22-207}$$

于是有

$$\arctan\left(\frac{p_0}{\kappa_1}\right)=\arctan\left(\frac{p_0}{\kappa_{1r}+\mathrm{i}\,\kappa_{1i}}\right)=\arctan\left(\frac{p_0}{\kappa_{1r}}\right)-\mathrm{i}\,\frac{p_0\kappa_{1i}}{\kappa_{1r}^2+p_0^2} \tag{22-208}$$

$$\arctan\left(\frac{p_2}{\kappa_1}\right)=\arctan\left(\frac{p_2}{\kappa_{1r}+\mathrm{i}\kappa_{1i}}\right)=\arctan\left(\frac{p_2}{\kappa_{1r}}\right)-\mathrm{i}\,\frac{p_2\kappa_{1i}}{\kappa_{1r}^2+p_2^2} \tag{22-209}$$

微扰波导的模式本征方程可表示为

$$\kappa_{1r}h=m\pi+\arctan\left(\frac{p_0}{\kappa_{1r}}\right)+\arctan\left(\frac{p_2}{\kappa_{1r}}\right)-\mathrm{i}\,\kappa_{1i}\left(h+\frac{p_0}{\kappa_{1r}^2+p_0^2}+\frac{p_2}{\kappa_{1r}^2+p_2^2}\right)\quad (m=0,1,2\cdots)\tag{22-210}$$

定义

$$h_{\mathrm{loss}}=h+\frac{p_0}{\kappa_{1r}^2+p_0^2}+\frac{p_2}{\kappa_{1r}^2+p_2^2}\tag{22-211}$$

根据(22-210)式，κ_{1i}是横向衰减系数，而h_{loss}可认为是横向衰减长度。

设理想波导的传播常数为β^0，把微扰波导的传播常数β在β^0处展开，可得传播常数的变化为

$$\Delta\beta=\mathrm{i}\,\frac{k_0^2n_{1r}n_{1i}}{\beta}\,\frac{h+\dfrac{p_0}{\kappa_{1r}^2+p_0^2}+\dfrac{p_2}{\kappa_{1r}^2+p_2^2}}{h+\dfrac{1}{p_0}+\dfrac{1}{p_2}}=\mathrm{i}\,\frac{k_0^2n_{1r}n_{1i}}{\beta}\,\frac{h_{\mathrm{loss}}}{h_{\mathrm{eff}}}\tag{22-212}$$

为简单计，上式中表示本征值的上标“°”均已省略。

根据(22-186)式，有

$$\Delta\beta=\mathrm{i}\,\mathrm{Im}\,(\beta)\tag{22-213}$$

由此可以得出重要结论：在一阶近似下，导波层的吸收仅影响波导的损耗特性，而对其他特性无影响。

为验证微扰方法的精确度，利用微扰法计算了一个实际波导 TE_0 模的传输损耗，并与传输矩阵数值方法的结果进行了比较。实际波导的所得参数如图 22-46 所示。实际波导的参数为 $n_{1r}=1.56$，$n_0=1.49$，$n_2=1.33$，$h=0.4\ \mu\mathrm{m}$，$\lambda=0.55\ \mu\mathrm{m}$。

由图可见，在消光系数为 0.001 时，微扰法与数值方法的结果仍能保持一致。而在实际情况下，导波层消光系数大于 10^{-3} 的波导是无法使用的。因此，利用微扰计算波导的损耗是十分可靠的。

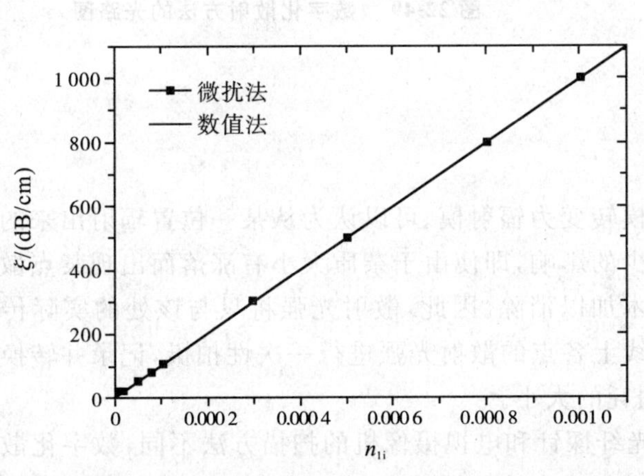

图 22-46　传输损耗与消光系数的关系

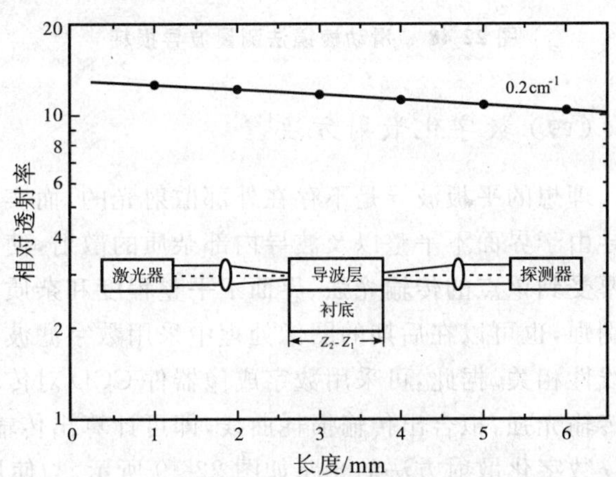

图 22-47　测量波导损耗的端面耦合法

(二) 端面耦合法[26]

用端面耦合方法测量波导传输损耗的原理如图 22-47 所示。用透镜把激光束会聚到波导端面，使用不同长度的波导样品，使光从波导的另一端面出射，并测量输入和输出光的功率 P_1 和 P_2，利用(22-200)式或(22-201)式，就可确定波导的损耗。由于耦合损耗的存在，测量时要对具有不同长度而其他条件都相同的多个波导样品重复进行。这一系列的测量通常是从一块较长的波导样品开始，然后把样品截短，并进行端面抛光。在每次测量前，为维持每次测量的耦合状态不变，必须使激光束对准波导端面，以达到最佳耦合，使输出功率为最大。通过多次测量，得到的衰减系数的数据将分布在对数坐标中一直线附近，数据点的分散程度是耦合损耗一致性的度量，它取决于样品端面的制备，也取决于激光束与样品端面的对准程度。如果这些参数不恒定，则数据点将相互分散，所得结果不可能有满意的精度。但是，如果数据点能相当好地落在直线上，说明每次测量具有足够的一致性，耦合损耗对测量的影响已在多次测量中被消除。

对于平板波导，光在传输过程中会沿平面方向扩展。对于长的波导样品，光到达输出端时，光束的扩展可能使输出耦合棱镜不能把光很好地会聚起来，造成测量误差。另外，这种方法需要制作许多不同长度的样品，而每个样品的端面质量难以做到完全一样，使各样品的耦合效率不尽相同。即使用一个很长的样品，在测量过程中不断地被分割，但由于是多次测量，难以保持相同的耦合状态。

（三）滑动棱镜法[27]

一种较好的测量方法是采用棱镜耦合器把光耦合入波导，用另一棱镜把光从波导中耦合出来，如图22-48所示。测量时，输入棱镜与波导的相对位置保持固定，而输出棱镜和波导中间加入少量折射率匹配液（其折射率等于或稍低于棱镜折射率），使该棱镜能相对输入棱镜做机械平移。测量作为两个棱镜间的相对长度函数的输出功率，便能确定波导的传输损耗。

与端面耦合法相比，滑动棱镜法具有较大的优势。例如这种方法是非破坏性的，也不需要进行端面抛光工艺等。但这种方法难以达到高的精度，因为当输出棱镜滑动时，很难保持棱镜与波导间隙的恒定，但该参数是影响输出耦合的关键因素。为了克服上述棱镜与波导间耦合效率的变化对损耗测量精度的影响，有人提出了三棱镜法，这种方法可有效消除耦合效率的影响，但要求长的波导样品，测量时技术要求较高，因此难以广泛应用。

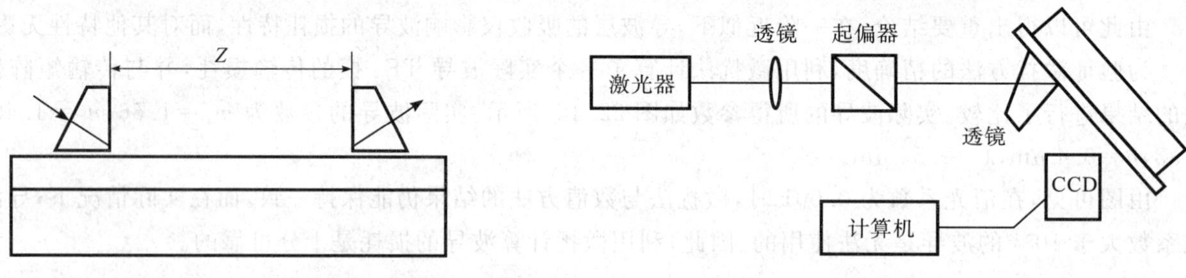

图 22-48　滑动棱镜法测量波导损耗　　图 22-49　数字化散射方法的光路图

（四）数字化散射方法[28]

理想的平板波导是不存在外部散射光的，而实际波导由于界面不平整以及波导内部杂质的散射，使导模转变为辐射模。可以认为从某一位置辐射出来的光强主要受到该点的传输光强、界面不平整程度和杂质多少的影响，即使由于杂质大小有涨落而出现某点散射光特别强，也可以在后期的图像处理中采用数字滤波技术加以消除。因此，散射光强将只与该处的实际传输光强线性相关。据此，可采用数字成像器件CCD对传输线上各点的散射光强进行一次性拍摄，记录并转换成内部传输光强，拟合出传输损耗曲线，即可计算出传输损耗的大小。

数字化散射方法的光路如图22-49所示。与使用光纤探针和电视摄像机的扫描方法不同，数字化散射方法的CCD探头距离波导较远，一般大于5 cm，因此可进行一次性拍摄，既避免了扫描过程中探针与波导距离不同而产生的误差，也避免了探针的存在对波导模式产生的扰动。

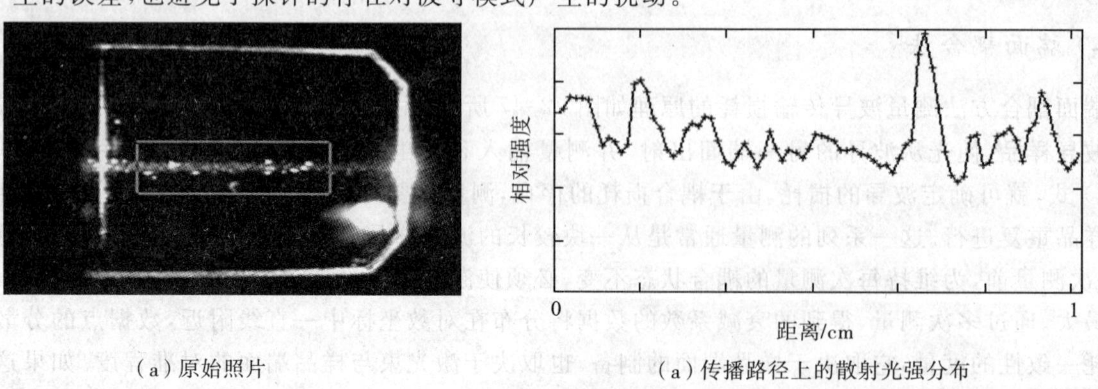

（a）原始照片　　（a）传播路径上的散射光强分布

图 22-50　CCD 拍摄原始图和光强分布曲线

对一具体的传输损耗很大的聚合物薄膜波导进行拍摄，所得照片及通过 A/D 转换所得光强分布曲线如图 22-50 所示。从图(b) 可以看到，图像的噪声必须消除，否则无法进行曲线拟合。为此采用了数字图像处理中的中值滤波技术。中值滤波算法的原理是选择性滤波。因为噪声是随机性的，往往与邻近各点没有相关性，所以可以将那些孤立的灰度突变点选出，并以其窗口内的中等值来代替，从而使突变点得以削平。

中值滤波算法属于空间卷积法，相当于对图像数据做如下卷积运算：

$$F(x,y)=\sum_{m}\sum_{n}f(x-m,y-n)W(m,n) \tag{22-214}$$

式中，$f(x-m,y-n)$ 和 $F(x,y)$ 分别是处理前和处理后的图像函数，窗口函数 $W(m,n)$ 完全挑选中值的函数运算功能。经中值滤波后的图像传输光强分布曲线如图 22-51 所示。由图可见，中值滤波对于消除图像中的尖锐噪声非常有效，但却付出了牺牲图像细节的代价。

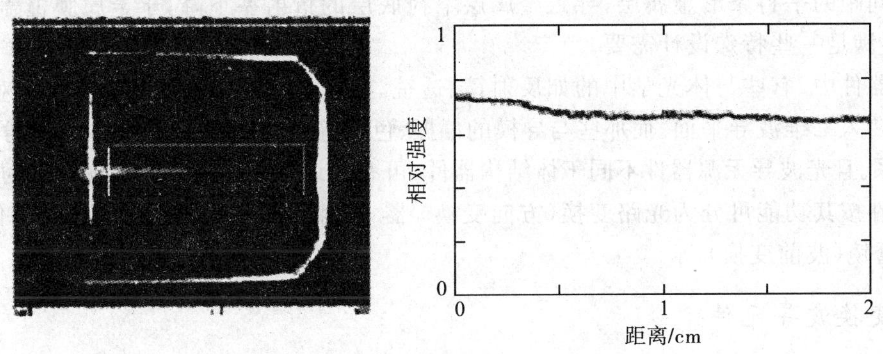

图 22-51　经中值滤波后的图像与光强分布曲线

导模功率随传播距离的衰减可表示为

$$P=P_0\exp(-\alpha z) \tag{22-215}$$

因此，所需拟合的是一条指数衰减曲线。利用最小二乘法进行拟合便可得到衰减系数 α 或损耗 ξ。

第六节　分立光波导元件[13]

在导波光学中，除了需要将光波以导模形式限制于高折射率区域内的平面波导、条形波导等基本波导结构以外，还需要有对导波光特性进行信息控制处理的波导元器件，这些导波光特性包括导模的波长(频率)、波前、相位、偏振、强度、方向以及传播模场等。光波导分立元件，可以以有无动态特性、是否需要外界提供能量、具备能量转换作用的差别，分为无源和有源光波导元件。对导模不具备利用外部信号控制其特性，对外只呈现静态特性的元件称为无源元件；而对导模具备动态控制功能的元件称为有源元件。无源元件的静态特性是自然稳定的，不需要外界提供能量与控制。有源元件既有静态特性，又有动态特性，需要外部提供控制信号与能量。

根据对不同光导模参数作用的差别，光波导无源器件可以分为：改变光路的光路变换器，分配强度(功率)的功分器，实现分波、合波的波分复用器，利用导模的偏振特性构成的偏振分离器，以相位差构成的 Mach-Zehnder 干涉器件及波前变换功能的透镜等。光波导无源器件被广泛地用作导模耦合、反射、滤波、模式变换等功能器件。

光波导有源器件，可以根据所用的波导材料、控制光导模参数所依赖的物理效应及所实现的不同功能等加以分类。用作光波导有源器件的材料一般有铁电体、半导体、玻璃、聚合物、氧化膜等。利用 $LiNbO_3$(LN) 等铁电体材料的电光(EO)、声光(AO)、非线性光学(NO) 效应，半导体材料的弗朗兹-凯尔迪什 (Franz-Kelduysh) 效应、量子束缚斯塔克(quantum-confined Stark) 电场效应及等离子体、能带填充等电流效应，磁性材料的磁光(MO) 效应，折射率温度依赖氧化物材料的热光(TO) 等物理效应，均可构成光波导调制元件，用于动态控制光导模参数。据此，对导模可实现相位 / 强度调制、时域 / 空域变换、可调谐滤波、倍频及偏振模转换等功能。

一、光波导无源器件

如前讨论，按照对光导波的限制，光波导分为二维、三维光波导，或称平板、条形光波导(简称条波导) 两种。根据横向折射率分布变化不同，可将光波导分为折射率突变型与渐变型两种。根据实际使用需要以及结构不同，可将条波导分为埋入型、脊型、条载型等 3 种。埋入型条波导是在靠近衬底表面以下，以扩散、交换及注入等工艺方法有选择地形成高折射率层，构成条波导。良好的界面使埋入型条波导的传输损耗一般较小，光滑的表面易于设置平面电极，适用于光调制、开关等光波导器件。以刻蚀或剥离法工艺可获得脊型条波导。脊型条波导的横向限制性强，适用于小曲率半径的弯曲波导。条载型波导又分为介质膜和金属膜两种。于衬底表面上覆盖一层介质薄膜条，用以提高介质薄膜条下面导模的有效折射率，形成介质膜条载型波导；于衬底表面覆盖适当间距的平行条形金属层，导致金属层下衬底层的折射率下降，于金属膜覆盖层之间构成另一种条载型波导，可满足一些特殊设计需要。

光波导无源器件中，有些与体光学中的如反射镜、透镜、棱镜、光栅等体型无源器件有对应关系，使这些器件从三维空间转入二维波导平面。而那些与导模的偏振、色散等特性相关的器件，与体光学中的无源器件不存在一一对应关系。且光波导无源器件不同于体结构器件，可有效地利用波导特性实现优良的性能与功能。

无源波导元件按其功能可分为光路变换(方向变换) 器、分束(功率分配) 器、偏振(起偏) 器、波分复用(波长变换) 器、透镜(波前变换) 等。

(一) 光路变换波导元件

在部分波导器件中，如实行波分或功分作用的方向耦合器，两条波导的间距约为几微米。但是，输入、输出端波导之间的距离起码应大于两光纤间距 125 μm，这就需要光路变换波导。光路变换波导元件中，除用作折射、反射的平面波导棱镜等以外，比较重要的有平面波导结构的波导光栅偏转器以及弯曲条形波导等。

弯曲条形波导可与其他使用光纤、条波导等的实用光学器件相连接，以光滑曲线为形状的常用弯曲条形波导有两种连接方法:圆弧曲线连接和余弦曲线连接。

1) 圆弧曲线连接。以两段相同或不同曲率半径的弯曲波导反向拼接而成的光路变换元件。缺点是在拼接处曲率突变，带来模场失配损耗。

2) 余弦曲线连接。弯曲波导的曲线函数可表示为

$$y=y_2+\frac{(y_2-y_1)}{2}\left[\cos\frac{(x-x_2)}{(x_2-x_1)}\pi-1\right] \tag{22-216}$$

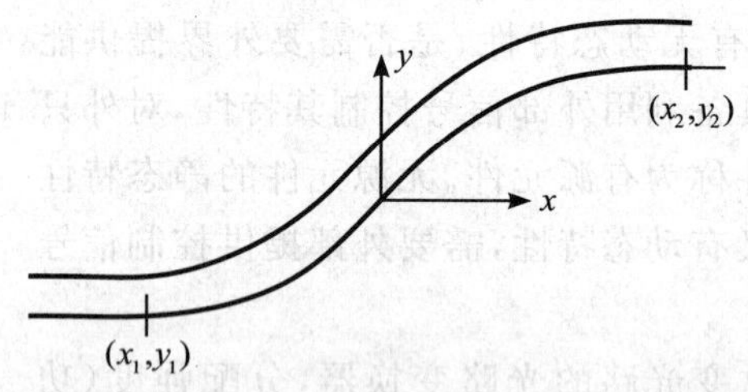

图 22-52 余弦曲线连接条形波导示意图

余弦曲线连接起来的弯曲波导上，每一点的一阶、二阶导数连续，曲线光滑，导模变换损耗小。当然，也可用正弦曲线等连接构成弯曲波导。图 22-52 是余弦曲线连接条形波导的示意图。

硅隔离体(SOI) 材料是一种新型的光学波导材料，具有折射率大、传输损耗低、易于与半导体微电子器件集成等优点。在 SOI 衬底上构成单模传输导波的矩形或梯形截面脊形条波导，与周围包层介质的折射率差大，易于利用全反射构成直角形 45° 角反射器，具有体积小(约几十微米)、插入损耗小等特点，特别适合于制作光路变换元件。

(二) 波导功率分配(分束) 器

光纤通信等应用中，常用功率分配器将信号分配到两个或两个以上的支路上去，构成次级网络。导波光学中，功率分配器分为单模、多模功率分配器两种。前者可分别是分支波导、方向耦合器(包括间距渐变方向耦合器)；后者可以是一个多模干涉(MMI) 的平面波导区域，入射导波在该区域中激发多个高阶模，由多模干涉叠加决定输出端的功率分配。

1. 单模功率分配器

1) 单模分支波导型功分器。如图 22-53 所示为单模分支波导，由输入波导、中间分支过渡及输出波导区

3 部分组成，均是单模波导。可用坐标变换法或光束传输法的解析或数值方法定量求解导模的传输及功率分配情况。按单模分支波导的对称性和分支数，可进一步分为对称、非对称，二分支、三分支等多种形式的单模分支波导型功分器。非对称二分支结构功分器中的低分支输出光强，常用于功率监视。

2）方向耦合器型功分器。如图 22-54 所示为一般条形波导方向耦合功分器结构。两个曲直线形单模条波导 a、b，中间平行部分靠得非常近，间距约数微米。以耦合模理论分析这种结构，中间直线区域存在奇偶模，形成二模干涉区域，适当设计中间部分波导的尺寸，可以实现两输出端口的所需功率分配比。

这种方向耦合功分器中，光功率随传播距离增加，在两波导间周期性分布变化，对加工准确度要求很高。如果设计为中间间距渐变型的方向耦合型功分器，其中两条波导之间的间距随传播距离线性增大，可获得从输入波导至输出波导的单向功率转移，降低了对加工的要求。同样，可以设计三、四条平行波导的方向耦合功分器。

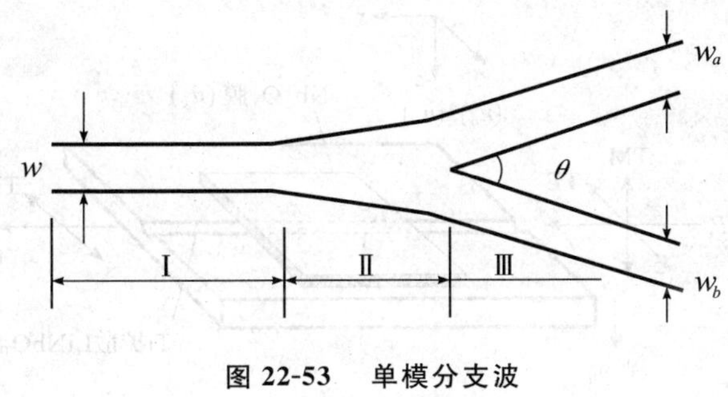

图 22-53　单模分支波

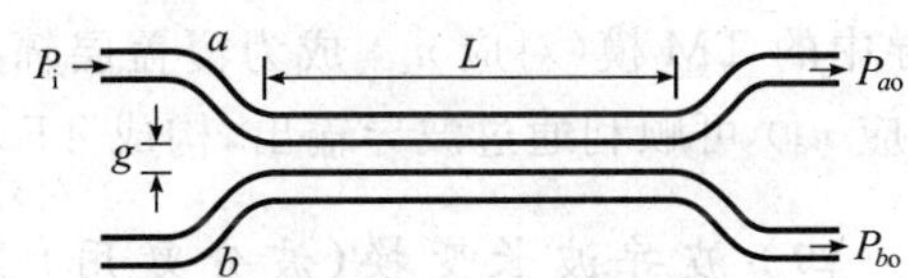

图 22-54　光波导方向耦合器

2. 多模波导功率分配器[29]

多模波导功率分配器的核心是一个多模波导区。多模干涉理论的基本原理是自映像效应。根据自映像效应，多模波导的入射场在波导中传播时，传播方向周期性的位置上将会出现入射场的单重或多重映像。多模干涉器件的中心结构是一个可以支持多个（一般 ≥3）导模的波导。在波导的输入和输出端，通常设置若干个单模波导输入/输出口，便于光从波导入射、出射，实现功率分配。这种器件通常称为 $N\times M$ 型多模干涉耦合器，其中 N 和 M 分别表示输入和输出波导的数目。多模干涉还可以构成 N 路多波长输入，M 路功率分配输出的 $N\times M$ 星形耦合器。图 22-55 为多模干涉波导示意图。

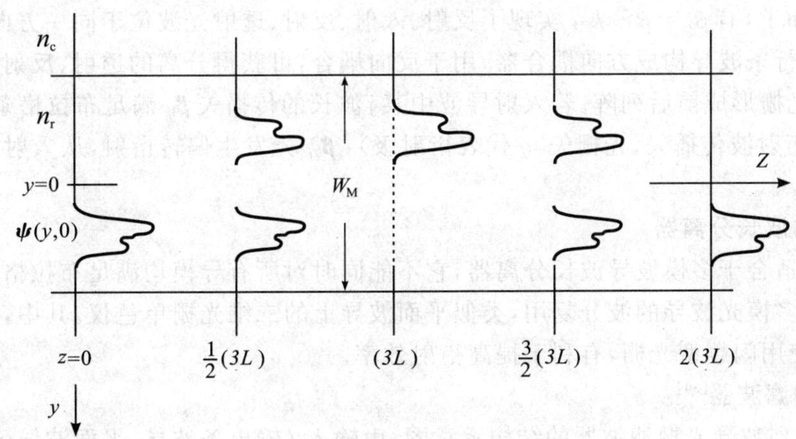

图 22-55　多模干涉波导示意图

输入场 $\Psi(y,0)$，在传播方向（$3L_\pi$）、2（$3L_\pi$）位置处分别出现镜像映像、直接映像，在 $\frac{1}{2}$（$3L_\pi$）、$\frac{3}{2}$（$3L_\pi$）处出现二重映像，据此可构成 1×2 功分器。其中，L_π 为最低价两个模间的耦合长度。同样，可以构成 1×3、4×4、$N\times M$ 等不同功率分配器。

（三）波导偏振（起偏）器

单模光纤中的光波一般表现为非偏振模式。而大部分光波导功能器件，即使是与偏振无关的器件，也工作于线偏振模式。为获得良好的器件特性，正交模必须被分离为偏振模，需要起偏器及模分离器。即使在各向同性材料波导中，由于色散作用，各偏振模的传输特性亦是不同的。若在各向异性材料构成的波导中，模分离效应可得到加强。利用这一点，可以构成波导模分离器。例如，由条形波导 a、b 及中间介质组成的方向耦合器，条形波导 a、b 的传播常数分别为 β_a、β_b。调整中间介质，使两波导中TE模的传播常数相等，TM模的传播常数严重失配，且使耦合器的长度为TE模半拍耦合长度的奇数倍。这样由 a 波导入射的TE模由波导 b 输出、TM模留在波导 a 中，实现偏振模分离。除了方向耦合器以外，利用金属覆盖层对TE、TM模的吸收差别或晶体的各向异性特点，同样可得到波导起偏器。如图22-56所示为应用晶体各向异性构成的起偏器。在Z切割 $LiNbO_3$（LN）晶体表面以扩Ti工艺制作的条形波导表面溅射一层 Nb_2O_5（折射率为 n_c）材料薄膜，当LN的 n_o、n_e 与 Nb_2O_5 的 n_c 之间满足 $n_o>n_c>n_e$ 时，波导中的TM模（对应 n_e）成为覆盖层辐射模，TE模（对应 n_o）可顺利通过波导输出，构成TE模起偏器。

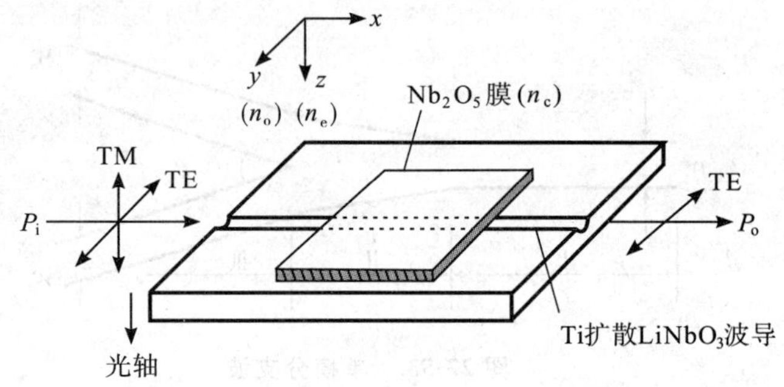

图 22-56　各向异性光学晶体的波导偏振器

（四）波导波长变换（波分复用）器

将包含多种波长的光波按波长进行空间分离、合成的技术，已经被成功地应用于光纤通信系统中，对促进光纤通信技术的发展，具有里程碑式的意义。波长分离器，本质上类似于单色仪，可提供光谱分析，可作为波长分离器的光学波导器件有衍射光栅、波导棱镜等。衍射光栅色散大、效率高、易于集成。波导棱镜易于加工，但色散较小。下面分别讨论单模、多模波导光栅型波长分离器件及阵列波导光栅（AWG）。

1. 单模波导光栅型波长分离器

一般单模波导光栅型波长分离器用布拉格波导光栅分离波长，具有波长分辨率高、分离效率高等优点。根据结构的不同，又可分为共线衍射、共面衍射两种。共线布拉格波导光栅，又可进一步分为反射型、透射型两种。反射型共线波导光栅结构中，入射导模、衍射导模、光栅矢（$\boldsymbol{\beta}_i$、$\boldsymbol{\beta}_0$、$\boldsymbol{k}$）三者处于同一方向，称为布拉格共线衍射，且 $|\boldsymbol{k}|>|\boldsymbol{\beta}_i|$，有 $\beta_0=\beta_i-k$，实现了反射。入射、反射、透射光波位于同一方向线上，不易分离。若以传播系数不同的平行条波导构成方向耦合器，用于反向耦合，可获得分离的透射、反射光。共面布拉格波导光栅中，不同周期的光栅形成前后列阵。若入射导波中某j波长的传播矢 $\boldsymbol{\beta}_{ij}$ 满足布拉格条件 $\boldsymbol{\beta}_{0j}=\boldsymbol{\beta}_{ij}+q\boldsymbol{k}$（式中，$\boldsymbol{\beta}_{0j}$、$\boldsymbol{k}$ 分别代表衍射波传播矢、光栅矢，q 代表衍射级），$\boldsymbol{\beta}_{0j}$ 光发生偏转衍射，从入射方向偏离出来，构成波长的空间分离。

2. 多模波导用的波长分离器

布拉格型光栅不适合于多模波导波长分离器，它不能同时对所有导模均满足布拉格条件。一般以端面耦合的反射型光栅用于多模光波导的波分复用，类似平面波导上的二维光栅单色仪。其中，存有多级衍射光、衍射效率低等不足。若使用闪耀型光栅，有利于提高衍射效率。

3. 阵列波导光栅滤波器[30]

图22-57(a)为阵列波导光栅滤波器的结构示意图，由输入/输出条波导、平面波导区以及阵列波导光栅区组成。输入/输出条波导用于波分复前后光波与光纤的耦合。阵列波导光栅区是由一系列相邻长度成等差ΔL的条波导阵列组合，用于对同一波长光产生一定相位差，在输出平面波导区域形成衍射叠加，相当于光栅的作用。在输出平面波导区，不同波长的光会聚在各自的输出条波导位置，达到按波长分离的目的。整个器件称为阵列波导光栅滤波器，可在光纤通信系统中用作波分复用器件，也是少数能够成功地大量应用的导波光学器件之一。

图22-57(b)是其原理图。在平面波导区域中，输入/输出条波导以中心对称形式处于半径为 R 的圆弧上，相邻条波导的间隔为 $\Delta X_{i,o}$，其中i、o分别代表输入和输出条波导。在平面波导区域中，阵列光栅条波导

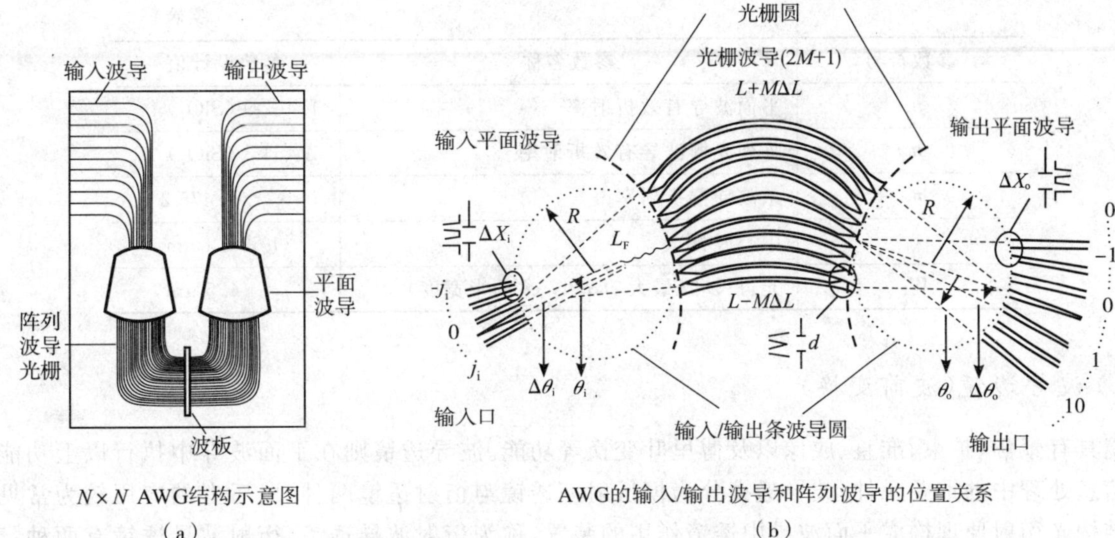

图 22-57　陈列波导光栅(AWG)结构

以中心对称形式处于半径为 L_F 的圆弧上，相邻条波导的间隔为 d。n_s、n_c 分别是平面波导与条波导的有效折射率。根据衍射干涉理论，相对于中心位置输入条波导，一般位置输入的、波长为 λ 的阵列波导光栅方程为

$$n_s d\sin\theta_i + n_c \Delta L + n_s d\sin\theta_o = m\lambda \tag{22-217}$$

式中，$\theta_i = i\,\Delta x_i/L_F$ 为光波输入平面波导的衍射角，$\theta_o = j\,\Delta x_o/L_F$ 为光波输出平面波导的衍射角，L_F 为平面波导区的焦距，m 为光栅的衍射级数，i、o 分别为输入、输出条波导编号。对于中心条波导输入的情况，有

$$n_c \Delta L + n_s d\sin\theta_o = m\lambda \tag{22-218}$$

定义中心波长为 λ_0，则有

$$n_c \Delta L = m\lambda_0 \tag{22-219}$$

由此可得 m 与 ΔL 之间的关系。对(22-217)式两边微分，并考虑波导材料的色散，以及群折射率 $n_g = n_c - \lambda dn_c/d\lambda$，在 $\theta_i = \theta_o = 0$ 时，可得到衍射角与光频率之间的关系：

$$d\theta/df = -(m\lambda^2/n_s dc)(n_g/n_c) \tag{22-220}$$

由 $\Delta\theta = (d\theta/df)\Delta f$、$\Delta\theta = \Delta x/L_F$ 等关系，可得到频率信道间距 Δf 的表达式：

$$\Delta f = (\Delta x/L_F)(n_s d c n_c/m\lambda^2 n_g) \tag{22-221}$$

同样，可以导出 AWG 的自由光谱范围(FSR)为

$$\mathrm{FSR} = c/(n_g \Delta L) \tag{22-222}$$

表 22-3 所示的是一个波长间隔为 100 GHz 的 16 路输入/输出 AWG 波分复器的结构参数。在光纤通信系统中，AWG 技术除了用作波分复器以外，还可用于光插分复用多路光互联系统中。与其他电光器件相结合，可构成多波长光开关阵列等功能器件。

表 22-3　波长间隔为 100 GHz 的 16×16AWG 复用/解复用器的结构参数

参数符号	参数名称	参数设计值
N	输入/输出波导数	16/16
L_1	平面波导的焦距	9 381 μm
ΔL	阵列波导的路长差	126.46 μm
d	阵列波导的间距	25 μm
m	光栅衍射级数	118
Δx	输入/输出波导间距	25 μm
Δf	频率信道间距	100 GHz

续表

参数符号	参数名称	参数设计值
n_s	平面波导有效折射率	1.452 9 (SiO_2)
n_c	阵列光栅波导有效折射率	1.451 3 (SiO_2)
n_g	条波导群折射率	1.475 2
λ_0	中心波长	1 538.1 nm
W_0	光斑尺寸(最大功率 $1/e^2$ 的半宽度)	4.5 μm

(五) 波导透镜(波前变换)

透镜具有聚焦、扩束、准直、成像以及傅里叶变换等功能。波导透镜则在平面波导中执行以上功能，是集成光学信息处理中的重要元件。波导透镜分为模折射率透镜与衍射透镜两种，以后者的应用较为常见。基于周期性结构光衍射原理构成平面波导中透镜作用的装置，称为衍射波导透镜。衍射波导透镜有两种：菲涅耳透镜和光栅透镜。这两种透镜被广泛应用于传统光学中，设计、加工灵活，可扩展至波导透镜。与体型透镜相比，波导透镜的设计、制作有一定难度。

二、光波导有源器件

在实现光通信及光信息处理的导波光学与集成光路中，需要根据外界输入信号(电、声、热、光等)对薄膜中传播导波模的参数(包括振幅、相位、频率、偏振、传播方向及波前等)加以控制，构成各种不同功能的光波导调制器件。依靠电光、声光、磁光、热光及非线性光学等物理效应的作用，可以实现各向异性/同性光波导中传播模光学特性的控制，以及各模式之间的相互转换。各种物理效应是实现波导中控制(调制)导模的基础。光波导调制器件中，电光、声光等物理效应对光导模参数的控制过程，有与体光波调制器相同的一面，即都使介质的介电张量产生微小变化；又有与体光波调制器不同的一面，表现为微扰引起的光波导中本征模特性的变化以及不同导波模式之间的耦合转换。这些特性可用介质光波导耦合模理论加以描述。与体型情况相比较，光波导调制器件的优势在于能将外界输入信号对光的作用区域限制在薄膜波导中，可无衍射发散地共同维持一定的相互作用长度，实现高频、快速信号调制(微波与光波间易于实现速度匹配)，低电压、低功耗工作(薄膜厚度及电极间距小)，以及较大的器件设计自由度(考虑导波模式、模色散等因素)。与体型情况相比较，非线性光波导调制器件的优势在于光波导的限制作用，输入小功率光就能获得大的功率密度，有利于以小输入能量获得强非线性光学相互作用，实现弱光的非线性光学作用。在波导倍频效应器件中，利用光导波的模色散易于实现相位匹配。尤其是对各向同性介质，可利用多模折射率与模色散折射率间的匹配，实现倍频效应，在体型情况中找不到其对应器件。

图 22-58 为部分用于实现光导模参数调制的主要物理效应及所用材料[31]。

(一) 光导波的控制[32]

对于晶体材料衬底的波导，存在电、磁场等外场作用的情况下，可作下面的分析。

1. 介电张量与电极化强度矢量的增量

电光、声光等物理效应，可视作晶体主轴坐标中的介电张量 $\hat{\boldsymbol{\varepsilon}}$ 受到外界场的微扰产生的变化，这种变化引起晶体介质电极化强度矢量 $\boldsymbol{P}$ 的变化，进而激发相同、不同导波模式之间的耦合、变化。若以 $\Delta\varepsilon_{ij}$ 代表介电系数增量，E_j 代表光波中的电场量，ΔP_i 代表相应电极化强度增量，则有关系：

$$\Delta P_i = \Delta\varepsilon_{ij} E_j, \qquad i, j = 1, 2, 3 \tag{22-223}$$

电光、声光等物理效应可看作是引起 $\Delta\varepsilon_{ij}$ 的原因，ΔP_i 可看作是物理效应对光波作用的结果。反映在标量亥姆霍兹方程中，$n(x, y)$ 有一小量变化 $\Delta n(x, y)$，影响光导模的种种行为变化。

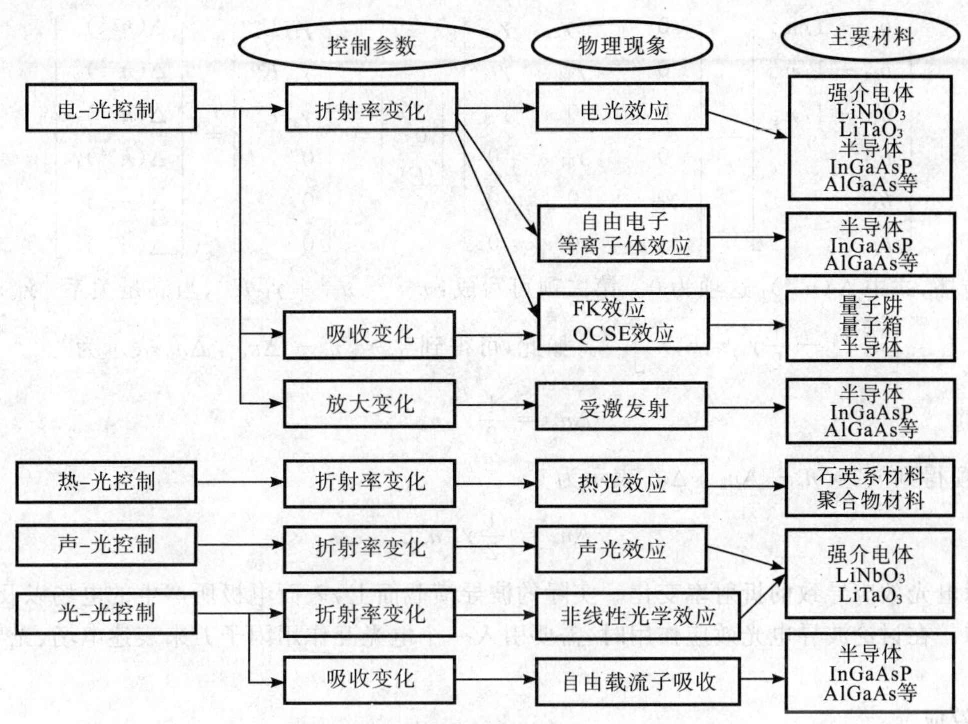

图 22-58　用于实现光波导参数调制的主要效应和材料

2. 物理效应

(1) 电光效应

一次电光效应中，$\Delta\varepsilon_{ij}$ 表示为

$$\Delta\varepsilon_{ij}=-\varepsilon_0 n_i^2 n_j^2\sum_k\gamma_{ijk}E_k^e=-\varepsilon_0\varepsilon_{ii}\varepsilon_{jj}\Delta b_{ij} \tag{22-224}$$

式中，b_{ij}为逆相对介电系数，有

$$\Delta b_{ij}=\sum_k\gamma_{ijk}E_k^e=\Delta(n^{-2})_{ij} \tag{22-225}$$

式中，n_i、n_j 为单轴晶体的主轴折射率，E_k^e 为外加电场，γ_{ijk} 为三阶电光张量系数。

以 $LiNbO_3$晶体材料为例，经对称操作后的电光张量系数矩阵为

$$\begin{bmatrix} 0 & -\gamma_{22} & \gamma_{13} \\ 0 & \gamma_{22} & \gamma_{13} \\ 0 & 0 & r_{33} \\ 0 & \gamma_{51} & 0 \\ \gamma_{51} & 0 & 0 \\ -\gamma_{22} & 0 & 0 \end{bmatrix}$$

如图 22-59 所示，假定沿 $LiNbO_3$的光轴(z)方向外加电场 E_z^e($E_x^e=E_y^e=0$)，光沿 x 方向传播，则(22-225)式可表示为

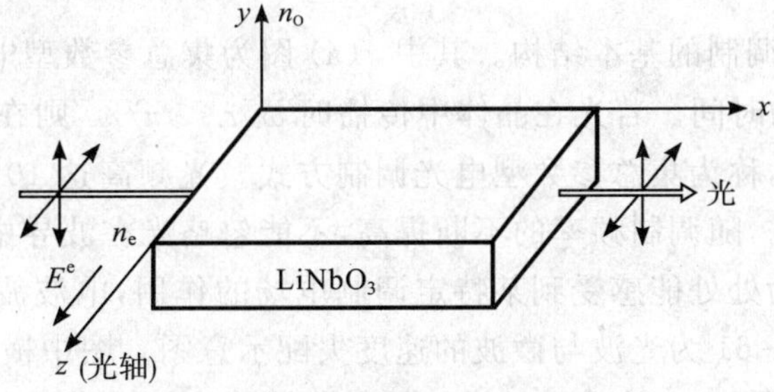

图 22-59　处于外电场中的铌酸锂晶体

$$\begin{bmatrix} b_{11}-1/n_x^2 \\ b_{22}-1/n_y^2 \\ b_{33}-1/n_z^2 \\ b_{23} \\ b_{31} \\ b_{12} \end{bmatrix} = \begin{bmatrix} 0 & -\gamma_{22} & \gamma_{13} \\ 0 & \gamma_{22} & \gamma_{13} \\ 0 & 0 & \gamma_{33} \\ 0 & \gamma_{51} & 0 \\ \gamma_{51} & 0 & 0 \\ -\gamma_{22} & 0 & 0 \end{bmatrix} \begin{bmatrix} 0 \\ 0 \\ E_z^e \end{bmatrix} = \begin{bmatrix} \gamma_{13}E_z^e \\ \gamma_{13}E_z^e \\ \gamma_{33}E_z^e \\ 0 \\ 0 \\ 0 \end{bmatrix} = \begin{bmatrix} \Delta(n^{-2})_1 \\ \Delta(n^{-2})_2 \\ \Delta(n^{-2})_3 \\ \Delta(n^{-2})_4 \\ \Delta(n^{-2})_5 \\ \Delta(n^{-2})_6 \end{bmatrix}$$

光沿 x 方向传播，式中 $\Delta(n^{-2})_1$ 这项为0。第二项可写成：$n_y^{-2}=n_o^{-2}+\gamma_{13}E_z^e$，当满足关系 $|\gamma_{13}n_o^2E_z^e|\leqslant 1$ 时，可进而写成 $n_y^{-2}=\left[n_o^2\left(1-\frac{1}{2}\gamma_{13}n_o^2E_z^e\right)^2\right]^{-2}$。如此，可得到 $n_y=n_o-\Delta n_o$，Δn_o 表示为

$$\Delta n_o=\frac{1}{2}\gamma_{13}n_o^3E_z^e \tag{22-226}$$

同理，由第三项得到 $n_z=n_e-\Delta n_e$，Δn_e 表示为

$$\Delta n_e=\frac{1}{2}\gamma_{33}n_e^3E_z^e \tag{22-227}$$

以上两式表示电光效应导致的折射率变化。实际的波导横截面上，表面电极所产生的电场以及光导模，均有两维空间分布。在讨论波导电光效应作用时，需要引入一个电光互作用因子 Γ 来表述电场、光导模两者之间的交叠情况。

(2)声光效应

声光效应中，有关系：

$$\Delta\varepsilon_{ij}=-\varepsilon_0 n_i^2n_j^2\sum_{kl}P_{ijkl}S_{kl}=-\varepsilon_0\varepsilon_{ii}\varepsilon_{jj}\Delta b_{ij} \tag{22-228}$$

$$\Delta b_{ij}=\sum_{kl}P_{ijkl}S_{kl}=\Delta(n^{-2})_{ij} \tag{22-229}$$

式中，P_{ijkl} 为四阶弹光张量系数，S_{kl} 为弹性应变张量。介质受到弹性应力作用会产生弹性应变，这种应变会引起介质的折射率改变。经同上的相似推导，得到折射率的改变可表示为

$$\Delta n_{ij}=-(1/2)\sqrt{n_{ii}^3n_{jj}^3}\,P_{ijkl}S_{kl} \tag{22-230}$$

应变在介质中的传播可形成声波，引起介质折射率的同期性改变。声波是一种弹性波，在介质中传播的光波被外加在介质的声波衍射的现象，称为声光效应。通过电声换能器在波导介质中激发声表面波（SAW），SAW 在介质中产生弹性应变，改变介质的折射率，从而实现入射光导模参数的控制。

除电光、声光效应以外，此类物理微扰效应还有磁光、热光效应等。另外，还有非线性二阶、三阶光学效应，或者称为全光效应，这些效应同样会改变导模的参数，实现对导波光的调制。各种物理效应的作用，可以在各向异性、各向同性材料的光波导中实现传播模式光学特性的控制，以及各传播模式之间的相互转换。

(二)电光效应波导器件[33]

1. 电光效应波导器件的特点

在体型电光调制器中，可以认为加在光波上的电场是均匀的，电光效应作用也是均匀的。但是，这种调制方式存在器件电容大、半波电压高、低宽带等缺点，没有实用价值。现行的电光效应调制器均采用光波导型电光调制结构。

图 22-60 为波导电光效应调制的基本结构。其中，(a) 图为集总参数型电极结构。以 ω_m 表示调制电波频率，τ 表示光在波导中传输的时间。若光在晶体中传播时 $\omega_m\tau<\pi/2$，则在波导中，导模被认为处处能感受到某一特定调制电场的作用，称为集总参数型电光调制方式。光频高达 10^{14} Hz 量级，电光调制中的调制电波频率应有很大的上升空间。随调制频率的不断提高，不能忽略光在波导中的传输时间。当 $\omega_m\tau>\pi/2$，光在波导中传播时，没法被认为处处能感受到某特定调制电场的作用，电波波前与光波前之间的波速失配，会带来调制效果的恶化。图 22-61 为光波与微波的速度失配示意图。图中横坐标代表光波导(电极长度)方向，纵坐标表示微波（V_m）、光波（V_o）的波前随时间的变化情况。假定时间 t_1 时微波对光波的作用位于电

极长度的起点，以光波的波前为参考，当光波在波导中运动至 t_2、t_3、t_4 等位置，由于微波、光波的波速不等（微波速度低于光速），两者相位失配。t_2 位置时相差 $\pi/2$，t_3 位置时相差 π，电光作用完全失效。为改变相速失配带来的调制带宽下降的问题，设计成微波和光波的传输方向一致，且尽量使两者相位匹配的结构，即为图 22-60（b）所示的行波型电极结构，相应的调制器称为行波型波导调制器。若微波和光波的相位完全匹配，则行波型调制器的调制带宽趋向无限大。

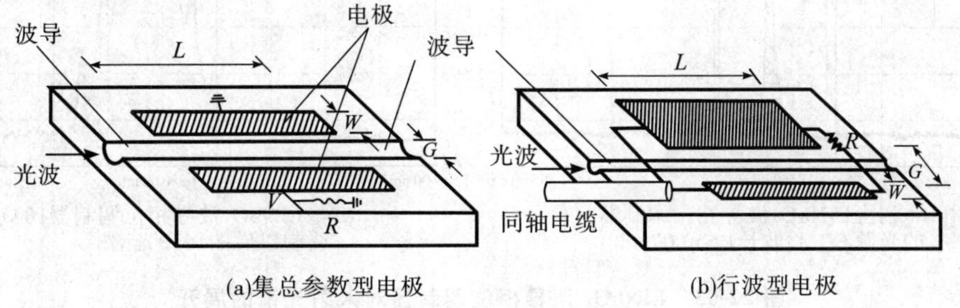

图 22-60　波导电光效应调制结构

电光效应波导器件按其结构不同可分为相位调制型、分布耦合型、折射率分布调制型、电光光栅型等器件。利用相位调制原理可构成行波型相位、光强调制器，利用分布耦合原理可构成均匀、反转 $\Delta\beta$ 方向耦合器。应用折射率分布原理可构成内全反射、分支波导等开关，电光光栅可构成布拉格衍射模式转换器。

2. 波导相位调制器

1）电光效应波导的导模相位调制。图 22-62 为 x 向切割 y 向传输的 LN 晶体材料衬底的电光效应行波型波导相位调制器示意图。沿 z 轴方向偏振入射光波表示为 $E_i\cos(\omega t-\varphi)$，入射至相位调制器后受到电场 E_z^e 的作用，遇到的电光分量为 γ_{33}，相应折射率变化如(22-227)式所示。受到电场调制的入射波相位表示为

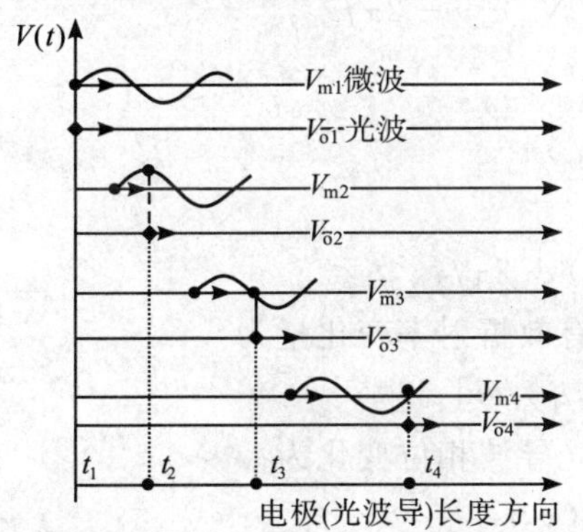

图 22-61　光波与微波的速度失配

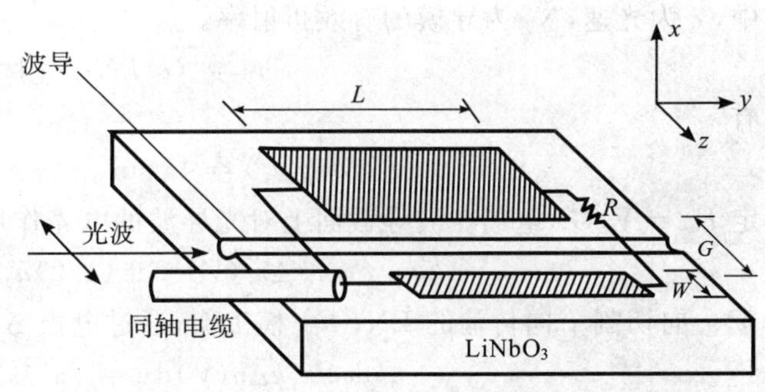

图 22-62　电光效应行波型波导相位调制器

$$\varphi_z(y、E_z^e)=k_0n_zy=k_0y\left(n_e-\frac{1}{2}n_e^3\gamma_{33}E_z^e\right) \tag{22-231}$$

假定电场均匀，$E_z^e=v/G$，$v=v_m\sin\omega_m t$，在 $y=L$ 输出处有

$$E_z(t,L)=E_i\cos(\omega t-\varphi_{oz}+\delta_z\sin\omega_m t) \tag{22-232}$$

式中，$\varphi_{oz}=k_0n_eL$，

$$\delta_z=(\pi/\lambda)n_e^3\gamma_{33}(L/G)v_m \tag{22-233}$$

称为相位调制系数。省略 φ_{oz}，对上式作第一类贝塞尔函数展开，可写成

$$E_z(t,L)=E_i\left\{J_0(\delta_z)\cos\omega t+\sum_{n=1}^{\infty}J_n(\delta_z)\left[\cos(\omega+n\omega_m)t+(-1)^n\cos(\omega-n\omega_m)t\right]\right\} \tag{22-234}$$

相位调制意味着产生无数个以 $J_n(\delta_z)$ 为振幅、频率间隔为 ω_m 的边带波。

图 22-63 表示一中心频率为 1 550.07 nm 的光波，经电光效应波导相位调制器以后，受到频率为 10 GHz 射频电波相位的调制，出现了以 1 550.07 nm 光为中心、频率间隔为 ±10 GHz、±20 GHz、±30 GHz 共 6 级的边带波[34]。相位调制器用于光学频谱展开，可作为宽广光源或在 CATV 中扩展光信号频谱，降低光功率

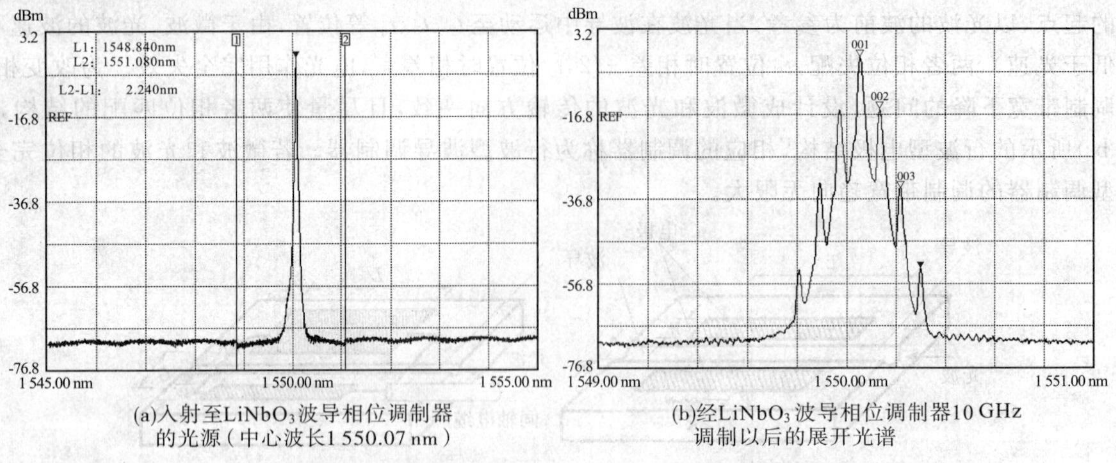

(a)入射至$LiNbO_3$波导相位调制器的光源(中心波长1 550.07 nm)　(b)经$LiNbO_3$波导相位调制器10 GHz调制以后的展开光谱

图 22-63　$LiNbO_3$ 波导相位调制器对入射光谱的展开

密度,抑制光学非线性效应。

2)行波型电极相位调制器的频率特性。上述讨论中,假定微波与光波的相位完全匹配。当进一步提高微波频率以后,应考虑光波在电光互作用波导中的渡越时间,即要考虑微波与光波的相位匹配影响。假定波导电极结构的阻抗与驱动源相匹配。以高频、正弦信号驱动电压输入,可表示为

$$V(y,t)=V_0\sin\left[(2\pi/\lambda_m)N_m y-2\pi ft\right] \tag{22-235}$$

式中,f 为微波频率;λ_m 为微波自由空间波长;N_m 为微波有效折射率,且 $N_m=\sqrt{\varepsilon_{eff}}$;$y$ 为微波沿电极方向的位置。设光子进入波导的时间为 t_0,沿电极上的某一点,光子感受到的微波电压为

$$V(y,t_0)=V_0\sin\left\{(2\pi N_m f/c)\left[1-(N_0/N_m)\right]y-2\pi ft_0\right\} \tag{22-236}$$

式中,c 为光速,N_0 为导模的有效折射率。设

$$f_0=(c/LN_m)\left[1-(N_0/N_m)\right]^{-1} \tag{22-237}$$

则有

$$V(y,t_0)=V_0\sin\left[(2\pi f/f_0)(y/L)-2\pi ft_0\right] \tag{22-238}$$

假定 $E_z^e=V/G$,电场在波导截面上对光导波的电光作用产生的有效折射率变化量为

$$\Delta n_e(V)=\pm(1/2)n_e{}^3\gamma_{33}\left[V(y,t_0)/G\right] \tag{22-239}$$

对于 x 向切割 y 向传输的 LN,E_{00}^Z 模工作,通过电极 Δy 长度的光导波相位变化为

$$d\varphi=k\Delta n(V)dy=(\pi/\lambda_0)n_e{}^3\gamma_{33}\left[V(y,t_0)/G\right]dy \tag{22-240}$$

通过 L 长度的电极,电光效应所产生的相位差为

$$\varphi=\int_0^L(\pi/\lambda_0)n_e{}^3\gamma_{33}(V_0/G)\sin\left[(2\pi f/f_0)(y/L)-2\pi ft_0\right]dy \tag{22-241}$$

令 $(\pi/\lambda_0)n_e{}^3\gamma_{33}(V_0/G)=I$,积分后得

$$\varphi=(I/2)\left[\sin(\pi f/f_0)/(\pi f/f_0)\right]\sin((\pi f/f_0)-2\pi ft_0) \tag{22-242}$$

令 $\delta=(I/2)\sin(\pi f/f_0)/(\pi f/f_0)$,$\varphi$ 值相当于δ 因子对三角函数的调制。以 f 作为变量,可以画出 φ^2 与 f 的关系,如图 22-64 所示。其 3dB 光学调制带宽为 $(\Delta f)_{3\,dB}\approx 2f_0/\pi$,$f_0$ 为 sinc 函数中的基带宽度对应值,如(22-237)式所示。

3)行波型光强度调制器。图 22-65 为马赫-曾德尔干涉(MZI)型结构的波导行波型光强度调制器。衬底为 z 向切割 x 向传播的 LN 晶片,行波电极覆盖于波导之上。对于 E_{00}^Z 模入射光,电光调制中用到电光系数 γ_{33} 。入射光在第一个 Y 型分支波导中一分为二,分别沿左右臂波导传播。电极设置使两臂中的电场相反,称为推拉结构。若电极长度为 l,电极间距离为 d,则两臂导波之间的电光效应相位差为 $2\Delta\varphi$。假定电场均匀,为 V/d,有 $2\Delta\varphi=2(\pi/\lambda)\gamma_{33}n_e{}^3(V/d)l$。当 $2\Delta\varphi=\pi$ 时,两相干光在第二个 Y 型波导分支中汇合,相位相反,经干涉后相互抵消,输出光强为 0,对应的电压称半波电压,为 $V_\pi=\lambda d/(2n_e{}^3\gamma_{33}l)$。光束传输法(BPM)数值模拟表明,来自两臂的相位差为 π 的单模光波在 Y 型波导中干涉合成成二阶导模,没法通过单

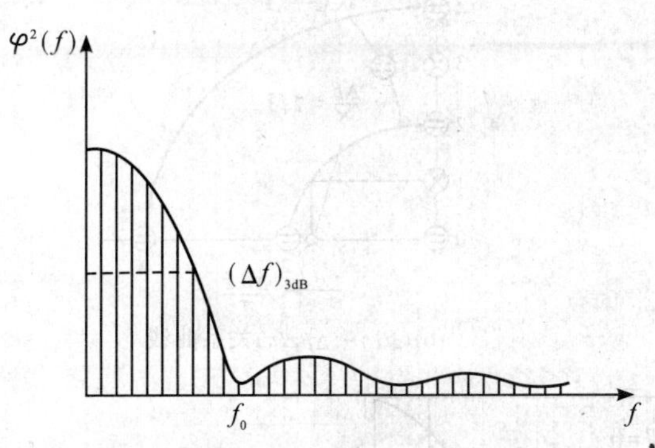

图 22-64　微波频率 f 与相位 φ^2 之间的关系

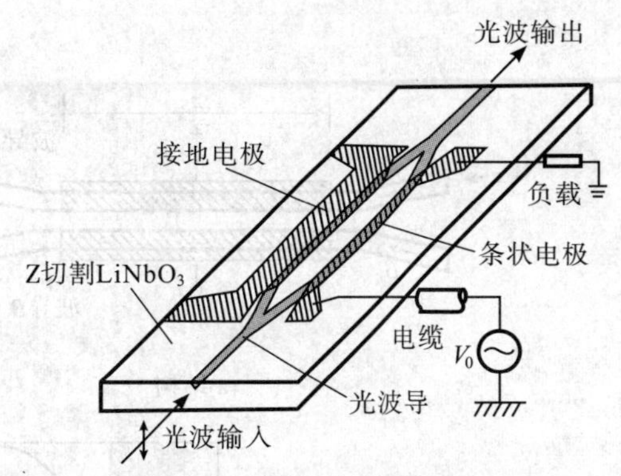

图 22-65　行波型宽带光强度调制器

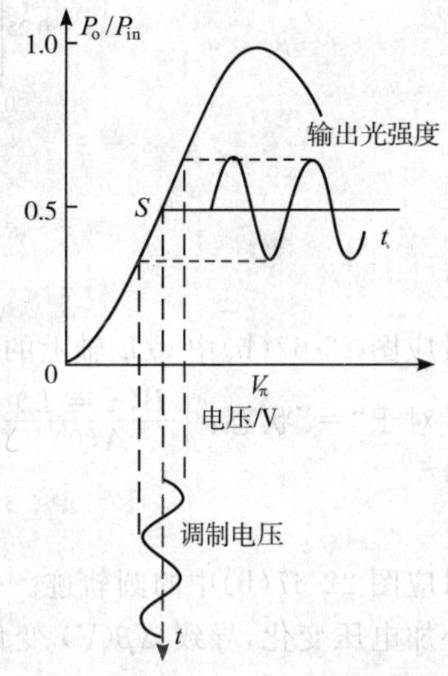

图 22-66　$P_0/P_{in}-V$ 电光调制曲线

模输出波导，只能作为辐射模耗损掉。$2\Delta\varphi$ 可写成：$2\Delta\varphi = \pi v/V_\pi$。若两臂中光强相等，则调制器输出光强为

$$P_0 = P_{in}[1 - \cos(2\Delta\varphi)]/2 \qquad (22\text{-}243)$$

令 $V = v_0 \sin\omega_m t + v_b$，且使 $v_b = v_\pi/2$，则有：

$$P_o/P_{in} = [1 + \sin\pi(v_0 \sin\omega_m t/v_\pi)]/2 \qquad (22\text{-}244)$$

图 22-66 为相应电光效应的调制曲线。其作用是将 V-t 变化通过电光调制关系曲线投影变换为光强 P_o-t 变化，构成电信号对光信号的电光调制。工作点 S 可随直流 v_b 变化，当工作点 S 处于 $P_o/P_{in}=0.5$ 位置附近小信号工作时，强度调制处于近线性区。S 点上移或下移均会带来信号失真。半波电压 V_π 是反映波导电光调制特性的重要指标。一般体型光强调制器的 V_π 为几百伏到上千伏，频率范围为兆赫量级。而行波型波导电光调制器的 V_π 典型值约为 5 V，且其频率特性好，可达到几十吉赫以上，完全适合光纤通信等实用系统的需要。

3. 分布耦合型波导器件

分布耦合型电光效应波导器件分均匀 $\Delta\beta$、反 $\Delta\beta$ 方向耦合器两种。

1)均匀 $\Delta\beta$ 方向耦合器。其最基本结构如图 22-67(a)所示。两个具有完全相同波导参数的单模波导 $\beta_a = \beta_b$，耦合系数 $\kappa = \frac{1}{2}(\beta_e - \beta_o)$（$\beta_e$、$\beta_o$ 分别为方向耦合器中偶、奇对称模的传播系数），耦合长度 $L = \pi/(2\kappa)$。

若设置平面电极，加电压 V_0，则有

$$\left.\begin{aligned} \Delta\beta(V_0) &= 0, & V_0 &= 0 \\ \Delta\beta(V_0) &= |\beta_a - \beta_b|, & V_0 &\neq 0 \end{aligned}\right\} \qquad (22\text{-}245)$$

外加于电极上的电压引起两波导之间导模耦合的变化。设光从 A 波导输入，$P_i = |A(0)|^2$ 代表输入，光从 $A \to A$，记为“=”(平行)；光以 $A \to B$ 状态，记为“×”(交叉)。解一般耦合模方程，可知 $A(z)$、$B(z)$ 与输入 $A(0)$ 之间的关系为

$$\left.\begin{aligned} \left|\frac{A(z)}{A(0)}\right|^2 &= 1 - F\sin^2(\beta_c z) \\ \left|\frac{B(z)}{A(0)}\right|^2 &= F\sin^2(\beta_c z) \end{aligned}\right\} \qquad (22\text{-}246)$$

式中，$F = (\kappa/\beta_c)^2 = 1/[1 + (\Delta/\kappa)^2]$，$\beta_c = \sqrt{\kappa^2 + \Delta^2}$，$\Delta = \frac{1}{2}(\beta_a - \beta_b) = \frac{1}{2}\Delta\beta$。

对于“×”状态：$\left|\frac{A(z=L)}{A(0)}\right| = 0$，$\left|\frac{B(z=L)}{A(0)}\right|^2 = 1$，即 $P_=/P_i = 0$，$P_\times/P_i = 1$。未加电压时，由 $\Delta = \beta_a - \beta_b = 0$，可解得

$$z/L = 2\nu + 1, \quad \nu = 0,1,2,\cdots \qquad (22\text{-}247)$$

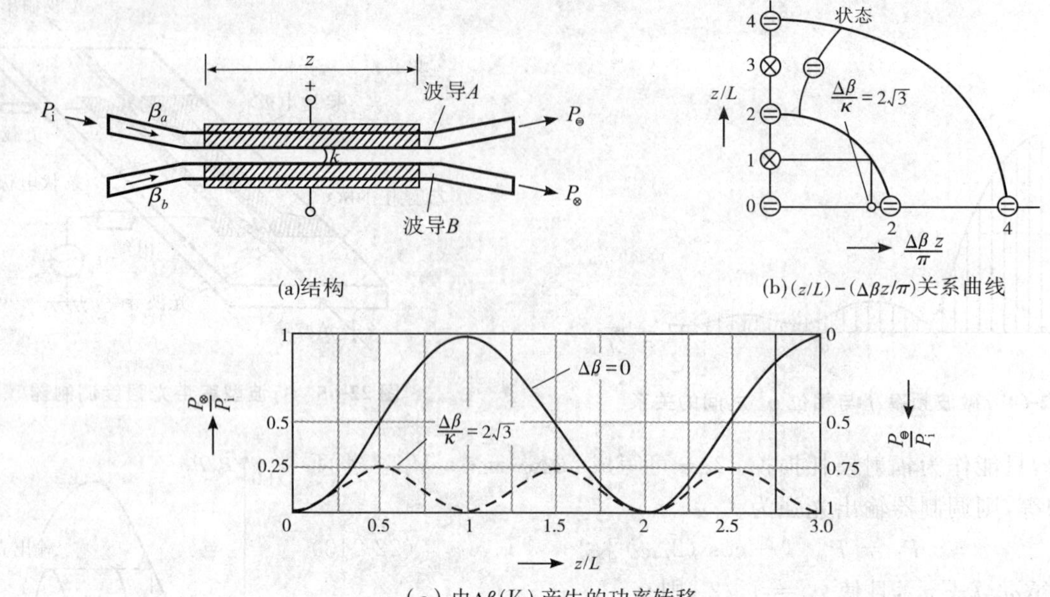

图 22-67 均匀 Δβ 方向耦合器

即对应图 22-67(b)中 z/L 轴上的 1、3、…等奇数点。

对于"="状态：$\left|\dfrac{B(z=L)}{A(0)}\right|^2=0,\left|\dfrac{A(z=L)}{A(0)}\right|^2=1$，即 $P_=/P_i=1, P_\times/P_i=0$，可解得

$$\left(\frac{z}{L}\right)^2+\left(\frac{\Delta\beta z}{\pi}\right)^2=4\nu^2 \tag{22-248}$$

即对应图 22-67(b)中的圆轨迹。(b)图中，纵轴上的 $z/L=1、3、5\cdots$ 代表"×"状态，圆弧线表示"="状态。当外加电压变化，导致 $\Delta\beta(V)$ 变化时，可实现从"×"到"="的状态变化，如图中横坐标方向直线所示。如以 $z=L$ 代入圆迹方程，可得 $\Delta\beta(V)=2\sqrt{3}\kappa$，当外加电压满足此条件时，方向耦合器中实现了光开关的作用。图 22-67(c)表示 z/L 与 $P_\times/P_i$、$P_=/P_i$ 的关系图。由图可见，当 z/L 满足 $2\nu+1$ 时，如 1、3、5…，外加电压可以导致 $P_\times/P_i$、$P_=/P_i$ 在 0～100%之间的变化。如 $\lambda=0.448\ \mu m$、波导宽度 $H=2\ \mu m$、波导间距 $b=3\ \mu m$，$z=3L=3\ mm$，可得开关电压为 6V。在制作方向耦合器的工艺过程中总会有误差，不大可能得到 $z/L=2\nu+1$ 整奇数倍的均匀 Δβ 方向耦合器结构。这时，需要考虑设计如反转 Δβ 方向耦合器等分布耦合型电光效应波导器件。

2)反转 Δβ 方向耦合器。设计满足 $z\neq(2\nu+1)L$ 条件的电光效应波导方向耦合器，亦能实现正常的电光调制、开关。如图 22-68 所示为反转 Δβ 方向耦合器结构原理图。图 22-68(a)为这种方向耦合器的结构，将电极分割成两部分，分别加以反向的电压，使一部分产生 Δβ 相位差，另一部分产生 −Δβ 相位差，可通过调整电压实现"="至"×"状态之间的变化。应用耦合模理论，处理两串接方向耦合器结构，得

$$\left.\begin{aligned}\left|\frac{A(z)}{A(0)}\right|^2&=\left\{1-2\left(\frac{\kappa}{\beta_c}\right)^2\sin^2\left(\frac{1}{2}\beta_c z\right)\right\}^2\\ \left|\frac{B(z)}{A(0)}\right|^2&=\left(\frac{2\kappa}{\beta_c}\right)^2\sin^2\left(\frac{1}{2}\beta_c z\right)\left\{\cos^2\left(\frac{1}{2}\beta_c z\right)+\left(\frac{\Delta\beta}{2\beta_c}\right)^2\sin^2\left(\frac{1}{2}\beta_c z\right)\right\}\end{aligned}\right\} \tag{22-249}$$

对于 $P_=/P_i=0$（即"×"状态），有

$$\left(\frac{\kappa}{\beta_c}\right)^2\sin^2\left(\frac{1}{2}\beta_c z\right)=\frac{1}{2} \tag{22-250}$$

当 $\Delta\beta=0$，$z/L=2(2\nu+1)(\nu=0,1,2,\cdots)$，反转型 Δβ 方向耦合器的每段电极长度为 $z/(2L)$，如图 22-68(b)所示。即无工作电压时的"×"状态，为纵轴上的一些 $z/L=2\nu+1(\nu=0,1,2,\cdots)$ 的孤立点。有外加电压时，$\Delta\beta(V)\neq0$，存在着连接纵轴上点 $z/L=1、3$ 等之间的曲线，曲线上的每一点均表示"×"状态。

对于直通状态：$P_\times/P_i=0$（即"="状态），由 $\sin\left(\frac{1}{2}\beta_c z\right)=0$，可解得

$$\left(\frac{z}{L}\right)^2+\left(\frac{\Delta\beta z}{\pi}\right)^2=(4\nu)^2,\qquad \nu=1,2,\cdots \tag{22-251}$$

为如图 22-68(b)所示的实线圆。例如，在纵坐标上 $3L>z>L$ 范围内任选一点，如 P 点，以其值作为电极作用区长度。外加电压变化，导致 $\Delta\beta z/\pi$ 变化。从 P 点开始，沿横坐标方向首先到达 Q 点，相应的电压为 $V_{\times}$；再到达 R 点，相应的电压为 $V_{=}$，实现了电光控制，对应开关电压为 $V_{=}-V_{\times}$。同理，可以分析、设计三段或多段分割电极情况的反转 $\Delta\beta$ 方向耦合器。

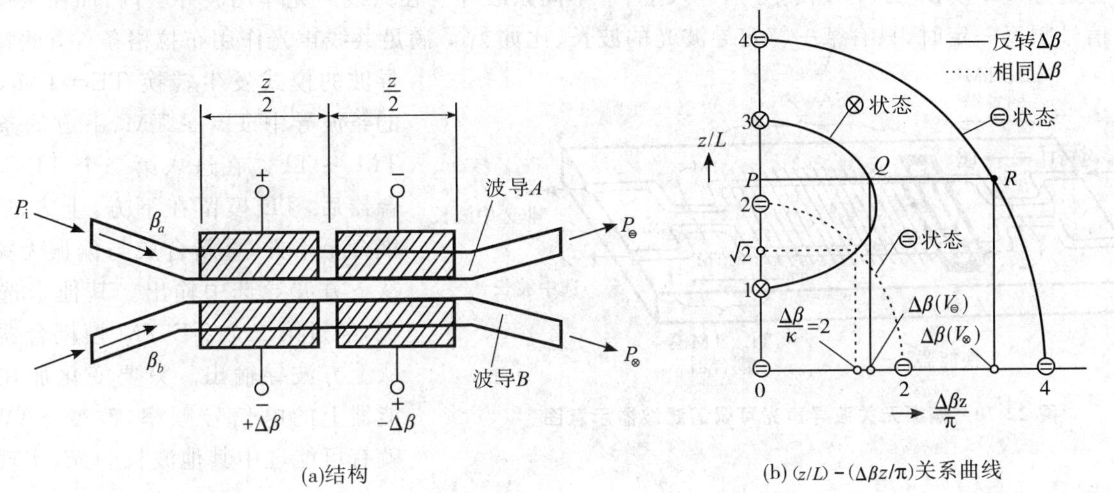

图 22-68　反转 $\Delta\beta$ 方向耦合器结构原理图

（三）声光效应波导器件

1. 声光效应波导器件的特点

与体型声光效应器件相比较，波导声光器件有两个优点：输入电信号频率可在很宽的范围内变化，连续改变 SAW 波长可实现光的偏转或可变波长滤波功能；可有效地将时序输入信号变换成空域分布并行信号，实现信号处理中的时域-空域转换。声光波导器件可有两种分类法：按其功能，可分为调制器、开关、模式变换器、偏转器及滤波器等；按声光相互作用形态，可分为共线型和共面型两种。当导波光与 SAW 的波矢处于同一直线上时，称为波导共线型声光互作用。有两种对应功能器件：模式变换器和可变波长滤波器。按各向同性、各向异性介质波导的不同，模式变换器分为两种：各向同性介质波导中，只能变换同种偏振模的阶次，不同偏振模之间不能发生共线耦合；各向异性介质波导中，声光效应可激励介电系数中的非对角元，实现 TE-TM 之间的变换，包括同种偏振模的阶次变换。波导声光共线作用模式变换器的例子之一是在 y 方向切割、x 方向传播导波的 LN 材料上，以扩钛工艺制作波导，其中存在 TE 和 TM 导模。叉指换能器电极上加射频信号，在声光互作用区中产生与波导方向平行传播的 SAW，以覆盖于输出波导上的晶体片构成检偏器。以 TE 偏振光输入波导，满足共线布拉格条件的部分 TE 导波经声光效应转换为 TM 模，检偏器使剩余的 TE 偏振光作为辐射模泄漏出波导，TM 模由波导末端输出，构成 TE→TM 模式变换。

当导波光与 SAW 的波矢处于同一平面中时，称为波导共面型声光互作用。共面声光衍射分为拉曼-纳斯衍射、布拉格衍射等情况。布拉格衍射的效率高、应用广，统称波导声光共面型布拉格衍射器件。图 22-69 所示的是波导声光布拉格衍射共面作用器件示意图。在平面波导面中，叉指换能器产生的 SAW 与入射导模波有一定夹角。在厚光栅条件下，若入射波矢 β_i、衍射波矢 β_d、SAW 光栅矢 $\boldsymbol{K}$ 三者之间满足布拉格条件，入射导波就会产生布拉格衍射。根据 SAW 的强度或频率不同，会产生衍射导波的强度或衍射角变化，分别对应声光布拉格衍射强度调制或偏转器件。与共线作用情况一样，按各向同性、异性介

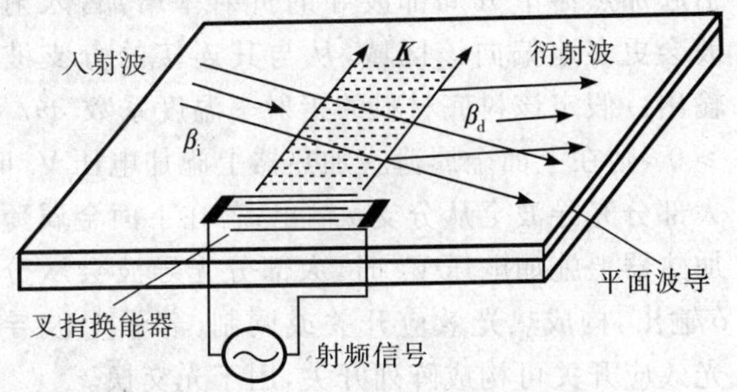

图 22-69　波导声光布拉格衍射共面作用器件

质波导的不同，入射、衍射波之间可以存在不同的模式变换。

2. 波导声光可调谐滤波器[35]

图 22-70 为与偏振无关的波导声光可调谐滤波器的示意图。波导声光可调谐滤波器由两个同样的 TE-TM 模耦合器与共线声光作用波导区组成。TE-TM 模耦合器的长度设计成 TE 模耦合长度偶数倍与 TM 模耦合长度奇数倍的最小公倍数。由第一个 TE-TM 模耦合器的上方输入 λ_1、λ_2、λ_3、… 多个波长，均经耦合器分离为上方 TE 模、下方 TM 模，分别进入上、下不同条波导。在共线声光作用波导区内，加在叉指换能器上的电信号频率一定时，只有某一特定导波光的波长、比如 λ_1，满足共线声光作用布拉格条件，此特定波长导波的模式发生转换 TE⇔TM，即上方的条波导中 TE→TM、下方的条波导中 TM→TE。在进入第二个 TE-TM 模耦合器后，TE 模留在下方，上方的 TM 模耦合至下方，重新合成与偏振无关的 λ_1，从下方波导选中输出。其他未选中的波长，经过第二个 TE-TM 模耦合器合成后从上方波导输出。只要变化加在叉指换能器上的电信号频率，改变 SAW 波长，就有可能选中其他波长的光，实现可调谐滤波功能。

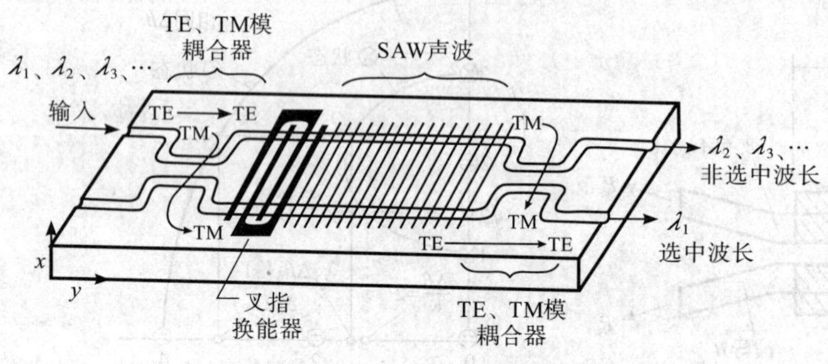

图 22-70　偏振无关波导声光可调谐滤波器示意图

与其他电光效应等可调谐滤波器相比较，声光波导可调谐滤波器具有调谐范围大、分辨率好、效率高及体积小等优点，目前市场上已经有此类器件。为保证 TE-TM 模耦合器能准确分离 TE、TM 模，可以在耦合器波导上方设计电极，加上直流电压，利用电光效应微调波导折射率，达到 TE、TM 模的高分离率。

（四）热光效应波导器件

1. 热光效应波导器件的特点

差不多所有材料都有折射率随温度变化的特性，据此可以通过温度变化实现对光的调制，即热光效应。可选材料范围大也是热光效应器件的优势。与体型器件材料的热容量大、散热慢，无法构成响应速度快的稳定器件相比较，波导器件的热容量小、散热快，可形成响应速度优于 1 ms 的稳定器件。与电光效应器件相比较，热光效应器件具有与偏振无关、易于与光纤对接、成本低等优点。各种电介质、半导体及有机薄膜材料均可利用热光效应构成波导相位、光强调制或开关器件。事实上，已有 SiO_2 衬底的热光效应 4×4 光开关阵列商品的生产。

2. 波导热光效应开关

图 22-71 是波导热光效应 Y 分支开关器件的原理图。在玻璃表面以离子交换工艺构成 Y 分支波导，中间分支区域溅射一层 SiO_2 缓冲层，以隔离金属薄膜电极对光波的吸收。以微加工方法在缓冲层上方制作金属薄膜电极。对金属薄膜通电加热，若热光效应引起加热器下方局部波导的折射率增加，入射导波会更多地偏向该区域，从与其连接的分支波导输出。假定该衬底材料的折射率温度系数 $\partial n/\partial T>0$，则在上面金属薄膜加热器上施加电压 V_a 时，大部分光导波会从分支 a 输出；若在下面金属薄膜加热器上施加电压 V_b 时，大部分光导波会从分支 b 输出，构成热光效应开关或调制。若干个波导热光效应开关可构成阵列开关，用于光交换。

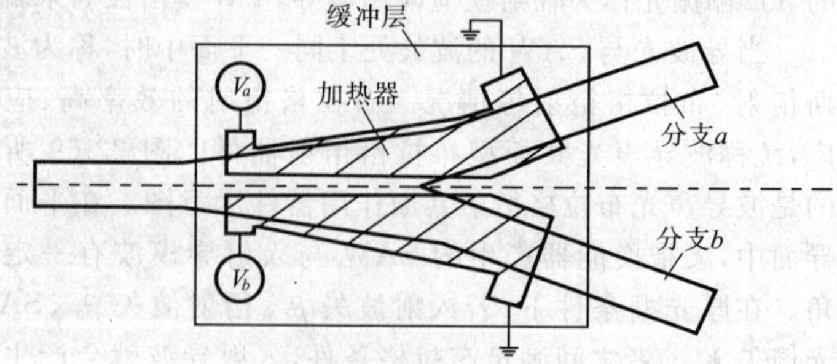

图 22-71　波导热光效应 Y 分支开关

(五)非线性光学效应波导器件

前面讨论的电光、声光及热光等物理效应,均视为介质的$\hat{\boldsymbol{\varepsilon}}$、$\boldsymbol{P}$,受到外界电场、应变及温度等作用所产生的一种线性微扰现象。当外场足够强时,介质会产生非线性极化。这时,$\boldsymbol{P}$应分为线性及非线性两部分,其中非线性部分可表示为

$$\boldsymbol{P}_{\mathrm{NL}} = \chi^{(2)} : \boldsymbol{EE} + \chi^{(3)} \vdots \boldsymbol{EEE} + \cdots \tag{22-252}$$

式中,第一、二项分别称为二阶、三阶非线性极化项,分别与二个、三个场源有关。$\chi^{(2)}$、$\chi^{(3)}$分别称为二阶、三阶极化率张量,相应地分别是三阶、四阶张量。当外场为入射光时,在介质中可能相应产生二次、三次非线性光学效应。二次非线性光学效应中,如果两种不同频率光入射至介质,可能产生和频光、差频光或光的参量放大;一种频率光入射介质,可能产生倍频光(SHG)等现象。根据对称性,倍频效应可表示为

$$P_i^{(2\omega)} = 2d_{ij}E_j(\omega)E_j(\omega) \tag{22-253}$$

式中,d_{ij}为倍频系数。基频光波(ω_j)要有效地转换成倍频光波(ω_i),必须满足两个条件,即频率匹配条件($\omega_i = 2\omega_j$),与相位匹配条件($n^{\omega_i} = n^{\omega_j}$)。在各向同性体介质中,由于色散效应,无法满足倍频效应中的相位匹配条件。但是,在各向同性材料波导中,不同模式导模的有效折射率不同,即可以用模色散来补偿材料色散,满足相位匹配条件,得到倍频效应,这是波导器件的独特优点。

三次非线性光学效应中,如果三种频率光入射至介质,可能产生和频、差频光;一种频率光入射介质,可能产生三次谐波(THG)光、非线性折射率系数(n_2)等现象。对于各向同性介质,强光入射三次非线性光学(光克尔)效应引起的折射率变化为[36]

$$n = n_0 + n_2 I\text{ , } n_2 = (3/8n)\mathrm{Re}\,(\chi_{1111}^{3}) \tag{22-254}$$

由于光波导的限制作用,小功率光输入就能获得大的功率密度,有利于获得有效的非线性相互作用区。另外,光在波导结构中无衍射地传播,有利于得到非线性相互作用所需的长度。这是波导非线性全光效应器件的优势。

1. 波导准相位匹配倍频器件

在波导中,有几种方法可以实现基波矢与倍频波矢的相位匹配,如双折射法(温度调整)、模色散补偿法、捷连科夫辐射法等。图22-72所示的是以光栅补偿相位的所谓准相位匹配倍频(QPM-SHG)波导器件原理图。在具有倍频效应的材料表面,先形成掩埋型条波导,确保波导中能传输基频、倍频的导模。在条波导上以微加工方法构成一周期为Λ的折射率变化型光栅。若在条波导方向,基频波矢、倍频波矢与光栅矢满足前向共线耦合布拉格条件,则有可能产生倍频波。以$\beta^{2\omega}=[2\pi/(\lambda/2)]N^{2\omega}$、$\beta^{\omega}=(2\pi/\lambda)N^{\omega}$、$K=2\pi/\Lambda$分别代表倍频波矢、基频波矢及光栅矢的大小,由相位匹配条件得

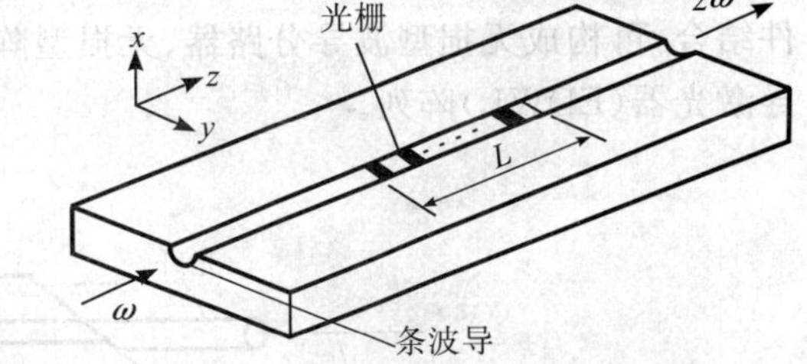

图22-72　准相位匹配倍频(QPM-SHG)波导器件

$$\Lambda = \lambda/[2(N^{2\omega} - N^{\omega})] \tag{22-255}$$

则可以确定光栅周期。考虑到设计、材料以及工艺的误差,可以同时制作多个相同条波导,然后在上面制作扇形光栅,使每个波导上的光栅周期有微小的差别,这样更容易满足相位匹配条件。这种方法具有利用倍频张量系数的最大分量,对偏振模没有限制,在任意波长与温度下均可实现相位匹配及获得高效率等优点。

2. 波导全光效应开关器件[37]

利用波导全光效应原理构成双稳态等开关器件的方案很多。图22-73为弧形波导全光开关示意图。图22-73(a)所示的是弧形波导结构和其中光束传播法模拟的导模场传输图。在非线性折射率系数n_2较大的材料(如半导体掺杂玻璃等)衬底上,构成两互有交叠的单模弧形波导,中间交叠部分设计为二模区。自下方左端弧形波导输入光波,进入中间交叠部分以后激发双模,且双模干涉导致合成模峰值呈现左右摆动的现象,最后从上方两弧形波导分配输出。当入射光强增大时,非线性效应产生自相位调制(SPM),二模间非线性相位差积累经历π、2π、3π、$\cdots$变化,二模干涉产生的自路由效应会引导光选择左、右不同端口输出,构成全光开关效应。图22-73(b)所示的是其开关特性,横坐标为输入光功率,纵坐标为上方左端的归一化输出光功率。

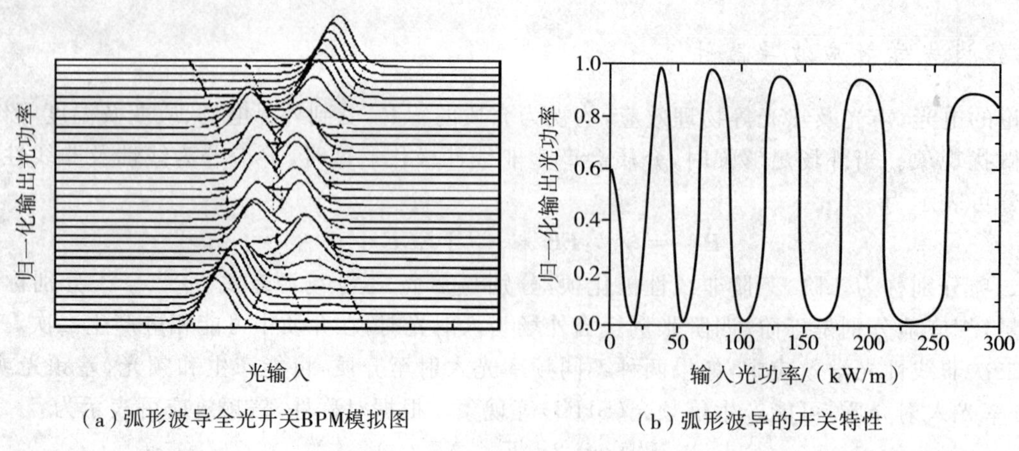

(a)弧形波导全光开关BPM模拟图　　(b)弧形波导的开关特性

图 22-73　弧形波导全光开关

(六)光放大波导器件

掺铒光纤放大器(EDFA)具有增益大、输出功率高及噪声小等优点,在主干网以及部分城域网中发挥了重要的作用。但是,它体积大、成本高、功能相对单一,难以满足城域网、局域网等系统的应用要求。稀土掺杂波导放大器,具有阵列化、多功能、体积小及成本低等优点,在城域网、局域网以及光纤到户等系统的应用中具有明显的优势与良好前景。将稀土掺杂波导放大器与掺铒光纤放大器结合起来使用,优势互补、相得益彰,可以全面、广泛地满足光纤通信各个层次网络建设的需要。

掺铒波导放大器(EDWA)是稀土掺杂波导放大器的一种,如图 22-74 所示。在稀土元素掺杂的玻璃衬底上,以二次离子交换等微加工方法,在表面形成多路埋入式条形光波导有源区。将泵浦光引入有源区,使通过有源区的多通道多路信号光得到增益放大,构成阵列型波导光放大器。EDWA 与分路器等无源波导器件结合,可构成无损型波导分路器、无损型阵列波导光栅等。在玻璃端面设置反射型谐振腔,可构成掺铒波导激光器(EDWL)阵列。

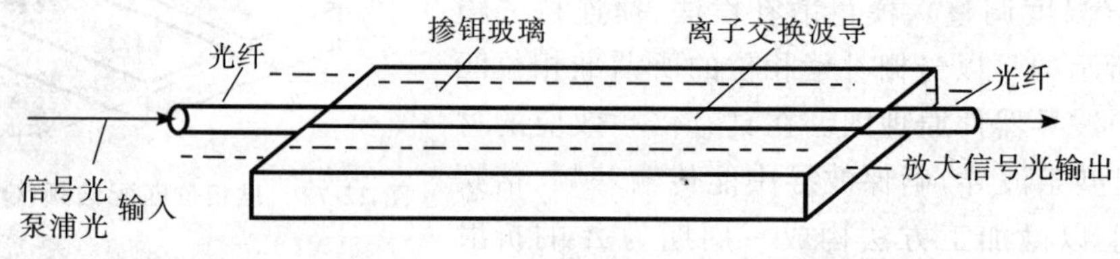

图 22-74　掺铒波导放大器结构

(七)半导体材料中的波导有源器件[32]

1. 双异质结半导体激光器

图 22-75 是双异质结(DH)结构半导体激光器的示意图。图(a)所示的是双异质结结构。双异质结结构有如下三个优点:势垒突变,对载流子限制性强,提高了电子注入效率;结区的禁带宽度小于 N、P 区相应值,结区发射出的光子不会被其他区所吸收,提高了发光效率;高折射率结区构成光波导,有效地限制了光波,改善了激光质量。图(b)所示的是 AlGaAs/GaAs 材料双异质结半导体激光二极管结构图。在正向偏压作用下,注入电子与空穴在有源区复合,产生光子,光子在两解理端面之间的波导层内反射,得到放大振荡,形成激光,部分激光从界面上输出。事实上,双异质结半导体激光器也是光波导有源器件。以波导光栅代替解理面,形成分布反馈,可构成分布反馈布拉格(DFB)型、分布布拉格反射(DBR)型双异质结半导体激光器,具有良好的模选择性。将双异质结结构发光器件中的有源层厚度减至载流子德布罗意波长水平,则带间跃迁将发生根本改变,产生量子效应,相应势阱为量子阱结构。双异质结的多量子阱(MQW)结构,具有辐射谱线窄、载流子复合率及光辐射效率高等优点,被广泛用于制造各种半导体激光器。

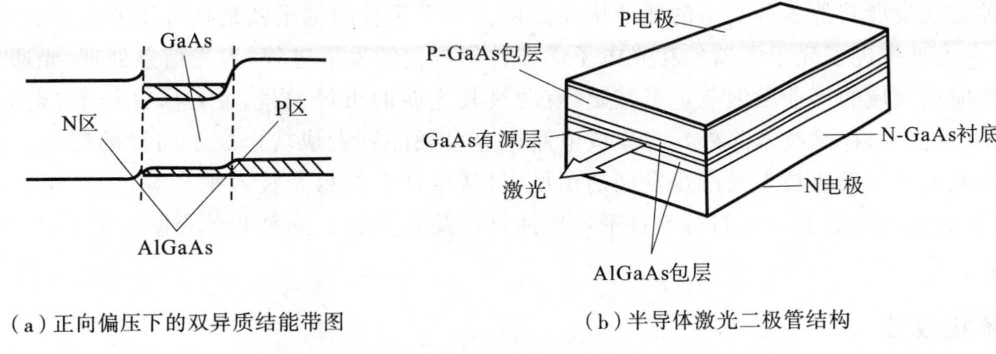

（a）正向偏压下的双异质结能带图　　（b）半导体激光二极管结构

图 22-75　双异质结结构半导体激光器

同样，在双异质结波导上设置反向偏压，可构成半导体光电探测器，具有灵敏度高、量子效率高等优点。

2. 半导体电场吸收型波导调制器[38]

在半导体材料上施加反向电场，所引起的光波吸收端位置红移的现象，称为弗朗兹-凯尔迪什效应。对于特定入射波长的光，以变化电场决定对特定波长的吸收多少，即以电吸收调制方式使光波载上所需信息，可构成电场吸收型(EA)电光调制器。波导 EA 调制器的结构如图 22-76 所示。以 P 型、N 型材料包夹无掺杂的本征型波导光吸收层，形成 PIN 结构。上、下电极之间加上调制电信号，即可实现电光调制。以多量子阱(MQW)结构代替光吸收波导层，由激子跃迁引起的吸收谱陡峭，形成量子束缚斯塔克效应，可构成 MQW-EA 调制器，具有低驱动电压、高速率、高消光比等优点。若在同一衬底材料上加工 MQW 结构的激光器与 EA 调制器，则可形成单片集成化的光源，如图 22-77[39] 所示。

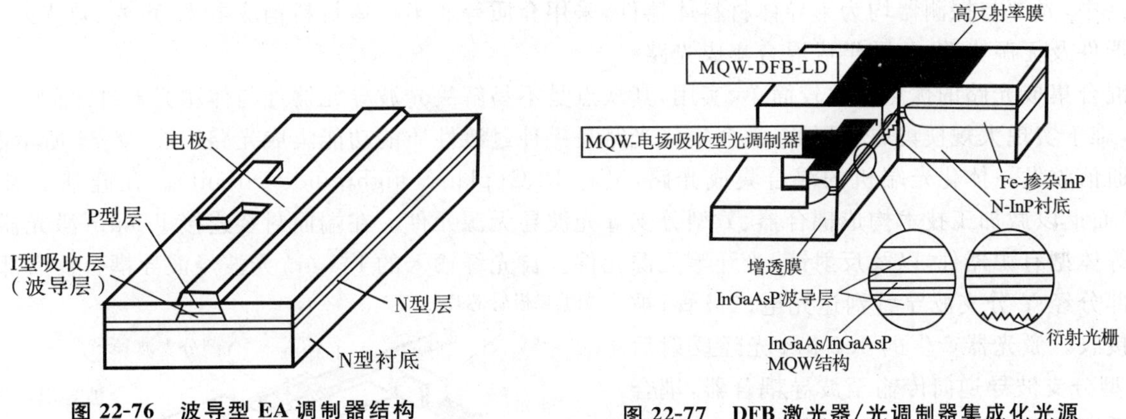

图 22-76　波导型 EA 调制器结构　　**图 22-77　DFB 激光器/光调制器集成化光源**

第七节　集成光学[31,40-41]

一、集成光学

集成光学是研究平面光学器件及系统集成的理论、技术、制作与应用的学科。集成光学的理论基础是导波光学，以及光导波与物质的线性、非线性相互作用。集成光学的技术基础是材料、薄膜及微加工技术。集成光学研究开发光通信、光信息处理、传感以及光计算等技术所用的光集成回路，或称为集成光路，包括光子集成、光电子集成光路等。其研究内容广延至包括一维对称光纤、二维平面波导与三维条型波导等组成的集成光路以及微光机电集成等系统。集成光学的提出、发展与集成电路的发展有着密切的渊源关系。

从 20 世纪 60 年代初期到 80 年代末期的 30 年间，集成电路的发展经历了小规模集成(SSI)至大规模集成(LSI)、超大规模集成(VLSI)的不同阶段，得到长足的发展。集成电路规模生产中，微加工技术已可实现几十纳米尺度的集成电路，生产成本大幅度下降。集成电路技术取得如此明显的成就，极大地鼓励人们考虑如何利用这种方法发展其他各种类型的微结构元器件。一个明显的例子就是在传统的光学领域提出了集成光学的概念，有力地推进了光子学器件和光电子学器件集成化的发展进程，为光信息处理、光通信、光传感及光计算等重要应用领域的产业发展奠定了基础，有着极其光明的市场前景。不过，光子学、光电子学集成技术面临的困难（光显示、存储技术除外），与集成电路产业发展的巨大成功形成了明显的反差。迄今为止，人们对光子学和光电子学集成技术及产业发展的预见，包括用什么材料及技术平台等，还是相当不明朗、不肯定的，预计还要做长期的努力。人们对于基于半导体材料及其微加工技术平台的集成光子学、光电子学的发展寄予厚望。

二、系统集成技术

在集成光学中，平面光学器件和系统的集成有两种基本方法：功能集成与个数集成。这有如微电子学中的中央处理器（CPU）与动态随机存取存储器（DRAM），前者是大量不同功能器件的集成系统，后者是大量单一功能器件的集成系统。功能集成方法中，可以分成单片集成与混合集成光路两种技术形式。单片集成光路是指将导波光学器件和光路集成在同一块材料的衬底基片上，构成能够执行某个完整光学功能的光子学系统。混合集成光路是指在一块材料的衬底基片上集成导波光学器件、光路与体型光学器件，构成能够执行某个完整光学功能的光子学系统。半导体材料可用于制作光电一体化集成的光源、光探测器等，其微加工技术比较成熟，是适合于构建单片集成光路的首选材料。但是，半导体材料光器件中，传输光导波的波长与材料的带隙波长 λ_g 很接近，容易激发光共振吸收，产生载流子，给无源连接元件带来可观的光波传输损耗；且半导体材料的折射率大，构成的波导结构偏小，与一般单模光纤的连接损耗偏大。半导体材料中，也可利用弗兰兹-凯尔迪什（Franz-Keldysh）、等离子体等效应构成波导性光调制功能器件，结合以半导体材料氧化物作为无源光路，可实现单片集成光路。不过，这些工作还有待于提高其各项性能指标。目前，一般实用集成光路中，光源与探测器均为半导体材料体器件，采用介质等非半导体材料构成电光、声光、热光效应等波导有源器件及无源光路，共同组成混合集成光路。

混合集成光路的优点是比较简单、实用，其缺点是不易解决光波导元器件与体型光器件之间的有效耦合连接，难于实现大规模集成。因此，混合集成光路是一种过渡性质的功能集成光路。图 22-78 所示的是用作光纤通信收发一体化光端机的混合集成光路，又称 PLC（planar lightguide circuit）。在硅基二氧化硅（石英）平面上以微加工技术构成耦合器、Y 型分支等光波导无源元件。在端面封装连接 1.5 μm 激光器、光敏二极管等体型有源器件，以及反射镜、光纤等无源元件。自光纤输入的 1.3 μm 光波经波导耦合器后部分输出，另一部分经 Y 分支波导后到达光电二极管，被下载接收。激光器产生的 1.5 μm 光经反射后由 Y 型分支波导逆向传输至波导耦合器，耦合至光纤以后上载输出。选择合适的材料和元器件，构成一个完整的实用光学器件，这是混合集成光路的优势。

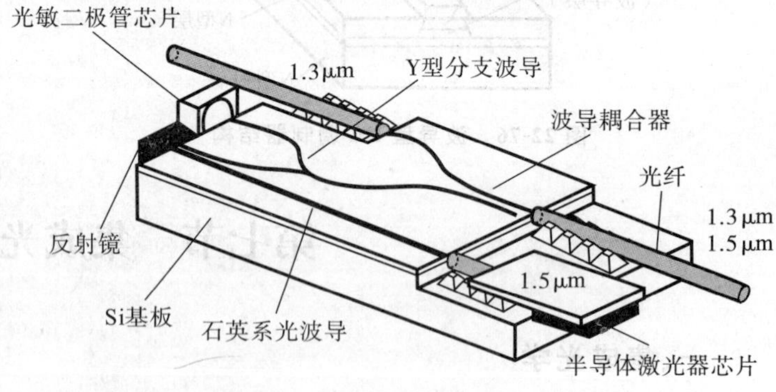

图 22-78　收发一体发光端机

三维条形波导为集成光路中重要的光波导结构，其微加工方法也是实现系统集成技术的基本内容之一。表 22-4 罗列了三维条形波导制作技术中的典型方法、特征以及所用材料。

三、集成光路器件的材料

集成光路器件所用的材料很多是与体型光学器件的材料一致的。但是，集成光路器件所用材料也有自身特殊的要求。图 22-79 表示集成光路元器件的主要功能与所需材料之间的关系。

集成光路元器件的主要功能为光波导、光电转换（发光、光接收器件）及光导波控制（调制、开关、波长变换……）等，分别对应具有不同物理特性的无机/有机、直接/间接跃迁半导体及强电/磁介质材料等。光波导，无论是一维对称光纤、二维平面波导与三维条波导，均是利用芯层与周围材料之间的折射率差 Δn 将光

表 22-4　系统集成的主要微加工制作方法

制作方法		衬　底	光波导材料	特　征
晶体生长	金属有机物气相外延(MOVPE)	GaAs InP	GaAs/AlGaAs InGaAs/InGaAs	可形成有源器件波导 选择 MOVPE 法
	分子束外延(MBE)	GaAs InP	GaAs/AlGaAs InGaAs/InGaP	膜厚可控性强 生长速度慢
热扩散		$LiNbO_3$	Ti	研究开发历史长
淀积	火焰淀积法(FHD)	Si	SiO_2-P_2O_5/ GeO_2 Si_3N_4 等	可大面积 实效明显
	化学气相淀积法(CVD)	Si	SiO_2-P_2O_5/ GeO_2 Si_3N_4 等	低温淀积、低位错
	旋转涂敷	Si 石英玻璃	PMMA 氟聚酰亚胺等	可快速淀积,适用于单多模系统
离子交换		玻璃	Ag^+,Tl^+,K^+等	适用于单多模系统
离子注入		GaAs	H^+,B^+等	需要大型设备

导波限止在高折射率芯层区域内。光波导材料的主要指标是折射率和光吸收/散射特性。希望能由自由控制折射率差的材料组成光波导。折射率差 Δn 以及分布是影响光波导几何形状的重要参数,一般取 $\Delta n/n_s$ 为 0.5%～5%,其中 n_s 为芯层材料的折射率。低损耗光导波要求材料对导波光有良好的透明度,光吸收、散射小。光导波材料多层薄膜之间的界面要求平滑或连续过渡,以降低光散射损耗。直接跃迁型半导体材料,具有较高发光效率及光电转换效率,适用于制作半导体激光器等发光器件及光接收器件。硅等间接跃迁型半导体材料也常被用于制作光接收器件。为了获得目标波长,发光、光接收器件所用材料应具有适当的带隙能量结构。半导体有源层与包层材料之间要有良好的晶格常数匹配。少量引入可控晶格位错缺陷,有利于控制能带结构,改善半导体器件的性能。如前所述,利用晶体、非晶体介质或半导体材料的各种物理效应,以

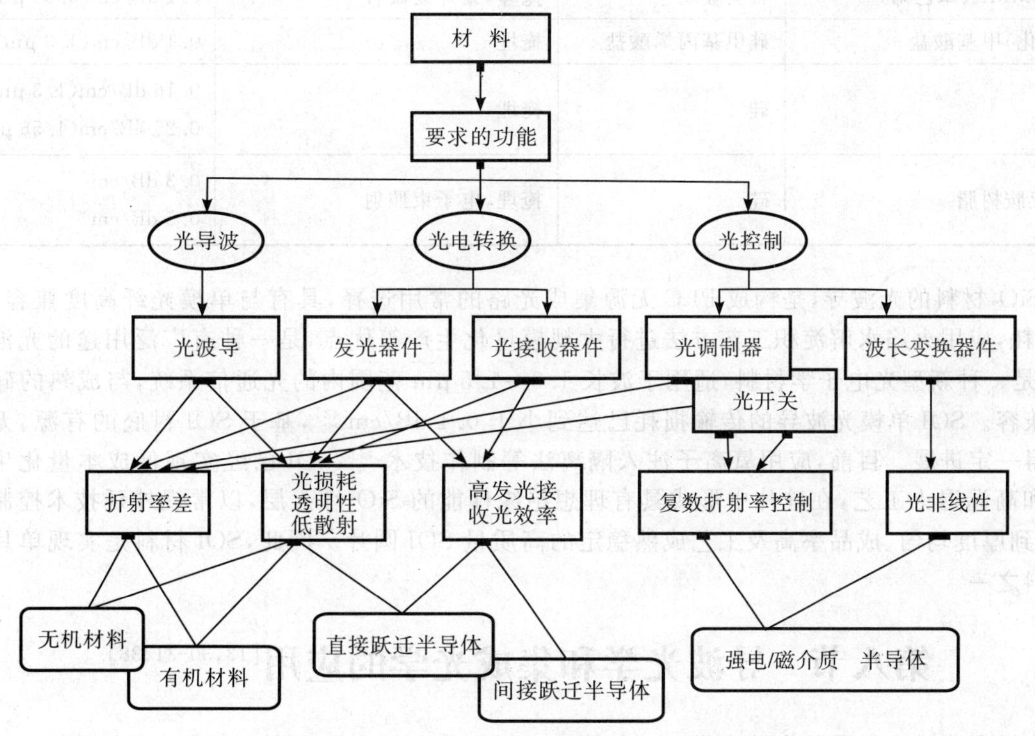

图 22-79　集成光路器件的主要功能与材料的关系

电、声、热、光等外部物理量改变光波导中导模的折射率、位相、强度、频率及传播方向等参数，加载所需调制信息，可构成集成光路中的一类重要的光调制器件。前述图 22-58 为用于实现光导波参数控制的主要效应和对应材料。由各种材料组成的光控器件要求有优良的光波导性能，较高的物理效应系数(如电光效应中的电光系数等)，合适的信号调制带宽、响应速度以及便于规模集成的小型化尺寸。

表 22-5 给出光通信用部分半导体材料的主要参数，如带隙能量、折射率等。其中，改变三、四元混晶中组成元素之间的比例，有利于调整双异质结结构中的禁带能量差和折射率，对载流子、光导模实现有效的限制及选择合适的工作波长。表 22-6 为常用光调制电光晶体材料 $LiNbO_3$、$LiTaO_3$ 的主要参数。这些材料对光通信波长透明、均匀性好，尺寸大，以 Ti 热扩散或离子交换工艺制成的光波导损耗低，又有较大的泡克耳斯(Pockels)电光效应系数，被广泛应用于光波导调制、开关等光控器件中。

表 22-5 光通信常用半导体材料的主要参数

半导体材料	带隙能/eV	禁带波长/μm	折射率
GaAs	1.42	0.87	3.62
$Al_{0.03}Ga_{0.97}As$	1.46	0.85	3.61
$Al_{0.47}Ga_{0.53}As$	1.83	0.68	3.47
InP	1.35	0.92	3.40
$In_{0.76}Ga_{0.24}As_{0.55}P_{0.45}$	0.95	1.30	3.51
$In_{0.65}Ga_{0.35}As_{0.79}P_{0.21}$	0.80	1.55	3.54
$In_{0.47}Ga_{0.53}As$	0.75	1.67	3.56

表 22-6 光控制用电光晶体主要参数

电光晶体	泡克耳斯常数/(pm/V)	折射率	透明波长范围/μm
$LiNbO_3$	$\gamma_{33}{}^{s}=30.8$ $\gamma_{13}{}^{s}=8.6$ $\gamma_{22}{}^{s}=3.4$	$n_0=2.286$ $n_e=2.200$	0.4～5
$LiTaO_3$	$\gamma_{33}{}^{s}=30.3$ $\gamma_{13}{}^{s}=7.0$ $\gamma_{22}{}^{s}=1.0$	$n_0=2.176$ $n_e=2.180$	0.45～5

与其他材料相比，以聚合物材料制作光波导，具有价格低、制作工艺简单、易于与光纤折射率匹配的优点，今后会成为集成光路的重要材料。表 22-7 列出了部分常用聚合物材料、光波导制作方法及传输损耗性能。

表 22-7 部分常用光波导聚合物材料

光波导材料	基　片	光波导制作方法	传输损耗
PCZ(聚碳酸脂合成物)	无	紫外线聚合	0.15～0.2 dB/cm(0.63 μm)
PMMA+PMMA(苯乙烯)	石英玻璃	掩埋，紫外线聚合	0.1 dB/cm(0.63 μm)
重氢化(氟化)甲基酸盐	硅甲基丙烯酸盐	掩埋	0.1 dB/cm(1.3 μm)
硅树脂	硅	掩埋	0.16 dB/cm(1.3 μm) 0.25 dB/cm(1.55 μm)
氟化聚酰亚胺树脂	硅	掩埋，电子束照射	0.3 dB/cm 0.5 dB/cm

基于 SiO_2 材料的光波导，是构成 PLC 无源集成光路的常用选择，具有与单模光纤高度兼容，较低的传输、耦合损耗，应用火焰水解淀积工艺方法进行大规模量化生产等优点，是一种有广泛用途的光波导。如前所述，SOI 是一种新型光电子学材料，适用于波长 1.3～1.5 μm 范围内的光通信系统，与成熟的硅基 CMOS 工艺完全兼容。SOI 单模光波导的传输损耗已达到小于 0.1 dB/cm[42]，基于 SOI 衬底的有源、无源元器件研究已取得一定进展。目前，应用氧离子注入隔离法等制作技术[43]，SOI 已经实现低成本量化生产。以氧离子注入和高温退火工艺，在硅片中形成具有理想绝缘性能的 SiO_2 埋入层，以常规外延技术控制硅表面层厚度，可得到厚度均匀、成品率高及工艺成熟稳定的高质量 SOI 圆片。因此，SOI 材料是实现单片集成光路的重点材料之一。

第八节　导波光学和集成光学的应用[13,30-31,38]

导波光学和集成光学器件有着宽带、高频、快速、灵敏、抗电磁干扰及稳定可靠等卓越性能，以及多功能、阵列化、小型化、低成本以及高量产等突出优点。光子学、光电子学及其产业的发展，对于集成光路的应用，有着日益迫切的需要、令人鼓舞的前景。虽然在单片集成光路的研究方面，至今未获得当初所期望的进展，但是这并不影响人们在光通信、光信息处理、光传感以及光计算等重要领域中全力开拓应用导波光学和集成光学器件的热情。目前，在光纤通信、光传感以及光信息处理等方面，已经有了不少导波光学和集成光学的应用器件。

一、光纤通信技术

光纤通信技术，充分利用光波的宽带、快速、并行处理及抗电磁干扰能力强等优点，结合微波无线通信技术，构成网络世界，已经全面、深刻地影响到人们社会生活的各个方面。在光纤通信系统中，从端机至网络，已经或将会应用集成化光源（集成激光器与 EA 型调制器）、收发一体化模块（PLC）、AWG（WDM、DWDM、OADM、OXC 系统中）、EDWA 及 AOTF 等集成光路器件。随着全光通信技术的发展和全光通信系统的建立，将需要更多的全光交换、处理及传输功能的集成光学器件和系统。

（一）多波长集成光源

图 22-80 为集成了 DFB（DBR）-LD 阵列、合波器或耦合器、半导体光放大器（SOA）等有源、无源器件的单片 WDM 多波长集成光源。其中，图（a）表示将 16 路不同波长的光源用平面波导合波以后经光放大器后输出连接至光纤。16 路光源各自组合了光栅周期不同的 DBR-LD 和 EA 型光强调制器。每一个波长，耦合到光纤上有 −8 dBm 的光功率输出。还需进一步完善波长的误差、LD 特性不均匀等问题。图 22-80（b）中，20 个内调制 DFB-LD 输出光波在 20×4 的星形耦合器中合波以后功率分配为 4 路，2 路直接输出，2 路经光放大以后输出。DFB-LD 的阈值电流为 25 mA，输出波长从 1 546 nm 始，间隔 2 nm，边模抑制比为 35 dB，LD 输出光强为（−13±1.5）dBm。经 200 mA 工作电流的半导体光放大器放大，可得到 13 dB 的增益，集成光源中经过放大的各波长输出功率为 0 dBm（1 mW）左右。这种集成了耦合、合波光波导的集成光源，以微加工技术构造光波导与各个元件之间的耦合，可以明显简化封装工艺，这是实现低成本制作的关键。

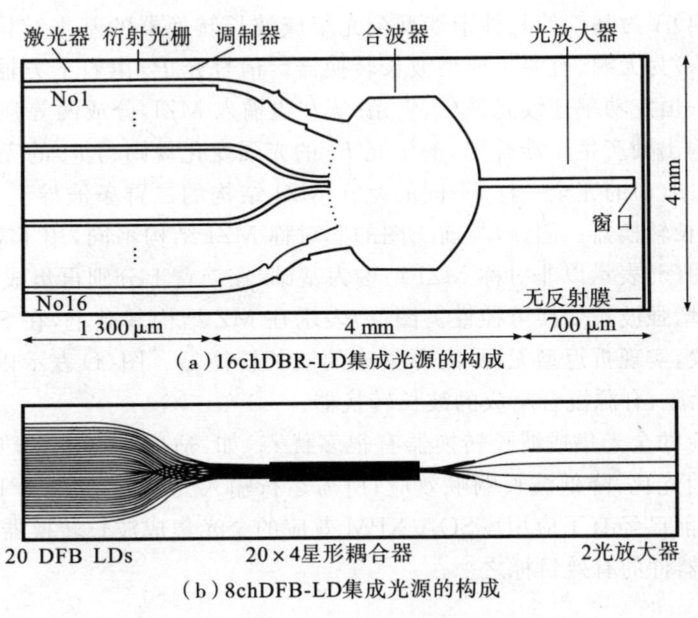

（a）16chDBR-LD集成光源的构成

（b）8chDFB-LD集成光源的构成

图 22-80　WDM 用多波长集成光源

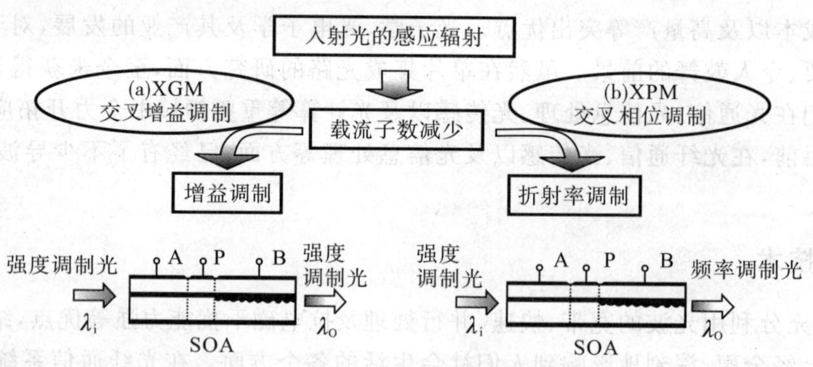

图 22-81 SOA 上波长转换的两种不同效应

(二)全光波长转换器

在全光网络中,波长转换器可在保证不同网络同步的条件下,实现不同光波长之间的信号转换,是有效利用光波长资源的重要功能器件。波长转换器分为光电转换型与全光转换型两种。利用半导体光放大器(SOA)的交叉增益调制(XGM)、交叉相位调制(XPM),可以构成集成光路形式的波长转换器。图 22-81 为应用 SOA 的两种不同效应构成波长转换器的原理图。其中,图(a)为 XGM 效应,波长为 λ_i 的入射强度调制光作用在 SOA 上,光强感应辐照使 SOA 的载流子密度产生与调制光强相应的变化;以恒定功率入射至 SOA 的另一光波 λ_o 通过 SOA 后,输出光强受到相应调制,据此完成了信息的波长转换。图(b)为 XPM 效应,波长为 λ_i 的入射强度调制光作用在 SOA 上,光强感应辐照使 SOA 的载流子密度、有源层折射率产生相应变化。以恒定功率入射至 SOA 的另一光波 λ_o 通过 SOA 后,输出光频率受到相应调制。由适当的解调器,将频率调制的输出光转换成强度调制光,据此完成了信息的波长转换。利用 SOA 的 XGM 效应实现波长转换中,存在载流子密度增加导致增益峰蓝移的现象,不适合于波长向长波长方向转移的要求。一般情况下,应用 SOA 的 XPM 效应实现波长转换。

利用马赫-曾德尔干涉型(MZI)光波导结构,可以直接将输入光引起 SOA 的 XPM 效应转换为强度变化输出光。

图 22-82 表示了以 SOA 为基础的几种干涉型全光集成波长转换器的基本结构,为光波导与 SOA 结合的全光波长转换器。图(a)为无源、有源集成型波长转换器。信号光 P_s 由右上方输入 MZI 上臂的 SOA,引起上臂中相位变化。另一恒定功率连续光波(CW 光)从左边输入 MZI,分成两等强光进入两臂,在两臂中经历不同相位差的导波于输出处产生干涉叠加,输出光 P_o 的光强变化规则与 P_s 的完全相同,实现了信息的波长转换。图(b)的原理与图(a)的完全一样,不同的是在 MZI 结构的二臂条波导上分别集成了 SOA 有源器件,称为全有源集成型波长转换器。图(c)与前二图的非对称 MZI 结构不同,用了对称 MZI 结构的无源、有源集成的波长转换器。图(d)表示以非对称 MZI 结构为基础,在二臂上分别再集成相位调制器结构的无源、有源集成的波长转换器,增强波长变换可控性。图(e)表示在 MZ 结构基础上,在 SOA 处切断,利用切断端面反射的迈克耳孙干涉仪,实现折返型无源、有源集成的波长转换器。图(f)表示以在石英材料衬底上的平面光波回路(PLC)实现无源、有源混合集成的波长转换器。

应用 SOA-XPM 效应的全光集成波长转换器有很多优点,如:适应 40 Gbit/s 以上的传输速率,改善光纤传输系统的波长转换消光比,降低波长啁啾效应;所需运行输入光强功率低(−10～0 dBm)、波长变化范围大(20～30 nm)等。目前已经有了应用。SOA-XPM 效应的全光集成波长转换器,一定会成为波长转换器的主力,也是今后光集成器件的有效目标之一。

(三)矩阵式光开关

在光纤通信网络系统中,有着大量用于线路转换及光输入、输出的网络结点,每个网络结点需要光交叉连接系统以及光插分复用系统等来实现光信号的交换、互连。矩阵式光开关系统是实施、完成全光信号的交换、互连的关键组件。可以利用波导电光、声光、热光等效应构成集成光开关阵列。波导电光效应开关中,可

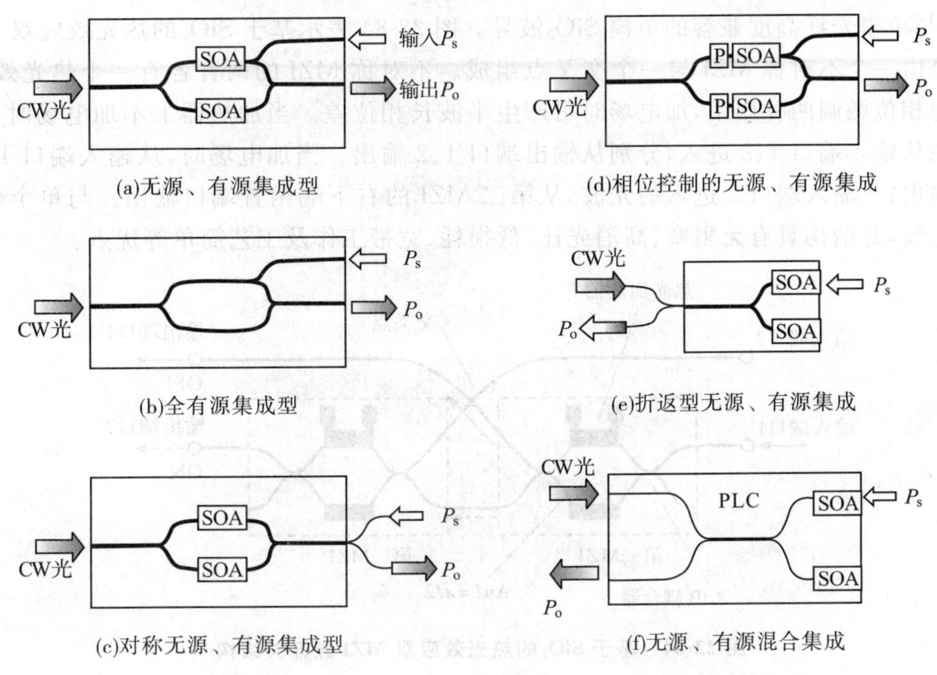

图 22-82 以 SOA 为基础的全光集成波长转器结构

分为方向耦合器、MZ、可调谐、Y 分支全内反射及含 SOA 型等不同的光开关形式。波导声光效应开关中，可分为声光开关、声光可调谐开关等形式。波导热光效应开关中，可分为方向耦合器、MZ 及 Y 分支等不同的形式。基于晶体等材料的波导电光效应开关，具有开关速度快、消光比大、驱动功率小等优点，但是，存在偏振相关、与光纤的耦合损耗大等缺点。基于 SiO_2 等材料的波导热光效应开关，具有与偏振无关、宽带运行、低的传输耦合损耗、工艺容差大及适合于大规模 IC 与 IO 集成等优点。但是，它只有毫秒量级的响应速度。

图 22-83 为适用于 1.3 μm 光波长的 4×4 光学开关阵列。它在 z 向切割 $LiNbO_3$ 衬底上集成了 5 个波导宽度为 10 μm、波导间隔约 4 μm、长度为 8 mm 的 Ti 扩散工艺制作反转 $\Delta\beta$ 方向耦合器。利用组合弯曲波导的形式，将端面的波导间隔扩宽为 125 μm 以上，使波导端面可以与包层直径为 125 μm、芯径为10 μm的单模光纤相连接。利用硅 V 形槽，可实现单模光纤与波导之间的良好连接。通过适当控制 5 个反转 $\Delta\beta$ 方向耦合器的开关电压，从 4 个输入端的任一路输入的光信号，可以被引导至 4 个输出端的任一路输出，实现了 4×4 光开关功能。此器件的整个长度为 40 mm，TM 模工作，反向 $\Delta\beta$ 方向耦合器开关的导通与截止电压分别为 12 V 和 28 V，串话为 −18 dB，整个器件的全部插入损耗为 6.25 dB。进一步集成可构成 8×8 的光学开关矩阵。

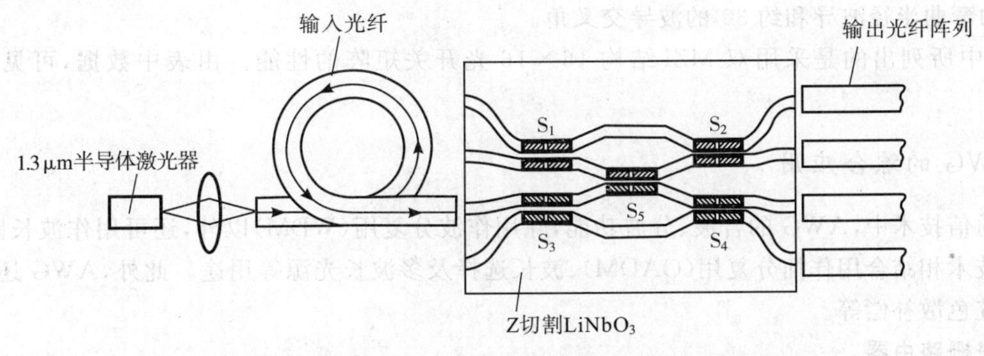

图 22-83 集成反转 $\Delta\beta$ 方向耦合器的 4×4 光学开关阵列

SiO_2光波导是集成光学中基于 PLC 应用的基本结构形式之一，可以适合于大规模生产的火焰水解淀积工艺方法，制备与单模光纤高度兼容的单模SiO_2波导。图 22-84 表示基于SiO_2的热光效应双 MZI 光开关结构。单元开关是由一个不对称 MZI 与一个交叉点组成。不对称 MZI 的两臂各有一个热光效应加热器，加热器有着开关与相位微调两种作用，加电场时可产生半波长相位差。当加热器上不加电场时，开关处于"关"状态，光波分别从输入端口 1、2 进入，分别从输出端口 1、2 输出。当加电场时，从输入端口 1 进入的光波，从输出端口 2 输出；从输入端口 2 进入的光波，从第二 MZI 的右下端闲置端口输出。与单个热光效应 MZI 光开关结构相比较，此结构具有无阻塞、高消光比、低损耗、宽带工作及工艺简单等优点。

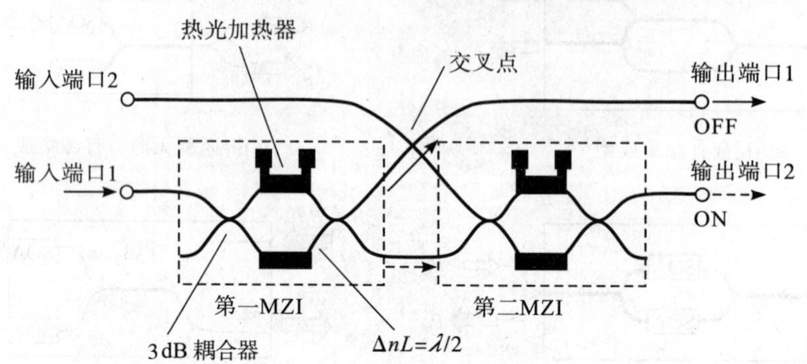

图 22-84　基于SiO_2的热光效应双 MZI 光开关结构

图 22-85 分别为无阻塞型双 MZI 结构的 8×8、16×16 光开关矩阵的逻辑排列图。8×8 矩阵有 8 级开关单元级（每级包括 8 个双 MZI 开关单元），一共 64 个双 MZI 开关单元。16×16 光开关矩阵有 16 级开关单元级（每级包括 16 个双 MZI 开关单元），一共 256 个双 MZI 开关单元。

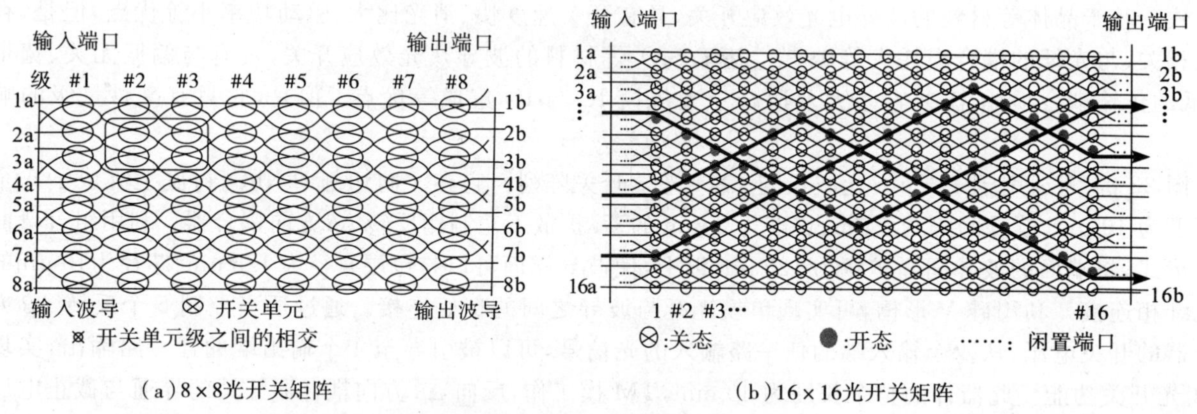

（a）8×8光开关矩阵　　（b）16×16光开关矩阵

图 22-85　双 MZI 结构的光开关矩阵

为使光开关矩阵中包括级之间连接波导的总长度降至最小，采用图 22-86 所示的线路布局，其中使用了大于 5 mm 的弯曲半径波导和约 30°的波导交叉角。

表 22-8 中所列出的是采用双 MZI 结构 16×16 光开关矩阵的性能。由表中数据，可见基本达到实用要求。

（四）AWG 的综合应用

在光纤通信技术中，AWG 的合波、分波功能，除用作波分复用（WDM）以外，还可用作波长路由，或与其他光开关等技术相结合用作插分复用（OADM）、波长选择及多波长光源等用途。此外，AWG 还可用于多波长监测与系统色散补偿等。

1. 波导光栅路由器

图 22-87 为波导光栅路由器（waveguide grating router，WGR）原理示意图。$N\times N$ 路的 AWG 用于 WDM 系统中，由 N 个波长构成的一路光从任一方向输入 AWG，从 AWG 的另一方向按波长分为 N 路各自

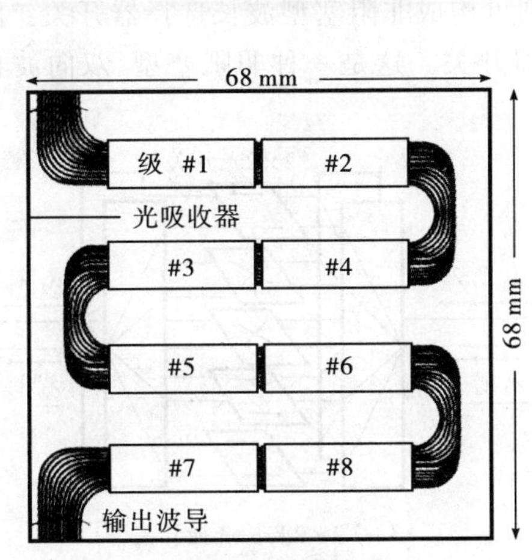

（a）8×8光开关矩阵

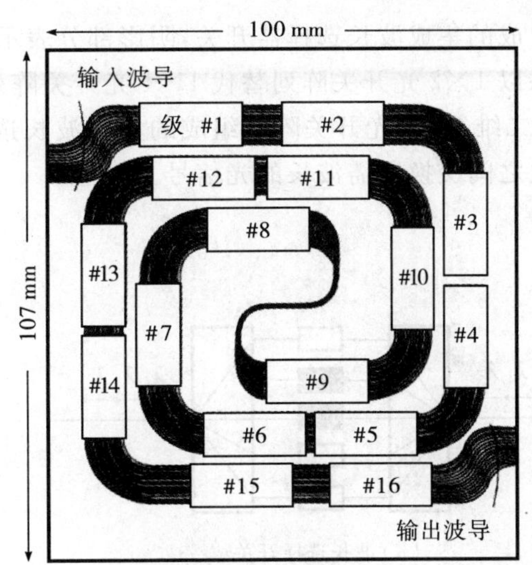

（b）16×16光开关矩阵

图 22-86　双 MZI 结构的 $N\times N$ 光开关线路布局

表 22-8　双 MZI 结构 16×16 热光开关矩阵的性能

光 波 导	0.75％折射率差光波导	1.5％折射率差光波导
芯片尺寸	100 mm×107 mm(6 in.)	88 mm×72 mm(5 in.)
总波导长度	66 cm	58 cm
消光比(平均)	53 dB	33 dB
损耗(平均)	6.6 dB	17.5 dB
串扰(平均)	－40 dB	－17 dB

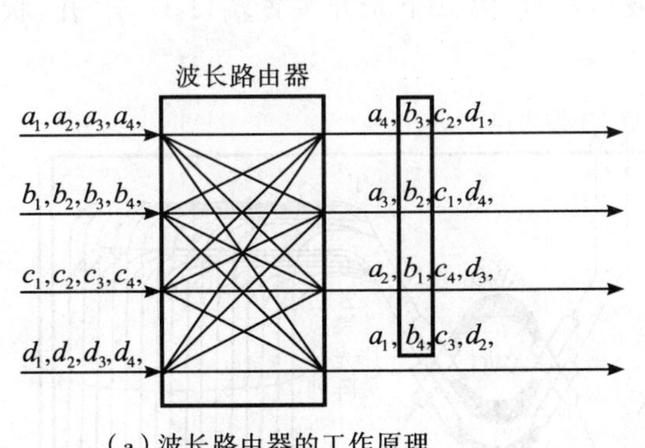

（a）波长路由器的工作原理

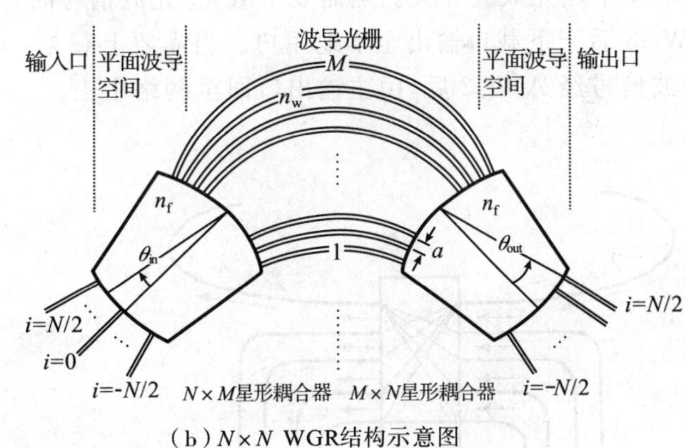

（b）$N\times N$ WGR结构示意图

图 22-87　波导光栅路由器

输出；反之，N 个单一波长的光，分别由 N 路从任一方向输入 AWG，会从另一方向将 N 波长合为一路输出。如果分别由 N 个不同波长所组合的 N 路光从任一方向输入 AWG，且通过 AWG 的光按图(a)所示的规律重新组合以后，每个输出波导接收到的 N 个光波分别来自 N 个输入波导，实现了波长路由选择功能，即一个 $N\times N$ 的 AWG 就可构成路由器，图(b)为由 AWG 构成 $N\times N$ 波导光栅路由器的结构示意图。AWG 能提供 N 个光通道的精确、非阻塞连接，对于构建大规模光交叉连接网络具有明显的优势。

2. 波长选择器

光波长选择器是光分组交换网络中的重要器件。AWG 与光开关或光栅器件结合，均可组成波长选择器。图 22-88 所示是两种 AWG 与光开关结合而成的波长选择器开关。图(a)表示由 2 个 AWG 与一维1×1

光开关阵列组成的集成波长选择器开关,阴影部分表示此开关处于阻断状态。5 个输入波长中,仅有 3 个波长输出。如果以 1×2 光开关阵列替代 1×1 光开关阵列,则可构成非阻塞型波长选择器开关。图(b)表示由 4 个 AWG 与二维 2×2 光开关阵列组成的集成波长选择器开关。这是一种非阻塞型、双向波长选择开关,可在两传输线之间交换所需波长的光信号。

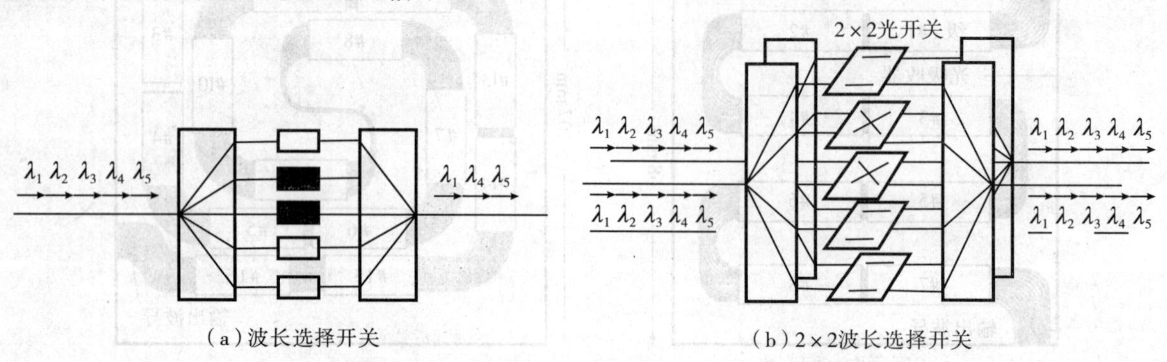

图 22-88 波长选择器开关

3. 光插分复用器

光插分复用器的作用是下载节点中连接至本地用户的光波信号,同时上载本地用户发往另一节点用户的光波信号,有利于提高光通信网络的灵活性。利用 AWG 构成光插分复用器的方案较多,图 22-89 所示是应用 AWG 的单片集成光插分复用器。图(a)表示应用 AWG 的光插分复用器的原理图,在 $N\times N$ 路的 AWG 中,将需要下、上载光波长 λ_n、λ'_n 的光路打开,分别下载 λ_n 上载 λ'_n(同一光波长,不同载波信号)。原则上,AWG 所有 N 路通道中的波长都应该可以做相应的上、下载操作。图(b)为基于 SiO_2 光波导的 AWG 与硅基波导热光效应开关阵列集成 PLC 器件结构图。由 3 个相同的 $N\times N$ 路 AWG 与 N 路 2×2 热光效应开关构成,工作于 C 波段。由网络输入的复用光信号由 AWG1 的输入端口输入,经 AWG1 解复用后,分解为 λ_1、λ_2、…、λ_N 光波信号,与有可能需要上载的 λ'_1、λ'_2、…、λ'_N 光波信号,组成 N 对光波信号,由 1、2 口输入至相应 N 个热光效应开关。当需要下载 λ_m 光波信号时,第 m 个光开关置端口 2′ 于"开"状态,λ_m 光波信号经 AWG3 后于下载口输出至本地用户。当需要上载 λ'_n 光波信号时,第 n 个光开关置端口 1′ 于"开"状态,λ'_n 光波信号经 AWG2 后,由主输出口回至网络中去。

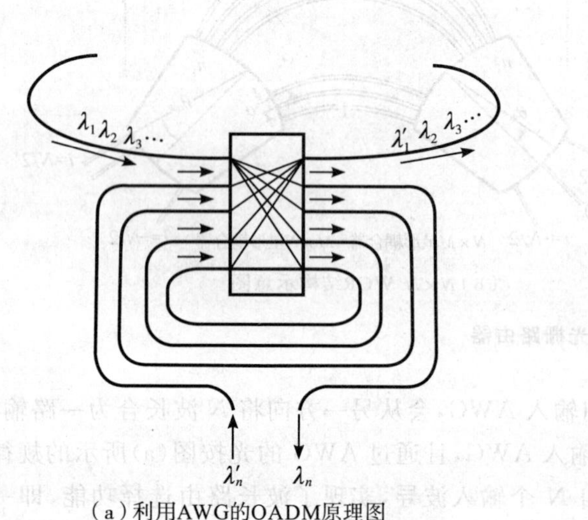

(a)利用AWG的OADM原理图

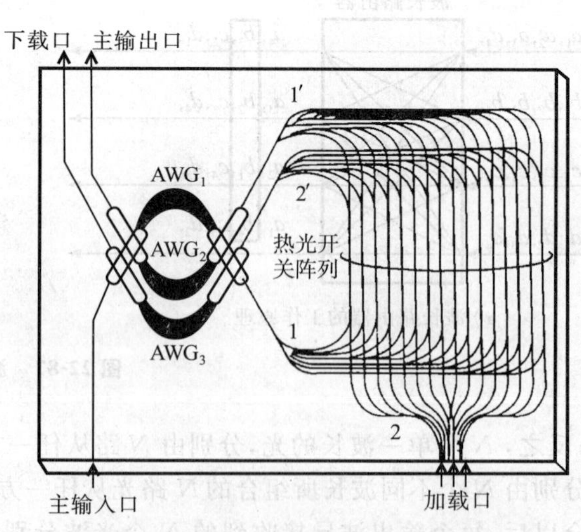

(b)由3个AWG与热光开关阵列构建的单片集成OADM

图 22-89 应用 AWG 的光插分复用器(OADM)

4. 多波长光源

随着光纤通信容量的迅速扩大,对 WDM、DWDM 技术系统不断提出更高密度集成的要求,其中包括提供稳定、可靠的超连续多波长光源。采用 AWG 与 LD、SOA 及 EDFA 等有源器件相结合的形式,可以构成多波长光源。图 22-90 所示的是由 AWG 与半导体锁模激光二极管(MLLD)构成的等间隔多波长超连续光源。应用相位调制的主动锁模技术，在 LD 上施加 50 GHz 的高频电信号，使 LD 产生频率间隔为 50 GHz、脉冲宽为皮秒量级的脉冲序列。输出光谱为如图下方所示的与锁模频率相同(50 GHz)间隔的多纵模排列。若将 AWG 设计为光频间隔为 50 GHz 或 50 GHz 整数倍的滤波器，则 AWG 只要从 MLLD 输出光谱中选中一个波长，就能从各端口中输出等间隔不同波长的相干多波长连续光源。与 F-P 腔 LD 的多模光谱不同，它没有模式竞争。若 MLLD 的锁模频率与 AWG 的频率间隔一致，AWG 各端口输出光波的边模抑制比会非常理想。与应用 SOA、EDFA 等有源器件的结构相比较，这种器件结构简单，有利于降低 DWDM 系统的成本。

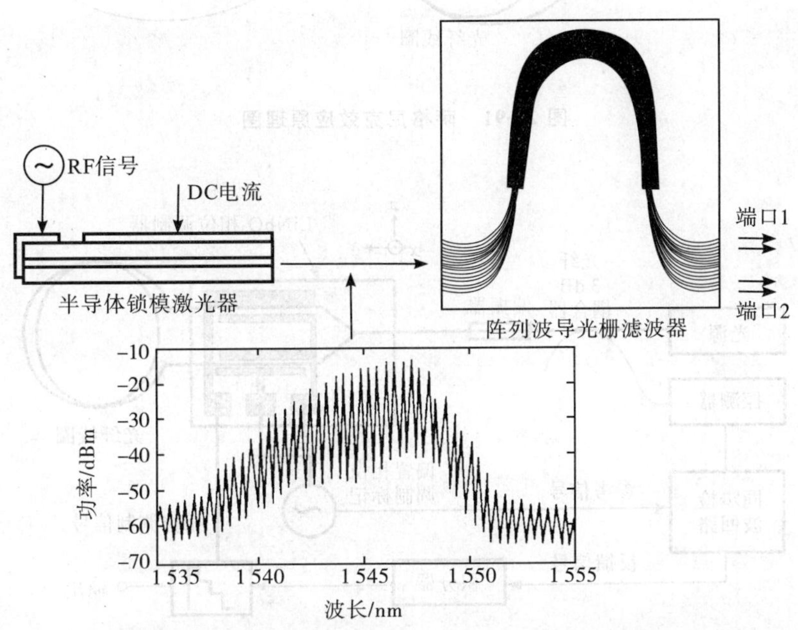

图 22-90　由 AWG 与半导体锁模激光二极管构成的多波长光源

二、光传感技术

位移(包括角位移)、速度(包括角速度)、压力、温度、电磁场以及光谱等差不多所有的物理量，均可通过利用萨格尼克、法拉第、多普勒、弹光、热光、磁致伸缩等物理效应构造的导波光学器件的集成光路加以传感、探测。此类集成光路器件具有精度高、稳定性好、成本低、集成度高等优点。

图 22-91 为萨格尼克 (Sagnac) 效应原理图。超辐射 LD(SLD)输出光经 3 dB 分束后，分别经由透镜输入光纤环，且相向传输；出纤后的双向光经分束器在探测器合束干涉。若整个系统相对于地球静止，两相干光的光程差为 0；若整个系统相对于地球以角速度 Ω 旋转，两相干光的光程差为 $\Delta\varphi$，表示为

$$\Delta\varphi = K(N\Delta L) = \frac{2\pi}{\lambda}\frac{4NA}{c}\Omega = \frac{8\pi A\Omega}{\lambda c} = \frac{4\pi LR}{\lambda c}\Omega \tag{22-256}$$

式中，$\Delta L = \Omega t R$，$t = L/c$，$A = \pi R^2$，$L = 2\pi R$。$\Delta\varphi$ 与 Ω 成线性关系，由 $\Delta\varphi$ 可探测 Ω，在对卫星、潜艇、飞机、导弹，甚至炮弹等运动物体的位置探测中有着重要作用。如图 22-92 所示为应用质子交换工艺制作的 LN 相位调制器芯片的闭环光纤光学陀螺(FOG)结构。来自超辐射二极管光源的光经 3 dB 耦合器、起偏器后输入 LN 衬底的集成光学芯片。在芯片上，偏振光一分为二，分别经过相位调制以后进入光纤环圈。由光纤环圈出来的光，经集成光学芯片合成后由耦合器耦合进入探测器。当光纤环圈以一定角速度运动时，LN 相位调制器上所加的不同电压阶梯波，使经过光波产生不同相位差 $\Delta\varphi_e$，与萨格尼克效应相位差 $\Delta\varphi$ 进行比较。当某个阶梯电压产生的 $\Delta\varphi_e$ 与 $\Delta\varphi$ 相抵消，则探测器中会出现干涉光极大值，此时的阶梯电压 $V(y)$ 与 Ω 之间存在简单的线性关系，可以此值表征 FOG 的转速。整个过程是自动反馈，自动搜索与调整的。FOG 有两个主要技术指标，精度和偏置稳定度。精度是指能稳定地探测到的最小角速度，偏置稳定度是指长期测量的

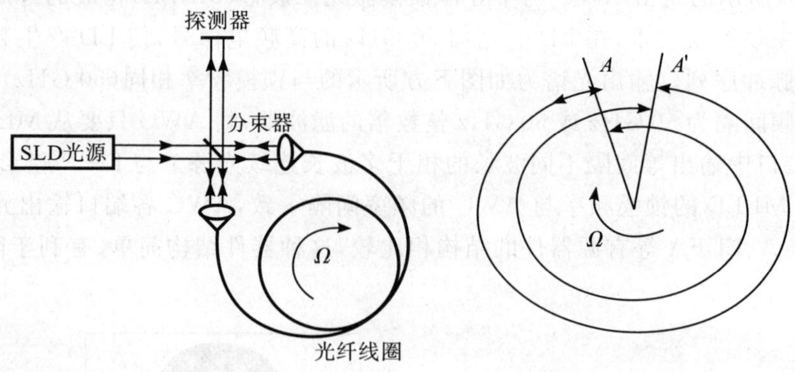

图 22-91 萨格尼克效应原理图

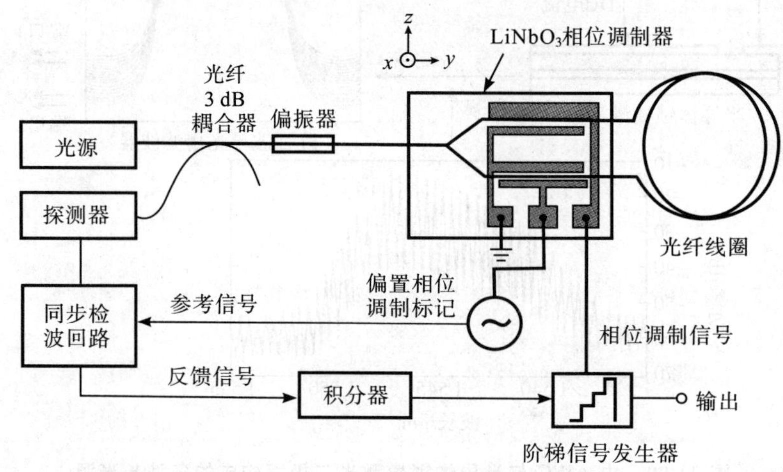

图 22-92 应用 LN 相位调制器 IO 芯片的闭环 FOG 结构

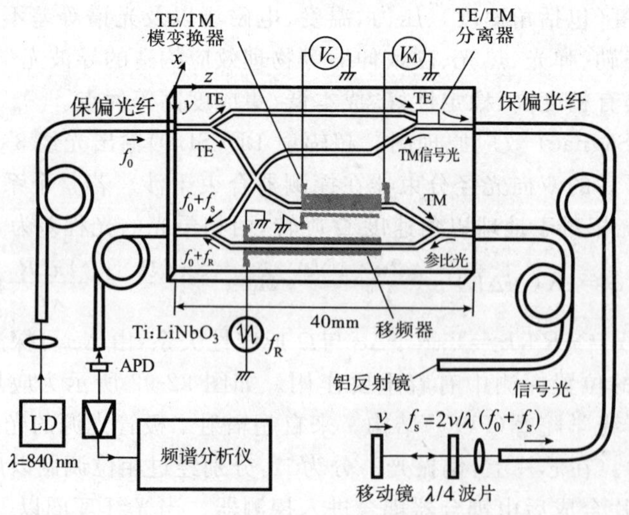

图 22-93 光集成激光多普勒速度计原理图

角速度漂移。

图 22-93 所示的为集成化的外差干涉式激光多普勒速度计原理图。运动发光物体相对于观察者运动

时，观察者接收到的光频会产生多普勒效应的变化。测量方法为：以频率 f_0 的参考光，经过频率为 f_R 的相位调制（移频）后，其频率为 $f_0 \pm mf_R (m=1,2,3,\cdots)$ 。与多普勒频率 $f_s=2v/\lambda$ 进行比较，作频谱分析，可以测得运动物体的速度 v，称为外差干涉测量法。如图 22-93 所示，经保偏光纤的 LD 输出光，以 TE 模输入至 LN 衬底的集成光学芯片。在芯片上，TE 导波经 3 dB 分束器分上、下两路。上路 TE 波输出芯片，经保偏光纤后射向运动反射镜，获得多普勒效应信息（f_0+f_s）。其中经两次 $\lambda/4$ 波片后转为 TM 模（同参考光），经由芯片进入 APD 光电探测器。下路 TE 模参考光经波导电光效应模式变换为 TM 模，出芯片经静止光纤端面铝膜反射后回至芯片，经移频器后进入光电探测器 APD。对上、下两路合成光进行频谱分析后，可以确定运动镜的速度。

三、光波导布线技术在计算机技术中的应用

虽然在理论上光计算技术的存贮容量、运算速度等性能，要比电子计算技术的性能有很大优势，但是在全光计算机技术的研究探索中，还未取得根本性的进展。当前，在电子计算技术中结合电子、光子各自的优点，可以取长补短，实施“处理靠电子、传输靠光子”技术，能有效提高电子计算机整体的运算、处理速度与信息交换能力。

随着 LSI 的高度集成、高速运行等性能的不断提高，基于电子的数据传输速率受制于与 R、L、C 等有关的时间常数，存在数据传输的瓶颈效应，对提高整个计算系统性能的影响较大，迫切需要提高数据总线的传输速率。在各种提高数据总线传输速率的方法中，引人关注的是“光布线”技术。即运用“处理靠电子，传输靠光子”的电子光子混合集成方法，扬长避短，解决数据传输瓶颈，全面提高计算系统的综合性能。计算机系统的“光布线”技术，具体可以分插件间、底板、LSI 芯片间以及芯片内部等几个方面的光学布线。光布线中可分为使用自由空间光和导波光两种，下面主要讨论应用导波光学、集成光学的光布线技术。

1. 插件间光布线

通过在插件上设置的光信号发送器、接收器，在插件间建立光总线互连系统，用于插件间的数据传输、交换。如图 22-94 所示，发送器中以 8 个并行电信号驱动 8 个激光二极管（LD），LD 的输出光经聚合物光波导后，受微棱镜折射，在自由空间射向接收器。接收器中，以微棱镜接收光信号，且将光信号转换成器件平行方向，通过聚合物光波导后输入光电检测器，输出 8 个并行电信号。就这样，以光波连接方式，完成了插件板之间的数据传输及交换。

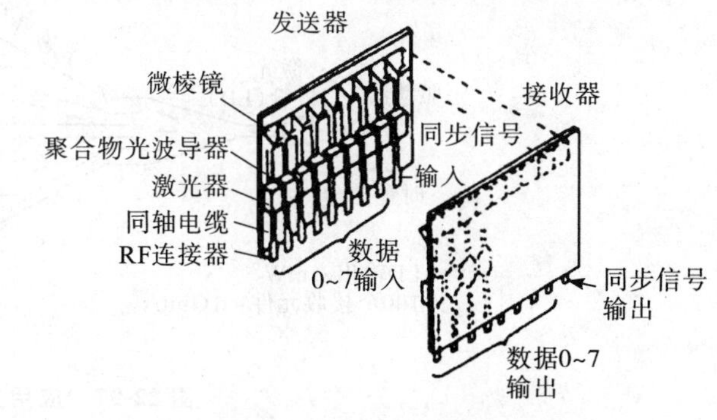

图 22-94　插件间光布线

2. 底板光布线

图 22-95 是用聚合物光波导构成光数据总线（ODB），作为底板光布线的例子。外部接线通道引入的电信号经上部的插件板处理以后，转换成光信号传输给聚合物光波导再经由聚合物光波导传输至下面的各个具有信号处理及存储等功能的插件板，以光布线代替原来的电传输线。若使用具有调制功能的聚合物光波导，则不必在每一个光布线中都要配置发光元件，可以降低所用发光元件数。此图中，插件板中也应用了聚合物光波导 ODB，以及全息光阵列耦合。

3. LSI 芯片间光学布线

如图 22-96 所示，为应用聚酰亚胺光波导实现 LSI 芯片间光布线的实例。图(a)(b)图分别表示与光学条波导方向正交、平行的两个不同截面图。形成光波导的衬底表面上有微型反射镜。在波导中传输的部分光导波，受微型反射镜作用改变传输方向垂直波导输出；没有受到反射的导波，在波导中直接传输。如此，只要在各个 LSI 芯片上集成发光、接收光的元件，LSI 芯片间的数据信号，通过微型反射镜、波导与发光、接收光元件之间的耦合进行传输、交换。其中的金属凸缘，用于 LSI 芯片与光波导之间的倒装式封装定位。

4. 芯片内部光学布线

如图 22-97 所示为应用光波导实现芯片内时钟分配功能的光布线构成情况。利用电—光—电转换形

式，将时钟信号分成多路输出，性能更好。可用集成电路的制造技术直接在集成电路芯片上形成与集成电路兼容性良好的光波导。

另外，基于声光等效应的集成光路频谱分析等技术，可用于对雷达等射频信号进行频谱分析、卷积及相关等傅里叶变换，实行时域-空域转换，统称傅里叶信息处理器件。在相关信息探测、分析、处理中有着重要的应用。

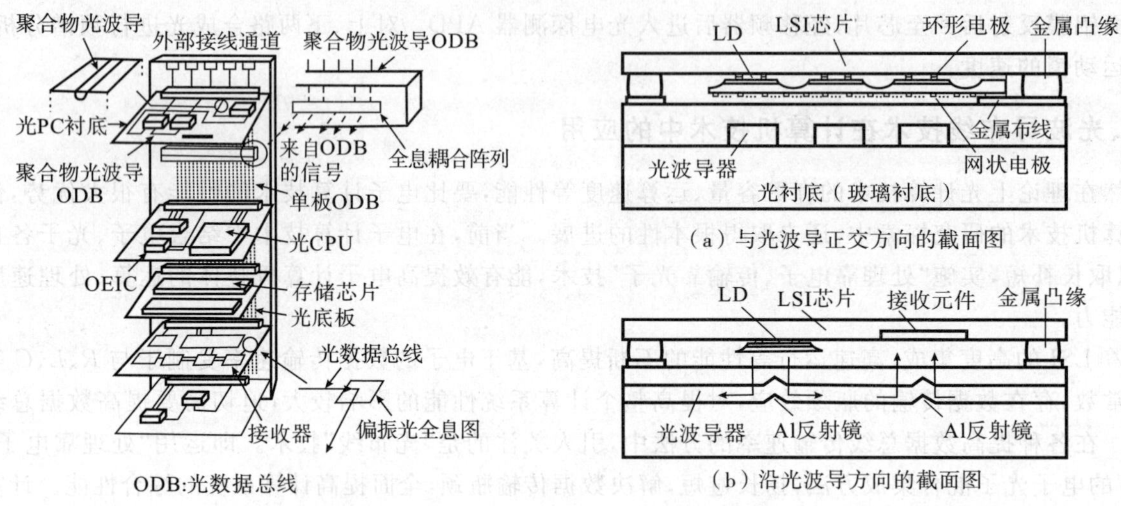

图 22-95 用光波导的底板光布线

图 22-96 应用光波导的LSI芯片间光布线

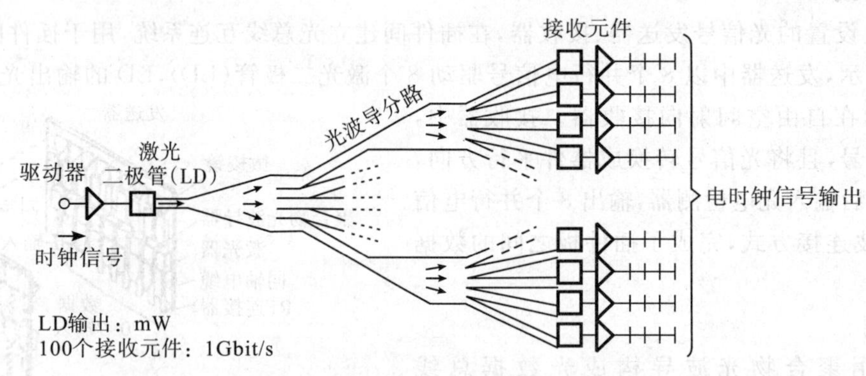

图 22-97 应用光波导实现芯片内光布线

参考文献

[1]Tamir T. Integrated Optics[M]. 2nd ed. Berlin, New York: Springer-Verlag, 1979

[2]Hunsperger R G. Integrated Optics: Theory and Technology[M]. 3rd ed. New York: Springer-Verlag, 1991

[3]Okamoto K. Fundamentals of Optical Waveguides[M]. New York: Academic Press, 2000

[4]Adams M J. An Introduction to Optical Waveguides[M]. Binghamton:Jorn Wiley & Sons, 1981

[5]Marcuse D. Elementary derivation of the phase shift at a caustic[J]. Appl. Opt. ,1976,15:2949-2950

[6]Hocker G B, Burns W K. Modes in diffused optical waveguides of arbitrary index profile[J]. IEEE Journal of Quantum Electronics,1975,11:270-276

[7]玻恩 M，沃耳夫 E .光学原理[M].北京：科学出版社，1978

[8]Yariv A. Quantum Electronics[M]. 2nd ed. New York: Wiley & Sons, 1975

[9]Cao Z Q, Jiang Y, et al. Exact analytical method for planar optical waveguides with arbitrary index profile[J]. J.

Opt. Soc. Am. A,1999,16:2209-2212

[10]Cao Z Q, Liu Q, et al. Phase shift at a turning point in a planar optical waveguide[J]. J. Opt. Soc. Am. A,2001, 18:2161-2163

[11]Zhan L, Cao Z Q. Exact dispersion of a graded refractive-index optical waveguide based on the equivalent attenuated vector[J]. J. Opt. Soc. Am. A,1998,15:713-716

[12]Marcatili E A J. Dielectric rectangular waveguide and directional coupler for integrated optics[J]. Bell System Technology Journal,1969,48:2071-2102

[13]西原浩,春名正光,栖原敏明. 集成光路[M]. 梁瑞林,译. 北京:科学出版社,2004

[14]Otto A. Exaction of Nonradiative Surface Plasma Waves in Silver by the Method of Frustrated Total Reflection[J]. Zeitschrift für Physik,1968,216:398-410

[15]Kretschmann E. Determination of the optical constants of metals by exciation of surface plasmons[J]. Zeitschrift für Physik,1971,248:313-32

[16]Chen W P, Chen J M. Use of surface plasma waves for determination of the thickness and optical constants of thin metallic films[J]. J. Opt. Soc. Am., 1981,71:189-191

[17]Li H G, Cao Z Q, Lu H F, et al. Free-space coupling of a light beam into a symmetrical metal-cladding optical waveguide[J]. Appl. Phys. Lett., 2003,83:2757-2759

[18]Lu H F, Cao Z Q, Li H G, et al. Study of ultrahigh-order modes in a symmetrical metal-cladding optical waveguide [J]. Appl. Phys. Lett., 2004,85:4579-4581

[19]Liu X B,Cao Z Q, et al. Large positive and negative lateral optical beam shift in prism-waveguide coupling system [J]. Phys. Rev. E,2006,73:016615:1-5

[20]Wang Y, Lih, Cao Z Q,et al. Oscillating wave sensor based on the Goos-Hänchen effect[J]. Appl. Phys. Lett. 2008,92:061117

[21]Nylander C, Liedberg B, Lind T. Gas detection by means of surfacePlasmon resonance[J]. Sensors and Actuators, 1982,3:79-88

[22]Okamoto T, Yamamoto M, Yamaguchi I. Optical waveguide absorption sensor using a single coupling prism[J]. J. Opt. Soc. Am. A,2000,17:1880-1886

[23]Horvath R,et. al. Demonstration of reverse symmetry waveguide sensing in aqueous solutions[J]. Appl. Phys. Lett., 2002,81:2166-2168

[24]Chen G, Cao Z Q, Gu J H, et al. Oscillating wave sensors based on ultrahigh-order modes in symmetric metal-clad optical waveguide[J]. Appl. Phys. Lett., 2006,89:081120 1-3

[25]Tien P K, Ulrich R, Martin R J. Modes of Propagating Light Waves in Thin Deposited Semiconductor Films[J]. Appl. Phys. Lett., 1969,74:291-294

[26]Merz J L, Logan R A, Sergent A M. Loss Measurements in GaAs and $Al_x Ga_{1-x}$ As Dielectric Waveguides Between 1.1 eV and the Energy Gap[J]. J. Appl. Phys., 1976,47:1436-1450

[27]Weber H P, Dunn F A, Leibolt W N. Loss measurements in thin-film optical waveguides[J]. Appl. Opt,1973,12: 755-757

[28]蒋毅,曹庄琪,仇琳琳,等. 低损耗有机聚合物光波导的制备及其数字化测量技术[J]. 光学学报,1999,19:1142-1145

[29]Soldano L B,Pennings E C M. Optical multi-mode interference devices based on self-imaging: principles and applications[J]. J. Lightwave Technol.,1995, 13(4):615-627

[30]黄章勇.光纤通信用新型光无源器件[J]. 北京:北京邮电大学出版社,2002

[31]小林功郎.光集成器件[M].崔凤林,译.北京:科学出版社,2002

[32]彭江得.光电子技术基础[M].北京:清华大学出版社,1988

[33]T Tamir. Guide-wave optoelectronics[M]. Berlin Heidelberg:Springer,1990

[34]向端燕,刘兰芳,陈刚,等.光波导位相调制技术产生多波长光源[J].光电工程:2006,33(2):73-75

[35]Arjun Kar-Roy. Tsai C S. Integrated acoustooptic tunable filters using weighted coupling[J]. IEEE Journal of Quantum Electronics,1994,30(7):1574-1586

[36]Agrawal G P. 非线性光纤光学原理及应用[M].北京:电子工业出版社,2002

[37]Liu G J, Liang B M, Jin G L, Li Q. Arc-shaped waveguide switch based on the third-order nonlinear cffect[J]. Ap-

plied Optics，2002,41(24):5022-5024

[38]光信息通信技术实用手册编辑委员会.光信息通信技术实用手册[M]. 金轸裕，译. 北京：科学出版社，2005

[39]斋藤富士郎. 超高速光器件[M]. 崔承甲，译. 北京：科学出版社，2002

[40]蔡伯荣，等. 集成光学[M]. 成都：电子科技大学出版社，1990

[41]陈益新. 集成光学三十年[M]. 上海：上海交通大学出版社，1999

[42]Fisher U，Zinke T，Kropp J R，et al. 0.1 dB/cm waveguide losses in single-mode SOI rib waveguides[J]. IEEE Photo. Technol. Lett.，1996，8(5):647-648

[43]Jalali B，Yegnanarayanan S，Yoon T，et al. Advances in silicon-on insulator optoelectronics[J]. J. Sel. Topic. Quan.，1998，4(6):938-947

第二十三章　金属表面等离子体光学

金属表面等离子体光学是将表面等离子体激元作为信息载体，以金属结构作为载体的存在环境，研究表面等离子体与亚波长结构的相互作用以及表面等离子体与其他信息载体的相互耦合的一门科学。

表面等离子体的研究可以追溯到20世纪初叶。1902年，伍德(R. W. Wood)首次在金属衍射光栅的光谱实验中发现了明显的光场不均匀分布[1]，这是最早观测到的与表面等离子体激元(plasmon)有关的一个现象。1909年萨默维尔德(Sommerfeld)从麦克斯韦(Maxwell)的电磁理论出发，通过引入复介电常数，从理论上证明了等离子体激元波是沿两介质(有损耗的介质或金属和无损耗介质)界面传播的TM波，其振幅随离开界面的距离而按指数规律衰减[2]。1936年法诺(Fano)对在金属与空气界面激发的表面电磁波进行了分析[3]。实际上，他们所描述和分析的就是金属表面等离子体激元，然而在这些研究中金属表面等离子体激元并没有在真正意义上被人们认识到。因此，可以说1957年前金属表面等离子体激元的研究还处于萌芽阶段。直到1957年，里奇(Ritchie)发现电子穿过金属薄膜时会产生“能量吸收峰”现象，他在该现象中第一次提出金属“等离子体激元”名词，并描述了金属表面内部电子密度的纵向波动[4]。金属“等离子体激元”名词的提出标志着金属表面等离子体激元正式作为一个独立的研究方向得到了广泛的关注。

1958年，费雷尔(Ferrell)从理论上指出金属表面上的电磁波还包括耦合进入表面等离子体激元的电磁辐射[5]，他的分析为电磁辐射和表面等离子体激元的耦合提供了理论依据。随后，1968年，奥特(Otto)设计出衰减全反射(ATR)的结构[6]，成功地实现了光频电磁波和表面电磁波的耦合。同年，克雷奇曼(Kretschmann)和雷茨(Raether)改进了奥特(Otto)的几何学装置，提出了现在应用最为广泛的衰减全反射(ATR)“克雷奇曼结构”[7]。随着扫描近场光学显微技术(SNOM，PSTM)的发展，可用其在金属材料表面观测倏逝光，研究表面等离子体激元，极大地促进表面等离子体激元光学(plasmonics)的形成和发展。

本章第一节从金属的光学性质入手，阐述表面等离子体的基本理论，介绍表面等离子体的奇异特性以及由其引起的奇异透射现象，这些奇异透射现象能够为新型太赫兹波光学器件的发展提供启示(参看第七章《太赫兹波和红外光学》)，也能为纳米光学研究开创新局面(参看第六章《纳米光子学》和第三十三章《显微光学和近场光学》的有关章节)。第二节阐述准表面等离子体(spoof SPPs)理论，分别给出了一维、二维和三维空间准表面等离子体激元的色散关系，分析了其与表面等离子体的联系与区别，然后介绍了表面等离子体激元在太赫兹波波段的发展现状。第三节用模式展开法详细研究了金属薄膜上狭缝结合一维亚波长周期沟槽的结构，发现其取不同结构参数时分别具有多方向定向辐射效应、角度可调的定向辐射效应和光束整形效应，讨论了这些效应发生的物理机理，并且用光栅方程理论和准表面等离子体激元理论对其进行了深入分析。第四节提出了一种新型的太赫兹波光学器件——金属孔阵列结合双面周期沟槽——的结构，三维时域有限差分法的模拟结果证明这种结构同时具有较高的透射率和较集中的远场分布，可以作为一个基本的太赫兹波光学器件对光束进行控制。第五节论述了表面等离子体激元光学在增强拉曼散射、分子传感器、光子晶体、集成光子学器件和表面等离子体超分辨成像器件等方面的应用。

第一节　表面等离子体的基本光学特性

2003年，Barnes等在《Nature》上发表了一篇名为《Surface Plasmon Subwavelength Optics》的文章[8]，掀起了表面等离子体激元的研究热潮。在研究初期，表面等离子体激元引起人们极大的关注是因为它能够和结构表面的倏逝场相互作用，在纳米尺度上实现光学控制，有可能实现全光集成。金属在可见光和紫外波段的色散特性赋予了表面等离子体激元一些特殊的性质。

金属表面等离子体光学的基础是表面等离子体的特殊性质。表面等离子体是存在于金属表面的一种非辐射局域电磁波，可以在纳米尺度上实现超衍射极限的光传输，也能够在纳米尺度上实现电磁能量的局域会聚放大，因此表面等离子体激元可以作为人们探索纳米世界的有力工具。亚波长金属结构是激发和控制表面等离子体激元采用的主要结构，合理地设计金属微纳结构光学器件不仅能改善传统器件的性能，而且能够产生一些奇异的光学现象，这是现有光学器件所无法实现的。

本节从金属的光学性质出发，介绍了金属的色散关系和基本光学特性。其中重点介绍了表面等离子体激元引起的异常透射现象以及几种可能造成异常透射现象的物理机制，并且指出通过合理的设计表面结构使其充分利用表面等离子体激元的特性，可以为发展新型的集成光学器件开辟道路。最后介绍两项金属表面等离子体极化激元(SPP)的基础实验及其原理。

一、金属的光学性质

(一)描述金属光学特性的理论基础

麦克斯韦方程是描述金属光学特性的理论基础，对方程较为详细的论述可参阅第一章《电磁光学》。当电磁波(电场 $\boldsymbol{E}$ 和磁场 $\boldsymbol{H}$)与物质相互作用时，此物质对于外加电磁场的反应或交互作用，在宏观上可以用系统所具有的净电荷密度 ρ、净电流密度 $\boldsymbol{J}$、电极化强度 $\boldsymbol{P}$ 与磁极化强度 $\boldsymbol{M}$ 等 4 个代表物质状态的物理量以及电磁波的麦克斯韦方程加以描述：

$$\left.\begin{aligned} &\nabla\times\boldsymbol{E}=-\mu_0\frac{\partial\boldsymbol{H}}{\partial t}-\mu_0\frac{\partial\boldsymbol{M}}{\partial t}; \quad &&\nabla\cdot\boldsymbol{E}=-\frac{1}{\varepsilon_0}\nabla\cdot\boldsymbol{P}+\frac{1}{\varepsilon_0}\rho \\ &\nabla\times\boldsymbol{H}=\varepsilon_0\frac{\partial\boldsymbol{E}}{\partial t}+\frac{\partial\boldsymbol{P}}{\partial t}+\boldsymbol{J}; &&\nabla\cdot\boldsymbol{B}=0 \end{aligned}\right\} \tag{23-1}$$

当电磁波($\boldsymbol{E}$,$\boldsymbol{H}$)进入物质时，由于物质内部的电或磁极化将产生感应电场或磁场。可引入电位移向量(electric displacement,$\boldsymbol{D}$)和磁感应向量(magnetic induction,$\boldsymbol{B}$)来表示物质内部总的电场和磁场，即

$$\left.\begin{aligned} \boldsymbol{D}&=\varepsilon_0\boldsymbol{E}+\boldsymbol{P}\equiv\varepsilon_0\,\varepsilon\boldsymbol{E} \\ \boldsymbol{B}&=\mu_0(\boldsymbol{H}+\boldsymbol{M})\equiv\mu_0\mu\boldsymbol{H} \end{aligned}\right\} \tag{23-2}$$

式中，ε 与 μ 分别为物质相对于真空的介电常数与磁导率，ε_0 与 μ_0 分别为真空的介电常数与磁导率。此时，麦克斯韦方程可简化成如下形式：

$$\left.\begin{aligned} &\nabla\times\boldsymbol{E}=-\frac{\partial\boldsymbol{B}}{\partial t}; \quad \nabla\cdot\boldsymbol{D}=\rho \\ &\nabla\times\boldsymbol{H}=\frac{\partial\boldsymbol{D}}{\partial t}+\boldsymbol{J};\nabla\cdot\boldsymbol{B}=0 \end{aligned}\right\} \tag{23-3}$$

对于一个没有净电荷密度和净电流密度的物质系统($\rho=0,\boldsymbol{J}=0$)，由上式可以推导出电磁波的电场和磁场所要满足的波动方程式为

$$\left.\begin{aligned} \nabla\times(\nabla\times\boldsymbol{E})&=-\frac{1}{c^2}\varepsilon\mu\frac{\partial^2\boldsymbol{E}}{\partial t^2} \\ \nabla\times(\nabla\times\boldsymbol{H})&=-\frac{1}{c^2}\varepsilon\mu\frac{\partial^2\boldsymbol{H}}{\partial t^2} \end{aligned}\right\} \tag{23-4}$$

式中，$c=(\varepsilon_0\mu_0)^{1/2}$ 为真空中的光速理论值。设 $\boldsymbol{E}$ 与 $\boldsymbol{H}$ 随空间与时间的变化正比于 $\exp[\mathrm{i}(\boldsymbol{k}\cdot\boldsymbol{r}-\omega t)]$ 的谐波振荡，电磁波的相速度为 ω/k，此时波矢量 $\boldsymbol{k}$ 的值就必须满足下式：

$$k^2=\frac{\omega^2}{c^2}\varepsilon\mu \tag{23-5}$$

金属在不同频率的电磁波表现出截然不同的光学性质，采用准确的色散模型对金属结构的研究非常重要。目前，主要有 3 种色散模型描述金属的介电性质：德拜(Debye)模型、杜鲁德(Drude)模型和洛伦兹(Lorentz)模型。

(二)金属光学的德拜模型

德拜模型认为电偶极子在外加电场的作用下会发生偏移，而偶极子的振荡频率总是小于外加电场的频

率，带电粒子所受的回复力相对外加电场有一个延迟，当外加电场撤销时，电偶极子缓慢趋向于一个平衡点[9]。假设外加电场与介质中微观粒子内电场之间的差别可以忽略，则在某一频段内可以把介电常数近似写成 $\varepsilon(\omega)=\varepsilon_{\infty}+\varepsilon_{or}(\omega)$，$\varepsilon_{or}(\omega)$ 为偶极子广义趋向所引起的和频率有关的介电常量项。

考虑一个振幅为 E，宽度为 $\mathrm{d}T$ 的矩形脉冲电场施加到线性介质上，这个电场可表示为[9]

$$E(t)=[\Gamma(t-T)-\Gamma(t-T-\mathrm{d}T)]E \tag{23-6}$$

式中，$\Gamma(t)$ 是振幅为 1 的阶跃函数，根据叠加原理，脉冲的电位移 D 是外加电场的前缘产生的 D_1 和后缘产生的 D_2 之和：

$$\begin{aligned}D_1&=\varepsilon_{\infty}E\,\Gamma(t-T)+(\varepsilon_s-\varepsilon_{\infty})f(t-T)E\\D_2&=-\varepsilon_{\infty}E\,\Gamma(t-T-\mathrm{d}T)+(\varepsilon_s-\varepsilon_{\infty})f(t-T-\mathrm{d}T)E\end{aligned} \tag{23-7}$$

上两式中右边第一项涉及电子的瞬时极化；第二项涉及偶极子取向或任何其他黏滞过程所引起的迟缓极化，其中 ε_s 为稳态介电常量；函数 $f(t)$ 表示迟缓极化的滞后程度，它从 $f(0)=0$ 增加到 $f(\infty)=1$，称为归一化介质响应函数。所以脉冲在 t 时刻产生的电位移为

$$D=D_1+D_2=\varepsilon_{\infty}E(t)+(\varepsilon_s-\varepsilon_{\infty})\int f'(t-T)E\mathrm{d}T \tag{23-8}$$

当 $t>(T+\mathrm{d}T)$ 时，$E(t)=0$，$f'(t)$ 是一个递减函数，通常称为归一化衰减函数。用 $\Phi(t)$ 表示未归一化的介质响应函数，$\Phi'(t)$ 表示未归一化的衰减函数，在含偶极子的系统中，外加电场施加或撤除时，极化强度和电位移随时间按指数规律变化，介质响应函数 $\Phi(t)$ 和衰减函数 $\Phi'(t)$ 可分别表示为

$$\left.\begin{aligned}\Phi(t)&=(\varepsilon_s-\varepsilon_{\infty})[1-\exp(-t/\tau)]\\\Phi'(t)&=\frac{\varepsilon_s-\varepsilon_{\infty}}{\tau}\exp(-t/\tau)\end{aligned}\right\} \tag{23-9}$$

式中，τ 为弛豫时间。如果 $t=-\infty$ 时所施加的电场是一个时间连续函数，则在 t 时刻的电位移为

$$D=\varepsilon_{\infty}E(t)+\int_0^{\infty}\Phi'(t-T)E(T)\mathrm{d}T \tag{23-10}$$

通过变量代换以及把积分项换成卷积的形式，偶极子的广义取向引起的时域介电常数满足

$$D_{or}(t)=\varepsilon_{or}*E(t) \tag{23-11}$$

对上式进行拉普拉斯变换再代入到(23-10)式中，就可以得到和频率有关的介电常数项：

$$\varepsilon_{or}=\frac{\varepsilon_s-\varepsilon_{\infty}}{\tau}\int_0^{\infty}\exp[-t/(\tau\mathrm{i}\omega t)]\mathrm{d}t=\frac{\varepsilon_s-\varepsilon_{\infty}}{1+\mathrm{i}\omega\tau} \tag{23-12}$$

所以，德拜模型的复介电常量应为

$$\varepsilon(\omega)=\varepsilon_{\infty}+\varepsilon_{or}(\omega)=\varepsilon_{\infty}+\frac{\varepsilon_s-\varepsilon_{\infty}}{1+\mathrm{i}\omega\tau} \tag{23-13}$$

式中，ε_{∞} 为光频介电常量，ε_s 为稳态介电常量。

（三）金属光学的杜鲁德模型

杜鲁德模型假设自由电子和其他原子核之间没有任何电磁交互作用，当受到外力或外加电场作用时其运动遵循麦克斯韦-玻耳兹曼(Maxwell-Boltzmann)统计规律和牛顿运动规律[10]。此外，电子在运动过程中将会与晶体中的原子核、杂质或晶格缺陷产生弹性碰撞而被散射至其他方向，假设在单位时间内与原子核产生碰撞的概率为 $1/\tau$，τ 可以称为弛豫时间或碰撞时间，其大小约等于电子的平均自由程与费米速度的比值。

在某一时刻 t 施加一个 $\boldsymbol{f}(t)=-e\boldsymbol{E}_{ext}$ 的外力，此时介质内自由电子的平均速度为 $\boldsymbol{v}$，每个电子的平均动量 $\boldsymbol{p}(t)=m\boldsymbol{v}$。若自由电子在运动过程中不与原子核发生碰撞，其动量会增加 $\boldsymbol{f}(t)\mathrm{d}t$，而如果与原子核发生碰撞，由于经弹性碰撞之后电子可以被散射至任意方向，使得这些电子原本所具有的动量在碰撞之后的平均值为 0。根据杜鲁德模型的假设，在 $\mathrm{d}t$ 时段内，自由电子发生碰撞的概率为 $\mathrm{d}t/\tau$，因此在 $t+\mathrm{d}t$ 时所有自由电子的平均动量可表示为[10]

$$\boldsymbol{p}(t+\mathrm{d}t)=\left(1-\frac{\mathrm{d}t}{\tau}\right)[\boldsymbol{p}(t)+\boldsymbol{f}(t)\mathrm{d}t]+\frac{\mathrm{d}t}{\tau}\boldsymbol{f}(t)\mathrm{d}t \tag{23-14}$$

当 $\mathrm{d}t$ 趋近于无限小的时候，取至 $\mathrm{d}t$ 的一次方项，利用电流密度 $\boldsymbol{J}=N(-e)\boldsymbol{v}$ 以及 $\boldsymbol{p}(t)=m\boldsymbol{v}$ 的关系式，可以将(23-14)式改写为

$$\frac{\mathrm{d}\boldsymbol{J}}{\mathrm{d}t}+\frac{1}{\tau}\boldsymbol{J}=\frac{Ne^2}{m}\boldsymbol{E}_{\mathrm{ext}} \tag{23-15}$$

若考虑外加电场随时间发生周期性振荡时，即 $\boldsymbol{E}_{\mathrm{ext}}=\boldsymbol{E}(\boldsymbol{r})\mathrm{e}^{-\mathrm{i}\omega t}$，自由电子将会形成随时间做周期性振荡的电流密度($\boldsymbol{J}\propto \mathrm{e}^{-\mathrm{i}\omega t}$)，由(23-15)式的运动方程式可以得到

$$\boldsymbol{J}=\frac{\sigma_0}{1-\mathrm{i}\omega\tau}\boldsymbol{E}_{\mathrm{ext}}\equiv\sigma(\omega)\boldsymbol{E}_{\mathrm{ext}} \tag{23-16}$$

式中，$\sigma(\omega)=\sigma_0/(1-\mathrm{i}\omega\tau)$ 为自由电子对于外加电磁场的响应所造成的电导率，这个结果说明了金属自由电子所造成的电导率将会随着外加电磁场频率的不同而改变。

假如束缚电子在随时间作谐波振荡的电场作用下偏离正电荷中心的位移为 $\boldsymbol{r}$，相对产生的电极化强度为 $\boldsymbol{P}=N_{\mathrm{b}}(-e)\boldsymbol{r}$，其中 N_{b} 表示束缚电子密度，可将电极化强度对时间微分，得

$$\frac{\mathrm{d}\boldsymbol{P}}{\mathrm{d}t}=N_{\mathrm{b}}(-e)\frac{\mathrm{d}\boldsymbol{r}}{\mathrm{d}t}=N_{\mathrm{b}}(-e)\boldsymbol{v}_{\mathrm{b}}=\boldsymbol{J}_{\mathrm{b}} \tag{23-17}$$

式中，$\boldsymbol{v}_{\mathrm{b}}$ 代表束缚电子在振荡过程中的移动速度。上式结果说明了随时间变化的电极化强度可视为一种电流密度：$\boldsymbol{J}_{\mathrm{b}}=\mathrm{d}\boldsymbol{P}/\mathrm{d}t$。

反过来说，在随时间振荡的电场作用下，自由电子反应产生的电流密度也可视为一种随时间变化的电极化强度。若考虑外加电场 $\boldsymbol{E}_{\mathrm{ext}}$ 以频率 ω 作周期振荡时，(23-16)式，可以改写成

$$\boldsymbol{J}=\frac{\sigma_{(\omega)}}{-\mathrm{i}\omega}\frac{\partial\boldsymbol{E}_{\mathrm{ext}}}{\partial t}=\frac{\partial}{\partial t}\left[\frac{\mathrm{i}\sigma(\omega)}{\omega}\boldsymbol{E}_{\mathrm{ext}}\right] \tag{23-18}$$

对比(23-17)式与(23-18)式，可以定义出自由电子所形成的电极化强度为

$$\boldsymbol{P}=\frac{\mathrm{i}\sigma(\omega)}{\omega}\boldsymbol{E}_{\mathrm{ext}}=-\frac{Ne^2}{m}\frac{1}{(\omega^2+\mathrm{i}\omega\gamma_D)}\boldsymbol{E}_{\mathrm{ext}} \tag{23-19}$$

利用(23-19)式的自由电子极化强度表达式以及电位移向量的定义，可以得到 Drude 模型的相对介电常数表达式为

$$\varepsilon(\omega)=1+\frac{\mathrm{i}\sigma(\omega)}{\varepsilon_0\omega}=1-\frac{\omega_{\mathrm{p}}^2}{\omega^2+\mathrm{i}\omega\gamma_D} \tag{23-20}$$

式中，ω_{p} 为金属的等离子体频率，$\omega_{\mathrm{p}}^2=4\pi ne^2/m_{\mathrm{e}}$，对于一般的金属物质(金、银、铝等)而言，等离子体频率 ω_{p} 位于紫外光频率范围内，式中 n 为电子浓度，e 为电子电荷量，m_{e} 为电子的有效质量，γ_D 描述自由电子运动的碰撞频率。

(四)金属光学的洛伦兹模型

洛伦兹模型认为，原子核与电子是通过弹性机制相互联系的，电荷间通过电场作用产生弹性力，在电荷作用区域内，电子通过弹性力被吸引或者被弹开。假设在电磁波的作用下介质受到一个有效电场 $E_{\mathrm{eff}}=E_0\mathrm{e}^{\mathrm{i}\omega t}$ 的作用，介质中的电荷运动可以看成是束缚电荷被迫偏离平行位置作位移为 r 的阻尼振荡，其运动方程为[9]

$$\frac{\mathrm{d}^2r}{\mathrm{d}t^2}+2\Gamma\frac{\mathrm{d}r}{\mathrm{d}t}+\omega_0^2r=\frac{q_{\mathrm{e}}}{m_{\mathrm{e}}}E_0\mathrm{e}^{\mathrm{i}\omega t} \tag{23-21}$$

式中，m_{e} 为电子质量，Γ 为阻尼系数，ω_0 为本征频率，q_{e} 为电子电荷。可以求得上式的解为

$$r=\frac{q_{\mathrm{e}}/m_{\mathrm{e}}}{\omega_0^2-\omega^2+2\mathrm{i}\Gamma\omega}E_{\mathrm{eff}} \tag{23-22}$$

在国际单位制中 $E_{\mathrm{eff}}=E+P/(3\varepsilon_0)$，$E$ 为宏观电场，P 为宏观电场下的极化强度，根据极化强度的定义 $P=Nq_{\mathrm{e}}r$，可得

$$P=\frac{(Nq_{\mathrm{e}}^2/m_{\mathrm{e}})E_0\mathrm{e}^{\mathrm{i}\omega t}}{\omega_0^2-\omega^2+2\mathrm{i}\Gamma\omega}=\chi\varepsilon_0E_{\mathrm{eff}} \tag{23-23}$$

式中，N 为单位体积的电子数。由此可得介质的极化率为

$$\chi = \frac{Nq_e^2/(m_e\varepsilon_0)}{\omega_0^2 - \omega^2 + 2\mathrm{i}\Gamma\omega} \tag{23-24}$$

所以洛伦兹模型的相对介电常数为

$$\varepsilon(\omega) = 1 + \chi = 1 + \frac{\omega_p^2}{\omega_0^2 - \omega^2 + 2\mathrm{i}\Gamma\omega} \tag{23-25}$$

式中，ω_p 为金属的等离子体频率。通常取 $\varepsilon_\infty \to 1$，$(\varepsilon_s - \varepsilon_\infty)\omega_0^2 \to \omega_p^2$，上式又可以表示为

$$\varepsilon(\omega) = \varepsilon_\infty + \frac{(\varepsilon_s - \varepsilon_\infty)\omega_0^2}{\omega_0^2 - \omega^2 + 2\mathrm{i}\Gamma\omega} \tag{23-26}$$

（五）金属的介电常数

1. 金属的复介电常数

金属的光学常数 n 和 k 分别是金属复折射指数 $\tilde{n}$ 的实部和虚部，即 $\tilde{n} \equiv n + \mathrm{i}k$。金属的介电常数也是复数，即 $\tilde{\varepsilon} \equiv \varepsilon' + \mathrm{i}\varepsilon''$。根据定义 $\tilde{\varepsilon} \equiv \tilde{n}^2$，因此可以得到

$$\varepsilon' = n^2 - k^2, \qquad \varepsilon'' = 2nk \tag{23-27}$$

常用的铜、银、金的光学常数 n 和 k 的实验数据如表 23-1 所示，该表是 1972 年约翰逊(P. B. Johnson)和克里斯蒂(R. W. Christy)[11]用纳米尺度的金属薄膜，通过在真空中的光学实验给出的结果。

2. 金属介电常数因介观尺寸效应的修正

当介观(一般指 1～100 nm 尺度)金属颗粒的尺寸小于自由电子在块状金属中的平均自由程时，金属颗粒的边界对自由电子的反射，将使自由电子在纳米尺度的金属颗粒中的实际平均自由程变小，从而影响到介观尺度金属颗粒的介电常数的实部和虚部常数，因此其介电常数变得和尺寸相关。设 ω、ω_p、ω_d 分别是入射光的频率、金属等离子体的频率和块状金属中自由电子的碰撞频率(τ^{-1})。设 ω_r 是在介观金属颗粒中自由电子的碰撞频率，由于自由电子与金属颗粒的边界之间的附加碰撞，考虑附加的边界碰撞频率，由下式可以计算介观尺度金属颗粒中自由电子实际的碰撞频率：

$$\omega_r = \omega_d + B\frac{v_f}{r} \tag{23-28}$$

式中，v_f 是电子的费米速度，r 是金属颗粒的尺寸，B 为考虑到与金属颗粒形貌等有关设置的因子，在各向同性纳米球粒子时，可选 B 值近似为 1，其实它还是一个有待进一步研究清楚的问题。

根据(23-26)式和尺寸效应修正考虑，介观金属颗粒的介电常数实部 $\varepsilon'(\omega,r)$ 和虚部 $\varepsilon''(\omega,r)$ 因尺寸效应的修正要求，初步可用下述近似公式赋值：

$$\left.\begin{aligned} \varepsilon'(\omega,r) &= \varepsilon'_{\text{bulk}} + \frac{\overline{\omega}_p^2}{(\overline{\omega}^2 + \overline{\omega}_d^2)} - \frac{\overline{\omega}_p^2}{(\overline{\omega}^2 + \overline{\omega}_r^2)} \\ \varepsilon''(\omega,r) &= \varepsilon''_{\text{bulk}} + \frac{\mathrm{i}\,\overline{\omega}_p^2\,\overline{\omega}_r}{[\omega(\overline{\omega}^2 + \overline{\omega}_r^2)]} - \frac{\mathrm{i}\,\overline{\omega}_p^2\,\overline{\omega}_d}{[\omega(\overline{\omega}^2 + \overline{\omega}_d^2)]} \end{aligned}\right\} \tag{23-29}$$

3. 近红外光激励下铜、银、金的 ω_p 及自由电子的 m 和 τ 赋值

一般近场光学数值模拟软件包中，使用因尺寸效应修正公式修正后的介观金属颗粒的金属介电常数(实部 $\varepsilon'(\omega,r)$ 和虚部 $\varepsilon''(\omega,r)$)。在有些含金属的近场光学数值模拟软件包中，需要用到 ω_p、m 和 τ 等金属特征常数，它们是根据实验数据来取值的，一般的步骤如下：

1)通过实验或查文献获得块状金属光学常数或介电常数。

2)将块状的金属介电常数作尺寸效应的修正，获得介观的金属介电常数。

3)用介观的金属介电常数，由下述公式求得 ω_p、λ_p、m 和 τ：

$$\varepsilon' \approx 1 - \frac{\omega_p^2}{\omega^2} = 1 - \frac{\lambda^2}{\lambda_p^2} \quad 和 \quad \varepsilon'' \approx \frac{\omega_p^2}{\omega^3\tau} = \frac{\lambda^3}{\lambda_p^2}\tau' \tag{23-30}$$

其中

$$\lambda_p^2 = \frac{Ne^2}{\pi mc^2} \tag{23-31}$$

$$\tau' = 2\pi c\tau \tag{23-32}$$

表 23-1 铜、银、金的光学常数[11]

光子能 /eV	铜		银		金		误差	
	n	k	n	k	n	k	Δn	Δk
0.64	1.09	13.43	0.24	14.08	0.92	13.78	±0.18	±0.65
0.77	0.76	11.12	0.15	11.85	0.56	11.21	±0.08	±0.30
0.89	0.60	9.439	0.13	10.10	0.43	9.519	±0.06	±0.17
1.02	0.48	8.245	0.09	8.828	0.35	8.145	±0.04	±0.10
1.14	0.36	7.217	0.04	7.795	0.27	7.150	±0.03	±0.07
1.26	0.32	6.421	0.04	6.992	0.22	6.350	±0.02	±0.05
1.39	0.30	5.768	0.04	6.312	0.17	5.663	±0.02	±0.03
1.51	0.26	5.180	0.04	5.727	0.16	5.083	±0.02	±0.025
1.64	0.24	4.665	0.03	5.242	0.14	4.542	±0.02	±0.015
1.76	0.21	4.205	0.04	4.838	0.13	4.103	±0.02	±0.010
1.88	0.22	3.747	0.05	4.483	0.14	3.697	±0.02	±0.007
2.01	0.30	3.205	0.06	4.152	0.21	3.272	±0.02	±0.007
2.13	0.70	2.704	0.05	3.858	0.29	2.863	±0.02	±0.007
2.26	1.02	2.577	0.06	3.586	0.43	2.455	±0.02	±0.007
2.38	1.18	2.608	0.05	3.324	0.62	2.081	±0.02	±0.007
2.50	1.22	2.564	0.05	3.093	1.04	1.833	±0.02	±0.007
2.63	1.25	2.483	0.05	2.869	1.31	1.849	±0.02	±0.007
2.75	1.24	2.397	0.04	2.657	1.38	1.914	±0.02	±0.007
2.88	1.25	2.305	0.04	2.462	1.45	1.948	±0.02	±0.007
3.00	1.28	2.207	0.05	2.275	1.46	1.958	±0.02	±0.007
3.12	1.32	2.116	0.05	2.070	1.47	1.952	±0.02	±0.007
3.25	1.33	2.045	0.05	1.864	1.46	1.933	±0.02	±0.007
3.37	1.36	1.975	0.07	1.657	1.48	1.895	±0.02	±0.007
3.50	1.37	1.916	0.10	1.419	1.50	1.866	±0.02	±0.007
3.62	1.36	1.864	0.14	1.142	1.48	1.871	±0.02	±0.007
3.74	1.34	1.821	0.17	0.829	1.48	1.883	±0.02	±0.007
3.87	1.38	1.783	0.81	0.392	1.54	1.898	±0.02	±0.007
3.99	1.38	1.729	1.13	0.616	1.53	1.893	±0.02	±0.007
4.12	1.40	1.679	1.34	0.964	1.53	1.889	±0.02	±0.007
4.24	1.42	1.633	1.39	1.161	1.49	1.878	±0.02	±0.007
4.36	1.45	1.633	1.41	1.264	1.47	1.869	±0.02	±0.007
4.49	1.46	1.646	1.41	1.331	1.43	1.847	±0.02	±0.007
4.61	1.45	1.668	1.38	1.372	1.38	1.803	±0.02	±0.007
4.74	1.41	1.691	1.35	1.387	1.35	1.749	±0.02	±0.007
4.86	1.41	1.741	1.33	1.393	1.33	1.688	±0.02	±0.007
4.98	1.37	1.783	1.31	1.389	1.33	1.631	±0.02	±0.007
5.11	1.34	1.799	1.30	1.378	1.32	1.577	±0.02	±0.007
5.23	1.28	1.802	1.28	1.367	1.32	1.536	±0.02	±0.007
5.36	1.23	1.792	1.28	1.357	1.30	1.497	±0.02	±0.007
5.48	1.18	1.768	1.26	1.344	1.31	1.460	±0.02	±0.007
5.60	1.13	1.737	1.25	1.342	1.30	1.427	±0.02	±0.007
5.73	1.08	1.699	1.22	1.336	1.30	1.387	±0.02	±0.007
5.85	1.04	1.651	1.20	1.325	1.30	1.350	±0.02	±0.007
5.98	1.01	1.599	1.18	1.312	1.30	1.304	±0.02	±0.007
6.10	0.99	1.550	1.15	1.296	1.33	1.277	±0.02	±0.007
6.22	0.98	1.493	1.14	1.277	1.33	1.251	±0.02	±0.007
6.35	0.97	1.440	1.12	1.255	1.34	1.226	±0.02	±0.007
6.47	0.95	1.388	1.10	1.232	1.32	1.203	±0.02	±0.007
6.60	0.94	1.337	1.07	1.212	1.28	1.188	±0.02	±0.007

表 23-2 近红外光激励下铜、银、金的 m 和 τ

	m/m_e	τ/s
铜	1.49±0.06	$(6.9\pm0.7)\times10^{-15}$
银	0.96±0.04	$(3.1\pm1.2)\times10^{-15}$
金	0.99±0.04	$(9.3\pm0.9)\times10^{-15}$

根据(23-29)式，由实验给出 ε'，可以获得 ω_p 和 λ_p。再由(23-31)式可以得到 m。同样根据(23-29)式，由实验结果给出的 ε'' 值，可以获得 τ'，再由(23-32)式可以得到 τ。表 23-2 就是用上述方法测出的数据。

目前，这 3 种色散模型都被广泛应用于各种金属结构的数值计算中。在这 3 种色散模型中，德拜模型假设介质内所有带电粒子的运动都是非弹性的，它最适用于气体和极性分子的稀释溶液。对于金属，德拜模型只能在某一频段内准确给出金属的介电常数。杜鲁德模型假设电子在运动过程中与原子核、杂质和晶格缺陷发生弹性碰撞，一般用在金属导体材料中，在低频条件下，杜鲁德模型能够准确地给出金属的介电常数，而在高频条件下偏差较大。而洛伦兹模型认为原子核与电子通过弹性力作用，而电荷运动则是一个类似于阻尼振荡的过程，它适用于包括金属材料在内的大部分介质。

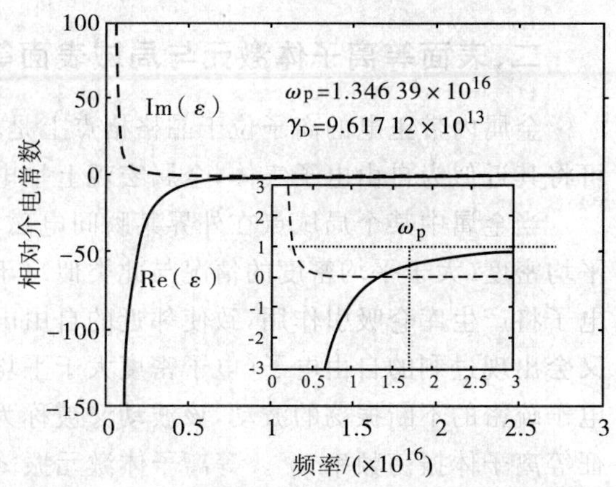

图 23-1　杜鲁德模拟得到的银的介电常数曲线

如果要模拟金属在宽频段内的介电常数，采用杜鲁德模型是比较合适的。以银为例计算色散曲线，银的等离子体频率 $\omega_p=1.34639\times10^{16}$，碰撞频率 $\gamma_D=9.61712\times10^{13}$，根据(23-20)式可以得到银的介电常数曲线，如图 23-1 所示。可以看出，当电磁波频率较低时，介电常数的实部为负值，金属介电常数的虚部很大。金属的趋肤深度为 $\delta=c/\omega\kappa$，由于折射率的虚部很大，所以金属只有很小的趋肤深度，这就造成金属内部的电场总和趋于 0，即电磁波无法穿透到金属内部，形成金属对电磁波的“屏蔽效应”。随着电磁波频率的增加，介电常数的虚部迅速下降，此时由于折射率虚部的减小，趋肤深度与电磁波波长的比值大大增加，电磁波能够部分渗透到金属当中。当电磁波频率大于 ω_p 后，金属介电常数的实部为小于 1 的正数，而虚部趋于 0，此频率范围内的电磁波能够在金属中传播。

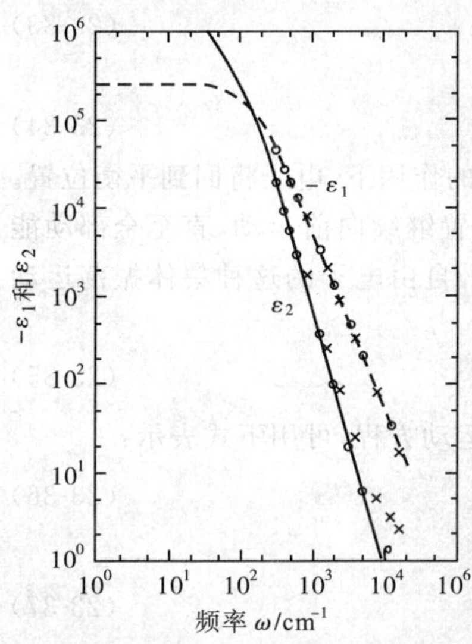

图 23-2　银介电常数的实部和虚部随频率的变化

○和×分别为 Bennett 等人和 Hagemann 等人实验测量的数值，实线为杜鲁德模型模拟得到的数值[13]

然而严格地说来，这 3 种色散模型都不是完美的，在实际的模拟和计算中，可以直接采用实验测量的金属介电常数[12-13]。已经有不少实验测量了金属在各个波段的介电常数，图 23-2 给出了在低频段实验测得的银的介电常数以及杜鲁德模型的模拟数值，可以看出，在低频段杜鲁德模型的数值和实验结果非常吻合。图 23-3 给出了在高频段实验测得的金、银、铜 3 种金属的介电常数，它们的介电常数实部都随着频率的增大而减小，金和银的介电常数实部始终为负数，只有铜的介电常数实部在波长很短时为正数。这 3 种金属的介电常数虚部也都随着频率的增加而减小，当频率趋于无穷大时，金和银的介电常数虚部趋于 0。说明当频率增大时，杜鲁德模型仍然能够很好地模拟金属介电常数的变化规律，但其数值与实际的金属参数之间存在着一定的误差。还可以看到，银的介电常数虚部远小于金和铜，意味着其具有相对较小的损耗，对于整体损耗比较严重的金属来说，银的这个特点尤为可贵。

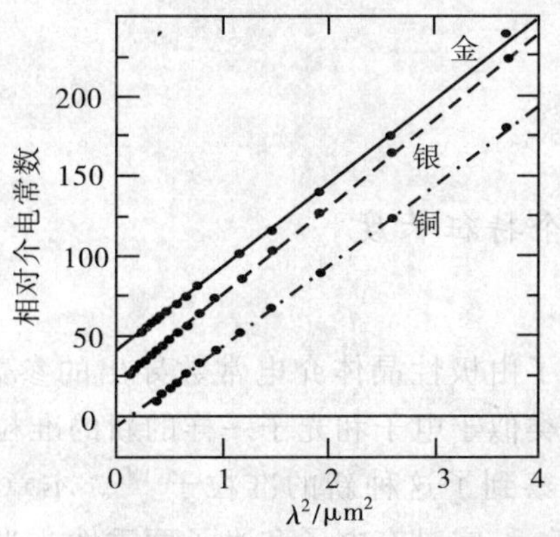

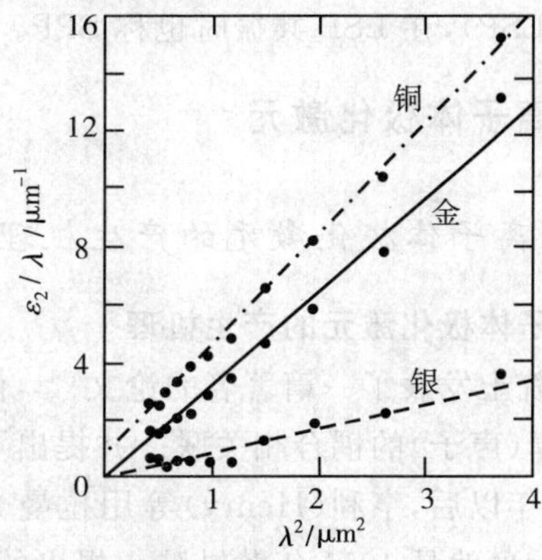

图 23-3　实验测得的金、银、铜的介电常数[13]

二、表面等离子体激元与局域表面等离子体激元

金属内带正电的离子位于晶格格点上是不能移动的，自由电子为晶格共有，可以在金属内部自由移动，可将其近似为自由电子气体，金属宏观上呈电中性。据此，可以把金属看成是一种特殊的金属等离子体。

当金属中某个局域点在外界某瞬间电磁场的作用下，由于瞬间电场的驱动，该局域点的电子密度将小于平均密度（大于平均密度的情况与此类似），于是该局域点将呈现过剩的正电荷，过剩的正电荷对邻近的自由电子将产生库仑吸引作用，致使邻近的自由电子向这个局域点运动。运动的结果，相继下一时刻，该局域点又会出现过剩的自由电子（电子密度大于平均密度）。该局域点与其邻域激发自由电子往返迁移，呈现自由电子疏密的不断振荡的波动，该波动又被称为金属中的等离子体激元振荡波动。每一种金属均有自己的特征等离子体振荡频率 ω_p。等离子体激元振荡波动的能量量子 $\hbar\omega_p$ 被称为等离子体激元。

根据杜鲁德的金属自由电子气体模型，在金属内部，自由电子与理想气体分子一样，近似可忽略碰撞概率。假设单位体积内，有 N 个自由电子相对于正离子背景被激发，同时移动了距离 x，则由于 N 个自由电子移动产生的极化电场可以写为

$$E_p = Nex/\varepsilon_0 \tag{23-33}$$

该极化电场作用于每个电子上的恢复力为

$$F = -eE_p = -Ne^2 x/\varepsilon_0 \tag{23-34}$$

即当电子偏离平衡位置时，将受到使其返回平衡位置的恢复力，在该恢复力的作用下，电子将回到平衡位置。由于回到平衡位置时，其返回速度和动能达到最大，所以电子将通过平衡位置继续向前运动，直至全部动能变为势能，这时又在反方向偏离了平衡位置。接着，该电子将继续振荡运动，自由电子的这种集体振荡运动方程可表示为

$$m_e\ddot{x} = -Ne^2 x/\varepsilon_0 \tag{23-35}$$

式中，m_e 为电子有效质量，$\ddot{x}$ 为加速度。又因为该运动方程是典型的简谐运动方程，可用下式表示：

$$\ddot{x} = -\omega_p^2 x \tag{23-36}$$

定义 ω_p 为金属等离子体特征频率：

$$\omega_p \equiv \sqrt{Ne^2/m_e\varepsilon_0} \tag{23-37}$$

式中，ε_0 为真空的介电常数。

可见光的频率与金属等离子体特征频率比较接近，可创造条件在金属中激励使其产生等离子体激元。但是，光频电磁波在块状金属中衰减很快，仅能作用于金属表面和金属微纳结构，因此这种依赖于金属表面而存在的等离子体激元，被称为表面等离子体激元（surface plasmon，SP）。表面等离子体激元产生在外电场的激励频率与等离子体激元频率相近和相等两种情况，在该两频率相等时的表面等离子体激元被定义为表面等离子体极化激元（surface plasmon praliton，SPP）。通常情况下表面等离子体激元是它们的泛称，也可内涵 SPP。在金属微纳结构中，外电场激励产生的等离子体激元就称为局域表面等离子体激元（localized surface plasmon，LSP），在 LSP 共振时也称 SPP。

三、表面等离子体极化激元

（一）表面等离子体极化激元的产生机理与 4 个特征长度

1. 表面等离子体极化激元的产生机理

1951 年黄昆院士发表了一篇著名的论文[14]，他讨论了由极性晶体介电常数导出的参数，紧密地与光和晶体的振动本征模（声子）的耦合相关联。并提出了这种类似于电子和光子一样的新的准粒子——极化激元（polaritons）。15 年以后，亨利（Henry）等用拉曼光谱观察到了这种新的准粒子[15]。本章所指的共振激励表面等离子体激元也就是 1951 年黄昆院士提出的极化激元，它具有电子和光子两重性。当前学界已将由电磁场共振激发的金属/电介质界面表面等离子体激元定义为表面等离子体极化激元。共振激发的的条件是：

金属(自由电子)特征频率与激励 TM(振幅垂直于表面)电磁场的频率相等。

用金属自由电子杜鲁德模型描述,表面金属等离子体激元的频率可表示为下式(即色散关系式,式中 k_{sp} 为 SP 的波矢量):

$$\omega_{sp}=\frac{\omega_p}{\sqrt{1+\varepsilon_a}}=ck_{sp}\Big/\left(\frac{\varepsilon_m\,\varepsilon_a}{\varepsilon_m+\varepsilon_a}\right)^{1/2} \tag{23-38}$$

TM(即 p 偏振)传输光以 θ 入射角直接照射金属表面时,平行于表面($k_{\parallel}$ 方向)的激励光频可表示为

$$\omega_{\parallel}=ck_{\parallel}/(\varepsilon_a^{1/2}\sin\theta) \tag{23-39}$$

上两式中的 $k_{\parallel}$ 为平行于金属表面的波矢量分量,ε_m 为金属介电常数,ε_a 为空气或电介质的介电常数。

金属/电介质界面 TM 激励光的色散曲线和金属表面等离子体激元的色散曲线示意图可见第三十三章的图 33-50 或本章的图 23-10。如果分界面上的介质为空气(金属/空气),由于(23-39)式中的 $\varepsilon_a=1$,实际的银、金和铜等金属的等离子体激元的特征频率都比从空气中入射的可见光的 TM 激励波的频率大,找不到相等的频率,因而不可能在平的金属/空气界面激励共振的表面等离子体极化激元。但如果分界面上的介质为玻璃(金属/玻璃),此时在(23-39)式中的 $\varepsilon_a=\varepsilon_g\approx1.5$(如 TM 激励光从玻璃以超临界角入射),则可在某个入射角条件下使(23-38)式与(23-39)式相等,即 $\overline{\omega}_{sp}=\omega_{\parallel}$,两者频率相等,共振产生 SPP。

为了在平的银膜表面激励等离子体极化激元,最常用的是采用克雷奇曼(Kretschmann)全内反射棱镜结构。在该结构中,激励光的入射角在大于临界角的情况下,由于棱镜的介电常数 ε_g 大于空气的介电常数 ε_a,银膜表面倏逝光的色散曲线为一条与表面等离子体激元色散曲线存在一个交点的直线(见第三十三章的图 33-50 或本章的图 23-10)。交点处的波矢量达到耦合条件,即 $k_{\parallel}=k_{sp}$,这时的波矢量被定义为表面等离子体极化激元的波矢量 k_{spp}。在该条件下,从玻璃一侧射入的入射角为 θ_{spp} 的激励光将在全内反射光束光斑中消失(见图 23-4 中全内反射光斑中显示的一条暗线),此现象称为衰减全内反射(ATR)。该消失光束的光子能量全部(或极大部分)通过 SPP 耦合已转交给金属表面的自由电子的集体振荡。自由电子的集体振荡方向垂直于金属表面,它是由入射角为 θ_{spp} 的 p 偏振光束垂直于金属表面的电场(E_z)激励产生的。金属表面自由电子集体振荡的同时,在金属/空气界面显示与表面等离子体激元耦合的倏逝场。这时,光子扫描隧道显微镜(photon scaning tunnel microscrope,PSTM)可检测到指数衰减的 SPP 倏逝光(图 23-4 中 PSTM 光纤尖即可检测到与表面等离子体极化激元相耦合的倏逝光)。

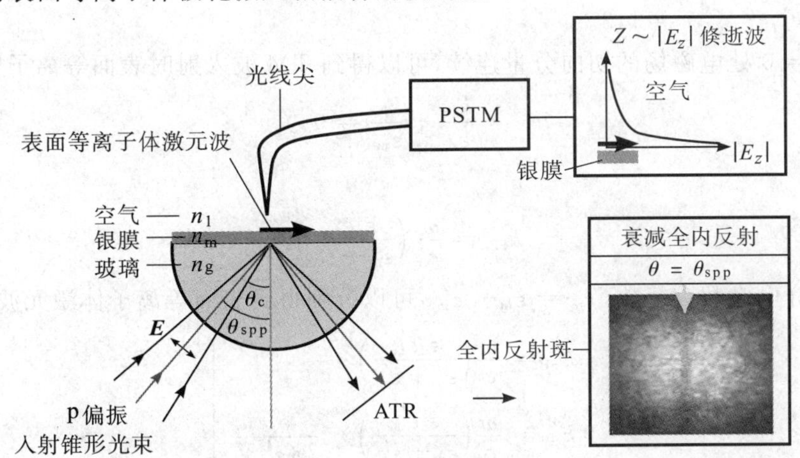

图 23-4　全内反射衰减现象(全反射场中暗线)和用 PSTM 检测到的 SPP 倏逝场

产生 SPP 共振的条件为:$k_{\parallel}=k_{sp}$,在共振条件下的共振角,即表面等离子体极化激元的共振角为

$$\theta_{spp}=\arcsin\left(\frac{\varepsilon_m\varepsilon_a}{\varepsilon_m+\varepsilon_a}\,\frac{1}{\varepsilon_g}\right)^{1/2} \tag{23-40}$$

式中的 ε_m、ε_g 和 ε_a 分别是金属、棱镜玻璃和空气(或电介质)的介电常数。根据上式,在已知 ε_m 和 ε_g 的条件下,如能精确测出 θ_{spp},便可精确测出其他电介质的介电常数 ε_a。

表面等离子体极化激元波是一种特殊形式的电磁波,自由电子是其载体,它仅存在于金属(导体)/电介质界面,只能沿着金属表面传播。

2. 表面等离子体激元的色散关系

如前所述，位于金属表面附近的电子，在外部周期性变化的电磁波的作用下会产生表面电子集体运动，这种表面电荷密度的空间分布沿着金属表面产生疏密波形式的振荡，形成了表面等离子体激元。

早在20世纪五六十年代，人们就从实验上观测到了表面等离子体激元的存在，并且推导了这种表面电磁模式的色散关系，提出了激发表面等离子体激元的方法[16]。之后由于缺乏有效的研究工具，对表面等离子体激元的研究一度趋于沉寂。直到80年代，扫描隧道显微镜、原子力显微镜以及近场光学显微镜的发明[17-18]，使得人们能够在纳米尺度内对物体形貌和光学现象进行探测，表面等离子体激元的各种性质得到了广泛的研究，掀起了一个研究表面等离子体激元的热潮。下面将从表面等离子体激元的基本理论入手对其进行介绍。

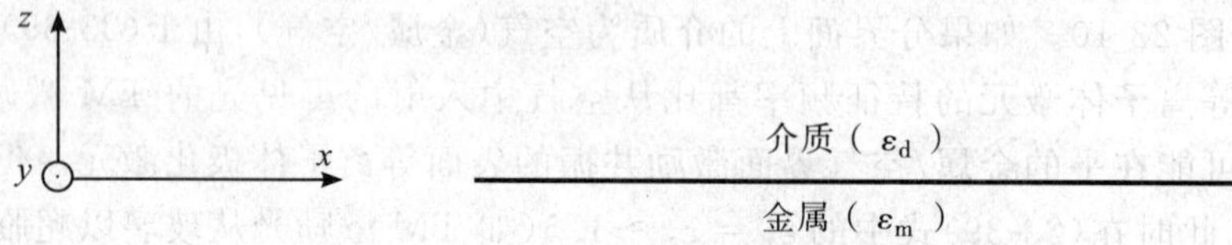

图 23-5 半无限大界面处表面等离子体激元的激发

采用严格的麦克斯韦方程组可以推导出表面等离子体激元的色散关系[19]，分析如图23-5所示的结构。

$z>0$ 的空间为区域1，填充着介电常数为 ε_d 的电介质，$z<0$ 的空间为区域2，填充着介电常数为 ε_m 的金属导体。可以得到金属和电介质界面各处TM模式电磁场的表达式[17]：

$z>0$ 区域

$$\left.\begin{aligned} H_1 &= (0,A,0)\exp(\mathrm{i}k_{1x}x-k_{1z}z-\mathrm{i}\omega t) \\ E_1 &= -\frac{A}{\mathrm{i}\omega\varepsilon_d\varepsilon_0}(k_{1z},0,\mathrm{i}k_{1x})\exp(\mathrm{i}k_{1x}x-k_{1z}z-\mathrm{i}\omega t) \end{aligned}\right\} \tag{23-41}$$

$z<0$ 区域

$$\left.\begin{aligned} H_2 &= (0,B,0)\exp(\mathrm{i}k_{2x}x+k_{2z}z-\mathrm{i}\omega t) \\ E_2 &= -\frac{B}{\mathrm{i}\omega\varepsilon_m\varepsilon_0}(-k_{2z},0,\mathrm{i}k_{2x})\exp(\mathrm{i}k_{2x}x+k_{2z}z-\mathrm{i}\omega t) \end{aligned}\right\} \tag{23-42}$$

式中，$\varepsilon_i(\omega/k)^2=k_{i_x}^2-k_{i_z}^2, i=1,2$。

由于在界面 $z=0$ 处电磁场的切向分量连续，可以得到TM波入射时表面等离子体激元的色散关系：

$$\frac{k_{1z}}{\varepsilon_d}+\frac{k_{2z}}{\varepsilon_m}=0 \tag{23-43}$$

其更常用的形式为

$$k_{SP}=\frac{\omega}{c}\left(\frac{\varepsilon_d\varepsilon_m}{\varepsilon_d+\varepsilon_m}\right)^{1/2} \tag{23-44}$$

考虑到金属的介电常数为复数，$\varepsilon_m=\varepsilon'_m+\mathrm{i}\varepsilon''_m$，可以分别得到表面等离子体激元波矢的实部和虚部：

$$\left.\begin{aligned} k'_{SP} &= \frac{\omega}{c}\left(\frac{\varepsilon_d\varepsilon'_m}{\varepsilon_d+\varepsilon'_m}\right)^{1/2} \\ k''_{SP} &= \frac{\omega}{c}\left(\frac{\varepsilon_d\varepsilon'_m}{\varepsilon_d+\varepsilon'_m}\right)^{3/2}\frac{\varepsilon''_m}{2(\varepsilon'_m)^2} \end{aligned}\right\} \tag{23-45}$$

当TE波入射时，同样利用前述麦克斯韦方程的边界条件进行求解则不能得到非0解，这说明金属和电介质界面不支持TE模式的表面波，只有TM波入射时才能激发表面等离子体激元。

前面已经给出了金属的介电常数模型，在杜鲁德模型近似下，金属的介电常数简化形式可以表示为[10]

$$\varepsilon(\omega)=1-\frac{\omega_p^2}{\omega^2} \tag{23-46}$$

将(23-46)式代入(23-44)式，就可以得到金属和电介质界面上的表面等离子体激元的色散关系：

$$k_x=\frac{\omega}{c}\sqrt{\frac{\varepsilon_d(\omega_p^2-\omega^2)}{\omega_p^2-(1+\varepsilon_d)\omega^2}} \tag{23-47}$$

以银和空气界面上表面等离子体激元的色散关系为例，代入银的等离子体频率 $\omega_p=1.346\ 39\times10^{16}$，就可以得到表面等离子体激元的色散关系曲线，如图 23-6 所示。可以看出，表面等离子体激励波可以分为辐射表面等离子体模式和非辐射表面等离子体模式两种类型。当激发电磁波的频率大于 ω_p 时，表面等离子体为辐射模式，这种模式只有在 k_x 很小时才能定义生命周期，k_x 逐渐增加后这种模式便会因为生命周期太短而没有意义。当激发电磁波的频率小于 $\omega_p/\sqrt{2}$ 时，表面等离子体的横向波矢 k_x 总是大于真空中电磁波的波矢，在低频段，两者之间的波矢差较小，随着频率的增加，两者之间的波矢差逐渐增大。当激发电磁波的频率趋近于表面等离子体的谐振频率 $\omega_{sp}=\omega_p/\sqrt{2}$ 时，表面等离子体的横向波矢趋于无穷大，对应于极小的波长，因此其可以联系通常难以企及的纳米世界，与仅存在于近场的倏逝波成分相互作用，从而推动近场光学与纳米光学的发展。由于表面等离子体波的横向波矢较大，其纵向波矢分量为虚数，因而在垂直于界面的方向上呈指数衰减，其局域在金属和电介质的界面上传播。本章所讨论的表面等离子体波都是非辐射表面等离子体模式，即表面等离子体激元波。

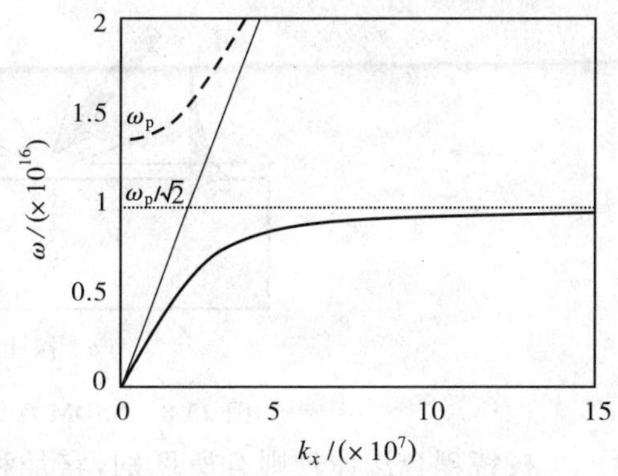

图 23-6　表面等离子体激元的色散关系曲线

$\omega=ck_x$ 为光在真空中的色散关系，右侧的实线为金属和空气界面上表面等离子体激元的色散关系曲线，ω_p 为块状金属的等离子体频率

金属特殊的色散关系导致了表面等离子体激元独特的色散曲线。而表面等离子体激元的色散曲线可以描述表面等离子体激元的光学性质，因此其具有非常重要的意义，可以作为表面等离子体激元相关研究的出发点。

3. 表面等离子体激元的激发方式

表面等离子体激元的激发方式有两种，分别是电激发和光激发，目前实验研究比较常用的方法是光激发。在表面等离子体激元的色散关系图中，表面等离子体激元的色散曲线总是位于电介质中电磁波的色散曲线右方，意味着在相同的频率下，表面等离子体的横向波矢总是大于介质中电磁波的波矢，即表面等离子体和介质中的电磁波始终存在着一个动量差。因此，电介质中的电磁波不能直接激发表面等离子体激元，而激发表面等离子体激元的关键是通过某种方式弥补这个动量差。目前已经发现可以用光栅耦合法、棱镜耦合法、表面缺陷和随机粗糙表面等方法激发表面等离子体激元[19-20]。

光栅耦合法的示意图如图 23-7(a)，当电磁波入射到光栅表面时其波矢会发生改变，改变量为光栅倒格矢的整数倍。假设光栅的周期为 d，电磁波的入射角为 θ，电磁波入射到光栅表面后波矢的切向分量 $k_x=k_0\sin\theta+2n\pi/d$（$n$ 为整数），当满足 $k_x=k_{sp}$ 时就能够激发表面等离子体激元，其原理如图 23-7(b)所示。类似于光栅结构，光滑金属表面的缺陷、针尖以及纳米金属粒子等结构也会使入射电磁波的波矢发生改变，当波矢的改变量恰好等于电磁波与表面等离子体激元动量差时就能够激发表面等离子体激元波，如图 23-8 所示。

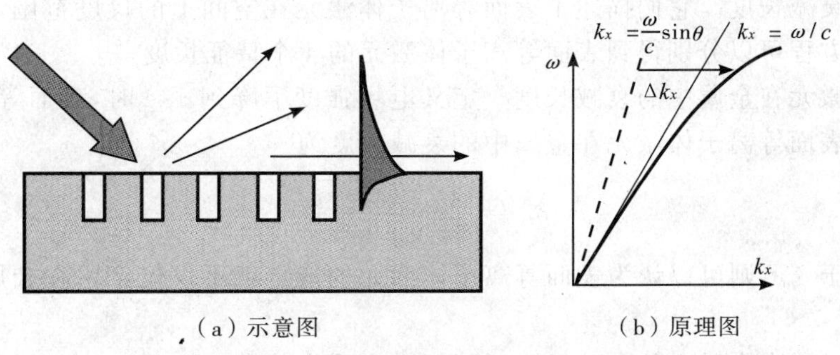

(a) 示意图　　(b) 原理图

图 23-7　光栅耦合法激发表面等离子体激元

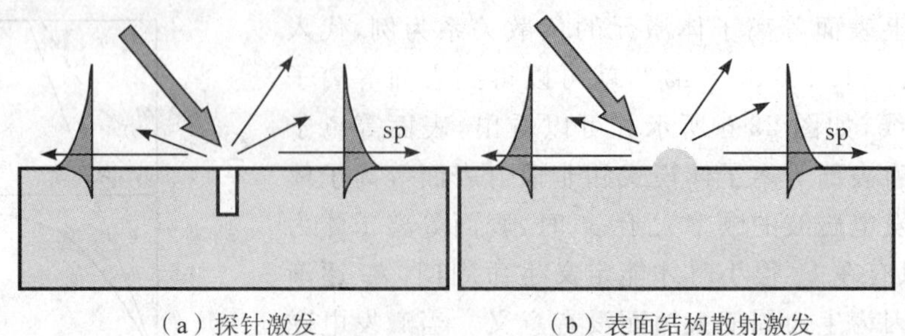

图 23-8 NSOM 探针和表面结构散射激发表面等离子体激元的示意图

棱镜耦合法原理则有所区别，它是利用高折射率的透镜增加入射电磁波的波矢以弥补动量差。如图23-9(a)所示为 Kretschmann 结构，金属薄膜紧贴着高折射率的棱镜，另一侧为空气，电磁波从棱镜入射到金属薄膜上，由于金属层很薄，存在隧道效应，棱镜中的入射光可以在金属与空气的界面上激发出表面等离子体激元波；图(b)为双层 Kretschmann 结构，其可以在金属的两个界面都激发表面等离子体激元波；图(c)为 Otto 结构，采用不接触的方式进行激发。棱镜耦合法的原理如图 23-10 所示。

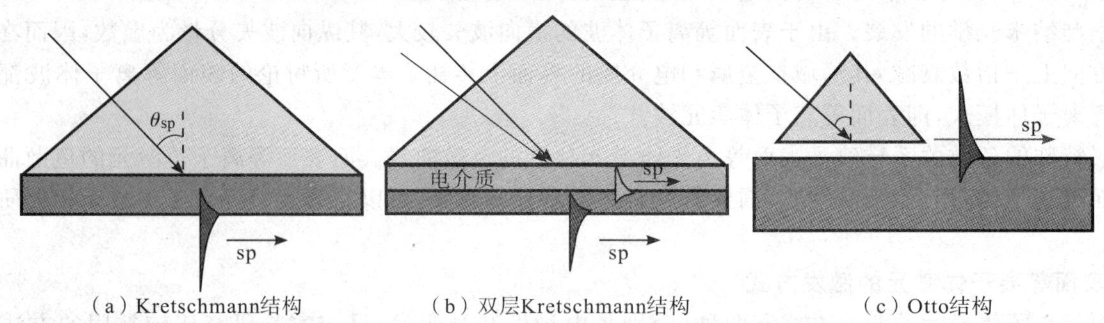

图 23-9 棱镜耦合法激发表面等离子体的结构示意图

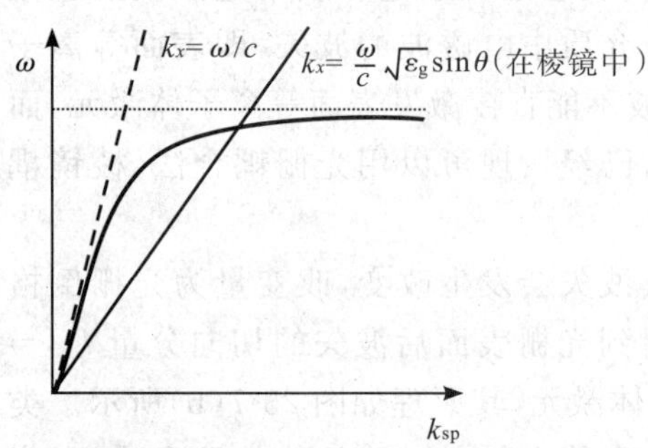

图 23-10 棱镜耦合法的原理示意图

另外，随机粗糙表面也能够激发表面等离子体激元，因为随机粗糙表面的衍射场包含了所有的波矢分量，能够补偿入射波和表面模式之间任意可能的动量差，但也正因为如此，其激发效率比较低。

以上这些表面等离子体激元的激发方式都是可逆的，也可以利用上述结构把表面等离子体激元波转化为自由空间中的辐射波，其原理是利用上述方法的反向过程减小表面等离子体激元波的动量。目前，这些激发方法已经被广泛应用于表面等离子体激元的研究当中。

4. 表面等离子体激元的 4 个特征长度

与表面等离子体激元相关的 4 个特征长度分别为表面等离子体激元的传输波长、传播长度，金属中的衰减长度和电介质中的衰减长度。它们描述了表面等离子体激元在空间上的尺度范围，利用表面等离子体激元的色散关系和波矢方程可以分别得到表面等离子体激元的 4 个特征长度[19]。

1)表面等离子体激元在金属中的衰减长度。定义电场强度下降到 1/e 时，表面等离子体激元所穿透的深度为衰减长度。则表面等离子体激元在金属中的衰减长度为

$$\delta_m = \frac{\lambda}{2\pi}\sqrt{\frac{\varepsilon'_m + \varepsilon_d}{\varepsilon'^2_m}} \tag{23-48}$$

如果金属薄膜厚度小于 δ_m，则可以认为表面等离子体激元的能量就不仅仅停留在金属表面，而会穿透到另一面。

2)表面等离子体激元在介质中的衰减长度。SPP 在介质中的衰减长度为

$$\delta_d = \frac{\lambda}{2\pi}\sqrt{\frac{\varepsilon'_m + \varepsilon_d}{\varepsilon_d^{\ 2}}} \tag{23-49}$$

对于大多数情况 $\delta_d > \delta_m$，介质中的衰减长度决定了基于表面等离子体激元的光学器件的最小介质衬

底厚度。

3)表面等离子体激元的传输长度。定义强度下降为初始值的 1/e 时，表面等离子体激元所传播的长度为传输长度。表面等离子体激元的传输长度为

$$\delta_{sp}=\frac{c}{\omega}\left(\frac{\varepsilon_d\varepsilon_m'}{\varepsilon_d+\varepsilon_m'}\right)^{-3/2}\frac{(\varepsilon_m')^2}{\varepsilon_m''} \tag{23-50}$$

可以看出金属介电常数的虚部直接决定传输长度的大小，因为介电常数虚部对应金属的损耗。当入射波长为 500 nm 时，铝和空气界面的表面等离子体激元传输长度为 2 μm；而对于损耗较小的银，传输长度可以达到 20 μm；在更大的入射波长 1 550 nm 处，银表面的传输长度可以达到 1 mm。传输长度决定表面等离子体激元光学器件的最大尺寸，如果结构尺寸大于 δ_{sp}，则能量损耗较严重。

4)表面等离子体激元的传输波长。SPP 的传输波长为

$$\lambda_{sp}=\lambda\left(\frac{\varepsilon_d\varepsilon_m'}{\varepsilon_d+\varepsilon_m'}\right)^{-1/2} \tag{23-51}$$

传输波长决定了基于表面等离子体激元光学器件表面结构的大小，如果要制作表面等离子体激元光学器件表面结构，其特征尺寸应当小于 $\lambda_{sp}/10$。

表面等离子体激元的 4 个特征长度都紧密依赖于表面等离子体激元周围金属和电介质的介电常数。图 23-11 给出了银和铝在入射光波长为 1.5 μm 和 0.5 μm 时的 4 个特征尺寸。

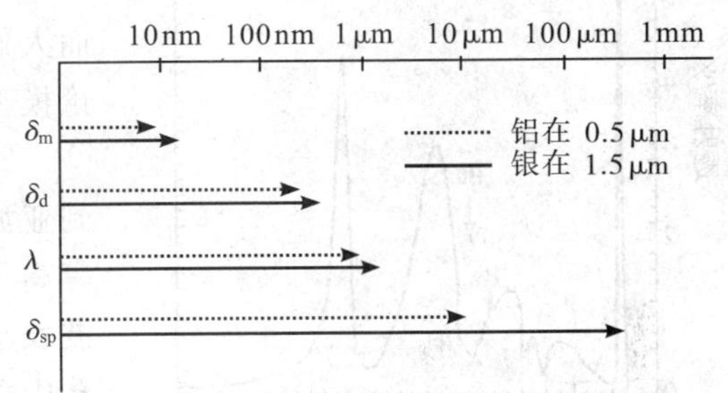

图 23-11　银和铝在入射光波长为 1.5 μm 和 0.5 μm 时的 4 个特征尺寸

δ_m 为金属中的衰减长度，δ_d 为电介质中的衰减长度，λ 为传输波长，δ_{sp} 为传播长度[8]

(二)表面等离子体激元的特点

表面等离子体激元具有表面局域、局域增强和短波长的特点。表面等离子体激元的色散曲线可以描述表面等离子体激元的光学性质，因此下面从图 23-6 出发来分析表面等离子体激元的特殊性质。

从色散曲线图中可以看出，频率相同时，表面等离子体激元的横向波矢 k_x 总是大于空气中的横向波矢。当 k_x 较大时，表面等离子体激元的纵向波矢 $k_z=\sqrt{k_0^2-k_x^2}$ 为虚数，表面等离子体激元的场强在垂直于金属表面的方向上呈指数衰减，因此表面等离子体激元局限在金属表面传播。表面等离子体激元的表面局域特性对于发展未来纳米全光回路具有重要意义。人们已经证明厚度仅 40 nm 的金属窄线条、周期排列的金属纳米粒子和 V 形槽可以作为表面等离子体激元的波导[8,21]，基于 V 形槽波导的分束器、MZ 干涉仪和环形共振器也已经被报道[22]。

当频率趋近于表面等离子体的谐振频率 ω_{sp} 时，表面等离子体激励波的横向波矢趋于无穷大，此时表面等离子体激励波具有很小的传输波长。若要使介质中的电磁波具有很小的波长需要达到非常高的频率，而表面等离子体的谐振频率一般都位于紫外和可见光波段，其能够在较低的频率就具有很小的波长。表面等离子体作为一种信息载体，短波长的特点使其能够携带物体的高频信息，这使得其在对成像分辨率要求较高的纳米光刻、近场信息探测、高密度光学存储等领域具有重要意义。表面等离子体在这些方面的潜力已经被逐步显示出来，例如，表面等离子体干涉光刻早已被提出[23]，而利用其实现近场超分辨成像也已经被实验证明[24]。

表面等离子体激元具有局域场增强的效应，其能够和金属表面的微小缺陷相互作用，在金属表面的缺陷内得到极大的场强。而这种局域电场的增强会促使非线性光学现象的产生，可以用于生物传感等领域[25-26]。

表面等离子体激元还能够引发一些异常透射现象。由于表面等离子体激元束缚在金属表面，因此其电磁特性紧密依赖于金属表面的结构，根据这个特性，可以通过在金属表面设计结构实现各种光学控制功能，甚至是传统光学方法难以实现的功能。例如，亚波长金属孔阵列结构具有透射增强效应，而金属薄膜上亚波长小孔结合周期沟槽的结构同时具有定向辐射效应和透射增强效应，这些由表面等离子体激元引起的异常

透射现象引起了人们广泛的关注，下面对其进行详细介绍：

1998 年，Ebbesen 等人发现[27]，当一束可见光照射到具有亚波长周期小孔阵列的金属薄膜上时，在某些特定的波长表现出奇异的透射增强效应。他们在石英基底上镀 200 nm 厚的银膜，然后在银膜上刻蚀出周期 900 nm、直径 150 nm 的圆孔阵列。这个结构的透射光谱如图 23-12 所示，从图中可以看出，在波长大于孔阵列周期的范围内，出现了一些超强透射峰。其中，最大的透射峰对应的波长约为1 370 nm，差不多是小孔直径的 10 倍。然而根据经典的小孔衍射理论[28]，光通过孔径时，其透射率应该在 $(d/\lambda)^4$ 左右（d 表示孔径直径，λ 表示入射光波长），对于波长1 370 nm的入射光透射率应为约 0.001，而实验结果却大于 0.04。这说明对于某些波长的入射光，周期性阵列中金属小孔的透射率不仅远远高于经典理论值，而且大于所有圆孔面积与总面积的比值。

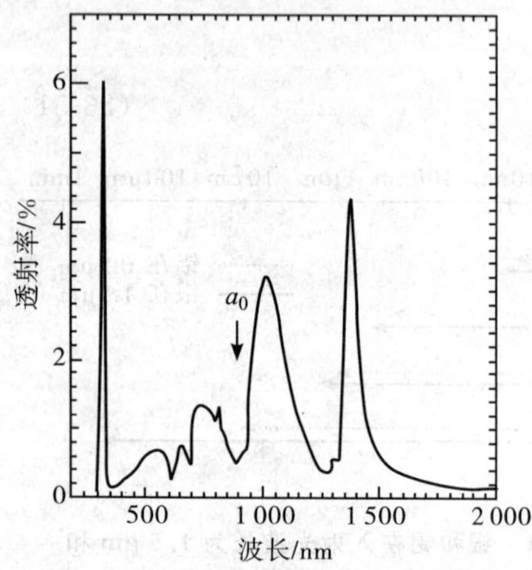

图 23-12　厚度为 200 nm 的银膜上圆形亚波长圆形小孔阵列的透射谱

圆孔的周期为 900 nm，直径为 150 nm[28]

金属薄膜上亚波长孔阵列的异常透射现象一经提出就引起了科学家们极大的兴趣，迅速成为表面等离子体激元研究的一个热点，用严格的耦合波方法就可以对这种结构的光学性质进行精确的求解，然而人们更关心的是蕴藏在其内部的物理机制，目前已经提出了多种理论模型对异常透射现象进行解释。

2001 年，L. Martín-Moreno 等提出[29]，当某些特定波长的光入射到亚波长金属孔阵列的表面时，会在结构的入射面和出射面激发表面等离子体激元，两个界面上表面等离子体存在隧道效应，使得透过亚波长小孔阵列的能量得到增强。他们发现结构的 0 阶透射光谱与小孔中的基模在金属薄膜的两个界面上的反射系数 ρ 密切相关，而 $|\rho|$ 是波长的函数，其最大值对应的波长和这种结构上表面等离子体激元的波长恰好相等，这就证明了表面等离子体激元是异常透射现象的根本原因。而结构的透射光谱与厚度有较大联系，这是因为当金属薄膜的厚度较小时，其两个表面上的表面等离子体激元几乎是同时激发的，而当金属薄膜的厚度较大时，可以看作是外部电磁波在入射面首先激发了表面等离子体激元，表面等离子体激元通过隧道效应传播到出射面，最后在出射面耦合成辐射波。

这就是目前被大多数科学家认同的表面等离子体激元耦合观点，这种观点建立了表面等离子体激元与异常透射现象的联系，肯定了表面等离子体激元的作用。然而表面等离子体激元耦合观点并不能解释所有异常透射现象，例如透射峰值对应的频率随小孔尺寸的增大而发生红移，表面等离子体的谐振频率处恰好为透射极小等。

2002 年，Qing Cao 等提出小孔的波导模式以及光衍射是造成异常透射现象的主要原因，而表面等离子体激元在其中起负的作用。他们对一维光栅结构的透射光谱进行计算，发现在把小孔周围的材料看成理想反射器，只考虑亚波长小孔中电磁模式的情况下，可以获得与严格的耦合波方法非常相近的透射光谱。透射峰的位置取决于通孔本身的谐振模式和小孔中的基模电磁波在光栅表面反射时的附加相移，后一项与结构的衍射有较大关系，因此他们认为异常透射现象主要和小孔的波导模式以及光衍射有关。他们还发现透射极小值对应的波长恰好和金属平面上支持的表面等离子体激元波长相等，因此认为表面等离子体激元在异常透射效应中起负的作用，并且指出表面等离子体激元耦合观点受到了表面等离子体激元对应的能量与 Rayleigh 异常点对应能量非常相近的干扰，但可能有与表面等离子体激元非常类似的表面波或者表面电流的参与异常透射过程。

Qing Cao 等肯定了波导模式的作用，同时推测有其他模式的表面电磁波参与了异常透射过程。根据波导理论，当金属膜层的厚度固定时，增加小孔的尺寸就会使透射波长相应地增加，这就能够解释透射峰随着小孔的增大而发生红移的原因。然而，他们仅仅根据表面等离子体激元波长处出现透射极小就推测表面等离子体激元在异常透射现象中起负的作用似乎过于武断，金属表面的结构可能导致表面等离子体激元的传播常数发生改变。

G. Gay 等也认为一些其他模式的表面波是异常透射现象的主要原因，并且把这些表面波统称为复合衍射倏逝波，由此提出了复合衍射倏逝波模型(composite diffracted evanescent wave model)。他们研究了金属薄膜上狭缝结合一个亚波长沟槽以及小孔结合一个亚波长沟槽的结构，这两种结构便于分析入射面上单个沟槽所激发的表面波，通过改变沟槽与狭缝(小孔)的距离测量透射光强和测量表面模式的场强分布情况，实验结果表明，在距沟槽 3～4 μm 的范围内，表面波的场强下降较快，但随着距离的进一步增加，表面模式的场强没有太大变化，可以延伸到数十微米之外，而这种场分布是表面等离子体激元所不具有的。G. Gay 等认为表面等离子体激元(波长 819 nm)由于受到金属吸收以及表面粗糙散射等影响，传播 3 μm 的距离就已经损耗殆尽了，因此其他模式的表面波是造成异常透射现象的主要原因。他们提出亚波长沟槽激发的一系列表面模式可以用复合衍射倏逝波模型来描述，这种复合倏逝波的激发发生在紧邻沟槽的范围内(2～3 μm)，其作为激发源可以在更远处激发持续的表面波(persistent surface wave)。复合倏逝波是一个包含了多种表面模式的波包，这些表面模式的平行波矢 k_x 可能互不相同，但它们在垂直于表面的方向上都是倏逝波。

复合衍射倏逝波模型是基于对单个沟槽的衍射提出的，提出了亚波长小孔结构能够激发出一些其他的表面模式。虽然表面等离子体激元的能量衰减很快，当孔阵列的周期和表面等离子体激元的传输波长相近时，临近的小孔激发的表面等离子体激元可能发生相互耦合，因此不能忽略表面等离子体激元的作用。

上面这些模型都分析了可能决定异常透射现象的各种因素，然而对异常透射现象的具体过程没有做出清晰的描述，也没有单独分析每个因素所起的作用。2008 年，刘海涛等提出了多重表面等离子体极化激元散射模型(multiple-scattering SPP model)，试图调和之前的几种不同观点。这种模型单独分析了表面等离子体激元对异常透射现象的贡献，成功地解释了异常透射现象的微观机制，能够预测透射增强的所有主要特征，包括透射谱线形状、透射峰值和极大值点的位置、反射谱极小值点和透射谱峰值间的对应关系等。异常透射现象中最基本的物理过程包括：表面等离子体激元遇到小孔时发生透射、反射，耦合到小孔中、散射到空气中，小孔中电磁模式的反射以及耦合成辐射波，如图 23-13 所示。他们把这些基本的物理过程结合起来，忽略其他所有的散射波，采用全矢量方法以及洛伦兹倒格矢理论(Lorentz reciprocity theorem)对亚波长金属孔阵列进行了计算，结果和严格耦合波理论的计算结果以及实验结果都非常吻合。这种模型能够解释透射峰值波长略大于表面等离子体激元的传输波长，其原因在于亚波长小孔导致金属薄膜的电导率有所下降。多重表面等离子体激元散射模型成功地解释了可见光与近红外波段异常透射现象的微观机制，进一步证明了表面等离子体激元在异常透射现象中的重要作用。同时刘海涛等也指出，表面等离子体激元不是产生异常透射现象的唯一因素，柱状波(cylindrical wave)也参与了这个过程，随着波长的增加，柱状波将逐渐占据主导地位，这种模型也就不再准确。

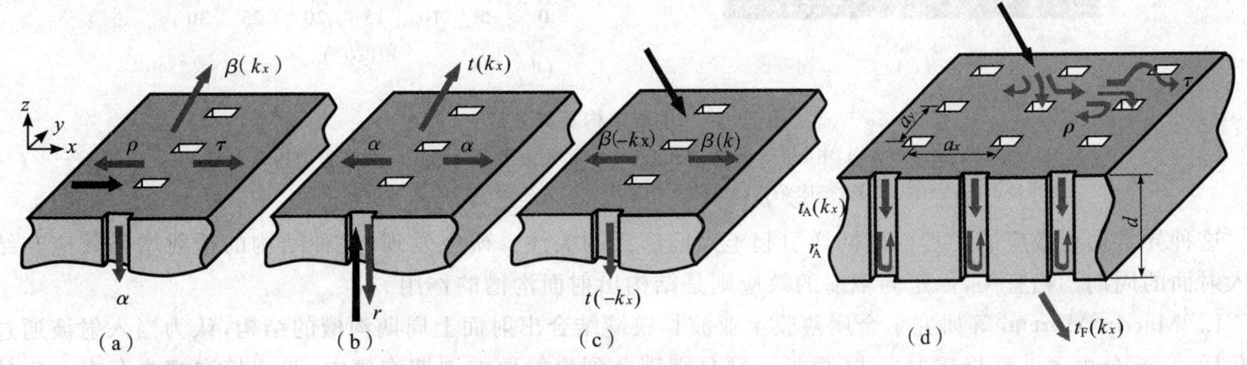

图 23-13　异常透射现象中的基本物理过程

(a) 表面等离子体激元在遇到一列小孔时会发生反射(ρ)、透射(τ)、耦合成小孔中的 Bloch 模式(α)；(b) 散射到空气中(β)；(c)Bloch 模式耦合(t) 成辐射波；(d)Bloch 模式在结构表面的反射(r)

综上所述，表面等离子体激元耦合在异常透射效应中发挥了重要作用，但其不能完全解释异常透射现象，必须综合考虑金属薄膜上激发的其他表面模式以及能量在小孔中的传输才能对异常透射现象进行全面的解释。

2002 年，H. J. Lezec 等人的研究发现，金属薄膜上亚波长小孔结合周期圆环凹槽的结构不仅具有透射增强效应而且具有定向辐射效应。他们首先在一块 300 nm 厚的银膜上打一个直径为 300 nm 的圆孔，然后在结构的入射面和出射面上小孔的外侧刻蚀出以圆孔为中心的周期圆环凹槽，槽深 60 nm，周期 600 nm，这种结构被称为牛眼(bull's eye)结构。光波垂直入射到结构上时，在入射光波长为 660 nm(稍大于结构周期)时有极强的透射率增强，同时出射光具有极强的方向性，如图 23-14 所示。根据衍射理论，当小孔的直径小于入射光波长时，其透射光在各个角度的能量是均匀的，而实验测得的透射光束的半高全宽发散角仅为约 ±5°。同时，H. J. Lezec 等还研究了亚波长单条狭缝的情况，狭缝周围刻蚀了周期性的条形凹槽，结果发现其情况与亚波长小孔类似：不但可以在一定的波长得到透射率的异常增强，而且观察到出射的光束有很强的方向性。

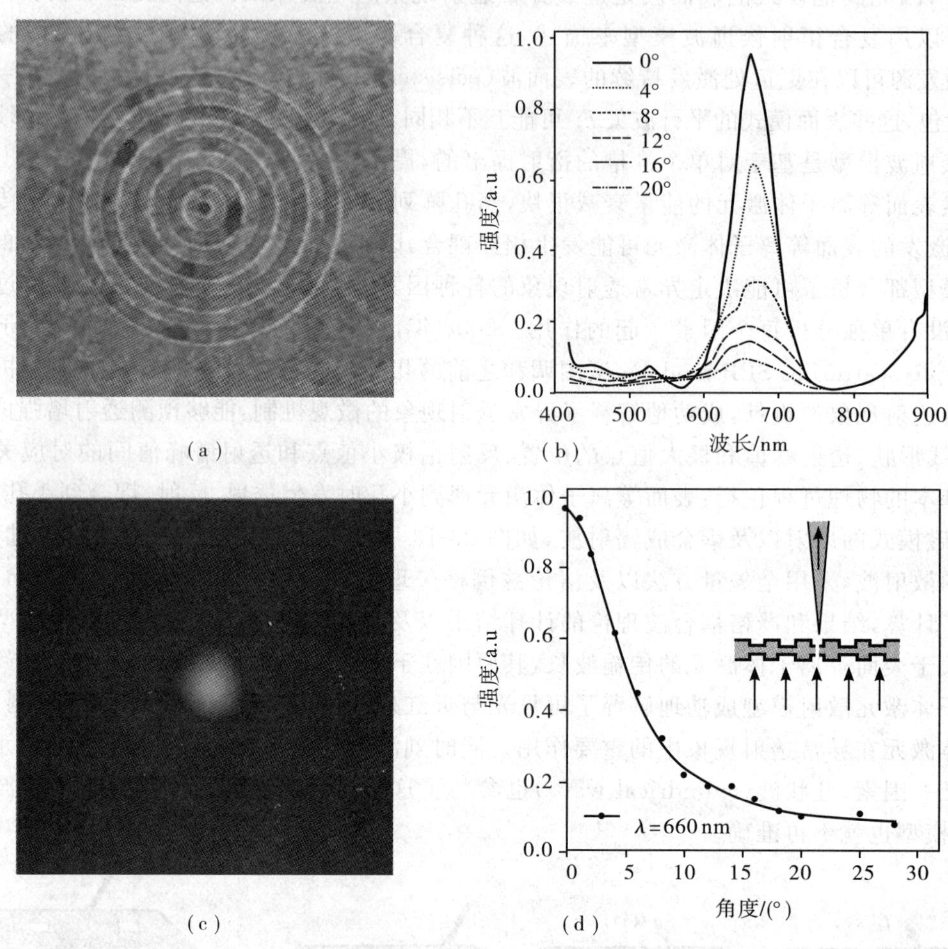

图 23-14 牛眼结构及其效应

(a)为牛眼结构的示意图，中心的小孔为通孔，外侧的圆环为周期沟槽；(b)为这种结构在不同入射角度下的透射率；(c)为牛眼结构得到的远场光斑；(d)为牛眼结构的远场角谱[30]

这种异常透射效应的物理机理同样引起了人们广泛的关注。研究发现，这种结构的透射增强效应与结构入射面的周期沟槽有关，而定向辐射的效应则是结构出射面沟槽的作用。

L. Martín-Moreno 等研究了金属薄膜上亚波长狭缝结合出射面上周期沟槽的结构，认为当入射波通过小孔后，一部分电磁波直接辐射出去，而另一部分则耦合到出射面的周期沟槽中，亚波长沟槽内存在一定的电磁模式，并且会产生二次辐射，总的辐射场是中心狭缝的直接透射与周期沟槽二次辐射的叠加。当所有沟槽与狭缝之间满足同相匹配时，能够得到方向性最好的定向辐射光束。他们提出了一个物理模型来描述金属薄膜上亚波长狭缝结合周期沟槽结构的辐射光强分布，假设出射面上只有开槽处具有场强，沟槽中只存在基模，即忽略出射面上场强较小的表面模式和亚波长沟槽中衰减很快的高阶模式。用电磁匹配边界条件建立一组线性方程来描述沟槽之间以及沟槽与狭缝之间的电磁相互作用，这样就可以对辐射光的场强分布进行较准确的计算。Liangbin Yu 也认为金属出射面上表面模式的激发和散射是定向辐射现象产生的原因，并且用严格的耦合波法和实验进行了证明。

F. J. Garcia-Vidal 等着重研究了入射面上周期沟槽的作用，指出这种结构的透射增强效应来源于 3 个因素：沟槽中的模式谐振，沟槽二次辐射的相位匹配和狭缝本身的波导模式。他们同样采用基于理想导体近似和基模近似的模式展开法，得到一个线性方程组描述透射增强的现象，并且通过方程确定了造成透射增强现象的 3 个主要原因。首先是狭缝本身的直波导模式，其与周围是否存在沟槽无关，满足波导谐振条件时即使只有单个狭缝也能产生透射峰。其次是开槽处应该具有较大的场强，同时沟槽之间以及沟槽与狭缝之间的距离还要满足同相匹配，这样可以使充分发挥周期沟槽对透射增强的作用。当这 3 个因素同时作用时，结构的透射率可以得到极大的增强。同时他们还发现，透射率的增强条件和表面电磁波的激发条件是一致的，即表面模式的激发是透射增强现象产生的原因，同时透射增强的条件也是反射光栅吸收异常发生的条件。

以上两种亚波长金属结构都充分利用了表面等离子体激元的特点，产生了突破经典小孔衍射理论极限的光学现象。这些异常透射效应有望应用在亚波长光刻、近场显微术、波长可调滤波器、光调制器、平板显示以及高密度光学存储等领域，有望推动新一代集成光学器件的发展，为新型光学器件的设计开辟了新的思路。

(三)表面等离子体激元银膜最佳厚度与退相位效应

在衰减全内反射(ATR)“克雷奇曼结构”中，入射的 ATR 平行光束共振激励银膜产生表面等离子体极化激元，存在一个银膜最佳厚度和最佳入射角 θ_{spp} 的问题。激励光波波长不同，最佳入射角不同。如图 23-15[30] 所示，激励波长为 632.8 nm 时，$\theta_{spp} \approx 42.8°$，银膜的最佳厚度为 55 nm。

适当增加银膜厚度对表面等离子体极化激元(SPP)的强度是有贡献的，但是过多增加银膜厚度反而会减弱表面等离子体极化激元的强度。SPP 的强度反映在自由电子 z 向振荡和在表面耦合的倏逝光强度(见图 23-16 中的 E_z)。由于激励电磁波在银膜中 (x, y) 相同的点，不同的层面(不同 z)有不同的相位，图中银膜内极化激元(Polariton)不同层间的同相位面就是激励电磁波阵面，它并不平行于金属表面。金属膜 z 向厚度超过 $\lambda_{SP}/4$ 层面的银层的极化相位与厚度在 $\lambda_{SP}/4$ 之内的极化相位方向是相反的，因此它对 SPP 的强度的贡献也是相反的。可见厚度超过 $\lambda_{SP}/4$ 层面的银层在增加厚度时，极化激元强度反而减弱，此现象称为“退相位效应(defaceing)”。图 23-15 中银膜的厚度从 25 nm 经 35 nm 增至 55 nm，ATR 衰减谱反射率 $R(\theta)$ 的谷值一直下降到 0，当银膜厚度增加到 75 nm 时，ATR 衰减谱反射率 $R(\theta)$ 的谷值又返回到了高位。其结果就是银膜厚度从 25 nm 增至 55 nm 时，SPP 的强度增加；继续增加银膜厚度到 75 nm 时，由于 55～75 nm 之间银层的激励电场相位不同，反而使 SPP 的强度减退了。

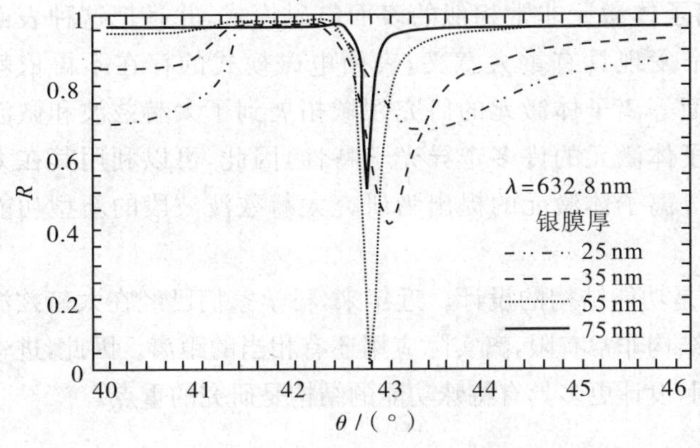

图 23-15　ATR 反射率 R 与入射角 θ 的关系[34]

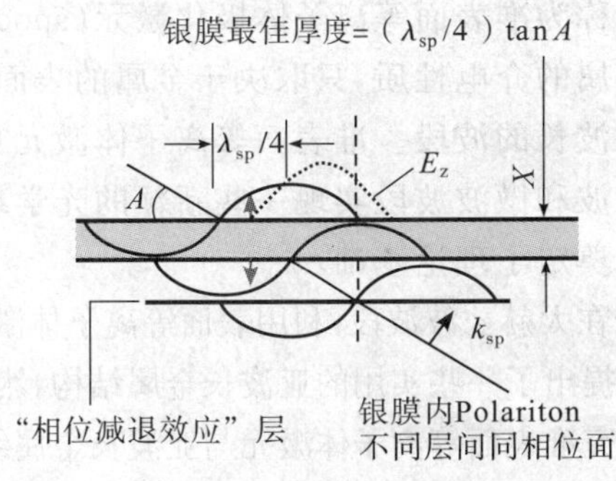

图 23-16　银膜最佳厚度与相位减退效应

(四)表面等离子体激元光环实验

如前述，p 偏振光在衰减全内反射(ATR)“克雷奇曼结构”中，银膜表面激励产生表面等离子极化激元(SPP)，该过程是一个比较复杂的物理过程。人眼不能直接看见这种以自由电子为载体的 SPP 电磁波和在金属/空气表面近场的倏逝波。直接观察 SPP 自由电子共振最好的实验方法是直接观察自由电子共振偶极发射——SPP 光环。SPP 光环实验的原理见图 23-17，p 偏振细激光束照射到玻璃半球/银膜球心上，入射角调整到 θ_{spp}，在球心银膜上激励产生 SPP，半球中心点金属表面自由电子 SPP 共振偶极发射，在衰减全内反射的银膜/空气界面上发生，在半球中心点即有沿表面 2π 方向的偶极光发射，其偏振垂直于表面是由中心向外发射的倏逝光，中心向外 2π 方向传播的倏逝光立即转换为由半球中心点向玻璃半球内发射的禁戒光（即全内反射逆过程光-系传输光）。该禁戒光束即在玻璃半球内呈现为空心的锥光束（半锥角为 θ_{spp}）。该光束投在屏上即为人眼可直接观察到的“SPP 光环”。

“SPP 光环”实验中几种粒子能量的转变过程是：p 偏振激励光束电磁波光子能⇒银膜中自由电子振荡（动能⇔势能→电磁能）耦合隐失光（2π 非辐射波）⇒空心锥辐射型禁戒光电磁波光子能⇒照亮屏上 SPP 光环。图 23-17 和图 23-18 分别为 SPP 光环的原理和实验演示。

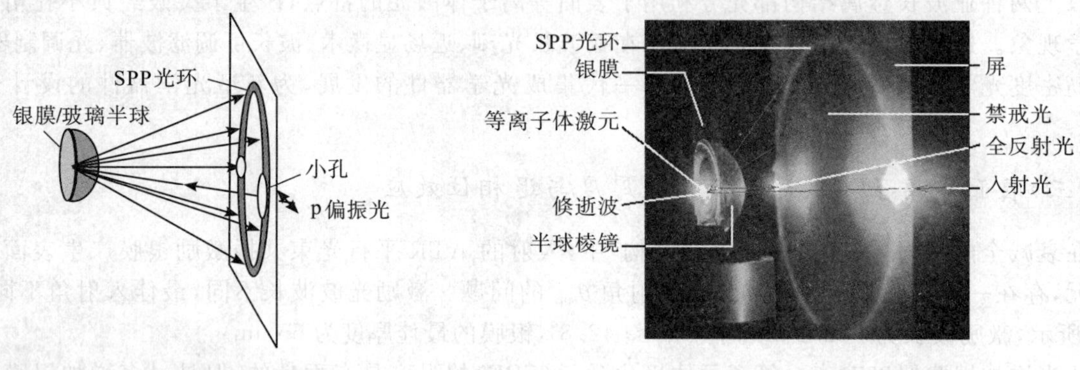

图 23-17　SPP 光环实验原理图　　图 23-18　SPP 光环实验演示

第二节　准表面等离子体的基本理论及其在太赫兹波波段的应用

表面等离子体激元的奇异性质使得其具有广阔的应用前景。然而，表面等离子体激元的特殊性质来源于金属的色散关系，其应用领域一直局限在紫外和可见光波段，在波长较大的太赫兹波和微波波段，由于金属介电常数的实部和虚部都很大，近似于理想导体，所以在金属平面上不能维持表面模式，这些波段也就被排除在表面等离子体激元的研究领域之外。

2004 年，J. B. Pendry 等人在《Science》上撰文指出，在理想导体表面引入亚波长的周期沟槽结构或孔阵列结构后，会使得理想导体表面能够支持和表面等离子体激元非常相似的表面电磁模式，并且把这种表面模式称为准表面等离子体极化激元(spoof SPPs)。这个发现具有重大意义，表面电磁模式的存在不再依赖于金属的介电性质，只取决于金属的表面结构，使得表面等离子体激元的研究领域拓展到了太赫兹波和微波等长波长的波段。准表面等离子体激元具有表面等离子体激元的许多奇异光学特性，因此，可以利用其在太赫兹波和微波波段实现一些新颖的光学现象。准表面等离子体激元的提出为研究太赫兹波波段的新型功能器件奠定了理论基础。

在太赫兹波波段，利用表面等离子体激元的关键依然是功能结构的设计。近年来，科学家们已经在太赫兹波波段提出了一些实用的亚波长金属结构，然而目前提出的结构非常有限，离实际应用还有相当的距离。因此，进一步研究准表面等离子体激元与亚波长金属结构的相互作用，设计更多具有特殊功能的结构是研究的重点。

一、准表面等离子体激元

（一）准表面等离子体激元的提出

J. B. Pendry 等最先提出了准表面等离子体激元的概念。他们在理想导体表面引入尺寸远小于波长的亚波长周期沟槽结构，把引入表面结构后的理想导体看作是一种同一均匀但各向异性的等效材料。由于亚波长的小孔可以维持一定的衰减电磁模式，因此垂直入射的电磁波能够渗透到小孔内部一定深度，其能量在小孔开口处最大，随着与表面距离的增加能量迅速减小。又由于在小孔以外的理想导体表面不支持表面电磁模式，可以看作是入射波在等效材料的表面处激发了较大的场强，场强随着与等效材料表面距离的增加而迅速减小，即形成了局域在材料表面的电磁模式，这种电磁模式的场强分布和色散性质和可见光波段存在于金属和电介质界面的表面等离子体激元非常相似。其原理如图 23-19(a)(b)所示，图 23-19(c)还给出了表面等离子体激元的场强分布情况作为比较。

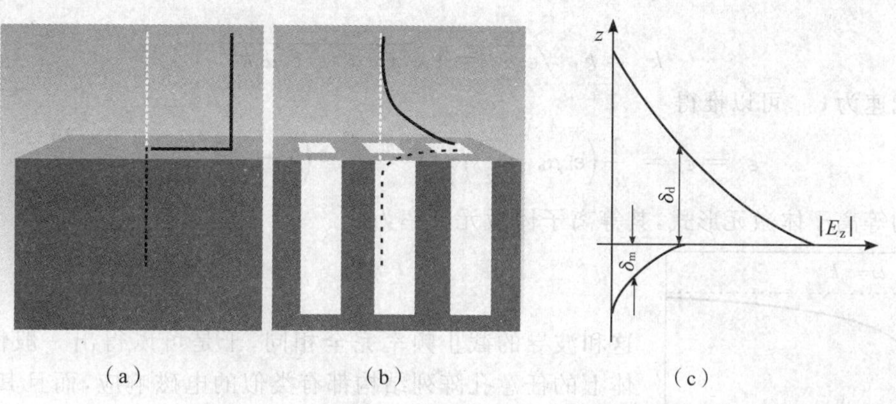

图 23-19　当有电磁波入射时的表面场强分布

(a)理想导体表面电磁场场强分布；(b)理想导体表面引入周期性亚波长孔结构后结构表面的场强分布；(c)表面等离子体激元在金属和电介质界面的场强分布

J. B. Pendry 等从理论上对准表面等离子体激元进行了严格推导。以理想导体上的二维亚波长孔阵列为例，如图 23-20 所示，理想导体的小孔内和外侧均为空气，正方形小孔的尺寸为 $a \times a$，孔阵列排布的周期为 d。结构的尺寸远小于波长，满足 $a < d \ll \lambda$，因此可以忽略高阶模式，认为小孔中只有基模。在推导时，首先分别给出等效材料内部和外部的电场表达式，由于理想导体不支持表面模式，在等效材料内部只需要考虑小孔内的电场，然后利用在等效材料和空气界面上能流密度的连续性建立两个方程之间的联系，从而推导出表面模式的等离子体激元频率。当入射电磁波为平行波矢很大的倏逝波时，等效材料的反射率趋于无穷大，利用这个原理可以得到准表面等离子体激元的色散关系。

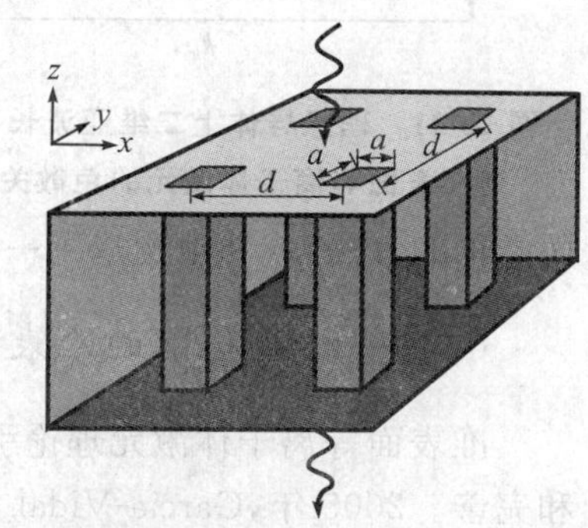

图 23-20　理想导体表面引入二维亚波长周期孔阵列的示意图

具体推导过程如下：

电磁波从上方入射到理想导体表面，在亚波长小孔中可以激发出一些电磁模式，其中基模占主导地位，小孔中电场的表达形式为

$$E = E_0[0,1,0]\sin(\pi x/a)\exp(\mathrm{i}k_z z - \mathrm{i}\omega t),\qquad 0 < x < a, 0 < y < a \tag{23-52}$$

其中，E_0 是常数，ω 为频率，t 为时间，k_0 为电磁波在自由空间中的波矢，

$$k_z = \mathrm{i}\sqrt{\pi^2/a^2 - \varepsilon_h \mu_h k_0^2} \tag{23-53}$$

式中，ε_h、μ_h 分别为介电常数和磁导率。由于等效材料是各向异性的，可以用 ε_x、ε_y、ε_z、μ_x、μ_y 和 μ_z 来描述其各个方向的介电常数和磁导率。由波导模式的色散关系容易得出 ε_z、μ_z 和 k_x、k_y 无关，因此

$$\varepsilon_z = \mu_z = \infty \tag{23-54}$$

假设等效材料中的等效电场为

$$E' = E'_0\exp(\mathrm{i}k_x x + \mathrm{i}k_z z - \mathrm{i}\omega t) \tag{23-55}$$

式中，k_z 分量和波导中相同，而 k_x 由入射光的方向决定，如果要满足连续性条件，结构表面的等效电场要等于入射场与反射场之和，即(23-52)式和(23-55)式在表面就应该有同样的平均电场，于是可以得到

$$\overline{E}_y = E_0\frac{a}{d^2}\int_0^a \sin(\pi x/a)\mathrm{d}x = E_0\frac{2a^2}{\pi d^2} = E' \tag{23-56}$$

等效材料的内表面和外表面通过的瞬时能流$(E \times H)_z$应当是相等的：

$$(\boldsymbol{E}\times\boldsymbol{H})_z=\frac{-k_zE_0^2}{\omega\mu_h\mu_0}\frac{a}{d^2}\int_0^a\sin^2(\pi x/a)\mathrm{d}x=\frac{-k_zE_0^2}{\omega\mu_h\mu_0}\frac{a^2}{d^2}=(\boldsymbol{E}'\times\boldsymbol{H}')_z=\frac{-k_zE_0'^2}{\omega\mu_0\mu_x}\tag{23-57}$$

代入 $E_0'^2$，可以得到

$$\mu_x=\mu_y=\frac{2d^2\mu_h}{a^2}\left(\frac{2a^2}{\pi d^2}\right)^2=\frac{8d^2\mu_h}{\pi^2d^2}\tag{23-58}$$

已知，

$$k_z=k_0\sqrt{\varepsilon_y\mu_x}=\mathrm{i}\sqrt{\pi^2/a^2-\varepsilon_h\mu_hk_0^2}\tag{23-59}$$

假设真空中的光速为 c_0，可以推得

$$\varepsilon_y=\varepsilon_x=\frac{1}{\mu_x}\left(\varepsilon_h\mu_h-\frac{\pi^2}{a^2k_0^2}\right)=\frac{\pi^2d^2\varepsilon_h}{8a^2}\left(1-\frac{\pi^2c_0^2}{a^2\omega^2\varepsilon_h\mu_h}\right)\tag{23-60}$$

这是一个规范的等离子体激元形式，其等离子体激元频率为

$$\omega_{pl}=\frac{\pi c_0}{d\sqrt{\varepsilon_y\mu_x}}\tag{23-61}$$

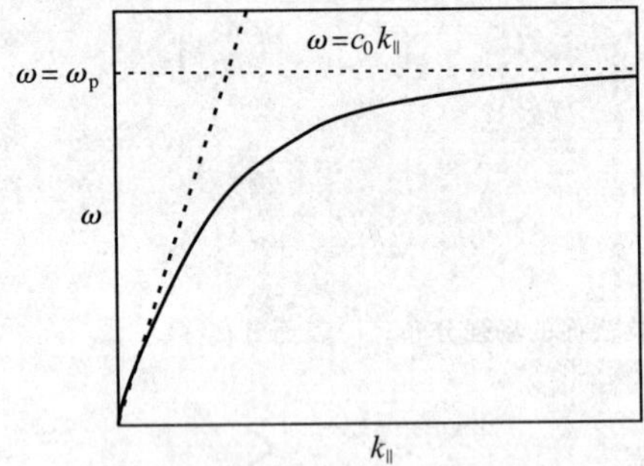

图 23-21　理想导体上二维亚波长孔阵列准表面等离子体激元的色散关系

这和波导的截止频率完全相同，于是可以得出一般性的结论：理想导体上的任意孔阵列结构都有类似的电磁响应，而且其等离子体激元频率和波导模式的截至频率相同，这就证明了表面模式的存在。对于很大的 $k_\parallel$，$k_z'=\mathrm{i}\sqrt{k_\parallel^2-k_0^2}$，表面的反射系数趋于无穷，揭示了一个典型的表面等离子体激元的色散关系：

$$k_\parallel^2c_0^2=\omega^2+\frac{1}{\omega_{pl}^2-\omega^2}\frac{64a^4\omega^4}{\pi^4d^4}\tag{23-62}$$

其色散关系曲线如图 23-21 所示。至此，通过在理想导体表面引入表面结构的方法，成功地构造了一种和表面等离子体激元类似的表面模式 spoof SPPs。

（二）一维结构上的准表面等离子体激元

准表面等离子体激元理论引起了科学家们的极大兴趣，研究者们不断从理论和实验方面对其进行验证和完善。2005 年，Garcia-Vidal 等推导了理想导体上一维周期沟槽结构所支持的准表面等离子体激元的色散关系。他们的推导方法有所区别，没有把引入周期沟槽的理想导体等效成一种新的介质，而是首先计算了沟槽内部和理想导体外部（图 23-22 中的区域Ⅱ）的电场，然后利用连续电磁边界条件得到结构反射系数的表达式。最后根据入射波为倏逝波时结构的反射率趋于无穷大的原理得到准表面等离子体激元的色散关系。

理想导体上引入一维周期沟槽的结构如图 23-22 所示。沟槽的宽度为 a，深度为 h，周期为 d。一束 p 偏振的平面波入射到理想导体表面，其波矢包含一个平行分量 k_x。令入射电磁波的表达式为

$$\left.\begin{aligned}\boldsymbol{E}^{inc}&=(1,0,-k_x/k_z)\frac{1}{\sqrt{d}}\mathrm{e}^{\mathrm{i}k_xx}\mathrm{e}^{\mathrm{i}k_zz}\\\boldsymbol{H}^{inc}&=(0,k_0/k_z,0)\frac{1}{\sqrt{d}}\mathrm{e}^{\mathrm{i}k_xx}\mathrm{e}^{\mathrm{i}k_zz}\end{aligned}\right\}\tag{23-63}$$

式中，$k_0=\omega/c_0$，第 n 个衍射级次的反射波可以表示为

$$\left.\begin{aligned}\boldsymbol{E}^{ref,n}&=(1,0,k_x^{(n)}/k_z^{(n)})\frac{1}{\sqrt{d}}\mathrm{e}^{-\mathrm{i}k_x^{(n)}}\mathrm{e}^{\mathrm{i}k_z^{(n)}z}\\\boldsymbol{H}^{ref,n}&=(0,-k_0^{(n)}/k_z^{(n)},0)\frac{1}{\sqrt{d}}\mathrm{e}^{\mathrm{i}k_x^{(n)}x}\mathrm{e}^{\mathrm{i}k_z^{(n)}z}\end{aligned}\right\}\tag{23-64}$$

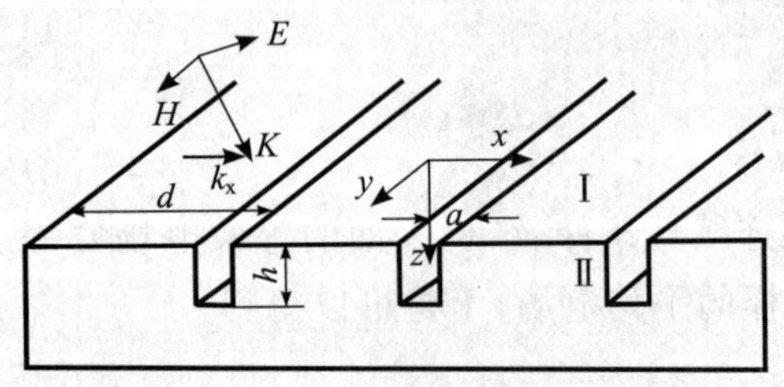

图 23-22　理想导体上一维周期沟槽的结构示意图

式中，$k_x^{(n)}=k_x+2n\pi/d(n=-\infty,\cdots,0,\cdots,\infty)$。假设入射光的波长远大于沟槽宽度，即 $\lambda_0\gg a$，则只需考虑沟槽中基本的 TE 模式：

$$\left.\begin{aligned} \boldsymbol{E}^{\mathrm{TE}} &= (1,0,0)\frac{1}{\sqrt{a}}\mathrm{e}^{\mathrm{i}k_0 x} \\ \boldsymbol{H}^{\mathrm{TE}} &= (0,1,0)\frac{1}{\sqrt{a}}\mathrm{e}^{\mathrm{i}k_0 z} \end{aligned}\right\} \tag{23-65}$$

区域Ⅰ的电场和磁场可以表示为入射波与反射波的叠加：

$$\left.\begin{aligned} \boldsymbol{E}^{\mathrm{I}} &= \boldsymbol{E}^{\mathrm{inc}} + \sum_{n=-\infty}^{\infty}\rho_n \boldsymbol{E}^{\mathrm{ref},n} \\ \boldsymbol{H}^{\mathrm{I}} &= \boldsymbol{H}^{\mathrm{inc}} + \sum_{n=-\infty}^{\infty}\rho_n \boldsymbol{H}^{\mathrm{ref},n} \end{aligned}\right\} \tag{23-66}$$

式中，ρ_n 是第 n 个衍射级次的反射系数，区域Ⅱ的电场和磁场可表示为前向和后向传播的 TE 模式的叠加：

$$\begin{aligned} \boldsymbol{E}^{\mathrm{II}} &= C^{+}\boldsymbol{E}^{\mathrm{TE},+} + C^{-}\boldsymbol{E}^{\mathrm{TE},-} \\ \boldsymbol{H}^{\mathrm{II}} &= C^{+}\boldsymbol{H}^{\mathrm{TE},+} + C^{-}\boldsymbol{H}^{\mathrm{TE},-} \end{aligned} \tag{23-67}$$

利用标准的匹配边界条件，易得反射系数 ρ_n 的表达式为

$$\rho_n = -\delta_{n0} - \frac{2\mathrm{i}\tan(k_0, h)S_0 S_n k_0/k_z}{1-\mathrm{i}\tan(k_0 h)\sum_{n=-\infty}^{\infty} S_n^2 k_0/k_z{}^{(n)}} \tag{23-68}$$

式中，S_n 表示第 n 级平面波和 TE 模式的交叠：

$$S_n = \frac{1}{\sqrt{ad}}\int_{-a/2}^{a/2}\mathrm{e}^{\mathrm{i}k_x{}^{(n)}x}\mathrm{d}x = \sqrt{\frac{a}{d}}\frac{\sin(k_x{}^{(n)}a/2)}{k_x{}^{(n)}a/2} \tag{23-69}$$

从原理上讲，只要分析(23-69)式分母为 0 的情况就可以得到仅需 $\lambda_0 \gg a$，而不需满足 $\lambda_0 \gg d$ 时准表面等离子体激元的色散关系。然而对(23-69)式的求解较复杂，而 $\lambda_0 \gg d$ 时，除 ρ_0 外的所有衍射级次都可以忽略，因此可以很容易求得准表面等离子体激元的色散关系为

$$\frac{\sqrt{k_x^2-k_0^2}}{k_0} = S_0^2\tan(k_0 h) \tag{23-70}$$

Garcia-Vidal 等也采用等效材料的方法对这种结构上准表面等离子体激元的色散关系进行了推导，发现结果和前面这种方法符合得很好。图 23-23 为 $a=0.2d$，$h=d$ 时，准表面等离子体激元的色散关系曲线。

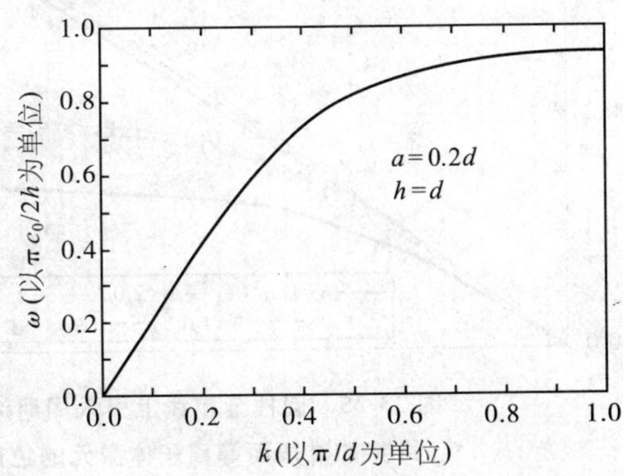

图 23-23　理想导体上一维周期沟槽结构维持的准表面等离子体激元的色散关系

（三）三维结构上的准表面等离子体激元

2006 年，Maier 等推导了三维结构上准表面等离子体激元的色散关系。他们研究的结构如图 23-24 所示，在一根圆柱金属线上引入了周期圆环沟槽，金属圆柱的半径为 R，沟槽的深度 $h=R-r$，宽度为 a，周期为 d。

具体的推导过程和一维结构类似。在推导过程中利用模式展开模型，为了方便计算，这里采用圆柱坐标，和方位角有关的级次 m 都为 0，同样假设入射光波长远大于槽宽（$\lambda_0 \gg a$）。在沟槽中只需要考虑最低阶的电磁模式，这样，在区域Ⅱ中除了沟槽以外的区域电场、磁场强度都为 0，而沟槽中的电场为

$$E_Z^{\mathrm{II}}(\rho) = A\mathrm{J}_0(k_0\rho) + B\mathrm{N}_0(k_0\rho) \tag{23-71}$$

式中，A 和 B 是常数，$k_0=\omega/x$，J_0 和 N_0 是分别是 0 阶贝塞尔函数和 Neumann 函数。另一方面，电场的 z 分量在区域Ⅰ中可以表示为

$$E_Z^{\mathrm{I}}(\rho) = \sum_{n=-\infty}^{\infty} C_n \mathrm{K}_0(q_n\rho)\mathrm{e}^{\mathrm{i}k_n z} \tag{23-72}$$

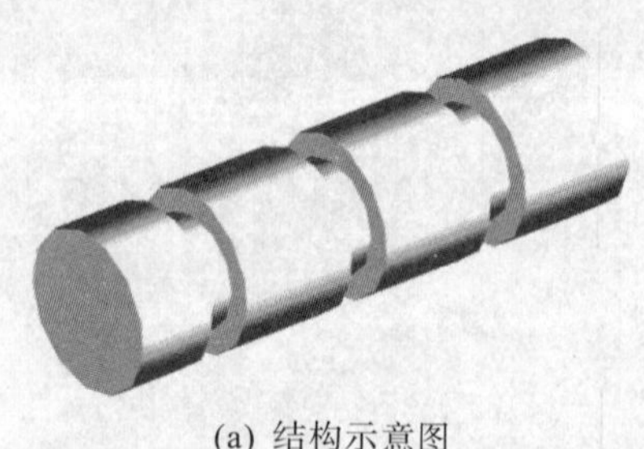

(a) 结构示意图

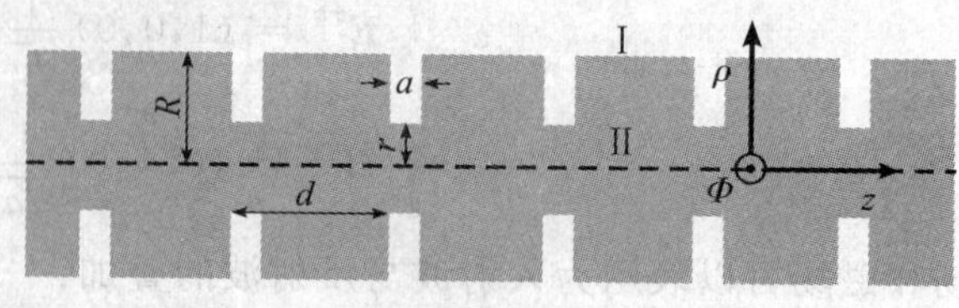

(b) 剖面图

图 23-24　圆柱金属线上引入周期沟槽

式中，C_n 是常数，考虑衍射效应，有 $k_n = k_x + 2n\pi/d$。K_0 为 0 阶调制 Neumann 函数，它表示了电场分布沿轴向的变化，$q_n = \sqrt{k_n^2 - k_0^2}$。这里关心的是非辐射模式，电场和磁场的其他非 0 分量都可以直接由 E_z 得出，利用电磁匹配边界条件就可以得到色散关系 $\omega(k)$ 的超越方程：

$$\sum_{n=-\infty}^{\infty} S_n^2 \frac{k_0}{q_n} \frac{K_1(q_n R)}{K_0(q_n R)} \frac{N_0(k_0 R)J_0(k_0 r) - N_0(k_0 r)J_0(k_0 R)}{N_0(k_0 r)J_1(k_0 R) - N_1(k_0 R)J_0(k_0 r)} = 1 \tag{23-73}$$

式中，J_1 和 N_1 分别是 1 阶贝塞尔函数和 Neumann 函数，K_1 是一阶调制 Neumann 函数，$S_n = \sqrt{a/d} \times \sin c(k_n a/2)$。当 R、$r \gg d$，$\lambda \gg d$ 时，对方程(23-71)式中的贝塞尔函数和 Neumann 函数进行近似展开，并且忽略衍射级次，就能够得到色散方程的简化形式：

$$k = k_0 \sqrt{1 + \frac{a^2}{d^2} \tan^2(gh)} \tag{23-74}$$

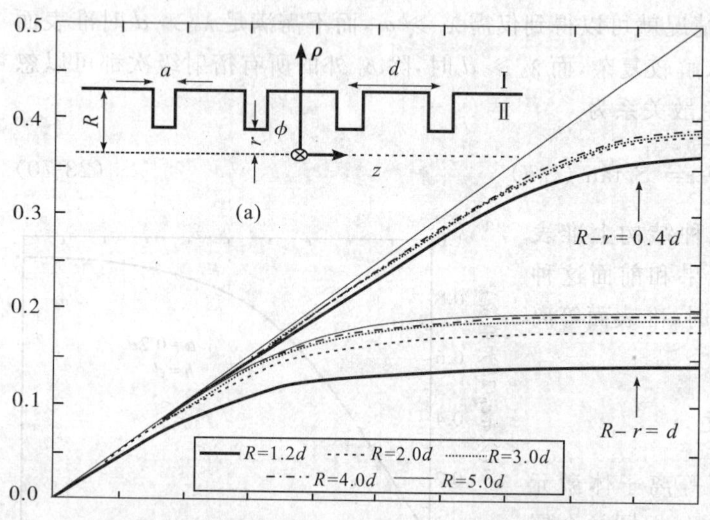

图 23-25　圆柱金属线上引入周期沟槽结构维持的准表面等离子体激元的色散关系

此时，准表面等离子体激元的谐振频率 $\omega_S = \pi c/2h$，反比于 h。图 23-25 给出了由(23-73)式计算得到的色散关系，可以明显地看出准表面等离子体激元的色散曲线受到结构参数的调制。

另一组研究人员发现，这种结构上的准表面等离子体激元的 TM 模式与金属线上传播的表面波有相同的偏振态。如果选择合适的结合参数以及电介质层的折射率，可以用带包层的圆柱金属线来等效在这种结构上传播的 TM 波。

(四)准表面等离子体激元的实验证明

至此，已经给出了一维、二维和三维空间上准表面等离子体激元的理论推导。准表面等离子体激元的提出使表面等离子体激元的研究范围拓展到了太赫兹波和微波波段，因此具有非常重要的意义。

2005 年，Alastair P. Hibbins 等在微波波段验证了这种表面模式的存在。他们用紧密排列的正方形铜管作为亚波长孔阵列结构，铜管的外边长 $d = 9.525$ mm，内边长 $a = 6.960$ mm，在铜管的表面上加一层周期为 $2d$，直径为 1 mm 的金属光栅，具体结构如图 23-26(a)所示。用一个 10～15 GHz 的微波源从不同的角度照射到金属光栅上，入射波波矢的平行分量会发生改变，当改变后的波矢分量能够与准表面等离子体激元发生耦合时，其反射率就会降低。实验测量时，对于每个角度的入射光在反射谱中总有一个谷值，而反射谱的谷值对应着准表面等离子体激元的谐振频率，因此可以根据入射角度和反射谱的谷值频率得到准表面等离子体激元的色散关系曲线。实际测量得到的表面模式的色散关系(图 23-26(b))以及场强分布与理论计算完全相同，从实验上证明了存在这种表面电磁模式。

(a)

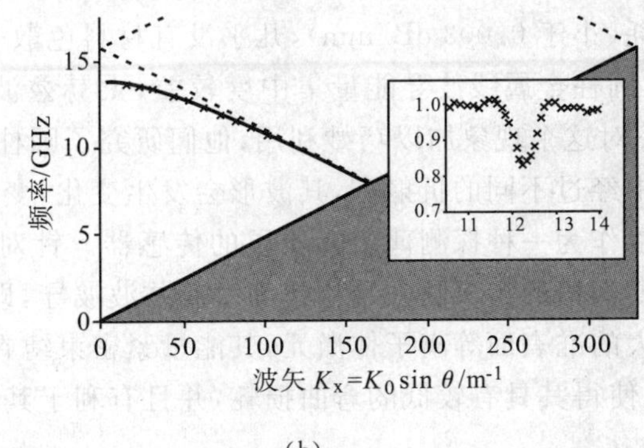

(b)

图 23-26　紧密排列的正方形铜管作为亚波长孔阵列结构

(a)实验结构照片；(b)实验测得这种结构上表面模式的色散关系。插图为 TM 波以 14°角入射时测得的反射光谱，此时谐振频率约为 12.3 GHz

二、准表面等离子体激元和表面等离子体激元的关系

表面等离子体激元和准表面等离子体激元是互不相同而又紧密联系的两个概念：表面等离子体激元是金属中自由电子的集体震荡，而准表面等离子体激元是电磁波在理想导体结构表面的一种束缚态。表面等离子体激元的色散关系来源于金属特殊的色散曲线，因此表面等离子体激元仅在紫外和可见光波段表现出一些新奇的性质。而准表面等离子体激元的色散性质来源于理想导体的表面结构，和金属本身的介电性质没有太大的关系。对于某一种金属而言，其表面维持的表面等离子体激元的色散曲线是固定的；而准表面等离子体激元的色散曲线依赖于结构参数，具有色散关系可调的特点。从原理上讲，可以通过在金属表面合理的设计结构使准表面等离子体激元的谐振频率 ω_{sp} 等于太赫兹波波段内的任意频率，这就为准表面等离子体激元在太赫兹波的应用提供了极大的方便。

表面等离子体激元和准表面等离子体激元都是表面模式，虽然他们的机理不同，但却拥有非常相似的色散曲线。而表面等离子体激元的色散曲线能够描述其所有特殊的光学性质，因而准表面等离子体激元具备表面等离子体激元的许多奇异光学特性。准表面等离子体激元的场强分布在前面的介绍中已经给出，其场强随着与表面距离的增加呈指数衰减，因此其局限在金属结构的表面。另外，准表面等离子体激元的局域增强效应和由其引起的异常透射效应在太赫兹波波段都已经被证明。然而，并不是说准表面等离子体激元具有表面等离子体激元的所有优势，准表面等离子体激元的存在依赖于表面结构，而表面等离子体激元既可以存在于金属平面上也可以存在于表面褶皱上，因此基于表面等离子体激元的器件在设计上具有更大的自由度。

表面等离子体激元受到关注的主要原因在于其能够和近场的非辐射场相互作用，有望成为人们联系纳米世界的有力工具。而准表面等离子体激元的提出增添了一种控制太赫兹波的手段，为在太赫兹波波段发展表面等离子体激元亚波长光学奠定了理论基础。这两种表面模式的奇异光学特性都可以用来发展新型的光子学器件，而其中的关键在于设计合理的功能结构。

三、太赫兹波波段准表面等离子体激元

准表面等离子体激元的提出为发展太赫兹波波段的光学器件开辟了新的道路。目前，太赫兹波波段与表面模式相关的各种光学器件已经得到了广泛的研究，并且取得了一些有益的成果。

寻找合适的太赫兹波波导一直是太赫兹波技术研究中的一个热点。前面已经分析了半无限大平面上表面等离子体激元场强分布的情况，其在金属内部和空气中都是指数衰减的，在太赫兹波波段由于金属的介电常数特别大，表面等离子体激元在金属中衰减很快，可以看作其几乎不能渗入金属，因此其大部分能量就分布在金属外部的空气中，此时准表面等离子体激元和空气中的电磁波已经没有太大区别。由于准表面等离子体激元在空气中传播时损耗相对较小，因此就可以利用金属制作太赫兹波的波导。目前已经提出的金属波导结构有两块相距很近的平行金属板和直径 0.9 mm 的圆柱金属线，实验测量表明，圆柱金属线波导只有

很小的损耗(小于 0.003 dB/mm),几乎没有材料色散[31],可能是最好的太赫兹波波导。

然而,圆柱金属线波导能量集中度较差,太赫兹波在空气中的分布会延伸到几毫米以外的范围。Van der valk 等对这个现象加以巧妙利用,他们研究了圆柱金属线上存在电介质层的情况,发现由于太赫兹波在传播过程中经过不同的折射率,其波形会发生变化,变化程度和电介质层的折射率和厚度有关,因此用圆柱金属线可以作为一种探测薄电介质层的传感器。针对圆柱金属线波导能量集中度差的特点,Maier 等设计了具有周期沟槽的金属圆柱结构作为太赫兹波波导,即在第一部分第(三)点中研究的结构。由于激发了横向波矢较大的准表面等离子体激元,其能量紧密束缚在结构的表面传播。这种波导结构还具有群速度较低的优点,这使得其具有较低的弯曲损耗,并且有利于其在传感方面的应用,但这种结构只适合传播某一频率的太赫兹波。

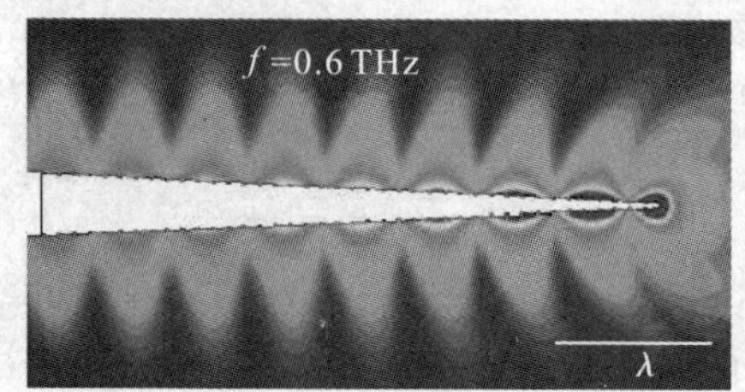

图 23-27 在金属圆锥上引入沟槽结构实现超聚焦,时域有限差分法模拟得到的场分布图

太赫兹波进行医学成像的优势在于其光子具有较低的能量,然而太赫兹波的波长较长,这就限制了其成像的分辨率,而太赫兹波在医学成像、安全扫描和半导体检测等方面的应用都要求其具有较高的分辨率。充分利用准表面等离子体激元的特点,能够极大地提高太赫兹波的分辨率。

Maier 等接着对前述结构上准表面等离子体激元的场强分布进行了分析,发现在其他参数固定时,沟槽越深表面模式的场强局域程度就越强。由此他们提出了能够使能量实现超衍射极限聚焦的结构:具有周期沟槽的金属圆锥,圆锥的底面直径为 100 μm,顶面的尖端直径为 10 μm,圆锥的长度为 2 mm,槽深始终为5 μm,如图 23-27 所示。时域有限差分法的模拟结果证明,对于 0.6 THz 的入射波,这种结构能够把太赫兹波集中到大小仅为 $\lambda/25$ 的范围内,从而实现分辨率远小于波长的超聚焦。

Ishihara 等[41]则通过在金属平面上设计表面结构的方式实现了超分辨成像。他们在树脂基底上制作牛眼结构,在基底的上方镀一层金属膜,然后用聚焦离子束方法在牛眼结构的中心刻蚀出蝶形(bow-tie)结构,如图 23-28 所示。当太赫兹波入射时,其在结构表面会激发准表面等离子体激元,由于表面结构的作用,准表面等离子体激元在蝶形结构的尖端附近得到同相叠加,形成极大的场强,用其作光源能够提高成像对比度。实验中利用这种结构对金属壁进行扫描成像,其分辨率高达 $\lambda/17$。

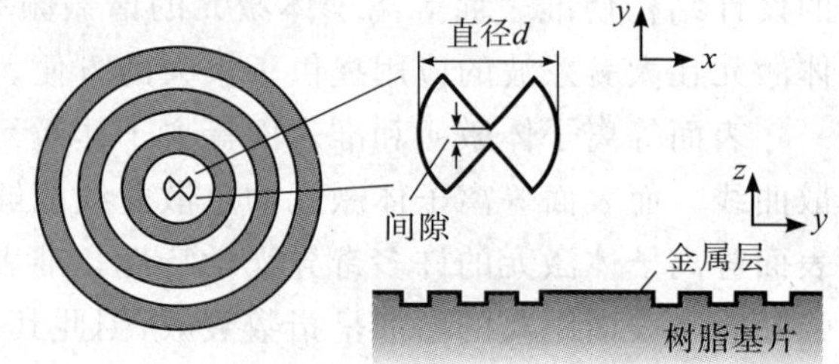

图 23-28 牛眼蝶形结构的示意图

准表面等离子体激元的异常透射效应也已经在太赫兹波波段被证明,由于表面等离子体激元不可能参与太赫兹波波段的异常透射过程,因此太赫兹波波段的异常透射现象显然是结构造成的。利用金属薄膜上二维亚波长孔阵列的异常透射效应可以制作带通滤波器,由于在太赫兹波波段金属的吸收较小,而且表面也能够加工得比较平整,因此这种滤波器可以实现接近 1 的透射率。通过改变结构参数可以较方便地对结果的峰值透射率进行调制。而在对小孔的排列和形状做出一些特殊的设计后,可以使其作为对角度不敏感的滤波器和多频滤波器。另外,基于准表面等离子体激元的太赫兹波脉冲整形器件和其他光学器件也不断被提出。

第三节 金属狭缝和周期沟组成结构的电磁辐射特性

表面等离子体激元存在于金属表面,其性质密切依赖于金属表面的几何形貌,因此可以通过设计表面几何结构对表面等离子体激元进行控制。近年来,有关等离子体激元的研究发展,表面等离子体激元的物理性质以及其和亚波长金属结构的相互作用机理越来越清晰。怎样更好地利用表面等离子体激元的特殊性质设计光学功能器件成为目前面临的一个主要问题。

在已经发展出的亚波长金属结构中,金属薄膜上亚波长狭缝结合周期沟槽的结构由于同时具有透射增强效应和定向辐射效应尤为引人注目。自从 2002 年 H. J. Lezec 等在《Science》上撰文提出了亚波长周期缝槽结构具有上述效应后[42]，这些效应及其潜在应用激起了人们极大的兴趣。金属表面褶皱中表面波的激发和散射被普遍认为是产生这种现象的原因。L. Martin-Moreno 等提出的基于理想导体近似和基模近似的模式展开模型能够较精确地对这种结构进行计算[43]。在此基础上，王长涛等提出了修正的准理想导体模型，使得模式展开法对可见光波段实际金属的计算具有较高精度[44-45]。同时，结合低抛面微波天线、高密度光存储等众多应用领域，亚波长狭缝结合周期沟槽结构的结构参数对其远场角谱以及能量密度的影响也得到了系统的研究。

研究表明，金属薄膜上狭缝结合亚波长周期沟槽结构的光学控制性能，能够实现多方向定向辐射、宽度可调的光束整形以及辐射角度可调的定向辐射等功能。产生这些现象的根本原因，是出射面中心狭缝两侧周期沟槽中表面模式的激发和辐射在结构后方空间形成各种场强分布。这 3 种现象都和中心狭缝两侧周期沟槽的衍射有较大关系，多方向定向辐射是由衍射级次的两两叠加形成的，角度可调的定向辐射利用的是衍射级次的夹角会随沟槽周期变化而改变，而光束整形的宽度总是小于其对应的两个衍射级次的夹角，因此用光栅方程就能较精确地对以上几种现象进行预测。

亚波长金属缝槽结构由于只需要很窄的入射光尤其适合作为集成器件，其对推动太赫兹波集成光学系统的发展具有重大意义。同时由于计算中采用的近似对于微波、可见光和红外等波段同样适用，亚波长金属缝槽结构也能够应用到其他波段，其对发展纳米光束整形器件、发展纳米光路有着同样重要的意义。

一、金属在太赫兹波波段的理想导体近似和模式展开法[42-45]

研究周期沟槽位于结构出射面的结构，主要是分析周期沟槽对辐射光的控制。下面选择最简单的金属狭缝结合一维周期沟槽的结构进行讨论。如图 23-29 所示，在一块薄金属膜的中心有一个通孔，$2N$ 个亚波长凹槽对称地排布在狭缝出射面的两侧，通孔和沟槽的宽度都为 a，沟槽的深度为 h，周期为 d，磁场分量为 H_y 的 TM 波垂直入射到结构上。

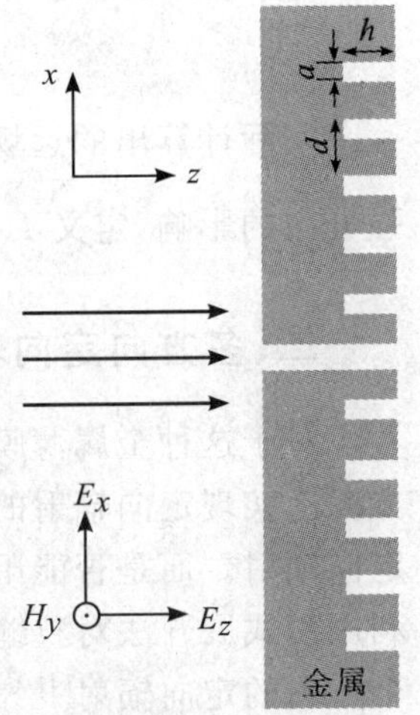

图 23-29　金属薄膜上狭缝结合亚波长周期沟槽的示意图

由于金属薄膜出射面上的周期沟槽类似于光栅，因此，对于无限周期或周期较多的情况可以采用光栅方程对这种结构进行计算，然而对于所研究的沟槽数目较少的情况，光栅方程并不运用，而采用模式展开法(mode expansion method)对其进行分析。

根据基尔霍夫衍射理论，空间中任意一点 P 的电磁场由包围 P 的曲面上的场分布决定，对曲面上任意一点的电磁场进行某种格林函数积分就可以得到 P 点的场强。对于所研究的亚波长缝槽结构，其后方任意一点 P 的场强是由紧贴结构出射面的表面和以 P 点为圆心半径为R 的半圆上的电磁场决定，如图 23-30 中的虚线所示。同样根据基尔霍夫衍射理论，当 R 趋于无穷大时，半圆曲面上无限远处电磁场的影响可以忽略不计，因此对 P 点有影响的只有结构出射面的场强分布。

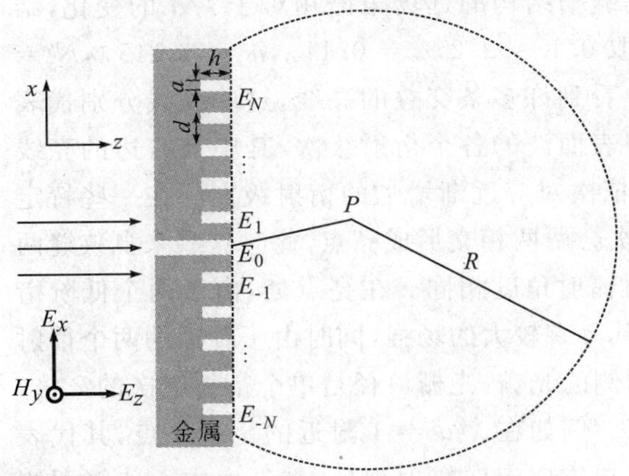

图 23-30　模式展开法原理图[45]
虚线表示基尔霍夫衍射理论的积分曲面

由于在太赫兹波波段金属介电常数的实部和虚部的绝对值都很大，例如，对于1 THz的电磁波，铝的介电常数为 $\varepsilon = -3.3\times10^4 + i6.4\times10^5$，电磁波几乎不能渗透到金属中，因此金属可以近似为理想导体。在计算时采用理想导体近似，即认为结构出射面上金属表面的区域没有场强分布，只需考虑狭缝和周期沟槽开口处的电磁场，对它们进行积分就可以计算出结构后方电磁场的分布。这种近似对可见光和紫外波段在某些情况下也是适用的，因为当入射波的波长很短时，对远场光强分布起作用的电磁场也主要分布在狭缝和周期沟槽中。入射电磁波会在出射面上的周期沟槽结构中激发出表面模式，而每个沟槽可以支持很多电磁模式，但在亚波长沟槽中除基模以外的高阶模式都具有倏逝波的性质，因而在计算时只考虑沟槽中的基模，即采用基模近似。

在采用理想导体近似和基模近似的基础上，首先求解周期沟槽结构的每个沟槽处激发的电磁场，然后建立沟槽开口处的电磁场和其后方空间中任意点场强的联系，对各个沟槽激发的电磁场在远场进行叠加，就可以得到远场角谱分布[19]。主要计算过程如下：

由连续电磁边界条件可以得到以下线性方程：

$$G_{\alpha\alpha}E_{\alpha}+\sum_{\beta\neq\alpha}G_{\alpha\beta}E_{\beta}=2\,\mathrm{i}\,A_0\delta_{\alpha0}+\varepsilon_{\alpha}E_{\alpha} \tag{23-75}$$

式中，E_α 表示电场 E_x 在第 α 个开槽处的平行分量，当 $\alpha=0$ 时，即为中心缝隙；$\varepsilon_\alpha=\cot(kh)$ 为沟槽开口处的表面导纳，$\varepsilon_0=-\mathrm{i}$；

$$G_{\alpha\beta}=\frac{\mathrm{i}k}{2a}\iint\varphi_{\alpha}^{*}(x)\varphi_{\beta}(x')\mathbf{H}_0^{(1)}(k\mid x-x'\mid)\mathrm{d}x\mathrm{d}x' \tag{23-76}$$

表示第 α 个沟槽和第 β 个沟槽间的有效互导；$k=2\pi/\lambda$，λ 为光波长；$\mathbf{H}_0^{(1)}$ 为第一经典汉开尔函数的零阶分量；φ_α 表示金属薄膜出射面电场切向分量，在槽口处为 E_α，否则为 0。自由空间的任意一点电磁场的计算可以通过对所有沟槽和中心缝隙处激励场的叠加求和得到：

$$H_{yN}(r,\theta)=\frac{1}{\mu_0 c}\sum_{-N}^{N}E_{\alpha}\int\varphi_{\alpha}(x)\mathbf{H}_0^{(1)}(k|\boldsymbol{r}-x\hat{x}|)\mathrm{d}x \tag{23-77}$$

当 $a\ll\lambda$ 时，$G_{\alpha\beta}$ 可以近似为 $G_{\alpha\beta}=\frac{\mathrm{i}ka}{2}\mathbf{H}_0^{(1)}(k|\alpha-\beta|d)$，于是磁场的远场角谱可以简化成

$$H_{yN}(\theta)=\frac{a}{\mu_0 c}\sqrt{\frac{2}{\pi kr}}\exp(\mathrm{i}kr-\mathrm{i}\pi/4)\sum_{-N}^{N}E_{\alpha}\exp(\mathrm{i}k\alpha d\sin\theta) \tag{23-78}$$

实际计算出的远场角谱的绝对值并没有太大意义，为了更好地分析出射面上的周期沟槽结构对远场光强分布的影响，定义 $I_N(\theta)=\frac{|H_{yN}(\theta)|^2}{|H_{y0}(\theta)|^2}$ 为远场相对强度。在后文中提到的强度都是指远场相对强度。

二、多方向定向辐射

对于这种金属薄膜上亚波长狭缝结合周期沟槽的结构，人们主要关注的是其能够在垂直于结构表面的方向上实现定向辐射的特性。2005 年，Liangbin Yu 等人[46]在实验上观察到这种结构可以实现 2 个方向的定向辐射。而是否能用亚波长缝槽结构同时产生 3 个方向甚至更多方向的定向辐射还没有展开研究。这里利用模式展开法对狭缝结合周期金属沟槽结构的远场角谱及场分布进行计算，发现该结构可以实现 1 ～ n 个方向的定向辐射[47-48]。之后，引入光栅方程理论和准表面等离子体激元理论对多方向定向辐射的现象进行分析，揭示了缝槽结构多方向定向辐射的物理机理。

（一）多方向定向辐射产生的条件

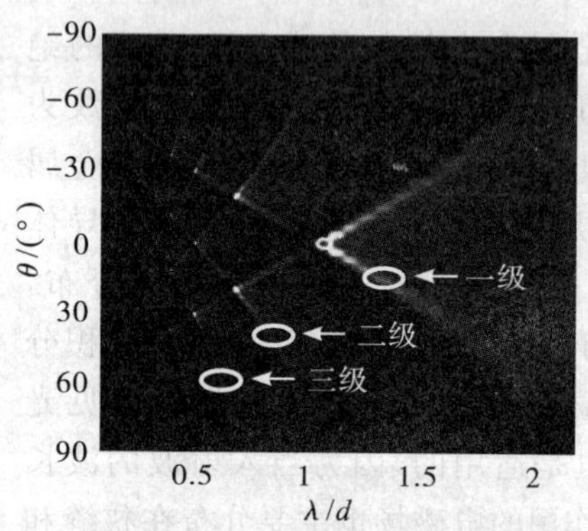

图 23-31　λ/d 取 0.1～2.2 时远场角谱的变化规律[44]

首先计算亚波长金属缝槽结构的远场角谱相对于 λ/d 的变化，结果如图 23-31 所示，λ/d 取 $0.1\sim2.2$，$a=0.11\lambda$，$h=0.145\lambda$，$N=10$。可以在远场角谱图中看到许多条交叠的亮线，这些亮线分别代表中心狭缝两侧周期沟槽中表面波的各个衍射级次，其中最右边的亮线对应 1 级衍射，从右到左依次对应逐渐增加的衍射级次。在一些特定的波长上，不同的衍射级次会两两相交形成亮点，此时这些来自狭缝两侧周期沟槽的衍射级次的辐射角度相同。在亮点处，由于两个低阶衍射级次的能量发生叠加，其具有较大的场强，同时由于叠加的两个衍射级次分别来自中心狭缝两侧的光栅，光栅口径是单个衍射级次的 2 倍，所以亮点具有较小的半宽。例如在 $\lambda/d=1$ 附近的一个亮点，其代表最广为人知的辐射角为 0°单方向定向辐射现象，它是由中心狭缝两侧的+1 级和−1 级叠加形成的。可以在图 23-31 中观察到多个由于衍

射级次叠加形成的亮点，这说明在多个方向上同时存在定向辐射现象。

表 23-3　对应图 23-31 中高亮点的 λ/d 值[48]

辐射方向数目	1	2	3	4	5	6
λ/d	1.08	0.695	0.515	0.409	0.340	0.290

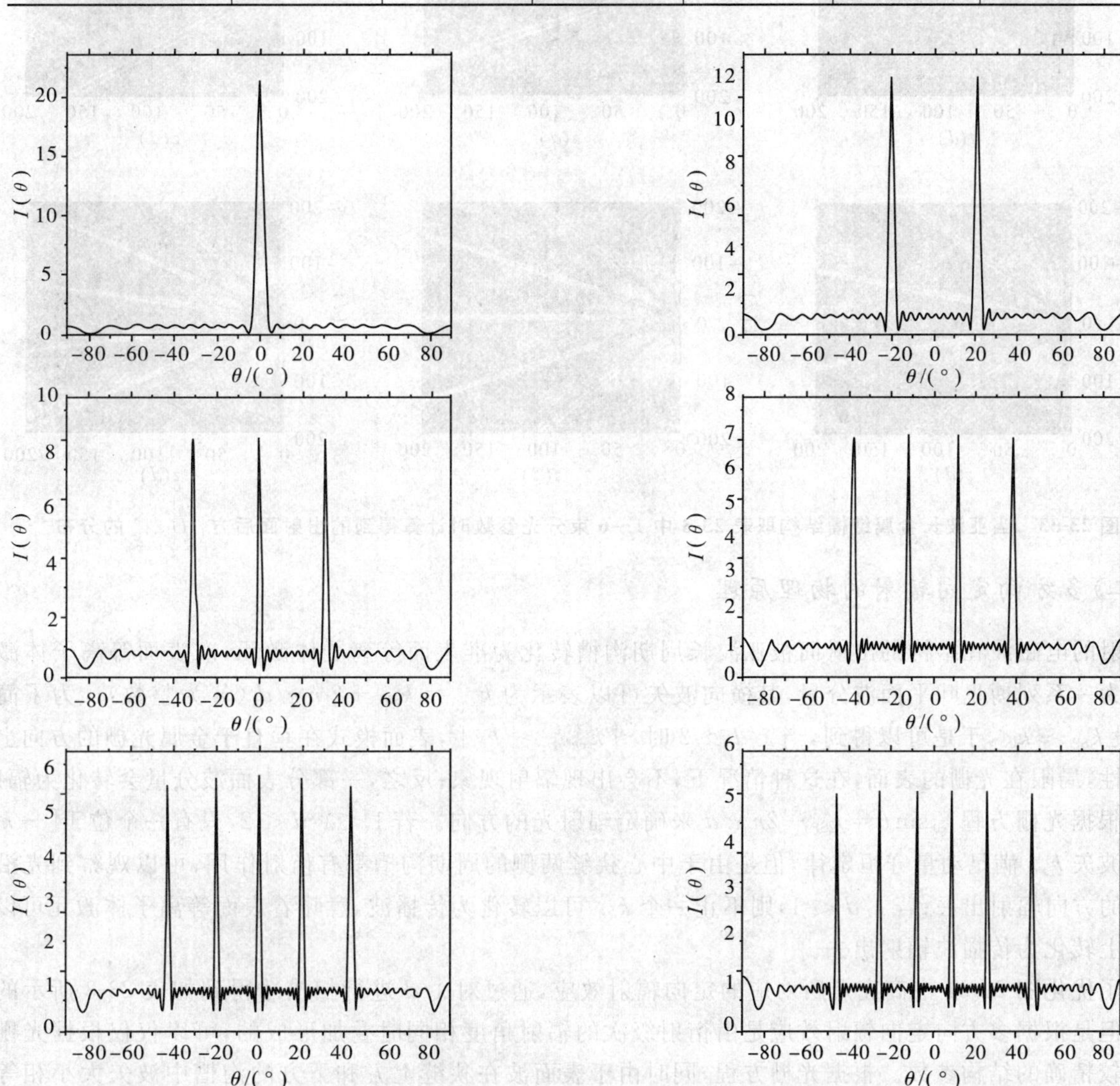

图 23-32　当亚波长金属缝槽结构取表 23-1 中 1～6 束分光参数时计算得到的远场角谱[48]

实际上，多方向定向辐射的分光数目完全由 λ 和 d 决定，在一些特殊的 λ/d 位置上会发生多方向定向辐射效应。分别对图 23-31 中 λ/d 值对应 1 ～ 6 个亮点的情况进行分析，得到了对应这些多方向定向辐射现象的 λ/d 数值，如表 23-3 所示。可以看出当槽宽、槽深和入射波长固定时，亚波长金属缝槽结构的分束行为完全受沟槽周期 d 控制，定向辐射的分光数目随着 d 的增加而增加。为了更好地观察光强分布的情况，分别计算了亚波长缝槽结构取表 23-3 中的每组参数时产生的远场角谱和出射面后方空间的 $|H_y|^2$ 分布，如图 23-32 和图 23-33 所示。在远场角谱图和空间场强分布图中，可以明显地看到出现了多方向定向辐射现象。在远场角谱中出现了个数不等的衍射峰，所有的衍射峰都非常尖锐，峰值强度和单缝衍射相比增加了 5～20 倍左右。而在衍射峰的旁边是较均匀的背景光，其平均归一化强度为 1 左右，背景光上有很多小的谐振，是由于衍射级次的干涉作用造成的。还可以看出定向辐射光束的方向性都很好，这是由于辐射孔径的增大导致所有光束具有很小的发散角（光束的半高全宽一般＜3°）。因此多方向定向辐射现象具有很高的对比度。远场角谱中另一个很有意思的现象是无论分成多少束光，每束定向辐射光的最大强度和半宽都几乎相等，这非常有利于对多方向定向辐射光束的应用。

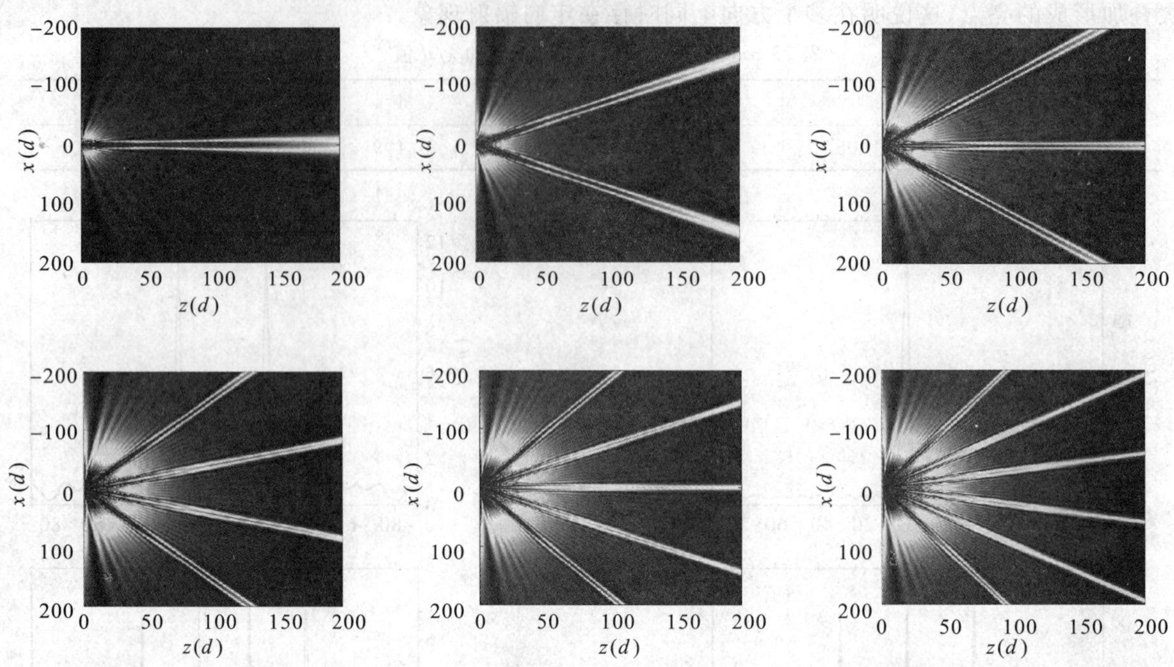

图 23-33 当亚波长金属缝槽结构取表 23-3 中 1~6 束分光参数时计算得到的出射面后方 $|H_y|^2$ 的分布[48]

（二）多方向定向辐射的物理原理

入射的电磁波在结构的出射面被亚波长周期沟槽转化为准表面等离子体激元，准表面等离子体激元可以分解为一系列傅里叶平面波分量，其横向波矢可以表示为 $k_{xn}=k_{SP}+2n\pi/d$（n 为整数）。为了简化计算，假设 $k_{SP}\approx k_0$，于是可以得到，当 $\lambda/d>2$ 时，$|k_{xn}|>|k_0|$，表面模式在垂直于金属光栅的方向上表现出倏逝性，局限在光栅的表面，在这种情况下，不会出现辐射现象；反之，一部分表面波分量会转化为辐射波，就可以根据光栅方程 $k_0\sin\theta=k_{SP}-2n\pi/d$ 来确定辐射光的方向。若 $1<\lambda/d<2$，只有一个位于 $[-k_0,k_0]$ 之间的波矢 k_{xn} 满足动量守恒定律，但是由于中心狭缝两侧的周期沟槽都有衍射作用，可以观察到光沿着两个对称的方向辐射出去；若 $\lambda/d<1$，则不止一个 k_{xn} 可以转化为传播波，意味着表面等离子体激元可以在多个方向上转化为传播波辐射出去。

为了优化图 23-31 中高亮点所对应的定向辐射效应，通过对 λ/d 进行扫描才得到如表 23-3 所示的结构参数。但是根据多方向定向辐射效应是由衍射级次的辐射角度相同时叠加形成的，可以仅仅根据光栅方程就得到较精确的结构参数。根据光栅方程，同时由于表面波在狭缝上方和下方的沟槽中波矢大小相等方向相反，中心狭缝两侧周期沟槽的衍射可以表示为

$$\left.\begin{aligned} k_0\sin\theta &= k_{sp}-n\frac{2\pi}{d} \\ k_0\sin\theta &= -k_{sp}-m\frac{2\pi}{d} \end{aligned}\right\} \tag{23-79}$$

式中，n 和 m 分别为中心狭缝上方和下方周期沟槽的衍射级次，由上式可知，当满足

$$d=\frac{(n-m)}{2}\lambda_{sp},\qquad n,m=\cdots,-1,0,1,\cdots \tag{23-80}$$

时，来自狭缝两侧周期沟槽的衍射级次方向重合，会发生定向辐射现象。考虑到 $k_{sp}\approx k_0$，在 $\lambda/d=2/3$、$2/4$、$2/5$、$2/6$、$2/7$、… 时会发生多方向定向辐射现象。同时还可以根据光栅方程得到定向辐射光束的辐射角度和它对应的两个衍射级次。根据上述方法，分别得到了 1~6 个方向的定向辐射效应发生时的结构参数，以及各个光束的辐射角度 θ 和它们所对应的衍射级次 (n,m)，如图 23-34 所示。图 23-34 中还给出了基于模式展开法计算得到的结构参数作为比较，可以看出，两者吻合得较好，然而光栅方程预测的波长和辐射角度都略微偏小。这主要是因为实际情况中准表面等离子体激元的波矢 k_{sp} 略大于自由空间中电磁波的波矢 k_0，

所以只有当入射光的波长略大于光栅方程预测的波长时才发生定向辐射效应，同样因为这个原因，模式展开法得到的辐射角度也略大于光栅方程的预测。随着 d 的增加，光栅方程预测的定向辐射效应发生的位置和基于模式展开法的结果相比误差越来越小。这是由准表面等离子体激元的色散关系造成的，当 $d \ll \lambda$ 时，存在于一维金属周期沟槽表面的准表面等离子体激元的色散关系可以表示为

$$\sqrt{k_{sp}^2 - k_0^2}\,/k_0 = (a/d)\tan(k_0 h) \tag{23-81}$$

考虑到 $k_{sp} \approx k_0$，可以得到

$$\Delta(\lambda/d) = \lambda/d - \lambda_{sp}/d = (a^2\lambda/2d^3)\tan^2(2\pi h/\lambda) \tag{23-82}$$

λ/d 的误差在图 23-34 的插图中给出，同时还给出了光栅方程和模式展开法两者之间的计算误差，两者表现出了同样的变化规律。然而两者的 $\Delta(\lambda/d)$ 数值有较大差别，误差的原因是研究的亚波长金属缝槽结构并不满足 $d \ll \lambda$ 这个条件。

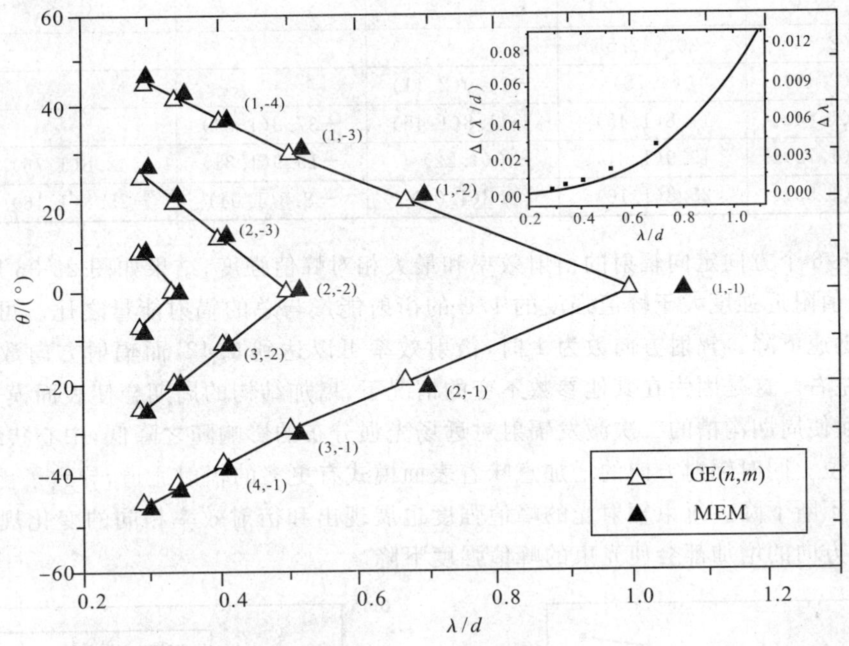

图 23-34　衍射级次与辐射角度的关系[48]

用光栅方程(GE)预测的 1～6 个方向定向辐射效应发生时的各个辐射角度 θ 以及它们所对应的衍射级次（n，m），还给出了基于模式展开法(MEM)得到的优化结构参数。插图为以上两种方法的误差 $\Delta(\lambda/d)$和(23-82)式估计的误差

前面提到亚波长金属缝槽结构的多方向定向辐射效应有一个非常好的特性，其每个方向的辐射强度大致相等。可解释为其远场光强是由每个沟槽的散射场和周期沟槽的衍射场叠加形成的。首先，考虑亚波长沟槽的散射，由于沟槽的宽度只有波长的 1/10 左右，其对表面波的散射在各个方向上是均匀的，从而在远场形成较均匀的散射场，相当于为结构提供了一个相同的衍射因子。接下来，考虑各个衍射级次之间的干涉作用，这是因为当多方向定向辐射发生时，从外侧到内侧的辐射光束依次是由狭缝上方周期沟槽的最低至最高衍射级次和狭缝下方周期沟槽的最高至最低衍射级次叠加而成的(如图 23-33 所示)。以 4 束定向辐射为例，辐射角度为 36.87°的辐射光是由狭缝上方的 1 级衍射和狭缝下方的－4 级衍射叠加而成的；11.54°的辐射光是由狭缝上方的 2 衍射射和狭缝下方的－3 级衍射叠加而成的；而－11.54°和－36.87°的辐射光则分别是由＋3 和－2 级、＋4 和－1 级衍射叠加而成。可以看出，在各个辐射方向上，每束辐射光对应的两个衍射级次的级数$|n|+|m|$是固定的，同时由于衍射级次的能量随着级数的增加逐渐减小，所以两个级次的衍射光叠加后总能量大致相等，这就为结构提供了几乎相同的干涉因子。从前面的分析可以看出，在每束辐射光的方向上衍射因子和干涉因子都几乎相同，所以多方向定向辐射在每个方向的能量都大致相等。

下面讨论定向辐射光束的发散角：利用模式展开法分别得到了 1～6 个方向定向辐射中每束光对应的半高全宽(full width half maximum)，表 23-2 给出了每束辐射光的角度以及半高全宽(半宽)。可以发现，对于任意一个多方向定向辐射的情况，辐射角度较大的光束半宽总是大于辐射角度较小的光束半宽。同样以 4

束定向辐射为例，辐射角为±37.8°的光束半宽为1.84°，辐射角为±11.8°的光束半宽仅为1.45°。这点不难理解，对 k_x 和 k_0 的关系式进行差分可以推导出光束的半宽 $\Delta\theta=\lambda/4\pi Nd\cos\theta$，可以看出，在其他结构参数固定时，光束的半高全宽随着 θ 和 λ/d 的增加而增加。但是由方程所得到的4束辐射光的半高全宽分别为1.46°和1.20°，略小于模式展开法的计算结果。产生这个误差的原因是方程没有考虑准表面等离子体激元的传播损耗，由于沟槽的能量随着与中心狭缝距离的增加而减小，因此方程中有效的 N 小于实际的 N，所以方程计算的半高全宽要小于实际情况。如果需要得到很小的发散角，可以通过增加沟槽数目 N 实现。从表23-4中还可以看出随着分光数目的增加，每束光的半宽逐渐减小，而它们的半高全宽之和却逐渐增加。图23-35给出了所有光束半高全宽之和与分光数目的关系，光束的半宽之和随着辐射方向数的增加，增幅越来越小。

表23-4　满足1～6束定向辐射条件时每束光的辐射角度 θ 和半高全宽(单位(°))[48]

方　向	θ(半宽)					
1	0(3.82)					
2	20.3(2.55)	−20.3(2.55)				
3	31.0(2.11)	0(1.78)	−31.0(2.11)			
4	37.8(1.84)	11.8(1.45)	−11.8(1.45)	−37.8(1.84)		
5	42.8(1.76)	19.9(1.31)	0(1.22)	−19.9(1.31)	−42.8(1.76)	
6	46.4(1.55)	25.8(1.16)	8.3(1.04)	−8.3(1.04)	−25.8(1.16)	−46.4(1.55)

最后计算了1～6个方向定向辐射的衍射效率和最大相对峰值强度，结果如图23-36所示。这里衍射效率的定义为衍射峰值附近强度大于峰值强度的 $1/e^2$ 的衍射能量与总的辐射能量之比。可以看出，随着光束的增多，衍射效率迅速下降。辐射方向数为1时，衍射效率可以达到0.42，而辐射方向数为5或6时，衍射效率都仅为0.23左右。这是因为在其他参数不变的情况下，增加结构的周期会使表面模式的激发效率和辐射效率都降低，从而使周期沟槽的二次激发辐射对远场光强分布的影响随之降低，中心狭缝的衍射对远场角谱的形成占主导地位。同时辐射方向的增加意味着表面模式有更多的辐射通道，导致了更少的谐振行为，所以结构的衍射效率不断下降。每束辐射光的峰值强度也展现出和衍射效率相同的变化规律，这是因为衍射效率的下降和辐射方向的增加都会使光束的峰值强度下降。

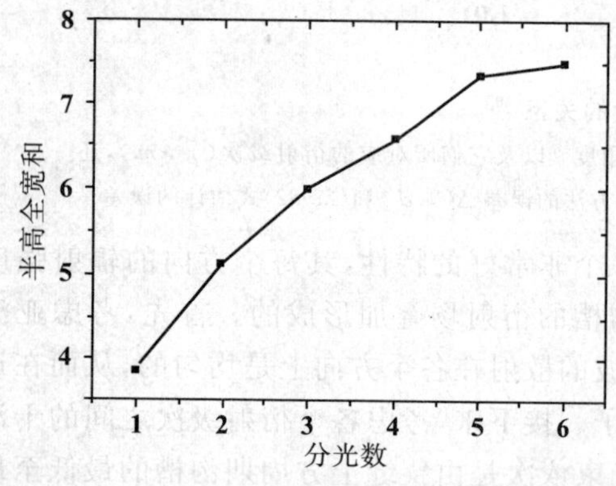

图23-35　所有光束的半高全宽之和随分光数目的变化

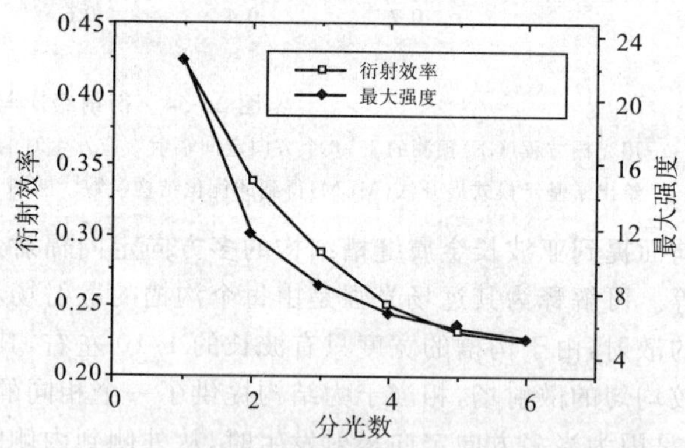

图23-36　1～6个方向定向辐射的衍射效率和最大强度

至此已经系统地讨论了亚波长沟槽结构的多方向定向辐射现象，这种现象的本质是结构出射面中心狭缝两侧周期沟槽二次激发辐射产生的衍射极大的叠加。利用光栅方程可以预测产生多方向定向辐射现象时的结构参数和辐射角度，由于在出射面激发的表面模式为准表面等离子体激元，光栅方程预测的精度随沟槽周期的增大而提高。通过该方法实现的多方向定向辐射效应具有对比度高、每束光的辐射强度几乎相同等优点。

三、光束整形和辐射角度可调的定向辐射

亚波长金属结构的定向辐射效应使其具有巨大的应用潜力，如果能够利用这种结构实现更为丰富的光束控制功能，将会使其具有更好的发展前景。前面主要研究了入射波长 λ 和沟槽周期 d 对远场光强分布的

影响。这部分着重分析沟槽深度 h 的影响，发现当沟槽深度取合适的值时，亚波长金属缝槽结构分别能够实现光束整形以及辐射角度可控的多方向定向辐射。

沟槽深度对远场角谱的影响。设定结构参数 $\lambda = 1.5\,d$，$a = 0.11\lambda$，$N = 20$，用模式展开法得到 h/λ 取不同值时远场角谱的变化情况，如图 23-37 所示。可以看出远场角谱的形状严重依赖于沟槽深度，随着沟槽深度的变化其主要呈现出 4 种形状。为了便于分析，把图 23-37(a) 划分为 3 个区域，当 h 在 0 和 0.5λ 附近时，远场角谱分布较均匀，这是由于沟槽深度较小时其对出射面上的能量分布影响不大，而且沟槽深度的变化可以周期性的调制远场光强分布，调制的周期为 0.5λ，因此 h 在这 0 和 0.5λ 附近时产生的远场光强和单缝衍射的情况类似；当 h 位于区域 Ⅰ 时，其远场角谱会出现两个峰值，它们分别对应狭缝两侧周期沟槽的 1 级衍射，随着 h 的增加，这两个峰值对应的辐射角度不变而最大强度不断增强；当 h 增加到一定值进入到区域Ⅱ时，远场角谱中的两个峰值合并成一个较大的光斑，光斑中心位于 0°，具有较大的半高全宽，其半宽会随着 h 的增大而减小；当 h 继续增加进入区域 Ⅲ 时，远场角谱中出现两个负的峰值，它们对应的辐射角度和区域 Ⅰ 中的角谱峰值完全相同。从这三个区域对应的 h 范围来看，区域 Ⅱ 最短而区域 Ⅲ 最长。为了更清楚地观察远场角谱随 h 变化的情况，从图 23-37(a) 的三个区域中分别选取了一个代表性的 h/λ，它们所对应的远场角谱在图 23-37(b) 中给出，可以明显地看出 h 取不同值时亚波长缝槽结构能够分别产生双方向定向辐射、光束整形以及负的定向辐射现象。

沟槽周期对远场发散角的影响。由于主要关注其光束整形和角度可控的定向辐射的性质，沟槽的深度 h 选用上图中分别对应这两种现象的 $h = 0.185\lambda$ 和 $h = 0.145\lambda$，采用模式展开法分别对这两个深度计算远场角谱随 λ/d 的变化规律，结果如图 23-38 所示。可以看出，在这两个不同深度下的远场角谱似乎有互补的关系，图(a)中出现了一些相互交叠的暗纹，而在图(b)中完全相同的位置确为亮纹，这些亮纹和暗纹分别对应着狭缝两边周期沟槽的各个衍射级次。$h = 0.185\lambda$ 时，各个衍射级次上场强很小，而每两个衍射级次之间的区域都存在着一个场强较大的光斑，随着 λ/d 的增大，光斑的宽度逐渐增大而其强度逐渐减小。这说明可以通过改变 λ/d 来调制光束整形的宽度。$h = 0.145\lambda$ 时，各个衍射级次上都具有较大的场强，辐射光的能量大部分集中在衍射级次所对应的角度上。而在某些角度上，衍射级次会两两重合形成一些高亮点，它们代表着之前讨论过的多方向定向辐射现象。而在高亮点之外的区域，每个 λ/d 对应的不同衍射级次的辐射角度并不相同，而且对于每个衍射级次，λ/d 不同时，衍射级次对应的远场角度也不同。于是可以看到随着 λ/d 的增加，每两个衍射级次之间的夹角也不断增加，这说明可以通过控制 λ/d 使得辐射光集中在任意角度上。综上所述，可知在槽深适当的情况下，仅通过调节沟槽周期就可以得到不同宽度的光束整形效应或不同夹角的定向辐射效应。由于光束整形的光斑总是位于两个衍射级次之间，所以在 λ/d 相同时，定向辐射光束的夹角总是略大于光束整形的宽度。另外还注意到，通过改变 λ/d 可以获得 n(n 为整数) 个光斑的光束整形或 $2n$ 个方向的定向辐射。

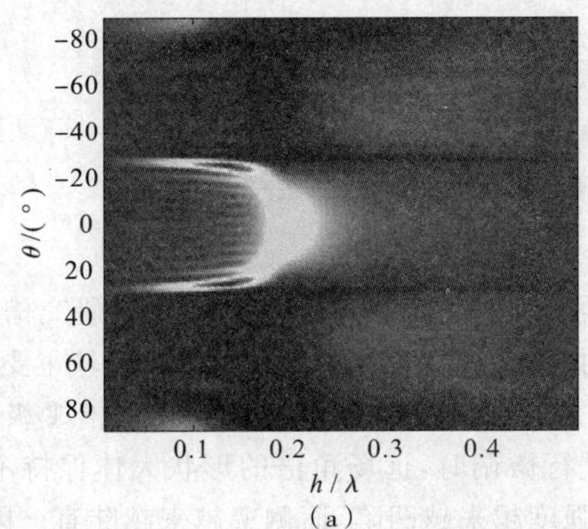

(a)

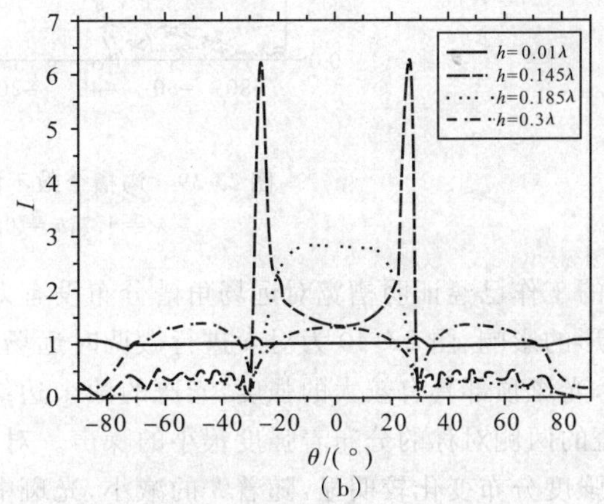

(b)

图 23-37　h/λ 取不同值时远场角谱的变化情况[44]

(a) h/λ 取不同比值时缝槽结构的远场角谱，其他参数为 $\lambda = 1.5\,d$，$a = 0.11\lambda$，$N = 20$；(b) h 取特定的几个值时对应的几种典型远场角谱分布，取值分别为 $h = 0.01\lambda$，$h = 0.145\lambda$，$h = 0.185\lambda$，$h = 0.3\lambda$

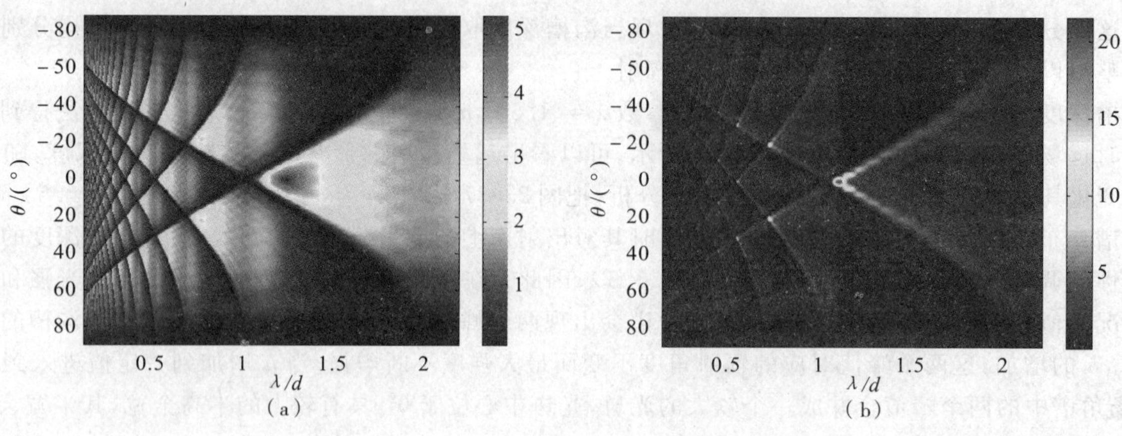

图 23-38　λ/d 取不同值时缝槽结构的远场角谱

(a) $h=0.185\lambda$；(b) $h=0.145\lambda$。其他结构参数为：$\lambda=0.1\sim2.2d$，$a=0.11\lambda$，$N=10$

(一)光束整形

通过以上的分析，可知光束整形现象出现的决定因素是槽深，而其光斑的宽度则受入射波长和沟槽周期的影响。接下来直接分析结构参数对远场角谱形状的影响，以得到最佳的光束整形效果。选择图 23-38(a)中光束整形效应最为明显的$\lambda/d>1$区域进行研究。首先分析沟槽个数对光束整形效果的影响，计算得到N取不同值时的远场角谱分布，如图 23-39 所示。可以看出，虽然光束整形现象的出现和沟槽个数没有太大的关系，但增加沟槽个数可以使光斑的顶部强度更加平坦，侧壁更加陡峭。因此，为了得到较好的光束整形效果，在后面光束整形的计算中固定沟槽个数为$N=20$。

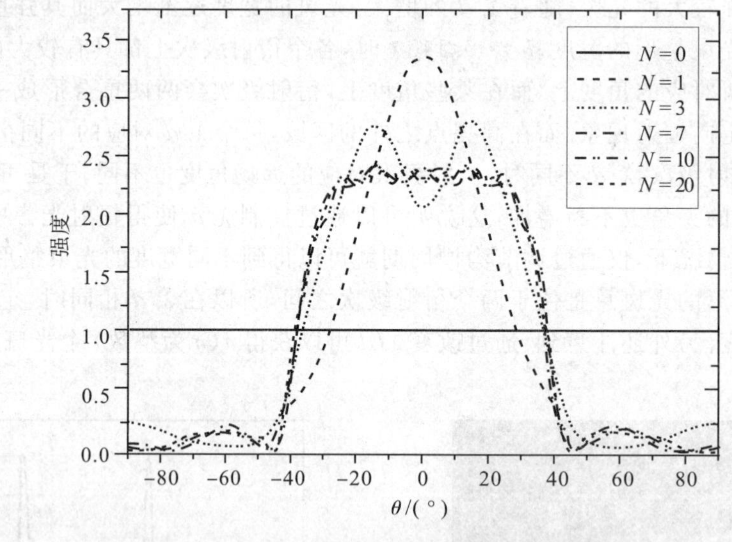

图 23-39　沟槽个数不同时缝槽结构的远场角谱

$\lambda=1.7$，$h=0.187\lambda$，$a=0.11\lambda$

之前的工作已经证明槽宽对远场角谱分布没有太大的影响，因此固定$a=0.11\lambda$，主要研究槽深和周期对光束整形的影响。图 23-40 为对h进行微调时远场角谱的变化规律。在图中可以看出，能量主要集中在中心光斑上，光斑顶部具有较大的强度，光斑的两个边缘场强为 0，分别对应狭缝两侧周期沟槽 1 级衍射的角度，在光斑的两侧对称的分布着强度很小的噪声。对槽深进行微调时，远场角谱的形状大体保持不变，只有光斑顶部强度分布变化较明显，随着h的减小，光斑中心的强度越来越凹陷，而侧壁越来越陡直。因此，如果要获得较好的陡直度或者平整性都必须以牺牲另一个为代价。从图 23-40 可以看出，在$\lambda/d=1.5$时$h=0.186\lambda$时得到的光束整形效果较好。而对于其他任意的λ/d，同样可以通过同样的方法得到光束整形效果最好时h的数值。

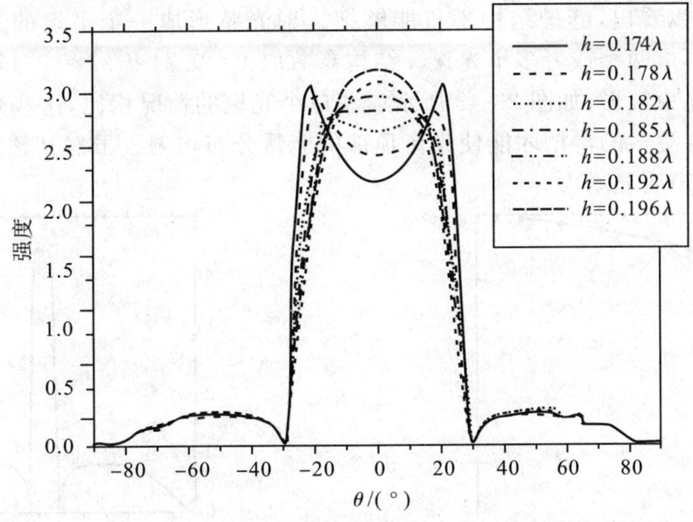

图 23-40　缝槽结构的远场角谱随槽深 h 的变化规律

$\lambda=1.5d, a=0.11\lambda, N=20$

采用上述方法，分别对 $\lambda/d=1.2\sim1.9$ 计算了最佳光束整形效果，如图 23-41 所示。与其对应的 h 值和最大光斑强度如表 23-5 所示。从图中可以看出，在远场获得了宽度各不相同的光束整形图形，在 λ/d 从 1.2 增加到 1.9 的过程中，光斑的宽度从 10°增加到 80°左右，最大强度从接近 7 下降到 1.5 左右。虽然只计算了其中某一些离散的 λ/d 点，得到一些离散的光斑半宽，但从图 23-37(a)中可以看出实际上光斑宽度的变化是连续的，因此可以通过调节结构参数在一定范围内得到任意宽度或强度的光束整形图形，这就为亚波长缝槽结构作为光束整形器件的应用提供了极大的方便。

表 23-5　对应于不同的 λ/d，获得最佳光束整形效果时 h 的优化值和远场角谱中光斑的最大强度

λ/d	h/λ	最大 H_y
1.15	0.168	8.48
1.25	0.174	5.28
1.35	0.176	3.87
1.45	0.18	3.09
1.55	0.184	2.62
1.65	0.187	2.22
1.75	0.186	1.93
1.85	0.184	1.72
1.95	0.18	1.55

每种情况下衍射效率的计算：衍射效率定义为远场角谱中两个极小值之间的光斑能量与总能量的比值。从图 23-42 可以看出光束整形普遍具有较高的效率，$\lambda/d=1.15$ 时衍射效率为 0.5 左右，随着 λ/d 的增加衍射效率逐渐增大到接近 1。

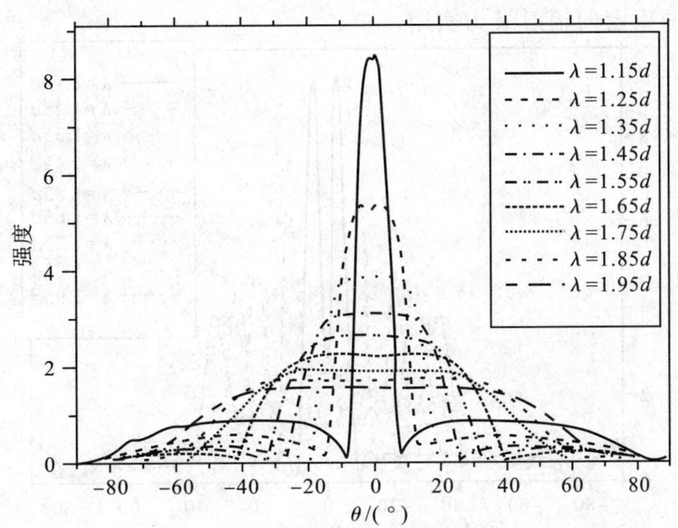

图 23-41　λ/d 取不同值时，优化 h 得到的最佳光束整形效果

$a=0.11\lambda, N=20$

从图 23-38(a)中还可以看出，缝槽结构不仅能够把入射光整形成一个平坦的光斑，在 $\lambda/d<1$ 的区域内，它还可以把入射光整形成两个或者多个光斑。结构参数取 $\lambda=0.74\,d$，$h=0.17\,\lambda$，$a=0.11\,\lambda$，$N=50$ 时，可以得到两个光斑的光束整形，如图 23-43 所示。和单个光斑的情况相比，这些光束整形的宽度较小，可以调节的范围也较小，需要更多的沟槽才能使光斑顶部的能量分布均匀。虽然其整形效果依然良好，但与一个光斑的光束整形相比噪声明显增大。

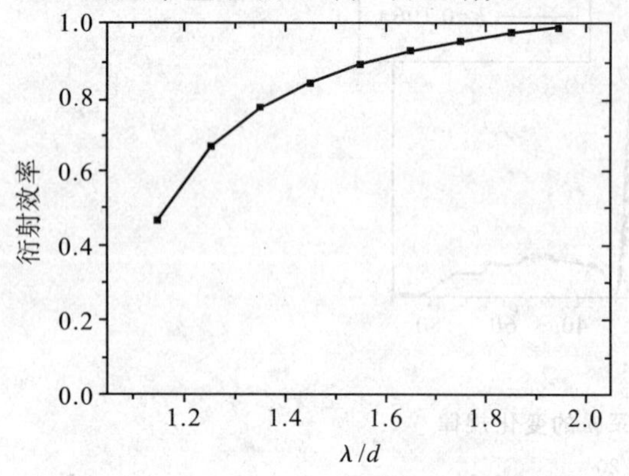

图 23-42　图 23-41 中各个不同宽度的光束整形对应的衍射效率

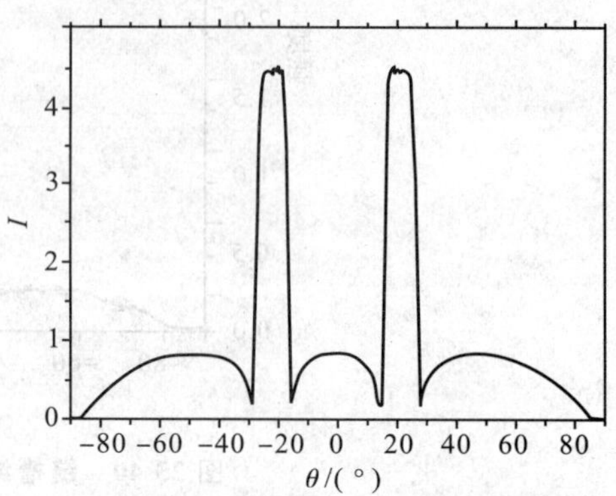

图 23-43　两个光斑的光束整形现象

$\lambda=0.74d, h=0.17\,\lambda, a=0.11\,\lambda, N=50$

(二)辐射方向可控的定向辐射

前面研究的多方向定向辐射现象具有很好的对比度和很小的远场发散角，然而其只能在某些固定的角度上得到定向辐射光束。接下来深入分析辐射角度可控的多方向定向辐射现象。前面对图 23-38(b)的观察已经证明在槽宽和槽深合适时，只需要改变 λ/d 就可以控制定向辐射的角度。同样以 $\lambda/d>1$ 的区域为例取若干个 λ/d 进行计算，λ/d 的数值等差地从 $1.15\,\lambda$ 增加到 $1.95\,\lambda$，计算得到的远场角谱在图 23-44 中给出。可以直观地看到定向辐射光束辐射角度的变化，随着 λ/d 的增大，远场角谱中两个峰值的夹角越来越大，从 10°左右增加 120°左右，峰值的最大强度也逐渐下降，从接近 9 下降到 2 左右。然而，角度调制的实现是以牺牲对比度为代价的，由于每束辐射光只对应一个衍射级次，所以和前面讨论的多方向定向辐射效应相比，其峰值强度较小，光束发散角较大，峰值之间的噪声也较大。虽然这种角度可调的定向辐射有以上的缺点，但其在辐射光夹角不大时依然具有较好的对比度，可以满足使用的需求。和光束整形一样，辐射光之间的夹角是可以被连续调制的，可以针对调控范围内任意要求的角度来设计结构参数，对于更多束定向辐射也是如此。然而，随着光束数目的增多，能量会被分散而噪声却依然较大，其对比度会进一步降低，因此这种角度可控的定向辐射效应对两束定向辐射最为实用。

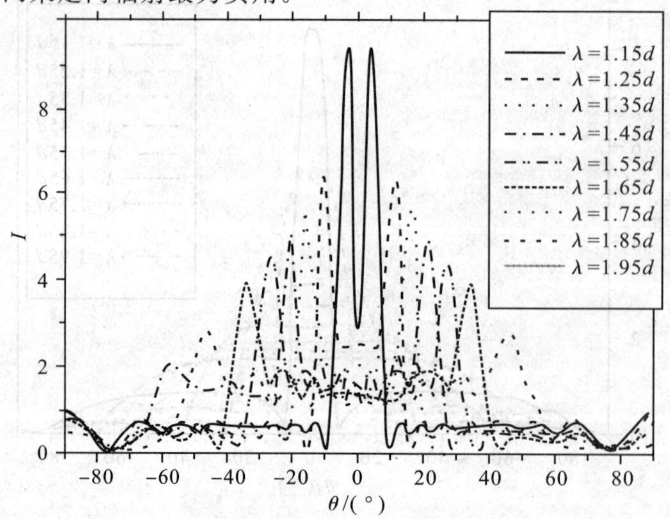

图 23-44　d 取不同值时的远场发散角

$h=0.145\,\lambda$，$a=0.11\lambda$，$N=10$

（三）定向辐射与光束整形的关系

通过前面的讨论可知，这种亚波长金属缝槽结构能够实现宽度可控的光束整形以及角度可控的多方向定向辐射，为了更好地分析这两种现象之间的联系，把它们放到同一个图中进行比较，结果如图 23-45 所示。对于每一个 λ/d；光束整形的光斑宽度总是小于定向辐射的夹角，而且随着 λ/d 的增大，它们的差值不断增加。这点在前面对图 23-38 讨论中已经做了分析，原因是定向辐射的方向总是在周期沟槽的衍射级次上，而光束整形总是位于两个衍射级次之前的区域。另外，光束整形的最大强度总是小于定向辐射的最大强度。由于光栅方程可以确定各个衍射级次的角度，因此可以用光栅方程大概确定两束定向辐射的峰值角度，因而也就能够估算出光束整形的宽度。

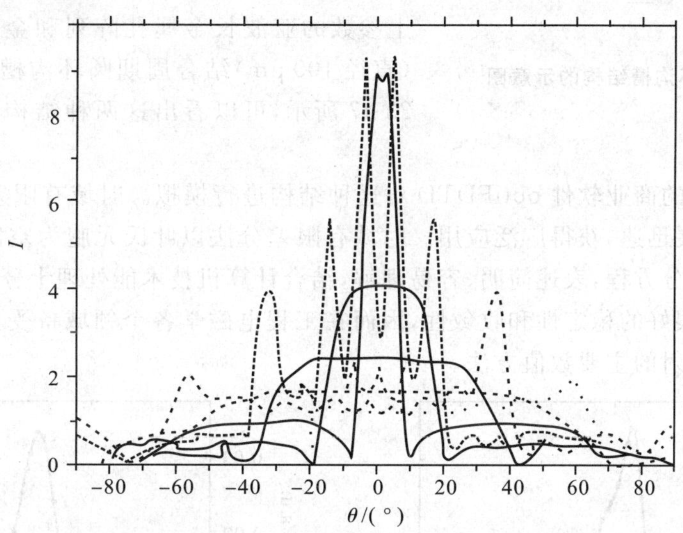

图 23-45　λ/d 取不同值时，角度可调的定向辐射（虚线）与光束整形（实线）现象的比较

第四节　亚波长金属孔阵列和周期沟槽组成结构的电磁辐射特性

目前，已经提出了不少具有奇异光学性质的亚波长金属结构，这些结构的作用机理以及能够实现的光学控制功能已经被广泛地研究[33-37]。例如在前一章研究的亚波长金属缝槽结构就是其中的一种。然而目前的研究主要集中在对结构的分析，对光学器件设计的研究相对较少，因此如何通过合理的设计，充分利用这些亚波长金属结构的奇异特性，发展出新型的太赫兹波光学器件，成为下一步研究的主要内容。

研究表明，通过合理的参数设计，新型的亚波长孔阵列结合周期圆环沟槽的结构作为太赫兹波波段的光束整形器件可以得到较高的透射率，并且使出射光束具有较好的方向性。这种结构的透射率可以通过改变孔阵列和入射面上周期圆环沟槽的参数以及它们之间的相对位置来调节，而出射光束的方向性则可以通过改变出射面上周期圆环沟槽的参数进行调制，因此其透射率和远场发散角可以分别得到调制，这就为结构的设计提供了非常大的自由度，便于其应用在未来的太赫兹波光路中。

一、结构组成

孔阵列结合周期同心圆环沟槽的结构如图 23-46 所示。整个结构在一块厚度为 H 的金属薄膜上，在薄膜中央为正方形周期排列着长方形亚波长孔阵列，在薄膜的前后两表面孔阵列外侧都环绕着同心圆环沟槽。孔阵列的周期为 P，小孔的长和宽分别为 L 和 W，沟槽的深度为 h，周期为 B，槽宽为 $B/2$，中心 y 方向最外侧小孔边沿与沟槽的距离为 D。

这种结构的提出是为了能够同时利用的亚波长金属孔阵列的透射增强效应和亚波长周期金属沟槽的定向辐射效应。而要使这两种效应得到充分叠加，需要满足两个条件，一是孔阵列和周期沟槽的峰值透射频率相同，二是孔阵列和周期沟槽处于合适的相对位置，使它们之间的耦合最强。因此根据这两个条件来选取结

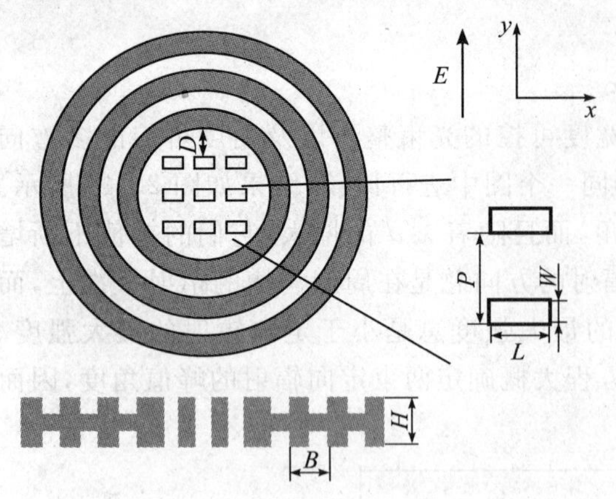

图 23-46 列结合周期圆环沟槽结构的示意图[49]

构参数，亚波长金属孔阵列和金属薄膜上周期沟槽的峰值透射频率与结构参数都有密切的关系，虽然精确的表达式还有待求解，但一般认为它们的峰值透射频率都略大于结构的周期。根据已有的研究成果，首先设定周期圆环沟槽的结构参数，沟槽的周期 $B=186$ μm，槽宽为 93 μm，槽深 $h=20$ μm，最内侧圆环沟槽的半径为 350 μm，沟槽个数为 6。然后利用改变边长可以调制亚波长孔阵列峰值透射频率的原理，得到合适的孔阵列参数，具体为周期 $P=170$ μm，边长 L 和 W 分别为 92 μm 和 50 μm。取以上参数的亚波长金属孔阵列和金属薄膜上的亚波长圆孔(直径 100 μm)结合周期圆环沟槽结构的透射率曲线如图 23-47 所示，可以看出这两种结构的峰值透射频率几乎相等，都是略小于 200 μm。

采用时域有限差分法的商业软件 optiFDTD 对这种结构进行模拟。时域有限差分(FDTD)方法自从叶氏于 1966 年提出以来发展迅速，获得广泛应用。时域有限差分法以叶氏元胞为空间电磁场离散单元，将麦克斯韦旋度方程转化为差分方程，表述简明，容易理解，结合计算机技术能处理十分复杂的电磁问题；在时间轴上逐步推进地求解，有很好的稳定性和收敛性，因而在工程电磁学各个领域备受重视。目前，时域有限差分法已经成为研究电磁散射的主要数值方法。

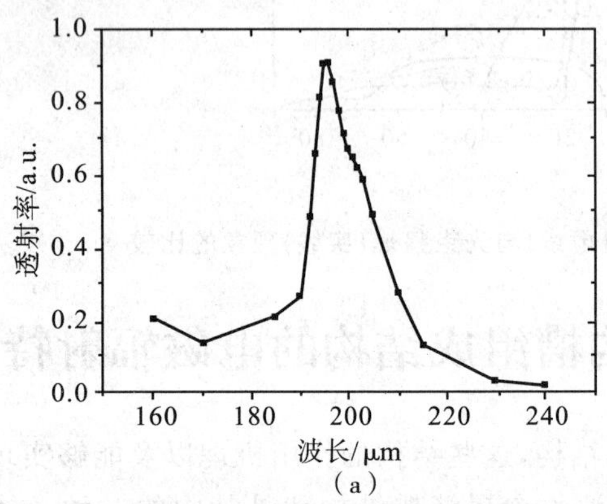

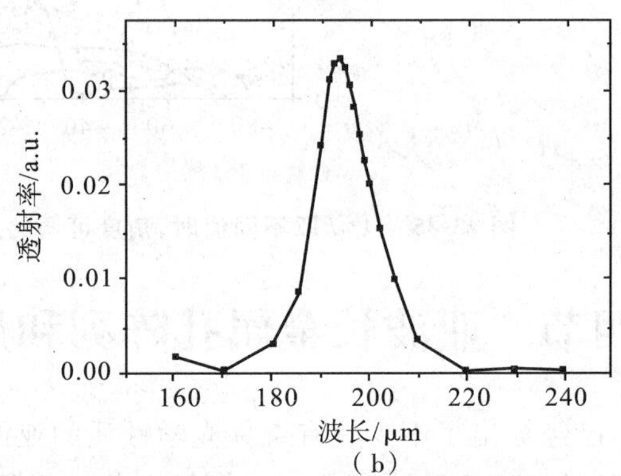

图 23-47 亚波长金属孔阵列和金属薄膜上的亚波长圆孔结合周期圆环沟槽结构的透射率曲线

(a)为长方形金属孔阵列的透射谱，结构参数：孔阵列周期为 170 μm，孔的大小为 92 μm×50 μm；(b)为金属薄膜上亚波长圆孔结合双面周期圆环沟槽结构的透射谱，沟槽的周期为 186 μm，槽宽为 93 μm，槽深为 20 μm，中心圆孔的直径为 100 μm

二、孔阵列结合周期沟槽结构的透射率

图 23-48 给出了三维时域有限差分法计算所得的单个亚波长小孔、3×3 孔阵列、双面带周期沟槽的孔阵列和入射面带周期沟槽的孔阵列的透射曲线。入射光为 y 向偏振的平面波，金属近似为理想导体。仅有一个 92 μm×50 μm 亚波长小孔时，在各个频率的透射率都很低。3×3 的孔阵列在入射光波长为 198 μm 时有一个透射峰，透射率较单个小孔有较大的提高。引入周期沟槽结构后透射峰的位置保持不变，透射率进一步提高到为 3×3 孔阵列时的近 5 倍。这是因为亚波长小孔的截止波长小于入射光波长，所以单个小孔时只有少量的太赫兹波能够透过。而亚波长小孔排成阵列时，不仅是因为透光面积增加，更主要的是小孔间的相互耦合作用，使得波长略大于孔阵列周期的入射光能够达到同相匹配，从而能够得到较高的透射率，如果要获得更高的透射率可以通过增加小孔的数目来实现。双面都有周期沟槽和仅入射面有周期沟槽的结构透射率几乎相同，说明透射增强是入射面的沟槽结构造成的，入射面的周期沟槽结构能把波长略大于沟槽周期的入射波转化为表面模式，一部分表面模式传播到结构中央，在孔阵列附近形成较大的场强，因此进一步提高了结构的透射率。

改变孔阵列与圆环沟槽的相对位置可以增强或抑制异常透射现象。图 23-49(a)给出了孔阵列和圆环沟槽的间距取不同值时的透射率谱线，分别计算了 D 从 105 μm 变化到 345 μm 的情况，可以看出孔阵列和圆环沟槽的间距对结构的透射率有较大影响，随着间距的增加，透射谱线逐渐向长波长方向移动，且峰值透射率不断减小。当间距变化 200 μm 时，透射谱又移动到原来的位置，例如 $D = 305$ μm 和 325 μm 的透射谱和 $D = 105$ μm 和 125 μm 的透射谱就几乎重合，即结构的透射率随间距 D 的改变发生周期性的变化，变化的周期约为 200 μm。为了更清楚地观察结构透射率随间距的变化情况，提取了入射光波长为 198 μm 时透射率随间距 D 的变化情况，如图 23-49(b)所示。当 D 为 $(3/4)\lambda$ 时，结构透射率最高，此时孔阵列和周期沟槽的耦合使得孔阵列的透射能量得到了较大的增强。当 D 为 $(5/4)\lambda$ 时，透射率最低，和 3×3 金属孔阵列的透射率相当，此时孔阵列和周期沟槽之间的耦合对孔阵列透射增强不起作用。可以用表面模式的传输来解释透射率随间距 D 的周期性变化，由于在结构入射面的周期沟槽上激发的表面波波长和约等于入射光的波长，而改变孔阵列和周期沟槽的间距相当于改变表面波的传播距离，因此当间距变化 λ 时，表面波传播的距离就变化了一个波长，其相位保持不变。

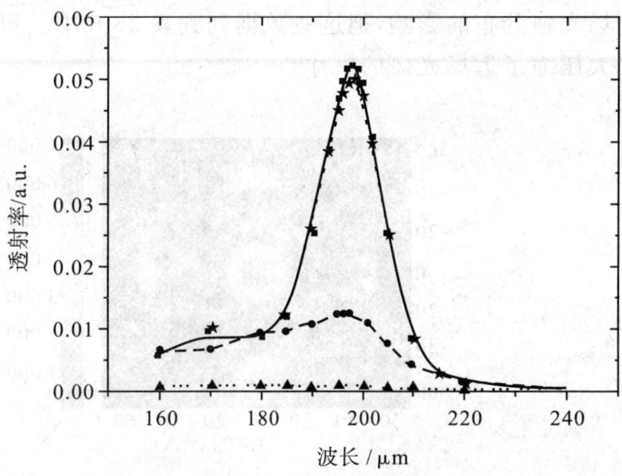

图 23-48　三维时域有限差分法模拟得到的透射光谱

▲：单独的 92 μm×50 μm 亚波长小孔；●：3×3 的亚波长孔阵列；■：孔阵列结合金属薄膜双面同心圆环沟槽；★：孔阵列结合入射面同心圆环沟槽[49]

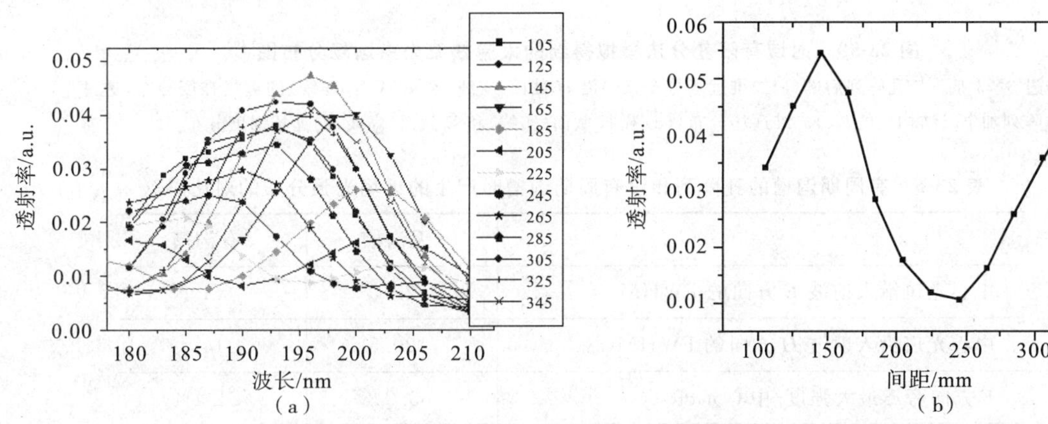

图 23-49　孔阵列和圆环沟槽的间距取不同值时的透射率

(a)孔阵列和圆环沟槽的间距 D 取不同值时用时域有限差分法计算得到的透射谱；(b)入射光波长为 198 μm 时透射率和间距 D 的关系

三、孔阵列结合周期沟槽结构的远场分布

图 23-50 给出了入射光波长为峰值透射波长时 FDTD 模拟得到的 3×3 孔阵列和孔阵列结合周期沟槽结构的近场和远场分布图。图 23-50(a)为平行入射的太赫兹波通过孔阵列后的远场分布图，在远场共有 9 个光斑。图 23-50(b)给出了中心截面沿入射光电场 $\boldsymbol{E}$ 方向和磁场 $\boldsymbol{H}$ 方向的远场分布，两个截面的远场分布大体相同，中心光斑能量最大，其沿入射光 $\boldsymbol{E}$ 方向和 $\boldsymbol{H}$ 方向的半高全宽分别为 22.48°和 20.52°，在两侧各有一个较大的旁瓣，沿 $\boldsymbol{E}$ 方向和 $\boldsymbol{H}$ 方向旁瓣最大强度分别为主峰的 62.3%和 50.0%。图 23-50(c)和(d)分别为孔阵列结合周期沟槽结构的二维远场分布图以及中心截面沿 $\boldsymbol{E}$ 方向和 $\boldsymbol{H}$ 方向的远场分布，其旁瓣强度大大减小，在远场只有一个集中了绝大部分远场能量的中心光斑，峰值强度约为 3×3 孔列阵的 16 倍。中心光斑沿 $\boldsymbol{E}$ 方向的半高全宽为 4.95°，仅为孔阵列的 1/4.5，沿 $\boldsymbol{H}$ 方向的半高全宽为 14.56°，为孔阵列的 2/3。沿 $\boldsymbol{E}$ 方向和 $\boldsymbol{H}$ 方向旁瓣最大强度分别为主峰的 24.4%和 8.9%。为了更清楚地观察出射面的周期沟槽对远

场光强分布的影响，把这些数据列到表 23-6 中。可以明显地看出周期圆环沟槽有效地抑制了旁瓣，同时大大压缩了远场光斑的尺寸。

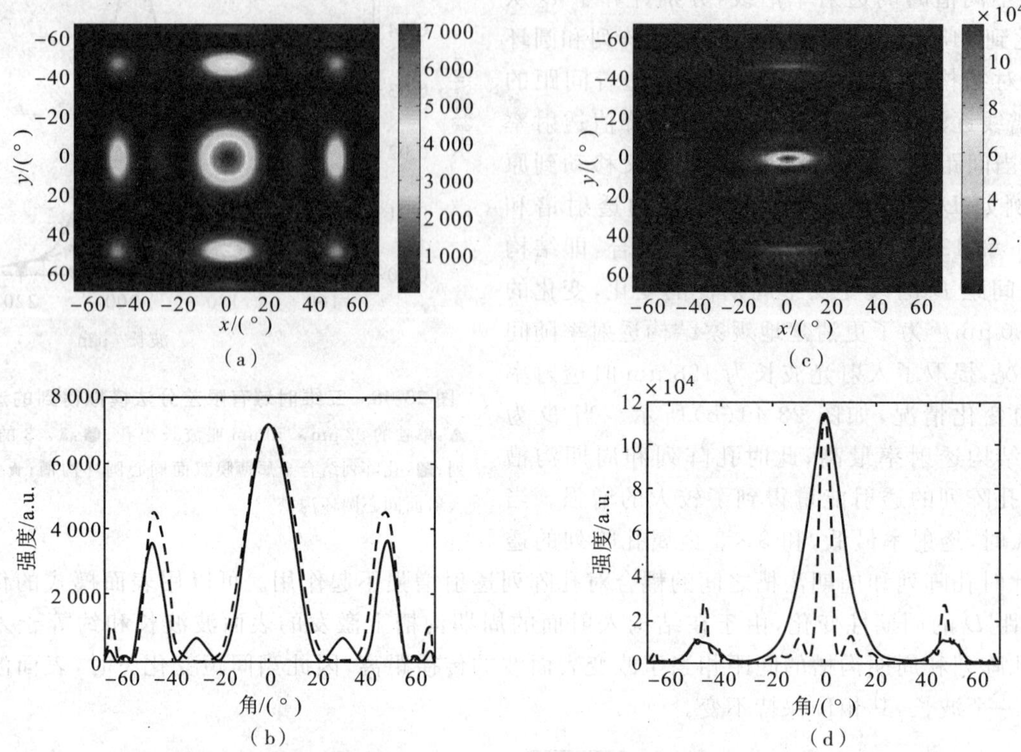

图 23-50 时域有限差分法模拟得到的太赫兹波光束远场分布图[49]

透过 3×3 亚波长孔阵列后的(a)二维远场分布，(b)沿 H 截面(实线)和 E 截面(虚线)的远场强度分布；透过孔阵列加牛眼结构后的，(c)二维远场分布，(d)沿 H 截面(实线)和 E 截面(虚线)的远场强度分布

表 23-6 有周期沟槽的孔阵列和没有周期沟槽时产生的远场光强分布的对比[49]

	无沟槽	有沟槽
中心光斑沿入射波 E 方向的 FWHM	22.5°	4.9°
中心光斑沿入射波 H 方向的 FWHM	20.5°	14.4°
E 方向旁瓣最大强度/中心光斑	63.2%	24.4%
H 方向旁瓣最大强度/中心光斑	50.6%	8.9%

金属结构出射面上的周期沟槽对远场光强分布的影响已经在前面进行了充分的研究，虽然这里是三维结构，但其远场光斑被压缩的原因依然是出射面上的周期沟槽中激发的表面模式，表面模式的二次辐射和孔阵列的直接辐射发生同相叠加形成了较集中的远场分布。沿入射光 E 方向上光斑的压缩程度大于 H 方向也可以用这个原因来解释，图 23-51 给出了 3×3 孔阵列和孔阵列结合周期圆环沟槽结构出射面的光强分布，可以看出孔阵列结构的出射面上没有激发表面波，而孔阵列结合周期沟槽结构只在周期沟槽沿入射光的 E 方向上激发了较明显的表面波，在 H 方向上激发的表面波很弱，因此其对远场光强在 E 方向上调制较大而在 H 方向上调制较小。和金属狭缝集合周期沟槽的结构相比，这种结构的远场光斑压缩并不明显，这是因为孔阵列的透光面积较大，导致孔阵列的直接辐射对远场光强的形成其主导作用，而周期沟槽中表面波的二次激发辐射起的作用相对较小。通过放大的近场光强分布图可以看到每个小孔透射的能量并不一致，孔阵列中心的小孔透射的能量最强而其他小孔透射的能量相对较弱。如果要进一步控制太赫兹波的远场分布实现更多的光束整形功能，可以通过调制出射面的沟槽结构来实现。

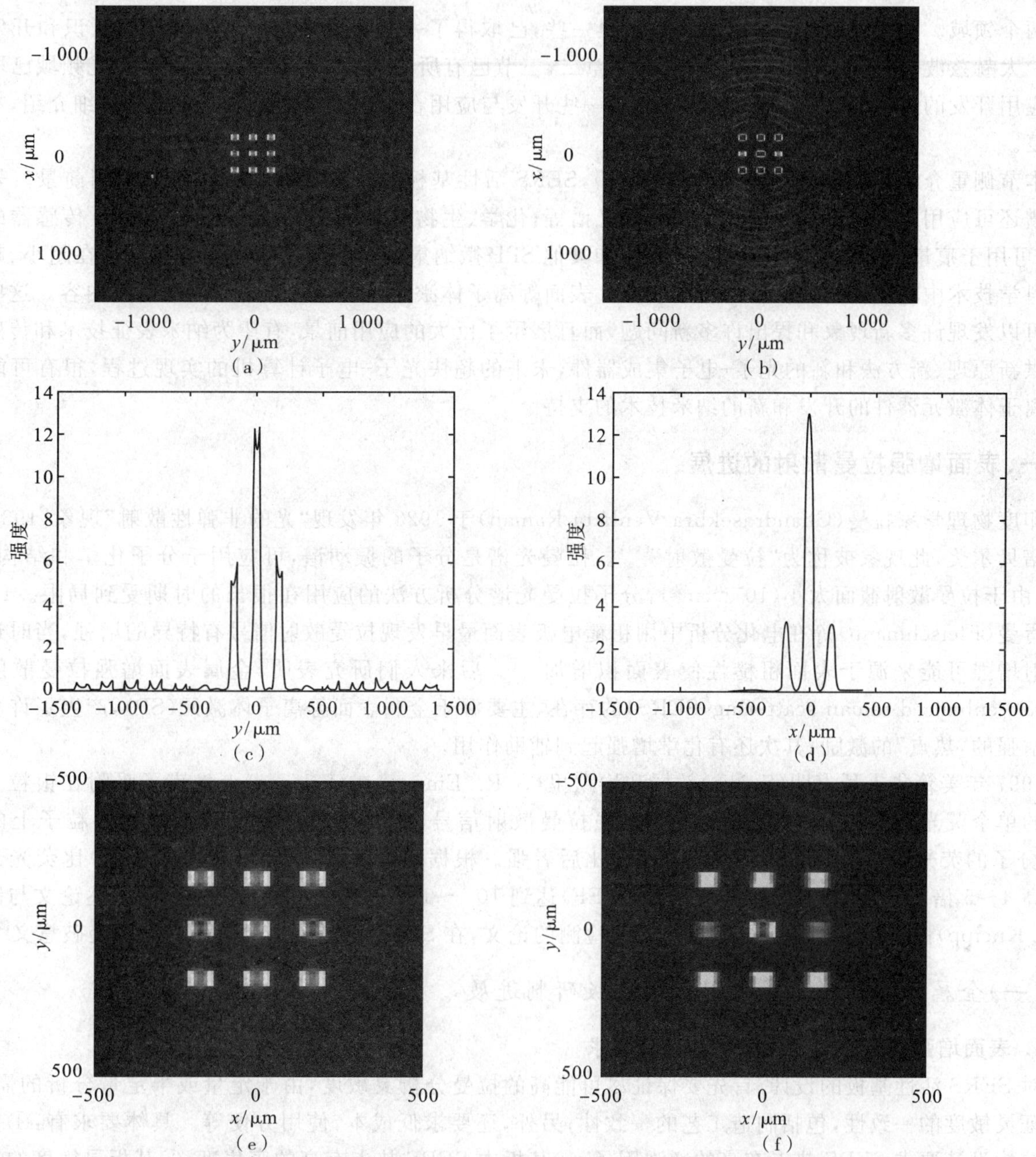

图 23-51　孔阵列和孔阵列结合周期圆环沟槽结构出射面的光强分布[49]

(a)(b)分别为 3×3 孔阵列和孔阵列结合牛眼结构在距出射面 4 μm 处 E_y 的场强分布，(c)(d)分别为(b)沿入射光 E 方向和 H 方向的中心截面上电场强度的分布，(e)(f)分别为(a)(b)中心 1 000 μm×1 000 μm 范围内的场强分布，通过其可以更清楚地观察孔阵列中场强分布的情况

第五节　表面等离子体光学与其他学科的交叉发展

表面等离子体光学的核心是作为信息载体的等离子体激元具有“光子-电子”双重性的特殊结合。作为光子学，它属于倏逝光光子学——近场光学中发展出来的一个分支学科；作为电子学，它可归属于以金属自由电子为介质的电磁波学。该电磁波载体仅局限在良导体与电介质的界面，其理论模拟方法与含金属介质的近场光学的模拟方法(见第三十三章)完全一致。因此将其包含在广义光学或光子学中的理由是充分的。

表面等离子体激元作为信息科学的新载体，属于电磁场信息科学领域的新分支，有望在许多与高新技术有关的领域开发出很多应用。以电磁场的频域来划分，当前已开发和正在开发的主要有可见光和太赫兹波-

微波两个领域。前一领域认识和开发得比较早一些，已取得了一些重要进展。后一领域的认识和开发比较晚些。太赫兹波-微波频域的应用与前景在本章二、三节已有所论述。本节侧重介绍在可见光频域已取得的一些应用开发的进展，其中在纳米光学方面的一些开发与应用在第三十三章的第四节中有详细介绍，本节不再重复。

本节侧重介绍：表面增强拉曼散射（SERS），SERS活性基板的开发现状和一些重要应用前景。表面增强光谱还可应用于红光增强光谱和荧光增强光谱等；化学、生物分子SPP传感器和光纤SPR传感器的开发进展，可用于痕量成分的检测；SPP光子晶体和其他SPP微纳集成光子器件的进展与前景。在超小、超快的纳米科学技术中将延伸出许多新的应用领域。表面等离子体激元光学包含非常广泛的研究内容。这些研究不但可以发现许多新现象和提出许多新问题，而且展示了巨大的应用前景，有望为纳米表征技术和传感器技术提供新原理、新方法和新的光子-电子集成器件，未来的超快光子-电子计算机的实现过程，很有可能依赖于等离子体激元器件的开发和新的纳米技术的支持。

一、表面增强拉曼散射的进展

印度物理学家拉曼（Chandrasekhra Venkata Raman）于1928年发现“光的非弹性散射”现象，1930年因此获诺贝尔奖，此现象被称为“拉曼散射”[38]。拉曼光谱是分子的振动谱，可应用于分子化学和结构分析。但是，由于拉曼散射截面太小（$10^{-30}\ cm^2$），分子拉曼光谱分析方法的应用在很长的时期受到局限。1973年弗莱胥曼（Fleischmann）等在电化分析中用粗糙电极表面最早发现拉曼散射信号有特异的增强，当时还以为该散射增强可能来源于表面粗糙性使表面积增加[39]。后来人们研究表明：金属表面增强拉曼散射现象（surface-enhanced raman scattering，SERS）的存在，主要源于金属表面等离子体激元（SP），产生了许多电场极度增强的“热点”的激励；其次还有化学增强起到辅助作用。

1997年美籍华人聂书明（S. Nie）教授和埃默里（S. R. Emory）在《Science》上发表了吸附在银粒子聚集体上的单个荧光染料大分子R6G的表面增强拉曼散射信号，同时检测到了没有吸附在银粒子上的单个R6G分子的荧光信号，其光斑的强度，前者还比后者强。根据SERS拉曼光斑（扣去背景后）比荧光光斑强度约高4～5倍，估计SERS的拉曼增强因子（EF）达到$10^{14}\sim10^{15}$。聂书明课题组发表的上述论文与同年尼普（K. Kneipp）课题组发表的单分子拉曼光谱检测的论文，在SERS的进展上具有历史性的突破意义[40]。

（一）金属表面增强拉曼散射活性基板研制进展

1. 表面增强拉曼散射活性基板的设计要求

对SERS活性基板的设计，首先要保证尽可能高的拉曼分析灵敏度，由于定量或半定量分析的需要，还应保证灵敏度的一致性，包括制造工艺的一致性；另外，还要求低成本，使用方便等。具体要求有：①基板选材和结构设计要求SERS热点有高的增强因子；②基板中SERS热点有高的密集度；③基板灵敏度的一致性要好；④制造工艺重复性好，过程不复杂；⑤如单次使用，低成本将更为重要；⑥如多次重复使用，则有很高的清洗要求，要便于清洗；⑦基板的保存寿命尽可能长；⑧使用方便等。

银、金、铜等的纳米粒子溶胶聚集体是随机产生“热点”的简捷方法，粒子尺度要求与激励光束波长适配，以正好能产生局域表面等离子体激元共振（LSPR）为条件，并与粒子和溶剂的属性紧密相关。金属粒子除了尺度外还有形状要求，且粒子的聚集间距也尤其重要，它是“热点”SERS增强因子最敏感的因素。

在金属表面近场增强有一个近似的经验公式[41]，即距离依赖公式：

$$I_{SERS}=[(a+r)/a]^{-10}=[1+r/a]^{-10} \tag{23-83}$$

式中，I_{SERS}是金属表面近场增强拉曼光的强度，a是金属表面场增强形貌的平均尺度。因此在同一表面增强热点中，拉曼光的强度与离开表面的距离r的10次方成反比。

在金属粒子二聚体中还存在间隙共振增强，金属对顶尖准零间距的二聚体结构可产生最理想的“热点”，可作为SERS活性基板增强因子极值设计时的参考。

银、金等纳米粒子溶胶聚集体已在单分子拉曼检测中显示了重大的应用价值，但当前还有很大的障碍需要解决，即该SERS体系产生“热点”的分布、“热点”的增强因子幅值等的随机性太大，此随机性在用SERS

活性板定量分析中不能保证分析检测灵敏度的一致性。为了克服此随机性，SERS 活性基板研究已成为当前的重要研究方向。

2. 自组装小球模板上真空沉积银(或金)膜的 SERS 活性基板

在自组装小球列阵模板上用真空沉积银(或金)膜研制球形粒子和三角形粒子两种不同的 SERS 活性基板，已有比较成热的经验，海纳斯(Haynes CL)课题组[50]和黑克斯(Hicks EM)课题组[51]曾做过许多研究。该活性基板的工艺步骤如下：

第一步完成小球模板工序：在平整基板(如玻璃等)表面，根据纳米金属二维点阵的周期要求，选好直径一致的小球(如硅小球等)，将其制成可挥发性的溶剂，滴在平整基板表面(或用其他方法)，靠小球的溶剂挥发自组装紧密排列成模板。

第二步完成真空沉积银膜或金膜工序：其厚度应根据球形粒子和三角形粒子两种 SERS 活性基板的需要设计。

球形粒子 SERS 活性基板通过第二步工艺即可完成；三角形粒子 SERS 活性基板需要在完成第二步工艺之后，设法除去全部小球(这些小球在镀膜工艺中，仅用做真空沉积掩膜而设置)，通过小球间隙沉积在基板上的金属粒子都是相同的三角形。

球形粒子和三角形粒子两种 SERS 活性基板的纳米粒子在工艺完善的条件下，均显示六角形列阵。比较球形粒子和三角形粒子两种 SERS 活性基板的特点，按孤立的金属粒子而论，三角形粒子尖端"热点"的 SERS 增强因子比小球形粒子"热点"的 SERS 增强因子高；但是从聚集粒子"热点"的 SERS 增强因子而论，间距要小，非常重要。聚集三角形粒子尖端间距太大是它的重要缺点。决定 SERS 增强因子还有一些其他因素，因而两种 SERS 活性基板比较，还要看具体情况。

Li-Li Bao 等[52]曾在硅纳米小球粒基板上真空沉积银膜，控制球顶的膜厚和小球直径，研究 SERS 活性基板最佳条件。他们用苯甲酸作检测样品，初步试验结果表明，球顶的膜厚 6 nm 和小球直径 565 nm 条件下最佳，检测灵敏度极限苯甲酸的浓度为 10^{-7}M(mol/L)。

3. 多孔硅/银膜的 SERS 活性基板

将多孔硅基板浸没在硝酸银溶液中，通过银在经过氧化了的多孔硅基板表面的热沉积过程，产生银粒子薄膜，即可制造出 SERS 活性基板。乔季斯(Fabrizio Giorgis)等[53]曾对这种活性基板的有效性做过检测。他们用青色素作样品，用多孔硅/银膜活性基板作 SERS 拉曼谱的浓度最小值检测，结果最小检测值为 10^{-7} M。该值与多孔硅的参数、膜的厚度与激励光束的波长的适配性存在重要的关系。多孔硅/银膜活性基板的制造工艺简单，有 10^{-7}M 拉曼检测灵敏度的优点；其主要局限是拉曼检测的灵敏度尚不够稳定。

4. 硅基质光子晶体/银膜的 SERS 活性基板

用多孔硅/银膜 SERS 活性基板有中等程度的 SERS 增强因子，但主要不足是多孔硅的孔隙随机性，不同多孔硅基板的孔隙不同，难于控制，因而其 SERS 的活性难于一致。由于微电子工艺已经很成热，光子晶体理论和工艺开发有了一定的基础，于是已有条件去开发"硅基光子晶体的 SERS 活性基板"的商品。英国介观光子学公司(Mesophotonics)利用光子晶体技术，设计了结构具有 LSP 功效光子晶体图案，在硅基板上完成了微纳刻蚀，然后镀银或金，制造出结构一致、SERS 增强灵敏度一致性比较好的"Klarite-SERS 活性基板"商品[53]。其 SERS 增强因子为 10^7，用该活性基板的分析水平，可能达到十亿分之几。不足之处是 SERS 增强灵敏度还不够高，如要进一步提高"硅基光子晶体的 SERS 活性基板"的增强因子，其关键是需要进一步提高光子晶体刻蚀的微纳精细工艺水平。

5. 介质纳米线网/真空镀金或银的 SERS 活性基板

2007 年，帕洛克等[54]发明了介质纳米线网/真空镀金或银—SERS 活性基板，它同样可应用于荧光的增强。纳米线的材质可用 Ga_2O_3、ZnO、SiO_2、InAs、InSb、SiC 或 GaN。如用 Ga_2O_3(纯度 99.995%)在真空管炉中，通过气、液、固(VLS)三态在基板上随机生成纳米线网，然后通过电子束真空沉积 6 nm 厚金或银即可生成 SERS 活性基板。Ga_2O_3/Ag 纳米线网 SERS 活性基板经初步实验，用 R6G 检测其灵敏度，检测限为 0.2 pgm(picogram，皮克)；用甲醇溶解 DNT(二硝基甲苯)，DNT 的检测限为 2 pgm，DNT 的 SERS 检测难度是比较大的。Ga_2O_3/Ag 纳米线网 SERS 活性基板的增强特性，比自组装小球模板上真空沉积银(或金)

膜的 SERS 活性基板高，比 Klarite 型—SERS 活性基板商品的灵敏度约高 2 个数量级。

6. 电解沉积金属纳米点列阵的 SERS 活性基板

采用可控条件下的电解沉积技术，2006 年卡托普等[55]制造出铜或银或金的纳米点列阵膜 SERS 活性基板，用铜的纳米点列阵膜 SERS 活性基板检测 R6G 的灵敏度可达到 10^{-4} M 水平；如果用此种铜纳米点膜作为模板，进一步用银或金进行沉积处理，制造出其表面由银或金修饰过的金或银纳米点膜 SERS 活性基板，其灵敏度又可比铜的纳米点膜 SERS 活性基板再提高 3 个数量级。由于铜纳米点膜的参量在电解沉积过程中可以控制，此种纳米点膜 SERS 活性基板的灵敏度比较一致。

7. LSP 与金属膜 PSP(即 GSP)耦合增强 SERS 活性基板的进展

上层银粒子局域表面等离子体激元(LSP)与下层银膜的传输表面等离子体激元(PSP)相互作用，将产生很强的增强效应。即上层银粒子的 LSP 通过与下层银膜的 PSP 耦合作用，在上层银粒子所产生的“热点”的增强因子，将比单层银粒子产生的“热点”的增强因子高。此增强原理与 1984 年由霍兰(W. R. Holland)和哈尔(D. G. Hall)在偶然中发现的银粒子与下层银膜所显示的“偶极子与银膜表面耦合”现象是一致的[56]。2005 年策萨日(J. Cesario)等[57]用数值模拟研究了“金粒子列阵与隔层金膜杂交结构”中的消光谱。由于 LSP 与 PSP 耦合效应，产生了多重共振模式的场增强。

初义卓(Chu Yizhuo)等用模拟研究了上层金粒子列阵/下层金膜的 LSP 与 PSP 相互作用[58]，其结构为“厚 40 nm 金粒子列阵/20 nm SiO_2 膜/100 nm 金膜/铟氧化增加黏附膜/玻璃基板”。在上述结构中，当用直径为 100 nm 金粒子时，最大的场增强为 5 000(SERS 增强因子约为 6×10^{14})；而无银膜存在、仅有直径为 100 nm 金粒子在玻璃基板上时，最大场增强因子仅为 300(SERS 增强因子约为 8×10^{9})。据此，LSP 与 PSP 相互作用所提供的场增强已超过 1 个多数量级，而 SERS 的增强则可提高 4 个多数量级。

金玄哲(Hyun Chul Kim)和郑星(Xing Cheng)进一步研究了不同形状粒子和不同 SiO_2 间隔层厚对 LSP 与金属膜 PSP 耦合增强 SERS 活性基板的影响[59]，他们将 PSP 称为加入间隔的表面等离子体极化激元(GSPP)。其模型为“上层分别用等边三角形、正方形和圆形、厚为 40 nm 的银膜粒子阵列/间隔 20 nm SiO_2/下层为 100 nm 银膜”结构，图 23-52(a)为该模型的示意图。他们将上述“金属膜/介质膜/金属膜”结构视为“MIM”波导，加间隔的表面等离子体激元(GSP)的传输常数(波向量 k_{GSP})和 MIM 波导介质的有效折射率 n_{eff})用以下两式赋值：

$$\tanh[(k_{GSP}^2-\varepsilon_d k_0^2 t)^{1/2}/2]=-\varepsilon_d(k_{GSP}^2-\varepsilon_m k_0^2)/\varepsilon_m(2k_{GSP}^2-\varepsilon_d k_0^2) \tag{23-84}$$

$$n_{eff}=k_{GSP}/k_0=(k'_{GSP}+ik''_{GSP})/k_0=n'_{eff}+in''_{eff} \tag{23-85}$$

式中，k_0 为真空中激励光的波向量，ε_d 和 ε_m 分别是介质和金属的介电常数，t 为介质层的厚度，n'_{eff}和n''_{eff} 分别为 MIM 波导介质的有效折射率的实部和虚部。有效折射率的实部 Re($n'_{eff}=k'_{GSP}/k_0$)和 GSP 的传输长度($L_{GSP}=1/2k''_{GSP}$)与介质层厚度 t 的函数关系，可由以上两式模拟给出，其结果见图 23-52(b)，激励光波长用 785 nm 时，选择 SiO_2不同间隔层厚 t 用作参考的依据。图 23-52(c)和(d)分别为等边三角形、正方形和圆形三种厚为 40 nm 的银膜粒子，在不同边长时的粒子底边和粒子顶边的 SERS 增强因子模拟结果(20 nm SiO_2 间隔)。由模拟结果可知，最大的 SERS 增强因子是选用等边三角形银粒子，粒子底边的 SERS 增强因子大约为 7.0×10^{11}，粒子顶边的 SERS 增强因子大约比底边小 1 个数量级，其最佳边长应选择 110 nm。不同的银粒子形状的最佳边长应不同，正方形银粒子的最佳边长约为 100 nm，圆形银粒子的最佳边长约为120 nm。考虑到银粒子环境介质检测时通常用水，水的介电常数用 1.77，模拟结果表明 SERS 增强因子变化不大，但激励光的波长在水中要缩短，相应粒子尺度需要缩小，最佳增强条件下三角形银粒子的边长在水中时应选 80 nm。

为了分析 LSP 与金属膜 GSP(即 PSP)耦合的 SERS 活性基板中的增强机理，比较了在相同条件下，边长同为 110 nm 的等边三角形，厚为 40 nm 的银粒子阵列，唯增加了 SiO_2 基板厚度，设为 100 nm。此条件下的 SERS 增强因子仅为 3.0×10^{8}。它与前面 20 nm SiO_2 基板厚度时的 7.0×10^{11} 相差了 3 个多数量级。所不同之处主要在等边三角形银粒子与 SiO_2 的界面上，前者在 LSP 与金属膜 GSP(即 PSP)耦合条件下，通过 MIM 波导效应，提高了 SiO_2 的有效介电常数和有效折射率(n'_{eff}，参见图 23-52(b))。金属/电介质界面上，前者有较高的电介质介电常数，有较高的 MIM 波导折射率，因而有较高的倏逝场，这是此类 SERS 活性基板增强机理的关键所在。

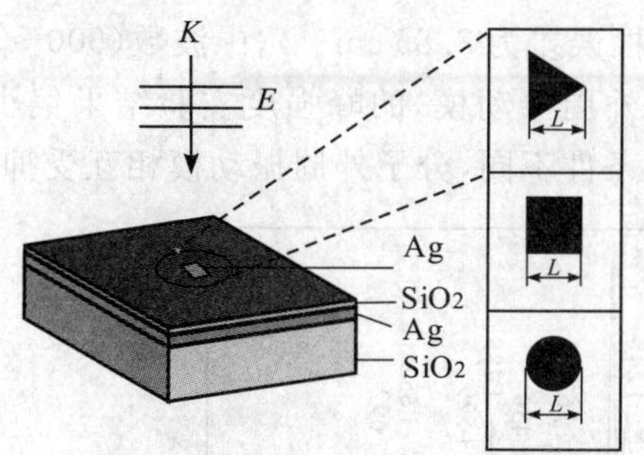

(a) HC Kim-X Cheng的SERS活性基板模型

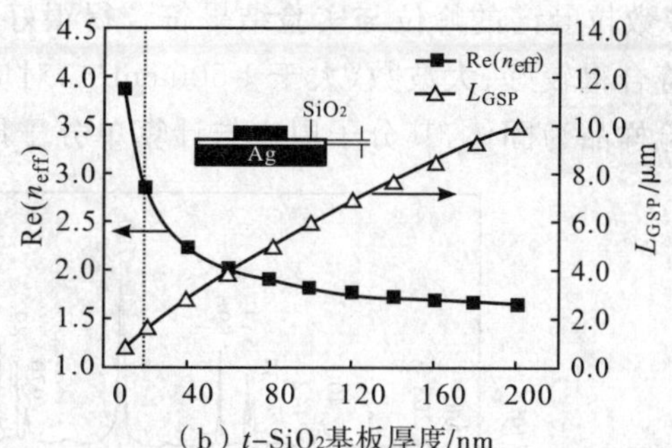

(b) t-SiO_2基板厚度/nm

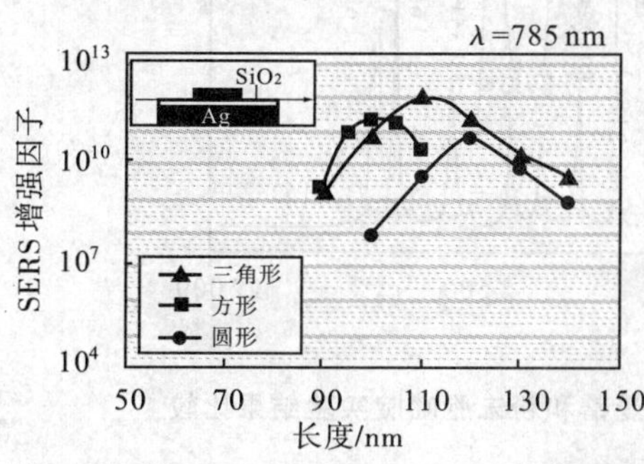

(c) 银粒子底边SERS增强因子与粒子边长的关系

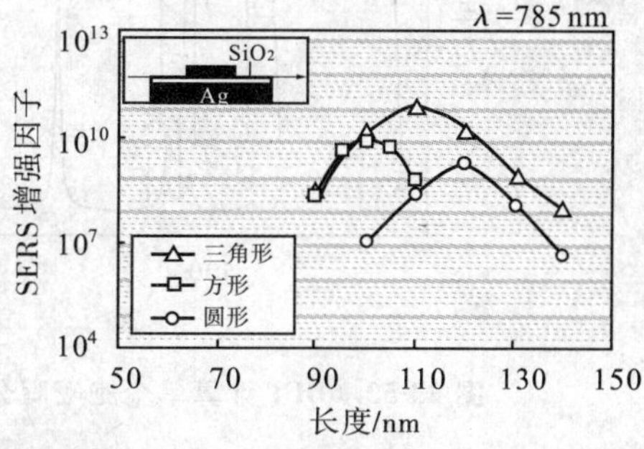

(d) 银粒子顶边SERS增强因子与粒子边长的关系

图 23-52　不同形状粒子和不同 SiO_2 间隔层厚对 LSP 与金属膜 PSP 耦合增强 SERS 活性基板的影响

(a)模型的示意图;(b)选择 SiO_2 不同层厚 t 参考;(c)和(d)分别为不同边长时的粒子底边和粒子顶边的 SERS 增强因子模拟结果

8. 金粒子 2D 纳米结构的 SERS 活性基板

2007 年豪申(M. K. Hossain)等在序列纳米方井孔中紧密排列金粒子组成二维结构的 SERS 活性基板[60],表面不用包被任何活性剂,用紫晶检测 SERS 增强因子已可达到 10^8。该活性基板的面积可达到数百平方微米至 1 mm^2。

2009 年李晶晶(Li Jingjing)等[61]在金粒子组成的二维结构 SERS 活性基板的研究中,也获得了成功,他们在 Si_3N_4 介质二维凹孔光栅表面设置阵列双银纳米棒状 SP 天线(plasmonic optical antennas),当平行偏振光束垂直通过介质二维凹孔光栅(偏振方向与双银纳米棒轴和光栅方孔的边平行)时,可获得最好的增强结果。

9. 过渡金属包金(或银)粒子的 SERS 活性基板

在电化学 SERS 拉曼分析和某些催化反应中,一些分子对银或金粒子的吸附特性不好,这将影响 SERS 的增强因子;但这些分子对某些过渡金属,如 Pt(铂),Pd(钯)等却可能具有特异的吸附能力,因此其化学增强因子可能达到较高程度。然而 Pt、Pd 等许多其他过渡金属的介电常数又非常不利于电磁波激励的电磁增强。我国田中群院士领导的国家重点实验室在电化学 SERS 研究和 SERS"芯/壳"纳米粒子结构膜研究中已取得了许多重要进展[62-63]。在金核上用化学沉积法沉积厚度很薄很均匀的钯膜,制备了兼具金的光学性质和钯的化学性质的 Au@Pd 核壳结构的纳米粒子。对其他多种过渡金属(TM)还有 Pt、Rh、Ru、Co 和 Ni 等,用同样方法可研制出过渡金属包金(或银)核的 Au@TM 或 Ag@TM(TM 为:Pt、Rh、Ru、Co 和 Ni 等)核壳结构纳米粒子,并将其制造成 SERS 膜电极。两个纯 Pt 粒子(直径为 55 nm)间隙的电场增强因子为 54,其拉曼增强因子为 4×10^6;而两个 Au@Pt 粒子(直径为 55 nm)间隙的电场增强因子可达 112,其拉曼增强因子可达 1.6×10^8。A@B,表示纳米粒子核为 A、壳为 B。

(二)表面增强拉曼散射谱的数值模拟进展

1. 用密度泛函理论计算小分子常规拉曼谱举例

当前,用密度泛函理论(density functional theory,DFT)计算一些小分子的常规拉曼谱已经比较成熟。例如,采用 DFT 计算单个胞嘧啶分子的常规拉曼谱与胞嘧啶(粉末)实验结果比较,可获得很相近的结果,见图 23-53。用 B3 和 LYP 混合泛函 6－31＋G(d,p)基组函数频率计算结果表明:胞嘧啶分子的优化结构为

Cs 点群，大多数拉曼谱的峰位与实验结果符合得很好(均方根误差为 3.85 cm^{-1})，中波数(500～1 500 cm^{-1})的峰强度也符合得较好；大波数(大于 1 500 cm^{-1}，对应分子外周振动模)的峰强度实验结果偏小，其原因可能是由于实验样品为固体，其分子周边与计算单分子周边的条件不同，分子外周振动模相互受抑制有关。

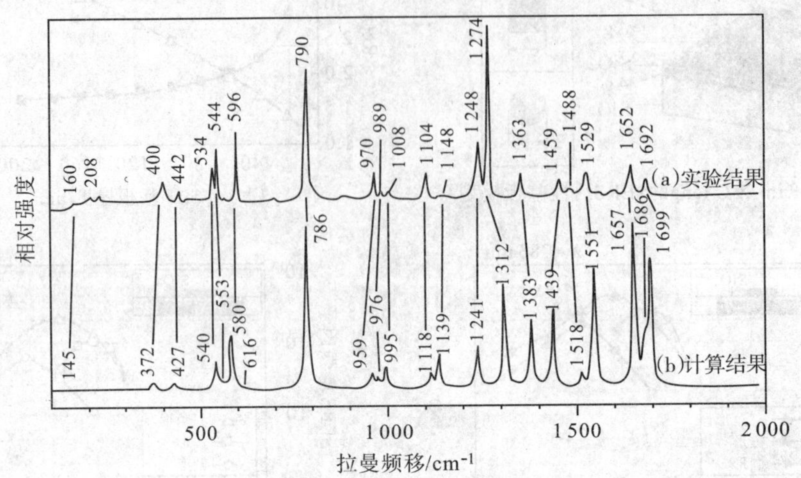

图 23-53 DFT 计算单个胞嘧啶分子常规拉曼谱和粉末胞嘧啶实验结果比较

2. 溶液中吸附小分子 SERS 谱的数值模拟举例

在银的水溶胶中检测溶液中吸附小分子 SERS 谱的数值模拟，比常规拉曼谱的模拟复杂得多，虽已有许多成果，但还处在开发的早期。银粒子与检测分子复合体的 SERS 谱的模拟，目前大多采用 DFT 方法。以 DFT 模拟嘧啶-银 4 原子的“Py-(Ag_4)”复合体 SERS 谱为例：在嘧啶浓度为 5×10^{-3}M 的银水溶胶中，不加 NaCl(Cl^- 离子)，实测 SERS 谱，见图 23-54 的(a)-A，它与用 DFT 模拟计算的 Py-$(Ag_4)^{+2}$ 复合体 SERS 谱(见图 23-54 的(b)-A)的峰位和谱峰的相对比能很好地符合。不加 NaCl(Cl^- 离子)和加不同浓度时的“Py-(Ag_4)”复合体优化结构和银粒子的优化结构见图 23-54 的(c)和(d)。加和不加 NaCl(Cl^- 离子)的作用，将使银粒子带的电荷不同：$Ag^+ + e^- \rightarrow Ag^0$；$Ag^0 + Ag^+ \rightarrow (Ag_2)^+$；$2(Ag_2)^+ \rightarrow (Ag_4)^{+2}$。

在银的水溶胶中加少许卤素离子(Cl^- 离子)可增加银粒子对某些检测分子的吸附能力，从而增加 SERS 谱的强度。Cl^- 离子在其中起协同吸附作用。Cl^- 离子的协同吸附将改变检测分子 SERS 谱的相对强度，见图 23-54(a)中实验 B、C 与(b)中计算 B、C 的变化趋势，两者有比较好的相符(激励光 $\lambda=514.5$ nm)。

3. 电化学分析中的 SERS 谱的模拟举例

电化学分析中 SERS 谱的产生机理最为复杂，该系统由激光束激励下的纳米结构电极和电解液组成，在该过程中的电解液为检测样品提供溶解(或离解)分子和分子的游动、富集。在工作电极上加偏电势，用于解离分子(或极化分子)向工作电极附近富集，从而提高局域检测分子的浓度，并增加向工作电极的吸附力。偏电势的正、负取决于检测分子的离子或极化性质。如果属于同极性，可以添加少许异性离子(如 Cl^-，SCN^- 等)用于检测分子向工作电极的协同吸附。在激光束激励下的电化学表面增强拉曼散射(EC-SERS)的化学增强，由于工作电极上有偏电势的存在，将影响到拉曼谱峰的频移和相对强度的改变。究其原因，由于工作电极的材质不同，及其所加偏电势的变化，都将改变检测分子与纳米结构电极的吸附、键合状态等，即 EC-SERS 系统中工作电极的费米能级及其表面电解液的介电常数的改变所引起。激励光束的偏振是固定的，当工作电极上偏电势的改变诱生检测分子吸附方向改变时，拉曼谱峰相对强度和峰位必然有一些改变。

在电化学中 SERS 谱的模拟仍举嘧啶分子为例[64]，如图 23-55 所示。嘧啶的特征峰有 5 个：a(ν_{6a})、b(ν_1)、c(ν_{12})、d(ν_{9a})和 e(ν_{8a})，如图中(a)所示，不同偏电势(0～－1.0)条件下，上述 5 个特征 SERS 峰的强度有不同的变化曲线。选定不同的偏电势，SERS 谱的相对强度将不同。要想 a(ν_{6a})谱峰有高的显示灵敏度偏电势应选－0.6V，要想 c(ν_{12})、d(ν_{9a})和 e(ν_{8a})谱峰有高的显示灵敏度，偏电势应选－0.8V。由图(b)中的实验结果可见，电极材质不同(Ag，Au，Cu，Pt)，SERS 实验谱峰的相对强度均有不同，峰位也有少量差异。为了用于比较，图中(b)上方列出了纯品和水溶液中嘧啶的 SERS 实验谱。Ag 电极的实验 SERS 谱最接近纯品的实验结果。图(c)中为用 DFT－B3LYP/6－311＋G** (C,N,H)方法计算 Py-Pt_5、Py-Au_4、

$Py\text{-}Ag_4$，和 Py 单分子拉曼谱的结果，在它们之间，c(ν_{12})和 b(ν_1)的相对强度差别最大。其缘由可见图(a)中上的 c(ν_{12}) 振动模式，它与附加金属粒子键的关系最近、最直接有关系。

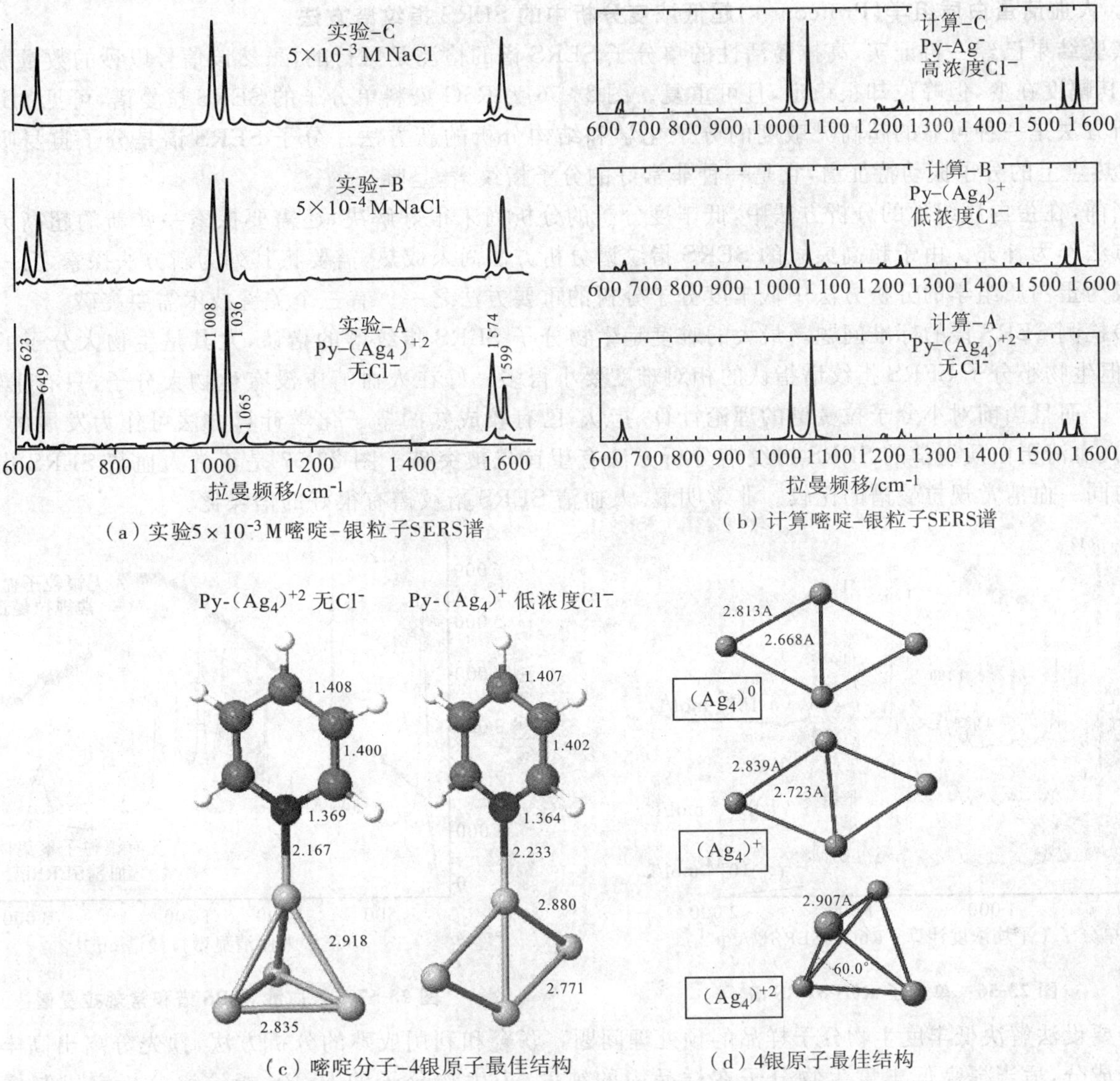

（a）实验5×10^{-3} M嘧啶-银粒子SERS谱

（b）计算嘧啶-银粒子SERS谱

（c）嘧啶分子-4银原子最佳结构

（d）4银原子最佳结构

图 23-54　Py-(Ag_4)SERS 谱实验与计算结果比较(a,b)和结构优化(c,d)

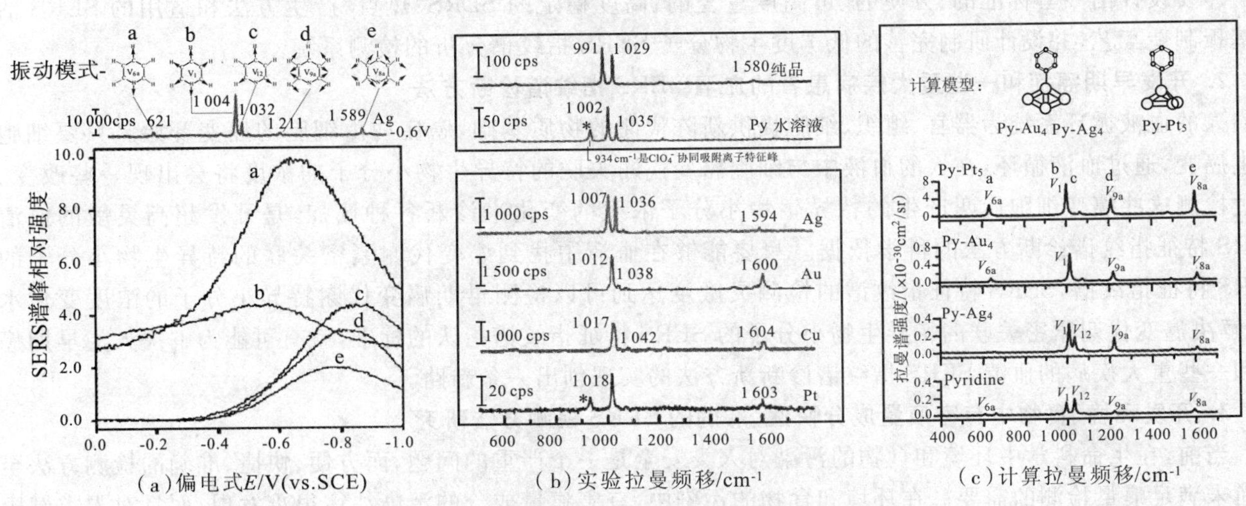

（a）偏电式E/V(vs.SCE)　（b）实验拉曼频移/cm^{-1}　（c）计算拉曼频移/cm^{-1}

图 23-55　嘧啶(Py)电化学 SERS 实验谱和计算谱

（三）金属表面增强拉曼散射的几项重要应用的前景

1. 人血清蛋白质组学(Proteonics)超低浓度分析中的SERS指纹谱方法

实验结果已经一再证实，高拉曼活性的单分子SERS谱的检测是可行的，虽然该信号以秒的数量级随机闪现，其幅度在变，但峰位却很稳定，且可重复。图23-56为R6G染料单分子的SERS拉曼谱，可见SERS拉曼分析方法是一种可靠的超高灵敏度的分子化学和结构分析的新方法。分子SERS谱是分子自身吸附在SERS热点上的分子振动特征谱，它是一种非常好的分子指纹谱，是唯一的。

当前，在蛋白质组学的分析方法中，低丰度分子的分析尚未很好解决，还需要探索一些新的超高灵敏的分析方法作为补充。由于超高灵敏的SERS指纹谱分析方法尚未成热，需要将其列为新方法探索之一，将来有望成为蛋白质组学的分析方法中低丰度分子分析的重要方法之一。有三个关键技术需要突破：

1)检测SERS谱的标准问题。最大的难度是生物分子SERS指纹谱的指认，尤其是生物大分子的指认更难，但生物小分子SERS指纹谱指认的相对难度要小得多。好在人血清中没有生物大分子，只有生物中、小分子。而且当前对小分子拉曼谱的理论计算、指认，已有较成熟的量子化学计算方法可作为发展的基础。因此，人血清蛋白质组学的SERS指纹谱分析方法有望首先被突破。图23-57是正常人血清SERS指纹谱信息与同一血清常规拉曼谱的比较。非常明显，人血清SERS指纹谱有很好的信噪比。

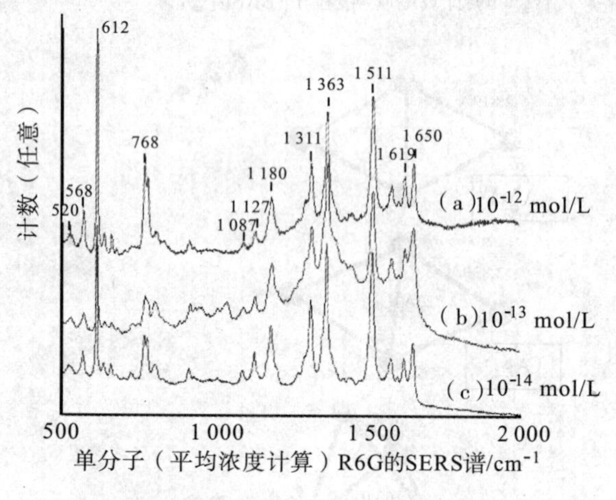

图 23-56 单分子 R6G-SERS 谱

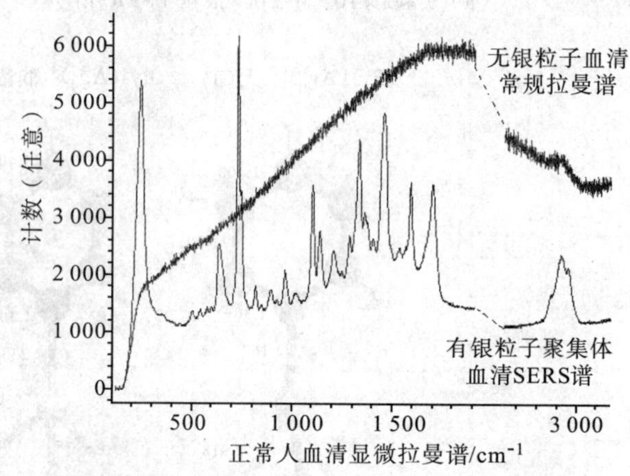

图 23-57 人血清 SERS 谱和常规拉曼谱

2)要设法解决低丰度生物分子样品的预处理问题。联合和利用成熟的分析方法，预先分离出高丰度生物分子成分，适当提高低丰度生物分子在样品中的纯度，为生物分子的SERS指纹谱分析完成制样的预处理。

3)要设计出一套标准的、方便的、可高度重复的、高度稳定的SERS“热点”产生方法和适用的SERS活性基板制造工艺，并设计研制完善的低丰度生物分子SERS指纹谱分析的检测系统。

2. 开发早期癌症和一些重大疾病患者的血清SERS指纹谱诊断方法

人的血液循环系统为器官、组织、细胞提供新陈代谢的物质基础，癌症均由细胞的癌变开始。只要细胞发生癌变，通过血液循环，在人的血液中与细胞癌变代谢关联的特异生物小分子的浓度将会出现一些改变。通过检测这些癌变细胞代谢产生的特异生物小分子浓度的变化来诊断各种癌症，是开发超高灵敏的血清SERS特征指纹谱诊断方法的科学依据。只要能够在血清中找到癌变代谢紧密关联的特异生物小分子的SERS特征指纹谱，SERS特征指纹谱的检测灵敏度达到可以检测早期癌变代谢特异小分子的浓度变化水平，解决癌变代谢紧密关联的特异生物小分子的SERS特征指纹谱指认的标准，就有可能为解决人类早期癌症和一些重大疾病的血清SERS指纹谱诊断新方法的实现创出一条新路。

3. 开发环境、食物中有害痕量成分快速、准确的SERS检测方法研究

当前，在生命科学中环境和食物的污染对人类安全是一个严重的问题，而方便、快捷、准确的检测方法至今尚未满足痕量检测的需要。在环境和食物的污染中，有害痕量成分的污染往往很难发现，而且对人类健康和遗传的毒害又多累积性的危害。在世界人口急剧膨胀的今天，合理地使用农药可以提高粮食和副食品的产量，但过量使用会造成严重的环境污染，并导致许多遗传疾病。近年来，由于农药和兽药在食品中残留超标而造成的中毒事件时有发生。因此，在食品安全这个全球关注的热点问题中，解决快速、准确地检测各类农副产品中残留农药的问题就显得尤为重要和急迫。虽然当前也有色谱-质谱联合方法，但技术设备昂贵，不快捷，难于普及。各国政府都非常重视这个问题，我国政府已于2009年2月颁布了新的《中华人民共和国食品安全法》，美国政府也于2009年11月公布了《2009年FDA食品法典》。尽管有严格的立法保障，也还必须有科学的检测技术作基础和保证。我国现有的环境、食品中有害痕量成分的检测，尚做不到方便、快速、准确，更达不到一定程度的普及水平。所以虽然有法可依，但难于执法。因此，开发环境、食物中有害痕量成分的方便、快速、准确的SERS检测方法，并尽可能达到一定程度的普及，应是当务之急。

4. 开发药物与生物组织、细胞乃至单细胞相互作用的SERS检测方法研究

开发新药和中药的药理研究，非常需要有一种能在分子水平上进行研究的SERS检测方法。应用SERS活性基板和Tip增强拉曼扫描显微镜技术将可实现上述研究，在活细胞条件下观察新药加入前后的SERS谱的变化，就有可能获得细胞在分子结构上的变化，从而可能获得新药的药理作用信息。现在国外已经有人在进行这方面的研究，但我国当前在这方面尚属空白。

还有许多中药配伍的药理机制尚未找到科学依据，SERS检测技术有可能为此提供分子水平的一些数据。因此，开发SERS检测技术为中药的药理研究将提供一种新的科学方法，可能为中医中药的科学化提供一个非常重要的手段。

二、化学、生物分子表面等离子体激元传感器和光纤表面等离子体激元共振传感器

（一）原理与应用领域

目前，表面等离子体激元光学的另一主要应用领域，是基于表面等离子体激元共振（SPR）技术的多种化学、生物传感器。特别是生物分子间相互作用的实时动态过程研究已经取得了实用性的进展。它们具有灵敏度高、背景干扰小、响应速度快等许多优点。例如，表面等离子体激元共振生物传感器可以用于生物学上研究蛋白质分子之间的相互作用，蛋白质与多肽、糖类分子、脂类分子间的相互作用，或用于DNA样品检测研究；在临床医学上，表面等离子体激元共振技术利用抗原-抗体作用可以检测和诊断某些疾病；在制药行业中，可用于药物筛选，还可以通过SPR技术检测药物中有效成分与机体蛋白质相互作用的过程，来进行药理及病理的分析。SPR化学、生物分子传感器的一般结构如图23-58所示。其原理是利用已知分子与分子之间的相互作用力，如抗原-抗体、受体-配基、原子-配体原子、分子-配体分子，甚至细胞-配体细胞等，首先需要将已知的配体之一（配基）吸附在样品池金属膜表面，检测气体或液体样品中有无与该配基相配的受体，即使有极少量受体与金属膜表面吸附的配基相结合，这时SPR的光电信号便会有明显的不同。可利用该信号检测极低浓度的指定分子或成分。其灵敏度由SPR的检测灵敏度决定，其特异性由受体-配基特异性决定。

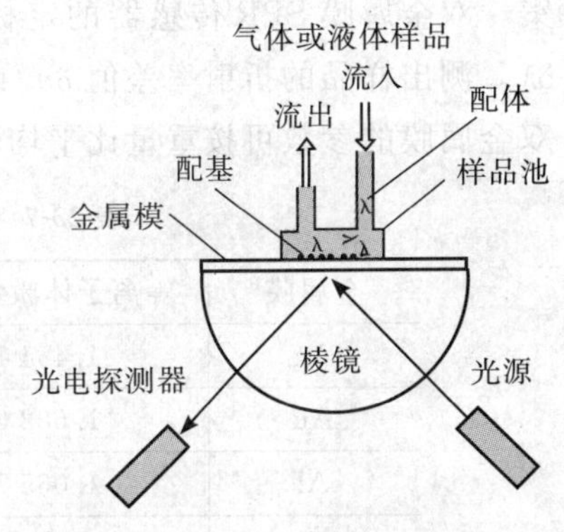

图23-58　SPR化学、生物分子传感器原理图

（二）光纤表面等离子体激元共振传感器

上述同样的原理还可应用于光纤传感器，可把光纤SPR传感器直接插入液态或气态样品中作分析或检测。1993年乔根森（Jorgenson）[30]提出，光纤SPR传感器可用于检测液态或气态样品的介电常数，如图23-59所示。在阶型多模光纤的中间（或端头）将光纤芯径外低折射率覆层剥去约30 mm，均匀镀上银膜或金膜，或银/金双层膜，金属膜的最佳厚度应与激励波长匹配，将该镀金属膜段（即敏感段）浸入待测液体（或气体）样品中，使金属/样品界面产生SP共振（SPR）。当宽波段的激励光耦合进入光纤传输时，接近光纤子午面的TM模光束中，在光纤芯/金属膜界面入射角等于（或接近）θ_{spp} 波长共振耦合（λ_{spr}）的光束，均可将其光能按下述过程转化：光束光子能 ⇒ 金属膜层自由电子震荡SPP能 ⇒ 禁戒光 ⇒ 散射泄漏（部分光束光能

全内反射输出)。因此,如果敏感段在全光纤中间,接受在光纤另一端,或者敏感段在光纤终端,终端有反射镜反射回到初始端,均将在接收光信息中丢失 SPR 波长(λ_{spr})的光信息,其原因是在光纤中符合表面等离子体激元共振(SPR)的光束,由于衰减全内反射(ATR)效应耗散了自己的能量。光纤 SPR 传感器还有一个必要条件是,检测样品的折射率必须小于光纤芯的折射率。在此条件下,用光谱仪记录光纤 SPR 传感器出射端的光谱信息,将可在透射光谱曲线中观察到 SPR 衰减(低谷)峰,其衰减峰峰位(λ_{spr})与样品介电常数实部有关,其衰减峰位点的透射率和半高宽与样品介电常数的虚部有关,因此用样品的 SPR 透射光谱曲线在已定标的条件下就可测定电介质样品的复数介电常数。光纤芯的折射率愈高,光纤 SPR 传感器的灵敏度越高,测量范围也越大。光纤 SPR 传感器一般采用纤芯折射率为 1.5 左右,芯径为 400～900 μm。常见的玻璃波导有 K9(n=1.516 37)、ZF1(n=1.647 67)和 ZF7(n=1.806 27),均可用于制造光纤 SPR 传感器。图 23-59 为敏感段在光纤中间(左)和在终端(右)的光纤 SPR 传感器。

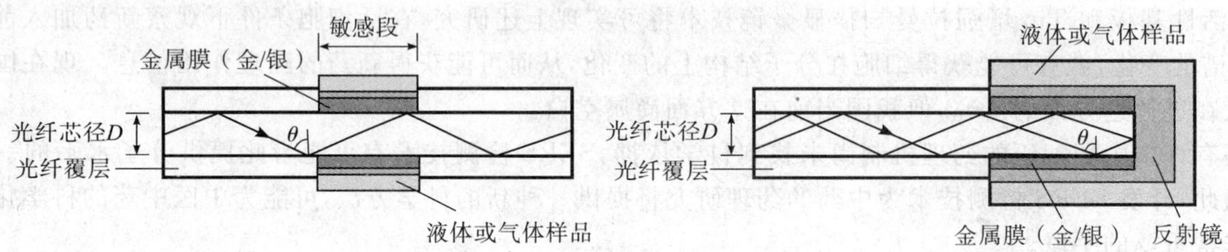

图 23-59 敏感段在光纤中间(左)和在终端(右)的光纤 SPR 传感器

光纤 SPR 传感器敏感段的金属膜如采用单种金属金、银、铜或铝时样品用水(n=1.333),其透射光谱如图 23-60 所示,金比银稳定但衰减峰的半高宽大、信噪比差,因此用双金属膜(可分层或合金)是最好的方案。双金属膜 SPR 传感器的定标、检测如图 23-61 所示,可用已知样品检测透射率衰减峰用于定标。由 $\delta\lambda_{spr}$ 测出样品的折射率差值 δn_s 或介电常数实部;由 $\delta\lambda_{sw}$ 相对于定标样品的差值测出样品介电常数的虚部。双金属膜的参数可按重量比平均取值,银、金、铝、铜的参数见表 23-7。

表 23-7 银、金、铝、铜等离子激元波长、电子碰撞波长和费米速度

金属膜	等离子体激元波长 λ_p/m	电子碰撞波长(金属块中) λ_φ/m	费米速度 v_f/ms^{-1}
Ag	$1.454\,1\times10^{-7}$	$1.761\,4\times10^{-5}$	1.40×10^{6}
Au	$1.682\,6\times10^{-7}$	$8.934\,2\times10^{-6}$	1.40×10^{6}
Al	$1.065\,7\times10^{-7}$	$2.451\,1\times10^{-5}$	2.02×10^{6}
Cu	$1.361\,7\times10^{-7}$	$4.085\,2\times10^{-5}$	1.57×10^{6}

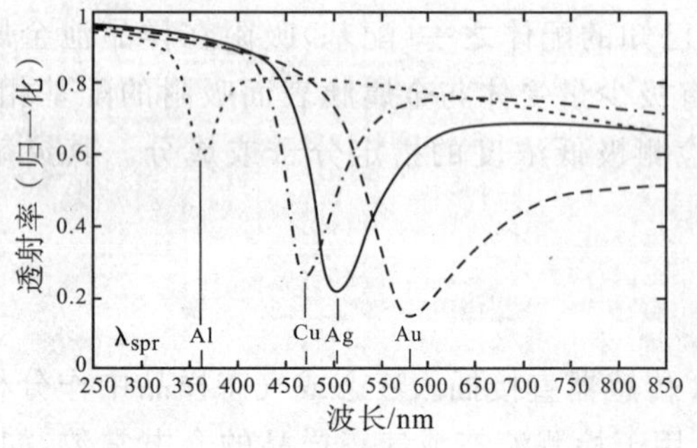

图 23-60 单金属膜光纤 SPR 传感器信号

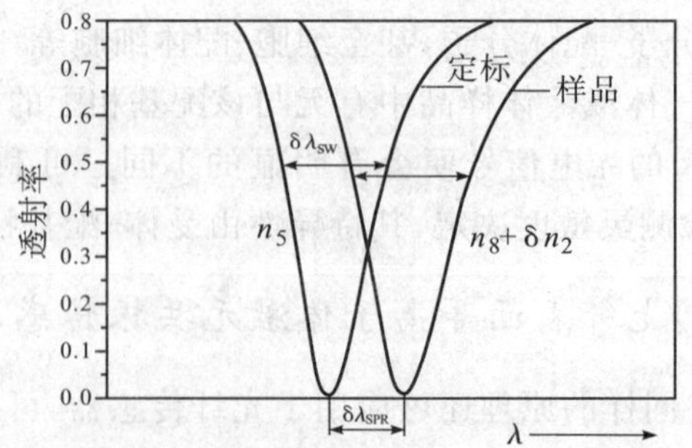

图 23-61 双金属膜 SPR 传感器定标、检测

三、表面等离子体激元微纳集成光子学器件

当前在 SPP 微纳集成光子学器件的研究中,研究得最多的是表面等离子体极化激元光子晶体(SPP 光子晶体),金属膜 SPP 集成器件研究相对少些,它们均处于开发的早期。

(一)表面等离子体极化激元光子晶体

1. SPP 光子晶体与常规光子晶体的比较

1998 年,埃伯生(Ebbesen)[27]等发现,光在通过金属薄膜上二维孔径阵列的时候表现出奇特的透射增强现象,他们把这个现象归因于小孔阵列的表面等离子体激元增强效应。由于这种结构与光子晶体非常相似,所以人们把它称为"等离子体激元晶体(plasmonic crystals)"。

等离子体激元晶体就是表面等离子体极化激元光子晶体的简称。等离子体激元晶体一般为二维结构,也可以有多层膜的三维结构。等离子体激元晶体有"金属/电介质"周期性组合的结构,当激励光波矢与 SPP 的波矢量耦合时,自由电子为载体的光频电磁场在周期性结构中产生共振,使 SPP 中的倏逝光信息得到增强。这种特性为超分辨的光子学器件和微纳集成光路的设计和实现提供了有利条件。表面等离子体极化激元光子晶体与常规光子晶体的比较见表 23-8。

表 23-8　表面等离子体极化激元光子晶体与常规光子晶体的比较

两种光子晶体的比较	常规光子晶体	SPP 光子晶体
具有周期结构的材料	电介质	金属+电介质
媒质	电介质或真空	自由电子+电介质或真空
媒质介电常数	实数	复数+实数
光频电磁波性质	传输光	倏逝光+传输光
光束分辨率	$\geqslant\lambda/2$	可小于 $\lambda/2$
场增强性质	少许增强	数量级地增强
引入缺陷结果	引入缺陷可产生"禁带"	引入缺陷可产生"增强"
应用领域	微米分辨光路和器件	微-纳分辨光路和器件

2. 光通过有中央小孔(或细缝)的 SPR 光子晶体的原理与三种常见结构

超衍射极限点光源的研究一直是近场光学,尤其是小孔径-扫描近场光学显微镜中的一个关键课题。根据贝特(Bethe)等人的理论[28],平面波通过无限大理想导体薄膜上直径远小于波长的圆孔时,通光效率与圆孔直径 d 与入射光波长 λ 之比的四次方成正比($P\propto(d/\lambda)^4$)。如小孔减小 1 个数量级,通光效率(P)将减小 4 个数量级。

光通过有中央小孔(或细缝)SPR 光子晶体时的情况就很不相同,其原理见图 23-62(a),当入射平行光束的频率与 SPR 光子晶体的共振频率相同时(金属光子晶体的周期 Λ 在共振条件时,Λ 对应的光程等于入射光的波长 λ),光子能量将转交给 SPR 光子晶体金属的表面自由电子,表面自由电子通过共振积蓄光子能量,因而在 SPR 光子晶体表面近场的光功率密度将有极大增强,即近场的电场强度比入射光的电场强度有数量级的增强。SPR 光子晶体的中央设置小孔(或细缝)即构成 SPR 光子晶体的一个缺陷模式,通过中央小孔(或细缝)产生共振增强的输出。这种 SPR 光子晶体小孔输出不受贝特(Bethe)衍射理论的局限,而受金属表面等离子体激元理论的支配。

3 种常见结构有中央小孔(或细缝)SPR 光子晶体结构,如图 23-62 所示。其中,图(a)为二维光子晶体原理图;图(b)和图(c)为二维 SPR 晶体,中心有一个通孔;图(d)为一维 SPR 晶体,中间是一条通透狭缝。它们的周围分别是浅孔、浅环和浅狭缝阵列。当阵列的周期结构(Λ)与入射光激励的 SPP 耦合时,图中 h、t 和 g 诸参数适当时,金属阵列结构表面的自由电子可被入射电磁场激励,最大限度地吸收入射光子能量,以 SPR 自由电子共振模式产生共振,使入射面近场和中心小孔入射口的电磁场增强。于是:①获此共振增强的 SPP,又可通过金属屏中心的小孔(或狭缝)形成缺陷模式通过小孔(或狭缝),通过中心小孔(或狭缝)之后的 SPR 发射的电磁场主要为倏逝光,也有一小部分退偏为传输光;②当金属膜较薄时,银、金等金属膜可以对入射电磁波(通过自由电子为介质)有部分的透射作用;③再加上入射面上 SP 光子晶体产生的 SPP 从整个入射面耦合到出射面,并转换为电磁辐射。以上三项因素叠加,使出射面的近场和远场的电场强度,比没有 SPP 激发的平整金属膜单个小孔(或狭缝)时的通光效率可有好几个数量级的提高。近场的光斑半高宽也比单个小孔的光斑小。

埃布森(Ebbesen)等人对“牛眼透镜”(图(c))的增强因子,给出了一个经验估算公式,其增强因子(FSP)与中心通孔的直径 d 的平方近似成反比(适用于孔的直径不是很大时的情况),即 FSP$\propto d^{-2}$(如果孔的直径太大,则 FSP 趋于 1)。用它估计,如果亚波长的小孔减小一个数量级,“牛眼透镜”结构的通光效率 P 将比直径相同的单孔的通光效率增加两个数量级。

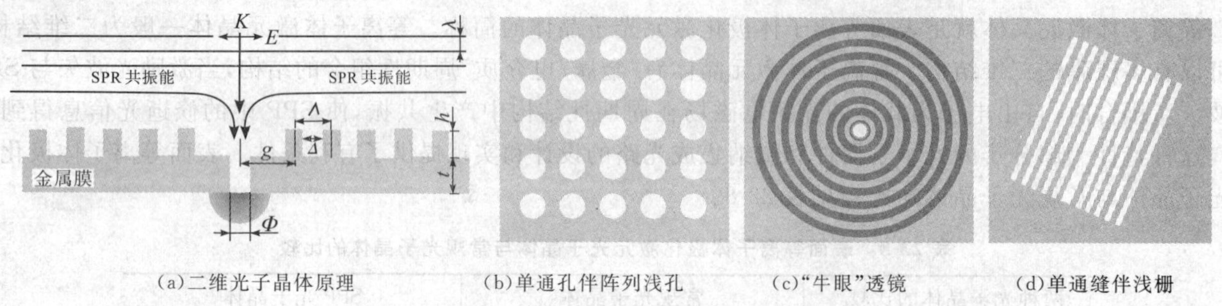

图 23-62 SPP 光子晶体原理与 3 种结构

(二)金属表面等离子体激元微纳集成光子学器件的研究进展

表面等离子体激元技术由于其具有增强、超分辨等特点,在集成光学器件、纳米波导、耦合器、调制器等诸多技术领域,都有着很好的应用前景,它已经成为当前国际上新的研究热点。但现在尚属于刚起步时期,初步研究有进展的有:克伦(Krenn)等人[63]利用电子束刻蚀方法在二氧化硅(SiO_2)基片上蚀刻出表面等离子体极化激元器件微纳结构,其后,沉积一层银膜,用显微聚焦光束激励 SPP 发射源,以荧光标记探测 SPP 伴生的倏逝光,研究了几种基于 SPP 的二维组件。组件分别有 SPP 源,反射率为 90% 的 SPP 反射镜,用于 SPP 束的干涉和能够较好地控制透射/反射比的 SPP 分光镜。此外,还有各种 SPP 波导等。

1. 表面等离子体极化激元发射源

SPP 发射源有较好的准直性,因而是用于 SPP 集成器件的理想发射源。克伦等人将波长为 750 nm 的激光聚焦在长 20 μm 的金属线上(横截面:300 nm×60 nm),在金属线两侧可激励出 SPP 光束。SPP 用相应的荧光显示成像,如图 23-63(a)所示,有较大发散角。如果将单条金属线改为 3 条平行的金属线,SPP 光强度会增强,3 条金属线可看作是金属光栅,SPP 与金属光栅耦合时效率将增加,并可获得有较好准直性的 SPP 发射源,如图 23-63(b)所示。

图 23-63 聚焦激光光斑在银金属丝上激励 SPP 的荧光图像[65]

荧光视场:(a)2 mm;(b)1 mm

2. 表面等离子体极化激元反射镜

2005 年克伦等人设计的 SPP 反射镜,由 5 条纳米粒子线组成。粒子直径为 140 nm,高度为70 nm,粒子间距为 220 nm,线间距为 350 nm,与 SPP 光源的纳米金属线成 30°角。图 23-64(a)侧图是扫描电子显微镜得到的纳米粒子图像:圆圈是激励 SPP 的激光光斑位置,两个箭头指示了 SPP 光束的传播方向。由 SPP 反射镜相应的荧光成像见图 23-64(b),SPP 反射镜的反射效率大约是 90%,通过这种反射镜可以改变 SPP 光束的传播方向。如果纳米粒子线是弯曲的(见图 23-64(c)中的黑点弧线),还可以实现 SPP 束的聚焦。

3. SPP 干涉仪与分束器

克伦等人设计了一个 SPP 干涉仪,将两个 SPP 反射镜对称地放在 SPP 光源的纳米金属丝的两侧,如图 23-65(a)中所示。两 SPP 光束被反射镜反射耦合组成分束器,反射镜的水平位置不同,实现左、右不同分束，图中 23-65(b)(c)分别为相应的荧光成像向不同方向分束的结果。由于 SPP 干涉仪具有很高的灵敏度，因此在光学传感和跟踪监测中将有重要的应用前景。

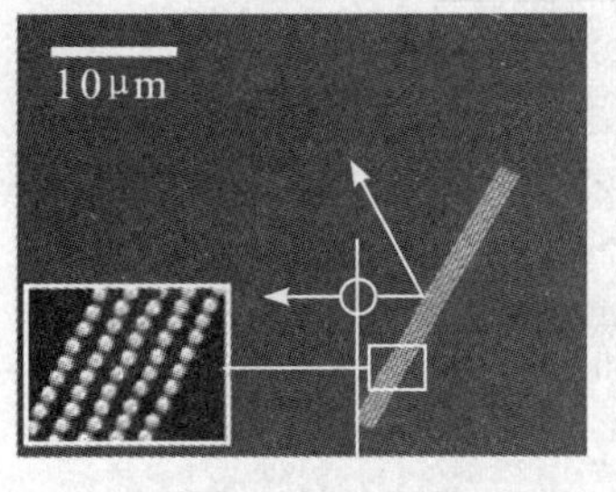

(a)SEM 图像

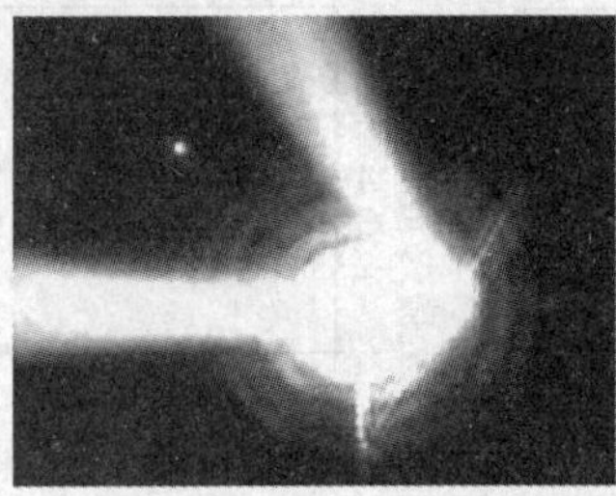

(b)SPP 光束反射荧光成像

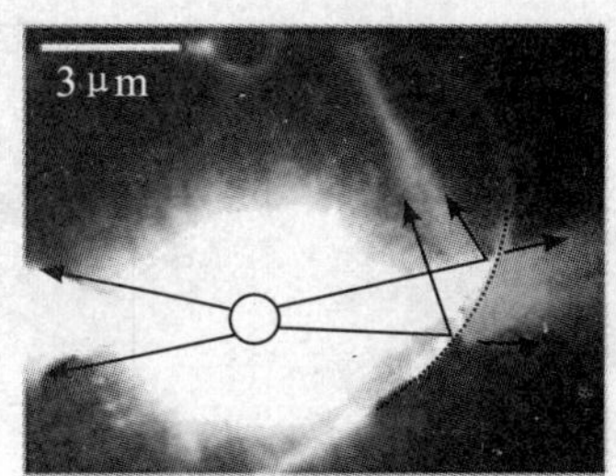

(c)SPP 光束聚焦

图 23-64　SPP 反射镜

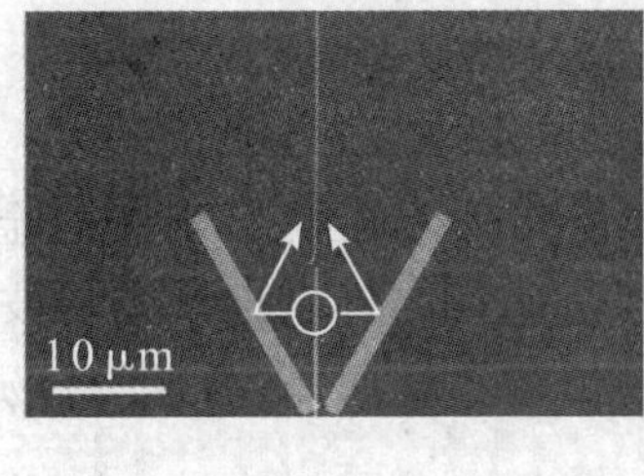

(a)

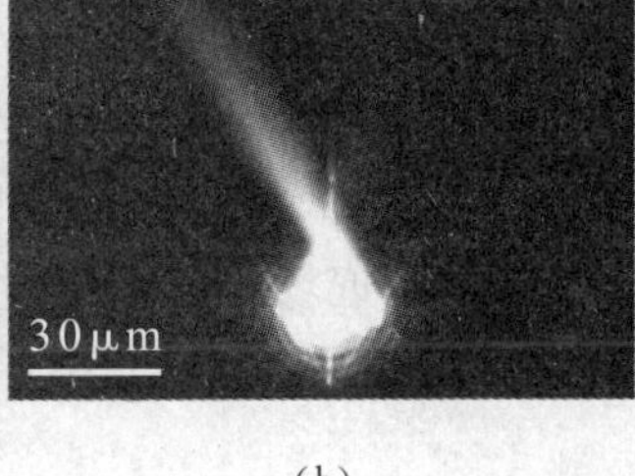

(b)

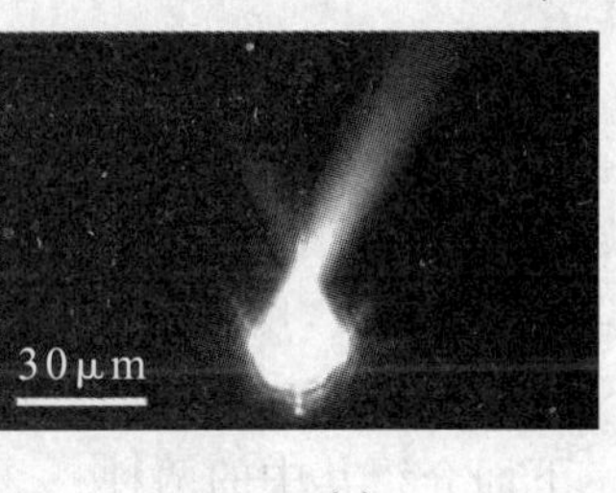

(c)

图 23-65　SPP 束干涉仪及其用作分束器时相应的荧光成像结果[70]

4. 表面等离子体极化激元滤光片

SPP 滤光片的蓝、绿、红三基色，可由银膜基板上的正交二维小孔阵列产生，膜厚 300 nm，小孔直径分别为 155 nm、180 nm 和 225 nm，周期 a_0 分别为 300 nm、450 nm 和 550 nm，其透射光谱峰位分别为 436 nm、538 nm 和 627 nm。透射光谱曲线如图 23-66 所示，SPP 滤光片光谱波峰峰位 $\lambda_{\max}$ 可由下述最低阶光谱关系式决定(低阶是指式中 $i=0, j=1$)：

$$\lambda_{\max}\sqrt{i^2+j^2}\approx a_0\sqrt{\frac{\varepsilon_m\varepsilon_a}{\varepsilon_m+\varepsilon_a}} \tag{23-86}$$

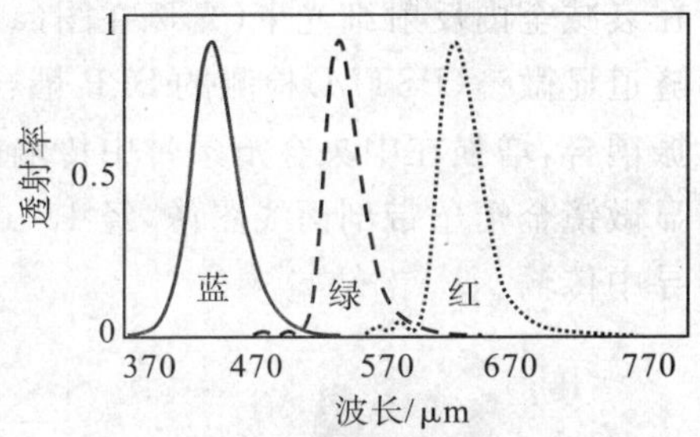

图 23-66　SPP 滤光片三基色

5. 平板显示器

依据上述 SPP 滤光片原理，在银膜上用正交二维不同间距的小孔阵列来设计红光、绿光和蓝光透射率最强的三基色 SPP 平板显示单元。通过施加不同的电压信号，可以得到不同的折射率。使介质层折射率变化，就可以让某一特定波长的光具有最大的透射率，其他波长的光透射率却弱得多。从这个原理出发，可以事先设计出固定的 3 种间距，通过改变介质折射率分别让红光、绿光和蓝光透射率改变，这样就可以通过这 3 个基色之间的搭配合成任何一种需要的颜色。其中可变折射率介质选用液晶，光源部分选用白光光源。3 个 R(红)、G(绿)、B(蓝)基色显示单元并排放置，组成一个彩色显示单元。这种新型的平板显示单元和目前广泛使用的液晶显示器件相比有很多优点。首先，液晶显示器件需要用一个偏振器和一个解偏器来控制光强，而新型的平板显示单元中不需要，这就大大降低了成本。此外，液晶显示器件需要滤波器件来实现不同的颜色控制，这就直接导致了其通光效率的降低(通常不超过 7%)；而新型平板彩色显示单元通光效率却可以达到 30%。

6. 表面等离子体波导和它的传输长度

在 SP 器件与其光路设计中，SP 的传输长度与波导是很重要的参数和概念。由于金属在可见光频域会引起较强的损耗，因此 SP 的传输长度是很有限的。SP 的传输距离可用与 SP 耦合的倏逝光强度来监测。在可见光频域，银的损耗比较小，因此有比较长的传输距离。图 23-67 的左图是 60 nm 银膜，632.8 nm 细激光束(来自左边)在全内反射激励下的局域 SP 的倏逝光 PSTM 扫描图像，右图是它的剖面线。SP 的传输长度(距离)可由其衰减常数(1/e)测定(25.6 μm)。如果激励光的波长增加到 1.55 μm,SPP 的传输长度可增加到 1 mm。

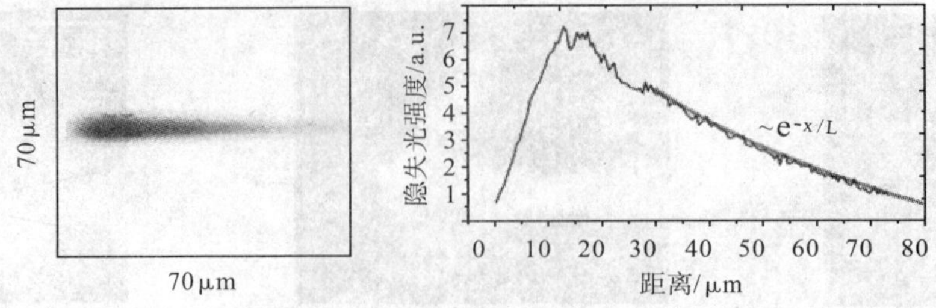

图 23-67 局域 SP 倏逝光 PSTM 图像(左)和 SPP 倏逝光剖面线(右)

估算局域 SP 传输长度 L_{SP} 的公式为[66]

$$L_{SP}=\frac{c}{\omega}\left(\frac{\varepsilon_m'+\varepsilon_d}{\varepsilon_m'\varepsilon_d}\right)^{2/3}\frac{(\varepsilon_m')^2}{\varepsilon_m''} \tag{23-87}$$

式中,$\varepsilon_m=\varepsilon_m'+i\varepsilon_m''$ 是金属介电常数,ε_d 是电介质或空气的介电常数。

常规光波导由不同折射率的电介质组成,不用金属。近场光学中需要运行倏逝光,其中有金属光学组件和与入射光匹配的电介质,用于发展"金属/电介质"近场光学波导。"金属/电介质"近场光学波导与常规光波导的根本不同之处在于波导中有无金属表面等离子体激元(SP)的传输,"金属/电介质"近场光学波导就是 SPP 波导。下面介绍其中的两种:

(1)金属箔条带 SPP 波导

金箔条带 SPP 波导见图 23-68[67],SPP 波导为 40 nm 厚、2.5 μm 宽的金箔条带阵列(在玻璃基板上)。在衰减全内反射细光束(光斑在图(a)中椭圆处)照射下(波长 800 nm),k_{SP} 指向中央金箔条带,用光子扫描隧道显微镜(PSTM)检测的 SPP 耦合倏逝光图像见图(b)。条带阵列的目的是为了使入射光在其中产生共振耦合,增强在中央金箔条带中传输的 SPP 波。SPP 波被约束在金箔条带波导中传输。图中点线为原子力显微镜金箔条带剖面线图像,经 15 μm 传输仍没有明显衰减(见图(c)),可见 SPP 完全被约束在金箔条带波导中传输。

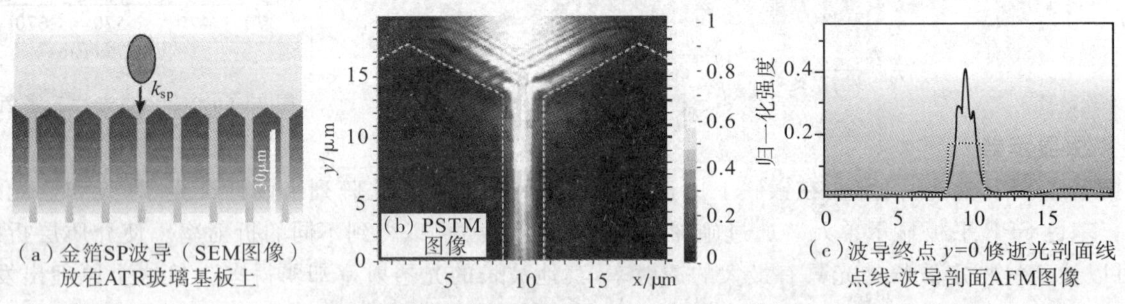

图 23-68 金箔 SP 波导,SP 传输倏逝光图像及其经 15 μm 传输后的剖面图[72]

(2)金属粒子链 SP 波导

在电介质中的纳米金属粒子的点阵列(即金属粒子链),当其周期与 SP 耦合时,可以组成 SP 波导,光频电磁波便可以用 SP 模式在点阵列 SP 波导中作较长距离的传输,该波导的横向尺度可以突破衍射极限。

邹胜利(Zou Shengli)等[68]用消光系数来研究金属粒子链的共振吸收,可以找到共振波长与金属粒子链的结构关。当平行光束通过物质时,被物质吸收和散射的两部分功率之和与入射光束功率之比称为消光系数。在金属粒子链处于共振吸收时,消光系数将出现极值。图 23-69 为 50 nm 银粒子链 ($k_w \perp k_{SP}$) SP 波导,模拟传输长度与最佳透射效率的结果,模拟优选结果:用 510.0 nm 波长 X 偏振平行光激励 SP,当 SP 传输 400 个银粒子时透射率长度为 116 μm。

以上仅简略列举了光频领域中表面等离子体激元光学的几种应用,其他还有许多应用被国内外广泛地在开发研究,需要时可查阅有关的文献。

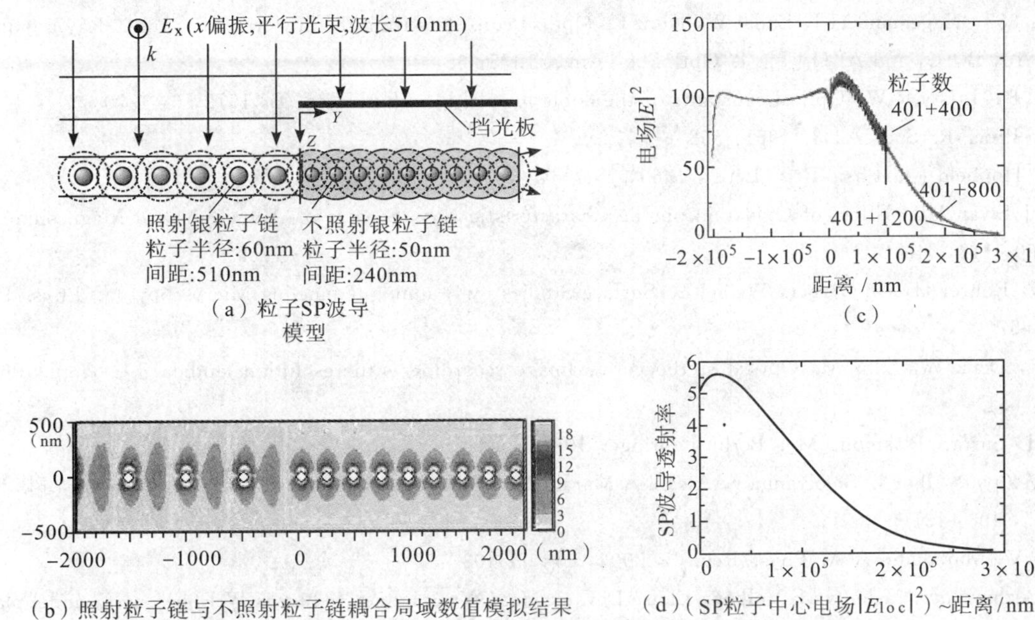

图 23-69　50 nm 银粒子链（$k_w \perp k_{SP}$）SP 波导模拟、传输长度与最佳透射效率[68]

7. 表面等离子体超分辨成像器件

表面等离子体光学研究领域的重要研究方向之一是超分辨成像技术。在本章第一节中，已经分析和阐述了表面等离子体发生共振时，具有横向波矢趋于无穷大，传输波长很短的特性。该特性意味着，表面等离子体可以突破传统光学理论中成像分辨率衍射受限的原理性限制，实现超分辨光学成像、聚焦[69-72]。该理论和相关技术可以用于光学光刻[23-24]、高密度光存储、显微观测[70]等不断追求更高分辨率的技术应用领域。

8. 其他表面等离子体功能器件

表面等离子体的局域电磁场增强效应，可以用于实现集成化的激光倍频、合频等非线性器件、新型非线性光学材料、光开关等[73-75]。表面等离子体局域热吸收特性，可以用于疾病医疗等。

参 考 文 献

[1]Wood R W. On a remarkable case of uneven distribution of light in a diffraction grating spectrum[J]. Proceedings of the Physical Society of London，1902，18：269-275

[2]Sommerfeld A. On the propagation of wireless telegraphy[J]. Annu. Phys.，1909，25：665-736

[3]Fano U. Some theoretical considerations on anomalous diffraction gratings[J]. Phys. Rev.，1936，50：573

[4]Ritchie R H. Plasma losses by fast electrons in thin films[J]. Phys. Rev.，1957，106：874-881

[5]Ferrell R A. Predicted radiation of plasma oscillations in metal films[J]. Phys. Rev.，1958，111：1214

[6]Otto A. Exitation of nonradiative surface plasma waves in silver by the method of frustrated total reflection[J]. Z. Phys.，1968，216：398

[7]Kretschmann E，Raether H. Radiative decay of non-radiative surface plasmons excited by light Naturforsch. 23a，1968：2135

[8]William L Barnes，Alain Dereux，Thomas W Ebbesen. Surface plasmon subwavelength optics[J]. Nature，2003，424：824

[9]王磊，周庆. 频率相关材料的计算模型分析[J]. 大学物理，2007，26：48

[10]邱国斌，蔡定平. 金属表面电浆简介[J]. 物理，2006，28，472

[11]Johnson P B，Christy R W. Optical Costants of the Noble Metals[J]. Phys. Rev. B，1972，6：4370-4379

[12]Ordal M A，Long L L，Bell R J，Bell S E，Bell R R，Alexander R W Jr，Ward C A. Optical properties of the metals Al，Co，Cu，Au，Fe，Pb，Ni，Pd，Pt，Ag，Ti，and W in the infrared and far infrared[J]. Appl. Opt.，1983，22：1099；Bennett H E，Bennett J M. Optical Properties and Electronic Structure of Metals and Alloys[M]. Amsterdam：North-Holland，1966：175；Schulz L G. The optical constants of Ag，Cu，and Al. I. Absorption coefficient[J]. J. Opt. Soc. Am.，

1954, 44: 357; Hagemann H J, Endat W, Kunz C. Optical constants from the far infrared to the X-Ray region: Mg, Al, Cu, Ag, Au, Bi, C, and Al_2O_3[J]. J. Opt. Soc. Am., 1975, 65: 742

[13]Johnson P B,Christy R W. Optical constants of the noble metals[J]. Phys. Rev. B, 1972, 6: 4370

[14]Kuang K. Proc. R. Soc. A208. 1951: 352

[15]Henry C, Hopheld J J. Phsi. Rev. Lett., 1965, 15: 964

[16]Powell C J,Swan J B. Effect of Oxidation on the Characteristic Loss Spectra of Aluminum and Magnesium[J], Phys. Rev., 1960, 118, 640

[17]Binning G, Rohrer H, Ch Gerber, Weibel E. Surface Studies by Scanning Tunneling Microscopy[J]. Phys. Rev. Lett., 1982, 49, 57

[18]Pohl D W, Denk W, Lanz M. Optical stethoscopy: Image recording with resolution lambda[J]. Appl. Phys. Lett., 1984, 44: 651

[19]Raether H. Surface Plasmons[M]. Berlin: Springer,1988

[20]Anatoly V Zayats, Igor I. Smolyaninov, Alexei A Maradudin. Nano-optics of surface plasmon polaritons[J]. Physics Reports,2005, 408: 131

[21]Novikov I V, Maradudin A A. Phys. Rev. B, 2002, 66: 035403

[22]Sergey I Bozhevolnyi, Valentyn S Volkov, Eloise Devaux, Jean-Yves Laluet, Thomas W Ebbesen. Channel plasmon subwavelength waveguide components including interferometers and ring resonators[M], 2006: 440, 508

[23]Luo Xiangang et al. Sub 100 nm lithography based on plasmon polariton resonance[C]. Microprocesses and Nanotechnology Conference, 2003. Digest of Papers: 138-139, Digital Object Identifier: 10.1109/IMNC. 2003. 1268614; Yao Hanmin, et al. Patterning sub 100 nm isolated patterns with 436 nm lithography[C]. Microprocesses and Nanotechnology Conference, 2003. Digest of Papers: 130 Digital Object Identifier 10.1109/IMNC. 2003. 1268610; Luo Xiangang, et al. Surface plasmon resonant interference nanolithography technique[J]. Appl. Phys. Lett., 2004, 84: 4780; Luo Xiangang, et al. Subwavelength photolithography based on surface-plasmon polariton resonance[J]. Opt. Express, 2004, 12: 3055

[24]Fang Nicholas, Lee Hyesog, Sun Cheng, Zhang Xiang. Sub-Diffraction-Limited Optical Imaging with a Silver Superlens [J]. Science, 2005, 308: 535

[25]Katrin Kneipp, Yang Wang, Harald Kneipp, Lev T. Perelman, Irving Itzkan, Ramachandra R Dasari, Michael S Feld. Single Molecule Detection Using Surface-Enhanced Raman Scattering (SERS)[J]. Phys. Rev. Lett., 1997, 78: 1667

[26]Homola J, Yee S S,Gauglitz G. A surface plasmon resonance system for the measurement of glucose in aqueous solution [J]. Sensors Actuat. B 54,1999, 3

[27]Ebbesen T W, Lezec H J, Gaemi H F, Thio T, Wolff P A. Extraordinary optical transmission through sub-wavelength hole arrays[J]. Nature, 1998, 391: 667

[28]Bethe H A. Theory of Diffraction by Small Holes[J]. Phys. Rev., 1944, 66: 163

[29]Martin-Moreno L, Garcia-Vidal F J, Lezec H J, Pellerin K M, Thio T,Pendry J B,Ebbesen T W. Theory of Extraordinary Optical Transmission through Subwavelength Hole Arrays[J]. Phys. Rev. Lett., 2001, 86: 1114

[30]Jorgenson R C, Yee S S. A fiber-optic chemical sensor based onsurface plasmon resonance[J]. Sensors and Actuators B, 1993, 12: 213-220

[31]Wang Kanglin, Daniel M Mittleman. Metal wires for terahertz wave guiding[J]. Nature, 2004, 432: 376

[32]Chandrasekhara Vankata Raman. A new radiation[J]. Indian J. Phys.,1928, 387

[33]Miodrag Micic, Nicholas Klymyshyn, Yung Doug Suh,Peter Lu H. Finite Element Method Simulation of the Field Distribution for AFM Tip-Enhanced Surface-Enhanced Raman Scanning Microscopy[J]. J. Phys. Chem. B, 2003, 107: 1574-1584

[34]ANSYS电磁场分析指南．高频电磁场分析、操作手册[M]

[35]Li Xufeng, Wu Shifa. Influence of length of opposing bi-Au cone-tips and different environment on field enhancement in feed gap[C]. The 6th Asia-Pacific conference on Near-field Optics,Anhui, China: 2007 Yellow Mountain,June, 2007,13-17(ID: 22301)

[36]Hanfer C. The gerenalized multiple multipole technique for computational electromagnetics[M]. Boston: Artech House, 1990;Novotny L, Hanfer C. Light propagation in a cylindrical waveguide with a complex, metallic, dielectric function[J]. Physical Review B, 1994, 50: 4094-4109

[37]Novotny L，Pohl D W，Regli P. Near-field，far-field and imaging properties of the two-dimensional-aperture scanning near-field optical microscope[J]. Journal of the Optical Society of America A，1994，11：1768-1779

[38]Raman C V. A new type of secondary radiation[J]. Nature，1928，121：501

[39]Martin Fleischmann，Patrick J Hendra，James McQuillan A. Raman spectra from electrode surfaces[J]. J. Chem. Soc.，Chem. Commun.，1973：80-81

[40]Nie S，Emory S R. Probing Single Molecules and Single Nanoparticles by Surface-Enhanced Raman Scattering[J]. Science，1997,275：1102

[41]Paul L Stiles，Jon A Dieringer，Nilam C Shah，Richard P. Van Duyne. Surface-Enhanced Raman Spectroscopy[J]. Annu. Rev. Anal. Chem.，2008，1：26

[42]Lezec H J，Degiron A，Devaux E，Linke R A，Martin-Moreno F，Garcia-Vidal L J，Ebbesen T W. Beaming light from a subwavelength aperture[J]. Science，2002，297：820

[43]Martin-Moreno L，Garcia-Vidal F J，Lezec H J，Degiron A. Ebbesen T W. Theory of highly directional emission from a single subwavelength aperture surrounded by surface corrugations[J]. Phys. Rev. Lett.，2003,90：167401

[44]Wang Changtao，Du Chunlei，Lu Yaoguang，Luo Xiangang. Surface electromagnetic wave excitation and diffraction by subwavelength slit with periodically patterned metallic grooves[J]. Opt. Express,2006，14：5671

[45]Wang Changtao，Du Chunlei，Luo Xiangang，et al. Refining the model of light diffraction from a subwavelength slit surrounded by grooves on a metallic film[J]. Phys. Review B，2006，74：245403

[46]Yu Liangbin，Lin Dingzheng，et al. Physical origin of directional beaming emitted from a subwavelength slit[J]. Phys. Rev. B，2005,71：041405

[47]Li Xiong，et al. Optimization for beaming effect from a subwavelength slit with periodically patterned metallic grooves[J]. Applied Physics B，2008，91：605

[48]Liu Yugang，Shi Haofei，Wang Changtao，Du Chunlei，Luo Xiangang. Multiple directional beaming effect of metallic subwavelength slit surrounded by periodically corrugated grooves[J]. Opt. Express，2008,16：4487

[49]Liu Yugang，et al. Directional terahertz radiation through groove-assisted hole array[J]. Appl. Phys. B—Lasers & Optics,2008，92：623

[50]Haynes C L，Van Duyne R P. Nanosphere lithography：a versatile nanofabrication tool for studies of size-dependent nanoparticle optics[J]. J. Phys. Chem. B,2001，105：5599-611

[51]Hicks E M，Zhang X Y，Zou S L，Lyandres O，Spears K G，et al. Plasmonic properties of film over nanowell surfaces fabricated by nanosphere lithography[J]. J. Phys. Chem. B，2005，109：22351-58

[52]Bao Lili，Shannon M Mahurin，Liang Chengdu，Dai Sheng. Study of silver films over silica beads as a surface-enhanced Raman scattering (SERS) substrate for detection of benzoic acid[J]. Journal of Raman Spectroscopy,2003：394-398

[53]Robert Bogue. Photonic crystal development yields breakthrough in Raman spectroscopy[J]. Sensor Review，2005，25(3)：195-196；Fabrizio Giorgis ，Alessandro Virga ，Emiliano Descrovi ，Angelica Chiodoni ，Paola Rivolo ，Alberto Venturello，Francesco Geobaldo. SERS-active substrates based on silvered porous silicon[J]. physica status solidi (c)，2009，6(7)：1736-1739

[54]Prokes S M，Glembocki O J，Rendell R W. Highly Efficient Surface Enhanced Raman Scattering (SERS) Nanowire/Ag Composites[J]. Materials Science and Technology，2007 Nrl Review，175-177；USPC Class：356244

[55]Kartopu G，Es-Souni M，Sapelkin A V，Dunstan D. A novel SERS-active substrate system：Template-grown nanodot-film structures[J]. Physica status Solidi (a)，203(10)：82-84；published online：13 Jul，2006

[56]Holland W R，Hall D G. Phys. Rev. Lett.，1984，52：1041

[57]Cesario J，Cesario J，Quidant R，Badenes G，Enoch S. Opt. Lett.，2005，30：3404

[58]Chu Yizhuo，Crozier K B. Experimental study of the interaction between localized and propagating surface plasmons[J]. Optics Letters，2009，34(3)：244-246

[59]Hyun Chul Kim，Xing Cheng. SERS-active substrate based on gap surface plasmon polaritons[J]. Optics Express，2009，17(20)：17234-17241

[60]Hossain M K，Shibamoto K，Ishioka K，Kitajima M，Mitani T，Nakashima S. 2D nanostructure of gold nanoparticles：An approach to SERS-active substrate[J]. Journal of Luminescence，2007：122-123，792-795

[61]Li Jingjing，David Fattal，Zhiyong Lia. Plasmonic optical antennas on dielectric gratings with high field enhancement for

surface enhanced Raman spectroscopy[J]. Appl. Phys. Lett., 2009, 94: 263114

[62]Tian Zhongqun, Ren Bin, Li Jianfeng, Yang Zhilin. Expanding generality of surface-enhanced Raman spectroscopy with borrowing SERS activity strategy[J]. Chem. Commun, 2007: 3514-3534

[63]李剑锋,胡家文,任斌,田中群. 利用壳层厚度调节核壳 Au@Pd 纳米粒子的 SERS 活性[J]. 物理化学学报,2005, 21(8):825-828

[64]Wu Deyin, Li Jianfeng, Ren Bin, Tian Zhongqun. Electrochemical surface-enhanced Raman spectroscopy of nanostructures[J]. Chem. Soc. Rev., 2008, 37: 1025-1041

[65]Krenn J R, Ditlbacher H, Schider G. Surface plasmon micro-and nano-optics[J]. Journal of Microscopy, 2003, 209: 167-172; Andreas Hohenau, Joachim R Krenn, Andrey L Stepanov, Aurelien Drezet, Harald Ditlbacher, Bernhard Steinberger, Alfred Leitner,Franz R. Aussenegg. Dielectric optical elements for surface plasmons[J]. Opt. Lett., 2005, 30(30): 893-895

[66]Raether H. Surface Plasmons on Smooth and Rough Surfaces and on Gratings[M]// Springer Tracts in Modern Physics 111. Berlin: Springer, 1988

[67]William L Barnes, Alain Dereux, Thomas W Ebbesen. Surface plasmon subwavelength optics,insight review articles[M]. School of Physics, University of Exeter, EX4 4QL, UK

[68]Zou Shengli, George C Schatz. Theoretical studies of plasmon resonances in one-dimensional nanoparticle chains[J]. Nanotechnology, 2006, 17: 2813-2820

[69]Pendry J B. Negative refraction makes a perfect lens[J]. Phys. Rev. Lett., 2000, 85: 3966

[70]Liu Zhaowei, Hyesog Lee, Xiong Yi, Sun Cheng, Zhang Xiang. Far-field optical hyperlens magnifying sub-diffraction-limited objects[J]. Science, 2007, 315: 1686

[71]Wang Changtao, Gan Dachun, et al. Demagnifing super resolution imaging based on surface plasmon structures[J]. Opt. Express,2008,16: 5427; Wang Changtao, Zhao Yanhui, et al. Subwavelength imaging with anisotropic structure comprising alternately layered metal and dielectric films[J]. Opt. Express,2008,16: 4217

[72]Wang Wei, Xing Hui, Fang Liang, et al. Far-field imaging device: planar hyperlens with magnification using multi-layer metamaterial[J]. Opt. Express, 2008,16: 21142

[73]Mark I Stockman, David J Bergman, Cristelle Anceau, Sophie Brasselet, Joseph Zyss. Enhanced Second-Harmonic Generation by Metal Surfaces with Nanoscale Roughness: Nanoscale Dephasing, Depolarization, and Correlations[J]. Physical Review Letters, 2004, 92: 057402

[74]Robert T Deck, R K Grygier. Surface-plasmon enhanced harmonic generation at a rough metal surface[J]. Applied Optics, 1984, 23: 2302

[75]Mark I Stockman, David J Bergman, Cristelle Anceau, Sophie Brasselet, Joseph Zyss. Enhanced Second-Harmonic Generation by Metal Surfaces with Nanoscale Roughness: Nanoscale Dephasing, Depolarization, and Correlations[J]. Physical Review Letters, 2004, 92: 057402

第二十四章　海洋光学

水光学(Hydrologic Optics)是定量研究光与海洋、河口、湖泊、河流及其他水体相互作用的学科，然而以往和现在的大部分水光学研究侧重于海水、深海水体的海洋光学领域，海洋光学(Ocean Optics)依然是研究和应用的重点。

本章从水光学的层面上研究海洋光学，讨论纯水、纯海水和天然水体这3种物质的光学性质。纯水指的是没有任何溶解物质、离子、气泡和其他杂质的水(仅有水分子)。由于纯水样品制备的困难以及其他一些原因，在可见光范围内，对纯水光学性质的直接测量尚未进行。纯海水(纯水加各种溶解物)与纯水光学性质相近，两者在自然界都不存在。天然水体(包括淡水和海水)实际是聚集了溶解物质和颗粒的混合物，这些溶解物和颗粒对水的光学特性影响很大，其种类和含量也是千差万别，因此，天然水体的光学性质表现出很大的时空变异性，这与纯水截然不同。

天然水体光学性质的多变性使我们很难得到精确的系统数据，然而正是这些光学特性与自然水体生物、化学、地质组分和物理环境间的相互关系构成了水体光学研究的关键。光学与其他学科的渗透、作用、结合，又衍生出诸如生物光学、海洋光化学、混合层动力学、激光测深和生物生产力、沉积或污染遥感等新兴的交叉研究领域。

第一节　天然水体的光学性质

一、名词术语

由于对海水、深海水体的光学性质研究较多，而对沿岸水体、河口区域水体光学性质的研究和了解相对较少，从而导致了我们对各种类型水光学性质的理解深度不同。

虽然不同水体的光学性质可能差异很大，但它们都具有与大气光学特性明显不同的共性。所以，水光学和大气光学都已经发展了各自的理论、经验方法以及适用于各自领域内不同科学问题的测量仪器。Mobley在他编著的《光与水》(Light and Water)一书中，对辐射在自然水体中的传输作了详尽的阐述[1]。

辐射传输理论是一个联系了水的光学性质和水中环境光场的理论体系。Preisendorfer 等人[2]已建立了一套严格的、适用于水光学的辐射传输理论数学公式。Preisendorfer 认为，可以将水的光学性质分成固有的和表观的两类。固有光学性质 (IOPs) 只与介质有关，与介质中的环境光场无关。固有光学性质包括吸收系数、体积散射函数、光束衰减系数和单次散射反照率，其中，吸收系数和体积散射函数是 IOPs 的两个基本量。表观光学性质 (AOPs) 不仅与介质(即 IOPs)有关，还与环境光场的几何(方向)结构有关，具有充分的规律性特征和稳定性，这在描述水体时是非常有用的。常用的 AOPs 有辐照度反射比、平均余弦和各种(漫射)衰减函数(K 函数)(所有的这些量都将在下面给出定义)。辐射传输方程提供了固有光学性质和表观光学性质的关系。水体的物理环境(表面波、底质特征)以及天空光的入射辐射通过边界条件包括在理论之中，这些边界条件是求解辐射传输方程所必需的。

固有光学性质容易定义但难于测量，特别是现场测量。表观光学性质测量则相对容易，但因为混杂了环境的影响，很难给它以明确的诠释(在固有光学性质不变的条件下，海表面波浪状态的变化或者太阳位置的变化都将导致辐亮度分布的变化，从而改变表观光学性质)。

虽然国际海洋物理协会(IAPSO[3])采用的符号和其他领域使用的符号有些不同，但是水光学采用了标准的辐射概念和术语。表 24-1 总结了水光学最常用物理量的术语、单位和符号。图 24-1 总结了各种固有光学性质和表观光学性质间的关系。图中指出了辐射传输理论所起的核心作用。还应注意的是，光谱吸收系数和光谱体积散射函数是基本光学量，由它们可以导出所有其他固有光学量。同样的，所有的辐射量和表

表 24-1　海洋光学中的常用术语及其单位和符号一览表

名称			国际单位	符号 IAPSO[1,3]	符号 OSA[2]
基本量		水下几何深度	m	z	
		光传输极角	rad 或(°)	θ	
		光波长(真空)	nm	λ	
		极角余弦	无量纲	$\mu\equiv\cos\theta$	
		水下光学厚度	无量纲	τ	
		光传输方位角	rad 或(°)	ϕ	
		散射角	rad 或(°)	ψ、γ 或 Θ	θ
		立体角	sr	Ω 或 ω	Ω
辐射量		(面)辐照度		E	H
		向下辐照度	$W\cdot m^{-2}$	E_d	$H(-)$
		向上辐照度		E_u	$H(+)$
		净(垂直)辐照度		$\overline{E}$	$\overline{H}$
		标量辐照度		E_o	h
		向下标量辐照度	$W\cdot m^{-2}$	E_{od}	$h(-)$
		向上标量辐照度		E_{ou}	$h(+)$
		辐射强度	$W\cdot sr^{-1}$	I	J
		辐亮度	$W\cdot m^{-2}\cdot sr^{-1}$	L	N
		辐出射度	$W\cdot m^{-2}$	M	W
		光合作用有效辐射	$ph\cdot s^{-1}\cdot m^{-2}$	PAR 或 E_{PAR}	
		辐射能量	J	Q	U
		辐射通量(功率)	W	Φ	P
固有光学性质		吸收	无量纲	A	
		吸收系数	m^{-1}	a	
		散射	无量纲	B	
		散射系数		b	s
		后向散射系数	m^{-1}	b_b	b
		前向散射系数		b_f	f
		衰减	无量纲	C	
		衰减系数	m^{-1}	c	α
		折射率	无量纲	n	
		透射	无量纲	T	
		体散射函数	$m^{-1}\cdot sr^{-1}$	β	σ
		散射相函数	sr^{-1}	$\tilde{\beta}$	P
		单次散射反照率	无量纲	ω_o 或 $\tilde{\omega}$	
表观光学性质	垂直衰减系数	向下辐照度 $E_d(z)$ 的衰减系数	m^{-1}	K_d	$K(-)$
		总标量辐照度 $E_o(z)$ 的衰减系数	m^{-1}	K_o	k
		向下标量辐照度 $E_{od}(z)$ 的衰减系数	m^{-1}	K_{od}	$k(-)$
		向上标量辐照度 $E_{ou}(z)$ 的衰减系数	m^{-1}	K_{ou}	$k(+)$
		光合作用有效辐射的衰减系数	m^{-1}	K_{PAR}	
		向上辐照度 $E_u(z)$ 的衰减系数	m^{-1}	K_u	$K(+)$
		辐亮度 $L(z,\theta,\varphi)$ 的衰减系数	m^{-1}	$K(\theta,\varphi)$	
		辐照度反射率(比)	无量纲	R	$R(-)$
		光场平均余弦		$\overline{\mu}$	
		向下光平均余弦	无量纲	$\overline{\mu}_d$	$D(-)=1/\overline{\mu}_d$
		向上光平均余弦		$\overline{\mu}_u$	$D(+)=1/\overline{\mu}_u$
		分布函数	无量纲		$D=1/\overline{\mu}$

注：大多数基本量不是由 IAPSO 定义的，这里给出一般用法。表中所示的辐射量为宽带量。对于窄带（单色）量，应在名称前加“光谱”，单位后加 nm^{-1}，符号增加波长 λ，例如光谱辐亮度 L_λ 或 $L(\lambda)$，单位为 $W\cdot m^{-2}\cdot sr^{-1}\cdot nm^{-1}$。

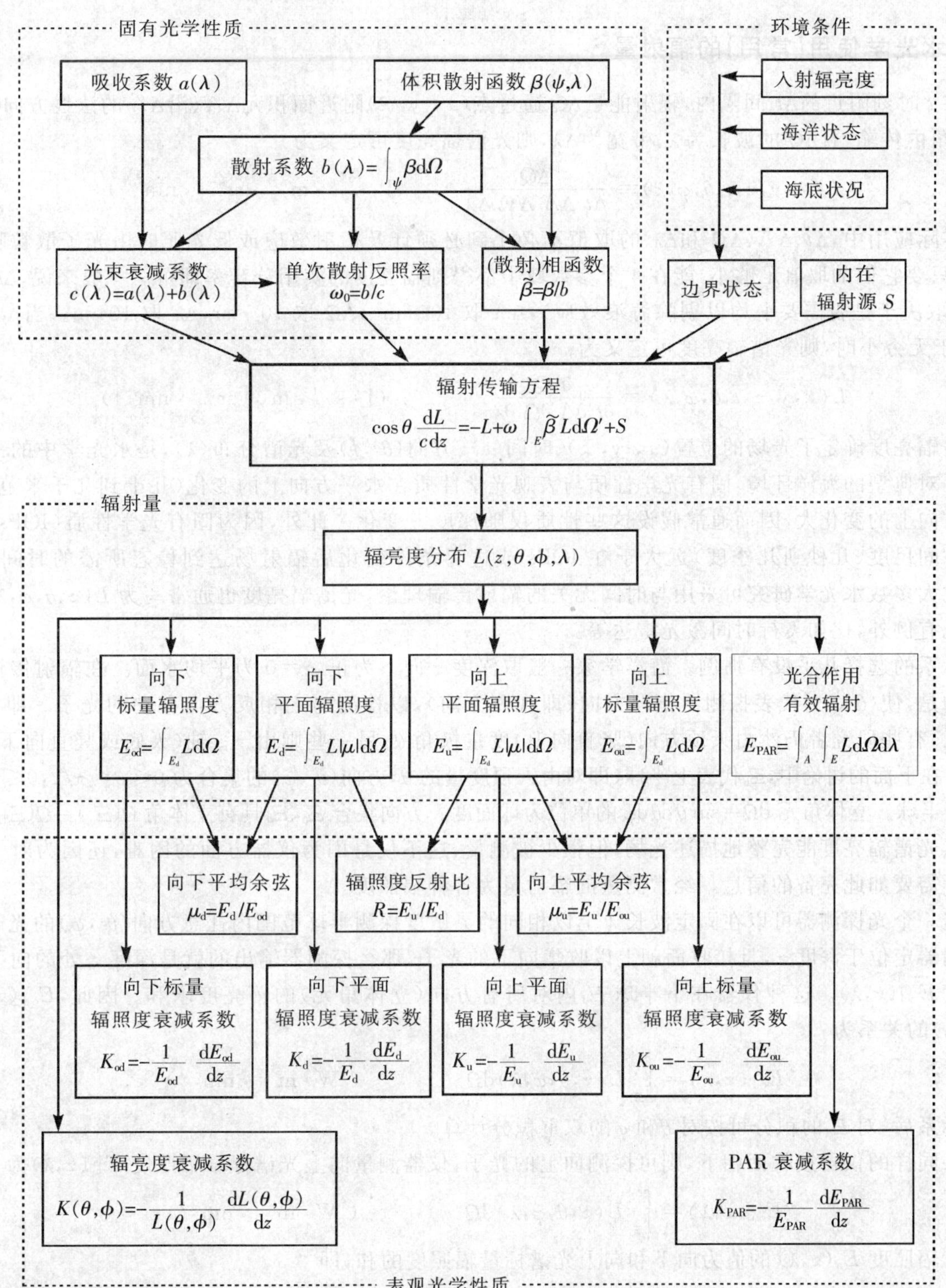

图 24-1　海洋光学中各种常用量之间的关系

观光学量都可从光谱辐亮度导出。辐射传输方程中的源 S 既包括诸如水中生物发光这样的真实源，也包括由其他波段的非弹性散射产生的辐射。

大部分辐射传输理论都假设辐射是单色的。在这种情况下，相关的光学性质和辐射量称为光谱量，并把波长 λ 作为变量或下标(例如，光谱吸收系数 $a(\lambda)$ 或者 a_λ，光谱向下辐照度 $E_d(\lambda)$)。在 SI 制中，光谱辐射量的单位为表 24-1 中相应量的单位中加 nm^{-1}(如，$E_d(\lambda)$ 的单位为 $W\cdot m^{-2}\cdot nm^{-1}$)。然而，很多辐射测量仪器具有相当宽的光谱响应，这将使理论与测量数据的对比复杂化。

二、水光学使用(常用)的辐射量

设在 t 时刻附近的Δt 间隔内,辐射能量ΔQ 通过点(x, y, z)附近面积元ΔA、沿ΔA 的法线方向(θ, ϕ)在$\Delta\Omega$立体角内传输,且ΔQ 的波长为λ,带宽为$\Delta\lambda$,则光谱辐亮度可定义为

$$L(x,y,z,t,\theta,\varphi,\lambda)\equiv \frac{\Delta Q}{\Delta t\ \Delta A\ \Delta\Omega\ \Delta\lambda} \qquad (\mathrm{J\cdot s^{-1}\cdot m^{-2}\cdot sr^{-1}\cdot nm^{-1}}) \tag{24-1}$$

在实际应用中,Δt、ΔA、$\Delta\Omega$ 和$\Delta\lambda$ 的取值不必小到必须计及衍射效应或低光照时由光子散粒噪声产生的涨落,只要它们的取值足够小,能在 4 个参数域中都得到辐亮度的实用分辨率即可。一般来说,Δt 取 $10^{-3} \sim 10^3\,\mathrm{s}$(取决于是否需要平均以剔除海浪效应),$\Delta A$ 取 $10^{-3}\,\mathrm{m}^2$,$\Delta\Omega$ 取 $10^{-2}\,\mathrm{sr}$,$\Delta\lambda$ 取 $10\,\mathrm{nm}$。当Δt、ΔA、$\Delta\Omega$ 和$\Delta\lambda$ 趋于无穷小时,则光谱辐亮度可定义为

$$L(x,y,z,t,\theta,\varphi,\lambda)\equiv \frac{\partial^4 Q}{\partial t\ \partial A\ \partial\Omega\ \partial\lambda} \qquad (\mathrm{J\cdot s^{-1}\cdot m^{-2}\ sr^{-1}\cdot nm^{-1}}) \tag{24-2}$$

光谱辐亮度确定了光场的位置(x, y, z)、时间(t)、方向(θ, ϕ)及光谱分布(λ),是水光学中的一个基本辐射量。对典型的海洋环境,固有光学性质与表观光学性质在水平方向上的变化(几十到几千米范围)远没有深度方向上的变化大,因而通常假设这些性质仅随深度 z 变化。此外,因为固有光学性质(IOPs)或环境变化的时间尺度(几秒到几季度)远大于在 IOPs 或边界条件变化后辐射场达到稳态所需的时间(微秒量级),因此大多数水光学研究可采用与时间无关的辐射传输理论,光谱辐亮度也通常写为 $L(z,\theta,\varphi,\lambda)$。但在应用上也有例外,比如飞行时间激光雷达等。

坐标系的选择几乎没有惯例。海洋学家一般取深度 z 向下为正,$z=0$ 为平均水面。在辐射传输理论中较方便的是,使(θ, φ) 代表探测器指向方向(即观测方向),以检测与之相反方向移动的光子。即使采用 z 向下为正,有些研究者仍然由天顶方向(竖直向上)度量极角 θ,另一些则由$+z$ 轴(天底或竖直向下方向)度量极角。在下面的讨论中,Ξ_u代表上半球(即对由天顶度量的 θ,方向(θ, φ)的集合为 $0\leqslant\theta\leqslant\pi/2, 0\leqslant\varphi\leqslant 2\pi$),$\Xi_d$代表下半球。立体角元 $\mathrm{d}\Omega=\sin\theta\,\mathrm{d}\theta\,\mathrm{d}\varphi$ 的单位为球面度。方向集合 Ξ_u、Ξ_d具有立体角 $\Omega(\Xi_u)=\Omega(\Xi_d)=2\pi\,\mathrm{sr}$。

虽然光谱辐亮度能完整地描述光场,但很少被测量,这不仅是因为仪器方面的困难,还因为对一些具体问题并不需要如此完备的信息。经常测量的辐射量为各种辐照度。

假定一个光探测器可以在固定波长 λ 上以相同的灵敏度探测半球范围内任意方向(θ, φ)的光子[4]。如果该探测器定位于深度 z,且接收面朝上以收集向下的光子,那么探测器输出的就是深度 z 处的向下光谱标量辐照度 $E_{od}(z,\lambda)$。这种仪器在下半球 Ξ_d内对所有方向(立体角元)的辐亮度求和。因此,$E_{od}(z,\lambda)$与 $L(z,\theta,\varphi,\lambda)$的关系为

$$E_{od}(z,\lambda)=\int_{\Xi_d} L(z,\theta,\varphi,\lambda)\,\mathrm{d}\Omega \qquad (\mathrm{W\cdot m^{-2}\cdot nm^{-1}}) \tag{24-3}$$

选定坐标系后,对 Ξ_d的积分可按对 θ和 φ的双重积分计算。

如果同样的仪器接收面朝下,则可探测向上的光子,仪器测量向上光谱标量辐照度 $E_{ou}(z,\lambda)$为

$$E_{ou}(z,\lambda)=\int_{\Xi_u} L(z,\theta,\varphi,\lambda)\,\mathrm{d}\Omega \qquad (\mathrm{W\cdot m^{-2}\cdot nm^{-1}}) \tag{24-4}$$

光谱标量辐照度 $E_o(z,\lambda)$ 的值为向下和向上光谱标量辐照度的和,即

$$E_o(z,\lambda)=E_{od}(z,\lambda)+E_{ou}(z,\lambda)=\int_{\Xi} L(z,\theta,\varphi,\lambda)\,\mathrm{d}\Omega \qquad (\mathrm{W\cdot m^{-2}\cdot nm^{-1}}) \tag{24-5}$$

此处,$\Xi=\Xi_u\cup\Xi_d$是所有方向的集合,并具有立体角 $\Omega(\Xi)=4\pi\,\mathrm{sr}$。由于 E_o正比于深度 z 处的光谱辐射密度$(\mathrm{J\cdot m^{-3}\cdot nm^{-1}})$,因而 $E_o(z,\lambda)$非常有用[2]。

考虑一个灵敏度正比于$|\cos\theta|$的探测器[4],其中 θ为光的方向与探测面法线的夹角,这是面积为ΔA 的"平板"采集器的理想响应,当观测方向与法向夹角为 θ时,观测到的有效面积为$\Delta A\,|\cos\theta|$。如果这样一个探测器被定位于深度 z,接收面朝上以检测向下的光子,则它的输出正比于向下光谱(平面)辐照度 $E_d(z,\lambda)$(通常称为向下光谱辐照度)。此装置将向下的辐亮度用光线的方向余弦加权后求和:

$$E_d(z,\lambda)=\int_{\Xi_d} L(z,\theta,\varphi,\lambda)\,|\cos\theta|\,\mathrm{d}\Omega \qquad (\mathrm{W\cdot m^{-2}\cdot nm^{-1}}) \tag{24-6}$$

将探测器倒置使接收面朝下，得到向上光谱（平面）辐照度：

$$E_u(z,\lambda) = \int_{\Xi_u} L(z,\theta,\varphi,\lambda)\,|\cos\theta|\,d\Omega \qquad (W\cdot m^{-2}\cdot nm^{-1}) \tag{24-7}$$

E_d和E_u是非常有用的参量，分别给出深度z处水平面的下行和上行的光子产生的辐射能通量（通过单位面积的功率）。

深度z处的光谱净辐照度$\overline{E}(z,\lambda)$为向下与向上平面辐照度之差，即

$$\overline{E}(z,\lambda) = E_d(z,\lambda) - E_u(z,\lambda) \tag{24-8}$$

光合作用是一种量子过程（与化学变化相关的是光子数，而不是辐射能）。例如，虽然 350 nm 的光子的能量是 700 nm 光子的 2 倍，但它们被叶绿素吸收所引起的化学变化是一样的。光子的能量一部分用于光合作用，多余的能量转化成热能或辐射能。而且，叶绿素对光子的吸收（利用）与光子流的方向无关。因此，在浮游植物的生物学研究中，采用光合作用有效辐射（PAR 或E_{PAR}）对光场进行度量，定义为

$$\mathrm{PAR}(z) \equiv \int_{350\,\mathrm{nm}}^{700\,\mathrm{nm}} \frac{\lambda}{hc} E_0(z,\lambda)\,d\lambda \qquad (ph\cdot s^{-1}\cdot m^{-2}) \tag{24-9}$$

式中，$h=6.626\times10^{-34}$ J·s 是普朗克常数，$c=3.0\times10^{17}$ nm·s^{-1}是光速。λ/hc是将能量单位（W，每秒通过的光能量）转换成量子单位（每秒通过的光子数）的因子。生物光学文献通常将 PAR 的单位表示为 mol photons·s^{-1}·m^{-2}或 einst·s^{-1}·m^{-2}。Morel 和 Smith 发现[5]，对不同的水体，从十分清澈的到混浊的，辐照度光谱性质也相应变化。但是在很宽的波长范围内，每焦耳能量对应的光合作用有效光子数在2.5×10^{18}附近只有 10%的上下浮动。

基于仪器设计的原因，常用可见光范围内的向下辐照度E_d来估算 PAR，即

$$\mathrm{PAR}(z) \approx \int_{400\,\mathrm{nm}}^{700\,\mathrm{nm}} \frac{\lambda}{hc} E_d(z,\lambda)\,d\lambda \qquad (ph\cdot s^{-1}\cdot m^{-2}) \tag{24-10}$$

研究表明[6-7]，用E_d代替E_o会引起 20%～100%的误差，而忽略 350～400 nm 范围内的辐射不会引起太大的误差，因为除了非常清澈的水体，该波长范围内的光很容易被表层水体吸收。

三、固有光学性质

如图 24-2 所示，光谱辐射通量为$\Phi_i(\lambda)$（W·nm^{-1}）的单色准直窄光束入射到厚度为Δr、体积为ΔV的水体，入射光通量$\Phi_i(\lambda)$的一部分$\Phi_a(\lambda)$被该水体吸收，部分通量$\Phi_s(\psi,\lambda)$被散射到ψ角度方向，剩下的部分$\Phi_t(\lambda)$透过水体且保持原方向。

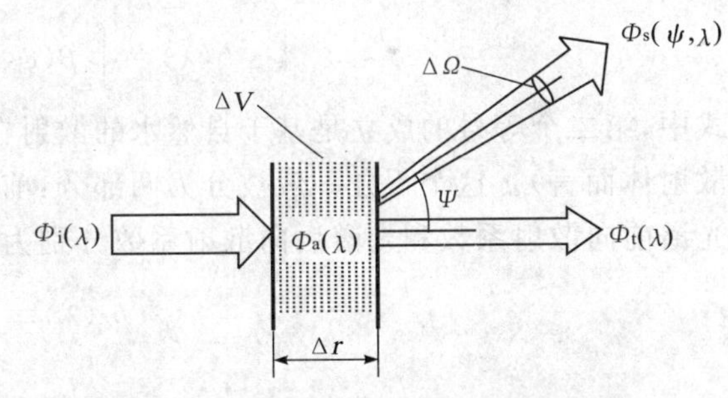

图 24-2　固有光学量定义示意图

令$\Phi_s(\lambda)$为所有方向散射光的总功率，且假定仅有弹性散射（光子在散射过程中没有波长改变）发生，则根据能量守恒，有

$$\Phi_i(\lambda) = \Phi_a(\lambda) + \Phi_s(\lambda) + \Phi_t(\lambda) \tag{24-11}$$

光谱吸收$A(\lambda)$定义为水体吸收的通量与入射通量之比：

$$A(\lambda) \equiv \frac{\Phi_a(\lambda)}{\Phi_i(\lambda)} \tag{24-12}$$

同理，光谱散射$B(\lambda)$定义为散射出射通量与入射通量之比：

$$B(\lambda) \equiv \frac{\Phi_s(\lambda)}{\Phi_i(\lambda)} \tag{24-13}$$

光谱透射定义为

$$T(\lambda) \equiv \frac{\Phi_t(\lambda)}{\Phi_i(\lambda)} \tag{24-14}$$

显然，$A(\lambda)+B(\lambda)+T(\lambda)=1$。为了便于区别吸收$A(\lambda)$和吸光度$D(\lambda)$，定义吸光度（也称光密度）$D(\lambda)$为[8]

$$D(\lambda)\equiv \lg\frac{\Phi_{i}(\lambda)}{\Phi_{s}(\lambda)+\Phi_{t}(\lambda)}=-\lg[1-A(\lambda)] \tag{24-15}$$

$D(\lambda)$ 实际上是由分光光度计测得的值。

水光学常用的固有光学性质是光谱吸收系数和散射系数，它们分别为介质内单位长度上的吸收和散射。如图 24-2 所示，定义光谱吸收系数为

$$a(\lambda)\equiv \lim_{\Delta r\to 0}\frac{A(\lambda)}{\Delta r}\quad (\mathrm{m}^{-1}) \tag{24-16}$$

光谱散射系数为

$$b(\lambda)\equiv \lim_{\Delta r\to 0}\frac{B(\lambda)}{\Delta r}\quad (\mathrm{m}^{-1}) \tag{24-17}$$

光谱总衰减系数为

$$c(\lambda)\equiv a(\lambda)+b(\lambda) \tag{24-18}$$

水光学中，术语多用衰减而不用消光。

现在考虑散射通量的角分布，如图 24-2 所示，设 $B(\psi,\lambda)$ 为入射光束中以角度 ψ 散射出的通量，它进入角度 ψ 附近的立体角 $\Delta\Omega$ 内，于是，该方向上单位立体角单位厚度的散射为

$$\beta(\psi,\lambda)\equiv \lim_{\Delta r\to 0}\lim_{\Delta\Omega\to 0}\frac{B(\psi,\lambda)}{\Delta r\,\Delta\Omega}=\lim_{\Delta r\to 0}\lim_{\Delta\Omega\to 0}\frac{\Phi_{s}(\psi,\lambda)}{\Phi_{i}\,\Delta r\,\Delta\Omega}\qquad (\mathrm{m}^{-1}\cdot \mathrm{sr}^{-1}) \tag{24-19}$$

散射到 ψ 方向、$\Delta\Omega$ 立体角内的光谱通量也就是散射到 ψ 方向的光强与立体角的乘积，即 $\Phi_{s}(\psi,\lambda)=I_{s}(\psi,\lambda)\Delta\Omega$ 。而且，如果入射通量 $\Phi_{i}(\lambda)$ 投射到面积 ΔA 上，则相应的入射辐照度 $E_{i}(\lambda)=\Phi_{i}(\lambda)/\Delta A$ 。考虑被入射光束照射的水体体积 $\Delta V=\Delta r\Delta A$ ，则

$$\beta(\psi,\lambda)=\lim_{\delta x\to 0}\frac{I_{s}(\psi,\lambda)}{E_{i}(\lambda)\Delta V} \tag{24-20}$$

$\beta(\psi,\lambda)$ 被称为体散射函数，其物理意义是单位入射辐照度在单位水体体积的散射光强。$\beta(\psi,\lambda)$ 也可以解释为单位体积的微分散射截面。对所有方向（立体角），将 $\beta(\psi,\lambda)$ 积分便得到单位入射辐照度及单位水体体积的总散射通量，即光谱散射系数：

$$b(\lambda)=\int_{\Xi}\beta(\psi,\lambda)\,\mathrm{d}\Omega=2\pi\int_{0}^{\pi}\beta(\psi,\lambda)\sin\psi\,\mathrm{d}\psi \tag{24-21}$$

式中，第二个等号的成立是基于自然水的散射在入射方向上是呈方位角对称的（对非偏振光源和随机取向的散射体而言）。这个积分一般被分为两部分：前向散射 $(0\leqslant\psi\leqslant\pi/2)$ 和后向散射 $(\pi/2\leqslant\psi\leqslant\pi)$ 。对应的光谱前向散射系数和光谱后向散射系数分别为

$$b_{f}(\lambda)\equiv 2\pi\int_{0}^{\pi/2}\beta(\psi,\lambda)\sin\psi\,\mathrm{d}\psi \tag{24-22}$$

$$b_{b}(\lambda)\equiv 2\pi\int_{\pi/2}^{\pi}\beta(\psi,\lambda)\sin\psi\,\mathrm{d}\psi \tag{24-23}$$

前面的讨论是假设没有非弹性散射发生，然而，在天然水体中，由于溶解物质或叶绿素的荧光以及水分子的拉曼或布里渊散射，非弹性散射确实是存在的。由非弹性散射引起的能量损失在形式上表现为光谱吸收的增加[9]。在这种情况下，$a(\lambda)$ 代表实际的吸收（即光辐射能量转变成热）和由于非弹性散射引起的在波长 λ 处的能量损失；因非弹性散射而在 λ' 处的能量的增加在辐射传输方程中表达为源项。

水光学中还有两个比较常见的固有光学量：光谱单次散射反照率和光谱体散射相函数。光谱单次散射反照率定义为

$$\omega_{0}(\lambda)\equiv\frac{b(\lambda)}{c(\lambda)} \tag{24-24}$$

它是一个光子在任何给定相互作用下被散射（而不是被吸收）的概率，因此 $\omega_{0}(\lambda)$ 也可看作是光子（在与介质相互作用过程中）存活的概率。光谱体散射相函数 $\tilde{\beta}(\psi,\lambda)$ 定义为

$$\tilde{\beta}(\psi,\lambda)\equiv\frac{\beta(\psi,\lambda)}{b(\lambda)}\qquad(\mathrm{sr}^{-1}) \tag{24-25}$$

将体散射函数 $\beta(\psi,\lambda)$ 写作散射系数 $b(\lambda)$ 与相函数 $\tilde{\beta}(\psi,\lambda)$ 的乘积，其中 $b(\lambda)$ 描述散射强度，单位是 m^{-1}，$\tilde{\beta}(\psi,\lambda)$ 表征散射光的角分布，具有单位 sr^{-1}。

四、表观光学性质

定义光谱下行光平均余弦：

$$\bar{\mu}_d(z,\lambda) \equiv \frac{\int_{\Xi_d} L(z,\theta,\varphi,\lambda)\,|\cos\theta|\,d\Omega}{\int_{\Xi_d} L(z,\theta,\varphi,\lambda)\,d\Omega} \equiv \frac{E_d(z,\lambda)}{E_{od}(z,\lambda)} \tag{24-26}$$

该定义表示，$\bar{\mu}_d(z,\lambda)$ 是在给定深度和波长处所有对光谱向下辐亮度有贡献的光子的极角余弦的平均值。同理，光谱上行光平均余弦可定义为

$$\bar{\mu}_u(z,\lambda) = \frac{E_u(z,\lambda)}{E_{ou}(z,\lambda)} \tag{24-27}$$

平均余弦是描述上行和下行光场的方向性结构的一种很有用的单参数度量。例如，如果下行光场（辐亮度分布）是沿 (θ_0,φ_0) 方向的准直光，那么，辐亮度 $L(\theta,\varphi)=L_0\delta(\theta-\theta_0)\delta(\varphi-\varphi_0)$，其中 δ 是狄拉克 δ 函数，则 $\bar{\mu}_d=|\cos\theta_0|$。如果下行光是完全漫射的（即各向同性），则 $L(\theta,\varphi)=L_0$，$\bar{\mu}_d=\frac{1}{2}$。被太阳和天空光照亮的水体的典型平均余弦值 $\bar{\mu}_d\approx\frac{3}{4}$ 和 $\bar{\mu}_u\approx\frac{3}{8}$。早期的文献通常会提到分布函数 D_d 和 D_u，而不是平均余弦。分布函数是平均余弦的倒数，即

$$D_d(z,\lambda)=\frac{1}{\bar{\mu}_d(z,\lambda)} \quad 和 \quad D_u(z,\lambda)=\frac{1}{\bar{\mu}_u(z,\lambda)} \tag{24-28}$$

光谱辐照度反射比（辐照度比）$R(z,\lambda)$ 为向上平面光谱辐照度与向下平面光谱辐照度之比：

$$R(z,\lambda)\equiv\frac{E_u(z,\lambda)}{E_d(z,\lambda)} \tag{24-29}$$

在遥感中，刚好在海面之下处的 $R(z,\lambda)$ 是非常重要的。

在典型的海洋条件下，即太阳光和天空光作为入射光，各种辐亮度和辐照度都会随深度近似成指数下降，至少在水面下足够远（若在浅水区，离水底也足够远）而没有边界效应的地方如此。例如，$E_d(z,\lambda)$ 与深度的关系为

$$E_d(z,\lambda)\equiv E_d(0,\lambda)\exp\left[-\int_0^z K_d(z',\lambda)\,dz'\right]\equiv E_d(0,\lambda)\exp\left[-\overline{K}_d(\lambda)z\right] \tag{24-30}$$

式中，$K_d(z',\lambda)$ 是向下平面光谱辐照度的光谱漫射衰减系数，$\overline{K}_d(\lambda)$ 是 0 到 z 之间的 $K_d(z',\lambda)$ 的平均值。可解得

$$K_d(z,\lambda)=-\frac{d\ln E_d(z,\lambda)}{dz}=-\frac{1}{E_d(z,\lambda)}\frac{dE_d(z,\lambda)}{dz}\quad(m^{-1}) \tag{24-31}$$

值得注意的是漫射衰减系数与光束衰减系数的区别：光束衰减系数 $c(\lambda)$ 表征的是一束细的平行光束的辐射通量的损失；而向下漫射衰减系数 $K_d(z,\lambda)$ 是表示环境的向下辐照度 $E_d(z,\lambda)$ 随深度增加而减小，这里的 $E_d(z,\lambda)$ 包含所有向下方向传播的光子（包括漫射或非平行光场）。显然 $K_d(z,\lambda)$ 取决于环境光场的方向结构，是表观光学量。其他的漫射衰减系数，如 K_u、K_{od}、K_{ou}、K_{PAR} 和 $K(\theta,\varphi)$ 是用相应的辐射量按类似的方式定义的。

在均匀水体里，这些 K 函数随深度的变化很小，所以可以方便地用于描述水体，即使这种描述并不完善，但仍很实用。其实用性正如 Smith 和 Baker[10] 分析所述：

1）K 函数只是比值，所以不需要绝对辐射量的测量。

2）K 函数与水中叶绿素浓度有很强的相关性（也就是说，它们提供了生物学与光学的一种联系）。

3）水体的大约 90%漫反射光来自深度为 $1/K_d(0,\lambda)$ 的水层（这就意味着 K_d 对遥感是有意义的）。

4）在辐射传输理论中，K 函数与一些有用的量之间存在有意义的关系，如吸收系数、光束衰减系数、辐

照度反射比以及平均余弦等。

5) 有测量 K 函数的常规仪器。

切记,不管 K 函数多么有用,毕竟它们是表观光学量,环境(太阳角或海况)的变化会使其发生改变,这种改变有时是可以忽略的,而有时非常大。然而,Gordon[11] 的数值模拟表明,进行少量附加的但是非常简单的测量,可将 $K_d(z,\lambda)$ 和 $\overline{K}_d(\lambda)$ 的测量值"归一化",以去除太阳角和海况的影响。归一化的 K_d 和 $\overline{K}_d$ 值等于太阳在天顶且海面平静时的测量值。归一化后,在所有实际应用中 $K_d(z,\lambda)$ 和 $\overline{K}_d(\lambda)$ 可以作为固有光学量。强烈建议实验学家们采纳 Gordon 的处理方法。

五、天然水体的有效光学组分

(一)溶解物质

纯海水由纯水和各种溶解盐(重量上平均占海水的 35‰)组成,这些盐使得海水的散射比纯水高 30%(见本章第三节表 24-10)。这些盐对吸收的影响(如果有的话)还不是很清楚,但是,它们很可能在一定程度上增加了海水在紫外波段的吸收。

淡水和盐水里都含有不同浓度的溶解有机混合物。这些混合物是植物腐烂的产物,主要由腐殖酸和棕黄酸组成[8],呈棕褐色,当浓度足够大时会使水呈黄褐色,因此,这些混合物一般被称为黄色物质(yellow matter、Gelbstoff、gilvin)。黄色物质对红光吸收很少,但随着波长的减小,吸收迅速增加。由于黄色物质的主要来源是陆生植物的腐烂,湖、河以及受河流影响的近岸海域中的黄色物质浓度一般是最高的。在这些水体中,黄色物质成为光谱蓝端的主要吸收者。在海洋中部,与其他成分相比,黄色物质引起的吸收通常很小,但是,浮游植物的腐烂也可能会产生一些黄色物质,特别是在藻华(大量繁殖)末期。

(二) 颗粒物质

海洋中的颗粒物质有两种截然不同的来源:生物的和物理的。对光学性质产生重要影响的有机颗粒主要是细菌、浮游植物光合作用和浮游动物吞食同伴进行生长和繁殖时产生的。一些特定大小的微粒可通过各种方式被破坏掉而形成海洋中的颗粒物质,比如说通过死后破裂、絮凝成更大的凝聚微粒或者从水中沉淀出来等形式。无机颗粒主要产生于陆地岩石和泥土的风化,这些颗粒可通过多种途径进入海水中,如风将灰尘吹落到水面,又如河水将风化的泥土冲入海中,或者海流使得海底沉淀物再悬浮。无机颗粒会通过沉淀、聚结或溶解等方式从水中分离出来。颗粒物质通常是自然水体吸收和散射特性的主要决定因素,而且光学性质的时空多变性主要是由这些颗粒引起的。

有机颗粒有如下多种存在形式:

1) 病毒。自然海水中病毒颗粒[12] 的浓度范围为 $10^{12}\sim10^{15}\ m^{-3}$,尺寸(2~200 nm)一般比可见光波长还要小很多,其对海水的光学性质产生怎样的直接影响(如果有的话)还不为人知。

2) 胶体。0.4~1.0 μm 大小的无生命胶状颗粒的典型浓度是 $10^{13}\ m^{-3}$[13],尺度 $\leqslant 0.1$ μm 的胶体浓度为 $10^{15}\ m^{-3}$[14]。传统观点认为,由溶解物质引起的吸收实际上有一部分可能是由胶体贡献的,在电子显微镜下,一些胶体与棕黄酸非常相像[14]。

3) 细菌。大小在 0.2~1.0 μm 的活细菌的典型浓度为 $10^{11}\sim10^{13}\ m^{-3}$。直到 20 世纪 80 年代末 90 年代初,人们才认识到细菌是重要的散射体和吸收体[15-17],尤其是在蓝光波段和在大型浮游植物相对稀少的清洁大洋水体中。

4) 浮游植物。这些无处不在的微小植物在种类、大小、形状及浓度上有着难以置信的多样性。它们的细胞尺寸从 1 μm 到大于 200 μm 不等,而且有些种类可以形成更大的单细胞链。人们很早就已经认识到,主要是浮游植物决定了大部分大洋水体的光学性质。它们的叶绿素和相关色素对红、蓝光有强烈的吸收,特别是在浓度高的时候,浮游植物就决定了海水的光谱吸收。这些颗粒一般远比可见光波长大,是很有效的散射体(尤其是通过衍射),从而影响了海水的散射性质。

5) 有机碎屑。当浮游植物死后,它们的细胞破裂,各种大小的无生命有机颗粒便产生了。它们还可能是浮游动物进食浮游植物时留下的细胞碎屑和排泄物。即使这些碎屑颗粒在形成时还含有色素，但很快便被光氧化而失去了活浮游植物所拥有的吸收光谱的特性，只留下对蓝光的显著吸收。

6）大颗粒。大于 100 μm 的颗粒包括浮游动物（大小从几十微米到 2 cm 不等的活体动物）和由较小颗粒组成的脆弱的无定形聚合体[18]（“海雪”，大小在 0.5 mm 到几十厘米之间）。这样的颗粒每立方米的数目从几乎没有到成千上万，变化很大。但即使在浓度很高的情况下，这些大粒子也有可能被光学仪器漏测，因为仪器只是随机地取样几立方厘米的水体，或者会机械地打碎聚合体。然而，由于这些大型颗粒是光的有效漫散射体，因此，正如遥感设备所拍到的那样，能显著影响大体积水体的光学性质（尤其是后向散射）。尽管我们已经认识到这些光学效应，但还没有定量的分析。

无机颗粒：一般由细的石英砂、黏土矿物和金属氧化物组成，粒径从远小于 1 μm 到几十微米不等。尽管大家公认在光学上无机颗粒有时比有机颗粒更重要，但海水中这些颗粒所导致的光学影响还没有得到足够的重视。而这种情况会发生在高悬浮物含量的混浊近岸水体和可以接收到风携微尘的非常清洁的大洋水体中[19]。

Emiliania huxleyi 是浮游植物颗石藻的一种，在其生命中特定的阶段是晶体颗粒的最主要的来源。在这种颗石藻的藻华期内，它们生长并脱落大量的小（2～4 μm）方解石片，观测到的浓度是 3×10^{11} 片/m^3[20]。尽管它们对光吸收的作用可以忽略，但这些方解石是非常高效的光散射体，在藻华期，观测到的在蓝光波段的辐照度反射比 $R=0.39$[20]（而典型的海洋水体在蓝光段的辐照度反射比是 0.02～0.05）。这样的颗石藻的藻华使海水呈现乳白色或绿松石色。

六、粒径分布（粒子尺寸分布）

尽管海洋中的颗粒物质的产生和消亡机制不同，但观测表明，通常用单一分布函数就可以描述尺度在 0.1～100 μm 范围内的光学性质重要的粒子。设单位体积内粒径大于 x 的粒子数为 $N(x)$，x 通常为粒子的体积等效球直径，也可以表示粒子的体积或表面积。$N(x)$ 服从 Junge（亦称双曲线）累积粒径分布[21]：

$$N(x)=k\left(\frac{x}{x_0}\right)^{-m} \tag{24-32}$$

式中，k 为比例系数，x_0 为参考粒径，$-m$ 为 $\lg N$ 随 $\lg x$ 线性变化的斜率，k、x_0 和 m 都是大于 0 的常数。

对于海洋颗粒物质来说，m 的大小一般在 2～5 之间，其典型值处于 3～4 之间，此类粒子的累积粒径分布谱可参见 McCave[22] 的文章中的图 7。海洋粒子的累积粒径谱可准确地用一个分段函数来描述，当 x 比某定值小时，m 值较小；比其大时，m 值较大。这样的分段粒子累积粒径谱可参见 Bader[21] 或是 McCave[22] 的文章中的图 8。

与光学性质最相关的量是粒子的数量粒径分布 $n(x)$，而非粒子的累积粒径分布 $N(x)$，例如，对于多分散系统的米氏散射计算。粒子的数量分布定义如下：$n(x)\mathrm{d}x$ 表示处于 x 到 $x+\mathrm{d}x$ 大小范围内的粒子数。$n(x)$ 与 $N(x)$ 的关系为 $n(x)=|\mathrm{d}N(x)/\mathrm{d}x|$，对于 Junge 分布，$n(x)$ 可以表示为

$$n(x)=kmx_0^{-m}x^{-m-1}\equiv Kx^{-s} \tag{24-33}$$

式中，$K\equiv kmx_0^{-m}$，$s\equiv m+1$。s 通常被称作分布的斜率。图 24-3 表示开阔大洋水体中典型生物粒子的粒子数分布，从图中可以看出，$s=4$ 时拟合效果较好。

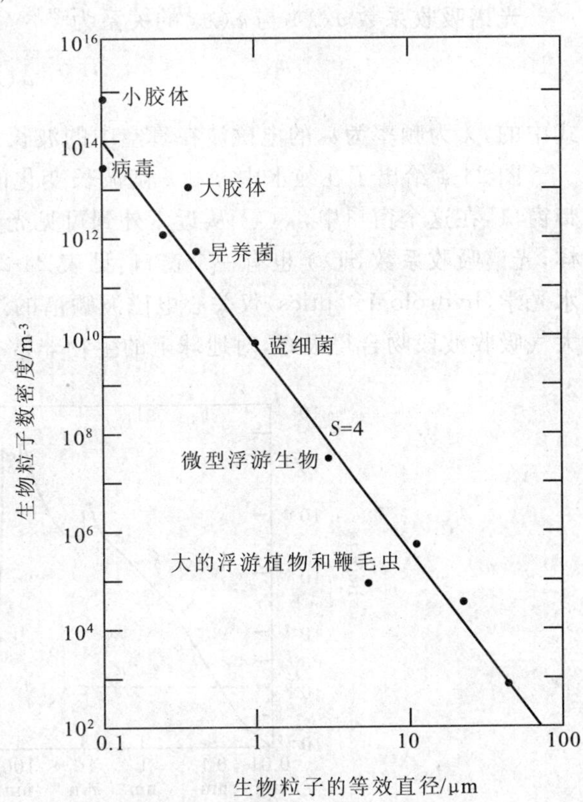

图 24-3　在开阔大洋中的典型生物粒子的数量尺寸分布[17]）

然而，有时海洋中的粒子数并不服从 Junge 分布。例如，在浮游植物的繁殖过程中，某一特定种类粒子的数量迅速增长，可能导致特定尺寸范围内的粒子数出现反常，

从而使 $n(x)$ 出现局部的突起，不能用简单的 Junge 分布来很好地模拟。而且，Lambert 等人[23]发现，对数正态分布有时可以更准确地描述从深海海底附近提取的海水样品中的无机颗粒的分布。这些颗粒主要是尺寸在 0.2～10 μm 范围的铝硅酸盐，还包括石英粒子、金属氧化物和浮游生物的残骸，例如颗石藻。根据采样的位置可以判定这些粒子是再悬浮的沉积物。他们亦发现个别种类的颗粒(如铝硅酸盐和氧化物)的粒径分布服从对数正态分布，这种分布在 1 μm 以下是"平坦的"(flattened out)，1 μm 以上对数正态分布和 Junge 分布在数值上基本相等。生物颗粒不能用对数正态分布来准确描述，尤其是在粒子尺寸大于 5 μm 时。

七、水的电磁特性

为方便用麦克斯韦方程组研究电磁波的传播，可以用介质的介电常数 ε、磁导率 μ 和电导率 σ 来表征介质的主要电磁性质。由于水没有明显的磁性，所以对所有频率的电磁波来说，磁导率可近似为真空中的值：$\mu=\mu_0=4\pi\times10^{-7}NA^{-2}$，而 ε 和 σ 既与电磁波的频率 ω 有关，也与水的温度、压力和盐度有关。低频 $(\omega\to0)$ 时介电常数 $\varepsilon\approx80\varepsilon_0$，其中 $\varepsilon_0=8.85\times10^{-12}A^2s^2N^{-1}m^{-2}$ 是真空介电常数。在可见光频段，ε 降为 $\varepsilon\approx1.8\varepsilon_0$。纯水中的 $\varepsilon/\varepsilon_0$ 与温度、压力的关系可以在 Archer 和 Wang 的文章[24]中查到。低频时电导率的范围从纯水的 $\sigma\approx4.4\times10^{-6}$ siemen·m^{-1} 至海水中的 $\sigma\approx4.4$ siemen·m^{-1}（西门子每米）之间。

ε、μ 及 σ 对电磁波传播的作用可以简捷地用复折射率来表达：$m=n-\mathrm{i}\kappa$，其中 n 为折射率，κ 为无量纲的电动力学吸收系数，$\mathrm{i}=\sqrt{-1}$，n 和 κ 统称为水的光学常数（使用时间因子 $\exp(+\mathrm{i}\omega t)$ 由麦克斯韦方程组推导电磁波方程）。复折射率 m 与 ε、μ 和 σ 的关系为[25]

$$m^2=\mu\varepsilon c^2-\mathrm{i}\frac{\mu\sigma c^2}{\omega}=(n-\mathrm{i}\kappa)^2=n^2-\kappa^2-\mathrm{i}2n\kappa \tag{24-34}$$

式中，$c=(\varepsilon_0\mu_0)^{-1/2}$ 为真空中的光速。通过这些方程，可将 n、κ 与水体的电磁性质联系起来。由于直接涉及水的散射和吸收特性，所以使用光学常数更方便。折射率 $n(\lambda)$ 决定了界面的散射特性（通过折射和反射定律）和介质中的散射特性（通过 $n(\lambda)$ 在分子或更大尺度上的热涨落及其他涨落）。

光谱吸收系数 $a(\lambda)$ 与 $\kappa(\lambda)$ 的关系为[25]

$$a(\lambda)=\frac{4\pi\kappa(\lambda)}{\lambda} \tag{24-35}$$

式中的，λ 为频率为 ω 的电磁波在真空中的波长。

图 24-4 给出了在纯水中 n 和 κ 随波长变化的曲线。从图中可以明显地看出，在 $\kappa(\lambda)$ 曲线中有一个窄带窗口，在这个窗口中，$\kappa(\lambda)$ 从近紫外到可见光降低了 9 个数量级，然而在近红外处急剧上升。与 $\kappa(\lambda)$ 一样，光谱吸收系数 $a(\lambda)$ 也有一个窗口，见表 24-2。由于水在近紫外和近红外以外的波段是不透明的，所以水光学(hydrologic optics)仅关心电磁波频谱的这一小部分。这一波段和太阳辐射最强的波段以及相应的大气吸收波段吻合得很好，对地球上的生物非常有益。

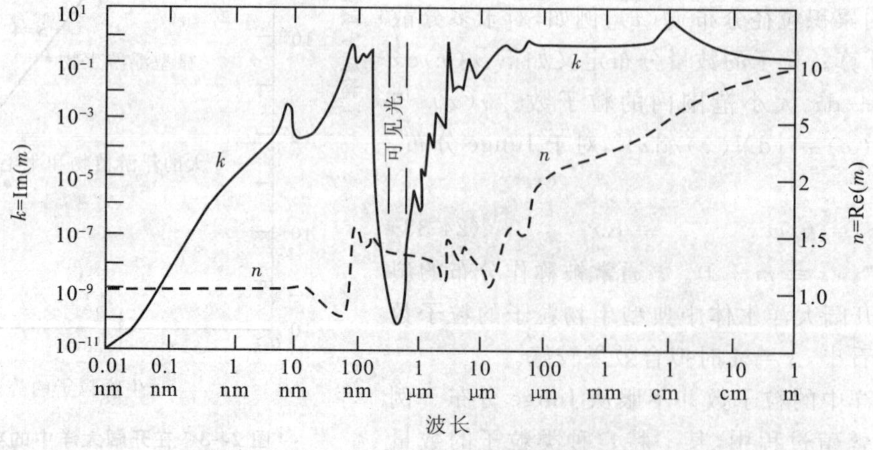

图 24-4　纯水中 n 和 κ 随波长变化的曲线[26]

表 24-2 纯水的吸收系数 a 与波长 λ 的函数关系*

波长 λ/nm	吸收系数 a/m^{-1}	波长 λ/nm	吸收系数 a/m^{-1}
0.01	1.3×10^{1}	700	0.650
0.1	6.5×10^{2}	800	2.07
1	9.4×10^{4}	900	7.0
10	3.5×10^{6}	1×10^{3}	3.3×10^{1}
100	5.0×10^{7}	1×10^{4}	7.0×10^{4}
200	3.07	1×10^{5}	6.5×10^{4}
300	0.141	1×10^{6}	1.3×10^{4}
400	0.017 1	1×10^{7}	3.6×10^{3}
500	0.025 7	1×10^{8}	5.0×10^{1}
600	0.244	1×10^{9}	2.5

注：* 波长在 200～800 nm 的吸收系数源自表 24-6，其他波长下的数据由图 24-4 计算得到。

八、折射率

(一)海水的折射率

Austin 和 Halikas[27] 对海水折射率的有关文献进行了详尽的综述。他们的报告包括折射率(相对于空气) $n(\lambda,S,T,p)$ 作为波长($\lambda=400\sim700$ nm)、盐度($S=0\sim43‰$)、温度($T=0\sim30$℃)和压强($p=10^5\sim10^8$ Pa 或 1～1080 atm)的函数的大量表格和内插算法。图 24-5 描述了一般情况下水的折射率 n 值随 4 个参量的变化：n 随波长或温度增加而减小、随盐度或气压增加而增加。表 24-3 给出了每个参量极限值对应的 n 值。n 的极限值为 1.329 128 和 1.366 885，表明在与水光学相关的整个参数范围内，n 的变化小于 3%。表 24-4 给出在 $p=10^5$ Pa (1 atm)下，淡水($S=0$)和典型海水($S=35‰$)对应所选定的温度和波长的折射率 $n(\lambda,T)$ 值。表 24-4 中的值乘以 1.000 293(即干燥空气在 STP 条件下，波长 $\lambda=538$ nm 处的折射率)，得到水相对于真空的折射率。Millard 和 Seaver [28] 给出了一个 27 项的公式，在几乎整个海洋学参数范围内，其折射率值可精确到百万分之几。

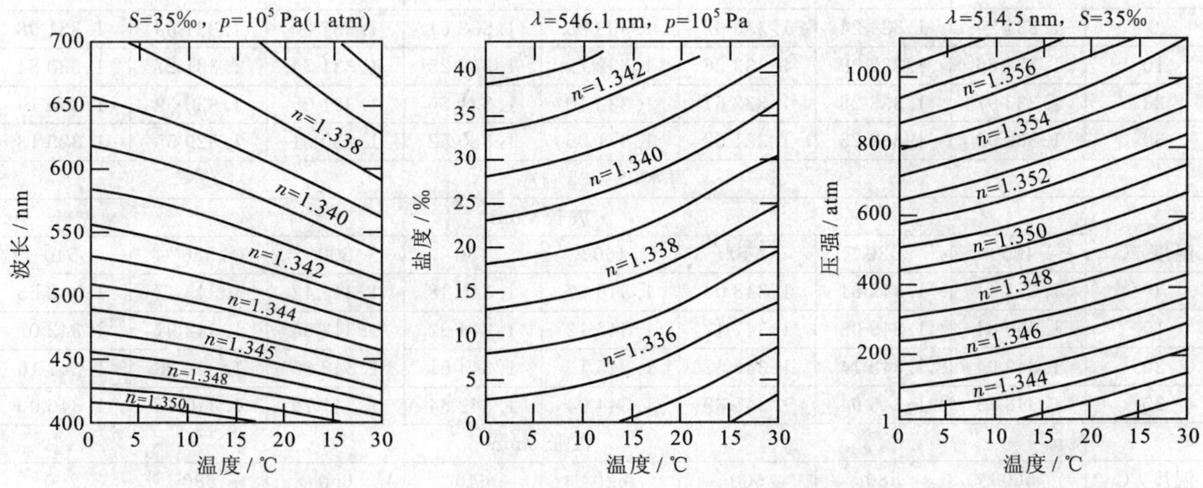

图 24-5 不同压力、温度、盐度条件下的水的绝对折射率[27]

表 24-3 海洋光学中，在压强、温度、盐度和波长取极限值时，水的折射率*

压力 p / Pa	温度 T / ℃	盐度 S / ‰	波长 λ / nm	折射率 n
1.01×10^5	0	0	400	1.344 186
	0	0	700	1.331 084
	0	35	400	1.351 415
	0	35	700	1.337 906
	30	0	400	1.342 081
	30	0	700	1.329 128
	30	35	400	1.348 752
	30	35	700	1.335 316
1.08×10^8	0	0	400	1.360 076
	0	0	700	1.346 604
	0	35	400	1.366 885
	0	35	700	1.352 956
	30	0	400	1.356 281
	30	0	700	1.342 958
	30	35	400	1.362 842
	30	35	700	1.348 986

注：* 引自参考文献[27]。

表 24-4 特定温度和波长所对应的淡水与海水的折射率(标准大气压下)*

淡水(S=0)								
	波长 /nm							
温度/℃	400	420	440	460	480	500	520	540
0	1.344 19	1.342 43	1.340 92	1.339 60	1.338 44	1.337 41	1.336 49	1.335 67
10	1.343 90	1.342 15	1.340 64	1.339 33	1.338 17	1.337 14	1.336 23	1.335 41
20	1.343 17	1.341 42	1.339 92	1.338 60	1.337 45	1.336 43	1.335 51	1.334 69
30	1.342 08	1.340 34	1.338 84	1.337 53	1.336 38	1.335 37	1.334 45	1.333 63
	波长 /nm							
温度(℃)	560	580	600	620	640	660	680	700
0	1.334 94	1.334 24	1.333 62	1.333 05	1.332 51	1.332 00	1.331 53	1.331 08
10	1.334 66	1.333 99	1.333 36	1.332 79	1.332 25	1.331 74	1.331 27	1.330 84
20	1.333 97	1.333 28	1.332 67	1.332 10	1.331 56	1.331 05	1.330 59	1.330 16
30	1.332 92	1.332 23	1.331 62	1.331 06	1.330 52	1.330 01	1.329 55	1.329 13
海水(S=35‰)								
	波长 /nm							
温度/℃	400	420	440	460	480	500	520	540
0	1.351 41	1.349 61	1.348 04	1.346 67	1.345 48	1.344 42	1.343 47	1.342 63
10	1.350 84	1.349 03	1.347 47	1.346 12	1.344 92	1.343 85	1.342 91	1.342 07
20	1.349 94	1.348 14	1.346 57	1.345 19	1.344 01	1.342 95	1.342 00	1.341 16
30	1.348 75	1.346 94	1.345 39	1.344 04	1.342 84	1.341 79	1.340 85	1.340 00
	波长 /nm							
温度/℃	560	580	600	620	640	660	680	700
0	1.341 86	1.341 15	1.340 50	1.339 92	1.339 37	1.338 85	1.338 36	1.337 91
10	1.341 29	1.340 61	1.339 97	1.339 38	1.338 82	1.338 30	1.337 82	1.337 38
20	1.340 39	1.339 69	1.339 04	1.338 45	1.337 91	1.337 39	1.336 90	1.336 44
30	1.339 25	1.338 55	1.337 90	1.337 31	1.336 76	1.336 24	1.335 76	1.335 32

注：* 数据取自参考文献[27]。

（二）颗粒的折射率

海水中的悬浮颗粒物质的折射率通常具有双峰分布。活体浮游植物一般都具有低折射率，相对于海水的折射率为1.01～1.09。岩屑和无机物颗粒普遍具有高折射率，相对于海水的折射率为1.15～1.20[29]。浮游植物的典型折射率是1.05，无机物颗粒是1.16。

表24-5 海水中无机颗粒相对于水的折射率 n

物　质	n
石英	1.16
高岭石	1.17
蒙脱石	1.14
水合云母	1.19
方解石	1.11/1.24

表24-5中是陆源矿物的相对折射率，这些矿物常见于河口和风沙中。20世纪80年代中，单一浮游植物细胞组织的折射率测量才成为可能[30]。然而，折射率对于浮游植物种类的依赖性，或对于特定种类的生存状态的依赖性，虽然看起来非常重要，但我们还知之甚少[31]。

第二节　水体的吸收

一、吸收的测量

确定天然水体的光谱吸收系数 $a(\lambda)$ 是一项复杂的工作，原因是：首先，水在近紫外光到蓝光波段的吸收非常微弱，因此需要灵敏度非常高的仪器。而散射效应的影响则是引起测量偏差的更重要的因素，在波长370～450 nm范围内，纯水中的分子散射占总光束衰减 $c(\lambda)=a(\lambda)+b(\lambda)$ 的20%～25%（见表24-6）；对于

表24-6 由Smith和Baker确定的纯海水的光谱吸收系数 a_w

（同时给出纯海水分子散射系数 b_m^{sw} 和用来计算 a_w 的漫衰减系数 K_d*）

λ/nm	a_w/m^{-1}	b_m^{sw}/m^{-1}	K_d/m^{-1}	λ/nm	a_w/m^{-1}	b_m^{sw}/m^{-1}	K_d/m^{-1}
200	3.07	0.151	3.14	510	0.0357	0.0026	0.0370
210	1.99	0.119	2.05	520	0.0477	0.0024	0.0489
220	1.31	0.0995	1.36	530	0.0507	0.0022	0.0519
230	0.927	0.0820	0.968	540	0.0558	0.0021	0.0568
240	0.720	0.0685	0.754	550	0.0638	0.0019	0.0648
250	0.559	0.0575	0.588	560	0.0708	0.0018	0.0717
260	0.457	0.0485	0.481	570	0.0799	0.0017	0.0807
270	0.373	0.0415	0.394	580	0.108	0.0016	0.109
280	0.288	0.0353	0.306	590	0.157	0.0015	0.158
290	0.215	0.0305	0.230	600	0.244	0.0014	0.245
300	0.141	0.0262	0.154	610	0.289	0.0013	0.290
310	0.105	0.0229	0.116	620	0.309	0.0012	0.310
320	0.0844	0.0200	0.0944	630	0.319	0.0011	0.320
330	0.0678	0.0175	0.0765	640	0.329	0.0010	0.330
340	0.0561	0.0153	0.0637	650	0.349	0.0010	0.350
350	0.0463	0.0134	0.0530	660	0.400	0.0008	0.400
360	0.0379	0.0120	0.0439	670	0.430	0.0008	0.430
370	0.0300	0.0106	0.0353	680	0.450	0.0007	0.450
380	0.0220	0.0094	0.0267	690	0.500	0.0007	0.500
390	0.0191	0.0084	0.0233	700	0.650	0.0007	0.650
400	0.0171	0.0076	0.0209	710	0.839	0.0007	0.834
410	0.0162	0.0068	0.0196	720	1.169	0.0006	1.170
420	0.0153	0.0061	0.0184	730	1.799	0.0006	1.800
430	0.0144	0.0055	0.0172	740	2.38	0.0006	2.380
440	0.0145	0.0049	0.0170	750	2.47	0.0005	2.47
450	0.0145	0.0045	0.0168	760	2.55	0.0005	2.55
460	0.0156	0.0041	0.0176	770	2.51	0.0005	2.51
470	0.0156	0.0037	0.0175	780	2.36	0.0004	2.36
480	0.0176	0.0034	0.0194	790	2.16	0.0004	2.16
490	0.0196	0.0031	0.0212	800	2.07	0.0004	2.07
500	0.0257	0.0029	0.0271				

注：*引自参考文献[32]。

颗粒物含量高的水体，散射效应则在整个可见光波段内占主导地位。此外，由于很难获得没有污染的水样，也给纯水吸收系数 $a_w(\lambda)$ 的测定带来困难。

纯水光谱吸收系数 $a_w(\lambda)$ 的测定方法有很多，Smith 和 Baker 对此进行了详尽的评述[32]。在对大洋水光谱吸收系数 $a(\lambda)$ 的例行测量中，最常用的方法是：先对水样进行过滤，然后利用分光光度计对滤膜上颗粒物的光谱吸收系数 $a_p(\lambda)$ 进行测量；在溶解有机物（黄色物质）的吸收可以忽略的条件下，$a_p(\lambda)$ 加上纯水吸收系数 $a_w(\lambda)$ 就得到海水样本的总吸收系数，即 $a(\lambda)=a_w(\lambda)+a_p(\lambda)$。黄色物质的吸收系数 $a_y(\lambda)$ 则可通过测量被滤去颗粒物的水样滤液的吸收系数 $a_{\text{filtrate}}(\lambda)$ 获得，即 $a_y(\lambda)=a_{\text{filtrate}}(\lambda)-a_w(\lambda)$。

上述测定吸收的方法[33-35]已经应用了多年，由于在 $a_p(\lambda)$ 测量中存在许多固有误差（例如过滤不完全、样品池内的散射效应、滤膜上溶解物质的吸收、在过滤过程中色素的分解等引起的误差），该方法一直在不断的改进中。并相继诞生了一些新型仪器[36-38]，以克服滤膜技术的固有问题，实现总吸收的现场测量。水体总吸收目前已可进行例行的现场测量。

二、纯海水的吸收

表 24-2 给出了纯水在波长范围从 0.01 nm（X 射线）到 1 m（无线电波）的吸收系数。从表中可以看出，水光学关注的只是近紫外到近红外波段。Smith 和 Baker[32] 采用仔细但间接的方法确定了纯海水的光谱吸收系数 $a_w(\lambda)$ 的上限，波长范围是海洋学关注的 200～800 nm。对于最清洁的天然水体，他们假设：①盐和其他溶解物质的吸收可以忽略；②散射仅由水分子和盐离子的散射构成；③无非弹性散射（荧光或拉曼散射）存在。在这些假设下，根据辐射传输理论可以得到以下不等式：

$$a_w(\lambda)\leqslant K_d(\lambda)-\frac{1}{2}b_m^{sw}(\lambda) \tag{24-36}$$

式中，$b_m^{sw}(\lambda)$ 是纯海水的光谱散射系数，$b_m^{sw}(\lambda)$ 的取值参见本章第三节中的表 24-10。Smith 和 Baker 根据清洁的天然水体（例如：美国俄勒冈州的火山口湖，马尾藻海）漫衰减函数 $K_d(\lambda)$ 的测量值估计了 $a_w(\lambda)$ 的值。表 24-6 给出了自洽的参数 $a_w(\lambda)$、$K_d(\lambda)$ 和 $b_m^{sw}(\lambda)$。

虽然 Smith 和 Baker 的吸收值被广泛采用，但是必须注意的是，表 24-6 中的数值是吸收系数的上限，而纯水的实际吸收可能要小一些，至少在蓝-紫光波段是这样的[40]。Smith 和 Baker 指出，这种不确定性是由于漫衰减系数这个表观光学量受环境条件的影响。他们还指出，在小于 300 nm 的波段，他们给出的数值仅仅是“学术上的推测”。据估计，$a_w(\lambda)$ 的不确定性在 300～480 nm 波段是 25%～－5%，在 480～800 nm 波段是 10%～－15%。Gordon[13] 的数值模拟表明可以采用一个更严格的不等式：

$$a_w(\lambda)\leqslant\frac{K_d(\lambda)}{D_0(\lambda)}-0.62\,b_m^{sw}(\lambda) \tag{24-37}$$

式中，$D_0(\lambda)$ 是一可测量的分布函数（$D_0(\lambda)>1$），用来修正 $K_d(\lambda)$ 中太阳角度和海况的影响。在蓝光波段，利用 Gordon 不等式可以使 Smith 和 Baker 吸收值减少达 20%。最后需要指出的是，Smith 和 Baker 测量的不是光学意义上的纯水，仅是“最清洁的天然水体”，尽管这些水中仅包含了很少量的溶解物和颗粒物，但它们对吸收和散射还是有所贡献的。

资料显示[41]，吸收对温度有弱依赖性，至少在红光波段和近红外波段是如此（$\lambda=600$ nm 时，$\partial a/\partial T$ 约为 0.001 5 $m^{-1}\cdot℃^{-1}$；$\lambda=750$ nm 时，$\partial a/\partial T$ 约为 0.01 $m^{-1}\cdot℃^{-1}$）。同时，吸收对盐度可能也有依赖性。这些研究仍在继续。

三、溶解有机物的吸收

黄色物质的吸收在 350 nm$\leqslant\lambda\leqslant$700 nm 范围内可以很好地表示为[42]

$$a_y(\lambda)=a_y(\lambda_0)\exp[-0.014(\lambda-\lambda_0)] \tag{24-38}$$

式中，λ_0 是参考波长，通常选取 $\lambda_0=440$ nm；$a_y(\lambda_0)$ 是黄色物质在参考波长处的吸收值。显然 $a_y(\lambda)$ 的值依赖于水中黄色物质的浓度。指数衰减常数（即光谱斜率）取决于黄色物质特定种类的相对含量，研究表明：黄色物质的光谱斜率介于－0.014～－0.019 之间[43]。对于中国近海而言，渤海黄色物质的光谱斜率约为

0.013 9[44]，黄海、东海约为 0.017 5[45]，均处于上述范围之内。总浓度和相对含量都有很大的变化。表 24-7 给出了特定水样的 a_y(440 nm) 值。由于黄色物质浓度的可变性，即使对特定的水样，表 24-7 里的值也通常是无效的，但是对于确定总的吸收，它确实能够给出黄色物质的典型值及其影响范围。已知某一波长的吸收时，尽管可由上述模型确定黄色物质的光谱吸收，但是到现在为止，还没有模型可以根据给定的黄色物质组分的浓度直接计算出 $a_y(\lambda)$ 的值。

表 24-7　在 440 nm 处不同水样黄色物质吸收系数的测量值*

水　体	a_y/m^{-1}(440 nm)
海水	
马尾藻海	≈0
百慕大附近	0.01
几内亚海湾	0.024～0.113
贫瘠的印度洋	0.02
中等营养的印度洋	0.03
富营养的印度洋	0.09
中国东海	0.085
沿海和河口	
北海	0.07
波罗的海	0.24
法国莱茵河口	0.086～0.572
澳大利亚克莱德河口	0.64
湖泊和河流	
美国威斯康星州水晶湖	0.16
澳大利亚乔治湖	0.69～3.04
乌干达乔治湖	3.7
委内瑞拉卡绕河	12.44
爱尔兰洛夫南皮斯特	19.1

注：* 我国东海水体的数据取自参考文献[49]，其他数据均选自参考文献[8]。

四、浮游植物的吸收

浮游植物细胞是可见光的强吸收体，因而在确定自然水体的吸收特性方面发挥着主要的作用。浮游植物的吸收由各种光合作用的色素引起，其中叶绿素为我们所熟知。叶绿素吸收的特点是在蓝光和红光存在强吸收波段(对叶绿素 a 来说，峰值分别在 $\lambda \approx 430$ nm 和 665 nm)，而在绿光波段几乎没有吸收。叶绿素存在所有植物中，通常以叶绿素的浓度即每立方米的水里有多少毫克叶绿素，作为浮游植物含量的光学计量(这里叶绿素浓度通常是指浮游植物细胞的主要色素叶绿素 a 和脱镁叶绿素 a 的和)。叶绿素在各种水样中的浓度范围从最洁净的开阔大洋水体的 0.01 mg/m³，到高生产力的沿岸上升流区域的 10 mg/m³，再到富营养的河口或湖泊的 100 mg/m³ 等不一而足。在开阔大洋的近表面，叶绿素浓度的全球平均值在 0.5 mg/m³ 附近。

色素并非均匀地分布在浮游植物细胞内，而是局部聚集为一些小包裹(叶绿体)，这些叶绿体在细胞内的分布也不是随机的。色素的聚集分布[8]意味着水中一个或者一组浮游植物细胞的吸收光谱，要比色素均匀分布在细胞或水体的吸收光谱要“平”(即相对不明显的吸收峰，而且吸收整体减小)。这所谓的“色素打包效应”(pigment packaging effect)是浮游植物种间和种内吸收光谱差异的主要来源，这是因为细胞内色素打包的具体情况不仅决定于种类，还与细胞的大小和生理状态(又取决于环境因素，如环境光照和营养的可用性)

有关。由于每种色素具有其特定的吸收曲线，那么除了叶绿素 a 浓度和打包效应之外，另一个导致吸收光谱变化的因素就是色素组成的变化(附属色素的相对比例，即叶绿素 b 和 c、脱镁叶绿素、植物蛋白和类胡萝卜素)。

图 24-6 是实验室培养的 8 种单一种类浮游植物的吸收测量结果[46]，从中我们可以得到对浮游植物吸收性质的定性认识。首先从 8 组光谱吸收系数 $a_i(\lambda)$ ($i=1,2,\cdots,8$) 中减去 $a_i(737\ \text{nm})$ 来消除碎屑和色素以外细胞组分的吸收影响，其前提假设是色素在 737 nm 处不吸收，而且剩余的吸收都是与波长无关的(这只是大体的近似)。利用相应的叶绿素浓度进行所得曲线的归一化，以得到有关浮游植物的单位叶绿素浓度光谱吸收曲线 $a_i^*(\lambda)$ (如图 24-6 中的曲线所示)：

$$a_i^*(\lambda)=\frac{a_i(\lambda)-a_i(737)}{C_i}\qquad\left(\frac{\mathrm{m^{-1}}}{\mathrm{mg\cdot m^{-3}}}=\mathrm{m^2/mg}\right)\tag{24-39}$$

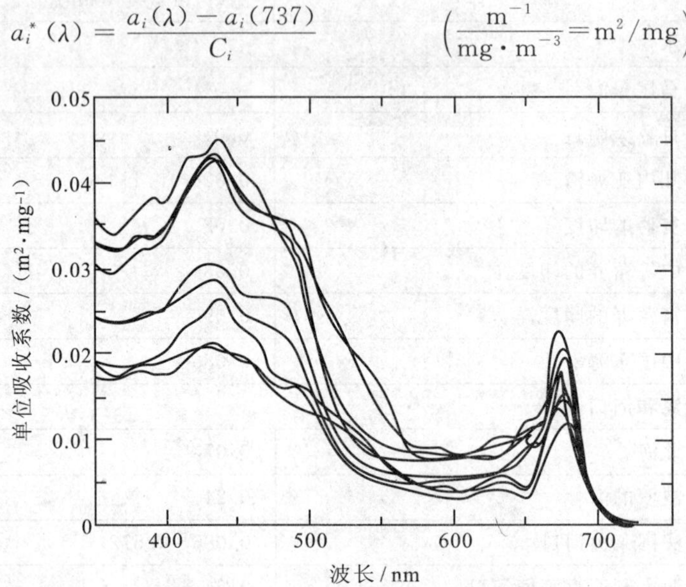

图 24-6 8 种浮游植物单位叶绿素浓度的光谱吸收系数[46]

从图 24-6 中可以看出浮游植物吸收的几个主要特征：

(1) 在 440 nm 和 675 nm 附近有明显的吸收峰。

(2) 由于附属色素对蓝光波段吸收的贡献，蓝峰是红峰的 1～3 倍 (对于给定的一个种类)。

(3)相对来说，在 550～650 nm 之间吸收较少，在 600 nm 附近吸收最少，是 440 nm 附近吸收值的 10%～30%。

根据 Morel[47] 所做的类似分析，得到平均的单位吸收曲线，如图 24-7 所示。图中的 Morel 曲线是 14 种培养的浮游植物的吸收曲线的平均值，定性地讲，Morel 曲线与图 24-6 所示的曲线是相同的，可以成为所谓的“典型”浮游植物单位吸收曲线的一种选择。将图 24-7 的值列在表 24-8 中以供参考。

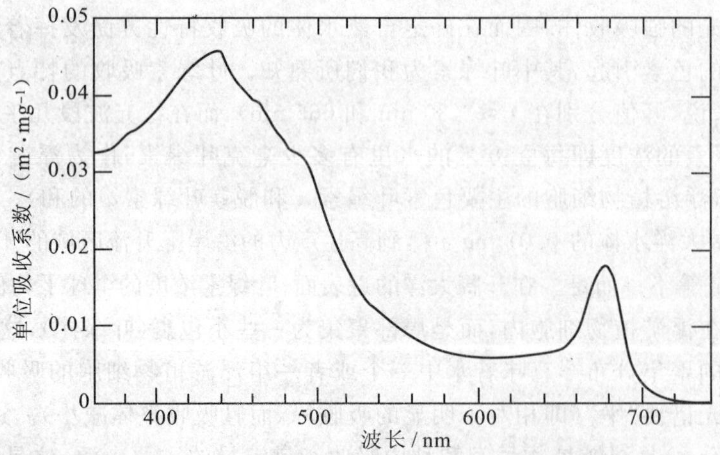

图 24-7 14 种浮游植物单位叶绿素浓度的光谱吸收系数的平均值[47]

表 24-8　如图 24—7 所示 14 种浮游植物的叶绿素光谱单位吸收系数 a[47]

(除 400 nm 附近的标准差约为 50%外，其他位置平均约为 30%)

λ/nm	$a/(m^2 \cdot mg^{-1})$	λ/nm	$a/(m^2 \cdot mg^{-1})$	λ/nm	$a/(m^2 \cdot mg^{-1})$
400	0.039 4	505	0.024 6	610	0.005 4
405	0.039 5	510	0.021 6	615	0.005 7
410	0.040 3	515	0.019 0	620	0.005 9
415	0.041 7	520	0.016 8	625	0.006 1
420	0.042 9	525	0.015 1	630	0.006 3
425	0.043 9	530	0.013 7	635	0.006 4
430	0.044 8	535	0.012 5	640	0.006 4
435	0.045 2	540	0.011 5	645	0.006 6
440	0.044 8	545	0.010 6	650	0.007 1
445	0.043 6	550	0.009 8	655	0.008 4
450	0.041 9	555	0.009 0	660	0.010 6
455	0.040 5	560	0.008 4	665	0.013 6
460	0.039 2	565	0.007 8	670	0.016 1
465	0.037 9	570	0.007 3	675	0.017 0
470	0.036 3	575	0.006 8	680	0.015 4
475	0.034 7	580	0.006 4	685	0.011 8
480	0.033 3	585	0.006 1	690	0.007 7
485	0.032 2	590	0.005 8	695	0.004 6
490	0.031 2	595	0.005 5	700	0.002 7
495	0.029 7	600	0.005 3		
500	0.027 4	605	0.005 3		

五、有机碎屑的吸收

确定碎屑和活体浮游植物对粒子总吸收的相对贡献直到 20 世纪 80 年代末才成为可能。Iturriaga 和 Siegel[48]利用显微分光光度计来检测马尾藻海域海水中粒子的吸收性质。这种技术能够测量直径只有 3 μm 的单个粒子的光谱吸收。Roesler[43]等人使用了标准的滤膜技术，通过测量色素粒子在被用化学方法萃取前后的变化，来区别美国华盛顿圣胡安群岛海湾水域中水体的色素粒子吸收和非色素粒子吸收。对于源于浮游植物的非色素有机颗粒物，应用各种不同的技术从完全不同水样的颗粒物中得到了相似的吸收光谱。

图 24-8 给出的是在大西洋相同站位两个深度上浮游植物吸收 $a_{ph}(\lambda)$ 和碎屑吸收 $a_{det}(\lambda)$ 相对于总的颗粒物吸收 $a_p(\lambda)$ 的贡献，其中 $a_{ph}(\lambda)$ 和 $a_{det}(\lambda)$ 由显微分光光度计测得，$a_p(\lambda)$ 利用滤膜技术测得。

图中给出的小残差：$\Delta a_p(\lambda) = a_p(\lambda) - a_{ph}(\lambda) - a_{det}(\lambda)$，可能是浮游植物和碎屑(直径小于 3 μm 的粒子没有分析)在测量过程中引入的误差；或者是用滤膜法测量总的粒子吸收时，溶解的有机物质污染造成的。值得注意的是，在水深较浅时，浮游植物的吸收占主导地位，尤其是在蓝光波段；而在水深较深时，碎屑的吸收稍显重要一些。不过这个结果仅仅说明了该水域垂直方向 60 m 水深的测量变化，不具有一般性(也许在其他地方正好相反)。

图 24-8 中值得注意的是碎屑光谱吸收曲线的总体形状。Roesler 等人在确定 $a_{det}(\lambda)$ 时得到了几乎完全相同的曲线。这些曲线与黄色物质的吸收曲线非常相似，Roesler 等人也确实找到了一个与碎屑吸收曲线拟合得很好的模型：

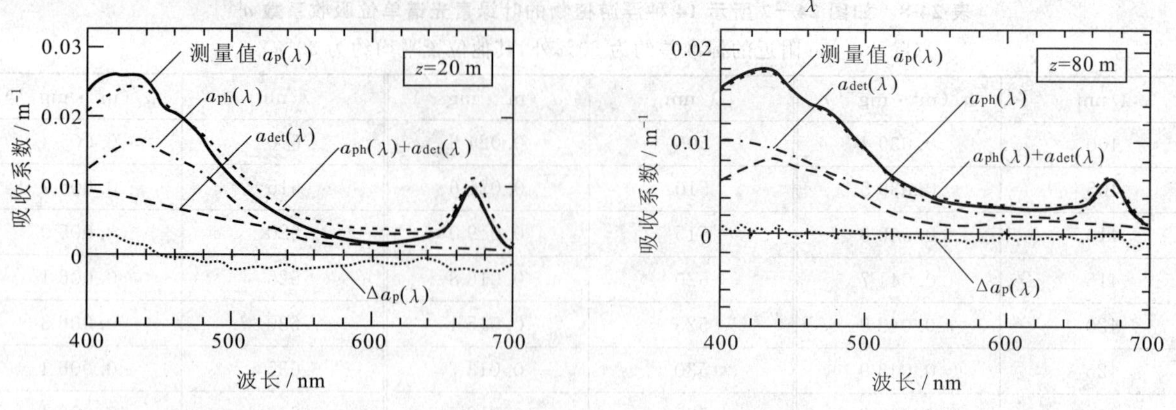

图 24-8　浮游生物吸收系数、有机碎屑吸收系数与实测的马尾藻海水的粒子吸收系数的比较[48]

$$a_{\mathrm{det}}(\lambda)=a_{\mathrm{det}}(400)\exp\left[-0.011(\lambda-400)\right] \tag{24-40}$$

其他的一些研究证实，光谱斜率不是确定的－0.011，而是在－0.006 到－0.014 内变化[43]。对于中国近海而言，渤海非色素颗粒物的光谱斜率约为 0.011 3[44]，东海约为 0.010 2[49]，珠江口及邻近海区约为 0.012[50]。

六、吸收的生物光学模型

随着溶解物质、浮游植物、碎屑浓度的不同，特定水样的总光谱吸收系数变化范围很大，从几乎与纯水吸收系数一样到高于纯水吸收系数几个量级的范围内变化，尤其在蓝光波段更是如此。图 24-9 给出了自然界中不同水样的 $a(\lambda)$ 吸收曲线。图 24-9(a)是水样以浮游植物为主的曲线，其叶绿素浓度变化从 $C=0.2\ \mathrm{mg/m^3}$ 到$18.4\ \mathrm{mg/m^3}$，蓝光波段吸收系数较高是由于浮游植物色素吸收，红光波段吸收系数较高是由于水的吸收。图 24-9(b)中的吸收系数来源于 3 个站位的水样，这些水样 $C\approx 2\ \mathrm{mg/m^3}$，其散射系数 b 从 $1.55\ \mathrm{m^{-1}}$ 到 $3.6\ \mathrm{m^{-1}}$不等，表明非色素颗粒对 $a(\lambda)$ 曲线具有重要影响。图 24-9(c)为富含黄色物质水样的曲线，可以看出在蓝光波段有强吸收。生物光学研究的目的之一，就是要建立如图 24-9 所示吸收曲线的预测模型。

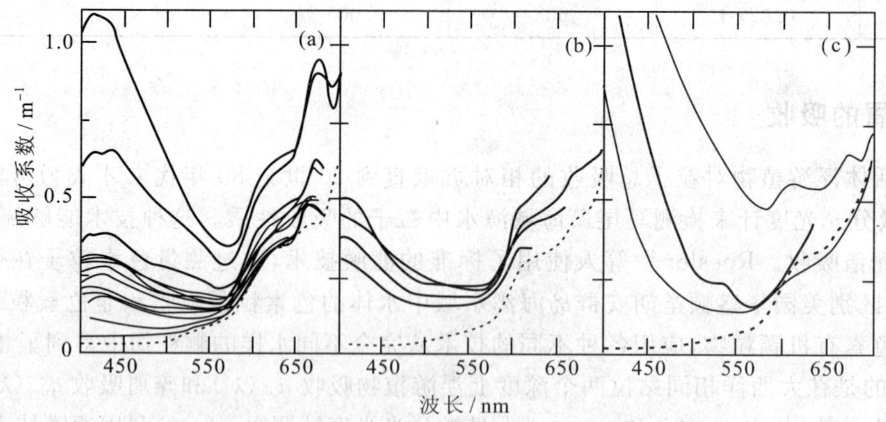

图 24-9　不同水样的光谱吸收系数曲线[52]

(a)浮游植物为主的水样；(b)非色素颗粒物浓度较高的水样；(c)富含黄色物质的水样

一类水体，浮游植物的浓度远大于非生物颗粒[51]，因此，主要是叶绿素及相关色素决定该水体的吸收系数，但碎屑和浮游植物的有机溶解质对一类水体吸收系数也有影响。一类水体由于浮游植物含量的不同，可从清洁水(低养分)变化为混浊水(富营养)。二类水体则为“其他所有的”，也就是说，水中陆源的无机颗粒或溶解有机物占主导，以至于色素吸收对整个吸收光谱的贡献相对较小(此处一类水体和二类水体的划分一定不要同 Jerlov 一型水和二型水混淆，后面将详细讨论)。全球大约 98％的海域和沿海可以划归为一类水体范畴，因此几乎所有的生物光学研究都面向这类浮游植物为主的水体。然而，近岸水和河口水这些二类水体尽管比例很小，但是对于人类利益如日常生活、渔业和军事等却具有格外重要的意义。

为研究一类水体的光谱吸收系数，Prieur 和 Sathyendranath[52] 提出了一种具有开创意义的生物光学模型，该模型统计了 90 组不同的一类水体光谱吸收数据，包括了浮游植物色素的吸收、源于死亡浮游植物的非色素有机颗粒的吸收和源自腐烂浮游植物的黄色物质的吸收。浮游植物对总吸收的作用体现在叶绿素浓度 C（即叶绿素 a 与脱镁叶绿素 a 的总和）。非色素颗粒和黄色物质的作用则体现在叶绿素浓度和总散射系数 $b(550)$（$\lambda=550$ nm）。Prieur-Sathyendranath 模型的基本原理可以用一个最新、更简单的公式[6] 来表示：

$$a(\lambda)=[a_w(\lambda)+0.06\,a_c^{*\prime}(\lambda)C^{0.65}]\{1+0.2\exp[-0.014(\lambda-440)]\} \tag{24-41}$$

式中，$a_w(\lambda)$ 是纯水的吸收系数；$a_c^{*\prime}(\lambda)$ 是一个无量纲量，专用于表示叶绿素单位吸收系数。$a_w(\lambda)$ 和 $a_c^{*\prime}(\lambda)$ 的值在表 24-9 中给出（这里 $a_w(\lambda)$ 的值与表 24-6 中的值稍有不同）。C 的单位为 mg/m^3，λ 的单位为 nm，因此 $a(\lambda)$ 的单位为 m^{-1}。

表 24-9　纯海水的吸收系数 a_w 和无量纲值的单位叶绿素吸收系数值 $a_c^{*\prime}$

（用于 Prieur-Sathyendranathl 模型计算光谱吸收系数 a（λ））*

λ/nm	a_w/m^{-1}	$a_c^{*\prime}$	λ/nm	a_w/m^{-1}	$a_c^{*\prime}$	λ/nm	a_w/m^{-1}	$a_c^{*\prime}$
400	0.018	0.687	510	0.036	0.618	620	0.310	0.276
410	0.017	0.828	520	0.048	0.528	630	0.320	0.317
420	0.016	0.913	530	0.051	0.474	640	0.330	0.334
430	0.015	0.973	540	0.056	0.416	650	0.350	0.356
440	0.015	1.000	550	0.064	0.357	660	0.410	0.441
450	0.015	0.944	560	0.071	0.294	670	0.430	0.595
460	0.016	0.917	570	0.080	0.276	680	0.450	0.502
470	0.016	0.870	580	0.108	0.291	690	0.500	0.329
480	0.018	0.798	590	0.157	0.282	700	0.650	0.215
490	0.020	0.750	600	0.245	0.236			
500	0.026	0.668	610	0.290	0.252			

注：* 更详细的数据请参考文献[52]，文中给出了每 5 nm 的数据。

另外一个简单的生物光学吸收模型由 Kopelevich[53] 独立提出，表达如下[54]：

$$a(\lambda)=a_w(\lambda)+C[a_c^0(\lambda)+0.1\exp(-0.015(\lambda-400))] \tag{24-42}$$

式中，$a_c^0(\lambda)$ 是浮游植物的叶绿素单位吸收系数（m^2/mg），$a_w(\lambda)$ 和 C 的含义与（24-41）式中的一致。目前使用的 Kopelevich 模型[53] 中的 $a_w(\lambda)$ 来自 Smith-Baker[32] 模型（表 24-6），$a_c^0(\lambda)$ 取自 Yentsch 模型[55]。

虽然上述这些相似的生物光学吸收模型被频繁使用，但应用中需多加谨慎。这些模型都假设黄色物质的吸收同浮游植物的吸收变化一致，也就是说，某波长下的黄色物质吸收占据总吸收的一定比例。这种假设即使在开阔海域水体中也是存在疑问的：Bricaud 等[42] 的数据表明，作为黄色物质浓度指标的 $a(375)$，即使是在不受河流水影响的大洋区域也与叶绿素浓度无关。Gordon[56] 提出了一个模型，避免了黄色物质和浮游生物之间关系的任何假设，不过他的模型在 $C\to 0.01$ mg/m^3 的时候会产生异常，在 $C\ll 0.1$ mg/m^3 时的结果不理想。Kopelevich 模型中叶绿素对吸收的作用与 C 成正比，在 Morel 模型中则与 $C^{0.65}$ 成正比，指数 0.65 更接近于实际结果，因为它反映了在叶绿素浓度变化时浮游植物和有机碎屑对吸收的相对贡献的变化（有机碎屑吸收在叶绿素浓度低的时候更重要[56]）。另外，Kopelevich 模型中所使用的 Yentsch 的叶绿素单位吸收曲线是基于实验室培养的浮游植物的测量结果，而后来，Prieur 和 Sathyendranath 的工作则是通过现场观测得出表 24-9 中 $a_c^{*\prime}$ 的值——这是有利于（24-41）式的另一原因。这些生物光学模型都很有用，不过都不完善。它们能够（或不能）给出正确的平均值，但绝给不出 $a(\lambda)$ 的变化。我们可以预料，当更好地理解光谱吸收的内在变化时，这些现有的简单模型将会被特定区域和季节的模型所取代。

第三节 水体的散射

一、散射的测量

天然水体的散射是由分子随机运动的小尺度($\ll\lambda$)密度涨落和普遍存在的大尺度($>\lambda$)有机、无机粒子所导致的。水分子(以及海水中的盐离子)的散射决定了水体散射性质的最小值,同时,普遍存在的颗粒物质显著地改变了天然水体的散射性质,这与吸收的情形是类似的。

散射测量甚至比吸收测量更困难。体散射函数 $\beta(\psi,\lambda)$ 测量仪器的概念性设计并不复杂。体散射函数的定义式为:$\beta(\psi,\lambda)=I_s(\psi,\lambda)/[E_i(\lambda)\Delta V]$,即辐照度为 E_i 的准直光束照射到给定体积ΔV 的水体,测量的散射强度 I_s 是散射角度和波长的函数。但是,$\beta(\psi,\lambda)$ 现场测量仪器的制造是非常困难的。对于给定的自然水样,当 ψ 从 90°变为 0.1°时,散射强度的量值增加了五六个数量级;对于不同的水样,即使在相同散射角的情况下,散射强度也能发生 2 个数量级的变化,因此,仪器应具备较大的动态范围。对于现场测量仪器,水样的吸收以及入射、散射光束路径上的吸收均须校正。小散射角度下 $\beta(\psi,\lambda)$ 的急剧变化,要求光学组件进行非常精确的校准,但实测中又总是受船体摆动的干扰影响。正是由于这些设计上的困难,目前只有几种可进行体散射函数现场测量的此类仪器,而且 $\beta(\psi,\lambda)$ 的测量也不是例行的。Petzold[57] 对两种散射仪器进行了详细的描述:一种用于小角度散射测量($\psi=0.085°$、0.17°和 0.34°),另外一种适用于大角度散射测量($10°\leqslant\psi\leqslant170°$)。本节颗粒散射部分的数据就是用这些仪器测得的。其他仪器请参考 Kirk[8] 和 Jerlov[29] 的文章。

目前,实验室测量固定散射角度 $b(\psi,\lambda)$的仪器已经商业化,如 ψ 在 20°~160°之间,5°间隔。但是这些仪器受到自身存在问题的制约,如样品在采集和测量期间容易变质;再者,$b(\psi,\lambda)$ 仅能进行有限角度范围内的测量,其不足以通过积分获得 $b(\lambda)$。实际上,当测量了光的衰减和吸收后,散射系数 $b(\lambda)$ 通常可以通过能量守恒关系式 $b(\lambda)=c(\lambda)-a(\lambda)$ 获得。

无论是在实验室测量还是现场测量,测量的水样体积大约都在立方厘米的量级。因此,可能无法探测到那些光学性质显著的大集合体的存在(如“海雪”),因为若这些大颗粒数目太稀少,在采样体积内是无法有效捕捉到的。然而,在遥感和水下能见度的研究中发现,这些颗粒能够对大体积水体的散射特性产生影响。

近前向($\psi<1°$)和近后向($\psi>179°$)角度的散射测量尤其困难,然而这些极端角度下的 $\beta(\psi,\lambda)$ 特性又具有相当大的研究意义。由于几乎一半的散射发生在不到几度的范围内,所以小角度的准确测量对于通过积分获得 b 就显得至关重要。小角度散射对于水下成像非常重要,另外,它与散射理论、颗粒光学性质、粒径分布之间的关系也具有一定的理论研究价值。ψ 非常接近 180°时 b 的性质对于激光遥感的应用非常重要。

Spinrad 等[58]、Padmabandu 和 Fry[59] 已经报道了聚苯乙烯球体悬浮液极小角度的测量结果,在自然水体中的测量结果至今未见报道。Padmabandu 和 Fry 的技术值得关注之处在于可以精确测量 $\psi=0°$ 的 β,该方法利用两束相干光在光折射晶体内的耦合来测量 0°散射的相移。测量 $\beta(0,\lambda)$的理论价值在于可以由光学定理(optical theorem)建立其与衰减之间的关系。乳胶球体悬浮液的后向散射增强已有报道[60],在 $\psi=$ 179.5°和 180°之间散射强度增强了 2 倍。自然水体中是否存在这样的后向散射增强是目前争论的热点。

二、纯水及纯海水引起的散射

(一)纯水散射的瑞利理论

纯水的散射常被当作一种分子散射,可用瑞利理论处理。

设有一均匀电场 E,在其作用下,粒子产生偶极矩 $P=\alpha E$(此处 α 为粒子的极化率)。N 个随机分布各向同性且比波长小得多的粒子沿 ψ 方向的辐射强度可由下式求出

$$i=\frac{8\pi^4 N\alpha^2 E^2}{\lambda^4}(1+\cos^2\psi) \tag{24-43}$$

此即著名的波长四次方定律。

(二)液体散射的起伏理论

起伏理论认为,散射是由液体小体元内密度或浓度起伏引起的,而各小体元的起伏,又是彼此独立的。由此可导出非偏振光的体积散射函数 $\beta(\psi,\lambda)$,其关系如下:

$$\beta(\psi,\lambda)=\frac{\pi^2\eta KT(n^2-1)^2}{18\lambda^4(n^2+2)^2}(1+\cos^2\psi) \tag{24-44}$$

式中,η 为热压缩系数,K 为玻耳兹曼常数,n 为折射率,T 为热力学温度。

(24-44)式对各向同性散射中心成立。若考虑到存在各向异性而引起散射光的退偏作用,则有

$$\beta(\psi,\lambda)=\frac{\pi^2}{18}\ \frac{\eta KT}{\lambda^4}\ \frac{(n^2-1)^2}{(n^2+2)^2}\ \frac{6(1+\delta)}{6-7\delta}\left(1+\frac{1-\delta}{1+\delta}\cos^2\psi\right) \tag{24-45}$$

式中,δ 为偏振差(见(24-46)式)。

引入折射率随压强变化率 $\partial n/\partial P$,可得:

$$\beta(\psi,\lambda)=\frac{2\pi^2}{\lambda^4}KTn^2\frac{1}{\eta}\left(\frac{\partial n}{\partial P}\right)^2\frac{6(1+\delta)}{6-7\delta}\left(1+\frac{1-\delta}{1+\delta}\cos^2\psi\right) \tag{24-46}$$

由此可得散射系数

$$b_0=\frac{8\pi}{3}\beta(90°,\lambda)\frac{2+\delta}{1+\delta} \tag{24-47}$$

(三)纯水及纯海水的散射函数

Morel[61] 详细综述了与纯水和纯海水散射有关的理论和观测。在纯水中,随机分子运动引起给定体积 ΔV 内分子数的快速变化,其中,ΔV 与波长相比很小,但相对于原子尺度来说就很大了(因此给定体积的液体可以用统计热力学来加以充分描述),爱因斯坦-斯莫路科夫斯基(Einstein-Smoluchowski)散射理论将分子数密度的涨落与导致散射的折射率的涨落相联系,对于海水,该基本理论是相同的,但是各种离子(Cl^-、Na^+ 等)浓度的随机涨落所引起的折射率涨落更加明显,散射也更大。上述因素的最终结果是纯水或纯海水散射函数具有以下形式:

$$\beta_w(\psi,\lambda)=\beta_w(90°,\lambda_0)(\lambda_0/\lambda)^{4.32}(1+0.835\cos^2\psi)\qquad(\mathrm{m^{-1}\cdot sr^{-1}}) \tag{24-48}$$

和 Rayleigh 散射的形式不同,式中是 $\lambda^{-4.32}$ 而不是 λ^{-4}(Rayleigh 散射),它来源于折射率的波长依赖性,系数 0.835 来源于水分子的各向异性,相应的相函数是:

$$\tilde{\beta}_w(\psi)=0.06225\times(1+0.835\cos^2\psi),\qquad(\mathrm{sr^{-1}}) \tag{24-49}$$

总散射系数 $b_w(\lambda)$ 为

$$b_w(\lambda)=16.06(\lambda_0/\lambda)^{4.32}\beta_w(90°,\lambda_0)\qquad(\mathrm{m^{-1}}) \tag{24-50}$$

选定波长的纯水和纯海水($S=35‰\sim39‰$)的 $\beta_w(90°,\lambda)$ 和 $b_w(\lambda)$ 值见表 24-10。值得注意的是,表中所有波长的纯海水的值都比纯水高约 30%。压力、温度和盐度变化对 $b_w(546)$ 的影响见表 24-11,温度降低或者压力升高可降低小尺度涨落,从而使分子散射减小。

表 24-10　$\psi=90°$ 的纯水和纯海水($S=35‰\sim39‰$)的体散射函数 $\beta(90°,\lambda)$ 和散射系数 $b_w(\lambda)$[61]

λ/nm	纯水		纯海水	
	$\beta_w(90°)$ /($\times10^{-4}\mathrm{m^{-1}\cdot sr^{-1}}$)	b_w* /($\times10^{-4}\mathrm{m^{-1}}$)	$\beta(90°)$ /($\times10^{-4}\mathrm{m^{-1}\cdot sr^{-1}}$)	b_w* /($\times10^{-4}\mathrm{m^{-1}}$)
350	6.47	103.5	8.41	134.5
375	4.80	76.8	6.24	99.8
400	3.63	58.1	4.72	75.5
425	2.80	44.7	3.63	58.1
450	2.18	34.9	2.84	45.4
475	1.73	27.6	2.25	35.9

续表

λ/nm	纯水		纯海水	
	$\beta_w(90°)$ /(×10^{-4} m^{-1}·sr^{-1})	b_w* /(×10^{-4} m^{-1})	$\beta(90°)$ /(×10^{-4} m^{-1}·sr^{-1})	b_w* /(×10^{-4} m^{-1})
500	1.38	22.2	1.80	28.8
525	1.12	17.9	1.46	23.3
550	0.93	14.9	1.21	19.3
575	0.78	12.5	1.01	16.2
600	0.68	10.9	0.88	14.1

* 由 $b(\lambda)=16.0\beta(90°,\lambda)$ 计算得到。

表 24-11 纯水($S=0$)和纯海水($S=35‰$)的散射系数 b 在 $\lambda=546$ nm 处的计算值随温度 T 和压力 p 的变化[62]

(表中数据的单位为 m^{-1})

T/℃	$p=10^5$ Pa(1atm)		$p=10^7$ Pa(100atm)		$p=10^8$ Pa(1 000atm)	
	$S=0$	$S=35‰$	$S=0$	$S=35‰$	$S=0$	$S=35‰$
0	0.001 45	0.001 95	0.001 40	0.001 92	0.001 10	0.001 67
10	0.001 48	0.002 03	0.001 43	0.002 00	0.001 19	0.001 76
20	0.001 49	0.002 07	0.001 47	0.002 04	0.001 25	0.001 83
40	0.001 50	0.002 13	0.001 49	0.002 12	0.001 36	0.001 97

三、颗粒散射

需要付出非常巨大的努力，才能获得足够纯的水体，以观测到与 Rayleigh 相似的体散射函数。纯水散射可当作一种分子散射，可由 Rayleigh 散射理论研究，某一方向的辐射强度与波长的 4 次方成反比。只要水中有一丁点儿颗粒物质——即使最清洁的天然水体中也是存在微粒的，体散射函数在前向就会出现尖峰，散射系数也会随之增加至少 10 倍。

即使对于数量巨大的海洋颗粒(如浓度达到 10^{15} m^{-3} 的胶体)而言，颗粒间的平均距离也是可见光波长的 10 倍以上。对对于光学性质的影响最为显著的浮游植物来说，颗粒间的平均间距更是达到了波长的几千倍，而且，这些颗粒的分布和方向性都是随机的，因此海水可以认为是随机散射体非常稀的悬浮液。相应的，由大量颗粒集合产生的总散射光强度就等于单个颗粒散射光光强的总和，除了极小角度外，相干散射的影响基本可以忽略[62]。有关颗粒散射较为详细的理论可参阅第一章《电磁光学》和第二十五章《大气光学》中的米氏散射理论，本节只对米氏理论、体积散射函数和散射光的偏振作一简单介绍。由于海水颗粒散射的复杂性，更多是采用基于测量总结出的规律。

(一)米氏散射理论

米氏曾从电磁理论出发，导出了由球形无吸收粒子对平面单色波散射的严格表达式。米氏理论对于给定折射率的单一色散粒子系的处理，是以散射光与入射光波长相同、粒子间相互独立为前提的。独立性要求：①球体之间的距离至少在 3 倍半径以上；②由单个粒子所散射的强度具有可加性；③假定粒子系仅受原光束辐照，即没有多次散射发生，因此总散射率应与粒子数成正比。

设 i_1 为电矢量垂直于观察平面(即入射波传播方向与观察方向组成的平面)偏振的单位强度入射光束经单个各向同性球沿 ψ 方向的散射强度。i_2 为在观察平面内偏振的入射光束的相应散射强度。则米氏理论给出

$$\left.\begin{aligned} i_1 &= \left| \sum_{n=1}^{\infty} \left\{ A_n \frac{\mathrm{dP}_n(x)}{\mathrm{d}x} + B_n \left[x \frac{\mathrm{dP}_n(x)}{\mathrm{d}x} - (1-x^2) \frac{\mathrm{d}^2\mathrm{P}_n(x)}{\mathrm{d}x^2} \right] \right\} \right|^2 \\ i_2 &= \left| \sum_{n=1}^{\infty} \left\{ A_n \left[x \frac{\mathrm{dP}_n(x)}{\mathrm{d}x} - (1-x^2) \frac{\mathrm{d}^2\mathrm{P}_n(x)}{\mathrm{d}x^2} \right] + B_n \frac{\mathrm{d}^2\mathrm{P}_n(x)}{\mathrm{d}x} \right\} \right|^2 \end{aligned} \right\} \tag{24-51}$$

其中，$x=-\cos\psi$，$\mathrm{P}_n(x)$为 n 阶勒让德多项式。函数 A_n 和 B_n 包括雷卡提-贝塞尔和雷卡提-汉克尔函数，且与半整数阶贝塞尔函数有关。引入这些函数中的仅有物理参数是

$$\begin{aligned} \alpha &= \pi D/\lambda \\ \beta &= m\alpha \end{aligned} \tag{24-52}$$

式中，D 为粒子的直径，λ 为周围介质中的入射波长，m 为粒子相对于周围介质的折射率。

由随机偏振的单位入射光束在 ψ 方向产生的散射为

$$i(\psi)=\frac{\lambda^2}{8\pi^2}(i_1+i_2) \tag{24-53}$$

将上式对 ψ 积分得总散射辐射：

$$\begin{aligned} I &= 2\pi\int_0^{\pi} i(\psi)\sin\psi\,\mathrm{d}\psi \\ &= \frac{\lambda^2}{4\pi}\int_0^{\pi}(i_1+i_2)\sin\psi\,\mathrm{d}\psi \end{aligned} \tag{24-54}$$

将 I 除以粒子的横截面 $\pi^2/4$，得一无量纲数 K：

$$K=\frac{4I}{\pi D^2}=\frac{1}{\alpha^2}\int_0^{\pi}(i_1+i_2)\sin\psi\,\mathrm{d}\psi \tag{24-55}$$

K 称为有效因子或有效面积系数。由此可得当每单位体积有 N 个粒子时的散射系数 b：

$$b=KN\pi D^2/4 \tag{24-56}$$

对于有多种粒子的复杂色散系统，散射系数可写成

$$b=\frac{\pi}{4}\sum_i K_i N_i {D_i}^2 \tag{24-57}$$

(二)体积散射函数 $\beta(\psi)$

对于单色光，利用方程

$$\beta(\psi,\lambda)=\frac{L\Delta A}{E\Delta V}=\frac{I}{E\Delta V} \tag{24-58}$$

就可得到体积散射函数在角度 ψ 的一个值。其中 E 是落到散射体积 ΔV 上的照度，而 L(或 I)是在指定角度 ψ 上因散射所测得的辐射率(或辐射强度)。这个方程可写成

$$\beta(\psi,\lambda)=\frac{E_\psi r^2}{E\Delta V} \tag{24-59}$$

其中 E_ψ 是位于角 ψ 且面对散射体的光电探测器上的照度。r 是 ΔV 与光电探测器之间的距离。方程的这种形式对于实验室测量(即当 r 很小时)特别有用。$\beta(90°,\lambda)$叫做瑞利比。

颗粒物对总的体散射函数 $\beta(\psi,\lambda)$的贡献可以由下式获得：

$$\beta_{\mathrm{p}}(\psi,\lambda)=\beta(\psi,\lambda)-\beta_{\mathrm{w}}(\psi,\lambda) \tag{24-60}$$

式中，下标 p 代表粒子，w 代表纯水(若 β 测自淡水)或纯海水(若 β 测自海洋)。图 24-10 给出了从非常清洁到非常混浊几种水体的颗粒体散射函数 $\beta(\psi,\lambda)$的现场测量结果。从 $\psi\approx 90°$到 $\psi\approx 1°$，颗粒散射至少增加了 4 个量级，因此除了在非常清洁水体的后向散射方向($\psi\geqslant 90°$)外，分子散射对总散射的贡献完全可以忽略不计。图 24-11 表达的是图 24-10 顶端的曲线，是小角度散射的情形，可见，即使在 0.5°这样小的角度间隔中，散射函数的变化剧烈，在仅仅 1°的散射角内，散射函数增加了约 100 倍。

图 24-10 和图 24-11 所示的非常尖的前向散射是多分散系中衍射占优的散射所具备的主要特征；在大散射角的情况下($\psi\geqslant 15°$)，由颗粒表面的折射和反射所导致的散射变得重要了。当给定适当的颗粒光学性质和粒径分布时，利用米氏散射理论计算可以很好地再现观测的体散射函数。一些早期的工作请参考 Kullenberg[63]以及 Brown 和 Gordon[64]的文献。Brown 和 Gordon 不能根据测量的颗粒粒径分布来复现其后向散射值，是因为他们的测量仪器不能测量亚微米级的粒子。他们发现，如果假设存在大量的、亚微米尺度的、低折射率的颗粒，利用米氏散射理论就可以很好地预测后向散射。可以合理推测：细菌和近来发现的胶体颗粒就是 Brown 和 Gordon 所推断的颗粒。最近的米氏散射计算[65]采用三层球体来模拟浮游植物（细胞壁、叶绿体和细胞质）的结构，同时也应用了有机和无机颗粒的多分散性混合。

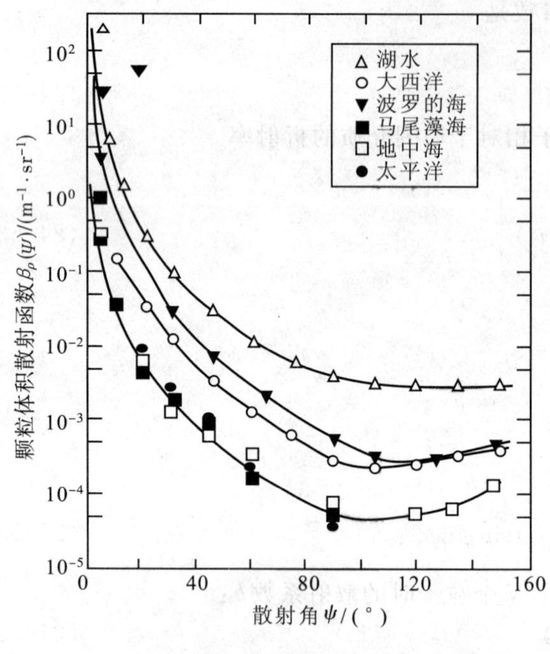

图 24-10　不同水样的颗粒体积散射函数随散射角的变化情况[63]）

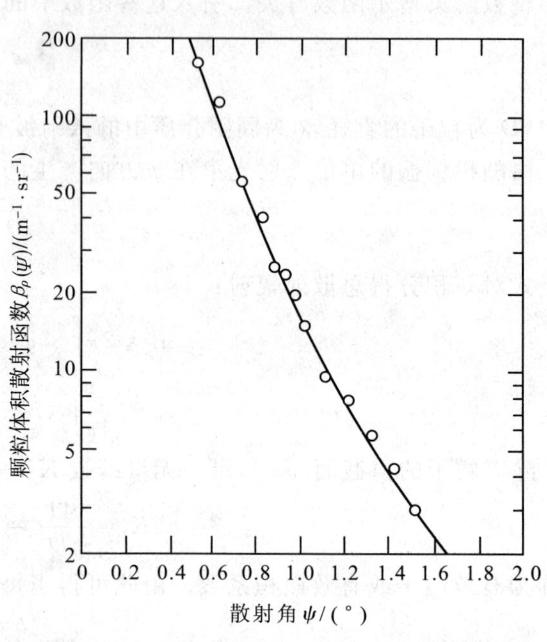

图 24-11　湖水的颗粒体积散射函数在前向散射情况下的变化细节[2]（图 24-10 的左上角）

Petzold[57]进行了最为细致的散射测量，其结果被广泛引用。图 24-12 给出其$\beta(\psi,\lambda)$测量结果中的 3 条曲线，采用对数坐标以充分显示前向角度的散射，仪器的光谱响应中心位于 514 nm，半峰全宽（FWHM）为 75 nm，最上面曲线的水样取自加利福尼亚州圣地亚哥湾非常混浊的水体，中间曲线的水样取自加利福尼亚州圣佩罗海峡的近岸水，最下面曲线的水样取自巴哈马岛附近非常清洁的海水。一个显著的特征是，这些来源迥异水体（包括图 24-10 显示的）的体散射函数曲线具有相似的形状。尽管图 24-12 中这些不同曲线的散射系数相差 50 倍（参见表 24-13），但其所具有的一致的形状表明，定义一个“典型”的颗粒相函数$\widetilde{\beta}(\psi,\lambda)$是合理的。为此，Mobley[66]选用 3 组高颗粒含量水样的 Petzold 数据集（图 24-12 上面的曲线是其中的一组），具体的定义过程如下：①每条曲线都减掉$\beta_w(\psi,\lambda)$，从而得到 3 个颗粒体散射函数$\beta_p^i(\psi,\lambda)$，$i=1,\ 2,\ 3$；②根据公式$\widetilde{\beta}_p^i(\psi,\lambda)=\beta_p^i(\psi,\lambda)/b^i(\lambda)$，计算 3 个颗粒相函数；③对 3 个颗粒相函数进行平均来定义典型的颗粒相函数$\widetilde{\beta}(\psi,\lambda)$。表 24-12 给出了图 24-12 所示的 3 组 Petzold 体散射函数、纯海水的体散射函数以及上述计算得到的平均颗粒相函数。若假定：当$\psi<0.1°$时有$\widetilde{\beta}\propto\psi^{-m}$成立（$m$为常数，$0<m<2$，其值由最小测量角度$\widetilde{\beta}_p$确定）；当$\psi\geqslant 0.1°$时，利用梯形法积分，并将列表中的数据进行线性插值，则颗粒相函数满足如下的归一化条件：$2\pi\int_0^{\pi}\widetilde{\beta}(\psi,\lambda)\sin\psi\,d\psi=1$。该平均颗粒相函数可满足很多辐射传输计算的要求，不过，使用时应牢

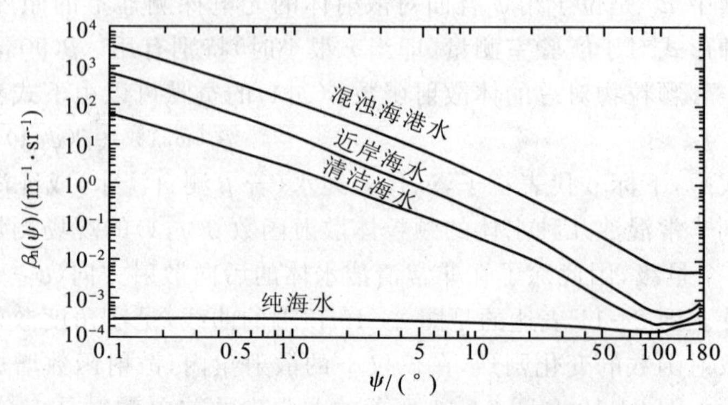

图 24-12　3 种不同的天然水体中测得的体散射函数和计算得到的纯海水的体散射函数[57]

记，可以预期的是自然界中存在相对于该平均值的显著偏差（如水体中反常地含有大量大颗粒或者小颗粒），只不过该偏差的细节尚未被定量化。

表 24-12 当波长 $\lambda=514$ nm 时，3 种海水和纯海水的体积散射函数 $\beta(\psi,\lambda)$ 及典型颗粒相函数 $\beta_p(\psi,\lambda)$

散射角/(°)	体积散射函数/($m^{-1}\cdot sr^{-1}$)				
	清洁海水①	近岸海水①	混浊海水①	纯海水②	粒子相函数③/sr^{-1}
0.100	5.318×10^{1}	6.533×10^{2}	3.262×10^{3}	2.936×10^{-4}	1.767×10^{3}
0.126	4.042×10^{1}	4.577×10^{2}	2.397×10^{3}	2.936×10^{-4}	1.296×10^{3}
0.158	3.073×10^{1}	3.206×10^{2}	1.757×10^{3}	2.936×10^{-4}	9.502×10^{2}
0.200	2.374×10^{1}	2.252×10^{2}	1.275×10^{3}	2.936×10^{-4}	6.991×10^{2}
0.251	1.814×10^{1}	1.579×10^{2}	9.260×10^{2}	2.936×10^{-4}	5.140×10^{2}
0.316	1.360×10^{1}	1.104×10^{2}	6.764×10^{2}	2.936×10^{-4}	3.764×10^{2}
0.398	9.954×10^{0}	7.731×10^{1}	5.027×10^{2}	2.936×10^{-4}	2.763×10^{2}
0.501	7.179×10^{0}	5.371×10^{1}	3.705×10^{2}	2.936×10^{-4}	2.012×10^{2}
0.631	5.110×10^{0}	3.675×10^{1}	2.676×10^{2}	2.936×10^{-4}	1.444×10^{2}
0.794	3.591×10^{0}	2.481×10^{1}	1.897×10^{2}	2.936×10^{-4}	1.022×10^{2}
1.000	2.498×10^{0}	1.662×10^{1}	1.329×10^{2}	2.936×10^{-4}	7.161×10^{1}
1.259	1.719×10^{0}	1.106×10^{1}	9.191×10^{1}	2.935×10^{-4}	4.958×10^{1}
1.585	1.171×10^{0}	7.306×10^{0}	6.280×10^{1}	2.935×10^{-4}	3.395×10^{1}
1.995	7.758×10^{-1}	4.751×10^{0}	4.171×10^{1}	2.934×10^{-4}	2.281×10^{1}
2.512	5.087×10^{-1}	3.067×10^{0}	2.737×10^{1}	2.933×10^{-4}	1.516×10^{1}
3.162	3.340×10^{-1}	1.977×10^{0}	1.793×10^{1}	2.932×10^{-4}	1.002×10^{1}
3.981	2.196×10^{-1}	1.273×10^{0}	1.172×10^{1}	2.930×10^{-4}	6.580×10^{0}
5.012	1.446×10^{-1}	8.183×10^{-1}	7.655×10^{0}	2.926×10^{-4}	4.295×10^{0}
6.310	9.522×10^{-2}	5.285×10^{-1}	5.039×10^{0}	2.920×10^{-4}	2.807×10^{0}
7.943	6.282×10^{-2}	3.402×10^{-1}	3.302×10^{0}	2.911×10^{-4}	1.819×10^{0}
10.0	4.162×10^{-2}	2.155×10^{-1}	2.111×10^{0}	2.896×10^{-4}	1.153×10^{0}
15.0	2.038×10^{-2}	9.283×10^{-2}	9.041×10^{-1}	2.847×10^{-4}	4.893×10^{-1}
20.0	1.099×10^{-2}	4.427×10^{-2}	4.452×10^{-1}	2.780×10^{-4}	2.444×10^{-1}
25.0	6.166×10^{-3}	2.390×10^{-2}	2.734×10^{-1}	2.697×10^{-4}	1.472×10^{-1}
30.0	3.888×10^{-3}	1.445×10^{-2}	1.613×10^{-1}	2.602×10^{-4}	8.609×10^{-2}
35.0	2.680×10^{-3}	9.063×10^{-3}	1.109×10^{-1}	2.497×10^{-4}	5.931×10^{-2}
40.0	1.899×10^{-3}	6.014×10^{-3}	7.913×10^{-2}	2.384×10^{-4}	4.210×10^{-2}
45.0	1.372×10^{-3}	4.144×10^{-3}	5.858×10^{-2}	2.268×10^{-4}	3.067×10^{-2}
50.0	1.020×10^{-3}	2.993×10^{-3}	4.388×10^{-2}	2.152×10^{-4}	2.275×10^{-2}
55.0	7.683×10^{-4}	2.253×10^{-3}	3.288×10^{-2}	2.040×10^{-4}	1.699×10^{-2}
60.0	6.028×10^{-4}	1.737×10^{-3}	2.548×10^{-2}	1.934×10^{-4}	1.313×10^{-2}
65.0	4.883×10^{-4}	1.369×10^{-3}	2.041×10^{-2}	1.839×10^{-4}	1.046×10^{-2}
70.0	4.069×10^{-4}	1.094×10^{-3}	1.655×10^{-2}	1.756×10^{-4}	8.488×10^{-3}
75.0	3.457×10^{-4}	8.782×10^{-4}	1.345×10^{-2}	1.690×10^{-4}	6.976×10^{-3}
80.0	3.019×10^{-4}	7.238×10^{-4}	1.124×10^{-2}	1.640×10^{-4}	5.842×10^{-3}
85.0	2.681×10^{-4}	6.036×10^{-4}	9.637×10^{-3}	1.610×10^{-4}	4.953×10^{-3}
90.0	2.459×10^{-4}	5.241×10^{-4}	8.411×10^{-3}	1.600×10^{-4}	4.292×10^{-3}

续表

散射角/(°)	体积散射函数/($m^{-1}\cdot sr^{-1}$)				
	清洁海水①	近岸海水①	混浊海水①	纯海水②	粒子相函数③/sr^{-1}
95.0	2.315×10^{-4}	4.703×10^{-4}	7.396×10^{-3}	1.610×10^{-4}	3.782×10^{-3}
100.0	2.239×10^{-4}	4.363×10^{-4}	6.694×10^{-3}	1.640×10^{-4}	3.404×10^{-3}
105.0	2.225×10^{-4}	4.189×10^{-4}	6.220×10^{-3}	1.690×10^{-4}	3.116×10^{-3}
110.0	2.239×10^{-4}	4.073×10^{-4}	5.891×10^{-3}	1.756×10^{-4}	2.912×10^{-3}
115.0	2.265×10^{-4}	3.994×10^{-4}	5.729×10^{-3}	1.839×10^{-4}	2.797×10^{-3}
120.0	2.339×10^{-4}	3.972×10^{-4}	5.549×10^{-3}	1.934×10^{-4}	2.686×10^{-3}
125.0	2.505×10^{-4}	3.984×10^{-4}	5.343×10^{-3}	2.040×10^{-4}	2.571×10^{-3}
130.0	2.629×10^{-4}	4.071×10^{-4}	5.154×10^{-3}	2.152×10^{-4}	2.476×10^{-3}
135.0	2.662×10^{-4}	4.219×10^{-4}	4.967×10^{-3}	2.268×10^{-4}	2.377×10^{-3}
140.0	2.749×10^{-4}	4.458×10^{-4}	4.822×10^{-3}	2.384×10^{-4}	2.329×10^{-3}
145.0	2.896×10^{-4}	4.775×10^{-4}	4.635×10^{-3}	2.497×10^{-4}	2.313×10^{-3}
150.0	3.088×10^{-4}	5.232×10^{-4}	4.634×10^{-3}	2.602×10^{-4}	2.365×10^{-3}
155.0	3.304×10^{-4}	5.824×10^{-4}	4.900×10^{-3}	2.697×10^{-4}	2.506×10^{-3}
160.0	3.627×10^{-4}	6.665×10^{-4}	5.142×10^{-3}	2.780×10^{-4}	2.662×10^{-3}
165.0	4.073×10^{-4}	7.823×10^{-4}	5.359×10^{-3}	2.847×10^{-4}	2.835×10^{-3}
170.0	4.671×10^{-4}	9.393×10^{-4}	5.550×10^{-3}	2.896×10^{-4}	3.031×10^{-3}
175.0	4.845×10^{-4}	9.847×10^{-4}	5.618×10^{-3}	2.926×10^{-4}	3.092×10^{-3}
180.0	5.109×10^{-4}	1.030×10^{-3}	5.686×10^{-3}	2.936×10^{-4}	3.154×10^{-3}

注：①数据摘自参考文献[57]；②由(24-43)式和表 24-10 计算所得；③参照文献[66]。

表 24-13 对纯海水以及表 24-12、图 24-12 所示的 3 种 Petzold 水样的固有光学性质进行了比较，数据表明，即使是清洁海水与纯海水的固有光学性质也存在非常大的差别。注意到自然水体的变化范围从吸收占优（$\omega_0=0.247$）到散射占优（$\omega_0=0.833$）（λ=514 nm）。通常自然水体后向散射只占总散射的百分之几，但是 b_b/b 与水体类型之间并没有明确的关系，至少对于表 24-13 中的 Petzold 数据是如此；缺少明显的关系很可能是由于 3 种水体中颗粒类型的不同所引起的。由于折射和反射对大角度散射影响很大，因此，在 b_b 确定过程中颗粒折射率非常重要。总散射主要受衍射所控制，因此颗粒组成对于 b 量值的影响小。表 24-13 的最后一列给出角度值，几乎一半的总散射是发生在角度 $0\sim\psi$ 之间，自然水体中这个角度很少大于 10°。

表 24-13　图 24-12 和表 24-12 中水体的固有光学性质

（除了特殊标注，所有值均对应波长 λ=514 nm）

水	a/m^{-1}	b/m^{-1}	c/m^{-1}	ω_0	b_b/b	ψ(对$\frac{1}{2}b$)/(°)
纯海水	0.040 5①	0.0025②	0.043	0.058	0.500	90.00
清洁海水	0.114③	0.037	0.151④	0.247	0.044	6.25
沿海海水	0.179③	0.219	0.398④	0.551	0.013	2.53
混浊海水	0.366③	1.824	2.190④	0.833	0.020	4.68

注：①由表 24-6 插值获得；②由表 24-10 插值获得；③由 Petzold[57] 依据 c(530nm)、b(514 nm)估算；④由 Petzold[57] 在 λ=530 nm 处测量得到。

（三）散射光的偏振

设 $I_{\parallel}$ 和 $I_{\perp}$ 分别表示电矢量平行和垂直于入射光束与散射光束所成平面的散射光强，则在 ψ 角方向的

总散射光强为

$$I=I_{\parallel}+I_{\perp} \tag{24-61}$$

偏振度定义为

$$P=\frac{I_{\perp}-I_{\parallel}}{I_{\perp}+I_{\parallel}}$$

由简单的几何关系可得

$$I_{\perp}=A^2 \qquad I_{\parallel}=A^2\cos^2\psi \tag{24-62}$$

因此有

$$P=\frac{1-\cos^2\psi}{1+\cos^2\psi}=\frac{\sin^2\psi}{1+\cos^2\psi} \tag{24-63}$$

这一方程首先由瑞利得到，而且可由米氏方程(24-51)式导出。由此可绘出一条对称的 P 曲线，在 $\psi=\pi/2$ 时发生全偏振，电矢量垂直于观察平面振动。据此，对各向同性散射中心可得

$$I=I\left(\frac{\pi}{2}\right)(1+\cos^2\psi) \tag{24-64}$$

方程(24-63)和(24-64)对水并不严格成立，纯水在 $\psi=\pi/2$ 时也只产生部分偏振。

对各向异性散射中心，可在方程(24-54)中加一项非偏振的均匀散射项 $2B^2$，得

$$\left.\begin{aligned}I_{\perp}&=A^2+B^2\\ I_{\parallel}&=A^2\cos\psi+B^2\end{aligned}\right\} \tag{24-65}$$

引入偏振差 δ：

$$\delta=\frac{I\left(\frac{\pi}{2}\right)_{\parallel}}{I\left(\frac{\pi}{2}\right)_{\perp}}=\frac{B^2}{A^2+B^2} \tag{24-66}$$

由此得

$$P\left(\frac{\pi}{2}\right)=\frac{1-\delta}{1+\delta} \tag{24-67}$$

相应的强度可写成

$$\begin{aligned}I&=I\left(\frac{\pi}{2}\right)\left(1+\frac{1-\delta}{1+\delta}\cos^2\psi\right)\\ &=I\left(\frac{\pi}{2}\right)\left[1+P\left(\frac{\pi}{2}\right)\cos^2\psi\right]\end{aligned} \tag{24-68}$$

此式对纯水适用。可靠的测量得到，满足 $P\left(\frac{\pi}{2}\right)=83.5\%$ 的 $\delta=0.090$。

四、波长依赖性：生物—光学模型

天然水体并不存在纯水散射那样强的 $\lambda^{-4.32}$ 波长依赖性，这是因为散射是由多分散颗粒的衍射决定的，这些颗粒通常比可见光的波长大得多，虽然衍射依赖于颗粒的粒径与波长之比，但多种粒径颗粒的存在削弱了单粒子衍射的波长依赖效应。此外，衍射并不依赖于颗粒组分，但是仍存在一定的波长依赖性，特别是在后向散射方向。在该处，由于折射是很重要的，因而颗粒组分也是重要的。分子散射对总散射也有所贡献，在清洁水的后向散射中，分子散射甚至超过颗粒散射占主导地位[67]。

Morel[68]给出了散射波长依赖性的几组有用观测结果。图 24-13 为两组体散射函数曲线，一组是来自伊特鲁里亚海的非常清洁的水体，另一组是来自英吉利海峡的混浊水。每组给出了 $\lambda=366$ nm、436 nm 和 546 nm 的 $\beta(\psi,\lambda)/\beta(90°,\lambda)$ 值。清洁水表现出了明确的体散射函数 $\beta(\psi,\lambda)$ 的波长依赖性，而富含颗粒的混浊水的波长依赖关系则弱得多。在每种情况下，最短波长的体散射函数最接近于关于 $\psi=90°$ 对称，这大概是因为在短波长时对称的分子散射对总散射的贡献相对更多一些。

图 24-14 显示了颗粒体散射函数与波长的关系。该图是 N 个样本 $\beta_p(\psi,\ 366\ \text{nm})/\beta_p(\psi,\ 546\ \text{nm})$ 的平均

值，垂直的线段表示观测的标准差；下图为波长 $\lambda=436$ nm 和 546 nm 时的颗粒体散射函数之比，这些比值明显地依赖于波长和散射角。假设$\beta_p(\psi, 546\text{ nm})$满足如下的波长依赖关系：

$$\beta_p(\psi,\lambda)=\beta_p(\psi, 546)(546/\lambda)^n \tag{24-69}$$

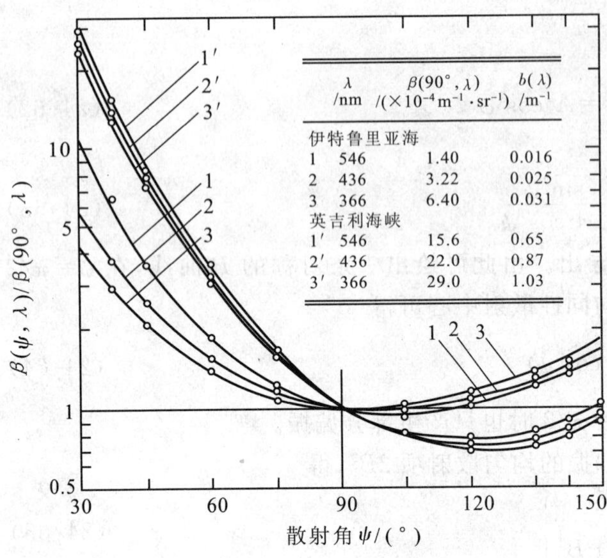

图 24-13　总体积散射函数随波长的变化

分别测自清洁水体(伊特鲁里亚海)和混浊水体(英吉利海峡)[68]

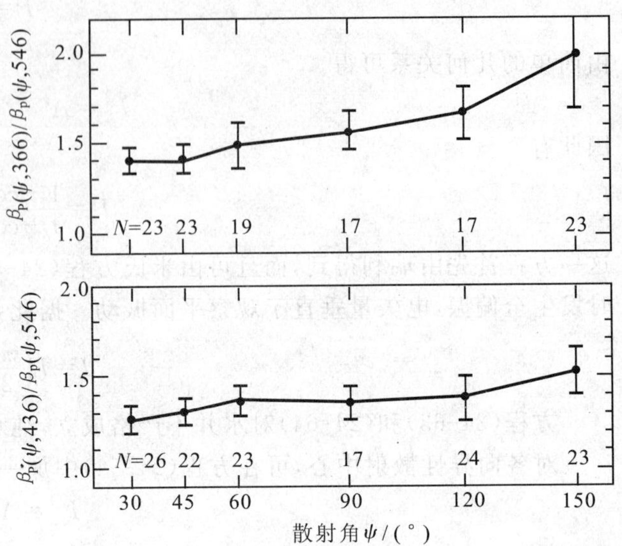

图 24-14　颗粒体散射函数与波长的关系[68]

N 是样品数

图 24-14 中数据对应的 n 值见表 24-14。正如所预期的那样，波长依赖性在后向散射方向($\psi=150°$)最强，而在前向($\psi=30°$)最弱。

表 24-14　利用 $\beta_p(\psi,\lambda)=\beta_p(\psi,546)(546/\lambda)^n$，拟合图 24-14 中的数据所确定的指数 n

波长 λ /nm	散射角 ψ 30°	90°	150°
366	0.84	1.13	1.73
436	0.99	1.33	1.89

Kopelevich[53, 69]利用统计方法建立了光谱体散射函数(VSFs)的双参数模型，该模型把颗粒散射分解为"小颗粒"和"大颗粒"的贡献。小颗粒是指直径小于 1 μm、折射率 $n=1.15$ 的矿物颗粒，大颗粒是指直径大于 1 μm、折射率 $n=1.03$ 的生物颗粒。模型定义为

$$\beta(\psi,\lambda)=\beta_w(\psi,\lambda)+\nu_s\beta_s^*(\psi)(550/\lambda)^{1.7}+\nu_l\beta_l^*(\psi)(550/\lambda)^{0.3} \tag{24-70}$$

式中，$\beta_w(\psi,\lambda)$为纯海水的 VSF，由 (24-48)式 给出(λ_0 取 550 nm，指数取 4.30)；ν_s为小颗粒的体积密度，单位是每立方米的水中有多少立方厘米的粒子，即 10^{-6}；ν_l为大颗粒的体积密度；$\beta_s^*(\psi)$ 为单位体积密度的小颗粒 VSF，单位是 $10^6\ \text{m}^{-1}\cdot\text{sr}^{-1}$；$\beta_l^*(\psi)$为单位体积密度的大颗粒 VSF。

表 24-15 给出了单位浓度小颗粒和大颗粒的 VSF。当参数 ν_s、ν_l已知时，由(24-70)式可计算 β。海水 ν_s 值的范围为 $0.01\times10^{-6}\leqslant\nu_s\leqslant0.20\times10^{-6}$，$\nu_l$的范围为 $0.01\times10^{-6}\leqslant\nu_l\leqslant0.40\times10^{-6}$。但是，这两个参数是由 $\lambda=550$ nm，$\psi=1°$和 45°时的总体散射函数确定的：

$$\left.\begin{aligned}\nu_s&=-1.4\times10^{-4}\beta(1°,550\text{ nm})+10.2\beta(45°,550\text{ nm})-0.002\\ \nu_l&=2.2\times10^{-2}\beta(1°,550\text{ nm})-1.2\beta(45°,550\text{ nm})\end{aligned}\right\} \tag{24-71}$$

因此，$\beta(\psi,\lambda)$也可由这两个角度下测量的总 VSF 来确定。

Kopelevich 模型的数学表达式揭示了其内在的物理机制：大颗粒在非常小的角度上产生衍射散射，因此小 ψ 的$\beta_l^*(\psi)$非常大，而且波长依赖性弱($\lambda^{-0.3}$)；小颗粒对于大角度的散射有更大的贡献，因此 VSF 更对称，波长依赖性也更强($\lambda^{-1.7}$)。该模型能够给出多种水体 VSF 观测结果的合理描述[62]。

散射系数 $b(\lambda)$有几种简单可用的模型。一个常用的 $b(\lambda)$生物光学模型是 Gordon-Morel 模型[70](也可见参考文献[6])：

$$b(\lambda)=b_w(\lambda)+(550/\lambda)\,0.30\,C^{0.62}\quad(\text{m}^{-1}) \tag{24-72}$$

表 24-15 Kopelevich 光谱体积散射函数模型(24-48)式使用的单位体积密度小颗粒体散射函数(β_s^*)和大颗粒体散射函数(β_l^*)[53]

ψ/(°)	β_s^* /($\times10^6\,m^{-1}\cdot sr^{-1}$)	β_l^* /($\times10^6\,n^{-1}\cdot sr^{-1}$)	ψ/(°)	β_s^* /($\times10^6\,m^{-1}\cdot sr^{-1}$)	β_l^* /($\times10^6\,m^{-1}\cdot sr^{-1}$)
0	5.3	140	45	9.8×10^{-2}	6.2×10^{-4}
0.5	5.3	98	60	4.1	3.8
1	5.2	46	75	2.0	2.0
1.5	5.2	26	90	1.2	6.3×10^{-5}
2	5.1	15	105	8.6×10^{-3}	4.4
4	4.6	3.6	120	7.4	2.9
6	3.9	1.1	135	7.4	2.0
10	2.5	0.20	150	7.5	2.0
15	1.3	5.0×10^{-2}	180	8.1	7.0
30	0.29	2.8×10^{-3}	$b^*=$	1.34($\times10^6\,m^{-1}$)	0.312($\times10^6$(m^{-1})

式中,$b_w(\lambda)$由(24-50)式和表 24-10 给出;λ 的单位为 nm;C 是叶绿素浓度,单位为 mg/m^3。一个相关的后向散射系数 $b_b(\lambda)$ 的生物光学模型见 Morel 的文献[47]:

$$b_b(\lambda)=(1/2)b_w(\lambda)+[0.002+0.02((1/2)-(1/4)\lg C)(550/\lambda)]\,0.30\,C^{0.62} \tag{24-73}$$

式中,$[(1/2)-(1/4)\lg C]$ 这一项使得非常清洁水体($C=0.01\ mg/m^3$)的 $b_b(\lambda)$有 λ^{-1} 的波长依赖性,而在非常混浊水体($C=100\ mg/m^3$)没有波长依赖性。该经验模型只适用于一类水体。

(24-72)式给出的 $b(\lambda)$模型的精度如图 24-15 所示,图中给出了一类水体和二类水体中 b(550 nm)实测值与叶绿素浓度 C 实测值的关系。应当注意的是,即使将模型用于发展该模型的一类水体时,模型计算值 b(550 nm)也会轻易地发生 2 倍的偏差。当模型被误用于二类水体时,偏差会达到 1 个数量级。同时应注意的是,对于给定的 C 值,二类水体的 b(550 nm)大于一类水体,可能的原因是二类水体中含有叶绿素之外的其他颗粒。

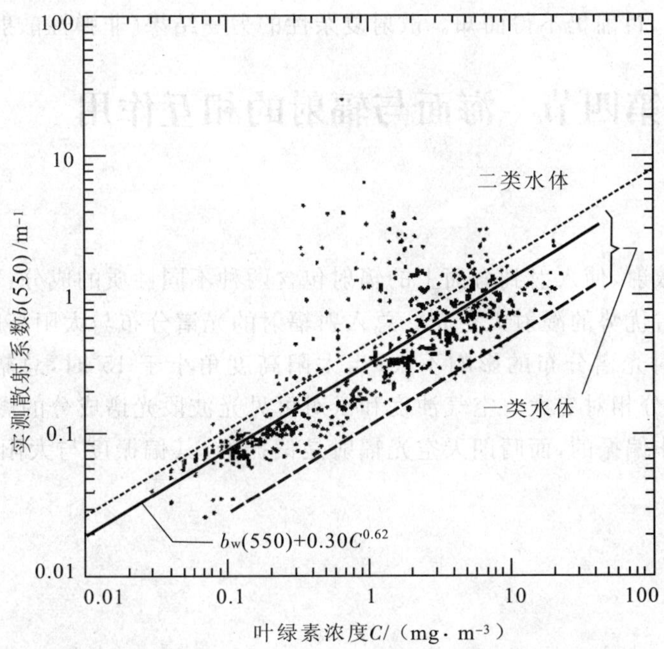

图 24-15 $\lambda=550$ nm 时,实测散射系数 $b(550)$随叶绿素浓度 C 的变化[70]

图中一类水体位于虚线之间。二类水体位于由 $b(550)=0.45C^{0.62}$所定义的上侧虚线之上。

实线是(24-50)式定义的模型 $b(550)=b_w(550)+0.30C^{0.62}$

将(24-70)式所示的 Kopelevich 的 $\beta(\psi,\lambda)$ 模型对 ψ 积分，得到另一个 $b(\lambda)$ 模型：

$$b(\lambda)=0.0017(550/\lambda)^{4.3}+1.34\,\nu_s(550/\lambda)^{1.7}+0.312\,\nu_l(550/\lambda)^{0.3}\quad(\mathrm{m}^{-1})\tag{24-74}$$

其中，ν_s 和 ν_l 由(24-71)式给出。Kopelevich 认为该模型的精度大约为 30％ 。

一个与 Kopelevich 模型相关的生物光学模型为[54]

$$b(\lambda)=b_w(\lambda)+b_{ps}^0(\lambda)P_s+b_{pl}^0(\lambda)P_l\tag{24-75}$$

其中

$$b_w(\lambda)=5.826\times10^{-3}(400/\lambda)^{4.322}\tag{24-76}$$

该式与(24-50)式和表 24-10 的数据在本质上是相同的；$b_{ps}^0(\lambda)$ 和 $b_{pl}^0(\lambda)$ 分别是小颗粒和大颗粒的单位散射系数：

$$b_{ps}^0(\lambda)=1.1513(400/\lambda)^{1.7}\quad(\mathrm{m}^2\cdot\mathrm{g}^{-1})\tag{24-77}$$

$$b_{pl}^0(\lambda)=0.3411(400/\lambda)^{0.3}\quad(\mathrm{m}^2\cdot\mathrm{g}^{-1})\tag{24-78}$$

(24-75)式中，P_s、P_l 分别是小颗粒和大颗粒的浓度，单位为 $\mathrm{g/m^3}$。这些参数可由叶绿素浓度 C 来确定，如表 24-16 所示。他们的工作还得出了一个后向散射的模型：

$$b_b(\lambda)=\frac{1}{2}b_w(\lambda)+B_s b_{ps}^0(\lambda)P_s+B_l b_{pl}^0(\lambda)P_l\tag{24-79}$$

式中，$B_s=0.039$ 为小颗粒的后向散射概率，$B_l=0.00064$ 是大颗粒的后向散射概率。

表 24-16　由叶绿素浓度 *C* 确定的小颗粒浓度(P_s)和大颗粒浓度(P_l)，用于 Kopelevich-Hatrin-Kattawar 的 b(λ)，bb(λ)模型*

$C/(\mathrm{mg\cdot m^{-3}})$	$P_s/(\mathrm{g\cdot m^{-3}})$	$P_l/(\mathrm{g\cdot m^{-3}})$
0.00	0.000	0.000
0.03	0.001	0.035
0.05	0.002	0.051
0.12	0.004	0.098
0.30	0.009	0.194
0.60	0.016	0.325
1.00	0.024	0.476
3.00	0.062	1.078

* 数据摘自参考文献[54]。

以上讨论的生物光学模型是有用的，但是同时也是非常近似的。模型预测值与实际测量值之间经常有较大的偏差，原因可能在于：散射不仅与颗粒的浓度有关(如利用叶绿素浓度确定)，也与颗粒的折射率和粒径分布有关，而颗粒粒径分布也不能仅由叶绿素浓度来很好地确定。Kopelevich 模型和由其衍生出的把散射分为大、小颗粒组分的 Hatrin-Kattawar 模型在某种意义上是否比 Gordon-Morel 模型更好，目前仍不得而知。散射复杂性的另一结果(非弹性散射)将在下一节讨论。

第四节　海面与辐射的相互作用

一、海面上的总辐射

由于大气对太阳辐射的散射，使入射到海面上的辐射包含两种不同性质的成分：覆盖 290～3 000 nm 谱段的直射太阳光和短波辐射占优势的漫射天空光。总入射辐射的光谱分布与太阳高度有关。当太阳高度角大于 15°时，太阳高度对总辐射光谱分布的影响不大；当太阳高度角小于 15°时，总辐射中的天空光比重增加，由此导致光谱中的短波部分相对变大。空气浊度和云对可见光波段光谱成分的影响不大。

来自太阳的直射辐射是非偏振的，而晴朗天空光辐射是偏振的，其偏振度与太阳高度、空气浊度以及所观察的区域有关。

二、海面反射

(一)直射辐射的反射

将入射辐射的电矢量分解为平行和垂直于入射面的分量，则在海面上菲涅耳公式成立：

$$\rho_{\parallel}=\frac{\tan^2(i-j)}{\tan^2(i+j)}\qquad\rho_{\perp}=\frac{\sin^2(i+j)}{\sin^2(i-j)}\tag{24-80}$$

式中，i 为入射角，j 为折射角。通常的反射定律与折射定律成立。由于直射太阳光是非偏振的，所以反射率 ρ_s 等于 $\rho_{\parallel}$ 与 $\rho_{\perp}$ 的平均值：

$$\rho_s = \frac{1}{2}\left|\frac{\sin^2(i-j)}{\sin^2(i+j)} + \frac{\tan^2(i-j)}{\tan^2(i+j)}\right| \tag{24-81}$$

对于正入射情况，平行与垂直分量无区别，从而有

$$\rho_{\parallel} = \rho_{\perp} = \rho_s = \frac{(n-1)^2}{(n+1)^2} \tag{24-82}$$

当 $i+j=90°$ 时，由折射定律 $n=\sin i/\sin j$ 得 $\tan i = n$（布儒斯特定律），而且反射光中只有垂直分量。对于水面，取 $n=4/3$，则布儒斯特角 $i=53.1°$。此时有

$$\rho_s = \frac{1}{2}\left(\frac{n^2-1}{n^2+1}\right)^2 \tag{24-83}$$

（二）漫（射）辐射的散射

定量地表示漫射分量的反射比较困难，但在一级近似下可假定：等辐亮度的漫射光是来自四面八方辐亮度为 L 的天空光。入射角为 i 时的反射率 $\rho(i)$ 可由菲涅尔公式求得，由反射率的定义可得漫射光的反射率为

$$\rho_d = \frac{2\pi\int_0^{\frac{\pi}{2}}\rho(i)L\sin i\cos i\,di}{2\pi\int_0^{\frac{\pi}{2}}L\sin i\cos i\,di} = \int_0^{\frac{\pi}{2}}\rho(i)\sin 2i\,di \tag{24-84}$$

（三）总辐射的反射率

总反射率可写成

$$\rho = \frac{E_r}{E} = \rho_s(1-n) + \rho_d n \tag{24-85}$$

式中，E 为入射辐照度，E_r 为反射辐照度，n 为天空辐射占总辐射的比例。

在研究低太阳高度对反射率的影响和近海表层向下的辐射传输时，要考虑波浪效应。

（四）漫反射系数的概念

因为海表面上下两侧发生反射，为了仔细研究海面的反射过程，引入下列符号：

E_{ad}——空气中的向下辐照度　　E_{au}——空气中的向上辐照度

E_{wd}——水中的向下辐照度　　E_{wu}——水中的向上辐照度

ρ_a——空气中的反射率　　ρ_w——水中的反射率

海洋的漫反射系数 A 定义为离开海面的辐射能与入射到海面上的辐射能之比：

$$A = \frac{E_{au}}{E_{ad}} \tag{24-86}$$

上式定义满足以下恒等式：

$$\left.\begin{aligned} E_{ad} - E_{au} &= E_{wd} - E_{wu} \\ E_{au} &= \rho_a E_{ad} + E_{wu} - \rho_w E_{wu} \end{aligned}\right\} \tag{24-87}$$

从而，漫反射系数可写成

$$A = \rho_a + (1-\rho_w)\frac{E_{wu}}{E_{ad}} \tag{24-88}$$

三、海面折射

设入射角和折射角分别为 i 和 j，则菲涅耳折射定律成立：

$$\frac{\sin i}{\sin j} = n \tag{24-89}$$

并有上节的菲涅耳公式成立。菲涅耳折射定律只有在平滑海平面条件下才成立，波浪会引起菲涅耳立体锥的光滑边缘射线的方向起伏，最大辐亮度的方向偏离可达±15％。

对掠射角 $i=90°$ 的情况，可得临界折射角 $j=48.5°$。当从水中向上看时，天穹被限制在 48.5° 的半立体角锥内。

表 24-17 列出了海水折射率随温度、盐度的变化。

表 24-17　折射率差 $(n-1.3000)\times10^6$ 随温度、盐度的变化（$\lambda=589.31$ nm）

盐度 S /‰	温度 T /℃			
	0	10	20	30
0	3 400	3 369	3 298	3 194
5	3 498	3 463	3 390	3 284
10	3 597	3 557	3 482	3 374
15	3 695	3 652	3 573	3 464
20	3 793	3 746	3 665	3 554
25	3 892	3 840	3 757	3 644
30	3 990	3 934	3 849	3 734
35	4 088	4 028	3 940	3 824
40	4 186	4 123	4 032	3 914

四、海面辐亮度与辐照度的变化

由简单的几何考察可得，折射率为 n 的水中的辐亮度 L_w 是大气中辐亮度 L_a 在界面上反射损耗净余量的 n^2 倍，即

$$L_w = n^2(1-\rho)L_a \tag{24-90}$$

空气和水中的向下辐照度分别为

$$\left.\begin{aligned} dE_a &= L_a\cos i\, d\omega_a = L_a\cos i\sin i\, d\varphi di \\ dE_w &= L_w\cos j\, d\omega_w = L_w\cos j\sin j\, d\varphi dj \end{aligned}\right\} \tag{24-91}$$

利用(24-90)式和折射定律可得

$$dE_w = (1-\rho)dE_a \tag{24-92}$$

(24-92)式指出海/气界面反射的影响仅仅使得平行于界面的向上辐照度发生了变化。

海面上的总辐射、海面反射、海面折射和海面辐亮度与辐照度的变化的较为详细的讨论请参考文献[71]和[72]。

五、辐照度反射比和遥感

光谱辐照度反射比 $R(\lambda)=E_u(\lambda)/E_d(\lambda)$ 是一个重要的表观光学量。通过对水中 $R(z,\lambda)$ 的测量可估算水质参数[73]，如叶绿素浓度、颗粒物的后向散射系数以及黄色物质的吸收系数。更重要的是，刚好在水面之下的 $R(\lambda)$ 可以与离水辐亮度相联系[74]；该辐亮度可以由机载或星载仪器探测到。因此，理解 $R(\lambda)$ 与自然水体组分的关系是水色遥感的核心问题之一。

图 24-16 给出的是自然水体中 $R(\lambda)$ 的变化。图 24-16(a) 给出的是不同的一类水体的 $R(\lambda)$（以百分比形式给出）。对于叶绿素浓度较低的水体，其 $R(\lambda)$ 在蓝光波段最高，因此清洁海水呈蓝色。当叶绿素浓度升高时，$R(\lambda)$ 的极大值向绿光波段移动。由于叶绿素荧光的影响，在接近 $\lambda=685$ nm 的时候，反射率增强。同时，我们也可以注意到，当发生颗石藻藻华时，测得的 $R(\lambda)$ 值异常大[20]。造成这种现象的原因是由于大量方解石颗粒物的强散射引起的（见第一节中的相关内容）。图 24-16(b) 给出的是在悬浮颗粒物（也就是非色素颗粒物）占优的水体中测得的 $R(\lambda)$。当悬浮颗粒物浓度较高时，从蓝光到黄光波段，$R(\lambda)$ 曲线近乎平坦，

从而水体颜色为褐色。图 24-16(c)来自黄色物质浓度较高的水体，$R(\lambda)$的峰值在黄光波段。这也就是水色这个名词常被作为$R(\lambda)$同义词的原因。图 24-17 给出了渤海海域不同站位实测的光谱辐照度反射比$R(\lambda)$。

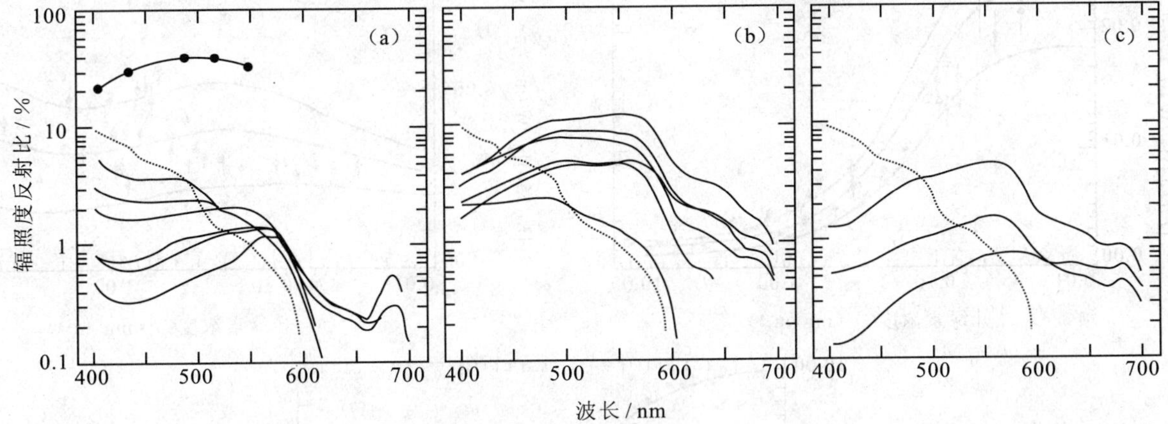

图 24-16　从不同水体中测得的光谱辐照度反射比 $R(\lambda)$

(a)是从不同浮游植物含量的一类水体中测得的，虚线是纯海水的$R(\lambda)$值，粗点给出了颗石藻藻华时的实测值[20]；(b)测自悬浮颗粒物占优的二类水体；(c)测自黄色物质占优的二类水体[75]

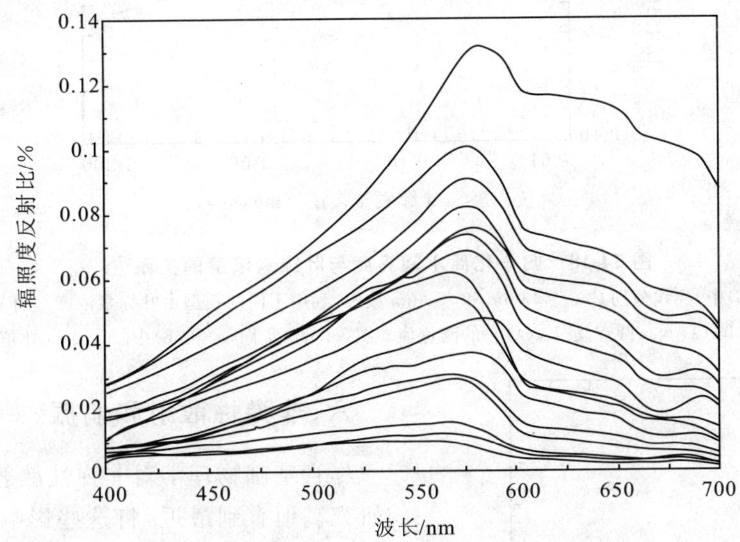

图 24-17　在渤海海域不同站位实测的光谱辐照度反射比 $R(\lambda)$

图中不同曲线是不同站位的测量结果(数据由中国国家海洋局一所崔廷伟提供)

由于浮游植物在全球生态系统中发挥着基础性的作用，所以海洋遥感的主要目标之一就是得到水体近表层的叶绿素浓度。Gordon 等[74]给出了归一化离水辐亮度$[L_w(\lambda)]_N$的定义，即太阳在天顶方向、忽略大气影响时的离水辐亮度；它是遥感中的一个基本参量。他们同时指出$[L_w(\lambda)]_N$直接正比于R，并且R也正比于$b_b/(a+b_b)$(即b_b/K_d)。尽管一类水体中，a和K_d可以通过叶绿素浓度C较好地模拟得到，而b_b却不能很好地用C来描述。因此，利用由叶绿素浓度C参数化的模型所得到的$[L_w(\lambda)]_N$的估计值，将难以与观测值吻合。该情况可以在图 24-18(a)和图 24-18(b)中得到较好的反映，这两个图分别显示的是作为叶绿素浓度C函数的$[L_w(443\ \text{nm})]_N$和$[L_w(550\ \text{nm})]_N$的预测值和观测值曲线。从以上几个图可以看出，不能期望从单一波段观测值$[L_w(\lambda)]_N$反演得到叶绿素浓度C。然而，尽管存在图 24-18(a)和图 24-18(b)中所示的噪声，不同波段的归一化离水辐亮度的比值可以用叶绿素浓度C的函数很好地描述，图 24-18(c)显示的是$[L_w(443\ \text{nm})]_N/[L_w(550\ \text{nm})]_N$的预测值(线)和观测值(点)，此时预测值和观测值吻合得相当好。因此，在两个精选波长上进行$[L_w(\lambda)]_N$的测量，同时将其比值应用于生物光学模型，可以较准确地估计叶绿素的浓度。这些模型就是遥感的基础。

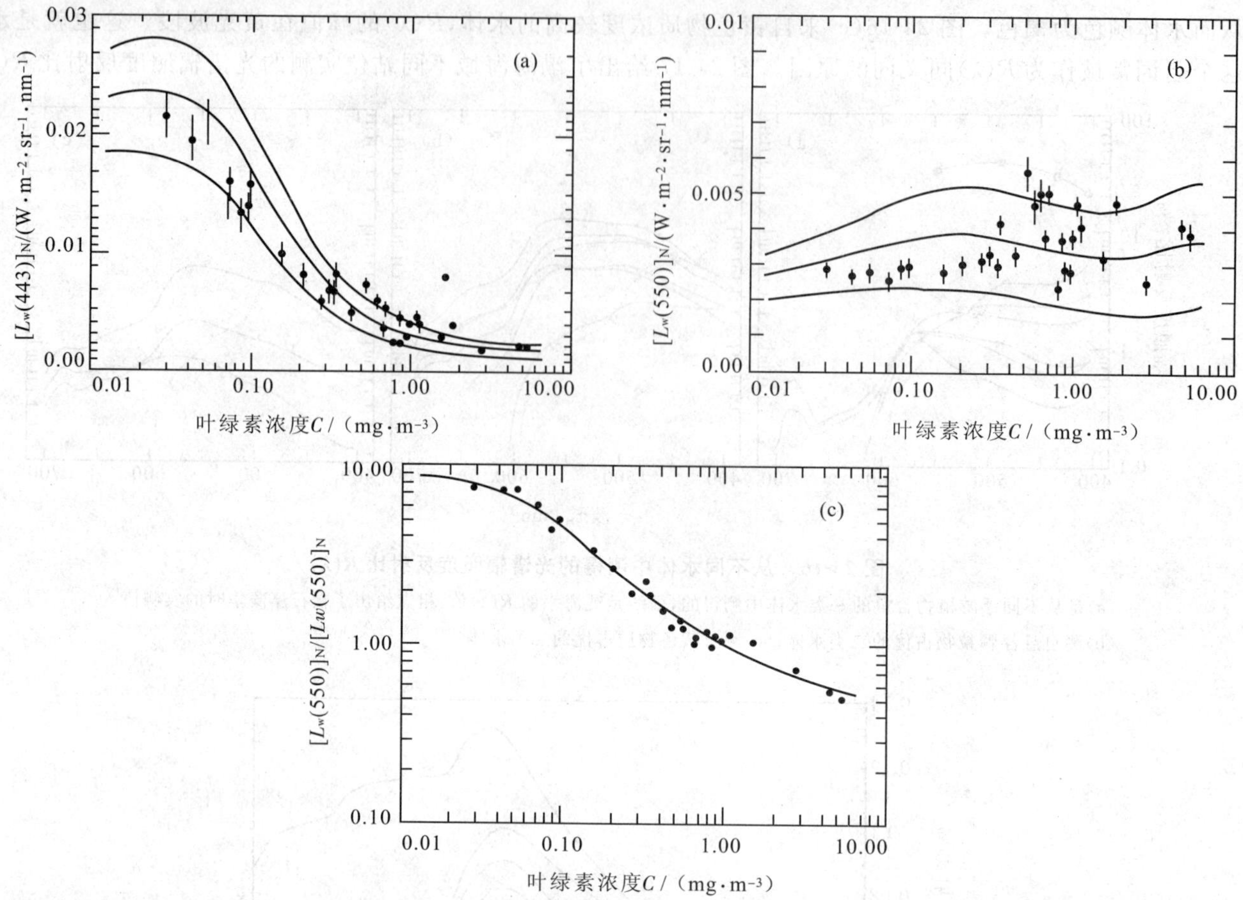

图 24-18　归一化离水辐亮度与叶绿素浓度的关系[74]

图(a)和图(b)中,实线分别是 $\lambda=443$ nm 和 550 nm 波段,利用不同的模型由叶绿素浓度 C 计算的归一化离水辐亮度$[L_w(\lambda)]_N$。圆点是$[L_w(\lambda)]_N$的测量值。图(c)给出了图(a)和(b)中$[L_w(\lambda)]_N$比值的预测值

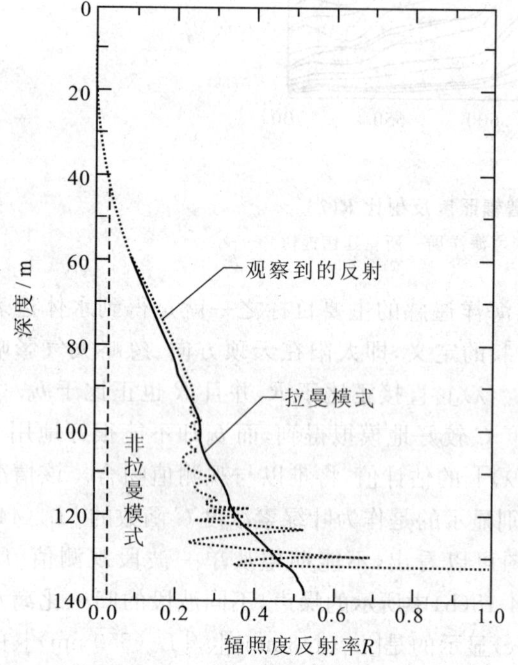

图 24-19　波长 589 nm 的辐照度反射率 R(细线)观测曲线及由模型得到的预测曲线

一种包含拉曼散射(粗线);另一种忽略拉曼散射(虚线)

六、非弹性散射和偏振

尽管基础物理学对非弹性散射和偏振已经有了深入的研究。但直到最近,将这些影响纳入到对水下辐亮度分布的数值预测模型中在计算上才变得可行。除这个原因之外,由于难于进行必要的测量,所以对于水下环境非弹性散射和偏振重要性的定量认识尚不完善。

作为水中给定波长的光源,与太阳光和人造光源相比,非弹性散射过程常常被忽略。然而,在特定的情况下,非弹性散射是水中某些波长光的主要来源,正如图 24-19 所示。

图 24-19 展示的是马尾藻海测量的辐照度反射比在 $\lambda=589$ nm(橙黄光)的深度剖面。要注意 $R(589\ \text{nm})$ 随深度增加而增加。由于水对该波长有相当强的吸收($a_w(589\ \text{nm})=0.512\ \text{m}^{-1}$),所以入射太阳光辐射中大多数的橙黄光成分在海表面附近被吸收,并且单色辐射传输理论表明,对于图 24-18 中的水体,$R(589\ \text{nm})\approx0.04$。Marshall 和 Smith[76] 的计算解释了这一矛盾。波长约为 500 nm 的蓝绿光在清澈的马尾藻海能够穿透很深的深

度(a_w(500 nm)≈0.026 m^{-1})。尽管在海水深处大多数蓝绿光是向下的,例如,E_d(500 nm)≫ E_u(500 nm),但是由于拉曼散射相函数在前后两个方向是对称的,所以经拉曼散射的光子以相同的可能性向上运动(因而贡献于 E_u(589 nm))或向下运动(因而贡献于 E_d(589 nm))。所以随着深度的增加,相对于透射的太阳光,拉曼散射作为环境橙黄光的光源变得越来越重要,E_u(589 nm)和 E_d(589 nm)变得更加接近相等,辐照度反射比 R(589 nm)也就增加了。在蓝绿光波段,由于从表面透射的 E_d 仍然比深处的 E_u 强得多,所以 R 不随深度的增加而增加。由于拉曼散射是由水分子本身产生的,因而即使在最清洁的水中这一过程也是存在的,且相对更加重要。另外,拉曼散射的另一个效应是对水下观测的太阳光谱夫琅和费吸收线的填补,这一问题一直在被详细研究[77]。

如果存在荧光物质并且数量充足,由叶绿素或其他物质产生的荧光就很重要了。叶绿素荧光在 λ=685 nm 附近非常强;这一红光光源能够说明图 24-16(a)中 685 nm 附近反射增强的原因[78]。在分析自然水体的组分方面,荧光光谱指纹是一个非常有用的工具[79]。

相对而言,人们很少注意到水下光场的偏振态[80]。偏振光已经被应用于提高水下的能见度[81],而且已经明确的是,许多海洋生物在游动时能够感觉到偏振光[82]。Voss 和 Fry[83]测量了海洋水体的 Mueller 矩阵,Quinby-Hunt 等人[84]已经研究出一些浮游植物在非偏振光或线性偏振光中有诱导圆偏振光的倾向。Kattawar 和 Adams[85]指出如果用标量(非偏振)辐射传输理论代替矢量(偏振)理论进行计算,会引起高至15%的误差。

第五节　光在海水中的传输

一、光束衰减

光谱光束衰减系数 $c(\lambda)$是光谱吸收和散射系数之和,即 $c(\lambda)=a(\lambda)+b(\lambda)$。由于 $a(\lambda)$ 和 $b(\lambda)$ 都是随天然水体组分的性质和浓度的变化而剧烈变化的量,故 $c(\lambda)$ 也是如此。在 660 nm 附近的光束衰减是仅有的可以方便、准确并例行测量的水体固有光学参数。选择该波长既是由于工程上的原因(可用稳定的 LED 光源),也是由于黄色物质在红光波段的吸收是可以忽略的。因此,颗粒光束衰减为

$$c_p(660\ \text{nm}) \equiv c(660\ \text{nm}) - a_w(660\ \text{nm}) - b_w(660\ \text{nm}) \equiv c(660\ \text{nm}) - c_w(660\ \text{nm}) \qquad (24\text{-}93)$$

它由悬浮颗粒物质的性质决定。颗粒光束衰减 c_p(660 nm)与总的颗粒体积浓度(通常表示为 10^{-6})高度相关,但与叶绿素浓度的相关性没那么好[86]。颗粒光束衰减可用来估算总的颗粒浓度(通常表示为 $g\cdot m^{-3}$)[87]。但是,颗粒光束衰减对于颗粒性质的依赖性却并不简单。Spinrad[88]利用米氏理论分析了单位体积的颗粒光束衰减(颗粒光束衰减系数 c_p的单位为 m^{-1},悬浮颗粒浓度以 10^{-6}计)对相对折射率和 1~80 μm 粒径范围内 Junge 粒径分布斜率 s 的依赖性,结果如图 24-20 所示。尽管图中的细节与米氏计算中选定的粒径上下限有很大关系,但曲线中表达出的定性特征还是正确的,并且是对本章第三节中生物光学模型部分的最后一段所提出观点的支持。

由于散射和光束衰减对颗粒性质的复杂依赖性,建立 $c(\lambda)$生物光学模型并不容易,原因是仅靠叶绿素浓度不足以确定散射[89],图 24-21 体现了这种不充分性,图中给出了 c(665 nm)、水体密度(与海洋学变量 σ_t 成比例)和叶绿素浓度(正比于叶绿素和相关色素的荧光)的剖面分布。应注意的是,光束衰减的最大值在水深 46 m 处,这与上层低密度水体和下层高密度水体间的界面(密度跃层)位置相吻合。光束衰减的峰值一般处于密度界面,这是由于该处往往颗粒浓度最大。叶绿素浓度的最大值出现在 87 m 深度。叶绿素浓度不仅取决于含有叶绿素的颗粒的体积或数量,还与其光适应状态有关,这依赖于可利用的营养物和环境光场。因此,不能期望叶绿素浓度与总散射或颗粒光束衰减 $c_p(\lambda)$之间有良好的相关性。

Voss[90]发展了基于 c(490 nm)测量值的 $c(\lambda)$经验模型:

$$c(\lambda)=c_w(\lambda)+[c(490\ \text{nm})-c_w(490\ \text{nm})](1.563-1.149\times10^{-3}\lambda) \qquad (24\text{-}94)$$

式中,λ 的单位是 nm,c 的单位是 m^{-1}。纯海水的衰减系数 $c_w=a_w+b_w$,见 Smith-Baker(表 24-6)的数据,该模型是基于全球范围的数据统计得到的。采用独立数据对模型进行测试发现,尽管有 20% 左右的偶然误

差，但通常误差小于5%。

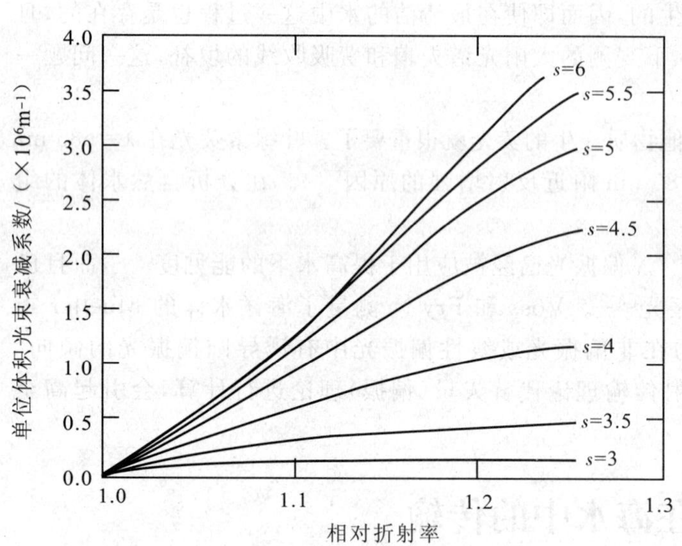

图 24-20　计算得到的单位体积颗粒光束衰减系数，与相对折射率、Junge 粒径分布斜率 s 的关系[88]

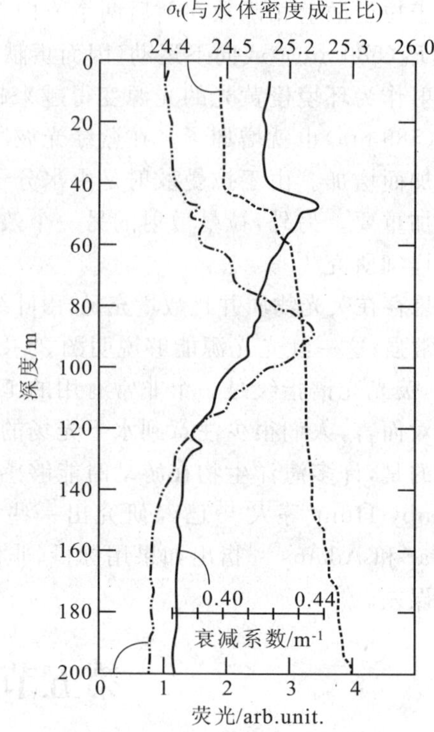

图 24-21　太平洋海水光束衰减(实线)，水体密度(σ_t，虚线)和叶绿素浓度(荧光，点线)随深度的变化[89]

同时，Voss 还进行了 $c(490)$ 与叶绿素浓度的最小二乘拟合，结果为

$$c(490)=0.39C^{0.57} \tag{24-95}$$

该结果在形式上类似于(24-41)式与(24-72)式所示的 $a(\lambda)$ 和 $b(\lambda)$ 与叶绿素的关系式。图 24-22 给出了用于确定(24-95)式的数据点的分布。值得我们注意的是，对于给定的 C 值，$c(490)$ 跨越了一个量级。应用(24-95)式或 $b(\lambda)$ 模型时必须考虑到在自然水体中的预测值将存在较大偏差。

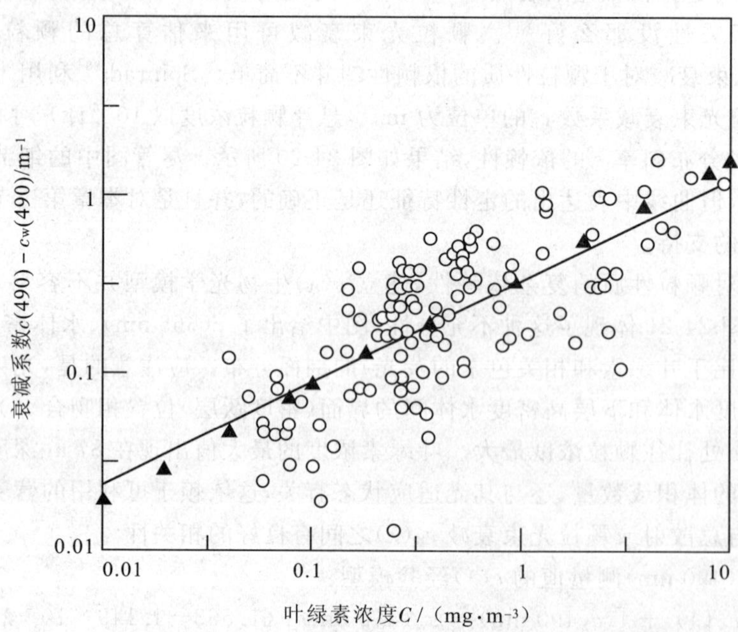

图 24-22　490 nm 颗粒光束衰减(圆圈)随叶绿素浓度 C 的变化[90]

实线是(24-83)式计算值，黑三角为由(24-41)式与(24-74)式的计算值

二、漫(射)衰减和 Jerlov 水体类型

由图 24-1 和表 24-1 可见，对任意的辐射变量，都有一个(所谓的)称为漫衰减系数的量。最常用的漫衰减系数是向下平面辐照度衰减系数 $K_d(z, \lambda)$和 PAR 衰减系数 $K_{PAR}(z)$。尽管这些漫衰减系数在概念上区分得很清楚，但是在实际中它们往往在数值上相近，而且在均匀水体很深的位置它们将渐近地趋于同一个值[2]。Tyler 和 Smith[91] 的论文给出了在不同水体中 $E_d(z, \lambda)$、$E_u(z, \lambda)$以及相关的 $K_d(z, \lambda)$、$K_u(z, \lambda)$ 和 $R(z, \lambda)$的列表和绘图。

观测表明：在从非常清洁到非常混浊的水体范围内，$K_d(z, \lambda)$值系统地随波长变化。而且，除极端情况外[92](如太阳在地平线上 10°以下)$K_d(z, \lambda)$通常对环境影响的反应不灵敏[93]。在大多数情况下，K_d的环境影响可以被校正[11]。因此，K_d被认为是一种准固有光学参数，它的变化主要由水体固有光学性质所决定，而并不取决于外在环境的变化。

基于 K_d的光谱形状，Jerlov[29] 利用 K_d的良好性质发展了一种被频繁使用的对海水进行分类的方案。Jerlov水体类型在本质上是一种用 $K_d(z_s, \lambda)$ 将水的清洁度进行量化的分类，z_s为刚好在海表之下的深度。这个分类方案可以与先前描述的一类水体和二类水体进行对比，后者是根据水中悬浮物的性质来分类的。Jerlov 水体类型将开阔大洋水体编号为 I、IA、IB、II 和 III，将近岸水体编号为 1 到 9。在开阔大洋水体中，I 型是最清澈的，III 型是最混浊的。类似的，在近岸水体中，1 型是最清澈的，9 型是最混浊的。一般的，Jerlov 水体类型 I～III 与一类水体相对应，因为开阔大洋中浮游植物占优；水体类型 1～9 与二类水体相对应，因为在这里黄色物质和陆源颗粒决定了水体的光学性质。叶绿素浓度和 Jerlov 水体类型的一个粗略对应关系如下[47]：

C (mg/m³)：	0～0.001	约 0.05	约 0.1	约 0.5	约 1.5～2.0
水类型：	I	IA	IB	II	III

Austin 和 Petzold[94] 用扩充了的数据集重新评估了 Jerlov 的分类方法，并且稍微修正了 Jerlov 最初水体类型定义使用的 $K_d(\lambda)$值。表 24-18 给出了海洋学中常见水体类型的 $K_d(\lambda)$修正值。优先推荐使用这些数值，而非 Jerlov[29] 中的数值。对于几种选择的 Jerlov 水体类型，每米水深 $E_d(\lambda)$透射率(百分比)如图 24-23 所示。值得注意是，具有最大透射率的波长从最清洁开阔大洋水体(类型 I)的蓝光变化到绿光(类型 III 和类型 I)，再变化到富含黄色物质的最混浊近岸水体的黄光(类型 9)。

表 24-18　定义 Jerlov 水体类型时所使用的向下辐照度漫衰减系数 $K_d(\lambda)$

(由 Austin 和 Petzold[94] 确定，表中所有量的单位均为 m^{-1})

λ/nm	Jerlov 水体类型					
	I	IA	IB	II	III	1
350	0.051 0	0.063 2	0.078 2	0.132 5	0.233 5	0.334 5
375	0.030 2	0.041 2	0.054 6	0.103 1	0.193 5	0.283 9
400	0.021 7	0.031 6	0.043 8	0.087 8	0.169 7	0.251 6
425	0.018 5	0.028 0	0.039 5	0.081 4	0.159 4	0.237 4
450	0.017 6	0.025 7	0.035 5	0.071 4	0.138 1	0.204 8
475	0.018 4	0.025 0	0.033 0	0.062 0	0.116 0	0.170 0
500	0.028 0	0.033 2	0.039 6	0.062 7	0.105 6	0.148 6
525	0.050 4	0.054 5	0.059 6	0.077 9	0.112 0	0.146 1
550	0.064 0	0.067 4	0.071 5	0.086 3	0.113 9	0.141 5
575	0.093 1	0.096 0	0.099 5	0.112 2	0.135 9	0.159 6
600	0.240 8	0.243 7	0.247 1	0.259 5	0.282 6	0.305 7
625	0.317 4	0.320 6	0.324 5	0.338 9	0.365 5	0.392 2
650	0.355 9	0.360 1	0.365 2	0.383 7	0.418 1	0.452 5
675	0.437 2	0.441 0	0.445 7	0.462 6	0.494 2	0.525 7
700	0.651 3	0.653 0	0.655 0	0.662 3	0.676 0	0.689 6

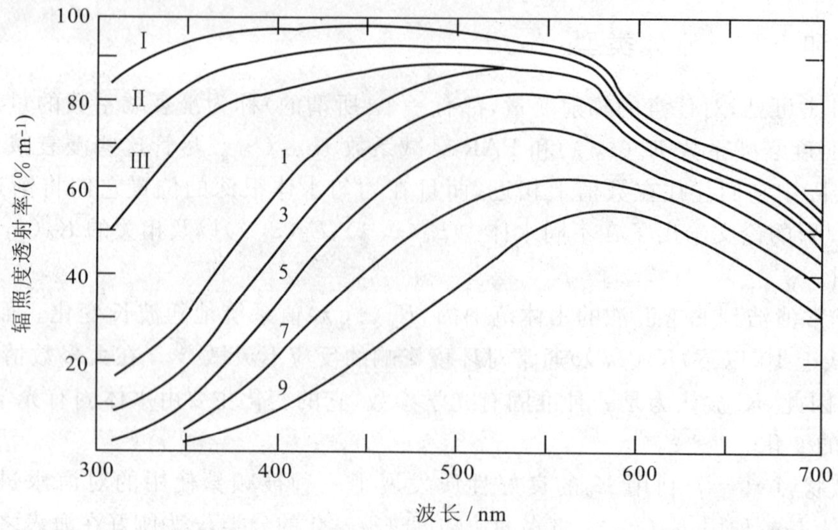

图 24-23　对于给定的 Jerlov 水体类型,每米水深向下辐照度 E_d 透射率百分比随波长的变化[29]

Austin 和 Petzold 也给出了一个简单的模型,可以由在任一波长的 K_d 测量值得到所有波长的 $K_d(\lambda)$值,该模型为

$$K_d(\lambda)=[M(\lambda)/M(\lambda_0)][K_d(\lambda_0)-K_{dw}(\lambda_0)]+K_{dw}(\lambda) \tag{24-96}$$

式中,λ_0是测量值 $K_d(\lambda_0)$对应的波长,K_{dw}是纯海水的漫衰减系数。$K_{dw}(\lambda)$和统计得出的系数 $M(\lambda)$见表 24-19(这些 K_{dw}值和在表 24-6 中的稍有不同)。这个模型适用于 $K_d(490)\leqslant 0.16\ m^{-1}$的水体,这与叶绿素浓度 $C\leqslant 3\ mg/m^3$相对应。

表 24-19　Austin 和 Petzold 模型中,计算 $K_d(\lambda)$所使用的 $M(\lambda)$系数的值和纯海水向下漫衰减系数 $K_{dw}(\lambda)$值[94]

λ/nm	M/m^{-1}	K_{dw}/m^{-1}	λ/nm	M/m^{-1}	K_{dw}/m^{-1}	λ/nm	M/m^{-1}	K_{dw}/m^{-1}
350	2.144 2	0.051 0	470	1.198 2	0.017 9	590	0.484 0	0.157 8
360	2.050 4	0.040 5	480	1.095 5	0.019 3	600	0.490 3	0.240 9
370	1.961 0	0.033 1	490	1.000 0	0.022 4	610	0.509 0	0.289 2
380	1.877 2	0.027 8	500	0.911 8	0.028 0	620	0.538 0	0.312 4
390	1.800 9	0.024 2	510	0.831 0	0.036 9	630	0.623 1	0.329 6
400	1.738 3	0.021 7	520	0.757 8	0.049 8	640	0.700 1	0.329 0
410	1.759 1	0.020 0	530	0.692 4	0.052 6	650	0.730 0	0.355 9
420	1.697 4	0.018 9	540	0.635 0	0.057 7	660	0.730 1	0.410 5
430	1.610 8	0.018 2	550	0.586 0	0.064 0	670	0.700 8	0.427 8
440	1.516 9	0.017 8	560	0.545 7	0.072 3	680	0.624 5	0.452 1
450	1.415 8	0.017 6	570	0.514 6	0.084 2	690	0.490 1	0.511 6
460	1.307 7	0.017 6	580	0.493 5	1.106 5	700	0.289 1	0.651 4

与光束衰减系数 $c(\lambda)$不同,漫衰减系数 $K_d(z,\lambda)$与叶绿素浓度密切相关,原因见下面的近似公式[11]:

$$K_d(\lambda)\approx[a(\lambda)+b_b(\lambda)]/\cos\theta_{sw} \tag{24-97}$$

其中,θ_{sw}是水中测量的太阳角。由于大多数水体 $a(\lambda)\gg b_b(\lambda)$,$K_d(\lambda)$主要由水的吸收性质决定,而水的吸收性质可由叶绿素浓度很好地确定。从另一方面,光束衰减与总散射成比例,而总散射不能由叶绿素浓度很好地确定。大量观测表明[95],660 nm 的光束衰减一般与漫衰减不相关。

Morel[47]给出了 $K_d(\lambda)$的生物光学模型:

$$K_d(\lambda)=K_{dw}(\lambda)+\chi(\lambda)C^{e(\lambda)} \tag{24-98}$$

其中,$K_{dw}(\lambda)$代表纯海水的漫衰减,$\chi(\lambda)$和 $e(\lambda)$是用统计方法确定的函数,它们将单位为 mg/m^3的叶绿素浓度 C转换为单位为 m^{-1}的 K_d。表 24-20 给出了在 Morel 模型中用到的 K_{dw}、χ 和 e 的数值。尽管由于 $\lambda>$

650 nm 时数据的缺乏，χ 和 e 的数值有些不太确定，但该模型仍可应用于 $C \leqslant 30\ mg/m^3$ 的一类水体。图 24-24 中给出了以 C 为变量的 $K_d(\lambda)$ 的预测值和实测值，可知模型的精度不高：应用于一类水体（圆点）时，误差可达 2 倍；如果模型被误应用于二类水体（空心圆圈），误差会变得更大。如果 C 已被测得，运用 Morel 模型就可以得到 $K_d(\lambda)$ 的值。Austin 和 Petzold 模型利用对单一波长的测量来决定 $K_d(\lambda)$ 的大小。

表 24-20 系数 $\chi(\lambda)$ 和 $e(\lambda)$ 的值以及纯海水向下漫衰减系数 $K_{dw}(\lambda)$（用于 Morel $K_d(\lambda)$ 模型[47]）

λ/nm	χ(λ)	e(λ)	$K_{dw}(\lambda)/m^{-1}$	λ/nm	χ(λ)	e(λ)	$K_{dw}(\lambda)/m^{-1}$
400	0.1100	0.668	0.0209	560	0.0390	0.640	0.0717
410	0.1125	0.680	0.0196	570	0.0360	0.623	0.0807
420	0.1126	0.693	0.0183	580	0.0330	0.610	0.1070
430	0.1078	0.707	0.0171	590	0.0325	0.618	0.1570
440	0.1041	0.707	0.0168	600	0.0340	0.626	0.2530
450	0.0971	0.701	0.0168	610	0.0360	0.634	0.2960
460	0.0896	0.700	0.0173	620	0.0385	0.642	0.3100
470	0.0823	0.703	0.0175	630	0.0420	0.653	0.3200
480	0.0746	0.703	0.0194	640	0.0440	0.663	0.3300
490	0.0690	0.702	0.0217	650	0.0450	0.672	0.3500
500	0.0636	0.700	0.0271	660	0.0475	0.682	0.4050
510	0.0578	0.690	0.0384	670	0.0515	0.695	0.4300
520	0.0498	0.680	0.0490	680	0.0505	0.693	0.4500
530	0.0467	0.670	0.0518	690	0.0390	0.640	0.5000
540	0.0440	0.660	0.0568	700	0.0300	0.600	0.6500
550	0.0410	0.650	0.0640				

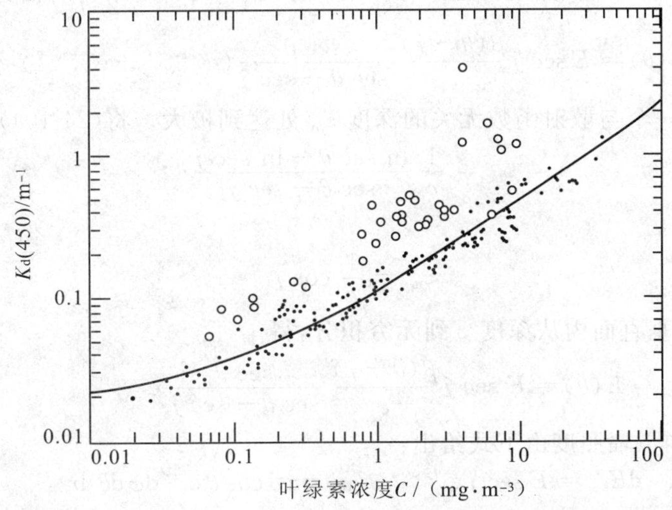

图 24-24 向下辐照度衰减系数 K_d 在 450 nm 处的值随叶绿素浓度 C 的变化[47]

圆点是从一类水体测得的，圆圈是从二类水体测得的。实线给出了 Morel 生物光学模型所预测的 $K_d(450)$

同时 Morel[47] 还给出了 $\overline{K}_{PAR}(0,z_{eu})$ 的一个简单的生物光学模型，它是真光层 $0 \leqslant z \leqslant z_{eu}$ 中 $K_{PAR}(z)$ 的平均值：

$$\overline{K}_{PAR}(0,z_{eu}) = 0.121C^{0.428} \tag{24-99}$$

式中，C 代表真光层叶绿素的平均浓度，单位是 mg/m^3；$\overline{K}_{PAR}$ 的单位是 m^{-1}。真光层是指有充足的阳光能保证光合作用发生的区域，它粗略地延伸到 $E_{PAR}(z)$ 为其表面值的 1% 的深度（$E_{PAR}(z_{eu}) = 0.01E_{PAR}(0)$）。表 24-21 给出了由 Morel 模型求得的作为 C 的函数的 Z_{eu} 值。

表 24-21　均匀一类水体中，不同叶绿素浓度下真光层 Z_{eu} 的近似深度[47]

$C/(\mathrm{mg\cdot m^{-3}})$	Z_{eu}/m	$C/(\mathrm{mg\cdot m^{-3}})$	Z_{eu}/m	$C/(\mathrm{mg\cdot m^{-3}})$	Z_{eu}/m	$C/(\mathrm{mg\cdot m^{-3}})$	Z_{eu}/m
0.0	183	0.1	95	1	39	10	14
0.01	153	0.2	75	2	29	20	10
0.03	129	0.3	64	3	24	30	8
0.05	115	0.5	52	5	19		

三、辐射在海水中的传输[71]

(一)散射光的简单积分

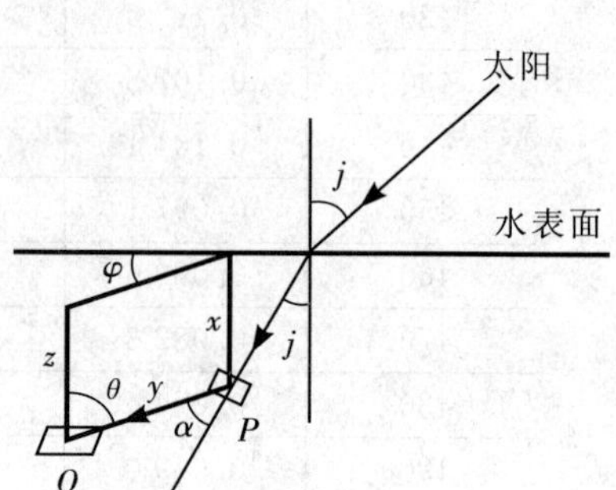

图 24-25　散射光辐射率的计算

假定在近表层只有直射太阳光，且忽略多次散射，则散射光辐亮度可由简单积分求得。令 E 为近表层的辐照度，如图 24-25 所示，则 P 点的小体积元 $\mathrm{d}v$ 上的辐照度为

$$\mathrm{d}E = E\sec j\,\mathrm{e}^{-cz\sec j} \tag{24-100}$$

该体积元在由角 α 和入射光线所决定的方向(θ,φ)上的散射强度为

$$\mathrm{d}I = E\sec j\,\mathrm{e}^{-cz\sec j}\beta(\alpha)\mathrm{d}v \tag{24-101}$$

其中，φ 为方位角(对入射面，$\varphi=0$)，且有

$$\cos\alpha = \cos j\cos\theta + \sin j\sin\theta\cos\varphi \tag{24-102}$$

在 Q 点与 PQ 垂直的平面上的辐照度为

$$\mathrm{d}E_{sc} = E\sec j\,\mathrm{e}^{-cz\sec j}\beta(\alpha)\mathrm{d}v\frac{1}{r^2}\mathrm{e}^{-cr} \tag{24-103}$$

其中，$\mathrm{d}v = r^2\mathrm{d}\omega\,\mathrm{d}r$。假定 Q 点的辐亮度为 $L_r = \mathrm{d}E_{sc}/\mathrm{d}\omega$，则在太阳垂直面(即天球地平坐标中太阳所在半径圈之面)上关于 r 从 0 到 $z\sec\theta$ 积分则得上半球面沿 θ 方向$\left(0\leqslant\theta\leqslant\frac{\pi}{2}\right)$的辐亮度为

$$L(\theta) = E\sec j\frac{\beta(\theta-j)}{c}\frac{\sec\theta}{\sec\theta-\sec j}(\mathrm{e}^{-cz\sec j}-\mathrm{e}^{-cz\sec\theta}) \tag{24-104}$$

辐亮度在表层等于 0，而在一个与散射函数无关的深度 z_m 处达到极大。将(24-104)式对 z 求极值得到

$$z_m = \frac{1}{c}\frac{\ln\sec\theta-\ln\sec j}{\sec\theta-\sec j} \tag{24-105}$$

当 $\theta = j$ 时，有

$$z_m = \frac{1}{c}\cos j \tag{24-106}$$

对于下半球面，在太阳垂直面内从深度 z 到无穷积分，得

$$L(\theta) = E\sec j\frac{\beta(\theta-j)}{c}\frac{\sec\theta}{\sec\theta-\sec j}\mathrm{e}^{-cz\sec j} \tag{24-107}$$

Q 点处水平面上散射光的向下辐照度由下式给出：

$$\mathrm{d}E_{sc} = E\sec j\,\mathrm{e}^{-cz\sec j}\beta(\alpha)\sin\theta\cos\theta\,\mathrm{e}^{-cr}\mathrm{d}\varphi\,\mathrm{d}\theta\,\mathrm{d}r \tag{24-108}$$

对 r 从 0 到 $z\sec\theta$ 积分，得

$$E_{sc} = E\sec j\,\mathrm{e}^{-cz\sec j}\frac{1}{c}\int_0^{2\pi}\int_0^{\frac{\pi}{2}}\frac{\beta(\alpha)\sin\theta}{\sec\theta-\sec j}[1-\mathrm{e}^{-cz(\sec\theta-\sec j)}]\mathrm{d}\varphi\,\mathrm{d}\theta \tag{24-109}$$

如果忽略天空光，则总辐照度 E_d 就等于深度 z 处入射太阳光与散射光的辐照度之和，即

$$E_d = E\,\mathrm{e}^{-cz\sec j}\left\{1+\frac{\sec j}{c}\int_0^{2\pi}\int_0^{\frac{\pi}{2}}\frac{\beta(\alpha)\sin\theta}{\sec\theta-\sec j}[1-\mathrm{e}^{-cz(\sec\theta-\sec j)}]\mathrm{d}\varphi\,\mathrm{d}\theta\right\} \tag{24-110}$$

当太阳处于天顶位置($j=0$)且光学深度很小($cz\to 0$)时，上式简化为

$$E_d = E\,\mathrm{e}^{-cz}\left(1+2\pi z\int_0^{\frac{\pi}{2}}\beta(\theta)\sin\theta\,\mathrm{d}\theta\right) \tag{24-111}$$

由于整个函数中后向散射所占比例很小，故上式又可写成

$$E_{\mathrm{d}}=E\,\mathrm{e}^{-cz+bz}=E\,\mathrm{e}^{-az} \tag{24-112}$$

(24-112)式表明，表层辐照度的衰减可视为仅由吸收所致。

对无穷深度积分可得完全散射光向上辐照度的一般表达式：

$$E_{\mathrm{u}}=E\sec j\,\mathrm{e}^{-cz\sec j}\,\frac{1}{c}\int_{0}^{2\pi}\int_{0}^{\frac{\pi}{2}}\frac{\beta(\alpha)\sin\theta}{\sec\theta+\sec j}\,\mathrm{d}\varphi\,\mathrm{d}\theta \tag{24-113}$$

(二)向下辐照度与太阳高度的关系

方程(24-110)式给出了太阳高度对辐照度的影响。现定义垂直辐照度衰减系数 K_{d}：

$$E_{\mathrm{d}}=E\,\mathrm{e}^{-K_{\mathrm{d}}z} \tag{24-114}$$

在一级近似下，可用下面的两个方程描述太阳高度的影响：

$$\left.\begin{aligned}\frac{\sin i}{\sin j}&=\frac{\sin(90^\circ-h_{\mathrm{s}})}{\sin j}=\frac{4}{3}\\ E_{\mathrm{d}}&=E\,\mathrm{e}^{-K_{\mathrm{d}}(90^\circ)z/\cos j}\end{aligned}\right\} \tag{24-115}$$

式中，h_{s} 为太阳高度，$K_{\mathrm{d}}(90^\circ)$ 为太阳天顶位置的垂直辐照度系数。

(三)标量辐照度

根据能量守恒定律，吸收介质中辐照度矢量的散度与吸收系数有下述关系：

$$\nabla\cdot\overline{\boldsymbol{E}}=-aE_{0} \tag{24-116}$$

对海洋而言，其辐照度的水平变化很小，故上式化为

$$\frac{\mathrm{d}(E_{\mathrm{d}}-E_{\mathrm{u}})}{\mathrm{d}z}=-aE_{0} \tag{24-117}$$

此式即格森(Gershun)方程。若 $E_{\mathrm{u}}\leqslant E_{\mathrm{d}}$，则(24-117)式化为太阳天顶位置时的表层方程(24-113)式。

关于向下辐照度矢量，应有下式成立：

$$\left.\begin{aligned}K_{E}&=-\frac{1}{E_{\mathrm{d}}-E_{\mathrm{u}}}\frac{\mathrm{d}(E_{\mathrm{d}}-E_{\mathrm{u}})}{\mathrm{d}z}\\ E&=E_{\mathrm{d}}-E_{\mathrm{u}}\end{aligned}\right\} \tag{24-118}$$

由(24-117)式，得

$$\frac{a}{K_{E}}=\frac{E}{E_{0}}$$

或

$$\frac{a}{K_{E}}=\frac{E_{\mathrm{d}}}{E_{0}}\left(1+\frac{E_{\mathrm{u}}}{E_{\mathrm{d}}}\right) \tag{24-119}$$

(四)辐射传输方程

像海水这种吸收—散射介质中，辐射传输可由下述经典方程描写：

$$\frac{\mathrm{d}L(z,\theta,\varphi)}{\mathrm{d}r}=-cL(z,\theta,\varphi)+\overline{L}(z,\theta,\varphi) \tag{24-120}$$

上式右边第一项表示衰减损失；第二项表示散射增益，又称为行程函数，一般可表示成

$$\overline{L}(z,\theta,\varphi)=\int_{\varphi'=0}^{2\pi}\int_{\theta'=0}^{\pi}\beta(\theta,\varphi;\,\theta',\varphi')L(z,\theta',\varphi')\sin\theta'\,\mathrm{d}\theta'\,\mathrm{d}\varphi' \tag{24-121}$$

(24-120)式可写成

$$c=\frac{\overline{L}}{L}-\frac{1}{L}\frac{\mathrm{d}L}{\mathrm{d}r}$$

适当地安排测试仪器可使 $\overline{L}$ 很小，从而有

$$c=-\frac{1}{L}\frac{\mathrm{d}L}{\mathrm{d}r} \tag{24-122}$$

将 $z = r\cos\theta$ 代入上式，得

$$c = -\frac{1}{L}\frac{\mathrm{d}L}{\mathrm{d}r}\cos\theta \tag{24-123}$$

或

$$c = K_L\cos\theta$$

在经典方程(24-120)式中，令 $z = r\cos\theta$，θ 表示天底与通量传输方向的夹角，在球面上积分，得

$$\frac{\mathrm{d}(E_\mathrm{d} - E_\mathrm{u})}{\mathrm{d}z} = -cE_0 + bE_0 = -aE_0 \tag{24-124}$$

此式即格森(Gershun)方程(24-117)式，其中 E_0 为标量辐照度。

(五)目标的表观辐亮度

设在深度 z_t 处有一目标点，而在深度 z 且与目标点相距 r 处有一观察点，路径沿方向 $(\pi-\theta,\varphi+\pi)$（θ 为天底与通量方向的夹角），因此有 $z - z_t = r\cos\theta$。

对光学均匀介质，将(24-98)式沿路径 (z_t,θ,φ,r) 积分则得到目标的表观辐亮度表达式：

$$L_r(z,\theta,\varphi) = L_0(z_t,\theta,\varphi)\mathrm{e}^{-cr} + \int_0^r \overline{L}(z',\theta,\varphi)\mathrm{e}^{-(r-r')}\mathrm{d}r' \tag{24-125}$$

式中，L_0 为目标的固有辐亮度，而 $z' = z_t + r'\cos\theta$。(24-125)式表示，表观辐亮度 L_r 可写成入射的固有辐亮度与路径辐亮度之和。路径辐亮度由路径 (z_t,θ,φ,r) 上每一点直到观察点上沿 $(\pi-\theta,\varphi+\pi)$ 方向的散射通量组成。

普赖森多费尔(Preisendorfer)证明，$\overline{L}(z,\theta,\varphi)$ 可近似写成

$$\overline{L}(z,\theta,\varphi) = \overline{L}(0,\theta,\varphi)\mathrm{e}^{-\overline{K}z} \tag{24-126}$$

其中，$\overline{K}$ 与深度无关。(24-125)式与(24-124)式联立求解，可得

$$L_r(z,\theta,\varphi) = L_0(z_t,\theta,\varphi)\mathrm{e}^{-cr} + \frac{\overline{L}(z,\theta,\varphi)}{c-\overline{K}\cos\theta}\left[1-\mathrm{e}^{-(c-\overline{K}\cos\theta)r}\right] \tag{24-127}$$

(六)辐亮度分布的实测值

表 24-22 列出了晴天时 7 个深度的相对辐亮度分布，地点是美国爱达荷州(彭德奥赖利湖)。表 24-23 列出阴天时同一湖水的相对辐亮度分布。两个表所得的数据都是用分辨率为6.6°、峰值透射率为 480 nm、带宽为 64 nm 的辐亮度收集器测量的。

表 24-22 晴天相对辐亮度分布

倾角 θ /(°)	方位角 φ/(°)									
	0	20	40	60	80	100	120	140	160	180
深度—4.24 m，太阳高度—56.6°										
0	204 000	204 000	204 000	204 000	204 000	204 000	204 000	204 000	204 000	204 000
10	541 000	481 000	374 000	286 000	220 000	174 000	139 000	119 000	108 000	104 000
20	4 300 000	1 320 000	545 000	277 000	168 000	118 000	93 000	79 600	72 100	69 100
30	7 980 000	1 100 000	401 000	198 000	123 000	87 200	69 400	59 700	54 500	52 400
40	573 000	427 000	234 000	135 000	90 500	68 300	56 300	48 700	44 100	42 300
50	207 000	164 000	106 000	69 500	49 300	37 700	31 000	26 500	23 800	23 200
60	114 000	91 800	66 400	47 700	35 300	27 300	22 300	19 000	17 100	16 600
70	61 300	55 800	45 100	34 300	26 700	21 200	17 500	14 800	13 200	12 400
80	41 500	38 200	31 500	25 100	20 100	16 100	12 900	11 300	10 000	9 460
90	26 900	25 300	21 500	17 600	14 200	11 700	9 840	8 560	7 820	7 480
100	17 000	16 000	13 900	11 700	9 940	8 590	7 620	6 860	6 390	6 140

续表

倾角 θ /(°)	方位角 φ/(°)									
	0	20	40	60	80	100	120	140	160	180
110	11 200	10 700	9 280	8 060	7 180	6 490	5 990	5 600	5 340	5 220
120	7 430	7 170	6 630	6 020	5 590	5 250	5 000	4 800	4 670	4 590
130	5 360	5 220	4 950	4 710	4 520	4 320	4 180	4 040	4 010	3 990
140	4 230	4 170	4 040	3 960	3 850	3 780	3 710	3 650	3 620	3 600
150	3 570	3 560	3 520	3 480	3 440	3 380	3 340	3 300	3 280	3 260
160	3 250	3 250	3 250	3 250	3 250	3 240	3 240	3 240	3 230	3 230
170	3 110	3 110	3 110	3 110	3 110	3 110	3 110	3 110	3 110	3 110
180	3 050	3 050	3 050	3 050	3 050	3 050	3 050	3 050	3 050	3 050
深度—10.4 m,太阳高度—56.6°										
0	127 000	127 000	127 000	127 000	127 000	127 000	127 000	127 000	127 000	127 000
10	274 000	258 000	215 000	166 000	129 000	103 000	86 800	78 300	73 300	71 400
20	1 970 000	610 000	284 000	158 000	101 000	72 000	57 300	49 600	46 500	45 400
30	2 540 000	472 000	208 000	110 000	68 500	49 200	39 000	83 400	30 900	30 300
40	298 000	207 000	118 000	71 000	46 900	34 400	27 200	22 900	20 300	19 200
50	118 000	104 000	69 900	45 900	31 300	23 000	17 700	14 800	13 500	13 000
60	55 900	51 400	41 000	29 400	20 400	14 700	11 600	9 670	8 700	8 360
70	32 500	30 100	24 000	17 900	13 200	10 100	8 150	6 800	6 100	5 860
80	18 100	17 200	14 700	11 400	8 740	6 900	5 660	4 800	4 320	4 150
90	10 600	10 100	8 700	7 020	5 630	4 640	3 960	3 530	3 320	3 270
100	6 500	6 160	5 540	4 800	4 000	3 380	3 000	2 730	2 590	2 540
110	4 320	4 120	3 750	3 320	2 880	2 500	2 260	2 110	2 030	2 010
120	2 940	2 830	2 640	2 440	2 220	1 970	1 840	1 750	1 700	1 690
130	2 020	1 980	1 930	1 860	1 770	1 720	1 630	1 570	1 540	1 530
140	1 630	1 620	1 610	1 570	1 540	1 500	1 450	1 420	1 390	1 390
150	1 410	1 410	1 400	1 370	1 350	1 330	1 310	1 280	1 260	1 260
160	1 240	1 240	1 240	1 240	1 240	1 240	1 240	1 240	1 230	1 230
170	1 180	1 180	1 180	1 180	1 180	1 180	1 180	1 180	1 180	1 180
180	1 180	1 180	1 180	1 180	1 180	1 180	1 180	1 180	1 180	1 180
深度—16.6m,太阳高度—56.6°										
0	59 100	59 100	59 100	59 100	59 100	59 100	59 100	59 100	59 100	59 100
10	121 000	111 000	93 100	74 100	59 900	48 700	41 000	36 500	34 000	33 200
20	350 000	183 000	109 000	71 500	49 400	36 900	29 100	24 400	21 900	11 200
30	385 000	169 000	86 200	53 000	36 300	26 700	20 400	16 700	14 600	13 800
40	88 200	75 900	53 500	35 700	24 500	17 900	13 600	10 300	9 380	8 780
50	45 300	41 000	31 700	21 700	14 900	11 100	8 550	6 860	5 880	5 490
60	24 400	22 500	17 400	12 500	9 030	6 950	5 500	4 590	3 960	3 670
70	12 400	11 200	9 100	7 230	5 670	4 520	3 490	3 040	2 670	2 530

续表

倾角 θ /(°)	方位角 φ/(°)									
	0	20	40	60	80	100	120	140	160	180
80	6 750	6 360	5 490	4 510	3 640	2 990	2 500	2 130	1 870	1 750
90	4 050	3 770	3 280	2 790	2 340	1 970	1 660	1 440	1 310	1 250
100	2 360	2 280	2 070	1 800	1 540	1 330	1 180	1 070	990	964
110	1 520	1 470	1 350	1 210	1 096	982	891	832	796	778
120	1 010	995	946	884	816	758	711	684	666	656
130	740	732	717	685	658	633	606	584	572	564
140	595	587	581	566	550	536	522	512	510	510
150	502	499	497	495	486	480	472	465	462	462
160	451	451	451	450	447	443	439	434	433	433
170	422	422	422	422	422	422	422	422	422	422
180	418	418	418	418	418	418	418	418	418	418
深度—29.0 m，太阳高度—56.6°										
0	9 630	9 630	9 630	9 630	9 630	9 630	9 630	9 630	9 630	9 630
10	14 300	13 300	12 000	10 600	9 460	8 410	7 540	6 850	6 330	6 080
20	22 100	16 300	12 100	9 530	7 730	6 440	5 490	4 750	4 220	3 980
30	20 000	13 500	9 280	6 990	5 560	4 620	3 900	3 320	2 880	2 680
40	9 970	8 090	6 080	4 740	3 820	3 110	2 590	2 180	1 820	1 660
50	5 110	4 610	3 750	3 040	2 490	2 030	1 650	1 350	1 100	993
60	2 780	2 490	2 070	1 730	1 440	1 210	1 010	842	708	651
70	1 440	1 330	1 140	986	839	719	618	530	455	425
80	799	739	657	579	505	444	389	343	303	281
90	470	447	412	365	323	287	254	225	202	191
100	293	278	256	231	210	192	175	159	148	143
110	191	185	172	159	150	138	129	121	113	111
120	135	130	123	116	110	105	98.9	94.2	90.0	88.6
130	99.2	97.0	93.6	90.1	87.3	84.1	80.5	78.3	76.4	75.5
140	79.6	78.4	76.4	74.6	73.4	72.1	70.5	69.1	67.8	66.5
150	68.3	67.6	66.3	65.8	64.7	63.7	62.8	61.8	61.3	60.6
160	60.4	59.9	59.6	59.1	58.9	58.5	58.1	58.0	57.4	57.3
170	56.2	56.2	56.2	56.2	56.2	56.2	56.2	56.2	56.2	56.2
180	55.2	55.2	55.2	55.2	55.2	55.2	55.2	55.2	55.2	55.2
深度—41.3 m，太阳高度—56.6°										
0	1 380	1 380	1 380	1 380	1 380	1 380	1 380	1 380	1 380	1 380
10	1 650	1 600	1 510	1 410	1 320	1 250	1 180	1 120	1 070	1 050
20	1 680	1 580	1 420	1 270	1 120	1 010	910	822	750	721
30	1 260	1 180	1 049	921	811	716	631	557	496	474
40	859	800	700	614	533	465	408	361	322	306

续表

倾角 θ /(°)	方位角 φ/(°)									
	0	20	40	60	80	100	120	140	160	180
50	510	478	426	376	333	294	259	229	202	191
60	300	285	254	222	194	170	149	132	117	111
70	165	156	143	126	113	101	90.2	80.6	73.2	70.8
80	88.9	84.9	79.1	72.5	66.6	60.8	55.7	50.9	47.3	45.2
90	51.3	50.4	47.7	44.9	41.7	38.6	36.0	33.4	31.4	30.4
100	33.5	32.5	30.7	28.9	27.2	25.6	24.1	22.8	21.7	20.9
110	21.8	21.5	20.9	19.9	19.0	18.1	17.4	16.7	16.0	15.7
120	15.8	15.8	15.4	14.9	14.3	13.8	13.3	12.9	12.5	12.3
130	12.3	12.2	12.0	11.7	11.5	11.2	11.0	10.8	10.6	10.5
140	10.2	10.1	10.0	9.90	9.78	9.65	9.57	9.45	9.33	9.02
150	8.75	8.73	8.66	8.63	8.57	8.53	8.46	8.40	8.35	8.34
160	7.88	7.88	7.88	7.88	7.87	7.87	7.87	7.87	7.86	7.86
170	7.53	7.53	7.53	7.53	7.53	7.53	7.53	7.53	7.53	7.53
180	7.43	7.43	7.43	7.43	7.43	7.43	7.43	7.43	7.43	7.43
深度—53.7 m,太阳高度—56.6°										
0	202	202	202	202	202	202	202	202	202	202
10	219	218	212	205	194	184	173	163	157	155
20	194	192	180	168	156	143	132	123	116	113
30	139	137	130	120	110	98.8	89.8	82.7	77.6	75.5
40	88.7	87.2	82.9	77.0	70.7	3.69	58.2	53.3	49.9	48.6
50	52.7	52.3	50.1	47.1	43.7	39.6	36.2	33.4	31.2	30.0
60	32.0	31.2	29.6	27.4	25.1	23.1	21.3	19.9	18.8	18.4
70	17.8	17.6	16.9	16.0	14.9	13.8	12.8	12.0	11.4	11.2
80	10.3	10.2	9.87	9.32	8.80	8.28	7.82	7.48	7.14	7.02
90	6.27	6.17	5.98	5.70	5.50	5.27	5.06	4.87	4.67	4.58
100	4.00	3.98	3.91	3.78	3.63	3.49	3.37	3.26	3.18	3.17
110	2.67	2.65	2.63	2.60	1.54	2.46	2.41	2.34	2.31	2.30
120	1.99	1.98	1.97	1.94	1.91	1.86	1.82	1.79	1.79	1.75
130	1.54	1.53	1.53	1.52	1.51	1.48	1.41	1.46	1.45	1.44
140	1.30	1.30	1.30	1.29	1.28	1.28	1.28	1.27	1.27	1.27
150	1.16	1.16	1.16	1.15	1.15	1.15	1.15	1.15	1.15	1.15
160	1.05	1.05	1.05	1.05	1.05	1.05	1.05	1.05	1.05	1.05
170	1.00	1.00	1.00	1.00	1.00	1.00	1.00	1.00	1.00	1.00
180	0.990	0.990	0.990	0.990	0.990	0.990	0.990	0.990	0.990	0.990
深度—66.1 m,太阳高度—56.6°										
0	28.8	28.8	28.8	28.8	28.8	28.8	28.8	28.8	28.8	28.8
10	29.8	29.6	29.2	28.4	27.7	26.9	26.1	25.3	24.5	24.1
20	26.1	25.7	24.7	23.8	22.8	21.6	20.6	19.6	18.9	18.5
30	19.7	19.3	18.5	17.5	16.5	15.6	14.6	13.8	13.1	12.8

续表

倾角 θ /(°)	方位角 φ/(°)									
	0	20	40	60	80	100	120	140	160	180
40	12.7	12.4	11.9	11.3	10.6	10.1	9.44	8.87	8.41	8.19
50	7.64	7.54	7.20	6.83	6.46	6.09	5.70	5.40	5.14	5.01
60	4.43	4.34	4.18	3.98	3.78	3.58	3.38	3.20	3.08	2.98
70	2.46	2.44	2.37	2.29	2.20	2.11	2.01	1.92	1.86	1.81
80	1.43	1.42	1.39	1.35	1.29	1.25	1.19	1.14	1.11	1.09
90	0.858	0.855	0.839	0.817	0.788	0.757	0.727	0.700	0.677	0.661
100	0.531	0.525	0.518	0.506	0.496	0.482	0.468	0.453	0.445	0.439
110	0.357	0.355	0.349	0.342	0.334	0.325	0.317	0.311	0.305	0.301
120	0.252	0.250	0.247	0.244	0.241	0.239	0.235	0.233	0.231	0.226
130	0.186	0.184	0.184	0.181	0.180	0.179	0.177	0.175	0.173	0.172
140	0.146	0.145	0.145	0.144	0.144	0.143	0.142	0.141	0.141	0.139
150	0.124	0.124	0.124	0.122	0.122	0.121	0.121	0.120	0.120	0.120
160	0.108	0.108	0.108	0.108	0.108	0.108	0.108	0.108	0.108	0.108
170	0.100	0.100	0.100	0.100	0.100	0.100	0.100	0.100	0.100	0.100
180	0.097 5	0.097 5	0.097 5	0.097 5	0.097 5	0.097 5	0.097 5	0.097 5	0.097 5	0.097 5

表 24-23 阴天相对辐亮度分布

倾角 θ /(°)	方位角 φ/(°)									
	0	20	40	60	80	100	120	140	160	180
深度—6.1 m，太阳高度—40.0°										
0	321 000	321 000	321 000	321 000	321 000	321 000	321 000	321 000	321 000	321 000
10	343 000	342 000	338 000	332 000	325 000	319 000	311 000	306 000	302 000	300 000
20	327 000	326 000	321 000	312 000	302 000	290 000	281 000	272 000	267 000	265 000
30	277 000	275 000	268 000	258 000	243 000	229 000	216 000	207 000	202 000	200 000
40	199 000	196 000	189 000	179 000	167 000	152 000	141 000	132 000	127 000	126 000
50	96 800	957 00	92 500	87 300	81 700	74 900	69 500	65 900	63 600	62 900
60	53 500	52 800	51 100	48 800	45 600	42 800	39 700	37 500	36 100	35 400
70	32 500	32 100	31 300	30 000	28 200	26 100	24 100	22 800	21 900	21 600
80	20 000	19 700	19 100	18 300	17 100	15 800	14 700	13 900	13 500	13 400
90	12 600	12 400	12 000	11 500	10 800	9 950	9 170	8 710	8 380	8 310
100	8 060	7 980	7 780	7 490	7 080	6 640	6 190	5 860	5 670	5 620
110	5 620	5 580	5 450	5 250	4 970	4 670	4 390	4 180	4 050	4 010
120	4 130	4 080	3 990	3 850	3 700	3 500	3 330	3 200	3 120	3 090
130	8 200	3 190	3 150	3 070	2 970	2 860	2 740	2 630	2 570	2 550
140	2 650	2 640	2 590	2 540	2 480	2 390	2 300	2 240	2 190	2 180
150	2 300	2 290	2 280	2 250	2 200	2 150	2 090	2 040	2 000	1 980
160	2 070	2 070	2 060	2 030	2 000	1 960	1 910	1 890	1 890	1 880
170	1 860	1 860	1 860	1 860	1 860	1 860	1 860	1 860	1 860	1 860
180	1 830	1 830	1 830	1 830	1 830	1 830	1 830	1 830	1 830	1 830

续表

倾角 θ /(°)	方位角 φ/(°)									
	0	20	40	60	80	100	120	140	160	180
	深度—18.3 m,太阳高度—40.0°									
0	26 800	26 800	26 800	26 800	26 800	26 800	26 800	26 800	26 800	26 800
10	27 500	27 400	27 200	26 900	26 600	26 000	25 200	24 600	24 100	23 900
20	23 600	23 400	23 000	22 500	21 900	21 000	20 100	19 400	18 800	18 600
30	17 500	17 400	17 200	16 800	16 200	15 400	14 400	13 400	12 900	12 600
40	11 900	11 800	11 600	11 100	10 600	9 800	9 080	8 460	8 040	7 860
50	7 520	7 460	7 310	7 090	6 750	6 250	5 710	5 240	4 880	4 720
60	4 600	4 540	4 440	4 280	4 070	3 740	3 440	3 230	3 050	2 970
70	2 780	2 750	2 690	2 590	2 450	2 300	2 130	1 990	1 910	1 860
80	1 650	1 640	1 590	1 550	1 470	1 380	1 280	1 220	1 160	1 150
90	1 040	1 020	995	948	892	830	784	745	722	713
100	645	638	627	603	583	557	533	514	502	500
110	454	449	439	426	409	391	378	366	357	356
120	334	331	324	315	302	289	280	272	268	265
130	258	255	250	243	235	228	218	214	209	209
140	206	205	202	198	193	188	185	182	179	179
150	176	175	174	170	167	164	162	161	161	160
160	156	156	156	155	152	151	150	149	147	147
170	145	145	145	145	145	145	145	145	145	145
180	141	141	141	141	141	141	141	141	141	141
	深度—30.5 m,太阳高度—40.0°									
0	2 430	2 430	2 430	2 430	2 430	2 430	2 430	2 430	2 430	2 430
10	2 500	2 490	2 470	2 430	2 380	2 310	2 210	2 120	2 070	2 030
20	2 190	2 170	2 130	2 080	2 010	1 910	1 790	1 680	1 600	1 570
30	1 690	1 670	1 640	1 600	1 550	1 420	1 300	1 180	1 090	1 050
40	1 150	1 130	1 090	1 050	998	927	840	757	702	676
50	688	683	670	649	629	596	544	498	466	453
60	413	409	400	389	375	358	332	302	284	275
70	254	252	247	240	231	217	203	189	178	173
80	153	151	148	144	136	130	221	114	110	108
90	93.9	93.4	91.3	88.6	85.2	81.1	75.9	72.3	69.7	68.4
100	61.2	60.7	59.7	57.9	56.0	53.4	50.6	48.3	46.4	45.3
110	42.9	42.7	41.8	40.7	39.3	37.8	35.8	34.2	33.3	32.7
120	31.1	30.9	30.5	29.8	29.1	28.1	27.2	26.3	25.8	25.4
130	23.8	23.7	23.5	23.1	22.8	22.2	21.6	21.2	21.0	20.9
140	20.4	20.3	20.0	19.8	19.5	19.0	18.4	18.1	17.6	17.5
150	18.1	18.0	17.8	17.5	17.3	16.9	16.7	16.5	16.3	16.3

续表

倾角 θ /(°)	方位角 φ/(°)									
	0	20	40	60	80	100	120	140	160	180
160	16.2	16.1	16.1	16.1	16.0	15.8	15.5	15.3	15.2	15.2
170	14.9	14.9	14.9	14.9	14.9	14.9	14.9	14.9	14.9	14.9
180	14.8	14.8	14.8	14.8	14.8	14.8	14.8	14.8	14.8	14.8
深度—42.8 m,太阳高度—40.0°										
0	250	250	250	250	250	250	250	250	250	250
10	254	252	250	247	242	239	233	227	223	221
20	229	226	223	216	209	201	190	182	176	174
30	175	173	167	161	155	146	138	131	125	123
40	119	117	113	109	104	99.1	92.5	87.4	83.9	82.6
50	76.0	74.9	73.4	70.4	67.0	63.6	59.8	56.9	54.7	53.8
60	45.7	45.3	44.0	42.6	40.8	39.1	38.2	36.6	35.4	34.9
70	27.6	27.2	26.6	25.9	24.9	24.0	22.9	22.0	21.2	20.9
80	16.8	16.6	16.2	15.8	15.4	14.7	14.1	13.6	13.2	13.1
90	10.5	10.4	10.1	9.87	9.55	9.21	8.87	8.58	8.38	8.20
100	6.82	6.78	6.61	6.48	6.28	6.06	5.82	5.61	5.40	5.35
110	4.66	4.63	4.55	4.46	4.36	4.24	4.08	3.95	3.86	3.82
120	3.46	3.42	3.39	3.33	3.27	3.16	3.08	3.02	2.96	2.94
130	2.67	2.66	2.65	2.61	2.58	2.52	2.45	2.39	2.34	2.32
140	2.22	2.22	2.20	2.16	2.13	2.10	2.06	2.01	1.99	1.97
150	1.93	1.93	1.93	1.92	1.91	1.89	1.88	1.86	1.83	1.82
160	1.76	1.76	1.76	1.76	1.76	1.76	1.76	1.76	1.76	1.76
170	1.67	1.67	1.67	1.67	1.67	1.67	1.67	1.67	1.67	1.67
180	1.65	1.65	1.65	1.65	1.65	1.65	1.65	1.65	1.65	1.65
深度—55.0 m,太阳高度—40.0°										
0	29.6	29.6	29.6	29.6	29.6	29.6	29.6	29.6	29.6	29.6
10	29.9	29.7	29.3	28.8	28.2	27.6	27.0	26.5	25.9	25.7
20	24.7	24.6	24.0	23.4	22.8	22.2	21.5	20.9	20.5	20.4
30	18.8	18.5	18.1	17.7	17.3	16.6	16.0	15.4	14.9	14.6
40	13.0	12.8	12.6	12.3	11.9	11.6	11.2	10.8	10.5	10.4
50	8.11	8.00	7.86	7.72	7.54	7.32	7.07	6.86	6.69	6.61
60	4.99	4.96	4.85	4.76	4.64	4.55	4.42	4.28	4.19	4.17
70	3.00	2.98	2.93	2.87	2.81	2.75	2.69	2.63	2.59	2.56
80	1.90	1.88	1.84	1.82	1.78	1.75	1.71	1.67	1.65	1.63
90	1.19	1.18	1.16	1.15	1.12	1.09	1.07	1.05	1.04	1.03
100	0.765	0.761	0.749	0.736	0.723	0.708	0.689	0.678	0.665	0.661
110	0.512	0.509	0.503	0.495	0.488	0.481	0.469	0.460	0.452	0.449
120	0.363	0.360	0.358	0.355	0.352	0.346	0.341	0.337	0.333	0.331

续表

倾角 θ /(°)	方位角 φ/(°)									
	0	20	40	60	80	100	120	140	160	180
130	0.273	0.272	0.271	0.268	0.266	0.264	0.259	0.256	0.254	0.253
140	0.215	0.215	0.214	0.213	0.210	0.208	0.206	0.204	0.203	0.203
150	0.181	0.181	0.181	0.181	0.181	0.181	0.181	0.181	0.181	0.181
160	0.158	0.158	0.158	0.158	0.158	0.158	0.158	0.158	0.158	0.158
170	0.146	0.146	0.146	0.146	0.146	0.146	0.146	0.146	0.146	0.146
180	0.143	0.143	0.143	0.143	0.143	0.143	0.143	0.143	0.143	0.143

图 24-26 描绘了在太阳垂直面内，辐亮度随深度的变化，水质是地中海的清洁水，收集器的分辨率为 1.3°，太阳的天顶角和深度在图上一起标出。

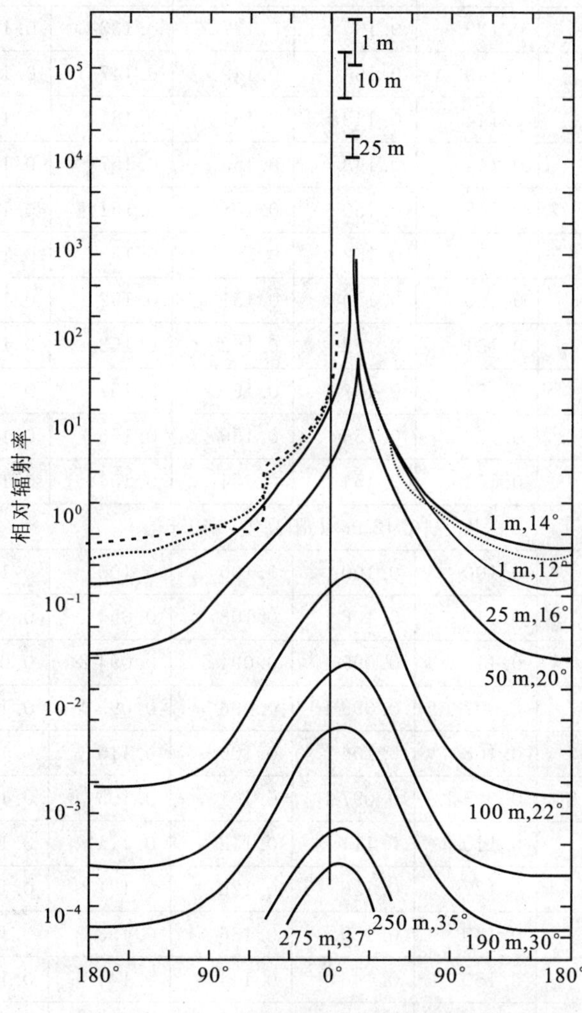

图 24-26　在太阳垂直面内辐射率随深度的变化

(七)特定方向的辐亮度实测值

特定方向的辐亮度可从多个深度的辐亮度值计算得到，从表 24-24 和表 24-25 中可以看出水下辐亮度的增减情况。图 24-27 画出了 3 个特定方向的相对辐亮度随深度的变化情况。

表 24-24 晴天特定方向的辐亮度

倾角 θ /(°)	方位角 φ/(°)									
	0	20	40	60	80	100	120	140	160	180
深度—7.33 m，太阳高度—56.6°										
0	0.076 4	0.076 4	0.076 4	0.076 4	0.076 4	0.076 4	0.076 4	0.076 4	0.076 4	0.076 4
10	0.110	0.101	0.089 6	0.087 9	0.086 3	0.084 6	0.084 6	0.067 6	0.062 7	0.060 7
20	0.127	0.125	0.105	0.090 9	0.082 4	0.080 4	0.078 4	0.076 4	0.071 2	0.067 9
30	0.185	0.136	0.106	0.095 8	0.094 2	0.092 5	0.093 2	0.094 2	0.091 9	0.088 6
40	0.106	0.117	0.112	0.105	0.106	0.111	0.117	0.122	0.126	0.131
50	0.091 2	0.075 1	0.068 2	0.067 9	0.073 8	0.081 7	0.091 2	0.094 5	0.091 9	0.094 2
60	0.115	0.094 8	0.079 1	0.079 4	0.090 6	0.100	0.106	0.110	0.109	0.111
70	0.104	0.101	0.103	0.106	0.114	0.119	0.124	0.125	0.125	0.121
80	0.134	0.130	0.124	0.129	0.135	0.137	0.133	0.138	0.136	0.133
90	0.150	0.149	0.147	0.149	0.150	0.149	0.147	0.143	0.138	0.134
100	0.156	0.155	0.150	0.144	0.148	0.151	0.161	0.149	0.147	0.144
110	0.155	0.154	0.147	0.144	0.148	0.155	0.157	0.158	0.156	0.155
120	0.154	0.152	0.150	0.147	0.150	0.158	0.151	0.163	0.163	0.161
130	0.158	0.157	0.153	0.151	0.152	0.150	0.153	0.153	0.155	0.155
140	0.154	0.153	0.150	0.150	0.149	0.151	0.152	0.153	0.155	0.155
150	0.152	0.151	0.151	0.151	0.152	0.152	0.153	0.153	0.155	0.154
160	0.157	0.157	0.157	0.157	0.157	0.157	0.157	0.157	0.156	0.156
170	0.156	0.156	0.156	0.156	0.156	0.156	0.156	0.156	0.156	0.156
180	0.154	0.154	0.154	0.154	0.154	0.154	0.154	0.154	0.154	0.154
深度—10.42 m，太阳高度—56.6°										
0	0.100	0.100	0.100	0.100	0.100	0.100	0.100	0.100	0.100	0.100
10	0.121	0.119	0.113	0.110	0.106	0.103	0.099 1	0.095 8	0.093 9	0.092 5
20	0.197	0.160	0.131	0.110	0.099 4	0.094 5	0.094 2	0.095 8	0.096 8	0.096 1
30	0.246	0.152	0.125	0.107	0.099 1	0.096 5	0.099 4	0.103	0.107	0.108
40	0.151	0.140	0.121	0.108	0.106	0.109	0.115	0.126	0.125	0.127
50	0.122	0.114	0.098 8	0.095 1	0.097 1	0.101	0.105	0.110	0.114	0.177
60	0.125	0.115	0.110	0.110	0.111	0.112	0.114	0.119	0.119	0.122
70	0.131	0.131	0.131	0.127	0.126	0.125	0.131	0.129	0.130	0.129
80	0.148	0.146	0.142	0.140	0.139	0.136	0.133	0.136	0.137	0.137
90	0.154	0.155	0.153	0.150	0.146	0.144	0.144	0.144	0.146	0.145
100	0.160	0.158	0.155	0.151	0.151	0.151	0.151	0.151	0.151	0.150
110	0.162	0.160	0.157	0.155	0.154	0.153	0.155	0.155	0.154	0.154
120	0.163	0.160	0.158	0.156	0.157	0.157	0.158	0.158	0.157	0.157
130	0.161	0.159	0.157	0.157	0.157	0.156	0.157	0.157	0.158	0.158
140	0.160	0.159	0.158	0.158	0.158	0.159	0.159	0.159	0.159	0.158
150	0.159	0.159	0.159	0.158	0.159	0.158	0.159	0.159	0.159	0.159

续表

倾角 θ /(°)	方位角 φ/(°)									
	0	20	40	60	80	100	120	140	160	180
160	0.160	0.161	0.161	0.159	0.161	0.161	0.162	0.163	0.163	0.163
170	0.162	0.162	0.162	0.162	0.162	0.162	0.162	0.162	0.162	0.162
180	0.162	0.162	0.162	0.162	0.162	0.162	0.162	0.162	0.162	0.162
深度—16.58 m,太阳高度—56.6°										
0	0.123	0.123	0.123	0.123	0.123	0.123	0.123	0.123	0.123	0.123
10	0.147	0.145	0.139	0.133	0.127	0.123	0.118	0.115	0.115	0.115
20	0.214	0.178	0.154	0.136	0.125	0.117	0.115	0.114	0.115	0.115
30	0.243	0.178	0.152	0.136	0.125	0.119	0.116	0.117	0.119	0.120
40	0.164	0.160	0.148	0.136	0.128	0.125	0.125	0.126	0.129	0.131
50	0.150	0.145	0.136	0.127	0.121	0.118	0.119	0.121	0.125	0.128
60	0.152	0.147	0.141	0.135	0.130	0.127	0.124	0.126	0.129	0.131
70	0.153	0.152	0.150	0.144	0.140	0.137	0.136	0.135	0.136	0.137
80	0.160	0.160	0.157	0.153	0.149	0.146	0.142	0.142	0.142	0.142
90	0.164	0.164	0.160	0.157	0.153	0.150	0.148	0.147	0.148	0.149
100	0.165	0.164	0.162	0.159	0.156	0.154	0.153	0.152	0.152	0.152
110	0.165	0.164	0.162	0.152	0.156	0.156	0.156	0.155	0.156	0.156
120	0.162	0.162	0.162	0.160	0.159	0.158	0.159	0.159	0.160	0.160
130	0.161	0.161	0.161	0.160	0.160	0.160	0.160	0.160	0.160	0.160
140	0.161	0.161	0.161	0.161	0.161	0.160	0.160	0.161	0.161	0.161
150	0.161	0.161	0.161	0.161	0.161	0.161	0.161	0.161	0.161	0.161
160	0.161	0.162	0.162	0.162	0.162	0.163	0.163	0.163	0.163	0.163
170	0.163	0.163	0.163	0.163	0.163	0.163	0.163	0.163	0.163	0.163
180	0.163	0.163	0.163	0.163	0.163	0.163	0.163	0.163	0.163	0.163
深度—29.0 m,太阳高度—56.6°										
0	0.152	0.152	0.152	0.152	0.152	0.152	0.152	0.152	0.152	0.152
10	0.174	0.172	0.167	0.160	0.154	0.148	0.143	0.141	0.140	0.140
20	0.216	0.192	0.176	0.163	0.153	0.145	0.140	0.137	0.136	0.137
30	0.232	0.201	0.178	0.164	0.154	0.146	0.141	0.137	0.137	0.136
40	0.136	0.188	0.176	0.164	0.155	0.148	0.142	0.136	0.136	0.136
50	0.182	0.180	0.175	0.164	0.154	0.147	0.140	0.138	0.136	0.136
60	0.178	0.175	0.171	0.163	0.156	0.150	0.146	0.144	0.142	0.142
70	0.175	0.173	0.168	0.164	0.159	0.154	0.148	0.147	0.146	0.145
80	0.176	0.175	0.172	0.167	0.162	0.158	0.154	0.151	0.149	0.148
90	0.177	0.175	0.171	0.167	0.163	0.159	0.155	0.153	0.151	0.151
100	0.172	0.172	0.171	0.167	0.163	0.160	0.157	0.156	0.155	0.155
110	0.172	0.171	0.169	0.166	0.164	0.162	0.159	0.158	0.158	0.158
120	0.168	0.168	0.167	0.165	0.164	0.162	0.161	0.161	0.161	0.161

续表

倾角θ /(°)	方位角φ/(°)									
	0	20	40	60	80	100	120	140	160	180
130	0.166	0.166	0.165	0.165	0.164	0.163	0.162	0.161	0.161	0.161
140	0.165	0.164	0.164	0.164	0.163	0.163	0.162	0.161	0.162	0.163
150	0.164	0.164	0.164	0.164	0.163	0.163	0.163	0.162	0.162	0.162
160	0.164	0.164	0.164	0.164	0.163	0.163	0.163	0.162	0.162	0.162
170	0.163	0.163	0.163	0.163	0.163	0.163	0.163	0.163	0.163	0.163
180	0.163	0.163	0.163	0.163	0.163	0.163	0.163	0.163	0.163	0.163
深度—41.3m,太阳高度—56.6°										
0	0.156	0.156	0.156	0.156	0.156	0.156	0.156	0.156	0.156	0.156
10	0.169	0.166	0.163	0.159	0.157	0.155	0.153	0.151	0.149	0.148
20	0.191	0.179	0.170	0.163	0.158	0.154	0.151	0.148	0.145	0.144
30	0.200	0.185	0.172	0.164	0.158	0.155	0.152	0.149	0.146	0.144
40	0.191	0.183	0.174	0.166	0.161	0.157	0.154	0.150	0.145	0.143
50	0.185	0.181	0.174	0.168	0.163	0.159	0.155	0.149	0.144	0.141
60	0.180	0.177	0.172	0.167	0.164	0.160	0.156	0.151	0.147	0.144
70	0.178	0.175	0.170	0.167	0.163	0.158	0.157	0.153	0.149	0.147
80	0.176	0.173	0.170	0.167	0.164	0.161	0.158	0.155	0.152	0.149
90	0.174	0.173	0.171	0.168	0.165	0.161	0.158	0.155	0.152	0.151
100	0.173	0.171	0.169	0.166	0.164	0.162	0.162	0.157	0.155	0.154
110	0.172	0.171	0.169	0.166	0.165	0.163	0.161	0.159	0.157	0.157
120	0.170	0.170	0.167	0.165	0.164	0.163	1.161	0.160	0.158	0.158
130	0.168	0.168	0.166	0.165	0.164	0.163	0.162	0.161	0.160	0.160
140	0.167	0.166	0.165	0.164	0.164	0.163	0.162	0.162	0.161	0.160
150	0.165	0.165	0.164	0.164	0.163	0.162	0.162	0.161	0.161	0.160
160	0.164	0.164	0.163	0.163	0.163	0.162	0.162	0.162	0.162	0.162
170	0.163	0.163	0.163	0.163	0.163	0.163	0.163	0.163	0.163	0.163
180	0.163	0.163	0.163	0.163	0.163	0.163	0.163	0.163	0.163	0.163
深度—53.7m,太阳高度—56.6°										
0	0.156	0.156	0.156	0.156	0.156	0.156	0.156	0.156	0.156	0.156
10	0.163	0.161	0.159	0.157	0.156	0.155	0.154	0.153	0.153	0.152
20	0.168	0.166	0.163	0.160	0.157	0.154	0.153	0.151	0.149	0.148
30	0.168	0.166	0.163	0.160	0.157	0.154	0.152	0.149	0.147	0.146
40	0.170	0.168	0.164	0.161	0.158	0.155	0.152	0.150	0.147	0.146
50	0.169	0.167	0.165	0.162	0.159	0.157	0.154	0.151	0.148	0.147
60	0.170	0.169	0.166	0.162	0.159	0.156	0.153	0.150	0.147	0.146
70	0.169	0.168	0.166	0.162	0.159	0.156	0.154	0.150	0.148	0.147
80	0.166	0.165	0.163	0.161	0.159	0.157	0.155	0.154	0.151	0.150
90	0.165	0.164	0.163	0.163	0.161	0.158	0.157	0.156	0.155	0.155

续表

倾角 θ /(°)	方位角 φ/(°)									
	0	20	40	60	80	100	120	140	160	180
100	0.167	0.166	0.165	0.163	0.161	0.160	0.159	0.158	0.157	0.156
110	0.166	0.165	0.165	0.164	0.163	0.162	0.162	0.161	0.160	0.159
120	0.167	0.167	0.167	0.166	0.165	0.164	0.163	0.162	0.161	0.161
130	0.169	0.168	0.169	0.168	0.168	0.168	0.167	0.167	0.166	0.166
140	0.172	0.172	0.171	0.171	0.171	0.171	0.171	0.170	0.170	0.169
150	0.172	0.172	0.172	0.172	0.172	0.172	0.172	0.172	0.172	0.171
160	0.174	0.174	0.174	0.174	0.174	0.174	0.174	0.174	0.174	0.174
170	0.175	0.175	0.175	0.175	0.175	0.175	0.175	0.175	0.175	0.175
180	0.176	0.176	0.176	0.176	0.176	0.176	0.176	0.176	0.176	0.176
深度—59.9 m,太阳高度—56.6°										
0	0.157	0.157	0.157	0.157	0.157	0.157	0.157	0.157	0.157	0.157
10	0.161	0.161	0.160	0.160	0.157	0.156	0.153	0.151	0.150	0.150
20	0.162	0.162	0.160	0.158	0.155	0.153	0.150	0.149	0.147	0.147
30	0.158	0.159	0.158	0.156	0.153	0.149	0.147	0.145	0.144	0.143
40	0.157	0.157	0.157	0.156	0.150	0.149	0.147	0.145	0.144	0.144
50	0.156	0.157	0.157	0.156	0.155	0.151	0.149	0.147	0.146	0.145
60	0.159	0.159	0.158	0.155	0.153	0.151	0.149	0.148	0.146	0.147
70	0.159	0.159	0.159	0.157	0.155	0.153	0.150	0.148	0.147	0.147
80	0.159	0.159	0.158	0.156	0.155	0.153	0.152	0.152	0.150	0.150
90	0.160	0.159	0.158	0.157	0.157	0.157	0.157	0.157	0.156	0.157
100	0.163	0.163	0.163	0.162	0.161	0.160	0.159	0.159	0.159	0.160
110	0.162	0.163	0.163	0.164	0.164	0.164	0.164	0.163	0.164	0.164
120	0.167	0.167	0.168	0.168	0.167	0.166	0.165	0.165	0.164	0.166
130	0.171	0.171	0.172	0.172	0.172	0.171	0.172	0.172	0.172	0.172
140	0.177	0.178	0.178	0.178	0.178	0.178	0.178	0.178	0.178	0.179
150	0.181	0.181	0.181	0.181	0.181	0.182	0.182	0.183	0.183	0.182
160	0.184	0.184	0.184	0.184	0.184	0.184	0.184	0.184	0.184	0.184
170	0.187	0.187	0.187	0.187	0.187	0.187	0.187	0.187	0.187	0.187
180	0.188	0.188	0.188	0.188	0.188	0.188	0.188	0.188	0.188	0.188

表 24-25 阴天特定方向的辐亮度

倾角 θ /(°)	方位角 φ/(°)									
	0	20	40	60	80	100	120	140	160	180
深度—12.2m,太阳高度—40.0°										
0	0.204	0.204	0.204	0.204	0.204	0.204	0.204	0.204	0.204	0.204
10	0.207	0.207	0.206	0.206	0.205	0.206	0.206	0.207	0.207	0.207
20	0.215	0.216	0.216	0.215	0.214	0.215	0.216	0.217	0.218	0.218
30	0.226	0.226	0.225	0.224	0.222	0.222	0.223	0.224	0.224	0.226

续表

倾角 θ /(°)	方位角 φ/(°)									
	0	20	40	60	80	100	120	140	160	180
40	0.230	0.230	0.228	0.228	0.226	0.225	0.225	0.225	0.226	0.227
50	0.209	0.209	0.208	0.206	0.204	0.204	0.205	0.208	0.210	0.212
60	0.201	0.201	0.200	0.199	0.198	0.200	0.200	0.201	0.203	0.203
70	0.201	0.201	0.201	0.201	0.200	0.199	0.199	0.200	0.200	0.201
80	0.204	0.203	0.204	0.202	0.201	0.200	0.200	0.200	0.201	0.201
90	0.204	0.204	0.204	0.204	0.204	0.203	0.201	0.201	0.201	0.201
100	0.207	0.207	0.206	0.206	0.205	0.203	0.201	0.199	0.199	0.198
110	0.206	0.206	0.206	0.206	0.205	0.203	0.201	0.200	0.199	0.199
120	0.206	0.206	0.205	0.205	0.205	0.204	0.203	0.202	0.201	0.201
130	0.206	0.207	0.207	0.208	0.208	0.207	0.207	0.205	0.205	0.205
140	0.209	0.209	0.208	0.209	0.209	0.208	0.206	0.206	0.205	0.205
150	0.210	0.210	0.210	0.211	0.211	0.210	0.209	0.208	0.206	0.206
160	0.211	0.211	0.211	0.210	0.210	0.209	0.208	0.208	0.209	0.208
170	0.209	0.209	0.209	0.209	0.209	0.209	0.209	0.209	0.209	0.209
180	0.209	0.209	0.209	0.209	0.209	0.209	0.209	0.209	0.209	0.209
深度—18.3m,太阳高度—40.0°										
0	0.200	0.200	0.200	0.200	0.200	0.200	0.200	0.200	0.200	0.200
10	0.201	0.202	0.201	0.201	0.201	0.202	0.203	0.204	0.204	0.205
20	0.205	0.205	0.205	0.205	0.205	0.206	0.207	0.208	0.209	0.210
30	0.208	0.208	0.208	0.208	0.207	0.208	0.209	0.212	0.214	0.215
40	0.211	0.211	0.211	0.210	0.210	0.208	0.210	0.211	0.212	0.214
50	0.202	0.202	0.201	0.201	0.199	0.198	0.199	0.200	0.201	0.202
60	0.199	0.199	0.199	0.198	0.197	0.196	0.196	0.197	0.198	0.199
70	0.198	0.198	0.198	0.198	0.197	0.196	0.196	0.196	0.197	0.197
80	0.199	0.199	0.199	0.198	0.198	0.197	0.196	0.197	0.196	0.197
90	0.200	0.200	0.200	0.199	0.198	0.197	0.196	0.196	0.196	0.196
100	0.199	0.199	0.199	0.199	0.198	0.197	0.197	0.196	0.197	0.197
110	0.199	0.199	0.199	0.199	0.198	0.197	0.197	0.197	0.196	0.197
120	0.200	0.200	0.199	0.199	0.198	0.197	0.196	0.196	0.196	0.196
130	0.200	0.200	0.200	0.200	0.199	0.198	0.198	0.197	0.196	0.196
140	0.199	0.199	0.198	0.198	0.198	0.197	0.197	0.197	0.197	0.197
150	0.198	0.198	0.198	0.198	0.198	0.198	0.197	0.197	0.196	0.196
160	0.198	0.198	0.198	0.197	0.197	0.197	0.196	0.196	0.197	0.197
170	0.197	0.197	0.197	0.197	0.197	0.197	0.197	0.197	0.197	0.197
180	0.196	0.196	0.196	0.196	0.196	0.196	0.196	0.196	0.196	0.196
深度—30.5m,太阳高度—40.0°										
0	0.191	0.191	0.191	0.191	0.191	0.191	0.191	0.191	0.191	0.191
10	0.192	0.192	0.192	0.192	0.192	0.192	0.191	0.192	0.191	0.191

续表

倾角θ /(°)	方位角φ/(°) 0	20	40	60	80	100	120	140	160	180
20	0.189	0.190	0.190	0.190	0.190	0.190	0.191	0.191	0.191	0.191
30	0.188	0.189	0.189	0.190	0.190	0.190	0.189	0.189	0.190	0.189
40	0.188	0.189	0.189	0.189	0.189	0.188	0.187	0.187	0.186	0.186
50	0.188	0.188	0.188	0.188	0.188	0.187	0.186	0.185	0.183	0.183
60	0.188	0.188	0.188	0.188	0.188	0.186	0.184	0.183	0.182	0.182
70	0.188	0.189	0.188	0.188	0.187	0.186	0.185	0.184	0.184	0.183
80	0.187	0.188	0.187	0.187	0.186	0.185	0.184	0.183	0.183	0.183
90	0.188	0.187	0.187	0.186	0.185	0.184	0.183	0.182	0.182	0.182
100	0.186	0.185	0.186	0.185	0.185	0.184	0.184	0.184	0.185	0.185
110	0.187	0.187	0.186	0.186	0.185	0.185	0.185	0.185	0.185	0.185
120	0.186	0.187	0.186	0.186	0.183	0.184	0.184	0.184	0.183	0.184
130	0.186	0.186	0.185	0.185	0.184	0.184	0.183	0.183	0.183	0.184
140	0.185	0.185	0.185	0.185	0.184	0.184	0.183	0.184	0.184	0.184
150	0.184	0.184	0.184	0.183	0.182	0.182	0.182	0.182	0.183	0.183
160	0.183	0.183	0.183	0.183	0.182	0.182	0.182	0.181	0.181	0.181
170	0.182	0.182	0.182	0.182	0.182	0.182	0.182	0.182	0.182	0.182
180	0.182	0.182	0.182	0.182	0.182	0.182	0.182	0.182	0.182	0.182
深度—42.8m,太阳高度—40.0°										
0	0.180	0.180	0.180	0.180	0.180	0.180	0.180	0.180	0.180	0.180
10	0.181	0.181	0.181	0.181	0.181	0.181	0.180	0.179	0.179	0.179
20	0.183	0.183	0.183	0.183	0.183	0.182	0.181	0.179	0.178	0.177
30	0.184	0.184	0.184	0.184	0.184	0.182	0.180	0.177	0.175	0.175
40	0.183	0.183	0.182	0.182	0.181	0.179	0.176	0.174	0.172	0.171
50	0.181	0.182	0.182	0.181	0.181	0.180	0.177	0.175	0.173	0.173
60	0.180	0.180	0.180	0.180	0.179	0.178	0.176	0.174	0.172	0.171
70	0.181	0.181	0.181	0.181	0.180	0.178	0.177	0.175	0.173	0.172
80	0.179	0.179	0.179	0.178	0.177	0.176	0.174	0.172	0.172	0.171
90	0.178	0.178	0.178	0.178	0.177	0.176	0.174	0.173	0.172	0.171
100	0.179	0.179	0.179	0.178	0.178	0.177	0.175	0.174	0.173	0.172
110	0.181	0.181	0.181	0.180	0.179	0.178	0.177	0.177	0.176	0.175
120	0.182	0.182	0.182	0.181	0.180	0.180	0.179	0.178	0.178	0.177
130	0.183	0.183	0.182	0.182	0.182	0.181	0.181	0.181	0.180	0.180
140	0.186	0.186	0.186	0.185	0.185	0.185	0.184	0.183	0.183	0.182
150	0.188	0.188	0.188	0.187	0.187	0.186	0.185	0.185	0.184	0.184
160	0.190	0.189	0.189	0.189	0.189	0.188	0.188	0.187	0.187	0.187
170	0.190	0.190	0.190	0.190	0.190	0.190	0.190	0.190	0.190	0.190
180	0.190	0.190	0.190	0.190	0.190	0.190	0.190	0.190	0.190	0.190

续表

倾角 θ /(°)	方位角 φ/(°)									
	0	20	40	60	80	100	120	140	160	180
深度—48.9m，太阳高度—40.0°										
0	0.175	0.175	0.175	0.175	0.175	0.175	0.175	0.175	0.175	0.175
10	0.175	0.175	0.175	0.176	0.176	0.177	0.176	0.176	0.176	0.176
20	0.182	0.181	0.182	0.182	0.181	0.180	0.178	0.177	0.175	0.175
30	0.182	0.183	0.182	0.181	0.179	0.178	0.176	0.175	0.174	0.174
40	0.180	0.181	0.179	0.178	0.177	0.175	0.173	0.171	0.170	0.170
50	0.183	0.183	0.183	0.181	0.179	0.177	0.175	0.173	0.172	0.172
60	0.181	0.181	0.180	0.179	0.178	0.176	0.176	0.175	0.175	0.174
70	0.182	0.181	0.181	0.180	0.179	0.177	0.175	0.174	0.172	0.172
80	0.178	0.178	0.178	0.177	0.176	0.174	0.172	0.172	0.170	0.171
90	0.178	0.178	0.177	0.176	0.176	0.174	0.173	0.172	0.171	0.170
100	0.179	0.179	0.178	0.178	0.177	0.176	0.175	0.173	0.171	0.171
110	0.181	0.181	0.180	0.180	0.179	0.178	0.177	0.176	0.175	0.175
120	0.185	0.184	0.184	0.183	0.183	0.182	0.180	0.180	0.179	0.179
130	0.187	0.187	0.187	0.187	0.186	0.185	0.184	0.183	0.182	0.181
140	0.192	0.192	0.191	0.190	0.190	0.189	0.189	0.189	0.187	0.186
150	0.194	0.194	0.194	0.193	0.193	0.192	0.192	0.190	0.190	0.189
160	0.198	0.198	0.198	0.198	0.198	0.198	0.198	0.198	0.198	0.198
170	0.200	0.200	0.200	0.200	0.200	0.200	0.200	0.200	0.200	0.200
180	0.201	0.201	0.201	0.201	0.201	0.201	0.201	0.201	0.201	0.201

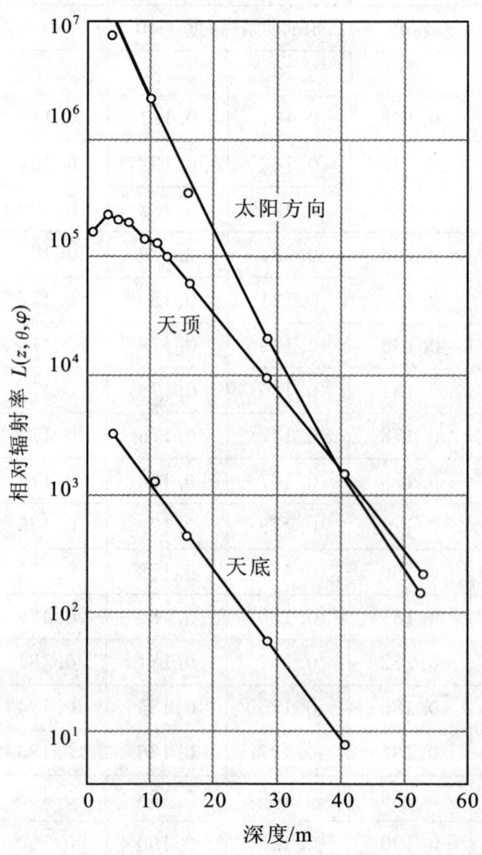

图 24-27 3 个特定方向的相对辐射率随深度的变化关系

(八)单位长度准直光的透射率

透射率 $T=N_r/N_0=L_r/L_0=e^{cr}$,式中 N_r 是光束在水中通过路程 r 后所测光束的辐射率,N_0 是光束的初始辐射率,L_r 是准直光通过路程 r 时所得的辐亮度,L_0 是路程开始时的输入辐亮度。实际测量时,要使检测系统的孔径光阑略大于入射系统的出瞳,这样可以不进行折射率校正。这种折射率校正在下述两种情况是必要的:在空气中和在水中比较测量,并且使后向散射能尽可能小。

虽然杂散光会给测量带来很大的误差,但是在长波范围内所给出的总衰减系数值仍然是可靠的,因为在长波范围内吸收占优势。对于短波,散射的影响会越来越显著,杂散光给测量带来很大的误差,测得的衰减系数永远低于实际值。

理论上,$c=a+b$,所以吸收系数 a 不能大于总衰减系数 c(表 24-26 至表 24-29)。

表 24-26　总衰减系数 *c*　　单位:m^{-1}

λ/nm	蒸馏水	近海	海湾	λ/nm	蒸馏水	近海	海湾
400	…	0.394		560	0.053	0.210	0.323
410	…	0.360		570	0.066	0.223	0.323
420	…	0.331	0.805	580	0.074	0.248	0.331
430	…	0.298	0.705	590	0.120	0.264	0.365
440	…	0.270	0.628	600	0.197	0.291	0.429
450	0.040	0.255	0.556	610	0.243	0.351	0.465
460	0.036	0.234	0.512	620	0.265	0.387	0.476
470	0.036	0.220	0.475	630	0.280	0.399	0.488
480	0.0365	0.213	0.447	640	0.292	0.414	0.500
490	0.037	0.206	0.419	650	0.308	0.425	0.518
500	0.038	0.201	0.388	660	0.335	0.448	0.542
510	0.039	0.200	0.368	670	0.375	0.479	0.563
520	0.040	0.199	0.351	680	0.406	0.510	0.589
530	0.042	0.199	0.337	690	0.467	0.565	0.630
540	0.044	0.200	0.331	700	0.576	0.625	
550	0.047	0.203	0.323				

表 24-27　吸收系数 *a*　　单位:m^{-1}

λ/nm	蒸馏水	人造海水	λ/nm	蒸馏水	人造海水
400	0.058		600	0.272	0.265
410	0.047		605	0.293	0.289
420	0.038		610	0.293	0.299
430	0.040		615	0.300	0.301
440	0.032		620	0.309	0.317
450	0.033		625	0.305	0.317
580	0.109	0.133	630	0.320	0.312
585	0.119	0.146	635	0.325	0.320
590	0.172	0.167	640	0.334	0.326
595	0.214	0.208	645	0.339	0.336

续表

λ/nm	蒸馏水	人造海水	λ/nm	蒸馏水	人造海水
650	0.351	0.357	715	1.114	1.107
655	0.387	0.389	720	1.375	1.372
660	0.407	0.405	725	1.756	1.759
665	0.419	0.419	730	2.309	2.308
670	0.425	0.422	735	2.608	2.600
675	0.438	0.432	740	2.698	2.729
680	0.447	0.450	745	2.712	2.753
685	0.467	0.474	750	2.683	2.698
690	0.511	0.501	755	2.696	2.714
695	0.569	0.570	760	2.685	2.727
700	0.648	0.647	770	2.519	2.540
705	0.750	0.745	780	2.346	2.376
710	0.904	0.908	790	2.052	2.097

表 24-28 原始总衰减系数值(巴哈马群岛,大洋舌,1971 年 7 月)

喇滕滤光片号	98	45	61	21	25
峰值波长 / nm	450	495	530	580	611
半宽度 / nm	51	52	95	47	33
深度/ m	总衰减系数 c/m^{-1}				
5	0.105	0.111	0.145	0.235	0.355
10	0.105	0.113	0.148	0.235	0.355
20	0.111	0.116	0.150	0.236	0.355
50	0.116	0.111	0.140	0.234	0.350
100	0.083	0.078	0.112	0.202	0.320
200	0.061	0.052	0.089	0.180	0.301
240	0.059	0.051	0.089	0.180	0.301

表 24-29 8 个水域的总衰减系数值 c/m^{-1}

(光学半宽度 95 nm,峰值波长 529 nm;巴哈马群岛,大洋舌,1971 年 7 月)

深度 / m	水域							
	1	2	3	4	5	6	7	8
1	0.148	0.151	0.140	0.140	0.163	0.211	0.143	0.149
5	0.148	0.149	0.140	0.140	0.160	0.198	0.151	0.163
10	0.148	0.149	0.142	0.151	0.160	0.198	0.151	0.165
20	0.151	0.151	0.143	0.151	0.154	…	0.154	0.150
40	0.147	0.143	0.140	0.140	0.137	…	0.151	0.147
60	0.143	0.137	0.138	0.139	0.142	…	0.138	0.159
100	0.116	0.122	0.117	0.116	0.105	…	0.124	0.110
250	0.089	0.083	0.084	0.087	0.084	…	0.083	0.084
同时在几处测得 K_d/m^{-1}			0.058	0.056	…	…	0.064	

(九)水平面辐照度和漫射衰减系数

自1922年以来,向下平面辐照度(面向天顶时) E_d 和向上平面辐照度(面向天底时) E_u,一直是海洋学者感兴趣的课题;并且海洋学和湖沼学的文献里有着丰富的数据,这些数据通常是用下式计算的:

$$E_{z_2} = E_{z_1} e^{-K\Delta Z} \tag{24-128}$$

很多早期的测试设备,既不能测出真实的辐照度,也不能给出单色谱线,所以很多数据的可用性受到限制,在引用这些数据时要小心仔细。1969年以来,水下光学测试仪器的研制取得很大的进展,因而测量的精确性大大提高。

表24-30列出了3种自然水的光谱辐照度漫射衰减系数 K_d、K_u 的值。根据这些数值和光谱辐照度,就可以近似计算水下一定深度的光谱辐照度,由于 K_d 和光场的辐亮度分布关系密切,而且事实上辐亮度的分布又随深度变化,所以,即便是在均匀的海水里,任何波长下的 K_d 都随光学深度变化。这个效应,靠近水面区域影响最大。对于辐照度的精确预测,必须知道 K_d 的准确值。

表24-30 光谱辐照度漫射衰减系数 K_d、K_u(光谱分辨率5.6 nm)

λ/nm	火山湖 K_d/m^{-1}	巴扎德湾 K_u/m^{-1}	南塔克特浅滩 K_d/m^{-1}	λ/nm	火山湖 K_d/m^{-1}	巴扎德湾 K_u/m^{-1}	南塔克特浅滩 K_d/m^{-1}
357				484	0.036 8	0.258	0.189 3
362	0.050 4	0.611*	0.534	488	0.037 9	0.249	0.180 7
367	0.047 9	0.624	0.519	493	0.039 3	0.245	0.181 5
371	0.048 1	0.618	0.495	498	0.042 0	0.244	0.167 9
376	0.041 0	0.607	0.451	503	0.044 6	0.220	0.162 4
381	0.042 5	0.601	0.425	508	0.051 2	0.217	0.170 1
386	0.039 1	0.566	0.470	513	0.055 5	0.216	0.162 6
391	0.039 4	0.545	0.371	518	0.057 0	0.214	0.159 7
396	0.039 2	0.530	0.351	523	0.058 0	0.203	0.159 9
401	0.038 5	0.504	0.336	527	0.060 2	0.199 3	0.157 0
406	0.038 7	0.500	0.325	532	0.062 9	0.189 6	0.146 5
411	0.038 6	0.491	0.321	537	0.065 5	0.187 2	0.152 7
416	0.037 7	0.472	0.305	542	0.067 4	0.186 7	0.151 7
420	0.037 5	0.457	0.288	547	0.072 5	0.186 3	0.147 4
425	0.037 1	0.444	0.290	552	0.074 8	0.183 3	0.141 8
430	0.036 6	0.422	0.289	557	0.078 5	0.173 0	0.136 7
435	0.037 9	0.407	0.288	561	0.081 6	0.169 2	0.138 3
440	0.036 3	0.391	0.273	566	0.085 0	0.164 6	0.131 5
445	0.036 5	0.372	0.252	571	0.091 2	0.161 5	0.136 6
450	0.035 6	0.350	0.261	576	0.101 6	0.180 7	0.155 8
455	0.035 8	0.337	0.246	581	0.112 4	0.166 4*	0.182 3
459	0.035 4	0.325	0.236	586	0.125 6	0.207	0.196 5
464	0.035 3	0.307	0.231	591	0.136 0	0.237	0.226
469	0.035 2	0.294	0.207	596	0.169 9	0.280	0.251
474	0.035 6	0.280	0.210	601	0.194 3	0.344	0.317
479	0.036 2	0.270	0.1958	605	0.204	0.379	0.337

续表

λ/nm	火山湖 K_d/m^{-1}	巴扎德湾 K_u/m^{-1}	南塔克特浅滩 K_d/m^{-1}	λ/nm	火山湖 K_d/m^{-1}	巴扎德湾 K_u/m^{-1}	南塔克特浅滩 K_d/m^{-1}
610	0.206	0.382	0.342	668	0.471	0.436	0.540
615	0.208	0.393	0.350	673	0.496	0.395	0.550
620	0.221	0.399	0.359	678	0.500	0.383	0.549
624	0.230	…	0.367	683	0.544	0.410	0.555
629	0.306	0.422	0.370	687	0.580	0.465	0.582
634	0.321	0.435	0.379	692	0.676	0.492	0.615
639	0.350	0.432	0.403	697	0.700	0.646*	0.651
644	0.383	0.449	0.415	702	0.832	0.548*	0.704
649	0.395	0.454	0.443	707	0.884	0.754	0.780
654	0.453	0.456*	0.445	712	0.997*	1.050*	0.815
658	0.447	0.496	0.493	716	1.507*	…	1.023*
663	0.463	0.494	0.514	721	…	…	0.877*

注:①火山湖位于北纬 43°56′,西经 122°05′,数据是从深度 1.5～98.6 m 中 9 个测点数的平均值,1969 年 7 月 20 日测定。②巴扎德湾位于北纬 41°30′,西经 70°50′,数据是从深度 0.2～4.7 m 之间水团测出,1969 年 8 月 13 日测定。③南塔克特岛浅滩位于北纬 41°23′,西经 69°31′,这些数据是从深度 1.5～8.5 m 之间的水团测出。* 有争议。

(十)辐照度反射比(反射比函数)

表 24-31 列出了 2 个地区的光谱辐照度反射比。由于边界效应的影响,辐照度反射比越接近水面越大。

表 24-31　2 个典型水域的光谱辐照度反射比(光谱分辨率为 5.6 nm)

λ/nm	加利福尼亚湾[①]	火山湖[②]	λ/nm	加利福尼亚湾[①]	火山湖[②]
362	…	0.079 8	455	0.015 8	0.054 2
367	0.011 0	0.081 2	459	0.015 4	0.054 2
371	0.011 0	0.081 4	464	0.016 2	0.052 3
376	0.011 3	0.081 0	469	0.017 1	0.048 9
381	0.011 2	0.083 0	474	0.017 9	0.046 0
386	0.011 7	0.081 8	479	0.017 1	0.042 9
391	0.011 7	0.084 2	484	0.019 8	0.040 6
396	0.011 8	0.086 0*	488	0.019 6	0.036 4
401	0.012 8	0.075 0*	493	0.019 3	0.032 5
406	0.012 1	0.078 5*	498	0.017 4	0.026 7
411	0.012 2	0.072 5	503	0.016 6	0.024 4
416	0.012 4	0.072 3	508	0.015 7	0.019 2
420	0.012 5	0.071 0	513	0.014 3	0.016 2
425	0.012 2	…	518	0.014 4	0.015 3
430	0.012 9	0.067 6	523	0.014 2	0.013 9
435	0.013 7	0.063 0	527	0.014 0	0.013 2
440	0.012 8	0.059 8	532	0.014 6	0.011 9
445	0.014 2	0.056 8	537	0.013 2	0.011 1
450	0.014 5	0.055 0	542	0.012 50	0.009 70

续表

λ/nm	加利福尼亚湾①	火山湖②	λ/nm	加利福尼亚湾①	火山湖②
547	0.011 20	0.009 24	610	0.002 18	0.001 73
552	0.009 84	0.008 54	615	0.001 99	0.001 61
557	0.010 40	0.008 08	620	0.002 06	0.001 47
561	0.009 58	0.007 35	624	0.002 25	0.001 41
566	0.010 00	0.006 61	629	0.001 95	0.001 17
571	0.008 89	0.005 53	634	0.001 77	0.001 03
576	0.008 43	0.005 52	639	0.001 46	0.000 99
581	0.005 84	0.003 93	644	0.000 85*	0.001 06
586	0.005 75	0.003 15	649	0.000 56*	0.000 67*
591	0.004 49	0.003 38	654	0.000 15*	0.000 59*
596	0.003 89	0.002 61	658	…	0.000 45*
601	0.002 95	0.002 02	663	…	0.000 35*
605	0.002 73	0.001 96	668	…	0.000 16*

注：①加利福尼亚湾位于北纬 28°41′，西经 112°16′，表中给出了 5 m 深处所反射的白昼光辐照度水样分析。

深度/m	叶绿素浓度 $C/(mg\cdot m^{-3})$	总色素/$(mg\cdot m^{-3})$	悬浮物/$(mg\cdot m^{-3})$
2	0.451	0.524	850
8	0.611	0.655	616

②火山湖位于北纬 43°56′，西经 122°05′，表中给出了 6 m 深处所反射的白昼光辐照度。

*有争议。

(十一)分布函数

1959 年泰勒等人，1962 年泰勒和普勒森多费尔(Preisendorfer)，已根据辐亮度的分布算出了分布因子(表 24-32)。但是这些数据还不系统，还不能用于各种水型。

表 24-32　分布函数(爱荷华州，彭德奥赖利湖(1962 年)年光学半宽为 64 nm，峰值透射率为 480 nm)

深度/m	R_∞	D_d	D_u	K_d/m^{-1}
阴天				
6.1	0.022 1	1.29	2.77	0.216
18.3	0.025 0	1.33	2.82	0.206
30.5	0.026 6	1.33	2.77	0.189
42.8	0.027 9	1.34	2.79	0.180
55.0	0.025 8	1.34	2.94	0.178
晴天				
4.24	0.021 5	1.247	2.704	0.129
10.4	0.018 4	1.288	2.727	0.153
16.6	0.020 4	1.291	2.778	0.174
29.0	0.022 7	1.313	2.781	0.169
41.3	0.023 5	1.315	2.757	0.165
53.7	0.023 4	1.307	2.763	0.158
66.1	0.019 0	1.308	3.647	0.154

1971 年，泰勒等人得到了几种水源的净水实验数据，并且对净水水型的其余光学性质计算出了与理论值相吻合的数据(表 24-33)。

表 24-33 净水的光学数据

λ/nm	R	K_d /m^{-1}	c/m^{-1}	a/m^{-1}	b/ m^{-1}	D_d	D_u
λ=550 nm，分子散射=0.002 1 m^{-1}，粒子散射=0.032 9 m^{-1}							
360	0.3500×10^{-1}	0.069 7	0.088 91	0.044 34	0.044 56	1.333 23	2.524 31
370	0.5646×10^{-1}	0.065 0	0.084 51	0.041 33	0.043 18	1.341 79	2.514 11
380	0.5796×10^{-1}	0.062 5	0.081 61	0.039 47	0.042 14	1.345 97	2.511 12
390	0.5903×10^{-1}	0.060 0	0.078 89	0.037 68	0.041 21	1.349 85	2.511 04
400	0.5946×10^{-1}	0.059 0	0.077 44	0.037 00	0.040 44	1.350 31	2.508 65
410	0.5802×10^{-1}	0.058 0	0.076 31	0.036 57	0.039 74	1.347 92	2.514 89
420	0.5601×10^{-1}	0.057 0	0.075 31	0.036 20	0.039 11	1.344 75	2.524 36
430	0.5350×10^{-1}	0.056 5	0.074 77	0.036 24	0.038 52	1.339 76	2.534 69
440	0.5051×10^{-1}	0.056 0	0.074 41	0.036 34	0.038 06	1.334 13	2.548 93
450	0.4649×10^{-1}	0.055 7	0.074 32	0.036 74	0.037 57	1.325 90	2.568 77
460	0.4250×10^{-1}	0.055 8	0.074 63	0.037 44	0.037 19	1.316 87	2.589 41
470	0.3851×10^{-1}	0.056 5	0.075 45	0.038 61	0.036 84	1.306 37	2.609 73
480	0.3448×10^{-1}	0.057 0	0.076 22	0.039 68	0.036 53	1.295 83	2.634 64
490	0.2900×10^{-1}	0.058 2	0.077 90	0.041 62	0.036 27	1.280 02	2.673 52
500	0.2300×10^{-1}	0.062 0	0.081 88	0.045 89	0.035 99	1.257 28	2.715 34
510	0.1698×10^{-1}	0.069 5	0.089 36	0.053 58	0.035 77	1.228 03	2.759 45
520	0.1400×10^{-1}	0.073 5	0.093 49	0.057 91	0.035 57	1.212 30	2.791 28
530	0.1200×10^{-1}	0.078 0	0.097 84	0.092 50	0.035 33	1.199 18	2.809 99
540	0.9999×10^{-2}	0.082 0	0.101 96	0.066 82	0.035 13	1.186 37	2.839 41
550	0.8492×10^{-2}	0.088 8	0.108 53	0.073 53	0.035 00	1.173 12	2.852 64
560	0.7293×10^{-2}	0.069 0	0.115 46	0.080 61	0.035 85	1.161 21	2.862 34
570	0.5896×10^{-2}	0.110 0	0.128 92	0.094 18	0.034 74	1.144 12	2.865 50
580	0.4499×10^{-2}	0.133 0	0.151 09	0.116 51	0.034 57	1.123 46	2.861 01
590	0.3299×10^{-2}	0.173 0	0.189 92	0.155 42	0.034 50	1.100 20	2.843 29
600	0.2100×10^{-2}	0.243 0	0.258 63	0.224 24	0.034 38	1.075 41	2.823 85
610	0.1701×10^{-2}	0.275 0	0.290 39	0.256 11	0.034 28	1.067 09	2.826 94
620	0.1449×10^{-2}	0.302 0	0.317 22	0.283 03	0.034 19	1.061 35	2.828 92
630	0.1159×10^{-2}	0.331 0	0.346 36	0.312 25	0.034 11	1.055 52	2.843 51
640	0.8599×10^{-2}	0.360 0	0.375 87	0.341 81	0.034 05	1.049 83	2.873 63
650	0.6204×10^{-2}	0.390 0	0.411 35	0.377 36	0.033 99	1.044 29	2.904 58

续表

λ/nm	R	K_d /m^{-1}	c/m^{-1}	a/m^{-1}	b/ m^{-1}	D_d	D_u
660	0.4002×10^{-2}	0.4300	0.44720	0.41328	0.03392	1.09885	2.95613
670	0.2201×10^{-2}	0.4700	0.48835	0.45449	0.03386	1.03322	3.03189
680	0.1029×10^{-2}	0.5050	0.52474	0.49094	0.03379	1.02819	3.13872
690	0.4499×10^{-4}	0.5500	0.57092	0.53714	0.03377	1.02373	3.24978
700	0.1700×10^{-4}	0.6300	0.65181	0.61812	0.03368	1.01913	3.36059
λ= 550 nm，分子散射=0.00421 m^{-1}，粒子散射=0.0308 m^{-1}							
360	0.5299×10^{-1}	0.0687	0.09743	0.04366	0.05376	1.35357	2.57219
370	0.5654×10^{-1}	0.0650	0.09208	0.04073	0.05135	1.36091	2.55711
380	0.5794×10^{-1}	0.0625	0.08827	0.03896	0.04931	1.36323	2.55023
390	0.5898×10^{-1}	0.0600	0.08474	0.03725	0.04748	1.36535	2.54625
400	0.5949×10^{-1}	0.0590	0.08247	0.03661	0.04586	1.36431	2.53957
410	0.5804×10^{-1}	0.0580	0.08071	0.03622	0.04448	1.36040	2.59283
420	0.5599×10^{-1}	0.0570	0.07912	0.03591	0.04321	1.35563	2.54951
430	0.5346×10^{-1}	0.0565	0.07803	0.03599	0.04204	1.34918	2.55716
440	0.5050×10^{-1}	0.0550	0.07726	0.03611	0.04114	1.34245	2.56914
450	0.4648×10^{-1}	0.0557	0.07676	0.03654	0.04022	1.33304	2.58682
460	0.4253×10^{-1}	0.0558	0.07667	0.03726	0.03941	1.32290	2.60488
470	0.3850×10^{-1}	0.0565	0.07717	0.03846	0.03871	1.31136	2.62359
480	0.3453×10^{-1}	0.0570	0.07762	0.03955	0.03807	1.30001	2.64610
490	0.2898×10^{-1}	0.0582	0.07903	0.04152	0.03750	1.28313	2.68376
500	0.2298×10^{-1}	0.0620	0.08279	0.04581	0.03698	1.25971	2.72419
510	0.1699×10^{-1}	0.0695	0.09000	0.05350	0.03649	1.22977	2.76590
520	0.1899×10^{-1}	0.0735	0.09394	0.05785	0.03608	1.21348	2.79626
530	0.1198×10^{-1}	0.0780	0.09815	0.06246	0.03569	1.19993	2.81383
540	0.1000×10^{-1}	0.0820	0.00210	0.06680	0.03529	1.18675	2.84087
550	0.8492×10^{-2}	0.0888	0.00853	0.07353	0.03500	1.17312	2.85264
560	0.7302×10^{-2}	0.0960	0.01533	0.08063	0.03469	1.16094	2.86038
570	0.5900×10^{-2}	0.1100	0.12870	0.09422	0.03447	1.14361	2.86245
580	0.4499×10^{-2}	0.1330	0.15077	0.11659	0.03418	1.12275	2.85689
590	0.3247×10^{-2}	0.1730	0.18952	0.15555	0.03396	1.09933	2.83809
600	0.2098×10^{-2}	0.2430	0.25817	0.22442	0.03374	1.07456	2.81817
610	0.1701×10^{-2}	0.2750	0.28990	0.25632	0.03357	1.06624	2.82053
620	0.1451×10^{-2}	0.3020	0.31668	0.28326	0.03341	1.06049	2.82183

续表

λ/nm	R	K_d/m^{-1}	c/m^{-1}	a/m^{-1}	b/ m^{-1}	D_d	D_u
630	0.116 0×10^{-2}	0.331 0	0.345 77	0.312 50	0.033 27	1.054 65	2.835 85
640	0.859 9×10^{-3}	0.360 0	0.375 19	0.342 11	0.033 07	1.048 91	2.864 81
650	0.619 7×10^{-3}	0.395 0	0.410 62	0.377 68	0.032 94	1.043 40	2.895 27
660	0.399 9×10^{-3}	0.430 0	0.446 43	0.413 60	0.032 82	1.038 03	2.945 93
670	0.220 0×10^{-3}	0.470 0	0.487 53	0.454 81	0.032 71	1.032 48	3.020 68
680	0.102 9×10^{-3}	0.505 0	0.523 83	0.491 27	0.032 56	1.027 51	3.125 34
690	0.449 6×10^{-4}	0.550 0	0.569 97	0.537 46	0.032 50	1.023 13	3.234 91
700	0.169 9×10^{-4}	0.630 0	0.650 81	0.618 43	0.032 38	1.018 62	3.344 02
λ= 550 nm，分子散射=0.008 42 m^{-1}，粒子散射=0.026 6m^{-1}							
360	0.529 5×10^{-1}	0.068 7	0.115 28	0.042 76	0.072 52	1.381 30	2.645 62
370	0.565 0×10^{-1}	0.065 0	0.107 67	0.039 94	0.067 73	1.387 02	2.623 68
380	0.579 9×10^{-1}	0.062 5	0.101 78	0.038 25	0.063 52	1.387 62	2.610 46
390	0.590 0×10^{-1}	0.060 0	0.096 52	0.036 62	0.059 89	1.387 88	2.601 35
400	0.594 5×10^{-1}	0.059 0	0.092 72	0.036 05	0.056 66	1.385 17	2.590 24
410	0.580 1×10^{-1}	0.058 0	0.089 63	0.035 71	0.053 92	1.379 57	2.589 43
420	0.559 9×10^{-1}	0.057 0	0.086 78	0.035 44	0.051 33	1.372 88	2.591 73
430	0.535 3×10^{-1}	0.056 5	0.084 65	0.035 55	0.049 09	1.364 91	2.595 45
440	0.504 8×10^{-1}	0.056 0	0.082 93	0.035 74	0.047 18	1.356 15	2.604 08
450	0.464 6×10^{-1}	0.055 7	0.081 57	0.036 21	0.045 35	1.344 92	2.618 37
460	0.424 8×10^{-1}	0.055 8	0.080 84	0.036 96	0.043 87	1.333 35	2.634 06
470	0.384 9×10^{-1}	0.056 5	0.080 57	0.038 20	0.042 37	1.320 15	2.648 70
480	0.344 9×10^{-1}	0.057 0	0.080 43	0.039 32	0.041 11	1.307 28	2.668 28
490	0.289 8×10^{-1}	0.058 2	0.081 29	0.041 32	0.039 97	1.289 05	2.702 74
500	0.230 0×10^{-1}	0.062 0	0.084 60	0.045 62	0.038 97	1.264 49	2.740 54
510	0.170 0×10^{-1}	0.069 5	0.091 36	0.043 35	0.038 01	1.233 30	2.779 48
520	0.140 0×10^{-1}	0.073 5	0.094 89	0.057 73	0.037 16	1.215 94	2.806 30
530	0.119 9×10^{-1}	0.078 0	0.098 79	0.062 38	0.036 41	1.201 54	2.820 90
540	0.999 3×10^{-2}	0.082 0	0.102 37	0.066 77	0.035 60	1.187 36	2.844 36
550	0.849 2×10^{-2}	0.088 8	0.108 53	0.073 53	0.035 00	1.173 12	2.852 64
560	0.729 4×10^{-2}	0.096 0	0.115 08	0.080 68	0.034 39	1.160 28	2.857 48
570	0.589 9×10^{-2}	0.110 0	0.128 24	0.094 31	0.033 83	1.142 52	2.856 65
580	0.449 8×10^{-2}	0.133 0	0.150 09	0.116 75	0.033 33	1.121 18	2.847 94
590	0.325 1×10^{-2}	0.173 0	0.188 70	0.155 79	0.032 91	1.097 63	2.827 04
600	0.209 9×10^{-2}	0.243 0	0.257 27	0.224 79	0.032 48	1.072 87	2.806 18
610	0.170 0×10^{-2}	0.275 0	0.288 85	0.256 77	0.032 08	1.064 40	2.806 89
620	0.144 9×10^{-2}	0.302 0	0.315 57	0.283 77	0.031 80	1.058 62	2.807 39
630	0.115 9×10^{-2}	0.331 0	0.344 55	0.313 07	0.031 48	1.052 76	2.819 69

续表

λ/nm	R	K_d /m^{-1}	c/m^{-1}	a/m^{-1}	b/ m^{-1}	D_d	D_u
640	0.860 7×10^{-3}	0.360 0	0.373 87	0.342 71	0.031 16	1.047 08	2.847 10
650	0.619 8×10^{-3}	0.395 0	0.409 24	0.378 31	0.030 92	1.041 66	2.876 56
660	0.400 2×10^{-3}	0.430 0	0.444 89	0.414 28	0.030 90	1.036 33	2.924 55
670	0.220 0×10^{-3}	0.470 0	0.485 90	0.455 49	0.030 41	1.030 96	2.997 23
680	0.103 0×10^{-3}	0.505 0	0.522 09	0.491 92	0.030 16	1.026 15	3.098 52
690	0.450 1×10^{-4}	0.550 0	0.568 06	0.538 11	0.029 95	1.021 89	3.203 75
700	0.169 9×10^{-4}	0.630 0	0.648 82	0.619 08	0.029 74	1.017 56	3.309 63
λ= 550 nm，分子散射=0.016 84 m^{-1}，粒子散射=0.018 16 m^{-1}							
360	0.529 5×10^{-1}	0.068 7	0.151 90	0.041 78	0.110 12	1.412 09	2.738 94
370	0.565 1×10^{-1}	0.065 0	0.139 57	0.039 05	0.100 52	1.416 95	2.710 40
380	0.579 4×10^{-1}	0.062 5	0.129 60	0.037 44	0.092 16	1.416 55	2.692 62
390	0.589 9×10^{-1}	0.060 0	0.120 72	0.035 87	0.084 84	1.415 65	2.678 27
400	0.594 9×10^{-1}	0.059 0	0.113 65	0.035 33	0.078 32	1.412 03	2.662 33
410	0.579 8×10^{-1}	0.058 0	0.107 85	0.035 04	0.072 81	1.404 96	2.658 12
420	0.560 0×10^{-1}	0.057 0	0.102 50	0.034 81	0.067 69	1.396 87	2.656 24
430	0.535 2×10^{-1}	0.056 5	0.098 24	0.034 96	0.063 28	1.387 32	2.656 41
440	0.504 9×10^{-1}	0.056 0	0.094 53	0.035 18	0.059 34	1.376 69	2.661 54
450	0.465 1×10^{-1}	0.055 7	0.091 54	0.035 69	0.055 85	1.363 79	2.671 19
460	0.425 4×10^{-1}	0.055 8	0.089 09	0.036 49	0.052 60	1.349 91	2.681 61
470	0.384 6×10^{-1}	0.056 5	0.087 46	0.037 77	0.049 68	1.334 61	2.692 57
480	0.344 2×10^{-1}	0.057 0	0.086 73	0.038 90	0.047 83	1.321 08	2.711 09
490	0.290 1×10^{-1}	0.058 2	0.085 92	0.040 97	0.044 94	1.299 59	2.737 54
500	0.230 1×10^{-1}	0.062 0	0.088 23	0.045 31	0.042 91	1.272 93	2.771 02
510	0.170 0×10^{-1}	0.069 5	0.094 03	0.053 06	0.040 96	1.239 65	2.804 77
520	0.139 9×10^{-1}	0.073 5	0.096 79	0.057 51	0.039 28	1.220 43	2.826 04
530	0.119 9×10^{-1}	0.078 0	0.100 01	0.062 22	0.037 79	1.204 54	2.834 16
540	0.100 0×10^{-1}	0.082 0	0.102 87	0.066 69	0.036 17	1.188 63	2.849 96
550	0.849 2×10^{-2}	0.088 8	0.108 53	0.073 53	0.035 00	1.173 12	2.852 64
560	0.730 2×10^{-2}	0.096 0	0.118 56	0.080 77	0.033 79	1.159 03	2.850 63
570	0.589 9×10^{-2}	0.110 0	0.127 34	0.094 50	0.032 83	1.140 30	2.844 68
580	0.449 8×10^{-2}	0.133 0	0.148 77	0.117 09	0.031 68	1.118 03	2.830 02
590	0.325 1×10^{-2}	0.173 0	0.187 16	0.156 29	0.030 87	1.094 17	2.805 77
600	0.210 1×10^{-2}	0.243 0	0.255 52	0.225 51	0.030 01	1.069 42	2.782 00
610	0.170 0×10^{-2}	0.275 0	0.286 86	0.257 68	0.029 17	1.060 65	2.779 09
620	0.145 1×10^{-2}	0.302 0	0.313 35	0.284 84	0.028 50	1.054 66	2.776 02
630	0.116 0×10^{-2}	0.331 0	0.342 22	0.314 24	0.027 97	1.048 86	2.786 59
640	0.860 3×10^{-3}	0.360 0	0.371 36	0.343 97	0.027 38	1.043 25	2.810 96
650	0.619 8×10^{-3}	0.395 0	0.406 52	0.379 68	0.026 84	1.037 94	2.836 91

续表

λ/nm	R	K_d /m^{-1}	c/m^{-1}	a/m^{-1}	b/ m^{-1}	D_d	D_u
660	0.400 0×10^{-3}	0.430 0	0.441 92	0.415 72	0.026 19	1.032 77	2.880 14
670	0.220 0×10^{-3}	0.470 0	0.482 75	0.459 91	0.026 84	1.027 77	2.948 36
680	0.103 0×10^{-3}	0.505 0	0.518 64	0.493 32	0.025 31	1.023 24	3.041 59
690	0.449 8×10^{-4}	0.550 0	0.564 44	0.539 46	0.024 97	1.019 33	3.139 91
700	0.170 0×10^{-4}	0.630 0	0.644 88	0.620 45	0.024 42	1.015 31	3.235 74

在这个表中，波长为550 nm时的 K_d、R、b 均是实验值。一部分 b 值是按波长的负四次方定律变化，而其余部分的 b 值和波长没有关系。c、a、D_d 和 D_u 都是计算出来的，这时的前提是辐亮度分布要遵从下式：

$$L(\theta,\varphi)=\frac{L\,(90^\circ)}{\left(1+\dfrac{K_d\cos\theta}{c}\right)^{\rho}} \tag{24-129}$$

式中的 ρ 是波长的函数。

四、海水中的能见度[97]

（一）衬度

设有一辐亮度为 L 的物体，相对于一个辐亮度为 L_b 的均匀辐射背景而言，其衬度定义为

$$C=(L-L_b)/L_b \tag{24-130}$$

在水下，由于水对物体辐射的一次或多次散射、日光产生的背景以及视程上的散射，致使物体的衬度降低。设在零距离处观测到物体与背景的辐射功率分别为 L_0 和 L_{b0}，而在距离 r 处观测到的相对辐亮度分别为 L_r 和 L_{br}，则定义固有衬度 C_0 与表观衬度 C_r 分别为

$$C_0=\frac{L_0-L_{b0}}{L_{b0}} \tag{24-131}$$

$$C_r=\frac{L_r-L_{br}}{L_{br}} \tag{24-132}$$

设在深度 Z_t 上有一物体，而在深度为 Z 且相距物体 r 处有一观察者，视程的天顶角为 θ，方位角为 φ，且 $Z-Z_t=r\cos\theta$。日光辐亮度或均匀介质中场辐亮度的衰减由下式给出：

$$\frac{\mathrm{d}L(Z,\theta,\varphi)}{\mathrm{d}r}=-K(Z,\theta,\varphi)L(Z,\theta,\varphi)\cos\theta \tag{24-133}$$

由(24-120)式，场辐亮度的传输方程为

$$\frac{\mathrm{d}L(Z,\theta,\varphi)}{\mathrm{d}r}=-cL(Z,\theta,\varphi)+\overline{L}(Z,\theta,\varphi) \tag{24-134}$$

类似的，对表观目标辐亮度 L_t，有

$$\frac{\mathrm{d}L_t(Z,\theta,\varphi)}{\mathrm{d}r}=-cL_t(Z,\theta,\varphi)+\overline{L}(Z,\theta,\varphi) \tag{24-135}$$

取 K 为常数，结合(24-133)式、(24-134)式和(24-135)式，并在整个视程上积分，可得

$$L_{tr}(Z,\theta,\varphi)=L_{t0}(Z_t,\theta,\varphi)\mathrm{e}^{-cr}+L(Z_t,\theta,\varphi)\mathrm{e}^{-Kr\cos\theta}(1-\mathrm{e}^{-cr+Kr\cos\theta}) \tag{24-136}$$

此式给出固有辐亮度 L_{t0} 与目标表观辐亮度 L_{tr} 之间的关系。其右端第一项来自目标光的衰减，而第二项则表示整个视程中外界散射光造成的增益。

将(24-136)式中的 t 换成 b，得到表示背景散射的类似表达式。

表观目标辐亮度减去表观背景辐亮度，得

$$L_{tr}(Z,\theta,\varphi)-L_{br}(Z,\theta,\varphi)=[L_{t0}(Z_t,\theta,\varphi)-L_{b0}(Z_t,\theta,\varphi)]\mathrm{e}^{-cr} \tag{24-137}$$

(24-137)式指出,目标与背景辐亮度差也遵守光束衰减定律。因子 $e^{-cr} = T$ 为沿视程的射束透射率。

由(24-131)式和(24-132)式可得表观衬度和固有衬度的比:

$$\frac{C_r(Z,\theta,\varphi)}{C_0(Z,\theta,\varphi)} = T_r(Z,\theta,\varphi)\frac{L_{b0}(Z_t,\theta,\varphi)}{L_{br}(Z_t,\theta,\varphi)} \tag{24-138}$$

利用(24-136)式和(24-137)式消去表观目标与背景辐亮度,可得

$$\frac{C_0(Z_t,\theta,\varphi)}{C_r(Z,\theta,\varphi)} = 1 - \frac{L(Z_t,\theta,\varphi)}{L_{b0}(Z_t,\theta,\varphi)}\left[1 - e^{cr-K(Z,\theta,\varphi)r\cos\theta}\right] \tag{24-139}$$

(24-138)式和(24-139)式都是普遍适用的。对于深水中的物体,其固有背景辐亮度可认为与场辐亮度相等,即 $L(Z_t,\theta,\varphi) = L_{b0}(Z_t,\theta,\varphi)$,于是(24-139)式化为

$$\frac{C_r(Z,\theta,\varphi)}{C_0(Z_t,\theta,\varphi)} = e^{-cr+K(Z,\theta,\varphi)r\cos\theta} \tag{24-140}$$

对水平视程,$\cos\theta = 0$,从而上式化为

$$\frac{C_r\left(Z,\frac{\pi}{2},\varphi\right)}{C_0\left(Z,\frac{\pi}{2},\varphi\right)} = e^{-cr} \tag{24-141}$$

(24-141)式描述了各种目标对衬度的降低规律。

(二)调制传递函数

光束通过水体成像时,水的散射使整个光学系统的分辨率与观测距离都减小。特别是窄光束在水中传播时,其光场结构将发生变化。

水对光的散射性质常用体积散射函数 $\beta(\theta)$ 来表示;而分辨率的降低可用点扩散函数或其傅里叶变换的模(调制传递函数)表示 $F(\nu,r)$,ν 为空间频率,r 为物、像间散射介质的长度。在小角度近似下,$\sin\theta \approx \tan\theta \approx \theta$,调制传递函数与体积散射函数之间有下述变换关系:

$$F(\nu,r) = e^{[Q(\varphi)-\beta_t]} \tag{24-142}$$

其中

$$Q(\varphi) = 2\pi\int_0^{\Theta} u(\theta)J_0(2\pi\psi\theta)d\theta \tag{24-143}$$

$$u(\theta) = \int_0^{\Theta}\beta(t)dt \tag{24-144}$$

$$\beta_t = \int_0^{\Omega}\beta(\theta)d\omega = 2\pi\int_0^{\Theta}\beta(\theta)\sin\theta d\theta \tag{24-145}$$

(24-143)式的反变换为

$$u(\theta) = 2\pi\theta\int\psi Q(\psi)J_0(2\pi\theta\psi)d\psi \tag{24-146}$$

式中,J_0 为第一类 0 阶贝塞尔函数。于是得到从 $F(\nu,r)$ 到 $\beta(\theta)$ 的总变换为

$$\beta(\theta) = -2\pi\frac{\partial}{\partial\theta}\left\{\theta\int_0^{\infty}\frac{\psi}{r}\left[L_nF\left(\frac{\psi}{r},r\right) - L_nF(\infty,r)\right]J_0(2\pi\theta\psi)d\psi\right\} \tag{24-147}$$

式中,β_t 为沿光束每单位长度在一小角度($\leqslant \Theta$)内所散射的总功率;Θ 为使小角近似成立的角度上限;$\psi = \nu r$ 为角空间频率,单位为周/rad。

对于从 r_1 到 $r_2(> r_1)$ 的一个介质层,推广(24-142)式可得

$$F(\nu,r_1,r_2) = e^{-\beta t(r_2-r_1)+\Delta(Qr)} \tag{24-148}$$

式中,$\Delta(Qr) \equiv Q(\nu r_2)r_2 - Q(\nu r_1)r_1$。当介质层很薄时,有 $\Delta(Qr) \equiv Q(\nu r)(r_2 - r_1)$,从而得到

$$F(\nu,r_2 - r_1) = e^{-[\beta t-Q(\nu r)](r_2-r_1)} \tag{24-149}$$

由上式可见,如果测得水的散射性质,则可计算成像分辨率的降低,反之亦然。

（三）光束横向相干性

水下能见度的变化是光散射的结果，而海水对光的散射有两种不同的机制：一是折射率大体与水近似的悬浮粒子与浮游植物的散射；另一种是温度与盐度的变化所致折射率变化引起的散射。描述海水小角度散射的主要参数是悬浮粒子的平均大小、折射率、浓度以及海水折射率变化的特征线度与均方偏差。当光束通过海水传播时，两种不同散射机制对光束横向相干性的影响不同。设光束在海水中传播距离 L 后横向复场的互相干函数为

$$M(\rho) = \langle U(r_1)U^*(r_2)\rangle \tag{24-150}$$

式中，r_1 和 r_2 为距光源 L 处垂直于传播方向平面上的 2 个矢径，而 $\rho = r_2 - r_1$ 。在某些简化假设下可得到悬浮粒子散射引起的 $M(\rho)$ 为

$$\begin{aligned} M(\rho) &= |U_0|^2 \mathrm{e}^{-2L/L_1(1-\mathrm{e}^{-\rho^2/D^2})} \qquad (24\text{-}151)\\ &\rightarrow |U_0|^2 \mathrm{e}^{-2L\rho^2/L_1 D)}, \qquad \text{当 } \rho \ll D \text{ 时}\\ &\rightarrow |U_0|^2 \mathrm{e}^{-2L/L_1)}, \qquad \text{当 } \rho \gg D \text{ 时} \end{aligned}$$

式中，U_0 为常数，D 为悬浮粒子的线度，L_1 为单次散射的平均自由程。而由折射率变化引起的具有形式

$$M(\rho) = |U_0|^2 \langle \mathrm{e}^{\mathrm{i}[K_x(x_2-x_1)+K_y(y_1-y_2)]}\rangle = |U_0|^2 \langle \mathrm{e}^{\mathrm{i}Kx(x_2-x_1)}\rangle\langle \mathrm{e}^{\mathrm{i}Ky(y_1-y_2)}\rangle \tag{24-152}$$

式中，K_x 、K_y 为波矢分量。

设观察时间足够长，从而时间平均等价于系综平均，再由各向同性假定，$\overline{K_x^2} = \overline{K_y^2} = K^2\,\overline{\theta^2}/2$ 以及 $\rho^2 = (x_2 - x_1)^2 + (y_2 - y_1)^2$ ，完成平均后得

$$M(\rho) = |U_0|^2 \mathrm{e}^{-(\rho^2 K^2 \overline{\Delta n}^2 L/4a)} \tag{24-153}$$

式中，$\overline{\Delta n^2}$ 为均方折射率变化，a 为折射率变化的特征长度。

由上可知，如果由实验测得 $M(\rho)$ ，则可确定是哪种散射机制起支配作用。

参考文献

[1] Mobley C D. Light and Water: Radiative Transfer in Natural Waters[M]. San Diego: Academic Press, 1994: 592

[2] Preisendorfer R W. Hydrologic Optics[M]. 6 volumes. U. S. Dept. of Commerce, NOAA, Pacific Marine Environmental Lab., Seattle. Available from National Technical Information Service 5285 Port Royal Road. Springfield, Virginia 22161, 1976: 1757

[3] Morel A, Smith R. Terminology and Units in Optical Oceanography[J]. Marine Geodesy, 1982, 5 (4): 335

[4] Højerslev N. A Spectral Light Absorption Meter for Measurements in the Sea[J]. Limnol. Oceanogr, 1975, 20 (6): 1024

[5] Morel A, Smith R C. Relation Between Total Quanta and Total Energy for Aquatic Photosynthesis[J]. Limnol. Oceanogr, 1974, 19 (4): 591

[6] Morel A. Light and Marine Photosynthesis: A Spectral Model with Geochemical and Climatological Implications[J]. Prog. Oceanogr, 1991, 26: 263

[7] Kirk J T O. The Upwelling Light Stream in Natural Waters[J]. Limnol. Oceanogr, 1989, 34 (8): 1410

[8] Kirk J T O. Light and Photosynthesis in Aquatic Ecosystems[M]. New York: Cambridge Univ. Press, 1983:410

[9] Preisendorfer R W, Mobley C D. Theory of Fluorescent Irradiance Fields in Natural Waters[J]. J. Geophys. Res., 1988, 93 (D9): 10831

[10] Smith R C, Baker K. The Bio-Optical State of Ocean Waters and Remote Sensing[J]. Limnol. Oceanogr, 1978, 23 (2): 247

[11] Gordon H. Can the Lambert-Beer Law be Applied to the Diffuse Attenuation Coefficient of Ocean Water? [J]. Limnol. Oceanogr, 1989, 34 (8): 1389

[12] Suttle C A, Chan A M, Cottrell M T. Infection of Phytoplankton by Viruses and Reduction of Primary Productivity[J].

Nature，1990，347：467

[13] Koike I，Hara S，Terauchi K，Kogure K. Role of Submicrometer Particles in the Ocean[J]. Nature，1990，345：242

[14] Wells M L，Goldberg E D. Occurrence of Small Colloids in Sea Water[J]. Nature，1991，353：342

[15] Spinrad R W，Glover H，Ward B B，Codispoti L A，Kullenberg G. Suspended Particle and Bacterial Maxima in Peruvian Coastal Water During a Cold Water Anomaly[J]. Deep-Sea Res.，1989，36 (5)：715

[16] Morel A，Ahn Y-H. Optical Efficiency Factors of Free-Living Marine Bacteria：Influence of Bacterioplankton upon the Optical Properties and Particulate Organic Carbon in Oceanic Waters[J]. J. Marine Res.，1990，48：145

[17] Stramski D，Kiefer D A. Light Scattering by Microorganisms in the Open Ocean[J]. Prog. Oceanogr，1991，28：343

[18] Alldredge A，Silver M W. Characteristics，Dynamics and Significance of Marine Snow[J]. Prog. Oceanogr，1988，20：41

[19] Carder K L，Steward R G，Betzer P R，Johnson D L，Prospero J M. Dynamics and Composition of Particles from an Aeolian Input Event to the Sargasso Sea[J]. J. Geophys. Res.，1986，91(D1)：1055

[20] Balch W M，Holligan P M，Ackleson S G，Voss K J. Biological and Optical Properties of Mesoscale Coccolithophore Blooms in the Gulf of Maine[J]. Limnol. Oceanogr，1991，36 (4)：629

[21] Bader H. The Hyperbolic Distribution of Particle Sizes[J]. J. Geophys. Res.，1970，75(15)：2822

[22] McCave I N. Particulate Size Spectra，Behavior，and Origin of Nepheloid Layers over the Nova Scotian Continental Rise [J]. J. Geophys. Res.，1983，88(C12)：7647

[23] Lambert C E，Jehanno C，Silverberg N，Brun-Cottan J C，Chesselet R. Log-Normal Distributions of Suspended Particles in the Open Ocean[J]. J. Marine Res.，1981，39(1)：77

[24] Archer D G，Wang P. The Dielectric Constant of Water and Debye-Hückel Limiting Law Slopes[J]. J. Phys. Chem. Ref. Data，1990，19：371

[25] Kerker M. The Scattering of Light and Other Electromagnetic Radiation[M]. New York：Academic Press，1969：666

[26] Zoloratev V M，Demin A V. Optical Constants of Water over a Broad Range of Wavelengths，0.1～1 m[J]. Opt. Spectrosc. (USSR) Aug.，1977，43(2)：157

[27] Austin R W，Halikas G. The Index of Refraction of Seawater. SIO ref. no. 76-1[M]. Scripps Inst. Oceanogr.，San Diego，1976，121

[28] Millard R C，Seaver G. An Index of Refraction Algorithm over Temperature，Pressure，Salinity，Density，and Wavelength[J]. Deep-Sea Res.，1990，37 (12)：1909

[29] Jerlov N G. Marine Optics[M]. Amsterdam：Elsevier，1976：231

[30] Spinrad R W，Brown J F. Relative Real Refractive Index of Marine Micro-Organisms：A Technique for Flow Cytometric Measurement[J]. Appl. Optics，1930，25(2)

[31] Ackleson S G，Spinrad R W，Yentsch C M，Brown J，Korjeff-Bellows W. Phytoplankton Optical Properties：Flow Cytometric Examinations of Dilution-Induced Effects[J]. Appl. Optics，1988，27 (7)：1262

[32] Smith R C，Baker K S. Optical Properties of the Clearest Natural Waters[J]. Appl. Optics，1981，20(2)：177

[33] Bannister T T. Estimation of Absorption Coefficients of Scattering Suspensions Using Opal Glass[J]. Limnol. Oceanogr，1988，33 (4，part 1)：607

[34] Mitchell B G. Algorithms for Determining the Absorption Coefficient of Aquatic Particles Using the Quantitative Filter Technique (QFT)[J]. Ocean Optics X，R. W. Spinrad (ed.)，Proc. SPIE，1990：1302：137

[35] Stramski D. Artifacts in Measuring Absorption Spectra of Phytoplankton Collected on a Filter[J]. Limnol. Oceanogr，1990，35(8)：1804

[36] Zaneveld J R V，Bartz R，Kitchen J C. Reflective-Tube Absorption Meter[J]. Ocean Optics X，R W Spinrad (ed.)，Proc. SPIE，1990，1302：124

[37] Fry E S，Kattawar G W，Pope R M. Integrating Cavity Absorption Meter[J]. Appl. Optics，1992，31(12)：2025

[38] Doss W，Wells W. Radiometer for Light in the Sea[J]. Ocean Optics X，R W Spinrad (ed.)，Proc. SPIE，1990，1302：363

[39] Voss K J. Use of the Radiance Distribution to Measure the Optical Absorption Coefficient in the Ocean[J]. Limnol.

Oceanogr，1989，34 (8)：1614

[40] Sogandares F，Qi Z F，Fry E S. Spectral Absorption of Water[C]. Presentation at the Optical Society of America Annual Meeting，San Jose，Calif.，1991

[41] Pegau W S，Zaneveld J R V. Temperature Dependent Absorption of Water in the Red and Near Infrared Portions of the Spectrum[J]. Limnol. Oceanogr. 1993，38(1)：188

[42] Bricaud A，Morel A，Prieur L. Absorption by Dissolved Organic Matter of the Sea (Yellow Substance) in the UV and Visible Domains[J]. Limnol. Oceanogr，1981，26 (1)：43

[43] Roesler C S，Perry M J，Carder K L. Modeling in situ Phytoplankton Absorption from Total Absorption Spectra in Productive Inland Marine Waters[J]. Limnol. Oceanogr，1989，34(8)：1510

[44] 崔廷伟. 渤海生物光学特性与水色遥感反演[D]. 青岛：中国海洋大学，2006

[45] 朱建华，李铜基. 黄东海非色素颗粒与黄色物质的吸收系数光谱模型研究[J]. 海洋技术，2004，23(2)：7-13

[46] Sathyendranath S，Lazzara L，Prieur L. Variations in the Spectral Values of Specific Absorption of Phytoplankton[J]. Limnol. Oceanogr.，1987，32(2)：403

[47] Morel A. Optical Modeling of the Upper Ocean in Relation to Its Biogenous Matter Content (Case 1 Waters)[J]. J. Geophys. Res.，1988，93(C9)：10749

[48] Iturriaga R，Siegel D. Microphotometric Characterization of Phytoplankton and Detrital Absorption Properties in the Sargasso Sea[J]. Limnol. Oceanogr，1989，34 (8)：1706

[49] 丘仲锋. 东海赤潮高发区水色遥感算法及赤潮遥感监测研究[D]. 青岛：中国科学院研究生院(海洋研究所)，2006

[50] 曹文熙. 珠江口悬浮颗粒物的吸收光谱及其区域模式[J]. 科学通报，2003，48(17)：1876-1882

[51] Morel A，Prieur L. Analysis of Variations in Ocean Color[J]. Limnol. Oceanogr，1977，22(4)：709

[52] Prieur L，Sathyendranath S. An Optical Classification of Coastal and Oceanic Waters Based on the Specific Spectral Absorption Curves of Phytoplankton Pigments，Dissolved Organic Matter，and Other Particulate Materials[J]. Limnol. Oceanogr，1981，26(4)：671

[53] Kopelevich O V. Small-Parameter Model of Optical Properties of Sea Water[M]//Monin A S. Ocean Optics，vol 1，Physical Ocean Optics[M]. Moscow：Nauka Pub.，1983，chap. 8 (in Russian)

[54] Haltrin V I，Kattawar G. Light Fields with Raman Scattering and Fluorescence in Sea Water[R]. Dept. of Physics，Texas A&M Univ.，College Station，1991：74

[55] Yentsch C S. The Influence of Phytoplankton Pigments on the Color of Sea Water[J]. Deep-Sea Res.，1960，7：1

[56] Gordon H. Dif fuse Reflectance of the Ocean：Influence of Nonuniform Pigment Profile[J]. Appl. Optics，1992，31(12)：2116

[57] Petzold T J. Volume Scattering Functions for Selected Ocean Waters. SIO Ref.：72-78[G]. Scripps Inst. Oceanogr.，La Jolla，1972：79；Condensed in Light in the Sea，J. E. Tyler (ed.)，Dowden，Hutchinson & Ross，Stroudsberg，1977，12：150-174

[58] Spinrad R W，Zaneveld J R V，Pak H. Volume Scattering function of Suspended Particulate Matter at Near-Forward Angles：A Comparison of Experimental and Theoretical Values[J]. Appl. Optics，1978，17(7)：1125

[59] Padmabandu G G，Fry E S. Measurement of Light Scattering at 0 8 by Small Particle Suspensions[J]. Ocean Optics X，R W Spinrad (ed.)，Proc. SPIE，1990，1302：191

[60] Kuga Y，Ishimaru A. Backscattering Enhancement by Randomly Distributed Very Large Particles[J]. Appl. Optics，1989，28 (11)：2165

[61] Morel A. Optical Properties of Pure Water and Pure Sea Water[M]//Optical Aspects of Oceanography，N. G. Jerlov and E. S. Nielsen (eds.). New York：Academic Press，1974，1：1∑24

[62] Shifrin K S. Physical Optics of Ocean Water[M]. AIP Translation Series，Amer. Inst. New York：Physics，1988：285

[63] Kullenberg G. Observed and Computed Scattering Functions. Optical Aspects of Oceanography[M]// N G Jerlov，E. S. Nielsen. New York：Academic Press，1974，2：25-49

[64] Brown O B，Gordon H R. Size-Refractive Index Distribution of Clear Coastal Water Particulates from Scattering[J]. Appl. Optics，1974，13：2874

[65] Kitchen J C, Zaneveld J R V A. Three-Layer Sphere, Mie-Scattering Model of Oceanic Phytoplankton Populations. presented at Amer. Geophys. Union / Amer. Soc. Limnol[C]. Oceanogr. Annual Meeting, New Orleans, 1990

[66] Mobley C D, Gentili B, Gordon H R, Jin Z, Kattawar G W, Morel A, Reinersman P, Stamnes K, Starn R H. Comparison of Numerical Models for Computing Underwater Light Fields[J]. Appl. Optics, 1993, 32 (36):7484

[67] Morel A, Gentili B. Dif fuse Reflectance of Ocean Waters: Its Dependence on Sun Angle As Influenced by the Molecular Scattering Contribution[J]. Appl. Optics, 1991, 30(30):4427

[68] Morel A. Diffusion de la lumière par les eaux de mer. Résultats experimentaux et approach théorique. Nato Agard lecture series no. 61, Optics of the Sea,1973,3. 1:1-76; G Halikas (trans.), Scripps Inst. Oceanogr. , La Jolla, 1975: 161

[69] Kopelevich O V, Mezhericher E M. Calculation of Spectral Characteristics of Light Scattering by Sea Water[J]. Izyestiya, Atmos. Oceanic Phys. , 1983, 19(2):144

[70] Gordon H R, Morel A. Remote Assessment of Ocean Color for Interpretation of Satellite Visible Imagery, A Review. Lecture Notes on Coastal and Estuarine Studies[M]. New York: Springer-Verlag, 1983,4: 114

[71] Preisendorfer R W. Physical Aspect of Light in the Sea[M]. Honolulu, Hawaii: Univ. Hawaii Press, 1964: 51-60

[72] Wells W H J. Opt. Soc. Am. , 1969, 59: 686-691

[73] Sugihara S, Kishino M. An Algorithm for Estimating the Water Quality Parameters from Irradiance Just Below the Sea Surface[J]. J. Geophys. Res. , 1988, 93(D9):10857

[74] Gordon H R, Brown O B, Evans R E, Brown J W, Smith R C, Baker K S, Clark D C. A Semianalytic Model of Ocean Color[J]. J. Geophys. Res. , 1988, 93(D9):10909

[75] Sathyendranath S, Morel A. Light Emerging from the Sea-Interpretation and Uses in Remote Sensing[C]. Remote Sensing Applications/Marine Science and Technology, A P Cracknell. D. Reidel, Dordrecht, 1983, 16:323-357

[76] Marshall B R, Smith R C. Raman Scattering and In-Water Ocean Optical Properties[J]. Appl . Optics, 1990, 29:71

[77] Kattawar G W, Xu X. Filling-in of Fraunhofer Lines in the Ocean by Raman Scattering[J]. Appl . Optics, 1992, 31 (30):6491

[78] Gordon H. Dif fuse Reflectance of the Ocean: The Theory of Its Augmentation by Chlorophyll a Fluorescence at 685 nm [J]. Appl. Optics, 1979, 18:1161

[79] Cullen J J, Yentsch C M, Cucci T L, MacIntyre H L. Autofluorescence and Other Optical Properties As Tools in Biological Oceanography[J]. Ocean Optics IX, M A Blizard (ed.), Proc. SPIE,1988,925:149

[80] Ivanoff A. Polarization Measurements in the Sea[M]// Optical Aspects of Oceanography, N G Jerlov,E S Nielsen. New York: Academic Press, 1974, 8:151-175

[81] Gilbert G D, Pernicka J C. Improvement of Underwater Visibility by Reduction of Backscatter with a Circular Polarization Technique[C]. SPIE Underwater Photo-Optics Seminar Proc. , Santa Barbara, Oct. , 1966

[82] Waterman T H. Polarization of Marine Light Fields and Animal Orientation[J]. Ocean Optics X, M A Blizard. Proc. SPIE,1988, 925:431

[83] Voss K J, Fry E S. Measurement of the Mueller Matrix for Ocean Water[J]. Appl. Optics, 1984, 23:4427

[84] Quinby-Hunt M S, Hunt A J, Lofftus K, Shapiro D. Polarized Light Studies of Marine Chlorella[J]. Limnol. Oceanogr, 1989, 34(8):1589

[85] Kattawar G W, Adams C N. Stokes Vector Calculations of the Submarine Light Field in an Atmosphere-Ocean with Scattering According to a Rayleigh Phase Matrix: Effect of Interface Refractive Index on Radiance and Polarization[J]. Limnol. Oceanogr. , 1989, 34(8):1453

[86] Kitchen J C, Zaneveld J R V, Pak H. Ef fect of Particle Size Distribution and Chlorophyll Content on Beam Attenuation Spectra[J]. Appl. Optics, 1982, 21(21):3913

[87] Bishop J K. The Correction and Suspended Particulate Matter Calibration of Sea Tech Transmissometer Data[J]. Deep-Sea Res. , 1986, 33:121

[88] Spinrad R W. A Calibration Diagram of Specific Beam Attenuation[J]. J. Geophys. Res. , 1986, 91(C6):7761

[89] Kitchen J C, Zaneveld J R V. On the Noncorrelation of the Vertical Structure of Light Scattering and Chlorophyll a in Case 1 Water[J]. J. Geophys. Res. , 1990, 95(C11):20237

[90] Voss K J. A Spectral Model of the Beam Attenuation Coefficient in the Ocean and Coastal Areas[J]. Limnol. Oceanogr, 1992, 37(3):501

[91] Tyler J E, Smith R C. Measurements of Spectral Irradiance Underwater[R]. New York: Gordon and Breach, 1970: 103

[92] Mobley C D. A Numerical Model for the Computation of Radiance Distributions in Natural Waters with Wind-Blown Surfaces[J]. Limnol. Oceanogr, 1989, 34(8):1473

[93] Baker K S, Smith R C. Quasi-Inherent Characteristics of the Dif fuse Attenuation Coefficient for Irradiance[J]. Ocean Optics VI, S Q Duntley (ed.), Proc. SPIE, 1979, 208:60

[94] Austin R W, Petzold T J. Spectral Dependence of the Dif fuse Attenuation Coefficient of Light in Ocean Water[J]. Opt. Eng., 1986, 25(3):471

[95] Siegel D A, Dickey T D. Observations of the Vertical Structure of the Diffuse Attenuation Coefficient Spectrum[J]. Deep-Sea Res., 1987, 34(4):547

[96] Yura H T. Appl. Opt., 1971, 10:114-118

[97] 李景镇. 光学手册[M]. 西安:陕西科学技术出版社,1986

第二十五章　大气光学

大气光学研究光与大气相互作用时产生的物理过程，包括吸收、散射、折射等。它们影响光和辐射能量在大气层中的传输，同时也对大气造成影响，如气候变化等。利用这些物理过程可以对大气进行遥感测量。本章第一节介绍大气光学参数的模式，第二节介绍大气的吸收和散射等光与大气相互作用的基本物理过程，第三节介绍辐射大气传输及大气背景辐射特性，第四节介绍大气中的光传播效应，第五节介绍大气光学遥感。

第一节　大气光学参数模式

一、大气结构和大气气体成分

(一)大气结构

一般根据温度的垂直分布特征把大气分成 5 层：对流层、平流层、中间层、热层和逸散层。

对流层集中了大约 80％的大气质量和 90％以上的水汽，云和降水都发生在这一层。对流层的特征是温度随高度降低。温度递减率变为 0 或负值时的高度称为对流层顶，该高度在中纬度地区为 10～12 km，在低纬度地区为 16～18 km，在高纬度地区为 7～9 km。从对流层顶到 50～55 km 高度称为平流层。平流层的特点是垂直方向很稳定，大气运动主要沿水平方向，臭氧主要集中在这一层。从平流层顶到大约 80～85 km 的高度范围称为中间层，中间层的温度随高度迅速下降，到 80 km 以上温度保持不变或逆增。热层高度范围在中间层顶到 300～500 km。该层大气已被太阳辐射和宇宙射线电离，因此也称为电离层。电离层以上的大气层称为逸散层，其上边界为星际空间的过渡地带。图 25-1 是按美国标准大气(1976)[1] 绘制的温度随海拔高度变化的垂直廓线分层图。

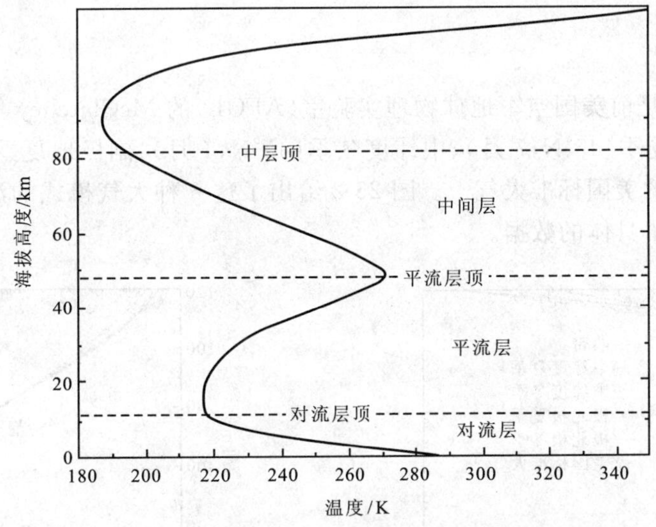

图 25-1　按美国标准大气绘制的温度垂直廓线分层

(二)大气化学成分

大气中各种成分的组成一般用体积混合比来表示，即该种成分的体积占同样温度和气压下的干空气的体积的比例。表 25-1 列出了低层大气中各种气体成分的分子量[2]、体积混合比和整层大气柱含量的大致范围。

表 25-1 大气成分

气 体	分子量	体积混合比 (10^{-6})	垂直层大气柱含量 (cm)(标准状况下)	说 明[①]
N_2	28.013	780 840	624 000	
O_2	31.909	209 470	167 400	
H_2O	18.015	1 000～28 000	860～22 000	b,d
Ar	39.918	93 400	7450	
CO_2	44.101	387[②]	314.4	a
Ne	20.179	18.2	14.6	
He	4.003	5.24	4.2	
CH_4	16.013	1.8	1.4	
Kr	83.80	1.14	0.01	
CO	28.010	0.06～1	0.05～0.08	a
SO_2	64.06	1	1	a
H_2	2.016	0.5	0.4	
N_2O	44.012	0.27	0.2	
O_3	47.998	0.01～0.1	0.25	b,c
H_2S	34.08	0.002～0.02	0.001 5～0.015	
HNO_3	63.016	0～0.005	0～0.004	
Xe	131.30	0.087	0.07	
NO_2	46.006	0.005～0.02	0.000 4～0.02	a
Rn	222	微量	微量	
NO	30.006	微量	微量	a
NH_3	17.032	微量	微量	

注:① a. 在工业区较大;b. 随地理环境和条件变化;c. 在臭氧层较大;d. 随高度减少。②wikipedia,2007。

(三)大气模式

目前常用的大气模式是前美国空军地球物理实验室(AFGL)的 McClatchey 等给出的 6 种大气模式,即热带大气(15°N)、中纬度夏季(45°N,7 月)、中纬度冬季(45°N,1 月)、副极地夏季(60°N,7 月)、副极地冬季(60°N,1 月)和 1976 年版的美国标准大气[1]。图 25-2 给出了这 6 种大气模式的温度、水汽和臭氧含量的高度分布廓线,表 25-2 列出了具体的数据。

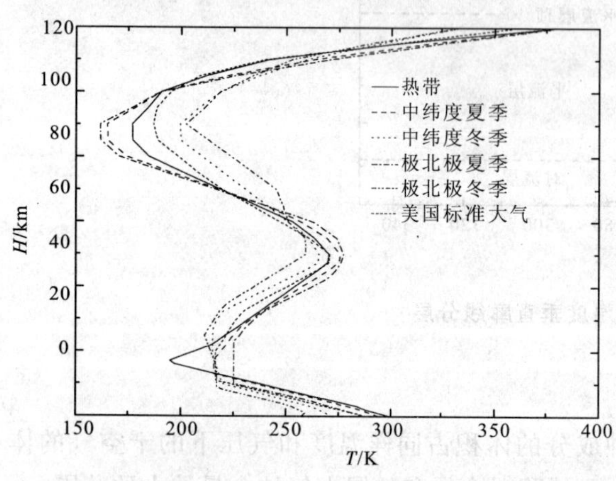

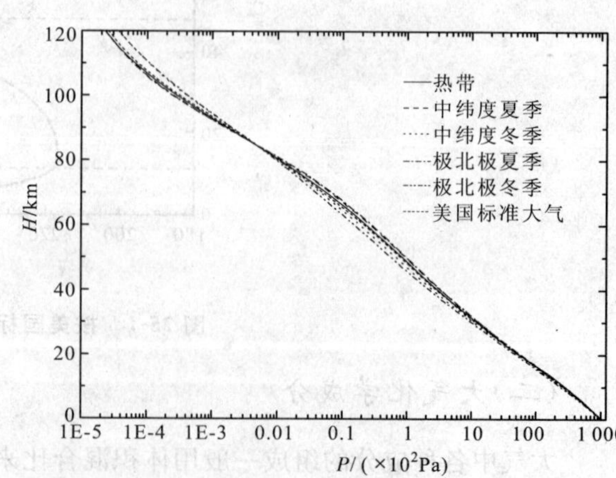

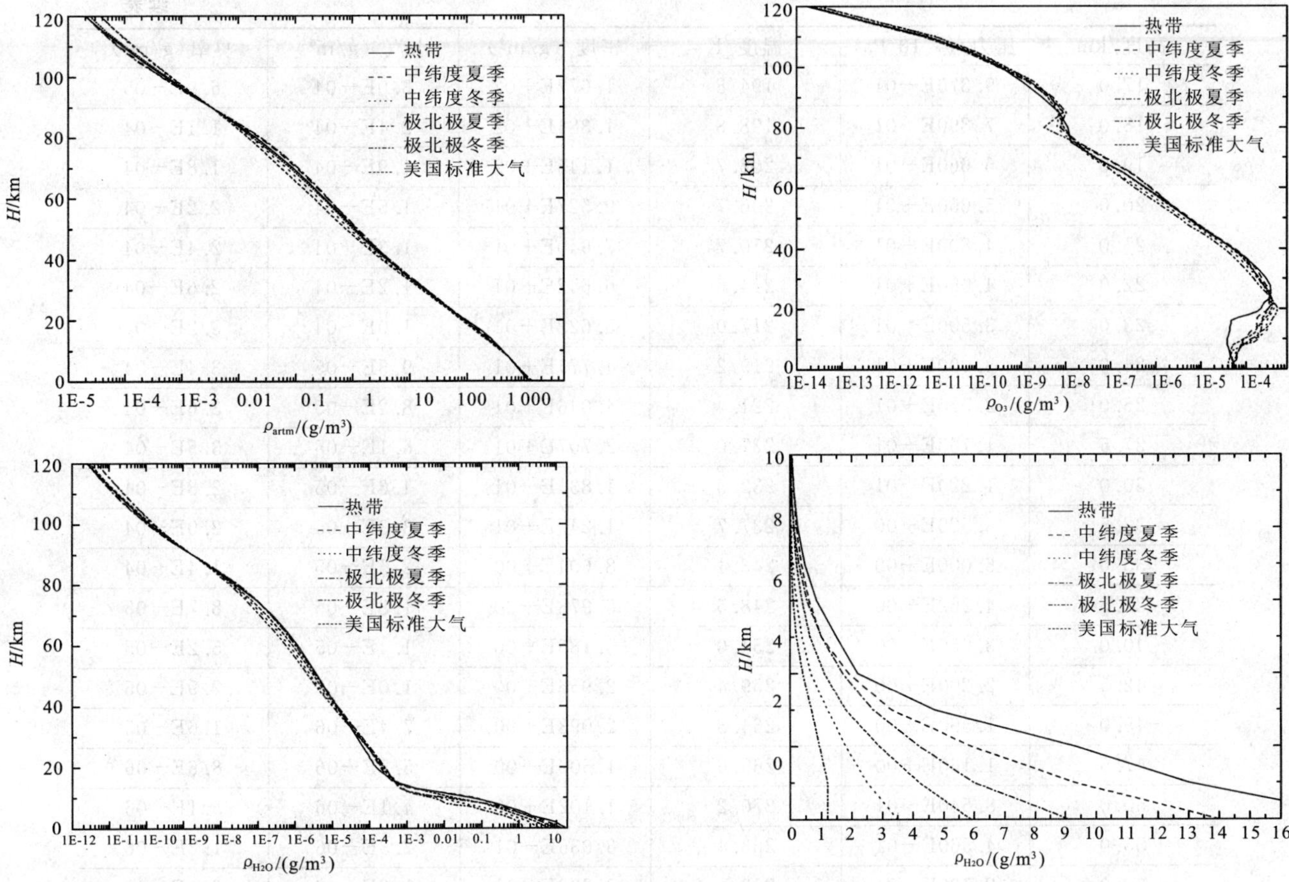

图 25-2　AFGL 和 1976 年版美国标准大气

表 25-2　AFGL 和 1976 年版美国标准大气

高度/km	压力/(×10^{2}Pa)	温度/K	密度/(g/m^3)	水汽/(g/m^3)	臭氧(g/m^3)
(a)热　带					
0.0	1.013E+03	299.7	1.178E+03	1.9E+01	5.6E−05
1.0	9.040E+02	293.7	1.073E+03	1.3E+01	5.6E−05
2.0	8.050E+02	287.7	9.754E+02	9.3E+00	5.4E−05
3.0	7.150E+02	283.7	8.787E+02	4.7E+00	5.1E−05
4.0	6.330E+02	277.0	7.964E+02	2.2E+00	4.7E−05
5.0	5.590E+02	270.3	7.209E+02	1.5E+00	4.5E−05
6.0	4.920E+02	263.6	6.507E+02	8.5E−01	4.3E−05
7.0	4.320E+02	257.0	5.858E+02	4.7E−01	4.1E−05
8.0	3.780E+02	250.3	5.266E+02	2.5E−01	3.9E−05
9.0	3.290E+02	243.6	4.708E+02	1.2E−01	3.9E−05
10.0	2.860E+02	237.0	4.207E+02	5.0E−02	3.9E−05
11.0	2.470E+02	230.1	3.742E+02	1.7E−02	4.1E−05
12.0	2.130E+02	223.6	3.320E+02	6.0E−03	4.3E−05
13.0	1.820E+02	217.0	2.924E+02	1.8E−03	4.5E−05
14.0	1.560E+02	210.3	2.586E+02	1.0E−03	4.5E−05
15.0	1.320E+02	203.7	2.259E+02	5.6E−04	4.7E−05
16.0	1.110E+02	197.0	1.964E+02	3.7E−04	4.7E−05

续表

高度/km	压力/(×10^2 Pa)	温度/K	密度/(g/m³)	水汽/(g/m³)	臭氧(g/m³)
17.0	9.370E+01	194.8	1.677E+02	3.0E−04	6.9E−05
18.0	7.890E+01	198.8	1.384E+02	2.4E−04	1.1E−04
19.0	6.660E+01	202.7	1.145E+02	1.9E−04	1.8E−04
20.0	5.650E+01	206.7	9.527E+01	1.5E−04	2.2E−04
21.0	4.800E+01	210.7	7.940E+01	1.3E−04	2.4E−04
22.0	4.090E+01	214.6	6.642E+01	1.2E−04	2.6E−04
23.0	3.500E+01	217.0	5.622E+01	1.0E−04	3.2E−04
24.0	3.000E+01	219.2	4.771E+01	9.5E−05	3.4E−04
25.0	2.570E+01	221.4	4.046E+01	8.2E−05	3.6E−04
27.5	1.763E+01	227.0	2.707E+01	6.1E−05	3.5E−04
30.0	1.220E+01	232.3	1.831E+01	4.6E−05	2.8E−04
32.5	8.520E+00	237.7	1.249E+01	3.3E−05	2.0E−04
35.0	6.000E+00	243.1	8.604E+00	2.5E−05	1.4E−04
37.5	4.260E+00	248.5	5.978E+00	1.8E−05	8.7E−05
40.0	3.050E+00	254.0	4.186E+00	1.4E−05	5.2E−05
42.5	2.200E+00	259.4	2.956E+00	1.0E−05	2.9E−05
45.0	1.590E+00	264.8	2.093E+00	7.4E−06	1.6E−05
47.5	1.160E+00	269.6	1.500E+00	5.5E−06	8.6E−06
50.0	8.540E−01	270.2	1.102E+00	4.1E−06	5.1E−06
55.0	4.560E−01	263.4	6.036E−01	2.3E−06	1.8E−06
60.0	2.390E−01	253.1	3.292E−01	1.2E−06	6.0E−07
65.0	1.210E−01	236.0	1.787E−01	6.0E−07	1.9E−07
70.0	5.800E−02	218.9	9.234E−02	2.6E−07	4.6E−08
75.0	2.600E−02	201.8	4.491E−02	9.2E−08	1.3E−08
80.0	1.100E−02	184.8	2.075E−02	2.7E−08	1.1E−08
85.0	4.400E−03	177.1	8.662E−03	7.0E−09	7.2E−09
90.0	1.720E−03	177.0	3.387E−03	1.8E−09	2.9E−09
95.0	6.880E−04	184.3	1.301E−03	4.4E−10	1.1E−09
100.0	2.890E−04	190.7	5.281E−04	1.3E−10	3.5E−10
105.0	1.300E−04	212.0	2.138E−04	4.5E−11	7.1E−11
110.0	6.470E−05	241.6	9.335E−05	1.6E−11	7.7E−12
115.0	3.600E−05	299.7	4.187E−05	6.2E−12	3.5E−13
120.0	2.250E−05	380.0	2.032E−05	2.5E−12	1.7E−14
(b)中纬度夏季					
0.0	1.013E+03	294.2	1.200E+03	1.4E+01	6.0E−05
1.0	9.020E+02	289.7	1.085E+03	9.3E+00	6.0E−05
2.0	8.020E+02	285.2	9.802E+02	5.9E+00	6.0E−05
3.0	7.100E+02	279.2	8.864E+02	3.3E+00	6.2E−05
4.0	6.280E+02	273.2	8.013E+02	1.9E+00	6.4E−05
5.0	5.540E+02	267.2	7.229E+02	1.0E+00	6.6E−05
6.0	4.870E+02	261.2	6.498E+02	6.1E−01	6.9E−05
7.0	4.260E+02	254.7	5.829E+02	3.7E−01	7.5E−05
8.0	3.720E+02	248.2	5.223E+02	2.1E−01	7.9E−05
9.0	3.240E+02	241.7	4.673E+02	1.2E−01	8.6E−05

续表

高度/km	压力/(×10^2Pa)	温度/K	密度/(g/m^3)	水汽/(g/m^3)	臭氧(g/m^3)
10.0	2.810E+02	235.3	4.163E+02	6.4E−02	9.0E−05
11.0	2.430E+02	228.8	3.702E+02	2.2E−02	1.1E−04
12.0	2.090E+02	222.3	3.277E+02	6.0E−03	1.2E−04
13.0	1.790E+02	215.8	2.891E+02	1.4E−03	1.4E−04
14.0	1.530E+02	215.7	2.473E+02	7.7E−04	1.8E−04
15.0	1.300E+02	215.7	2.101E+02	4.4E−04	1.7E−04
16.0	1.110E+02	215.7	1.794E+02	3.7E−04	1.8E−04
17.0	9.500E+01	215.7	1.535E+02	3.1E−04	1.8E−04
18.0	8.120E+01	216.8	1.306E+02	2.6E−04	2.2E−04
19.0	6.950E+01	217.9	1.112E+02	2.2E−04	2.8E−04
20.0	5.950E+01	219.2	9.460E+01	1.9E−04	3.1E−04
21.0	5.100E+01	220.4	8.065E+01	1.7E−04	3.2E−04
22.0	4.370E+01	221.6	6.873E+01	1.5E−04	3.3E−04
23.0	3.760E+01	222.8	5.882E+01	1.4E−04	3.3E−04
24.0	3.220E+01	223.9	5.011E+01	1.2E−04	3.3E−04
25.0	2.770E+01	225.1	4.290E+01	1.1E−04	3.4E−04
27.5	1.907E+01	228.4	2.910E+01	8.0E−05	2.9E−04
30.0	1.320E+01	233.7	1.969E+01	5.8E−05	2.3E−04
32.5	9.300E+00	239	1.356E+01	4.1E−05	1.8E−04
35.0	6.520E+00	245.2	9.268E+00	2.9E−05	1.4E−04
37.5	4.640E+00	251.3	6.435E+00	2.0E−05	9.3E−05
40.0	3.330E+00	257.5	4.508E+00	1.4E−05	5.6E−05
42.5	2.410E+00	263.7	3.186E+00	1.0E−05	3.1E−05
45.0	1.760E+00	269.9	2.273E+00	7.7E−06	1.7E−05
47.5	1.290E+00	275.2	1.634E+00	5.6E−06	9.5E−06
50.0	9.510E−01	275.7	1.202E+00	4.1E−06	5.6E−06
55.0	5.150E−01	269.3	6.666E−01	2.2E−06	2.0E−06
60.0	2.720E−01	257.1	3.688E−01	1.1E−06	7.9E−07
65.0	1.390E−01	240.1	2.018E−01	5.5E−07	2.7E−07
70.0	6.700E−02	218.1	1.071E−01	2.5E−07	7.1E−08
75.0	3.000E−02	196.1	5.334E−02	9.8E−08	1.7E−08
80.0	1.200E−02	174.1	2.403E−02	3.1E−08	8.0E−09
85.0	4.480E−03	165.1	9.460E−03	7.8E−09	8.9E−09
90.0	1.640E−03	165	3.465E−03	1.8E−09	4.3E−09
95.0	6.250E−04	178.3	1.222E−03	4.1E−10	1.4E−09
100.0	2.580E−04	190.5	4.721E−04	1.2E−10	3.1E−10
105.0	1.170E−04	222.2	1.835E−04	3.9E−11	6.1E−11
110.0	6.110E−05	262.4	8.118E−05	1.4E−11	6.7E−12
115.0	3.560E−05	316.8	3.917E−05	5.8E−12	3.2E−13
120.0	2.270E−05	380	2.082E−05	2.6E−12	1.7E−14
(c) 中纬度冬季					
0.0	1.018E+03	272.2	1.304E+03	3.5E+00	6.0E−05
1.0	8.973E+02	268.7	1.164E+03	2.5E+00	5.4E−05
2.0	7.897E+02	265.2	1.038E+03	1.8E+00	4.9E−05
3.0	6.938E+02	261.7	9.244E+02	1.2E+00	4.9E−05
4.0	6.081E+02	255.7	8.291E+02	6.6E−01	4.9E−05

续表

高度/km	压力/(×10²Pa)	温度/K	密度/(g/m³)	水汽/(g/m³)	臭氧(g/m³)
5.0	5.313E+02	249.7	7.416E+02	3.8E−01	5.8E−05
6.0	4.627E+02	243.7	6.618E+02	2.1E−01	6.4E−05
7.0	4.016E+02	237.7	5.892E+02	8.5E−02	7.7E−05
8.0	3.473E+02	231.7	5.223E+02	3.5E−02	9.0E−05
9.0	2.993E+02	225.7	4.623E+02	1.6E−02	1.2E−04
10.0	2.568E+02	219.7	4.075E+02	7.5E−03	1.6E−04
11.0	2.199E+02	219.2	3.497E+02	2.2E−03	2.1E−04
12.0	1.882E+02	218.7	3.000E+02	1.1E−03	2.6E−04
13.0	1.611E+02	218.2	2.574E+02	8.0E−04	3.0E−04
14.0	1.378E+02	217.7	2.207E+02	6.6E−04	2.9E−04
15.0	1.178E+02	217.2	1.891E+02	5.5E−04	2.8E−04
16.0	1.007E+02	216.7	1.620E+02	4.6E−04	3.0E−04
17.0	8.610E+01	216.2	1.388E+02	3.9E−04	3.2E−04
18.0	7.360E+01	215.7	1.189E+02	3.3E−04	3.5E−04
19.0	6.280E+01	215.2	1.017E+02	2.8E−04	3.9E−04
20.0	5.370E+01	215.2	8.700E+01	2.4E−04	4.2E−04
21.0	4.580E+01	215.2	7.421E+01	2.1E−04	4.3E−04
22.0	3.910E+01	215.2	6.334E+01	1.8E−04	4.1E−04
23.0	3.340E+01	215.2	5.411E+01	1.5E−04	3.9E−04
24.0	2.860E+01	215.2	4.633E+01	1.3E−04	3.6E−04
25.0	2.440E+01	215.2	3.952E+01	1.1E−04	3.3E−04
27.5	1.646E+01	215.5	2.662E+01	7.8E−05	2.5E−04
30.0	1.110E+01	217.4	1.780E+01	5.3E−05	1.8E−04
32.5	7.560E+00	220.4	1.196E+01	3.6E−05	1.3E−04
35.0	5.180E+00	227.9	7.921E+00	2.4E−05	9.3E−05
37.5	3.600E+00	235.5	5.329E+00	1.6E−05	6.4E−05
40.0	2.530E+00	243.2	3.626E+00	1.1E−05	4.1E−05
42.5	1.800E+00	250.8	2.502E+00	7.8E−06	2.4E−05
45.0	1.290E+00	258.5	1.740E+00	5.4E−06	1.3E−05
47.5	9.400E−01	265.1	1.236E+00	3.8E−06	7.6E−06
50.0	6.830E−01	265.7	8.960E−01	2.8E−06	4.1E−06
55.0	3.620E−01	260.6	4.843E−01	1.5E−06	1.4E−06
60.0	1.880E−01	250.8	2.613E−01	7.3E−07	4.3E−07
65.0	9.500E−02	240.9	1.375E−01	3.4E−07	1.3E−07
70.0	4.700E−02	230.7	7.104E−02	1.5E−07	3.8E−08
75.0	2.220E−02	220.4	3.511E−02	5.9E−08	1.5E−08
80.0	1.030E−02	210.1	1.709E−02	2.1E−08	6.5E−09
85.0	4.560E−03	199.8	7.955E−03	6.6E−09	7.3E−09
90.0	1.980E−03	199.5	3.460E−03	1.8E−09	4.6E−09
95.0	8.770E−04	208.3	1.468E−03	4.9E−10	1.9E−09
100.0	4.074E−04	218.6	6.498E−04	1.6E−10	4.3E−10
105.0	2.000E−04	237.1	2.940E−04	6.2E−11	9.7E−11
110.0	1.057E−04	259.5	1.420E−04	2.5E−11	1.2E−11
115.0	5.980E−05	293.0	7.113E−05	1.1E−11	5.9E−13
120.0	3.600E−05	333.0	3.769E−05	4.7E−12	3.1E−14

续表

高度/km	压力/(×10^2Pa)	温度/K	密度/(g/m^3)	水汽/(g/m^3)	臭氧(g/m^3)
(d) 极北极夏季					
0.0	1.010E+03	287.2	1.226E+03	9.1E+00	4.9E−05
1.0	8.960E+02	281.7	1.109E+03	6.0E+00	5.4E−05
2.0	7.929E+02	276.3	1.000E+03	4.2E+00	5.6E−05
3.0	7.000E+02	270.9	9.008E+02	2.7E+00	5.8E−05
4.0	6.160E+02	265.5	8.089E+02	1.7E+00	6.0E−05
5.0	5.410E+02	260.1	7.253E+02	1.0E+00	6.4E−05
6.0	4.740E+02	253.1	6.526E+02	5.4E−01	7.1E−05
7.0	4.130E+02	246.1	5.848E+02	2.9E−01	7.5E−05
8.0	3.590E+02	239.2	5.233E+02	1.3E−01	7.9E−05
9.0	3.108E+02	232.2	4.666E+02	3.8E−02	1.1E−04
10.0	2.677E+02	225.2	4.144E+02	1.1E−02	1.3E−04
11.0	2.300E+02	225.2	3.560E+02	2.9E−03	1.8E−04
12.0	1.977E+02	225.2	3.060E+02	1.1E−03	2.1E−04
13.0	1.700E+02	225.2	2.631E+02	7.3E−04	2.2E−04
14.0	1.460E+02	225.2	2.260E+02	5.6E−04	2.2E−04
15.0	1.260E+02	225.2	1.950E+02	4.8E−04	2.3E−04
16.0	1.080E+02	225.2	1.672E+02	4.2E−04	2.4E−04
17.0	9.280E+01	225.2	1.437E+02	3.6E−04	2.4E−04
18.0	7.980E+01	225.2	1.235E+02	3.3E−04	2.7E−04
19.0	6.860E+01	225.2	1.062E+02	3.0E−04	3.0E−04
20.0	5.900E+01	225.2	9.133E+01	2.6E−04	3.2E−04
21.0	5.070E+01	225.2	7.849E+01	2.3E−04	3.5E−04
22.0	4.360E+01	225.2	6.748E+01	2.0E−04	3.7E−04
23.0	3.750E+01	225.2	5.805E+01	1.7E−04	3.6E−04
24.0	3.228E+01	226.6	4.968E+01	1.5E−04	3.5E−04
25.0	2.780E+01	228.1	4.249E+01	1.3E−04	3.2E−04
27.5	1.923E+01	231.0	2.902E+01	8.9E−05	2.5E−04
30.0	1.340E+01	235.1	1.987E+01	6.2E−05	1.9E−04
32.5	9.400E+00	240.0	1.365E+01	4.2E−05	1.6E−04
35.0	6.610E+00	247.2	9.321E+00	2.9E−05	1.2E−04
37.5	4.720E+00	254.6	6.464E+00	2.0E−05	8.4E−05
40.0	3.400E+00	262.1	4.522E+00	1.4E−05	5.2E−05
42.5	2.480E+00	269.5	3.208E+00	1.0E−05	2.9E−05
45.0	1.820E+00	273.6	2.319E+00	7.2E−06	1.6E−05
47.5	1.340E+00	276.2	1.691E+00	5.3E−06	9.0E−06
50.0	9.870E−01	277.2	1.241E+00	3.8E−06	5.1E−06
55.0	5.370E−01	274.0	6.834E−01	2.1E−06	1.9E−06
60.0	2.880E−01	262.7	3.822E−01	1.1E−06	7.6E−07
65.0	1.470E−01	239.7	2.138E−01	5.3E−07	2.8E−07
70.0	7.100E−02	216.6	1.143E−01	2.3E−07	7.6E−08
75.0	3.200E−02	193.6	5.762E−02	9.7E−08	1.9E−08
80.0	1.250E−02	170.6	2.554E−02	3.2E−08	7.6E−09
85.0	4.510E−03	161.7	9.725E−03	8.0E−09	1.0E−08
90.0	1.610E−03	161.6	3.473E−03	1.8E−09	5.2E−09
95.0	6.060E−04	176.8	1.195E−03	4.0E−10	1.6E−09
100.0	2.480E−04	190.4	4.541E−04	1.1E−10	3.0E−10
105.0	1.130E−04	226.0	1.743E−04	3.7E−11	5.8E−11
110.0	6.000E−05	270.1	7.743E−05	1.3E−11	6.4E−12
115.0	3.540E−05	322.7	3.824E−05	5.7E−12	3.2E−13
120.0	2.260E−05	380.0	2.073E−05	2.6E−12	1.7E−14

续表

高度/km	压力/(×10²Pa)	温度/K	密度/(g/m³)	水汽/(g/m³)	臭氧(g/m³)
(e) 极北极冬季					
0.0	1.013E+03	257.2	1.373E+03	1.2E+00	4.1E−05
1.0	8.878E+02	259.1	1.195E+03	1.2E+00	4.1E−05
2.0	7.775E+02	255.9	1.059E+03	9.4E−01	4.1E−05
3.0	6.798E+02	252.7	9.378E+02	6.8E−01	4.3E−05
4.0	5.932E+02	247.7	8.349E+02	4.1E−01	4.5E−05
5.0	5.158E+02	240.9	7.464E+02	2.0E−01	4.7E−05
6.0	4.467E+02	234.1	6.651E+02	9.8E−02	4.9E−05
7.0	3.853E+02	227.3	5.911E+02	5.4E−02	7.1E−05
8.0	3.308E+02	220.6	5.228E+02	1.1E−02	9.0E−05
9.0	2.829E+02	217.2	4.540E+02	8.4E−03	1.6E−04
10.0	2.418E+02	217.2	3.881E+02	4.8E−03	1.9E−04
11.0	2.067E+02	217.2	3.318E+02	2.1E−03	1.9E−04
12.0	1.766E+02	217.2	2.834E+02	1.1E−03	1.9E−04
13.0	1.510E+02	217.2	2.423E+02	6.7E−04	2.6E−04
14.0	1.291E+02	217.2	2.072E+02	5.8E−04	3.1E−04
15.0	1.103E+02	217.2	1.770E+02	5.0E−04	3.5E−04
16.0	9.431E+01	216.6	1.518E+02	4.3E−04	3.8E−04
17.0	8.058E+01	216.0	1.300E+02	3.8E−04	4.1E−04
18.0	6.882E+01	215.4	1.114E+02	3.3E−04	4.5E−04
19.0	5.875E+01	214.8	9.532E+01	2.8E−04	4.9E−04
20.0	5.014E+01	214.2	8.162E+01	2.4E−04	5.0E−04
21.0	4.277E+01	213.6	6.978E+01	2.1E−04	4.6E−04
22.0	3.647E+01	213.0	5.969E+01	1.8E−04	4.2E−04
23.0	3.109E+01	212.4	5.103E+01	1.6E−04	3.8E−04
24.0	2.649E+01	211.8	4.360E+01	1.4E−04	3.3E−04
25.0	2.256E+01	211.2	3.723E+01	1.2E−04	2.9E−04
27.5	1.513E+01	213.6	2.469E+01	7.7E−05	2.0E−04
30.0	1.020E+01	216.0	1.646E+01	5.1E−05	1.5E−04
32.5	6.910E+00	218.5	1.102E+01	3.4E−05	1.1E−04
35.0	4.701E+00	222.3	7.373E+00	2.3E−05	7.6E−05
37.5	3.230E+00	228.5	4.930E+00	1.5E−05	5.1E−05
40.0	2.243E+00	234.7	3.331E+00	1.0E−05	3.3E−05
42.5	1.570E+00	240.8	2.273E+00	7.1E−06	1.9E−05
45.0	1.113E+00	247.0	1.571E+00	4.9E−06	1.1E−05
47.5	7.900E−01	253.2	1.087E+00	3.4E−06	5.4E−06
50.0	5.719E−01	259.3	7.690E−01	2.4E−06	3.3E−06
55.0	2.990E−01	259.1	4.023E−01	1.2E−06	1.1E−06
60.0	1.550E−01	250.9	2.154E−01	6.0E−07	3.4E−07
65.0	7.900E−02	248.4	1.109E−01	2.8E−07	1.2E−07
70.0	4.000E−02	245.4	5.680E−02	1.2E−07	4.7E−08
75.0	2.000E−02	234.7	2.970E−02	5.0E−08	1.6E−08
80.0	9.660E−03	223.9	1.504E−02	1.9E−08	3.2E−09
85.0	4.500E−03	213.1	7.363E−03	6.1E−09	9.2E−09
90.0	2.022E−03	202.3	3.484E−03	1.8E−09	4.6E−09
95.0	9.070E−04	211.0	1.499E−03	5.0E−10	2.0E−09
100.0	4.230E−04	218.5	6.748E−04	1.7E−10	4.5E−10
105.0	2.070E−04	234.0	3.084E−04	6.5E−11	1.0E−10
110.0	1.080E−04	252.6	1.490E−04	2.6E−11	1.2E−11
115.0	6.000E−05	288.5	7.248E−05	1.1E−11	6.0E−13
120.0	3.590E−05	333.0	3.758E−05	4.7E−12	3.1E−14

续表

高度/km	压力/(×10^2Pa)	温度/K	密度/(g/m³)	水汽/(g/m³)	臭氧(g/m³)
(f) 美国标准大气					
0.0	1.013E+03	288.2	1.225E+03	5.9E+00	5.4E−05
1.0	8.988E+02	281.7	1.112E+03	4.2E+00	5.4E−05
2.0	7.950E+02	275.2	1.007E+03	2.9E+00	5.4E−05
3.0	7.012E+02	268.7	9.095E+02	1.8E+00	5.0E−05
4.0	6.166E+02	262.2	8.195E+02	1.1E+00	4.6E−05
5.0	5.405E+02	255.7	7.368E+02	6.4E−01	4.6E−05
6.0	4.722E+02	249.2	6.603E+02	3.8E−01	4.5E−05
7.0	4.111E+02	242.7	5.906E+02	2.1E−01	4.9E−05
8.0	3.565E+02	236.2	5.262E+02	1.2E−01	5.2E−05
9.0	3.080E+02	229.7	4.674E+02	4.6E−02	7.1E−05
10.0	2.650E+02	223.3	4.137E+02	1.8E−02	9.0E−05
11.0	2.270E+02	216.8	3.650E+02	8.2E−03	1.3E−04
12.0	1.940E+02	216.7	3.121E+02	3.7E−03	1.6E−04
13.0	1.658E+02	216.7	2.667E+02	1.8E−03	1.7E−04
14.0	1.417E+02	216.7	2.279E+02	8.4E−04	1.9E−04
15.0	1.211E+02	216.7	1.948E+02	6.1E−04	2.1E−04
16.0	1.035E+02	216.7	1.665E+02	4.1E−04	2.4E−04
17.0	8.850E+01	216.7	1.424E+02	3.4E−04	2.8E−04
18.0	7.565E+01	216.7	1.217E+02	2.9E−04	3.2E−04
19.0	6.467E+01	216.7	1.040E+02	2.5E−04	3.5E−04
20.0	5.529E+01	216.7	8.893E+01	2.2E−04	3.8E−04
21.0	4.729E+01	217.6	7.575E+01	1.9E−04	3.8E−04
22.0	4.047E+01	218.6	6.454E+01	1.6E−04	3.9E−04
23.0	3.467E+01	219.6	5.502E+01	1.4E−04	3.8E−04
24.0	2.972E+01	220.6	4.696E+01	1.3E−04	3.6E−04
25.0	2.549E+01	221.6	4.010E+01	1.1E−04	3.4E−04
27.5	1.743E+01	224.0	2.713E+01	7.7E−05	2.6E−04
30.0	1.197E+01	226.5	1.842E+01	5.4E−05	2.0E−04
32.5	8.010E+00	230.0	1.214E+01	3.6E−05	1.5E−04
35.0	5.746E+00	236.5	8.469E+00	2.6E−05	1.1E−04
37.5	4.150E+00	242.9	5.954E+00	1.8E−05	7.7E−05
40.0	2.871E+00	250.4	3.997E+00	1.2E−05	4.8E−05
42.5	2.060E+00	257.3	2.791E+00	8.9E−06	2.9E−05
45.0	1.491E+00	264.2	1.967E+00	6.4E−06	1.7E−05
47.5	1.090E+00	270.6	1.404E+00	4.6E−06	9.5E−06
50.0	7.978E−01	270.7	1.027E+00	3.3E−06	5.3E−06
55.0	4.250E−01	260.8	5.680E−01	1.8E−06	1.7E−06
60.0	2.190E−01	247.0	3.091E−01	9.1E−07	5.6E−07
65.0	1.090E−01	233.3	1.628E−01	4.3E−07	1.9E−07
70.0	5.220E−02	219.6	8.287E−02	1.8E−07	4.1E−08
75.0	2.400E−02	208.4	4.014E−02	7.0E−08	1.7E−08
80.0	1.050E−02	198.6	1.843E−02	2.3E−08	9.2E−09
85.0	4.460E−03	188.9	8.229E−03	6.8E−09	6.8E−09
90.0	1.840E−03	186.9	3.432E−03	1.8E−09	4.0E−09
95.0	7.600E−04	188.4	1.406E−03	4.7E−10	1.6E−09
100.0	3.200E−04	195.1	5.718E−04	1.4E−10	3.8E−10
105.0	1.450E−04	208.8	2.421E−04	5.1E−11	8.0E−11
110.0	7.100E−05	240.0	1.031E−04	1.8E−11	8.5E−12
115.0	4.010E−05	300.0	4.659E−05	7.0E−12	3.9E−13
120.0	2.540E−05	360.0	2.460E−05	3.1E−12	2.0E−14

二、大气气溶胶模式

(一)大气中的粒子

实际大气中悬浮着大小不等的固体和液体粒子,通常被称为大气气溶胶,其粒子密度随高度变化,就像大气中的水汽一样具有很强的时空变化特征。人们通常用“多弥散体”来描述具有尺度变化特征的粒子系统。大气中的粒子尺度覆盖极广的范围,有小至纳米量级的分子团和大到厘米量级的冰雹。大气中的粒子具有明显的局地性,各种质粒群体主要有灰尘、烟、雾、霾等。气溶胶质粒的形状分为3种类别:等轴状、片状和纤维状。常用的特征尺度范围分类有:细质粒和粗质粒,爱根核、大核和巨核,核模态、积聚模态和粗模态质粒等。对于大气物理过程来说,气溶胶起着非常重要的作用。

(二)气溶胶粒子浓度分布

由于重力沉降作用,对流层中大气气溶胶粒子浓度一般会随着高度按指数减少,地面的数密度最大,到对流层顶处最小。在平流层中20 km高度左右,粒子数密度出现新的峰值,称为容格层。此层比较稳定,不太随季节而变化。一般对流层气溶胶粒子浓度随高度分布满足以下经验公式:

$$N(z)=N(0)e^{-\frac{z}{H}} \tag{25-1}$$

式中,$N(0)$为地面气溶胶浓度;H为特征高度,与地区和气候条件有关。气溶胶的空间分布是不均匀的,根据在合肥、北京和天津的观测,发现低层大气的均匀性较差,这可能与气溶胶的局地源的分布有关。

McClatchey 等[3]提出的气溶胶高度分布关系在一些大气模式中被广泛应用(见表25-3)。用两种气溶胶模式分别描述晴朗大气(地面能见度为23 km)和霾雾大气(地面能见度为5 km)的气溶胶高度分布,4 km以上两种模式一致。

表25-3 气溶胶大气模型:晴朗和霾雾天气条件下(中等情况)的垂直分布

高度/km	微粒密度 N/(微粒/cm³)		高度/km	微粒密度 N/(微粒/cm³)	
	23 km能见度(晴)	5 km能见度(阴)		23 km能见度(晴)	5 km能见度(阴)
0	2 828	13 780	17	44.58	
1	1 224	5 030	18	43.14	
2	537.1	1 844	19	36.34	
3	225.6	673.1	20	26.67	
4	119.2	245.3	21	19.33	
5	89.87		22	14.55	
6	63.37		23	11.13	
7	58.90		24	8.82	
8	60.69		25	7.429	
9	58.18		30	2.238	
10	56.75		35	0.589 0	
11	53.17		40	0.155 0	
12	55.85		45	0.040 82	
13	51.56		50	0.010 78	
14	50.48		70	0.000 055 5	
15	47.44		100	0.000 000 019 69	
16	45.11				

(三)典型气溶胶粒子谱分布

大气气溶胶粒子谱分布,描述粒子出现频率与半径的函数关系,常用半径对数的微分表示。容格

(Junge)[4]建议用简单的指数函数来拟合气溶胶粒子尺度谱。由于它描述了气溶胶粒子尺度谱的主要特征，因而得到广泛使用，称为容格谱。容格谱可表示为

$$n(r) = \frac{\mathrm{d}N(r)}{\mathrm{d}(\ln r)} = N_0 r^{-\nu} \tag{25-2}$$

式中，r 是粒子的半径；$N(r)$ 是 r 和 $r+\mathrm{d}r$ 半径间隔中的粒子数；N_0 是表示粒子数密度的一个参数；ν 是表示粒子尺度谱形的常数，称为容格指数，通常为 2～4。

在大气气溶胶尺度谱模式中，对数正态谱(log-normal)也经常用：

$$\frac{\mathrm{d}N(r)}{\mathrm{d}\ln r} = \frac{N}{(2\pi)^{1/2}\ln\sigma}\exp\left\{-\frac{(\ln r - \ln r_{\mathrm{m}})^2}{2\sigma^2}\right\} \tag{25-3}$$

式中，r_{m} 和 σ 分别是几何平均半径和几何标准偏差。对数正态分布具有一个很重要的性质：一个气溶胶系统的数浓度是对数正态分布，则其表面积、体积以及质量分布也是对数正态分布。因此，采用对数正态分布函数可以叠加拟合气溶胶整个尺度范围的分布特性。

Diermendjian 归纳气溶胶谱分布，得到如下表达式[5]：

$$\frac{\mathrm{d}N(r)}{\mathrm{d}r} = a r^{\alpha}\exp(-b r^{\gamma}) \tag{25-4}$$

Diermendjian 给出了不同霾粒子参数 a、b、α 和 γ 的不同取值，列于表 25-4 中。

表 25-4 Diermendjian 谱形参数[5]

类 型	N/cm^{-3}	$a/(\mathrm{cm}^{-3}\cdot\mathrm{m}^{-1})$	α	γ	b
Haze L(大陆型)	100	4.9795×10^{6}	2	0.5	15.1186
Haze M(海洋型)	100	5.333×10^{4}	1	0.5	8.9443
Haze H(高层型)	100	4.000×10^{5}	2	1	20.0000

(四)气溶胶粒子的折射率

气溶胶粒子的折射率常用一个复数表示：

$$n = n_1 - \mathrm{i}n_2 \tag{25-5}$$

式中，实部 n_1 主要描述粒子的散射特性，虚部 n_2 主要描述粒子的吸收特性。实部 n_1 在可见光波段的取值范围约为 1.33～1.6，虚部 n_2 在可见光与红外波段有较大的变化，其取值范围约为 0～1.0。粒子的折射率依赖于其化学成分并与电磁辐射的波长有关，从全球平均情况来看，相对湿度小于 30% 的干洁大气的粒子折射率实部的平均值约为 1.5。大量观测结果显示：城市气溶胶粒子折射率虚部在 0.55 μm 波长处一般为 10^{-2}～10^{-1} 之间。而来源于乡村、远郊、海洋或土壤的气溶胶粒子的折射率虚部一般在 10^{-3}～10^{-2} 之间。表 25-5 为沃尔兹[6]根据经验提出的气溶胶的复折射率。

表 25-5 气溶胶的复折射率 $n_1 - \mathrm{i}n_2$

波 长/μm	折射率		波 长/μm	折射率	
	水溶物	尘状物		水溶物	尘状物
0.20000	1.530−0.070i	1.530−0.070i	1.06000	1.520−0.017i	1.520−0.008i
0.25000	1.530−0.030i	1.530−0.030i	1.53600	1.510−0.023i	1.400−0.008i
0.30000	1.530−0.008i	1.530−0.008i	2.00000	1.420−0.008i	1.260−0.008i
0.33710	1.530−0.005i	1.530−0.008i	2.50000	1.420−0.012i	1.180−0.009i
0.48800	1.530−0.005i	1.530−0.008i	2.70000	1.400−0.055i	1.180−0.013i
0.51450	1.530−0.005i	1.530−0.008i	3.00000	1.420−0.022i	1.160−0.012i
0.63280	1.530−0.006i	1.530−0.008i	3.20000	1.430−0.008i	1.220−0.010i
0.69430	1.530−0.007i	1.530−0.008i	3.39230	1.420−0.007i	1.260−0.013i
0.86000	1.520−0.012i	1.520−0.008i	3.50000	1.450−0.005i	1.280−0.011i

续表

波　长/μm	折射率		波　长/μm	折射率	
	水溶物	尘状物		水溶物	尘状物
3.750 00	1.452－0.004 i	1.270－0.011 i	10.000 00	1.820－0.090 i	1.750－0.162 i
4.000 00	1.455－0.005 i	1.260－0.012 i	10.591 00	1.760－0.070 i	1.620－0.120 i
4.500 00	1.460－0.013 i	1.260－0.014 i	11.000 00	1.720－0.050 i	1.620－0.105 i
5.500 00	1.440－0.018 i	1.220－0.021 i	13.000 00	1.620－0.055 i	1.470－0.100 i
6.000 00	1.410－0.023 i	1.150－0.037 i	14.800 00	1.440－0.100 i	1.570－0.100 i
6.500 00	1.460－0.330 i	1.130－0.042 i	15.000 00	1.420－0.200 i	1.570－0.100 i
7.200 00	1.400－0.070 i	1.400－0.055 i	17.200 00	2.080－0.240 i	1.630－0.100 i
7.900 00	1.200－0.065 i	1.150－0.040 i	18.500 00	1.850－0.170 i	1.640－0.120 i
8.200 00	1.010－0.100 i	1.130－0.074 i	20.000 00	2.120－0.220 i	1.680－0.220 i
8.500 00	1.300－0.215 i	1.300－0.090 i	25.000 00	1.880－0.280 i	1.970－0.240 i
8.700 00	2.400－0.290 i	1.400－0.100 i	27.900 00	1.840－0.290 i	1.890－0.320 i
9.000 00	2.560－0.370 i	1.700－0.140 i	30.000 00	1.820－0.003 i	1.800－0.420 i
9.200 00	2.200－0.420 i	1.720－0.150 i	35.000 00	1.920－0.400 i	1.900－0.500 i
9.500 00	1.950－0.160 i	1.730－0.162 i	40.000 00	1.860－0.500 i	2.100－0.600 i

（五）气溶胶模型

大气中气溶胶粒子随其来源不同，其化学成分有很大的差异。主要有以下 5 种基本成分：矿物质、海盐、煤烟、气体转换物质或水溶性物质、火山灰等。标准辐射大气（SRA）模型把气溶胶按成分分为 6 种：水溶性粒子（W. S.）、沙尘性粒子（D. L.）、海洋性粒子（O. C.）、煤烟（S. O.）、火山灰、75％硫酸水溶液滴，前 4 种在对流层低层按一定的百分比混合组成“标准辐射大气”气溶胶模型，如表 25-6 所示。

表 25-6　“标准辐射大气”气溶胶模型的 4 种基本成分[7]

气溶胶模型	D. L.	W. S.	O. C.	S. O.
大陆型	0.70	0.29	—	0.01
海洋型	—	0.05	0.95	—
城市型	0.17	0.61	—	0.22

海洋型气溶胶粒子主要由氯化钠、氯化钾、硫酸铵等吸湿性物质组成。大陆型气溶胶粒子与气溶胶源的土壤、地物和环境有关，一般组成为灰尘、矿物元素以及城市污染气体转换的酸性粒子等。而平流层气溶胶粒子通常情况下为 75％的硫酸和 25％的水混合组成的液滴，火山喷发后火山灰在一定时期内会悬浮于此层。

（六）气溶胶光学厚度

对于波长为 λ 的太阳直射辐射在散射大气中的衰减可以表达为

$$\frac{I_\lambda}{I_{0\lambda}} = e^{-\tau_\lambda m} \tag{25-6}$$

式中，I_λ 和 $I_{0\lambda}$ 是光通过大气前后的辐射强度；m 是相对于垂直方向的大气质量；τ_λ 是气溶胶光学厚度，定义为

$$\tau_\lambda = \int_z^{z+\Delta z} k_e(z)\,dz \tag{25-7}$$

其中，k_e 为消光系数。在 0.4～1.0 μm 波长范围，气溶胶光学厚度与波长的关系可用埃斯屈朗（Ångström）公式近似：

$$\tau(\lambda) = \beta\lambda^{-\alpha} \tag{25-8}$$

式中，β 是大气浑浊度系数，α 是埃斯屈朗波长指数。大气浑浊度系数 β 与气溶胶粒子浓度成正比。埃斯屈朗波长指数 α 与气溶胶谱分布有关。当气溶胶粒子谱为容格分布时，埃斯屈朗波长指数 α 可以表达为

$$\alpha = \nu - 2 \tag{25-9}$$

（七）气溶胶消光

假定气溶胶粒子为球形，可以采用米(Mie)氏散射理论来求解气溶胶粒子的散射问题。气溶胶粒子的总消光效率因子 Q_{ext}、散射效率因子 Q_{scat}、吸收效率因子 Q_{abs}、不对称因子 g 和散射相函数 $P(\theta)$ 可分别表示为

$$Q_{ext}(x,n) = \frac{\sigma_e}{\pi r^2} = \frac{2}{x^2}\sum_{m=1}^{\infty}(2m+1)[\mathrm{Re}(a_m)+\mathrm{Re}(b_m)] \tag{25-10}$$

$$Q_{scat}(x,n) = \frac{\sigma_s}{\pi r^2} = \frac{2}{x^2}\sum_{m=1}^{\infty}(2m+1)[|a_m|^2+|b_m|^2] \tag{25-11}$$

$$Q_{abs}(x,n) = Q_{ext}(x,n) - Q_{scat}(x,n) \tag{25-12}$$

$$g = \frac{4}{x^2 Q_{scat}}\sum_{m=1}^{\infty}\frac{m(m+2)}{m+1}\left[\mathrm{Re}(a_m a_{m+1}^* + b_m b_{m+1}^*) + \frac{2m+1}{m(m+1)}\mathrm{Re}(a_m b_m^*)\right] \tag{25-13}$$

$$P(\theta) = 2(M_1+M_2)\Big/\left(\int_0^{\pi}(M_1+M_2)\sin\theta\,\mathrm{d}\theta\right) \tag{25-14}$$

(25-10)式和(25-13)式中的“Re”表示取括号中的参量的实部；σ_e 和 σ_s 分别表示总消光截面和散射截面；x 是气溶胶粒子的尺度参数，$x=\frac{2\pi r}{\lambda}$；λ 是入射辐射的波长。式中的 a、b 与粒子半径 r、复折射率 n 和入射辐射的波长 λ 有关。对于一个多分散粒子体系，可以通过对粒子大小（粒子半径 r）进行积分得到该体系的体吸收系数、散射系数和总消光系数：

$$k_a(\lambda,n,z) = \int_0^{\infty}\sigma_a(\lambda,n,r)n(z,r)\mathrm{d}r \tag{25-15}$$

$$k_s(\lambda,n,z) = \int_0^{\infty}\sigma_s(\lambda,n,r)n(z,r)\mathrm{d}r \tag{25-16}$$

$$k_e(\lambda,n,z) = \int_0^{\infty}\sigma_e(\lambda,n,r)n(z,r)\mathrm{d}r \tag{25-17}$$

式中，k_a、k_s 和 k_e 分别表示吸收系数、散射系数和（总）消光系数，$n(z,r)$ 表示高度 z 处、粒子半径在 $r\sim\Delta r$ 之间的粒子数密度。将以上 3 个方程对高度积分，即可得到大气气溶胶粒子的总消光、散射和吸收的光学厚度。

从高度 h 到大气顶的气溶胶光学厚度可表示为

$$\tau_x(\lambda,h) = \int_h^{\infty}k_x(\lambda,z)\mathrm{d}z, \qquad x = \mathrm{a,s,e} \tag{25-18}$$

当 $h=0$ 时，上式为整个大气层气溶胶的光学厚度。

三、大气湍流的光学特性[8]

光学波段由空气密度决定的空气折射率 n 与温度 t(℃)、大气压强 p(kPa)和相对湿度 RH(%)的关系为

$$n=1+7.86\times10^{-4}p/(273+t)-1.5\times10^{-11}\mathrm{RH}(t^2+160) \tag{25-19}$$

一般认为，干燥空气的折射率起伏特性与温度起伏特性完全一致，可以通过测量大气温度场的起伏特性来研究大气折射率的起伏特性。大气湍流的光学统计特性通常用折射率结构函数来描述：

$$D_n(r) = \langle[n(r_1)-n(r_2)]^2\rangle = \langle n^2(r_1)\rangle + \langle n^2(r_2)\rangle - 2\langle n(r_1)n(r_2)\rangle \tag{25-20}$$

在均匀各向同性湍流（柯尔莫哥洛夫(Kolmogorov)湍流）的假设下，折射率结构函数为

$$D_n(r) = C_n^2 r^{2/3}, \qquad l_0 \ll r \ll L_0 \tag{25-21}$$

$$D_n(r) = C_n^2 l_0^{2/3}(r/l_0)^2, \qquad r \ll l_0 \tag{25-22}$$

式中，l_0 和 L_0 分别是湍流的内尺度和外尺度。折射率结构常数 C_n^2 通常被用作光学湍流强度。在许多情况下，大气湍流并不符合柯尔莫哥洛夫特征，通常的处理方法有两种：一是仍把湍流作为柯尔莫哥洛夫湍流处理，此时按(25-21)式的形式处理结构函数，得到的 C_n^2 是一个等效的参量；另一种办法根据湍流谱特征获得

准确的结构函数与距离的幂指数关系：

$$D_n(r) = C_n^\gamma r^\gamma, \qquad l_0 \ll r \ll L_0 \tag{25-23}$$

此时，按照上式求得的系数 C_n^γ 的量纲依赖于幂指数 γ。一般情况下，γ 总是随时随地变化的，此时需采纳折射率起伏方差 σ_n^2 来描述一般情况下的光学湍流强度，则结构函数依赖于起伏方差 σ_n^2 和以湍流特征尺度衡量的距离：

$$D_n(r) = 1.9\sigma_n^2 \ (r/L_0)^\gamma, \qquad l_0 \ll r \ll L_0 \tag{25-24}$$

$$D_n(r) = 1.9\sigma_n^2 \ (l_0/L_0)^\gamma \ (r/l_0)^2, \qquad r \ll l_0 \tag{25-25}$$

各相同性湍流折射率起伏的三维谱密度可写为

$$\Phi_n(K) = 0.033 C_n^2 K^{-11/3} f(Kl_0) \tag{25-26}$$

内尺度 $l_0 = 0$ 对应于柯尔莫哥洛夫谱：

$$f(Kl_0) = 1 \tag{25-27}$$

Tatarskii 湍流谱在耗散区呈高斯下降趋势：

$$f(Kl_0) = \exp[-(Kl_0/5.92)^2] \tag{25-28}$$

当考虑大尺度湍流起伏时，理论研究者常使用所谓的冯卡门(von Karman)谱：

$$\Phi_n(K) = 0.033 C_n^2 (K^2 + L_0^{-2})^{-11/6} \tag{25-29}$$

同时考虑到大、小尺度湍流起伏时，理论上广泛使用 Tatarskii 谱和冯卡门谱的综合谱，但仍被广泛地称为冯卡门谱：

$$\Phi_n(K) = 0.033 C_n^2 (K^2 + L_0^{-2})^{-11/6} \exp[-(Kl_0/5.92)^2] \tag{25-30}$$

根据实验测量结果并依据一些理论考虑的希尔(Hill)谱的拟合形式有以下两种(由 Churnside 和 Frehich 分别作出的)：

$$f(Kl_0) = \exp[-1.28(Kl_0)^2] + 1.45\exp\{-0.97[\ln(Kl_0) - 0.45]^2\} \tag{25-31}$$

$$f(Kl_0) = [\sum_{n=0}^{4} a_n (Kl_0)^n] \exp(-\delta Kl_0) \tag{25-32}$$

式中，$a_0 = 1, a_1 = 1.1090, a_2 = 0.70937, a_3 = -0.28086, a_4 = 0.08277, \delta = 1.1090$；或 $a_0 = 1, a_1 = 1.4284, a_2 = 1.1987, a_3 = 0.1414, a_4 = 0, \delta = 1$。

近地面大气湍流强度具有显著的日变化特征。白天湍流能充分发展，强度较大，中午可达到最大值。夜间湍流不易发展，平均强度相对较低。在日出后 1 h、日落前 1 h 左右，太阳辐射和地表辐射平衡，湍流最弱。近地面大气湍流也受地理特征的影响。图 25-3 是近地面两个高度上 C_n^2 在一定时间段内的平均值的典型日变化特征。

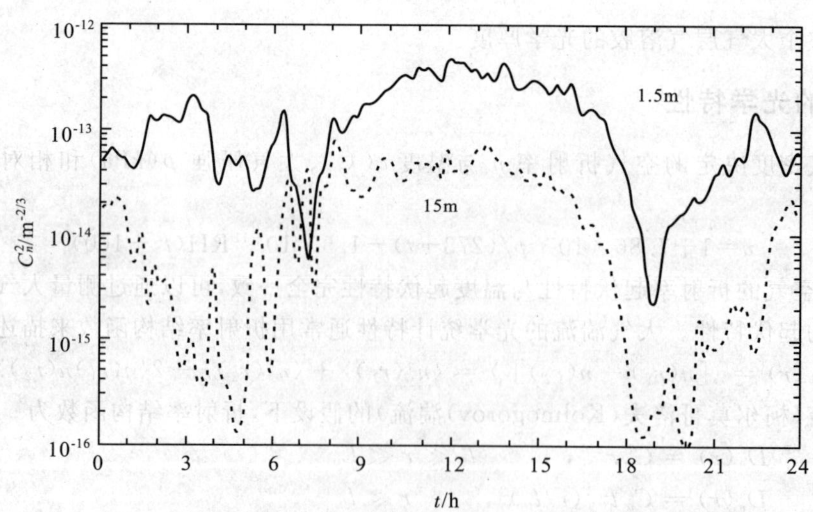

图 25-3　近地面两个高度上折射率结构常数 C_n^2 的典型日变化特征

C_n^2 具有显著的高度变化特征，在不同地区和季节这种分布特征各不相同。应用较广泛的是 Hufnagel

中纬度湍流廓线模型，从地面以上 3 km 开始，不包括边界层，既适用于白天也适用于夜晚：

$$C_n^2(h) = 8.2\times10^{-26}W^2h^{10}e^{-h} + 2.7\times10^{-16}e^{-h/1.5} \tag{25-33}$$

式中，h 为高度(km)；参数 W 对应地面以上 5～20 km 处的平均风速(m/s)，$W^2=(1/15)\int_5^{20}V^2(h)\mathrm{d}h$；$C_n^2$ 的单位为 $\mathrm{m}^{-2/3}$；V 为风速(m/s)。

包括边界层项的 Hufnagel-Valley 模型为

$$C_n^2(h) = 8.2\times10^{-16}W^2(0.1h)^{10}e^{-h} + 2.7\times10^{-16}e^{-h/1.5} + C_0^2e^{-10h} \tag{25-34}$$

式中，C_0^2 对应于地面上 C_n^2 的典型值。应用最广泛的一种特定 Hufnagel-Valley 5/7 模型(图 25-4)的参量为：$W=21$ m/s，$C_0^2=1.7\times10^{-4}\ \mathrm{m}^{-2/3}$，对应的整层大气的相干长度为 5 cm、等晕角为 7 μrad(波长为0.5 μm)。

根据长期观测，合肥地区的四季拟合模式为

春季　$$C_n^2 = 8.0\times10^{-26}h^{13.5}e^{-\frac{h}{0.88}} + 1.95\times10^{-15}e^{-\frac{h}{0.11}} + 8.0\times10^{-17}e^{-\frac{h}{7.5}} \tag{25-35}$$

夏季　$$C_n^2 = 2.8\times10^{-29}h^{17}e^{-\frac{h}{0.7}} + 2.1\times10^{-15}e^{-\frac{h}{0.10}} + 2.0\times10^{-17}e^{-\frac{h}{4.8}} \tag{25-36}$$

秋季　$$C_n^2 = 3.0\times10^{-27}h^{14.9}e^{-\frac{h}{0.8}} + 5.5\times10^{-15}e^{-\frac{h}{0.01}} + 6.0\times10^{-17}e^{-\frac{h}{6.0}} \tag{25-37}$$

冬季　$$C_n^2 = 1.2\times10^{-26}h^{15.5}e^{-\frac{h}{0.7}} + 7.4\times10^{-15}e^{-\frac{h}{0.08}} + 6.0\times10^{-17}e^{-\frac{h}{6.0}} \tag{25-38}$$

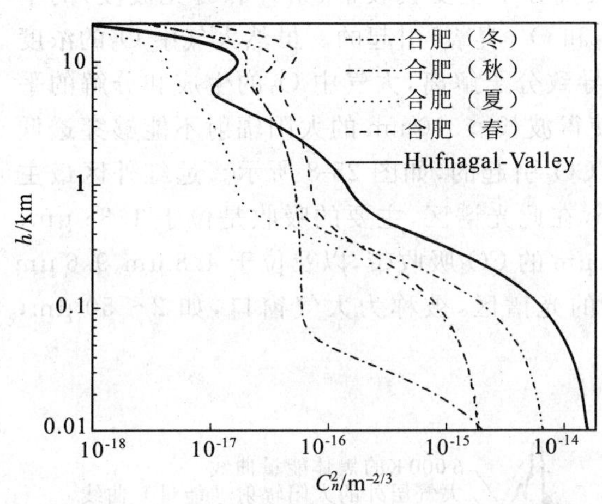

图 25-4　Hufnagel-Valley 5/7 和合肥湍流廓线模型

由图 25-4 可以看出，合肥地区不仅不同的季节 C_n^2 有差别，而且与常用的 5/7 C_n^2 分布特征的差别都很大，在有的高度上可以相差 1 个数量级以上。

近地面湍流内尺度的值大都在几至十几毫米的范围内。美国新墨西哥州(New Mexico)的怀特桑兹(White Sands)地区用多普勒声雷达测量的结果显示：在 5 km 高度上的内尺度约为 1 cm，随高度的增加内尺度也增大，在 19 km 高度约为 7 cm，季节变化不大。

大气湍流外尺度的理论和测量结果都很复杂，并且差别很大，一般理论模型远大于实际测量结果。图 25-5 是位于智利的欧洲南方天文台观测的结果，最大的外尺度仅为 5 m 左右。美国新墨西哥州的怀特桑兹地区的测量结果如图 25-6 所示：在 5 km 高度上的外尺度值最大，约为 60 m；在 15 km 高度附近最小，约为 12～20 m。

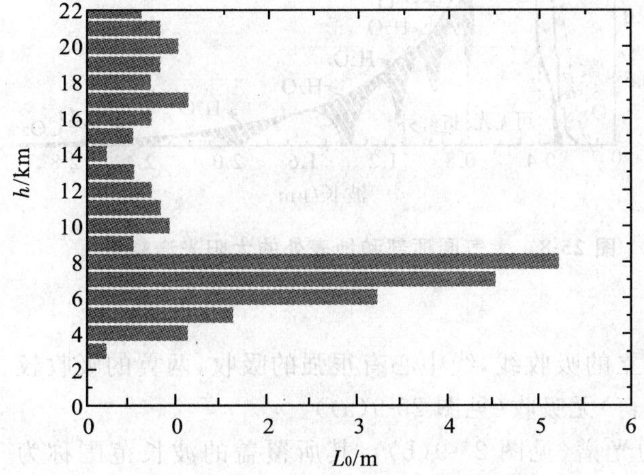

图 25-5　湍流外尺度的高度分布(智利)

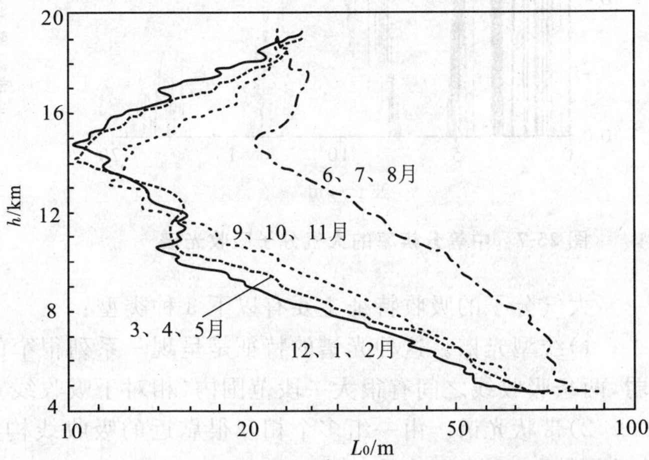

图 25-6　湍流外尺度随高度和季节变化特征(美国怀特桑兹)

一种综合性的理论模型为[9]

$$L_0(h)=\begin{cases}0.4, & h\leqslant 1\ \text{m}\\ 0.4h, & 1\ \text{m}\leqslant h\leqslant 25\ \text{m}\\ 2\sqrt{h}, & 25\ \text{m}\leqslant h\leqslant 1000\ \text{m}\\ 2\sqrt{1000}, & h\geqslant 1000\ \text{m}\end{cases} \tag{25-39}$$

根据测量结果拟合的两种模型为[9]

$$L_0(h)=5/\{1+[(h-7\,500)/2\,000]^2\} \tag{25-40}$$

$$L_0(h)=5/\{1+[(h-8\,500)/2\,500]^2\} \tag{25-41}$$

第二节　光与大气相互作用的基本物理过程

一、大气分子吸收

(一)大气分子吸收的一般特征

在紫外、可见和红外区,大气中主要的吸收气体是 H_2O、CO_2、O_3和 O_2,其次是 CO、CH_4和 N_2O。图 25-7 给出了中等分辨率的大气分子吸收光谱,在太阳光谱中一些大气分子主要吸收带(紫外和可见波段)的中心位置如表 25-7 所示。在紫外光谱区,大气吸收主要是由于 O_2和 O_3(臭氧)引起的。虽然大气中 O_3的浓度很低,但对于波长<310 nm 的太阳辐射,几乎所有的吸收都会导致分子解离,大气中 O_3的生成和分解的平衡程度对紫外光的衰减起决定性的作用,正是由于 O_3的吸收,使得波长<310 nm 的太阳辐射不能够穿透低层大气。在可见和近红外区域,大气吸收主要是由 H_2O、O_3和 CO_2引起的,如图 25-8 所示。远红外区最主要的吸收还是水汽。工程应用中常用的波段位于 0.2~200 μm,在此光谱区,主要的吸收是位于 1.38 μm、1.87 μm、3.2 μm 和 6.3 μm 的水汽吸收带,2.7 μm、4.3 μm 和 15 μm 的 CO_2吸收带,以及位于 4.8 μm、9.6 μm 和 14.20 μm 的 O_3吸收带,这些吸收带之间是透射率相对高的光谱区,被称为大气窗口,如 2~50 μm,3~40 μm、4.5~50 μm 和 8~140 μm 谱段[10-12]。

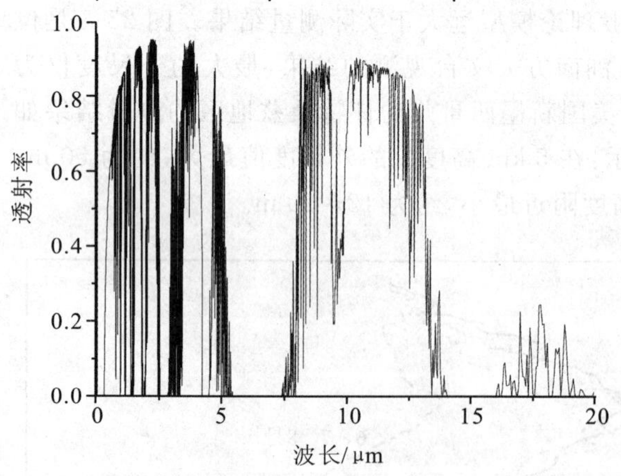

图 25-7　中等分辨率的大气分子吸收光谱

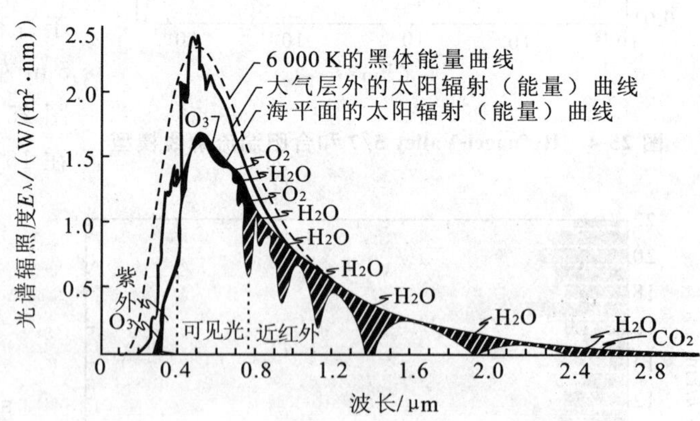

图 25-8　大气圈顶部和地表处的太阳光谱辐射

大气分子的吸收特征主要有以下 3 种类型:

1)线型光谱。这种光谱的特征是呈现一系列很窄的分立的吸收线,线中心有很强的吸收,两翼的吸收较弱,两条吸收线之间有很大一段范围内(相对于吸收线宽而言)无吸收(见图 25-9(a))。

2)带状光谱。由一组多个相互很靠近的吸收线构成的光谱(见图 25-9(b)),其所覆盖的波长范围称为"吸收带"。

3)连续光谱。光谱的连续带扩展到一个很宽的波长范围,在连续吸收背景上常常会有孤立的吸收线或吸收带存在(见图 25-9(c))。

表 25-7 太阳光谱(紫外和可见波段)中一些大气分子的吸收波长

气 体	吸收波长/μm	气 体	吸收波长/μm	气 体	吸收波长/μm
N_2	<0.1	H_2O	<0.21	HONO	<0.4
O_2	<0.245		0.6~0.72	HNO_3	<0.33
O_3	0.17~0.35	NO_2	<0.6*	CH_3Br	<0.26
	0.45~0.75	N_2O	<0.24	$CFCl_3$	<0.23
H_2O_2	<0.35	NO_3	0.41~0.67	HCHO	0.25~0.36

注：* NO_2吸收在λ<0.6 μm处，但解离在λ<0.4 μm处。

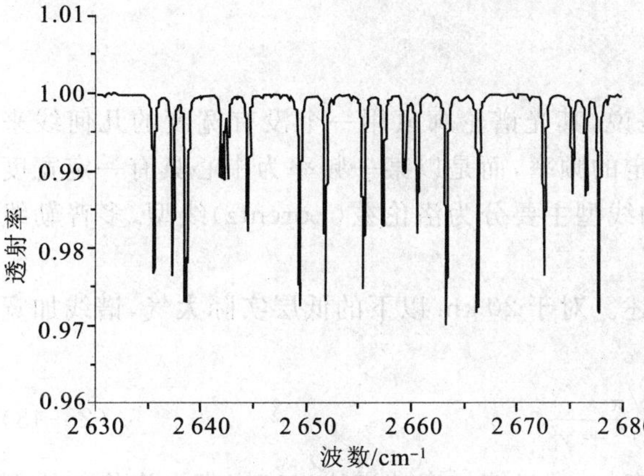

(a)分子孤立的谱线吸收

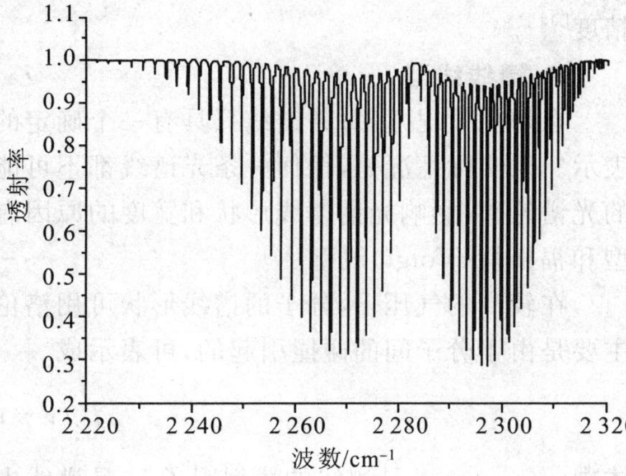

(b)分子的带吸收

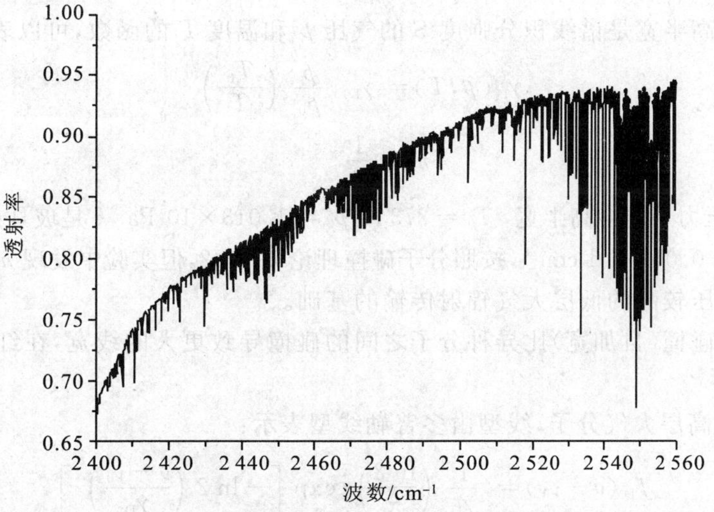

(c)连续吸收背景以及叠加在其上的分子吸收带和孤立的谱线

图 25-9 3 种主要类型的大气分子特征吸收

(二)高分辨率大气分子吸收

分子吸收是与分子能级间允许的光学跃迁相联系的，分子能级有转动能级、振动能级和电子能级之分，转动能级之间的吸收跃迁位于远红外和微波波段，振动能级之间的跃迁出现在红外波段(2~200 μm 波长范围)，而电子跃迁出现在可见和紫外波段(0.3~0.70 μm 波长范围)，除此之外，还存在着一些由这 3 种能级跃迁相互组合的振转跃迁或电子振转跃迁。

大多数分子光谱带都是由为数众多的单个谱线所组成，如果仪器的分辨率足够高，就可以在一个谱带中观测到这些排列十分规则的谱线。描述分子吸收谱线有 3 个主要参数函数：谱线的中心位置、谱线强度和谱线的线型函数。每条吸收谱线都有一定的宽度。在一定的压力下，一些过程会造成分子谱线的加宽：碰撞加宽(压力加宽)，多普勒(Doppler)加宽，以上两个过程的联合作用。

1. 谱线位置

谱线位置是指分子谱线吸收或发射的中心的频率,它与低能级和上能级之间的能量差对应。谱线位置的表达式为

$$\nu = \frac{(E_{\text{upper}} - E_{\text{lower}})}{h} \tag{25-42}$$

式中,h 是普朗克常数($6.626 \times 10^{-34}\,\text{J}\cdot\text{s}$)。

谱线的位置通常可以利用合适的量子理论模型计算得到,但理论模型中的一些重要参数需要高精度的光谱实验来确定,这些参数与分子的结构和势能面密切相关,因此理论计算结果很难达到实验所获得的精度[13]。

2. 谱线线型

在理想情况下,每条谱线只具有一个确定的频率,也就是说,其光谱轮廓只用一个没有宽度的几何线来表示。但实际情况是,任何一条光谱线都不可能具有一个确定的频率,而是以某一频率为中心具有一定宽度的光谱轮廓,影响光谱谱线形状和宽度的原因有很多,谱线的线型主要分为洛伦兹(Lorentz)线型、多普勒线型和福格特(Voigt)线型。

在较高的气压下,分子的谱线形状可用洛伦兹线型来描述。对于 20 km 以下的低层实际大气,谱线加宽主要是由于分子间的碰撞引起的,可表示成

$$f_{\text{L}}(\nu - \nu_0) = \frac{\gamma_{\text{L}}/\pi}{(\nu - \nu_0)^2 + \gamma_{\text{L}}^2} \tag{25-43}$$

式中,$f(\nu - \nu_0)$ 是谱线的线型因子,ν_0是谱线中心位置的频率,γ_{L}是碰撞加宽的谱线半高半宽。洛伦兹线型具有以下几种特征[14]:

1)洛伦兹线型的半高半宽是谱线积分强度 S 的气压 p 和温度 T 的函数,可以表示成

$$\gamma_{\text{L}}(p, T) = \gamma_{\text{L0}} \frac{p}{p_0} \left(\frac{T_0}{T}\right)^n \tag{25-44}$$

$$n = \frac{1}{2} \tag{25-45}$$

式中,γ_{L0}是标准温度和压力下的半高半宽,$T_0 = 273\,\text{K}$,$p_0 = 1.013 \times 10^5\,\text{Pa}$,$k$ 是玻耳兹曼常量。对于大多数大气气体分子,γ_{L}的范围为 $0.01 \sim 0.1\,\text{cm}^{-1}$,按照分子碰撞理论 $n=1/2$,但实验中发现 n 值围绕 1/2 有变化。

2)洛伦兹线型是气压较高的低层大气辐射传输的基础。

3)同种分子之间的碰撞(自加宽)比异种分子之间的碰撞导致更大的线宽,在红外辐射传输中异类分子的加宽占主导地位。

对于 50 km 以上的高层大气分子,线型由多普勒线型表示:

$$f_{\text{D}}(\nu - \nu_0) = \frac{1}{\gamma_{\text{D}}} \left(\frac{\ln 2}{\pi}\right)^{\frac{1}{2}} \exp\left[-\ln 2 \left(\frac{\nu - \nu_0}{\gamma_{\text{D}}}\right)^2\right] \tag{25-46}$$

式中,γ_{D}是多普勒线宽,有

$$\gamma_{\text{D}} = \frac{\nu_0}{c} (2kT \ln 2/M)^{1/2} \tag{25-47}$$

其中,c 是光速,M 是分子质量($M_{\text{空气}} = 4.8 \times 10^{-23}\,\text{g}$)。

在 20~50 km 高度之间的大气分子线型,碰撞加宽和多普勒加宽同时起作用,可由洛伦兹和多普勒的复合线型来表示,即福格特线型:

$$f_{\text{voigt}}(\nu - \nu_0) = \int_{-\infty}^{\infty} f_{\text{L}}(\nu' - \nu_0) f_{\text{D}}(\nu - \nu') \mathrm{d}\nu' = \frac{\gamma_{\text{L}}}{\gamma_{\text{L}} \pi^{3/2}} \int_{-\infty}^{\infty} \frac{1}{(\nu' - \nu'_0)^2 + \gamma_{\text{L}}^2} \exp\left[-\left(\frac{\nu - \nu'}{\gamma_{\text{D}}}\right)^2\right] \mathrm{d}\nu' \tag{25-48}$$

福格特线型的本质:当多普勒线宽与洛伦兹线宽相比非常窄,福格特线型简化为洛伦兹线型;当多普勒线宽和洛伦兹线宽接近时,它是多普勒线型与洛伦兹线型的混合函数形式。

3. 压力加宽和压力位移参数

气体分子的谱线线型是总压力的函数,气压的变化将改变吸收分子的线型。在低的气压下,分子的速度呈麦克斯韦-玻耳兹曼分布,谱线的形状为高斯(Gaussian)线型,线宽取决于分子的质量、温度和谱线位置。

随着总压力的增加，分子之间的碰撞速率增加，谱线中心位移高达 $10^{-3}\,\mathrm{cm}^{-1}$，每个大气压下谱线线宽增加几个 $10^{-1}\,\mathrm{cm}^{-1}$。在高气压下，谱线的形状为洛伦兹线型，在中等气压下，分子的线型为福格特线型。

在实际大气中，由于大气的压力和温度随着高度而变化，因此分子谱线线宽是不同的，压力加宽和压力位移随温度而变化。虽然压力加宽和压力位移理论在今天已经得到了很好的发展，但是精确的测量仍然是不可或缺的。

4. 谱线强度

谱线的强度取决于参与跃迁的低量子态和高量子态的布居，因而也依赖于温度，它正比于跃迁的两个量子态的量子力学偶极矩阵元。谱线强度是吸收谱线整个光谱宽度内的积分吸收截面，它要比谱线中心更难确定，对于一些重要的分子来说，其不确定度大约为百分之几。

根据朗伯-比尔定律，频率为 ν 的单色光通过一定厚度的均匀气体后，强度变化正比于样品的光学厚度和辐射强度：

$$\mathrm{d}I(\nu)=-\alpha(\nu)I(\nu)\mathrm{d}l \tag{25-49}$$

式中，$\alpha(\nu)$ 是单位长度的吸收系数。中心位于 ν_0 处的单一谱线积分吸收系数 S 定义为

$$S=\int_{-\infty}^{+\infty}\sigma(\nu)\mathrm{d}\nu \tag{25-50}$$

光谱吸收系数可以使用 S 表示成一个比例常数：

$$\alpha(\nu-\nu_0)=SNf(\nu-\nu_0) \tag{25-51}$$

由于归一化线型 $f(\nu-\nu_0)$ 在整个光谱范围内的积分是

$$\int_{-\infty}^{+\infty}f(\nu-\nu_0)\mathrm{d}(\nu-\nu_0)=1 \tag{25-52}$$

吸收系数既可以写成正比于压强 p，也可以写成正比于密度 ρ，或单位体积内吸收分子的数密度 N：

$$S=S^{p}p=S^{\rho}\rho=S^{\mathrm{N}}N \tag{25-53}$$

最值得注意的是，在 HITRAN 数据库中所给出的线强为 S^{N} $(T=296\,\mathrm{K})$，然而，由于 S^{p}、S^{ρ} 是最常用的物理量，通常需要了解这两个量之间的关系：

$$S^{\mathrm{N}}(T)=\frac{p}{\mathrm{N}}S^{p}(T) \tag{25-54}$$

对于理想气体：

$$\frac{N}{p}=\frac{1}{kT}=\frac{1}{kT_0}\frac{T_0}{T} \tag{25-55}$$

式中，$k=1.380\,65\times10^{-23}\,\mathrm{J/K}$ 是玻耳兹曼常量，T 是气体温度，T_0 是标准温度（$T_0=273.6\,\mathrm{K}$），以及

$$\frac{1}{kT}=\frac{L(T_0)}{p_0} \tag{25-56}$$

其中，$L(T_0)$ 是洛施密特(Loschmidt)数（$L(T_0)=2.686\,76\times10^{19}\,\mathrm{cm}^{-3}$），$p_0$ 是压强（单位为 $1\times10^{5}\,\mathrm{Pa}$），最后给出了两个常用的线强之间的转换：

$$S^{\mathrm{N}}(T)=\frac{p_0}{L(T_0)}\frac{T}{T_0}S^{p}(T) \tag{25-57}$$

线强温度转换公式可以通过两个不同温度下的 S^{N} 的比值来获得：

$$S^{\mathrm{N}}(T)=S^{\mathrm{N}}(T')\frac{Q_{\mathrm{tot}}(T')}{Q_{\mathrm{tot}}(T)}\,\mathrm{e}^{-c_2E_1\left(\frac{1}{T}-\frac{1}{T'}\right)}\left[\frac{1-\mathrm{e}^{-c_2\nu/T}}{1-\mathrm{e}^{-c_2\nu/T'}}\right] \tag{25-58}$$

式中，$Q_{\mathrm{tot}}(T)$ 是吸收气体总的配分函数，E_1 是低能态能量，c_2 是第二辐射常数。

5. 分子的吸收截面

吸收截面 $\sigma(\lambda,T,p)$ 是用于表征分子吸收强度的特征量，它是波长 λ、温度 T 和总压强 p 的函数。洛伦兹线型的吸收截面为

$$\sigma_{\mathrm{L}}(\nu)=S^{\mathrm{N}}f_{\mathrm{L}}(\nu-\nu_0) \tag{25-59}$$

多普勒线型的分子吸收截面为

$$\sigma_{\mathrm{D}}(\nu)=S^{\mathrm{N}}f_{\mathrm{D}}(\nu-\nu_0) \tag{25-60}$$

福格特线型由于很难估算，常使用 Whiting 给出的近似[15]：

$$\sigma_V(\nu)=\sigma_V(\nu_0)\left\{(1-x)\exp\left(-0.693y^2\right)+\frac{x}{1+y^2}+\right.$$
$$\left.0.016\,x(1-x)\left(\exp\left(-0.0841y^{2.25}\right)-\frac{1}{1+0.021y^{2.25}}\right)\right\} \quad (25\text{-}61)$$

式中，$x=\dfrac{\gamma_L}{\gamma_V}$，$y=\dfrac{(\nu-\nu_0)}{\gamma_V}$，$\gamma_V$是福格特线宽，可近似给出为

$$\gamma_V=0.5346\,\gamma_L+(0.2166\,\gamma_L^2+\gamma_D^2)^{\frac{1}{2}} \quad (25\text{-}62)$$

在谱线中心，吸收截面 $\sigma_V(\nu_0)$ 为

$$\sigma_V(\nu_0)=S^N/[2\gamma(1.065+0.447x+0.058x^2)] \quad (25\text{-}63)$$

6. 吸收系数

气体分子的吸收系数由谱线的位置、强度和线型来确定：

$$\alpha(\nu-\nu_0)=S^N f(\nu-\nu_0)N \quad (25\text{-}64)$$

$$\int f(\nu-\nu_0)\mathrm{d}(\nu-\nu_0)=1 \quad (25\text{-}65)$$

最常用的吸收系数有体吸收系数（$\alpha(\nu)$，长度$^{-1}$），质量吸收系数（$\alpha_m(\nu)$，长度^2/质量）和吸收截面（$\sigma(\nu)$，长度^2）。质量吸收系数＝体吸收系数/密度，吸收截面＝体吸收系数/数浓度。气体分子的吸收深度定义为吸收系数和路径长度的乘积，可以表示为

$$\tau_V(x_1,x_2)=\int_{x_1}^{x_2}\alpha(\nu)\mathrm{d}x=\int_{x_1}^{x_2}\rho\alpha_m(\nu)\mathrm{d}x=\int_{x_1}^{x_2}N\sigma(\nu)\mathrm{d}x \quad (25\text{-}66)$$

7. 光谱分辨率与仪器分辨率

光谱的分辨率就其本身来说取决于谱线的相对位置，两条位置相对较近的谱线在不同的气压下其分辨率是不同的。在低气压下，对于两条可以分辨的谱线，随着气压的增加，由于碰撞加宽可能造成两条谱线不可分辨。对于位置相近并可以分辨的两条谱线，其光谱分辨率取决于测量的实验装置[13]。

对于色散型光谱仪器，仪器线宽一般要比分子谱线宽度大，因此光谱分辨率由仪器线宽来确定，仪器线宽由光谱仪器的光学结构所决定，它是波长的函数。使用激光或原子发射谱线来测量吸收，激光和原子发射谱线的宽度可以做到小于分子谱线的线宽，因此光谱分辨率取决于光源的本征线宽，这种本征线宽需要利用其他的独立的方法来测量，如高分辨率光谱仪。在很多情况下，使用原子发射谱线作为光源，还需要使用光学滤波器来消除不同波长处发射的寄生谱线。

使用迈克尔逊(Michelson)干涉仪作为光谱测量仪器，其光谱分辨率取决于两束干涉光束的最大光学路径差。该仪器的线型一般是常数（当使用大的路径差时，线宽是非常窄的），并且随波长而改变，波长和波数的乘积是

$$\lambda k=10^7 \quad (25\text{-}67)$$

在给定波数 k 处，波数间隔Δk 与对应波长处的波长间隔$\Delta\lambda$ 的关系为

$$\Delta\lambda=10^7\times\Delta k/k=\lambda\,\Delta k/k \quad (25\text{-}68)$$

例如，在 40 000 cm^{-1}(250 nm)处 1 cm^{-1} 的光谱分辨率对应的光谱分辨率为 0.006 25 nm。

光谱仪的光谱分辨率还可由其分辨能力来表达，分辨能力定义为

$$R_\lambda=\frac{\lambda}{\Delta\lambda} \quad (25\text{-}69)$$

式中，λ 是波长，$\Delta\lambda$ 为最小可分辨的波长差。若用频率表示，光谱分辨能力为

$$R_\nu=\frac{\nu}{\Delta\nu} \quad (25\text{-}70)$$

式中，ν 是频率，$\Delta\nu$ 是频率差。

（三）大气分子吸收

1. 分立谱线吸收

对于分立的谱线，计算大气分子的吸收主要采用逐线积分方法(line-by-line)，逐线积分方法需要谱线线

型、中心频率、线强、半宽度、线强和半宽度随大气压和温度的变化、光学路径上每点吸收分子的密度等参数。一般用于计算给定频率间隔内分立谱线的透射率的公式为

$$\tau = \frac{1}{\Delta\nu}\int_{\Delta\nu}\left\{\exp\left[-\int_0^R \alpha(x,\nu)\rho \mathrm{d}x\right]\right\}\mathrm{d}\nu \tag{25-71}$$

如果光谱间隔$\Delta\nu$中包含 N 条光谱线，则应将每条谱线的平均透射率相乘，再求吸收率，即

$$A\,\Delta\nu = \int_{\Delta\nu}\left\{1-\exp\left[-\sum_{i=1}^{N}\int_0^R \alpha_i(x,\nu)\rho(x)\mathrm{d}x\right]\right\}\mathrm{d}\nu \tag{25-72}$$

式中，$\alpha_i(x,\nu)$ 是第 i 条谱线的分子吸收截面。

2. 谱带吸收

当一个吸收带中的光谱线没有明显的重叠时，一簇光谱线的吸收率可以用单线吸收法计算各条谱线的贡献，然后对所有谱线求和。然而在很多情况下，光谱线具有明显的重叠，吸收率总是小于同样数目相互孤立谱线所预期的结果。谱线出现重叠的带，其吸收率依赖于谱线之间相对间隔的细节和强度变化，作为频率的函数来说，带吸收率的变化是很迅速的，所以计算非常困难。在对光谱分辨率要求不高的场合，计算大气的吸收和透射时，往往采用近似的方法进行简化。迄今为止已有许多有效的谱带模型来代表实际带的吸收，常用的带模型有爱尔撒司(Elsasser)的周期模型、古迪(Goody)的统计模型、随机模型。

3. 连续吸收

对于大气吸收来说，谱线的连续吸收是一种特别重要的形式，这种连续吸收在所有的大气光谱区域都或多或少存在，特别是在窗口区域，连续吸收通常会超过谱线吸收。连续吸收的最大特点是平坦的频率依赖性，即吸收并不随着频率的变化而快速改变。在红外、毫米波和微波的窗口内连续吸收是低层大气吸收的最显著特征，这主要源于水汽分子的吸收。尽管大量的水汽分子的吸收谱线的位置、强度和线宽都已知道，但在这些窗口内的吸收仍不能单靠理论精确地计算出来，很多实验企图利用不同的方法来测量各种条件下的连续吸收，然而得到的结果差异较大，并且无论在实验室还是在实际大气中测量，大气连续吸收都要比利用已知的谱线参数计算的结果要大。

700～1 200 cm^{-1}和 2 400～2800 cm^{-1}是重要的大气窗口，低层大气水汽连续吸收是红外吸收的主要贡献。在近红外到微波区，连续吸收一直是实验和理论研究的热点，虽已进行了大量的工作，但连续吸收仍然还没有被深入地研究。在 700～1 200 cm^{-1} 和 2 400～2 800 cm^{-1} 窗口的连续吸收有以下 3 个普遍特征[16]：

1)给定光学路径长度的吸收量，随着 H_2O 密度的增加而快速地增加，在高密度下，吸收近似正比于分子密度的平方。

2)对 N_2 加宽的依赖性要比大多数光谱窗口的自加宽弱得多。

3)H_2O 的吸收截面随着温度的降低而快速增加。

目前关于连续吸收的理论解释主要有两种[17]：一种是强谱线的远翼吸收，但没有精确的模型解释；另一种是分子的多聚体，它是大的软性分子，如 H_2O 的二聚体，可能存在着宽的跃迁，具有宽的光谱特征。

对水汽连续吸收的实验室测量表明，水汽分子所引起的自加宽效应要比其他大气分子所引起的加宽效应更为重要，对于水汽连续吸收，水平路径的等效海平面吸收物质含量是

$$b = \frac{1}{p_0}[p_{H_2O} + 0.005(p - p_{H_2O})]W(z) \tag{25-73}$$

式中，p 是总压力，p_{H_2O}是水汽分压力($p_{H_2O} = 0.462\,W(z)T(z)$ Pa，常数由普适气体常数和水汽分子量的比值给出)，$W(z)$是在高度 z 处的水汽含量(g/($\mathrm{cm}^2\cdot$km))。垂直路径的等效海平面吸收物质含量为

$$b = \int_z^{\infty}\frac{1}{p_0}[p_{H_2O} + 0.005(p - p_{H_2O})]W(z)\mathrm{d}z \tag{25-74}$$

(四)斜程大气吸收

当光沿着一条倾斜的路径在大气中传输时，路径上各点的高度不同，其压强、温度也不相同，谱线的参数随之发生改变。如果按照斜程路径上各点都在变化的谱线参数进行吸收计算，计算量极其巨大。因此必须

找出大气参数的一组等效值进行简化计算，使得利用等效值进行计算产生的吸收与真正路径上的吸收相接近[18]。

由于分子吸收系数的温度、压强依赖关系的复杂性，它与分子散射和气溶胶消光不同，要获得各高度上单色光的分子吸收系数，就需要将已知光谱参数和气象资料进行计算。

单色光辐射沿着不均匀的大气斜程传输，一般把光程水平分成若干层，每一层都视为以该层中大气参数的平均值表征的均匀介质。这样，斜程的透射率为

$$\tau(\lambda,\theta)=\exp\left[-\sec\theta\sum_j\alpha_j(\lambda)\Delta z_j\right] \tag{25-75}$$

式中，α_j、Δz_j 分别为第 j 层的吸收系数和厚度；当天顶角 $\theta>80°$ 时，应考虑地球曲率半径的影响，以卡普曼函数取代 $\sec\theta$。

对于非单色光的分子吸收，光谱间隔$\Delta\lambda$ 内的斜程平均大气吸收，应为各层平均大气吸收的乘积。

(五)低分辨率大气分子吸收

在实际中不可能使用完全单一的频率来进行大气吸收的测量，而通常用于测量的探测器所接受到的信号是一定光谱宽度$\Delta\nu$ 的平均值，可表示为

$$\bar{\tau}_{\Delta\nu}(\nu)=\frac{1}{\Delta\nu}\int\tau(\nu)\mathrm{d}\nu \tag{25-76}$$

式中，ν 是间隔$\Delta\nu$ 中的中心频率。

许多分子的吸收带是由大量具有不同程度重叠、距离较近的各种强度的分子谱线所组成，即使分子谱线的间距稍宽些，如果光谱测量仪器的分辨率较低，也很难分辨，只能给出分子吸收的粗略轮廓。对于某些应用来说，人们的兴趣在于了解在相当宽的光谱间隔上平均的大气分子吸收，即低分辨率的大气分子吸收。图 25-10 给出了几种典型的大气分子在 1～150 μm 范围内的低分辨率吸收光谱，由于它的光谱分辨率较低，只能给出各吸收带的粗略轮廓。

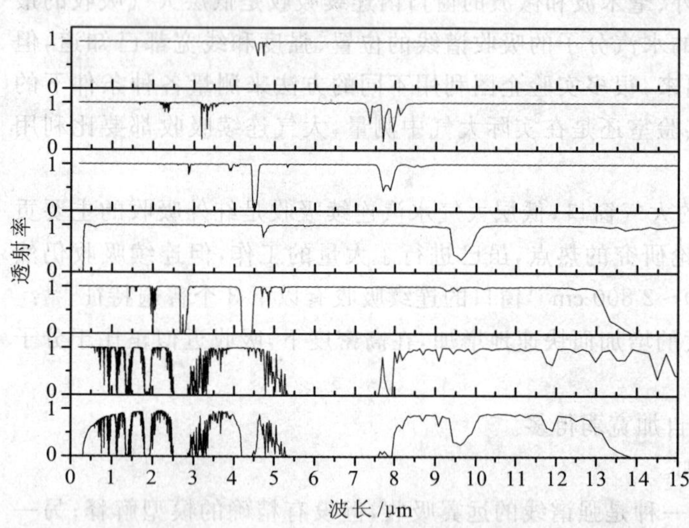

图 25-10　低分辨率大气分子红外吸收

若对光谱分辨率要求不高时，可以假定在一个光谱带中，谱线的位置和强度按一种能够用简单的数学公式表示的方式进行分布。采用谱带模型计算大气分子吸收具有数学上简单、计算速度快等优点，但是它只能预测均匀路径的吸收，分辨率不是很高。如前所述，常用的带吸收模型有爱尔撒司模型、统计模型和随机模型。

1)爱尔撒司模型假设光谱带是由同等强度、同等光谱间隔和同等半宽度的光谱线组成的。假设在频率间隔$\Delta\nu$ 中有一条具有洛伦兹线型的谱线同周期出现，爱尔撒司吸收截面为[13]

$$\alpha(\nu)=\sum_{n=-\infty}^{\infty}\frac{S}{\pi}\frac{\gamma_L}{(\nu-nd)^2+\gamma_L^2} \tag{25-77}$$

式中，d 为相邻两根谱线中心之间的距离，n 是整数。爱尔撒司据此给出了该谱带的吸收函数：

$$A=1-\frac{1}{2\pi}\int_{-\pi}^{\pi}\exp\left(-\frac{y\beta\ \mathrm{sh}\,\beta}{\mathrm{ch}\,\beta-\cos t}\right)\mathrm{d}t \tag{25-78}$$

式中，$y=\dfrac{Sx}{2\pi\gamma_L}$，$\beta=\dfrac{2\pi\gamma_L}{d}$，$t=\dfrac{2\pi\nu}{d}$。对于弱线近似，(25-78)式可简化成(比尔定律)

$$A=1-\exp\left(-\frac{Sx}{d}\right) \tag{25-79}$$

对于强线近似，式(25-78)可简化为

$$A = \mathrm{erf}\left(\frac{y\beta}{2}\right)^{\frac{1}{2}} = \mathrm{erf}\left(\frac{\pi S x \gamma_L}{d^2}\right)^{\frac{1}{2}} \tag{25-80}$$

erf 为误差函数,其定义为

$$\mathrm{erf}(z) = \frac{2}{\sqrt{\pi}}\int_0^z \exp\ (-z^2)\,\mathrm{d}z \tag{25-81}$$

在实际应用中,$\beta \leqslant 0.5$ 时适用强谱线吸收,这时 $d \geqslant 4\pi\gamma_L$,即平均线距相当于或大于谱线半宽度的 12.6 倍时,吸收函数可用误差函数计算。当 $\beta \geqslant 2$ 时适用弱谱线吸收,这时 $d \leqslant \pi\gamma_L$,即平均线距小于或等于谱线半宽度的 3 倍时吸收函数可用比尔定律确定。

2)统计模型,又称古迪模型,它假设谱线的位置和强度可以用一种概率函数来表示。这种模型适用于水蒸气的吸收带,因为在水蒸气的谱带中,光谱线的分布是无规则的。

设在频率间隔 $\Delta\nu$ 中包含 N 条光谱线,位置随机分布,平均间隔为 $d = \frac{\Delta\nu}{N}$,每条谱线的线型是相同的,任何一条谱线在 $\Delta\nu$ 中出现的概率是一样的,将强度为 S_i 的第 i 条谱线出现的概率记为 $P(S_i)$,P 是归一化的,即 $\int_0^\infty P(S)\mathrm{d}S = 1$。

每条谱线在 $\Delta\nu$ 中的平均透射率为

$$\bar{\tau}_i = \frac{1}{\Delta\nu}\int_{\Delta\nu}\int_0^\infty P(S_i)\exp\left[-\alpha(\nu)x\right]\mathrm{d}S_i\mathrm{d}\nu \tag{25-82}$$

所以,N 条谱线的平均透射率为

$$\bar{\tau} = \bar{\tau}_i{}^N = \left\{\frac{1}{\Delta\nu}\int_{\Delta\nu}\int_0^\infty P(S_i)\exp\left[-\alpha(\nu)x\right]\mathrm{d}S_i\mathrm{d}\nu\right\}^N \tag{25-83}$$

3)随机模型假设谱带中有几种爱尔撒司模型的谱带,它们具有不同的强度、宽度和光谱间隔,无规则地叠加在一起,这种模型比较接近真实的光谱结构。

设有 N 个爱尔撒司谱带无规则叠加形成随机的随机爱尔撒司带,第 i 个爱尔撒司带的线强度为 S_i,半宽度为 γ_i,谱带间距为 d_i,吸收率为 A_i,间隔内的平均吸收率为[13]

$$\bar{A} = 1 - \prod_{i=1}^{N}\left[1 - \bar{A}_i(y_i\beta_i)\right] \tag{25-84}$$

式中,$y_i = \frac{S_i x}{2\pi\gamma_i}$,$\beta = \frac{2\pi\gamma_i}{d_i}$。弱线近似时,$\beta \geqslant 2$,(25-84)式可简化为

$$\bar{A} = 1 - \prod_{i=1}^{N} \mathrm{e}^{-y_i\beta_i} \tag{25-85}$$

强线近似时,$\beta \leqslant 0.5$,(25-84)式可简化为

$$\bar{A} = 1 - \prod_{i=1}^{N}\left\{1 - \mathrm{erf}\left[\left(\frac{1}{2}y_i\beta_i^2\right)^{\frac{1}{2}}\right]\right\} \tag{25-86}$$

(六)分子吸收谱线数据库:HITRAN

HITRAN 是 high-resolution transmission molecular absorption database 的部分字母的缩写[19]。自从 HITRAN 数据库 1973 年首次发表以来,就已经被认为是各种大气和实验室辐射计算所必需的光谱参数的国际标准。近年来,HITRAN 数据库每 2 年进行一次数据更新,已经收录了大气中大多数分子的光谱数据,包含了大约 170 万条光谱谱线,光谱覆盖范围从毫米波到紫外(大约 0~60 000 cm^{-1})。

HAWKS(HITRAN atmospheric workstation)软件是采用 Java 语言编写的,以便具有更高的兼容性,软件可在 Windows、UNIX、MAC 操作系统下进行操作、筛选和绘制像吸收截面的逐条谱线数据。

HITRAN 数据库可以从 http://cfa-www.harvard.edu/hitran//网页上下载。

目前除 HITRAN 数据库外,另外比较重要的数据库有 GEISA、SAO 和 NASA-JPL 数据库。这些数据库的格式有细微的差别,但人们可以找到谱线位置、谱线强度、低态能量,有的数据库给出了包括温度依赖的压力加宽和压力位移参数。

二、大气微粒散射及计算方法

光波被一个粒子散射时散射光的电场在散射平面和垂直于散射平面的分量通过散射矩阵与入射光的对应分量联系起来：

$$\begin{bmatrix} E_{\perp}^{\mathrm{S}} \\ E_{\parallel}^{\mathrm{S}} \end{bmatrix} = \frac{\mathrm{e}^{ikr}}{-\mathrm{i}kr} \begin{bmatrix} S_1 & S_3 \\ S_4 & S_2 \end{bmatrix} \begin{bmatrix} E_{\perp}^{\mathrm{i}} \\ E_{\parallel}^{\mathrm{i}} \end{bmatrix} \tag{25-87}$$

式中，$k=2\pi/\lambda$，λ 是入射光的波长。散射矩阵的值由粒子的形状、尺度和折射率决定。实际可测量的光学量是一组斯托克斯(Stokes)参量：

$$I = (E_{\parallel} E_{\parallel}^{*} + E_{\perp} E_{\perp}^{*}) \tag{25-88}$$

$$Q = (E_{\parallel} E_{\parallel}^{*} - E_{\perp} E_{\perp}^{*}) \tag{25-89}$$

$$U = (E_{\parallel} E_{\perp}^{*} + E_{\perp} E_{\parallel}^{*}) \tag{25-90}$$

$$V = (E_{\parallel} E_{\perp}^{*} - E_{\perp} E_{\parallel}^{*}) \tag{25-91}$$

散射光的斯托克斯参量与入射光的斯托克斯参量通过穆勒(Muller)矩阵联系起来。对于一般形状的粒子，散射矩阵有 4 个独立的矩阵元，穆勒矩阵由 16 个独立的元素组成。对于球形粒子，由于对称性，$S_3=0$，$S_4=0$，穆勒矩阵只有 4 个独立的矩阵元：

$$\begin{bmatrix} I_{\mathrm{S}} \\ Q_{\mathrm{S}} \\ U_{\mathrm{S}} \\ V_{\mathrm{S}} \end{bmatrix} = \frac{1}{(kr)^2} \begin{bmatrix} S_{11} & S_{12} & 0 & 0 \\ S_{12} & S_{11} & 0 & 0 \\ 0 & 0 & S_{33} & S_{34} \\ 0 & 0 & -S_{34} & S_{33} \end{bmatrix} \begin{bmatrix} I_{\mathrm{i}} \\ Q_{\mathrm{i}} \\ U_{\mathrm{i}} \\ V_{\mathrm{i}} \end{bmatrix} \tag{25-92}$$

其中各矩阵元与散射矩阵元之间的关系为

$$S_{11} = (S_1^{*} S_1 + S_2^{*} S_2)/2 \tag{25-93}$$

$$S_{12} = (S_2^{*} S_2 - S_1^{*} S_1)/2 \tag{25-94}$$

$$S_{33} = (S_2^{*} S_1 + S_1^{*} S_2)/2 \tag{25-95}$$

$$S_{34} = (S_2^{*} S_1 - S_1^{*} S_2)i/2 \tag{25-96}$$

单个粒子的消光截面由前向散射强度决定，散射截面由所有方向的散射强度积分决定。

$$C_{\mathrm{ext}} = \frac{4}{k^2}\,\mathrm{Re}\,[S_1(0)] = \frac{4}{k^2}\,\mathrm{Re}\,[S_2(0)] \tag{25-97}$$

$$C_{\mathrm{sca}} = \frac{1}{k^2}\int_{4\pi} S_{11}(\theta)\,\mathrm{d}\Omega \tag{25-98}$$

单个粒子的消光和散射效率由相应的截面除以其几何截面得到。

$$Q_{\mathrm{ext}} = C_{\mathrm{ext}}/\pi r^2 \tag{25-99}$$

$$Q_{\mathrm{sca}} = C_{\mathrm{sca}}/\pi r^2 \tag{25-100}$$

任意方向上的偏振度为

$$P(\theta) = -S_{12}(\theta)/S_{11}(\theta) \tag{25-101}$$

后向散射截面为

$$\sigma = \frac{4\pi}{k^2} S_{11}(180°) \tag{25-102}$$

归一化的散射总光强的角分布一般称为散射相函数。

$$p(\theta) = 4\pi S_{11}(\theta)/(k^2 C_{\mathrm{sca}}) \tag{25-103}$$

群体微粒的散射光学量由粒子的尺度谱积分获得。其散射系数、消光系数和相函数分别为

$$\beta_{\mathrm{sca}} = \int_{r_{\min}}^{r_{\max}} Q_{\mathrm{sca}}(m,x)n(r)\pi r^2\,\mathrm{d}r \tag{25-104}$$

$$\beta_{\mathrm{ext}} = \int_{r_{\min}}^{r_{\max}} Q_{\mathrm{ext}}(m,x)n(r)\pi r^2\,\mathrm{d}r \tag{25-105}$$

$$p(\theta) = 4\pi S_{11}(\theta)/(k^2 \beta_{\mathrm{sca}}) \tag{25-106}$$

式中，积分限 $r_{\min}$、$r_{\max}$ 分别为最小和最大特征半径，$n(r)$ 为粒子谱密度，即单位半径间隔内的粒子浓度(单位：m^{-4})。

消光参数是相应的散射参数和吸收参数的和，如

$$\beta_{ext} = \beta_{sca} + \beta_{abs} \tag{25-107}$$

所以，根据消光参数和散射参数可以求得相应的吸收参数。

大气分子对光的散射通常称为瑞利(Rayleigh)散射。由于光波长远大于分子的尺度，散射特性不依赖于分子的具体形状。单色偏振光的散射系数和相函数分别为

$$\beta_{sca,m} = \frac{32\pi^3 (n_S - 1)^2 N}{3\lambda^4 N_S^2} \frac{6+3\delta}{6-7\delta} \tag{25-108}$$

$$p(\theta) = \frac{3}{4}\left(\frac{1+\delta}{1+\delta/2}\right)\left(1+\frac{1+\delta}{1-\delta}\cos^2\theta\right) \tag{25-109}$$

式中，n_S 是标准大气条件下空气的折射率；δ 是由于分子非各向同性导致的退偏振因子，对空气一般取 0.035；θ 是散射角。

根据瑞利散射系数与波长的关系可以看出，短波光被散射的程度远大于长波光。所以当日出或日落时，太阳光在大气中传播的路径远大于大气层厚度，可见光中的短波(蓝)部分被散射掉，太阳呈现出红色。白天的天空由于散射较多的短波光而呈现蓝色。

当微粒的尺度和光波长可相比拟时，只有理想球体粒子的散射问题得到了彻底解决，其结果通常称为米氏散射理论。

$$S_1 = \sum_{n=1}^{\infty} \frac{(2n+1)}{n(n+1)} \{a_n \pi_n(\cos\theta) + b_n \tau_n(\cos\theta)\} \tag{25-110}$$

$$S_2 = \sum_{n=1}^{\infty} \frac{(2n+1)}{n(n+1)} \{b_n \pi_n(\cos\theta) + a_n \tau_n(\cos\theta)\} \tag{25-111}$$

$$\beta_{ext} = \frac{2}{x^2} \sum_{n=1}^{\infty} (2n+1) \mathrm{Re}\,(a_n + b_n) \tag{25-112}$$

$$\beta_{sca} = \frac{2}{x^2} \sum_{n=1}^{\infty} (2n+1)(|a_n|^2 + |b_n|^2) \tag{25-113}$$

式中，$x = 2\pi r/\lambda$ 为粒子的尺度参数，r 是粒子的半径；$m = m_r + \mathrm{i}m_i$ 是粒子的复折射率；米氏散射系数 a_n、b_n 由尺度参数和折射率 m 决定；π_n、τ_n 是由缔合勒让德多项式决定的函数。

对于分层球形粒子，也有相应的散射理论结果。对米氏散射和分层球形粒子散射理论结果，目前有应用较为广泛的计算软件，如 Wiscombe 等人的软件[20]。

非球形粒子的光散射问题非常复杂，目前主要采用数值计算的方法。实用的计算方法有 T 矩阵方法和 DDA 近似方法。T 矩阵方法主要适用于椭球等具有轴对称性、表面光滑的粒子[21]。DDA 近似方法主要适用于复杂形状的粒子[22]。

旋转对称粒子光散射的 T 矩阵方法实际也是求解边界条件下的电磁场。Mishchenko 针对随机取向的粒子集合的散射问题进一步改进了 T 矩阵方法，可以直接求得随机取向的粒子集合的散射特性，而不必用 T 矩阵方法大量计算单个粒子在不同方向的散射问题[23]。

DDA 法的基本思想是：将连续散射物体近似为有限个可极化的点阵，每个点通过对局域电场(入射场以及其他点的辐射场)的响应获得偶极矩，散射体上所有点在远场的辐射的总和构成散射场。设将散射体离散为 N 个点，每个点的极化率为 α_j，坐标为 $\overline{r}_j$ $(j=1,2,\cdots N)$，若该点处的电场为 $\overline{E}_j$，则该点的极化强度 $\overline{P}_j = \alpha_j \overline{E}_j$。某点处的电场 $\overline{E}_j$ 为入射场 $\overline{E}_j^{inc}$ 与其他 $N-1$ 个点的极化场的总和：

$$\overline{E}_j = \overline{E}_j^{inc} - \sum_{k\neq j} A_{jk} \overline{P}_j \tag{25-114}$$

其中的系数 A_{jk} 是一个 3×3 矩阵：

$$A_{jk} = \frac{\exp(\mathrm{i}kr_{jk})}{r_{jk}}\left[k^2(\overline{r}_{jk}\,\overline{r}_{jk} - I_3) + \frac{\mathrm{i}kr_{jk}-1}{r_{jk}^2}(3\,\overline{r}_{jk}\,\overline{r}_{jk} - I_3)\right], \quad j \neq k \tag{25-115}$$

式中，$r_{jk}=|\bar{r}_j-\bar{r}_k|$，$\bar{r}_{jk}=(\bar{r}_j-\bar{r}_k)/r_{jk}$，$I_3$ 为 3×3 单位矩阵。若定义 $A_{jj}\equiv\alpha_j^{-1}$，则极化强度 $\overline{P}_j$ 满足 3N 复线性方程组：

$$\sum_{k=1}^{N}A_{jk}\,\overline{P}_k=\overline{E}_j^{\text{inc}} \tag{25-116}$$

远场 $\bar{r}$ 处的散射场为

$$\overline{E}_{\text{sca}}=\frac{k^2\exp(\mathrm{i}kr)}{r}\sum_{j=1}^{N}\exp(-\mathrm{i}k\bar{r}\,\bar{r}_j)(\bar{r}\,\bar{r}-I_3)\,\overline{P}_j \tag{25-117}$$

使用 DDA 近似必须满足：①点阵间距远小于入射波长；②点阵间距足够小，使得该点阵能足够好地体现散射体的基本特征。因此，利用这种方法进行数值运算的困难在于，离散偶极子数目随散射体的尺度参数的增加而呈指数增加。当尺度参数较大时，进行随机取向的运算非常耗时。

一般情况下为简便起见，将大部分非球形粒子作球形粒子处理。其依据是：大量粒子随机取向的平均特征可用某种等效尺度的球形粒子尺度参数 X_{eqv} 来近似。在涉及偏振问题和后向散射问题时，需考虑粒子的形状。非球形粒子的光散射特征和球形粒子相比，主要差异表现在：后向散射强度有很大的改变，偏振度有很大的改变(如图 25-11 所示)。这些特性在利用后向散射进行大气探测的激光雷达应用中有重要影响。

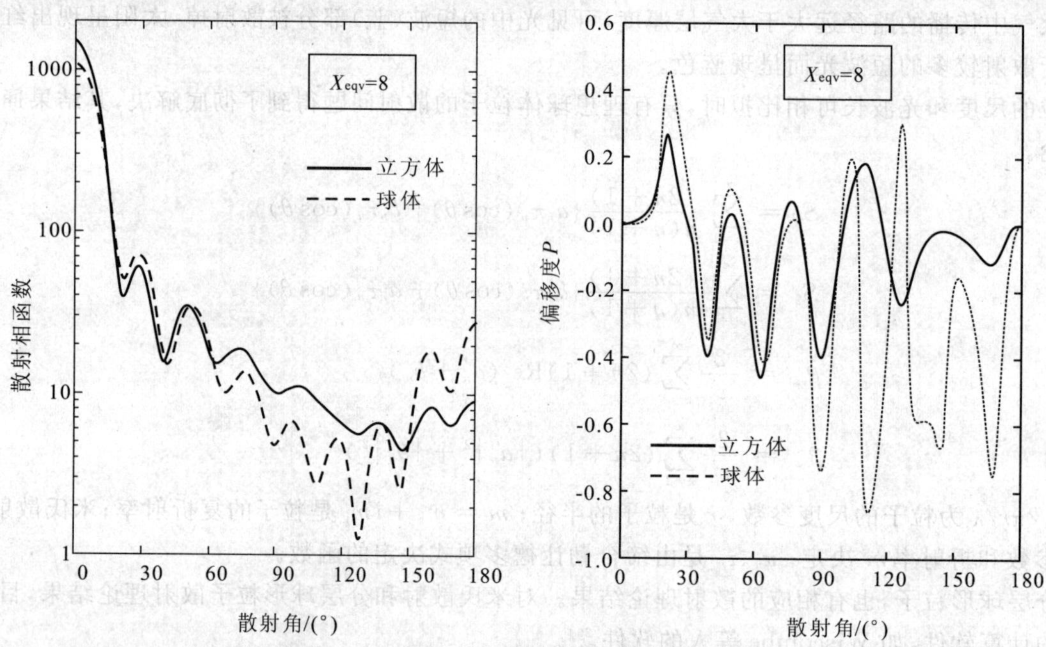

图 25-11　随机取向立方粒子和等效球形粒子的散射相函数和偏振度[24]

三、单次散射近似、大气透射率与激光雷达比

当散射微粒的浓度较低，散射过程可作单次散射近似时，能量的衰减服从比尔定律：

$$I=I_0\exp(-\beta_{\text{ext}}L) \tag{25-118}$$

即透射率为

$$T=\exp(-\beta_{\text{ext}}L) \tag{25-119}$$

在气象上通常使用的气象视距 R_{M} 表示大气透射率。R_{M} 与可见光(中心波长为 0.55 μm)的大气消光系数的关系为

$$R_{\text{M}}=3.912/\beta_{\text{ext}}(0.55\ \mu\text{m}) \tag{25-120}$$

通常所谓的能见度 V_{obs} 与可见光(中心波长 0.55 μm)的大气消光系数的关系为

$$V_{\text{obs}}=3/\beta_{\text{ext}}(0.55\ \mu\text{m}) \tag{25-121}$$

大气消光系数由吸收气体的吸收系数和气溶胶粒子的吸收系数和散射系数组成。

激光雷达利用大气分子和气溶胶粒子等的后向散射测量大气气溶胶和云。求解激光雷达方程的关键参

数为大气分子和气溶胶或云雾粒子的激光雷达比 S(即消光系数和后向散射系数的比值,单位为 Sr)。设 σ_π 为大气后向散射系数,则

$$S = \beta/\sigma_\pi \tag{25-122}$$

空气分子的激光雷达比为 $8\pi/3$,而气溶胶或云雾粒子的光学特性非常复杂,准确的激光雷达比取决于它们的光学性质。各种气溶胶和云雾粒子在 0.532 μm 和 1.064 μm 波长上的激光雷达比以及水溶性气溶胶粒子的激光雷达比随相对湿度的变化如图 25-12 所示。不考虑实际情况而简单地选取一个固定值,只可能得到定性的结果。

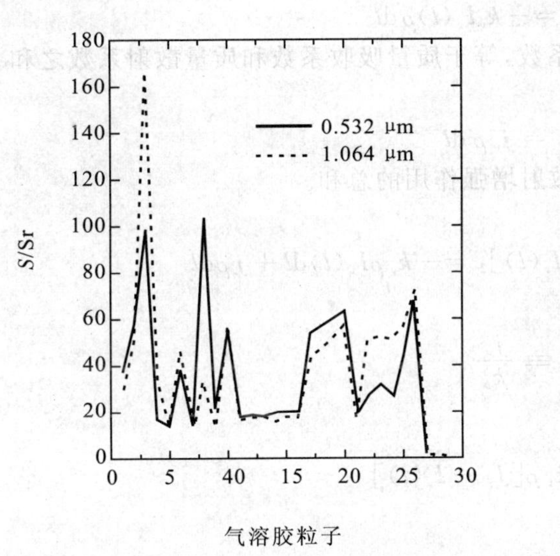

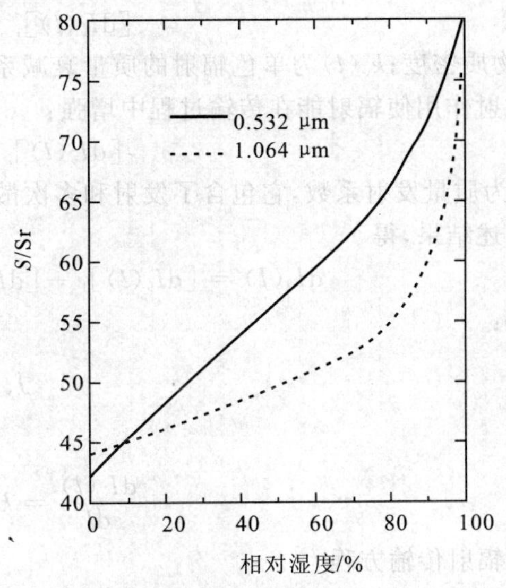

图 25-12 气溶胶和云雾粒子在两个波长上的激光雷达比(左)和水溶性气溶胶粒子的激光雷达比随相对湿度的变化(右)[25]

四、分子发射和热辐射

引起大气分子吸收的跃迁同样也导致发射,分子发射光谱类似于吸收光谱。在一定的温度下,分子也进行普朗克定律描述的热辐射。这样,分子的辐射光谱就是发射线和连续热辐射谱的组合。经一定路径 L 传播后的辐射强度为传播路径上各部分(z)的分子发射和热辐射经剩余路径衰减后的叠加:

$$I_\lambda = \int_0^L \beta_{\text{abs}}(z) P_\lambda(z) \exp\left[-\int_0^z \beta_{\text{ext}}(z')\,\mathrm{d}z'\right]\mathrm{d}z \tag{25-123}$$

式中,指数项为单次散射的比尔定律,P 为普朗克函数:

$$P_\lambda(z) = 16\pi^3 hc/\{\lambda^3 \exp\left[2\pi c/\lambda k T(z)\right] - 1\} \tag{25-124}$$

式中,h 为普朗克常数,c 为光速,k 为玻耳兹曼常量,$T(z)$ 为 z 处的温度。

图 25-13 是晴天测得的大气光谱辐射强度。和大气吸收光谱比较可知,强吸收部分对应于高的辐射强度,而弱吸收对应于低的辐射强度。明显的特征是:在大气窗口 800～1 200 cm^{-1}(即 8.3～12.5 μm)光谱区间,辐射强度较低。

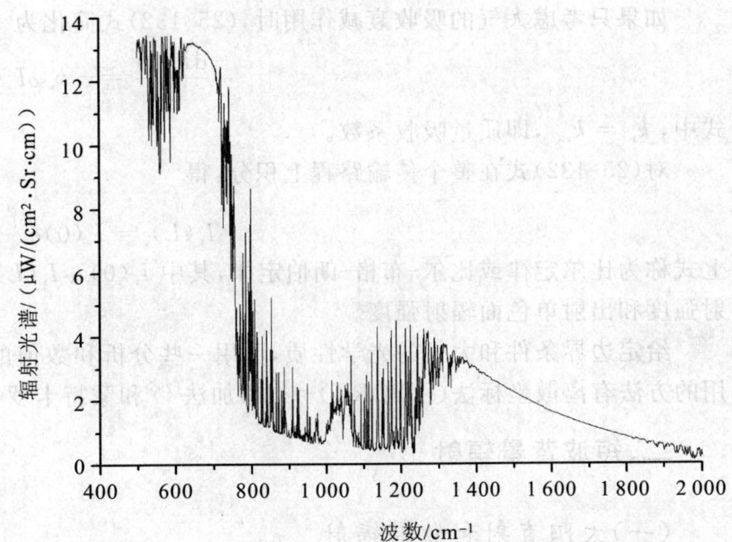

图 25-13 晴天大气的辐射光谱强度[26]

第三节　辐射大气传输及大气背景辐射特性

一、基本辐射传输方程

单色辐射在大气中传输时，一方面由于大气的衰减而损失，另一方面由于大气的散射和热辐射而增强。大气的散射和吸收作用使辐射能在传输过程中的衰减为

$$[\mathrm{d}I_\nu(l)]_1 = -k_\nu I_\nu(l)\rho\,\mathrm{d}l \tag{25-125}$$

式中，ρ 为物质密度；$k_\nu(l)$ 为单色辐射的质量衰减系数，等于质量吸收系数和质量散射系数之和。大气的发射和多次散射作用使辐射能在传输过程中增强：

$$[\mathrm{d}I_\nu(l)]_2 = j_\nu\,\rho\,\mathrm{d}l \tag{25-126}$$

式中，j_ν 称为质量发射系数，它包含了发射和多次散射增强作用的总和。

综合上述结果，得

$$\mathrm{d}I_\nu(I) = [\mathrm{d}I_\nu(l)]_1 + [\mathrm{d}I_\nu(l)]_2 = -k_\nu\,\rho I_\nu(l)\mathrm{d}l + j_\nu\rho\mathrm{d}l \tag{25-127}$$

定义源函数：

$$J_\nu \equiv \frac{j_\nu}{k_\nu} \tag{25-128}$$

则有

$$\frac{\mathrm{d}I_\nu(l)}{\mathrm{d}l} = k_\nu\,\rho[J_\nu - I_\nu(l)] \tag{25-129}$$

此为基本的辐射传输方程[27]。

在空间某方向的辐射分布与源函数、边界条件以及大气的吸收和散射性质有关。

在平面平行大气无散射的情况下，只需考虑大气的吸收和发射效应，则在辐射传输过程中仅有大气吸收衰减及大气发射增强两种作用，在局地热动平衡的状态下，由基尔霍夫(Kirchhoff)定律可得：

$$j_\nu = k_\nu B_\nu(T) \tag{25-130}$$

$$J_\nu = \frac{j_\nu}{k_\nu} = B_\nu(T) \tag{25-131}$$

此时源函数可由普朗克(Plank)函数 $B_\nu(T)$ 表示。将(25-130)式代入(25-129)式，得

$$\frac{\mathrm{d}I_\nu(l)}{\mathrm{d}l} = k_\nu\,\rho[B_\nu - I_\nu(l)] \tag{25-132}$$

上式称为史瓦西(Schwaszschild)方程。

如果只考虑大气的吸收衰减作用时，(25-132)式简化为

$$\frac{\mathrm{d}I_\nu(l)}{\mathrm{d}l} = -k_\nu\,\rho I_\nu(l) \tag{25-133}$$

式中，$k_\nu = k_{\nu a}$，即质量吸收系数。

对(25-132)式在整个传输路程上积分，得

$$I_\nu(L) = I_\nu(0)\mathrm{e}^{-\int_0^L k_\nu\rho\,\mathrm{d}l} \tag{25-134}$$

上式称为比尔定律或比尔-布格-朗伯定律，其中 $I_\nu(0)$、$I_\nu(L)$ 分别为传输路程始、末端点处的入射单色面辐射强度和出射单色面辐射强度。

给定边界条件和大气的光学性质，可用一些分析和数值的方法得到大气辐射传输方程的解。目前较通用的方法有离散坐标法(DISORT)[28]、累加法[29]和蒙特卡罗(Monte-Carlo)法[30]等。

二、短波背景辐射

(一)太阳直射和散射辐射

短波波段，大气背景辐射主要是大气和地表散射和反射的太阳辐射。图 25-14 为大气顶和到达地表的太阳光

谱辐照度，计算时假定太阳天顶角为30°，美国标准大气，乡村型气溶胶模式。大气顶的太阳辐射光谱中显示出许多精细的吸收谱线，称为夫琅禾费(Fraunhofer)线，它是太阳大气吸收造成的。用太阳常数来表达到达大气顶的太阳总能量。太阳常数的定义是：在日地平均距离处，通过与太阳光束垂直的单位面积上的太阳通量。近1个多世纪以来，人们在不同的地方和高度对太阳常数进行了大量的测量，目前得到的平均值是(1 366±3) W/m²[31]。

大气分子和粒子散射太阳辐射构成可见光到近红外波段天空的背景辐射。图25-15是晴天在地面大气向下散射的太阳辐射(假定太阳天顶角为30°)。表25-8列出了不同条件下地面辐照度和地平方向不同条件下的天空亮度[32]。

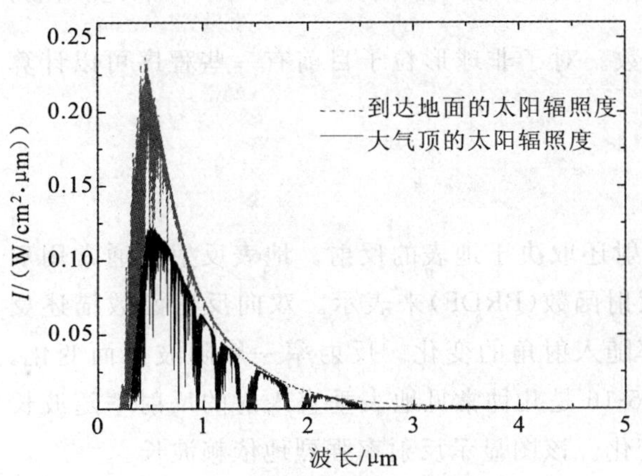

图25-14　大气顶和到达地表的太阳光谱辐照度

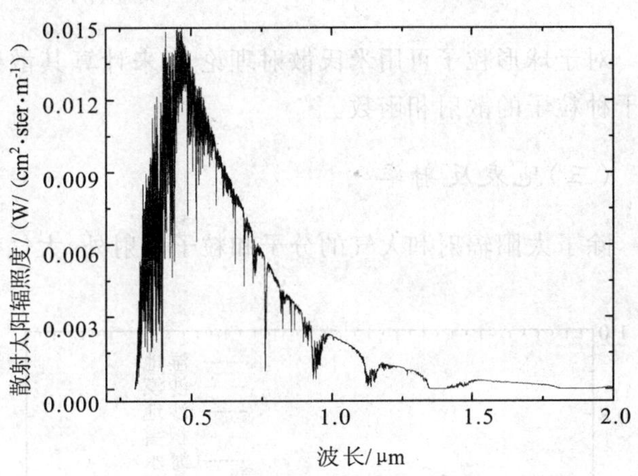

图25-15　在地面大气向下散射的太阳辐射

太阳天顶角为30°

表25-8　不同条件下地面辐照度和地平方向的天空亮度

天空状态	地面照度/(lm/m²)	天空状态	地平方向的天空亮度/(cd/m²)
直射太阳	(1～1.3)×10⁵	晴天	10⁴
总散射光	(1～2)×10⁴	阴天	10³
阴天	10³	阴暗天	10²
阴暗天	10²	阴天日落时	10
曙光	10	晴天日落后15min	1
暗曙光	1	晴天日落后30min	10⁻¹
满月	10⁻¹	很亮月光	10⁻²
晴天无月	10⁻³	无月晴朗夜空	10⁻³
阴天无月	10⁻⁴	无月阴天夜空	10⁻⁴

(二)多次散射

在有些情况下(如云或雾中)，光传输的多次散射不可忽略。多次散射随着介质的光学厚度和单次散射反照率的增大而增大。目前已有一些数值方法可以计算多次散射的贡献，如倍加法、蒙特卡罗法、离散坐标法等。

在多次散射计算时，需要用到介质的单次散射相函数，它描述散射光的空间分布。散射相函数$p(\theta)$满足归一化条件：

$$\int_0^{4\pi} p(\theta)\,\mathrm{d}\Omega = 4\pi \tag{25-135}$$

式中，Ω为立体角。

下面介绍几种常用的相函数。

在一些理论研究中，经常用到参数化的解析相函数，如亨利-格林斯坦(Hengy-Greenstain)相函数：

$$p(\theta) = \frac{1 - g^2}{(1 + g^2 - 2g\cos\theta)^{1.5}} \tag{25-136}$$

式中，g 为不对称因子，它是散射相函数的一阶距。

瑞利(分子)散射相函数：

$$p(\theta) = \frac{3(1 + \cos^2\theta)}{4} \tag{25-137}$$

对于球形粒子可用米氏散射理论[33]来计算其散射相函数。对于非球形粒子目前有一些程序可以计算若干种粒子的散射相函数。

(三)地表反射率

除了太阳辐射和大气的分子和粒子散射外，大气背景辐射还取决于地表的反射。地表反射率通常用双向反射函数(BRDF)来表示。双向反射函数描述反射率随入射角的变化。反射率一般随波长而变化。图 25-16 是几种常见地表垂直入射的反射率随波长的变化。该图显示反射率强烈地依赖波长。

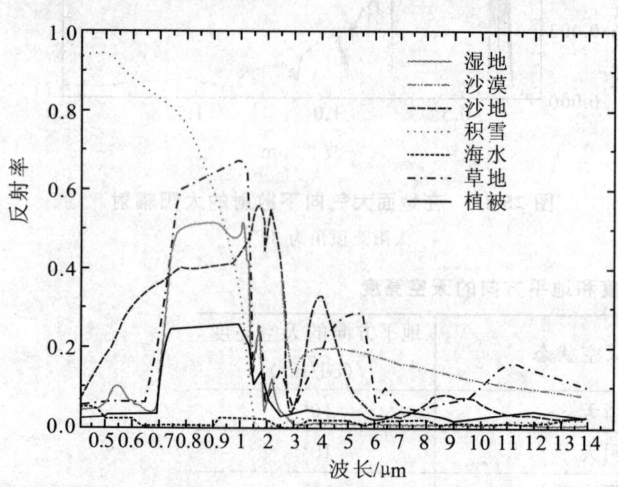

图 25-16 典型地物的光谱反射率

三、长波背景辐射

(一)晴天天空背景辐射

在 3～5 μm 波段，天空背景辐射既包括大气散射的太阳光又含有大气的热辐射。在 5 μm 以上的波长或在夜间，天空背景辐射主要是大气的热辐射。由于大气的密度随高度迅速减小，大气热辐射随天顶角的增大而增大。图 25-17 给出了晴天夜晚不同天顶角天空长波背景光谱辐亮度。在水平方向，大气的长波辐射接近于黑体，随着仰角的增大，天空长波背景辐射减小，在大气窗口波段尤其如此。

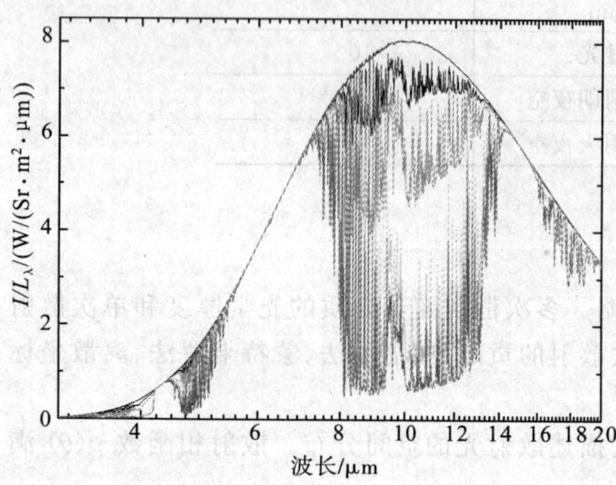

图 25-17 晴天夜晚不同天顶角的天空长波光谱辐亮度

自上而下天顶角分别为 90°、88°、85°、60°和 0°

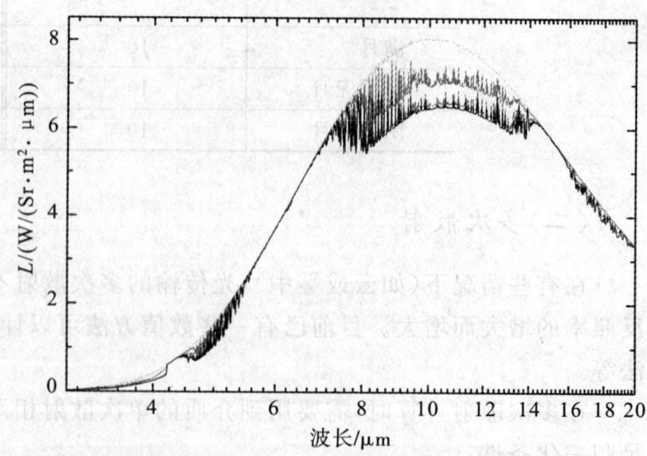

图 25-18 有高层云的夜晚不同天顶角的长波光谱辐亮度

自上而下天顶角分别为 90°、85°、60°和 0°

(二)有云天气天空背景辐射

图 25-18 给出了夜晚假定在 2.4～3 km 高度有高层云的天气条件下,不同天顶角天空长波光谱辐亮度。在天顶方向,由于云的辐射,在大气窗口波段,其辐亮度要比晴天大得多。随着仰角的增大,天空长波背景辐射减小,但减小的幅度要比晴天小。

地表辐射与地表温度和地表发射率有关。如草地、沙漠、岩石等,它们的辐射可根据地表温度和地表发射率,把地表看成灰体,用普朗克黑体辐射公式计算得到。至于海水,需要考虑风吹起的浪花引起的反射率的变化。

四、大气辐射传输的实用算法

LOWTRAN(low resolution transmission,低分辨率大气透射率计算程序)是前美国空军地球物理实验室(AFGL)20 世纪 70 年代开始开发的低分辨率大气透射率和背景辐射传输模式和计算代码,用来计算 0～50 000 cm^{-1}范围内的大气透射率、大气背景辐射、太阳和月亮的单次散射和多次散射辐射亮度和太阳直射辐照度,光谱分辨率为 20 cm^{-1}。LOWTRAN 最后的版本为 1989 年的 LOWTRAN 7[34]。LOWTRAN 采用经验化单参数带模式计算大气分子吸收,并包括了多种气体的连续吸收的计算。LOWTRAN 程序中包括了 13 种微量气体成分廓线、6 种参考大气模式。LOWTRAN 中的近地面气溶胶模式有 5 种供选择,分别是乡村型、城市型、海洋型、海军海洋型、沙漠型。2～10 km 上气溶胶随高度分布有春夏季和秋冬季两种供选择。采用 2 流近似和 K 分布的方法计算多次散射。

MODTRAN(moderate resolution transmission,中分辨率大气透射率计算程序)[35]是由 LOWTRAN 代码发展而来的,实际上包含了全部 LOWTRAN 模型的选项,可计算指定大气路径上的透射率和辐射。MODTRAN 与 LOWTRAN 相比,改进了 LOWTRAN 的光谱分辨率,将光谱分辨率由 LOWTRAN 7 的 20 cm^{-1}提高到 2 cm^{-1}。它的主要改进包括发展了一种 2 cm^{-1}光谱分辨率的分子吸收的算法和更新了对分子吸收的气压温度关系的处理,同时维持 LOWTRAN 7 的基本程序和使用结构。新的带模式参数仍是从 HITRAN 谱线参数汇编计算的,范围覆盖了 0～17 900 cm^{-1}。而在可见和紫外这些较短的波长上,仍然使用 LOWTRAN 7 的 20 cm^{-1}的分辨率。多次散射计算即可以采用二流近似的方法也可选用 2～16 流的离散坐标法(DISORT)。

1989 年公布 MODTRAN 第一版,并根据最新资料每隔 2～4 年修改升级一次,目前的最新版本为 2006 年的 MODTRAN 5。MODTRAN 开始设定为 2 cm^{-1},后来有所提高,以满足中高光谱分辨率的要求。MODTRAN 是目前最完整的一种计算大气光谱透射率和背景辐射的软件。

中国科学院安徽光学精密机械研究所建立了中分辨率(1 cm^{-1})大气光谱透射率和辐射量(包括散射辐射和热辐射)的计算软件,定名为通用大气辐射传输软件(combined atmospheric radiative transfer, CART)[36]。该软件可用来快速计算空间任意两点之间的大气光谱透射率、散射和透射以及地表反射的太阳辐射、地表和大气的热辐射等。光谱分辨率为 1 cm^{-1},光谱波段为可见光到远红外波段(1～25 000 cm^{-1})。采用一种基于逐线积分拟合的方法快速计算主要吸收气体的分子吸收[37],并考虑分子的连续吸收。在气溶胶衰减计算中,可以选用 MODTRAN 的近地层气溶胶模式(如乡村型、城市型、海洋型、沙漠型),还增加了可以根据实际测量的气溶胶粒子谱分布和气溶胶折射率组合计算气溶胶粒子的光学特性的选项,气溶胶粒子谱分布可输入容格指数,并增加了气溶胶消光高度分布的选项,可输入气溶胶消光的标高。在大气模式选项中,除了 6 种参考的标准大气外,还包括我国若干地区的大气温度、湿度、气压和密度的月平均高度分布廓线可供选用。

为了比较,我们用 CART 软件计算了中纬度夏季大气模式地面到大气外界垂直向上整层大气光谱透射率,并把 MODTRAN 4.0 计算的结果和精确的逐线积分法(LBLRTM)[38]计算的大气透射率的结果也示于图 25-19 中。这 3 个软件从整体上来看,计算结果比较接近,但 CART 计算的大气透射率在某些波长上比 MODTRAN 更接近于 LBLRTM 的计算结果。

附录 2 为用 CART 软件计算的各种条件下 0.4～25 μm 波段中分辨率大气光谱透射率,读者可根据具体情况参考使用。

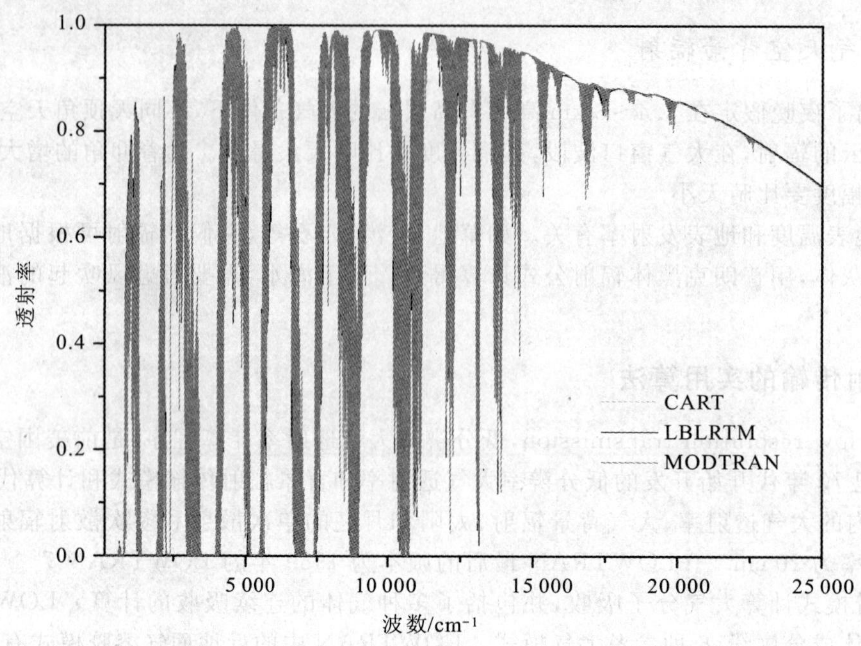

图 25-19 CART、MODTRAN 和 LBLRTM 的透射率计算结果比较

第四节 大气中的光传播效应

一、大气折射

由于大气折射率(由空气密度决定)随高度而改变,来自天体或空间目标的光线通过地球大气层时发生折射,这种现象称为大气折射。大气折射的主要影响有:

1)光线的传播方向发生改变。包括天体或空间目标的视方向偏离真实位置,自地球表面向大气外界发射的光线偏离预定目标。地球大气层的密度上稀下密,地面观察到的大气外目标的视天顶角小于实际天顶角,这个现象在天文和气象上常被称作蒙气差。偏离量随目标天顶角的增大而增大,在天顶时为 0,接近地平面时最大。

2)色散效应。由于大气折射率与光的波长有关,不同波长的光波的大气折射程度不同。这在天文观测时会使星像发散。在地面向空间目标发射的激光中,由于跟踪瞄准使用的波长和发射激光的波长不一致,会带来发射方向和瞄准方向的偏离量。

3)光程延长。在天体(月球等)或空间目标(卫星等)的激光测距中,大气折射使测量到的光行时间比真空中的实际时间延长。天顶角在 15°～80°范围,大气折射引起的测距误差值在米量级乃至约 10 m。当天顶角大于 45°时,修正量明显增大且随天顶角的递增修正量加大,因此,对激光高精度测距而言,进行大气折射修正是需要的。

一般用几何光学来近似研究大气折射,在均匀平行球面大气的模型下,按照斯涅尔定律和几何关系进行光线追踪,可求得较精确的大气折射误差。光学波段由密度决定的空气折射率 n 与温度 t(℃)、大气压力 p(kPa)和相对湿度 RH(%)的关系为

$$n = 1 + 7.86 \times 10^{-4} p/(273 + t) - 1.5 \times 10^{-11} \mathrm{RH}(t^2 + 160) \tag{25-138}$$

根据温度和气压的高度分布可以求得折射率的高度分布。当天顶角小于 70°时,可以获得精度较高的大气折射结果。但当接近地平面时,实际大气结构受地区性局部气象因素的影响,用理想大气模型算得的大气折射结果的精度存在局限性。表 25-9 是利用北京、酒泉和合肥三地的大气资料计算的对 200 km 高度的目标进行测距时(波长为 0.55 μm),由于大气折射引起的测距误差和测角误差[39]。

表 25-9　200 km 高度大气折射引起的测角误差和测距误差

视仰角/(°)	测角修正/(′)			距离修正/m		
	北京	酒泉	合肥	北京	酒泉	合肥
20	158.0	134.1	154.9	56.3	47.8	55.3
30	100.3	85.3	98.4	20.6	17.6	20.2
40	69.2	58.8	67.9	10.0	8.6	9.8
50	48.8	41.4	47.8	5.9	5.1	5.8
60	33.6	28.5	33.0	4.0	3.4	3.9
70	21.2	18.1	20.8	2.9	2.6	2.8
80	10.3	8.8	10.1	2.3	2.1	2.2

在近地面进行大地测量等工作中，如果精度要求特别高，还需考虑大气湍流引起的折射率起伏。

二、湍流效应[8,40-41]

分析光传播大气湍流效应的物理基础为标量波动方程

$$\nabla^2 E + k^2 n^2 E = 0 \tag{25-139}$$

的傍轴近似，即将光场表示为 $E = u\,\mathrm{e}^{\mathrm{i}kz}$，折射率 $n = 1 + n_1$，则当大气非均匀尺度远大于光波长，可认为只存在着前向小角散射而没有后向散射，沿 z 方向的传播问题可由抛物型方程来描述：

$$2\mathrm{i}k\frac{\partial u}{\partial z} + \frac{\partial^2 u}{\partial x^2} + \frac{\partial^2 u}{\partial y^2} + 2k^2 n_1 u = 0 \tag{25-140}$$

式中，k 为波数，$k = 2\pi/\lambda$；λ 为波长。

解析方法主要有平缓微扰法：对场的对数

$$\ln(E/E_0) = \ln(A/A_0) + \mathrm{i}(S - S_0) = \chi + \mathrm{i}S_1 \tag{25-141}$$

作微扰近似，代入标量波动方程求解，可以有效地解决弱起伏条件下的振幅起伏和相位起伏等问题。

如果在光的传播方向上折射率起伏的空间相关函数可作为 δ 函数，则湍流介质中的光场可以看作是马尔可夫随机过程，由此就可获得闭合的光场各阶统计矩的方程。一阶矩为平均振幅，表明了光场经湍流传播后未受破坏的部分；单点的二阶矩为场的平均强度；两点的二阶矩可用来计算场的相干特性；单点的四阶矩表达了场的光强起伏特性；两点的四阶矩表达了场的强度空间的相关特性。

数值模拟方法：从抛物型方程出发，将连续湍流介质当作是一系列一定光学厚度的平板组合，在每一个平板中引入独立的随机相位，将这样的一个平板称为随机相位屏。随机相位根据湍流折射率场的起伏特性产生。数值计算最重要的局限在于有限网格数目所确定的有限空间动态范围。对于高空间分辨率、长传播距离的问题需要大量的计算时间。

下面介绍几种湍流大气中的主要光传播效应。

(一)相干性退化与相位起伏

大气湍流对相干光(激光)的最大影响是破坏其空间相干性，激光辐射的(空间和时间)相干度越高，大气湍流对其的影响也就越大。相干光的空间相干度由空间互相关函数 $\Gamma_2(\rho_1,\rho_2)$ 决定：$\gamma(\rho_1,\rho_2) = \Gamma_2(\rho_1,\rho_2)/\sqrt{\Gamma_2(\rho_1,\rho_1)\Gamma_2(\rho_2,\rho_2)}$。当相干度的模降至 e^{-1} 时，两点间的距离即为空间相干长度 ρ_0。在垂直于传播方向 z 的截面内平面波和球面波的空间相干长度分别为

$$\rho_{0\mathrm{pl}} = \left[1.457\,2\,k^2\int_0^L C_n^2(z)\,\mathrm{d}z\right]^{-3/5} \tag{25-142}$$

$$\rho_{0\mathrm{sp}} = \left[1.457\,2\,k^2\int_0^L C_n^2(z)(z/L)^{5/3}\,\mathrm{d}z\right]^{-3/5} \tag{25-143}$$

如果传播路径上湍流是均匀分布的，则 $\rho_{0\mathrm{sp}} = \sqrt{3}\,\rho_{0\mathrm{pl}}$。可见光经整层大气垂直传播的情况下，相干长度的典型值为 5～10 cm。

空间相干长度在表征大气湍流强度和自适应光学相位校正技术中得到广泛的应用，该量常以 Fried 参

数 r_0 的形式出现，即 $r_0 = 2.1\rho_0$。

由于 r_0 是系综平均量，实际测量这个参数时要求在大气湍流满足广义平稳随机过程的条件下在足够长的时间内进行。这样，根据有限时间内的到达角起伏等效应计算出的数值也是一个随机量[42]。在研究该参数对光学工程的影响时，例如确定自适应光学校正效率与 r_0 的定量关系时，必须考虑这种因素[43]。

设对数振幅的结构函数为 $D_\chi(\rho) = \langle[\chi(\bar{r}) - \chi(\bar{r}+\bar{\rho})]^2\rangle$，相位结构函数为 $D_S(\rho) = \langle[S_1(\bar{r}) - S_1(\bar{r}+\bar{\rho})]^2\rangle$，则波结构函数 $D(\rho) = D_\chi(\rho) + D_S(\rho)$。平面波和球面波的波结构函数都可以由相干长度表示为

$$D(\rho,L) = 2(\rho/\rho_0)^{5/3} = 6.88(\rho/r_0)^{5/3}, \quad \rho \gg l_0 \tag{25-144}$$

高斯激光束的相干长度和激光波长、发射口径的菲涅耳数、发射系统的焦距与传播距离的比值等参数有关，在弱起伏条件下，由对应于平面波的相干长度值递增至对应于球面波的相干长度。在强起伏条件下，当菲涅耳数满足一定条件时将出现辐射空间相干的衍射增长，其相干长度可超过球面波的相干长度，随着有效湍流厚度的增加，相干长度与发射口径以及场的初始相干性之间的关系减弱，其极限可达到平面波相干长度的 2 倍，而与光源的初始衍射参数及相干性无关。

相位起伏主要来自于非均匀尺度大于菲涅耳半径的大尺度折射率起伏，平面波和球面波的空间相位起伏结构函数分别为

$$D_S(\rho,L)_{\rm pl} = 1.953C_n^2Lk^2l_0^{-1/3}\rho^2, \quad \rho < l_0 \tag{25-145}$$

$$D_S(\rho,L)_{\rm pl} = 2.914C_n^2Lk^2\rho^{5/3}, \quad l_0 < \rho < l_0 \tag{25-146}$$

$$D_S(\rho,L)_{\rm pl} = 0.073C_n^2Lk^2L_0^{5/3}, \quad \rho > l_0 \tag{25-147}$$

$$D_S(\rho,L)_{\rm sp} = 0.651C_n^2Lk^2l_0^{-1/3}\rho^2, \quad \rho < l_0 \tag{25-148}$$

$$D_S(\rho,L)_{\rm sp} = 1.093C_n^2Lk^2\rho^{5/3}, \quad l_0 < \rho < l_0 \tag{25-149}$$

$$D_S(\rho,L)_{\rm sp} = 0.073C_n^2Lk^2L_0^{5/3}, \quad \rho > l_0 \tag{25-150}$$

(二)到达角起伏

如不考虑具体的光学系统，可把光波阵面的法线方向与光传播切线方向间的夹角称为到达角。对于干涉仪，到达角指两点间的相位差，因此两点间的距离影响着到达角的度量。对于望远镜系统，到达角对应于接收口径处的波阵面的倾斜方向或焦点偏离光轴的方向。

基线上距离为 ρ 的两点间的到达角 α 由相位差 ΔS 和距离 ρ 确定：$\alpha = \Delta S/(k\rho)$。相应地，到达角起伏方差为

$$\langle\alpha^2\rangle = D_S(\rho)/(k\rho)^2 \tag{25-151}$$

孔径上的到达角起伏根据探测方式的不同，分别与对应于波前倾斜项的 Z 倾斜或光斑质心偏转的 G 倾斜相联系。平面波在两种探测方式下的到达角起伏方差分别为

$$\langle\alpha_{Z\rm pl}^2\rangle = 6.08D^{-1/3}\int_0^L C_n^2(z)\mathrm{d}z = 0.364\left(\frac{\lambda}{D}\right)^2\left(\frac{D}{r^0}\right)^{5/3} \tag{25-152}$$

$$\langle\alpha_{G\rm pl}^2\rangle = 5.675D^{-1/3}\int_0^L C_n^2(z)\mathrm{d}z = 0.340\left(\frac{\lambda}{D}\right)^2\left(\frac{D}{r^0}\right)^{5/3} \tag{25-153}$$

球面波两种探测方式下的到达角起伏方差分别为

$$\langle\alpha_{Z\rm sp}^2\rangle = 6.08D^{-1/3}\int_0^L C_n^2(z)(z/L)^{5/3}dz \tag{25-154}$$

$$\langle\alpha_{G\rm sp}^2\rangle = 5.675D^{-1/3}\int_0^L C_n^2(z)(z/L)^{5/3}dz \tag{25-155}$$

对于整层大气的一个典型值 $\int_0^\infty C_n^2(z)\mathrm{d}z \approx 10^{-11}\,\mathrm{m}^{1/3}$，在一个口径为 400 mm 的望远镜中，到达角起伏的均方根值约为 9 μrad（即约为 2″）（注意，在有的文献中到达角起伏方差表达式是指一个方向上的结果，和上述几个公式有 2 倍的关系）。

(三)光强起伏

光强起伏主要来自非均匀尺度相当于菲涅耳半径的折射率起伏。理论上一般以对数振幅起伏作为分析对象。从 $z=0$ 到 $z=L$ 的传播对数振幅起伏方差为

$$\sigma_\chi^2(L)=0.563\,1\,k^{7/6}\int_0^L C_n^2(z)\,(L-z)^{5/6}\mathrm{d}z\qquad(\text{平面波})\tag{25-156}$$

$$\sigma_\chi^2(L)=0.563\,1\,k^{7/6}\int_0^L C_n^2(z)\,[z(L-z)/L]^{5/6}\mathrm{d}z\qquad(\text{球面波})\tag{25-157}$$

当大气湍流的高度分布可以当作平行平面处理时,对天顶角为 φ 的斜程传输,对数振幅起伏方差在上述两个公式中增加一个 $(\sec\varphi)^{11/6}$ 的因子。对于整层传输,注意上述表达式的适用范围为比较小的天顶角,对于大的天顶角可能出现饱和现象。

在湍流强度均匀的路径上,有

$$\sigma_\chi^2(L)=0.307\,k^{7/6}L^{11/6}C_n^2\qquad(\text{平面波})\tag{25-158}$$

$$\sigma_\chi^2(L)=0.124\,k^{7/6}L^{11/6}C_n^2\qquad(\text{球面波})\tag{25-159}$$

通常认为 $\sigma_\chi^2<0.3$ 是弱起伏,在此条件下归一化光强起伏方差(闪烁指数)为

$$\beta_I^2=\sigma_{\ln I}^2=\exp(4\sigma_\chi^2)-1\approx 4\sigma_\chi^2\tag{25-160}$$

对于平面波,归一化光强起伏方差为

$$\beta_0^2(L)=1.23\,k^{7/6}L^{11/6}C_n^2\tag{25-161}$$

它通常被用作起伏条件的衡量参数,称为 Rytov 指数。实验结果表明,随着 Rytov 指数的增大,弱起伏理论不再适用,光强起伏升至 1 以上,并进一步缓慢地趋近于 1。将这种现象称为光强起伏的饱和效应。如图 25-20 所示为光强起伏方差随 Rytov 指数变化规律的实验结果。

在强起伏条件 $\beta_0^2\gg 1$ 下,光强起伏方差有一系列渐近解析结果,它们都不尽一致,典型的一种为

$$\beta_I^2=1+0.85\,(\beta_0^2)^{-2/5}\tag{25-162}$$

在不考虑湍流内尺度时,Andrews 等人得到的结果为

$$\beta_I^2(\mathrm{pl})=\exp\left\{\frac{0.54\beta_0^2}{(1+1.22\,\beta_0^{12/5})^{7/6}}+\frac{0.509\,\beta_0^2}{(1+0.69\,\beta_0^{12/5})^{5/6}}\right\}-1,\qquad 0\leqslant\beta_0^2\leqslant\infty\tag{25-163}$$

$$\beta_I^2(\mathrm{sp})=\exp\left\{\frac{0.17\beta_0^2}{(1+0.167\,\beta_0^{12/5})^{7/6}}+\frac{0.225\,\beta_0^2}{(1+0.259\,\beta_0^{12/5})^{5/6}}\right\}-1,\qquad 0\leqslant\beta_0^2\leqslant\infty\tag{25-164}$$

弱起伏和强起伏条件下闪烁方差的解析结果及其和有关尺度参数的关系如图 25-21 所示。图 25-21 中 β_0^2 约为 1(ρ_0 约为 $\sqrt{\lambda L}$)的一条水平线将整个传播区域划分为强起伏(上)和弱起伏(下)两大部分。$\sqrt{\lambda L}$ 约为 l_0 将弱起伏区域划分为两部分:左侧为衍射光学区,右侧为几何光学区。同样 ρ_0 约为 l_0 也将强起伏区域

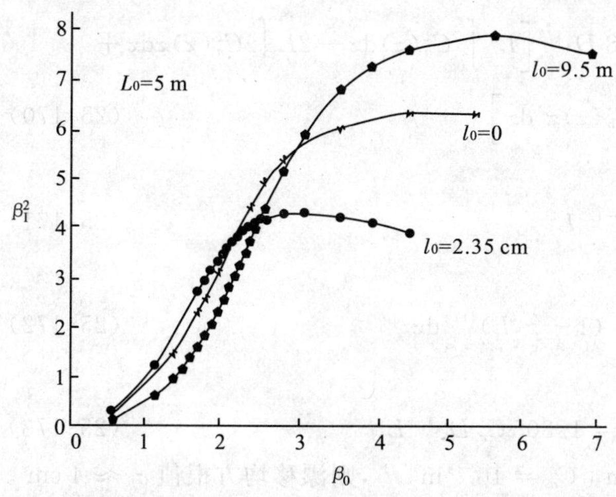

图 25-20　不同湍流内尺度下光强起伏方差与 Rytov 指数的关系

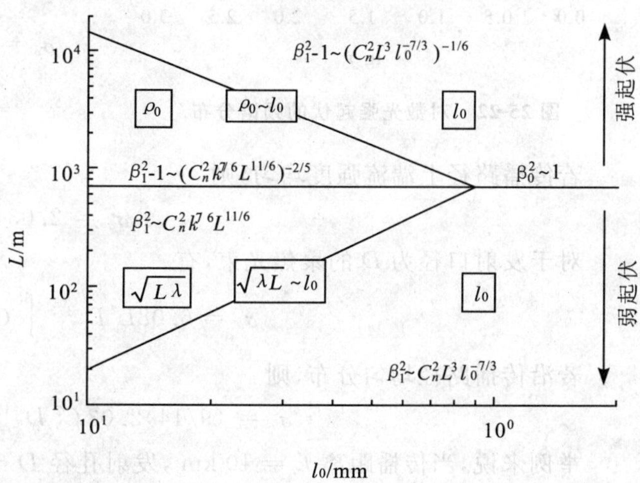

图 25-21　光强起伏的区域划分

划分为左侧的衍射光学区和右侧的几何光学区。在衍射光学区内，湍流惯性区起主要作用；而在几何光学区内，湍流耗散区起主要作用。四个区域内平面波光强起伏方差的渐近公式被分别写在图中相应的区域内，各个区域内的小方框里注明了在该区域内对光传播问题有影响的特征空间尺度，它们分别是湍流内尺度 l_0，菲涅耳衍射尺度 $\sqrt{L\lambda}$ 和相干长度 ρ_0 。

上述有关光强起伏的结果都是对点接收方式而言的。有限尺度的探测接收口径内的总光强起伏随接收口径的增大而降低，将这种现象称为孔径平均效应。对于孔径为 D 的接收圆孔和柯尔莫哥洛夫湍流，并满足 $D \gg \sqrt{\lambda L}$ ，孔径上的光强起伏方差为

$$\beta_I^2 = 17.36\, D^{-7/3} \int_0^L C_n^2(z)\,(L-z)^2\,\mathrm{d}z \quad \text{(平面波)} \tag{25-165}$$

$$\beta_I^2 = 17.36\, D^{-7/3} \int_0^L C_n^2(z)\,(L-z)^2\,(L/z)^{1/3}\,\mathrm{d}z \quad \text{(球面波)} \tag{25-166}$$

在路径上湍流强度均匀分布的情况下，分别为

$$\beta_I^2 = 5.787\, D^{-7/3} C_n^2 L^3 \quad \text{(平面波)} \tag{25-167}$$

$$\beta_I^2 = 11.718\, D^{-7/3} C_n^2 L^3 \quad \text{(球面波)} \tag{25-168}$$

柯尔莫哥洛夫湍流下直径为 D_S 的圆形非相干光源，点接收光强起伏方差在满足 $D_S \gg \sqrt{\lambda L}$ 的情况有

$$\beta_I^2 = 17.36\,(L/D_S)^{7/3} \int_0^L C_n^2(z)\,[(L-z)z/L]^{-1/3}\,\mathrm{d}z \tag{25-169}$$

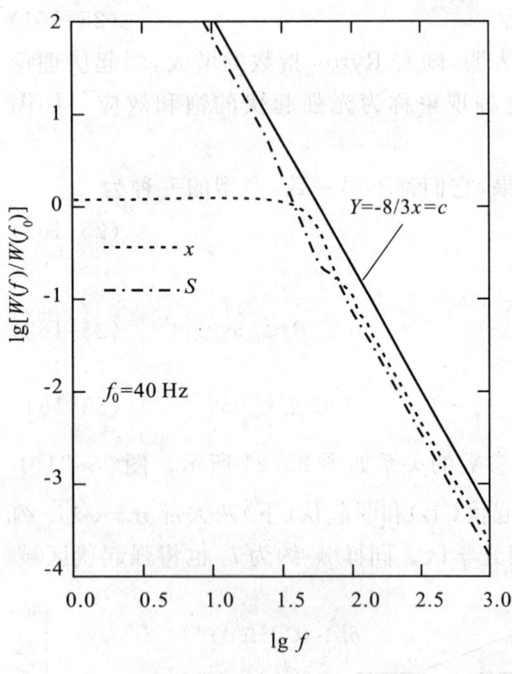

图 25-22 对数光强起伏的频谱分布

从以上各式可以看出，孔径平均后的光强起伏方差与波长无关。

弱起伏条件下光强的对数应遵从正态分布，因此光强具有对数正态分布。强起伏条件下理论上认为光强具有指数分布，实验结果与指数分布存在着偏差。光强起伏的时间频谱取决于运送湍流横向穿越光束的风速，主要频率约为风速与菲涅耳半径的比值。对于大多数传播情况，主频率范围大致在 1～100 Hz。图 25-22 为对数光强和相位起伏的时间频谱。

(四)光斑漂移与扩展

随机漂移是指光束整体横向移动，在沿地面附近传播的情况下特别明显，受湍流外尺度的影响。随机漂移一般以光斑质心的起伏来描述。当激光的发射口径接近湍流的外尺度时，光束的质心起伏显著减小。对于平面波或准直光束在柯尔莫哥洛夫湍流中的传播，光束的质心起伏方差为

$$\sigma_\rho^2 = 6.08\, D^{-1/3}\left[L^2\int_0^L C_n^2(z)\,\mathrm{d}z - 2L\int_0^L C_n^2(z)\,z\,\mathrm{d}z + \int_0^L C_n^2(z)\,z^2\,\mathrm{d}z\right] \tag{25-170}$$

若传播路径上湍流强度均匀，则

$$\sigma_\rho^2 = 2.03\, C_n^2 D^{-1/3} L^3 \tag{25-171}$$

对于发射口径为 D 的聚焦光束，有

$$\sigma_\rho^2 = 6.08 L^2 D^{-1/3} \int_0^L C_n^2(z)\,(1-z/L)^{11/3}\,\mathrm{d}z \tag{25-172}$$

若沿传播路径均匀分布，则

$$\sigma_\rho^2 = (9/14)\,2.03\, C_n^2 D^{-1/3} L^3 = 1.305\, C_n^2 D^{-1/3} L^3 \tag{25-173}$$

举例来说，当传播距离 $L = 10\ \mathrm{km}$ ，发射孔径 $D = 1\ \mathrm{m}$ ，$C_n^2 = 10^{-15}\ \mathrm{m}^{-2/3}$ ，则漂移均方根值 $\sigma_\rho \approx 4\ \mathrm{cm}$ 。

光束扩展主要来源于光束波阵面的小尺度（远小于光束的横向尺度）起伏。当曝光时间远大于光束漂移的特征时间时获得的光斑认为是长曝光光斑，而当曝光时间远小于光束漂移的特征时间时获得的光斑认为

是短曝光光斑。通常用由下列公式定义的相对于光斑质心的有效光斑半径来描述光斑的扩展特性：

$$\langle \rho^2 \rangle = \iint \rho^2 \langle I(\rho) \rangle \mathrm{d}\rho \Big/ \left(\iint \langle I(\rho) \rangle \mathrm{d}\rho\right) \tag{25-174}$$

按高斯光束定义的光斑半径 W 与有效光斑半径的关系为

$$W = \sqrt{2}\ \sqrt{\langle \rho^2 \rangle} \tag{25-175}$$

在弱起伏条件下，长曝光光斑有效半径的平方可表示为短曝光光斑有效半径的平方与光斑质心漂移方差之和：

$$\langle \rho_{\mathrm{L}}^2 \rangle = \langle \rho_{\mathrm{S}}^2 \rangle + \sigma_\rho^2 \tag{25-176}$$

对于高斯光束，在 $L \gg (0.391\, C_n^2 k^2 l_0^{5/3})^{-1}$ 的情况下，有

$$2\langle \rho_{\mathrm{L}}^2 \rangle = W^2 = W_{\mathrm{Vacuum}}^2 + 4.4\, C_n^2 l_0^{-1/3} L^3 \tag{25-177}$$

式中，W_{Vacuum}^2 为真空传播时的光斑半径。这种传播情况很少遇到，它对应于非常远的传播距离。在 $(0.391\, C_n^2 k^2 L_0^{5/3})^{-1} \ll L \ll (0.391\, C_n^2 k^2 l_0^{5/3})^{-1}$ 的情况下，有

$$2\langle \rho_{\mathrm{L}}^2 \rangle = W^2 = W_{\mathrm{Vacuum}}^2 + 2\,(L\lambda)^2 / (\pi\rho_0)^2 \tag{25-178}$$

式中，ρ_0 为球面波的空间相干长度，这是实际应用中经常遇到的传播情况。

三、图像效应[44]

大气介质对图像的影响通常用光学传递函数来表示。统计平均而言，大气介质中光学系统总的光学传递函数可以认为是光学系统（如望远镜）本身的传递函数和大气介质的光学传递函数的乘积。

设光学系统的成像焦距为 d_i，空间频率为 ν，令 $\rho = \lambda d_i \nu$，大气传输距离为 L，则混浊大气（分子和气溶胶粒子散射）的光学传递函数为

$$M(\rho) = \exp(-\beta_{\mathrm{sca}} L) + [1 - \exp(-\beta_{\mathrm{sca}} L)] M_{\mathrm{sca}}(\rho) \tag{25-179}$$

$$M_{\mathrm{sca}}(\rho) = \frac{\exp\{-\beta_{\mathrm{sca}} L[1 - f(\rho)]\} - \exp(-\beta_{\mathrm{sca}} L)}{[1 - \exp(-\beta_{\mathrm{sca}} L)]} \tag{25-180}$$

式中，$f(\rho) = \dfrac{1}{4\pi}\displaystyle\int_{4\pi}\int_0^1 p(\theta) \mathrm{J}_0(k\rho\mu \sin\theta) \mathrm{d}\mu \mathrm{d}\Omega$。

在多次散射占主导的情况下，当 $\beta_{\mathrm{sca}} L \gg 1$ 时，有

$$M_{\mathrm{sca}}(\rho) = \exp[-(\rho/\rho_a)^2] \tag{25-181}$$

$$\rho_a = \frac{\lambda}{\pi\theta_{\mathrm{rms}}} \sqrt{\frac{3}{\beta_{\mathrm{sca}} L}} \tag{25-182}$$

式中，θ_{rms} 为均方根散射角。

湍流大气的光学传递函数在长曝光情况下为

$$M_{\mathrm{LE}}(\rho) = \exp[-(\rho/\rho_0)^{5/3}] \tag{25-183}$$

在短曝光情况下，大气湍流的影响和望远镜系统本身的影响无法分离开来。对于短曝光的统计平均，近场（nf：菲涅耳尺度远小于望远镜口径 D，$\sqrt{L\lambda} \ll D$）和远场（ff：菲涅耳尺度远大于望远镜口径，$\sqrt{L\lambda} \gg D$）两种情况下的大气湍流的光学传递函数为

$$M_{\mathrm{SE}}^{\mathrm{nf}}(\rho) = \exp\{-(\rho/\rho_0)^{5/3}[1 - (\rho/D)^{1/3}]\} \tag{25-184}$$

$$M_{\mathrm{SE}}^{\mathrm{ff}}(\rho) = \exp\{-(\rho/\rho_0)^{5/3}[1 - 0.5\,(\rho/D)^{1/3}]\} \tag{25-185}$$

四、热晕效应[45]

在大气中传播的激光能量如果足够强而加热空气，导致空气密度和折射率的变化，就会反过来影响激光的传播。这种非线性效应就是热晕，它是一种局域行为，是激光的空间分布、时间特性和大气吸收特性共同作用的结果。

理论分析热晕效应需联合求解含时傍轴标量波动方程、吸收介质的折射率方程和能量平衡方程（等压加热情况、热对流，适用于连续波或脉冲系列）或密度变化方程（非等压加热情况，适用于单脉冲）。

热晕可被形象地表示为：平行于风向的棱镜，导致光束偏向上风头；垂直于风向的负透镜，导致光束发散。常见的热晕效应主要指大尺度的整束热晕：光场畸变、光斑扩展、光线弯曲。风速和光束旋转引起的强迫对流有利于减弱热晕的严重性。利用各种波型（聚焦、散焦）、发射口径形状、相位补偿技术等，可以在一定程度上克服热晕问题。

针对整个光束（整束热晕），在不考虑和湍流的相互作用、不考虑大气衰减和光束旋转的情况下，准直光束的稳态热晕可由参数 Nc 描述：

$$\mathrm{N_C} = \frac{-n_T\,\alpha P_o L^2}{\pi\, n_0 \rho C_p V_a{}^3} = \frac{P_a}{Q_a V_a} \tag{25-186}$$

式中，$P_a = \alpha P_o L$ 为吸收总功率(J/s)，$Q_a = -\rho C_p n_0 / n_T$ 为单位体积的热容量(J/m^3)，$V_a = Va^3/L$ 为单位时间内风输运的空气体积(m^3/s)，V 为风速(m/s)，α 为吸收系数(m^{-1})。折射率随温度的变化率(1/K) $n_T = -\left(77.46 + \frac{0.459}{\lambda^2}\right)\frac{P}{T^2}\times 10^{-8}$，波长的单位为μm。定压比热(J/(kg·K))为 $C_P = \frac{\gamma}{\gamma - 1}R/M_0$ (γ=1.4 为空气定压比热和定容比热的比值，M_0 为空气的分子量)，空气密度(kg/m^3) $\rho = \frac{MP}{RT}$。海平面标准大气下：$M_0 = 28.9644\times10^{-3}$ kg/mol，$\rho_0 = 1.2250$ kg/m^3，$C_P = 1004.7$ J/(kg·K)。对于一般非准直光束，由布拉德利-赫尔曼(Bradley-Herrmann)畸变参数 N_D 描述其热晕特性：

$$N_D = 2\pi N_C N_F \tag{25-187}$$

其中，菲涅耳衍射参数 $N_F^0 = n_0 k a^2 / L$。

如果是聚焦光束，考虑大气衰减以及光束旋转的情况下，综合热晕效果还需考虑菲涅耳衍射参数 N_F、衰减参数 N_E 以及光束旋转参数 $N_\omega = \omega L/V$。它们的贡献分别通过以下 3 种函数形式描述：

$$\left.\begin{aligned} f(N_E) &= \frac{2}{N_E^2}\left[N_E - 1 + e^{-N_E}\right] \\ q(N_F) &= \frac{N_F}{N_F - 1}\left[1 - \frac{\ln N_F}{N_F - 1}\right] \\ s(N_\omega) &= \frac{2}{N_\omega^2}\left[(N_\omega + 1)\ln(N_\omega + 1) - N_\omega\right] \end{aligned}\right\} \tag{25-188}$$

这里，$q(N_F)$ 的形式和 Gebhardt-Smith 原始公式略有区别。它们的变化形式如图 25-23 所示。

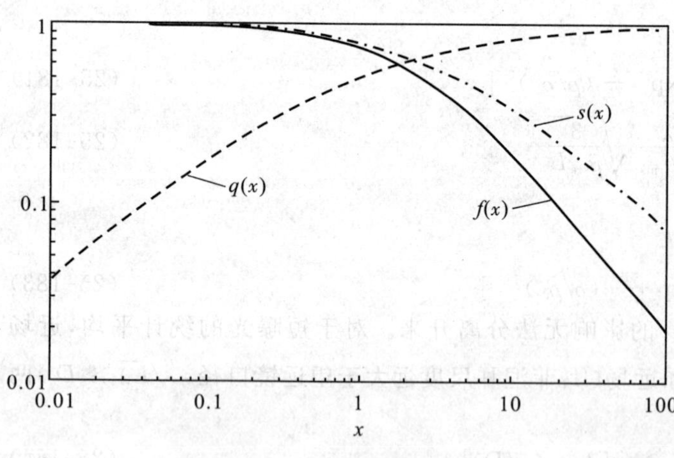

图 25-23 广义热晕参数修正因子

这样，得到的广义布拉德利-赫尔曼热晕参数为

$$\begin{aligned} N &= N_C 2 N_F f(N_E) q(N_F) s(N_\omega) \\ &= \pi^{-1} N_D f(N_E) q(N_F) s(N_\omega) \end{aligned} \tag{25-189}$$

根据数值分析和实验结果，高斯光束和均匀光束的热晕光斑峰值功率下降的经验公式分别为

$$I = I_0\left[1 + 0.0625\,N^2\right]^{-1} \tag{25-190}$$

$$I = I_0\left[1 + 0.09\,N^{1.22}\right]^{-1} \tag{25-191}$$

因此，热晕的效果相当于增加了一个独立于光束本身质量的质量因子 $\beta_B^2 = 0.0625\,N^2$ 和 $\beta_B^2 = 0.09\,N^{1.22}$。

大气湍流效应引起的光场随机分布增加了热晕问题的复杂性，产生了小尺度热晕不稳定性等问题。而热晕对空气的加热又改变了湍流的状态，二者间的相互作用是十分复杂的，目前尚无可以应用的一般理论。通常针对具体问题进行大量的数值模拟分析和实验研究，获得经验定标公式。

作为一般的定性分析，可以使用前面整束热晕的经验公式。而广义布拉德利-赫尔曼热晕参数 N 的计算要考虑到光束质量和湍流引起的光束扩展，即认为光束扩展增大了焦斑面积，此时的菲涅耳衍射参数为

$$N_F = \frac{n_0 k a^2}{(1 + \beta_T^2)L} \tag{25-192}$$

对激光大气传输的各种效应进行数值模拟计算的软件有多种，国际上有美国 Lincoln 实验室的 Molly 软件，国内有中国科学院安徽光学精密机械研究所的"激光大气传输及其自适应光学相位补偿四维数值计算程序(LAP-AO-4D CODE)"(软件登记号为 2003SR1109)。

五、非弹性散射——荧光、受激拉曼散射

当激光在大气中传播时，除了前面提到的弹性散射外，还有非弹性散射。如果激光足够强，还会出现弹性和非弹性散射的非线性效应。弹性散射的非线性效应包括前面提到的热晕，还有大气击穿等。非弹性散射的非线性效应包括受激拉曼散射和频率转换等。

在大气探测中应用的两种最重要的非弹性散射是荧光和拉曼散射。荧光是激光将大气分子激励到较高的能级而在较低的能级上发射光子，因而荧光相对于激励激光是红移的，这样，在探测时可以和瑞利或米氏散射区分开来。

由于光致荧光的效率在紫外和可见光谱区比在红外光谱区高，光致荧光绝大部分应用在紫外到可见光谱区。光致荧光的效率有时会受受激辐射饱和效应的影响。在光致荧光可以应用的场合下，它无疑是探测大气原子或分子组分最灵敏的光学技术之一。

受激拉曼散射一般较弱。当大气组分(如云团等)的含量较高或探测距离较短，则受激拉曼散射是探测大气组分和温度的有效手段。

第五节 大气光学遥感

光波在大气中传输时，它的强度和光谱特性会发生变化。大气光学遥感就是利用这些变化反演大气的成分和状态。利用太阳光等自然光源和激光等人工光源的大气光学遥感，分别称为被动遥感和主动遥感。本节在被动遥感方面介绍利用太阳光的大气遥感方法，包括地基辐射仪遥感气溶胶和臭氧的方法和卫星遥感；在主动遥感方面介绍激光雷达。

一、利用太阳光的大气被动遥感

(一)太阳辐射计测量气溶胶的光学厚度

大气光学厚度是影响大气层辐射能量传输的一个重要参数，它主要与大气气溶胶粒子、臭氧和水汽的含量有关。由于它们的作用因波长而不同，大气光学厚度对波长有很强的依赖性。在无云的白天，通过测量所选波长的太阳直接辐射的相对辐射通量密量，可以得到气溶胶光学厚度、臭氧总量和水汽含量。由不同波长的大气光学厚度还可以反演得到气溶胶的尺度谱分布。太阳辐射计测量技术已得到广泛的应用。根据比尔-布格-朗伯(Beer-Bouguer-Lambert)定律，在给定地点和一年中的给定时间测量的给定波长的太阳直接辐射强度可以表示为

$$I(\lambda)=I_0(\lambda)\exp[-\tau(\lambda)m(\theta_t)] \tag{25-193}$$

式中，$I(\lambda)$是到达探测器的波长为λ的太阳辐射强度；$I_0(\lambda)$是大气层顶的太阳辐射强度；$m(\theta_t)$是空气质量因子，它是太阳天顶角θ_t的函数；$\tau(\lambda)$是总光学厚度。

当太阳天顶角θ_t不超过 60°时，空气质量因子$m(\theta_t)=1/\cos\theta_t$。这里$\theta_t$涉及地理纬度$\Phi$、太阳偏角$\delta$和时角$t_h$[46]：

$$\cos\theta_t=\sin\delta\sin\Phi+\cos\delta\cos\Phi\cos t_h \tag{25-194}$$

太阳偏角δ在 24 h 内的最大变化小于 0.5°，每天可采用同一个值。Spencer(1971)[47]导出了用弧度表示的δ的级数形式，它的二级形式为

$$\delta=0.006\,918-0.399\,912\cos\theta_0+0.070\,257\sin\theta_0-0.006\,758\cos 2\theta_0+0.000\,907\sin 2\theta_0 \tag{25-195}$$

它的最大误差为 0.003 5 rad。角度θ_0(rad)用天数d_n(从 1 月 1 日的 0 到 12 月 31 日的 364)来确定，$\theta_0=2\pi d_n/365$。它的高精度值可以由天文历查得。太阳时角t_h从中午位置算起，每天改变 360°，或 1 h 变化 15°。

时角 t_h 由局地表观时计算。局地表观时＝时钟时＋经度订正＋时间方程。其中时钟时参照全球的各标准子午线所划分的时区；经度订正每度 4′，局地子午线在标准子午线的东边，则经度订正为正，否则为负；Spencer (1971)[47] 提出了一个用弧度表示的由 θ 计算的时间方程的级数表达式：

$$\text{时间方程} = 0.000\,075 + 0.001\,868\cos\theta_0 - 0.320\,77\sin\theta_0 - 0.014\,615\cos 2\theta_0 - 0.040\,849\sin\theta_0 \tag{25-196}$$

太阳辐射计探测器的输出电压 V，对应于相应的太阳辐射通量密度。用电压值 V 表示的(25-193)式的对数形式可表示为

$$\ln V(\lambda) = \ln V_0(\lambda) - \tau(\lambda) m(\theta_t) \tag{25-197}$$

在辐射计未经标定的情况下，可以采用 Bouguer-Langley 法确定大气光学厚度。假定测量时段的大气稳定不变，$\ln V(\lambda)$ 随 $m(\theta_t)$ 的变化是一条直线，$\tau(\lambda)$ 是该直线的斜率的负值。通过对 $\ln V(\lambda)$ 和 $m(\theta_t)$ 数据的最小二乘法线性拟合，就可以得到该时段大气光学厚度。

通常情况下，大气层的光学厚度随时间变化，辐射计的标定是必要的。在高山顶，容易选到大气十分稳定干净的时段进行太阳辐射计的定标测量。测量值 $\ln V(\lambda)$ 随 $m(\theta_t)$ 变化的直线的截距 $\ln V_0(\lambda)$，就是仪器在该波长的定标常数。在大气光学厚度变化的情况下，瞬时光学厚度可以通过定标常数得到：

$$\tau(\lambda, t) = \ln[V_0(\lambda)/V(\lambda, t)]/m(\theta_t) \tag{25-198}$$

总的光学厚度是气溶胶、瑞利分子、臭氧等吸收气体各光学厚度分量(τ_A、τ_R、τ_3)的和，表示为

$$\tau(\lambda) = \tau_A(\lambda) + \tau_R(\lambda) + \sum \tau_i(\lambda) \tag{25-199}$$

在确定气溶胶和臭氧的性质时，对于已给定的波长，瑞利分子的光学厚度通常假定为已知量。在无气体吸收波长的大气光学厚度中扣除瑞利分子光学厚度，即可得到气溶胶的光学厚度。图 25-24 是太阳辐射计 1993 年 9 月至 1994 年 9 月在合肥测量的月平均 8 波长气溶胶光学厚度变化的一个例子[48]。气溶胶的光学厚度与波长的关系满足埃斯屈朗公式[49]：

$$\tau_A(\lambda) = \beta\lambda^{-\alpha} \tag{25-200}$$

式中，β 是大气浑浊度系数，α 是埃斯屈朗波长指数。

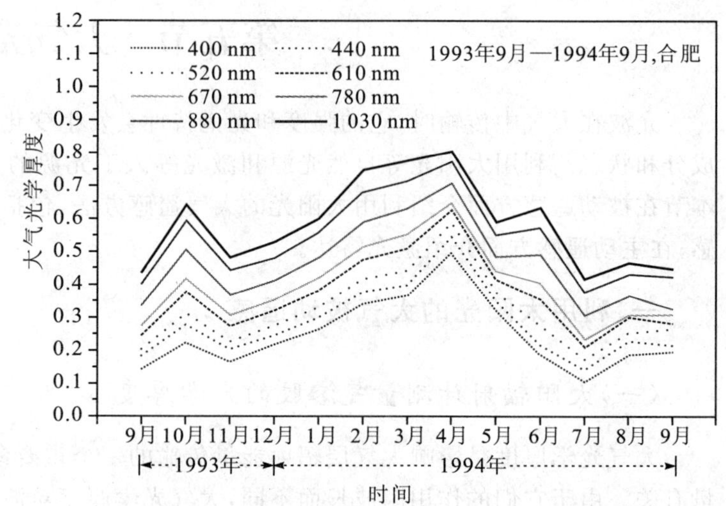

图 25-24　合肥月平均 8 波长气溶胶光学厚度

气溶胶的典型尺度分布范围约为 0.01～10 μm。容格(1963)[4] 建议用简单的指数函数来拟合气溶胶粒子尺度谱。由于它描述了气溶胶粒子尺度谱的主要特征，因而得到广泛使用，称为容格谱。容格谱可表示为

$$\frac{dn(r)}{dr} = N_0 r^{-(\nu+1)} \tag{25-201}$$

式中，r 是粒子的半径；$n(r)$ 是 r 和 $r+dr$ 半径间隔中的粒子数；N_0 是表示粒子数密度的一个参数；ν 是表示粒子尺度谱形的常数，称为容格指数，通常为 2～4。对于容格谱，容格指数 ν 与埃斯屈朗波长指数 α 的关系满足

$$\nu = \alpha + 2 \tag{25-202}$$

图 25-25 是对应于图 25-24 的埃斯屈朗浊度系数β和波长指数 α[48]。

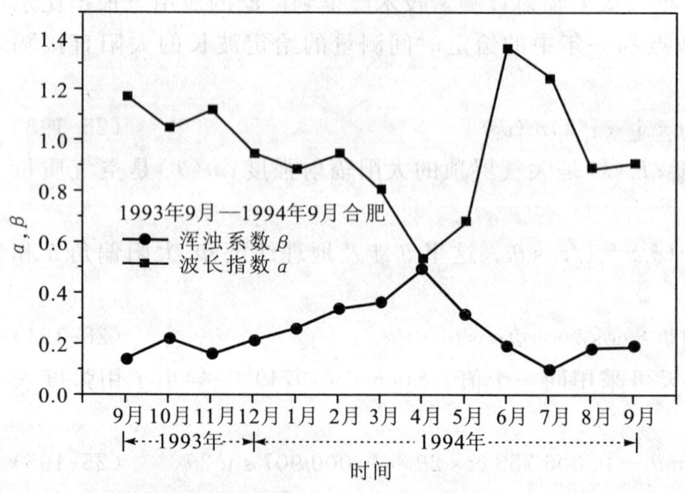

图 25-25　合肥月平均浊度系数和波长指数

（二）多布森方法测量臭氧总量

利用实测的透射太阳光来推断组分信息的典型例子，是由多布森(Dobson)(1957)[50]提出的Dobson分光光度计方法，它根据地基Dobson分光光度仪观测的结果计算臭氧总量。Dobson分光光度计是世界各国臭氧总量观测台站广泛使用的标准仪器。全世界已经有约80个地面观测站用Dobson光谱仪测量臭氧总量。Farman等[51](1985)利用这种仪器进行观测的结果，首先发现了臭氧总量在南半球春季(北半球11月份)变低，这一变化约始于1976年。

Dobson方法是在紫外波段利用比尔-布格-朗伯定律来反演臭氧含量。由(25-193)式，可以得到

$$\ln\frac{I(\lambda)}{I_0(\lambda)}=-[\tau_3(\lambda)\sec Z+\tau_A(\lambda)m(\theta_t)+\tau_R(\lambda)m(\theta_t)] \tag{25-203}$$

式中，τ_3、τ_A、τ_R分别为臭氧、气溶胶和瑞利分子的光学厚度；Z是关于约20 km高度的太阳天顶角，对应于最大臭氧浓度。定义垂直气柱臭氧总量Ω为

$$\Omega=\int_0^{z_\infty}\rho_3(z)\mathrm{d}z \tag{25-204}$$

式中，ρ_3是臭氧浓度。设吸收系数为$k(\lambda)$，τ_3可表示为

$$\tau_3(\lambda)=k(\lambda)\Omega \tag{25-205}$$

在哈特莱-哈金斯臭氧吸收带选择一对波长(λ_1,λ_2)，使$k(\lambda_1)>k(\lambda_2)$，可以得到

$$N=\ln\frac{I(\lambda_1)}{I(\lambda_2)}-\ln\frac{I_0(\lambda_1)}{I_0(\lambda_2)}=-\Omega\sec Z\Delta k-m\Delta\tau_A-m\Delta\tau_R \tag{25-206}$$

式中，$\Delta k=k(\lambda_1)-k(\lambda_2)$，且$\Delta\tau_{A,R}=\tau_{A,R}(\lambda_1)-\tau_{A,R}(\lambda_2)$。因为$\Delta\tau_A$是由于气溶胶的散射作用而引起的最不确定的项，选择的两对波长使气溶胶的效应减至最小。在世界气象组织(WMO)开发的标准方法中，这两对波长是(0.305 5 μm，1.325 4 μm)和(0.317 6 μm，0.339 8 μm)。把这两对波长用于(25-206)式，可以得到[52]

$$\Omega=\frac{N^{(1)}-N^{(2)}}{a\sec Z}-b \tag{25-207}$$

式中，参数化的系数a和b由已知的臭氧吸收系数和瑞利散射理论确定，形如

$$\left.\begin{aligned}a&=\Delta k^{(2)}-\Delta k^{(1)}\approx1.406\times10^5(\mathrm{Pa/cm})\\b&\approx911.9p_s\end{aligned}\right\} \tag{25-208}$$

上标(1)和(2)表示两个波长对，p_s是地表面气压(单位为Pa)。

习惯上，臭氧总量是以10^{-3} atm·cm(约100 Pa·cm)为单位进行测量，称作Dobson单位(Dobson units，DU)。一个DU是指在标准温度和气压下，臭氧被压缩成均匀的纯气层时占千分之一厘米的大气垂直厚度。垂直臭氧总量通常为200～400 DU。

（三）卫星遥感

轨道气象卫星大气遥感，是通过测量紫外、可见和红外波段的透射太阳辐射和反射太阳辐射，反演得到大气温度、大气成分(气溶胶、臭氧、水汽和痕量气体等)廓线、云、降水和辐射收支。

1. 太阳掩星法测量平流层气溶胶和微量气体浓度的高度分布

太阳掩星法(solar occultation)是指太阳相对于测量卫星升起和落下时，卫星从空间扫描太阳圆盘测量透射太阳辐射。掩星法中的临边消光测量，沿弧形大气层中的水平切向路径即弦进行，测量距离取决于相切高度h_i。与地基太阳辐射计测量透射太阳光类似，通过测量太阳辐射强度得到对应的光学厚度$\tau(\lambda,h_i)$，从光学厚度测量值中反演出消光系数廓线。太阳掩星法技术中一般进行多个波长的测量，为了在尽可能多的高度获取气溶胶和其他痕量气体的廓线，要对大气适当分层(例如80层)。

临边消光技术对于确定平流层中的气溶胶和其他微量气体十分有用。它是1978年由雨云7号卫星进行的平流层气溶胶探测(stratospheric aerosol measurement，SAM)实验发展起来的。随后，1979年和1984年分别进行了平流层气溶胶和气体实验Ⅰ(stratospheric aerosoland gas experiment Ⅰ，SAGEⅠ)和实验Ⅱ

(SAGEⅡ)。SAGEⅡ仪器包含7个通道,中心位于0.385 μm、0.448 μm、0.453 μm、0.525 μm、0.6 μm、0.94 μm和1.02 μm。其中0.94 μm和0.6 μm通道用于推断水蒸气和臭氧的含量,而0.448 μm和0.453 μm通道的差值用来确定NO_2的浓度。根据测量的消光值,SAGE资料还用于推导卷云出现的频次。2001年12月10日发射的SAGE III是太阳同步轨道,有12个辐射测量通道,测量对流层上部、平流层和中层大气的气溶胶消光、O_3、H_2O、NO_2、NO_3、OClO以及气温和气压的垂直分布廓线,高度分辨率为0.5～1 km,覆盖地球高纬度地区(北纬50°～80°和南纬30°～50°)。

2. 臭氧的卫星遥感

利用反射的太阳光估计臭氧浓度的基本原理,从哈特莱-哈金斯臭氧吸收带选择一对波长,类似于Dobson臭氧光谱仪的方法。选择吸收带长波一端附近的波长,这里吸收较弱,使得大多数光子能够通过臭氧层并由对流层中后向散射回来以后到达星载仪器。这两个波长大约相距20 nm,每个波长上的散射作用差不多是相同的,而吸收却是其中的一个比另一个强。如雨云4号卫星实验选择的一对波长为312.5 nm和331.2 nm。星载仪器朝向地面,它在臭氧吸收带中所接收的后向辐亮度取决于直接太阳通量通过臭氧层的衰减、大气和有关地表的反射能力,以及漫反射光子到星载仪器间的衰减。Mateer等[53](1971)根据雨云4号卫星实测的后向散射强度,使用拟合法和搜索法来估计臭氧总量。

由于关注环境以及潜在的健康危害,因此,臭氧浓度自有卫星遥感以来就一直是监测项目。从1970年到1977年,装载在雨云4号卫星上的后向散射紫外光谱仪(backscatter ultraviolet spectrometer,BUV)运行了7年。1978年,装载在雨云7号卫星上的臭氧总量成像光谱仪(total ozone mapping spectrometer,TOMS)每天都以50～150 km的分辨率绘制全球臭氧总量分布图。1980年,装载在NOAA卫星上的太阳后向散射紫外辐射仪(solar backscatter ultraviolet radiometer,SBUV)已经能常规地提供全球每日臭氧资料。

3. 气溶胶的卫星遥感

自1979年以来,装载在NOAA卫星上的先进甚高分辨率辐射计就已被用于研究气溶胶。它包含5个通道,中心分别位于0.63 μm、0.86 μm、3.7 μm、10.9 μm和12 μm,水平分辨率约为1 km×1 km。0.63 μm通道已经被广泛应用于绘制海洋上的气溶胶光学厚度。加上0.86 μm通道,就可以估计出容格分布的尺度参数。

在NASA的地球观测系统(EOS)计划(earth observing system program)中,有两个EOS的仪器特别与气溶胶研究有关。中分辨率成像光谱辐射仪(moderate resolution imaging spectro-radiometer,MODIS;参见文献[54]在36个可见光和红外谱带进行分辨率为0.25～1 km的观测。许多可见光和近红外通道已经用于绘制气溶胶光学厚度和尺度的图像。多角度成像光谱辐射仪(multi-angle imaging spectro-radiometer,MISR)提供多角度观测。MISR沿轨道方向在9个固定的角度制作图像,1个正对天底,有4个分布在后向直到±70.5°的角度上。中心在0.443 μm、0.555 μm、0.670 μm和0.805 μm的4个谱带可以于地面分辨率在约240 m～2 km之间的观测(Diner等[55],1998)。这个仪器似乎对研究球形和非球形气溶胶的散射相函数非常有用[52]。

二、激光雷达的大气主动遥感

激光是20世纪60年代出现的新型光源,具有单色性好、相干性强、方向性高以及高亮度、大功率、短脉冲及高重复率等特点。这些特点使激光雷达的大气主动遥感具有高空间分辨率、快速、大范围的实时连续监测等优点。激光为探测大气的新的主动遥感方法提供了各种各样的可能性。随着激光技术日新月异的发展,以及先进的资料处理系统的采用,为激光雷达探测大气提供了越来越好的技术基础。人们陆续研制出了多种新型激光雷达,地基、机载、星载激光雷达也先后得到发展。

激光雷达(lidar)最初是光探测和测距(light detector and ranging)的缩写。激光雷达包括3大部分:由激光光源和发射单元组成的发射系统,由接收望远镜、滤光器件和光电探测器组成的接收系统,以及数据处理和控制系统。激光脉冲经发射系统送入大气后,不同距离上气溶胶和大气分子的后向散射产生的回波按时间顺序由接收望远镜接收,经滤光器件提高信噪比后的回波光信号,由光电探测器转变为电信号。激光雷达的控制系统保证激光雷达各部分协调运行。由于回波光信号带有气溶胶和大气成分与激光相互作用后的信息，通过激光雷达的数据处理软件可以反演得到大气相关的参数。激光在大气介质中传输时，将产生分子的瑞利散射、气溶胶粒子的米氏散射、气体成分产生的频率发生变化的拉曼散射，以及散射强度比分子瑞利散射大好几个数量级的共振荧光(resonance fluorescence)散射等多种散射过程；此外，大气分子具有波长范围从红外到紫外，十分丰富的电子光谱吸收带和分子振动、转动光谱吸收带，当波长与大气中某些分子的吸收谱线重合时，激光将受到强烈的吸收衰减。非球形粒子散射使激光的偏振特性发生变化，产生退偏振效应。气溶胶和分子的运动对激光造成多普勒效应。这些物理过程具有各自不同的特点，表 25-10 列出了激光与大气介质相互作用的主要特点和可探测的大气成分和大气参数。

表 25-10 激光与大气介质的相互作用及其特点[64]

作用过程	介质类型	波长关系	作用截面/(cm²/Sr)	可探测的大气成分及参数
瑞利散射	分子	$\lambda_r=\lambda_0$	10^{-27}	大气密度、温度
米氏散射	气溶胶	$\lambda_r=\lambda_0$	$10^{-26}\sim10^{-8}$	气溶胶、烟雾、云等
拉曼散射	分子	$\lambda_r\neq\lambda_0$	$10^{-29}\sim10^{-30}$(非共振)	痕量气体(H_2O,O_2,CH_4)、气溶胶、大气密度、温度等
共振散射	原子、分子	$\lambda_r=\lambda_0$	$10^{-23}\sim10^{-14}$	高层金属原子和离子 Na^+、K^+、
荧光	分子	$\lambda_r\neq\lambda_0$	$10^{-25}\sim10^{-16}$	Ca^+、Li 等
吸收效应	原子、分子	$\lambda_r=\lambda_0$	$10^{-21}\sim10^{-14}$(cm^2)	痕量气体(O_3,SO_2,NO_2等)
多普勒效应	气溶胶、分子	$\lambda_r\neq\lambda_0$	同氏米散射或瑞利散射	风速、风向
退偏振效应	气溶胶	$\lambda_r=\lambda_0$	同米氏散射	区分球形和非球形粒子

注：λ_0为入射波长，λ_r为散射波长。

下面简要介绍探测大气气溶胶的米氏散射激光雷达，测量大气成分的差分吸收激光雷达，拉曼激光雷达和测风激光雷达。

(一)探测大气气溶胶的米氏散射激光雷达

米氏散射激光雷达是最早用于大气探测的激光雷达，它是利用大气气溶胶的后向米氏散射回波信号探测其消光系数或体后向散射系数的分布。米氏散射激光雷达探测范围从近地面至平流层 30 km 的高空，它在大气环境及气溶胶相关的研究领域得到了广泛的应用。米氏散射激光雷达有的向小型化和商品化发展，有的进入空间平台。2006 年 4 月，美国宇航局(NASA)发射的 CALIPSO(cloud-aerosol lidar and infrared pathfinder satellite observation)星载激光雷达[56]，被用于监测全球气溶胶和云的空间分布，图 25-26 是它测量的一个例子。

米氏散射激光雷达的回波方程为

$$P(z)=C\frac{\beta(z)}{z^2}\exp\left[-2\int_0^z\alpha(z')\mathrm{d}z'\right] \tag{25-209}$$

距离平方校正后的回波信号可以表示为

$$X(z)=P(z)z^2=C\beta(z)\exp\left[-2\int_0^z\alpha(z')\mathrm{d}z'\right] \tag{25-210}$$

式中，$\alpha(z)$ 和 $\beta(z)$ 分别为大气的消光系数和后向散射系数，$P(z)$ 为米氏散射激光雷达接收距离 z 处的大气后向散射回波信号，C 是与发射激光脉冲能量和激光雷达系统参数有关的一个常数(在发射光束与接收视场角部分重叠的区域即过渡段内，还包括随距离变化的几何因子)。在均匀大气中，(25-210)式可以变为

$$\ln X(z)=\ln(C\beta)-2\alpha z \tag{25-211}$$

用斜率法就可得到该均匀大气的消光系数 α，扣除分子消光系数后即可得到气溶胶的消光系数。

斜率法只适用于探测均匀大气，对于垂直分布的大气，大气不再为均匀分布，即 $\alpha(z)$ 和 $\beta(z)$ 不再为定值。回波方程中含有气溶胶体后向散射系数和消光系数两个未知量，定量求解时必须预先假定这两个参数之间的关系。Klett[57]假定它们之间存在下面的关系：

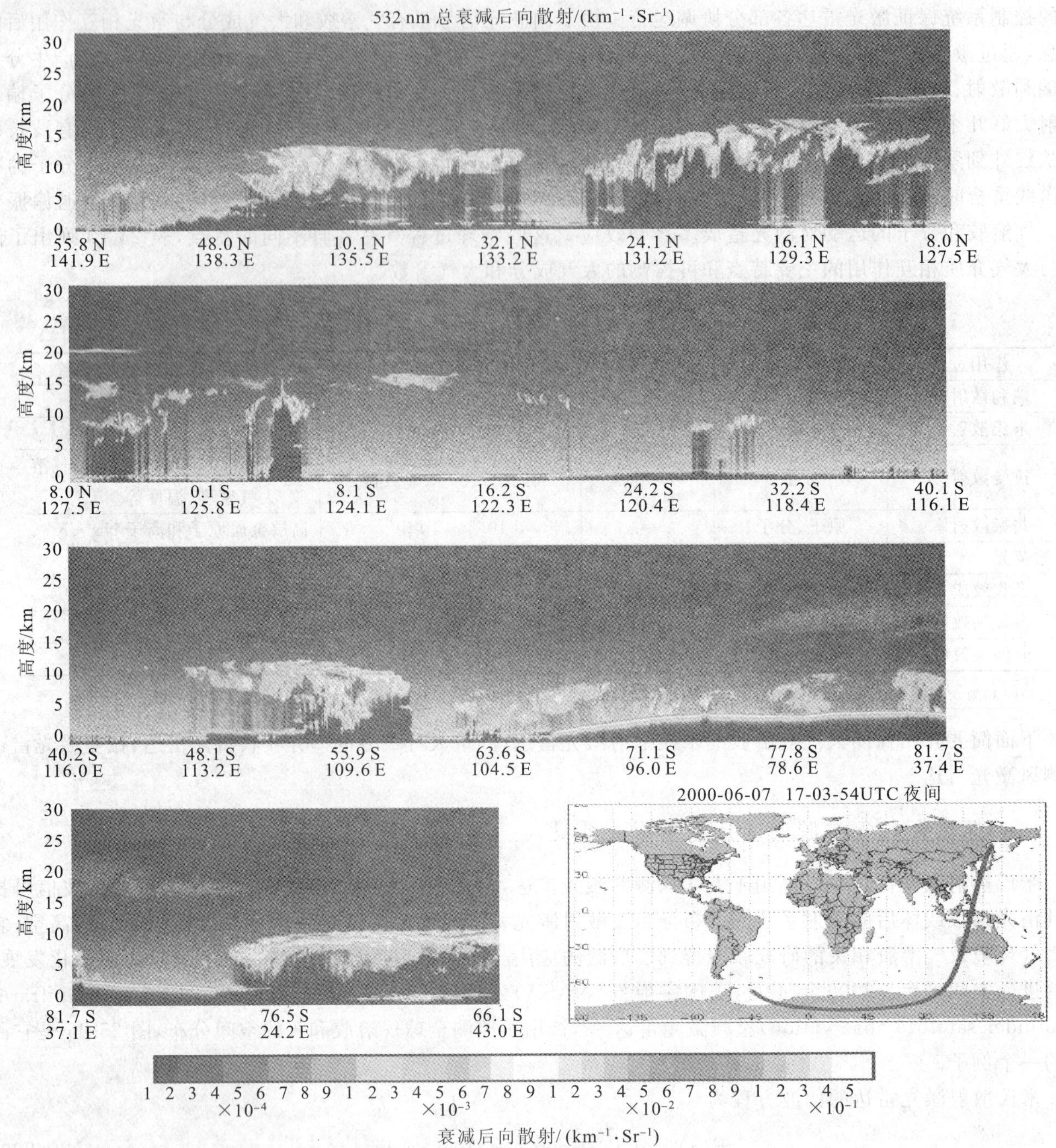

图 25-26 CALIPSO 星载激光雷达测量的全球气溶胶和云的空间分布

2006 年 6 月 7 日

$$\beta(z) = C\alpha^{k}(z) \tag{25-212}$$

式中，k 与发射的激光波长、气溶胶粒子特性有关，取值范围为 $0.67 \leqslant k \leqslant 1.0$，一般取为 1.0。把(25-212)式代入(25-210)式，整理得

$$\frac{\mathrm{d}[\ln X(z)]}{\mathrm{d}z} = \frac{k}{\alpha(z)}\frac{\mathrm{d}\alpha(z)}{\mathrm{d}z} - 2\alpha(z) \tag{25-213}$$

上式即为伯努利(Bernoulli)方程。解此方程可得

$$\alpha(z) = \frac{\exp\{[\ln X(z) - \ln X(z_c)]/k\}}{\dfrac{1}{\alpha(z_c)} + \dfrac{2}{k}\displaystyle\int_{z}^{z_c}\exp\{[\ln X(z') - \ln X(z_c)]/k\}\mathrm{d}z'} \tag{25-214}$$

上式就是激光雷达方程的积分解。其中，$\alpha(z_c)$ 为其边界条件，z_c 为参考距离。$\alpha(z_c)$ 的求取可以假设某一小段范围内大气均匀，并利用上述的斜率法计算得到。

菲纳德(Fernald)[58]积分法是将空气分子和气溶胶粒子分别考虑来求解激光雷达方程。瑞利散射理论表明，空气分子的消光系数 $\alpha_m(z)$ 和后向散射系数 $\beta_m(z)$ 的比值 S_2 等于 $8\pi/3$：$S_2 = \alpha_m(z)/\beta_m(z) = 8\pi/3$。假定气溶胶消光后向散射比 $S_1 = \alpha_a(z)/\beta_a(z)$ 是已知常数。菲纳德给出了稳定的后向积分解，下式是它的常用向后的递推公式：

$$\alpha_a(I-1) + \frac{S_1}{S_2}\alpha_m(I-1) = \frac{X(I-1)\exp\left[+A(I-1,I)\right]}{\dfrac{X(I)}{\alpha_a(I) + \dfrac{S_1}{S_2}\alpha_m(I)} + \{X(I) + X(I-1)\exp\left[+A(I-1,I)\right]\}\Delta z} \tag{25-215}$$

式中，$A(I-1,I) = (S_1/S_2 - 1)[\alpha_m(I-1) + \alpha_m(I)]\Delta z$。假设在某一高度 z_c 处，气溶胶后向散射系数 $\beta_a(z_c)$ 或气溶胶后向散射比 $R(z_c) = 1 + \beta_a(z_c)/\beta_m(z_c)$ 已知，这个高度称为标定高度。一般在对流层顶附近，可通过选取近乎不含气溶胶的清洁大气层所在的高度来确定。

在气溶胶的激光雷达探测中，常用散射比 $R(z)$ 垂直廓线来表示。定义散射比为

$$R(z) = 1 + \frac{\beta_a(z)}{\beta_m(z)} \tag{25-216}$$

罗素(Russel)等[59]给出了它的解为

$$R(z) = \frac{z^2}{z^{*2}}\frac{P(z)}{P(z^*)}Q^2(z,z^*)\frac{\beta_m(z^*)}{\beta_m(z)}R_{min} \tag{25-217}$$

式中，z^* 是定标高度或称为归一化高度，该处气溶胶的含量少且稳定，即 $R_{min} = R(z^*)$。在对流层探测时，z^* 一般在对流层顶范围内选取；在平流层探测时，z^* 一般在 24～34 km 高度范围内选取。对于 0.69 μm 波长而言，R_{min} 一般在 1.01～1.05 内确定。(25-217)式中的 $Q^2(z,z^*)$ 是

$$Q^2(z,z^*) = \exp\left\{-2\int_z^{z^*}[\alpha_a(z') + \alpha_m(z')]\mathrm{d}z'\right\} \tag{25-218}$$

1991 年 6 月 15 日菲律宾的 Pinotubo 火山(15.14°N，120.35°E)爆发，图 25-27 是中国科学院安徽光机所 L625 激光雷达在合肥(31.31°N，117.16°E)测量的平流层气溶胶后向散射比垂直廓线在 1991－2003 年的年平均变化图。

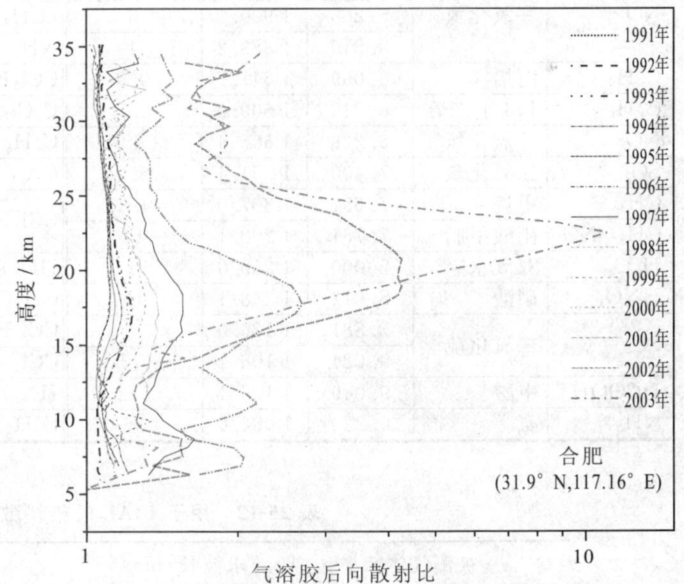

图 25-27　气溶胶与分子后向散射比年平均垂直廓线

(二)测量大气成分的差分吸收激光雷达

差分吸收激光雷达(differential absorption lidar，DIAL)[60]，发射两个波长非常接近的激光脉冲，待探测的气体成分仅对其中的一个波长具有很强的吸收特性，而对另一个波长则为弱吸收或不吸收。将不同波长的回波信号强度进行比较，即可确定待测气体的浓度及其所处位置。由于对被测气体所选的吸收线的吸收截面都较大，而且大气和气溶胶的弹性后向散射回波易于观测，所以依赖于吸收和弹性后向散射的 DIAL 方法测量微量气体具有很高的灵敏度。但是，测量一种气体就需要一个特定波长的激光光源，因而可探测气体的种类受到限制。DIAL 通常用于遥感大气中特定气体，其中最有效的一种应用便是追踪由事故性泄漏、提炼工艺过程的废弃物以及其他污染产生的有毒气体。表 25-11 给出了各种污染气体分子中心吸收光谱线的波长和吸收截面[61]，一些波长的激光光源还有待于激光技术新的发展。表 25-12 给出了用于 DIAL 的染料和钛宝石激光光源[62]。由于 DIAL 要求两个激光波长同时或交替发射，因此可调谐激光器(Dye、Ti:

Sapphire，Cr:LiSAF、OPO 等)得到青睐，并已被广泛用于探测大气臭氧、水汽及边界层污染成分(SO_2、NO_2和 NO)等浓度分布。中科院安徽光机所于 1994 年建成了我国第一台紫外差分吸收激光雷达[63]，并已用于平流层和对流层臭氧分布的常规测量。

表 25-11　各种污染气体分子中心吸收光谱线的波长和吸收截面[61]

分子式	分子名称	波长/μm	波数/cm^{-1}	吸收截面/$\times10^{-19}cm^2$	分子式	分子名称	波长/μm	波数/cm^{-1}	吸收截面/$\times10^{-19}cm^2$
NO	一氧化氮	0.2 268	44 092	46	CCl_3F	氟利昂-11	9.220	1 084.6	12.4
C_6H_6	苯	0.2 500	40 000	13			9.261	1 079.8	10.9
O_3	臭氧	0.2 536	39 432	113	O_3	臭氧	9.505	1 052.1	4.5
Hg	汞	0.2 537	39 417	660 000			9.508	1 051.8	9
O_3	臭氧	0.2 894	34 554	15	$C_2Cl_3F_3$	氟利昂-113	9.604	1 041.2	7.7
SO_2	二氧化硫	0.3 000	33 333	13	C_6H_6	苯	9.621	1 039.4	0.7
Cl_2	氯	0.3 300	30 303	2.6			9.639	1 037.5	0.9
NO_2	二氧化氮	0.4 481	22 316	6.9	CH_3OH	甲醇	9.676	1 033.5	8.9
I_2	碘	0.5 895	16 963	46	CH_3ONO_2	硝酸甲脂	9.823	1 018.0	7.2
CO	一氧化碳	2.300	4 347.8	0.16	$CH_3N_2H_3$	一甲基肼	10.182	982.1	0.6
CH_4	甲烷	3.270	3 057.7	20	C_2H_5SH	乙硫醇	10.208	979.6	0.2
		3.314	3 017.5	5	C_4H_5Cl	氯丁二烯	10.261	974.6	3.4
		3.391	2 948.7	6	C_4H_5Cl	一氯乙烷	10.275	973.2	1.2
C_3H_8	丙烷	3.391	2 948.7	8	NH_3	氨	10.333	967.8	10
H_2CO	甲醛	3.597	2 780.1	4	C_2H_4	乙烯	10.526	950.0	17
HCl	氯化氢	3.636	2 750.3	2			10.533	949.4	11.9
CH_4	甲烷	3.715	2 691.8	0.02	SF_6	六氟化硫	10.551	947.8	303
SO_2	二氧化硫	3.984	2 510.0	4.2	C_2HCl_3	三氯乙烯	10.591	944.2	5.6
		4.001	2 499.1	0.2	$C_2H_4Cl_2$	二氯乙烷	10.591	944.2	0.2
CO	一氧化碳	4.709	2 123.7	28	N_2H_4	肼	10.612	942.3	1.8
		4.776	2 093.8	8	C_2H_3Cl	氯乙烯	10.612	942.3	3.3
NO	一氧化氮	5.215	1 917.5	6.7			10.638	940.0	4
		5.263	1 900.1	6	$(CH_3)_2N_2H_2$	不对称偏二甲醇	10.696	934.9	0.8
		5.310	1 883.2	4	NH_3	氨	10.700	934.6	12
C_3H_6	丙烯	6.069	1 647.7	0.9	CCl_2F_2	氟利昂-12	10.719	932.9	13.3
C_4H_6	1,3 丁二烯	6.215	1 609.0	2.7	C_2Cl_4	过氯乙烯	10.742	930.9	1.8
NO_2	二氧化氮	6.229	1 605.4	26.8	C_4H_8	丁烯	10.787	927.0	1.3
SO_2	二氧化硫	7.400	1 351.4	6.4	C_2Cl_4	过氯乙烯	10.834	923.0	11.4
CH_4	甲烷	7.651	1 307.0	4.4	CCl_2F_2	氟利昂-12	10.834	923.0	36.8
CH_3ONO	硝酸甲脂	7.751	1 290.1	14			10.860	920.8	110
H_2O_2	双氧水	8.000	1 250.0	4	HNO_3	硝酸	11.160	896.1	8
HNO_3	硝酸	8.012	1 248.1	16	CH_3ONO_2	硝酸甲脂	11.720	853.2	12
SO_2	二氧化硫	8.881	1 126.0	2	CCl_3F	氟利昂-11	11.806	847.0	44
		9.024	1 108.2	2.5	CCl_4	四氯化碳	12.610	793.0	48
HCOOH	甲酸	9.049	1 105.1	5.2	HNO_3	硝酸	13.510	740.2	16
NH_3	氨	9.220	1 084.6	36	C_2H_2	乙炔	13.890	719.0	92

表 25-12　用于 DIAL 的染料激光和钛宝石激光光源[62]

被测气体	要求波长/nm	染料激光光源	钛宝石激光光源
NO	220～225	Rh590 二倍频与 YAG 的和频	四倍频
芳香类碳氢化合物	255～270	C450，二倍频	三倍频
SO_2，O_2	290～300	Rh610 或 Rh590，二倍频	三倍频
NO_2	440～450	C450，基频	二倍频
H_2O	720～730	LDS698，基频	基频

激光雷达探测臭氧利用的是差分吸收激光雷达技术，其原理是选取两个非常接近的激光波长，其中一个

位于臭氧吸收较强的位置，记为 λ_{on}，而另一个处于吸收很弱或无吸收的位置，记为 λ_{off}，由于这两束激光波长接近，其他气体分子和气溶胶对这两束激光的消光作用一般情况下基本相同，则两束激光的回波强度差是由臭氧的吸收所引起的，根据两个波长的回波强度差就可以确定待测臭氧的浓度。

差分吸收激光雷达的方程为

$$P(\lambda_i,z)=C_i\frac{\beta(\lambda_i,z)}{z^2}\exp\left\{-2\int_0^z[\alpha(\lambda_i,z)+N(z)\delta(\lambda_i,z)]\mathrm{d}z\right\}\qquad i=\mathrm{on,off}\qquad(25\text{-}219)$$

式中，$P(\lambda_i,z)$ 为距离 z 处波长 λ_i 的大气后向散射的回波信号，C_i 为雷达常数，$\beta(\lambda_i,z)$ 为大气体后向散射系数，$\alpha(\lambda_i,z)$ 为除臭氧外的大气消光系数，$N(z)$ 为距离 z 处待测的臭氧浓度，$\delta(\lambda_i,z)$ 为波长 λ_i 的臭氧吸收截面。

由这两个波长的激光雷达回波方程可以推知臭氧浓度的表达式为

$$N(z)=\frac{-1}{2\Delta\delta}\frac{\mathrm{d}}{\mathrm{d}z}\left[\ln\frac{P(\lambda_{on},z)}{P(\lambda_{off},z)}\right]+B-E_a-E_m-E_{gas}\qquad(25\text{-}220)$$

其中

$$B=\frac{1}{2\Delta\delta}\frac{\mathrm{d}}{\mathrm{d}z}\left[\ln\frac{\beta(\lambda_{on},z)}{\beta(\lambda_{off},z)}\right]$$

$$E_a=\frac{1}{\Delta\delta}[\alpha_a(\lambda_{on},z)-\alpha_a(\lambda_{off},z)]$$

$$E_m=\frac{1}{\Delta\delta}[\alpha_m(\lambda_{on},z)-\alpha_m(\lambda_{off},z)]$$

$$E_{gas}=\frac{\Delta\delta_{gas}N'_{gas}}{\Delta\delta}$$

式中，$\Delta\delta$、$\Delta\delta_{gas}$ 分别是臭氧及其他气体的吸收截面差，N'_{gas} 是其他吸收气体的浓度，B、E_a、E_m 分别为大气后向散射、气溶胶消光和分子消光作用带来的影响，E_{gas} 为其他气体的吸收带来的影响。当 $\lambda_{on}\approx\lambda_{off}$ 时，如果 B、E_a、E_m 和 E_{gas} 都可忽略，则待测的臭氧浓度值可由两个探测波长的回波强度得到。如果无法忽略，则需要进行订正。因此，波长的选择应使吸收截面差尽可能大，同时两波长相差尽可能小，以减小其他污染物引起的影响。图 25-28 是中国科学院安徽光学精密机械研究所紫外差分吸收激光雷达测量的合肥上空的臭氧垂直廓线。

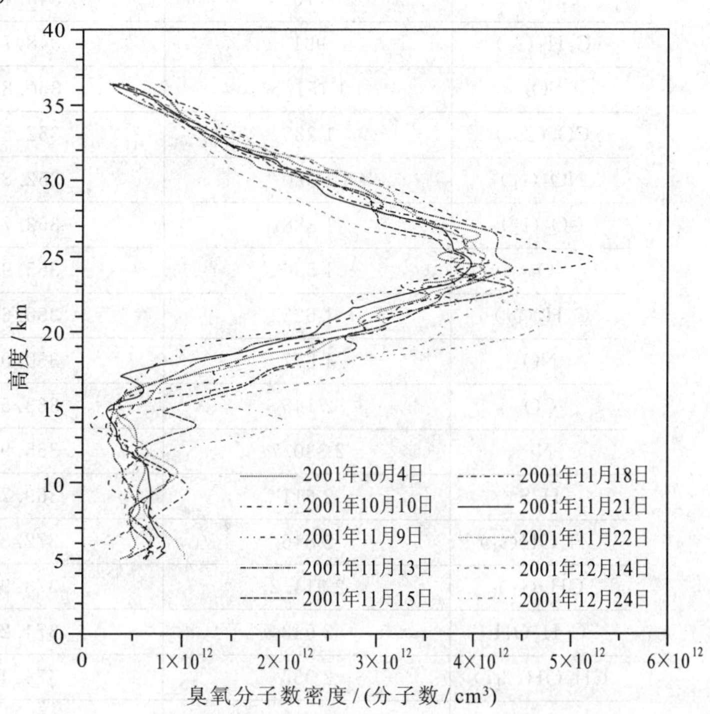

图 25-28 合肥上空的臭氧垂直廓线

(三)拉曼激光雷达

拉曼散射是分子在入射光照射下引起电磁极化，产生多极子电磁振荡而形成的光散射过程，它与分子内部的振动、转动效应密切相关。拉曼散射具有散射光波长不同于入射光波长的特点，而且拉曼散射频移只取决于散射分子的成分，与入射光的波长无关。根据拉曼散射的这一特点，拉曼激光雷达由大气后向散射光的拉曼频移特征来鉴别大气污染气体的成分，而由拉曼散射回波幅度的大小确定污染气体的浓度。因此，拉曼激光雷达具有用一个激光波长原则上可以探测多种气体浓度的优点。表 25-13 给出了大气分子和污染气体分子拉曼散射频移以及当入射光波长为 337.1 nm 时的拉曼散射波长及其后向散射截面的实验测量结果[64]。但是拉曼后向散射信号比较弱，拉曼散射截面比瑞利散射截面一般小 3 个数量级。因此拉曼激光雷达通常要求发射激光具有较大的脉冲能量和较高的重复频率，并采用光子计数技术检测回波信号。采用大口径接收望远镜也有利于提高信噪比。此类系统的关键在于拉曼回波接收通道如何抑制弹性散射(米氏及瑞利散射)信号的干扰。需要采用对弹性散射回波具有高抑制比和中心波长与拉曼散射波长一致的窄带干涉滤光片、标准具或单色仪等组成的组合滤光器。拉曼激光雷达已成功用于探测对流层水汽 H_2O、CH_4 和 SO_2 等浓度的分布[65-67]。中科院安徽光机所 1999 年在国内首次成功地进行了对流层低层水汽的拉曼激光雷达测量[68]，图 25-29 是一个测量结果的例子。单波长米氏散射激光雷达方程中同时含有气溶胶消光和后向散射系数 2 个未知参数，其反演方法中必须对二者的关系预先假定。大气中 N_2 分子浓度较高且其质量混合比可视为常数，联合 N_2 分子拉曼散射和气溶胶的米氏散射信号，可以得到气溶胶的消光和体后向散射系数[69]。它的优点在于气溶胶和其他成分散射和衰减带来的影响较小。激光雷达可利用 N_2 分子的振动拉曼散射回波，探测对流层中上部大气的温度分布[70]；利用 N_2 或 O_2 分子的纯转动拉曼谱线强度与大气温度的依赖关系，选用两条较近的转动拉曼谱线，激光雷达测量它们的实际回波信号比，可以得到大气的温度分布，探测对流层温度的分布[71]。

表 25-13 大气分子和污染气体分子拉曼散射频移以及当入射光波长为 337.1 nm 时的拉曼散射波长及其后向散射截面的实验测量结果[64]

分子式	拉曼散射频移 $\Delta\nu_R$ /cm^{-1}	拉曼散射波长 λ_R/nm	拉曼后向散射微分截面 /($\times 10^{-30} cm^2$/Sr)
CCl_4	459	342.4	26
$NO_2(\nu_2)$	754	345.7	24
SF_6	775	346.1	12
$C_6H_6(\nu_2)$	991	348.7	44
SO_2	1 151.5	350.8	17
$CO_2(2\nu_2)$	1 285	352.5	3.1
$NO_2(\nu_1)$	1 320	352.8	51
$CO_2(\nu_2)$	1 388	353.7	4.2
O_2	1 556	355.9	4.6,3.3(Q*)
$C_2H_4(\nu_2)$	1 623	356.6	5.4(Q)
NO	1 877	360.0	1.5
CO	2 145	363.5	3.6
N_2	2 330.7	365.9	3.5,2.8(Q)
H_2S	2 611	369.7	19
$CH_3OH(\nu_2)$	2 846	372.8	14
$CH_4(\nu_1)$	2 914.2	373.9	21
C_2H_5OH	2 943	374.2	19
$CH_3OH(2\nu_6)$	2 955	374.4	7.5
$CH_4(\nu_3)$	3 017	375.2	14
$C_2H_4(\nu_1)$	3 020	375.3	16(Q)
$C_6H_6(\nu_1)$	3 070	376.0	30
NH_3	3 334	379.8	11
H_2O	3 651.7	384.4	7.8(Q)
H_2	4 160.2	392.2	8.7

注：* 表示 Q 支拉曼散射谱线。

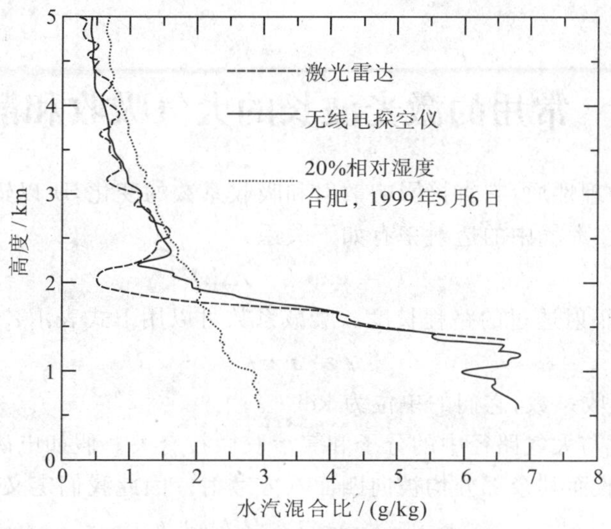

图 25-29 拉曼激光雷达测量的水汽垂直廓线

(四)相干和非相干测风激光雷达

由于粒子或分子运动对发射激光波长带来多普勒频移，且频移量大小与风速的大小成正比，因而通过检测频移量大小可以得到风场信息。目前，通常有相干和非相干两种方法进行多普勒激光雷达大气风场的测量。相干多普勒激光雷达需要外差调制，利用大气后向散射光与本机振荡光信号同时在探测器上产生的相干叠加效应，然后输出差频量为 $f_s - f_i$ 的射频电信号及直流分量，经过放大和鉴频器，最后获得多普勒频移量 $f_d = f_s - f_i$ 。该类系统探测灵敏度和精度较高，但要求波长稳定的主激光器和本机振荡激光，系统较为复杂，而且其相干效应易受大气湍流的影响而限制了其有效探测距离。而非相干激光雷达用高分辨光谱的方法直接检测多普勒频移量，常用法布里-珀罗(F-P)干涉仪或标准具及原子滤光器(I_2蒸气滤光器)等。该类系统关键是高分辨率光谱仪及波长稳定性好的激光光源。由于大气风场及其切变对天气预报及航天器飞行等的重要性，目前美国及欧洲相继开展了机载和星载多普勒激光雷达的研制。我国青岛海洋大学已研制出I_2蒸气滤光器的非相干多普勒激光雷达。中科院安徽光机所研制了双 F-P 标准具非相干多普勒激光雷达，图 25-30 是该激光雷达 2005 年 4 月 24 日测量的风速风向垂直分布的时间变化图[72]。

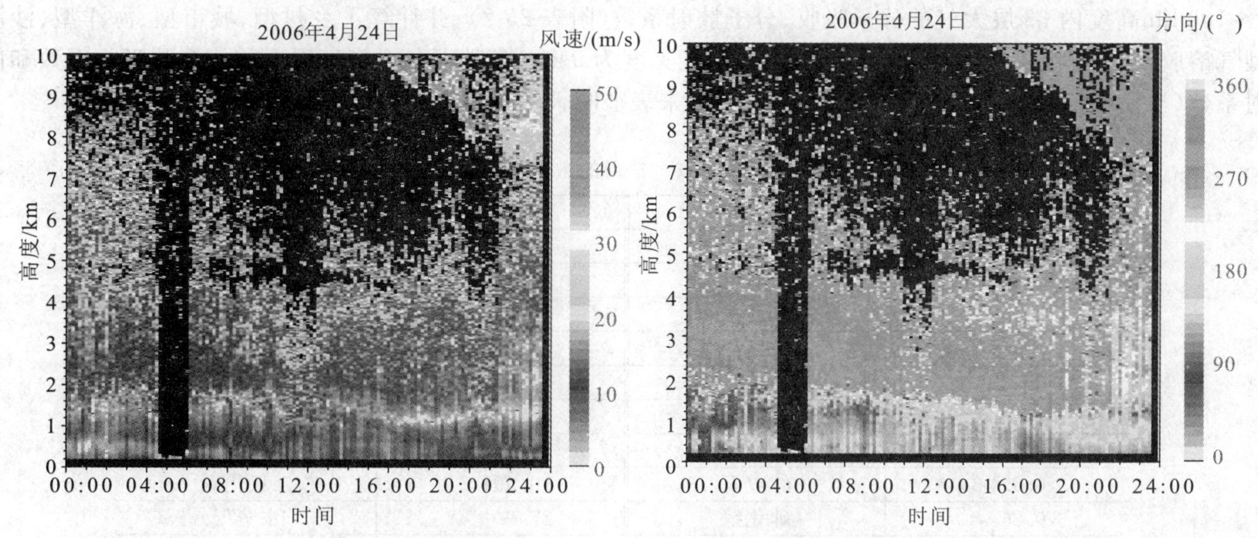

图 25-30 风速风向垂直分布的时间变化

附录一　常用的激光波长的大气吸收和散射系数

由于大气具有不同的物理性质，它直接影响散射和吸收系数的变化，所以辐射在大气中的传输是非常复杂的。一般来说，单色辐射在大气中的透射率有如下关系：

$$T = \exp(-\gamma \Delta L)$$

式中，γ 为衰减系数，ΔL 是辐射透过的路程长度。衰减系数可以用下式表示：

$$\gamma = \sigma + k$$

式中，σ 是散射系数，k 是吸收系数，它们的单位为 km^{-1}。

辐射传输的散射和吸收与大气路径中的分子和气溶胶微粒有关。假如电磁辐射入射到分子或气溶胶微粒上，那么一部分辐射被吸收而其余部分均被向四面八方散射。因此我们定义

$$\sigma = \sigma_m + \sigma_a,\ k = k_m + k_a$$

式中的下标字母 m 和 a 分别表示分子和气溶胶微粒，且 k_m 包括分子的连续谱吸收。

分子散射系数只与辐射路径中的分子密度有关，然而分子吸收系数却不仅是吸收气体数量的函数而且也是吸收气体的温度和气压的函数。波长与分子散射（瑞利散射）的关系非常接近于公式 $\sigma_m \approx \lambda^{-4}$。分子吸收系数随着波长的变化非常复杂，由于有许多种分子吸收带的复合因素存在，所以它是波长的高次振荡函数。这些复合频带大部分是由于少数大气成分引起的。其中有决定性影响作用的分子有（依重要性的次序排列）：H_2O，CO_2，O_3，N_2O，CO，O_2，CH_4 和 N_2。不同大气模式和不同高度上的吸收气体含量不同。

气溶胶的吸收系数和散射系数与气溶胶微粒的密度和尺寸分布有关，也与其复折射率有关。不同地区的气溶胶微粒的尺寸分布不同。目前用得较多的气溶胶类型有：乡村型、城市型、海洋型和沙漠型。此外，气溶胶微粒的尺寸分布和密度的大小与天气晴朗程度（用能见度表示）有关。

有一些计算分子吸收和散射、气溶胶吸收和散射的辐射传输软件，其中以 LBLRTM[36] 的计算精度最高，它采用的是逐线积分算法，分子吸收线参数取自 2004 版 HITRAN 数据库[17]。其中，分子连续吸收和散射采用 MT-CKD 方法。而气溶胶散射和吸收的计算模式沿用 LOWTRAN 模式。

一般来讲，分子吸收的光谱变化非常快，而分子散射系数和气溶胶的吸收系数与波长的变化关系是接近线性的。下面考虑常用的激光波长（附表 25-1），用 LBLRTM 辐射传输软件，并采用最新的 2004 版的 HIRTRAN 分子吸收线参数数据库，采用第一节表 25-2 中的前美国空军地球物理实验室（AFGL）建立的 6 种标准大气模式（热带、中纬度夏季、中纬度冬季、近北极区夏季、近北极区冬季、1976 年美国标准大气），计算了 0～100 km高度内 33 层大气的分子吸收、分子散射系数（附表 25-2）；并计算了乡村型、城市型、海洋型、沙漠型气溶胶模式在晴朗（能见度为 23 km）和有霾（能见度为 5 km）条件下各个高度层上的气溶胶吸收系数和散射系数（沙漠型气溶胶以风速为 2 m/s 和 10 m/s 来表征晴天和雾霾天气），结果见附表 25-3。

附表 25-1　常用的激光波长

波　长/μm	辐射源	波　长/μm	辐射源
0.337 1	氮	1.536	铒玻璃
0.354 7	硫化锌/钙/铜	1.55	铒光纤
0.488	氩	1.6	石英玻璃
0.514 5	氩	2.7	水蒸气
0.532	钕	3.392 25	氦氖
0.6	镉	3.800 7	氟氘
0.632 8	氦氖	4.3	二氧化碳
0.694 3	红宝石	10.591	二氧化碳
0.86	砷化镓	27.9	水蒸气
1.06	钕	337	氰化氢
1.315 2	氧碘		

附表 25-2　常用激光波长各种大气模型的吸收和散射系数

高　度 /km	热带		中纬度地区			
			夏季		冬季	
	分子吸收 k_m /km^{-1}	分子散射 σ_m /km^{-1}	分子吸收 k_m /km^{-1}	分子散射 σ_m /km^{-1}	分子吸收 k_m /km^{-1}	分子散射 σ_m /km^{-1}
			$\lambda=0.337\ \mu m$			
0	2.97E－04	8.37E－02	3.09E－04	8.53E－02	2.93E－04	9.27E－02
0～1	2.87E－04	7.99E－02	2.98E－04	8.12E－02	2.71E－04	8.76E－02
1～2	2.63E－04	7.27E－02	2.79E－04	7.33E－02	2.32E－04	7.82E－02
2～3	2.37E－04	6.58E－02	2.64E－04	6.63E－02	2.07E－04	6.96E－02
3～4	2.10E－04	5.95E－02	2.53E－04	5.99E－02	1.92E－04	6.22E－02
4～5	1.85E－04	5.39E－02	2.44E－04	5.41E－02	1.91E－04	5.58E－02
5～6	1.66E－04	4.87E－02	2.38E－04	4.87E－02	2.00E－04	4.98E－02
6～7	1.50E－04	4.39E－02	2.38E－04	4.38E－02	2.16E－04	4.44E－02
7～8	1.35E－04	3.95E－02	2.40E－04	3.92E－02	2.41E－04	3.94E－02
8～9	1.25E－04	3.54E－02	2.45E－04	3.51E－02	2.88E－04	3.50E－02
9～10	1.18E－04	3.16E－02	2.51E－04	3.14E－02	3.71E－04	3.09E－02
10～11	1.16E－04	2.82E－02	2.74E－04	2.79E－02	4.82E－04	2.69E－02
11～12	1.17E－04	2.51E－02	3.08E－04	2.48E－02	6.09E－04	2.30E－02
12～13	1.19E－04	2.22E－02	3.45E－04	2.19E－02	7.23E－04	1.98E－02
13～14	1.19E－04	1.96E－02	4.17E－04	1.90E－02	7.65E－04	1.70E－02
14～15	1.21E－04	1.72E－02	4.57E－04	1.62E－02	7.40E－04	1.45E－02
15～16	1.23E－04	1.50E－02	4.53E－04	1.38E－02	7.42E－04	1.25E－02
16～17	1.50E－04	1.29E－02	4.58E－04	1.18E－02	7.92E－04	1.07E－02
17～18	2.33E－04	1.08E－02	5.05E－04	1.01E－02	8.67E－04	9.14E－03
18～19	3.71E－04	8.96E－03	6.30E－04	8.57E－03	9.51E－04	7.83E－03
19～20	5.10E－04	7.44E－03	7.58E－04	7.30E－03	1.03E－03	6.69E－03
20～21	5.84E－04	6.19E－03	8.18E－04	6.22E－03	1.09E－03	5.72E－03
21～22	6.39E－04	5.17E－03	8.41E－04	5.30E－03	1.07E－03	4.88E－03
22～23	7.42E－04	4.35E－03	8.57E－04	4.52E－03	1.02E－03	4.16E－03
23～24	8.44E－04	3.69E－03	8.61E－04	3.86E－03	9.55E－04	3.56E－03
24～25	9.05E－04	3.13E－03	8.76E－04	3.30E－03	8.89E－04	3.04E－03
25～30	8.77E－04	9.90E－03	7.52E－04	1.06E－02	6.41E－04	9.70E－03
30～35	5.55E－04	4.56E－03	4.94E－04	4.92E－03	3.47E－04	4.35E－03
35～40	2.54E－04	2.17E－03	2.69E－04	2.34E－03	1.73E－04	1.95E－03
40～45	9.21E－05	1.07E－03	1.02E－04	1.16E－03	7.25E－05	9.11E－04
45～50	2.96E－05	5.46E－04	3.37E－05	5.94E－04	2.46E－05	4.50E－04
50～70	3.67E－06	5.89E－04	4.34E－06	6.53E－04	2.75E－06	4.70E－04
70～100	2.38E－08	4.25E－05	2.97E－08	4.91E－05	2.20E－08	3.44E－05

高　度 /km	近北极区				美国标准大气	
	夏季		冬季			
	分子吸收 k_m /km^{-1}	分子散射 σ_m /km^{-1}	分子吸收 k_m /km^{-1}	分子散射 σ_m /km^{-1}	分子吸收 k_m /km^{-1}	分子散射 σ_m /km^{-1}
			$\lambda=0.337\ \mu m$			
0	2.62E－04	8.71E－02	2.30E－04	9.76E－02	2.84E－04	8.71E－02
0～1	2.60E－04	8.29E－02	2.17E－04	9.11E－02	2.71E－05	8.30E－02
1～2	2.52E－04	7.49E－02	1.95E－04	8.00E－02	2.49E－04	7.52E－02
2～3	2.40E－04	6.75E－02	1.80E－04	7.09E－02	2.23E－04	6.81E－02
3～4	2.30E－04	6.07E－02	1.71E－04	6.29E－02	1.93E－04	6.14E－02
4～5	2.25E－04	5.45E－02	1.64E－04	5.61E－02	1.73E－04	5.53E－02
5～6	2.28E－04	4.89E－02	1.59E－04	5.01E－02	1.60E－04	4.96E－02
6～7	2.31E－04	4.39E－02	1.80E－04	4.46E－02	1.55E－04	4.44E－02
7～8	2.31E－04	3.93E－02	2.26E－04	3.95E－02	1.56E－04	3.96E－02
8～9	2.66E－04	3.51E－02	3.25E－04	3.47E－02	1.77E－04	3.53E－02
9～10	3.26E－04	3.13E－02	4.59E－04	2.99E－02	2.21E－04	3.13E－02
10～11	4.09E－04	2.73E－02	5.02E－04	2.55E－02	2.89E－04	2.76E－02
11～12	5.11E－04	2.35E－02	4.93E－04	2.18E－02	3.77E－04	2.40E－02
12～13	5.60E－04	2.02E－02	5.75E－04	1.86E－02	4.28E－04	2.05E－02
13～14	5.80E－04	1.73E－02	7.33E－04	1.59E－02	4.65E－04	1.75E－02
14～15	5.90E－04	1.49E－02	8.49E－04	1.36E－02	5.15E－04	1.50E－02
15～16	6.04E－04	1.28E－02	9.37E－04	1.17E－02	5.78E－04	1.28E－02
16～17	6.19E－04	1.10E－02	1.01E－03	9.99E－03	6.67E－04	1.10E－02
17～18	6.57E－04	9.48E－03	1.10E－03	8.56E－03	7.69E－04	9.36E－03
18～19	7.37E－04	8.15E－03	1.21E－03	7.33E－03	8.59E－04	8.00E－03
19～20	8.05E－04	7.01E－03	1.27E－03	6.28E－03	9.36E－04	6.84E－03
20～21	8.72E－04	6.02E－03	1.23E－03	5.37E－03	9.76E－04	5.84E－03
21～22	9.39E－04	5.18E－03	1.12E－03	4.59E－03	9.90E－04	4.97E－03
22～23	9.45E－04	4.45E－03	1.02E－03	3.93E－03	9.91E－04	4.24E－03
23～24	9.16E－04	3.82E－03	9.09E－04	3.36E－03	9.54E－04	3.62E－03
24～25	8.68E－04	3.27E－03	7.93E－04	2.87E－03	9.04E－04	3.09E－03
25～30	6.68E－04	1.06E－02	5.30E－04	9.03E－03	6.86E－04	9.89E－03
30～35	4.22E－04	4.96E－03	2.79E－04	4.02E－03	3.98E－04	4.49E－03
35～40	2.45E－04	2.35E－03	1.36E－04	1.80E－03	2.13E－04	2.14E－03
40～45	9.82E－05	1.17E－03	5.46E－05	8.30E－04	8.95E－05	1.02E－03
45～50	3.23E－05	6.12E－04	1.75E－05	3.97E－04	3.25E－05	5.11E－04
50～70	4.23E－06	6.76E－04	2.16E－06	3.92E－04	3.55E－06	5.50E－04
70～100	3.26E－08	5.24E－05	2.38E－08	2.94E－05	2.41E－08	3.84E－05

续表

高 度 /km	热 带		中纬度地区			
			夏季		冬季	
	分子吸收 k_m /km^{-1}	分子散射 σ_m /km^{-1}	分子吸收 k_m /km^{-1}	分子散射 σ_m /km^{-1}	分子吸收 k_m /km^{-1}	分子散射 σ_m /km^{-1}
λ = 0.354 7 μm						
0	1.57E−04	6.76E−02	1.65E−04	6.88E−02	1.97E−04	7.48E−02
0～1	1.45E−04	6.45E−02	1.51E−04	6.55E−02	1.76E−04	7.07E−02
1～2	1.21E−04	5.87E−02	1.25E−04	5.92E−02	1.41E−04	6.31E−02
2～3	1.01E−04	5.31E−02	1.03E−04	5.35E−02	1.12E−04	5.62E−02
3～4	8.31E−05	4.80E−02	8.52E−05	4.84E−02	9.00E−05	5.02E−02
4～5	6.85E−05	4.35E−02	7.01E−05	4.37E−02	7.26E−05	4.50E−02
5～6	5.61E−05	3.93E−02	5.73E−05	3.93E−02	5.84E−05	4.02E−02
6～7	4.56E−05	3.54E−02	4.66E−05	3.53E−02	4.69E−05	3.58E−02
7～8	3.70E−05	3.19E−02	3.79E−05	3.17E−02	3.76E−05	3.18E−02
8～9	2.98E−05	2.86E−02	3.07E−05	2.84E−02	3.04E−05	2.82E−02
9～10	2.39E−05	2.55E−02	2.49E−05	2.53E−02	2.50E−05	2.49E−02
10～11	1.91E−05	2.28E−02	2.03E−05	2.25E−02	2.08E−05	2.17E−02
11～12	1.53E−05	2.02E−02	1.68E−05	2.00E−02	1.77E−05	1.86E−02
12～13	1.22E−05	1.79E−02	1.41E−05	1.77E−02	1.56E−05	1.60E−02
13～14	9.81E−06	1.58E−02	1.22E−05	1.54E−02	1.37E−05	1.37E−02
14～15	7.96E−06	1.39E−02	1.03E−05	1.31E−02	1.18E−05	1.17E−02
15～16	6.53E−06	1.21E−02	8.65E−06	1.11E−02	1.05E−05	1.00E−02
16～17	5.71E−06	1.04E−02	7.53E−06	9.53E−03	1.01E−05	8.61E−03
17～18	5.63E−06	8.75E−03	7.11E−06	8.13E−03	1.02E−05	7.38E−03
18～19	6.20E−06	7.23E−03	7.62E−06	6.92E−03	1.05E−05	6.32E−03
19～20	6.86E−06	6.00E−03	8.33E−06	5.89E−03	1.09E−05	5.40E−03
20～21	6.89E−06	5.00E−03	8.53E−06	5.02E−03	1.12E−05	4.61E−03
21～22	6.89E−06	4.17E−03	8.48E−06	4.28E−03	1.09E−05	3.94E−03
22～23	7.52E−06	3.51E−03	8.45E−06	3.65E−03	1.02E−05	3.36E−03
23～24	8.26E−06	2.97E−03	8.37E−06	3.12E−03	9.45E−06	2.87E−03
24～25	8.68E−06	2.52E−03	8.44E−06	2.66E−03	8.74E−06	2.46E−03
25～30	8.34E−06	7.99E−03	7.26E−06	8.55E−03	6.21E−06	7.82E−03
30～35	5.79E−06	3.68E−03	5.27E−06	3.97E−03	3.26E−06	3.51E−03
35～40	3.16E−06	1.75E−03	3.51E−06	1.89E−03	1.76E−06	1.57E−03
40～45	1.40E−06	8.65E−04	1.68E−06	9.34E−04	9.32E−07	7.35E−04
45～50	5.37E−07	4.40E−04	6.72E−07	4.79E−04	4.06E−07	3.63E−04
50～70	6.08E−08	4.75E−04	7.86E−08	5.27E−04	4.29E−08	3.80E−04
70～100	3.17E−10	3.43E−05	4.45E−10	3.97E−05	2.20E−10	2.77E−05

高 度 /km	近北极区				美国标准大气	
	夏季		冬季			
	分子吸收 k_m /km^{-1}	分子散射 σ_m /km^{-1}	分子吸收 k_m /km^{-1}	分子散射 σ_m /km^{-1}	分子吸收 k_m /km^{-1}	分子散射 σ_m /km^{-1}
λ = 0.354 7 μm						
0	1.73E−04	7.03E−02	2.17E−04	7.87E−02	1.74E−04	7.03E−02
0～1	1.57E−04	6.69E−02	1.90E−04	7.35E−02	1.59E−04	6.70E−02
1～2	1.30E−04	6.04E−02	1.47E−04	6.45E−02	1.31E−04	6.07E−02
2～3	1.06E−04	5.45E−02	1.16E−04	5.72E−02	1.08E−04	5.49E−02
3～4	8.64E−05	4.90E−02	9.14E−05	5.08E−02	8.78E−05	4.95E−02
4～5	7.02E−05	4.39E−02	7.30E−05	4.53E−02	7.12E−05	4.46E−02
5～6	5.71E−05	3.95E−02	5.84E−05	4.04E−02	5.76E−05	4.00E−02
6～7	4.64E−05	3.55E−02	4.67E−05	3.60E−02	4.63E−05	3.58E−02
7～8	3.75E−05	3.17E−02	3.75E−05	3.19E−02	3.72E−05	3.20E−02
8～9	3.06E−05	2.84E−02	3.02E−05	2.80E−02	2.99E−05	2.85E−02
9～10	2.52E−05	2.52E−02	2.45E−05	2.41E−02	2.42E−05	2.52E−02
10～11	2.07E−05	2.20E−02	1.95E−05	2.06E−02	2.00E−05	2.23E−02
11～12	1.73E−05	1.89E−02	1.54E−05	1.76E−02	1.66E−05	1.94E−02
12～13	1.45E−05	1.63E−02	1.33E−05	1.50E−02	1.36E−05	1.66E−02
13～14	1.22E−05	1.40E−02	1.27E−05	1.29E−02	1.14E−05	1.42E−02
14～15	1.06E−05	1.21E−02	1.22E−05	1.10E−02	9.97E−06	1.21E−02
15～16	9.39E−06	1.04E−02	1.20E−05	9.41E−03	9.20E−06	1.03E−02
16～17	8.54E−06	8.90E−03	1.19E−05	8.07E−03	9.05E−06	8.84E−03
17～18	8.19E−06	7.65E−03	1.22E−05	6.91E−03	9.29E−06	7.56E−03
18～19	8.40E−06	6.57E−03	1.28E−05	5.92E−03	9.61E−06	6.46E−03
19～20	8.64E−06	5.65E−03	1.31E−05	5.06E−03	9.95E−06	5.52E−03
20～21	8.98E−06	4.86E−03	1.26E−05	4.33E−03	1.00E−05	4.71E−03
21～22	9.40E−06	4.18E−03	1.14E−05	3.71E−03	9.88E−06	4.01E−03
22～23	9.30E−06	3.59E−03	1.03E−05	3.17E−03	9.70E−06	3.42E−03
23～24	8.93E−06	3.08E−03	9.23E−06	2.71E−03	9.22E−06	2.92E−03
24～25	8.44E−06	2.64E−03	8.07E−06	2.31E−03	8.65E−06	2.49E−03
25～30	6.58E−06	8.53E−03	5.25E−06	7.29E−03	6.49E−06	7.98E−03
30～35	4.60E−06	4.00E−03	2.64E−06	3.25E−03	3.85E−06	3.62E−03
35～40	3.40E−06	1.90E−03	1.29E−06	1.45E−03	2.41E−06	1.73E−03
40～45	1.77E−06	9.42E−04	5.93E−07	6.69E−04	1.30E−06	8.19E−04
45～50	6.65E−07	4.94E−04	2.36E−07	3.20E−04	5.93E−07	4.12E−04
50～70	8.10E−08	5.45E−04	3.14E−08	3.16E−04	5.74E−08	4.44E−04
70～100	5.19E−10	4.23E−05	2.49E−10	2.37E−05	2.74E−10	3.10E−05

续表

高　度 /km	热　带		中纬度地区			
			夏季		冬季	
	分子吸收 k_m /km^{-1}	分子散射 σ_m /km^{-1}	分子吸收 k_m /km^{-1}	分子散射 σ_m /km^{-1}	分子吸收 k_m /km^{-1}	分子散射 σ_m /km^{-1}
λ＝0.488 μm						
0	8.02E－05	1.80E－02	8.13E－05	1.83E－02	7.72E－05	1.99E－02
0～1	7.58E－05	1.72E－02	7.73E－05	1.74E－02	7.17E－05	1.88E－02
1～2	6.83E－05	1.56E－02	7.13E－05	1.58E－02	6.21E－05	1.68E－02
2～3	6.09E－05	1.41E－02	6.80E－05	1.42E－02	5.64E－05	1.50E－02
3～4	5.42E－05	1.28E－02	6.69E－05	1.29E－02	5.36E－05	1.34E－02
4～5	4.93E－05	1.16E－02	6.66E－05	1.16E－02	5.54E－05	1.20E－02
5～6	4.59E－05	1.05E－02	6.72E－05	1.05E－02	6.04E－05	1.07E－02
6～7	4.27E－05	9.44E－03	6.98E－05	9.41E－03	6.72E－05	9.54E－03
7～8	3.98E－05	8.49E－03	7.30E－05	8.44E－03	7.73E－05	8.48E－03
8～9	3.79E－05	7.61E－03	7.68E－05	7.55E－03	9.44E－05	7.51E－03
9～10	3.71E－05	6.80E－03	8.05E－05	6.74E－03	1.23E－04	6.64E－03
10～11	3.72E－05	6.07E－03	8.98E－05	6.00E－03	1.61E－04	5.77E－03
11～12	3.82E－05	5.39E－03	1.02E－04	5.33E－03	2.04E－04	4.95E－03
12～13	3.93E－05	4.76E－03	1.16E－04	4.71E－03	2.43E－04	4.25E－03
13～14	3.95E－05	4.20E－03	1.40E－04	4.09E－03	2.57E－04	3.64E－03
14～15	3.98E－05	3.70E－03	1.53E－04	3.49E－03	2.49E－04	3.12E－03
15～16	4.00E－05	3.22E－03	1.52E－04	2.97E－03	2.50E－04	2.68E－03
16～17	4.83E－05	2.78E－03	1.54E－04	2.54E－03	2.67E－04	2.29E－03
17～18	7.55E－05	2.33E－03	1.70E－04	2.17E－03	2.92E－04	1.97E－03
18～19	1.22E－04	1.93E－03	2.12E－04	1.84E－03	3.20E－04	1.68E－03
19～20	1.69E－04	1.60E－03	2.55E－04	1.57E－03	3.47E－04	1.44E－03
20～21	1.95E－04	1.33E－03	2.75E－04	1.34E－03	3.66E－04	1.23E－03
21～22	2.15E－04	1.11E－03	2.83E－04	1.14E－03	3.62E－04	1.05E－03
22～23	2.50E－04	9.35E－04	2.88E－04	9.73E－04	3.42E－04	8.95E－04
23～24	2.84E－04	7.92E－04	2.90E－04	8.31E－04	3.21E－04	7.66E－04
24～25	3.05E－04	6.72E－04	2.94E－04	7.09E－04	2.99E－04	6.54E－04
25～30	2.94E－04	2.13E－03	2.51E－04	2.28E－03	2.16E－04	2.08E－03
30～35	1.82E－04	9.80E－04	1.61E－04	1.06E－03	1.17E－04	9.35E－04
35～40	8.05E－05	4.67E－04	8.41E－05	5.03E－04	5.72E－05	4.19E－04
40～45	2.77E－05	2.31E－04	3.01E－05	2.49E－04	2.28E－05	1.96E－04
45～50	8.46E－06	1.17E－04	9.31E－06	1.28E－04	7.22E－06	9.67E－05
50～70	1.08E－06	1.27E－04	1.24E－06	1.40E－04	8.23E－07	1.01E－04
70～100	7.66E－09	9.13E－06	9.32E－09	1.06E－05	7.35E－09	7.38E－06

高　度 /km	近北极区				美国标准大气	
	夏季		冬季			
	分子吸收 k_m /km^{-1}	分子散射 σ_m /km^{-1}	分子吸收 k_m /km^{-1}	分子散射 σ_m /km^{-1}	分子吸收 k_m /km^{-1}	分子散射 σ_m /km^{-1}
λ＝0.488 μm						
0	6.88E－05	1.87E－02	5.97E－05	2.10E－02	7.11E－05	1.87E－02
0～1	6.77E－05	1.78E－02	5.69E－05	1.96E－02	6.87E－05	1.78E－02
1～2	6.60E－05	1.61E－02	5.23E－05	1.72E－02	6.44E－05	1.62E－02
2～3	6.41E－05	1.45E－02	4.97E－05	1.52E－02	5.92E－05	1.46E－02
3～4	6.31E－05	1.30E－02	4.88E－05	1.35E－02	5.29E－05	1.32E－02
4～5	6.36E－05	1.17E－02	4.84E－05	1.21E－02	4.90E－05	1.19E－02
5～6	6.67E－05	1.05E－02	4.84E－05	1.08E－02	4.68E－05	1.07E－02
6～7	7.02E－05	9.45E－03	5.68E－05	9.58E－03	4.67E－05	9.55E－03
7～8	7.24E－05	8.46E－03	7.35E－05	8.50E－03	4.86E－05	8.52E－03
8～9	8.58E－05	7.55E－03	1.07E－04	7.45E－03	5.68E－05	7.58E－03
9～10	1.07E－04	6.72E－03	1.53E－04	6.42E－03	7.24E－05	6.72E－03
10～11	1.36E－04	5.87E－03	1.68E－04	5.49E－03	9.62E－05	5.94E－03
11～12	1.71E－04	5.05E－03	1.65E－04	4.69E－03	1.26E－04	5.16E－03
12～13	1.87E－04	4.34E－03	1.93E－04	4.01E－03	1.43E－04	4.41E－03
13～14	1.94E－04	3.73E－03	2.46E－04	3.43E－03	1.56E－04	3.77E－03
14～15	1.98E－04	3.21E－03	2.86E－04	2.93E－03	1.73E－04	3.22E－03
15～16	2.02E－04	2.76E－03	3.15E－04	2.51E－03	1.94E－04	2.75E－03
16～17	2.07E－04	2.37E－03	3.40E－04	2.15E－03	2.24E－04	2.35E－03
17～18	2.20E－04	2.04E－03	3.71E－04	1.84E－03	2.59E－04	2.01E－03
18～19	2.47E－04	1.75E－03	4.06E－04	1.58E－03	2.89E－04	1.72E－03
19～20	2.70E－04	1.51E－03	4.26E－04	1.35E－03	3.15E－04	1.47E－03
20～21	2.92E－04	1.29E－03	4.14E－04	1.15E－03	3.29E－04	1.26E－03
21～22	3.15E－04	1.11E－03	3.77E－04	9.87E－04	3.33E－04	1.07E－03
22～23	3.17E－04	9.57E－04	3.41E－04	8.44E－04	3.34E－04	9.12E－04
23～24	3.07E－04	8.21E－04	3.05E－04	7.21E－04	3.21E－04	7.78E－04
24～25	2.91E－04	7.02E－04	2.66E－04	6.16E－04	3.04E－04	6.64E－04
25～30	2.22E－04	2.27E－03	1.78E－04	1.94E－03	2.30E－04	2.13E－03
30～35	1.37E－04	1.07E－03	9.41E－05	8.65E－04	1.33E－04	9.65E－04
35～40	7.56E－05	5.06E－04	4.55E－05	3.88E－04	6.89E－05	4.60E－04
40～45	2.81E－05	2.51E－04	1.78E－05	1.78E－04	2.73E－05	2.18E－04
45～50	8.80E－06	1.32E－04	5.43E－06	8.53E－05	9.25E－06	1.10E－04
50～70	1.19E－06	1.45E－04	6.59E－07	8.43E－05	1.05E－06	1.18E－04
70～100	1.01E－08	1.13E－05	7.85E－09	6.32E－06	7.95E－09	8.26E－06

续表

高度/km	热带		中纬度地区			
			夏季		冬季	
	分子吸收 k_m /km^{-1}	分子散射 σ_m /km^{-1}	分子吸收 k_m /km^{-1}	分子散射 σ_m /km^{-1}	分子吸收 k_m /km^{-1}	分子散射 σ_m /km^{-1}
λ=0.514 5 μm						
0	1.42E−04	1.45E−02	1.52E−04	1.48E−02	1.58E−04	1.60E−02
0～1	1.39E−04	1.38E−02	1.49E−04	1.40E−02	1.48E−04	1.52E−02
1～2	1.33E−04	1.26E−02	1.44E−04	1.27E−02	1.30E−04	1.35E−02
2～3	1.24E−04	1.14E−02	1.42E−04	1.15E−02	1.20E−04	1.21E−02
3～4	1.14E−04	1.03E−02	1.43E−04	1.04E−02	1.15E−04	1.08E−02
4～5	1.05E−04	9.33E−03	1.44E−04	9.37E−03	1.21E−04	9.65E−03
5～6	9.89E−05	8.43E−03	1.46E−04	8.44E−03	1.33E−04	8.62E−03
6～7	9.28E−05	7.60E−03	1.53E−04	7.58E−03	1.49E−04	7.68E−03
7～8	8.70E−05	6.84E−03	1.61E−04	6.79E−03	1.73E−04	6.83E−03
8～9	8.35E−05	6.13E−03	1.70E−04	6.08E−03	2.12E−04	6.05E−03
9～10	8.22E−05	5.48E−03	1.80E−04	5.43E−03	2.79E−04	5.34E−03
10～11	8.30E−05	4.88E−03	2.01E−04	4.83E−03	3.66E−04	4.65E−03
11～12	8.60E−05	4.34E−03	2.31E−04	4.29E−03	4.64E−04	3.99E−03
12～13	8.90E−05	3.84E−03	2.63E−04	3.79E−03	5.53E−04	3.42E−03
13～14	9.02E−05	3.38E−03	3.19E−04	3.29E−03	5.85E−04	2.93E−03
14～15	9.14E−05	2.98E−03	3.50E−04	2.81E−03	5.67E−04	2.51E−03
15～16	9.27E−05	2.59E−03	3.48E−04	2.39E−03	5.69E−04	2.15E−03
16～17	1.13E−04	2.23E−03	3.52E−04	2.04E−03	6.08E−04	1.85E−03
17～18	1.76E−04	1.88E−03	3.88E−04	1.74E−03	6.66E−04	1.58E−03
18～19	2.83E−04	1.55E−03	4.83E−04	1.48E−03	7.31E−04	1.35E−03
19～20	3.91E−04	1.29E−03	5.81E−04	1.26E−03	7.93E−04	1.16E−03
20～21	4.49E−04	1.07E−03	6.26E−04	1.08E−03	8.35E−04	9.89E−04
21～22	4.92E−04	8.95E−04	6.43E−04	9.17E−04	8.26E−04	8.44E−04
22～23	5.70E−04	7.53E−04	6.54E−04	7.83E−04	7.82E−04	7.21E−04
23～24	6.47E−04	6.38E−04	6.56E−04	6.69E−04	7.34E−04	6.16E−04
24～25	6.93E−04	5.41E−04	6.66E−04	5.71E−04	6.84E−04	5.27E−04
25～30	6.64E−04	1.71E−03	5.67E−04	1.83E−03	4.92E−04	1.68E−03
30～35	4.08E−04	7.89E−04	3.61E−04	8.52E−04	2.66E−04	7.53E−04
35～40	1.79E−04	3.76E−04	1.87E−04	4.05E−04	1.28E−04	3.37E−04
40～45	6.12E−05	1.86E−04	6.63E−05	2.00E−04	5.06E−05	1.58E−04
45～50	1.86E−05	9.44E−05	2.04E−05	1.03E−04	1.59E−05	7.78E−05
50～70	2.38E−06	1.02E−04	2.73E−06	1.13E−04	1.82E−06	8.14E−05
70～100	1.79E−08	7.35E−06	2.19E−08	8.51E−06	1.68E−08	5.95E−06

高度/km	近北极区				美国标准大气	
	夏季		冬季			
	分子吸收 k_m /km^{-1}	分子散射 σ_m /km^{-1}	分子吸收 k_m /km^{-1}	分子散射 σ_m /km^{-1}	分子吸收 k_m /km^{-1}	分子散射 σ_m /km^{-1}
λ=0.514 5 μm						
0	1.32E−04	1.51E−02	1.24E−04	1.69E−02	1.42E−04	1.51E−02
0～1	1.33E−04	1.43E−02	1.19E−04	1.58E−02	1.39E−04	1.44E−02
1～2	1.35E−04	1.30E−02	1.10E−04	1.38E−02	1.34E−04	1.30E−02
2～3	1.35E−04	1.17E−02	1.06E−04	1.23E−02	1.25E−04	1.18E−02
3～4	1.35E−04	1.05E−02	1.05E−04	1.09E−02	1.13E−04	1.06E−02
4～5	1.38E−04	9.42E−03	1.06E−04	9.72E−03	1.06E−04	9.57E−03
5～6	1.46E−04	8.47E−03	1.07E−04	8.67E−03	1.02E−04	8.59E−03
6～7	1.54E−04	7.61E−03	1.27E−04	7.72E−03	1.03E−04	7.69E−03
7～8	1.60E−04	6.81E−03	1.65E−04	6.84E−03	1.08E−04	6.86E−03
8～9	1.92E−04	6.08E−03	2.44E−04	6.00E−03	1.27E−04	6.10E−03
9～10	2.41E−04	5.41E−03	3.49E−04	5.17E−03	1.63E−04	5.41E−03
10～11	3.07E−04	4.73E−03	3.83E−04	4.42E−03	2.18E−04	4.78E−03
11～12	3.86E−04	4.06E−03	3.77E−04	3.78E−03	2.87E−04	4.16E−03
12～13	4.23E−04	3.49E−03	4.40E−04	3.23E−03	3.27E−04	3.55E−03
13～14	4.39E−04	3.00E−03	5.61E−04	2.76E−03	3.56E−04	3.04E−03
14～15	4.47E−04	2.58E−03	6.51E−04	2.36E−03	3.95E−04	2.59E−03
15～16	4.58E−04	2.22E−03	7.19E−04	2.02E−03	4.43E−04	2.22E−03
16～17	4.69E−04	1.91E−03	7.75E−04	1.73E−03	5.12E−04	1.90E−03
17～18	4.99E−04	1.64E−03	8.48E−04	1.48E−03	5.91E−04	1.62E−03
18～19	5.59E−04	1.41E−03	9.27E−04	1.27E−03	6.60E−04	1.39E−03
19～20	6.11E−04	1.21E−03	9.74E−04	1.09E−03	7.19E−04	1.18E−03
20～21	6.62E−04	1.04E−03	9.47E−04	9.29E−04	7.49E−04	1.01E−03
21～22	7.13E−04	8.96E−04	8.62E−04	7.95E−04	7.59E−04	8.61E−04
22～23	7.17E−04	7.71E−04	7.82E−04	6.80E−04	7.60E−04	7.34E−04
23～24	6.95E−04	6.61E−04	6.99E−04	5.81E−04	7.30E−04	6.26E−04
24～25	6.56E−04	5.66E−04	6.10E−04	4.96E−04	6.91E−04	5.34E−04
25～30	5.01E−04	1.83E−03	4.08E−04	1.56E−03	5.22E−04	1.71E−03
30～35	3.07E−04	8.59E−04	2.14E−04	6.96E−04	2.99E−04	7.77E−04
35～40	1.67E−04	4.07E−04	1.03E−04	3.12E−04	1.54E−04	3.71E−04
40～45	6.17E−05	2.02E−04	3.97E−05	1.44E−04	6.03E−05	1.76E−04
45～50	1.93E−05	1.06E−04	1.20E−05	6.87E−05	2.03E−05	8.84E−05
50～70	2.61E−06	1.17E−04	1.46E−06	6.79E−05	2.32E−06	9.52E−05
70～100	2.39E−08	9.07E−06	1.77E−08	5.08E−06	1.84E−08	6.65E−06

续表

高 度 /km	热 带		中纬度地区			
			夏季		冬季	
	分子吸收 k_m /km^{-1}	分子散射 σ_m /km^{-1}	分子吸收 k_m /km^{-1}	分子散射 σ_m /km^{-1}	分子吸收 k_m /km^{-1}	分子散射 σ_m /km^{-1}
λ=0.532 μm						
0	7.05E−04	1.26E−02	6.87E−04	1.29E−02	6.75E−04	1.40E−02
0~1	6.39E−04	1.21E−02	6.29E−04	1.23E−02	6.15E−04	1.32E−02
1~2	5.36E−04	1.10E−02	5.32E−04	1.11E−02	5.06E−04	1.18E−02
2~3	4.45E−04	9.94E−03	4.63E−04	1.00E−02	4.28E−04	1.05E−02
3~4	3.67E−04	8.98E−03	4.15E−04	9.05E−03	3.73E−04	9.40E−03
4~5	3.16E−04	8.13E−03	3.81E−04	8.17E−03	3.47E−04	8.42E−03
5~6	2.78E−04	7.35E−03	3.58E−04	7.36E−03	3.39E−04	7.52E−03
6~7	2.46E−04	6.63E−03	3.48E−04	6.61E−03	3.44E−04	6.70E−03
7~8	2.19E−04	5.96E−03	3.45E−04	5.93E−03	3.67E−04	5.96E−03
8~9	1.99E−04	5.34E−03	3.48E−04	5.30E−03	4.21E−04	5.28E−03
9~10	1.86E−04	4.78E−03	3.53E−04	4.74E−03	5.26E−04	4.66E−03
10~11	1.79E−04	4.26E−03	3.82E−04	4.21E−03	6.67E−04	4.05E−03
11~12	1.76E−04	3.78E−03	4.27E−04	3.74E−03	8.29E−04	3.48E−03
12~13	1.76E−04	3.35E−03	4.77E−04	3.31E−03	9.77E−04	2.98E−03
13~14	1.74E−04	2.95E−03	5.70E−04	2.87E−03	1.03E−03	2.56E−03
14~15	1.72E−04	2.60E−03	6.19E−04	2.45E−03	9.94E−04	2.19E−03
15~16	1.72E−04	2.26E−03	6.12E−04	2.09E−03	9.95E−04	1.88E−03
16~17	2.04E−04	1.95E−03	6.17E−04	1.78E−03	1.06E−03	1.61E−03
17~18	3.13E−04	1.64E−03	6.78E−04	1.52E−03	1.16E−03	1.38E−03
18~19	4.98E−04	1.35E−03	8.43E−04	1.29E−03	1.27E−03	1.18E−03
19~20	6.85E−04	1.12E−03	1.01E−03	1.10E−03	1.38E−03	1.01E−03
20~21	7.83E−04	9.35E−04	1.09E−03	9.38E−04	1.45E−03	8.63E−04
21~22	8.57E−04	7.80E−04	1.12E−03	8.00E−04	1.44E−03	7.36E−04
22~23	9.92E−04	6.57E−04	1.13E−03	6.83E−04	1.36E−03	6.29E−04
23~24	1.12E−03	5.56E−04	1.14E−03	5.83E−04	1.28E−03	5.38E−04
24~25	1.20E−03	4.72E−04	1.15E−03	4.98E−04	1.19E−03	4.60E−04
25~30	1.15E−03	1.48E−03	9.81E−04	1.60E−03	8.55E−04	1.46E−03
30~35	7.04E−04	6.88E−04	6.23E−04	7.23E−04	4.60E−04	6.57E−04
35~40	3.08E−04	3.28E−04	3.21E−04	3.29E−04	2.22E−04	2.33E−04
40~45	1.05E−04	1.62E−04	1.14E−04	1.65E−04	8.69E−05	1.11E−04
45~50	3.18E−05	8.24E−05	3.49E−05	8.97E−05	2.73E−05	6.79E−05
50~70	4.08E−06	5.79E−05	4.67E−06	6.26E−05	3.11E−06	5.03E−05
70~100	3.13E−08	2.84E−06	3.83E−08	2.66E−06	2.91E−08	3.12E−06

高 度 /km	近北极区				美国标准大气	
	夏季		冬季			
	分子吸收 k_m /km^{-1}	分子散射 σ_m /km^{-1}	分子吸收 k_m /km^{-1}	分子散射 σ_m /km^{-1}	分子吸收 k_m /km^{-1}	分子散射 σ_m /km^{-1}
λ=0.532 μm						
0	6.27E−04	1.32E−02	6.32E−04	1.47E−02	6.20E−04	1.31E−02
0~1	5.87E−04	1.25E−02	5.79E−04	1.38E−02	5.77E−04	1.25E−02
1~2	5.10E−04	1.13E−02	4.79E−04	1.21E−02	5.01E−04	1.14E−02
2~3	4.50E−04	1.02E−02	4.09E−04	1.07E−02	4.31E−04	1.03E−02
3~4	4.04E−04	9.16E−03	3.59E−04	9.50E−03	3.67E−04	9.27E−03
4~5	3.72E−04	8.22E−03	3.22E−04	8.47E−03	3.20E−04	8.34E−03
5~6	3.58E−04	7.39E−03	2.95E−04	7.56E−03	2.85E−04	7.49E−03
6~7	3.52E−04	6.63E−03	3.07E−04	6.73E−03	2.64E−04	6.70E−03
7~8	3.45E−04	5.94E−03	3.56E−04	5.97E−03	2.55E−04	5.98E−03
8~9	3.85E−04	5.30E−03	4.76E−04	5.23E−03	2.74E−04	5.32E−03
9~10	4.60E−04	4.72E−03	6.44E−04	4.51E−03	3.25E−04	4.72E−03
10~11	5.65E−04	4.13E−03	6.93E−04	3.85E−03	4.12E−04	4.17E−03
11~12	6.92E−04	3.55E−03	6.75E−04	3.29E−03	5.24E−04	3.63E−03
12~13	7.51E−04	3.05E−03	7.79E−04	2.82E−03	5.86E−04	3.10E−03
13~14	7.74E−04	2.62E−03	9.86E−04	2.41E−03	6.31E−04	2.65E−03
14~15	7.84E−04	2.25E−03	1.14E−03	2.06E−03	6.95E−04	2.26E−03
15~16	7.99E−04	1.94E−03	1.25E−03	1.76E−03	7.77E−04	1.93E−03
16~17	8.18E−04	1.66E−03	1.35E−03	1.51E−03	8.94E−04	1.65E−03
17~18	8.67E−04	1.43E−03	1.48E−03	1.29E−03	1.03E−03	1.41E−03
18~19	9.71E−04	1.23E−03	1.61E−03	1.11E−03	1.15E−03	1.21E−03
19~20	1.06E−03	1.06E−03	1.69E−03	9.47E−04	1.25E−03	1.03E−03
20~21	1.15E−03	9.09E−04	1.65E−03	8.11E−04	1.30E−03	8.82E−04
21~22	1.23E−03	7.82E−04	1.50E−03	6.93E−04	1.32E−03	7.51E−04
22~23	1.24E−03	6.72E−04	1.36E−03	5.93E−04	1.32E−03	6.40E−04
23~24	1.20E−03	5.77E−04	1.22E−03	5.07E−04	1.27E−03	5.46E−04
24~25	1.14E−03	4.93E−04	1.06E−03	4.33E−04	1.20E−03	4.66E−04
25~30	8.65E−04	1.60E−03	7.10E−04	1.36E−03	9.04E−04	1.49E−03
30~35	5.29E−04	7.08E−04	3.72E−04	6.07E−04	5.16E−04	6.78E−04
35~40	2.88E−04	2.86E−04	1.78E−04	2.54E−04	2.65E−04	2.82E−04
40~45	1.06E−04	1.76E−04	6.84E−05	1.18E−04	1.03E−04	1.33E−04
45~50	3.30E−05	9.24E−05	2.07E−05	5.74E−05	3.48E−05	7.71E−05
50~70	4.46E−06	7.27E−05	2.50E−06	5.65E−05	3.98E−06	4.57E−05
70~100	4.19E−08	2.77E−06	3.06E−08	2.51E−06	3.20E−08	3.45E−06

续表

高度 /km	热带		中纬度地区			
			夏季		冬季	
	分子吸收 k_m /km^{-1}	分子散射 σ_m /km^{-1}	分子吸收 k_m /km^{-1}	分子散射 σ_m /km^{-1}	分子吸收 k_m /km^{-1}	分子散射 σ_m /km^{-1}
			λ=0.6 μm			
0	6.83E−03	7.74E−03	5.06E−03	7.89E−03	1.48E−03	8.57E−03
0～1	5.66E−03	7.39E−03	4.18E−03	7.50E−03	1.31E−03	8.10E−03
1～2	4.10E−03	6.73E−03	2.93E−03	6.78E−03	9.91E−04	7.23E−03
2～3	2.63E−03	6.09E−03	1.88E−03	6.13E−03	7.79E−04	6.44E−03
3～4	1.45E−03	5.50E−03	1.25E−03	5.54E−03	6.03E−04	5.76E−03
4～5	9.27E−04	4.98E−03	9.04E−04	5.00E−03	5.12E−04	5.16E−03
5～6	6.78E−04	4.50E−03	7.11E−04	4.51E−03	4.92E−04	4.61E−03
6～7	4.96E−04	4.06E−03	6.32E−04	4.05E−03	5.05E−04	4.11E−03
7～8	3.85E−04	3.65E−03	5.99E−04	3.63E−03	5.63E−04	3.65E−03
8～9	3.18E−04	3.27E−03	5.92E−04	3.25E−03	6.87E−04	3.23E−03
9～10	2.84E−04	2.93E−03	6.03E−04	2.90E−03	9.06E−04	2.85E−03
10～11	2.73E−04	2.61E−03	6.60E−04	2.58E−03	1.19E−03	2.48E−03
11～12	2.78E−04	2.32E−03	7.52E−04	2.29E−03	1.51E−03	2.13E−03
12～13	2.88E−04	2.05E−03	8.56E−04	2.02E−03	1.81E−03	1.83E−03
13～14	2.93E−04	1.81E−03	1.04E−03	1.76E−03	1.91E−03	1.57E−03
14～15	2.99E−04	1.59E−03	1.14E−03	1.50E−03	1.85E−03	1.34E−03
15～16	3.05E−04	1.39E−03	1.14E−03	1.28E−03	1.86E−03	1.15E−03
16～17	3.72E−04	1.19E−03	1.15E−03	1.09E−03	1.99E−03	9.87E−04
17～18	5.83E−04	1.00E−03	1.27E−03	9.32E−04	2.18E−03	8.45E−04
18～19	9.36E−04	8.29E−04	1.58E−03	7.93E−04	2.39E−03	7.24E−04
19～20	1.29E−03	6.88E−04	1.90E−03	6.75E−04	2.60E−03	6.19E−04
20～21	1.48E−03	5.73E−04	2.05E−03	5.75E−04	2.74E−03	5.29E−04
21～22	1.61E−03	4.78E−04	2.10E−03	4.90E−04	2.71E−03	4.51E−04
22～23	1.87E−03	4.02E−04	2.13E−03	4.18E−04	2.56E−03	3.85E−04
23～24	2.12E−03	3.41E−04	2.14E−03	3.57E−04	2.41E−03	3.29E−04
24～25	2.26E−03	2.89E−04	2.17E−03	3.05E−04	2.24E−03	2.82E−04
25～30	2.16E−03	9.16E−04	1.84E−03	9.80E−04	1.61E−03	8.97E−04
30～35	1.32E−03	4.21E−04	1.17E−03	4.55E−04	8.67E−04	4.02E−04
35～40	5.76E−04	2.01E−04	6.00E−04	2.17E−04	4.16E−04	1.80E−04
40～45	1.96E−04	9.92E−05	2.12E−04	1.07E−04	1.63E−04	8.42E−05
45～50	5.92E−05	5.05E−05	6.49E−05	5.49E−05	5.08E−05	4.16E−05
50～70	7.60E−06	5.45E−05	8.70E−06	6.04E−05	5.81E−06	4.35E−05
70～100	5.92E−08	3.93E−06	7.27E−08	4.55E−06	5.49E−08	3.18E−06

高度 /km	近北极区				美国标准大气	
	夏季		冬季			
	分子吸收 k_m /km^{-1}	分子散射 σ_m /km^{-1}	分子吸收 k_m /km^{-1}	分子散射 σ_m /km^{-1}	分子吸收 k_m /km^{-1}	分子散射 σ_m /km^{-1}
			λ=0.6 μm			
0	3.27E−03	8.06E−03	6.45E−04	9.02E−03	2.35E−03	8.05E−03
0～1	2.78E−03	7.67E−03	6.48E−04	8.42E−03	2.03E−03	7.68E−03
1～2	1.97E−03	6.93E−03	5.95E−04	7.40E−03	1.49E−03	6.96E−03
2～3	1.46E−03	6.24E−03	5.24E−04	6.55E−03	1.09E−03	6.29E−03
3～4	1.08E−03	5.61E−03	4.52E−04	5.82E−03	7.73E−04	5.68E−03
4～5	8.33E−04	5.04E−03	3.96E−04	5.19E−03	5.76E−04	5.11E−03
5～6	6.86E−04	4.52E−03	3.63E−04	4.63E−03	4.58E−04	4.59E−03
6～7	6.05E−04	4.06E−03	4.15E−04	4.12E−03	4.00E−04	4.11E−03
7～8	5.67E−04	3.64E−03	5.34E−04	3.66E−03	3.84E−04	3.67E−03
8～9	6.34E−04	3.25E−03	7.90E−04	3.20E−03	4.23E−04	3.26E−03
9～10	7.83E−04	2.89E−03	1.14E−03	2.76E−03	5.32E−04	2.89E−03
10～11	9.96E−04	2.53E−03	1.25E−03	2.36E−03	7.10E−04	2.56E−03
11～12	1.25E−03	2.17E−03	1.23E−03	2.02E−03	9.37E−04	2.22E−03
12～13	1.38E−03	1.87E−03	1.44E−03	1.72E−03	1.07E−03	1.90E−03
13～14	1.43E−03	1.60E−03	1.84E−03	1.47E−03	1.16E−03	1.62E−03
14～15	1.46E−03	1.38E−03	2.13E−03	1.26E−03	1.29E−03	1.39E−03
15～16	1.49E−03	1.19E−03	2.35E−03	1.08E−03	1.45E−03	1.18E−03
16～17	1.53E−03	1.02E−03	2.54E−03	9.24E−04	1.67E−03	1.01E−03
17～18	1.62E−03	8.76E−04	2.78E−03	7.92E−04	1.93E−03	8.66E−04
18～19	1.82E−03	7.53E−04	3.04E−03	6.78E−04	2.16E−03	7.40E−04
19～20	1.99E−03	6.48E−04	3.19E−03	5.80E−04	2.35E−03	6.33E−04
20～21	2.15E−03	5.57E−04	3.10E−03	4.97E−04	2.45E−03	5.40E−04
21～22	2.32E−03	4.79E−04	2.83E−03	4.25E−04	2.48E−03	4.60E−04
22～23	2.34E−03	4.12E−04	2.57E−03	3.63E−04	2.48E−03	3.92E−04
23～24	2.26E−03	3.53E−04	2.30E−03	3.10E−04	2.39E−03	3.34E−04
24～25	2.13E−03	3.02E−04	2.00E−03	2.65E−04	2.26E−03	2.86E−04
25～30	1.63E−03	9.77E−04	1.34E−03	8.35E−04	1.70E−03	9.15E−04
30～35	9.92E−04	4.59E−04	7.01E−04	3.72E−04	9.70E−04	4.15E−04
35～40	5.37E−04	2.18E−04	3.34E−04	1.67E−04	4.96E−04	1.98E−04
40～45	1.97E−04	1.08E−04	1.28E−04	7.67E−05	1.93E−04	9.39E−05
45～50	6.12E−05	5.66E−05	3.87E−05	3.67E−05	6.48E−05	4.73E−05
50～70	8.30E−06	6.25E−05	4.67E−06	3.63E−05	7.43E−06	5.08E−05
70～100	7.94E−08	4.84E−06	5.75E−08	2.72E−06	6.06E−08	3.55E−06

续表

高度/km	热带 分子吸收 k_m /km^{-1}	热带 分子散射 σ_m /km^{-1}	中纬度地区 夏季 分子吸收 k_m /km^{-1}	中纬度地区 夏季 分子散射 σ_m /km^{-1}	中纬度地区 冬季 分子吸收 k_m /km^{-1}	中纬度地区 冬季 分子散射 σ_m /km^{-1}
			λ=0.632 8 μm			
0	3.29E−03	6.24E−03	2.98E−03	6.35E−03	2.55E−03	6.90E−03
0~1	2.88E−03	5.96E−03	2.62E−03	6.05E−03	2.28E−03	6.53E−03
1~2	2.17E−03	5.42E−03	1.99E−03	5.46E−03	1.81E−03	5.82E−03
2~3	1.61E−03	4.90E−03	1.54E−03	4.94E−03	1.45E−03	5.19E−03
3~4	1.20E−03	4.43E−03	1.24E−03	4.46E−03	1.18E−03	4.64E−03
4~5	9.64E−04	4.01E−03	1.03E−03	4.03E−03	9.96E−04	4.15E−03
5~6	7.97E−04	3.63E−03	8.85E−04	3.63E−03	8.67E−04	3.71E−03
6~7	6.62E−04	3.27E−03	7.81E−04	3.26E−03	7.78E−04	3.31E−03
7~8	5.55E−04	2.94E−03	7.04E−04	2.92E−03	7.30E−04	2.94E−03
8~9	4.72E−04	2.64E−03	6.50E−04	2.62E−03	7.36E−04	2.60E−03
9~10	4.09E−04	2.36E−03	6.11E−04	2.34E−03	8.18E−04	2.30E−03
10~11	3.62E−04	2.10E−03	6.10E−04	2.08E−03	9.50E−04	2.00E−03
11~12	3.30E−04	1.87E−03	6.36E−04	1.85E−03	1.12E−03	1.72E−03
12~13	3.05E−04	1.65E−03	6.73E−04	1.63E−03	1.27E−03	1.47E−03
13~14	2.82E−04	1.46E−03	7.67E−04	1.42E−03	1.32E−03	1.26E−03
14~15	2.65E−04	1.28E−03	8.10E−04	1.21E−03	1.26E−03	1.08E−03
15~16	2.52E−04	1.12E−03	7.88E−04	1.03E−03	1.25E−03	9.27E−04
16~17	2.82E−04	9.62E−04	7.84E−04	8.80E−04	1.33E−03	7.95E−04
17~18	4.08E−04	8.08E−04	8.53E−04	7.50E−04	1.44E−03	6.81E−04
18~19	6.30E−04	6.67E−04	1.05E−03	6.39E−04	1.58E−03	5.83E−04
19~20	8.55E−04	5.54E−04	1.25E−03	5.44E−04	1.71E−03	4.99E−04
20~21	9.73E−04	4.61E−04	1.35E−03	4.63E−04	1.79E−03	4.26E−04
21~22	1.06E−03	3.85E−04	1.38E−03	3.95E−04	1.77E−03	3.63E−04
22~23	1.22E−03	3.24E−04	1.40E−03	3.37E−04	1.68E−03	3.10E−04
23~24	1.39E−03	2.75E−04	1.40E−03	2.88E−04	1.57E−03	2.65E−04
24~25	1.48E−03	2.33E−04	1.42E−03	2.46E−04	1.46E−03	2.27E−04
25~30	1.41E−03	7.38E−04	1.21E−03	7.89E−04	1.05E−03	7.22E−04
30~35	8.64E−04	3.39E−04	7.65E−04	3.67E−04	5.67E−04	3.24E−04
35~40	3.77E−04	1.62E−04	3.93E−04	1.74E−04	2.72E−04	1.45E−04
40~45	1.28E−04	7.99E−05	1.39E−04	8.62E−05	1.07E−04	6.79E−05
45~50	3.89E−05	4.06E−05	4.26E−05	4.43E−05	3.33E−05	3.35E−05
50~70	4.98E−06	4.39E−05	5.71E−06	4.86E−05	3.81E−06	3.50E−05
70~100	3.86E−08	3.16E−06	4.73E−08	3.66E−06	3.59E−08	2.56E−06

高度/km	近北极区 夏季 分子吸收 k_m /km^{-1}	近北极区 夏季 分子散射 σ_m /km^{-1}	近北极区 冬季 分子吸收 k_m /km^{-1}	近北极区 冬季 分子散射 σ_m /km^{-1}	美国标准大气 分子吸收 k_m /km^{-1}	美国标准大气 分子散射 σ_m /km^{-1}
			λ=0.632 8 μm			
0	2.65E−03	6.49E−03	2.55E−03	7.27E−03	2.45E−03	6.49E−03
0~1	2.36E−03	6.18E−03	2.25E−03	6.79E−03	2.21E−03	6.18E−03
1~2	1.86E−03	5.58E−03	1.78E−03	5.96E−03	1.79E−03	5.61E−03
2~3	1.50E−03	5.03E−03	1.43E−03	5.28E−03	1.45E−03	5.07E−03
3~4	1.23E−03	4.52E−03	1.17E−03	4.69E−03	1.17E−03	4.57E−03
4~5	1.03E−03	4.06E−03	9.68E−04	4.18E−03	9.63E−04	4.12E−03
5~6	8.86E−04	3.64E−03	8.16E−04	3.73E−03	8.03E−04	3.70E−03
6~7	7.86E−04	3.27E−03	7.35E−04	3.32E−03	6.84E−04	3.31E−03
7~8	7.04E−04	2.93E−03	7.18E−04	2.94E−03	5.98E−04	2.95E−03
8~9	6.95E−04	2.62E−03	8.01E−04	2.58E−03	5.61E−04	2.63E−03
9~10	7.41E−04	2.33E−03	9.53E−04	2.22E−03	5.76E−04	2.33E−03
10~11	8.28E−04	2.04E−03	9.70E−04	1.90E−03	6.44E−04	2.06E−03
11~12	9.50E−04	1.75E−03	9.17E−04	1.63E−03	7.49E−04	1.79E−03
12~13	9.96E−04	1.50E−03	1.02E−03	1.39E−03	7.97E−04	1.53E−03
13~14	1.01E−03	1.29E−03	1.26E−03	1.19E−03	8.32E−04	1.31E−03
14~15	1.00E−03	1.11E−03	1.44E−03	1.02E−03	8.96E−04	1.12E−03
15~16	1.01E−03	9.57E−04	1.57E−03	8.69E−04	9.86E−04	9.54E−04
16~17	1.03E−03	8.21E−04	1.68E−03	7.45E−04	1.12E−03	8.16E−04
17~18	1.08E−03	7.06E−04	1.83E−03	6.38E−04	1.28E−03	6.98E−04
18~19	1.21E−03	6.07E−04	2.00E−03	5.46E−04	1.43E−03	5.96E−04
19~20	1.31E−03	5.22E−04	2.09E−03	4.67E−04	1.55E−03	5.10E−04
20~21	1.42E−03	4.49E−04	2.03E−03	4.00E−04	1.61E−03	4.35E−04
21~22	1.52E−03	3.86E−04	1.85E−03	3.42E−04	1.63E−03	3.71E−04
22~23	1.53E−03	3.32E−04	1.68E−03	2.92E−04	1.63E−03	3.16E−04
23~24	1.48E−03	2.85E−04	1.50E−03	2.50E−04	1.56E−03	2.69E−04
24~25	1.40E−03	2.43E−04	1.31E−03	2.14E−04	1.48E−03	2.30E−04
25~30	1.06E−03	7.87E−04	8.75E−04	6.73E−04	1.11E−03	7.37E−04
30~35	6.50E−04	3.69E−04	4.58E−04	3.00E−04	6.35E−04	3.34E−04
35~40	3.52E−04	1.75E−04	2.19E−04	1.34E−04	3.25E−04	1.59E−04
40~45	1.29E−04	8.69E−05	8.40E−05	6.18E−05	1.27E−04	7.56E−05
45~50	4.03E−05	4.56E−05	2.53E−05	2.96E−05	4.25E−05	3.81E−05
50~70	5.45E−06	5.03E−05	3.06E−06	2.92E−05	4.87E−06	4.10E−05
70~100	5.17E−08	3.90E−06	3.76E−08	2.19E−06	3.95E−08	2.86E−06

续表

高　度 /km	热　带		中纬度地区			
			夏季		冬季	
	分子吸收 k_m /km^{-1}	分子散射 σ_m /km^{-1}	分子吸收 k_m /km^{-1}	分子散射 σ_m /km^{-1}	分子吸收 k_m /km^{-1}	分子散射 σ_m /km^{-1}
	λ=0.694 3 μm					
0	8.85E−02	4.28E−03	6.53E−02	4.36E−03	1.69E−02	4.74E−03
0~1	7.13E−02	4.09E−03	5.20E−02	4.15E−03	1.42E−02	4.48E−03
1~2	4.58E−02	3.72E−03	3.11E−02	3.75E−03	9.48E−03	4.00E−03
2~3	2.57E−02	3.37E−03	1.73E−02	3.39E−03	6.19E−03	3.56E−03
3~4	1.19E−02	3.04E−03	9.26E−03	3.06E−03	3.69E−03	3.18E−03
4~5	6.27E−03	2.76E−03	4.98E−03	2.77E−03	2.14E−03	2.85E−03
5~6	3.74E−03	2.49E−03	2.79E−03	2.49E−03	1.31E−03	2.55E−03
6~7	2.09E−03	2.25E−03	1.73E−03	2.24E−03	8.26E−04	2.27E−03
7~8	1.24E−03	2.02E−03	1.12E−03	2.01E−03	5.80E−04	2.02E−03
8~9	7.72E−04	1.81E−03	7.78E−04	1.80E−03	4.79E−04	1.79E−03
9~10	5.18E−04	1.62E−03	5.70E−04	1.60E−03	4.45E−04	1.58E−03
10~11	3.81E−04	1.44E−03	4.53E−04	1.43E−03	4.55E−04	1.37E−03
11~12	3.04E−04	1.28E−03	3.89E−04	1.27E−03	4.85E−04	1.18E−03
12~13	2.60E−04	1.13E−03	3.56E−04	1.12E−03	5.16E−04	1.01E−03
13~14	2.23E−04	1.00E−03	3.63E−04	9.73E−04	5.17E−04	8.67E−04
14~15	1.94E−04	8.79E−04	3.61E−04	8.29E−04	4.87E−04	7.43E−04
15~16	1.69E−04	7.66E−04	3.44E−04	7.06E−04	4.72E−04	6.37E−04
16~17	1.61E−04	6.60E−04	3.33E−04	6.04E−04	4.80E−04	5.46E−04
17~18	1.89E−04	5.54E−04	3.41E−04	5.15E−04	5.01E−04	4.68E−04
18~19	2.47E−04	4.58E−04	3.88E−04	4.38E−04	5.27E−04	4.00E−04
19~20	3.06E−04	3.80E−04	4.36E−04	3.73E−04	5.54E−04	3.42E−04
20~21	3.35E−04	3.17E−04	4.53E−04	3.18E−04	5.69E−04	2.92E−04
21~22	3.54E−04	2.64E−04	4.55E−04	2.71E−04	5.55E−04	2.49E−04
22~23	3.96E−04	2.22E−04	4.53E−04	2.31E−04	5.21E−04	2.13E−04
23~24	4.37E−04	1.88E−04	4.48E−04	1.98E−04	4.85E−04	1.82E−04
24~25	4.59E−04	1.60E−04	4.47E−04	1.69E−04	4.49E−04	1.56E−04
25~30	4.29E−04	5.06E−04	3.74E−04	5.42E−04	3.21E−04	4.96E−04
30~35	2.62E−04	2.33E−04	2.35E−04	2.52E−04	1.72E−04	2.23E−04
35~40	1.17E−04	1.11E−04	1.22E−04	1.20E−04	8.41E−05	9.96E−05
40~45	4.19E−05	5.48E−05	4.55E−05	5.92E−05	3.43E−05	4.66E−05
45~50	1.39E−05	2.79E−05	1.54E−05	3.04E−05	1.17E−05	2.30E−05
50~70	2.06E−06	3.01E−05	2.37E−06	3.34E−05	1.58E−06	2.41E−05
70~100	1.08E−08	2.17E−06	1.32E−08	2.51E−06	1.01E−08	1.76E−06

高　度 /km	近北极区				美国标准大气	
	夏季		冬季			
	分子吸收 k_m /km^{-1}	分子散射 σ_m /km^{-1}	分子吸收 k_m /km^{-1}	分子散射 σ_m /km^{-1}	分子吸收 k_m /km^{-1}	分子散射 σ_m /km^{-1}
	λ=0.694 3 μm					
0	4.23E−02	4.46E−03	6.56E−03	4.99E−03	2.78E−02	4.45E−03
0~1	3.38E−02	4.24E−03	6.37E−03	4.66E−03	2.32E−02	4.24E−03
1~2	2.11E−02	3.83E−03	5.16E−03	4.09E−03	1.51E−02	3.85E−03
2~3	1.31E−02	3.45E−03	3.66E−03	3.62E−03	9.29E−03	3.48E−03
3~4	7.85E−03	3.10E−03	2.40E−03	3.22E−03	5.46E−03	3.14E−03
4~5	4.57E−03	2.78E−03	1.43E−03	2.87E−03	3.18E−03	2.83E−03
5~6	2.57E−03	2.50E−03	8.68E−04	2.56E−03	1.88E−03	2.54E−03
6~7	1.47E−03	2.25E−03	6.04E−04	2.28E−03	1.16E−03	2.27E−03
7~8	8.93E−04	2.01E−03	4.58E−04	2.02E−03	7.66E−04	2.03E−03
8~9	5.84E−04	1.80E−03	4.20E−04	1.77E−03	5.37E−04	1.80E−03
9~10	4.60E−04	1.60E−03	4.53E−04	1.53E−03	4.21E−04	1.60E−03
10~11	4.46E−04	1.40E−03	4.45E−04	1.31E−03	3.81E−04	1.41E−03
11~12	4.62E−04	1.20E−03	4.19E−04	1.12E−03	3.80E−04	1.23E−03
12~13	4.61E−04	1.03E−03	4.35E−04	9.54E−04	3.81E−04	1.05E−03
13~14	4.47E−04	8.87E−04	4.90E−04	8.15E−04	3.79E−04	8.97E−04
14~15	4.33E−04	7.64E−04	5.29E−04	6.97E−04	3.84E−04	7.67E−04
15~16	4.24E−04	6.57E−04	5.55E−04	5.96E−04	3.99E−04	6.55E−04
16~17	4.15E−04	5.64E−04	5.73E−04	5.11E−04	4.25E−04	5.60E−04
17~18	4.18E−04	4.85E−04	6.05E−04	4.38E−04	4.59E−04	4.79E−04
18~19	4.41E−04	4.17E−04	6.40E−04	3.75E−04	4.87E−04	4.09E−04
19~20	4.58E−04	3.58E−04	6.58E−04	3.21E−04	5.12E−04	3.50E−04
20~21	4.79E−04	3.08E−04	6.31E−04	2.75E−04	5.21E−04	2.99E−04
21~22	5.00E−04	2.65E−04	5.72E−04	2.35E−04	5.18E−04	2.54E−04
22~23	4.94E−04	2.28E−04	5.16E−04	2.01E−04	5.11E−04	2.17E−04
23~24	4.72E−04	1.95E−04	4.60E−04	1.72E−04	4.87E−04	1.85E−04
24~25	4.43E−04	1.67E−04	4.01E−04	1.47E−04	4.58E−04	1.58E−04
25~30	3.35E−04	5.41E−04	2.68E−04	4.62E−04	3.43E−04	5.06E−04
30~35	2.03E−04	2.54E−04	1.40E−04	2.06E−04	1.94E−04	2.30E−04
35~40	1.11E−04	1.20E−04	6.76E−05	9.22E−05	1.01E−04	1.10E−04
40~45	4.31E−05	5.97E−05	2.68E−05	4.24E−05	4.09E−05	5.19E−05
45~50	1.49E−05	3.13E−05	8.87E−06	2.03E−05	1.48E−05	2.61E−05
50~70	2.34E−06	3.46E−05	1.29E−06	2.01E−05	1.97E−06	2.81E−05
70~100	1.44E−08	2.68E−06	1.07E−08	1.50E−06	1.10E−08	1.97E−06

续表

高 度 /km	热 带		中纬度地区			
			夏季		冬季	
	分子吸收 k_m /km^{-1}	分子散射 σ_m /km^{-1}	分子吸收 k_m /km^{-1}	分子散射 σ_m /km^{-1}	分子吸收 k_m /km^{-1}	分子散射 σ_m /km^{-1}
λ=0.86 μm						
0	2.68E−05	1.80E−03	2.07E−05	1.84E−03	1.03E−05	2.00E−03
0～1	3.41E−05	1.72E−03	2.62E−05	1.75E−03	1.01E−05	1.89E−03
1～2	1.55E−05	1.57E−03	1.26E−05	1.58E−03	7.93E−06	1.68E−03
2～3	1.52E−05	1.42E−03	1.14E−05	1.43E−03	7.21E−06	1.50E−03
3～4	8.63E−06	1.28E−03	9.91E−06	1.29E−03	6.95E−06	1.34E−03
4～5	6.92E−06	1.16E−03	9.34E−06	1.17E−03	7.42E−06	1.20E−03
5～6	6.28E−06	1.05E−03	9.40E−06	1.05E−03	8.39E−06	1.07E−03
6～7	5.86E−06	9.46E−04	9.92E−06	9.43E−04	9.64E−06	9.56E−04
7～8	5.52E−06	8.51E−04	1.06E−05	8.45E−04	1.14E−05	8.50E−04
8～9	5.36E−06	7.63E−04	1.13E−05	7.57E−04	1.43E−05	7.53E−04
9～10	5.34E−06	6.82E−04	1.20E−05	6.76E−04	1.90E−05	6.65E−04
10～11	5.47E−06	6.08E−04	1.36E−05	6.01E−04	2.52E−05	5.79E−04
11～12	5.75E−06	5.40E−04	1.58E−05	5.34E−04	3.20E−05	4.96E−04
12～13	6.02E−06	4.77E−04	1.81E−05	4.72E−04	3.82E−05	4.26E−04
13～14	6.16E−06	4.21E−04	2.21E−05	4.10E−04	4.05E−05	3.65E−04
14～15	6.29E−06	3.70E−04	2.42E−05	3.49E−04	3.93E−05	3.13E−04
15～16	6.43E−06	3.23E−04	2.41E−05	2.98E−04	3.95E−05	2.68E−04
16～17	7.87E−06	2.78E−04	2.44E−05	2.54E−04	4.22E−05	2.30E−04
17～18	1.23E−05	2.34E−04	2.69E−05	2.17E−04	4.63E−05	1.97E−04
18～19	1.98E−05	1.93E−04	3.35E−05	1.85E−04	5.07E−05	1.69E−04
19～20	2.74E−05	1.60E−04	4.03E−05	1.57E−04	5.51E−05	1.44E−04
20～21	3.13E−05	1.33E−04	4.34E−05	1.34E−04	5.80E−05	1.23E−04
21～22	3.42E−05	1.11E−04	4.45E−05	1.14E−04	5.74E−05	1.05E−04
22～23	3.96E−05	9.37E−05	4.53E−05	9.75E−05	5.44E−05	8.97E−05
23～24	4.49E−05	7.94E−05	4.54E−05	8.32E−05	5.10E−05	7.67E−05
24～25	4.80E−05	6.73E−05	4.61E−05	7.11E−05	4.75E−05	6.56E−05
25～30	4.59E−05	2.10E−04	3.91E−05	2.28E−04	3.42E−05	2.09E−04
30～35	2.80E−05	9.82E−05	2.48E−05	1.03E−04	1.84E−05	9.37E−05
35～40	1.22E−05	4.68E−05	1.27E−05	4.69E−05	8.84E−06	3.33E−05
40～45	4.17E−06	2.31E−05	4.50E−06	2.35E−05	3.45E−06	1.58E−05
45～50	1.26E−06	1.18E−05	1.38E−06	1.28E−05	1.08E−06	9.69E−06
50～70	1.62E−07	8.26E−06	1.85E−07	8.93E−06	1.24E−07	7.18E−06
70～100	1.25E−09	4.05E−07	1.54E−09	3.80E−07	1.16E−09	4.45E−07

高 度 /km	近北极区				美国标准大气	
	夏季		冬季			
	分子吸收 k_m /km^{-1}	分子散射 σ_m /km^{-1}	分子吸收 k_m /km^{-1}	分子散射 σ_m /km^{-1}	分子吸收 k_m /km^{-1}	分子散射 σ_m /km^{-1}
λ=0.86 μm						
0	1.36E−05	1.88E−03	6.23E−06	2.10E−03	1.10E−05	1.88E−03
0～1	1.79E−05	1.79E−03	6.17E−06	1.96E−03	1.17E−05	1.79E−03
1～2	1.02E−05	1.61E−03	6.01E−06	1.72E−03	8.98E−06	1.62E−03
2～3	1.01E−05	1.45E−03	5.99E−06	1.53E−03	8.40E−06	1.47E−03
3～4	9.17E−06	1.31E−03	6.16E−06	1.36E−03	6.99E−06	1.32E−03
4～5	8.91E−06	1.17E−03	6.36E−06	1.21E−03	6.50E−06	1.19E−03
5～6	9.38E−06	1.05E−03	6.59E−06	1.08E−03	6.33E−06	1.07E−03
6～7	1.00E−05	9.47E−04	8.13E−06	9.60E−04	6.47E−06	9.57E−04
7～8	1.06E−05	8.47E−04	1.10E−05	8.51E−04	6.93E−06	8.54E−04
8～9	1.28E−05	7.57E−04	1.65E−05	7.47E−04	8.36E−06	7.60E−04
9～10	1.63E−05	6.74E−04	2.39E−05	6.43E−04	1.10E−05	6.74E−04
10～11	2.10E−05	5.89E−04	2.64E−05	5.50E−04	1.49E−05	5.95E−04
11～12	2.65E−05	5.06E−04	2.60E−05	4.70E−04	1.98E−05	5.17E−04
12～13	2.91E−05	4.35E−04	3.04E−05	4.02E−04	2.26E−05	4.42E−04
13～14	3.03E−05	3.74E−04	3.89E−05	3.43E−04	2.46E−05	3.78E−04
14～15	3.08E−05	3.22E−04	4.51E−05	2.94E−04	2.73E−05	3.23E−04
15～16	3.16E−05	2.77E−04	4.99E−05	2.51E−04	3.07E−05	2.76E−04
16～17	3.24E−05	2.37E−04	5.38E−05	2.15E−04	3.55E−05	2.36E−04
17～18	3.44E−05	2.04E−04	5.89E−05	1.84E−04	4.10E−05	2.02E−04
18～19	3.86E−05	1.76E−04	6.44E−05	1.58E−04	4.58E−05	1.72E−04
19～20	4.22E−05	1.51E−04	6.77E−05	1.35E−04	4.99E−05	1.47E−04
20～21	4.57E−05	1.30E−04	6.58E−05	1.16E−04	5.20E−05	1.26E−04
21～22	4.92E−05	1.12E−04	6.00E−05	9.89E−05	5.27E−05	1.07E−04
22～23	4.96E−05	9.59E−05	5.44E−05	8.46E−05	5.27E−05	9.13E−05
23～24	4.80E−05	8.23E−05	4.87E−05	7.23E−05	5.06E−05	7.79E−05
24～25	4.53E−05	7.04E−05	4.25E−05	6.18E−05	4.79E−05	6.65E−05
25～30	3.45E−05	2.28E−04	2.84E−05	1.95E−04	3.61E−05	2.13E−04
30～35	2.11E−05	1.01E−04	1.49E−05	8.66E−05	2.06E−05	9.67E−05
35～40	1.14E−05	4.08E−05	7.09E−06	3.62E−05	1.05E−05	4.02E−05
40～45	4.19E−06	2.51E−05	2.72E−06	1.69E−05	4.11E−06	1.90E−05
45～50	1.31E−06	1.32E−05	8.22E−07	8.19E−06	1.38E−06	1.10E−05
50～70	1.77E−07	1.04E−05	9.93E−08	8.06E−06	1.58E−07	6.52E−06
70～100	1.68E−09	3.95E−07	1.22E−09	3.59E−07	1.28E−09	4.92E−07

续表

高度/km	热带		中纬度地区			
			夏季		冬季	
	分子吸收 k_m /km^{-1}	分子散射 σ_m /km^{-1}	分子吸收 k_m /km^{-1}	分子散射 σ_m /km^{-1}	分子吸收 k_m /km^{-1}	分子散射 σ_m /km^{-1}
			$\lambda=1.06\ \mu m$			
0	2.72E−03	7.77E−04	2.84E−03	7.92E−04	3.40E−03	8.60E−04
0～1	2.49E−03	2.02E−05	2.57E−03	4.06E−04	3.04E−03	8.13E−04
1～2	2.07E−03	6.75E−04	2.11E−03	6.81E−04	2.43E−03	7.26E−04
2～3	1.70E−03	6.11E−04	1.73E−03	6.15E−04	1.93E−03	6.47E−04
3～4	1.40E−03	5.52E−04	1.42E−03	5.56E−04	1.54E−03	5.78E−04
4～5	1.15E−03	5.00E−04	1.16E−03	5.02E−04	1.24E−03	5.18E−04
5～6	9.42E−04	4.52E−04	9.45E−04	4.52E−04	9.90E−04	4.63E−04
6～7	7.67E−04	4.08E−04	7.63E−04	4.06E−04	7.87E−04	4.12E−04
7～8	6.22E−04	3.67E−04	6.14E−04	3.64E−04	6.21E−04	3.66E−04
8～9	5.00E−04	3.29E−04	4.92E−04	3.26E−04	4.88E−04	3.24E−04
9～10	4.00E−04	2.94E−04	3.93E−04	2.91E−04	3.81E−04	2.87E−04
10～11	3.18E−04	2.62E−04	3.11E−04	2.59E−04	2.88E−04	2.49E−04
11～12	2.51E−04	2.33E−04	2.45E−04	2.30E−04	2.13E−04	2.14E−04
12～13	1.96E−04	2.06E−04	1.92E−04	2.03E−04	1.57E−04	1.84E−04
13～14	1.53E−04	1.82E−04	1.45E−04	1.77E−04	1.15E−04	1.57E−04
14～15	1.18E−04	1.60E−04	1.05E−04	1.51E−04	8.50E−05	1.35E−04
15～16	8.98E−05	1.39E−04	7.66E−05	1.28E−04	6.26E−05	1.16E−04
16～17	6.67E−05	1.20E−04	5.61E−05	1.10E−04	4.62E−05	9.90E−05
17～18	4.72E−05	1.01E−04	4.10E−05	9.35E−05	3.42E−05	8.49E−05
18～19	3.24E−05	8.32E−05	2.99E−05	7.96E−05	2.53E−05	7.27E−05
19～20	2.25E−05	6.90E−05	2.20E−05	6.77E−05	1.88E−05	6.21E−05
20～21	1.58E−05	5.75E−05	1.62E−05	5.77E−05	1.40E−05	5.31E−05
21～22	1.13E−05	4.80E−05	1.20E−05	4.92E−05	1.05E−05	4.53E−05
22～23	8.22E−06	4.04E−05	8.94E−06	4.20E−05	7.85E−06	3.87E−05
23～24	6.19E−06	3.42E−05	6.73E−06	3.59E−05	5.93E−06	3.31E−05
24～25	4.72E−06	2.90E−05	5.13E−06	3.06E−05	4.51E−06	2.83E−05
25～30	2.42E−06	9.07E−05	2.54E−06	9.84E−05	2.16E−06	9.00E−05
30～35	8.22E−07	4.23E−05	8.25E−07	4.45E−05	6.29E−07	4.04E−05
35～40	2.86E−07	2.02E−05	3.07E−07	2.02E−05	2.13E−07	1.43E−05
40～45	8.97E−08	9.96E−06	9.86E−08	1.01E−05	7.24E−08	6.81E−06
45～50	2.63E−08	5.07E−06	2.93E−08	5.51E−06	2.17E−08	4.17E−06
50～70	3.25E−09	3.56E−06	3.75E−09	3.85E−06	2.42E−09	3.09E−06
70～100	2.32E−11	1.75E−07	2.88E−11	1.64E−07	2.10E−11	1.92E−07

高度/km	近北极区				美国标准大气	
	夏季		冬季			
	分子吸收 k_m /km^{-1}	分子散射 σ_m /km^{-1}	分子吸收 k_m /km^{-1}	分子散射 σ_m /km^{-1}	分子吸收 k_m /km^{-1}	分子散射 σ_m /km^{-1}
			$\lambda=1.06\ \mu m$			
0	2.98E−03	8.09E−04	3.79E−03	9.06E−04	2.99E−03	8.08E−04
0～1	2.70E−03	7.70E−04	3.31E−03	8.46E−04	2.72E−03	7.71E−04
1～2	2.21E−03	6.95E−04	2.55E−03	7.43E−04	2.24E−03	6.99E−04
2～3	1.80E−03	6.27E−04	2.00E−03	6.58E−04	1.84E−03	6.32E−04
3～4	1.46E−03	5.63E−04	1.58E−03	5.84E−04	1.50E−03	5.70E−04
4～5	1.18E−03	5.06E−04	1.26E−03	5.21E−04	1.22E−03	5.13E−04
5～6	9.53E−04	4.54E−04	1.00E−03	4.65E−04	9.80E−04	4.61E−04
6～7	7.69E−04	4.08E−04	7.94E−04	4.14E−04	7.86E−04	4.12E−04
7～8	6.17E−04	3.65E−04	6.24E−04	3.67E−04	6.27E−04	3.68E−04
8～9	4.93E−04	3.26E−04	4.80E−04	3.22E−04	4.96E−04	3.27E−04
9～10	3.91E−04	2.90E−04	3.57E−04	2.77E−04	3.91E−04	2.90E−04
10～11	2.99E−04	2.54E−04	2.61E−04	2.37E−04	3.05E−04	2.57E−04
11～12	2.21E−04	2.18E−04	1.91E−04	2.03E−04	2.31E−04	2.23E−04
12～13	1.63E−04	1.87E−04	1.39E−04	1.73E−04	1.69E−04	1.91E−04
13～14	1.21E−04	1.61E−04	1.02E−04	1.48E−04	1.23E−04	1.63E−04
14～15	8.96E−05	1.39E−04	7.49E−05	1.26E−04	9.02E−05	1.39E−04
15～16	6.64E−05	1.19E−04	5.52E−05	1.08E−04	6.61E−05	1.19E−04
16～17	4.91E−05	1.02E−04	4.08E−05	9.28E−05	4.85E−05	1.02E−04
17～18	3.64E−05	8.80E−05	3.03E−05	7.95E−05	3.57E−05	8.69E−05
18～19	2.72E−05	7.56E−05	2.26E−05	6.81E−05	2.64E−05	7.43E−05
19～20	2.03E−05	6.50E−05	1.69E−05	5.83E−05	1.95E−05	6.35E−05
20～21	1.53E−05	5.59E−05	1.26E−05	4.98E−05	1.45E−05	5.42E−05
21～22	1.15E−05	4.81E−05	9.44E−06	4.26E−05	1.08E−05	4.62E−05
22～23	8.76E−06	4.13E−05	7.08E−06	3.64E−05	8.07E−06	3.94E−05
23～24	6.64E−06	3.55E−05	5.32E−06	3.12E−05	6.08E−06	3.36E−05
24～25	5.04E−06	3.03E−05	4.00E−06	2.66E−05	4.62E−06	2.87E−05
25～30	2.45E−06	9.81E−05	1.85E−06	8.39E−05	2.25E−06	9.18E−05
30～35	7.68E−07	4.35E−05	5.24E−07	3.73E−05	6.86E−07	4.17E−05
35～40	2.86E−07	1.76E−05	1.75E−07	1.56E−05	2.55E−07	1.73E−05
40～45	9.35E−08	1.08E−05	5.77E−08	7.27E−06	8.68E−08	8.18E−06
45～50	2.83E−08	5.68E−06	1.66E−08	3.53E−06	2.77E−08	4.74E−06
50～70	3.65E−09	4.47E−06	1.92E−09	3.47E−06	3.12E−09	2.81E−06
70～100	3.16E−11	1.70E−07	2.15E−11	1.55E−07	2.33E−11	2.12E−07

续表

高　度 /km	热　带		中纬度地区			
			夏季		冬季	
	分子吸收 k_m /km^{-1}	分子散射 σ_m /km^{-1}	分子吸收 k_m /km^{-1}	分子散射 σ_m /km^{-1}	分子吸收 k_m /km^{-1}	分子散射 σ_m /km^{-1}
$\lambda=$**1.315 2 μm**						
0	9.82E−02	3.27E−04	6.81E−02	3.33E−04	1.38E−02	3.62E−04
0～1	7.64E−02	3.12E−04	5.22E−02	3.17E−04	1.13E−02	3.42E−04
1～2	4.62E−02	2.84E−04	2.95E−02	2.86E−04	7.18E−03	3.05E−04
2～3	2.40E−02	2.57E−04	1.53E−02	2.59E−04	4.41E−03	2.72E−04
3～4	1.00E−02	2.32E−04	7.48E−03	2.34E−04	2.39E−03	2.43E−04
4～5	4.74E−03	2.10E−04	3.56E−03	2.11E−04	1.16E−03	2.18E−04
5～6	2.55E−03	1.90E−04	1.73E−03	1.90E−04	5.80E−04	1.94E−04
6～7	1.23E−03	1.71E−04	9.16E−04	1.71E−04	2.56E−04	1.73E−04
7～8	5.82E−04	1.54E−04	4.68E−04	1.53E−04	1.08E−04	1.54E−04
8～9	2.63E−04	1.38E−04	2.34E−04	1.37E−04	5.30E−05	1.36E−04
9～10	1.11E−04	1.23E−04	1.19E−04	1.22E−04	2.90E−05	1.20E−04
10～11	4.54E−05	1.10E−04	5.32E−05	1.09E−04	1.80E−05	1.05E−04
11～12	1.98E−05	9.78E−05	2.15E−05	9.67E−05	1.19E−05	8.99E−05
12～13	1.18E−05	8.65E−05	1.14E−05	8.54E−05	8.31E−06	7.71E−05
13～14	8.19E−06	7.63E−05	7.66E−06	7.42E−05	5.86E−06	6.62E−05
14～15	6.03E−06	6.71E−05	5.26E−06	6.33E−05	4.13E−06	5.67E−05
15～16	4.36E−06	5.85E−05	3.67E−06	5.39E−05	2.93E−06	4.86E−05
16～17	3.11E−06	5.04E−05	2.58E−06	4.61E−05	2.07E−06	4.16E−05
17～18	2.10E−06	4.23E−05	1.81E−06	3.93E−05	1.47E−06	3.57E−05
18～19	1.37E−06	3.50E−05	1.26E−06	3.34E−05	1.04E−06	3.05E−05
19～20	9.02E−07	2.90E−05	8.84E−07	2.85E−05	7.32E−07	2.61E−05
20～21	6.02E−07	2.42E−05	6.20E−07	2.43E−05	5.17E−07	2.23E−05
21～22	4.07E−07	2.02E−05	4.36E−07	2.07E−05	3.66E−07	1.90E−05
22～23	2.81E−07	1.70E−05	3.11E−07	1.77E−05	2.59E−07	1.63E−05
23～24	1.97E−07	1.44E−05	2.22E−07	1.51E−05	1.86E−07	1.39E−05
24～25	1.37E−07	1.22E−05	1.59E−07	1.29E−05	1.33E−07	1.19E−05
25～30	5.73E−08	3.81E−05	6.66E−08	4.13E−05	5.49E−08	3.78E−05
30～35	1.19E−08	1.78E−05	1.40E−08	1.87E−05	1.08E−08	1.70E−05
35～40	2.72E−09	8.48E−06	3.16E−09	8.49E−06	2.09E−09	6.03E−06
40～45	6.38E−10	4.18E−06	7.44E−10	4.26E−06	4.57E−10	2.86E−06
45～50	1.66E−10	2.13E−06	1.97E−10	2.32E−06	1.12E−10	1.75E−06
50～70	1.69E−11	1.50E−06	2.05E−11	1.62E−06	1.07E−11	1.30E−06
70～100	6.27E−14	7.34E−08	8.56E−14	6.88E−08	3.84E−14	8.06E−08

高　度 /km	近北极区				美国标准大气	
	夏季		冬季			
	分子吸收 k_m /km^{-1}	分子散射 σ_m /km^{-1}	分子吸收 k_m /km^{-1}	分子散射 σ_m /km^{-1}	分子吸收 k_m /km^{-1}	分子散射 σ_m /km^{-1}
$\lambda=$**1.315 2 μm**						
0	4.11E−02	3.40E−04	4.10E−03	3.81E−04	2.53E−02	3.40E−04
0～1	3.14E−02	3.23E−04	4.29E−03	3.55E−04	2.04E−02	3.24E−04
1～2	1.85E−02	2.92E−04	3.41E−03	3.12E−04	1.26E−02	2.94E−04
2～3	1.09E−02	2.63E−04	2.32E−03	2.77E−04	7.27E−03	2.66E−04
3～4	6.06E−03	2.37E−04	1.36E−03	2.46E−04	3.89E−03	2.40E−04
4～5	3.18E−03	2.12E−04	6.69E−04	2.19E−04	2.03E−03	2.16E−04
5～6	1.54E−03	1.91E−04	3.03E−04	1.96E−04	1.02E−03	1.94E−04
6～7	7.47E−04	1.71E−04	1.49E−04	1.74E−04	5.31E−04	1.73E−04
7～8	3.15E−04	1.54E−04	6.59E−05	1.54E−04	2.56E−04	1.55E−04
8～9	1.16E−04	1.37E−04	3.40E−05	1.35E−04	1.18E−04	1.38E−04
9～10	4.22E−05	1.22E−04	2.37E−05	1.17E−04	5.00E−05	1.22E−04
10～11	2.01E−05	1.07E−04	1.56E−05	9.96E−05	2.57E−05	1.08E−04
11～12	1.26E−05	9.16E−05	1.05E−05	8.51E−05	1.53E−05	9.37E−05
12～13	8.68E−06	7.88E−05	7.27E−06	7.28E−05	9.69E−06	8.01E−05
13～14	6.14E−06	6.77E−05	5.08E−06	6.22E−05	6.50E−06	6.84E−05
14～15	4.38E−06	5.83E−05	3.59E−06	5.32E−05	4.47E−06	5.85E−05
15～16	3.14E−06	5.01E−05	2.53E−06	4.55E−05	3.14E−06	5.00E−05
16～17	2.23E−06	4.30E−05	1.80E−06	3.90E−05	2.20E−06	4.27E−05
17～18	1.60E−06	3.70E−05	1.27E−06	3.34E−05	1.55E−06	3.65E−05
18～19	1.14E−06	3.18E−05	9.02E−07	2.86E−05	1.09E−06	3.12E−05
19～20	8.20E−07	2.73E−05	6.37E−07	2.45E−05	7.70E−07	2.67E−05
20～21	5.87E−07	2.35E−05	4.53E−07	2.10E−05	5.41E−07	2.28E−05
21～22	4.21E−07	2.02E−05	3.21E−07	1.79E−05	3.82E−07	1.94E−05
22～23	3.05E−07	1.74E−05	2.29E−07	1.53E−05	2.70E−07	1.65E−05
23～24	2.19E−07	1.49E−05	1.64E−07	1.31E−05	1.92E−07	1.41E−05
24～25	1.57E−07	1.28E−05	1.17E−07	1.12E−05	1.38E−07	1.20E−05
25～30	6.67E−08	4.12E−05	4.75E−08	3.52E−05	5.76E−08	3.86E−05
30～35	1.43E−08	1.83E−05	9.23E−09	1.57E−05	1.16E−08	1.75E−05
35～40	3.19E−09	7.39E−06	1.78E−09	6.55E−06	2.62E−09	7.28E−06
40～45	7.61E−10	4.55E−06	3.77E−10	3.06E−06	5.70E−10	3.44E−06
45～50	2.09E−10	2.39E−06	8.57E−11	1.48E−06	1.45E−10	1.99E−06
50～70	2.19E−11	1.88E−06	7.65E−12	1.46E−06	1.45E−11	1.18E−06
70～100	9.82E−14	7.15E−08	2.65E−14	6.49E−08	5.04E−14	8.91E−08

续表

高度/km	热带		中纬度地区			
			夏季		冬季	
	分子吸收 k_m /km^{-1}	分子散射 σ_m /km^{-1}	分子吸收 k_m /km^{-1}	分子散射 σ_m /km^{-1}	分子吸收 k_m /km^{-1}	分子散射 σ_m /km^{-1}
	λ =1.536 μm					
0	2.38E−02	1.75E−04	1.61E−02	1.79E−04	3.28E−03	1.94E−04
0～1	1.94E−02	1.67E−04	1.28E−02	1.70E−04	2.76E−03	1.83E−04
1～2	1.20E−02	1.52E−04	7.46E−03	1.54E−04	1.83E−03	1.64E−04
2～3	6.37E−03	1.38E−04	4.03E−03	1.39E−04	1.19E−03	1.46E−04
3～4	2.72E−03	1.25E−04	2.00E−03	1.25E−04	6.86E−04	1.30E−04
4～5	1.34E−03	1.13E−04	1.00E−03	1.13E−04	3.75E−04	1.17E−04
5～6	7.41E−04	1.02E−04	5.17E−04	1.02E−04	2.14E−04	1.04E−04
6～7	3.81E−04	9.19E−05	2.89E−04	9.16E−05	1.18E−04	9.30E−05
7～8	1.98E−04	8.27E−05	1.66E−04	8.22E−05	6.98E−05	8.26E−05
8～9	1.05E−04	7.41E−05	9.72E−05	7.36E−05	4.77E−05	7.32E−05
9～10	5.79E−05	6.63E−05	5.97E−05	6.57E−05	3.56E−05	6.46E−05
10～11	3.42E−05	5.91E−05	3.59E−05	5.84E−05	2.53E−05	5.62E−05
11～12	2.30E−05	5.25E−05	2.29E−05	5.19E−05	1.79E−05	4.82E−05
12～13	1.67E−05	4.64E−05	1.63E−05	4.58E−05	1.29E−05	4.14E−05
13～14	1.28E−05	4.09E−05	1.20E−05	3.98E−05	9.36E−06	3.55E−05
14～15	9.88E−06	3.60E−05	8.56E−06	3.40E−05	6.81E−06	3.04E−05
15～16	7.51E−06	3.14E−05	6.09E−06	2.89E−05	4.88E−06	2.61E−05
16～17	5.55E−06	2.70E−05	4.37E−06	2.47E−05	3.52E−06	2.23E−05
17～18	3.80E−06	2.27E−05	3.11E−06	2.11E−05	2.53E−06	1.91E−05
18～19	2.49E−06	1.88E−05	2.11E−06	1.79E−05	1.74E−06	1.64E−05
19～20	1.57E−06	1.56E−05	5.49E−07	1.53E−05	4.24E−07	1.40E−05
20～21	8.29E−08	1.30E−05	5.52E−08	1.30E−05	2.80E−08	1.20E−05
21～22	8.82E−09	1.08E−05	1.58E−08	1.11E−05	7.96E−09	1.02E−05
22～23	3.38E−09	9.10E−06	5.07E−09	9.47E−06	4.71E−09	8.72E−06
23～24	6.25E−10	7.72E−06	3.58E−09	8.09E−06	3.55E−09	7.46E−06
24～25	2.08E−10	6.55E−06	2.67E−09	6.91E−06	2.59E−09	6.37E−06
25～30	8.88E−10	2.05E−05	6.45E−09	2.22E−05	1.16E−09	2.03E−05
30～35	2.04E−10	9.54E−06	2.63E−10	1.00E−05	2.06E−10	9.11E−06
35～40	1.25E−11	4.55E−06	1.42E−11	4.56E−06	3.53E−12	3.24E−06
40～45	1.07E−12	2.25E−06	1.24E−12	2.28E−06	7.70E−13	1.54E−06
45～50	2.80E−13	1.14E−06	3.29E−13	1.24E−06	1.86E−13	9.41E−07
50～70	2.88E−14	8.03E−07	3.44E−14	8.68E−07	1.81E−14	6.98E−07
70～100	1.05E−16	3.94E−08	1.41E−16	3.69E−08	6.29E−17	4.32E−08

高度/km	近北极区				美国标准大气	
	夏季		冬季			
	分子吸收 k_m /km^{-1}	分子散射 σ_m /km^{-1}	分子吸收 k_m /km^{-1}	分子散射 σ_m /km^{-1}	分子吸收 k_m /km^{-1}	分子散射 σ_m /km^{-1}
	λ =1.536 μm					
0	9.61E−03	1.82E−04	1.18E−03	2.04E−04	6.36E−03	1.82E−04
0～1	7.59E−03	1.74E−04	1.16E−03	1.91E−04	5.18E−03	1.74E−04
1～2	4.58E−03	1.57E−04	9.43E−04	1.67E−04	3.25E−03	1.58E−04
2～3	2.82E−03	1.41E−04	6.72E−04	1.48E−04	1.90E−03	1.42E−04
3～4	1.61E−03	1.27E−04	4.28E−04	1.32E−04	1.06E−03	1.29E−04
4～5	8.88E−04	1.14E−04	2.45E−04	1.18E−04	5.92E−04	1.16E−04
5～6	4.67E−04	1.02E−04	1.41E−04	1.05E−04	3.28E−04	1.04E−04
6～7	2.41E−04	9.20E−05	9.13E−05	9.33E−05	1.87E−04	9.30E−05
7～8	1.27E−04	8.24E−05	6.01E−05	8.27E−05	1.11E−04	8.30E−05
8～9	6.49E−05	7.36E−05	4.34E−05	7.25E−05	6.61E−05	7.38E−05
9～10	3.90E−05	6.55E−05	3.21E−05	6.25E−05	4.16E−05	6.55E−05
10～11	2.64E−05	5.72E−05	2.25E−05	5.34E−05	2.88E−05	5.79E−05
11～12	1.83E−05	4.92E−05	1.59E−05	4.57E−05	2.04E−05	5.03E−05
12～13	1.32E−05	4.23E−05	1.14E−05	3.90E−05	1.43E−05	4.30E−05
13～14	9.62E−06	3.63E−05	8.24E−06	3.34E−05	1.01E−05	3.67E−05
14～15	7.01E−06	3.13E−05	5.90E−06	2.85E−05	7.27E−06	3.14E−05
15～16	5.11E−06	2.69E−05	4.25E−06	2.44E−05	5.20E−06	2.68E−05
16～17	3.70E−06	2.31E−05	3.07E−06	2.09E−05	3.72E−06	2.29E−05
17～18	2.59E−06	1.98E−05	2.12E−06	1.79E−05	2.65E−06	1.96E−05
18～19	1.86E−06	1.71E−05	1.50E−06	1.53E−05	1.82E−06	1.68E−05
19～20	4.93E−07	1.47E−05	9.22E−08	1.31E−05	4.51E−07	1.43E−05
20～21	5.35E−08	1.26E−05	1.71E−08	1.12E−05	3.50E−08	1.22E−05
21～22	1.65E−08	1.08E−05	6.24E−09	9.61E−06	9.25E−09	1.04E−05
22～23	6.08E−09	9.32E−06	4.67E−09	8.22E−06	4.52E−09	8.88E−06
23～24	4.22E−09	8.00E−06	3.43E−09	7.03E−06	3.35E−09	7.57E−06
24～25	3.05E−09	6.84E−06	2.54E−09	6.00E−06	2.50E−09	6.46E−06
25～30	1.64E−09	2.21E−05	1.06E−09	1.89E−05	1.31E−09	2.07E−05
30～35	2.72E−10	9.81E−06	1.83E−10	8.42E−06	2.21E−10	9.40E−06
35～40	5.13E−12	3.96E−06	3.04E−12	3.52E−06	4.26E−12	3.91E−06
40～45	1.25E−12	2.44E−06	6.40E−13	1.64E−06	9.57E−13	1.84E−06
45～50	3.44E−13	1.28E−06	1.46E−13	7.96E−07	2.42E−13	1.07E−06
50～70	3.61E−14	1.01E−06	1.28E−14	7.83E−07	2.46E−14	6.33E−07
70～100	1.61E−16	3.83E−08	4.33E−17	3.48E−08	8.28E−17	4.78E−08

续表

高度/km	热带		中纬度地区 夏季		中纬度地区 冬季	
	分子吸收 k_m /km^{-1}	分子散射 σ_m /km^{-1}	分子吸收 k_m /km^{-1}	分子散射 σ_m /km^{-1}	分子吸收 k_m /km^{-1}	分子散射 σ_m /km^{-1}
			$\lambda=1.55\ \mu m$			
0	5.50E−03	1.69E−04	4.08E−03	1.72E−04	1.01E−03	1.87E−04
0～1	4.62E−03	1.61E−04	3.35E−03	1.64E−04	8.56E−04	1.77E−04
1～2	3.38E−03	1.47E−04	2.22E−03	1.48E−04	6.48E−04	1.58E−04
2～3	2.12E−03	1.33E−04	1.39E−03	1.34E−04	4.63E−04	1.41E−04
3～4	1.04E−03	1.20E−04	7.80E−04	1.21E−04	2.92E−04	1.26E−04
4～5	5.78E−04	1.09E−04	4.45E−04	1.09E−04	1.69E−04	1.13E−04
5～6	3.61E−04	9.84E−05	2.56E−04	9.84E−05	9.29E−05	1.01E−04
6～7	2.00E−04	8.87E−05	1.52E−04	8.84E−05	4.41E−05	8.97E−05
7～8	1.07E−04	7.98E−05	9.01E−05	7.93E−05	1.77E−05	7.97E−05
8～9	5.33E−05	7.15E−05	4.69E−05	7.10E−05	7.59E−06	7.06E−05
9～10	2.35E−05	6.39E−05	2.62E−05	6.33E−05	2.95E−06	6.23E−05
10～11	8.44E−06	5.70E−05	1.08E−05	5.64E−05	1.12E−06	5.42E−05
11～12	2.84E−06	5.06E−05	3.16E−06	5.00E−05	3.67E−07	4.65E−05
12～13	7.69E−07	4.48E−05	6.80E−07	4.42E−05	2.07E−07	3.99E−05
13～14	2.82E−07	3.95E−05	2.19E−07	3.84E−05	1.36E−07	3.42E−05
14～15	1.50E−07	3.47E−05	1.08E−07	3.28E−05	1.01E−07	2.93E−05
15～16	8.59E−08	3.03E−05	6.87E−08	2.79E−05	7.56E−08	2.51E−05
16～17	5.70E−08	2.61E−05	4.88E−08	2.38E−05	5.70E−08	2.15E−05
17～18	4.06E−08	2.19E−05	3.57E−08	2.03E−05	4.30E−08	1.85E−05
18～19	9.79E−10	1.81E−05	2.62E−08	1.73E−05	3.09E−08	1.58E−05
19～20	6.05E−10	1.50E−05	7.13E−10	1.47E−05	2.29E−08	1.35E−05
20～21	3.77E−10	1.25E−05	4.51E−10	1.26E−05	1.62E−08	1.15E−05
21～22	2.39E−10	1.04E−05	2.86E−10	1.07E−05	1.21E−08	9.85E−06
22～23	1.56E−10	8.78E−06	1.86E−10	9.14E−06	1.48E−10	8.41E−06
23～24	1.06E−10	7.44E−06	1.25E−10	7.80E−06	1.02E−10	7.19E−06
24～25	7.47E−11	6.31E−06	8.67E−11	6.66E−06	7.26E−11	6.15E−06
25～30	1.53E−09	2.00E−05	2.17E−09	2.14E−05	2.04E−09	1.96E−05
30～35	3.72E−10	9.20E−06	4.68E−10	9.95E−06	4.17E−10	8.79E−06
35～40	1.54E−12	4.39E−06	1.79E−12	4.73E−06	1.24E−12	3.93E−06
40～45	3.78E−13	2.17E−06	4.38E−13	2.34E−06	2.71E−13	1.84E−06
45～50	9.82E−14	1.10E−06	1.15E−13	1.20E−06	6.56E−14	9.08E−07
50～70	1.01E−14	1.19E−06	1.21E−14	1.32E−06	6.38E−15	9.50E−07
70～100	3.71E−17	8.58E−08	5.02E−17	9.93E−08	2.23E−17	6.94E−08

高度/km	近北极区 夏季		近北极区 冬季		美国标准大气	
	分子吸收 k_m /km^{-1}	分子散射 σ_m /km^{-1}	分子吸收 k_m /km^{-1}	分子散射 σ_m /km^{-1}	分子吸收 k_m /km^{-1}	分子散射 σ_m /km^{-1}
			$\lambda=1.55\ \mu m$			
0	2.61E−03	1.76E−04	3.15E−04	1.97E−04	1.69E−03	1.76E−04
0～1	2.17E−03	1.67E−04	3.47E−04	1.84E−04	1.46E−03	1.68E−04
1～2	1.54E−03	1.51E−04	3.28E−04	1.62E−04	1.08E−03	1.52E−04
2～3	1.06E−03	1.36E−04	2.47E−04	1.43E−04	7.23E−04	1.37E−04
3～4	6.73E−04	1.23E−04	1.79E−04	1.27E−04	4.41E−04	1.24E−04
4～5	4.09E−04	1.10E−04	9.83E−05	1.13E−04	2.70E−04	1.12E−04
5～6	2.44E−04	9.88E−05	4.71E−05	1.01E−04	1.65E−04	1.00E−04
6～7	1.29E−04	8.88E−05	2.41E−05	9.01E−05	9.25E−05	8.97E−05
7～8	6.09E−05	7.95E−05	8.89E−06	7.98E−05	4.96E−05	8.01E−05
8～9	2.28E−05	7.10E−05	2.78E−06	7.00E−05	2.43E−05	7.12E−05
9～10	6.35E−06	6.32E−05	1.82E−06	6.03E−05	8.71E−06	6.32E−05
10～11	1.49E−06	5.52E−05	7.98E−07	5.16E−05	3.39E−06	5.58E−05
11～12	4.21E−07	4.74E−05	3.47E−07	4.41E−05	1.33E−06	4.85E−05
12～13	2.01E−07	4.08E−05	1.72E−07	3.77E−05	5.57E−07	4.15E−05
13～14	1.21E−07	3.50E−05	1.11E−07	3.22E−05	2.41E−07	3.54E−05
14～15	8.78E−08	3.02E−05	8.74E−08	2.75E−05	1.26E−07	3.03E−05
15～16	6.82E−08	2.59E−05	6.75E−08	2.36E−05	7.64E−08	2.59E−05
16～17	5.24E−08	2.23E−05	5.06E−08	2.02E−05	5.13E−08	2.21E−05
17～18	4.02E−08	1.91E−05	3.82E−08	1.73E−05	3.78E−08	1.89E−05
18～19	3.10E−08	1.65E−05	2.78E−08	1.48E−05	2.85E−08	1.62E−05
19～20	2.42E−08	1.41E−05	2.07E−08	1.27E−05	1.97E−08	1.38E−05
20～21	1.84E−08	1.22E−05	1.54E−08	1.08E−05	1.47E−08	1.18E−05
21～22	1.34E−08	1.05E−05	1.16E−08	9.27E−06	2.37E−10	1.00E−05
22～23	1.90E−10	8.99E−06	8.46E−09	7.93E−06	1.56E−10	8.56E−06
23～24	1.27E−10	7.71E−06	8.98E−11	6.78E−06	1.06E−10	7.31E−06
24～25	8.74E−11	6.60E−06	6.48E−11	5.79E−06	7.49E−11	6.24E−06
25～30	2.38E−09	2.13E−05	1.91E−09	1.82E−05	1.93E−09	2.00E−05
30～35	4.81E−10	1.00E−05	3.76E−10	8.12E−06	4.21E−10	9.06E−06
35～40	1.81E−12	4.75E−06	1.07E−12	3.64E−06	1.50E−12	4.32E−06
40～45	4.41E−13	2.36E−06	2.25E−13	1.68E−06	3.37E−13	2.05E−06
45～50	1.21E−13	1.24E−06	5.13E−14	8.02E−07	8.50E−14	1.03E−06
50～70	1.27E−14	1.36E−06	4.51E−15	7.92E−07	8.67E−15	1.11E−06
70～100	5.72E−17	1.06E−07	1.54E−17	5.93E−08	2.94E−17	7.76E−08

续表

高度/km	热带		中纬度地区			
			夏季		冬季	
	分子吸收 k_m /km^{-1}	分子散射 σ_m /km^{-1}	分子吸收 k_m /km^{-1}	分子散射 σ_m /km^{-1}	分子吸收 k_m /km^{-1}	分子散射 σ_m /km^{-1}
λ=1.6 μm						
0	3.12E−03	1.49E−04	3.06E−03	1.52E−04	2.97E−03	1.65E−04
0~1	2.97E−03	1.42E−04	2.80E−03	1.44E−04	2.83E−03	1.56E−04
1~2	2.36E−03	1.29E−04	2.32E−03	1.30E−04	2.32E−03	1.39E−04
2~3	1.94E−03	1.17E−04	1.91E−03	1.18E−04	1.98E−03	1.24E−04
3~4	1.67E−03	1.06E−04	1.63E−03	1.07E−04	1.67E−03	1.11E−04
4~5	1.41E−03	9.58E−05	1.42E−03	9.62E−05	1.43E−03	9.91E−05
5~6	1.28E−03	8.66E−05	1.23E−03	8.66E−05	1.27E−03	8.86E−05
6~7	1.11E−03	7.81E−05	1.08E−03	7.78E−05	1.13E−03	7.89E−05
7~8	1.03E−03	7.02E−05	1.02E−03	6.98E−05	1.04E−03	7.01E−05
8~9	8.78E−04	6.29E−05	9.25E−04	6.25E−05	8.69E−04	6.21E−05
9~10	8.19E−04	5.63E−05	8.08E−04	5.58E−05	8.54E−04	5.49E−05
10~11	7.65E−04	5.02E−05	7.03E−04	4.96E−05	7.09E−04	4.77E−05
11~12	6.76E−04	4.46E−05	6.35E−04	4.40E−05	6.36E−04	4.10E−05
12~13	6.09E−04	3.94E−05	5.95E−04	3.89E−05	5.28E−04	3.51E−05
13~14	5.10E−04	3.48E−05	4.99E−04	3.38E−05	4.29E−04	3.01E−05
14~15	4.45E−04	3.06E−05	3.66E−04	2.88E−05	3.54E−04	2.58E−05
15~16	3.42E−04	2.66E−05	3.07E−04	2.46E−05	2.65E−04	2.21E−05
16~17	3.00E−04	2.30E−05	2.22E−04	2.10E−05	2.04E−04	1.90E−05
17~18	2.15E−04	1.93E−05	1.91E−04	1.79E−05	1.59E−04	1.63E−05
18~19	1.63E−04	1.59E−05	1.43E−04	1.52E−05	1.28E−04	1.39E−05
19~20	1.21E−04	1.32E−05	1.05E−04	1.30E−05	9.96E−05	1.19E−05
20~21	7.71E−05	1.10E−05	8.05E−05	1.11E−05	6.64E−05	1.02E−05
21~22	6.16E−05	9.19E−06	5.76E−05	9.42E−06	5.20E−05	8.67E−06
22~23	4.57E−05	7.73E−06	4.80E−05	8.04E−06	3.84E−05	7.40E−06
23~24	3.06E−05	6.55E−06	3.65E−05	6.87E−06	3.06E−05	6.33E−06
24~25	2.24E−05	5.56E−06	2.44E−05	5.87E−06	2.14E−05	5.41E−06
25~30	9.84E−06	1.76E−05	1.11E−05	1.88E−05	9.95E−06	1.72E−05
30~35	2.07E−06	8.10E−06	2.60E−06	8.76E−06	1.91E−06	7.74E−06
35~40	5.13E−07	3.87E−06	5.24E−07	4.16E−06	3.76E−07	3.46E−06
40~45	1.11E−07	1.91E−06	1.29E−07	2.06E−06	8.55E−08	1.62E−06
45~50	2.95E−08	9.70E−07	3.92E−08	1.06E−06	2.04E−08	7.99E−07
50~70	3.30E−09	1.05E−06	4.71E−09	1.16E−06	2.16E−09	8.36E−07
70~100	1.27E−11	7.55E−08	1.77E−11	8.74E−08	1.04E−11	6.11E−08

高度/km	近北极区				美国标准大气	
	夏季		冬季			
	分子吸收 k_m /km^{-1}	分子散射 σ_m /km^{-1}	分子吸收 k_m /km^{-1}	分子散射 σ_m /km^{-1}	分子吸收 k_m /km^{-1}	分子散射 σ_m /km^{-1}
λ=1.6 μm						
0	2.89E−03	1.55E−04	3.06E−03	1.73E−04	2.94E−03	1.55E−04
0~1	2.75E−03	1.47E−04	2.89E−03	1.62E−04	2.74E−03	1.48E−04
1~2	2.29E−03	1.33E−04	2.37E−03	1.42E−04	2.31E−03	1.34E−04
2~3	1.95E−03	1.20E−04	2.01E−03	1.26E−04	1.96E−03	1.21E−04
3~4	1.65E−03	1.08E−04	1.71E−03	1.12E−04	1.66E−03	1.09E−04
4~5	1.41E−03	9.68E−05	1.44E−03	9.98E−05	1.41E−03	9.83E−05
5~6	1.23E−03	8.70E−05	1.32E−03	8.91E−05	1.25E−03	8.82E−05
6~7	1.11E−03	7.81E−05	1.17E−03	7.93E−05	1.12E−03	7.90E−05
7~8	1.01E−03	6.99E−05	1.03E−03	7.03E−05	1.02E−03	7.05E−05
8~9	9.31E−04	6.25E−05	8.79E−04	6.16E−05	8.78E−04	6.27E−05
9~10	8.40E−04	5.56E−05	8.17E−04	5.31E−05	7.93E−04	5.56E−05
10~11	7.54E−04	4.86E−05	6.85E−04	4.54E−05	7.07E−04	4.91E−05
11~12	6.52E−04	4.17E−05	5.70E−04	3.88E−05	6.14E−04	4.27E−05
12~13	4.87E−04	3.59E−05	4.50E−04	3.32E−05	5.45E−04	3.65E−05
13~14	4.42E−04	3.08E−05	3.57E−04	2.83E−05	4.47E−04	3.12E−05
14~15	3.25E−04	2.66E−05	2.91E−04	2.42E−05	3.35E−04	2.67E−05
15~16	2.63E−04	2.28E−05	2.53E−04	2.07E−05	2.62E−04	2.28E−05
16~17	2.29E−04	1.96E−05	1.88E−04	1.78E−05	2.03E−04	1.95E−05
17~18	1.71E−04	1.68E−05	1.43E−04	1.52E−05	1.59E−04	1.66E−05
18~19	1.35E−04	1.45E−05	1.06E−04	1.30E−05	1.25E−04	1.42E−05
19~20	1.04E−04	1.25E−05	7.97E−05	1.12E−05	1.01E−04	1.22E−05
20~21	8.19E−05	1.07E−05	6.87E−05	9.55E−06	7.01E−05	1.04E−05
21~22	5.50E−05	9.21E−06	5.07E−05	8.16E−06	5.71E−05	8.85E−06
22~23	4.64E−05	7.92E−06	3.70E−05	6.98E−06	4.35E−05	7.54E−06
23~24	3.56E−05	6.79E−06	2.57E−05	5.97E−06	2.94E−05	6.43E−06
24~25	2.39E−05	5.81E−06	2.03E−05	5.10E−06	2.18E−05	5.49E−06
25~30	1.11E−05	1.88E−05	8.65E−06	1.61E−05	1.09E−05	1.76E−05
30~35	2.62E−06	8.82E−06	1.65E−06	7.15E−06	2.03E−06	7.98E−06
35~40	5.26E−07	4.18E−06	3.34E−07	3.20E−06	4.66E−07	3.81E−06
40~45	1.43E−07	2.07E−06	7.18E−08	1.47E−06	1.00E−07	1.80E−06
45~50	3.64E−08	1.09E−06	1.92E−08	7.06E−07	2.60E−08	9.09E−07
50~70	5.04E−09	1.20E−06	2.11E−09	6.97E−07	2.89E−09	9.78E−07
70~100	2.14E−11	9.31E−08	8.76E−12	5.22E−08	1.01E−11	6.83E−08

续表

高度 /km	热带		中纬度地区			
			夏季		冬季	
	分子吸收 k_m /km^{-1}	分子散射 σ_m /km^{-1}	分子吸收 k_m /km^{-1}	分子散射 σ_m /km^{-1}	分子吸收 k_m /km^{-1}	分子散射 σ_m /km^{-1}
			λ=2.7 μm			
0	1.10E+02	1.83E−05	8.31E+01	1.87E−05	3.15E+01	2.03E−05
0~1	8.80E+01	1.75E−05	6.66E+01	1.77E−05	2.69E+01	1.92E−05
1~2	5.74E+01	1.59E−05	4.14E+01	1.60E−05	1.96E+01	1.71E−05
2~3	3.41E+01	1.44E−05	2.54E+01	1.45E−05	1.38E+01	1.52E−05
3~4	1.78E+01	1.30E−05	1.52E+01	1.31E−05	9.40E+00	1.36E−05
4~5	1.08E+01	1.18E−05	9.29E+00	1.18E−05	6.52E+00	1.22E−05
5~6	7.29E+00	1.06E−05	6.28E+00	1.07E−05	4.74E+00	1.09E−05
6~7	4.91E+00	9.60E−06	4.53E+00	9.57E−06	3.41E+00	9.71E−06
7~8	3.45E+00	8.64E−06	3.20E+00	8.58E−06	2.58E+00	8.63E−06
8~9	2.49E+00	7.74E−06	2.42E+00	7.68E−06	1.98E+00	7.64E−06
9~10	1.88E+00	6.92E−06	1.84E+00	6.86E−06	1.57E+00	6.75E−06
10~11	1.42E+00	6.17E−06	1.38E+00	6.11E−06	1.19E+00	5.87E−06
11~12	1.06E+00	5.48E−06	1.04E+00	5.42E−06	8.59E−01	5.04E−06
12~13	8.01E−01	4.85E−06	7.75E−01	4.79E−06	6.21E−01	4.32E−06
13~14	5.93E−01	4.28E−06	5.75E−01	4.16E−06	4.56E−01	3.71E−06
14~15	4.40E−01	3.76E−06	4.08E−01	3.55E−06	3.24E−01	3.18E−06
15~16	3.22E−01	3.28E−06	2.88E−01	3.02E−06	2.32E−01	2.72E−06
16~17	2.34E−01	2.82E−06	2.06E−01	2.58E−06	1.68E−01	2.33E−06
17~18	1.60E−01	2.37E−06	1.47E−01	2.20E−06	1.21E−01	2.00E−06
18~19	1.11E−01	1.96E−06	1.06E−01	1.87E−06	8.80E−02	1.71E−06
19~20	7.57E−02	1.63E−06	7.65E−02	1.60E−06	6.28E−02	1.46E−06
20~21	5.22E−02	1.35E−06	5.47E−02	1.36E−06	4.54E−02	1.25E−06
21~22	3.68E−02	1.13E−06	4.02E−02	1.16E−06	3.33E−02	1.07E−06
22~23	2.65E−02	9.51E−07	2.94E−02	9.89E−07	2.44E−02	9.11E−07
23~24	1.93E−02	8.06E−07	2.17E−02	8.45E−07	1.79E−02	7.79E−07
24~25	1.42E−02	6.84E−07	1.61E−02	7.21E−07	1.32E−02	6.66E−07
25~30	6.20E−03	2.17E−06	7.23E−03	2.32E−06	5.68E−03	2.12E−06
30~35	1.39E−03	9.96E−07	1.64E−03	1.08E−06	1.17E−03	9.51E−07
35~40	3.35E−04	4.76E−07	3.93E−04	5.12E−07	2.24E−04	4.26E−07
40~45	8.63E−05	2.35E−07	1.02E−04	2.53E−07	5.89E−05	1.99E−07
45~50	2.33E−05	1.19E−07	2.89E−05	1.30E−07	1.55E−05	9.83E−08
50~70	2.32E−06	1.29E−07	2.88E−06	1.43E−07	1.47E−06	1.03E−07
70~100	1.06E−09	9.29E−09	1.33E−09	1.07E−08	9.40E−10	7.51E−09

高度 /km	近北极区				美国标准大气	
	夏季		冬季			
	分子吸收 k_m /km^{-1}	分子散射 σ_m /km^{-1}	分子吸收 k_m /km^{-1}	分子散射 σ_m /km^{-1}	分子吸收 k_m /km^{-1}	分子散射 σ_m /km^{-1}
			λ=2.7 μm			
0	5.85E+01	1.91E−05	2.04E+01	2.13E−05	4.25E+01	1.90E−05
0~1	4.80E+01	1.81E−05	1.87E+01	1.99E−05	3.50E+01	1.82E−05
1~2	3.19E+01	1.64E−05	1.50E+01	1.75E−05	2.46E+01	1.65E−05
2~3	2.08E+01	1.48E−05	1.09E+01	1.55E−05	1.69E+01	1.49E−05
3~4	1.37E+01	1.33E−05	8.16E+00	1.38E−05	1.11E+01	1.34E−05
4~5	9.18E+00	1.19E−05	5.84E+00	1.23E−05	7.76E+00	1.21E−05
5~6	6.11E+00	1.07E−05	4.29E+00	1.10E−05	5.47E+00	1.08E−05
6~7	4.15E+00	9.61E−06	3.21E+00	9.75E−06	3.87E+00	9.71E−06
7~8	2.99E+00	8.60E−06	2.42E+00	8.64E−06	2.91E+00	8.67E−06
8~9	2.19E+00	7.68E−06	1.90E+00	7.58E−06	2.18E+00	7.71E−06
9~10	1.64E+00	6.84E−06	1.46E+00	6.53E−06	1.65E+00	6.84E−06
10~11	1.26E+00	5.98E−06	1.04E+00	5.58E−06	1.28E+00	6.04E−06
11~12	9.15E−01	5.13E−06	7.57E−01	4.77E−06	9.36E−01	5.25E−06
12~13	6.78E−01	4.41E−06	5.44E−01	4.08E−06	6.81E−01	4.49E−06
13~14	4.92E−01	3.79E−06	3.92E−01	3.49E−06	4.83E−01	3.84E−06
14~15	3.53E−01	3.27E−06	2.82E−01	2.98E−06	3.43E−01	3.28E−06
15~16	2.55E−01	2.81E−06	2.03E−01	2.55E−06	2.44E−01	2.80E−06
16~17	1.86E−01	2.41E−06	1.44E−01	2.19E−06	1.76E−01	2.40E−06
17~18	1.36E−01	2.07E−06	1.06E−01	1.87E−06	1.28E−01	2.05E−06
18~19	9.99E−02	1.78E−06	7.63E−02	1.60E−06	9.27E−02	1.75E−06
19~20	7.24E−02	1.53E−06	5.46E−02	1.37E−06	6.63E−02	1.50E−06
20~21	5.26E−02	1.32E−06	4.04E−02	1.17E−06	4.77E−02	1.28E−06
21~22	3.93E−02	1.13E−06	2.91E−02	1.00E−06	3.49E−02	1.09E−06
22~23	2.90E−02	9.74E−07	2.14E−02	8.59E−07	2.56E−02	9.27E−07
23~24	2.16E−02	8.35E−07	1.57E−02	7.34E−07	1.88E−02	7.91E−07
24~25	1.60E−02	7.15E−07	1.16E−02	6.27E−07	1.39E−02	6.75E−07
25~30	7.24E−03	2.31E−06	4.91E−03	1.98E−06	6.17E−03	2.16E−06
30~35	1.65E−03	1.08E−06	9.80E−04	8.80E−07	1.31E−03	9.81E−07
35~40	4.03E−04	5.14E−07	2.07E−04	3.94E−07	3.16E−04	4.68E−07
40~45	1.08E−04	2.55E−07	4.64E−05	1.81E−07	7.64E−05	2.22E−07
45~50	3.10E−05	1.34E−07	1.13E−05	8.68E−08	2.05E−05	1.12E−07
50~70	3.17E−06	1.48E−07	9.53E−07	8.57E−08	2.00E−06	1.20E−07
70~100	1.45E−09	1.15E−08	8.79E−10	6.42E−09	9.38E−10	8.41E−09

续表

高 度 /km	热 带		中纬度地区			
			夏季		冬季	
	分子吸收 k_m /km^{-1}	分子散射 σ_m /km^{-1}	分子吸收 k_m /km^{-1}	分子散射 σ_m /km^{-1}	分子吸收 k_m /km^{-1}	分子散射 σ_m /km^{-1}
λ=3.392 25 μm						
0	1.52E+00	7.34E−06	1.49E+00	7.48E−06	1.56E+00	8.13E−06
0～1	1.44E+00	7.01E−06	1.45E+00	7.12E−06	1.52E+00	7.68E−06
1～2	1.36E+00	6.38E−06	1.36E+00	6.43E−06	1.40E+00	6.86E−06
2～3	1.25E+00	5.77E−06	1.30E+00	5.81E−06	1.30E+00	6.11E−06
3～4	1.16E+00	5.22E−06	1.19E+00	5.26E−06	1.22E+00	5.46E−06
4～5	1.09E+00	4.73E−06	1.09E+00	4.75E−06	1.14E+00	4.89E−06
5～6	1.04E+00	4.27E−06	1.10E+00	4.27E−06	1.11E+00	4.37E−06
6～7	9.89E−01	3.85E−06	1.01E+00	3.84E−06	9.96E−01	3.89E−06
7～8	9.10E−01	3.46E−06	9.00E−01	3.44E−06	8.84E−01	3.46E−06
8～9	8.22E−01	3.10E−06	8.66E−01	3.08E−06	8.17E−01	3.07E−06
9～10	7.64E−01	2.78E−06	7.49E−01	2.75E−06	6.90E−01	2.71E−06
10～11	7.19E−01	2.47E−06	6.14E−01	2.45E−06	6.27E−01	2.36E−06
11～12	6.70E−01	2.20E−06	5.73E−01	2.17E−06	4.86E−01	2.02E−06
12～13	5.44E−01	1.94E−06	4.91E−01	1.92E−06	4.40E−01	1.73E−06
13～14	4.89E−01	1.71E−06	4.18E−01	1.67E−06	3.36E−01	1.49E−06
14～15	3.86E−01	1.51E−06	3.18E−01	1.42E−06	2.79E−01	1.27E−06
15～16	3.09E−01	1.31E−06	2.37E−01	1.21E−06	2.17E−01	1.09E−06
16～17	2.24E−01	1.13E−06	1.94E−01	1.04E−06	1.55E−01	9.36E−07
17～18	1.68E−01	9.51E−07	1.39E−01	8.83E−07	1.15E−01	8.02E−07
18～19	1.24E−01	7.86E−07	1.08E−01	7.52E−07	8.74E−02	6.86E−07
19～20	8.53E−02	6.52E−07	7.89E−02	6.40E−07	6.31E−02	5.87E−07
20～21	6.18E−02	5.43E−07	5.80E−02	5.45E−07	4.64E−02	5.01E−07
21～22	4.25E−02	4.53E−07	3.94E−02	4.65E−07	2.98E−02	4.28E−07
22～23	2.73E−02	3.81E−07	2.57E−02	3.97E−07	1.97E−02	3.65E−07
23～24	1.81E−02	3.23E−07	1.67E−02	3.39E−07	1.45E−02	3.12E−07
24～25	1.34E−02	2.74E−07	1.10E−02	2.89E−07	9.26E−03	2.67E−07
25～30	4.85E−03	8.57E−07	4.13E−03	9.29E−07	3.24E−03	8.50E−07
30～35	8.67E−04	4.00E−07	7.04E−04	4.20E−07	5.21E−04	3.82E−07
35～40	1.67E−04	1.91E−07	1.27E−04	1.91E−07	8.28E−05	1.36E−07
40～45	2.65E−05	9.40E−08	2.46E−05	9.57E−08	1.42E−05	6.44E−08
45～50	4.71E−06	4.78E−08	4.79E−06	5.21E−08	2.45E−06	3.94E−08
50～70	3.14E−07	3.36E−08	3.44E−07	3.64E−08	1.99E−07	2.92E−08
70～100	7.07E−10	1.65E−09	9.33E−10	1.55E−09	4.67E−10	1.81E−09

高 度 /km	近北极区				美国标准大气	
	夏季		冬季			
	分子吸收 k_m /km^{-1}	分子散射 σ_m /km^{-1}	分子吸收 k_m /km^{-1}	分子散射 σ_m /km^{-1}	分子吸收 k_m /km^{-1}	分子散射 σ_m /km^{-1}
λ=3.392 25 μm						
0	1.50E+00	7.64E−06	1.63E+00	8.56E−06	1.52E+00	7.64E−06
0～1	1.49E+00	7.27E−06	1.56E+00	7.99E−06	1.48E+00	7.28E−06
1～2	1.40E+00	6.57E−06	1.46E+00	7.01E−06	1.36E+00	6.60E−06
2～3	1.27E+00	5.92E−06	1.35E+00	6.22E−06	1.28E+00	5.97E−06
3～4	1.24E+00	5.32E−06	1.24E+00	5.52E−06	1.25E+00	5.38E−06
4～5	1.18E+00	4.78E−06	1.17E+00	4.92E−06	1.16E+00	4.85E−06
5～6	1.04E+00	4.29E−06	1.11E+00	4.39E−06	1.11E+00	4.35E−06
6～7	9.77E−01	3.85E−06	1.02E+00	3.91E−06	1.01E+00	3.89E−06
7～8	9.26E−01	3.45E−06	8.52E−01	3.47E−06	9.62E−01	3.48E−06
8～9	7.84E−01	3.08E−06	8.22E−01	3.04E−06	8.87E−01	3.09E−06
9～10	7.28E−01	2.74E−06	7.32E−01	2.62E−06	7.68E−01	2.74E−06
10～11	6.72E−01	2.40E−06	5.67E−01	2.24E−06	7.26E−01	2.42E−06
11～12	5.43E−01	2.06E−06	4.94E−01	1.91E−06	5.99E−01	2.11E−06
12～13	4.53E−01	1.77E−06	3.88E−01	1.64E−06	5.04E−01	1.80E−06
13～14	3.56E−01	1.52E−06	3.38E−01	1.40E−06	4.10E−01	1.54E−06
14～15	2.90E−01	1.31E−06	2.34E−01	1.19E−06	3.34E−01	1.31E−06
15～16	2.29E−01	1.13E−06	1.80E−01	1.02E−06	2.43E−01	1.12E−06
16～17	1.57E−01	9.67E−07	1.35E−01	8.77E−07	2.04E−01	9.61E−07
17～18	1.33E−01	8.31E−07	1.02E−01	7.51E−07	1.48E−01	8.21E−07
18～19	9.07E−02	7.15E−07	7.50E−02	6.43E−07	1.06E−01	7.02E−07
19～20	6.64E−02	6.14E−07	5.47E−02	5.50E−07	7.65E−02	6.00E−07
20～21	4.82E−02	5.28E−07	3.46E−02	4.71E−07	5.70E−02	5.12E−07
21～22	3.05E−02	4.54E−07	2.41E−02	4.03E−07	4.03E−02	4.36E−07
22～23	2.17E−02	3.90E−07	1.72E−02	3.44E−07	2.63E−02	3.72E−07
23～24	1.40E−02	3.35E−07	1.08E−02	2.94E−07	1.76E−02	3.17E−07
24～25	1.05E−02	2.87E−07	7.87E−03	2.51E−07	1.31E−02	2.71E−07
25～30	3.83E−03	9.27E−07	2.72E−03	7.92E−07	5.01E−03	8.68E−07
30～35	7.54E−04	4.11E−07	4.79E−04	3.53E−07	8.53E−04	3.94E−07
35～40	1.35E−04	1.66E−07	8.66E−05	1.47E−07	1.51E−04	1.64E−07
40～45	2.26E−05	1.02E−07	1.14E−05	6.87E−08	2.70E−05	7.73E−08
45～50	4.38E−06	5.37E−08	1.94E−06	3.33E−08	4.16E−06	4.48E−08
50～70	3.30E−07	4.22E−08	1.25E−07	3.28E−08	2.75E−07	2.65E−08
70～100	1.11E−09	1.61E−09	3.73E−10	1.46E−09	5.74E−10	2.00E−09

续表

高　度 /km	热　带		中纬度地区			
			夏季		冬季	
	分子吸收 k_m /km^{-1}	分子散射 σ_m /km^{-1}	分子吸收 k_m /km^{-1}	分子散射 σ_m /km^{-1}	分子吸收 k_m /km^{-1}	分子散射 σ_m /km^{-1}
	λ=3.800 7 μm					
0	1.32E−02	4.66E−06	9.89E−03	4.75E−06	3.90E−03	5.15E−06
0～1	1.08E−02	4.45E−06	8.17E−03	4.51E−06	3.75E−03	4.87E−06
1～2	7.15E−03	4.05E−06	5.23E−03	4.08E−06	2.90E−03	4.35E−06
2～3	4.36E−03	3.66E−06	3.40E−03	3.69E−06	2.27E−03	3.87E−06
3～4	2.56E−03	3.31E−06	2.31E−03	3.33E−06	1.80E−03	3.46E−06
4～5	1.80E−03	3.00E−06	1.69E−03	3.01E−06	1.45E−03	3.10E−06
5～6	1.44E−03	2.71E−06	1.35E−03	2.71E−06	1.22E−03	2.77E−06
6～7	1.18E−03	2.44E−06	1.08E−03	2.43E−06	1.04E−03	2.47E−06
7～8	1.01E−03	2.20E−06	9.59E−04	2.18E−06	9.24E−04	2.19E−06
8～9	8.31E−04	1.97E−06	8.10E−04	1.95E−06	7.57E−04	1.94E−06
9～10	7.35E−04	1.76E−06	6.87E−04	1.74E−06	6.74E−04	1.72E−06
10～11	6.33E−04	1.57E−06	5.97E−04	1.55E−06	5.59E−04	1.49E−06
11～12	5.25E−04	1.39E−06	5.15E−04	1.38E−06	4.80E−04	1.28E−06
12～13	4.50E−04	1.23E−06	4.12E−04	1.22E−06	3.49E−04	1.10E−06
13～14	3.84E−04	1.09E−06	3.62E−04	1.06E−06	3.00E−04	9.43E−07
14～15	3.23E−04	9.56E−07	2.83E−04	9.02E−07	2.25E−04	8.08E−07
15～16	2.61E−04	8.33E−07	2.04E−04	7.68E−07	1.73E−04	6.93E−07
16～17	1.97E−04	7.18E−07	1.58E−04	6.57E−07	1.23E−04	5.93E−07
17～18	1.45E−04	6.03E−07	1.13E−04	5.60E−07	9.36E−05	5.09E−07
18～19	1.07E−04	4.98E−07	8.55E−05	4.77E−07	6.74E−05	4.35E−07
19～20	7.17E−05	4.14E−07	6.07E−05	4.06E−07	4.68E−05	3.72E−07
20～21	4.60E−05	3.44E−07	4.00E−05	3.46E−07	3.35E−05	3.18E−07
21～22	3.06E−05	2.88E−07	2.80E−05	2.95E−07	2.36E−05	2.71E−07
22～23	1.84E−05	2.42E−07	1.79E−05	2.52E−07	1.44E−05	2.32E−07
23～24	1.21E−05	2.05E−07	1.19E−05	2.15E−07	9.78E−06	1.98E−07
24～25	8.71E−06	1.74E−07	7.39E−06	1.84E−07	6.44E−06	1.69E−07
25～30	3.24E−06	5.43E−07	2.97E−06	5.89E−07	2.27E−06	5.39E−07
30～35	5.66E−07	2.53E−07	4.79E−07	2.67E−07	3.71E−07	2.42E−07
35～40	1.13E−07	1.21E−07	9.28E−08	1.21E−07	6.52E−08	8.60E−08
40～45	2.11E−08	5.97E−08	2.03E−08	6.07E−08	1.23E−08	4.08E−08
45～50	4.11E−09	3.03E−08	4.42E−09	3.30E−08	2.48E−09	2.50E−08
50～70	3.13E−10	2.13E−08	3.80E−10	2.31E−08	1.94E−10	1.85E−08
70～100	2.83E−13	1.05E−09	3.64E−13	9.81E−10	2.22E−13	1.15E−09

高　度 /km	近北极区				美国标准大气	
	夏季		冬季			
	分子吸收 k_m /km^{-1}	分子散射 σ_m /km^{-1}	分子吸收 k_m /km^{-1}	分子散射 σ_m /km^{-1}	分子吸收 k_m /km^{-1}	分子散射 σ_m /km^{-1}
	λ=3.800 7 μm					
0	6.97E−03	4.85E−06	3.02E−03	5.43E−06	5.18E−03	4.84E−06
0～1	5.92E−03	4.61E−06	2.99E−03	5.07E−06	4.66E−03	4.62E−06
1～2	4.09E−03	4.17E−06	2.49E−03	4.45E−06	3.43E−03	4.19E−06
2～3	2.94E−03	3.75E−06	2.02E−03	3.94E−06	2.56E−03	3.79E−06
3～4	2.16E−03	3.38E−06	1.65E−03	3.50E−06	1.94E−03	3.42E−06
4～5	1.67E−03	3.03E−06	1.40E−03	3.12E−06	1.52E−03	3.07E−06
5～6	1.34E−03	2.72E−06	1.22E−03	2.79E−06	1.27E−03	2.76E−06
6～7	1.11E−03	2.44E−06	1.05E−03	2.48E−06	1.12E−03	2.47E−06
7～8	9.15E−04	2.19E−06	9.18E−04	2.20E−06	9.40E−04	2.20E−06
8～9	7.87E−04	1.95E−06	7.36E−04	1.93E−06	7.89E−04	1.96E−06
9～10	6.90E−04	1.74E−06	6.46E−04	1.66E−06	7.23E−04	1.74E−06
10～11	5.51E−04	1.52E−06	5.12E−04	1.42E−06	5.94E−04	1.54E−06
11～12	4.58E−04	1.31E−06	4.12E−04	1.21E−06	5.12E−04	1.34E−06
12～13	3.86E−04	1.12E−06	3.26E−04	1.04E−06	4.33E−04	1.14E−06
13～14	3.12E−04	9.65E−07	2.59E−04	8.87E−07	3.33E−04	9.76E−07
14～15	2.31E−04	8.31E−07	2.00E−04	7.58E−07	2.52E−04	8.34E−07
15～16	1.71E−04	7.15E−07	1.48E−04	6.49E−07	2.04E−04	7.13E−07
16～17	1.31E−04	6.13E−07	1.09E−04	5.56E−07	1.54E−04	6.09E−07
17～18	9.31E−05	5.27E−07	8.39E−05	4.76E−07	1.09E−04	5.21E−07
18～19	7.31E−05	4.53E−07	5.85E−05	4.08E−07	8.03E−05	4.45E−07
19～20	5.06E−05	3.90E−07	3.85E−05	3.49E−07	6.06E−05	3.81E−07
20～21	3.32E−05	3.35E−07	2.52E−05	2.99E−07	4.05E−05	3.25E−07
21～22	2.19E−05	2.88E−07	1.72E−05	2.55E−07	2.83E−05	2.77E−07
22～23	1.62E−05	2.48E−07	1.20E−05	2.18E−07	1.75E−05	2.36E−07
23～24	1.02E−05	2.12E−07	7.65E−06	1.87E−07	1.17E−05	2.01E−07
24～25	6.97E−06	1.82E−07	5.19E−06	1.59E−07	8.48E−06	1.72E−07
25～30	2.67E−06	5.88E−07	2.06E−06	5.02E−07	3.23E−06	5.50E−07
30～35	5.29E−07	2.61E−07	3.60E−07	2.24E−07	5.74E−07	2.50E−07
35～40	9.99E−08	1.05E−07	6.16E−08	9.34E−08	1.07E−07	1.04E−07
40～45	1.90E−08	6.49E−08	1.03E−08	4.36E−08	1.84E−08	4.90E−08
45～50	4.49E−09	3.40E−08	1.88E−09	2.11E−08	3.61E−09	2.84E−08
50～70	3.97E−10	2.68E−08	1.37E−10	2.08E−08	2.73E−10	1.68E−08
70～100	4.03E−13	1.02E−09	1.87E−13	9.26E−10	2.43E−13	1.27E−09

续表

高度 /km	热带		中纬度地区			
			夏季		冬季	
	分子吸收 k_m /km^{-1}	分子散射 σ_m /km^{-1}	分子吸收 k_m /km^{-1}	分子散射 σ_m /km^{-1}	分子吸收 k_m /km^{-1}	分子散射 σ_m /km^{-1}
λ=4.3 μm						
0	1.77E+02	2.85E−06	1.81E+02	2.90E−06	2.00E+02	3.15E−06
0~1	1.62E+02	2.72E−06	1.64E+02	2.76E−06	1.79E+02	2.98E−06
1~2	1.31E+02	2.47E−06	1.34E+02	2.49E−06	1.42E+02	2.66E−06
2~3	1.08E+02	2.24E−06	1.10E+02	2.25E−06	1.13E+02	2.37E−06
3~4	8.87E+01	2.02E−06	8.79E+01	2.04E−06	8.89E+01	2.11E−06
4~5	7.21E+01	1.83E−06	7.17E+01	1.84E−06	7.04E+01	1.89E−06
5~6	5.90E+01	1.65E−06	5.80E+01	1.66E−06	5.59E+01	1.69E−06
6~7	4.81E+01	1.49E−06	4.69E+01	1.49E−06	4.44E+01	1.51E−06
7~8	3.73E+01	1.34E−06	3.67E+01	1.33E−06	3.40E+01	1.34E−06
8~9	2.88E+01	1.20E−06	2.80E+01	1.19E−06	2.52E+01	1.19E−06
9~10	2.20E+01	1.08E−06	2.13E+01	1.07E−06	1.89E+01	1.05E−06
10~11	1.67E+01	9.59E−07	1.62E+01	9.48E−07	1.39E+01	9.12E−07
11~12	1.26E+01	8.52E−07	1.21E+01	8.42E−07	1.00E+01	7.83E−07
12~13	9.29E+00	7.53E−07	8.97E+00	7.44E−07	7.22E+00	6.72E−07
13~14	6.86E+00	6.64E−07	6.52E+00	6.46E−07	5.34E+00	5.76E−07
14~15	5.10E+00	5.84E−07	4.81E+00	5.51E−07	3.68E+00	4.94E−07
15~16	3.49E+00	5.09E−07	3.34E+00	4.69E−07	2.60E+00	4.23E−07
16~17	2.42E+00	4.39E−07	2.30E+00	4.01E−07	1.87E+00	3.62E−07
17~18	1.67E+00	3.68E−07	1.65E+00	3.42E−07	1.37E+00	3.11E−07
18~19	1.18E+00	3.04E−07	1.21E+00	2.91E−07	1.00E+00	2.66E−07
19~20	8.38E−01	2.53E−07	8.82E−01	2.48E−07	7.25E−01	2.27E−07
20~21	5.98E−01	2.10E−07	6.44E−01	2.11E−07	5.36E−01	1.94E−07
21~22	4.29E−01	1.76E−07	4.77E−01	1.80E−07	3.91E−01	1.66E−07
22~23	3.13E−01	1.48E−07	3.51E−01	1.54E−07	2.85E−01	1.41E−07
23~24	2.26E−01	1.25E−07	2.57E−01	1.31E−07	2.08E−01	1.21E−07
24~25	1.65E−01	1.06E−07	1.89E−01	1.12E−07	1.52E−01	1.03E−07
25~30	7.18E−02	3.36E−07	8.31E−02	3.60E−07	6.44E−02	3.29E−07
30~35	1.60E−02	1.55E−07	1.88E−02	1.67E−07	1.34E−02	1.48E−07
35~40	3.85E−03	7.39E−08	4.52E−03	7.96E−08	2.89E−03	6.62E−08
40~45	9.83E−04	3.64E−08	1.17E−03	3.93E−08	6.83E−04	3.09E−08
45~50	2.65E−04	1.85E−08	3.22E−04	2.02E−08	1.76E−04	1.53E−08
50~70	2.65E−05	2.00E−08	3.30E−05	2.22E−08	1.69E−05	1.60E−08
70~100	7.08E−08	1.44E−09	9.25E−08	1.67E−09	4.85E−08	1.17E−09

高度 /km	近北极区				美国标准大气	
	夏季		冬季			
	分子吸收 k_m /km^{-1}	分子散射 σ_m /km^{-1}	分子吸收 k_m /km^{-1}	分子散射 σ_m /km^{-1}	分子吸收 k_m /km^{-1}	分子散射 σ_m /km^{-1}
λ=4.3 μm						
0	1.86E+02	2.96E−06	2.09E+02	3.32E−06	1.87E+02	2.96E−06
0~1	1.69E+02	2.82E−06	1.84E+02	3.09E−06	1.68E+02	2.82E−06
1~2	1.37E+02	2.54E−06	1.45E+02	2.72E−06	1.36E+02	2.56E−06
2~3	1.10E+02	2.29E−06	1.11E+02	2.41E−06	1.11E+02	2.31E−06
3~4	8.74E+01	2.06E−06	8.79E+01	2.14E−06	8.84E+01	2.09E−06
4~5	7.03E+01	1.85E−06	6.87E+01	1.91E−06	7.13E+01	1.88E−06
5~6	5.70E+01	1.66E−06	5.46E+01	1.70E−06	5.71E+01	1.69E−06
6~7	4.59E+01	1.49E−06	4.30E+01	1.51E−06	4.60E+01	1.51E−06
7~8	3.55E+01	1.34E−06	3.22E+01	1.34E−06	3.55E+01	1.35E−06
8~9	2.66E+01	1.19E−06	2.40E+01	1.18E−06	2.64E+01	1.20E−06
9~10	1.99E+01	1.06E−06	1.70E+01	1.01E−06	1.96E+01	1.06E−06
10~11	1.50E+01	9.28E−07	1.23E+01	8.67E−07	1.48E+01	9.39E−07
11~12	1.09E+01	7.98E−07	8.85E+00	7.41E−07	1.09E+01	8.16E−07
12~13	7.87E+00	6.86E−07	6.32E+00	6.33E−07	7.74E+00	6.97E−07
13~14	5.68E+00	5.89E−07	4.69E+00	5.42E−07	5.52E+00	5.96E−07
14~15	4.11E+00	5.07E−07	3.27E+00	4.63E−07	3.94E+00	5.09E−07
15~16	2.93E+00	4.36E−07	2.25E+00	3.96E−07	2.77E+00	4.35E−07
16~17	2.10E+00	3.75E−07	1.63E+00	3.40E−07	1.97E+00	3.72E−07
17~18	1.55E+00	3.22E−07	1.20E+00	2.91E−07	1.44E+00	3.18E−07
18~19	1.15E+00	2.77E−07	8.71E−01	2.49E−07	1.06E+00	2.72E−07
19~20	8.45E−01	2.38E−07	6.35E−01	2.13E−07	7.68E−01	2.32E−07
20~21	6.24E−01	2.05E−07	4.68E−01	1.82E−07	5.67E−01	1.98E−07
21~22	4.65E−01	1.76E−07	3.42E−01	1.56E−07	4.12E−01	1.69E−07
22~23	3.46E−01	1.51E−07	2.48E−01	1.33E−07	3.03E−01	1.44E−07
23~24	2.56E−01	1.30E−07	1.81E−01	1.14E−07	2.21E−01	1.23E−07
24~25	1.88E−01	1.11E−07	1.31E−01	9.74E−08	1.62E−01	1.05E−07
25~30	8.39E−02	3.59E−07	5.52E−02	3.07E−07	7.06E−02	3.36E−07
30~35	1.87E−02	1.69E−07	1.13E−02	1.37E−07	1.50E−02	1.52E−07
35~40	4.63E−03	7.99E−08	2.39E−03	6.12E−08	3.63E−03	7.27E−08
40~45	1.21E−03	3.96E−08	5.40E−04	2.82E−08	8.74E−04	3.45E−08
45~50	3.45E−04	2.08E−08	1.31E−04	1.35E−08	2.34E−04	1.74E−08
50~70	3.58E−05	2.30E−08	1.18E−05	1.33E−08	2.30E−05	1.87E−08
70~100	1.05E−07	1.78E−09	3.19E−08	9.98E−10	9.85E−08	1.31E−09

续表

高度 /km	热带		中纬度地区			
			夏季		冬季	
	分子吸收 k_m /km^{-1}	分子散射 σ_m /km^{-1}	分子吸收 k_m /km^{-1}	分子散射 σ_m /km^{-1}	分子吸收 k_m /km^{-1}	分子散射 σ_m /km^{-1}
λ =10.591 μm						
0	4.13E−01	<1.0E−6	2.80E−01	<1.0E−6	6.73E−02	<1.0E−6
0～1	3.23E−01		2.17E−01		6.01E−02	
1～2	2.07E−01		1.34E−01		4.87E−02	
2～3	1.20E−01		8.53E−02		4.11E−02	
3～4	7.14E−02		6.05E−02		3.39E−02	
4～5	5.29E−02		4.70E−02		2.76E−02	
5～6	4.24E−02		3.84E−02		2.26E−02	
6～7	3.42E−02		3.17E−02		1.85E−02	
7～8	2.79E−02		2.60E−02		1.50E−02	
8～9	2.26E−02		2.12E−02		1.21E−02	
9～10	1.82E−02		1.70E−02		9.61E−03	
10～11	1.43E−02		1.37E−02		8.34E−03	
11～12	1.12E−02		1.07E−02		8.08E−03	
12～13	8.63E−03		8.13E−03		8.00E−03	
13～14	6.49E−03		7.16E−03		7.48E−03	
14～15	4.70E−03		6.79E−03		7.55E−03	
15～16	3.33E−03		6.72E−03		7.14E−03	
16～17	2.71E−03		6.36E−03		6.83E−03	
17～18	2.74E−03		6.34E−03		6.13E−03	
18～19	2.98E−03		6.24E−03		5.42E−03	
19～20	3.48E−03		6.11E−03		5.18E−03	
20～21	3.84E−03		5.84E−03		4.71E−03	
21～22	3.63E−03		5.79E−03		3.86E−03	
22～23	3.83E−03		4.69E−03		3.55E−03	
23～24	3.13E−03		4.07E−03		2.86E−03	
24～25	3.12E−03		3.72E−03		2.51E−03	
25～30	1.82E−03		2.41E−03		1.18E−03	
30～35	7.93E−04		1.09E−03		4.25E−04	
35～40	3.23E−04		3.74E−04		1.52E−04	
40～45	1.26E−04		1.54E−04		6.00E−05	
45～50	3.95E−05		6.34E−05		2.48E−05	
50～70	3.69E−06		5.30E−06		2.51E−06	
70～100	2.06E−09		2.40E−09		2.46E−09	

高度 /km	近北极区				美国标准大气	
	夏季		冬季			
	分子吸收 k_m /km^{-1}	分子散射 σ_m /km^{-1}	分子吸收 k_m /km^{-1}	分子散射 σ_m /km^{-1}	分子吸收 k_m /km^{-1}	分子散射 σ_m /km^{-1}
λ =10.591 μm						
0	1.67E−01	<1.0E−6	3.43E−02	<1.0E−6	1.10E−01	<1.0E−6
0～1	1.34E−01		3.47E−02		9.53E−02	
1～2	9.17E−02		3.36E−02		7.16E−02	
2～3	6.66E−02		2.99E−02		5.49E−02	
3～4	4.99E−02		2.56E−02		4.25E−02	
4～5	3.94E−02		2.10E−02		3.36E−02	
5～6	3.14E−02		1.66E−02		2.73E−02	
6～7	2.48E−02		1.31E−02		2.21E−02	
7～8	1.98E−02		1.01E−02		1.78E−02	
8～9	1.56E−02		8.30E−03		1.42E−02	
9～10	1.20E−02		7.65E−03		1.10E−02	
10～11	1.06E−02		7.57E−03		8.67E−03	
11～12	1.06E−02		7.64E−03		7.42E−03	
12～13	1.04E−02		7.47E−03		7.47E−03	
13～14	1.01E−02		7.55E−03		7.45E−03	
14～15	9.95E−03		7.40E−03		7.32E−03	
15～16	9.67E−03		6.83E−03		6.77E−03	
16～17	9.70E−03		6.34E−03		6.70E−03	
17～18	9.12E−03		5.99E−03		6.32E−03	
18～19	8.18E−03		5.31E−03		5.79E−03	
19～20	7.49E−03		4.60E−03		5.40E−03	
20～21	6.77E−03		4.20E−03		4.81E−03	
21～22	6.52E−03		3.71E−03		4.60E−03	
22～23	5.38E−03		3.07E−03		4.10E−03	
23～24	4.54E−03		2.30E−03		3.60E−03	
24～25	4.11E−03		1.77E−03		3.27E−03	
25～30	2.64E−03		9.64E−04		1.64E−03	
30～35	1.01E−03		3.07E−04		5.82E−04	
35～40	4.25E−04		1.02E−04		2.52E−04	
40～45	1.83E−04		3.61E−05		9.37E−05	
45～50	6.53E−05		1.40E−05		3.53E−05	
50～70	6.11E−06		1.53E−06		3.11E−06	
70～100	2.35E−09		4.16E−09		2.00E−09	

续表

高度/km	热带 分子吸收 k_m /km⁻¹	热带 分子散射 σ_m /km⁻¹	中纬度地区 夏季 分子吸收 k_m /km⁻¹	中纬度地区 夏季 分子散射 σ_m /km⁻¹	中纬度地区 冬季 分子吸收 k_m /km⁻¹	中纬度地区 冬季 分子散射 σ_m /km⁻¹
$\lambda=27.9\ \mu m$						
0	5.38E+03	<1.0E−6	3.54E+03	<1.0E−6	6.13E+02	<1.0E−6
0~1	4.51E+03		3.22E+03		5.24E+02	
1~2	2.93E+03		1.95E+03		3.87E+02	
2~3	1.66E+03		1.09E+03		2.26E+02	
3~4	7.08E+02		4.94E+02		1.38E+02	
4~5	3.47E+02		2.52E+02		6.30E+01	
5~6	1.91E+02		1.14E+02		2.92E+01	
6~7	8.61E+01		6.35E+01		1.16E+01	
7~8	3.68E+01		2.80E+01		3.80E+00	
8~9	1.52E+01		1.30E+01		1.26E+00	
9~10	5.45E+00		5.49E+00		4.25E−01	
10~11	1.51E+00		1.79E+00		1.23E−01	
11~12	3.83E−01		4.21E−01		3.92E−02	
12~13	8.48E−02		7.22E−02		2.00E−02	
13~14	2.30E−02		1.91E−02		1.32E−02	
14~15	9.25E−03		9.53E−03		9.39E−03	
15~16	3.93E−03		5.82E−03		6.83E−03	
16~17	2.14E−03		4.09E−03		4.92E−03	
17~18	1.50E−03		3.06E−03		3.50E−03	
18~19	1.13E−03		2.27E−03		2.50E−03	
19~20	8.88E−04		1.75E−03		1.78E−03	
20~21	6.75E−04		1.31E−03		1.24E−03	
21~22	5.49E−04		1.00E−03		8.89E−04	
22~23	4.64E−04		8.16E−04		6.77E−04	
23~24	3.98E−04		6.63E−04		5.07E−04	
24~25	3.37E−04		5.41E−04		3.86E−04	
25~30	2.00E−04		2.68E−04		1.79E−04	
30~35	8.45E−05		1.10E−04		5.26E−05	
35~40	2.93E−05		3.62E−05		1.65E−05	
40~45	1.05E−05		1.30E−05		5.56E−06	
45~50	3.56E−06		4.45E−06		1.85E−06	
50~70	3.29E−07		4.05E−07		1.57E−07	
70~100	6.21E−12		6.30E−12		3.55E−12	

高度/km	近北极区 夏季 分子吸收 k_m /km⁻¹	近北极区 夏季 分子散射 σ_m /km⁻¹	近北极区 冬季 分子吸收 k_m /km⁻¹	近北极区 冬季 分子散射 σ_m /km⁻¹	美国标准大气 分子吸收 k_m /km⁻¹	美国标准大气 分子散射 σ_m /km⁻¹
$\lambda=27.9\ \mu m$						
0	2.21E+03	<1.0E−6	1.56E+02	<1.0E−6	1.47E+03	<1.0E−6
0~1	1.68E+03		1.82E+02		1.15E+03	
1~2	1.04E+03		1.59E+02		7.48E+02	
2~3	6.30E+02		1.13E+02		4.16E+02	
3~4	3.95E+02		6.64E+01		2.48E+02	
4~5	1.91E+02		2.83E+01		1.18E+02	
5~6	9.58E+01		1.09E+01		5.85E+01	
6~7	4.10E+01		4.63E+00		2.75E+01	
7~8	1.54E+01		1.25E+00		1.14E+01	
8~9	4.73E+00		3.45E−01		4.53E+00	
9~10	1.00E+00		2.04E−01		1.29E+00	
10~11	2.14E−01		8.77E−02		3.74E−01	
11~12	6.00E−02		3.38E−02		1.37E−01	
12~13	2.40E−02		1.63E−02		5.34E−02	
13~14	1.46E−02		1.06E−02		2.24E−02	
14~15	1.07E−02		8.01E−03		1.14E−02	
15~16	8.27E−03		5.86E−03		6.87E−03	
16~17	6.25E−03		4.39E−03		4.54E−03	
17~18	4.79E−03		3.17E−03		3.24E−03	
18~19	3.73E−03		2.27E−03		2.38E−03	
19~20	2.78E−03		1.59E−03		1.68E−03	
20~21	2.04E−03		1.10E−03		1.21E−03	
21~22	1.46E−03		8.08E−04		9.01E−04	
22~23	1.11E−03		6.00E−04		7.26E−04	
23~24	8.73E−04		4.47E−04		5.70E−04	
24~25	6.90E−04		3.26E−04		4.57E−04	
25~30	3.27E−04		1.54E−04		2.34E−04	
30~35	1.14E−04		4.27E−05		7.37E−05	
35~40	3.54E−05		1.16E−05		2.20E−05	
40~45	1.36E−05		3.53E−06		8.41E−06	
45~50	4.48E−06		1.11E−06		2.84E−06	
50~70	4.13E−07		1.00E−07		2.38E−07	
70~100	6.33E−12		2.91E−13		4.67E−12	

续表

高 度 /km	热 带		中纬度地区			
	分子吸收 k_m /km^{-1}	分子散射 σ_m /km^{-1}	夏季		冬季	
			分子吸收 k_m /km^{-1}	分子散射 σ_m /km^{-1}	分子吸收 k_m /km^{-1}	分子散射 σ_m /km^{-1}
$\lambda=337$ μm						
0	3.38E+02	<1.0E−6	2.54E+02	<1.0E−6	7.77E+01	<1.0E−6
0～1	2.52E+02		1.86E+02		5.72E+01	
1～2	1.46E+02		1.66E+01		3.35E+01	
2～3	1.36E+01		9.08E+00		3.37E+00	
3～4	5.69E+00		4.48E+00		1.78E+00	
4～5	2.91E+00		2.28E+00		9.31E−01	
5～6	1.70E+00		1.19E+00		4.90E−01	
6～7	8.89E−01		6.79E−01		2.28E−01	
7～8	4.58E−01		3.74E−01		9.32E−02	
8～9	2.20E−01		2.01E−01		4.31E−02	
9～10	9.61E−02		1.06E−01		2.29E−02	
10～11	3.81E−02		4.70E−02		1.23E−02	
11～12	1.59E−02		1.77E−02		7.43E−03	
12～13	7.95E−03		7.87E−03		5.38E−03	
13～14	5.12E−03		4.91E−03		4.09E−03	
14～15	3.83E−03		3.47E−03		3.08E−03	
15～16	2.92E−03		2.53E−03		2.40E−03	
16～17	2.25E−03		1.90E−03		1.83E−03	
17～18	1.64E−03		1.44E−03		1.47E−03	
18～19	1.19E−03		1.14E−03		1.17E−03	
19～20	8.98E−04		9.22E−04		9.46E−04	
20～21	6.72E−04		7.33E−04		7.70E−04	
21～22	5.13E−04		5.80E−04		6.11E−04	
22～23	4.19E−04		4.66E−04		4.82E−04	
23～24	3.59E−04		3.79E−04		3.84E−04	
24～25	3.08E−04		3.17E−04		3.05E−04	
25～30	1.72E−04		1.70E−04		1.42E−04	
30～35	4.58E−05		4.72E−05		3.07E−05	
35～40	8.50E−06		1.02E−05		5.88E−06	
40～45	1.56E−06		1.69E−06		1.11E−06	
45～50	3.72E−07		4.17E−07		2.53E−07	
50～70	3.04E−08		3.60E−08		1.94E−08	
70～100	6.60E−11		9.21E−11		3.82E−11	

高 度 /km	近北极区				美国标准大气	
	夏季		冬季			
	分子吸收 k_m /km^{-1}	分子散射 σ_m /km^{-1}	分子吸收 k_m /km^{-1}	分子散射 σ_m /km^{-1}	分子吸收 k_m /km^{-1}	分子散射 σ_m /km^{-1}
$\lambda=337$ μm						
0	1.70E+02	<1.0E−6	3.12E+01	<1.0E−6	1.08E+02	<1.0E−6
0～1	1.25E+02		2.68E+01		8.22E+01	
1～2	1.17E+01		1.83E+01		8.08E+00	
2～3	7.24E+00		1.95E+00		4.95E+00	
3～4	4.00E+00		1.12E+00		2.68E+00	
4～5	2.24E+00		5.74E−01		1.49E+00	
5～6	1.17E+00		2.69E−01		8.13E−01	
6～7	5.98E−01		1.38E−01		4.43E−01	
7～8	2.81E−01		5.56E−02		2.35E−01	
8～9	1.04E−01		2.53E−02		1.09E−01	
9～10	3.44E−02		1.72E−02		4.43E−02	
10～11	1.39E−02		1.04E−02		2.12E−02	
11～12	7.54E−03		6.65E−03		1.16E−02	
12～13	5.14E−03		4.70E−03		6.83E−03	
13～14	3.82E−03		3.60E−03		4.43E−03	
14～15	2.91E−03		2.85E−03		3.13E−03	
15～16	2.25E−03		2.24E−03		2.35E−03	
16～17	1.71E−03		1.78E−03		1.81E−03	
17～18	1.34E−03		1.43E−03		1.43E−03	
18～19	1.08E−03		1.18E−03		1.15E−03	
19～20	8.70E−04		9.56E−04		9.28E−04	
20～21	7.12E−04		7.60E−04		7.43E−04	
21～22	5.90E−04		5.84E−04		5.88E−04	
22～23	4.81E−04		4.53E−04		4.74E−04	
23～24	3.87E−04		3.56E−04		3.80E−04	
24～25	3.10E−04		2.69E−04		3.12E−04	
25～30	1.56E−04		1.15E−04		1.47E−04	
30～35	4.40E−05		2.45E−05		3.57E−05	
35～40	9.30E−06		4.48E−06		7.38E−06	
40～45	1.71E−06		8.57E−07		1.50E−06	
45～50	3.77E−07		1.65E−07		3.74E−07	
50～70	4.14E−08		1.20E−08		2.77E−08	
70～100	1.09E−10		2.69E−11		5.19E−11	

附表 25-3　常用激光各种气溶胶的吸收和散射系数

高度/km	乡村型,能见度 23 km		乡村型,能见度 5 km		城市型,能见度 5 km	
	气溶胶吸收 k_a /km^{-1}	气溶胶散射 σ_a /km^{-1}	气溶胶吸收 k_a /km^{-1}	气溶胶散射 σ_a /km^{-1}	气溶胶吸收 k_a /km^{-1}	气溶胶散射 σ_a /km^{-1}
			$\lambda=0.337\ \mu m$			
0	1111.04E−02	3.26E−01	4.45E−02	1.27E+00	3.81E−01	8.81E−01
0～1	9.25E−03	2.73E−01	5.15E−02	1.26E+00	3.79E−01	8.78E−01
1～2	6.21E−03	1.94E−01	2.16E−02	5.08E−01	1.37E−01	3.67E−01
2～3	3.47E−03	1.41E−01	3.17E−03	1.40E−01	1.61E−02	1.28E−01
3～4	1.50E−03	1.01E−01	1.08E−03	9.28E−02	1.50E−03	1.03E−01
4～5	7.78E−04	7.56E−02	4.59E−04	6.88E−02	7.78E−04	7.68E−02
5～6	4.93E−04	6.24E−02	2.42E−04	5.68E−02	4.93E−04	6.32E−02
6～7	4.04E−04	5.49E−02	1.68E−04	4.92E−02	4.04E−04	5.56E−02
7～8	2.71E−04	4.67E−02	1.06E−04	4.25E−02	2.71E−04	4.71E−02
8～9	1.46E−04	3.92E−02	6.87E−05	3.66E−02	1.46E−04	3.93E−02
9～10	8.45E−05	3.37E−02	5.12E−05	3.13E−02	8.45E−05	3.36E−02
10～11	3.32E−05	2.94E−02	2.29E−05	2.67E−02	3.32E−05	2.92E−02
11～12	<1.0E−6	2.59E−02	<1.0E−6	2.29E−02	<1.0E−6	2.51E−02
12～13		2.28E−02		1.96E−02		2.14E−02
13～14		1.97E−02		1.69E−02		1.83E−02
14～15		1.68E−02		1.46E−02		1.56E−02
15～16		1.44E−02		1.26E−02		1.34E−02
16～17		1.24E−02		1.09E−02		1.16E−02
17～18		1.08E−02		9.44E−03		1.01E−02
18～19		9.41E−03		8.13E−03		8.84E−03
19～20		8.18E−03		6.97E−03		7.73E−03
20～21		7.04E−03		5.95E−03		6.66E−03
21～22		5.99E−03		5.08E−03		5.67E−03
22～23		5.06E−03		4.33E−03		4.78E−03
23～24		4.24E−03		3.68E−03		3.99E−03
24～25		3.54E−03		3.12E−03		3.33E−03
25～30		2.23E−03		1.92E−03		2.09E−03
30～35		1.01E−03		8.33E−04		9.27E−04
35～40		4.81E−04		3.73E−04		4.41E−04
40～45		2.37E−04		1.72E−04		2.09E−04
45～50		1.22E−04		8.25E−05		1.05E−04
50～70		3.34E−05		2.04E−05		2.83E−05
70～100		1.67E−06		1.01E−06		1.31E−06

高度/km	海洋型,能见度 23 km		沙漠型,风速 10 m/s		沙漠型,风速 2 m/s	
	气溶胶吸收 k_a /km^{-1}	气溶胶散射 σ_a /km^{-1}	气溶胶吸收 k_a /km^{-1}	气溶胶散射 σ_a /km^{-1}	气溶胶吸收 k_a /km^{-1}	气溶胶散射 σ_a /km^{-1}
			$\lambda=0.337\ \mu m$			
0	2.28E−03	2.65E−01	1.07E−02	3.28E−01	6.21E−02	1.26E+00
0～1	1.99E−03	2.26E−01	9.03E−03	2.75E−01	6.20E−02	1.25E+00
1～2	1.31E−03	1.65E−01	6.07E−03	1.95E−01	2.25E−02	5.03E−01
2～3	1.49E−03	1.30E−01	3.39E−03	1.43E−01	3.49E−03	1.43E−01
3～4	1.50E−03	1.01E−01	1.50E−03	1.02E−01	1.50E−03	1.03E−01
4～5	7.78E−04	7.54E−02	7.78E−04	7.60E−02	7.78E−04	7.68E−02
5～6	4.93E−04	6.23E−02	4.93E−04	6.26E−02	4.93E−04	6.32E−02
6～7	4.04E−04	5.51E−02	4.04E−04	5.51E−02	4.04E−04	5.56E−02
7～8	2.71E−04	4.70E−02	2.71E−04	4.68E−02	2.71E−04	4.71E−02
8～9	1.46E−04	3.94E−02	1.46E−04	3.92E−02	1.46E−04	3.93E−02
9～10	8.45E−05	3.40E−02	8.45E−05	3.36E−02	8.45E−05	3.36E−02
10～11	3.32E−05	2.97E−02	3.32E−05	2.88E−02	3.32E−05	2.92E−02
11～12	<1.0E−6	2.62E−02	<1.0E−6	2.46E−02	<1.0E−6	2.51E−02
12～13		2.30E−02		2.11E−02		2.14E−02
13～14		2.03E−02		1.81E−02		1.83E−02
14～15		1.78E−02		1.56E−02		1.56E−02
15～16		1.56E−02		1.34E−02		1.34E−02
16～17		1.35E−02		1.16E−02		1.16E−02
17～18		1.16E−02		1.02E−02		1.01E−02
18～19		9.79E−03		8.98E−03		8.84E−03
19～20		8.32E−03		7.89E−03		7.73E−03
20～21		7.02E−03		6.85E−03		6.66E−03
21～22		5.87E−03		5.87E−03		5.67E−03
22～23		4.89E−03		4.99E−03		4.78E−03
23～24		4.06E−03		4.19E−03		3.99E−03
24～25		3.37E−03		3.51E−03		3.33E−03
25～30		2.09E−03		2.22E−03		2.09E−03
30～35		9.40E−04		1.02E−03		9.27E−04
35～40		4.47E−04		4.83E−04		4.41E−04
40～45		2.21E−04		2.39E−04		2.09E−04
45～50		1.12E−04		1.25E−04		1.05E−04
50～70		3.02E−05		3.46E−05		2.83E−05
70～100		1.45E−06		1.78E−06		1.31E−06

续表

高　度 /km	乡村型，能见度 23 km		乡村型，能见度 5 km		城市型，能见度 5 km	
	气溶胶吸收 k_a /km^{-1}	气溶胶散射 σ_a /km^{-1}	气溶胶吸收 k_a /km^{-1}	气溶胶散射 σ_a /km^{-1}	气溶胶吸收 k_a /km^{-1}	气溶胶散射 σ_a /km^{-1}
			λ＝0.354 7 μm			
0	1.01E−02	3.02E−01	4.34E−02	1.21E+00	3.70E−01	8.41E−01
0～1	9.02E−03	2.52E−01	5.02E−02	1.21E+00	3.68E−01	8.40E−01
1～2	6.05E−03	1.76E−01	2.11E−02	4.79E−01	1.33E−01	3.44E−01
2～3	3.38E−03	1.26E−01	3.09E−03	1.24E−01	1.56E−02	1.13E−01
3～4	1.45E−03	8.83E−02	1.05E−03	7.96E−02	1.45E−03	8.95E−02
4～5	7.54E−04	6.45E−02	4.45E−04	5.76E−02	7.54E−04	6.54E−02
5～6	4.78E−04	5.25E−02	2.35E−04	4.69E−02	4.78E−04	5.32E−02
6～7	3.91E−04	4.61E−02	1.62E−04	4.05E−02	3.91E−04	4.66E−02
7～8	2.62E−04	3.89E−02	1.03E−04	3.47E−02	2.62E−04	3.92E−02
8～9	1.42E−04	3.23E−02	6.66E−05	2.98E−02	1.42E−04	3.24E−02
9～10	8.19E−05	2.76E−02	4.96E−05	2.55E−02	8.19E−05	2.75E−02
10～11	3.21E−05	2.40E−02	2.22E−05	2.17E−02	3.21E−05	2.38E−02
11～12	<1.0E−6	2.10E−02	<1.0E−6	1.86E−02	<1.0E−6	2.04E−02
12～13		1.85E−02		1.60E−02		1.74E−02
13～14		1.61E−02		1.38E−02		1.49E−02
14～15		1.37E−02		1.19E−02		1.27E−02
15～16		1.17E−02		1.04E−02		1.09E−02
16～17		1.01E−02		8.98E−03		9.43E−03
17～18		8.82E−03		7.76E−03		8.25E−03
18～19		7.73E−03		6.69E−03		7.27E−03
19～20		6.75E−03		5.74E−03		6.38E−03
20～21		5.82E−03		4.90E−03		5.51E−03
21～22		4.95E−03		4.18E−03		4.69E−03
22～23		4.18E−03		3.56E−03		3.95E−03
23～24		3.48E−03		3.02E−03		3.28E−03
24～25		2.90E−03		2.56E−03		2.73E−03
25～30		1.82E−03		1.57E−03		1.70E−03
30～35		8.23E−04		6.78E−04		7.53E−04
35～40		3.90E−04		3.03E−04		3.58E−04
40～45		1.93E−04		1.40E−04		1.70E−04
45～50		9.90E−05		6.71E−05		8.56E−05
50～70		2.71E−05		1.66E−05		2.30E−05
70～100		1.36E−06		8.23E−07		1.07E−06

高　度 /km	海洋型，能见度 23 km		沙漠型，风速 10 m/s		沙漠型，风速 2 m/s	
	气溶胶吸收 k_a /km^{-1}	气溶胶散射 σ_a /km^{-1}	气溶胶吸收 k_a /km^{-1}	气溶胶散射 σ_a /km^{-1}	气溶胶吸收 k_a /km^{-1}	气溶胶散射 σ_a /km^{-1}
			λ＝0.354 7 μm			
0	2.21E−03	2.47E−01	1.04E−02	3.03E−01	6.06E−02	1.21E+00
0～1	1.93E−03	2.09E−01	8.81E−03	2.53E−01	6.04E−02	1.20E+00
1～2	1.27E−03	1.50E−01	5.92E−03	1.77E−01	2.20E−02	4.75E−01
2～3	1.44E−03	1.15E−01	3.30E−03	1.27E−01	3.39E−03	1.28E−01
3～4	1.45E−03	8.80E−02	1.45E−03	8.89E−02	1.45E−03	8.95E−02
4～5	7.54E−04	6.43E−02	7.54E−04	6.47E−02	7.54E−04	6.54E−02
5～6	4.78E−04	5.25E−02	4.78E−04	5.27E−02	4.78E−04	5.32E−02
6～7	3.91E−04	4.62E−02	3.91E−04	4.63E−02	3.91E−04	4.66E−02
7～8	2.62E−04	3.91E−02	2.62E−04	3.90E−02	2.62E−04	3.92E−02
8～9	1.42E−04	3.25E−02	1.42E−04	3.23E−02	1.42E−04	3.24E−02
9～10	8.19E−05	2.78E−02	8.19E−05	2.75E−02	8.19E−05	2.75E−02
10～11	3.21E−05	2.42E−02	3.21E−05	2.35E−02	3.21E−05	2.38E−02
11～12	<1.0E−6	2.13E−02	<1.0E−6	2.00E−02	<1.0E−6	2.04E−02
12～13		1.87E−02		1.71E−02		1.74E−02
13～14		1.65E−02		1.47E−02		1.49E−02
14～15		1.45E−02		1.27E−02		1.27E−02
15～16		1.27E−02		1.09E−02		1.09E−02
16～17		1.10E−02		9.49E−03		9.43E−03
17～18		9.44E−03		8.34E−03		8.25E−03
18～19		8.04E−03		7.39E−03		7.27E−03
19～20		6.86E−03		6.51E−03		6.38E−03
20～21		5.80E−03		5.66E−03		5.51E−03
21～22		4.85E−03		4.85E−03		4.69E−03
22～23		4.03E−03		4.12E−03		3.95E−03
23～24		3.34E−03		3.44E−03		3.28E−03
24～25		2.76E−03		2.88E−03		2.73E−03
25～30		1.70E−03		1.81E−03		1.70E−03
30～35		7.64E−04		8.29E−04		7.53E−04
35～40		3.63E−04		3.92E−04		3.58E−04
40～45		1.79E−04		1.94E−04		1.70E−04
45～50		9.11E−05		1.02E−04		8.56E−05
50～70		2.46E−05		2.81E−05		2.30E−05
70～100		1.18E−06		1.44E−06		1.07E−06

续表

高　度 /km	乡村型，能见度 23 km		乡村型，能见度 5 km		城市型，能见度 5 km	
	气溶胶吸收 k_a /km^{-1}	气溶胶散射 σ_a /km^{-1}	气溶胶吸收 k_a /km^{-1}	气溶胶散射 σ_a /km^{-1}	气溶胶吸收 k_a /km^{-1}	气溶胶散射 σ_a /km^{-1}
			λ =0.488 μm			
0	8.18E−03	1.95E−01	3.51E−02	8.86E−01	2.90E−01	6.17E−01
0～1	7.29E−03	1.58E−01	4.06E−02	8.81E−01	2.88E−01	6.17E−01
1～2	4.89E−03	1.04E−01	1.70E−02	3.30E−01	1.04E−01	2.36E−01
2～3	2.68E−03	6.87E−02	2.46E−03	6.55E−02	1.22E−02	5.89E−02
3～4	1.10E−03	4.25E−02	7.95E−04	3.49E−02	1.10E−03	4.28E−02
4～5	5.73E−04	2.70E−02	3.38E−04	2.12E−02	5.73E−04	2.73E−02
5～6	3.63E−04	2.02E−02	1.78E−04	1.56E−02	3.63E−04	2.04E−02
6～7	2.97E−04	1.74E−02	1.23E−04	1.29E−02	2.97E−04	1.75E−02
7～8	1.99E−04	1.38E−02	7.81E−05	1.06E−02	1.99E−04	1.39E−02
8～9	1.08E−04	1.04E−02	5.06E−05	8.81E−03	1.08E−04	1.05E−02
9～10	6.22E−05	8.42E−03	3.77E−05	7.43E−03	6.22E−05	8.40E−03
10～11	2.44E−05	7.12E−03	1.69E−05	6.35E−03	2.44E−05	7.06E−03
11～12	<1.0E−6	6.15E−03	<1.0E−6	5.48E−03	<1.0E−6	5.99E−03
12～13		5.37E−03		4.75E−03		5.08E−03
13～14		4.64E−03		4.16E−03		4.32E−03
14～15		3.97E−03		3.67E−03		3.70E−03
15～16		3.42E−03		3.25E−03		3.20E−03
16～17		3.00E−03		2.86E−03		2.82E−03
17～18		2.71E−03		2.51E−03		2.56E−03
18～19		2.48E−03		2.18E−03		2.35E−03
19～20		2.24E−03		1.87E−03		2.14E−03
20～21		1.96E−03		1.60E−03		1.88E−03
21～22		1.67E−03		1.36E−03		1.60E−03
22～23		1.38E−03		1.15E−03		1.32E−03
23～24		1.11E−03		9.69E−04		1.06E−03
24～25		8.96E−04		8.11E−04		8.50E−04
25～30		5.38E−04		4.77E−04		5.07E−04
30～35		2.37E−04		1.98E−04		2.18E−04
35～40		1.13E−04		8.93E−05		1.04E−04
40～45		5.56E−05		4.15E−05		4.95E−05
45～50		2.85E−05		2.00E−05		2.50E−05
50～70		7.78E−06		4.98E−06		6.67E−06
70～100		3.84E−07		2.42E−07		3.07E−07

高　度 /km	海洋型，能见度 23 km		沙漠型，风速 10 m/s		沙漠型，风速 2 m/s	
	气溶胶吸收 k_a /km^{-1}	气溶胶散射 σ_a /km^{-1}	气溶胶吸收 k_a /km^{-1}	气溶胶散射 σ_a /km^{-1}	气溶胶吸收 k_a /km^{-1}	气溶胶散射 σ_a /km^{-1}
			λ =0.488 μm			
0	1.69E−03	1.82E−01	8.40E−03	1.95E−01	4.89E−02	8.75E−01
0～1	1.47E−03	1.48E−01	7.12E−03	1.59E−01	4.88E−02	8.74E−01
1～2	9.66E−04	9.80E−02	4.79E−03	1.04E−01	1.77E−02	3.29E−01
2～3	1.10E−03	6.63E−02	2.62E−03	6.90E−02	2.69E−03	6.91E−02
3～4	1.10E−03	4.24E−02	1.10E−03	4.26E−02	1.10E−03	4.28E−02
4～5	5.73E−04	2.70E−02	5.73E−04	2.71E−02	5.73E−04	2.73E−02
5～6	3.63E−04	2.02E−02	3.63E−04	2.03E−02	3.63E−04	2.04E−02
6～7	2.97E−04	1.74E−02	2.97E−04	1.74E−02	2.97E−04	1.75E−02
7～8	1.99E−04	1.38E−02	1.99E−04	1.38E−02	1.99E−04	1.39E−02
8～9	1.08E−04	1.05E−02	1.08E−04	1.04E−02	1.08E−04	1.05E−02
9～10	6.22E−05	8.48E−03	6.22E−05	8.40E−03	6.22E−05	8.40E−03
10～11	2.44E−05	7.18E−03	2.44E−05	6.99E−03	2.44E−05	7.06E−03
11～12	<1.0E−6	6.21E−03	<1.0E−6	5.87E−03	<1.0E−6	5.99E−03
12～13		5.43E−03		5.00E−03		5.08E−03
13～14		4.75E−03		4.28E−03		4.32E−03
14～15		4.18E−03		3.69E−03		3.70E−03
15～16		3.67E−03		3.21E−03		3.20E−03
16～17		3.24E−03		2.83E−03		2.82E−03
17～18		2.87E−03		2.58E−03		2.56E−03
18～19		2.56E−03		2.38E−03		2.35E−03
19～20		2.27E−03		2.18E−03		2.14E−03
20～21		1.96E−03		1.92E−03		1.88E−03
21～22		1.64E−03		1.64E−03		1.60E−03
22～23		1.34E−03		1.37E−03		1.32E−03
23～24		1.07E−03		1.10E−03		1.06E−03
24～25		8.59E−04		8.89E−04		8.50E−04
25～30		5.08E−04		5.36E−04		5.07E−04
30～35		2.21E−04		2.39E−04		2.18E−04
35～40		1.05E−04		1.13E−04		1.04E−04
40～45		5.19E−05		5.60E−05		4.95E−05
45～50		2.64E−05		2.93E−05		2.50E−05
50～70		7.09E−06		8.02E−06		6.67E−06
70～100		3.36E−07		4.07E−07		3.07E−07

续表

高度/km	乡村型,能见度 23 km		乡村型,能见度 5 km		城市型,能见度 5 km	
	气溶胶吸收 k_a /km^{-1}	气溶胶散射 σ_a /km^{-1}	气溶胶吸收 k_a /km^{-1}	气溶胶散射 σ_a /km^{-1}	气溶胶吸收 k_a /km^{-1}	气溶胶散射 σ_a /km^{-1}
			λ=0.5145 μm			
0	7.79E-03	1.80E-01	3.34E-02	8.28E-01	2.74E-01	5.79E-01
0~1	6.95E-03	1.46E-01	3.87E-02	8.23E-01	2.72E-01	5.80E-01
1~2	4.66E-03	9.51E-02	1.62E-02	3.07E-01	9.86E-02	2.20E-01
2~3	2.54E-03	6.23E-02	2.34E-03	5.92E-02	1.15E-02	5.33E-02
3~4	1.03E-03	3.79E-02	7.45E-04	3.08E-02	1.03E-03	3.82E-02
4~5	5.37E-04	2.37E-02	3.17E-04	1.82E-02	5.37E-04	2.39E-02
5~6	3.40E-04	1.75E-02	1.67E-04	1.31E-02	3.40E-04	1.77E-02
6~7	2.79E-04	1.50E-02	1.16E-04	1.08E-02	2.79E-04	1.51E-02
7~8	1.87E-04	1.18E-02	7.32E-05	8.79E-03	1.87E-04	1.18E-02
8~9	1.01E-04	8.78E-03	4.74E-05	7.26E-03	1.01E-04	8.80E-03
9~10	5.83E-05	6.99E-03	3.53E-05	6.11E-03	5.83E-05	6.97E-03
10~11	2.29E-05	5.88E-03	1.58E-05	5.23E-03	2.29E-05	5.83E-03
11~12	<1.0E-6	5.07E-03	<1.0E-6	4.52E-03	<1.0E-6	4.93E-03
12~13		4.42E-03		3.93E-03		4.18E-03
13~14		3.81E-03		3.45E-03		3.56E-03
14~15		3.26E-03		3.06E-03		3.05E-03
15~16		2.81E-03		2.72E-03		2.64E-03
16~17		2.48E-03		2.40E-03		2.33E-03
17~18		2.26E-03		2.11E-03		2.13E-03
18~19		2.08E-03		1.84E-03		1.98E-03
19~20		1.90E-03		1.58E-03		1.82E-03
20~21		1.67E-03		1.35E-03		1.60E-03
21~22		1.42E-03		1.15E-03		1.36E-03
22~23		1.17E-03		9.70E-04		1.12E-03
23~24		9.35E-04		8.14E-04		8.93E-04
24~25		7.47E-04		6.80E-04		7.10E-04
25~30		4.44E-04		3.97E-04		4.20E-04
30~35		1.95E-04		1.64E-04		1.80E-04
35~40		9.28E-05		7.41E-05		8.59E-05
40~45		4.59E-05		3.45E-05		4.09E-05
45~50		2.35E-05		1.67E-05		2.07E-05
50~70		6.41E-06		4.15E-06		5.52E-06
70~100		3.15E-07		2.01E-07		2.53E-07

高度/km	海洋型,能见度 23 km		沙漠型,风速 10 m/s		沙漠型,风速 2 m/s	
	气溶胶吸收 k_a /km^{-1}	气溶胶散射 σ_a /km^{-1}	气溶胶吸收 k_a /km^{-1}	气溶胶散射 σ_a /km^{-1}	气溶胶吸收 k_a /km^{-1}	气溶胶散射 σ_a /km^{-1}
			λ=0.5145 μm			
0	1.58E-03	1.75E-01	8.00E-03	1.81E-01	4.66E-02	8.16E-01
0~1	1.38E-03	1.42E-01	6.79E-03	1.46E-01	4.65E-02	8.15E-01
1~2	9.05E-04	9.32E-02	4.56E-03	9.55E-02	1.69E-02	3.06E-01
2~3	1.03E-03	6.15E-02	2.48E-03	6.26E-02	2.55E-03	6.26E-02
3~4	1.03E-03	3.78E-02	1.03E-03	3.80E-02	1.03E-03	3.82E-02
4~5	5.37E-04	2.37E-02	5.37E-04	2.38E-02	5.37E-04	2.39E-02
5~6	3.40E-04	1.75E-02	3.40E-04	1.76E-02	3.40E-04	1.77E-02
6~7	2.79E-04	1.50E-02	2.79E-04	1.50E-02	2.79E-04	1.51E-02
7~8	1.87E-04	1.18E-02	1.87E-04	1.18E-02	1.87E-04	1.18E-02
8~9	1.01E-04	8.82E-03	1.01E-04	8.78E-03	1.01E-04	8.80E-03
9~10	5.83E-05	7.03E-03	5.83E-05	6.97E-03	5.83E-05	6.97E-03
10~11	2.29E-05	5.93E-03	2.29E-05	5.77E-03	2.29E-05	5.83E-03
11~12	<1.0E-6	5.12E-03	<1.0E-6	4.84E-03	<1.0E-6	4.93E-03
12~13		4.46E-03		4.12E-03		4.18E-03
13~14		3.90E-03		3.52E-03		3.56E-03
14~15		3.43E-03		3.04E-03		3.05E-03
15~16		3.02E-03		2.65E-03		2.64E-03
16~17		2.67E-03		2.35E-03		2.33E-03
17~18		2.39E-03		2.15E-03		2.13E-03
18~19		2.15E-03		2.01E-03		1.98E-03
19~20		1.92E-03		1.85E-03		1.82E-03
20~21		1.66E-03		1.63E-03		1.60E-03
21~22		1.39E-03		1.40E-03		1.36E-03
22~23		1.14E-03		1.16E-03		1.12E-03
23~24		9.04E-04		9.28E-04		8.93E-04
24~25		7.17E-04		7.42E-04		7.10E-04
25~30		4.20E-04		4.43E-04		4.20E-04
30~35		1.82E-04		1.96E-04		1.80E-04
35~40		8.70E-05		9.32E-05		8.59E-05
40~45		4.29E-05		4.62E-05		4.09E-05
45~50		2.19E-05		2.41E-05		2.07E-05
50~70		5.85E-06		6.60E-06		5.52E-06
70~100		2.76E-07		3.33E-07		2.53E-07

续表

高　度 /km	乡村型，能见度 23 km		乡村型，能见度 5 km		城市型，能见度 5 km	
	气溶胶吸收 k_a /km^{-1}	气溶胶散射 σ_a /km^{-1}	气溶胶吸收 k_a /km^{-1}	气溶胶散射 σ_a /km^{-1}	气溶胶吸收 k_a /km^{-1}	气溶胶散射 σ_a /km^{-1}
λ = 0.532 μm						
0	7.54E−03	1.71E−01	3.23E−02	7.90E−01	2.63E−01	5.54E−01
0～1	6.72E−03	1.38E−01	3.74E−02	7.85E−01	2.62E−01	5.55E−01
1～2	4.50E−03	8.98E−02	1.57E−02	2.92E−01	9.48E−02	2.10E−01
2～3	2.45E−03	5.85E−02	2.25E−03	5.54E−02	1.11E−02	4.99E−02
3～4	9.86E−04	3.52E−02	7.12E−04	2.84E−02	9.86E−04	3.54E−02
4～5	5.13E−04	2.18E−02	3.03E−04	1.65E−02	5.13E−04	2.20E−02
5～6	3.25E−04	1.60E−02	1.60E−04	1.18E−02	3.25E−04	1.61E−02
6～7	2.66E−04	1.37E−02	1.10E−04	9.66E−03	2.66E−04	1.38E−02
7～8	1.78E−04	1.07E−02	6.99E−05	7.82E−03	1.78E−04	1.07E−02
8～9	9.65E−05	7.87E−03	4.53E−05	6.43E−03	9.65E−05	7.89E−03
9～10	5.57E−05	6.21E−03	3.37E−05	5.40E−03	5.57E−05	6.20E−03
10～11	2.19E−05	5.21E−03	1.51E−05	4.63E−03	2.19E−05	5.17E−03
11～12	<1.0E−6	4.49E−03	<1.0E−6	4.01E−03	<1.0E−6	4.37E−03
12～13		3.91E−03		3.49E−03		3.70E−03
13～14		3.37E−03		3.07E−03		3.15E−03
14～15		2.88E−03		2.73E−03		2.70E−03
15～16		2.49E−03		2.43E−03		2.34E−03
16～17		2.20E−03		2.16E−03		2.07E−03
17～18		2.01E−03		1.90E−03		1.91E−03
18～19		1.87E−03		1.66E−03		1.78E−03
19～20		1.71E−03		1.42E−03		1.64E−03
20～21		1.51E−03		1.21E−03		1.45E−03
21～22		1.28E−03		1.03E−03		1.23E−03
22～23		1.06E−03		8.72E−04		1.01E−03
23～24		8.39E−04		7.31E−04		8.02E−04
24～25		6.67E−04		6.09E−04		6.35E−04
25～30		3.94E−04		3.54E−04		3.73E−04
30～35		1.73E−04		1.46E−04		1.60E−04
35～40		8.24E−05		6.61E−05		7.63E−05
40～45		4.07E−05		3.08E−05		3.64E−05
45～50		2.09E−05		1.49E−05		1.84E−05
50～70		5.68E−06		3.71E−06		4.90E−06
70～100		2.78E−07		1.79E−07		2.24E−07

高　度 /km	海洋型，能见度 23 km		沙漠型，风速 10 m/s		沙漠型，风速 2 m/s	
	气溶胶吸收 k_a /km^{-1}	气溶胶散射 σ_a /km^{-1}	气溶胶吸收 k_a /km^{-1}	气溶胶散射 σ_a /km^{-1}	气溶胶吸收 k_a /km^{-1}	气溶胶散射 σ_a /km^{-1}
λ = 0.532 μm						
0	1.51E−03	1.71E−01	7.74E−03	1.71E−01	4.50E−02	7.77E−01
0～1	1.32E−03	1.39E−01	6.56E−03	1.39E−01	4.49E−02	7.77E−01
1～2	8.65E−04	9.05E−02	4.41E−03	9.01E−02	1.63E−02	2.91E−01
2～3	9.83E−04	5.87E−02	2.39E−03	5.87E−02	2.46E−03	5.87E−02
3～4	9.86E−04	3.52E−02	9.86E−04	3.53E−02	9.86E−04	3.54E−02
4～5	5.13E−04	2.18E−02	5.13E−04	2.18E−02	5.13E−04	2.20E−02
5～6	3.25E−04	1.60E−02	3.25E−04	1.60E−02	3.25E−04	1.61E−02
6～7	2.66E−04	1.37E−02	2.66E−04	1.37E−02	2.66E−04	1.38E−02
7～8	1.78E−04	1.07E−02	1.78E−04	1.07E−02	1.78E−04	1.07E−02
8～9	9.65E−05	7.91E−03	9.65E−05	7.87E−03	9.65E−05	7.89E−03
9～10	5.57E−05	6.26E−03	5.57E−05	6.20E−03	5.57E−05	6.20E−03
10～11	2.19E−05	5.26E−03	2.19E−05	5.12E−03	2.19E−05	5.17E−03
11～12	<1.0E−6	4.53E−03	<1.0E−6	4.29E−03	<1.0E−6	4.37E−03
12～13		3.95E−03		3.65E−03		3.70E−03
13～14		3.45E−03		3.12E−03		3.15E−03
14～15		3.03E−03		2.69E−03		2.70E−03
15～16		2.67E−03		2.34E−03		2.34E−03
16～17		2.37E−03		2.09E−03		2.07E−03
17～18		2.13E−03		1.92E−03		1.91E−03
18～19		1.93E−03		1.80E−03		1.78E−03
19～20		1.73E−03		1.67E−03		1.64E−03
20～21		1.50E−03		1.48E−03		1.45E−03
21～22		1.26E−03		1.26E−03		1.23E−03
22～23		1.03E−03		1.04E−03		1.01E−03
23～24		8.13E−04		8.33E−04		8.02E−04
24～25		6.41E−04		6.63E−04		6.35E−04
25～30		3.73E−04		3.93E−04		3.73E−04
30～35		1.62E−04		1.74E−04		1.60E−04
35～40		7.73E−05		8.27E−05		7.63E−05
40～45		3.82E−05		4.10E−05		3.64E−05
45～50		1.94E−05		2.14E−05		1.84E−05
50～70		5.20E−06		5.85E−06		4.90E−06
70～100		2.45E−07		2.95E−07		2.24E−07

续表

高 度 /km	乡村型,能见度 23 km		乡村型,能见度 5 km		城市型,能见度 5 km	
	气溶胶吸收 k_a /km^{-1}	气溶胶散射 σ_a /km^{-1}	气溶胶吸收 k_a /km^{-1}	气溶胶散射 σ_a /km^{-1}	气溶胶吸收 k_a /km^{-1}	气溶胶散射 σ_a /km^{-1}
$\lambda=0.6\ \mu m$						
0	6.96E−03	1.46E−01	2.98E−02	6.85E−01	2.35E−01	4.83E−01
0～1	6.20E−03	1.17E−01	3.46E−02	6.79E−01	2.34E−01	4.84E−01
1～2	4.15E−03	7.50E−02	1.45E−02	2.50E−01	8.49E−02	1.82E−01
2～3	2.24E−03	4.79E−02	2.06E−03	4.52E−02	9.90E−03	4.07E−02
3～4	8.81E−04	2.79E−02	6.36E−04	2.20E−02	8.81E−04	2.81E−02
4～5	4.58E−04	1.67E−02	2.70E−04	1.21E−02	4.58E−04	1.68E−02
5～6	2.91E−04	1.19E−02	1.42E−04	8.26E−03	2.91E−04	1.20E−02
6～7	2.38E−04	1.01E−02	9.87E−05	6.63E−03	2.38E−04	1.02E−02
7～8	1.59E−04	7.68E−03	6.24E−05	5.24E−03	1.59E−04	7.72E−03
8～9	8.61E−05	5.44E−03	4.05E−05	4.23E−03	8.61E−05	5.45E−03
9～10	4.98E−05	4.17E−03	3.01E−05	3.53E−03	4.98E−05	4.16E−03
10～11	1.95E−05	3.44E−03	1.35E−05	3.02E−03	1.95E−05	3.41E−03
11～12	<1.0E−6	2.93E−03	<1.0E−6	2.64E−03	<1.0E−6	2.86E−03
12～13		2.54E−03		2.30E−03		2.42E−03
13～14		2.19E−03		2.04E−03		2.05E−03
14～15		1.88E−03		1.84E−03		1.76E−03
15～16		1.63E−03		1.66E−03		1.53E−03
16～17		1.45E−03		1.48E−03		1.38E−03
17～18		1.36E−03		1.31E−03		1.29E−03
18～19		1.29E−03		1.15E−03		1.23E−03
19～20		1.20E−03		9.90E−04		1.16E−03
20～21		1.06E−03		8.44E−04		1.03E−03
21～22		9.03E−04		7.14E−04		8.73E−04
22～23		7.39E−04		6.03E−04		7.12E−04
23～24		5.78E−04		5.03E−04		5.55E−04
24～25		4.51E−04		4.17E−04		4.31E−04
25～30		2.60E−04		2.37E−04		2.47E−04
30～35		1.14E−04		9.71E−05		1.06E−04
35～40		5.47E−05		4.48E−05		5.10E−05
40～45		2.70E−05		2.10E−05		2.44E−05
45～50		1.39E−05		1.02E−05		1.23E−05
50～70		3.76E−06		2.55E−06		3.28E−06
70～100		1.82E−07		1.21E−07		1.49E−07
高 度 /km	海洋型,能见度 23 km		沙漠型,风速 10 m/s		沙漠型,风速 2 m/s	
	气溶胶吸收 k_a /km^{-1}	气溶胶散射 σ_a /km^{-1}	气溶胶吸收 k_a /km^{-1}	气溶胶散射 σ_a /km^{-1}	气溶胶吸收 k_a /km^{-1}	气溶胶散射 σ_a /km^{-1}
$\lambda=0.6\ \mu m$						
0	1.35E−03	1.61E−01	7.14E−03	1.46E−01	4.15E−02	6.71E−01
0～1	1.18E−03	1.29E−01	6.05E−03	1.17E−01	4.14E−02	6.70E−01
1～2	7.73E−04	8.30E−02	4.07E−03	7.53E−02	1.51E−02	2.49E−01
2～3	8.78E−04	5.11E−02	2.19E−03	4.81E−02	2.25E−03	4.81E−02
3～4	8.81E−04	2.79E−02	8.81E−04	2.80E−02	8.81E−04	2.81E−02
4～5	4.58E−04	1.66E−02	4.58E−04	1.67E−02	4.58E−04	1.68E−02
5～6	2.91E−04	1.19E−02	2.91E−04	1.19E−02	2.91E−04	1.20E−02
6～7	2.38E−04	1.01E−02	2.38E−04	1.01E−02	2.38E−04	1.02E−02
7～8	1.59E−04	7.70E−03	1.59E−04	7.69E−03	1.59E−04	7.72E−03
8～9	8.61E−05	5.46E−03	8.61E−05	5.44E−03	8.61E−05	5.45E−03
9～10	4.98E−05	4.19E−03	4.98E−05	4.16E−03	4.98E−05	4.16E−03
10～11	1.95E−05	3.46E−03	1.95E−05	3.38E−03	1.95E−05	3.41E−03
11～12	<1.0E−6	2.96E−03	<1.0E−6	2.82E−03	<1.0E−6	2.86E−03
12～13		2.57E−03		2.39E−03		2.42E−03
13～14		2.24E−03		2.03E−03		2.05E−03
14～15		1.97E−03		1.76E−03		1.76E−03
15～16		1.73E−03		1.54E−03		1.53E−03
16～17		1.56E−03		1.38E−03		1.38E−03
17～18		1.43E−03		1.30E−03		1.29E−03
18～19		1.32E−03		1.25E−03		1.23E−03
19～20		1.21E−03		1.17E−03		1.16E−03
20～21		1.06E−03		1.05E−03		1.03E−03
21～22		8.91E−04		8.92E−04		8.73E−04
22～23		7.23E−04		7.32E−04		7.12E−04
23～24		5.61E−04		5.74E−04		5.55E−04
24～25		4.35E−04		4.48E−04		4.31E−04
25～30		2.47E−04		2.59E−04		2.47E−04
30～35		1.07E−04		1.14E−04		1.06E−04
35～40		5.16E−05		5.49E−05		5.10E−05
40～45		2.55E−05		2.72E−05		2.44E−05
45～50		1.30E−05		1.42E−05		1.23E−05
50～70		3.46E−06		3.86E−06		3.28E−06
70～100		1.61E−07		1.92E−07		1.49E−07

续表

高 度 /km	乡村型，能见度 23 km		乡村型，能见度 5 km		城市型，能见度 5 km	
	气溶胶吸收 k_a /km^{-1}	气溶胶散射 σ_a /km^{-1}	气溶胶吸收 k_a /km^{-1}	气溶胶散射 σ_a /km^{-1}	气溶胶吸收 k_a /km^{-1}	气溶胶散射 σ_a /km^{-1}
λ = 0.632 8 μm						
0	6.75E−03	1.36E−01	2.90E−02	6.43E−01	2.24E−01	4.54E−01
0～1	6.01E−03	1.09E−01	3.35E−02	6.36E−01	2.23E−01	4.54E−01
1～2	4.02E−03	6.94E−02	1.40E−02	2.33E−01	8.09E−02	1.70E−01
2～3	2.16E−03	4.40E−02	1.99E−03	4.14E−02	9.44E−03	3.73E−02
3～4	8.42E−04	2.53E−02	6.08E−04	1.97E−02	8.42E−04	2.54E−02
4～5	4.38E−04	1.49E−02	2.58E−04	1.06E−02	4.38E−04	1.50E−02
5～6	2.78E−04	1.05E−02	1.36E−04	7.10E−03	2.78E−04	1.06E−02
6～7	2.27E−04	8.88E−03	9.43E−05	5.65E−03	2.27E−04	8.93E−03
7～8	1.52E−04	6.69E−03	5.97E−05	4.42E−03	1.52E−04	6.72E−03
8～9	8.24E−05	4.65E−03	3.87E−05	3.54E−03	8.24E−05	4.66E−03
9～10	4.76E−05	3.51E−03	2.88E−05	2.94E−03	4.76E−05	3.51E−03
10～11	1.87E−05	2.87E−03	1.29E−05	2.52E−03	1.87E−05	2.85E−03
11～12	<1.0E−6	2.44E−03	<1.0E−6	2.20E−03	<1.0E−6	2.38E−03
12～13		2.11E−03		1.92E−03		2.01E−03
13～14		1.81E−03		1.71E−03		1.70E−03
14～15		1.56E−03		1.55E−03		1.46E−03
15～16		1.35E−03		1.40E−03		1.28E−03
16～17		1.22E−03		1.26E−03		1.15E−03
17～18		1.14E−03		1.12E−03		1.09E−03
18～19		1.10E−03		9.83E−04		1.05E−03
19～20		1.03E−03		8.47E−04		9.96E−04
20～21		9.16E−04		7.21E−04		8.88E−04
21～22		7.77E−04		6.10E−04		7.53E−04
22～23		6.34E−04		5.15E−04		6.12E−04
23～24		4.92E−04		4.29E−04		4.74E−04
24～25		3.81E−04		3.54E−04		3.65E−04
25～30		2.17E−04		1.99E−04		2.07E−04
30～35		9.54E−05		8.19E−05		8.89E−05
35～40		4.62E−05		3.81E−05		4.32E−05
40～45		2.28E−05		1.79E−05		2.07E−05
45～50		1.17E−05		8.76E−06		1.05E−05
50～70		3.16E−06		2.19E−06		2.77E−06
70～100		1.52E−07		1.03E−07		1.25E−07

高 度 /km	海洋型，能见度 23 km		沙漠型，风速 10 m/s		沙漠型，风速 2 m/s	
	气溶胶吸收 k_a /km^{-1}	气溶胶散射 σ_a /km^{-1}	气溶胶吸收 k_a /km^{-1}	气溶胶散射 σ_a /km^{-1}	气溶胶吸收 k_a /km^{-1}	气溶胶散射 σ_a /km^{-1}
λ = 0.632 8 μm						
0	1.30E−03	1.57E−01	6.93E−03	1.36E−01	4.02E−02	6.27E−01
0～1	1.13E−03	1.26E−01	5.87E−03	1.09E−01	4.01E−02	6.27E−01
1～2	7.40E−04	8.04E−02	3.94E−03	6.96E−02	1.46E−02	2.32E−01
2～3	8.40E−04	4.84E−02	2.11E−03	4.41E−02	2.17E−03	4.41E−02
3～4	8.42E−04	2.53E−02	8.42E−04	2.53E−02	8.42E−04	2.54E−02
4～5	4.38E−04	1.48E−02	4.38E−04	1.49E−02	4.38E−04	1.50E−02
5～6	2.78E−04	1.05E−02	2.78E−04	1.05E−02	2.78E−04	1.06E−02
6～7	2.27E−04	8.89E−03	2.27E−04	8.90E−03	2.27E−04	8.93E−03
7～8	1.52E−04	6.71E−03	1.52E−04	6.70E−03	1.52E−04	6.72E−03
8～9	8.24E−05	4.67E−03	8.24E−05	4.65E−03	8.24E−05	4.66E−03
9～10	4.76E−05	3.53E−03	4.76E−05	3.51E−03	4.76E−05	3.51E−03
10～11	1.87E−05	2.90E−03	1.87E−05	2.83E−03	1.87E−05	2.85E−03
11～12	<1.0E−6	2.46E−03	<1.0E−6	2.35E−03	<1.0E−6	2.38E−03
12～13		2.13E−03		1.98E−03		2.01E−03
13～14		1.85E−03		1.69E−03		1.70E−03
14～15		1.63E−03		1.46E−03		1.46E−03
15～16		1.44E−03		1.28E−03		1.28E−03
16～17		1.30E−03		1.16E−03		1.15E−03
17～18		1.20E−03		1.10E−03		1.09E−03
18～19		1.13E−03		1.06E−03		1.05E−03
19～20		1.04E−03		1.01E−03		9.96E−04
20～21		9.14E−04		9.01E−04		8.88E−04
21～22		7.67E−04		7.68E−04		7.53E−04
22～23		6.21E−04		6.28E−04		6.12E−04
23～24		4.79E−04		4.89E−04		4.74E−04
24～25		3.68E−04		3.78E−04		3.65E−04
25～30		2.07E−04		2.17E−04		2.07E−04
30～35		8.99E−05		9.59E−05		8.89E−05
35～40		4.37E−05		4.63E−05		4.32E−05
40～45		2.15E−05		2.30E−05		2.07E−05
45～50		1.10E−05		1.20E−05		1.05E−05
50～70		2.92E−06		3.24E−06		2.77E−06
70～100		1.35E−07		1.60E−07		1.25E−07

续表

高　度 /km	乡村型,能见度 23 km		乡村型,能见度 5 km		城市型,能见度 5 km	
	气溶胶吸收 k_a /km^{-1}	气溶胶散射 σ_a /km^{-1}	气溶胶吸收 k_a /km^{-1}	气溶胶散射 σ_a /km^{-1}	气溶胶吸收 k_a /km^{-1}	气溶胶散射 σ_a /km^{-1}
			$\lambda=0.6943\ \mu m$			
0	6.35E−03	1.18E−01	2.73E−02	5.64E−01	2.04E−01	3.99E−01
0～1	5.65E−03	9.38E−02	3.15E−02	5.56E−01	2.03E−01	4.00E−01
1～2	3.78E−03	5.96E−02	1.32E−02	2.03E−01	7.35E−02	1.49E−01
2～3	2.02E−03	3.73E−02	1.86E−03	3.50E−02	8.58E−03	3.16E−02
3～4	7.70E−04	2.09E−02	5.56E−04	1.61E−02	7.70E−04	2.10E−02
4～5	4.01E−04	1.21E−02	2.36E−04	8.36E−03	4.01E−04	1.21E−02
5～6	2.54E−04	8.39E−03	1.25E−04	5.46E−03	2.54E−04	8.44E−03
6～7	2.08E−04	7.07E−03	8.63E−05	4.28E−03	2.08E−04	7.10E−03
7～8	1.39E−04	5.24E−03	5.46E−05	3.29E−03	1.39E−04	5.26E−03
8～9	7.53E−05	3.55E−03	3.54E−05	2.59E−03	7.53E−05	3.55E−03
9～10	4.35E−05	2.61E−03	2.63E−05	2.14E−03	4.35E−05	2.61E−03
10～11	1.71E−05	2.11E−03	1.18E−05	1.83E−03	1.71E−05	2.09E−03
11～12	<1.0E−6	1.77E−03	<1.0E−6	1.60E−03	<1.0E−6	1.73E−03
12～13		1.53E−03		1.41E−03		1.46E−03
13～14		1.31E−03		1.26E−03		1.24E−03
14～15		1.12E−03		1.15E−03		1.06E−03
15～16		9.81E−04		1.05E−03		9.30E−04
16～17		8.89E−04		9.49E−04		8.45E−04
17～18		8.49E−04		8.48E−04		8.13E−04
18～19		8.27E−04		7.46E−04		7.98E−04
19～20		7.86E−04		6.43E−04		7.63E−04
20～21		7.02E−04		5.48E−04		6.83E−04
21～22		5.96E−04		4.63E−04		5.79E−04
22～23		4.83E−04		3.90E−04		4.69E−04
23～24		3.71E−04		3.23E−04		3.58E−04
24～25		2.83E−04		2.66E−04		2.72E−04
25～30		1.59E−04		1.47E−04		1.52E−04
30～35		7.10E−05		6.18E−05		6.65E−05
35～40		3.50E−05		2.95E−05		3.29E−05
40～45		1.73E−05		1.39E−05		1.58E−05
45～50		8.86E−06		6.84E−06		8.01E−06
50～70		2.38E−06		1.71E−06		2.12E−06
70～100		1.13E−07		7.92E−08		9.46E−08

高　度 /km	海洋型,能见度 23 km		沙漠型,风速 10 m/s		沙漠型,风速 2 m/s	
	气溶胶吸收 k_a /km^{-1}	气溶胶散射 σ_a /km^{-1}	气溶胶吸收 k_a /km^{-1}	气溶胶散射 σ_a /km^{-1}	气溶胶吸收 k_a /km^{-1}	气溶胶散射 σ_a /km^{-1}
			$\lambda=0.6943\ \mu m$			
0	1.19E−03	1.50E−01	6.52E−03	1.18E−01	3.78E−02	5.46E−01
0～1	1.03E−03	1.20E−01	5.52E−03	9.41E−02	3.77E−02	5.46E−01
1～2	6.77E−04	7.62E−02	3.71E−03	5.97E−02	1.37E−02	2.02E−01
2～3	7.68E−04	4.39E−02	1.97E−03	3.74E−02	2.03E−03	3.74E−02
3～4	7.70E−04	2.09E−02	7.70E−04	2.10E−02	7.70E−04	2.10E−02
4～5	4.01E−04	1.21E−02	4.01E−04	1.21E−02	4.01E−04	1.21E−02
5～6	2.54E−04	8.39E−03	2.54E−04	8.40E−03	2.54E−04	8.44E−03
6～7	2.08E−04	7.07E−03	2.08E−04	7.08E−03	2.08E−04	7.10E−03
7～8	1.39E−04	5.26E−03	1.39E−04	5.25E−03	1.39E−04	5.26E−03
8～9	7.53E−05	3.56E−03	7.53E−05	3.55E−03	7.53E−05	3.55E−03
9～10	4.35E−05	2.63E−03	4.35E−05	2.61E−03	4.35E−05	2.61E−03
10～11	1.71E−05	2.12E−03	1.71E−05	2.08E−03	1.71E−05	2.09E−03
11～12	<1.0E−6	1.79E−03	<1.0E−6	1.71E−03	<1.0E−6	1.73E−03
12～13		1.54E−03		1.44E−03		1.46E−03
13～14		1.34E−03		1.23E−03		1.24E−03
14～15		1.17E−03		1.06E−03		1.06E−03
15～16		1.04E−03		9.31E−04		9.30E−04
16～17		9.45E−04		8.49E−04		8.45E−04
17～18		8.88E−04		8.18E−04		8.13E−04
18～19		8.47E−04		8.06E−04		7.98E−04
19～20		7.93E−04		7.71E−04		7.63E−04
20～21		7.01E−04		6.93E−04		6.83E−04
21～22		5.89E−04		5.90E−04		5.79E−04
22～23		4.74E−04		4.80E−04		4.69E−04
23～24		3.62E−04		3.69E−04		3.58E−04
24～25		2.74E−04		2.82E−04		2.72E−04
25～30		1.52E−04		1.58E−04		1.52E−04
30～35		6.72E−05		7.13E−05		6.65E−05
35～40		3.33E−05		3.51E−05		3.29E−05
40～45		1.64E−05		1.74E−05		1.58E−05
45～50		8.36E−06		9.04E−06		8.01E−06
50～70		2.22E−06		2.44E−06		2.12E−06
70～100		1.02E−07		1.18E−07		9.46E−08

续表

高度/km	乡村型,能见度23 km		乡村型,能见度5 km		城市型,能见度5 km	
	气溶胶吸收 k_a /km^{-1}	气溶胶散射 σ_a /km^{-1}	气溶胶吸收 k_a /km^{-1}	气溶胶散射 σ_a /km^{-1}	气溶胶吸收 k_a /km^{-1}	气溶胶散射 σ_a /km^{-1}
λ=0.86 μm						
0	6.79E−03	9.11E−02	2.93E−02	4.44E−01	1.78E−01	3.15E−01
0～1	6.02E−03	7.21E−02	3.37E−02	4.36E−01	1.77E−01	3.15E−01
1～2	4.02E−03	4.53E−02	1.40E−02	1.57E−01	6.42E−02	1.17E−01
2～3	2.13E−03	2.76E−02	1.97E−03	2.59E−02	7.58E−03	2.33E−02
3～4	8.03E−04	1.48E−02	5.80E−04	1.11E−02	8.03E−04	1.49E−02
4～5	4.18E−04	8.21E−03	2.46E−04	5.36E−03	4.18E−04	8.23E−03
5～6	2.65E−04	5.51E−03	1.30E−04	3.27E−03	2.65E−04	5.53E−03
6～7	2.17E−04	4.60E−03	9.00E−05	2.48E−03	2.17E−04	4.61E−03
7～8	1.45E−04	3.29E−03	5.69E−05	1.81E−03	1.45E−04	3.30E−03
8～9	7.86E−05	2.08E−03	3.69E−05	1.37E−03	7.86E−05	2.08E−03
9～10	4.54E−05	1.44E−03	2.75E−05	1.11E−03	4.54E−05	1.44E−03
10～11	1.78E−05	1.11E−03	1.23E−05	9.42E−04	1.78E−05	1.10E−03
11～12	<1.0E−6	9.04E−04	<1.0E−6	8.26E−04	<1.0E−6	8.88E−04
12～13		7.70E−04		7.34E−04		7.40E−04
13～14		6.57E−04		6.71E−04		6.25E−04
14～15		5.66E−04		6.27E−04		5.39E−04
15～16		4.98E−04		5.83E−04		4.77E−04
16～17		4.63E−04		5.36E−04		4.45E−04
17～18		4.61E−04		4.85E−04		4.46E−04
18～19		4.69E−04		4.30E−04		4.57E−04
19～20		4.60E−04		3.71E−04		4.50E−04
20～21		4.15E−04		3.15E−04		4.07E−04
21～22		3.52E−04		2.66E−04		3.45E−04
22～23		2.82E−04		2.23E−04		2.76E−04
23～24		2.10E−04		1.83E−04		2.05E−04
24～25		1.55E−04		1.49E−04		1.50E−04
25～30		8.25E−05		7.90E−05		7.95E−05
30～35		3.92E−05		3.53E−05		3.73E−05
35～40		2.03E−05		1.80E−05		1.95E−05
40～45		1.00E−05		8.63E−06		9.43E−06
45～50		5.15E−06		4.30E−06		4.79E−06
50～70		1.36E−06		1.08E−06		1.25E−06
70～100		6.24E−08		4.82E−08		5.47E−08

高度/km	海洋型,能见度23 km		沙漠型,风速10 m/s		沙漠型,风速2 m/s	
	气溶胶吸收 k_a /km^{-1}	气溶胶散射 σ_a /km^{-1}	气溶胶吸收 k_a /km^{-1}	气溶胶散射 σ_a /km^{-1}	气溶胶吸收 k_a /km^{-1}	气溶胶散射 σ_a /km^{-1}
λ=0.86 μm						
0	1.31E−03	1.40E−01	6.97E−03	9.08E−02	4.01E−02	4.25E−01
0～1	1.14E−03	1.11E−01	5.89E−03	7.23E−02	4.00E−02	4.25E−01
1～2	7.45E−04	6.96E−02	3.94E−03	4.54E−02	1.46E−02	1.56E−01
2～3	8.16E−04	3.74E−02	2.09E−03	2.77E−02	2.14E−03	2.77E−02
3～4	8.03E−04	1.48E−02	8.03E−04	1.48E−02	8.03E−04	1.49E−02
4～5	4.18E−04	8.20E−03	4.18E−04	8.22E−03	4.18E−04	8.23E−03
5～6	2.65E−04	5.51E−03	2.65E−04	5.52E−03	2.65E−04	5.53E−03
6～7	2.17E−04	4.60E−03	2.17E−04	4.60E−03	2.17E−04	4.61E−03
7～8	1.45E−04	3.30E−03	1.45E−04	3.30E−03	1.45E−04	3.30E−03
8～9	7.86E−05	2.09E−03	7.86E−05	2.08E−03	7.86E−05	2.08E−03
9～10	4.54E−05	1.45E−03	4.54E−05	1.44E−03	4.54E−05	1.44E−03
10～11	1.78E−05	1.11E−03	1.78E−05	1.10E−03	1.78E−05	1.10E−03
11～12	<1.0E−6	9.11E−04	<1.0E−6	8.77E−04	<1.0E−6	8.88E−04
12～13		7.76E−04		7.33E−04		7.40E−04
13～14		6.69E−04		6.21E−04		6.25E−04
14～15		5.86E−04		5.38E−04		5.39E−04
15～16		5.24E−04		4.78E−04		4.77E−04
16～17		4.87E−04		4.46E−04		4.45E−04
17～18		4.78E−04		4.48E−04		4.46E−04
18～19		4.78E−04		4.60E−04		4.57E−04
19～20		4.63E−04		4.53E−04		4.50E−04
20～21		4.15E−04		4.11E−04		4.07E−04
21～22		3.49E−04		3.49E−04		3.45E−04
22～23		2.78E−04		2.80E−04		2.76E−04
23～24		2.06E−04		2.09E−04		2.05E−04
24～25		1.51E−04		1.54E−04		1.50E−04
25～30		7.95E−05		8.24E−05		7.95E−05
30～35		3.76E−05		3.94E−05		3.73E−05
35～40		1.96E−05		2.04E−05		1.95E−05
40～45		9.68E−06		1.01E−05		9.43E−06
45～50		4.94E−06		5.22E−06		4.79E−06
50～70		1.29E−06		1.39E−06		1.25E−06
70～100		5.76E−08		6.47E−08		5.47E−08

续表

高　度 /km	乡村型,能见度 23 km		乡村型,能见度 5 km		城市型,能见度 5 km	
	气溶胶吸收 k_a /km^{-1}	气溶胶散射 σ_a /km^{-1}	气溶胶吸收 k_a /km^{-1}	气溶胶散射 σ_a /km^{-1}	气溶胶吸收 k_a /km^{-1}	气溶胶散射 σ_a /km^{-1}
			λ=1.06 μm			
0	7.33E-03	6.10E-02	3.18E-02	3.02E-01	1.47E-01	2.15E-01
0~1	6.46E-03	4.78E-02	3.63E-02	2.93E-01	1.46E-01	2.16E-01
1~2	4.30E-03	2.97E-02	1.50E-02	1.04E-01	5.29E-02	7.95E-02
2~3	2.27E-03	1.76E-02	2.10E-03	1.65E-02	6.37E-03	1.49E-02
3~4	8.43E-04	8.84E-03	6.09E-04	6.57E-03	8.43E-04	8.85E-03
4~5	4.39E-04	4.81E-03	2.59E-04	3.06E-03	4.39E-04	4.82E-03
5~6	2.78E-04	3.18E-03	1.36E-04	1.81E-03	2.78E-04	3.19E-03
6~7	2.28E-04	2.64E-03	9.45E-05	1.34E-03	2.28E-04	2.65E-03
7~8	1.53E-04	1.86E-03	5.98E-05	9.54E-04	1.53E-04	1.87E-03
8~9	8.25E-05	1.14E-03	3.87E-05	7.02E-04	8.25E-05	1.14E-03
9~10	4.76E-05	7.59E-04	2.88E-05	5.61E-04	4.76E-05	7.58E-04
10~11	1.87E-05	5.58E-04	1.29E-05	4.67E-04	1.87E-05	5.55E-04
11~12	<1.0E-6	4.37E-04	<1.0E-6	4.01E-04	<1.0E-6	4.30E-04
12~13		3.70E-04		3.59E-04		3.57E-04
13~14		3.15E-04		3.31E-04		3.01E-04
14~15		2.71E-04		3.12E-04		2.60E-04
15~16		2.40E-04		2.94E-04		2.31E-04
16~17		2.26E-04		2.72E-04		2.18E-04
17~18		2.30E-04		2.47E-04		2.23E-04
18~19		2.38E-04		2.20E-04		2.33E-04
19~20		2.37E-04		1.90E-04		2.32E-04
20~21		2.15E-04		1.61E-04		2.11E-04
21~22		1.82E-04		1.36E-04		1.79E-04
22~23		1.45E-04		1.14E-04		1.42E-04
23~24		1.07E-04		9.32E-05		1.04E-04
24~25		7.75E-05		7.55E-05		7.55E-05
25~30		4.02E-05		3.91E-05		3.89E-05
30~35		2.40E-05		2.23E-05		2.32E-05
35~40		1.37E-05		1.27E-05		1.33E-05
40~45		6.75E-06		6.14E-06		6.48E-06
45~50		3.45E-06		3.09E-06		3.30E-06
50~70		9.03E-07		7.82E-07		8.55E-07
70~100		3.98E-08		3.37E-08		3.65E-08

高　度 /km	海洋型,能见度 23 km		沙漠型,风速 10 m/s		沙漠型,风速 2 m/s	
	气溶胶吸收 k_a /km^{-1}	气溶胶散射 σ_a /km^{-1}	气溶胶吸收 k_a /km^{-1}	气溶胶散射 σ_a /km^{-1}	气溶胶吸收 k_a /km^{-1}	气溶胶散射 σ_a /km^{-1}
			λ=1.06 μm			
0	1.46E-03	1.29E-01	7.51E-03	6.07E-02	4.29E-02	2.82E-01
0~1	1.26E-03	1.02E-01	6.33E-03	4.80E-02	4.28E-02	2.82E-01
1~2	8.27E-04	6.34E-02	4.22E-03	2.99E-02	1.56E-02	1.03E-01
2~3	8.73E-04	3.11E-02	2.22E-03	1.76E-02	2.28E-03	1.76E-02
3~4	8.43E-04	8.83E-03	8.43E-04	8.84E-03	8.43E-04	8.85E-03
4~5	4.39E-04	4.81E-03	4.39E-04	4.82E-03	4.39E-04	4.82E-03
5~6	2.78E-04	3.18E-03	2.78E-04	3.19E-03	2.78E-04	3.19E-03
6~7	2.28E-04	2.64E-03	2.28E-04	2.64E-03	2.28E-04	2.65E-03
7~8	1.53E-04	1.87E-03	1.53E-04	1.86E-03	1.53E-04	1.87E-03
8~9	8.25E-05	1.14E-03	8.25E-05	1.14E-03	8.25E-05	1.14E-03
9~10	4.76E-05	7.62E-04	4.76E-05	7.58E-04	4.76E-05	7.58E-04
10~11	1.87E-05	5.61E-04	1.87E-05	5.53E-04	1.87E-05	5.55E-04
11~12	<1.0E-6	4.40E-04	<1.0E-6	4.25E-04	<1.0E-6	4.30E-04
12~13		3.72E-04		3.54E-04		3.57E-04
13~14		3.20E-04		2.99E-04		3.01E-04
14~15		2.80E-04		2.59E-04		2.60E-04
15~16		2.51E-04		2.31E-04		2.31E-04
16~17		2.36E-04		2.19E-04		2.18E-04
17~18		2.37E-04		2.24E-04		2.23E-04
18~19		2.42E-04		2.35E-04		2.33E-04
19~20		2.38E-04		2.34E-04		2.32E-04
20~21		2.15E-04		2.13E-04		2.11E-04
21~22		1.81E-04		1.81E-04		1.79E-04
22~23		1.43E-04		1.44E-04		1.42E-04
23~24		1.05E-04		1.06E-04		1.04E-04
24~25		7.58E-05		7.72E-05		7.55E-05
25~30		3.90E-05		4.02E-05		3.89E-05
30~35		2.33E-05		2.41E-05		2.32E-05
35~40		1.33E-05		1.37E-05		1.33E-05
40~45		6.59E-06		6.76E-06		6.48E-06
45~50		3.36E-06		3.49E-06		3.30E-06
50~70		8.73E-07		9.14E-07		8.55E-07
70~100		3.78E-08		4.08E-08		3.65E-08

续表

高度 /km	乡村型,能见度 23 km		乡村型,能见度 5 km		城市型,能见度 5 km	
	气溶胶吸收 k_a /km^{-1}	气溶胶散射 σ_a /km^{-1}	气溶胶吸收 k_a /km^{-1}	气溶胶散射 σ_a /km^{-1}	气溶胶吸收 k_a /km^{-1}	气溶胶散射 σ_a /km^{-1}
			λ = 1.315 2 μm			
0	6.81E-03	4.59E-02	2.96E-02	2.30E-01	1.27E-01	1.63E-01
0~1	6.00E-03	3.57E-02	3.37E-02	2.22E-01	1.27E-01	1.64E-01
1~2	3.99E-03	2.21E-02	1.39E-02	7.80E-02	4.59E-02	6.03E-02
2~3	2.08E-03	1.26E-02	1.93E-03	1.18E-02	5.54E-03	1.07E-02
3~4	7.44E-04	5.85E-03	5.37E-04	4.30E-03	7.44E-04	5.86E-03
4~5	3.87E-04	3.13E-03	2.28E-04	1.94E-03	3.87E-04	3.14E-03
5~6	2.45E-04	2.04E-03	1.20E-04	1.10E-03	2.45E-04	2.05E-03
6~7	2.01E-04	1.69E-03	8.33E-05	8.03E-04	2.01E-04	1.69E-03
7~8	1.35E-04	1.17E-03	5.27E-05	5.53E-04	1.35E-04	1.17E-03
8~9	7.27E-05	6.87E-04	3.42E-05	3.93E-04	7.27E-05	6.87E-04
9~10	4.20E-05	4.40E-04	2.54E-05	3.09E-04	4.20E-05	4.40E-04
10~11	1.65E-05	3.08E-04	1.14E-05	2.52E-04	1.65E-05	3.07E-04
11~12	<1.0E-6	2.31E-04	<1.0E-6	2.14E-04	<1.0E-6	2.28E-04
12~13		1.93E-04		1.93E-04		1.88E-04
13~14		1.64E-04		1.81E-04		1.58E-04
14~15		1.42E-04		1.74E-04		1.37E-04
15~16		1.27E-04		1.66E-04		1.23E-04
16~17		1.22E-04		1.55E-04		1.18E-04
17~18		1.28E-04		1.42E-04		1.25E-04
18~19		1.37E-04		1.27E-04		1.34E-04
19~20		1.38E-04		1.10E-04		1.36E-04
20~21		1.26E-04		9.33E-05		1.25E-04
21~22		1.07E-04		7.84E-05		1.06E-04
22~23		8.45E-05		6.55E-05		8.34E-05
23~24		6.11E-05		5.34E-05		6.01E-05
24~25		4.33E-05		4.29E-05		4.24E-05
25~30		2.16E-05		2.16E-05		2.11E-05
30~35		1.64E-05		1.57E-05		1.61E-05
35~40		1.01E-05		9.63E-06		9.90E-06
40~45		4.96E-06		4.71E-06		4.85E-06
45~50		2.54E-06		2.39E-06		2.48E-06
50~70		6.58E-07		6.07E-07		6.37E-07
70~100		2.81E-08		2.56E-08		2.67E-08
高度 /km	海洋型,能见度 23 km		沙漠型,风速 10 m/s		沙漠型,风速 2 m/s	
	气溶胶吸收 k_a /km^{-1}	气溶胶散射 σ_a /km^{-1}	气溶胶吸收 k_a /km^{-1}	气溶胶散射 σ_a /km^{-1}	气溶胶吸收 k_a /km^{-1}	气溶胶散射 σ_a /km^{-1}
			λ = 1.315 2 μm			
0	1.46E-03	1.20E-01	6.97E-03	4.56E-02	3.97E-02	2.11E-01
0~1	1.25E-03	9.42E-02	5.87E-03	3.59E-02	3.96E-02	2.11E-01
1~2	8.15E-04	5.84E-02	3.92E-03	2.22E-02	1.44E-02	7.72E-02
2~3	8.04E-04	2.72E-02	2.04E-03	1.26E-02	2.09E-03	1.25E-02
3~4	7.44E-04	5.85E-03	7.44E-04	5.85E-03	7.44E-04	5.86E-03
4~5	3.87E-04	3.13E-03	3.87E-04	3.14E-03	3.87E-04	3.14E-03
5~6	2.45E-04	2.04E-03	2.45E-04	2.04E-03	2.45E-04	2.05E-03
6~7	2.01E-04	1.69E-03	2.01E-04	1.69E-03	2.01E-04	1.69E-03
7~8	1.35E-04	1.17E-03	1.35E-04	1.17E-03	1.35E-04	1.17E-03
8~9	7.27E-05	6.88E-04	7.27E-05	6.87E-04	7.27E-05	6.87E-04
9~10	4.20E-05	4.41E-04	4.20E-05	4.40E-04	4.20E-05	4.40E-04
10~11	1.65E-05	3.09E-04	1.65E-05	3.06E-04	1.65E-05	3.07E-04
11~12	<1.0E-6	2.32E-04	<1.0E-6	2.26E-04	<1.0E-6	2.28E-04
12~13		1.95E-04		1.87E-04		1.88E-04
13~14		1.66E-04		1.57E-04		1.58E-04
14~15		1.45E-04		1.37E-04		1.37E-04
15~16		1.31E-04		1.23E-04		1.23E-04
16~17		1.26E-04		1.19E-04		1.18E-04
17~18		1.31E-04		1.26E-04		1.25E-04
18~19		1.38E-04		1.35E-04		1.34E-04
19~20		1.39E-04		1.37E-04		1.36E-04
20~21		1.26E-04		1.25E-04		1.25E-04
21~22		1.06E-04		1.06E-04		1.06E-04
22~23		8.38E-05		8.42E-05		8.34E-05
23~24		6.04E-05		6.09E-05		6.01E-05
24~25		4.26E-05		4.31E-05		4.24E-05
25~30		2.11E-05		2.16E-05		2.11E-05
30~35		1.61E-05		1.64E-05		1.61E-05
35~40		9.92E-06		1.01E-05		9.90E-06
40~45		4.90E-06		4.97E-06		4.85E-06
45~50		2.50E-06		2.55E-06		2.48E-06
50~70		6.45E-07		6.62E-07		6.37E-07
70~100		2.73E-08		2.86E-08		2.67E-08

续表

高度/km	乡村型,能见度 23 km		乡村型,能见度 5 km		城市型,能见度 5 km	
	气溶胶吸收 k_a /km^{-1}	气溶胶散射 σ_a /km^{-1}	气溶胶吸收 k_a /km^{-1}	气溶胶散射 σ_a /km^{-1}	气溶胶吸收 k_a /km^{-1}	气溶胶散射 σ_a /km^{-1}
λ=1.536 μm						
0	6.36E-03	3.31E-02	2.77E-02	1.68E-01	1.10E-01	1.19E-01
0～1	5.59E-03	2.55E-02	3.15E-02	1.60E-01	1.10E-01	1.19E-01
1～2	3.71E-03	1.57E-02	1.30E-02	5.56E-02	3.98E-02	4.39E-02
2～3	1.91E-03	8.42E-03	1.78E-03	8.02E-03	4.81E-03	7.22E-03
3～4	6.57E-04	3.44E-03	4.75E-04	2.53E-03	6.57E-04	3.44E-03
4～5	3.42E-04	1.84E-03	2.02E-04	1.13E-03	3.42E-04	1.84E-03
5～6	2.17E-04	1.20E-03	1.06E-04	6.41E-04	2.17E-04	1.20E-03
6～7	1.78E-04	9.87E-04	7.37E-05	4.65E-04	1.78E-04	9.88E-04
7～8	1.19E-04	6.82E-04	4.66E-05	3.18E-04	1.19E-04	6.83E-04
8～9	6.43E-05	3.98E-04	3.02E-05	2.25E-04	6.43E-05	3.98E-04
9～10	3.72E-05	2.53E-04	2.25E-05	1.76E-04	3.72E-05	2.53E-04
10～11	1.46E-05	1.72E-04	1.01E-05	1.40E-04	1.46E-05	1.71E-04
11～12	<1.0E-6	1.23E-04	<1.0E-6	1.14E-04	<1.0E-6	1.22E-04
12～13		1.03E-04		1.03E-04		1.00E-04
13～14		8.76E-05		9.66E-05		8.45E-05
14～15		7.56E-05		9.28E-05		7.31E-05
15～16		6.77E-05		8.84E-05		6.56E-05
16～17		6.50E-05		8.28E-05		6.32E-05
17～18		6.82E-05		7.59E-05		6.67E-05
18～19		7.29E-05		6.78E-05		7.17E-05
19～20		7.36E-05		5.86E-05		7.27E-05
20～21		6.73E-05		4.98E-05		6.65E-05
21～22		5.69E-05		4.18E-05		5.63E-05
22～23		4.50E-05		3.49E-05		4.44E-05
23～24		3.26E-05		2.85E-05		3.21E-05
24～25		2.31E-05		2.29E-05		2.26E-05
25～30		1.15E-05		1.15E-05		1.12E-05
30～35		1.27E-05		1.23E-05		1.25E-05
35～40		8.27E-06		8.04E-06		8.19E-06
40～45		4.08E-06		3.95E-06		4.02E-06
45～50		2.09E-06		2.01E-06		2.05E-06
50～70		5.38E-07		5.11E-07		5.27E-07
70～100		2.27E-08		2.13E-08		2.19E-08

高度/km	海洋型,能见度 23 km		沙漠型,风速 10 m/s		沙漠型,风速 2 m/s	
	气溶胶吸收 k_a /km^{-1}	气溶胶散射 σ_a /km^{-1}	气溶胶吸收 k_a /km^{-1}	气溶胶散射 σ_a /km^{-1}	气溶胶吸收 k_a /km^{-1}	气溶胶散射 σ_a /km^{-1}
λ=1.536 μm						
0	1.46E-03	1.13E-01	6.51E-03	3.28E-02	3.70E-02	1.50E-01
0～1	1.24E-03	8.79E-02	5.48E-03	2.57E-02	3.69E-02	1.50E-01
1～2	8.05E-04	5.44E-02	3.65E-03	1.58E-02	1.34E-02	5.48E-02
2～3	7.45E-04	2.40E-02	1.88E-03	8.49E-03	1.92E-03	8.41E-03
3～4	6.57E-04	3.44E-03	6.57E-04	3.44E-03	6.57E-04	3.44E-03
4～5	3.42E-04	1.84E-03	3.42E-04	1.84E-03	3.42E-04	1.84E-03
5～6	2.17E-04	1.20E-03	2.17E-04	1.20E-03	2.17E-04	1.20E-03
6～7	1.78E-04	9.87E-04	1.78E-04	9.87E-04	1.78E-04	9.88E-04
7～8	1.19E-04	6.83E-04	1.19E-04	6.82E-04	1.19E-04	6.83E-04
8～9	6.43E-05	3.98E-04	6.43E-05	3.98E-04	6.43E-05	3.98E-04
9～10	3.72E-05	2.54E-04	3.72E-05	2.53E-04	3.72E-05	2.53E-04
10～11	1.46E-05	1.72E-04	1.46E-05	1.71E-04	1.46E-05	1.71E-04
11～12	<1.0E-6	1.24E-04	<1.0E-6	1.21E-04	<1.0E-6	1.22E-04
12～13		1.04E-04		9.98E-05		1.00E-04
13～14		8.87E-05		8.40E-05		8.45E-05
14～15		7.77E-05		7.30E-05		7.31E-05
15～16		7.01E-05		6.56E-05		6.56E-05
16～17		6.73E-05		6.33E-05		6.32E-05
17～18		6.98E-05		6.70E-05		6.67E-05
18～19		7.37E-05		7.20E-05		7.17E-05
19～20		7.39E-05		7.30E-05		7.27E-05
20～21		6.73E-05		6.69E-05		6.65E-05
21～22		5.67E-05		5.67E-05		5.63E-05
22～23		4.47E-05		4.49E-05		4.44E-05
23～24		3.22E-05		3.25E-05		3.21E-05
24～25		2.27E-05		2.30E-05		2.26E-05
25～30		1.13E-05		1.15E-05		1.12E-05
30～35		1.25E-05		1.27E-05		1.25E-05
35～40		8.20E-06		8.27E-06		8.19E-06
40～45		4.05E-06		4.09E-06		4.02E-06
45～50		2.07E-06		2.10E-06		2.05E-06
50～70		5.31E-07		5.40E-07		5.27E-07
70～100		2.22E-08		2.29E-08		2.19E-08

续表

高度/km	乡村型,能见度 23 km		乡村型,能见度 5 km		城市型,能见度 5 km	
	气溶胶吸收 k_a /km^{-1}	气溶胶散射 σ_a /km^{-1}	气溶胶吸收 k_a /km^{-1}	气溶胶散射 σ_a /km^{-1}	气溶胶吸收 k_a /km^{-1}	气溶胶散射 σ_a /km^{-1}
λ=1.55 μm						
0	6.25E-03	3.28E-02	2.72E-02	1.66E-01	1.10E-01	1.18E-01
0~1	5.49E-03	2.52E-02	3.10E-02	1.58E-01	1.09E-01	1.18E-01
1~2	3.65E-03	1.55E-02	1.28E-02	5.50E-02	3.96E-02	4.34E-02
2~3	1.88E-03	8.32E-03	1.75E-03	7.92E-03	4.78E-03	7.12E-03
3~4	6.44E-04	3.37E-03	4.65E-04	2.48E-03	6.44E-04	3.38E-03
4~5	3.35E-04	1.80E-03	1.98E-04	1.11E-03	3.35E-04	1.80E-03
5~6	2.13E-04	1.17E-03	1.04E-04	6.27E-04	2.13E-04	1.17E-03
6~7	1.74E-04	9.66E-04	7.22E-05	4.54E-04	1.74E-04	9.68E-04
7~8	1.17E-04	6.68E-04	4.57E-05	3.10E-04	1.17E-04	6.69E-04
8~9	6.30E-05	3.89E-04	2.96E-05	2.19E-04	6.30E-05	3.89E-04
9~10	3.64E-05	2.47E-04	2.20E-05	1.72E-04	3.64E-05	2.47E-04
10~11	1.44E-05	1.68E-04	9.94E-06	1.36E-04	1.44E-05	1.67E-04
11~12	<1.0E-6	1.20E-04	<1.0E-6	1.12E-04	<1.0E-6	1.19E-04
12~13		1.01E-04		1.01E-04		9.80E-05
13~14		8.53E-05		9.43E-05		8.23E-05
14~15		7.37E-05		9.06E-05		7.12E-05
15~16		6.60E-05		8.65E-05		6.39E-05
16~17		6.34E-05		8.10E-05		6.17E-05
17~18		6.66E-05		7.42E-05		6.52E-05
18~19		7.12E-05		6.63E-05		7.01E-05
19~20		7.21E-05		5.74E-05		7.11E-05
20~21		6.59E-05		4.87E-05		6.51E-05
21~22		5.57E-05		4.09E-05		5.51E-05
22~23		4.41E-05		3.42E-05		4.35E-05
23~24		3.19E-05		2.78E-05		3.14E-05
24~25		2.26E-05		2.24E-05		2.21E-05
25~30		1.13E-05		1.12E-05		1.10E-05
30~35		1.25E-05		1.21E-05		1.23E-05
35~40		8.19E-06		7.97E-06		8.10E-06
40~45		4.04E-06		3.91E-06		3.98E-06
45~50		2.07E-06		1.99E-06		2.03E-06
50~70		5.32E-07		5.06E-07		5.22E-07
70~100		2.24E-08		2.11E-08		2.17E-08

高度/km	海洋型,能见度 23 km		沙漠型,风速 10 m/s		沙漠型,风速 2 m/s	
	气溶胶吸收 k_a /km^{-1}	气溶胶散射 σ_a /km^{-1}	气溶胶吸收 k_a /km^{-1}	气溶胶散射 σ_a /km^{-1}	气溶胶吸收 k_a /km^{-1}	气溶胶散射 σ_a /km^{-1}
λ=1.55 μm						
0	1.47E-03	1.13E-01	6.40E-03	3.25E-02	3.63E-02	1.48E-01
0~1	1.24E-03	8.76E-02	5.38E-03	2.55E-02	3.62E-02	1.48E-01
1~2	8.06E-04	5.41E-02	3.59E-03	1.56E-02	1.32E-02	5.43E-02
2~3	7.37E-04	2.39E-02	1.84E-03	8.38E-03	1.89E-03	8.31E-03
3~4	6.44E-04	3.37E-03	6.44E-04	3.37E-03	6.44E-04	3.38E-03
4~5	3.35E-04	1.80E-03	3.35E-04	1.80E-03	3.35E-04	1.80E-03
5~6	2.13E-04	1.17E-03	2.13E-04	1.17E-03	2.13E-04	1.17E-03
6~7	1.74E-04	9.67E-04	1.74E-04	9.67E-04	1.74E-04	9.68E-04
7~8	1.17E-04	6.68E-04	1.17E-04	6.68E-04	1.17E-04	6.69E-04
8~9	6.30E-05	3.90E-04	6.30E-05	3.89E-04	6.30E-05	3.89E-04
9~10	3.64E-05	2.48E-04	3.64E-05	2.47E-04	3.64E-05	2.47E-04
10~11	1.44E-05	1.68E-04	1.44E-05	1.66E-04	1.44E-05	1.67E-04
11~12	<1.0E-6	1.21E-04	<1.0E-6	1.18E-04	<1.0E-6	1.19E-04
12~13		1.01E-04		9.73E-05		9.80E-05
13~14		8.64E-05		8.19E-05		8.23E-05
14~15		7.57E-05		7.11E-05		7.12E-05
15~16		6.83E-05		6.40E-05		6.39E-05
16~17		6.56E-05		6.18E-05		6.17E-05
17~18		6.82E-05		6.54E-05		6.52E-05
18~19		7.20E-05		7.04E-05		7.01E-05
19~20		7.23E-05		7.15E-05		7.11E-05
20~21		6.58E-05		6.55E-05		6.51E-05
21~22		5.55E-05		5.55E-05		5.51E-05
22~23		4.37E-05		4.39E-05		4.35E-05
23~24		3.15E-05		3.18E-05		3.14E-05
24~25		2.22E-05		2.25E-05		2.21E-05
25~30		1.10E-05		1.12E-05		1.10E-05
30~35		1.24E-05		1.25E-05		1.23E-05
35~40		8.12E-06		8.19E-06		8.10E-06
40~45		4.01E-06		4.04E-06		3.98E-06
45~50		2.05E-06		2.07E-06		2.03E-06
50~70		5.26E-07		5.35E-07		5.22E-07
70~100		2.20E-08		2.27E-08		2.17E-08

续表

高　度 /km	乡村型,能见度 23 km		乡村型,能见度 5 km		城市型,能见度 5 km	
	气溶胶吸收 k_a /km^{-1}	气溶胶散射 σ_a /km^{-1}	气溶胶吸收 k_a /km^{-1}	气溶胶散射 σ_a /km^{-1}	气溶胶吸收 k_a /km^{-1}	气溶胶散射 σ_a /km^{-1}
λ=1.6 μm						
0	5.84E−03	3.17E−02	2.55E−02	1.61E−01	1.07E−01	1.13E−01
0~1	5.13E−03	2.43E−02	2.89E−02	1.53E−01	1.07E−01	1.13E−01
1~2	3.41E−03	1.49E−02	1.19E−02	5.30E−02	3.87E−02	4.17E−02
2~3	1.75E−03	7.93E−03	1.63E−03	7.57E−03	4.64E−03	6.77E−03
3~4	5.96E−04	3.13E−03	4.30E−04	2.30E−03	5.96E−04	3.13E−03
4~5	3.10E−04	1.67E−03	1.83E−04	1.03E−03	3.10E−04	1.67E−03
5~6	1.97E−04	1.08E−03	9.64E−05	5.78E−04	1.97E−04	1.09E−03
6~7	1.61E−04	8.94E−04	6.67E−05	4.18E−04	1.61E−04	8.95E−04
7~8	1.08E−04	6.17E−04	4.22E−05	2.85E−04	1.08E−04	6.18E−04
8~9	5.83E−05	3.58E−04	2.74E−05	2.01E−04	5.83E−05	3.59E−04
9~10	3.37E−05	2.27E−04	2.04E−05	1.57E−04	3.37E−05	2.27E−04
10~11	1.33E−05	1.53E−04	9.23E−06	1.24E−04	1.33E−05	1.53E−04
11~12	<1.0E−6	1.10E−04	<1.0E−6	1.02E−04	<1.0E−6	1.08E−04
12~13		9.17E−05		9.21E−05		8.93E−05
13~14		7.76E−05		8.64E−05		7.50E−05
14~15		6.71E−05		8.32E−05		6.49E−05
15~16		6.01E−05		7.95E−05		5.84E−05
16~17		5.79E−05		7.46E−05		5.64E−05
17~18		6.12E−05		6.84E−05		5.99E−05
18~19		6.57E−05		6.12E−05		6.47E−05
19~20		6.66E−05		5.29E−05		6.57E−05
20~21		6.09E−05		4.49E−05		6.02E−05
21~22		5.15E−05		3.77E−05		5.10E−05
22~23		4.07E−05		3.15E−05		4.02E−05
23~24		2.94E−05		2.57E−05		2.89E−05
24~25		2.07E−05		2.06E−05		2.03E−05
25~30		1.03E−05		1.03E−05		1.00E−05
30~35		1.20E−05		1.16E−05		1.18E−05
35~40		7.89E−06		7.70E−06		7.82E−06
40~45		3.90E−06		3.78E−06		3.85E−06
45~50		1.99E−06		1.92E−06		1.96E−06
50~70		5.13E−07		4.90E−07		5.04E−07
70~100		2.16E−08		2.04E−08		2.09E−08

高　度 /km	海洋型,能见度 23 km		沙漠型,风速 10 m/s		沙漠型,风速 2 m/s	
	气溶胶吸收 k_a /km^{-1}	气溶胶散射 σ_a /km^{-1}	气溶胶吸收 k_a /km^{-1}	气溶胶散射 σ_a /km^{-1}	气溶胶吸收 k_a /km^{-1}	气溶胶散射 σ_a /km^{-1}
λ=1.6 μm						
0	1.50E−03	1.11E−01	5.98E−03	3.14E−02	3.39E−02	1.43E−01
0~1	1.26E−03	8.63E−02	5.03E−03	2.46E−02	3.38E−02	1.43E−01
1~2	8.08E−04	5.33E−02	3.35E−03	1.50E−02	1.23E−02	5.23E−02
2~3	7.07E−04	2.34E−02	1.71E−03	8.00E−03	1.76E−03	7.92E−03
3~4	5.96E−04	3.13E−03	5.96E−04	3.13E−03	5.96E−04	3.13E−03
4~5	3.10E−04	1.67E−03	3.10E−04	1.67E−03	3.10E−04	1.67E−03
5~6	1.97E−04	1.08E−03	1.97E−04	1.08E−03	1.97E−04	1.09E−03
6~7	1.61E−04	8.94E−04	1.61E−04	8.95E−04	1.61E−04	8.95E−04
7~8	1.08E−04	6.17E−04	1.08E−04	6.17E−04	1.08E−04	6.18E−04
8~9	5.83E−05	3.59E−04	5.83E−05	3.58E−04	5.83E−05	3.59E−04
9~10	3.37E−05	2.27E−04	3.37E−05	2.26E−04	3.37E−05	2.27E−04
10~11	1.33E−05	1.54E−04	1.33E−05	1.52E−04	1.33E−05	1.53E−04
11~12	<1.0E−6	1.10E−04	<1.0E−6	1.07E−04	<1.0E−6	1.08E−04
12~13		9.22E−05		8.87E−05		8.93E−05
13~14		7.86E−05		7.47E−05		7.50E−05
14~15		6.89E−05		6.48E−05		6.49E−05
15~16		6.22E−05		5.84E−05		5.84E−05
16~17		5.99E−05		5.66E−05		5.64E−05
17~18		6.26E−05		6.01E−05		5.99E−05
18~19		6.63E−05		6.49E−05		6.47E−05
19~20		6.68E−05		6.60E−05		6.57E−05
20~21		6.09E−05		6.06E−05		6.02E−05
21~22		5.13E−05		5.13E−05		5.10E−05
22~23		4.04E−05		4.06E−05		4.02E−05
23~24		2.90E−05		2.93E−05		2.89E−05
24~25		2.04E−05		2.07E−05		2.03E−05
25~30		1.00E−05		1.03E−05		1.00E−05
30~35		1.18E−05		1.20E−05		1.18E−05
35~40		7.83E−06		7.90E−06		7.82E−06
40~45		3.87E−06		3.90E−06		3.85E−06
45~50		1.98E−06		2.00E−06		1.96E−06
50~70		5.07E−07		5.15E−07		5.04E−07
70~100		2.12E−08		2.18E−08		2.09E−08

续表

高 度 /km	乡村型,能见度 23 km		乡村型,能见度 5 km		城市型,能见度 5 km	
	气溶胶吸收 k_a /km^{-1}	气溶胶散射 σ_a /km^{-1}	气溶胶吸收 k_a /km^{-1}	气溶胶散射 σ_a /km^{-1}	气溶胶吸收 k_a /km^{-1}	气溶胶散射 σ_a /km^{-1}
			λ=2.7 μm			
0	8.50E−03	1.26E−02	4.06E−02	6.28E−02	8.52E−02	5.07E−02
0~1	6.92E−03	9.83E−03	4.16E−02	6.10E−02	8.50E−02	5.08E−02
1~2	4.39E−03	6.09E−03	1.55E−02	2.17E−02	3.09E−02	1.86E−02
2~3	2.27E−03	2.65E−03	2.14E−03	2.61E−03	3.94E−03	2.33E−03
3~4	8.07E−04	3.94E−04	5.83E−04	2.89E−04	8.07E−04	3.94E−04
4~5	4.20E−04	2.10E−04	2.48E−04	1.29E−04	4.20E−04	2.10E−04
5~6	2.66E−04	1.36E−04	1.31E−04	7.26E−05	2.66E−04	1.37E−04
6~7	2.18E−04	1.12E−04	9.04E−05	5.24E−05	2.18E−04	1.13E−04
7~8	1.46E−04	7.76E−05	5.72E−05	3.57E−05	1.46E−04	7.76E−05
8~9	7.89E−05	4.50E−05	3.71E−05	2.51E−05	7.89E−05	4.50E−05
9~10	4.56E−05	2.84E−05	2.76E−05	1.96E−05	4.56E−05	2.84E−05
10~11	1.95E−05	1.83E−05	1.38E−05	1.47E−05	1.95E−05	1.82E−05
11~12	<1.0E−6	1.21E−05	<1.0E−6	1.12E−05	<1.0E−6	1.19E−05
12~13		1.02E−05		1.01E−05		9.86E−06
13~14		8.61E−06		9.39E−06		8.29E−06
14~15		7.44E−06		8.97E−06		7.17E−06
15~16		6.64E−06		8.53E−06		6.42E−06
16~17		6.34E−06		7.96E−06		6.15E−06
17~18		6.60E−06		7.28E−06		6.45E−06
18~19		7.00E−06		6.50E−06		6.87E−06
19~20		7.04E−06		5.62E−06		6.94E−06
20~21		6.43E−06		4.77E−06		6.34E−06
21~22		5.44E−06		4.01E−06		5.37E−06
22~23		4.31E−06		3.35E−06		4.25E−06
23~24		3.13E−06		2.73E−06		3.08E−06
24~25		2.23E−06		2.20E−06		2.18E−06
25~30		1.13E−06		1.12E−06		1.10E−06
30~35		5.25E−06		5.21E−06		5.23E−06
35~40		3.80E−06		3.78E−06		3.79E−06
40~45		1.88E−06		1.86E−06		1.87E−06
45~50		9.60E−07		9.51E−07		9.56E−07
50~70		2.45E−07		2.43E−07		2.44E−07
70~100		1.01E−08		9.99E−09		1.01E−08

高 度 /km	海洋型,能见度 23 km		沙漠型,风速 10 m/s		沙漠型,风速 2 m/s	
	气溶胶吸收 k_a /km^{-1}	气溶胶散射 σ_a /km^{-1}	气溶胶吸收 k_a /km^{-1}	气溶胶散射 σ_a /km^{-1}	气溶胶吸收 k_a /km^{-1}	气溶胶散射 σ_a /km^{-1}
			λ=2.7 μm			
0	1.17E−02	5.74E−02	8.54E−03	1.25E−02	4.30E−02	5.89E−02
0~1	8.74E−03	4.47E−02	6.89E−03	9.88E−03	4.30E−02	5.89E−02
1~2	5.27E−03	2.77E−02	4.37E−03	6.11E−03	1.57E−02	2.15E−02
2~3	2.72E−03	1.13E−02	2.26E−03	2.66E−03	2.27E−03	2.65E−03
3~4	8.07E−04	3.94E−04	8.07E−04	3.94E−04	8.07E−04	3.94E−04
4~5	4.20E−04	2.10E−04	4.20E−04	2.10E−04	4.20E−04	2.10E−04
5~6	2.66E−04	1.36E−04	2.66E−04	1.36E−04	2.66E−04	1.37E−04
6~7	2.18E−04	1.12E−04	2.18E−04	1.13E−04	2.18E−04	1.13E−04
7~8	1.46E−04	7.76E−05	1.46E−04	7.76E−05	1.46E−04	7.76E−05
8~9	7.89E−05	4.50E−05	7.89E−05	4.50E−05	7.89E−05	4.50E−05
9~10	4.56E−05	2.85E−05	4.56E−05	2.84E−05	4.56E−05	2.84E−05
10~11	1.95E−05	1.83E−05	1.95E−05	1.81E−05	1.95E−05	1.82E−05
11~12	<1.0E−6	1.22E−05	<1.0E−6	1.18E−05	<1.0E−6	1.19E−05
12~13		1.02E−05		9.78E−06		9.86E−06
13~14		8.73E−06		8.25E−06		8.29E−06
14~15		7.65E−06		7.16E−06		7.17E−06
15~16		6.89E−06		6.42E−06		6.42E−06
16~17		6.58E−06		6.17E−06		6.15E−06
17~18		6.77E−06		6.47E−06		6.45E−06
18~19		7.08E−06		6.91E−06		6.87E−06
19~20		7.07E−06		6.98E−06		6.94E−06
20~21		6.42E−06		6.38E−06		6.34E−06
21~22		5.41E−06		5.41E−06		5.37E−06
22~23		4.27E−06		4.29E−06		4.25E−06
23~24		3.09E−06		3.12E−06		3.08E−06
24~25		2.19E−06		2.22E−06		2.18E−06
25~30		1.10E−06		1.13E−06		1.10E−06
30~35		5.23E−06		5.25E−06		5.23E−06
35~40		3.79E−06		3.80E−06		3.79E−06
40~45		1.87E−06		1.88E−06		1.87E−06
45~50		9.58E−07		9.61E−07		9.56E−07
50~70		2.45E−07		2.46E−07		2.44E−07
70~100		1.01E−08		1.02E−08		1.01E−08

续表

高 度 /km	乡村型,能见度 23 km		乡村型,能见度 5 km		城市型,能见度 5 km	
	气溶胶吸收 k_a /km^{-1}	气溶胶散射 σ_a /km^{-1}	气溶胶吸收 k_a /km^{-1}	气溶胶散射 σ_a /km^{-1}	气溶胶吸收 k_a /km^{-1}	气溶胶散射 σ_a /km^{-1}
λ=3.392 25 μm						
0	3.30E−03	1.58E−02	1.93E−02	8.01E−02	6.39E−02	5.21E−02
0～1	2.24E−03	1.21E−02	1.56E−02	7.63E−02	6.38E−02	5.24E−02
1～2	1.25E−03	7.41E−03	4.63E−03	2.65E−02	2.32E−02	1.93E−02
2～3	5.88E−04	3.11E−03	6.01E−04	3.09E−03	2.66E−03	2.36E−03
3～4	1.66E−04	3.14E−04	1.20E−04	2.27E−04	1.66E−04	3.14E−04
4～5	8.66E−05	1.63E−04	5.11E−05	9.64E−05	8.66E−05	1.63E−04
5～6	5.49E−05	1.04E−04	2.69E−05	5.08E−05	5.49E−05	1.04E−04
6～7	4.50E−05	8.48E−05	1.87E−05	3.52E−05	4.50E−05	8.48E−05
7～8	3.01E−05	5.68E−05	1.18E−05	2.23E−05	3.01E−05	5.68E−05
8～9	1.63E−05	3.07E−05	7.65E−06	1.44E−05	1.63E−05	3.07E−05
9～10	9.41E−06	1.77E−05	5.70E−06	1.07E−05	9.41E−06	1.77E−05
10～11	3.68E−05	9.49E−06	3.22E−05	7.06E−06	3.68E−05	9.49E−06
11～12	<1.0E−6	4.54E−06	<1.0E−6	4.36E−06	<1.0E−6	4.54E−06
12～13		3.65E−06		4.07E−06		3.65E−06
13～14		3.03E−06		4.01E−06		3.03E−06
14～15		2.65E−06		4.08E−06		2.65E−06
15～16		2.46E−06		4.06E−06		2.46E−06
16～17		2.55E−06		3.93E−06		2.55E−06
17～18		2.99E−06		3.68E−06		2.99E−06
18～19		3.48E−06		3.33E−06		3.48E−06
19～20		3.70E−06		2.89E−06		3.70E−06
20～21		3.45E−06		2.45E−06		3.45E−06
21～22		2.91E−06		2.04E−06		2.91E−06
22～23		2.26E−06		1.69E−06		2.26E−06
23～24		1.55E−06		1.36E−06		1.55E−06
24～25		1.03E−06		1.07E−06		1.03E−06
25～30		4.51E−07		4.90E−07		4.51E−07
30～35		3.42E−06		3.42E−06		3.42E−06
35～40		2.51E−06		2.51E−06		2.51E−06
40～45		1.24E−06		1.24E−06		1.24E−06
45～50		6.34E−07		6.34E−07		6.34E−07
50～70		1.62E−07		1.62E−07		1.62E−07
70～100		6.64E−09		6.64E−09		6.64E−09
高 度 /km	海洋型,能见度 23 km		沙漠型,风速 10 m/s		沙漠型,风速 2 m/s	
	气溶胶吸收 k_a /km^{-1}	气溶胶散射 σ_a /km^{-1}	气溶胶吸收 k_a /km^{-1}	气溶胶散射 σ_a /km^{-1}	气溶胶吸收 k_a /km^{-1}	气溶胶散射 σ_a /km^{-1}
λ=3.392 25 μm						
0	9.82E−03	7.55E−02	3.17E−03	1.56E−02	1.14E−02	7.15E−02
0～1	7.04E−03	5.78E−02	2.32E−03	1.22E−02	1.15E−02	7.15E−02
1～2	4.16E−03	3.54E−02	1.31E−03	7.46E−03	4.22E−03	2.61E−02
2～3	1.88E−03	1.45E−02	6.25E−04	3.14E−03	5.82E−04	3.10E−03
3～4	1.66E−04	3.14E−04	1.66E−04	3.14E−04	1.66E−04	3.14E−04
4～5	8.66E−05	1.63E−04	8.66E−05	1.63E−04	8.66E−05	1.63E−04
5～6	5.49E−05	1.04E−04	5.49E−05	1.04E−04	5.49E−05	1.04E−04
6～7	4.50E−05	8.48E−05	4.50E−05	8.48E−05	4.50E−05	8.48E−05
7～8	3.01E−05	5.68E−05	3.01E−05	5.68E−05	3.01E−05	5.68E−05
8～9	1.63E−05	3.07E−05	1.63E−05	3.07E−05	1.63E−05	3.07E−05
9～10	9.41E−06	1.77E−05	9.41E−06	1.77E−05	9.41E−06	1.77E−05
10～11	3.68E−05	9.49E−06	3.68E−05	9.49E−06	3.68E−05	9.49E−06
11～12	<1.0E−6	4.54E−06	<1.0E−6	4.54E−06	<1.0E−6	4.54E−06
12～13		3.65E−06		3.65E−06		3.65E−06
13～14		3.03E−06		3.03E−06		3.03E−06
14～15		2.65E−06		2.65E−06		2.65E−06
15～16		2.46E−06		2.46E−06		2.46E−06
16～17		2.55E−06		2.55E−06		2.55E−06
17～18		2.99E−06		2.99E−06		2.99E−06
18～19		3.48E−06		3.48E−06		3.48E−06
19～20		3.70E−06		3.70E−06		3.70E−06
20～21		3.45E−06		3.45E−06		3.45E−06
21～22		2.91E−06		2.91E−06		2.91E−06
22～23		2.26E−06		2.26E−06		2.26E−06
23～24		1.55E−06		1.55E−06		1.55E−06
24～25		1.03E−06		1.03E−06		1.03E−06
25～30		4.51E−07		4.51E−07		4.51E−07
30～35		3.42E−06		3.42E−06		3.42E−06
35～40		2.51E−06		2.51E−06		2.51E−06
40～45		1.24E−06		1.24E−06		1.24E−06
45～50		6.34E−07		6.34E−07		6.34E−07
50～70		1.62E−07		1.62E−07		1.62E−07
70～100		6.64E−09		6.64E−09		6.64E−09

续表

高度/km	乡村型,能见度 23 km		乡村型,能见度 5 km		城市型,能见度 5 km	
	气溶胶吸收 k_a /km^{-1}	气溶胶散射 σ_a /km^{-1}	气溶胶吸收 k_a /km^{-1}	气溶胶散射 σ_a /km^{-1}	气溶胶吸收 k_a /km^{-1}	气溶胶散射 σ_a /km^{-1}
λ=3.800 7 μm						
0	1.47E−03	1.58E−02	7.33E−03	8.10E−02	5.77E−02	4.96E−02
0~1	1.16E−03	1.20E−02	7.16E−03	7.62E−02	5.75E−02	4.99E−02
1~2	7.22E−04	7.34E−03	2.57E−03	2.63E−02	2.09E−02	1.83E−02
2~3	3.41E−04	3.03E−03	3.29E−04	3.03E−03	2.35E−03	2.20E−03
3~4	8.61E−05	2.37E−04	6.22E−05	1.71E−04	8.61E−05	2.37E−04
4~5	4.48E−05	1.23E−04	2.64E−05	7.27E−05	4.48E−05	1.23E−04
5~6	2.84E−05	7.82E−05	1.39E−05	3.83E−05	2.84E−05	7.82E−05
6~7	2.33E−05	6.40E−05	9.65E−06	2.66E−05	2.33E−05	6.40E−05
7~8	1.56E−05	4.29E−05	6.11E−06	1.68E−05	1.56E−05	4.29E−05
8~9	8.43E−06	2.32E−05	3.96E−06	1.09E−05	8.43E−06	2.32E−05
9~10	4.87E−06	1.34E−05	2.95E−06	8.11E−06	4.87E−06	1.34E−05
10~11	2.55E−05	7.23E−06	2.24E−05	5.39E−06	2.55E−05	7.23E−06
11~12	<1.0E−6	3.55E−06	<1.0E−6	3.41E−06	<1.0E−6	3.55E−06
12~13		2.85E−06		3.18E−06		2.85E−06
13~14		2.37E−06		3.14E−06		2.37E−06
14~15		2.07E−06		3.19E−06		2.07E−06
15~16		1.92E−06		3.18E−06		1.92E−06
16~17		2.00E−06		3.07E−06		2.00E−06
17~18		2.34E−06		2.87E−06		2.34E−06
18~19		2.72E−06		2.60E−06		2.72E−06
19~20		2.90E−06		2.26E−06		2.90E−06
20~21		2.69E−06		1.91E−06		2.69E−06
21~22		2.28E−06		1.60E−06		2.28E−06
22~23		1.77E−06		1.32E−06		1.77E−06
23~24		1.22E−06		1.06E−06		1.22E−06
24~25		8.03E−07		8.38E−07		8.03E−07
25~30		3.53E−07		3.83E−07		3.53E−07
30~35		2.90E−06		2.90E−06		2.90E−06
35~40		2.13E−06		2.13E−06		2.13E−06
40~45		1.05E−06		1.05E−06		1.05E−06
45~50		5.38E−07		5.38E−07		5.38E−07
50~70		1.37E−07		1.37E−07		1.37E−07
70~100		5.63E−09		5.63E−09		5.63E−09

高度/km	海洋型,能见度 23 km		沙漠型,风速 10 m/s		沙漠型,风速 2 m/s	
	气溶胶吸收 k_a /km^{-1}	气溶胶散射 σ_a /km^{-1}	气溶胶吸收 k_a /km^{-1}	气溶胶散射 σ_a /km^{-1}	气溶胶吸收 k_a /km^{-1}	气溶胶散射 σ_a /km^{-1}
λ=3.800 7 μm						
0	2.32E−03	7.20E−02	1.47E−03	1.56E−02	7.01E−03	7.07E−02
0~1	1.68E−03	5.46E−02	1.16E−03	1.22E−02	7.01E−03	7.07E−02
1~2	1.00E−03	3.33E−02	7.23E−04	7.40E−03	2.56E−03	2.59E−02
2~3	4.78E−04	1.37E−02	3.41E−04	3.06E−03	3.41E−04	3.02E−03
3~4	8.61E−05	2.37E−04	8.61E−05	2.37E−04	8.61E−05	2.37E−04
4~5	4.48E−05	1.23E−04	4.48E−05	1.23E−04	4.48E−05	1.23E−04
5~6	2.84E−05	7.82E−05	2.84E−05	7.82E−05	2.84E−05	7.82E−05
6~7	2.33E−05	6.40E−05	2.33E−05	6.40E−05	2.33E−05	6.40E−05
7~8	1.56E−05	4.29E−05	1.56E−05	4.29E−05	1.56E−05	4.29E−05
8~9	8.43E−06	2.32E−05	8.43E−06	2.32E−05	8.43E−06	2.32E−05
9~10	4.87E−06	1.34E−05	4.87E−06	1.34E−05	4.87E−06	1.34E−05
10~11	2.55E−05	7.23E−06	2.55E−05	7.23E−06	2.55E−05	7.23E−06
11~12	<1.0E−6	3.55E−06	<1.0E−6	3.55E−06	<1.0E−6	3.55E−06
12~13		2.85E−06		2.85E−06		2.85E−06
13~14		2.37E−06		2.37E−06		2.37E−06
14~15		2.07E−06		2.07E−06		2.07E−06
15~16		1.92E−06		1.92E−06		1.92E−06
16~17		2.00E−06		2.00E−06		2.00E−06
17~18		2.34E−06		2.34E−06		2.34E−06
18~19		2.72E−06		2.72E−06		2.72E−06
19~20		2.90E−06		2.90E−06		2.90E−06
20~21		2.69E−06		2.69E−06		2.69E−06
21~22		2.28E−06		2.28E−06		2.28E−06
22~23		1.77E−06		1.77E−06		1.77E−06
23~24		1.22E−06		1.22E−06		1.22E−06
24~25		8.03E−07		8.03E−07		8.03E−07
25~30		3.53E−07		3.53E−07		3.53E−07
30~35		2.90E−06		2.90E−06		2.90E−06
35~40		2.13E−06		2.13E−06		2.13E−06
40~45		1.05E−06		1.05E−06		1.05E−06
45~50		5.38E−07		5.38E−07		5.38E−07
50~70		1.37E−07		1.37E−07		1.37E−07
70~100		5.63E−09		5.63E−09		5.63E−09

续表

高　度 /km	乡村型，能见度 23 km		乡村型，能见度 5 km		城市型，能见度 5 km	
	气溶胶吸收 k_a /km^{-1}	气溶胶散射 σ_a /km^{-1}	气溶胶吸收 k_a /km^{-1}	气溶胶散射 σ_a /km^{-1}	气溶胶吸收 k_a /km^{-1}	气溶胶散射 σ_a /km^{-1}
λ = 4.3 μm						
0	2.32E−03	1.39E−02	1.20E−02	7.10E−02	5.51E−02	4.56E−02
0～1	1.76E−03	1.07E−02	1.12E−02	6.74E−02	5.49E−02	4.58E−02
1～2	1.07E−03	6.56E−03	3.83E−03	2.34E−02	1.99E−02	1.68E−02
2～3	5.07E−04	2.67E−03	4.94E−04	2.68E−03	2.28E−03	1.98E−03
3～4	1.34E−04	1.66E−04	9.66E−05	1.20E−04	1.34E−04	1.66E−04
4～5	6.96E−05	8.62E−05	4.11E−05	5.08E−05	6.96E−05	8.62E−05
5～6	4.41E−05	5.46E−05	2.16E−05	2.68E−05	4.41E−05	5.46E−05
6～7	3.61E−05	4.47E−05	1.50E−05	1.86E−05	3.61E−05	4.47E−05
7～8	2.42E−05	3.00E−05	9.49E−06	1.17E−05	2.42E−05	3.00E−05
8～9	1.31E−05	1.62E−05	6.15E−06	7.61E−06	1.31E−05	1.62E−05
9～10	7.56E−06	9.36E−06	4.58E−06	5.67E−06	7.56E−06	9.36E−06
10～11	2.26E−05	4.94E−06	1.96E−05	3.67E−06	2.26E−05	4.94E−06
11～12	<1.0E−6	2.28E−06	<1.0E−6	2.19E−06	<1.0E−6	2.28E−06
12～13		1.84E−06		2.05E−06		1.84E−06
13～14		1.52E−06		2.02E−06		1.52E−06
14～15		1.33E−06		2.05E−06		1.33E−06
15～16		1.24E−06		2.04E−06		1.24E−06
16～17		1.28E−06		1.97E−06		1.28E−06
17～18		1.50E−06		1.85E−06		1.50E−06
18～19		1.75E−06		1.67E−06		1.75E−06
19～20		1.86E−06		1.45E−06		1.86E−06
20～21		1.73E−06		1.23E−06		1.73E−06
21～22		1.46E−06		1.03E−06		1.46E−06
22～23		1.13E−06		8.52E−07		1.13E−06
23～24		7.81E−07		6.84E−07		7.81E−07
24～25		5.16E−07		5.38E−07		5.16E−07
25～30		2.27E−07		2.46E−07		2.27E−07
30～35		2.53E−06		2.53E−06		2.53E−06
35～40		1.87E−06		1.87E−06		1.87E−06
40～45		9.23E−07		9.23E−07		9.23E−07
45～50		4.72E−07		4.72E−07		4.72E−07
50～70		1.20E−07		1.20E−07		1.20E−07
70～100		4.94E−09		4.94E−09		4.94E−09

高　度 /km	海洋型，能见度 23 km		沙漠型，风速 10 m/s		沙漠型，风速 2 m/s	
	气溶胶吸收 k_a /km^{-1}	气溶胶散射 σ_a /km^{-1}	气溶胶吸收 k_a /km^{-1}	气溶胶散射 σ_a /km^{-1}	气溶胶吸收 k_a /km^{-1}	气溶胶散射 σ_a /km^{-1}
λ = 4.3 μm						
0	4.33E−03	6.17E−02	2.29E−03	1.38E−02	1.03E−02	6.33E−02
0～1	3.10E−03	4.69E−02	1.78E−03	1.08E−02	1.03E−02	6.33E−02
1～2	1.83E−03	2.86E−02	1.08E−03	6.60E−03	3.76E−03	2.32E−02
2～3	8.67E−04	1.17E−02	5.13E−04	2.70E−03	5.06E−04	2.67E−03
3～4	1.34E−04	1.66E−04	1.34E−04	1.66E−04	1.34E−04	1.66E−04
4～5	6.96E−05	8.62E−05	6.96E−05	8.62E−05	6.96E−05	8.62E−05
5～6	4.41E−05	5.46E−05	4.41E−05	5.46E−05	4.41E−05	5.46E−05
6～7	3.61E−05	4.47E−05	3.61E−05	4.47E−05	3.61E−05	4.47E−05
7～8	2.42E−05	3.00E−05	2.42E−05	3.00E−05	2.42E−05	3.00E−05
8～9	1.31E−05	1.62E−05	1.31E−05	1.62E−05	1.31E−05	1.62E−05
9～10	7.56E−06	9.36E−06	7.56E−06	9.36E−06	7.56E−06	9.36E−06
10～11	2.26E−05	4.94E−06	2.26E−05	4.94E−06	2.26E−05	4.94E−06
11～12	<1.0E−6	2.28E−06	<1.0E−6	2.28E−06	<1.0E−6	2.28E−06
12～13		1.84E−06		1.84E−06		1.84E−06
13～14		1.52E−06		1.52E−06		1.52E−06
14～15		1.33E−06		1.33E−06		1.33E−06
15～16		1.24E−06		1.24E−06		1.24E−06
16～17		1.28E−06		1.28E−06		1.28E−06
17～18		1.50E−06		1.50E−06		1.50E−06
18～19		1.75E−06		1.75E−06		1.75E−06
19～20		1.86E−06		1.86E−06		1.86E−06
20～21		1.73E−06		1.73E−06		1.73E−06
21～22		1.46E−06		1.46E−06		1.46E−06
22～23		1.13E−06		1.13E−06		1.13E−06
23～24		7.81E−07		7.81E−07		7.81E−07
24～25		5.16E−07		5.16E−07		5.16E−07
25～30		2.27E−07		2.27E−07		2.27E−07
30～35		2.53E−06		2.53E−06		2.53E−06
35～40		1.87E−06		1.87E−06		1.87E−06
40～45		9.23E−07		9.23E−07		9.23E−07
45～50		4.72E−07		4.72E−07		4.72E−07
50～70		1.20E−07		1.20E−07		1.20E−07
70～100		4.94E−09		4.94E−09		4.94E−09

续表

高度/km	乡村型,能见度23 km		乡村型,能见度5 km		城市型,能见度5 km	
	气溶胶吸收 k_a /km^{-1}	气溶胶散射 σ_a /km^{-1}	气溶胶吸收 k_a /km^{-1}	气溶胶散射 σ_a /km^{-1}	气溶胶吸收 k_a /km^{-1}	气溶胶散射 σ_a /km^{-1}
			λ=10.591 μm			
0	5.36E−03	7.01E−03	2.70E−02	3.25E−02	4.03E−02	2.87E−02
0～1	4.16E−03	5.85E−03	2.60E−02	3.44E−02	4.03E−02	2.87E−02
1～2	2.57E−03	3.77E−03	9.16E−03	1.33E−02	1.47E−02	1.05E−02
2～3	1.22E−03	1.50E−03	1.18E−03	1.48E−03	1.84E−03	1.17E−03
3～4	3.19E−04	1.81E−05	2.30E−04	1.31E−05	3.19E−04	1.81E−05
4～5	1.66E−04	9.45E−06	9.78E−05	5.57E−06	1.66E−04	9.45E−06
5～6	1.05E−04	5.99E−06	5.15E−05	2.94E−06	1.05E−04	5.99E−06
6～7	8.60E−05	4.90E−06	3.57E−05	2.03E−06	8.60E−05	4.90E−06
7～8	5.77E−05	3.29E−06	2.26E−05	1.29E−06	5.77E−05	3.29E−06
8～9	3.12E−05	1.78E−06	1.46E−05	8.34E−07	3.12E−05	1.78E−06
9～10	1.80E−05	1.03E−06	1.09E−05	6.21E−07	1.80E−05	1.03E−06
10～11	2.33E−05	5.08E−07	1.94E−05	3.72E−07	2.33E−05	5.08E−07
11～12	<1.0E−6	1.89E−07	<1.0E−6	1.82E−07	<1.0E−6	1.89E−07
12～13		1.52E−07		1.70E−07		1.52E−07
13～14		1.26E−07		1.67E−07		1.26E−07
14～15		1.10E−07		1.70E−07		1.10E−07
15～16		1.02E−07		1.69E−07		1.02E−07
16～17		1.06E−07		1.64E−07		1.06E−07
17～18		1.25E−07		1.53E−07		1.25E−07
18～19		1.45E−07		1.39E−07		1.45E−07
19～20		1.54E−07		1.20E−07		1.54E−07
20～21		1.44E−07		1.02E−07		1.44E−07
21～22		1.21E−07		8.51E−08		1.21E−07
22～23		9.41E−08		7.06E−08		9.41E−08
23～24		6.48E−08		5.67E−08		6.48E−08
24～25		4.28E−08		4.46E−08		4.28E−08
25～30		1.88E−08		2.04E−08		1.88E−08
30～35		6.88E−07		6.88E−07		6.88E−07
35～40		5.12E−07		5.12E−07		5.12E−07
40～45		2.53E−07		2.53E−07		2.53E−07
45～50		1.29E−07		1.29E−07		1.29E−07
50～70		3.30E−08		3.30E−08		3.30E−08
70～100		1.35E−09		1.35E−09		1.35E−09

高度/km	海洋型,能见度23 km		沙漠型,风速10 m/s		沙漠型,风速2 m/s	
	气溶胶吸收 k_a /km^{-1}	气溶胶散射 σ_a /km^{-1}	气溶胶吸收 k_a /km^{-1}	气溶胶散射 σ_a /km^{-1}	气溶胶吸收 k_a /km^{-1}	气溶胶散射 σ_a /km^{-1}
			λ=10.591 μm			
0	8.48E−03	1.09E−02	5.32E−03	7.09E−03	2.48E−02	3.70E−02
0～1	6.16E−03	8.52E−03	4.19E−03	5.80E−03	2.48E−02	3.70E−02
1～2	3.66E−03	5.26E−03	2.58E−03	3.74E−03	9.08E−03	1.35E−02
2～3	1.75E−03	2.11E−03	1.23E−03	1.48E−03	1.22E−03	1.50E−03
3～4	3.19E−04	1.81E−05	3.19E−04	1.81E−05	3.19E−04	1.81E−05
4～5	1.66E−04	9.45E−06	1.66E−04	9.45E−06	1.66E−04	9.45E−06
5～6	1.05E−04	5.99E−06	1.05E−04	5.99E−06	1.05E−04	5.99E−06
6～7	8.60E−05	4.90E−06	8.60E−05	4.90E−06	8.60E−05	4.90E−06
7～8	5.77E−05	3.29E−06	5.77E−05	3.29E−06	5.77E−05	3.29E−06
8～9	3.12E−05	1.78E−06	3.12E−05	1.78E−06	3.12E−05	1.78E−06
9～10	1.80E−05	1.03E−06	1.80E−05	1.03E−06	1.80E−05	1.03E−06
10～11	2.33E−05	5.08E−07	2.33E−05	5.08E−07	2.33E−05	5.08E−07
11～12	<1.0E−6	1.89E−07	<1.0E−6	1.89E−07	<1.0E−6	1.89E−07
12～13		1.52E−07		1.52E−07		1.52E−07
13～14		1.26E−07		1.26E−07		1.26E−07
14～15		1.10E−07		1.10E−07		1.10E−07
15～16		1.02E−07		1.02E−07		1.02E−07
16～17		1.06E−07		1.06E−07		1.06E−07
17～18		1.25E−07		1.25E−07		1.25E−07
18～19		1.45E−07		1.45E−07		1.45E−07
19～20		1.54E−07		1.54E−07		1.54E−07
20～21		1.44E−07		1.44E−07		1.44E−07
21～22		1.21E−07		1.21E−07		1.21E−07
22～23		9.41E−08		9.41E−08		9.41E−08
23～24		6.48E−08		6.48E−08		6.48E−08
24～25		4.28E−08		4.28E−08		4.28E−08
25～30		1.88E−08		1.88E−08		1.88E−08
30～35		6.88E−07		6.88E−07		6.88E−07
35～40		5.12E−07		5.12E−07		5.12E−07
40～45		2.53E−07		2.53E−07		2.53E−07
45～50		1.29E−07		1.29E−07		1.29E−07
50～70		3.30E−08		3.30E−08		3.30E−08
70～100		1.35E−09		1.35E−09		1.35E−09

续表

高度/km	乡村型,能见度 23 km		乡村型,能见度 5 km		城市型,能见度 5 km	
	气溶胶吸收 k_a /km^{-1}	气溶胶散射 σ_a /km^{-1}	气溶胶吸收 k_a /km^{-1}	气溶胶散射 σ_a /km^{-1}	气溶胶吸收 k_a /km^{-1}	气溶胶散射 σ_a /km^{-1}
			λ=27.9 μm			
0	6.32E-03	2.69E-03	3.38E-02	1.37E-02	3.00E-02	1.19E-02
0~1	4.65E-03	2.06E-03	3.04E-02	1.30E-02	3.01E-02	1.19E-02
1~2	2.77E-03	1.27E-03	9.99E-03	4.52E-03	1.11E-02	4.38E-03
2~3	1.33E-03	4.96E-04	1.31E-03	4.99E-04	1.49E-03	4.85E-04
3~4	3.85E-04	<1.0E-6	2.78E-04	<1.0E-6	3.85E-04	<1.0E-6
4~5	2.01E-04		1.18E-04		2.01E-04	
5~6	1.27E-04		6.23E-05		1.27E-04	
6~7	1.04E-04		4.32E-05		1.04E-04	
7~8	6.97E-05		2.73E-05		6.97E-05	
8~9	3.77E-05		1.77E-05		3.77E-05	
9~10	2.18E-05		1.32E-05		2.18E-05	
10~11	1.14E-05		8.48E-06		1.14E-05	
11~12	<1.0E-6		<1.0E-6		<1.0E-6	
12~13						
13~14						
14~15						
15~16						
16~17						
17~18						
18~19						
19~20						
20~21						
21~22						
22~23						
23~24						
24~25						
25~30						
30~35						
35~40						
40~45						
45~50						
50~70						
70~100						

高度/km	海洋型,能见度 23 km		沙漠型,风速 10 m/s		沙漠型,风速 2 m/s	
	气溶胶吸收 k_a /km^{-1}	气溶胶散射 σ_a /km^{-1}	气溶胶吸收 k_a /km^{-1}	气溶胶散射 σ_a /km^{-1}	气溶胶吸收 k_a /km^{-1}	气溶胶散射 σ_a /km^{-1}
			λ=27.9 μm			
0	1.50E-02	5.06E-03	6.19E-03	2.66E-03	2.63E-02	1.23E-02
0~1	1.11E-02	3.66E-03	4.73E-03	2.08E-03	2.64E-02	1.23E-02
1~2	6.64E-03	2.17E-03	2.82E-03	1.27E-03	9.65E-03	4.49E-03
2~3	3.02E-03	9.14E-04	1.36E-03	4.99E-04	1.33E-03	4.96E-04
3~4	3.85E-04	<1.0E-6	3.85E-04	<1.0E-6	3.85E-04	<1.0E-6
4~5	2.01E-04		2.01E-04		2.01E-04	
5~6	1.27E-04		1.27E-04		1.27E-04	
6~7	1.04E-04		1.04E-04		1.04E-04	
7~8	6.97E-05		6.97E-05		6.97E-05	
8~9	3.77E-05		3.77E-05		3.77E-05	
9~10	2.18E-05		2.18E-05		2.18E-05	
10~11	1.14E-05		1.14E-05		1.14E-05	
11~12	<1.0E-6		<1.0E-6		<1.0E-6	
12~13						
13~14						
14~15						
15~16						
16~17						
17~18						
18~19						
19~20						
20~21						
21~22						
22~23						
23~24						
24~25						
25~30						
30~35						
35~40						
40~45						
45~50						
50~70						
70~100						

续表

高度/km	乡村型，能见度 23 km		乡村型，能见度 5 km		城市型，能见度 5 km	
	气溶胶吸收 k_a /km^{-1}	气溶胶散射 σ_a /km^{-1}	气溶胶吸收 k_a /km^{-1}	气溶胶散射 σ_a /km^{-1}	气溶胶吸收 k_a /km^{-1}	气溶胶散射 σ_a /km^{-1}
	λ=337 μm					
0	6.17E−04	<1.0E−6	2.24E−03	<1.0E−6	2.33E−03	<1.0E−6
0~1	4.48E−04		2.06E−03		2.25E−03	
1~2	2.55E−04		6.86E−04		7.72E−04	
2~3	1.19E−04		8.99E−05		1.04E−04	
3~4	3.60E−05		2.14E−05		3.25E−05	
4~5	1.77E−05		9.10E−06		1.61E−05	
5~6	1.06E−05		4.80E−06		9.78E−06	
6~7	8.28E−06		3.32E−06		8.01E−06	
7~8	5.37E−06		2.10E−06		5.37E−06	
8~9	2.90E−06		1.36E−06		2.90E−06	
9~10	1.68E−06		1.01E−06		1.68E−06	
10~11	1.05E−06		<1.0E−6		1.05E−06	
11~12	<1.0E−6				<1.0E−6	
12~13						
13~14						
14~15						
15~16						
16~17						
17~18						
18~19						
19~20						
20~21						
21~22						
22~23						
23~24						
24~25						
25~30						
30~35						
35~40						
40~45						
45~50						
50~70						
70~100						

高度/km	海洋型，能见度 23 km		沙漠型，风速 10 m/s		沙漠型，风速 2 m/s	
	气溶胶吸收 k_a /km^{-1}	气溶胶散射 σ_a /km^{-1}	气溶胶吸收 k_a /km^{-1}	气溶胶散射 σ_a /km^{-1}	气溶胶吸收 k_a /km^{-1}	气溶胶散射 σ_a /km^{-1}
	λ=337 μm					
0	1.41E−03	<1.0E−6	5.56E−04	<1.0E−6	2.46E−03	<1.0E−6
0~1	1.01E−03		4.15E−04		2.37E−03	
1~2	5.63E−04		2.34E−04		8.07E−04	
2~3	2.46E−04		1.11E−04		1.07E−04	
3~4	3.76E−05		3.33E−05		3.25E−05	
4~5	1.83E−05		1.66E−05		1.61E−05	
5~6	1.09E−05		1.00E−05		9.78E−06	
6~7	8.43E−06		8.01E−06		8.01E−06	
7~8	5.39E−06		5.37E−06		5.37E−06	
8~9	2.90E−06		2.90E−06		2.90E−06	
9~10	1.68E−06		1.68E−06		1.68E−06	
10~11	1.05E−06		1.05E−06		1.05E−06	
11~12	<1.0E−6		<1.0E−6		<1.0E−6	
12~13						
13~14						
14~15						
15~16						
16~17						
17~18						
18~19						
19~20						
20~21						
21~22						
22~23						
23~24						
24~25						
25~30						
30~35						
35~40						
40~45						
45~50						
50~70						
70~100						

附录二　0.4～25 μm 波段中分辨率大气光谱透射率

大气衰减包括大气分子和气溶胶的吸收和散射。其中，大气分子散射、大气连续吸收和气溶胶消光随波长平缓地变化。而大气分子吸收随波长剧烈地变化，对于中、低光谱分辨率的大气，透射率不能简单地用比尔-布格定律来描述。大气光谱透射率是波长、光谱分辨率、各种吸收气体（包括 H_2O、CO_2、O_3、N_2O、CO、CH_4、O_2、N_2 及其他微量气体）含量及其路径分布、气溶胶粒子谱分布和含量及其路径分布、传播距离、仰角等的复杂函数。

本附录用 CART 软件[36-37]计算了可见光到远红外（0.4～25 μm）波段、中分辨率（1 cm^{-1}）水平和斜程传输大气光谱透射率。包括大气分子散射、大气气溶胶消光、大气分子吸收、大气分子连续吸收，这些项的乘积近似为路径的大气总光谱透射率。计算的情况包括：海平面处水平传输 1 km 和 10 km 光程，斜程传输海平面到大气外，包括垂直向上（0°天顶角）和斜程（60°天顶角），按第一节提到的常用的 6 种标准大气模式（即热带大气、中纬度夏季、中纬度冬季、近北极夏季、近北极冬季和 1976 年版的美国标准大气）以及中国安徽合肥地区的平均大气模式，并考虑 4 种近地面气溶胶模式（乡村型、城市型、海洋型和沙漠型）两种能见度（晴天 23 km 能见度和有霾天气 5 km 能见度）的情况，读者可根据具体情况参考使用。

（一）大气分子散射

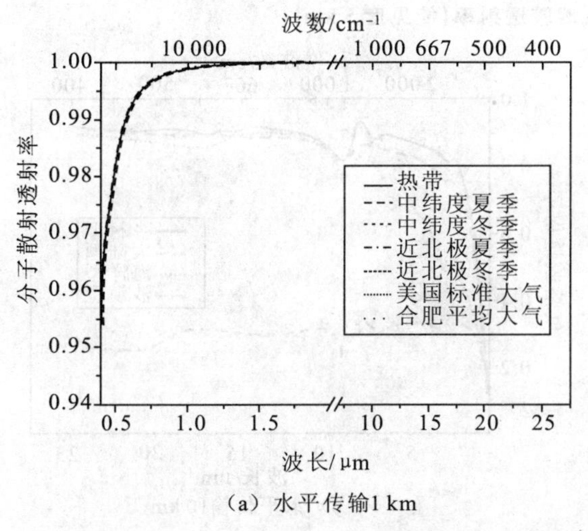

（a）水平传输1 km

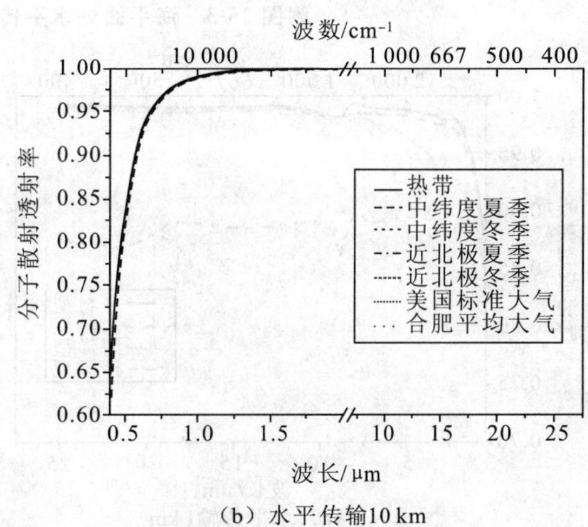

（b）水平传输10 km

附图 25-1　海平面处水平传输分子散射透射率

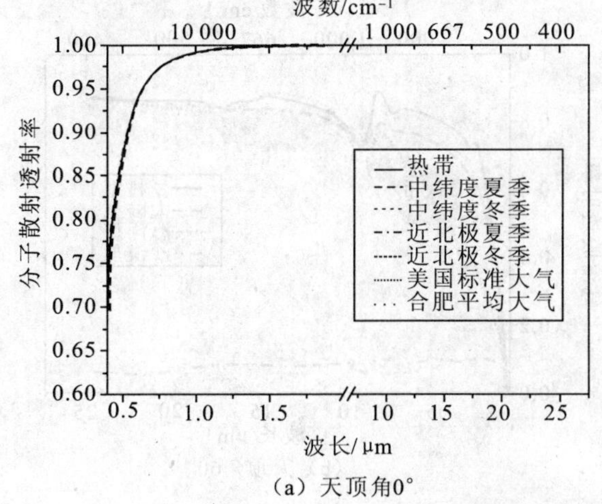

（a）天顶角0°

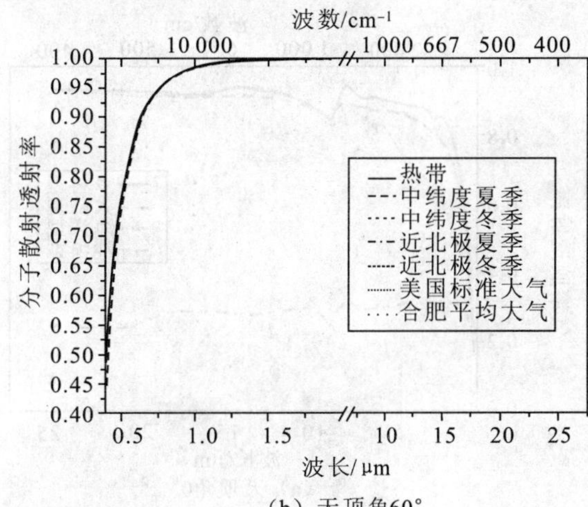

（b）天顶角60°

附图 25-2　斜程传输分子散射透射率

（二）大气气溶胶消光

图 25-3～图 25-6 给出了大气气溶胶的透射率计算曲线。需要说明的是，对于沙漠型气溶胶类型，CART 软件里用地面能见度来等效地面风速，其中能见度 5 km 对应的风速是 25.73 m/s，能见度 23 km 对应的风速是 17.43 m/s。沙漠型气溶胶除了能见度外，还与风速密切相关，大的风速除了对应低能见度外，还会导致气溶胶粒子谱分布的变化和大粒子数增多，因此，在使用时要注意。

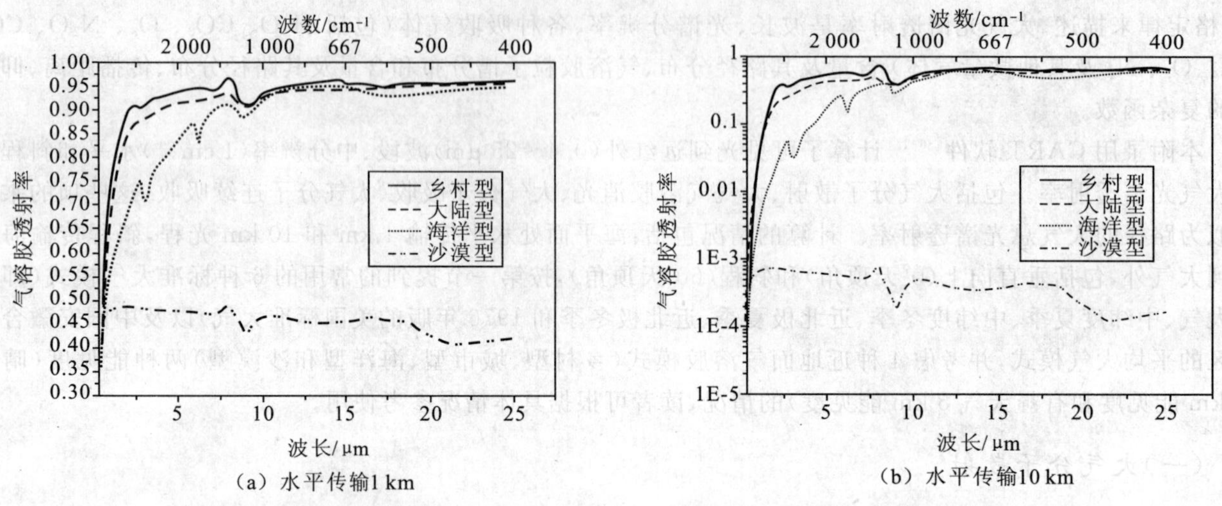

（a）水平传输1 km　（b）水平传输10 km

附图 25-3　海平面处水平传输大气气溶胶透射率(能见度 5 km)

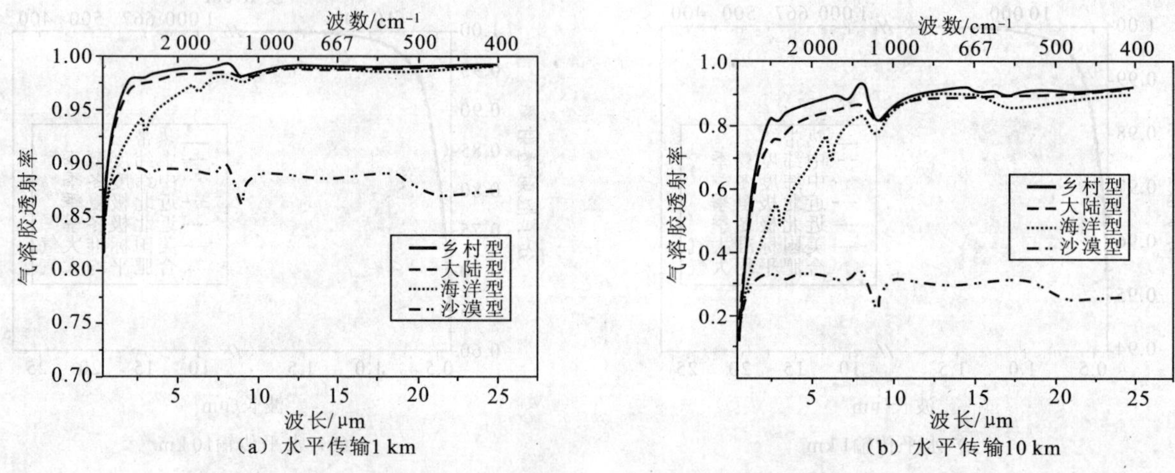

（a）水平传输1 km　（b）水平传输10 km

附图 25-4　海平面处水平传输大气气溶胶透射率(能见度 23 km)

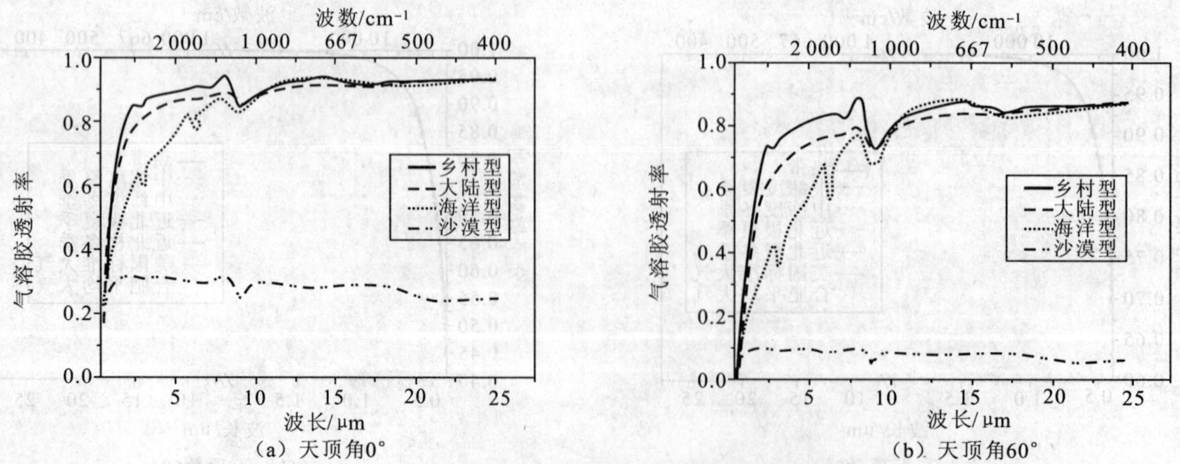

（a）天顶角0°　（b）天顶角60°

附图 25-5　斜程传输大气气溶胶透射率(能见度 5 km)

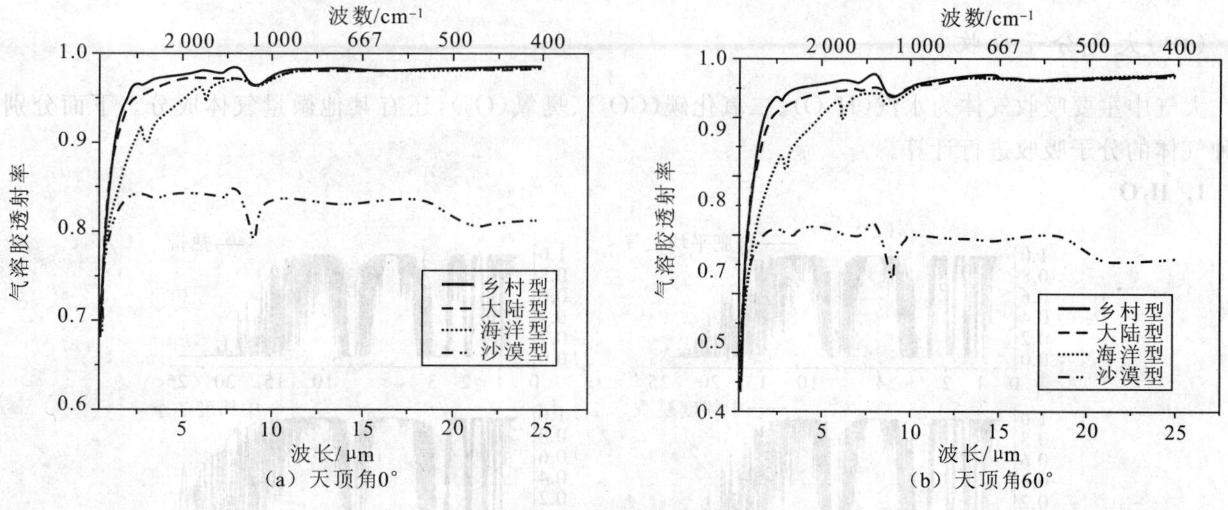

（a）天顶角0°　　（b）天顶角60°

附图 25-6　斜程传输大气气溶胶透射率（能见度 23 km）

（三）大气连续吸收

包括了水汽、二氧化碳、氧气、氮气 4 种分子的连续吸收。

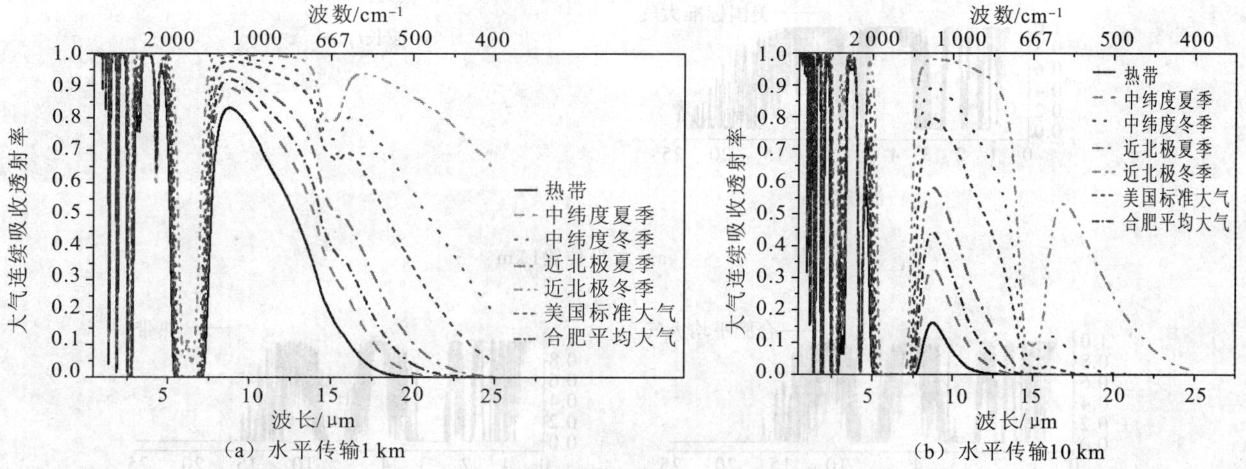

（a）水平传输1 km　　（b）水平传输10 km

附图 25-7　海平面处水平传输大气连续吸收透射率

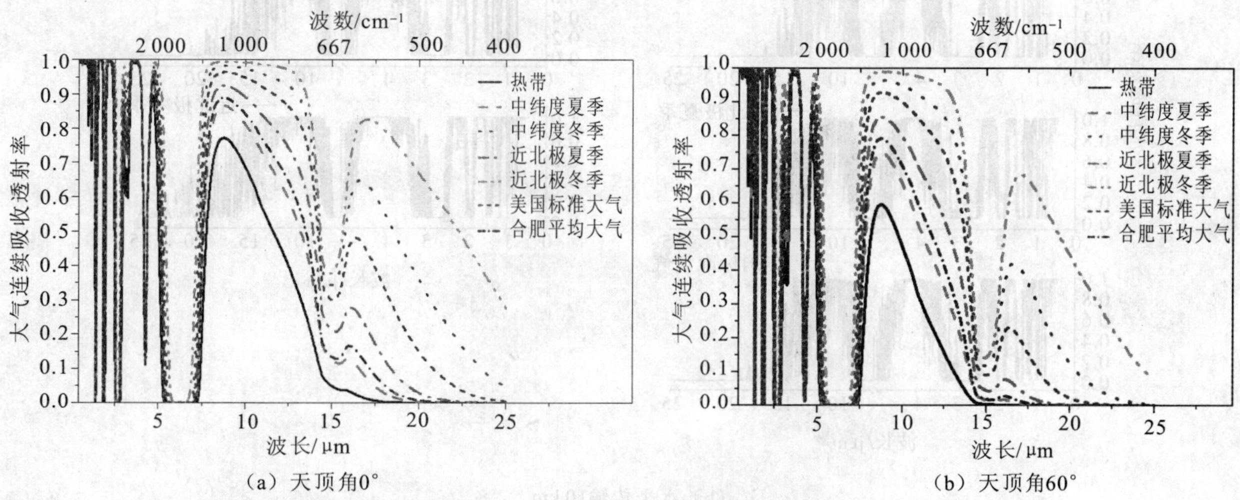

（a）天顶角0°　　（b）天顶角60°

附图 25-8　斜程传输大气连续吸收透射率

(四)大气分子吸收

大气中主要吸收气体为水汽(H_2O)、二氧化碳(CO_2)、臭氧(O_3),还有其他微量气体成分。下面分别对每种气体的分子吸收进行计算。

1. H_2O

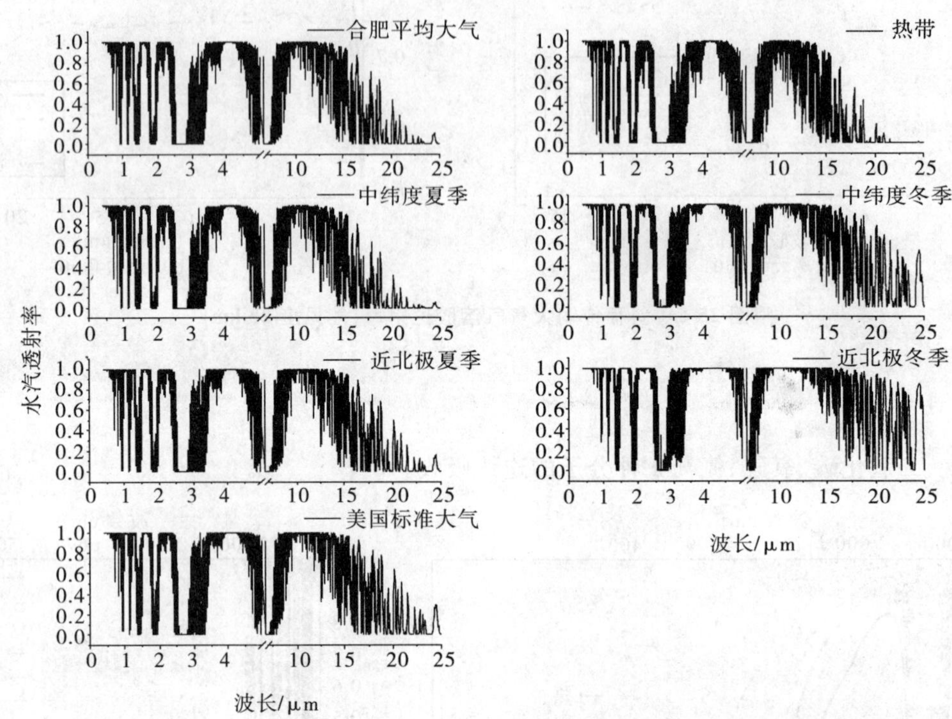

(a) 水平传输1 km

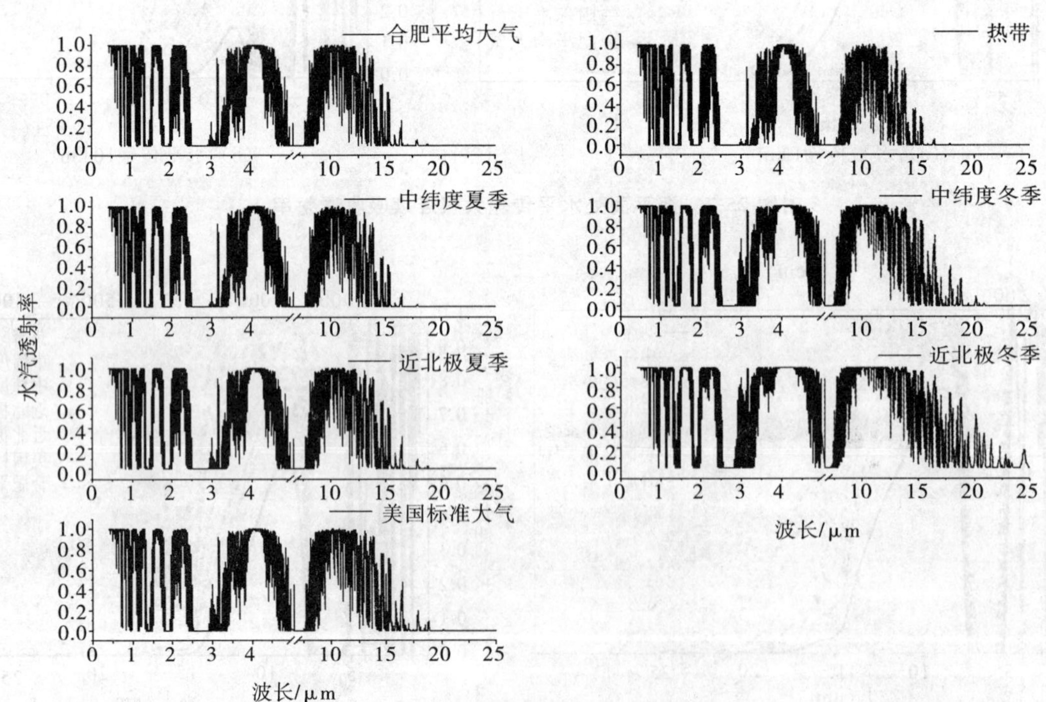

(b) 水平传输10 km

附图 25-9 海平面处水平传输 H_2O 分子吸收透射率

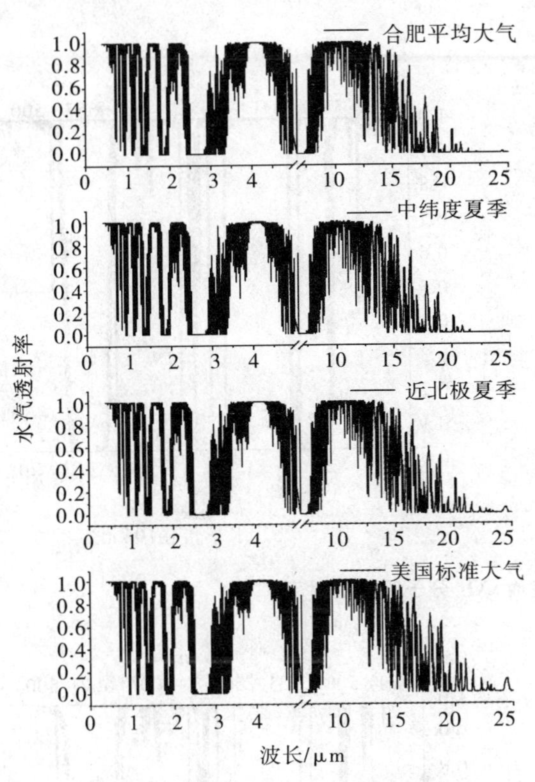

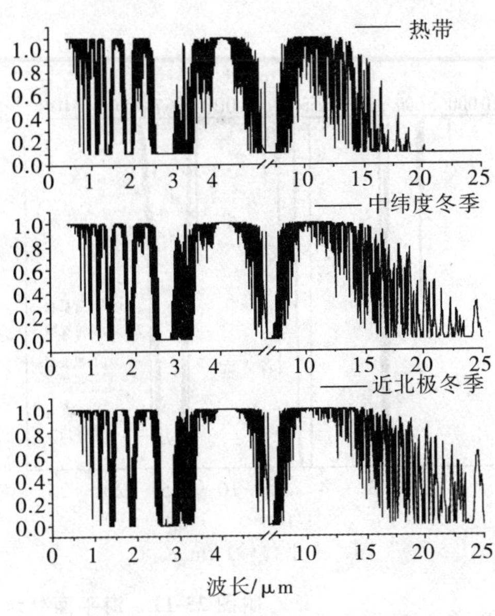

（a）天顶角0°

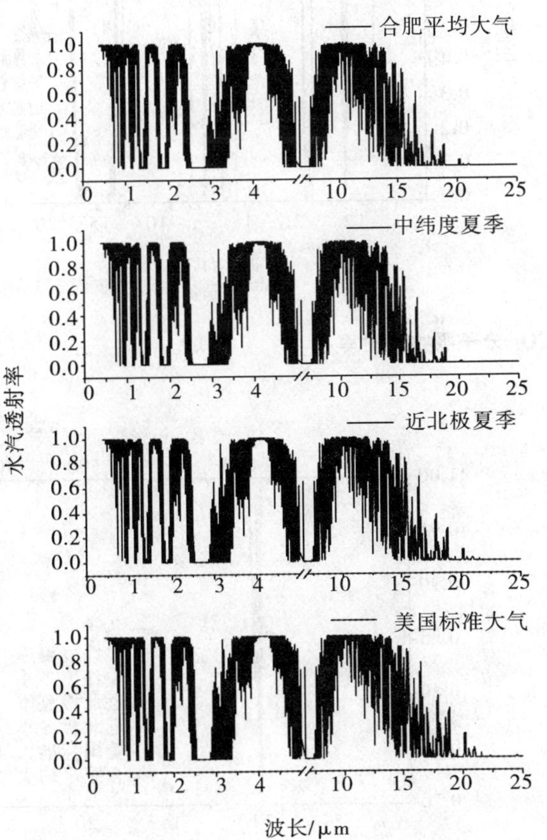

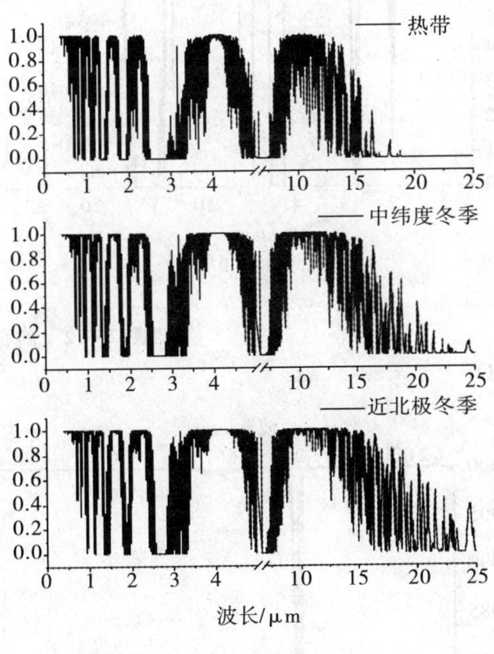

（b）天顶角60°

附图 25-10　斜程传输 H_2O 分子吸收透射率

2. CO_2

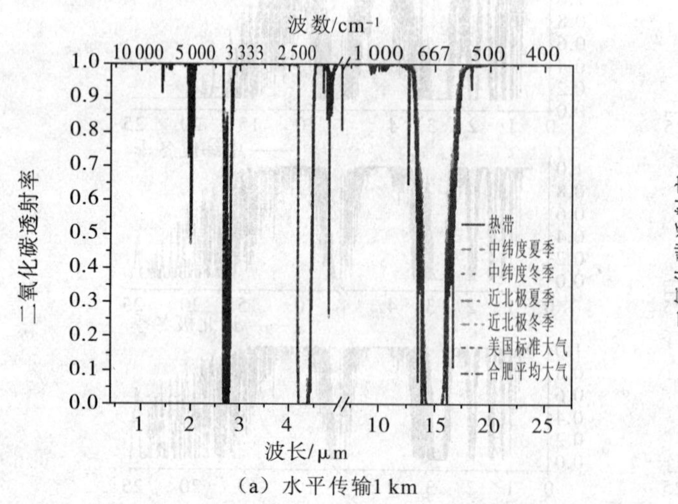

(a) 水平传输1 km

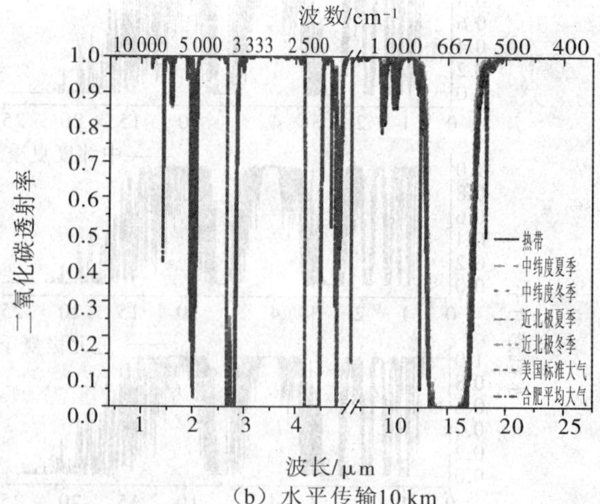

(b) 水平传输10 km

附图 25-11 海平面处水平传输 CO_2 分子吸收透射率

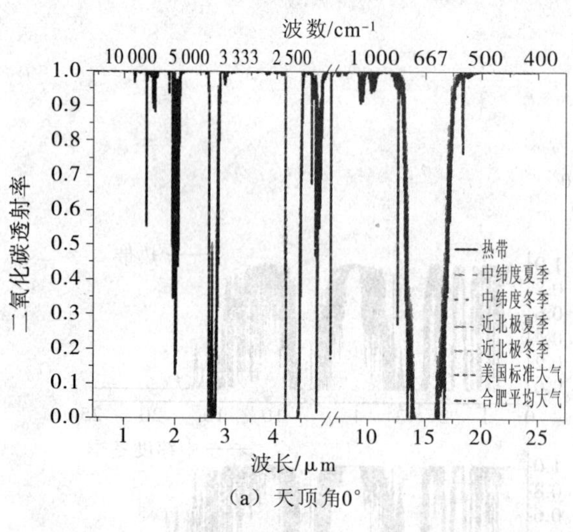

(a) 天顶角0°

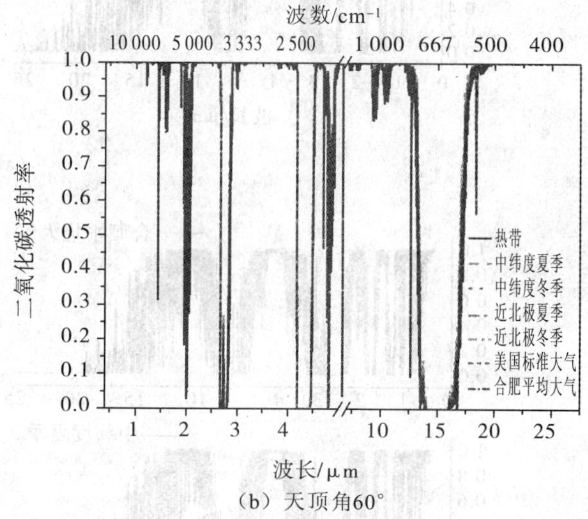

(b) 天顶角60°

附图 25-12 斜程传输 CO_2 分子吸收透射率

3. O_3

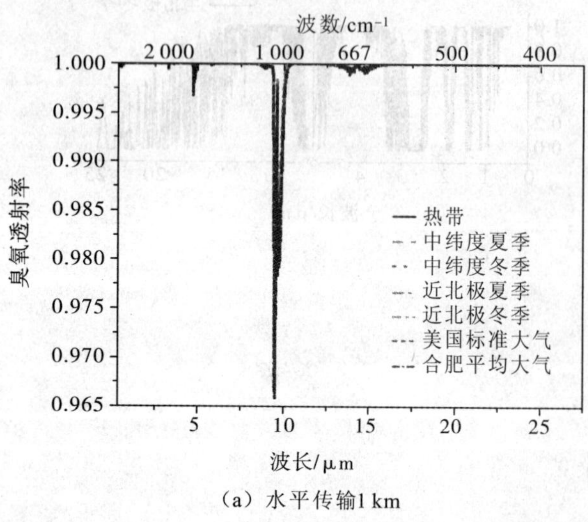

(a) 水平传输1 km

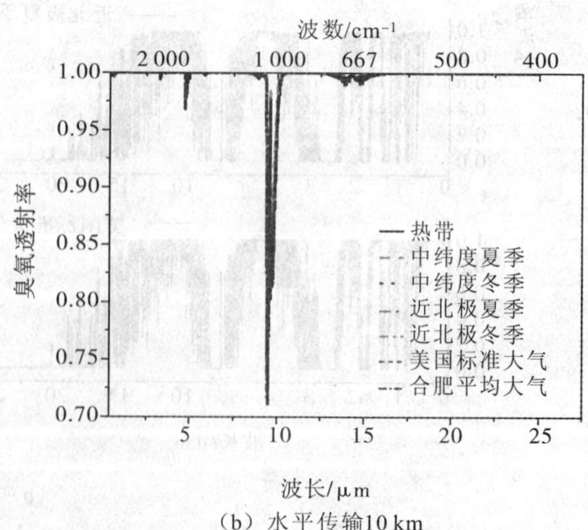

(b) 水平传输10 km

附图 25-13 海平面处水平传输 O_3 分子吸收透射率

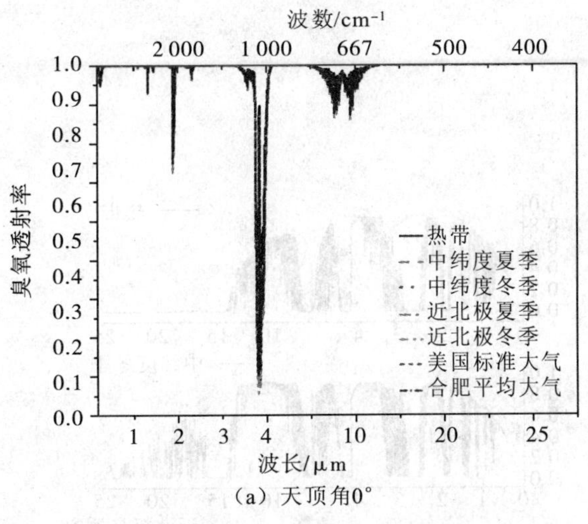

(a) 天顶角0°

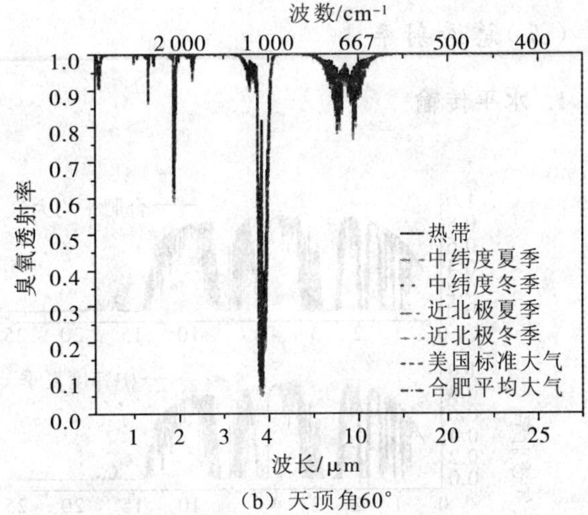

(b) 天顶角60°

附图 25-14　斜程传输 O_3 分子吸收透射率

4. 均匀混合气体和微量气体(除 H_2O、O_3、CO_2 外的所有分子)

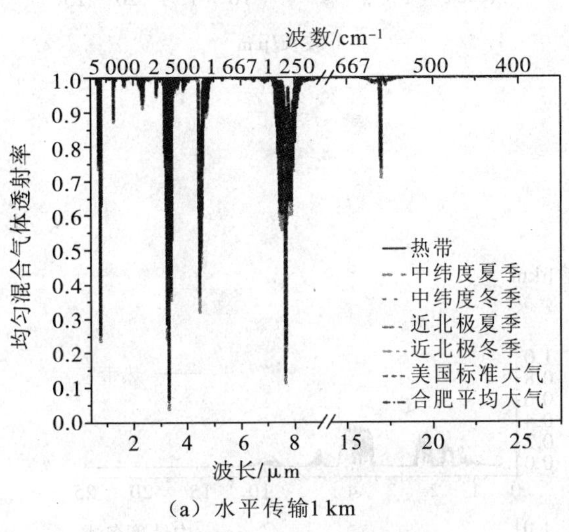

(a) 水平传输1 km

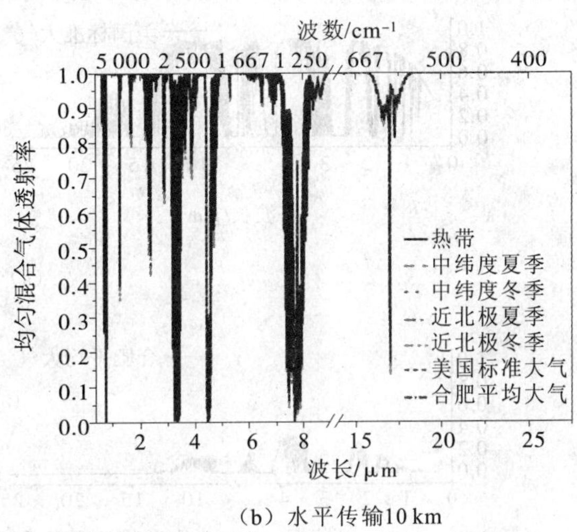

(b) 水平传输10 km

附图 25-15　海平面处水平传输均匀混合气体吸收透射率

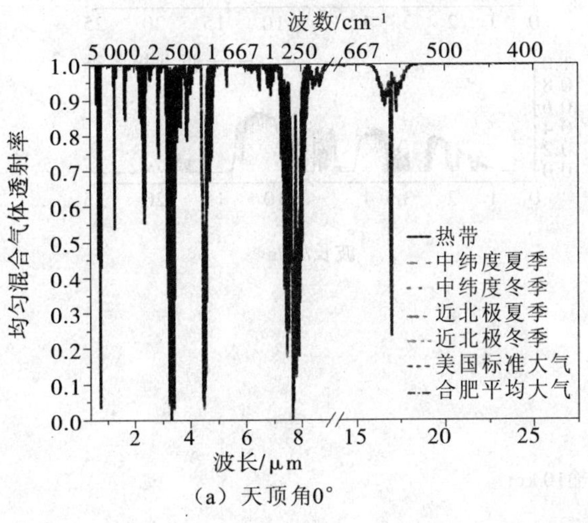

(a) 天顶角0°

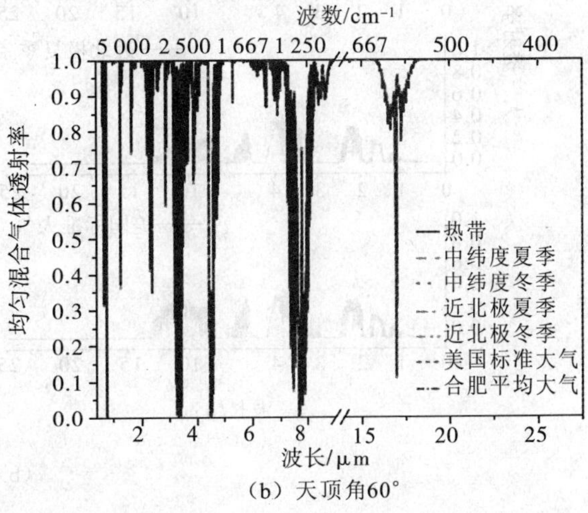

(b) 天顶角60°

附图 25-16　斜程传输均匀混合气体吸收透射率

(五)总透射率

1. 水平传输

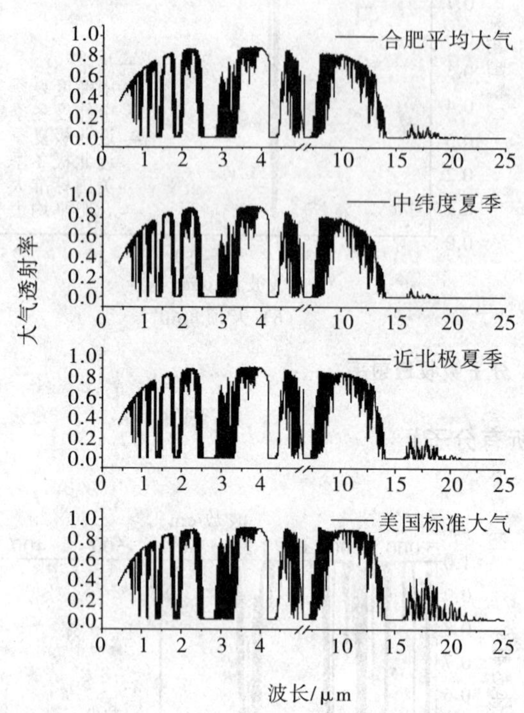

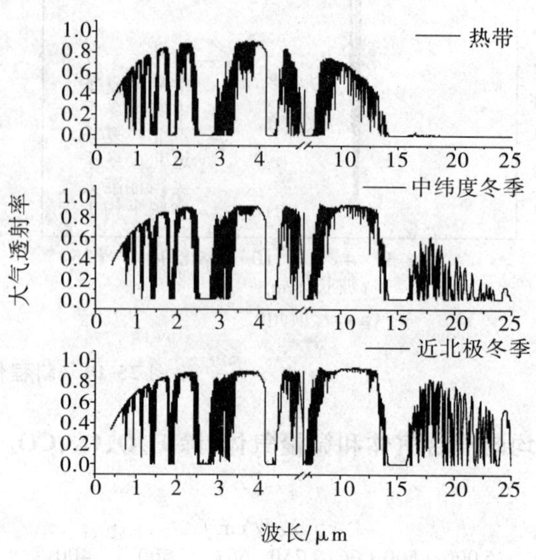

(a) 水平传输1 km

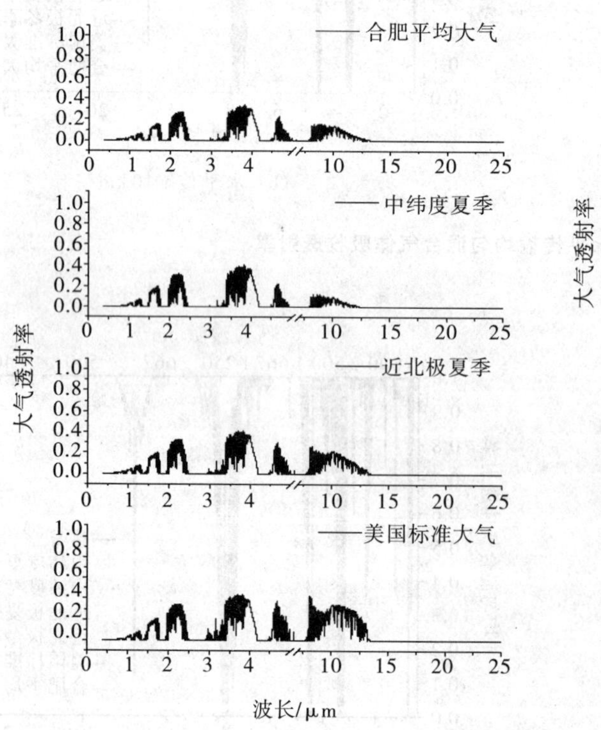

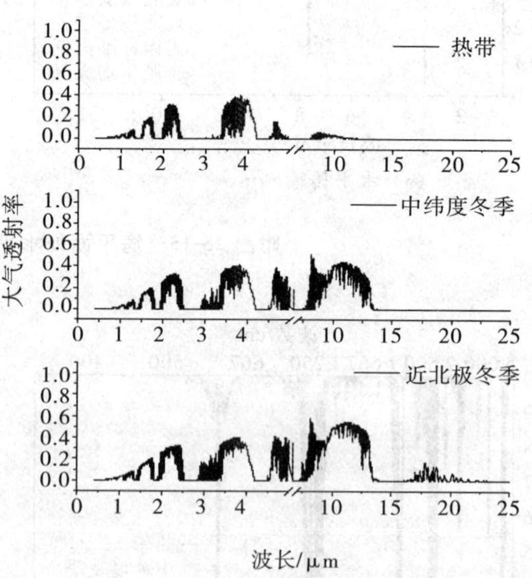

(b) 水平传输10 km

附图 25-17 海平面处水平传输大气总透射率(能见度 5 km,乡村型气溶胶模式)

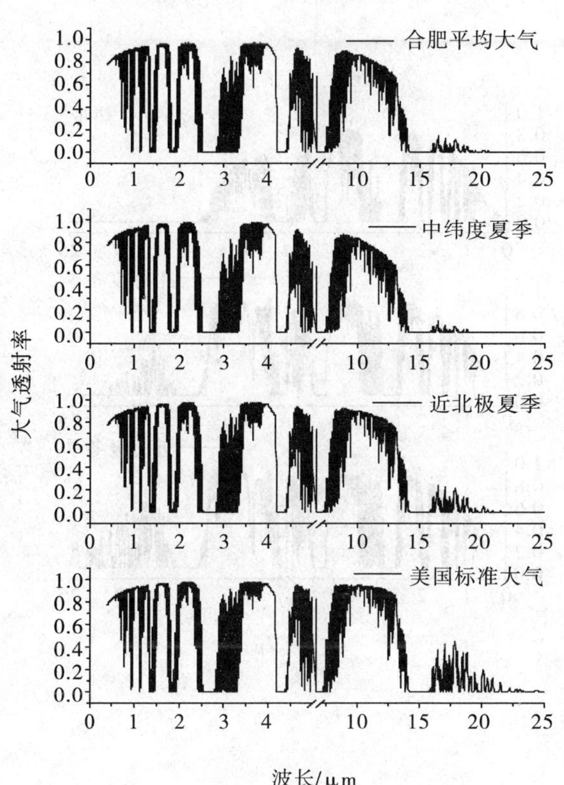

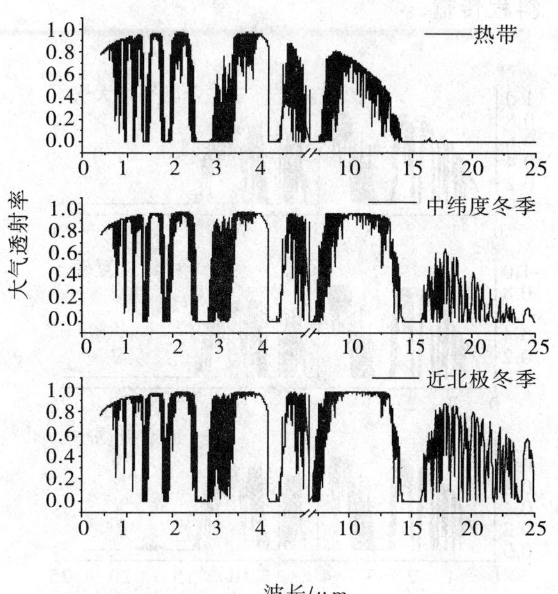

（a）水平传输1 km

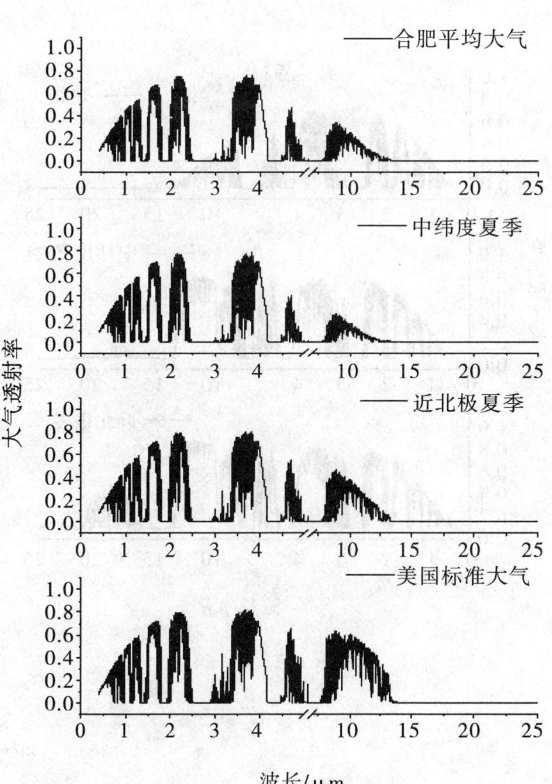

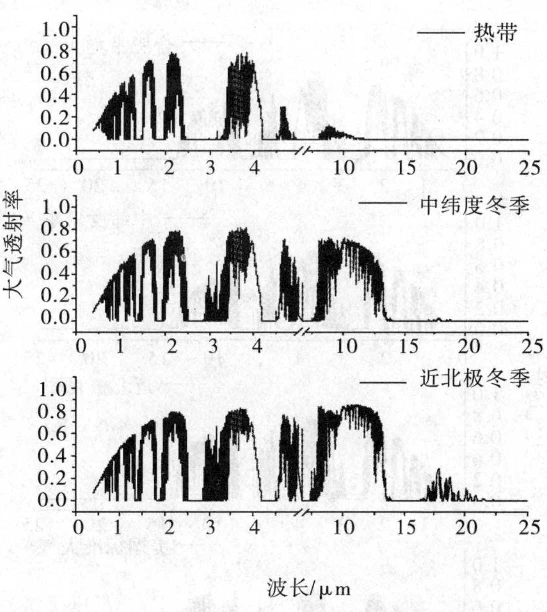

（b）水平传输10 km

附图 25-18　海平面处水平传输大气总透射率(能见度 23 km,乡村型气溶胶模式)

2. 斜程传输

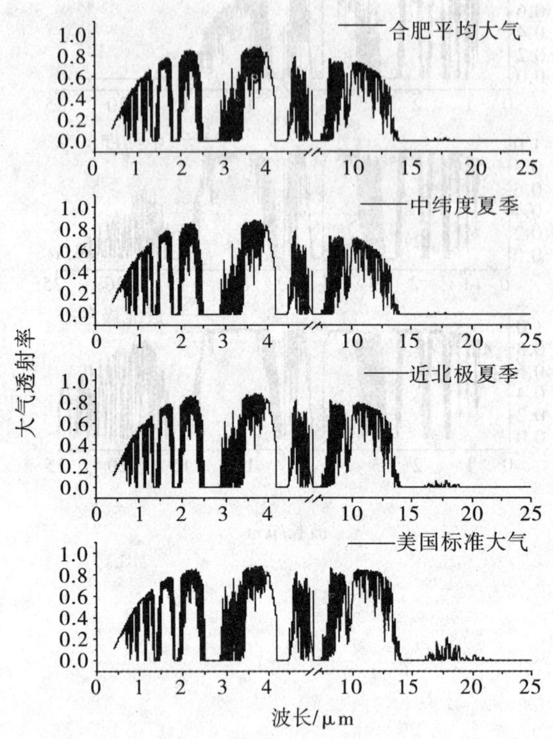

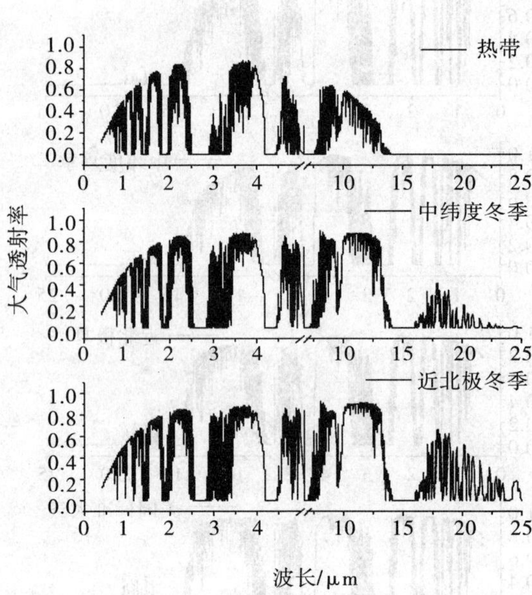

(a) 天顶角0°

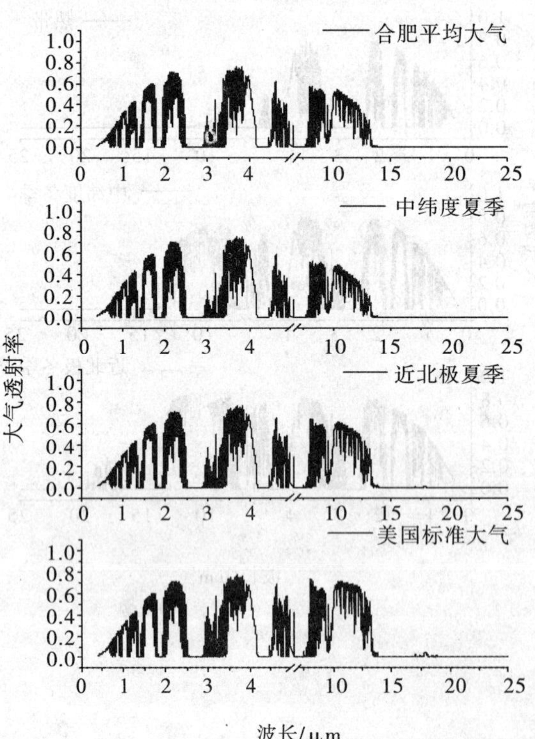

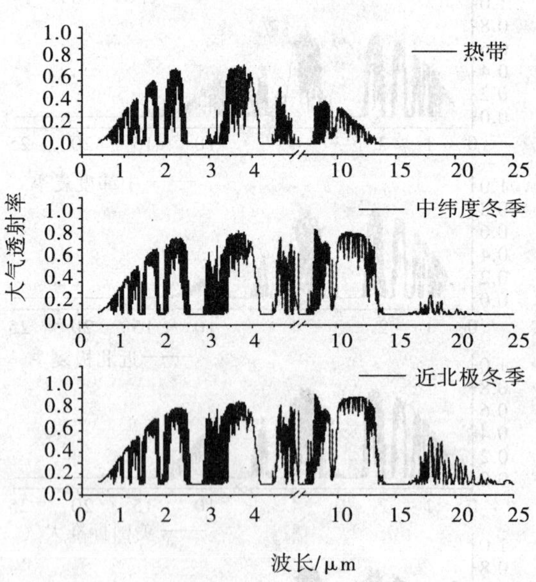

(b) 天顶角60°

附图 25-19　斜程传输大气总透射率(能见度 5 km,乡村型气溶胶模式)

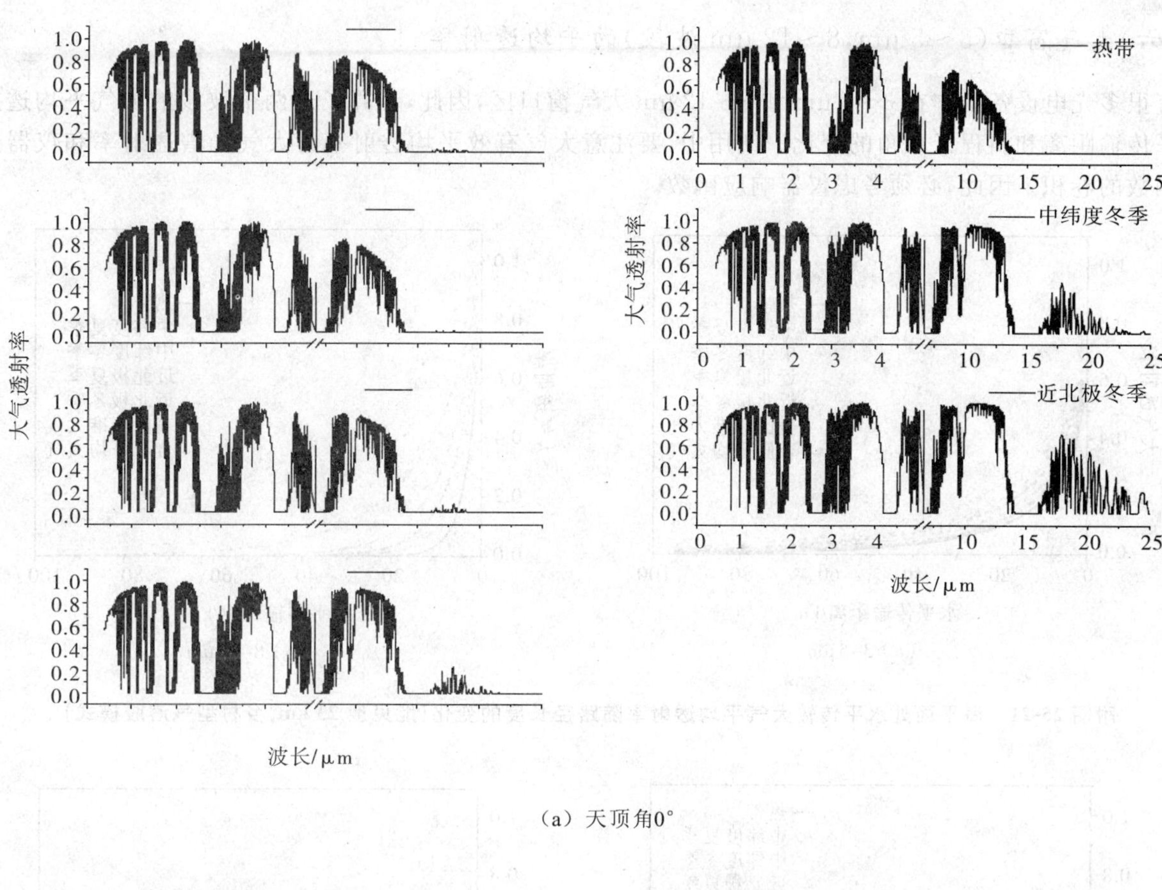

（a）天顶角0°

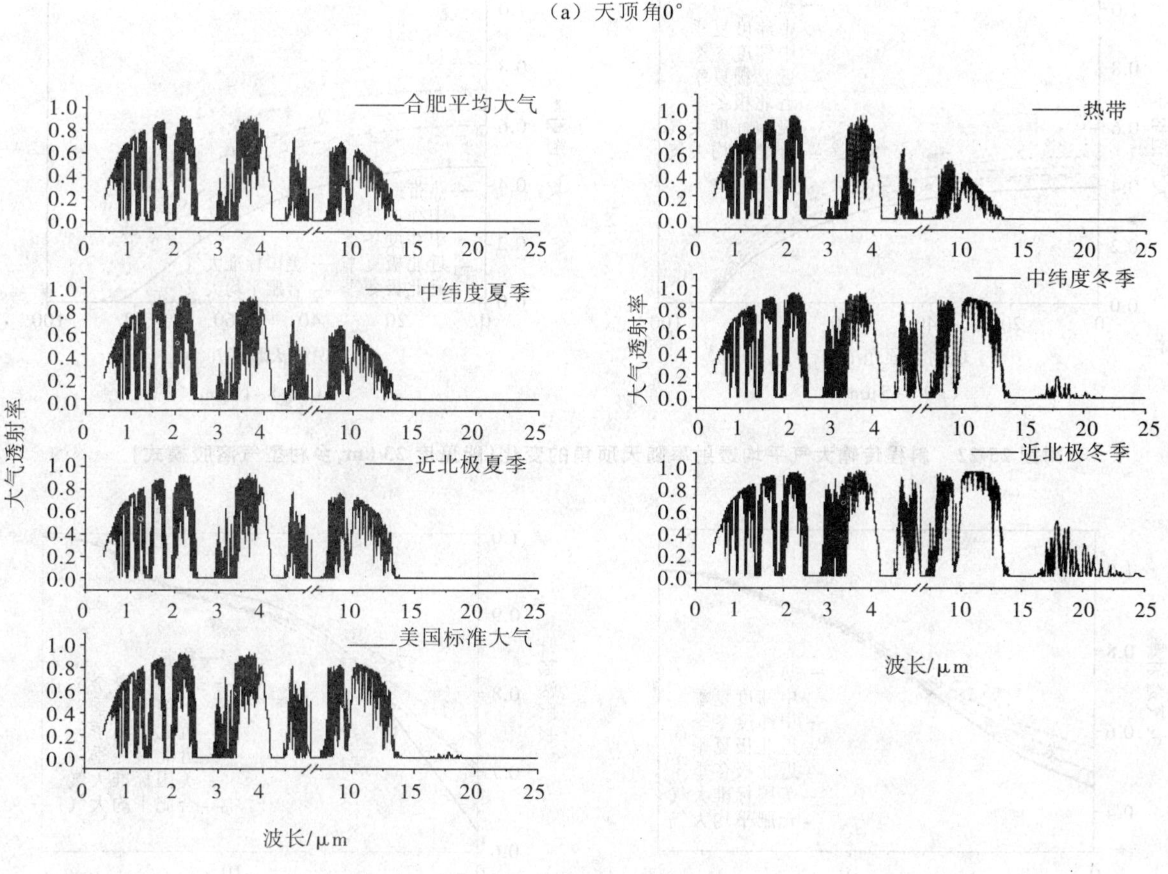

（b）天顶角60°

附图 25-20　斜程传输大气总透射率(能见度 23 km,乡村型气溶胶模式)

(六)大气窗口(3～5 μm,8～12 μm 波段)的平均透射率

有很多光电设备工作在 3～5 μm 和 8～12 μm 大气窗口区,因此,计算了这两个波段的大气平均透射率随水平传输距离和斜程天顶角的变化。使用中,要注意大气有效平均透射率为大气光谱透射率和仪器光谱响应函数的卷积。因此,必须考虑仪器响应函数。

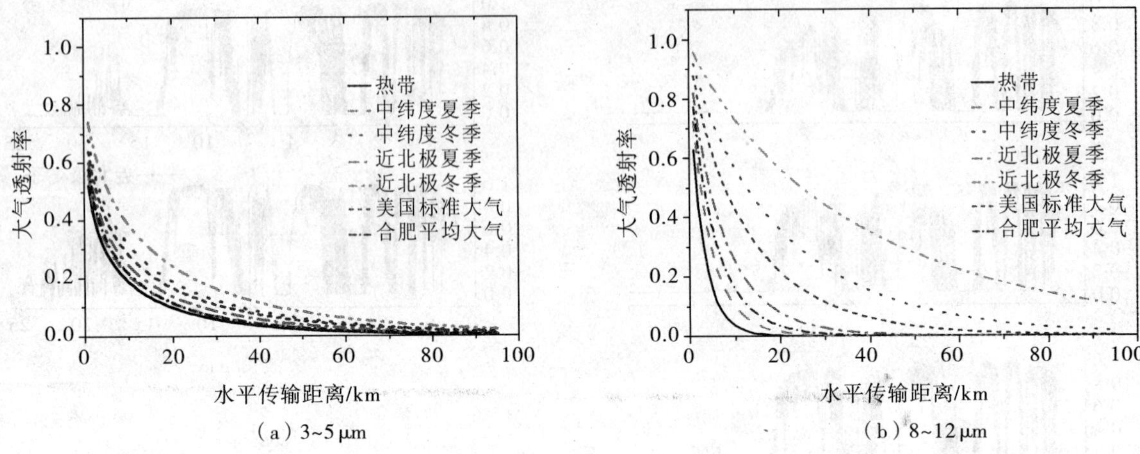

附图 25-21 海平面处水平传输大气平均透射率随路径长度的变化(能见度 23 km,乡村型气溶胶模式)

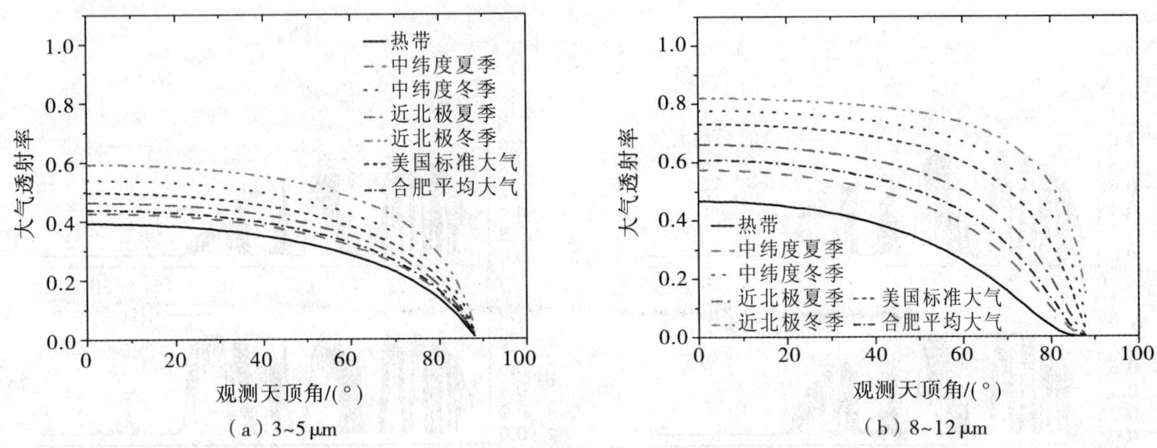

附图 25-22 斜程传输大气平均透射率随天顶角的变化(能见度 23 km,乡村型气溶胶模式)

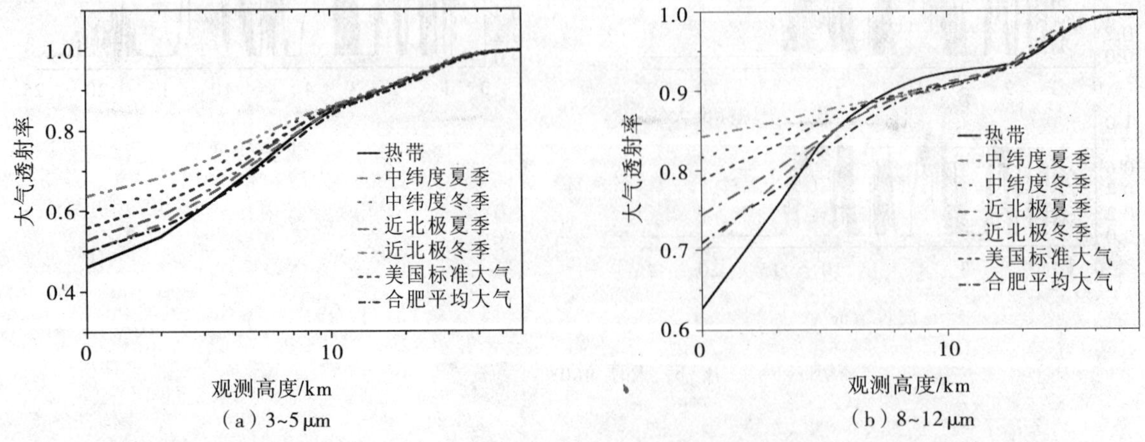

附图 25-23 不同高度向上传输的大气平均透射率(天顶角 0°,能见度 23 km,乡村型气溶胶模式)

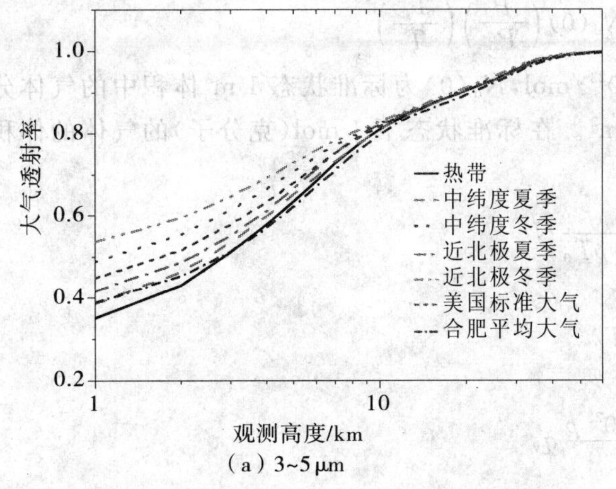

(a) 3~5 μm

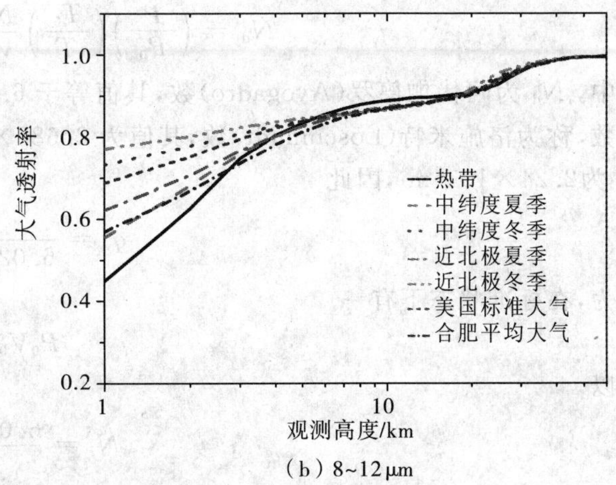

(b) 8~12 μm

附图 25-24　不同高度向上传输的大气平均透射率(天顶角 60°,能见度 23 km,乡村型气溶胶模式)

附录三　单位换算

大气物理学中表示气体成分含量的物理量的单位各不相同。在实际应用中,往往根据需要,前后用到的物理量可能不同,为了使结果一致,必须对各物理量之间的单位进行转换。本附录对各物理量及其单位作简单的介绍,并给出单位间的适当换算方法。

(1)质量混合比 q_m

简称混合比 q。假设在气压 p、温度 T 状态下干空气的体积为 V_d、密度为 ρ_d、质量为 m_d、分子量为 M_d,相同状态下某气体成分的密度为 ρ_i、质量为 m_i,则该气体成分的质量混合比为

$$q_m = \frac{m_i}{m_d} = \frac{\rho_i}{\rho_d}$$

其单位为 kg/kg 或 g/kg。

(2)体积混合比 q_v

假设在状态(p,t)下,干空气所占有的体积为 V_d,其中某气体成分的分压力为 p_i,将该成分抽出,使其温度不变,但分压力变到 p_i,此时所占的体积为 V_i,则定义该气体成分的体积混合比为

$$q_v = \frac{V_i}{V_d}$$

常用%、ppmv 或 ppbv 来表示(这两个单位表示某成分的体积分数,分别为 10^{-6} 和 10^{-9})。

(3)质量混合比 q 与体积混合比 q_v 之间的转换关系

由气体状态方程可得到

$$p = \rho_d \frac{R^*}{M_d} T, \quad p_i = \rho_i \frac{R^*}{M_i} T$$

$$pV_i = p_i V_d$$

$$q_v = \frac{V_i}{V_d} = \frac{p_i}{p} = \frac{\rho_i M_d}{\rho_d M_i} = \frac{M_d}{M_i} q$$

式中,M_d 和 M_i 分别是干空气和该气体的分子量(g/mol),R^* 是通用气体常数。

(4)分子数密度与体积混合比的转换关系

若以 N 表示单位体积中某气体分子的数目,即数密度(分子数/m³),N_d 表示干空气的数密度,则有

$$q_v = \frac{V_i}{V_d} = \frac{N_i}{N_d}$$

其中

$$N_d = \left(\frac{P}{P_0}\right)\left(\frac{T_0}{T}\right)\frac{N_d}{V_0} = N_d(0)\left(\frac{P}{P_0}\right)\left(\frac{T_0}{T}\right)$$

式中，N_d 为阿伏伽德罗(Avogadro)数，其值等于 6.02×10^{23}/mol，$N_d(0)$为标准状态 1 m^3 体积中的气体分子数，称为洛施米特(Loschimidt)数，其值为 $2.688\times10^{25}/m^3$。在标准状态下 1 mol(克分子)的气体的体积 V_0 为$2.24\times10^{-2}\,m^3$，因此

$$q_v = \frac{V_0 p_0 T}{6.02\times10^{23} p T_0} N_i$$

因为，在标准状态下有

$$P_0 V_0 = R T_0$$

所以

$$N_i = \frac{6.022\times10^{23} p}{R^* T} q_v$$

(5)质量密度与体积混合比之间的转换关系

因为气体的密度 ρ_i 和分子数密度 N_i 之间有关系

$$\rho_i = \frac{M_i\times10^{-3}}{N_d} N_i = \frac{M_i\times10^{-3}}{6.022\times10^{23}} N_i = 1.660\times10^{-27} M_i N_i$$

式中，ρ_i 的单位取 kg/m^3，N_i 的单位取分子数/m^3。所以，质量密度与体积混合比之间的转换关系为

$$\rho_i = \frac{M_i}{N_d} q_v N_i = \frac{M_i}{N_d} q_v\, N_d(0)\,\frac{pT_0}{p_0 T}$$

(6)饱和水汽压 e_{H_2O} 和露点温度 T_d 的转换关系

水汽压力是水汽在大气总压力中的分压力，它表示空气中水汽的绝对含量的大小，以百帕(hPa)为单位。由于空气吸收水汽有一定限量，达到了限量就不再吸收，这个限量叫"饱和点"。空气中水汽达到饱和点时的水汽压，称为饱和水汽压(或称最大水汽张力)。分别对水面和冰面定义：水面饱和水汽压：在固定的气压和温度下，水汽和平面纯净水面达到气液两相中性平衡时纯水蒸气的水汽压；冰面饱和水汽压：在固定的气压和温度下，水汽和平面纯净冰面达到气固两相中性平衡时纯水蒸气的水汽压。

露点温度指空气在水汽含量和气压都不改变的条件下，冷却到饱和时的温度。形象地说是空气中的水蒸气变为露珠时的温度，单位用℃表示。

露点温度与饱和水汽压存在函数关系：

$$e_{H_2O} = 6.11\times10^{aT_d/(b+T_d)}$$

式中，a 和 b 是常数，对于水面，其露点温度大于 0℃，$a=7.45$，$b=235$；对于冰面，其露点温度小于 0℃时，$a=9.5$，$b=265$。

(7)水汽压 p_{H_2O} 和水汽含量的转换关系

水汽压反映了空气中水汽的绝对含量，水汽压 p_{H_2O} 和水汽含量可进行转换，它们之间满足气体状态方程

$$p_{H_2O} V_{H_2O} = n_{H_2O} R^* T$$

1)水汽质量密度(又称绝对湿度)可写为

$$\rho_{H_2O} = \frac{n_{H_2O} M_{H_2O}}{V_{H_2O}}$$

所以，水汽压(hPa)和水汽质量密度 ρ_{H_2O} (kg/m^3)之间的转换关系为

$$p_{H_2O} = \rho_{H_2O}\frac{R^* T}{M_{H_2O}}$$

式中，T 为水汽的温度，单位为 K；M_{H_2O} 为水汽的分子量。

2)水汽分子数密度可写为

$$N_{H_2O} = \frac{n_{H_2O} N_d}{V_{H_2O}}$$

所以水汽压(hPa)和水汽分子数密度 N_{H_2O} (mol/m^3)之间的转换关系为

$$p_{H_2O} = N_{H_2O} \frac{R^* T}{N_d}$$

3)由分子数密度与体积混合比的关系,可得到水汽压(hPa)与水汽体积混合比 q_{H_2O} (ppmv)的转换关系:

$$p_{H_2O} = \frac{p}{1.0 \times 10^{-6} q_{H_2O}}$$

(8)相对湿度和水汽含量的转换关系

相对湿度 RH 定义为水汽压 p_{H_2O} 与相同温度下的饱和水汽压 e_{H_2O} 的比值的百分数:

$$\mathrm{RH} = \frac{p_{H_2O}}{e_{H_2O}} \times 100\ \%$$

这是一个无量纲的值。相对湿度的大小表示空气中的水汽含量接近饱和的程度。当它为100%时,表示空气中的水汽含量已经达到饱和;未饱和时,相对湿度小于100%。

相对湿度的大小,不但取决于水汽压,还取决于温度。气温升高时,虽然地面蒸发加快,水汽压增大,但这时饱和水汽压随温度升高而增大得更多些,使相对湿度反而减小。同样的道理,在气温降低时,水汽压减小,但是饱和水汽压随温度下降得更多些,使相对湿度反而增大。所以相对湿度在一天中有一个最大值出现在清晨,一个最低值出现在午后。

由于相对湿度表示了空气中的水汽含量,所以它和水汽含量之间有一定的转换关系。在该空气温度下的饱和水汽压为

$$e_{H_2O} = 6.11 \times 10^{a T_c/(b+T_c)}$$

式中,常数 a 和 b 的取值同上,温度 T_c 的单位是℃, $T_c = T - 273.16$ 。

1)由水汽压与水汽质量密度的关系,可得到相对湿度与水汽质量密度 ρ_{H_2O} (kg/m³)的转换关系为

$$\mathrm{RH} = \rho_{H_2O} \frac{R^* T}{6.11 \times 10^{a T_c/(b+T_c)} M_{H_2O}} \times 100\ \%$$

2)由水汽压与水汽分子数密度的关系,可得到相对湿度与水汽分子数密度 N_{H_2O} (分子数/m³)的转换关系为

$$\mathrm{RH} = N_{H_2O} \frac{R^* T}{6.11 \times 10^{a T_c/(b+T_c)} N_d} \times 100\ \%$$

3)由水汽压与体积混合比的关系,可得到相对湿度与水汽体积混合比 q_{H_2O} (ppmv)的转换关系

$$\mathrm{RH} = \frac{p}{6.11 \times 10^{a T_c/(b+T_c)} \times 1.0 \times 10^{-6} q_{H_2O}} \times 100\ \%$$

(9)标准状态下的厚度(atm-cm)STP

设海平面上单位截面垂直气柱内某气体成分的总含量为 W_i(g/cm²),若将其换算成标准大气状态(P_0 =1 013.15 hPa, T_0 =273.15 K)下单位截面上该气体成分所具有的厚度 L_i(cm),L_i称为该气体成分含量的厘米数,简写为(atm-cm)STP。如果标准状态下该气体成分的密度为 ρ_{i0},则

$$L_i = \frac{W_i}{\rho_{i0}}$$

其中

$$\rho_{i0} = \frac{M_i}{R^*} \frac{P_0}{T_0}$$

$$W_i = \int_0^\infty \rho_i(z)\,\mathrm{d}z = \int_0^\infty q_i \rho_d\,\mathrm{d}z$$

对于混合比随高度不变或少变的某气体成分, q =常数,且因

$$P_0 = \int_0^\infty \rho_d g\,\mathrm{d}z$$

所以

$$W_i = \frac{1}{g} q_i P_0$$

因此

$$L_i = \frac{R^* T_0 q_i}{gM_i} = \frac{R^* T_0 q_v}{gM_d}$$

将通用气体常数 $R^* = 8.314\ \mathrm{J/(mol \cdot K)}$，重力加速度 $g = 9.806\ 65\ \mathrm{m/s^2}$，$T_0 = 273.15\ \mathrm{K}$ 及空气分子量 $M_d = 28.96$ 分别代入，则

$$L_i = 2.315\ 7 \times 10^7 q_i / M_i = 7.996\ 4 \times 10^5 q_v$$

当 $L=1(\mathrm{atm-cm})\mathrm{STP}$ 时，相当于在标准状态下 1 $\mathrm{cm^2}$ 面积上有厚度 1 cm 的气体，故

$$1(\mathrm{atm\text{-}cm})\mathrm{STP} = 2.688 \times 10^{19}(\text{分子数}/\mathrm{cm^2})$$

$$\begin{aligned}1(\mathrm{atm\text{-}cm})\mathrm{STP} &= M_i / 2.24 \times 10^4 \\ &= 4.464 \times 10^{-5} M_i (\mathrm{g/cm^2})\end{aligned}$$

(10)可降水分(量) w

它表示沿光线传播路径上总水汽含量，通常用 $\mathrm{g/cm^2}$ 做单位，表示单位面积上累积的水汽总质量。

(11)降水厘米数 prcm

也是可降水量的单位：

$$1\ \mathrm{g/cm^2} = 1\ \mathrm{prcm}$$

$$1\ \mathrm{prcm} = 3.34 \times 10^{22}\ \text{分子数}/\mathrm{cm^2}$$

(12)Dobson 单位

臭氧含量除了用一般的气体浓度量表达外，还常用 Dobson 单位，缩写为 DU。

$$1\ \mathrm{DU} = 10^{-3}(\mathrm{atm\text{-}cm})\mathrm{STP}$$

参 考 文 献

[1] 美国国家海洋和大气局，美国宇航和美国空军. 标准大气:美国[M]. 1976. 中译本. 北京:科学出版社,1982

[2] Leo Levi. Applied Optics——A guide to optical system design[M]. New York: John Wiley & Sons, 1980, 2: 977

[3] McClatchey R A, Fenn R W, Selby E A, Voltz F E, Garing J S. Optical properties of the atmosphere[R]. Air Force Camb. Res. Lab. Environ. Res. Pap. AFCRL-72-0497, 1972

[4] Junge C E. Air chemistry and radioactivity[M]. New York: Academic Press, 1963;117

[5] Diermendjian D. Electrmagnetic Sscattering on spherical polydispersions[M]. New York: American Elsevier, 1969

[6] Volz F E. Appl. Opt., 1972, 11:755

[7] Hess M, Koepke P, Schult I. Optical Properties of Aerosols and Clouds. The Software Package OPAC[J]. Bulletin of the American Meteorological Society, 1998, 79: 831-844

[8] 饶瑞中. 光在湍流大气中的传播[M]. 安徽:安徽科学技术出版社,2005

[9] Lukin V P. Out scale of atmospheric turbulence[J]. Proc., 2005, SPIE 5981: 113

[10] 王之江. 光学技术手册(上)[M]. 北京: 机械工业出版社,1987

[11] 李景镇. 光学手册[M]. 西安: 陕西科学技术出版社,1986

[12] MaClatchey R A, Fenn R W, Selby J E A, Volz E/F E, Garing J S. Optical Properties of the Atmosphere[M]. 3rd ed. AFCRL-72-0497, 1972

[13] Johannes Orphal. Spectroscopy and remote sensing of the atmosphere[M]. Madrid:Escribano Torres. Fisico-Cimica de la Atmosféra CSIC, 2001;138-175

[14] 宋正方. 应用大气光学基础[M]. 北京:气象出版社,1990

[15] Brassington D J. Tunable diode laser absorption spectroscopy for the measurement of atmospheric species[M]. Imperial College, 1995

[16] Darrell E Burch, Robert L Alt. Continuum absorption by H_2O in the 700～1200cm^{-1} and 2400～2800cm^{-1}[R]. AFGL-TR-84-0128, Scientific Report No. 1, Contract No. F19628-81-C-0118, 1984

[17] Darrell E Burch. Continuum Absorption by H_2O[R]. AFGL-TR-81-0300, Final Report, Contract No. F19628-79-C-0041, 1982

[18] 张建奇，方小平. 红外物理[M]. 西安: 西安电子科技大学出版社,2004

[19] Rothman L S, Jacquemart D, Barbe A, et al. The HITRAN 2004 molecular spectroscopic datahase[J]. J Quant. Spectrosc. Radiat. Transfer, 2005, 96(2):139-20

[20] Wiscombe W. Improved Mie scattering algorithms[J]. Appl. Opt., 1980, 19(9): 1505-1509

[21] Barber P W, Hill S C. Light scattering by particles: Computational methods[M]. Singapore: World Scientific Publishing, 1990

[22] Draine B T, Flatau P J. Discrete-dipole approximation for scattering calculations[J]. J. Opt. Soc. Am. 1994, A11(4): 1491-1499

[23] Mishchenko M I, Travis L D, Lacis A A. Scattering, Absorption, and Emission of Light by Small Particles[M]. Cambridge: Cambridge University Press, 2002

[24] 饶瑞中. 随机取向立方粒子光散射的数值分析[J]. 物理学报,1998, 47(11):1790-1797

[25] 王向川，饶瑞中. 大气气溶胶和云雾粒子的激光雷达比[J]. 中国激光,2005, 32(10): 1321-1324

[26] Handbook of Optics, Chapter 44. Atmospheric Optics[M]

[27] 刘长盛，刘文保. 大气辐射学[M]. 南京：南京大学出版社出版,1990:53-56

[28] Stamnes K, Tsay S-C, Wiscombe W, Jayaweera K. Numerically stable algorithm for discrete-ordinate-method radiative transfer in multiple scattering and emitting layered media[J]. Appl. Opt., 1988, 27: 2502-2509

[29] de Haan F, Bosma P B, Hovenier J W. The adding method for multiple scattering calculations of polarized light[J]. Astron. Astrophys., 1987, 183: 371-391

[30] Kattawar G W, Plass G N, Guinn J A. Monte Carlo Calculations of the Polarization of Radiation in the Earth's Atmosphere-Ocean System[J]. J. Phys. Ocean., 1973, 3: 353-372

[31] Lean J, Rind D. Climate forcing by changing solar radiation[J]. J. Climate, 1998, 11: 3069-3094

[32] 张建奇，方小平. 红外物理[M]. 西安：西安电子科技大学出版社,2004:108

[33] Wiscombe W J. Improved Mie scattering algorithms[J]. Appl. Opt., 1980, 19: 1505-1509

[34] Kneizys F X, et al. Users Guide to LOWTRAN7[M]. AFGL-TR-88-0177, Bedford MA,1988

[35] Berk A, Bernstein, L S, Robertson D C. MODTRAN: A Moderate Resolution Model for LOWTRAN 7[M]. GL-TR-89-0122,1989

[36] 魏合理，陈秀红，饶瑞中. 通用大气辐射传输(CART)软件介绍[J]. 大气与环境光学学报,2007, 2(6): 446-450

[37] Wei Heli, Chen Xiuhong, Rao Ruizhong, et al. A moderate-spectral-resolution transmittance model based on fitting the line-by-line calculation[J]. Optics Express, 2007,15: 8360-8370

[38] Clough S A, Iacono M J. Line-by-line calculations of atmospheric fluxes and cooling rates: Part II: Application to carbon dioxide, ozone, methane, nitrous oxide, and the halocarbons[J]. J. Geophys. Res., 1995, 100: 16519-16535

[39] 翁宁泉，曾宗泳，龚知本. 卫星目标光学测量大气折射修正[J]. 量子电子学报,2001, 18: 560

[40] Tatarskii V I. Wave propagation in a turbulent medium[M]. New York: McGraw-Hall, 1961

[41] Strohbehn J W, et al. Laser beam propagation in the atmosphere[M]. Berlin: Springer-Verlag, 1978

[42] Gong Z, Wang Y, Wu Y. Finite temporal measurement of the statistical characteristics of the atmospheric coherent length [J]. Appl. Opt., 1998, 37: 4541-4543

[43] Gong Z, Wu Y, Wang Y. Phase-compensation experiment with a 37-element adaptive optics system[J]. Appl. Opt., 1998, 37: 4549-4552

[44] Goodman J W. Statistical optics[M]. New York: John Wiley & Sons, 1985

[45] Gebhardt F G. Twenty-five Years of Thermal Blooming: An Overview[J]. Proc. SPIE,1990,1221: 225

[46] 帕尔特里奇 G W，普拉特 C M R. 气象学和气候学中的辐射过程[M]. 北京:科学出版社,1981:39-41

[47] Spencer J W. Fourier series representation of the position of the sun[J]. Search, 1971, 2: 172

[48] Zhou Jun, Wang Zhien, Han Jiecai, Hu Huanling. Variability of aerosol optical properties over Hefei during September 1993 to September 1994[J]. ACTA Metorologica Sinica, 1996, 10: 81-95

[49] Ångström A. The parameters of atmospheric turbidity[J]. Tellus, 1964, 16: 64-75

[50] Dobson G M. Observers' handbook for the ozone spectrometer[J]. Ann. Int. Geophys, 1957,5: 46-89

[51] Farman J G, Gardiner B G, Shanklin J D. Large losses of total ozone in Antarctica reveal seasonal $ClOx/NOx$ interaction [J]. Nature, 1985, 315: 207-208

[52] Liou K N. 大气辐射导论[M]. 2 版. 北京:气象出版社,2004

[53] Mateer C L, Heath D F, Krueger A J. Estimation of total ozone from satellite measurements of backscattered ultraviolet

earth radiance[J]. J. Atmos. Sci., 1971, 28: 1307-1311

[54] King M D, Kaufman Y J, Menzel W P. Remote sensing of cloud, aerosol, and water vapor properties from the Moderate Resolution Imaging Spectroradiometer[J]. IEEE Trans. Geosci. Remote Sens., 1992, 30: 227

[55] Diner D J, Beckert J C, Reilly T H, et al. Multi-angle Imaging SpectroRadiometer (MISR) instrument description and experiment overview[J]. IEEE Trans. Geosci. Remote Sens., 1998, 36: 1072-1087

[56] http://www-calipso.larc.nasa.gov

[57] Klett J D. Stable analytical inversion solution for processing lidar returns[J]. Appl. Opt., 1981, 20:211-220

[58] Fernald F G. Analysis of atmospheric lidar observation: some comments[J]. Appl. Opt., 1984, 23: 652-653

[59] Russell P B, Swissler T J, McCormick M P. Methodology for error analysis and simulation of lidar aerosol measurements [J]. Appl. Opt., 1979, 18: 3783-3797

[60] Schotland R M. Errors in the Lidar Measurement of Atmospheric Gasses by Differential Absorption[J]. J. Appl. Meteo., 1974, 13: 71-77

[61] 孙景群. 激光探测大气污染[M]. 北京:科学出版社,1992:157-158

[62] Milton M J. Tunable Lasers for DIAL Application[J]. Review of Laser Engineering, 1995, 23: 93-96

[63] 胡欢陵，王志恩，吴永华，周军. 紫外差分吸收激光雷达测量平流层臭氧[J]. 大气科学，1998，22(5): 701-708

[64] 孙景群. 激光大气探测[M]. 北京:科学出版社,1986:62,89

[65] Melfi S H, Lawrence J D, McCormick M P. Observation of Raman scattering by water vapor in the atmosphere[J]. Appl. Phys. Lett., 1969, 15: 295-297

[66] Houston J D, et al. Raman lidar system for methane gas concentration measurements[J]. Appl. Opt., 1986, 25: 2115-2121

[67] Melfi S H, et al. Observation of Raman scattering by SO_2 in a generating plant stack plume[J]. Appl. Phys. Lett., 1973, 22: 402-403

[68] 李陶，戚福第，岳古明，金传佳，胡欢陵，周军. 大气中水汽混合比的 Raman 激光雷达探测[J]. 大气科学，2000，24(6): 843-854

[69] Ansmann A, Riebesell M, Weitkamp C. Measurement of atmospheric aerosol extinction profiles with a Raman lidar[J]. Optics Letters, 1990, 15: 746-748

[70] Strauch R G, Derr V E, Cupp R E. Atmospheric temperature measurement using Raman backscatter[J]. Appl. Opt., 1971,10: 2665-2669

[71] Cooney J. Measurement of atmospheric temperature profiles by Raman backscatter[J]. J. Appl. Meteorol., 1972,11: 108-112

[72] Sun Dongsong, Zhou Jun, Hu Huanling, Liu Jianwen, Wang Qingmei. 1.06 μm aerosol doppler lidar for wind measurement[C]. Nara, Japan: 23rd International laser radar conference,2006:24-28

第二十六章　空间光学

空间光学是利用航天飞机、卫星、飞船、空间实验室、空间站等空间飞行器，采用光学手段对目标进行遥感观测和探测的科学技术领域。这里的光学手段是指把光波作为信息的载体，收集、储存、传递、处理和辨认目标信息的光学遥感技术。目标的信息包括目标的形状、空间位置及其随时间的变化，也包括目标的辐射特性、光谱特性及其随时间的变化。目标的辐射特性、光谱特性主要有目标的光谱发射率、反射率、吸收率及偏振特性。涉及的光谱范围从短波软 X 射线的 0.4 nm 到长波红外(热红外)的 15 μm 以及亚毫米波段。

空间光学的研究主要是利用空间的高度资源，根据空间的特殊环境条件，有效地改进地面上使用的光学仪器，使它适应空间的特殊环境，达到空间应用的目的。空间光学的研究范围也包括为空间特定应用而专门研究开发新型光学遥感方法和仪器的研究内容。这些都是应用性、技术性很强的研究内容。另一方面，从空间光学遥感所获得的信息反演出目标真实面目的过程中，还需要进行许多物理原理方面的基础性研究，这些是基础科学的研究领域。

空间光学的应用首先是利用空间的高度资源，在 100 km 以上对地球观测目前还没有国界，所以可以观测到世界上的任意角落，这显然是一个非常重要的应用条件。空间的另一个重要应用条件是真空环境条件，地面的望远镜受到大气扰动的影响，达不到望远镜的衍射极限分辨率，而空间望远镜受大气扰动的影响很小，可以达到望远镜的衍射极限分辨率，这是因为光学系统的入瞳附近的大气扰动影响成像质量的缘故。因此，空间相机对地观测可以获得非常清晰的像，地面分辨率可以达到 0.1～0.3 m，可发现铁路上的单个铁轨枕木。这些优势已被广泛应用于空间天文、军事侦察、预警监测、测绘等方面。空间光学遥感的全球性大范围的快速遥感、遥测的能力无疑是对大气观测、天气预报、灾害预报、环境监测、资源探测等方面起着其他手段不可替代的作用。已为人类生存质量的提高作出了公认的巨大贡献。

空间光学的研究和发展已有半个多世纪的历史，但是由于空间光学的空间应用的特殊性，需要大量的经费，世界上只有少数国家拥有空间光学遥感技术。随着世界经济的发展和对空间应用价值认识的提高，世界空间科学与技术的发展也越来越快，空间的竞争也越来越激烈。展望空间光学的发展前景非常诱人，从目前国际上对空间光学的投入和所提出的发展规划看，本世纪空间光学的发展要比上世纪更快，前景更加美好。

第一节　空间环境和遥感

一、空间特殊环境[1]

空间光学的特殊环境包括较高的轨道高度，高真空环境，微重力环境，高低温热环境，经受粒子的辐照和微流星体及空间碎片的防护。

(一)轨道高度

一般的低轨卫星高度大约在 150 km 到几百千米，中轨卫星高度在几百到几千千米，高轨卫星高度为上万千米。常用的卫星轨道有：①地球同步轨道(又称对地球静止轨道)，是指在赤道上空以圆形轨道绕地球旋转，其高度大约为 36 000 km 的轨道。利用这种高度的轨道，可以对地球上的一个点或区域进行连续观察，用于通信及气象等领域；②极轨轨道，是指绕地球或其他天体的南北极飞行，轨道倾角为 90°或接近 90°的轨道。采用这种轨道的卫星能测量包括南北极在内的全部地球表面，因此多数气象卫星采用极轨轨道，还有侦察卫星、资源卫星等也用这种轨道。这种轨道通常采用中低轨道；③太阳同步轨道，是指卫星轨道的公转方向及其周期与地球公转方向及周期相等的轨道。采用这种轨道，在圆轨道的情况下卫星对同纬度地面点就能在大体相同的地方平均太阳时通过相同方向以大致相同的太阳高度角观测地面。遥感卫星利用这种轨道对遥感影像进行时相分析，同时从卫星设计角度来看，这种轨道能保持太阳光与轨道面构成的角度一定，能有效地使用太阳能电池帆板；④回归轨道，是指卫星一天绕地球若干圈，并不回到原来的轨道，每天逐步接近，n 天之后回到原来轨迹的轨道，称为回归日数为 n 天的"回归轨道"。这种轨道的特点是能对地球表面特定地区进行重复观测，因此，长期观测地球的卫星，一般采用这种轨道。轨道高度高，使得光学遥感器容易达到宽覆盖地面观测的要求；另一方面，由于轨道高度高，使光学遥感器不得不采取长焦距大口径光学系统，这是空间光学系统的特点之一。

图 26-1 是气象卫星轨道的示意图。

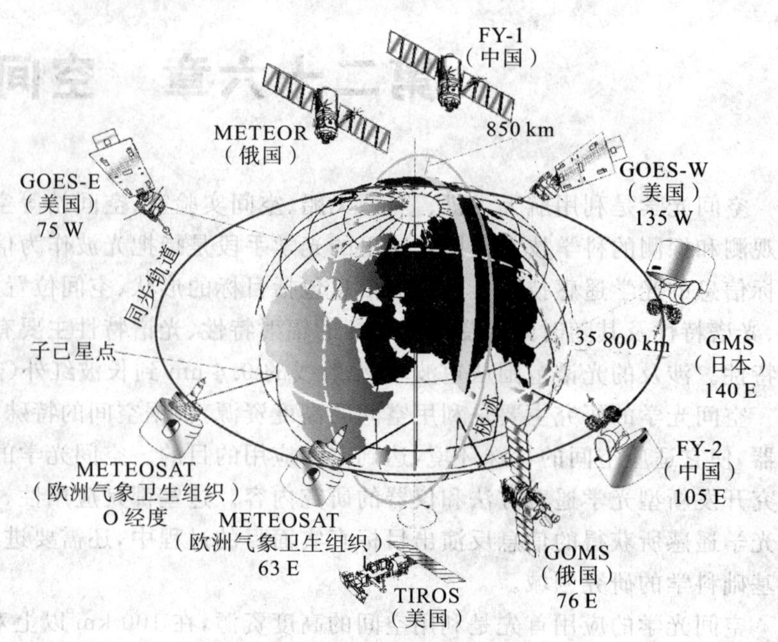

图 26-1 气象卫星轨道示意图

（二）真空环境

地球海平面的气压为 101 325 Pa，海拔高度增加气压降低，表 26-1 给出了几个海拔高度和气压的关系。

空间的真空（低气压）环境条件对光学遥感器系统的影响主要有：①由于没有大气扰动的影响，光学系统可达到衍射极限成像质量；②由于真空，光学玻璃的折射率与地面有空气环境的折射率不同，所以采用折射系统的空间光学系统在设计和装调时要考虑空气折射率的影响；③要考虑真空出气和材料蒸发等问题，在光学镜筒上需要打出气孔，注意有些蒸发物会污染镜片；④要考虑真空冷焊问题，真空度达到 10^{-7} Pa 水平，就有干摩擦和冷焊现象发生，所以对活动部位要进行专门的防冷焊处理；⑤真空中的热交换主要是以辐射形式和接触传导形式发生，没有空气对流，在空间光学遥感器热设计时应考虑这一点。

表 26-1 海拔高度和气压的关系

海拔高度/km	90	200	500	1 000	10 000
大气压 / Pa	0.2	1.5×10^{-4}	10^{-6}	10^{-8}	10^{-11}

（三）微重力环境

空间光学遥感器在 $10^{-4}g$ 的环境下工作。大尺寸精密的光学元件在地面加工和装配都受地球重力 1 g 作用，所以精密光学元件受重力变形的问题必须要解决。然而在地面造成微重力环境是很困难的事情，因此在地面检测验收精密光学元件或光学系统时，采取把光学元件或光学系统旋转 180°的方法，验证其受重力变形的程度。这时，对光学元件或系统来说受重力方向改变 180°，重力变形增加 1 倍，如果在这两种情况下都能够满足要求，说明这个光学元件或光学系统的受重力变形很小，在空间环境下工作能保证在地面检测时的成像质量，可以验收。

（四）高低温热环境

地球卫星在太空受到 3 方面的热辐射环境影响：①太阳的热辐射，太阳是相当于 5 900 K 的黑体。在地球大气层外受太阳的辐射等于一个太阳常数的辐射量，即 1 353 W/m²。②地球辐射，地球是相当于 250 K 的黑体。如果光学遥感器是对地观测用的，则光学系统的入口面对着 250 K 的黑体。③冷黑空间，卫星在太空除了太阳和地球外，面向的是冷黑空间，冷黑空间的温度是 3 K，是发射和吸收系数为 1 的无限大的黑体。

地球卫星在不同的轨道位置，所处的热环境随时变化，如在地球的太阳辐照区和阴影区，温度差别很大，温度可分别达到±100℃。因此，卫星整体以及光学遥感器都要进行严格的热设计和热平衡试验。尤其是对精密的光学遥感器进行热控设计和热光学试验是非常重要的。

（五）粒子辐照

空间粒子辐照对高轨长寿命光学遥感器的影响很大，除影响探测器的响应度外，还对光学系统的透射率有影响，所以光学系统要采用特殊的防辐射光学玻璃。对光学镀膜也提出了相应的要求，对光学胶合面和胶合材料要严格控制。光学遥感器上天前要进行专门的抗辐照环境试验。另外，要求光学遥感器具备在轨辐射定标功能，以便校正光学系统透射率和传感器灵敏度的变化。

（六）微流星体和空间碎片

微流星体和空间碎片会损坏光学镜面和太阳帆板等的表面，使长寿命光学遥感器透射率和成像质量下降，因此，光学遥感器需要有一个活动的开口挡板门，遥感器工作时打开，不用时关掉。这也是一种光学遥感器防护敌方激光攻击和干扰的措施之一。

二、空间光学遥感[2-4]

（一）空间光学遥感技术的基本原理

1. 空间相机成像的物理过程

图 26-2 是可见光空间相机成像的示意图。太阳光以电磁波的形式传播，通过地球大气层时受到散射和吸收，这时把向下散射的光称为“天空光”，把向上散射的光称为“霾光”。因此，地面目标是由太阳的直射光和散射的天空光照亮的。从地面物体反射的光再透过大气层时，部分被吸收和散射，部分通过大气层到达卫星窗口进到相机镜头成像，而这时由大气向上散射的霾光进入相机产生杂光，这样，相机所观察到的地物辐射亮度分布 $B(x,y,\theta,\lambda)$ 为

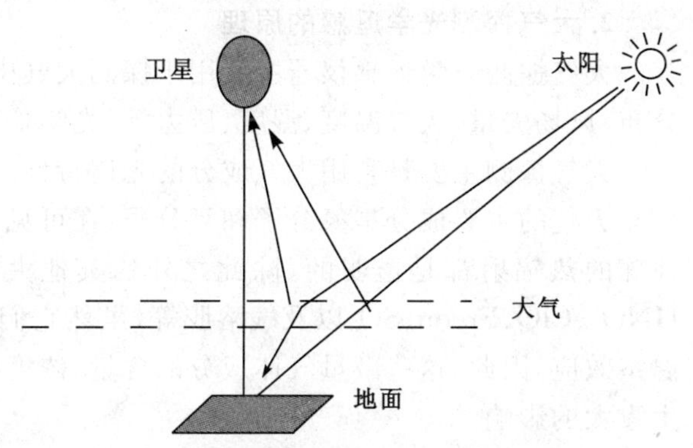

图 26-2　空间相机成像示意图

$$B(x,y,\theta,\lambda)=\frac{1}{\pi}\left[E_0(\theta,\lambda)\rho(x,y,\lambda)\tau_a(\lambda)*h_a(x,y,\lambda)\right]+N(\theta,\lambda) \tag{26-1}$$

式中，θ 为太阳高度角；λ 为波长；E_0 为直射光和天空光合成的地面照度；ρ 为物体的光谱反射率；τ_a 为反射光在大气中的透射率；N 表示相机接收的霾光辐射通量，它将产生杂光；h_a 为大气产生的点扩散函数；$*$ 是卷积符号。

这是通过可见光对地光观测的例子。空间相机得到的信息是在不同的太阳高角、太阳光的地面反射率分布的情况下，它是空间位置和波长的函数。一般情况应根据需要选取一定的波长范围，(26-1)式应在需要的波长范围内进行积分。这时希望尽可能扣除大气散射，滤掉蓝光，采用波长范围在 0.5～0.8 μm。

红外相机可以在夜间观测，虽然分辨率不如可见光相机，但有它的特殊用途。红外相机探测物体的热辐射，根据斯蒂芬-玻耳兹曼定理，黑体发出的总能量(单位为 W/cm²)与绝对温度的四次方成正比：

$$W=\sigma T^4 \tag{26-2}$$

式中，σ 为斯蒂芬-玻耳兹曼常数，$\sigma=5.669\,7\times10^{-12}\ \mathrm{W\cdot cm^2/K^4}$；$T$ 为绝对温度。真实物体有它的比辐射率 ε，温度 T 的任何物体，单位面积上所发射的总辐射通量等于与该物体温度相同的黑体所发射的辐射通量密度乘上比辐射率 ε：

$$W=\varepsilon\sigma T^4 \tag{26-3}$$

因此，红外相机可获得物体的温度分布和物体的比辐射率分布。黑体辐射的能量大小，随波长而异。普朗克的黑体辐射定律表示光谱辐射通量密度，为

$$W_{\lambda}(\lambda,T)=\frac{2\pi hc^{2}}{\lambda^{5}}\frac{1}{e^{ch/\lambda kT}-1} \tag{26-4}$$

通常也写成

$$W_{\lambda}(\lambda,T)=\frac{c_1}{\lambda^{5}}\frac{1}{(e^{c_2/\lambda T}-1)} \tag{26-5}$$

式中，W_{λ} 为光谱辐射通量密度，单位为 W/(cm² · μm)；λ 为波长，单位为μm；$h=(6.6256\pm0.0005)\times10^{-34}$ W · s²(J · s)，为普朗克常数；T 为热力学温度，单位为 K；$c=(2.997925\pm0.000003)\times10^{10}$ cm/s，即光速；$c_1=2\pi hc^2=(3.7415\pm0.0003)\times10^{4}$ W · μm⁴/cm² $=(3.7415\pm0.0003)\times10^{-16}$ W · m²，即第一辐射常量；$c_2=ch/k=(1.43879\pm0.00019)\times10^{4}$ μm · K $=(1.43879\pm0.00019)\times10^{-2}$ m · K，即第二辐射常量；$k=(1.38054\pm0.00018)\times10^{-23}$ J/K，即玻耳兹曼常量。

微分普朗克定理求出极大值，可得黑体辐射的峰值波长 λ_m，用维恩位移定律表示为

$$\lambda_m T=a=2897.8\pm0.4\ \mu\text{m}\cdot\text{K} \tag{26-6}$$

a 是常数。峰值波长与绝对温度成反比。利用这个公式可以知道在各种温度下物体辐射的频谱特性。

大气对红外波段的吸收有选择性，所以可以通过大气窗口进行对地观测，如短波红外的 $\lambda=1\sim3$ μm 窗口，中波红外的 $\lambda=3\sim5$ μm 窗口，长波红外的 $\lambda=8\sim12$ μm 窗口。

2. 大气探测光学遥感的原理

大气探测光学遥感仪器主要用于探测大气中的温室效应气体、臭氧、污染物质、气溶胶等的垂直和水平分布、风场矢量、大气温度、湿度、压力等。光学仪器是从紫外到热红外的光谱仪器。

大气探测主要是利用大气成分的光谱特性。

大气的主要成分是氮分子和氧分子，在可见光至热红外光谱范围内都没有吸收光谱带，对太阳光辐射和地球的热辐射都是透明的。除此之外的其他大气成分还有 O_3、CO_2、H_2O、HCl、CO、NO、NO_2、N_2O、CH_4、HNO_3、ClO、Freon、SO_2 以及气溶胶等，虽然它们是大气的微量成分，但都吸收太阳光或地球红外辐射，产生温室效应，因此，这些微量气体成分的含量、浓度分布(水平、垂直)的变化，会对地球的气候、天气和环境产生重大的影响。

这些微量(痕量)气体的分子振动-转动能级跃迁在紫外至热红外(0.2 ~ 16.0 μm)光谱范围都有其诊断性特征吸收(或发射)光谱带。用紫外、可见、红外光谱技术，测量这些气体的特征光谱带，探测痕量气体的含量、浓度分布。有些微量气体成分的吸收光谱带的波形(吸收带深度、宽度、中心波长、斜率等)随大气的温度、压力而变化。可以利用高光谱分辨率光谱仪测量气体成分的系数、吸收光谱带的波形变化来探测大气的温度和压力。

(二) 空间光学遥感仪器的主要技术指标要求[5,9-10]

根据不同的应用需求，对空间光学遥感仪器提出了不同的技术指标要求。下面分析讨论几个典型的例子。

1. 空间分辨率

对侦察相机来说，最重要的技术指标是地面目标的空间分辨率。空间分辨率用地面照相分辨率(对胶片相机)或用地面像元分辨率(对CCD相机)表示。胶片相机地面照相分辨率用地面分辨距离(m)表示。如果地面照相分辨率是 1 m，则是指能分辨地面 1 m 宽度空间范围内的黑白等间隔的一对线。因此，这个黑白等间隔的每一条线宽分别为 0.5 m 宽。CCD 相机地面像元分辨率也是用地面分辨距离(m)来表示。但这时如果地面像元分辨率是 1 m，则是指 CCD 相机一个像元尺寸所对应的地面宽度为 1 m。一般情况，要分辨黑白等间隔的一对线，需要两个像元分别对应一黑一白线(即一对线)才行，因此大体上讲 CCD 相机的地面像元分辨率 1 m 相当于胶片相机的地面照相分辨率 2 m。

要达到 CCD 相机的规定地面像元分辨率，首先要求 CCD 相机的地面采样间隔距离满足规定值。地面采样距离 GSD 与轨道高度 H、相机焦距 f、CCD 的像元尺寸 a 之间应满足如下关系：

$$\text{GSD}=\frac{Ha}{f} \tag{26-7}$$

由(26-7)式可知，CCD 相机像元尺寸 a 和轨道高度 H 确定之后，焦距 f 越长，相机瞬时视场越小，地面采样距离越小，分辨率越高。其次，CCD 相机的在轨动态调制传递函数应满足要求。一般要求 CCD 相机在奈奎斯特(Nyquist)空间频率 $f_n = 1/(2a)$ 下，调制传递函数 $MTF(f_n)$ 应达到规定的值。再次，CCD 相机的信噪比 SNR 应达到规定值。然后，CCD 相机的探测器动态范围和量化位数也应满足规定的水平。总之，相机的地面分辨率代表相机的总体性能，包括相机的光学系统、电子学系统、机械、控制系统以及卫星姿态稳定度等。

目前军用详查侦察相机地面像元分辨率已达到 0.1 ～ 0.3 m 的水平。

2. 调制传递函数 MTF 或对比传递函数 CTF[11-13]

调制传递函数 MTF 或对比传递函数 CTF 都是表征相机对空间频率的响应函数，MTF 表示对正弦波的响应，CTF 表示对方波的响应。MTF 和 CTF 之间有如下关系：

$$\mathrm{CTF}(f) = \frac{4}{\pi}\left\{\mathrm{MTF}(f) - \frac{\mathrm{MTF}(3f)}{3} + \frac{\mathrm{MTF}(5f)}{5} - \cdots\right\} \tag{26-8}$$

或

$$\mathrm{MTF}(f) = \frac{\pi}{4}\left\{\mathrm{CTF}(f) + \frac{\mathrm{CTF}(3f)}{3} - \frac{\mathrm{CTF}(5f)}{5} + \cdots\right\} \tag{26-9}$$

当忽略高次谐波分量时，近似地表示为

$$\mathrm{MTF}(f) = \frac{\pi}{4}\mathrm{CTF}(f) \tag{26-10}$$

下面举 CCD 相机作为一个例子，分析相机的 MTF 指标。

一般的 CCD 推扫相机成像系统的物面光强(在所使用的光谱范围内的积分值)分布 $o(x, y)$ 和像面光强分布 $i(x, y)$ 的关系由下式表示：

$$i(x,y) = [o(x,y) * h(x,y) * \mathrm{rect}(x/a_x, y/a_y)] \times \mathrm{comb}(x/d_x, y/d_y) \tag{26-11}$$

其中，$h(x, y)$ 为光学系统的点扩散函数，a_x、a_y 表示 CCD 像元在 x、y 方向的尺寸，d_x、d_y 表示 CCD 像元间距在 x、y 方向的值，$*$ 代表卷积。这里为了简便起见，忽略了成像放大倍率关系。(26-11)式两边取傅里叶变换得到像的空间频谱和物的空间频谱之间的关系：

$$I(f_x, f_y) = [O(f_x, f_y)\ H(f_x, f_y)\ \mathrm{sinc}(a_x f_x, a_y f_y)] \times \mathrm{comb}(d_x f_x, d_y f_y) \tag{26-12}$$

式中，H 表示光学系统的传递函数，$\mathrm{sinc}(a_x f_x, a_y f_y)$ 表示 CCD 像元尺寸引起的 CCD 几何光学传递函数，这两项的乘积代表光学系统与 CCD 接收器合起来的总的光电系统的传递函数。而这个传递函数要与梳状函数 $\mathrm{comb}(\mathrm{d}_x f_x, \mathrm{d}_y f_y)$ 的卷积作用在物的谱上形成像的谱。

在下面的讨论中假设 $a_x = a_y = a = d_x = d_y = d$，并忽略欠采样噪声(既去掉梳状函数的卷积)。

(1) 相机实验室静态传递函数分析

相机的实验室静态传递函数主要由光学系统的传函 $\mathrm{MTF}_{光学}$ 和由 CCD 几何尺寸决定的 $\mathrm{MTF}_{几何}$ 的乘积确定。$\mathrm{MTF}_{光学}$ 由光学设计的 $\mathrm{MTF}_{设计}$ 和加工装调引起的(包括调焦误差等) $\mathrm{MTF}_{加工}$ 的乘积确定。设 $f_n = 1/(2a)$ 为 CCD 的奈奎斯特频率，$a = 10\ \mu\mathrm{m}$，则 $f_n = 50\ \mathrm{lp/mm}$。这时设 $\mathrm{MTF}_{设计} = 0.45$，$\mathrm{MTF}_{加工} = 0.85$，则 $\mathrm{MTF}_{光学} = \mathrm{MTF}_{设计}\ \mathrm{MTF}_{加工} = 0.383$。CCD 几何传递函数可由下式表示：

$$\mathrm{MTF}_{几何} = \mathrm{sinc}\left(\frac{1}{2}\frac{f}{f_n}\frac{d}{a}\right) = \frac{\mathrm{sinc}\left(\frac{\pi}{2}\frac{f}{f_n}\frac{d}{a}\right)}{\frac{\pi}{2}\frac{f}{f_n}\frac{d}{a}} \tag{26-13}$$

式中，f 为空间频率，f_n 为 TDI CCD 的奈奎斯特频率。当 $d = a$ 时，有

$$\mathrm{MTF}_{几何} = \mathrm{sinc}\left(\frac{1}{2}\frac{f}{f_n}\right) = \frac{\sin\left(\frac{\pi}{2}\frac{f}{f_n}\right)}{\frac{\pi}{2}\frac{f}{f_n}} \tag{26-14}$$

当 $f = f_n$ 时，$\mathrm{MTF}_{几何} = 0.637$。

CCD 器件在电子学方面也有传递函数，设为 $\mathrm{MTF}_{电子}$，取 $\mathrm{MTF}_{电子} = 0.90$，则 CCD 的静态传递函数 MTF_{CCD} 为

$$\text{MTF}_{\text{CCD}} = \text{MTF}_{\text{电子}}\ \text{MTF}_{\text{几何}} = 0.90 \times 0.637 = 0.573$$

相机总的实验室静态传递函数 $\text{MTF}_{\text{静态}}$ 为

$$\text{MTF}_{\text{静态}} = \text{MTF}_{\text{光学}}\ \text{MTF}_{\text{CCD}} = \text{MTF}_{\text{设计}}\ \text{MTF}_{\text{加工}}\ \text{MTF}_{\text{几何}}\ \text{MTF}_{\text{电子}} = 0.219$$

要说明的是，在实验室测奈奎斯特频率下的 MTF 时，我们要测量最大传函，即调整目标和 CCD 的相对位置使 MTF 最大。

(2) 相机的动态传递函数分析

相机的动态传递函数是指相机在轨摄像时的传递函数，主要由相机静态传递函数、TDI CCD 推扫成像传递函数及环境条件的传递函数等因素所决定，表达式如下：

$$\text{MTF}_{\text{动态}} = \text{MTF}_{\text{静态}}\ \text{MTF}_{\text{推扫}}\ \text{MTF}_{\text{环境}}$$

相机的静态传递函数分析如上面所述，以下分析 TDI CCD 推扫成像和环境条件对动态传函的影响。

(3) TDI CCD 推扫成像时的传递函数分析

TDI CCD 推扫成像时的传递函数分为沿飞行方向（TDI 方向）的传递函数和垂直于飞行方向（CCD 线阵方向）的传递函数两种情况，分述如下：

1) 沿飞行方向的传递函数 $\text{MTF}_{\parallel}$。沿飞行方向的传函，是指沿飞行方向在 CCD 积分时间内，像相对于 CCD 接收器移动引起的传递函数 $\text{MTF}_{\text{像移}}$ 和时间延迟积分 TDI 与像移速度不匹配引起的传递函数 $\text{MTF}_{\text{延迟}}$ 两部分。

$\text{MTF}_{\text{像移}}$ 是根据积分时间内像相对于 CCD 接收器移动距离刚好等于一个像元间距 d，取点扩散函数 $h(x) = \text{rect}(x/d)$，求它的傅里叶变换得下式：

$$\text{MTF}_{\text{像移}} = \text{sinc}\left(\frac{1}{2}\frac{f}{f_n}\right) = \frac{\sin\left(\dfrac{\pi}{2}\dfrac{f}{f_n}\right)}{\dfrac{\pi}{2}\dfrac{f}{f_n}} \tag{26-15}$$

当 $f = f_n$ 时，由(26-15)式，得 $\text{MTF}_{\text{像移}} = 0.637$。

$\text{MTF}_{\text{延迟}}$ 是根据像移速度和 TDI 转移速度之间不匹配程度计算得到的，其传递函数也是 sinc 函数，由下式表示：

$$\text{MTF}_{\text{延迟}} = \frac{\sin\left(\dfrac{\pi}{2}\dfrac{f}{f_n}M\dfrac{\Delta V}{V}\right)}{\dfrac{\pi}{2}\dfrac{f}{f_n}M\dfrac{\Delta V}{V}} \tag{26-16}$$

式中，$\dfrac{\Delta V}{V}$ 为与像移速度匹配的相对误差，M 表示 TDI CCD 的级数。如果取 $\dfrac{\Delta V}{V} = 0.8\%$、$M = 64$、$f = f_n$，由(26-16)式得 $\text{MTF}_{\text{延迟}} = 0.9$。

$\text{MTF}_{\text{像移}}$ 是不可避免的，但 $\text{MTF}_{\text{延迟}}$ 是可以避免的，并且 M 越小，其影响就越小。

由以上分析知，沿飞行方向的动态传递函数 $\text{MTF}_{\parallel} = \text{MTF}_{\text{像移}}\text{MTF}_{\text{延迟}}$ 的变化范围在 0.573 ～ 0.637 之间。

2) 沿垂直于飞行方向的 $\text{MTF}_{\perp}$。沿垂直于飞行方向的传递函数，是因偏流角误差引起的。如果偏流角误差很小，这个传递函数可以忽略不计。

当 $f = f_n$ 时，或者 f 接近 f_n 时，目标相对 TDI CCD 的位置存在一定的相位关系，如果相位取 0°，则 MTF 最大；如果相位取 90°，则 MTF 为 0。为了考察一般情况，采取相位从 0° ～ 90° 之间的等概率平均值的方法，它是空间频率的函数，根据类似于像移的分析得 $\text{MTF}_{\text{平均}}$ 可由下式表示：

$$\text{MTF}_{\text{平均}} = \frac{\sin\left(\dfrac{\pi}{2}\dfrac{f}{f_n}\right)}{\dfrac{\pi}{2}\dfrac{f}{f_n}} \tag{26-17}$$

当 $f = f_n$ 时，$\text{MTF}_{\text{平均}} = 0.637$，即此时 $\text{MTF}_{\perp} = \text{MTF}_{\text{平均}} = 0.637$。

由以上分析可知，TDI CCD 推扫成像时传递函数分别为沿飞行方向的传函 $\text{MTF}_{\parallel} = 0.573 \sim 0.637$ 和沿垂直于飞行方向的传函 $\text{MTF}_{\perp} = 0.637$。

(4) 环境条件对相机动态传递函数的影响

影响相机动态传函的主要因素有大气$MTF_{大气}$、温度$MTF_{温度}$及振动$MTF_{振动}$3个方面。$MTF_{大气}$影响主要是由于大气吸收和大气的向上散射的背景光产生，而大气抖动的影响可以忽略不计。在晴朗的天气条件下可以取$MTF_{大气}=0.8$。$MTF_{温度}$的影响，如果选用好的光学元件材料，并采取有效的热控措施可以减到$MTF_{温度}=0.95$。$MTF_{振动}$是随机函数，$MTF_{振动}$具有高斯函数形式，如果随机振动引起的像的均方根移动量控制在10%像元尺寸以内，则$MTF_{振动}$的影响较小，可取$MTF_{振动}=0.95$。因此，$MTF_{环境}=MTF_{大气}\cdot MTF_{温度}\cdot MTF_{振动}=0.8\times0.95\times0.95=0.722$。

相机的动态传递函数列于表 26-2 中。

表 26-2　相机动态传函分析表

各环节的传递函数		$f=f_n$				
相机静态传递函数	$MTF_{光学}$	0.45				
	$MTF_{加工}$	0.85				
	MTF_{CCD}	0.573				
CCD 推扫成像传递函数	$MTF_{\parallel}$	CCD级数				
		64	32	16	8	4
		0.573	0.620	0.633	0.636	0.637
	$MTF_{\perp}$	0.637				
环境条件传递函数	$MTF_{大气}$	0.8				
	$MTF_{温度}$	0.95				
	$MTF_{振动}$	0.95				
相机动态传递函数	$MTF_{\parallel}$	0.091	0.098	0.100	0.101	0.101
	$MTF_{\perp}$	0.101				

由表26-2可知，相机沿飞行方向的动态传递函数在0.091～0.101之间，沿垂直于飞行方向的动态传递函数为0.101。

(5) 像的调制度分析

不同的目标调制度对应于不同的像的调制度，在奈奎斯特频率下，目标的对比度分别为2.5∶1，6.3∶1，20∶1，1 000∶1时，对应的目标调制度分别为0.428、0.726、0.905、0.998，由此得到像的调制度参数如表26-3所示。

人眼能判别的调制度为$M\geqslant0.03$，由表(26-3)可知，在奈奎斯特频率下像的调制度满足人眼可分辨的调制度要求。

总之，对CCD相机来说，应要求奈奎斯特频率下的MTF指标，如光学设计达到$MTF_{光学设计}(f_n)=0.45$，实验室静态达到$MTF_{实验室静态}(f_n)=0.2$，相机在轨动态达到$MTF_{在轨动态}(f_n)=0.1$。

要达到规定的光学设计的传递函数，首先光学系统要有足够大的相对孔径，使得光学系统的衍射极限的传递函数达到要求的值。光学系统的衍射极限传递函数截止空间频率f_c为

$$f_c=\frac{1}{\lambda F}\tag{26-18}$$

式中，λ表示波长；F表示相对孔径数，$F=f/D$，D是口径。要达到$MTF_{光学设计}(f_n)=0.45$的规定指标，光学系统传递函数截止空间频率f_c和奈奎斯特频率f_n之间的关系要满足如下关系：

$$f_n=0.4f_c\sim0.45f_c\tag{26-19}$$

光学系统要满足(26-7)式规定的焦距f要求的同时，

表 26-3　在不同的目标对比条件下像的调制度

目标对比	飞行方向	垂直于飞行方向
2.5∶1	0.039～0.043	0.043
6.3∶1	0.066～0.073	0.073
20∶1	0.082～0.091	0.091
1000∶1	0.091～0.101	0.101

应该有足够大的口径 D，以满足(26-18)式和(26-19)式规定的相对孔径要求。因此，空间光学系统必然是一种大口径、长焦距的光学系统。

3. 地面覆盖宽度

对胶片相机来说，地面覆盖宽度等于胶片画幅宽度所对应的地面覆盖宽度；对面阵凝视成像CCD相机来说，地面覆盖宽度等于垂直于飞行方向的CCD靶面尺寸所对应的地面覆盖宽度；对线阵CCD推扫成像相机来说，地面覆盖宽度等于线阵CCD总长度(含线阵CCD拼接后的总长度)所对应的地面覆盖宽度；对反射镜摆扫成像的相机来说，地面覆盖宽度等于反射镜摆扫角度所对应的地面覆盖宽度。

地面覆盖宽度越宽，地面采样间距越小(地面空间分辨率越高)，则相机单次成像所得到的信息量就越大。

相机的宽的地面覆盖宽度要求和高的地面分辨率要求之间是有矛盾的，所以应按使用要求取折中方案。高分辨率相机采用较小的视场角，宽覆盖相机采用较低的地面分辨率。高分辨率、宽覆盖相机信息量大，应用价值高，但相应的相机尺寸、重量也大，成本也高。所以，这些矛盾的合理的处理和创新的解决将是空间光学研究的长期课题。

目前的情况大致分级如下：

1）地面分辨率为4～1 km。主要用于全球普查、全球环境变化研究、观测云层分布和海洋、气象研究等。1～3 d内观测全球，地面覆盖宽度为2000 km左右。

2）地面分辨率为250 m左右。主要用于观测海岸带与沿海，用于沿海的环境监测和资源调查、海疆国土管理等1～3 d内观测所指定的沿海，地面覆盖宽度为500 km左右。

3）地面分辨率5 m左右。主要用于观测陆地的特定区域，用于军事普查、城市管理等特定区域观测，地面覆盖宽度为10～50 km。

4）地面分辨率1～0.3 m。主要用于军事详查；观测特殊军事目标，地面覆盖宽度为10～20 km左右。

4. 光谱分辨率

光学遥感器接收的光信息是在一定光谱范围内的光能量。根据不同的光谱识别目标特性的仪器要求有一定的光谱分辨率。如各种光谱仪器。在遥感仪器中，光谱分辨率的要求和空间分辨率的要求是矛盾的。因为光谱分辨率高时，对应于某光谱带中包含的能量就有限，需要会聚从较大目标发出的光能量，这就与高的空间分辨率要求相矛盾。

光学遥感中，根据不同的应用需求，提出了不同的光谱分辨率指标。表26-4列出了光学成像遥感器光谱分辨率分级。

表 26-4　光学成像遥感器光谱分辨率分级

分类级别	光谱分辨率			光谱通道数	应　用
	$\Delta\lambda/\lambda$	$\lambda/\mu m$	$\Delta\lambda/nm$		
多光谱	0.1	0.5 1.0 5.0 10.0	50 100 500 1 000	10～20	固体物质的识别；气象、海洋；陆地分类、土地利用
超光谱	0.01	0.5 1.0 5.0 10.0	5 10 50 100	100～200	固体化学成分、水中悬浮物质分析；农、林、水、土、矿、水质等
超高光谱	0.001	0.5 1.0 5.0 10.0	0.5 1.0 5.0 10.0	1 000～10 000	气体化学成分分析；大气微量气体研究
光谱范围：0.4～14 μm					

5. 辐射分辨率

对可见光辐射计，辐射分辨率表示能分辨物体的微小反射率差的本领，用噪声等效反射比差 $NE\Delta\rho$ 表示。它定义为，SNR（信噪比）＝1 时，与遥感器噪声均方根相等的地物反射率，即遥感器可探测的地物反射率阈值：

$$NE\Delta\rho = \frac{\rho}{SNR} \tag{26-20}$$

式中，ρ 表示地物像元的反射率。

目前 $NE\Delta\rho$ 已达到 $\leqslant 0.1\%$ 的水平。

对红外辐射计，辐射分辨率表示能分辨物体的微小温度差的本领，用噪声等效温差 $NE\Delta T$ 表示。它定义为，试验目标和背景均为黑体，热辐射计系统输出的峰值信号和均方根噪声之比等于 1 时，目标和背景的温差 ΔT。为便于比较，通常在实验室条件下测定。

$$NE\Delta T = \frac{\Delta T}{SNR} \tag{26-21}$$

目前 $NE\Delta T$ 已达到 $\leqslant 0.1\ K$ 的水平。

6. 信噪比 SNR[5]

信噪比是光学遥感器辐射性能的重要指标。信噪比与目标的辐射和反射特性，背景特性、大气的透射率，光学系统的口径、相对孔径、透射率，探测器的响应度、量子效率、比探测率等因素有关。

表示信噪比方程时，要分能量形式（用于红外系统）和光子形式（用于可见光系统）。

表 26-5 列出了辐射测量中用的量的定义。

表 26-5　辐射测量量的定义

量	能量符号(单位)	注　解
辐射能量	$Q(\mathrm{J=W\cdot s})$	功
辐射通量	$\Phi(\mathrm{W=J/s})$	功率
辐射出射度	$M(\mathrm{W/m^2})$	功率／单位面积
辐射辐照度	$E(\mathrm{W/m^2})$	功率／单位面积
辐射亮度	$L(\mathrm{W/(m^2\cdot sr)})$	功率／(单位面积·单位立体角)
辐射强度	$I(\mathrm{W/sr})$	功率／单位立体角

图 26-3 是光学遥感器收集光能的示意图。

(1) 能量形式的信噪比方程

光学系统入瞳收集的光谱通量 $\phi_{\lambda 0}$ 为

$$\phi_{\lambda 0} = \alpha\beta R^2 L_\lambda \tau_\alpha(\lambda) A_0/R^2 = \alpha\beta L_\lambda \tau_\alpha(\lambda) A_0 \tag{26-22}$$

式中，L_λ 为目标光谱辐亮度。到达探测器的光谱通量 $\phi_{\lambda d}$ 为

$$\phi_{\lambda d} = \alpha\beta L_\lambda \tau_\alpha(\lambda) A_0 \tau_0(\lambda) \tag{26-23}$$

对直径为 D 的圆形入射光学口径，有：

$$\alpha\beta A_0 = (ab/f^2)(\pi D^2/4) = (\pi A_d)/(4F^2) \tag{26-24}$$

式中，$ab = A_d$ 为探测器面积，$F = f/D$ 为相对孔径数。(26-23) 式可写成

$$\phi_{\lambda d} = \frac{\pi A_d L_\lambda \tau_\alpha(\lambda) \tau_0(\lambda)}{4F^2} \tag{26-25}$$

定义探测器的光谱响应 $R(\lambda)$（单位为

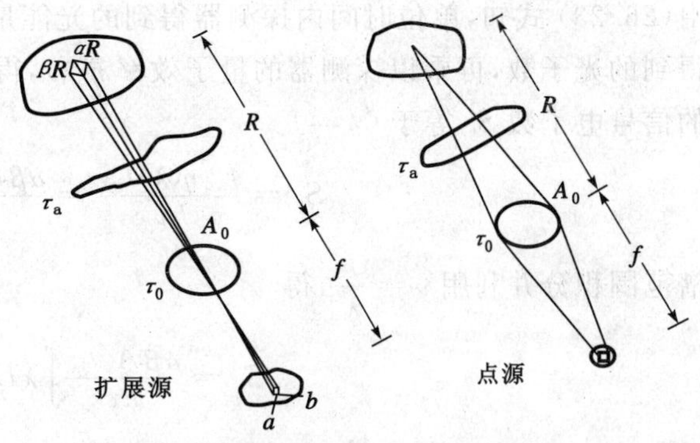

图 26-3　光学遥感器收集光能的示意图

R 为目标到光学系统的距离；f 为光学系统的焦距；a、b 为矩形探测器的长宽尺寸；α、β 为目标张角；αR、βR 为目标长宽尺寸；$\alpha\beta=\omega$ 为目标所张的立体角，也等于探测器所张的立体角；τ_a 为大气透射率；τ_0 为光学系统的透射率；A_0 为光学系统入瞳面积；$\alpha\beta R^2$ 为目标面积 A_T；A_0/R^2 为目标对光学系统入瞳所张的立体角

V/W）为

$$R(\lambda)=\frac{V_s(\lambda)}{E_{\lambda d}A_d} \tag{26-26}$$

式中，V_s为探测器响应的输出信号电压，$E_{\lambda d}A_d=\Phi_{\lambda d}$为到达探测器的光通量，则输出信号电压为

$$V_s(\lambda)=\phi_{\lambda d}R(\lambda) \tag{26-27}$$

定义信噪比 SNR 为

$$\mathrm{SNR}=V_s/V_n=\alpha\beta L_\lambda\tau_\alpha(\lambda)A_0\tau_0(\lambda)R(\lambda)/V_n \tag{26-28}$$

对光谱积分得

$$\mathrm{SNR}=V_s/V_n=\frac{\alpha\beta A_0\int L_\lambda\tau_\alpha(\lambda)\tau_0(\lambda)R(\lambda)\mathrm{d}\lambda}{V_n} \tag{26-29}$$

定义 $V_n/R(\lambda)$ 为光谱噪声等效功率 NEP(λ)；定义 $R(\lambda)/V_n$ 为光谱探测率 $D(\lambda)$；定义光谱比探测率 $D^*(\lambda)$ 为

$$D^*(\lambda)=D(\lambda)(A_d\Delta f)^{1/2} \tag{26-30}$$

式中，A_d为探测器面积，Δf 为噪声等效带宽。D^* 的单位是 cm · $\mathrm{Hz}^{1/2}$/W。用 D^* 表示的信噪比方程为

$$\mathrm{SNR}=\frac{\alpha\beta A_0\int L_\lambda\tau_\alpha(\lambda)\tau_0(\lambda)D^*(\lambda)\mathrm{d}\lambda}{(A_d\Delta f)^{1/2}} \tag{26-31}$$

式中，$\alpha\beta=A_d/f^2=\omega$，$f$ 为光学系统的焦距，ω 为探测器瞬时视场立体角。将 $F=f/D$，$A_0=\pi D^2/4$ 代入，则 SNR 方程可写成

$$\mathrm{SNR}=\frac{\pi D^2\omega}{4\sqrt{A_d\Delta f}}\int L_\lambda\tau_\alpha(\lambda)\tau_0(\lambda)D^*(\lambda)\mathrm{d}\lambda \tag{26-32}$$

$$\mathrm{SNR}=\frac{\pi\sqrt{A_d}}{4F^2\sqrt{\Delta f}}\int L_\lambda\tau_\alpha(\lambda)\tau_0(\lambda)D^*(\lambda)\mathrm{d}\lambda \tag{26-33}$$

式中，$\Delta f=1/2t_{\mathrm{int}}$，$t_{\mathrm{int}}$为探测器积分时间。目标光谱辐亮度为

$$L_\lambda=\frac{\varepsilon W_\lambda}{\pi} \tag{26-34}$$

式中，ε 为目标的发射率，W_λ 为目标的光谱辐射通量密度。

（2）光子形式的信噪比方程

一个光子的能量为 $h\nu$，h 是普朗克常数，ν 是光的频率，$\nu=c/\lambda$。

由（26-23）式知，单位时间内探测器得到的光能量为 $\phi_{\lambda d}=\alpha\beta L_\lambda\tau_\alpha(\lambda)A_0\tau_0(\lambda)$，除 $h\nu$ 得到单位时间内探测器得到的光子数，再乘以探测器的量子效率 $\eta(\lambda)$，得到单位时间内探测器产生的电子数，则积分时间 t_{int} 内产生的信号电子数 S_e 等于

$$S_e=\frac{\phi_{\lambda d}\eta(\lambda)t_{\mathrm{int}}}{h\nu}=\frac{\alpha\beta L_\lambda\tau_\alpha(\lambda)A_0\tau_0(\lambda)\eta(\lambda)t_{\mathrm{int}}}{h\nu} \tag{26-35}$$

对光谱范围积分并利用 $\nu=\dfrac{c}{\lambda}$，得

$$S_e=\frac{\alpha\beta A_0 t_{\mathrm{int}}}{hc}\int\lambda L_\lambda\tau_\alpha(\lambda)\tau_0(\lambda)\eta(\lambda)\mathrm{d}\lambda \tag{26-36}$$

因为，$\alpha\beta=A_d/f^2$，$A_0=\dfrac{\pi D^2}{4}$，上式可以写成

$$S_e=\frac{\pi A_d t_{\mathrm{int}}}{4F^2hc}\int\lambda L_\lambda\tau_\alpha(\lambda)\tau_0(\lambda)\eta(\lambda)\mathrm{d}\lambda \tag{26-37}$$

式中，目标的光谱辐亮度 L_λ 等于 $L_\lambda=\dfrac{E_\lambda\rho(\lambda)}{\pi}$，$E_\lambda$ 为目标的光谱辐照度，$\rho(\lambda)$ 为目标的光谱反射率。

设 σ_R 为探测器的读出噪声均方根值，D_e 为探测器暗信号输出电子数，则总的噪声电子数 N_e 为

$$N_e = \sqrt{S_e + \sigma_R^2 + D_e} \tag{26-38}$$

信噪比 SNR 为

$$\mathrm{SNR} = \frac{S_e}{N_e} = \frac{S_e}{\sqrt{S_e + \sigma_R^2 + D_e}} \tag{26-39}$$

探测器的光谱比探测率 D^*、光谱探测率 $D(\lambda)$、光谱噪声等效功率 $\mathrm{NEP}(\lambda)$、光谱响应度 $R(\lambda)$、量子效率 $\eta(\lambda)$、电荷电压转换效率 CCE、信号电压 V_s、噪声电压 V_n、探测器面积 A_d、探测器上的光谱辐照度 $E_{\lambda d}$、信噪比 SNR 之间有如下关系：

$$V_n/R(\lambda) = \mathrm{NEP}(\lambda)\text{；}R(\lambda)/V_n = 1/\mathrm{NEP}(\lambda) = D(\lambda)\text{；}D^*(\lambda) = D(\lambda)(A_d\Delta f)^{1/2}\text{；}$$

$$D^*(\lambda) = \frac{R(\lambda)\sqrt{A_d\Delta f}}{V_n}\text{；}R(\lambda) = \frac{V_s(\lambda)}{E_{\lambda d}A_d} = \frac{\eta(\lambda)\mathrm{CCE}}{h\nu}\text{；}\mathrm{SNR} = \frac{V_s}{V_n}$$

用 LOWTRAN 软件可以计算在不同太阳高角下的地面光谱辐照度和大气透射率，用黑体辐射定律计算光谱辐射通量密度，探测器的有关参数可以从产品手册查到。因此，知道光学系统的参数，就可用以上公式计算系统的信噪比。

在点源情况下，如小目标（导弹）在天空或地面背景中，空间光学遥感器要监测和预警这个小目标时，可参考图 26-3 中点源的情况，这时前述的(26-23)式应改写为

$$\Delta\phi_{\lambda d} = \Delta I_\lambda \tau_\alpha(\lambda)\tau_0(\lambda)A_0/R^2 \tag{26-40}$$

式中，$\Delta\phi_{\lambda d}$ 是在探测器上得到的点源和背景的光谱通量的差，ΔI_λ 为目标和背景的光谱辐射强度的差值。点源信噪比方程如下：

能量形式

$$\mathrm{SNR} = \frac{A_0}{R^2\sqrt{A_d\Delta f}}\int \Delta I_\lambda \tau_\alpha(\lambda)\tau_0(\lambda)D^*(\lambda)\mathrm{d}\lambda \tag{26-41}$$

光子形式

$$\mathrm{SNR} = \frac{S_T - S_B}{\sqrt{S_B}} = \frac{(A_0 t_{\mathrm{int}}/hcR^2)\int \lambda\Delta I_\lambda \tau_\alpha(\lambda)\tau_0(\lambda)\eta(\lambda)\mathrm{d}\lambda}{\left[(A_0\alpha\beta t_{\mathrm{int}}/hc)\int \lambda L_{\lambda B}\tau_\alpha(\lambda)\tau_0(\lambda)\eta(\lambda)\mathrm{d}\lambda\right]^{1/2}} \tag{26-42}$$

式中，ΔI_λ 为目标和背景的光谱辐射强度之差，$S_T - S_B$ 为目标和背景强度差引起的电子数之差，$\sqrt{S_B}$ 为背景光产生的电子数的平方根，$L_{\lambda B}$ 为背景光谱辐亮度。

7. 量化位数

量化位数的大小决定辐射测量的精密度。如位数高，则地面景物的层次丰富，能分出温度的微小差别等。当然探测器的动态范围也要有相应的水平方可起作用。量化位数一般要求的是 8 位(8 bit)，高水平的要 10 ～ 12 位。量化位数高，将增加数据率，对数据的储存和传输增加负担。

8. 时间分辨率

时间分辨率是指对同一个观测目标的重访周期，为了观测目标随时间的变化情况，这个重访周期越短越好。重复观测同一个目标的时间间隔为时间分辨率。

9. 定位精度

定位精度是指光学遥感器所获得的影像和目标真实位置之间的对应关系的精确程度。它决定于卫星姿态精度和稳定性、遥感器与卫星的相对位置的标定精度、遥感器内方位元素的标定精度等。尤其是对侦查测绘用的遥感器，定位精度是非常重要的技术指标。

10. 体积、重量、功耗

空间遥感器是搭载在空间飞行器上的，所以有严格的体积和重量限制。空间遥感器的性能高表现在它的地面分辨率高、光谱分辨率高、辐射分辨率高、地面覆盖宽度宽、重访周期短，这些要求必然导致光学遥感器体积增大、重量加大、价格高。如何提高这时的性能价格比，是空间光学研究的长期课题。空间的能源主要由太阳帆板提供，光学遥感器的功耗是被严格限制的，所以光学遥感器的电子学设计也应提高性能价格比。

第二节　空间光学遥感仪器的分类

一、按光学仪器分类[1,6-7]

(一) 成像相机

成像相机是光学遥感器应用最多和最重要的仪器。它通过相机的物镜把要观测的目标成像在成像物镜的像面上，并用相机像面的光电传感器接收像。成像物镜的作用主要是会聚从目标发出的光辐射能量，使探测器能够探测到目标的光信息；其次是把不同位置的目标分别成像在对应的像面上的不同位置，使通过所获得的影像分析，辨认目标的形状和目标所处的地理位置。

成像相机有画幅式照相机、全景式照相机、摆镜扫描式相机、推扫成像式相机等。

1. 画幅式照相机

画幅式相机有胶片相机和面阵CCD探测器凝视成像相机两种。与一般的照相机不同的是，由于卫星相对地面的移动，在相机曝光时间内像在像面内移动，所以必须采取像移补偿措施。在曝光时间内把胶片或面阵CCD沿着沿轨方向的像移方向按像移速度移动，使像和探测器相对静止。这种相机物镜的视场角由探测器画幅尺寸和物镜的焦距所决定。图26-4是画幅式照相机的成像示意图。

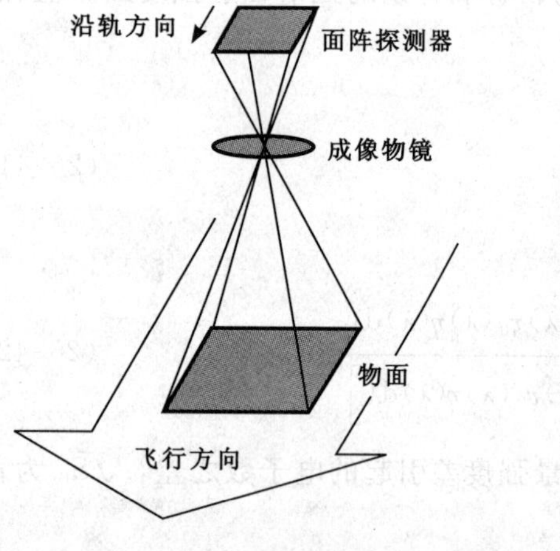

图26-4　画幅式照相机的成像示意图

2. 全景式照相机

图26-5是全景式照相机的工作原理示意图。全景式照相机的瞬时视场被平行于沿飞行轨道方向的一条像面前的狭缝所限，相机的物镜、镜筒及狭缝一起绕着物镜的后节点(并平行于飞行方向的轴)旋转，即沿垂直于航线方向摆动，扫描沿穿轨方向的地物，形成沿穿轨方向很宽的地面覆盖。沿轨方向的地面成像宽度由像面前的狭缝长度决定。这种全景相机的物镜视场角由像面前的狭缝长度和物镜焦距决定，视场角不大，但靠摆镜的摆扫得到沿穿轨方向的宽的地面覆盖宽度，所以称作全景相机。相机像面成圆筒形，胶片顺这个圆筒放置，其圆弧半径等于相机的焦距。由于沿穿轨方向的覆盖宽，物距变化大而像距不变，像的成像倍率有明显变化，故产生像的畸变。

3. 摆镜扫描式相机

图26-6表示摆镜扫描式相机的成像示意图。扫描摆镜放置在镜头前，绕着平行于飞行方向的轴旋转摆扫，扫描横穿飞行轨道方向的地面景物，镜头的光轴垂直于飞行方向，像面上放置单个探测器或线阵探测器，

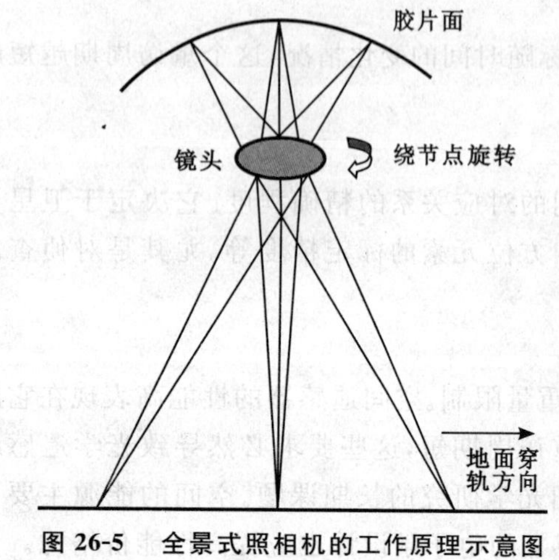

图26-5　全景式照相机的工作原理示意图

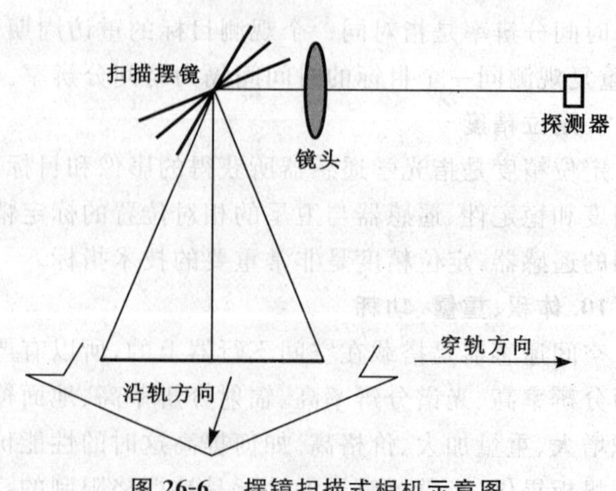

图26-6　摆镜扫描式相机示意图

线阵探测器的线阵列方向应平行于飞行方向。镜头的视场角由单个探测器的面积或线阵探测器的线阵列长度和镜头的焦距所决定。沿轨方向的地面扫描宽度对应于像面线阵列的长度，穿轨方向的扫描宽度取决于摆镜的摆角。摆镜的摆动周期刚好等于飞过沿轨方向地面扫描宽度的时间，这样就可扫描成地面的连续的二维图形。类似于全景相机，这种相机镜头的视场角比较小，但靠摆镜实现地面沿穿轨方向的宽覆盖，而沿轨方向的地面覆盖是靠长时间的连续扫描成像来实现。这种相机的摆镜的摆角不能太大，因为在不同的摆角对应着不同的物距，而像距不变，像有畸变。同时，像面中心和边缘的像移速度也不一样，这时如果探测器的读出速率不变的话，将产生像移速度差引起的像的模糊，视场边缘的分辨率要降低。这种形式的相机若想克服这个模糊因素，可以采取异速像移补偿技术，即探测器的读出速率随摆镜的摆角而变，使像移速度匹配。

4. 推扫成像式相机

图 26-7 表示推扫成像式相机的成像示意图。采用这种成像方式时，镜头直接对地，在镜头的像面上放置线阵列 CCD 或 TDI CCD（时间延迟积分 CCD）探测器，线阵列的方向垂直于飞行方向。要求 CCD 的行扫描速率与飞行速度相匹配，使每飞过地面的与 CCD 像元尺寸相对应的距离（即地面的沿轨方向的采样间距）时，CCD 扫描一行。每扫描一行记录下来星下点的沿穿轨方向的一条地面景物信息，卫星在飞行的同时，连续推扫成像得到二维的地面景物图像。采用 TDI CCD 时，要求行转速率和方向（TDI 级次排序）与像移的速度和方向一致。因为采用 TDI CCD 器件，可以对同一个景物多次采样，增加了探测能量。在达到同样信噪比的前提下，使光学系统的相对孔径减小，有利于减小空间相机的尺寸和重量。但当取 TDI CCD 级次较多时，飞行方向和 CCD 线阵列方向不完全垂直（偏流角不为 0），这将引起穿轨方向的像移，光学系统有畸变时产生像移（这时沿轨和穿轨方向都产生像移），TDI CCD 的行转速率与像移速度不匹配产生沿轨方向的像移。这些像移都引起像的模糊，必须充分考虑，把像移量控制在允许范围内。图 26-8 表示两种带指向反射镜的推扫成像式相机。

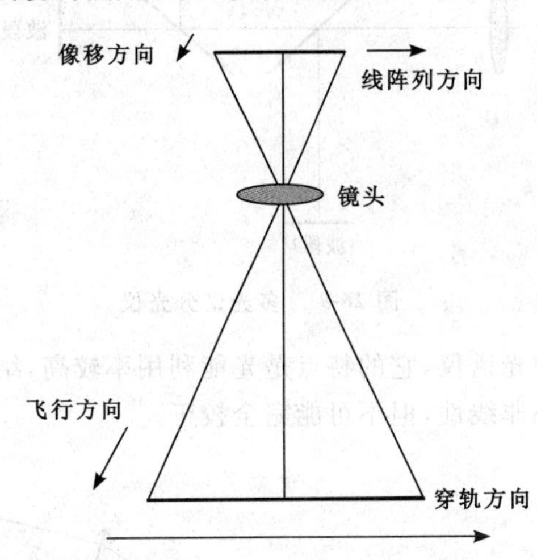

图 26-7　推扫成像式相机示意图

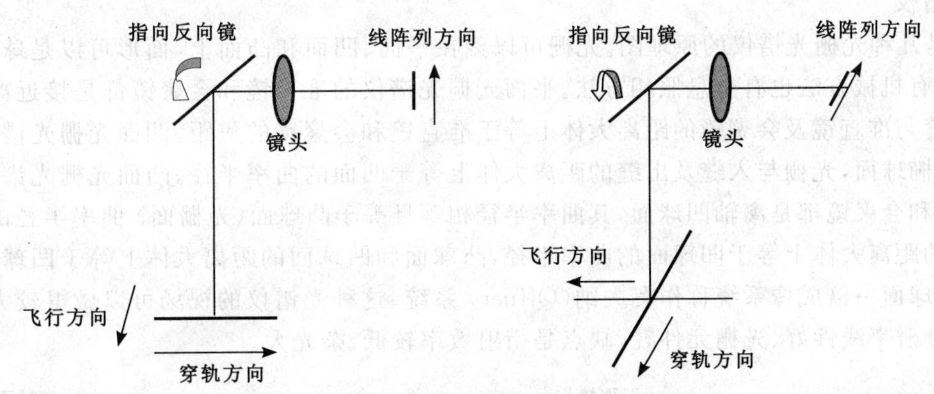

图 26-8　两种带指向反射镜的推扫成像式相机

指向反射镜的旋转轴平行于飞行方向，指向反射镜的不同的旋转位置指向穿轨方向的不同位置，相机可以倾斜拍摄星下点视场外的较远的目标，可用于在不同的轨道上用不同的倾斜角重复观测同一个目标，可形成立体成像用的一对像片。图 26-8 中，左边形式的指向反射镜的旋转轴垂直于光轴，指向反射镜的旋转不引起像的旋转；右边形式的指向反射镜的旋转轴平行于光轴，指向反射镜的旋转引起像的旋转，需要消旋措施。指向反射镜和扫描摆镜的功能不一样，前者用于不同方向的指向，在拍摄过程中不动，而后者用于扫描成像，在拍摄过程中连续摆动。图 26-8 右边的形式中，如果把指向反射镜改为扫描反射镜，并使其扫描转动轴平行于穿轨方向，使沿着飞行方向扫描地物，则这个扫描反射镜可以补偿像移，可使像在像面上不动或按一定的需要的速度移动，用这种方法可以增加凝视曝光时间。

（二）光谱仪

光谱仪是用来测量目标光辐射量中的光谱分量的仪器。主要有滤光片分光谱、棱镜分光谱、光栅分光谱、干涉分光谱（傅里叶变换分光谱）等光谱仪。

1. 滤光片光谱仪

用多个不同的颜色滤光片或干涉滤光片，探测从目标发射（或吸收）来并透过不同透射波长滤光片的光能量，可测定目标光辐射（或吸收）的光谱分量。这种光谱仪能量利用率较高，但不能连续分光，只能做成有限的几个波长的分光谱，所以也称作多光谱分光仪。多光谱分光仪的分光谱方式也有利用干涉滤光片的反射短波透射长波的特性分色（分光谱）的方式，如图 26-9 所示。

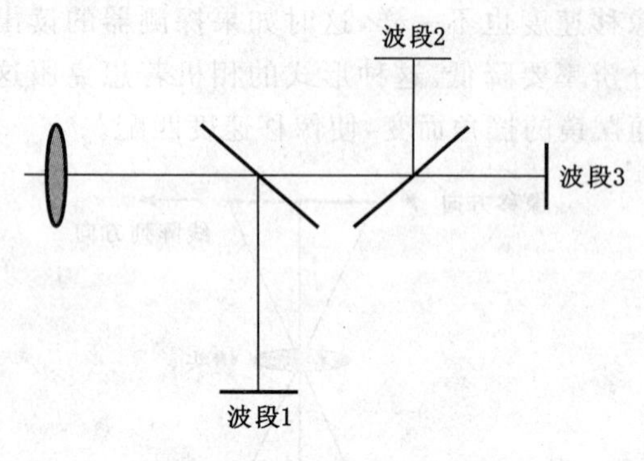

图 26-9　多光谱分光仪

2. 棱镜光谱仪

图 26-10 是棱镜光谱仪的原理图。棱镜光谱仪是最常用的光谱仪，它的特点是光能利用率较高，结构简单。缺点是光谱分辨率的非线性大，用消色差胶合棱镜可以减小非线性，但不可能完全校正。

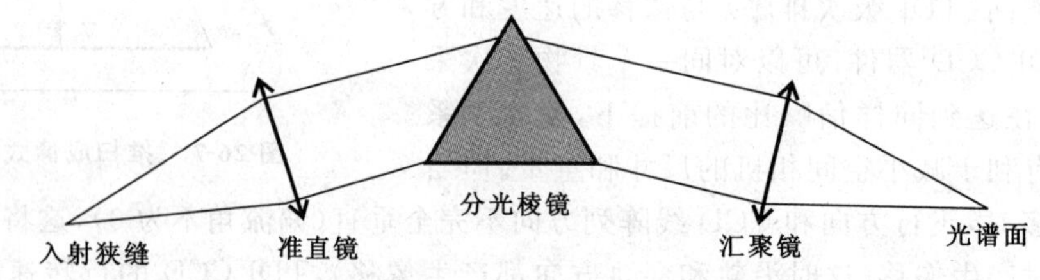

图 26-10　棱镜光谱仪

3. 光栅光谱仪

图 26-11 是几种光栅光谱仪的原理图。光栅可以刻在平面、凹面和凸面上，面形可以是球面也可以是非球面，刻划方法有机械方法也有全息照相方法。平面光栅光谱仪的准直镜和会聚镜都是接近离轴抛物面，光栅和入缝及出缝与准直镜及会聚镜的距离大体上等于准直镜和会聚镜的焦距。凹面光栅光谱仪的光栅刻在凹面，如球面或椭球面，光栅与入缝及出缝的距离大体上等于凹面的曲率半径。凸面光栅光谱仪的光栅刻在凸球面上，准直和会聚镜都是离轴凹球面，其曲率半径相等且等于凸球面（光栅面）曲率半径的 2 倍。入缝及出缝与凹球面的距离大体上等于凹球面的曲率半径，凸球面和凹球面的距离大体上等于凹球面曲率半径的一半。这种同心球面一倍成像系统称作奥夫纳（Offner）系统。这种光谱仪的视场可以做得较大。光栅光谱仪的优点是光谱分辨率线性好、光栅元件轻，缺点是衍射效率较低、杂光大。

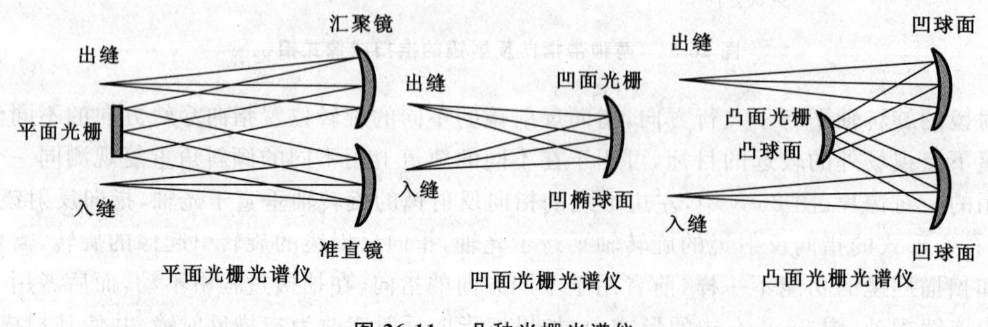

图 26-11　几种光栅光谱仪

4. 干涉光谱仪

干涉光谱仪(傅里叶变换光谱仪)有时间调制型和空间调制型两种不同形式。图 26-12 是迈克尔逊型干涉成像光谱仪的成像示意图。图中物面可以是望远物镜的成像面,平面反射镜 M_1 是固定的,平面反射镜 M_2 是沿光轴移动的,BS 是分束镜,M_2 移动到 M_2' 的位置,干涉的两个光束之间产生光程差的变化,设物面的物体光强为 $I_0(\nu)$,$\nu=1/\lambda$,光程差为 Δ,则像面上像的光强 $I_D(\Delta)$ 为

$$I_D(\Delta)=C\int_0^{\infty} I_0(\nu)\cos(2\pi\nu\Delta)\mathrm{d}\nu \tag{26-43}$$

$$I_0(\nu)=C\int_0^{\infty} I_D(\Delta)\cos(2\pi\nu\Delta)\mathrm{d}\Delta \tag{26-44}$$

式中,C 为比例常数;光强分布 $I_D(\Delta)$ 是实函数,并且是有关 Δ 的偶函数。从(26-43)式看出,$I_D(\Delta)$ 是 $I_0(\nu)$ 的傅里叶变换。因此根据探测到的 $I_D(\Delta)$ 数据,进行逆傅里叶变换运算,求得物体的光谱分布 $I_0(\nu)$。在这种情况下,光程差 Δ 是时间的函数,所以称为时间调制的干涉光谱仪。

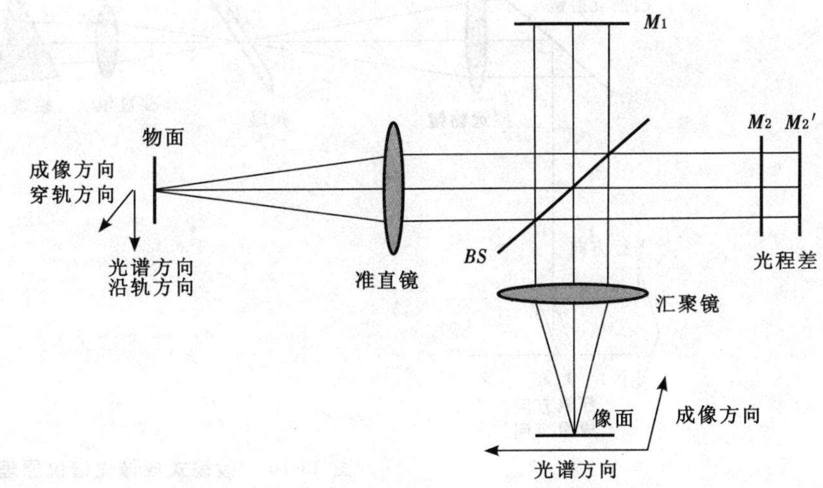

图 26-12　迈克尔逊型干涉成像光谱仪

这时,需要移动 M_2 反射镜的同时探测像的光强 $I_D(\Delta)$,并储存好数据,要等到探测完随时间变化的对应于足够大光程差范围的系列数据 $I_D(\Delta)$ 后,才能计算 $I_0(\nu)$。因此,该仪器不能进行快速测量。另外,精密等速移动反射镜 M_2 的结构在空间遥感环境下也不容易实现,所以采用没有移动部件的空间调制型干涉光谱仪是较为合适的。

图 26-12 中,把 M_2 反射镜固定在一个位置,保持一个小的光程差值,把物点在物面沿着图中的沿轨方向(光谱方向)移动,则在像面沿光谱方向得到干涉图。这个干涉图相当于(26-43)式所示的 $I_D(\Delta)$,但光程差是由 M_1、M_2 的距离差和物点移动的位置而定。当物点在轴上点时,光程差最小;移到轴外时,光程差变大。在空间遥感中,这个物点的移动是靠卫星相对地面的飞行来实现,即沿轨方向的推扫来实现。如果在像面上放置面阵列探测器,记录像面光谱方向的干涉图 $I_D(\Delta)$,然后进行傅里叶变换即可得到该物点的光谱。这种空间调制型干涉光谱仪,没有运动部件,结构简单、稳定。如果将穿轨方向作为成像方向,则成为成像光谱仪。干涉仪的形式可以选择多种形式,如可以选择三角共路型干涉仪(Sagnac 型)等,参见下面的成像光谱仪例。干涉光谱仪的优点是能量利用率高,缺点是干涉图需经过处理后才能得到光谱。

(三)辐射计

辐射计指的是各种光电探测器,对不同的光谱波段范围,应采用不同的光电探测器。用绝对黑体构成的绝对辐射计,可以测量全光谱波段内的光波能量,用于太阳总辐照度的监测。

图 26-13 是双锥形黑体腔绝对辐射计和它的分解图。

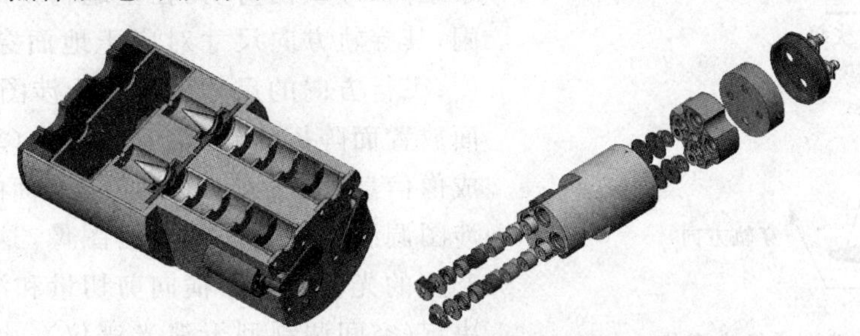
图 26-13　双锥形黑体腔绝对辐射计和它的分解图

(四) 成像光谱仪[27-29]

成像光谱仪是将前述的成像相机和光谱仪相结合的遥感仪器，它可以把每一个成像点的光谱分析出来，是进一步发展原先的多光谱相机而出现的新型仪器。多光谱相机一般分几个谱段，成像光谱仪要分几十至上百个谱段，因此其光谱分辨率要比多光谱相机高一个数量级。空间遥感中，成像光谱仪的主要矛盾是高的地面分辨率和高的光谱分辨率之间的矛盾。因为同时满足这两方面的要求时光能量小、信噪比低、探测器灵敏度不够，故需要折中。图 26-14 表示棱镜式成像光谱仪的原理。

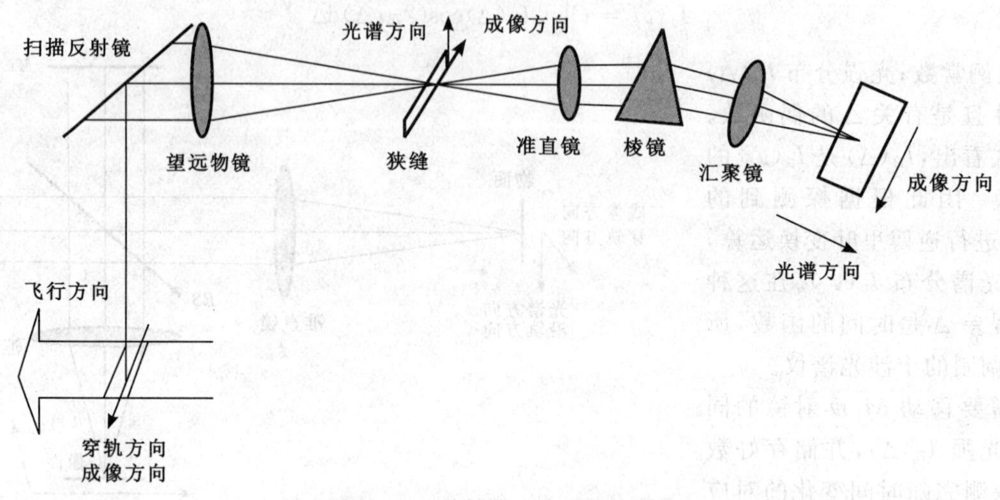

图 26-14 棱镜式成像光谱仪原理

当卫星飞行时，望远物镜把星下点沿穿轨方向的一条地物带成像在物镜像面的一条狭缝上，光谱仪把入射狭缝成像在出射狭缝上，出射狭缝平行于像面的成像方向，光谱方向垂直于成像方向。像面上放置面阵 CCD 探测器，同时接收穿轨方向的一维成像和垂直于穿轨方向的一维光谱，共两维信息。沿轨方向的成像是靠卫星飞行推扫来实现。像面的面阵探测器的帧频要与卫星飞过狭缝宽度所对应地面宽度的时间相匹配。这样连续推扫得到两维地面成像和一维光谱，共三维地物信息。沿穿轨方向的地面覆盖宽度由望远物镜焦距和狭缝长度决定。地面分辨率由狭缝宽度所对应的地面宽度而定。像面的 CCD 像元尺寸要与狭缝尺寸相匹配。

扫描反射镜可以不动。但当能量不足时扫描反射镜用来改变像移速度，增加曝光时间，这时扫描反射镜的转动轴平行于穿轨方向。

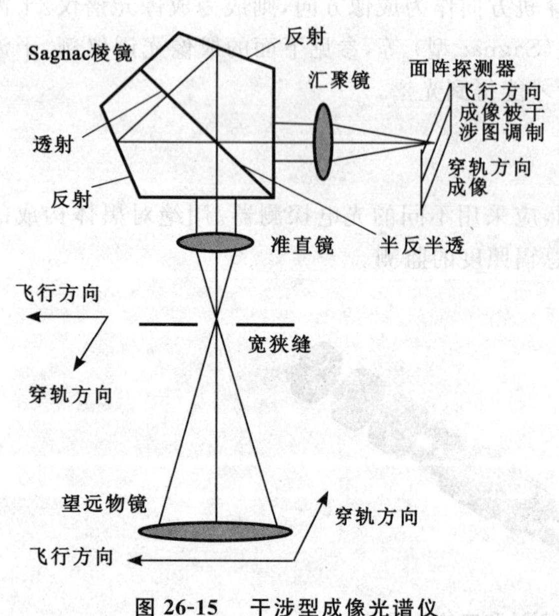

图 26-15 干涉型成像光谱仪

图 26-15 表示的是三角共路(Sagnac)型干涉成像光谱仪。其中，Sagnac 棱镜是把五棱镜(penta prism)沿对称轴切成两块，然后在切开面的一部分镀半反半透膜之后再胶合(如图所示)，使光线通过棱镜时沿直角三角形路线走，走直角边时经过半反半透面，走斜边时经过透射面。当胶合时要求两块之间在纸面内沿胶合面搓开一个小距离，使透射的和反射的平行光出射时横向搓开一个小距离，即横向剪切。在望远物镜的焦面放置矩形视场光阑，其穿轨方向尺寸对应于地面穿轨方向的地面覆盖宽度；飞行方向的尺寸由记录干涉图的长度决定。在第二像面放置面阵探测器，沿穿轨方向(垂直于纸面方向)记录成像信息，沿飞行方向(第二像面的上下方向)记录被干涉图调制的沿飞行方向的图像。这时干涉的两束光之间产生的光程差是由横向剪切量和沿飞行方向的像点位置决定(空间调制型干涉光谱仪)。由干涉图经傅里叶变换

得到光谱信息。每一帧二维CCD输出画面包含二维图像信息和一维干涉图信息。通过沿飞行方向（宽狭缝方向）的全视场推扫得到的所有图片综合解算可得到矩形视场内的二维图像和每一个像点的光谱信息，即能得到二维的彩色图。依此类推，通过连续推扫地面得到长条地面二维图像和每一像点的光谱信息。

二、按用途分类[1]

（一）空间侦察相机

空间侦察相机主要有可见光相机、红外相机和成像光谱仪等，评价侦察卫星水平最重要的指标无疑是分辨率，而且依分辨率将侦察卫星分为详查卫星和普查卫星。一般认为光学分辨率达到1 m（地面像元分辨率为0.5 m左右）的侦察卫星可以称为详查卫星。美国KH-11和KH-12是分辨率最高的详查相机。表26-6是KH-11和KH-12的主要技术指标。

表26-6　KH-11和KH-12的主要技术指标

	KH-11	KH-12
反射镜直径/m	2.3	4.0
总长/m	19.5	13.4
最大直径/m	3.0	4.2
总质量/t	13.5	19.6
地面像元分辨率/m	0.15	0.1
寿命	987～1175 d	10～12 a

早期的侦察卫星都采用胶片回收型相机作为有效载荷，这是因为胶片相机具有分辨率高、覆盖面积大和几何特性好等优点。但是由于胶片回收型相机的实时性差、回收过程复杂和受气候影响大等缺点，当代的侦察卫星正在逐渐放弃胶片回收型相机转而采用CCD等传感器构成的传输型相机作为有效载荷。

高分辨率的商业卫星在民用和军用上都产生了巨大的影响。迄今为止，IKONOS-2、QuickBird-2、OrbView-3和Resurs-DK1的地面像元分辨率都达到了优于1 m的水平，其中QuickBird-2全色波段的地面像元分辨率达到0.61 m。

表26-7列出了这4个卫星的主要技术指标。

表26-7　4个高分辨率商业卫星的主要技术指标

	IKONOS-2	QuickBird-2	Orbview-3	Resurs-DK1
分辨率/m	全色0.8 多光谱3.6	全色0.61 多光谱2.44	全色1 多光谱4	全色1 多光谱4
量化等级/bit	11	11	11	11
覆盖范围/km	11	16.5	8	28.3
轨道高/km	681～709	450	470	350～600
重访周期/d	＜3	1～3.5	＜3	
寿命/a	8	5	7	

表26-8列出了新一代高分辨率商业卫星的主要技术指标。

表26-8　新一代高分辨率商业卫星的主要技术指标

	Geo Eye-1	Wold View-1	Wold View-2
分辨率/m	全色0.41 多光谱1.64	全色0.45	全色0.46 多光谱1.84
定位精度/m	CE立体：2 LE立体：3	CE 12.2	CE 12.2
偏摆/(°)	60	40	40
量化等级/bit	11	11	11
覆盖宽度/km	15.2	17.6	16.4
寿命/a	7～15	7.25	7.25
重访周期/d	＜3	＜2	＜2
轨道高（太阳同步）/km	684	496	770

新一代高分辨率商业卫星除了具有非常高的分辨率之外，还有一些值得注意的共同特点。首先是具有很高的定位精度，GeoEye-1 在无地面控制点的情况下，90% 圆概率误差(CE) 优于 2 m，90% 线概率误差(LE) 优于 3 m；WoldView-1 和 WoldView-2 的指标要求 CE 是 12.2 m，设计结果证明，无地面控制点的情况下 CE 可以达到 3 ～ 7.6 m 的精度。与早期高分辨率商业卫星 Ikonos-2 和 QuickBird-2 在无地面控制点的情况下的定位精度 CE 为 10 ～ 20 m 相比较，新一代高分辨率商业卫星的几何定位精度有了很大的提高。这样一个特点为侦察测绘一体化卫星的概念提供了有益的启示。

上述的可见光空间侦察相机，只能在有阳光照射的白天才能使用，而红外相机可以在夜间侦察，所以先进的侦察卫星增加了红外相机，如美国的 KH-12 有热红外相机，其地面像元分辨率达到 1 m。红外相机在有云的情况下，不能观测地面，而微波成像可以透过云层，所以微波成像可以做到全天候的对地侦察，但分辨率不如可见光相机。

光谱识别对物体的侦察、识别有特殊的贡献，侦察卫星、气象卫星、海洋卫星和陆地卫星等都使用多光谱相机。为了提高光谱分辨率，多采用超光谱成像仪，即成像光谱仪。

在先进的侦察卫星上配备着可见光相机、红外相机、成像光谱仪和微波成像仪，而这些遥感仪器的综合应用将是高级侦察卫星的发展方向。

(二) 空间立体测绘相机

与狭义侦察卫星的任务是发现目标和识别目标相比较，测绘卫星的任务是要精确地确定目标的地理位置(目标的三维坐标)。这就决定了测绘卫星不仅要具有必要的分辨率，而且要具有相应的几何精度。此外，为了绘图的需要，测绘卫星摄取的两幅构成立体像对的图像在一个方向上必须有一定的重叠(重叠率要求)；拍摄这两幅重叠的图像时卫星必须相距一定的距离(基高比要求)；一般情况下，测绘卫星摄取的图像在另一个方向上也应该足够宽，有一定的交叠(构成区域测图网的要求)。为了满足上述要求，高精度测绘卫星的有效载荷应该具有非常小的几何畸变、非常高的几何稳定性(包括力学和热稳定性) 以及相当宽的视场。

测绘卫星的有效载荷分为胶片式摄影测量相机和传输型摄影测量相机两种。由于测绘卫星的有效载荷的特殊要求，传输型摄影测量相机比传输型侦察相机发展所遇到的困难更大、进程更慢。

美国 ITEK 公司研制的 LFC 测绘相机的主要参数是：焦距 300 mm，相对孔径 1/6，幅面 230 mm × 460 mm，装片量 45 kg。该相机曾装在航天飞机上使用。在飞行高度约 278 km，用高分辨率全色黑白胶片(EK3414) 摄影时，其地面分辨率为 10 m，目标定位精度约 15 m，高程精度为 7 ～ 28 m，适合绘制等高线为 20 ～ 80 m 的比例为 1：50 000 的地图 。

苏联研制的测绘相机 TK－350 也是大幅面高精度测绘相机，其性能和测量精度可与美国大幅面相机媲美。TK－350 相机的焦距为 350 mm，幅面(像幅) 为 300 mm × 450 mm，视场角为 75°，相对孔径为 1/5.6，采用 48 号胶片，照片边缘的分辨率为 40 lp/mm，采用 ОРТОГОН-19 镜头，畸变小于 10 μm。它在在轨卫星温变和压力的条件下变化量小于 1 μm，具有几何尺寸精度高和畸变小的特点。相机的几何标定精度很高，内方位元素(焦距、畸变和主点位置) 测量精度达到微米级。该相机用于测绘比例为 1：100 000 的地图 ，相机自身测量误差只有十几米。

胶片型摄影测量相机具有成像为中心投影，一次摄影覆盖面积大，一张胶片只需一组外方位元素数据等优点。在测绘卫星有效载荷中长期具有优势。

但是胶片型相机及测绘卫星也存在着许多问题：相机所装胶片数量有限，工作寿命短，对地面目标只能重复拍照一次，对多云和大气不好的地区得不到测绘照片，即使多次发射卫星也无法彻底解决这一难题，对一些变化较大的军事目标不能及时提供地图和目标位置的更新数据。

为了克服胶片型测绘相机的不足，可以利用传输型侦察卫星和资源卫星提供的数字图像进行测绘和目标定位。目前CCD传输型摄影测量相机处于研制开发的初级阶段。在测绘卫星中，简单地利用面阵CCD代替胶片不可行，这不仅是因为面阵 CCD 还没有足够多的像元，还因为面阵 CCD 相机很难获得足够的重叠率和基高比。传输型摄影测量相机通常采用线阵 CCD，按 CCD 组合方式的不同及摄影测量原理的不同，它可以分成以下 3 类：

1. 单线阵 CCD 相机

在摄影时，相机或卫星前后或左右侧摆，倾斜摄影形成立体像对，实现立体测绘。如法国的 SPOT 卫星上的相机，用左右侧摆方式进行立体测绘，目标定位精度为 1.5 km 。另一种方法是相机摄影时，卫星或相机前后摆动形成立体像对，如 Ikonos-2、QuickBird-2 等对地观测卫星采用卫星前后摆动进行立体测绘。前后摆动形成立体像对的周期短于左右侧摆。

为了使用单线阵CCD相机完成高精度摄影测量任务，除了对CCD相机本身的几何精度和几何稳定性有很高的要求外，对卫星的姿态稳定性和卫星的机动性也有很高的要求。如通过前后摆动形成立体像对的卫星，要求卫星在很短的时间内完成前后摆，而且重新确定指向后，姿态稳定度应该达到 10^{-6}°/s ～ 10^{-8}°/s 的水平。

Ikonos-2、QuickBird-2 等高分辨率商业卫星定位精度达到了优于 20 m 的水平，而新一代高分辨率商业卫星的定位精度将优于10 m，甚至达到2～3 m的水平。这说明对于分辨率小于1 m的测绘卫星，使用单线阵CCD 相机完成局部地区高精度摄影测量任务已经成为主流。

2. 双线阵 CCD 摄影测量相机

由两台CCD相机以一定交汇角安装形成立体像对时不需要侧摆摄影。法国2002年发射的SPOT 5 HRS和印度 2005 年发射的 Cartosat-1 属于双线阵 CCD 摄影测量相机。表 26-9 中给出了 SPOT 5 HRS 和 Cartosat-1 的主要性能指标。图 26-16 是双线阵 CCD 摄影测量相机的工作示意图(SPOT 5 HRS)。

表 26-9　SPOT 5 HRS 和 Cartosat-1 的主要性能指标

	SPOT 5 HRS	Cartosat-1
分辨率 /m	10	2.5
焦距 /mm	580	1 980(F/4.5)
像元数	12 000(6.5 μm)	12 000(7 μm)
积分时间 /ms	0.752	0.336
视场角 /(°)	±4	±1.08
覆盖宽度 /km	120	30
相机倾角 /(°)	前视 +20，后视 −20	前视 +26，后视 −5
轨道高 /km	832	618
无控制点定位精度 σ/m	相对 20，绝对 27	70

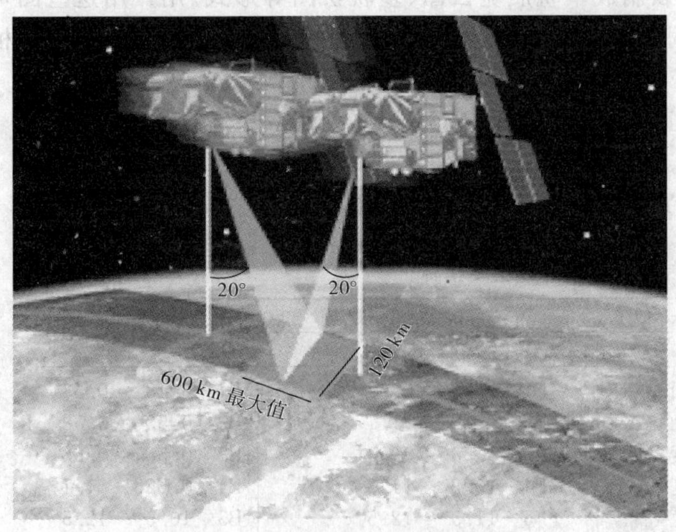

图 26-16　双线阵 CCD 摄影测量相机的工作示意图(SPOT 5 HRS)

表 26-10　PRISM 的主要性能

名　称	性　能
扫描方式	CCD 推扫
谱段 / μm	0.52 ～ 0.77
视场角 /(°)	≥7.6
瞬时视场角 / μrad	3.61±5%
幅宽 /km	35/70(星下点)
像元分辨率 /m	2.5(星下点)
MTF(奈奎斯特频率处)	0.27(垂直轨道方向) 0.21(轨道方向)
基高比	B/H = 1.0
指向角 /(°)	±1.5
信噪比	80
量化值 /bit	8
功耗 /W	510
重量 /kg	550

3. 三线阵 CCD 摄影测量相机

三线阵 CCD 相机由具有一定交汇角的前视、正视和后视 3 个线阵 CCD 构成，相机沿卫星飞行方向安放。对短焦距相机，采用单镜头方案，3 个 CCD 阵列放在一个焦平面部件上。对较长焦距相机，采用 3 个相机方案。与前两类传输型 CCD 相机不同的是，三线阵相机具有从摄取图像出发重构外方位元素的特点，对卫星姿态的稳定要求要比双线阵 CCD 相机低，是当前传输型测绘相机的发展方向。

世界上公开报道的最先进的三线阵 CCD 摄影测量相机是由日本研制的“立体测绘全色遥感仪(PRISM)”，PRISM 是“先进的陆地观测卫星(ALOS)”的有效载荷之一。利用 PRISM 提供的图像数据，可以绘制比例为 1：25 000 的地图。ALOS 于 2006 年发射。该相机的主要性能见表 26-10。

PRISM 由 3 台相机组成，前视、正视和后视相机均安装在基座上，互成 24° 交汇角，基高比为 1。相机采用离轴三反式光学系统和尺寸稳定的碳纤维复合材料桁架结构。无地面控制点定位测量精度的设计指标为 6 m，补偿高频姿态变化后定位精度可达 3 m。

首次定位精度试验结果如表 26-11 和表 26-12 所示。试验结果基本达到了设计指标，说明三线阵 CCD 摄影测量相机无论从理论上还是从实践上都已经步入了成熟阶段，代表了传输型摄影测量相机的方向。

表 26-11 PRISM 无地面控制点绝对精度

	像元误差	线误差
前视(RMS)/m	13	64
正视 (RMS)/m	17	34
后视(RMS)/m	32	32

表 26-12 PRISM 无地面控制点相对精度

	像元误差	线误差
标准差(1 σ)/m	4	6

（三）气象、海洋观测光学成像遥感器

气象与海洋观测在空间和时间特性上具有较大的相同点，要求具有较宽的刈幅宽度和较短的重复观测周期，常用的光学遥感器是多光谱扫描仪。一般此类仪器的地面分辨率在 1 ～ 4 km，刈幅宽度为 800 ～ 2 000 km，全球覆盖周期为 1 ～ 3 d，气象观测遥感器的覆盖周期更短。而从辐射特性来看，两者又截然不同。气象观测得对象是云层，反射率高达 80% 以上；海洋观测的对象是海洋，反射率仅有 4% ～ 15%。两者的辐射亮度相差 1 个数量级，因此对两种遥感器的辐射灵敏度要求是完全不同的。

1. 气象观测光学成像遥感器

气象卫星是直接对大气云层进行观测的仪器，对所接收的气象卫星原始资料进行处理，可以生成各种信息产品，如可见光图像、红外图像、微波图像以及水气图像等。将这些产品做进一步加工处理，还可以得到卫星的增强云图、假彩色云图、多光谱合成图像，并可以制成单轨展宽云图、多轨拼图等形式。用户用这些图可以得到高空大气的垂直温度分布数据、臭氧含量、对流层上层和下层的风向和风速、海表温度、地表反射率植被指数和冰雪覆盖面积等，其应用范围很广。

目前，美国的 NOAA 系列可以代表极轨气象卫星的世界水平。NOAA 系列用双星运行方式，获得 12 h 重复观测周期，使用甚高分辨率辐射计(AVHRR)。

表 26-13 中列出了美国的 NOAA 和中国的 FY-1 极轨卫星辐射计的主要指标。

表 26-13 极轨气象卫星辐射计主要指标

<table>
<tr><td rowspan="2"></td><td colspan="2">NOAA</td><td rowspan="2">FY-1、FY-1A、1B</td></tr>
<tr><td>VHRR-2</td><td>AVHRR-3</td></tr>
<tr><td>波段 / μm</td><td>B1 0.58 ～ 0.68，白天云、地面；
B2 0.725 ～ 1.1，水界、冰雪融化；
B3 3.55 ～ 3.93，夜间云、温度；
B4 10.3 ～ 11.3，日夜云、温度；
B5 11.5 ～ 12.5，日夜云、温度</td><td>B1 0.58 ～ 0.68
B2 0.725 ～ 1.1
B3 3.55 ～ 3.93
B4 10.3 ～ 11.3
B5 11.5 ～ 12.5
B6 1.57 ～ 1.78</td><td>B1 0.48 ～ 0.53
B2 0.53 ～ 0.58
B3 0.58 ～ 0.68
B4 0.725 ～ 1.1
B5 10.5 ～ 12.5</td></tr>
<tr><td>扫描方式</td><td>45° 反射镜</td><td>45° 反射镜</td><td>45° 反射镜</td></tr>
</table>

续表

	NOAA		FY-1、FY-1A、1B
	VHRR-2	AVHRR-3	
地面分辨率 /km	1.1	1.1	1.1
瞬时视场 /mrad	1.3	1.3	1.2
NE ΔT/K	≤0.15		≤0.2
NE $\Delta\rho$/%	≤0.1		≤0.15
备注		B6 与 B3 可昼夜交替使用，提高对雪和云的鉴别	

由于静止轨道卫星的轨道高，仪器研制难度更大。目前这类遥感仪器有美国的 GOSE 系列、日本的 GMS 、欧空局的 MeteoSat 、印度的 INSat 和中国的 FY－2 等。

表 26-14 列出了静止轨道气象卫星扫描辐射计的主要性能。

表 26-14　静止轨道气象卫星扫描辐射计的主要性能

国别与组织	美国	日本	欧空局	印度	中国
卫星名称	GOES	GMS	MeteoSat	INSat	FY-2
姿态稳定方式	自旋	自旋	自旋	三轴	自旋
波段 / μm	可见光 0.55～0.75 红外 10.5～12.5	同美国	B1　0.4～1.1 B2　5.7～7.1 B3 10.5～12.5	0.55～0.75 10.5～12.5	B1　0.5～1.05 B2　6.3～7.6 B3 10.5～12.5
星下点地面分辨率 /km	可见光 0.9 红外 6.9	1.25 5	2.5 5	2.75 11	1.44 5.76
NE ΔT/K	0.4 (300 K)	0.5 (300 K)	B2　1(260 K) B3　0.4(300 K)	0.2 (300 K)	B2　1(260 K) B3　0.65(300 K)

2. 海洋卫星光学遥感器

海洋覆盖着地球面积的 71%，容纳了 97% 的水量。海洋光学遥感器要求更高的辐射分辨率，这是海洋光学遥感器的重点所在。表 26-15 中列出了主要海洋光学遥感器的指标。

表 26-15　主要海洋光学遥感器指标

仪器名称	CZCS	MODIS	OCTS	GLI	ATSR	海洋水色扫描仪	SeaWiFS	水色成像仪
国别、地区、组织	美国	美国	日本	日本	欧空局	中国	美国	中国台湾
年份	1978 年	1997 年	1996 年	2000 年	1991 年	2000 年	1997 年	1998 年
高度 /km	955	705	800	800	780	800	705	600
地面分力 /m	825	500 或 1 000	700	250 或 1 000	1 100	1 100	1 130	800
波段 / μm	0.433～0.453； 0.510～0.530； 0.540～0.560； 0.660～0.680； 0.700～0.800； 10.5～12.5	0.402～0.950，共 16 个谱段； 1.24～4.56，共 10 个谱段； 6.715～14.235，共 10 个谱段	0.402～0.885，分 8 个谱段，带宽 20 或 40 nm； B9:3.55～3.85； B10:8.25～8.75； B11:10.5～11.5； B12:11.5～12.5	0.38～1.05，共 23 个谱段； 1.24～3.715，共 5 个谱段； 6.7～11.95，共 6 个谱段	3.55～3.95； 10.3～11.3； 11.5～12.5	0.402～0.885，分 8 个谱段，带宽 20 nm 或 40 nm； 10.3～11.4；11.4～12.5	0.402～0.422； 0.433～0.453； 0.480～0.500； 0.510～0.530； 0.555～0.575； 0.655～0.675； 0.745～0.785； 0.845～0.885	0.433～0.453； 0.480～0.500； 0.500～0.520； 0.545～0.565； 0.660～0.680； 0.845～0.885
瞬时视场 /mrad	0.865	1.0		0.85		1.38	1.58	1.66
NE ΔT/K	0.3	0.05～5		≤0.1	0.1	0.2		
S/N	100～150	57～1 087		70～800		400～600	280～510	450

（四）陆地观测光学成像遥感器

陆地观测光学遥感器主要用于3个方面：资源调查、环境监测和测绘。资源调查主要使用多光谱扫描仪。陆地观测仪器的分辨率一般在几十米，刈幅宽度为几十至一二百千米，全球覆盖周期较长，十几天至几十天不等。

表26-16中列出了美国陆地卫星扫描仪的主要技术指标。

表 26-16 美国陆地卫星扫描仪的主要技术指标

卫星名称	Landsat-4	Landsat-5	Landsat-7
高度/km	705	705	705
仪器	MSS	TM	ETM＋
波段/μm	0.5～0.6 0.6～0.7 0.7～0.8 0.81～1.1	B1 0.45～0.52 B2 0.52～0.60 B3 0.63～0.69 B4 0.76～0.90 B5 1.55～1.75 B6 10.4～12.5 B7 2.08～2.35	B1 0.45～0.52 B2 0.52～0.60 B3 0.63～0.69 B4 0.76～0.90 B5 1.55～1.75 B6 10.4～12.5 B7 2.08～2.35 全色(P) 0.5～0.9
地面分辨率/m	64	可见近红外：30 热红外B6：120	可见，近红外：30 热红外B6：60 全色(P)：15
NE $\Delta\rho$/%	1.5	B1 0.8 B2、B3、B4 0.5 B5 1.0 B7 2.4	
NE ΔT/K		B6 0.5	

表26-17列出了法国的SPOT卫星光学遥感器的性能指标。

表 26-17 法国SPOT卫星光学遥感器的性能指标

卫星	SPOT 1,2,3	SPOT 4	SPOT 5A,5B
仪器	2HRV	2HRVIR	3HRG
波段/μm	B1 0.5～0.59 20 B2 0.61～0.69 20 B3 0.79～0.89 20	20 10 20	10 10 10
空间分辨率/m	MIR：1.52～1.75 PAN：0.51～0.73 10	20	20 5
扫描宽度/km	2×60	2×60	3×60
立体成像方式	异轨	异轨	同轨或异轨
侧向视角/(°)	－27～27	－27～27	

表 26-18 列出了中巴地球资源卫星 01 号遥感器的性能指标。

表 26-18　中巴地球资源卫星 01 号遥感器性能

仪　器	CCD 成像仪	红外多波段扫描仪	宽视场 CCD 成像仪
波段 / μm	B1　0.45 ～ 0.52 B2　0.52 ～ 0.59 B3　0.63 ～ 0.69 B4　0.77 ～ 0.89 B5(全色)　0.51 ～ 0.73	B6(全色)　0.5 ～ 1.0 B7　1.55 ～ 1.75 B8　2.08 ～ 2.35 B9　10.4 ～ 12.5	B10　0.63 ～ 0.69 B11　0.77 ～ 0.89
NE ΔT/K		1.2	
NE $\Delta\rho$/%	0.5	0.4(B6),1.0(B7),2.0(B8)	<1
地面分辨率 /m	19.5	B6 ～ B8　78,B9　156	256

(五) 大气探测光学遥感仪器

大气探测只需测量所需的谱线,而其他气体的谱线视为干扰,因此在信噪比符合要求的条件下应尽量采用窄带宽,所以必须采用高光谱分辨率红外光谱仪。

表 26-19 列出了用于对流层与平流层下部的大气温度和水汽探测的星载红外光谱仪的性能指标。红外光谱仪有光栅式和干涉式,而干涉光谱仪将是这种应用的发展方向。

表 26-19　用于对流层与平流层下部的大气温度和水汽探测的星载红外光谱仪的性能指标

仪器名称	GHIS(美国) 干涉式	IASI(法国、意大利) 干涉式	AIRS(美国) 光栅式
空间平台	GOES	POEM-1(欧)	EOS PM-1
平台高度 /km	35 800	790	705
发射时间	将来	2004	2001
每扫描行测量点数		60	90
扫描角 /(°)		±48.3	±49.5
瞬时视场 /(°)	0.014	1.25	1.1
天底视场 /km		17.2	13.5
测量时间 /ms	0.075 0.375 0.775	150	22.41
光谱范围 /cm^{-1}	620 ～ 2 720	645 ～ 2 940	649 ～ 2 674
光谱分辨率 /cm^{-1}	0.76(8.70 ～ 16.1 μm) 1.5(5.75 ～ 8.26 μm) 3.0(3.68 ～ 4.65 μm)	0.35(8.26 ～ 15.5 μm) 0.45(5 ～ 8.26 μm) 0.55(3.4 ～ 5 μm)	$\lambda/\Delta\lambda$ = 1 200 0.625(13.33 μm) 1.250(6.67 μm) 2.500(3.33 μm)

表 26-20 列出了用于大气微量气体探测的干涉式红外光谱仪。

表 26-20　用于大气微量气体探测的干涉式红外光谱仪

仪器名称	ATMOS(美国)	IMG(日本)	MIPAS(德国)	TES(JPL)(美国)	FTIR(中欧)
空间平台	SL-3(美国)	ADEOS(日本)	ATMOS(欧空局)	CHEM(美国)	CESAR 小卫星(中欧)
发射时间	1985 年,1991 年,1993 年,1994 年	1996 年	2002 年	2004 年	1996 年
瞬时视场 /(°)	0.06,0.12,0.24	0.6 × 0.6	0.6 × 0.6,0.052 × 0.52	0.04 × 0.4	0.25
测量时间 /s	1	10	0.4,2,4	2,8	1.5
光谱范围 /cm^{-1}	625 ~ 5 000	690 ~ 3 030	685 ~ 2 410	600 ~ 4 350	625 ~ 5 000
光谱分辨率 /cm^{-1}	0.01	(0.1)	0.03,0.15,0.30	(0.025,0.10)	
NE ΔN /(mW/(m^2 · sr · cm^{-1}))	40 (1 000 cm^{-1})	0.23 (1 000 cm^{-1})	0.3 (1 000 cm^{-1})	0.2 (1 000 cm^{-1})	
探测器	1 只 HgCdTe	1 只 HgCdTe(LW),2 只 InSb(SW)	2 组共 8 只 HgCdTe 线阵	4 只 HgCdTe 阵共 64 元	
分束片	KBr	KBr	ZnSe	KBr	KCl
制冷器	Stirling 制冷机	Stirling 制冷机			
工作温度 /K	77	80	70	65	
体积 /cm^3		~ 100 × 80 × 50			
重量 /kg	~ 250	~ 115	160		~ 28
工耗 /W	~ 350	~ 150	170		~ 24
量化位数 /bit					16
数据率 /Mbps	15.76		< 0.4(标称值) ~ 4(未处理)		
工作寿命		10 个月	4 a(设计)	5 a(设计)	> 2 a(设计)

表 26-21 列出了用于中层大气上部和热层的风和温度探测的干涉式红外光谱仪。

表 26-21　中层大气上部和热层的风和温度探测的干涉式红外光谱仪

仪器名称	F-PI(美国)(球面 F-P 型)	F-PI(美国)(平面 F-P 型)	HRDI(美国)(F-P 型)	WINDH(法国,加拿大)
空间平台	OGO-6	DE-1/DE-2	UARS	UARS
发射时间	1969 年	1981 年	1991 年	1991 年
瞬时视场 /(°)			0.12 × 1.7	6(在 70 ~ 315 km 高度,水平方向)
测量时间 /s				8
光谱范围 /nm	630	732,630,589.6,557.4,520	400 ~ 800	550 ~ 780
光谱分辨率 /nm			0.001	
探测器	光电倍增管	多通道板		320 × 256CCD 面阵
垂直分辨率 /km			6	4 ~ 1.5
水平分辨率 /km			80	20
测风准确度 /(m/s)			< 5(中层) < 15(热层)	
测温准确度 /K	± 15			
重量 /kg			158	122
功耗 /W			109	73
数据率 /(kb/s)			4.75	2
工作寿命	14 个月	18 个月		

(六)空间监测光学遥感器

利用天基平台对空间目标,例如卫星、弹道导弹和空间碎片,进行探测、跟踪、编目和识别是近年发展的新概念和新技术。天基监测的优点是可以监测整个空间、不受天气影响、减少对国外基地的依赖。空间目标的天基光学成像探测技术越来越受到航天界的重视。美国空间监测的任务是:探测导弹、卫星等新的人造空间物体;预报衰变的空间物体何时何地将再入地球大气;防止雷达显示类似导弹的空间返回物引发美国或其他国家导弹预警系统的错误报警;测量空间物体的当前位置并绘制其轨道路径;编制和更新人造空间物体运行星表,确定具有再入空间物体的国家;通知 NASA 是否有造成对航天飞机和空间站轨道干扰的空间物体。

美国空间跟踪和监测系统(space tracking and surveillance system,STSS)由低轨道高度上不同轨道上的 20 ~ 30 颗卫星组成星座,载荷包括宽视场捕获传感器(短波红外 SWIR)和安装在两轴地平座架上的窄视场跟踪传感器(中波红外 MWIR,中长波红外 MLWIR,长波红外 LWIR 和可见光),设计寿命大于 10 a。

为了试验验证空间监测的新途径,美国 1996 年发射了试验卫星 MSX 卫星。运行的轨道高度是 898 km,轨道倾角为 99°。其有效载荷包括:空间红外相机(SPIRIT III)、紫外和可见光照相机(UVISI)以及天基可见光传感器(SBV)。它可完成弹道导弹、卫星和空间碎片等空间目标的监视和测量。图 26-17 是 MSX 卫星的构成示意图。

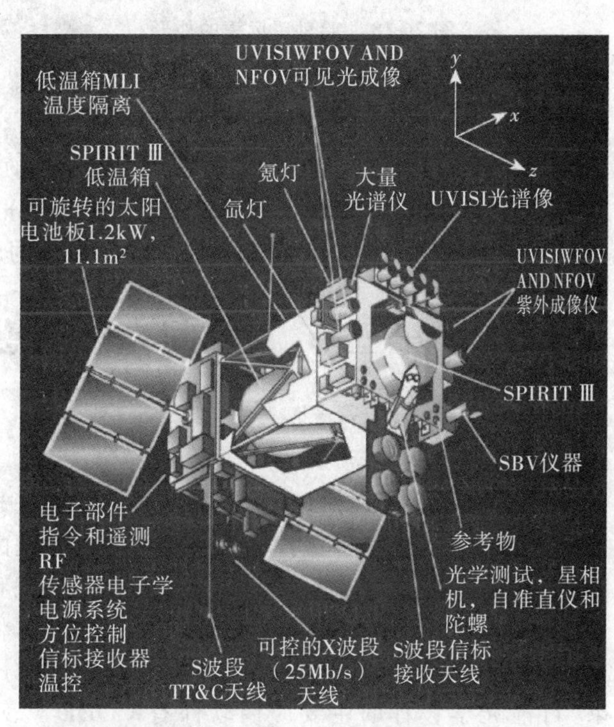

图 26-17　MSX 卫星的构成示意图

MSX 卫星的演示验证获得了很大的成功。特别是搭载的天基可见光相机(SBV),它的孔径只有 150 mm,但是其探测功能却不亚于地基深空光电探测望远镜。SBV 计划的成功为下一步天基空间监测系统打下了技术基础,在此基础上,开展了天基监测系统(SBSS)任务卫星的研制。

(七)空间天文望远镜

地面的天文望远镜受大气层的影响,包括受大气的吸收、大气的散射、大气的折射和大气的扰动等影响,发挥不了望远镜应有的分辨本领。如果把望远镜放到大气层外面观测天文信息,则没有大气的影响,望远镜可发挥光学衍射极限的分辨本领。

著名的美国哈勃(Hubble)空间望远镜就是很好的例子。它的口径是 2.4 m,焦距为 57 m,视场角为 5′,但比目前地面上的所有大型望远镜(最大口径为 10 m)的性能都高,为天文学研究作出了突出的贡献。图 26-18 是哈勃望远镜的外形。

美国正在研制中的典型的空间望远镜是詹母斯-韦伯 JWST 空间天文望远镜,计划于 2013 年发射,在太阳地球 L2 LaGrange 点轨道工作,其主镜口径是 6.6 m,因为运载工具火箭的直径只允许装载 4m 口径望远镜,该望远镜准备用 18 块铍子镜拼接成一个大主镜,发射时叠起来,发射上空后在空间自动展开并拼接调整成大主镜镜面。图 26-19 是 JWST 望远镜模型。这个望远镜的成像质量要求在波长 $\lambda = 2\ \mu m$ 处达到 6.6 m 口径望远镜的衍射极限水平。望远镜工作在温度 30 ~ 60 K 的低温空间环境下,所以在地面也要求在这个温度下检验其性能。为此专门建造了低温真空试验罐,用来进行最终的像质检验。

图 26-18　哈勃望远镜的外形

图 26-19　JWST 望远镜模型

(八) 探月光学遥感仪器[58]

我国嫦娥一号绕月探测卫星有 CCD 立体相机和成像光谱仪。立体相机采用三线阵 CCD 立体测绘原理，但用了一个广角镜头，用面阵CCD前三条细缝面罩分别对应前视、正视和后视三行 CCD。成像光谱仪采用了 Sagnac 型空间调制干涉成像光谱仪，都获得了圆满的成功。

第三节　空间光学遥感仪器中的关键光学技术

一、光学设计[6-7]

空间光学系统的研制和生产中，首先要考虑的是光学设计技术。光学系统的设计应满足应用目的所提出的技术指标和环境适应性要求，并且要充分考虑合理的机械结构布局，最大限度地做到小型化和轻量化，还要考虑在目前工艺技术水平条件下能满足加工、装配和检测的公差要求等。

空间光学系统的设计要有一个综合的设计平台，将光学设计、热分析、机械分析和大气物理等集中在一起，以光学设计为基础指导各项工作的展开，使之充分发挥各自的优势，最终达到一个比较完美的光学设计结果。目前光学设计的主要应用软件有 CODE V、ZEMAX、LIGHT TOOLS、ASAP 等，其中 CODE V、ZEMAX 是光学设计软件，LIGHT TOOLS、ASAP 是杂光分析软件。光学系统综合分析软件 Tracepro 能导入机械图，并和光学系统建模在一起进行综合分析，同时也能进行光学系统的优化工作，便于分析机械系统对于光学系统的影响，指导光学系统的优化设计。MODTRAN/LOWTRAN 大气模拟软件提供地面的辐照度、大气的吸收和散射等分析数据，用于计算光学遥感器的信噪比。

空间光学系统的特点之一是遥感器相对地物不停地运动(除静止轨道卫星外)，因此曝光时间内像在像面移动，产生像移。如何补偿像移是空间光学系统设计的共同难题。目前的方法有：相对镜头移动像面上的探测器，转动平面反射镜，匹配设计 CCD 探测器行转速率等。这时需要搞清楚遥感器和目标之间的相对运动规律，要采取实时的像移补偿措施。

空间相机相对地面的运动产生像移是不利的因素，但这也给空间相机的设计带来新的应用机遇，即用一维线阵列探测器采用推扫成像的方式形成两维图像，而不必用两维面阵探测器，这是有利的因素，是目前发展对地遥感探测的主要方式。这样，光学设计方面也有了新的机遇，光学系统的像面不必设计成圆形或方形，而可以设计成一条线。因此，可以不用对称形光学系统，而用离轴和偏轴的光学系统。这种系统可以避免同轴折、反系统固有的中心遮拦问题，同时还可以设计成大视场角的光学系统，如离轴三反射镜消像散系统、TMA 系统等。

空间光学系统的另一特点是真空、低温环境。如果采用折射系统，光学材料的折射率应采用真空中的折射率，而必须考虑光学玻璃的折射率随温度的变化问题。这种地面和空间的环境变化主要引起像面的离焦。光学设计应设计出镜头在真空中和在空气中的两种设计结果，以便在地面装配和检测的结果适合于空间的应用。为了解决这个问题，在地面检测时附加一个镜片，它的光焦度使镜头的像面离焦，其离焦量正好补偿地面和空间环境变化引起的离焦量，然后在发射上天前把这个附加的镜片拿掉。

一般空间相机的焦距比较长，环境温度的变化首先产生离焦，其次产生镜面变形使成像质量下降，因此空间光学系统的设计中热光学补偿设计是一项非常重要的事情。从原则上讲，如果镜头的光学材料的膨胀系数和机械筒材料的膨胀系数一样，则在温度变化时像面的位置和探测器的位置始终保持一致，不产生离焦。这在折射系统设计中很难实现，但要求尽量做到透镜和镜筒材料的膨胀系数差别小。在反射式光学系统设计中可以做到反射镜材料和机械筒材料的膨胀系数一致，例如都采用铝或碳化硅(SiC)材料作为反射镜和机械支撑的材料。也可以把镜筒分成两节，分别采用不同的材料，其总的膨胀与镜面的膨胀相匹配，如采用碳化硅材料做反射镜，组合使用钛合金和殷钢材料制作镜筒。当这种材料匹配好之后如果还有温度变化引起的像面离焦，则应采取措施进行在轨调焦，这时光学设计应给出不同温度下的像面位置数据以及进行调焦的方法等。

由于空间遥感器是在温度变化的环境下使用，为了减轻相机对卫星整体的温控要求，加强相机本身对温度变化的适应能力是很重要的。为了这个目的应该把光学系统设计成对温度的变化不敏感。所以一般设计较长焦距的空间光学系统时不采用折射系统，采用反射系统。反射系统的另外优点是没有色差，特别是避开了长焦距透镜系统的二级光谱校正问题，并且由于反射系统具有空气中和真空中的焦面位置一样的性质，故在地面有空气条件下定焦面后即可在空间环境中使用。

折射式光学系统还要注意防辐射措施，前面要加防辐射玻璃，并避免使用胶合面。

二、光学材料[7-8]

下面主要讨论空间光学用的大尺寸反射镜材料及其轻量化问题。

反射镜镜坯材料的选择主要考虑光学元件受力及受热后结构及镜面面形的稳定性。因此，主要考察以下两个物理量：

1) 比刚度 E/ρ，即材料的弹性模量与密度之比。大比刚度的要求在空间应用中显得尤为重要。基体材料的刚度对光学元件镜面的加工以及光学元件装配等的适应性有明显影响，刚度越大的材料抵抗由于抛光、装配、重力和操作使用中的振动变形的能力越强。

2) 导热系数 λ/α，即材料的热导率与热膨胀系数之比。导热系数越大，材料热惯性越小，光学元件受到外界热作用时，其热稳定性越好。

同时还应满足以下两个条件：

1) 和光学元件直接接触的支撑材料的线胀系数应与所选光学元件材料的线胀系数良好匹配，如选用牌号为4J45的殷钢与K9光学元件相匹配，以便达到不同材料间的热性能匹配。

2) 材料本身具有优良的稳定性。一旦光学元件的工作表面磨制成镜面后，镜面应具有优良的抵抗暴露的环境、操作和内应力释放的影响，还应该注意在工作环境下射线所导致的腐蚀和性能下降问题。

目前国内外常用铍(Be)、铝(Al)、融石英(FS)、微晶玻璃(Zerodur)、超低膨胀玻璃(ULE)及碳化硅(SiC)等作为镜坯材料，材料性能如表26-22所列。金属铍的导热系数大，容易实现均匀的温度分布，其材料

表 26-22 常用反射镜材料的性能

材料名称	密度 /(kg/m³)	弹性模量 /GPa	泊松比	热导率 /(W/(m·℃))	线胀系数(273 K) /(×10⁻⁶/℃)	线胀系数(40 K) /(×10⁻⁶/℃)
微晶玻璃	2 500	91	0.24	1.5	0.05	−0.7
铍	1 850	300	0.08	210	11	0.05
硼硅酸盐玻璃	2 200	63	0.2	1.2	3.3	−3.2
铝	2 700	70	0.33	170	23	2.5
碳化硅	3 200	466	0.21	190	2.2	0.05
超低膨胀玻璃	2 200	68	0.18	1.3	0.03	−0.9

比刚度大，能实现很高的轻量化率，因而受到人们的重视，但由于其剧毒性，应用受到一定的限制。铝的膨胀系数较大，所以铝镜一般应用于温度变化不大或镜面面形要求不高的情况。另外，铍和铝等金属镜均有表面粗糙度大的缺点，所以多用在红外波段的应用中。SiC 是一种理想的反射镜光学材料，它的结构强度大，比刚度高，可以大幅度地降低反射镜的结构尺寸和重量；SiC 的热性能好，热畸变小，适合于环境温度变化下的光学成像要求。但 SiC 的加工难度较高，从镜坯成形，到最终的表面改性、抛光，其需要的工艺路线繁琐。

材料的膨胀系数与温度有关，根据不同的使用温度取不同的膨胀系数。反射镜轻量化技术是大尺寸空间光学元件的关键技术之一。为使光学元件的重量减轻，且在力载荷和热载荷作用下其变形满足设计要求，在优化光学元件背部形状的基础上广泛采用各种轻量化结构方案，如背部制作蜂窝孔、三角形孔、四边形孔、扇形孔和圆形孔等。就可加工性和结构刚度而言，蜂窝形孔结构容易实现空间排布，圆形孔的工艺性最好但未轻量化处容易形成热节，三角形孔、四边形孔和扇形孔的工艺性差不多，其中三角形孔在尺寸量级相当时刚度最高。

就宏观结构而言，光学元件一般由两部分组成：反射面（由单／多层膜组成）和基体。反射面的形状和尺寸由光学系统设计确定，基体则由光机结构设计人员来完成。在基体上制作的轻量化孔的结构形式大致有如图 26-20 和图 26-21 所示的 4 种结构：背部开放型、背部封闭型、双开放的封闭型和组合型。

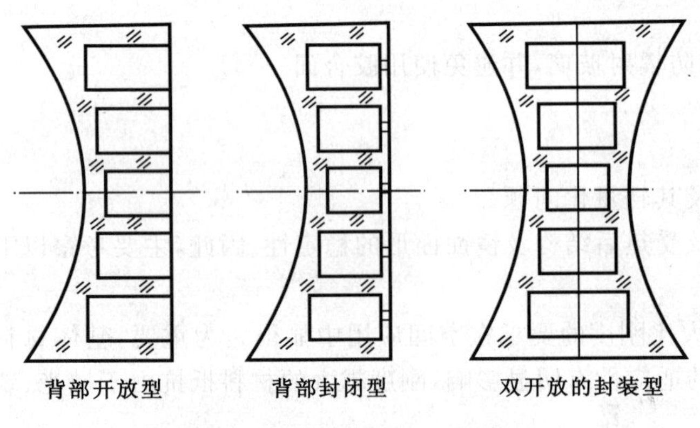

图 26-20　反射镜的轻量化形式

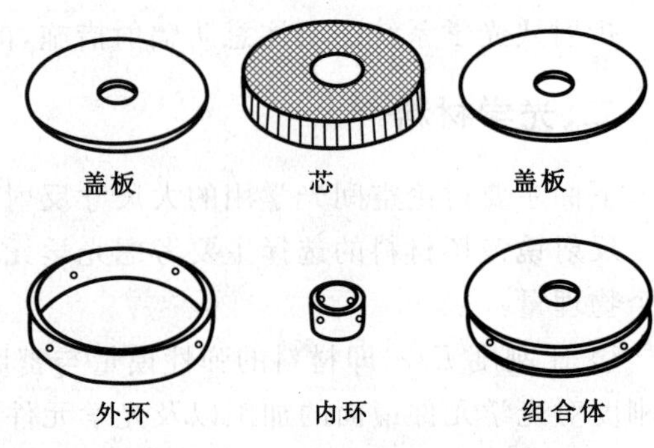

图 26-21　组合型轻量化反射镜

背部开放型光学元件的工艺性最好，轻量化孔既可以与基体一次成型，也可以在基体成型后采用机械加工的办法成型，但其力学特性不太好，结构比刚度较差。背部封闭型光学元件一般采用一次成型的方式成型，也可以在实心基体成型后通过切削加工形成轻量化结构，其轻量化孔的大小和形状受刀具等加工设备的限制较大。双开放的封闭型结构是将材料和结构形式相同的两个开放结构胶合到一起而形成的对称组合结构，它克服了前两种结构的缺点，综合了它们的优点。组合型光学元件前表面为光学玻璃或金属材料，而后部为轻量化结构的高刚度、高强度的金属材料，它们之间一般通过真空高温焊接或粘接而成为整体。图 26-21 所示的结构是 1979 年由 Lewis 给出的用于哈勃望远镜的直径为 244 cm 的单块熔合光学元件，它分为前后板、“蛋格”芯和内外环五部分。前后板间要求线胀系数高度匹配，相差小于$0.01\times10^{-6}/℃$。中间内核部分在 1 600℃ 高温下整体成型。图 26-22 是一种碳化硅反射镜轻量化结构的示意图。

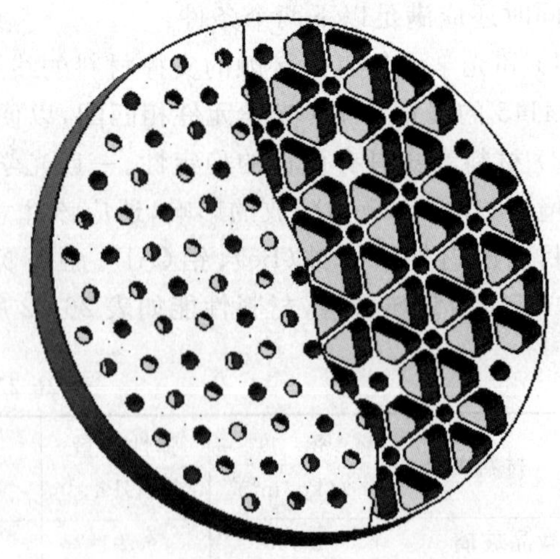

图 26-22　碳化硅轻量化反射镜结构示意图

减轻重量最有效的方案当然是采用主动光学元件，它与普通的轻量化的概念有所不同。主动光学主要用于大型反射镜，其镜片一般由数块(数十块)小的超薄镜片拼合而成，对每个镜片进行主动控制以达到所需的总体面形精度。由于超薄镜片的使用，使镜子的重量大幅度减小，但同时需一套高精度的支撑、控制系统。

三、非球面数控光学加工与检测[7-8]

图 26-23 是非球面数控光学加工与检测的工艺流程图。

精磨过程中的检验一般使用非球面面形轮廓测量仪，采用双测头加标准平尺的结构，实时消除测量系统的误差，提高精度。图 26-24 为该测量仪的原理图。在这个阶段还可以采用红外干涉仪检验面形。

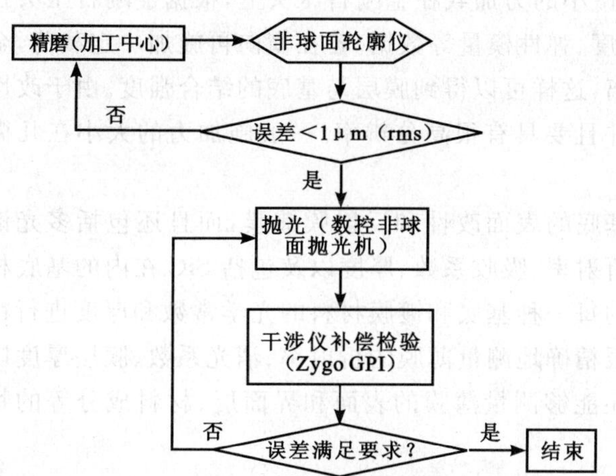

图 26-23　非球面数控光学加工与检测的工艺流程图

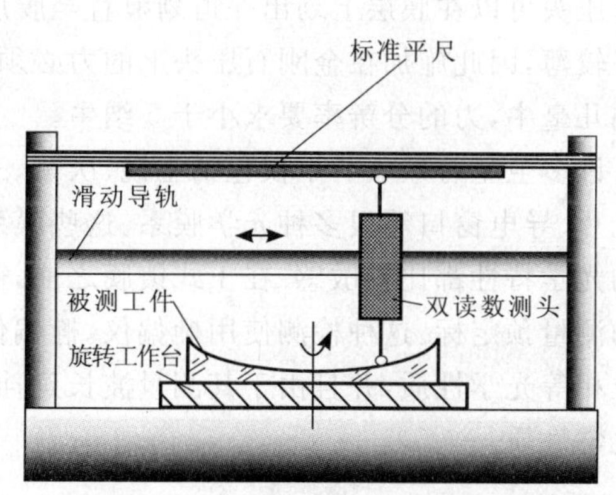

图 26-24　非球面面形测量轮廓仪原理图

在抛光过程中采用专门的 Offner 零补偿器和激光数字波面干涉仪进行检验。图 26-25 是用 Offner 补偿器检验凹非球面主镜的光路。

对凸非球面次镜采用 Hindle 标准球面法，图 26-26 是用 Hindle 标准球面法检验非球面次镜的光路。这种光路允许有一定的中心遮拦，但不应超过光学系统的中心遮拦比。当非球面较大时，这种检验凸非球面的方法需要很大的标准球面，一般标准球面直径不超过 1 m。为了检验大尺寸凸非球面，又发展了其他方法，如采用计算机全息图的方法等。

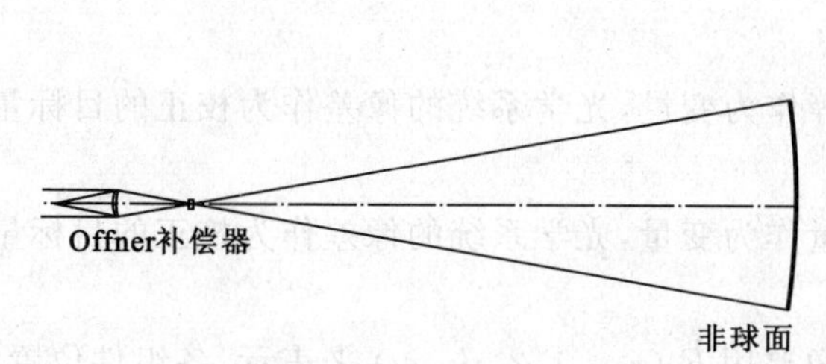

图 26-25　用 Offner 补偿器检验凹非球面主镜的光路

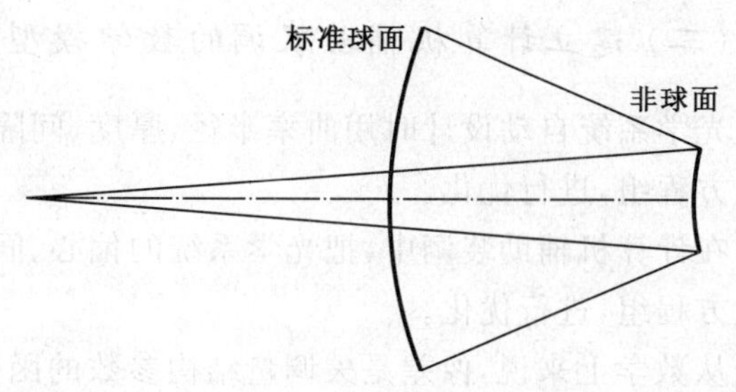

图 26-26　用 Hindle 标准球面检验非球面次镜的光路

四、镀膜

光学镀膜技术包括紫外、可见和红外透镜的宽带增透膜及保护膜，反射镜的宽带反射膜及保护膜，各种干涉滤光片，分光束膜，分光谱膜，防辐射膜等。这些膜要在大尺寸光学元件上镀，反射镜的口径达 2 ~ 4 m。要求反射率达到 97% 以上，而镀膜时应避免在高温环境下进行，以便保持其反射镜面形不变。

镀膜在 SiC 反射镜的表面改性方面也起着关键作用。新型空间光学材料，如 SiC 等由于其具有低密度、高弹性模量和比刚度、超强耐腐蚀性以及良好的导热性能等，引起了广泛的重视。目前作为反射镜毛胚的SiC材料基本上都采用高温烧结法得到，抛光后表面有许多微小缺陷，导致了散射率的升高。有些没有经过表面处理的SiC材料经过精密的抛光之后，其散射大于10%，比普通的微晶玻璃高出整整1个数量级，而经过表面改性后其散射率可以大大降低到接近玻璃的水平。所以，必须对碳化硅反射镜进行表面改性，并对改性层进行光学加工，以减少其散射率。目前国际上流行的方法是在SiC表面上生长一层改性膜层材料，一般为Si或SiC，膜层厚度为几十至几百微米。

表面改性专用设备具有电子束蒸发以及等离子体辅助等成膜手段，膜厚控制采用光学控制和晶体控制两种方法。可制备改性层厚度大于200 μm，基底加温温度为350℃。SiC表面改性膜层的硬度、弹性模量、断裂韧性以及膜层与SiC基底的结合强度等参数对于改性后SiC的精细抛光是十分重要的。检验时用纳米压痕仪检测SiC基底表面改性膜层的机械特性。纳米压痕仪将很微小的力加载在金刚石压头上，根据金刚石压头在膜层上留下的压痕的尺寸、深度等参数可以计算膜层的硬度、弹性模量等数据。若在横向再施加一定载荷，金刚石压头可以在膜层上划出一道划痕直至膜层与基底剥离，这样可以得到膜层与基底的结合强度。由于改性膜层较薄，因此施加在金刚石压头上的力必须十分微小，并且要具有很高分辨率。一般施加力的大小在几微牛到几毫牛，力的分辨率要求小于5纳牛。

许多卫星有效载荷不仅包括主镜、次镜、三镜的SiC基底的表面改性和反射膜镀膜，而且还包括多光谱滤光片、导电窗口等很多种光学膜系。这些膜系对膜层的折射率、吸收系数、厚度以及包括SiC在内的基底材料的光学特性都比较敏感。在正式镀膜之前，需要对用到的每一种基底和镀膜材料的光学常数和厚度进行精确的测量预定标。这种检测使用椭偏仪。椭偏仪不仅能够很精确地测量薄膜的折射率、消光系数、膜层厚度以及位相等光学性质，并且由于其测量波长延伸至远红外，还能够测量薄膜的表面和界面层、材料成分等的物理化学性质。

五、计算机辅助装调与总检测

(一) 计算机辅助装调的必要性

现代光学系统的发展要求其结构越来越复杂，成像质量达到衍射极限，这就对光学加工及装调都提出了很高的要求。尤其是对航天遥感器光学系统，要求进行力学和热光学试验。所以装调时不能用微调机构，而要靠修正垫片，这种光学系统的装调必须用计算机辅助装调技术。这时根据目前装调情况下的成像质量，分析出光学组件的失调量，定量给出需要调整的组件和调整量。按这个量修垫调整，通过有限的几次调整可以达到理想的装调状态，缩短装调时间并达到最佳的装调结果。

(二) 建立计算机辅助装调的数学模型[17]

光学系统自动设计时用曲率半径、厚度、间隔和折射率等作为变量，光学系统的像差作为校正的目标量，建立方程组，进行优化。

在计算机辅助装调中，把光学系统的偏心、间隔和倾斜量作为变量，光学系统的像差作为校正的目标量，建立方程组，进行优化。

从数学上来说，像差是失调量结构参数的函数。系统的像差用 $F_j(j=1,2,\cdots,m)$ 来表示，各组件位置结构参数用 $x_i(i=1,2,\cdots,n)$ 来表示，则二者之间的函数关系表示为

$$\begin{bmatrix} F_1 \\ \vdots \\ F_m \end{bmatrix} = \begin{bmatrix} f_1(x_1,\cdots,x_n) \\ \vdots \\ f_m(x_1,\cdots,x_n) \end{bmatrix} \tag{26-45}$$

式中，$f_j(j=1,2,\cdots,m)$ 代表像差与镜面位置之间的函数关系。这是一个十分复杂的非线性方程组，因此，光学系统计算机辅助装调问题从数学角度上就是建立和求解这个方程组，也就是根据系统要求的成像质量 $(F_1,F_2,\cdots,F_m)$，从上述方程组中找出 $(x_1,x_2,\cdots,x_n)$ 的解，即我们要求的组件位置、结构的参数。但是实际

问题十分复杂，无法找出函数（$f_1,f_2,\cdots,f_m$）的具体形式，当然就谈不上如何求解了。在这种情况下，可以把函数表示成自变量的幂级数，根据需要和可能，到一定的幂次，然后通过实验或数值计算的方法，求出若干抽样点的函数值，列出足够数量的方程式，求解出幂级数的系数，这样函数的幂级数形式即可确定。只选用幂级数的一次项，是最简单的情况。把失调量与系统成像质量之间的函数关系近似地用线性方程来代替：

$$F_j = F_{0j} + \frac{\partial f_j}{\partial x_1}(x_1 - x_{01}) + \cdots + \frac{\partial f_j}{\partial x_n}(x_n - x_{0n}), \qquad j = 1,2,\cdots,m \tag{26-46}$$

式中，F_{0j} 为系统设计时残留的像差值；$(x_i - x_{0i})$ 为原始系统各镜面的设计位置结构参数变化量（$i=1,2,\cdots,n$）；F_j 为像差的当前测量值；$\left(\frac{\partial f_j}{\partial x_1},\cdots,\frac{\partial f_j}{\partial x_n}\right)$为像差对各个位置参数的一阶偏导数，用函数值相对各个结构参数的差商 $\left(\frac{\Delta f_j}{\Delta x_1},\cdots,\frac{\Delta f_j}{\Delta x_n}\right)$来近似地代替这些微商，可以得到像差与位置结构参数之间的近似线性方程组：

$$\begin{bmatrix} F_1 \\ \vdots \\ F_m \end{bmatrix} = \begin{bmatrix} F_{01} \\ \vdots \\ F_{0m} \end{bmatrix} + \begin{bmatrix} \frac{\delta f_1}{\delta x_1}\Delta x_1 + \cdots + \frac{\delta f_1}{\delta x_n}\Delta x_n \\ \vdots \\ \frac{\delta f_m}{\delta x_1}\Delta x_1 + \cdots + \frac{\delta f_m}{\delta x_n}\Delta x_n \end{bmatrix} \tag{26-47}$$

为了简单，用矩阵形式来表示上述方程组：

$$\boldsymbol{\Delta F} = \begin{bmatrix} \Delta F_1 \\ \vdots \\ \Delta F_m \end{bmatrix} = \begin{bmatrix} F_1 \\ \vdots \\ F_m \end{bmatrix} - \begin{bmatrix} F_{01} \\ \vdots \\ F_{0m} \end{bmatrix}, \boldsymbol{\Delta X} = \begin{bmatrix} \Delta x_1 \\ \vdots \\ \Delta x_n \end{bmatrix} = \begin{bmatrix} x_1 \\ \vdots \\ x_n \end{bmatrix} - \begin{bmatrix} x_{01} \\ \vdots \\ x_{0n} \end{bmatrix}, \boldsymbol{A} = \begin{bmatrix} \frac{\delta f_1}{\delta x_1} \cdots \frac{\delta f_1}{\delta x_n} \\ \vdots \\ \frac{\delta f_m}{\delta x_1} \cdots \frac{\delta f_m}{\delta x_n} \end{bmatrix} \tag{26-48}$$

则(26-47)式可以写为

$$\boldsymbol{A\Delta X} + \boldsymbol{H} = \boldsymbol{\Delta F} = \boldsymbol{B} \tag{26-49}$$

(26-49)式就是计算机辅助装调技术的数学模型。式中，$\boldsymbol{\Delta X}$ 为系统中各片镜面需要调整的量，即失调量，通常包括沿垂直于光轴方向的移动量、转动量，各镜面之间的轴向间隔；$\boldsymbol{\Delta F}$ 为各校正对象的实测值与光学设计值之差，也就是系统成像质量随失调量的变化值，是由当前的光学系统像质实测值和光学设计结果数据来确定的，校正对象包括影响光学系统特性参数的高斯光学参数和代表系统成像质量的各种像差指标；$\boldsymbol{A}$ 为灵敏度矩阵，是由光学设计数据确定的已知数据；$\boldsymbol{H}$ 为噪声，包括光学系统镜面的面形误差与环境对采集数据引入的误差。

（三）计算机辅助装调的数学模型中已知量的获取[16,24-25]

(26-49)式中$\boldsymbol{A}$表示被装调的光学系统的灵敏度矩阵，对于确定的光学系统，灵敏度矩阵是唯一的；$\boldsymbol{H}$是噪声，主要包括几部分：镜面的加工误差，由于环境对光学系统的影响引起的误差，人为引入的测量误差等；$\boldsymbol{B}$是由于光学系统的失调而带来的像差，计算机辅助装调的实质就是通过实时采集光学系统出瞳处的波前误差$\boldsymbol{B}$，通过对其处理，得到光学系统各组件的失调量 $\boldsymbol{\Delta X}$，从而去指导装调。

1. $\boldsymbol{H}$ 数据的获取

作为噪声，$\boldsymbol{H}$主要由3个方面构成：各个镜子的面形误差；在测试数据时环境对数据的影响，诸如镜面的震动与空气扰动等；人为引入的测量误差。在计算机辅助装调之前，需要对各个镜子进行检测，对每块镜子的面形误差要有准确的数据，这些数据就是 $\boldsymbol{H}$ 的一部分。

2. $\boldsymbol{B}$ 数据的获取

$\boldsymbol{B} = \boldsymbol{\Delta F}$ 是光学系统由于光学组件失调而引起的像差。获取光学系统的波前误差有多种方法，这里介绍的是光学干涉检验法：

干涉仪输出的信息是干涉条纹图。干涉条纹是干涉场中光程差相同点的轨迹。从一张与被测光学系统波面质量相关的干涉图样，根据干涉条纹的形状、方向、疏密以及条纹移动等情况，经过一定的处理，便可以获取与光程差有关的被测量的信息，可以得到该被测光学系统成像光束波面质量和光学组件表面形状的精确、定量的描述。由计算机实时采集和自动处理得出被测波面面形及评价指标。

进行波面拟合，首先用干涉仪获得被检系统或组件的干涉图，然后对干涉图进行数字化处理。经过干涉图样的采集、图样的保存、消除噪音、滤波等，得到条纹上各采样点坐标及对应的条纹级数，对这一系列离散值用某种数学方法（如最小二乘法、协方差矩阵等），求解代表波面的多项式的系数（如契贝谢夫多项式、泽尼克多项式或者赛德多项式），从而拟合出被测波面，得到系统的波像差。契贝谢夫多项式和赛德多项式不具有对称性，拟合误差较大，而泽尼克多项式由于具有旋转对称性，在单位圆上有正交性，并且可以方便地建立多项式系数与传统的 Seidel 像差系数的联系，已被广泛应用于波面拟合获得波像差的处理中 。

（四）逆向优化算法[20-23]

对所建立的方程进行求解，得到失调量。失调量的获取是计算机辅助装调方法的关键，运用阻尼最小二乘法与奇异值分解方法相结合可求得准确的失调量。

1. 广义逆

近年来，人们为推广方阵逆矩阵的概念，使之适用于研究各类问题，已经做了大量的工作。早在 1920 年，Moors 就提出了广义逆矩阵的概念，但直到 1955 年，Penrose 以更明确的形式给出了 Moors 广义逆矩阵的定义之后，才使其研究及应用进入了一个新的时期。由于广义逆矩阵在数理统计、系统理论、优化计算和控制论等许多领域中的应用逐渐为人们所认识，因而大大推动了广义逆矩阵的理论与应用的研究，使这一学科得到迅猛的发展。我们将之应用于光学装调中，以确定失调量。

设 $\boldsymbol{A}$ 为 $m\times n$ 的实矩阵，则存在一个 $m\times n$ 的列正交矩阵 $\boldsymbol{U}$ 和 $n\times n$ 的列正交矩阵 $\boldsymbol{V}$，使

$$\boldsymbol{A}=\boldsymbol{U}\begin{bmatrix}\boldsymbol{\Sigma} & 0\\ 0 & 0\end{bmatrix}\boldsymbol{V}^{\mathrm{T}} \tag{26-50}$$

成立。其中，$\boldsymbol{\Sigma}=\operatorname{diag}(a_0,a_1,\cdots,a_p)$，$p\leqslant\min(m,n)-1$，且 $a_0\geqslant a_1\geqslant\cdots\geqslant a_p>0$ 。(26-50) 式为实矩阵 $\boldsymbol{A}$ 的奇异值分解，a_i 即为 $\boldsymbol{A}$ 的奇异值。得到奇异值分解后，设 $\boldsymbol{U}=(\boldsymbol{U}_1,\boldsymbol{U}_2)$，其中 $\boldsymbol{U}_1$ 为 $\boldsymbol{U}$ 中前 $p+1$ 列列正交向量组构成的 $m\times(p+1)$ 矩阵；$\boldsymbol{V}=(\boldsymbol{V}_1,\boldsymbol{V}_2)$，其中 $\boldsymbol{V}_1$ 为 $\boldsymbol{V}$ 中前 $p+1$ 列列正交向量组构成的 $n\times(p+1)$ 矩阵，则 $\boldsymbol{A}$ 的广义逆为

$$\boldsymbol{A}^{+}=\boldsymbol{V}_1\boldsymbol{\Sigma}^{-1}\boldsymbol{U}_1^{\mathrm{T}} \tag{26-51}$$

2. 用阻尼最小二乘法解方程组

在计算机辅助装调技术的数学模型 $\boldsymbol{A}\Delta\boldsymbol{X}+\boldsymbol{H}=\Delta\boldsymbol{F}$ 中，为方便计算，先忽略 $\boldsymbol{H}$ 项。$\boldsymbol{A}$ 是灵敏度矩阵，光学系统确定后，可由光学设计软件给出；$\Delta\boldsymbol{F}$ 是失调光学系统的出瞳波面的像差值，也可以通过干涉测量的办法得到。这样就可以求出光学系统的失调量 $\Delta\boldsymbol{X}$ 。实际上这个方程组中方程式的个数（像差数）m 和自变量的个数（失调量的结构参数）n 并不一定相等，一般情况下，m 大于 n，这也是失调光学系统的普遍情况。(26-49) 式是个超定方程组，也叫矛盾方程组，不存在满足所有方程式的准确解，只能求它的近似解 —— 最小二乘法解。

(1) 评价函数

光学系统中的像差越小，光学系统的成像质量也就越好，对于计算机辅助装调技术，就是要找出光学系统准确的失调量，调整光学系统，得到最佳像质。

为此，定义一个评价函数 $\boldsymbol{\Phi}(\Delta\boldsymbol{X})$，$\boldsymbol{\Phi}$ 值越小，成像质量就越好。构造评价函数的最简单方法就是取各像差残量的平方和。像差残量写成矩阵形式为

$$\boldsymbol{\varphi}=\boldsymbol{A}\Delta\boldsymbol{X}-\Delta\boldsymbol{F} \tag{26-52}$$

评价函数为

$$\boldsymbol{\Phi}(\Delta\boldsymbol{X})=\boldsymbol{\varphi}^{\mathrm{T}}\boldsymbol{\varphi}=\sum_{i=1}^{m}\boldsymbol{\varphi}_i^2 \tag{26-53}$$

评价函数越小，像差残量越小，系统越接近设计要求。所以，$\boldsymbol{\Phi}(\Delta \boldsymbol{X})$ 的极小值解就是(26-49) 式的最小二乘解，即

$$\nabla \boldsymbol{\Phi}(\Delta \boldsymbol{X}) = 0 \tag{26-54}$$

根据多元函数的极值理论及矩阵运算和求导规则可得到

$$\boldsymbol{A}^{\mathrm{T}} \boldsymbol{A} \Delta \boldsymbol{X} = \boldsymbol{A}^{\mathrm{T}} \Delta \boldsymbol{F} \tag{26-55}$$

方程组(26-55) 式叫做法方程组，或正则方程组。只要方阵($\boldsymbol{A}^{\mathrm{T}}\boldsymbol{A}$) 为非奇异矩阵，则逆矩阵$(\boldsymbol{A}^{\mathrm{T}}\boldsymbol{A})^{-1}$存在，方程式就有解：

$$\Delta \boldsymbol{X} = (\boldsymbol{A}^{\mathrm{T}} \boldsymbol{A})^{-1} \boldsymbol{A}^{\mathrm{T}} \Delta \boldsymbol{F} \tag{26-56}$$

式中，$\Delta \boldsymbol{X}$ 是评价函数极小的解，也就是(26-49) 式的最小二乘解，即系统的失调量。

实际上，用上面的方法，不能求出准确的失调量。

最小二乘法的最大特点就是线性逼近。如果初始点非常靠近极小点，则在其附近评价函数的形态接近于二次函数，因而方程可以作线性逼近。但是在初始点远离极小点时，方程的非线性程度很高，就不能作线性逼近。这时如果用最小二乘法往往不能收敛。其次，在解方程组时，由于像差之间存在着相关性，使该方程组的条件很坏，即矩阵 ($\boldsymbol{A}^{\mathrm{T}}\boldsymbol{A}$) 的最大特征值与最小特征值之比很大，因而对解 $\Delta \boldsymbol{X}$ 就无法控制。为了使最小二乘法能有效应用，对失调量的解 $\Delta \boldsymbol{X}$ 应加以限制，使得在远离极小点时线性逼近依然有效。于是对校正 $\Delta \boldsymbol{X}$ 的步长进行阻尼，这种方法就是所说的阻尼最小二乘法。这种方法可以避免算法的早期发散，同时还改善了方程组的条件，使得舍入误差的影响不至于过大。

因此，对解向量的模加以限制，取新的评价函数如下：

$$\boldsymbol{\psi}(\Delta \boldsymbol{X}) = \boldsymbol{\Phi}(\Delta \boldsymbol{X}) + P_{阻}^2 \ \Delta \boldsymbol{X} \Delta \boldsymbol{X}^{\mathrm{T}} \tag{26-57}$$

对 $\boldsymbol{\psi}(\Delta \boldsymbol{X})$ 使用最小二乘法，表示为

$$\boldsymbol{\psi}(\Delta \boldsymbol{X}) = \min \left\{ \boldsymbol{\Phi}(\Delta \boldsymbol{X}) + P_{阻}^2 \sum_{i=1}^{n} \Delta x_i^2 \right\} \tag{26-58}$$

式中，$\sum_{i=1}^{n} \Delta \boldsymbol{x}_i^2 = \Delta \boldsymbol{X}^{\mathrm{T}} \Delta \boldsymbol{X}$，$P_{阻}$ 为绝对值大于等于 1 的数，称为阻尼因子。这种方法就叫做阻尼最小二乘法。

(2) 奇异值分解求解广义逆

由(26-58) 式可知法方程(26-55) 式可以写成

$$(\boldsymbol{A}^{\mathrm{T}} \boldsymbol{A} + P_{阻}^2 \ \boldsymbol{I}) \Delta \boldsymbol{X} = \boldsymbol{A}^{\mathrm{T}} \Delta \boldsymbol{F} \tag{26-59}$$

式中，$\boldsymbol{I}$ 为单位矩阵。

其解为

$$\Delta \boldsymbol{X} = (\boldsymbol{A}^{\mathrm{T}} \boldsymbol{A} + P_{阻}^2 \ \boldsymbol{I})^{-1} \boldsymbol{A}^{\mathrm{T}} \Delta \boldsymbol{F} \tag{26-60}$$

令 $\boldsymbol{A}^* = (\boldsymbol{A}^{\mathrm{T}} \boldsymbol{A} + P_{阻}^2 \ \boldsymbol{I})^{-1} \boldsymbol{A}^{\mathrm{T}}$，称 $\boldsymbol{A}^*$ 为奇异值巩固逆。如果 $P_{阻} = 0$，那么 $\boldsymbol{A}^* = (\boldsymbol{A}^{\mathrm{T}} \boldsymbol{A})^{-1} \boldsymbol{A}^{\mathrm{T}} = \boldsymbol{A}^{+}$，这时无阻尼的奇异值巩固逆就变为广义逆。仍然利用奇异值分解法可以快速、稳定地求出 $\boldsymbol{A}^*$，即可确定失调量 $\Delta \boldsymbol{X}$。

$m \times n$ 的光学系统灵敏度矩阵 $\boldsymbol{A}$ 的奇异值分解(SVD)，由定义得出

$$\boldsymbol{A} = \boldsymbol{U} \boldsymbol{\Sigma} \boldsymbol{V}^{\mathrm{T}} \tag{26-61}$$

式中，$\boldsymbol{U} \in \boldsymbol{C}^{m \times m}$、$\boldsymbol{V} \in \boldsymbol{C}^{n \times n}$ 是正交矩阵，并且 $\boldsymbol{U}^{\mathrm{T}} = \boldsymbol{U}^{-1}$，$\boldsymbol{V}^{\mathrm{T}} = \boldsymbol{V}^{-1}$，$\boldsymbol{\Sigma} \in \boldsymbol{C}^{m \times n}$ 为对角矩阵，表示为

$$\boldsymbol{\Sigma} = \begin{bmatrix} a_1 & 0 & \cdots & 0 \\ 0 & a_2 & \cdots & 0 \\ \vdots & \vdots & \vdots & \vdots \\ 0 & \cdots & a_m & 0 \end{bmatrix} \tag{26-62}$$

矩阵元 a_1、a_2、…、a_m 称为 $\boldsymbol{A}$ 的奇异值，且 $a_1 \geqslant a_2 \geqslant \cdots \geqslant a_m$。在计算机辅助装调中，$\boldsymbol{U}$ 是代表像差的正交矩阵，$\boldsymbol{V}$ 是代表失调量的正交矩阵，$\boldsymbol{\Sigma}$ 是代表单位失调量的变化所引起的像差变化的程度。所以奇异值越大，单位结构参数变化引起的像差就越大。

由(26-61) 式给出的 Moore-Penrose 广义逆:

$$\boldsymbol{A}^{+}=\boldsymbol{V\Sigma}^{+}\boldsymbol{U}^{\mathrm{T}} \tag{26-63}$$

式中,$\boldsymbol{\Sigma}^{+}$是 $n\times m$ 对角矩阵,并且

$$\boldsymbol{\Sigma}^{+}(i,j)=\begin{cases}\dfrac{1}{a_i}, & a_i\neq 0,\\ 0, & a_i=0\end{cases} \tag{26-64}$$

利用奇异值分解,可以求出奇值巩固逆为

$$\begin{aligned}\boldsymbol{A}^{*}&=(\boldsymbol{A}^{\mathrm{T}}\boldsymbol{A}+P_{阻}^{2}\ \boldsymbol{I})^{-1}\boldsymbol{A}^{\mathrm{T}}\\&=(\boldsymbol{V\Sigma}^{\mathrm{T}}\boldsymbol{U}^{\mathrm{T}}\boldsymbol{U\Sigma V}^{\mathrm{T}}+P_{阻}^{2}\ \boldsymbol{VV}^{\mathrm{T}})^{-1}\boldsymbol{V\Sigma}^{\mathrm{T}}\boldsymbol{U}^{\mathrm{T}}\\&=(\boldsymbol{V\Sigma}^{\mathrm{T}}\boldsymbol{\Sigma V}^{\mathrm{T}}+P_{阻}^{2}\ \boldsymbol{VV}^{\mathrm{T}})^{-1}\boldsymbol{V\Sigma}^{\mathrm{T}}\boldsymbol{U}^{\mathrm{T}}\\&=\{\boldsymbol{V}(\boldsymbol{\Sigma}^{\mathrm{T}}\boldsymbol{\Sigma}+P_{阻}^{2}\ \boldsymbol{I})^{-1}\boldsymbol{V}^{\mathrm{T}}\}\boldsymbol{V\Sigma}^{\mathrm{T}}\boldsymbol{U}^{\mathrm{T}}\\&=\boldsymbol{V}\{(\boldsymbol{\Sigma}^{\mathrm{T}}\boldsymbol{\Sigma}+P_{阻}^{2}\ \boldsymbol{I})^{-1}\boldsymbol{\Sigma}^{\mathrm{T}}\}\boldsymbol{U}^{\mathrm{T}}\end{aligned} \tag{26-65}$$

所以

$$\boldsymbol{A}^{*}=\begin{bmatrix}\dfrac{a_1}{a_1^2+P_{阻}^2} & 0 & \cdots & 0\\ 0 & \dfrac{a_2}{a_2^2+P_{阻}^2} & \cdots & 0\\ \vdots & \vdots & \vdots & \vdots\\ 0 & 0 & 0 & \dfrac{a_m}{a_m^2+P_{阻}^2}\\ 0 & 0 & 0 & 0\end{bmatrix}\boldsymbol{U}^{\mathrm{T}} \tag{26-66}$$

因此

$$\Delta\boldsymbol{X}=\boldsymbol{A}^{*}\Delta\boldsymbol{F} \tag{26-67}$$

(3) 奇异值与阻尼因子的关系

方程 $\boldsymbol{A}\Delta\boldsymbol{X}=\Delta\boldsymbol{F}$ 中,$\Delta\boldsymbol{F}$ 代表整个光学系统在失调状态时的波像差,$\Delta\boldsymbol{X}$ 是光学系统的失调量,$\boldsymbol{A}$ 就是光学系统的灵敏度矩阵。由(26-61) 式可知,$\boldsymbol{A}=\boldsymbol{U\Sigma V}^{\mathrm{T}}$,等式两边乘以 $\boldsymbol{V}$,得

$$\boldsymbol{AV}=\boldsymbol{U\Sigma}=\boldsymbol{\Sigma U} \tag{26-68}$$

式中,$\boldsymbol{A}$ 代表灵敏度矩阵,$\boldsymbol{V}$ 代表失调量,$\boldsymbol{\Sigma}$ 代表奇异值,$\boldsymbol{U}$ 代表像差。

从(26-61) 式、(26-62) 式、(26-67) 式和(26-68) 式可以看出,奇异值越小,灵敏度就越小。实际上由于奇异值小时,对应的失调量变化就快,求解的结果很可能超出线性区域。由(26-66) 式可以看出,可以在小奇异值上加阻尼,使其变化速度变慢,使各变量的求解均在线性区域内。在实际工作中,装调开始时把灵敏度大的变量作为变量解方程,而不用灵敏度小的变量,这和在小的奇异值上加阻尼的理论以及实际效果是一致的。

(4) 程序的编制[17]

根据上面的算法,可以编制出可视化的程序界面。该程序的流程如图 26-27 所示。

(五) 计算机辅助装调工作流程[18-19]

图 26-28 是计算机辅助装调的流程图。先用常规装调工艺装调系统,用自准干涉法测出轴上点和轴外点的像差,视场不大时可取 3 个视场,视场大时取 5 个视场。如果像差满足要求,则结束。如果不满足要求,根据残留的像差值和系统的灵敏度矩阵用上述程序计算失调量。开始时取灵敏度大的几个参数作为自变量求解它的失调量。然后,按求解的失调量重新调整光学系统,再检测像质。如果不满足像质要求,再多选择几个参数作为自变量求解它的失调量,再调整。最后,像差不大时取灵敏度小的参数作为变量求解它的失调量,进行微调。反复几次即可达到满意的要求。每次求解失调量之后要用光学设计软件验证效果。如果效果好,则按这个结果重新调整光学系统;如果效果不好,应考虑其他方案。

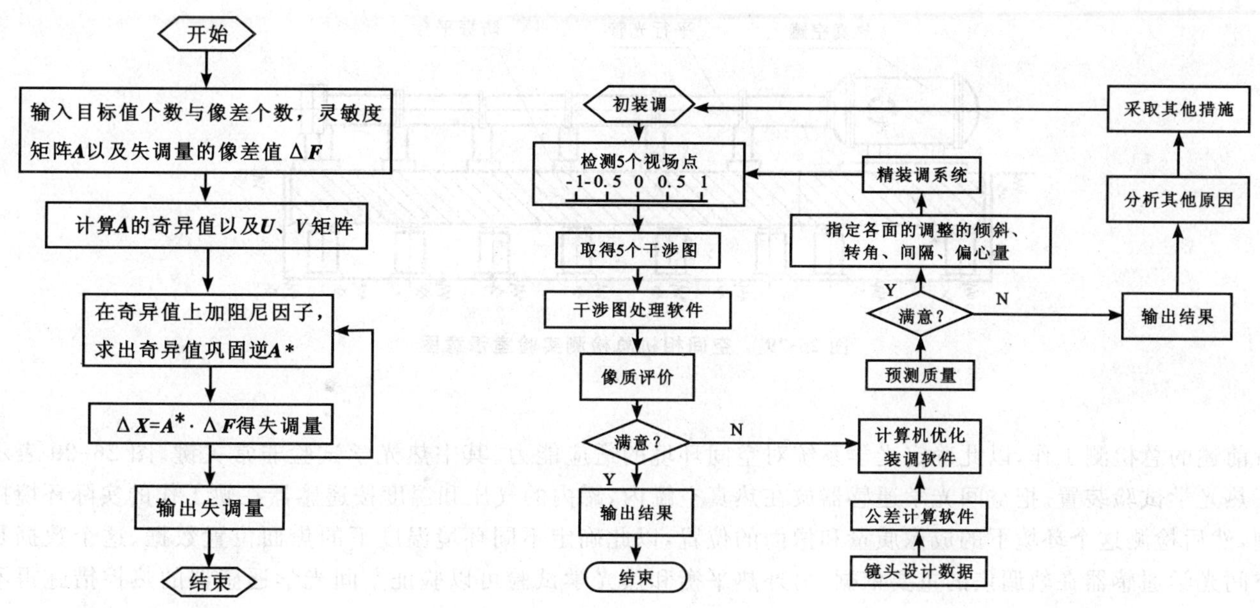

图 26-27　确定失调量的程序内部流程图

图 26-28　计算机辅助装调流程图

计算机辅助装调工作也可以用 CODE5 光学设计软件进行。

（六）像质的总检测[25]

计算机辅助装调时用干涉图处理得到光学系统的波像差，波像差的检验是光学系统检验中灵敏度最高的检验，波像差对光学系统的装调误差非常敏感，因此用波像差检验合格的系统应该说是装调没问题。但一个光学系统的好坏还要用其他指标来评定。因为干涉检验看不出光学系统的色差、畸变、透射率、杂光和表面粗糙度等，所以光学系统装调好后还要进行分辨率、光学传递函数、畸变、透射率和杂光等的测试。

空间光学系统检验的特殊性在于它的动态检验，这是空间光学遥感器研制和生产中的关键技术之一。为了检验空间相机的动态分辨率和动态传递函数，除了配备大口径长焦距平行光管外还要有动态目标发生器。动态目标用于模拟空间相机在轨飞行时的地面目标相对空间相机的移动，动态目标是由检验光学系统分辨率用的分辨率板或测试对比传递函数用的黑白等间隔的条纹图样构成。把这些目标图样刻在圆筒形转鼓上，当圆筒绕其轴线匀速转动时目标板跟着匀速移动。动态目标放在平行光管焦平面上，动态目标的线速度和平行光管的焦距相匹配产生合适的角速度，这个角速度要模拟空间相机在轨飞行时的地面目标的速高比值。检验相机的动态分辨率和动态对比传递函数时先调整好动态目标发生器和空间相机的速高比值，然后进行测试。

这时动态目标发生器作为基准，检验相机的成像质量和像移补偿精度，因此动态目标发生器的精密标定是非常关键。

空间相机总检测需要长焦距平行光管、动态目标发生器和相机支架等，而且这些都要求放在同一个隔振平台上。另外，相机的热光学试验需要把相机放到热真空罐内，这个热真空罐也要放在同一个隔振平台上。如图 26-29 所示的是空间相机总检测实验室的示意图。首先要用空气弹簧把防震平台浮起来隔振，其次控制空间光学实验室的环境温度稳定（恒温条件）和控制实验室内的气流稳定是能否正常进行空间光学系统总检测的关键条件。

六、环境试验（热光学试验）

空间光学遥感器的环境试验包括力学环境试验、热环境试验和电磁兼容试验等。试验前和试验后都要进

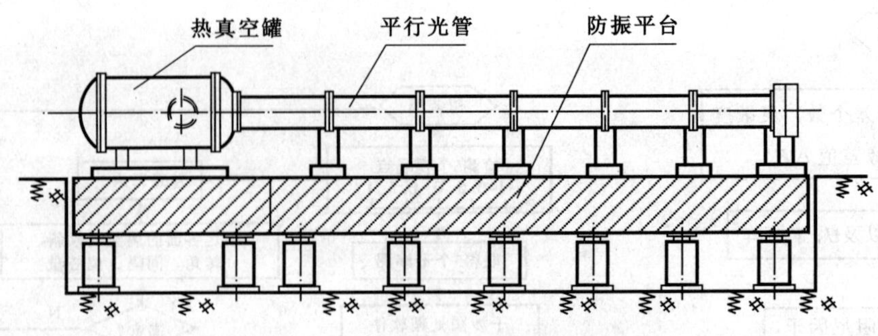

图 26-29　空间相机总检测实验室示意图

行前述的总检测工作，以此确定光学系统对空间环境的适应能力。其中热光学试验非常关键。图 26-29 表示了热光学试验装置。把空间光学遥感器放在热真空罐内，罐内的气压和温度按遥感器在轨工作的实际环境控制，然后检测这个环境下的成像质量和像面的位置，以此确定不同环境温度下的焦面位置数据。这个数据是空间光学遥感器在轨调焦的重要依据。另外热平衡和热光学试验可以验证空间光学遥感器的热控措施得不得当。

七、光谱和辐射标定[26]

光学遥感器完成装调后要进行光谱和辐射定标。光谱（波长）定标的任务是确定成像仪（全色黑白、多光谱或超光谱）各光谱通道的中心波长、带通光谱响应特性和光谱带宽，辐射定标的任务是建立图像输出信号与地面辐射量之间的定量关系。光谱和辐射定标需要单色仪、平行光管、标准灯、大口径积分球光源，对中红外和热红外遥感器则需要标准黑体等仪器设备。

可见、近红外的辐射定标是在暗室中进行的，积分球出口直接对准遥感器入口，积分球出口应比遥感器入口大。先用理论计算值标定好积分球出口处的在使用光谱带宽内的积分光谱辐亮度，标定遥感器入口辐亮度和遥感器输出之间的关系，然后根据遥感器在轨接收的信号及遥感器的使用条件、气象、大气、地理环境等因素反演出地面的辐射量。

根据遥感信噪比方程(26-33) 式可知，遥感器获得的图像信号输出同目标的光谱（或光谱带）辐射亮度成正比。

设空间光学遥感器垂直对地观测，则遥感器入口处的光谱辐亮度由下式给出：

$$L=\left(\frac{E(\lambda,z)\cos(z)}{\pi}+L_1(\lambda)\right)\rho(\lambda)\tau(\lambda)+L_2(\lambda) \tag{26-69}$$

式中，L 为空间光学遥感器垂直对地观测时遥感器入口处的光谱辐亮度；$E(\lambda,z)$ 为垂直于太阳光束的地面光谱辐照度，它是波长 λ 和太阳天顶角 z 的函数；$L_1(\lambda)=E_1(\lambda)/\pi$，$E_1(\lambda)$ 为半球天空散射光产生的地面光谱辐照度；$\rho(\lambda)$ 为地面光谱反射率；$\tau(\lambda)$ 为大气垂直光谱透射率；$L_2(\lambda)$ 为大气上行路径的光谱辐亮度。因为遥感器接收某光谱带宽内的光谱辐射能量，因此计算遥感器接收的光谱辐射能量时，应对(26-69) 式在所使用的光谱范围内进行积分，用这个积分能量对积分球标定，然后用这个积分球对遥感器进行辐射定标。

大气辐射传输特性复杂，太阳光在地面的辐照度、大气透射率、大气的上行和下行路径辐亮度等随季节、日期、时间、地点、大气状态、气溶胶分布、气象条件（温度、湿度、风、云等）而变化。现在已开发了大气辐射传输模型，LOWTRAN 7 就是比较好的大气辐射传输模型计算软件，可以预测各种气象和大气条件下的大气辐射传输特性。

表 26-23 是用 LOWTRAN 7 软件计算太阳直射光光谱辐照度的输入参数。

表 26-23　太阳直射光光谱辐照度计算 LOWTRAN 7 卡片输入参数

LOWTRAN 7　　1号卡片屏幕	
大气模式	中纬度夏季
大气路径类型	向空间斜程
程序确定的执行方式	计算太阳直射光辐照度
多次散射运算	无
温度和气压的高度分布	中纬度夏季
水汽高度分布	中纬度夏季
臭氧高度分布	中纬度夏季
甲烷高度分布	中纬度夏季
氧化氮高度分布	中纬度夏季
一氧化碳高度分布	中纬度夏季
其他气体高度分布	中纬度夏季
输入无线电探空仪数据	无
输入文件选择	压缩 ATM 廓线格式
边界温度（0.000 — T @ 第一级）	0.000
地表反照率（0.000 — 黑体）	0.400
LOWTRAN 7　　2号卡片屏幕	
气溶胶模型	乡村能见度为 23 km
对气溶胶的季节修正	由模型决定
上层大气气溶胶（30 ～ 100 km）	背景平流层气溶胶
海军海洋气溶胶的气团特性	0
所用云 / 雨气溶胶类型	无云或雨
应用陆军垂直结构(VSA) 气溶胶算法	无
边界层的表面范围	0.000
海军海洋气溶胶的风速	0.000
海军海洋气溶胶 24 h 平均风速	0.000
降雨率 /(mm/h)	0.000
地面海拔高度 1/km	0.000
LOWTRAN 7　　3号卡片屏幕	
初始高度 /km	0.000
终点高度 / 切点高度 /km	0.000
初始天顶角 /(°)	0,30,60,75
地球半径 /km（0.000 — 默认）	0.000
地球外辐射源	太阳
0 — 短路径；1 — 长路径	0
LOWTRAN 7　　4号卡片屏幕	
频率下限 /cm^{-1}	10 000.000
频率上限 /cm^{-1}	25 000.000
频率间隔 /cm^{-1}	100.000

1. 太阳直射光光谱辐照度数据

图 26-30 给出了直射太阳光在海平面上的垂直于太阳光束的光谱辐照度，对应的太阳天顶角分别为 0°、30°、60° 和 75°。

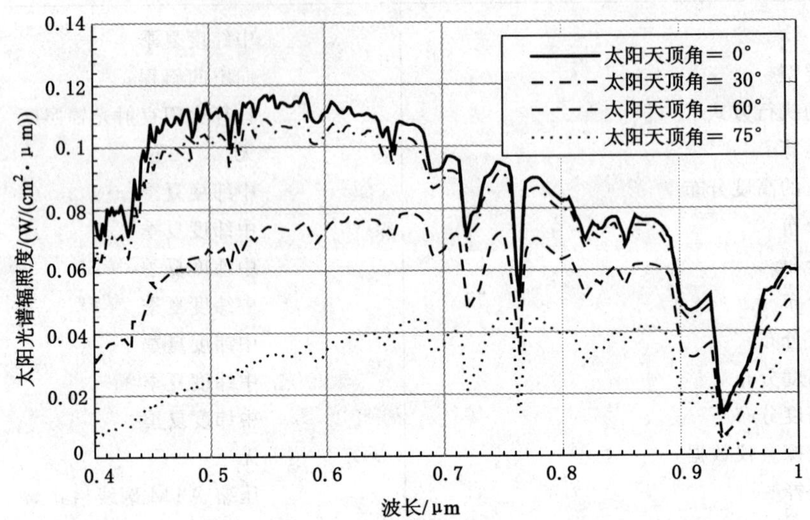

图30　标准晴朗条件下，不同高度的太阳在海平面处对应垂直于太阳光束的光谱辐照度分布

参数选择：中纬度夏季模式大气，乡村气溶胶模式，气象距离为 23 km

2. 大气下行路径光谱辐亮度数据

图 26-31 给出了在海平面上接收的大气下行路径光谱辐亮度的模拟计算结果，对应的太阳天顶角分别为 15°、30°、60° 和 75°。

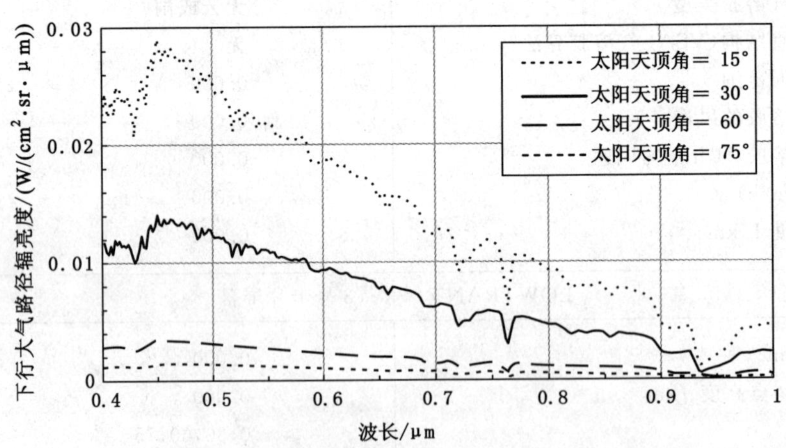

图 26-31　不同太阳天顶角下的大气下行路径辐亮度

从上至下，曲线分别对应太阳天顶角为 15°、30°、60° 和 75° 的下行大气路径辐亮度。其他参数选择：中纬度夏季模式大气，乡村气溶胶模式，气象距离为 23 km。向天顶处观察，地面反射率为 0.4

表 26-24 列出输入卡参数。

表 26-24 大气下行路径光谱辐亮度计算 LOWTRAN 7 卡片输入参数

LOWTRAN 7	1 号卡片屏幕
大气模式	中纬度夏季
大气路径类型	向空间斜程
程序确定的执行方式	计算散射辐亮度
多次散射运算	无
温度和气压的高度分布	中纬度夏季
水汽高度分布	中纬度夏季
臭氧高度分布	中纬度夏季
甲烷高度分布	中纬度夏季
氧化氮高度分布	中纬度夏季
一氧化碳高度分布	中纬度夏季
其他气体高度分布	中纬度夏季
输入无线电探空仪数据	无
输入文件选择	压缩 ATM 廓线格式
边界温度（0.000－T @ 第一级）	0.000
地面反照率（0.000－黑体）	0.400
LOWTRAN 7	**2 号卡片屏幕**
气溶胶模型	乡村能见度为 23 km
对气溶胶的季节修正	由模型决定
上层大气气溶胶（30～100 km）	背景平流层气溶胶
海军海洋气溶胶的气团特性	0
所用云／雨气溶胶类型	无云或雨
应用陆军垂直结构(VSA)气溶胶算法	无
边界层的表面范围	0.000
海军海洋气溶胶的风速	0.000
海军海洋气溶胶 24 h 平均风速	0.000
降雨率／(mm/h)	0.000
地面海拔高度 1/km	0.000
LOWTRAN 7	**3 号卡片屏幕**
初始高度／km	0.000
终点高度／切点高度／km	0.000
初始天顶角／(°)	0.000
路径长度／km	0.000
地球中心角／(°)	0.000
地球半径／km（0.000－默认）	0.000
0－短路径；1－长路径	0
太阳／月亮几何类型（0－2）	1
气溶胶相函数	MIE 函数
年中第几天（1991 年／1－365）	172
地球外辐射源	太阳
PARM1- 观测者相对太阳方位角	180.000
PARM2- 太阳天顶角	15,30,60 75
非对称因子	0.000
LOWTRAN 7	**4 号卡片屏幕**
频率下限／cm^{-1}	10 000.000
频率上限／cm^{-1}	25 000.000
频率间隔／cm^{-1}	100.000

3. 大气上行路径光谱辐亮度数据

图 26-32 给出了在海平面上接收的大气上行路径光谱辐亮度的模拟计算结果，对应的太阳天顶角分别为 15°、30°、60° 和 75°。表 26-25 列出输入卡参数。

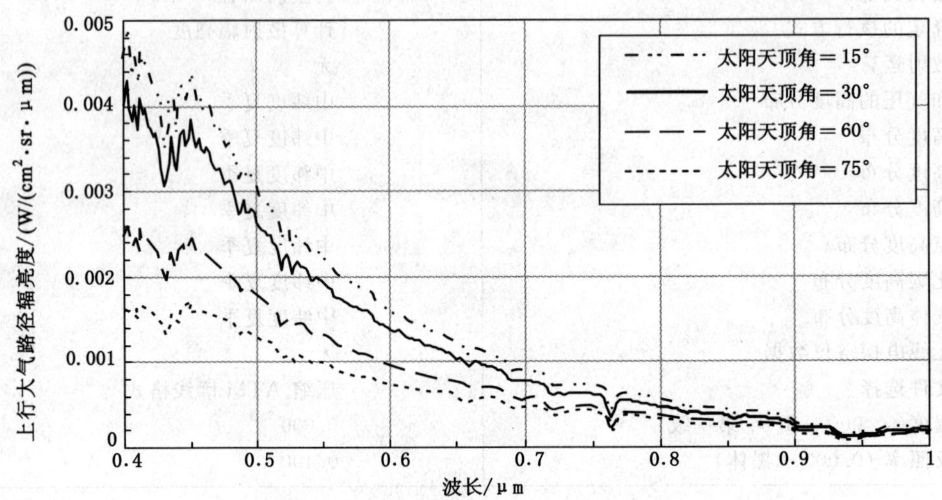

图 26-32　不同太阳天顶角下的大气上行路径辐亮度

从上至下，曲线分别对应太阳天顶角为 15°、30°、60° 和 75° 的上行大气路径辐亮度。其他参数选择：中纬度夏季模式大气，乡村气溶胶模式，气象距离为 23 km。从 100 km 以外向天底处观察，地面反照率为 0.4

4. 不同太阳天顶角和地面反照率下，地球大气外(100 km 以上)垂直对地观测的光谱辐亮度计算结果

表 26-26 列出了光谱辐亮度计算条件。

图 26-33 是太阳天顶角为 30°，地面反照率为 5%、10%、20%、30%、40%、60%、80% 时的光谱辐亮度曲线。

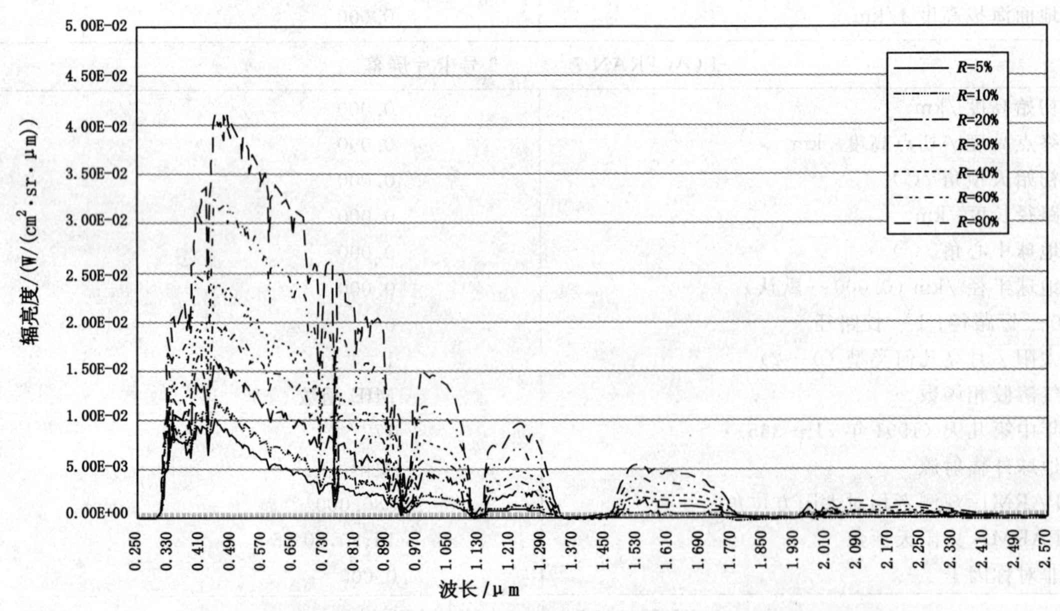

图 26-33　太阳天顶角为 30°，不同地面反照率时的光谱辐亮度曲线

表 26-25　大气上行路径光谱辐亮度计算 LOWTRAN 7 卡片输入参数

LOWTRAN 7　1 号卡片屏幕	
大气模式	中纬度夏季
大气路径类型	两高度之间垂直或斜程
程序确定的执行方式	计算散射辐亮度
多次散射运算	无
温度和气压的高度分布	中纬度夏季
水汽高度分布	中纬度夏季
臭氧高度分布	中纬度夏季
甲烷高度分布	中纬度夏季
氧化氮高度分布	中纬度夏季
一氧化碳高度分布	中纬度夏季
其他气体高度分布	中纬度夏季
输入无线电探空仪数据	无
输入文件选择	压缩 ATM 廓线格式
边界温度（0.000－T @ 第一级）	0.000
地面反照率（0.000－黑体）	0.400
LOWTRAN 7　2 号卡片屏幕	
气溶胶模型	乡村能见度为 23 km
对气溶胶的季节修正	由模型决定
上层大气气溶胶（30 ～ 100 km）	背景平流层气溶胶
海军海洋气溶胶的气团特性	0
所用云 / 雨气溶胶类型	无云或雨
应用陆军垂直结构（VSA）气溶胶算法	无
边界层的表面范围	0.000
海军海洋气溶胶的风速	0.000
海军海洋气溶胶 24 h 平均风速	0.000
降雨率 /（mm/h）	0.000
地面海拔高度 1/km	0.000
LOWTRAN 7　3 号卡片屏幕	
初始高度 /km	100.000
终点高度 / 切点高度 /km	0.000
初始天顶角 /(°)	0.000
路径长度 /km	0.000
地球中心角 /(°)	0.000
地球半径 /km（0.000－默认）	0.000
0－短路径；1－长路径	0
太阳 / 月亮几何类型（0－2）	1
气溶胶相函数	MIE 函数
年中第几天（1991 年 /1－365）	172
地球外辐射源	太阳
PARM1- 观测者相对太阳方位角	180.000
PARM2- 太阳天顶角	15,30,60,75
非对称因子	0.000
LOWTRAN 7　4 号卡片屏幕	
频率下限 /cm^{-1}	10 000.000
频率上限 /cm^{-1}	25 000.000
频率间隔 /cm^{-1}	100.000

表 26-26 光谱辐亮度计算条件

卡片 1

MODEL = 2	中纬度夏季
ITYPE = 2	两个高度间垂直或斜程
IENSCT = 2	计算包括太阳或月亮的单次散射的辐射率
IMULT = 1	有多次散射
IM = 1	初次读入用户输入模式大气
NOPRT = 1	简化输出的透过率或辐射率表和大气廓线表
边界温度 /K	TBOUND = 300 K
地面反照率	(0.0 ～ 1.0)SALB = 0.05、0.1、0.2、0.3、0.4、0.6、0.8

卡片 2

IHAZE = 1	乡村消光系数，缺省气象视距 = 23 km
ISEASN = 0	由 MODEL 值确定气溶胶廓线
IVULCN = 0	背景平流层廓线和消光系数
ICLD = 0	无云或雨
IVSA = 0	不使用陆军垂直结构算法计算边界层气溶胶
VIS = 0	使用 IHAZE 定义的缺省气象视距
地面的拔海高度 /km	GNDALD = 0 km

卡片 3

初始高度(km)H1 = 200 km
终点高度(km)H2 = 0 km
从 H1 测量的初始天顶角 /(°)ANGLE = 0
路径长度 /km RANGE = 200 km
H1 和 H2 所张的地球中心角(度)BETA = 0
计算所用纬度的地球半径 /km RO = 0
LEN = 0 较短的路径(缺省)
一年中第几天(1 − 365)IDAY = 172
ISOURC = 0 球外源为太阳
IPARM = 2
IPH = 0 气溶胶 Henyey-Greenstein 相函数(3A2)
观测者视线与观测者-太阳连线之间方位角(由视线开始测，北东为正 − 180 到 180)PARM1 = 180
太阳天顶角 PARM2 = 30°
H-G 相函数的非对称因子 G = 0

卡片 4

频率下限 /cm^{-1}	V1 = 3 800
频率上限 /cm^{-1}	V2 = 40 000
频率间隔 /cm^{-1}	DV = 20

5. 大气垂直透射率(100 km 高度以上观测)

图 26-34 是大气垂直透射率曲线。

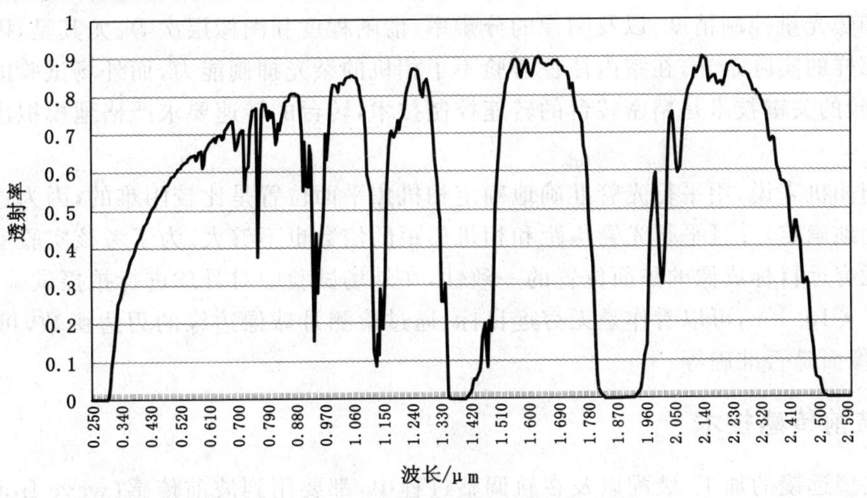

图 26-34　大气垂直透射率

红外波段遥感器的辐射校准在热真空罐内进行。该容器附有抽真空装置，其内壁四周安装有充满液氮导管的热沉，一般能使容器内的气压降低到地面气压的 10^{-8} 左右，温度可以下降到 80 K 左右。其目的是用来近似模拟空间环境(轨道高度 293 km 的气压大约为地面气压的 10^{-8}，冷空间的温度为 3 K 左右)，降低背景辐射以提高辐射标定的准确度。热真空容器在面对仪器辐射制冷器的内壁上应安装由气氮制冷的冷屏(温度为 13 K 左右)以更近似地模拟冷空间的温度。在仪器下方的热真空容器的底部内壁上安放一只面源黑体以模拟地面目标。

在测试时，仪器的遥测参数由导线传送到控制台。首先观察仪器是否正常工作，继而观察记录仪器的外壳、扫描部件、光学部件、探测器、微型制冷器和电控箱的温度以及电源电压等遥测参数。

辐射校准包括地面校准和在轨机内校准。地面校准是主要的，它基本上决定了仪器的准确度。地面实验室校准是在热真空容器内进行的。热红外使用面源黑体作为标准源，该黑体由很多微小的腔体组成，通常为一只由六角形峰窝组成的面阵，其面积应大于仪器的入射孔径。峰窝焊接在很厚的铜质基板上以期得到良好的温度均匀性。峰窝内壁涂以高发射率黑漆。通过计算得到黑体的等效发射率。在其背面贴上加热丝和测温元件，使用温控电路以控制其温度。根据温度用普朗克公式计算黑体的出射辐射通量密度。面源黑体的温度变化范围应覆盖目标的温度变化范围。对于地球和大气进行遥感或探测的红外仪器而言，面源黑体的温度变化范围一般为 $-60 \sim 50$°C。

校准时先让仪器在热真空容器内正常运转若干小时，达到热平衡状态后进行校准。此时逐渐改变面源黑体的温度，一般从低温开始，如 -60°C，过一段时间仪器达到热平衡以后，测量输出值。然后使面源黑体温度增加若干度(如 10°C)，再测量输出值，直至最高温度(如 50°C)为止。这样就得到校准曲线。然后使仪器对准模拟冷空间的另一只面源黑体或热真空容器内壁，使输入辐射接近于 0，测出输出值，它就是仪器的噪声。根据校准曲线就可确定灵敏度。利用校准曲线或其拟合公式可以按照仪器的输出值确定反射率(可见光、近红外、短波红外波段)或入射的辐射率(中波红外和长波红外波段)。

由于光学元件、电子元器件、探测器、制冷器以及机内校准源可能老化和污染，在轨卫星遥感仪器和探测仪器的性能会下降。为了解决这个问题，建立野外绝对辐射校准场进行在轨校准，即外场辐射校准。校准场内不同地面的反射率或发射率(比辐射率)事先已被测量，可以作遥感仪器在轨校准的标准。

在可见和近红外波段，往往用钨灯作为机内校准光源，由于工作寿命短，钨灯并不是理想的在轨机内校准光源，因而也可以把太阳光(太阳常数年变化为 1% 左右)引入仪器内作为校准光源用。

八、外场试验

空间光学遥感相机除了上述的实验室内的总检测、环境试验和辐射标定外，还必须进行外场试验。外场试验使用精密转台，相机放在精密转台上，转台按一定的角速度旋转（相机也按相同的角速度旋转），这个角速度对应于相机在轨飞行时的速高比值。同时相机开动像移补偿机构拍摄外场景物。根据拍摄到的图像考察相机的像移补偿和曝光量控制精度，以及图像的分辨率、清晰程度和图像层次等。尤其是，因为室内的环境产生不了室外环境那样的实际杂光，在室内往往考验不了相机的杂光抑制能力，而外场试验能考验相机的杂光抑制能力。外场试验的关键技术是精密转台的转速控制技术，转台的转速要求严格地模拟出遥感器在轨飞行时的速高比值。

对长焦距空间相机来说，用平行光管准确地确定相机焦平面位置是比较困难的，因为这时平行光管的焦面位置也难以准确地确定，并且平行光管焦距和相机焦距的倍数也不够大。为了考核实验室用平行光管定的相机焦面位置和无穷远目标成像的焦面位置的一致性，在外场试验中对月球进行拍摄试验是行之有效的。因为月球离地球 3.8×10^5 km，可以看作是无穷远目标。通过检测月球像边缘的刃边函数，可以判断像面是否离焦，实验室定的像面是否准确等。

九、大口径波前传感技术[57]

在大口径天文望远镜的加工、装配以及在轨调整过程中，都要用到波前传感（wave front sensing，WFS）技术。在光学系统中，波前传感实际上是要测定光学系统的波面像差。理想光学系统的波像差要求小于 $\lambda/14$ rms 水平，λ 是使用的波长，rms 表示均方根误差。这时光学系统的中心点亮度达到 0.8，角分辨率达到 λ/D，D 是光学系统的口径。因此，为了探测远距离目标，天文望远镜必须采用大口径的望远镜。

目前，波前传感技术主要有干涉测量技术、夏克-哈特曼（S-H，Shack-Hartmann）传感器技术、五棱镜扫描技术以及位相恢复（phase retrieval，PR）技术。下面举例说明这些技术在大口径天文望远镜中的应用：

（一）干涉测量技术

光学系统的加工和装配过程中，一般用干涉仪测定波面像差，用来评定加工和装配的质量。因为这种方法拥有检验灵敏度高的特点，在高精度的光学检验中多采用这种方法。

干涉测量技术用于整个望远镜的系统装调和系统的最终检验。一般都用平面反射镜自准检验光学系统。装调时根据测得的干涉图计算出各个面的装配误差，然后按这个计算数据重新调整光学系统，达到理想的成像要求。

对大口径望远镜的自准干涉检验，需要用大口径的标准平面反射镜。当口径大于 1 m 时，这种平面反射镜就很难加工，因此，要用子孔径拼接的方法来解决。如用 12 块口径 1.2 m 的平面反射镜拼接检验 6.6 m 口径的 JWST 望远镜。这里的好处是，不必把几块平面反射镜拼接调整成一个整块标准平面镜，而只要求各个平面镜之间的平行度调整到大约 ±5″ 以内即可。这就比制作一块大平面反射镜容易得多。图 26-35 是 JWST 整个光学系统检验装置的示意图。整个装置低温达到 35 K，检验用两个干涉仪：一个干涉仪放在顶部主镜球心处，用零位补偿法检验主镜面形；另一个干涉仪放在下面光学系统的焦点处，自准检验光学系统的波像差，自准直平面反射镜挂在顶部，是拼接的。[43-45]

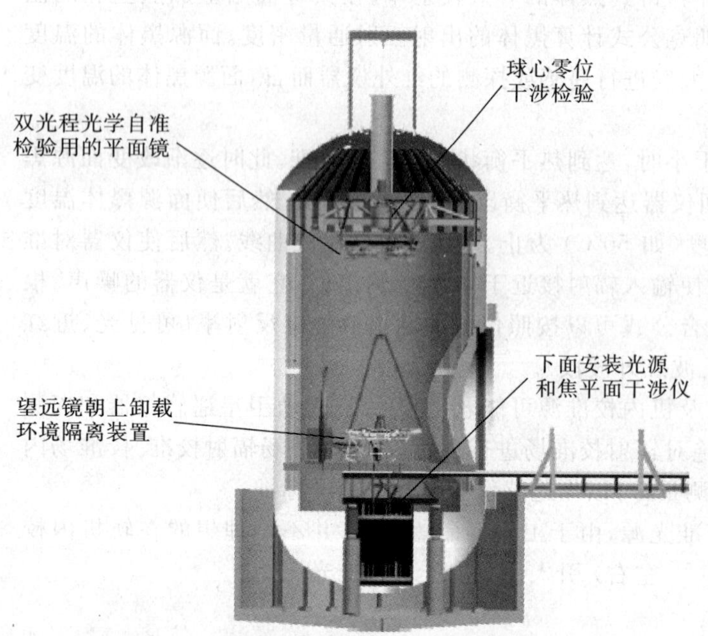

图 26-35 JWST 整个光学系统检验装置的示意图

（二）夏克-哈特曼传感器技术

图 26-36 表示了夏克-哈特曼传感器的基本原理。

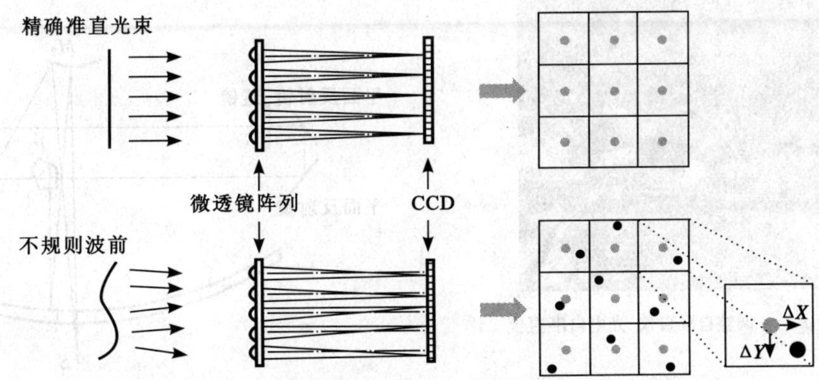

图 26-36　夏克-哈特曼传感器的基本原理

使用时微透镜阵列的位置应在被测波面的成像面上，如光学系统的出瞳位置或出瞳的成像位置，又如被检光学表面成像的像面上。如果微透镜阵列对应的被测面充满整个被测面，则可实现全口径检验，如果部分充满，则用子孔径拼接方法检验整个被测面。这里有被测面和微透镜阵列之间成像倍率的调整问题。利用这种技术可以把被检面的局部成像在微透镜阵列上，检验表面的高频误差。为了检验整个被检表面，需要扫描整个表面，因此称作扫描夏克-哈特曼法，这时也要用子孔径拼接技术。图 26-37 表示了用扫描夏克-哈特曼法检验的概念图。[46][47]

以上是点目标成像情况下的夏克－哈特曼法检验，这时 S-H 传感器的 CCD 面上形成点像，根据点像的位置判定波面的倾斜。但如果目标不是点目标，则像点的位置不好判定，例如用激光引导星情况等，这时要采用图像相关法确定像点位置的偏移，这种方法叫做相关夏克－哈特曼法。

（三）五棱镜扫描技术

五棱镜扫描方法，是利用五棱镜把光线折转 90° 的特性检验平面波波前，早已应用于平行光管的像面标定等领域。由于这种方法用于检验大口径平面波误差时可以避免制作大的标准平面镜，在大口径平面和大口径望远镜的检验上具有很好的应用前景。图 26-38 表示了五棱镜扫描法检验平面镜的原理图，其中 P_1 是参考镜，P_2 是扫描镜。图 26-39 是用这种方法检验 2 m 口径平面镜面形的试验装置的示意图。经过多个不同方向的径向扫描以及数据处理可得到平面镜的二维面形等高图。[48-49]

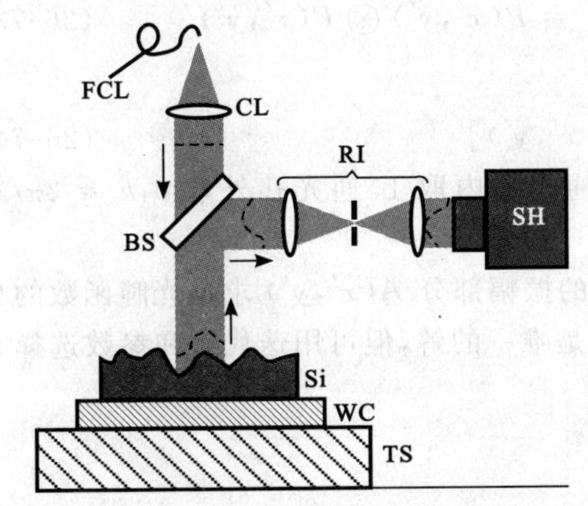

图 26-37　用扫描夏克-哈特曼法检验的概念图

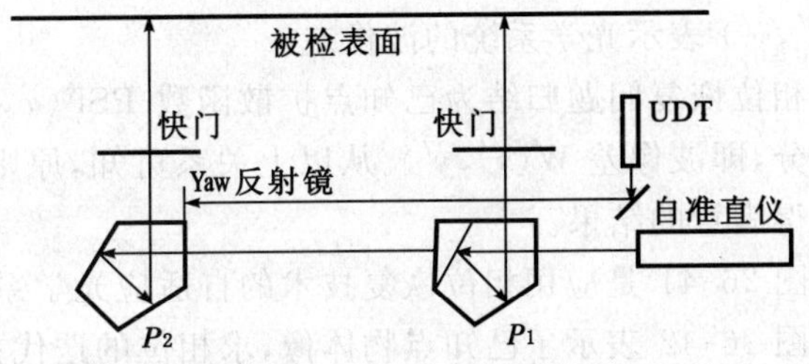

图 26-38　五棱镜扫描原理

五棱镜扫描方法还可以用在检验大口径望远镜的光学系统波像差和焦面确定上，图 26-40 是这种应用的原理图。在光学系统的焦面放置点光源，用五棱镜扫描法测定出射光线的平行度。这是检验3.5 m 口径 SPICA 望远镜的一种方案。

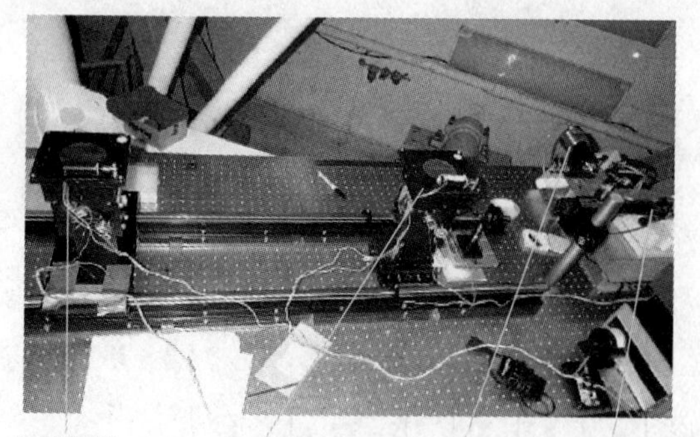

图 26-39　五棱镜扫描试验装置

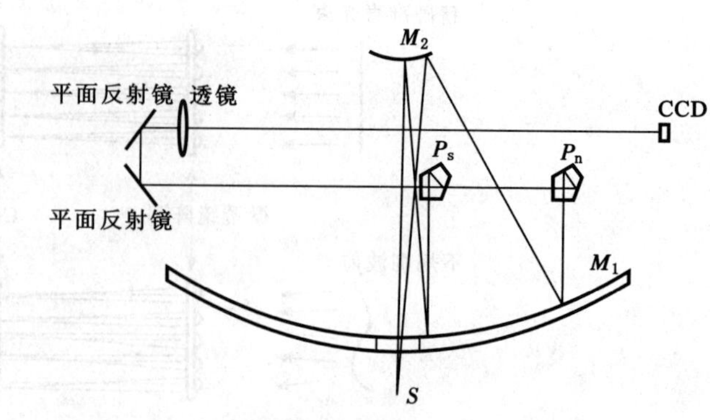

图 26-40　用五棱镜扫描法检验大口径望远镜的原理图

(四)相位恢复技术[50-55]

相位恢复技术是从相机获得的图像(光强分布)信息推算出光学系统的波面像差的一种波前传感技术。这种方法直接用相机获得的图像信息作为评价像质的依据,是一种最直接的和真实的评价。这里没有任何其他传感器,所以系统简单,也没有传感器和图像之间的任何换算误差。

光学系统的波像差是代表光学系统成像质量的最根本的物理量。有了波像差的数据,可计算出点扩散函数和传递函数,知道图像变模糊的原因,从模糊图像恢复原来的图像。光学系统的点扩散函数 $\mathrm{PSF}(x,y)$ 和光学传递函数 $\mathrm{OTF}(u,\nu)$ 之间存在傅里叶变换关系。

$$\mathrm{OTF}(u,\nu)=\iint \mathrm{PSF}(x,y)\exp[-2\pi\mathrm{i}(ux+\nu y)]\mathrm{d}x\mathrm{d}y \tag{26-70}$$

设振幅点扩散函数为 $\mathrm{ASF}(x,y)$,则

$$\mathrm{PSF}(x,y)=\mathrm{ASF}(x,y)\mathrm{ASF}^*(x,y)=|\mathrm{ASF}(x,y)|^2 \tag{26-71}$$

而振幅点扩散函数 $\mathrm{ASF}(x,y)$ 和光瞳函数 $P(x',y')$ 之间存在傅里叶变换关系,即

$$P(x',y')=\iint \mathrm{ASF}(x,y)\exp[-2\pi\mathrm{i}(x'x+y'y)]\mathrm{d}x\mathrm{d}y \tag{26-72}$$

因此,光学传递函数等于光瞳函数的自相关,即

$$\mathrm{OTF}(u,v)=\iint P(x',y')P^*(x'+u,y'+\nu)\mathrm{d}x'\mathrm{d}y'=P(x',y')\otimes P(x',y') \tag{26-73}$$

光瞳函数表示为

$$P(x',y')=A(x',y')\exp[\mathrm{i}kW(x',y')] \tag{26-74}$$

式中,$A(x',y')$ 表示光瞳函数的振幅部分,是光瞳形状的函数,通光孔内取 1,通光孔外取 0,$k=2\pi/\lambda$,$W(x',y')$ 表示光学系统的波像差。

相位恢复问题归结为已知点扩散函数 $\mathrm{PSF}(x,y)$ 和光瞳函数的振幅部分 $A(x',y')$ 求出光瞳函数的相位部分,即波像差 $W(x',y')$。从以上关系可知,原则上这时的解不是唯一的解,但可用迭代法和参数选择方法求得满意的结果。

图 26-41 是应用相位恢复技术的自适应光学系统的工作原理图。

图 26-42 表示了已知点物体像,求相位的迭代方法流程。

已知点扩散函数 $\mathrm{PSF}(x,y)$ 和光瞳函数的振幅部分 $A(x',y')$ 求光瞳函数的相位部分 $W(x',y')$ 的迭代过程如下:初始光瞳函数的相位用任意常数代入(图中的左下角),已知光瞳函数的振幅部分(光瞳形状函数)$A(x',y')$ 保持不变,构成初始光瞳函数 $P(x',y')$。进行傅里叶逆变换得第一次推定的振幅点扩散函数 $\mathrm{ASF}(x,y)$。根据这次计算得到的 $\mathrm{ASF}(x,y)$ 的相位值设为下次迭代的相位,保持其振幅 $|\mathrm{ASF}(x,y)|$ 不变,得下次迭代用的振幅点扩散函数。进行傅里叶变换得第一次推定的光瞳函数 $P(x',y')$。每次迭代只改变相位部分,而其振幅部分保持不变,最后求得变化不大的光瞳函数的相位值就是我们要

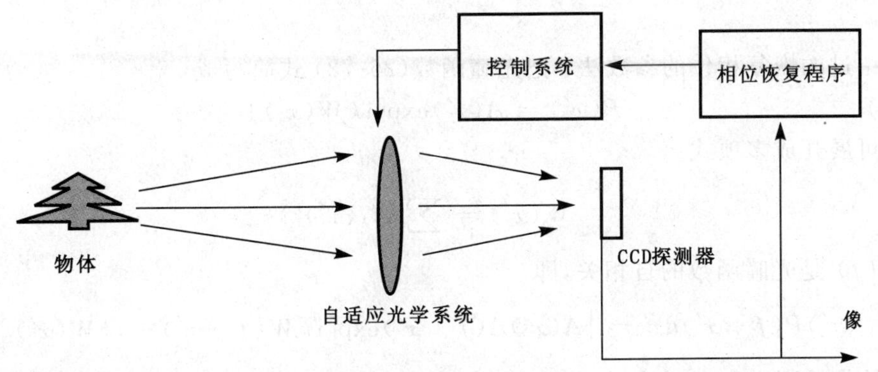

图 26-41 应用相位恢复技术的自适应光学系统的工作原理示意图

求得的相位,即波像差值(图中右下角)。

相位恢复的参数法是把波像差展开成级数,如泽尼克多项式展开,然后用光瞳函数的自相关运算求传递函数,改变泽尼克系数,得到不同的传递函数计算结果,与测得的点扩散函数的傅里叶变换得到的传递函数结果比较,求其均方差最小的结果作为解。

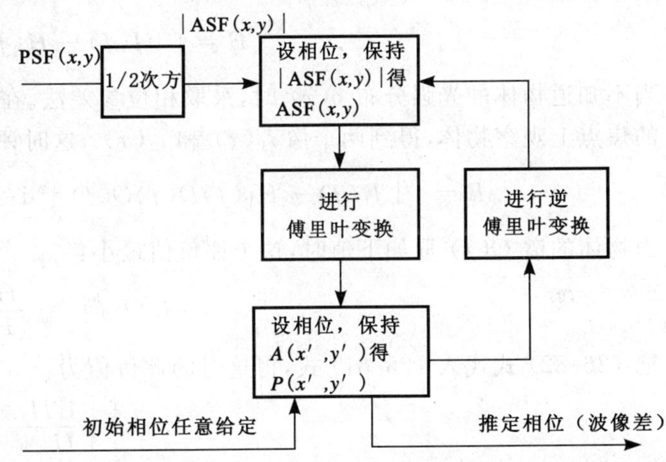

图 26-42 已知点物体像,求相位的迭代方法流程

以上是对点目标物体成像时的相位恢复过程,一般的天文应用都是这种情况,如果采用相位参差(phase-diverse)方法,则相位恢复更准确。

对扩展的未知物体,情况较复杂,已有很多这类研究成果的报道,这时必须采用相位参差的相位恢复(phase-diversity phase retrieval,PD PR)技术。图 26-43 是相位参差的相位恢复技术的概念图。

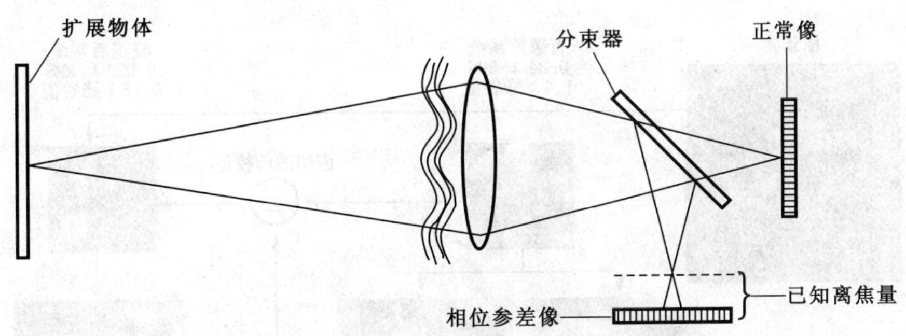

图 26-43 相位参差的相位恢复技术概念图

相位参差的概念是给光学系统一个或几个已知的相位差(波像差),如把像面离焦,这时知道离焦量就知道波像差,这叫做相位参差。根据已知的相位参差,把焦面上的图像和离焦的图像同时考虑可恢复光学系统的相位。用这种方法可以对扩展的未知物体进行相位恢复,获得清晰的消模糊的图像。

为了简便,用一位变量表示二位变量,则光学系统的成像关系表示如下:

$$i(x) = h(x) * d(x) * o(x) + n(x) \tag{26-75}$$

式中,$i(x)$ 为像的光强分布,$h(x)$ 为光学系统的点扩散函数,$d(x)$ 为探测器的点扩散函数,$o(x)$ 为物体的光强分布,$n(x)$ 为噪声,$*$ 符号表示卷积运算。(26-75) 式两边取傅里叶变换,得

$$I(f) = H(f)D(f)O(f) + N(f) \tag{26-76}$$

式中,$I(f)$ 为像的频谱,$H(f)$ 为光学传递函数,$D(f)$ 为探测器的传递函数,$O(f)$ 为物体的频谱,$N(f)$ 为噪

声频谱。

利用前面介绍过的恢复相位的参数法，把光瞳函数(26-72)式简写成

$$P(x') = A(x')\exp[\mathrm{i}kW(x')] \tag{26-77}$$

其中，波像差 W 可展开成多项式

$$W(x') = \sum_{k=1}^{N} c_k\phi_k(x') \tag{26-78}$$

光学传递函数 $H(f)$ 是光瞳函数的自相关，即

$$H(f) = \int P^*(x')P(f+x')\mathrm{d}x' = \int A(x')A(f+x')\exp[\mathrm{i}kW(f+x') - \mathrm{i}kW(x')]\mathrm{d}x' \tag{26-79}$$

希望求出探测到的像的频谱 $I(f)$ 和给定多项式展开系数 c_k 后推算出来的频谱 $H(f)D(f)O(f)$ 之间的方差最小的多项式系数解 c_k，即如下的评价值 E 最小的解：

$$E = \int |\, I(f) - H(f)D(f)O(f)\,|^2 \mathrm{d}f \tag{26-80}$$

当不知道物体的光强分布 $o(x)$ 时，采取相位参差法。在(26-78)式中加离焦引起的波像差项。设在两个不同的焦点上观察物体，得到两个像 $i_1(x)$ 和 $i_2(x)$，这时评价值 E 改写成

$$E = \int |\, I_1(f) - H_1(f)D(f)O(f)\,|^2 \mathrm{d}f + \int |\, I_2(f) - H_2(f)D(f)O(f)\,|^2 \mathrm{d}f \tag{26-81}$$

当物体的谱 $O(f)$ 取如下值时，这个评价值最小：

$$D(f)O(f) = \frac{H_1^* I_1 + H_2^* I_2}{|\,H_1\,|^2 + |\,H_2\,|^2} \tag{26-82}$$

把(26-82)式代入(26-81)式，得这时的评价值为

$$E = \int \frac{|\,I_1H_2 - I_2H_1\,|^2}{|\,H_1\,|^2 + |\,H_2\,|^2}\mathrm{d}f \tag{26-83}$$

当观察到的像有足够的信噪比，并且像的取样点足够密的时候恢复相位效果较好。

图 26-44 给出了这种相位参差法相位恢复和图像修正的例子。

这里模拟了子孔径拼接的望远镜由于子孔径调整误差产生的波像差的传感和补偿调整后的图像的修正效果。

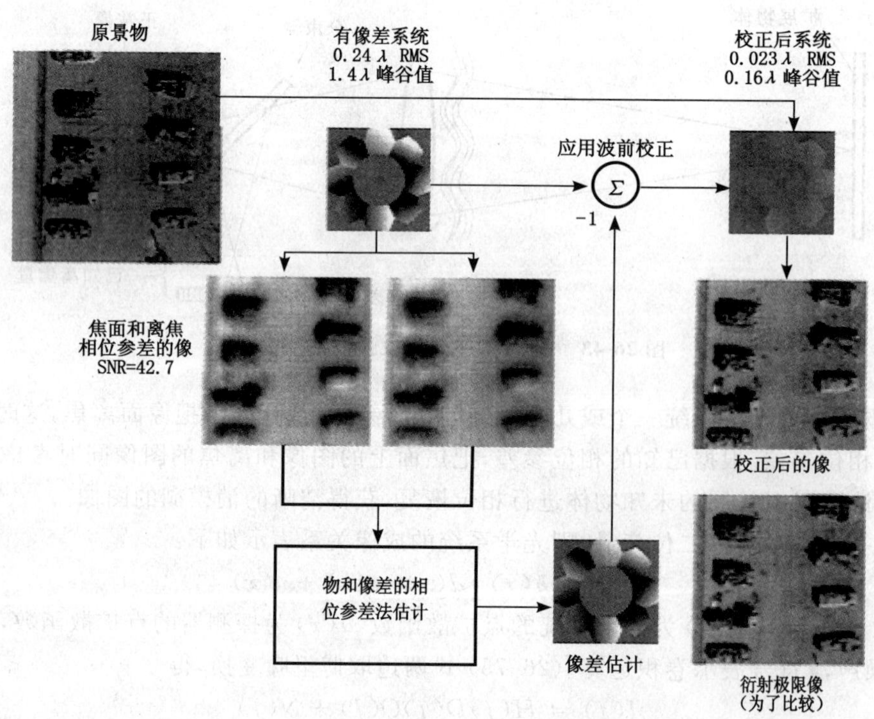

图 26-44　相位参差法相位恢复和图像修正的例子

近年来，由于计算机技术的发展和软件的不断优化，这种相位参差的相位恢复技术有了很大的进展，在实验室已经达到了其相位的恢复精度所能达到衍射极限水平，自适应控制的闭环周期达到 100 Hz。因此，这种技术已经开始实际应用，有很好的应用前景。如前述过的 JWST 天文望远镜的在轨调整方案就是这种技术的应用。

第四节　对地观测用空间相机

一、高分辨率可见光(全色和多光谱)相机[6,56]

现代高分辨率可见光相机一般具有地面像元分辨率优于 1 m 的全色相机和地面像元分辨率优于 4 m 的多光谱相机。其中多光谱是红、绿、蓝和近红外 4 个谱段。在像面上平行排列全色、红、绿、蓝和近红外这 5 条线阵 CCD 或 TDI CCD，采用推扫成像形式。分光谱是靠线阵 CCD 前分别放置相应的滤光片来实现的。

在可见光军用侦查相机中，全色相机达到地面像元分辨率优于 0.5 m 的称为可见光详查相机，一般这种相机视场角不大，但指向精度比较高。

设卫星轨道高度 $H = 500$ km，相机用的 CCD 像元尺寸 $a = 0.012$ mm，要求地面像元分辨率 GSD = 0.5 m，则相机焦距 $f = Ha/\text{GSD} = 12$ m。奈奎斯特频率 $f_n = 1/2a = 41.67$ lp/mm，按全视场平均调制传递函数 $\text{MTF}(f_n) \geqslant 0.5$ 的要求设计光学系统，全色通道波长范围取 $\lambda = 0.5 \sim 0.8$ μm。以下给出几种满足上述要求的光学系统的设计结果。

1. 卡塞格林系统

卡塞格林系统(R-C 系统)是轴对称系统，像面是圆的，主、次镜是二次曲面，像面前有 4 块球面透镜，孔径光阑在主镜上。为了消除一次杂光，次镜的边和主镜中孔边缘处都要放置消杂光筒。光学系统口径 $D = 1.2$ m，焦距 $f = 12$ m，相对孔径为 F/10，视场角 FOV = 1°，MTF(42 lp/mm) = 0.55。图 26-45 是光学系统图，图 26-46 表示传递函数曲线，表 26-27 列出了光学系统的参数。

下式表示光学设计软件 CODE 5 中用的非球面表达式：

$$z = \frac{(\text{CURV})\, y^2}{1 + (1 - (1+K)(\text{CURV})^2 y^2)^{1/2}} + Ay^4 + By^6 + Cy^8 + Dy^{10} \qquad (26\text{-}84)$$

式中，CURV = $1/R$；R 为顶点半径，K、A、B、C、D 为非球面系数。x 方向：垂直于纸面往里；y 方向：纸面内向上；z 方向：纸面内向右。

2. 同轴三反射镜系统[6,15]

同轴三反射镜系统(TMC 系统)也称为三反射镜卡塞格林系统。根据线阵 CCD 推扫成像的特点，像面上只用 1 条窄长的成像面，所以可以用轴外的 1 条窄长的像面，以便使同轴三反射镜光学系统避免二次遮拦。利用 3 个反射镜的 3 个二次曲面系数 K 校正球差、彗差和像散，合理分配 3 个反射镜的曲率半径校正像面弯曲。这个系统由主次镜成像的中间像面像质不好，通过第三镜第二次成像的最终像面像质好。但只是在轴外

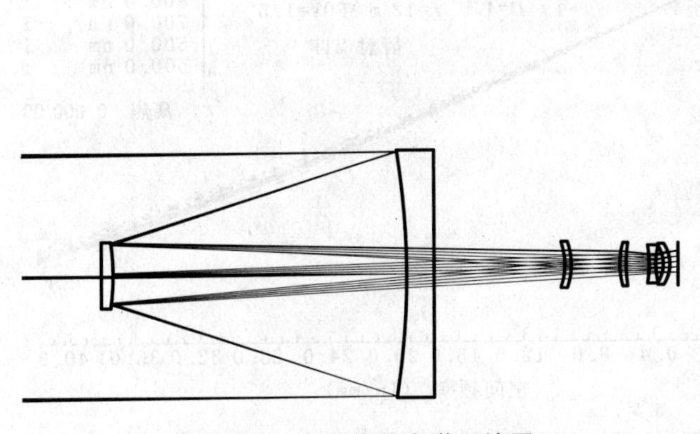

图 26-45　卡塞格林光学系统图

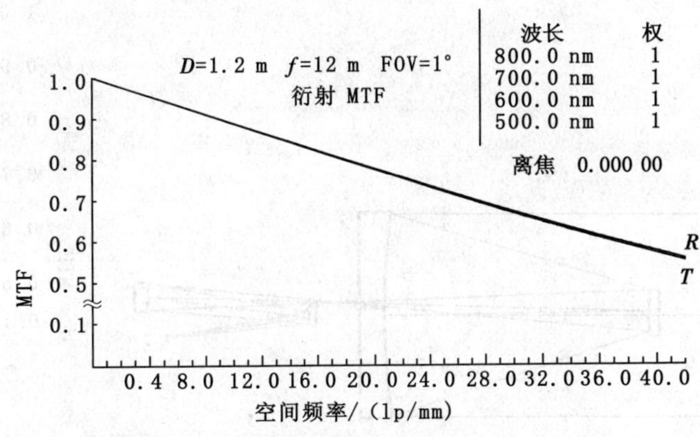

图 26-46　卡塞格林光学系统的传递函数曲线

表 26-27 卡塞格林系统的光学系统参数

	半径 R/mm	厚度 /mm	材 料	K	A	B	C	D
物面	1e+018	1e+018						
1	1e+018	1 579.0						
stop	−3 779.471 7	−1 426.839 3	反射面	−1.035 246				
3	−1 117.136 8	1 426.839 2	反射面	−2.253412				
4	1e+018	767.605 4						
5	−334.825 3	31.58	K9_CHINA					
6	−337.737 8	232.076 8						
7	366.988 4	31.58	K9_CHINA					
8	752.582 3	111.972 1						
9	−554.696 4	31.58	K9_CHINA					
10	376.348 3	36.0						
11	−172.810 5	31.58	K9_CHINA					
12	−187.997 1	39.183 5						
像面	1e+018	0						

的一条窄长的像面上得到好的成像质量，故在这个位置上放置线阵 CCD 或 TDI CCD 探测器。本系统孔径光阑放在主镜上，可以在第一次成像面放视场光阑用于消杂光。第三镜后面的平面折叠反射镜可作为像面调焦的调焦镜。另外由于系统的出射光瞳在这个调焦镜上，而入瞳与出瞳的缩小比很大，所以调焦镜的尺寸小，并且有利于消杂光。

图 26-47 是光学系统的示意图。$D=1\,\mathrm{m}$，$f=12\,\mathrm{m}$，相对孔径为 F/12，FOV $=1.5°$。y 方向为沿轨方向，入射光沿 y 方向有偏斜角，与光轴的偏斜角 $T_y=0.5°$。x 方向为穿轨方向，穿轨方向全视场角 $2\,T_x=$ FOV $=1.5°$。图 26-48 表示传递函数曲线，全视场平均传函 MTF(42 lp/mm) $=0.5$。表 26-28 列出了光学系统的参数。从两个表的比较可以看出，与卡塞格林系统相比，同轴三反射镜系统视场大、中心遮拦小，可以取更小的相对孔径，而且总的光学系统尺寸小(注意：本节介绍的 4 种可见光相机光学系统图的缩小比例尺都相等)，在这方面同轴三反射镜系统有明显的优势。

3. 二次成像离轴三反射镜系统[6,14]

前述的两种形式光学系统是同轴系统，结构简单尺寸小，但视场角不能做大，并且都有中心遮拦，降低了理想衍射极限传递函数，所以发展了离轴三反射镜光学系统(Cook TMA 系统)。

图 26-49 表示该系统的光路示意图，$D=0.9\,\mathrm{m}$，$f=12\,\mathrm{m}$，相对孔径为 F/13.3，FOV $=2.3°$。孔径光阑设在主镜上，主镜位置与入瞳位置重合，但入瞳中心偏离光轴 $AD_y=-700\mathrm{mm}$，入射光沿飞行方向(y轴方

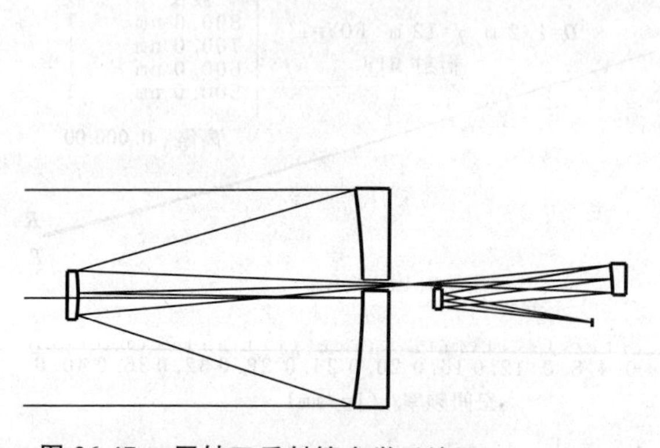

图 26-47 同轴三反射镜光学系统图

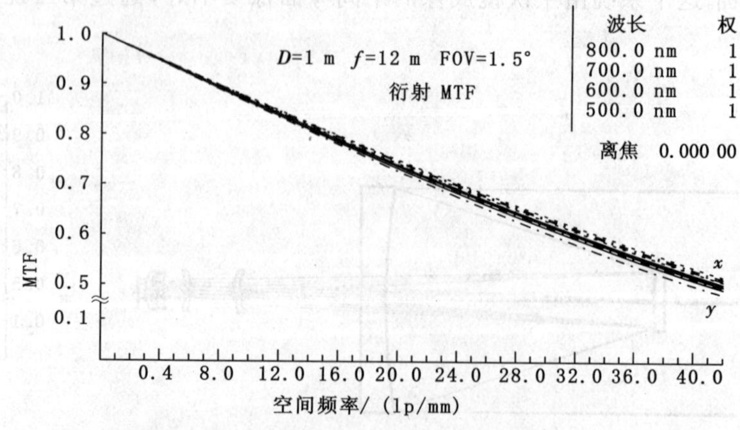

图 26-48 同轴三反射镜光学系统的传递函数曲线

表 26-28　同轴三反射镜系统的光学系统参数

	半径 R/mm	厚度 /mm	材　料	K	A	B	C	D
物面	1e＋018	1e＋018						
1	1e＋018	1 307.073 8						
stop	－3 285.498 6	－1 307.073 7	反射面	－0.969 841				
3	－859.307 2	1 307.073 7	反射面	－2.151 366				
4	1e＋018	120.000 0						
5	1e＋018	77.1428						
6	1e＋018	971.415 4						
7	－1 157.504 2	－800	反射面	－0.525 255				
8	1e＋018	703.460 2	反射面					
像面	1e＋018	0						

向）有偏斜角，与光轴的偏斜角 $T_y = -0.3°$，穿轨方向的全视场角 $2T_x = 2.3°$。图 26-50 是传递函数曲线，全视场平均 MTF(42 lp/mm) ＝ 0.53。表 26-29 列出了光学系统的参数。这个系统是二次成像系统，可以在第一像面放视场光阑消杂光，另外出射光瞳在三镜和像面之间，入瞳与出瞳的缩小比很大，可放小的孔径光阑用于消杂光，或类似于同轴三反射镜系统，可放置小的平面折叠镜用于像面调焦。与同轴系统相比，这个系统无中心遮拦，可以用较小的光学系统相对孔径达到相同的传递函数值，并且视场角大，这些是优点。缺点是总的尺寸比同轴系统大，另外次镜的二次曲面系数较大，所以加工难度也比较大。

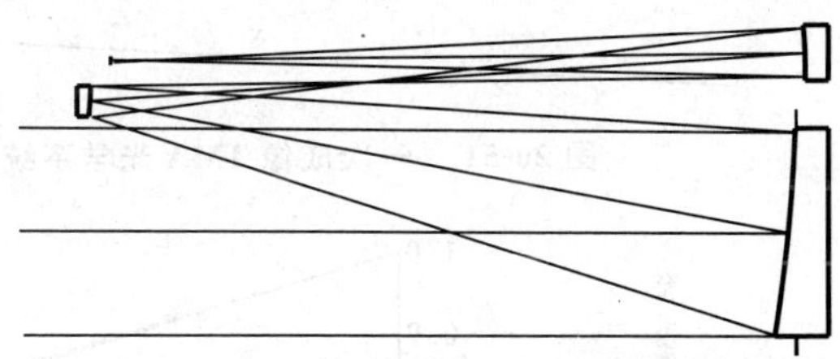

图 26-49　二次成像 TMA 光学系统图

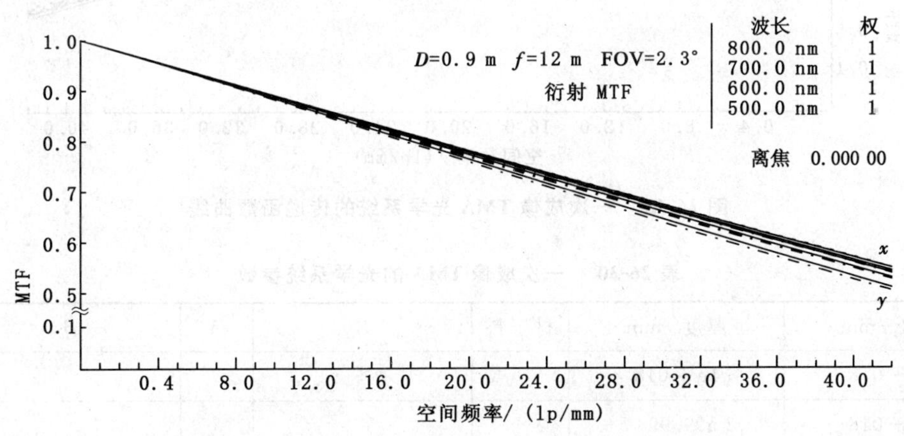

图 26-50　二次成像 TMA 光学系统的传递函数曲线

表 26-29　二次成像 TMA 光学系统的

	半径 R/mm	厚度 /mm	材料	K	A	B	C	D
物面	1e＋018	1e＋018						
1	1e＋018	3 096.352 2						
stop	1e＋018	0						
3	－7 203.651 4	－3 102.238 9	反射面	－0.920 801				
4	－1 818.925 0	1 117.681 5	反射面	－4.717 054				
5	1e＋018	2 024.353 4						
6	－2 441.200 3	－3 053.255 2	反射面	－0.293 373				
像面	1e＋018	0						

4. 一次成像离轴三反射镜系统[6]

上面介绍的二次成像离轴三反射镜系统由于孔径光阑在主镜上，光学系统很不对称，所以视场角不能做得太大。为了进一步扩大视场角，把孔径光阑放在次镜上，使光学系统比较对称，这样就形成了一次成像的离轴三反射镜系统(Wetherell TMA 系统)。这个系统可以设计成很大的视场角，但由于孔径光阑放在次镜上，视场角大时主镜和三镜的沿穿轨方向(x 方向)尺寸变得很大，这是一次成像离轴三反射镜系统的主要缺点。另外消杂光能力也不如二次成像系统。优点是视场角大，成像质量好，并且容易设计成像方远心光路，这对用于测绘的相机以及有后续光路的望远物镜(如作为成像光谱仪物镜)来说是很重要的优点。

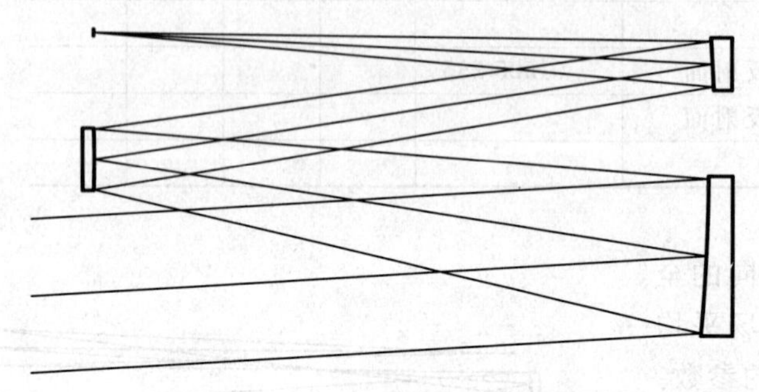

图 26-51　一次成像 TMA 光学系统图

图 26-51 表示其光学系统图，$D = 0.9$ m，$f = 12$ m，相对孔径为 F/13.3，FOV $= 3.5°$。入射光沿飞行方向(y 轴方向)有偏斜角，与光轴的偏斜角 $T_y = 3.5°$，穿轨方向的全视场角 $2T_x = 3.5°$。图 26-52 表示其传递函数曲线，MTF(42 lp/mm) $=$ 0.53。表 26-30 列出了其光学系统参数。主镜和三镜都有六次项非球面系数，并且主镜在穿轨方向(x 方向)的最大尺寸为 1.46 m，三镜在 x 方向最大尺寸为 0.83 m，因此加工难度比较大。

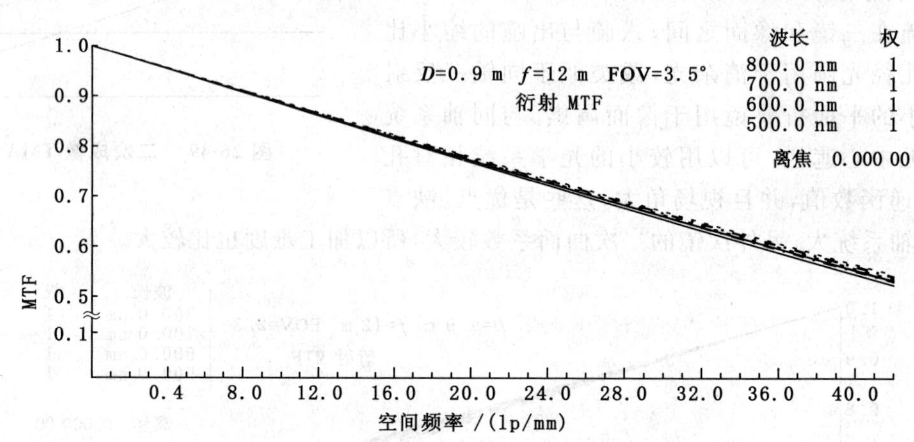

图 26-52　一次成像 TMA 光学系统的传递函数曲线

表 26-30　一次成像 TMA 的光学系统参数

	半径 /mm	厚度 /mm	材　料	K	A	B	C	D
物面	1e+018	1e+018						
1	1e+018	3 599.998 5						
2	−11 942.493 9	−3 599.998 5	反射面	−1.406 845		−2.680 889e−022		
stop	−5 604.678 7	3 636.362 1	反射面	−3.655 568				
4	−1 0541.054 4	−3 640.919 4	反射面	−5.470 109		4.1185 92e−020		
像面	1e+018	0						

二、高分辨率红外相机

高分辨率红外相机用于夜间对地观测，波长范围 $\lambda = 8 \sim 10.5\ \mu$m，设轨道高度为 $H = 500$ km，相机用的 CCD 像元尺寸为 $a = 0.028$ mm，要求地面像元分辨率 GSD $= 10$ m，则相机焦距 $f = Ha/\text{GSD} = 1.4$ m。奈奎斯特频率 $f_n = 1/2a = 17.86$ lp/mm，按全视场平均调制传递函数 MTF(f_n) $\geqslant 0.45$ 的要求设计光学系统，以下给出满足上述要求的光学系统的设计结果。

图 26-53 表示其光学系统，$D = 0.875$ m，$f = 1.4$ m，相对孔径为 F/1.6，FOV = 1.5°。主镜是抛物面，次镜是双曲面，主次镜构成的卡塞格林系统轴上点成像质量完好，有利于装调，光学系统的入瞳在主镜上，出射光瞳在光学系统的最后一面，以便放置冷光阑。光学系统中心遮拦比为 1∶3。图 26-54 是其传递函数曲线，在使用波长范围内的全视场平均 MTF(18 lp/mm) = 0.47。表 26-31 列出了其光学系统的参数。

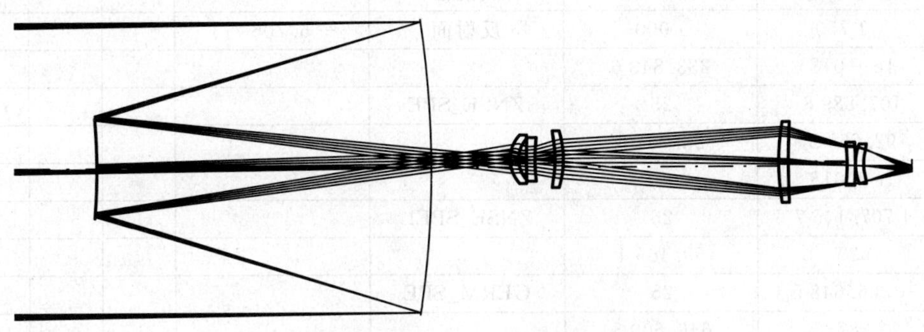

图 26-53　红外相机的光学系统图

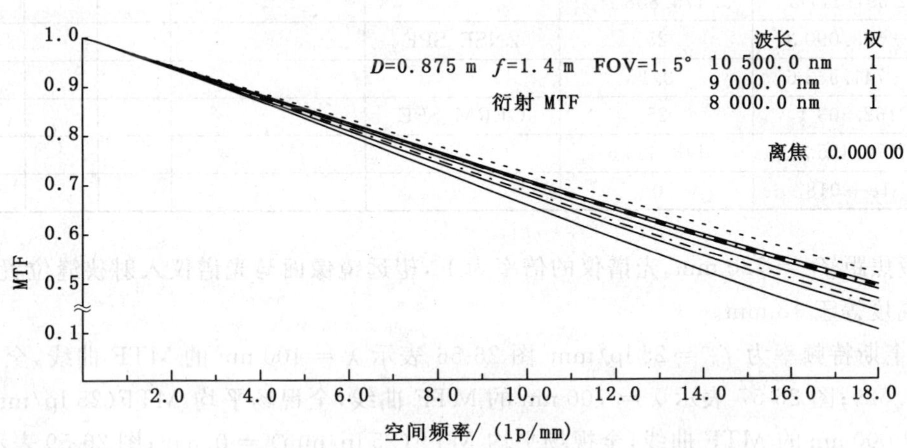

图 26-54　红外相机光学系统的传递函数曲线

三、高分辨率成像光谱仪[27]

设轨道高度 $H = 500$ km，地面像元分辨率 GSD = 14 m，地面覆盖宽度 GW = 12.5 km，光谱范围 $\lambda = 0.4 \sim 2.5$ μm，包括了可见、近红外和短波红外，共分 128 个谱段，光谱分辨率 $\Delta\lambda = 10 \sim 20$ nm。采用像元尺寸为 0.02 mm × 0.02 mm 的面阵 CCD 作为探测器，像元数为 1024 × 256 像元，空间位采样是每个像元取 1 个点，共取 900 点，光谱位采样是每两个像元取 1 个点，共取 128 谱段，用 256 个像素。若可见、近红外 $\lambda = 0.4 \sim 1.0$ μm 用面阵 CCD 探测器，短波红外 $\lambda = 1.0 \sim 2.5$ μm 用面阵 HgCdTe 探测器。在像面前放分光板分成可见、近红外和短波红外两路，则可见、近红外和短波红外分别取 64 个谱段，各用 128 个像素。

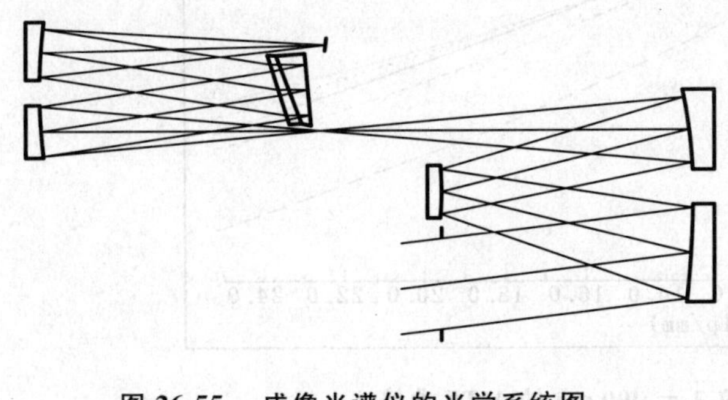

图 26-55　成像光谱仪的光学系统图

光学系统的焦距 $f = 720$ mm，相对孔径为 F/4.5，视场角 FOV = 1.432°。入射光瞳口径为矩形，y 向（沿飞行方向）尺寸 $D_y = 130$ mm，x 向（穿轨方向）尺寸 $D_x = 155$ mm，等效于直径 $D = 160$ mm 的圆。入射光瞳放在主镜前面的扫描反射镜位置，扫描反射镜用来增加曝光时间。图 26-55 表示其光学系统（没画扫描反射镜）。入射光沿飞行方向（y 轴方向）有偏斜角，与光轴的偏斜角 $T_y = 6.921°$，穿轨方向的全视场角 $2T_x = \mathrm{FOV} = 1.432°$。望远物镜采用离轴三反

表 26-31　光学系统参数

	半径 R/mm	厚度 /mm	材　料	K	A	B	C	D
物面	1e+018	1e+018						
1	1e+018	1 000						
stop	−2 975	−1 000	反射面	−1				
3	−1 750	1 000	反射面	−6.706 771				
4	1e+018	233.843 6						
5	107.889 8	25	ZNSE_SPE					
6	92.669 2	23.051 6						
7	1e+018	0.1						
8	1 707.145 7	25	ZNSE_SPEL					
9	625	59.465 4						
10	−366.648 5	25	GERM_SPE					
11	−287.5	646.600 8						
12	684.039 0	30	GERM_SPE					
13	2 091.177 3	175.808 7						
14	−539.090 3	25	ZNSE_SPE					
15	−741.583 6	0.1						
16	162.503 4	25	GERM_SPE					
17	170.455 3	148.355 5						
像面	1e+018	0						

射镜系统，望远镜焦距 $f_1 = 720$ mm。光谱仪的倍率为 1，望远镜像面与光谱仪入射狭缝位置一致，入缝宽度等于 0.02 mm，高度等于 18 mm。

光学系统奈奎斯特频率为 $f_n = 25$ lp/mm。图 26-56 表示 $\lambda = 400$ nm 的 MTF 曲线，全视场平均 MTF(25 lp/mm) = 0.529；图 26-57 表示 $\lambda = 700$ nm 的 MTF 曲线，全视场平均 MTF(25 lp/mm) = 0.629；图 26-58 表示 $\lambda = 1\,000$ nm 的 MTF 曲线，全视场平均 MTF(25 lp/mm) = 0.646；图 26-59 表示 $\lambda = 1\,500$ nm 的 MTF 曲线，全视场平均 MTF(25 lp/mm) = 0.633；图 26-60 是 $\lambda = 2000$ nm 的 MTF 曲线，全视场平均 MTF(25 lp/mm) = 0.582；图 26-61 是 $\lambda = 2\,500$ nm 的 MTF 曲线，全视场平均 MTF(25 lp/mm) = 0.512。

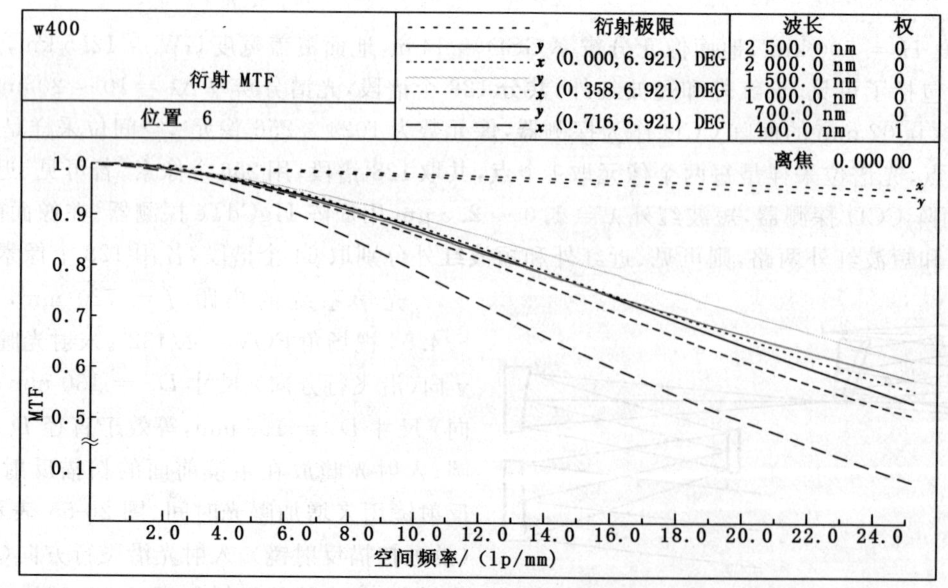

图 26-56　高分辨率成像光谱仪 $\lambda = 400$ nm 的 MTF 曲线

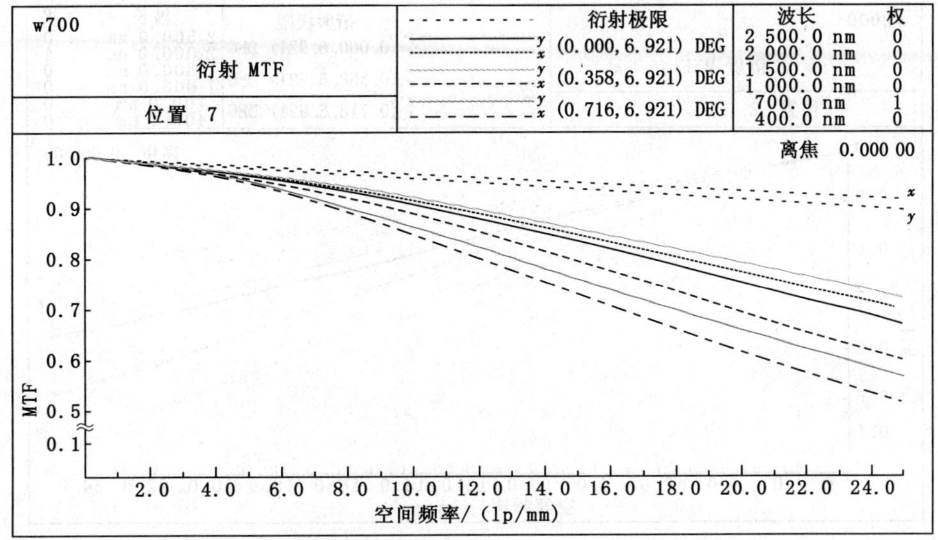

图 26-57　高分辨率成像光谱仪 $\lambda = 700$ nm 的 MTF 曲线

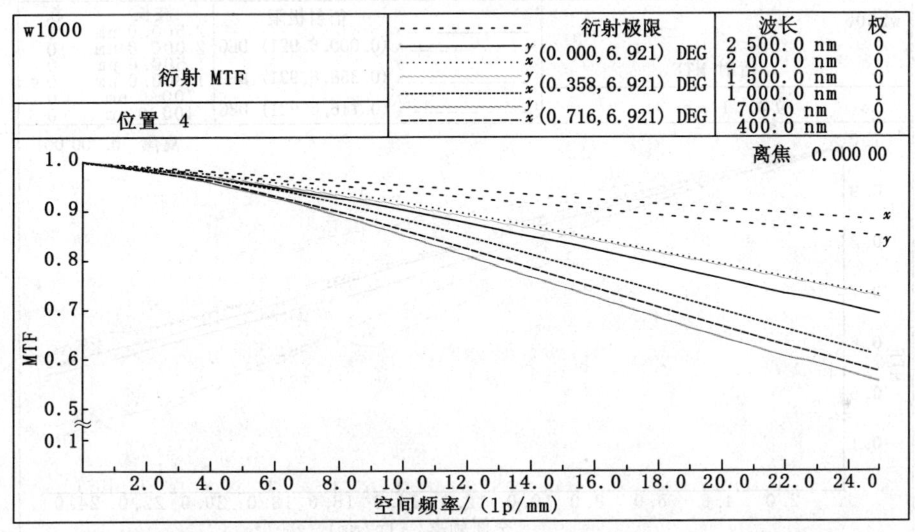

图 26-58　高分辨率成像光谱仪 $\lambda = 1\,000$ nm 的 MTF 曲线

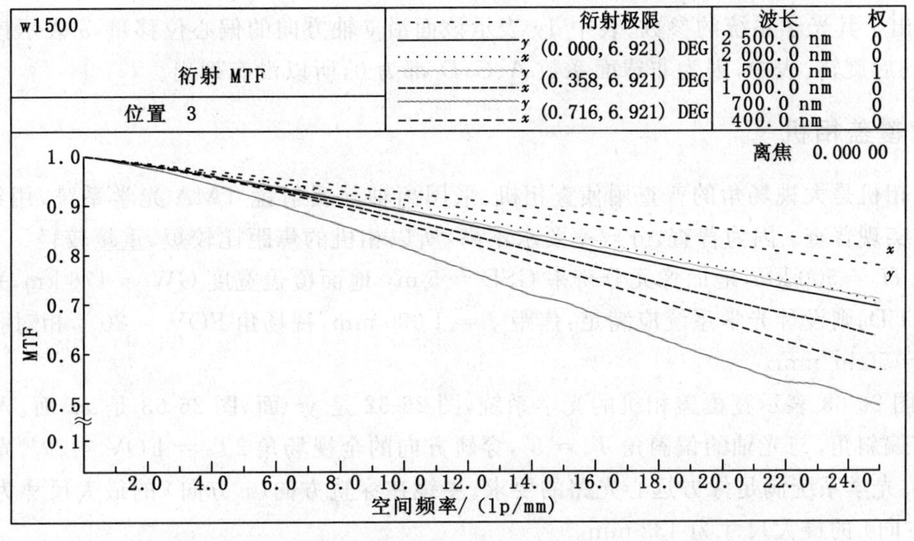

图 26-59　高分辨率成像光谱仪 $\lambda = 1\,500$ nm 的 MTF 曲线

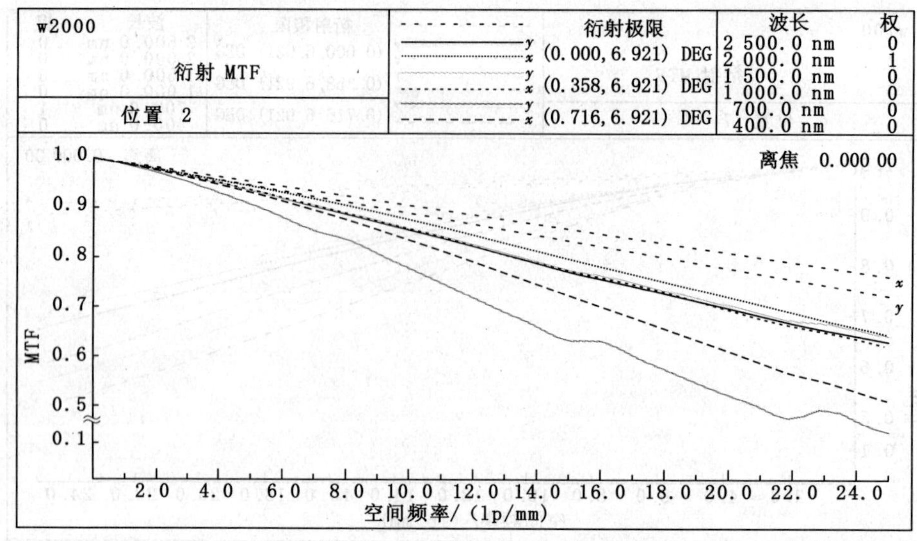

图 26-60 高分辨率成像光谱仪 $\lambda = 2\ 000$ nm 的 MTF 曲线

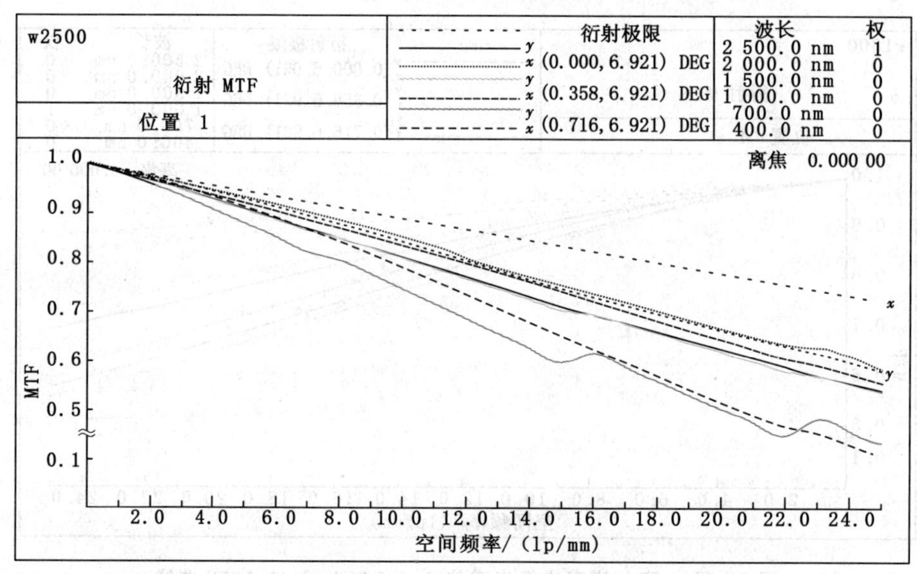

图 26-61 高分辨率成像光谱仪 $\lambda = 2\ 500$ nm 的 MTF 曲线

表 26-32 列出了其光学系统的参数。表中 dy 表示该面沿 y 轴方向的偏心位移量，α 表示该面绕 x 轴的倾斜转动量，先移动后旋转。表中，因为非球面系数 A、C、D 都为 0，所以没有列出。

四、轻型宽覆盖相机

轻型宽覆盖相机是大视场角的普查用侦查相机。采用离轴三反射镜 TMA 光学系统，用线阵 CCD 探测器推扫成像方式实现普查。因为普查，分辨率要求不高，所以相机的焦距比较短，重量较轻。

设轨道高度 $H = 500$ km，地面像元分辨率 GSD = 5 m，地面覆盖宽度 GW = 176 km，采用像元尺寸 $a = 0.01$ mm 的 CCD。则设计光学系统应满足：焦距 $f = 1\ 000$ mm，视场角 FOV = 20°，相对孔径为 F/10，奈奎斯特频率 $f_n = 50$ lp/mm。

图 26-62 和图 26-63 表示宽覆盖相机的光学系统，图 26-62 是 yz 面，图 26-63 是 xz 面。入射光沿飞行方向（y 轴方向）有偏斜角，与光轴的偏斜角 $T_y = 5°$，穿轨方向的全视场角 $2T_x = \text{FOV} = 20°$。光学系统的孔径光阑放在次镜上。光学系统满足像方远心光路的要求。主镜在穿轨方向（x 方向）的最大尺寸为 472 mm，三镜在穿轨方向（x 方向）的最大尺寸为 432 mm。

表 26-32 光学系统参数

	半径 R/mm	厚度 /mm	材 料	K	B	dy/mm	α/(°)
物面	1e+018	1e+018					
stop	1e+018	357.995 2					
2	−1 424.051	−357.995 2	反射镜	−1.964 355	1.491 235 e−16	133.56	
3	−478.370 8	357.995 2	反射镜	−0.528 776		133.56	
4	−715.990 4	−531.875	反射镜	0.163 706	6.198 915 e−17	133.56	
5	1e+018	−398.85				220.66	
6	797.826 5	340.529	反射镜	−1.431 720	1.365 453 e−15	280	
7	1e+018	15	F4_SCHOTT			280	17.4
8	1e+018	27	SILICA_SP			280	20.6
9	1e+018	0				280	5
10	1e+018	0	反射镜			280	5
11	1e+018	−27	SILICA_SP			280	5
12	1e+018	−15	F4_SCHOTT			280	20.6
13	1e+018	−340.529				280	17.4
14	796.636 8	407.78	反射镜	−1.325 065	1.877 145 e−15	280	
像面	1e+018	0				344.94	−7.353

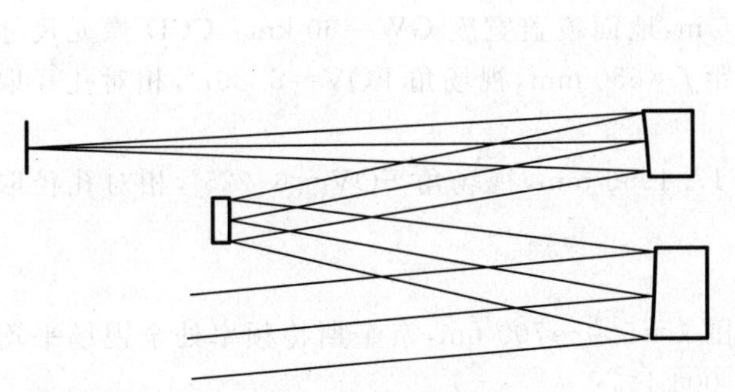

图 26-62 宽覆盖相机的光学系统(y,z) 平面图

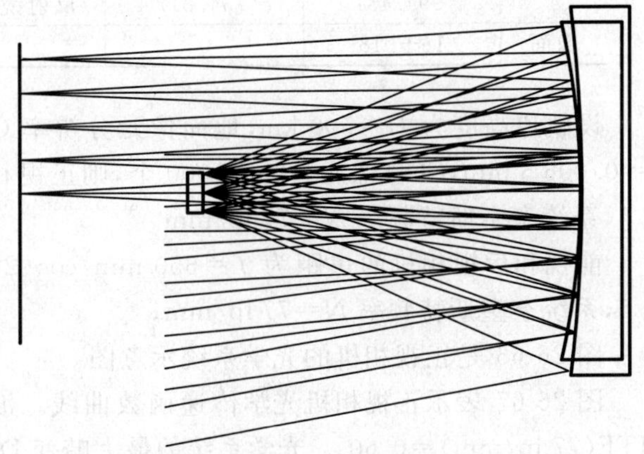

图 26-63 宽覆盖相机的光学系统(x,z) 平面图

图 26-64 表示宽覆盖相机的光学系统的传递函数曲线，波长范围 $\lambda=500\sim800$ nm，在奈奎斯特频率处全视场平均 MTF(50 lp/mm)＝ 0.555。

表 26-33 列出了这种相机的光学系统参数。主镜和三镜都是带六次项的高次非球面，次镜是二次曲面。

五、三线阵立体测绘相机

三线阵立体测绘相机由正视相机、前视相机和后视相机组成，每个相机都是用线阵 CCD 探测器推扫成像的相机。正视相机的视轴垂直于地面；前视相机的视轴与正视相机的视轴之间的夹角为＋25°，沿轨方向向前 25°看地面；后视相机的视轴与正视相机的视轴之间的夹角为－25°，沿轨方向向后 25°看地面。3 个相机的线阵 CCD 的方向互相平行，并垂直于飞行方向。3 个相机穿轨方向的视轴要一致。图 26-65 是三线阵立体测绘相机示意图。

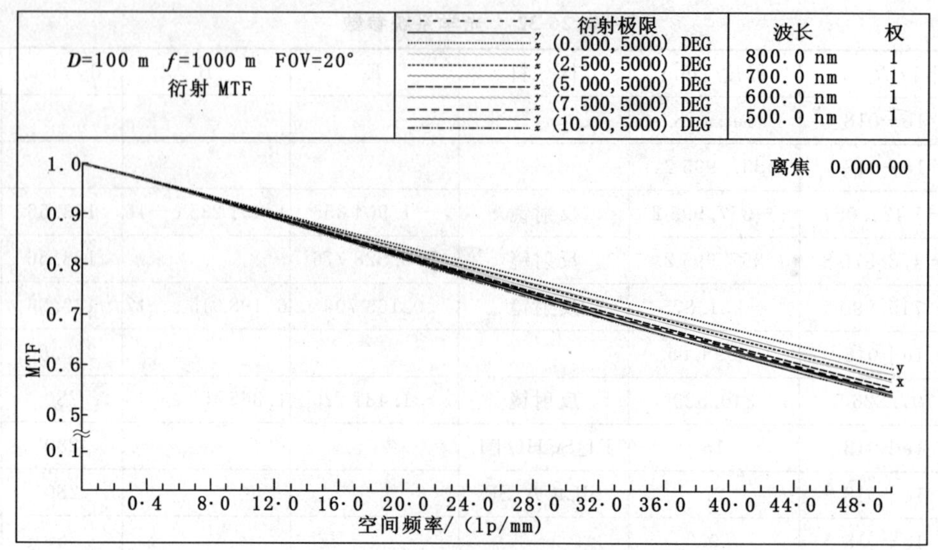

图 26-64 宽覆盖相机的传递函数曲线

表 26-33 宽覆盖相机的光学系统参数

	半径 R/mm	厚度 /mm	材 料	K	A	B	C	D
物面	1e+018	1e+018						
1	1e+018	497.215 5						
2	−1 977.848	−497.215 5	反射镜	−2.110 427		−9.258 071 e−018		
stop	−667.844 2	497.215 5	反射镜	−0.330 723				
4	−994.431 1	−734.817 4	反射镜	0.141 039		−1.49 682 3 e−017		
像面	1e+018	0						

设轨道高度为 H=500 km,地面像元分辨率 GSD=5 m,地面覆盖宽度 GW=60 km。CCD 像元尺寸 a=0.006 5 mm,CCD 像元数为 12 000 个,则正视相机焦距 f=650 mm,视场角 FOV=6.867°,相对孔径取 F/5,系统奈奎斯特频率 N=77 lp/mm。

前视和后视相机的焦距为 f=650 mm/cos(26°)=717.1956 mm,视场角 FOV=6.225°,相对孔径取 F/5,系统奈奎斯特频率 N=77 lp/mm。

图 26-66 是正视相机的光学系统示意图。

图 26-67 表示正视相机光学传递函数曲线。波长范围 λ=500~700 nm,奈奎斯特频率处全视场平均 MTF(77 lp/mm)=0.60 。光学系统的最大畸变 Dist=0.004 4% 。

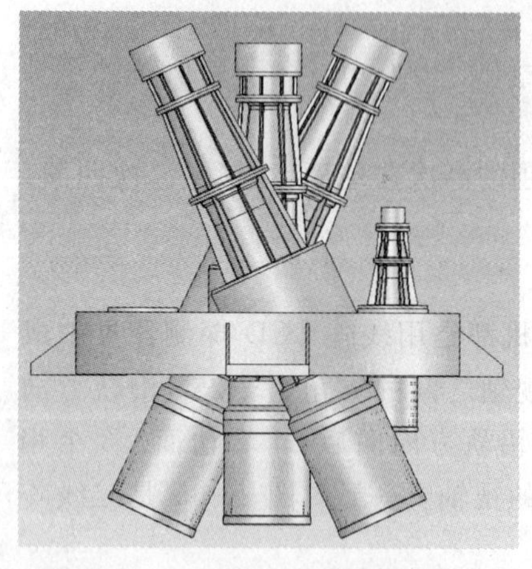

图 26-65 三线阵立体测绘相机示意图

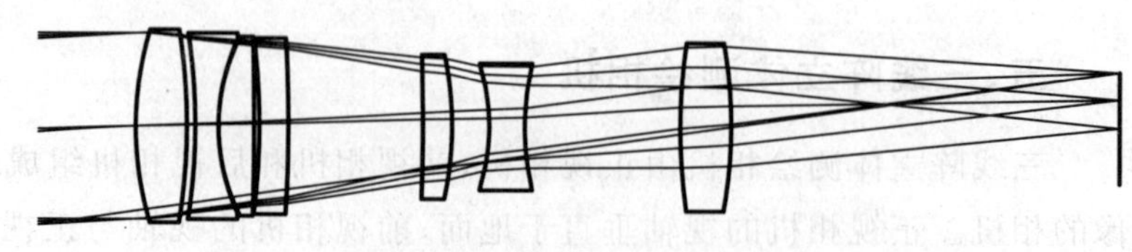

图 26-66 正视相机光学系统图

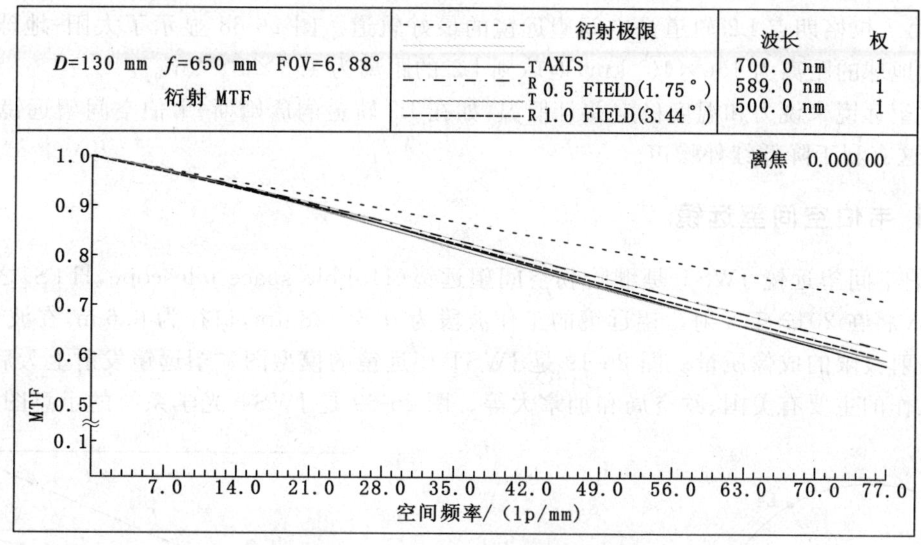

图 26-67 正视相机光学传递函数曲线

表 26-34 列出了其光学系统的参数。

表 26-34 正视相机的光学系统参数

	半径 R/mm	厚度 /mm	材 料
物面	1e+018	1e+018	
stop	236.356 0	35	SK10_SCHOTT
2	−419.442 7	5.844 0	
3	−404.483 8	16	KZFS1_SCHOTT
4	143.295 3	0.1	
5	136.966 2	25	SK10_SCHOTT
6	−2 154.468 6	3.928 9	
7	−425.702 4	20	KZFS1_SCHOTT
8	−1 003.899 8	93.033 1	
9	−1 377.574 4	20	SK10_SCHOTT
10	−242.321 0	25.543 7	
11	−142.551 5	25	KZFS1_SCHOTT
12	187.645 0	107.404 8	
13	419.345 3	35	SK10_SCHOTT
14	−334.081 9	270.143 9	
像面	1e+018		

第五节 空间天文望远镜

空间科学的发展需要大型空间天文望远镜。[30-31,33-34]

进入 21 世纪，美国航空航天局(NASA)、欧洲空间局(ESA)和俄罗斯等都制定了 21 世纪空间科学发展的战略规划，规划中提出的大约 2025 年前后要研究的科学课题主要有：①行星形成的条件以及生命在行星上出现的条件；②太阳系运转机理；③宇宙最基本的物理规律；④宇宙起源及它的构成；⑤暗物质和暗能量的性质。这些科学问题的解决在很大程度上依赖于先进的光学和无线电望远镜及仪器设备的发展。

太阳-地球第二拉格朗点 L2 轨道是空间望远镜的最好轨道。图 26-68 显示了太阳-地球系统的 5 个拉格朗点。太阳到地球的距离为 150×10^6 km,地球到 L2 的距离为 1.5×10^6 km。

这个轨道对望远镜来说力和温度稳定并且低温,如在 L2 轨道的詹姆斯-韦伯空间望远镜 JWST 将被动制冷到约 37 K,这有利于降低红外噪声。

一、詹姆斯-韦伯空间望远镜[32]

詹姆斯-韦伯空间望远镜 JWST 是继哈勃空间望远镜(Hubble space telescope,HTS)之后的下一代空间望远镜,NASA 将在 2013 年发射。望远镜的工作波段为 0.6～28 μm,口径为 6.6 m,在波长为 2 μm 的近红外波段达到衍射极限的成像质量。图 26-19 是 JWST 望远镜的模型图。望远镜发射上天后自动展开并调整。参加这项工作的主要有美国、欧空局和加拿大等。图 26-69 是 JWST 光学系统的示意图。

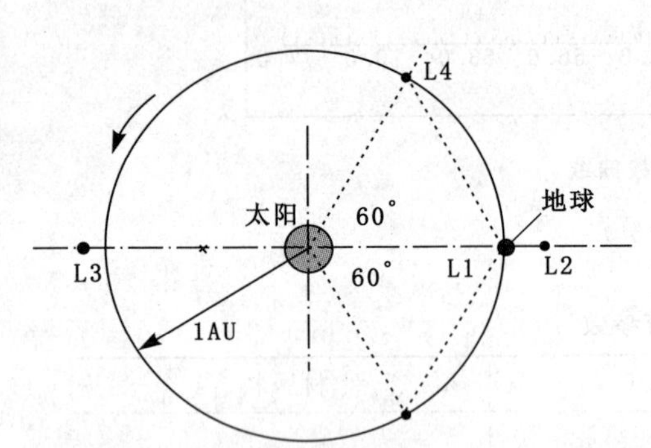

图 26-68 太阳-地球系统的 5 个拉格朗点

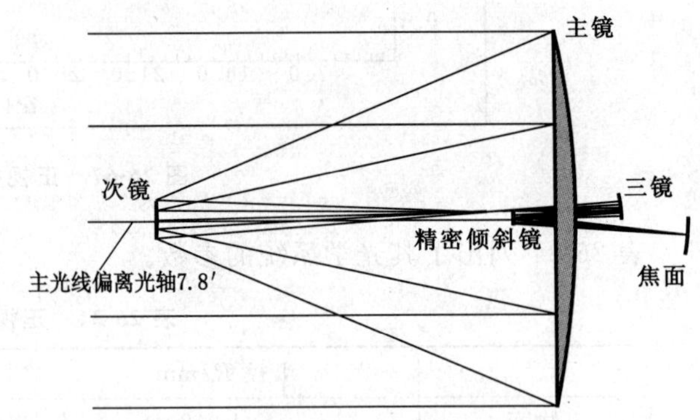

图 26-69 JWST 光学系统示意图

JWST 采用了同轴三反射镜消像散 TMA 系统。整个望远镜相对孔径为 F/20,口径为 6.6 m,视场角为 $18'\times9'$。主镜采用了拼接 18 块六角形子镜的形式,每一个子镜的边对边的距离为 1.2 m,18 块子镜拼接合成的主镜的直径为 6.6 m,主镜的二次曲面系数 $K=-0.9966605$,曲率半径 $R=15879.722$ mm(凹镜)。次镜的直径为 718 mm,曲率半径 $R=1778.91267$ mm(凸镜),二次面系数 $K=-1.65981$,有 6 个自由度的控制能力。第三镜的尺寸为 686.00 mm×473.15 mm,曲率半径 $R=3016.227$ mm(凹镜),二次曲面系数 $K=-0.6595364$。三镜和像面之间有出射光瞳,在这个出射光瞳位置放置平面反射镜,其直径为 162.5 mm,用于折转光路并起倾斜校正镜的作用。反射镜的材料为铍,镀膜材料为金。

由于运载工具的直径所限,望远镜的直径不能超过 4 m,因此,这个望远镜是可折叠的,发射上天后自动展开、调整。

二、单开口远红外空间望远镜[35]

单开口远红外(single aperture far-infrared,SAFIR)望远镜是 NASA 计划于 2022 年发射的远红外天文观测仪器,也将在 L2 轨道工作,使用的波长范围是 2 μm～1 mm,望远镜口径为 10 m,在波长 30 μm 处达到衍射极限成像质量。图 26-70 是 SAFIR 望远镜的概念图。望远镜要求发射上天后自动展开并调整。

三、超新星加速度探测器空间望远镜[36]

美国和法国、英国等有关单位联合正在研究的空间望远镜项目有超新星加速度探测器(super nova acceleration probe,SNAP)望远镜,计划于 2020 年发射,用于超新星加速度探测及研究暗能量的交换原理等,它工作在 L2 轨道,望远镜的口径为 2 m,焦距为 20.66 m,使用的波长范围是 0.35～1.7 μm,在 0.7 μm 达到衍射极限成像质量。图 26-71 是 SNAP 望远镜的概念图。

图 26-72 是 SNAP 的光学系统示意图。光学系统采用了同轴三反射镜消像散 TMA 系统。系统的口径 $D=2$ m,焦距 $f=21.66$ m,视场角 FOV=0.68°～1.5°(环形),光学系统总长度为 3.3 m,在光学系统出射光瞳处放置带中心孔的 45°折叠平面反射镜,像面环形视场内不产生二次遮拦。主镜直径为 2 m,主镜中心孔

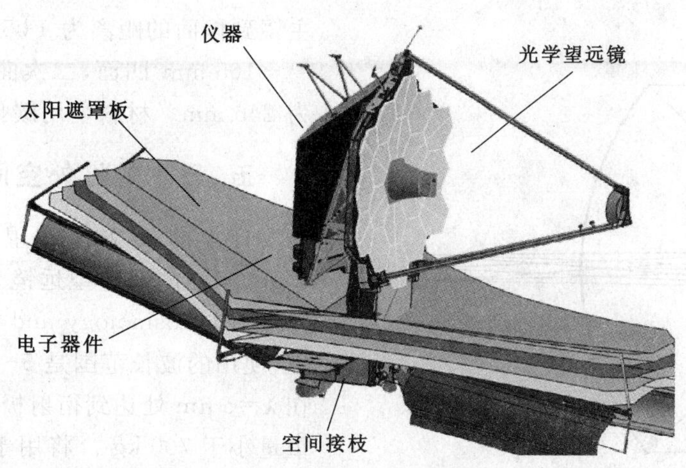

图 26-70　SAFIR 望远镜的概念图

直径为 0.5 m，曲率半径 $R=4.908\ 057$ m(凹面)，二次曲面系数 $K=-0.981\ 128$。次镜直径为 0.45 m，曲率半径 $R=1.098\ 948$ m(凸面)，二次曲面系数 $K=-1.847\ 493$。折叠平面反射镜尺寸为 0.66 m×0.45 m，中心孔尺寸为 0.19 m×0.12 m。三镜直径为 0.68 m，曲率半径 $R=1.405\ 997$ m(凹面)，二次曲面系数 $K=-0.599\ 000$。像面是平面，其尺寸外径为 0.567 m，中心内径为 0.258 m。

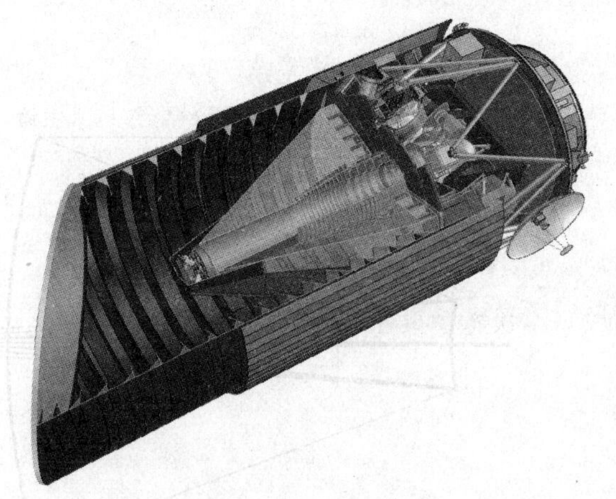

图 26-71　SNAP 望远镜的概念图

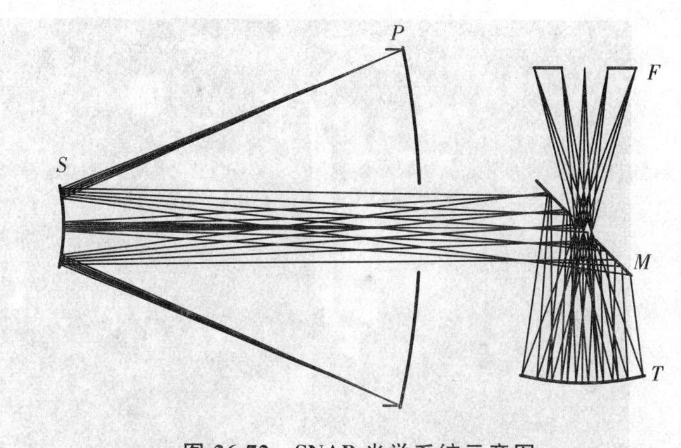

图 26-72　SNAP 光学系统示意图

四、欧空局 Herschel 空间望远镜[37-39]

欧空局规划的 Herschel 望远镜是 2009 年发射的，工作在 L2 轨道，使用的波长范围是 57～670 μm，望远镜的口径为 3.5 m，整个望远镜采用了碳化硅材料。光学系统的波像差小于 6 μm rms，工作温度在 70 K，重量小于 300 kg。图 26-73 是 Herschel 望远镜的概念图。图 26-74 是 Herschel 望远镜的光学系统示意图。

图 26-73　Herschel 望远镜的概念图

光学系统采用了卡塞格林(Cassegrain)系统。光学系统口径 $D=3.5$ m，焦距 $f=28.5$ m，视场角 FOV=0.5°。主镜口径 $D=3.5$ m，曲率半径 $R=3\ 500$ mm 凹面，二次曲面系数 $K=-1$，即抛物面。主次镜距离为 1 587.998 mm。次镜曲率半径 $R=345.2$ mm 凸面，二次曲面系数 $K=-1.279$，次镜口径 $D=308.12$ mm。

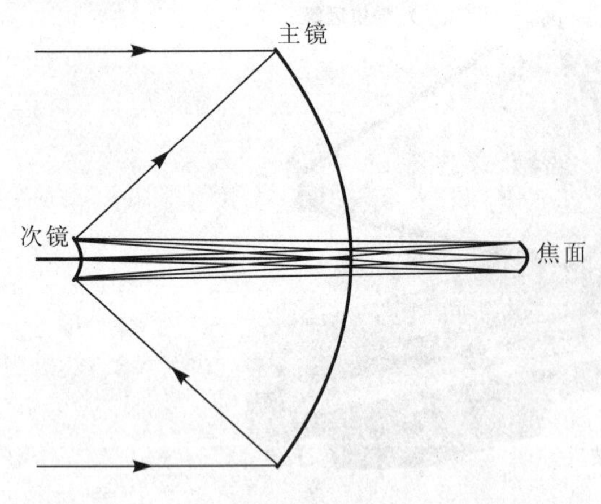

图 26-74 Herschel 的光学系统示意图

主镜到像面的距离为 1 050 mm，像面的曲率半径为 $R=-165$ mm 凹面，二次曲面系数 $K=-1$，像面直径为 246 mm。材料全用碳化硅 SiC 材料。

五、日本的红外空间望远镜 SPICA[40-42]

日本的天文红外望远镜计划将在 2010 年把 3.5m 口径的红外望远镜 SPICA（space infrared telescope for cosmology and astrophysics）发射到 L2 轨道，使用的波长范围是 5～200 μm，望远镜的成像质量在 $\lambda=5$ μm 处达到衍射极限水平，工作温度为 4.5 K，重量小于 700 kg 。将用于宇宙学和天文物理学的研究。图 26-75 是 SPICA 望远镜的概念图。整个望远镜采用全碳化硅材料。图 26-76 是 SPICA 的光学系统示意图。

光学系统采用了 R-C 系统。光学系统的口径 $D=3.5$ m，焦距 $f=18$ m，视场角 FOV$=20'$（圆形）。主镜口径 $D=3.5$ m，曲率半径 $R=7\,578$ mm（凹面），二次曲面系数 $K=-1.024\,0$，主、次镜间距为 2 986 mm。次镜口径 $D=0.772$ m，曲率半径 $R=2\,034$ mm（凸面），二次曲面系数 $K=-2.582\,1$。主镜到像面的距离为 828.2 mm。

图 26-75 SPICA 望远镜概念图

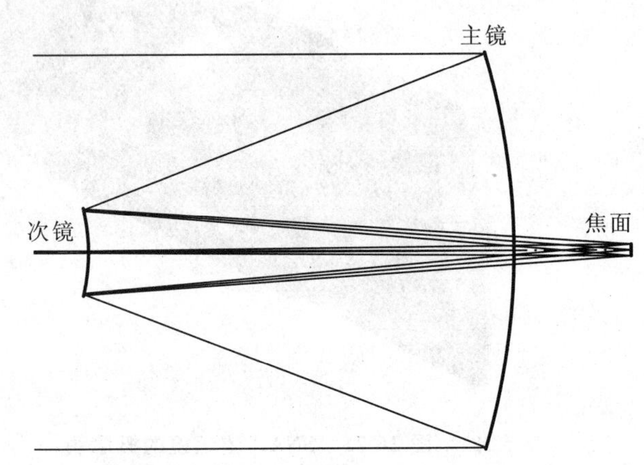

图 26-76 SPICA 光学系统示意图

从上面的例子中可以看到，卡塞格林系统结构简单、尺寸小。主镜是凹抛物面，容易加工，次镜是凸双曲面，较难加工。缺点是视场角小。R-C 系统比卡塞格林系统视场角大，但主镜是凹双曲面，比抛物面加工难度大。同轴三反射镜消像散 TMA 系统是比前述的二反射镜系统多一个非球面反射镜，加工和装调稍微复杂些，但结构紧凑、轴外像质好，是一种可实现大视场角的大型天文望远镜的较好的光学系统。

空间天文望远镜不存在大气抖动问题，并且在低温环境下工作，有利于消除红外背景噪声，但存在发射的困难。目前由于运载工具直径的限制，口径小于 4 m 的望远镜可以采用整块主镜，不用拼接，而大于 4 m 的望远镜必须采用拼接主镜，并要求发射后自动展开和调整光学系统。这时波前传感技术是非常关键的。

参考文献

[1] 姜景山 .空间科学与应用[M].北京：科学出版社，2001

[2] 禹秉熙，郑玉权，胡莘，李英才.光学遥感成像[M]//姜景山.空间科学与应用. 北京：科学出版社，2001：38-135

[3] 张肇先，梁平治，方家熊，王维扬，张凤山. 红外遥感探测[M]//姜景山.空间科学与应用. 北京：科学出版社，2001：

136-218

[4] 孙再龙:红外与光电系统手册[M]. 天津:红外与激光工程编辑部翻译,2002

[5] 孙再龙.红外与光电系统手册[M]. 天津:红外与激光工程编辑部翻译,2002

[6] Michael Bass. Handbook of Optics. Volume Ⅱ. Devices, Measurements, and Properties[M]. New Yorle: McGRAW-HILL,1995

[7] Pierre Y. Bely. The Design and Construction of Large Optical Telescopes[M]. Springer,2002

[8] Wilson. R. N. Reflection Telescope Optics Ⅰ,Ⅱ[M]. Springer,2001

[9] Glenn D. Boreman. Modulation Transfer Function in Optical and Electro-Optical Systems[J]. SPIE PRESS, 2001

[10] 韩昌元. 航天相机成像质量评价[J]. 光电工程,2002,29(增刊):19-24

[11] 韩昌元. 航天相机 MTF 分析与辐射标定[M]//陈星旦. 光学与光学工程——庆祝王大珩院士诞辰 90 周年学术论文集. 北京:科学出版社,2005:230-241

[12] 李宏壮,韩昌元,马冬梅. 航天光学遥感器在轨调制传递函数神经网络评价方法[J]. 光学学报,2007,27(4):631-637

[13] 迟学芬,韩昌元. 基于信息理论的采样成像系统匹配设计[J]. 光学学报,2003,23(3):278-283

[14] 常军,翁志成,姜会林,等. 长焦距空间三反射镜光学系统的设计[J]. 光学精密工程,2001,9(4):315-318

[15] 薛鸣球,沈为民. 轻小型高分辨率 TDI CCD 相机的光学设计[M]//陈星旦. 光学与光学工程——庆祝王大珩院士诞辰 90 周年学术论文集. 北京:科学出版社,2005:90-96

[16] 张圣华,张晓辉,韩昌元. 中心遮拦干涉图处理[J]. 光学学报,1998. 18(10):1404-1407

[17] 张斌,韩昌元. 离轴非球面三反射镜光学系统装调中计算机优化方法的研究[J]. 光学学报,2001,21(1):54-58

[18] 杨晓飞,张晓辉,韩昌元. 用像差逐项优化法装调离轴三反射镜光学系统[J]. 光学学报,2004,24(1):115-120

[19] 杨晓飞,张晓辉,韩昌元. Zemax 软件在离轴三反射镜光学系统计算机辅助装调中的应用[J]. 光学 精密工程,2004,12(3):270-274

[20] 南京大学数学系计算数学专业. 光学系统自动设计中的数值方法[M]. 北京:国防工业出版社,1976.

[21] 史荣昌. 矩阵分析[M]. 北京:北京理工大学出版社,1996

[22] 陈祖明. 矩阵论引论[M]. 北京:北京航空航天大学出版社,2000

[23] 郑文瑞,刘淑琴. 概率论与数理统计[M]. 吉林:吉林人民出版社,1999

[24] Han Changyuan, Zhang Xiaohui, Zhang Shenghua, Ma Jun, Wu Donghai, Zhang Bin. Interferometric testing for large optical elements[J]. Proceedings of SPIE ,2000,4231:269-276

[25] Wang Jiaqi, Han Changyuan. Present status of research on space optical remote sensors at CIOMP[J]. 光学精密工程,2003,11(3):213-222

[26] 王刚,郑玉权. LOEWTRAN7 计算结果[M]. 长春:中国科学院长春光学精密机械与物理研究所,2007

[27] 李幼平,禹秉熙,韩昌元,李柱. 成像光谱仪工程权衡优化设计的光学结构[J]. 光学精密工程,2006,14 (6):974-979

[28] 相里斌,赵葆常,薛鸣球. 空间调制干涉成像光谱技术[J]. 光学学报,1998,18(1):18-22

[29] 董瑛,相里斌,赵葆常. 大孔径静态干涉成像光谱仪的干涉系统分析[J]. 光学学报,2001,21(3):330-334

[30] Philip Stahl H. Mirror Technology Roadmap for Optical/IR/FIR Space Telescopes[J]. Proc. SPIE 6265, 626504, 2005

[31] Roger Angel. Buyer's guide to telescopes at the best site: Dome A, L2 and Shackleton Rim[J]. Proc. SPIE 5487,2004

[32] eoPortal directory: JWST (James Webb Space Telescope)

[33] http://planetquest. jpl. nasa. gov/TPF/tpf-architectures. cfm

[34] James B Breckinridge. Space Optics: Challenge and Opportunity[J]. Proc. SPIE 5524,2004:8-13

[35] Dan Lester,et al. Science Promise and Conceptual Mission for SAFIR——the Single Aperture Far Infrared Observatory[J]. Proc. SPIE 6265,62651x,2006

[36] Sholl M, et al., Snap Telescope[J]. Proc. SPIE 5487,2004:1473-1483

[37] Goran L. Pilbratt Herschel mission and observing opportunities[J]. Proc. SPIE 5487,2004:401-412

[38] Lim Tanya, et al. First Results From Herschel-Spire Performance Tests[J]. Proc. SPIE 5487,2004: 460-486

[39]Toulemont Y, et al. The 3.5m all SiC Telescope for Herschel[J]. Proc. SPIE 5487,2004:1119-1128

[40] Hidehiro Kaneda, et al. Development of space infrared telescope for the SPICA[J]. Proc. SPIE 5487,2004:991-1000

[41] Yves Toelemont,et al. The 3.5m all SiC Telescope for Spica[J]. Proc. SPIE 5487,2004:1001-1012

[42] Emmanuel Seien, et al. A New Ggeneration of Large Sic Telescope For Space Application[J]. Proc. SPIE 5528, 2004: 83-95

[43] Conrad Wells, et al. Assembly integration and ambient testing of the James Webb Space Telescope Primary mirror [J]. Proc. SPIE 5487, 2004: 859-866

[44] Koby Z Smith, et al. Current Concepts for Cryogenic Optical Testing of the JWST Secondary Mirror[J]. Proc. SPIE 5494, 2004: 141-151

[45] Lee D Feinberg, et al. New Approach to Cryogenic Optical Testing the James Webb Telescope[J]. Proc. SPIE 6265, 62650P, 2006

[46] Raymond T D, et al. High-speed, non-interferometric characterization of Si wafer surfaces[J]. Proc. SPIE 4809, 2002: 208-216

[47] Craig Kiikka, et al. The JWST Infrared Scanning Shack Hartman System: A new in-process way to measure large mirrors during optical fabrication at Tinsly[J]. Proc. SPIE 6265, 62653D, 2006

[48] Proteep C V Mallik, et al. Measurement of a 2-meter flat using a pentaprism scanning system[J]. Proc SPIE 5868, 58681A, 2005

[49] Proteep C V Mallik, et al. Measurement of a 2-meter flat using a pentaprism scanning system[J]. Optical Engineering, Vol. 46 (2), 2007

[50] Robert A Gonsalves, et al. Wavefront sensing by phase retrieval[J]. Proc. SPIE 207, 1979: 32-39

[51] Bruce H Dean, et al. Phase Retrieval Algorithm for JWST Flight and Testbed Telescope[J]. Proc. SPIE 6265, 626511, 2006

[52] Richard G Paxman, et al. Phase-Diverse Adaptive Optics for Future Telescopes[J]. Proc. SPIE 6711, 671103, 2007

[53] Martin J Booth, et al. Image-based wave front sensorless adaptive optics[J]. Proc. SPIE 6711, 671102, 2007

[54] David A Carrara, et al. Aberration correction of segmented-aperture telescopes by using phase diversity[J]. Proc. SPIE 4123, 2000: 56-63

[55] Adam R Contos, et al. Aligning and maintaining the optics for the James Webb Space Telescope (JWST) on-orbit: the wave front sensing and control concept of operations[J]. Proc. SPIE 6265, 62650x, 2006

[56] 韩昌元. 高分辨率空间相机的光学系统研究[J]. 光学精密工程, 2008, 16(11): 2164-2172

[57] 韩昌元. 空间光学的发展与波前传感技术[J]. 中国光学与应用光学, 2008, 1(1): 13-24

[58] 赵葆常, 杨建峰, 贺应红, 等. 探月光学[J]. 光子学报, 2009, 38(3): 461-467

第二十七章　自适应光学

自适应光学(adaptive optics)是近 30 年发展起来的光学新技术。自适应光学技术利用光电子器件实时测量波前动态误差，用快速的电子系统进行计算和控制，用能动器件进行实时波前校正，使光学系统具有自动适应外界条件变化、始终保持良好工作状态的能力，在高分辨率成像观测和高集中度激光能量传输等方面有着重要的应用。

自适应光学的概念首先来源于天文望远镜观测中遇到的大气湍流扰动问题。光学望远镜是利用光波获取远距离目标信息的有力工具。由于光波波长比无线电波短得多，所以同样接收孔径下光学望远镜的分辨能力也远高于雷达。然而由于光束传输路径中的大气湍流给光学望远镜带来随时间变化的动态干扰，光学望远镜的实际分辨率常常远达不到理论上所预期的衍射极限。空间目标发出的光波穿过大气层到达地球表面时，由于大气湍流造成了空气折射率变化的不均匀性，波前的振幅和相位都受到了很严重的随机扰动，因而使望远镜的成像质量严重恶化。大气湍流成为限制地面望远镜分辨能力的重要因素。

大气湍流的动态扰动会使大口径望远镜所观测到的星像不断抖动，而且不断改变成像光斑的形状。通常用相干长度表示大气湍流的强度。在小于相干长度的观测口径下大气湍流对成像质量才没有明显影响。地球大气湍流的相干长度在可见光波段一般只有 5～20 cm 左右，这样即使建造口径几米或更大的地基望远镜系统，这样的大型望远镜的成像分辨率不会超过天文爱好者手中口径为 10～20 cm 的小望远镜。这给天文观测或者空间监测带来严重的后果，它降低了对目标的探测能力，使得目标的形态细节分辨不清，也降低了测量定位精度。即使是看来似乎宁静的大气也始终存在这种扰动。望远镜实际观测分辨率因受大气湍流影响而大大降低的现象在人类发明望远镜之后就已经被发现了，这个现象数百年来始终困扰着天文界。天文学家和光学工作者就像谈论天气一样谈论大气湍流，但一直找不到解决办法。只是到了自适应光学真正发展起来以后这个问题才逐渐得到解决。

第一节　自适应光学的内涵和发展

一、自适应光学的内涵

牛顿 18 世纪初出版的《光学》一书中，描述了大气湍流使望远镜像斑模糊和抖动的现象，他认为没有什么办法来克服这一现象，“唯一的良方是寻找宁静的大气，云层之上的高山之巅也许能找到这样的大气”[1]。天文学家们以极大的努力寻找大气特别宁静的观测站址。但即使在地球上最好的观测站，大气湍流仍然是一个制约观测分辨率的重要因素。

1953 年美国天文学家巴布科克提出用实时测量波前误差并加以实时补偿的方法来解决大气湍流等动态干扰的设想[2]。其设想的核心是在光学系统中引入一个表面形状可以改变的反射元件(称为波前校正器)和一个波前误差传感器，用波前传感器测量出不断变动的波前误差，利用一套控制系统去控制波前校正器并对波前误差进行补偿校正。如果这一过程足够快，就可以用不断变化的波前校正量来补偿校正不断变化的动态波前误差，就可以使光学系统具有自动适应环境变化，克服动态扰动，保持理想成像性能的能力。这就是自适应光学的基本思想。它改变了传统光学技术只是追求静态精度的局限，使光学系统具有能动可变的特点，从而为解决困扰光学界几百年之久的动态干扰问题提供了途径。

自适应光学系统能够实时测量并补偿受动态扰动所造成的波前畸变，使光学望远镜得到接近衍射极限的目标像，或者使激光发射系统有效地将激光束聚焦到目标上。自适应光学技术使光学系统具备了自动适应外界条件变化，保持最佳工作状态的能力，从而使传统光学系统那种在环境干扰面前无能为力的被动工作模式得以彻底改变，极大地提高了光学系统的性能。自适应光学在空间观测和激光束大气传输方面的巨大应用潜力使它自诞生以来就受到世界各国的高度重视,并取得很大的成功。近年来,自适应光学技术又被大力推向民用领域,许多国家都在努力发展自适应光学在天文和其他方面的应用。

在高分辨率光学成像系统和高质量的激光能量传输系统中,系统内部和外部都有各种静态或动态像差。例如,光学系统内部温度变化而导致的热变形,不同观测方向下系统部件与重力的相对方向发生变化而导致的重力变形,以及大气湍流造成的光波波前动态随机扰动。此外,望远镜在工作时还受风力、振动和跟踪误差的影响而使光轴产生抖动,从波前来说,这种抖动可表述为到达望远镜波前的整体倾斜,造成像斑因抖动而模糊。各种干扰所引起的动态波前畸变的大小和变化频率范围有很大不同。温度和重力变化引起的波前畸变变化比较缓慢,其变化频率通常在几赫兹以下。对光学系统影响最大的是大气湍流造成的随机动态波前畸变(也称波像差)。大气湍流的动态扰动会使大口径望远镜所观测到的星像不断抖动而且不断改变成像光斑的形状。这种随机波前像差的变化速度较快,其扰动频率可以达到几百赫兹。一般把带宽低于1 Hz,以校正温度和重力变形等造成较慢变化像差为主的技术称为能动光学(active optics)技术;而把带宽高于1 Hz,以校正大气湍流等造成较快变化像差的技术称为自适应光学技术。

二、自适应光学的发展

自适应光学的发展历史可以概括为3个阶段:20世纪50年代到70年代的提出阶段,70年代到80年代末期的军事应用为主的阶段,80年代末至今的扩大应用阶段。为了在更多的领域得到应用,现在已开始进行低成本化的探索。

20世纪50年代到70年代初为自适应光学的提出阶段。1953年美国天文学家巴布柯克首次提出在地基天文望远镜上校正由于大气湍流扰动所造成的光学波前畸变的想法[2]。虽然他的方案一直未能付诸实际,然而这种思想却成为自适应光学的开端。事实上,在那个年代,大气湍流对光波波前相位扰动的情况人们尚不清楚,另外,那时的光电技术和计算机水平也很低,不能满足自适应光学的需要。因此自适应光学到70年代中期才真正起步,并且在近30年得到迅速的发展,成为令人瞩目的光学新技术[3]。

20世纪70年代到80年代末为自适应光学的军事应用为主的阶段。由于自适应光学在空间监测和激光能量传输方面的巨大应用潜力,从70年代开始,美国军方投入了大量的资金。1972年美国研制出了第一套实时大气补偿成像实验系统。这个系统在300 m水平光路上成功地对大气湍流效应进行了补偿,经补偿后的图像分辨率接近衍射极限。1982年在夏威夷附近的美国空军毛伊岛光学站,安装了世界上第一台实用的1.6 m自适应光学望远镜,用于对空间目标的监测。该系统在可见光波段(0.4～0.7 μm)工作,有168个子孔径,波前传感器为横向交变剪切干涉仪,波前校正元件为整体式压电变形镜,采样频率为10 000 Hz,带宽为200～1 000 Hz,探测灵敏度达7等星。在805 km的距离上系统的分辨率可达0.3 m,即0.07″,表明该系统在1.6 m口径和0.6 μm工作波长的情况下达到衍射极限的成像质量。以军事应用为背景,美国还建立了多种激光发射自适应光学系统,并进行了大量实验。当时美国对自适应光学技术实行严格的保密。

20世纪80年代末至今为自适应光学的扩大应用阶段。自适应光学发展到80年代末,在天文观测方面的研究已开始有了突破。欧洲南方天文台在法国空间研究院和莱塞多特(Laserdot)公司的协助下,进行了称为Come-On的自适应光学计划。系统采用19单元连续镜面变形反射镜,用哈特曼-夏克传感器探测光波波前动态畸变。系统在可见光波段进行波前探测,在红外波段进行成像校正。1989年该系统被装到位于法国上普洛旺斯天文台的1.52 m天文望远镜上进行实验,成功地在红外波段实现了校正。在波长大于2.2 μm的波段内,星像接近衍射极限,在波长较短时望远镜的像质也有很大改善。由于所用的像增强器噪声大,系统所能观测的极限星等只有3等。1990年系统运到智利,安装到拉-西拉(La-Sila)的欧洲南方天文台3.6 m的望远镜上进行实验时,改用了低噪声的CCD探测器,使系统的探测能力大大提高,达到11.5星等,实验获得了圆满成功。这两次实验是自适应光学技术在天文上第一次取得的成功应用,对世界天文界造成了很大的震动,被认为是天文观测技术发展的里程碑,它大大推动了自适应光学技术在天文观测上的应用。现在各国正在进行的大型天文望远镜计划,几乎都要采用自适应光学技术。

1991年美国军方对其自适应光学技术所作的局部解密进一步促进了自适应光学技术的民用推广。目前自适应光学技术不仅被应用于天文观测、空间监测和激光传输系统中,而且也在卫星对地观测中使用。在众所周知的哈勃(Hubble)空间天文望远镜上，就采用了自适应光学技术来校正由于失重和温度变化引起的光学系统误差。此外，自适应光学技术在激光光束质量改善、激光谐振腔、激光核聚变、通信和医学等方面的应用研究也受到了很大的重视。

由于自适应光学系统制造困难、费用高昂，极大地限制了自适应光学技术的推广应用，特别是在民用方面的应用。近年来，开始进行自适应光学技术低成本化的探索。国外已经开始进行降低自适应光学系统制造成本方面的研究。自适应光学系统中最复杂，也最具有代表性的部分是变形镜。用传统方法制作变形镜的成本很高，现在出现了一种值得重视的发展趋势，就是采用光刻和微机械技术来制作变形镜，这样可使变形镜的制作成本大幅度降低，生产效率大大提高。当然，这个阶段的工作刚刚开始，要取得成效尚需假以时日。

中国对自适应光学的研究起步于 1979 年，已经研制成功多套自适应光学系统，其中 1985 年研制的 19 单元激光波前校正系统，被用于“神光Ⅰ”激光核聚变装置上，校正这一装置中的制造误差、光学材料的不均匀性以及装调误差等静态误差，使静态焦斑能量集中度提高了 3 倍，成为国际同类装置中首先成功使用的自适应光学系统[4]。1990 年 21 单元动态波前误差校正系统与云南天文台的 1.2 m 望远镜对接，实现了对自然星体的大气湍流校正，获得了分辨双星的清晰照片，使我国成为继美国和德国之后第三个实现这一目标的国家[5]。2000 年利用新研制出的 19 单元微小型变形镜建立了人眼视网膜成像自适应光学系统，并获得了较清晰的人眼底图像[6]。另外在自适应光学理论和单元技术方面也有不少创新。

第二节　自适应光学系统的组成

典型的成像观测用自适应光学系统如图 27-1 所示，从目标发出的光波通过湍流大气进入望远镜系统，如果不加自适应光学校正，所获得的像是模糊不清的，并且是不稳定的。在自适应光学系统中，波前传感器实时探测出波前畸变，此信号经波前控制器处理后产生出控制信号加到波前校正器上，产生与所探测到的波前畸变大小相等符号相反的波前校正量，使光波波前由于受到动态干扰而产生的畸变得到实时补偿，从而获得接近衍射极限的成像质量。

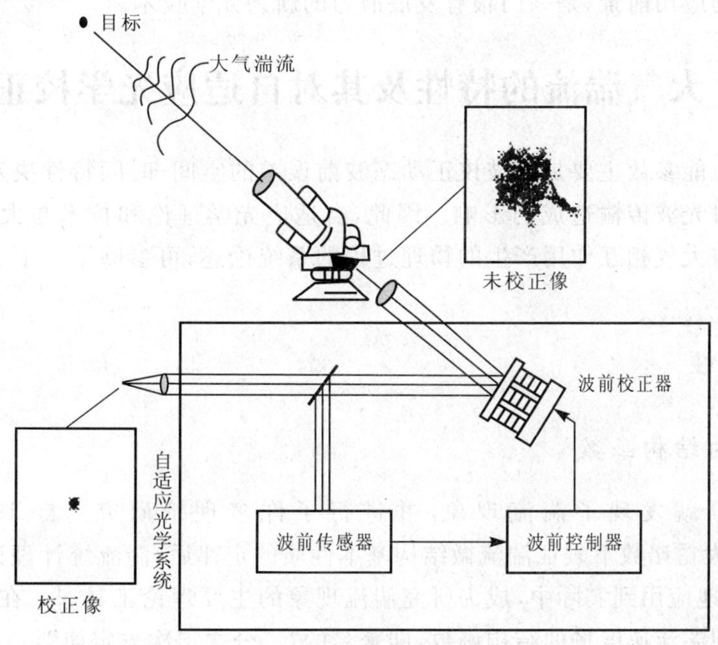

图 27-1　自适应光学望远镜的基本组成

通常的自适应光学系统包括 3 个基本组成部分：波前传感器、波前控制器和波前校正器。下面简单介绍各部分的基本工作原理。

波前传感器实时测量从目标或目标附近的信标来的光波的波前误差。由于直接测量波前相位十分困难，一般都是将光束孔径划分成许多子孔径，测量波前相位的斜率或曲率，再利用波前复原算法计算出波前相位误差。波前传感器的常用类型主要有剪切干涉仪、哈特曼-夏克传感器和曲率传感器。前两者探测的是波前畸变的斜率分布，而后者探测的是波前畸变的曲率分布。还有另一种间接测量波前的方法，就是在光学孔径内轮流加入局部的试验扰动（一般通过波前校正器来实现），同时测量反映波前误差的某个品质因素（如焦面上能量集中度），得到使品质因素优化的方向，在这些方向上不断施加修正，使品质因数达到或接近最佳值。

波前校正器将波前控制器提供的控制信号转变为波前相位变化，以校正光波波前畸变，是自适应光学系统的核心。波前校正器通常分成倾斜反射镜和变形反射镜两种。倾斜反射镜可以在驱动器推动下，以很快的速度推动反射镜做微小的倾斜运动，用以校正畸变波前的整体倾斜。变形反射镜则是在许多驱动器单元的推动下，使镜面产生可控的变形，用以校正畸变波前的形状误差。与传统光学元件追求面形稳定不变相反，变形反射镜的面形是能动可变的，它可以在波前控制器的作用下产生所需要的动态波前校正量，从而使动态波前的校正成为可能。目前用得最多的是压电或电致伸缩材料的驱动器，其位移分辨率可以达到10 nm量级，而响应速度小于1 ms，由它构成的变形反射镜的结构谐振频率可达几千赫，因而变形镜有很快的响应速度和足够的精度。

波前控制器用于把波前传感器所测到的波前畸变信息转化成波前校正器的控制信号，以实现自适应光学系统的闭环控制。波前控制器具体完成两个任务：波前复原和产生控制信号。由于波前传感器只能探测出波前畸变的斜率或曲率分布，所以需将其进一步处理成波前畸变的相位分布，即波前复原。得到畸变波前的相位分布后，还必须通过适当的控制算法产生控制信号，以调整系统的控制特性，使之有适当的带宽和增益并保持系统的稳定。由于要求在很短的时间内完成这一过程，常常需要用运算速度达每秒几亿次的专用计算机。

国际上自适应光学技术仍在快速发展，并不断出现一些新理论和新技术，推动自适应光学系统的组成结构不断发生变化。另外，不同应用场合下的自适应光学系统的组成结构也不完全相同。目前自适应光学技术已经被成功地应用在天文观测、激光核聚变、大功率高质量激光器、激光能量传输等领域，并且在工业、医疗等领域存在许多重要的应用前景，是一门很有发展潜力的新兴光学技术。

第三节　大气湍流的特性及其对自适应光学校正的要求

自适应光学系统的性能参数主要是由被校正动态波前误差的空间-时间特性决定的。自适应光学最初主要用来克服大气湍流对光波传输造成的影响。因此，自适应光学理论和技术与大气湍流理论密切相关。对光在大气传输过程中与大气相互作用产生的物理过程的系统论述，可参阅第二十五章《大气光学》的相关内容。

一、大气湍流的特性

（一）湍流速度场的结构函数

流体力学研究中早就发现了湍流现象，并进行了许多理论研究。自 1941 年科尔莫哥洛夫(Kolmogorov)等建立了大雷诺数下表征湍流微结构基本性质的定律后，湍流统计理论在关于湍流的研究中居于统治地位，并被成功地应用到实际中，成为研究湍流现象的主要理论工具[7]。在惯性区域内，科尔莫哥洛夫等运用量纲分析得到湍流速度场的结构函数，即著名的“三分之二次方定律”：

$$D(r)=C(\varepsilon r)^{2/3},\quad l_0<r<L_0 \tag{27-1}$$

式中，r为空间两点间的距离，C为比例常数，ε为能量耗散率，l_0和L_0分别为大气湍流的内尺度和外尺度。

对大气湍流的研究都是利用湍流统计理论进行的。大气作为一种光学传输介质，其折射率是大气温度、压力等的函数。而大气的温度、压力等物理量随时随地都在发生变化，所以大气湍流的折射率也在时间和空间上随机起伏。塔塔尔斯基的分析表明，在满足各向同性和局部均匀的条件下，在由湍流的内尺度l_0和外

尺度 L_0 确定的惯性子区域内,大气湍流的折射率起伏也服从三分之二次方定律[8],其结构函数为

$$D_n(r)=\langle[n(r_1)-n(r_1+r)]^2\rangle=C_n^2 r^{2/3},\quad l_0\ll r\ll L_0 \tag{27-2}$$

式中,n 为大气折射率的空间位置坐标函数,C_n^2 是大气折射率结构常数,〈〉表示随机信号的系综平均。在惯性子区域内,湍流折射率起伏的三维空间功率谱密度为

$$\Phi_n(K,z)=0.033\,C_n^2(z)K^{-11/3},\quad 2\pi/L_0<K<2\pi/l_0 \tag{27-3}$$

式中,K 为空间波数,$K=2\pi k$;k 为空间频率;z 为光束的传播路径。上式被称为大气湍流折射率起伏的科尔莫哥洛夫谱。实际大气湍流比科尔莫哥洛夫谱描述的复杂得多。折射率起伏还有另外的冯卡曼模型谱和指数模型谱等。但科尔莫哥洛夫谱理论形式简洁,可以解释光波通过大气湍流传播时遇到的大多数现象,因而在大气湍流研究中影响非常大。

对于科尔莫哥洛夫湍流,弗里德(D. L. Fried)等得到相位扰动的空间结构函数为[9-10]

$$D_\varphi(r)=2.91k_0^2 r^{5/3}\int_0^L C_n^2(z)\mathrm{d}z \tag{27-4}$$

或

$$D_\varphi(r)=6.88(r/r_0)^{5/3} \tag{27-5}$$

式中,k_0 为波数,$k_0=2\pi/\lambda$,λ 为观测波长,L 为光束传播路径的总长度。r_0 通常被称为弗里德常数或大气相干长度,它与折射率结构常数的空间分布 $C_n^2(z)$之间的关系为

$$r_0=\left[0.423k_0^2\int_0^L C_n^2(z)\chi^{5/3}(z)\mathrm{d}z\right]^{-3/5} \tag{27-6}$$

式中,对于平面波 $\chi(z)=1$,对于球面波 $\chi(z)=1-z/L$。

(二)大气湍流的特征参数

大气相干长度 r_0 是反映大气湍流强度的一个特征尺度。其物理意义是:孔径尺寸为 r_0 的光学系统接收到的湍流引起的波前误差的均方值为 1 rad^2 任何光学系统对经大气湍流扰动的光波成像时,其分辨率不会超过口径为 r_0 的光学系统的衍射极限分辨力,即光波经过大气湍流传播后,其相位扰动的空间相干长度不会超过 r_0。在可见光波段典型大气湍流条件下的 r_0 约几厘米到几十厘米。

用相干长度 r_0 表示的科尔莫哥洛夫湍流相位功率谱为[9]

$$W_\varphi(k)=0.023r_0{}^{-5/3}k^{-11/3} \tag{27-7}$$

在研究大气湍流相位扰动的时间特性时,需要利用泰勒(Tyler)冻结湍流假设[13]。根据这个假设,在某个非常短的时间内大气湍流相对空间结构保持不变,光波传播路径上湍流介质的变化是由横向风的吹动所致。这时大气湍流相位扰动的时间结构函数为

$$D_\varphi(t)=(t/\tau_0)^{5/3} \tag{27-8}$$

其中

$$\tau_0=\left[2.91k_0^2\int_0^L C_n^2(z)\mid \boldsymbol{v}(z)\mid^{5/3}\mathrm{d}z\right]^{-3/5} \tag{27-9}$$

为大气湍流相干时间,$\boldsymbol{v}$ 为风速模型。时间常数 τ_0 表示通过大气达到系统的光波波前的时间相关性。不同时刻到达观测点的光波波前,如果时间间隔超过 τ_0,就可以认为它们之间的相位扰动不再相关。在可见光波段,τ_0 通常在几毫秒到几十毫秒之间。由于大气湍流的时间常数很短,所以光波波前扰动的频率远高于温度变化和重力变化的频率,可达数百赫。

除了大气湍流相干长度 r_0 和大气湍流相干时间 τ_0 之外,另一个表征大气湍流的特征参数为大气等晕角 θ_0。对于科尔莫哥洛夫湍流,根据弗里德的研究结果[11],等晕角 θ_0 表示为

$$\theta_0=\left[2.91k_0^2\sec^{8/3}(\xi)\int_0^L C_n^2(z)z^{5/3}\mathrm{d}z\right]^{-3/5} \tag{27-10}$$

式中,ξ 为天顶角。等晕角 θ_0 反映了通过大气到达观测点的光波波前的角度相关性。由于大气湍流随时随处不同,所以在视场角范围内从不同方向到达系统的光波波前所受的扰动并不相同。如果到达系统的不同

方向的两束光之间的夹角超过 θ_0，就可以认为它们之间的相位扰动不再相关。典型大气湍流条件下的等晕角约为几十微弧度，并且随观测距离和天顶角的增加而迅速减小。

以上的相干长度 r_0、时间常数 τ_0 和等晕角 θ_0 等大气湍流参数对于确定自适应光学系统设计参数非常重要。在地面观测星体时，光束穿过整个大气层，这些参数都决定于大气折射率结构常数和横向风速随海拔高度的变化特性。

（三）大气湍流模型

由于大气湍流随时间、地点的变化很大，描述大气湍流的模型很多。其中描述白天湍流的有 HV 模型、SLC-day 模型等[3,12]，用于描述夜晚湍流的有修正 HV 模型等。各种模型的折射率结构常数 C_n^2 随海拔高度 h 变化的典型表达式如下：

修正 HV 模型 1

$$C_n^2(h)=8.16\times10^{-54}h^{10}\mathrm{e}^{-h/1\,000}+3.02\times10^{-17}\mathrm{e}^{-h/1\,500}+1.9\times10^{-15}\mathrm{e}^{-h/100} \tag{27-11}$$

修正 HV 模型 2

$$C_n^2(h)=8.16\times10^{-54}h^{10}\mathrm{e}^{-h/1\,000}+3.02\times10^{-17}\mathrm{e}^{-h/1\,500}+6.4\times10^{-15}\mathrm{e}^{-h/100} \tag{27-12}$$

HV-21 模型

$$C_n^2(h)=5.94\times10^{-53}(\omega/27)^2h^{10}\mathrm{e}^{-h/1\,000}+2.7\times10^{-16}\mathrm{e}^{-h/1\,500}+A\mathrm{e}^{-h/100} \tag{27-13}$$

式中，$\omega=21\ \mathrm{m/s}$，$A=1.7\times10^{-14}$。

SLC-day 模型

$$C_n^2(h)=\begin{cases}0, & 0\ \mathrm{m}<h<19\ \mathrm{m}\\ 4.008\times10^{-13}h^{-1.054}, & 19\ \mathrm{m}<h<230\ \mathrm{m}\\ 1.3\times10^{-15}, & 230\ \mathrm{m}<h<850\ \mathrm{m}\\ 6.352\times10^{-7}h^{-2.996}, & 850\ \mathrm{m}<h<7\,000\ \mathrm{m}\\ 6.209\times10^{-16}h^{-0.6229}, & 7\,000\ \mathrm{m}<h<20\,000\ \mathrm{m}\end{cases} \tag{27-14}$$

各种模型的差异如图 27-2 所示。可见各种模型的规律是相似的，都是在近地面 $C_n^2(h)$ 值最大，即湍流最强，海拔越高 C_n^2 值越小。多数模型在 2 km 高空有一个湍流较弱的区域，在 5～10 km 有一个湍流较强的区域。两种修正的 HV 模型在大部分高度基本重合，只是在近地面区域有所差别。

大气湍流的时间特性与各湍流层风速的变化有关。风速随大气层高度的变化通常采用巴夫顿风速模型：

$$v(h)=v_g+30\exp\left\{-\left[\frac{(h-9\,400)}{4\,800}\right]^2\right\},\quad \mathrm{m/s} \tag{27-15}$$

一般取 $v_g=5\ \mathrm{m/s}$。当观测目标相对于观测点运动，在风速模型中还要加上观测方向变化产生的赝风速。图 27-3 是标准巴夫顿模型中风速随大气层高度的变化曲线。

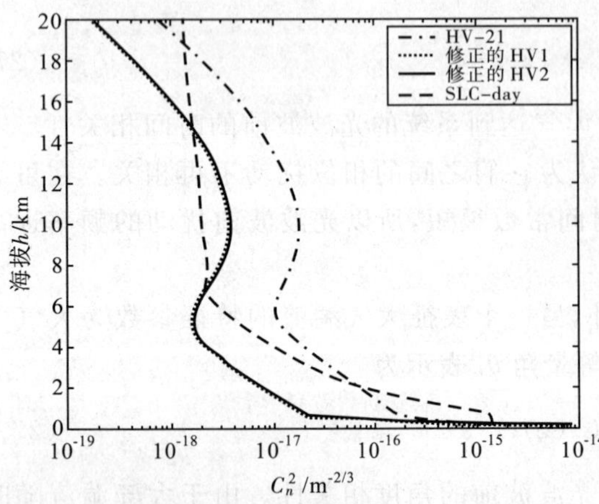

图 27-2　各种大气折射率结构常数随海拔高度变化的模型

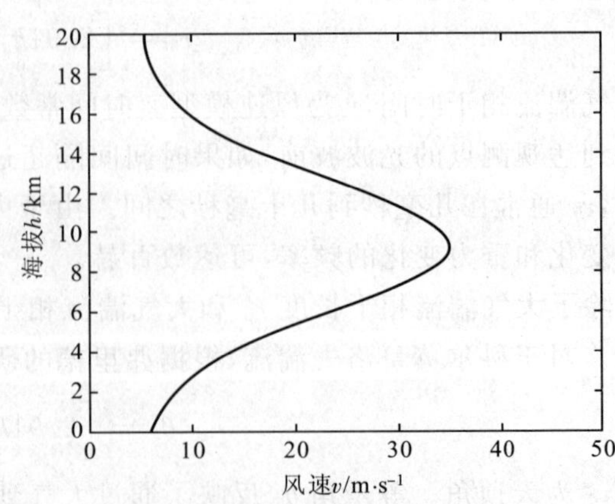

图 27-3　巴夫顿模型中风速随大气高度的变化曲线

（四）大气湍流所引起的波前整体倾斜与校正

在大气湍流所引起的相位扰动中，波前整体倾斜占绝大部分。通常情况下，波前整体倾斜有两种形式：G 倾斜和 Z 倾斜。G 倾斜定义为接收孔径上的平均斜率，Z 倾斜为扰动波前的最佳拟合所对应的倾斜项，用函数关系式可分别表示为

G 倾斜

$$\theta_G(t)=\frac{1}{k_0}\int \boldsymbol{W}(\boldsymbol{r})\nabla\varphi(R\boldsymbol{r},t)\mathrm{d}\boldsymbol{v} \tag{27-16}$$

Z 倾斜

$$\theta_Z(t)=\frac{1}{k_0}\int \boldsymbol{W}(\boldsymbol{r})\varphi(R\boldsymbol{r},t)r\mathrm{d}\boldsymbol{v} \tag{27-17}$$

一般用时间功率谱密度函数（power spectra density，简称功率谱或 PSD）分析扰动信号的能量随时间频率变化的特性。根据泰勒（Tyler）的分析[13]，在科尔莫哥洛夫湍流情况下，G 倾斜和 Z 倾斜的时间功率谱的低频段服从频率的 $-2/3$ 次方规律，高频段则分别随频率的 $-11/3$ 和 $-17/3$ 次方下降。用关系式表示为

G 倾斜

$$F_G(f)=\begin{cases}1.608\sec(\xi)v_{-1/3}f^{-2/3}, & f\leqslant 0.239D^{-1}v_{-1/3}^{-1/3}v_{8/3}^{1/3}\\ 0.022\sec(\xi)D^{-3}v_{8/3}f^{-11/3}, & f\geqslant 0.239D^{-1}v_{-1/3}^{-1/3}v_{8/3}^{1/3}\end{cases} \tag{27-18}$$

Z 倾斜

$$F_Z(f)=\begin{cases}1.608\sec(\xi)v_{-1/3}f^{-2/3}, & f\leqslant 0.445D^{-1}v_{-1/3}^{-1/5}v_{14/3}^{1/5}\\ 0.028\sec(\xi)D^{-5}v_{14/3}f^{-17/3}, & f\geqslant 0.445D^{-1}v_{-1/3}^{-1/5}v_{14/3}^{1/5}\end{cases} \tag{27-19}$$

其中功率谱的单位是 $\mathrm{rad}^2/\mathrm{Hz}$（rad 为角度）。式中，$v_m=\int C_n^2(h)v^m(h)\mathrm{d}h$，$f$ 是时间频率，D 是观测孔径，ξ 为天顶角。

在实际大气湍流传输实验中测量得到的整体倾斜像差（G 倾斜）功率谱的一个典型谱形[14]如图 27-4 所示。功率谱曲线中有明显的高低频段转折点，它们的低频功率谱符合 $-2/3$ 次方的理论规律，高频段符合 $-11/3$理论规律。功率谱曲线高频段尾端的平台反映的是探测白噪声的影响。

对于科尔莫哥洛夫湍流，G 倾斜和 Z 倾斜所对应的单轴抖动方差分别为

G 倾斜

$$\sigma_{\theta_G}^2=0.182\left(\frac{D}{r_0}\right)^{5/3}\left(\frac{\lambda}{D}\right)^2 \tag{27-20}$$

Z 倾斜

$$\sigma_{\theta_Z}^2=0.170\left(\frac{D}{r_0}\right)^{5/3}\left(\frac{\lambda}{D}\right)^2 \tag{27-21}$$

在科尔莫哥洛夫湍流情况下，根据格林伍德（Greenwood）和弗里德的分析结果[15]，去除整体倾斜后大气湍流相位扰动的时间功率谱在低频段服从频率的 $4/3$ 次方规律，高频段则随频率的 $-8/3$ 次方下降：

$$F_f(f)=\begin{cases}0.132\sec(\xi)k_0^2D^4\mu_0^{12/5}v_{5/3}^{-7/5}f^{4/3}, & f\leqslant 0.705D^{-1}\mu_0^{-3/5}v_{5/3}^{3/5}\\ 0.0326\sec(\xi)k_0^2v_{5/3}f^{-8/3}, & f\geqslant 0.705D^{-1}\mu_0^{-3/5}v_{5/3}^{3/5}\end{cases} \tag{27-22}$$

其中功率谱的单位是 $\mathrm{rad}^2/\mathrm{Hz}$（rad 为相位）。式中，$\mu_m=\int C_n^2(h)h^m\mathrm{d}h$。在实际大气湍流传输实验中测量得到的波前相位功率谱的一个典型谱形如图 27-5 所示[16]。

格林伍德等认为，与自适应光学系统的动态控制有密切关系的是大气湍流扰动功率谱的高频段部分，所以常用高频段的功率谱表示整个频段的湍流功率谱：

$$F_f(f)=(f_G^{5/3}/\pi)f^{-8/3} \tag{27-23}$$

其中

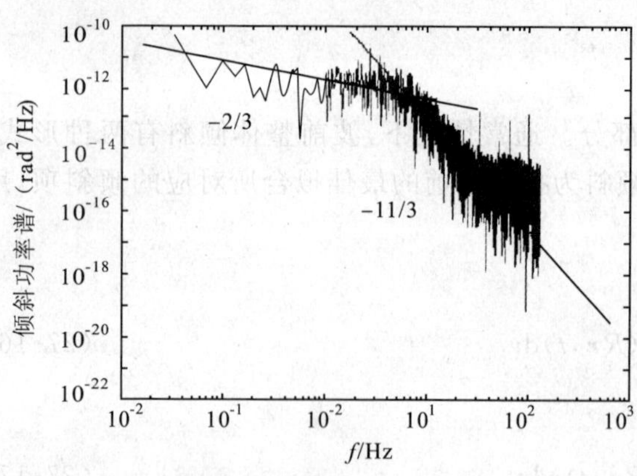

图 27-4 大气湍流扰动整体倾斜像差功率谱密度曲线的实验测量结果

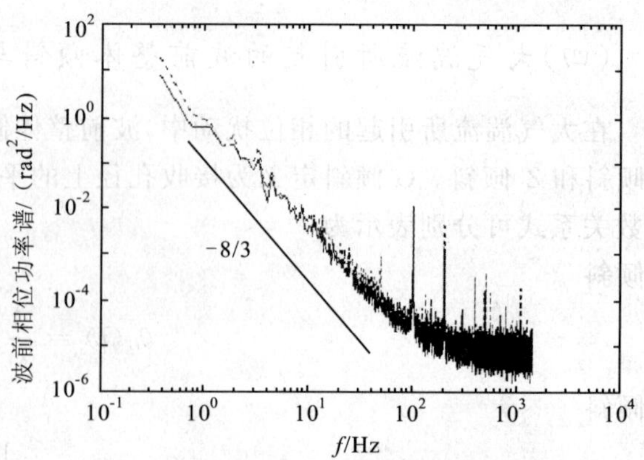

图 27-5 大气湍流扰动波前相位功率谱密度曲线的实验测量结果

$$f_G = \left[0.1024 \sec(\xi) k_0^2 \int_0^L C_n^2(h) \mid \boldsymbol{v}(h) \mid^{5/3} \mathrm{d}h \right]^{3/5} \tag{27-24}$$

为大气湍流的格林伍德频率[17]，是表示大气湍流动态扰动强度的一个重要参数。它的物理意义是：有效控制带宽等于格林伍德频率的自适应光学系统，对湍流的控制残余方差等于 $1\mathrm{rad}^2$（rad 为相位）个相位弧度平方。另一个描述大气湍流动态扰动强度的重要参数是泰勒频率[13]：

$$f_T = 0.368 D^{-1/6} \lambda^{-1} \sec^{1/2}(\xi) \left[\int C_n^2(h) v^2(h) \mathrm{d}h \right]^{1/2} \tag{27-25}$$

泰勒频率的物理意义与格林伍德频率相似：波前整体倾斜像差有效控制带宽等于泰勒频率的自适应光学系统，对波前整体倾斜的控制残余误差等于 1 倍衍射极限角。自适应光学系统中，用一面动态范围较大的高速倾斜反射镜专门校正波前整体倾斜像差，然后再用一面动态范围较小的变形反射镜校正其他高阶像差，倾斜镜和变形镜的控制是解耦的和互相独立的。决定自适应光学系统变形镜和倾斜镜控制带宽的重要参数分别是格林伍德频率和泰勒频率。一般认为变形镜和倾斜镜的有效控制带宽要比格林伍德频率和泰勒频率高得多，以保证自适应光学系统得到理想的闭环校正效果。

二、泽尼克多项式[18]

波前畸变可以用一系列正交多项式的线性组合表示。在波前畸变分析中，通常把多项式的每一项称为一种波前模式的阶。对于口径为 D（半径为 R）的观测系统，大气湍流相位扰动可用泽尼克（Zernike）多项式展开表示为

$$\varphi(R\boldsymbol{r}) = \sum_{j=1}^{\infty} a_j Z_j(\boldsymbol{r}) \tag{27-26}$$

其中

$$a_j = \int W(\boldsymbol{r}) Z(\boldsymbol{r}) \varphi(R\boldsymbol{r}) \mathrm{d}\boldsymbol{r} \tag{27-27}$$

式中，$\varphi(R\boldsymbol{r})$ 为孔径内波前，a_j 为各阶模式系数。

在圆内，泽尼克多项式通常描述为二维极坐标形式 $Z_k(r,\theta)$，定义如下：

$$\left.\begin{array}{l}
\left.\begin{array}{l} Z_{\mathrm{evenk}}(r,\theta) = \sqrt{2(n+1)}\, R_n^m(r)\cos(m\theta) \\ Z_{\mathrm{oddk}}(r,\theta) = \sqrt{2(n+1)}\, R_n^m(r)\sin(m\theta) \end{array}\right\}, \quad m \neq 0 \\
Z_k(r,\theta) = \sqrt{n+1}\, R_n^0(r), \qquad m = 0 \\
R_n^m(r) = \displaystyle\sum_{s=0}^{(n-m)/2} \frac{(-1)^s (n-s)!}{s!\,[(n+m)/2-s]!\,[(n-m)/2-s]!} r^{(n-2s)} \\
m \leqslant n, \quad n - |m| = \mathrm{even}
\end{array}\right\} \tag{27-28}$$

式中，m、n 分别是多项式的角向频率数和径向频率数，是反映泽尼克多项式空间频率的重要参数。

泽尼克多项式的一个重要性质是任意两个泽尼克多项式之间在单位圆上正交，用函数关系表示如下：

$$\int W(\boldsymbol{r})Z_i(\boldsymbol{r})Z_j(\boldsymbol{r})\mathrm{d}\boldsymbol{r}=\begin{cases}1, i=j\\0, i\neq j\end{cases} \tag{27-29}$$

其中

$$W(\boldsymbol{r})=\begin{cases}1/\pi, |\boldsymbol{r}|\leqslant 1\\0, \quad 其他\end{cases} \tag{27-30}$$

表 27-1 给出了前几阶泽尼克多项式的解析表达式以及它们在光学波像差的对应关系。前面几阶泽尼克多项式的形状如表 27-2 所示(只显示了余弦项)。从表中可以清楚地看到角向和径向空间频率从低到高有规律变化的情况。泽尼克多项式中的第一项是常数项，表示光波波前的平均相位值，它不会影响光学系统的像质，也不能被哈特曼、剪切干涉仪等波前传感器探测到，因此在自适应光学系统中通常可以不予考虑。$j=2$和 3($n=1$)对应于倾斜项，分别反映了光波波前在 x 和 y 方向的整体倾斜，它们使像斑在像平面上漂移。$j=4$、5、6($n=2$)分别对应于离焦和像散，$j=7$ 和 8($n=3$)对应于彗差项，这些高阶项反映了光波波前的变形，使所成的像斑扩展、模糊。

表 27-1　一些低阶泽尼克多项式及其物理意义

m / n	0	1	2	3
0	$Z_1=1$ 平移			
1		$Z_2=2r\cos\theta$ $Z_3=2r\sin\theta$ 倾斜		
2	$Z_4=\sqrt{3}(2r^2-1)$ 离焦		$Z_5=\sqrt{6}r^2\sin 2\theta$ $Z_6=\sqrt{6}r^2\cos 2\theta$ 像散	
3		$Z_7=\sqrt{8}(3r^2-2r)\sin\theta$ $Z_8=\sqrt{8}(3r^2-2r)\cos\theta$ 彗差		$Z_9=\sqrt{8}r^3\sin 3\theta$ $Z_{10}=\sqrt{8}r^3\cos 3\theta$ 高阶彗差
4	$Z_{11}=\sqrt{5}(6r^4-6r^2+1)$ 球差		$Z_{12}=\sqrt{10}(4r^4-3r^2)\cos 2\theta$ $Z_{13}=\sqrt{10}(4r^4-3r^2)\sin 2\theta$ 五阶像散	

表 27-2　一些低阶泽尼克多项式的例子

m / n	0	1	2	3	4	5
1						
2	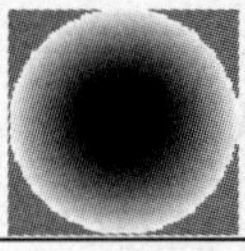		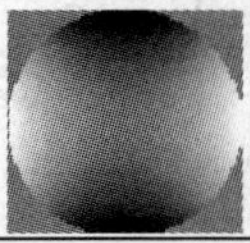			
3		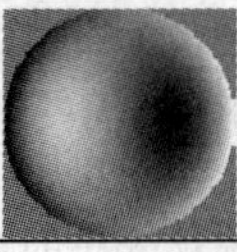		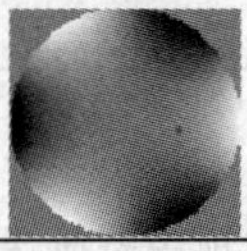		
4			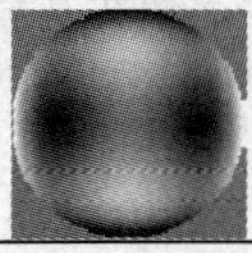		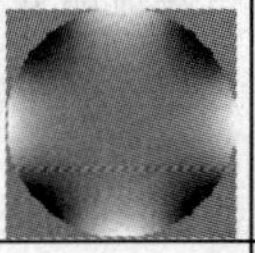	
5		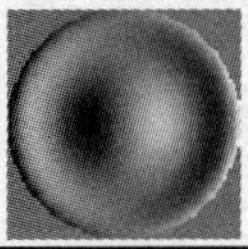		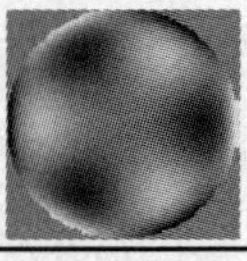		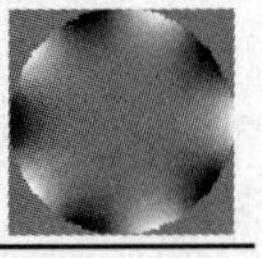

当用泽尼克多项式描述大气湍流相位扰动时，其各阶模式系数间的统计相关性与大气湍流特性有关。根据诺尔(Noll)等人的研究结果[18]，在科尔莫哥洛夫湍流情况下，多项式系数 $a_j(n,m)$ 和 $a_{j'}(n',m')$ 之间的相关性可表示为

$$\langle a_j^* a_{j'}\rangle=\frac{2.246(-1)^{(n+n'-2m)/2}\sqrt{(n+1)(n'+1)}\,\delta_z\,\Gamma\left(\frac{n+n'-5/3}{2}\right)}{\Gamma\left(\frac{n-n'+17/3}{2}\right)\Gamma\left(\frac{-n+n'+17/3}{2}\right)\Gamma\left(\frac{-n+n'+23/3}{2}\right)}\left(\frac{D}{r_0}\right)^{5/3} \tag{27-31}$$

式中，$\delta_z=(m=m')\wedge[(\text{parity}(j,j')\vee(m=0)]$，〈〉表示信号的系综平均，Γ是伽马函数。这表明，只有当两阶泽尼克模式的角向级次相同($m=m'$)，且系数奇偶性相同(均为偶数或均为奇数)，或两阶泽尼克模式的角向级次均为 0($m=m'=0$)时才存在模式相关。上式构成一个对称的泽尼克模式统计相关矩阵，其对角线元素值正比于科尔莫哥洛夫湍流下各阶泽尼克模式的方差。令式中 $j=j'$，即可得到科尔莫哥洛夫湍流情况下各阶泽尼克模式系数的方差：

$$\langle a_j^2\rangle=\frac{2.246(n+1)\Gamma(n-5/6)}{[\Gamma(17/6)]^2\Gamma(n+23/6)}\left(\frac{D}{r_0}\right)^{5/3} \tag{27-32}$$

可见泽尼克模式系数方差只与径向级次 n 有关。随着径向级次 n 的增大，泽尼克模式系数方差迅速减小。根据上式的计算结果，以及在实际大气中得到的各阶泽尼克模式方差的统计分布的实验结果如图 27-6 所示。在大气湍流引起的光波波前畸变中，低频成分占绝大多数。特别是整体倾斜误差占全部光波波前畸变误差的 87%左右，而离焦和像散占 7.9%左右。对于科尔莫哥洛夫大气湍流模型，在不考虑波前整体平移的情况下，整体倾斜像差校正前后的波前相位方差分别为

整体倾斜像差校正前 $$\sigma_\varphi^2=1.0299\left(\frac{D}{r_0}\right)^{5/3} \tag{27-33}$$

整体倾斜像差校正后 $$\sigma_\varphi^2=0.134\left(\frac{D}{r_0}\right)^{5/3} \tag{27-34}$$

理论和实验表明，仅仅校正波前整体倾斜像差就可以显著地提高成像质量。

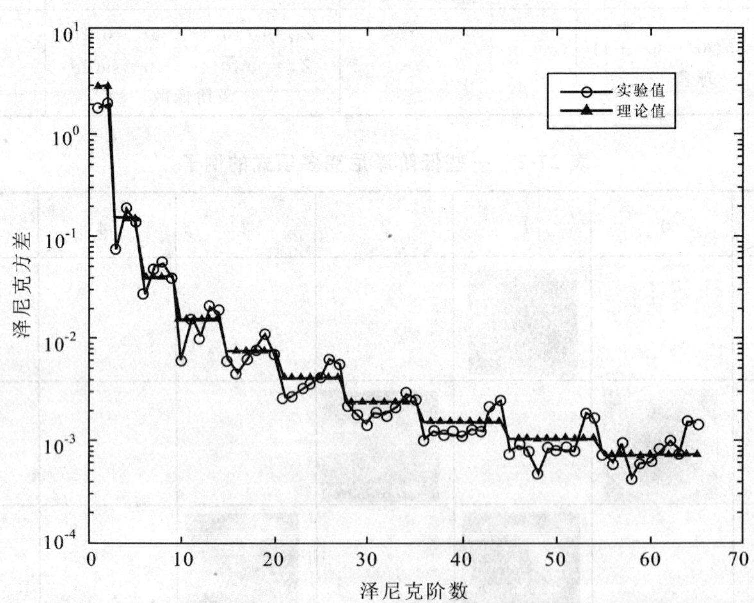

图 27-6 大气湍流畸变波前中各阶泽尼克模式方差统计分布的实际测量值与理论值的对比

利用一个 30×30 哈特曼传感器测量

泽尼克多项式的导数在圆域内不具备正交性，其相关系数为

$$\gamma_{jj'}^x=\gamma_{jj'}^y=\begin{cases}\sqrt{(n+1)(n'+1)}, & m\neq 0, m'\neq 0\\ \sqrt{2}\sqrt{(n+1)(n'+1)}, & m=0\\ \sqrt{2}\sqrt{(n+1)(n'+1)}, & m'=0\end{cases} \tag{27-35}$$

对科尔莫哥洛夫湍流情况下各阶泽尼克模式的时间功率谱的理论分析结果表明，除 Z 倾斜时间功率谱低频段服从频率的 $-2/3$ 次方规律外，所有其他泽尼克模式时间功率谱低频段均保持为一常数；在高频段，所有泽尼克模式的时间功率谱均按频率的 $-17/3$ 次方下降。此外，各阶模式时间功率谱的低频段和高频段之间的交接频率 f_0 与径向级次 n、观测系统口径 D 以及平均风速 V 有关：

$$f_0 \approx 0.3(n+1)\frac{V}{D} \tag{27-36}$$

三、大气湍流对成像光学系统的影响

从点源发出的电磁波，以球面波的形式向外传播，具有相同相位的点组成的波阵面(波前)是以点源为中心的球面。从无限远点光源来的平行光，其波前是平面。球面波或平面波聚焦后生成的像，受接收孔径衍射的影响生成衍射光斑。图 27-7 是口径为 D 的圆形孔径对波长为 λ 的点光源生成的衍射光斑，它由一个中心亮斑和一组较弱的同心圆环组成。中心亮斑的角半径是 $1.22\lambda/D$，其中集中了 84％的能量，其余 16％的能量分布在周围的各个环带内。常常用 $1.22\lambda/D$ 来表示理想光学系统可以分辨的最小角距离或分辨能力，称为瑞利准则：可见波长越短，口径越大，其分辨能力越高。

光学系统本身的误差和光波传输介质的任何扰动都可以使波前偏离球面或平面，即产生波前畸变。成像分辨率对波前畸变是十分敏感的，几分之一波长的波前畸变就足以使像点弥散，成像质量下降。类似大气湍流的动态干扰使光波波前产生动态畸变，点光源所成的像扩展，成为不断晃动和闪烁的模糊斑，因而使目标的形态细节分辨不清，定位精度下降，对目标的探测能力也因光能的弥散而下降。图 27-8 是望远镜口径为相干长度 5 倍的情况下，点光源受大气湍流影响的成像光斑的三维图。图 27-7 和图 27-8 中成像光斑的光学传递函数(OTF)如图 27-9 所示。

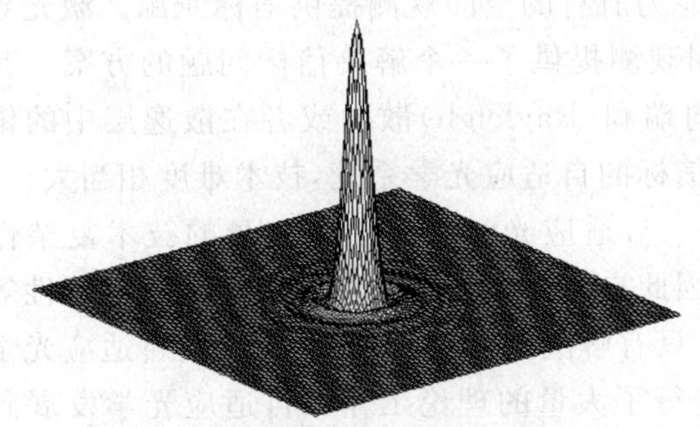

图 27-7　没有波前误差时圆形孔径产生的衍射光斑的光能分布图

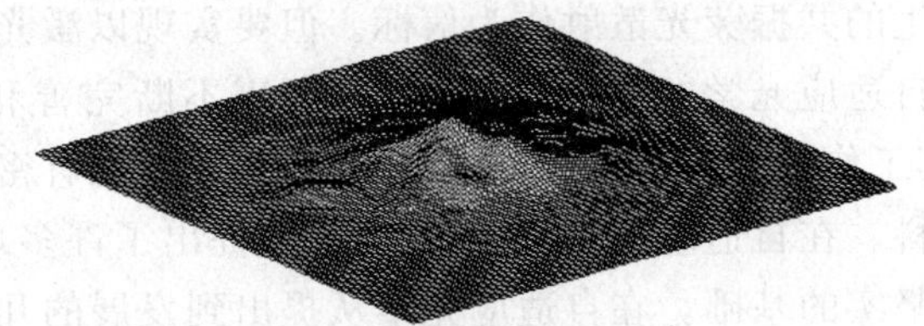

图 27-8　大气湍流造成的弥散光斑的光能分布图

通光口径为相干长度的 5 倍，$D/r_0=5$

四、自适应光学系统的特点和难点

自适应光学最大的也是最独到的特点是具有补偿光波受动态干扰造成波前畸变的能力。它彻底改变了传统光学系统在环境干扰面前无能为力的被动工作模式，而赋予光学系统能动可变的特性。

自适应光学的另一特点是实时性。自适应光学系统能实时测量出光波波前受动态干扰造成的畸变，并将测量到的信息加到波前校正元件上，使波前畸变得到实时校正，使望远镜实时获得接近衍射极限像质的目标图像。这对于星体观测和空间监测都具有非常重要的意义。而对强激光发射系统来说，只有实时补偿动态干扰造成的波前畸变，才能将激光能量

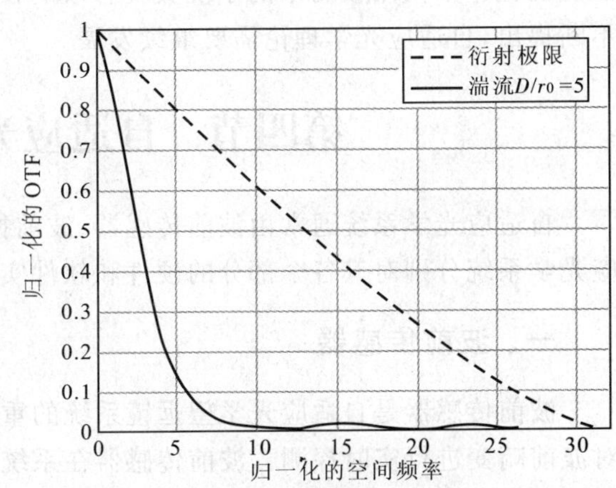

图 27-9　与图 27-7 和图 27-8 对应的 OTF

有效地聚焦到目标上。

自适应光学的再一特点是其高度综合性。自适应光学综合应用了许多现代高新技术，特别是电子技术和计算机技术方面的成果，直到现在还在不断吸收最新高技术成果的基础上发展自己。

自适应光学的原理并不复杂，但要付诸实用却并不容易。这是由动态波前误差的特性所决定的。动态波前误差是一个时间-空间变量，其时间-空间特性决定了对自适应光学系统的要求。自适应光学技术的难点之一是光波波前动态扰动的时空特性对自适应光学系统各种参数的要求非常高。例如，波前传感器的子孔径大小和波前校正器中的驱动器单元之间的距离要与波前误差的空间变化的尺度相匹配。根据校正对象的不同，自适应光学系统的单元数可以从最简单的两个自由度（只校正两个正交方向的波前倾斜）到几十乃至几百单元。另外控制系统的响应时间要小于波前误差变化的时间尺度。对于校正由温度、重力变化造成的波前误差变化比较缓慢，因而可以用较低的速度。而校正大气湍流等变化迅速的系统则要求很高的控制带宽，常常要求几十到上百赫，采样频率要达到几百到上千赫。对于一般的成像光学系统，其残余波像差应控制在几分之一或者十分之一波长以下才能具有良好的成像质量，因此自适应光学系统的校正精度应该至少达到几分之一波长。此外，由于系统要从极微弱的光信号中探测光波波前的动态畸变，因此其探测能力需要达到光子散粒噪声所制约的物理极限。在自适应光学系统中，光学、机械、电子以及其他技术必须紧密结合，因此系统的要求高，难度大。

自适应光学的难点之二是信标问题。自适应光学系统需要利用从目标或目标附近的光源发出的光探测光波波前的动态畸变信息。由于每一子孔径每一采样时间内所能探测的光能非常有限，已不能用通常方法，而必须用光子计数技术才能实现波前探测。提供用作波前畸变探测的光源称为信标，如被探测的目标足够亮，目标本身就可以作为信标。如目标亮度不够时，就需在目标附近有一个足够亮的信标光源。由于大气湍流的等晕角反映了光波波前动态干扰的角度相关性，因此信标光和被补偿光之间的夹角不能大于等晕角。对于天文望远镜系统，由于天空中亮星的数目有限，因此不可能为所有的空间观测提供信标光源。激光导引星（laser guide star）技术为自适应光学系统在星体观测和空间观测提供了一个解决信标问题的方案。其原理是发射一束激光到天空，利用该激光在平流层所产生的后向瑞利（Rayleigh）散射或者在散逸层中的钠层所产生的共振荧光散射作为信标。但要实现以激光导引星作信标的自适应光学系统，技术难度相当大。

自适应光学的难点之三是理论还需不断完善和不断发展。自适应光学系统除了本身的技术复杂性之外，其工作性能还与目标、传输介质和光学系统有密切关系。因此自适应光学理论涉及目标和大气特性等许多学科。在自适应光学的发展过程中，提出了许多理论问题。只有解决这些理论问题，才能使自适应光学有一个坚实的基础。在自适应光学从提出到发展的几十年里，进行了大量的理论工作。自适应光学发展到今天的水平，是与这些理论问题的解决密切相关的，同时自适应光学的发展也推动了相关科学的发展。目前虽然已经建立了一套理论基础，但仍然有许多问题有待在理论上给出回答。例如，如何克服等晕角限制以扩大有效视场？如何通过激光导引星提取波前扰动的整体倾斜信息？如何根据扰动特性的变化进行系统自身参数的优化？如何用较简单的系统实现有效的校正？等等。可以预期，随着自适应光学的发展，新的问题还会不断提出，自适应光学理论需要继续发展。

第四节　自适应光学系统的硬件和软件实现

自适应光学系统通常由波前传感器、波前控制器和波前校正器三个基本部分组成。下面结合实际自适应光学系统分别对其各个部分的硬件和软件实现予以介绍。

一、波前传感器

波前传感器是自适应光学望远镜系统的重要组成部分。要对不断变化的波前畸变进行实时校正，必须对波前畸变进行实时探测。波前传感器在系统中的作用是，利用从观测目标本身或其附近的自然亮星或激光导引星来的光，探测动态波前畸变信息，经波前处理系统处理后得到控制波前校正器的驱动信号。

在传统的光学波前误差检测技术中，所测波前误差是静态的，所利用的光源强度也可根据需要作适当的调整。自适应光学中被测波前畸变是随机变化的，动态波前误差测量的难度要大得多。如前所述，描述波前扰动的空间尺度（相干长度 r_0）和时间尺度（时间常数 τ_0），分别只有几到十几厘米量级和几毫秒量级。波前传感器的空间分辨率和时间分辨率应分别与波前扰动的空间尺度和时间尺度相匹配，因此传感器的子孔径大小和积分时间都不能太大。另外，波前探测所利用的光源为星体或激光导引星这样的弱光目标，在有限的子孔径尺寸和很短的测量时间内接收到可用于波前探测的光能量十分有限。

动态波前传感器需要用光电探测器将光信号转变成电信号。由于波前传感器的子孔径尺寸和探测积分时间都受限制，目标的亮度又十分有限，因此对光电探测器的要求十分苛刻，即采样频率和量子效率要高，噪声要小。自适应光学控制系统一般要求传感器的采样频率要超过系统带宽的 10 倍以上，在校正大气湍流时需要上百乃至上千赫的采样频率。因此，波前传感器要同时具有高速、高精度和弱光探测能力。

动态波前畸变探测的另一特点是无法提供一个与探测光相干的平面波前作为参考基准，因此不能用光学检验中常用的一般干涉方法直接测量波前相位。自适应光学技术中通常用的方法是探测波前畸变的一阶导数（即波前斜率）或二阶导数（即波前曲率），再通过波前复原算法计算出波前相位。斜率法中比较成功并实际用于自适应光学望远镜系统的有两种：一种是动态交变剪切干涉法，如美国 Maui 岛空军光学站的 1.6 m补偿成像系统和中国科学院光电技术研究所的 21 单元星体成像补偿系统中都采用了这种方法[19-22]。另一种是哈特曼-夏克法，如美国林肯实验室的 SWAT 系统、欧洲南方天文台的 Come-On 系统和我国建造的 61 单元自适应光学系统中都采用了这种方法[23-26]。曲率法在美国夏威夷大学的自适应光学系统中得到了采用[27-28]。另外还有像清晰化波前传感等间接的波前相位畸变探测技术[4]。下面分别介绍这些波前传感方法，以及相应的波前复原方法，并简单分析这些波前传感器的噪声特性。

（一）剪切干涉波前传感器技术[19-22]

剪切干涉波前传感器的基本原理，是利用光栅衍射效应波前剪切元件将入射光分成完整的两束光，并互相错开一段距离，产生的波前横向剪切干涉测量波前的相位分布。如图 27-10 所示，在两束光重叠区域内的每一点都分别与两个错开波前上相距为 s 的两点相对应。对于没有波前畸变的光束，各对应点间的相位差都是相同的，因此重叠区内两束光相互干涉产生的光强分布是均匀的。如入射波前有相位畸变，各对应点间的相位差不同，因此会产生明暗干涉条纹。干涉条纹所反映的相位差 θ 就对应于入射波前中相距 s 的两点间的波前差值 Δw，它等于该两点间的波前平均斜率乘以剪切距离 s。

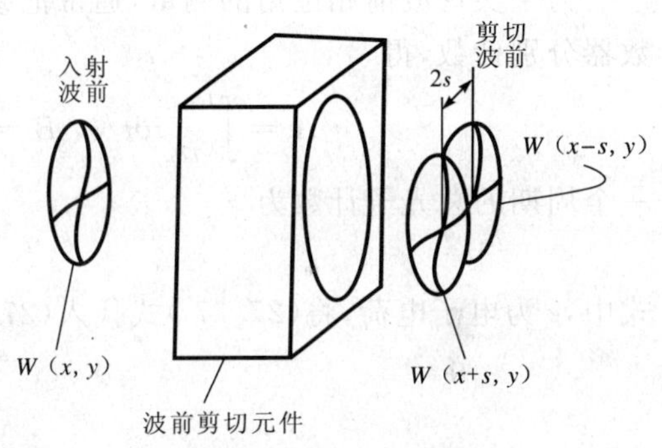

图 27-10　波前剪切干涉原理

测量随时间变化的波前误差（也称波像差），可采用动态交变剪切干涉法，其基本原理如图 27-11 所示。当入射光束用透镜会聚到周期为 d_0 的明暗宽度相同的径向光栅（也称径向朗奇光栅）上时，由于光栅的衍射作用，经过光栅后的光束就被衍射成不同级次的波前形状相同的多个光束，其零级与正负一级衍射光束之间的夹角是 λ/d_0，剪切距离则为 $f\lambda/d_0$。在光束重叠部分同样会出现干涉条纹。这种方法可直接用于静态入射波前波像差的检验，但为了能实现动态波前检测，还需将光栅旋转起来，这时干涉场的光强分布将受到旋转光栅的调制。如果在干涉场内放置一组光电探测器（面阵探测器）就可以得到一组被调制的光电信号，其基频频率等于旋转光栅切割聚焦光束的频率，而相位正比于与各光电探测器受光面对应的子孔径内波前的平均斜率。只要能探测出调制光电信号的相位就可以实现波前斜率探测。

通常在光束重叠区域内放一阵列透镜，每个透镜确定一个子孔径，并将调制的光强分别会聚到各自对应的光电倍增管的光阴极面上，这样就可以探测到被调制的各子孔径的光电信号。为了获得绝对相位值，在剪切干涉光路中还引入了另外一束稳定的无波前畸变的参考光束，并投射在与信号光相同的光栅区域，经光栅调制后，用一个光电倍增管接收，此信号经放大选频后所得到的正弦信号可以用作相位基准信号。用这一基准信号与各子孔径的光电信号进行相位比较，得到的相位差信号就对应于各个子孔径的平均波前斜率。对于星体目标，可用于波前探测的光能量通常十分有限，光以离散的光子形式到达探测器。光电倍增管也以光

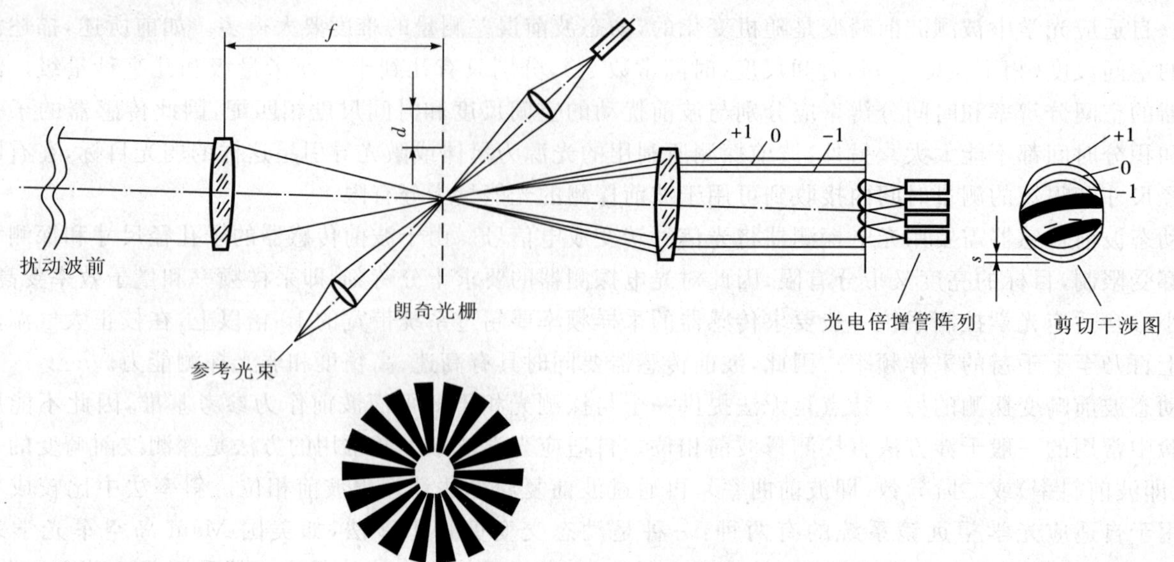

图 27-11　动态交变剪切干涉波前传感器原理

子脉冲序列的形式输出脉冲信号。

在动态交变剪切干涉波前传感器中，每个子孔径的光电倍增管接收到的调制光强基频信号为

$$i(x,y,t)=i_0[1+\gamma\sin(\omega t+\theta)] \tag{27-37}$$

式中，ω 为调制频率；γ 为调制信号的对比度；θ 为相位角，它正比于入射波前斜率。

为了实现波前相位角的测量，通常把参考信号的一个周期分成 A、B、C、D 四个相等的时间段，用光子计数器分别计数，得

$$A=\int_{-T/8}^{T/8}i\mathrm{d}t/e,\ B=\int_{T/8}^{3T/8}i\mathrm{d}t/e,\ C=\int_{3T/8}^{5T/8}i\mathrm{d}t/e,\ D=\int_{5T/8}^{7T/8}i\mathrm{d}t/e \tag{27-38}$$

一个周期的总光子计数为

$$p=A+B+C+D \tag{27-39}$$

式中，e 为电子电荷，将(27-37)式代入(27-38)式中可以得到

$$A=p\left(\frac{1}{4}+\frac{\sqrt{2}\gamma}{2\pi}\sin\theta\right) \tag{27-40}$$

$$B=p\left(\frac{1}{4}+\frac{\sqrt{2}\gamma}{2\pi}\cos\theta\right) \tag{27-41}$$

$$C=p\left(\frac{1}{4}-\frac{\sqrt{2}\gamma}{2\pi}\sin\theta\right) \tag{27-42}$$

$$D=p\left(\frac{1}{4}-\frac{\sqrt{2}\gamma}{2\pi}\cos\theta\right) \tag{27-43}$$

根据以上 4 式可以推出

$$\tan\theta=(A-C)/(B-D) \tag{27-44}$$

即

$$\theta=\arctan[(A-C)/(B-D)] \tag{27-45}$$

一个方向的波前剪切只能探测到波前在一个方向的斜率分布，为实现两个方向的波前斜率探测，需要分别在相互正交的两个方向实现波前剪切和斜率探测，以获得波前相位分布的全部信息。

探测器的噪声是制约自适应光学系统对弱光目标工作能力的主要因素。噪声由两部分组成：一是探测器本身的噪声，如光电倍增管的暗噪声或 CCD 的读出噪声等；一是光子散粒噪声。光信号极其微弱时是以离散光子的形式到达光电探测器的，探测到的光电子也是离散的。光子计数是服从泊松分布的随机量。如探测时间内探测到的平均光子数为 N，则其起伏方差是 $\sqrt{N}$，因此信噪比也是 $\sqrt{N}$。显然光愈弱，在探测时

间内探测到的光子数越少，则信噪比就愈小。因此，在光强很弱的条件下，信噪比很低。探测器的读出噪声可以用改善读出电路、降低工作温度等措施降低，而光子散粒噪声却是无法逾越的物理限制。在目标光强很弱的情况下，由于信噪比太低，将使自适应光学系统无法正常工作。

光电器件的量子效率是激发出的光电子数与到达探测面上的光子数之比。显然对光子信息十分宝贵的自适应光学系统要求光电探测器应具备尽可能高的量子效率。单元探测器中，光电倍增管是最常用的探测器，但光电倍增管的量子效率比较低，一般在10%以下。雪崩二极管利用硅的高量子效率和雪崩内增益放大，量子效率较高(高于50%)。

对于光子计数式剪切干涉波前探测器，其主要噪声源为光子散粒噪声。如果 A、B、C、D 测量中带有噪声 ΔA、ΔB、ΔC、ΔD，则对应的相位角均方误差为

$$(\Delta\theta)^2=\left[\frac{B-D}{(A-C)^2+(B-D)^2}\right]^2[(\Delta A)^2+(\Delta C)^2]+\left[\frac{A-C}{(A-C)^2+(B-D)^2}\right]^2[(\Delta B)^2+(\Delta D)^2] \quad (27\text{-}46)$$

因为光子散粒噪声服从泊松分布，因此有

$$(\Delta A)^2+(\Delta C)^2=A+C=p/2 \quad (27\text{-}47)$$

$$(\Delta B)^2+(\Delta D)^2=B+D=p/2 \quad (27\text{-}48)$$

将以上两式代入(27-46)式中，可以得到波前相位角均方根误差为

$$\Delta\theta=\pi(2\gamma p^{1/2})^{-1},\quad \text{rad} \quad (27\text{-}49)$$

动态交变剪切干涉波前传感器于1976年首次在自适应光学系统中被成功地应用于大气补偿成像，并在以后的一些自适应光学系统中继续得到采用。

剪切干涉波前传感器的主要优点是：①由于对光信号进行了时间调制，从而大大提高了光电探测系统的信噪比；②由于剪切干涉图的相位分布与波长无关，因而可以在白光条件下工作；③对振动和光学系统调整误差等有较强的抗干扰能力。但它也存在一些缺点，例如，交变剪切干涉波前传感器一般只能探测一个方向的波前斜率，故需两套剪切干涉传感器才能实现两个方向的探测。而且由于光栅的作用，每路探测光束只有一半能到达光电倍增管，另一半则被光栅反射回去，因而每路探测信号只能利用入射光能的1/4，造成光能利用率低。光子计数式光电倍增管的量子效率也比较低，只有10%以下。而且由于依靠旋转光栅进行调制，因而存在运动部件，也就不可能对脉冲的激光导引星进行工作。这些缺点从一定程度上限制了剪切干涉波前传感器的应用范围和场合。

(二)动态哈特曼-夏克波前传感器技术[23-26]

哈特曼-夏克波前传感器(简称哈特曼传感器)是目前应用最广的波前传感器，通常由微透镜阵列和CCD光电传感器组成，是一种以波前斜率测量为基础的波前测试仪器。它能以高的时间和空间分辨率探测光束相位和振幅(光强)的动态时间-空间分布。哈特曼传感器具有以下优点：一个探测器可以同时测量两个方向的波前斜率，光能利用率较高；结构简单，没有运动部件；加上选通的门控措施，也可以对连续脉冲的激光信标进行探测，因而在连续或脉冲光方式下都能工作。近年来大多数自适应光学系统都采用这种波前传感器。

哈特曼传感器中的一个核心部件是微透镜阵列。制作微透镜阵列的方法较多。早期一般采用拼接方法，即将小透镜(小球面透镜或小梯度透镜)磨成方形或六角形后拼接排列组成一透镜阵列，或者将两块柱面透镜阵列条板正交叠置组成阵列透镜。采用这些方法制作的各小透镜的一致性较差，各子透镜排列的偏心差也较大。现在通常采用微光学的方法制作阵列透镜，技术已比较成熟。

动态哈特曼传感器基于传统的哈特曼法，其原理如图27-12所示。它用一个阵列透镜对波前进行分割采样，每个子透镜作为一个子孔径，将光束聚焦成一个光斑，整个阵列透镜则将光束聚焦成一个光斑阵列。用一阵列光电探测器分别测出各光斑的质心坐标。先用标准的平行光照明阵列透镜，测出每一子孔径对应的光斑质心坐标，作为参考基准。当入射光束有波前畸变时，子孔径范围内的波前倾斜将造成光斑的横向漂移，测量光斑质心在两个方向上的漂移量$(\Delta X,\Delta Y)$，就可以求出各子孔径范围内的波前在两个方向上的平均斜率：

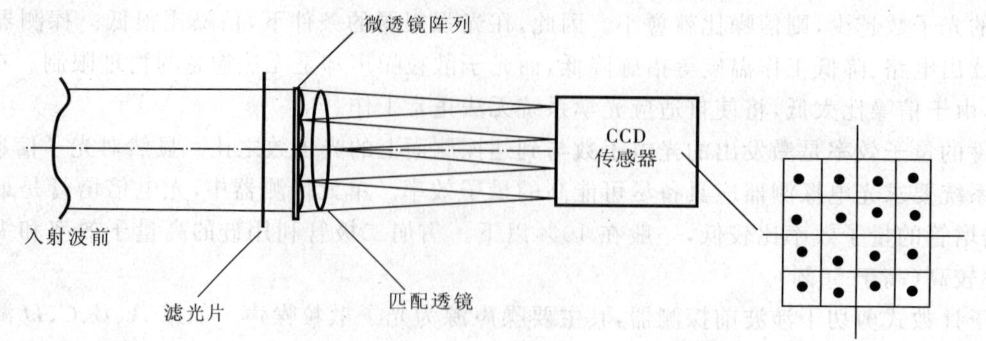

图 27-12　动态哈特曼-夏克波前传感器原理

$$\left.\begin{aligned}\Delta X &= \frac{\sum X_i I_i}{\sum I_i} - X_0 = \frac{\lambda f}{2\pi S}\iint_S \frac{\partial \Phi(x,y)}{\partial x}\mathrm{d}x\mathrm{d}y = \frac{\lambda f}{2\pi}G_x \\ \Delta Y &= \frac{\sum Y_i I_i}{\sum I_i} - Y_0 = \frac{\lambda f}{2\pi S}\iint_S \frac{\partial \Phi(x,y)}{\partial y}\mathrm{d}x\mathrm{d}y = \frac{\lambda f}{2\pi}G_y\end{aligned}\right\} \tag{27-50}$$

式中，f 是微透镜焦距，I_i 是像素 i 接收到的信号，X_i、Y_i 是第 i 个像素的坐标，(X_0, Y_0) 为用平面波标定的质心坐标，(G_x, G_y) 为子孔径范围内波前的平均斜率，S 为子孔径面积。得到子孔径斜率数据后，再通过波前复原计算就可以得到波前相位畸变或波前校正器的控制电压。

二维高速高灵敏低噪声阵列光电探测器对动态哈特曼传感器的探测能力起着关键作用。最早被采用的四象限管阵列因其波前斜率测量灵敏度受光斑形状影响，且光学和结构上的对准较困难，现在已很少采用。现在动态哈特曼传感器常用 CCD 器件作光电探测器。

采用 CCD 器件时，哈特曼子孔径光斑质心的探测误差可简化表述为[26]

$$\sigma_{x_c}^2 = \frac{\sigma_A^2}{V} + \frac{\sigma_r^2}{V^2}\mathrm{ML}\left(\frac{L^2-1}{12} + x_c^2\right),\quad 像素^2 \tag{27-51}$$

式中，σ_A 是光斑的等效高斯宽度，σ_r 是 CCD 的读出噪声，V 是探测到的总光子数，x_c 是光斑质心坐标，ML 是探测窗口内的像素数。式中第一项是由于光子散粒噪声引起的误差，第二项是由于在窗口范围内 CCD 像素读出噪声引起的误差。显然目标光产生的光电子数越多，CCD 噪声越低，窗口越小，光斑越接近坐标原点，则测量噪声越低。为此必须采用量子效率高、读出噪声低的 CCD，并尽量减小窗口尺寸。

光电传感器噪声引起的测量误差的方差，与每一子孔径探测窗口内的 CCD 像素数成正比。但减少每一子孔径参与探测的像素数受到一些因素的限制：①探测波前斜率的动态范围和精度的限制。哈特曼传感器工作时，光斑不能落入相邻子孔径的范围，因而探测窗口不能过小。在信标的扩展度（如激光导引星，或近地卫星目标的扩展度）较大时，探测窗口更不能太小；②缩短阵列透镜的焦距又受到像素对光斑离散采样造成质心测量误差的限制。研究表明，光斑的等效高斯宽度小于 0.5 像素时，由于离散采样造成的质心测量误差超过 0.02 光斑宽度，因此光斑的全宽要达到 1.8 个像素以上。美国林肯实验室的短波长自适应光学系统（SWAT）中每个子孔径仅用 4 个像素，焦斑尺寸为 1.8 像素，最大允许斜率测量范围±1.6 波长。如进一步减少探测器像素到 2×2 像素，就成为典型的四象限探测了。这时光斑可以缩小到亚像素尺寸，但这时无法用事先标定的方法确定参考波前的零点，而只能以四象限的中心为坐标零点，这就要求微透镜阵列与 CCD 严格对准。因为四象限探测的灵敏度与光斑大小有关，造成整个控制系统增益随目标扩展度大小而改变。

采样频率与像素数的乘积决定了 CCD 的读出时钟频率，过高的时钟频率将引入很大的读出噪声。抑制这一噪声引起的误差至关重要。在弱光探测时，为增加信噪比，在 CCD 前面加上像增强器将图像增强后再耦合到 CCD（即 ICCD），这时量子效率将取决于像增强器的光阴极。ICCD 的噪声源比较多，如 CCD 读出噪声、像增强器光阴极暗电子发射引起的雪花现象以及增益起伏等。

哈特曼传感器中比较理想的光电探测器是低噪声高量子效率和高帧频的 CCD 器件。美国林肯实验室为其 SWAT 计划研制了专用的 CCD，采用了背照减薄技术，峰值量子效率达 85%。该 CCD 有 64×64 像素,在每秒5 M像素的读出时钟频率下,从两端输出,帧频可达7 000 Hz,噪声水平为25电子。这是一种较好的波前传感器件[23]。

(三) 波前曲率传感技术[27-28]

波前曲率传感法是洛迪埃(F. Roddier)在1987年提出的。这种方法测量的是波前的曲率分布,而不像前面已介绍的两种波前传感器那样,所测量的是波前的斜率分布,其原理如图27-13所示。入射到波前曲率传感器的波前经聚焦后,用阵列光电探测器分别在焦平面前后相同距离处测出光强分布。从几何光学的角度可以定性地看出,如果入射波前是一理想平面波,则S_1面上和S_2面上的光强分布是相同的、均匀的。如果入射波前有畸变,则波前上的曲率变化将改变光强分布,使一个面上某点的光强增加,而另一个面上对应点的光强则减弱。于是两个面上对应点光强差的分布提供了波前曲率分布的信息。根据衍射理论可以证明,前后两面上的光强分布的归一化差值与波前曲率变化量成正比。因此,通过解具有一定边界条件的泊松方程可重构出波前。在实际中,一般是利用薄膜式变形镜的特殊性能,将由曲率波前传感器探测的信号经适当放大后直接加到这种变形镜上来自动求解泊松方程,无需耗时的计算过程。这也是曲率波前传感技术最吸引人的特点之一。

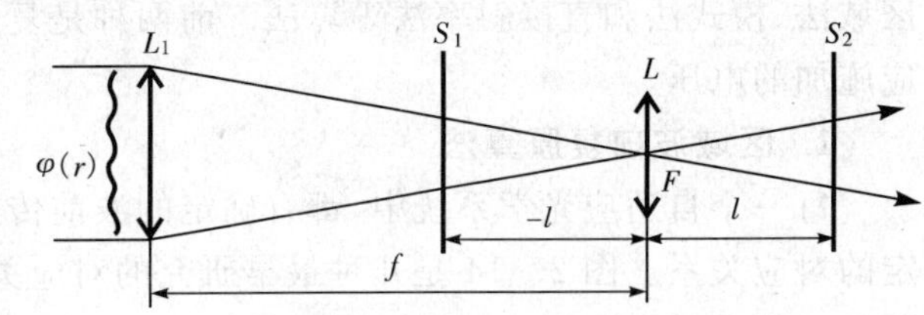

图 27-13 波前曲率传感器原理

(四) 像清晰化波前传感技术

像清晰化波前传感技术是一种间接的波前相位畸变探测技术,它不是探测入射光束波前的斜率或曲率,而是探测波前相位扰动对像质的影响,即所谓的像清晰度函数。当波前相位误差为0时,像清晰度函数达到极值。

可以有很多方法来定义像清晰度函数,最简单的像清晰度函数是通过焦面上小孔的光能量。对于点目标成像系统,显然波前畸变愈小,焦斑的能量愈集中,通过焦斑中心一定直径小孔的能量也愈大。另一种适合于扩展目标的像清晰度函数定义是:像面上每一点光强的平方(或高次方)之和。成像越清晰,这个指标就越高。还有其他多种像清晰度函数的定义。一个好的像清晰度函数定义还应具有高的灵敏度和宽的动态范围,同时必须在工程上易于测量和处理,以满足实时性要求。

像清晰化波前探测技术一般适用于爬山法控制的自适应光学系统。在爬山法控制中,对每一个可控自由度(单元)施加试验扰动,同时测量像清晰度函数,判断使该函数优化的方向,在这个方向上施加校正,直到像清晰度函数达到极大值。这种试验扰动一般是一个高频振动,所以也称为高频振动法。采用不同频率就可以区分各个可控自由度的作用,对校正静态误差的系统,也可以在各个自由度上依次分别施加扰动。

中国科学院光电技术研究所在1985年为我国"神光Ⅰ"激光核聚变装置建立的自适应光学系统就采用了高频振动方法[4]。在激光核聚变装置长达几十米的激光放大光路中设置一个19单元变形反射镜,在该装置的末端聚焦后的焦点上设置小孔,用光电倍增管探测小孔后的能量,采用串行工作方式,在变形镜每个驱动器上依次施加高频振动,实现爬山法优化[4]。

由于爬山法和多元高频振动法对系统的带宽要求高、信噪比低且硬件电路实现复杂,基于像清晰化的自适应光学技术在随后10多年很少应用。20世纪90年代后期出现了一些新的优化控制方法,如随机并行梯度下降算法[44-46](stochastic parallel gradient descent, SPGD)、模拟退火算法[45](simulated annealing, SA)、遗传算法[47](genetic algorithm, GA)等。这些算法和多元高频振动及爬山法比起来,具有实现容易、多路并行计算、全局收敛等特点,成为21世纪以来自适应光学的研究热点之一。其中应用最广的是SPGD算法,最早由美国陆军研究实验室的Voronstov等人于1997年提出并实现[44]。SPGD算法首先对波前校正器的所有通道并行施加一组统计独立的随机扰动信号,然后测量扰动对于性能指标函数的影响,并根据性能指标函数的变化趋势和变化量对波前校正量进行叠加修正,如此反复迭代,最终使性能指标函数达到极值。中国科学院光电技术研究所在国内较早开展了SPGD控制算法的理论和应用研究[45-46]。SPGD算法最为典型的一个优势是可以利用 VLSI 硬件电路实现，这极大地提高了运行速度和控制带宽。目前 SPGD 算法已经应用到激光光束净化、人眼像差校正、空间光通信、激光相控阵等诸多领域，但 SPGD 算法的收敛速度和动态校正能力还有待继续改进和提高。

（五）波前复原算法

以测量斜率为基础的波前传感器只能直接测量出各子孔径的波前平均斜率，但自适应光学系统校正的是波前相位误差，所用的方法是在波前校正器的每个驱动器上施加校正电压以直接引入波前相位补偿。为了将波前传感器所测的量转化为波前相位误差或驱动器上的校正量，必须用一种算法来建立测量值和校正值之间的联系。这种算法称为波前复原算法。

波前复原算法是自适应光学中的关键技术之一，人们对此进行了广泛的研究并提出了多种算法，主要有区域法、模式法和直接斜率法等算法。前两种是复原出波前误差，而直接斜率法则是直接求出每个驱动器上应施加的电压。

1. 区域波前复原算法

每一个自适应光学系统中，都有确定的波前传感器的子孔径布局和变形反射镜驱动器的布局，两者有一定的对应关系。图 27-14 是几种最早研究的对应关系[29-30]，它们分别是由休普、弗里德和绍斯威尔提出的。在每一种布局中，对每一子孔径都可以建立一个表示该子孔径内波前斜率与相邻驱动点上波前相位之间的关系方程式。

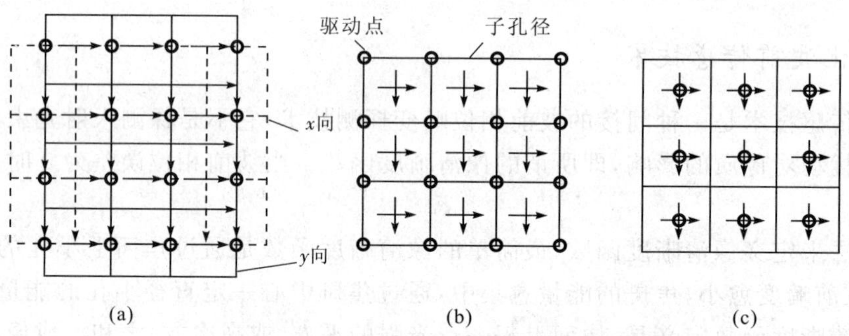

图 27-14 波前传感器子孔径和波前校正器驱动器的几种相对布局

(a) 休普模型；(b) 弗里德模型；(c) 绍斯威尔模型。o 表示驱动点，→表示斜率测量的位置和方向

对于 m 个子孔径可以建立 $2m$ 个方程，通过解方程求出 n 个驱动点的波前误差。一般 n 小于 $2m$，因此这些方程构成一个超定联立方程组。这一方程组可以表达为矩阵的形式：

$$\boldsymbol{S}=\boldsymbol{A}\boldsymbol{W} \tag{27-52}$$

式中，$\boldsymbol{S}$ 是 $2m$ 元的波前斜率向量；W 是 n 元的波前相位向量；$\boldsymbol{A}$ 是 $2m\times n$ 的系数矩阵，它的每一个元素表示相应的子孔径的波前斜率和驱动点波前相位之间的关系。显然一个子孔径的波前斜率只与相邻几个驱动点的波前相位有关，而与距离较远的驱动点无关，因此 $\boldsymbol{A}$ 矩阵的许多元素的值是零，即 $\boldsymbol{A}$ 矩阵是一个稀疏矩阵。建立了矩阵 $\boldsymbol{A}$ 之后，就可以用各种线性代数方法求出其逆矩阵 $\boldsymbol{A}^{+}$，从而得到复原波前：

$$\boldsymbol{W}=\boldsymbol{A}^{+}\boldsymbol{S} \tag{27-53}$$

根据测量的各个子孔径斜率值组成的斜率向量 $\boldsymbol{S}$，就可以计算出各个子孔径处的波前误差向量 $\boldsymbol{W}$。这就是用区域法复原波前误差的基本原理。

2. 模式波前复原算法[31]

当被测波前限于圆域内时，通常可采用一组泽尼克多项式来描述（见第三节）：

$$\Phi(x,y)=a_0+\sum_{k=1}^{n}a_k Z_k(x,y)+\varepsilon \tag{27-54}$$

式中，a_0 为平均相位波前，a_k 为第 k 项泽尼克多项式系数，Z_k 为第 k 项泽尼克多项式，ε 为波前相位测量误差。通过斜率测量值求出波前误差的各个模式系数后，就可以得到整个波前的表达式，进而求出每个控制点

的波前误差。例如，对于哈特曼传感器，子孔径内的斜率数据与泽尼克多项式系数的关系为

$$\left.\begin{aligned}G_x(i)&=\sum_{k=1}^{n}a_k\frac{\iint_{S_i}\frac{\partial Z_k(x,y)}{\partial x}\mathrm{d}x\,\mathrm{d}y}{S_i}+\varepsilon_x=\sum_{k=1}^{n}a_k Z_{xk}(i)+\varepsilon_x\\G_y(i)&=\sum_{k=1}^{n}a_k\frac{\iint_{S_i}\frac{\partial Z_k(x,y)}{\partial y}\mathrm{d}x\,\mathrm{d}y}{S_i}+\varepsilon_y=\sum_{k=1}^{n}a_k Z_{yk}(i)+\varepsilon_y\end{aligned}\right\}\tag{27-55}$$

式中，ε_x、ε_y 为波前相位测量误差，n 为模式阶数，S_i 为子孔径的归一化面积。m 个子孔径斜率与 n 项泽尼克系数的关系用矩阵表示为

$$\begin{bmatrix}G_x(1)\\G_y(1)\\G_x(2)\\G_y(2)\\\vdots\\G_x(m)\\G_y(m)\end{bmatrix}=\begin{bmatrix}Z_{x1}(1)&Z_{x2}(1)&\cdots&Z_{xn}(1)\\Z_{y1}(1)&Z_{y2}(1)&\cdots&Z_{yn}(1)\\Z_{x1}(2)&Z_{x2}(2)&\cdots&Z_{xn}(2)\\Z_{y1}(2)&Z_{y2}(2)&\cdots&Z_{yn}(2)\\\vdots&\vdots&&\vdots\\Z_{x1}(m)&Z_{x2}(m)&\cdots&Z_{xn}(m)\\Z_{y1}(m)&Z_{y2}(m)&\cdots&Z_{yn}(m)\end{bmatrix}\begin{bmatrix}a_1\\a_2\\\vdots\\a_n\end{bmatrix}+\begin{bmatrix}\varepsilon_1\\\varepsilon_2\\\varepsilon_3\\\varepsilon_4\\\vdots\\\varepsilon_{2m-1}\\\varepsilon_{2m}\end{bmatrix}\tag{27-56}$$

记为

$$\boldsymbol{G}=\boldsymbol{DA}+\boldsymbol{\varepsilon}\tag{27-57}$$

由于泽尼克多项式的导函数不完全正交，以及由于采样点数有限而造成的非正交性，都有可能使矩阵 D 的秩不完备，且方程的条件数也不一样。对于任意的 $2m$ 和 n，上述方程的最小二乘解可用广义逆 $\boldsymbol{D}^+$ 表示：

$$\boldsymbol{A}=\boldsymbol{D}^+\boldsymbol{G}+(\boldsymbol{I}-\boldsymbol{D}^+\boldsymbol{D})\boldsymbol{Y}\tag{27-58}$$

式中，$\boldsymbol{Y}$ 是任意向量，当 $\boldsymbol{Y}=0$ 时，方程在最小二乘 $\|\boldsymbol{D}^+\boldsymbol{D}-\boldsymbol{A}\|=\min$ 和最小范数 $\|\boldsymbol{A}\|=\min$ 意义上的解为

$$\boldsymbol{A}=\boldsymbol{D}^+\boldsymbol{G}\tag{27-59}$$

其中，$\|\cdot\|$ 表示欧几里得范数。这样，只要求出 $\boldsymbol{D}$ 的逆矩阵 $\boldsymbol{D}^+$，即可求出泽尼克系数 a_k，计算出波前相位。计算 $\boldsymbol{D}$ 的逆矩阵 $\boldsymbol{D}^+$ 的方法通常有普通最小二乘法、Gram-Schmidt 正交化法和奇异值分解法。其中奇异值分解法是一种数值稳定性相当好的算法，不管矩阵条件数如何，用奇异值分解方法得到的广义逆求解方程，在最小二乘最小范数意义下都能得到稳定解。

由于泽尼克偏导函数的不完全正交性，以及有限的斜率采样点，当模式阶数增大时，都将使复原矩阵 $\boldsymbol{D}$ 的秩不完备，导致模式像差间的耦合[32-33]。输入由 N_f 阶模式系数组成的像差，计算出每个子孔径内的平均波前斜率，选取不同的模式阶数 N_s 进行最小二乘最小范数波前重构。当 $N_s<N_f$，即重构模式阶数少于实际模式阶数时，模式像差之间出现耦合，某些高阶模式像差被解释成低阶的模式像差；当 $N_s=N_f$ 时，这种耦合现象消失；当 $N_s>N_f$ 时，矩阵 $\boldsymbol{D}$ 中增加了某些列与前面的某些列线性相关，重构得出的像差出现混淆，低阶模式的像差被解释成高阶模式的像差，大于 N_f 阶的像差原本为 0，但重构结果并不完全为 0。

N_f 阶模式像差的波前斜率表示为：$\boldsymbol{G}_f=\boldsymbol{D}_f\boldsymbol{A}_f$，若用 N_s 阶模式像差重构波前误差，则重构的模式系数为

$$\boldsymbol{A}_s=\boldsymbol{D}_s^+\boldsymbol{G}_f=(\boldsymbol{D}_s^+\boldsymbol{D}_f)\boldsymbol{A}_f=\boldsymbol{C}_{s,f}\boldsymbol{A}_f\tag{27-60}$$

式中，$\boldsymbol{C}_{s,f}=\boldsymbol{D}_s^+\boldsymbol{D}_f$，它表示用 N_s 阶模式重构 N_f 阶模式像差的耦合矩阵，模式系数误差为

$$\Delta\boldsymbol{A}_s=\boldsymbol{A}_f-\boldsymbol{A}_s=(\boldsymbol{I}-\boldsymbol{C}_{s,f})\boldsymbol{A}_f\tag{27-61}$$

$$\frac{\|\Delta\boldsymbol{A}_s\|_2}{\|\boldsymbol{A}_f\|_2}\leqslant\|\boldsymbol{I}-\boldsymbol{C}_{s,f}\|=\sigma_{\max}(\boldsymbol{I}-\boldsymbol{C}_{s,f})\tag{27-62}$$

定义矩阵$(\boldsymbol{I}-\boldsymbol{C}_{s,f})$的最大奇异值为耦合系数 $\boldsymbol{C}_s=\sigma_{\max}(\boldsymbol{I}-\boldsymbol{C}_{s,f})$，$\boldsymbol{C}_s$ 定量地描述了在模式重构中模式像差之间的耦合与混淆程度。

3. 直接斜率波前复原算法[34]

通常自适应光学系统中并不需要知道波前相位的具体值，只需要得到波前校正器各个驱动器需要的控

制电压。当哈特曼传感器单独使用时，可以用前面介绍的两种波前复原算法，从测量的子孔径斜率得到畸变波前。当哈特曼传感器与变形镜、处理器等一起构成自适应光学实时波前补偿系统时，需要从哈特曼的子孔径斜率快速、准确地计算出变形镜需要的控制电压。这种实时波前复原计算，需要考虑波前传感器各个子孔径与波前校正器各个驱动器的关系。对连续表面变形镜来说，各个驱动器引起的变形范围常常要扩展到相邻驱动器的中心，即各个驱动器之间存在一定交联作用。用以上两种方法求出波前误差之后，还要进行一次解耦运算，才能求出各个驱动器应加的控制电压。解耦运算将增加波前处理器的计算量。

采用我国首先提出的直接斜率波前复原算法[34]可以免去两次矩阵运算的缺点，它以各个驱动器的控制电压作为波前复原的计算目标。可以根据各个驱动器施加单位电压时对各个子孔径斜率的影响，建立驱动器电压与子孔径斜率之间的关系矩阵，用这个矩阵的逆矩阵就可以直接从斜率测量值求出控制电压，这样计算的工作量比前两种方法少。

设输入信号 V_j 是加在第 j 个驱动器上的控制电压，由此产生的哈特曼传感器子孔径内的平均波前斜率为

$$\left.\begin{aligned} G_x(i) &= \sum_{j=1}^{t} V_j \frac{\iint_{S_i} \frac{\partial R_j(x,y)}{\partial x}\,\mathrm{d}x\,\mathrm{d}y}{S_i} = \sum_{j=1}^{t} V_j R_{xj}(i) \\ G_y(i) &= \sum_{j=1}^{t} V_j \frac{\iint_{S_i} \frac{\partial R_j(x,y)}{\partial y}\,\mathrm{d}x\,\mathrm{d}y}{S_i} = \sum_{j=1}^{t} V_j R_{yj}(i) \end{aligned}\right\} i = 1, 2, 3, \cdots, m \tag{27-63}$$

式中，$R_j(x,y)$为变形镜第 j 个驱动器的影响函数，t 为驱动器个数，m 为子孔径个数，S_i 为子孔径 i 的归一化面积。控制电压在合适的范围内时，变形镜的相位校正量与驱动器电压近似线性，并满足叠加原理，子孔径斜率量也与驱动器电压成线性关系，也满足叠加原理。上式写成矩阵表示为

$$\boldsymbol{G} = \boldsymbol{R}_{xy}\boldsymbol{V} \tag{27-64}$$

其中，$\boldsymbol{R}_{xy}$为变形镜到哈特曼传感器的斜率响应矩阵，可以通过理论计算求得，但实验测得的斜率响应矩阵更能准确反映系统的真实情况。

设 G 是需要校正的波前像差斜率测量值，用广义逆可得使斜率余量最小且控制能量也最小的控制电压为

$$\boldsymbol{V} = \boldsymbol{R}_{xy}^{+}\boldsymbol{G} \tag{27-65}$$

由于传递矩阵 $\boldsymbol{R}_{xy}$ 随时都可由哈特曼型传感器来测量，而求其逆矩阵的方法也很容易实现，所以在实际自适应光学系统中，这种方法很实用，效果也较好。目前国内自适应光学系统最常采用的就是直接斜率波前复原算法。

需要说明的是，自适应光学系统的工作稳定性和误差传递与所采用的波前复原算法紧密相关，而波前复原算法又必须以波前传感器子孔径位置和波前校正器驱动器位置的映射关系，即通常所说的系统布局为基础。因此系统布局和复原算法的优劣常常决定自适应光学的校正效果，在实际工作中需要对系统布局进行仔细设计。

4. 波前复原算法的特性指标[34]

在泽尼克模式波前复原算法中，由于泽尼克多项式的导函数不是正交函数，在波前复原结果中会出现各阶像差交叉耦合的情况，而且展开多项式的数目必定是有限的，所以复原计算中得到的泽尼克系数所反映的波前只是实际波前的一个估计，与实际波前间还有差距。波前复原误差的另一个来源是子孔径斜率测量误差。如 CCD 的读出噪声、信标光的光子散粒噪声、模数转换的有限位数以及背景杂光等都将影响到子孔径光斑质心测量的准确性，从而造成子孔径斜率测量的误差。在自适应光学系统中，实时波前复原算法将根据测量的子孔径斜率计算所需的控制电压，子孔径斜率的测量噪声和测量误差将经过波前复原算法传递到控制电压。过大的噪声传递将引起闭环系统的不稳定。另外，在波前复原的过程中有可能引入原理性的误差，如用泽尼克模式法时，可能会引入模式间混淆和耦合。为此，采用如下几个特性指标对波前复原方法进行评价：

(1)复原矩阵的秩

在自适应光学系统中，哈特曼传感器的子孔径斜率数据一般都大于波前校正器的驱动器个数，复原矩阵不是方阵，驱动器控制电压的解不具有唯一性，通常用最小方差等指标求取一个合适的近似解。这时如果复原矩阵的秩等于驱动器个数即矩阵满秩，方程的求解过程奇异性小。当复原矩阵不满秩时，方程的求解过程就是病态的，解的奇异性大。

(2)复原矩阵的条件数

任意一个矩阵 $\boldsymbol{B}$ 的条件数定义为

$$\mathrm{cond}(\boldsymbol{B})=\sigma_{\max}(\boldsymbol{B})/\sigma_{\min}(\boldsymbol{B}) \tag{27-66}$$

式中，$\sigma_{\max}$ 与 $\sigma_{\min}$ 分别表示矩阵 $\boldsymbol{B}$ 的最大与最小奇异值，它们的比值表征外来扰动对方程求解过程影响程度的相对大小。当条件数增大时，测量误差与噪声对系统的影响也将变大，这样将会造成系统的不稳定。

(3)复原矩阵的残余梯度系数

对于一个复原过程 $\boldsymbol{A}=\boldsymbol{D}^{+}\boldsymbol{G}$，残余梯度系数矢量为

$$\Delta \boldsymbol{g}=\boldsymbol{G}-\boldsymbol{D}\boldsymbol{A}=(\boldsymbol{I}-\boldsymbol{D}\boldsymbol{D}^{+})\boldsymbol{G} \tag{27-67}$$

其中残差之和满足关系：

$$\|\Delta \boldsymbol{g}\|_2\leqslant\|\boldsymbol{I}-\boldsymbol{D}\boldsymbol{D}^{+}\|_2\|\boldsymbol{G}\|_2 \tag{27-68}$$

定义残余梯度系数为

$$R_g=\|\boldsymbol{I}-\boldsymbol{D}\boldsymbol{D}^{+}\|_2=\sigma_{\max}(\boldsymbol{I}-\boldsymbol{D}\boldsymbol{D}^{+}) \tag{27-69}$$

式中，$\sigma_{\max}(\boldsymbol{I}-\boldsymbol{D}\boldsymbol{D}^{+})$ 是矩阵 $(\boldsymbol{I}-\boldsymbol{D}\boldsymbol{D}^{+})$ 的最大奇异值。利用 R_g 可以评价波前复原过程的梯度精度。

(4)复原矩阵的误差传递系数

如果子孔径斜率测量误差 $\boldsymbol{\varepsilon}$ 的协方差矩阵为 $\boldsymbol{D}_g=\boldsymbol{\varepsilon}\boldsymbol{\varepsilon}^{\mathrm{T}}$，那么测量误差引起的复原系数误差的协方差矩阵为

$$\boldsymbol{D}_a=(\boldsymbol{D}^{+}\boldsymbol{\varepsilon})(\boldsymbol{D}^{+}\boldsymbol{\varepsilon})^{\mathrm{T}}=\boldsymbol{D}^{+}\boldsymbol{\varepsilon}\boldsymbol{\varepsilon}^{\mathrm{T}}(\boldsymbol{D}^{+})^{\mathrm{T}} \tag{27-70}$$

设各个测量误差是相对独立的，且方差同为 σ^2，那么 $\boldsymbol{D}_g=\sigma^2\boldsymbol{I}$，代入上式有

$$\boldsymbol{D}_a=\boldsymbol{D}^{+}\sigma^2\boldsymbol{I}(\boldsymbol{D}^{+})^{\mathrm{T}}=\sigma^2\boldsymbol{D}^{+}(\boldsymbol{D}^{+})^{\mathrm{T}} \tag{27-71}$$

复原系数误差的方差是 $\sigma_a^2=\sigma^2\mathrm{tr}(\boldsymbol{D}^{+}(\boldsymbol{D}^{+})^{\mathrm{T}})$其中 tr 为矩阵的迹。定义波前复原矩阵的误差传递系数为

$$E_a=\sigma_a^2/\sigma^2=\mathrm{tr}(\boldsymbol{D}^{+}(\boldsymbol{D}^{+})^{\mathrm{T}}) \tag{27-72}$$

误差传递系数越小表明复原过程对测量噪声越不敏感，系统就越稳定。

二、波前校正器[35-37]

在自适应光学系统中，对波前误差的补偿是由波前校正器完成的。波前校正器是一种与传统光学元件完全不同的能动光学器件，它能在外加控制下，实现高速、高精度的光学镜面面形变化、平移或转角，从而改变光学系统的波前相位。正是由于这种特殊光学器件应用到光学系统中，才从根本上改变了传统光学技术对外界动态干扰无能为力的状态，解决了自古以来长期困扰人们的一道难题。可以说，波前校正器的发展水平从某种意义上代表了自适应光学技术的发展水平。

波前相位的变化可以通过透射元件的折射率改变或者反射面位移产生光程改变来实现，因此波前校正器可以分为透射式和反射式两类。在透射式波前校正器中，工作介质在电压控制下局部改变折射率从而使透过的光束引入波前校正量。某些液晶元件具有这种性能，但动态范围和响应速度有限，能承受的光功率较低，目前还处在研究阶段。自适应光学技术中目前使用最多的是反射式波前校正器，它具有高的响应速度、大的校正动态范围、光程校正量与波长无关，并能承受较大的光功率。

反射式波前校正器可以分为变形反射镜和高速倾斜反射镜两类。变形反射镜(简称变形镜)在工作时能够实时可控地改变镜面面形，用以校正波前误差。高速倾斜反射镜(简称倾斜镜)的功能是使反射镜产生整体倾斜，用于校正波前整体倾斜误差。

(一)变形反射镜

一块普通的平面反射镜，对它的要求只是应具有足够的面形精度和表面粗糙度并能长期保持稳定，表面

上镀的反射膜在工作波段有足够高的反射率;但作为自适应光学波前校正器的变形反射镜除了具有普通反射镜应有的性能外,还要求其面形能在外加控制下迅速而准确地改变,而且在停止工作后仍要保持原始的状态。这就是说,变形反射镜不仅具有一般光学元件的静态性能,而且还应有一系列动态性能。

变形反射镜有多种类型,按镜面形式,可分为分块镜面变形镜和连续镜面变形镜两大类。这些变形反射镜的动作都是靠驱动器的推动来实现的,因此驱动器的性能在很大程度上决定了变形反射镜的性能。变形镜驱动器的数目越多,对波前畸变的补偿能力也越高。变形镜驱动器的数目可以衡量一个自适应光学系统的复杂程度和技术水平。

1. 驱动器[36]

用作波前校正器的驱动器,要求其位移分辨率至少要达到 10 nm 的量级,而响应速度要适合系统工作速度的要求,对一般的自适应光学系统,响应时间应在毫秒量级或更小。

驱动器有压电式、磁致伸缩式、电磁式和液压式等多种类型。由于压电陶瓷(PZT)和电致伸缩陶瓷(PMN)的位移分辨率很高,控制方便,现在绝大多数波前校正器都是用压电式或电致伸缩式。

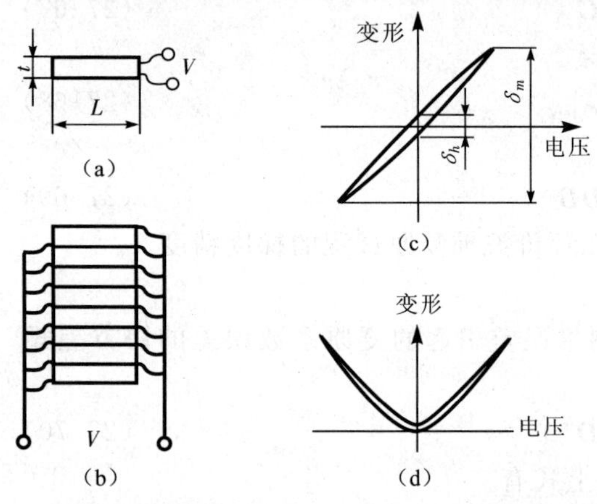

图 27-15 压电陶瓷驱动器及其变形特性

(a)单片压电陶瓷;(b)层叠式压电陶瓷;(c)压电陶瓷变形曲线;(d)电致伸缩陶瓷变形曲线

压电陶瓷驱动器利用逆压电效应产生位移。当一个厚度为 t 的压电陶瓷片在极化方向上施加电压 V 时,由于材料内电畴的转动,就会产生微小的变形,从而在电场方向上产生变形量 $\delta=d_{33}V$,而在与之垂直的方向上产生变形 $\delta=d_{31}V(L/t)$,L 是陶瓷片的长度(图 27-15(a)),t 是陶瓷片的厚度,d_{33} 和 d_{31} 是材料的压电常数。通常一个压电陶瓷片在几百伏的电压下只能产生 0.1~0.2 μm 的变形,这对波前校正器是不够的,因此常常采用将多片压电陶瓷层叠起来(图 27-15(b)),各个陶瓷片在电路上是并联的,而变形是叠加的,因此 n 片压电陶瓷组成的层叠式驱动器的变形量将是 $nd_{33}V$。

压电陶瓷的电压-变形曲线如图 27-15(c)所示,若反向施加电压,可以产生负变形,这对变形反射镜是很重要的,它可以使变形镜产生正负波前校正量。但变形曲线中存在一个滞后现象,即增加电压和减小电压时,变形并不完全重合。不同的材料配方滞后量也不同,可以在 2%~3%到 20%~30%之间变动。在闭环控制系统中,这一滞后只是对控制性能有一些影响,而控制精度由波前传感器决定,因此影响并不严重。但对一些开环控制的情况,这种滞后将影响精度,必须有另外的传感器或专门的电路加以校正。

电致伸缩陶瓷也可以用作驱动器材料,其优点是可以在较低的电压(100~200 V)下工作,但在正负电压下都只产生正变形(图 27-15(d)),因此对于需要产生正负变形的波前校正器,就应设置偏置电压,使在控制电压为 0 时就已经有了一定的变形。

2. 分块镜面变形镜

分块镜面变形镜是由多个可单独平移或平移加倾斜的小块镜面排列而成,其基本结构如图 27-16 所示。小块镜面通常为平面,几何形状有正方形、矩形和六角形。

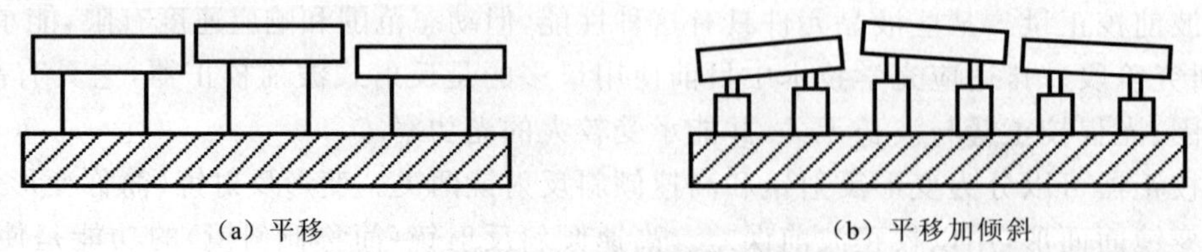

图 27-16 分块镜面变形镜基本结构示意图

与连续镜面变形镜相比,分块镜面变形镜具有波前校正动态范围大,易于装配、更换和维修等优点。但波前拟合误差大,各镜面间存在的间隙将造成能量损失和衍射效应,在红外波段工作时接缝处产生的热辐射将影响成像探测。要使分块镜面相互间保持其相对位置，以构成接近连续的表面而不在接缝处产生台阶，这在波前探测和控制中都十分困难。

分块镜面变形镜适用于要求控制单元数多、通光口径大和动态校正范围大的自适应光学系统。用拼合方式形成的大型光学望远镜的能动光学镜面，也是一种分块式反射镜，在每个接缝处要用特殊的传感器来探测相邻镜面的相对位置，以保持组合镜面的平滑连续。

3. 连续镜面变形镜

连续镜面变形镜是在一块薄反射镜下面连接各种类型的驱动器，通过对驱动器的控制使反射镜面产生局部变形。图 27-17 是连续镜面变形镜的几种驱动方式示意图。

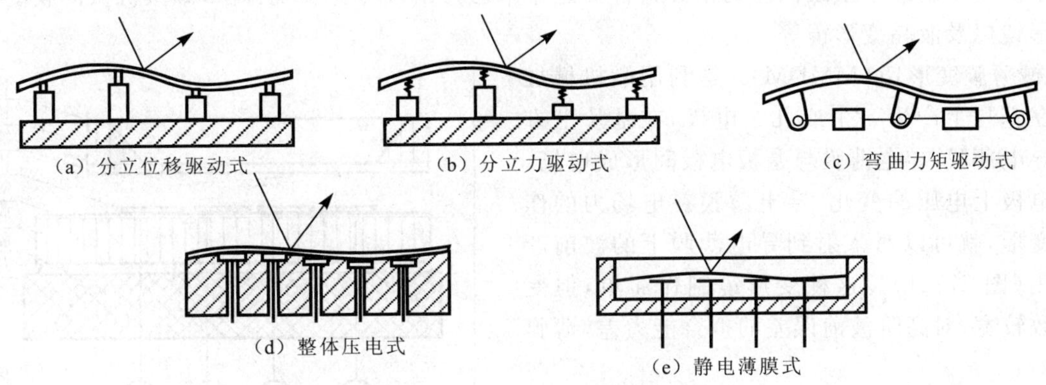

图 27-17 连续镜面变形镜的几种驱动方式示意图

连续镜面变形镜具有拟合误差小、光能损失少、能保持相位连续等优点，但也存在波前校正动态范围有限，驱动器单元数和通光口径受限，装配、维修较困难等缺点。

对于要求控制单元数在几百以内，通光口径不太大的自适应光学系统，连续镜面变形镜是首选的波前校正器。到目前为止研制最多、应用最广、技术发展最成熟的波前校正器则是分立压电式连续镜面变形镜。

分立压电式连续镜面变形镜的基本结构见图 27-18。多个驱动器的一端与刚性基底相连，另一端与薄镜片相连。驱动器在外加电压作用下产生轴向伸缩从而推动薄镜片产生局部变形。

分立压电式连续镜面变形镜的特点是变形灵敏度高，动态范围大。驱动器与薄镜片之间还能根据需要设计各种结构，如在高能激光系统中采用冷却结构以避免薄镜片受热变形甚至破坏。但其制造工艺复杂，面形稳定性的保持是个很大的问题。

整体压电式连续镜面变形镜的基本结构见图 27-19。在整块压电陶瓷上加工多个通孔，将寻址电极埋入上表面，并在上表面粘结一块薄镜片，压电陶瓷的下表面作为公共电极。在寻址电极上施加双极性的电压。压电陶瓷在寻址电压作用下将产生变形从而带动薄镜片局部变形。

整体压电式连续镜面变形镜的特点是稳定性好，制造工艺简单，驱动单元密集度高和表面光学质量容易保证。但其变形灵敏度低，动态范围小，需要的工作电压很高。

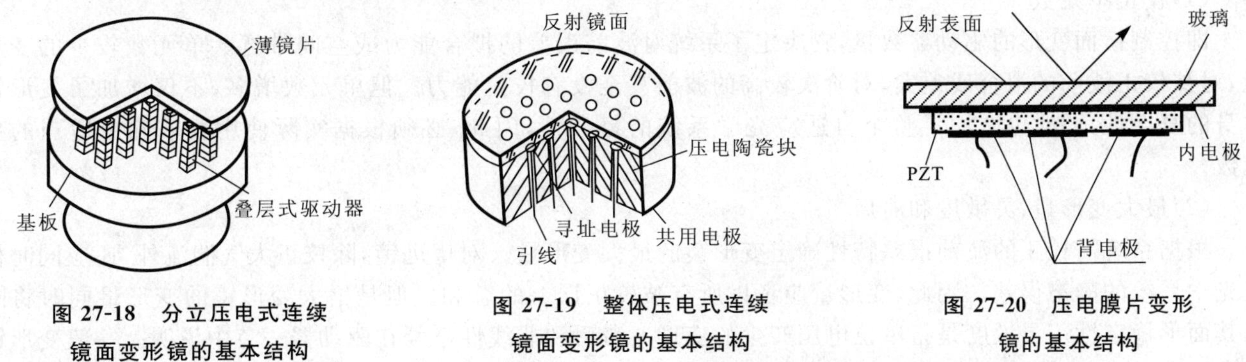

图 27-18 分立压电式连续镜面变形镜的基本结构

图 27-19 整体压电式连续镜面变形镜的基本结构

图 27-20 压电膜片变形镜的基本结构

4. 曲率变形镜

压电膜片变形镜是一种曲率变形镜。压电膜片变形镜的基本结构如图 27-20 所示。在一块薄压电陶瓷片上粘结一块薄平面反射镜，压电陶瓷片极化取垂直镜面方向，与镜面相连的面作为连续公共电极，另一面制成一些独立的寻址电极，当在公共电极与寻址电极间施加电压时，压电陶瓷片的横向尺寸的变化使镜面产生局部弯曲。此类变形镜与波前曲率传感器相配合，可免去波前复原的计算而简化控制器结构，适用于大动态范围和低阶像差的校正。

5. 微小型变形镜

限制自适应光学应用的一个重要因素是它的复杂性和成本。现在的变形镜制造技术复杂，只能单件生产，还在很大程度上依赖人工技巧，而且需要高压电源。降低复杂性和成本的重要途径是采用微电子、微机械和微光学的技术制造小型或微型的单元器件。近年来已经出现多种实现方法，如微机械薄膜变形镜、表面微机械变形镜以及液晶变形镜等。

微机械薄膜变形镜（MMDM），是利用微机械加工的原理在基片上产生一个或几个电极，在基片上方设置一个导电薄膜，导电薄膜与基板电极间形成电场。随着不同电极上电压的变化，导电薄膜在电场力的作用下产生变形，就可以对入射到导电薄膜上的波前产生校正作用(图 27-21)。这种变形镜制作简单，但变形影响函数较宽，对高阶波前误差的拟合能力差，薄膜强度也较差。

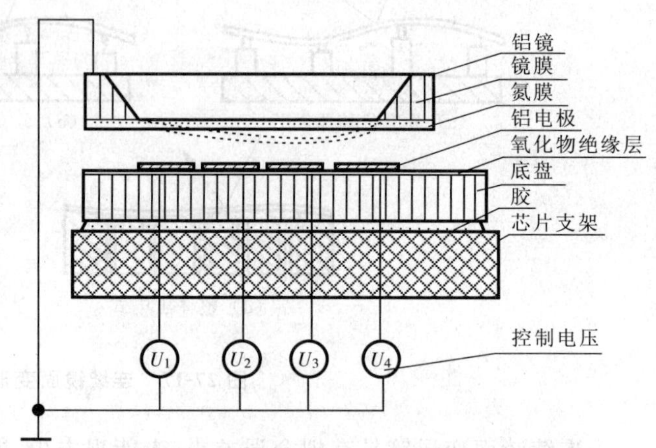

图 27-21　微机械薄膜变形镜的原理和结构

表面微机械变形镜，是用微机械加工方法在硅片上生成多单元、分别驱动的镜面结构，利用各个可动镜面与基板之间的电场力驱动，使这些可动镜面分别控制镜面一部分的位移从而成为一种微型变形反射镜，其典型结构如图 27-22 所示。这种变形镜制作难度较大，有可能制作成连续镜面或分块镜面。

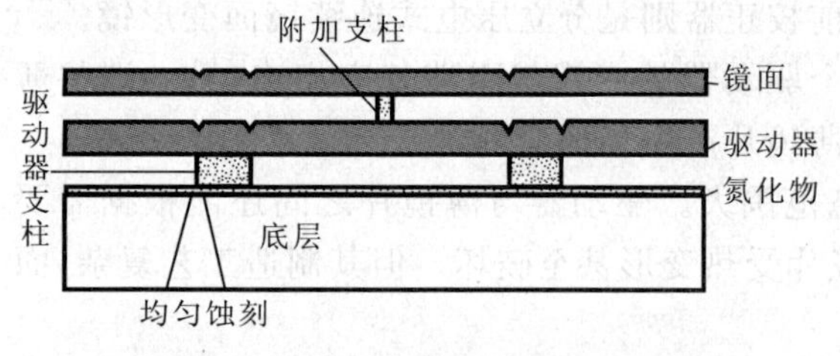

图 27-22　表面微机械变形镜的原理和结构

用两片压电陶瓷片叠合起来，加上镜面可构成双膜片变形镜(bimorph)，可以用不同布局的驱动电极，分别产生不同的校正模式，适用于需要控制不同模式波前误差的场合[43]。

向列型液晶器件，在电压的作用下折射率会发生变化，对定方向的偏振光透射光束波前相位产生空间调制，在自适应光学系统中作为波前校正器件。液晶器件的优点是体积小、单元尺寸小、单元数多、成本低、可以批量生产。但有响应速度较慢，光能利用率低，对宽波段光有色散等缺点[42]。

6. 变形反射镜的主要性能参数

对变形反射镜有一系列性能要求，主要有：

(1)校正单元数

即控制镜面变形的驱动器数量，它决定了系统对波前误差的拟合能力或空间带宽。单元数较少的变形镜，对被校正波前的拟合残差大，对阶次较高的波前甚至没有校正能力。但单元数增多，不仅增加了变形镜本身的复杂性，同时也增加了整个自适应光学系统的复杂性，因此，必须根据实际使用要求确定适当的单元数。

(2)最大变形量、灵敏度和滞后

根据系统需校正的波前误差特性确定变形镜的最大变形量。对望远镜，除校正大气湍流外，还应同时校正光学系统的静态误差。因此，变形量应考虑所有被校正误差的总和。但是增大变形镜的变形量同时将降低其面形稳定性。灵敏度是指单位电压产生的变形。滞后和非线性已经在驱动器一节中说明。一般变形镜的最小可分辨变形量是由高压放大器的纹波和噪声以及波前控制器的输出电压分辨率所决定的，因此变形量大的变形镜要求驱动变形镜的高压放大器应具有较高的增益和很小的纹波和噪声，波前控制器应有相适应的输出动态范围。

(3)表面面形精度及其稳定性

变形镜结构复杂，要保证表面的光学质量十分困难。低阶的面形误差，可以在系统工作时自行校正，但尺度小于驱动器间距的面形误差不可能被校正，将影响校正效果。变形镜在长期工作之后以及在与制造时的温度不同的工作温度下，都可能使面形产生变化。保持其面形精度是变形镜制造中的一个大问题，它与结构、材料和工艺等一系列因素有关。

(4)面形影响函数和交连值

面形影响函数是指在变形镜的一个驱动器上施加电压时，引起镜面变形的分布函数。图 27-23 是一个实测的镜面变形曲线。可以看到驱动器中心处变形最大，到边缘时变形量逐渐降低。变形镜驱动器的光学影响函数一般近似为高斯或超高斯函数形式：

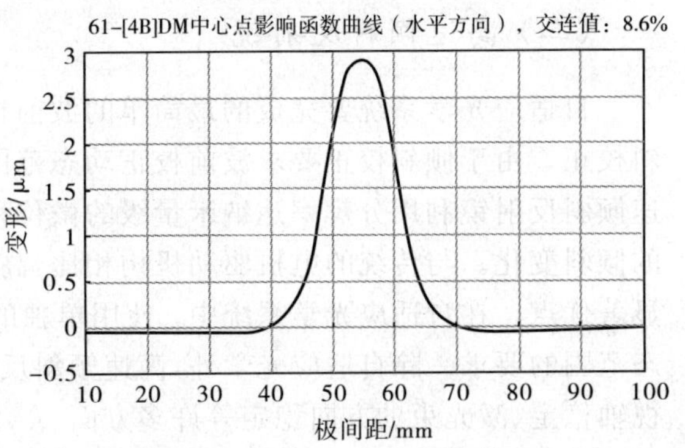

图 27-23　变形镜的面形影响函数

$$V_i(x,y)=\exp\left[\ln\omega\left(\sqrt{(x-x_i)^2+(y-y_i)^2}/d\right)^{\alpha}\right] \tag{27-73}$$

式中，(x_i, y_i)为第 i 个驱动器的位置，d 为驱动器间距，α 为高斯函数指数，ω 为驱动器交连值。其中交连值定义为一个驱动器工作时，相邻驱动器中心的变形量与工作驱动器中心的最大变形量的比值。交连值和面形影响函数会影响系统工作的稳定性和对波前的拟合能力。宽的影响函数和大的交连值，会使控制系统各通道间产生耦合，必须在控制算法中进行解耦。窄的影响函数和小的交连值则造成拟合不足。通常认为合理的交连值在 5%～12%之间。影响函数和交连值是由镜面和驱动器的耦合方式及其刚度所决定的，在变形镜设计中要用有限元分析等方法加以分析计算，并在实际制造中通过试验加以调整。

变形镜的驱动器数目从几十到几百不等，在弹性范围内，当各个驱动器都施加工作电压时，所产生的面形变化是

$$\varphi(x,y)=\sum_{j=1}^{n}v_jV_j(x,y) \tag{27-74}$$

式中，v_j 是第 j 个驱动器的控制电压，$V(x,y)$为驱动器施加单位控制电压后对光束波前的影响函数，n 是变形镜的驱动器个数。

(5)频率响应特性

变形镜是由驱动器、镜片、基板及胶粘剂等多种材料组成的，构成一个多自由度的机械振动系统，存在着一系列的振动模式。最低的基模谐振频率是对自适应光学系统的工作带宽的一个限制，因为当工作到接近谐振频率时，振幅会突然加大，同时产生相位突变。控制系统的工作带宽要避开这一谐振区。图 27-24 是实测的变形镜频率响应曲线。可以看到，谐振频率处的振幅和相位响应都有急剧的变化。但一般压电变形反射镜的谐振频率都在几千赫以上，对一般带宽在几百赫以下的自适应光学系统不构成主要限制。

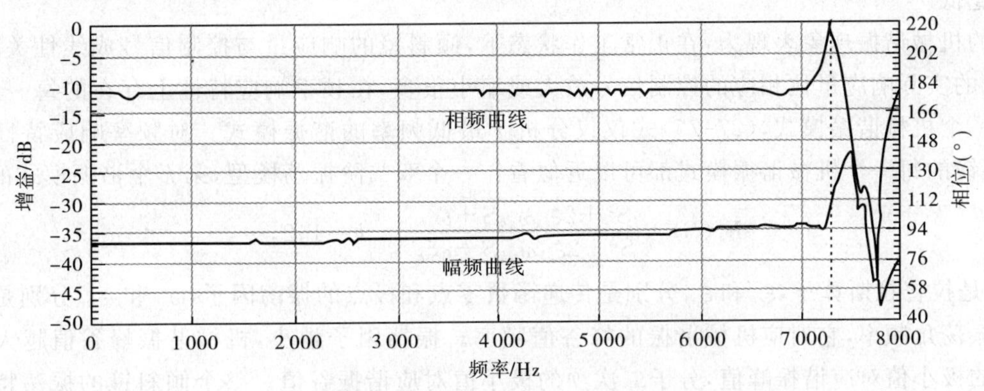

图 27-24　变形镜的频率响应曲线

此外，对驱动变形镜的高压放大器也有一系列要求，如电压范围及分辨率、负载能力、稳定度及纹波系数等。

（二）高速倾斜反射镜

自适应光学系统要完成的最简单的波前校正是对光束到达方向整体变化的校正，即波前畸变的整体倾斜校正。由于倾斜校正要求波前校正动态范围大，工作方式简单，通常可用单独的高速倾斜反射镜完成。高速倾斜反射镜利用分辨率达纳米量级的微位移驱动器驱动一块小面积的反射镜，能使光束产生快速、小角度的倾斜变化。与传统的电机驱动机构相比，高速倾斜反射镜具有运动惯性小、响应速度快、角分辨精度高等显著优点。在自适应光学系统中，使用单独的倾斜镜控制回路校正整体倾斜可以减小对变形反射镜校正动态范围的要求。除自适应光学外，高速倾斜反射镜还广泛用于目标指向、捕获跟踪、空间或机载光学系统的视轴稳定、激光束的方向稳定等许多方面。

常用的倾斜镜由两个驱动器分别驱动镜面产生两维转动，其基本结构如图 27-25 所示。高速倾斜镜的驱动器除压电或电致伸缩驱动器外，还有音圈电机驱动器等。

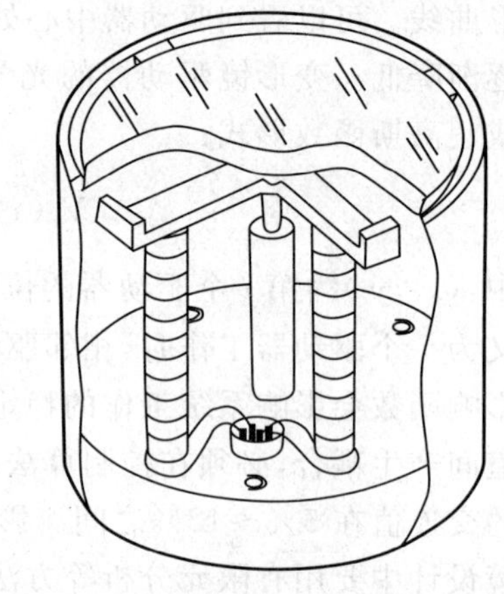

图 27-25 高速倾斜反射镜的基本结构

高速倾斜镜的工作方式是通过驱动器推动有足够刚度的反射镜片做快速整体偏转。与传统的驱动整个光学系统的跟踪方式相比，由于高速倾斜镜惯性小、响应快、分辨率高，因而跟踪精度高。但与变形镜相比高速倾斜镜镜面质量较大，工作过程中存在较大的惯性力，由驱动器和整体镜面构成的弹性-惯性系统的谐振频率一般比变形反射镜低。根据镜面尺寸、行程和结构的不同，谐振频率在一百到几百赫，远低于变形反射镜的谐振频率。因此在倾斜镜的结构设计中应把如何提高最低谐振频率以及减小反作用力矩作为重点考虑的因素。

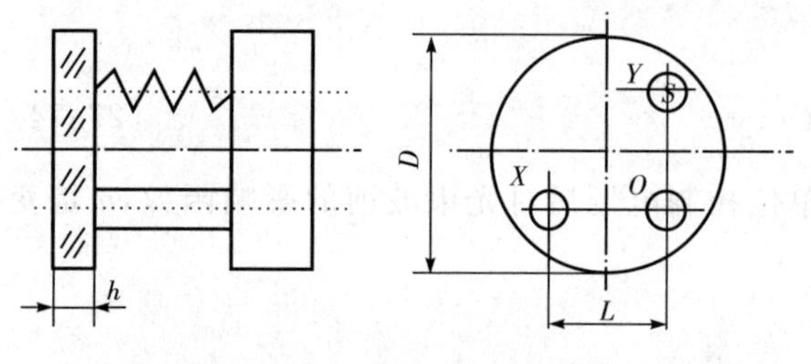

图 27-26 高速倾斜反射镜弹性结构示意图

倾斜反射镜一般由一个大的镜座基底，有一定的厚度和刚度的镜面，两个直角排列的压电驱动器 X、Y 和一个固定支柱 O 组成，其弹性结构如图 27-26 所示。倾斜反射镜的镜面可以看作是支撑在一个弹性结构上的刚体。根据力学分析，这个弹性系统将存在多个谐振模式，但对倾斜镜控制稳定性影响最大的是机械谐振频率最低的一个，其谐振角频率为

$$\omega=\frac{8k}{D^2}\left(\frac{SL}{\theta h}\right)^{1/2} \tag{27-75}$$

式中，$\omega=2\pi f$，时间频率 f 的单位是 Hz。可以看出，谐振频率主要与镜面直径 D、镜面厚度 h、镜面的倾斜角 θ、驱动器间距 L、驱动器面积 S 和所用材料的特性常数 k 等参数有关。一般有 $h>D/10$，所以镜面直径越大谐振频率越低。

倾斜镜的机械谐振现象表现为：在正常工作状态下，倾斜镜的响应量与控制信号成线性关系；在谐振频率处，倾斜镜的实际响应量比相应的控制信号放大或缩小很多，在频率响应特性上存在的每一对峰谷值，对应倾斜镜的一个机械谐振模式，(27-75)式仅仅分析了最低频率的谐振模式。对频率响应特性的测量和分析表明，倾斜镜的每一个机械谐振模式都可以近似看作一个双二阶振荡模型，第 k 个谐振模式的传递函数为

$$F_k(S)=\frac{S^2+2\xi_{zk}\omega_{zk}S+\omega_{zk}^2}{S^2+2\xi_{pk}\omega_{pk}S+\omega_{pk}^2},\quad k=1,2,\cdots \tag{27-76}$$

式中，$S=j\omega$ 是拉普拉斯算子，ξ_{zk} 和 ξ_{pk} 分别是传递函数零点和极点的振荡因子，ω_{zk} 和 ω_{pk} 分别是传递函数零点和极点的振荡角频率，它对应机械谐振的峰谷值频率。振荡因子越小，机械谐振峰谷值越大，(27-76)式分母二次项的极小值对应谐振峰值，分子二次项的极小值对应谐振谷值。整个倾斜镜的振荡特性是各个振荡模式的综合效果：

$$F_{FSM}(S)=F_1(S)F_2(S)F_3(S)\cdots \tag{27-77}$$

自适应光学系统中，一般对倾斜镜采用负反馈积分控制。系统的开环带宽，即开环传递函数的增益过零频率越大，对整体倾斜误差的校正效果越好。保证倾斜镜控制稳定性的条件有两个：一是在开环带宽处有足够的相位裕量，保证闭环控制不会发生振荡；另一个是在开环带宽之后，开环传递函数的相位达到反相时，即系统从负反馈变为正反馈，系统开环传递函数的增益应低于 0 dB，否则信号将发生激烈的振荡直到饱和使系统不能工作。对于没有机械谐振的系统，一般第一个条件满足后第二个条件也能满足；但存在机械谐振时情况就不同了。如果在谐振频率处存在机械谐振峰值过大，将使增益曲线上抬，使倾斜镜控制系统的控制带宽受到限制。所以在实际工作中必须采取措施抑制倾斜镜的机械谐振现象。

三、波前控制器

自适应光学技术是光学技术与控制技术相结合的产物。自适应光学在传统光学中引入了实时探测和实时校正的自动控制原理，构成以光学波前为对象的自动控制系统。波前控制部分的任务是根据波前传感器测量的波前误差信号，经过变换和控制计算，驱动波前校正器进行波前校正，实现整个系统的闭环控制，所以波前控制部分是联系整个自适应光学系统各个部分的枢纽。

自适应光学技术中波前控制部分的技术难点主要体现在计算量巨大和实时性要求高。根据前面的介绍，自适应光学系统是一个几十路至几百路的并行控制系统，波前探测的输出结果是若干路波前斜率信号，而波前校正器的输入信号是若干路的驱动器控制电压。从波前斜率到控制电压的变换处理一般是用计算机或模拟电路网络实现的。要求波前计算机准确地把几十甚至上百路波前斜率信号复原为波前相位，对每路都要施加一定的控制算法，然后再计算出这些驱动器上的控制电压，计算量十分巨大。并且这种计算还要求在极短的时间内完成，以保持波前探测和波前控制的实时性，保证系统达到一定控制带宽。

波前控制的计算量和计算速度对波前处理控制计算机的性能提出了严格的要求，通用的微型计算机不能满足这种实时性要求，所以，必须根据自适应光学系统数据处理的特点研制专用的高速波前计算机，这是波前控制技术的主要难点。其次，采用合理的波前控制算法，能够充分发挥出整个自适应光学系统的潜能，使控制带宽达到最优状态，所以波前控制算法也是波前控制技术中的研究重点之一。

（一）高速波前处理计算机[38]

自适应光学中波前控制技术的发展历史大概可以分为两个阶段。初始阶段用复杂的模拟电路网络构成波前处理控制电路，实现波前处理和控制算法。模拟电路的优点是速度快、实时性好，缺点是调整困难、灵活性差、精度差，只用于自适应光学初期的较小规模的系统。现在由于数字信号处理（DSP）技术的飞速发展，在波前控制技术中，普遍采用易调整、通用性和灵活性高、精度高的高速数字波前处理计算机。下面将介绍这种处理机的特点。

对于一个采用动态哈特曼传感器、变形反射镜和高速倾斜反射镜的自适应光学系统，系统的工作过程是：哈特曼传感器输出图像信号，经波前处理机处理后，得到波前校正器所需的控制电压。波前处理机是自适应光学系统运算的核心。其任务概括为：采集哈特曼传感器输出的图像信号，并完成波前斜率、波前复原和控制运算，得到并输出多路控制电压，经 D/A 转换后送到高压放大器，输出到波前校正器（变形镜、倾斜镜）进行波前校正。其工作流程如图 27-27 所示。下面分别介绍各部分的功能：

1）图像采集部分。实时采集波前传感器中 CCD 相机输出的数据，完成 A/D 转换，并将有效子孔径的数据分配到波前处理机中对应的波前斜率计算单元。

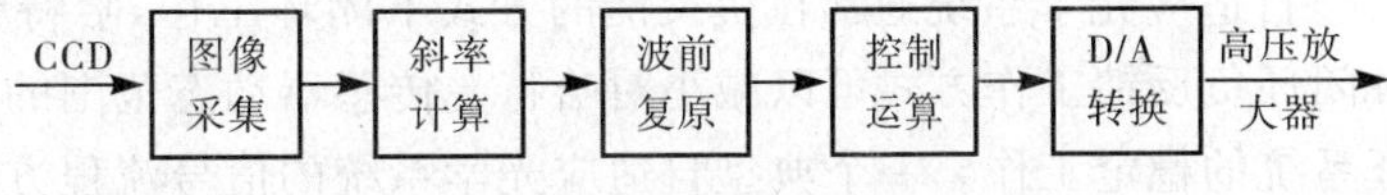

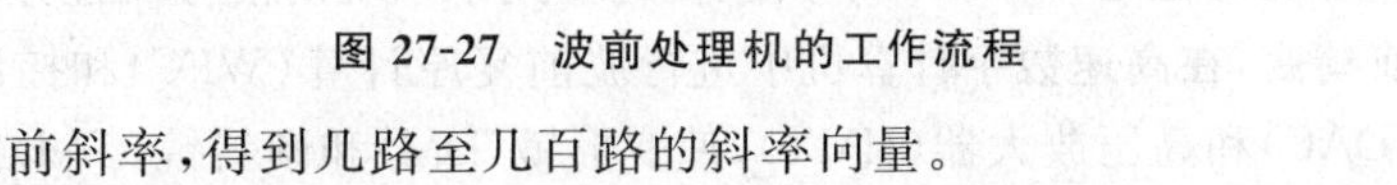

图 27-27 波前处理机的工作流程

2）斜率计算部分。实时计算所有子孔径的波前斜率，得到几路至几百路的斜率向量。

3）波前复原部分。实时完成波前复原运算，得到波前误差向量。波前复原运算一般都体现为一个矩阵运算形式。

4）控制运算部分。实时完成控制算法，得到几路至几百路的控制电压向量。控制运算的具体过程将在下面详细介绍。

5)D/A 转换部分。将控制运算得到的多路数字信号并行转换为模拟信号,将控制电压输出到高压放大器,并将控制电压保持到下一帧数据输入前不变。

系统对波前处理机的实时性要求是:一帧图像输出完后,经图像采集、斜率计算、波前复原、控制运算,最后输出控制电压的过程必须在尽可能短的时间内完成。这一时间延迟越小,自适应光学系统的响应速度越快,控制带宽也可以越高。

在波前处理任务中,图像采集、斜率计算、波前复原、控制运算、D/A 转换各部分是相互独立、顺序进行的,因此可以分别作为独立的功能模块。波前处理机的大量运算集中在斜率计算和波前复原部分,而它们都是基本的矩阵运算,有着很好的并行性。因此,如果采用流水处理和并行处理的方法,就可以提高实时性。流水处理就是把输入任务分解成一连串子任务,再利用功能部件分离与时间重叠的办法,使每个子任务处于整个操作流程的不同功能部件中,在不同的阶段内完成,从而达到操作级的并行处理。并行处理就是把一个任务划分成几个可以同时执行的、互不相关的子任务,通过硬件资源重复技术,采用多个处理单元同时执行各个子任务,从而达到芯片级的并行处理。流水处理和并行处理技术的结合是目前研制高速波前处理机的特点,也是保证系统实时性的前提。

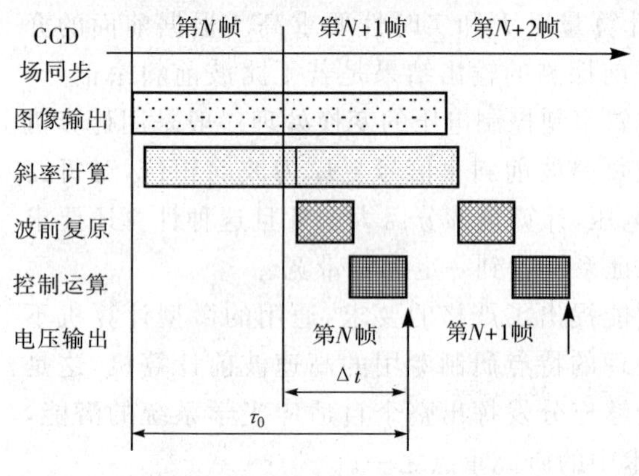

图 27-28 波前处理机的工作时序

处理机采用流水和并行的工作方式后,CCD 相机的图像输出和斜率计算并行进行,波前复原运算、控制运算和下一帧图像的斜率计算并行进行,这样可以满足系统的实时性要求。波前处理机流水和并行工作方式的时序如图 27-28 所示。

研制波前处理机,首先是波前处理机的硬件实现,即波前处理机中各硬件功能板的设计和制作。波前处理机一般由与主控通用微型计算机的接口功能板、图像采集功能板、斜率计算功能板、波前复原功能板、D/A 转换功能板等组成。其次是波前处理机的软件实现,它们可分为两大类:一类是在主控计算机上运行的用于处理机管理和自适应光学系统监测的软件,用高级语言编写,具有程序、数据和参数的加载、显示和修改,以及启动、停止波前处理机工作等功能;另一类是在波前处理机的 DSP 上运行的用于系统实时信号处理的软件,用汇编语言编写,具有计算光斑质心、波前斜率、波前复原、控制运算、电压输出、信息存储等功能。这样,一台功能强大、速度很高的专用波前计算机就研制出来了,下面就是如何在波前处理机上实现控制算法的问题了。

(二) 控制器及控制算法[39]

自适应光学系统可以看作是连续系统(模拟系统)与离散系统(数字系统)的结合,系统的控制器一般是用数字控制器的方法设计的,有许多种算法,如比例积分、希望特性和最小拍等方法都是自适应光学系统中常用的控制算法。不同的控制算法都必须满足没有阶跃响应静态残差,有尽可能高的带宽,闭环系统稳定,不产生振荡等要求。

1. 自适应光学系统的控制模型

自适应光学系统通常在负反馈的方式下闭环工作,哈特曼传感器测量的是变形镜校正后的波前误差。这种闭环负反馈工作方式可以减小对哈特曼传感器动态范围的要求,克服系统中的变形镜滞后等非线性效应,保证系统的稳定工作。一个典型自适应光学系统的信号流程方框图如图 27-29 所示。波前传感器(WFS)测量波前畸变,在高速数字计算机中进行波前复原计算(WFC)和控制计算(CC),得到的控制电压信号经过数模转换(DAC)和高压放大器(HVA),使变形镜(DM)和倾斜镜(TM)产生出需要的补偿波前。整个自适应光学系统是一个数字-模拟混合控制系统。波前控制运算的任务是把复原出的残余电压经过控制算法,得到驱动器控制电压。在控制理论中通常采用拉普拉斯传递函数分析控制系统的特性和设计控制算法。

在自适应光学系统的控制器设计和分析中,使用 3 种传递函数来全面表示系统的控制特性和控制带宽

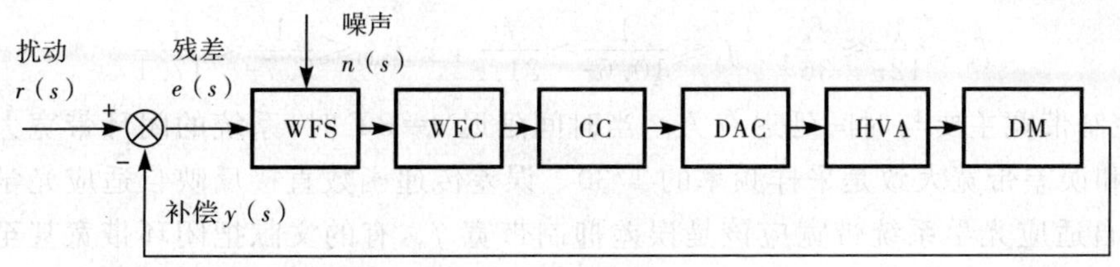

图 27-29 典型自适应光学系统的信号流程方框图

大小，即开环传递函数、闭环传递函数和误差传递函数。令 $r(s)$表示受动态扰动的光学波前信号，$y(s)$表示波前补偿信号，$e(s)$表示补偿后残余波前信号，$n(s)$表示各种系统内部噪声在波前传感器上的综合响应信号，$G_0(s)$表示自适应光学系统自身的传递函数，$C(s)$表示控制器的传递函数。其中 s 是拉普拉斯算子。3种传递函数分别定义如下：

开环传递函数是反馈信号与残余误差信号的比

$$G(s)=\frac{y(s)}{e(s)}=G_0(s)C(s) \tag{27-78}$$

闭环传递函数是反馈信号与动态扰动信号的比

$$H(s)=\frac{y(s)}{r(s)}=\frac{G(s)}{1+G(s)} \tag{27-79}$$

误差传递函数是残余误差信号与动态扰动信号的比

$$E(s)=\frac{e(s)}{r(s)}=\frac{1}{1+G(s)} \tag{27-80}$$

误差传递函数直接反映自适应光学控制系统对动态误差的抑制能力。开环传递函数和闭环传递函数也从不同方面反映了控制器的好坏。在自适应光学控制技术中，相应地使用开环带宽、误差带宽和闭环带宽这3种带宽指标来全面表示控制器的水平。

闭环带宽 f_{3dB} 定义为控制系统的闭环传递函数增益为−3 dB时的频率，即

$$|H(f_{3dB})|^2=1/2 \tag{27-81}$$

开环带宽 f_g 和误差带宽 f_e 分别定义为控制系统的开环传递函数和误差传递函数增益为 0 dB时的频率，即

$$|G(f_g)|^2=1,\quad |E(f_e)|^2=1 \tag{27-82}$$

3 种传递函数和 3 种控制带宽的示意图如图 27-30 所示。

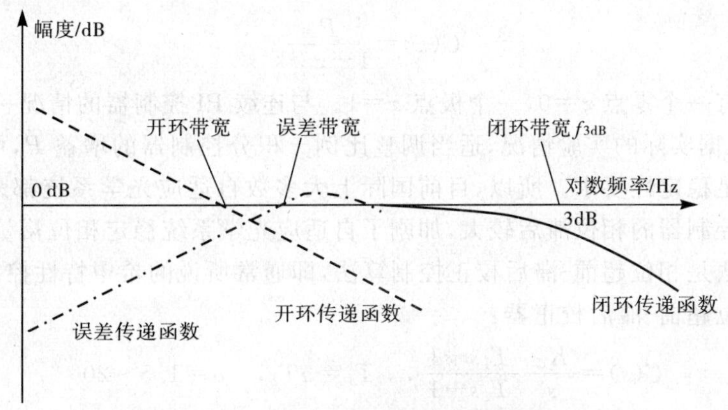

图 27-30 3 种传递函数和 3 种控制带宽的示意图

对用 CCD 相机读出的哈特曼传感器，系统中 CCD 相机的光能积分、信号读出和波前处理器的计算时间造成的延迟大致为 3 倍 CCD 采样周期，即时间延迟 $\tau\approx 3T$。当采用简单的比例-积分控制器时，自适应光学系统的开环带宽 f_g、误差带宽 f_e 和闭环带宽 f_{3dB} 与采样频率和系统等效时间延迟和采样频率 f_s 的关系大致为[39]

$$f_g \leqslant \frac{1}{12\tau} \approx \frac{f_s}{36}, \quad f_e \leqslant \frac{1}{10.6\tau} \approx \frac{f_s}{31.8}, \quad f_{3dB} \leqslant \frac{1}{5.7\tau} \approx \frac{f_s}{17.1} \tag{27-83}$$

可见系统的有效控制带宽主要与时间延迟有关。当时间延迟 $\tau=3T$ 时，系统的闭环带宽大致是采样频率的1/20，而开环带宽和误差带宽大致是采样频率的1/30。误差传递函数直接反映自适应光学系统对波前误差的抑制能力，因此自适应光学系统带宽应该是误差抑制带宽 f_e，有的文献把闭环带宽甚至采样频率当作系统带宽，显然是不对的。

2. 控制算法设计[39]

自适应光学系统控制器设计的难点是解耦合时间延迟问题。由波前传感器输出的上百路信号与要施加到波前校正器上的上百路信号并不是唯一对应的，它们之间存在耦合。在有的系统设计中，如用直接斜率法的波前复原计算中就已经解耦了，这给控制器的设计带来方便。由于自适应光学系统中的波前探测的速度和波前处理的速度有限，系统中总存在一定的时间延迟，即自适应光学系统是一类时间延迟控制对象。时间延迟过程是一类难以控制的对象，因为时间延迟使得控制器的相位滞后随着频率的加大迅速增加，很快就使校正信号的相位与扰动信号的相位同相，控制系统的负反馈结构被破坏，控制器进入正反馈而振荡崩溃。为了避免正反馈的出现，必须使控制器有一定的相位稳定裕量，但这样一来，系统的控制带宽就受到了限制。自适应光学系统中，采用高帧频CCD作波前传感器的光电探测器和高速处理机等先进技术的目的，就是为了减小时间延迟以提高带宽。在时间延迟一定的情况下，要求系统采用合理的控制算法以减小这种对带宽的限制。

目前常用模拟补偿器法或数字补偿器法设计控制器。设计的控制器最终都要转化成数字控制计算机上所用的差分方程的形式。对控制器的设计，要求应满足以下几个条件：一是闭环稳定，避免闭环控制超调引起振荡；二是系统开环低频增益足够高，以充分抑制动态扰动的低频部分；三是误差带宽高，在较大频率范围内，使系统校正后的残余误差尽量小；四是闭环带宽与误差带宽之比不要太高，以尽量减少控制系统引入的高频探测噪声。

积分-比例-微分(PID)控制算法是一种经典的控制算法，它的设计思想明确，控制器设计简单，只是调整起来比较困难。尽管自适应光学系统的控制模型近似是一个纯延迟过程，是一种难以控制的对象，但只要采用简单的比例-积分型控制器，就可以基本满足控制要求。比例-积分型控制器传递函数为

$$C(s)=\frac{K_C}{s} \tag{27-84}$$

比例-积分型控制器具有对阶跃响应稳态无静差的优点，可以满足准确跟踪的要求。用直接 Z 变换法将控制器 $C(s)$ 离散化为适合在数字处理机上实现的形式 $C(z)$：

$$C(z)=\frac{P}{1-z^{-1}} \tag{27-85}$$

控制器在 z 平面上有一个零点 $z=0$，一个极点 $z=1$。与连续PI控制器的情况一样，这一个零极点对将造成90°的相位滞后。根据实际的实验情况，适当调整比例－积分控制器的增益 P，可以使得控制系统的校正带宽达到最大并且满足稳定性要求。所以，目前国际上大多数自适应光学系统都采用这种简单的控制算法。但这种简单的积分控制器的相位滞后较大，加剧了自适应光学系统稳定相位裕量不足的矛盾。

另一类经典控制算法是相位超前-滞后校正控制算法，即通常所说的希望特性控制算法。它是在简单的积分器的基础上加入相位超前-滞后校正器：

$$C(s)=\frac{K_C}{s}\,\frac{T_1 s+1}{T_2 s+1}, \quad T_1=aT_2, \quad a=1.5\sim 20 \tag{27-86}$$

这种控制算法能够在保留积分控制器优点的基础上，对控制器的相位作一定调整，以减小相位滞后，提高稳定相位裕量。一个补偿器不够时，可以同时加入两个以上的超前校正环节。

$$C(s)=\frac{K}{s}\,\frac{T_1 s+1}{T_2 s+1}\,\frac{T_3 s+1}{T_4 s+1}, \quad T_1>T_2, \quad T_3>T_4 \tag{27-87}$$

式中，控制参数 T_1、T_2、T_3、T_4 的选择是一个工程设计问题，一般没有理论解析解，只能凭经验选取，并且要在实际现场确定。设计的连续控制器 $C(s)$ 要离散化为 $C(z)$ 才能在数字计算机上实现。常用的连续-离散

法有双线性(预畸变)变换法、直接 z 变换法、零阶保持器变换法等。采用这种控制算法后,控制器的带宽能够比简单比例一积分控制算法有所提高。

另外还有一种纯滞后补偿控制算法,可以减小相位滞后对闭环控制带宽的影响。常规的纯滞后补偿控制器的结构如图 27-31 所示。

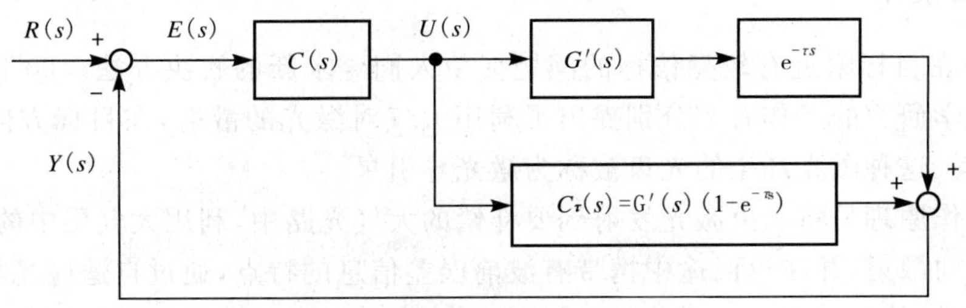

图 27-31　常规纯滞后补偿控制器结构

有纯延迟的控制对象可以表示为

$$G_0=(s)=G'(s)\mathrm{e}^{-\tau s} \tag{27-88}$$

式中,$G'(s)$是对象中不含纯延迟的部分。构造一个补偿器:

$$C_\tau(s)=G'(s)(1-\mathrm{e}^{-\tau s}) \tag{27-89}$$

以得经纯滞后补偿控制器后广义对象中不再含纯延迟:

$$\frac{Y(s)}{U(s)}=G'(s) \tag{27-90}$$

因此,控制器 $C(s)$可以按照没有纯延迟的情况设计,如常用的 PID 控制器。这种纯滞后补偿控制算法设计起来比较复杂,对控制器的结构有严格要求,使用起来十分不方便。并且应用在具体的控制对象上时必须加以调整,才可以收到较好的效果。

以上介绍的几种连续域控制器必须采用连续域到离散域的变换,得到离散域的控制器形式后,才能应用到数字控制计算机上。由于变换后都有一定的误差,最后得到的离散控制器与设计的连续控制器有一定的差异,为此,可以采用离散域数字控制器直接设计的方法,如最小拍控制器设计法等。

最小拍控制器设计法是一种面向闭环传递函数的直接数字控制器设计法。对有纯延迟的控制对象,要求控制器输出在延迟之后,以最小的控制次数(拍)跟踪上输入信号。这种控制器也称为大林(Dahlin)控制器,对纯延迟的系统有较好的校正能力。设对象为

$$G_0(s)=K'\mathrm{e}^{-\tau s},\qquad \tau\approx 3T \tag{27-91}$$

式中,τ 是对象总时间延迟,T 是系统采样周期。上式离散化为

$$G_0(z)=Kz^{-3} \tag{27-92}$$

期望的闭环传递函数是理想的 RC 滤波器形式:

$$H(s)=\frac{\mathrm{e}^{-\tau s}}{T_M s+1},\qquad f_{3\mathrm{dB}}=\frac{1}{2\pi T_M} \tag{27-93}$$

上式经离散化后为

$$H(z)=z^{-3}\frac{(1-a)}{1+az^{-1}} \tag{27-94}$$

式中,T_M 是 RC 滤波器的时间常数,$a=\mathrm{e}^{-T/T_M}$是数字滤波器系数,它决定了期望的闭环带宽 $f_{3\mathrm{dB}}$。对数字控制器可以直接得到:

$$C(z)=\frac{H(z)}{G_0(z)[1-H(z)]}=\frac{(1-a)/K}{1-az^{-1}-(1-a)z^{-3}} \tag{27-95}$$

控制器在 z 平面上有 3 个极点和一个三阶零点 $z=0$。其中零极点对 $z=1$, $z=0$ 保证控制器中含有一个积分环节,保证了高的低频增益,能有效抑制大气湍流扰动。两个靠近虚轴的复极点与 $z=0$ 的零点组成了相位超前校正器,提供相位补偿。

离散域数字控制器直接设计方法还有自适应控制算法、自寻优控制算法等。这些控制算法利用数字控

制计算机灵活、智能、快速的特点，与自适应光学系统结构复杂、存在非线性和时变部分、校正对象复杂多变的特点十分符合。但因为算法的复杂性等方面的原因，目前这种控制算法还没有被应用到实际的自适应光学系统中，但这是波前控制技术的发展方向。

四、激光导引星技术[40]

自适应光学需要在目标附近有较亮信标的问题促使人们寻求新的解决办法。20 世纪 80 年代初，从事军用和天文自适应光学研究的工作者都分别提出了利用大气对激光的散射，在目标方向附近产生一定亮度的光斑作信标的设想。这种激光产生的光斑被称为激光导引星。

激光导引星的工作原理是将一束激光发射到要补偿的大气光路中，利用大气层中的分子、原子和气溶胶等粒子对光产生的后向散射，并在返回途中携带有波前误差信息的特点，通过自适应光学系统的波前传感器测量出所需的误差信号，使自适应光学系统可以闭环工作，实现对大气湍流等环境因素对光学系统造成的不利影响的补偿。

激光导引星有瑞利散射和钠共振散射两种实现机理。瑞利散射是利用大气中分子对光的散射作用，其强度与大气密度成正比，因此，只有高度较低的大气（10～15 km 以下）才能提供足够亮度的光斑。钠共振散射，则是利用 90 km高空由流星所形成的钠离子层对 589 nm 波长激光的共振散射，产生足够亮的光斑。图 27-32 是大气对激光的散射强度随高度的变化曲线。其中低层大气散射是瑞利散射，对不同波长的激光都有一定散射强度，90 km 附近的散射是钠共振散射，只能用波长为 589 nm 的激光激发。

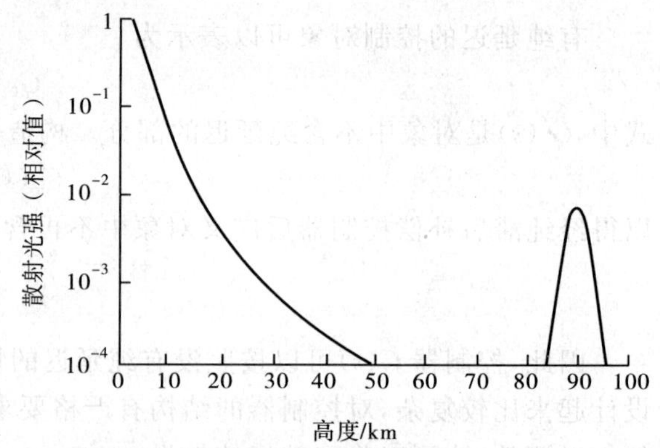

图 27-32 大气散射强度随高度的变化

利用大气散射，就可以通过在任意观测方向上发射激光形成所需要的信标。这就为信标问题提供了很好的解决办法。现在许多自适应光学系统都计划采用这一技术。但是激光导引星技术也有它的局限性，这就是非等晕性问题和整体倾斜提取问题。

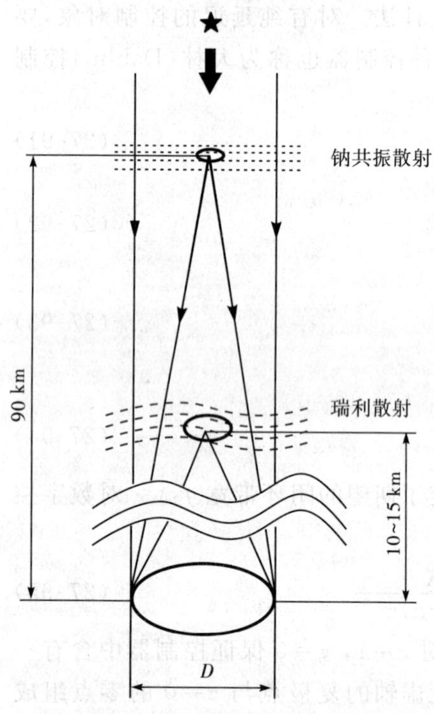

图27-33 激光导引星的聚焦非等晕性示意图

等晕性描述的是激光导引星在多大的程度上代表系统光路的像差信息，即两者共光路的程度。对天文观测用的激光导引星有两种非等晕性误差：一种为观测目标与导引星角度偏差引起的角度非等晕性误差，通过减少夹角可以降低它的影响；另一种为有限的导引星高度对无限远目标的聚焦非等晕性误差，只能通过提高导引星高度来减少其影响。

产生聚焦非等晕性误差的原因如下：对激光导引星所测量的波前误差仅是一定高度上的亮斑（激光导引星）到达望远镜口径这一段锥形光路中的波前畸变（图 27-33），它不包含这个高度以上的大气湍流所造成的波前畸变，与从更远的目标来的接近于平行的光束所经过的路径也是不同的。泰勒等引入了有效口径变量 d_0 对焦距非等晕误差进行研究，对于科尔莫哥洛夫湍流，信标高度为 H 时的有效口径 d_0 可表示为

$$d_0=\lambda^{6/5}\cos^{3/5}(\xi)\left[\int C_n^2(h)F(h/H)\mathrm{d}h\right]^{-3/5} \tag{27-96}$$

其中

$$F(h/H)=19.8\left(\frac{h}{H}\right)^{5/3} \tag{27-97}$$

对口径为 D 的光学系统，由焦距非等晕误差造成的波前误差为

$$\sigma_{\text{focus}}^2=\left(\frac{D}{d_0}\right)^{5/3} \tag{27-98}$$

显然,激光导引星的高度越高,望远镜的口径越小,则波前测量误差越小。因此,对一定高度的激光导引星只能对小于一定口径的望远镜有效。钠共振信标由于高度比瑞利信标高得多,能适合更大的口径。例如,用 HV 大气湍流模型计算,波长为 0.7 μm 时,天顶方向 10 km 高度的瑞利信标和 90 km 高度的钠信标对应的 d_0 值分别是 0.84 m 和 3 m。但是由于钠共振散射的波长要求严格,对激光器的要求十分苛刻。

激光导引星技术的另一个困难是,由于发射激光和激光导引星提供的信标光(即上行光束和下行光束)都经过相同的路径,因此激光导引星不能提供波前整体倾斜信息。事实上,如果发射光路与接收光路重合,不论大气湍流造成多大的光斑抖动(即整体倾斜),由于往返光路重叠,从望远镜看到的激光导引星都是不动的,即不能探测波前整体倾斜。因此波前整体倾斜的探测仍需要用从目标或目标附近的自然信标的光。因为波前整体倾斜探测时可以用全孔径接收,而且带宽和采样频率要求也低得多,因而在一定程度上缓解了信标问题。但是,如何从激光导引星提取整体倾斜信息仍是需要解决的问题。

除了以上的问题,激光导引星还需要满足强度条件。即自适应光学系统要达到一定的补偿精度,信标必须有一定的亮度,才能保证自适应光学系统波前探测器的每个子孔径在每个采样周期中接收到足够多的光电子。

尽管如此,利用激光导引星可以测量出波前高阶畸变,而且如高度和口径匹配适当,其精度也足够用于波前校正。不论观测目标在哪里,只要将望远镜对准它就可以在它附近产生激光导引星。如果进一步用几个激光导引星,还可以用多层共轭技术或层析技术得到波前畸变随高度的分层分布信息,并借以控制两个或多个变形反射镜分别校正不同高度的波前畸变。这样就有可能大大扩展校正视场,减小激光导引星的非等晕性误差。

第五节　自适应光学系统的设计

校正大气湍流引起的动态波前畸变是自适应光学及其相关技术发展的推动力。自适应光学技术首先在天文光学望远镜中得到了成功的应用,解决了望远镜的分辨能力受大气湍流限制的问题。尽管自适应光学的应用已大大超出大气湍流校正,但以大气湍流为对象来介绍自适应光学望远镜的参数设计过程仍具有典型意义。对于校正大气湍流的大口径望远镜而言,对自适应光学的性能参数要求主要取决于观测站址大气湍流的空间和时间统计特性,其基本要求如下:

1)需要有足够多的变形镜驱动器和波前传感器子孔径数。对于一个有良好校正的自适应光学系统,其变形镜驱动器间距和波前传感器子孔径大小要与大气湍流相干长度相当。

2)需要有足够高的波前采样率。自适应光学系统的波前采样率要能够满足系统校正大气湍流的时间带宽要求,自适应光学系统的误差有效校正带宽需与大气湍流的格林伍德频率相当。

3)观测目标附近要有足够亮的导引星作为信标。对于自适应光学系统的信标,一方面要求其足够亮以便波前传感器精确测量波前误差,另一方面还要求其与观测目标的夹角不超过大气等晕角以减小系统非等晕误差。

以下通过分析影响自适应光学望远镜系统性能的几个因素,介绍自适应光学系统设计过程中需要考虑的一些问题。

在自适应光学系统中,一般有变形镜和倾斜镜两个校正回路,倾斜镜被用来校正大气湍流引起的波前扰动中的倾斜部分,变形镜则用来校正大气湍流引起的其余的高阶波前扰动。

一、变形镜回路波前校正残余误差

自适应光学系统变形镜回路闭环校正时的波前残余误差主要来源有:有限时间带宽引起的湍流校正残余误差,探测噪声引起的系统闭环噪声,有限空间分辨率引起的变形镜拟合误差,探测和校正不同轴引起的非等晕误差等。下面结合这些误差因素来讨论自适应光学系统设计的主要问题。

(一)有限控制带宽引起的残余误差与控制带宽

误差传递函数是残余误差信号与动态扰动信号的比,它直接反映自适应光学控制系统对动态误差的抑制能力。由于系统有限带宽造成的残余波前误差为

$$\sigma_{\text{servo}}^2 = \int_0^{\infty} |E(f)|^2 F_t(f)\mathrm{d}f \tag{27-99}$$

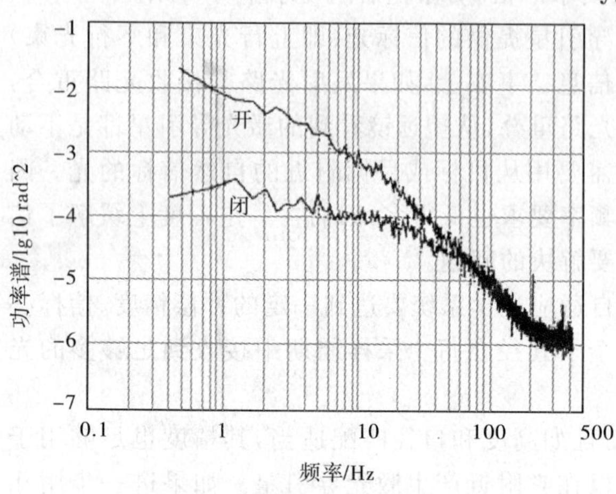

图 27-34 自适应光学系统校正前后的大气湍流功率谱

式中,$E(f)$是误差传递函数$E(s)$的频率表示形式,$F_t(f)$是大气湍流动态扰动的功率谱。图 27-34 是实测的校正前后的大气湍流功率谱。对未校正的湍流,扰动能量分布随频率增加而减小,扰动主要分布在低频部分。误差传递函数$E(f)$是一个高通滤波器形式,湍流信号低频段的大部分扰动得到校正。滤波器带宽越高,动态扰动校正的残余方差σ_{servo}^2越小。

对于时间延迟比扰动特征时间常数大得多的自适应光学系统,由于控制带宽不够造成的校正残余误差可以这样估计:

$$\sigma_{\text{servo}}^2 \approx k_{\text{servo}}\left(\frac{f_G}{f_e}\right)^{5/3} \quad [\text{rad}^2] \tag{27-100}$$

式中,k_{servo}是与系统时间延迟和控制器形式有关的常量,一般可以取为1。

自适应光学系统需要的控制带宽取决于大气湍流的格林伍德频率和泰勒频率。其中系统变形镜回路的控制带宽要大于格林伍德频率,系统倾斜镜回路的控制带宽要大于泰勒频率。对于典型大气,湍流的格林伍德频率大约是十几到几十赫,而泰勒频率大约是几赫到十几赫,因而变形镜回路波前传感器的采样频率要几百到上千赫,倾斜镜回路的采样频率也要几百赫。

(二)探测噪声引入的误差

在自适应光学系统中,波前传感器中不可避免地存在着探测噪声。前面已经指出,对于大气湍流而言,自适应光学系统是一个高通滤波器;对于波前探测引入噪声而言,自适应光学系统是一个低通滤波器。实质上自适应光学系统闭环波前校正是以系统噪声引入为代价去换取对湍流校正的受益。在自适应光学系统中,相对于系统闭环带宽而言,系统噪声可以认为是一高斯白噪声。假设系统噪声功率谱为F_{fn},则系统闭环噪声方差为

$$\sigma_{\text{noise}}^2 = \int_0^{f_s/2} F_{\text{fn}} |H_c(f)|^2 \mathrm{d}f = F_{\text{fn}} f_{3\text{dB}} \arctan\left(\frac{f_s}{2f_{3\text{dB}}}\right) \tag{27-101}$$

式中,f_s为波前传感器采样频率。

由于系统的测量噪声属于高斯白噪声,在奈奎斯特频率范围之内噪声功率谱为一常数,因此系统波前探测噪声方差σ_{fn}^2与系统采样频率和噪声功率谱之间存在如下关系:

$$\sigma_{\text{fn}}^2 = F_{\text{fn}} f_s/2 \tag{27-102}$$

一般情况下,自适应光学系统在实际工作时,其采样频率比系统闭环带宽要大得多,因此$\arctan[f_s/(2f_{3\text{dB}})] \approx \pi/2$。此外,通常情况下自适应光学系统中波前探测和成像不在同一波段,假设波前探测波长为λ_W,则可以得到在成像波长λ上自适应光学系统闭环噪声误差为

$$\sigma_{\text{noise}}^2 = \left(\frac{\lambda_W}{\lambda}\right)^2 \pi f_{3\text{dB}} \frac{\sigma_{\text{fn}}^2}{f_s}, \quad \text{rad}^2 \tag{27-103}$$

可见闭环控制带宽越高,噪声引起的校正残余误差越大。所以从噪声的角度看,不希望系统的闭环带宽太高。

(三)空间拟合误差与变形镜单元数

根据自适应光学原理,自适应光学系统中波前校正器和波前传感器的空间分辨率应该小于大气相干长度。对于区域法校正的自适应光学系统,变形镜的拟合误差可表示为

$$\sigma_{\text{fit}}^2 \approx k_{\text{fit}}\left(\frac{d}{r_0}\right)^{5/3}, \quad \text{rad}^2 \tag{27-104}$$

式中,d 为两相邻驱动器间的距离;k_{fit} 为拟合系数,对于分立驱动器组成的连续表面变形镜,k_{fit} 值一般为 0.2～0.3。

如果自适应光学系统进行泽尼克模式法校正,并且假设低阶的泽尼克模式能够被完全校正,这时自适应光学系统的拟合误差可表示为

$$\sigma_{\text{fit}}^2 = C_N\left(\frac{D}{r_0}\right)^{5/3}, \quad \text{rad}^2 \tag{27-105}$$

当校正模式阶数 N 大于 10 时,$C_N \approx 0.2944\,N^{-\sqrt{3}/2}$。

在一定大气湍流条件下,需要的自适应光学系统变形镜驱动器单元数以及哈特曼子孔径数可以大致估计为

$$N = \left(\frac{D}{r_0}\right)^2 \tag{27-106}$$

式中,D 为望远镜的直径。大气相干长度 r_0 越小,要求自适应光学系统中波前传感器子孔径尺寸和变形镜驱动器间距越小。对于 10 cm 的相干长度和口径为 1 m 的望远镜,要求单元数 100 左右。当望远镜口径增加到几米,需要的单元数水平迅速增加到几千以上,使系统的复杂性大大增加;另外,单元数越多,波前传感器的子孔径越小,传感器每次采样得到的光子数越少;单元数多也意味着系统的控制通道数多,对波前处理机运算量的压力也大。

(四)非等晕性误差

自适应光学系统对大气湍流进行补偿校正时,由于观测目标与参考信标位于不同高度或存在一定的角间距,两个传输路径上的湍流扰动不完全相同而引起的误差称为非等晕误差。例如在观测极弱星体目标时,利用暗星附近的亮星作为自适应光学系统的参考信标对其进行校正就存在角度非等晕性误差;观测目标与参考信标虽然方向相同但高度不同(通常参考信标高度远低于观测目标高度)将引起焦距非等晕性误差。例如采用激光导引星技术对自然星体目标进行校正时就存在焦距非等晕性误差。这两种非等晕性误差有时可能同时存在。

弗里德[11]等对科尔莫哥洛夫湍流条件下角度非等晕误差进行了比较详细的研究。根据其研究结果,角度非等晕误差可表示为

$$\sigma_{\text{angle}}^2 = \left(\frac{\theta}{\theta_0}\right)^{5/3} \tag{27-107}$$

式中,θ 为观测目标与参考信标之间的角间距,θ_0 为大气等晕角。

在对扩展目标进行自适应光学校正时,系统所测量的波前信息是由扩展目标上所有点所提供的波前信息的叠加。此时所产生的扩展目标非等晕性误差也可以看作是许多角度非等晕性误差的叠加。对于科尔莫哥洛夫湍流,在圆盘状均匀扩展目标情况下,非等晕性误差可表示为

$$\sigma_{\text{spread}}^2 = (0.2016\,R_{\text{b}}/L\theta_0)^{5/3} \tag{27-108}$$

式中,R_{b} 为扩展目标半径,L 为目标高度。

激光导引星中引入的焦距非等晕性误差 σ_{focus}^2(见(27-98)式)。

二、倾斜校正残余误差

倾斜校正残余误差主要由两部分组成:一是由于系统有限校正带宽引起的未完全补偿湍流倾斜校正误差,二是由波前传感器引入的系统倾斜闭环噪声。当采用的信标不是观测目标本身时,还存在倾斜非等晕性

误差。

1. 有限控制带宽引起的波前倾斜校正残余误差

通常情况下，自适应光学系统中均采用波前平均斜率，即 G 倾斜，作为倾斜校正控制量。根据泰勒的分析，在科尔莫哥洛夫湍流情况下，G 倾斜的时间功率谱的低频段服从频率的 $-2/3$ 次方规律，高频段则随频率的 $-11/3$ 次方下降。当不考虑系统的时间延迟时，未完全补偿湍流倾斜误差的残差可表示为

$$\sigma_{\text{tilt-servo}}^2=\left(\frac{f_{\text{T}}}{f_{\text{eT}}}\right)^2\left(\frac{\lambda}{D}\right)^2,\quad \text{rad}^2 \tag{27-109}$$

式中，f_{T} 为泰勒频率，f_{eT} 为倾斜镜回路误差抑制带宽，注意整体倾斜校正残余误差的单位是 rad。

倾斜镜除了校正大气湍流造成的波前整体倾斜之外，还要校正望远镜本身的跟踪误差。从波前来表述两者都是整体倾斜，所造成的结果都是使目标像的抖动，但是后者的频率特性取决于望远镜跟踪系统的特性和目标的运动特性。准确估计其特性牵涉更为复杂的问题，这里就不讨论了。

2. 探测噪声引入的误差

与变形镜高阶校正回路类似，倾斜镜回路的倾斜闭环噪声为

$$\sigma_{\text{tilt-noise}}^2=\left(\frac{\pi f_{\text{c}}\sigma_{\text{tn}}^2}{f_{\text{st}}}\right)^2\left(\frac{\lambda}{D}\right)^2,\quad \text{rad}^2 \tag{27-110}$$

式中，σ_{tn}^2 为倾斜测量噪声，f_{c} 为倾斜回路闭环带宽，f_{st} 为倾斜回路采样频率。

3. 倾斜非等晕性误差

当采用观测目标附近的亮星作为倾斜信号提取参考信标时，还存在倾斜角度非等晕性误差。当参考信标和观测目标的夹角 θ 较小时，倾斜非等晕性误差可表示为

$$\begin{aligned}\sigma_{\text{tilt\_aniso}}^2&=\left[\frac{\theta}{\theta_{\text{TA}}(\lambda)}\right]^2\\ \theta_{\text{TA}}(\lambda)&=\left[0.668\,k^2\sec^3(\xi)\mu_2 D^{-1/3}\right]^{-1/2}\end{aligned} \tag{27-111}$$

式中，$\theta_{\text{TA}}(\lambda)$ 为倾斜等晕角。

三、自适应光学系统补偿效果评价

自适应光学系统的校正残余波前误差水平是评价系统性能的主要依据，也是影响系统成像效果的主要因素。系统的波前校正残余波前误差和倾斜校正残余误差分别为其各种误差的总和：

$$\sigma_{\text{fig}}^2=\sigma_{\text{servo}}^2+\sigma_{\text{noise}}^2+\sigma_{\text{fit}}^2+\sigma_{\text{angle}}^2+\sigma_{\text{focus}}^2+\sigma_{\text{spread}}^2 \tag{27-112}$$

$$\sigma_{\text{tilt}}^2=\sigma_{\text{tilt\_servo}}^2+\sigma_{\text{tilt\_noise}}^2+\sigma_{\text{tilt\_aniso}}^2 \tag{27-113}$$

自适应光学技术的不断发展就是要不断地设法减小或消除这些误差，提高自适应光学系统的性能和适应能力。

自适应光学系统在对大气湍流进行补偿成像时，通常采用以下几个指标作为其效果评判依据：光学传递函数（OTF）、点扩散函数（PSF）、斯特列尔比（Strehl ratio，SR）、半高全宽（FWHM）等。其中斯特列尔比的定义为：实际像斑的峰值光强与对应的理想像斑（衍射受限像斑）峰值光强之比。在残余波前误差 $\sigma^2<1\ \text{rad}^2$ 时，斯特列尔比可近似表示为

$$\text{SR}\approx\exp(-\sigma^2)\approx 1-\sigma^2 \tag{27-114}$$

斯特列尔比不仅是相位方差的函数，而且也是相位的空间相关函数。对于低阶部分校正自适应光学系统，用上式描述系统成像质量显然不太适合。一般说来，PSF 是 OTF 的傅里叶变换，根据系统的 OTF 或 PSF 可以得到斯特列尔比或 FWHM，因此光学系统的成像性能最终由其 OTF 决定。由 OTF 计算斯特列尔比的公式为

$$\text{SR}=\frac{\int\tau(\boldsymbol{u})\text{d}\boldsymbol{u}}{\int\tau_0(\boldsymbol{u})\text{d}\boldsymbol{u}} \tag{27-115}$$

式中，$\tau(\boldsymbol{u})$ 和 $\tau_0(\boldsymbol{u})$ 分别为自适应光学系统补偿后的 OTF 和望远镜衍射极限的 OTF。

在通过大气湍流观测点目标的像时，其短曝光图像包括衍射极限主瓣和覆盖直径 $\lambda/r_0(\lambda)$ 区的一组旁瓣(图 27-35)，主瓣和旁瓣之间能量的比值取决于去除倾斜后的波面误差(变形镜回路的波前校正残余误差)的大小。对于长曝光像，随机波动旁瓣平均起来构成平滑的背景环，并因光束抖动而使整个图形加宽，其实际产生的点扩散函数可以描述为由倾斜回路跟踪残余误差所确定的主瓣和变形镜回路的波前校正残余误差所决定的旁瓣的组合。假设自适应光学系统校正后的成像光斑服从高斯分布，则自适应光学系统校正后的系统短时间曝光像的斯特列尔比和分辨率分别为

$$\mathrm{SR_{SE}}\approx\exp(-\sigma_{\mathrm{fig}}^2)+\frac{1-\exp(-\sigma_{\mathrm{fig}}^2)}{1+[D/r_0(\lambda)]^2} \tag{27-116}$$

$$\mathrm{Resolution_{SE}}\approx1.22\frac{\lambda}{D}\frac{1}{\sqrt{\mathrm{SR_{SE}}}} \tag{27-117}$$

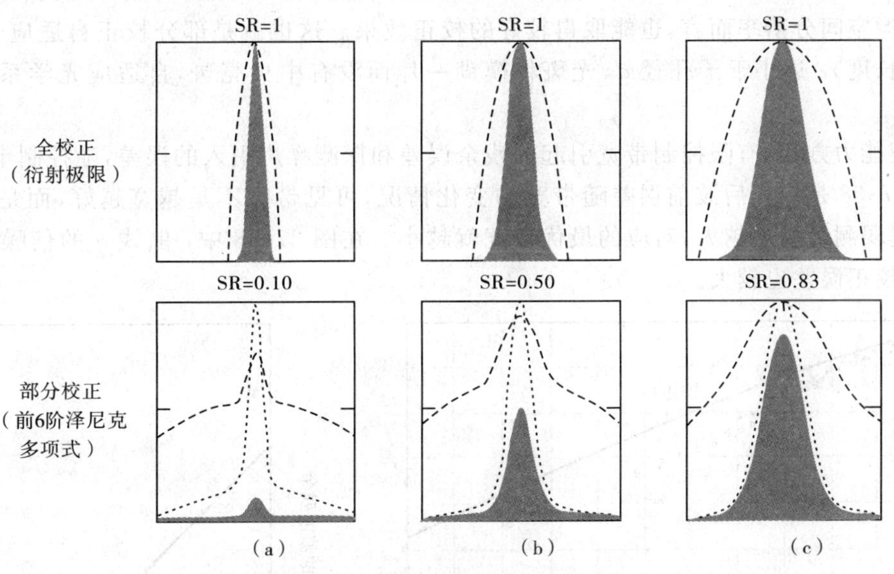

图 27-35 部分校正后的光斑能量分布

口径 2 m，$r_0=0.15$ m，成像波长分别为 0.7 μm(a)、1.25 μm(b)和 2.2 μm(c)时全校正(衍射极限)和部分校正(校正前 6 阶泽尼克多项式)时的光强分布(灰色)，短虚线是峰值强度归一化的光强分布，长虚线是用对数坐标表示的光强分布

而长曝光像的斯特列尔比和分辨率为

$$\mathrm{SR_{LE}}\approx\frac{\exp(-\sigma_{\mathrm{fig}}^2)}{1+5(D/\lambda)^2\sigma_{\mathrm{tilt}}^2}+\frac{1-\exp(-\sigma_{\mathrm{fig}}^2)}{1+[D/r_0(\lambda)]^2} \tag{27-118}$$

$$\mathrm{Resolution_{LE}}\approx1.22\frac{\lambda}{D}\frac{1}{\sqrt{\mathrm{SR_{LE}}}} \tag{27-119}$$

注意，表示斯特列尔比的式子右边第 1 项和第 2 项分别为光斑中心核(主瓣)和旁瓣的峰值强度(相对于衍射极限的成像光斑强度)。

四、校正能力和探测能力之间的平衡

自适应光学系统的设计中，制约系统性能的主要矛盾是系统的时间-空间校正能力和探测能力的矛盾。从对波前误差的空间和时间校正能力来要求，希望校正单元数尽量增多，校正带宽尽量提高，即要求子孔径小和采样频率高，但这就使在采样时间内波前传感器每个子孔径所能探测到的光子数受到很大限制，使波前测量噪声增加，探测能力下降。因此，对波前误差的空间-时间校正能力和探测器引入的噪声误差之间，需要仔细地折中优化才能达到最好的校正效果。

在空间校正能力方面，如果子孔径的口径 $d\leqslant r_0$，并且校正阶次比较高，波前畸变被比较完全地校正掉，点目标的像将是一个接近衍射极限的光斑。在部分校正的情况下，子孔径 d 略大于 r_0，这时只能校正较低

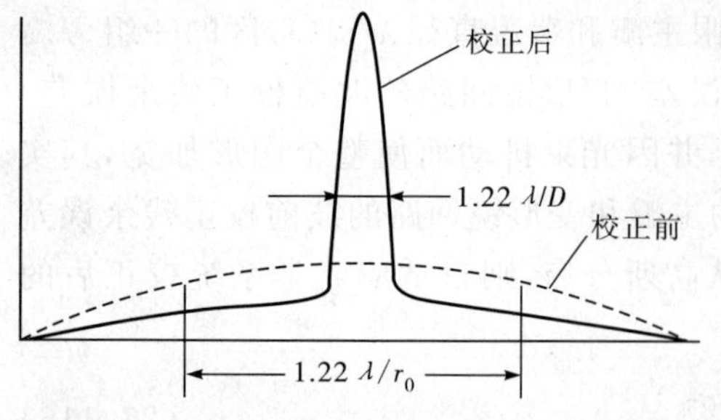

图 27-36 部分校正后的长曝光光斑光强分布

阶次的波前畸变，其短曝光图像为包括衍射极限主瓣和覆盖直径为λ/r_0区的一组旁瓣，主瓣和旁瓣之间能量的比值取决于残余波前误差的大小。对于长曝光像，随机旁瓣平均起来构成平滑的背景环，并因未校正的光束抖动而使整个图形加宽，即中心仍然可以出现宽度接近衍射极限艾利斑的中央亮斑，但周围存在一个较大的光晕区，光强明显低于中央亮斑，如图 27-36 所示。图 27-37 是经自适应光学系统校正前后光斑长曝光斯特列尔比与d/r_0的关系，可见当d/r_0大于 1 时仍可能有一定的校正效果[41]。

因此，在实际自适应光学校正时，如果能比较好地校正整体倾斜等低阶误差，即使目标成像的能量集中度不高，仅就成像空间分辨率而言，也能取得较好的校正效果。这也就是部分校正自适应光学系统的依据。当然，如果相干长度r_0远小于子孔径d，光斑将模糊一片而没有中央亮斑，自适应光学系统也将失去校正效果。

在时间校正能力方面，有限控制带宽引起的残余误差和探测噪声引入的误差，随控制带宽的改变具有不同的倾向。图 27-38 是校正后波前误差随带宽的变化情况，可见带宽不是越宽越好，而是存在一个最优带宽。而且光能越弱测量噪声越大，对应的最优带宽就越小。在图 27-38 中，曲线a的信噪比小于曲线b，其最优带宽较低，校正误差也较大。

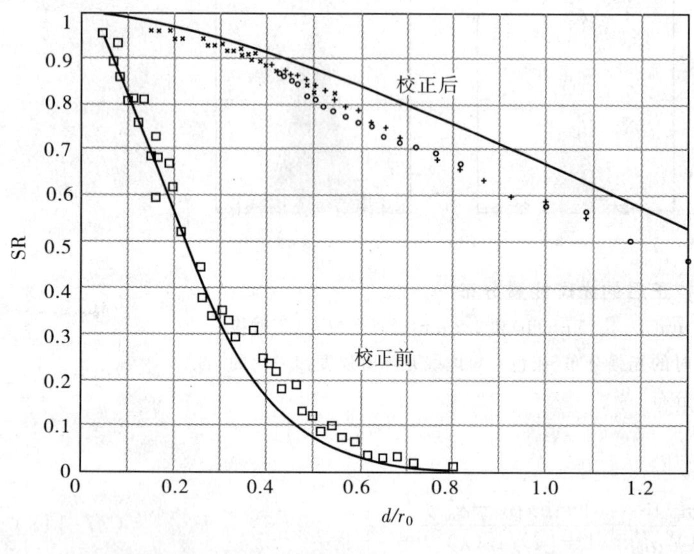

图 27-37

经自适应光学系统校正前后的光斑长曝光斯特列尔比与d/r_0的关系。数据点为实验结果，曲线为数值仿真计算结果

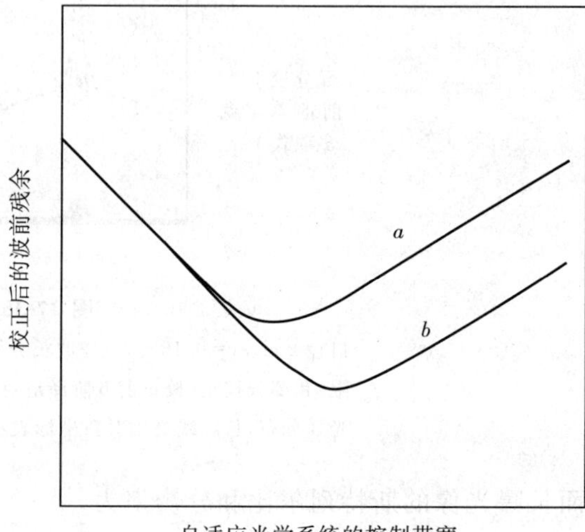

图 27-38 自适应光学系统的波前残余方差与控制带宽的关系

五、红外自适应光学技术

大气湍流的 3 个特征参数(相干长度、相干时间和等晕角)都与波长的 6/5 次方成正比。在波长较长的红外波段，这 3 个参数都比可见光波段有相当程度的放大。如波长为 2.2 μm 的 K 波段与波长为 0.55 μm 的可见光相比，这 3 个参数的放大倍数达 5.3 倍。这样，在红外波段观测时，对自适应光学系统的要求就可以大大降低。子孔径尺寸的放大和时间带宽的减小，使接收到的光能量以波长的 3.6 次方的关系增加，2.2 μm 波段将是可见光波段的 147 倍。因此，使用红外波段观测的自适应光学系统就可以用较少的单元数和较小的时间带宽在较大的有效视场内观测弱得多的目标。

实测证明，以光程差表示的不同波长的光穿过大气时的波前畸变的差别(即大气色散)不显著，因此可以在可见光波段进行波前探测而用红外光成像，这样就解决了自适应光学系统和成像观测系统都需要用光的问题。而事实上红外天文学正是天文学研究的一个热点。目前国外的大型望远镜大部分用于红外成像观测,配备红外自适应光学系统。

参考文献

[1] Newton I. Opticks [M]. based on 4th ed., 1730;New York: Dover, 1979

[2] Babcock H W. The possibility of compensating astronomical seeing [J]. Publ. Astron Soc. Pac.,1953,65:229

[3] Hardy J W. Adaptive optics for astronomical telescopes[M]. New York:Oxford University Press, 1998

[4] 姜文汉,黄树辅,吴旭斌. 爬山法自适应光学波前校正系统[J].中国激光,1988,15(1): 19-22

[5] Jiang Wenhan, Li Mingquan, Tang Guomao, Ling Ning, et al. Adaptive optical image compensation on stellar objects[J]. Optical Engineering, 1995,34: 15-20

[6] 凌宁,张雨东,饶学军,李新阳,王成,胡弈云,姜文汉. 用于活体人眼视网膜观察的自适应光学成像系统[J]. 光学学报,2004, 24(9): 1153-1158

[7] Kolmogorov A N. Dissipation of energy in locally isotropic turbulence[J]. Doklady Akad. Nauk SSSR 32, 16, 1941 (Translation in Turbulence, Classic Papers on Stational Theory. S. K. Friedlander. Interscience. New York, 1961

[8] 塔塔尔斯基. 湍流大气中波的传播理论[M]. 温景嵩,宋正方,等译. 北京:科学出版社, 1978

[9] Fried D L. Optical resolution through a randomly inhomogeneous medium for very long and very short exposures[J]. J. Opt. Soc. Am. A., 1966, 56: 1372-1379

[10] Fried D L. Limiting resolution looking down through the atmosphere [J]. J. Opt. Soc. Am A., 1966, 56: 1380-1384

[11] Fried D L. Anisoplanatism in adaptive optics [J]. J. Opt. Soc. Am. A., 1982, 72: 52-61

[12] Tyson R K. Principles of adaptive optics[M]. San Diego: Academic Press, 1991

[13] Tyler G A. Bandwidth considerations for tracking through turbulance[J]. J. Opt. Soc. Am. A, 1994, 11(1): 358-367

[14] 李新阳,姜文汉,王春红,鲜浩,吴旭斌. 激光水平大气传输湍流畸变波前的功率谱分析 I:波前整体倾斜与泰勒频率[J]. 光学学报,2000 ,20(7):883-889

[15] Greenwood D P, Fried D L. Power spectra requirements for wave-front-compensative systems [J]. J. Opt. Soc. Am., 1976, 66(3): 193-206

[16] 李新阳,姜文汉,王春红,鲜浩,吴旭斌. 激光实际大气水平传输湍流畸变波前的功率谱分析 II:波前相位与格林伍德频率[J]. 光学学报,2000, 20(8):1035-1042

[17] Greenwood D P. Bandwidth specifications for adaptive optics systems [J]. J. Opt. Soc. Am, 1977, 67(3): 390-393

[18] Noll R J. Zernike polynomials and atmospheric turbulence [J]. J. Opt. Soc. Am., 1976, 66(3): 207-211

[19] Koliopoulos C L. Radial grating lateral shear heterodyne interferometer [J]. Appl. Opt., 1980 ,19(9): 1523-1528

[20] Hardy J W, et al. Real-time atmospheric compensation [J]. J. Opt. Soc. Am., 1977, 67(3): 360-369

[21] Jiang Wenhang, Tang Guomao, Li Mingquan, Ling Nimg, et al. 21-element infrared adaptive optics system at 2.16m telescope [J]. Proc. SPIE, 1999,3762: 142-147

[22] 李明全,等. 剪切干涉仪光子计数法动态波前探测 [J]. 光电工程,1990,17(1): 9-18

[23] Barclay H T, et al. The SWAT waveftont sensor [J]. The Lincoln Laboratory Journal, 1992, 5(1):115-130

[24] 姜文汉,鲜浩,杨泽平,姜凌涛,饶学军,许冰. 哈特曼波前传感器的应用[J]. 量子电子学报,1998,15(2):164-168

[25] 姜文汉,王春红,凌宁,吴旭斌,鲜浩,李新阳,官春林,李梅,龚知本,吴毅,王英俭. 61 单元自适应光学系统[J]. 量子电子学报,1998,15(2):193-199

[26] Jiang Wenhan, Xian Hao, Shen Feng. Detecting error of Shack-Hartmann wavefront sensor[J], Proc SPIE, 1997,3126: 534-544

[27] Roddier F. Curvature sensing: a diffraction theory, NOAO advanced development program [J]. R&D Note, 1987 (87-3), Dec: 16

[28] Roddier F. Curvature sensing and compensation: a new concept in adaptive optics [J]. Appl. Opt., 1988 ,27(7): 1223-1225

[29] Wallner E P. Comparison of wavefront sensor configurations using optimal reconstruction and correction[J]. Proc. SPIE, 1982, 351: 42-43

[30] Wallner E P. Optimal wavefront correction using slope measurements[J]. J. Opt. Soc. Am. A., 1983, 73: 1771-1776

[31] Southwell W H. Wavefront estimation from wavefront slope measurements[J]. J. Opt. Soc. Am. A., 1980, 70: 998

[32] Southwell W H. What's wrong with cross coupling in modal wavefront estimation? [J]. Proc. SPIE, 1982, 365: 97-104

[33] 李新阳,姜文汉.哈特曼传感器的泽尼克模式波前复原误差[J].光学学报,2002,22(10):1236-1240

[34] Jiang Wenhan, Li Huagui, Huang Shufu, et al. Hartmann-Shack wave-front sensing and wave-front control algorithm [J]. Proc SPIE, 1990, 1271:82-93

[35] Ling Ning, Jiang Wenhan, Guan Chunlin, et al. Active optical components at the Institute of Optics and Electronics, Chinese Academy of Sciences[J]. Proc SPIE,2000, 4231

[36] 凌宁. 微位移驱动器[J]. 光学工程, 1988, 5(5): 39-43

[37] Hardy J W. Active Optics: A new technology for the control of light [J]. Proc. IEEE 66, 1978 : 651

[38] 王春红,李梅,李安娜.帧频838Hz的高速实时波前处理机[J].量子电子学报,1998,15(2):212-217

[39] Li Xinyang,Jiang Wenhan. Control Bandwidth analysis of an adaptive optical system [J]. Proc. SPIE, 1997,3126

[40] Parenti W J, Sasiela R. Laser-guide-star systems for astronomical applications [J]. J. Opt. Soc. Am. A,1994, 11(1): 288-309

[41] Gong Zhiben, Wu Yi, Wang Yingjian, et al. Phase-Compensation Experiment with a 37-Element Adaptive Optics System [J]. Applied Optics, 37(21): 4549-4552

[42] Cai Dongmei. Performance of liquid crystal spatial light modulator (LC-SLM) as a wavefront corrector for atmosphere turbulence compensation [J]. Proc. SPIE, 2007,6457

[43] Ning Yu, Jiang Wenhan, Ling Ning, Rao Changhui. Response function calculation and sensitivity comparison analysis of various bimorph deformable mirrors [J]. Optics Express, 2007, 15(19): 12030-12038

[44] M A Vorontsov, G W Carhart. Adaptive phase-distortion correction based on parallel gradient descent optimization [J]. Optics Letters, 1997, 22(12):907-909

[45] 杨慧珍,李新阳,姜文汉. 自适应光学系统几种随机并行优化控制算法比较[J]. 强激光与粒子束,2008,20(1):11-16

[46] 杨慧珍,陈波,李新阳,姜文汉.自适应光学系统随机并行梯度下降控制算法实验研究[J].光学学报,2008,28(2):205-210

[47] Yang Ping, Ao Mingwu, Liu Yuan, Xu Bing, Jiang Wenhan. Intracavity transverse modes control by an genetic algorithm based on Zernike mode coefficients[J]. Optics Express, 2007,15:17051-17062

第二十八章　生物光子学和生物光子检测

萤火虫发光是自然界中一个常见的生命现象，它属于高强度的生物发光[1]，用肉眼就可以看见。生物发光是一种酶催化的氧化作用[2]，存在于细菌、真菌、昆虫、鱼类等许多有机体中，但是在高等动植物中没有发现生物发光[3]。生物组织在某些化学物质的作用下，还可以诱发化学发光，这样的作用通常被表示为

$$A + B \rightarrow AB^{*} \rightarrow AB + h\nu \tag{28-1}$$

式中，A 是一种化学物质，例如过氧化氢；B 是一个确定的细胞组分，例如类脂[3]；$h\nu$ 是一个光子的能量。化学发光作为一个探索化学反应过程及产物的工具，已经被使用了许多年[4-5]。

与生物发光、化学发光不同，所有被测量的生物系统存在着超弱的光辐射，它们涉及的范围极为广泛：动物及其器官、组织、细胞、亚细胞，甚至生物大分子；植物及其根、茎、叶、花、果；各种水藻；各种微生物，例如细菌、酵母菌等。这种普遍存在于生物系统中的超弱光辐射被称为“生物光子辐射”（biophoton emission）[6-18]。生物光子辐射的强度定义为被测样品每秒每平方厘米表面发射的光子数，它的数量级为几个到几千个光子。换言之，典型的生物光子流约为 10^{-16} W/cm^2（取波长 $\lambda = 500$ nm）。这样的强度远低于通常的生物发光和化学发光。生物光子辐射探测器的光谱响应通常为光频范围 200～800 nm。在此区间，生物光子辐射的谱线基本上是连续的。

什么是生物光子的“源”？依分子物理学的观点，生物光子可以被理解为生物分子从高能态向低能态的跃迁。这样的理解是基于一个众所周知的事实：生物系统具有新陈代谢的功能。换言之，生物系统是一个典型的开放系统，与外界环境永恒存在着物质、能量、信息的交换。外界不间断地泵浦(pump)耗散的生物系统，使之处于一种远离热平衡的状态。事实上，生命物质的高能态具有相当多的分子布居数(与热平衡状态相比较)。处于高能态的分子是不稳定的，它们必然要向低能态跃迁，在此过程中释放能量，这就是生物光子(见图 28-1)。而回到低能态的分子在外界作用下又跃迁到高能态，再次辐射光子。外界泵浦和光子辐射相伴发生，达到一个动态平衡。因此，生物光子可以理解为生命活动的一种“损耗”，就像激光器的输出光束一样。这样，有理由相信生物光子携带着生命系统的微观信息。从量子理论的观点来看，生命系统的任何内部变化，无论是组分上的还是结构上的，都会引起系统微观能级的改变，从而导致生物光子辐射的改变。事实上，生物光子辐射已经被发现关联到许多基本的生命过程，例如细胞分裂、受精卵发育、光合作用、有机体的病变和死亡等。另一方面，生物系统所处环境的变化也会影响到系统的物质、功能、状态等方面的改变，并表现在生物光子辐射的改变。

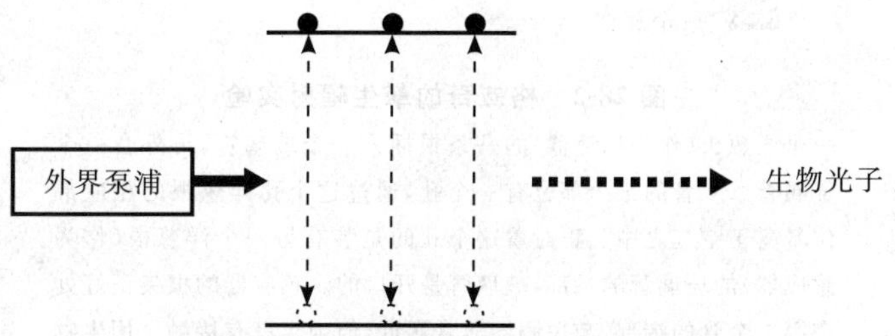

图 28-1　生物光子辐射产生的微观机制

在外界泵浦作用下，生物分子从低能态跃迁到高能态。处于高能态的分子不稳定，在跃迁回低能态的过程中辐射生物光子

用光子的特征(强度、光谱、光子空间分布、光子统计性质等)来反映生物系统内部性质的变化和外界环境的影响，这是一个由量子测量到宏观分析的过程，它的灵敏度是毋庸置疑的。事实上大量的研究表明，生物光子的探测和分析能够揭示生物系统内部的细节变化，展示外界环境的微弱影响。

第一节　生物光子学概论

一、生物光子学的研究进展

关于生物光子辐射的研究，可以追溯到 20 世纪 20 年代[19-21]。1923 年，俄罗斯生物学家格威奇(Gurwitsch)借助生物探测器完成了一个十分精彩的实验(见图 28-2)。他把两个洋葱头的根丝垂直放置,两者靠得很近,但确实没有接触。然后使一个洋葱头的根(作为感应器)发生快速的细胞分裂。过了几个小时,发现另一个洋葱头的根(作为探测器)也跟着发生快速的细胞分裂。最后,探测器上正对着感应器的地方长出一个"小包"来!两者无接触,没有物质转移,后者怎么会长出小包呢?格威奇认为:感应器在细胞快速分裂时辐射出微弱的紫外光,这种紫外光刺激了探测器的细胞,使之跟着快速分裂。由此,他把这个实验称为"孳生辐射"(mitogenetic radiation)。尽管格威奇实验的可靠性已经被证实[22],但他的工作在当时却没有引起科学界的重视,其原因是:①生物探测器在当时没有受到足够的重视,而其他更灵敏的探测手段还没有问世;②这个领域的实验重复工作有相当大的难度;③生物化学的快速发展,对细胞生长的解释取得了一定的成功。因而关于孳生辐射实验的评价,在以后 30 多年里一直没有定论。

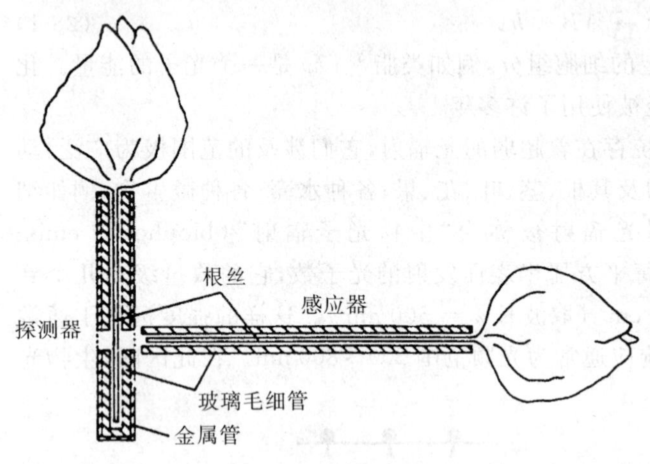

图 28-2 格威奇的孳生辐射实验

一个洋葱头(作为探测器)的一条根插入一个玻璃管,再外套一个金属管。双管的某个部位有一个孔,通过这个孔洋葱根的相应部位暴露于空气之中。正对着这个孔的是装有另一个洋葱根(作为感应器)的玻璃管的端部,玻璃管是开口的。感应器的根尖正好处在第二个管的端部,与探测器非常靠近,但确实没有接触。用生物手段使感应器的根发生快速细胞分裂,结果导致探测器开口部位跟着发生快速细胞分裂。这就是所谓的"孳生辐射"

光电倍增管的诞生,证实了生物光子辐射的存在。1955 年以科利(Colli)为首的意大利物理小组将一些植物幼芽(例如小麦、谷子、菜豆、扁豆等)放置在装有光电倍增管的探测器上进行测量,他们确实观察到了超弱发光现象[23],强度为每秒每平方厘米几百个光子,波长为 390～690 nm,峰值大约在 550 nm。

这一发现唤起了俄罗斯科学家的研究热情。在 20 世纪 60 年代,他们对生物光子辐射进行了全面的研究[6,24-26]。除了植物之外,还涉及许多动物组织,例如青蛙的神经和肌肉、白鼠的肝脏、水牛的心脏,甚至包括酵母细胞这类微生物样品。在对 90 余种生物样品研究的基础上,得到了一个重要的结论:生物光子辐射是一种普遍的现象,而且生物等级越高,辐射强度越大。

20 世纪 70 年代以后,以波普(Popp)为首的德国研究小组从实验和理论两个方面对生物光子辐射进行了系统的研究。波普最先使用了 biophoton 这一比较准确的提法。研究表明,生物光子具有高度的相干性,DNA 是生物光子的一个辐射源。这两点是生物光子学研究中的重大突破。

近 20 年来,生物光子辐射的研究取得了巨大的进展,这是基于:①弱光探测技术的改进[6,23,25];②生物系统中信息传递问题的研究更加深入[4-7,27];③辐射与物质相互作用的量子理论(量子光学)的研究取得了丰硕的成果[28],特别是辐射场的相干态、合作辐射、非经典光辐射的研究。生物光子辐射的众多研究成果已经构成了一门崭新的交叉学科——生物光子学。它涉及分子生物学、微生物学、生物化学、量子光学、热力学、非平衡统计物理学、信息论、现代光电探测理论等许多领域[28]。由此,生物光子学的研究和应用在世界范围内受到了普遍的关注和重视。

生物光子学的研究主要涉及以下课题:生物光子辐射对 DNA 空间构像的依赖性[29-31],生物光子辐射与生物学、生物物理学以及生物化学过程的关联[6,13,32-39],生物光子辐射的温度依赖性[40-44,7,45],光谱分布[6-7,46-49],光学透明性[7,27,50-51],外界因素的影响[40,52-53],光子计数统计[7,54-56],光照激发后的弛豫动力学[7,57-65],群体相干性[66-68],生物光子辐射的非经典特征[28]等。生物光子学研究和应用的重要成果和最新进展被综述在有关的文章[7,11,13]及专著之中[14,17,28]。

大量的实验观察表明,生物光子来自生命物质内的非局域相干电磁场[13]。生命物质的能级分布服从开放系统的布居守恒律(f_ν = constant 规律)[60],它意味着:在理想的情况下(外界环境提供足够的泵浦能量),生命物质所有的相关激发态具有基本相同的布居数,与能级的高低无关。布居守恒律支配了生命物质中"混沌态"与"有序态"之间的一个非平衡相变。围绕着相变的临界点,由生物分子合作诱导的多模生物光子场能变得相当稳定。在稳定运转的过程中,生物光子辐射的相干性来源于生物光子场的位相锁定和模式锁定。在光激发后的弛豫动力学过程中,生物光子辐射的相干性表现为辐射强度的非指数衰变,即所谓的“延迟发光”(delayed luminescence)[59]。非指数衰变起因于生命物质中集体分子的相干非线性耦合[62]。水蚤的群体相干性表现为生物光子辐射的图样形成[66-67],它能被理解为众多水蚤个体的生物光子场之间的干涉效应[68,28]。生物光子被认为在细胞通信中扮演了传递生物信息的作用,生物系统在新陈代谢过程中所显示出的极高效率,很可能是生物光子场高度相干性的结果[69-70]。有迹象表明,生物光子甚至可以工作在非经典态,具有极高的信噪比[71,28]。

二、生物光子辐射的探测

生物光子辐射强度极弱,它的探测通常采用光子计数系统[6-7],测量原理如图 28-3 所示。探测系统的核心部件是光电倍增管,其灵敏度约为 10^{-15} W。光电阴极的直径为 4.4 cm,光谱响应范围是 200～800 nm。在测量过程中,样品发射的光子抵达光电阴极,产生电脉冲。电脉冲继而被输进一个电子线路系统,在那里经过放大、甄别、计数等处理。最终的测量信号被计算机显示并储存。

一个典型的测量结果被显示在图 28-4 中,包括样品的生物光子信号及探测器的本底噪声[71]。对于所使用的样品,信噪比为 25。噪声主要来自光电倍增管的暗电流,它随环境温度的升高而增加。为了降低噪声,提高信噪比,必须冷却光电倍增管。在该测量系统中,光电倍增管通常被冷却至－30℃。关于生物光子探测器的技术细节,在相关的文献中有详细的介绍[72-73]。

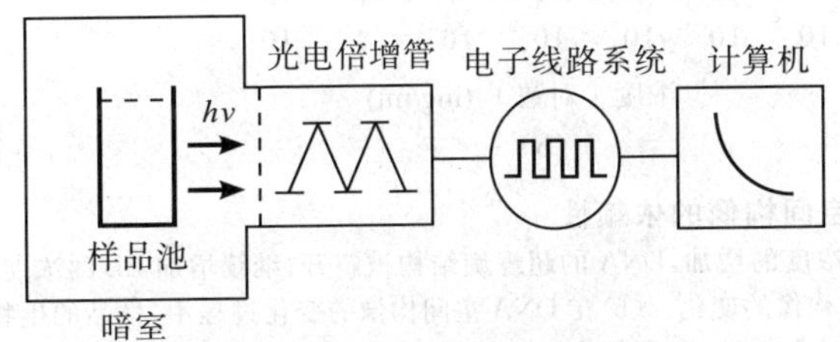

图 28-3　生物光子探测原理

装有样品的石英玻璃池被放入暗室,置于光电倍增管之前。光电倍增管记录入射的光子,并将光信号转变为电信号。电信号继而被输入一个电子线路系统进行处理。计算机用来记录和显示测量数据,并通过软件控制整个测量过程

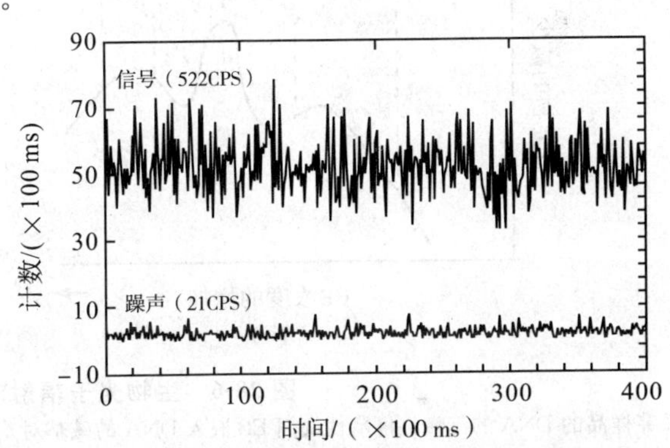

图 28-4　一个典型的测量结果:一片新鲜树叶的自发光子辐射与系统的本底噪声

树叶来自橡胶树(被测面积为 28 cm^2)。测量在室温下完成。光子计数的间隔为 $\Delta t = 100$ ms,观察点总数为 400。树叶自发光子辐射的平均值为 522 CPS(counts per second,每秒计数),本底噪声的平均值为 21 CPS,信噪比为 25

三、生物光子辐射的基本特征

大量实验结果表明,生物光子辐射具有下面一些基本特征:

1)生物光子辐射的强度极低,其数量级为每秒每平方厘米 10～1 000 个光子,因而乘积 $I \times \Delta t$ 一般情况下小于 100,这里 I 是总的光子计数率,Δt 是计数间隔(典型值为 $\Delta t = 100$ ms)。这样,被测的生物光子场中约有 100 个光子。这意味着生物光子辐射绝不是一个经典效应,而是一个典型的量子现象。

2)在所有被测量的样品中,生物光子辐射的谱线在某个频率处绝不呈现出尖峰,而是相当平坦的谱分布(在测量范围 200～800 nm 之内)。这是因为生命物质的能级不服从封闭系统的玻耳兹曼分布,而是与布居守恒律相吻合。按此规律,生命物质所有的相关激发态具有基本相同的布居,与能级的高低无关。

3)对于所有被测量的生物样品,其光照后(白光或单色光)的生物光子辐射动力学均显示出长时间的弛豫行为。这样一种延迟发光不服从指数衰变,意味着延迟发光属于非线性动力学。它起因于集体生物分子

之间的相干非线性相互作用。一个典型的延迟发光例子被显示在图 28-5 上。

4)生物光子被发现关联到许多生物过程和生物功能。特别是实验观察表明,不同的 DNA 空间构像相应于不同强度的生物光子辐射[29]。实验中使用了特殊的物质 EB(ethidium bromide:溴化乙啶),它作为一种试剂被嵌入 DNA 的碱基对。由于 EB 的惰性,它只作用于 DNA,而不与其他的生物分子发生作用。不断增加 EB 的浓度,可以连续改变 DNA 的空间构像。在这一过程中,同时测量 DNA 样品的生物光子辐射。结果(见图 28-6)显示,在 DNA 空间构像变化的过程中,样品的生物光子辐射也发生相应的改变,二者之间有很强的关联。另外,作为一个例子,图 28-7 显示了生物光子辐射与细胞分裂过程的关联[25]。

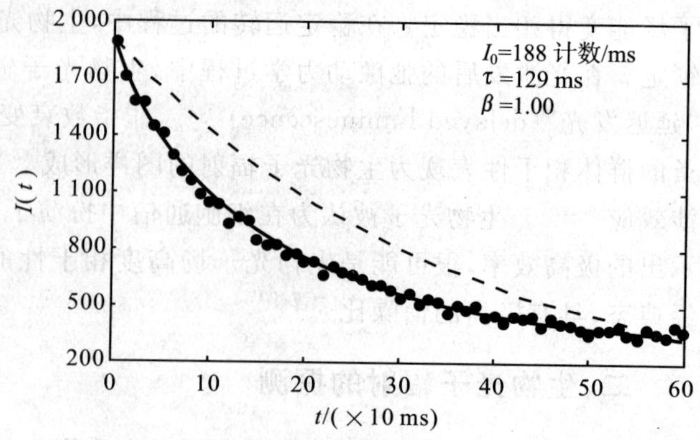

图 28-5 绿色单细胞水藻 Acetabularia 的延迟发光

一株水藻被放入蒸馏水,它被白光照射后的弛豫动力学不服从指数衰变(虚线),而是很好地被双曲函数 $I(t) = I_0/(1+t/\tau)^\beta$ 所描述,关联度 $r = 0.998$。观察值与期待值的最佳拟和给出了参数 I_0、τ、β 的值

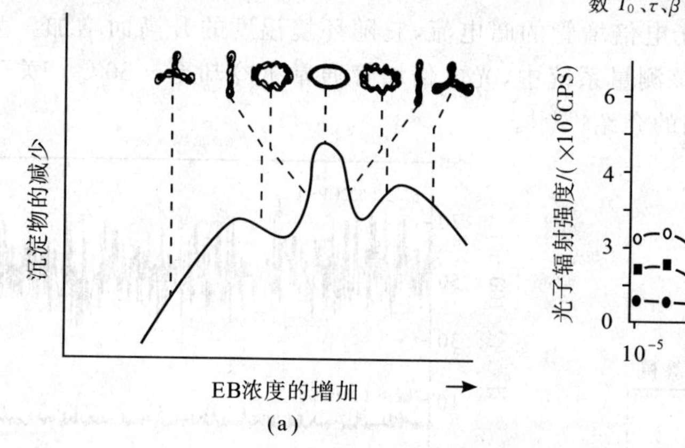

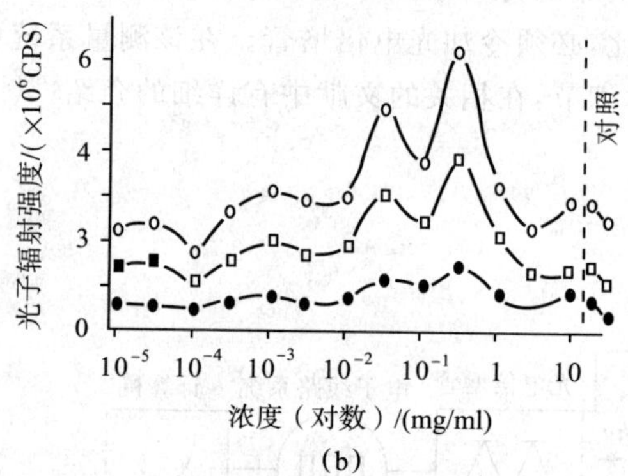

图 28-6 生物光子辐射对 DNA 空间构像的依赖性

(a)黄瓜芽样品的 DNA 的沉降。将惰性试剂 EB 嵌入 DNA 的碱基对。随着 EB 浓度的增加,DNA 的超螺旋结构被解开;继续增加 EB 的浓度,DNA 的超螺旋结构又在相反的方向被卷曲。DNA 沉降的变化反映了 DNA 空间构像的变化。(b)在 DNA 空间构像的变化过程中,样品的生物光子辐射强度随之变化,二者之间存在着很强的关联。图中的 3 条曲线显示了在 1 h、2 h、5 h 观察后生物光子辐射强度的增加

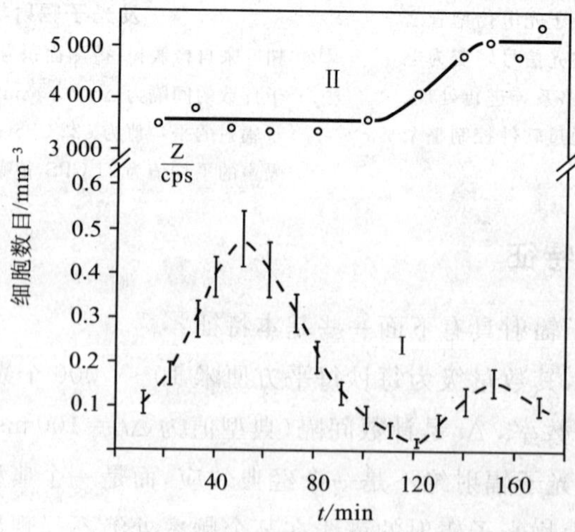

图 28-7 细胞样品的生物光子辐射对细胞密度的依赖性

采用同步化的酵母细胞 Torula utilis 作为样品。实验中首先剥夺其培养液中一种特定的养料,使细胞分裂过程停顿,细胞密度(Ⅱ)在 100 min 内维持在相对稳定的水平。然后在培养液中加入一定剂量的该种养料,于是酵母细胞同步地吸收该养料,同步地分裂,细胞密度在大约 50 min 内持续增加。当该种养料被用尽后,细胞分裂再次停顿,细胞密度维持在一个较高的相对稳定的水平。在上述整个过程中,酵母细胞的生物光子辐射(Ⅰ)被测量。生物光子辐射的极大值出现在细胞密度维持稳定的状态(较低的细胞密度相应于较高的生物光子辐射强度),而细胞快速分裂的状态相应于生物光子辐射的极小值

5)生物系统处于逆境(stress)时,例如,病变、受伤、外界环境突然变化等,其生物光子辐射行为一般会发生显著的变化。不过变化的方式因情况而异,没有一个固定的模式。例如,在许多情况下,细胞癌变后的生物光子辐射强度增大,而水藻在污染水中的生物光子辐射强度减小。大量实验观察显示,多种溶剂即使在浓度很低、剂量很小的情况下也可以显著地改变诸多生物系统的光子辐射。一个典型的例子被显示在图 28-8 中。不过也存在另类情况:即使很高浓度的毒剂注入,某些生物样品的光子辐射也可以在一定时间内保持相当稳定的水平。

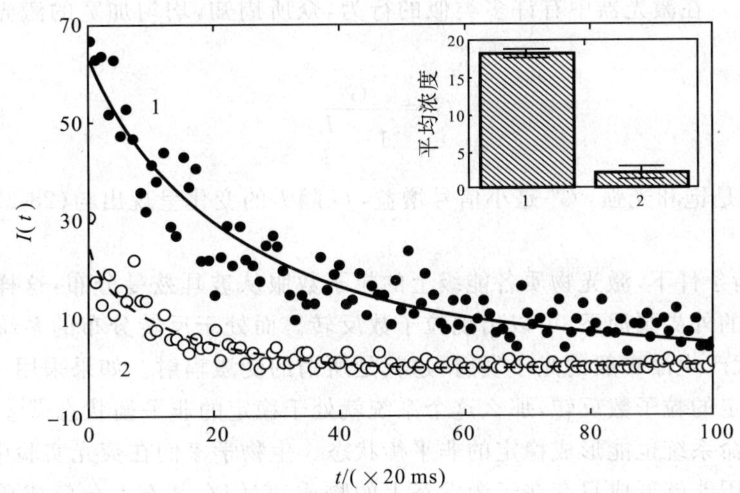

图 28-8　绿色水藻的延迟发光(水环境对生物光子辐射的影响)

样品 1:20 ml 自来水＋水藻样品;样品 2:在样品 1 中添加 1 ml 醋溶液(食用醋稀释到 0.1%)。图中的光滑曲线是实验数据的理论拟合。右上方的插图显示,两种情况下的平均强度之比为 18∶3,这里平均值及标准方差来自对每个样品的 3 次测量

第二节　生物光子辐射的相干性理论

在关于生物光子的产生机制的解释上,存在着两个对立的理论体系,即“破缺理论”[74]与“相干性理论”[14-15,27,58,62,71,75-76]。基于电化学分析的破缺理论,认为生物光子来自生命系统新陈代谢过程中某种随机的起伏。而相干性理论则是基于辐射与物质相互作用的物理机制,强调生物光子辐射起源于生命物质中多模光子辐射与集体生物分子之间的一种相干非线性相互作用。这样一种相互作用能用不同的物理模型描述,它们涉及热力学、非平衡统计物理学、混沌理论、量子光学的相干态理论、多体系统的合作辐射理论以及腔的量子电动力学理论。这些模型构成了在“相干性”机制的基础上描述生物光子行为的一个理论体系,它已经在 Popp 等人的综述性论文里[14]被详细介绍。本节叙述生物光子辐射的相干性理论的几个基本问题。

一、相干性理论的物理基础

生物光子辐射的相干性理论是在生物系统的“耗散结构”本质的基础上发展起来的[77]。理解生物系统的“耗散结构”本质,最简捷的途径是借助于激光的物理机制。正如著名物理学家、协同学的创始人哈肯(Haken)所说,“激光的物理机制沟通了物理学与生物学”。生命系统与激光器确实有惊人的相似之处[78],概括地讲,二者都是非线性、非平衡的开放系统。

1. 非线性系统

在许多研究领域中,常常要处理由大量同类子系统构成的集合体。一般情况下,这些子系统之间存在着相互作用,因此集合体的性质不能由子系统性质的简单相加而得到,这就是一种典型的非线性效应。激光器的工作物质是由大量偶极子组成的,生命系统是由大量细胞组成的。它们的宏观性质都不能由子系统(偶极子或细胞)的简单相加而得到,这是由于子系统之间存在着复杂的相互作用。因此,激光器和生命系统都属于典型的非线性系统。

非线性系统的一个突出表现是存在饱和效应。在生命运动中饱和效应比比皆是，例如酶反应的基本方程是

$$V=\frac{V_0}{1+\dfrac{S_0}{S}} \tag{28-2}$$

式中，V 表示酶反应速率，S 是酶的浓度，S_0 和 V_0 是常数。当 S 很小时，V 随 S 呈现准线性的变化。当 S 很大时，V 趋于饱和值 V_0。在激光器中有许多类似的行为，众所周知，均匀加宽的激光工作物质的增益系数可以表示为

$$G=\frac{G^0}{1+\dfrac{I_i}{I}} \tag{28-3}$$

式中，I_i 是入射光强，I 是饱和光强，G^0 是小信号增益，G 随 I 的变化呈现出与(28-2)式相同的行为。

2. 非平衡系统

我们知道，在热平衡条件下，激光物质各能级上的粒子数服从玻耳兹曼分布，这样上能级的粒子数总比下能级的少。在足够强的外界泵浦下，可以出现粒子数反转。而处于反转分布的系统受到外来光子或本身自发辐射光子的扰动，就产生瀑布般的光子发射，这就是所谓的受激辐射。如果采用一定手段使系统在受激辐射的同时保持动态稳定的粒子数反转，那么这个系统就处于稳定的非平衡状态[79]。通常的连续泵浦激光器就处于这种状态。生命系统也能形成稳定的非平衡状态。生物学家们在荧光实验中已经发现，DNA 分子的碱基由于堆垒相互作用能够形成只存在于激发态上的物质，它们在基态上分解成单体。这种现象已由二核苷酸荧光谱相对于单体荧光谱产生一个无结构的红移而得到证实[80]。在激光器中维持稳定粒子数反转的能量来自泵浦源。在生物系统中维持生物分子稳定非平衡态的能源则是新陈代谢中的生化能。

3. 开放系统

激光系统之所以能够处于稳定的反转分布是因为不断地从外界泵浦中获得能量，即它是一个开放的系统。从热力学的观点看，工作物质从最初的玻耳兹曼分布变成反转分布，辐射光由最初的各向同性的普通荧光变成谱线极窄、方向性极好的有序光束，这必然导致激光系统熵的减少。这是否违反热力学第二定律呢？回答是否定的。因为激光不是一个孤立的系统，从外界泵浦中不断吸收能量的结果，不但抵消了激光系统在向平衡态演化中熵的增加，还使净熵减少，从而维持其连续工作的状态。生命系统也是一个典型的开放系统。早在 20 世纪 40 年代，波动力学的创始人薛定谔(Schrödinger)就提出了生命体“以食负熵为生”的观点。其含义是，生命体熵的减少是因为不断从外界吸收能量(阳光、水分、养料等)，从而维持其赖以生存的有序状态。可见，激光器和生物体之所以能够保持高度的有序性，是因为二者都是开放系统，都不断地从外界吸收能量。

生命系统的非线性、非平衡性、开放性的综合表述就是生命系统的相干性。生命运动是无限多生物子系统(在不同的层次上有器官、组织、细胞、亚细胞、生物大分子等)的集体效应[78]。它们之间存在着特殊的通信方式，基于此它们被组织起来，在新陈代谢活动中表现出关联、协同、合作的行为，从而导致生命体内部的大范围相干性[79]和宏观上的高度有序性。生命系统的相干性在生物光子辐射中表现为生物子系统之间的合作辐射。按照迪克(Dicke)的合作辐射理论，这样一种辐射可以是相长的超辐射(constructive superradiance)，也可以是相消的亚辐射(destructive subradiance)。按照 Fröhlich 的能量储存(energy storage)观点[79]和波普的光子储存(photon storage)理论[13]，相消作用能在生命活动中扮演一个更本质的角色[68]。

二、波普的布居守恒律

众所周知，对于一个能量守恒、粒子数守恒的封闭系统，它的能级服从玻耳兹曼分布：

$$f_i=g_i\exp\left(-\frac{E_i}{kT}\right) \tag{28-4}$$

式中，E_i 是第 i 个能级的能量，g_i 是一个权重因子，k 是玻耳兹曼常数，T 是系统的热力学温度。

不过，生命物质作为一个开放系统，不具有能量守恒和粒子数守恒。现在我们考查一个开放系统的能级

分布，出发点是经典系统的统计熵[28]：

$$S=-\sum_i p_i \ln p_i \tag{28-5}$$

其中，p_i 是发现系统在第 i 个状态的概率，服从归一化条件：

$$\sum_i p_i=1 \tag{28-6}$$

我们现在从理论上证明，在约束条件(28-6)式之下，熵(28-5)式的最大化将导致一个常数概率 p_i。为此我们按照最大熵原理[28]，借助于拉格朗日(Lagrange)乘子法，寻找系统取最大熵情况下的能级分布。我们变化(28-5)式中的 p_i，给出 S 的变分：

$$\delta S=-\sum_i(1+\ln p_i)\delta p_i=0 \tag{28-7}$$

这里我们由 $\delta S=0$ 计算 S 的最大值。同时，对约束条件(28-6)式的变分给出

$$\sum_i \delta p_i=0 \tag{28-8}$$

按照拉格朗日乘子法，用一个乘子 λ 去乘(28-8)式的两边，并与(28-7)式相加，我们得到

$$\sum_i(1+\ln p_i+\lambda)\delta p_i=0 \tag{28-9}$$

现在每一个 δp_i 都是独立的，(28-9)式成立的条件是求和中的每一项为0，即

$$1+\ln p_i+\lambda=0 \tag{28-10}$$

由此我们得出结论：每一个 p_i 必须是常数，不依赖于系统的状态。换言之，一个开放系统的能级分布是[60]：

$$f_\nu=\text{constant} \tag{28-11}$$

它意味着所有能级上具有相同的布居数，这就是波普的布居守恒律。

我们知道，能级分布 f_ν 是可测量的。对于生物系统的测量结果显示，布居守恒律确实是成立的[60]。这样，从热力学的观点可以得出如下结论：①生命系统不处于热平衡态；②生命系统是一个理想的开放系统，外界能量供给是充分的；③生命物质的各个激发态具有相同的粒子布居，与能级的高低无关。

为了理解布居守恒律的含义，我们现在将它与玻耳兹曼分布相比较。简单起见，我们考虑一个二能级系统，设生命物质和处于热平衡态的非生命物质的高能级的粒子数分别为 N_1 和 N_n，两个系统的总粒子数均为 N。生命物质的高、低能级的布居数比值为

$$\frac{N_1}{N-N_1}=f_\nu(\text{constant})\approx 1 \tag{28-12}$$

对于处于热平衡态的非生命物质，我们有

$$\frac{N_n}{N-N_n}=\frac{g_2\exp(-E_2/kT)}{g_1\exp(-E_1/kT)}\approx\exp\left(-\frac{h\nu}{kT}\right)\ll 1 \tag{28-13}$$

式中，$E_2(E_1)$ 是高(低)能级的能量，$h\nu=E_2-E_1$ 是两个能级的能量间隔，T 表示系统的生理学温度，ν 是通常的光学频率，这里我们已经取 $g_1\approx g_2$。由(28-12)式与(28-13)式的比较给出

$$N_1\gg N_n \tag{28-14}$$

为了对(28-14)式有一个直观的了解，我们做一个典型的估算：取 $T=300$ K，$\nu=6\times10^{14}$ Hz($\lambda=500$ nm)，有 $kT=4.14\times10^{-21}$ J，$h\nu=3.98\times10^{-19}$ J，这样，$\exp(-h\nu/kT)\approx e^{-100}$。可见生命物质的激发态布居数远大于处于热平衡态的非生命物质的激发态布居数，这一结论被直观地显示在图 28-9 中。实际上，生命物质激发态的高布居数的事实已经在分子生物学的荧光实验中被观察到[80]。

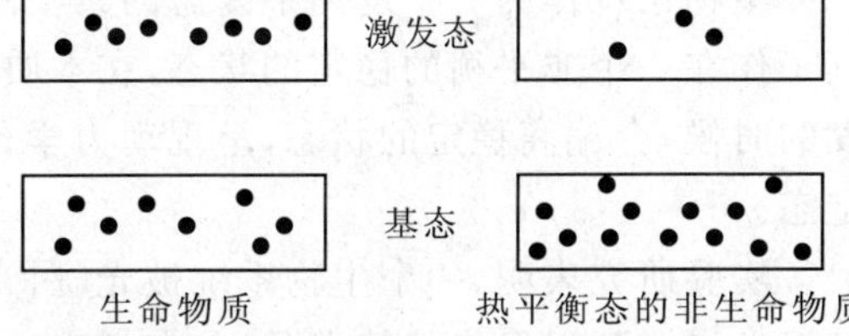

图 28-9 生命物质和热平衡态的非生命物质的能级布居数示意图

生命物质的激发态布居数远大于热平衡态的非生命物质的激发态布居数

基于布居守恒律，生物组织和生命活动中的许多奇异现象就能够得到圆满的解释。下面叙述一些典型的例子：

1)自然界的有机生命体能够用最巧妙的方式使自己处于

最佳的生命状态。有机体具有熵的最大绝对值,却可以通过内部的大范围相干性,降低微观状态(即微观自由度)的数目,达到最高程度的有序性,从而使自身熵的绝对值最小化。在理想的情况下,微观状态数目 $W \to 1$,而熵的绝对值 $S = \ln W \to 0$。这种情况可以发生在 DAN 之中[13]。

2)利用布居守恒律能够最合理地解释生物组织的透明性效应:生命物质对生物光子的传播显示了高度的透明性。例如,来自黄瓜芽的生物光子流通过大豆细胞时,几乎没有光能量损失[60]。这是生命物质对相干光子流的一种"漂白"作用。本质上是由于生命物质激发态的高度布居性,相干光子流在穿过时不发生显著的吸收作用。

3)布居守恒律关系到这样一个事实:生物信号在生命物质内部传播时具有最可能高的信噪比。实际上,对信噪比 SNR(signal/noise-ratio)[27]:

$$\mathrm{SNR} = \frac{n}{4\Delta\nu}\left[\exp\left(\frac{h\nu}{k\Theta(\nu)}\right) - 1\right] \tag{28-15}$$

的最佳化直接给出布居守恒律。生物信号的高信噪比是生物系统高度敏感性的原因之一。

4)布居守恒律支配了生命系统中的一种非平衡相变,它发生在一个有序的、低度耗散态与一个混沌的、高度柔韧态之间。生物系统维持在相变临界点附近,并不断地发射位相锁定、模式锁定的生物光子[13]。

5)生命物质激发态的高度布居性引起的另一个效应是生命组织内的生化反应具有极高的反应速率。它比相同温度下在热平衡系统中发生的普通化学反应的速率高出许多数量级。这是由于被储存于生命物质激发态的能量在生化反应中被释放出来,大大加快了反应速率。

最后我们需要强调,生物系统是一个高度有序的系统,从熵的角度描述生物系统是一个重要的途径。布居守恒律关系到光束的谱熵。普朗克(Planck)关于光束的谱熵的表达式为[60]

$$S \propto \frac{1}{\tau}\left[(1 + i\tau)\ln(1 + i\tau) - i\tau\ln(i\tau)\right] \tag{28-16}$$

式中,i 是光子强度,τ 是相干性时间,$i\tau$ 是光子数。对于给定的生物系统,光子辐射强度 $i\tau$ 维持在一个相对稳定的水平,即

$$i\tau = \text{constant} \tag{28-17a}$$

从(28-16)式和(28-17a)式,我们有

$$S\tau = \text{constant} \tag{28-17b}$$

(28-17a)式与(28-17b)式的比值给出

$$\frac{i}{S} = \text{constant} \tag{28-17c}$$

作为对布居守恒律的补充,(28-17)式的结果对于深入理解生物光子辐射的性质是相当有用的。可以看出:生物光子辐射强度 i 的减少,是由于相干性时间 τ 的拖长,这相应于系统熵 S 的降低,意味着系统有序度的升高。

三、延迟发光的双曲性弛豫

生物系统作为一个远离平衡态的典型的开放系统,与外界环境不断进行着能量、物质、信息的交换,这使其工作在一个非平衡的稳定的状态,在本质上好像一台连续波输出的激光器。不过当生物系统受到某种激发的时候,会偏离稳定的状态,呈现动力学的行为。激发结束后,经过一个弛豫过程,最终恢复到通常的稳定态。

实验研究表明,一个生物系统被光(白光或单色光)照射后的弛豫动力学能用其生物光子辐射显示,称为延迟发光。延迟发光的特点是:①有相当长的弛豫时间,典型值为 1s;②弛豫过程最终趋于自发生物光子辐射的水平;③弛豫动力学过程不能用指数函数描述。

延迟发光的非指数性衰变意味着激发态的布居数 $n(t)$ 不服从线性动力学:

$$\dot{n}(t) = -\alpha n(t) \tag{28-18}$$

式中的 α 是一个正的常数。辐射强度 $I(t)$ 正比于激发态布居数的减少率,即 $I(t) \propto -\dot{n}(t)$。(28-18)式给出的辐射强度是一个指数函数:

$$I(t)=I_0\exp(-\alpha t) \tag{28-19}$$

为了准确描述激发态布居数的动力学，我们考虑非线性动力学方程：

$$\dot{n}(t)=-\mu n^{\gamma}(t) \tag{28-20}$$

式中，$\mu(>0)$ 和 $\gamma(>1)$ 是两个常数。这里我们已经认为延迟发光来自生命物质激发态上所有粒子之间的合作效应，它们按照一种高阶非线性耦合的方式关联起来，形成一个具有高度相干性的整体[81]。(28-19)式给出辐射强度：

$$I(t)=\frac{I_0}{\left(1+\frac{t}{\tau}\right)^{\beta}} \tag{28-21}$$

其中，

$$\beta=\frac{\gamma}{\gamma-1} \tag{28-22a}$$

$$\tau=\frac{1}{\mu(\gamma-1)n_0{}^{\gamma-1}} \tag{28-22b}$$

$$I_0=\mu n_0{}^{\gamma} \tag{28-22c}$$

这里 n_0 是光照终止时（$t=0$）激发态的布居数。(28-21)式是一个双曲函数，所含的 3 个参数 I_0、τ、β 具有清楚的物理学意义：I_0 是初始强度，它依赖于被测样品的性质，同时与光照条件有关；τ 是一个特征时间，只与样品自身的性质有关；β 是一个指数因子，它强烈地控制着弛豫的速率。(28-21)式作为延迟发光的一个理论结果，被发现与实验观察符合得很好，一个典型的例子被显示在图 28-5 中。对于一个实际生物样品的延迟发光，我们可以将实验观察数据与理论表达式(28-21)式作最佳的拟合，从而确定参数 I_0、τ、β 的数值。这 3 个参数值定量地刻画了被测样品（在延迟发光意义上）的性质。众多样品的延迟发光实验显示，τ 的典型数量级为 1s，β 的取值通常在 0～3 范围，I_0 在不同的样品之间有很大的差别，甚至是数量级的差别。

对于(28-21)式的双曲弛豫，可以在某一段测量时间内将辐射强度积分起来，例如在$[0, T]$时间范围内，(28-21)式对时间的积分给出

$$M(T)=\int_0^T\frac{I_0}{\left(1+\frac{t}{\tau}\right)^{\beta}}\mathrm{d}t=\frac{\tau I_0}{\beta-1}\left[1-\frac{1}{(1+T/\tau)^{\beta-1}}\right] \tag{28-23}$$

式中，T 是测量时间。(28-23)式表示延迟发光在$[0, T]$时间范围内的积分强度。积分强度 $M(T)$ 的理论值由参数 I_0、τ、β 以及测量时间 T 确定。另一方面，对原始数据的直接求和则给出积分强度的观察值。理论值与观察值之间的偏差提供了一个检验延迟发光双曲函数描述可靠性的最简单的判据。

四、生物光子辐射的合作性

生命系统的相干性的表现之一是生物光子辐射的合作性。为了理解合作辐射的特征，我们考虑一个最简单的合作辐射系统，它由两个二能级原子与一个单模辐射场组成。系统的哈密顿是[28]

$$H=\hbar\omega a^{+}a+\frac{1}{2}\hbar\omega_0(\sigma_{z1}+\sigma_{z2})+H_{\mathrm{i}} \tag{28-24}$$

式中，a 和 a^{+} 分别是光子的湮灭和产生算子，σ_{zj}（$j=1$ 或 2）是第 j 个原子的反转算子，ω 和 ω_0 分别是辐射场和原子的频率，$\hbar$ 是普朗克常数 h 除以 2π。(28-24)式中的 H_{i} 表示辐射场与原子的相互作用项，它在旋波近似下被表示为

$$H_{\mathrm{i}}=\hbar g[(\sigma_1^{-}+\sigma_2^{-})a^{+}+(\sigma_1^{+}+\sigma_2^{+})a] \tag{28-25}$$

式中，g 是一个耦合常数。

可以看出，H 有 4 个正交归一的本征态：

$$|0\rangle=|bb2\rangle \tag{28-26a}$$

$$|1^{+}\rangle=\frac{1}{\sqrt{2}}(|ab1\rangle+|ba1\rangle) \tag{28-26b}$$

$$|1^-\rangle = \frac{1}{\sqrt{2}}(|ab1\rangle - |ba1\rangle) \tag{28-26c}$$

$$|2\rangle = |aa0\rangle \tag{28-26d}$$

这里 $|0\rangle$ 表示两个原子在低能态 $|b\rangle$ 而辐射场有两个光子，$|2\rangle$ 表示两个原子在高能态 $|a\rangle$ 而辐射场没有光子。两个原子分别在高、低能态而辐射场有一个光子的情况相应于两个本征态：$|1^+\rangle$ 和 $|1^-\rangle$，后者是对前者的正交补充，它们分别是对称与反对称的本征态。

计算这些本征态所构成的所有可能的跃迁矩阵元，我们发现

$$\langle 2 | H_i | 1^+\rangle = \sqrt{2}\hbar g \tag{28-27a}$$

$$\langle 1^+ | H_i | 0\rangle = \sqrt{2}\hbar g \tag{28-27b}$$

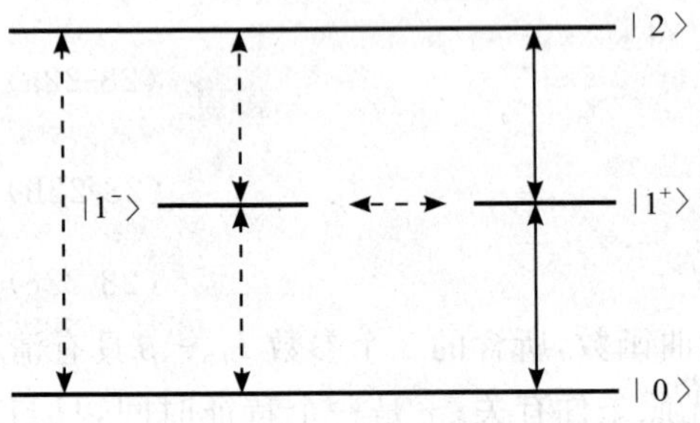

图 28-10 两个二能级原子与单模辐射场组成的合作系统的 4 个本征态以及它们之间所有可能的跃迁

这里实线和虚线分别表示允许跃迁和禁戒跃迁。相长的合作辐射（超辐射）发生在 $|2\rangle \to |1^+\rangle \to |0\rangle$ 跃迁，相消的合作辐射（亚辐射）发生在 $|2\rangle \to |1^-\rangle \to |0\rangle$ 跃迁

而其余的矩阵元都是零。相应的示意图被显示在图 28-10 中。如果两个原子之间的距离小于辐射波长，原子系统必须被严格地对称化。这样一来，辐射实际上发生在系统的 $|2\rangle \to |1^+\rangle \to |0\rangle$ 跃迁过程中。每一步的辐射率都是 $2/\tau_1$，它是单个孤立原子辐射率的 2 倍，辐射寿命则为

$$\tau_R = \tau_1/2 \tag{28-28}$$

整个过程发射两个光子，因此辐射强度为

$$I = 2\hbar\omega/\tau_R = 4\hbar\omega/\tau_1 \tag{28-29}$$

它是单原子辐射强度的 4 倍。

从这个最简单的合作系统中，可以看出合作辐射的基本特征：辐射寿命与原子数成反比，辐射强度与原子数的平方成正比，这就是所谓的“超辐射”。显然超辐射是原子之间的相长干涉效应，在这里对称态 $|1^+\rangle$ 扮演了一个关键的角色。

现在让我们考察(28-26c)式所示的反对称态 $|1^-\rangle$ 的意义。为此我们计算跃迁矩阵元 $\langle 1^- | H_i | 0\rangle$ 和 $\langle 2 | H_i | 1^-\rangle$，有

$$\begin{aligned}\langle 1^- | H_i | 0\rangle &= \hbar g\langle 1^- |(\sigma_1^- + \sigma_2^-)a^+ + (\sigma_1^+ + \sigma_2^+)a|bb2\rangle \\ &= \sqrt{2}\hbar g\langle 1^- |\sigma_1^+ + \sigma_2^+|bb1\rangle \\ &= \sqrt{2}\hbar g\langle 1^- | \{|ab1\rangle + |ba1\rangle\} \\ &= 2\hbar g\langle 1^- | 1^+\rangle \\ &= 0\end{aligned} \tag{28-30}$$

很明显，导致最终结果的原因是 $|1^+\rangle$ 和 $|1^-\rangle$ 之间的正交性：$\langle 1^- | 1^+\rangle = 0$。同样的原因，$\langle 2 | H_i | 1^-\rangle = 0$。可见反对称态 $|1^-\rangle$ 提供了一个无辐射跃迁 $|2\rangle \to |1^-\rangle \to |0\rangle$，它显然是原子之间的相消干涉效应，这就是所谓的“亚辐射”。在亚辐射过程中，一个原子从高能态 $|a\rangle$ 跃迁到低能态 $|b\rangle$，发射出一个光子，但这个光子又把另一个原子从低能态激发到高能态。换言之，一个光子被两个原子态 $|ab\rangle$ 和 $|ba\rangle$ “禁闭”(trapping)在它们中间，原子系统在状态 $|ab\rangle$ 和 $|ba\rangle$ 之间跃迁，但是没有光子发射出来。就像一个皮球在两个人之间反复传递，但没有被抛出来。这就是所谓的光子储存概念[13,27]。

在 N 原子情况，存在着一个完全反对称的态：$N/2$ 个原子在高能态 $|a\rangle$，$N/2$ 个原子在低能态 $|b\rangle$，它们把 $N/2$ 光子禁闭在系统之内。在这个态中，原子系统具有完全的相消干涉效应，辐射场呈现最高程度的亚辐射。

作为一个相消干涉的结果，亚辐射的物理机制提供了一个深刻理解生物光子特性的可能途径。事实上，越来越多的生物光子现象被发现不能用线性叠加的方式去解释，而不得不考虑某种干涉（特别是相消干涉）的方式。一个典型的例子是，当水蚤的数目线性增加时，其辐射强度并不是线性增加的，而是非线性地增加并呈现有规则的极大、极小值[66-68]。事实上，基于光的相干叠加的理论模型，这个现象不但能被合理地解释，而且能被定量地描述[28]。

从亚辐射的机制理解生物光子辐射，与布居守恒律是完全吻合的。一个理想的亚辐射系统相应于那个完全反对称的态，其高、低能级具有相等的布居数，这恰好是 $f_v = 1$ 的情况。如果一个生物系统的生物光子辐射行为接近亚辐射，就有最可能多的生物光子被禁闭在生物系统之内，最可能少的生物光子泄漏出来，进入探测系统（也许这就是通常被探测到的生物光子辐射呈现极低强度的原因）。这样的生物系统被认为具有最大的光子储存能力[13]，它相应于一个最佳的生命态。

实际上，一个实际的生物系统常常处在逆境之中，这是由于来自内部和外界的微扰，例如机械震动、化学物质的侵入、外界电磁场的影响、环境温度的变化、创伤和病变等。这些因素会使系统本身发生变化，比如系统能级结构的改变、系统本征态的变化、激发态布居数的变化等。所有这些会导致系统与理想反对称态的偏离，禁闭光子的能力降低（泄漏出的光子数目增加），最终使得被外界探测到的光子辐射强度增加。可以看出，生物光子辐射携带着关于自身逆境状态和外界逆境状况的信息。

利用亚辐射的机制还可以更深刻地理解非物质的生物通信（non-substantial biocommunication）[82]。这种生物通信被相信既存在于一个有机体内的细胞之间，也存在于属于相同种类的有机个体之间。两种情况下的实验观察均显示，被禁闭的生物光子扮演了传递生物信息的角色。对于后者，一个被仔细研究过的系统是水蚤群体[83]。在理想的群体通信中，系统中的所有有机个体是全同的，整个系统处在一个完全反对称的状态，被禁闭的亚辐射光子在有机个体之间传递生物信息，没有光子泄漏出来。但是对于实际的群体系统（例如由大量细菌个体组成的群体，由大量水藻个体组成的群体，由大量水蚤个体组成的群体等），组成群体的有机个体不可能是全同的，常有异类个体的加入，例如在水蚤群体 Pyrocistis elegans 中常发现有 *Gonyaulax polyedra* 个体的存在。异类个体的加入削弱了原始群体系统的全同性，使理想的亚辐射发生破缺，最终导致光子的外泄。从前述的数学过程解释这个情况是直截了当的，那是因为由两个非全同个体组成的系统使得 $\langle 1^- \mid 1^+ \rangle \neq 0$，从而导致 $\langle 1^- \mid H_i \mid 0 \rangle \neq 0$，$\langle 2 \mid H_i \mid 1^- \rangle \neq 0$，于是原本的禁戒跃迁变成了允许跃迁。

上述关于群体辐射机制的研究有可能提供一个生物识别的新方法：利用理想群体的亚辐射作为标准，识别实际生物群体中的异类个体，并通过相应的测量和分析来获得关于异类个体的数量及性质的信息。

五、生命态的有序性分析

生物光子辐射的相干性理论提供了一个分析实际生物系统状态的概念和方法[84]。这基于一个关于生物系统的最简单的物理模型：生物系统的“共振腔”模型[13]。换言之，一个有机体能被最简单地考虑为一个具有充分高的品质因子 Q 的共振腔。

众所周知，Q 值作为共振腔的能量储存本领的度量，被一般地定义为

$$Q = 2\pi \frac{\text{所储存的能量}}{\text{每周期损耗的能量}} \tag{28-31}$$

这意味着一个共振系统的能量损耗越低，它的 Q 值就越高。对于一个光学共振腔，如图 28-11 所示，所储存的能量是 $nh\nu$（对于一个给定的腔模而言），其中 n 是共振腔内的总光子数，$h\nu$ 是一个光子的能量。光子在腔内传播一个周期的损耗是

$$h\nu\left(-\frac{dn}{dt}\right)\frac{1}{\nu} = -h\frac{dn}{dt} \tag{28-32}$$

这样一个光学共振腔的 Q 值被表示为[85]

$$Q = -2\pi \frac{n\nu}{(dn/dt)} \tag{28-33}$$

假定共振腔内的光子数按指数函数减少，即

$$n = n_0 \exp(-t/\tau) \tag{28-34}$$

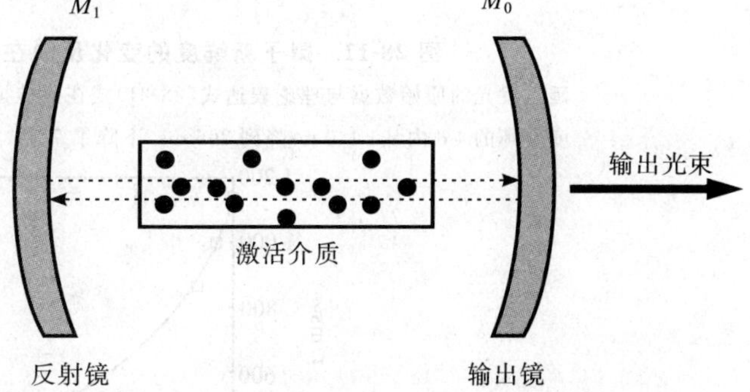

图 28-11　光学共振腔作为最简单的生物系统的物理模型

腔内每个周期的能量损耗包括传播损耗和输出损耗。传播损耗：比如光子从反射镜 M_1 出发，传播到输出镜 M_0，经 M_0 反射后传播到反射镜 M_1，再经 M_1 反射，便完成了一个周期。输出损耗：从输出镜透射出来的光子。生物系统的光子辐射相似于激光器的输出光束

式中，n_0 是初始光子数，τ 是光子在腔内的储存时间（它扮演了一个相干性时间的角色）。这样(28-33)式变为

$$Q = 2\pi\nu\tau \tag{28-35}$$

它显示:对于一个给定的腔模,光学共振腔的 Q 值唯一地依赖于相干性时间 τ 。

基于生物系统的光学共振腔模型,生物系统的最佳生命态(具有最高程度的有序性)相应于最高的 Q 值:最高的光子储存能力和最低的光子损耗。综合上述结果,并注意到(28-17b)式所给出的相干性时间 τ 与熵 S 的关系,我们可以写出一个定性的关系式:

$$\frac{\text{光子储存能力}\uparrow}{\text{光子损耗}\downarrow} = Q\uparrow \rightarrow \tau\uparrow \rightarrow S\downarrow \rightarrow \text{有序性}\uparrow \tag{28-36}$$

这里 ↑(↓) 表示相应量的增加(减少)。应注意(28-23)式中的光子损耗其实是探测到的生物光子强度 i,它既可以代表稳态运转下自发生物光子辐射的强度,也可以代表一个延迟发光的积分强度。

关系式(28-36)式提供了一个基于生物光子辐射的测量来分析生命态有序性的可能途径。这里相干性时间 τ 扮演了一个重要的角色。其实它是可以测量的,最简单的方法是借助于延迟发光的实验。事实上,利用延迟发光的观察数据与理论表达式(28-21)式作最佳拟合,便可以得到特征时间 τ(即相干性时间)的值。

作为上述分析方法的应用,我们现在叙述一个具体的例子,它涉及水果新鲜度的演化。实验中,一个梨子被固定在生物光子辐射探测器中,在相同的实验条件之下,测量它的延迟发光。每天测量 3 次(间隔 3 h),持续 4 d,共得到 12 个延迟发光的测量结果。每次测量后,立即让梨子暴露于自然的外界环境之中(温度、湿度、日光、空气等)。其实是测量梨子在自然条件下新鲜度的演化。图 28-12 显示了首尾两次测量的原始数据。图中的两条曲线是理论表达式(28-21)式的最佳拟合,它们显示出与观察值很高的关联度。最佳拟合给出参数 I_0、τ、β 的数值。图 28-13 显示了特征时间 τ 在 4 d(12 次测量)中的演化:随着梨子新鲜度的变坏,τ 值单调下降。这个例子说明,延迟发光的特征时间 τ 确实是水果的新鲜度的度量:τ 值越高,水果新鲜度越好。图中的实线表示与 τ 测量值的最佳拟合,它定量地刻画了梨子新鲜度的演化。

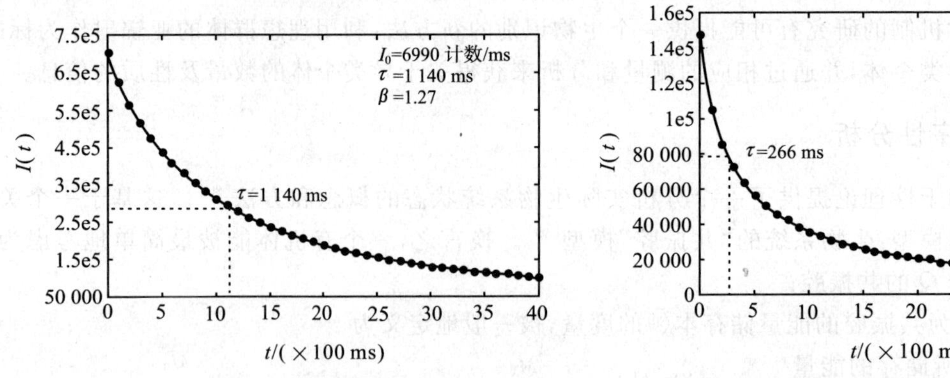

图 28-12 梨子新鲜度的变化反映在它的延迟发光的特征时间的缩短

延迟发光的原始数据与理论表达式(28-21)式在最佳拟合之下给出参数 I_0、τ、β 的值。τ 值在梨子新鲜度变坏的 4 d 内从1 140 ms降到 266 ms,下降了 77%

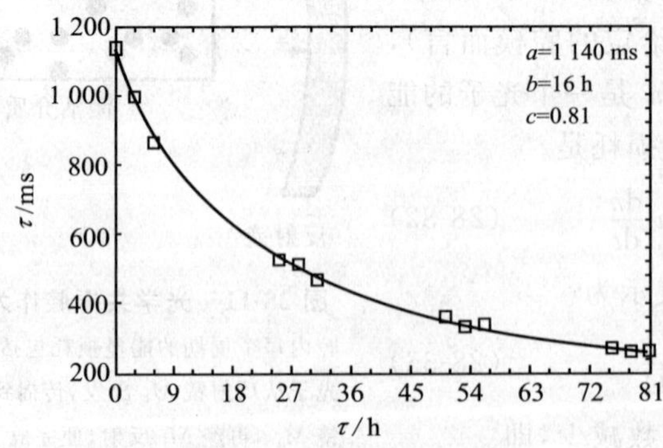

图 28-13 梨子新鲜度与它的延迟发光的特征时间 τ 的关系

延迟发光的测量共持续 81 h,每天测量 3 次(测量间隔 3 h),共得到 12 个 τ 值(来自延迟发光的原始数据与理论表达式(28-21)式的最佳拟合)。图中的实线表示一个双曲函数 $\tau = a/(1+t/b)^c$ 与 τ 值演化的最佳拟合。该拟合呈现出很高的关联度:$r = 0.999$,给出参数 a、b、c 的值

利用生物光子辐射的测量来分析生命态的有序性是一个崭新的概念。它提供了一种了解生命运动的新方法，具有极高的灵敏度和可靠性，被期待在生物学、医学、药物学以及各种生物技术中得到广泛的应用。

第三节　生物光子辐射的量子理论

一、合作效应与合作辐射

许多研究领域所涉及的系统是由大量同类子系统组成的。比如由大量自旋体构成的磁铁，由大量电偶极子构成的激光介质，由大量分子构成的聚合物，由大量细胞构成的生命组织，由大量树木组成的森林，以及由许多人构成的社会。在这些系统中，子系统之间存在着相互作用，因此系统的宏观性质不能由各个子系统微观性质的简单相加而得到。事实上，所有子系统会通过某种方式关联起来，使整个系统呈现宏观的有序性。换言之，系统的构建具有"自组织"的性质，似乎每个子系统都得到了关于整个系统的综合状态的信息[86]，这就是所谓合作效应[87]。

合作效应还能够发生在多原子(或多分子)系统的辐射过程中，被称为合作辐射[88]。合作辐射的两个典型例子是 N 原子系统的超辐射和超荧光[89-99]。超辐射来自一个具有初始宏观电极化的多原子系统，即属于不同原子的电偶极子在初始时刻是有序排列的，超辐射强度在此刻取极大值。而超荧光则不需要初始的宏观电极化，它起始于一个普通的荧光发射，然后普通荧光的自发辐射光子作为噪声作用于各向同性的原子系统，使之发生对称性破缺。于是一种关联逐渐在系统中发展起来，最终形成电偶极子的完全有序排列，而此刻的发射强度达到最大值。这两个现象的合作性均表现为：原子偶极矩的自发锁定导致辐射强度正比于原子数的平方 N^2，而不像普通荧光那样正比于 N。作为多原子集体行为的合作辐射，与一组无关联原子的辐射有本质的区别，前者完全是非线性的。而后者则是一个线性效应，整个系统的性质是所有原子性质的简单相加，本质上是一个单原子行为[100]。

与普通荧光相比较，合作辐射除了有超强的峰值强度之外，还有超短的辐射寿命以及良好的辐射方向性。普通荧光、超荧光、超辐射的概念性比较[28]如图 28-14 所示。

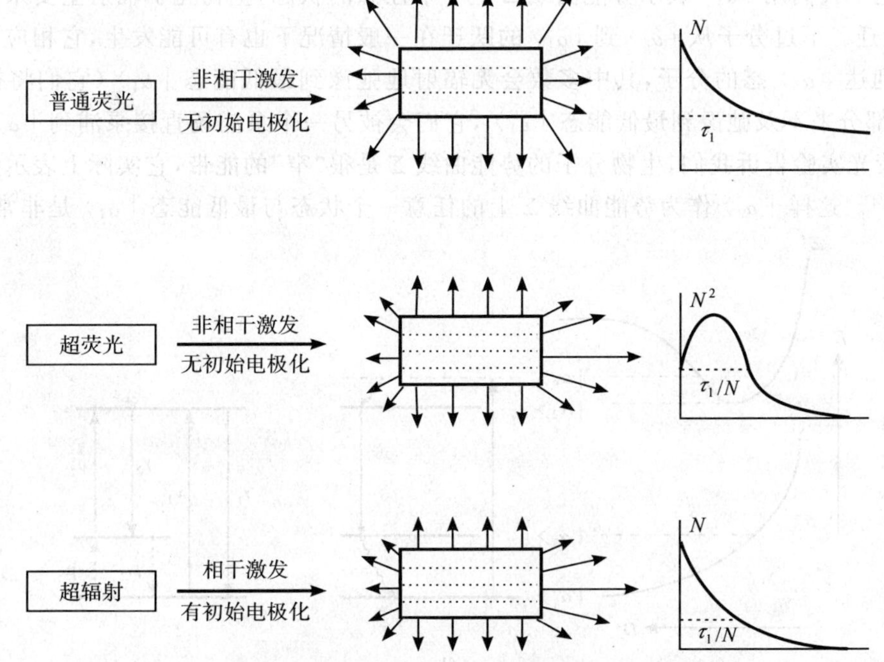

图 28-14　普通荧光、超荧光、超辐射的概念性比较

N 是系统中原子的总数，τ_1 是单个原子的辐射寿命

很明显，合作效应能在生命系统中扮演一个重要的角色，这是维持生命运动高效率运转的需要[101]。

Szent-Györgyi 曾经指出："只有我们考虑到分子活动的集体性，才能开始理解生命系统的特征。"[102] Fröhlich 预言："在生物系统中存在着一种大范围的相干性和能量储存。"[93] 生物系统的相干性的迹象之一，就是相干的生物光子辐射[103-105]。可以想象，生物光子辐射的相干性来自集体生物分子在生命活动中的合作效应。生命系统的合作性是我们建立生物光子辐射的量子理论的思想基础。

在本章，我们基于生物分子的 exciplex 形成和量子光学中的迪克模型，考虑一个集体的生物分子系统，它同时与泵浦场及生物光子场相互作用。将建立系统的量子力学主方程，还将研究系统被激发后的弛豫行为，推出关于激发态分子集体衰变的动力学方程和包含时间因素的生物光子辐射强度的解析表达式，进而将得到的理论结果与相应的实验观察相比较，结果显示了两者之间的高度一致性。最后介绍生物光子辐射量子理论的若干实际应用。

二、三能级系统的 Exciplex 模型

（一）理论建立的实验基础

生物光子辐射的量子理论的实验基础，是分子生物学中有关生命物质的荧光实验的研究成果。它涉及一个具有 exciplex 形成[79,106] 的生物分子系统。图 28-15(a) 显示了它的势能曲线，它是 exciplex 两个单体间距的函数。势能曲线 Σ^* 和 Σ 分别表示一个具有束缚性质的激发态和一个只有排斥作用的基态。就辐射行为而言，这样一个系统能被简化为一个四能级系统，如图 28-15(b) 所示。借助于 exciplex 模型[103-105]，这个四能级系统诱发生物光子的过程可以被直观地理解如下：

处于最低能态 $|\alpha_1\rangle$ 的分子能被泵浦到 $|\alpha_e\rangle$ 态，它是势能曲线 Σ^* 上的任意一个激发态。泵浦能量来自生物系统新陈代谢过程中的生化能，例如糖酵解(glycolysis)、三磷酸腺苷 ATP 等，或者直接被日光泵浦，这是一个取之不尽的泵浦源[13]。对于任何泵浦源，我们都可以将能量供给者想象为一个泵浦场。处于 $|\alpha_e\rangle$ 态的分子是不稳定的，它们会通过一个无辐射过程迅速弛豫到 $|\alpha_2\rangle$ 态，这是势能曲线 Σ^* 上的亚稳态，有相当长的寿命。在上述过程中，泵浦场有效地将分子从 $|\alpha_1\rangle$ 态（经由 $|\alpha_e\rangle$ 态）转移到亚稳态 $|\alpha_2\rangle$。在亚稳态 $|\alpha_2\rangle$ 上的分子布居经过相当长时间的积累，变得相当多，然后它们集体向低能级 Σ 跃迁，并产生众多模式的生物光子辐射。这里我们用 $|\alpha_3\rangle$ 表示势能曲线 Σ 上一个任意的状态，生物光子辐射主要来源于集体分子从 $|\alpha_2\rangle$ 到 $|\alpha_3\rangle$ 的跃迁。不过分子从 $|\alpha_2\rangle$ 到 $|\alpha_1\rangle$ 的跃迁在一般情况下也有可能发生，它相应于生物光子辐射中的短波成分。到达 $|\alpha_3\rangle$ 态的分子，其中多数会无辐射地弛豫到最低能态 $|\alpha_1\rangle$（它们将被再一次泵浦到 $|\alpha_e\rangle$ 态），也有一部分来不及弛豫到最低能态 $|\alpha_1\rangle$，它们会被另一个泵浦场直接泵浦到 $|\alpha_e\rangle$ 态。分子生物学中的 exciplex 荧光实验告诉我们，生物分子的势能曲线 Σ 是很"窄"的能带，它实际上表示生物分子的晶格系统的振动态[13,20]。这样 $|\alpha_3\rangle$ 作为势能曲线 Σ 上的任意一个状态与最低能态 $|\alpha_1\rangle$ 是非常靠近的。

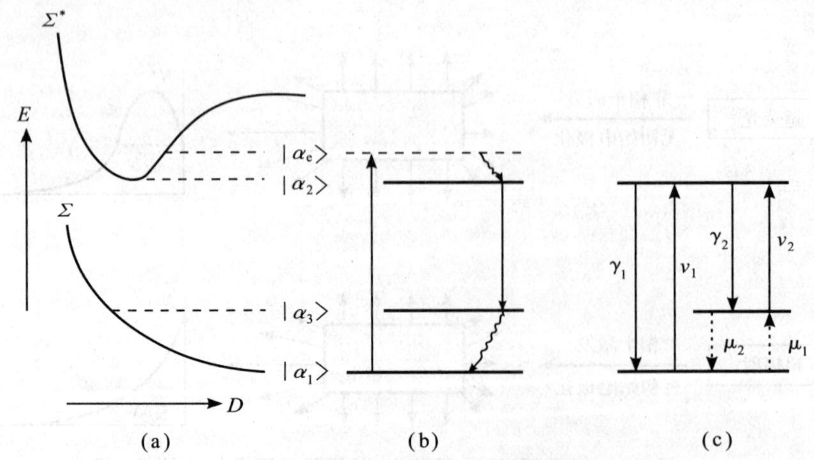

图 28-15　exciplex 系统的能级结构

(a)具有 exciplex 形成的生物分子系统的势能曲线。Σ^* 和 Σ 分别表示具有束缚性质的激发态和只有排斥作用的基态。E：exciplex 能量，D：单体间隔。(b)四能级 exciplex 模型。(c)三能级 exciplex 模型

显然，图 28-15(b)所示的四能级 exciplex 模型是对实际 exciplex 系统能级结构的一种简化。不过按照激光的速率方程理论[85]，一个四能级系统通常能被简化成一个三能级系统。事实上，跃迁过程 $|\alpha_1\rangle \to |\alpha_e\rangle \to |\alpha_2\rangle$ 能被简化为 $|\alpha_1\rangle \to |\alpha_2\rangle$，因为两者在效果上是相同的。我们忽略了中间态 $|\alpha_e\rangle$ 之后，可以将态 $|\alpha_2\rangle$ 上的布居想象为从态 $|\alpha_1\rangle$ 和 $|\alpha_3\rangle$ 直接泵浦的结果。至此我们将实际的 exciplex 系统简化成了一个三能级系统，如图 28-15(c)所示。为方便起见，我们将 $|\alpha_1\rangle$、$|\alpha_2\rangle$ 和 $|\alpha_3\rangle$ 分别称为三能级系统的基态、激发态和振动态。

(二)系统的哈密顿和主方程

按照迪克模型[28]，我们假定上述三能级系统由 N 个全同的分子组成，它们所占据的空间小于系统所有辐射模的波长。分子系统与两个泵浦场作用，它们的场强为 E_1 和 E_2，分别激发分子跃迁 $|\alpha_1\rangle \to |\alpha_2\rangle$ 和 $|\alpha_3\rangle \to |\alpha_2\rangle$。在生物系统中，泵浦能量的供给总是足够的。这意味着泵浦场 E_1 和 E_2 是足够强的，因而在量子力学作用中可以被经典地处理。现在我们能够写出系统的哈密顿(取 $\hbar = 1$)[107]：

$$H = \sum_{i=1}^{3} \omega_i A_{ii} + (G_1 A_{12} e^{-i\Omega_1 t} + G_2 A_{32} e^{-i\Omega_2 t} + HC) \tag{28-37}$$

这里我们已取旋转波近似，ω_i ($i = 1,2,3$)表示分子的能级，Ω_1 和 Ω_2 是两个泵浦场的共振频率，

$$G_1 = -d_1 E_1 \text{ 和 } G_2 = -d_2 E_2 \tag{28-38}$$

是相应的拉比(Rabi)频率，

$$A_{ij} = \sum_{k=1}^{N} |\alpha_i\rangle_{k\,k}\langle\alpha_j| \quad (i,j = 1,2,3) \tag{28-39}$$

是三能级分子的集体算子，它们服从对易关系：

$$[A_{ij}, A_{kl}] = A_{il}\delta_{jk} - \delta_{li}A_{kj} \tag{28-40}$$

HC 表示算子的厄密共轭项。

为了描述集体分子在 3 个能级上的布居，我们定义集体态 $|Q,R\rangle$，它们是对角集体算子 A_{ii} 的本征态，相应的本征方程为

$$A_{11}|Q,R\rangle = \frac{1}{2}(N-Q-R)|Q,R\rangle \tag{28-41a}$$

$$A_{22}|Q,R\rangle = Q|Q,R\rangle \tag{28-41b}$$

$$A_{33}|Q,R\rangle = \frac{1}{2}(N-Q+R)|Q,R\rangle \tag{28-41c}$$

式中，Q 是激发态 $|\alpha_2\rangle$ 的布居数，$\frac{1}{2}(N-Q\pm R)$ 分别是振动态 $|\alpha_3\rangle$ 和基态 $|\alpha_1\rangle$ 的布居数。

在哈密顿(28-37)式的意义上，我们能写出分子系统的约化密度算子的主方程[108]：

$$\begin{aligned}
\frac{\partial\rho}{\partial t} = & -i[H_0,\rho] - \\
& \gamma_1(1+\bar{n}_1)(A_{21}A_{12}\rho + \rho A_{21}A_{12} - 2A_{12}\rho A_{21}) - \\
& \gamma_1\bar{n}_1(A_{12}A_{21}\rho + \rho A_{12}A_{21} - 2A_{21}\rho A_{12}) - \\
& \gamma_2(1+\bar{n}_2)(A_{23}A_{32}\rho + \rho A_{23}A_{32} - 2A_{32}\rho A_{23}) - \\
& \gamma_2\bar{n}_2(A_{32}A_{23}\rho + \rho A_{32}A_{23} - 2A_{23}\rho A_{32}) - \\
& \nu_1(A_{12}A_{21}\rho + \rho A_{12}A_{21} - 2A_{21}\rho A_{12}) - \\
& \nu_2(A_{32}A_{23}\rho + \rho A_{32}A_{23} - 2A_{23}\rho A_{32}) - \\
& \mu_1(A_{31}A_{13}\rho + \rho A_{31}A_{13} - 2A_{13}\rho A_{31}) - \\
& \mu_2(A_{13}A_{31}\rho + \rho A_{13}A_{31} - 2A_{31}\rho A_{13})
\end{aligned} \tag{28-42}$$

式中，γ_1 和 γ_2 是单分子的衰变系数，相应于跃迁 $|\alpha_2\rangle \to |\alpha_1\rangle$ 及 $|\alpha_2\rangle \to |\alpha_3\rangle$；$\nu_1$ 和 ν_2 是单分子的吸收系数；μ_1 和 μ_2 是单分子在基态 $|\alpha_1\rangle$ 和振动态 $|\alpha_3\rangle$ 之间的无辐射跃迁系数；

$$\bar{n}_1 = \frac{1}{\exp(\Omega_1/kT) - 1} \tag{28-43a}$$

$$\overline{n}_2 = \frac{1}{\exp\left(\Omega_2/kT\right)-1} \tag{28-43b}$$

是热场在温度 T 下的平均光子数，分别相应于泵浦场的频率 Ω_1 和 Ω_2；k 是玻耳兹曼常数；H_0 是有效哈密顿：

$$H_0 = G_1(A_{21}+A_{12})+G_2(A_{23}+A_{32}) \tag{28-44}$$

从上述的理论建立过程，特别是主方程(28-42)式的构成，我们可以看出该模型的基本特点：

1)该模型的实验基础是分子生物学的荧光测量所给出的 exciplex 形成，它被简化为一个三能级系统。

2)通过引入泵浦场 G_1、G_2，衰变系数 γ_1、γ_2，以及吸收系数 ν_1、ν_2，我们考虑到了系统的开放性。

3)通过引入集体分子算子(28-39)式，考虑到了系统的多体效应，我们将会看到，正是这种多体效应导致了系统的合作性。

4)通过 exciplex 三能级模型，引入了反映分子晶格振动的能态 $|\alpha_3\rangle$，换言之，我们的模型考虑到了分子、光子及声子之间的相互作用。

5)通过引入热场的平均光子数 $\overline{n}_1$ 和 $\overline{n}_2$，我们考虑到了温度对系统的影响。

这些因素对于刻划一个生物系统的行为是必要的。我们将会看出，正是我们的模型考虑到了生物系统的这些基本特点，在以下的计算过程中又采取了恰当的近似，其结果才显示出与生物样品的实验观察的高度一致性。

(三)系统的耦合运动方程

在一般情况下，主方程(28-42)式不能被精确求解。为了得到它的近似解，一个方便的途径是引入修饰态(dressed states)，它们是单分子哈密顿 $H_0^{(k)}$ 的归一化本征态 $|\beta_i\rangle_k$，满足本征方程

$$H_0^{(k)}\,|\beta_i\rangle_k = \lambda_i\,|\beta_i\rangle_k \tag{28-45}$$

本征值 λ_i 是久期方程

$$\lambda_i^3 - G^2\lambda_i = 0 \tag{28-46}$$

的根，其中

$$G = \sqrt{G_1^2+G_2^2} \tag{28-47}$$

求解本征方程(28-45)式，得到本征态和相应的本征值

$$|\beta_1\rangle_k = \frac{1}{\sqrt{2}}g_1\,|\alpha_1\rangle_k + \frac{1}{\sqrt{2}}\,|\alpha_2\rangle_k + \frac{1}{\sqrt{2}}g_2\,|\alpha_3\rangle_k,\qquad \lambda_1 = G \tag{28-48a}$$

$$|\beta_2\rangle_k = g_2\,|\alpha_1\rangle_k - g_1\,|\alpha_3\rangle_k,\qquad \lambda_2 = 0 \tag{28-48b}$$

$$|\beta_3\rangle_k = \frac{1}{\sqrt{2}}g_1\,|\alpha_1\rangle_k - \frac{1}{\sqrt{2}}\,|\alpha_2\rangle_k + \frac{1}{\sqrt{2}}g_2\,|\alpha_3\rangle_k,\qquad \lambda_3 = -G \tag{28-48c}$$

式中，$g_1 = G_1/G$，$g_2 = G_2/G$。现在我们在修饰态 $|\beta_i\rangle_k$ 的意义上定义一个新的集体算子：

$$B_{ij} = \sum_{k=1}^{N}|\beta_i\rangle_{kk}\langle\beta_j|\qquad i,j = 1,2,3 \tag{28-49}$$

式中，$|\beta_i\rangle_{kk}\langle\beta_j|$ 是第 k 个分子的修饰态算子。新的集体算子 B_{ij} 服从与原集体算子 A_{ij} 相同的对易关系，如(28-40)式所示。利用(28-39)式、(28-48)式及(28-49)式，我们能在 B_{ij} 的意义上表示 A_{ij}：

$$\begin{aligned}A_{11} = {}&\frac{1}{2}g_1^2B_{11} + \frac{1}{\sqrt{2}}g_1g_2B_{12} + \frac{1}{2}g_1^2B_{13} + \frac{1}{\sqrt{2}}g_1g_2B_{21} + g_2^2B_{22} + \\ &\frac{1}{\sqrt{2}}g_1g_2B_{23} + \frac{1}{2}g_1^2B_{31} + \frac{1}{\sqrt{2}}g_1g_2B_{32} + \frac{1}{2}g_1^2B_{33}\end{aligned} \tag{28-50a}$$

$$A_{12} = \frac{1}{2}g_1B_{11} - \frac{1}{2}g_1B_{13} + \frac{1}{\sqrt{2}}g_2B_{21} - \frac{1}{\sqrt{2}}g_2B_{23} + \frac{1}{2}g_1B_{31} - \frac{1}{2}g_1B_{33} \tag{28-50b}$$

$$\begin{aligned}A_{13} = {}&\frac{1}{2}g_1g_2B_{11} - \frac{1}{\sqrt{2}}g_1^2B_{12} + \frac{1}{2}g_1g_2B_{13} + \frac{1}{\sqrt{2}}g_2^2B_{21} - g_1g_2B_{22} + \\ &\frac{1}{\sqrt{2}}g_2^2B_{23} + \frac{1}{2}g_1g_2B_{31} - \frac{1}{\sqrt{2}}g_1^2B_{32} + \frac{1}{2}g_1g_2B_{33}\end{aligned} \tag{28-50c}$$

$$A_{22} = \frac{1}{2}B_{11} - \frac{1}{2}B_{13} - \frac{1}{2}B_{31} + \frac{1}{2}B_{33} \tag{28-50d}$$

$$A_{23} = \frac{1}{2}g_2B_{11} - \frac{1}{\sqrt{2}}g_1B_{12} + \frac{1}{2}g_2B_{13} - \frac{1}{2}g_2B_{31} + \frac{1}{\sqrt{2}}g_1B_{32} - \frac{1}{2}g_2B_{33} \tag{28-50e}$$

$$\begin{aligned} A_{33} = {} & \frac{1}{2}g_2^2B_{11} - \frac{1}{\sqrt{2}}g_1g_2B_{12} + \frac{1}{2}g_2^2B_{13} - \frac{1}{\sqrt{2}}g_1g_2B_{21} + g_1^2B_{22} - \\ & \frac{1}{\sqrt{2}}g_1g_2B_{23} + \frac{1}{2}g_2^2B_{31} - \frac{1}{\sqrt{2}}g_1g_2B_{32} + \frac{1}{2}g_2^2B_{33} \end{aligned} \tag{28-50f}$$

应该指出，在哈密顿 H_0 之下，算子 B_{ij} 的时间演化为

$$B_{ij}(t) = B_{ij}(0)\exp\left[\mathrm{i}(\lambda_i - \lambda_j)t\right] \tag{28-51}$$

对角算子 B_{ii} 的时间变化是缓慢的，而非对角算子 B_{ij}（$i \neq j$）随时间快速振荡。这样，在强场条件下，即 G 远大于 $N\gamma_1$、$N\gamma_2$、$N\nu_1$、$N\nu_2$、$N\mu_1$、$N\mu_2$，将关系式(28-50)式代入(28-41)式，在久期近似(secular approximation)之下，可以忽略快速振荡项[109]，进而得到一个新的主方程：

$$\begin{aligned} \frac{\partial\rho}{\partial t} = {} & -\mathrm{i}G[F,\rho] - \\ & \frac{x_1}{2}[(B_{12}B_{21}\rho + \rho B_{12}B_{21} - 2B_{21}\rho B_{12}) + (B_{32}B_{23}\rho + \rho B_{32}B_{23} - 2B_{23}\rho B_{32})] - \\ & \frac{x_2}{2}[(B_{21}B_{12}\rho + \rho B_{21}B_{12} - 2B_{12}\rho B_{21}) + (B_{23}B_{32}\rho + \rho B_{23}B_{32} - 2B_{32}\rho B_{23})] - \\ & \frac{x_{34}}{4}[(B_{13}B_{31}\rho + \rho B_{13}B_{31} - 2B_{31}\rho B_{13}) + (B_{31}B_{13}\rho + \rho B_{31}B_{13} - 2B_{13}\rho B_{31})] - \\ & \frac{x_3}{4}(F^2\rho + \rho F^2 - 2F\rho F) - \\ & \frac{x_4}{4}[(E - 2B_{22})^2\rho + \rho(E - 2B_{22})^2 - 2(E - 2B_{22})\rho(E - 2B_{22})] \end{aligned} \tag{28-52}$$

式中，E 和 F 由对角算子 B_{33} 和 B_{11} 定义为

$$E = B_{33} + B_{11} \tag{28-53a}$$

$$F = B_{33} - B_{11} \tag{28-53b}$$

而其他参数均是系统参数的函数：

$$x_1 = \gamma_1(1 + \bar{n}_1)g_2^2 + \gamma_2(1 + \bar{n}_2)g_1^2 + \mu_1 g_2^4 + \mu_2 g_1^4 \tag{28-54a}$$

$$x_2 = (\nu_1 + \gamma_1\bar{n}_1)g_2^2 + (\nu_2 + \gamma_2\bar{n}_2)g_1^2 + \mu_1 g_1^4 + \mu_2 g_2^4 \tag{28-54b}$$

$$x_3 = \gamma_1(1 + \bar{n}_1)g_1^2 + \gamma_2(1 + \bar{n}_2)g_2^2 + (\nu_1 + \gamma_1\bar{n}_1)g_1^2 + (\nu_2 + \gamma_2\bar{n}_2)g_2^2 \tag{28-54c}$$

$$x_4 = (\mu_1 + \mu_2)g_1^2g_2^2 \tag{28-54d}$$

$$x_{34} = x_3 + x_4 \tag{28-54e}$$

现在我们将推出期待值 $\langle B_{ij}\rangle$ 的运动方程。为此利用

$$\langle B_{ij}\rangle = \mathrm{tr}(\rho B_{ij}) = \sum_{k=1}^{N}\mathrm{tr}\rho|\beta_i\rangle_k k\langle\beta_j| = \sum_{k=1}^{N}{}_k\langle\beta_j|\rho|\beta_i\rangle_k \tag{28-55}$$

和(28-49)式以及算子 B_{ij} 的对易关系(28-40)式，我们从(28-52)式得到关于 $\langle B_{ij}(t)\rangle$ 的耦合运动方程：

$$\frac{\mathrm{d}}{\mathrm{d}t}\langle E(t)\rangle = 2x_2N - x_5\langle E(t)\rangle - x_0\langle B_{22}(t)E(t)\rangle \tag{28-56a}$$

$$\frac{\mathrm{d}}{\mathrm{d}t}\langle F(t)\rangle = -x_6\langle F(t)\rangle - x_0\langle B_{22}(t)F(t)\rangle \tag{28-56b}$$

$$\frac{\mathrm{d}}{\mathrm{d}t}\langle B_{12}(t)\rangle = -(x_7 + \mathrm{i}G)\langle B_{12}(t)\rangle - \frac{1}{2}x_0(\langle B_{22}(t)B_{12}(t)\rangle - \langle E(t)B_{12}(t)\rangle) \tag{28-56c}$$

$$\frac{\mathrm{d}}{\mathrm{d}t}\langle B_{32}(t)\rangle = -(x_7 - \mathrm{i}G)\langle B_{32}(t)\rangle - \frac{1}{2}x_0(\langle B_{22}(t)B_{32}(t)\rangle - \langle E(t)B_{32}(t)\rangle) \tag{28-56d}$$

$$\frac{\mathrm{d}}{\mathrm{d}t}\langle B_{13}(t)\rangle = -(x_8 + 2\mathrm{i}G)\langle B_{13}(t)\rangle - x_0\langle B_{22}(t)B_{13}(t)\rangle \tag{28-56e}$$

式中

$$x_0 = x_1 - x_2 \tag{28-57a}$$

$$x_5 = x_1 + 2x_2 \tag{28-57b}$$

$$x_6 = x_1 + x_3 + x_4 \tag{28-57c}$$

$$x_7 = x_1 + \frac{1}{2}(x_2 + x_{34}) + 2x_4 \tag{28-57d}$$

$$x_8 = x_1 + x_3 + \frac{1}{2}x_{34} \tag{28-57e}$$

耦合方程(28-56)式将被用来研究生物光子场的动力学演化。

三、系统的动力学

(一)激发态动力学方程

我们重点考虑生物分子的激发态动力学。从(28-41b)可以看出,生物分子在激发态 $|\alpha_2\rangle$ 的布居数由集体算子 $A_{22}(t)$ 的本征值 $Q(t)$ 表示。在久期近似下,关系式(28-50d)式给出

$$Q(t) = \langle A_{22}(t)\rangle \approx \frac{1}{2}\langle E(t)\rangle \tag{28-58}$$

相应的光子发射率为[28]

$$R(t) = -\frac{\mathrm{d}}{\mathrm{d}t}Q(t) \tag{28-59}$$

它正比于光子辐射强度。为了建立关于 $Q(t)$ 的微分方程,利用耦合运动方程(28-56a)式,并取近似表达式:

$$\langle E^2(t)\rangle \approx \alpha\langle E(t)\rangle^2 + \beta\langle E(t)\rangle + \gamma(t) \tag{28-60}$$

我们得到:

$$\frac{\mathrm{d}}{\mathrm{d}t}Q(t) = x_2 N + \gamma(t) - (x_0 N + x_5 - 2x_0\beta)Q(t) + 2x_0\alpha Q^2(t) \tag{28-61}$$

(28-60)式中的 α 和 β 是两个常数,$\gamma(t)$ 是一个未知的时间 t 的函数。

(28-61)式能被一般地用来描述系统的激发态动力学。不过这里取一种简单的情况:$\alpha = 1$,$\beta = 0$,$\gamma(t) = 0$,相当于取退关联近似(de-correlation approximation) $\langle E^2(t)\rangle \approx \langle E(t)\rangle^2$,这使方程(28-61)化为

$$\frac{\mathrm{d}}{\mathrm{d}t}Q(t) = x_2 N - (x_0 N + x_5)Q(t) + 2x_0 Q^2(t) \tag{28-62}$$

这是一个关于 $Q(t)$ 的非线性微分方程,下面我们要在不同的条件下对它求解。首先考虑在临界点 $x = 1$(即 $x_0 = 0$)的情况,这时(28-62)式化成线性微分方程

$$\frac{\mathrm{d}}{\mathrm{d}t}Q(t) = x_1 N - 3x_1 Q(t) \tag{28-63}$$

它的解是

$$Q_N(t) = \frac{1}{3}N + \left[Q_N(0) - \frac{1}{3}N\right]\mathrm{e}^{-3x_1 t} \tag{28-64a}$$

将(28-64a)式代入(28-59)式给出光子发射率:

$$R_{\mathrm{N}}(t) = 3x_1\left[Q_N(0) - \frac{1}{3}N\right]\mathrm{e}^{-3x_1 t} \tag{28-64b}$$

式中,$Q_{\mathrm{N}}(0)$ 是初始($t = 0$)时刻激发态 $|\alpha_2\rangle$ 上的布居数。在我们的问题中,初始时刻被定义为撤掉外界刺激的时刻。作为线性动力学方程(28-63)式的结果,(28-64a)式显示了一个激发态布居数的指数衰变。在 $t\to\infty$ 时,布居数趋于稳态值 $Q_{\mathrm{N}}(\infty) = N/3$。另外,发射率的指数函数性质表明,系统的辐射是普通的荧光。

现在我们要给出方程在 $x_0 \neq 0$ 情况下的一般解。为此引入变换

$$y(t) = Q(t) - \frac{1}{4}\left(N + \frac{x_5}{x_0}\right) \tag{28-65}$$

(28-62)式变成关于 $y(t)$ 的非线性微分方程:

$$\frac{\mathrm{d}y}{\mathrm{d}t}+ay^2=b \tag{28-66}$$

式中

$$a=-2x_0,\ b=x_2N-\frac{(x_0N+x_5)^2}{8x_0} \tag{28-67}$$

(28-66)式的解与乘积 ab 的符号有关,我们有

$$ab=\frac{x_0^2}{4}\left[\left(N+\frac{x_1-2x_2}{x_0}\right)^2+\frac{8x_1x_2}{x_0^2}\right] \tag{28-68}$$

由(28-68)式可以看出 $ab>0$,这样方程(28-66)式的解写为

$$y(t)=\frac{y(0)\sqrt{ab}+b\tanh(t\sqrt{ab})}{\sqrt{ab}+ay(0)\tanh(t\sqrt{ab})} \tag{28-69}$$

式中,$y(0)$ 是函数 $y(t)$ 在初始时刻($t=0$)的值。将(28-69)式代入(28-65)式给出

$$Q(t)=\frac{1}{4}\left(N+\frac{x_5}{x_0}\right)-\frac{\sqrt{ab}}{2x_0}\frac{y(0)\sqrt{ab}+b\tanh(t\sqrt{ab})}{b+y(0)\sqrt{ab}\tanh(t\sqrt{ab})} \tag{28-70}$$

它就是方程(28-62)式在 $x_0\neq 0$ 情况下的一般解。$Q(t)$ 在 $t\to\infty$时给出稳态解:

$$Q_1=\frac{1}{4}\left\{\left(N+\frac{x+2}{x-1}\right)-\frac{1}{x-1}\sqrt{[N(x-1)+(x-2)]^2+8x}\right\} \tag{28-71}$$

这里 $Q_1\equiv Q(\infty)$。方程(28-62)式的稳态解还可以作为二次代数方程

$$2x_0Q^2-(x_0N+x_5)Q+x_2N=0 \tag{28-72}$$

的根求出,结果与(28-71)中的 Q_1 相同。Q_1 表示稳态情况下激发态 $|\alpha_2\rangle$ 上的布居数。在热力学极限 $N\to\infty$ 情况下,相对布居数为

$$\lim_{N\to\infty}\frac{Q_1}{N}=\begin{cases}\frac{1}{2}, & x<1\\ \frac{1}{3}, & x=1\\ 0, & x>1\end{cases} \tag{28-73}$$

对于有限 N 值的情况,相对布居数 Q_1/N 作为 x 的函数被显示在图 28-16(a)中。可以看出 Q_1/N 的行为与精确稳态值 $\langle A_{22}\rangle_s/N$ 是非常靠近的[28]。为了显示 Q_1/N 与 $\langle A_{22}\rangle_s/N$ 在细节上的差别,我们在图 28-16(b)中显示了相对偏差 $\delta\equiv(\langle A_{22}\rangle_s-Q_1)/N$ 对 x 的依赖性。可以看出:①在临界点 $x=1$ 呈现 $\delta=0$,两者没有偏差;②合作区是负偏差($\delta<0$),最大偏差值小于 1.5%;而个体区是正偏差($\delta>0$),最大偏差值约为 3%;③随着 N 的增大,偏差的幅度和宽度都在减小;④在热力学极限 $N\to\infty$,对于任何 x 值,均有 $\delta=0$,两者没有偏差。对于一个实际的生物系统,N 值通常是很大的,稳态解(28-71)式应该有相当高的精确度。这里我们应该强调,Q_1 和 $\langle A_{22}\rangle$ 的高度一致性说明我们在研究系统动力学的过程中所取的两个近似是恰当的,它们是久期近似 $\langle A_{22}(t)\rangle\approx\langle E(t)\rangle/2$ 和退关联近似 $\langle E^2(t)\rangle\approx\langle E(t)\rangle^2$。下面我们将要讨论一般含时解(28-70)式在不同条件下的性质。

(二)合作辐射:超辐射

我们考虑 $x_0<0$(即 $x<1$)的情况,这时含时解(28-70)式给出激发态布居数

$$Q_R(t)=\frac{1}{2}\left[X_R+Y_R\frac{1+D_R\coth\left(\frac{t}{B_R}\right)}{D_R+\coth\left(\frac{t}{B_R}\right)}\right] \tag{28-74}$$

式中

$$X_R=\frac{1}{2}\left(N-\frac{x_5}{|x_0|}\right) \tag{28-75a}$$

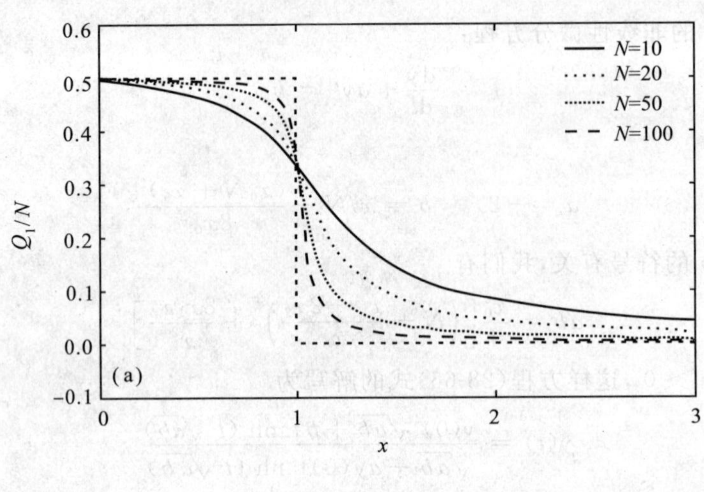

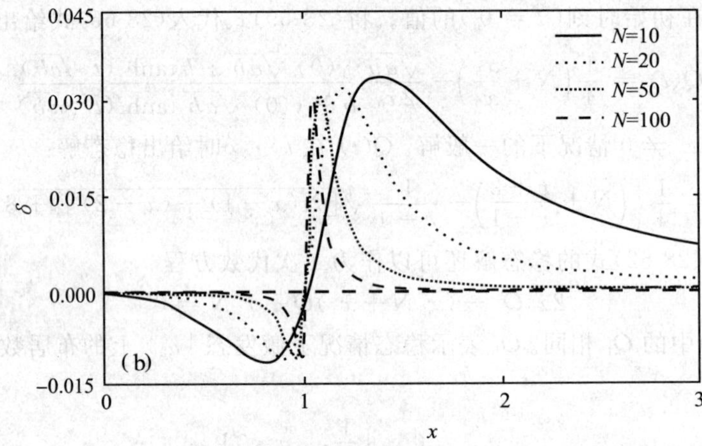

图 28-16　激发态布居数的近似值

(a)相对的激发态布居数 Q_1/N（来自(28-71)式）作为 x 的函数。诸条曲线相应于不同的 N 值，折线表示在 $N\rightarrow\infty$ 的极限行为（$x=1$ 处取点值）。(b)相对偏差 $\delta\equiv(\langle A_{22}\rangle_s-Q_1)/N$ 作为 x 的函数。诸条曲线相应于不同的 N 值，点线表示在 $N\rightarrow\infty$ 的极限行为（$\delta=0$）。在所有情况下，$g_1=\sqrt{2/3}$，$g_2=\sqrt{1/3}$ 是实验数据

$$Y_R=\sqrt{X_R^2+\frac{2x_2N}{|x_0|}} \tag{28-75b}$$

$$B_R=\frac{1}{|x_0|Y_R} \tag{28-75c}$$

$$D_R=\frac{2Q_R(0)-X_R}{Y_R} \tag{28-75d}$$

相应的光子发射率为

$$R_R=\frac{1}{2}(D_R^2-1)|x_0|Y_R^2\frac{\operatorname{csch}^2\left(\dfrac{t}{B_R}\right)}{\left[D_R+\coth\left(\dfrac{t}{B_R}\right)\right]^2} \tag{28-76}$$

激发态布居数(28-74)式及光子发射率(28-76)式的行为依赖于参数 D_R 的取值范围。下面我们按 3 种情况分别讨论：

1. $|D_R|<1$

在这种情况下，(28-74)式和(28-76)式化为

$$Q_R(t)=\frac{1}{2}\left[X_R+Y_R\tanh\left(\frac{t}{B_R}+c_R\right)\right] \tag{28-77}$$

$$R_R(t)=-\frac{1}{2}|x_0|Y_R^2\operatorname{sech}^2\left(\frac{t}{B_R}+c_R\right) \tag{28-78}$$

式中

$$c_R = \frac{1}{2}\ln\frac{1+D_R}{1-D_R} \tag{28-79}$$

是一个相位因子。

2. $D_R = \pm 1$

这时，表达式(28-74)式和(28-76)式化为

$$Q_R(t) = \frac{1}{2}(X_R \pm Y_R) \tag{28-80}$$

$$R_R(t) = 0 \tag{28-81}$$

3. $|D_R| > 1$

两个表达式分别化为

$$Q_R(t) = \frac{1}{2}\left[X_R + Y_R\coth\left(\frac{t}{B_R}+C_R\right)\right] \tag{28-82}$$

$$R_R(t) = \frac{1}{2}|x_0|Y_R^2\,\mathrm{csch}^2\left(\frac{t}{B_R}+C_R\right) \tag{28-83}$$

式中，C_R 是另一个相位因子：

$$C_R = \frac{1}{2}\ln\frac{D_R+1}{D_R-1} \tag{28-84}$$

我们考虑系统具有正的光子发射率的情况，相应的条件为 $|D_R| > 1$，这个条件意味着 $2Q_R(0) > X_R + Y_R(D_R > 1)$ 和 $2Q_R(0) < X_R - Y_R(D_R < -1)$。后一个条件是不成立的，因为 $X_R - Y_R$ 恒为负值，但 $Q_R(0)$ 必须为正值。从前一个条件 $D_R > 1$，我们有 $C_R > 0$，这样发射率只有一种可能的行为，如图 28-17 所示。这就是所谓的超辐射的发射率。

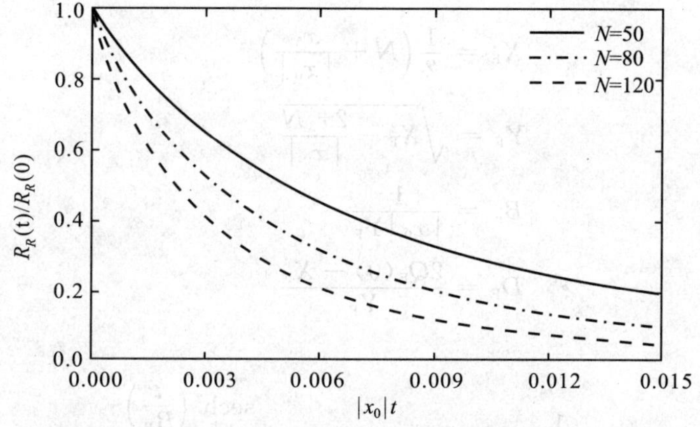

图 28-17　超辐射的相对发射率作为时间参量 $|x_0|t$ 的函数

其中 $x_1/|x_0| = 2$（即 $x = 2/3$），$Q_R(0) = N$，不同的曲线相应于不同的 N 值

现在我们对上述结果进行讨论：

1)从(28-82)式可以看出，激发态布居数 $Q_R(t)$ 在初始 $(t=0)$ 时刻取最大值 $Q_R(0)$，然后下降，最终在 $t\to\infty$ 时趋于非零的最小值 $Q_R(\infty) = \frac{1}{2}(X_R + Y_R)$。在热力学极限 $N\to\infty$，我们有 $Q_R(\infty)/N = \frac{1}{2}$，它与相关的稳态结果[28]是相同的，这意味着我们的系统在相当长时间的弛豫之后能恢复到它原来的稳定态。换言之，它保持着对原来稳定态的记忆。

2)(28-82)式中的 $Q_R(t)$ 被展开后，第一项能被有效地写为

$$Q_R(t) = \frac{t_0}{t+\tau_R} \tag{28-85}$$

式中，$\tau_R = B_R C_R$，$t_0 = 1/(2|x_0|)$。(28-85)式描述了一个激发态布居数的双曲性衰变，它被证明是一个各态历经的相干场(coherent ergodic field)在时间演化中保持相干性的充分条件[61]。

3)(28-83)式中的光子发射率 $R_R(t)$ 描述了一个集体分子的合作辐射过程，其初始值与 N^2 成正比：

$R_R(0) \propto N^2$ 。这本质上是一个超辐射过程,其细节行为随后将被详细讨论。

4)相对布居数 $Q_R(t)/N$ 和相对发射率 $R_R(t)/(|x_0|N^2)$ 在极限情况 $B_R \to 0$ 之下(例如 $N \to \infty$, $|x_0| \neq 0$),均存在不连续性(在 $t=0$)。这是由于(28-82)式和(28-83)式中的双曲函数本身的性质引起的。这些极限值为

$$\lim_{B_R \to \infty} \frac{Q_R}{N} = \begin{cases} 1, & t=0 \\ \dfrac{1}{2}, & t>0 \end{cases} \tag{28-86a}$$

$$\lim_{B_R \to \infty} \frac{R_R}{|x_0|N^2} = \begin{cases} 1, & t=0 \\ 0, & t>0 \end{cases} \tag{28-86b}$$

这里我们已取初始条件 $Q_R(0)/N=1$ 。

5)(28-80)式中的 $Q_R(t)$ 和(28-81)式中的 $R_R(t)$ 给出了一个不随时间变化的布居数和一个零发射率,这相应于一个无分子跃迁、无光子发射的过程。

6)(28-77)式中的 $Q_R(t)$ 和(28-78)式中的 $R_R(t)$ 描述了激发态上布居数的增加和相应的合作吸收过程。

(三)合作辐射:超荧光

现在我们讨论 $x_0>0$(即 $x>1$)的情况,这时含时解(28-70)式给出激发态布居数:

$$Q_F(t) = \frac{1}{2}\left[X_F + Y_F \frac{D_F - \tanh\left(\dfrac{t}{B_F}\right)}{1 - D_F \tanh\left(\dfrac{t}{B_F}\right)}\right] \tag{28-87}$$

式中

$$X_F = \frac{1}{2}\left(N + \frac{x_5}{|x_0|}\right) \tag{28-88a}$$

$$Y_F = \sqrt{X_F^2 - \frac{2x_2 N}{|x_0|}} \tag{28-88b}$$

$$B_F = \frac{1}{|x_0|Y_F} \tag{28-88c}$$

$$D_F = \frac{2Q_F(0) - X_F}{Y_F} \tag{28-88d}$$

相应的光子发射率是

$$R_F = \frac{1}{2}(1 - D_F^2)|x_0|Y_F^2 \frac{\operatorname{sech}^2\left(\dfrac{t}{B_F}\right)}{\left[1 - D_F \tanh\left(\dfrac{t}{B_F}\right)\right]^2} \tag{28-89}$$

我们将对(28-87)式和(28-89)式按以下 3 种情况进行讨论:

1. $|D_F|<1$

$$Q_F(t) = \frac{1}{2}\left[X_F - Y_F \tanh\left(\frac{t}{B_F} - c_F\right)\right] \tag{28-90}$$

$$R_F(t) = \frac{1}{2}|x_0|Y_F^2 \operatorname{sech}^2\left(\frac{t}{B_F} - c_F\right) \tag{28-91}$$

式中

$$c_F = \frac{1}{2}\ln\frac{1+D_F}{1-D_F} \tag{28-92}$$

2. $D_F = \pm 1$

$$Q_F(t) = \frac{1}{2}(X_F \pm Y_F) \tag{28-93}$$

$$R_F(t) = 0 \tag{28-94}$$

3. $|D_F| > 1$

$$Q_F(t) = \frac{1}{2}\left[X_F - Y_F \coth\left(\frac{t}{B_F} - C_F\right)\right] \tag{28-95}$$

$$R_F(t) = -\frac{1}{2}|x_0| Y_F^2 \operatorname{csch}^2\left(\frac{t}{B_F} - C_F\right) \tag{28-96}$$

式中

$$C_F = \frac{1}{2}\ln\frac{D_F + 1}{D_F - 1} \tag{28-97}$$

(28-91)式中的 $\operatorname{sech}^2(t/B_F - c_F)$ 是一个对称的“钟形函数”,对称点出现在时刻 $t = \tau_F \equiv B_F c_F$,并在该时刻取极大值1。我们着重讨论正发射率的情况,它存在的条件是 $|D_F| < 1$,这等价于 $X_F - Y_F < 2Q_F(0) < X_F + Y_F$。这个条件是成立的,它允许 $c_F > 0$ 和 $c_F < 0$ 两种情况。这样(28-91)式能呈现不同的图样(见图 28-18)。因子 D_F 和 c_F 的符号和量值决定发射率的图样性质,它们对初始激发态布居数 $Q_F(0)$ 的依赖性被显示在图 28-19 中。特别是当 $c_F > 0$ 时,发射率的图样呈现一半以上的钟形函数;当 $c_F < 0$ 时,发射率的图样呈现一半以下的钟形函数。图 28-18 中左上方的图样刻画了一个典型的超荧光发射[28],相应于 $c_F > 0$ 的情况。

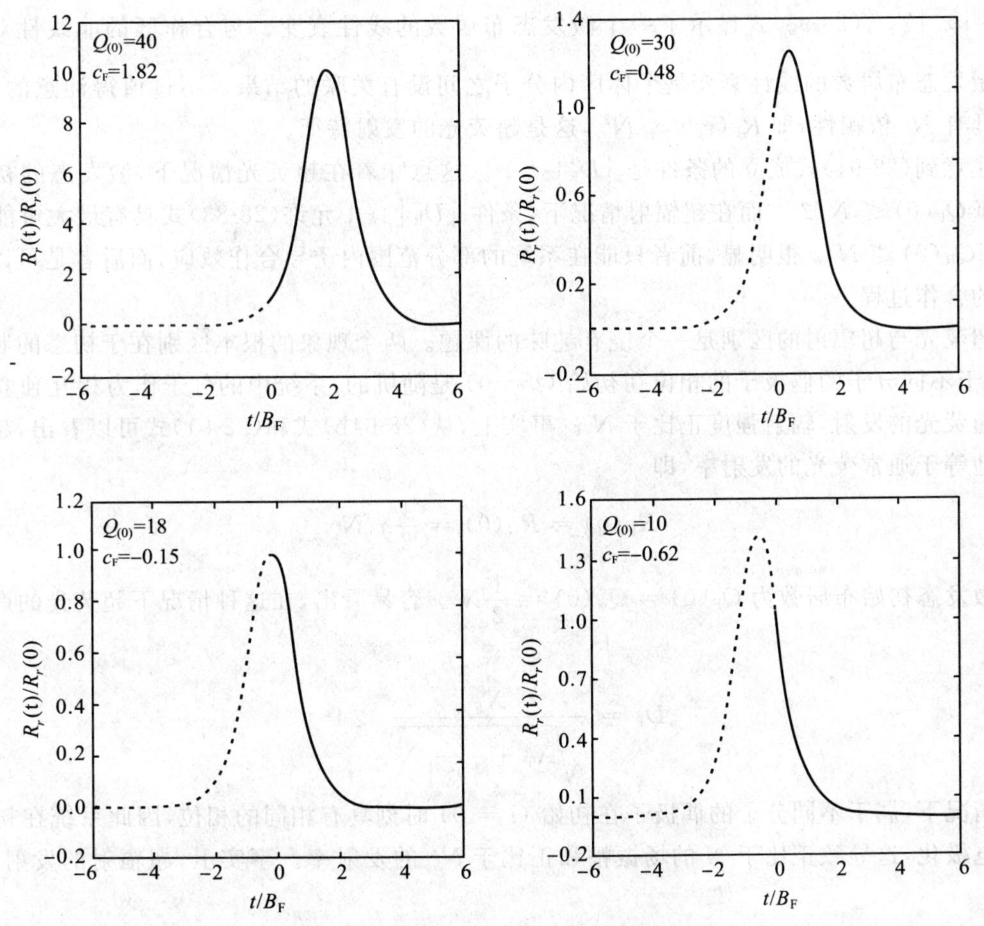

图 28-18　超荧光发射率的各种图样

相对发射率 $R_F(t)/R_F(0)$(见(28-91)式)作为时间参量 t/B_F 的函数,其中 $x_1/|x_0| = 2$(即 $x = 2$),$N = 80$。数学上的“钟形函数” $\operatorname{sech}^2(t/B_F - c_F)$ 在时间参量变化的整个区间 $-\infty < t/B_F < \infty$ 都是有意义的。而物理上有意义的是图中的每一条实线,它们作为“钟形函数”的一个部分,相应于激发($t = 0$)后的实际衰变过程

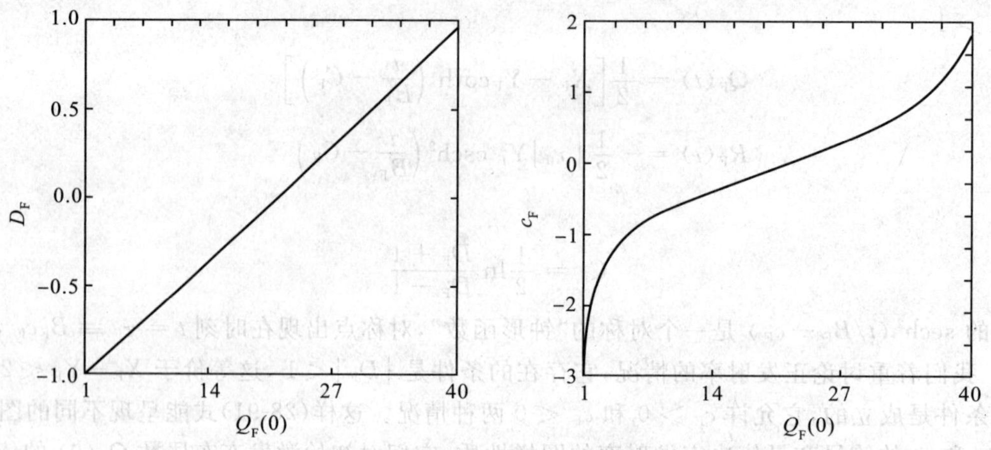

图 28-19　超荧光参量 D_F 和 c_F 对初始激发态布居数 $Q_F(0)$ 的依赖性

现在我们对于上述结果讨论如下：

1)将(28-90)式中的 $Q_F(t)$ 展开，取第一项，我们得到一个本质的结果：

$$Q_F(t) = -kt \tag{28-98}$$

式中，$k = \frac{1}{2}|x_0|Y_F$，(28-98)式显示了一个激发态布居数的线性衰变。与合作区的非线性双曲衰变(28-85)式不同，激发态布居数的线性衰变是个体区内分子之间没有关联的结果。不过值得注意的是，发射率在 $t=\tau_F$ 时刻具有 N^2 依赖性，即 $R_F(\tau_F) \propto N^2$，这是超荧光的发射特征。

2)应该注意到(28-91)式成立的条件是 $|D_F| < 1$。这意味着在超荧光情况下，激发态的初始布居数最多为 $N/2$，即 $Q_F(0) \leqslant N/2$。而在超辐射情况下，条件 $|D_R| > 1$ 允许(28-83)式具有最大可能的激发态初始布居数，即 $Q_R(0) \leqslant N$。很明显，前者只能在系统的部分范围内诱导合作效应，而后者是可以发生在整个系统范围内的合作过程。

3)讨论超荧光与超辐射的区别是一个饶有趣味的课题。两个现象的根本区别在于初态的制备。在超荧光情况下，属于不同分子的偶极子的相位在初始 ($t=0$) 是随机的，系统中的分子作为相互独立的个体无关联地开始普通荧光的发射，辐射强度正比于 N。事实上，从(28-64b)式和(28-91)式可以看出，超荧光的初始发射率精确地等于通常荧光的发射率，即

$$R_F(0) = R_N(0) = \frac{1}{2}x_1 N \tag{28-99}$$

这里我们取激发态初始布居数为 $Q_F(0) = Q_N(0) = \frac{1}{2}N$。容易看出，在这种情况下超荧光的产生条件是满足的，即

$$D_F = \frac{X_F}{\sqrt{X_F^2 + \frac{x_1}{|x_0|}N}} < 1 \tag{28-100}$$

而在超辐射情况下，属于不同分子的偶极子在初始 ($t=0$) 时刻具有相同的相位，因此系统在初始状态已经制备了宏观电极化，这导致正比于 N 的场振幅和正比于 N^2 的发射率。事实上，超辐射的发射率(28-83)式给出初始值：

$$R_R(0) = |x_0|N^2 + (x_1 + x_2)N \tag{28-101}$$

它相应于初始条件 $Q_R(0) = N$。我们确认在这种情况下超辐射的产生条件是满足的，即

$$D_R = \frac{N + X_R}{\sqrt{X_R^2 - \frac{x_1}{|x_0|}N}} > 1 \tag{28-102}$$

4)超荧光与超辐射在初态制备上的区别直接导致它们的时间演化行为的不同。在超辐射的情况，最大的发射率出现在宏观电极化被制备的 $t=0$ 时刻，然后发射率随时间衰减，辐射寿命由 B_R 决定(见(28-75c)

式)。在超荧光的情况下,随着初始的普通荧光发射,分子之间逐渐形成一种关联。实际上,当荧光发射开始的时候,真空辐射场的量子起伏作用于相互独立(各向同性)的分子系统,使之发生对称性破缺[28],一种关联逐渐在系统中发展起来。经过一段延迟时间 τ_F 之后,所有电偶极子形成完全有序的排列,系统达到一个最佳的关联态,此刻的发射率呈现 N^2 依赖性。

5)从激发态布居数动力学的角度看,超荧光与超辐射的区别能被最简单地解释为系统被激发后的不同弛豫规律:前者是线性规律,而后者是非线性的双曲规律(分别见(28-98)式和(28-85)式)。

我们的三能级 exciplex 模型同时展示了 3 种不同的荧光发射过程:指数弛豫规律的普通荧光、线性弛豫规律的超荧光、双曲弛豫规律的超辐射。基于对 3 种不同的辐射过程的比较,并联想到关于稳态生物光子辐射的结果[28],我们可以深刻地理解生物系统和生物光子辐射的本质。很明显,生物系统本质上应该工作在合作区 $x<1$。在稳态情况下,生物分子总是保持一种相互关联的状态,合作地发射生物光子。生物系统在激发后的动力学过程中扮演了一个布居数的双曲弛豫规律及具有超辐射特征的光子发射率,并在弛豫结束后恢复到通常的稳定态。我们已经看到,这种合作性在时间上是不间断的(存在于整个稳态过程及激发后的动力学过程),在空间上是大范围的(发生在整个系统内的全部 N 个分子之间)。很难理解一个生物系统会完全工作在个体区 $x>1$,这是因为:①在稳态情况下,系统处于热平衡,分子之间没有关联,光子辐射不具有相干性;②在激发后的弛豫过程中,虽然有合作行为,但不是大范围的(最大限于系统的半数分子之间)。

这里我们还应该谈及关于合作辐射的实验室观察,业已发现许多原子系统和分子系统都可以诱导合作辐射现象,比如最早的报道是来自光学泵浦的 HF 气体的合作辐射[89]。不过迄今为止关于合作辐射的所有报道都是超荧光型的。自从 1954 年迪克最早引入自发辐射的相干性概念[88]以来,我们还没有发现关于超辐射的实验室观察的报道。这很可能是因为在非生命系统中制备一个所有原子或分子被完全关联起来的初始状态似乎是极端困难的,我们由此推测,这样一个初始状态只能存在于具有大范围相干性的生物系统之中[110]。这样,超辐射也许是一个生命系统特有的现象。关于生物系统光子辐射的超辐射特征的实验显示,我们将在后面介绍。

四、理论与实验结果的比较

在上述内容中我们建立了生物光子辐射的量子理论,它能被用来描述生物光子辐射的稳态性质[111-121]。下面我们用它描述生物光子辐射的动力学行为。这些理论预言的正确性必须被实际生物系统的光子辐射的实验结果来检验。

首先,稳态生物光子辐射的 N^2 依赖性已经在果蝇卵的群体辐射中被观察到[14],这与相关的理论结果相符合(见稳态生物光子辐射的强度表达式[28])。其次,按照稳态生物光子辐射的理论结果[28],生物光子辐射能具有反聚束性质,这种非经典效应已经被发现存在于许多生物系统的光子辐射中,例如单细胞绿藻 *Acetabularia* 的个体、水蚤 *Gonyaulax* 的群体、萤火虫个体等[60]。还有,一些具有五峰或三峰结构(并呈现一定程度的对称性)的谱分布已经在生物光子辐射的实验中观察到,一个典型的例子是来自水芹(cress)种子的稳态生物光子辐射。这与谱分布的理论结果相符合[28]。

下面我们将重点考查关于生物光子辐射动力学的理论结果与相应的实验观察的符合情况。前面我们得到了一系列描述生物系统弛豫动力学的表达式,现在我们考查实际系统被激发后的弛豫过程。我们相信一个实际的生物系统的内部包含着生命运动的多样性。比如按照我们的模型,至少应该考虑以下情况:

1)在系统被激发后的弛豫过程中,大部分生物分子通过从高能态向低能态的跃迁发射光子;与此同时,也有些原来处于低能态的生物分子会吸收辐射场中的光子向高能态跃迁。这意味着系统在弛豫过程中光子的发射和吸收是并存的。

2)我们的三能级模型假定系统中的 N 个分子是全同的,实际上在一个生物系统中存在着各种类型的生物分子。每一种生物分子都有自己的一套参数。系统在弛豫过程中的宏观表现是各种不同分子的微观行为的叠加。描述总的弛豫过程的参数是各种不同分子参数的平均。

3)有理由认为分子系统基本上工作在靠近临界点的合作区一侧,这是由系统熵最大所预言的最合理的工作点,也是生物系统高效率工作的需要。但有些生命过程(例如细胞分裂)需要一个完全非相干光(混沌光)来解除细胞间的耦合,因此某些相关的生物分子必须工作在个体区。这样一来,一个生物系统的实际工作状态可能是合作区与个体区情况按某种方式的叠加。

基于这些考虑,一个实际生物系统被激发后的弛豫过程在原则上应该涉及光子的发射和吸收两种作用,涉及不同种类的生物分子的贡献,涉及合作区与个体区情况的叠加[62]。不过实验结果告诉我们,在很多情况下,利用合作区的表达式描述整个系统的弛豫过程是足够精确的。这样一来,生物系统被激发后的弛豫过程可用时变的光子辐射强度

$$I(t) = A\,\mathrm{csch}^2\left(\frac{t}{B}+C\right) - a\,\mathrm{sech}^2\left(\frac{t}{b}+c\right) + S \tag{28-103}$$

描述。这里我们只计及了合作区的作用,(28-103)式中的前两项分别描述合作发射与合作吸收过程,第三项 S 表示稳态辐射强度,式中的参数相应于不同种类的生物分子的平均。这个表达式被发现与许多种类的植物种子的光子辐射动力学过程相符合,特别是能够很好地描述谷物种子被白光照射后的弛豫过程[15],这可能是因为在种子光照后的弛豫过程中,光子吸收扮演了一个不可忽视的角色。

另外,关于生物系统延迟发光的理论与实验研究已经取得了丰硕的成果[28]。我们发现用(28-103)式的第一项可以相当精确地拟合许多生物样品的延迟发光过程。这里有必要首先对延迟发光的基本特征与研究背景作一简要的介绍。

延迟发光是光合物质(photosynthetic material)被外界光源照射之后的发光现象[122]。与单个原子(或单个分子)的特征衰变时间 10^{-8} s 相比,延迟发光过程的衰变时间的典型值为 1 s,故称为延迟发光。延迟发光已经被发现是一个非常普遍的现象。这个现象最早被 Strehler 和 Arnold 在植物样品中观察到[8],他们的实验涉及探测水藻样品中光诱导的 ATP 形成。后来,延迟发光现象又陆续在其他生物样品中被观察到,例如树叶[123]、叶绿体[124]、光合细菌[125]等。早期关于延迟发光机制的研究有许多不同的观点。Crofts 等人[126]、Fleischman 和 Mayne[127] 强调膜电位和 pH 剃度的修正机制;Mar 和 Roy[128] 发展了动态模型;Lavorel[129] 综述了相关的数据、方法及理论;Malkin 提出了动态分析、各种理论描述及修正性机制[130-131],并给出了一个非常具有可读性的综述性评论[132];Amesz 和 van Gorkom[133] 综述了重组假设及其实验依据;Fleischman[134] 对有关光合细菌的延迟发光和化学发光的众多文献进行了综合评论;Govindjee 和 Jursinic[135] 对于光合作用、Chla 发光以及延迟发光之间的关系作了全面研究。Lavorel[129]、Govindjee 和 Jursinic[135] 以及 Lavorel[136] 等人对于测量延迟发光的实验手段作了综述性评论。后来许多研究者又完成了关于延迟发光的诸多实验工作[137]。半个世纪以来,延迟发光的研究和应用已经变得非常深入和普及[138-140]。

关于延迟发光的理论研究,早期的工作是基于线性动力学分析,最终的结果是发射强度的指数函数描述。后来的研究工作涉及热力学理论及唯象处理,这样的描述虽然是非线性的,但仍旧限于经典理论的范畴,它预言的强度表达式是一个普通的双曲线函数。上述理论结果虽然可以在一定程度上刻画某些样品的延迟发光,但是不具有一般性和精确性,如图 28-20 所示。事实上,延迟发光决不能归结为一个经典效应,因为生物光子辐射的强度极低,其典型值是 100 光子/(s·cm^2)。要描述如此微弱的光子辐射,我们不得不进入光与物质相互作用的量子理论。另外,相关的实验研究显示,诱导延迟发光的光合物质必须具有三能级结构[137]。通常的二能级模型无法揭示延迟发光的微观机制。

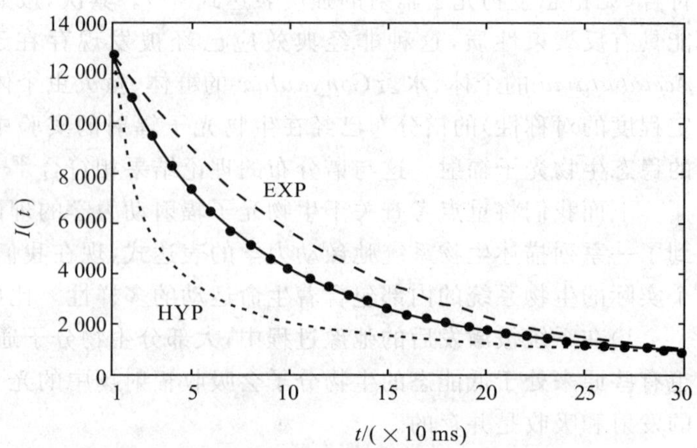

图 28-20 黄豆的延迟发光的原始数据(30 个测量点)

指数(EXP)函数 $I_0\exp(-\lambda t)$ 和双曲线(HYP)函数 $I_0 t^{-\beta}$ 均不能精确地拟合实验数据。实线来自理论表达式(28-104)式,与实验数据符合得很好,关联度为 $r=0.9999$

我们上述的生物光子辐射的量子理论正是从分子生物学的实验结果(exciplex 形成)出发,涉及一个三能级模型。同时我们把量子光学理论和非平衡统计物理的概念用于一个被外界泵浦又对外

耗散的开放系统，在微观层次上刻画了集体分子系统与多模辐射场的相互作用，并计及了分子晶格振动的声子模对系统的影响。我们的模型推出了系统的约化密度算子的主方程，而与之相应的 c-数方程在恰当的近似下给出了生物系统被激发后的光子辐射强度的表达式。现在我们试图利用所得到的结论描述延迟发光的实验结果。为此我们在(28-103)式中取第一项，即

$$I(t) = A\,\mathrm{csch}^2\left(\frac{t}{B} + C\right) \tag{28-104}$$

式中，t 是时间，A、B、C 是与时间无关的参数。事实上 A 是一个强度参量，它依赖于被测样品的性质，同时与系统的结构及光照条件有关；B 是一个特征时间，只与样品自身的性质有关；C 与系统的结构及光照条件无关，但这个参量作为一个相位因子决定样品的初始状态，因此敏感地决定发光的初始强度。为了与指数函数及双曲线函数相比较，我们在图 28-20 中显示了(28-104)式与延迟发光的实验数据的拟合。

现在我们将理论结果(28-104)式与实际生物样品的延迟发光数据相比较。首先考查一个非常简单的样品，它是一株单细胞水藻 *Acetabularia*。图 28-21(a)显示，理论值与观察值之间有相当好的拟合。在最佳拟合下，可以得到参数 A、B、C 的值。我们进一步完成理论值与观察值的线性关联，如图 28-21(b)所示，给出相当高的关联系数。图 28-21(c)显示了理论值与观察值的偏差的分布曲线，它基本上是在零值两侧对称分布的，被一个高斯函数所包络。为了进一步检验我们的理论结果的可靠性，我们在图 28-22 中列出了各种不同的生物样品的延迟发光的原始数据与理论表达式(28-104)式的拟合，可以看出每一个样品的观察值都与相应的理论值有高度的关联。

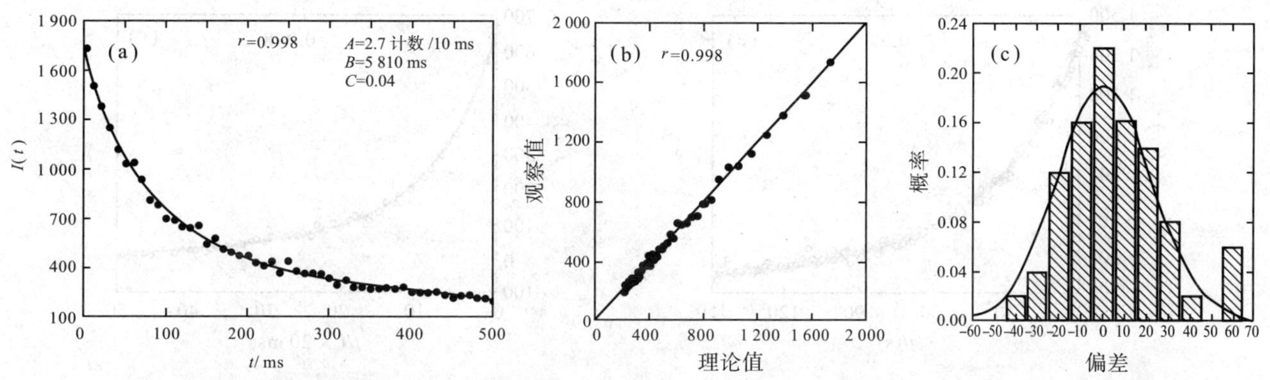

图 28-21　一株单细胞水藻 Acetabularia 的延迟发光的实验结果与理论表达式之间的比较

这株水藻被放进装有 14 ml 自来水的石英池中，然后用白光照射。延迟发光的实验曲线由 50 个观察点组成，光子计数的间隔为 10 ms。(a)原始数据与理论值的最佳拟合给出参数 A、B、C 的值。(b)观察值与理论值之间的线性关联。(c)观察值与理论值之间的偏差的分布，图中的光滑曲线为正态分布

以上所述的延迟发光都采用人造光源照射。实际上，延迟发光的产生也可以利用自然光源照射，最常见的就是用日光。实际的操作过程很简单，一切都在实验室通常的日光环境下进行，将被测量的样品放入样品室之后，立即关闭样品室的盖子，使之成为光屏蔽的暗室，并随即开始测量。实际上样品是在日光照射后进入延迟发光。我们把这种自然光照射的方式称为自然延迟发光，一个典型的测量曲线显示在图 28-23 中。可以看出，自然延迟发光的弛豫时间很长，但仍然与我们的理论表达式(28-104)式符合得很好。

实际上，(28-104)式已经被发现能够精确地描述许多不同生物样品的延迟发光的实验结果，例如动物组织、植物、种子、各种食品、水藻、微生物系统，甚至有机物及化妆品。由于(28-104)式的理论基础的可靠性，由于它在描述生物样品延迟发光中的精确性和广泛适用性，还由于它在数据分析上的简单性(只有 3 个参数)，这一公式受到普遍的肯定和重视，它所包含的 3 个参数 A、B、C 被称为“顾参数”(Gu parameters)。基于对这些参数的精确测量，可以对样品的微观性质进行深入的分析。可见延迟发光测量技术及顾参数分析方法提供了一个新的强有力的测试分析手段，它有望被应用于许多领域。

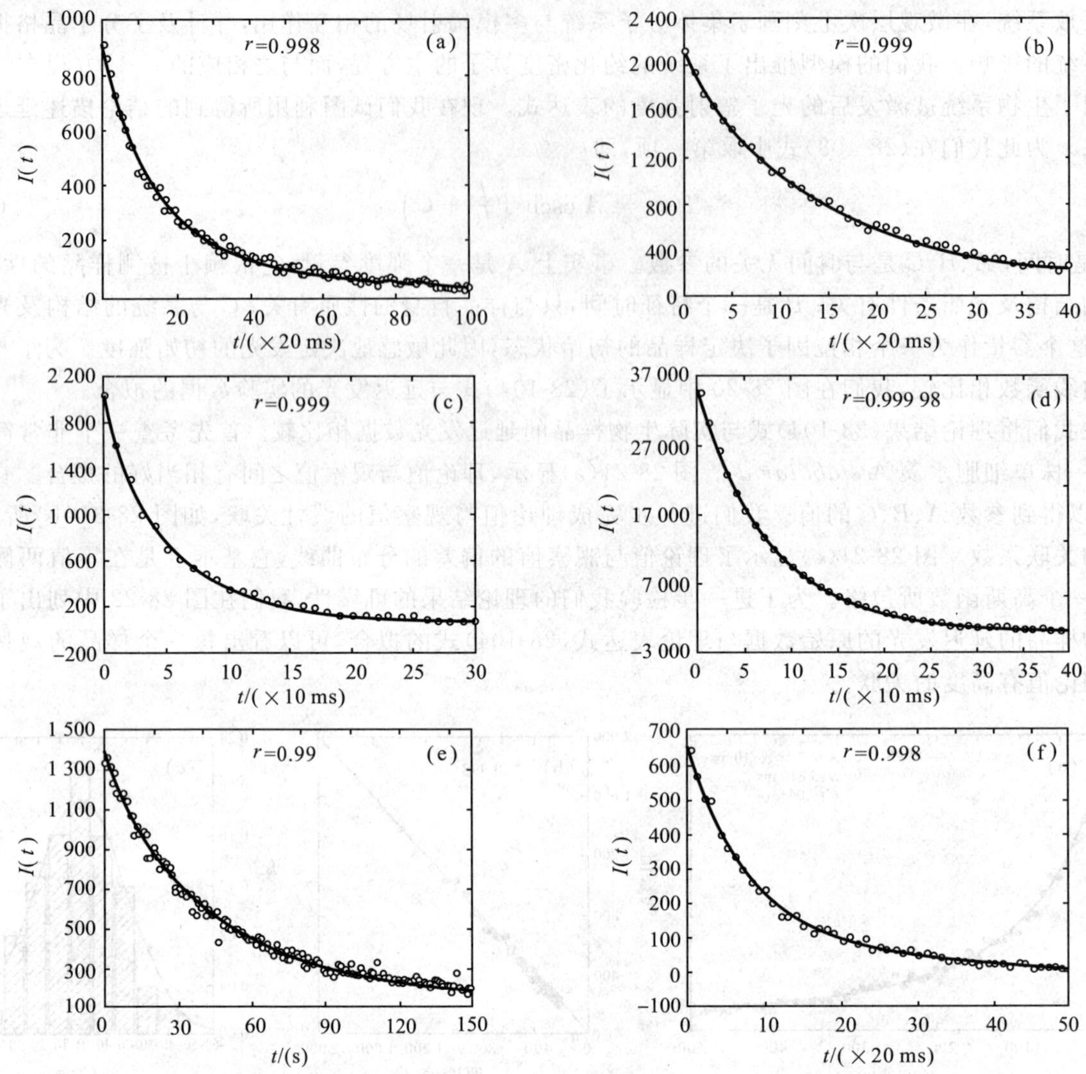

图 28-22　不同生物样品延迟发光的实验结果与理论表达式之间的比较

所有样品在测量前用白光照射。(a)一片新鲜的苹果，尺度为 2 cm×2 cm×0.3 cm。(b)中国绿茶，体积为25 cm^3。(c)大麦种子，体积为 6 cm^3。(d)一块鲤鱼肉，体积为14 cm^3。(e)人的肝脏肿瘤组织(5 cm^3)浸在 NaCl 溶液(0.9%，8 ml)中。(f)生物药品(粉末)，质量为 2.5 g。每一个样品的观察值都与相应的理论值相符合，图中的 r 是两者之间的关联度

鉴于用延迟发光测量顾参数的精确性，现在我们可以估算一个实际生物样品的微观"序参量"$|x_0|$ 的数量级。我们注意到，(28-104)式中的 B 参数作为延迟发光衰变的特征时间，扮演了一个合作时间的角色，它可以被理解为系统的相干性时间。例如，对于图 28-21 的单细胞水藻，我们已经得到

$$B = 5\,810\ \text{ms} \tag{28-105}$$

它具有 1 s 的数量级。进而利用 $A = 0.27\ \text{ms}^{-1}$，我们有

$$|x_0| = 5 \times 10^{-5}\ \text{s}^{-1} \tag{28-106}$$

这个值验证了我们前面的一个考虑：生物系统工作在合作区并位于临界点 $x = 1$ 附近一个很窄的范围。它确实是系统的最佳工作点。换言之，正是如此小的 $|x_0|$ 值导致了延迟发光的 1 s 数量级的寿命。它远大于一个非生命的二能级系统的合作衰变的特征时间，其典型值为 10^{-6} s[28]。

作为本节的结尾，我们讨论一个非生命物质的延迟发光，它是一种白色的荧光粉(schmelzkorund)。图 28-24 显示了它被白光照射后的延迟发光的原始数据。可以看出，与通常生命物质不同，它的发光曲线具有一个数学上的拐点。显然这样的曲线不能被(28-104)式拟合。我们想到另一个合作辐射超荧光的衰变图样(见图 28-18)，它的发射率由(28-91)式表示，发射强度可以写为

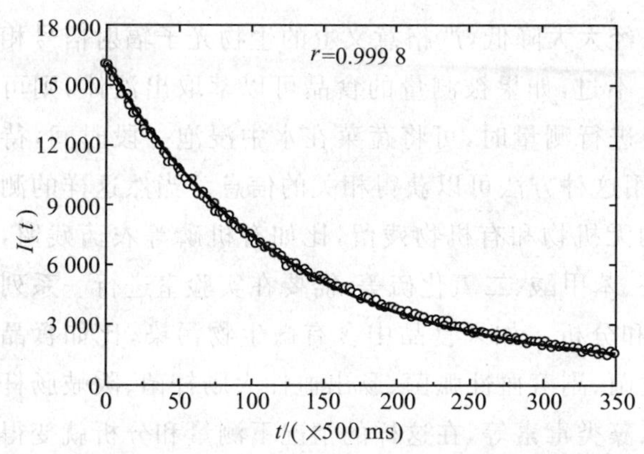

图 28-23　棕榈叶的"自然延迟发光"

实验中不用人造光源照射，样品放入样品室之后，立即关闭样品室的盖子，开始测量。实际的激发方式是日光照射。与通常的人造光照射相比较，自然延迟发光的弛豫时间很长，而观察值仍然与理论表达式(28-104)式符合得很好

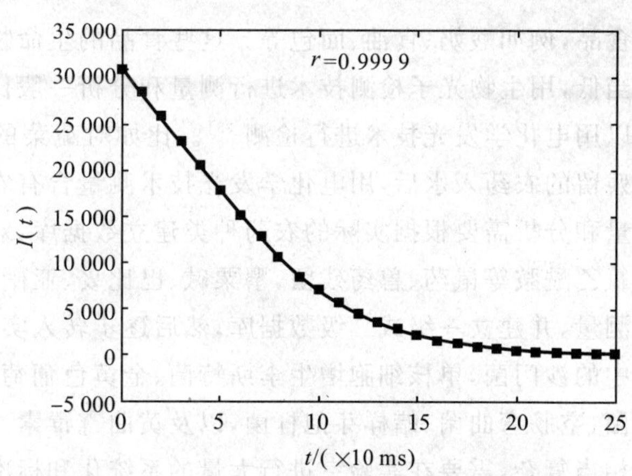

图 28-24　白色荧光粉的延迟发光的原始数据

样品的体积为 1 cm³，初始被白光照射。曲线来自超荧光的发射强度表达式(28-107)式：$a=32\,437$，$b=8.75$，$c=-0.24$

$$I(t)=a\,\mathrm{sech}^2\left(\frac{t}{b}-c\right) \tag{28-107}$$

可以看出，荧光粉的延迟发光与超荧光的发射强度(28-107)式符合得很好。相信(28-107)式可以很好地描述更多的非生命物质的合作辐射的实验曲线[28]。

第四节　生物光子检测技术

众所周知，传统的生物化学是根据化学反应来解释所有的生命现象的。它可以用来研究动、植物的生长控制问题。但是存在一个很大的困难，就是无法解释动、植物生长时表现的方向性。因为所有的化学反应在各个方向是均衡发生的。如果不存在外界的不均匀性(例如电磁场，浓度梯度等)，任何化学反应都不会在某一个方向占优势。这意味着反应产物在空间各个方向是均匀分布的。这同动、植物生长所表现的方向性产生了强烈的矛盾。为了回避这个矛盾，许多生物学家指出细胞膜能引发定向的化学反应。不过细胞膜本身也是由化学反应制造的。换言之，细胞膜还不能控制生命体的有序生长。那么在生物体内一定存在着一个整体的控制环。最新的实验结果表明[14]，这个整体的控制环很可能是生物光子场，它不但控制着细胞膜的形成，而且控制着整个细胞的新陈代谢，甚至控制着细胞内和细胞间的信息传递和功能调节。许多看来近乎"神秘"的生物现象，都可以在生物光子场的意义上得到解释，如酶活性是由超弱光子场所调控的。免疫反应和修补过程除了由光子场的相干成分的花样识别之外几乎无法理解。生物的律动性甚至可以定量地由DNA 相干弱耦合给出，对细胞内及细胞间都能定量的说明。而细胞生长和分化则是依无序和有序之间的循环反馈规律进行的。生物光子辐射研究有着广泛而明确的应用前景，应用的基本思想是：生物光子辐射作为生物体的一种固有的功能，必然与各种生命过程相联系，通过对生物光子辐射的测量和分析就可以深入细致地了解这些生命过程。在此基础上还可以利用各种手段(物理的、化学的、医学的等)人为地调节生物光子场，以控制生命过程[141-144]。

一、食品安全及质量检验

食品有许多种类，从食品的生命状态而言，有天然食品与人造食品的区别。就天然食品来说，有些可以直接培养出新的生命，比如鸡蛋、小麦、水稻种子等。多数天然食品虽不能培养出新的生命，但含有一定的生物组织、活性细胞，例如大米、肉食、牛奶、水果、蔬菜等。这些天然食品可以产生不同程度的生物光子辐射。相关的测量和分析可以获得有关食品质量的信息，比如新鲜度。人造食品是以生物物质为材料加工出来的

食品,例如酸奶、食油、面包等。这些食品的生命物质含量已经大大降低,严格意义上的生物光子辐射信号相当低,用生物光子检测技术进行测量和分析一般比较困难。不过,如果被测量的食品可以萃取出液体,则可以用电化学发光技术进行检测[28]。比如对蔬菜的农药残留进行测量时,可将蔬菜在水中浸泡一段时间,待残留的农药入水后,用电化学发光技术测量含有农药的水,用这种方法可以获得相关的信息。当然这样的测量和分析需要根据实际的农药种类建立数据库,对于单纯的无机物和有机物残留,比如有机磷等农药残留,氟乙酰胺等鼠药、兽药残留,罂粟碱、巴比妥、亚硝酸盐、甲醛、苯甲酸、二氧化硫等,需要在实验室进行一系列测量,并建立一级或二级数据库,然后逐步转入实用性测量和分析。如果食品中含有微生物污染,比如食品中的沙门菌,单核细胞增生李斯特菌、金黄色葡萄球菌、志贺菌、副溶血性弧菌、肠出血性大肠杆菌、阪岐肠杆菌、空肠弯曲菌、蜡样芽孢杆菌,以及黄曲霉毒素、肉毒毒素、藻类毒素等,在这样的情况下测量和分析就变得相当复杂,需要在实验室进行大量的系统化和标准化的测量,建立多级别的数据库,并根据实际需要不断扩充和完善数据库,最终建立切实可行的标准并进入实际应用。一旦标准建立起来,生物光子技术的优点就可以得到充分的发挥。用生物光子技术检测食品质量,不但可以给出定量的数据,而且具有快速灵敏的优点,样品置入暗室后,一般只需要 20～30 min 即可给出结果。这个方法被期待在食品质量检验中发挥重要的作用。下面我们介绍几个关于食品安全及质量检验的典型例子。

(一)食品的安全检验

大米是东方人最主要的食物。大米的生物光子辐射信号很典型,对该类样品的测量通常直接进行,测前不需要做任何处理。特别是大米的延迟发光信号相当高,而且测量数据与理论表达式符合得很好。一个典型的大米样品的延迟发光的原始数据如图 28-25 所示,图中的光滑曲线是对原始数据的非线性拟合,所用的表达式是作为生物光子辐射量子理论主要结果的双曲余割函数(28-104)式。可以看出,在观察值与期待值之间有相当高的关联度,而二者之间的非线性拟合给出表达式中的顾参数 A、B、C 的值。它们关系到该样品的性质,比如新鲜度、水分含量、米粒的形状与色泽、是否进行过处理等。

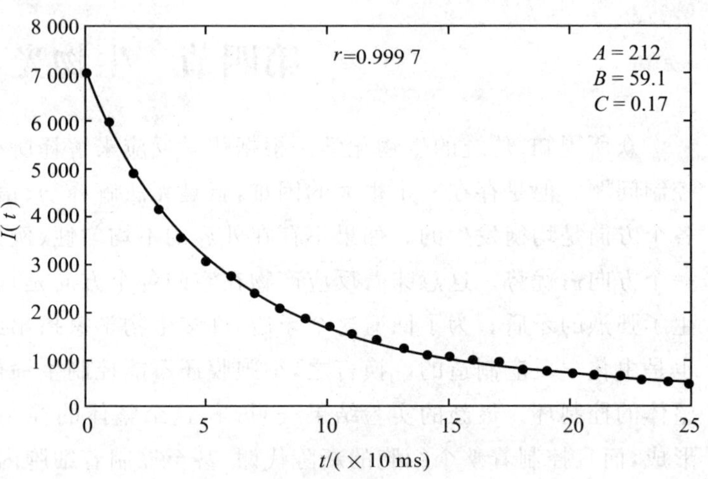

图 28-25　大米的延迟发光

图中的光滑曲线表示大米延迟发光的原始测量数据与理论表达式的非线性拟合,二者之间有高度的关联,顾参数 A、B、C 刻画了被测量大米的性质,它们关系到大米的新鲜度、水分含量、米粒的形状与色泽、是否进行过处理等信息

在一般情况下,参数 A 是一个强度参量,它依赖于被测样品的性质,同时与测量系统的结构及光照条件有关;B 是一个特征时间,只与样品自身的性质有关;C 是一个相位因子,它控制着被测样品的延迟发光的初试强度。作为生物光子技术的可观察量,A、B、C 是被测样品的特征参数(类似于血液测量中的参数红血球、白血球、血小板等),它们从不同的角度(发光强度、特征时间、相位因子)刻画了样品的性质,携带着被测样品的信息。顾参数 A、B、C 的生物学含义需要与实际的样品结合起来,与传统的测量方法联系起来,与已有的公认数据关联起来,进行具体的分析和判断。

在很多情况下需要对被提供的诸个样品进行对照性测量以显示它们之间的区别,这时顾参数 A、B、C 能够扮演相当灵敏的角色。一个例子显示在图 28-26 中,被测量的两个大米样品出自同样的稻谷,但脱壳后曾用不同的方式处理(一个是传统方式处理,另一个是生物技术处理)。两个样品在外观上没有明显的区别,但在生物光子辐射参数 A、B、C 的意义上,它们之间的区别能被定量地显示出来。

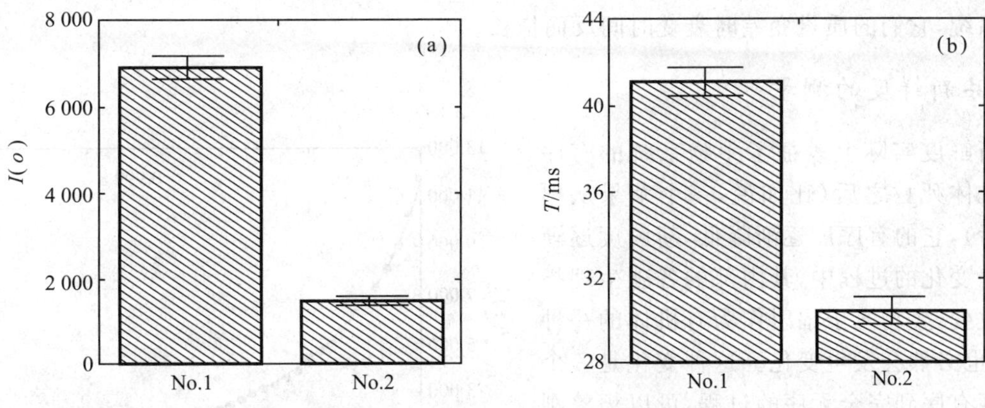

图 28-26　不同方式处理的大米样品的延迟发光

两个大米样品出自同样的稻谷，但脱壳后曾用不同的方式处理：样品 1 为传统方式处理，样品 2 为生物技术处理。(a)延迟发光的初始强度。(b)延迟发光的衰变时间。两个样品在外观上没有明显的区别，但生物光子参数显示了它们之间的定量区别，说明生物光子技术可以用来检测大米样品是否进行过某种处理

(二)食品质量的快速灵敏检测

大量的实验研究表明，水果的生物光子辐射信号能够反映它们的新鲜度，一个典型的例子是图 28-12 和图 28-13 所示的梨子新鲜度的变化情况。水果新鲜度的变化是它们的综合指标的变化。有时候新鲜水果在运输中受到撞击，其局部受到损伤，这也会导致生物光子辐射信号的显著改变。我们曾用两个苹果做实验，它们是专门挑选出来的：大小、色泽、形状都很近似。开始分别测量它们的自然延迟发光(见图 28-23)，信号(初始强度)差别在 5%以内。然后用小刀在一个苹果上拉一个长 2 cm、深约 2 mm 的伤口，放置 30 min 后，重新测量两个苹果的自然延迟发光，图 28-27 显示了测量的原始数据。图中的光滑曲线是相应的理论拟合，可以看出观察值与期待值之间有相当高的关联度，两套参数 A、B、C 代表了两个苹果的性质。很明显，苹果受伤后辐射强度显著增加而衰变时间缩短，但相位因子 C 几乎没有改变，在这里相位因子似乎反映了苹果样品的"共性"。

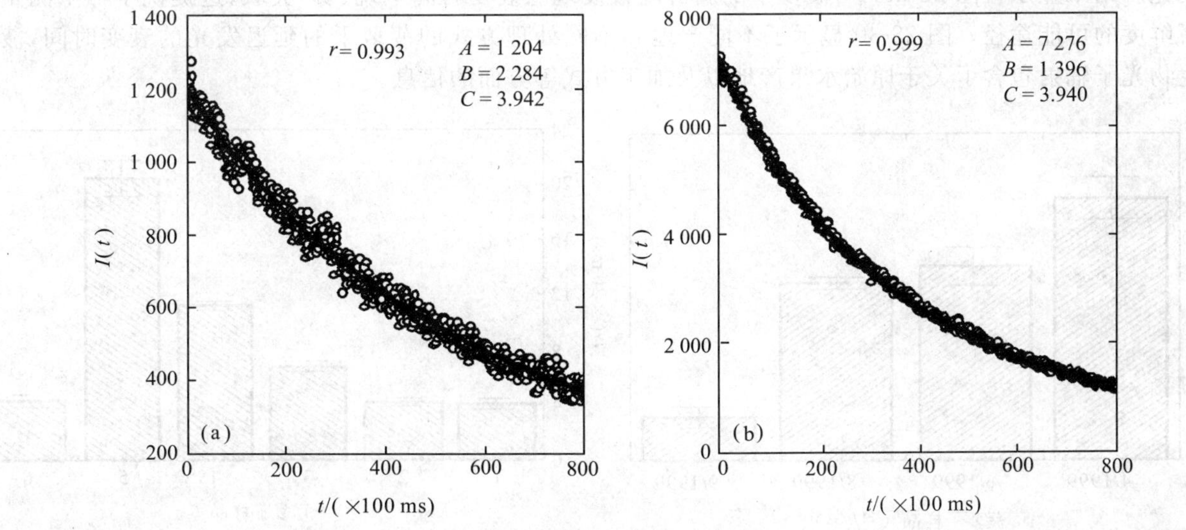

图 28-27　水果质量的延迟发光检测

两个挑选出来的苹果：大小、色泽、形状都很近似。图中的观察点表示样品的"自然延迟发光"的原始数据，而光滑曲线是与理论表达式的非线性拟合。(a)对照样品。(b)苹果上被小刀拉一个伤口。后者的辐射强度大幅度升高(参数 A 增加 5 倍)，而"相干性时间"缩短(参数 B 减少 40%)，这意味着质量变差。相位因子 C 几乎没有改变，它似乎反映了苹果样品的"共性"

顺便指出，当新鲜水果的新鲜度或质量变差时，其延迟发光的衰变时间缩短，这是一个相当普遍的现象(如图 28-13 所示的梨子)。其背后的机理是，衰变时间其实代表了样品的"相干性时间"，它的缩短意味着系统内部的关联性减弱，整个系统的有序度降低。但是对于某些经过处理的水果，特别是长期存放后已经不是

典型的生物系统，它们的质量变差时衰变时间反而拖长。

(三)食品新鲜度的测量

食品的新鲜度实际上表征了生物系统的有序度。一个有机体死亡之后(比如说，一个苹果从树上摘下来之后)，它的有序度逐渐降低，新鲜度逐渐变坏。在这一变化的过程中，其内部的各项生理指标都会逐渐改变，生物光子辐射作为有机体的一种固有的功能，也必然会发生变化。这种变化是一个典型的从高度有序到完全无序的过程，可以想象刚从树上摘下的苹果，它基本上还保持着完好的生命物质，其光子辐射差不多可以代表有机体的特征。但是1周后，它的光子辐射行为肯定有变化；1月后变化更大；1年后则成为一个非生命体，完全不存在生物光子辐射。很显然，食品作为一个离开母体的有机物，其新鲜度的变化能从生物光子辐射中反映出来。事实上，我们已经看到梨子新鲜度的变化与其生物光子辐射的关系(见图28-12)，以及鱼肉的新鲜度与生物光子参数的高度关联[28]。这里我们再考虑另外一种状态的食品——水果干(例如葡萄干、杏干、桃干之类)。这类食品的形成只涉及新鲜水果的干化处理，没有机械上的损伤，因此仍然含有一定量的生命物质。对这类食品的生物光子测量可以得到多方面的信息，包括果干的新鲜度、处理方式以及原始水果的性质等。一个菠萝干样品的延迟发光的原始数据及相应的理论拟合被显示在图28-28中。

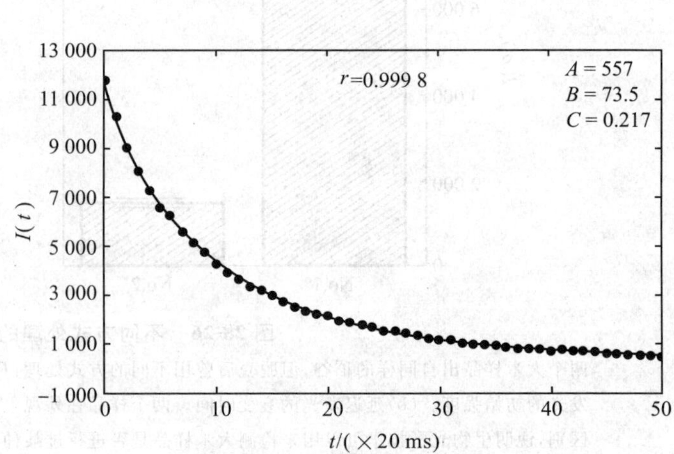

图28-28 菠萝干的延迟发光

图中的光滑曲线表示菠萝干样品延迟发光的原始测量数据与理论表达式(28-104)的非线性拟合，二者之间有很高的关联度，参数 A、B、C 携带着多方面的信息，包括果干的新鲜度、处理方式以及原始水果的性质等

为了考察水果干的新鲜度与生物光子辐射的关联，我们采用不同新鲜度的菠萝干作为样品，测量它们的延迟发光。结果显示在图28-29中，菠萝干的新鲜度被发现与衰变时间呈现(负)关联，这提供了一个测量水果干新鲜度的可能途径。图28-30显示了不同产地和不同处理方式的菠萝干的延迟发光的衰变时间，菠萝干的生物光子辐射包含了关于原始水果产地以及加工方式等方面的信息。

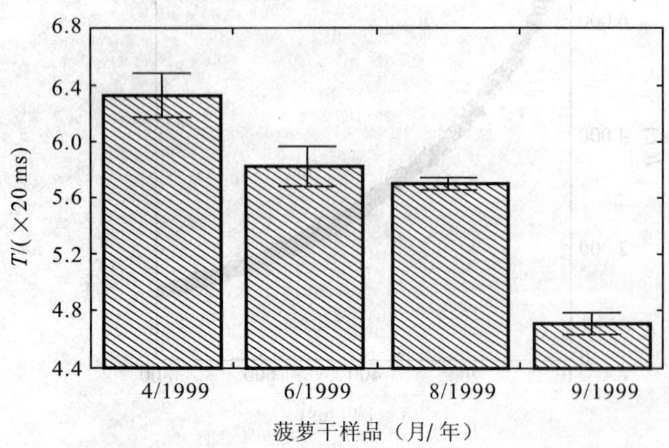

图28-29 水果新鲜度的延迟发光检测

菠萝干样品的新鲜度与延迟发光的衰变时间 T 呈现(负)关联。这提供了一个测量水果干新鲜度的可能途径

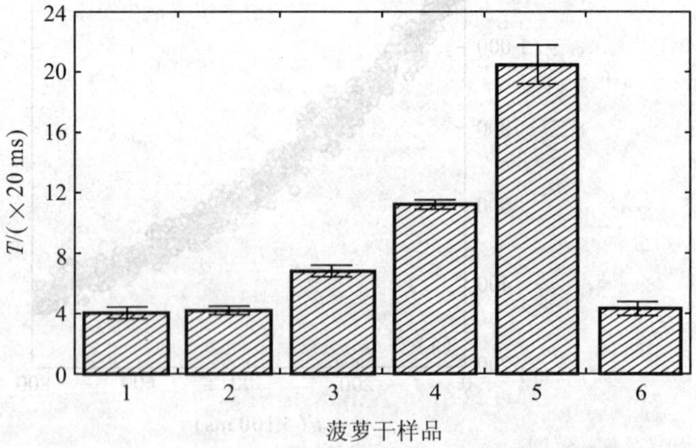

图28-30 水果干的延迟发光信号包含的多种信息

不同菠萝干样品的延迟发光的衰变时间 T。图中样品1、2、6的菠萝来自玻利维亚，用相同的处理方式加工成菠萝干；而样品3、4、5的菠萝来自菲律宾，加工成菠萝干时采用不同的处理方式。菠萝干的生物光子辐射包含了关于原始菠萝产地以及加工方式等方面的信息

(四)食品质量的“预报”

生物光子辐射常常能“预报”食品的质量。它的含义是这样的：在许多情况下食品的质量已经发生了变

化，但是用“肉眼”看不出来，食品的生物光子信号却出现不正常。果然，一段时间后食品的质量问题严重了，可以看出来了，这时候会“恍然大悟”：其实生物光子早就“看”出来了！下面介绍一个典型的例子：我们曾在某年的12月15日测量过两个未加工的板栗样品，制备样品时剥掉板栗所有的外皮，只用内部的白色果实，然后将其匀浆作为被测样品。两个板栗样品的延迟发光的原始数据如图28-31所示，可以看出二者相差很大：初始强度相差50％以上。这两个板栗样品从外观上看不出什么区别，为什么它们的生物光子辐射区别如此之大呢？在找不到答案的情况下，我们将两个原始样品保存在实验室里，准备过几天再次测量。到了来年1月6日，我们将两个样品拿出来准备重新测量。不料一个板栗样品已经出虫子了（就是当初显示高强度的样品，这时我们在它的发光曲线上标出“Bad”字样）。我们突然领悟到，其实20 d之前，这个板栗样品的质量已经变化了：出“虫子”的信息已经存在了，只不过我们的“肉眼”没看出来，但这样的信息被生物光子“捕捉”到了，生物光子以其灵敏的“感知”给我们提供了一个食品质量变坏的“警示”。这个实验启示我们，也许可以将日常的食品进行生物光子辐射的测量，建立正常食品的相关数据库。在对某个食品食用之前，先测量其生物光子辐射并与数据库的正常值相对照，如果发现生物光子信号不正常，即使看不出什么毛病，也最好不要食用，以免被已经存在但“肉眼”看不出来的污染或变质而种下健康的隐患。

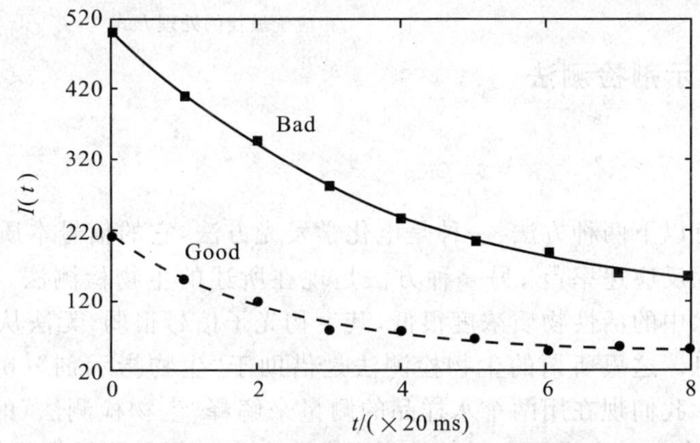

图28-31　用延迟发光技术“预报”水果的质量

两个板栗样品的果实从外观上看不出什么区别，但它们的延迟发光信号差别很大。20 d后一个板栗样品被发现出了“虫子”（它的曲线由此被标上“Bad”字样，另一个就是相对的“Good”样品），说明生物光子能“预报”食品的质量。图中的光滑曲线是与理论表达式(28-104)的非线性拟合

（五）食品生产的质量控制

以上说到的食品都是天然的生物食品，它们作为生物系统产生生物光子辐射，我们正是在测量其生物光子辐射的基础上进行质量分析。反观以生物物质为材料加工出来的人造食品，它们的生物组织在加工的过程中受到了破坏，生命物质含量降低，生物光子辐射信号减弱，用生物光子检测技术进行测量和分析一般比较困难。不过有些食品比较特殊，比如食油（菜子油、豆油、葵花子油等），此类样品的加工处理基本是物理过程，形成产品后，仍保留一定量的生命物质。另外这类样品能在一定程度上诱导化学发光信号，因此它们的延迟发光有一定的强度，可以从中获得相关的信息。一个典型的葵花子油的延迟发光的原始数据被显示在图28-32中。可以看出，该样品确实具有相当强度的发光信号，而且观察值与理论期待值之间有较高的关联度。顾参数A、B、C携带着有关原始葵花子质量和加工处理工艺的相关信息。

用生物光子技术测量葵花子油的目的，在很大程度上涉及食油生产过程中的质量控制。因为对原料葵花子的质量分析不是生产上的主要问题，测量葵花子油的生物光子辐射的主要目的是探索对原料葵花子的最佳处理方式（在保证质量的前提下，获得最高的出油率）。如何由生物光子信号来判断处理方式的优劣，是研究中的核心问题，生物光子技术在该质量控制问题中的“标准”必须与传统的方法相关联。图28-33显示了对相同葵花子样品采用不同处理方式所榨取的食油的生物光子信号的对比，经过与传统测量方法的对照分析，具有最低强度的样品相应于最佳的处理方式。

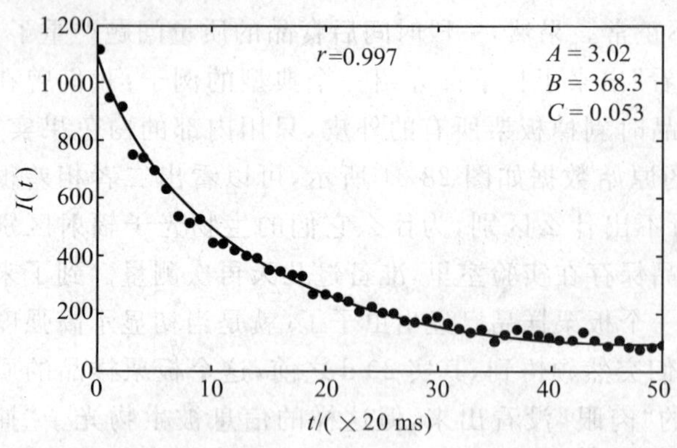

图 28-32 食用葵花子油的延迟发光

图中的光滑曲线表示葵花子油延迟发光的原始测量数据与理论表达式(28-104)的非线性拟合，二者之间有较高的关联度，参数 A、B、C 携带着原始葵花子和处理工艺的相关信息

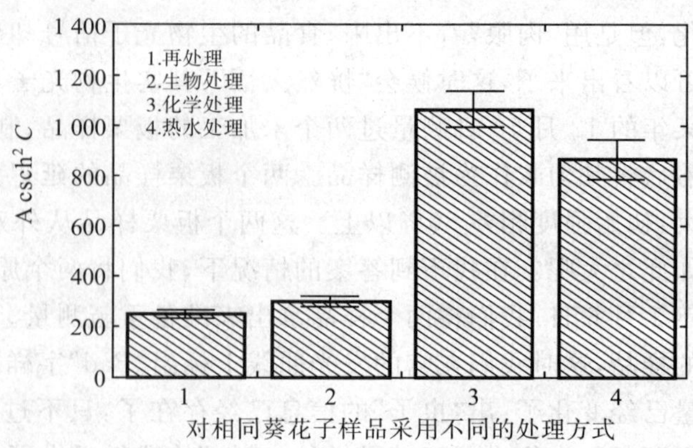

图 28-33 用延迟发光技术探索榨取食用油的最佳方式

图中 $A\ \mathrm{csch}^2 C$ 表示延迟发光的初始强度。对相同的葵花子用 4 种不同的处理方式，榨取出的食油显示不同强度的生物光子信号。与传统测量方法的对照分析表明，具有最低发光信号的"新工艺"相应于最佳的处理方式

二、水质量的生物指示剂检测法

(一)原理和操作

水的测量和分析通常有以下两种方法：一种是电化学发光方法，它的信号本质上反映了液体中发光性物质的浓度及正负离子的湮灭反应速率[28]；另一种方法是现在所述的生物检测法，它本质上是基于生物光子辐射。我们知道一般自来水中的活性物质浓度很低，其生物光子信号很弱，无法从一般的延迟发光和自发辐射中获得关于水质量的信息。这里所谓的生物检测法是借助于"生物指示剂"(bioindicator)的光子辐射信号获得关于水质量的信息。我们现在用两个水样品的测量来解释"生物检测法"的原理和操作过程，比如一个是工业污水，另一个是纯净水。这样两个样品的延迟发光和自发辐射信号都很低，二者之间的差别一般显示不出来。生物检测法的含义是在这样两个样品中放入相同的"生物指示剂"。生物指示剂的发光对所处的环境非常敏感，相同的生物指示剂在污水和净水中感受到的环境不同，因此各自的生物光子辐射的行为也不同。那么所测量到的生物光子信号之间的差别，实际上反映了污水和净水的差别。这种测量虽然是一种"间接"的方式，但由于生物指示剂对环境变化非常敏感，因而发光信号对水的变化非常敏感，测量的灵敏度很高。图 28-34 显示了一个含有生物指示剂的自来水样品的延迟发光的原始数据，可以看出，样品的发光信号有相当的强度。图中的光滑曲线表示与理论表达式的非线性拟合，二者之间有较高的关联度，顾参数 A、B、C 携带着关于生物指示剂和自来水的信息。

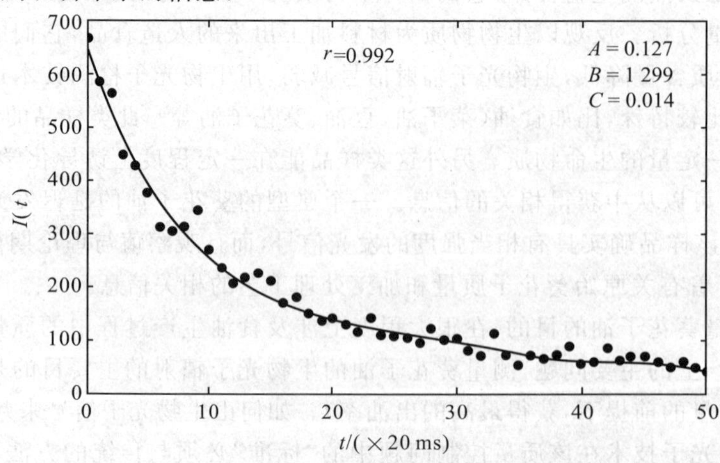

图 28-34 含有生物指示剂的自来水样品的延迟发光

图中的光滑曲线表示原始测量数据与理论表达式(28-104)的非线性拟合，二者之间有较高的关联度，参数 A、B、C 携带着生物指示剂和自来水二者的信息

（二）应用举例

生物指示剂作为活性生物样品，其发光行为随自身状态及外界环境的变化而改变，因此一次性测量可能带有偶然性。为了获得关于水质量的可靠信息，有必要进行多次测量，特别是考察生物指示剂的生物光子动力学，在监测样品的时间演化中获得具有规律性的结果。下面我们介绍这一检测法的操作程序。实验中我们将被测的自来水样品等量地注入3个石英样品池，并在每个样品池中放入等量的生物指示剂。然后重复测量样品的延迟发光，最终的结果表现为样品发光行为的时间演化。一个典型的测量结果被显示在图28-35中，这里的测量持续190 min，共重复9次。可以看出延迟发光平均强度 M（见(28-23)式）在时间演化过程中呈现线性增长，即 $M=Kt+b$，这样直线的斜率 K 或截距 b 就扮演了刻画样品性质的相当可靠的参数。

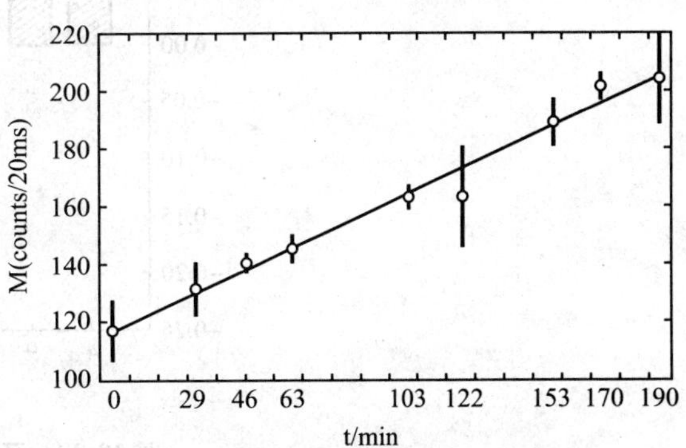

图 28-35　含有生物指示剂的自来水样品的延迟发光的动力学演化

在190 min期间样品被重复测量9次，延迟发光的平均强度 M 呈现线性增长，图中的平均值和标准方差来自3个独立的测量。直线的斜率和截距扮演了刻画样品性质的相当可靠的参数

作为这种测量方法的实际应用，图28-36(a)显示了4个矿泉水样品的测量结果，可以看出它们在直线的斜率和截距的意义上有显著的区别，其中4条直线的截距值 b 与传统的测量方法所给出的矿泉水的质量指标完全一致，它们被显示在图28-36(b)之中。生物检测法的另一个重要应用是检测水的污染，它不但可以检测污染的性质，还可以显示污染的程度。其背后的机制还是由于生物指示剂对水环境的敏感性：不同性质的污染（比如重金属污染、有机物污染或微生物污染等）通常导致不同行为的发光动力学，而相同性质不同程度的污染往往只改变发光强度。一个典型的测量结果显示在图28-37中，它给出了10个污染水样品的平均强度 M 随时间线性变化所给出的斜率 K 值。需要说明，$K>0$ 的4个样品相应于某种有机物污染，$K<0$ 的6个相应于某种重金属污染。而两种情况下 $|K|$ 值越大，污染程度越大。在实际应用中，可以根据污染情况建立数据库，并进一步实施相关的定性和定量分析。

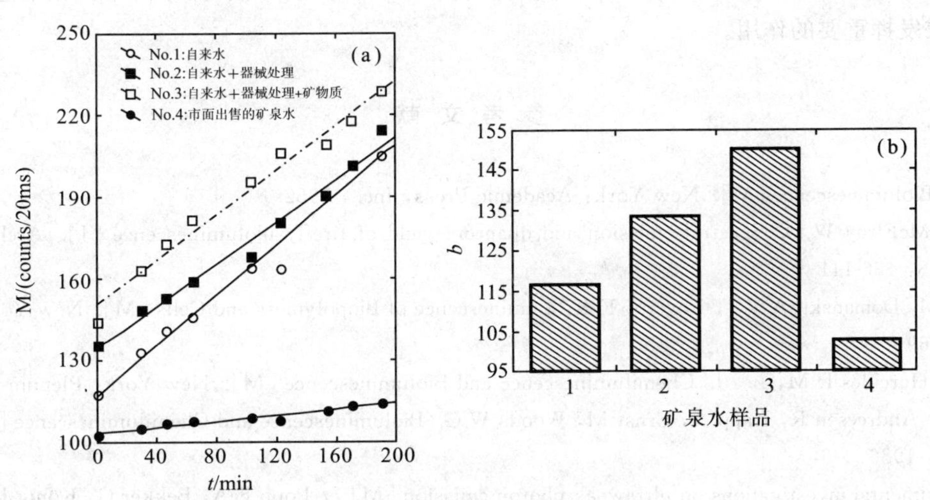

图 28-36　矿泉水质量的生物指示剂检测法

(a)含有生物指示剂的矿泉水样品的延迟发光的动力学演化，在190 min期间每个样品被重复测量9次，各个样品的平均强度 M 的增长被线性地拟合。图中的平均值来自3个独立的测量。(b)直线的截距 b，它与传统的测量方法所给出的矿泉水的质量指标相一致

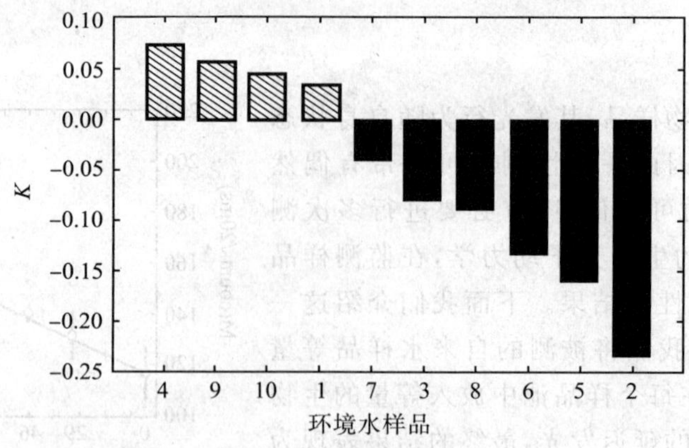

图 28-37　环境水污染的生物指示剂检测法

有关环境监测机构提供的 10 个被污染环境水样品的“生物指示剂检测法”的测量结果(测量前未获知任何关于样品的信息)。测量在 20℃下进行,完成 9 次重复(每个样品实施 3 个独立的测量)。延迟发光的平均强度随时间的变化已被线性地拟合,各个样品的直线斜率 K 被示于图中。测量结果提交后被该机构告知:① $K>0$ 的 4 个样品相应于某种有机物污染,$K<0$ 的 6 个样品相应于某种重金属污染;②10 个被测样品最初来源于 2 个样品(4 和 2),样品 9、10、1 是由样品 4 依次稀释得到的,样品 5、6、8、3、7 是由样品 2 依次稀释得到的。结果与期待值完全符合。可见生物检测法不但可以检测水污染的性质,还可以显示污染的程度

三、结论

生物光子辐射是一个很本质的生命现象,是有机体的一个固有功能。生物光子辐射携带着关于生物系统本身和外界环境的丰富信息,因此生物光子检测技术具有非常广泛的应用。这里主要涉及食品安全及质量检验,水质量的生物指示剂检测法,而其他方面的应用,例如种子质量的测量与分析,植物生理特性的检测,药品性能的测量及药物“筛选”,化妆品原料及化妆品的检测,生物光子检测技术的临床应用以及人体健康状态的指示等,见我们的专著[141]。生物光子检测技术的优点是:①应用广泛。可用于各种动物、植物、藻类、微生物。②灵敏度高。探测生物样品及环境的微弱变化,灵敏度可达 10 光子/(s · cm^2)(相当于10^{-17} W/cm^2)。③测量迅速。每次测量用 20～30 min。④仪器是便携式的,安装方便,操作简单。相信生物光子检测技术将在众多领域发挥重要的作用。

参 考 文 献

[1]Harvey E N. Bioluminescence [M]. New York: Academic Press, Inc., 1952

[2]Seliger H H, McElroy W D. Spectral emission and quantum yield of firefly bioluminescence [J]. Arch. Biochem. Biophys., 1960, 88: 136-141

[3]Barenboim G M, Domanskii A N, Turoverov K K. Luminescence of Biopolymers and Cells [M]. New York, London: Plenum Press, 1969

[4]Cormier M J, Hercules D M, Lee J. Chemiluminescence and Bioluminescence [M]. New York: Plenum Press, 1973

[5]Schölmerich J, Andreesen R, Kapp A, Ernst M, Woods W G. Bioluminescence and Chemiluminescence [M]. New York: John & Wiley, 1986

[6]Ruth B. Experimental investigations on ultraweak photon emission [M] // Popp F A, Bekker G, König H L, Peschka W. Electromagnetic Bio-Information. München, Wien, Baltimore: Urban & Schwarzenberg, 1979: 107-122

[7]Popp F A, Ruth B, Bahr W, Böhm J, Groß P, Grolig G, Rattemeyer M, Schmidt H G, Wulle P. Emission of visible and ultraviolet radiation by active biological systems. Collective Phenomena 3[J]. Proceedings of an International Workshop, 1981: 187-214

[8]J Govindjee, et al. Light Emission by Plants and Bacteria [M]. New York: Academic Press, 1986

[9]Jezowska-Trebiatowska B, Kochel B, Slawinski J, Stek W. Photon Emission from Biological Systems [M]. Singapore: World Scientific, 1987

[10]Gu Q. Interactions of Laser Radiation with a Biological Cell [J]. Optics News, 1986, 12: 209

[11]顾樵. 生物系统的超弱光子辐射（综述）[J]. 量子电子学，1988，5. 97-108;生命系统的超弱光子辐射(综述）[J]. 科学，1989，41：35-40;生命系统的超弱光子辐射(生物物理讲座）[J]. 物理，1989，18：235-240

[12]Gu Q. Photon Statistics in Ultraweak Photon Emission form Living Systems [J]. Bull. Am. Phys. Soc.，1988，33：1636

[13]Popp F A. Coherent photon storage of biological systems [M] // Popp F A，Warnke U，König H L，Peschka W. Electromagnetic Bio-Information. München，Wien，Baltimore：Urban & Schwarzenberg，1989：144-167

[14]Popp F A，Li K H，Gu Q. Recent Advances in Biophoton Research and its Applications [M]. Singapore，New Jersey，London，Hong Kong：World Scientific，1992

[15]Gu Q，Popp F A. Nonlinear response of biophoton emission to external perturbations (review) [J]. Experientia，1992，48：1069-1082

[16]Popp F A，Gu Q，Li K H. Biophoton emission：Experimental background and theoretical approaches (review) [J]. Modern Phys. Lett.，1994，B8：1269-1296

[17]Beloussov L V，Popp F A. Biophotonics [M]. Moscow：Bioinform Services Co.，1995

[18]Chang J J，Fisch J，Popp F A. Biophotons [M]. Dordrecht，Boston，London：Kluwer Academic Publishers，1998

[19]Gurwitsch A G. Die Natur des spezifischen Erregers der Zellteilung [J]. Arch. Entw. Mech. Org.，1923，100：11-40；Gurvich A G. Mitogenetic Radiation (in Russian) [M]. Moscow：Medgiz，1945

[20]Gurwitsch A A. A historical review of the problem of mitogenetic radiation [J]. Experientia，1988，44：545-550

[21]Gurwitsch A A. Mitogenetic radiation as an evidence of nonequilibrium properties of living matter [M] // Popp F A，Li K H，Gu Q. Recent Advances in Biophoton Research and its Applications. Singapore，New Jersey，London，Hong Kong：World Scientific，1992：457-468

[22]Reiter T，Gabor D. Ultraviolette Strahlung und Zellteilung [M]. Berlin：Wissenschaftliche Veröffentlichung aus dem Siemenskonzern，1928

[23]Colli L，Facchini U，Guidotti G，Dugnani-Lonati R，Orsenigo M，Sommariva O. Further measurements on the bioluminescence of the seedlings [J]. Experientia，1955，11：479-481

[24]Popov G A，Tarusov B N. Nature of spontaneous luminescence of animal tissues [J]. Biophysics，1963，8：372-376

[25]Konev S V，Lyskova T I，Nisenbaum G D. Very weak bio luminescence of cells in the ultraviolet region of the spectrum and its biological role [J]. Biophysics，1966，11：410-413

[26]Mamedov T G，Popov G A，Konev V V. Ultraweak luminescence of various organisms [J]. Biophysics，1969，14：1102-1107

[27]Popp F A. Photon-storage in biological systems [M] // Popp F A，Bekker G，König H L，Peschka W. Electromagnetic Bio-Information. München，Wien，Baltimore：Urban & Schwarzenberg，1979：123-149

[28]Gu Q (顾樵). Radiation and Bioinformation [J]. Beijing，New York：Science Press，2003

[29]Rattemeyer M，Popp F A，Nagl W. Evidence of photon emission from DNA in living systems [J]. Naturwissenschaften，1981，68：572-573

[30]Popp F A，Nagl W，Li K H，Scholz W，Weingärtner O，Wolf R. Biophoton Emission：New evidence for coherence and DNA as source [J]. Cell Biophys，1984，6：33-52

[31]Chwirot W B. New indications of possible role of DNA in ultraweak photon emission from biological systems [J]. J. Pl. Physiol.，1986，122：81-86

[32]Quickenden T I，Tilbury R N. Growth dependent luminescence from cultures of normal and respiratory deficient Saccharomyces cerevisiae [J]. Photochem. Photobiol.，1992，37：337-344；Tilbury R N. The effect of stress factors on the spontaneous photon emission from microorganisms [J]. Experientia，1992，48：1030-1041

[33]Slawinska D，Slawinski J. Biological chemiluminescence [J]. Photochem. Photobiol.，1983，37：709-715

[34]Zevenboom W，Mur L C. Growth and photosynthetic response of the cyanobacterium Microcystis aeruginosa in relation to photoperiodicity and irradiance [J]. Archs Microbiol. Photobiol.，1984，139：232-239

[35]Koga K，Sato T，Ootaki T. Negative phototropism in the piloboloid mutants of Phycomyces blakeslecanus [J]. Planta，1984，162：97-103

[36]Slawinska D，Slawinski J. Low-level luminescence from biological objects [M]// Burr J G. Chemi-and Bioluminescence. New York，Basel：Marcel Dekker，Inc.，1985：495-531

[37]Sweeney B M. The loss of the circadian rhythm in photosynthesis in an old strain of Gonyaulax polyedra [J]. Pl. Physi-

ol., 1986, 80: 978-981

[38]Johnson R G, Haynes R H. Evidence from photoreaction kinetics for multiple DNA photolyases in yeast (Saccharomyces cerevisiae) [J]. Photochem. Photobiol., 1986, 43: 423-428

[39]Popp F A, Cilento G, Chwirot W B, Galle M, Gurwitsch A A, Inaba H, Li K H, Wei W P, Nagl W, Neurohr R, Schamhart D H J, Slawinski J, van R Wijk. Biophoton emission (Multi-author Review) [J]. Experientia, 1988, 44: 543-600

[40]Veselovskii V A, Sekamova Y N, Tarusov V N. Mechanism of ultraweak spontaneous luminescence of organisms [J]. Biophysics, 1963, 8: 147-150

[41]Sh Agaverdiyev A, Doskoch Y Y, Tarusov B N. Effect of low temperature on the ultraweak luminescence of plants [J]. Biophysics, 1965, 10: 920-924

[42]Sh Agaverdiyev A, Tarusov B N. Ultraweak chemiluminescence of the stems of wheat in relation to temperature [J]. Biophysics, 1965, 10: 387-389

[43]Tarusov B N. Autoregulatory role of anti-oxidants on adaptation of organisms to the conditions of the environment [J]. Biophysics, 1970, 15: 345-354

[44]Shlyakhtina L S, Gurvich A A. Radiations from the mouse liver at normal temperature and on cooling [J]. Biophysics, 1972, 17: 1146-1150

[45]Slawinski J, Popp F A. Temperature hysteresis of low level luminescence from plants and its thermodynamical analysis [J]. J. Pl. Physiol., 1987, 130: 111-123

[46]Quickenden T E, Hee S Q. The spectral distribution of the luminescence emitted during growth of the yeast Saccharomyces cerevisiae and its relationship to mitogenetic radiation [J]. Photochem. Photobiol., 1976, 23: 201-204

[47]Inaba H, Shimizu Y, Tsuji Y, Yamagishi A. Photon counting spectral analyzing system of extra-weak chemi-and bioluminescence for biomedical applications [J]. Photochem. Photobiol., 1979, 30: 169-175

[48]Slawinski J, Grabikowski E, Ciesla L. Spectral distribution of ultraweak luminescence from germinating plants [J]. J. Luminesc., 1981, 24/25: 791-794

[49]Slawinska D, Polewski K. Spectral analysis of plant chemiluminescence: participation of polyphenols and aldehydes in light-producting relation [M]// Jezowska-Trebiatowska B, Kochel B, Slawinski J, Stek W. Photon Emission from Biological Systems. Singapore: World Scientific, 1987: 226-247

[50]Mandoli D F, Briggs W H. Optical properties of etiolated plant tissues [J]. Proc. natl Acad. Sci. (USA), 1982, 79: 2902-2906

[51]Chwirot W B, Dygdala R S. Light transmission of scales covering male in fluorescence and leaf buds in larch during microsporogenesis [J]. J. Pl. Physiol., 1986, 125: 79-86

[52]Dobrowolski J W, Borkowski J, Szymczyk S. Preliminary investigation of the influence of laser light on the bioluminescence of blood cells: Laser stimulation of cumulation of selenium in tomato fruit [M] // Jezowska-Trebiatowska B, Kochel B, Slawinski J, Stek W. Photon Emission from Biological Systems. Singapore: World Scientific, 1987: 211-218

[53]Tryka S, Koper R. Luminescence of cereal grain subjected to the effect of mechanical loads [M] // Jezowska-Trebiatowska B, Kochel B, Slawinski J, Stek W. Photon Emission from Biological Systems. Singapore: World Scientific, 1987: 248-254.

[54]Popp F A, Li K H, Mei W P, Galle M, Neurohr R. Physical Aspects of Biophotons [J]. Experientia, 1988, 44: 576-585

[55]Shen X, Liu F, Li X Y. Experimental study on photocount statistics of the ultraweak photon emission from some living organisms [J]. Experientia, 1993, 49: 291-295

[56]Gu Q. Biophoton Statistics [J]. Journal of the Society of Chinese Physicists in Germany, 1998, 4: 11-16

[57]Gerhardt V, Krause H, Raba G, Gebhardt W. Delayed fluorescence from photosynthetic active phytoplankton in the timerange from 1 to 55 seconds [J]. J. Luminesc., 1981, 24/25: 799-802

[58]Li K H, Popp F A. Non-exponential decay law of radiation system with coherent rescattering [J]. Phys. Lett., 1983, A93: 262-266

[59]Jursinic P A. Delayed Fluorescence: Current Concepts and Status [M] // Govindjee J, et al.. Light Emission by Plants and Bacteria. Academic Press, Inc., 1986: 291-328

[60]Popp F A. Some essential questions of biophoton research and probable answers [M] // Popp F A, Li K H, Gu Q. Re-

cent Advances in Biophoton Research and its Applications. Singapore, New Jersey, London, Hong Kong: World Scientific, 1992: 1-46

[61]Popp F A, Li K H. Hyperbolic relaxation as a sufficient condition of a fully coherent ergodic field [M] // Popp F A, Li K H, Gu Q. Recent Advances in Biophoton Research and its Applications. Singapore, New Jersey, London, Hong Kong: World Scientific, 1992: 47-58

[62]Gu Q. Quantum theory of biophoton emission [M] // Popp F A, Li K H, Gu Q. Recent Advances in Biophoton Research and its Applications. Singapore, New Jersey, London, Hong Kong: World Scientific, 1992: 59-114

[63]Chwirot W B. Ultraweak luminescence studies of microsporogenesis in larch [M] // Popp F A, Li K H, Gu Q. Recent Advances in Biophoton Research and its Applications. Singapore, New Jersey, London, Hong Kong: World Scientific, 1992: 259-285

[64]Musumeci F, Godlewski M, Popp F A, Ho M W. Time behaviour of delayed luminescence in Acetabularia acetabulum [M] // Popp F A, Li K H, Gu Q. Recent Advances in Biophoton Research and its Applications. Singapore, New Jersey, London, Hong Kong: World Scientific, 1992: 327-344

[65]Niggli H J. Biophoton re-emission studies in carcinogenic mouse melanoma cells [M] // Popp F A, Li K H, Gu Q. Recent Advances in Biophoton Research and its Applications. Singapore, New Jersey, London, Hong Kong: World Scientific, 1992: 231-242.

[66]Galle M, Neurohr R, Altmann G, Popp F A, Nagl W. Biophoton emission from Daphnia magna: A possible factor in the self-regulation of swarming [J]. Experientia, 1991, 47: 457-460

[67]Galle M. Population density-dependence of biophoton emission from Daphnia [M] // Popp F A, Li K H, Gu Q. Recent Advances in Biophoton Research and its Applications. Singapore, New Jersey, London, Hong Kong: World Scientific, 1992: 345-356

[68]Popp F A. Some remarks on biological consequences of a coherent biophoton field [M] // Popp F A, Li K H, Gu Q. Recent Advances in Biophoton Research and its Applications. Singapore, New Jersey, London, Hong Kong: World Scientific, 1992: 357-373

[69]Gu Q, Popp F A. Biophoton Physics: A potential measure of organizational order [M] // Jung E G, Holick M F. Biologic Effects of Light 1993. Berlin, New York: Walter de Gruyter, 1994: 425-443

[70]Gu Q, Popp F A. Biophoton emission as a potential measure of organizational order [J]. Science in China, 1994, B37: 1099-1112

[71]Gu Q. Biophotons and Nonclassical Light [M]// Chang J J, Fisch J, Popp F A. Biophotons. Dordrecht, Boston, London: Kluwer Academic Publishers, 1998: 299-321

[72]Inaba H. Super-high sensitivity system for detection and spectral analysis of ultraweak photon emission from biological cells and tissues [J]. Experientia, 1988, 44: 550-559

[73]Mieg C, Mei W P, Popp F A. Technical notes to biophoton emission [M] // Popp F A, Li K H, Gu Q. Recent Advances in Biophoton Research and its Applications. Singapore, New Jersey, London, Hong Kong: World Scientific, 1992: 197-205

[74]Seliger H H. Applications of Chemiluminescence and Bioluminescence [M] // Cormier M J, Hercules D M, Lee J. Chemiluminescence and Bioluminescence. New York: Plenum Press, 1973: 461-478

[75]Nagl W, Popp F A. physical A(electromagnetic) model of differentiation [J]. Basic consideration. Cytobios, 1983, 37: 45-62

[76]Gu Q. Quantum Interference between Coherent States [M] // Beloussov L V, Popp F A, Biophotonics. Moscow: Bioinform Services Co. , 1995: 115-135

[77]Prigogine I, Nicolis G, Babloyantz A. Thermodynamics of evolution [J]. Physics Today, 1972, 11: 23-28

[78]Gu Q. Analogy Between Life and the Laser [J]. Chin. J. Infrared & Millmeter Waves (USA), 1989, 8: 83-89;Potential Well Model and its Application in the Study of Organism Colouring [J]. Chin. J. Infrared & Millmeter Waves (USA), 1989, 8: 543-549

[79]Fröhlich H. Long-range coherence and energy storage in biological systems [J]. Int. J. Quant. Chem. , 1968, 2: 641-649

[80]Gueron M, Eisinger J, Lamola A A. Excited states of nucleic acids [M] // Paul O P Tso. Basic Principles in Nucleic Acid Chemistry. New York, London: Academic Press, 1976: 311-398

[81]Lambing K. Nutzung der low-level-luminescence—Meßtechnik zur Untersuchung von Lebensmitteln[D]. Doctoral Dissertation, Kaiserslautern University, 1992

[82]Popp F A, Chang J J, Gu Q, Ho M W. Nonsubstantial Biocommunication in Terms of Dicke's theory [M] // Ho M W, Popp F A, Warnke U. Bioelectrodynamics and Biocommunication. Singapore, London: World Scientific, 1996: 293-318

[83]Zhang J Z, Popp F A, Yu W D. Communication between Dinoflagellates by means of photon emission [M] // Beloussov L V, Popp F A. Biophotonics. Moscow: Bioinform Services Co. , 1995: 317-330

[84]Gu Q. On coherence theory of biophoton emission [J]. Journal of the Society of Chinese Physicists in Germany, 1999, 5: 15-18.

[85]Svelto O S. Principles of Lasers [M]. 4th edition. Translated by Hanna D C. New York, London: Plenum Press, 1998

[86]Prigogine I, Stengers I. Order Out of Chaos [M]. Bantam Books Inc. , 1984

[87]Haken H. Cooperative Effects: Progress in Synergetics [M]. American: Elsevier, 1974

[88]Bowden C M, Howgate D W, Robl H R. Cooperative Effects in Matter and Radiation [M]. New York, London: Plenum Press, 1977

[89]Skribanowitz N, Herman I P, MacGillivray J C, Feld M S. Observation of Dicke superradiance in optically pumped HF gas [J]. Phys. Rev. Lett. , 1973, 30: 309-312

[90]顾樵. 超辐射中的若干非线性效应(综述)[J]. 量子电子学, 1987, 4: 107-121; 超辐射的研究概况(综述)[J]. 物理, 1989, 18: 15-20

[91]Bullough R K. Conceptual models of co-operative processes in nonlinear electrodynamics [M] // Adey W R, Lawrence A F. Nonlinear Electrodynamics in Biological Systems. New York, London: Plenum Press, 1984: 347-392

[92]Gu Q. A simple method for describing superradiance [J]. Chin. Phys. Lasers (USA), 1986, 13: 855-858

[93]Bogolubov N N Jr. , Quang T, Shumovsky A S. Double optical resonance in a system of atoms [J]. Phys. Lett. , 1985, A112: 323-326

[94]Gu Q. Superradiant Beats and their Spectroscopic Applications [J]. Bull. Am. Phys. Soc. , 1985, 30: 1830; Quantum beats in superradiance [J]. Chin. Phys. Lasers (USA), 1987, 14: 709-714

[95]Lawande S V, Jagatap B N. Cooperative effects in a system of strongly driven three-level atoms [J]. Phys. Rev. , 1989, A39: 683-693

[96]Knoester J, Mukamel S. Intermolecular forces, spontaneous emission, and superradiance in a dielectric medium: Polariton-mediated interactions [J]. Phys. Rev. , 1989, A40: 7065-7080

[97]Quang T. Squeezing via a two-photon transition in a system of driven three-level atoms [J]. Phys. Rev. , 1991, A43: 2561-2564

[98]Becker T, Rinkleff R-H. Superfluorescent transitions between high-lying levels in an external electric field [J]. Phys. Rev. , 1991, A44: 1806-1816

[99]Kennedy T A B. Quantum theory of cross-phase-modulational instability: Twin-beam correlations in a $\chi^{(3)}$ process [J]. Phys. Rev. , 1991, A44: 2113-2123

[100]Haroche S, Kleppner D. Cavity quantum electrodynamics [J]. Phys. Today, 1989, 42: 24-30

[101]Miller D A. Useful perspective on the relation between biological and physical descriptions of phenomena [J]. J. theor. Biol. , 1991, 152: 341-355

[102]Szent-Györgyi A. Introduction to A Submolecular Biology [M]. New York: Academic Press, 1960

[103]Li K H, Popp F A, Nagl W, Klima H. Indications of optical coherence in biological systems and its possible significance [M] // Fröhlich H, Kremer F. Coherent Excitations in Biological Systems. Heidelberg, Berlin, New York: Springer, 1983: 117-122

[104]Popp F A. On the coherence of ultraweak photon emission from living tissues [M] // Kilmister C W. Disequilibrium and Self-Organization. Reidel: Dordrecht, 1986: 207-230

[105]Li K H, Popp F A. Dynamics of DNA excited states [M] // Mishra R K. Molecular and Biological Physics of Living Systems. Boston, London: Dordrecht, 1990: 31-52

[106]McCullough J J. Photoadditions of aromatic compounds [J]. Chem. Rev. , 1987, 87: 811-860

[107]Agarwal G S, Jha S S. Theory of resonant Raman scattering of intense optical waves [J]. J. Phys. , 1979, B12: 2655-2671

[108]Agarwal G S. Quantum statistical theories of spontaneous emission and their relation to other approaches [M] // Quantum Optics, Vol. 70 of Springer Tracts in Modern Physics. Berlin, Heidelberg, New York: Springer-Verlag, 1974

[109]Agarwal G S, Narducci L M, Feng D H, Gilmore R. Intensity correlations of a cooperative system [J]. Phys. Rev. Lett., 1979, 42: 1260-1263

[110]Mishra R K. The Living State-II [M]. Singapore: World Scientific, 1985

[111]Balanovski E, Beaconsfield P. Solitonlike excitations in biological systems [J]. Phys. Rev., 1985, A32: 3059-3064

[112]Tombesi P, Pike E R. Squeezed and Nonclassical Light [M]. New York, London: Plenum Press, 1989

[113]Gu Q. Sub-Poissonian photon statistics in the degenerate two-photon laser [J]. J. Shenzhen Univ.: Science & Engineering, 1989, 6: 1-9

[114]Gu Q. Photon statistics for laser with a weak spontaneous emission [J]. J. Shenzhen Univ.: Science & Engineering, 1990, 7: 11-20

[115]Yuen H P. Nonclassical light [M]// Pike E R, Walther H. Photons and Quantum Fluctuations. Bristol and Philadelphia: Adam Hilger, 1988: 1-9

[116]Lax M. Quantum Noise XI: Multitime correspondence between quantum and classical stochastic processes [J]. Phys. Rev., 1968, 172: 350-361

[117]Compagno G, Persico F. Theory of collective resonance fluorescence in strong driving fields [J]. Phys. Rev., 1982, A25: 3138-3168

[118]Harris S E. Lasers without inversion: Interference of lifetime-broadened resoanances [J]. Phys. Rev. Lett., 1989, 62: 1033-1036; Imamoğlu A, Field J E, Harris S E. Lasers without inversion: A closed lifetime broadened system[J]. Phys. Rev. Lett., 1991, 66: 1154-1156

[119]Scully M O, Fleischhauer M. Lasers without Inversion [J]. Science, 1994, 263: 337-338

[120]Levi B G. Researchers Report Evidence for Lasing without Inversion [J]. Physics Today, 1995, 47: 19-20

[121]Gu Q. Laser without Inversion of Many-atom System: Steady-state Properties and Dynamic Process[C] // Proceedings of 1993 Laser Symposium for Young Chinese Scholars, Shanghai, China, 1993: 53

[122]Allen J F, Bennett J, Katherine E Steinback. Chloroplast protein phosphorylation couples plastoquinone redox state to distribution of excitation energy between photosystems [J]. Nature, 1981, 291: 25-29

[123]Strehler B L, Arnold W. Light production by green plants [J]. J Gen. Physiol., 1951, 34: 809-820

[124]Strehler B L. The luminescence ofisolated chlorplasts [J]. Arch. Biochem. Biophys., 1951, 34: 239-248

[125]Arnold W, Thompson J. Delayed light production by blue-green algae, red algae, and purple bacteria [J]. J Gen. Physiol, 1956, 39: 311-318

[126]Crofts A R, Wraight C A, Fleischman D E. Energy conservation in the photochemical reactions of photosynthesis and its relation to delayed fluorescence [J]. FEBS Lett., 1971, 15: 89-100

[127]Fleischman D E, Mayne B C. Chemically and physically induced luminescence as a probe of photosynthetic mechanisms [J]. Curr. Top. Bioenerg., 1973, 5: 77-105

[128]Mar T, Roy G. Kinetic models of oxygen evolution in photosynthesis [J]. J. Theor. Biol., 1972, 36: 427-446

[129]Lavorel J. Luminescence [M] // Govindjee. Bioenergetics of Photosynthesis. New York: Academic Press, 1975: 223-317

[130]Malkin S, Kok B. Fluorescence induction studies in isolated chloroplasts. I. Number of components involved in the reaction and quantum yields [J]. Biochim Biophys Acta., 1966, 126: 413-432; Malkin S. Fluorescence induction studies in isolated chloroplasts. II. Kinetic analysis of the fluorescence intensity dependence on time[J]. Biochim Biophys Acta., 1966, 126: 433-442

[131]Malkin S. Delayed luminescence [M] // Barber J. Primary Processes of Photosynthesis. Amsterdam: Elsevier, North-Holland, Biomedical Press, 1977: 349-432

[132]Malkin S. Delayed luminescence [M] // Trebst A, Avron M. Photosynthesis I, Encyclopedia of Plant Physiology. Berlin, Heidelberg, New York: Springer-Verlag, 1977: 473-491

[133]Amesz J, van Gorkom, H J. Delayed fluorescence in photosynthesis [J]. Annu. Rev. Plant Physiol., 1978, 29: 47-66

[134]Fleischman D. Delayed fluorescence and chemiluminescence [M] // Clayton R K, Sistrom W R. The Photosynthetic Bacteria. New York: Plenum, 1978: 513-523

[135]Govindjee, Jursinic P A. Photosynthesis and fast changes in light emission by green plants [J]. Photochem. Photobiol. Rev., 1979, 4: 125-205

[136]Lavorel J, Breton J, Lutz M. Methodological principles of measurement of light emitted by photosynthetic systems [M] // Govindjee, Amesz J, Fork D C. Light Emission by Plants and Bacteria. Orlando: Academic Press, Inc., 1986. 57-98

[137]Jursinic P A. Delayed fluorescence: Current concepts and status [M] // Govindjee, Amesz J, Fork D C. Light Emission by Plants and Bacteria. Orlando: Academic Press, Inc., 1986: 291-329

[138]Govindjee, Bohnert H J, Bottomley W, Bryant D A, Mullet J E, Ogren W L, Pakrasi H, Somerville C R. Molecular Biology of Photosynthesis [M]. Dordrecht, Netherlands: Kluwer Academic Publishers, 1988

[139]Singhal G S, Renger G, Sopory S K, Irrgang K-D, Govindjee. Concepts in Photobiology: Photosynthesis and Photomorphogenesis [M]. Dordrecht, Netherlands: Kluwer Academic Publishers, 1999

[140]Gu Q. Delayed Luminescence: Theory, Experiments, and Applications(review) [J]. Neuss, Germany. International Conference on Biophotonics, 1998

[141]顾樵(Gu Qiao). 生物光子学 [M]. 北京：科学出版社，2007

[142]Gu Q. Prospect of biophoton for clinic use(invited lecture)[R]. Beijing, China: The First International Forum on High and New Medical technology Application, 2003

[143]Cohen S, Popp F A. Whole-body counting of biophotons and its relation to biological rhythms [M] // Chang J J, Fisch J, Popp F A. Biophotons. Dordrecht, Boston, London: Kluwer Academic Publishers, 1998: 183-191

[144]Cohen S, Popp F A. Biophoton emission of human body [J]. Photochem. Photobiol. B: Biol., 1997, 40: 187-189

第二十九章　视觉光学

在人的感觉器官中，视觉器官是接受外界信息最多的一个，视觉信息约占人所能接受的全部信息的80%。视觉作为人的最突出的一项知觉功能，在感觉系统中担负着重要的任务，占据着主导的地位，关联到人类活动的诸多方面。王大珩先生曾借用“画龙点睛”和“巨龙腾飞”之语比喻和强调眼睛在获取信息、认识世界中的重要作用，进而引申说明研究眼睛、视觉和视觉光学的重要性。

人们对视觉信息和视觉功能及其本质的认识，经历了漫长的历史过程，有过多种观点和理论。早在古希腊时期，地心说倡导者托勒密(Ptolemy，90—168)等人认为，人能视物是由于人眼向物体发射“视光线”。中世纪阿拉伯光学家阿尔哈森·伊本·海赛姆(Al-Hasan ibn al-Haytham，965—1039)认定视觉是从物体发来的光线进入人眼而产生的，否定了“视光线”说，并从解剖学入手说明了人眼的构造，融合数学、医学和生理学建立了新的视觉理论。他的《视觉论》一书一直影响到15世纪的欧洲，以至罗杰·培根(Roger Bacon，1214—1294)、达·芬奇(Leonerdo da Vinci，1452—1519)和开普勒(Kepler，1571—1630)等人的科学成就都带有阿尔哈森的迹象。不过，阿尔哈森认为晶状体是眼的中心，光线进入眼睛由晶状体接受、感光而产生视觉。这一观点直到开普勒时才改变。开普勒演示和证明了光通过晶状体发生折射，在网膜上成像，从此澄清了关于视觉问题的一些错误认识。

近一个多世纪以来，科学家不断发现和研究了视网膜的结构、视细胞及其视觉机制，并从视觉信息传递的角度研究了视觉形成的过程。近代以来，视觉研究渗透着多种学科，特别是随着电子技术和计算技术的进步，有关视觉问题的研究内容更趋广泛、深入。其内容和方法大体如图29-1[1]所示。

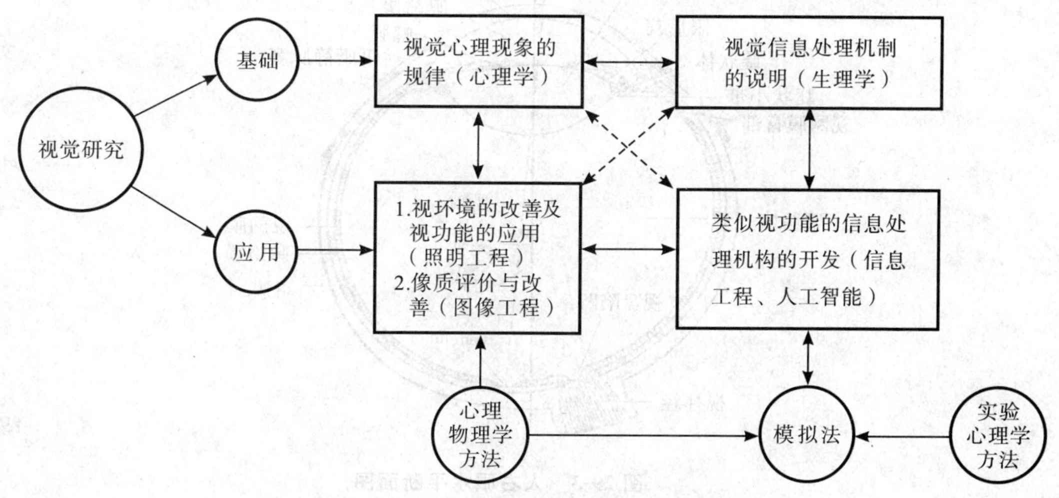

图 29-1　视觉研究的基础和应用

视觉研究的基本方法有以下3种：

1)心理物理学方法。研究刺激条件和因此而产生的主观感觉之间的关系，找出其规律性。

2)实验生理学方法。直接用人或与人的感觉器官基本相似的动物进行解剖研究。

3)模拟法。依据前两种方法得出的规律和数据，建立视功能的模型，模拟信息传递和处理机构，进而再作详细的分析和讨论。

人们看见外界，无疑是通过心灵之窗——眼睛——的作用。而真正认识外界，使心灵获取丰富的视知觉的，乃是视网膜上的图像经过各种细胞的作用和反应，再传到大脑视觉区形成的。外界光信息的空间强度分布、时间强度变化以及一定的光谱分布基本上按如图29-2[2]所示的过程进行传递和处理。本章就视觉及与之关联的各种光学问题进行阐述。

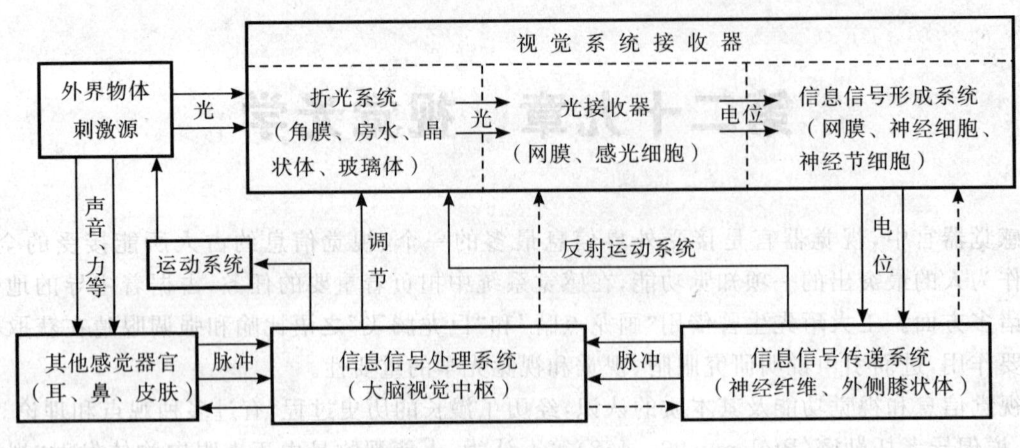

图 29-2　视觉的基本过程

第一节　眼折光系统

一、眼球的组成与光学参数

人眼的结构如图 29-3 所示，是由角膜、网膜和巩膜等围成的直径约为 24 mm 的球体。光通过透明的角膜、房水、晶状体和玻璃体折射，在网膜上成像，构成眼的光学成像系统——眼折光系统或眼屈光系统。按习惯，把对称轴称作光轴，晶状体节点和中心凹的连线称作视轴，表示视线方向，光轴和视轴的夹角大约为 5°。

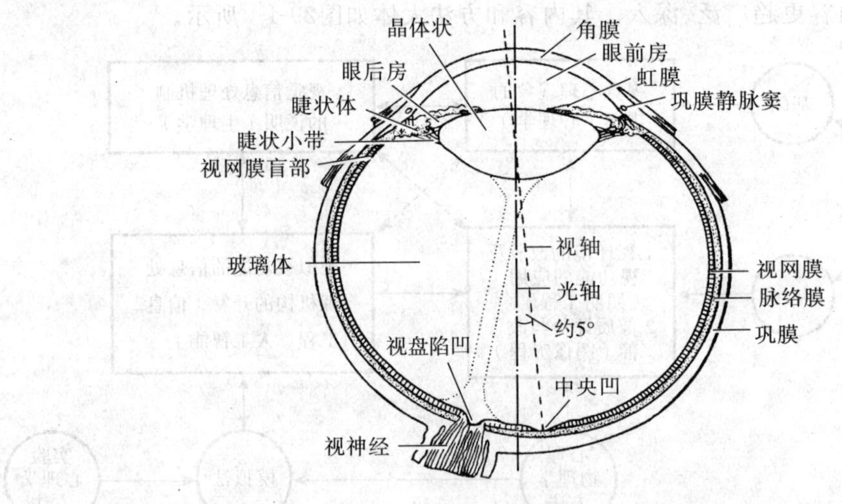

图 29-3　人右眼水平断面图

1)角膜。角膜是最先接受光信息的部分，呈横椭圆形，横向直径约为 11.5～12 mm，垂向直径约为 10.5～11 mm；角膜厚约 1 mm，中央部稍薄(约为0.5 mm)，周边稍厚，形成凹弯月状。角膜的面形一般为非球面，但与球面差别不大，前表面曲率半径平均为 7.8 mm，后表面为 6.8 mm。角膜折射率 $n=1.3763$ 与外界空气有很大的差别，其光焦度 $\varphi_t=\varphi_a-\varphi_p-d\varphi_a\varphi_p$，其中，$\varphi_a$ 和 φ_p 分别为前表面和后表面的光焦度($\varphi_a=48.83$ D，$\varphi_p=-5.88$ D，D 为光焦度的单位——屈光度，d 为角膜厚度，取 $n=1.376$)。当认为角膜是单一的折射面时，整个角膜的等价光焦度是 43.05 D，约为眼球整体光焦度(60 D)的 3/4，当考虑面型是非球面和凹新月状时，其光焦度会有所不同。

如图 29-3 所示，光轴与视轴有一夹角，光轴通过角膜的顶点与视轴在角膜交点(鼻侧)相距 0.02 mm。按古尔斯特兰德(Gullstrand，1862—1930)的提法，以视轴与角膜交点为中心 4 mm 以内的部分(鼻侧 20°，耳侧 25°，上侧 15°，下侧 20°)折射率均等，称作光学带。

2)房水。前房深度为2.4～4.2 mm,老人和儿童的稍浅。由于眼调节受晶状体厚度变化的影响,所以前房深度会有改变。前房充满房水,其相对密度为1.003 6～1.012,折射率(为1.335 32～1.335 47)与玻璃体基本相同。房水主要为角膜和晶状体提供营养,对成像不起什么作用。

3)瞳孔。虹膜当中的圆孔叫瞳孔。它由缩瞳肌和扩瞳肌控制,随入射光强、感情和辐辏的变化,其直径可以改变(扩瞳或缩瞳)。瞳孔的平均直径,儿童和老人的约为2 mm,成人的达4～6 mm。两眼瞳孔的大小相同,瞳孔间距为64～65 mm。瞳孔有限制入射光量的作用,相当于照相机的光圈。

4)晶状体。晶状体是具有一定弹性的物质,在眼的折光系统中是一个凭生理机能具有调节能力的成像物镜。晶状体的形状很像凸透镜,赤道直径为9.0～9.5 mm,厚度约为4.5～5.0 mm。它的前表面为旋转抛物面,后表面是旋转椭球面。前表面比后表面有更强的调节能力,因此,眼的调节一般说来主要是通过前表面曲率的变化来实现。前表面曲率半径在放松状态时为 +10.2～+10.9 mm,调节紧张时约为+5.5～+6.5 mm。后表面曲率半径在放松时为 -6.0～-6.17 mm,调节紧张时为 -5.33 mm。

晶状体与普通光学玻璃透镜不同的另一特点是它具有核质与皮质的分层的结构,越靠近中心其折射率越高。核质的折射率为1.406,皮质为1.386,正常人眼在核质中心部的折射率约为1.420。这种折射率的非均匀分布有利于减少像差和提高折光能力。假设折射率是均布的,按模型眼计算出的折射率被称作全折射率,约为1.408 5,此时晶状体的光焦度,无调节(放松)时为19.11 D,调节紧张时为33.06 D。

5)玻璃体。玻璃体是具有一定弹性和流动性的物质。它使晶状体和网膜之间保持了一定的距离,占据了眼轴长的大部分空间。其折射率与房水相近($n=1.335\ 37$)。

6)光学参数。众多学者发表的眼球各组成部分的几何、光学常数列入表29-1中[3]。

7)光谱透射率。眼的各部分的光谱透射率如图29-4所示,其中图(a)是可见至红外波段,图(b)为紫外波段。

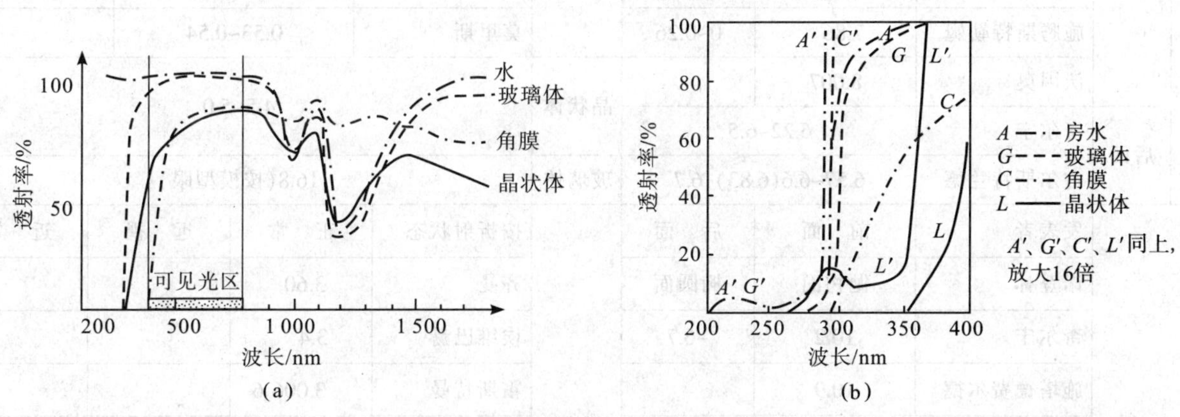

图29-4　眼各部分的光谱透射率曲线

二、模型眼

表29-1是根据解剖学得到的实测数据。人们为了计算眼的折光系统光学性能和某些研究工作的方便,取其平均值,把各折射面模拟成光学表面并认为折射率是均布的,有的还可以用光学介质制作。这种眼叫做模型眼或眼模型。有代表性的是亥姆霍兹(Helmholtz)模型眼和古尔斯特兰德(Gullstrand)模型眼。亥姆霍兹模型眼如图29-5[4]所示。它有3个折射面,稍加修改后的各种光学参数也列入表29-2[4]中。古尔斯特兰德模型眼有Ⅰ号和Ⅱ号两种。Ⅰ号眼也称精密模型眼,该眼将晶状体模拟成带有一个均质的内核。Ⅱ号眼没有内核,称作简化模型眼。它们在放松和调节状态时的光学参数列入表29-3中[5]。对古尔

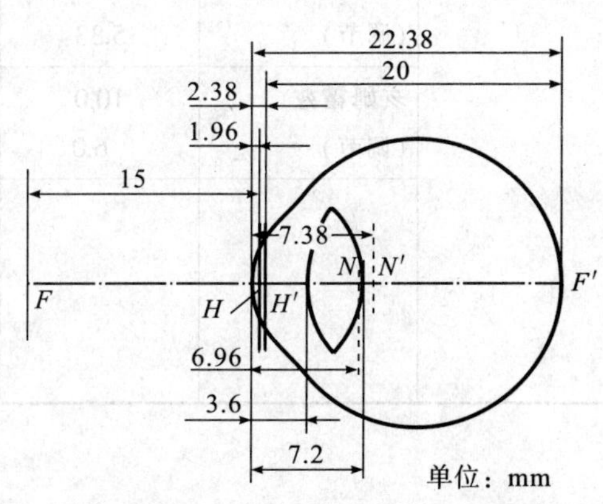

图29-5　亥姆霍兹模型眼

斯特兰德模型眼的参数，有很多研究者进行了各种改进。有的对角膜、晶状体的面形予以非球型化，还有的把晶状体的折射率按一定的梯度分布 …… 其中，莱格兰德(Le-Grand) 提出 4 个折射面的模型，即当前被广泛采用的古尔斯特兰德-莱格兰德(Gullstrand-Le Grand) 模型眼[6]，其结构参数列入表 29-4 中。

表 29-1 人眼球各组成部分的几何、光学参数

(a)曲率半径/mm					(b)厚度/mm			
		发表者	水 平	竖直		发表者	中 心	周 边
角膜	前面	中村	7.43~7.33	7.4	角膜	克劳思	1.37	1.37
		王	7.56	7.42		诺登森	0.481	0.558~0.551
		井上	7.5	7.4		奇尔宁	0.5	
		足利	7.5	7.4		柏莱克斯	0.482~0.668	
		奇尔宁	7.865			林兹泰特	0.46~0.51	
		多甘，唐德尔斯	7.62~7.76	7.66		古尔斯特兰德	0.5	
		亥姆霍兹		7.73		亚克斯特兰德	0.6	
		古尔斯特兰德	7.8	7.8		小口	0.9	
		阿达米克	6.9	7.2		庄司	0.5	
		埃维巴赫	8.01			吉本	0.412~0.799(0.590)	
		施沃尔贝	7.8	7.7		巴尔	0.565	
		施腾斯特勒姆	7.86	0~0.26		莫里斯	0.53~0.54	
		沃因奥	8.007		晶状体	4.5~5.0		
	后面	奇尔宁	6.22~6.5					
		古尔斯特兰德	6.57~6.6(6.83)，6.7		玻璃体	16.8(按模型眼)		

	发表者	前 面	后 面		按折射状态	正 常	远 视	近 视
晶状体	诺登林	抛物面	椭圆面	前房	齐曼	3.60		
	奇尔宁	10.2	−6.7		埃维巴赫	3.4		
	施塔德费尔德	10.9			霍斯特曼	3.006 6		
	亥 姆 霍 兹	10.4	−6.1		普朗腾格尔	3.06		
	埃维巴赫	10.4	−6.0		进藤	3.42		
	古尔斯特兰德 (调节)	10.4 5.33	−6.0 −5.33		按年龄	青 年	壮 年	老 年
	亥姆霍兹 (调节)	10.0 6.0	−6.0 −5.5		进藤	3.41 (16~30 岁)	3.31 (31~50 岁)	3.24 (51~78 岁)
					林兹泰特	3.704 (15~30 岁)	3.42 (31~50 岁)	3.213 (51~50 岁)
					雷德尔	3.57 (25 岁)	3.42~3.16 (35~59 岁)	3.04 (65 岁)

续表

(c)折射率

	发表者	折射率
角膜	吉尔斯特德	1.376
	勒恩斯泰因	1.373 9
	奇尔宁	1.393
	舍茨	1.393 5
	贾沃尔	1.337 5
	乔赛特	1.33
	克劳恩	1.350 7
	马蒂森	1.376 3
	马蒂森	1.377
	奥贝尔特	1.377
前房液	哈根	1.335 32~1.335 4
	亥姆霍兹	1.336 5
	福里塔格	1.334 19
	哈劳尔	1.335 0~1.336 0
	广濑	1.335 4
晶状体	恩格	1.273 4~1.547
	马蒂森	1.436 7
玻璃体	德鲁斯特尔	1.339 4
	亥姆霍兹	1.338 2
	海因	1.331 5
	福里塔格	1.334 03
	舍茨	1.335 4~1.335 6
	哈劳尔	1.335 4~1.335 5
	田川	1.335 6
	里纳尔迪	1.333 3
	广濑	1.335 37

(d)晶状体各组成部分的折射率

发表者	皮质	中质	核质	Δn
杨			1.447	
乔赛特	1.338		1.395	0.057
布儒斯特	1.376 7	1.378 6	1.399	0.022 3
赛尼夫	1.374		1.453	0.079
克劳泽	1.405 3	1.429 4	1.454	0.048 8
马蒂森	1.388 0	1.406 0	1.410 7	0.022 7
奥贝尔特	1.396 0		1.410 6	0.014 6
海恩	1.374 9	1.385 9 1.407 4	1.424 0	0.049 1
哈杰特	1.3771	1.386 7 1.398 2	1.709 7	0.207 6
田川			1.402 2	
亥姆霍兹	1.396		1.45	0.054
古尔斯特兰德	1.386		1.406	0.020

(e)$(n_F - n_C)$

名　称	$n_F - n_C$	发表者
玻璃体	0.004	孔斯特
晶状体皮质	0.005	罗　布
等质晶状体	0.006	

三、调节

眼折光系统是精密而灵活的。在完成光学成像的过程中，由于晶状体具有改变曲率半径、厚度和折射率的能力，所以能适当地改变其后焦距，使不同距离的目标物在网膜上成像最佳。通常，把这种自身不断改变折光的能力叫做调节。

当眼的调节处于完全放松状态时，所注视的目标处称为远点；当调节到最紧张时，所注视的目标处称为近点。以屈光度为单位表示的远点和近点（距离）之差称为调节幅度或调节力（调节力＝100/目标距离(m)）。该调节力主要随年龄增长而降低，如图 29-6[7] 所示。正常眼的远点（理论上讲）在无限远，近点在大约 200 mm 处。在良好的照明条件下，正常眼睛观察近处物体最清晰而又不易产生疲劳的距离，大约为 250～300 mm，叫做明视距离。

表 29-2 亥姆霍兹模型眼的光学参数

	曲率半径/mm	至角膜距离/mm	光焦度/D
角膜	8	0	41.6
晶状体前面	10(6)	3.6	12.3
晶状体后面	−6	7.2	20.5
晶状体			30.5
晶状体前主面		5.7	
晶状体后主面		6.06	
眼			66.67
眼的前主面		1.96	
眼的后主面		2.38	
眼的前焦面		−13.04	
眼的后焦面		22.38	
眼的前节面		6.96	
眼的后节面		7.38	

折射率：前房水 $n_2 = 4/3$，晶状体 $n_3 = 1.45$，玻璃体 $n_4 = 4/3$。入瞳距角膜为 3.04 mm，大小是实际瞳孔的 1.15 倍；出瞳距角膜为 3.72 mm，大小是实际瞳孔的 1.05 倍。

表 29-3 古尔斯特兰德模型眼的光学参数

		古尔斯特兰德Ⅰ号		古尔斯特兰德Ⅱ号	
		放松	调节	放松	调节
曲率半径/mm	角膜前面	7.7	7.7	7.8	7.8
	角膜后面	6.8	(6.8)	—	—
	晶状体前面	10.0	5.33	10.0	5.33
	晶状体后面	−6.0	−5.33	—	—
	晶体核前面	7.911	2.655	—	—
	晶体核后面	−5.76	−2.655	—	—
折射面位置/mm	角膜前面	0	0	0	0
	角膜后面	0.5	0.5	—	—
	晶状体前面	3.6	3.2	—	—
	晶状体后面	7.2	7.2	—	—
	晶体核前面	4.146	3.872 5	—	—
	晶体核后面	4.565	6.527 5	−6.0	−5.33
	晶状体光学中心	—	—	5.85	5.2
折射率	空 气			1.00	1.00
	角 膜	1.376	(1.376)		
	房 水	1.336	(1.336)	1.336	
	晶状体	1.386	(1.386)	1.413	
	晶体核	1.406	(1.406)	—	
	玻璃体	1.408 5	1.426		
光焦度/D	角膜前面	48.83	(48.83)	+43.08 D	+43.08 D
	角膜后面	−5.88	(−5.88)	—	—
	晶状体前面	5.0	9.375	+7.70 D	+15.4 D
	晶状体后面	8.33	9.375	+12.83 D	+15.4 D
	晶体核	5.985	14.96	—	—

续表

		古尔斯特兰德Ⅰ号		古尔斯特兰德Ⅱ号	
		放松	调节	放松	调节
各基点位置参数/mm	角膜前主点	−0.0496	−0.0496	0	0
	角膜后主点	−0.0506	−0.0506	0	0
	角膜前焦点	−23.227	−23.227	−23.214	−23.214
	角膜后焦点	−31.031	−31.031	31.014	31.014
	晶状体前主点	5.678	5.145	5.85	5.2
	晶状体后主点	5.808	5.255	5.85	5.2
	晶状体焦距	69.908	40.416	65.065	40.485
	眼整体前主点	1.348	1.772	1.505	1.821
	眼整体后主点	1.602	2.086	1.631	2.025
	眼整体前焦点	−15.707	−12.398	−15.235	−12.355
	眼整体后焦点	24.387	21.016	23.996	−20.963
	眼整体前节点	7.078	6.533	7.130	6.583
	眼整体后节点	7.332	6.847	7.256	6.783
	眼整体前焦距	−17.055	−14.169	−16.740	−14.176
	眼整体后焦距	22.785	18.930	22.365	18.938
	黄斑部位置	24.0	24.0	24.0	24.0
		+1.0	−9.6	0	−9.7
	近点位置	—	−102.3	—	−100.8
	入 瞳	3.047	2.688	—	—
	出 瞳	3.667	3.312	—	—
	旋转点	13.0	13.0	—	—

表 29-4　古尔斯特兰德-莱格兰德模型眼参数

折射面	曲率半径/mm	非球化系数	厚 度/mm	折 射 率 (λ=543 nm)	介质
角膜前面	7.8	0.55		1.377 1	角膜
角膜后面	6.5	0	3.05	1.337 4	房水
晶状体前面	10.2	0	4.0	1.42	晶状体
晶状体后面	−6.0	0		1.336	玻璃体

表 29-5　B、δ、S_e 及 BS_e 的数据

B/(cd/m²)	δ/mm	S_e/m²	BS_e	$BS_e(\delta_0=2)$	B(cd/m²)	δ/mm	S_e	BS_e	$BS_e(\delta_0=2)$
1×10^{-6}	7.85	24.4	2.44×10^{-5}	0.301×10^{-5}	1×10^{0}	4.90	14.6	1.46×10^{1}	3.01×10^{0}
2×10^{-6}	7.84	24.4	4.88×10^{-5}	0.602×10^{-5}	2×10^{0}	4.54	13.0	2.60×10^{1}	6.02×10^{0}
5×10^{-6}	7.81	24.3	1.22×10^{-4}	0.151×10^{-4}	5×10^{0}	4.08	11.0	5.50×10^{1}	1.51×10^{1}
1×10^{-5}	7.79	24.3	2.43×10^{-4}	0.301×10^{-4}	1×10^{1}	3.76	9.53	9.53×10^{1}	3.01×10^{1}
2×10^{-5}	7.76	24.3	4.86×10^{-4}	0.602×10^{-4}	2×10^{1}	3.47	8.32	1.66×10^{2}	6.02×10^{1}
5×10^{-5}	7.71	24.1	1.21×10^{-3}	0.151×10^{-3}	5×10^{1}	3.13	6.92	3.46×10^{2}	1.51×10^{2}
1×10^{-4}	7.67	24.1	2.41×10^{-3}	0.301×10^{-3}	1×10^{2}	2.91	6.07	6.07×10^{2}	3.01×10^{2}
2×10^{-4}	7.60	23.9	4.78×10^{-3}	0.602×10^{-3}	2×10^{2}	2.72	5.06	1.01×10^{3}	6.02×10^{2}
5×10^{-4}	7.50	23.6	1.18×10^{-2}	0.151×10^{-2}	5×10^{2}	2.52	4.66	2.33×10^{3}	1.51×10^{3}

续表

$B/(cd/m^2)$	δ/mm	S_e/m^2	BS_e	$BS_e(\delta_0=2)$	$B(cd/m^2)$	δ/mm	S_e	BS_e	$BS_e(\delta_0=2)$
1×10^{-3}	7.40	23.4	2.34×10^{-2}	0.301×10^{-2}	1×10^{3}	2.40	4.25	4.25×10^{3}	3.01×10^{3}
2×10^{-3}	7.28	23.1	4.62×10^{-2}	0.602×10^{-2}	2×10^{3}	2.30	3.92	7.84×10^{3}	6.02×10^{3}
5×10^{-3}	7.08	22.6	1.13×10^{-1}	0.151×10^{-1}	5×10^{3}	2.20	3.61	1.81×10^{4}	1.51×10^{4}
1×10^{-2}	6.89	22.0	2.20×10^{-1}	0.301×10^{-1}	1×10^{4}	2.13	3.39	3.39×10^{4}	3.01×10^{4}
2×10^{-2}	6.67	21.3	4.26×10^{-1}	0.602×10^{-1}	2×10^{4}	2.09	3.27	6.54×10^{4}	6.02×10^{4}
5×10^{-2}	6.33	20.2	1.01×10^{0}	0.151×10^{0}	5×10^{4}	2.04	3.13	1.57×10^{5}	1.51×10^{5}
1×10^{-1}	6.04	19.2	1.92×10^{0}	0.301×10^{0}	1×10^{5}	2.01	3.04	3.04×10^{5}	3.01×10^{5}
2×10^{-1}	5.72	17.9	3.58×10^{0}	0.602×10^{0}	2×10^{5}	1.99	2.98	5.96×10^{5}	
5×10^{-1}	5.26	16.0	8.00×10^{0}	1.510×10^{0}	5×10^{5}	1.96	2.90	1.45×10^{-6}	

四、瞳孔的变化[7]

可以说瞳孔是另一种调节机构。它可以通过直径的变化调节光通量，并改变晶状体的球差和色差。瞳孔的大小随入射光强弱而改变——缩瞳和扩瞳。当光屏亮度为 B cd/m² 时，瞳孔的直径 δ 近似为如下的经验公式(见图 29-7)：

$$\delta=4.90-3.00\tan h\,(0.400\lg B) \tag{29-1}$$

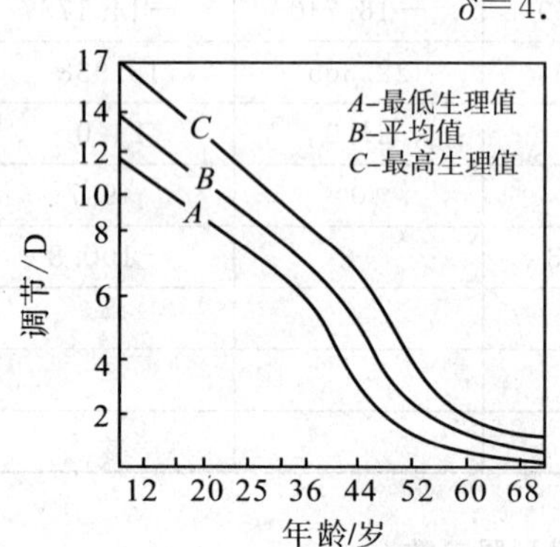

图 29-6 不同年龄的调节力

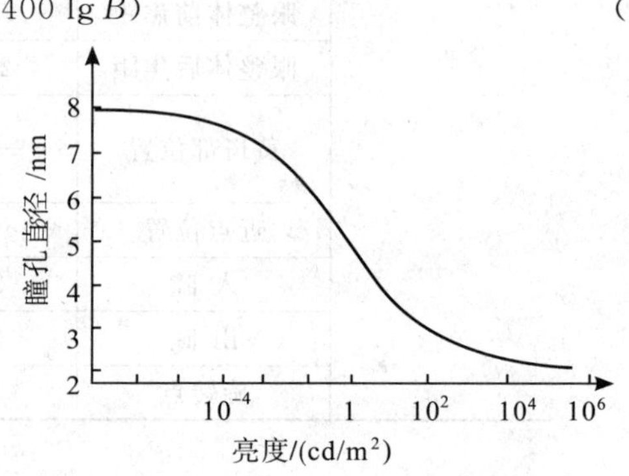

图 29-7 亮度与瞳孔直径的关系

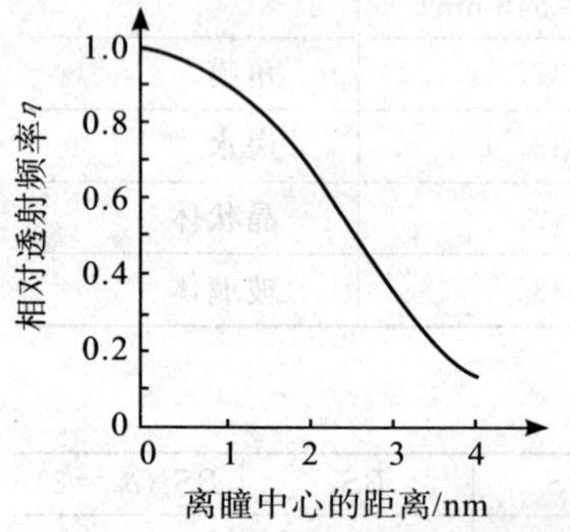

图 29-8 相对方向性效率曲线

在明亮场合，瞳孔的不同位置将有不同的透光效率 η，亦即斯-柯效应(Stiles-Crawford effect)。根据经验公式，有

$$\eta=1-0.085x^2+0.002x^4 \tag{29-2}$$

式中，x 为入射光位置离瞳孔中心的距离；η 为相对方向性效率，可以认为是瞳孔相应位置上的相对透射率(见图 29-8)。

已知网膜照度和亮度与瞳孔面积成正比，考虑了斯-柯效应之后，该瞳孔面积是满足(29-2)式的有效面积 S_e。这时

$$S_e=\frac{1}{4}\pi\delta^2[1-0.85(\delta^2/8)+0.002(\delta^2/8)] \tag{29-3}$$

有关 B、δ、S_e 及 BS_e 的各种数值列入表 29-5 中。

五、成像性能

1. 像差

人们很早就发现了眼折光系统存在各种像差，以及各种像差对人眼视觉质量带来的影响。人眼折光系统存在像差主要是因为：角膜和晶状体表面曲率半径偏差或病变；角膜与晶状体不同轴；角膜、晶状体、玻璃体混浊等不均匀状态，引发折射率的局部偏差；不同色光产生不同的折射率，必然产生色差。同时，伴随调节会有明显的彗差和总高级像差的改变[7]。

要关注人眼视觉质量以及在临床上引导手术，就必须重视和研究眼折光系统各组成部分及其总体的像差。经过对人眼模型研究[6]发现，角膜和晶状体对产生的彗差有相互补偿作用；角膜前面对像差的贡献量最大，其次是晶状体的后表面。在对人工晶状体像差的研究[8]中得知，在采用非球面人工晶状体的场合，球差可为负值，能与角膜产生的球差相消，进而能提高人眼的视觉矫正质量。

早期，人们首先认识的是球差和色差。当调节放松时，纵向球差为＋0.3 D，约为 0.16 mm，随调节将稍有改变。在瞳孔边缘，球差可达＋3.0 D，但常见的为 0.5～1.00 D。色差是指眼睛在聚焦黄光时，蓝光聚焦于网膜之前，红光则聚焦于网膜之后。据伊万诺夫（Ivanoff）求得，对于 C 线为－0.26 D，对于 F 线为＋0.67 D，两焦点之间约有 0.9 D 的间隔。

据伊万诺夫 1952 年测定，对于不同的调节状态得出的球差曲线，其平均值见图 29-9[9]。从图中可见，自瞳孔中心到 0.5 mm 范围内球差变化显著，当离瞳孔中心更远时变化率较小。还可以看出，当调节时，球差以校正不足向校正过度变化，在调节为 1.00～2.00 D 的范围内球差是最小的。

图 29-10[4]为人眼的色差曲线，是伊万诺夫测试了 11 人的平均结果。图 29-11[10]是调节与聚焦波长的关系，这是用不同波长的光照射实验目标物，同时改变目标物与受验者之间的距离，以得到不同的调节量，从而建立调节量与聚焦于网膜的各种波长的关系。可以看到，无调节（放松）时，红光比黄光能更好地聚焦于网膜；当调节刺激达 2.5 D 时，更好的聚焦波长是蓝绿光（约500 nm）。

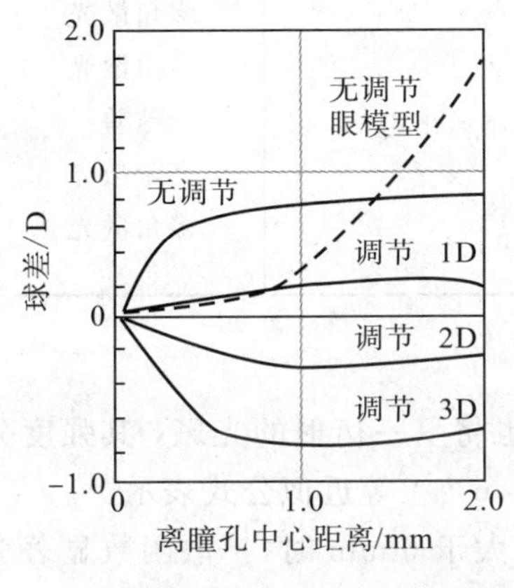

图 29-9 人眼的球差曲线

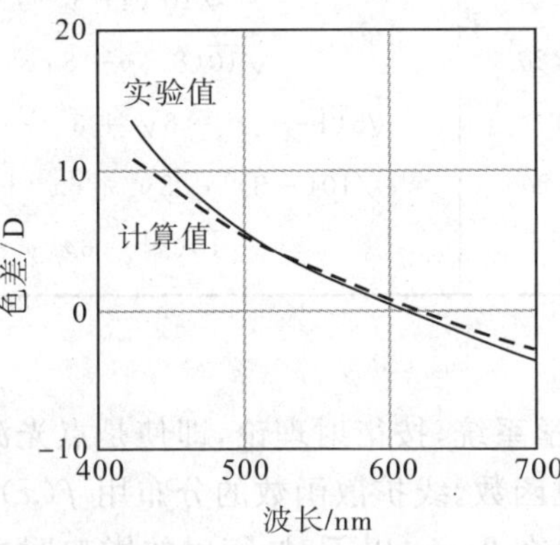

图 29-10 人眼的色差曲线

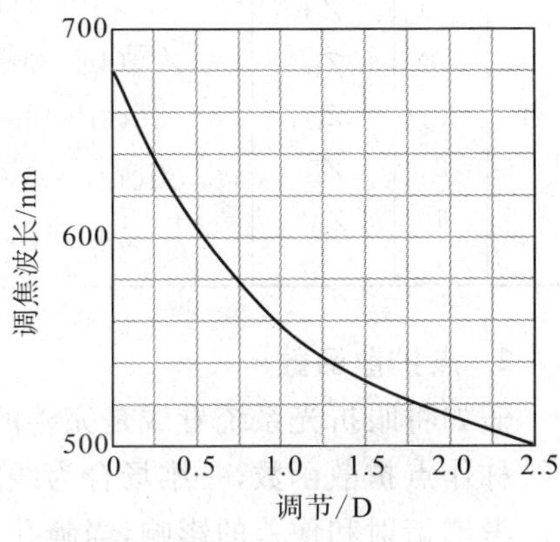

图 29-11 调节与波长的关系曲线

近代以来，对人眼像差的研究日渐深入，除了认识和研究经典像差：球差、彗差、像散之外，还从波面像差的分析中，将像差分为低阶像差和高阶像差。眼的一系列像差可以用波前像差来描述和讨论[5,11]。

波前像差是指通过瞳孔不同位置的光线与经过瞳孔中心的光线的光程差，或实际波面与理想波面（或参考波面）之间的光程差。首先明确以图 29-3 所示的视轴为准线，以瞳孔中心为原点建立坐标 (x,y)，波前像差记作 $W(x,y)$。把瞳孔规化为单位圆，则波前像差 $W(x,y)$ 可以通过泽尼克（Zernike，1888—1966）多项式来展开，即其线性组合表示为

$$W(x,y)=\sum_{j}C_{j}Z_{j}(x,y) \tag{29-4}$$

式中，C_j 为各阶模式系数，$Z_j(x,y)$ 是泽尼克多项式的第 j 个模。当采用极坐标时，命 r 为单位圆半径，从 0～1；θ 为方位角，从 $0\sim 2\pi$，且有 $r^2=x^2+y^2$，$x=r\cos\theta$，$y=r\sin\theta$。多项式的极坐标形式为 $Z_k(r,\theta)$，已由 (27-28) 式给出定义，其中的参数 m 和 n 分别是多项式的角向频率数和径向频率数。

表 29-6 给出泽尼克多项式的表达式及对应的物理含义。按多项式的定义，参照该表，还可以用阵列图的方式直观地以阶数 n 为行，以 m 数为列，将 Z_k 及多阶成分的像差排列成表 29-7 的形式。

表 29-7 中，$Z_0\sim Z_5$ 属常规的低阶像差，Z_6 以上为高阶像差。各阶不同的像差，对视觉功能有不同的影响，近年来的研究实践已表明，为提高视觉矫正质量，在矫正低阶像差的同时不能忽略对高阶像差的处理[5]。

表 29-6　泽尼克多项式的表达式

n	m	Z_k	极坐标式	直角坐标式	物理含义
0	0	Z_0	1	1	常数
1	−1	$2r\cos\theta$	$2x$	垂直偏移	
	1	$2r\sin\theta$	$2y$	水平偏移	
2	−2	Z_3	$\sqrt{6}r^2\sin 2\theta$	$\sqrt{6}(2xy)$	45°/135° 散光
	0	Z_4	$\sqrt{3}(2r^2-1)$	$\sqrt{3}(2x^2+2y^2-1)$	离焦
	2	Z_5	$\sqrt{6}r^2\cos 2\theta$	$\sqrt{6}(x^2-y^2)$	180°/90° 散光
3	−3	Z_6	$\sqrt{8}r^3\sin 3\theta$	$\sqrt{8}(3x^2y-y^3)$	三角散光
	−1	Z_7	$\sqrt{8}(3r^2-2)r\sin\theta$	$\sqrt{8}y[3(x^2+y^2)-2]$	彗差
	1	Z_8	$\sqrt{8}(3r^2-2)r\cos\theta$	$\sqrt{8}x[3(x^2+y^2)-2]$	彗差
	3	Z_9	$\sqrt{8}r^3\cos 3\theta$	$\sqrt{8}(x^3-3xy^2)$	三角散光
4	−4	Z_{10}	$\sqrt{10}r^4\sin 4\theta$	$\sqrt{10}(4x^3y-4xy^3)$	多角散光
	−2	Z_{11}	$\sqrt{10}(4r^4-3r^2)\cos 2\theta$	$\sqrt{10}(8x^3y+8xy^3-6xy)$	高阶散光
	0	Z_{12}	$\sqrt{5}(6r^4-6r^2+1)$	$\sqrt{5}(1-6x^2-6y^2+6x^4+12x^2y^2+6y^4)$	球差
	2	Z_{13}	$\sqrt{10}(4r^4-3r^2)\sin 2\theta$	$\sqrt{10}(-3x^2+3y^2+6x^4+12x^2y^2+6y^4)$	高阶散光
	4	Z_{14}	$\sqrt{10}r^4\cos 4\theta$	$\sqrt{10}(x^4-6x^2y^2+y^4)$	多角散光

2. 点扩散函数

假如将眼折光系统看成是完善的光学系统，按衍射理论，即使是点光源也将呈一衍射的光斑，其强度分布被称作点扩散函数，一维场合为线扩散函数。线扩散函数的分布用 $f(x)=e^{-0.7x}$ 等近似公式表示[5]。

考虑衍射和像差的影响，当瞳孔直径在 2 mm 以下时，衍射的影响明显，大于 6 mm 时，扩散函数显著变差。图 29-12[8] 示出了各种瞳孔直径时的线扩散函数曲线，其中间较窄的曲线表示相应孔径的衍射结果。点扩散函数包含了丰富的成像信息，它的分布状态、形状和大小能反映成像的品质。在如何用点扩散函数表达成像性能方面，有：① 提取横向尺寸 —— 衍射斑的半径，即为分辨极限，按瑞利的定义该极限分辨角为 0.78′（λ＝555 nm，瞳孔直径为 3 mm）；② 提取纵向尺寸 —— 衍射像中心的亮度，与其理想状态时的比值，即为中心点亮度或称斯特列尔（K. Strehl）判则；③ 按传递函数 MTF 的定义，将点扩散函数以傅里叶变换，得出 MTF。

表 29-7　泽尼克多项式阵列

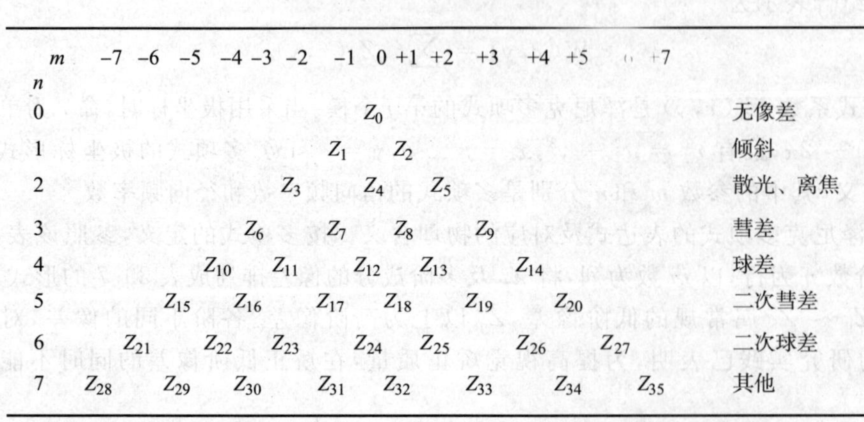

n \ m	−7	−6	−5	−4	−3	−2	−1	0	+1	+2	+3	+4	+5	+6	+7	
0								Z_0								无像差
1							Z_1		Z_2							倾斜
2						Z_3		Z_4		Z_5						散光、离焦
3					Z_6		Z_7		Z_8		Z_9					彗差
4				Z_{10}		Z_{11}		Z_{12}		Z_{13}		Z_{14}				球差
5			Z_{15}		Z_{16}		Z_{17}		Z_{18}		Z_{19}		Z_{20}			二次彗差
6		Z_{21}		Z_{22}		Z_{23}		Z_{24}		Z_{25}		Z_{26}		Z_{27}		二次球差
7	Z_{28}		Z_{29}		Z_{30}		Z_{31}		Z_{32}		Z_{33}		Z_{34}		Z_{35}	其他

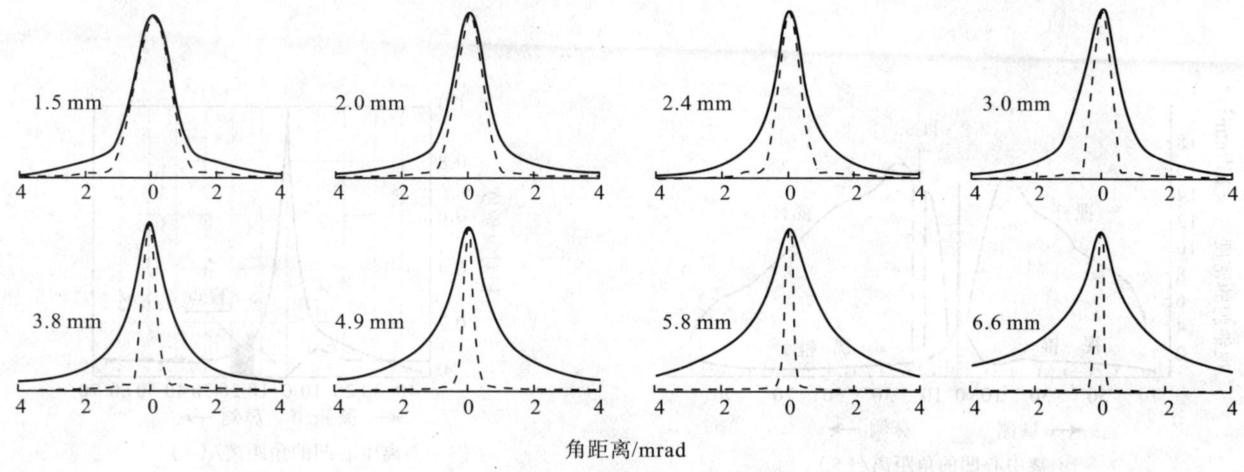

图 29-12 人眼线扩散函数曲线

3. 调制传递函数

眼折光系统同一般光学系统一样，可以用调制传递函数 MTF 表示其成像性能，如图 29-13[12] 所示。图中的点画线是当 $\lambda=632.8$ nm，瞳孔直径为 2 mm 时的理想 MTF 曲线。当瞳孔直径改变时，MTF 曲线有很大差别，这种差别被认为是折光系统像差带来的。眼折光系统有像差或病变都将引起 MTF 的变化。

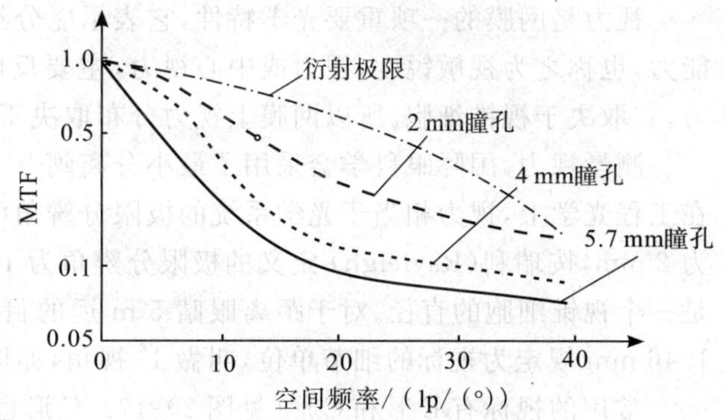

图 29-13 眼折光系统的 MTF 曲线

第二节 光信息的接受与加工

一、网膜的组织结构

网膜可以看成是眼光学系统的成像面，或者是光信息的接受器。如图 29-14[3] 所示，网膜具有复杂的多层结构，厚度为 1.0 ～ 1.5 mm。从玻璃体一侧开始，有内界膜、神经纤维层、神经节细胞层、内网状层、内颗粒层、外网状层、外颗粒层、外界膜、视锥和视杆细胞层及色素上皮层。

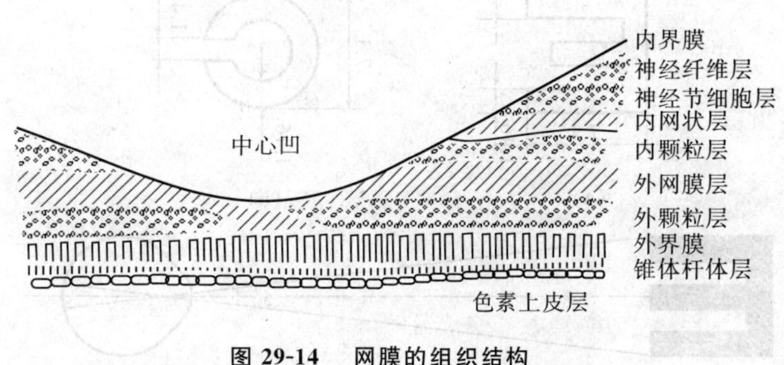

图 29-14 网膜的组织结构

二、视力(分辨)与 MTF

网膜接受光信息，是由光感受细胞(感光细胞)——视锥细胞和视杆细胞——承担的。感光细胞的形状、功能和分布有所不同。视杆细胞呈细柱状，直径为 2 ～ 4 μm，长 60 ～ 80 μm，数量约有 1.1 亿 ～ 1.25 亿个；视锥细胞端部呈锥状，在不同位置上有不同的大小，其直径为 2 ～ 6 μm，长度比视杆细胞稍短。视锥和视杆细胞在网膜上的分布密度见图 29-15。视锥细胞集中分布在中心凹，中心凹外径约 5°(或 1.5 mm)。视杆细胞则分布在此以外，在 15° 的地方密度最高。在鼻侧距中心凹 3 ～ 4 mm 约 15.5° 处，为神经乳头，因此处没有感光细胞，所以不具备感光性，称之为盲点。这种分布的结果与视力等视觉功能有直接关联。

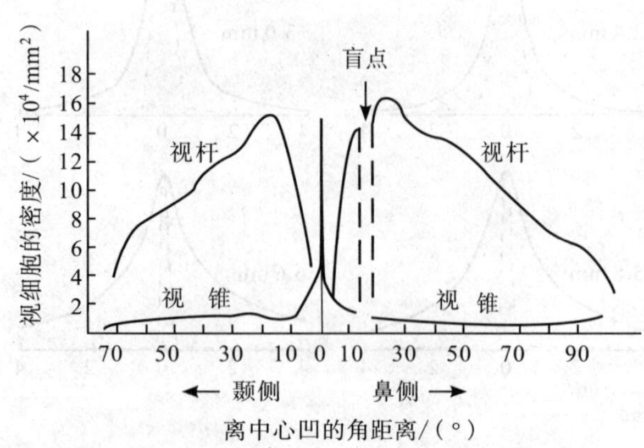

图 29-15 感光细胞的分布密度

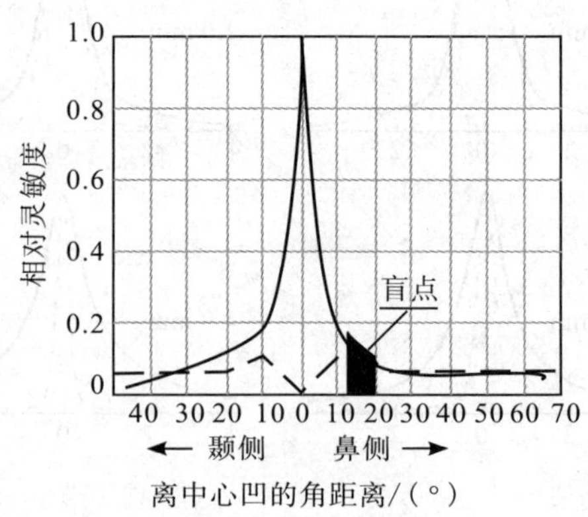

图 29-16 网膜上的视力分布

视力是网膜的一项重要光学特性，它表示能分辨二元物体形状和位置的能力或者能分辨目标物细节的能力，也称之为视敏锐度。视力或中心视力，主要反映网膜中心凹的视功能，也就是眼分辨最小目标物的能力，它取决于视锥细胞。所以网膜上视力分布取决于视锥细胞的分布（见图 29-16）。

测量视力，国际眼科学会采用了最小分离阈[13] 的概念，即把能分辨两点或两线的最小间隔规定为视力。在工程光学上，视力相当于光学系统的极限分辨角（率）。当认为眼折光系统是理想光学系统时，取瞳孔直径为 2 mm，按瑞利（Rayleigh）定义的极限分辨角为 $1'$。该 $1'$ 的角度相当于在网膜上的像约为 4.9 μm，这大约是一个视锥细胞的直径。对于距离眼睛 5 m 远的目标物，该 $1'$ 角度相当于1.46 mm。在临床医学上就用该 1.46 mm 规定为视标的细节单位，叫做 $1'$ 视角，亦即正常眼的最小视角。

常用的视标有 E 形和 C 形（见图 29-17）。C 形也称兰道环视标。它们是以 $1'$ 视角的 5 倍（$5'$ 视角）作为面积而制作的，规定线条的宽度和开口大小都是 $1'$ 视角。用这两种视标检查视力 V 时，按下式计算：

$$V = \frac{D'}{D} \tag{29-5}$$

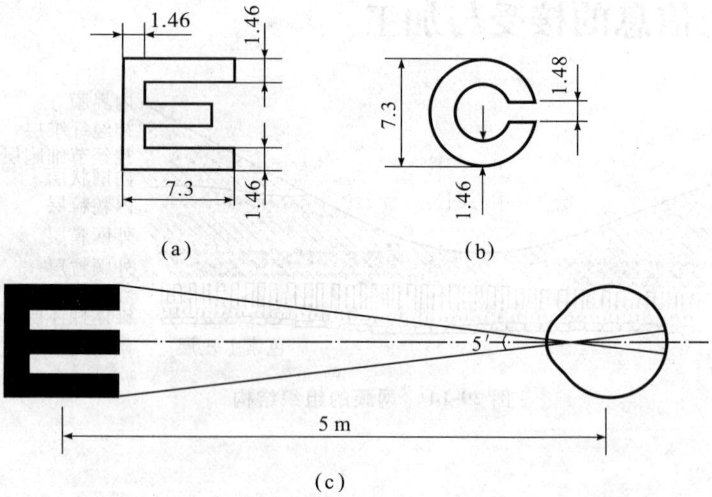

式中，D' 为受验者与视力表的距离，D 为正视眼能辨认的距离。

我国采用 E 形视标，其增率为 $\sqrt[10]{10} = 1.258\,925$，确定以 $1'$ 视角为正常视力标准，视标从小到大每行增大 1.258 9 倍。视标共分 14 组，标准（检测）距离为 5 m。

视力的表达，我国曾用过小数计法——最小分辨角的倒数，自 1990 年起改用 $5'$ 计法[14]，即

$$L = 5 - \lg a \tag{29-6}$$

式中，L 为 $5'$ 计法的视力值，a 为最小分辨角。

图 29-17 视标单位与视角

(a)E 形视标；(b)C 形视标；(c)E 形视标与 $5'$ 视角

例如，$1'$ 的分辨角，小数计法为 1.0，$5'$ 计法为 5.0。几种计法之比较列入表 29-8 中。需要指出，视力虽然反映了网膜分辨细节的性能，但是用视标检测出的视力实际是包括角膜、晶状体等人眼折光系统的综合视觉功能。

以上以 $1'$ 视角作为人眼的分辨极限，但实际上由于照明、衬度等的影响，极限分辨角远小于 $1'$，在理想条件下分辨角仅取决于网膜中心凹视锥细胞的大小。例如，如果视锥细胞为 2.5 μm，则相应的分辨角仅为 $30''$。

表 29-8　几种视力计法

最小分辨角	小数计法	5′计法	最小分辨角	小数计法	5′计法
10.00	0.10	4.0	2.00	0.50	4.7
8.00	0.125	4.1	1.67	0.60	4.8
6.67	0.15	4.2	1.25	0.80	4.9
5.00	0.20	4.3	1.00	1.0	5.0
4.00	0.25	4.4	0.79	1.2	5.1
3.33	0.35	4.5	0.63	1.5	5.2
2.50	0.40	4.6	0.50	2.0	5.3

另外，对外形变化、单线的错移和对粗细的分辨将有更高的能力。例如，分辨线条的错移可达 $2''\sim 10''$，这时的网膜像远比视锥细胞直径小得多。这是由于网膜不时地做微运动，线条的错移总有机会处于两个相邻的视锥细胞上，因而能分辨比它直径还小的细节。

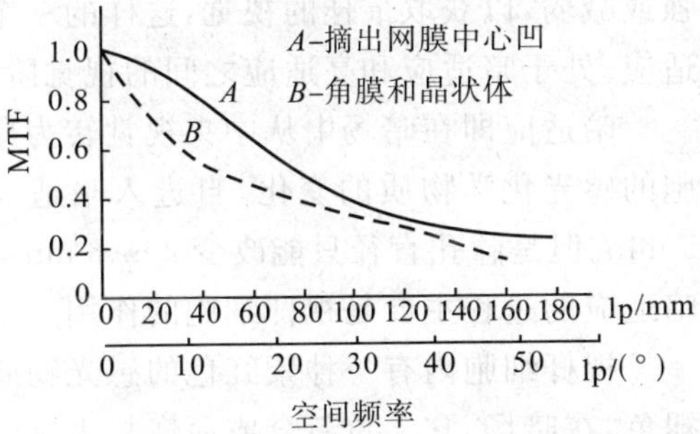

图 29-18　摘出网膜中心凹的 MTF 曲线

需要指出，视力虽然反映了网膜分辨细节的能力，但是用视标检测出的视力，实则是包括角膜、晶状体等的人眼折光系统综合的视觉性能。而且，视力或分辨与照明条件、目标结构等多种因素有关。自从确立了光学传递函数理论以来，也认为眼折光系统和网膜是相继成像的线性系统。于是，描述分辨细节的能力，研究角膜、晶状体和网膜的成像性能，已经采用调制传递函数 MTF。图 29-18 是摘出网膜中心凹的 MTF 曲线[14]。

三、光谱特性

感光细胞对不同波长会产生不同的视觉机制。就区分明暗而言，有两种情形：在暗弱场合，观察面亮度低于 0.001 cd/m^2 时，视杆细胞起作用，其视见灵敏度曲线为图 9-1 之 $V'(\lambda)$，又称为暗视觉曲线或周边视觉曲线；在明亮场合，观察面亮度在 1 cd 以上时，视锥细胞起作用，其相对视见灵敏度曲线为图 9-1 之 $V(\lambda)$，又称亮视觉曲线。$V'(\lambda)$ 和 $V(\lambda)$ 已由国际照明委员会(CIE) 规定叫做暗视觉的和明视觉的光谱光效率函数。从图中可见，$V'(\lambda)$ 和 $V(\lambda)$ 形状一致，只是 $V'(\lambda)$ 偏于短波，对长波不敏感。

视锥细胞除了有感觉明暗的功能外，还有感色功能。研究证明，单个视锥细胞存在 3 种光敏色素，分别在 570 nm、533 nm 和 448 nm 3 处有光谱吸收峰值，如图 29-19 所示[15]。可以认为该吸收光谱的分布代表了视锥细胞对波长(颜色) 的敏感特性。

当刺激光的光谱分布为 $L(\lambda)$、感光细胞的光谱灵敏度为 $f(\lambda)$ 时，受到光刺激的强度表示为 $I=\int L(\lambda)f(\lambda)\mathrm{d}\lambda$。这样，如用 $f_R(\lambda)$、$f_G(\lambda)$ 、$f_B(\lambda)$ 和 $f_r(\lambda)$ 分别表示视锥细胞和视杆细胞的光谱灵敏度时，将分别有 V_R、V_G、V_B 和 V_r 的输出，如图 29-20[14] 所示。在暗弱光场合，具有 3 种光谱灵敏度的视锥细胞不活动，只有视杆细胞有输出，即 V_r，这时只有明暗感受而没有颜色感觉。在明亮环境下，视杆细胞的输出饱和，起作用的是具有 3 种光谱灵敏度的视锥细胞。它们的输出信息 V_R、V_G 和 V_B 通过在连接它们的神经通路上进行处理，产生色觉。作为色度学上有名的杨-亥姆霍兹(Yang-Helmholtz) 三色理论认为，当3种视锥细胞接受同等强度的刺激时，形成白色感觉。而其他的任何色觉都可以由这三种细胞的光敏色素受到不同比例的合并刺激所形成。亦即，任何一种颜色都是相互独立的三原色按一定的比例混合而成的，这与存在 3 种视锥细胞的生理特性是相符的。

四、适应与感光灵敏度

照明条件改变时，人眼能通过其生理过程对接收到的光强进行一定的“调节”，使视觉感受得到足够的增

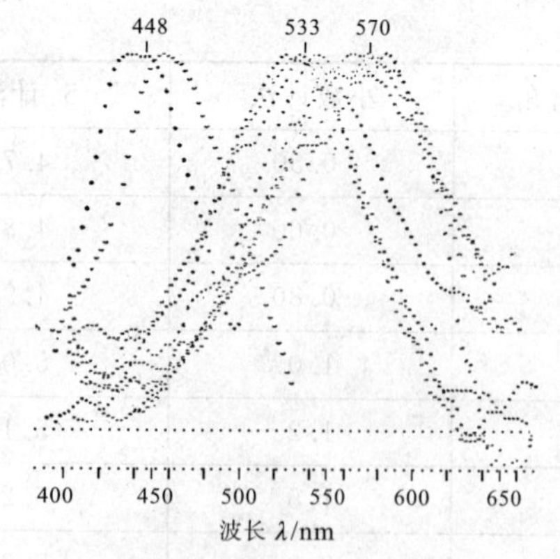

图 29-19 视锥细胞的光谱吸收曲线

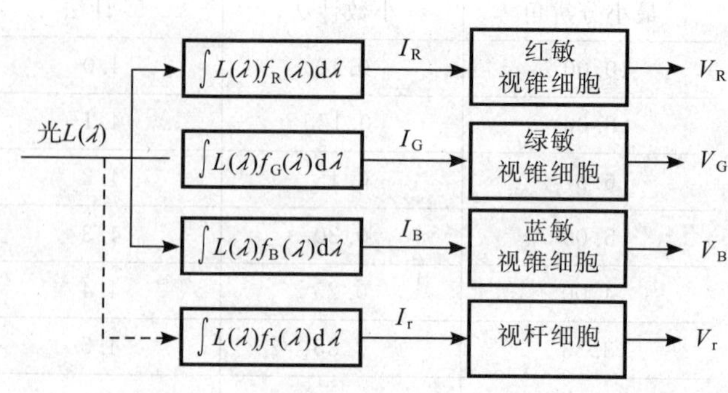

图 29-20 感光细胞对色光反应方块图

强或减弱，以获取最佳的视觉，这样的一个过程叫做适应。从亮到暗和从暗到亮的适应分别叫做暗适应和亮适应。处于暗适应和亮适应之间的视觉阶段叫间视。

暗适应即在暗场中从中央视觉转为周边视觉的结果。这时，它具备两种机制：瞳孔大小的变化和视杆细胞的感光化学物质的变化。自进入暗适应起，前 10 s 瞳孔能扩大到最大瞳孔的 2/3，达到完全扩大约需时 5 min。但是瞳孔直径只能改变 2 ～ 8 mm，使进入瞳孔的光束改变仅 10 ～ 20 倍。显然，此范围是有限的，因此暗适应的过程主要是视杆细胞的作用。

视杆细胞内有一种紫红色的感光物质 —— 视紫红质，类似于感光乳剂，在明亮场合，视紫红质被破坏而褪色，在暗场，它又重新合成而恢复为紫红色，同时也恢复了感光性。暗适应的过程即与此过程相对应。

完全暗适应状态下，视杆细胞有极高的灵敏度。若视杆细胞只有吸收 n 个或 n 个以上的光量子时才感光，则认为 $n=5\sim14$（而刺激一个视锥细胞需要的光量子数为 7 个以下到 5 个）[4]。

感光细胞对不同适应光的灵敏度是不同的。通常把 $\Delta B/B$ 定义为阈值，其倒数为灵敏度。这里，ΔB 为感受的最小光强刺激，B 为适应光强。ΔB 与 B 的关系用对数坐标表示时，称作 threshold-versus-radiance 曲线，简称 t. v. r 曲线，如图 29-21 所示[5]。对于视杆和视锥细胞，各有其 t. v. r 曲线（见图 29-22）。不论哪种细胞，随适应光的增强，灵敏度都下降。当灵敏度变化到某种程度时，即使适应光增强，而 $\Delta B/B$ = 常数。这时称为满足韦伯（Weber-Fechner）定律。在各种适应光的情况下，$\Delta B/B$ 的数值[3] 列入表 29-9 中。可见，亮度在 13 ～637 cd/m²（40 ～ 2 000 asb）范围内，$\Delta B/B$ 几乎保持在 0. 017 5 左右，可以认为是常数。

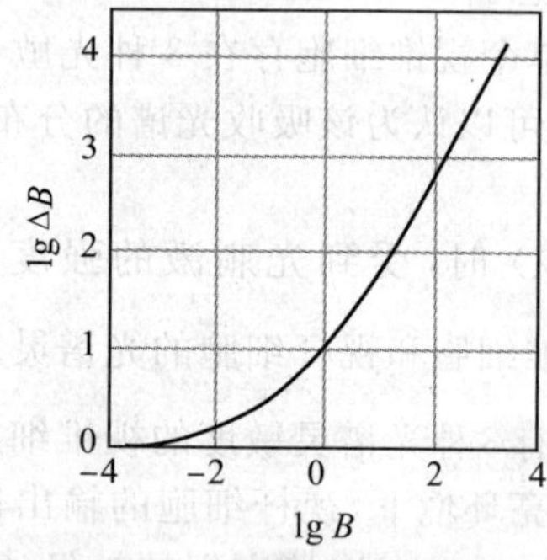

图 29-21 典型的 t. v. r 曲线

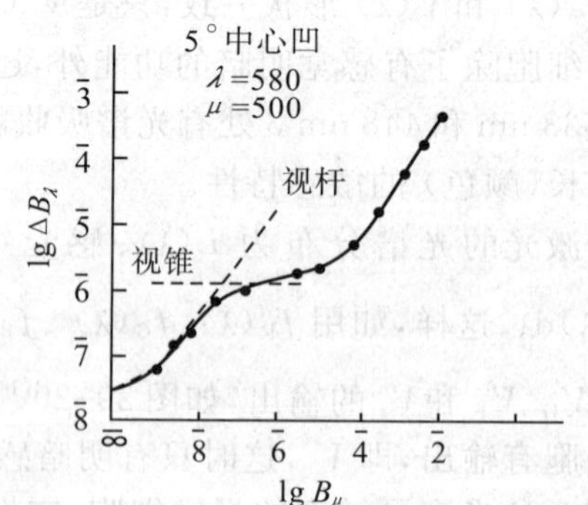

图 29-22 视锥和视杆细胞的 t. v. r 曲线

如果先将眼置于某一定光强环境下适应，再急剧将适应光减至 0，此后视觉灵敏度将随时间不断增强。表示这种灵敏度随时间上升的曲线叫做暗适应曲线。不同的适应亮度下的暗适应曲线是不同的（见图 29-23）[3]。从图中可见，当网膜照度达 400 000 Td（Troland-Td）适应的状态下，曲线分两部分：先是视锥细胞的适应，到 12 min 以后才是视杆细胞的适应。同时，当所适应的网膜照度低时，只有视杆细胞有暗适应。从这些曲线还可以得知，视锥细胞恢复到一定的灵敏度需时 10 min 左右，而视杆细胞则需时 30 min 以上。

表 29-9　$\Delta B/B$ 与适应亮度

亮　度 /(cd/m²)(asb)	$\Delta B/B$	亮　度 /(cd/m²)(asb)	$\Delta B/B$	亮　度 /(cd/m²)(asb)	$\Delta B/B$
12 739(40 000)	0.034 6	12.7(40)	0.017 5	0.012 7(0.04)	0.110
6 370(20 000)	0.026 6	6.37(20)	0.018 8	0.006 4(0.02)	0.159
2 548(8 000)	0.026 0	2.55(8)	0.021 7	$2.6\times10^{-3}(8\times10^{-3})$	0.220
1 274(4 000)	0.019 1	1.27(4)	0.029 0	$1.3\times10^{-3}(4\times10^{-3})$	0.274
637(2 000)	0.017 0	0.64(2)	0.031 4	$6.4\times10^{-4}(2\times10^{-3})$	0.326
255(800)	0.017 2	0.255(0.8)	0.038 0	$2.6\times10^{-4}(8\times10^{-4})$	0.410
127(400)	0.017 3	0.127(0.4)	0.045 5	$9.5\times10^{-6}(3\times10^{-5})$	1.0
63.7(200)	0.017 6	0.064(0.2)	0.056 0		
25.5(80)	0.017 6	0.025 5(0.08)	0.086 0		

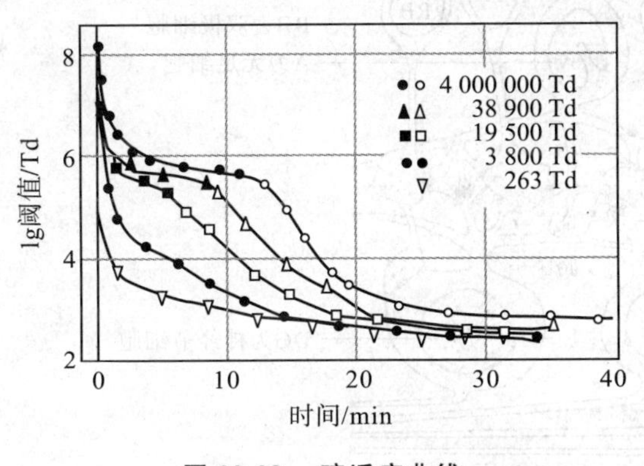

图 29-23　暗适应曲线

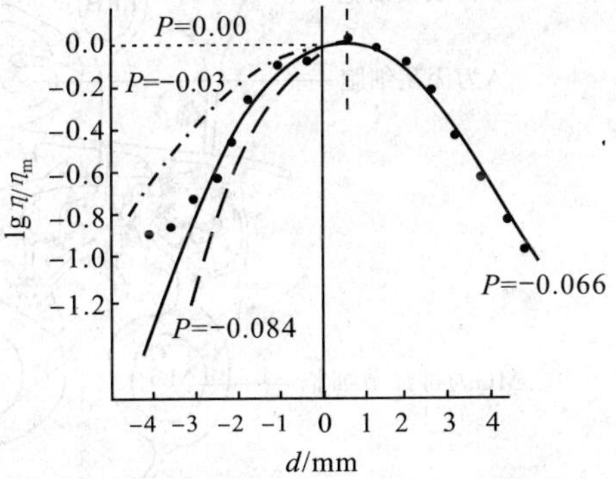

图 29-24　网膜中心凹方向灵敏度

五、方向灵敏度

即使是同样大小一束光通过瞳孔的不同位置，也未必产生同样的明度、阈值和临界融合频率等视觉效果，这种性质叫做第一种斯-柯效应。该效应反映网膜具有方向灵敏度。而该灵敏度是由视锥细胞的反应来表达的。它随入射光射向网膜的角度不同而异，当光通过瞳孔中心直射在视网膜上时，灵敏度最高，而对于离中心 4 mm 的周边处入射时，灵敏度可减至 1/3 以下。令通过瞳孔中心的光强为 I_0，偏离瞳孔中心为 d 时通过同样的一束光，其相对透光效率满足下式[3]：

$$\lg\frac{\eta}{\eta_m}=p(d_m-d)^2 \tag{29-7}$$

式中，d_m 表示具有最高效率 η_m 的 d 值。典型的中心凹方向灵敏度曲线如图 29-24 所示。虚线表示曲线如何随 p 值变化。有关 p 和 d 的范围在多数观察者中间的区别尚需实验说明。

网膜具有的方向灵敏度在中央凹处十分显著，但在视网膜周边区却几乎看不到，因此，一般认为视杆细胞缺乏这一现象。关于引起这种现象的机制有用晶状体厚度的不同来解释的，但从网膜感光细胞的光学结构来说明更有力。感光细胞具有比其周围介质更高的折射率，从某一方向来的光线要发生全反射。而发生折射和从侧面跑出的光的比例随射来的光束方向不同而不同，所以感光细胞对于光的折反特性被看成是随机分布的，便显现出方向性[14]。但也有一种观点认为，中心凹视锥细胞的直径小至 2 μm，与光波长为同一数量级，因而把它看作如微波的波导管那样更为妥当。

六、视觉信息的传递通路

图 29-25 是电子显微镜下的灵长类网膜结构模式图[16]。按此图所示，光线从外部进入，刺激感光细胞(视杆和视锥细胞)。感光细胞将光信息转换成神经信息通过与双极细胞、神经节细胞组成的纵向通路传递。在此通路上，细胞之间有着复杂的突触联系。信息在此传递途中。有随光强增加反映加强的所谓兴奋性的联

系，又有侧向通路对信息加以修饰即所谓抑制性联系。该抑制性联系是由水平细胞和无足细胞来承担的。可以说，感光细胞接受的光信息在传递到神经节细胞之前就进行了一定的加工。

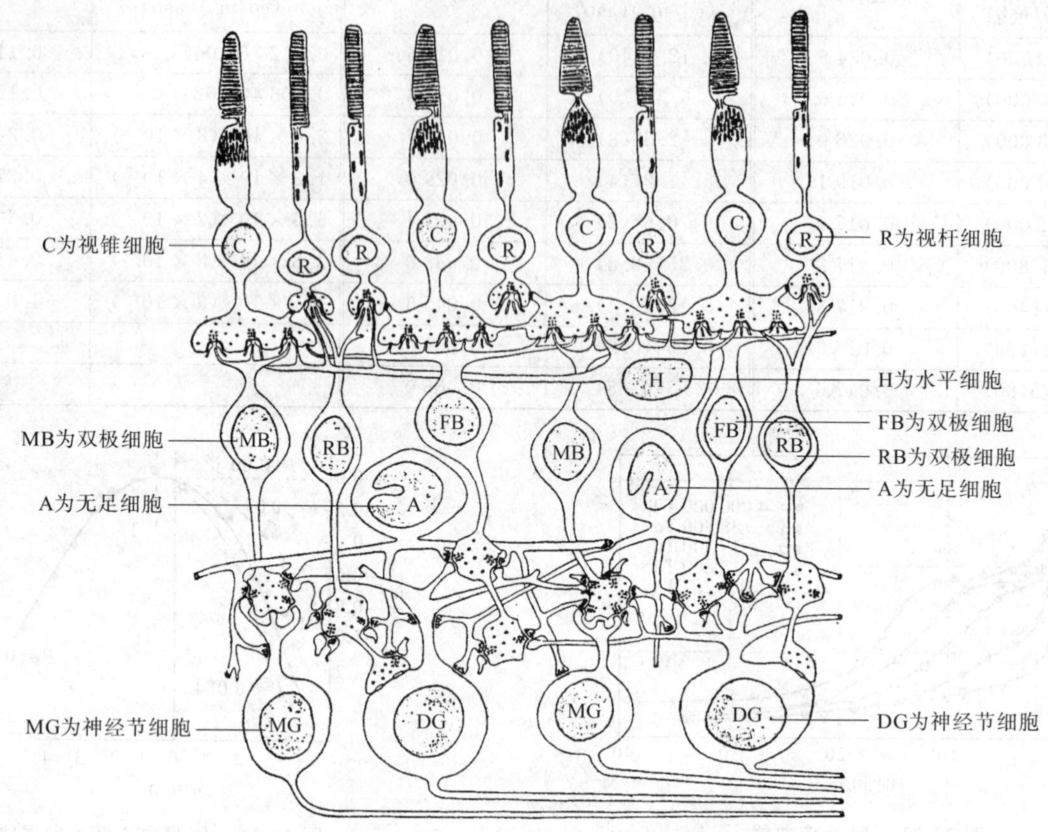

图 29-25　灵长类网膜的模型图

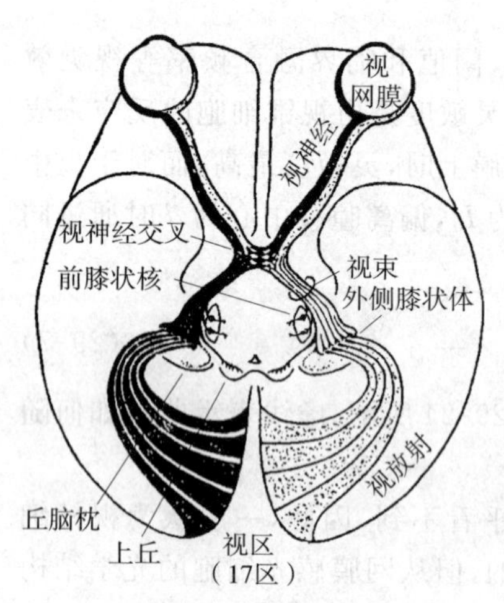

图 29-26　颅内的视觉通路

神经节细胞约有 100 多万个，不足感光细胞的 1％，它作为信息输出细胞，综合了来自众多感光细胞的信息，实则对其信息进行了相当程度的处理，继而通过会聚成束的轴突，传向视网膜内侧。成束的轴突汇集在视神经乳头处，形成视神经束穿出眼球（参看图 29-3）。视神经进入颅内在其交叉处交叉（见图 29-26）[17]。从交叉处到外侧膝状体部分称为视束（神经细胞的轴突），视束与外侧膝状体的中继细胞形成突触，可将信息传向大脑。外侧膝状体内还有一种抑制性的中间神经细胞，能对信息予以一定的调整。这样，外侧膝状体既起到中继作用又能对通过的信息进行一定的处理。外侧膝状体的中继细胞轴突构成视放射将其信息传到大脑视区，经大脑视区的处理，最后获得丰富多彩的视知觉。

七、感受野与马赫现象

如前所述，无论是在信息传递途中还是在进行处理阶段，某一个神经元是受多个感光细胞影响的，或者说是综合了很多个感光细胞的反应。这种影响或反应在网膜上所涉及的范围叫做感受野。

例如，双极细胞的感受野是同心圆状，其中心部分的大小与其树突扩散范围相当。这样，一旦与双极细胞相联系的感光细胞受到刺激时，就会引起双极细胞的反应。但其感受野的周边部远大于其树突所伸展的范围，因此当光刺激周边部分的感光细胞时，需要借助另一种中间细胞 —— 水平细胞 —— 来使双极细胞反应。由于水平细胞对感光细胞又有反馈作用，致使感受野中心部和周边部有抵消（颉颃）作用。这种作用引起侧向抑制。

又如，神经节细胞的感受野如图 29-27 所示[13]。该图表示屏幕上（或认为投影到网膜上）的光点位置分布。“+”表示给光时细胞反映加强的位置，“−”表示给光时细胞反映受到抑制而削光时加强的位置。给光时反映加强称为 on 型反应，削光时反映加强的称为 off 型反应。

神经节细胞的感受野有中心部为 on 反应的(on 中心型)和中心部为 off 反应的(off 中心型)两种，如图 29-27 所示。on 反应区和 off 反应区分成两层同心圆状。其中心部和周边部有相互颉颃作用，即光刺激到感受野的中心部和周边部时，两部分的反应有相互抵消的作用。所以，认为 on 中心型和 off 中心型的感受野是由侧抑制机制形成的。

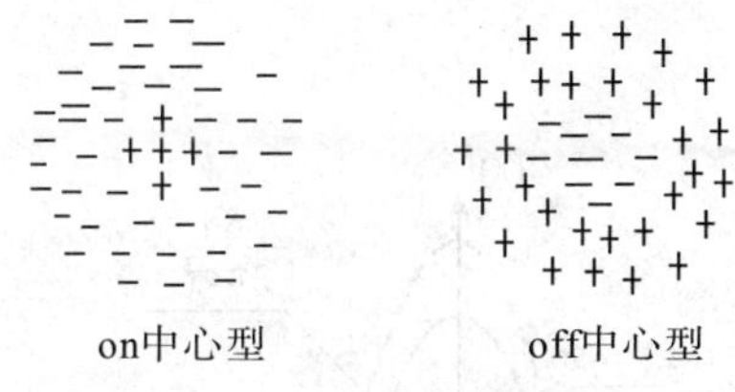

图 29-27　神经节细胞的感受野

外侧膝状体的感受野与神经节细胞的感受野没有根本性的区别，同样具有同心圆分层的 on 中心型和 off 中心型。而且其颉颃作用比神经节细胞更强。

侧抑制会引起一些错视现象，引人注意的是马赫(Mach)现象。这种现象会从心理上反映出轮廓突出的效果。例如，具有刀口分布的目标物处于从暗向亮增强时，肉眼看去会得出比物理分布更暗的知觉，而在亮度急剧变化部分又会得出比物理分布更亮的知觉(见图29-28[18])，这样的部分称作马赫带，是几何光学和物理光学所不具备的一种视觉现象。

图 29-28　马赫现象之例

八、鲎眼及侧抑制[19-20]

在侧抑制的研究中，鲎眼的侧抑制是很有价值的。图 29-29 是鲎复眼，它由大约 1 000 个小眼组成，每一个小眼类似独立的小透镜，其后面有 8 ～ 12 个细长的小网膜细胞和 1 ～ 2 个偏心小网膜细胞。每个小眼分别引出一根轴突，轴突之间又有连接纤维横向相连。当小眼受到光刺激时，轴突发出脉冲，同时横向连接纤维又产生了相互抑制的作用。于是，其输出便是反应和侧向抑制合成的结果。

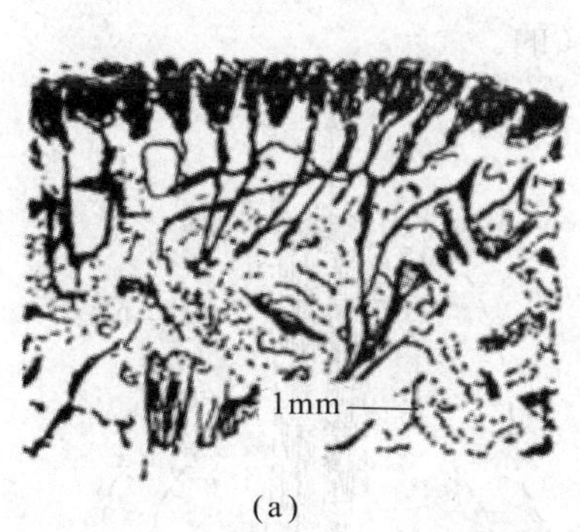

(a)

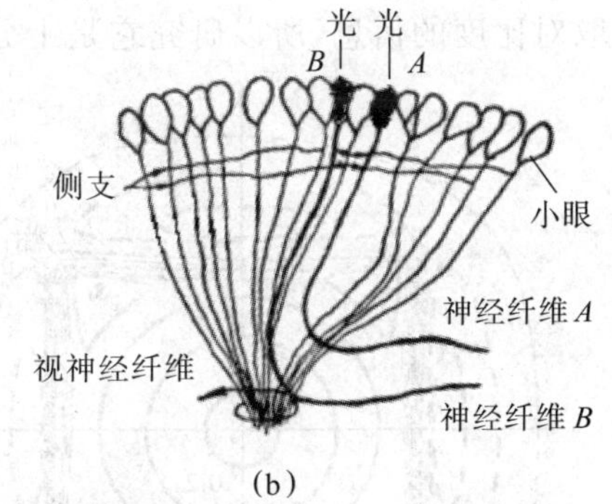

(b)

图 29-29　鲎复眼及侧抑制回路

图 29-29(a) 是鲎复眼，(b) 是鲎小眼说明图。其中的小眼 A 受光产生的脉冲有减少小眼 B 的脉冲密度的作用；反之，小眼 B 对小眼 A 也有同样的作用。

鲎眼的侧抑制可模拟成图 29-30 的结构(回路)。其中有顺方向(前馈)侧抑制或兴奋性效应和反方向(反馈)侧抑制或抑制性效应。图中的小圆表示细胞体(神经元)，相互的连线表示神经纤维或树突。对此模型规定如下假设：

1) 神经细胞与投影到网膜上的图形相比，排列十分紧密。

2) 神经相互间的结合状态，不论取神经结构的哪一部分都是均匀的，并用耦合函数表示。

3) 模型中的各个神经都在其线性范围内活动。

按如上假设，当刺激图形为 $i(\xi,\eta)$ 时，神经活动(输出)$O(x,y)$ 通过卷积表示为

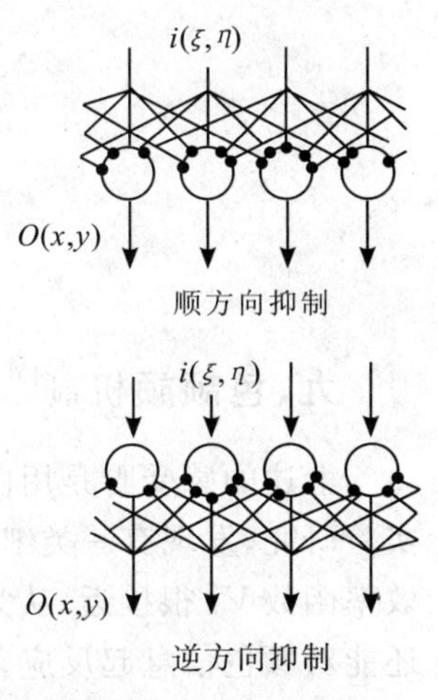

图 29-30　侧抑制回路

$$O(x,y)=\iint_{-\infty}^{\infty}\overline{\omega}(x-\xi,y-\eta)i(\xi,\eta)\mathrm{d}\xi\mathrm{d}\eta \tag{29-8}$$

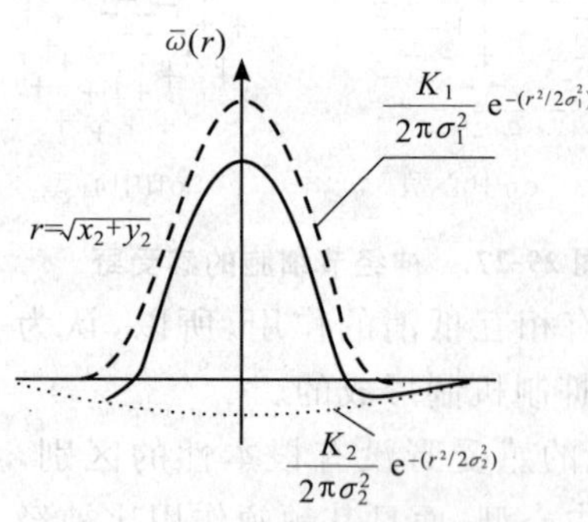

图 29-31 on 中心型的耦合函数

式中，$\overline{\omega}(x-\xi,y-\eta)$ 为耦合函数。可见，神经活动的特性将取决于耦合函数，并且人的视觉特性可以用耦合函数表示。对于中心型感受野的耦合函数，可近似地取高斯型，例如：

$$\overline{\omega}(x,y)=\frac{K_1}{2\pi\sigma_1^2}\mathrm{e}^{-(x^2+y^2/2\sigma_1^2)}+\frac{K_2}{2\pi\sigma_2^2}\mathrm{e}^{-(x^2+y^2/2\sigma_2^2)} \tag{29-9}$$

式中，σ_1 和 σ_2 为感受野大小；K_1 和 K_2 分别表示兴奋和抑制的强度系数，根据生理学的观点，取 $K_1=-K_2=1$。根据藤井等人[20] 通过对错视图形的分析，得到 $\sigma_1=0.23°$，$\sigma_2=1.8°$。图 29-31 是 on 中心型场合感受野的耦合函数，对 off 中心型场合刚好与其倒转。

当输入的图形 $i(\xi,\eta)$ 是测量错视用的黑白线条时，其神经活动状态表达为

$$\begin{aligned}O(x,y)&=\int_{\xi_1}^{\xi_2}\int_{\eta_1(\xi)}^{\eta_2(\xi)}\overline{\omega}(x-\xi,y-\eta)\mathrm{d}\eta\mathrm{d}\xi\\&=\sum_{i=1}^{2}\frac{K_i}{2\pi\sigma_i^2}\int_{\xi_1}^{\xi_2}\int_{\eta_1(\xi)}^{\eta_2(\xi)}\exp\left\{-\frac{1}{2\sigma_i^2}\left[(x-\xi)^2+(y-\eta)^2\right]\right\}\mathrm{d}\eta\mathrm{d}\xi\end{aligned} \tag{29-10}$$

其积分限表示输入图形所给定的范围。

按 29-10 式对输入图形是正方形和 T 字形的情况加以分析，得出神经活动状态 。对正方形场合，其边和角扩展，外侧受到抑制，而且其四角的神经活动比边部更强。这便是前述的轮廓突出效应（或马赫现象）。图 29-32 的 (a) 和(b) 分别是正方形和 T 字形二维空间图形的侧抑制反应例。可以看到，这类图形的神经活动强烈部分是图形的边、角、端部和交叉点，而这些恰是对于图像认识能提供重要信息的部分。对于我们所观察的目标物，具有绝对的亮度是必要的，但更重要的是能探测出目标物与其周围反射光的对比度，而侧抑制机制刚好有利于提取对比度的信息，所以研究它是十分有意义的。

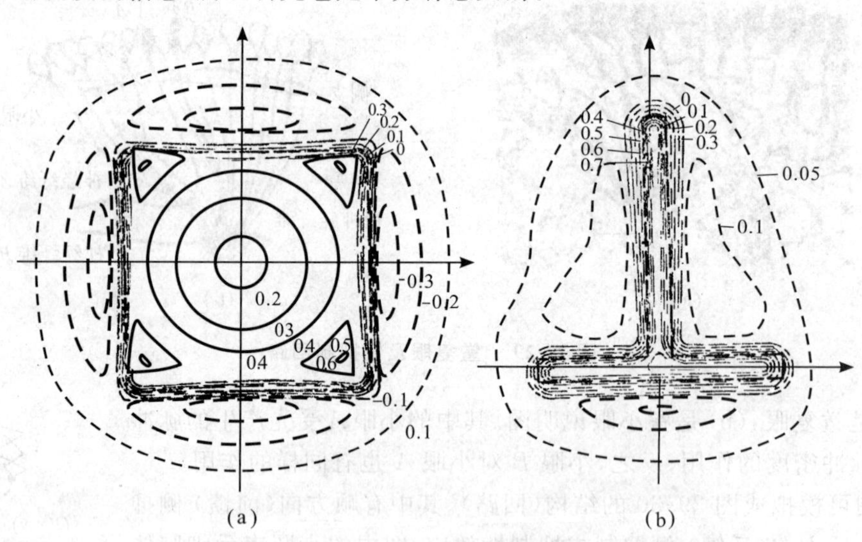

图 29-32 二维空间图形的侧抑制反应

九、色颉颃机制[10]

上述的感受野是用白光实验得出的。对于不同色光的场合，很多研究者用猴和金鱼的网膜及视神经做了实验研究。发现有一类细胞对可见光所有的波长都发生反应，其峰值在 575 nm 处，该细胞的感光性与光谱光效率函数 V_λ 很接近，认为这是担负明度（黑-白）视觉的。而神经节细胞和外侧膝状体不仅能对明度起反应，还能对颜色信息起反应。例如，它们的感受野有的在中心部对红光进行 on 反应（兴奋反应），而在周边部对其补色（绿光）呈 off 反应（抑制反应），记作 +R/ −G。同时还有+ G/ − R，+ Y/ − B 和 +B/ − Y。其中，R、G、

B 和 Y 分别表示红光、绿光、蓝光和黄光。而＋G/－R 和＋R/－G 为红-绿反应，＋B/－Y 和＋Y/－B 为黄-蓝反应，这便是从感受野分离出的 4 种“对立”的类型。这刚好符合赫林(Hering)的四色对立(颉颃)理论。赫林理论认为，视觉系统有 3 种光化学物质能产生 6 种不同性质的感觉，它们是白-黑、红-绿和黄-蓝 3 组。每组物质在崩溃和再组合时可产生不同的颜色，而 3 组的互补色又有相互颉颃作用(参见图 29-33)。在颉颃和组合的过程中，产生各种颜色感觉和各种颜色的混色，该理论也称颉颃色说或四色说。

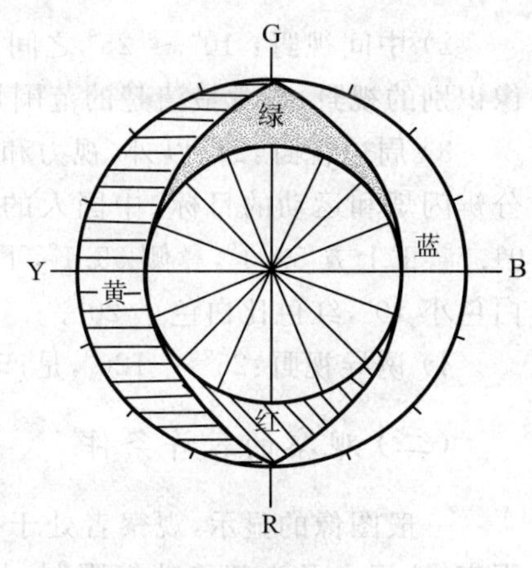

图 29-33　赫林四色图

这样，关于颜色信息的处理，在网膜阶段，被认为符合杨氏三色说，而在神经节细胞和外侧膝状体阶段，则分离出明度信号和彩色信号，遵从四色说，从而构成了当今互相补充的两种颜色视觉理论。

第三节　图像信息与视觉心理[20]

一、物理信息与视觉心理的对应

图像物理信息和由此产生的视觉心理反应之间的关系，如表 29-10 所示。

表 29-10　图像信息与视觉心理

	物理信息	感觉、知觉	认识、情绪	
A.显示面	1.图面尺寸 2.显示面周围条件 3.显示像(实像、虚像)	(1)视野 (2)调节 (3)观察状态	①临场感 ②疲劳感 ③易见程度	美 自然 真实 舒适
B.空间信息	a.点、线：1.几何变形 2.OTF高频特性 b.面：1.阶调 2.色调　OTF低频特性 3.形状 (锐度)	(1)错视 (2)MTE高频特性(视力、刀口) (1)MTF低频特性(明暗、色分辨) (2)对比现象 (3)图形知觉	①识别性 ②视认性 ③诱目性 ④可读性	
	c.立体：1.双眼像 2.多眼像 3.空间像	(1)单眼 (2)双眼(深度)	①立体感 ②自然感	
C.时间信息	1.时间变化 2.闪烁	(1)感觉时间 (2)时间频率特性(闪烁) (3)适应，继时对比	①不舒适 ②疲劳感	
D.时空信息	1.运动 2.形的改变	(1)运动视 (2)时空频率特性 (3)图形残效	①迫力感 ②运动感	

二、显示条件

(一)视野特性

当眼注视一目标物时，除了看清该目标外，同时还能看到周围一定范围内的物体，这个空间范围叫视野。在日常生活中，当人们观察的图面尺寸放大时，会增强真实感或亲临其境的感觉，这即与其视野有关，从看电影所获知的效果便可以体会到。

图 29-34 显示了各种视野情况。人们的视野可分为

1) 中心视野：10°以内，指黄斑部的视野范围，能正确接收细微的信息。

2）中间视野：10° ～ 25° 之间，与注意力有关，是图像识别的视野；视觉最清楚的范围是垂直 15°，水平 20°。

3）周边视野：25° 以外，视力和色分辨能力降低，但能分辨闪烁和运动的目标。中国人的周边视野（白色）颞侧 91.5°，正上方 59.1°，鼻侧 65.1°，下方 74.6°。黄-蓝视野比白色小 10°，红色比白色小 20°。

4）诱导视野：25° ～ 120°，是产生诱导效果的视野。

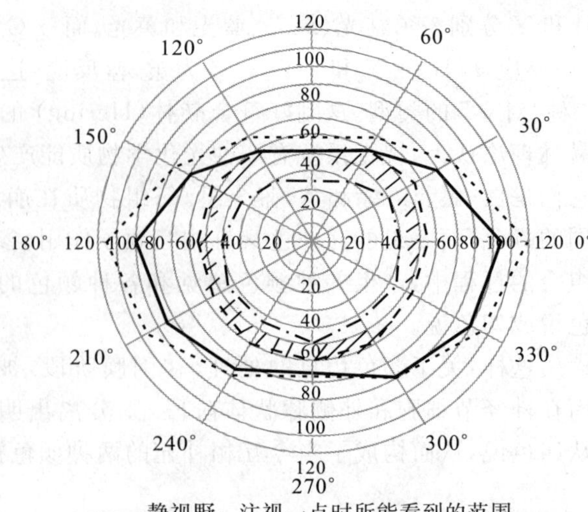

图 29-34　视野的大小

（二）观察的容许条件

一般图像的显示，观察者处于被动状态。由于受观察距离、注视点及头部移动等限制，易导致（观察者）疲乏。作为决定观察位置因素的有观察距离和显示面的横向偏斜角度。其最佳观察距离是由显示面的视场所占比例（至少 25°）、对图像的分辨率和调节等决定的。从调节和焦深特性出发，离开 1 ～ 2 m 距离将减轻调节机构的负担。

观察位置横向偏斜角度，一般从显示面的垂直方向上允许偏 40° 以内。

（三）显示面周围的条件

在一般的显示面周围会有各种观察状态。当显示面周围有比它亮得多的物体时，是非常难以观察的；当周围极暗时，也是不利的，因为对于视力和对比的分辨率都会降低。周围亮度保持在显示面亮度的 1/3 最好。

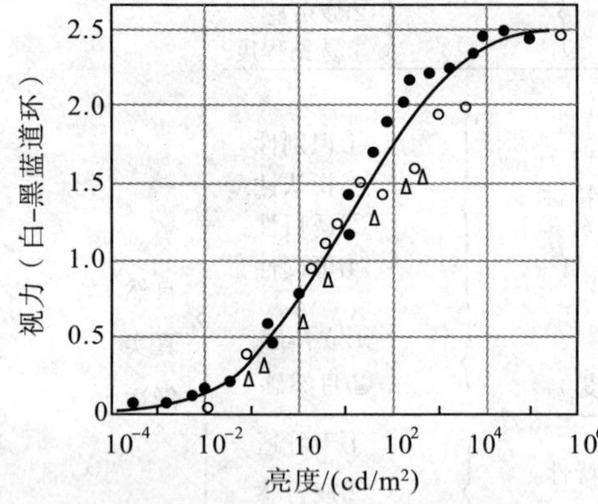

图 29-35　平均亮度与视力的关系

三、空间信息的视觉特性

（一）视力特性

视力随不同的检测图形有不同的定义：

1）最小视别阈。能检测出点或线存在的最小尺寸，一般约为 10″～20″。检测线的灵敏度比点更高，在良好的条件下视别阈可达 0.5″。

2）最小分离阈。能分辨两点或两线的最小间隔，为 20″ ～ 30″，通常指视力和分辨极限。

3）最小认识阈。也叫可阅读视力，指对文字之类的复杂图形至少能分辨其细节的能力，一般约为 40″ ～ 60″。

4）最小识别阈。能检测出直线的错移量，一般为 2″ ～ 10″。

有如下因素影响视力特性：

1）平均亮度。如图 29-35 所示，一般而言，视力都随亮度的提高而提高。

2）周围亮度。目标周围的亮度过高或过低，视力均会下降。

3）呈现时间。小于 0.7″ 时视力降低，小于 0.1″ 时连文字、图形的辨别能力都会降低。

4）对比度。目标的对比度对视力有明显的影响，但它不是表达视力的直接尺度，视标的对比度与视力的关系可以从空间 MTF 来判断。同时，对比度降低时，认识时间会延长。

5）颜色。对各种不同的颜色，视力没有太大的差别，这从各种单色 MTF 可以看出，但如果有明显的色差和其他像差时，视力将有明显的差别。

（二）图形的分辨特性

将各种不同形状的图形移到不同的观察距离上，可得出图29-36 的结果。图中，在 A 阶段能看出图形的存在而不能充分辨别其形状，常将正方形、矩形和三角形看成圆，将十字形看成菱形，将“×”看成正方形。在 B 阶段，能充分辨别形状，而且从易辨到难辨的顺序是：三角形、矩形、正方形和圆形。这些结果可以为制作各种图形标志时提供参考。

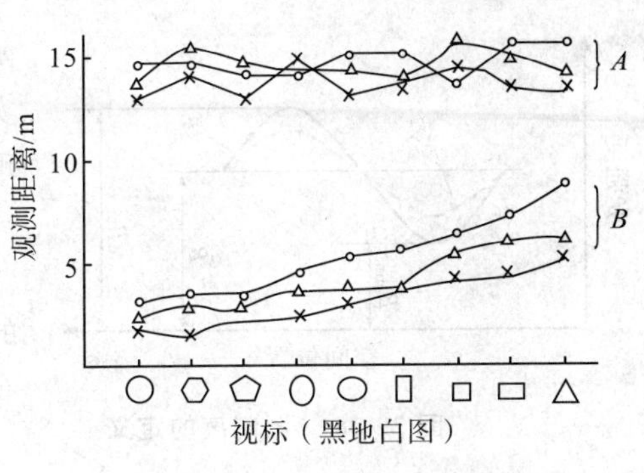

图 29-36　图形的分辨特性

另外，不同颜色的图形，在同样的亮度下显眼的程度是不同的。一般情况下，最显眼的是红色、橙色，其次是蓝色、黄色和绿色。

在图形信息中，文字、数字和符号是人们生活交往中重要的传递媒介。对其“易看”或“易读”的情况如下：

1. 文字、数字的大小和粗细

最适宜读认的大小，由照明条件和观察距离决定。在观察距离约为 710 mm(28in) 时，贝克(Baker) 等人推荐表 29-11 的数值[21]。如改变观察距离，对表中的数值须乘以实际观察距离(mm)/710。

表 29-11　最易认读的文字大小

单位：mm

显示条件	弱照明(0.10 cd/m²)	亮照明(最低到 3.43 cd/m²)
计算器及移动式度盘	5.08 ～ 7.62	3.05 ～ 5.08
表盘及固定度盘	3.81 ～ 7.62	2.54 ～ 5.08
最易读认时	1.27 ～ 5.08	1.27 ～ 5.08

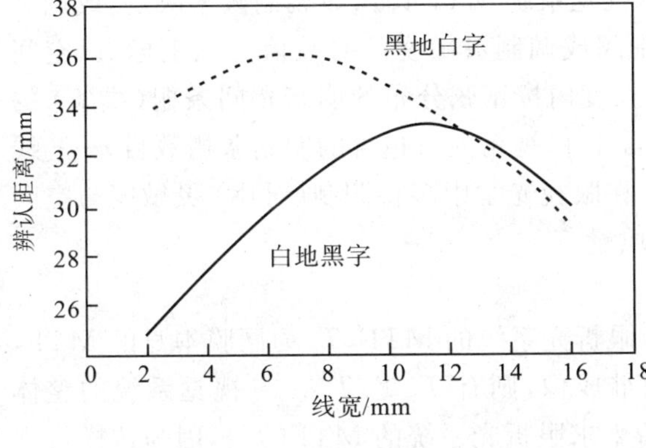

图 29-37　文字、数字与背景辨认关系

文字大小与其笔画粗细的关系，原则上讲笔画多的笔道要细。综合多种因素，粗细与高度之比取 1/8 ～ 1/6 为好。对暗地透光的文字和数字更要细，粗细与高度之比要在 1/8 ～ 1/40。

对于字高与字宽之比，各种实验结果不尽一致，一般认为可取 0.5/1.0 ～ 0.85/1.0，在透射光场合应取 1.0/1.0。

2. 文字、数字与背景颜色

文字、数字与背景的组合，最好是白与黑的情况，如图 29-37 所示。从“易读”到“难读”的顺序是：黑地白字、蓝地白字、黄地黑字、绿地白字和红地白字。

3. 字的间隔

字的间隔取字宽的 0.25 ～ 0.5，而行间宽度取字高的 0.5 ～ 1.0。

（三）空间频率特性

近代在光学领域里确定了光学传递函数(OTF) 理论，该理论使人们对光学成像系统中物像关系的认识产生了一次飞跃，即不再按以前习惯将目标物分解为无数个点，而是看成是一群明暗相间的波状结构的组合。这种波是空间函数，具有各种空间频率，当它通过光学成像系统时，犹如通过一个线性“滤波器”，某一限度以上的高频被遏制，而允许通过的低频也因衍射和像差的影响，其振幅有不同程度的衰减，相位有不同程度的推移。表达这种“衰减”和“推移”与空间频率之关系的，就是光学传递函数(OTF)。其衰减的程度即 OTF 的模，称为调制传递函数(MTF)，恰为正弦波状物之像的衬度(调制度) 与物的衬度(调制度) 之比。相位推移是像沿正弦波垂直方向的位移，表征具有轴外像差时的成像信息，称为相位传递函数(PTF)。这一理论对更合理、更明确地评价视觉系统也是适用的。它能定量地描述那种随空间频率明暗变化下的视觉特性，而且对探讨视觉系统信息处理机制的本质也认为是有效的。另外，白内障、角膜混浊等各种眼疾引起的视功能恶化都将影响 OTF 值。虽然将其结果作为病变问题来讨论尚不可能，不过将它应用到临床眼科，进行大量测试和统计研究后，有可能对各种测试结果加以合理的解释。例如，近期以来，在眼科医学上采用对比灵敏度

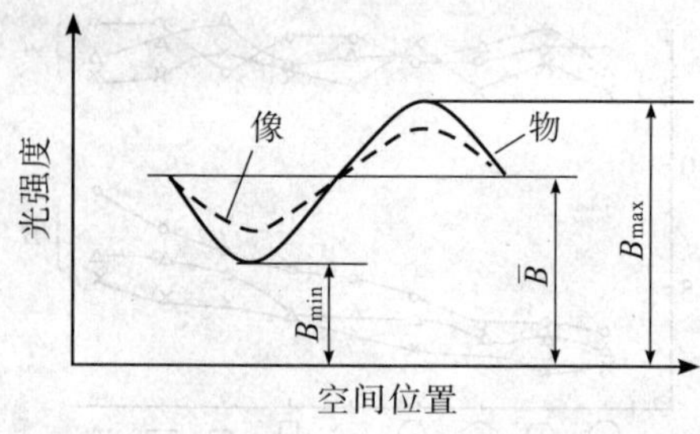

图 29-38 调制度的定义

函数(contrast sensitivity function，CSF) 来评价视觉矫正质量，能真实地反映外界物体在网膜上的成像品质，实际上这是光学传递函数理论和方法的应用。

1. 视觉系统的调制阈和 MTF

一般光学系统的调制传递函数(MTF) 表示为像与其目标物分布的傅里叶变换之比。当目标物强度是按正弦分布时，即为像与目标物分布的调制度之比。如图 29-38 所示，定义目标物的调制度 M_o：

$$M_o = \frac{B_{max} - B_{min}}{B_{max} + B_{min}} \tag{29-11}$$

式中，B_{max} 和 B_{min} 表示正弦分布的强度最大值和最小值。同样，可以用正弦目标像的强度最大值 B'_{max} 和强度最小值 B'_{min} 定义像的调制度 M_I：

$$M_I = \frac{B'_{max} - B'_{min}}{B'_{max} + B'_{min}} \tag{29-12}$$

于是，光学系统的 MTF 即为 M_I/M_o。显然，当 $M_o = 1$ 时，MTF 即由像的调制度 M_I 所决定。但是，对于视觉系统使 $M_o = 1$ 或常数来确定各种频率下的 M_I 值是很困难的。于是考虑到取 M_I 为常数，而求各种空间频率下的 M_o，则视觉系统的 MTF 便由 M_o 的倒数来确定。根据韦伯定理，$\Delta B/B =$ 常数，即在一定的适应光亮度 B 的情况下，能感受的亮度差 ΔB 是一定的。在正弦分布物的平均亮度 $\overline{B} = \frac{1}{2}(B_{max} + B_{min})$ 保持一定的情况下，网膜照度为常数，这时 M_I 也是定值。而该 M_I 是视觉系统所能知觉的正弦目标像的最低调制度，此时它所对应的不同频率下正弦目标物的调制度 M_o 称作调制阈。显然，视觉系统 MTF 即由该调制阈来决定，或调制阈与 MTF 互为倒数。调制阈倒数也叫调制灵敏度，经常以调制阈或调制灵敏度的对数值为纵坐标，以空间频率为横坐标来表示其空间频率特性曲线。空间频率是指单位长度内按正弦分布的明暗相间条栅(线条) 的数目 —— 线对 / 毫米(lp/mm)，对视觉系统的空间频率特性，常用 1° 视角内所包含的明暗条栅数目 —— 线对 / 度(lp/(°)) 或周 / 度(周 /(°))—— 作为空间频率的单位。在眼视光学中多将调制(对比) 灵敏度与空间频率的关系称作对比敏感度函数(CSF)，并用来评价视觉矫正质量。

2. 视觉系统各部分的 MTF

图 29-39[10] 是视觉系统各部分的 MTF 曲线。其中，T_e 为眼折光系统的 MTF，T_r 为网膜本身的 MTF，T_{r-b} 为网膜到大脑(信息处理系统) 的 MTF。如果认为它们相继成像，则有 $T_e\ T_r\ T_{r-b} =$ 视觉系统的整体 MTF。此关系式常在已确定了视觉系统整体 MTF 和 T_{r-b} 之后来求眼折光系统的 MTF(T_e)，因为这样得到的 T_e 比直接测量得到的更精确。同时，从图中可以看到，T_e 和 T_r 在中低频部分有明显的下降，特别是 T_e 将随瞳孔的扩大而降低。而 T_{r-b} 曲线呈带通型，正是在 T_e 和 T_r 下降明显的部分具有峰值，且有较高的 MTF 值。这可以看成是对 T_e 和 T_r 予以足够的补偿，使全体 MTF 不至于过低。

这些曲线的逆傅里叶变换即为各自的线扩散函数，如图 29-40 所示。其中，网膜-大脑部分的线扩散函数在周边部分为负值。这应该是感受野抑制效应所致，它将对眼折光系统和网膜的线像扩散予以一定的补偿，起到防止最终所知觉的像质恶化的作用。

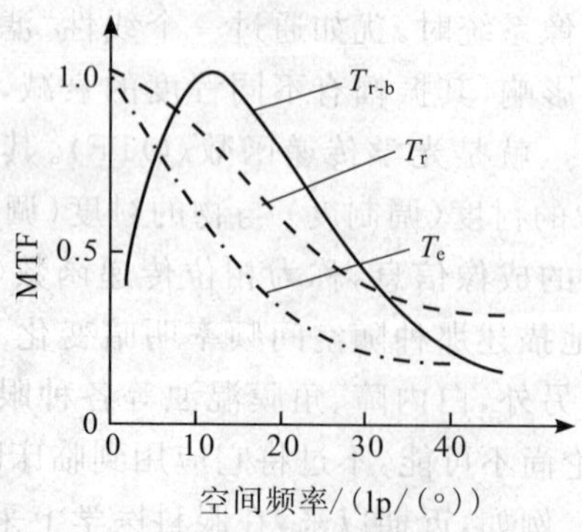

图 29-39 视觉系统各部分的 MTF 曲线

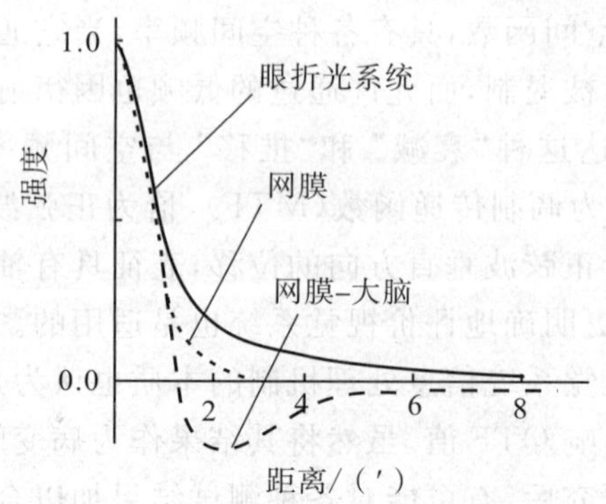

图 29-40 视觉系统各部分的线扩散函数

3. 视觉系统 MTF 曲线及其影响因素

(1) 亮度和照度

当 $\overline{B}$ 或与其对应的网膜照度超出韦伯定理的范围时，将不是一个定值，则 MTF 也将随不同的 M_l 或网膜照度有明显的差别。各种平均亮度下的调制阈曲线如图29-41[22]所示。随平均亮度的降低，调制阈曲线从带通型变到低通型。图29-41是我国研究者的测试结果，认为低亮度时也是带通型。在相当于日间照明时，曲线一般在3 lp/(°) 处具有峰值。夜间场合峰值左移，到 10^{-4} cd/cm² 时峰值约在 0.9 lp/(°) 附近。

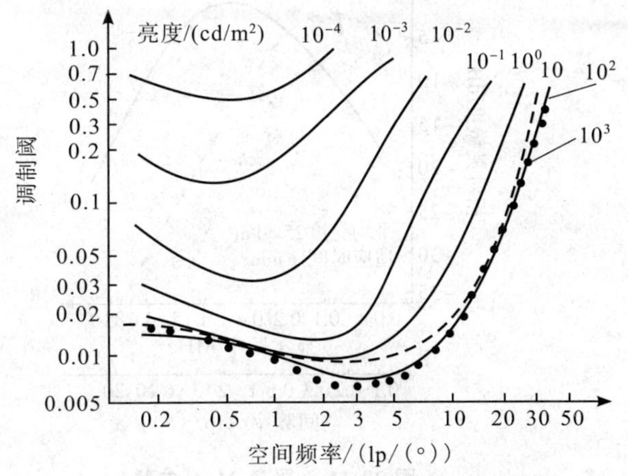

图 29-41　各种平均亮度时的调制阈曲线

从图中可以看出，当平均亮度提高到 100 cd/cm² 以上时，曲线基本上没有变化，此时也相当于韦伯定理的亮度范围。因此，从视觉系统 MTF 角度来考虑目视仪器的像场亮度时，可以选择在 100 cd/cm² 左右。

图 29-42 是不同网膜照度时的 MTF 曲线[23]。用网膜照度作参量，能将瞳孔大小也考虑进来。因为

$$1\ \mathrm{Td} = 1(\mathrm{cd/m^2}) \times S_e$$

Td(楚兰德) 为网膜照度单位，cd/m² 为亮度单位，S_e 为瞳孔有效面积。

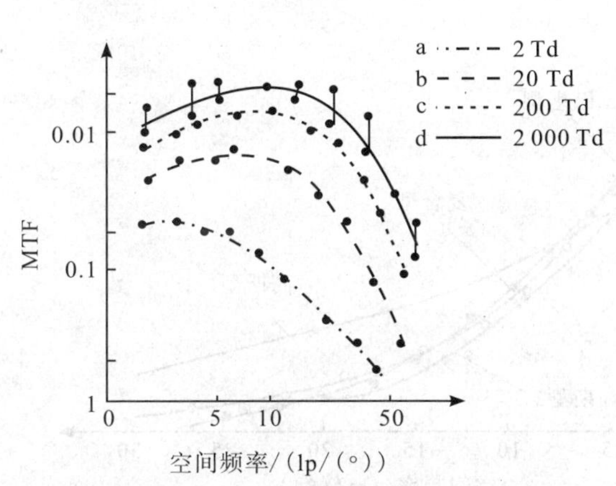

图 29-42　各种网膜照度时的 MTF

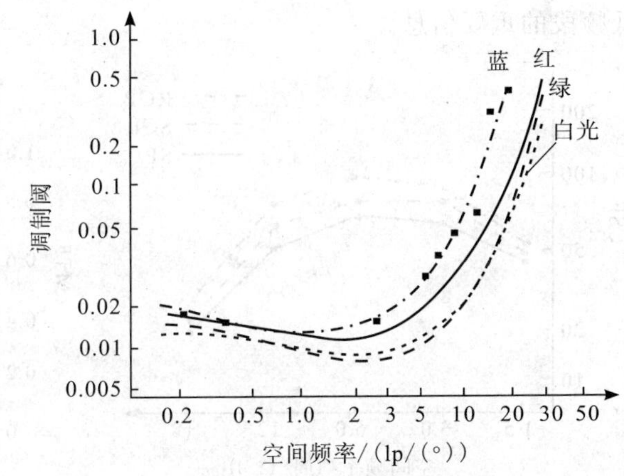

图 29-43　不同色光的调制阈曲线

(2) 色光和色对

图 29-43[22] 是不同色光的调制阈曲线。可见，色光对调制阈影响不大，特别是绿光和白光的更接近。

当正弦分布的目标物(实验板) 亮度保持不变而具有不同的色度差别时，会发现各种不同色对情况下的 MTF 曲线比明暗场合有显著的区别(见图 29-44)。

(3) 时间频率

视觉 MTF 随时间的变化也有一定的规律。图 29-45[24] 是在正弦分布物亮度保持一定的情况下，明暗条纹被周期反转，或用明暗相反的另一块正弦实验板周期性地交替提示给受验者而得出的 MTF 曲线。可见，随时间频率的提高，MTF 从带通型变为低通型，同时，高频部分的 MTF 值下降。

(4) 视觉矫正

当人眼的光焦度和像差等因素在改变时，自然会影响成像质量的变化，这一变化可从 MTF 曲线表达出来。例如，如图 29-46[25] 所示，对某一近视患者用 3 种方式 —— 配戴框架眼镜(SP)、软性角膜镜(SCL) 和硬性角膜镜(RGP)—— 进行视觉矫正时，分别测出其对比灵敏度曲线(CSF)。3 种方式的不同矫正效果，呈现不同的光焦度和像差状态，使 CSF 曲线产生变化。

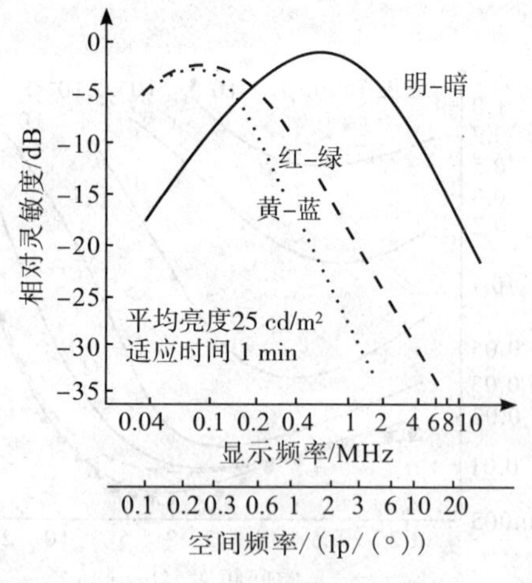

图 29-44 彩色 MTF 曲线

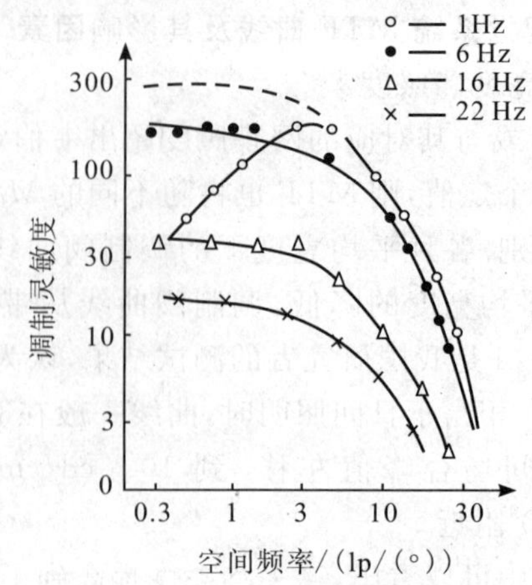

图 29-45 以时间频率为参量的 MTF

4. 视力与 MTF 的比较

从视力的定义和概念可知，它只表达人眼在目标物的亮度分布处于高对比状态下能分辨细节的能力，而忽略了外界目标结构及各种对比度的信息。因而，它所表达的视觉特性有一定的局限性。同时，就正常眼的 1′ 视角(或 1.0 的视力)而言，相当于能分辨的空间频率是 30 周 /(°)，而对评价视觉质量有价值的频率(从图 29-46 的实例看)，却是 3 ~ 18 周 /(°)。显然，用"视力"—— 分辨极限 —— 来评价视觉功能和视觉质量，失去了中低频段的重要信息。

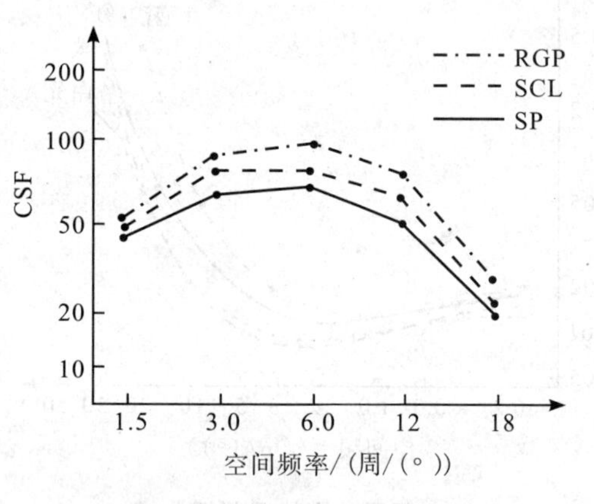

图 29-46 3 种矫正方式下的 CSF

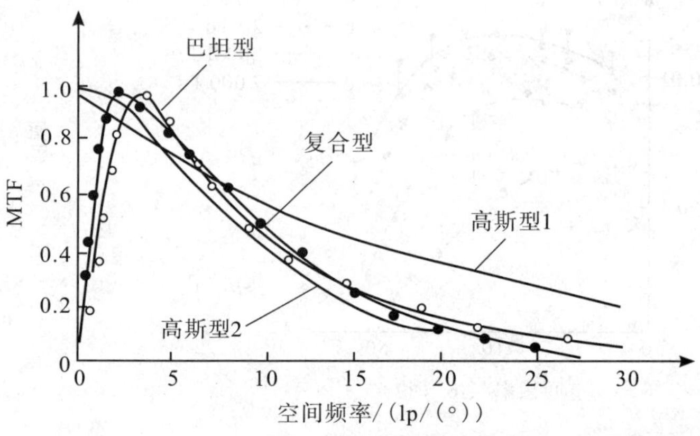

图 29-47 几种视觉系统 MTF 模型

5. 视觉系统 MTF 模型

人眼视觉系统的 MTF 不仅是空间频率的函数，而且又与人眼瞳孔尺寸、显示亮度等因素相关联。为研究人眼与实用光学系统的匹配问题，研究人员建立了一些数学模型来拟合视觉系统的 MTF。在几种典型的模型中，巴坦(Barten)型和复合型考虑了网膜的特性及多种参量，被认为更符合人眼的视觉特性。图 29-47[26] 是几种拟合人眼视觉模型的 MTF 曲线。

6. 鲜锐度及其评价公式[27]

对于照相图片和电视图像等的像质评价，心理因素是较为主要的，基本上有灰度(阶调)、鲜锐度和噪声等几项指标。

灰度是对包含在图像整体上亮度级的心理印象，物理上用图像的灰度等级表示。鲜锐度是图像细节部分明度、对比度的心理印象，物理上用分辨极限和 MTF 表示。噪声是对图像模糊程度的心理印象，物理上用底片或荧光屏的性能表示。这些心理因素的综合效果产生出对图像质量"好"或"坏"的判断。一般说来，灰度对像质影响大约是鲜锐度的 2 倍，但对于灰度相同又无噪声(或噪声小而可以忽略)时，鲜锐度即为主要的评价指标。

要对鲜锐度进行评价，自然要将图像系统的 MTF 与视觉系统的 MTF 考虑在一起。但是具体方式尚未实现标准化。历来发表过的鲜锐度表示方法有以下几种评价式：

(1)SMT 锐度

SMT 锐度即系统调制传递锐度，其表示式为

$$S = 110 - 21\lg \sum (200M_i/A_i)^2 \tag{29-13}$$

式中，i 为图像系统各组成部分的数目号；M_i 为以网膜为基准，图像 i 的倍率；A_i 为图像 i 的 MTF 面积。

常数 21 是由鲜锐度的察觉差阈值确定的。110 和 200 是由 $S > 90$(鲜锐度非常好)、$S > 80$(鲜锐度良好)和 $S > 70$(一般好) 时确定的心理常数。

(2)CMT 锐度

CMT 锐度即级联调制传递(cascaded modulation transfer) 锐度，其表示式为

$$S = K + k\lg A/A_{\mathrm{R}} \tag{29-14}$$

式中，K 和 k 是心理常数(参照 SMT 式的系数)。此式在考虑图像系统和视觉系统的 MTF 与倍率的同时，又进行了连乘得出 A。全系统的 MTF 为

$$\mathrm{MTF}_{\mathrm{sm}}(N) = \mathrm{MTF}_1(N)\,\mathrm{MTF}_2(N) \tag{29-15}$$

而

$$A = \int_0^{\infty} \mathrm{MTF}_{\mathrm{sm}}(N)\,\mathrm{MTF}_{\mathrm{v}}(N)\,\mathrm{d}N \tag{29-16}$$

式中，$\mathrm{MTF}_1(N)$ 和 $\mathrm{MTF}_2(N)$ 为图像各组成部分的 MTF；$\mathrm{MTF}_{\mathrm{v}}(N)$ 为视觉系统的 MTF；A_{R} 为基准像面，例如 $\mathrm{MTF}_{\mathrm{sm}}(N) = 1$ 时的积分面积。

(3)MTF 平方评价式

对于照相图片之类，认为噪声有效带宽与鲜锐度高度一致，所以就用其有效带宽的表达式评价鲜锐度，即通过全系统 MTF 的平方($\mathrm{MTF}_{\mathrm{all}}^2$) 表示：

$$S = \int_0^{\infty} \mathrm{MTF}_{\mathrm{all}}^2(N)\,\mathrm{d}N \tag{29-17}$$

(4) 频率取对数的评价式

考虑鲜锐度在低频段比高频段有更大的权重，这便于将频率取对数表示，其评价式写为

$$S = \int_0^{\infty} \mathrm{MTF}_{\mathrm{all}}(\lg N)\,\mathrm{d}(\lg N) \tag{29-18}$$

式中，$\mathrm{MTF}_{\mathrm{all}}$ 是包括图像系统和视觉系统的整体 MTF。

(5)SQF 评价式

将(29-18) 式变形，积分域取有限带宽，则成为主观质量因子(SQF) 评价式：

$$S = \frac{1}{k}\int_{10}^{40} \mathrm{MTF}_{\mathrm{sm}}(\lg N)\,\mathrm{d}(\lg N) \tag{29-19}$$

该式认为，就鲜锐度而言，视觉系统仅在 10 ～ 40 lp/mm，范围内具有充分的灵敏度。截止频率高频取 40 lp/mm，表示视觉系统知觉细节的极限；低频取 10 lp/mm，表示小于 10 lp/mm 时对评价无多大影响。

该式取用有限的积分域代替对视觉系统 MTF 的积分，简化了计算，易被广泛采用。

(6) 相对信息容量的评价式

根据 CMT 式，又有几种变形的评价式。佐柳提出用接收器(此处应为视觉系统) 的 MTF 为权函数求积分的方法，定义了相对信息容量：

$$V = \frac{\int_0^{\infty} \mathrm{MTF}_{\mathrm{sm}}(N)\,\mathrm{MTF}_{\mathrm{v}}(N)\,\mathrm{d}N}{\int_{\infty 0} \mathrm{MTF}_{\mathrm{v}}(N)\,\mathrm{d}N} \tag{29-20}$$

贝德曼改成

$$S_0 = \lg \frac{\int_0^{\infty} \mathrm{MTF}_{\mathrm{sm}}(N)\,\mathrm{MTF}_{\mathrm{v}}(N)\,\mathrm{d}N}{\int_0^{\infty} \mathrm{MTF}_{\mathrm{v}}(N)\,\mathrm{d}N} \tag{29-21}$$

安田等人又考虑了图像系统的灰度复现特性的梯度 r_m 和视觉系统明度对主观亮度的梯度 r_B，提出了下面的评价式：

$$G = \lg \frac{r_m r_B \int_0^{\infty} \mathrm{MTF_{sm}}(N)\,\mathrm{MTF_v}(N)\,\mathrm{d}N}{r_{B0} \int_0^{\infty} \mathrm{MTF_v}(N)\,\mathrm{d}N} \tag{29-22}$$

式中，r_{B0} 表示基准条件下的 r_B。

（四）图像的感觉、知觉与识别

视觉对来自外界空间信息的光刺激而产生的兴奋过程为视感觉，对所发生的刺激的认识过程为视知觉；伴随感觉和知觉再通过视觉的心理过程，完成对空间信息——图形或图像——的识别。这当中令人们关注的有多种现象。

1. 轮廓突出

当点、线构成的图形与背景有鲜明的明度级差时，就可界定出轮廓来。当观察明暗突变区域时，就会发生前述的马赫现象，即其亮-暗交界处对比增强，形成所谓的马赫带。如图 29-48(a) 所示，在黑白交界处，黑的显得更暗，白的显得更亮，在黑地中的白方块和白环带尤为明亮，其实它的亮度与纸面是相同的。这一视觉的主观效应是物理上不存在的，称作轮廓突出。

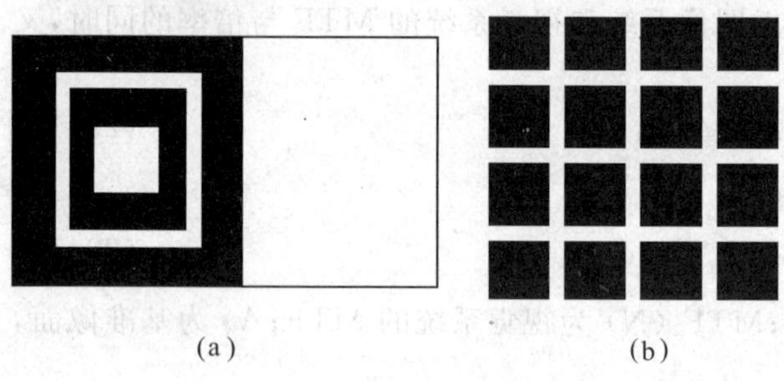

(a) (b)

图 29-48 轮廓突出

对这一现象多用侧向抑制来解释（参见图 29-28）。图 29-48(b) 中黑白交叉的地方，会发生时而隐现的灰色小斑点。这是相邻的白线条和黑方块同时受各自的侧抑制作用的综合结果。

另外，虽然说轮廓是因明度级差界定，但在某些场合，即使没有明度差别，人们也能认出轮廓图像。对这种轮廓知觉的认识，被称作主观轮廓或错视轮廓。如图 29-49(a) 所示，3 个带缺口的黑斑和 3 个角组合在一起。很显然，人们看去都会认定是一个白三角形压在一个黑线三角形之上，而该白三角形被认定是有边界的。这就是典型的主观轮廓。

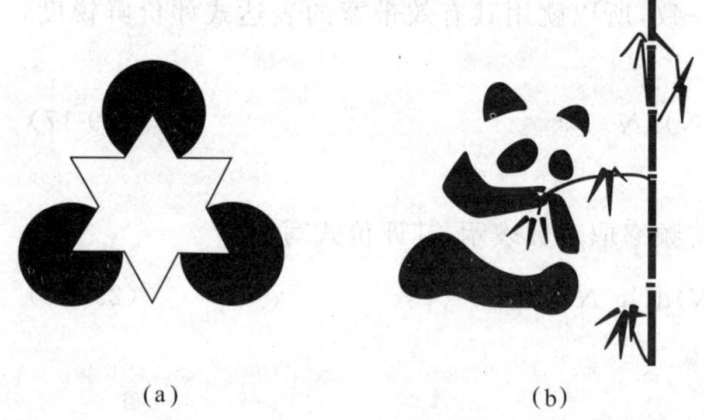

(a) (b)

图 29-49 主观轮廓

这种主观轮廓现象，在生活中是屡见不鲜的，例如在中国水墨画中经常被运用。如图 29-49(b) 所示，几块黑斑组合起来，本来并不完整，也不连贯，可是（对见过大熊猫的人）看上去，便会主观地给“勾画”出轮廓来，识别出是可爱的大熊猫。同样，竹节的画法也体现了主观轮廓现象。

2. 多义图

以上是关于具有一定轮廓的图形对应于视觉产生一定的主观图像。但在某些场合，客观的轮廓信息，在视觉识别中，并非对应唯一的图像。如图 29-50 所示，是一组勾画出的线条，周围没有任何其他信息参与和影响。当凝视画面时，时而被看成是一只大耳朵长尾巴的老鼠，时而是一个带着眼镜的光头。这种主观的效应被称作多义图识别。

图 29-50 多义图

图 29-51 是几种常见的几何错视。其中，A 中的 1、2 线段等长，但因有箭头的比对，感觉 2 的长度大于 1；B 中的 $a=b=c$，但主观的效果是 $a \neq b$；C 中的 1 和 2 本在同一直线上，但看起来却错移到 3 上；D 中 a、b 线平行，却被看成是弯曲的；E 中的黑圆和白圆尺寸相同，但主观印象是黑地白圆比白地黑圆稍大。

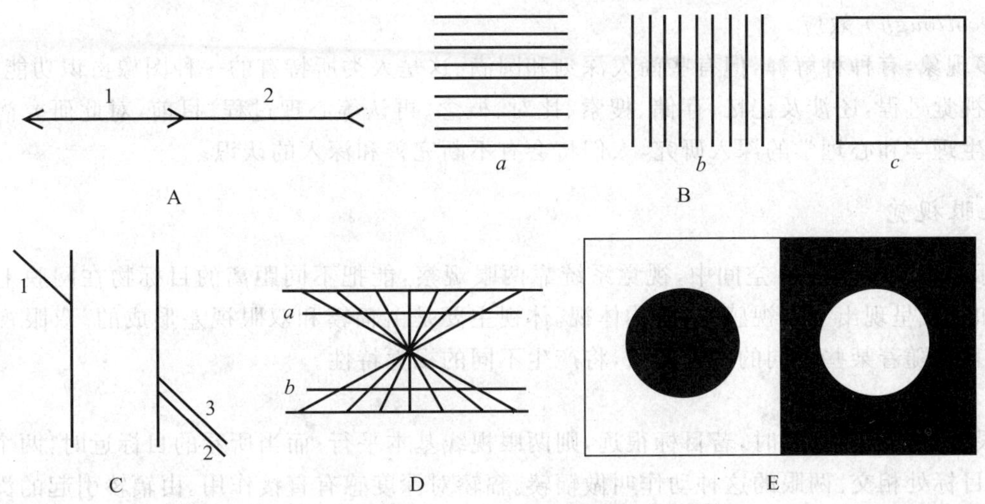

图 29-51 几种几何错视图

3. 错视

错视，是人们接受外界空间光信息时，由于某些信息的参照或比对，加上人的主观经验因素，使之对客观图像得出错误的感知和判断。人们注意最多的是几何图形的错视。此外，还有明暗错视、颜色错视、面积错视、远近错视，等等。

4. 图形后效

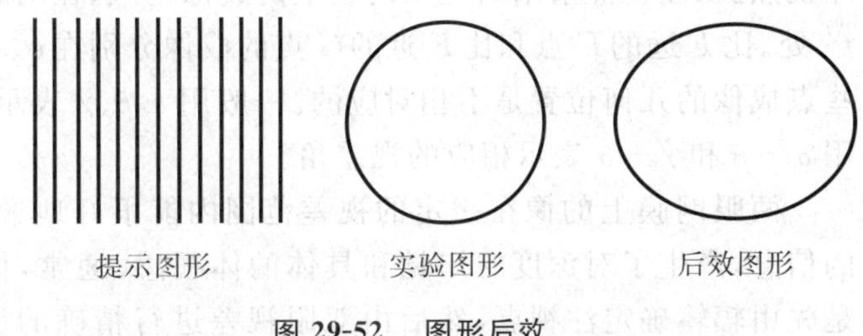

图 29-52 图形后效

图形后效现象也是一种视觉的错误认知和判断。最简单的例子是：先注视一条曲线，看了一段时间之后，马上再看一条直线，该直线被看成向曲线的反方向弯曲了。这种错觉，不是受其他信息同时参与和比对的影响，而是先提示了某种信息，经适应、记忆、存储…… 在此条件下产生的错觉被称作图形后效。如图29-52 所示，先注视左边的提示图形，一两分后，再看中间的圆形，此时圆形被看成了椭圆形。

5. 图形掩盖

在某种条件下，人眼受到的一个刺激（如图形）会受到同时另一种刺激的影响而发生知觉变化。如前一个刺激为目标刺激，后一个刺激为掩盖刺激，则在掩盖刺激的影响下，目标刺激会受到掩盖而感觉不到，或感觉失真、无结构等。这种现象或效应就是图形掩盖。

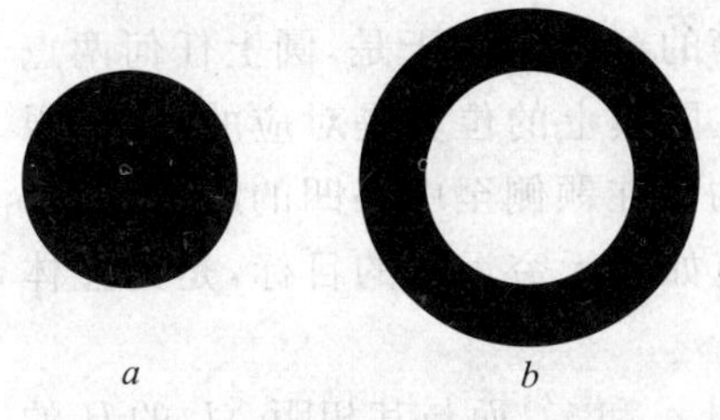

图 29-53 图形的掩盖

如图 29-53 所示，黑色圆斑 a 是目标刺激，黑地白色圆斑 b 为掩盖刺激。先呈现 a，再放置 b，则黑色圆斑 a 会被白色圆斑 b 所掩盖；因 a 和 b 大小相同，于是 a 被掩盖而感觉不到。

6. 色后像及麦克洛效应

人眼接收光刺激一旦停止时，人脑中仍然存留以感觉形式的痕迹，这就是后像。后像分正、负两种。后像感觉的性质与实际刺激相同的为正后像，而与实际刺激相反的为负后像。人眼对颜色光的后像属负后像的性质，通过颜色理论的三色说可以解释它是适应光的近似补色。

人眼对颜色和形状的刺激具有一定的选择性，表明视觉系统中的颜色通道和空间频率通道是彼此独立的，各自对颜色和形状反应做出独立的选择。同时，对颜色和形状的特殊组合具有一种特异性的选择性反应。例如，在一个垂直方向的光栅上放上红色滤光片，在一个水平方向的光栅上放上蓝色滤光片，当人眼对这种不同颜色、不同方向的光栅适应后，再看一个白色的光栅。这时会发现白光栅的后像的性质将决定于白光栅的方向，即白光栅垂直放置时会得到蓝色后像，白光栅水平放置时会得到红色后像。这种选择性的反应被称作麦克洛(*Mecollough*)效应。

以上诸多现象,有种种解释,但有些尚欠深刻和圆满。这是人类所特有的一种图像再识功能,它不仅包括感觉、知觉等视觉过程,还涉及记忆、存储、搜索、比对、概念、再认等心理过程。目前,对此研究尚处于初级阶段,随着实验生理学和心理学的深入研究,人们将会有不断完善和深入的认识。

(五) 双眼视觉[28]

外界目标处于三维(立体)空间中,视觉系统靠两眼观察,能把不同距离的目标物在网膜上形成的二元像获取深度知觉或呈现出立体视感觉,简称体视。体视主要是由辐辏和双眼视差形成的。双眼视觉不仅展现体视功能,而且伴随着某些不同的物理刺激,将产生不同的视觉特性。

1. 辐辏

当用两眼凝视某一目标物时,若目标很远,则两眼视线基本平行;而当所看的目标近时,两个眼球便向内旋转,视线在目标处相交。两眼的这种动作叫做辐辏。辐辏对深度感有直接作用。由辐辏引起的深度感对近距离 20 m 以内有效,对远距离其效果显著减小。

2. 双眼视差

由于两眼瞳孔在水平方向上有一定的距离(目距),所以目标物在左右两眼网膜上的成像是不完全一样的,一般要产生错移。这种错移或差异叫做双眼视差。如图 29-54 所示,当目视 F 点时,双眼视线交于该点,又称注视点。从注视点射来的光在网膜上的成像,分别在两眼网膜中心凹 f 和 f' 处。比 F 远的 E 点和比 F 近的 G 点的成像分别在 e、e' 和 g、g'。显然,这些点成像的几何位置是不相对应的。一般用 α、β、γ 表示会聚角或辐辏角,用 $\alpha-\beta$ 和 $\gamma-\alpha$ 表示相应的视差角。

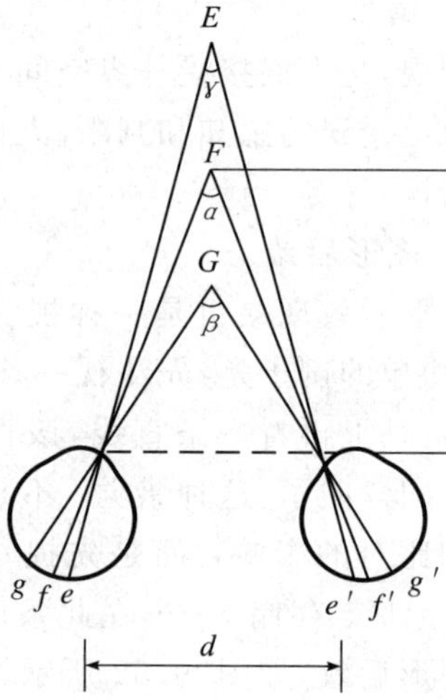

两眼网膜上的像在一定的视差范围内能很好地融合成,而构成深度的信息,产生了对深度的知觉和具体的体视感。通常,体视过程可以看成是先由辐辏确定注视点,然后由双眼视差进行精确的深度判断这样两个阶段,才在较宽的范围内得出正确的体视感。

图 29-54 辐辏角与双眼视差

3. 深度灵敏度及其分辨阈

作为深度知觉的评价尺度,定义深度灵敏度为

$$\text{深度灵敏度} = L/\Delta L \tag{29-23}$$

式中,L 为观察距离,ΔL 为深度分辨阈。

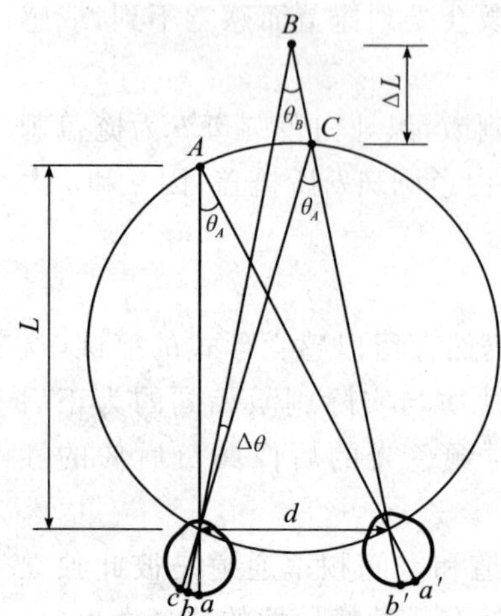

图 29-55 双眼视差与运动视差

如图 29-55 所示,A 和 B 是相距双眼 L 和 $L+\Delta L$ 的两个观察点。通过注视点 A 和两眼节点作圆,d 为目距。该圆叫做单视圆(维特-缪勒圆),圆上的任何一点对双眼的会聚角是恒等的,都是 θ_A。于是,圆上任何两点的双眼视差 $\Delta\theta=0$,两眼所形成的像在网膜上的位置是对应的,即一眼的像在鼻侧至中心凹的距离与另一眼的像在颞侧至中心凹的距离相等。于是,看圆上的目标(如点 A 和点 C)宛如看无穷远时的目标,是无立体感或深度感的两眼的单视。

令圆上点 A 的像在网膜的中心凹处 a 和 a',而与其相距 ΔL 的 B 的像为 b 和 b'。显然,两眼网膜上的像 $\overline{ba}$ 和 $\overline{b'a'}$ 的差异即双眼视差,用角度表示时(在图中画辅助线 —— 虚线)即为 $\Delta\theta$。

$$\Delta\theta=\theta_A-\theta_B=\arctan\frac{d}{L}-\arctan\frac{d}{L+\Delta L} \tag{29-24}$$

当观察距离 L 足够远时,可作如下的近似:

$$\Delta\theta=\theta_A-\theta_B=\frac{d}{L}-\frac{d}{L+\Delta L}=\frac{d\Delta L}{L^2+L\Delta L} \tag{29-25}$$

经过简单的代数变换，得到深度分辨阈：

$$\Delta L \frac{\Delta\theta L^2}{d-\Delta\theta L} \qquad 或 \qquad \Delta L \approx \frac{\Delta\theta L^2}{d} \tag{29-26}$$

据定义，则有

$$L/\Delta L = \frac{\alpha}{\Delta\theta L} - 1 \tag{29-27}$$

此即深度灵敏度的表达式。

亥姆霍兹等众学者经观测试验证明，双眼视差对深度差别的辨别是有足够高的精度的，对应深度分辨阈的视差角阈值 $\Delta\theta_T$ 可达到 $10'' \sim 8''$。当 $\alpha = 64$ mm，$\Delta\theta = \pm 10''$ 时，部分分辨阈值 ΔL 的值列于表 29-12 中。$\Delta\theta$ 取正值时，ΔL 为远端阈值；$\Delta\theta$ 取负值时，ΔL 为近端阈值。

表 29-12　深度分辨阈值

视距 L /m	0.25	0.75	2	8	25	100	400	1 333
远端 ΔL/cm	0.004 7	0.042	0.3	4.8	48	811	17 143	∞
近端 ΔL/cm	0.004 7	0.042	0.3	4.7	46	698	9 231	66 633

从表 29-12 可见，远端阈值 ΔL 随视距的增加迅速变大，直至为无穷大。在一定的 d 和 $\Delta\theta$ 的条件下，存在一个刚好能与无穷远目标物加以分辨的距离，该距离即为体视半径 L_t。此时视差角为阈值 $\Delta\theta_t$，可近似为会聚角。如取 $d = 64$ mm，$\Delta\theta_t = 8''$ 时，则有

$$L_t = \frac{d}{\Delta\theta_t} \approx 1\,650(\mathrm{m}) \tag{29-28}$$

亦即对于超出 1 650 m 以外的物体，无法凭借双眼视差来判别远近或不再有深度的知觉。

4. 深度知觉的其他因素

1）调节。晶状体曲率半径和厚度的变化，可以使不同距离的目标物在网膜上成像，并获得一定的深度感。但这个距离不很大，一般局限在 2 ～ 3 m 以内。

2）网膜像大小。设目标物的大小为 S，观察距离为 L，网膜像的大小由辐辏角 $\theta_S = S/L$ 决定。即物的大小一定时，网膜像的大小与不同距离成反比。这样，网膜像的大小便反映出距目标物的远近，或者说反映出深度感。

考虑分辨阈 $\Delta\theta$ 与 S/L 成反比，当用 1.8 m 正方形视标进行测试时，得到 $\Delta\theta = 4\%$，其深度灵敏度曲线如图 29-56 所示。

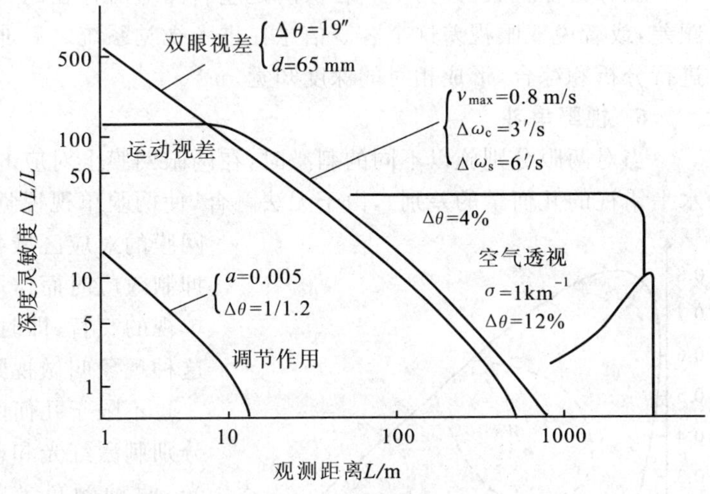

图 29-56　深度灵敏度的距离特性

3）运动视差。在行驶的火车中向窗外看去时，近处物体一掠而过，远方物体感觉像基本不动或动得很慢。这反映了物体运动速度与观察距离有一定关联，或者说运动速度对判断物体远近有一定联系。当移动一个物体，同时有单眼注视另一个静止物时，刚好可以看成图 29-55 中的两眼位置方向上单眼在随时间移动。于是，双眼视差就可以看成由单眼按时间进行变化而产生的。这种视差叫做单眼运动视差。单眼运动视差引起的深度灵敏度的距离特性如图 29-56 所示。运动视差的速度分辨阈通过辐辏角的角速度来表示。其深度灵敏度为

$$\frac{L}{\Delta L} = \frac{v}{\Delta\omega L} - 1 = \frac{\omega_L}{\Delta\omega} - 1 \tag{29-29}$$

式中，v 为运动速度，$\omega_L = \dfrac{v}{L}$，$\Delta\omega$ 为运动视差速度分辨阈。

$\Delta\omega$ 数值因人而异，$\Delta\omega$ 的取值范围从每秒几度至 $10°/s$。

4) 空气透视。由于大气中的微小颗粒对光产生散射和吸收等原因，使远方物体的对比度随距离而改变，以至使更远的目标物与其背景达到同样的亮度。这样，造成了从近到远的对比度下降的效果，使人感觉出远近感，这就是空气透视。若以空中为背景，距离为 L 的物体的对比度 C_L 定义为 $C_L=$（空中亮度－物体亮度）/空中亮度，则有

$$C_L = C_0 e^{-\sigma L} \tag{29-30}$$

式中，σ 为空气的散射系数，C_0 为至近距离的对比度。

通过对比分辨阈可以求出深度灵敏度。图 29-56 表示的曲线是 $C_0=1$，$\Delta C=\pm 1$ dB 和 $\sigma = 1\ \text{km}^{-1}$ 的情形。

据此，当空中烟雾浓（σ 大）时，更远的目标物就不易看清，而若空气十分透彻（σ 小）时，将减小空气透视的效果，则会降低深度感。

从图 29-56 可知，各种因素的距离特性中，双眼视差一般在 10 m 以内是十分显著的；运动视差在适当的速度下是有效的，特别是在远距离时比双眼视差还有效。对于非常远的场合，要得出距离的深度感，网膜像的大小和空气透视则是重要因素。

5. 空间频道、频差与体视

在近代，通过神经学研究发现，视觉皮质细胞对不同的空间频率有不同的感受性。视觉皮质把视觉图像在各个方位上分解为不同空间频率成分，分别由不同的视觉皮质细胞活动。这些细胞活动重新结合起来，就再现了原来的图形。这说明，在视觉皮质区内，不同细胞有不同的频率选择性。对此，心理物理学研究证实，人的视觉系统存在多个对不同空间频率敏感的通道，它们各自对不同空间频率具有选择性，每一个频道各有其最佳的"过滤频率"—— 中心频率，视觉系统对该中心频率的（调制）反差阈值增高。Wilson 等人[18] 的研究提出过 4 频道、6 频道和 7 频道说，其中 6 频道的中心频率（周 /(°)）是：

0.8， 1.7， 2.8， 4.0， 8.0， 16.0

在上述不同频道中，除反差阈值增高外，"频差" 能引发深度的感知。所谓频差，是指空间频率稍有差别的两张条纹图或光栅图，分别给人的左右两眼看，会感到有一排光栅斜立在视场中；高频一边离人近，低频一边离人远。这种倾斜效应是区别于双眼视差产生的一种体视 —— 由两眼频率差别引发的体视，从此提出了"频差"(diffrequency) 的概念。

在分析体视成因时，不容否认的是左右图对所存在的视差。而有研究[29] 表明，视差在频率域的反映即为频差，或者说双眼视差这个客观信息在进入视觉系统之后通过频率通道将表现为频差，然后在空间频率域内进行分析和综合，形成相对的深度知觉。

6. 视野争斗

当对两眼分别施以不同的刺激时，在两眼网膜上对应的区域里有性质不同的像（这种性质不同的像不是水平错视的几何量的差别），由于无法融合，使两眼单视视觉受到妨碍，导致两像中的一个消失。这样，两眼网膜的对应区域各以性质不同的两种信号向神经系统传递，于是抑制效应时而作用于左眼，时而又作用于右眼。结果引起左右两眼单视的交替，即时而看见右眼像，时而右眼像消失而看到左眼像。这种现象叫做视野争斗。

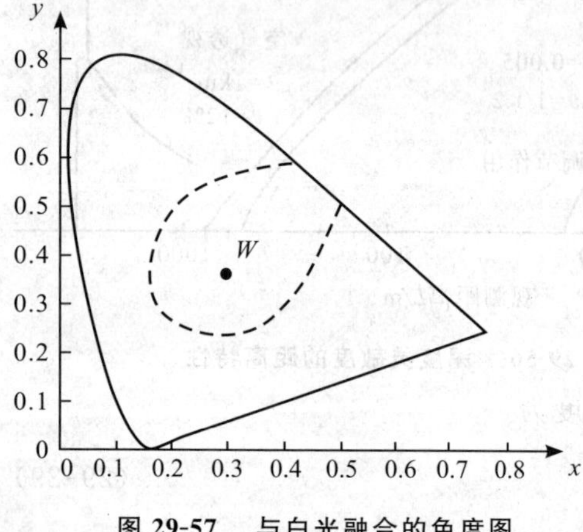

图 29-57 与白光融合的色度图

不限于几何图形，颜色的差异也会呈现视野争斗。例如，两眼分别刺激红光和蓝光，结果时而看见红光，时而红光消失又看见蓝光。两种颜色差异在一定范围内也会融合。佐川和池田[30] 以 7 400 K 白光刺激一个单眼，另一个眼接受各种不同的颜色，当融合的概率 $\geqslant 50\%$ 时融合的色度范围可以用色度图来表示，如图 29-57 所示。图中，W 是白光 7 400 K 的色度点，虚线围成的区域即为与 W 的融合范围。在此范围内各色光能在 50% 以上的概率下与白光融合。

当用不同波长的单色光分别刺激两眼时，可以确定出波长融合界限[31]。若右眼的刺激波长为 λ_R，左眼的刺激波长为 λ_L，改变 λ_L 可测定出不能融合时的波长差 $\Delta\lambda$（或融合界限）。一般情况下，$\Delta\lambda$ 为 10 ～ 60 nm。

7. 双眼图像差的允许范围[32]

从双眼视觉的功能和特性出发，两眼的图像差异可保持在 5% ～ 10% 以内。具体的有如下范围：

1）图像大小的差别。几何图形在 5% 之内。差别在 1% ～ 2% 时会引起眼的疲乏，3% ～ 4% 时双眼视觉会发生障碍，5% 以上时不能建立体视感。对于其他图形差异可保持在 10% ～ 15%。

2）亮度差别。30% 以内。

3）色度差别。以最敏感的波长 580 nm 考虑，允许在约 ±15 nm 以内。

4）呈现时间。允许差在 20 ms 以内。

5）极限分辨率差别。在 10% 以内，对于较低频图像可达 30%。

四、时-空信息的视觉特性[33]

当外界的光信息按时间-空间的强度变化时，伴随物理刺激与生理机能的作用，将产生相应的视觉特性。

（一）视觉暂留

人眼观察到外界景物（图像），形成其图像视觉，而当停止光刺激或结束光作用，其图像视觉并不立刻消失，而是短暂停留（或后像），称此现象为视觉暂留 。对于中等亮度的刺激光，视觉暂留的时间约为 0.05 ～ 0.2 s。

（二）时间频率特性

1. 临界闪烁频率

如果按一定的时间间隔（频率），当用保持一定亮度和照射时间的刺激光刺激人眼时，人眼会感到闪烁。如果变换刺激光的频率，将能找到一个刚刚引起闪烁感觉的最小刺激频率，大于该频率时，光便会融合而感觉不到闪烁。该频率被称作临界融合频率或临界闪烁频率（CFF），以此表达视觉系统分辨时间能力的极限，或称时间分辨率。当刺激光在网膜中心处成像，一般达到 50 周 /s 以上时，将感觉不到闪烁。如果相继出现的光刺激交替地成像在视网膜的不同部位，而间隔的时间又足够短暂（小于 120 ms），则观察者所感知到的是刺激光在这两个不同部位之间具有连续性运动，称之为表观运动，与真实运动的感觉相比并无不同。这种表观运动现象便是构成电影放映效果的视觉机制。

该临界闪烁频率表达了视觉系统的时间特性，而它与刺激光或光源目标的空间频率也有关系，因此需将视觉系统的时间特性和空间特性作为统一问题来讨论。

2. 时间 MTF

参照视觉系统空间 MTF 的定义和思路，将空间频率改作时间频率，把光强按时间频率变化的正弦波 $B(t)$ 作为刺激光，即

$$B(t)=\overline{B}(1+m\sin 2\pi ft) \tag{29-31}$$

式中，$\overline{B}$ 为平均亮度，f 为时间频率，t 为时间变量，m 为正弦波的振幅。

通常采用阈值法来完成视觉系统时间 MTF 的测试。测试遵从如下假设：光刺激的调制振幅在向神经信息转换和向大脑中枢传递中衰减，当达到信号检测机构的阈值以下时，将察觉不到亮度的变化。该阈值不论频率如何，都是一定的。于是，将刚刚能察觉亮度变化时的刺激光调制阈值 m 作为时间频率求出，其倒数与时间频率的关系即为视觉系统的时间频率特性 —— 时间调制传递函数或时间 MTF。m 的倒数也叫做视觉系统的调制灵敏度。

如同空间 MTF 的高频处于截止频率时相当于视力（空间分辨率）一样，时间 MTF 高频段达到不能分辨闪烁的时间频率称作临界闪烁频率（CFF），即时间分辨率。

无论是在明暗还是彩色的情况下，时间 MTF 曲线都是带通型，而且随网膜照度（或相应的平均亮度）的不同而不同，相应的 CCF 也有很大差别。如图 29-58(a) 所示，除了网膜照度 0.06 Td 的以外，其他曲线都在

10 ～ 20 Hz 具有峰值，而在高频段 MTF 急剧下降，各峰值位置随网膜照度增大向高频方向移动。在低频段，MTF 也减小，无论网膜照度如何，基本上都会聚在 2 Hz 与阈值为 0.07 处。0.06 Td 曲线与其他曲线的不同，被认为是暗视觉即杆细胞体系的 MTF。从 CFF 的角度看，亮视觉或视锥细胞体系比视杆细胞体系有更高的闪烁频率。彩色场合，如图 29-58(b) 所示，不同色对的曲线比较接近，与明暗场合有明显差别，而且各色对的 CFF 大约是明暗的 1/5 ～ 1/3。

3. 空间图形与时间 MTF

图 29-59(a) 所示的是光刺激的空间图形以不同的型式得出的时间 MTF 曲线。在平均亮度相同而调制面积小时，高频响应下降，低频响应提高。小调制面积边缘模糊和同样面积边缘尖锐（清晰）的情况下，前者低频响应下降。

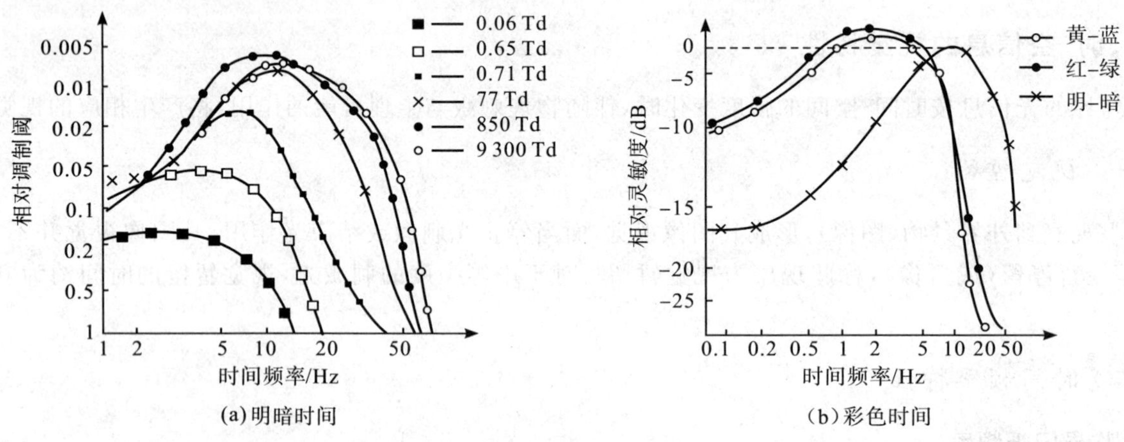

图 29-58　明暗时间、彩色时间的 MTF

当空间图形具有光栅形式时，时间 MTF 曲线有不同的表现。图 29-59(b) 是 0 频（无图形）和 3 lp/(°) 的矩形光栅相互反相调制，结果低频部分差别很大，高频部分基本一致。

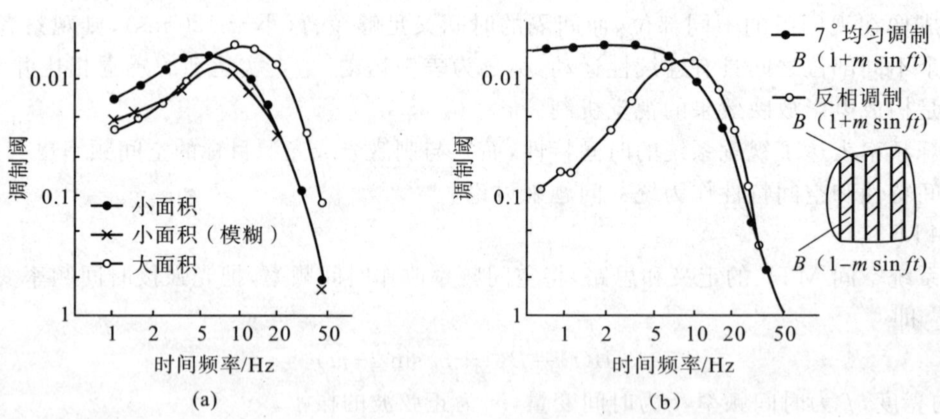

图 29-59　时间 MTF 随空间图形的变化

4. 颜色和时间 MTF

各种色光的时间 MTF 与白光的比较没有多大差别。但对各色觉机制分开测定时，如图 29-60 所示，时间 MTF 有了变化。在整个视标均匀调制的情况下，绿光(G)、红光(R)和蓝光(B)的时间 MTF 依次下降。图 29-61 是色光加以调制时的时间 MTF 曲线。其中，a 表示 R 和 G 的混色——Y(黄光)的亮度调制，b 表示 R 和 G 进行反相调制，c 表示在恒定的 Y 上加有 R 的调制。可见，a 与 c 在高频部分是相同的，a 与 b 在高频和低频相互有相反的特性。

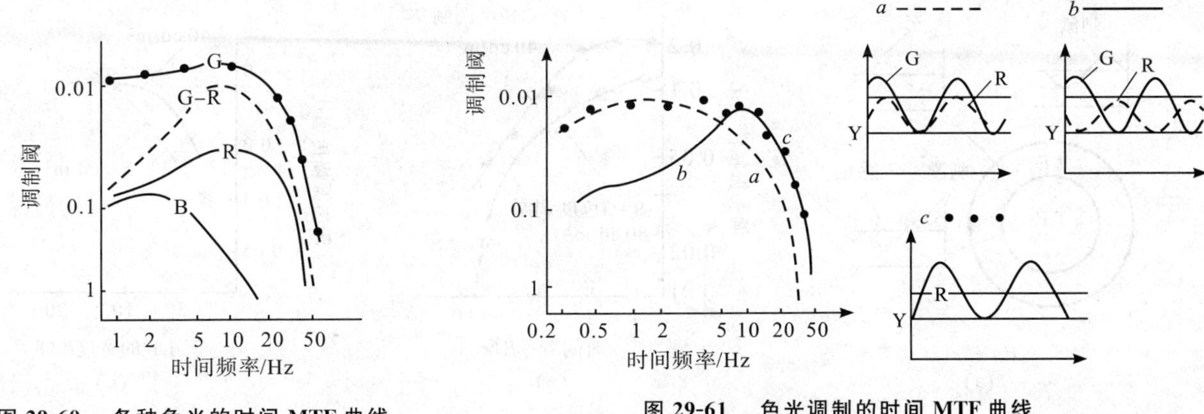

图 29-60 各种色光的时间 MTF 曲线 **图 29-61 色光调制的时间 MTF 曲线**

如将视标图形分成两半，分别进行亮度和色度的反相调制，其时间 MTF 如图 29-62 所示（表示正弦波参数的 m、f 和 t 分别为振幅、频率和时间参量）。其中，以黄色为中心的 R-G 色度调制比均匀的亮度 B 调制场合，其时间 MTF 曲线明显下降。

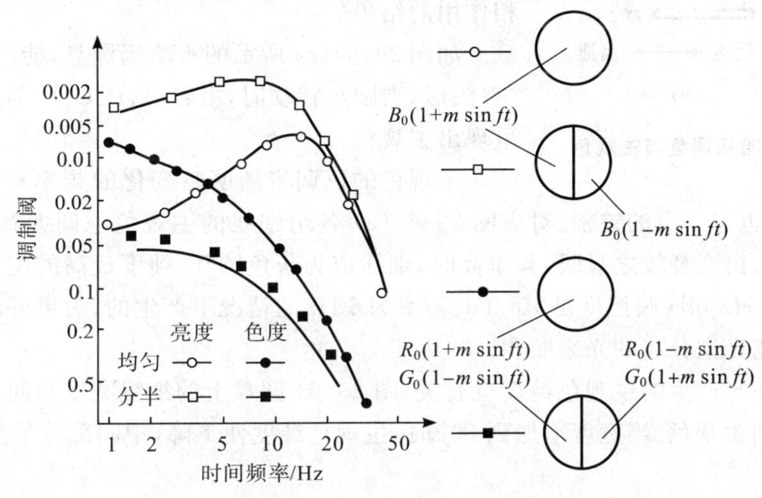

图 29-62 空间图形对时间 MTF 的影响

五、时-空诱导特性

1. 动场的同时对比现象

一个具有一定亮度和颜色的视标，当它的包围部分的亮度和颜色发生变化时，会察觉到视标明度与色度有变化。或者说当两种或两种以上具有一定亮度和颜色的视标并置时，将察觉到相邻的两视标的亮度和色彩会相互影响，彼此把各自的（亮度的）反相和（色彩的）补色加到另一方，这种现象叫做同时对比特性。在考虑时间调制时，有下述的动场同时对比现象：如图 29-63(a)所示，T. F 为试验部分，当包围它的部分 I. F 具有正弦调制的亮度时，从 T. F 部分感觉到的亮度刚好与 I. F 反相变化。这种现象叫做诱导效应，I. F 为诱导区域。这时，如果在 T. F 上加上一个与 I. F 同相的调制，则 T. F 的亮度变化逐渐被抵消，当抵消到 0 时，所加到T. F的刺激大小就作为时-空诱导效应的度量。

同样，对于色度变化也有这种效应。图 29-63(b)是明度与色度的诱导时间频率特性，其纵轴为调制传递比，即 I. F 调制振幅加到 T. F 上用来抵消诱导的调制振幅之比。图 29-63(c)是 I. F 的宽度对诱导效应的影响。明暗场合，I. F 宽达 10′以上诱导效应达到饱和，而彩色场合，I. F 宽度达 1.5°才开始饱和，这和色度 MTF 峰值的频率是明暗场合的 1/10 基本相吻合。

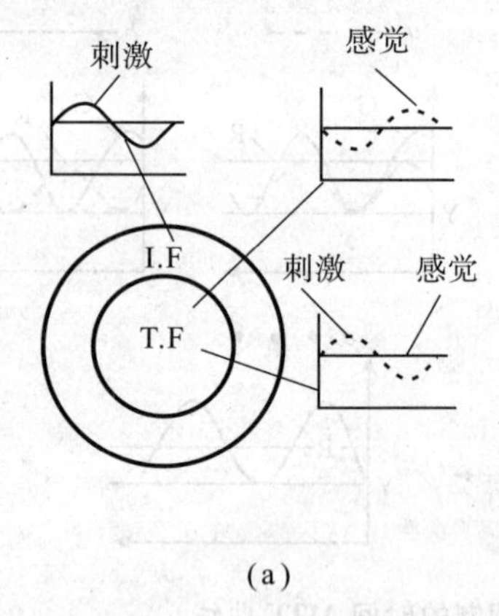

(a)

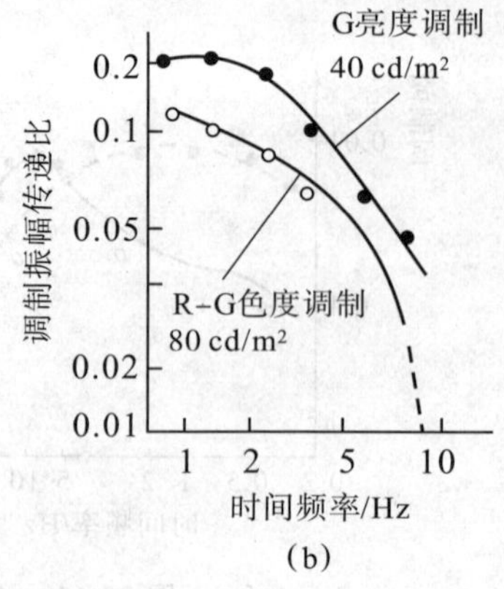

(b)

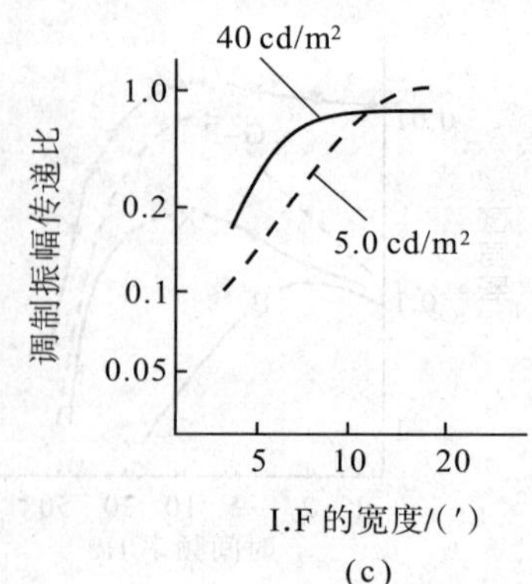

(c)

图 29-63　动场同时对比特性

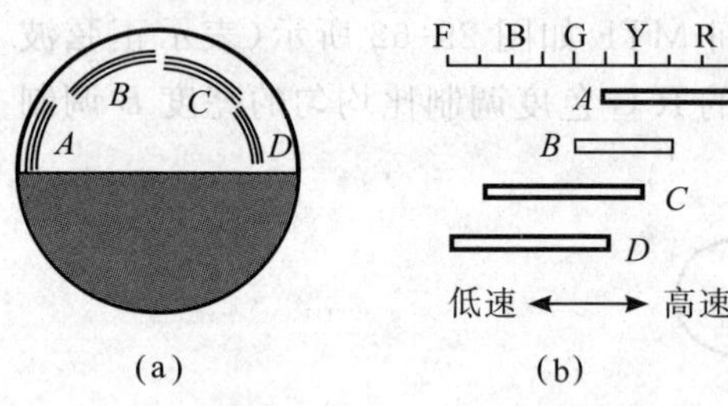

(a)　(b)

图 29-64　本哈姆圆盘与主观色

2. 主观色

当给以明暗的时-空刺激时，会发现有物理颜色以外的色，被称作主观色或费什涅色。这种现象是明暗空间图形和时间图形互相作用的结果。

如图 29-64(a) 所示的本哈姆圆盘，能产生高纯度主观色的时-空图形。当圆盘转动时，沿着 A、B、C、D 部分形成同心圆细线，并呈现出主观色。

主观色的色调将随明暗变化的频率和圆盘表面照度不同而改变，同时不同人之间也有一定的差别。对应图 29-64(a) 各组细线的主观色色调大致如图 29-64(b) 所示。明暗变化频率低时，黑、白交替较之显眼，频率高时，细线成为灰色圆环。纯度最高的主观色，是在圆盘照度为 300 lx、频率为 48 ～ 10 Hz 和网膜照度是 10^3 Td、频率为 6 Hz 的情况下产生的。为更好地看到主观色，可以用含有更多红光成分的宽光谱分布的光来照明。

背景上的图形尺寸与产生的主观色纯度也有关。图 29-64 圆盘上的细线宽度与间隔为 10′ 时，无论在黑线上和白地上都能看到主观色。当宽度增加到 50′ 时，主观色纯度便下降，中间部分呈黑色。

第四节　视觉光学测试技术

一、眼折光系统光学测试

(一)光焦度的测试

眼折光系统的光焦度(屈光度数)一般是指远点的会聚度。光焦度的测试是讨论、检查眼光学性能和矫正视力中的重要问题。主要有主观法、客观法和应用激光散斑效应等方法[34-37]。

1. 主观法

(1)折光异常的检验

准备好各种屈光度数的凸透镜和凹透镜，对近视眼和远视眼分别选配凹透镜和凸透镜放在眼前，看置于 5 m 处的视力表。在有最好的视力时透镜的屈光度数即为眼的光焦度。这种方法简易直观，但受验者的眼要有调节，而且测试时要不断地更换不同度数的透镜，易疲劳，不能准确判断视力。

(2)散光的检验

检验散光用的视标是如图 29-65 所示的辐射状图案。散光眼看它时，会在某一个方向上清晰，而在与其垂直的方向上模糊。这时，不断更换具有不同光焦度的柱面镜，直到同时能看清各方向的线条，即可确定散光的度数和散光轴的方向。

另外，也可采用交叉镜（见图 29-66）检验。该交叉镜是将镜片的两面分别做成凸柱面和凹柱面，两轴垂直而度数绝对相等。在“＋”轴和“－”轴中间 45°的地方安装一手柄。旋转手柄使交叉镜反转（常称捻转），则“＋”轴和“－”轴反转。受验者将此交叉镜放在自己眼前看视力表，边捻转边沿顺时针或逆时针方向转动交叉镜以确定镜轴。再加一片这种交叉镜或柱面镜来看视力表，当认为合适时便初步确定出散光轴的方向和散光度数。

图 29-65　检验散光用的视标

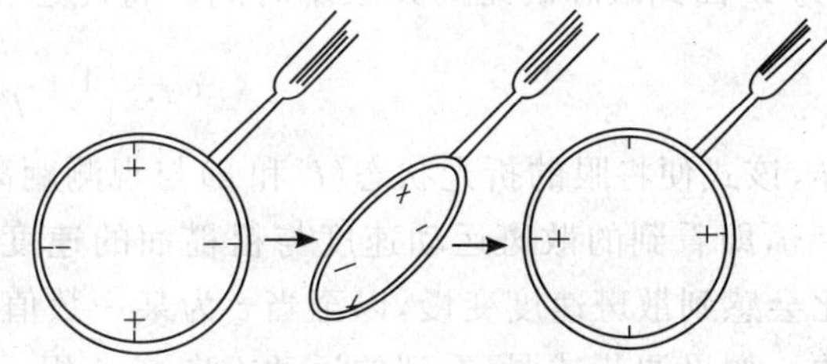
图 29-66　交叉镜检验法

2. 客观法

(1)检影法

检影法是检验眼光焦度或屈光不正的常用方法，在临床眼科被广泛采用。检验时用一个中心带有窥孔的反射镜 M，将从小孔光源发出的光线反射到被检眼 E 中（见图 29-67），检验者通过窥孔看到被检者眼瞳内的红光反射。

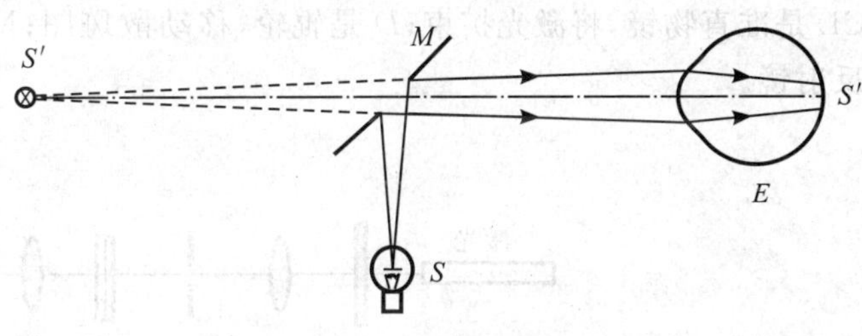

图 29-67　光影检验镜

移动反射镜时，入射到被检者瞳孔的光束移动，从眼底反射出来的光束在瞳孔内也会移动，检验者可以看到这种移动的“光影”。反射镜的移动方向与光影的移动方向相同时叫做“顺动”，反之叫做“逆动”。反射镜移动而光影不动时叫做“中和”。所谓中和实际上是检验者的瞳孔恰好位于被检者的远点处。检验者在被检者眼前置以适当的透镜，就可以改变光影移动的方向，并使之达到中和。此时如果被检者的眼无调节，则置于他眼前的透镜的屈光度数减去窥孔至被检眼距离的屈光度数就是被检眼的光焦度。

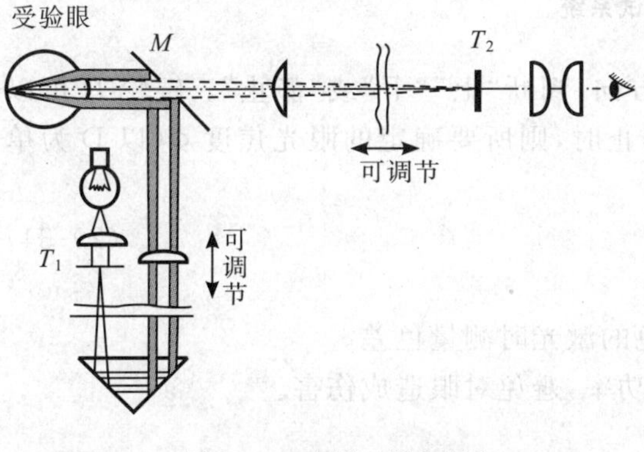

图 29-68　屈尔型屈光计

此方法方便简单，不需复杂的装置，一般在暗室内操作。但要得到准确的结果需要有熟练的技巧。对于儿童和老人常需要使用睫肌麻醉剂，以使眼调节松弛。

(2)屈光计法

用来观察目标物是否成像在受验者的眼底（网膜）上，并能测出其光焦度的光学仪器叫做眼屈光计。屈光计具有能在观察视场中排除角膜反射的影响、能在自然瞳孔下测定、能同时测散光等优点，操作方便，能定量测量，数据可靠，被广泛使用。

屈光计有多种类型，但就其光学原理而言，有代表性的是屈尔（Kühl）型。图 29-68 是屈尔型屈光计的原理图。它通过棱镜改变光路长度，使目标 T_1 在网膜上清楚成像，自网膜反射的光束通过反射镜 M 的中间孔到达 T_2，当看到最清晰的位置时，从棱镜移动的刻度读取屈光度数。

3. 激光散斑法

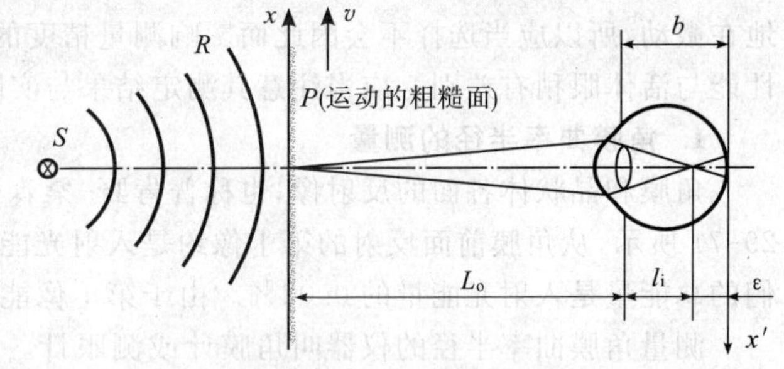

图 29-69　激光散斑法原理图

图 29-69 是激光散斑法的原理图，激光光源 S 发出

球面光波（半径为R），照射到粗糙表面P上。在P面上建立x坐标，并以速度v运动。眼睛固定，令网膜坐标为x'。由于激光在粗糙表面上干涉而产生散斑图，此图在受验眼的l_i处成像，此处距网膜ε。$\varepsilon>0$时为近视，$\varepsilon<0$时为远视，$\varepsilon=0$是正视。散斑图在网膜上的速度由下式确定：

$$\frac{\Delta x'}{\Delta t}=\frac{l_i+\varepsilon}{l_o}\left\{1+\frac{l_o^2}{l_i^2}\left(\frac{1}{R}+\frac{1}{l_o}\right)\varepsilon\right\}v \tag{29-32}$$

式中，l_o为P面到眼瞳的距离，t表示时间。将此速度折算到网膜上，为

$$v'=\left\{1+\frac{l_o^2}{l_i^2}\left(\frac{1}{R}+\frac{1}{l_o}\right)\varepsilon\right\}v \tag{29-33}$$

这样，该式便将眼的折光状态（l_i和ε）与观测距离（R和l_o）转换成散斑的运动。于是，正常眼时（$\varepsilon=0$），显然$v'=v$，即看到的散斑运动速度与粗糙面的速度一致。在$R>0$或发散状态下，当$\varepsilon<0$或远视时，与粗糙面相比会感到散斑速度变慢，以至当ε为某一数值时会处于$v'=0$，即尽管粗糙面在运动而看到的散斑却是不动的。如果调节减弱，看到的运动方向与v相反。当$\varepsilon>0$或近视时，看到的运动方向总是与粗糙面同向但速度增大。在$R<0$或会聚光场合，情况刚好与上述相反。

图27-70是实用测试系统的原理图。图中，F是滤光片，用来降低激光能量；S是快门，提供瞬时光束；CL是准直物镜，将激光扩束；D是辊轮，移动散斑图；M是反射镜；T是目标物；BL是辅助物镜；HM是半反射镜。

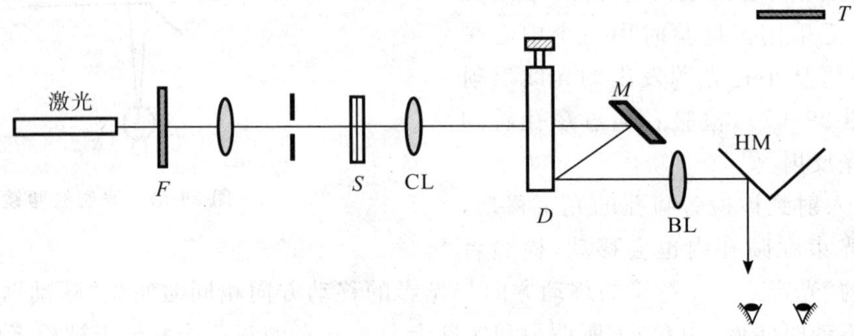

图29-70 利用散斑效应的测试系统

受验者凝视目标T的同时打开快门S，看到散斑颗粒流动方向，判断“上”“下”或“静止”。辊轮D可以轴向移动以改变散斑图到眼的距离。移动辊轮直到看见散斑静止时，则所要确定的眼光焦度Φ（以D为单位）通过下式计算：

$$\Phi=\varphi^2 l-\varphi \tag{29-34}$$

式中，φ为辅助物镜的光焦度，l为辅助物镜到辊轮中心的距离。

此方法除测光焦度外，还可以测量眼轴长以及改用不同颜色的激光时测量色差。

用此方法时，由于激光需进入人眼，所以要尽量降低激光的功率，避免对眼造成伤害。

（二）眼光学参数的测试[38]

关于眼光学系统的各部分光学参数的测定，受很多因素的约束。例如，活体眼并非完全静止，而是不时地在微动，所以应当选择不会因此而影响测量精度的方法。同时，尸体的或手术摘除的眼是静止的，其折光性能与活体眼稍有差别。应当注意其测定结果与实际情况有差异。

1. 角膜曲率半径的测量

角膜和晶状体各面的反射像，也称普肯野-桑森（Purkinje-Sanson）像，在眼光学测试中经常应用。如图29-71所示，从角膜前面反射的第Ⅰ像约是入射光能的2.5%。其他各面分别为第Ⅱ像、第Ⅲ像和第Ⅳ像，它们的总能量是入射光能量的0.02%。由于第Ⅰ像能量较多，易于测量，所以在角膜测试中经常采用。

测量角膜曲率半径的仪器叫角膜计或测眼计。它是利用角膜的反射性质来工作的，其原理如图29-72所示。在角膜前放置一个大小为h的目标物，经角膜反射成像h'。测出此h'的大小，就可计算出角膜的曲率半径r。设放大率为$m=h'/h$，通过相似三角形关系，求得$r=2mb'$，其中b'是目标物h至角膜焦点F'的距

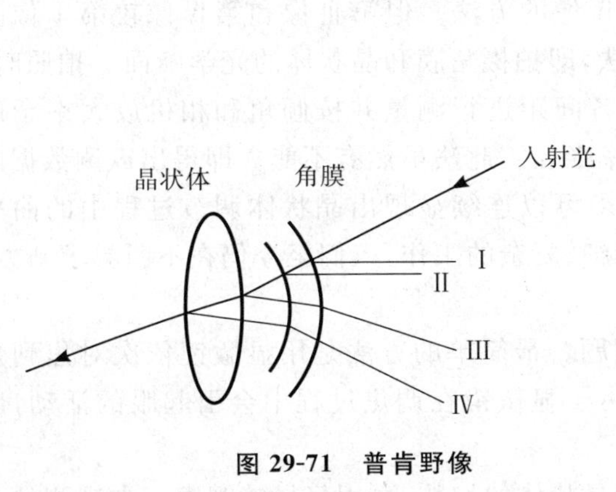

图 29-71　普肯野像

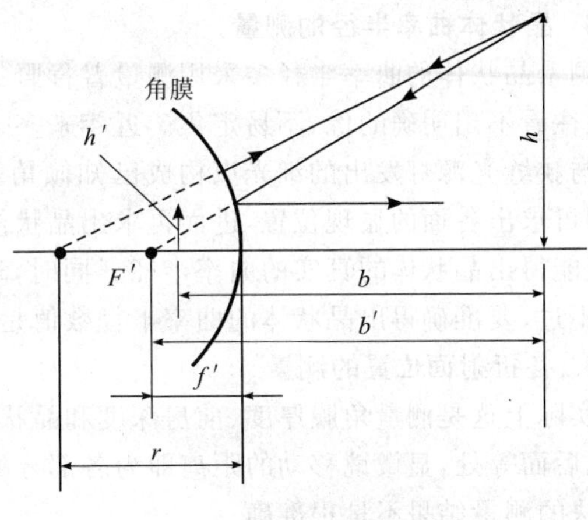

图 29-72　角膜计原理图

离，当物 h 与像 h' 之间距 b 足够大时，或适当设置 h 的位置使其像 h' 很接近 F' 点，则可认为 $b=b'$，于是 $r=2mb$。当把 b 或 b' 定为仪器的常数时，只要测出放大率 m，即可得出角膜曲率半径 r。

在测量过程中，为避免因眼睛活动带来的不便，影响精确测量，多采用双像系统。双像系统是在观测角膜反射光的光路中放置渥拉斯顿(Wollaston)棱镜或其他双像棱镜，使角膜反射像形成双像。如图 29-73 所示，角膜反射的光线经物镜 L 会聚，再通过双棱镜 P，形成双像。当移动双棱镜 P 改变它与物镜 L 之间的距离时，双像之间的距离也在改变。而当双棱镜 P 的位置被确定时，即使被测眼在活动，双像会同步变动而之间距离保持不变。通过改变双棱镜 P 的位置，使双像相接或两像中点之距等于像的大小，这时，确定双棱镜位置，便可确定像的大小，进而得出角膜的曲率半径。

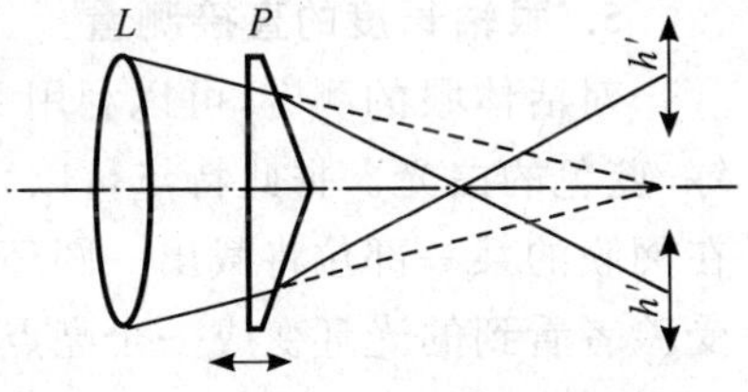

图 29-73　双像系统原理图

2. 角膜厚度的测量

近来，眼科临床上广泛开展角膜手术、角膜塑形手术或采用角膜镜塑形技术来矫正视力，自然涉及角膜的中央光学区、旁中央光学区和周边区，所以对角膜各区厚度的测量与分析极为重要，它将为手术提供必要的信息和依据。角膜厚度测量法有光学裂隙灯法、超声测厚法、共焦显微镜法和角膜扫描地形图法。

目前常用的超声测厚法，利用超声波通过变换器发出脉冲，经角膜表面和眼内各界面，根据各界面折射与反射量的不同来测量角膜厚度。实践证明，测量的数值较为准确、可靠。

扫描地形图法是将 28～34 个明暗相间的同心环(又称 Placido 环)通过投影系统投影到角膜表面，覆盖在从中心到边缘的角膜范围内。投影到角膜表面的图像通过实时图像监测系统，进行实时观察、监测和调整，可拍摄和裂隙扫描，并将信息储存。借助计算机辅助系统，将储存的图像信息数字化，依据已设定的数学模型和程序分析角膜各点的状态，得出角膜前后表面的高度图。扫描角膜表面多达几百个点，获取上万个处理数据。每一点的前后表面的高度差即为其厚度值。除全面测量外，还可以定位测量，以了解角膜某一点的情况，根据角膜、房水的生理折射率，可详细掌握和分析角膜表面的性状、厚度及光焦度等。计算机的图像处理系统还将分析的结果用不同的颜色图像显示出来。显示类型用暖色调红、橙、黄色代表高光焦度，冷色调绿、蓝、紫色代表低光焦度，相邻颜色的光焦度级差相等。并用绝对级差显示宏观上角膜弧度的变化，用标准级差显示角膜弧度的微小变化。

20 世纪 90 年代以来伴随数字化技术的进步，又发展了多种扫描角膜地形图法[39-40]。常用的裂隙扫描地形图/角膜测厚系统，根据角膜和房水的折射率一次性地完成全角膜厚度、曲率前后表面的形态、隆起度等的分析和测量。

与超声波测厚法相比，两种方法的相对准确度和精确度基本一致，但实际厚度测量值，往往要差 20～30 μm[14]。因所用仪器和测试条件不一[41]，有的超声波测量值偏厚，有的超声波测量值偏薄。普遍认为，超声波测厚较为准确，是目前尚不能被取代的方法。

3. 晶状体曲率半径的测量

测量晶状体的曲率半径多采用测量普肯野第Ⅲ像和第Ⅳ像的方法。但第Ⅲ像和第Ⅳ像较第Ⅰ像暗得多,往往看不出明确的像,不易定焦。近年来多采用照相方法,即拍摄角膜和晶状体的光学断面。拍照时,照相机与狭缝光源灯发出的细光束构成已知倾角。对底片上各间距进行测量并按倾角和相机放大率予以校正,即可求出各面的显现位置,进而再求出晶状体两面的曲率半径。此法虽然有不能立即得出欲测数据的缺点,但能得出晶状体的真实的曲率半径。同时,通过快速摄影可以连续显现出晶状体调节过程中的曲率变化。不过,要准确得出晶状体的曲率半径数值是一项较为精细、复杂的工作,人们至今仍在不断寻求新方法。

4. 各折射面位置的测量

实际上这是测量角膜厚度、前房深度和晶状体厚度的问题。最简单的方法是用显微镜依次对焦到角膜前面、后面等处,显微镜移动的距离即为各部分的厚度。但由于显微镜在调焦过程中会引起眼的活动,所以此方法的测量结果不是很准确。

另外,有采用旋转平板玻璃的方法。即先制作出角膜和晶状体的切片,再用显微镜观察。在观测的光束中,一部分光束通过一块平行玻璃板,通过和不通过玻璃板的光束将产生双像,旋转玻璃平板使双像合在一起,从其旋转角度计算双像间隔,进而求出要测量的尺寸。

5. 眼轴长度的直接测量

对活体眼的测定,可以利用X射线或超声波。暗适应条件下的网膜在接受X光刺激时,会感觉到带有绿-蓝色的白光。据此特点可以采用主观法测量。从眼的侧面垂直眼光轴方向射入一束狭窄的X光,这时在网膜的某一部位将截出一圆环。当X光束沿眼光轴方向移动时,光环在变化,当光束移至眼球后极部时,受验者看到的光环变成一个亮点。此时,可以根据事先确定的角膜顶点位置计算出X光束移动的距离,此距离即为受验者眼轴的长度。

超声波方法最为简单。从眼的前方射入的超声波,通过角膜和眼底反射,用显像管拍摄其回波图像。如果装置的灵敏度调节得适当,能出现晶状体前面和后面的回波。这样,和眼轴长一起可同时测出前房深度和晶状体厚度。

6. 介质折射率的测量

角膜、房水、晶状体和玻璃体等介质的折射率均未能从活体测出,用在视觉光学计算中的各介质的折射率都是从眼标本测得的,或用亥姆霍兹模型眼的折射率。

通过偏光效应发现角膜有双折射现象,利用纹影法可以确认晶状体不同部位的折射率有差异。

(三)成像性能的测试

1. 人眼像差

以往,测量人眼像差多指测量球差、色差,用测量偏离瞳孔中心不同位置上的光焦度来表示。近代,随着技术进步,对于矫正视力、引导手术并期待达到所谓的超常视力[42-43],能提供重要依据之一的是人眼波前像差的测量。

人眼波前像差(简称波差)的测量,多是指瞳孔不同位置上的光线成像后由于带有像差信息,其波面或会聚点与理想状态产生偏差,测量这些偏差实现波前重构并行像差分析。当前的测试技术已实用和定型,大体上有以 Scheiner 原理和以 Hartmann-Shack 与 Tscherning 原理开发的测量法,并衍生出各种类型的像差仪[14,44]。其中,用哈特曼-夏克(Hartemann-Shack)传感器测量波差是备受重视和日渐普及的方法。

哈特曼-夏克传感器测量人眼波像差的基本原理是一束激光经扩束后射入人眼,经网膜反射再通过眼折光系统,从眼睛射出形成的波阵面由哈特曼-夏克(Hartemann-Shack)传感器接收并通过计算机按一定的数学模型进行图像处理和波前重构。图 29-74(a)是国内研制的一种波差测量仪的示意图[45]。

激光二极管 LD 发出波长 $\lambda=0.78\ \mu\text{m}$ 的光束,经滤光片 L、准直物镜 C、反射镜 M 和分光器 BS 的反射,以 $1.6\ \mu\text{W}$ 的功率进入人眼。经网膜反射出来的光束进入哈特曼传感器。图 29-74(b)表示,在哈特曼传感器中装置微透镜阵列,它将自眼睛射出的波前分割成若干个小孔径,每一个小孔在其透镜阵列的焦面上成一个焦点。这一系列焦点阵列形成的光斑由 CCD 接收。由于像差的存在,每一个小孔的焦点相对理想光斑质心位置有移动。其移动量$(\Delta x,\Delta y)$与波像差$W(x,y)$的局部斜率成比例：

$$\frac{\partial W(x,y)}{\partial x}=\frac{\Delta x}{f'},\qquad \frac{\partial W(x,y)}{\partial y}=\frac{\Delta y}{f'} \tag{29-35}$$

式中，f是小透镜的焦距。这表明，焦点位移所显示出的斜率将决定波差的形态。用模式法和最小平方法用平均导数重构波前$W(x,y)$，并用泽尼克(Zernike)多项式来表达：

$$W(x,y)=\sum_k C_k Z_k(x,y) \tag{29-36}$$

式中，Z_k为多项式的第k个模，C_k为系数。从(27-34)式和(27-35)式解得C_k，得出$W(x,y)$。

在测量波前像差的多种方法中，有的应用二维光栅的塔尔博特(Talbot)效应[42]代替上述的微透镜阵列。塔尔博特发现，当光波照射周期为d的光栅时，在光栅后距离为$Z=2md^2/\lambda$的位置上(m为整数，λ为波长)呈现相同周期的清晰的光栅像——"塔尔博特像"，这就是光栅衍射自成像现象或塔尔博特效应。(参照图29-74)把CCD接收器放置在Z的位置上，带有像差的平面波穿过光栅后，也随塔尔博特像在Z的位置上载有像差信息，直接被CCD接受。通过对塔尔波特像的测量和计算，构建整个波前，得出波差$W(x,y)$。这种方法所用的光栅能制作得很精细，因而能有较高的分辨率。

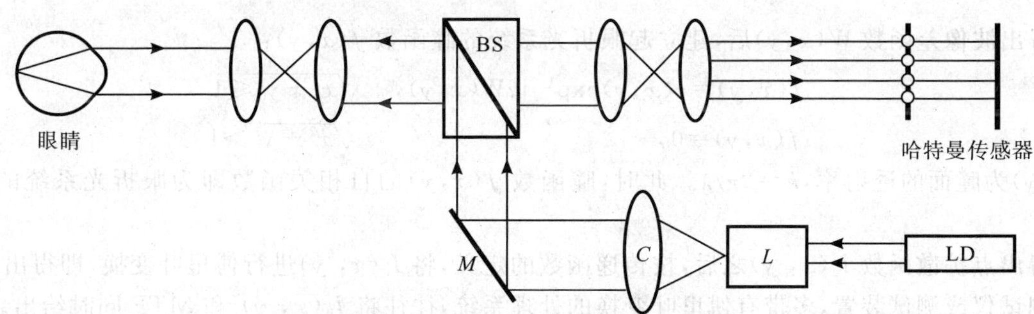

(a) 哈特曼传感器测量人眼像差示意装置

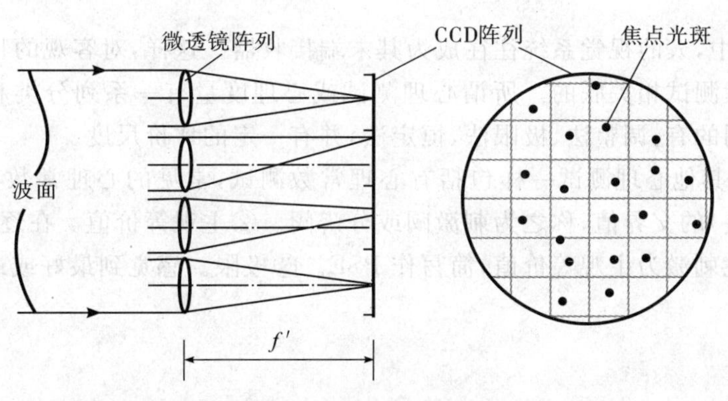

(b) 哈特曼传感器示意图

图29-74　哈特曼传感器测量人眼像差示意装置及传感器示意图

2. 点扩散函数

图29-75是测试人眼点扩散函数的原理图。点光源S经准直物镜C发出平行光线射向被测试人眼E并在网膜上成像I_e。I_e像由网膜反射，再经眼折光系统，通过1/4波片Q和起偏分束器P，在折转的光路中投影在CCD传感器上。CCD接受信号并传输到电子计算机CP加以处理，得出点扩散函数$I_e(x,y)$。点光源应当用单色光并足够小，例如，TOPCON产的PSF-1000分析仪，取用的波长为840 nm，孔径为5.0 μm。图中AP为瞳孔光栏，可提供不同入射光孔径。

3. 传递函数

眼折光系统的调制传递函数MTF，难像一般光学系统那样被直接测出，而是通过测出像差和点扩散函数来变换得出。

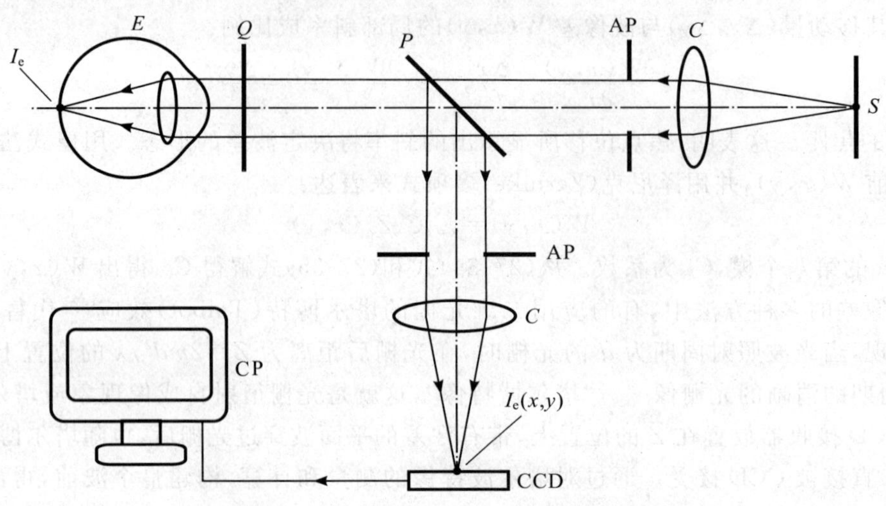

图 29-75　人眼点扩散函数测试原理图

1）当得出波像差函数 $W(x,y)$后，建立起眼折光系统的瞳函数 $f(x,y)$：

$$f(x,y)=\tau(x,y)\exp-\mathrm{i}kW(x,y),\quad \sqrt{x^2+y^2}\leqslant 1$$
$$f(x,y)=0,\quad \sqrt{x^2+y^2}>1 \tag{29-37}$$

式中，$\tau(x,y)$为瞳面的透射率，$k=2\pi/\lambda$。此时，瞳函数 $f(x,y)$的自相关函数即为眼折光系统的传递函数 MTF。

2）当得出点扩散函数 $I_e(x,y)$之后，按传递函数的定义，将 $I_e(x,y)$进行傅里叶变换，即得出 MTF。点扩散函数测试仪或测试装置，多带有傅里叶变换的处理系统，往往将 $I_e(x,y)$ 和 MTF 同时给出。

二、视觉心理测试

在一些场合或系统中，人的视觉系统往往成为其末端接收器。这样，对客观的物理刺激需要进行主观评价，而主观评价是与心理测试相关联的。所谓心理测试或心理度量有一系列分类和方法[72]，视觉心理测试多采用心理物理法，常用的有：调整法、极限法、恒定法，并有一定的评价尺度。

视觉心理测试[73]同其他心理测试一样包括有心理常数测试，常见的心理常数有：①阈值。能感觉和不能感觉的刺激（或刺激差）的交界值，称之为刺激阈或分辨阈。②主观等价值。在逐个的刺激中，当认为与一个标准刺激相等时，称此刺激为主观等价值，简写作 PSE。③极限。感觉到最好或最坏的刺激值。

（一）常数测量

1. 调整法

通过受验者自己任意调节刺激来找到所要求的最好的刺激，以求出要确定的常数。一般是一人多次或多人一次测量，取其平均值和中误差。此法节省时间但较粗糙。

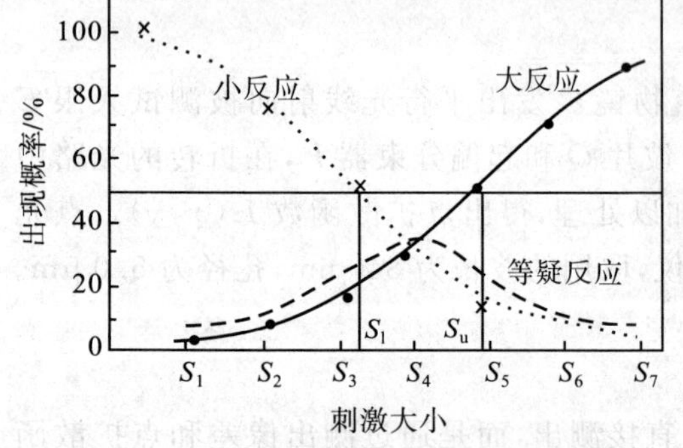

图 29-76　各种反应出现的概率

2. 恒定法

不是受验者自己，而是实验者将刺激分成若干个（如 4 个或 7 个）阶段，分别以若干次（如 100 次或 200 次）混乱无序地呈示给受验者。显然，这些刺激中包含着阈值和 PSE。以分辨阈和 PSE 为例，要求受验者接收到刺激后相应地回答“是”或“非”，“大”或“小”，“好”或“坏”，等等。通常以“大”“小”和“看不出差别”三种回答为好。

当刺激出现时，即使同一刺激有时也会判断比标准值大——“大反应”，或比标准值小——“小反应”，或者看不出差别——“等疑反应”。各种反应出现的概率与刺激值之间的关系如图 29-75

所示。概率为50%时的刺激值从曲线可以求得。例如,"小反应"为 S_l,"大反应"为 S_u。在不很严格的情况下,取 S_l 和 S_u 的中值 S_e 为 PSE,而 S_e-S_l 为下分辨阈,S_u-S_e 为上分辨阈。

3. 尺度构成

在图像的评价中,常采用的评价尺度是间隔尺度法,它把要评价的(尺度)分成组,例如分成非常好、很好、一般好、不好不坏、一般差、很差、非常差,或用数字表示为 +3、+2、+1、0、-1、-2、-3 等。受验者要在呈示给他的刺激中判断出属于哪一组。经多次实验,从落到各组的频数计算其加权平均值。

对于刺激 R_j,受验者得出的主观判断会因人而异,即使同一受验者也会因时因地而不同,但判断的分布遵从正态分布,取其平均值为 S_j,标准误差为 σ_j。这时的评价尺度 S 叫做间隔尺度。事先规定的 m 组评价,在尺度 S 上(见图 29-77)被分成 m 个区间,若第 K_r 组的下限在 S 上由 t_r 给出时,则对应刺激 R_j 落入 K_r 组的频率 ρ_{jk} 用间隔尺度 S 表示为[40]

$$\rho_{jr}=\frac{1}{2\pi\sigma_j}\int_{t_r}^{t_r+1}\exp\left\{-\frac{(S-S_j)^2}{2\sigma_j^2}\right\}\mathrm{d}S \qquad (29\text{-}38)$$

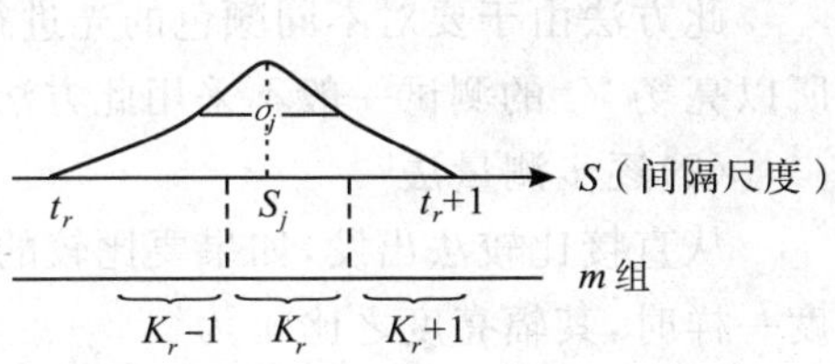

图 29-77 间隔尺度

(二)灵敏度测试[47]

1. 麦克斯韦给光方式

在阈值等测试中,要对眼提供刺激光、标准光或适应光。较为严密的方式是麦克斯韦给光方式。其一般形式如图 29-78 所示。光源 S 于平行光管物镜 C 的焦面处,通过 C 后的平行光束经口径为 D 的光阑 A,并由透镜 ML 聚焦在其焦面上,受验眼就处于此焦面上。这种给光的方式能提供较高的亮度,很容易达到 10^6 mlx。同时可以使光通过眼的瞳孔中心,光束直径如能保持在 2 mm 以下,完全可以不影响瞳孔直径的变化。从图 29-77 可见,视角 θ 与光阑直径 D 有如下关系:

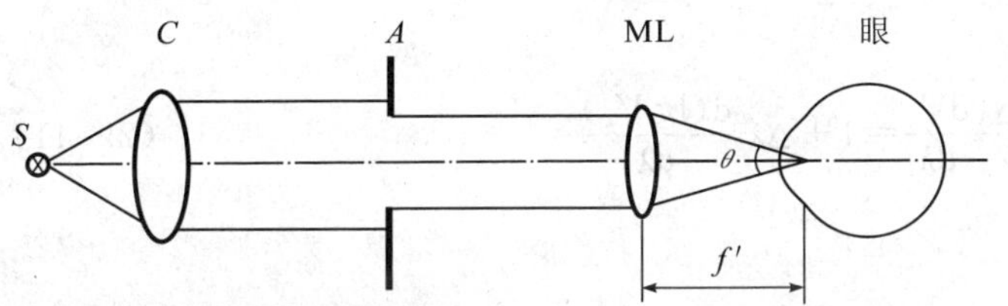

图 29-78 麦克斯韦给光方式

$$\theta=2\arctan(D/2f') \qquad (29\text{-}39)$$

式中,f' 为透镜 ML 的焦距。

此系统的缺点是调整比较复杂,又必须将眼瞳置于焦面处。常采用的是双光路系统(见图 29-79)。光路Ⅰ提供适应光,光路Ⅱ提供刺激光。此系统常用来测定分辨阈值。

2. 阈值的测定

图 29-79 中,光源 S 通过透镜 L_1 成像在焦点 S_1 处,在 S_1 处放有密度楔或干涉滤光片。通过 C_1 和棱镜 P,光束按麦克斯韦方式给光。光阑 A 可以确定适应光的视场大小。第Ⅱ路光束和第Ⅰ路光束以相同的方式进入人眼中。光阑 A_2 小于 A_1,用以控制刺激光视场小于适应光视场。在 S_2 处装有快门 S_h,控制给光时间;装有密度楔,控制刺激光强度。

从上述光路Ⅱ按一定时间间隔提供重复的刺激光 ΔB,对任一 ΔB 均有其知觉概率 P,并能建立 P 与 ΔB 的关系(见图 29-80)。一般取 $P=50\%$ 时相应的 ΔB 为阈值。

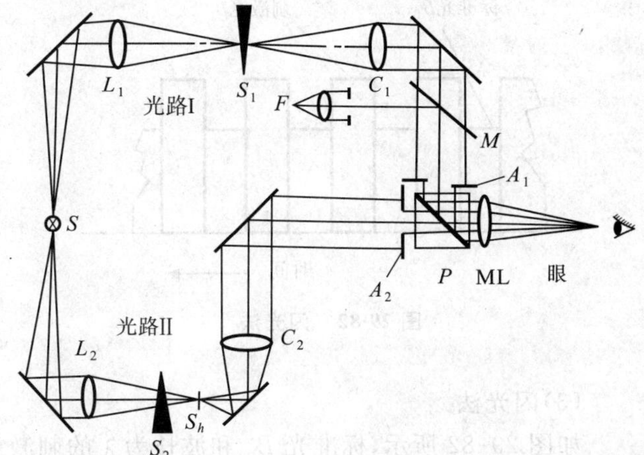

图 29-79 双光路麦克斯韦给光方式

3. V_λ 的测试

视觉系统对明度的光谱灵敏度叫做光谱光效率函数(以往称视见函数),记作 V_λ 和 V'_λ。

(1)直接比较法

将具有辐亮度 B_1、波长 λ_1 的光和辐亮度 B_2、波长 λ_2 的光按图 29-81 的方式引入到同一个视场中加以比较。调节其中的一个(例如 B_2),使两者的明度一样。这时,$B_1 \neq B_2$,但 $V_1B_1=V_2B_2$。这当中的 V_1 和 V_2 即为对应 λ_1 和 λ_2 的相对灵敏度。

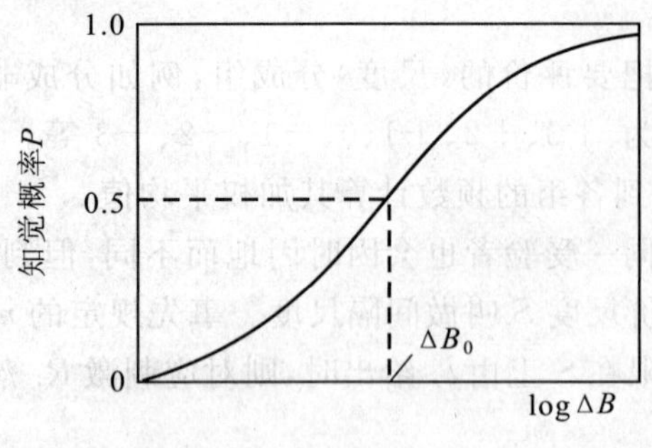

图 29-80 知觉概率曲线

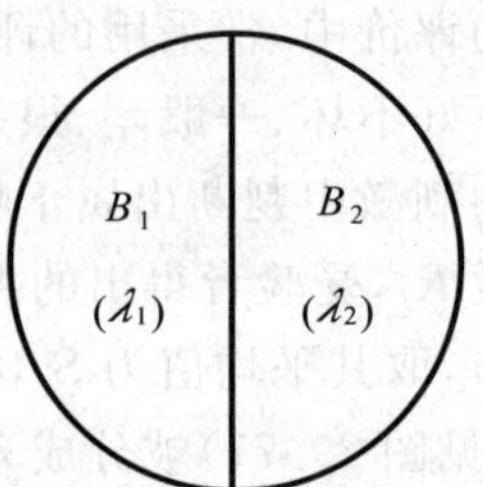

图 29-81 直接比较法的视场

此方法由于要对不同颜色的光进行比较来使之一致,有一定的难度,即使训练有素的人也会感到困难。所以亮场 V_λ 的测试一般不采用此方法。

(2)逐步测量法

从直接比较法出发,如果要比较的两束光是处于波长 λ 的两边,即为 $\lambda+\Delta\lambda/2$ 和 $\lambda-\Delta\lambda/2$,则当两者明度一样时,其辐亮度之比 ω 为

$$\omega=\frac{V_{(\lambda+\Delta\lambda/2)}}{V_{(\lambda-\Delta\lambda/2)}} \tag{29-40}$$

用泰勒级数展开:

$$\omega=\frac{V_\lambda+\dfrac{\Delta\lambda}{2}\dfrac{\mathrm{d}V_\lambda}{\mathrm{d}\lambda}}{V_\lambda-\dfrac{\Delta\lambda}{2}\dfrac{\mathrm{d}V_\lambda}{\mathrm{d}\lambda}}=1+\frac{\Delta\lambda}{V_\lambda}\frac{\mathrm{d}V_\lambda}{\mathrm{d}\lambda}=1+\Delta\lambda\frac{\mathrm{d}(\lg V_\lambda)}{\mathrm{d}\lambda} \tag{29-41}$$

于是

$$\frac{\mathrm{d}(\lg V_\lambda)}{\mathrm{d}\lambda}=\frac{\omega-1}{\Delta\lambda} \tag{29-42}$$

这样,当求得某波长上的辐亮度比 ω 时,就可以给出 $\lg V_\lambda$ 的微分。所以,对一系列 λ 求出 ω 并将 $\lg V_\lambda$ 的微分作为 λ 的函数求出(作图表示),通过积分得到 V_λ。

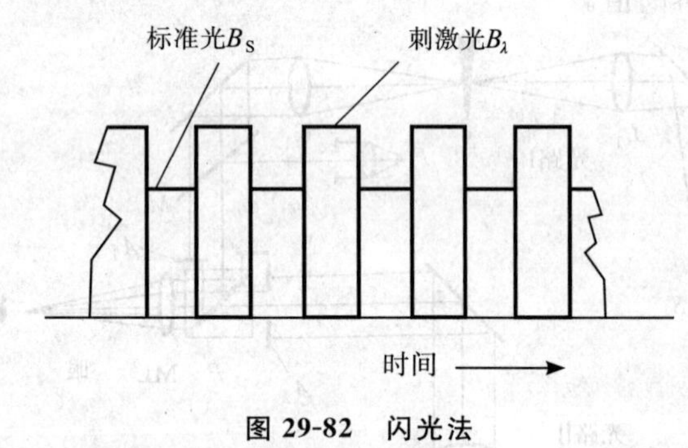

图 29-82 闪光法

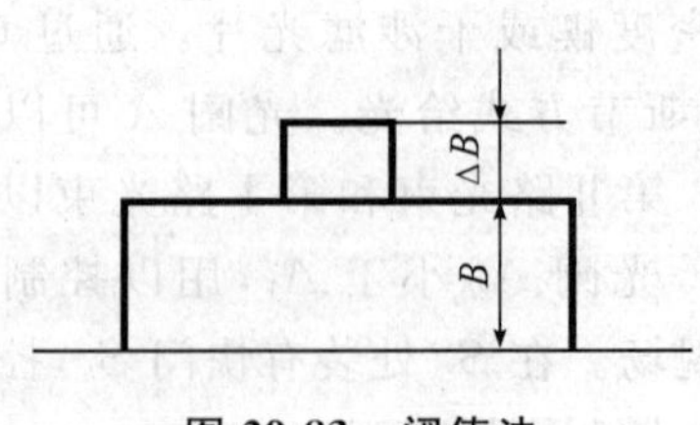

图 29-83 阈值法

(3)闪光法

如图 29-82 所示,标准光 B_S 和波长为 λ 的刺激光 B_λ,交替呈现给受验者。改变辐亮度 B_λ 的大小,当产生的闪烁最小时,其 B_λ 的倒数即为对该波长 λ 的灵敏度。此方法不论波长有多大差别,都容易找到闪烁最小的状态,所以适于明视觉的的测试。

(4)阈值法

如图 29-83 所示,在具有适应光 B 上加一个刺激光 ΔB,当 ΔB 达到阈限时即为所测的阈值——分辨阈或增分阈。显然,在没有 B 的情况下其阈值为绝对阈,其倒数即灵敏度。当用不同色光测得的即为光谱灵

敏度。此方法由沃尔德提出并实践。图 29-84 是沃尔德测得的 V_λ 和 V'_λ。其测量条件是 1°视场，持续时间为 0.04 s。图中圆点线是离网膜中心凹 8°处视杆细胞的灵敏度，圆圈线是中心凹视锥细胞的灵敏度，虚线是 CIE 规定的 V_λ 和 V'_λ。可见，两条 V'_λ 曲线一致性很好，而 V_λ 在短波部分有所差别。

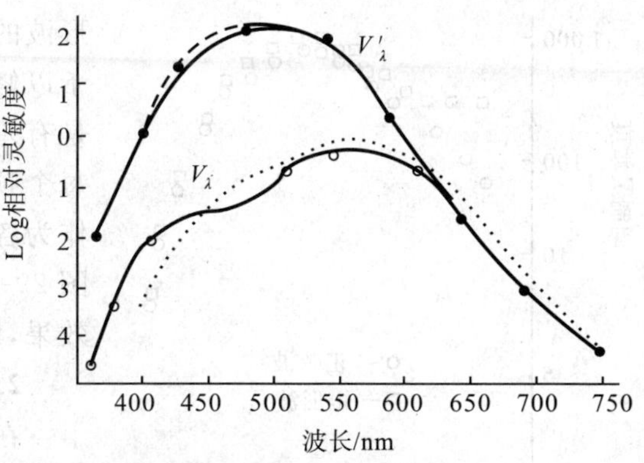

图 29-84　阈值法测得的 V 和 V'

（三）视觉系统 MTF 的测试

用 MTF 来表达人眼视觉的空间频率特性，被经常讨论和测试的，包含 4 部分：① 眼折光系统；② 网膜；③ 网膜之后至大脑中枢信息处理系统；④ 全视觉系统。前两部分通过物理方法测试。而后两部分的 MTF 由于是以大脑知觉为判断基准的，属于心理物理的测试，主要采用阈值法和调制（对比）度匹配法。另外，还有采用视觉诱导脑电波（或 VEP）法实现客观地定量测量，以及利用马赫现象，将心理分布和物理分布分别加以度量并进行傅里叶变换，其比值即为所要求出的 MTF[48]。

1. 阈值法的基本方式

阈值法测试，即为受验者提供一个空间亮度分布按正弦变化（如图 29-38）的图案，在不同空间频率时改变其调制度，确定出不能分辨的调制度——调制阈，其倒数即为视觉系统的 MTF 或 CSF。在测量中始终保持平均亮度为常数。有多种方式满足图 29-38 的分布。例如，直接制作出具有各种调制度的密度型的正弦光栅；又如，用固定的调制度为 1 或某一常数的正弦光栅，通过图 29-85(a)所示的系统来改变所需要的调制度[49-50]。

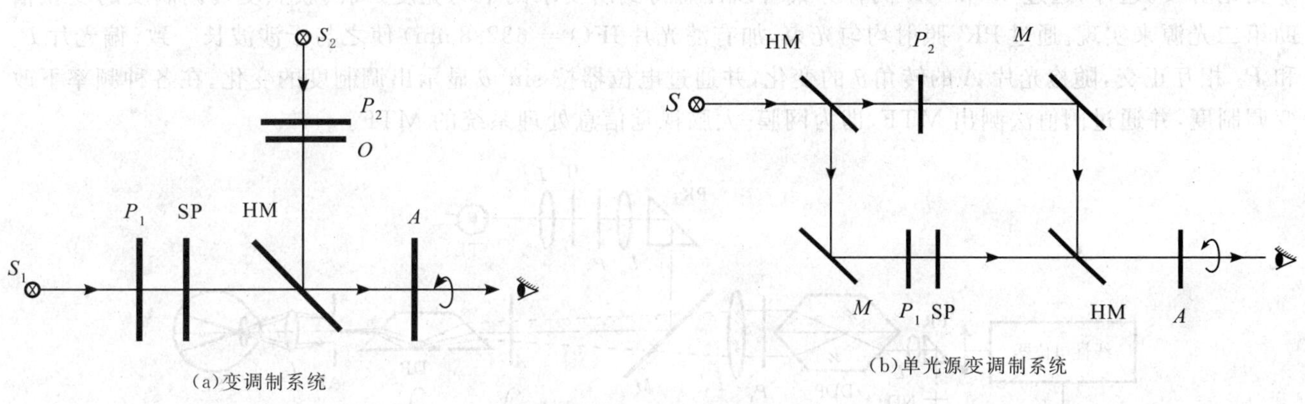

图 29-85　变调制系统示意图

在图 29-85(a) 中，SP 是正弦板，P_1 和 P_2 是相互正交的偏光片，A 是能绕轴旋转的检光片，HM 是半反光镜。当正弦板的亮度分布为 $B=\overline{B}(1+\cos 2\pi Nx)$ 时，A 的转角为 θ，则透过的亮度分布为

$$B(x,\theta)=\overline{B}_{01}(1+\cos 2\pi Nx)\sin^2\theta+\overline{B}_{02}\cos^2\theta \tag{29-43}$$

式中，$\overline{B}_{01}$ 和 $\overline{B}_{02}$ 分别是各光路的平均亮度。令 $\overline{B}_{01}=\overline{B}_{02}$，保持平均亮度不变，所得到的调制度 M 仅由 A 的转角 θ 控制，即

$$M=(B_{\max}-B_{\min})/(B_{\max}+B_{\min})=\sin^2\theta \tag{29-44}$$

为防止光源 S_1 和 S_2 的状态不稳定，可以采用图 29-85(b)[51] 所示的装置。即通过一个光源的照明来实现调制度的改变。

对于所用的正弦板，往往因加工困难而采用矩形板。但矩形波的 MTF 是

$$T_r(N)=\frac{4}{\pi}\left[T(N)-\frac{1}{3}T(3N)+\frac{1}{5}T(5N)\cdots\right] \tag{29-45}$$

式中，$T(N)$ 为正弦波的调制传递函数。当用阈值法测出某一频率 N 时的 MTF 时，认为 $3N$ 以上的频率被视觉系统“滤掉”，则成为 $T=(N)=\frac{\pi}{4}T_r(N)$。这样，可以用 $T_r(N)$ 代替 $T(N)$。但在低频情况下，3 以上的矩

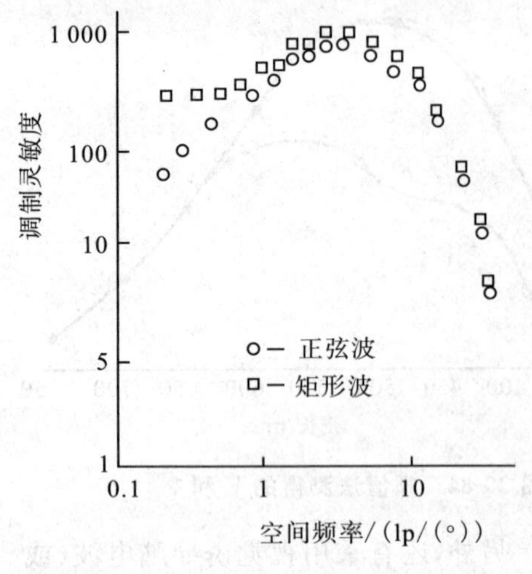

图 29-86　正弦波和矩形波 MTF 的测量曲线

形波的 MTF 仍能被知觉，不能简单地认为被"滤掉"，而应对 $T_r(N)$ 予以修正。例如，如图 29-86 所示，测得的正弦波的和矩形波的 MTF 是有差别的。这种情况被认为是视觉系统由很多并列的频道所组成，每个频道仅对特定的狭窄空间频率范围进行处理，而整体的 MTF 是作为各频道 MTF 的包络线来给出的，这就是所谓的多频道理论[52]。图 29-86 的情况以及用锯齿波（三角波）所测得的曲线都具有同样的效果，即都遵从或支持了多频道理论。

2. 信息处理系统的 MTF

在如图 29-87[50] 所示的装置中，LA 激光经半反射镜 HM 、直角反射镜 PR_1 并由透镜 L_1 会聚在透镜 L_2 的前方。在 L_1 和 L_2 之间有双达夫棱镜 DDP 将激光分成两束，再由 L_2 会聚在其焦面处，此处放有光阑 AP（直径为 1.5 mm，视角为 5°）。AP 面与网膜面共轭，所以能在网膜上呈现杨氏干涉条纹。当沿图示的箭头方向移动 PR_1 和 L_1 时，从 DDP 射出的两束光间隔变化，由此可改变干涉条纹的空间频率。按此图所示的装置可产生1.2 ～ 51 lp/(°) 的频率。两束光间隔虽变化，但 AP 位于 L_2 的焦面是不动的，对各种空间频率的平均亮度（或相应的网膜照度）保持不变。PR_1 和 L_1 的位置变化由与其接触的电位器控制并显示出空间频率数。通过光路中的双达夫棱镜 DDP 的旋转，可以将干涉条纹方向任意改变。激光的输出能量由光电二极管 PD 检测和显示，输出变化可通过圆形楔 W 得以补偿，同时加有中性滤光片（ND：1，2，3）可以改变几个变化阶段。这样，通过 W 和 ND 两种方式可以任意得到所要求的平均亮度（或网膜照度）。调制度的变化借助第二光源来实现。通过 PR_2 照射均匀光束，加有滤光片 IF($\lambda = 632.8$ nm) 使之与干涉波长一致。偏光片 P_1 和 P_2 相互正交，随检光片 A 的转角 θ 的变化，并通过电位器按 $\sin^2\theta$ 显示出调制度的变化。在各种频率下改变调制度，并通过阈值法测出 MTF，即为网膜-大脑视觉信息处理系统的 MTF。

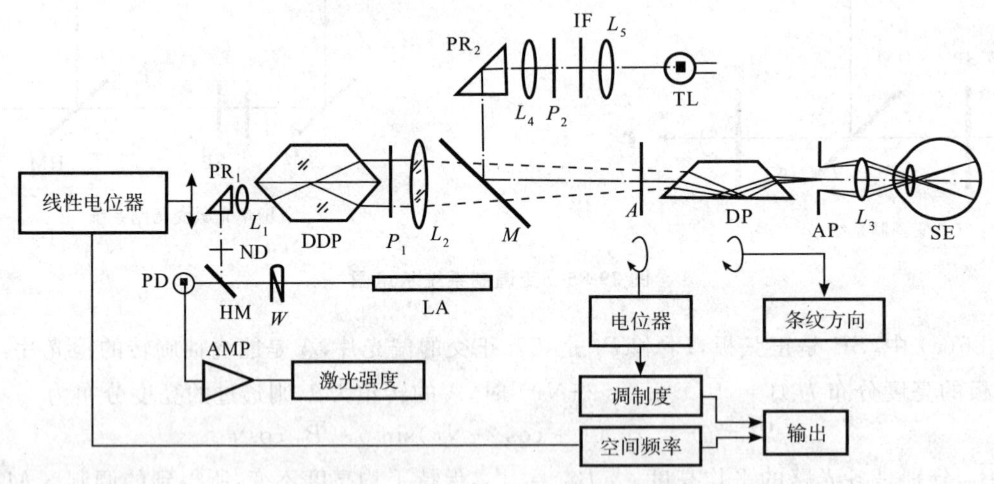

图 29-87　杨氏干涉法测量调制阈装置

类似上述方法和思路，国内也研制了通过衍射光栅在网膜上产生所需要的正弦光栅条纹的测试装置，用作测试视觉中枢阶段的 CSF[80]。

3. 全视觉系统的 MTF

图 29-88[50] 是测试全视觉系统 MTF 或 CSF 典型的光学系统图。两支照明系统（S_1、S_2 为光源，L_1、L_2 为透镜，D_1、D_2 为中性滤光片），提供相同平均亮度的均匀照明。两块朗奇栅格板被照明，产生具有不同空间频率的莫尔条纹（MF），（MF）与视角为 5°的圆形光阑（AS_1，AS_2）置于视距为 485 mm 处。两路光束经过半反射镜 HM 各自透射和反射，两个偏振片（P_1，P_2）和可绕轴旋转的检光片（A），将条纹图（MF）按（29-41）式和（29-42）式实现调制度的变化。通过道威棱镜（DP）的旋转可调整条纹的方向。受验人眼（E）散瞳后，变换瞳孔光

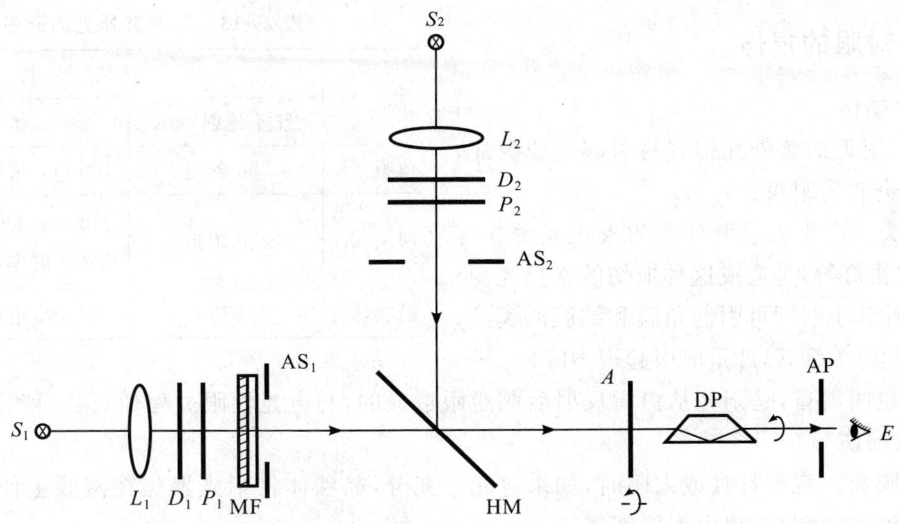

图 29-88 全视觉系统 MTF 测试原理图

阑(AP),通过不同的孔径(2 mm,4 mm,5.7 mm),观看各种频率和调制度的条纹图,完成阈值法的测试。

近年来,在给出多种恒定的平均亮度、变换空间频率并得出各种调制度的正弦波或矩形波方面,应用了各种光学、电子、视频和数字化技术[81-83],不断出现各种测试方法和仪器[44]。

在网膜-大脑视觉信息处理系统的 MTF 及全体视觉系统的 MTF 测得后,通过相除关系,可以计算出眼折光系统的 MTF,这样求得的结果比直接测量得到的更准确。

第五节 光对眼的损伤[84-85]

一、光的作用

光按其波长可分为紫外光、可见光和红外光。其中,短波的紫外光和紫色光对物体有较强的化学作用,如杀菌和光化作用等,这对活体眼也是有害的。长波的红外光和红色光具有热效应,对晶状体和黄斑等是有影响的。从图 29-89 所示的太阳光的光谱分布看到,对损伤角膜的紫外光强度较弱,一般只要不直接注视太阳就没什么危险。可是各种工业用光,如焊弧光含有很强的紫外光和红外光,对眼是有害的。

二、眼组织的光吸收和透射

光线射到眼睛上,约有 4% 从角膜上反射掉,大部分将通过角膜、房水、晶状体和玻璃体逐个被吸收,最后达到网膜上。

关于光对眼的损伤,应从 3 方面考虑:①光达到组织上时;②光被组织吸收时;③达到眼组织上的光通量的多少。

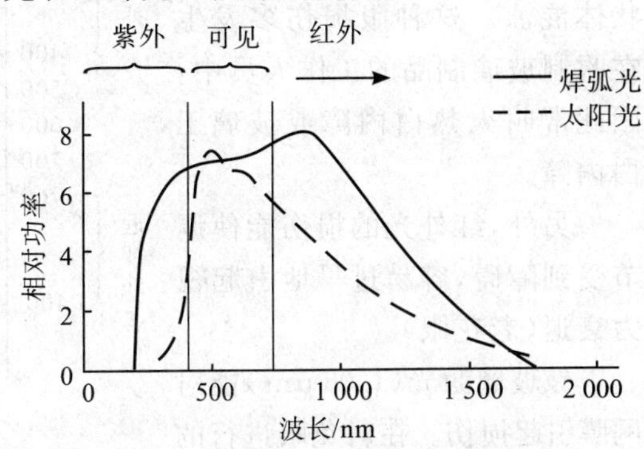

图 29-89 太阳光和焊弧光的光谱分布

很显然,眼组织对光的吸收和透射的性能是关系到眼损伤的重要问题。如图 29-4(a)所示,各部分眼组织对波长 200～450 nm 的光有明显的吸收,对 450 nm～1.5 μm 的光吸收基本上和蒸馏水一致。有机物质对红外光的吸收是在 2～15 μm 之间,但这部分光人眼是看不见的,因此可以认为眼组织内所含的有机物质很少。从图 29-4(a)还可以看到,角膜能吸收很多的紫外光,而晶状体的吸收比它还要多,可以说进入眼中的紫外光大部分被晶状体所吸收。红外光到 1.3 μm 时,角膜不能吸收而将达到网膜深处,1.3 μm 以上的红外光通过眼组织中的水分时,几乎被房水和玻璃体所吸收。少量的紫外光和红外光不会引起急性炎症,但长期照射会引起晶状体混浊,发生白内障。有关眼对紫外光的光谱吸收和透射性能参见图 29-4(b)和表 29-13。

三、各种光对眼的损伤

1. 紫外光致损伤

波长 280 nm 附近的紫外光很容易引起角膜炎症，主要有电光性眼炎和雪眼炎：

1)电光性眼炎。产生大量紫外光的人工光源如焊弧光、点火花和水银灯等，是造成这种损伤的常见光源。被这些光照射后约几小时即可引起角膜和结膜的炎症，出现眼痛、流泪、刺眼等症状，严重时引起视力障碍。

表 29-13　眼对紫外光的透射性能

组　织	透射性能	
	开始透射/nm	起　　峰
角膜	250 附近	400 nm，透射率约为 70%
房水	220 附近	240 nm、300 nm，次峰 400 nm 透射率约为 100%
晶状体	370	400 nm，透射率为 63.5%

2)雪眼炎。也叫雪盲，是阳光从白雪反射后刺激眼造成的，与电光性眼炎相似，但一般程度较轻。

2. 可见光致损伤

1)日食性网膜炎。观测日食或太阳时，如果遮光不充分，晶状体将阳光聚焦在网膜上使网膜被烧伤(蓝光危害)，严重时致黄斑穿孔，视力不能恢复。

2)室外耀眼。户外作业人员在接受强烈阳光刺眼而长期不加保护时，会引起调节迟钝。

3)激光热损伤。可见光激光能达到网膜上，而网膜色素上皮层很薄，只能吸收一部分，大部分将进入脉络膜。这两部分激光吸收会对组织产生热效应。488 nm 和 514.5 nm 波长的氩离子激光产生的热效应在能量小时危害较小，能量大时会引发网膜下出血，再大的能量会引起网膜爆炸性破坏，血流入玻璃体内。当产生色素性变化时，表明有致密的网膜、脉络膜疤痕的形成。调 Q 开关的红宝石激光(波长 694.3 nm)能量大时会引起网膜爆炸、网膜组织破坏和大量出血。

可见光激光在网膜上聚焦的能量比白光在网膜上聚焦的能量大很多，甚至可以大 10^5 倍。而且它对网膜的烧灼作用远比太阳光大得多。因此，切忌用眼窥测激光光束，从事激光工作的人员尤应注意。

表 29-14　光辐射的危害

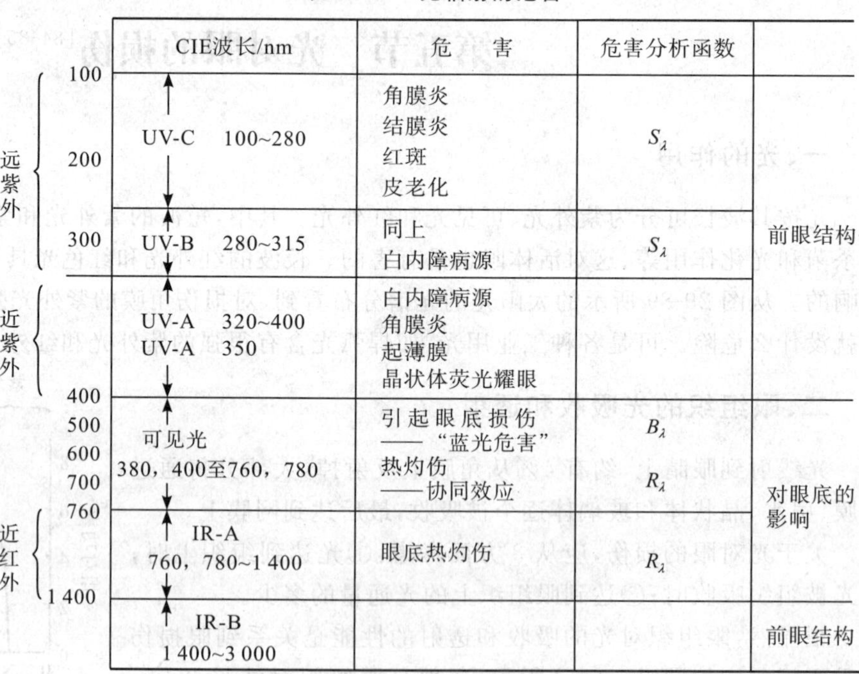

波段	CIE波长/nm	危　害	危害分析函数	
远紫外（100，200）	UV-C　100~280	角膜炎 结膜炎 红斑 皮老化	S_λ	前眼结构
远紫外（300）	UV-B　280~315	同上 白内障病源	S_λ	
近紫外（400）	UV-A　320~400 UV-A　350	白内障病源 角膜炎 起薄膜 晶状体荧光耀眼		
500，600，700	可见光 380，400至760，780	引起眼底损伤 ——“蓝光危害” 热灼伤 ——协同效应	B_λ R_λ	对眼底的影响
近红外（760，1 400）	IR-A 760，780~1 400	眼底热灼伤	R_λ	
	IR-B 1 400~3 000			前眼结构

3. 红外光致损伤

长期接触红外光会引起晶状体混浊。这种眼损伤多发生在吹制玻璃制品的工作人员中，因此常叫火热白内障或玻璃工白内障。

另外，红外光的损伤能使调节受到障碍，容易过早地引起视力衰退(老花眼)。

钕玻璃激光(1.06 μm)能对网膜引起损伤。在对兔眼进行的实验中，发现网膜呈现灰白色的圆盘状凝结和色素上皮层的分散现象，较大的能量也会使网膜本身受到破坏。

对于二氧化碳(CO_2)激光(1.06 μm)，不透过眼的折光介质，主要是被组织内的水分吸收。因此，损伤主要发生在角膜浅层。用0.5 W的二氧化碳激光照射兔眼，造成角膜溃疡不能透明。

一般场合，能量不大时红外光没有什么危险，对较强的红外光人会感到刺眼，适当选择防护眼镜可以避免损伤。

4. 光辐射损伤的计算——危害分析函数

国内外学者根据国际照明委员会(CIE)规定的光波段(紫外 UV-C、UV-B、UV-A；可见光；红外 IR-A、

IR-B、IR-C)，研究了各种波长的光对眼睛的损伤，见表 29-13。另有，美国工业卫生会议(ACGIH)曾规定了宽光谱的曝光极限，下面介绍其计算方法。

(1)紫外损伤

紫外线损伤的计算用如下公式：

$$E_{\mathrm{eff}}=\sum_{200\ \mathrm{nm}}^{320\ \mathrm{nm}} E_{\lambda}S_{\lambda}\Delta\lambda(\mathrm{W/cm^2}) \tag{29-46}$$

式中，E_{eff}为与辐射机理成比例的有效面积辐照度；E_{λ} 为光谱辐照度；S_{λ} 为光谱损伤加权函数或危害分析函数，如表 29-15 所示。

表 29-15　紫外光损伤光谱加权函数 S_{λ}

波　长/nm	相对光谱效应 S_{λ}	波　长/nm	相对光谱效应 S_{λ}
200	0.03	270	1.0
210	0.075	280	0.88
220	1.12	290	0.64
230	0.19	300	0.30
240	0.30	305	0.06
250	0.43	310	0.015
254	0.50	315	0.003
260	0.65	318	0.001

由表中可见，在波长 270 nm 处 $S_{\lambda}=1.0$。ACGIH 和 NIOSH(美国军队和国家职业安全健康研究院)推荐了 $E_{\mathrm{eff}}=3\ \mathrm{mW/cm^2}$ 下工作约 8 h 的 UV 的曝光极限 H_{eff}。

(2)可见光和近红外光的光化学损伤

该波段光的损伤的计算公式为

$$E_{\mathrm{B}}=\sum_{400\ \mathrm{nm}}^{1\,400\ \mathrm{nm}} E_{\lambda}B_{\lambda}\Delta\lambda\qquad(\mathrm{W/cm^2}) \tag{29-47}$$

式中，E_{B} 为蓝光损伤的有效辐照度；E_{λ} 为光谱辐照度；B_{λ} 为蓝光损伤光谱加权函数，即危害分析函数之二(见表 29-16)。

表 29-16　可见光和近红外损伤光谱损伤加权函数

波长 λ/nm	蓝光危害函数 B_{λ}	灼伤危害函数 R_{λ}	波长 λ/nm	蓝光危害函数 B_{λ}	灼伤危害函数 R_{λ}
400	0.10	1.0	485	0.40	4.0
405	0.20	2.0	490	0.22	2.2
410	0.40	4.0	495	0.16	1.6
415	0.80	8.0	500	0.10	1.0
420	0.90	9.0	515	0.079	1.0
425	0.95	9.5	525	0.032	1.0
430	0.98	9.8	535	0.020	1.0
435	1.0	10.0	545	0.013	1.0
440	1.0	10.0	555	0.008	1.0
445	0.97	9.7	565	0.005	1.0
450	0.94	9.4	575	0.003	1.0
455	0.90	9.0	585	0.002	1.0
460	0.80	8.0	595	0.001	1.0
465	0.70	7.0	600～700	0.001	1.0
470	0.62	6.2	700～1 049	0.001	0.2
475	0.55	5.5	1 050～1 400	0.001	0.2
480	0.45	4.5			

由表 29-16 可知，在波长 435 nm 和 440 nm 处，$B_\lambda=1.0$。其极限曝光量 H_B（对正常人不产生有害影响）是 $E_B=10\ mW/cm^2$，曝光时间为 10～104 s（光谱范围为 400～1 400 nm）。

关于可见光和近红外光光化学危害的允许极限值，按下式计算：

$$L_B = t\sum_{400\,nm}^{1\,400\,nm} E_\lambda B_\lambda \Delta\lambda < 100\ J/(cm^2\cdot sr) \qquad (宽光源,24\ h\ 内,t\leqslant 10^4\ s) \tag{29-48}$$

式中，L_B 为光源的辐射率，L_λ 为光源的光谱辐射率，t 为曝光时间。

$$\left.\begin{aligned} L_B &= \sum_{400\,nm}^{1\,400\,nm} L_\lambda B_\lambda \Delta\lambda < 0.01\ W/(cm^2\cdot sr) & (29\text{-}49)\\ H_B &= \sum E_\lambda t B_\lambda \Delta\lambda < 10\ mJ/cm^2 & (29\text{-}50)\\ E_B &= \sum_{400\,nm}^{1\,400\,nm} E_\lambda B_\lambda \Delta\lambda < 1\ mW/cm^2 & (29\text{-}51)\end{aligned}\right\} (光源张角<11\ mrad,24\ h\ 内,t>10^4\ s)$$

(3)可见光和近红外光的热损伤

其计算公式如下：

$$L_R = \sum_{400\,nm}^{1\,400\,nm} L_\lambda R_\lambda \Delta\lambda \leqslant 1/(a\sqrt{t}), \quad t\leqslant 10\ s \tag{29-52}$$

式中，R_λ 为热损伤光谱加权函数，即危害分析函数之三，见表 29-15；a 为光源的张角，以 rad 为单位。

$$L_R = \sum_{400\,nm}^{1\,400\,nm} L_\lambda R_\lambda \Delta\lambda \leqslant 0.6/a\ W/(cm\cdot sr), \quad t>10\ s \tag{29-53}$$

$$E_{IR} = \sum_{400\,nm}^{1\,400\,nm} L_\lambda R_\lambda \Delta\lambda \leqslant 10\ mW/cm^2, \quad t>100\ s \tag{29-54}$$

(29-53)式和(29-54)式是近红外光 IR-A（700 nm<λ<1 400 nm）的热损伤允许极限值。

四、防护激光损伤的安全量级

激光对人眼的辐射，即使功率低也会带来长期损伤。有关部门对于从角膜处测得的波长 400～1 400 nm 的激光能量，推荐如下的安全辐照量极限：

CW 激光 $10^{-6}\ W/cm^2$；

Q 开关激光 $10^{-7}\ J/cm^2$；

非 Q 开关脉冲 $10^{-6}\ J/cm^2$。

美国的 NRL 对波长 0.7 μm 的红宝石激光，1.06 μm的 CO_2 激光制定了角膜辐射功率安全量级，见表 29-17。

表 29-17 角膜辐射的安全量级

方 式	名 称	安 全 级/(W/cm²)
1	连续波（$t>0.1$ s）	2.7×10^{-6}
2	正常脉冲（$t\approx500$ μs）	5.0×10^{-4}
3	短脉冲（$t\approx4$ μs）	1.9×10^{-2}
4	开关（$t\approx30$ μs）	0.7

另外，在军事上人眼激光防护的参考规范见表 29-18。这些参数是以波长 0.4～1.4 μm 的激光辐射，人眼瞳孔直径为 7 mm，并置于平行光束窥视为条件的极限值。

表 29-18 激光辐射量的推荐极限

激光波长/nm	辐照持续时间	角膜辐照量/(J/cm²)	角膜辐照度/(W/cm²)
400～1 400	5～50 ns	10^{-7}	
	约 1 ms	10^{-6}	
	连续		10^{-6}
694.3	1 μs～1 ms	10^{-7}	
694.3	1 μs～0.1 s	10^{-6}	

续表

激光波长/nm	辐照持续时间	角膜辐照量/(J/cm²)	角膜辐照度/(W/cm²)
400～750	>0.1 s		10^{-5}
632.8	10^{-23}	偶然的(1 s)	
	连续的		10^{-26}
400～700	10～100 ns	1.3×10^{-6}	
	200 μs～2 ms	$10^{-5}t$	
	2～10 ms		5×10^{-3}
1 064	10～500 ms		2.5×10^{-3}
	10～100 ms	6×10^{-6}	
	200 μs～2 ms	5×10^{-5}	
	2～10 ms		2.5×10^{-2}
	10～500 ms		1.3×10^{-2}
400～700	1 ns～18 μs	$5C_1\times10^{-7}$	
	18 μs～10 s	1.8×10^{-3}	
	10～10^4 s	$\times10^{-2}$	
	>10^4 s		$\times10^{-6}$
700～1 060	1 ns～18 μs	$5C_1\times10^{-7}$	
	18 μs～10 s	$1.8\times C_1 10^{-5}t$	
	10～100 s	$C_1\times10^{-2}$	
700～800	100～[104/(λ－699)]s	$C_1\times10^{-2}$	
	>[104/(λ－699)]s		$C_1(\lambda-699)\times10^{-6}$
800～1 060	>100 s		$C_1\times10^{-4}$
1 060～1 400	1 ns～100 μs	5×10^{-6}	
	100 μs～10 s	$9\times10^{-3}t$	
	10～100 s	5×10^{-2}	
	>100 s		5×10^{-4}

注：λ 为以 nm 计的波长；t 以 s 计；$C_1=\exp[(\lambda-700)/224]$。

第六节　眼镜光学

一、眼的折光状态

已知眼睛是由等价折射力(光焦度)为 ＋60 D 的折光系统和网膜组成的。正常眼看物时，通过折光系统并伴随着眼的调节机能，使之在网膜中心凹处清晰成像。但是有的人由于眼睛的调节机能等存在缺陷，不能将所成的像准确地聚焦在网膜上，物体的像或在其前或在其后，结果不能看清物体，这叫做折光异常或屈光不正。图 29-90 表示了眼的折光状态。图中，眼轴长(像方主点至网膜的距离)为 b(m)，眼内折射率为 n_2，像方主点至焦点的距离为 e(m)，远点到物方主点距离为 a(m)。将各个量取倒数，以 D 为单位表示，并令 $A=n_1/a$ ，$B=n_2/b$，$E=n_2/e$ ，则有

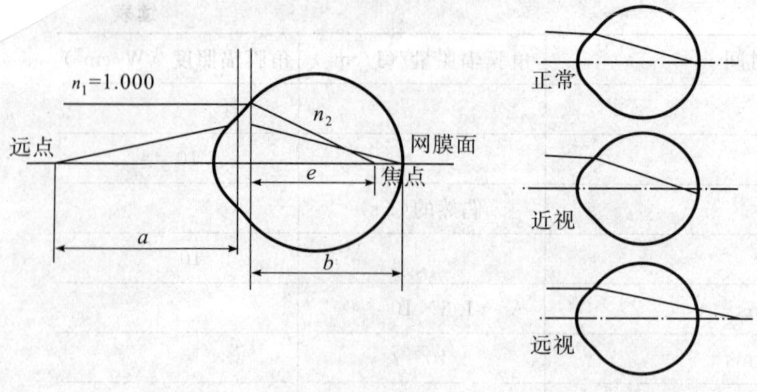

图 29-90　眼的折光状态

$$A=B-E \tag{29-55}$$

此式即为眼折光的基本公式。

对于正常眼，$B=E$，即 $A=0$，或者无穷远物点能准确地成像在网膜上。若 $b>e$，即当无穷远物点的成像在网膜前，为近视眼，这时，$B<E$，而$A<0$。相反，远视时 $A>0$。A 表示了眼折光的状态和程度，称之为主点光焦度，其单位为屈光度 D。

二、眼镜透镜的光焦度

将眼镜镜片看成光学透镜，其焦距 f' 用 m 为单位表示，倒数 $1/f'$ 称作光焦度，单位为 D。例如，$f'=1$ m，其光焦度即为 1 D；$f'=50$ cm，则为 2 D。

眼镜透镜的光焦度与光学透镜不同，是指顶点光焦度，又称作后顶光焦度，即其焦距从像方(眼侧)顶点算起，见图 29-91 的 l_f'。对于厚透镜，其焦距要从后节点算起，相应的光焦度叫做等价光焦度(参见图 29-91 中的 f')。对于薄凸透镜，前面的曲率半径较大，这时后顶光焦度和等价光焦度基本一致。但对厚透镜(5 D 以上)，若不用等价光焦度就会产生较大的偏差。

如图 29-92 所示，镜片的光焦度计算如下：令像方折射率 $n'_1=n_2=n$(镜片材料的折射率)，$n'_2=n_3=n_1=1$(空气的折射率)。p_1 点由第一面产生的像位于 p'_1，再经第二面的像位于 p'_2。r_1 和 r_2 分别为第一面和第二面的曲率半径，据阿贝不变量，有

$$n_1\left(\frac{1}{r_1}-\frac{1}{s_1}\right)=n'_1\left(\frac{1}{r_1}-\frac{1}{s'_1}\right);\qquad n_2\left(\frac{1}{r_2}-\frac{1}{s_2}\right)=n'_2\left(\frac{1}{r_2}-\frac{1}{s'_2}\right)$$

经推导，可以得出等价光焦度 φ_e 和顶点光焦度 φ_v：

$$\varphi_e=\varphi_1+\varphi_2-\frac{d}{n}\varphi_1\varphi_2 \tag{29-56}$$

$$\varphi_v=\varphi_e\Big/\left(1-\frac{d}{n}\varphi_1\right) \tag{29-57}$$

当镜片很薄时，厚度 $d\approx 0$，则 $\varphi_e=\varphi_v=\dfrac{n-1}{r_1}+\dfrac{1-n}{r_2}$。对于各种玻璃(或塑料)材料，其折射率 n 取 n_d 值。

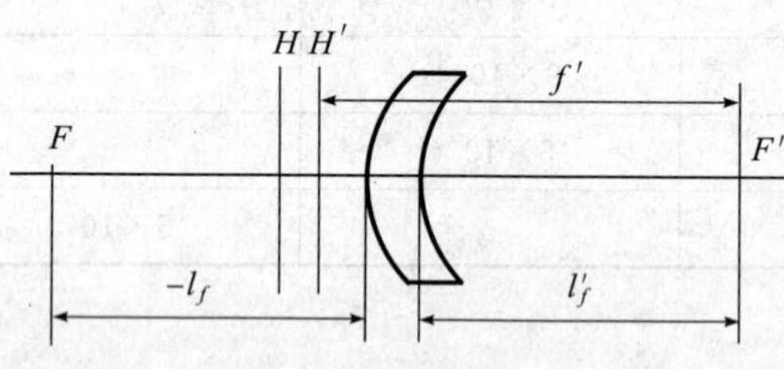

图 29-91　焦距与后顶焦距

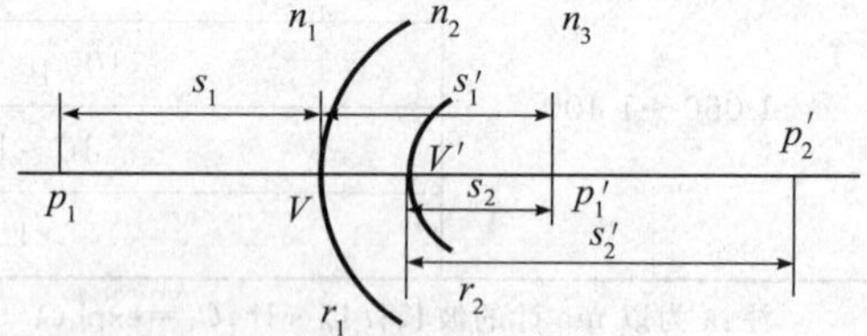

图 29-92　光焦度计算

三、眼镜的分类

目前常用框架眼镜片的主要类型列于表 29-19 中。

调节幅度大的常用单焦镜片，即整个镜片有单一的光焦度，老花眼常用这种镜片。但老花眼要看远的物体尚需另配一远用镜，使用起来很不方便，于是出现了双焦镜片。双焦镜片上有两个不同光焦度的区域，分别用来看远物和看近物。

针对有些场合的目标物既不是很远又不是很近，例如钢琴家演奏时需看清琴谱，外科医生手术时要注视手术视野，创制了三焦点镜片，除供远用和近用外，在镜面上有一个区域具有中等光焦度，供中间距离用。

总之，对镜片类型的选择取决于非正常眼的视力状态和工作活动的需要。

表 29-19 镜片型式

用途	镜片	说明
验光用	常用双凸	双凹、平凹弯月和圆柱(凸凹)透镜
佩戴用	普通镜片	多用球面弯月型,校正散光用托力克面
	双焦点镜片	上半部远用,下半部近用
	三焦点镜片	具有三个焦距,分别为远用、近用和中间距离用
	变焦镜片	从上至下连续变焦,具有从远用到近用的不同光焦度,或上半部远用,下半部自中心起连续变焦

多数镜片是用硬冕玻璃($n_D=1.523$)制作的,也有用塑料材料的。还有用特殊材料的,例如,用可以完全吸收或部分吸收有害光线的材料,这种镜片是无色的且有足够高的透射率,不同于一般的有色眼镜。近代出现的太阳镜,有的用高分子材料制作的,当有紫外光照射时即着色从而减低透明度,停止照射时又恢复其透明度,常称变色镜。

眼镜按镜面面形有如下的分类:

1. 球面镜

各类球面镜如表 29-20 所列。

若光线从左入射,对入射方向是凸的曲面,其半径 $r>0$;对凹的曲面,$r<0$。光焦度按下式计算:

$$\varphi=(n-1)\left(\frac{1}{r_1}-\frac{1}{r_2}\right)+\frac{d(n-1)^2}{nr_1r_2} \tag{29-58}$$

式中,n 为镜片材料的折射率,d 为镜片的厚度。

表 29-20 球面镜的组合

光焦度	透镜	曲率半径	说明
光焦度 + →	双凸透镜	$r_1>0, r_2<0$	由 $\varphi=(n-1)\left(\frac{1}{r_1}-\frac{1}{r_2}\right)+\frac{d(n-1)^2}{nr_1r_2}$ 决定 $\varphi>0$ 或 $\varphi<0$
光焦度 - →	双凹透镜	$r_1<0, r_2>0$	
光焦度 + →	平凸透镜	$r_1>0, r_2\to\infty$	
光焦度 - →	平凸透镜	$r_1<0, r_2\to\infty$ $r_1\to\infty, r_2>0$	
光焦度 + →	凸弯月型透镜	$r_1>0, r_2>0$ $r_1<r_2$	
光焦度 - →	凹弯月型透镜	$r_1>0, r_2>0$ $r_1>r_2$	
光焦度 - →	凹弯月型透镜	$r_1>0, r_2>0$ $r_1>r_2$	两面同心
光焦度 + →	凸弯月型透镜(零透镜)	$r_1>0, r_2>0$ $r_1=r_2$	两曲面曲率之差为0,透镜曲率中心位置之差 = 透镜的厚度

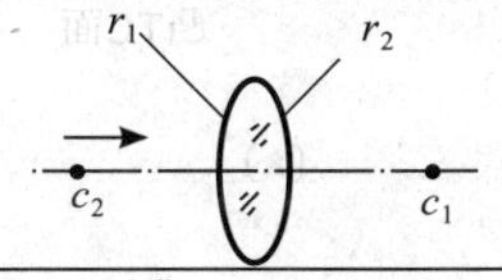

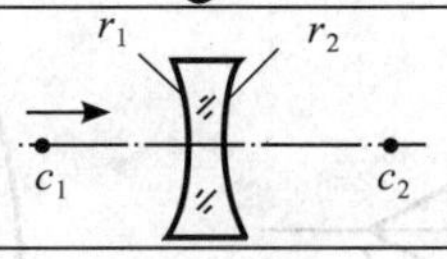

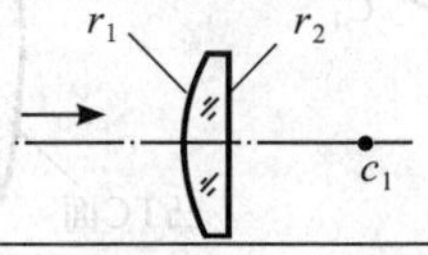

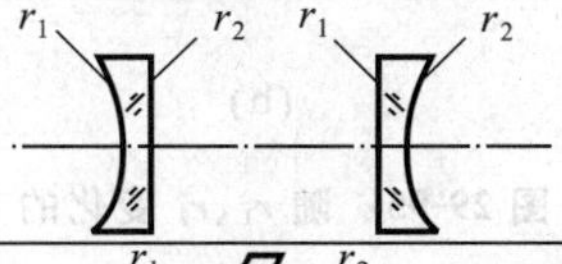

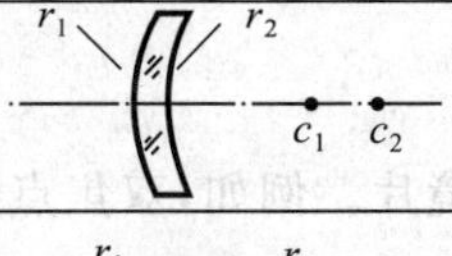

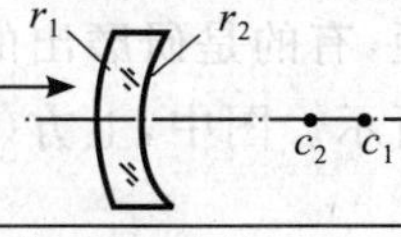

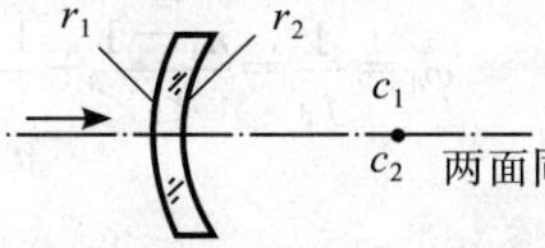

2. 柱面镜

光线入射柱面镜时，沿含柱面轴的平面入射的光线不发生折射，沿垂轴平面入射的会产生光焦度。如图29-93所示的是几种主要的粒面镜类型。

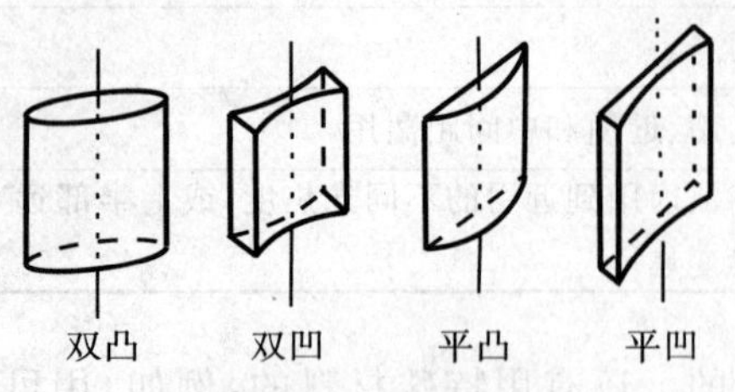

图 29-93 柱面镜的型式

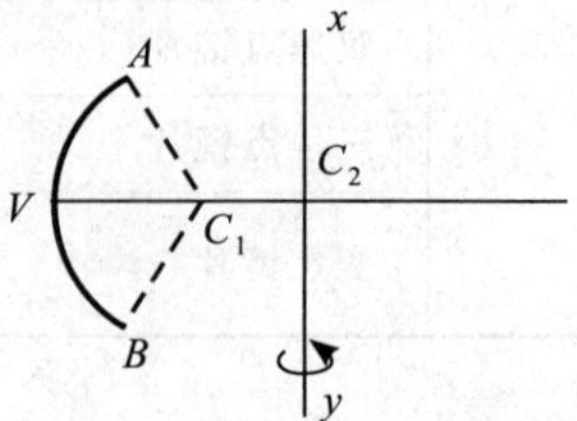

图 29-94 托力克面的形成

3. 托力克镜

图29-94是托力克镜的原理图，半径 $r_1=VC_1$ 的圆弧 AB，绕含弧 AB 平面上的一根轴 xy 旋转，形成旋转曲面，从 AB 弧的中点向 xy 引垂线交于 C_2，旋转半径 $r_2=C_2V$，这样的旋转面叫做托力克面，简写成TC面。

如图29-95所示，当 $r_1<r_2$ 时和 $r_1>r_2$ 时分别形成"轮胎型"(a)和"桶型"(b)的TC面。

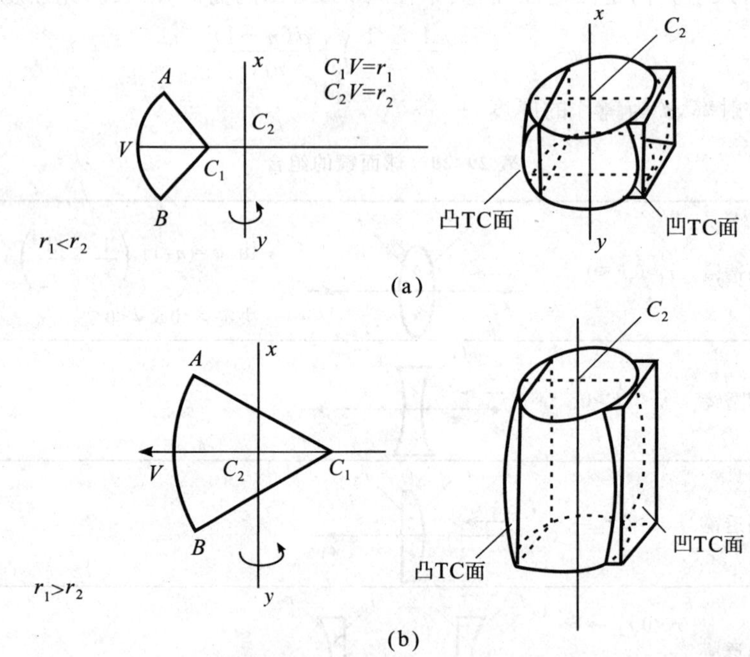

图 29-95 随 r_1、r_2 变化的TC面

4. 多焦点镜

多焦点镜是一种具有两个以上焦距的镜片。例如，双焦点镜片是从镜片中间分成上下两半，各有不同的焦距，以适应远近两用。镜片上的不同焦距，有的是研磨出的，有的是将具有不同光焦度的两半对接起来的。还有的是另将小片粘贴上的，如图29-96所示。图中，上方(大片)是远用部分，其光焦度为

$$\varphi_{\mathrm{d}}=\frac{1}{f_{\mathrm{d}}}=\frac{n_1-1}{r_1}+\frac{1-n_1}{r_2} \tag{29-59}$$

下方(小片)是近用部分，其光焦度为

$$\varphi_{\mathrm{n}}=\frac{1}{f_{\mathrm{n}}}=\frac{1}{f_{n_1}}+\frac{1}{f_{n_2}} \tag{29-60}$$

式中，n_1 为大片玻璃的折射率，n_2 为小片玻璃的折射率。并且

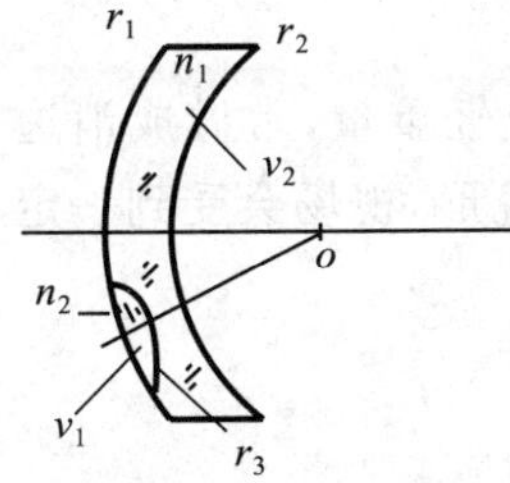

图 29-96 双焦点镜片

$$\frac{1}{f_{n_1}}=\frac{n_2-1}{r_1}+\frac{n_1-n_2}{r_3} \tag{29-61}$$

$$\frac{1}{f_{n_2}}=\frac{n_1-n_2}{r_3}+\frac{1-n_1}{r_2} \tag{29-62}$$

定义 φ_n 与 φ_d 之差为光焦度的附加度，则

$$附加度=\varphi_n-\varphi_d=\frac{1}{f_{n_1}}+\frac{1}{f_{n_2}}-\frac{1}{f_d}=(n_2-n_1)\left(\frac{1}{r_1}-\frac{2}{r_3}\right) \tag{29-63}$$

再考虑无色差条件，有

$$\left.\begin{aligned}&\frac{1}{\nu_1 f_{n_1}}+\frac{1}{\nu_2 f_{n_2}}=0\\&\nu_1 f_{n_1}+\nu_2 f_{n_2}=0\\&\nu_1/\nu_2=-f_{n_2}/f_{n_1}\end{aligned}\right\} \tag{29-64}$$

式中，ν_1 为大片玻璃材料的阿贝数，ν_2 为小片玻璃材料的阿贝数。近用部分应满足此消色差条件。

对于多焦点镜片，有代表性的是采用非球面，使其光焦度连续变化。还有的上半部分远用，自中心起往下 12 mm 一段光焦度渐变，以下部分作为近用。

5. 不等像校正镜

此类镜无光焦度而有一定的倍率，用来校正两眼像不等大的缺陷。有两种类型：一种是像整体放大，一种是只在某一直径方向上放大。此类镜设计应考虑下面所述的一些关系：

已知，光焦度 $\varphi=\varphi_1+\varphi_2-\frac{d}{n}\varphi_1\varphi_2$，但因 $\varphi=0$，所以

$$\varphi_2\left(1-\frac{d}{n}\varphi_1\right)=-\varphi_1 \tag{29-65}$$

式中，d 为镜片的厚度。

令镜片前面和后面的焦距分别为 f_1 和 f_2，放大率为 β，则有

$$\beta=\frac{f_1}{f_2}=\frac{\varphi_2}{\varphi_1}=\frac{-1}{1-\frac{d}{n}\varphi_1} \tag{29-66}$$

或者，

$$\beta=-\left(1-\frac{d}{n}\varphi_1\right)^{-1}\approx-\left(1+\frac{d}{n}\varphi_1\right) \tag{29-67}$$

这样，倍率 β 基本上取决于前表面的光焦度，而适当选择 β 和 φ_1 就能决定镜片的形状。

另外，还可以同时考虑带有一定光焦度的情形，即 $\varphi\neq 0$，给出下面公式：

$$\beta=\frac{1}{1-\frac{d}{n}\varphi_1}\frac{1}{1-Z_0\varphi_\nu} \tag{29-68}$$

式中，Z_0 为镜片后顶点到入瞳的距离，φ_ν 为镜片的后顶光焦度。

6. 白内障镜片(人工晶状体)

这是供白内障患者摘除了晶状体后用的镜片。它相当于＋8～＋12 D 的凸透镜，常用的是＋10 D。考虑平凸透镜的像散太大，多采用非球面镜。实用的非球面形是如图 29-97 所示的凯特拉(Katral)非球面。图中，$A'B\,C'$ 为最终的面形，而 $OB=r_0$，$O_1D=r_1$，$O_2C'=r_2$，$r_0>r_1>r_2$。

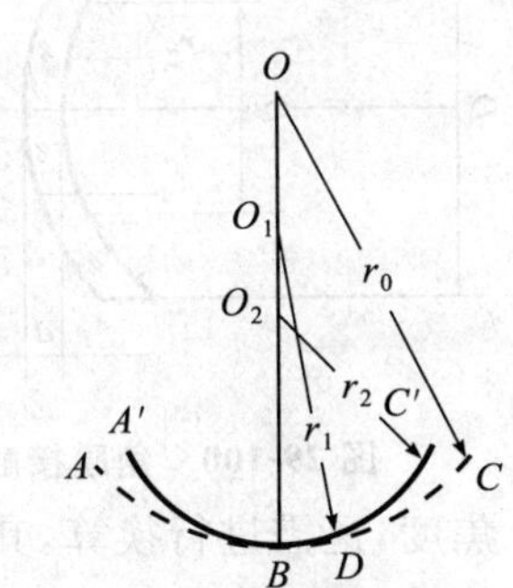

图 29-97 凯特拉非球面

近代，发展了一种用高分子材料制作的透镜，将其置于眼内代替摘除的晶状体，又称人工晶状体透镜。该透镜具有重量轻、光学性能好、无毒副作用等特性。一般做成与晶状体相当的平均光焦度。由于人工晶状体不具备调节能力，因此手术后的患者看远物清楚，而阅读时仍需配镜。人们不断研制出新型人工晶状体，例如：①采用非球面面形设计校正像差；②由于后表面对像差有较大的贡献量，于是通过镜片后表面改善像差；③做螺纹透镜面形，以得到多焦的效果，达到远近都能看清。

7. 强度镜片

这种镜片曲率半径小，厚而重，具有足够的强度，故俗称重镜片(见图 29-98)。为减轻重量，常做成消边形状，即将边部减薄而保证中央部分有足够的厚度和一定的光焦度。此种镜片是凸透镜形，视场会受到一定的限制，而凹透镜则无此问题。

图 29-98 强度型镜片

8. 弱视镜

有的患者眼球没有器质性的病变，但视力矫正后仍不能达到正常，这种情况叫做弱视。这种眼可配戴弱视镜。这是一种由物镜(凸)和目镜(凹)组合的放大镜。即由物镜将目标成像，再由目镜将其成像在眼的远点处(见图 29-99)。

9. 角膜接触镜

角膜接触镜是近代眼镜发展的一种新形式。它用来矫正高度近视、远视、散光、屈光参差和圆锥角膜等眼疾，也可以为中低屈光不正的演员、运动员等提供美观、方便的矫正视力的方式。由于这种微型镜片直接贴在眼角膜上，可以替代框架眼镜，故又称为隐形镜或无形眼镜。角膜镜配戴后和眼球构成一个完整的光学系统，因而其形状和参数取决于眼睛的角膜参量和屈光状态。在角膜镜的设计和制作中，为了简化，往往制定出系列参数。其中，重要的参数是接触镜的光焦度。有关参数的计算如下：

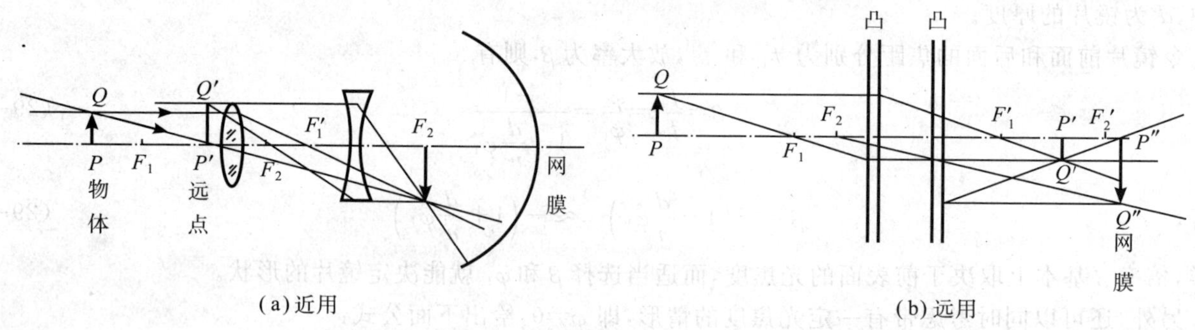

图 29-99 近用和远用弱视镜

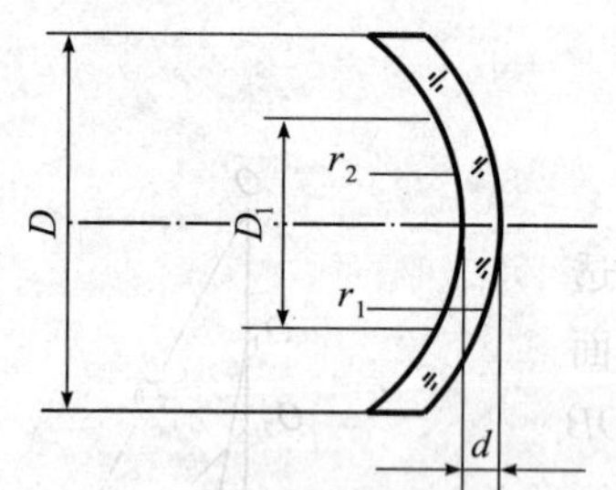

图 29-100 角膜接触镜的结构

角膜镜的结构如图 29-100 所示。D 表示角膜镜片的直径，D_1 表示光学部分的直径。其前表面曲率半径 r_1 与要求得到的光焦度 φ_j 的关系为

$$\varphi_j=\frac{(n-1)[n(r_2-r_1)+(n-1)d]}{nr_1r_2} \tag{29-69}$$

式中，n 为接触镜材料的折射率，d 为接触镜的中心厚度，φ_j 为接触镜的光焦度。

欲求 φ_j，先要对患者验光检查，确定矫正所需最好的光焦度。因为通常验光的镜片与角膜有一段距离，所以检查的结果并不等于角膜真正的光焦度，还需进行换算，其关系如下：

$$\varphi_j=\frac{\varphi_y}{1-d'\varphi_y} \tag{29-70}$$

式中，φ_y 为验光镜片的光焦度，d' 为验光镜和角膜之间的距离。

在实际工作中，也可以根据此式制作出的系列表来查找。r_2 是角膜镜贴敷角膜一面的曲率半径，因人而异。角膜曲率半径因种族不同而不完全相同，我国一般为 7.4～8.2 mm，每增一挡为 0.05 mm。这样的数

据可以满足大多数人的需要。

根据制作角膜镜的材料的不同,接触镜可分为不同的种类:

1)硬性接触镜。以聚甲基丙烯酸甲酯(PMMA)为材料,其质量轻,硬度大,制作容易,光学性能稳定,仅次于光学玻璃,但是吸水少,透气差。由于透气差,角膜供氧不足,易发生角膜水肿等损伤,故不宜久戴。虽然不断有克服该材料缺点的技术,使其光学性能和角膜氧气代谢等得到改善,但随着其他新型材料的不断出现,PMMA 渐有被淘汰的趋势。

2)软性接触镜。以聚甲基丙烯酸羟乙酯(HEMA)为基质,加入少量的催化剂(如二甲丙烯酸乙二醇脂(EDMA)和聚乙烯吡咯烷酮(PVP)等)聚合而成。其明显的特点是吸收水分,渗透氧气,柔软透明,对角膜刺激性小,符合角膜代谢要求,佩戴舒适。但机械强度差,不耐用,易变成与角膜曲率半径一样,不能充分矫正高度散光,光学性能不如硬性接触镜。

3)半硬性接触镜。用醋酸纤维酯材料制作半硬性接触镜(软硬结合型),既有较高的机械强度,又有良好的柔软性和透氧率,是一种有前途的接触镜。几种常用的接触镜材料的性能如表 29-21 所示。

表 29-21 角膜镜常用材料性能

材料名称 / 主要性能	聚甲基丙烯酸甲酯(PMMA)	聚甲基丙烯酸羟乙酯(HEMA)	硅醋酸盐酸酯丁酸纤维素(CAB)
折射率	1.491	1.501(干);1.454(湿)	
透射率/%	91	90	
吸水率/%	0.3~0.4	38	0.03
透氧率(*DK* 值)	0.5	7	>100
相对密度	1.19	1.17	
抗张强度/(kg/cm^2)	600	4	

评价各种角膜镜材料的性能,两项较为突出的指标是含水量(吸水率)和透氧率。含水量是指角膜镜片中的水重量占镜片总重量的百分比。含水与透氧有连带关系,由于氧分子可以溶于水中进而通过镜片提供给角膜,所以吸水好的材料透氧性也好。透氧率用 *DK* 值来表示。*D* 为材料的弥散系数,指气体分子在其材料物质中移动的速度(单位为 cm^2/s);*K* 为溶解系数,表示在特定的压力(10^5 Pa)下,单位体积(cm^3)物质中能溶解的气体量。

选用的材料不同,角膜镜的几何参数的选定也略有区别。硬性镜直径应比角膜直径小 1~2 mm,一般为 9~10 mm;软性镜溶胀后的直径为 11.5~13.5 mm;美容镜的直径应比角膜直径稍大,约为 11.5 mm。

4)角膜矫形镜。角膜矫形镜(俗称 OK 镜)是通过对镜片后表面与角膜前表面形态反向几何学的四弧设计,采用硬性透气性材料制作的角膜接触镜。该镜可机械性压迫或按摩角膜,使角膜中央曲率半径变大,降低角膜的折光能力,提高远方视力。经科学使用可以快速、合理地对角膜进行矫形,降低一定的近视、散光度,显著提高中、低度近视的裸眼视力。这种效应是可预测、可逆的,且可双眼同时施行。研究结果证明,长期使用角膜矫形镜,对控制近视发展有一定的疗效,而且对眼轴的增长有明显的控制作用。随着硬性材料的透氧性的改善和提高,角膜矫形镜的有效性和安全性不断地在被肯定。

在角膜材料不断改进的同时,角膜测试技术的进步也促使角膜镜片的塑形技术得以发展。于是,在制作接触镜片时不必查系列表,而是根据精密测出的眼角膜的参数和屈光状态,塑造出一个相应面形的角膜镜片与角膜匹配,实现屈光状态的改善。按当前的塑形技术,一个镜片面形分为光学弧、配戴弧、线弧和周边弧几部分。光学弧的光焦度比角膜中心少 3~6 D,紧贴角膜,其他弧的参数根据光学弧来计算。最终使得镜片的功能、性能完善,舒适性、有效性和安全性进一步提高,能使患者在大约几个月内矫正好视力,并有趋势表明将做到镜片一步到位。

四、散光校正用眼镜

校正散光用的眼镜大致有以下 3 种:单向片、双向片和混合片。

1. 单向片

在竖直和水平两个方位中，一个用作校正散光，另一个为正常状态。例如，远视单散光镜片，记作柱面 +0.5 D 轴 90°；近视单散光镜片，记作柱面 −1.0 D 轴 180°。

2. 双向镜片

在竖直和水平两个方位，或是校正远视散光，或是校正近视散光，用记号“⌣”表示双向的组合。

1)近视双向散光片。例如，柱面 −0.5 D 轴 180°“⌣”柱面−1.5 D 轴 90°。

2)远视双向散光片。例如，柱面 +3.0 D 轴 180°“⌣”柱面+2.0 D 轴 90°。

3. 混合片

在两个方位上，一个校正近视，一个校正远视。例如，柱面−0.5 D 轴 180°“⌣”柱面+1.0 D 轴 90°。

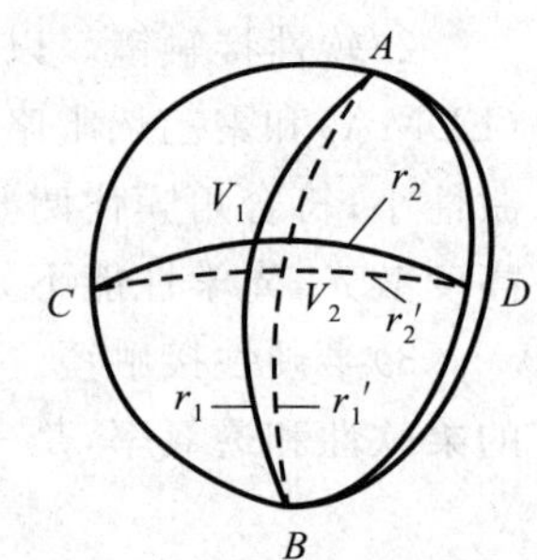

图 29-101 散光镜片的构成

散光镜片的构成法如下：

在材料折射率为 n_d 的一片玻璃的两面，构成散光镜片的方式有 6 种：① 两个柱面组合；② 球面与柱面组合；③ 平面与 TC 面组合；④ 球面与 TC 面组合；⑤ 柱面与 TC 面组合；⑥ 两面都是 TC 面。

令镜片两面的顶点分别为 V_1 和 V_2，相互正交的主截面分别为 t 和 h（图 29-101中的 AV_1BV_2A 和 CV_1DV_2C），各自的光焦度 φ_t 和 φ_h 应满足下列关系：

$$\varphi_t=(n-1)\left(\frac{1}{r_1}-\frac{1}{r'_1}\right)+\frac{(n-1)^2}{nr_1r'_1}d \tag{29-71}$$

$$\varphi_h=(n-1)\left(\frac{1}{r_2}-\frac{1}{r'_2}\right)+\frac{(n-1)^2}{nr_2r'_2}d \tag{29-72}$$

式中，φ_t 为竖直光焦度；φ_h 为水平光焦度；d 为顶点部的厚度，即图 29-101 中 V_1 和 V_2 的距离；r_1、r'_1、r_2、r'_2 为图 29-101 中的几条半径。从上式可见，共有 4 个半径，任选 2 个便可确定另 2 个。选择半径时，可用上述 6 种面形，一般多用③和④两种。

例如，前面取球面，$r_1=r_2=r$，后面取 TC 面，$r'_1\neq r'_2$。这时有

$$\varphi_t=(n-1)\left(\frac{1}{r}-\frac{1}{r'_1}\right)+\frac{(n-1)^2}{nrr'_1}d \tag{29-73}$$

$$\varphi_h=(n-1)\left(\frac{1}{r}-\frac{1}{r'_2}\right)+\frac{(n-1)^2}{nrr_{r}{}'_{2}}d \tag{29-74}$$

而未知半径有 3 个：r、r'_1 和 r'_2。只要选定 1 个，就可求得其他 2 个。例如选定 r，则 r'_1 和 r'_2 可求得。一般场合下，选定球面半径 r 或给定其光焦度数，例如取$\frac{n-1}{r}$为 6 D 或 9 D，则其他 2 个半径便可确定了。

当前面选为 TC 面，后面取球面时，$r_1\neq r_2$，而 $r'_1=r'_2=r$。这时

$$\varphi_t=(n-1)\left(\frac{1}{r_1}-\frac{1}{r'}\right)+\frac{(n-1)^2}{nr_1r}d \tag{29-75}$$

$$\varphi_h=(n-1)\left(\frac{1}{r_2}-\frac{1}{r'}\right)+\frac{(n-1)^2}{nr_2r}d \tag{29-76}$$

同样，可以先将后面的光焦度取为 6～9 D，再求出前面的光焦度。

五、眼镜的像差

1. 色差

由于眼本身的色差较大，而一般镜片材料的 $n_d=1.523$～1.525，$\nu=58$～59，所以镜片的色差影响不成为什么问题。

2. 球差

眼镜与照相物镜不同，不是用全口径，而是受瞳孔直径限制，只用 3～4 mm，所以产生的球差可以忽略。

3. 像散

眼镜的像散对视功能是有影响的。对于像散为 0 时的顶点光焦度 φ_v 和前面光焦度 φ_1 的关系已由渥拉

斯顿(William Hyde Wollaston)和奥斯瓦尔德(Ostwald)先后求出,分别叫做 W 型和 O 型。从眼球旋转中心到镜片内侧顶点的距离取作 28 mm(或 25 mm),目标物为无穷远或于明视距离 300 mm 处,视线与光轴夹角为 30°(参见图 29-102),乔尔宁(W. Tscherning)得出一条无像散曲线。该曲线是一个椭圆,称作乔尔宁椭圆,如图 29-103 所示。图中,纵坐标为前面光焦度 φ_1,横坐标为 φ_v。当厚度 $d\approx 0$ 时,可由 $\varphi_v=\varphi_1+\varphi_2$ 求出 φ_2。

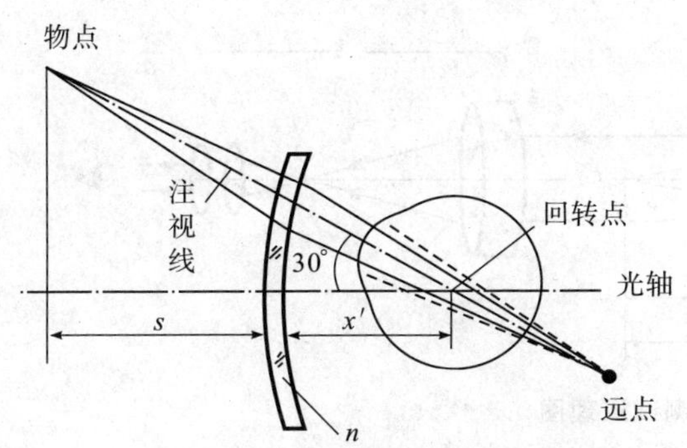

图 29-102 计算像散的观察状态

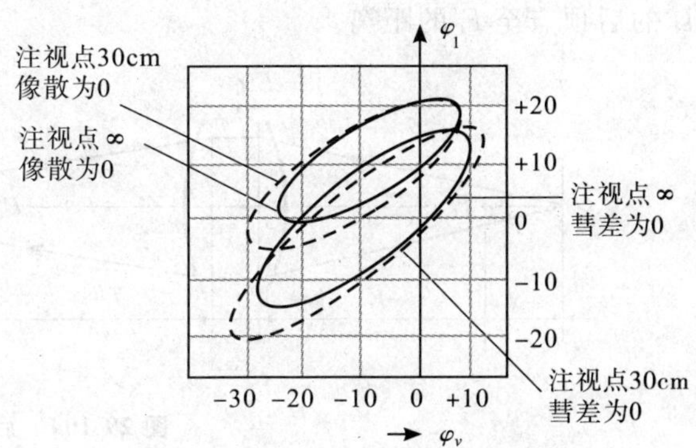

图 29-103 φ_1 与 φ_v 关系图

令 Δ_m 为子午像散,Δ_s 为弧矢像散,则光焦度为 φ_v 时的像散差为

$$\Delta_m-\Delta_s=\frac{\tan^2\omega'\varphi_v}{n(n-1)^2(\xi'-\sigma-\varphi)^2}\{(n+2)\varphi_1^2-[(n+2)\varphi_v+2(n^2-1)(\xi'+\sigma)]\varphi_1+n\varphi_v^2+[2\xi'-(n+1)(n-2)\sigma](n-1)\varphi_v+[n\xi'+2(n+1)\sigma](n-1)^2\xi'\} \tag{29-77}$$

当令 $\Delta_m-\Delta_s=0$ 时,则有

$$(n+2)\varphi_1^2-[(n+2)\varphi_v+2(n^2-1)(\xi'+\sigma)]\varphi_1+n\varphi_v^2+[2n\xi'-(n+1)(n-2)\sigma](n-1)\varphi_v+[n\xi'+2(n+1)\sigma](n-1)^2\xi'=0 \tag{29-78}$$

式中,ω' 为视场角,$\sigma=\dfrac{1}{s}$,$\xi'=\dfrac{1}{x'}$。

可见,φ_v 和 φ_t 为一个二次方程(这里,瞳孔直径取 3.0 mm)。

4. 彗差

子午彗差由下式表示:

$$\Delta_c=-\frac{3R'\tan\omega'\xi'^2\varphi_v}{n(n-1)^2(\xi'-\sigma-\varphi_v)^3}\{n+2)\varphi_1^2-[(n^2+n+1)\varphi_v+(n^2-1)(\xi'+3\sigma)]\varphi_1+n^2\varphi_v^2+[n^2\xi'+(2n+1)\sigma](n-1)\varphi_v+[(2n+1)\xi'+(n+1)\sigma](n-1)^2\sigma\} \tag{29-79}$$

式中,R' 为瞳孔半径。

当彗差等于 0 时,有

$$(n+2)\varphi_1^2-[(n^2+n+1)\varphi_v+(n^2-1)(\xi'+3\sigma)]\varphi_1+n^2\varphi_v^2+[n^2\xi'+(2n+1)\sigma](n-1)\varphi_v+[(2n+1)\xi'+(n+1)\sigma](n-1)^2\sigma=0 \tag{29-80}$$

可见,φ_v 和 φ_1 为一个二次曲线(椭圆)。

5. 畸变像差

由于网膜的习惯性因素,眼镜的畸变像差对眼影响不大。

6. 像面弯曲像差

因为网膜是弯曲的,所以眼镜的像面弯曲像差不会影响眼的成像清晰度。

7. 倍率色差

倍率色差随镜片材料的阿贝数、距镜片中心距离等参量而变化,它将引起视功能的降低,特别是通过镜片周边观看时更为明显。

六、眼镜片的检验

1. 后顶光焦度

测量镜片和角膜接触镜的后顶光焦度常采用光学调焦法，如图 29-104 所示图中，T 为准直物镜 C 的可移动分划板（目标物），L 为被测镜片，A 为读数望远镜，F_C、$F_C{}'$ 为 C 的前后焦点，f_C、$f_C{}'$ 为 C 的前后焦距，Z 为 L 的后顶点至 F'_C 的距离。

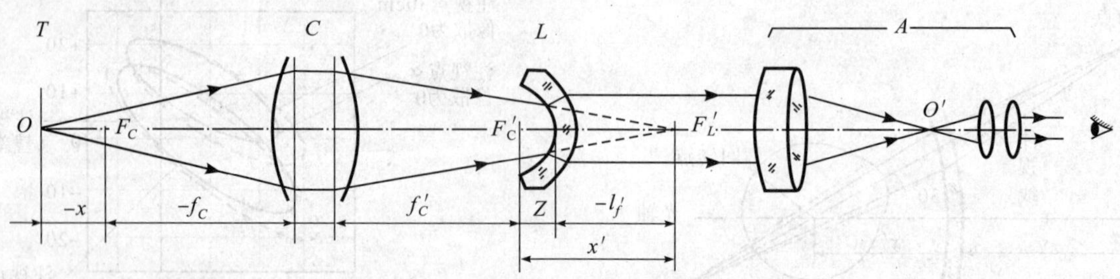

图 29-104　后顶光焦度测试原理图

移动分划板 T，使目标物 O 距前焦点 F_C 为 $(-x)$，当 O 的像在 L 的焦点 F'_L 上时，目视读数望远镜将看到最清晰的目标像 O'。这样，后顶焦距 l'_f 为

$$l'_f = x' + Z \tag{29-81}$$

根据牛顿公式，有 $xx' = -f'^2_C$，而后顶光焦度 φ_v 为

$$\varphi_v = \frac{1}{l'_f} = \frac{x}{f'^2_C + xZ} \tag{29-82}$$

当准确确定出轴向移动量 x 和 Z 值时，便可得出后顶光焦度值。如果被测镜片的后顶点刚好装在准直物镜的焦点 F'_C 处时，即 $Z=0$，则有

$$\varphi_v = \frac{1}{l'_f} = \frac{x}{f'^2_C}。 \tag{29-83}$$

2. 平行度

对太阳镜一类的镜片，要检验镜片的平行度。平行度是以棱镜光焦度（P. D）来表示的，即离开 1 m 远的物成像后其光线偏折 1 cm 的夹角为 1 P. D，或 1 P. D=arctan(1/100) 。

一般可用望远镜来检测，也可用专用（测角）装置测量。

3. 视见透射率

透光性能是眼镜片的一项主要质量指标，采用对应视觉明度的视见透射率 $\overline{\tau}$ 来评价。

$$\overline{\tau} = \frac{\int_{\lambda_1}^{\lambda_2} S(\lambda)\tau(\lambda)\overline{y}(\lambda)\mathrm{d}\lambda}{\int_{\lambda_1}^{\lambda_2} S(\lambda)\overline{y}(\lambda)\mathrm{d}\lambda} = \frac{\int_{\lambda_1}^{\lambda_2} W(\lambda)\tau(\lambda)\mathrm{d}\lambda}{\int_{\lambda_1}^{\lambda_2} W(\lambda)\mathrm{d}\lambda} \tag{29-84}$$

式中，$S(\lambda)$ 为光源的光谱分布；$\tau(\lambda)$ 为镜片的光谱透射率；$\overline{y}(\lambda)$ 为对应明度的光谱刺激值或 V_λ；$W(\lambda)$ 为权函数，$W(\lambda)=S(\lambda)\overline{y}(\lambda)$；$\lambda_1 \sim \lambda_2$ 为可见波长范围。

通常，$S(\lambda)$ 可取施照体 A 的光谱分布，不过取施照体 D_{65}（白光光源）的更为合适，因为 D_{65} 表示白天平均照明的光谱分布。将上式 $\overline{\tau}$ 的积分简化，得

$$\overline{\tau} = \sum_{i=1}^{n} W_i(\lambda)\tau_i(\lambda) \Big/ \sum_{i=1}^{n} W_i(\lambda) \tag{29-85}$$

取波长间隔 $\Delta\lambda = 10$ nm，并令分母为 100，则有相应的权函数 $W(\lambda)$ 值。用 D_{65} 光时的 $W(\lambda)$ 值列入表 29-22 中。

考虑各种镜片的 $\tau(\lambda)$ 在可见光范围内的分布比较平坦，所以为方便起见，不需要严格测出 $\tau(\lambda)$ 的分布，而仅用单一波长 $\overline{\lambda}$ 的透射率足以很好地近似为视见透射率 $\overline{\tau}$。即

$$\overline{\tau} = \tau(\overline{\lambda}) \tag{29-86}$$

而 $\overline{\lambda}$ 是以 $W(\lambda)$ 为权的平均波长：

表 29-22 相应 D_{65} 光源的权函数

波 长 λ/nm	W(λ)	波 长 λ/nm	W(λ)	波 长 λ/nm	W(λ)
400	0.003	520	7.040	640	1.386
410	0.010	530	8.784	650	0.810
420	0.035	540	9.425	660	0.463
430	0.095	550	9.796	670	0.249
440	0.228	560	9.415	680	0.126
450	0.421	570	8.678	690	0.054
460	0.669	580	7.886	700	0.028
470	0.989	590	6.353	710	0.015
480	1.525	600	5.374	720	0.006
490	2.142	610	4.265	730	0.003
500	3.342	620	3.162	740	0.001
510	5.131	630	2.098		

$$\bar{\lambda}=\int_{\lambda_1}^{\lambda_2}\lambda W(\lambda)\mathrm{d}\lambda\Big/\int_{\lambda_1}^{\lambda_2}W(\lambda)\mathrm{d}\lambda=560\ (\mathrm{nm}) \tag{29-87}$$

此式表明，$\bar{\lambda}=560$ nm 有可信的权重，所以视见透射率即用单一波长 560 nm 的透射率来表示。或者，将测试仪器的光源和接收器的光谱响应加以校正成为 $W'(\lambda)$，使得

$$W'(\lambda)\approx S(\lambda)\bar{y}(\lambda) \tag{29-88}$$

则可直接进行测量。如图 27-105 所示，对具有色温 2 800 K 的白炽灯和 S_{11} 阴极的光电倍增管加一片透射率为 $F(\lambda)$ 的滤光片，得到校正曲线 $W'(\lambda)$。可见，$W'(\lambda)$ 很接近于表 29-22 所列的 $W(\lambda)$ 数值。

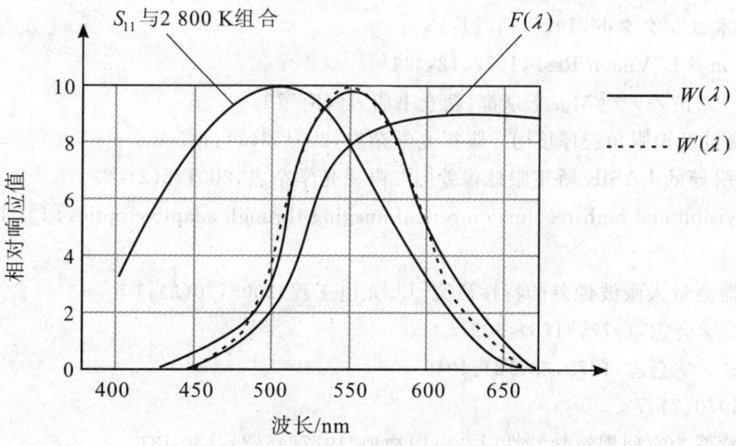

图 29-105 光谱响应的校正

参 考 文 献

[1]通渡涓二. テレビジョン学会志，1979，33(12)：954

[2]大头仁. 光学ニュース，1968，98：5

[3]池田光男. 生理光学——眼の光学と视觉[M]. 东京都：朝仓书店，1975：3，15，65，42-44

[4]Drescoll W G，Vaughan W (Sponsored by the O S A). Handbook of Optics[M]. New York：McGraw-Hill book Company，1978：122，126，1212

[5]中尾主一. 光学技术ハンドブック[M]. 东京都：朝仓书店，1968：733，750，759，763，794

[6]刘永基，王肇圻，等. 人眼模型中各折射面对人眼像差的贡献[J]. 光学学报，2005，34(10)：1554

[7]Davson H. The Eye，1962，4：127-129

[8]瞿佳. 视光学理论和方法[M]. 北京：人民卫生出版社，2004：57，199

[9]Westheimer G, Compbell F W. J. Opt. Soc. Am. ,1962,52:1040
[10]河原哲夫,大头仁. 应用物理,1977,46(2):132,134,136
[11]Davson H. The Eye,1962,4:153
[12]Ohzu H. Vision Res,1972,12:231
[13]福岛邦彦. 视觉生理与仿生学[M]. 马万福,等译. 北京:科学出版社,1980: 55,124
[14]池田光男. 光学技术ハンドブック[M]. 东京都:朝仓书店,1968: 730,739-741,743
[15]杜德洛夫斯基. 光学仪器理论[M]. 王之江,等译. 北京:科学出版社,1963: 575
[16]通渡涓二. テレビジョン学会志[J],1968,22(1):10
[17]藤井克彦,等. Lateral Inhibition による错视现象の解析. 医用电子と生体工学,1967,5(2):117-126
[18]饭田丰彦,坂田晴夫. テレビジョン学会志,1977,31(4):245,252
[19]神作博. テレビジョン学会志,1969,23(10):789
[20]中科院生物所生理光学组. 人眼调制传递函数[M]. 北京:中科院生物物理研究所,1980
[21]Robeson. J. Opt. Soc. Am. ,1966,56:1141
[22]周燕,金伟其. 人眼视觉的传递特性及模型[J]. 光学技术,2002,28(1):58
[23]江森康文. 视觉の空间周波数特性と画像鲜锐度[J]. テレビジョン学会志,1979,30(12):1000
[24]长田昌次郎. テレビジョン学会志,1977,31(8)649
[25]Wilson H R,Gelb D J. J. Opt. Soc. Am. ,1984,A. 1:124-131
[26]郑竺英,等. 频差在立体视觉信息加工中的作用[J]. 生物物理学报,1992,8(3):517-519
[27]佐川贤,池田光男. 光学[M],1978,7(3):103
[28]中岛芳雄,池田光男. 色の两眼融合限界[J]. 光学,1980,9(1):13
[29]古川友三. テレビジョン学会志,1979,33(12):963
[30]大岛佑之. 光学技术ハンドブック[M]. 东京都:朝仓书店,1968:771
[31]大头仁. 光学技术コンタクト,1973,11(2):11
[32]饭田健夫,等. 光学技术コンタクト,1976,14(2):13
[33]Ingelstram E,Ragnasson S I. Vision Res. ,1972,12:411
[34]大岛佑之. 光学技术ハンドブック[M]. 东京都:朝仓书店,1968:778
[35]倪海龙,等. Orbscan 测量近视眼角膜厚度[J]. 眼视光学杂志,2001,3(3):137-139
[36]Theo Seiler. 波前像差引导的 LASIK 矫正眼球像差[J]. 眼视光学杂志,2001,3(2):69
[37]Liang J. Supernormal vision and high-resolurtion retinal imaging through adaptive optics [J]. J. Opt. Soc. Am. A,1997, 14
[38]全薇,等. 哈特曼传感器测量人眼波像差的特性研究[J]. 光电工程,2003,30(3):1-5
[39]西村武. テレビジョン学会志,1977,31(5):369
[40]小林幸雄. テレビジョン学会志,1979,33(12):1049
[41]Черный И Н. ОМП,1970(7):72
[42]河原哲夫,大头仁. 视觉系の空间周波数特性[J]. 应用物理,1977,46(2):130-131
[43]Giles M K. J. Opt. Soc. Am. ,1977,67(5):635
[44]永野俊. テレビジョン学会志,1979,33(12):961
[45]Lowry E M,Dempalma J J. J. Opt. Soc. Am. ,1961,51:740
[46]陈志辉,等. 测量视觉系统 MTF 的一种客观方法[J]. 光电工程,2004,31(01)
[47]山地良一. 光学技术ハンドブック[M]. 东京都:朝仓书店,1968:780
[48]刘炳荣. 激光与红外,1981(1):59
[49]Bachman C C. Laser Radar System and Techniques,1979:177
[50]会田军太夫. 光学技术ハンドブック(日)[M]. 东京都:朝仓书店,1968:784
[51]贾晓航,等. 接触镜光学特性和后顶点焦距测量分析[J]. 眼视光学杂志,2001,3(1):45
[52]白琨璞. 视见透射率及其简化[J]. 计量技术,1986(1):22-24

第三十章 显示光学

本章从光学角度，特别是从人眼的视觉特点来审视显示技术的各个方面，来描述显示在各种屏幕上的五彩缤纷的图像，希望初步建立起显示光学的体系：显示理论，显示装置，显示的视觉效应和显示光学测量。

显示技术包括物体或景色拍摄时的光电转换，物体或景色按二维或三维坐标分布的亮度(和色度)信号转变为按时序系列的电信号脉冲，高密度的电信号利用人眼的视觉特性进行编码压缩，压缩后电信号的放大、调制和传输，在接受端对信号进行符合人眼视觉特性的解压缩，最后利用显示器件的电光特性将时序系列的电信号转变为符合人眼生理观看特性的静止(或连续变化)的平面或立体的图像。显然，显示技术涵盖了物理光学、几何光学、视觉光学、色度学、光度学、电子学、信号处理、电光及光电转换的光电子学等多种学科。

显示技术发展的总趋势是：CRT逐步淡出显示技术的主流市场(仅在一些特殊领域有其发展的空间)；平板显示已成为主流，TFT-LCD是目前平板显示的主流产品，OLED具有优越的性能和低能耗的优势，将会成为下一代平板显示的主流产品，继之是各种高性能柔性显示技术会成为平板显示的未来发展方向；多媒体与虚拟显示技术推进了新技术特别是逼真型显示与交互技术的融合。三维显示一直是人们追求的目标：视差立体显示已经成熟，自体视的平板显示器正在推广，全息三维的动态显示尚未成熟，体空间真三维显示是当前的研究热点之一。真三维显示有着多人、多角度、多视点观看的优点，是最有前景的研究领域。

本章将论及显示的概念及显示器的性能参数，包括液晶显示、等离子体显示、有机发光二极管显示、阴极射线管、真空荧光显示、场致发射显示、大屏幕投影显示、显示光学中的视觉特性、显示光学的电光参量测量、显示的静态图像质量指标和平板显示器的运动伪像等内容。

第一节 显示的内涵和显示器的性能参数

一、显示的内涵

显示是指各种信息的阵列展示。所以显示技术是一种将反映客观外界事物的信息(可以是光学的、电学的、声学的、化学的等)，经过变换处理后以适当的形式显示，供人们观看、分析、利用的一种技术。广义的显示技术包括利用各种机械的显示技术，如机械钟表等。本章专指电子显示技术，即利用电子学的手段将各种信息以文字、符号、图形、图像的形式产生视觉形象的技术[1-2]。

人类通过五官感受获得的外界信息，视觉占60%，近期已上升到约85%，即人类主要靠视觉来了解周围世界。人们通过视觉接受信息的方式可以是文字、图表或图像。利用文字阅读每分钟能传达的信息量不过几百字节，而每幅图像的信息量达10^5～10^6bit，并且一目了然，所以图像显示是信息显示的最重要方式。

随着高清晰度电视(HDTV)和大屏幕显示时代的到来，如何显示具有高临场感的高分辨率彩色大屏幕图像已成为当务之急。

二、显示器的组成和分类

(一)显示器的组成

显示器也称显示系统，一般由显示器件和驱动电路以及电源组成。显示器件能将接受到的图像信息的电信号转化为光学图像，是一种具有电光效应的显像(或显示)器件，有时被称为显示屏。一般将包括驱动电路的显示屏称为显示模块。显示模块加上外壳和电源就是显示器。显示器的输出是显示器件再现的图像，这些图像从内容上可以分成数字、符号、图形、视频图像 4 类。本章下面提及的图像常常是指视频图像，传输、显示视频图像在技术上最为复杂，可以认为已包括了数字、符号、图形的显示技术。

（二）显示器的分类

显示器的分类有多种方式：

1. 按光学方式分类

按光学方式分类有 3 种，如图 30-1 所示。

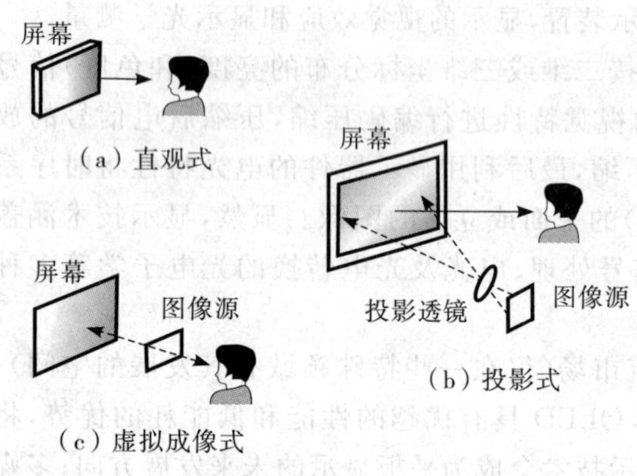

图 30-1　显示器按光学方式分类

1）标准的直观式。即图像直接显示在显示器件的屏幕上，这是最常见的显示方式。一般的 LCD、PDP、CRT 等显示器都属于这一种，如手机屏、笔记本电脑的显示屏、电视机的荧光屏等。该显示方式的图像质量一般都很好，屏幕尺寸可以从 1 in 到 100 in(1 in＝2.54 cm)。

2）投影式。即把显示器件产生的较小图像源，通过透镜等光学系统放大，投影于屏幕上的方式。投影式又分正投式与背投式两种。观看者与图像源在屏幕的同一侧叫正投式，其优点是光损耗小，较亮，但是使用、安装不方便；图像源在屏幕之后，观看者看投射在屏幕上的透射图像叫背投式，如 CRT 或 LCD 家用投影电视机。

3）虚拟成像。即利用光学系统把来自图像源的像形成于空间的方式。这种情况下，人眼看到的是一个放大了的虚像，与平时通过放大镜观物类似。属于这类显示的有头盔显示器等。

2. 按显示原理分类

就显示原理的本质来看，显示器可分为主动发光型显示和非主动发光型显示两大类。主动发光型显示是指利用电能使器件发光，显示文字和图像；而非主动发光型显示是指显示器本身不发光，用电路控制它对外来光的反射率或透射率，借助太阳光、照明光实现显示的显示器。主动发光型显示器是早已实用化的非平板显示型阴极射线管显示器(CRT)和正在发展中的平板显示型的等离子显示器(PDP)、场致发光显示器(FED)、电致发光显示器(ELD)、有机发光二极管显示器(OLED)、真空荧光管显示器(VFD)，非主动发光型显示器有液晶显示器(LCD)等。

LCD 是目前显示器市场的主流产品，在大、中、小显示屏市场上都占有主要份额；CRT 曾是显示器市场的主体，现在正在逐渐退出市场；市场上的 PDP 主要为 40～50 in 显示器，与 LCD 形成激烈的竞争；ELD 早年曾在单色显示器市场上占有一定的份额，但始终未能进入彩色显示器市场；VFD 目前主要用于仪器、仪表面板；FED 目前主要限于小屏幕军用显示器；OLED 是后起之秀，已开始用于手机、MP3、车载显示屏等领域，有希望在未来 10～15 年内成为 LCD 有力的竞争者。

3. 按显示图像颜色分类

按显示图像颜色分类有黑白、单色、多色和彩色 4 大类。多色显示也称分区显示，即显示屏上不同区域显示不同颜色，类似于套色的报纸，在早期手机屏中常使用。彩色显示是指屏幕能显示 64 种、128 种、256 种或更多种颜色的显示器。

4. 按显示内容分类

按显示内容分类有数码、字符、轨迹、图表、图形和图像显示。数码显示可用段式显示器；字符、轨迹、图表和图形显示不要求显示灰度，可用只有黑白或只有高低电平的单色显示；显示图像需要灰度，是各类显示内容中最困难的。显示图像的难度依下列次序递增：低分辨率、中分辨率、高分辨率，黑白、彩色，静止、动态(25 场/s)、普通视频(25 场/s)、逐行扫描视频(50～60 场/s)，小尺寸、中尺寸、大尺寸。综合所列各种因素可知，显示小尺寸低分辨率、静态(或准静态)的黑白图像最容易，基本所有类型的显示器都能达到；显示大尺寸、高分辨率、逐行扫描的视频全彩色图像是最困难的，可以说是对显示器质量指标的最严格的检验。一种显示器要在平板显示器市场上占有一定份额，就必须具备能显示大尺寸、全彩色、高分辨率的视频图像的能力。反之，只要上述这4条中有1条达不到，就进入不了显示技术的主流领域。

三、电视传像原理

电视系统是把发送端的活动景象的光学信号转变为与它对应的电信号，经过加工、处理后进行电传输（发射电磁波或用电缆），在接受端再把收到的电信号逆变成原来景物的图像。电视系统的基本组成如图30-2所示，由摄像机、录像机（VTR）、信号传输设备和显示器组成。

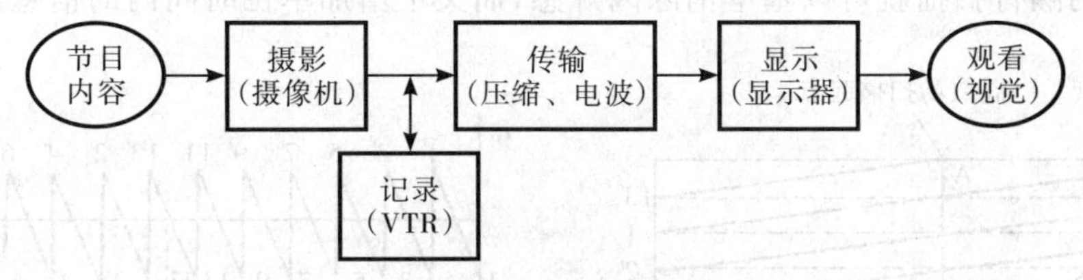

图 30-2　电视系统的基本组成

（一）关于像素的概念

当在电视系统中把空间图像变换为时序电信号的时候，首先要将图像画面分解为许多小单元，被称为像素。任何一幅图像都可以认为是由无数个具有明暗和彩色变化的微小点集合而成，当观察距离足够远时，肉眼便分辨不出这些微小点的存在，画面上明暗和彩色的变化也就变成连续的。像素是组成图像的最小面积单位。在显示器中，像素点的大小可以根据系统设定的观看条件（如观看距离、照明环境）和肉眼所能分辨的最小尺寸而确定。由于人眼在水平方向和垂直方向的分辨率是相同的，所以总是把像素取为小的正方形。显示屏上的总像素数与显示制式有关，在VGA制式下每幅图像的有效像素数为640×480≈30万个。

现代传输图像都用扫描方式把与输入图像各个像素相应的光信息转变为时序电信息，按照某种预定的顺序，以极高的速度交替传送出去，在输出端又以同样的顺序将每个像素忠实地再现。即不管采取何种顺序和形式选择像素，输入与输出端都必须以完全相同的顺序和形式来操作。

针对目前市场上的主流显示器类型，扫描方式分为逐点扫描与矩阵寻址两大类。CRT显示器采用逐点光栅扫描方式，平板显示器一般采用矩阵寻址方式。

（二）用光栅扫描将图像分解和组合

逐点扫描也可称为逐点寻址。平板显示器都采用逐行矩阵寻址。逐点扫描本来是在阅读横排文字书刊时眼睛的动作，眼睛从页面的左上端开始沿着横行顺序直到右下端为止的阅读过程。在采用CRT的电视机和计算机显示器中，也是采用与此类似的顺序和形式进行扫描，将沿着行的地址位置进行的横向移动扫描称为水平扫描，由水平扫描出来的线称为扫描线，而将扫描线从上到下顺序逐行下移的过程称为垂直扫描。在水平扫描和垂直扫描同时进行时产生的扫描线群称为光栅，并将这种扫描形式称为光栅扫描。利用光栅扫描进行图像的分解和组合的过程被示于图30-3中。

上述的扫描方式是从画面的左上角开始，通过一次连续的光栅扫描，直到右下角，把构成画面的所有像素信息顺序读取并显示出来，这种方式称为逐行扫描，主要用于个人计算机的显示器中，而在CRT电视机中大多采用隔行扫描。将1幅图像分成2场，第一场扫描奇数行，第二场扫描偶数行，这就是隔行扫描。具体是这样进行的：如图30-4(a)所示，电子束从1点开始扫描，沿第1行1扫描到1′，返回后从3点开始沿第3行扫描到3′，依次把奇数行扫完，终点是最后1条奇数行（13行）的中点A，这样就扫描完了奇数行。第二场从A′点开始，先扫描完13行的后半行到13′点后，

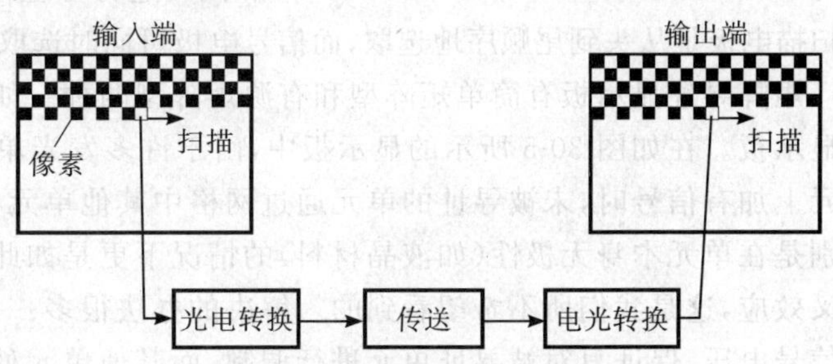

图 30-3　利用光栅扫描进行图像分解和组合的过程

回扫到 2 点开始第二场第 2 行的扫描，沿第二行扫描到 2′，接着扫描第 4 行，直至最后 1 条偶数行。如此将偶数行全部扫描完。然后，从第 12′点返回到 1 点，完成了全幅图像的扫描。隔行扫描的扫描波形(电压或电流)被示于图 30-4(b)中。

由隔行扫描的特点可知，1 幅图像的扫描行数应该是奇数。隔行扫描是为了解决传输时通频带与清晰度之间的矛盾，可以降低电视机的成本。把 1 s 内从上至下扫描画面信息的次数称为场频，我国是50 Hz，美国、日本是 60 Hz。对于隔行扫描，则相应幅(帧频)为 25 Hz 和 30 Hz。如采用 25 Hz 的逐行扫描，会有闪烁感，改为 50 Hz 场频的隔行扫描就可以基本消除闪烁感，而又不增加单位时间内的信息总量。

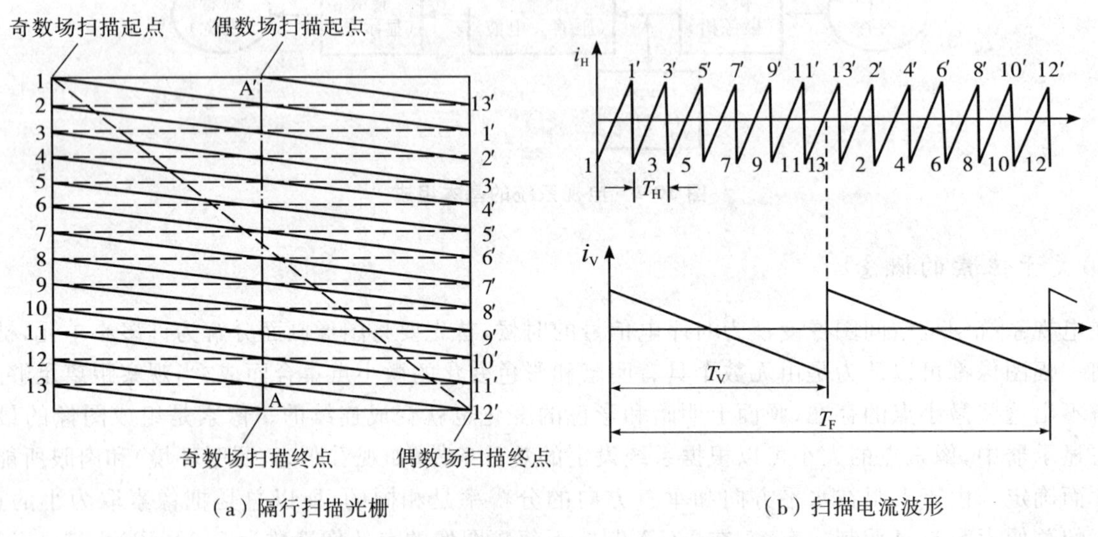

(a) 隔行扫描光栅　　(b) 扫描电流波形

图 30-4　13 行隔行扫描光栅及扫描电流波形

(三)用矩阵寻址方式将图像分解和组合

将已被分解的众多图像像素群看成是一个矩阵。矩阵的规格视显示屏面的大小和要求的显示质量而不同，例如 128×128、256×256、480×640、1 080×1 920 等。在显示图像时确定阵列上某个位置的像素在什么时候发光，这就是对成千上万个像素的寻址问题，也称选址问题。

矩阵寻址是平板显示系统最常用的寻址方法。图 30-5 画出了最简单的矩阵显示板结构，图 30-6 是它的简化示意图。两组等距平行排列的电极分别称为行电极(X_i)和列电极(或称信号电极 Y_j)，行电极与列电极相互垂直，在交叉点形成一个个长方形的发光单元，这些按矩阵排列的发光单元组成了平板显示器。在平板显示器系统中，借助 X_i 行和 Y_j 列寻址第 X_i 行、第 Y_j 坐标轴交点上的单元点并给以亮度信号后，在(X_i，Y_j)点得到包含灰度层次的亮度。在采用扫描寻址的显像管中，电子束顺序扫描，等效于进行寻址。平板显示通常采用行顺序扫描，即进行“一次一行”的逐行扫描方式寻址，这种方式是一次对 X_i 行上所有的单元点，即对(X_i，Y_1)、(X_i，Y_2)…(X_i，Y_j)…(X_i，Y_m)同时进行寻址，在 X_i 行上的单元点被寻址后，再移向 X_{i+1} 行寻址，即扫描电极是从头到尾顺序地选取，而信号电极可同时选取一个或多个以显示需要的图像。

矩阵寻址显示板有简单矩阵型和有源矩阵型两种。如图 30-5 所示的矩阵为简单型矩阵，也称为无源矩阵显示板。在如图 30-5 所示的显示板中，由于许多发光单元都与同一根电极线(行或列)相连，当被寻址的单元上加有信号时，未被寻址的单元通过网格中其他单元在电路上也连向信号端，被加上了部分信号电压，特别是在单元本身无极性(如液晶材料)的情况下更是如此，这样未被选址的单元也可能发光，产生了所谓的交叉效应，这是我们所不希望看到的。解决的办法很多：一个办法是对寻址单元和未被寻址单元加不同波形的信号电压，保证只对被寻址单元进行调制，而其他单元处于发光的临界状态之下；第二个有效的办法是使所有的单元都具有很强的非线性，即具有极性，给单元串联一只二极管就可做到这一点。或者让每个单元彼此分离，每个单元都与驱动它的晶体管相连，做到各个单元单独驱动。这种结构的矩阵显示板就是有源矩阵显示板。

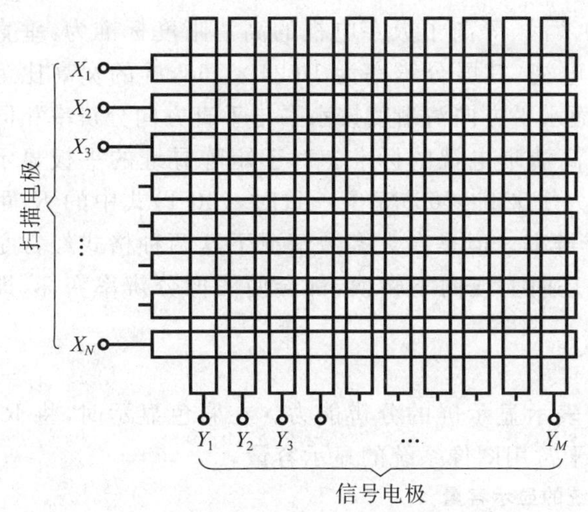

图 30-5　简单矩阵显示板结构

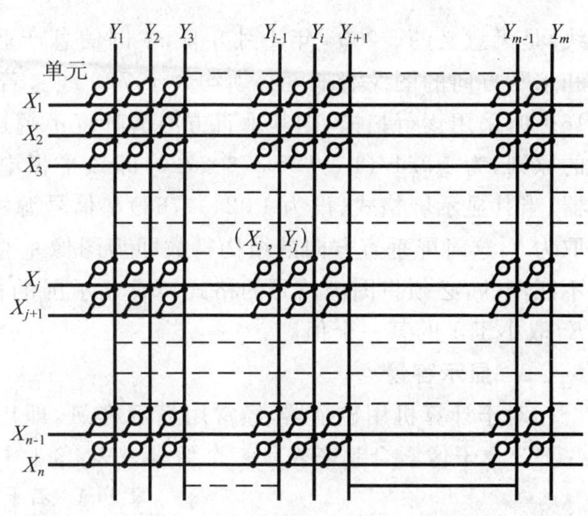

图 30-6　简单矩阵的简化示意图

四、表征图像质量的主要指标

能显示彩色图像的中屏(102～127 cm)或大屏(145 cm 以上)显示器是显示器市场的主流。对这类显示屏的市场统计表明，观众对显示屏上图像最主要的 4 个参量——分辨率、亮度、视角、彩色饱和度——的重视程度的百分比依次为 52.7%、20.1%、17.8%、9.4%。

(一)分辨率、清晰度、显示容量

分辨率、清晰度和显示容量都可以表示显示图像的清晰程度。

1. 分辨率

图像分辨率分为静态分辨率与动态分辨率两种。显示静态图像时的分辨率为静态分辨率。显示器产品说明书上所示的分辨率和一般书上所指的分辨率都是静态分辨率。显示运动图像时的分辨率是动态分辨率，与显示器的类型和图像运动速度有密切关系，后面将会有详细的讨论。从观众的重视程度可知，分辨率是影响图像质量的最重要指标。通常有屏分辨率与图像分辨率之分。

对于 CRT 显示，屏分辨率以尚能分辨的有效扫描线来表示，一明一暗算两条。如果 CRT 屏最大可分辨的扫描线为 250 条亮线，则称该 CRT 屏的分辨率为 500 电视行(TVL)。对于矩阵寻址平板显示器件，屏分辨率是指屏幕上所呈现的图像像素密度，以水平行结构条数和每条行上的像素的多少来表示，其数据由器件制造商提供，与画面大小和像素间距无关。无论是 CRT 显示器的 TVL 还是平板显示器的结构行数(均以 Z 表示)都不能代表显示屏上的图像垂直方向可分辨的线条数，即垂直分辨率 M，它们之间的关系为

$$M = K_1 K_2 Z \tag{30-1}$$

式中，K_2 为凯尔系数(0.65～0.67)，因为不可能使所有的行扫描线都正好落在图像的色调分界线上；K_1 是考虑到隔行扫描对分辨率的负面影响的系数，一般取 0.6～0.7，显然，对于逐行扫描，$K_1=1$。目前常规 CRT 电视的 $Z=525$ 行，如取 $K_1=K_2=0.7$，则 $M=257$，即我们日常所看到电视图像的垂直分辨率只有不到 260 线，是很低的。只有 M 达到 500 线以上，才会有优良的图像，这就是具有 1 080 扫描行的高清晰度电视所要达到的目标。如果以显示文字、图表为主(如手机屏)，则结构行数能达到 180～240 就算是高档的屏了。由于正常人眼各个方向达到的分辨率是相同的，所以在同一电视系统中水平分辨率与垂直分辨率相同时图像质量最好。若图像的宽高比为 A(A 一般为 4/3 或 16/9)，则图像水平分辨率 $N = AK_1K_2Z$。

2. 清晰度

图像清晰度是指人眼主观感觉到的图像细节的程度，与人眼的极限分辨能力有关。人眼的垂直清晰视角约为 15°，极限分辨视角 α 约为 1′，则垂直清晰度 $Q=15°/\alpha$，取 $\alpha=1′$，代入得到 $Q=900$ 线。

此数表明了对于观看时头部不上下摇动的裸眼，显示屏上垂直方向线数超过 900 线(大约可取为1 000

线)是无意义的。2006 年 4 月 5 日,中国信息产业部公布的液晶、等离子数字电视的高清晰度标准为:垂直和水平方向的图像清晰度必须均大于 720 线。若有一平板电视,其屏分辨率为 1 024×768,屏的宽高比为 16∶9,采用逐行扫描,则其垂直方向清晰度不超过 768 线,而水平方向清晰度按水平与垂直方向分辨率相同的原则,为 1 024/(16/9)=576<720,即该平板电视不符合高清晰电视的标准。对于矩阵寻址的平板显示器,当其显示屏格式(设为 1 024×768)与信号源的格式(设为 1 024×768)完全一致时,(30-1)式中的 K_1 可取为 1,这时屏垂直方向的结构行数即为图像垂直方向的分辨率。但是在大多数情况下这两种格式经常是不匹配的,必须将图像信号的格式转成显示屏的格式,无论是向上或向下转换,都会使图像分辨率变坏,即 K_1 取小于 1 的某一个值。

3. 显示容量

对于计算机用显示器,经常用显示容量,即用总像素数表示显示屏的分辨能力。在彩色显示时,将 R、G、B 3 个子像素合起来表示一个像素。表 30-1 中给出了若干常用图像系统的显示容量。

表 30-1 若干常用图像系统的显示容量

用 途	显示器的制式	有效像素数				宽高比
		宽	高	总像素数	比*	
电视	NTSC	720	490	352 800		4∶3
	HDTV	1 920	1 080	2 073 600	6.75	16∶9
	UDTV-1	3 840	2 160	8 294 400	27.00	16∶9
微机	QVGA	320	240	153 600	0.25	4∶3
	VGA	640	480	307 200	1.00	4∶3
	SVGA	800	600	480 000	1.56	4∶3
	XGA	1 024	768	789 432	2.56	4∶3
	SXGA	1 280	1 024	1 310 720	4.27	5∶4
	UXGA	1 600	1 200	1 920 000	6.25	4∶3
	QXGA	2 048	1 536	3 145 728	10.2	4∶3
	GXGA(QSXGA)	2 560	2 048	5 240 880	17.1	5∶4

注:* 将 VGA 的总像素数取为 1 时的比值。

(二)亮度和明度

在亮度、对比度、灰度、彩色饱和度这几个光学参量中,亮度起着决定性的作用,只有在足够的亮度下,其他几个光学参量的作用才能体现出来。可以说亮度不足就没有图像质量可言。显示器的亮度指标是指屏上加 100%的驱动信号,显示全白屏时的亮度数值,即屏面亮度的最大值,称为峰值亮度或简称为屏的亮度。

对显示屏亮度的要求与观看环境有关。在很暗的环境下,如在电影院中,幕布上的亮度有 30~45 cd/m^2 就够了;在家庭室内看电视,要求屏上亮度大于 100 cd/m^2;如在公共场所较强环境光下看电视,要求屏的亮度为 300~500 cd/m^2。由于全白屏的机会是很少的,图像的平均亮度大约只有屏峰值亮度的 1/3~1/4。这里特别要指出亮度与明度的区别:亮度是光学仪器(如亮度计)的测试值,是一种相对客观的物理量;明度是指人眼感觉到的明暗程度。两者之间不是线性关系。在日常亮度变化范围内,明度大致与亮度的 1/3 次方成比例。即亮度增加为原来的 8 倍,人眼感觉到的明度只增加了 1 倍。

一般亮度是针对主动发光型显示器的。对于 LCD 这类非主动发光型显示器,如果是内装有背光源的透射型,被视为表观发光型,仍可采用这种亮度单位;如为不装背光源的反射型,利用周围光反射,则常用与标准白板的反射光量相比较来表示其亮度。在新公布的电视标准中,还规定了各类显示屏的亮度均匀性:LCD 显示屏亮度均匀性为 75%,PDP 显示屏亮度均匀性为 80%,CRT 显示屏亮度均匀性为 50%。在一个显示屏上,若亮度自屏中心向屏边缘逐渐下降,即使下降到屏中心的 40%,人们也不会明显地感觉到全屏亮度的不均匀性。如果相邻两个像素亮度的差异为2%～3%，人眼就会感觉出来。

（三）对比度（简称CR或C_R）

对比度C是指屏面上最大亮度L_{max}和最小亮度L_{min}之比，即

$$C=L_{max}/L_{min} \tag{30-2}$$

对比度又分暗室对比度与亮室对比度。暗室对比度是指环境光在屏面上的垂直照度小于1 lx，这意味着环境光在屏面上产生的亮度与L_{min}相比可以忽略不计，这时可用（30-2）式计算。如果环境光在屏面上产生的亮度不能忽略，设为L_{out}，则对比度需用下式计算：

$$C=(L_{max}+L_{out})/(L_{min}+L_{out}) \tag{30-3}$$

这就是亮室对比度的计算公式。环境光在屏上的照度转化为屏发光亮度L_{out}的大小与屏的漫反射率ρ有关。如LCD屏的漫反射率很低，使得LCD的亮室对比度几乎与外光照度关系不大，因此LCD电视特别适于在环境光很强的公共场所观看。

商家宣传某种显示器对比度达到500或1 000等，这肯定是暗室对比度。暗室对比度的大小与显示屏的工作原理有关。如LCD的暗室对比度就相对较低。暗室对比度对于一般室内观看影响不大，但是当大屏幕显示器用于家庭影院，这时环境光较弱，又是观看暗画面多的电视电影，暗室对比度就很重要了。

单独一个亮度指标，从一定意义上讲是没有意义的。观看图像，就是观看图像各处的对比度。在电视传送景物时，并不要求所显示图像上各点的亮度与原景物上的各亮度相等。但是一定要求图像上各点间的亮度比值与原景物上各点间亮度比值一一对应。由于人们总是希望在有一定环境照明下观看电视，这时要求图像具有大的对比度，即必须有高的L_{max}。一般当对比度大于30时，图像质量就不错了。如果环境光在屏上的照度转化为屏发光亮度$L_{out}=20\ cd/m^2$，即使$L_{min}=0$，如果要使对比度达到30，由（30-3）式可知，要求$L_{max}=600\ cd/m^2$。我们说“没有高亮度就没有图像对比度”是针对亮室观看条件而言的。

（四）灰度与灰度等级

有了高亮度与高对比度不一定能显示出高质量的图像，因为图像的亮度是有层次的，例如显示人的脸时就需要很多亮度层次。灰度就是表示黑白图像的亮度层次。由于人眼观看图像感觉到的是明度，明度层次与亮度层次是对数关系。明度层次即灰度级，所以灰度层次与亮度层次间的关系也是对数关系。韦伯-费赫涅尔生理学定律指出：人眼感觉到的明度B与光刺激强度（即亮度）L的对数成正比，即

$$B=K\ln L \tag{30-4}$$

式中，K是人眼对亮度的感觉系数。对（30-4）式作微分处理，显然有

$$\Delta B=K\,\Delta L/L \tag{30-5}$$

若人眼能感觉到的最小明度差为ΔB_{min}，则当$\Delta B=\Delta B_{min}$时，由（30-5）式算出的ΔL就是人眼所能分辨的最小亮度差，称为亮度阈值ΔL_{th}，即

$$\Delta L_{th}=(\Delta B_{min}/K)L=S_0L \tag{30-6}$$

即人眼所能分辨的最小亮度差与亮度本身成正比。S_0一般取0.03。若相邻两个像素平均亮度为100，其差异为10，则人眼能够分辨出它们之间的亮度差；若相邻两个像素平均亮度为1 000，其差异仍为10，则人眼将不能够分辨出它们之间的亮度差。为了检查电视机的调整状态是否合适，电视台会发送一个灰度测试卡，从黑到白供10级。相邻两个灰度级之间可分辨的最小亮度差约为7级。通常电视机能调出7～8个灰度条就可以了。

在LCD、PDP数值电视中，对电视信号模拟量用8 bit数字采样，即将输入模拟量从0到最大值量化为0，1，2，…，255，共256个电平等级。如果输入电平与屏显示亮度成正比，则256个电平等级也表示256个亮度等级。这表明市售的LCD、PDP数值电视图像能显示出256个不同的亮度层次。但是在大量文献和商家宣传中都称之为能显示256个灰度，这是错误的提法。按人眼所能分辨的最小亮度差概念，例如当亮度等级从250变化到254，人眼是感觉不到亮度变化的，即处于同一个灰度级上。相反，当亮度等级从1变到2时，亮度变化跨度又太大了，损失了许多灰度等级。由上面描述可知，灰度或灰度级与灰度等级（即亮度等级）是

两个完全不同的物理概念:灰度的等差级数序列对应的是亮度的等比级数排列,灰度等级的等差级数序列对应的是亮度的等差级数排列。

(五)可视角

对于主动发光型显示屏,一般无可视角问题,但是LCD显示屏有严重的可视角问题。若垂直屏面方向测得屏中心亮度为L_0,偏离垂直方向测量时LCD显示屏的亮度会有显著的下降,当亮度降到L_0的1/3(也可取1/2或1/10)时的倾角即定义为LCD显示屏的可视角。若左右可视角各为45°,则该LCD显示器的水平可视角为90°。可视角不够大曾是LCD显示屏进入电视领域的一个重大障碍,这个问题现在已被基本解决,但是与主动发光型显示屏相比仍是较差的,因为主动发光型显示屏的亮度-可视角曲线直到160°仍基本上是平的。

(六)色域和色域覆盖率

自然界所能显示的颜色都包含在CIE 1976均匀色度图的马蹄形线框中,线框上的颜色都是饱和色。彩色显示器的三基色R、G、B是色度图中的3个点。显示器所能显示的颜色都包含在由这3个点所组成的三角形中。显然,三角形越接近马蹄形线框,彩色饱和度就越高。三角形面积与马蹄形所包含面积之比称为色域覆盖率。该比值越大,显示屏可重现的自然界色彩就越多,色彩越鲜艳。电视标准规定,各类显示屏的色域覆盖率应不小于32%。色域覆盖率的另一种表示方法是以NTSC三角形的面积为基准,测定的R、G、B三角形的面积与它相除,得到的比值可能会超过100%。HDTV对色域覆盖率要求越来越高,现在有方案提出采用四基色,这样四基色在色度图中构成的是四边形,色域可以扩大。

(七)流明效力

流明效力是显示器发光效率的一种表达方式,定义为每输入1 W功率所能产生的流明数。

流明效力与显示屏的工作原理、驱动方式有关。LCD是电压控制型,工作原理所需的功率是很少的(每平方厘米为微瓦级),但是若加上背光源就不省功率了。在PDP显示中驱动电路要消耗大量的功率,OLED显示屏是电流注入型,也不省功率。

作为显示屏,有两种情况特别要求省功率:

1)便携式。如手机应用,显示屏是否省功率严重地影响可使用的时间。

2)大屏幕显示。一台102 cm的电视机的功耗是数百瓦,亿万家庭使用时,影响整个电网的能耗。市售各类显示屏的流明效力为1.5~3 lm/W。

五、影响观看图像质量的各种因素

用于不同场合的显示器都需要不同的图像内容、不同的图像参量和不同的外部条件相配合才能获得最佳的观看效果。大部分与人眼的视觉生理有关。

(一)显示屏几何参量和观看距离的影响

1. 像素大小

图像系统中的像素是指亮度和彩色可以被独立地调制的最小单元。在平板显示器件中,扫描行与信号列相交处构成一个个像素;在CRT显示器中画面是由许多扫描线组成的,每条扫描线又等分成许多正方形,每个正方形构成一个个像素。在一定观看距离与外界照明条件下,像素的大小应取刚好使裸眼分辨不出来。若观看距离为l,在一定的外界照明条件下,人眼极限分辨视角为α,则像素高度h应取

$$h = l\alpha / 3\,438 \tag{30-7}$$

式中,α的单位是(′),h与l同单位。如$l = 2$ m,$\alpha = 1'$,则$h = 0.58$ mm,即显示屏上的像素高度应该取约0.6 mm。

像素过大,则像素结构或扫描线会叠加在图像画面上;像素过小,并不能增加图像清晰度,反而会使显示

器件的成本大幅度地增加。

2. 显示屏的宽高比

由于人眼横向视角约为20°，垂直方向的视角约为15°，所以先于电视的电影银幕的宽高比是4∶3。电视刚出来时大量播放电影节目，电视屏幕的宽高比自然也是4∶3，一直用到现在。发展到大屏幕出现以后，研究结果表明，采用更大的宽高比视觉效果更佳，所以高清晰度电视的国际标准规定电视显示屏的宽高比为16∶9。

3. 观看距离的选择

调查统计观看电视的距离，发现了一个很有趣的现象，即家用电视机的屏幕尺寸尽管已从早期的36 cm发展到目前的74 cm、86 cm，甚至107 cm，但是观看距离始终保持在约2 m。

若按人眼极限分辨能力(一般取1′)来计算，观看距离应取显示屏有效高度H的6倍，即6 H。在这个距离下像素结构已不出现，又可以不必转动头部就看清楚屏幕上各处。但是研究表明，在2 m远处观看电视画面时，人眼调节焦距最轻松，所以即使屏幕尺寸较小时，在2 m处观看已是7 H～10 H距离，宁可牺牲一点图像清晰度，也要轻松地观看电视图像。

对于HDTV，为了追求临场感，要求头部跟着所专注的目标一起运动，观看距离取3 H，但绝对观看距离仍为约2 m。

在操作电脑面对显示器屏幕时，属于近距离观看。由于人眼调节景深范围为40～70 cm，所以近距离轻松地观看的距离约为50 cm。

(二)环境光对观看质量的影响

环境光太暗，观看电视感觉不舒服；环境光太亮，影响画面的对比度。现在电视的峰值亮度已可达到300～500 cd/m^2，所以可推荐环境光照到屏幕上的照度为100～200 lx，这个量级的环境光与家居照度差不多，人眼生理感觉舒服。设显示屏的反射率为0.3，则照到屏上的100～200 lx的外光折合成反射亮度约为10～20 cd/m^2，对于画面对比度也不会造成大的影响。

如果是操作计算机时观看显示器上的画面，则希望外光在键盘平面上的照度为500 lx，而在显示屏上的照度约为300 lx，即希望这两者间的亮度不要相差太多。因为操作者的目光是不断地在显示屏与键盘(或稿件)之间切换，两者间的亮度相差太大，视线移动时，瞳孔就需快速变化，容易引起眼睛疲劳。

(三)显示屏色调特性对图像质量的影响

色调是表现图像中从亮到暗各阶段明暗变化的程度。图像如果只能显示黑白两种亮度，则称为二值色图。

通常分为模拟色调与数字色调两种。利用计算机制作的或数码相机拍摄的图像只能实现有限的亮度级别数，称为量化色调或数字色调；如果被拍摄物体中从最亮到最暗之间各级亮度都可以被连续地表现出来，则称为连续色调或模拟色调。

1. 色调特性与g值

色调特性曲线是指被摄物体的亮度(即输入的图像亮度)与显示器屏幕上再现图像的亮度之间的关系曲线。图30-7中示出了几种色调特性曲线。图30-7(a)为线性刻度坐标，能直观地显示输入图像与输出图像各像素点亮度的对应关系，但这只是亮度计测得的数据，并不是人眼的感觉。图30-7(b)为双对数刻度坐标。因为人眼感觉到的图像明度与图像亮度是对数关系，所以在双对数坐标刻度中，色调特性曲线只有是斜率为1的直线时，显示屏上才能正确地重现输入图像的亮度分布。

需要指出的是，所谓正确重现是指亮度分布，而不是绝对值。观看图像中某点亮不亮，都是与背景或前一时刻或相邻像素亮度相比较的，孤立地说该像素亮不亮是无意义的。

图30-7(b)中的直线可表示为

$$L_{out}=KL_{in}g \tag{30-8}$$

式中，L_{out}、L_{in}各为输出、输入图像的亮度；g是直线的斜率，常称伽马值。由(30-8)式可知，只有当g与K都等于 1 时(即图中曲线 A),图像的色调与亮度绝对值才都正确被重视,但是一般是做不到的。只要电视系统能保证 $g=1$,就算实现了色调重现。

图中曲线 B 的 $g=1$,但是 $K<1$,表示色调传输正确,但是亮度绝对值偏低,这符合实际传输情况,即摄影现场亮度水平高于显示屏上显示图像的亮度。当 $g<1$(如图 30-7(b)中的曲线 D),表明明亮部分色调变化被压缩,亮部细节出不来,呈现出一片惨白状;当 $g>1$(如图 30-7(b)中曲线 E),表明暗淡部分色调变化被压缩,暗部细节出不来,呈现出一片漆黑状;曲线 C 的 g 不是常数,是外光强时的情况,暗处细节出不来,图像给人上浮的感觉。

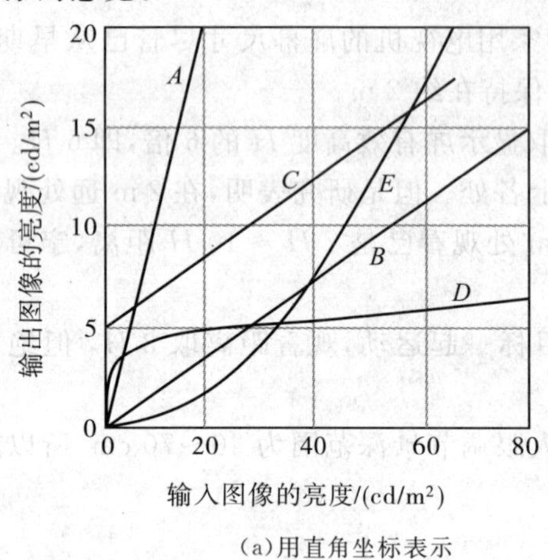

(a)用直角坐标表示

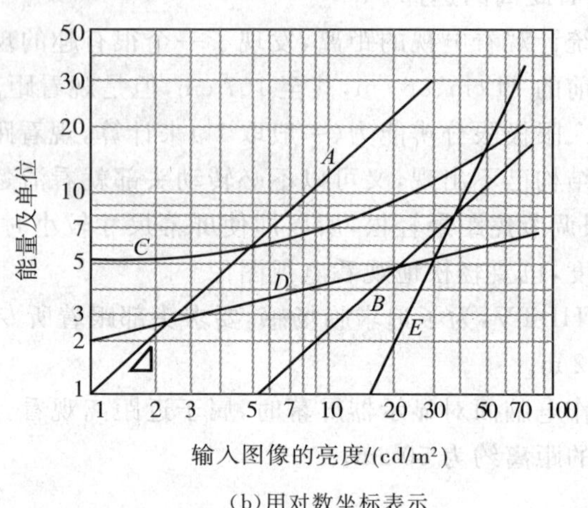

(b)用对数坐标表示

图 30-7 图像系统的几种色调特性曲线

2. g 的校正

要实现正确的色调重现,必须保证电视系统在作为一个整体的情况下,其 $g=1$,它是各分系统 g 值的连乘积。电视系统是由摄像、图像处理、传输和接收显示器等子系统组成的。我们不能指望每个子系统的 g 都等于 1,所以总系统的 g 肯定不会等于 1。解决的办法是在某一子系统中增加一个 g 校正电路,将总系统的 g 校正到等于 1。

现在平板电视替代 CRT 电视已是大势所趋,但是电视的发射信号仍然是按 CRT 电视设计的。在 CRT 显示器件的子系统中 $g=2.2$,为了使电视系统的总 $g=1$,在电视台中先对图像信号作了 g 校正,校正系数取 2.2 的倒数,为 0.45。所以不管你现在使用什么样的电视机,接收到的电视信号都是已经经过 $g=0.45$ 预校正的。而 PDP、LCD 显示屏子系统的 $g=1$,所以在这类平板电视机中都要加一个 g 约为 2.2 的反 g 校正电路。

只有等到平板电视一统天下,电视台按平板显示器的 g 特性来传送信号时,反 g 校正电路才可以被取消。

(四)在图像信号量化过程中可能出现影响图像质量的问题

在平板电视中,对图像信号都要进行量化处理,处理过程中应注意下列几点:

1)防止引入量化噪声。

量化过程引入的量化噪声的信噪比 S/N 为

$$S/N=6n+10.8(\text{dB}) \tag{30-9}$$

式中,n 为量化时取的 bit 数,如 $n=7$,则 $S/N=52.8$ dB,已小于一般的随机噪声。

2)防止亮度慢变化时产生伪轮廓。

经过量化后的图像亮度,在慢变化时会产生伪轮廓。但当 $n>6$ 时,伪轮廓已减弱到可以被忽略。

在目前的 LCD、PDP 电视中,都取 $n\geqslant 8$,所以上述两个问题可忽略。

3)由于接收到的电视信号已经过 $g=0.45$ 的预校正,即暗部的亮度变化已被压缩,并且量化过程中在暗部的相邻亮度等级间的亮度变化是相当大的,所以如仍用 8 bit 量化,会使暗部明显失真。这时最好使用更细化的 10 bit 量化。

4)平板电视中虽然使用 8 bit 量化,但实际使用的不到 256 种色调,因为已规定黑色电平($v=0\%$)对应于 16 等级,白色电平($v=100\%$)对应于 235 等级,即 256 等级中只使用了 219 个亮度等级。

5)编辑电视节目的过程中,有大量编码与译码过程,为了减少量化误差,应采用 10～12 bit 进行量化。

(五)画面明暗和对比度对图像质量的影响

1)在亮室条件下观看电视,对比度不可能达到 3 位数。若画面亮度过低,对比度又小,则观看时会有昏暗不清晰感;若画面亮度过高,对比度又高,则有眩目不舒服感。

实验证明,在亮室条件下观看彩色电视,对比度以约 45 为佳,应随室内照明情况,适当调节画面的亮度。电视机在出厂时已调整到标准状态:全白屏时 $l_{max}=120\sim150$ cd/m²,峰值亮度(1%屏面积)为 420～550 cd/m²,符合普通家庭照明条件下的使用要求。

2)对于办公室中电脑用的黑白 CRT 显示器,建议画面亮度为 80～160 cd/m²,对比度取 3～10。

对于彩色显示器,由于屏表面都经过防反射处理,其反射率<50%。若桌面的照度为 500 lx,则稿件页面的反射亮度约为 100 cd/m²(取页面的反射率为 60%～70%),这时显示屏的亮度应取 300～500 cd/m²,既保证了屏上文字对比度>3,又平衡了屏上亮度与稿件页面上反射亮度,不致相差过大。对于 LCD 电脑显示器,由于 LCD 屏的漫反射率只有 2%～3%,所以即使外光照度达到 500 lx,在显示屏上产生的反射亮度也只有约 3 cd/m²。这样,即使屏显示亮度只有 100 cd/m²,对比度仍可达到 10 以上。

3)对于车用或导航仪显示屏,观看距离约为 0.7 m,其工作有两大特点:①从白天阳光直射到夜晚昏暗,环境照度变化很大;②驾车者需要从观看车外远方景物,把视线收回来迅速看清楚车内仪表显示屏内容。因此要求车载显示屏的反射率尽可能低(使用 1 cd 屏最好)和屏亮度调节范围大。为了在阳光直射下仍有足够的对比度,要求屏的最高亮度大于 350 cd/m²,屏面上图形设计要具有瞬时可读性。

4)对于立于室外的广告显示屏,有时会工作于阳光直射下(约 10^4 lx),因此要求屏的最高亮度可达 3 000～5 000 cd/m²,并且具有随照射光照度改变而自动调整屏亮度的功能。

5)当在无灯光的暗室内观看大屏幕电影时,屏中心亮度有 25～65 cd/m² 即可。因屏上的反射亮度不到 0.1 cd/m²,所以可获得 100～500 的对比度,利于欣赏片中常有的低亮度下的情景。

(六)色重现特性对图像质量的影响

1)基准白色的选择。所谓基准白色是指输入显示器件的红、绿、蓝三基色电信号相等时显示屏上所呈现的白色,这就是彩色电视机调整中的调白场。不同电视制式下的基准白色的色温是不一样的。在 NTSC 制式中取标准 C 光源为基准白色(色温为 6 770 K),非常接近标准的白昼光。在 HDTV 制式中基准白色设定为接近 D65 标准光源(色温为 6 500 K)。基准白色色温偏低时,白色画面偏黄;色温偏高时白色画面偏蓝。到底如何选择,不同地域的观众爱好不同。对于电脑用彩色显示器,基准白色的色温接近 D93 的色温(9 300 K),表现为带有淡淡青色的白,因为研究表明,当显示器的基准白色的色温比环境照明的色温高 3 000～4 000 K 时,最符合用眼卫生。

2)选好记忆色。观众观看显示屏上的彩色图像时,不会与实物的彩色作认真的比较,所以放映画面的彩色只要与实物大致相似即可。但是观众会记住一些颜色,如肤色、蓝天、草地等,称为记忆色。所以在调整彩色显示时,需要用记忆色,特别是用肤色作为调整的参照物。各地域的肤色是存在差异的。

3)三基色发光材料的余辉特性和发光强度的衰减特性应尽可能一致。彩色 CRT 是利用三基色粉点空间混色产生色彩,如果三基色的发光余辉为几十毫秒,且长短不一样,混色效果会变差。现在已将余辉缩短到 1～2 ms,这个问题便不存在了。发光材料在使用过程中,发光强度都会衰减,不同基色发光材料的衰减特性不一样就会造成彩色显示屏的基准白色的色温在寿命过程中发生逐渐的漂移,这个问题在彩色 OLED 显示中尤为严重。

(七)各种干扰对图像质量的影响

在图像显示中有下列干扰会影响画面质量:

1)量化噪声和随机噪声。在画面上表现为随机出现的细碎亮颗粒和色彩变化,非常妨碍人观看,多发生在图像信号较弱时。可检测的信噪比约为 60 dB。

2)亮度不均匀。不均匀性分整个画面从亮度中心向边缘渐变的亮度长程不均匀性和相邻像素间的短程亮度不均匀性。在电影和电视画面中,标准规定允许最边缘的亮度比中央的亮度下降不大于 70%。对于电脑用显示器,规定屏中心与边缘部分的亮度比不大于 1.7∶1。只要不超过前面两个比值,观看时一般不会感到全画面的亮度不均匀,但是人眼对短程亮度不均匀性很敏感,只要相差 2%~3%就能感觉出来。

3)色彩的不均匀性。只有任意两点之间的色度差$\Delta u'v'<0.01$,才能获得均匀的彩色画面。

4)眩光。眩光是由于显示屏对外光的镜面反射造成的,它会使观察者感到目眩。对于 LCD 显示屏,由于其漫反射率只有 2%~3%,所以不存在眩光问题。其他各种主动发光型显示屏的玻璃表面都存在眩光问题,但是大屏幕电视的显示屏,都对屏表面作了防眩处理,将其对环境光的镜面反射率大幅度地降低。

5)场频闪烁。闪烁是由于场频或刷新率偏低造成的,与人眼的临界频率有关,临界值约为 50 Hz。其次与画面亮度、观察距离都有关系。对于计算机的显示器,由于是近距离观看,所以场频应选高一些,为70~80 Hz。

6)像素结构干扰。一般只要观看距离足够远(即,使像素结构对人眼的视角$<1'$),就可以排除像素结构的干扰。对于三基色器件,三基色的不同排列造成的像素结构干扰程度也不一样,以△型排列方式引起的干扰最轻。

7)场分割实现灰度的工作模式引起的伪轮廓干扰。PDP 显示屏由于工作原理的限制,实现灰度只能采用子场分割法。子场分割法会使运动目标产生伪轮廓,严重地影响了 PDP 显示器在显示运动图像时的清晰度。目前采用合理地分割子场数与排列、软件处理等措施,已可将伪轮廓干扰抑制到可被忽略的程度。

第二节　液晶显示器

液晶显示器与其他显示器件相比,具有体积小、重量轻、无辐射、不眩目、抗干扰性好、抗震性能好、有效显示面积大等一系列突出的优点,已成为主流显示器。液晶显示技术主要分为 TN-LCD、STN-LCD 和 TFT-LCD,后者由于具有响应速度快、灰度级高、彩显能力强等特点,已成为 LCD 的主要产品[3-4]。

一、液晶材料和主要辅助材料

(一)简介

1. 液晶的概念及分类

液晶是一类具有液体的流动性和晶体的各向异性的化合物,常用的液晶为棒状分子热致液晶。图 30-8 示出了表示晶体、液晶和液体的分子排列状况:晶体是三维有序的,具有各向异性;液晶是二维或一维有序的,具有流动性和各向异性;液体的分子处于无序状态,不具有各向异性。

图 30-8　晶体、液晶和液体分子排列示意图

液晶分子根据几何形状可分为棒状分子、碟状分子、条状分子(短而粗的分子)。棒状分子是目前实用化的液晶材料,可能有近 10 万种。根据液晶分子的大小可分为小分子液晶和高分子液晶。根据液晶态形成的方式可分为:通过加热出现液晶态的热致液晶,通常的显示用液晶材料就是热致液晶;由双亲化合物和溶剂形成的溶致液晶,如肥皂水。本节限于讨论棒状热致液晶。

2. 液晶的相结构

液晶形成的相态主要有向列相、近晶相和手性相等相态,其示意图如图 30-9 所示。

1)近晶相液晶(S 型)。近晶相液晶又称层状液晶,由棒状或条状分子组成,分子排列成层,层内分子的长轴互相平行,其方向可以垂直于层面,或与层面倾斜排列。因分子排列整齐,其规整性接近于晶体,具有二维有序性。

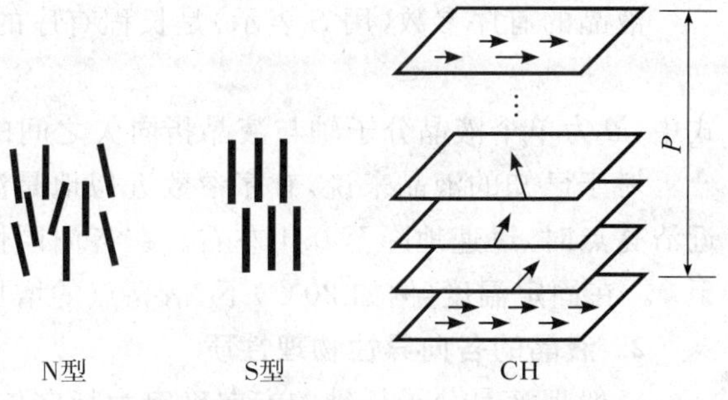

图 30-9 典型液晶相态分子排列示意图

2)向列相液晶(N 型)。向列相液晶又称丝状液晶,由长径比很大的棒状分子组成,分子质心没有长程有序性,具有类似于普通液体的流动性,分子不能排列成层,它能上下、左右、前后滑动,只是在分子长轴方向上保持相互平行或近于平行。

从宏观整体上看,向列液晶由于其液晶分子重心混乱无序,并可在三维范围内移动,可以像液体一样流动,所以液晶分子的长轴大体指向一个方向,使向列液晶具有单轴晶体的光学特性。而在电学上又具有明显的介电各向异性。这样可以利用外加电场对具有各向异性的向列液晶分子进行控制,改变原有分子的有序状态,从而改变液晶的光学性能,实现液晶对外界光的调制,达到显示的目的。向列液晶这种明显的电学、光学各向异性,加上其黏度较小,使其成为显示器件中应用最广泛的一类液晶。

3)手性相液晶(CH 型)。手性相液晶又称胆甾相液晶,是因其来源于胆甾醇衍生物而得名的。这类液晶分子呈扁平状,排列成层,层内分子互相平行。分子长轴平行于平面,不同层的分子长轴方向稍有变化,沿层的法线方向排列成螺旋状结构。

当不同层的分子长轴排列沿螺旋方向经历 360°的变化后,又回到初始取向,这个周期的层间距离称为胆甾相液晶的螺距 P。

3. 液晶的热力学性质

$$\text{晶体(K 或 C)}\xrightarrow{\text{熔点}}\text{液晶(LC)}\xrightarrow{\text{清亮点}}\text{液体(I)}$$

晶体(K 或 C 表示)加热到熔点进入液晶态,继续加热到清亮点(c. p 表示)成为各向同性的液体。

(二)液晶的化学结构与性质的关系

液晶的性质取决于液晶分子的结构——结构决定性质。不同形状的分子都可以显示液晶相,但是,目前只有棒状分子形成的液晶相具有较大的应用价值,因而本节将重点讨论这种类型的液晶相。液晶相的形成是由棒状分子各向异性的形状以及由此产生的各向异性的力所引起的,通过改变分子末端和侧向吸引力的大小,能够改变液晶相的特征。总体来说,分子应该具有以下诸条件才能形成液晶相:

1)分子形状是各向异性的,分子长径(L/D)比应大于 4。

2)分子长轴应不易弯曲,要有一定的刚性(如在分子中引入双键、三键或形成共轭体系、使分子保持反式结构等)。

3)分子末端含有极性或可以极化的基团,通过分子间力、色散力使分子保持取向有序。

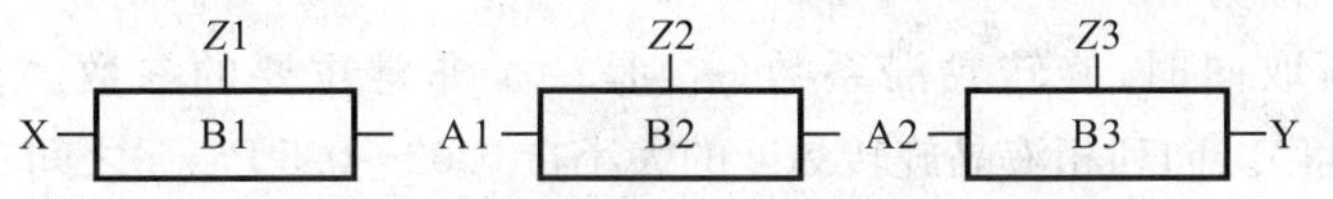

图 30-10 热致液晶分子结构示意图

液晶分子的结构可以用如图 30-10 所示形式来表示。

图 30-10 中的 X、Y 为末端基团,如烷基、烷氧基、氰基(CN)、NCS、F、Cl、Br、CF_3、OCF_3、$OCHF_2$等;B 为环体系,如苯环、嘧啶环、吡啶环、环己烷环、二氧六环等;A 为连接基团(中心桥键),如一炔键(C≡C)、烯键(C═C)、亚乙基(CH_2CH_2)、酯基(COO)等;Z 为侧向基团,如烷基、烷氧基、氰基(CN)、NCS、F、Cl、Br、CF_3、OCF_3、$OCHF_2$等。

(三)液晶的物理性质

1. 液晶的取向有序参数

液晶状态能够由位置(取向和构型)有序来描述。位置有序用来表征各种液晶相态(如 N、S 等),构型有序是分子内环基团和功能基团如何取向的量度。从应用角度看,取向有序是最重要的。

液晶的有序参数(用 S 表示)是长程有序的量度。

$$S = 1/2\langle 3\cos^2\theta - 1\rangle \tag{30-10}$$

式中,θ 为单个液晶分子轴与液晶指向矢之间的角度。

对于已知的液晶来说,有序参数近似地是温度的函数,在较低的温度下,最大值约在 0.6～0.8 之间,接近清亮点时,迅速地降至 0.4 左右。在各向同性相时为 0。当接近清亮点时,有序参数从 0.4 不规则地跳跃至 0。在固定温度(例如 20℃)下,清亮点的增加将引起有序参数的增加。

2. 液晶的各向异性物理性质

一般把液晶分子长轴的方向确定为指向矢方向,液晶在许多方面显示了各向异性的物理特性。

1)介电各向异性。当外加电场方向与液晶分子长轴方向一致时,测得的介电常数为 $\varepsilon_{\parallel}$,当外加电场方向与液晶分子长轴垂直时,测得的介电常数为 $\varepsilon_{\perp}$。介电各向异性$\Delta\varepsilon$ 定义为

$$\Delta\varepsilon = \varepsilon_{\parallel} - \varepsilon_{\perp} \tag{30-11}$$

向列相液晶的平均介电常数为

$$\varepsilon = (\varepsilon_{\parallel} + 2\varepsilon_{\perp})/3 \tag{30-12}$$

2)光学各向异性。液晶的 n_o 对应于寻常光,其电矢量振动方向垂直于液晶分子的光轴,n_e 对应于非常光,其电矢量振动方向平行于液晶分子的光轴,如图 30-11 所示。双折射或光学各向异性与波长有关,$\Delta n = n_e - n_o = n_{\parallel} - n_{\perp}$,在高频的限制下,$\Delta n$ 与$\Delta\varepsilon$ 的关系为

$$\varepsilon_{\parallel,\infty} = n_{\parallel}^2, \quad \varepsilon_{\perp,\infty} = n_{\perp}^2 \tag{30-13}$$

折射率平方之差为

$$\Delta\varepsilon_{\infty} = n_{\parallel}^2 - n_{\perp}^2 \tag{30-14}$$

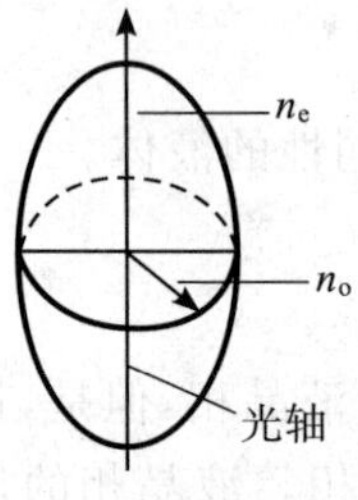

$\Delta\varepsilon_{\infty}$ 是在非常高频下的介电各向异性,并不包括永久偶极矩,它只与 1 kHz 下的$\Delta\varepsilon$ 有间接关系。所有已知非手性向列相液晶极化率椭圆是正的,即 $n_e > n_o$,如图 30-11 所示。Δn 的范围在 0.05～0.45 之间。

图 30-11 单轴晶体的极化率椭圆

光学极化度主要是由于在分子中存在没有参与成键的离域电子和π电子引起的。n_o是由垂直于指向矢的极化率确定的,目前在液晶材料合成中所用的各种组分并不明显地影响 $n_{\perp}$,对于大多数液晶材料来说,n_o大约在 1.5 左右。对于一些二苯基二乙炔化合物来说,Δn 可高达 0.45,而一些环已烷类液晶的Δn 只有 0.06。

3)黏度。液晶的黏滞行为对体系的动力学行为有重要的影响。实际上,低温下黏度的增大是限制液晶应用的主要原因,从降低黏度的角度看,充分认识和改进分子设计是非常重要的。

黏度可分为动力学黏度(用 η 来表示)和运动黏度(用 v 来表示)。二者之间的关系为:$v = \eta / \rho$(ρ 为流体的密度),由于通常所用的大多数液晶材料的密度在0.98～1.02 g/cm^3 之间,所以两种黏度数值之间的差别并不大。动力黏度的单位为 Pa·s,运动黏度的单位为 m^2/s。

在讨论液晶分子的指向矢在电场或磁场中重新取向时,旋转黏滞系数(r_1)是一个非常重要的参数。在 LCD 中,响应时间 τ 与 $r_1 d^2$ 成正比(d 是液晶盒的厚度)。向列相液晶旋转黏度的大小在 0.02～0.5 Pa·s 之间。

4)弹性常数。当体系的平衡构型受到扰乱时,液晶的弹性常数是使体系恢复到平衡构型的恢复力矩。正如 Frank 指出的那样,任意的变型状态都可以设想成是 3 个基本动作的综合作用:展曲、扭曲以及弯曲,分别表示为 K_1、K_2、K_3。液晶的平衡态及所有可能的构型模式如图 30-12 所示。

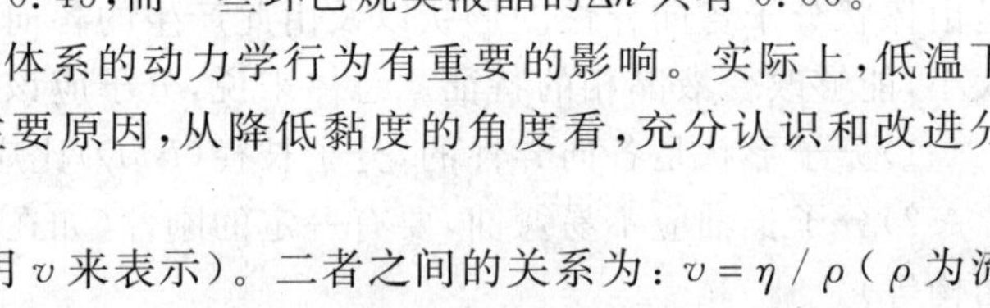

(a) 平衡状态　(b) 展曲　(c) 扭曲　(d) 弯曲

图 30-12 液晶的平衡态及所有可能的构型模式示意图

5)电阻率。由于液晶分子具有非离子型结构,因而电导率总是很小的($\sigma < 10^{-11}\,\Omega\cdot\mathrm{cm}^{-1}$),在向列相液晶中,$\sigma_{\parallel}/\sigma_{\perp} > 1$,这说明在向列相液晶中,离子沿分子轴的运动比垂直于分子轴的运动要容易得多。在近晶相液晶中,$\sigma_{\parallel}/\sigma_{\perp} < 1$,因而可以通过测量$\Delta\sigma$ 的变化来判断相态的变化。在清亮点时,$\Delta\sigma = 0$,即导电各向异性

消失。电阻率 ρ 是液晶材料的一个重要的参数，在 TFT-LCD 用液晶材料中，对电阻率有很高的要求，因而，测量电阻率是重要的。

（四）显示用液晶材料

随着液晶显示技术的发展，人们发明了不同的显示方式以满足各种需要，液晶材料在实现这些显示方式中具有举足轻重的作用。

在实现不同的液晶显示方式中，液晶材料起了很大的作用，每一种新的显示方式的出现，总是伴随着新的液晶材料的出现。表 30-2 中列出了混合液晶的性能参数与显示的关系。

表 30-2　混合液晶的性能参数与显示的关系

LCD	LC
快速响应	极低的黏度
宽的工作温度范围	向列相温度范围宽
低工作电压	高极性
满足盒厚 d 的要求	Δn 适当
多路驱动	提高电光曲线陡度，$\Delta\varepsilon/\varepsilon_{\perp}$ 大
高稳定性	高光、热、化学和紫外稳定性

显示对混合液晶的要求：

1）宽的工作温度范围。人们要求混合液晶具有宽的工作温度范围，即混合液晶的熔点低，清亮点高。各类不同的显示方式的液晶相工作温度范围要求如下：

用途	温度范围/℃
普通 TN	−30～60
宽温 TN	−40～90 或 100 以上
普通 STN	−30～85 以上
STN	−40～95 以上
TFT	−40～70 以上

2）响应速度快。显示器件应有快速的响应，需要混合液晶的黏度尽量小。

3）Δn 与 $d\,\Delta n$ 匹配。液晶盒的光透射率满足下列公式：

$$T=\frac{1}{2}\,\frac{\sin^2\left(\frac{\pi}{2}\sqrt{1+\mu^2}\right)}{1+\mu^2},\quad \mu=2d\,\frac{\Delta n}{\lambda} \tag{30-15}$$

式中，T 为透射率，d 为盒厚。

Δn 应适当，以满足 $d\,\Delta n$ 的要求。3 类不同液晶显示方式对 $d\,\Delta n$ 的要求为

TN	$d\,\Delta n\approx 1.05$
STN	$d\,\Delta n\approx 0.85$
TFT	$d\,\Delta n\approx 0.55$

4）$\Delta\varepsilon$ 应适应器件的工作电压。

$$V_{\mathrm{th}}=\pi\sqrt{\frac{K_{11}+(K_{33}-2K_{22})}{4\varepsilon_0\Delta\varepsilon}} \tag{30-16}$$

$\Delta\varepsilon$ 大，有利于降低液晶的阈值电压，但造成液晶的黏度变大，稳定性变差。K 对阈值电压影响较小，但可优化。

所以混合液晶的极性大、$\Delta\varepsilon$ 大、工作电压和功耗低。

5）K_{33}/K_{11} 适当，提高电光曲线的陡度，满足多路驱动的要求。

TN：K_{33}/K_{11} 适当小；STN：K_{33}/K_{11} 适当大。

6）高稳定性。主要是两个方面的稳定性：

A. 具有高的化学、光化学、热稳定性，良好的抗紫外线效果。

B. 特别是 TFT 要求具有高温下高的电荷保持率，即适当高的电阻率（ρ）。

TN	$>5\times10^{10}\,\Omega\cdot\mathrm{cm}$
STN	$>1\times10^{11}\,\Omega\cdot\mathrm{cm}$

TFT　　　$>1\times 10^{15}\ \Omega\cdot\mathrm{cm}$

TN、STN-LCD 用混合液晶由于电阻率和稳定性要求相对较低，可以使用含氰基液晶材料。而 TFT-LCD 用混合液晶由于电阻率和稳定性要求非常高，因此只能使用含氟液晶材料。含氟液晶材料具有下列特点：高稳定性、低黏度、低 Δn、适当的 $\Delta\varepsilon$ 和适当的 K 值。

（五）液晶显示用其他原材料

虽然液晶显示的方式不同，但液晶显示器件的制造工艺有一定的共同性，在液晶显示器件制造过程中，除液晶材料外，其他主要的原材料还有基片玻璃、ITO 玻璃及偏振片等，所用的辅助材料有取向剂、封接胶和支撑材料等[5]。

1. 玻璃基片

除了有源矩阵(AM)液晶显示外，其他液晶显示都采用钠玻璃以降低生产成本。在 AM-LCD 中不能使用钠玻璃，其原因主要有两条：其一是在薄膜晶体管(TFT)芯片制造过程中要经过相对高的温度处理；其二是由于钠玻璃中有较多的碱金属离子，它们会破坏 TFT 的性能。因此，在 AM-LCD 中，一般使用铝硅玻璃。为了保证玻璃的质量，要仔细检查玻璃表面的平整度和缺陷，因为它们将影响到液晶盒的间隙，对普通 TN 显示来说，一般盒厚在 6～8 μm 之间，如果要求盒厚精度为 0.2 μm，则玻璃的短程平整度应小于 0.2 μm，长范围内的平整度可以低一些，因为它可以由玻璃的弹性得到一定的补偿。在 STN 显示中，由于要求严格控制盒厚(一般为±0.05～±0.1 μm)，对平整度的要求更为严格，一般的普通玻璃就不能满足要求了，必须使用表面抛光的玻璃，以改进表面的平整度。

玻璃表面的缺陷，如空隙、擦伤、条纹以及附着的其他微粒等都可以引起电极的缺陷，从而不能得到均匀的盒厚。在 AM-LCD 中，这些表面缺陷很容易使像数产生缺陷，因而在 AM-LCD 及 STN-LCD 等显示中，均要使用表面抛光的玻璃。

此外，在玻璃表面要有一层钝化层，以防止碱金属离子渗透到液晶材料中，尤其在 TFT-LCD 中，这些离子很容易损坏液晶材料、排列层及 TFT 本身的特性，普通钝化层是 SiO_2 膜，其厚度大约为 1～2 μm。

TFT-LCD 要求基片具有如下性能：钠含量低，表面无缺陷，耐化学药品侵蚀，热收缩小、热膨胀系数与硅片相匹配等。为此，常在玻璃基片表面涂敷一层 SiO_2 阻挡层或采用硼硅玻璃，用研磨(抛光)方法除去表面划痕，或在玻璃制作过程中采用特殊的工艺以保证不损伤玻璃表面，采用热处理方法消除玻璃的热收缩，调整玻璃的成分来提高玻璃的耐化学药品侵蚀性能，以及使玻璃的热膨胀系数与硅片的热膨胀系数相匹配以减少热收缩。

2. 彩色滤色膜

对于全色显示的电视以及多色或全色显示的计算机终端等彩色液晶显示来说，彩色滤色层是很重要的材料。彩色滤色层有红(R)、绿(G)、蓝(B)3 种，以适当的方式排列后，在白色背光源下产生各种所需的颜色。为了避免视差问题，这种彩色滤色层往往做在液晶盒内，同时彩色滤色层对装配过程、盒结构以及显示质量必须有足够的适应性。

R	G	B	R	G	B	R	G	B
R	G	B	R	G	B	R	G	B
R	G	B	R	G	B	R	G	B

(a) 排列1(垂直条纹)

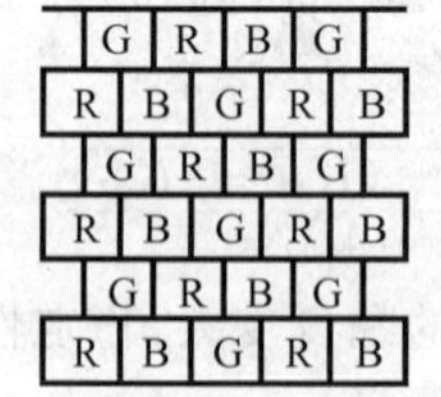

(b) 排列2(三角形)

R	G	B	R	G	B	R	G	B
B	R	G	B	R	G	B	R	G
G	B	R	G	B	R	G	B	R

(c) 排列3

G	B	G	B	G	B
R	G	R	G	R	G
G	B	G	B	G	B
R	G	R	G	R	G
G	B	G	B	G	B
R	G	R	G	R	G

(d) 排列4

图 30-13　彩色滤色层中彩色像素的排列方式

彩色滤色层的排列方式有多种，以满足不同的显示要求，图 30-13 列出了常用的几种排列方式。在电视应用中最常采用的是排列方式 3，排列方式 4 适用于图形和字符显示。

彩色滤色层的性能应满足的基本要求是：彩色可重复性，化学和温度的耐久性，平整度好，不影响盒的间隙(cellgap)，点的尺寸要精确，成本不能太高等。

彩色可重复性对应于彩色滤色层对光吸收的

光谱曲线，当光谱曲线较陡时得到高纯度的颜色，但显示亮度降低。因而光纯度与亮度之间存在着一对矛盾，目前可以通过增大背光源 R、G、B 的峰值来解决这一问题。

在液晶盒制作过程的清洗和刻蚀工艺中，彩色滤色层不能耐化学药品侵蚀，同时彩色滤光层的硬度也不是足够地高，不能支撑支撑料以得到均匀的盒厚。因此，在彩色滤色层表面镀上一层钝化层以使其达到高化学耐久性，同时也使表面平滑、变硬，以便得到足够均匀的表面。

在高温下，普通彩色滤色层中的彩色像元是很容易褪色的，因此在液晶盒的制备过程中温度必须低于 250℃。

在彩色滤色层的制备过程中，关键技术是彩色技术和彩色像素模板的形成，普通的彩色像数大小为 0.1～0.15 mm，为此需采用微细光刻技术。图 30-14 是用染色法制造彩色滤色层的工艺过程示意图。首先把能吸附染料的基本材料镀在玻璃基片上，然后在其上面涂上光刻胶，经过曝光、去膜，形成要染红色的开口面积（其他部分仍覆盖着光刻胶），将其浸在红色染料溶液中，当去掉光刻胶后，重复上述过程形成绿色和蓝色。最后将已染色的基础材料表面镀上钝化层，它将液晶与彩色滤色层分开，使彩色滤色层表面平滑以便在上面制造电极。

作为基础材料的吸附层可以采用天然蛋白质，例如明胶或动物胶，或用人工合成的材料，如 PVA 或聚酰亚胺等。彩色滤光层的厚度一般为 2～3 μm，由光的透射特性来确定。染色法以染料为着色剂，它的光谱特性好，可选择的染料种类很多，染料可以配成溶液，分散性最好，透明度高，解像力最佳。然而，染料的热稳定性较差，当温度升至 200℃时，绝大多数染料要分解或升华。由于在滤色层表面还需要镀钝化层和 ITO 电极，温度将升至 200℃以上，在这样的温度下，大多数染料要分解，因此染色法的应用受到了很大的限制。

另一种制备彩色滤色层的方法是分散法，它又可以分为染料分散法和颜料分散法，依着色剂是染料或颜料而定，它们的工艺过程是相同的。由于颜料的耐热性和耐光性都比染料好，所以更受到人们的重视，目前这种方法已经成为制备彩色滤色层的主要方法。颜料分散法制备彩色滤色层的工艺过程如图 30-15 所示。将颜料分散在光刻胶中，用适量的溶剂稀释以减小光刻胶的黏度，这样制得的涂料浆即可以涂布在玻璃基片上，经光刻工艺（曝光、显影等工序）加工成三色图形。全部过程按红、绿、蓝次序重复 3 次。最后在彩色滤色层上涂上一层保护膜。

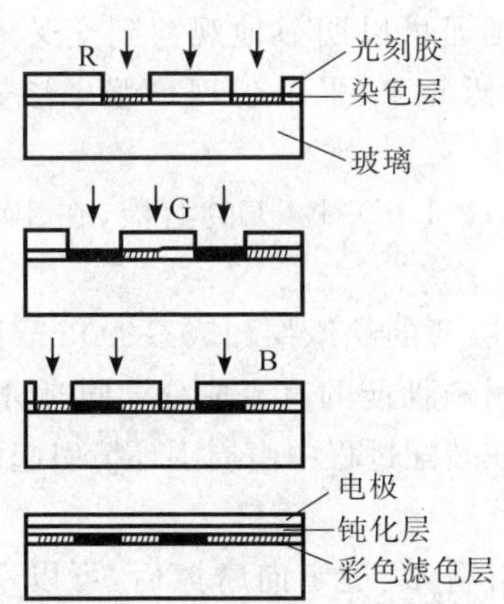

图 30-14 染色法制备彩色滤色层工艺过程示意图

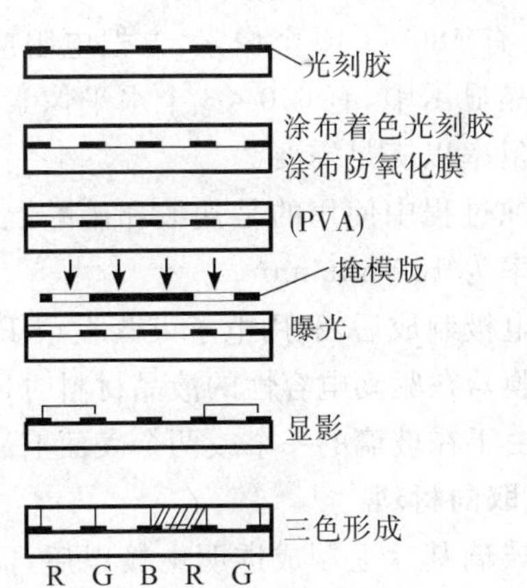

图 30-15 颜料分散法彩色滤色层工艺过程示意图

颜料分散法制备彩色滤色层时应注意解决下面 3 个问题：①选择高感光刻胶。颜料以极细的状态（小于 0.1 μm）分散在光刻胶中，由于颜料自身对紫外光（波长为 300～400 nm）有一定的吸收，从而光刻胶接收的紫外光减弱。只有提高光刻胶的紫外感光度，在光刻时才能产生较好的效果。选择水溶性的高感光刻胶是比较理想的，PVA -芪唑类光刻胶即属于这种类型。②颜料分散问题。颜料颗粒是一种聚集体，它是由被称为一次粒子的多晶体团聚而成的二次粒子。这种二次粒子的粒径比较大，对光有较强的散射作用。在制备光刻胶时，必须将颜料聚集体微细化。在颜料和光刻胶混合研磨时，要加入适当的分散剂以促进颜料颗粒的分散并阻止重新凝聚。③颜料的选择问题。作为滤色层用的颜料，首先要满足耐热性、耐光性和易于分散等要求，其次，红、绿、蓝 3 种颜料的光谱特性要合适，它们的透射波长区域要互不重叠。

钝化层的材料通常是聚酰亚胺，其固化温度相对要低一些，对于电极制造和支撑料来说，要求得到平整的表面，因而钝化层是非常重要的。在各种类型的 LCD 中，彩色 STN-LCD 对表面的平整性要求最高，AM-LCD 的要求相对低一些，二极管 AM-LCD 的要求在二者之间。

3. 透明电极

在玻璃基片清洗完以后，将在玻璃上制备透明导电电极。对于彩色液晶显示来说，应事先制备好彩色滤色层，再沉积透明导电层，然后用光刻法形成电极图形，在选择透明电极材料时，应考虑到电阻率、光透射率以及刻蚀过程。以前人们使用 SnO_2 作为透明电极的材料，由于 SnO_2 的电阻率高，需要复杂的刻蚀过程，目前已被 ITO 膜所取代。

通常用电子束蒸发或在氧气气氛中溅射得到 ITO 膜，膜厚在 100～300 nm 之间，由所需的电阻所确定。在溅射时，采用 ITO 合金靶。在 SnO_2-In_2O_3 合金中，SnO_2 的含量大约为 5%～10%时，有利于得到最佳的 ITO 膜性能。在沉积过程中，氧气在氩气气氛中的浓度大约为 1%，在这种条件下，退火后得到的比电阻率大约为 $2.0\times10^{-4}\,\Omega\cdot cm^{-1}$。膜厚在 100 nm 时，方框电阻大约为 200 Ω/□。

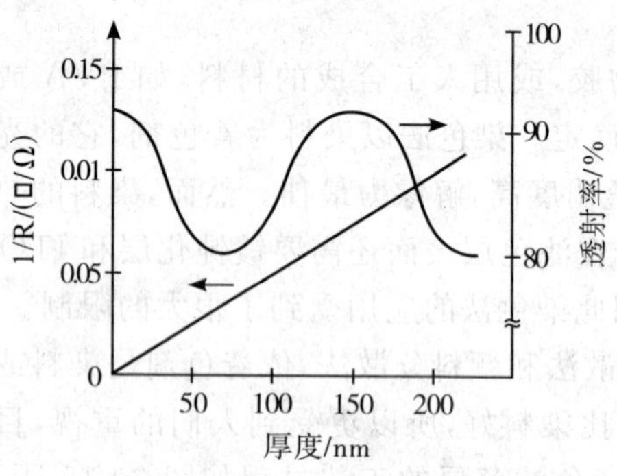

图 30-16 ITO 膜的电阻率、透光率与膜厚之间的关系

电阻率和透射率是由膜厚确定的，膜越厚，方框电阻越低。由于存在着光的干涉，所以透射率与膜厚并不成线性关系，最大透射率可达 90%以上，此时膜厚大约为 150 nm。膜厚在 750 nm 时，透射率最小，大约为 80%。ITO 膜的方框电导以及透射率之间的关系如图 30-16 所示。

由于 ITO 膜具有相对高的电阻率，可用于非 AM-LCD 中，这种膜的制备相对容易。普通的 AM-LCD 并不需要电阻率很低的 ITO 膜，因为 ITO 膜只用在像数电极上，不需要金属化处理。然而，在简单矩阵 LCD 中有条状的 X 和 Y 电极，需要低电阻率的 ITO 膜以避免电极电阻和像素电容的时间常数引起的信号延迟，这种信号延迟取决于分辨率和像素尺寸。因此，随着线数的增多，ITO 层的电阻率就成为一个十分重要的问题了。例如，在典型的简单矩阵 STN-LCD 中，在 25.4 cm 屏上有 480×640 个像素，方框电阻应小于 20 Ω/□，否则由于信号延迟可以明显地观察到交叉效应。在彩色液晶显示中，有 640×3 个水平像素，电阻率应是简单矩阵的 1/3。近年来，采用在 ITO 膜中渗氢的方法降低电阻率以满足需要。

刻蚀过程中使用的是盐酸和硝酸混合溶液，如 $HCl:HNO_3:H_2O=1:0.1:1$ 的溶液，在 40℃下，其刻蚀速率为 150 nm/min。

在电极制成后，利用电子束蒸发或 PECVD 技术在电极表面镀上一层薄的绝缘层（150～300 nm 厚的 SiO 或 SiN 膜），在驱动电容性的液晶材料时，驱动信号中不能存在破坏液晶材料性能的直流成分。同时，这种膜能够防止由于在玻璃的一个或两个表面上沾有的导电粒子而引起的短路（在装配过程中由周围环境引起的）。

4. 取向材料

在玻璃基片上制成透明电极以后，需要在上面涂敷一层薄的取向材料，经过定向摩擦后，可以使液晶分子按一定的方式排列，在普通的 TN、STN-LCD 中，需要对上、下玻璃表面都进行排列处理。

液晶分子相对于玻璃基片的排列方式有 3 种，即平行、垂直和倾斜排列，如图 30-17 所示。普通 TN-LCD 需要倾斜的排列方式，它是由液晶分子的扭曲角决定的，如果 TN 液晶盒没有一定的预倾角的话，将会提高工作电压，而且电压提高的程度是不确定的，在液晶显示盒中会引起可见畴，因此在 TN 盒中，需要有一定的预倾角使液晶分子按事先规定的方向排列。

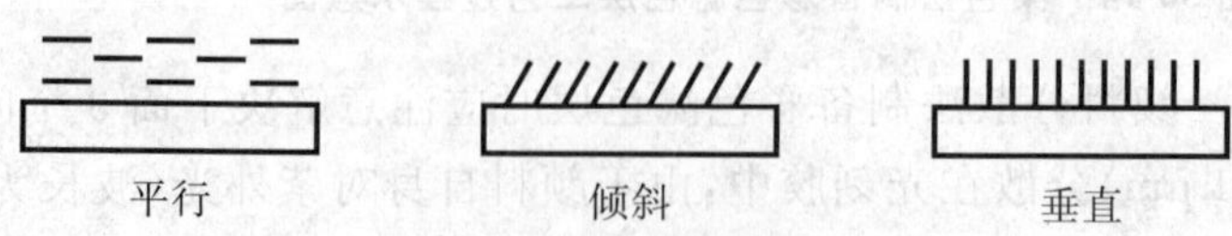

图 30-17 液晶分子的排列方式

用薄取向层排列液晶分子时，如果这个取向层对液晶分子有强烈的取向作用，则向列相液晶分子也按同样的方向取向，虽然在两个玻璃基片上液晶分子的取向方向可以不同（如 TN 显示），由于受到向列相液晶分

子的相互作用而产生的锚定作用影响，它们能够连续束缚液晶分子，因而具有强的取向作用。常用的取向材料可分为无机和有机两种，作为液晶显示器件用的取向材料应具有如下特性：

1)成膜性。膜厚均匀，能在低温下固化。

2)机械特性。无擦伤纹，不发生取向膜的剥离。

3)取向特性。较好地控制预倾角，摩擦范围大，热处理时取向稳定性好。

4)电气特性。不发生残像，频率特性良好，不发生静电损坏。

斜蒸 SiO 是典型的无机排列层，沉积膜对液晶分子的取向状态与斜蒸时分子的入射角有很大的关系，如果用小角度斜蒸的沉积膜则得到倾斜的取向，并使液晶分子按同样的方向取向，并且具有一定的预倾角。如在 STN-LCD 中，扭曲角为 270°，预倾角为 20°。这种方法不适用于大生产。

形成排列层的最普通的方法是用织物或布来摩擦玻璃表面，由于聚酰亚胺(PI)有高的稳定性，因而用来作为表面排列取向层。用旋转涂敷法将 PI 均匀地涂在玻璃表面上，在 150～250 ℃下烘烤，其厚度在 50 nm，然后用适当的织物以同一方向摩擦，摩擦力为 5～25 kg/cm²，应避免重复摩擦。用旋转摩擦轮可产生较稳定的排列，与该层接触的液晶分子自动地按摩擦方向排列。TN-LCD 用的 1°～2°小预倾角是很容易实现的，然而 STN-LCD 显示需要较大的预倾角，通过摩擦 PI 膜一般不易得到大于 10°的预倾角。图 30-18 表示了在 STN 显示中扭曲角与预倾角的关系。

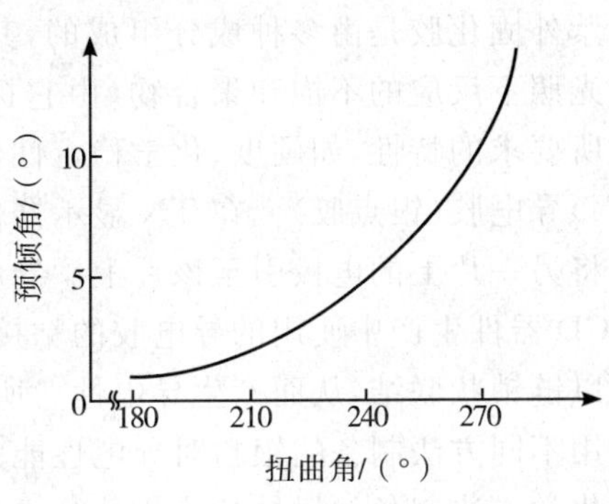

图 30-18 STN 显示中扭曲角与预倾角的关系

为了便于控制预倾角，一般可以采用下面的方法：

1)在分子中引入氟、烷基、环烷基以及酰胺基等基团以利于控制表面张力。

2)使用长烷基链上带有亲水基团的表面活性剂作取向膜表面处理。

3)在二胺和二酐的聚合反应中引入长烷基链，使聚酰亚胺结构中含有长烷基链。

4)用硅偶合剂作表面处理。

5)添加碱性铬的络合物。

此外，还要求取向膜低荷电化，因为在实际应用中取向膜表面带静电，带电量多将会破坏膜的绝缘性，在背光源照射下会引起画面缺陷。对 TFT-LCD 来说，在摩擦时产生的静电增多会击穿 TFT 阵列，同时要求使用低温取向剂，否则太高的烘烤温度也将引起 TFT 电学性能的变化，因此合成低温取向剂是一个很重要的研究课题。

5. 封接材料

在 LCD 器件的制造过程中，用丝印工序在玻璃基片的封接区域内丝印上封接材料，在这个过程中，最重要的是如何得到均匀和精确的盒厚。为了达到这个要求，必须在封接区域和显示区域中使用支撑材料。在这个工艺过程中使用的材料有丝印胶、支撑料、堵口胶及导电胶等。

1)丝印胶。在已经涂有取向层的两片玻璃中的一片上用丝网印刷技术印上一层粘接材料(丝印胶)，丝印宽度和离显示有效面积的距离为 2～5 mm。其中留有一个或几个开口以便于灌注液晶，开口的宽度约为 12 mm。粘接材料(丝印胶)绝不能与液晶材料发生化学反应，同时应有效地将外部的水蒸气和污染物隔开。典型的粘接材料(丝印胶)是环氧树脂，一般选择热固化的环氧树脂(有单组分和双组分 2 种)。

2)支撑料。为了控制液晶盒的厚度，在封接材料中应含有支撑料，通常使用切碎的玻璃纤维，它有非常精确的直径，它们的直径比所需要的盒厚稍小一点，其直径分布必须比盒厚的误差小得多。

印刷完封接材料后，经过预烘烤，在有效显示面积区域内同样要使用支撑料。普通 TN 显示液晶盒的盒厚大约为 6～10 μm，控制精度在 0.3 μm 以内；STN 显示需要精确地控制盒厚，精度在±(0.05～0.1) μm 范围内，需要使用性能好的塑性支撑料。常用的支撑料的类型及其性能列于表 30-3 中。

玻璃纤维一般混在丝印胶中使用，塑料微细弹性球由于具有弹性，能够非常精确地控制盒厚，所以在 STN 显示中得到了广泛的应用。

3)堵口胶。在一片玻璃基片上喷上支撑料以后，与另一片印有丝印胶的基片进行贴盒，精确地排列两个玻璃片上的电极图形以便形成显示像素，在一定温度下烘烤形成空液晶盒，经过切割后，在真空条件下灌注液晶，用堵口胶将灌注口堵上。这种堵口胶同样要求具有高的化学稳定性并应防止污染。

常用的堵口材料有室温固化的环氧树脂和紫外光固化的树脂，对于大规模工业化生产来说，室温固化周期较长，而紫外固化树脂只需几秒的光照时间。实际使用的紫外固化胶是由多种成分组成的，其主要成分是在紫外光照下反应的不饱和聚合物(由它提供了材料的大多数所要求的特性，如硬度、化学稳定性以及柔韧性等)、反应性稀释剂和光引发剂等。

表 30-3　支撑料的种类和性能

	玻璃纤维	塑料	SiO_2
形状	圆柱状	球状	球状
粒度分布	O	Δ	©
强度	O	Δ	O
对基片的损伤	×	O	Δ
散布数	少	多	少
遮光性类型	×	Δ	O

注：©. 优良；O. 良好；Δ. 一般；×. 较差

4)导电胶(银点胶)。在 TN 显示器件的生产过程中，引出线往往从其中的一个基片引出，因而需要有导电胶将另一片上的电极引至该片上。导电胶是由导电填料、粘接材料及添加剂等组成的，它们的种类很多。在 LCD 器件生产中使用的导电胶的粘接材料一般为环氧树脂，它使导电性填料与基材密着，同时又使导电粒子以链锁状联结，从而产生导电性。所加的导电填料为银粉，这是因为银粉的化学性能稳定，而且导电性好。用不同方法制备的银粉对导电性能的影响很大，一般使用用物理方法制成的扁平状或球状银粉，也可使用用化学方法制备的树枝状或鳞片状银粉。

固化前，导电胶中的导电性填料由于粘接材料和溶剂的隔离是分别独立存在的，相互间不呈现为连续接触，处于绝缘状态。在固化以后，由于溶剂蒸发和粘接材料固化的结果，导电填料相互间联结成链锁状，因而呈现导电性。

银粉与环氧树脂应以适当比例混合，如环氧树脂含量太多，在固化以后银粉不能连接成链锁状，不导电或导电性能不好。如银粉含量太多，那么由环氧树脂决定的涂膜的物理、化学稳定性就会丧失，银粉之间的连接也不牢固，因而导电性能也不稳定。银粉的含量一般为 70%～90%。银粉的形状不同也影响到导电性，鳞片状或树枝状银粉可以形成面接触，因而导电性较球状银粉为好。

二、液晶显示的基本原理

液晶显示的模式很多，目前已经形成大规模工业化生产的显示模式主要有扭曲向列液晶显示(TN-LCD)、超扭曲向列液晶显示(STN-LCD)及薄膜晶体管扭曲向列液晶显示(TFT-TN-LCD 或 TFT-LCD)，这些显示器件在手表、计算器、仪器仪表显示、计算机终端显示以及液晶电视等得到了广泛的应用。

(一)扭曲向列液晶显示

扭曲向列显示的基本原理：TN 显示的显示原理如图 30-19 所示。

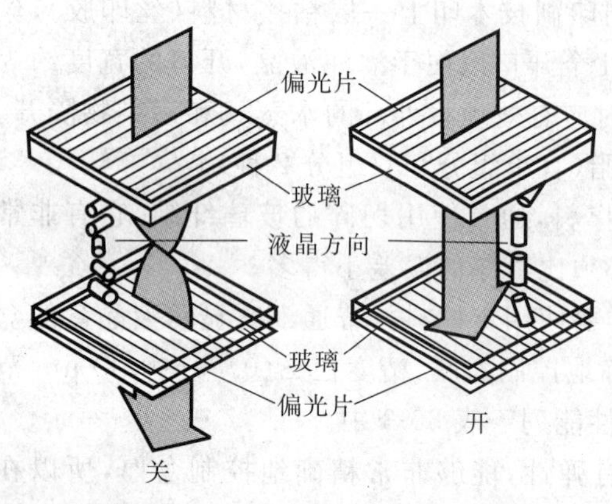

图 30-19　TN 液晶显示的显示原理图

液晶盒中上、下两个基片的摩擦方向相差 90°，当自然光通过上偏振片后变成与偏振片偏振方向一致的线偏振光，同时也与基片附近的液晶分子(长轴)($\Delta\varepsilon > 0$)排列方向一致，当光线进入液晶层后，由于液晶分子的双折射，线偏振光分解成 o 光和 e 光，其相位相同但速度不同，因而在任一瞬间 o 光和 e 光合成的结果使偏振光的振动方向发生了变化，随着光依次通过液晶层，振动方向逐渐被扭曲，由于 TN 液晶显示的液晶盒边界条件(摩擦方向)的限制，当光线达到下偏振片时其光轴振动方向正好被扭曲了 90°，与下偏振片的偏振轴方向一致，从而通过下偏振片，为亮场。当加上电场后，液晶分子($\Delta\varepsilon > 0$)在电场作用下随电场取向，扭曲结构消失，经过上偏振片的线性偏振光进入液晶层后不再旋转，因而不能通过下偏振片，为暗场。这种排列方式的 TN 液晶显示盒，因为不加电场时显示是亮的，因而称为白模式。在下偏振片上加上反射片，就是手表、计算器所采用的显示方式，这种显示方式的电光响应曲线如图 30-20 所示。图 30-21 所示的电光响应曲线为黑模式，即液晶显示盒不加电场时显示是暗的。这种正显示 TN 液晶盒的阈值锐度(陡度)γ 定义为：$\gamma=V_{10}/V_{90}$，其透射率在宽频率范围内与外加电压的均方根值有关。

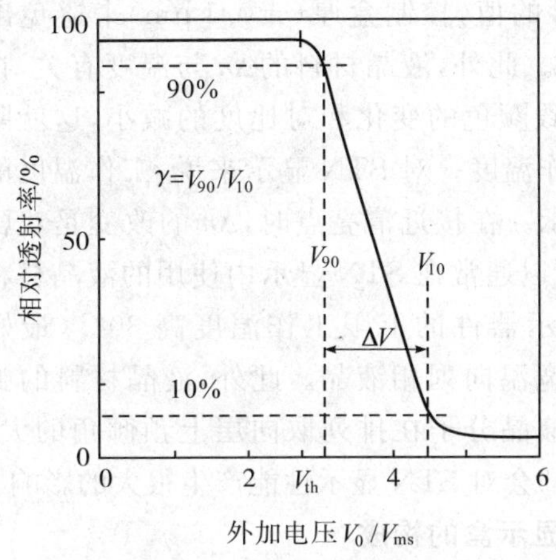

图 30-20　负显示 TN 液晶盒的电光响应曲线

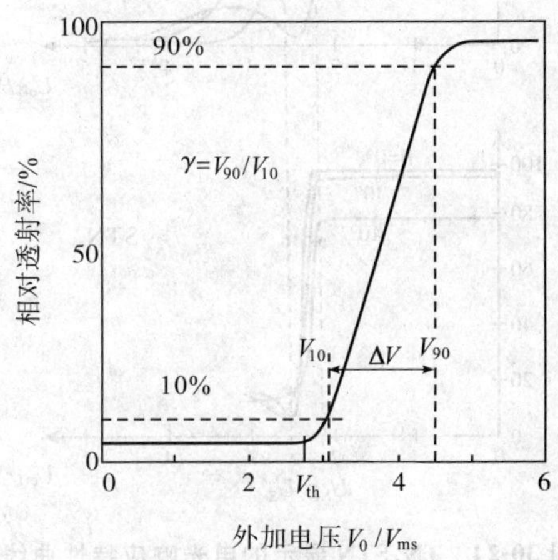

图 30-21　正显示 TN 液晶盒的电光响应曲线

液晶盒的响应特性曲线如图 30-22 所示。

它的动态特性是由延迟时间(τ_d)、上升时间(τ_r)及下降时间(τ_f)表示的。τ_d 是指脉冲开始到透射率达到 10% 的时间，τ_r 是指透射率从 10% 到 90% 的时间，τ_f 是指透射率从 90% 下降到 10% 的时间。上升时间与加到液晶盒上的电压成反比，下降时间与材料性能有关，典型的 TN 液晶盒的 τ_d 约为几毫秒，τ_r 为 10～100 ms，τ_f 为20～200 ms。

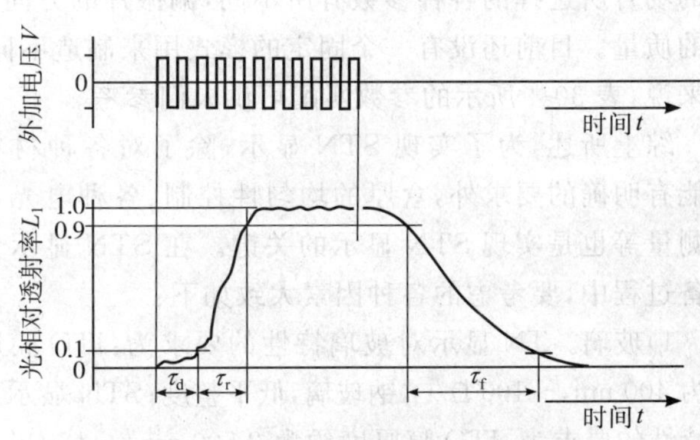

图 30-22　TN 液晶盒的电光响应曲线

(二)超扭曲向列液晶显示

传统的 TN 显示由于受到液晶材料性能的限制，即使使用多路驱动技术，其扫描线数也不超过 32，而且由于交叉效应的存在使其对比度下降、视角变小。为了提高信息显示容量，人们发明了 STN 显示技术，它将液晶分子的扭曲角从 90°增大到 180°～270°，使电光曲线的陡度大幅度地增大，目前已经可以实现 640×480 的黑白及彩色 STN 显示，这种显示器件已被广泛地用于文字处理机、计算机终端显示及办公室自动化等方面，已成为无源液晶显示器件的主流产品。

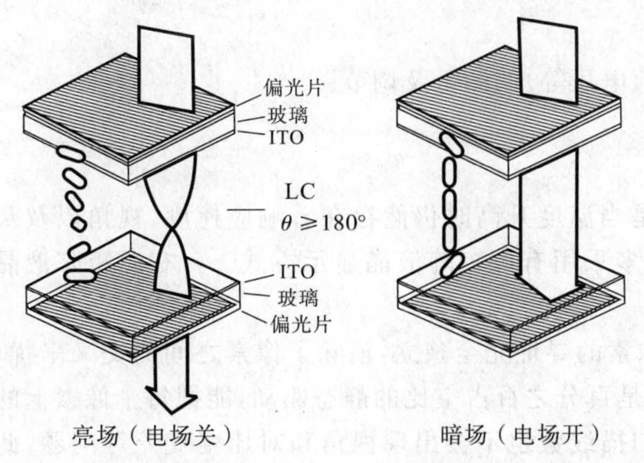

图 30-23　STN 显示的结构

1. STN 显示的结构

STN 显示液晶盒的结构如图 30-23 所示。液晶盒的两个内表面作特殊排列处理，使液晶分子在静态时在这个表面上有一定的预倾角，调节液晶的 Δn 使之与液

盒厚 d 相匹配，用手性添加剂(光活性材料)调节液晶

合物的螺距 p，从而使液晶分子在液晶盒中扭曲 18

270°，使实现 STN 显示成为可能。

图 30-24 是 TN 显示和 STN 显示的电光响

曲线，图中 STN 显示的扭曲角为 180°，预倾角

图可见，STN 显示的电光响应特性得到了明

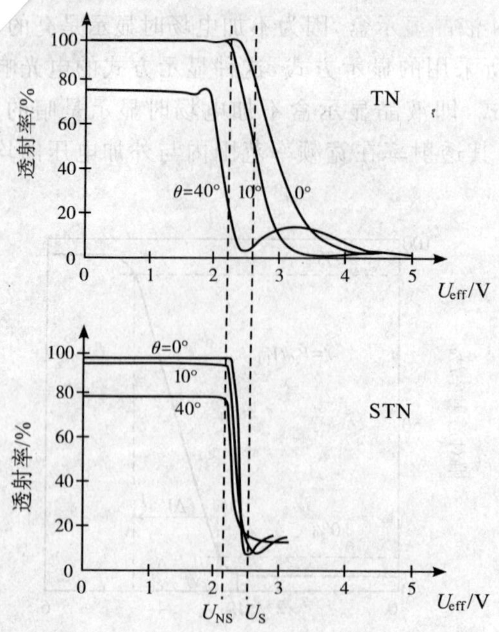

图 30-24　TN、STN 显示的电光响应特性曲线

而且对比度也增大了。图中所示的对比度的视角关系 STN 显示也明显地好于 TN 显示。

由于 STN 显示是典型的光学双折射效应，所以导致了在关和开二种状态时的彩色外观，选择偏振片的角度和液晶材料适当的Δn可以得到最佳的对比度。为了得到高质量的显示，必须选择最佳的$d\Delta n$的值，控制盒厚（±0.1 μm）来避免出现不均匀的底色和亮度。此外，液晶材料的Δn与温度有关，在温度增加时这个变化导致颜色的变化和对比度的减小，这就限制了显示器件的上限工作温度。对 STN 显示来说，工作温度的上限明显地低于 TN 显示。在接近清亮点时，Δn的改变是戏剧性的（最终使$\Delta n=0$）。所以通常在 STN 显示中使用的液晶材料的清亮点要比预计的显示器件的上限工作温度高 30℃（最好高 40℃），因而需要使用宽温向列相液晶。此外，液晶材料的弹性常数、介电各向异性、液晶分子在排列取向层上预倾角的大小、偏振片的排列方向等都会对 STN 显示性能产生很大的影响。

2. 典型的 STN 显示盒的构成

由于在 STN 显示盒制造过程中的工艺条件不同，因而不同的场合所选择的各种参数有所不同，偏振片的方向与摩擦方向之间的夹角如何设置将会直接影响显示器件的质量。目前还没有一个固定的模式用来制造不同扭曲角的 STN 显示，但是对于不同扭曲角的 STN 显示来说，表 30-4 所示的参数匹配可供人们参考。

表 30-4　参数匹配

扭曲角/(°)	预倾角/(°)	Δnd/μm	d/p
180	2	0.95	0.40
220	3	0.89	0.50
240	5	0.85	0.55
260	8	0.80	0.60

综上所述，为了实现 STN 显示，除了对各种材料的性能有明确的要求外，盒厚的均匀性控制、各种电光参数的测量等也是实现 STN 显示的关键。在 STN 显示盒的制备过程中，要考虑的各种因素大致如下：

1）玻璃。TN 显示对玻璃特性的要求为：ITO 膜厚度约为 400 nm，～100 Ω/□，钠玻璃，低平整度；STN 显示对玻璃特性的要求为：ITO 膜厚度约为 2 500 nm，～12 Ω/□，低钠玻璃，高平整度。

2）取向剂。STN 显示要求取向剂具有 2°～8°的预倾角以实现 180°～260°的扭曲角，摩擦条件、摩擦材料以及温度等因素对实现均匀、稳定的排列取向层是非常重要的。

3）液晶材料。液晶材料应具有低黏度、大K_{33}/K_{11}、Δn可调（一般在 0.1～0.15 之间）、V_{th}可调、清亮点高于工作温度上限 30～40℃。

4）α、p及Δnd、d/p的测量和调节。

5）盒厚d的测量及均匀性的控制。

6）各种电光特性参数（如对比度、视角、饱和电压、阈值电压等）的测量及调节。

（三）有源矩阵液晶显示

尽管 STN 的扫描线数已经可以达到 768 行以上，但是当温度升高时仍然存在着响应速度、视角以及灰度等问题，因而目前大面积、高信息显示容量、彩色显示大多采用有源矩阵液晶显示方式[6]。有源矩阵液晶显示的基本原理如图 30-25 所示。

在图 30-25 中，每个像素上配置一个开关器件，使各像素的寻址完全独立，消除了像素之间的交叉串扰，从原理上说分时扫描电极数目不再受到限制，能实现几乎是百分之百占空比的静态驱动，能把每个像素上的信号保持一帧的时间，从而确保了高显示质量，即使增加扫描线数也不会出现视角和对比度变差等问题，此外还能进行灰度调节。

有源矩阵可分为两大类型：

1）两端器件（二极管）阵列，其中包括 MIM（金属-绝缘体-金属）二极管、BBD（背对背）二极管、RD（二极管环）等。

2）三端器件（晶体管）阵列：MOS 场效应晶体管；薄膜晶体管（TFT），其中包括多晶硅 TFT 以及非晶硅 TFT 等。

表 30-5 列出了 AM-LCD 及 STN-LCD 的特性。由表 30-5 可见，AM-LCD 的各种特性均优于 STN-LCD 的特性。

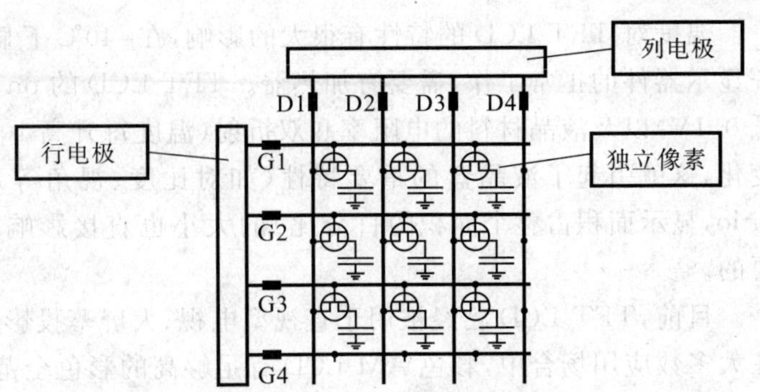

图 30-25　有源矩阵显示的基本原理图

表 30-5　AM-LCD 及 STN-LCD 的特性比较

	AM-LCD(TN)	STN-LCD
对比度	100 : 1	15 : 1
视角（CR＞5）	水平：±60° 垂直：+45°，-30°	水平：±30° 垂直：±25°
响应速度	30～50 ms	150 ms
驱动线数	＞1 000	400
灰度	＞16	8

目前 TFT-LCD 已经成为有源矩阵液晶显示发展的主流。

多晶硅（p-si）TFT 的电气特性和稳定性都很好，载流子的迁移率高，对光不敏感，无需设置遮光层，并可将外围电路与 TFT 阵列集成在同一基板上，但其漏电流较大，且多晶硅 TFT 阵列需要在 600℃的温度下制作，采用 NA-40 之类的石英基片玻璃，成本较高。近年来，人们研究在较低温度下制作多晶硅 TFT，已经取得了很大的进展。

非晶硅（a-si）TFT 的化学性质非常稳定，全过程可在 300℃以下的低温条件下进行，用等离子体化学气相沉积法（PECVD）成膜，可使用廉价的玻璃作为基板，并可以大面积成膜，实现大屏显示。非晶硅 TFT 的漏电流非常小，缺点是载流子的迁移率低，光电导较大，需要遮光层。非晶硅、多晶硅及 CdSe-TFT 的性能特性列于表 30-6 中。

表 30-6　非晶硅、多晶硅及 CdSe-TFT 的特性

	a-si	p-si	CdSe
迁移率/(cm^2/vs)	0.3～1	10～100	25～150
基片	硬质玻璃/钠玻璃	硬质玻璃/石英	硬质玻璃/钠玻璃
工艺温度	＜300 ℃	600～1 000 ℃	＜350 ℃
on/off 电流比	10^5～10^7	10^6	10^5～10^7
off 电流	＜1 pA	1～10 pA	1～10 pA
积分驱动器	困难	有产品	样品

TFT 的制造工艺较为复杂，它包括了多次沉积、光刻过程，具体工艺过程可以参考有关的文献资料。

图 30-26 为 TFT-LCD 屏的结构示意图，TFT-LCD 液晶盒的制造工艺与 TN-LCD 相似，两个基片内表面的摩擦方向相互正交，因而这种显示实际上可称为 TFT TN-LCD。

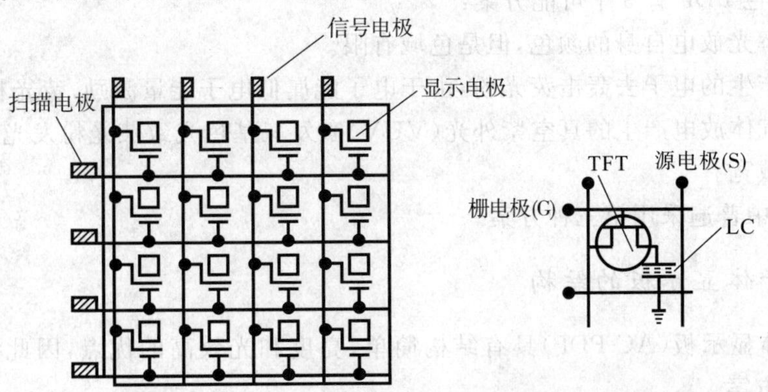

图 30-26　AM-LCD(TFT-LCD)液晶屏结构示意图

温度对 TFT-LCD 的特性有很大的影响，在-40℃下显示器件的响应速度在 1～2s，因而在低温下为保证显示器件的正常工作，需要有加热器。TFT-LCD 的 on、off 电流、阈值电压（温度每升高 1℃，阈值电压降低 0.1V）以及液晶材料的电阻率和双折射（温度每升高 10℃，Δn 降低 0.003 左右）在升温过程中均有明显的变化，这就引起了液晶盒的重要特性（如对比度、视角等）随温度的变化而发生变化。此外，开口率（open ratio，显示面积占整个面积的百分比）的大小也直接影响到显示器件的质量，所以提高开口率也是非常重要的。

目前，TFT-LCD 已经被用于直视型电视、大屏幕投影电视、计算机终端显示以及某些军用仪表显示等。在大多数应用场合中，彩色 AM-LCD 有足够高的彩色全范围，其灰度等级、响应速度、分辨率、功耗以及高的环境可视性均可以与 CRT 相比。所需要做的工作是开发新的液晶材料、进一步改进工艺技术、降低生产成本等。

第三节　等离子体显示

一、等离子体显示器

（一）等离子体显示器的定义与分类

等离子体显示器（PDP）是所有利用气体放电而发光的平板显示器的总称，它属于冷阴极放电管，利用加在阴极和阳极间一定的电压，使气体产生辉光放电[9-10]。

PDP 按工作方式的不同主要可以分为电极与气体直接接触的直流型（DC-PDP）和电极覆盖介质层使电极与气体相隔离的交流型（AC-PDP）两大类。而交流型又根据电极结构的不同，可分为对向放电型和表面放电型两种。它们的基本结构如图 30-27 所示。

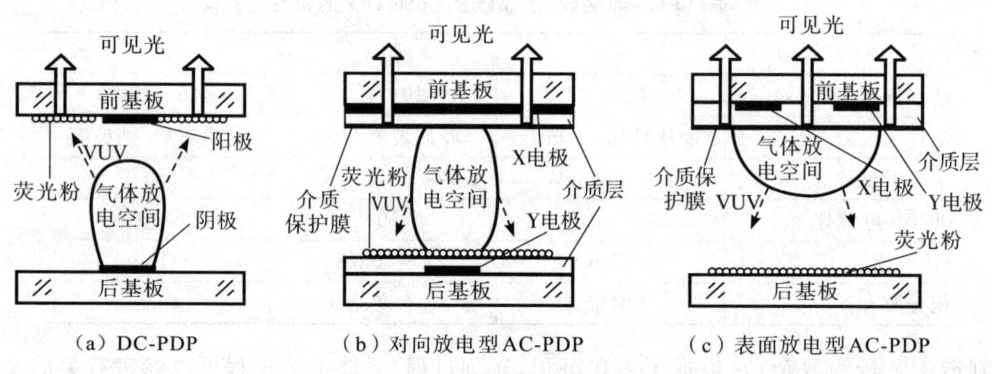

图 30-27　PDP 结构的分类

原则上讲，实现彩色 PDP 有 3 个可能方案：

1）利用不同气体辉光放电自身的颜色，但是色域有限。

2）利用气体放电产生的电子去轰击荧光粉，由于电子能属低电子能量激励，荧光粉的发光效率不会高。

3）利用稀有混合气体放电产生的真空紫外光（VUV）激发三基色光致荧光粉发光，与荧光灯的发光原理相似，发光效率高，色域宽。

现代的彩色 PDP 中普遍采用第三种方案。

（二）交流等离子体显示板的结构

由于交流等离子体显示板（AC-PDP）具有结构简单，亮度和光效高的优点，因此世界上各 PDP 制造公司大多采用 AC-PDP 方案。

AC-PDP 的电极结有对向放电型和表面放电型两种，由于表面放电型结构的裕度大，并且放电过程中离子不会轰击荧光粉，所以普遍采用表面放电型结构，如图 30-28 所示。显示电极（包括透明电极和汇流电极）制作在前基板上，寻址电极制作在后基板上，并与显示电极正交。一对显示电极与一条寻址电极的交叉区域就是一个放电单元，维持放电在两组显示电极间进行。

在电极上有一介质层（如低熔点玻璃），由于介质材料的抗离子溅射能力较差，需在介质层上再覆盖一层抗溅射和二次电子发射系数高的保护薄膜，通常为 MgO 薄膜。前、后基板密封，排气后充入放电气体。

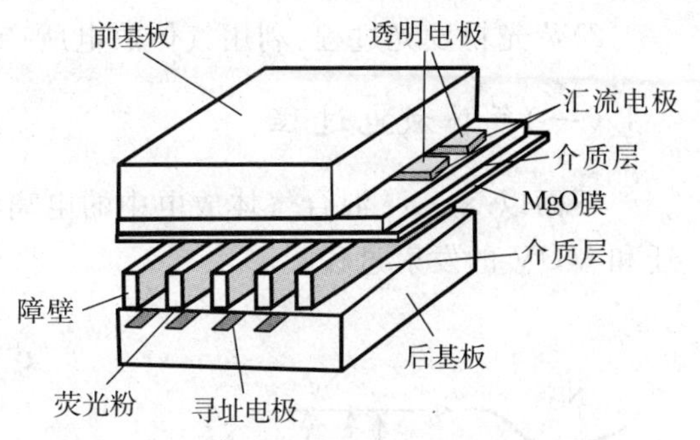

图 30-28　三电极表面放电型 AC-PDP 结构

（三）交流等离子体显示板的工作原理

交流等离子体显示板的放电单元如图 30-29 所示。由图 30-29(a)可知，放电单元是由放电空间与两块玻璃基板上的电极组成的电容结构，其等效电路如图 30-29(b)所示，由两层介质与保护层之间构成的介质电容 C_w 和放电空间上的电容 C_g 互相耦合构成。当外加电压为 V_a 时，放电单元上的电压 V_g 可由电容分压公式求出：

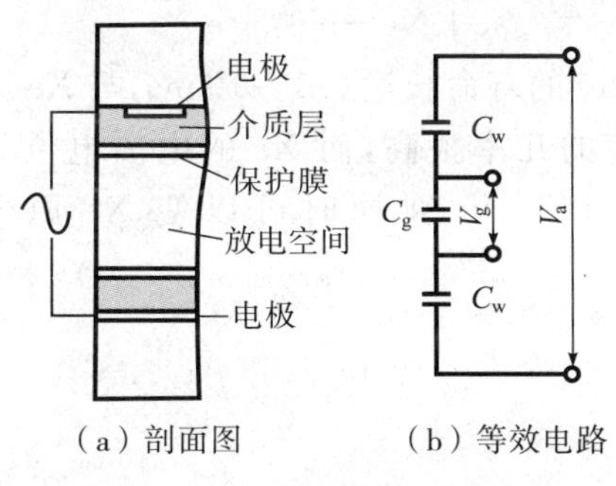

图 30-29　AC-PDP 的放电单元和等效电荷

$$V_g = \frac{C_w}{2C_g + C_w} V_a \tag{30-17}$$

一般有 $C_w \gg C_g$，所以 $V_g \approx V_a$。

当 V_g 超过着火电压时，气体开始放电，产生的正离子和电子便积累在介质表面形成壁电荷。壁电荷产生的壁电压与 V_g 方向相反。壁电压使放电单元上的合成电压逐渐下降，最终使放电熄灭。放电熄灭后，壁电荷的积累还会继续一会儿，可使壁电压的绝对值接近等于外加电压 V_a。当外加电压反向时，则与壁电压相加，若其峰值超过着火电压，则又一次放电发光，壁电荷向反方向积累，重复上述过程，使放电又熄灭。由上述放电过程可知，AC-PDP 的放电过程有两个特点：①能够用比着火电压低的维持电压脉冲来维持单元放电；②壁电荷具有记忆功能。

二、放电气体

彩色 AC-PDP 对放电气体的要求是：

1）着火电压低。

2）辐射的真空紫外光（VUV）谱与荧光粉的激励光谱相匹配，而且强度高。

3）放电本身发出的可见光对荧光粉发光色纯的影响小。

4）放电产生的离子对介质保护膜材料溅射小。

5）放电气体化学性能稳定。

根据上述要求，AC-PDP 中可采用的只有惰性气体（He、Ne、Ar、Kr、Xe），它们的谐振辐射波长分别是 58.3 nm、73.6 nm、106.7 nm、123.6 nm、147.0 nm。而彩色 AC-PDP 中使用的荧光粉对波长在 140～200 nm 之间的激发光谱具有较高的量子转换效率，可以采用 Xe 作为产生 VUV 的气体，因为 Xe 原子能产生很强的 147 nm 的谐振辐射，而且其二聚激发态粒子 Xe_2^* 还可以产生 150 nm 和 173 nm 的辐射。但是纯 Xe 气的着火电压太高，必须采用混合气体，如 He-Xe 或 Ne-Xe、He-Ne-Xe、Ne-Ar-Xe 等。混合气体的比例对 AC-PDP 的性能有显著影响，在已生产的彩色 AC-PDP 中，气体的配方为 Ne-Xe(4%～6%)、He-Ne(20%～30%)-Xe(4%)。

三、发光机理

彩色 AC-PDP 的发光主要由以下两个基本过程组成：

1）气体放电过程：原子受激跃迁，发出 VUV。

2)荧光粉发光过程:利用气体放电所产生的紫外线,激发光致发光荧光粉发射可见光。

(一)气体放电过程

下面以 Ne-Xe 混合气体放电中的电离和辐射过程为例(见图 30-30)来说明 AC-PDP 中气体放电能级跃迁和 VUV 的发射过程。

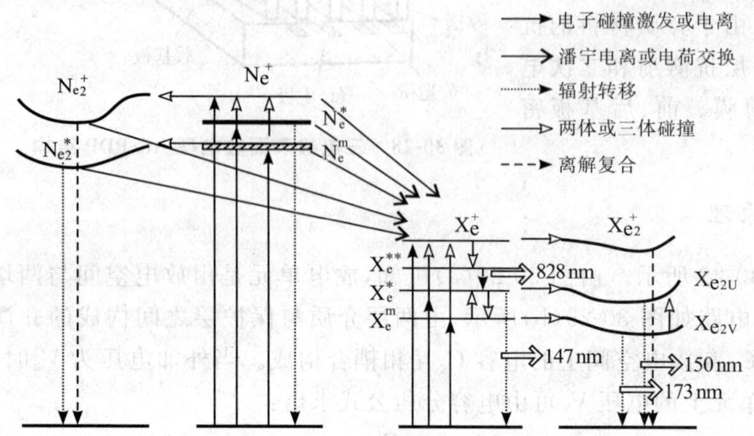

图 30-30 Ne-Xe 混合气体放电的能级跃迁和 VUV 发射示意图

电子被电场加速到能量大于 Ne 的电离电位(30.6 eV)时,可与基态 Ne 原子发生电离碰撞:

$$e + Ne \rightarrow Ne^{+} + 2e$$

电子被电场加速到能量大于 Ne 的亚稳激发电位(16.6eV)时,可以与基态 Ne 原子碰撞,使基态 Ne 原子激发到亚稳态(Ne^{m}):

$$e + Ne \rightarrow Ne^{m} + e$$

Ne^{m}的寿命长达 0.1～10 ms,与 Xe 原子碰撞的几率很高,而 Xe 的电离电位只有 12.127 eV,碰撞时可以使 Xe 原子电离:

$$Ne^{m} + Xe \rightarrow Ne + Xe^{+} + e$$

被加速的电子还会与 Xe^{+} 碰撞形成 Xe 的激发态:

$$e + Xe^{+} \rightarrow Xe^{**} + h\nu$$

Xe^{**} 很不稳定,会自动跃迁到谐振态 Xe^{*}(同时辐射 828 nm 的红外线),再由谐振态跃迁到基态(同时辐射 147 nm 的 VUV):

$$Xe^{*} \rightarrow Xe + h\nu(147\ nm)$$

在放电过程中还会产生 Xe 的二聚激发态 Xe2u、Xe2v,当它们跃迁回基态时,会辐射 150 nm 和 173 nm 的 VUV。

Ne-Xe 混合气体放电过程中产生的 147 nm(为主)、150 nm、173 nm 波长的 VUV 辐射可以有效地激发 AC-PDP 中所使用的三基色荧光粉。

(二)荧光粉发光过程

当 147 nm 的真空紫外线照射到荧光粉表面时,一部分被反射,一部分被吸收,另一部分则透射出荧光粉层。荧光粉的基质吸收了 VUV 的能量后,基质中的电子可以从原子的价带跃迁到导带,产生电子-空穴对。价带中的空穴由于热运动而扩散到价带顶,然后被形成发光中心的一些杂质能级所俘获;获得光子能量跃迁到导带的电子,在导带中运动,并很快消耗能量而下降到导带底。然后或者直接与发光中心中的空穴复合而发出一定波长的光,或者先被导带下处于禁带中的陷阱所俘获,再通过热运动回到导带,然后与发光中心复合,因此发光时间会"晚"一些,这就是荧光粉受激发光会产生余辉的原因。

四、真空紫外荧光粉和它们的特性

彩色 AC-PDP 中使用的荧光粉是用真空紫外线激发的光致荧光粉,通过它将混合气体放电产生的真空紫外线转换成可见光。为使彩色 AC-PDP 显示的图像色彩鲜艳、逼真,并使 AC-PDP 具有长寿命,对其使用的荧光粉的要求为:①在真空紫外线的激发下,发光效率高;②色彩饱和度高,色域大;③余辉合适;④热稳定性和辐照稳定性好;⑤有良好的真空性能,即具有低的饱和蒸气压,并容易去气;⑥涂覆性能好。

表 30-7 中列出了彩色 AC-PDP 中常用的荧光粉的发光特性。

图 30-31、图 30-32、图 30-33 分别示出不同荧光粉在 100～300 nm 区域内的激励谱。

表 30-7　常用彩色 AC-PDP 荧光粉的发光特性

荧光粉	CIE 坐标		相对光效	余　辉/ms	亮度/(cd/m²)
	x	*y*			
红粉					
Y_2O_3 : Eu	0.648	0.347	0.67	1.3	62
$(Y,Gd)BO_3$: Eu	0.641	0.356	1.2	4.3	
YBO_3 : Eu	0.65	0.35	1.0		
$GdBO_3$: Eu	0.64	0.36	0.94		
$LuBO_3$: Eu	0.63	0.37	0.74		
$ScBO_3$: Eu	0.61	0.39	0.94		
Y_2SiO_3 : Eu	0.66	0.34	0.67		
绿粉					
Zn_2SiO_4 : Mn	0.242	0.708	1.0	11.9	365
$BaAl_{12}O_{19}$: Mn	0.182	0.732	1.1	7.1	
$SrAl_{12}O_{19}$: Mn	0.16	0.75	0.62		
$CaAl_{12}O_{19}$: Mn	0.15	0.75	0.34		
$BaMgAl_{14}O_{23}$: Mn	0.15	0.75	0.92		
蓝粉					
$BaMgAl_{10}O_{17}$: Mn	0.147	0.067		<1	
$BaMgAl_{14}O_{23}$: Mn	0.142	0.087	1.6	<1	
Y_2SiO_5 : Ce	0.16	0.09	1.1		51
$CaWO_4$: Pb	0.17	0.17	0.74		

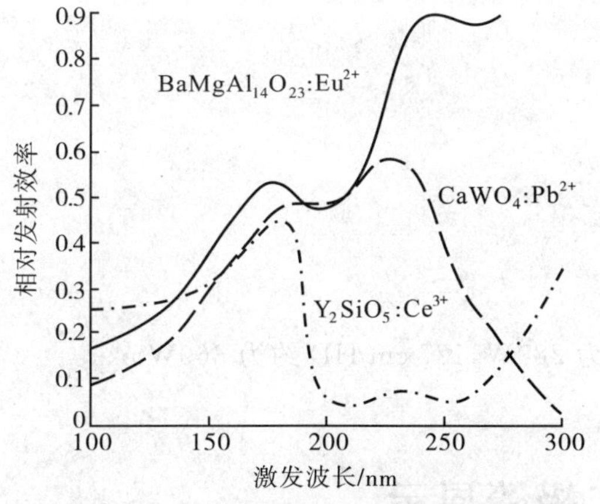

图 30-31　彩色 AC-PDP 用蓝粉的激励谱

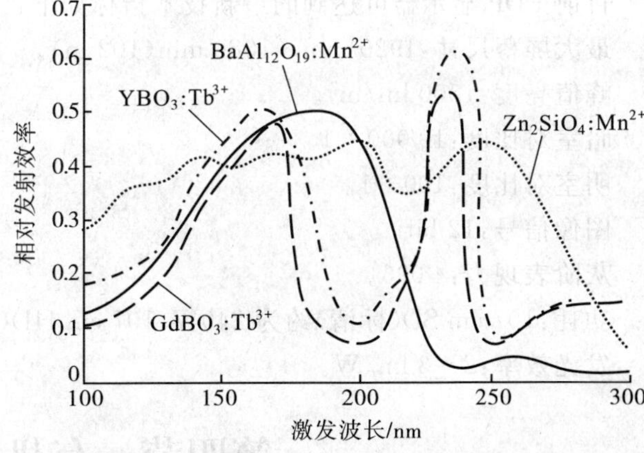

图 30-32　彩色 AC-PDP 用绿粉的激励谱

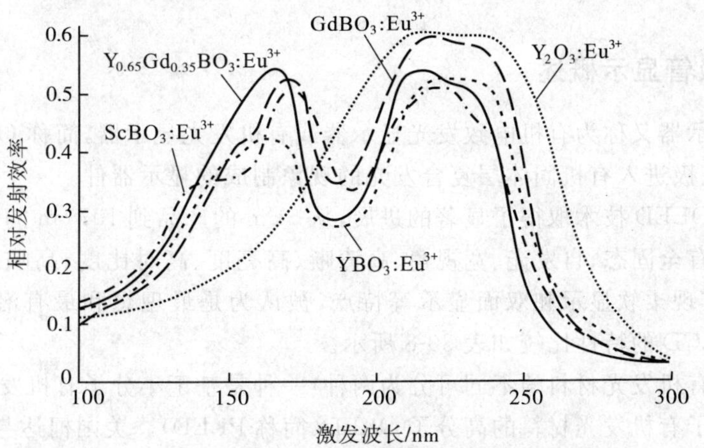

图 30-33　彩色 AC-PDP 用红粉的激励谱

五、等离子体电视的优缺点

等离子体电视的产品已经成熟，其优势大致有以下几点：

1）更容易实现大屏幕和超大屏幕。

2）观看视角大，在平板电视机中 PDP 具有最宽的可视角，可达 160°以上。

3）响应时间快。运动图像拖尾时间短，动态清晰度高。

4）图像层次感强。显示图像鲜艳、明亮、柔和、自然，清晰度高。

5）可实现全数字化。即端到端的传输过程中，都是数字信号处理，不经过 D/A 转换，不会产生信号的失真和图像信息的丢失而使图像质量下降。

6）动态能耗低。虽然在高亮度的图像或全白场信号时，PDP 消耗的功率比较大，但 PDP 消耗功率随显示图像的平均图像电平（APL）的变化而变化，当 API 低时，也就是画面暗时消耗功率小，而 LCD 不管画面明暗，因背光源灯始终打开，功率消耗基本上是一样的。

PDP 是荧光粉发光，因此它具有与 CRT 一样丰富的色彩表现能力；不需要阴极射线管和电磁偏转结构，因此不存在体积大、光栅几何变形和受地磁干扰等问题。但是它也存在如下弱点：

1）由于需要放电，电极之间的距离不能太近，所以像素尺寸不能做得很小，也就导致了小尺寸等离子体显示器分辨率比较难提高，而在大尺寸上比较容易实现高分辨率。

2）发光效率和亮度受到阻碍。和其他成像原理的电视机相比，目前等离子体电视机的亮度比较低，显示屏越大，则亮度越低。造成亮度低的第一个原因是像素的开口率较低，据有关资料介绍，等离子体电视机的像素开口率一般在 30%～60%，显示屏内部又附贴了防电磁辐射膜以及增透膜等，影响亮度的提高。第二个原因是等离子体的发光效率比较低，目前产品已做到 2.3 lm/W。实验室发光效率可达到 5 lm/W，但是寿命降低。

目前 PDP 显示器可达到的最新技术指标如下：

最大屏幕尺寸：1920 mm×1080 mm（102 in）。

峰值亮度：1500 lm/m^2。

暗室对比度：10 000∶1。

明室对比度：100∶1。

图像信号：12 bit。

灰阶表现力：4 096。

功耗：107 cm SD（标清）约为 240W，107 cm HD（高清）约为 280W，127 cm HD 约为 360W。

发光效率：2～3 lm/W。

第四节　有机发光二极管显示

一、有机发光二极管显示概述

有机发光二极管显示器又称为有机电致发光显示器或有机发光显示器，简称 OLED，是一种利用载流子在电场作用下由正、负电极进入有机固体层复合发光的现象制成的显示器件。

在最近 10 多年里，OLED 技术取得了显著的进展，从 5 cm 的产品到 107 cm 的 OLED 样品陆续被推出。与 LCD 相比，OLED 具有全固态、自发光、宽视角、高清晰、高亮度、高对比度、高响应速度、超薄、低成本、低功耗、耐低温、抗震、可实现柔软显示和双面显示等特点，被认为是最理想和最有潜力的下一代平板显示技术[13]。目前 OLED 与 LCD 的特性比较如表 30-8 所示。

OLED 按照所采用有机发光材料的不同可分为两种：一种是基于小分子有机发光材料的小分子 OLED，另一种是基于共轭高分子有机发光材料的高分子 OLED（简称 PLED）。美国柯达与英国剑桥（简称 CDT）分别为小分子 OLED 和高分子 OLED 的领导者。

表 30-8 OLED 与 LCD 的特性比较

显示技术	LCD		OLED	
	彩色 STN(CSTN)	TFT	PM-OLED	AM-OLED
色彩	256～65 000	260 000	260 000	260 000
光源	背光	背光	自发光	自发光
亮度/(cd/m^2)	50～300	100～500	200～400	200～400
视角/(°)	90～120	120～170	180	180
对比度	(10～300)：1	(500～2 000)：1	(2 000～5 000)：1	(2 000～5 000)：1
耗电性/(mW/cm^2)	0.39	3.1	0.9	0.9
响应速度/s	10^{-1}～10^{-2}	10^{-2}～10^{-3}	10^{-6}	
制造成本	低	高	低	高
双面显示	不支持	不支持	支持	
寿命	较高	高	低	

小分子 OLED 的制备技术主要采用真空蒸镀的方法，技术较为成熟。PLED 的制备技术主要采用旋涂、喷墨印刷等，这种制备技术有可能大大降低器件的生产成本，但是技术还不够成熟。

OLED 按照驱动方式的不同，也可分为两种：有源驱动(AM-OLED)和无源驱动(PM-OLED)。PM-OLED 技术比较成熟，已在小尺寸 OLED 产品中被大量采用，但是无源驱动技术受到扫描行数的限制，不可能用于大尺寸显示。目前大尺寸 AM-OLED 驱动技术还不成熟，成品率低，仍处于研究发展阶段，107 cm AM-OLED 样品已经面世。

OLED 彩色化技术的突破是 OLED 市场发展的关键。OLED 彩色化技术主要有"三色发光法""色变换法"和"白光＋滤光片法"。"三色发光法"是直接用三基色材料蒸镀而成，发光亮度最高，技术比较成熟，但蒸镀对位困难，需要三次蒸镀发光材料，效率低下，三基色材料的寿命不一致，也影响屏的整体寿命；"白光＋彩膜法"蒸镀简单，效率高，色彩的一致性及寿命主要取决于白光，开发高效率、高色纯度、长寿命白光材料是关键；"色变换法"是以蓝光材料为基底，通过色变换板转变成红光和绿光，目前色变换板的制备技术还没有完全解决。目前 OLED 彩色化技术主要采用"三色发光法"和"白光＋彩膜法"。目前提高彩色化产品的成品率和寿命是彩色化研究的重点。OLED 三种彩色化方式的比较见图 30-34。

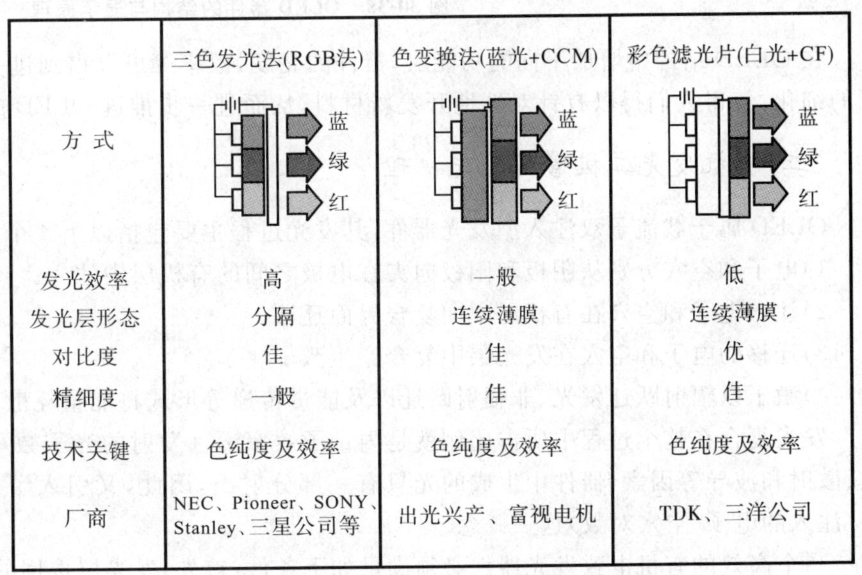

	三色发光法(RGB法)	色变换法(蓝光+CCM)	彩色滤光片(白光+CF)
方 式	蓝 绿 红	蓝 绿 红	蓝 绿 红
发光效率	高	一般	低
发光层形态	分隔	连续薄膜	连续薄膜
对比度	佳	佳	优
精细度	一般	佳	佳
技术关键	色纯度及效率	色纯度及效率	色纯度及效率
厂商	NEC、Pioneer、SONY、Stanley、三星公司等	出光兴产、富视电机	TDK、三洋公司

图 30-34 OLED 3 种彩色化方式的比较

柔软 OLED 显示是显示技术领域的最热门的研究课题之一，要实现柔软显示需要解决的主要问题是电极层以及有机层的附着性能、基板的气密性和封装技术，长远来看还需要研究有机薄膜晶体管(O-TFT)技术。但是由于 OLED 软屏显示封装技术还远没有成熟，因此柔软 OLED 显示技术还处于基础研究阶段。

二、有机发光二极管器件的结构与显示原理

(一)器件结构

OLED用低压直流驱动,当ITO加正向偏压、金属电极加负向偏压时有光辐射,反向加压则无光辐射。OLED的效率和寿命受到器件结构的直接制约,合理的器件结构对于提高器件性能是十分重要的。

早期的电致发光器件均采用单层夹心结构。仅仅由阳极(一般是ITO)、有机发光层和金属阴极(常用低逸出功的Mg、Al等)组成。这类器件结构简单,制备方便,虽然也具有很好的整流特性,但通常亮度较低,而且驱动电压较高。

1987年,C. W. Tang等发表了采用空穴传输层/发光层结构的双层器件,这是OLED发展史上的一个里程碑。双层结构与单层结构相比,由于空穴传输层的引入大大提高了空穴注入发光层的能力,所以这种器件在降低驱动电压和提高亮度方面有了很大的进步。

如图30-35所示为双异质结结构器件。在双层结构的基础上,将电子传输功能与发光功能分别用不同的材料完成。空穴阻挡/电子传输层的引入,使得载流子的复合和激子的扩散被限定在发光层内,从而提高了器件的效率。双异质结结构已成为磷光OLED的标准结构。

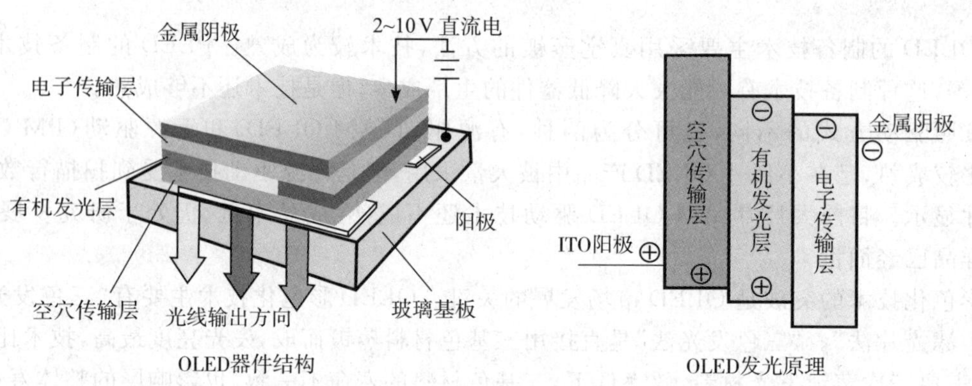

图 30-35 OLED器件的结构与显示原理

在OLED结构中增加不同的功能层,器件的亮度、效率等可以得到进一步的提高;而有机半导体材料功能的细化,使得人们得以有针对性地开发新材料,从而进一步推进OLED的发展。

(二)有机发光二极管的发光机理

OLED属于载流子双注入型发光器件,其发光过程主要包括以下4个过程:

1)电子和空穴分别从阴极和阳极向夹在电极之间的有机层中注入。

2)注入电子和空穴在有机层中向复合界面迁移。

3)迁移的电子和空穴在发光层中复合产生激子。

4)激子以辐射跃迁发光、非辐射跃迁以及能量传递等形式将能量耗散。

发光复合在整个过程中所占比例就是内量子效率 η_{int}(发射的光子数/注入的电子-空穴对数)。由于吸收、散射和波导等因素,器件中生成的光只有一部分射出,因此,又引入了外量子效率 η_{ext}(射出器件的光子数/注入的电子-空穴对数)这一概念。

一个高效的有机电致发光器件必须满足如下条件:首先,发光层选用的有机物在固态薄膜时必须具有高荧光效率;其次,载流子的注入必须平衡,以保证复合形成激子的几率最大;第三,由于激子迁移到猝灭位置而引起的非辐射衰减必须最小。

1. 注入

OLED采用直流电压驱动。由于功能层总厚仅为数十至数百纳米,大约10 V的电压便可在发光层中产生 $10^5 \sim 10^6$ V/cm的场强。在这样高的场强作用下,电子和空穴均可以实现注入。

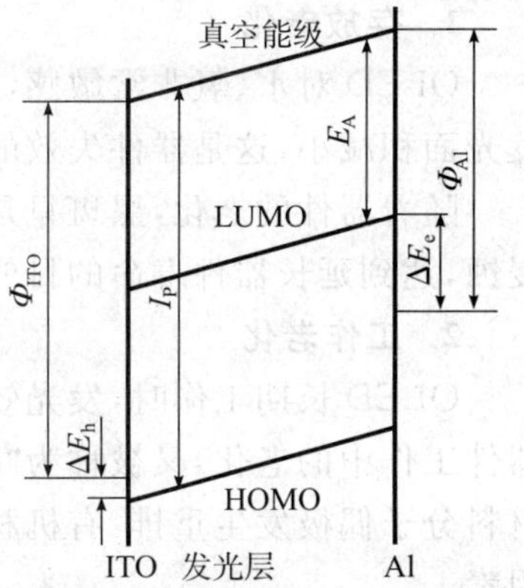

如图 30-36 所示为一单层器件的能级示意图。注入的电子来源于金属电极，电极的逸出功越低，束缚电子的能力越弱，电子越容易克服表面势垒在较低的电压下注入。空穴载流子来源于另一侧的透明 ITO 电极。由于有机物和正、负电极存在能带差而形成有机物和电极之间的界面势垒。通过调节该势垒可以控制 OLED 器件的起亮电压和效率等特性。

图 30-36　单层器件的能级示意图

其中，Φ_{ITO} 和 Φ_{Al} 为电极材料的逸出功，ΔE_h 和 ΔE_e 分别为空穴和电子注入的界面势垒，I_p 和 E_A 为发光材料的离子化势和电子亲和势

起流电压和起亮电压是两个不同概念。起流电压 VI_{ON} 指在该电压下多数载流子开始注入。它和有机薄膜的厚度无关，只和有机物的本身特性及电极的逸出功有关，可以表示为 $VI_{ON}=\Delta\varphi+\psi$，其中，$\Delta\varphi$ 为电极之间逸出功之差，ψ 为多数载流子的注入势垒。而起亮电压 VL_{ON} 是指多数载流子与少数载流子开始复合的电压。可简单地认为是少数载流子开始注入的电压。对于理想器件，阳极逸出功等于有机物的电离能，而阴极逸出功等于有机物的电子亲和能，这时起亮电压相应于材料的能带间隙。

2. 传输

载流子传输是指将注入有机层的载流子运输至复合界面处。衡量有机薄膜载流子传输能力的一个主要指标是载流子迁移率 μ。目前所使用的有机小分子空穴传输材料的迁移率一般在 $10^{-3}\,cm^2/(V\cdot s)$左右，而电子传输材料的迁移率相对要低 2 个数量级，寻找具有高电子迁移率的小分子材料是当务之急。

3. 复合

电子和空穴通常在发光层中复合，而产生激子。发光层厚度通常在 100 nm 左右，为了提高电子和空穴载流子在发光层中的辐射复合几率，应当保证在发光层有较高的载流子密度和较小的载流子迁移率。对于多层结构的发光器件，电流可能主要由其中的多数载流子形成；多子可能穿过发光层而不与带相反电荷的另一种载流子结合成激子，导致发光效率下降。发光效率的降低也可能是由于复合区域位于电极附近，而这一区域存在大量缺陷位点，容易引起激子的猝灭。因此，为了提高效率，必须将多子束缚在发光层中，同时抑制激子的迁移。为了将空穴束缚在发光层中，电子传输/空穴阻挡层的 HOMO 能级必须比发光层的相应能级低。这样，空穴被束缚在发光层和空穴阻挡层界面处的发光层中，由此形成的空间电荷在空穴阻挡层中产生更大的电场，使得电子注入增加，电子和空穴电流趋于平衡，从而提高了量子效率。

4. 发光

激子是不稳定的，它可以通过辐射跃迁发光、非辐射跃迁、能量传递等方式将能量耗散掉。文献报道的在无定形的 Alq_3 薄膜中激子扩散的长度为 10～30 nm。为了得到高效率的器件，要求有机半导体必须有很高的纯度，减少膜层中的引起猝灭的缺陷，同时通过器件设计将激子迁移到猝灭位置而引起的非辐射衰减降到最小。

激子的发光过程实际上是有机分子从激发态发射出荧光（或者磷光）而回到基态的过程。作为发光层的材料，通常要求有较高的固态荧光量子效率。很多有机染料在分散状态的荧光量子效率接近 100%，不过在聚集态荧光量子效率却很低。为了解决这一矛盾，KODAK 公司的研究人员最先提出了掺杂的概念，将少量（约 1%）荧光量子效率很高的荧光染料掺入发光层基质中，实现了高效的电致发光。这一突破使得人们可以实现传输功能材料和发光功能材料的分离，各种不同的空穴、电子传输材料和不同发光波长的染料层出不穷，促进了电致发光器件性能的提高。

（三）器件的老化机理

OLED 能够长期、稳定、连续地工作是实用化的前提，器件的寿命较短一直是限制 OLED 产业化的最主要的原因。目前，虽然已有绿色发光有机小分子器件工作寿命超过 10 万 h 的报道，但在绝大多数情况下有机发光器件的寿命均较短，与实用化水平尚有一定的差距。了解 OLED 的老化机理，对于材料选择、器件结构设计、制备工艺优化、器件性能提高都具有指导意义。

OLED 老化包括存放老化和工作老化两种情况。

1. 存放老化

OLED对水、氧非常敏感，未封装的器件放置在空气中，即使不工作也会很快老化，产生黑斑并扩大，使发光面积减小，这是器件失效的主要原因。

随着器件的老化，黑斑只是不断增大，而数量不变；通过对器件进行封装，可有效地消除水和氧对器件的侵蚀，达到延长器件寿命的目的。

2. 工作老化

OLED长期工作时，发光效率会下降，即使经过严格封装或放置于隔绝水、氧环境中的器件也是如此。器件工作中的老化，又被称为“本征”老化。材料形貌在工作中发生变化、离子性杂质在器件中的迁移、发光材料分子偶极发生重排、有机材料与水、氧反应生成猝灭中心等，都有可能是造成器件“本征”老化的重要因素。

目前，关于“本征”老化最重要的机理是由Aziz等提出的。通过系统研究基于Alq_3的发光层的EL器件结构对寿命的影响，他们发现，空穴注入Alq_3中所形成$Alq_3{}^+$是不稳定的，起着猝灭中心的作用，使Alq_3的荧光量子效率降低；$Alq_3{}^+$的生成和积累是造成基于Alq_3器件老化的主要原因。要想获得长寿命的发光器件，必须严格限制空穴注入Alq_3中。

第五节 其他显示器

本节主要介绍阴极射线管(CRT)显示器、真空荧光管(VFD)显示器和场致发光(FED)显示器。

一、阴极射线管

阴极射线管显示器有着很低的价格(64 cm屏对角线尺寸的制造成本只有25美元)，优良的性能价格比，调整分辨率很容易(从VGA、VXGA到HDTY)，形状和大小变化很大(屏对角线尺寸从1.3～114 cm)，寻址极为简单，只用7根导线，好的可视性(高亮度和高对比度)，非常好的发光效率(10 lm/W)，非常丰富的彩色(10^{24}种彩色，即全色)，非常好的寿命特性(可达10万h)，响应速度高，非常好的彩色和灰度能力，以及曾经达到过大规模生产基础(约3亿支/a)等性能和产业优势。这些优势使CRT在2006以前一直是显示的主流技术[7]。

但是CRT也有难以克服的缺点：大尺寸带来的大体积和重量无法接受(虽然扁管技术和短管技术有所发展，也难以和平面显示的体积、重量相比)，屏面内有光散射，图像有闪烁和抖动，最大的直观显示尺寸限制在114 cm，无数字寻址，图像有畸变，应用电压很高(2×10^4 V左右)，荫罩彩管的分辨率受限制等。因此，随着LCD平板显示技术的发展目前已接近退出市场。

(一)阴极射线管的结构和原理

阴极射线管，又称布劳恩(Braun)管，其典型结构如图30-37所示。玻璃真空外壳由管颈、锥体和面板组成。面板内表面上是荧光层，产生电子束的电子枪在管颈内，电子束偏转器置于管颈与锥体之间。电偏转板放在管颈内，而磁偏转线圈放在管颈外。

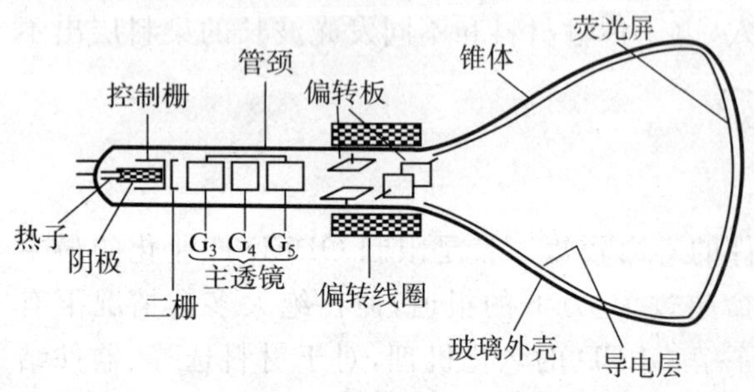

图 30-37 CRT的结构图

加热灯丝，使阴极发热，产生热发射电子，发射的热电子受施加在栅极和阳极上的电压控制，形成电子束。第一栅是控制束流强度的控制栅，调节第一栅与第二栅之间的电压，会形成束的最小截面，又称交叉点。交叉点等效为几何光学中的物点，在经过主透镜后成像于荧光屏上。因此，交叉点的质量决定了荧光屏上图像的质量。在第二栅与第三栅之间的高电场，将电子束加速，起预聚焦透镜的作用，可以减少电子束的发散角。

主透镜有两种:静电聚焦透镜与电磁聚焦透镜。静电聚焦主透镜用于商用 CRT,分为双电位聚焦(BPF)和单电位聚集(UPF)电子枪两种,见图 30-38。

在 BPF 型电子枪中,$10^3 \sim 10^4$ V 的电压施加在第四栅上,而在第三栅上施加的电压为上述电压的 20%。在 UPF 型电子枪中,第三栅和第五栅上施加相同的高压,而第四栅为零电位。电子枪的设计原则是在荧光屏上获得尽可能锐的束斑。还有一些多级会聚型电子枪。

在电磁聚焦中,高电压施加在第三栅上,而放在管颈外的线圈或永久磁环代替了聚集栅极,对电子束聚焦。因为磁线圈置在管颈外,其有效透镜的直径比静电聚焦的大。透镜的直径越大,球差越小,因此在屏上将会形成更细的束斑。磁聚焦的缺点是不能用于彩色 CRT 中,因为磁场会使三条电子束产生旋转运动。

偏转电子束既可以用静电场,也可以用磁场。静电偏转时使用两对板实现水平和垂直方向的偏转,如图 30-37 所示。静电偏转的主要缺点是偏转灵敏度低,因此,难以实现大的偏转,其优点是不需偏转功率,同时由于偏转板的电感很小,所以可以工作于高频。在电磁偏转时,使用偏转线圈,可较容易地实现大偏转,使 CRT 变短。几乎所有显示图像的 CRT 都采用电磁偏转。因为线圈电感大,所以磁偏转的高频响应比静电偏转的差。

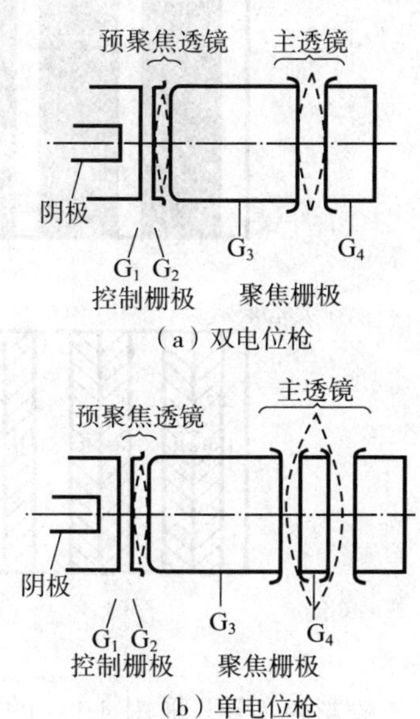

图 30-38　静电聚焦主透镜示意图

CRT 中的荧光粉一般都是绝缘体,当受电子束辐照时会荷电。如其二次电子发射系数小于 1 时,则积累电荷,屏相对于阴极的电位便会降低,会干扰电子束轨迹使屏上图像畸变。此外,阴极产生的离子会轰击屏,使荧光粉"灼伤",从而使发光强度下降。为了避免上述现象的产生,在 CRT 的屏上都蒸镀一层铝膜。铝层还可以将荧光粉发出的背向观众的光全部反射回来朝向观众,使光强增加 140%。

(二)彩色阴极射线管

在彩色 CRT 中,采用 3 条电子束分别轰击 3 种原色(红、绿、蓝)荧光粉。三条电子束的强度可以分别独立地控制,即三种原色荧光粉的发光强度可以分别独立地控制,从而实现各种彩色。在三束彩色 CRT 中,电子枪的排列有两种方式:△式和一列式。于图 30-39 中示出了电子枪、选色板(即荫罩)和荧光粉条(点)之间的相对几何关系。荫罩中开孔的形状有槽形、圆孔形和条形。于图 30-40 示出了 3 种荫罩开孔形状,以及其相对应的荧光粉条(点)形状。荫罩上每一个开孔都与 3 条荧光粉相对应,保证受红、绿、蓝视频信号控制的电子枪产生的电子束分别只能轰击相对应的荧光粉条(点),老式的彩色 CRT 是三枪三束的,即每一条电子束都由一把独立的电子枪产生的,三把电子枪的排列呈△形。这类 CRT 的调整十分复杂。现代彩色 CRT 采用精密一字形一体化电子枪,简称单枪三束,三束成一字形排列。三束的阴极是独立的,第一栅公用,聚集透镜也公用,透镜的直径大,在屏上就形成亮而锐的像。显然,在单枪三束彩色 CRT 中只能采用阴极调制,即将第一栅置为零电位,而在各个阴极上采用正电位的视频信号进行调制。

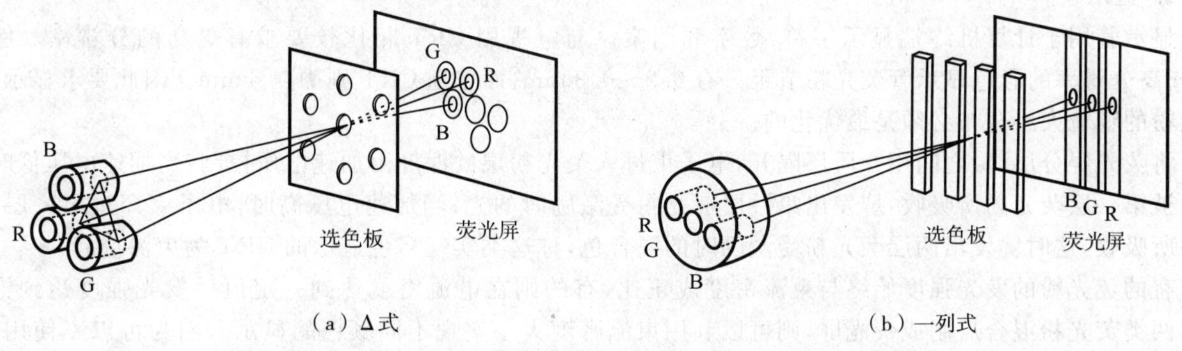

图 30-39　彩色 CRT 中电子枪、荫罩和荧光粉之间的几何关系

图 30-40 荫罩及其相对应的荧光粉条(点)

一般彩色 CRT 采用 4∶3 的屏,在高分辨率的大屏中则已采用宽高比为 16∶9 的屏。为了提高显示屏的对比度,采用黑底技术,即将荧光粉条(点)之间的面积涂上石墨,以减少对外光的反射。另一个提高显示屏对比度的方法是将红、蓝荧光粉颗粒外层涂上相应的红、蓝染料。

(三)示波用阴极射线管

当 CRT 用作观察电信号波形的仪器时,被称为示波管。其基本结构与单色 CRT 相似,但是对电子光学设计要求高。与普通显像管相比,示波管需要更好的偏转灵敏度,更好的线性和高频响应。显然,示波管只能采用静电偏转,当欲显示的电信号频率超过 1 GHz 时,偏转板的电容变得不可容忍,偏转板转变为螺旋形的行波传输线,这种示波管被称为行波示波管。显示高频信号时,电子束轰击荧光屏的时间很短,所以亮度很低。在行波示波管里,电子束先轰击一块微通道板,再由微通道板将电子束倍增与加速,然后再去轰击置于微通道板出口处的荧光粉。

(四)其他类型的阴极射线管

1. 雷达显示管

为了在一个显示屏上同时显示目标的方位角和距离,使用平面位置显示器(plan position indicator, PPI)。从雷达发射器发射的脉冲与返回脉冲之间的延时正比于天线到目标的距离。返回脉冲被放大,并施加在 CRT 的栅极上调制束流强度。因为与雷达天线同步旋转的电子旋转周期相当长,为了在一个旋转周期内仍保持图像,需要采用长余辉荧光粉。近年来数字技术已替换了使用长余辉荧光粉的 CRT。在航空应用中,已开发出计算机控制的屏尺寸为 51 cm×51 cm、全彩色、像素数达 2 048×2 048 的 CRT。

2. 显示管

显示管用于计算机终端显示字符、数字和图案。与电视用 CRT 相比较要求有更高的分辨率。例如,36 cm高分辨率的彩色显示管荧光粉节距只有 0.2~0.3 mm,而普通 CRT 则为 0.6 mm。因此要求显示管中荧光粉的颗粒大小分布必须是最优化的。

将荧光屏分层,层之间用介质层隔开,电子束进入荧光粉层的深度由加速电压控制:当加速电压低时,电子只被第一层荧光粉所吸收,屏发出第一层荧光粉受激励时的光;当加速电压高时,电子束穿过第一层后被二层所吸收,这时屏发出两层荧光粉受激励时的混合色,称这类实现多色显示的 CRT 为束渗透管。

有的荧光粉的发光强度始终与束流密度成正比,有的则在电流密度达到一定值后发光强度达到饱和。将这两类荧光粉混合后制成荧光屏,则可以利用束流密度大小实现不同颜色的显示。因为可以不使用选色挡板,这类 CRT 的特点是分辨率高,但是其能重现的彩色范围是很有限的。

3. 投影管

每只投影管的结构与单色显像管一样。将三只分别发红、绿、蓝色的投影管组合在一起，将它们产生的单色像用光学透镜放大后投射到大屏幕上，便是CRT背投或前投机。对投影管的特殊要求是电子束在大电流下必须很细，并且显示的图像畸变要小。荧光屏受高能量密度电子束轰击，发热量大，必须采用气冷或液冷。常用的是液冷，冷却液采用特殊配方，要求其折射率与光学透镜的折射率相配。对用于投影管的荧光粉的特殊要求是：在大电流密度下发光强度不饱和，在长期高功率、高电子束密度的轰击下能稳定地工作。

（五）阴极射线管对荧光粉的一般要求[8]

1. 较低的蒸气压及易于去气性

CRT中的电子束是在真空中工作的，因此用于CRT的荧光粉也必须能适应真空环境，即要求其在真空中不分解，并且蒸气压足够低，否则会使阴极中毒、使电子的自由程降到不能允许的程度、产生的离子轰击荧光粉使发光能力下降。一般荧光粉都是无机质，在CRT应用的温度下具有足够低的蒸气压。例如，在CRT中最常用的ZnS荧光粉在800℃时，其饱和蒸气压只有10^{-7}Pa。

荧光粉层具有较大的内外表面积，吸附有大量气体，但是排气工艺过程中的烘烤温度并不能使吸附在荧光粉层中的气体都去掉，因此CRT在出厂前有光栅老炼工艺，以加速气体解吸，尽早达到稳定工作状态。出厂后日常使用中的出气则靠CRT中强大的吸气剂将不断解吸的气体除去。

2. 阴极射线激励发光效率要高

表示发光效率的有量子效率、功率效率和流明效力3种，在工业界常用流明效力，单位是lm/W，因为流明这个量中已计及了人眼的视觉灵敏度曲线的影响。

CRT用荧光粉的高流明效力是CRT在众多显示器评比中保持有较高功率利用率的主要原因。如发浅绿到黄光的(50ZnS+50CdS)：Ag(0.01)荧光粉的流明效力为100 lm/W；发浅蓝光的ZnS：Ag(0.008%)荧光粉的流明效力为18.5 lm/W；发浅红光的(20ZnS+80CdS)：Ag(0.01)荧光粉的流明效力为9.4 lm/W。

3. 余辉要适当

余辉时间一般取电子束停止照射后，光输出衰减到初始值的1/10或1/100所经历的时间。

阴极射线荧光粉按余辉时间的长短分成：

极长余辉时间(10%，>1s)荧光粉，用于雷达显示；

长余辉时间(10%，0.1～1 s)荧光粉，用于雷达显示；

中余辉时间(10%，1～100 ms)荧光粉，用于示波显示；

中短余辉时间(10%，10 μs～1 ms)荧光粉，用于彩色显像管；

短余辉时间(10%，小于1～10 μs)荧光粉，用于摄像记录和示波显示。

余辉曲线的衰减与照射强度无关，基本取决于基质和激活剂的离子种类。为了适应人眼的频率响应特性，家用电视要求20 ms至30 ms以下的中短余辉。对于显示管，由于长时间监视静止图像的使用条件，画面的闪烁会使人眼易于疲劳，因此一般要求50 ms至数百毫秒的长余辉。不仅如此，对于三基色荧光粉的余辉特性要求基本一致。例如，一个做自由落体活动的白色小球，由于红粉的余辉时间稍长，会在运动的小白球后面产生了一个红色拖尾。为此，有时需要特意引入与发光中心相对应的猝灭剂(如Ni、Co等)，适当抑制发光效率，以满足对余辉的要求。

4. 根据使用目的选择发光色

在发展及选择某一种发光材料时，必须考虑这种发光材料采用何种探测器。如用照像乳剂，则灵敏度必须大部在频谱的短波部分；若用光电管，则灵敏度取决于使用的光电阴极及可能装有的调节滤色片；如果是人眼直接观看的直观式管子，如示波器、雷达指示管或单色的显示管，则常将屏幕的发光色选择在人眼视感曲线最大值(555 nm)附近的黄、绿色，此时人眼有最大的视觉灵敏度。

在黑白显像管中，为了获得基准白色，常将两种互为补色的荧光粉按一定比例混合得到“白色”的感受。也可采用含有多种激活剂的单一发光材料，由于多种的激活，相应地产生多种互补的最大谱带，获得优良的近于白色的发射，例如(Zn、Cd)S：Ag、Au、Al，即为单一的发白光的黑白管显像管用荧光粉。

电视用荧光粉种类很多，但人们最关心的是彩色显像管用荧光粉，其理由不仅是因为彩色电视直接作用于千千万万人的眼睛，而且一般说来，彩色显像管用的荧光粉也是最好的荧光粉。由于不懈的努力，在短短30多年的时间里，彩色电视用荧光粉更新了四代(蓝粉除外)，发光效率大大提高。目前亮度最高的荧光粉有如下几种：

绿粉：①ZnS:Cu,Au,Al；②70%ZnS:Cu,Al+30%ZnS:Au,Al；③(Zn,Cd)S:Cu,Al(美国等少数国家采用)。

红粉：Y_2O_2S:Eu。

蓝粉：ZnS:Ag,Cl。

5. 要求满足加工工艺需要

要求荧光粉能承受CRT制造中的各种工艺过程：如在氧化性气氛中能承受430℃以上的加热温度和1 h以上的保温时间，粉膜形成中各种物理和化学作用，排气过程中的烘烤，在长期真空环境下不分解等。

6. 耐受性要求

对于电子束的激励要有足够的稳定性，即寿命要足够长。良好的发光材料，其寿命应大于管子中热阴极的寿命，这样管子的寿命才不致受到荧光屏寿命的限制。CRT荧光屏的寿命除因电子或离子轰击而可能受到"灼伤"外，还和残余的水汽或在管子工作时电极金属蒸发而发生的化学反应有关。许多发光物质(例如ZnS型荧光粉)在日光及X射线长时间照射下发光能力会降低。这种由于光化学作用而产生的"疲劳"多半还与荧光粉的变色相结合。此外，几乎所有发光材料的寿命，对于痕量的油脂及其他有机化合物都是非常敏感的。

荧光粉有1个库仑寿命，通常用发光效率减少到一半时的着屏电荷累积数(C/cm^2)来表示。对于一个很强的平均着屏电流(1 $\mu A/cm^2$)，则1 C/cm^2表示约工作300 h。表30-9中列出了几种CRT荧光粉的发光效率减到一半时的积分电荷(C/cm^2)。

表30-9 几种荧光粉效率减到一半时的积分电荷

荧光粉	$Y_3Al_5O_{12}$:Ce	$ZnSiO_4$:Mn	Y_2O_2S:Eu	ZnS:Ag,Cl	ZnO:Zn	$ZnMgF_2$:Mn
积分电荷/(C/cm^2)	>200	>100	>50	33	33	0.1

由表30-9中的数据可知，大多数荧光粉都具有大于1万h的库仑寿命，而且实际使用时屏平均电流要比1 $\mu A/cm^2$小得多。

CRT一般工作于光栅扫描方式，每个像素的总工作时间要被屏上的总像素数除一下。例如，CRT每工作1 000 h，单个像素被轰击的总时间只有30 s，对于2万h寿命的CRT，荧光粉只工作了10 min。

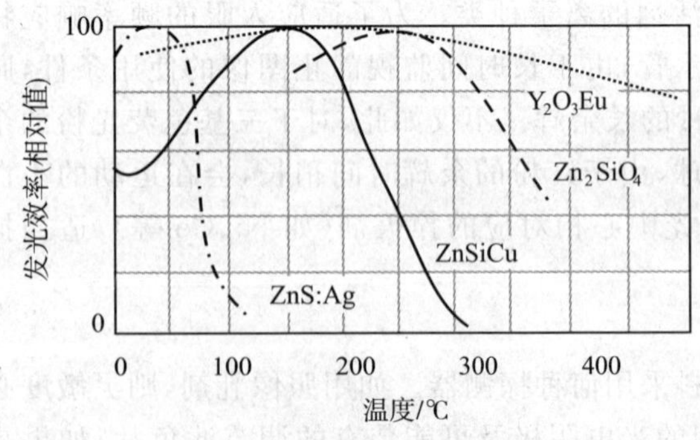

图30-41 几种常用CRT荧光粉的发光效率与温度的关系

7. 对温度的敏感性要低

一般说来，荧光粉的发光效率随温度上升而下降，这种下降有的是可逆的。但是如果在温度上升过程中发生了灼伤使晶格破坏、发生了不纯杂质扩散进晶格或在氧化环境下发生了氧化作用(如硫化物荧光粉在灼烧过程中)时，则发光效率下降便变成不可逆转的了。

由图30-41可知，ZnS:Ag发光效率的不可逆下降发生在小于100℃的较低温度，而对于ZnS:Cu和Zn_2SiO_4则发生在较高的温度，这方面表现最好的材料是Y_2O_3:Eu。

8. 其他要求

除上述一般要求外，对于不同用途的CRT，其荧光粉还必须满足一些不同的要求。例如，亮度饱和问题，虽然许多荧光粉可得到高亮度，但亮度电平总是受限于激活中心的饱和。对于(Zn,Cd)S:Cu(绿)荧光粉用于一般彩色显像管时，工作于最大亮度电平时，发光效率下降30%。当电子束连续激励同一位置时，Zn_2SiO_4:Mn和ZnS:Ag分别从10 $\mu A/cm^2$和20 $\mu A/cm^2$开始出现电流饱和现象，而当电子束采用扫描方式激励时，$ZnS:Ag$ 产生明显的饱和现象，但 $Zn_2SiO_4:Mn$ 却几乎没有什么变化。在彩色 CRT 中，如果三基色荧光粉的电流饱和特性不一致，在电流值较大的亮度部分三色将失去色平衡，使颜色失真。硫化物的蓝、绿粉有显著的饱和倾向，但稀土类荧光粉具有非常好的线性关系。

三基色荧光粉构成了一个颜色系统，希望三基色的色域足够大，每个基色荧光粉的流明效力要高，电流饱和特性和温度饱和特性应尽量一致。当它们显示白场时，三束电流比应尽量接近于 1∶1∶1。

(六)彩色显像管用荧光粉

当三种彩色荧光粉用于彩色显像管以后，它们的性能一直在改进中，现在使用的三种彩色荧光粉：蓝色荧光粉从开始至今使用的都是 $ZnS:Ag$(0.01%～0.03%)，绿色荧光粉是 $ZnS:Au,Cu,Al$ 或 $ZnS:Cu,Al$，红色荧光粉是 $Y_2O_2S:Eu^{3+}$。

由于荧光粉发光亮度的增加，使彩色显像管的亮度从 1957 年至 1978 年提高了 14 倍。加上黑底技术、荧光粉颗粒的染色、红粉和绿粉色坐标的改进、铝膜反射率的提高等措施，从 1951 年到 1980 年，CRT 的亮度提高了 50 倍，彩色 CRT 总的流明效力达到 5～7 lm/W。

为了彩色 CRT 的色重现性好，红、绿、蓝三种彩色荧光粉应具有高的色纯度。但实际上，三色荧光粉色坐标的选择要兼顾人眼的视觉灵敏度、三种荧光粉激励电流之间的平衡以及其他因素。现代使用的三色荧光粉的典型色坐标及可重现的色域三角形示于图 30-42 中。

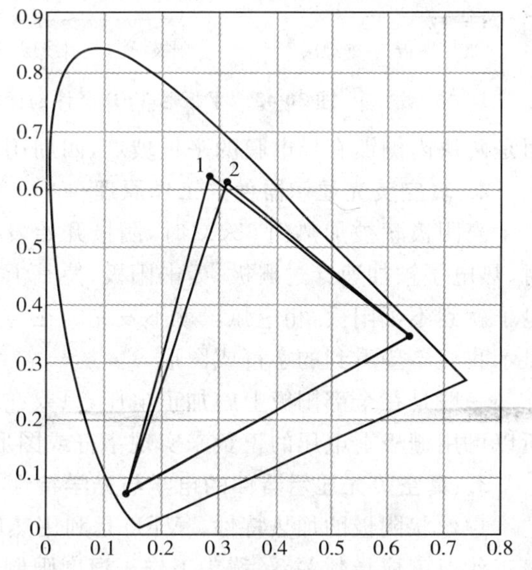

图 30-42　$x-y$ 色坐标系中现代彩色 CRT 中三色荧光粉的色坐标

除了颜色，CRT 的另一个非常重要的特性指标是亮度。在亮室环境下看电视时，屏的发光亮度必须大于外光，因此，荧光粉必须具有高的发射效率。同时，在产生白场时，激励三色荧光粉发光的电流之间不能有大的不平衡。

在现在的电视体制中，中国采用 PAL 制，场频是 50 Hz；日本、美国采用 NTSC 制，场频是 60 Hz。如果使用的荧光粉余辉合适，可以帮助消除显示屏的闪烁感；反之，如果余辉太长，则移动的亮目标会带有可觉察到的拖尾。现在使用的荧光粉的余辉，对于硫化物荧光粉为 0.1～0.2 ms，对于稀土荧光粉为 1～2 ms，上述问题不会呈现。

对于娱乐用彩色 CRT，只要制管工艺正确控制，荧光粉的寿命一般不成问题。但在投影管中，由于工作在大电流密度下，会产生发射效率减小和显色问题。

二、真空荧光显示

(一)真空荧光显示器件

真空荧光显示(简称 VFD)器件，是一种低能电子发光显示器件，工作原理与 CRT 类似。1965 年由日本中村发明，开始时为单数字圆形管，后来发展成多数字圆形管，从 1972 年以后，VFD 器件已完全平板化，成为扁平的多数字显示板。在环境亮度变化大和对低功耗无严格要求的场合，有液晶显示器无可比拟的优点，现在被广泛用于音像设备、家庭电子设备、汽车仪表、办公设备和仪器仪表诸方面[11]。

VFD 器件的工作原理也是利用阴极发射电子，受控并被加速后轰击涂覆有荧光粉的阳极。受电子激发的荧光粉便发射可见光，达到显示目的。与 CRT 的主要不同之处是：VFD 的工作电压是几十到几百伏，而 CRT 工作在几千到几万伏。CRT 中使用的荧光粉难以用在 VFD：由于荷电或别的原因或者完全不发光，或者发光效率很低，无法实用。VFD 器件能发展到现在的使用规模主要是由于开发出了一批能被低能量电子束激励的荧光粉。

VFD 器件的年产量很高，达几千万只量级，由于属中、低档产品，其产值在整个显示器领域中只占很小的一个比例。

（二）真空荧光显示器件的结构和工作原理

1. 真空荧光显示板的结构

VFD 板的结构剖面示于图 30-43 中，它是一种典型的真空三极管结构，由阴极、栅极和阳极组成。阴极的组成是一根或多根细钨丝，其表面电泳上是经过合适的工艺处理后能于 650℃左右发射电子的钡氧化物。丝状阴极的直径为 15～30 μm，由 1～10 根这样的细丝组成阴极实体，发射出弥散的面状电子束，而不像在 CRT 中必须会聚成细电子束。

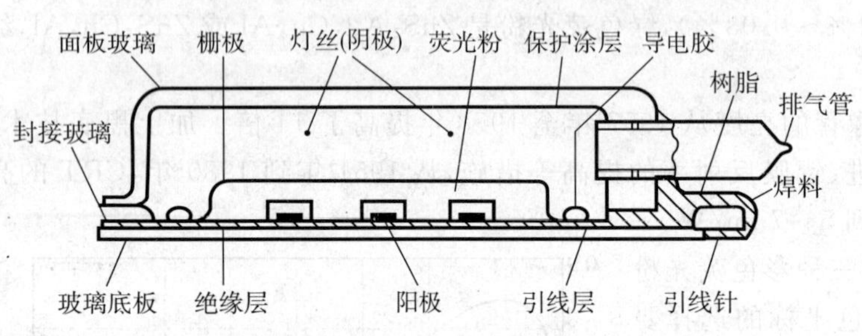

图 30-43　平板形 VFD 器件剖面图

栅极是由厚度为 30～50 μm 的薄金属板经光刻后制成高透明的细密格子或龟纹形金属网。阳极由石墨或铝膜制成，形成在玻璃上，并被分成一系列弧段，以形成字符、符号或所需显示的图形，每个弧段上覆盖有能在很低电压下工作的 ZnO：Zn 荧光粉。

VFD 器件是一个真空容器，其上下两面是两块内侧镀有导电膜的平板玻璃，四周用玻璃粉进行密封，但留有排气管。

2. 真空荧光显示器件的工作原理

当阴极丝被加热到 650℃时，阴极开始发射热电子，如取阴极为零电位，则当栅极和阳极上施加正电压时，热电子被加速穿过栅极，轰击阳极，使其上的荧光粉发光。如果在栅极和阳极施加的电压为零或负，则热电子就到不了阳极，相应弧段就不发光。在与希望显示的弧段相对应的栅极和阳极上同时施加正电压，便可显示我们希望看到的字符或图形。

一般是在全部阳极上施加正电压，只要在栅极上施加 2～7 V 的负电压，相对应的阳极弧段就不会发光，所以可用栅极上电压的正负来实现字符或图形显示。

3. 真空荧光显示器件的电学与光学特性

1）丝状阴极的加热特性。VFD 是利用热电子发射工作的，当阴极工作温度较低时，发射电流密度与阴极工作温度成指数关系，称为工作于温度限制区，发射电流很难保持稳定。当阴极工作温度较高时，阴极发射电流与阴极工作温度无关，而只决定于栅极和阳极上的电压，称为工作于空间电荷限制区。为了使发射电流稳定，VFD 器件总是工作于空间电荷限制区。

2）伏安特性。阳极弧段被寻址时，阳极电压 V_a 与栅极电压 V_g 相等，阴极发射的电流 I_k 分成栅极电流 I_g 与阳极电流 I_a 两部分。

$$I_k = I_g + I_a = I_a\left(1+\frac{I_g}{I_a}\right) = I_a(1+d) \tag{30-18}$$

式中，d 是电流分配系数，与器件结构有关，一般为 0.3～0.8。

在空间电荷限制下，若 $V_g = V_a$，则有

$$I_a = kV_a^n \tag{30-19}$$

式中，k 决定于电极结构与尺寸，$n = 1.5 \sim 2$。

3）截止特性。将不需要显示部分的阳极电流截止有两种方式：①阳极截止，V_g 为正，相应的阳极上加负电压，使阳极不发光，只要很小的负 V_a 就可以达到截止目的。②栅极截止，V_a 为正，使 V_g 足够负，将电子截断，使阳极不发光，这时所需的栅极截止电压要足够大。

4）电光特性。在显示状态，若 $V_g = V_a$，则 VFD 的亮度 L 可表示为

$$L \approx 3.2 V_a J_a D \eta \quad (\mathrm{cd/m^2}) \tag{30-20}$$

式中，V_a 的单位为伏特；阳极电流密度 J_a 的单位为 mA/cm²；D 为寻址信号的占空比；η 为荧光粉的流明效

力，单位为 lm/W。

VFD 器件中最常用的发绿光的 ZnO:Zn 荧光粉的发射光谱示于图 30-44 中，其峰值波长为 505 nm，光谱分布范围为 400～700 nm，几乎遍及整个视觉光谱。

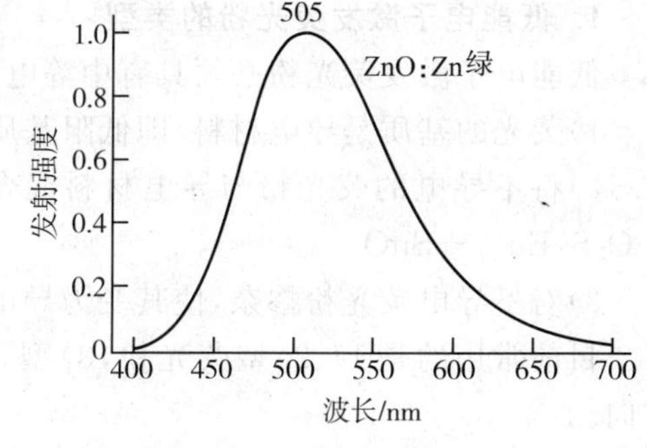

图 30-44　使用 ZnO:Zn 荧光粉的 VFD 的发射光谱

（三）真空荧光显示对荧光粉的要求

1. 低能电子激励荧光粉的特点

低能电子是指电子束的能量为几百伏或更小，低能电子轰击荧光粉时，二次电子发射系数 $\delta<1$，使绝缘体的荧光粉充上负电荷，电位降到 0 V，不再发光。

低能电子轰击荧光粉时，其透入深度很浅，约为 1 nm，即电子束只激励普通荧光粉的表面层。

如果荧光粉在低能电子轰击下 $\delta>1$，则在没有寻址信号时，阳极弧段也会发光，即会造成误显示。

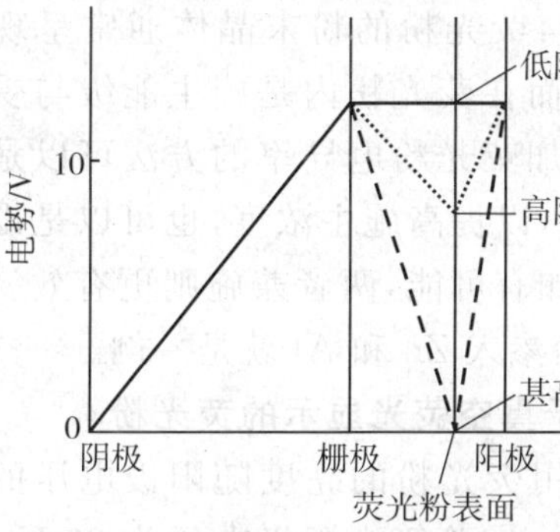

图 30-45　荧光层表面电位与荧光层电阻的关系

即使 VFD 可以加上如 CRT 中那样的高压，则驱动电压会高达几百伏，而 VFD 一般只用集成电路驱动，也不可行。

所以 VFD 器件中荧光粉是工作于 $\delta<1$，并且只激励荧光粉表面层这样一种特殊状况下。

2. 真空荧光显示对荧光粉的要求

在 VFD 器件的实际使用中，对荧光粉有下列要求：

1）为了抑制荧光粉表面荷电的电导率，VFD 器件的阳极电压通常为 10～100 V，阳极电流约为 2～10 mA/cm^2，为了将荧光层内的电压降抑制在 1.0 V 以内，荧光层的电阻必须小于或等于 500 Ω/cm^2，在这种情况下，层厚通常约为 30 μm（见图 30-45）。

2）很低的发射阈值电压。即使荧光粉具有低电阻，若其发射阈值电压在 10 V 之上，仍不适于 VFD 器件，因为在低工作电压下发光弱。发射阈值电压应小于 10 V，通常应是 5 V。ZnO:Zn 荧光粉的发射阈值电压是 2.2 V，于图 30-46 中示出不同荧光粉的发射阈值电压。

3）低能电子束激发无亮度饱和，且发光效率高。低能电子束激发时，只有荧光粉颗粒的表面受激励，一般流明效力低，如 ZnO:Zn 的流明效力是 10 lm/W。为此，表面的缺陷和发光中心密度是关键。当采用动态驱动，或器件是安置在亮的环境下，如汽车中时，亮度随电压或电流具有饱和现象的荧光粉不适用。

4）在 VFD 器件制造工艺过程具有抗热处理的能力。VFD 器件制造工艺中的排气烘烤和封接，使荧光粉必须在大于或等于 500℃的高温气氛下经受几十分的考验。在热处理中性能蜕化的荧光粉不适用。

5）在低能激励下寿命长。有些荧光粉在高能电子激励下不被破坏，而在低能电子激励下将逐渐地被破坏。

6）释放出会使氧化物阴极中毒的物质少。

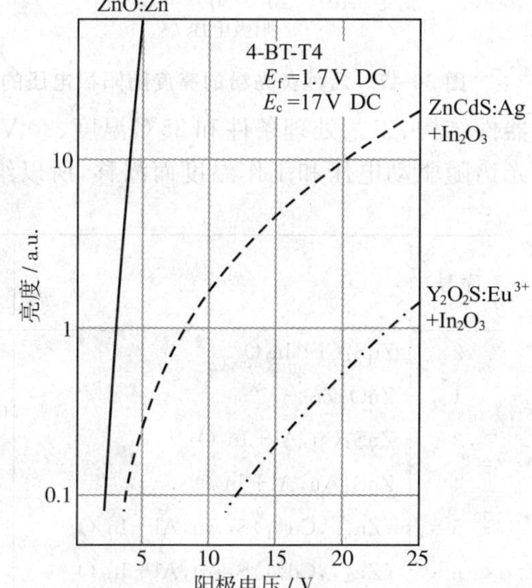

图 30-46　荧光粉的发射阈值电压特性

（四）真空荧光显示器件用荧光粉

在早期 VFD 器件中，主要使用发绿光的 ZnO:Zn 荧光粉。因此，发绿光随之也成为 VFD 的标志。随着 VFD 使用范围的扩大，提出了多色显示的要求，于是就开发出一系列能发射不同色光的低能电子激发荧光粉。

1. 低能电子激发荧光粉的类型

低能电子激发荧光粉必须具有中等电导率，实现的方法有 3 种：

1)荧光的基质是导电材料，即低阻基质型荧光粉，例如 ZnO:Zn、SnO_2:Eu^{3+}、$(Zn_{1-x}Cd_x)S$:Ag。

2)将不导电的荧光粉与导电材料混合，即导电混合型荧光粉，例如：ZnS:Ag+In_2O_3、ZnS:Cu+ZnO、Y_2O_2S:Eu^{3+}+SnO_2。

3)对不导电荧光粉掺杂，使其变为导电，即掺杂型荧光粉。

目前常用的是 1)、2)型荧光粉，3)型正在研究开发之中，可预见这类荧光粉是 VFD 用荧光粉的未来方向。

低阻型荧光粉：这类荧光粉中最有代表性的是 ZnO:Zn，发射绿光，是 VFD 最早使用的荧光粉，它具有低发射阈值电压、高的流明效力、长的寿命以及好的稳定性，至今还没有一种低能电子激励的荧光粉能超过它。

其次是在透明导电层中广泛使用的 SnO_2。以粉末晶体形式存在时，具有较高的电导率，以 SnO_2 粉末质体作为基质，掺入适量的以 Eu^{3+} 为代表的稀土元素，可以生成适用于 VFD 的荧光粉。

导电混合型荧光粉是将彩色 CRT 中使用的荧光粉(如蓝粉 ZnS:Ag、绿粉 ZnS:Cu, Al、红粉 Y_2O_2S:Eu^{3+} 等)与导电材料(如 SnO_2、In_2O_3、ZnO 等)相混合即可形成整体为低阻的导电混合型荧光粉。

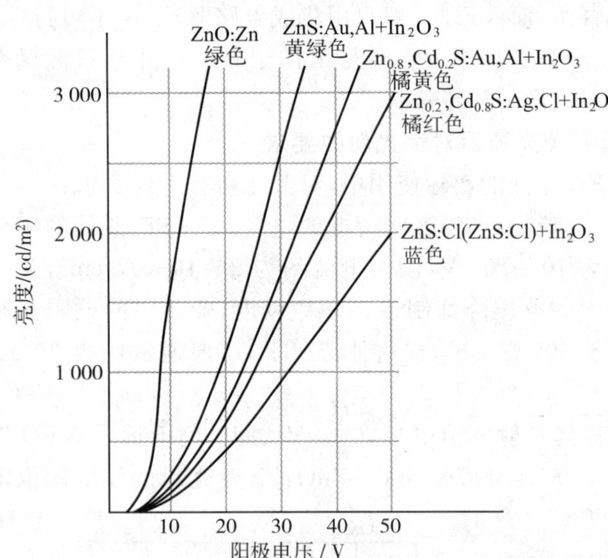

图 30-47 几种荧光粉的亮度随阳极电压的变化曲线

掺杂型荧光粉：荧光粉的粉末晶体通常呈现 N 型半导体性质，然而在荧光粉内是施主能级与受主能级共存，于是增加荧光粉电导率的方法可以是掺入富含施主的杂质，以提高施主浓度，也可以是设法减少受主的浓度，如有可能，两者兼施则更有效。给 ZnS:Ag, Cl 荧光粉渗入 Zn 和 Al 就是一例。

2. 目前常用于真空荧光显示的荧光粉

几种 VFD 常用荧光粉的亮度随阳极电压的变化曲线见图 30-47。实验管中阳极电压为 20 V 时，阳极电流为 1 mA。由图可知，发射阈值电压(对应亮度为0.3 cd/m²)约为 5 V 或更小，以 ZnO:Zn 绿粉的亮度最高。

各种荧光粉的流明效力、发光颜色见表 30-10。流明效力与 VFD 器件的制作工艺、测量条件和荧光粉的温度熄灭特性有关。表中数据是在相同 VFD 器件结构、工艺处理条件和 25℃温度、20 V 阳极电压下测得的，因为有些荧光粉(例如，(Zn, Cd)S 系)的发射光谱随驱动电压和工作温度而漂移，所以给出测量数据的同时给出测量条件是完全必要的。

表 30-10 VFD 用荧光粉的参数

序号	荧光粉	流明效力 /(lm/W)	发光颜色	峰值波长/nm	色坐标	
					X	Y
2	ZnS:Cl+In_2O_3	1.2	蓝	464	0.146	0.171
1	ZnO:Zn	10	绿	505	0.245	0.421
3	ZnS:Cu, Al+In_2O_3	2.8	偏黄绿	546	0.289	0.613
4	ZnS:Au, Al+In_2O_3	3.2	黄绿	551	0.385	0.565
5	$(Zn_{0.9}, Cd_{0.1})S$:Au, Al+In_2O_3	2.8	偏绿黄	567	0.445	0.521
6	$(Zn_{0.8}, Cd_{0.2})S$:Au, Al+In_2O_3	2.2	偏黄橙	602	0.533	0.456
	$(Zn_{0.3}, Cd_{0.7})S$:Ag, Cl+In_2O_3	2.0	橙	—	0.605	0.395
7	SnO_2:Eu^{3+}	—	橙	588	0.607	0.391
8	$(Zn_{0.2}, Cd_{0.8})S$:Ag, Cl+In_2O_3	1.8	偏红橙	663	0.650	0.349

表中各荧光粉的发射光谱见图 30-48,图中曲线序号与表 30-10 的相对应。

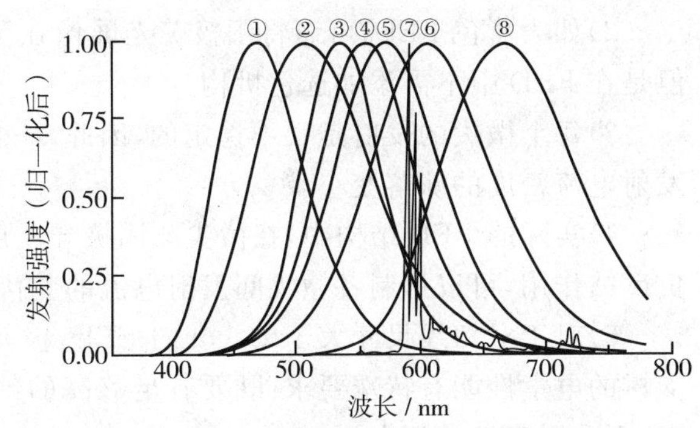

图 30-48 VFD 常用荧光粉的发光光谱

三、场致发射显示

场致发射显示(FED)器件是一种真空荧光显示器件,其与 CRT 和 VFD 的不同之处在于其电子源不是热发射阴极,而是利用场致发射的冷阴极。若在金属或半导体表面,于真空环境下施加约 10^9 V/m 的电场,则由于固体表面势垒的降低与变薄,固体内的电子可以借助于量子力学中的隧道效应,在室温下穿透固体势垒而逸出到真空中成为电子源,即 FED 是利用高电场下的冷阴极电子发射。如果将微尖或微边的曲率半径做到微米甚至纳米量级,则在工作电压只有十几伏或几十伏的情况下,便能获得显著的场致发射电流。场致发射源做成面阵,所以 FED 也是一种平板显示器件,是利用电子流轰击荧光粉主动发光,具有液晶显示所不具有的快速响应、宽视角和主动发光的优点,而又避免了 CRT 体积、重量大的缺点。由于制造工艺相对较复杂,在民用领域尚未获得应用,但其发展潜力是很大的。在军用领域,由于 FED 优良的温度特性和很强的抗辐射能力,微尖型小尺寸 FED 已得到了很好的应用[12]。

(一)场致发射显示器的结构与工作原理

微尖型 FED 的结构如图 30-49 所示。由图 30-49(a)可知,于玻璃基板上先沉积一层金属导电层作为阴极,阴极与栅极之间为约 1 μm 厚的绝缘层(例如 SiO_2),栅极上有一系列直径约为 1 μm 或更小的孔。制作在阴极上的每一个微尖与每一个栅极孔对准。荧光粉沉淀在镀有透明导电层的玻璃基板上,构成阳极,整个 FED 的厚度约为 2 mm。若取阴极电位为零电位,则在栅极上施加几十伏的电压时,便可在阴极微尖上产生强电场,将电子从微尖中拉出来。于阳极上施加几百至几千伏的正电压,将微尖发射的电子加速,轰击荧光粉而发光。图 30-49(b)为阴极矩阵结构,阴极微尖电极光刻成行电极,栅极光刻成列电极。阴极电流由行列上的电压控制,发光是逐行进行的,因此每个阴极像素的发射电流远小于 CRT 的阴极发射电流。图 30-49(c)为微尖显示的结构示意,两块玻璃基板中间隔以支柱物,用低熔点玻璃密封在一起,留有排气管。需要经过抽真空、烘烤、去气、封离等工艺而制成整管。

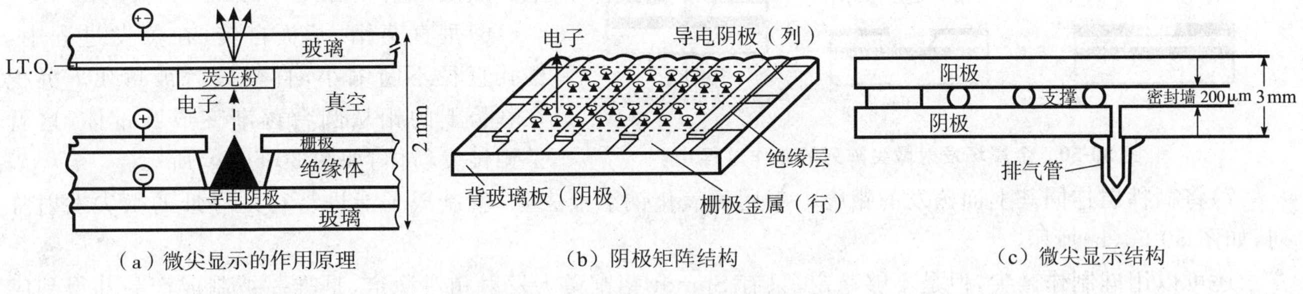

图 30-49 微尖显示的作用原理和结构

对于 FED 的工作与结构需要作下列几点说明:

1)微尖型 FED 的结构为三极管,由加在栅极孔上的正电压将阴极微尖中的电子拉出来。所以,从阴极微尖发射出来的电子流横向速度很大,为了保持在阳极上束斑不致过大,极间距离限制在 0.2~0.3 mm。这样,为了不发生极间击穿,极间电压只能为 500 V 左右,即荧光粉只能工作在低电子能量激发状态。荧光粉的发光效率远低于 CRT 中。

也可以将阴极与阳极间的距离拉大至几毫米,阳极电压可以升至数千伏,使荧光粉的发光效率大大提高,CRT 中使用的荧光粉可以直接拿来应用。还可以采用 CRT 中采用的荧光屏上蒸铝膜的技术。但是极间距离拉大后,必须增加一个聚焦极,否则分辨率将会很坏,但增加聚焦极后整个制管的难度增加了不少。

2)如为彩色 FED,可以将阳极荧光屏像在彩色显像管中那样做成由红、绿、蓝三种粉条组成的嵌镶屏,但是在 FED 中不需添加选色机构。

3)每个微尖的发射是很不稳定的,因此,一般每一个像素中都包含有数百个微尖,这样可以使像素间的发射电流密度的涨落变小。

4)实际的 FED 结构中,在微尖与阴极导电层之间有一层电阻层,等效为每个微尖都串联了一个电阻,起负反馈作用,可以抑制各微尖间发射电流的起伏。

5)对于对角线尺寸大于 10 cm 的 FED,极间的支撑是必不可少的。由于支撑暴露在电子流路径中,对支撑的电学性能有特殊要求:既要有足够高的绝缘性能,又要有一定的电阻率能将支撑上的荷电及时引导走,不致引起极间打火。

6)FED 中极间距离小,使其体积与面积之比很小,这就造成了维持器件内真空度的难度,而微尖的场致发射对真空度又有较高的要求,所以 FED 的排气、去气工艺和寿命过程中管内真空度的保持都是需要仔细考虑的。

(二)场致发射体的制造工艺

FED 的场致发射体从材料与结构上花样繁多,下面介绍最有用的 3 种场致发射体的制造工艺:

1. Spindt 钼微尖

1968 年美国 Spindt 用微细加工技术制出了栅控金属钼微尖,其制作过程如图 30-50 所示。

1)首先在玻璃基板上沉积并刻蚀出钼和非晶硅电阻层,构成行电极,再沉积二氧化硅层和栅极金属层,如图 30-50(a)所示。对于直径 1 μm 的栅孔,从下往上各层厚度依次为 100 nm、200 nm、1 μm 和 100 nm。

2)光刻胶作掩膜,用干法刻蚀出列电极,如图 30-50(b)所示。

3)再做一次以栅极孔为模板的掩膜光刻,并用六氟化硫干法刻蚀出栅极微孔,如图 30-50(c)所示。

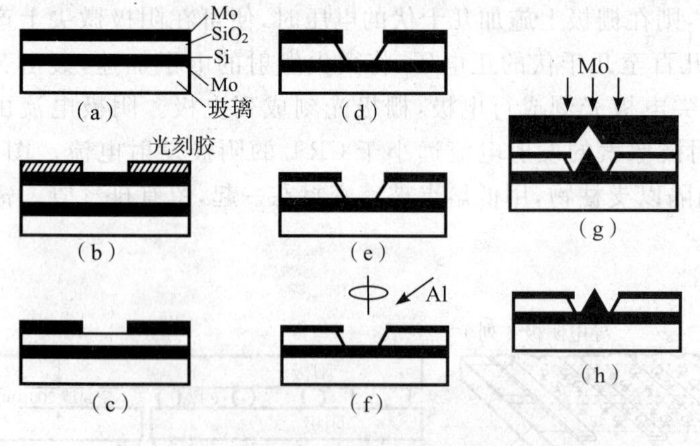

图 30-50 金属场发射微尖阵列的制作过程

4)以栅极孔作为掩膜,用三氟甲烷干法刻蚀出绝缘层中空腔,如图 30-50(d)所示。

5)除去光刻胶后,用电子束蒸发厚度约为 200 nm 的铝膜,作为牺牲层,如图 30-50(e)、(f)所示。蒸发时基板平面与蒸发分子流方向约为 45°,以保证铝膜不会蒸发到基板上。蒸发时基板自转,以保证均匀性。

6)垂直蒸钼,基板自转,在蒸发过程中,栅孔直径不断缩小,直至最后被封死。沉积在基板上的钼从圆台逐渐变成圆锥体,这就是钼锥发射体,如图 30-50(g)所示。

7)将牺牲层连同其上面蒸发的钼膜一起用氢氧化钠溶液去除,就制成了能进行行列寻址的微尖发射阵列,如图 30-50(h)所示。

还可以用硅制作微尖,但是不够稳定,只有 Spindt 钼锥微尖发射相对稳定,是唯一被制成产品并得到应用的一种微尖阵列。

2. 碳纳米管作为场致发射微尖

金属微尖的制作过程涉及精密光刻和大型蒸发设备,所以制作费用高,并且不易制作大尺寸显示屏,所以在民用产品中得不到推广。

自 20 世纪 90 年代初碳纳米管(CNT)出现后,很快被用到场发射中。

CNT 直径小于 100 nm,甚至小于 1 nm,其长度可以达到数微米以上,其尖端有很小的曲率半径,CNT 有良好的导电性能,因此可以成为优良的场致发射体,在很低的电场下,可以得到场致发射显示所需的电流密度。

制作 CNT 场致发射矩阵有两类方法:

1)直接生长法。首先在基板上用光刻胶做出行电极(即阴极)图案,再在其上沉积一层催化剂(含 Fe、

Ni、Co 的化合物)薄膜,然后经清洗去除未经曝光的光刻胶,留下所需的催化剂薄膜,再用 CVD 等方法在基板上有催化剂的地方生长出 CNT 图形。

直接生长法需 700℃的高温,基板只能是石英、陶瓷或不锈钢板,不适于制作大尺寸显示器。

2)印刷法。将 CNT 粉末和有机或无机粘接剂均匀混合,用丝网印刷的方法在玻璃板上形成所需要的图形,然后进行烧结,再经过等离子刻蚀形成场致发射体阵列。

CNT-FED 需要解决的问题是发射的均匀性,与显示优质图像还有一些差距,CNT-FED 制作中避免了 Spindt 钼锥微尖制造工艺中所需的亚微米级光刻精度和大型蒸发设备。

3. 表面传导场致发射体

日本佳能公司首先利用表面传导发射原理制造了大面积 FED,其工艺过程如下:

首先在平面基板上用蒸发和光刻方法制成平行结构的阴极和引出极,间距为 10 μm 左右,用喷墨打印技术将 10 nm 左右的氧化钯纳米粒子与有机溶剂的混合液体均匀地分散在阴极与引出极之间。经过高温烧结,形成一层纳米粒子薄膜。在阴极和引出极之间施加高压脉冲将纳米粒子之间的导电通道烧掉。当在阴极与引出极之间施加电压时,大部分电压降落在纳米粒子间的间隙上,其间电场可以达到 1 V/nm 以上,很容易出现场致发射,其中一部分电子会被置于其上方的阳极吸引,轰击荧光粉层而发光。当阴极与引出极之间施加 15 V 电压时,有 1%的电子会飞向阳极,成为有用的发射电流。

表面传导发射显示(SED)的工艺与结构相对简单,驱动电压低,图像质量接近 CRT 的水平,可以制成大尺寸显示屏,日本佳能公司曾计划建厂,计划于 2005 年正式投产 94 cm 的 SED 电视机,其全面质量指标优于 LCD 和 PDP。由于 LCD 显示技术的突飞猛进,最终产品未能进入市场。

(三)场致发射显示用荧光粉

当 FED 工作于高电压大极间距时,工作电压可高达 3~6 kV,这时荧光层可以蒸铝,采用 CRT 中常用的荧光粉没有问题。

当 FED 工作于低电压小极间距时,工作电压只有 500 V 左右,对于单色 FED,一般采用 ZnO:Zn 荧光粉,发绿光,流明效率达 7 lm/W 以上,但这种荧光粉在阳极电压超过 200 V 时,发光强度出现饱和。

对于彩色 FED,发光效率高的硫化物荧光粉在这儿不能使用,因为在工作电压下,硫化物会分解,分解物(如 S)会污染场致发射体。在 CRT 中这个问题是不存在的,因为在荧光层上面有一层铝膜,起着保护作用。

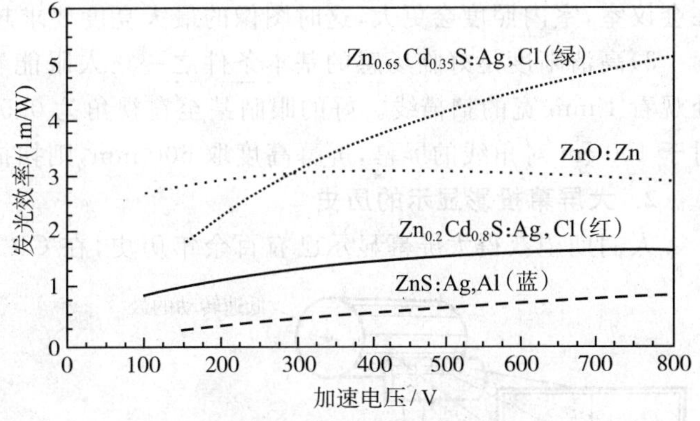

图 30-51 FED 中用荧光粉的流明效力与加速电压的关系

彩色 FED 中常用的荧光粉,原先为 ZnO:Zn(绿)、$Zn_{0.2}Cd_{0.8}S$:Ag,Cl(红)、$Zn_{0.65}Cd_{0.35}S$:Ag,Cl(绿)和 ZnS:Ag,Al(蓝),它们的流明效力与加速电压的关系见图 30-51,由图可见,除了 $Zn_{0.65}Cd_{0.35}S$:Ag,Cl 荧光粉以外,都有发光强度饱和倾向。

为避免使用硫化物荧光粉存在的问题,对氧化物荧光粉进行了研究,如(Zn,Mg)O:Zn(蓝)、$ZnGa_2O_4$:Mn^{2+}(绿)和 $CaTiO_3$:Pr^{3+}(红),它们的光学特性见表 30-11。

表 30-11 低压 FED 中使用的非硫化物荧光粉

荧光粉	颜 色	峰值波长/nm	色坐标	
			X	Y
ZnO:Zn	蓝绿	505	0.227	0.443
(Zn,Mg)O:Zn	蓝	476	0.171	0.284
$ZnGa_2O_4$:Mn^{2+}	绿	505	0.109	0.757
$ZnTiO_3$:Pr^{3+}	红	610	0.630	0.311

低电压条件下应用的荧光粉存在流明效力低、寿命短、色还原性差和污染发射体等问题。由于低电压工作，FED必然需要大电流密度，荧光粉的亮度饱和和库仑寿命问题也将非常突出，合成具有高饱和电流密度的荧光粉是低电压FED研制中需要解决的一个关键问题。

第六节 大屏幕投影显示

显示面积大于1 m^2时，称为大屏幕显示，其主要特点是临场感强，多用于观看大型体育比赛、军事指挥部显示战况全貌、需要逼真感的模拟训练、会议或教学中显示图文等场所[14]。在大尺寸LCD和PDP电视出现之前，投影显示是唯一可获得高分辨率大屏幕显示的方法。即使现在已有了250 cm的LCD屏和380 cm的PDP屏，但其高昂的造价是无法推广的。LED显示屏虽然可以显示高达百平方米量级的图像，但其每个像素尺寸大(数毫米)，只能远距离观看。

一、大屏幕显示的特点和发展历史

1. 大屏幕显示的特点

观看大屏幕主要是为了增强临场感，为此要求：

1)观看大画面应感觉到自然、宽广，有临场感。这主要归功于从大视角接受信息，但画面的绝对尺寸也是一个重要的条件。根据心理学测定，对于相同的视角，从远处看，临场感强。开始产生临场感效果的视角为15°～20°，并且随视角增大，临场感增强快。因此，当观看距离大于3 m时，视角应大于20°；当观看距离小于2 m时，视角应大于30°。

2)为了达到好的临场感，显示的图像还必须具有足够的亮度和对比度。全暗时，屏幕上的亮度应小于2 cd/m^2；如在暗室中观看，显示图像的最大亮度应不低于100 cd/m^2；在一般居室中，屏幕照度约为100 lx，相当于屏幕上有约15 cd/m^2的背景亮度(取屏幕的反射率为0.5)，要求显示图像的最大亮度为750 cd/m^2；如在会议室，室内照度会更大，这时图像的最大亮度要求超过1 000 cd/m^2。

3)高清晰度是好临场感的基本条件之一。人眼能看到扫描线的最小视角约为1′，这相当于从3.5 m远处观看1 mm宽的扫描线。好的眼睛甚至在视角为0.5′也看得见。因此，要求画面的分辨率足够高。例如，对于100 cm对角线的屏幕，屏幕高度取600 mm，则扫描线应在1 000行以上。

2. 大屏幕投影显示的历史

人们期望获得大屏幕显示已有百余年历史，在CRT成熟以前，只能采用机械扫描方法，其一例示于图30-52中。图中高速扫描器起水平扫描作用，低速鼓轮起垂直扫描作用，采用声光调制器调制光源，用柱透镜对光线会聚(如用球透镜则尺寸太大，太昂贵了)。CRT出现以后，投影显示进入电子调制、电子扫描阶段。1940－1992年的早期投影显示系统包括CRT投影显示、油膜光阀和液晶光阀，1992－2008年的现代投影显示系统包括LCD投影系统、DLP投影系统和LCoS投影系统，未来的投影显示系统一致看好激光投影系统。

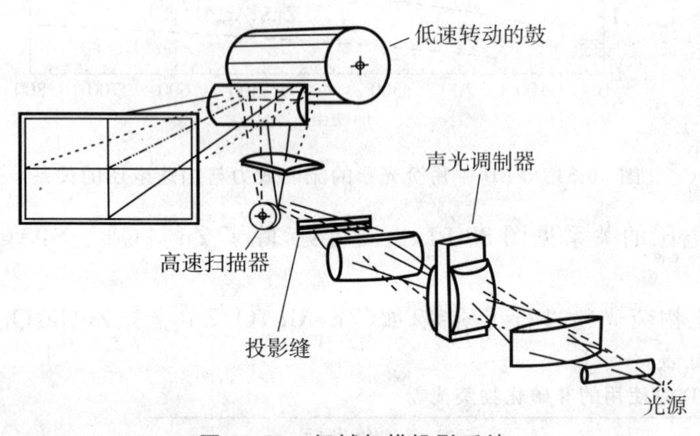

图30-52 机械扫描投影系统

二、1940－1992年的早期投影显示系统[15]

(一)阴极射线管投影显示

普及型基本上以CRT投影显示为主流，即将小型高亮度CRT的图像放大投影在屏幕上，其工作原理

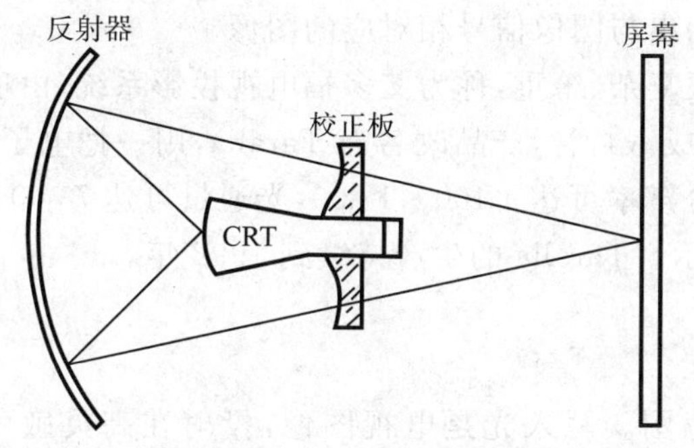

图 30-53　采用 Schmidt 型光学系统的 CRT 投影系统

示于图 30-53 中，采用了 Schmidt 型光学系统，为背投式。CRT 显示屏发出的光被反射器反射，经校正板校正后投到屏幕上。为了校正图像的畸变，还开发出利用液体将复合透镜与显示屏耦合起来的投射镜（如图 30-54 所示）。1973 年最初的产品是单管式，屏幕亮度很低，只有 7～20 cd/m^2。如果将发红光、绿光、蓝光的 3 只 CRT 投影管组合在一起，就是至今还在使用的彩色 CRT 投影系统，如图 30-55 所示。至 1977 年，屏幕亮度已提高到 100～200 cd/m^2。CRT 投影显示首先在美国开始普及，至 2005 年仍是主要的投影显示方式之一。从 2008 年起 CRT 投影显示已退出投影显示市场。

CRT 投影系统的缺点是由于电子束既作实时调制又作光源，所以投影显示的尺寸与亮度有限。利用 CRT 技术的另一条路径是将对光的实时调制与投影光源分开，使前者只起一个光阀的作用。当然在投影显示中，起光阀作用的元件除了电子束扫描之外还有很多，如液晶屏、电光晶体等。

在这一阶段曾有两种产品（油膜光阀和液晶光阀）起过重要作用，它们被应用在高档投影显示系统中。

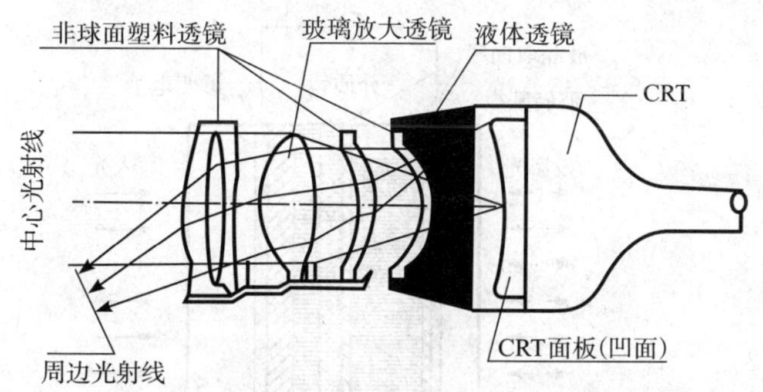

图 30-54　将校正透镜与显示屏耦合起来的投射镜

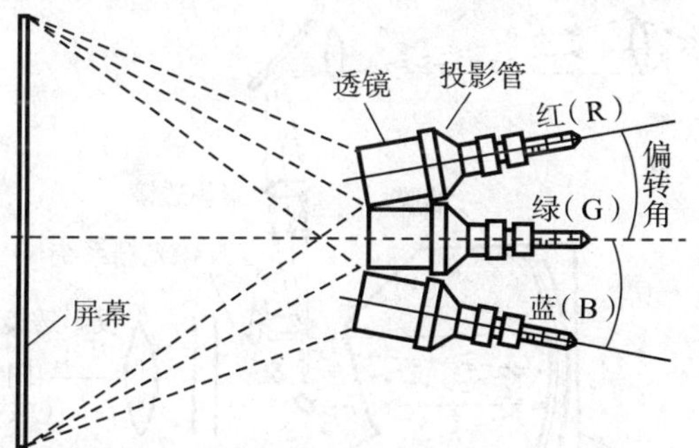

图 30-55　CRT 彩色投影系统

（二）油膜光阀

油膜光阀是变形介质膜光阀的一种，在液晶投影显示占领市场之前，是国际上唯一的高质量投影显示产品，屏幕尺寸可达 9 m×12 m，对比度达到 300∶1，显示质量与电影相仿。

1. 油膜变形原理

在一块接正电位的 ITO 玻片上涂上一层几十微米厚的油膜，当电子束扫描油膜时，电子将沉积在油膜上，使油膜表面电位下降，油膜与 ITO 膜之间产生电位差，静电力使膜变形。电荷沉积越多，油膜变形越大。用受图像信号调制的电子束扫描油膜，就会在油膜上形成一幅与原图像相对应的深浅不一的“浮雕”。如果选择电阻率合适的油膜，可使沉积在油膜上的电子在一帧时间内泄放掉，油膜在表面张力作用下恢复平衡，等待下一次的电子束扫描。

2. 纹影光学系统

由于油膜很薄、透明，在静电作用下变形也不大，如果用光源直接投射到屏幕上，得不到高对比图的图像，必须采用纹影光学系统（又称施里林 schlieren 光学系统）。纹影光学系统如图 30-56 所示，它由两个光栅和两个透镜组成。经过第一光栅的光线被纹影透镜恰好会聚在第二光栅的不透光条纹上。如果油膜是平的，入射光全部不能到达屏幕。当油膜的一部分有变形时，光线通过油膜时受到折射，便会有部分光线通过第二光栅被投射到屏幕上。由

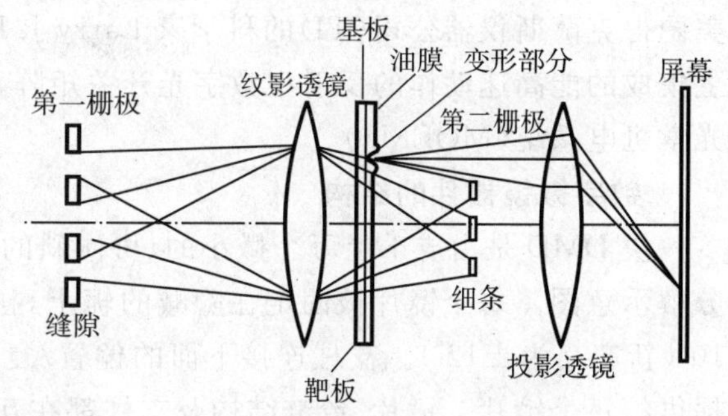

图 30-56　纹影光学系统示意

于通过的光线强度与油膜变形程度有关，于是在屏幕上便显示出与图像信号相对应的图像。

早期的油膜光阀投影系统的产品是一个动态真空系统，很复杂、笨重，称为艾多福电视投影系统，由瑞士GRETAG公式生产。后来美国通用公司对其进行了改进，做成密封管，产品改名为Taralia，用一把电子枪、一组纹影光学系统实现了彩色投影显示。三管式Taralia的分辨率可达1 400×1 000，光通量可达7 000 lm，主要为军用。艾多福电视投影系统的工作原理如图30-57所示。Taralia的生产持续到1992年。

(三)光电导式液晶光阀

图30-58是由美国休斯公司开发的液晶光阀的结构示意图。写入光是电视图像，投射在高灵敏度的CdS光电导层上。光电导层与液晶层串联，其两端的导电层作为电极，用于施加电压。无光处CdS电阻高，故在液晶上分电压低，接近0 V；有光处CdS电阻低，加在液晶上的电压就增大。这样，输入光图像通过光电导层转换成液晶面上的电压分布图像。如液晶为向列液晶，则液晶面间不同的电压就会调制偏振光的透射率。用强外光照射液晶面，被介质镜反射后，又从液晶出去投射到屏幕上。结构中的挡光层是CdTe，起隔离层作用，防止光源的光漏到光敏层上。该产品的分辨率是1 000×1 000像素，用500 W氙灯作为光源时，投射的光通量可达500 lm。在当时，这类装置的售价曾高达15万美元。

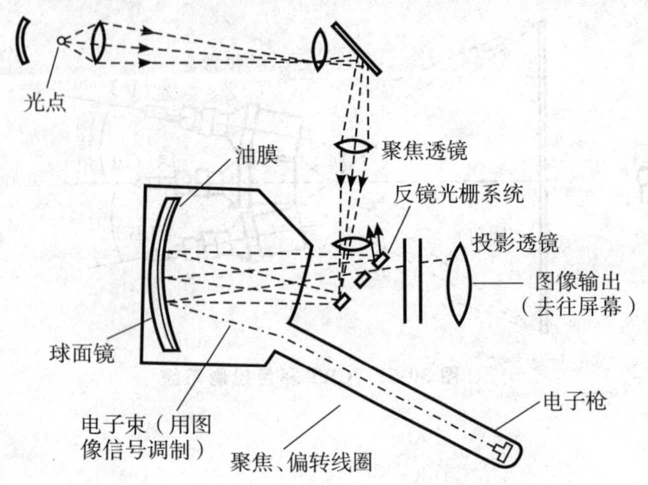

图30-57 艾多福电视投影系统工作原理示意图

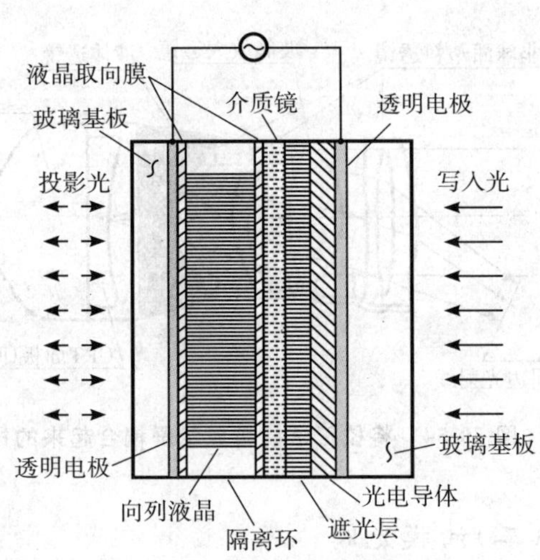

图30-58 光电导式液晶光阀的结构示意图

三、1992—2008年的现代投影显示系统

1992年是投影显示技术发展史上的一个转折点，DLP、LCD和LCoS技术的进步已威胁到油膜光阀和液晶光阀投影系统的生存，并且开始与CRT投影显示系统展开竞争。

(一)数字光处理器投影显示

DLP是英文digital light processing的缩写，译文为数字光处理器，其核心器件数字微镜(DMD)器件是由美国得克萨斯仪器公司(TI)的科学家Larry J. Hornbeck在1987年发明的，是在单片半导体选址电路芯片上集成的能高速动作的反射型数字光开关矩阵，是一种把电子学、机械和光学功能集成在单片半导体上的微光学机电系统(MOEMS)。

1. 数字微镜器件的结构

一块DMD是由成千上万个微小的、可倾斜的铝合金镜片组成，图30-59是一个DMD上单独镜片的结构分解示意图。每个镜片被固定在隐藏的轭上，扭力铰链结构连接轭和支柱，扭力铰链结构允许镜片旋转±10°(新产品为±12°)。支柱连接下面的偏置/复位总线，偏置/复位总线连接起来使得偏置和复位电压能够提供给每个镜片。镜片、铰链结构及支柱都在互补金属氧化物半导体(CMOS)上，地址电路在一对地址电极上形成。图30-60是两个像素的DMD结构。

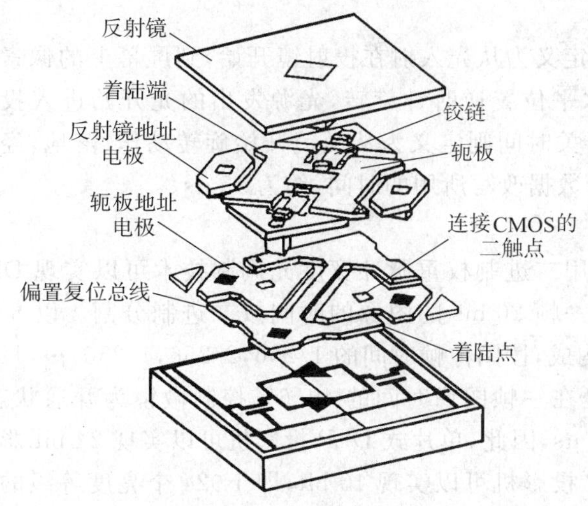

图 30-59　DMD 上单独镜片的结构分解示意图

反射镜-10°
反射镜+10°
铰链
经抛光
氧化层
金属层
轭板
弹簧尖顶
CMOS
衬底

图 30-60　两个像素的 DMD 结构

图 30-61 是一个 DMD 的表面上的镜片的特写镜头以及它的底层结构。图 30-61(a)演示了 9 个镜片中的 3 个镜片倾斜+10°到"开"位置,图 30-61(b)演示了中央的镜片被移开以显示底部隐藏的铰链结构,图 30-61(c)给出了镜片微观结构的特写。与镜片相连的支柱直接位于底部表面的中央。

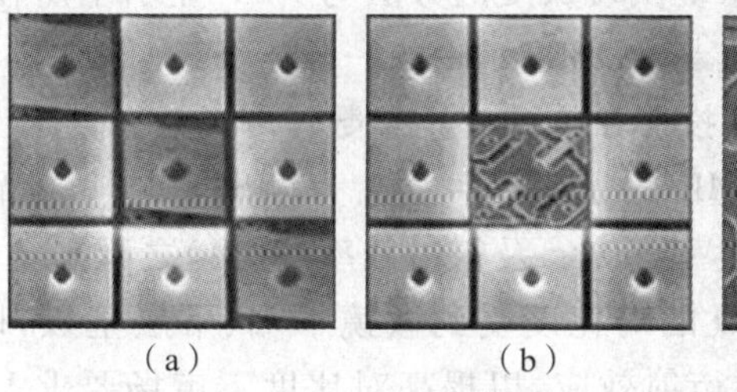

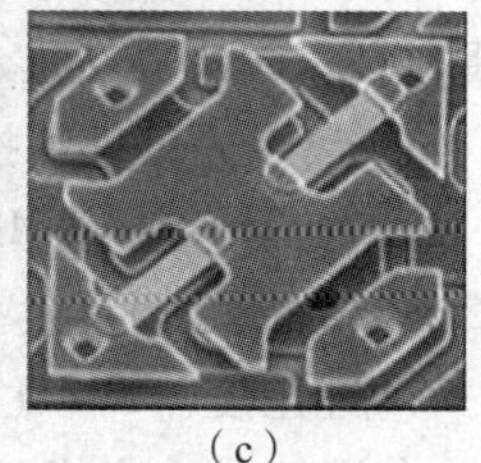

图 30-61　DMD 的微反射镜及其底层结构的显微照片

2. 数字微镜器件的工作原理

每个微镜均采用双稳态工作。图 30-62 是 DMD 双稳态工作原理的侧视图。扭转片会以铰链为轴旋转,直到扭转片接触到着陆电极。扭转片的偏转角由扭转片与下面电极之间的间隙和扭转片从转轴到着陆点的长度决定。早期产品中的偏转角为±10°,新产品为±12°。偏转角在设计芯片时已确定,所以可用数字开关量来控制。扭转片的旋转方向由转轴下的一对选址电极上的选址电压 $\Psi_{地址}$ 和 $\overline{\Psi}_{地址}$ 决定,这一对选址电压的波形由其下方的存储单元来控制。在扭转片上加有一个偏转电压,使扭转片具有双稳态特性,达到使用较低的选址电压来获得较大的转角。采用双稳态的优点是偏转角精确,不易受外界因素和使用时间的影响,并且选址电压更低,标准 MOS 晶体管 5 V 电压即可工作。

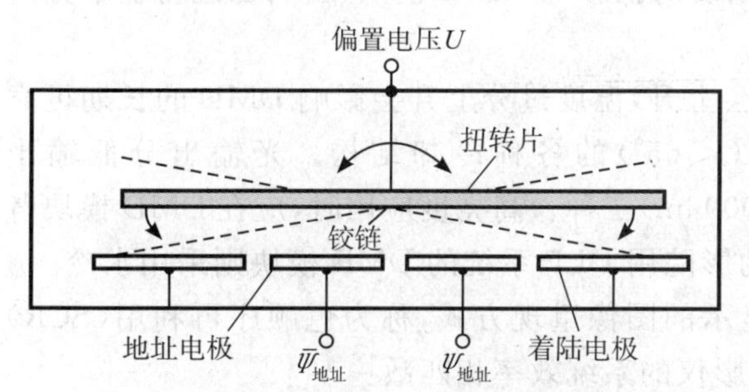

图 30-62　DMD 双稳态工作原理的侧视图

DMD 光开关的原理如图 30-63 所示。投射镜置于微镜处于未扭转平面位置法线的上方。通常入射光以相对未扭转平面法线 24°入射,当扭转片左端接触着陆电极,即逆时针转过 12°时,反射光在水平位置的法线方,即刚好能进入投射镜,相应像素显示明亮色,即微镜处于开通状态;当扭转片右端接触着陆电极,即顺时针转过-12°时,反射光相对水平位置的法线为 48°,反射光以 48°角偏离投射镜,被光吸收器吸收,相应像素为黑色,即微镜处于关闭状态。微镜在脉冲电压作用下,起着快速光开关的作用。利用二进制权重脉冲宽度调变可以得到灰阶效果,如果使用固定式或旋转式彩色滤镜,再搭配 1 个或 3 个

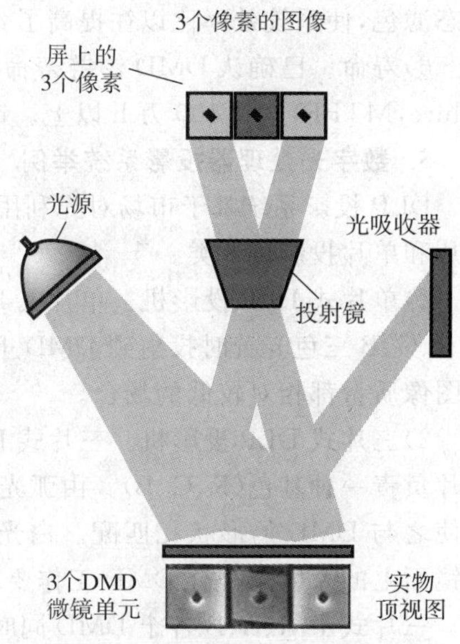

图 30-63　DMD 光开关原理

DMD芯片,即可得到彩色显示效果。

在DMD中有光学和机械两种开关时间:光开关时间定义为从光入射在投射镜开始,到屏幕上的像素从黑变到100%白所用的时间,约为2 μs。即从扭转片由水平位置逆时针旋转,光源发出的光开始进入投射镜,到旋转位置落地时像素的亮度达到最大强度。机械开关时间则定义为从微镜开始旋转动作、落地,经过锁存,机械稳定化后到指定下一次像素状态的存储器开始数据改写所用的时间,约为15 μs。

3. 数字光处理器投影系统灰度的实现

DMD的每个单元是一个光开关,只能实现黑与白。用二进制权重脉冲宽度光调制技术可以实现DLP投影系统的灰度。例如,用脉冲宽度调制(PWM)技术将一帧20 ms的图像的时间按二进制分割。以8 bit PWM为例,由位0(2^0),位1(2^1),位2(2^2),…,位7(2^7)构成,按图像帧时间的1/256,2/256,4/256,…,128/256的时间权分割。127的二进制PWM码(01111111)是在一帧图像时间的49.6%控制微镜为开通状态,即显示49.6%的亮度。由于DMD的机械开关时间为15 μs,因此,单片式DLP投影机可以实现24 bit彩色显示或8 bit,即256个亮度等级的单色显示;三片式DLP投影机可以实现10 bit,即1 024个亮度等级的单色显示。

由于DLP投影系统实现灰度的方法与PDP显示中所使用的方法一样,在显示动态图像时也会出现假轮廓现象,解决办法也与PDP显示中的一样。

4. 数字光处理器投影系统的主要参数

1)光利用率。DMD的光利用率定义为输出光与输入光之比。以开口率(91%)、实际PWM接通时间(92%)、微镜表面反射率(90%)及衍射效率(90%)之积来定义,光利用率可达64%以上。

2)对比度。DMD的对比度受到微镜下端、下层基板,以及来自将微镜支撑在框内的孔的衍射光的影响。在设计时应考虑衍射效应,以提高对比度。市场要求DMD达到500∶1的全通/全断对比度。如果使用降低像素下部漏光的设计,可达到1 000∶1的对比度,现在正在向1 500∶1的目标前进。

3)清晰度。现在已开发了像素间距为17 μm和13.8 μm两种。当芯片尺寸为1.4 cm、1.8 cm、2 cm、2.3 cm、2.8 cm时,可获得848×600至1 280×1 024各种清晰度的投影显示。目前TI公司已经将显示分辨率提升到了2 048×1 080像素。

4)亮度。DMD在高光通亮密度照射下,因吸收光,温度会上升,温度过分上升会影响DMD的长期可靠性。现在已开发出满足DMD所要求限定工作温度条件($<65°$)的各种冷却结构。光输出分低输出($<$2 000 lm)、中高输出(2 000~8 000 lm)和超高输出($>$10 000 lm)三种。高亮度应用时,应在DMD模块背面装散热片、冷却风扇或热电冷却器。对于输出13 000 lm的影院用DLP系统的DMD模块则采用水冷。

5)系统效率。在单片DLP光学系统中,开发出色滚动显示的图像重现方式,称为色顺序再利用(SCR)动态滤色,使系统效率比以往提高了40%,可与三片LCD投影仪的系统效率相匹敌。

6)寿命。已确认DMD铰链寿命可达到10万h以上,随机缺陷的平均故障间隔(mean time between failure,MTBF)达到100万h以上。铰链的疲劳寿命达到2.7×10^{12}次(11.5万h),满足了民用可靠性要求。

5. 数字光处理器投影系统举例

DLP投影系统基于市场对光利用率、亮度、耗电量、光源技术、重量、体积和价格之间的平衡,分为三片、两片和单片投影机3类。

1)单片式DLP投影机。单片式DLP投影机的光学系统如图30-64(a)所示。它是利用一个旋转的色轮将R、G、B三色光分时投射到DMD上,从而获得彩色图像的投影显示。单片式DLP投影机常用于对亮度和图像质量都相对较低的场合。

2)三片式DLP投影机。三片式DLP投影机的光学系统如图30-64(b)所示。在该类投影机中,每一个芯片负责一种基色(R、G、B)。由弧光灯发出的光线会聚到匀光棒中,将光线强度分布均匀化,并改变其界面使之与DMD的形状相匹配。白光穿过全内反射棱镜(total internal reflection,TIR),使光线照到DMD微镜面上的入射角符合DMD工作要求。当DMD上各微镜转动时,可以将光线准确地射入或偏离投影透镜。三片式中R、G、B各个DMD同时工作,能得到最高的光利用率和图像质量,各基色是10 bit,即每种基色可显示1 024级色调,可显示10^9种颜色的彩色图像。

3)二片式 DLP 投影机。二片式 DLP 投影机的光学系统如图 30-65 所示。它也有一个旋转的色轮,使黄光(R+G)和洋红光(R+B)分时通过混合棒(即匀光棒)。二色分色棱镜将红色光投射到一个 DMD 芯片上,绿光和蓝光投射到另一个 DMD 芯片上。二片式 DLP 投影机的性能和价格处于一片式和三片式之间,是一种折中的选择。

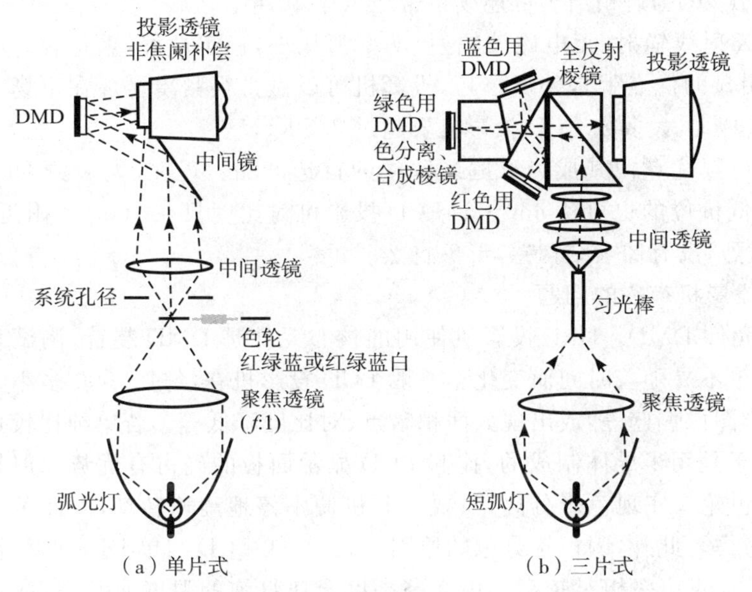

(a) 单片式　　(b) 三片式

图 30-64　单片式和三片式 DLP 投影机的光学系统

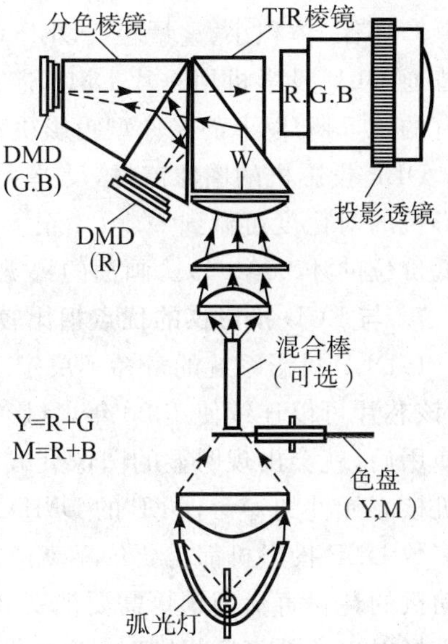

图 30-65　二片式 DLP 投影机的光学系统

每一种投影机均有自己的优点。单片式属于自会聚型,价格低、小巧、易于携带;二片式的发光效率高,最适合显示长时间偏红的画面和大型拼接显示墙;三片式光利用率最高,适合于长时间显示高亮度、大画面,如一些商业展示和公共信息显示等。

6. 数字光处理器投影系统的技术优势

1)高亮度和高对比度。CRT 背投系统依靠荧光粉主动发光,其亮度受荧光粉的限制,不可能太高;LCD 依靠偏振光工作,50%的光被偏振片滤掉,光效率较低,亮度难以超过 10 000 ANSI lm;DLP 采用铝镜反射技术,且开口率高,其综合光利用率大于 60%,并且在处理光源散热问题上相对容易,所以 DLP 投影系统允许使用很强的光源,而不会使系统过热。现在的 DLP 背投电视的亮度可达到 6 000 ANSI lm,对比度达到 3 000∶1。为满足数字影院的亮度要求,亮度可达到 12 000 ANSI lm 和 17 500 ANSI lm 的 DLP 投影机也已有产品。ANSI 是屏幕上均匀分布 9 点亮度的平均值。

2)高清晰度。目前,单片 DMD 的像素数已能做到 $2\,048\times1\,152(2.25\times10^6)$,这对于 $1\,920\times1\,080(2\times10^6)$显示格式的 HDTV 已经足够了。

3)精确的灰度和彩色再现能力。DLP 能够产生数字化的灰度和彩色,假如基色由 8~10 bits 数字量表示,则 DLP 可以产生 $256^3\sim1\,024^3$ 种颜色。DLP 使数字视频信号具有更精确的灰度和色彩,使再现的视频图像更自然。

4)无缝的电影质量图像。LCD 和 PDP 显示屏上的每个像素周围都包围着一圈隔离物,像素之间是有缝隙的。DMD 器件中每个微镜的面积约为 16 μm×16 μm,微镜之间的间隙只有约 1 μm,其填充系数高达 90%,被称为“无缝图像”。DMD 器件的高填充系数还可以提供更高的主观视觉分辨率,使人几乎看不到单个的像素。

5)全数字化显示使噪声和失真降至最低,灰度等级更高。CRT、LCD 和 PDP 器件都不具有直接显示数字信号的能力,在它们的输入端必须施加模拟信号,虽然目前在制作、编辑、广播和接收方面已经拥有了全数字能力,在终端还必须将数字信号转换成模拟信号,这使得任何数字系统最后都带有一个模拟的尾巴。当前,只有 DMD 具有直接显示数字信号的能力,从而大大降低了图像的噪声和附加失真。

6)DLP 图像具有较高的灰度等级。DMD 器件的微镜从＋12°翻转到－12°所需的时间约为 15 μs，以 10 bits量化的数字信号驱动，每秒最多可以翻转 1 024 次，即可以实现 1 024 个灰度等级。

7)高可靠性和持久不变的亮度及对比度。LCD 投影系统普遍存在亮度和对比度随工作时间的延长而逐渐下降的缺点，而 DLP 投影系统却不存在这种缺陷。这是因为 DMD 的反射率是不随时间变化的。DMD 微镜扭转片的铰链翻转的有效次数可达 10^9 次以上，这相当于可连续正常地工作 20 年。

8)环保、体积小、重量轻。DLP 系统无 X 射线辐射，无电磁波辐射，功率消耗小，稳定性好，重量轻。由于普通 DLP 投影机用一片 DMD 芯片，最明显的优点就是外形小巧，投影机可以做得很紧凑。现在市场上所有的 1.5 kg 以下的迷你型投影机都是 DLP 式，大多数 LCD 投影机要超过 2.5 kg。

DLP 投影机的图像流畅，反差大，这些视频优点使其成为家庭影院中的首选产品。现在，大多数 DLP 投影机的对比度可做到 600∶1 至 800∶1，低价位的也可达 450∶1(LCD 投影机对比度只在 400∶1 附近，而低价位的才 250∶1)。画面的视觉冲击强烈，没有像素结构感，形象自然。

7. 与 LCD 投影仪的优点相比较 DLP 投影机存在的问题

1)DLP 投影系统的寿命不决定于核心元件 DMD。DLP 投影机使用的核心元件是 DMD 装置，测试表明，该芯片可以连续使用 20 年，且影像品质也不易随着时间而变化。一般 LCD 投影机在经过 3 000 多小时的使用后，就会出现明显的图像衰减，如投影图像偏蓝等，或出现大面积暗点、对比度降低等。若单纯比较投影机核心元件的寿命，DLP 的 DMD 芯片由于是用半导体制成的，比起 LCD 显示面板的确占有优势。但是大多数 DLP 投影机都需要依靠高速旋转的色轮来实现色彩分离，只要一开机便不停地高速转动，因此色轮电动机的耗材寿命问题更需要消费者着重考虑。此外，因色轮分色的原因，当三片式 LCD 与单 DLP 两种投影机投射出来的亮度相同时，DLP 投影机所需的功率相对较高。由于高亮度金属灯泡的温度非常高，散热效果的好坏将对灯泡寿命产生相当大的影响，维护稍有不慎，就可能带来不小的损失。

2)高亮度的优势不一定有用。在同样的亮度输出下，虽然 DLP 技术的投影机要配备功率更高的灯泡，但 DLP 投影机采用了 50 多万个细微镜片来反射图像，每个镜片中 90％的光线都可直接反射投影到显示屏幕上，更重要的是，基于 DLP 技术的投影机的亮度是随着输入图像分辨率的增加而不断增大的，比方说在 SXGA 等更高分辨率下工作时，细微镜片将会提供更多的反射面积。所以商家一直宣称无论在白天中还是黑夜里都能享受到 DLP 投影机给我们带来的明亮的投影效果。其实，对亮度的要求与环境光强弱关系极大。经验证明：在遮光条件非常好的小型歌舞厅、影视厅，100 ANSI lm 是入门级的亮度；家庭影院使用，300 ANSI lm 是基本的亮度；电教、办公或大型娱乐场合使用，800 ANSI lm 是可以接受的基本亮度。对于环境光干扰强烈的大型场所，要 3 000 ANSI lm 以上。不过需要提及的是：目前在投影亮度输出方面，DLP 技术与 LCD 技术平分秋色。而且若投影视频图像或照片等内容，拥有完美的色彩还原效果的 LCD 投影机更合适，特别是在大型视频工程方面，专业人士大多使用专业级 LCD 投影机。

3)昂贵的色彩代价。目前单片式 DLP 投影机与三片式 LCD 投影机在价格上处于同一档次。几乎所有的投影机都支持 16 位至 24 位的真彩色。所以要评价投影机的色彩还原度，不仅看颜色，还要看对比度。从市场产品来看，对比度高是 DLP 投影机最值得炫耀的卖点，但单片 DMD 投影机的色轮在同一时间内一次只能处理一种颜色，因此不但会带来部分亮度的损失，同时由于不同颜色光的光谱波长的固有特性存在着差别，会产生色彩还原的不同，画面色彩往往表现出红色不够鲜艳等弊端。而目前中低端家庭影院都采用的三片式 LCD 投影机，是由于三片式 LCD 技术在色彩还原和画质方面的优势，在观看图片时，优质的色彩饱和度可以使画面展现自然效果，而这样的画面效果是同档次的单片式 DLP 投影机所无法实现的。只有三片式 DLP 投影机才能向消费者展示真正的 DLP 数字影院效果。不过令人遗憾的是，目前该机的价格高达 20 万元！所以，事实上在家用市场，DLP 投影机虽然向消费者展示了 DLP 投影机强劲的色彩优势，但真正能让大众买得起的却依然是 LCD 投影机。

4)不可回避的噪音。和传统的模拟产品相比，DLP 投影机使用的光学成像器件 DMD 的像素宽度只有 16 μm，像素之间的间隔也不到 1 μm，而且 DLP 投影机采用的是数字技术光学成像原理，不需要传统投影机那样多的中间处理环节，所以 DLP 投影机很自然地就可以把体积和重量做得更小了。但内部结构紧凑、整机小巧轻盈也并非尽善尽美，主要的弊端就是噪音大。LCD 投影机主要的噪音来源是散热风扇，而 DLP 投影机由于需要另一个高速电动机来转动色轮，因此开机后同时有两个电动机在机体内转动，噪音问题较仅有散热风扇电动机的三片式 LCD 投影机大。另外，体形大的投影机因为易于散热，故风扇电动机的转速较低，透过其内部效果良好的隔音机制，相较于体积小巧的便携式投影机，更易达到安静的效果，所以为获得优质的视听环境，有时体型较大的产品更具优势。

(二)液晶投影仪

液晶投影显示的原理是把液晶元件作为光阀或光调制器，即将光源发出的光束照射在液晶元件上，再将经此元件形成的图像用投影光学系统放大投影到屏幕上。由于光源与信号源是分离的，所以液晶投影显示在设计上与 CRT 投影显示相比具有更大的自由度。

早期是用电子束或激光束将图像信息写入液晶元件，中间还出现过光电导材料与液晶组合成的光选址方式液晶投影仪。目前，液晶投影显示是采用电选址方式的 TFT-LCD。

液晶投影显示有两种：透射型液晶投影显示和反射型液晶投影仪(LCoS)。

1. 透射型液晶投影仪

透射型液晶投影仪已从第一、二代 VGA 分辨率，开口率只有 0.3～0.4 的非晶硅 TFT 驱动，发展到第三、四代 UXGA(1 200×1 600 像素)分辨率、开口率提高到 0.5 的高温多晶硅 TFT 驱动。而光量输出也从以前的 200 lm 提高到 7 000 lm 以上。光学系统变得简单，能量转换效率大为提高。高温多晶硅 TFT 的制造工艺中需经历 1 000 ℃的高温，所以需制作在石英基板上，只适合制作成小尺寸光阀。同时，由于高温多晶硅中电子的迁移率高($100\sim300\ cm^2\cdot V^{-1}\cdot s^{-1}$)，TFT 变小，使开口率上升，并且还可将驱动电路制作在图像显示矩阵周围，使液晶片的外引线大大减少，增加了液晶显示元件工作的可靠性。

现在装在投影仪上的液晶光阀主流规格为：SXGS/UXGA 级的为 4.6 cm，光量输出为 5 000～7 000 lm；XGA/SXGA 级的为 3.3～4.6 cm，光量输出为 3 200～5 000 lm；SVGA/VGA 级的为 1.8～2.3 cm，光量输出为 1 000～1 400 lm。

三片式透射型液晶投影仪的基本构成如图 30-66 所示。照明光源的光线首先通过滤光片，滤掉红外线和紫外线，因为红外线和紫外线对 LCD 片有一定的损害作用。透过两片多镜头镜片将光线均匀化，并将 UHP 弧光灯产生的圆锥形光束校正为和投影图像近似的矩形光束。由光源发出的光经过聚光与偏光变换系统将白光匀质化，并转变成偏振光，再经过棱镜反射除去红外部分；用三个分色镜将白光分解为 R、G、B 三基色光束，并照射到三片液晶光阀上，形成三幅三基色图像，再用分色棱镜将这三幅图像合成，用投射镜投影到屏幕上。

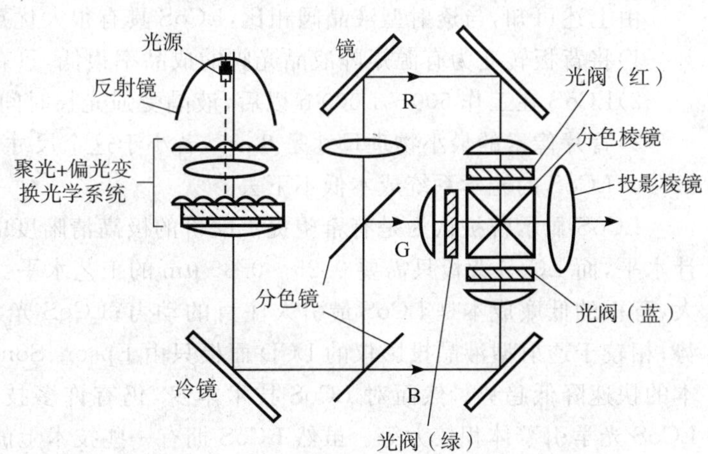

图 30-66　三片式透射型液晶投影仪的基本构成

现在主流的 LCD 投影机都为三片机，采用红、绿、蓝三原色独立的 LCD 板。这就可以分别调整每个彩色通道的亮度和对比度，投影效果非常好，能得到高度保真的色彩。LCD 的第二个优点是光效率高。LCD 投影机比用相同功率光源灯的 DLP 投影机有更高的 ANSI 流明光输出，在高亮度竞争中，LCD 依然占着优势。7 kg 左右的投影机中，能达到 3 000 ANSI lm 以上亮度的，都是 LCD 投影机。

LCD 投影机的明显缺点是黑色层次表现太差，对比度不是很高。LCD 投影机表现的黑色，看起来总是灰蒙蒙的，阴影部分就显得昏暗而毫无细节。这点非常不适合播放电影一类的视频，对于文字的显示与 DLP 投影机差别不是很大。第二个缺点是 LCD 投影机打出的画面看得见像素结构，观众好像是经过窗格子在观看画面。SVGA(800×600)格式的 LCD 投影机，不管屏幕图像的尺寸大小如何，都能看得清楚像素格子，除非用分辨率更高的产品。

2. 反射型液晶投影仪

LCoS 属于新型的反射式微 LCD 投影技术，它采用硅 CMOS 集成电路芯片作为反射式 LCD 的基片，用先进工艺磨平后镀上铝当作反射镜，形成 CMOS 基板，然后将 CMOS 基板与含有透明电极的玻璃基板相贴合，再注入液晶封装而成，如图 30-67 所示。LCoS 将控制电路放置于显示液晶的后面，开口率可以大于 90%。

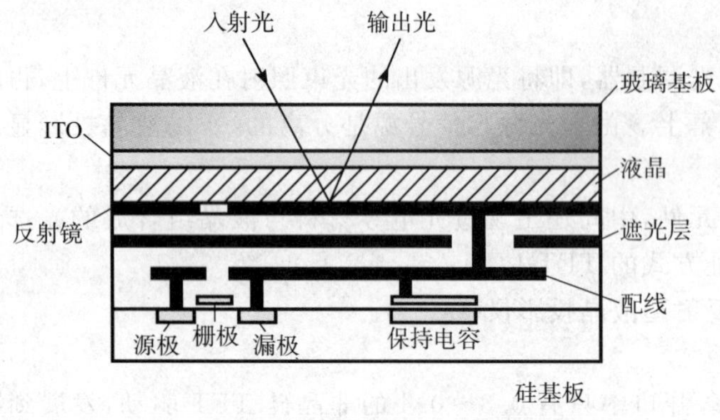

图 30-67　反射式液晶光阀(LCoS)元件的结构示意

LCoS 也可视为 LCD 的一种，传统的 LCD 做在玻璃基板上，LCoS 则做在单晶硅上。前者通常用穿透式投射的方式，光利用效率只有 3%左右，分辨率不易提高；LCoS 则采用反射式投射，光利用效率可达 40%以上，而且它的最大优势是可利用目前广泛使用、便宜的 CMOS 制作技术来生产，无需额外的投资，并可随半导体制作工艺的快速发展而更加微细化，逐步提高分辨率。反观高温多晶硅 LCD 则需要单独投资设备，而且属于特殊制程，成本不易降低。LCoS 面板的结构有些类似 TFT-LCD，同样是在上下两层基板中间分布衬垫加以隔开后，再填充液晶于基板间形成光阀，借由电路的开关以推动液晶分子的旋转，以决定画面的明与暗。

LCoS 面板的上基板是 ITO 导电玻璃，下基板是涂有液晶硅的 CMOS 基板，LCoS 面板最大的特色在于下基板的材质是单晶硅，因此拥有良好的电子移动率，而且单晶硅可形成较细的线路，因此与现有的 LCD 及 DLP 投影面板相比较，LCoS 是一种很容易达到高分辨率的新型投影技术。单晶硅的电子迁移率高，可以将液晶驱动电路与控制电路一体化，减少了外围 IC 数目及封装成本，并使体积缩小。由于 LCoS 的尺寸一般为 1.8 cm，相关的光学尺寸也随之缩小，使 LCoS 背投的总成本可大幅度地下降。

由上述可知，与透射型液晶阀相比，LCoS 具有很大优点。但是 LCoS 在开发中遇到了一系列的问题：

1)将背板转变为有源矩阵液晶光阀的成品率很低，只有 25%，这大大增加了制造成本。

2)LCoS 在工作 500～1 000 h 以后，液晶受强光长时间照射会发黄，产生区域性的不均匀性。

3)背片像素的最小物理尺寸是 8 μm，若小于这个尺寸，则由于液晶的边界效应，将会使分辨率受损。

4)LCoS 的光学系统成本低不下去。

LCoS 显示曾被认为是有希望提供廉价的极高清晰度的图像显示，因为半导体已经达到 0.065 μm 的设计水平，而 LCoS 背板只需要 0.25～0.35 μm 的工艺水平。对任何分辨率的背板，其制造成本都不会相差太大，背板的低廉成本是 LCoS 最引人注目的动力；LCoS 光学引擎因为产品零件简单，因此具有低成本的优势；相较于透射型液晶投影仪的 LCD 面板只由 Epson、Sony 供货及 TI 独家供应的 DLP 面板，LCoS 具有成本的快速降低趋势。然而对 LCoS 技术本身，仍有许多技术问题有待于克服，诸如黑白对比不佳、三片式 LCoS 光学引擎体积较大等。虽然 LCoS 拥有一些技术上的优势，不过目前在市场上 LCoS 投影机仍只占少数，约为 1%～2%，主要问题在于量产技术尚未克服，零件供货上仍不稳定，因此，LCoS 仍需待以时日才能成长为投影机中的一支。但是，近 10 多年来由于面临着 DLP 背投猛烈的竞争，留给 LCoS 的时间已不多了。

四、常见投影显示技术的比较

投影显示的发展至今已有近 60 年的历史，早在 20 世纪 40 年代，美国就开发了 CRT 投影系统、光阀投影和激光投影的原形，随着经济技术的发展，各种投影显示技术也逐步走向成熟和应用，到目前为止，根据成像原理的不同，还在使用的投影显示大致可分为 CRT 投影、LCD 投影、DLP 投影、LCoS 投影、LV(光阀)投影 5 种技术，它们之间的对比如表 30-12 所示。

表 30-12 常见的 5 种投影显示技术的比较

投影技术	工作原理	优 点	缺点和备注
CRT	通过红、绿、蓝 3 个阴极射线管的电子束轰击玻壳上涂的荧光物质发光成像，经光学透镜放大后，在投影屏或幕上会聚成一幅彩色图像	图像细腻，色彩还原性好，逼真自然，分辨率调整范围大，几何失真调整功能强	亮度低，亮度均匀性差，体积大、重，调整复杂，长时间显示静止画面会使管子产生灼伤(接近退出市场)
LCD	透射式 LCD 投影机将光源发出的光分解成红、绿、蓝三色后，射到一片液晶板的相应位置或各自对应的三片液晶板上，经信号调制后的透射光合成为彩色光，通过透镜成像并投射到屏幕上	体积小，重量轻，操作简单，成本低	光利用率低，像素感强(是市场上的主流产品)
DLP	由微镜的转动(±10°)控制调制光的反射方向，即控制该点信号的通断，然后通过透镜成像并投射到屏幕上	光利用率高，色彩丰富，响应速度快，亮度和色均匀性好，体积小，重量轻	正在迅速崛起
LCoS	将透射式电极换成反射膜，调制光经液晶反射后，通过透镜投射到屏幕上	控制电路不影响亮度，提高了光的利用率	量产技术有待解决
LV(光阀)	根据寻址技术、光阀及上述两者之间所用的转换介质的不同可以分成许多种类，目前市场上常见的是由 CRT、转换器和液晶光阀组成的大型光阀投影机。它使用高清晰度 CRT 作像源，经转换后通过光阀成像	分辨率高，没有像素结构，亮度高，可用于光线明亮的环境和超大屏幕显示	成本高，体积大，重量重，维护困难(正在被淘汰)

五、未来的投影显示技术

投影显示技术的未来是激光投影显示，即激光电视。所谓激光电视，是指利用激光代替普通的光源实现发光。激光具有很高的色纯度，激光的亮度可达 $10^5\ cd/m^2$，比 UHP 弧光灯的亮度高得多。因此，如果选用合适的元件，将能得到色彩优异的画面。

(一)激光投影显示的分类

激光投影显示分为以下 3 类：

1. 利用单镜或双镜作飞点扫描

将约 1 mm^2 的平面镜安装在可绕水平和垂直两个方向旋转的支架上，激光束照射镜面，镜面转动时，形成激光光栅。图 30-68 是早期的利用双镜形成激光光栅的方案，图 30-69 是现代利用单镜形成激光光栅的单镜结构。

2. 利用一维线性阵列

快速的行扫描由一维线性阵列完成，低速的帧扫描由转动的平面镜完成。一维线性阵列结构示于图 30-70 中，有很高的分辨率，可达到 4 000×5 000 或 4 000×8 000，其工作原理类似于油膜光阀。阵列是一组类似于 DLP 中的微电子机械系统(MEMS)，由一系列交替排列的固定微细条和可以上下运动的微细条组成，它起着如图 30-56 所示的纹影(schlirien)光学系统中的纹影透镜的作用。当可以运动的微细条处于“上”位时，阵列表现为如同一个平面镜，将激光束反射回纹影镜和光源；当可以运动的微细条处于“下”位时，交替排列的上、下位微细条表现为如同一个会改变入射光的方向的衍射光栅，被阵列改变方向的激光束射不中纹影镜，而进入投射镜，并且投射到屏幕上。由于阵列改变激光束方向的角度与波长有关，所以大部分线性阵列系统采用 3 个线性阵列，分别用于红、绿、蓝 3 种激光。

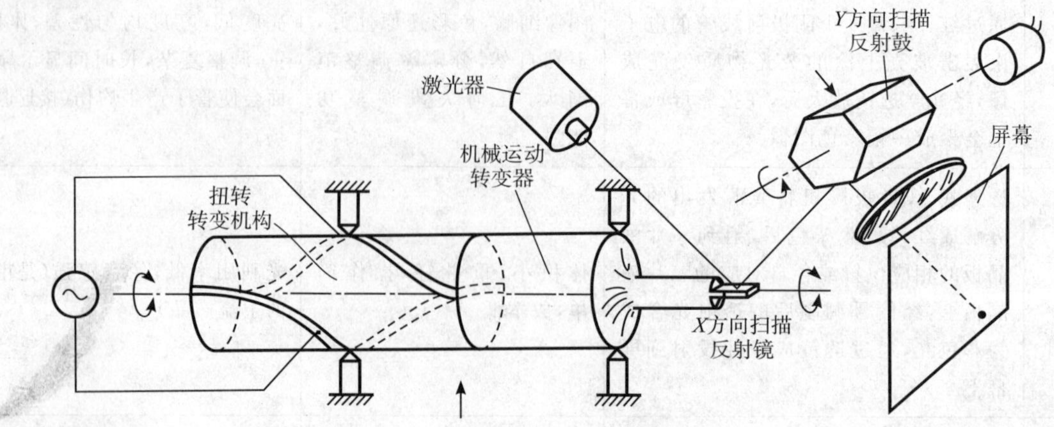

图 30-68　利用双镜形成激光光栅的方案

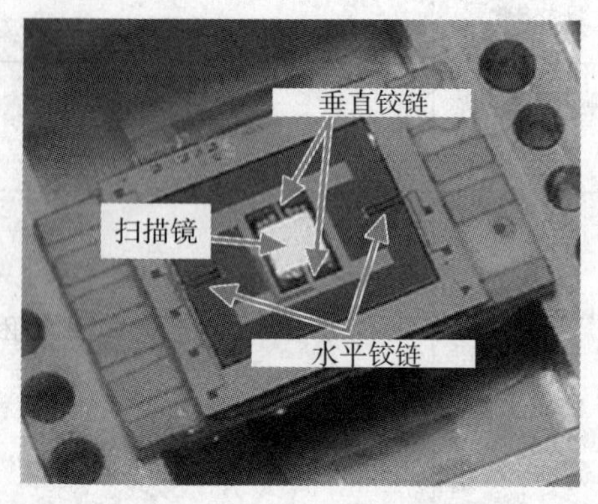

图 30-69　现代的单镜结构

图 30-70　一维线性阵列的结构

3. 基于二维像素阵列的微显示

激光在投影系统中只起光源的作用。

(二)激光投影显示的优缺点

激光投影显示的优点有：

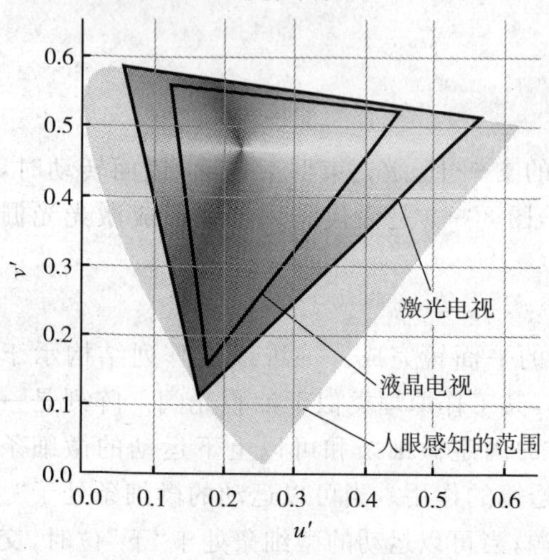

图 30-71　激光电视的色域

1)液晶背投在使用 1 万～2 万 h 以后，其亮度就会降低一半。激光投影机(激光电视机)采用半导体激光器作为光源，其室温寿命一般可达 10 万 h，经高温老化试验推算出的室温寿命可达百万小时，因此它是一种长寿命高可靠性的产品。

2)激光是真正意义上的单色光，红、绿、蓝三色激光可利用数字信号分别调制，因为色谱纯净，所以彩色效果非常理想。现有的电视技术其实只能显示出肉眼可见色彩中的 30%，而激光电视则能让我们看到可见色彩中的 70%，如图 30-71 所示。

3)与传统投影电视中的卤化物灯相比，激光是一种非常高效的光源。在传统投影电视中，卤化物灯只将光线能量的一小部分(2%～3%)进行转化，其余的都变成热量浪费了。

而且卤化物灯价格昂贵，易损耗，亮度衰减迅速，对震动非常敏感。而激光投影电视系统的机械部件很少，激光束可以通过镜面进行偏转，系统稳定性好。如松下的一款 132 cm 使用 LCD 投影技术的激光背投电视，光源耗电量仅约 50 W，只有使用 UHP 弧光水银灯的老式背投电视的一半。

4)在光的传播方式上，激光光源与传统的白炽灯、卤化物灯有着本质的不同：普通白炽灯、卤化物灯的光线向所有方向发射，而激光器将所有的光线都聚集在一个平行的光束中，所以激光投影系统中的光学系统小巧而简单。

5)激光投影系统发出的激光是绝对的平行光，即其景深为无穷大，所以投射到任何怪异几何结构的屏幕上，比如一个拱形银幕，甚至一个圆形屏幕上，都不会产生模糊不清的图像。激光投影电视的这种特性为环形放映开创了一个美好的前景。

6)激光电视清晰度高、屏幕尺寸灵活。这种系统还可适应目前使用的所有电视和微机显示器的标准，即 PAL 制、NC 制、SECAM 制、VGA 制等制式。激光电视可以发展成为特超大屏幕电视、电影和投影一体化的多功能产品。它较等离子体和液晶电视机工艺简单，亮度比大屏幕液晶电视机亮，且不受视角的方向性影响。

激光投影显示的缺点有：

1)激光电视是利用激光束投射成像，所以在大屏幕高亮度的情况下，投射出的大功率激光束，特别是流明数大于 200 的前投激光系统，如直接照射到观看者的眼睛，其安全性就不容忽视。所以目前以封闭式光路的背投激光电视为主。

2)半导体激光器价格昂贵。必须开发出适用于微显示的低价激光器。

六、投影系统的光源和光学系统

在投影显示的光学系统中有许多需要解决的问题。首先是光的控制问题；另外，用于提供光源的灯泡或者灯管的寿命也是一个需要解决的问题；再次，亮度的均匀性也是一个令人头痛的问题。图 30-72 是投影显示器的方块图，下面根据这个方块图来介绍各个部分的功能。

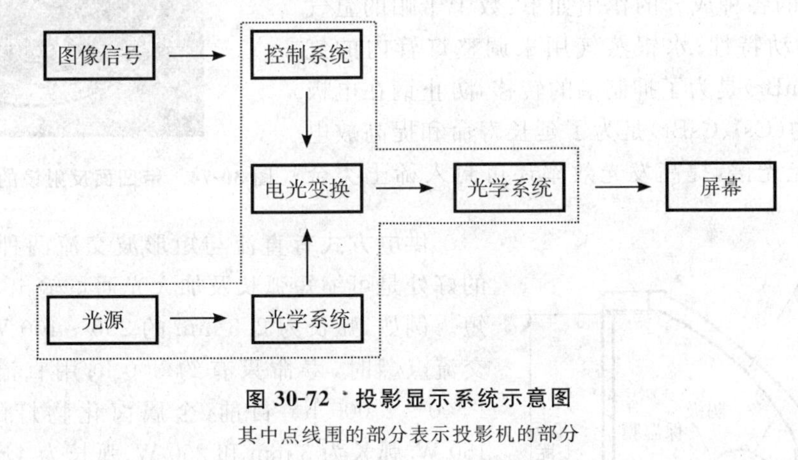

图 30-72　投影显示系统示意图

其中点线围的部分表示投影机的部分

(一)光源

关于光源，第十二章《光源和同步辐射》有较多的论述。投影系统用的光源有 4 种：超高压水银灯、金属卤化物灯、氙灯、卤素灯，后两种已不大使用，仅介绍前两种。

1. 超高压水银灯[16]

超高压(UHP)水银灯，又称超高压弧光灯，是由 Philips 首创的，在点亮稳定工作时，石英灯管中具有 $(1.5\sim2.5)\times10^7$ Pa 的水银蒸气压，弧长为1～1.3 mm的短弧。当工作水银蒸气压不够高时，连续光谱中红光成分不够，只有水银蒸气压大于1.5×10^7 Pa 气压时，光谱中的红光成分才够实际使用，如图 30-73 所示。

UHP 水银灯的功率一般在 100～300 W 之间，效率是 60～70 lm/W，寿命一般在 3 000～6 000 h，色温为

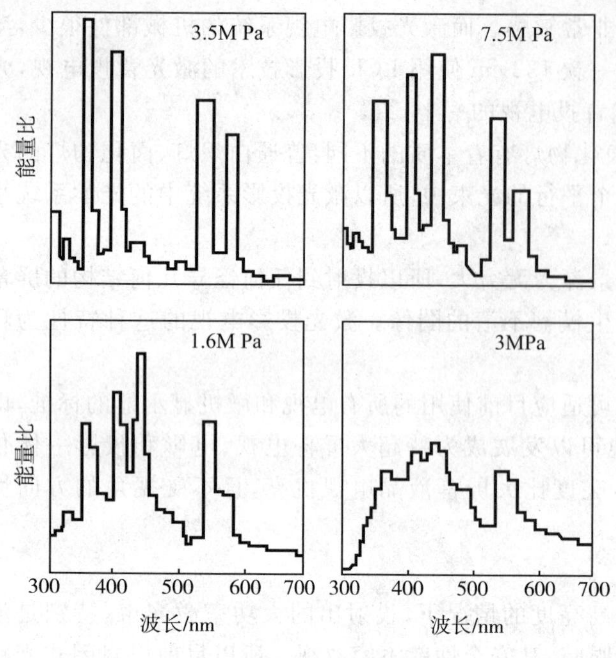

图 30-73　水银蒸气压和辐射光谱的关系

7 500～10 000 K，特别适于用作投影系统的光源。为了防止使用一段时间之后，因钨沉积到灯管内表面，使光源亮度降低，一般在高压水银蒸气中混入部分氧气和卤素，它们可以帮助去除附着在灯泡壁上的钨，并且让它们再次沉积到电极（也就是灯丝）上，这样就保证了灯泡在使用寿命期间的亮度没有太大的衰减。

UHP 水银灯的工作蒸气压很高，管壁工作温度约为 900℃，点燃时有破裂的可能性。所以必须使用前面密封型的反射镜，或将反射镜置放在破损时石英玻璃不飞散的围框内。图 30-74 为一个 UHP 水银灯和凹面反射镜的实物图。

2. 金属卤化物灯

随着投影机使用一段时间后，光源输出量会随着电极（灯丝）形状的改变而改变。同时在电极之间的离子浓度在不停地变化之中，这样我们会在屏幕上得到一块比其他的地方亮或者暗的区域。其中的部分问题可以通过前面投影机结构示意图种的光学系统来矫正。Philips 已经开发了一套调整电压脉冲的技术来保证光源的稳定输出。

金属卤化物灯在稳定点亮时，放电的水银蒸气压为数兆帕。将蒸气压低的金属单体做成各种蒸气压高的卤化物封入灯管中。为了使发光光谱中具有红、绿、蓝比例合适的成分，成为彩色再现性良好的光源，使用以镝（Dy）为中心的稀土类金属卤化物。封入灯管中的各种成分的作用如下：数十千帕的氩气是为了改善灯管的启动特性；水银蒸气用来调整灯管内的气压；铟的卤化物（Inl，InBr）是为了抑制镝的转移，防止镝在电极上的凝缩；铯的卤化物（CsI、CsBr）是为了延长寿命和提高放电稳定性；为了修正发光光谱，提高发光效率还可封入稀土类金属 La、Nd、Ho 等。

图 30-74　带凹面反射镜的 UHP 水银灯实物图

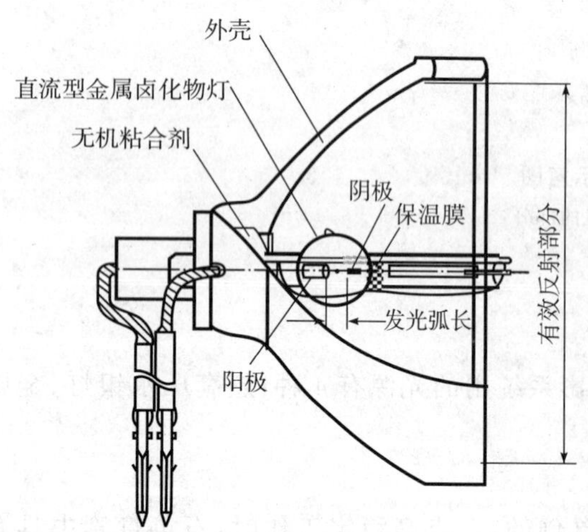

图 30-75　装有反射镜的直流点燃型金属卤化物灯的构造

供电方式有直流与矩形波交流两种。矩形波交流点燃的好处是可缩短弧长及加大光通量输出，但会使灯管寿命缩短。例如，弧长为 2.5 mm 的 250～400 W 的灯管，用矩形波交流点燃时，寿命只有约 300 h；用直流点燃时，寿命可达 1 500～2 000 h。目前，金属卤化物灯的水平是交流型为 150 W、弧长为 3 mm 和 250 W、弧长为 4 mm；直流型为 150～330 W，弧长为 1.5 mm。

金属卤化物的效率与设计寿命为逆向关系，即设计寿命长，则效率低；还与弧长有关，当弧长为 5 mm 时，效率可达到 80 lm/W；3 mm 时，为 70 lm/W；2 mm 时，效率只有 65 lm/W。当光通量为主要指标时，直流点燃型灯管的设计寿命为 1 500～2 000 h；如果寿命为主要指标，则牺牲光通量，寿命也能设计成 5 000 h 以上。图 30-75 所示为将直流点燃型金属卤化物灯与反射镜组装在一起的构造。

（二）光学系统

在投影机系统中，光学系统是光线从光源到光阀（又称成像引擎）的通道，它可以进一步提高光源效率和稳定性。

光学系统的一个任务是将从光源发出并且经过椭球形凹面镜会聚的光线进一步集中到光阀中；另外一个任务是使光源亮度分布更加均匀，因为一般情况下，大多数“灯泡”发出的光都是中间的亮度高，越到边缘部分亮度越暗。表现在矩形显示屏上，就是边角图像的亮度比中心的亮度低。

1. 早期的照明系统

早期的投影机用于放映幻灯片，采用柯勒（Kohler）照明系统，如图 30-76 所示。在该照明系统中，光源与投影透镜的入射孔在光学上是共轭的，作为光阀的幻灯片放在聚焦透镜和投影透镜之间。光源灯丝并不在光阀上成像，因此能在光阀上获得没有局部照明斑点的平滑照明。总的来说，是中间亮四周暗。

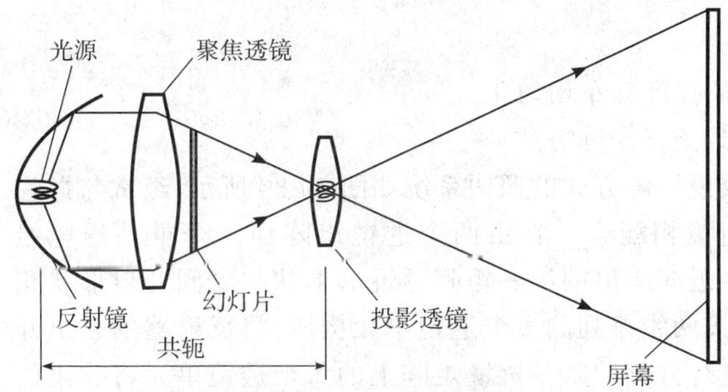

图 30-76　柯勒照明系统

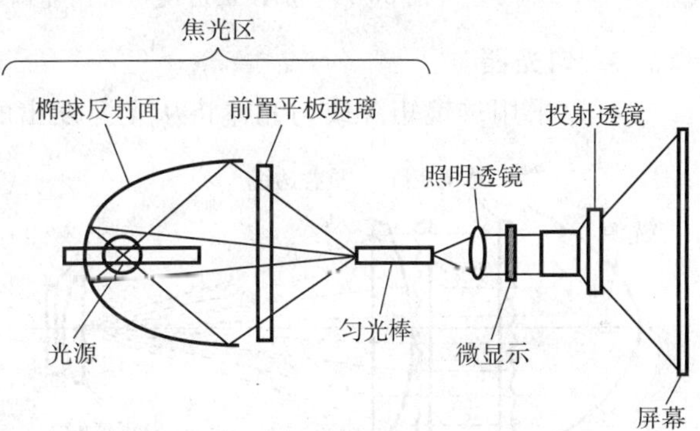

图 30-77　常规的带有匀光器的照明系统

2. 现在常规的带有匀光器的照明系统

现在常规的带有匀光器的照明系统如图 30-77 所示，由集光区、照明区和投射区 3 部分组成。在集光区，光源（一般使用弧光放电的 UHP 水银灯）发出的光束被椭球形凹面镜会聚，经过前置平板玻璃到达匀光棒的入口，光束在匀光棒中经多次全反射匀化后从出口处出来；在照明区，从匀光棒出来的光束经照明透镜投射在微显示面上，并且被调制；在投射区，已被调制的光束经投射透镜投射在屏幕上。

在投影显示系统的整个光路中，集光区光的损失率最高，原因在于我们假定处于椭球反射面第一焦点的光源是点光源，这样从光源发出的所有光线都会会聚在第二焦点上（根据椭球面的几何特性，不会产生像差），于是不会造成耦合损失，如图 30-78(a)所示。实际上，UHP 水银灯的发光区是极间的电弧，而电弧的长度等于极间距离，即光源是有尺寸的，这样从光源发出的光不会都会聚在第二焦点上，

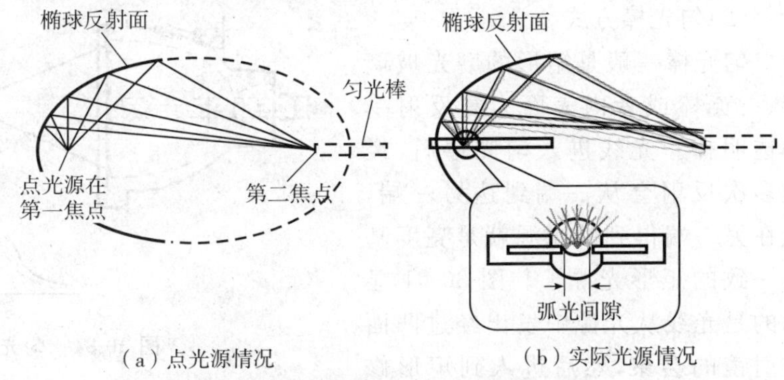

（a）点光源情况　　（b）实际光源情况

图 30-78　常规集光区引起耦合损失

这就产生了像差，造成了耦合损失，如图 30-78(b)所示。也就是说，实际的光源是由无数个点光源组成的，它们之中绝大多数都没有精确地位于凹面镜的第一焦点上，而是仅仅在第一焦点的附近，这样大部分的点光源的反射光线将会会聚在第二焦点之外的地方。光源越大，在第二个焦点得到的光线的会聚性就越差，越不像是一个点而是一个区域。这样就会引起一系列问题：这些发散的光线因为距离会聚区域相当远，所以不可能被传送到成像引擎，这将导致屏幕亮度的降低和投影机本身发热量的增加。部分发散光线可能会经过一定的途径进入投影机的光学系统最后到达屏幕上，这将会降低总体图像的对比度，比如原来是黑色的背景，因为这些光线的存在而变成了灰色。最新的措施是将集光区的前置平板玻璃改变成一个经过精确设计的校

正透镜，并且将反射面改变成非椭球面。采取这些措施后基本上可以解决这个问题(如图 30-79 所示)，还可使屏幕的亮度提高 10%以上。

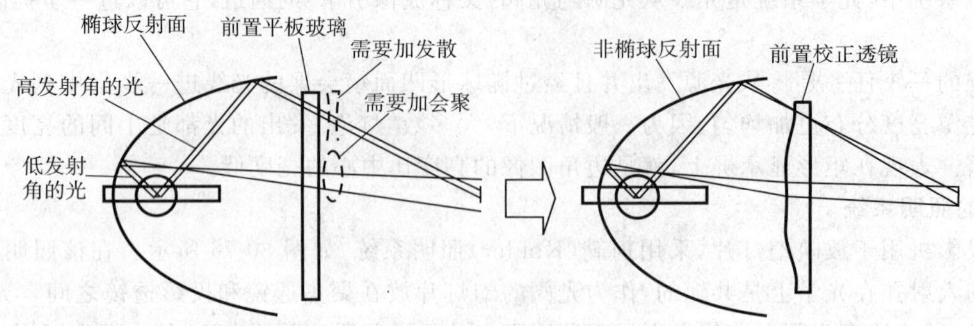

图 30-79　加校正透镜和采用非椭球面反射镜可改善光束在第二焦点上的会聚状况

3. 匀光器

可以采用透镜矩阵或匀光棒将从光源发出的光束的亮度分布均匀化。

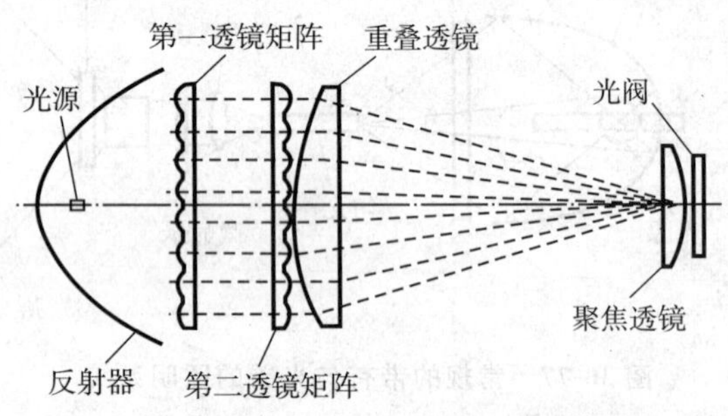

图 30-80　利用微透镜矩阵将光源发出的光均匀化

(1)透镜矩阵方式

透镜矩阵方式的照明系统如图 30-80 所示，经常与抛物面反射镜相配合。它由两个透镜矩阵加一个重叠透镜组成。靠近光源侧的第一矩阵透镜的形状与光阀开口形状相似，由按两维排列的多个透镜单元构成，将反射器的射出开口面进行分割。第一透镜矩阵上的每个透镜单元将收集的光聚焦到第二透镜矩阵各自对应的透镜单元上，现在第二透镜矩阵可等效为一个面光源，其上每个透镜单元发出的光被重叠透镜会聚在后者的聚焦平面上。根据聚焦平面的特性，所有平行光在聚焦平面上会聚于一点，该点的位置与平行光相对于透镜轴的夹角有关，角度越大，会聚点离轴越远。于是在光阀面上可获得较均匀的照明。双透镜矩阵方式的工作原理，是将由反射器发出的以光轴为中心旋转对称分布的反射光束进行重新积分，从而获得均匀的强度分布。当然，透镜矩阵的分割数越多，强度分布就越均匀。在 LCD 投影仪中常使用透镜矩阵方式。

(2)匀光棒方式

匀光棒一般是矩形的磨光玻璃棒、石英棒或者内表面为高反射率的透明棒。光线进入匀光棒后，经过多次反射会从一端到达另一端，而在另一端得到的光源就是亮度基本一致的矩形光源了。图 30-81 显示的是光线从光源中发出经过凹面反射镜的会聚，然后进入到矩形修正棒，在其内经过数次的反射在另一端得到亮度均匀的矩形光源的原理图和光强分布图，未经过匀光棒之前的光强分布接近于高斯分布，经过匀光棒之后的光强接近于矩形分布。

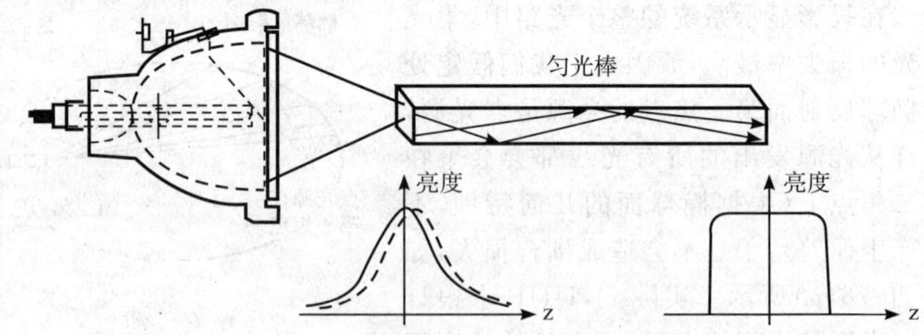

图 30-81　匀光棒将光束亮度均匀化的原理图

(三)色分离及色合成光学系统

1. 色分离及色合成用的光学零件

色分离及色合成用的光学零件的基础技术是光学薄膜技术。在玻璃基板上将高折射率和低折射率的透明介质薄膜，以光的 1/4 基准波长的光学膜厚为基准交互沉积，即可反射特定波长区域的光，而透过其余波长区域的光。光学薄膜的材料有 TiO_2、SiO_2、MgF_2、ZnS 等。利用光学薄膜的这种性质可以制造各种光学零件。

1)冷镜与冷滤光器。投影仪中的光源发射的光谱中包含有紫外线和红外线。红外线会使光学系统发热,紫外线会使光学零件老化,都必须用冷镜除去。冷滤光器上镀的光学薄膜反射红外线和紫外线,透过可见光,冷镜(冷光镜)上镀的光学薄膜反射可见光,透过红外线和紫外线。滤光器使用0°入射角,而冷镜的入射角不是0°。

2)分色镜与分色滤光器。分色镜把可见光中特定波长区域的光反射,使其余波长区域的光透过。而分色滤光器则是透过特定波长区域的光,反射其余波长区域的光。

3)PBS(偏光变换聚光器)。在玻璃上交叠沉积高折射率和低折射率的透明介质,并使其满足布儒斯特条件,即可制成PBS。PBS将入射的自然光分离成两个偏振方向不同的光线,透射光是p偏振光,反射光是s偏振光。

2. 几种色分离和色合成光学系统举例

(1)透射型LCD投影仪

透射型LCD投影仪中使用十字形分色棱镜作为色合成光学系统,如图30-82所示。先用冷镜将光源发出的光中的紫外线和红外线除去,再用偏光变换聚光器照明系统提高效率,同时将自然光调整为直线偏振光。

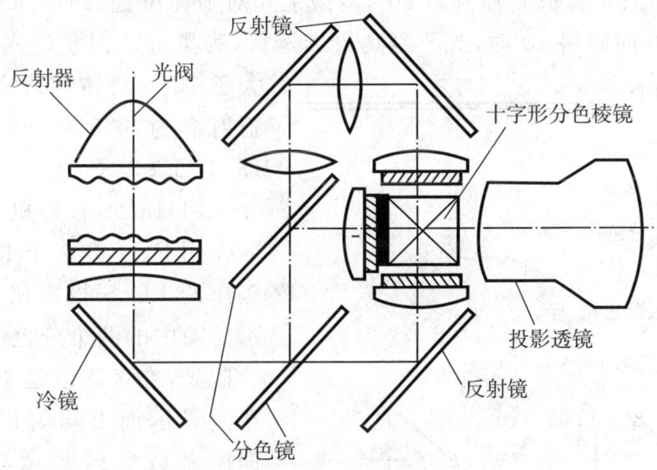

图30-82　采用两片分色镜的透射型LCD投影仪的光学系统

用两片分色镜将可见光分离成三基色:从冷镜反射的光先射向第一个分色镜,它是蓝、绿镜,即让红光透过而让蓝、绿色光反射。红光又经一个反射镜反射,入射到光阀上。蓝、绿光向上射向第二个分色镜,它是蓝镜,即让绿光射向光阀而将蓝光反射,后者经图上方两个反射镜反射后,射向光阀。比较R、G、B三色光的光路可知,蓝光的路程长。为了使蓝光入射在画面的照度分布及照明角分布与R、G二色光一样,在蓝光的光路中插入中间透镜进行校正。

色合成是在十字形分色棱镜中进行的,十字形分色棱镜是由4个直角三棱镜粘合而成的。在每个棱镜的直角面上蒸镀上介质膜,使左上到右下的面为蓝分色镜;而右上到左下的面为红色分色镜。这2个面交叉成十字,故称为十字分色镜。红光经光阀调制,垂直向上,被红分色镜反射到达投影镜;蓝光经光阀调制,垂直向下,被蓝分色镜反射到达投影镜;绿光则透过十字色镜到达投影镜,从而实现三色合成。

(2)反射型LCD投影仪

反射型LCD投影仪一般也用十字形分色棱镜。其光学系统如图30-83所示。先用冷镜除去光源发出光中的红外线和紫外线,再用偏光变换聚光器提高照明系统的效率,并把自然光调整成直线偏振光。色分离采用两片分色镜:第一分色镜为GDM,即反射绿光,而透过紫光(蓝加红);第二分色镜为BDM,即从紫光中反射蓝光,而透过红光。分离出来的三基色分别先经过前置PBS,进一步提高直线偏光度,并入射到主PBS上。由主PBS反射面反射的三基色通过十字形分色棱镜合成。

(3)DLP投影仪

DLP投影仪的光学系统如图30-84所示。光源发出的光先经冷镜除去紫外线与红外线,被反射镜反射进入全反射棱镜,全反射后进入色分离及色合成棱镜。由于色分离及色合成棱镜内全反射面BDM(反射蓝光)和ROM(反射红光)的作用,将入射光分离成三基色。色合成用同样的分色镜及全反射镜进行。

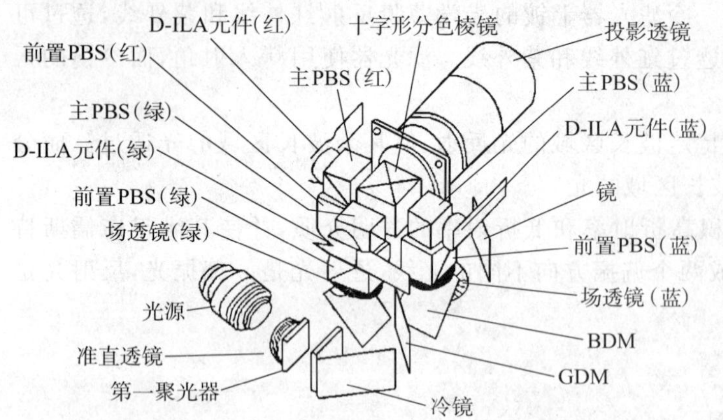

图 30-83 反射型液晶投影仪的光学系统

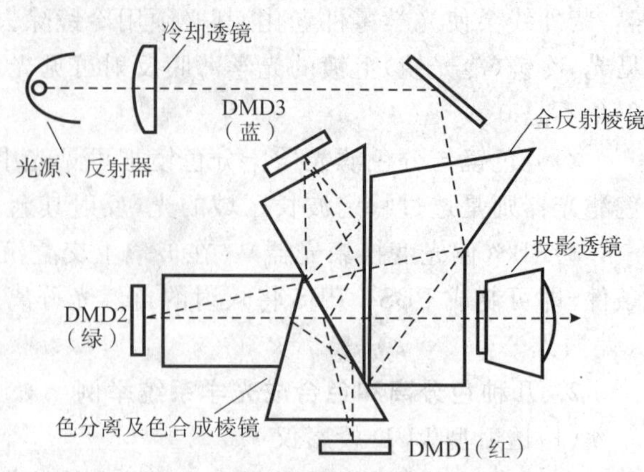

图 30-84 DLP投影机的光学系统

射向DMD微镜的光相对于合成光轴倾斜20°,当微镜相对平衡位置(即像面)倾斜10°时,光可以到达投影透镜,为亮屏;当微镜反方向倾斜10°时,光不到达投影透镜,为黑屏。但是进入分色棱镜的光的入射角应大于10°。具体数值决定于棱镜的折射率,设其折射率为1.5、1.6、1.7,则入射角度分别为13.2°、12.3°及11.6°。

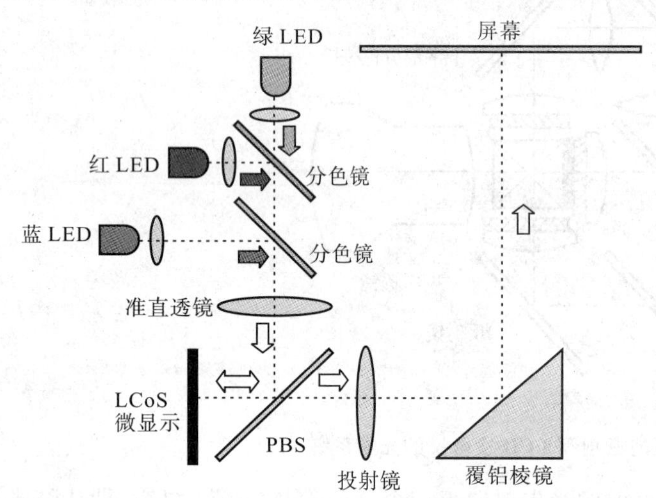

图 30-85 LED作为光源、场序工作的LCoS投影机的光学系统

(4)LCoS投影机

用R、G、B三个LED作为三原色光源,场序工作的LCoS投影机的光学系统如图30-85所示。图中的两个分色镜都是透过绿光,反射红光和蓝光;准直透镜是一种消色差透镜,使入射光在微显示面上均匀化;PBS将入射光偏振化,s偏振光被反射到微显示面上(p偏振光透过PSB),被TN液晶旋转45°,投射在背板铝层上被反射,再经过TN液晶,又被旋转45°,变成p偏振光,透过PSB,由投射镜成像在屏幕上。

七、投影显示的发展方向

1. 与手机配合发展口袋式小型投影机

现在手机已能下载视频图像,甚至可以观看高清晰度电视,但是手机屏太小了,用手机屏看电视有点像看小人书。如能随身带一个投影机,由手机提供视频信号,将图像投射在大屏幕上,就能实现在任何地点任何时刻观看大屏幕图像的梦想。如图30-86所示,图中左边为投影机,右边为手机。

图 30-86 TI公司研制的与手机配套的投影机

2. 激光投影机

激光显示技术已成为国际公认的实现超大色域、超高分辨率和超大屏幕的光电显示技术。激光电视是21世纪的电视机市场中最强的竞争者,被认为是继黑白电视、彩色电视和HDTV电视之后的第四代电视。

3. 为未来的新一代电视作准备的超高清晰度投影显示

从普通彩色电视发展到今日的HDTV大约走过了30年,日本NHK正在开发计划2025年开始使用的新一代电视系统,称为超高清晰度电视系统,其性能指标如表30-13所示。

表 30-13　超高清晰度电视系统的性能

参　量	HDTV	Super Hi-Vision
像素数	1 920×1 080	7 690×4 320
宽高比	16 : 9	16 : 9
帧频	60 Hz 隔行	60 逐行
看不见像素情况下的视场	水平方向 30°	水平方向 100°
音响	13 cm	56 cm
与电影相比较	与 35 mm 电影胶片相当	比 70 mm 电影胶片高 2 倍多
可显示的字符（每个字符由 24×24 个像素组成）	3 600 个	58 000 个（相当于两页报纸）

第七节　显示光学中的视觉特性

显示器上的图文都是通过人眼来接收的，眼睛将光信号转换成电信号，经视神经传送至大脑，大脑加以处理后，人们才感知到显示器所显示的具有明暗、色彩、形状和动作的图像。在电视图像制式的规定、彩色的重现、图像的处理技术中都充分地考虑或利用了人眼的视觉特性，因此充分了解人眼的视觉特性是正确、有效地设计图像的传输和显示系统的前提。眼睛的构造与功能请参见第二十九章《视觉光学》的相关内容。本节仅就显示光学中有关的视觉特性作一论述，更为系统的论述请参阅第二十九章《视觉光学》第三节《图形信息与视觉心理》和第十章《色度学》中的有关内容。

一、视觉的亮度感觉和空间特性

显示一幅二维静止图像，无非是一群明暗不同、颜色不同的点和线的空间集合，这就涉及人眼对亮度、对比度、分辨率、色感的感觉。

显示二维运动图像（最常见的是电视图像），显示屏上各点的信息是随时间变化的，这就涉及人眼的时间特性和眼球的运动特性。

目前，三维立体电视已日趋实用化，其主流是不用戴一副特殊眼镜，裸眼直接观看交叠变化的两幅平面图像，模拟视觉系统的立体成像机制，产生立体图像的效果，这就需要了解人眼立体成像的机制。

（一）亮度的感觉

亮度在显示器最重要的 4 大指标中名列第二，高亮度是实现高质量图像的基础。亮度可以用亮度计精确测量，它与人眼感觉到的明度（明亮程度的简称）不是简单的线性关系。此外，对于相同辐射能量的各种波长的单色光，亮度计测得的值也大不一样。

人眼观察等能单色光，感觉到黄、绿色光最亮，橙、蓝色次之，红、紫色最暗，即人眼对不同波长的可见光的感觉灵敏度是不一样的，可用视觉曲线（又称为标准比视觉曲线、分光视感曲线、视觉光谱光效率曲线）来表示，见图 30-87。

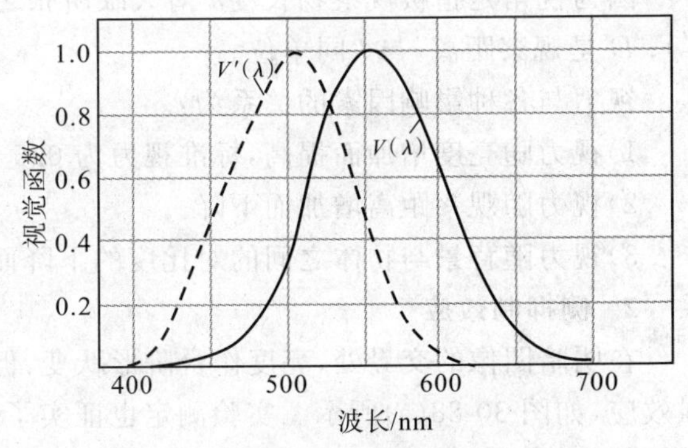

图 30-87　视觉曲线

利用标准眼（即一大群具有正常视觉人眼感觉的平均值）可以实验测得达到相同亮度时，不同波长色光所需的辐射能量，用视觉光谱效率函数 $E(\lambda)$ 表示。视觉曲线函数 $V(\lambda)$ 是 $E(\lambda)$ 的倒数，即 $V(\lambda)=1/E(\lambda)$。$V(\lambda)$ 曲线的峰值在 555 nm 黄绿光处，取其峰值为 1，就得到标准比视觉曲线，简称为视觉曲线。对于非单色光，设其辐射能量

分布为 $L_e(\lambda)$，则其亮度 L 为

$$L = K_m \int_{380}^{780} L_e(\lambda)V(\lambda)\mathrm{d}\lambda \tag{30-21}$$

式中，K_m 是最大视感度，等于 683 lm/W。这表明 1 W 辐射功率的 555 nm 黄绿光可产生 683 lm 的亮度感觉。

在 10 lx 以上的明亮环境下，锥体细胞起主要作用，称为明视觉，相应的视觉曲线称为明视觉曲线，即上述的 $V(\lambda)$。

在 0.01 lx 以下的昏暗环境下，杆体细胞起主要作用，称为暗视觉，相应的视觉曲线称为暗视觉曲线，以 $V'(\lambda)$ 表之。$V'(\lambda)$ 的最大值在 507 nm 处，相应的最大视感度为 K'_m，等于 1 745 lm/W。

在 10 lx 与 0.01 lx 环境下的视觉曲线应该介于 $V(\lambda)$ 和 $V'(\lambda)$ 之间，但不能用这两条曲线的线性组合来获得。

（二）亮度与明度的关系

人眼能分辨的两个光刺激的值差 ΔL_{th} 的最小值与背景亮度有关，即 $\Delta L_{th}/L$ 不是常数。背景亮度暗时，$\Delta L_{th}/L$ 值大，随 L 的上升而迅速降低，当亮度升至 30～1 000 cd/m² 范围时，$\Delta L_{th}/L$ 接近为一个常数 ω，约为 0.01～0.02。30～1 000 cd/m² 的亮度变化范围也是显示器的工作亮度范围，所以一般可以说亮度的相对分辨阈值为 $\Delta L_{th}/L = 0.01 \sim 0.02$。由此可知目前数字电视信号处理中采用 8 bit 将信号量化为 256 个等差级数是很不合适的，在低信号端会丢失大量可分辨的亮度等级，而在高信号端又分得过细，没有实际意义。

按韦伯-费希纳法则，若 $\Delta L_{th}/L = \omega =$ 常数，则明度 B 与亮度 L 的对数成正比（见(30-4)式）。

根据实测，也可以将明度 B 与亮度 L 间的关系表达成指数关系

$$B = k(L - L_0)^n \tag{30-22}$$

式中，n、k、L_0 与 L 有关。随 L 从暗至亮，n 由 0.33 增至 0.5。在显示器正常的亮度工作范围内，n 的值约为 1/3。即大体上，当显示屏亮度增加 7 倍，则人眼感觉到的明暗度（即明度 B）只增加 1 倍。

（三）视觉的空间分辨能力

1. 视力

视觉的空间分辨率就是视力 P。若观察距离已设定，则当两个发光点之间距离缩小到一定程度时，人眼不再能区分，即人眼视力是有限的。视力 P 是可分辨的最小视角的倒数，即

$$P = 1/\alpha_{th} \tag{30-23}$$

一般 α_{th} 的单位是(′)，取视角的好处是可以消去观察距离这个因素。对于标准眼可取 $\alpha_{th} = 1'$。

实际上视力 P 与图形内容、观察距离、背景亮度等因素有关。人们到眼科测视力时，其测试条件是按国际标准规定的：观察距离 5 m、照明 500 lx、测试图形为形如字母 C 的缺口环。所谓视力为 1，是指裸眼能看清楚的环缺口所对应的视角是 1′；视力为 0.5，所对应缺口的视角为 2′。

因为视角是指被观察物长度 l 对人眼所张之角度，它们之间的关系为 $\alpha = 3\,834\, l/D$，其中 α 的单位取(′)；D 是观察距离，与 l 同单位。

视力与各种影响因素的关系为：

1）视力随亮度增加而提高，标准视力为 0.5′～1′。当 $L <10$ cd/m² 时，视力迅速下降。

2）视力随观察距离增加而下降。

3）视力随背景与物体之间的对比度的下降而下降。

2. 侧抑制效应

在明暗图像的交界处，亮度作台阶形跃变，但视觉上会感觉到亮侧更亮而暗侧更暗的这种边缘对比度增强效应，如图 30-88(a)所示。实验测定也证实了这一点，如图 30-88(b)所示。这是视觉的马赫效应，是由于视神经的侧抑制作用产生的。侧抑制是生物神经系统中普遍存在的现象，是指当刺激某一神经元使其兴奋时，若再刺激该神经元附近的神经元时，后者的兴奋会受到前者兴奋的抑制，中医的针灸止痛就是利用侧抑

制效应。仍以图 30-88(a)为例，在亮图像区域中，每一神经元的兴奋都受其周围神经元兴奋的抑制，但在曲线平顶部分，各神经元兴奋受抑制的程度一样，所以人眼感觉到的明度也是一样的，但是到了明暗交界处，来自右侧的抑制突然减少，使亮度突变处左侧神经元受到的抑制减弱，兴奋增大，即明度上升。同理可说明为什么亮度突变处右侧明度较右边平坦处明度更低。视神经的侧抑制效应可以使明暗交界处的反差增大，对改善图像质量有益。视神经的水平细胞和无轴索细胞起着在相邻神经元之间传递信息的作用。在对电视图像信号处理中常用勾边电路以增加不同亮度边界处的对比度。所谓勾边电路就是加入一些电容元件使图像亮度信号脉冲下降沿的上沿向上翘，下沿向下弯，类似于人眼视神经的侧抑制效应。

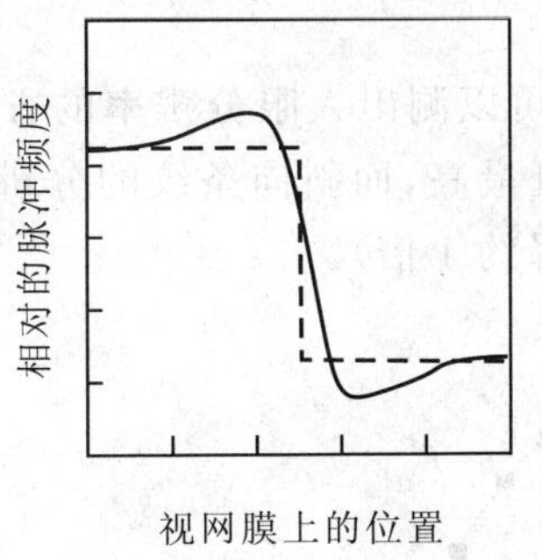

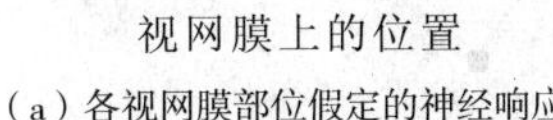

（a）各视网膜部位假定的神经响应

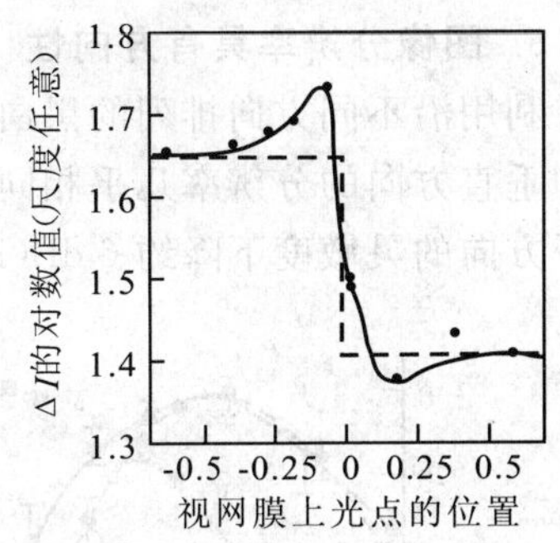

（b）在各部位检测到的小光点辨别阈强度 ΔI

图 30-88 侧抑制效应

3. 视觉的阈值和掩盖效应

视觉的阈值是指刚好可以被感觉到的刺激(干扰斑点、条纹或失真)，这是一个统计值，是图像处理中的一个重要参数。

视觉阈值是 ΔL_{th}的另一种提法。视觉阈值一方面随背景亮度的上升而提高，另一方面还与图像内容有关。如背景亮度均匀(或平坦)，则 ΔL_{th}低；如背景不平坦，例如在亮度变化的边缘处，则 ΔL_{th}就变高，即噪声不易被感觉到，这就是边缘效应。

当图像信号弱时，噪声信号是很刺目的；当图像信号强时，这些噪声信号就感觉不到了。其实这些噪声信号仍存在着，只是由于阈值效应和边缘效应，使 ΔL_{th}值大增，使人眼对噪声引起的亮度变化不敏感了。

在图像信号传输中被广泛利用的图像压缩技术中，必须使用量化编码器，量化过程会产生量化噪声。为了将量化噪声抑制到足够小，就要提高量化比特数 n。利用阈值效应和边缘效应，就可以按图像的平均亮度和图像内容随时调整 n 值。在亮度高，而且亮度变化大之处就可以取较小的 n 值，以降低传输的数码率。

4. 视觉的空间频率响应特性

在对光学系统分辨率的测试中经常使用调制传递函数(MTF)法，它可以定量描述光学系统的分辨率。用 MTF 法也可以定量描述显示屏或人眼的分辨率。

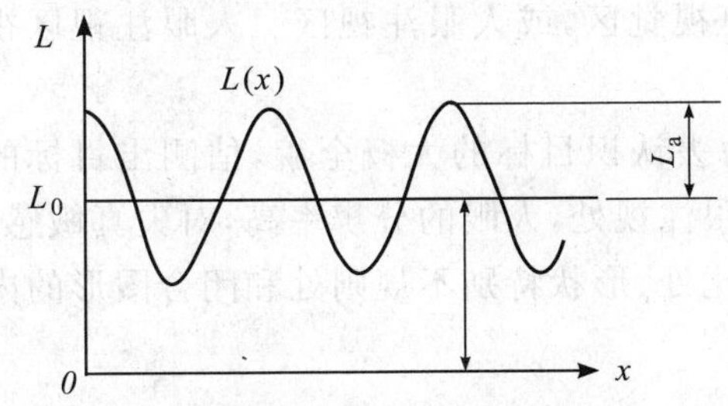

图 30-89 周期变化的明暗条文

为了说明什么是 MTF 法，以如图 30-89 所示的情况为例。设景物为一系列周期变化的明暗条文，其亮度分布可表达为

$$L(x) = L_0 + L_a \cos \omega_x x \tag{30-24}$$

式中，$\omega_x = 2\pi u_x$，u_x为单位长度中的黑白条纹的对数，则调制对比度 C_m 为

$$C_m = \frac{L_{max} - L_{min}}{L_{max} + L_{min}} \tag{30-25}$$

在每一种频率 u_x下，降低 C_m，直到觉察不出条纹明暗的变化，得到该频率下的分辨阈值。用此法可以得到一条不同 u_x下的分辨阈值曲线，这就是视觉系统的空间频率响应特性，也称为对比敏感度曲线，见图 30-90。图中横坐标为空间频率，以 1°视角内的条纹数表示，纵坐标为分辨阈值的相对坐标。

分析图中 3 条曲线可知：

1)明暗条纹曲线有一个峰值，在空间频率为每度 2～3 周期处分辨灵敏度最高。曲线属带通型，两端下降不快，这表示黑白的亮度信号要占用较宽的通频带(在现行电视中约为 5 MHz)。

2)另两条均是彩色条纹(红-绿，黄-蓝)曲线，曲线形状属于低通型，在高频端迅速下降。这决定了彩色电视信号传输中，彩色信号可以用较低的通频带(在现行电视中约为 1.2 MHz)传输。

5. 图像分辨率具有方向性

利用沿不同方向排列的黑白条纹可以测出人眼分辨率的方向性，如图 30-91 所示，由图可知，沿水平方向和垂直方向的分辨率几乎相同，并且最高，而斜向条纹的分辨率低。最低处在沿 45°或 135°方向附近，比水平方向的灵敏度下降约 6 dB(即下降约 1 倍)。

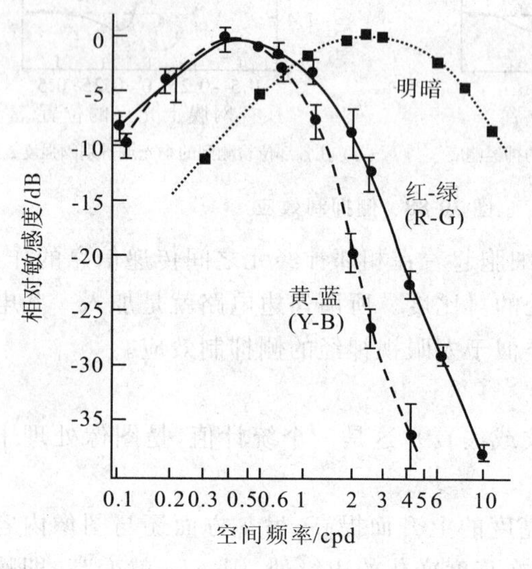

图 30-90　视觉系统的空间频率响应特性(MTF)

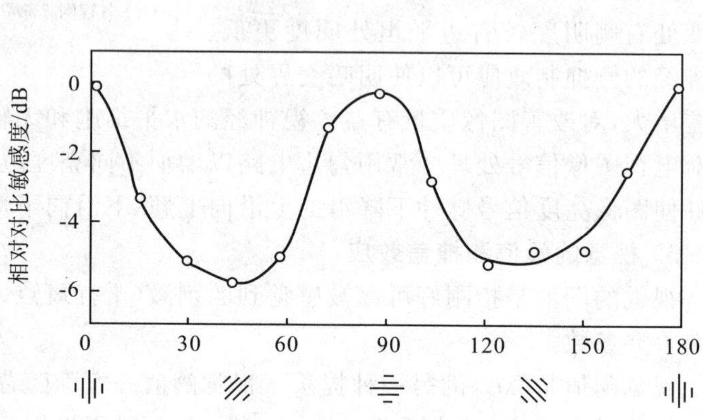

图 30-91　人眼分辨率的方向性

(四)人眼的视野

单眼视野是指眼球不动时，单眼所能觉察到的范围。如以注视点为中心，则上方为 65°，下方为 75°，即上下方共 140°；左右方向视野对称，为 150°～160°。如果双眼同时注视同一点，垂直视野不变，水平视野可达到约 180°。白光视野最大，依次按黄绿色、红色、绿色渐次减小，但这只是感觉到的范围，能看清楚的范围水平方向为 20°范围，垂直方向为 15°范围。观看电视时，应调整好电视的观看距离和安置高度，使显示画面的范围在水平 20°和垂直 15°的清晰视觉范围内。这样看电视时可以不转动头部而看清楚整个画面，长时间观看不觉得累。电视、电影画面宽高比设计为 4∶3(或 16∶9)，是为了适应人眼视觉清晰区在水平与垂直方向上视角的不同。

对图像颜色及细节分辨率最强的区域，即视力敏感区，属于黄斑视觉区，或人眼注视区。人眼注视区视角只有 10°。依靠眼球转动，即追踪性运动，可以在画面上移动。

由上述可知，人眼靠中心视力去认识图像细节，而利用周边视力去认识目标的大概全貌，估测出目标的特征，以决定是否要将中心视力所注视的区域移向某一个方向。人眼注视处，人眼的分辨率高，对失真敏感。人眼注视点集中在图像的交界处、拐角处、信号时隐时现处、运动变化处、形状特别不规则处和闭合图形的内侧等处。

(五)利用视觉特性减少图像信号传输的数码率

在普通电视信号的传输中，所占的频带宽度只有 6 MHz，每幅画面的像素点只有约 30 万个。对于 HDTV，每幅画面的像素增加到约 200 万个。如果采用 8 bit 量化处理成脉冲信号，每幅画面传输的数码将增加到 1 600 万个。如果再将隔行扫描改为逐行扫描(按平板显示器件的矩阵结构，应该采用逐行扫描)，则传输的数码率比现行电视信号要提高约 200 倍。而按 HDTV 标准，仍被要求在 6 MHz 通带内传输如此庞大的数码率，如果没有后来发展起来的图像压缩技术，HDTV 信号的传输就根本不可能实现。

所以如何充分利用人眼的视觉特性，提高对所传输图像信号的压缩比是十分关键的。即在人眼分辨率低的部分减少量化数，或减少信号的字节，以降低信号的传输率。目前图像压缩比已可达 30～100 或更高。根据上述讨论，可以总结出如下提高压缩比的措施：减少图像静止部分的时间分辨率、减少图像活动部分的空间分辨率、减少色差信号的空间分辨率、减少图像边缘部分的分辨率、减少非人眼注视点处的分辨率。

经过这样压缩处理后的图像信号，传输到接收显示终端，经过对图像信号解压缩处理后，仍可得到质量非常高的图像。

二、视觉的时间分辨率

图像信号都是逐点或逐行传输的，在显示屏上也是逐点或逐行显示的，而人眼感觉到的是一幅完整的图像。电视(或活动)图像的传输是利用每秒传输 25 幅或 30 幅不同图像，人眼并未感觉到图像的间断，而是感觉到流畅的活动画面。这些都是利用了人眼视觉的时间特性，因为人眼在接收、处理和传递光信息时是需要时间的。

人眼的时间特性表现在下列两个方面：

(一)时间的积分或叠加效应

设有两个强度分别为 I_1 和 I_2、宽度相同的光脉冲作用于人眼。当两个脉冲的时间间隔大于 50～70 ms 时，人眼感觉到的是前后两个独立的脉冲；当两个脉冲的时间间隔小于 20 ms 时，其作用则相当于一个强度为 $I_0(I_0=I_1+I_2)$ 的单脉冲。即对于总时间间隔在 20 ms 内的一系列光脉冲，具有时间的叠加性或积分性。对于维持时间小于 20 ms(设为 T)的任意波形的光脉冲，可以等效为宽度为 T 的方波，其强度 I 为

$$I=\frac{1}{T}\int_0^T I(t)\mathrm{d}t \tag{30-26}$$

(二)时间频率特性

以等幅方波光脉冲刺激人眼，当频率低时，观察者感到一系列的闪光。随着频率的增加，闪光由粗闪变为细闪，直至感到只是一种连续光。将闪烁感刚刚消失的频率称为临界融合频率(critical fusion frequency, CFF)或临界闪烁频率，此时眼睛感觉到的明度是变化明度的时间平均值。

CFF 与下列因素有关：

1)CFF 随刺激光强度的平均值增加而增加：$\mathrm{CFF}=a\lg l+b$。

对于弱光，CFF 可以降低到 5 Hz；随着亮度的增大，CFF 提高，最后提高到 50～55 Hz。所以只要闪烁频率提高到≥60 Hz，不管平均光强如何，都能使人眼的闪烁感消失。这就是电视中的场频选 50 Hz 或60 Hz 的原因。电影院放电影，每秒放映 24 幅图片，当画面较亮时会产生令人不愉快的闪烁感，所以在放映机中加了一块挡板，在放映每幅图片中挡一下，使闪烁频率提高到 48 Hz，从而消除了闪烁感。

2)CFF 随刺激面积 A 的增加而上升：$\mathrm{CFF}=c\lg A+d$。

3)视网膜不同部位的 CFF 不同。锥体细胞的 CFF 大于杆体细胞，所以中央凹处的 CFF 大。

4)在视线移动时和在对比度大的图形处，CFF 都会上升。

5)在不同颜色的背景光下，白光的 CFF 不同：在蓝色背景光下最大，红色背景光下次之，绿色背景光下最低。人眼对闪烁光具有 CFF，说明人眼对光刺激具有视觉残留。电视传输图像正是利用了人眼的视觉残留特性，使逐点或逐行显示的图像感觉成为一幅完整的图像，使一幅幅间断出现的画面感觉成为流畅出现连续变化的活动图像。

三、人眼的色觉

色觉理论有三色说、四色说以及将这两种理论综合起来的色觉模型，但是如果将问题只局限于颜色的混合，则采用三色说也足够用了。

(一)三色说

视网膜上只有锥体细胞能分辨颜色，锥体细胞又分为 3 种，简称红锥、绿锥和蓝锥，它们的吸收光谱见图 30-92，吸收曲线峰值波长分别在 570 nm、540 nm 和 440 nm 附近。

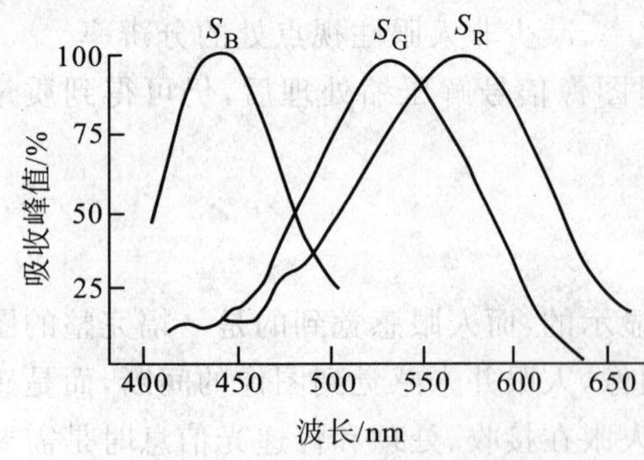

图 30-92 红锥、绿锥、蓝锥的吸收光谱

3 种锥体细胞对各种单色光的敏感度是不一样的，如果 440 nm波长的光入射，则 S_B对其灵敏度最好，响应迅速；S_R和 S_G也有响应，但程度低得多。这样，根据入射眼睛的光线波长不同，各种锥体响应程度也各异，从而人眼可以分辨出不同波长光线的颜色。

3 种锥体细胞除了吸收光谱不一样外，其分布密度和响应特性也不一样。蓝锥在视网膜内分布密度低，且响应特性也较差。分布密度低，表明对蓝光刺激的空间分辨率差，因此用蓝色书写的文字可视性差。

(二)颜色的 3 个基本特征

颜色分非彩色与彩色两大类。非彩色系列即黑色、白色以及深浅不同的中间色(即灰色)。彩色系列是指除黑白系列以外的各种颜色。表现颜色的特性是其三个基本参量:色调、饱和度和明度。

色调是由物体反射的光线中占优势波长(即主波长)决定的，不同主波长产生不同的颜色感觉。色调是彩色的最重要特征。

颜色的饱和度表征颜色鲜明的程度，与物体表面反射光中所含的白光比例有关，包含的白光越多，则颜色越淡，颜色越不纯。以红色为例，不含白光的红色为深红，随着白光比例的增加，逐渐变成浅红、淡红。一般来说，中等反射率物体表面颜色的饱和度是最大的。

明度是人眼直接感知到的物体的明亮程度，决定于物体表面的反射系数和人眼的视觉曲线。

(三)人眼对颜色的分辨能力

1. 对色调的分辨能力

人眼对各种色调的分辨能力相差很大。在饱和度取最大值，并且亮度较好的情况下，人眼对色调的灵敏度曲线如图 30-93 所示。在 470～640 nm 波长范围内，$\Delta\lambda \geqslant 2$ nm 才能分辨出色调变化。在 λ 为 494 nm(青色)和 585 nm(黄色)附近，灵敏度最高，甚至能分辨只有 1 nm 的色调变化。而从 655 nm(红色)到 760 nm 末端和从 430 nm(紫色)到可见光光谱末端 397 nm，人眼几乎感觉不出色调的变化。如图 30-93 所示的曲线对指导配色很有用，指出了哪些颜色重现时要精确，哪些颜色重现时可以失配大些。在整个光谱上，人眼大约可分辨出 128 种不同色调。

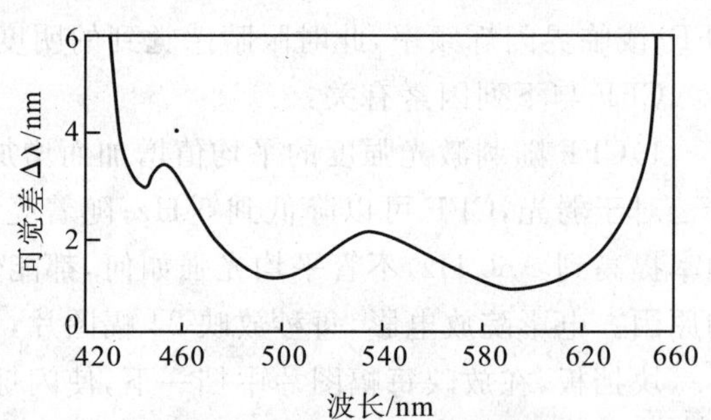

图 30-93 人眼对色调的灵敏度曲线

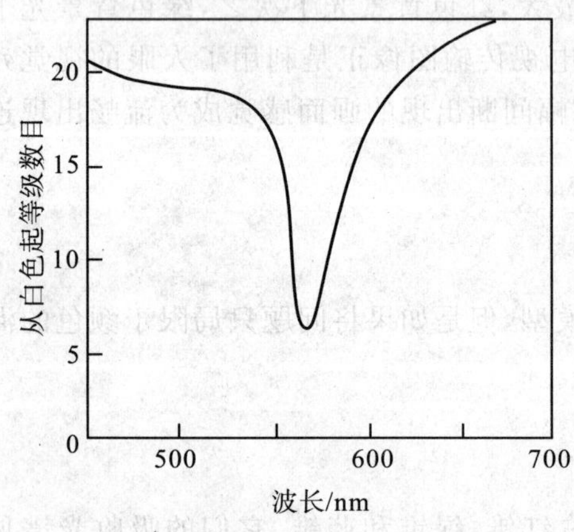

图 30-94 不同色调下能辨别的饱和度级数

2. 对饱和度的辨别能力

图 30-94 示出了不同色调下能辨别的饱和度级数，由图可知，560 nm 的黄绿光可分辨的饱和度最少，只有 4 级；绿光至蓝光区域可分辨的饱和度等级为 15～20，而红光至 680 nm 的可见光光谱末端的可分辨饱和度从 15 上升至 25。

3. 人眼可辨别的颜色总数

人眼能分辨的色调总数约为 130 种；每种色调可分辨的饱和度等级虽然相差很大，但可以取 10 作为平均值；对亮度可分辨等级约为 600。如若将上述三种数连乘，其值约为 78 万种。由于亮度过低或过高和饱和度降低都会使可分辨的色调数大大降低，考虑了这个因素，如果仔细分类统计可以得出人眼可分辨的颜色总数约为 1 万种。作为对比：美术作品、彩色纺织品可能显示的颜色是几千种，最好的彩色印刷品能显示的颜色只有约1 000种。

目前彩色显示是用红、绿、蓝3种基色合成的，每种基色信号模拟量用8 bit量化，即量化为256个亮度等级。于是商家宣传彩色显示器可以显示$(256)^3 \approx 1\,700$万种彩色。如用10 bit进行量化，则更可得出可显示接近天文数字的彩色数。这些计算数据没有错，但对照人眼对颜色的分辨能力则是毫无意义的。

（四）颜色的混合

颜色的混合方法分为加色混合与减色混合两大类。加色混合是指色光混合，彩色显示器采用这种方法显示彩色。另一种减色混合法用于彩色胶片生成、颜料的混合等方面，与本章内容无关。以下只讨论各种加色混合法。

1. 同时加色法

由于人眼不是一种精细的辨认颜色的感觉器官，同一种色调可以用不同的光谱分布来实现，即同色异谱。实验证明，全部光色可以由红、绿、蓝3种基色以适当的比例混合而得到。如红色＋绿色＝黄色，红色＋蓝色＝紫色，蓝色＋绿色＝青色，红色＋绿色＋蓝色＝白色，等等。

2. 继时加色法

将两种以上的颜色刺激以50 Hz的交替频率作用于视网膜，就形成混色的刺激状态，这就是继时加色法或时间混色。近年来，以R、G、B 3种LED作为背光源，无滤色膜的LCD显示屏正在开发之中，这种新器件采用场序切换法，即接收红色信号时只让发红光的LED亮，接收绿色信号时只让发绿光的LED亮……只要R、G、B场序切换足够快，人眼感觉到的便是一幅幅彩色图像。时间混色是利用了人眼的视觉残留或时间分辨率不高的特性。

3. 空间加色法

R、G、B 3个发光点互相靠得很近时，这3个发光点在人眼中便产生了混色效应，即空间加色法，它利用了人眼的空间分辨率的有限性。在各种彩色显示器中，普遍采用这种实现彩色的方法。

四、人眼的立体视觉[17]

我们看到的各种图像、影像（包括电视、计算机图像、电影、广告牌）大多是平面的，但是现实世界是立体的三维空间（3D），显示三维立体影像的技术一直在发展着。下面介绍的三维影像显示技术，是用模拟人眼左、右视角拍摄的平面影像经计算机或电视屏幕输出，利用立体镜或在屏幕前加一个光栅系统，合成具有深度感的真实立体影像，称为3D技术。

（一）立体视觉原理

1. 深度暗示（立体视觉）的产生

现代心理学公认有10种暗示用来感觉影像的深度。这些暗示又分两大类：生理学上有4种，心理学上有6种，但是生理学上的暗示起主要作用。下面介绍这4种生理学上的暗示：

1）晶状体调节。晶状体调节是指用睫状肌的伸缩来调节晶状体的焦距的过程。即使用单眼观看物体时，这种暗示也是存在的，这就是单眼深度暗示。可是，这种暗示只有在与其他双眼暗示组合在一起，而眼距又在2 m之内时才是有效的。

2）双眼会聚。当用双眼观察物体时，为了把注视点成像在双眼的中央凹，双眼的眼球会略微转向内侧，使双眼对着一点看，这时就给出了一种深度感觉的暗示。两眼至被注视点视线间的夹角α称为光角（optical angle），人眼离注视点越远，光角就越小。光角α、瞳距p_0和视距d之间的关系为

$$\alpha = p_0/d(\mathrm{rad}) = 57.3p_0/d\,(^\circ) \tag{30-27}$$

当取$p_0=65$ mm，则当视距d由无穷远移近到3.58 m处时，光角α只变化了1°；当视距d由25 cm移近到23.4 cm处时，光角α也变化了1°。由此可知，虽然可以利用光角检测距离信息，由于距离远时光角随距离改变量变小，所以利用光角可检测的距离信息限于10 m以内。

3）双眼视差。当观看物体上的一点时，由该点发出的光线就聚焦于双眼视网膜的中央凹处，即眼内两个

中心凹在视网膜上给出了物点的"对应像位置"。眼球的会聚转动程度也由此来定。来自注视点以外各点的光线并不总能聚焦在两个视网膜的"对应像位置"上,这种效应即双眼视差。图 30-95 是双眼视差示意图。O_1、O_2为晶状体中心,物点 M 成像在视网膜上中心凹 m_1、m_2处。过 M、O_1、O_2作一个大圆,大圆上的各物点在两个视网膜上的像点都处于"对应像位置"。处于大圆上的各物点不存在双眼视差,如大圆上 P 点在视网膜中心凹上的像点为 p_1、p_2,而$\angle p_1O_1m_1$与$\angle p_2O_2m_2$是相等的。所以大圆是根据双眼视差给出的等距轨迹,称为全息圆。而来自圆外之点(如 Q 点)的光线是绝不可能聚焦在中心凹的两个"对应像位置"上的,因此可以感觉到双眼视差,并且可以识别其距离差别。双眼对 Q 点的光角β与对 M 点的标准光角α之差为$\eta=\alpha-\beta=\theta_1-\theta_2$。设双眼到 M 点、Q 点的视距分别为d_M、d_Q,则视距差$\delta=d_Q-d_M$。若δ远小于d_M、d_Q,则得$\eta=\alpha-\beta=p_0/d_M-p_0/d_Q\approx p_0\delta/d_M^2$。对于标准眼,双眼视差的最小可分辨视角与单眼最小可分辨视角相同,为$1'$。当d_M分别为 1 m、10 m 和 100 m 时,最小可觉察深度分别为 0.8 mm、8 cm 和 8 m。对于中等视距,公认双眼视差信息是深度感的最重要暗示。

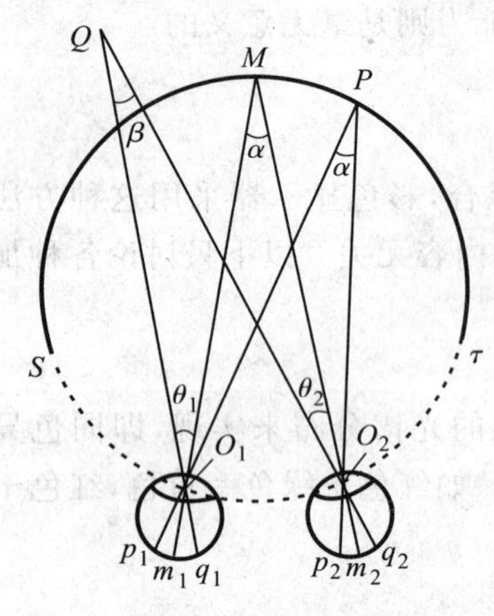

图 30-95 双眼视差示意图

4)单眼移动视差。如用单眼观物,当观看位置固定时,则晶状体调节成为对深度的唯一有效暗示。但是当观看位置可移动时,就可以从不同方向观物,眼珠的移动造成单眼移动视差,成为对深度的暗示。人坐在快速运动的车上观物即如此。

6 种心理学暗示是指视网膜上成像的大小、线性透视、面积透视、重叠、阴影及影子。

由上述讨论可知,虽然产生深度暗示的原因有多种,但是人眼产生立体视觉主要是由于非全息圆上的点在左、右两眼视网膜上成像位置略有差异,即左眼看到的物体稍偏左侧,右眼看到的物体稍偏右侧,这种差异经大脑加工后构成深度暗示,即立体视觉。

这里要指出视角(visual angle)与光角的差别:视角是指被观察物体对单眼所张的角度,视角越大,感觉此物体越大,即利用视角来判断物体的大小,完全是单眼效应;而光角是双眼对注视点的夹角,用于判断物体的远近,完全是双眼效应。

2. 关于视差的定量表达

如图 30-96 所示,有两个完全相同的摄像机处于 Q_L和 Q_R处,其像平面处于同一水平面 Q 上。两机纵轴平行,横轴 x 重合,沿 x 方向相距为B。物点 P 在两个成像面上的投影点为G_L和G_R,称为共轭点。两幅图像重合后其共轭点间的位置差(x_R-x_L)即视差。由图可以得出:

$$z=Bf/(x_R-x_L) \tag{30-28}$$

式中,z 是物距,(x_R-x_L)是视差,f 是光学系统的焦距,$B=65$ mm。可见,视差越大,物点越近。由此可知,物体的深度是通过视差来恢复的。利用双镜头立体摄像机可以获得立体图像对。

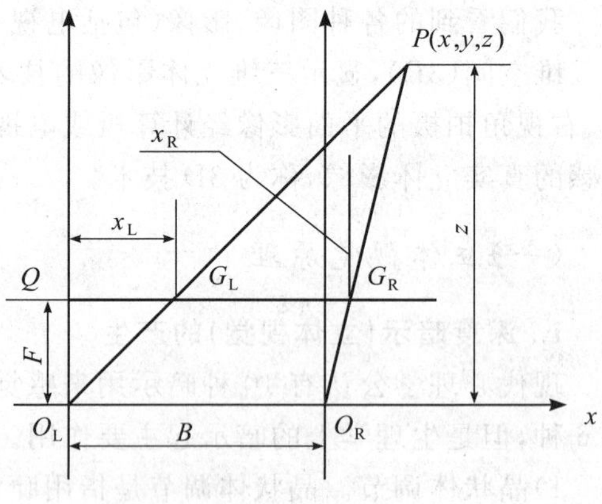

图 30-96 双眼立体视觉示意

3. 立体光栅形成立体视觉的说明

平面影像不形成深度感的原因参见图 30-97(a)。设 C 为 M 平面上的任一物点,M 点向外发出的光线只有 CA、CB 分别进入左、右眼,人眼凭 CA、CB 间的夹角来判断点在 M 平面上。对其他物点,因从平面上都有两条光线进入双眼,均判断其在 M 平面上,所以无立体感。在显示屏前加一个立体光栅,使得平面上任何一点的光线只能按特定方向出射而不是向四周出射,如图 30-97(b)所示。设 A、B 为相同的两

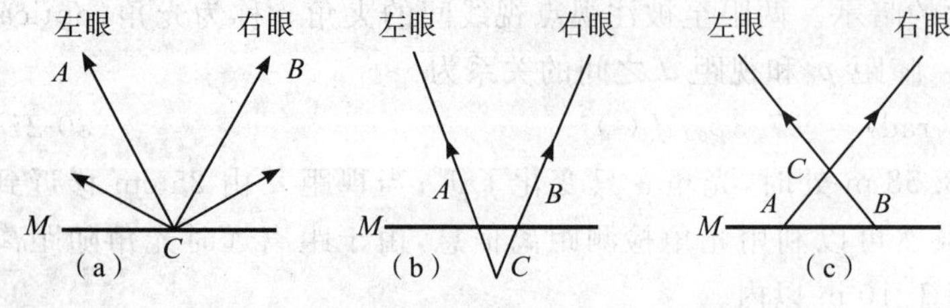

图 30-97 立体光栅形成立体视觉的说明

个点，让 A 点发出的光线只能到达左眼，而 B 点发出的光线只能到达右眼，人眼凭这两条光线会形成一个错觉，仿佛这两条光线是从平面 M 下面的 C 点发出来的，即形成远景。同理分析图 30-97(c)所示的情况，则人眼会错觉这两条光线是从平面 M 上面的点发出来的，即形成近景。

（二）立体电视

电视已从黑白发展为彩色，从低清晰度发展为高清晰度，但始终停留在二维(2D)层面上。立体电视(3D)是 21 世纪电视的主要发展方向，它也是利用了人的双眼效应。平面电视是双眼观看同一个画面，而立体电视在拍摄时采用 A、B 两台摄像机模拟双眼的位置，把同一对象同一时刻拍下两幅图像传送出去，在显示时必须做到让左、右眼只能看到各自应该看到的一幅图像，在人脑中形成立体形象。立体电视分戴立体镜观看与裸眼观看两大类。

1. 带立体镜观看的立体电视

目前立体镜的镜片是常黑型液晶盒，即不加电时是不透光的，加电时是透光的。观看时对左、右液晶盒始终施加不同的电压，处于不同的工作状态，并交替着变化。图像显示模式主要有 4 种：交错式、画面交替式、线遮蔽式和同步倍频式。

1)交错显示。在隔行扫描制式中，奇次场传送 A 摄像机拍摄的图像，偶次场传送 B 摄像机拍摄的图像，同时用垂直同步信号去切换作为液晶盒镜片的开关。其优点是与现行电视体制一致，缺点是垂直分辨率只有一半。

2)画面交替式显示。依次传送 A、B 摄像机拍摄的图像，用垂直同步信号去切换作为液晶盒镜片的开关。画面质量好，但是垂直扫描频率必须提高 1 倍，否则会有闪烁感，

3)线遮蔽式显示。将 A、B 两台摄像机所拍摄的两幅图像信号分别储存在奇次行和偶次行，作为一个画像发送，在显示端先存储在缓存器中，利用附加电路先将奇次行遮蔽送出去显示，然后将偶次行遮蔽送出去显示，同时利用垂直同步脉冲控制作为液晶盒镜片的开关。这类似于交错显示，但是用硬件实现的，适用于计算机显示。

4)同步倍频式显示。工作原理类似于画面交替式，但这儿是用硬件线路而不是用软件产生立体信号。垂直扫描频率增加了 1 倍，在两幅图像之间增加了一个垂直同步信号，将左、右眼看的图像几乎同时被送到相对应的眼中，立体图像质量好。

2. 裸眼观看的立体电视

裸眼立体电视不需要戴立体镜，而是在显示屏前贴上一层立体光栅，后者起了立体镜的作用。原理是这样的：将左、右摄像镜头所摄得的图像信号，经合成处理后，分别显示在显示屏的奇数条和偶数条上。在屏上贴狭缝，使左、右眼通过狭缝只能看到应该看到的图像，形成立体感，称为狭缝视差挡板法，如图 30-98 所示。图中 R 光孔供右眼像用，L 光孔供左眼像用。

狭缝视差法的缺点是狭缝使图像变暗，因为狭缝必须小到人眼分辨不出来。利用在显示屏前贴一块柱镜板(柱形光栅)可以解决此问题(见图 30-99)。柱镜板的厚度等于柱镜的焦距，即已被分割成细条的图像处于柱镜的后焦面，柱透镜的折射作用使两幅图像的光只能射向对应的眼睛，产生深度感。

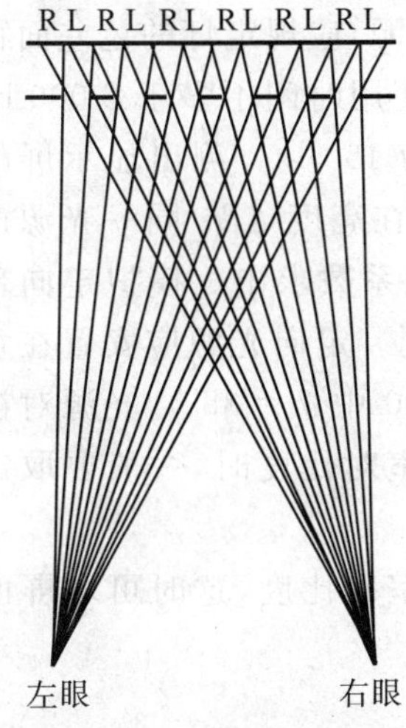

图 30-98　狭缝视差挡板法

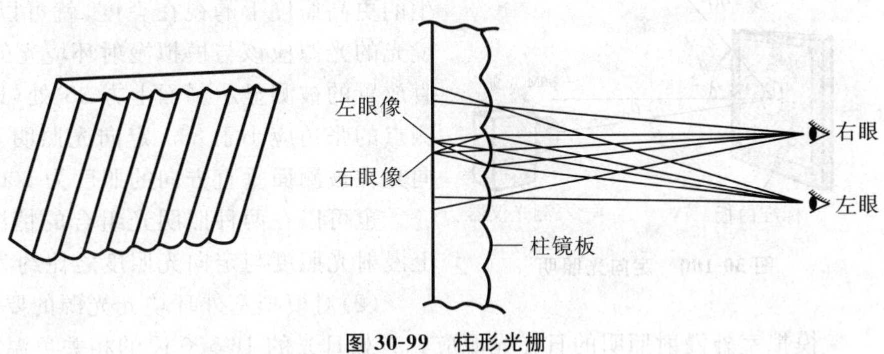

图 30-99　柱形光栅

柱形光栅只能产生水平方向的立体感，无垂直方向的立体感。另有一种蝇眼透镜可以产生各个方向的立体感，由于实施困难，尚未获得实际应用。

以上所说的立体成像都是利用了人眼的视差效应。实际上，人眼获得深度感是生理学上和心理学上10大暗示的综合效果，所以目前这类立体画面或图像看久了都会使人眼疲劳。

利用激光产生的全息像是最全面的立体像，但是每幅图像所包含的信息量太大，还不能做成电视图像。立体电视技术目前研究的热点是不戴眼镜即可观看立体景像的自动立体显示技术，目前只做到在显示屏前有限的观察位置与有限的角度内观看。立体电视技术长远的追求目标是：让图像随观看角度的不同而变化，使观众从任何角度看到的图像都是立体的。

第八节 显示光学的电光参量测量

对显示器质量评价最有权威的人员应该是使用者或观赏者，但是各人的评判标准不一，需要长时间对多个人进行统计才能得出正确的结论，所以一般还是使用仪器来测量显示器的主要光学或电光性能指标[18]。

一、规定标准的测试环境和测量条件

（一）标准的测量环境条件

应保持环境温度为25℃±3℃，相对湿度为25%～85%，大气压力为86～106 kPa。

（二）标准的暗室条件

许多光学参数的测量需要在无环境光的暗室中进行。在显示器不工作的情况下，显示屏表面的照度应小于0.3 lx。

（三）标准的环境光照明条件

绝大多数显示器是在有环境光照明下工作的，有的（如手机和机载车载显示器）甚至会在阳光直射条件下工作，所以测量有环境光照明条件下的对比度（即俗称亮室对比度）是更有实用意义的。

环境光照明分两大类，一种是漫射照明，用于模拟无阳光直射进屋且未开着灯的室内情况和白天有云层遮断时的室外情况；另一种是定向光照明，用于模拟暗室中有光源直射和室外晴天阳光直射的情况。当然也有漫射光与直射光以不同比例组合的情况。

1. 对模拟光源的要求

（1）对模拟室内环境光光源的要求

模拟漫射环境光的光源可以采用标准光源，如果使用标准光源或荧光灯作为光源，应规定灯的色差面积小于规定值，滤掉紫外光谱，已老化过100 h，使用时间不多于2 000 h。计算亮室对比度时，取漫射光在屏上的照度为150 lx。测出显示屏的漫反射率，可以计算出漫射光在屏上产生的视在亮度ΔL。同一光源产生的更高照度下的视在亮度，就可以乘以比例系数求出。模拟定向环境光的光源应该与模拟漫射环境光的光源相同。定向光源应安置在垂直放置的被测显示屏面上方35°处（即图30-100中$\theta_s=35°$），光源对被测点的张角应小于8°。定向光照明下测量亮室对比度时，一般要取定向光在被测面垂直方向的照度为100 lx。

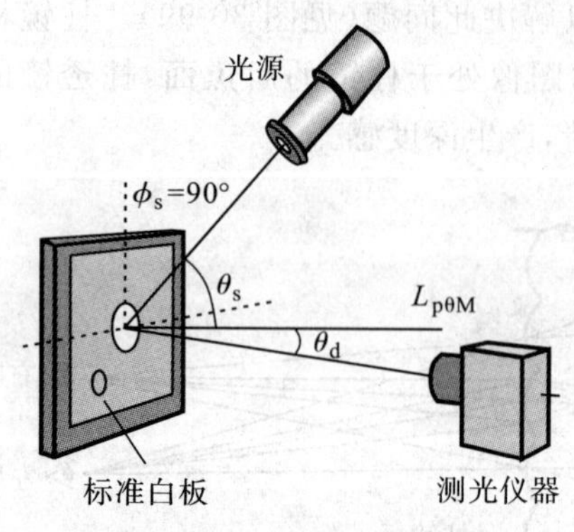

图30-100 定向光照明

也可以在两种照明光组合的情况下测亮室对比度，这时可取屏面上漫射光照度与定向光照度之比约为6：4。

（2）对模拟室外环境光光源的要求

模拟室外漫射照明的日光光源应具有如日光的16 500 K的相关色温，并加红外滤光片防止显示屏被晒

热。日光的漫射光照度可高达 10^4 lx，是难以实现的。如果显示屏在16 500 K的相关色温阳光照射下无明显的荧光效应，则可以先用已知光谱分布的 A 光源测出显示屏表面的漫散射率谱 $\rho_A(\lambda)$，再校准到 16 500 K 色温光源照射下的表面漫散射率谱 $\rho_{16\,500}(\lambda)$，积分后便得到在日光照明下的显示屏漫散射率谱。这样便可以先在低照度下测出环境光照明在屏上产生的视在亮度，再用比例系数计算出在高照度下环境光照明在屏上产生的视在亮度。

模拟定向光照射的日光光源可用 D65 标准光源，由于定向光在屏上的照度可能高达 10^5 lx，需要用红外滤光片将红外辐射滤掉。当显示屏在 D65 光源照射下荧光效应不明显时，仍可用 A 光源测出屏的反射率谱 $\rho_A(\lambda)$，再用 D65 光谱分布校准到在 D65 照射下屏的反射率谱 $\rho_{D65}(\lambda)$，再积分求出在D65 光源照射下屏的总反射系数 ρ_{D65}。这样，就可以在低照度下实测出环境光照明在屏上产生的视在亮度，再用比例系数计算出在高照度下环境光照明在屏上产生的视在亮度。定向光应该安置在垂直放置显示屏上方 45°(即图 30-100 中 $\theta_s=45°$)处，光源对待测点的张角应≤0.5°。

2. 用积分球实现漫射光照明

用积分球法测量漫射环境光照明下的对比度精度高，积分球可以是全球、半球或采样球(图 30-101)。附在积分球上的光源进入积分球后，被涂在球内表面的高反射率涂层无数次反射后，球内任一块表面(或球内任一点)都是完全漫射发光体，即在球内创造了一个完全均匀照明的环境光。

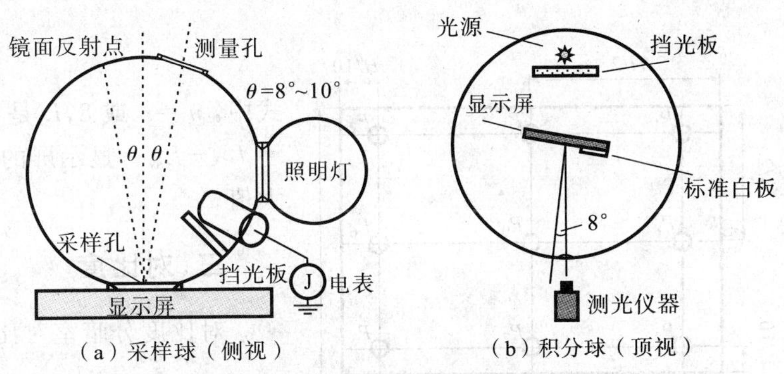

图 30-101　用积分球或采样球照明

3. 实现定向光照明

定向光源如图 30-100 所示，相对显示屏的法线有一个倾斜角。测量在暗室中完成，其四壁、地面、屋顶、桌面上均涂有反射率小于 10% 的无光泽黑色涂料。从显示屏镜面反射回来的反射光用光陷阱吸收掉。这样，将无杂散光影响测量。

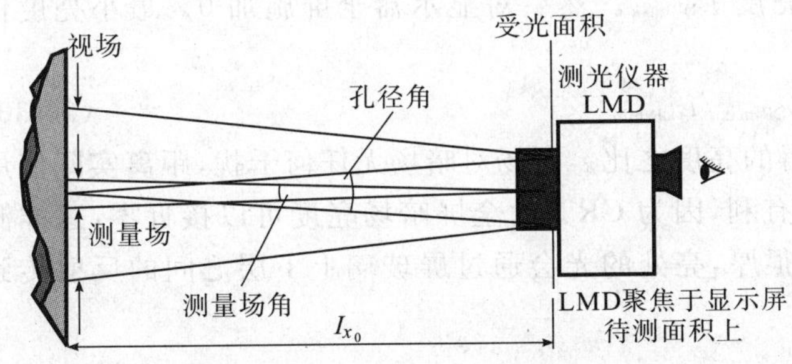

图 30-102　标准的测量设备安置方式

(四)标准的测量设备安置方式

测光仪器(LMD)与显示屏之间的安置应如图 30-102 所示。LMD可以是用视觉曲线校正过的亮度计、能检测 CIE 1931 *XYZ* 三刺激值的色度计、能计算亮度和色度的光谱仪、带具有近似于 CIE 1931 标准测色观察者响应特性的滤色片的成像光度计。LMD 的视场应包含大于 500 个像素，并且聚焦在显示屏上。

(五)测量前 LMD 与显示器的预热时间

仪器与显示器通电后，每隔 15 min 测量一次显示屏的亮度，当亮度变化达到≤2%时，认为已进入稳定状态，可以开始测量了。

二、亮度和亮度均匀性

(一)亮度测量

亮度分全屏最大亮度与窗口最大亮度两种。有些显示器(如 LCD)，这两者的测量值是一样的；有些显示器(如 PDP)电路中装有平均亮度高时自动功率限制电路，使两种方法测得的亮度值相差很大。对于脉冲式发光的显示器(如 CRT)，需要检查光电转换元器件是否饱和。插入一个中性滤光片，如果输出光电流正比于滤光片的透射率，则光电转换元器件未饱和。

1. 全屏最大亮度

对于单色显示，使全屏发光，加最大灰度等级信号；对于彩色显示，全屏加100%的白光信号。用透镜式亮度计对准屏中心进行测量。

2. 最大窗口亮度

最大窗口亮度是指全屏只有一小块面积工作于最大亮度时，该面积中心亮度的时间平均值。有些显示器具有亮度负载特性，即随着窗口面积缩小，窗口亮度会增加。这时窗口亮度定义为当窗口面积进一步减小，亮度保持不变时的屏亮度。如果随着窗口变小，亮度持续上升，则取4%窗口中心的亮度为最大窗口亮度。

(二)亮度的均匀性

测量屏上5点或9点最大窗口亮度。测量点的分布如图30-103所示。亮度平均值为

$$L_{av} \quad \frac{1}{(n+1)}\sum_{i=0}^{n} L_i \tag{30-29}$$

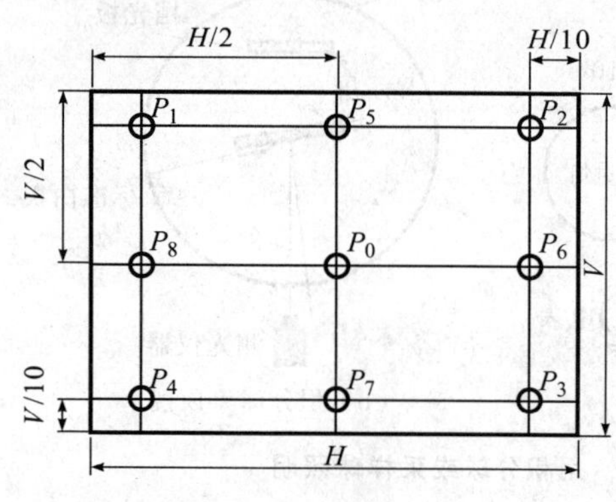

图 30-103 测量点分布

式中，$n=4$ 或 8，L_i是在位置 P_i的亮度。P_i处的亮度偏差为 $\Delta L_i = L_i - L_{av}$。显示屏的亮度不均匀性定义为$(\Delta L_i / L_i)100\%$的最大值。

三、对比度

对比度分暗室对比度和亮室对比度两种。

(一)暗室对比度

暗室对比度又分全屏暗室对比度和4%窗口暗室对比度。

1. 全屏暗室对比度

先按测全屏最大亮度的方法测量出屏中心最大亮度 L_{DRfmax}。然后对显示器全屏施加0%最小亮度信号，测得屏中心最小亮度 L_{DRfmin}，则全屏暗室对比度为

$$DRCR_f = L_{DRfmax}/L_{DRfmin} \tag{30-30}$$

要注意 $DRCR_f$是在两种完全不同驱动条件下测得的亮度之比。亮场对暗场无任何干扰，距离实际使用的情况相差甚远。这种测量方法对CRT显示器特别有利，因为CRT的全屏暗场亮度可以接近零，这样测出的暗室对比度一定很高。实际上由于CRT屏玻璃很厚，亮处的光会通过屏玻璃上下层之间的反射传到相邻像素处。

2. 4%窗口暗室对比度

4%窗口对比度考虑了实际画面总是亮暗区域并存，并且可能相互干扰这种情况。测量步骤如下：

1)在暗背景上显示加有100%白屏信号的4%窗口面积，测量窗口中心的亮度 $L_{BR0.04}$。

2)加测试信号于模块，如图30-104所示，在暗背景上产生 A_1、A_2、A_3、A_4 4个4%亮窗口。

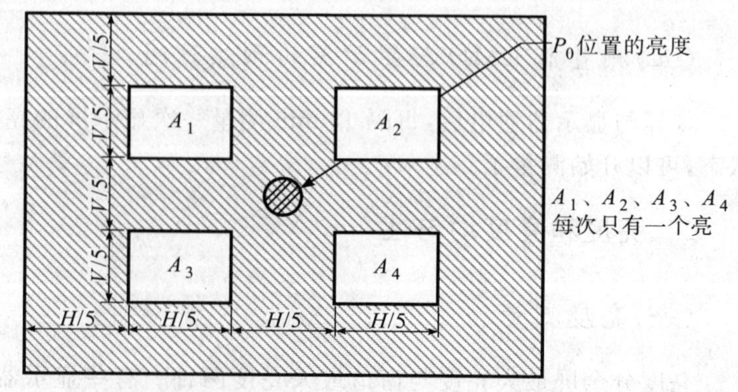

图 30-104 4%窗口暗室对比度测试图案

3)亮度计对准屏中央暗面积中心，让 A_1、A_2、A_3、A_4 4个窗口轮流有一个为100%的亮窗口，测得4个最小亮度值 L_{DRimin}。用下式计算 L_{DRmin}：

$$L_{DRmin}=(L_{DRimin1}+L_{DRimin2}+L_{DRimin3}+L_{DRimin4})/4 \tag{30-31}$$

4)计算4%窗口暗室对比度

$$DRCG_{w0.04}=L_{BR0.04}/L_{DRmin} \tag{30-32}$$

由测试步骤可知,$DRCG_{w0.04}$考虑了亮窗口通过显示器件结构或电路对暗窗口的影响。显示器的$DRCG_{w0.04}$不会很高。

测量L_{DRmin}时,可用截锥形光筒套在A_1-A_4面积上,以消除由亮方块引起的杂散光对屏中心的影响。

(二)亮室对比度

如果亮室采用日光灯方法,则测量亮室对比度与测量暗室对比度没有什么不同,只是在测暗场亮度时,屏上多了一份由于环境光照明产生的视在亮度,不再重复。这里只介绍采用积分球实现环境光照明的亮室对比度测量方法。

1. 全屏亮室对比度

小显示器放在积分球中央,大显示器可以将显示屏紧贴积分球的采样口。测试步骤如下:

1)在暗室中测出100%电平下白场的亮度L_w和0%电平下暗场的亮度L_b。

2)将显示器放在积分球中或紧贴积光球采样口。

3)测量积分球光源关闭状态时100%电平下白场的亮度L_w'和0%电平下暗场的亮度L_b'。L_w'(或L_b')包括了屏自发光亮度和屏自发光在球内产生的均匀照明光在屏上产生的视在亮度。

4)显示器不加电,点亮积分球光源并调节发光强度,使球内表面照度达到500 lx或某个规定值。将照度计放在采样口可以直接测出球内表面照度,或在采样口放一块标准白板,由附在积分球上的亮度计测出白板上的亮度L_{std},则白板上的照度为$E=\pi L_{std}/\rho_{std}$,式中ρ_{std}是标准白板的反射率。这个照度E也是显示屏上的照度。

5)在球内表面为500 lx或某个规定值(k 500 lx)的情况下,测100%电平白场下的亮度L_{aw}和0%电平暗场下的亮度L_{ab}。L_{aw}(或L_{ab})包括了屏自发光亮度、球光源产生的环境光照在屏上引起的视在亮度以及屏自发光产生的环境光照在屏上引起的视在亮度。

6)500 lx或某个规定值照明条件下,100%电平下白场屏亮度为

$$L_{AW}=L_w+kL_{aw}-kL'_w \tag{30-33}$$

7)500 lx或某个规定值照明条件下,0%电平暗场屏亮度为

$$L_{AB}=L_b+kL_{ab}-kL'_b \tag{30-34}$$

8)500 lx或某个规定值照明条件下,显示屏的亮室对比度为

$$BRCR_{fl}=L_{AW}/L_{AB} \tag{30-35}$$

2. 4%窗口亮室对比度

利用积分球产生的环境光来测试4%窗口亮室的对比度时,模块的驱动方式与测4%窗口暗室对比度时一样,亮室对比度测试步骤可仿照上面所述的过程进行测试。

四、色度和色度的均匀性

(一)屏中心色坐标、色域和色域面积

如为单色屏,使全屏工作在最大灰度等级,用亮度计测出屏中心的CIE 1931 XYZ色度图上的坐标(x,y)。如为彩色屏,使全屏工作在最大灰度等级的白场情况下进行测量:

1)测出屏中心的CIE 1931 XYZ色度坐标$W(x,y)$。

2)只显示红色信号,测出屏中心的色度坐标$R(x,y)$。

3)只显示绿色信号,测出屏中心的色度坐标$G(x,y)$。

4)只显示蓝色信号,测出屏中心的色度坐标$B(x,y)$。

5)$R(x,y)$、$G(x,y)$、$B(x,y)$在CIE 1931色度图上构成的三角形,即显示屏的色

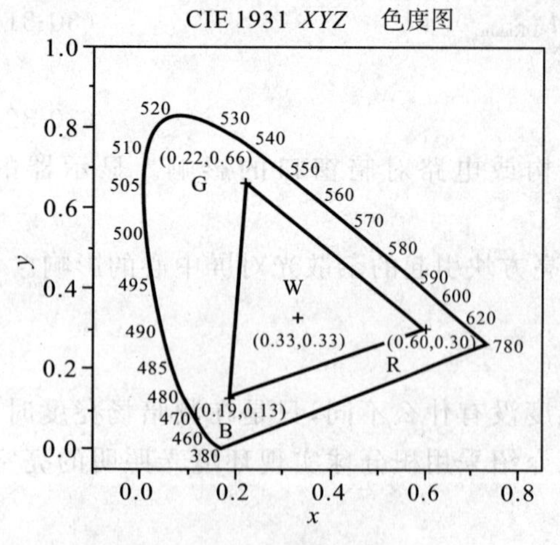

图 30-105 色域示意例子

域(图 30-105)。

6)由于(u', v')色度图在色差与色度图中距离之间的对应上,比(x, y)色度图要好,因此,在比较可再现的色域时,使用(u',v')色度图更合适。(u',v')与(x,y)两个系统坐标间的转换公式参见(30-38)式。

色域面积是R(u',v')、G(u',v')、B(u',v')3点构成的三角形的面积:

$$A=256.1\left|(u'_{\mathrm{R}}-u'_{\mathrm{B}})(v'_{\mathrm{G}}-v'_{\mathrm{B}})-(u'_{\mathrm{G}}-u'_{\mathrm{B}})(v'_{\mathrm{R}}-v'_{\mathrm{B}})\right| \tag{30-36}$$

7)色域覆盖率C_{p}是在(u',v')色度图中显示屏色域面积占色度空间全部面积(0.1592)的百分比:

$$C_{\mathrm{p}}=\frac{S_{\mathrm{RGB}}}{0.1592}\times 100\% \tag{30-37}$$

数字电视要求$C_{\mathrm{p}}\geqslant 32\%$。

(二)色度的不均匀性

1)对于单色显示器,使全屏工作于最高灰度等级;对于彩色显示器,加一个全屏100%的白电平信号。

2)测量点分布见图 30-103,测量P_i处的色度坐标(x_j, y_k),再利用公式

$$u'=\frac{4x}{-2x+2y+3},\quad v'=\frac{9y}{-2x+2y+3} \tag{30-38}$$

转变为(u'_j,v'_k)。

3)对于小于15 cm(6 in)的屏,i取0~4;对于大于15 cm,小于28 cm(11 in)的屏,i取0~8;对于大于28 cm的屏,i取0~12。

(4)在(u',v')色度图上,任意一对色度采样点之间的色度差为

$$\Delta u'v'=\sqrt{(u'_j-u'_k)^2+(v'_j-v'_k)^2} \tag{30-39}$$

式中,$j\neq k$。

5)取$(\Delta u'v')_{\max}$作为色度的不均匀性。

6)为了找出$(\Delta u'v')_{\max}$,可以采用列表法或将各采样点色坐标都画在坐标面上,找出距离最远的两点,它们之间的$\Delta u'v'$即为$(\Delta u'v')_{\max}$。

五、流明效力

流明效力是显示屏上发出的流明数与显示器全部消耗功率之比,是显示器的重要指标,单位是lm/W。

(一)采用积分球测量光通量

对于小显示器,可以置入积分球内,球直径至少应是屏对角线的3倍,显示器背面支架和导线都应涂上与球内表面相同的漫反射材料;对于大显示器,将屏中心对着球的采样口,采样口的面积应小于球面积的1/15(参见图 30-106);球内有辅助光源(带紫外滤光片的标准A光源)用于修正待测显示屏与标准灯之间在光吸收特性上的差异。光电检测器的光谱灵敏度已校准到与视觉曲线相一致。

测试步骤如下:

1)将已知流明数为Φ_{s}的校正用标准灯置于球中心(图 30-106(a))或采样孔处(图 30-106(b))。

2)关闭辅助灯,点亮标准灯,测得光电流I_{s}为

$$I_{\mathrm{s}}=S_{\mathrm{p}}\Phi_{\mathrm{s}} \tag{30-40}$$

式中,S_{p}是当校准灯安置在球中心或在采样孔时,光电检测器的光电转换系数。

3)取出校准灯,将显示屏安置于球中心(图 30-106(a))或采样孔处(图 30-106(b))。关闭辅助灯,使显

示屏工作于100%电平的全屏白场。测得光电流 I_T 为

$$I_T = S'_p \Phi_T \tag{30-41}$$

式中，S'_p是待测显示屏安置在球中心或在采样孔处时光电检测器的光电转换系数，Φ_T 是待测屏产生的流明数。由式(30-40)式和(30-41)式，得

$$\Phi_T = \frac{I_T S_p}{I_S S'_p} \Phi_S \tag{30-42}$$

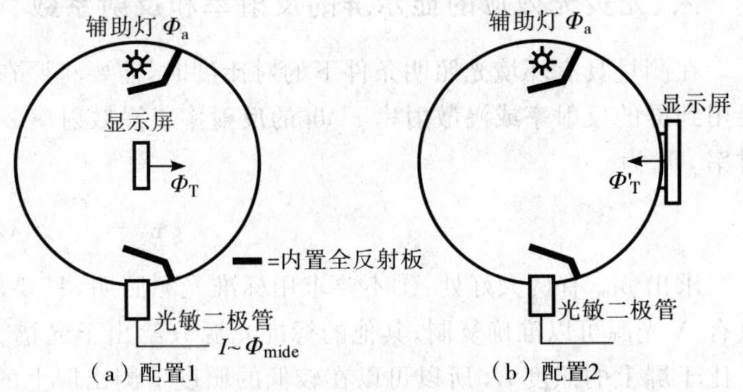

图 30-106　光通量测量装置

4)点亮辅助灯，校正待测显示屏和校正用标准灯的吸收：

A. 标准灯不点亮，置于球中心或采样孔处，测得光电信号 I_{SA} 为

$$I_{SA} = S_p \Phi_a \tag{30-43}$$

式中，Φ_a是辅助灯产生的流明数，S_p 是存在标准灯时的光电转换系数。

B. 待测屏不加电，置于球中心或采样孔处，测得光电信号 I_{TA} 为

$$I_{TA} = S'_p \Phi_a \tag{30-44}$$

式中，S'_p 是存在待测显示屏时的比例系数。由(30-43)式和(30-44)式，可求出

$$\frac{S_p}{S'_p} = \frac{I_{SA}}{I_{TA}} \tag{30-45}$$

将(30-45)式代入(30-42)式得待测显示屏发出的流明数：

$$\Phi_T = \frac{I_T S_p}{I_S S'_p} \Phi_S = \frac{I_T I_{SA}}{I_S I_{TA}} \Phi_S \tag{30-46}$$

5)显示屏置于球内时(30-46)式成立。若显示屏置于采样孔处，设采样孔面积为 S_H，屏发光面积为 S_F，则(30-46)式应乘上比例系数 S_F/S_H。若考虑屏各处的发光不均匀性，则应按上述过程多测几点，按(30-46)式计算出一系列 Φ_{Ti}，取平均值后作为 Φ_T。

6)测出显示器的总功率消耗 P_{Tot}。

7)显示器的流明效力为

$$\eta = \frac{\Phi_T}{P_{Tot}} \tag{30-47}$$

(二)用亮度计测量光通量

若未能配置测光通量的设备，可采用下面的方法：

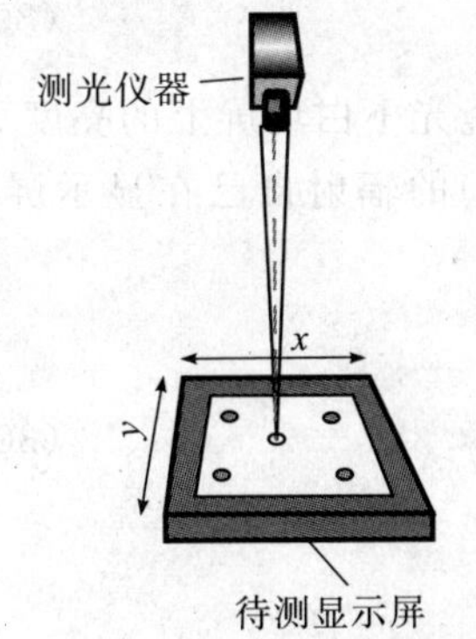

图 30-107　用亮度计测量光通量时的装置

1)安置一种测亮度仪器，显示屏置于如图 30-107 所示的设置中。

2)使显示屏工作于100%的灰度级别。

3)按图 30-103 所示，测量 5 个或 9 个位置的亮度，并计算出平均亮度 L_{ave}。

4)测量显示器的总功率消耗 P_{Tot}。

5)计算流明效力 η：

$$\eta = \pi L_{ave} S_F / (\rho P_{Tot}) \tag{30-48}$$

式中，S_F 为有效显示面积，ρ 为显示屏的漫散射率。

(30-48)式只适用于显示屏为朗伯面，并且漫散射谱随视角改变无显著的漂移这种情况。所以一般情况下，此法只能对显示屏的流明效力作估计性的测量。

六、无荧光效应的显示屏的反射率和反射系数

在测量具有环境光照明条件下的对比度时，需要将照在屏上的外光（为照度）转化为显示屏的视在亮度，要用到屏的反射率或漫散射率 ρ。屏的反射率或漫散射率 ρ 一般是波长的函数，可以写成 $\rho(\lambda)$。屏的总反射率 ρ_{Tot} 为

$$\rho_{\mathrm{Tot}}=\int_{380}^{780}\rho(\lambda)\mathrm{d}\lambda \tag{30-49}$$

求出 ρ_{Tot} 有两大好处：①不要求用标准光源照明，只要求知道照明光源的辐射谱即可。在标准光源中，只有 A 光源可以准确复制；其他的标准光源只给出了光谱分布，是很难准确复制的。②因为屏的视在亮度正比于屏上的照度 E，所以可以在较低的照度下测出屏上的照度 E，然后用公式 $L=\rho E/\pi$ 和 ρ_{Tot} 计算出屏的视在亮度 ΔL。若将照度提高到 kE，则屏的视在亮度为 $k\Delta L$。由此可以推导出高照度下的对比度，而 10^4～10^5 lx 这样的高照度是很难模拟的。

（一）在漫散射光源照明条件下显示屏的漫散射率

测量步骤如下：

1）在暗室中，对显示屏施加 0%灰度级的电平，即在全暗屏的情况下测量屏中心的辐射谱 $S_{\mathrm{b}}(\lambda)$。暗屏的显示亮度 L_{b} 可用下式计算：

$$L=683\int S(\lambda)V(\lambda)\mathrm{d}\lambda \tag{30-50}$$

式中的 $V(\lambda)$ 是视觉曲线。

2）在暗室中，对显示屏施加 100%白电平（或在高照明外光情况下，需要高亮度，这时需要采用 4%窗口），即在全亮屏（或 4%亮窗口）情况下测量屏中心的辐射谱 $S_{\mathrm{W}}(\lambda)$，用(30-50)式可计算出亮屏的显示亮度 L_{W}。

3）将显示屏置入积分球或紧贴采样孔（如图 30-101）。对显示屏施加 100%白电平，使积分球中光源发光，调节到设定的相关色温（CCT）值，并且让光源稳定。

4）将标准白板置于积分球采样孔附近的内壁上，测量标准白板的辐射谱 $S_{\mathrm{std,w}}(\lambda)$。标准白板上的辐照谱 $E_{\mathrm{dif,W}}(\lambda)$ 为

$$E(\lambda)=\frac{\pi S_{\mathrm{std}}(\lambda)}{\rho_{\mathrm{std}}(\lambda)} \tag{30-51}$$

式中的 $\rho_{\mathrm{std}}(\lambda)$ 为标准白板的漫散射率谱，是已知的。由于积分球中各处的辐照谱是相同的，即 $E_{\mathrm{dif,W}}(\lambda)$ 也是显示屏上的辐照谱，以 $E(\lambda)$ 表之。所以显示屏上的照度 $E_{\mathrm{dif,W}}$ 是

$$E=683\int E(\lambda)V(\lambda)\mathrm{d}\lambda \tag{30-52}$$

5）在环境光亮着的情况下，测量白场显示屏中心的辐射谱 $S_{\mathrm{dif,W}}(\lambda)$。亮环境光下白场屏上的亮度 $L_{\mathrm{dif,W}}$ 可用(30-50)式计算出来。要求环境光产生的亮度远大于全亮屏（或 4%亮窗口）的辐射自己在显示屏上产生的视在亮度，即 $L_{\mathrm{dif,W}}\gg L_{\mathrm{W}}$。

6）计算亮屏条件下显示屏的漫散射率谱：

$$\rho_{\mathrm{W}}(\lambda)=\pi\frac{S_{\mathrm{dif,W}}(\lambda)-S_{\mathrm{W}}(\lambda)}{E_{\mathrm{dif,W}}(\lambda)} \tag{30-53}$$

7）任意发射谱光源照明下的亮屏条件下的屏漫散射率为

$$\rho_{\mathrm{v}}=\frac{\int\rho(\lambda)S(\lambda)V(\lambda)\mathrm{d}\lambda}{\int S(\lambda)V(\lambda)\mathrm{d}\lambda} \tag{30-54}$$

当显示屏的 $\rho(\lambda)=1$ 时，式中的分母是屏的总亮度；分子是屏的实际总亮度；$S(\lambda)$ 是照明源的辐射谱。

8)对于 CCT＝5 500 K 的日光,其辐射谱为

$$S_{5\,500}(\lambda)=S_0(\lambda)-0.786\,338S_1(\lambda)-0.195\,381S_2(\lambda) \tag{30-55}$$

对于 CCT＝16 500 K 的日光,其辐射谱为

$$S_{16\,500}(\lambda)=S_0(\lambda)+2.219\,02S_1(\lambda)+0.809\,706S_2(\lambda) \tag{30-56}$$

式中,S_n是本征函数(具体值可查 CIE 15)。

9)测量在漫射环境光存在时 0%灰度级暗显示屏的漫辐射谱 $S_{\mathrm{dif,b}}(\lambda)$,用(30-50)式可以计算出在漫射环境光存在时暗显示屏的亮度 $L_{\mathrm{dif,b}}$,暗显示屏上的照度 $E_{\mathrm{dif,b}}$ 可用(30-51)式和(30-52)式算出。

10)漫射环境光存在时,暗屏漫反射率谱为

$$\rho_{\mathrm{b}}(\lambda)=\pi\frac{S_{\mathrm{dif,b}}(\lambda)-S_{\mathrm{b}}(\lambda)}{E_{\mathrm{dif,b}}(\lambda)} \tag{30-57}$$

11)用(30-53)式和(30-57)式可计算出在任意发射谱光源照明下,0%灰度级暗屏条件下的屏漫散射率 $\rho_{\mathrm{v,b}}$。

12)有了所使用照明光源辐射谱下的亮屏和暗屏条件下的屏漫散射率 ρ_{vw} 和 ρ_{vb},就可以计算出在所使用光源照明下,在任何漫射照度辐照下的对比度。

(二)在定向光源照明条件下显示屏的反射系数

测量步骤如下:

1)辐射光谱计垂直于显示屏(如图 30-107 所示),在暗室中测量 0%灰度级暗屏中心的辐射谱 S_{b} 和 100%灰度级亮屏中心的辐射谱 S_{W}。

2)用(30-50)式可以计算出屏中心的暗屏亮度 L_{b} 和亮屏亮度 L_{W}。

3)在暗室中,将标准白板放置在屏中心位置上,打开定向光源,使其工作在指定的 CCT 状态,并且等到光源稳定后再进行测量。

4)测量标准白板的辐射谱 $S_{\mathrm{std,w}}(\lambda)$,使光源足够强,让 LMD 检测到的标准白板上反射光的信号很大。用下列公式可求出标准白板上的辐照谱 $E_{\mathrm{dir,W}}(\lambda)$:

$$E(\lambda)=\frac{\pi S_{\mathrm{std}}(\lambda)}{R_{\mathrm{std}}(\lambda)} \tag{30-58}$$

式中,R_{std} 是标准白板的反射谱,是已知的。显示屏的照度 $E_{\mathrm{dir,W}}$ 可用(30-52)式计算。

5)再换上显示屏,定向光源点亮,屏工作于 100%灰度级,测量屏中心的辐射谱 $S_{\mathrm{dir,W}}$。显示屏的亮度 $L_{\mathrm{dir,W}}$ 可用(30-50)式计算出来。

6)定向光照明下,100%灰度级亮屏的反射谱 R_{w} 为

$$R_{\mathrm{w}}(\lambda)=\pi\frac{S_{\mathrm{dir,w}}(\lambda)-S_{\mathrm{w}}(\lambda)}{E_{\mathrm{dir,w}}(\lambda)} \tag{30-59}$$

7)在任意辐射谱 $S(\lambda)$的定向光源照明下,亮显示屏的亮度系数为

$$\beta_{\mathrm{w}}=\frac{\int R_{\mathrm{w}}(\lambda)S(\lambda)V(\lambda)\mathrm{d}\lambda}{\int S(\lambda)V(\lambda)\mathrm{d}\lambda} \tag{30-60}$$

8)0%灰度级电平驱动的暗屏条件下,定向光源点亮,测量屏中心暗屏的辐射谱 $S_{\mathrm{dir,b}}$,用(30-50)式计算出暗屏亮度 $L_{\mathrm{dir,w}}$。测量标准白板上的辐射谱,并且用(30-51)式和(30-52)式得到暗屏的照度 $E_{\mathrm{dir,b}}$。

9)定向光照明情况下,暗屏的反射系数谱 R_{b} 为

$$R_{\mathrm{b}}(\lambda)=\pi\frac{S_{\mathrm{dir,b}}(\lambda)-S_{\mathrm{b}}(\lambda)}{E_{\mathrm{dir,b}}(\lambda)} \tag{30-61}$$

10)在任意辐射谱 $S(\lambda)$的定向照明条件下,暗显示屏的亮度系数为

$$\beta_{\mathrm{b}}=\frac{\int R_{\mathrm{b}}(\lambda)S(\lambda)V(\lambda)\mathrm{d}\lambda}{\int S(\lambda)V(\lambda)\mathrm{d}\lambda} \tag{30-62}$$

七、无荧光效应的显示屏在任意复合光照明条件下的对比度

更普遍的环境光条件是漫散射光源与定向光源同时存在，这时的对比度 ACR 为

$$ACR = \frac{L_w + \frac{\rho_w E_{dif}}{\pi} + \frac{\beta_w E_{dir} \cos\theta_s}{\pi}}{L_b + \frac{\rho_b E_{dif}}{\pi} + \frac{\beta_b E_{dir} \cos\theta_s}{\pi}} \tag{30-63}$$

式中，L_b、L_w 为在暗室中测量的暗屏中心和亮屏中心的亮度；对于室内照明，常取 $\theta_s = 35°$，$E_{dif} = 150$ lx 和 $E_{dir} = 100$ lx，$\theta_s = 45°$；对于室外照明，常取 $E_{dif} = 10^4$ lx 和 $E_{dir} = 10^5$ lx。

八、无荧光效应的显示屏在任意复合环境光下的色坐标

显示屏的色坐标一般是在暗室中测量的，在有环境光照明的情况下，屏的色坐标会有较大的变化。在漫散射光和定向光照明的情况下，显示屏显示的颜色是屏发射光的颜色和环境光等效三刺激值之和。先在暗室中测得白场（或红场、绿场、蓝场）下屏中心的辐射谱 $S_c(\lambda)$，则在有复合环境光照明下屏的辐射谱 $S_{amb}(\lambda)$ 为

$$S_{amb}(\lambda) = S_c(\lambda) + \frac{\rho(\lambda) E_{dif}(\lambda)}{\pi} + \frac{\beta(\lambda) E_{dir}(\lambda) \cos\theta_s}{\pi} \tag{30-64}$$

式中，E_{dif} 和 E_{dir} 分别是漫散射光源和定向光源的辐射通量密度谱（即辐照谱）。在此种环境光照明条件下，屏颜色的综合三刺激值为

$$X_{amb} = 683\int S_{amb}(\lambda)\bar{x}(\lambda)\mathrm{d}\lambda \tag{30-65}$$

$$Y_{amb} = 683\int S_{amb}(\lambda)\bar{y}(\lambda)\mathrm{d}\lambda \tag{30-66}$$

$$Z_{amb} = 683\int S_{amb}(\lambda)\bar{z}(\lambda)\mathrm{d}\lambda \tag{30-67}$$

式中，$\bar{x}(\lambda)$、$\bar{y}(\lambda)$、$\bar{z}(\lambda)$是 1931 CIE XYZ 表色体系中的等色函数。屏颜色在 1931 CIE XYZ 表色体系中的色坐标为

$$x = \frac{X_{amb}}{X_{amb} + Y_{amb} + Z_{amb}} \tag{30-68}$$

$$y = \frac{Y_{amb}}{X_{amb} + Y_{amb} + Z_{amb}} \tag{30-69}$$

第九节　显示器的静态图像质量指标

一、可视角

可视角是指达到视觉规范要求的可视范围，也称为视角范围。对于主动发光的显示器，视角范围问题不大，一般可达到大于或等于 160°。对于 LCD，由于液晶的工作原理是基于液晶光学参量的各向异性的，液晶显示屏的亮度和对比度一定会随视角的不同而发生变化，所以其视角范围不大，曾是约束 LCD 进入电视领域的重大障碍之一。

对于无源 LCD，它本身不发光，靠调制外界光显示图像，因此，不能用亮度去标定显示效果，只能用对比度；对于有源 LCD，因为带有背光源，可以等效认为是自发光显示器，可以用亮度去标定显示效果。

在液晶显示器行业中，为了便于使用者记忆，一般将方位角 φ 按时钟的表盘区域划分为 12:00、3:00、6:00、9:00 几个区，并以此命名，如图 30-108 所示。

TN 型液晶显示器的视角范围较小，只有 45°立体角，其最佳视角位置有时也不在显示屏的法线方向，这时最好用全视角等比度曲线来描述，如图 30-109 所示。

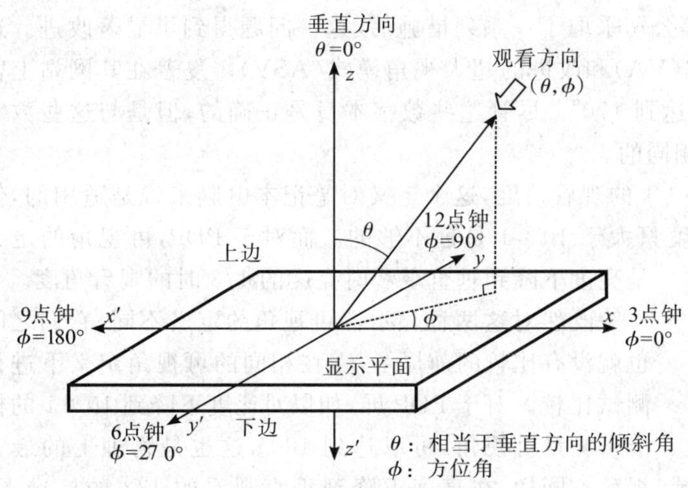

图 30-108　观察方向及 φ 角与表盘区域之间的关系

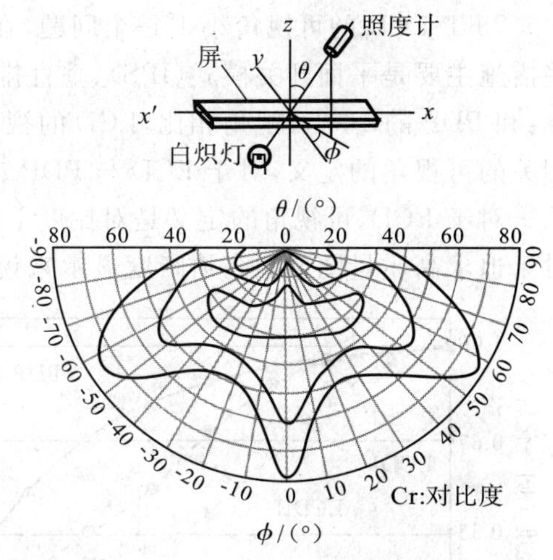

图 30-109　TN 型液晶显示器视角范围

对于主动发光显示器(包括 TFT-LCD)，一般用面向画面的上、下、左、右的有效视角来表示。CIE 公布的文件规定可视角为：当屏中心的亮度减小到最大亮度的 1/3(也可定义为 1/2 或 1/10)时的水平和垂直方向的视角。

测量步骤如下：

1)将被测显示器与测光仪器(LMD)按图 30-110 所示方式布置，测量过程中保持测量点 P_0 与 LMD 的距离不变。并且 LMD 的轴线始终通过 P_0 点中心。

2)显示器工作于全白场状态，LMD 在 S_0 处测量屏中心 P_0 点的亮度值 L_0。

3)以 P_0 为中心，保持与 LMD 的距离不变的情况下，在水平面上绕 P_0 点转动 LMD 至 S_1 和 S_2(见图 30-111(a))，当 P_0 点的亮度变为 $L_0/3$ 时，得到左视角和右视角。$L_0/3$ 亮度的水平可视角 θ_H 即左视角与右视角的和。

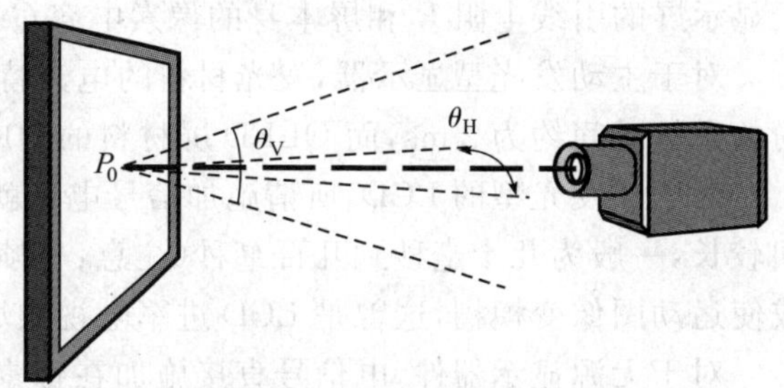

图 30-110　测量设备布置

4)垂直上下绕 P_0 点转动 LMD 位置至 S_3 和 S_4 处(见图 30-111(b))，当 P_0 点的亮度变为 $L_0/3$ 时，得到上视角和下视角，$L_0/3$ 亮度的垂直视角 θ_V 是上视角和下视角之和(在《数字电视液晶显示器通用规范》中规定：$\theta_H \geqslant 120°$，$\theta_V \geqslant 80°$)。

5)LMD 每次步进的角度不大于 2°，LMD 的视场不应超出屏的发光面积。

6)测试完后，再在垂直方向测一次 P_0 处的亮度，如与测量开始时的相对偏差大于 5%，则必须重新测一遍，直至满足误差条件。

7)仿之可测出 P_0 点的对比度、色度随 φ 角的变化曲线，按相应定义得出与对比度、色度相关的可视角。

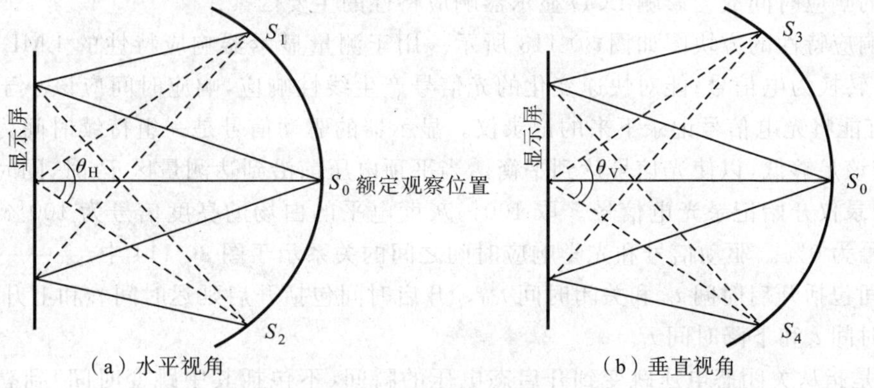

图 30-111　视角范围的测量

TFT-LCD的可视角小1°是个问题，在夏普等公司采取了一系列措施后，这一问题得到了显著改进。这些措施主要是平面开关模式(IPS)、垂直排列模式(VA)和改进的超大视角模式(ASV)。夏普在其网站上曾称：和PDP的160°可视角相比，LCD的视角可以达到170°。尽管这些数字本身是正确的，但是与这些数字相关的可视角的定义，对于LCD与PDP却是不相同的。

对于LCD，可视角的定义是对比度下降到10∶1的观看角度，这个定义对笔记本电脑来说是适用的，但对于追求高质量图像的高清晰度显示来说，对比度只大于10∶1是远不够的。而对于PDP，可视角的定义是亮度下降到垂直观看时亮度的1/3时的观看角度。

既然对这两种显示器可视角的定义不同，它们之间也就没有比较的前提了，需在相同的可视角定义下进行测试比较。对于PDP屏，如以对比度下降到10∶1的标准来测量可视角，可以达到180°，这也是物理上的最大视角。同样，在亮度下降到垂直观看的1/3的标准下，LCD的视角在水平方向为122°，在垂直方向为91°，而PDP的视角垂直和水平方向均为151°(如图30-112所示)。因此，无论哪种可视角定义，PDP的可视角都比LCD好。

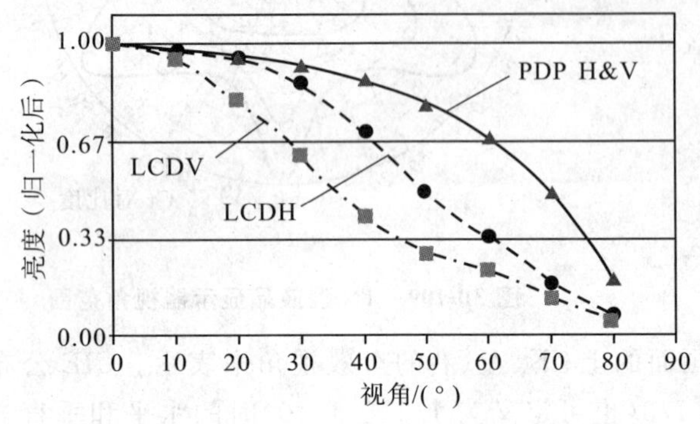

图30-112 PDP、LCD可视角比较

二、响应特性[19]

施加于显示器的电信号与显示屏上相应显示的光信号不是同步的，光信号的变化相对于电信号的变化总会有或多或少的滞后。造成这种滞后有两个原因：一个是发光材料电光特性本身有滞后现象，另一个是由于显示屏的引线电阻R和屏本身的像素电容C构成的RC充放电效应。

对于主动发光型显示器，发光材料的电光特性引起的滞后时间一般为毫秒量级，如CRT彩色电视荧光粉的余辉时间约为2 ms，而OLED屏材料的响应时间为微秒量级，均不会对显示器的响应特性造成影响。

对于非发光型的LCD，所谓施加信号电压就是改变液晶层中的电场，驱动液晶分子作各种转动，响应时间较长，一般为几十毫秒到几百毫秒(注意：一帧的时间为20 ms或16.7 ms)，会使静态图像转换的速度变慢或使运动图像变模糊，这曾是LCD进军电视领域的重大障碍。

对于无源显示器件，电信号直接施加在像素电容上，当屏本身很薄(如OLED的屏厚为几百纳米；ELD的屏厚只有几微米)，又有电流流过屏时，RC充放电效应会严重影响显示器的响应特性。对于电流注入型显示器，当屏尺寸变大时，引线电阻与像素电容都增加，RC效应会大大增加。LCD是电压控制型显示器件，这个问题相对较轻，但是由于对像素电容的充放电电流仍然存在，引线电阻的效应仍然存在。

对于有源显示器件，由于电信号是施加在薄膜晶体管(TFT)上，TFT的极间电容很小，可以大大降低RC效应。

所以对于有源显示器，一般不存在响应特性问题；对于LCD无论是无源的还是有源的，由于屏本身的工作原理决定的长的响应时间成为影响LCD显示器响应特性的主要因素。

测量显示器响应特性的方块图如图30-113所示。用于测量显示器响应特性的LMD需要具备下列特性：能将亮度信号转换为电信号；能对快速变化的光信号产生线性响应，响应时间应该小于光信号最小过渡时间的1/10，配有能将光电信号记录下来的记录仪。显示器的驱动信号是一组持续时间为一扫描场的平顶电压，重复频率应该足够低，以使光信号达到平衡。当平顶电压前沿到达测量区P_0时，同时向记录仪发出一个触发信号，让记录仪开始记录光电信号。取100%灰度电平的白场的亮度信号为100%，取0%灰度电平的暗场的亮度信号为0%。驱动信号和光学响应时间之间的关系示于图30-114中。

屏的响应时间包括开启时间t_{on}和关闭时间t_{off}。开启时间包括开启延迟时间t_d和上升时间t_r，而关闭时间包括关闭延迟时间t_s和下降时间t_f。

开启时间t_{on}是指从关闭态电压跳变到开启态电压的瞬间(不包括其中跳变时间)到亮度变化值达到最大变化值的90%瞬间的时间间隔。开启延迟时间t_d定义为从关闭态电压跳变到开启态电压瞬间到亮度变化值达到最大变化值的10%瞬间之间的时间间隔。而上升时间t_r定义为从最大变化值的10%～90%之间的时间间隔，如图30-114所示。

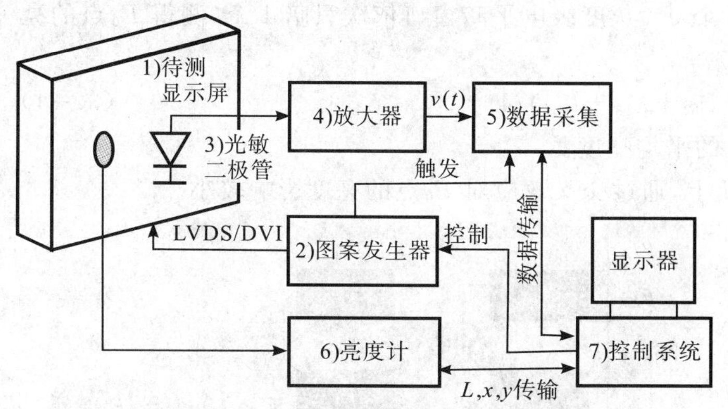

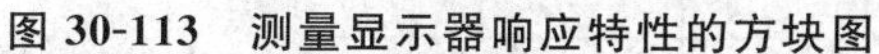

图30-113　测量显示器响应特性的方块图

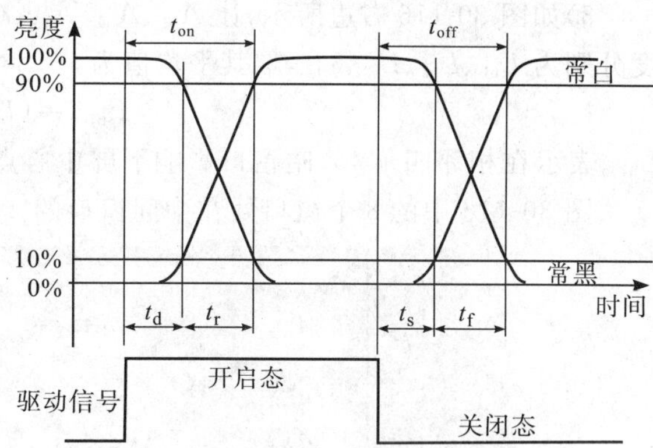

图30-114　驱动电压和光学响应时间之间的关系

关闭时间t_{off}定义为从开启态电压首次跳变到关闭态电压瞬间(不包括跳变时间)到亮度变化值达到最大变化值90%瞬间之间的时间间隔。这里，关闭延迟时间t_s定义为从开启态电压首次跳变到关闭态电压时的瞬间(不包括跳变时间)到亮度变化值达到最大变化值的10%瞬间之间的时间间隔，下降时间t_f定义为亮度从最大变化值的10%变到90%的时间间隔(见图30-114)。

三、交叉效应

显示器件中的交叉效应与多路通信中两条互不相干线路之间的“串音”现象类似，是指一个像素上的亮度会受邻近像素亮度的影响。引起交叉效应的原因从广义上讲有3个方面：

1)像素发出的光在屏玻璃内全反射传至相邻像素上。对于CRT显示器，由于其屏玻璃厚度大于10 mm，此现象严重；对于平板显示器，由于玻片厚度一般小于1 mm，此现象不严重。

2)显示器内信号线的电阻引起压降，使在同一信号驱动下，沿传输线施加在各像素上的信号电压逐渐降低，造成亮线发光不均匀。这种现象只对工作电压低、工作电流大的注入型OLED显示器有明显影响。

3)每个像素一般都可以等效为一个像素电容和一个电阻并联，像素互相之间又通过信号线和扫描线互相联系在一起，构成一个复杂的网络。这样，当对一个像素施加电压时，相邻的像素上通过网络间耦合也会有若干电压。这是引起交叉效应的主要原因。对于液晶显示器，其工作状态只与施加在像素上的电场大小有关，而与其极性无关，造成严重的交叉效应，制约了无源LCD的信息容量不能太大。

在OLED显示器中，也存在交叉效应，由于其每个像素是一个发光二极管，对电压具有方向性，可采用对不发光的像素施加一个负电压来抑制交叉效应。每个液晶像素串联上一个强非线性元件或有源器件就可以抑制交叉效应，所以有源LCD的交叉效应问题不大。在PDP中，每个像素是一个小的放电空间，本身具有强的非线性特点，所以PDP的交叉效应问题也不大。

测量显示器件交叉效应的基本原理是：先在均匀背景下测量选定点的亮度，然后使附近方块变成全亮(或全黑)再测量选定点的亮度。用选定点亮度变化量的百分比来定量表示交叉效应的大小。具体的选择方式可以有多种，这里选择一种介绍。

测量步骤如下：

1)在屏中心开1个4%窗口，窗口中心P_0是待测点(如图30-115所示)。背景亮度取100%灰度级白场亮度的18%(或50%)。

2)如图30-116左边所示，让A_{w1}、A_{w2}、A_{w3}、A_{w4} 4个100%灰度级电平亮窗口依次只亮1个，测得P_0点的亮度分别为L_{w1}、L_{w2}、L_{w3}、L_{w4}，取其平均值为

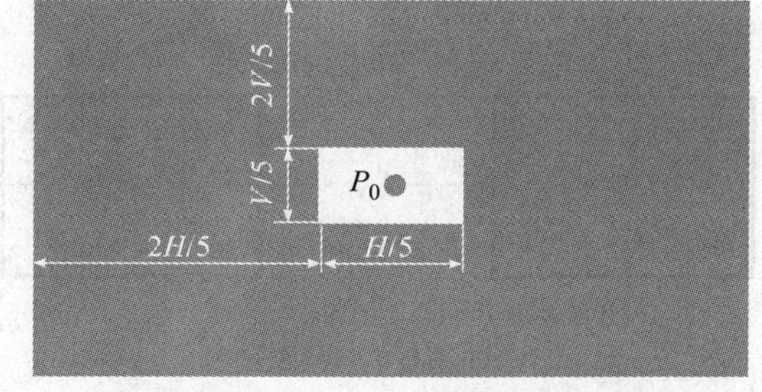

图30-115　屏中心4%窗口中的测量点P_0

$$L_{w,on}=(L_{w1}+L_{w2}+L_{w3}+L_{w4})/4 \tag{30-70}$$

$L_{w,on}$表示在相邻四角 4%亮窗口影响下屏中心点 P_0 的平均亮度。

3)如图 30-116 右边所示，让 A_{b1}、A_{b2}、A_{b3}、A_{b4} 4 个 0%灰度级电平暗窗口依次只暗 1 个，测得 P_0 点的亮度分别为 L_{b1}、L_{b2}、L_{b3}、L_{b4}，取其平均值为

$$L_{b,on}=(L_{b1}+L_{b2}+L_{b3}+L_{b4})/4 \tag{30-71}$$

$L_{b,on}$表示在相邻四角 4%暗窗口影响下屏中心点 P_0 的平均亮度。

图 30-116 中的 8 个窗口处在中间窗口的 4 个角上，通过交叉效应对 P_0 点的亮度影响较小。

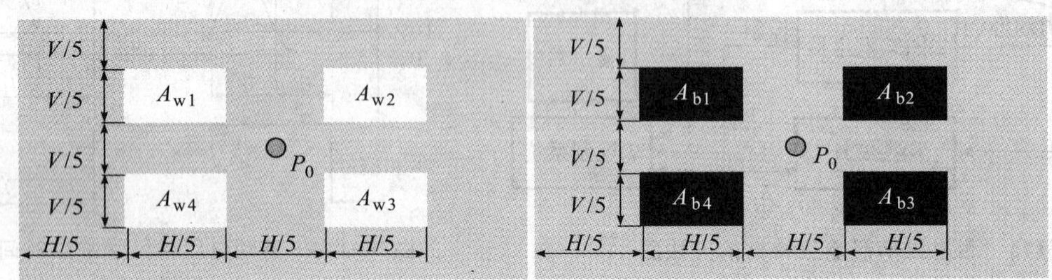

图 30-116 在 A_{w1}，A_{w2}，…，A_{w3} 和 A_{w4} 轮流出现一个情况下测量 P_0 点的亮度

4)如图 30-117 左边所示，让 A_{w5}、A_{w6}、A_{w7}、A_{w8} 4 个 100%灰度级电平亮窗口依次只亮 1 个，测得 P_0 点的亮度分别为 L_{w5}、L_{w6}、L_{w7}、L_{w8}，以 L_{wi} 表之。

5)如图 30-117 右边所示，让 A_{b5}、A_{b6}、A_{b7}、A_{b8} 4 个 0%灰度级电平暗窗口依次只暗 1 个，测得 P_0 点的亮度分别为 L_{b5}、L_{b6}、L_{b7}、L_{b8}，以 L_{bi} 表之。

图 30-117 中的 8 个窗口处在中间窗口的上下或左右，通过交叉效应对 P_0 点的亮度影响较大，因为扫描信号施加在同一行的所有像素上，而视频信号施加在同一列的所有像素上。

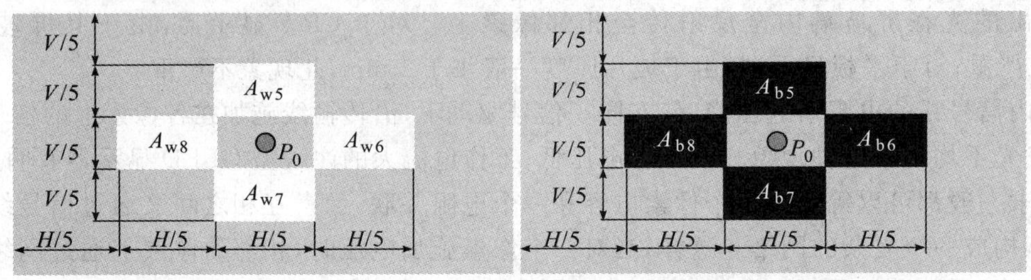

图 30-117 在 A_{w5}，…，A_{w8}，A_{b5}，…，A_{b8} 轮流出现一个情况下测量 P_0 点的亮度

6)亮场的交叉效应可定义为 $CT_w=(|L_{wi}-L_{w,on}|/L_{w,on})_{max}\times100\%$，$i=5\sim8$。

暗场的交叉效应可定义为 $CT_b=(|L_{bi}-L_{b,on}|/L_{b,on})_{max}\times100\%$，$i=5\sim8$。

当然还可以有其他的定义方式，如图 30-118 所示为另一种测试方法。

1)给被测模块施加一个电压信号，使显示屏处于初始的亮度值 L_{ref}（对于从 0～255 亮度等级的显示屏，推荐取 31 亮度等级为初始显示状态）。

2)在垂直视向处（$\theta=0$）测量规定点 $Y(7/8W,1/2H)$ 的亮度，测量值记为 L_a。

3)中心矩形（宽和高均为显示屏宽和高的 50%）内的显示信号变为全暗，重新测量 Y 点的亮度，并用 L_b 表示。通过计算可得到被测模块的水平串扰值。

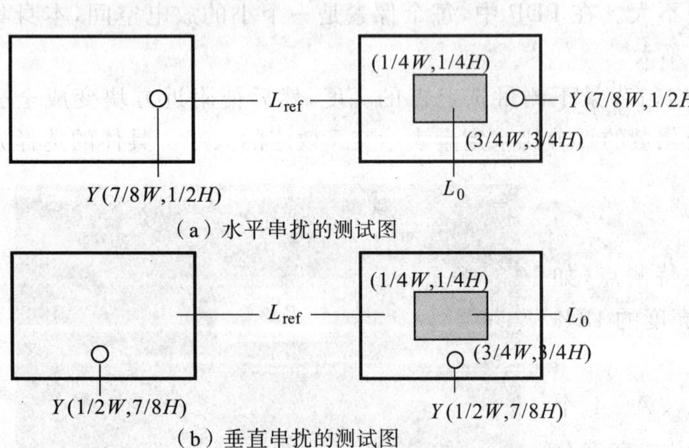

图 30-118 交叉串扰的测试

4)将测量点改为$Y'(1/2W, 7/8H)$,然后重复上述测量,可得到被测模块的垂直串扰值。

5)串扰值可通过公式计算得到:

$$CT=\left|\frac{L_b-L_a}{L_a}\right|\times 100\ \% \tag{30-72}$$

四、残像(图像黏滞)

显示屏在长时间显示静止图像后,再显示其他图像时,会叠加上一幅原先图像的影子。如果经过一段短时间(例如几分钟)后影子消失,这种影子称为余像,它对显示屏不造成永久性损伤;如果这个影子长时间后也不消失,则称为残像或图像黏滞,是显示屏永久性的灼伤。

造成灼伤的原因是长时间工作在高亮度下的像素的发光性能的褪化,发光灵敏度的下降;而未发光或工作于低亮度的像素,其发光灵敏度未下降或下降少。这样,当再工作于白场时,原先发光强之处就显得较暗,形成了上述的影子。对于余像,因为能自动消除,可以不予理会;而残像则是显示器的一个不可忽视的问题。残像曾是PDP显示器的一个重大问题,引起的主要原因是其绝缘层MgO的二次发射系数在工作过程中变小,使发光强度下降;残像在LCD和OLED显示器中也存在,但是程度较轻;CRT显示器中残像成因是由于荧光粉在电子轰击下发光性能下降,但是下降得很慢,所以CRT显示器的残像问题不大。总之,不论是什么种类的显示器,都要避免长时间工作于显示静止图像的状态。

残像的测试过程如下:

1)待测显示器已经过足够时间的老炼。这是必要的,因为如OLED、ELD等类显示器工作初始阶段发光性能下降得很快,经过一段工作时间后才转入平稳阶段。

2)做残像测试时,采用4%白窗口。窗口的亮度取100%最大亮度,或根据实际使用情况取其他值。对于电视、数码相机和手机可分别取15%、20%和30%。对于具有大亮白背景的手机取60%。各种亮度的静态窗口如图30-119所示。

图30-119 各种亮度的静态窗口示例

3)按规定的亮度,启动显示屏中心4%窗口,然后每过一段时间,使全屏工作于100%亮度水平10 min,检查窗口边界是否已显示。如已显示,在该10 min内完成对窗口中心亮度和色度的测量。驱动信号电平如图30-120所示。

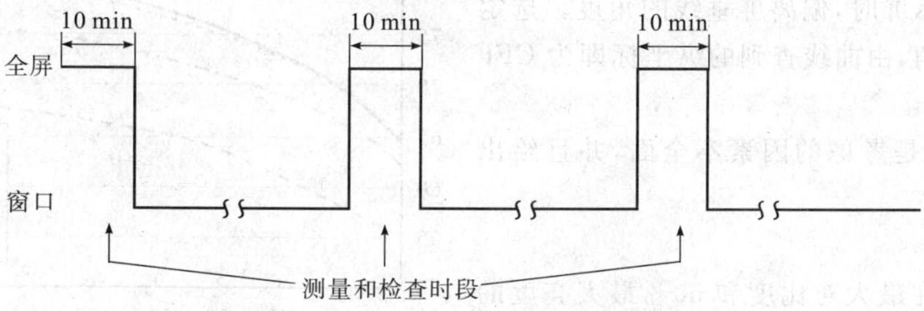

图30-120 残像测试用的驱动信号电平

4)残像引起的亮度变化用$(L_0-L_t)/L_0$表示。L_0是试验开始时4%窗口中心的亮度;L_t是试验经过了t时间后,100%白场驱动条件下,4%窗口中心的亮度。取$\Delta L/L_0$达到3%、5%或10%的时间作为产生亮度残像的时间。

5)残像引起窗口中心色度的变化用CIE 1976均等表色空间中坐标的变化$\Delta u'v'$来表示：

$$\Delta u'v' = \sqrt{(u'_t - u'_0)^2 + (v'_t - v'_0)^2} \tag{30-73}$$

式中(u'_0, v'_0)是试验开始时窗口中心的色坐标；(u'_t, v'_t)是经过时间t后的色坐标。取$\Delta u'v'$达到0.004、0.005或0.01所需的时间作为产生颜色残像的时间。

6)在整个试验过程中，应采用同一个测光仪器。

五、闪烁[20]

闪烁(flicker)是指人眼对显示屏亮度快速变化的一种主观感受，即感知到屏幕好像在快速地闪动。这儿讲的闪烁包括场频闪烁。因为是人眼的主官感受，所以并不是简单地等同于显示屏上亮度的波动值。从人眼的时间特性可知，当亮度波动频率超过临界闪烁频率时，人眼不再感受到亮度的变化，即感受不到闪烁，而用仪器测试时，这种亮度波动仍然存在。

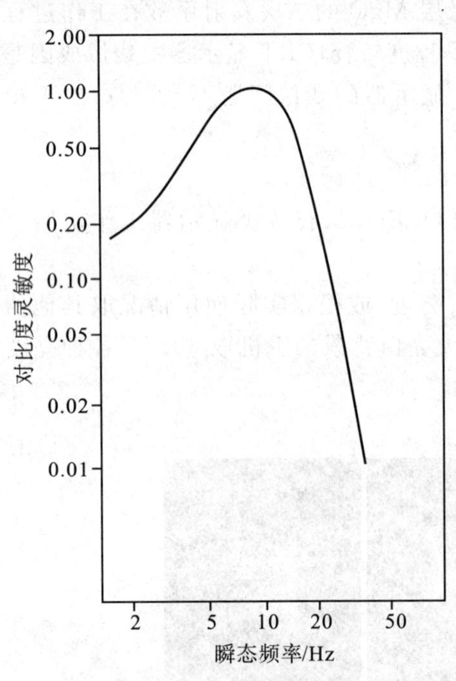

图 30-121 对光源闪烁的视觉对比(度)敏感度曲线

闪烁会使视觉不舒服，长时间观看有闪烁的显示屏会导致人眼疲劳。闪烁现象在CRT显示器中最显著，而在各类平板显示器中相对较轻。闪烁是显示屏的本底噪声，分为黑噪声和亮噪声两种。但是人眼对暗噪声相对不敏感，所以闪烁只对亮噪声而言。引起闪烁的原因是多方面的，工艺、结构、材料、电路各方面的不稳定性、不均匀性、微观的随机性变化都会产生亮度跳变起伏。例如CRT显示器行扫描同步不稳定就会引起行间闪烁。在LCD显示器中，液晶分子随机的热运动会改变液晶分子的取向，造成透射光的强度作随机的变化。通过统计方法可测出人眼对闪烁频率的对比(度)敏感度曲线，如图30-121所示。

由图中曲线峰值可知，最敏感的频率是8.8 Hz，偏离该点后，敏感度随频率变化而降低。当$f \geqslant 40$ Hz，闪烁就很小了；至$f \geqslant 50$ Hz，就会完全感觉不到闪烁。影响闪烁灵敏度的因素很多，包括目标在视网膜中成像的尺寸、背景亮度、观察视角、显示器尺寸、观察者的年龄和性别等，所以至今还没有一个令大家满意的测试方法。下面介绍几种评测显示器闪烁的方法：

1. 查闪烁预测曲线

根据不同屏亮度和观察视角绘制了临界闪烁频率CFF值曲线(见图30-122)。所谓观察视角是指观察者在侧面观看显示屏时，偏离屏垂线的角度。选定屏的亮度和观察视角，由曲线查到的纵坐标即为CFF的值。

此法简单，缺点是考虑的因素不全面，并且给出的数据偏保守。

2. 频谱分析法

让显示屏工作在最大对比度和50%最大亮度的状态下，用具有快速响应的亮度计测量屏中心亮度随时间的变化波形$L(t)$，对$L(t)$进行频谱分析(即傅里叶分析)，得到$P_{FFT}(F)$功率谱，再用图30-123

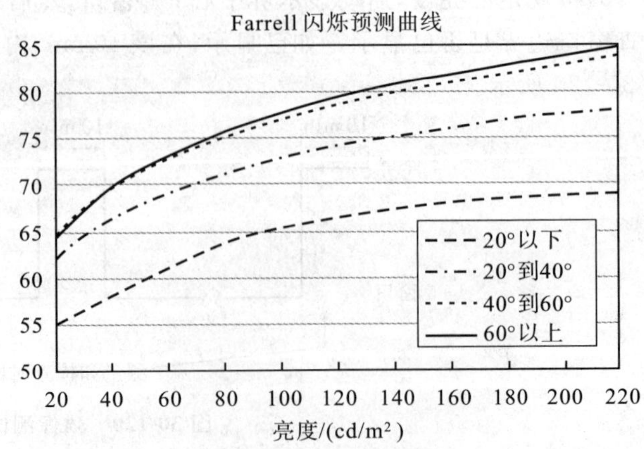

图 30-122 闪烁预测曲线

中所示的对比(度)敏感度曲线处理一下(即使两者相乘,加入人眼的低通滤波特性),获得函数 $P'_{FFT}(F)$,这就是人眼感知到的功率谱。取最大功率谱 P_f^{max} 和基级功率谱 P_0 的比值之对数作为闪烁等级 F(单位:dB)的衡量,即

$$F = 10 \times \lg(P_f^{max} / P_0) \tag{30-74}$$

式中,基级功率谱即显示器的场扫描频率或刷新频率下谱线的强度,最大功率即一级谱线强度。功率频谱的例子如图 30-124 所示。

此法的缺点是只考虑了亮度的影响,未考虑功率谱曲线形状的影响。

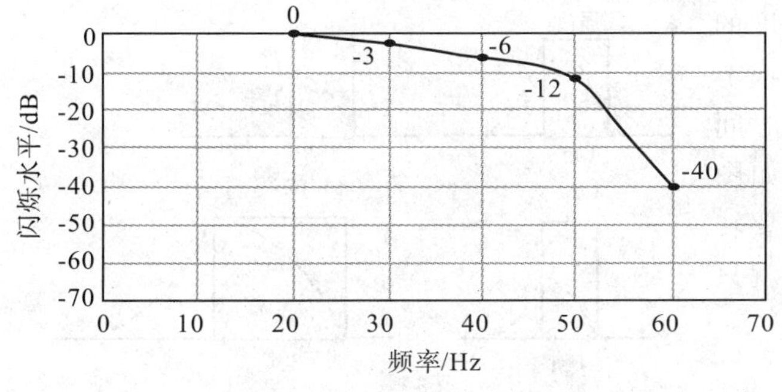

图 30-123 对比(度)敏感度曲线

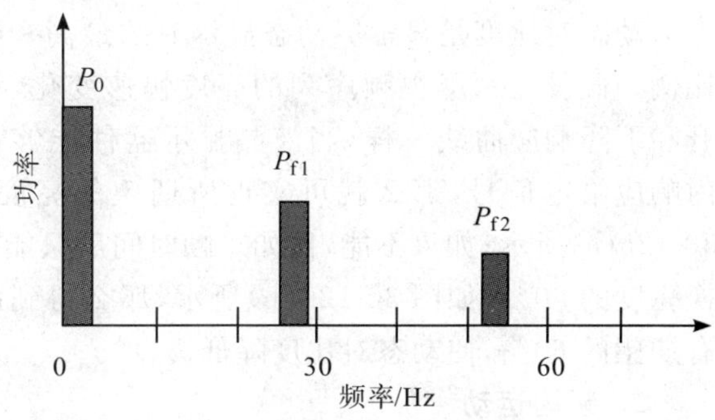

图 30-124 功率频谱的例子

3. 基频频谱绝对振幅判断法

此法也是 Farrell 提出的,数据的采集和处理方法与前面所述相同,只是采用基频谱线的绝对振幅值来预测人眼是否能感知到来自显示器的闪烁。预测的 CCF 值可以用下式计算:

$$\mathrm{CCF} = m + n(\ln E_{obs}) \tag{30-75}$$

式中,m、n 是线形回归曲线的两个参数,E_{obs} 是基频频谱能量,即

$$E_{obs} = A(L_t - L_r) \times c_1 / c_0 \tag{30-76}$$

式中,L_t 是显示屏发出的总平均亮度(单位:cd/m^2);L_r 是环境光在屏上的视在亮度(单位:cd/m^2);A 是视网膜受照面积,可用下式计算:

$$A = 12.452\,84\,L_t^{-0.160\,32} \tag{30-77}$$

c_1/c_0 是与发光材料的余辉相关的量,可表示为

$$c_1/c_0 = 2/[1+(\alpha f)^2]^{0.5} \tag{30-78}$$

式中,f 为显示屏的刷新率,α 是假设发光材料的发光强度是按指数方式衰减时的时间常数。

显然此方法比前面的方法考虑了更多影响 CFF 的因素。

第十节 平板显示器的运动伪像

随着平板显示器大规模地替代 CRT 显示器,特别是显示器已进入大屏幕高清晰度时代,平板显示器的运动伪像问题已成为业界普遍关心的问题。运动伪像普遍存在于动态图像显示之中,但是在平板显示器,特别是 LCD 显示器中,这个问题尤其严重。产生运动伪像的原因有两方面:显示器电光转换的响应时间太长,保持显示和人眼视觉特性相结合。运动伪像大致表现为运动物体模糊和急动状的颤抖。细分已被认识的运动伪像有:运动模糊、伪轮廓产生、颤抖、动态色差、高频细节丢失、颜色断裂和颜色拖尾等。

一、运动伪像产生的原因

早期曾用响应时间(RT)来规范静止图片切换时响应速度的快慢,后来不经意地沿用到电视图像的场合,用响应时间来衡量运动时图像劣化(运动伪像)的程度。实践中发现,它们之间无确切的定量关系。例如 LCD 电视机,即使厂家宣称液晶的响应时间已小于 1 帧时间(16 ms 或 20 ms),但是拖尾现象依然存在。相反,在 CRT 电视机中,即使荧光粉有余辉,但是丝毫也看不到拖尾的现象。这是由于响应时间的测量仅涉

及被测像素自身亮度的变化，可称为瞬变响应，而运动图像的响应特性还与相邻像素的亮度及人眼的视觉特性有关。

研究表明，液晶电视中运动伪像的产生原因是：液晶材料的响应时间长、液晶显示属于维持显示模式以及人眼的追踪特性和对光感知的积分特性。

（一）液晶材料响应时间长引起的运动伪像

1. 动态对比度下降

动态对比度是显示屏动态显示时的最高和最低亮度的比例。假设显示屏视频序列的亮度快速变化，液晶面板上升和下降响应曲线一样，当液晶显示器件能够在 1 帧时间内响应给定信号，那么就可实现所期望的亮度转换，如图 30-125(a)所示；如果不能，比如 1 帧时间后只能达到所要转换亮度的 60%，如图 30-125(b)所示，那么得到的亮度就只有期望的 60%，使动态对比度降低。

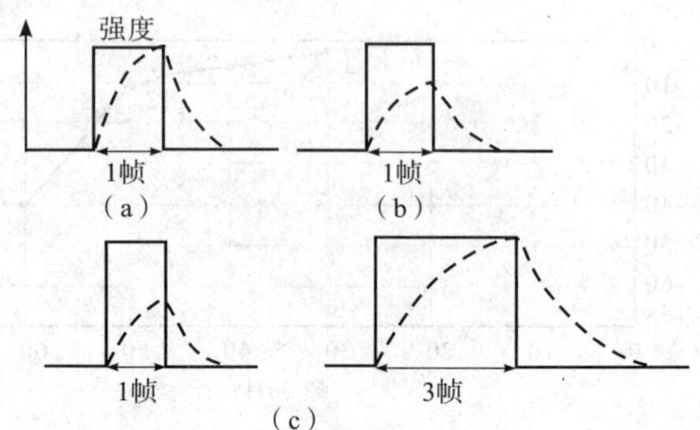

图 30-125　不同响应时间的亮度转换对比

2. 频闪运动

连续运动的物体被人眼感知为跳跃或起伏运动，就好像是同一个频闪观测仪观察的运动。假设在连续视频序列中，一个球在某处停留 3 帧时间后开始运动，此后每帧时间内通过一定的显示区域，如果液晶面板完全响应信号需要 3 帧时间，则在 1 帧时间内只能达到 50% 的亮度响应，如图 30-125(c)所示，与静止区域相比，运动区域里的球显得较淡，产生消失的感觉，当球停止下来再次变亮时，跳跃的感觉就产生了。

3. 运动边缘模糊

这一运动伪像本身很细微，不易被注意到，主要发生在运动图像有许多细节，如头发、草或瀑布时。此时的图像边缘变得模糊不清，图 30-126 示出液晶显示屏上运动细黑条的一个例子。液晶响应时间是指开、关两种状态下上升时间和下降时间总和，由于 LCD 生产商主要精力放在提高液晶材料响应时间上，加上过驱动等技术的引入，现在灰度等级为 0 级到 255 级之间的响应时间已经可以低于 8 ms，不过，其他不同灰度等级间的响应时间仍大于 15 ms。实验证明，当响应时间小于 1 帧(约 16.7 ms)时，动态对比度下降和频闪运动这两种运动伪像基本消失，运动物体边缘变得更加清晰。但是并不能达到与 CRT 显示器件一样的清晰程度，理论分析表明，即使实现零响应时间，也不能完全消除运动边缘模糊，因为它的产生还与液晶显示器件的工作模式有关。随着液晶响应时间的加快，液晶显示器件显示模式特性与人眼积分特性共同作用导致的更细微的运动伪像已经突显出来。

运动的黑条

人眼跟踪注视感知的像

图 30-126　运动边缘模糊示例

（二）维持显示的工作模式和人眼的追踪和感知积分成像特性引起的运动伪像

1. 液晶与 CRT 在显示模式上的不同

如图 30-127(a)所示，CRT 的每一个像素发光属于脉冲型，在 1 帧时间内每个像素只在电子束轰击时才发光。轰击时间为 10^{-7} s 量级，一般彩色荧光粉的余辉不超过 2 ms，所以 CRT 属脉冲型显示工作模式，在 1 帧时间内每个像素光脉冲宽度约为 1 ms。在有源液晶显示器(AM-LCD)中，每个像素的状态在受到视频驱动信号激励，状态发生改变后可以维持约 1 帧时间，即在 1 帧时间内像素持续发光，属于维持型显示工作模式，如图 30-127(b)所示。

2. 人眼的追踪特性和感知的积分成像特性

当物体以每秒几十度的视角速度运动时，人眼通常会不自主地追踪这个物体，使物体在视网膜上的成像位置大致不变，并对感知的信号积分成像。在这一追踪过程中，人眼常能感知到一系列运动伪像，这种现象在大尺寸显示屏高分辨率液晶显示器中尤为突出。这类伪像包括运动模糊、不均匀运动、边缘闪烁等。图

30-128 示出了一个极端的例子，一个变化周期为 4 个像素的曲线图像，以每帧 4 个像素的速度水平向右移动，人眼追踪该曲线段，积分成像后感知到的是一条水平直线。图中带箭头的斜线是视神经在不同时刻感受到的亮度，在 1 帧时间内被积分。

（a）脉冲型显示（CRT）　（b）维持型显示（AM-LCD）

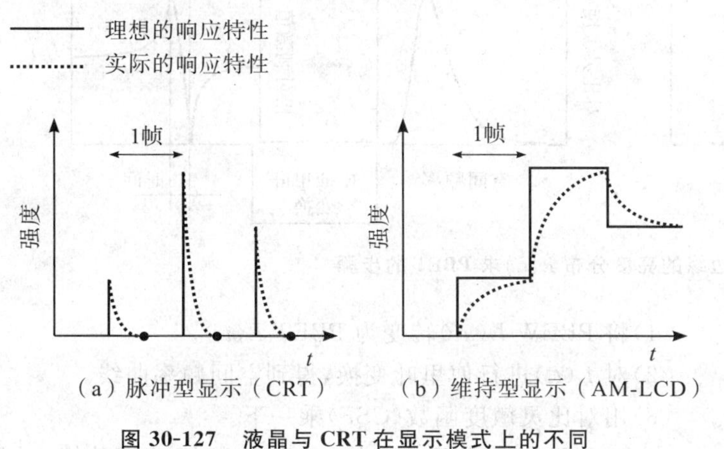

图 30-127　液晶与 CRT 在显示模式上的不同

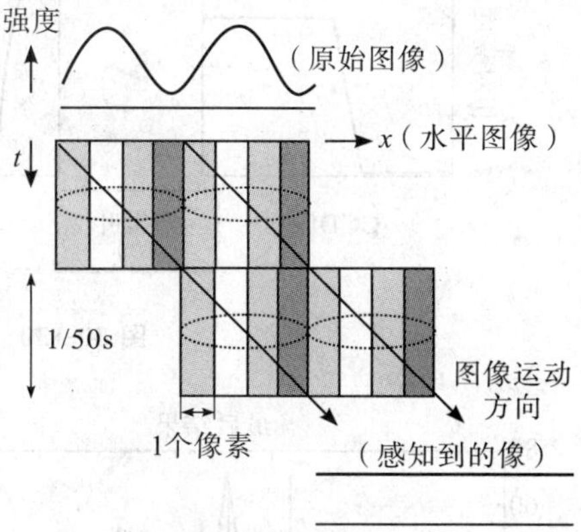

图 30-128　显示在维持型显示器上的运动图像的视觉积分例子

3. 边界模糊形成的实列

运动图像形成的边界模糊与显示器的响应时间毫无关系。图 30-129 示出了维持显示工作模式和人眼视觉特性引起的运动图像边缘模糊的说明。图中纵坐标为时间，每一小格代表 1/4 帧时间，箭头朝下。横坐标为运动图像在屏上的位置。分 3 个区：左边为运动物体的实际位置，在向下扫描过程中逐渐右移；中间为经维持型显示后的图像位置，在 1 帧时间内图像每个像素都持续发光，到下一帧时图像突然右移 4 小格；右边为经脉冲型显示后的图像，每帧只在被扫描的瞬时中显示。图中斜线表示人眼追踪的轨迹，视网膜上每一点像的亮度是每条斜线上亮度积分的时间平均值。由图中最下面一行可知，脉冲型显示时，在人眼的感知中与物体实际情况相符；而在维持型显示时，则在人眼的感知中不但真实图像模糊，并且还在左右两侧附加了模糊的边缘。

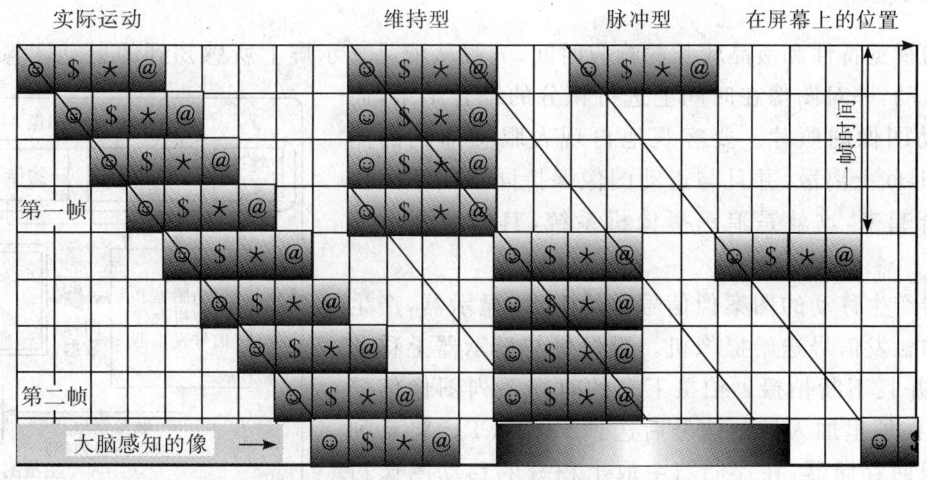

图 30-129　边界模糊形成实列

4. 测试运动图像边界模糊的宽度必须加入人眼对比敏感度曲线

运动图像的边界模糊的宽度(PBEW)是由于人眼追踪和积分特性引起的，除以图像移动的速度，则边界模糊宽度变成边界模糊时间(PBET)。

如果已获得边界模糊的照片，则测量模糊边界的亮度变化曲线就可以用来判断 PBEW 或 PBET。需要指出，这只是一条物理仪器测得的亮度变化，不能如常规那样取 10%～90%的间隔作为 PBEW。我们需要的是人眼感知的边界模糊宽度(或边界模糊时间)。这就涉及了人眼的对比敏感度函数(CSF)，即必须用 CSF 过滤一下。步骤如下(参见图 30-130)：

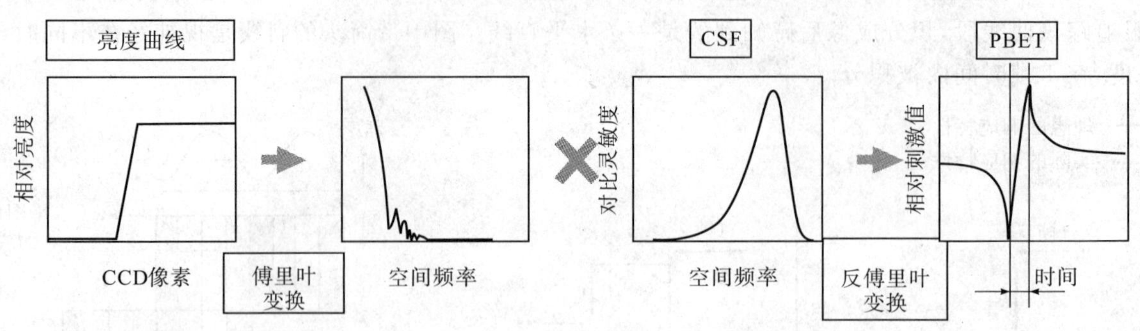

图 30-130 由模糊边缘的亮度分布 $L(t)$ 求 PBET 的步骤

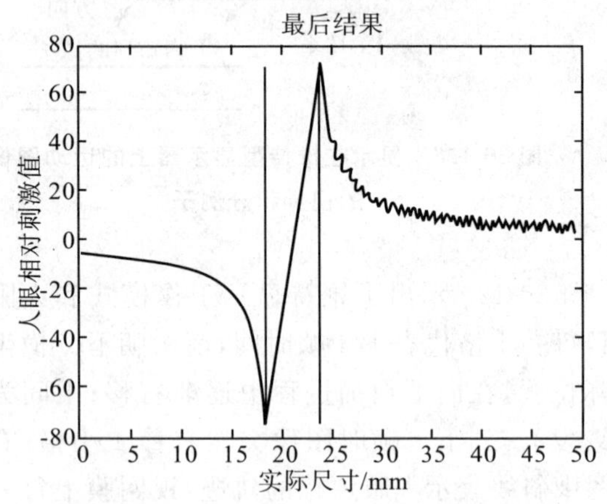

图 30-131 人眼相对刺激值-时间曲线

1)将 PBEW $L(x)$ 转变为 PBET $L(t)$。

2)对 $L(t)$ 进行傅里叶变换,得到空间频率曲线。

3)用对比灵敏度函数(CSF)乘一下。

4)对乘积作反傅里叶变换,得到人眼相对刺激值-时间曲线。

5)图中最右边的方框中,曲线的两个尖峰间的距离即 PBET,其放大图示于图 30-131。

二、运动伪像的测试方法[20]

运动伪像的测试方法分为直接测量法、模拟预测法和用测量亮、暗拖尾限定运动伪像法。

(一)直接测量法

由于人眼的视觉特性和液晶较长的响应时间,人眼从液晶显示屏上所感知到的运动图像是人眼与运动图像保持同步运动,并对图像在时间上进行积分的综合结果,而不是一张张运动图像的照片。要客观地再现人眼感知到的图像,就应该将在时间上离散,并且与运动图像保持同步的不同位置上的图像综合起来,这就是追踪摄像机系统,其方块图示于图 30-132中。

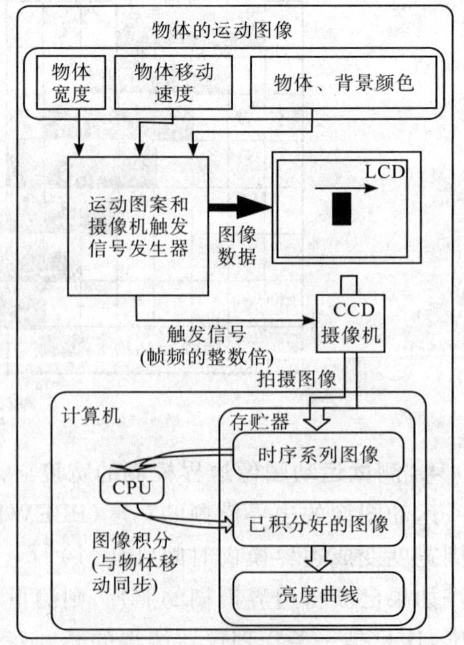

图 30-132 直接测量法方块图

信号发生器产生移动的图案像信号送给 LCD 显示器,产生让摄像机拍摄的触发信号送给摄像机。摄像机与显示器上移动图像同步移动,并且不断拍摄。拍摄下来的时序系列图像信号先进入存储器,在那里加入控制信号后送到 CPU,CPU 将系列图像积分后又送回存储器,在存储器中取出积分的移动图像边缘的亮度分布 $L(t)$,再按图 30-130 的步骤处理 $L(t)$,便可获得 PBET。由上述可知,在追踪摄像机系统中有 3 个关键点:

1. 用仪器代替人眼并模拟人眼对运动物体的平滑追踪

用 CCD 或 SCCD 摄像机代替人眼,用步进电动机驱动摄像机追踪移动的图像,模拟人眼对运动物体的平滑追踪。具体的方案有:

1)平移摄像机追踪图像的移动,如图 30-133(a)所示。

2)转动摄像机追踪图像的移动,如图 30-133(b)所示。

3)静止的高速摄像机,如图 30-133(c)所示。

4)摄像机太重,运动时惯性大,不易保证位移的精度,现在大多使用静止摄像机,而将显示屏的图像先投向一个小镜子,再反射到摄像机上,即用镜子转动来追踪显示屏上图像的运动,如图 30-133(d)所示。整体追踪系统如图 30-133(e)所示。

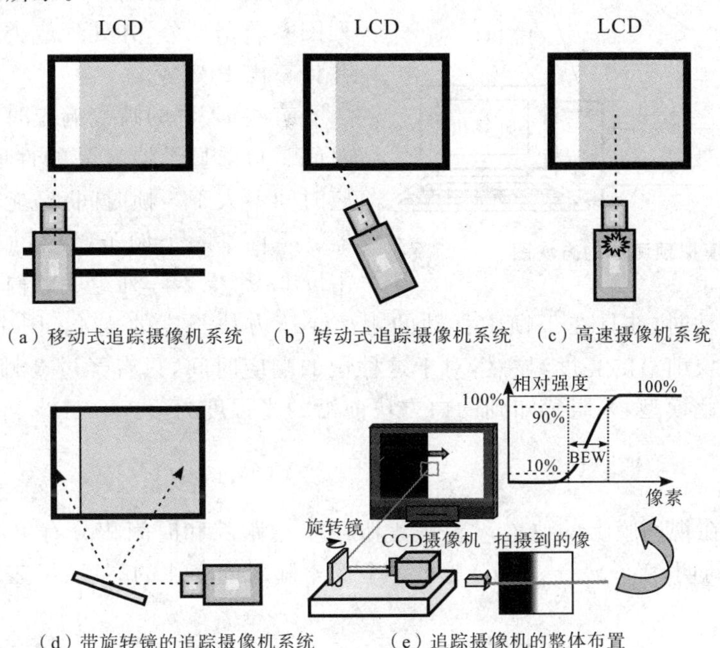

(a)移动式追踪摄像机系统　(b)转动式追踪摄像机系统　(c)高速摄像机系统

(d)带旋转镜的追踪摄像机系统　(e)追踪摄像机的整体布置

图 30-133　追踪摄像机系统

2. 严格保证移动图案和摄像机同步

为了保证摄像机和移动的图案,需要一个与测试图案同步移动的触发图案,如图 30-134 所示。用一个光电二极管,每 0.1 ms 检测一次触发图案边缘点(图 30-134 左下角长条右侧小圆点),检测到的电压大小经处理后作为触发信号来保持移动图案和摄像机同步。

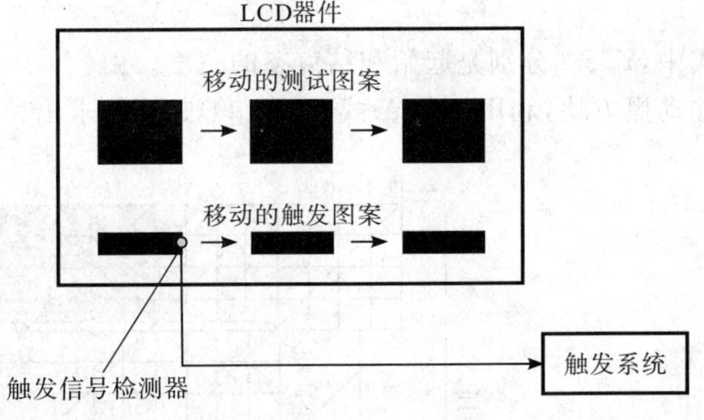

图 30-134　触发图案

3. 处理测量所得的边缘模糊的亮度曲线

已获得积分图像边缘的亮度曲线 $L(t)$后,求出模糊边缘的宽度一般有两种方法:

1)延长模糊边缘宽度法。延长模糊边缘宽度法是取曲线(如图 30-133(e)右上角所示曲线)中 10%与 90%亮度点之间的距离再乘以 1.25。此方法简单,但没有与人眼对比敏感度曲线联系起来,并且有时 10%与 90%之点很难被精确地找到,所以误差大。

2)PBET 法。PBET 法的处理步骤已示于图 30-130 中,需要注意的是,每次做傅里叶变换时的点数必须大于 2 048。

(二)模拟预测法[21]

直接测量法结构复杂,价格昂贵,每台设备的价格都高达约 10 万美金,并且不能包括与运动模糊相关的全部伪像。模拟预测法则没有这个缺点,其基本思路是精密测出 LCD 的瞬变时间响应曲线,据此由软件产生如人眼平稳跟踪运动图像时每个时刻图像的亮度分布并加以积分,从而模拟出平稳跟踪且时间积分的人眼感知。测量系统如图 30-135 所示。

可编程视频图案发生器(FPGA)不断产生所需的图案信号,并且送到显示器上;由光电二极管阵列组成的亮度传感器将显示器上被注视像素阵列的亮度信号转变为时序系列电信号,经运算放大器(OP)放大后送

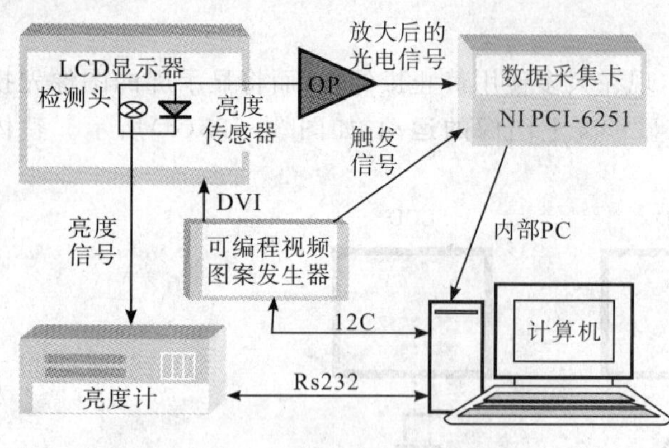

图 30-135 模拟预测法的方块图

到数据采集卡(DAQ);对着显示屏的检测头,将检出的亮度信号送亮度计校准,并经 RS232 接口送到计算机中;FPGA 还向 DAQ 发指令,让后者采集数据信号或将采集到的数据信号送到计算机;计算机将时间序列图案数据积分,并处理成类似人眼感知到的刺激值,并计算出 PBEW。

有些 LCD 的瞬变响应时间比较长,例如超过 1 帧时间。目前显示器液晶的性能已有很大的改进,设响应时间不大于 3 帧时间,已能包括全部有源 LCD 显示器。下面举一个例子:设想如图 30-136 所示,有一个由 $n\times n$ 个像素阵列组成的白色方块,在黑色背景上以每帧 4 个像素的速度移动时,并且在 1 帧中移动的距离小于方块长度的 1/4。图中 Y_1、Y_2、Y_3 分别表示第一、第二、第三帧后白方块前沿的亮度,显然,对于这种慢的响应时间,只有经过 3 帧时间后白方块前沿的亮度才能达到稳态值。按此模型,人眼感知到的白方块前沿的光强度为

$$V_0(x_i)=\frac{1}{T_f}\sum_{j=0}^{v-1}\int_{jT_f/v}^{(j+1)T_f/v}Y(x_i+j,t)\mathrm{d}t \tag{30-79}$$

式中,x_i 是白方块前沿在视网膜上的位置;j 是考虑眼睛平稳跟踪和时间积分有关的索引值;v 是白方块的移动速度;T_f是 1 帧的周期;$Y(x_i+j,t)$是每一个像素随时间变化的亮度,可表示为

$$Y(x_i+j,t)=\begin{cases}Y_0, & x_i+j\geqslant v\\ Y_1(x_i+j,t), & 0\leqslant x_i+j\leqslant v-1\\ Y_2(x_i+j,t), & -v\leqslant x_i+j\leqslant -1\\ Y_3(x_i+j,t), & -2v\leqslant x_i+j\leqslant -v-1\\ Y_F, & x_i+j\leqslant -2v-1\end{cases} \tag{30-80}$$

式中,Y_0、Y_F分别是起始和结束态的亮度。由(30-79)式可以求出移动的白方块的拖尾。如果在白色背景上移动黑方块,利用(30-79)式和(30-80)式可以求出移动的黑方块的拖尾。

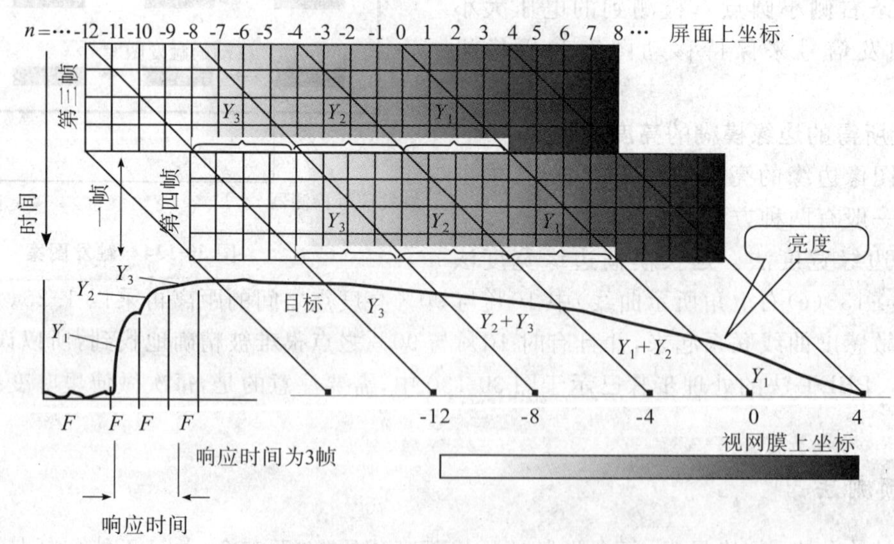

图 30-136 超过 3 帧时间的积分过程

应用模拟预测法时要注意:

1)必须精确知道跳变的启动时间,否则后面第二帧的启动时间就更加不知道了,会使实验误差增大。

2)测试显示屏的探头的入光孔要尽量小,最好用光纤。入光孔大的话会将跳变曲线平均掉。

(三)用测量亮、暗拖尾限定运动伪像[22]

直接测量法与模拟预测法都可以定量地测出运动的伪像,但设备复杂、过程也比较麻烦,不适于电视机工厂的日常使用。工厂需要一台简易的半定量测试运动伪像的仪器。北京牡丹电子集团开发出了这种测量仪器。下面介绍其工作原理:

1. 运动响应的定义

响应时间的测量仪涉及被测像素自身亮度的变化,可称为瞬变响应,而运动响应还与相邻像素的亮度及人眼的视觉特性相关,应予另行定义。

图 30-137(a)示意在暗的背景上有一亮的静止物体 AB,物体呈现清晰的边界。当它以速度 v 从左向右运动时,如果相对于激励信号,显示亮度的变化不能瞬间完成,看到的物体一般如图 30-137(b)的 CF 所示。30-137(b)图上还以虚线框 AB 给出了物体的实际位置(对应于亮激励信号所在位置)。AC 间的那些像素,此刻虽已变为亮信号激励,但其亮度还未来得及上升到足以与暗背景相区分的程度,从 C 开始可察觉物体的出现,C 到 D 亮度逐渐上升,形成上升的模糊边缘。到 D 点,其亮度上升到了与物体亮度不能分别的程度。BE 间的那些像素,此刻虽已变为暗信号激励,但其亮度还未来得及下降到足以与亮物体相区分的程度,E 到 F 亮度逐渐下降,形成下降的模糊边缘。到 F 点,其亮度下降到了与背景亮度不能分别的程度,F 是物体的察觉终点。

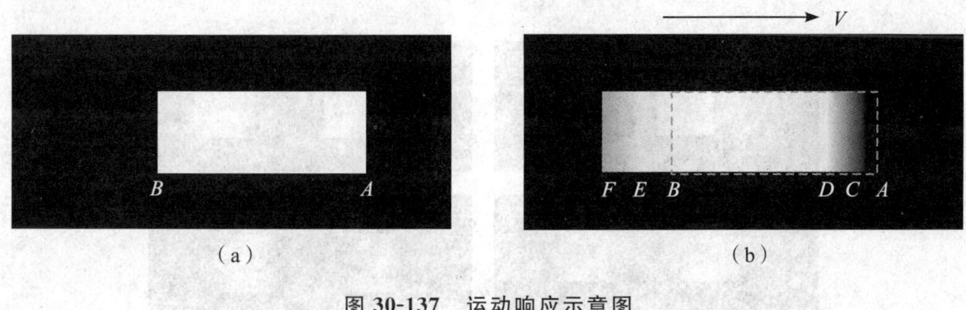

图 30-137　运动响应示意图

根据以上描述,我们可以定义:AC 为启动延迟长度,CD 为上升模糊长度,BE 为保持延迟长度,EF 为下降模糊长度。

将以上各长度除以物体的运动速度 v,就得到了具有时间量纲的参数,可分别称为:运动启动时间 $T_{msu} = AC/v$,运动上升时间 $T_{mr} = CD/v$,运动保持时间 $T_{mkp} = BE/v$,运动下降时间 $T_{mf} = EF/v$。

前缀"运动"及脚标"m"用来说明它们是运动响应的参数,以区别于瞬变响应的那些参数。

运动图像的响应时间(MPRT),其定义与运动上升时间和运动下降时间相当。

2. 运动伪像和运动响应的实用参数

在上述四项运动响应的基本参数中,运动上升时间和运动下降时间在运动图像上直接表现为上升边缘模糊和下降边缘模糊。但在运动图像上找不出任何表现能与运动启动时间和运动保持时间单独联系起来,于是也不可能有与它们各自直接对应的运动伪像。实际上 T_{msu}、T_{mkp} 经常参与引起运动伪像的"合唱"。下面举若干例子:

(1)边界位错

如图 30-138(a)所示,静止的物体是一黑白相间的竖杆,它的左右两边界上下对齐。当它在水平方向以速度 v 移动时,会像图 30-138(b)那样,左右两边界变得参差不齐。就激励信号而言,边界是上下对齐的,但显示的边界就不一定对齐了。比如显示的右边界,黑块要延迟保持时间后才出现,而白块延迟的是启动时间,如果两个延迟时间不等(图 30-138(b)对应于保持延迟时间大于启动延迟

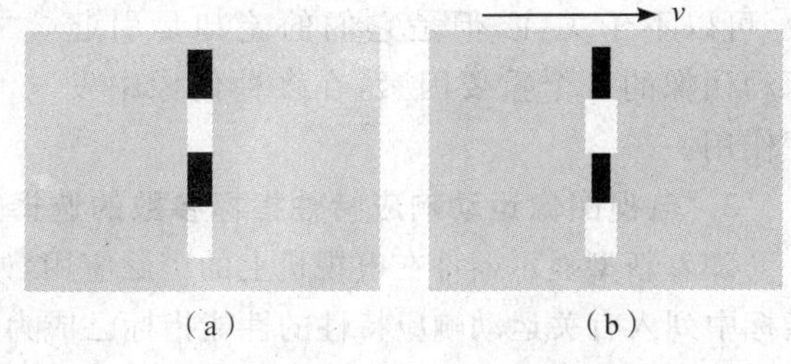

图 30-138　边界位错示意图

时间),就会呈现边界位错。为了直接描述边界位错的大小,需要定义一个实用参数,比如"延迟时间差"(运动保持时间－运动启动时间)。显然,延迟时间差的值,可正可负,依场合而异。

(2)形状变化

看足球比赛节目时,飞行中的足球感觉是个椭球,这是大家熟悉的经验,并被习惯地称作拖尾。借助于图 30-137 可以说明如何定量描述此类运动伪像。AB 可称为物体的实际长度,CF 可称为在运动方向上的观察长度,拖尾的大小可用它们的差来表述,即拖尾长度＝观察长度－实际长度＝$CF-AB=BE+EF-AC$,由于这是亮物体在暗背景上的拖尾,称为亮拖尾,即亮拖尾长度＝保持延迟长度＋下降模糊长度－启动延迟长度。等式两边同除以速度,即得:亮拖尾时间＝运动保持时间＋运动下降时间－运动启动时间＝运动下降时间＋延迟时间差。将图 30-138 中物体和背景的亮度相交换,类似的分析可得:暗拖尾时间＝运动启动时间＋运动上升时间－运动保持时间＝运动上升时间－延迟时间差。可见拖尾这种运动伪像是 3 个基本参数组合作用的结果。由于表达式中存在负项,拖尾时间的取值也是可正可负,分别称作正拖尾和负拖尾。早期,运动上升、下降时间远大于延迟时间差,拖尾总表现为正的,随运动上升、下降时间性能的改进,出现负拖尾的场合会逐渐多起来。

(3)间距变化

如图 30-139 所示,正的拖尾不仅使物体扩展,也会把两个物体间的距离拉近,而负拖尾将使物体收缩,把间距推开。分析结果表明,间距变化恰好等于拖尾长度取反,因此间距变化可归属于拖尾类的运动伪像。

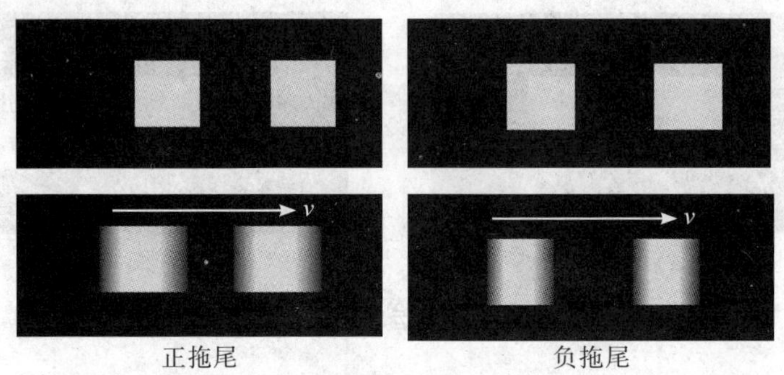

图 30-139 间距变化和正负拖尾示意图

其他如色彩间断、色彩位移和边缘色变等运动伪像也是由于运动保持时间和运动启动时间的差引起的。表 30-14 归纳了种种运动伪像的表现与运动响应实用参数之间的关系。

由表 30-14 看出,所列种种运动伪像,对应的实用参数有 5 个,它们是运动上升时间、运动下降时间、延迟时间差、亮拖尾时间和暗拖尾时间。从该 5 项实用参数的定义可知,其中只有 3 项是独立参数。

表 30-14 运动伪像及对应运动响应实用参数

运动伪像	对应参数	备 注
边缘模糊	运动上升时间,运动下降时间	
边界位错	延迟时间差	
形状变化	亮拖尾时间,暗拖尾时间	
间距变化	亮拖尾时间,暗拖尾时间	
色彩间断	亮拖尾时间(负)	对应基色
色彩位移	亮拖尾时间(正)	对应基色

由上述例子可知,针对运动伪像而言,运动保持时间和运动启动时间并非必要参数,可以不予关注,但是它们的差却是引起运动伪像的一个重要因素,在多种伪像中发挥作用。

3. 电视图像运动响应特性指标参数的选择

随着新型显示器件在电视机上的广泛应用,如何控制运动图像的质量已成为迫在眉睫的问题,必须在整机指标中列入有关运动响应特性的性能指标已成为一致的共识。整机指标在于控制质量水平,显然无需列入运动响应特性的各项参数,我国现行的数字电视机标准中选择了亮拖尾时间和暗拖尾时间两项,理由如下:

第一,多种运动伪像都与拖尾时间直接相关,限制了拖尾时间就等于直接控制了多种运动伪像的大小。

第二，由于拖尾时间是组合型参数，对这 2 项作出了限额要求，也间接地对其余 3 项的限额作了要求。例如，要求亮、暗拖尾的绝对值不大于 10 ms，根据各参数的定义和不等式的运算规则，不难推出，延迟时间差的绝对值不得大于 10 ms，运动上升、下降时间之和不得大于 20 ms。

第三，至于 MPRT，它仅对运动上升和下降时间 2 项提出要求，其余 3 项处于失控状态。选择它不仅不能全面控运动伪像的程度，还会误导显示器件生产厂家只顾改进 MPRT 的性能，而忽略对延迟时间差的关注。

4. 拖尾时间的测量方法

这里介绍一种方法简单，成本低廉的拖尾时间的测量方法，它已被我国数字电视机的相关标准采纳。该方法采用了结构（见图 30-140）基本相同的 4 个测试图形信号，其中黑底白块的图形信号为测量亮拖尾时间而设计，白底黑块的图形信号则用于暗拖尾时间的测量。亮、暗拖尾时间测试信号各包含 2 个图形卡，一个用于正拖尾的场合，另一个用于负拖尾的场合。只要了解了正亮拖尾时间测试图形的原理和使用方法，其余 3 个也就不宣自明了。

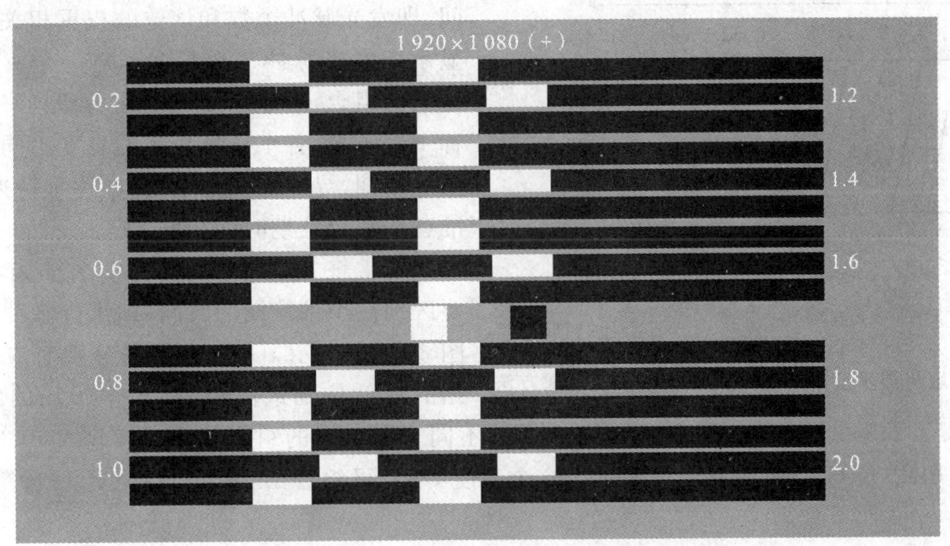

图 30-140　亮拖尾时间（正）测试卡

图 30-140 是正亮拖尾时间测试信号静止时的图形，它由处于较低亮度 L_L 背景上的 30 个具有相同较高亮度 L_H 的长方块组成；每 3 个长方块组成 1 个图形单元；每个图形单元内的 3 个长方块上下等间隔排列，上、下两块左右对齐，中间一块与上下两块错开一定距离，不同单元错开的距离是不相同的；10 个图形单元分成左右两组。这些图形以相同的恒定速度（每场移动 d 个像素）沿水平方向移动，当它们移出边界时，会从相对的边界移入画面，如此循环不息。左组图形单元的中间一块的左边界与上下两块的右边界分开的间距依次为 $0.2d$，$0.4d$，$0.6d$，$0.8d$ 和 $1.0d$，右组的图形单元相应的间距依次分开 $1.2d$，$1.4d$，$1.6d$，$1.8d$ 和 $2.0d$。与图形单元相对应的系数为 0.2，0.4，…，1.0 和 1.2，1.4，…，2.0，标注在测试卡的左右两侧。测试者注视画面上那些移动的图形单元，如待测显示器拖尾时间是正值的话，各图形单元的中间亮块与上下亮块相互靠近，原间距小的那些图形单元，甚至相互交错，找到处于交错到分开临界的图形单元，其对应的系数乘场周期即为测得的亮拖尾时间。如各图形单元不是相互靠近而是相互推开，那么拖尾时间是负值，需改用负拖尾测试卡测量，方能得到测量结果。负拖尾测试卡与正拖尾测试卡基本相同，仅有的差别是以交错的间距替代分开的间距。

该测量方法最突出的优点是简单、直接，由于测量中仅需要一台能发送测试信号的信号源，测量成本极其低廉。经统计，测量精度约为 2 ms，与人眼的分辨能力相当，并能满足产品检验和质量控制的实际需要。

三、PDP 的动态伪轮廓

PDP 也有运动伪像，称为动态伪轮廓，表现为在观测运动物体时，物体边缘产生假轮廓，这是由于 PDP 的特殊驱动方法和人眼的平滑追踪、积分特性造成的。

(一)寻址与显示分离(ADS)的子场驱动方法

ADS(address display separated)子场驱动方法是彩色 PDP 最典型的、应用最广泛的驱动方法,是使所有显示单元处于熄灭状态,然后在寻址期使要点亮的单元转入点亮状态,即积累壁电荷,而不点亮的单元不积累壁电荷,处于熄灭状态。在维持期,只有那些积累壁电荷的单元会发光。

由于 PDP 每个单元的状态只有点亮和熄灭两种,且点亮和熄灭是在瞬间完成的,因此与 CRT 通过调节束流强度来控制显示灰度的不同,不能用调制脉冲宽度或控制放电强度的方法实现多灰度级显示,而是通过控制光脉冲的个数来调节亮度,从而实现多灰度级显示。根据人眼的视觉生理特性,当光脉冲的重复频率高于临界闪烁频率(50 Hz)时,人眼就无法分辨了。PDP 放电维持脉冲频率通常在几十千赫至几百千赫,每次放电均会产生一个光脉冲。

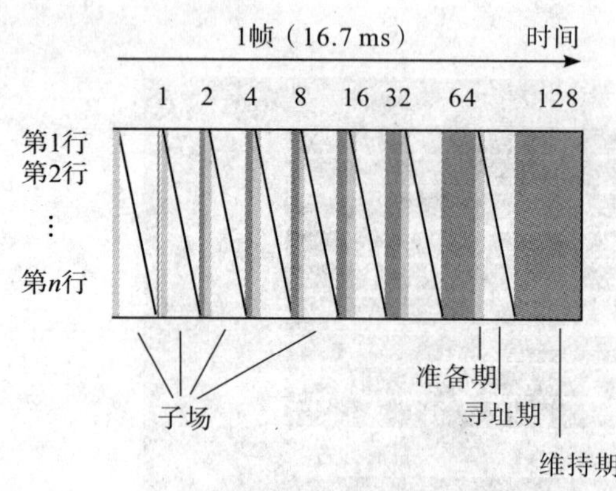

图 30-141 寻址与显示分离的子场驱动技术灰度实现方法

显示数据按位显示,每位显示期的维持放电时间,即发光脉冲个数和该位的权重相关,权重越大,该显示期发光脉冲个数越多。对一个 n bit 序列,通过适当的组合,可显示 2^n 个亮度等级。一位显示的时间称一个子场,各个子场显示的亮度不同。每个子场包括准备期、寻址期和显示期(亦称维持期)。各子场的准备期和寻址期时间相同。

通常将 1 帧的时间分为 8 个子场,8 个子场的主要区别在于维持期的时间(即维持脉冲个数)不同,如图 30-141 所示,1～8 个子场分别对应显示从图像数据的最低位到最高位,则 8 个子场的维持期时间成 $2^0:2^1:2^2:2^3:2^4:2^5:2^6:2^7$ 的关系。这样通过不同子场点亮的组合就可以实现 256(2^8)亮度等级显示。对于彩色 PDP,R、G、B 每一基色可显示 256 个亮度等级,可组合出 16 777 216($2^{8\times3}$)种颜色,实现全彩色显示。

(二)动态伪轮廓的产生原因

由于等离子体显示屏采用子场技术实现灰度显示,即利用人眼的积分效应会对各个子场的亮度信号进行累积,从而观看到各种灰度级的图像,所以这种显示方式在显示静止图像时可获得好的显示效果。但在显示动态图像时会引起灰度紊乱或色彩紊乱,在图像上表现为一些假轮廓,称为动态伪轮廓。

当人眼在观测运动物体时,眼球通常产生两种运动来保持对运动物体的聚焦:眼球快速的跳跃运动和平滑的追踪运动。眼球快速的跳跃运动通常发生在眼球运动的前期,即人眼的聚焦从一个物体转移到另外一个物体,这一时期由于大脑的抑制作用,外界物体在大脑中感知的影像将不受影响。大脑主要通过平滑的追踪运动来看清运动中的物体。在平滑追踪运动过程中,大脑利用亮度信号在时域和空域的积分来判断运动物体的速度和位置,从而使眼球的追踪运动变得相对平稳和准确。这种平稳的追踪与自然界大部分物体的运动是一致的,即只要物体的运动速度是连续变化的,我们就可以看清楚自然界大部分运动中物体的细节。但是,对于 PDP 显示的动态图像而言,由于利用了人眼的积分特性来产生连续运动的图像效果,其实际显示的二维亮度信号在时域和空域都是离散而非连续的,结果在显示动态图像时,在图像的某些地方,尤其是明暗变化比较明显的边缘部分会出现亮或暗的虚影,即动态伪轮廓现象。

等离子体显示屏采用调制脉冲个数的方法来实现灰度级显示。将 1 帧时间分割成单独的子场时间段,每个子场时间的维持脉冲个数是不一样的,通过组合各个子场的亮暗从而实现灰度级显示。由于各个子场的时间差,运动图像会产生亮暗的伪轮廓线。图 30-142 中上半部示意图的水平方向表示一维的空间坐标,图中画出了连续的 5 个像素,垂直方向表示时间坐标。图中假设画面随着时间的变化向右运动,速度为每帧 2 个像素。从图中可以看到,等离子体显示屏每一帧画面亮度灰度级的实现是通过在时间上将各个子场的亮度信号进行累加而得到的。当人眼观察运动的画面时,视线会追踪运动画面同时运动(如图 30-142 中所画的运动轨迹线)。这种追踪运动的结果便是在1帧内人眼对亮度信号的累加将来自不同的像素。由于每帧图像的所有子场都使用来自同一起始帧的图像信号源进行显示,这样人眼在物体运动的轨迹中就会观察到类似等高线的轮廓图。

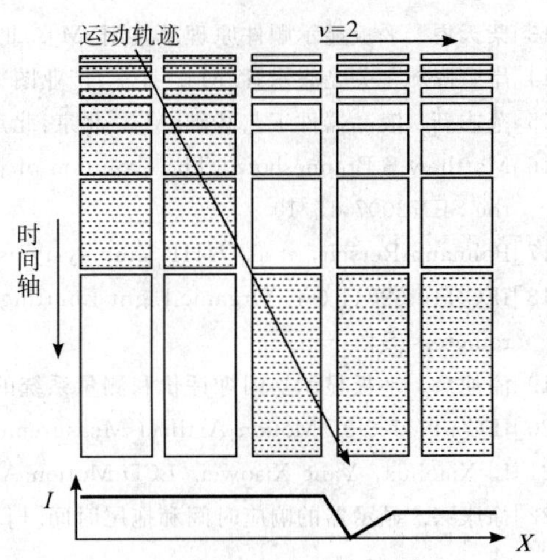

图 30-142 运动失真产生原因示意图

传统的ADS驱动方式中,其1帧内每个子场的视频信号都来源于每帧起始时间的亮度信号。因此,对于采用ADS驱动方式的等离子体显示屏在显示运动的画面时,就会出现图30-142中下半部示意图中所示的暗(或亮)的条纹。图30-142中左边2个像素表示的是第127级亮度等级,右边3个是第128级亮度等级,但是人眼在2个亮度等级的边缘处看到了1个暗的条纹。这是因为第127级亮度等级对应于低7位子场全显示,第8位子场不显示。而第128级亮度等级对应于只有第8位子场显示,低7位子场全部不显示。因此虽然亮度等级上只有很小的变化,在时间上2个亮度等级的实现却被分在2个完全不同的时间段。这种时间上的延迟在动态画面中就体现为空间上的不连续。

运动图像的伪轮廓现象不仅会产生灰度的紊乱,对彩色显示而言,同时会产生色彩的紊乱。目前抑制动态图像伪轮廓问题的方法有:子场重新分割法、子场控制法(SFC)、运动补偿法以及误差扩散法。

1)子场重新分割法针。对第127级和第128级亮度等级之间在时间上的跳变进行了优化。重新排列子场的排列顺序,并改变各个子场的权重,使第127级和第128级亮度等级显示时间相互交错并有所重叠,从而降低第127级和第128级亮度等级之间出现的运动失真现象。这种方法在早期的等离子体显示屏中使用较多,但它只能在某种程度上降低运动失真现象,而无法完全消除。

2)子场控制法(SFC)。进一步缩小相邻像素所加子场的差别,优化子场排列顺序。

3)补偿脉冲法。对于出现了明显暗区的位置,可以在原有的信号上加上几个额外的光发射区,也就是加上几个补偿脉冲,使伪轮廓所对应的暗区得到补偿。同样,对于亮区性质的伪轮廓,可以在相应的位置加上几个负的补偿脉冲加以补偿。

4)误差扩散法。误差扩散法是在硬拷贝领域里经常采用的一种方法。这种方法的核心是设法测出原信号亮度与显示图像亮度的差,将此差额与相邻单元亮度值相加或相减,使图像的连续性增强。具体到PDP的驱动,这种方法可以使轮廓的边缘较为模糊,从而不易为观察者所觉察。

以上所介绍的多种方法以及它们的组合使用,已经可以使伪轮廓干扰降低到1/40以下,达到不易被观察者感受到的程度,基本上满足了普通壁挂电视乃至HDTV对图像质量的要求。

参考文献

[1]应根裕,屠彦,万博全. 平板显示应用技术手册[M]. 北京:电子工业出版社,2007

[2]高鸿锦,董友梅. 液晶与平板显示技术[M]. 北京:北京邮电大学出版社,2007

[3]李维湜,郭强. 最新液晶显示应用[M]. 北京:电子工业出版社,2009

[4]应根裕,胡文波,邱勇. 平板显示技术[M]. 北京:人民邮电出版社,2002

[5](日)大石,等. 显示技术基础[M]. 北京:科学出版社,2003

[6](日)大越孝敬. 三维成像技术[M]. 北京:机械工业出版社,1976

[7](日)西田信夫. 大屏幕显示[M]. 北京:科学出版社,2003

[8]彩色显像管制造技术[M]. 北京:电子工业出版社,1999

[9](美)Cherie R Kagan. 薄膜晶体管(TFT)及其在平板显示中的应用[M]. 北京:电子工业出版社,2008

[10]王保平,雷威. 真空微电子学及其应用[M]. 南京:东南大学出版社,2002

[11]Shigeo shionoya Phosphor Handbook[M]. London:CRC Press, 1998

[12]张万鲲. 电子信息材料手册[M]. 北京:化学工业出版社,2001

[13]柴天恩. 平板显示顺件原理及应用[M]. 北京:机械工业出版社,1996
[14]岸野隆雄. 荧光表示管[M]. 日本:产业图书,1992
[15]范志新. 液晶器件工艺基础[M]. 北京:北京邮电大学出版社,2002
[16]Matthew S Brenneshotz. The evolution of projection displays:From mechanical scanners to microdisplays[J]. Journal of the SID,2007,15/10
[17]Polmann-Retsch, et al. UHP-lamp systyms for projection applications[J]. Journal of the SID,2007,15/10
[18]IEC 110 62341 6-1. Organic Light Emitting Diode (OLED) Display-Measuring Methods of Optical and Electro-optical Parameters[S]
[19]潘旭辉. 平板显示器闪烁评价和测量系统的研究[D]. 杭州:浙江大学硕士学位论文,2006
[20]IEC 61747-6-3. Motion Artifact Measurement of Active Matrix Liquid 7. Crystal Display Modeles[S]
[21]Li Xiaohua, Yang Xiaowei. LCD Motion Artifact Determination Using Simulation Methods SID 06 DIGEST 3.2[R]
[22]徐康兴. 显示器的响应时间和拖尾时间[J]. 现代显示,2005(5)

第三十一章　瞬态光学和高速成像

瞬态光学是研究瞬态事件光学过程和非光学过程的光学探测原理及技术的一门科学，是研究瞬态事件在短时间($10^{-3}\sim10^{-12}$s)和原子时间($10^{-12}\sim10^{-21}$s)尺度里的性态变化。这种性态可以是物理的、化学的，也可以是生物的，是能够记录的振幅信息、相位信息、光谱信息和偏振信息[1-3]。瞬态光学属于快速物理科学的研究范畴，同时也是时间放大和高速成像技术科学的研究范畴。

瞬态光学和高速成像与光子学有着历史的渊源。光子学一词首先由玻尔勃法特(L. J. Poldervaart)博士于 1970 年在第九届国际高速摄影会议上提出[4]，1974 年在第十一届国际高速摄影会议上对光子学的定义作了进一步的讨论，1976 年第十二届国际高速摄影会议在标题上用括号引入光子学这一术语，而从 1978 年第十三届国际会议开始正式改名为高速摄影和光子学的国际会议。为了适应成像科学的急速发展和成像内涵的深度延伸，2008 年在澳大利亚堪培拉召开的第二十八届会议更名为高速成像和光子学国际会议。

随着科学技术的发展和人们认识的深入，光子学的内涵逐步延伸、明确。光子学是研究光子和光子群的行为规律和这些行为规律是如何产生的一门科学，是研究光子的产生，传输，控制(例如光开关、光振荡、光放大、光调制、光变频、光复用、光限制等)，存贮，探测，显示及其与物质(光子、电子、原子、分子、声子、激子、极化子等)相互作用的规律。瞬态光学和高速成像是以光子作为图像信息载体的，是光子学的一个重要组成部分，与光子、光子学和光子学仪器有着密切的联系。

高速成像能够给出高速变化过程的空间-时间信息，几乎是形象化研究快速过程和超快过程的唯一有效工具。高速成像的实质是时间放大，它可把短时间和原子时间放大到人眼能够舒服接受的程度。关于时间的分类见表 31-1[3]。

表 31-1　时间分类

分　类	原子时间			短时间				长时间				天文时间		
时间/s	10^{-21}	10^{-18}	10^{-15}	10^{-12}	10^{-9}	10^{-6}	10^{-3}	1	10^{3}	10^{6}	10^{9}	10^{12}	10^{15}	10^{18}
名　称	仄秒	阿秒	飞秒	皮秒	纳秒	微秒	毫秒	秒	千秒	兆秒	吉秒	太秒	拍秒	艾秒
代　号	zs	as	fs	ps	ns	μs	ms	s	ks	Ms	Gs	Ts	Ps	Es

第一节　瞬态光学和高速成像的基本理论

瞬态光学技术包括超短激光脉冲探针技术、变像管高速成像技术和非管高速成像技术。超短激光脉冲探针技术，作为微观世界非像探测技术和原子尺度四维信息探测的主体，已取得飞速发展：“超短”已跨入 as(10^{-18} s)领域，“超强”已达到 TW(10^{12} W)、PW(10^{15} W)，经过适当的波前矫正可达到 $10^{19}\sim10^{22}$ W/cm^2。有关超短激光脉冲探针技术在第三十二章有专门论述。

变像管高速成像技术是利用光一电一光的转换，即经过光学图像一电子图像一光学图像一化学图像(或者电荷图像)的转化过程来实现多维高速测量，有速度快、像增强和波段宽(不同波段的阴极)的优点；但是，由于电子瓶颈的影响，难于突破 10^9 f/s(帧每秒)的摄影频率，但是借助于其他成像原理(例如网格原理)，可把摄影频率提高到 10^{12} f/s[5]，可是空间带宽积受到限制。

非管高速成像技术是利用光学图像一化学图像(或者电荷图像)的转化来实现多维高速测量，可分为光机式高速成像、光电式高速成像、电光快门高速成像和光光式高速成像。非管高速成像技术的高速形成机理要利用光的速度、并行性，利用光的振幅、相位、偏振、波长，甚至要利用光子的量子特性，其摄影频率覆盖范

围可达 $10^2 \sim 10^{15}$ f/s。

一、基本概念和术语

1)摄影频率 f：摄影机每秒钟能够拍摄的画幅数，有的称为分幅频率、分帧频率，它的单位用 fps 或 f/s 表示，也可用张/秒(p/s，或者 pps)、帧/秒、格/秒(c/s，或者 cps)表示。

2)放映频率 f'_0：电影放映机每秒钟能放映的画幅数，它的单位和摄影频率的单位相同。通常电影放映机的放映频率为 24 f/s，有时称为标准放映频率 f'_0。

3)时间放大率 m_t：摄影频率和放映频率的比值，即

$$m_t = \frac{f}{f'_0} \tag{31-1}$$

4)分幅时间 t_f：多幅摄影时相邻画幅的时间间隔，是摄影频率的倒数，即

$$t_f = \frac{1}{f} \tag{31-2}$$

5)全曝光时间 t_t：一张画幅曝光的全部时间。通常在高速成像领域，曝光过程通光孔径是变化的(像面照度变化)，全曝光曲线并非矩形，只有理想曝光情况下的全曝光曲线才是矩形的。

6)有效曝光时间 t_e：有两种定义：

定义 1　若理想曝光和实际曝光的曝光量一样，最大照度一样，此时理想曝光的曝光时间就是实际曝光的有效曝光时间，即

$$t_e = \frac{\int_0^{t_t} E(t)\,\mathrm{d}t}{E_{max}} \tag{31-3}$$

式中，$E(t)$ 是曝光函数，即全曝光时间里，像面照度随时间变化的关系；E_{max} 是全曝光时间里像面最大的照度。

定义 2　不仅考虑快门的曝光函数，同时考虑感光介质的感光特性。因此，有时称为摄影有效曝光时间，可用下式表示：

$$t_e = t_t - (t_b - t_s) \tag{31-4}$$

式中，t_b 是曝光时间的起始段，t_s 为曝光时间的终止段。高速成像中，通常 $t_b = t_s$。

7)曝光系数 η_s：全曝光时间和分幅时间的比值，即

$$\eta_s = \frac{t_t}{t_f} \tag{31-5}$$

曝光系数，有时称为快门系数、快门因数。

8)有效曝光系数 η_e：有效曝光时间和全曝光时间的比值，即

$$\eta_e = \frac{t_e}{t_t} \tag{31-6}$$

有效曝光时间采用定义 1 时，有效曝光系数对某种形式的曝光快门是常数；当采用定义 2 时，有效曝光系数还和达到的密度值有关，是个变数。但是后者更有实际意义。有效曝光系数有时称为快门效率。

9)空间分辨率 N：分辨空间物体最小细节的能力，用每毫米多少条线来衡量，即线/毫米(l/mm 或 mm^{-1})或者线对/毫米(lp/mm)。空间分辨率和衍射、像移(由目标运动产生或相机本身产生)、底片等因素有关。

A. 衍射空间分辨率 N_d。该分辨率和光阑的形状、大小有关，且有方向性，即不同的方位其空间分辨率是不相同的。高速成像中，在很多情况下曝光时间内出射光瞳在某个方向(时间方向、扫描方向)的大小是变化的，这个方向的空间分辨率要下降。如果采用衍射模糊量 $\sigma_d = 1/N_d$ 来表征，则不同光阑形状、不同方向、不同情况的衍射模糊量列于表 31-2 中。

B. 底片的空间分辨率 N_F。该分辨率的倒数 σ_F 称为底片颗粒所造成的模糊量，关于底片的较为详细的论述可参考第三十五章《感光材料》。关于阵列成像器件的空间分辨率影响因素较多，可参考三十四章的有关内容和相关文献。

表 31-2　衍射模糊量 $\sigma_d = 1/N_d$

光　阑	时间方向		空间方向	
	静止状态	扫描状态	静止状态	扫描状态
矩　形	$1.05\lambda A_t$	$1.32\lambda A_t$	$1.05\lambda A_t$	$1.05\lambda A_t$
菱　形	$1.35\lambda A_t$	$1.68\lambda A_t$	$1.35\lambda A_t$	$1.68\lambda A_t$

C. 摄影空间分辨率 N_{ph}。该分辨率的倒数 σ_{ph} 称为摄影模糊量。如果仅仅考虑衍射和底片颗粒度的影响,则可用下面的经验公式[6]来表示:

$$\sigma_{ph} = 1.08(\sigma_d + \sigma_F) \tag{31-7}$$

D. 相机原理所造成的固有模糊量为 σ_c,目标移动所造成的模糊量为 σ_m,则相机的总模糊量 σ 可用随机误差累积定律综合得到,即

$$\sigma^2 = \sigma_d^2 + \sigma_c^2 + \sigma_m^2 + \sigma_F^2 \tag{31-8}$$

这和实验结果基本吻合。

10)时间分辨率 δ_t:是指能够分开瞬变事件两个相邻时间态的能力,是瞬态光学技术的主要性能参数。对于单幅高速成像就是曝光时间(有效曝光时间),对于多幅高速成像就是经过时间信息因子修正的分幅时间,对于扫描高速成像就是能分辨的最短时间。

扫描高速成像时间分辨率的评价和测定,国际上尚未有一致的意见,但是从理论和实验上已经得出了一些可供参考的结论[7]:

A. 时间分辨率的理想值可定义为实际高速成像系统线扩散函数等效宽度的时间当量。实际系统应包括目标、光学系统、高速形成系统和记录介质。从理论上讲,在脉冲激光照明扫描狭缝的情况下,记录介质上一点的曝光量应是狭缝函数、线扩散函数和序列脉冲函数的卷积,前二者是空间卷积,其结果和第三者是时间卷积。

B. 所谓两个相邻时间态应由记录介质上两个相邻的狭缝像来表征,分开要靠人眼来鉴别,这就高于瑞利判据,低于斯帕罗判据。

C. 所谓扫描相机的时间分辨率应指相机所实际具有的最佳时间分辨率,即在标准实验条件下、相机运行在最佳状态下所得到的时间分辨率。

D. 在标准实验条件下,用直接测量法得到的时间分辨率更接近实际,具有可比性。

二、高速成像的信息论[4,8]

高速成像系统是一个复杂的时间-空间信息系统,要从广义自由度理论进行研究;它同时又是一个大量时序瞬间(事件)累积的测量系统,要考虑测量的统计规律和实验规律。可用下式评价、描述光场的信息量(bit):

$$I = N_{dof}\log_2(1+m) \tag{31-9}$$

式中,N_{dof} 是总自由度数(结构信息);$\log_2(1+m)$ 是单个自由度(单通道)所能达到的最大熵值,即单个信号所能传递的最大信息量;m 是信噪比,是信息级。对底片而言,m 取决于底片动态范围,通常为 10^3;对于人眼而言,能区分 200 灰度级和 10^3 左右的色度级。一个高速成像系统的总自由度可写成

$$N_{dof} = N'_s N'_t N_c N_p \tag{31-10}$$

式中,N'_s、N'_t、N_c、N_p 分别表示空间自由度数、时间自由度数、颜色自由度数和偏振自由度数。

1. 空间自由度数 N'_s

空间自由度数 N'_s 要考虑其本征含义和在高速成像系统所应进行的修正。N'_s 的计算要考虑到记录空间占空比 h(空间信息因子),即画幅实际记录空间和可能的记录空间之比,对于不同的系统有不同的数值。依据长期实验的结果,下式较能反映系统的实际情况:

$$N'_s = N_s h^{\frac{1}{4}} \tag{31-11}$$

式中，N_s 是画幅的空间带宽积，在数值上 $N_s = n_t n_s l_t l_s$，这里 n_t、n_s 分别为画幅时间方向和空间方向的分辨率，l_t、l_s 分别为画幅时间方向和空间方向的宽度。

尽可能增加画幅面积 $S = l_t \times l_s$(矩形画幅)是提高空间信息的重要方法。在进行高速成像时，要充分利用画幅面积。表 31-3 列出了常用画幅的尺寸。

表 31-3 标准画幅参数

相机类型	标称画幅/mm²	面积/mm²	面积比
8 mm(标准)	3.8×5.0	19	0.02
16 mm(标准)	7.6×10.0	76	0.09
35 mm(标准)	18×24	432	0.5
35 mm	24×36	864	1
6×6 开	55×55	3 024	3.5
6×7 开	55×98	3 740	4.3
4×5 开	96×120	11 520	13.3

2. 时间自由度 N'_t

时间自由度 N'_t 可表示为

$$N'_t = f T g^{\frac{2}{3}} \tag{31-12}$$

式中，f 是摄影频率；T 是记录时间；g 是时间信息因子，它是分幅时间和曝光时间的比值，即 $g = t_f / t_t$。若 $g = 1$，则时间信息可用摄影频率和摄影时间的乘积来代替，有时可用摄影频率来说明。

3. 颜色自由度数 N_c

颜色自由度数和系统所用的波长信道有关：在光通信和变光谱扫描仪里，波长通道可达到 200～400；在高速成像领域，利用平面闪烁光栅可形成多个波长通道，以便于实现极高速成像。诚然，依据 Youong-Helmholtz 的三原色理论，$N_c = 3$，这应该看作是至少可实现的波长通道。

4. 偏振自由度数 N_p

理论上，偏振自由度数应等于 2，因为光有两个正交的偏振态，这应该理解为至少可利用的偏振资源。在高速成像和其他应用领域利用偏振面旋转的角度进行编码也是一个资源。

5. 高速成像系统的信息(容)量

高速成像系统的信息量(单位为 bit)可定义为

$$C = N_s N_t N_c N_p h^{\frac{1}{4}} g^{\frac{2}{3}} \log_2(1+m) \tag{31-13a}$$

亦可写成

$$C = n_t n_s l_t l_s f N_c N_p T h^{\frac{1}{4}} g^{\frac{2}{3}} \log_2(1+m) \tag{31-13b}$$

6. 高速成像信息率

高速成像信息率定义为系统在单位时间内所能记录的最大信息量(单位为 bit/s)，可写成

$$C_T = n_t n_s l_t l_s f N_c N_p h^{\frac{1}{4}} g^{\frac{2}{3}} \log_2(1+m) \tag{31-14}$$

往往时间方向的信息率更引人注意：

$$C_t = n_t l_t f N_c N_p h^{\frac{1}{4}} g^{\frac{2}{3}} \log_2(1+m) \tag{31-15}$$

这是评价高速成像系统性能的一项重要指标。用上式计算几种分幅高速成像系统的总信息率 C_t：

(1)间歇抓片式高速成像系统

$S = 22 \times 18\ \text{mm}^2$，$n_t = 55$ lp/mm，$g = 3$，$f = 300$ f/s，$m = 7$，$C_t = 1.24 \times 10^9$ bit/s。

(2)补偿式(棱镜补偿)高速成像系统

$S = 22 \times 18\ \text{mm}^2$，$n_t = 45$ lp/mm，$g = 4$，$f = 1\,400$ f/s，$m = 7$，$C_t = 5.66 \times 10^9$ bit/s。

(3)转镜式(一次反射)高速成像系统

$S=9\times9\ mm^2$, $n_t=26\ lp/mm$, $g=1$, $f=5\times10^6\ f/s$, $m=7$, $C_t=8.21\times10^{11}\ bit/s$。

(4)变像管高速成像系统

$S=8\times8\ mm^2$, $n_t=10\ lp/mm$, $g=3.5$, $f=6\times10^8\ f/s$, $m=7$, $C_t=2.66\times10^{13}\ bit/s$。

(5)网格(像分解)高速成像系统

$S=10\times10\ mm^2$, $n_t=16\ lp/mm$, $g=1$, $f=10\times10^8\ f/s$, $m=7$, $C_t=7.68\times10^{13}\ bit/s$。

上述都是典型数据,并非最高水平。

三、高速成像的基本原理

高速成像是记录高速瞬变现象的空间-时间信息的,空间信息以画幅图像来表示,时间信息通常以摄影频率来说明。实现多幅高速成像的必要条件是:

1)曝光条件。曝光时,记录光场(例如物像)要和记录介质相对静止,或者把相对运动控制到容许的范围之内。

2)分幅条件。不曝光时,记录光场和记录介质作高速相对运动或者某种形式的编码。

3)高速形成条件。高速分幅的形成要靠力学的、电学的和光学的方法产生相对运动和编码,曝光与不曝光要靠高速快门系统控制;快门分为机械式(例如机械快门、叶子板快门、圆筒快门)、光学式(例如转镜相机中的米勒快门)、相干快门(利用相干长度极短的特性)、阵列光源快门、阵列电光快门和磁光快门等。

四、高速成像的分类和发展

1. 按摄影频率分类

时间间隔摄影:固定摄影机和目标的相对位置,隔较长的时间拍一张(几十分钟、几小时甚至还要长),又称慢速摄影。

单张摄影:每次摄影获得一张画幅,但曝光时间极短。

高速成像(H):$>24\ f/s$或者$\geqslant128\ f/s$,并至少获得3幅连续图像的摄影技术。

甚高速成像(VH):$10^2\sim10^4\ f/s$。

超高速成像(UH):$10^5\sim10^7\ f/s$。

极高速成像(EH):$10^8\sim10^{15}\ f/s$(或更高)。

2. 按画面图像分类

分幅画面:标准的放映画面,条带状的画幅、缩小画幅。

条纹画面:只记录空间一维信息随时间的变化。

隐画面:通过变换和析像的办法得到一幅幅的画面。

3. 按用途分类

高速成像按用途可分为:可视物体的高速成像,光谱和多光谱高速成像,不透明物体内部高速成像,可视化高速成像,水下摄影,机载、弹载、星载高速成像。

4. 按高速形成原理分类

高速静片摄影:获得1张曝光时间极短($<1/1\,000\ s$)的单张画面。

间歇式高速成像:分为超8 mm、16 mm、35 mm、70 mm和特宽型[9]。

补偿式高速成像:分为棱镜补偿、反射镜补偿和透镜补偿等。

鼓轮式高速成像:按底片的贴附方式分内鼓式和外鼓式两种,可分幅,也可扫描记录。

转镜式高速成像:分为分幅、扫描两种,或同步型、等待型和分幅扫描同时型三种。

狭缝式高速成像:底片连续运动,运动的狭缝圆盘控制底片曝光,可作分幅,亦可作扫描记录。

网格高速成像:又称像分解高速成像,分动瞳式和非动瞳式。

变像管式高速成像:可分为分幅型和扫描型两种。

电光快门高速成像:可分为克尔盒高速成像和泡克尔斯(Pockels)盒高速成像。

闪光高速成像:可分为动片多幅高速成像和静片多幅高速成像,后者又称为Cranz-Shardin型高速成像。

高速数字成像:以CCD或CMOS为记录介质,分为甚高速数字成像和超高速数字成像(ISIS原理)。

此外还有X光高速成像和其他粒子束高速成像,激光全息高速成像,等等。

5. 各种高速成像目前的水平

各种高速成像目前的水平见表31-4～表31-8。

表 31-4 单次曝光摄影

分 类	曝光时间/s
单次闪光,阴影记录	3×10^{-14}
单次闪光,目标附近反射光	3×10^{-14}
单次闪光,1 m^2面积反射光	$\sim10^{-12}$
电驱动克尔盒	5×10^{-10}
光驱动克尔盒	5×10^{-14}
单幅变像管	$\sim10^{-10}$
单幅带微通道变像管	$\sim10^{-12}$

表 31-5 扫描摄影

方 式	时间分辨率/s
鼓轮式	5×10^{-9}
单次反射转镜式	$\sim10^{-9}$
多次反射转镜式	$\sim10^{-10}$
沙丁极限	0.25×10^{-9}
变像管	$\sim10^{-13}$

表 31-6 多幅摄影

方 式	曝光时间/s	摄影频率 ν/(f/s)
间歇式	$\frac{1}{2\nu}-\frac{1}{100\nu}$	10^3
棱镜补偿式	$\frac{1}{\nu}-\frac{1}{100\nu}$	10^4
频闪放电,自分幅	5×10^{-9}	3×10^5
频闪激光式	3×10^{-14}	10^8
胶片连续运动频闪曝光	$\frac{1}{100\nu}-10^{-14}$	10^6
脉冲激光照明变像管连续扫描	7×10^{-15}	10^{10}
旋转开口圆盘式	$\frac{10}{\nu}-10^{-6}$	3×10^5
相控快门式	$\frac{1}{\nu}-10^{-9}$	10^8
Cranz-Shardin摄影	$\frac{1}{\nu}-5\times10^{-9}$	10^8
转镜分幅	$\frac{1}{\nu}-\frac{1}{10\nu}$	3×10^7
变像管	$\frac{1}{3\nu}-5\times10^{-11}$	6×10^8

表 31-7 网格摄影(像分解摄影)

种 类	摄影频率/(f/s)
壁形网格板	10^6
狭缝板加转镜	10^8
微透镜板,孔径扫描	10^6
微透镜板,机械扫描	10^5
光纤像分解,长列,低分辨	10^5
光纤像分解,短列,200取样点/幅宽	10^{10}
微透镜板,转镜扫描	10^9
网格板,变像管扫描	$10^{10}\sim10^{12}$

表 31-8 射线摄影

方 法	曝光时间/s
穿透几寸钢板的X射线	10^{-8}
穿透闪光和烟雾的X射线	10^{-11}
γ射线或在可视区的超辐射	10^{-9}

第二节 输片式高速成像

高速成像的基本原理是瞬态事件的光学像和记录介质在曝光时相对静止(曝光原则),不曝光时相对运动(分幅原则),而两个原则的实现靠快门和高速形成系统。进一步研究表明,如果高速成像系统的曝光功能和分幅功能相互独立,可以获得最大的时空信息量。高速输片摄影技术是靠胶片的运动和开口叶子板(或者滚筒)来实现高速成像二原则的。高速输片的极限受制于胶片的材料和输片力的作用性质,可用输片动力学微分方程进行描述。高速输片分为间歇式输片和连续输片两种,分别对应间歇式高速成像和光学补偿式高速成像。

一、间歇式高速成像的特点[10]

间歇式高速成像完全符合高速成像的基本原理，没有原理误差：曝光时定片针定位，胶片静止；不曝光时，抓片爪使胶片运动一个画幅的距离，因而间歇式高速成像的像质优良，在高速成像领域是成像质量最高的一种摄影技术。

间歇式高速成像虽然有着较长的发展历史，但是，获得更优良的像质、更可靠的工作性能和能在严酷条件下稳定工作，一直是间歇式高速成像技术不断追求的目标，特别是更为理想的间歇机构的研制和最能体现间歇式高速成像优势的 70 mm（空间带宽积大，高出高速数字摄像机 2 个数量级）间歇式高速成像，取得了新的进展[11-13]。按胶片的规格，间歇式高速成像分为 16 mm、35 mm 和 75 mm 3 种类型：在标准画幅时，16 mm（7.6 mm×10.0 mm）的摄影频率可达 10^3 f/s，可在 400～500 f/s 稳定工作；35 mm（18 mm×24 mm）的摄影频率可达 360 f/s，可在 240～300 f/s 稳定工作；70 mm（57 mm×57 mm）的摄影频率可达 180 f/s，可在 120 f/s下稳定工作。这种摄影机的主要特征是：

1）空间分辨率高。由于曝光时底片静止，且光学系统易于设计成大的相对孔径，抓片式摄影机摄影空间分辨率达 40～70 lp/mm；滚环式摄影机摄影空间分辨率目前可达 15～30 lp/mm。

2）画幅稳定性高。画幅稳定性是各个画面的同位点在垂直方向和水平方向的相对位移量，摄影频率 200 f/s 时，画幅稳定性可在 0.01～0.025 mm。

3）空间信息因子 g（间歇因数）的变化范围大。叶子板开口角 9°～180°时，间歇因数 40～2。

4）画幅尺寸大。18 mm×24 mm 和 57 mm×57 mm，画幅宽度可达 190 mm。

二、间歇式高速摄影机的组成

一台完整的间歇式高速摄影机除了有间歇输片系统外，还有粗瞄镜、检焦镜、同步控制系统、近贴成像集成数据组件和数据记录系统（FDRS），能接收零脉冲信号和 B 码时统信号等。下面给出 TTJ－35 mm 同步可机载高速成像摄影机的组成和主要性能指标：

1）用 35 mm 底片，片盒容量有 60 m 和 120 m 两种。有片容量指示，可亮室挂片。

2）画面尺寸 18 mm×22 mm；画幅记录内容有像、零标、时标、36 元数据点阵信息（绝对时间：h、min、s、10^{-1} s、10^{-2} s、10^{-3} s，状态码和同步码）。

3）画幅稳定性＜±0.01 mm（两个方向）。

4）同步摄影频率有 10 f/s、20 f/s、40 f/s、100 f/s 和 200 f/s 5 挡可选。

5）同步时间≤3 s；同步精度≤±0.4 ms(200 f/s)。

6）物镜：$f' = 18$ mm，$D/f' = 1:2$；$2W = 2\times 39°$。

7）摄影分辨率＞46.6 lp/mm。

8）检焦取景器的放大倍数是 7.5 倍；目视瞄准镜（视准系统，可跟踪用）。

9）数据记录系统（FDRS）；堆、断片自动停机机构；自动加温机构。

10）整机重量≤12 kg；环境条件：温度－40～60℃，抗震性 E 级，耐冲击 10 G（3 个方向）。

三、间歇输片机构[14-18]

间歇输片机构分为抓片机构、滚环机构和差相偏心滑轮机构等，见表 31-9。抓片机构又分为凸轮式和曲柄式，其抓片轨迹可分为 D 形和圆形。滚环机构和差相偏心滑轮机构似最有前途，已有令人瞩目的进展[19]。目前仍是抓片机构占优势。抓片机构诸参数可借助计算机用优化的方法进行选取。

间歇式高速成像的设计已融入虚拟制造技术，可以设计得更快、更好。抓片机构设计是摄影机设计的关键，抓片机构诸参数的优化问题多属于有约束极小化模型：单目标函数（多目标函数尽可能化成单目标函数）、多约束、多维非线性问题[20]。抓片机构设计的基础依然是对抓片机构（含胶片）的运动学和动力学性能的深入研究，下面以双曲柄抓片机构为例来说明（参看表 31-9 中的双曲柄机构原理图）[21]。

表 31-9 间歇输片机构

机构名称	原理图	说明	特点
曲柄连杆	片簧 抓片爪	片簧把抓片爪压向底片	简单，$\nu_{max}=120$ f/s
凸轮		定片针和抓片爪都由三角凸轮驱动	$\nu_{max}<180$ f/s
曲柄凸轮		抓片靠曲柄驱动	$\nu_{max}\approx200$ f/s
曲柄四连杆		是一种带摇臂的曲柄连杆机构，有4个抓片爪和4个定片针（对于大画幅，抓片爪和定片针的个数更多）	复杂，$\nu_{max}=275$ f/s
双曲柄		轨迹是圆形封闭曲线，用于16 mm和35 mm型	抓片机构放在片盒中；$\nu_{max}=1000$ f/s(16 mm)，$\nu_{max}=360$ f/s(35 mm)；画幅稳定度<±0.02 mm
曲柄摇杆		双曲柄摇杆，用于35 mm和70 mm型	输片行程可调，可真空吸片，$\nu_{max}=360$ f/s
导轮脉冲夹持件	导轮 底片 脉冲夹持件	借助导轮使胶片积蓄能量来实现间歇运动	$\nu_{max}=400\sim500$ f/s，画幅稳定性差(0.3 mm)
滚环式	输片齿轮 画幅窗 定片针 定子 转子	间歇输片是靠上下铃片轮把片环送进拉出形成的，用于GSS-35型	$\nu_{max}>300\sim350$ f/s，机构要进一步完善，像质需进一步提高
差相偏心滑轮式		偏心滑轮可周期地贮存和送出底片，使在每一转的某段时期内片门前的底片近似不动	可能是大画幅、超宽画幅和大大提高摄影频率的最好选择

1. 抓片爪的运动方程

等长度、同相位的双曲柄机构中，抓片爪的轨迹是半径等于曲柄长度的圆周。若 S 方向定在片道方向，则抓片爪位移方程、速度方程和加速度方程为

$$\left.\begin{aligned} s&=r(1-\cos\omega t)\\ v&=\frac{\mathrm{d}s}{\mathrm{d}t}=r\omega\sin\omega t\\ a&=r\omega^2\cos\omega t\end{aligned}\right\}\tag{31-16}$$

式中，r 是曲柄长度。

2. 输片力方程

胶片的运动规律可以由下面的微分方程解出：

$$\frac{\mathrm{d}^2x}{\mathrm{d}T^2}+\omega_0^2x=\int_{\tau_x}^{T+\tau_k}v(\tau+\tau_k)\mathrm{d}T-B\tag{31-17}$$

式中，$\omega_0^2=\dfrac{k}{m}$，$B=\dfrac{F_{\mathrm{f}}}{m}$，$\tau_x$ 是抓片爪进入片孔到接触片孔边缘的时间，τ_k 是抓片爪进入片孔到胶片质量 m 开始运动的时间，$T=t-\tau_k$，抓片爪的速度 $v_{\mathrm{c}}=v(t)$，质量为 m 的胶片的速度 $v_{\mathrm{f}}=v(T)$，F_{f} 是片道摩擦力，k 是胶片的弹性系数。

由抓片爪的运动规律，可解方程(31-17)式，得到胶片的运动规律 $x(T)$、$v(T)$、$a(T)$。输片力(抓片爪对胶片的作用力)为

$$F=[x_1(T)-x(T)]k\tag{31-18}$$

式中，$x_1(T)$ 为片孔边缘的位移。输片力方程多为目标方程。

对于双曲柄机构，胶片运动方程和输片力方程分别为

$$\frac{\mathrm{d}^2x}{\mathrm{d}T^2}+\omega_0^2x=\omega_0^2r[\cos\omega\tau_x-\cos(T+\tau_k)]-B\tag{31-19}$$

$$\begin{aligned}F=B+\frac{r\omega}{\omega_0^2-\omega^2}\cos\omega t-\left[\frac{r\omega_0^2}{\omega_0^2-\omega^2}\cos\omega\tau_k-r\cos\omega\tau_k+B\right]\cos\omega_0(t-\tau_k)+\\ \frac{r\omega_0\,\omega}{\omega_0^2-\omega^2}\sin\omega\tau_k\sin\omega_0(t-\tau_k)\end{aligned}\tag{31-20}$$

从理论和实验两个方面证实了间歇输片过程中的输片力是不连续的，呈现出序列脉冲的作用模式，而不是之前认为的连续作用力；发现了间歇输片过程中胶片的下冲规律[22]。这为间歇机构的设计提供了依据。

3. 平衡计算[23]

在间歇式高速成像的工作过程中，高速间歇机构的不平衡将会产生有害的惯性力。这不仅会增加运动副中的摩擦力和构件的内应力、降低机构的效率和寿命，而且必然会使摄影机产生强迫振动，从而直接影响摄影频率的提高，影响测量精度、画幅稳定性和摄影分辨率。为了提高摄影机的动态性能，必须对高速间歇机构进行精密动平衡，使剩余惯性力达到最小。

对于抓片机构来说，平衡设计可用虚拟制造技术进行研究，其解析原理是：先用广义的质量静代法把质量分配到代换点上，再求出机构的总静矩、总静矩的二阶导数(总惯性力)；惯性力的全部平衡，必须使机构的重心落在固定不动的机架上。由于全部平衡会使机构的重量增加过多，所以多采用部分平衡的方法：加平衡齿轮的平衡装置(这样可平衡一次惯性力)和加对称机构的平衡装置。下面以高速多平面抓片机构的动平衡为例说明。

如果所有的回转质量在同一平面内回转，则作用于回转轴上的惯性力系的平衡条件为

$$\sum m\omega^2r=0\tag{31-21}$$

对于多平面机构，即回转质量不在同一平面内回转，则在动平衡时，不仅各惯性力必须平衡，而且这些惯性力对任一回转平面的矩也必须平衡，即

$$\sum m\omega^2rl=0\tag{31-22}$$

式中，m 为回转质量，r 为回转半径，ω 为回转角速度，l 为回转质量到参考面的距离。

四、国内外主要间歇式高速摄影机的性能

国内外主要间歇式高速摄影机的性能列于表 31-10 中。

表 31-10　国内外主要间歇式高速成像设备性能一览表[10,13,24-25,]

型号	生产机构	画幅/mm^2	摄影频率/(f/s)	片盒容量/m	间歇机构 定片机构	快门形式 开口角	大小/(mm×mm×mm)	重量/kg
16 mm								
WJJ-16 mm 微型机载	中国科学院西安光机所	7.5×10.2，36 元数据点阵	24～200	15,30 可亮室挂片	双曲柄	5 种定角叶子板 9°、18°、36°、72°、120°	87×68×152	2.72
16 mm 系列 IP,IPL,IVN	福托-苏尼克斯公司（美国）	7.5×10	10～500	60,400	抓片爪 定片针	曝光时间 0.25 s～42 μs	—	—
16 mm-1 w	福托-苏尼克斯公司（美国）	7.6×10.4	24～1000	60,120,400	八爪四针	叶子板 9°～144°		
16-HS-F4	米却尔相机公司(美国)	7.5×10.5	4～400	30,60,120	抓片爪 定片针	叶子板 72°～140°	320×175×280(不含电动机,片盒座)	8
16-HSC	米却尔相机公司(美国)	7.6×10.5	4～400	400	抓片爪 定片针	叶子板 0°～140°	100×125×206(不含电动机,片盒座)	8.5
HS-16-E4	米却尔相机公司(美国)	5.5×10.5	6～600	120,400	抓片爪 定片针	叶子板 0°～120° 每隔 10°一挡	—	—
RC-250	文廷公司(英国)	7.6×10.4	50～250	15,10	抓片爪 定片针	叶子板 30°～110° 每隔 10°一挡	192×96×286(不含物镜，但包括 60 m 片盒)	—
GV-16	阿克莱国际开发公司(法国)	7.6×10.4	到 200	30	抓片爪 定片针	叶子板 10°～180°	222×110×102	2.26
164-5	洛克莫公司(美国)	7.6×10.4	5～500	120	抓片爪 定片针	叶子板 5°～180°	100×182×240	4.4
DVM-3A	密立根公司(美国)	7.6×10.4	到 400	30	抓片爪 定片针	叶子板 7.5°～140°	165×100×123	3.23
DVM-10	密立根公司(美国)	7.6×10.4	到 400	120	抓片爪 定片针	叶子板 7.5°～140°	325×100×153	6.75
35 mm								
TTJ-35 mm 同步机载	中国科学院西安光机所	18×22，36 元数据点阵	10～200，5 挡同步频率	60,120	双曲柄，6 爪 2 针	双叶子板 10°～120°		12
GS240/35	中国科学院西安光机所	18×25	50～240	150	抓片爪 定片针	双叶子板 15°～135°		
GSS-35	甘肃光仪厂(中国)	18×22	50～300	120	滚环式	叶子板 到 180°	—	—

续表

型　号	生产机构	画幅/mm^2	摄影频率/(f/s)	片盒容量/m	间歇机构定片机构	快门形式开口角	大小/(mm×mm×mm)	重量/kg
DEBRIE	德布雷公司(法国)	18×24	到 300	240	四爪定片针	叶子板 0°～135°	400×350×400	15
BOURDE-RO	布迪罗公司(法国)	18×24	到 240	300	四爪六针	叶子板 0°～140°	400×215×230	13
35 mm 系列 4EL，4ER，4ML，6E#，6EL#	福托-苏尼克斯公司(美国)	18×24 24×24	6～360 (#6～250)	60,300	抓片爪定片针	曝光时间 55 ms～39 μs	—	—
35 mm-4 E	福托-苏尼克斯公司(美国)	18.8×25.1	6～360	120,300	十二爪四针	叶子板 5°～120°	—	—
1-KSK	苏联	16×22	24～132	300	四爪二针	叶子板 到 170°	100×390×192	14
GV	阿克莱公司(法国)	18×24	24～240	120,300	抓片爪定片针	叶子板 0°～140°	1000×530×500	73
BOURDE-RO H. S.-300	文廷公司(英国)	18×24	50～275	300	四爪三针	双叶叶子板 10°～170°	—	—
Mitchell-35	米却尔公司(美国)	10×22	到 225	300	抓片爪四针	叶子板 9°～170°	500×300×500	25
70 mm								
70 mm 同步高速成像	中国科学院西安光机所	18.8×50，36×50	10～160 10～125	100	双曲柄遥杆十二爪四针	对开叶子板 2°～80°	—	—
70 mm-10 R，10 RL	福托-苏尼克斯公司(美国)	56×56	6～125	300		曝光时间 42 ms～111 μs		
70 mm-58	福托-苏尼克斯公司(美国)	29×57	到 80	120,300	六爪二针	叶子板 0°～135°	603×283×350	43
70 mm-10 A	福托-苏尼克斯公司(美国)	57×57	到 80	120,300	抓片爪定片针	叶子板 0°～120°	638×329×149	61.2
记录相机	米切尔公司(美国)	57×57	到 90	300	六爪二针	叶子板 0°～110°	350×330×620	65
70	本森莱茵尔公司(美国)	57×57	到 80	300	抓片爪定片针	叶子板 0°～110°	—	—
70-KSK	苏联	23×50	到 80	300	四爪二针	叶子板 0°～160°	770×480×543	45

五、光学补偿式高速成像的特点

光学补偿式高速成像基本符合高速成像的曝光原则和分幅原则:使用光学的办法,使瞬态事件的光学像和连续高速运动的胶片在曝光时保持相对静止,以获得高的像质,曝光和分幅是靠开口叶子板快门的同步高速旋转来实现的。光学方法是指用旋转棱镜、旋转反射镜鼓、旋转透镜环的方法补偿光学像和底片的相对运动，或者控制底片速度和目标像速一致的同步摄影方法。由于补偿运动的非线性和胶片的线性运动，光学补偿式高速成像存在原理误差，成像的质量低于间歇式高速成像。

光学补偿式的优势在于：摄影频率广，可达 $10^2 \sim 10^4$ f/s，和间歇式输片相比易于实现高速；像质较好，摄影分辨率可达 20～60 lp/mm（视场边缘和视场中心有较大差别）；结构简单轻巧，易于操作使用；种类多，适应性强：标准画幅下，16 mm 棱镜补偿式高速成像的摄影频率可高达 1.1×10^4 f/s，35 mm 的可达 3.25×10^3 f/s，70 mm 的可达 360 f/s；70 mm 非标准画幅，美国的 10B 型可达 720 f/s（画幅尺寸 28 mm×57 mm），中国的 LB5－70 型可达 10^3 f/s（19 mm×55 mm），瑞典的 HS－70A 可达 10^3 f/s（画幅尺寸 10 mm×55 mm）。

光学补偿式高速成像由于像质较好、工作稳定可靠、能在严酷的使用条件下正常工作，仍有很大的市场份额，高速电视摄像机（基于 CCD 和 CMOS 固体成像器件）尚不能取而代之（只是在摄影分辨率要求不高、使用条件一般的场合下才优先选用高速电视摄像机），当要求优良的空间分辨率、极大的空间带宽积和高达 $10^3 \sim 4\times10^3$ f/s 摄影频率时，光学补偿式高速摄像机仍占有绝对的优势。

六、棱镜补偿式高速成像[26-31]

（一）补偿原理

1. 像点的位移方程（像移方程）

如图 31-1 所示，点 A 是主观场中任意一像点，y、z 分别为点 A 在 x、y 方向的位移：

$$\left.\begin{aligned} y &= T\frac{\sin(W'_t-\varphi)}{\cos W'_t}\left\{1-\frac{\cos(W'_t-\varphi)}{\left[\frac{\cos^2 W'_t}{\cos^2 W'}(n^2-1)+\cos^2(W'_t-\varphi)\right]^{\frac{1}{2}}}\right\} \\ z &= T\cos\varphi\tan W'_s\left\{1-\frac{\cos(W'_t-\varphi)}{\left[\frac{\cos^2 W'_t}{\cos^2 W'}(n^2-1)+\cos^2(W'_t-\varphi)\right]^{\frac{1}{2}}}\right\} \end{aligned}\right\} \tag{31-23}$$

式中，T 为补偿棱镜的厚度，W' 为像点 A 的像方半视场角，W'_t 为 W' 在 xOy 平面上的投影角，W'_s 为 W' 在 xOz 平面上的投影角，φ 为棱镜的转角（棱镜法线和 x 轴的夹角），n 为棱镜材料的折射率。

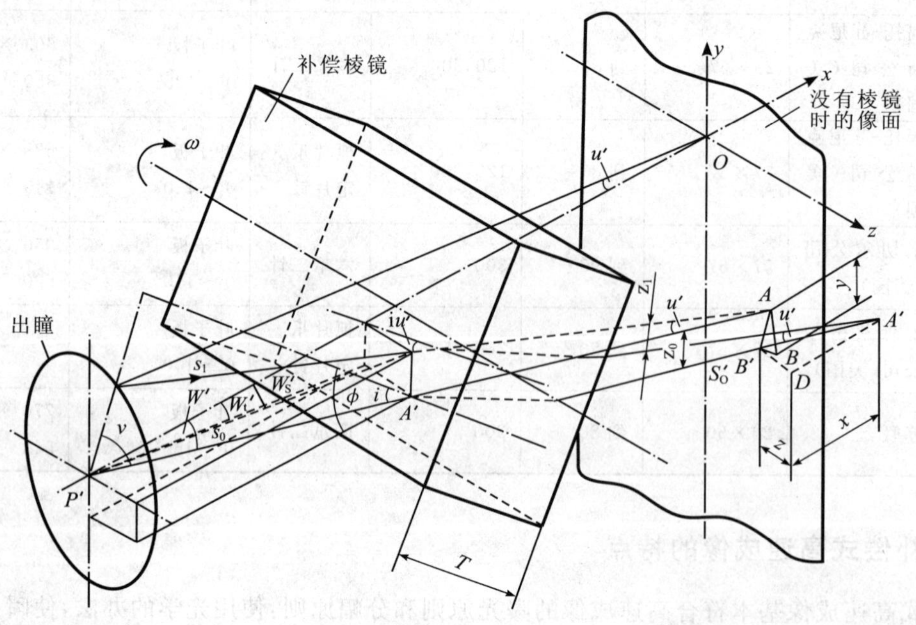

图 31-1 棱镜补偿光路图

2. 像点速度方程 v_y、v_z

$$
\left.\begin{aligned}
v_y &= \frac{T\Omega}{\cos W'_t}\left\{\cos(W'_t-\varphi)-\frac{\cos 2(W'_t-\varphi)}{\left[\frac{\cos^2 W'_t}{\cos^2 W'}(n^2-1)+\cos^2(W'_t-\varphi)\right]^{\frac{1}{2}}}-\frac{\sin^2 2(W'_t-\varphi)}{4\left[\frac{\cos^2 W'_t}{\cos^2 W'}(n^2-1)+\cos^2(W'_t-\varphi)\right]^{\frac{3}{2}}}\right\} \\
v_z &= T\Omega\tan W'_s\left\{\frac{\sin(W'_t-2\varphi)}{\left[\frac{\cos^2 W'_t}{\cos^2 W'}(n^2-1)+\cos^2(W'_t-\varphi)\right]^{\frac{1}{2}}}-\frac{\cos\varphi\cos(W'_t-\varphi)\sin 2(W'_t-\varphi)}{2\left[\frac{\cos^2 W'_t}{\cos^2 W'}(n^2-1)+\cos^2(W'_t-\varphi)\right]^{\frac{3}{2}}}-\sin\varphi\right\}
\end{aligned}\right\}
\tag{31-24}
$$

式中，$\Omega=2\pi v/k$ 为补偿棱镜的角速度。

从上式可知，在曝光时间里 v_y 不是常数，而底片速度 $v_{片}=Hf$ 是常数（H 为画幅间隔），所以补偿棱镜不可能完全补偿底片的运动，在 y 方向（即输片方向）必然产生残余像移；在 z 方向上（底片宽度方向上），底片速度为 0，而 v_z 只有 y 轴上的像点才为 0，其余像点均不为 0，所以在 z 方向上仍要产生不能补偿的像移。

3. 残余像移方程

定义 $\delta_y=\Delta s_y-\Delta y$，$\delta_z=\Delta s_z-\Delta z$，$\Delta s_y$、$\Delta s_z$ 分别是底片在曝光时间里（从 φ_1 到 φ）在 y 和 z 方向上的位移增量，Δy、Δz 分别为在曝光时间里 y、z 方向上的像移增量。可知，$\Delta s_z=0$，

$$
\left.\begin{aligned}
\delta_y &= \frac{KH}{2\pi}(\varphi-\varphi_1)-\frac{T}{\cos W'}\left\{\left\{\sin(W'_t-\varphi)-\frac{\sin 2(W'_t-\varphi)}{2\left[\frac{\cos^2 W'_t}{\cos^2 W'}(n^2-1)+\cos^2(W'_t-\varphi)\right]^{\frac{1}{2}}}\right\}-\right. \\
&\qquad \left.\left\{\sin(W'_t-\varphi_1)-\frac{\sin^2(W'_t-\varphi_1)}{2\left[\frac{\cos^2 W'_t}{\cos^2 W'}(n^2-1)+\cos^2(W'_t-\varphi_1)\right]^{\frac{1}{2}}}\right\}\right\} \\
\delta_z &= T\tan W'_s\left\{\cos\varphi_1\left\{1-\frac{\cos(W'_t-\varphi_1)}{\left[\frac{\cos^2 W'_t}{\cos^2 W'}(n^2-1)+\cos^2(W'_t-\varphi_1)\right]^{\frac{1}{2}}}\right\}-\right. \\
&\qquad \left.\cos\varphi\left\{1-\frac{\cos(W'_t-\varphi)}{\left[\frac{\cos^2 W'_t}{\cos^2 W'}(n^2-1)+\cos^2(W'_t-\varphi)\right]^{\frac{1}{2}}}\right\}\right\}
\end{aligned}\right\}
\tag{31-25}
$$

$$\delta=(\delta_y^2+\delta_z^2)^{\frac{1}{2}}$$

图 31-2 为 $\delta_y-\varphi$ 曲线，图中，1 为 x 轴上像点的变化曲线，2 为 y 轴上像点的变化曲线，3 为 z 轴上像点的

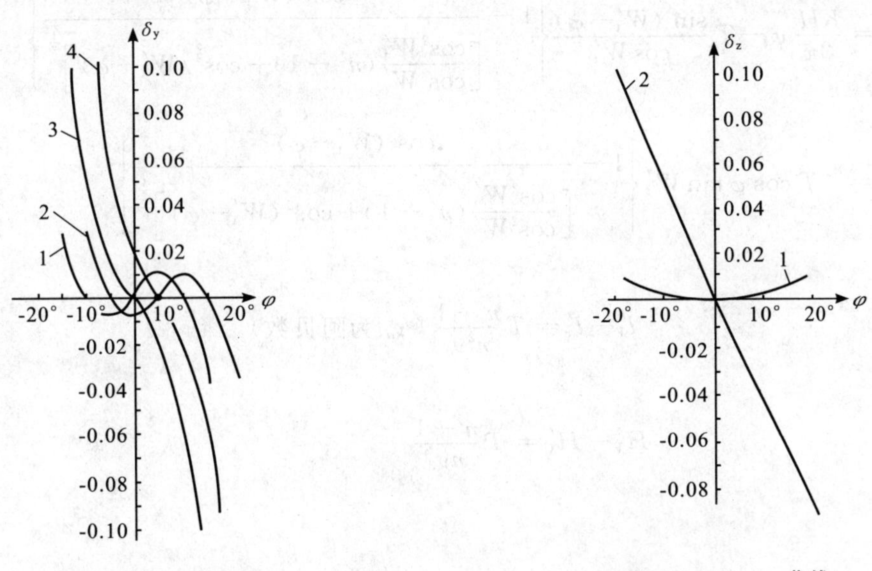

图 31-2　$\delta_y-\varphi$ 曲线　　　　图 31-3　$\delta_z-\varphi$ 曲线

变化曲线，4 为一般像点的 $\delta_y-\varphi$ 曲线。图 31-3 为 $\delta_z-\varphi$ 曲线，图中，1 为 z 轴上像点的变化曲线，2 为一般像点的 $\delta_z-\varphi$ 曲线。

4. 像点的 x 方程

参看图 31-1，主光线 S_0 和边光 S_1 经棱镜折射后相交于 A' 点，A' 到 xOy 面的距离 $A'D$ 即为 x 值，可以求得 x 的方程为

$$x=T\cos W'\left((\cot u'+\cot \overline{v})\left[\sin i-\frac{\sin 2i}{2\,(n^2-\sin^2 i)^{\frac{1}{2}}}\right]-\operatorname{cosec} u'\left\{\sin(i-u^1)-\frac{\sin 2(i-u')}{2[n^2-\sin^2(i-u')^{\frac{1}{2}}]}\right\}\right)$$

把上式展开成级数，略去三次项，得 x 方程的级数形式：

$$x=T\frac{n-1}{n}\left(1-\frac{1}{2}W'^2\right)+T\frac{n^2-1}{2n^3}u'^2+T\frac{3(n^2-1)}{2n^3}u'i+T\left[\frac{3(n^2-1)}{2n^3}-\frac{n-1}{2n}\right]i^2+$$
$$T\left\{\frac{n-1}{n}\left(1-\frac{1}{2}W'^2\right)i+\left[\frac{(n^2-1)}{2n^3}-\frac{n-1}{6n}\right]i^3\right\}+\cdots \tag{31-26}$$

式中，i 为主光线 S_0 的入射角，u' 为边光孔径角，$\overline{v}$ 为 AB' 与主光线 S_0 的夹角。从上式可得旋转棱镜各种有关像差的表达式(参阅第十四章第六节)：

(1)固有离焦

$$\Delta s'=T\frac{n-1}{n}\left(1-\frac{1}{2}W'^2\right) \tag{31-27}$$

(2)固有球差

$$L'-l'=T\frac{n^2-1}{2n^3}u'^2 \tag{31-28}$$

(3)子午彗差

$$K'_t=T\frac{3(n^2-1)}{2n^3}u'^2 i \tag{31-29}$$

弧矢彗差

$$K'_s=T\frac{n^2-1}{2n^3}u'^2 i \tag{31-30}$$

(4)子午像散 l'_t

$$l'_t=T\left[\frac{3(n^2-1)}{2n^3}-\frac{n-1}{2n}\right]i^2 \tag{31-31}$$

(5)y 方向和 z 方向的非线性畸变分量

$$\delta l'_y=\frac{KH}{2\pi}\varphi-T\frac{\sin(W'_t-\varphi)}{\cos W'_t}\left\{1-\frac{\cos(W'_t-\varphi)}{\left[\frac{\cos^2 W'_t}{\cos^2 W'}(n^2-1)+\cos^2(W'_t-\varphi)\right]^{\frac{1}{2}}}\right\}$$

$$\delta l'_x=-T\cos\varphi\tan W'_s\left\{1-\frac{\cos(W'_t-\varphi)}{\left[\frac{\cos^2 W'_t}{\cos^2 W'}(n^2-1)+\cos^2(W'_t-\varphi)\right]^{\frac{1}{2}}}\right\} \tag{31-32}$$

(6)位置色差

$$l'_F-l'_c=T\frac{n-1}{n^2\nu_d}\ (\nu_d\text{ 为阿贝数}) \tag{31-33}$$

倍率色差

$$H'_F-H'_C=T\frac{n-1}{n\nu_d} \tag{31-34}$$

（二）棱镜补偿器主要参数的选取

（1）棱镜工作面数 K

分析表面，增加棱镜工作面数对改善像差、减小快门速度、减少棱镜速度及其应力都有利，只是光能损失大一些；通盘考虑，K 值大一些较为有利。

（2）棱镜厚度 T

当 K 值定了之后，可用 T 值的变化来控制残余像移的大小和符号。为了控制轴外像点的最大残余像移，应以轴上像点的最大残余像移为正值，且等于像移的允许值 ΔY_p 为出发点来计算 T 值。

1）像点速度和底片速度相等时的棱镜转角为该像点的全补偿角。轴上点有两个全补偿角 φ_{e_1}、φ_{e_2}，建立方程。

2）全补偿角处的残余像移取最大值的两个条件，即可建立方程组，解出 T 值。

$$\left.\begin{aligned}\frac{KH}{2\pi}-T\left[\cos\varphi_e-\frac{\cos 2\varphi_e}{(m^2-\sin^2\varphi_e)^{\frac{1}{2}}}-\frac{\sin^2 2\varphi_e}{4\ (n^2-\sin^2\varphi_e)^{\frac{3}{2}}}\right]=0\\ \frac{KH}{2\pi}\varphi_e-T\left[\sin\varphi_e-\frac{\sin 2\varphi_e}{2\ (n^2-\sin^2\varphi_e)^{\frac{1}{2}}}\right]=\frac{1}{2}\Delta Y_p\end{aligned}\right\} \tag{31-35}$$

（3）局部曝光角 φ_p 和全曝光角 φ_t

一个像点的全部曝光时间，称为局部曝光时间，棱镜在局部曝光时间里所转的角度称为局部曝光角 φ_p；整个画幅的全部曝光时间称为全曝光时间，棱镜在这个时间里所转过的总角度称为全曝光角 φ_t，φ_t 等于最后曝光像点的终了曝光角减去画幅最先曝光像点的开始曝光角。

若从轴上点残余像移不超差来确定 φ_p，即

$$\frac{KH}{4\pi}\varphi_p-T\left[\sin\frac{1}{2}\varphi_p-\frac{\sin\varphi_p}{2\left(n^2-\sin^2\frac{1}{2}\varphi_p\right)^{\frac{1}{2}}}\right]=\frac{1}{2}\Delta Y_p \tag{31-36}$$

按这种方法解出的 φ_e 要代入轴外点允许大的像移来核算，还要代入有关的像差公式中去核算，如果超差的话，要对 φ_p 重新计算。

（4）快门相对于底片的运动方向，可遵循的原则：

当 $W'_{l_{max}}>\frac{1}{4}(\varphi_{t_s}-\varphi_{t_0})$ 时，同向有利；

当 $W'_{l_{max}}<\frac{1}{4}(\varphi_{t_s}-\varphi_{t_0})$ 时，反向有利；

当 $W'_{l_{max}}=\frac{1}{4}(\varphi_{t_s}-\varphi_{t_0})$ 时，同向与反向等效。式中，$W'_{l_{max}}$ 为主物镜像方视场角在 xOy 平面的投影角，φ_{t_s}、φ_{t_0} 分别为同向和反向时的全曝光角。

（三）棱镜补偿式高速摄影机的组成和性能指标[29]

图 31-4 为 LBS-2000 型棱镜补偿式高速摄影机光学系统示意图。图中，1 为主物镜，2 为补偿棱镜，3 为画幅窗，4 为输片齿轮，5 为导片轮，6 为弹性导片轮，7 为供片系统，8 为收片系统，9 为底片，10 为光源，11 为聚光镜，12 为十字分划板，13 为直角棱镜，14 为投影镜，15 为五棱镜。

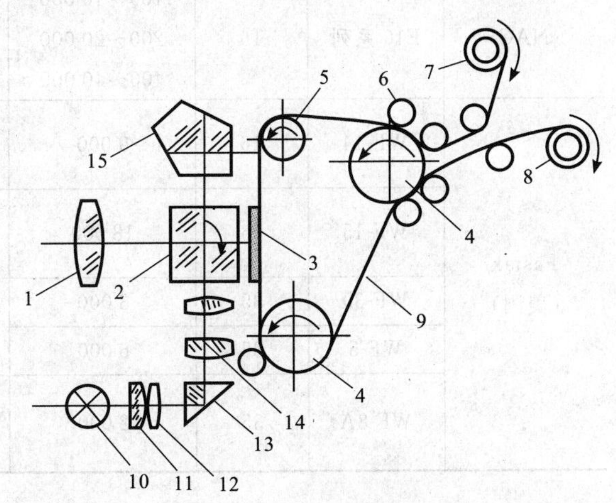

图 31-4 LBS-2000 型摄影机光学系统图

LBS-2000 型棱镜补偿式高速摄影机的主要技术指标如下：

1）有 5 种物镜可换，焦距分别为：40 mm、75 mm、100 mm、300 mm、1 000 mm。

2)摄影频率:200～2 000 f/s(画幅尺寸 18 mm×23 mm),400～4 000 f/s(画幅尺寸 9 mm×23 mm),800～8 000 f/s(画幅尺寸 4.5 mm×23 mm)。

3)动态分辨率:画幅中心:35 lp/mm;画幅边缘:20 lp/mm。

4)片容量:150 m。

5)画幅有十字丝、内定标记。

6)取景检焦镜有 5 倍、25 倍 2 种。

7)跟踪望远镜放大率为 7 倍。

8)画幅边缘记录 4 种信号标记。内时标信号有 3 000 Hz、1 000 Hz、500 Hz、100 Hz 4 种;外时标信号:外界输入低于 1 000 Hz,幅值 5～30 V 的正脉冲;画幅数信号,每 80 个标准画幅记录一次;其他信号,可记录外界输入低于 1 000 Hz、幅值为 5～30 V 的交流信号或直流阶跃信号。

9)其他信号输入时,控制系统可产生一个幅值在 80 V 以上的回答信号,供外接示波器记录用。

10)在最高拍摄频率时,起动时间不大于 3 s。

11)可远距离控制,其控制用线每根电阻不得大于 30 Ω。

12)有堆、断片保护装置。

13)有自功加温装置。

14)附有线对讲装置,对讲距离约 2 km,对讲器引线总电阻不大于 300 Ω,分布电容不大于 0.1 μF。

15)电源为二相四线制,相压(220±20)V,50 Hz。

表 31-11 列出了国内外主要棱镜补偿摄影机的性能。

表 31-11 国内外主要棱镜补偿摄影机性能一览表

生产机构	型 号	胶片规格/mm	最高拍速/(f/s)	棱镜面数	画幅尺寸/mm²	片容量/m	驱动电压/电流	重量/kg(相机/控制仪)	备 注
中国科学院西安光机所	LBS-16	16	8 000	8	7.5×10.4	120	AC(220±20)V/>25A	20.5	R=40～45 lp/mm 同轴系统
中国科学院西安光机所	LBS-2000	35	2 000 4 000 8 000	4 8 16	18×22 9×22 4.5×22	150	AC380 V±10% 50 Hz	—	R=30 lp/mm
中国科学院西安光机所	70 mm	70	2 000 1 000	8 4	9.5×55 19×55	300 300	AC220 V±10% 50 Hz	—	R=35～40 lp/mm
Hadland Hyspeed	S2 系列	16	10～10 000 10～20 000 10～40 000	—	7.5×10 3.7×10 1.85×10	30～120	—	—	—
NAC	E10 系列	16	100～10 000 200～20 000 400～40 000	—	7.5×10 3.7×10 1.85×10	30～120	—	—	—
Fastax(美国)	WF-14	16	9 000	4	6×10	120	AC 220 V, I=30 A	(16～24)/24	随意起停示波摄影
	WF-15	16	18 000	8	2.5×10	120	—	(16～24)/24	随意起停示波摄影
	WF-30	35	3 000	4	6×10	360	—	32/5	随意起停
	WF-5	35	6 000	8	9×24	30	—	12/24	随意起停
	WF-8A	35	2 000	4	18×24	120	—	4	随意起停示波摄影

续表

生产机构	型　号	胶片规格/mm	最高拍速/(f/s)	棱镜面数	画幅尺寸/mm²	片容量/m	驱动电压/电流	重量/kg(相机/控制仪)	备　注
Magnifax (美国)	333	16	3 200	4	6×10	30	电机 DC110～120 V,AC127～220 V	13	—
Fairchild (美国)	HS401	16	8 000	4	6×10	30	直流电机 DC115 V 30 A	5.5/9	机载 星载
	HS408	16	16 000	8	2.5×10	30		11.9	
	HS116	16	32 000	16	1.5×10	120		11.9	
Photo-sonics (美国)	1B	16	1 000	4	7.4×10.4	30,60,120,360	DC 10～15 V	7.2	快门开口角,7°～90°
	1BAC	16	1 000	4	7.4×10.4	30,60,120,360	AC15 V	7.2	快门开口角,7°～90°
	1F,1FA	16	10 00	4	7.4×10.4	30	DC 6～48 V	3.6	可超载100 g,防水
	1E	16	600	4	7.4×10.4	75	DC 115 V	1.2	可超载100 g,防水
	1D	16	3 000	4	7.4×10.4	120 360	DC 10～50 V	20	反射镜取景器
	1C	16	4 000	4	7.4×10.4	120	DC 10～50 V	16	在任何位置操作
	4B	35	3 250 6 500	4 8	17×24 8×24	150 300	AC 10～240 V	39	
	4C	35	3 250 6 500	4 8	17×24 8×24	150 300	AC 10～240 V	39	
	10 B	70	360 720	4 8	57×57 28×57	120 300	AC 208 V	60	用于火箭靶场
NOVA (美国)	16-3	16	10 000 20 000 40 000	4 8 16	6×10 2.5×10 1.5×10	30,120 或 360	AC,DC,115 V 30 A 26V,DC 3 A 有降压变压器	6/9(30 m) 8/6(120 m) 32/11(360 m)	示波摄影,互换,随意起停,加速短,$R=50$ lp/mm
Hycam (美国)	K2001R	16	9 000	8	7.4×10.4	30	AC 115 V $I=15$ A	5.6	线路独特,无齿轮传动,镜头可换,示波摄影,快门系数可变,起停方便,$R=68$ lp/mm,可作记时使用
	K2001AR	16	18 000	16	3.7×10.4	30	AC 115 V $I=15$ A	5.6	
	K2001BR	16	3 600	32	1.8×10.4	30	AC 115 V $I=15$ A	5.6	
	K20S4E	16	11 000	8	7.4×10.4	120	AC 240 V $I=30$ A	12	
	K20S4AE	16	22 000	16	3.7×10.4	120	AC 240 V $I=30$ A	12	
	K20S4BE	16	44 000	32	1.8×10.4	120	AC 240 V $I=30$ A	12	
	K2S20E	16	5 000	8	7.4×10.4	600	AC 240 V $I=25$ A	33	
	K2S20AE	16	10 000	16	3.7×10.4	600	AC 240 V $I=25$ A	33	
	K2S20BE	16	20 000	32	1.8×10.4	600	AC 240 V $I=25$ A	33	

续表

生产机构	型　号	胶片规格/mm	最高拍速/(f/s)	棱镜面数	画幅尺寸/mm^2	片容量/m	驱动电压/电流	重量/kg(相机/控制仪)	备　注
Stalex（瑞典）	M5-16 A	16	3 000	2	7.4×10.4	30	单马达 DC 10～60 V AC 100～220 V	3	同轴系统，机载，星载
	HS-70	70	1 000	2	10×55	30	双电机 AV 220 V I＝35 A	28	用于靶场
Pentzat（德国）	ZL-16	16	3 000	12	7.4×10.4	30	DC 127/220 V AC 220/380 V	103(全部)	减速箱精确定速
SKS（俄国）	1M	16	4 000 8 000	4 8	7.4×10.4 3.7×10.4 3.7×5.1	30	双电机 DC 110～120 V AC 127 V	16	可计时 R＝25 lp/mm
	1 MM	16	6 000 7 400 7 500	4	7.4×10.4	30 60 120	双电机 AC 280 V	16	示波摄影
Himac（日本）	16M	16	2 000	4	7.4×10.4	30	电机 DC 24 V AC 115/250 V	5	起停方便，R＝55 lp/mm（$<$ 1000 f/s）
	16HM 16HB	16	10 000	4	7.4×10.4	30	AC 120/250 V I＝30 A	15/27	120 V 时 7000 f/s，R＝45 lp/mm，起停方便，示波摄影
	16HD	16 16 16	8 000 16 000 32 000	4 8 16	7.4×10.4 3.7×10.4 1.8×10.4	30 120	AC 120～220 V	10/25 17/25	示波/计时摄影，随意起停 R＝60 lp/mm
Éclair（法国）	UR-3000	35	3 000 6 000 9 000	6 12 18	18×24 9×24 4.5×24				

注：AC 为交流电，DC 为直流电。

七、反射镜补偿式高速成像

（一）有中间像的反射镜补偿摄影

如图 31-5 所示，目标像成在多面体反射镜 M 附近，经投影镜 O_2、O_3 和静止反射镜 SM 成像在旋转鼓轮外表面的底片上，D 和 P' 光学共轭。当多面体反射镜 M 旋转时，D 的像沿 P' 扫描，起到光学快门的作用，同时目标像在底片上运动。摄影机设计工作者的任务是使目标像在底片上的速度和底片的运动速度相等。

（二）双反射镜补偿摄影[32]

如图 31-6 所示，通过转动的双反射镜 12 来保持光学图像和胶片 5 的相对静止，10 是输片齿轮。反射镜鼓由 32 块反射镜配对为 16 组安装在转镜鼓上，每组反射镜面相对、平行固定在转鼓上，镜面与转鼓转轴成 45°角，入射光轴与转鼓转轴垂直。这种系统的最大优点是在快门系数 1∶1 时可实现完全补偿，无残余像移和离焦，可获得优良的像质，可获得较长的曝光时间。

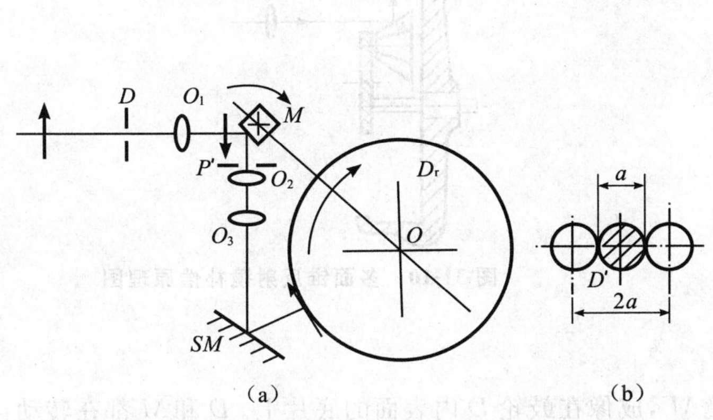

图 31-5　有中间像的反射镜补偿原理图

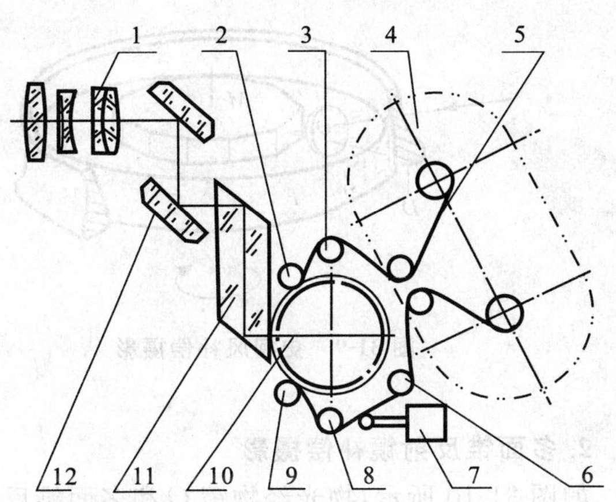

图 31-6　双反射镜补偿系统图

（三）前置反射镜鼓的补偿摄影

1. 外镜鼓补偿摄影

如图 31-7 所示，物体 A 经外镜鼓和物镜 OB 成像在底片上，底片连续运动，当外镜鼓转动时，目标像所产生的运动应补偿底片的运动，即

$$V_f = V_{im} = \Omega\beta(2l\sin 2\varphi + 2R\sin\varphi) \tag{31-37}$$

式中，V_f 是底片的运动速度，V_{im} 是目标像的运动速度，Ω 是外镜鼓的转动角速度，β 是物镜 OB 的放大率。

2. 内镜鼓补偿摄影

原理同外镜鼓，如图 31-8 所示，目标经内镜鼓 MD 和物镜 O 成像在曝光窗 CF 处，底片连续运动。

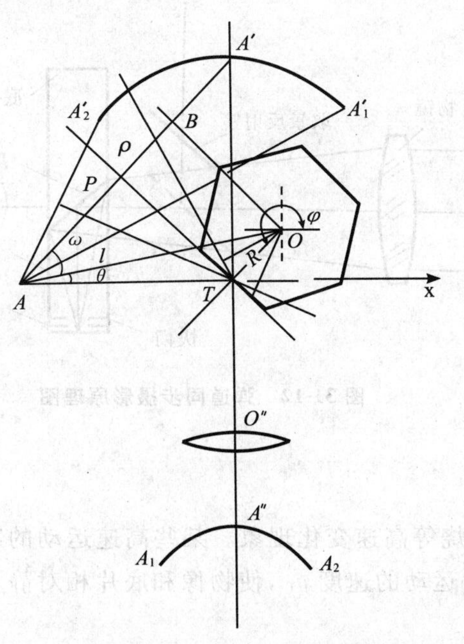

图 31-7　外镜鼓补偿原理图

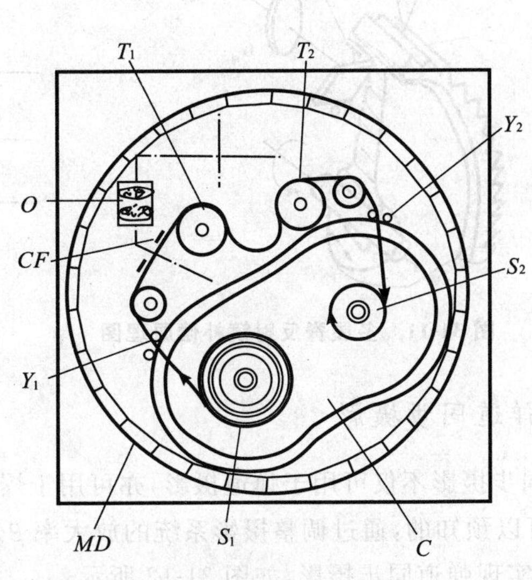

图 31-8　内镜鼓补偿原理图

(四)后置多面体反射镜补偿摄影

1. 史柯风补偿摄影

如图 31-9 所示，物光经物镜 O 和多面体反射镜 M 后，重又经过物镜 O 成像在底片 F 上，底片是贴附在片鼓 D 上的，片鼓半径是多面体反射镜内切圆半径的 2 倍，物镜的后主面应设计成在反射镜面上。

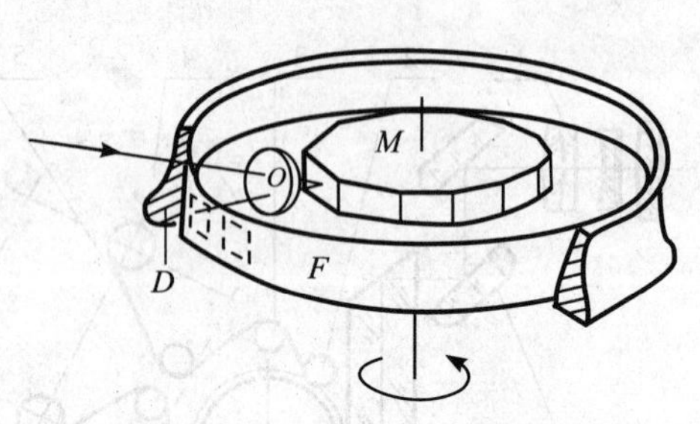

图 31-9 史柯风补偿摄影

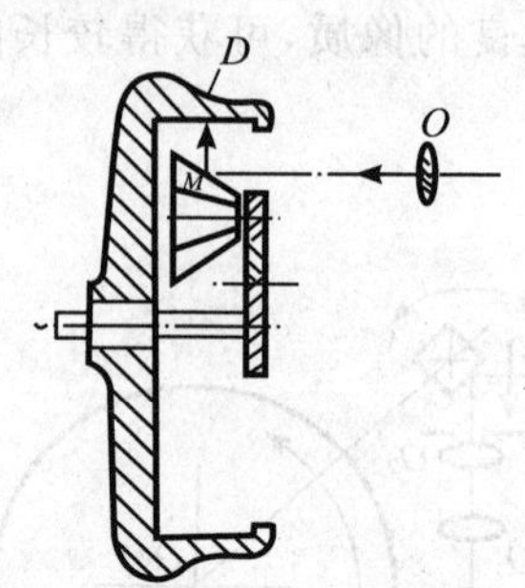

图 31-10 多面锥反射镜补偿原理图

2. 多面锥反射镜补偿摄影

如图 31-10 所示，物光经物镜 O 和多面锥反射镜 M，成像在鼓轮 D 内表面的底片上。D 和 M 都在转动，但目标像的速度应等于底片的速度。

(五)多屋脊反射镜补偿摄影

如图 31-11 所示，物光经物镜 1 和多屋脊反射镜鼓 2、物镜 5、6 和反射镜 4、7、8、9，成像在多屋脊反射镜鼓内表面的底片上，根据屋脊反射镜的性质，当它移动 x 时，像移动 $2x$，物镜 5、6 的组合放大率为 1/2，则底片面上的物像的移动为 x，正好补偿镜鼓内表面上底片的运动。

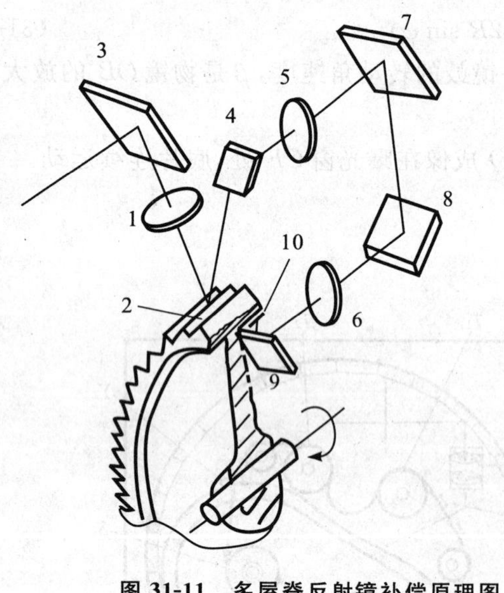

图 31-11 多屋脊反射镜补偿原理图

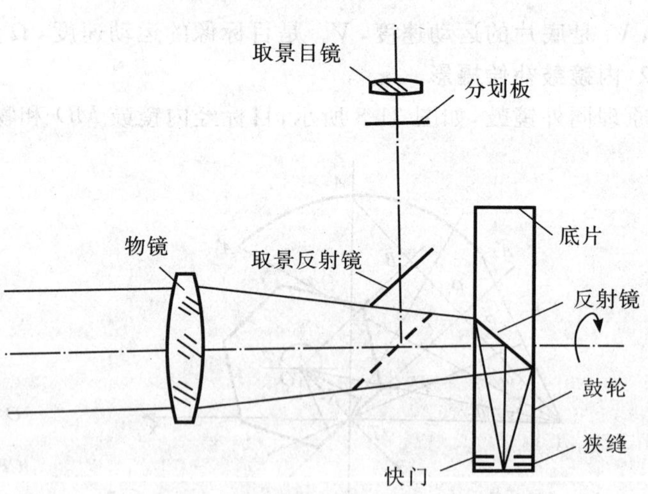

图 31-12 弹道同步摄影原理图

(六)弹道同步摄影

弹道同步摄影不仅可用于弹道摄影，亦可用于爆炸、燃烧等高速变化现象。某些高速运动的物体，其速度 v_{ob} 是可以预知的，通过调整摄影系统的放大率 β 和底片运动的速度 v_f，使物像和底片相对静止，即速度相等，就可实现弹道同步摄影，如图 31-12 所示。

$$v_f = v_{ob}\beta,\ \beta = \frac{f'}{f'+s} \tag{31-38}$$

式中，f' 是系统的焦距，s 是物体到摄影系统的距离。

另一种弹道同步摄影系统如图 31-13 所示。底片静止，物像本身在底片上的速度和在底片上的扫描速度大小相等、方向相反。转镜是用脉冲触发电磁力驱动的。

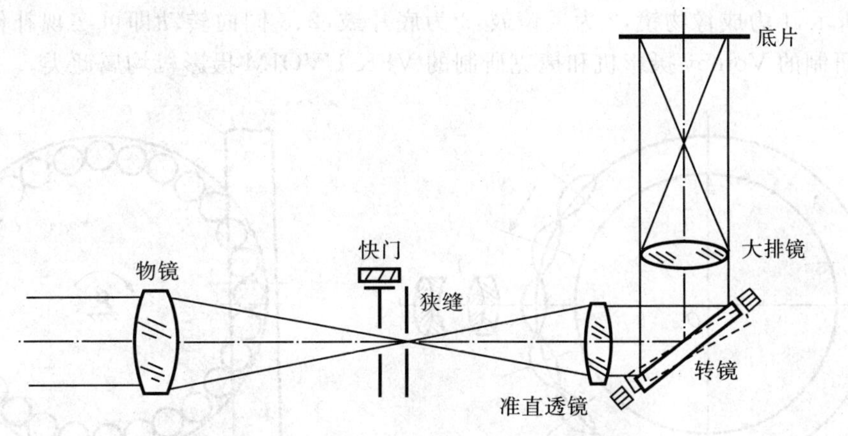

图 31-13 底片静止式弹道同步摄影原理图

国内外主要反射镜补偿摄影机的性能列于表 31-12 中。

表 31-12 国内外主要反射镜补偿高速成像性能一览表

型号/研制机构	补偿类型	摄影频率 同步速度	相对孔径	画幅尺寸 /mm^2	画幅数 片容量	备注
XF-70 中国/中科院西光所	弹道同步型	0.6～75 m/s	1∶4.5 1∶3.2	50×530	0.54 m	内鼓敷片， 70 mm 底片
XG-1 中国/浙江大学	弹道同步型	10～50 m/s	1∶2	24×530	0.56 m	外鼓敷片， 35 mm 底片
GYS-1 中国/西安工业大学	弹道同步型	2～75 m/s	1∶3.5	—	0.5 m	内鼓敷片， 35 mm 底片
HS-2 000 中国/中科院光电所	双反射补偿鼓	2 000 f/s	—	18×24	300 m	输片式， 35 mm
俄国/科学院化 学物理研究所	有中间像型	2 500 f/s	1∶20	55×70	到 1.25 m	鼓轮扫描， 190 mm 底片
FK-1M /苏联	有中间像型	1 000～20 000 f/s	1∶5	7.5×10.5	200 幅	鼓轮扫描， 35 mm 底片
Dynafax 美国/B&W 公司	有中间像型	25 000 f/s	1∶8	7.5×10.5	224 幅	输片式， 35 mm 底片
ZL-1 东德/蔡司公司	内镜鼓	15～1 500， 3 000 f/s	1∶5	18×24 9×24	60 m	输片， 16 mm 底片
IKON 东德/蔡司公司	外镜鼓	100～3 000	—	7.5×10.5	30 m	鼓轮扫描， 16 mm 底片
M-2 日本/东京大学	多面锥 反射镜	到 70 000 f/s	—	7.6×10	180 幅	鼓轮扫描， 16 mm 底片
M-3 日本/东京大学	多面体 反射镜	到 75 000 f/s 150 000 f/s	—	7.6×10 3.8×10	360 幅	鼓轮扫描， 16 mm 底片

八、透镜补偿式高速成像

1. 透镜鼓补偿摄影

如图 31-14 所示，1 为成像物镜，2 为透镜鼓，3 为底片鼓，2、3 同向转动即可实现补偿摄影，俄国科学院化学物理研究所研制的 Voinov 摄影机和捷克研制的 VFK-UVOJM 摄影机均属此类。

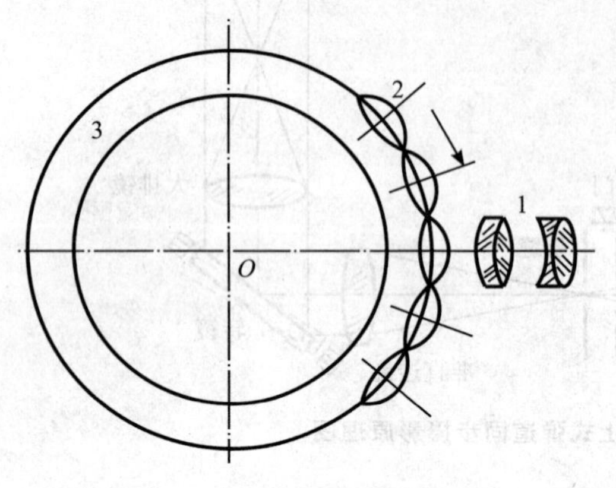

图 31-14 透镜鼓补偿原理图

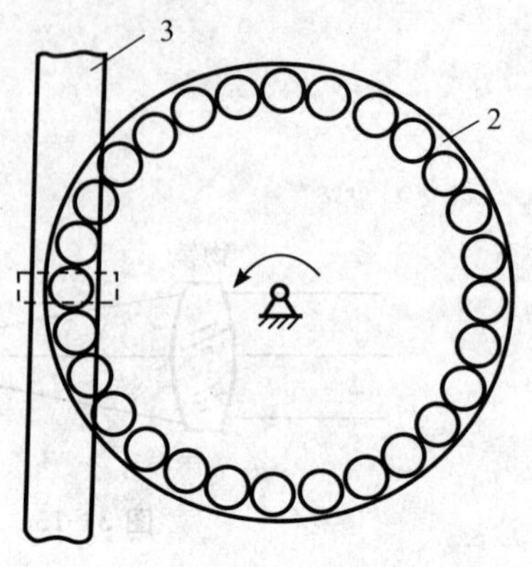

图 31-15 透镜盘补偿原理图

2. 透镜盘补偿摄影

如图 31-15 所示，2 为透镜盘，3 为底片，当两者沿图示方向运动且满足下面的方程式，即可实现补偿式摄影：

$$v_{\mathrm{F}}=\frac{f_2'-s'}{f'}v_{\mathrm{L}} \tag{31-39}$$

式中，v_{F} 是底片运动速度，v_{L} 是透镜 2 的运动速度，f_2' 是透镜 2 的焦距，s' 是底片到透镜 2 的距离。

第三节 转镜式超高速成像[33-57]

转镜式超高速成像在超快过程的研究领域居于特殊的重要地位[33]，这不仅和它所具有的大画幅、大画幅数、高空间分辨率、宽光谱波段、摄影频率宽广和使用可靠、方便有关，而且在于它的理论和技术有突破性进展：无原理误差的新设计理论的提出，转镜的设计理论和驱动技术的新进展，照明技术可以解决弱光目标和不发光目标的能量增强问题，固体成像器件的应用在提高感光灵敏度的同时实现了实时数字图像的记录，可外触发同步的大速比光学加速偏转器的研制成功把摄影频率和时间分辨率提高了一个量级。

超高速转镜摄影有分幅记录、扫描记录和分幅扫描同时记录之分，有同步工作方式和等待工作方式之分，还可与其他技术相结合构成转镜全息摄影、冲击转镜摄影、转镜网格摄影、转镜焦平面快门摄影和转镜扫描光谱仪。

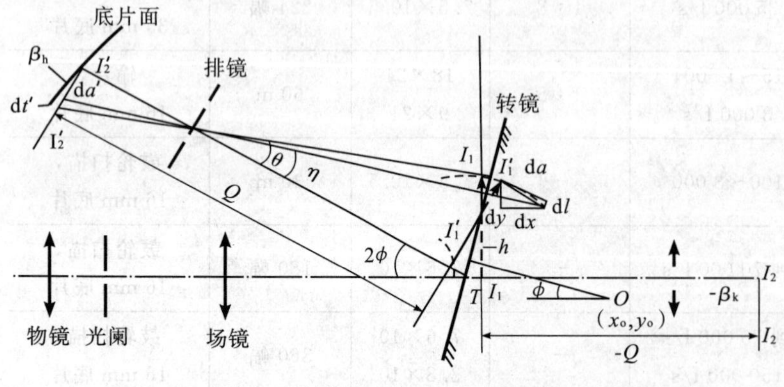

图 31-16 米勒转镜分幅摄影系统原理图

一、转镜原理

1. 米勒原理

米勒原理是转镜分幅摄影机的理论基础（参看图 31-16），其要点是：

1）中间像 i_1 成在转镜镜面附近。

2）孔径光阑成像在排镜 L 上（即出瞳光阑处），当转镜旋转时，起到分幅和快门两种作用。

2. Shardin 极限[35]

Shardin 博士是高速成像的先驱者之一，曾对转镜分幅摄影机的信息量进行过仔细的研究，推导了著名的 Shardin 公式，即

$$\zeta = BNv = \frac{4v_p}{\lambda} \tag{31-40}$$

式中，v_p 表示转镜边缘的线速度极限，λ 为平均波长（或主波长）。Shardin 公式的物理意义是：转镜摄影机的总信息量仅仅取决于转镜边缘的线速度和波长，由此确定的极限称为 Shardin 极限。

对上式稍作变换，令 $BN=1$，即可得到转镜扫描摄影机的 Shardin 公式表达式，即

$$\delta t = \frac{1}{v} = \frac{\lambda}{4v_p} \tag{31-41}$$

上式的物理意义是：转镜扫描摄影机的时间分辨力 δt 仅仅取决于转镜边缘的线速度和波长。

3. 光学加速

光线在转镜上多次反射，可使反射光的扫描速度成倍加大，这时 Shardin 公式要作相应的修改，即

$$BNv = k\frac{4v_p}{\lambda} \tag{31-42}$$

式中，k 为反射次数。出射光线的角速度 Ω 为

$$\Omega = 2k\omega \tag{31-43}$$

这里，ω 为转镜的角速度。图 31-17 分别为 10 倍加速和 2 倍加速的原理图，图 31-26(a)为楔形多倍加速器的原理图。

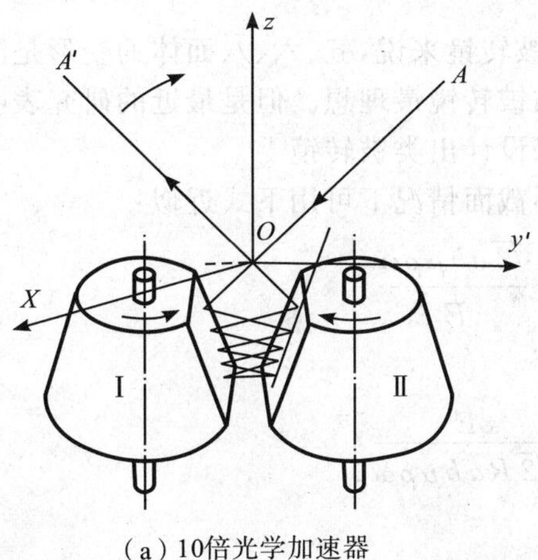

(a) 10倍光学加速器

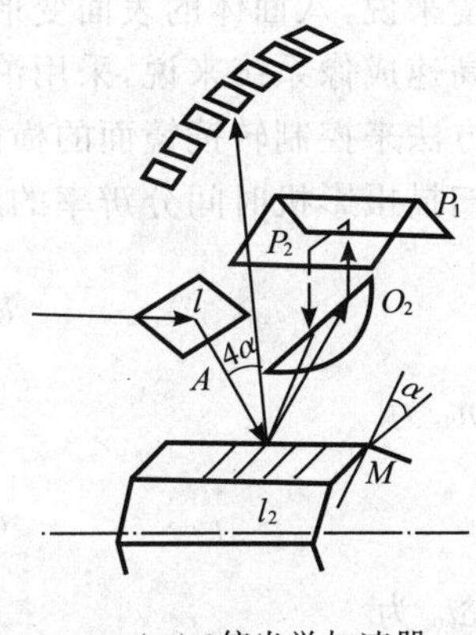

(b) 2倍光学加速器

图 31-17　光学加速器

4. 正多面体转镜边缘线速度极限公式[43-44]

正多面体转镜边缘极限线速度较为精确的计算公式可写成：

$$V_{\max} = \sec(\pi/s)\sqrt{\frac{\sigma_b}{\rho[(3-2\nu)/8(1-\nu)+I_s]}} \tag{31-44}$$

其中

$$I_s = \frac{s}{6\pi}\left[\frac{\sin(\pi/s)}{\cos^2(\pi/s)} + \ln\tan(\pi/4+\pi/2s) - 2\pi/s\right]$$

式中，s 为多面体的面数，ν 为转镜体材料的泊松比，I_s 为多面体形状因子，σ_b 为转镜材料的极限强度，ρ 为密度，σ_b/ρ 为比强度。该式和依据弹性理论精确计算出来的结果还有 10%～20% 的误差[45,47]，但是较早期文献的公式要精确。不同的截面形状，其相对破坏速度可参考图 31-18。

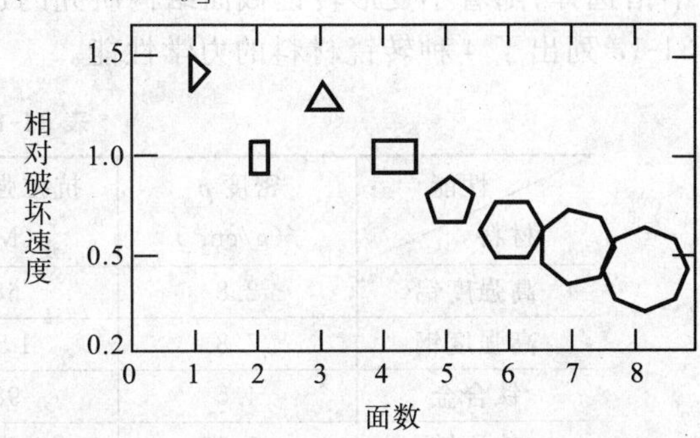

图 31-18　不同截面形状的相对破坏速度不同

5. 转镜横向变形公式[45-46]

转镜的动态横向变形，不仅与材料的泊松比 ν、比刚度 $\eta=E/\rho$ 和工艺规程有关，还和转镜的截面形状、转镜横向的质量分布有关。材料的泊松比是影响转镜横向变形的主要因素。同样条件下，铍转镜的横向变形最小，与其他材料相比有量级差别。转面形状、材料的比刚度不是构成转镜横向变形差别的决定性因素。转镜的横向质量分布为研究小变形的非铍转镜开辟了一条新路。

多面体转镜动态弹性变形，可用严格意义上的弹性力学方程进行计算。经简化，可以推导出镜面横向弹性变形的分量 u_r、u_θ 的表达式：

$$\left.\begin{aligned}u_r&=\left[(2\nu-1)\eta^3-\sum_{m=1}^{n}A_m sm\eta^{sm-1}\cos(sm\theta)+\sum_{m=0}^{n-1}B_m(2-sm-4\nu)\eta^{sm+1}\cos(sm\theta)\right]\frac{(1+\nu)\rho\omega^2a^3}{(1-\nu)8E}\\u_\theta&=\left[\sum_{m=1}^{n}A_m sm\eta^{sm-1}\sin(sm\theta)+\sum_{m=0}^{n-1}B_m(4-sm-4\nu)\eta^{sm+1}\sin(sm\theta)\right]\frac{(1+\nu)\rho\omega^2a^3}{(1-\nu)8E}\end{aligned}\right\}\tag{31-45}$$

式中，r、θ 为极坐标，s 为多面体转镜的面数，$\eta=r/a$，a 为转镜面的半宽度，E 为材料的弹性模量，ν 为泊松比，ρ 为材料的密度，ω 为转镜的角速度，A_m、B_m 分别取决于 A'_m、B'_m 和镜体参数。根据(31-45)式可以得出下面的结论：

1)泊松比 (ν) 对转镜镜面的变形起主要作用。矩形截面 ν 值要小，六面体($\nu=0.25$)、七面体($\nu=0.30$)、八面体($\nu=0.35$)的变形最小；四面体对应的最佳泊松比为 0，三面体没有最佳的 ν 值。

2)矩形截面的变形可用透镜补偿，但是补偿在原理上是近似的，仅是空间的一点得到补偿，而且只对应一种转镜速度；三角形截面的变形透镜不能补偿。

3)对于钢转镜来说，八面体的表面变形是凸的；对铍转镜来说，五、六、八面体的变形是凸的。

4)对于扫描高速成像系统来说，采用泊松比很小的铍转镜最理想。但是最近的研究表明，采用改变转镜横向质量分布的方法来控制转镜镜面的横向变形，可以设计出类铍转镜[48]。

横向变形对扫描摄影机时间分辨率的影响，在矩形截面情况下可用下式近似：

$$\delta_t=\frac{s'}{2\omega R}+\frac{\sqrt{2}ab\mu\rho\omega}{E}\tag{31-46}$$

这时的最佳转速 n_0 为

$$n_0=\frac{1}{2\pi}\left[\frac{s'E}{2\sqrt{2}Rab\mu\rho\omega}\right]^{\frac{1}{2}}\tag{31-47}$$

最佳时间分辨率 δt_0 为

$$\delta t_0=\frac{s'}{2\pi Rn_0}\tag{31-48}$$

上面三式中，s' 是缝像宽，a 是转镜半厚，R 为扫描半径。

6. 转镜材料的性能

中国在高强度铝合金用做转镜材料方面进行了长期、深入的研究，解决了光学镜面的研、抛、镀和钢轴颈的镶嵌技术，发挥了高强度铝合金转镜在转镜型超高速成像系统中的优势[43-45]，是分幅摄影机转镜材料的不错选择；随着小变形转镜截面结构研究的进展，它将会取代挤压铍转镜，成为扫描摄影机的主流转镜。表 31-13 列出了 4 种转镜材料的力学性能。

表 31-13 4 种转镜材料的机械性能

性能 / 材料	密度 ρ /(g/cm^3)	抗拉强度 σ_b /(MPa)	比强度 /(×10^6 cm)	弹性模量 E /GPa	比刚度 /(×10^6 cm)	泊松比 ν
高强度铝	2.8	686	2.50	72.5	0.264	0.30
高强度钢	7.8	1 568	2.05	196	0.256	0.28
钛合金	4.5	980	2.22	106	0.241	0.34
挤压铍	1.88	686	3.72	304	1.63	0.02

二、转镜扫描理论

1. 向量镜面变换方程[54]

讨论斜入射、倾斜镜面的厚转镜的情况，参看图31-19。镜面 M 绕 Z 旋转，物方向量 $\boldsymbol{A}$（光轴）位于平行于 YOZ 的平面内，方向角为 α、β、γ，交 XOY 平面于 S 点，反射像点为 S'，镜面法线的方向角为 μ、ψ、ν；物方向量 $\boldsymbol{B}$ 垂直于 $\boldsymbol{A}$ 且平行于 YOZ 平面，φ 为转角，R 为坐标原点到镜面的距离。

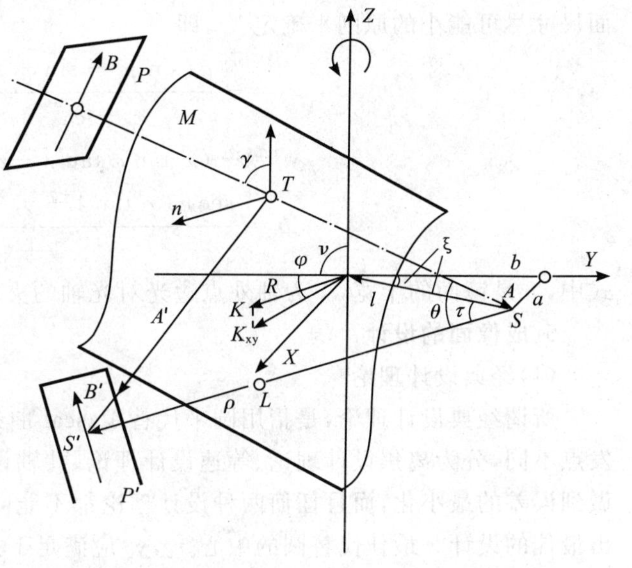

图 31-19　斜入射、倾斜镜面的厚转镜扫描

像方方程可写成矩阵形式：

$$A' = \begin{bmatrix} \sin^2\nu\sin 2\varphi\sin\gamma + \sin 2\nu\sin\varphi\cos\gamma \\ (1-2\sin^2\nu\cos^2\varphi)\sin\gamma - \sin 2\nu\cos\varphi\cos\gamma \\ \sin 2\gamma\cos\varphi\sin\gamma + \cos 2\nu\cos\gamma \end{bmatrix}$$

$$B' = \begin{bmatrix} \sin^2\nu\sin 2\varphi\cos\gamma - \sin 2\nu\sin\varphi\sin\gamma \\ (1-2\sin^2\nu\cos^2\varphi)\cos\gamma + \sin 2\nu\cos\varphi\sin\gamma \\ \sin 2\gamma\cos\varphi\cos\gamma - \cos 2\nu\sin\gamma \end{bmatrix} \tag{31-49}$$

像点 S' 的轨迹是一个复杂的空间曲线，它由其准线为巴斯加蜗线外支的正柱面和底为巴斯加蜗线的正锥面相交而成，焦面是一空间曲面，有3种特殊情况是经常用到的：

1)垂直入射，平行镜面（$R\neq 0$，$\nu=\gamma=90°$），焦面是准线为巴斯加蜗线的正柱面。

2)斜入射时（$R\neq 0$，$\gamma\neq 90°$，$\nu=90°$），焦面是巴斯加蜗线为底的锥面。

3)倾斜反射镜（$R\neq 0$，$\nu\neq 90°$），焦面是巴斯加蜗线为底的锥面。

倾斜反射镜在旋转的过程中，B' 在垂直光轴的平面内绕中心点旋转，产生了像旋角 η，这有害于像质，$\cos\eta$ 按下式计算（当 $R=0$，$\nu\neq 90°$，$\gamma=90°$ 时）：

$$\cos\eta = \frac{(1-2\sin^2\nu\cos^2\varphi)\sin 2\gamma\cos\varphi - \dfrac{1}{2}\sin^2 2\nu\sin^2 2\varphi\sin^2\varphi}{\sqrt{1-\sin^2\nu\cos^2\varphi}} - \cos 2\nu\sqrt{1-\sin^2 2\nu\cos^2\varphi} \tag{31-50}$$

可知，$\nu=90°$，$\eta=0$，无像旋。

2. 坐标镜面变换方程[34]

垂直入射（$\nu=\gamma=0$）情况参看图31-16，O 为转镜旋转中心，I_1 为轴上点中间像，I_2 为轴上点二次像，$\bar{I}_1$ 为轴外点的中间像，$\bar{I}_2$ 为轴外点的二次像，经过转镜后分别为 I'_1、I'_2、$\bar{I}'_1$、$\bar{I}'_2$，坐标镜面变换方程可写成

$$\left.\begin{aligned} x' &= -(x-x_0)\cos 2\varphi - (y-y_0)\sin 2\varphi + (x_0 + 2\gamma\cos\varphi) \\ y' &= -(x-x_0)\sin 2\varphi + (y-y_0)\cos 2\varphi + (y_0 + 2\gamma\sin\varphi) \end{aligned}\right\} \tag{31-51}$$

知道了 I'_1、I'_2、$\bar{I}'_1$、$\bar{I}'_2$，即可求出 I'_1、I'_2、$\bar{I}'_1$、$\bar{I}'_2$ 的坐标来。这一公式也能被方便地用于扫描摄影机的设计。

斜入射情况下的镜面变换方程略有不同。

3. 像移 dl 和离焦 da

由于转镜有一定的厚度，将引起转镜摄影机所固有的像移 dl 和离焦 da，可表示为

$$\left.\begin{aligned} \mathrm{d}l &= 2(x_0 + a\cos\varphi)\mathrm{d}\varphi \\ \mathrm{d}a &= 2(y_0 + a\sin\varphi - h)\mathrm{d}\varphi \end{aligned}\right\} \tag{31-52}$$

折算到底片面上为

$$\left.\begin{aligned} \mathrm{d}l' &= \beta(\mathrm{d}l + \tan\theta\,\mathrm{d}a) \\ \mathrm{d}a' &= \beta^2\sec\eta\,\mathrm{d}a \end{aligned}\right\} \tag{31-53}$$

4. 转镜的中心坐标和最佳镜面尺寸

转镜的中心坐标和最佳镜面尺寸的确定，是高速转镜摄影机设计的重要内容，较为复杂。同步型转镜分幅摄影机的转镜旋转中心 $O(x_0, y_0)$ 可分别根据工作角范围内像移的平方和(或代数和)取最小的原则和镜面尺寸尽可能小的原则来确定[17]，即

$$\left.\begin{aligned} x_0 &= -\frac{a(\sin\varphi_k - \sin\varphi_0)}{\varphi_k - \varphi_0} \\ y_0 &= -(x_0\tan\varphi\tan^2\lambda + a\sin\varphi\sec^2\lambda + h\tan\varphi\tan\lambda) \\ b &= \frac{\sec\varphi(x_0\tan\lambda - y_0 + h) - a(\tan\varphi - \tan\lambda)}{1 + \tan\lambda\tan\varphi} \end{aligned}\right\} \tag{31-54}$$

式中，b 是镜面的半宽，λ 为轴外点边光对光轴的夹角，φ_k、φ_0 分别是起拍和终拍时转镜的转角。

5. 成像面的设计

(1)经典设计理论[49]

所谓经典设计理论，是指用圆来代替 Pascal 曲线的理论，即所谓代替圆的设计理论。这个理论又依出发点不同，分为离焦设计理论、等速设计理论、共轴设计理论。研究表明，这些设计理论都有原理误差，只能做到误差的最小化，而且任何两种设计理论都不能同时在一个系统中实现，但是可以根据系统的具体要求给出最佳的设计。最佳代替圆的中心 x_c，y_c 应满足下式：

$$\left.\begin{aligned} x_c &= mx_{cd} + nx_{ce} + lx_{cc} \\ y_c &= my_{cd} + ny_{ce} + ly_{cc} \end{aligned}\right\} \tag{31-55}$$

式中，x_{cd}、y_{cd}、x_{ce}、y_{ce}、x_{cc}、y_{cc} 分别表示单独考虑离焦最小原则、拍摄频不均匀性最小原则和共轴性最好原则所得到的排镜代替圆的系数；m、n、l 为三者的权重系数，其和为1，要根据使用要求和光学系统的性能参数选用：可采用等权重设计法；亦可在设计排镜代替圆时采用二点的不共轴角为0，一点的离焦为0，在设计焦面代替圆时采用离焦最小原则[13]；也可在设计焦面代替圆、排镜代替圆和出瞳光阑代替圆时分别采用离焦最小原则、共轴性最好原则和拍摄频不均匀性最小原则。对于第二种情况，要根据使用要求提出性能参数的具体指标，采用约束多面体法进行优化计算，这种设计思想有一定的参考价值，但是没有考虑拍摄频率不均匀性最小的原则。若对底片的相对孔径大、画幅工作角大和厚转镜，应仔细选取 m、n、l：前两者在设计专门用途的转镜摄影机时会遇到，后两者在设计等待型摄影机时会遇到。

(2) 现代设计理论[50-51]

该理论推导了完整的无离焦像面、所有排镜的同轴成像和恒速扫描的方程组，可取代一直沿用的经典设计理论，显著提高超高速摄影机的空间信息和判读的时间精度，但是对加工和装调有较高的要求。

6. 像质综合

转镜式高速成像的总模糊量 σ 可用随机误差累积定律综合：

$$\sigma^2 = \sigma_d^2 + \sigma_a^2 + \sigma_c^2 + \sigma_g^2 + \sigma_r^2 + \sigma_f^2 + \sigma_m^2 \tag{31-56}$$

式中，σ 为综合模糊量(综合空间分辨率的倒数)；σ_d 为衍射模糊量，与扫描光阑的形状、状态有关，与波长对底片的相对孔径有关；σ_a 为像差造成的模糊量，对于长焦距，色差和二级光谱要认真考虑；σ_c 为转镜像移造成的模糊量；σ_g 为转镜离焦和代替圆离焦所造成的模糊量；σ_r 为像旋所造成的模糊量；σ_f 为底片所固有的模糊量；σ_m 为目标运动所造成的模糊量。当然，若镜面平行转轴，则 $\sigma_r = 0$；而扫描摄影机的 $\sigma_c = 0$。通常，$\sigma = (\sigma_c^2 + \sigma_g^2 + \sigma_r^2)^{\frac{1}{2}}$ 为转镜模糊量。这种综合方法和长期的实验结果基本吻合。亦可用传递函数来研究转镜摄影机的像质[20]。

三、转镜摄影机的等待扫描理论

(一) 基本概念

等待是相对同步而言。等待摄影机任何时刻都处于工作状态，都可在底片上成像，这对于记录起点随机

的现象和时间上不可能控制的研究过程是极为有利的，几乎是唯一的。同步摄影机是靠复杂的电子线路以确保现象的始点和记录底片的起点同步一致。

转镜式摄影机能实现等待。转镜分单面体、二面体、三面体、四面体和其他多面体。多面体的面数用 m 来表示。转镜的工作面可以分布在不同的工作层上(2 层、3 层等)。等待系统的光束入口可以是 1 个、2 个、3 个等，它们或者在一个垂直于反射镜旋转轴的主平面内，或者在平行或倾斜于主平面的几个平面内。等待工作扇形可以是 1 个、2 个、3 个、4 个等，在没有考虑光学加速的情况下等待角 φ_{os} 表示为

$$\varphi_{os}=\frac{720°}{n} \tag{31-57}$$

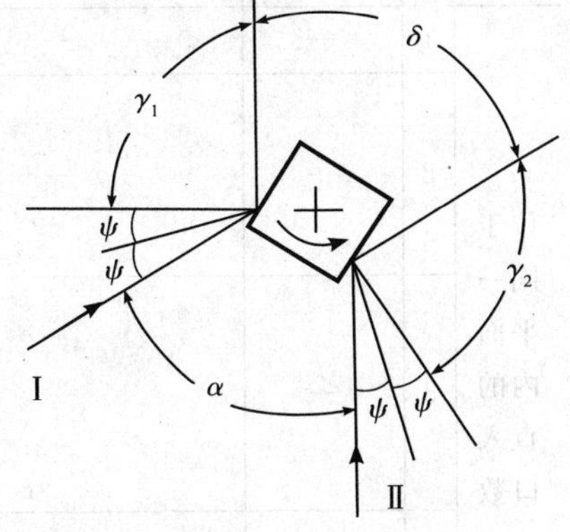

图 31-20　等待扫描诸参数示意图

(二) 等待扫描的基本参数

如图 31-20 所示，γ 为每个工作扇形的角度，ψ 为入射角，α 为两个入口之间的夹角，δ 为两个工作扇形之间的夹角。

几种情况下诸参数的计算，参看表 31-14。

表 31-14　等待型系统诸参数的计算

工作层数 \ 入口数,扇形数 \ 布局 \ 参数	一				二	
	2 入口,2 扇形		2 入口,4 扇形		2 入口,4 扇形	
	入口在扇形一边	入口在扇形两边	对　称	不对称	对　称	不对称
γ	$\gamma_1=\gamma_2=\frac{360°}{m}$	$\gamma_1=\gamma_2=\frac{360°}{m}$	$\gamma_1=\gamma_2=\gamma_3=\gamma_4=\frac{180°}{m}$	$\gamma_1=\gamma_2=\frac{90°}{m}+2\psi_1$ $\gamma_3=\gamma_4=\frac{270°}{m}+2\psi_1$	$\gamma_1=\gamma_2=\gamma_3=\gamma_4=90°$	$\gamma_1=\gamma_4=135°-2\psi$ $\gamma_2=\gamma_3=45°+2\psi$
ψ	ψ	ψ	$\frac{45°}{m}$	$\psi_0=\frac{45°}{m}$ ψ_i	22°30′	22°30′ ψ_i
α	$\frac{360°}{m}n-2\psi$	$\frac{180°}{m}(2n+1)$	$\frac{90°}{m}(4n+1)$	$\frac{90°}{m}(4n+1)$	—	—
δ	$\delta=360°-\left[\frac{360°}{m}(n+2)+2\psi\right]$	$\delta_1=360°-\left[\frac{180°}{m}(2n+3)+2\psi\right]$ $\delta_2=\frac{180°}{m}(2n-1)+2\psi$	$\delta_1=\frac{90°}{m}(4n-5)$ $\delta_2=360°-\frac{90°}{m}(4n+7)$	$\delta_1=\frac{90°}{m}(4n-3)-4\psi_1$ $\delta_2=360°-\frac{90°}{m}(4n+7)$	$\delta_1=90°$	$\delta_1=135°-2\psi$ $\delta_2=45°+2\psi$
存在条件	$1\leqslant n\leqslant m-3$	$1\leqslant n\leqslant m-2$	$2\leqslant n\leqslant m-2$	$1\leqslant n\leqslant m-2$	$m=2$	$m=2$
可能方案	$m-3$	$m-2$	$m-3$	$m-2$	1	—

注：m 是多面体的面数；n 是形成工作扇形 γ_2 的镜面序号数，形成 γ_1 的镜面序号为 0。

(三) 等待方案

等待扫描的方案列于表 31-15 中。

(四) 形成多入口的方法

形成多入口的办法主要有：

1) 分波前法，即分割光阑为两部分空间基准的一致。

2) 分振幅法，即半透半反形成两路光，空间基准的一致。

3) 并行系统法，难以做到空间基准的一致。

表 31-15　等待扫描方案

		多面体的面数和总工作角				
		1×720°	2×360°	3×240°	4×180°	5×144°
位于同一平面内的直入口数	1	—	—	—	—	—
	2	—	—			
	3	—	—			能等待
	4	—	—		能等待	能等待
斜入口处（不同平面内）	1	—	—	—	—	—
	2	—				能等待
	3	—	能等待	能等待	能等待	能等待
	4	—	能等待	能等待	能等待	能等待
层数	2	—				能等待
	3	—		能等待	能等待	能等待
	4	—	能等待	能等待	能等待	能等待
	n	$n\geqslant 6$ 能等待	能等待	能等待	能等待	能等待

注：凡画横线处均不可能实现等待扫描；表中所列举的为最简单的原理图，实际有多种方案。

四、同步分幅摄影机

大画幅、更高的信息量、更宽的光谱和实时数字图像记录是同步分幅摄影机的发展方向。美国和荷兰学者在 119 型摄影机的基础上联合研制成功 Grandaris 128 数字记录的显微超高速摄影机[52]，摄影频率高达 2.5×10^{7} f/s，128 幅。中国研制的 ZFK-2000 型超高速摄影机，摄影频率高达 2×10^{7} f/s，243 幅。

图 31-21 所示 ZFK-500 型同步超高速分幅摄影机是一种指标高、性能好的摄影机。它采用的是物镜－目镜－场镜－球罩－排镜光学系统，中间像面要成在转镜附近，入瞳经转镜后与排镜入瞳共轭。主要性能指标如下：摄影频率为 $1.48\times10^{6}\sim5\times10^{6}$ f/s（分 7 挡），画幅大小为 9 mm×9 mm，画幅数为 81 幅，动态摄影分辨率为 25～34 lp/mm，对底片有效相对孔径为 $f'/25$，主物镜焦距为 120 mm，底片规格为 35 mm，驱动方式为压缩空气驱动，测速精度 ±0.1 μs，同步精度 0.4 μs。

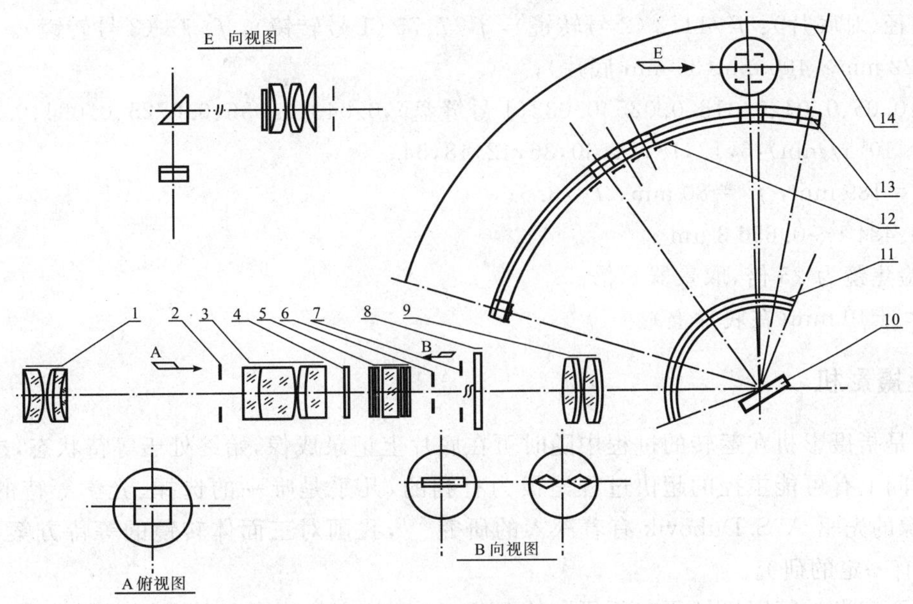

图 31-21　ZFK-500 型高速摄影机的光学系统

五、同步扫描摄影机

铍转镜在高速旋转时所产生的横向变形和所需要的驱动功率分别是钢转镜的 1/10 和 1/4，所以铍转镜的利用和铍转镜的性能指标是衡量同步扫描摄影机水平的关键标志。当然，铍转镜的冶炼、锻压、加工、研磨、镀膜的工艺难度，亦反映了一个国家制造业的水平和能力。美国的 132 型铍转镜扫描摄影机，扫描速度高达 30 mm/ μs，记录画幅尺寸为 60 mm × 310 mm，对底片的等效孔径数 $A = 11$。中国研制的 ZSK-29 型铍转镜超高速扫描摄影机，扫描速度高达 34 mm/ μs，记录画幅为 22 mm × 400 mm，对底片的等效相对孔径为 7.75[53]，图 31-22 为其光学系统图。

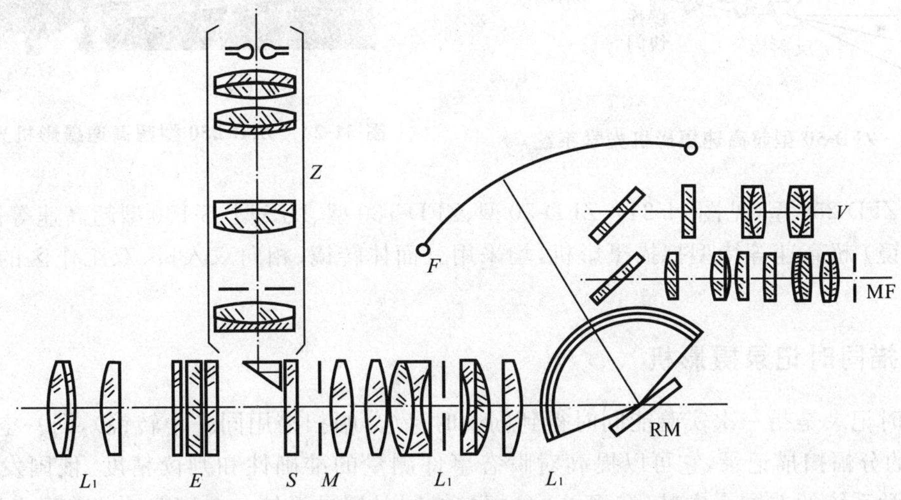

图 31-22　ZSK-29 型超高速扫描摄影机的光学成像系统

ZSK-29 超高速摄影机，采用的是物镜 — 投影镜系统。主要特点有：采用 3 种规格的铍转镜，以适应不同拍摄目标的要求；采用光刻缝盘，即有固定狭缝的特点，又可根据需要选择不同的缝宽；有打零点装置以满足外同步的要求（即多台仪器测量同一目标时，要有一个共同的标准时间 —— 零点）。它的主要性能指标如下：

扫描速度：3.7 ～ 27 mm/ μs（2 号铍转镜），3.7 ～ 12.1 mm/ μs（1 号铍转镜），3.7 ～ 34 mm/ μs（3 号铍转镜）；

时间分辨率：1.46×10^{-9} s；

等效相对孔径(对底片)：$f'/11.2$ (2 号转镜)，$f'/7.75$ (1 号转镜)，$f'/13$ (3 号转镜)。

画幅大小：22 mm×400 mm(35 mm 底片)；

缝宽(mm)：0.05、0.01、0.018、0.025、0.033(1 号缝盘)，0.043、0.056、0.0725、0.094、0.12(2 号缝盘)；

转镜速度(×10^4 r/min)：6，12，18，24，30，36，42，48，54；

主物镜：$f'=189$ mm，$f'=80$ mm，$f'/3.5$；

光谱范围：0.434 1～0.656 3 μm

检焦取景：检焦镜为 25 倍，取景器 8 倍。

同步精度：<±10 mm(在底片上)。

六、等待型摄影机

等待型摄影是指摄影机在运转的过程中随时可在底片上记录成像，始终处于等待状态，这对研究瞬态过程随机性大和时间上有可能主控的超快过程是极为有利的，几乎是唯一的选择。光学等待的原理和等待方案，俄国高速成像的先驱 A. S. Dubovik 有着深入的研究[54]，我国对三面体转镜的等待方案和四面体“二层楼”的等待方案有一定的研究。

中国科学院西安光学精密机械研究所研制的 ZFD-20 型超高速摄影机是我国研制的第一台等待型超高速摄影机，它采用四面体二层楼的等待方案，摄影频率高达 2×10^5 f/s，画幅尺寸为 9 mm×10 mm，画幅数为 72 幅。图 31-23 为 ZFD-50 型超高速摄影机的光学系统图示意图。

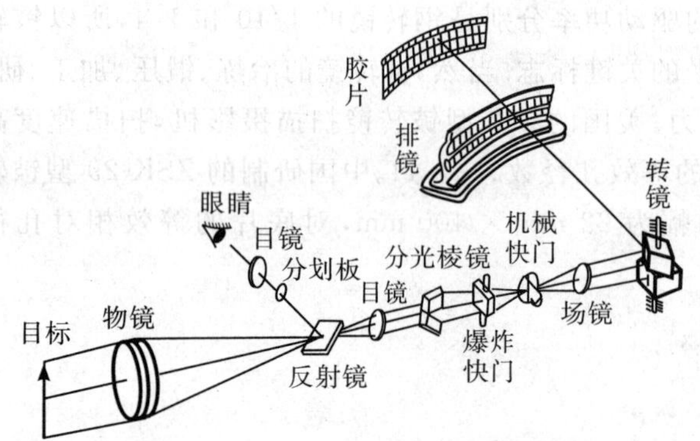

图 31-23 ZFD-50 型超高速摄影机光学系统

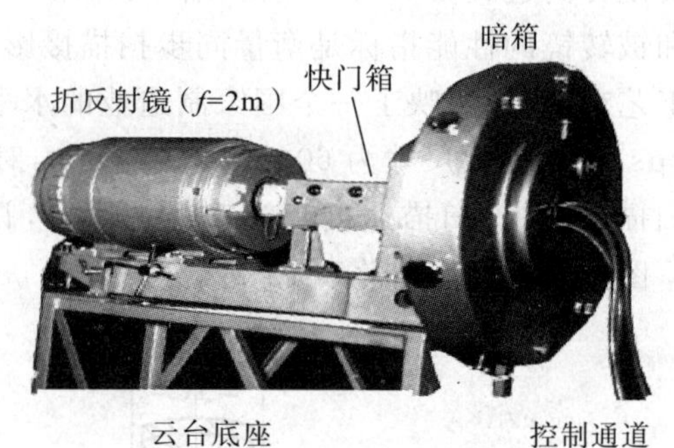

图 31-24 ZFD-250 型超高速摄影机光学系统

中国研制的 ZFD-250 型(见图 31-24)、ZFD-50 型、ZFD-180 型、DJS 型、S-150 型超高速等待型分幅摄影机和 DPG 型(铍转镜)超高速等待型扫描摄影机，均采用三面体转镜、相向双入口、双工作区的等待方案，如表 31-15 所示。

七、分幅扫描同时记录摄影机

分幅扫描同时记录是指一次实验能同时得到同一时基(分幅扫描用同一个转镜)，同一空基(分幅扫描用同一光路系统)的分幅扫描记录，它可以提高对瞬态事件测量的准确性和判读精度。俄国发展了同一时基、两套并行排列光学系统的非同一空基(有视差)分幅扫描同时记录系统 203-M 型[55]；美国也研制过同一空基但却是两个转镜的并非同一时基的分幅扫描同时记录系统 150A 型超高速成像。这两种分幅扫描同时记录的方案都有不足之处。

同一时基、同一空基的分幅扫描同时记录系统，目前仅有美国研制的 Model 200 同步型高速摄影机、Model 300 等待型高速摄影机和中国研制的 SSF 型等待型超高速摄影机。其中等待型分幅扫描同时记录超高速摄影机是一个复杂系统，被业界人士称为转镜型超高速成像领域的“皇冠上的珍珠”：Model 300 的光学系统是空间光路；SSF 型是平面光路，且做到了像面无离焦、排镜均同轴成像和等速扫描的无原理误差设计。

同步型高速成像光学系统的光路图相对简单，图 31-25 为 Model 200 的光路图：2 是有透光缝的反射玻璃板，8 是转镜，15 是扫描记录的底片，换上光谱头还可作瞬时光谱记录。主要性能指标如下：扫描速度 6.9 mm/ μs；平均相对孔径 $f'/7.2$；记录尺寸 25.4 mm × 127 mm；缝宽 0.05 mm、0.10 mm、0.20 mm；时间分辨率在缝宽为 0.1 mm 时为 1.5×10^{-8} s；分幅记录有 4 种画幅数可供选用：3 幅，7 幅，12 幅，24 幅。

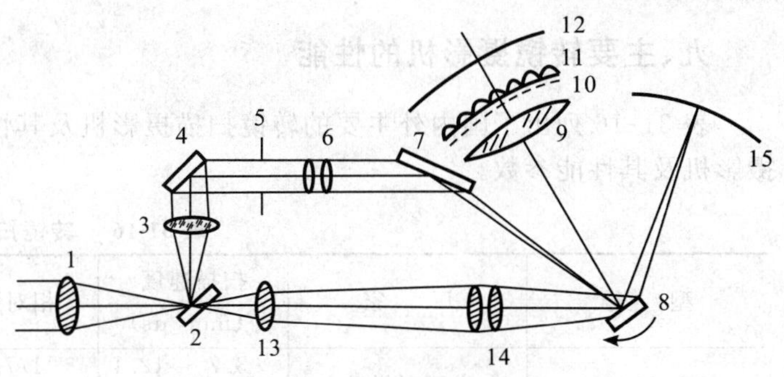

图 31-25　Model 200 型高速成像光学系统

画幅数	画幅尺寸 /mm	最大有效相对孔径	摄影频率(幅 /s)
3	10.2 × 12.7	$f/3.5$	2.02×10^{8}
7	10.2 × 12.7	$f/11.2$	5.5×10^{5}
12	17.8 × 22.9	$f/16.7$	1×10^{6}
24	8.4 × 12.7	$f/15.8$	1.96×10^{8}

八、冲击偏转型摄影机

冲击偏转(galvanometer deflection)是指利用冲击电流计的原理实现转镜的瞬时高速偏转，这种摄影机的工作模式与等待型、同步型都有区别，可以算是一种“准同步型”，它的原型是脉冲马达式转镜摄影机。

高性能的冲击偏转扫描摄影机是一种新型的光学加速转镜摄影机[56]，是转镜型摄影机的一个突破。如图 31-26 所示，图(a) 给出了楔形光学加速器的原理图：入射光束进入楔形光学加速器后，基本按原路返回，但是出射光速由于经过动镜的 N 次反射，其光束偏转速度已是转镜速度的 $2N$ 倍，适当调整楔角和入射方向可以改变 N 的大小。很显然，楔形光学加速器的两块反射镜可以相向(或者相反) 同时转动，出射光束的旋转速度可以成倍增长。

图中用的光楔形光学加速器是动镜和静镜的组合，均用石英玻璃反射镜，反射率≥99%(对 $\lambda=0.532\ \mu m$)，面形误差≤$\lambda/4$。图(b)是冲击偏转扫描摄影机的光路图。整个系统包括楔形光学加速器、准直和成像透镜、狭缝、三块折射光路反射镜、科研级的水冷 CCD 成像器件(1 000×1 000 像素，绿光的量子效率为 75%)和计算机。文献[57]给出了冲击偏转扫描摄影机和变像管扫描摄影机对同一目标同时进行摄影的对比测试结果，得出了在纳秒时间分辨率的层次上该摄影机的主要性能优于变像管摄影机：高信号灵敏度，宽的线性动态范围，好的空间对比度，高时间分辨率，大信息容量和工作环境适应能力强等。

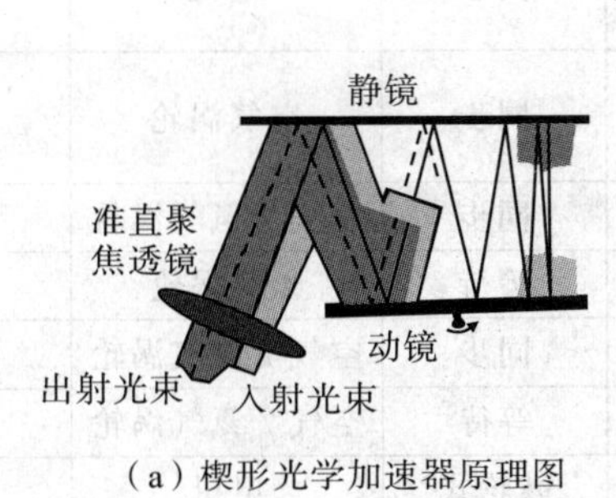

(a) 楔形光学加速器原理图

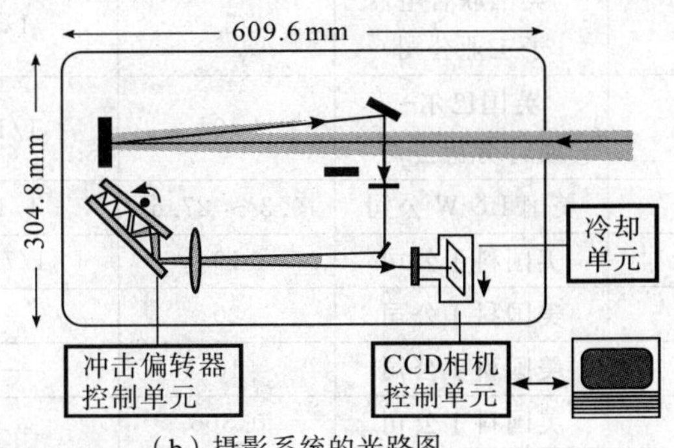

(b) 摄影系统的光路图

图 31-26　冲击偏转扫描摄影机

九、主要转镜摄影机的性能

表 31-16 列出了国内外主要的转镜扫描摄影机及其性能参数。表 31-17 列出了国内外主要的转镜分幅摄影机及其性能参数。

表 31-16　转镜扫描摄影机

型　号	厂　家	扫描速度/(mm/μs)	相对孔径	工作方式	驱动方式	转镜速度/(×10⁴ r/min)
ZSK-29(30)铍转镜	中国科学院西安光机所	3.7～12.1 3.7～27 3.7～34	1/7.75 1/11.2 1/13	同步	空气涡轮	19.4 42.9 55.3
DPG 型铍转镜	中物院流体物理所	0.75～15	1/12.8～1/9	等待	电机	27.5
D36(摄谱仪)	中国科学院西安光机所	1～1.26	1/10	同步	电机	3.2～4
SSF 型分幅扫描同时记录	深圳大学 中科院西光所 中物院流体所	0.07～16	1/10.29	等待	电机	50
SFR	俄国科学院化学物理所	3.8	1/15	同步	电机	7.5
ZhFR-1	俄国科学院化学物理所	3.8	1/22	等待	电机	7.5
SFR-US 紫外摄谱仪	俄国光物理计量科学所	3.8	1/17	同步	电机	7.5
ZhLV-2	俄国科学院地球物理所	5	1/20	等待	电机	9
FR-30	俄国科学院地球物理所	18	1/50	等待	电机 涡轮	20
SFR-1K	俄国光物理计量科学所	4	1/15	同步	电机	7.5
ZhLV-1K	俄国光物理计量科学所	5.5	1/15	等待	电机	9
万能型	英国原子武器研究所	0.5～40	1/22	同步	空气/氦气涡轮	36
紫外型	英国联合电子工业公司	1	1/1	同步	电机	6
CP-6	英国巴尔-斯特劳德公司	10	1/17	同步	空气涡轮	30
Model-200	美国 B&W 公司	0.3～27.6	1/10	同步	空气/氦气涡轮	60
Model-330	美国科丁公司	10	1/7.7	等待	氦气涡轮	50
Model-132	美国科丁公司	20	—	同步	空气/氦气涡轮	30
Model-136	美国科丁公司	10	—	等待	空气/氦气涡轮	30
Model-318	美国科丁公司	0.306		鼓轮式	电机	2.1
Model-370 (70 mm)	美国科丁公司	0.3	1/5.6	鼓轮式	电机	2
CHR	法国索佩莱姆公司	20	1/7.7	同步	空气/氦气涡轮	30

表 31-17 转镜分幅摄影机

型 号	厂家	摄影频率/($\times 10^6$ f/s)	画面/mm^2	画幅数	转镜类型	驱动方式	转速/($\times 10^4$ r/min)	工作方式
ZFK-250(70 mm)	中国科学院西安光机所	2.5	Φ16	100	二面体	涡轮	21	同步
ZFK-500	中国科学院西安光机所	5	9×9	81	二面体	涡轮	41	同步
ZFK-2000	中国科学院西安光机所	20	5×7	243	三面体	涡轮	55.5	同步
ZFD-20	中国科学院西安光机所	0.2	9×10	72	四面体二层	电机	4.16	等待
ZFD-250	中国科学院西安光机所	2.5	9×9	272	三面体	涡轮	17.9	等待
ZFD-50	中国科学院西安光机所	0.5	10×18	110	三面体	电机	9	等待
ZFD-180(80)	中国科学院西安光机所	1.8	12×20	110	三面体	电机	32.4	等待
DJS 型	中国浙江大学	2.5	9×12	270	三面体	涡轮	24	等待
S-150 型	深圳大学 中物院流体所 中科院西光所	2.24	14×20	110	三面体	电机	40	等待
SSF 型分幅扫描同时记录	深圳大学 中科院西光所 中物院流体所	2.2 5	16×24 12×12	82 240	三面体	电机	50	等待
Model 8	美国加州洛斯阿拉莫斯大学	15	5×13	96	三面体	涡轮	138	同步
Model 300	美国 B&W 公司	4.5	6×12	48	八面体	氦气涡轮	60	等待
Model 330	美国科丁公司	2	18×25	80	三面体	空气涡轮 氦气涡轮	30 50	等待
Model 119	美国科丁公司	25	3.8×11.2	130	三面体	氦气涡轮	120	同步
Model 200	美国科丁公司	7.84	17.8×22.0 8.4×12.7	3,7,12,24	二面体	氦气涡轮	30	同步
Model 121	美国科丁公司	2.5	38.1×63.5	26	二面体	氦气涡轮	60	同步
C5	英国原子武器研究所	10	Φ6	100	二面体	空气涡轮	40	同步
ZhLV-2	苏联科学院地球物理所	4.5	15×15 10×10 5×5	125 300 1 500	两交叉二面体	电机	9	等待
SFR-L	苏联科学院化学物理所	2.5 0.5	5×5 10×10	270 60	二面体	电机	7.5	同步

续表

型　号	厂家	摄影频率/(×10⁶ f/s)	画面/mm²	画幅数	转镜类型	驱动方式	转速/(×10⁴ r/min)	工作方式
VSFK-5	全苏光物理计量科学所	0.25 0.6	16×22 7.5×10.5	60 120	两交叉四面体	电机	6	等待
ZhSFK	全苏光物理计量科学所	0.1	18×24	50	两交叉四面体	电机	6	等待
Phk-4	苏联科学院地球物理所	0.2 0.6	16×22 7.5×10.5	50 150	四面体	电机	7.5	等待
MLD-3	日本东京大学	1.0	5×10	2 000	四面体	空气涡轮	40	等待
Marco 30	美国马可科学公司	3.4	12.5×25	30	二面体	氦气涡轮	30	同步

第四节　高速数字成像

1968 年美国麻省理工学院闪光实验室电气工程师密勒使用光学设备和闭路电视来研究高速发光现象，从而开始了高速数字成像研究的新阶段。高速数字成像发展的初期称为高速电视摄像。高速电视一词的本来含义是指呈现在摄像管靶面上的脉冲光学图像保持足够短的时间以消除高速运动目标所产生的图像模糊，这和高速成像的原来含义相似，即仅仅要求曝光时间短。随着高速电视的发展，高速电视的含义不仅包括足够短的曝光时间，还包括高的摄影频率(高的帧频)，要求高于或者远高于每秒 30 帧的电视标准帧频。

和光机式高速摄影相比，高速数字成像的突出特点是实时性，即能对图像进行实时记录、实时传输、实时显示、实时分析和处理，易于对某种间断性的或者某种程度随机性的高速事件进行摄影。从表 31-18 可以看出高速数字成像相对于高速棱镜补偿式摄影的优势。

表 31-18　高速数字成像和高速棱镜补偿式摄影的性能对比

性能 \ 类型	高速棱镜补偿式摄影	高速电视摄像
最高摄影(像)频率/(f/s)	11 000	12 000
记录时间	短	长
取得结果的实时性	事后	实时
传递信息的方式	并行	时序(串行)
空间分辨率	高	中
记录介质利用率	一次性	重复使用
彩色化	易	较难
系统成本	中	较高
使用成本	高	低
操作难易	较难	易

随着大规模集成电路技术的发展，高密度磁盘、新型磁带、新型固体成像器件的出现和采用动态存储器作为存储媒介，高速数字成像经历了快速的发展过程：20 世纪 70 年代美国 Video Logic 公司最早推出高速电视系统 L nstar 系统，视频达到 120 f/s(第一代高速数字成像，磁记录)；1980 年日本 NAC 公司生产的 HSV-200 型高速电视摄像系统，视频提高到 200 f/s(第二代高速数字成像，彩色和较长的记录时间)；1980 年

美国 Kodak 公司推出 SP2000，采用面阵 CCD 作为传感器件，使视频提高到 2 000 f/s，采用画幅分割可达 12 000 f/s(第三代高速数字成像，12.7 mm 的磁带记录)；1990 美国 Kodak 公司推出了全新的 EktaPro EM 系统，数字图像记录在固态动态随机存储器上，这是革命性的进展(第四代高速数字成像)；第五代高速数字成像有较高的分辨率，较快的摄影速度，而且彩色、黑白图像的质量有较大的改进，典型产品是美国 Kodak 公司推出的 HS4540 型(视频 4 500 ～ 40 500 f/s) 和 1000HRC 型(抗震性能可达 40 g)；第六代高速数字成像的主要特色是小而轻、便于携带、价格便宜、能适用于恶劣环境和易于操作，典型产品是美国 Kodak 公司推出的 EktaPro RO 型和红湖公司生产的 MC 500 型，至此，甚高速高速数字成像技术已经发展到较为成熟的阶段。

超高速数字成像技术在 20 世纪末也经历了快速发展时期：加拿大 Victoria 大学研制出一种 CCD 全固态高速视频记录系统[31]，由于采用多台并行 CCD 摄像机和数字存储技术，视频达到 5×10^3 f/s；德国航天空间研究局研制出计算机控制的超高速视频摄像系统[32]，该系统有 8 个 CCD 传感器，传感器控制电路实现异步快门控制，帧频可达 $10^6\sim10^7$ f/s，可得到 8 幅高质量的图像(752×512 像素，256 级灰度)；日本大阪 KinKi 大学[33]采用光电管阵列图像传感器，可得到帧频 3×10^7 f/s 的 8 幅高质量的图像。进入本世纪以来，由于新型固体阵列成像器件的性能的日益提高和电子数字控制技术的突破，高速数字成像又跨上了一个新的台阶。

固体阵列成像器件包括 CCD(charge coupled devices)和 CMOS(complementary metal-oxide semiconductor field effect transistor)。表 31-19 列出了当前世界上高速数字成像的典型设备。

表 31-19　典型高速电视设备

公司或厂家代号	国　别	典型产品代号	最高帧频/(f/s)	像素数和其他
中国科学院西安光机所	中国	高速视频摄影机	50/1000	DRAM，黑白，256×256
REDLAKE	美国	Motion Xtra HG-100	$25/10^5$	DRAM，彩色，1504×1128
Weinberger Vision Technology Corp	美国	ViSario-1500	$25/10^5$	DRAM，彩色，1536×1024
NAC Inc.	日本	Memrecam	500/2 000	DRAM，彩色，580×434
Kodak	美国	RO	1 000/3 000	DRAM，彩色，512×384
		HS4540	4 500/40 500	DRAM，黑白，256×256
		HRC	1 000	DRAM，彩色，512×384
		EM1012	1 000/12 000	DRAM，黑白，256×192
		SP－2 000	2 000/12 000	磁带记录
Nac Inc	日本	HSV－200	200	磁带记录

一、高速数字成像的原理

早期高速电视的原理是要求光学图像在靶面上有足够短的“冻结”时间，从而消除高速目标所带来的模糊，所以高速电视所获得的是具有很高时间分辨本领的时间-空间信息。为了获得短的曝光时间，在结构上采用了不同类型的快门，有机械快门、电子快门、电光快门和闪光快门等，在管子上要采用低残像、高灵敏度的摄像管。高速电视传递信息的方式和光机式高速成像不同，不是并行传递信息，而是时序地(即串行传递信息，把摄像管靶面的光学图像通过电子束逐点扫描拾取)把一幅平面的光学图像转换成随时间变化的视频信号。从这点来说，提高信息的传递和记录速度，必须扩大系统的信息容量。随着高速电视的发展，高速电视的含义包括足够短的曝光时间和高的摄影频率。

高速电视是光、机、电的结合体，包括图像的摄取、记录、复现和数据处理等部分。用图 31-27 所示的线阵 CCD 狭缝摄像测量系统的原理框图来说明高速数字成像系统的主要构成[58]，这一系统是用来测量发射体的飞行姿态的。图中包括光学系统、线阵 CCD 摄像机、视频处理器、A/D 变换器、图像信息缓存器、微机系统和数据处理系统等部分。该系统采用 RL1288D 芯片(美国 EG&B 公司生产)：有效像元数 1 024，像素尺寸 18 μm×18 μm，动态范围 1 500 ∶ 1；每个通道的时间频率 15 MHz，16 路并行输出，行扫描周期 4.86 μs，像面扫描速度 3.7m/s，可知等效时钟 240 MHz。高速图像缓存器的大小决定了对运动目标的实际记录长度。变扫描速度单元实际是计算机控制的数字频率合成器，以改变 CCD 芯片的时钟频率。图像生成单元实际是电视制式转换器，将 1 024×1 024 的数字图像转换成符合 CCIR 标准的模拟电视信号。

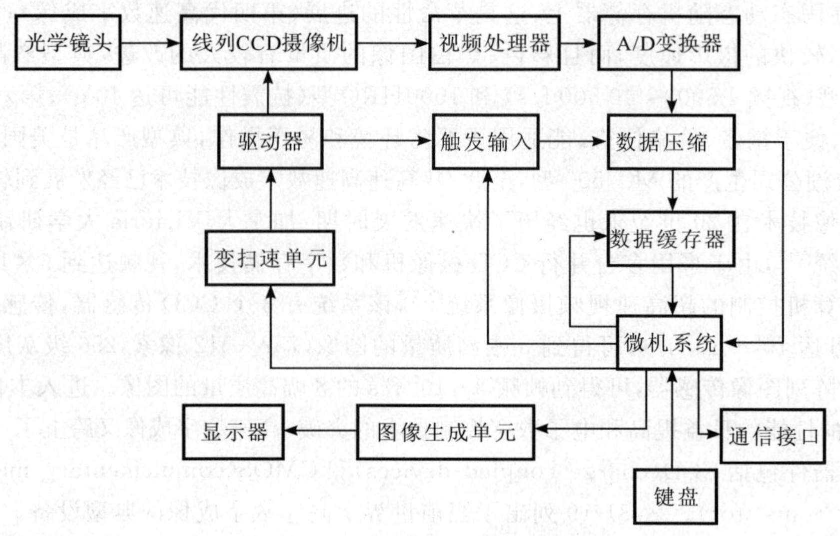

图 31-27　早期高速线阵 CCD 狭缝摄像测量系统的原理框图

固体阵列成像器件的日益成熟大大加速了高速数字成像的发展。固体阵列成像器件是把光学图像转换成一维时序输出电子信号的阵列器件，随着其性能指标的提高，和高速成像的融合日益增强：在低中高速成像领域尤为显著，已有逐步取代之势，但是在大空间带宽积和重要应用场合，胶片式相机依然处于重要地位；在超高速和极高速领域里，数字阵列成像器件主要用于记录，是图像传感器。目前，固体成像器件不仅可以作为记录介质成为银盐胶片的强有力的竞争者，而且能做成高速形成器件，可以构成多幅记录系统：既起到感光曝光的作用，又起到分幅、形成多幅记录的作用。

二、高速数字成像系统主要参数的确定

(1)电视分辨率 N_T 和光学分辨率 N_o

视频系统通常用电视分辨率来表征其分辨能力，单位用电视线，即用 TVL 的多少来衡量。光学分辨率 N_o 和电视分辨率的关系通常为

$$N_T = 2\sqrt{2}N_o \tag{31-58}$$

(2)固体阵列成像器件的光学分辨率

光成像单元(像素)为正方形时，阵列成像器件的静态光学分辨率 N_o 一般情况下可写成

$$N_o = 1/2a \tag{31-59}$$

式中，a 为正方形的边长，若成像单元为矩形 $(a \times b)$，计算公式是一样的，只是计算不同方向的分辨率需要相应方向的像元尺寸。若像素为六角形，则计算静态光学分辨率的公式应为 $N_o = 1/(\sqrt{3}\,a)$。研究表明，阵列成像器件的光学分辨率还与成像器件与目标的相对运动状态(是静态，还是运动)和波长有关。当成像器件和光学像处于相对运动(即扫描)状态时，则其动态分辨率 N_o^D 与像素的形状无关，频率对比函数可写成

$$K(\nu) = [2J_1(\pi a\nu)/(\pi a\nu)]^2 \tag{31-60}$$

式中，J_1 为 1 阶贝塞尔函数。其极限动态光学分辨率可写成

$$N_o^D = 1.22/a \tag{31-61}$$

(3)阵列成像器件传函特性和波长有直接的关系

俄国学者曾对科研级 CCD(ST－71)做过深入的测试研究[59]，所得结果对于了解 CCD 的实际成像特征很有参考价值：频率分量和其振幅的关系，在可见光区域是高斯函数关系，在红外波段是反比函数关系；频率对比函数，在可见光区域可用高斯函数近似，在红外波段可用平方 sinc 函数近似；阵列 CCD 的半峰值宽度在可见光区域是 CCD 相邻像素距离的 1.5 倍，在红外波段是 2 倍。

(4)亚像素分辨技术

可以通过光学的方法实现固体成像器件的光学分辨率,达到亚像素分辨的水平。

(5)摄像频率(帧扫描频率)f_v。

若采用逐行扫描拾取图像,即一场一幅,则

$$f_v = \frac{1}{\Delta t} \tag{31-62}$$

式中,Δt 是相邻帧间隔时间,以 s 为单位,由设计要求给出。

(6)行扫描频率 f_e

$$f_e = f_v N_T B_n \tag{31-63}$$

式中,N_T、B_n 分别是摄像管靶面上的电视分辨率和垂直方向的大小,$N = N_T B_n$ 是靶面上垂直方向的电视扫描线总数。

(7)系统带宽 f_b

若幅型比为 1∶1,则有

$$f_b = \frac{1}{2} f_v N^2 \tag{31-64}$$

(8)加腾公式

日本千叶大学加腾教授研究了硅靶摄像管实现高速电视系统的可能性,得出结论:提高高速数字成像时间-空间性能的根本出路是提高转输带宽;如果保持带宽不变,当帧频提高时,应减小画面尺寸,遵循下面的公式(加腾公式)才能保证残像减小到标准帧频时的水平,以获得清晰的图像,即

$$FS = F_0 S_0 \tag{31-65}$$

式中,F 为高帧频,F_0 为标准帧频(一般为 30 f/s),S 是高帧频时靶面的有效扫描面积,S_0 是标准帧频下的靶面有效扫描面积。

这一结论同样适用于固体成像器件的高速数字成像系统:一般说来,高速数字成像系统都是以牺牲空间分辨率(即像素数)来提高摄影频率的。

三、固体阵列成像器件的性质

(一)科研级 CCD 成像器件的性质[57]

1. 高分辨率

科研级 CCD 像素数的范围很大,已由 512×512 到 5 120×5 120,填充因子 100%(像素间无死区),像素尺寸由 6.8 μm×6.8 μm 到 27 μm×27 μm。4 000×4 000 像素 CCD 的分辨能力与 35 mm 标准画幅的分辨能力相当;直径 40 mm 的像成在 1 000×1 000 像素的 CCD 靶面上,其分辨率为 12.5 lp/mm,而调制度为 0.75。进一步提高 CCD 的本征分辨能力,只有增加像素数,提高采样频率,减少频谱的混叠;同时,亦可采用前置滤波,即采用光学低通滤波器(OLPF)来降低 CCD 上光学图像带宽,减少频谱混叠。

2. 高探测灵敏度

CCD 的探测灵敏度与多种因素有关,但主要因素只有两个:一个是量子效率(QE),即由光子到电子的产生效率;另一个因素是电荷传递效率(CTE),即由电荷的产生到输出放大器的过程中电荷传递效率。而测量噪声则与 CCD 的暗电流、读出噪声和模数转换的电子学噪声有关。

对于后向照明的 CCD,其量子效率为 60%(波长 0.4 μm)、80%(波长 0.8 μm)、20%(波长 1.0 μm);如果采用前向照明,量子效率要低得多,分别为 5%、30%、10%。应该知道,在近红外区域的量子效率要比增强型红外光电阴极高一个量级。若 CCD 面阵 1 000×1 000 像素,电荷传递效率的典型值为 0.999 99 时,才能保证传递 1 000 步损失 1%(对中间像素),传递 2 000 步损失 2%(对最后一个像素)。

暗电流与温度有直接关系:热电致冷下(−50℃)的 CCD 的暗电流每秒能产生 10 个电子,而在液氮制冷下(−100℃)的 CCD 则是每秒 0.002 个电子。目前 CCD 的读出噪声已小于每个像素 8 个电子。对于每个

数位需要 8 个电子的模数转换,其量化误差为 4 个电子。按均方根值来综合暗电流、读出噪声和模数转换量化误差,则最大测量噪声(最后一个像素)是 16 个电子(热电制冷,对最后一个像素),4 个电子(液氮制冷,对任何像素)。若量子效率为 70%,则液氮制冷下的 CCD 的探测灵敏度可以小到每个像素 6 个光子。

3. 大动态范围

动态范围通常定义为可检测到的最大信号和能检测到的最小信号的比值,并且在这个范围内,图像传感器对入射光的响应是线性的。对于 CCD 而言,动态范围就是每个像素的势阱全容量和最小可检测到的电子数之比。一般来说,科研级 CCD 的势阱全容量是 $3\times10^5\sim5\times10^5$ 个电子,若模数转换数是每比特 8 个电子,则其动态范围是 $6\times10^4:1$,这个数值远超过摄影胶片的动态范围 $10^3:1$。动态范围有时亦用分贝(dB)表示。

(二)CMOS 成像器件的性质

早期 CMOS 成像器件采用“被动像敏单元”结构,因而成像质量差、像敏单元尺寸小、填充率低(10%~20%)、响应速度慢,只能用于低端产品。随着采用“主动像敏单元”(有源)结构和其他先进技术的引入,CMOS 成像器件不仅有光敏元件和像敏单元寻址开关,而且有信号放大、处理电路,因而灵敏度提高,噪声降低,动态范围扩大。特别是近两年,COMS 器件的性能逼近 CCD 器件,而且有功能、功耗、尺寸、价格方面的优势,CMOS 的应用越来越广泛。

CMOS 器件目前所能达到的水平:填充率接近 100%,噪声电子数≤20,动态范围可高达 62 dB,有像敏单元放大器,行、列开关控制可随机采样,同一芯片中可设置 ADC,芯内可设置若干逻辑电路,这后 6 项都是 CMOS 的优势;但是 CMOS 器件的暗电流还较大,固定图像噪声(FPN)大(可在逻辑电路中校正)和量子效率低(20%~30%)。

四、甚高速固体器件的成像技术

甚高速成像(摄影频率范围 $10^2\sim10^4$ f/s),是固体成像器件应用成功的领域,这要得益于固体成像器件两项技术的突破:并行读出技术和像面分解技术。

并行读出的概念引入到高速固体图像器件是 1980 年的事情(U S Patent 159424,1980),日本学者 1991 年利用并行读出技术,成功研制出摄影频率为 4 500 f/s、画幅像素数 256×256 的甚高速成像技术[60]。

像面分割技术就是按一定的规律将像面分割,可以提高摄影频率,但是分割后画面的像素数成比例地减少,这和信道带宽不变有关(加腾原理)。但是,可供分析、有意义的最小像素数不应少于每幅 100×100 像素。

如果画幅的像素数是 1 000×1 000,摄影频率是 1 000 f/s,能存储 1 000 幅图像,即所谓 $1\,000^4$ 数字成像机,就可以满足力学、医学和运动科学上的大部分运动分析的要求。这时信号的传输率应为 10^9 bit/s,若每个读出信道的传输率为 25 MHz(每个信号是 8~12 bit),则在成像器件和图像处理单元间需要 40 条并行的读出信道和模数转换器。很显然,CMOS 成像器件可在芯片上集成模数转换器、图像处理器等,无疑减少了尺寸、简化了电路,这是近年来甚高速固体成像器件高速成像多采用 CMOS 的原因。

美国红湖公司(REDLAKE)研制的 Motion Xtra HG-100K 型摄影机有着优良的性能:CMOS 成像器件,32 路并行输出,像素数 1 504×1 128,动态范围 62 dB(环境温度 25℃),摄影频率可在 $25\sim10^5$ f/s。同样性能的摄影机还有 ViSario-1500 型甚高速摄像机(weinberger vision technology corp)。

中国科学院西安光学精密机械研究所研制成功的高速视频摄影机:CMOS 成像器件,8 路并行输出,像素数 256×256;摄影频率 50~1 000 f/s,1 000 f/s 时画幅尺寸减半;可记录全像素的画幅数 4 000 幅[61]。

五、超高速固体器件的成像技术

如何把固体成像器件用于超高速成像、甚至极高速成像,一直是人们探索的课题。显然,采用并行读出的方法,难以达到 $10^5\sim10^7$ f/s 的摄影频率,必须另辟新径。有两种途径:一种是采用光学原理形成多幅的光学图像,仅用固体成像器件记录;另一种是固体成像器件同时具有感光、分幅功能,就是 CCD 器件的“就地存储”技术(IN-situ storage)。

(一)光学分幅 CCD 记录的多幅超高速成像技术

有 3 种方案可供借鉴:

1)转镜摄影机和 CCD 记录相结合[52]。

2)电光快门阵列和 CCD 记录相结合[62]。用铁电液晶(FLC)快门可得到亚毫秒的时间分辨,但是画幅数少(3 幅),能量利用不经济。如果采用电光晶体快门,可提高时间分辨率到纳秒,但能量利用不经济依然是个问题。

3)光学波前分幅和 CCD 记录相结合[63]。8 面棱锥、8 个 CCD 摄像机;电控系统时序触发每一个 CCD 快门,可得到 8 幅时序的数字图像。触发 CCD 和触发脉冲光源要同步起来。这类摄影机的摄影频率可达 10^6 f/s。

(二)就地存储式 CCD 超高速成像

这种类型的 CCD 超高速成像能达到的摄影频率是 10^6 f/s 量级,能得到 100 幅左右的数字图像。关键是 CCD 芯片的制作,其实质是利用了像素级的并行读出和就地存储。所谓就地存储(ISIS),即是"局域存储"或者称为"局域记忆",移动感光元级的距离,即可存储。ISIS CCD 芯片经历着快速发展的过程[64-66]。

1. 序列脉冲式 ISIS 成像器件

序列脉冲式 ISIS 成像器件(burst image sensor with ISIS),是利用了串行-并行-串行技术(SPS)实现就地存储。见图 31-28,光电单元产生成像信号,先水平串行传输,充满 5 个连续像后,并行向垂直方向串行传输,直至每列充满 6 个,所以总的存储容量为 30 幅。这种存储机制可以重新写入:老的图像传输到外部缓存器,新的图像进入就地存储单元,30 幅图像一直存到新图像的产生。触发目标和开始摄像的同步是一个重要问题;但是用探测到的目标触发的信号来触发 CCD 成像器件,同步问题就容易解决,重新写入问题也就迎刃而解了。但是存储过程中电荷转移方向的改变,不利于结构的简化和速度的提高。

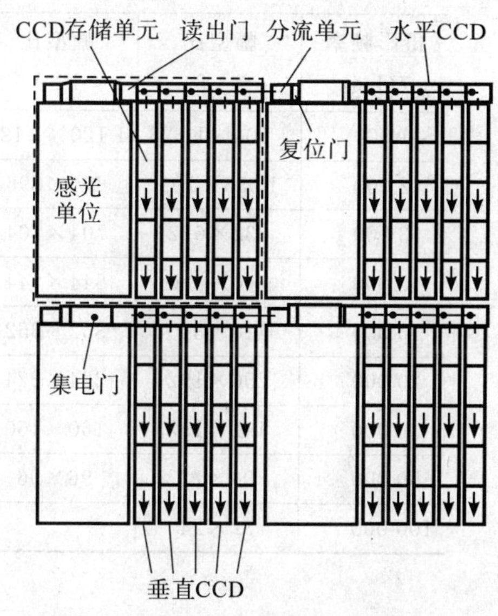

图 31-28　序列脉冲式 ISIS 成像器件

2. 斜线型 ISIS 成像器件

为了克服 CCD 中电荷转移要改变传输方向的不足,以提高填充率和简化结构,斜线型 ISIS(ISIS with slanted linear CCD storage)应运而生。这种结构的特点是斜线布置的 CCD 存储单元,可以做到电荷转移过程中无需改变传输方向,存储 CCD 和垂直读出 CCD 是用开关隔开的,分流元依然存在,大存储量单元可以设置在像素之外。

3. 重叠型 ISIS 成像器件

人们一直研究三维 CCD 成像器件,然而进展甚微,为了进一步解决填充率和增大存储量的问题,重叠型 ISIS 成像器件(terrace image sensor)是目前工艺下的最佳选择:把多个带有大存储容量的 CCD 芯片重叠在一起,仅露出光敏元件阵列;每个 CCD 芯片包括光敏元件阵列、模数转换单元和数字存储单元及线路;控制芯片的厚度在成像系统焦深的一半以下,可以避免重叠后形成台阶的影响。重叠型 ISIS 成像器件已达到高分辨率(640×480 像素)、高摄影频率(2.5×10^5 f/s,依然在发展)、画幅数 300 幅、填充率 80%的高性能 CCD 的水平。

六、典型高速数字成像系统的性能

(1)SP-2000 高速电视记录系统

该机 1981 年研制成功,是 20 世纪 80 年代高速电视摄像系统的突破性成就。主要性能如下:

1)采用 CCD 固体摄像阵列,192×240 像素,每帧图像信息的总容量 46 080 bit;

2)由于采用CCD器件,可进行自扫描,便于摄像频率的提高:全画幅的摄像频率可达2 000 f/s,分画幅(1个全画幅垂直分成6个画幅)可达12 000 f/s,分画幅有32条水平电视线;

3)有1对17个磁头的磁带录像机,对分画幅的每行信息可同时送到磁头中进行"并行"记录;

4)能以0.75 f/s、1.5 f/s、3 f/s、4 f/s和60 f/s的速度重放,也可停显,并能记录下每幅画面摄取的日期、时间、磁带位置、画幅编号和x、y坐标。

(2)Motion Xtra HG-100K高速数字成像机

该机的主要性能如下:

1)CMOS阵列:32通道,1 504×1 128像素。

2)图像分辨率:高于1 504×1 128像素。

3)动态范围:62 dB(温度25℃)。

4)摄影频率:25~10^5 f/s任选,以5 f/s递增。

5)电子快门:可短至5 μs。

6)触发帧:任选。

7)触发模式:TTL,5 V,极性可选,或关闭开关;延迟可变。

8)触发标志:每一帧可选作参考。

9)同步精度:可到±2.5 μs。

10)相机尺寸、重量:135 mm×105 mm×282 mm,重量5 kg。

11)镜头接口:有C型接口,F型接口和High-G Box型接口。

12)功率:相机:+20~50 V,40 W;同步单元:+20~50 V,50 W。

13)抗振动性能:100 G、5 ms、任意轴,1 000周期。

14)运行温度:0~+45℃。

15)十字丝:全屏。

摄影频率和像素数的关系见表31-20。

表31-20 摄影频率和画面分割后的像素数

摄影频率/(f/s)	像素数		
	幅型比 4:3	幅型比 1:1	幅型比 3:1
≤1 000	1 504×1 128	1 120×1 120	1 504×584
2 000	1 056×792	896×896	1 504×488
3 000	832×632	704×704	1 312×432
5 000	640×480	544×544	992×328
10 000	416×320	352×352	672×216
20 000	256×192	224×224	416×136
30 000	192×152	160×160	320×104
50 000	96×72	96×96	192×64
100 000	32×24		64×24

第五节 变像管高速成像

变像管高速成像主要用于研究10^{-8}~10^{-13} s时间范围内的瞬变现象,在诸如激光超短脉冲、激光核聚变、磁约束核聚变、光化学、光生物学中有着重要的应用。高速成像变像管是指研究瞬时现象的变像管,其主要目的是利用电子光学技术、脉冲选通和偏转扫描技术来传递和记录瞬变的光学图像,从而对研究快速、不重复的瞬时现象提供空间和时间信息[67-69]。

变像管是一种宽电子束成像器件,是皮秒、飞秒成像技术的重要手段,一般由光电阴极、电子光学系统和荧光屏三部分组成。光电阴极把光学图像转变成电子图像,电子光学系统把电子图像传递到荧光屏上,荧光屏把电子图像转变为化学图像或者数字图像。在这两次转变中,使变像管具有以下特点:

1)可实现波长转换。利用不同的光电阴极,可以把红外的、紫外的及X射线的图像变为可视光图像。

2)可实现像增强。对弱光瞬态现象摄影,能把像的照度增强百万倍以上。

3)可进行超(极)高速成像。单幅曝光时间达45 ps,多幅摄影频率达6×10^8 f/s,采用光纤元件可达5×10^9 f/s;扫描摄影的时间分辨率可达180 fs,同步扫描工作模式下可达280 fs。

4)能控制像在荧光屏中的位置。

5)易于和存储、读出系统配合,可实时输出。

6)空间分辨率偏低,空间带宽积低。

7)分幅摄影时,画幅数小。

一、时间分辨率和动态范围

(一)时间分辨率

1. 时间分辨率极限

根据海森堡测不准原理可得

$$\Delta\lambda\Delta t > \frac{\lambda^2}{c} \tag{31-66}$$

一般来说,对于可视光,时间分辨率极限 $\Delta t = 10^{-15}$ s;对于 X 光,$\Delta t = 10^{-18}$ s。但是,考虑到扫描变像管各个组成部分的物理限制,这种技术的时间分辨率的理论极限应为 10 fs[75]。

2. 影响时间分辨率的主要因素

1) 光电子初速分布引起的时间弥散 Δt_1:

$$\Delta t_1 = m\frac{\Delta U}{eE} \tag{31-67}$$

式中,m 和 e 分别为电子的质量和电荷,E 为阴极附近的场强,ΔU 为电子初速分散。计算表明,为了在整个紫外、红外的光谱区都得到皮秒的分辨率,所需场强约为 20 kV/cm。

2)空间电荷效应引起的时间弥散 Δt_2。空间电荷效应在电流密度足够大时,将严重影响变像管的时间分辨率、空间分辨率和限制光阴极所能产生的最大光电流。电荷间的库仑排斥作用会使电子流弥散,在光电流密度足够大的时候,空间电荷云在传递过程中径向弥散会影响空间分辨率,轴向弥散会影响时间分辨率。同时,两个超短空间电荷云之间的距离,不能无限制地缩短,这也限制了时间分辨率的进一步提高。

3)空间分辨率引起的时间弥散 Δt_3。扫描摄影机的技术时间分辨率为 $\Delta t_3 = \frac{1}{NV_s}$,式中的 N 为动态空间分辨率,它取决于电子透镜、偏转系统和荧光屏的质量;V_s 是扫描速度,它和偏转线路所能产生的最高偏转速度有关。

4)电荷统计涨落为变像管的时间分辨率规定了一个上限 $\tau_{\min}$:

$$\tau_{\min} = \frac{M^2 N^2 e}{J_{\max}} \tag{31-68}$$

式中,N 为空间分辨率,M 为灰度等级数,e 为电子电荷,$J_{\max}$ 为脉冲工作电流密度的上限。

5)光电阴极的面电阻影响。如果光电阴极的面电阻太高,则光电区所损失的大量电子就不能及时得到补充,被照区的电位就会升高。阴极面上的电位起伏会破坏电子光学系统的聚焦条件,从而导致图像畸变和分辨率损失。

3. 扫描变像管的时间分辨率 Δt

扫描变像管的时间分辨率 Δt 为

$$\Delta t = \sqrt{\Delta t_1^2 + \Delta t_2^2 + \Delta t_3^2} \tag{31-69}$$

式中,Δt_1 只考虑了光电子在阴极和栅极之间的时间弥散,还应该考虑栅极之后的聚焦电子透镜、偏转板和偏转板之后区域的时间弥散;Δt_2 为空间电荷效应引起的时间弥散,在皮秒和飞秒级时间分辨率时必须考虑;Δt_3 为空间分辨率和扫描速度决定的技术时间分辨率。一般说来,如果输入扫描摄影机的光脉冲宽度为 ΔT,则测出的宽度 ΔT_m 可以用下式计算:

$$\Delta T_m = \sqrt{\Delta T^2 + \Delta t^2} \tag{31-70}$$

(二)时间传递函数[67]

和单纯的时间分辨率相比,时间传递函数能更精确、更全面地描述变像管电子光学系统的时间弥散特

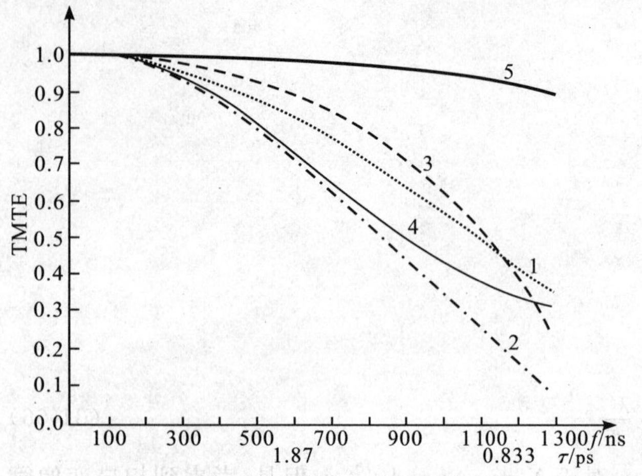

图 31-29 变像管的时间调制传递函数曲线

1. 阴栅系统的 TMTF；2. 整个系统的 TMTF；3. 阴栅之后系统的 TMTF；4. 阴栅之间空间电荷效应的 TMTF；5. 近贴成像系统的 TMTF

性：能分别研究制约时间分辨率的各个因素对时间传递函数的影响，从而找出各自的影响权重；在给出电子光学系统的时间分辨率极限的同时，还可以给出不同时间分辨率下该系统的时间传递特性。图 31-29 为某种变像管的时间传递函数曲线。

(三)动态范围 R

动态范围的上限定义为使变像管扫描摄影机的输出脉冲强度与弱输入下展宽 10%时的输入强度之比，下限则由相机系统的噪音水平决定。动态范围 R 的大小通常用使脉冲展宽 10%时的强度除以记录在底片上的噪声强度来表示。主要有两个因素影响动态范围：一个是光阴极输出、输入的线性性，某些低灵敏度的阴极出现双光子和多光子效应，都会破坏线性关系；另一个是空间电荷效应，阴极附近和电子束的交叉点上都会导致脉冲变宽。采用像增强器能增大系统的动态范围。变像管的动态范围远低于非管摄影器件，提高变像管的动态范围是一个长期的任务。

二、高速成像变像管的组成

高速成像变像管通常由光电阴极、电子光学系统和荧光屏组成，光电阴极把光学图像转变成电子图像，电子光学系统把电子图像传递到荧光屏上，荧光屏把电子图像转变为化学图像或者数字图像，而快速控制电路是实现变像管高速成像的重要环节。电子光学系统的理论和设计是一门专门的学科，这里不予详细讨论。

(一)光电阴极

光电阴极由光电发射材料组成。光电发射的过程通常分解为电子的受激、扩散及越过表面势垒向真空飞逸三步。优良的光电发射体应当是：①入射光子应能把大部分电子激发到固体中远在真空能级以上的能级；②受激电子应能以最小的能量损失扩散到真空表面；③表面势垒应当很低。光电阴极分为正电子亲和势光电阴极和负电子亲和势光电阴极。前者又称为普通光电阴极，分为含锑的和含银的两类，有锑铯光电阴极、双碱光电阴极、多碱光电阴极和银氧铯光电阴极，常用的光电发射材料参看第三十四章表 34-3；后者，负电子亲和势光电阴极分为Ⅲ-Ⅴ化合物和硅光电阴极两类。除此以外，还有紫外光电阴极(碲铯阴极、碲铷阴极、碘化碲铷阴极、金膜阴极)、X 射线阴极(钯膜、金膜、碘化铯阴极)。

光电发射材料的特征参数有：

1)灵敏度。表示材料受辐射后发射电子的能力，通常用量子效率、光谱灵敏度、积分灵敏度来表征。

2)量子效率 $Y(\lambda)$。光电材料接受单个光子后发射出的平均电子数，单位为电子/光子。量子效率 $Y(\lambda)$ 可以用下式表示：

$$Y(\lambda)=12.4\frac{S_\lambda[\mathrm{mA/W}]}{\lambda[\mathrm{\mathring{A}}]}(\%) \tag{31-71}$$

3)光谱灵敏度 S_λ。光电材料对各种不同波长的辐射灵敏度，以 mA/W 或者 A/W 为单位。

4)积分灵敏度 S_i。光电材料在 A 光源(色温 2 854 K)照射下的灵敏度，单位为μA/lm。

5)阈波长 λ_0。能使光电材料发射光电子的最长波长。

6)面电阻 ρ_0。光电阴极横向电阻的大小，是高速成像用变像管的一个重要参数，单位为 Ω/□。

7)暗电流：光电材料在室温下有一定的电子发射，称为暗电流。

(二)荧光屏

荧光屏是一种阴极射线发光器件,是变像管的显示单元。荧光屏主要由玻璃基底上的荧光粉层和覆盖其上的铝层组成。荧光粉是一种晶体磷光体,一种有杂质和其他缺陷的离子型晶体。晶体材料称为基质,其中含有的微量元素能起到激活剂、辅助激活剂、助熔剂和疏松剂的作用。基质主要有硫化物、硅化物、硅酸盐、磷酸盐、钨酸盐、氟化物和氧化物等,激活剂有铜、银、锰、铬等。发光效率指屏发出的光通量与电子束激发屏所消耗的功率之比。光谱特性指发射光谱,即相对辐射能量按波长的分布函数。表 31-21 列出了高速成像变像管常用的荧光粉。

表 31-21 高速成像变像管常用荧光粉性能一览表

型号	名 称	化学组成	辐射光谱		余辉	发光效率/(1m/W)	备 注
			峰值/nm	颜色			
Y_{21}	硫化锌镉:银	(Zn,Cd)S:Ag	540	黄绿	中	85	P_{20}
Y_{10}	硫化锌:银,镍	ZnS:Ag,Ni	455	蓝	极短	26	K_9,P_{37}
Y_8	硫化锌:银	ZnS:Ag	455	蓝	中	26	K_{11},P_{11}
Y_2	钨酸钙	$CaWO_4$:(W)	415	蓝紫	短	2~3	P_5
Y_{14}	硫化锌:铜	ZnS:Cu	530	绿	中	80	P_{31}
Y_{12}	硫硒化锌:铜	Zn(S,Se):Cu	560	黄绿	中	60	K_{40}
Y_{11}	硅酸钙镁:铈	(Ca,Mg)SiO_3:Ce	385	紫	极短	12.5	P_{16}
Y_6	氧化锌	ZnO:(Zn)	505	绿	极短	4~5	P_{24}
Y_7	硅酸锌:锰	Zn_2SO_4:Mn	525	绿	中	31.2	K_{35},P_6

(三)控制电路

控制电路一般由聚焦控制电路、快门控制电路、偏转控制电路、同步控制电路、触发电路和电源组成。管形不同,快门电路的开关波形各异。当需要很窄的开关脉冲时,开关元件多用雪崩管、冷阴极闸流管、微波三极管、激光触发的火花隙、硅光电开关及砷化镓光电开关。偏转电路对于分幅变像管是一个阶梯波发生器电路,对于扫描变像管是一个快速斜坡电压发生器。表 31-22 列出了不同开关元件扫描线路的主要性能。

表 31-22 几种扫描线路的主要性能

扫描线路	扫描速度/(cm/s)	扫描距离/cm	扫描非线性/%	触发延迟/ns	触发跳动/ps	触发脉冲/V	触发上升时间/ns
激光触发火花隙	$(1.5\sim5)\times10^{10}$	5	10	5~8	500	<1 mJ	
雪崩晶体管	5×10^9	5~7	10	11	30	≥0.05	0.5
冷阴极闸流管	$5\times10^9\sim2\times10^{10}$	5~7	10	10~40	50~200	1	10
光电开关	2×10^{10}	5	2		2~15	20 μJ	

三、变像管高速成像的分类

变像管高速成像的分类可按不同的方式分类:

1)按所得到的图像信息,可分为单辐摄影机、多幅(包括多道)摄影机、扫描摄影机(包括直线扫描、圆扫描和椭圆扫描 3 种)和像分解摄影机。

2)按电子束的聚焦方式,可分为近贴聚焦式、静电聚焦式、磁聚焦式和电磁混合聚焦式。

3)按电子束偏转方式,可分为电偏转、磁偏转和电磁偏转。

4)按光电阴极的光谱响应,可分为可见光、红外线、紫外线和 X 射线变像管高速成像。

5) 按变像管增强级的数目和方式，可分为单级式(又分为一般像增强器、微通道板像增强器）和多级式(又分为云母夹心型倍串联式像增强器、纤维光学面板耦合级联式像增强器和透射式二次电子发射像增强器)。

6) 按图像的记录方式，可分为直接记录在光敏材料上和固体成像器件上的变像管高速成像。

四、单幅变像管高速成像

单幅变像管高速成像多用近贴管。近贴管是一轴向均匀电场系统，阴极是一平面，荧光屏在距阴极很近的地方，近贴管实质上不具备聚焦性质，是一个"透射成像"器件，它的优点是结构紧凑、成像面积大、像场像质均匀一样、没有畸变，但是分辨率低。为了拍摄亮度低的目标，常在双近贴聚焦的微通道板像增强器的阴极与微通道板的输入面之间加一快门电压。图 31-30 是双近贴变像管及其控制方式。

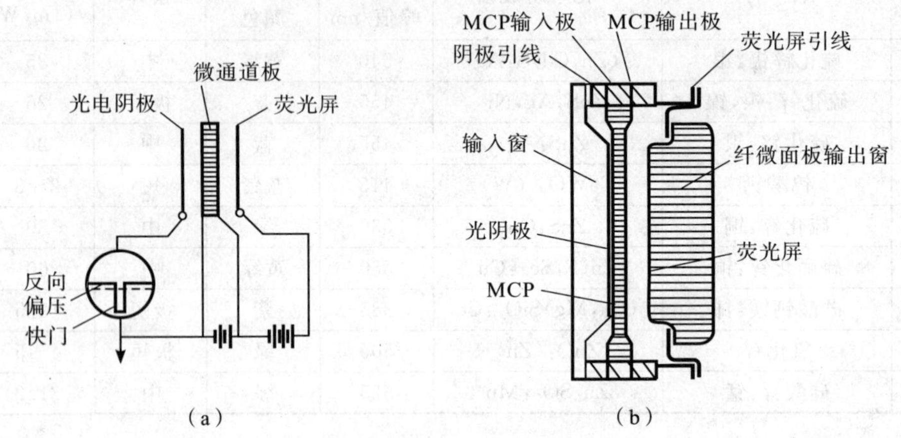

图 31-30 双近贴变像管及其控制方式

五、多幅变像管高速成像

多幅变像管高速成像是在荧光屏得到一系列在时间上不连续、有不同曝光中心的二维图像，主要性能指标是曝光时间(在变像管分幅成像领域也称时间分辨率)、分幅频率、动态空间分辨率、画幅大小和画幅数。这种成像的核心技术是如何分幅和形成时序的超高速快门，据此可分为电子束扫描分幅、电压选通分幅和取样扫描分幅。目前达到的最短曝光时间是 35 ps，摄影频率高达 $6\times10^8\sim5\times10^9$ f/s。

(一)电子束扫描分幅技术

这种技术的分幅和快门功能是靠聚焦系统之后的三对偏转板来完成的。图 31-31 为电子束扫描分幅变像管的典型结构。图中(a)是变像管的结构图，在阳极和荧光屏之间的漂移空间有三对偏转板：加正弦波电压快门板和孔径板组成的电子快门，补偿板和快门板之间有相同的的频率、相同的灵敏度、相同幅度的正弦波电压，只是偏转扫描方向相反、相位不同，可以补偿图像各部分经过快门板之后产生的横向速度差异，得到清晰稳定的图像。如果在补偿波形上附加一个小的像移，则两次曝光形成的图像位于中心线的上下两侧。第三对板为偏转板，加一与正弦波同步的阶梯电压，其扫描方向与前面两对板的扫描方向垂直，水平方向移动图像完成分幅。图 31-33(b)为各电压之间的关系。

中国利用这一技术成功地设计了皮秒 X 射线分幅摄影机，其典型的实验结果是[70]：曝光时间有 75 ps、145 ps、220 ps 3 挡，光电阴极处的动态空间分辨率大于 6 lp/mm，画幅数 3 幅，分幅时间 300 ps、570 ps、870 ps 3 挡。电子束分幅扫描技术从原理上难以达到十几个微米的空间分辨和十几个皮秒的时间分辨。

美国加利福尼亚大学研制成功了一种电子束扫描的分解型多幅变像管，分幅时间缩短到 100 ps。原理如图 31-32 所示，由分解偏转板、狭缝孔径板、复原偏转板和荧光屏组成。

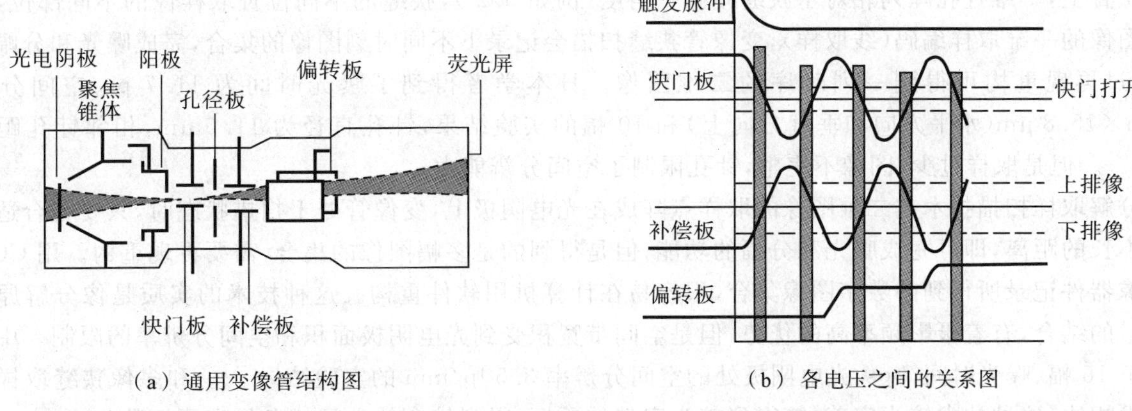

（a）通用变像管结构图　（b）各电压之间的关系图

图 31-31　电子束扫描分幅变像管的结构及各电压之间的关系

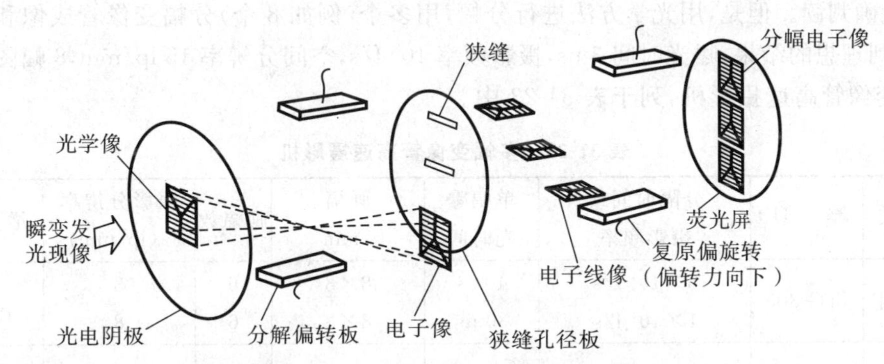

图 31-32　分解型多幅变像管原理图

（二）微通道板（MCP）行波选通技术

这种技术的优势是可以达到 100 ps 以内的曝光时间、较多的画幅数、较大的动态范围、高灵敏度和强的抗干扰能力，所构成的 X 射线皮秒分幅摄影机由成像针孔阵列、MCP 行波选通皮秒分幅变像管、皮秒级高压脉冲发生器和图像记录装置组成。MCP 和荧光屏构成近贴聚焦结构，其输入面镀有多通道微带传输线结构的光电阴极（金膜），目标经过阵列针孔成多个像于同一微带和不同微带的不同位置上，皮秒高压脉冲（门脉冲）在微带传输时，各个成像位置会经历不同的增益选通时刻，形成了一列时序的二维图像。这种摄影机的曝光时间一般要小于门脉冲的宽度，摄影频率取决于门脉冲在微带上的传输速率和微带阴极上相邻成像位置的间距，空间分辨率取决于针孔摄影机和微通道板的分辨率。

图 31-33 是单 MCP 行波选通 X 射线皮秒分幅摄影机原理图，上两排为成像针孔，下两排为针孔光栅，MCP 的直径为 56 mm，厚 0.5 mm，微带的宽度为 6 mm、传输阻抗为 17Ω，曝光时间因增益不同而异，在 60～100 ps 之间。双薄 MCP（厚度仅为 0.5 mm）行波选通技术可把曝光时间从 60 ps 降到 35 ps，这已是目前最好的结果[71]。

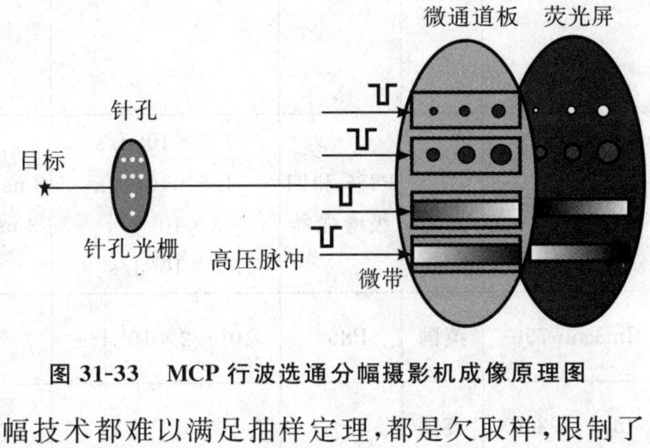

图 31-33　MCP 行波选通分幅摄影机成像原理图

（三）取样扫描分幅技术

取样扫描分幅技术可分为多像狭缝取样扫描分幅技术和像分解扫描分幅技术。从抽样理论来分析，这两种分幅技术都难以满足抽样定理，都是欠取样，限制了空间分辨率和空间带宽积，都需要再现重构。但是其取样的概念和取样点之间的间距可以应用，以达到扫描成像技术的曝光时间、较高的空间分辨率和较多的画幅数。

多像狭缝取样扫描分幅技术的原理是：一维多通道针孔把目标的多个像成在扫描变像管光电阴极狭缝

的不同位置上，一维针孔阵列相对于狭缝倾斜一角度（例如 5.2°），狭缝的不同位置取样像的不同部位，完成了二维图像的一维取样编码（线取样），变像管狭缝扫描会记录下不同时刻图像的集合，完成曝光和分幅两个功能，经过再现重构可得到一列时序的二维图像。日本学者得到了曝光时间为 11.7 ps、空间分辨率 14.9 μm×15.8 μm（水平方向和垂直方向上）和 10 幅的实验结果，针孔直径为 11.6 μm，相邻针孔距离为 150 μm[72]。但是取样过少，图像不完整，针孔限制了空间分辨能力。

像分解取样扫描技术是二维图像的取样点阵成在光电阴极上，变像管处于扫描状态时，只要在合适的方向扫描不长的距离，即可完成曝光和分幅的功能，但是得到的是多幅图像的集合，需要再现重构。用 CCD 等固体成像器件记录所得到的数字图像集合，很容易在计算机用软件重构。这种技术的实质是像分解原理和扫描技术的结合，有着摄影频率高的优势，但是空间带宽积受到光电阴极面积和空间分辨率的限制。中国学者得到了 16 幅、曝光时间 7 ps、光电阴极处的空间分辨率 3.5 lp/mm 的实验结果[73]。和多像狭缝取样扫描分幅技术相比，这种技术较为完善，能得到较为完整的画幅，得到较多的空间信息量和画幅数。

就目前的技术来说，变像管的取样扫描分幅技术难以做到有足够信息量的空间带宽积和足够多的画幅数，不便进行科学的准确判读。但是，用光学方法进行分幅，用多个（例如 8 个）分幅变像管成像和多个（8 个）CCD 输出记录，可以得到理想的结果：曝光时间 3 ns，摄影频率 10^8 f/s，空间分辨率 15 lp/mm，8 幅图像[74]。

主要的多幅变像管高速摄影机，列于表 31-23 中。

表 31-23　多幅变像管高速摄影机

型　号	国家	管　型	分隔时间或摄影频率	单幅曝光时间	画幅 /mm	画幅数	摄影分辨率 /(lp/mm)	增益	备　注
JTG-305	中国	JTG-305	5×10^6 f/s 1×10^4 f/s	40 ns 30 μs	8×8 8×8	6 6	3 8	>30	可作扫描用
微通道板选通分幅相机	中国	单 MCP	—	60～100 ps	—	16	25	—	能谱响应 0.1～10 keV
8 通道纳秒分幅相机	中国	—	10 ns，20 ns，40 ns，80 ns，160 ns，320 ns，640 ns，1280 ns	3 ns，6 ns，10 ns	18（光电阴极）	8	20	—	光谱响应 350～850 nm
MAGNACINE	英国	—	10^4～25×10^5 f/s	100 ns	24×30	9	15～20	$>10^4$	磁聚焦 磁偏转
Imacon	英国	P856	10^5～6×10^7 f/s	$\frac{1}{5}t_f$	15×15 15×12 15×10 15×7.5 15×6 15×5 15×3.75	8 10 12 16 20 24 32	10	10^3	扫描可达 10^{-9} s
Imacon-600	英国	P856 和四级增强器	7.5×10^7 f/s 1.5×10^8 f/s 3×10^8 f/s 6×10^8 f/s	8 ns，4 ns，2 ns，1 ns	15×15 15×10 15×7.5	6 10 15	3～5	10^6	扫描可达 10^{-11} s
Imacon-790	英国	P856	10^4～2×10^7 f/s	—	18×16 18×7	6 14	10	25	扫描可达 1.5×10^{-10} s
Imacon-200	英国	—	2×10^8 f/s	—	—	16	>30	—	—
分幅摄影机	英国	PHOTO CHRON	4.8×10^9 f/s	90 ps	10×10	3～6	10	—	—

续表

型号	国家	管型	分隔时间或摄影频率	单幅曝光时间	画幅/mm	画幅数	摄影分辨率/(lp/mm)	增益	备注
HSFC-PRO	美国	—	10^9 f/s	1.5 ns, 3 ns	—	4	>30	—	—
STL-1D	美国	—	2×10^8 f/s	5 ns	17×25	3	—	—	可扫描摄影
ABTRONICS-2HS	美国	—	10^8 f/s	50 ns	ϕ62.5	1	—	—	—
ABTRONICS-5	美国	—	10^8 f/s	5 ns	ϕ62.5	2	—	—	可多台组合使用
LVE-1	苏联	PIM-3	2 μs,4 μs,8 μs,16 μs,32 μs	0.2 μs,0.4 μs,0.8 μs,1.6 μs,3.2 μs	6×6	9	10	16	双道系统
LVE-2	苏联	UM1-92sh	0.5 μs,1 μs,2 μs,4 μs,40 μs,20 μs,40 μs,80 μs	0.5 μs,1.0 μs,2.0 μs,4.0 μs	6×6	9	10	10^3	
LV-02	苏联	UM1-95	10 μs,30 μs,100 μs,300 μs,500 μs	5～100 μs可变	15×15	16	20		扫描可达10^{-8} s
LV-03	苏联	UM1-93 UM1-92	0.15 μs,0.3 μs,3 μs,10 μs	0.05 μs,0.1 μs,0.2 μs,0.5 μs,1 μs,2 μs,2.5 μs	15×15	16	20		扫描可达2×10^{-9} s
EOLV-ZIM	苏联	EOC-ZIM		10^{-9} s	10×10	1～8	10	10^2	1～8个管子可用
ZOLV-ZIS	苏联	EOC-ZIS	10 μs,20 μs,50 μs,100 μs,200 ns	5 μs,10 μs,15 μs,20 ns	10×10	4	10	15	
分幅扫描摄影机	苏联	UMI-92	—	5 ns	ϕ25	1	10	10^3	扫描可达2×10^{-12} s
THN-500	法国	THX-423	500 ns,10^3 ns	160 ns,370 ns	ϕ15	9	15	10^5	
THN-510	法国	THX-446	50 ns,100 ns,200 ns,400 ns,600 ns,800 ns,1 000 ns	20 ns,50 ns	ϕ15	9	22	10^5	
TSN-520	法国	双近贴管	10 ns,25 ns,50 ns,100 ns,250 ns,500 ns,1 000 ns	5 ns	ϕ38	1	15	20	单幅
Celer-500	法国	P-300-TBE	5 ns,10 ns,20 ns,100 ns		ϕ38	1	15	20	单幅

六、扫描变像管高速成像

变像管扫描摄影机由光学系统、扫描变像管、控制电路和读出系统组成，能给出目标一维图像随时间变化的过程。图 31-34 是扫描变像管高速成像的典型结构。只要在扫描板上加上线性斜坡电压即可实现扫描记录，这种结构的时间分辨率可达 1×10^{-12} s(采用 Kryton 电路时)。

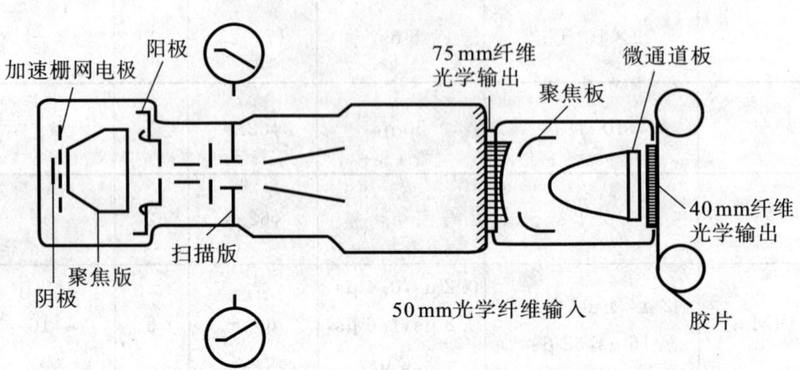

图 31-34 Imacon 675/Ⅱ型高速摄影机的原理图

图 31-35 是一种平面近贴聚焦扫描管的结构示意图，虽然这种技术可使光电子弥散减至最小、动态范围增大 1 000 倍以上、能给出高质量的扫描，但是空间分辨率和偏转灵敏度都低，限制了时间响应特性的进一步提高。

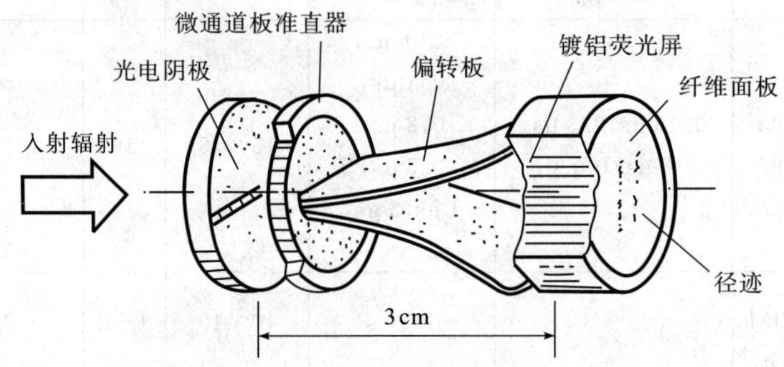

图 31-35 平面近贴聚焦扫描管的示意图

变像管扫描摄影机的主要性能参数是时间分辨率和动态范围。时间分辨率的内涵是在扫描方向上能分辨两个相邻时间态的能力，它受扫描变像管的空间分辨率、扫描电压斜率、偏转板的灵敏度和频带宽度等技术上的制约(技术分辨率)，同时也受光电阴极的响应时间、光电子渡越的时间弥散和空间电荷效应的制约(物理分辨率)，这种技术的理论分辨率为 10 fs[75]。变像管扫描技术的时间分辨率经历了微秒、纳秒、皮秒和飞秒的发展过程，虽然有多种设计和论证说明时间分辨率可以达到 100 fs、70 fs、50 fs 或者更短，但是目前的实验结果只是在 100～200 fs 之间徘徊，180 fs 的时间分辨率是目前的最好记录[76]。

同步扫描所给出的扫描图像是大量事件的叠加，由于各种噪声涨落导致扫描参量的漂移，时间分辨率低于单次扫描的时间分辨率，目前达到的最好水平是 280 fs[77]。飞秒时间分辨率的进展缓慢和光电子束团的空间电荷效应有直接的关系，可能要用时间相关电场的动态电子光学理论来解决。

变像管扫描摄影机的动态范围的提高是一个长期的课题，它和探测原理、探测器的结构、探测对象有关。

变像管扫描摄影机的发展方向：在探测波段上往近红外、中红外、紫外、X 光和中子波段延伸；在探测参数上向多维方向发展，要同时测量时间信息、空间信息和光谱信息。

主要变像管扫描高速摄影机的性能列于表 31-24 中。

表 31-24　变像管扫描高速摄影机性能表

型　号	国家	扫描速度/(km/s)	时间分辨率/s	光谱范围/nm	摄影分辨率/(lp/mm)	焦距/mm	备　注
CSQ-301	中国	2.5～5	$(1\sim2)\times10^{-8}$	400～850	20	14 105	长磁聚焦
BNS-200K	中国	500～2 000	$(2\sim8)\times10^{-10}$	400～850	5	物镜 300，转向镜 50,60	电聚焦
BWS-5KI	中国	8×10^{4}	$(100,50,10,5,2)\times10^{-12}$	400～850	15	物镜 65 转向镜 26,91	带读出系统
FER-1	苏联	20～160	$(0.5\sim5)\times10^{-9}$	400～1 300	10	250～5 000	—
FER-2	苏联	20～5 000	$(0.02\sim6)\times10^{-9}$	400～1 300	10～12	250～1500	—
FER-3	苏联	0.2～60	$5\times10^{-6}\sim2\times10^{-8}$	400～1 300	15	70～715	—
FER-5	苏联	0.5～75 000	$2\times10^{-6}\sim10^{-11}$	400～1 300	10	100～700	—
皮秒摄影机	苏联	$5\times10^{3}\sim3.3\times10^{5}$	10^{-12}	400～1 300	5～10	可换物镜	直线扫描
皮秒摄影机	苏联	6×10^{5}	10^{-12}	400～1 300	0.2 mm（点像）	可换物镜	圆扫描
Imacon475	英国	—	10^{-11}	—	—	—	P855 铍底金阴极
Imacon500	英国	—	5×10^{-12}	—	—	—	对单脉冲可达 2×10^{-12} s
Imacon675/Ⅱ	英国	$10^{2}\sim10^{5}$	10^{-12}	—	9	—	—
Imacon790	英国	$10^{-3}\sim10^{3}$	$8\times10^{-7}\sim1.5\times10^{-10}$	400～850	8～12	50～1 000	—
T-503	法国	100,250,500,1 000	10^{-9}	400～1 300	10	可换物镜	纤维面板输出
单次扫描飞秒装置	中国	—	300×10^{-15}	—	—	—	实验结果
单次扫描飞秒装置	日本	—	$(160\sim180)\times10^{-15}$	—	—	—	实验结果
同步扫描飞秒装置	美国	—	280×10^{-15}	—	—	—	实验结果

第六节　激光高速成像

激光用于瞬变现象的研究已有较长的时间[78-85]。激光作为时间、空间可控的强光光源和相干光源，大大推动了高速成像的发展。激光的高亮度可以使像面得到高照度，这为高速成像，特别是显微高速成像提供了优良的光源；激光的相干性为获得干涉场的高速成像、高速全息摄影及全息极高速成像创造了条件。同时，激光脉冲结构的可控制性为高速成像中的同步控制提供了不少方便。

高速成像用连续波激光器的主要性能参数有相干性、输出功率、光斑尺寸和发散角，而描述脉冲激光器的性能参数主要有脉冲宽度(脉冲时间)、脉冲间隔、单脉冲能量(峰值功率，平均功率)和重复频率。激光脉冲时间 τ 是指激光脉冲的时间宽度，通常指半高宽；激光脉冲间隔 Δt 是指相邻两激光脉冲的时间，这是高速成像非常重要的两个参数。

一、激光脉冲分幅高速成像

利用序列激光脉冲的高亮度、脉冲宽度窄和时间特性的可控性可以得到多幅瞬变现象的时空信息。

序列激光脉冲分幅高速成像通常是指序列脉冲激光器和高速扫描型摄影机结合使用的一种摄影技术。这种技术满足进行高速分幅摄影的两个条件，即曝光条件和分幅条件，而且曝光和分幅是各自独立的。序列脉冲的脉宽就是曝光时间 τ，序列脉冲脉冲间隔就是分幅时间 t_f，并且在脉冲间隔时间里，扫描光束能移动一个画幅的距离。如果相邻两画幅中心距离为 b，则应满足

$$b = vt_f \tag{31-72}$$

同时在曝光时间里各种像移在记录介质上所形成的模糊量应小于允许值 σ_0，最大模糊量 σ_{max} 应满足

$$\sigma_{max} = (u+v)\tau \leqslant \sigma_0 \tag{31-73}$$

式中，u 为目标本身扩散在记录介质上扫描方向的速度分量，v 为扫描光束在底片面上的扫描速度，τ 为脉宽。

由于采用了 Q 开关、腔倒空、增益开关和各种锁模技术、调制技术，激光高速成像得到了进一步的发展。但目前仍以能产生序列激光脉冲的红宝石激光器和 YAG 激光器的应用为主，这和其高的性价比有关。目前高速成像用激光器能达到的实用性能是单个激光脉冲的能量从微焦耳到毫焦耳量级，脉冲宽度可从10 ns到皮秒和飞秒量级，脉冲间隔能在较大范围内可调（微秒量级到毫秒量级）。

通常用的扫描高速成像，其经济扫描速度（记录介质和光束的相对速度）对于输片型相机是 75 m/s，对于鼓轮相机是 300 m/s，对于转镜相机是 20 mm/μs，对于变像管相机是 500 mm/ns，对于高速视频记录，扫描速度高于 3.7 m/s。不同的高速成像要配用不同的激光器，一般认为，摄影频率小于 2×10^4 f/s，采用铜蒸气、锰蒸气激光器和 CuBr 激光器；摄影频率在 $10^4\sim10^6$ f/s，用固体激光器，采用 Q 开关可得到脉宽为 10 ns 的激光脉冲，采用腔倒空可以产生 1 ns 的激光脉冲，采用锁模、啁啾等脉冲压缩技术，可以得到皮秒和飞秒量级的激光脉冲。

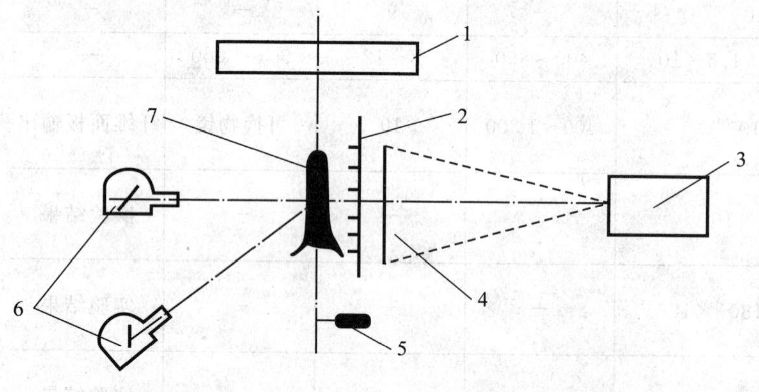

图 31-36　近炸引信的定距激光高速成像示意图

红宝石激光器（脉宽 50 ns，脉冲间隔 10 μs，可输出 10 个序列脉冲）和 DGS-10 型等待型高速扫描摄影机（转镜为六面体）结合，进行了近炸引信的定距测试。图31-36是这种装置的示意图。图中用两台高速成像机（标号为 6）是为了增加拍摄的可靠性；加滤光片，摄影机快门可提前打开，可避免目标光的影响；要注意序列脉冲激光与触发引信的同步问题。图中，1 为靶面，2 为标尺（每格 10 cm），3 为序列脉冲激光器，4 为背景屏，5 为同步靶，7 为飞弹。

N. G. Basov 曾经采用红宝石激光器和 CФP-1 转镜扫描相机，获得了优良的分幅照片[86]，脉冲时间是 15 ns，脉冲间隔是 10～20 μs 可调；R. E. Rowtand 等人用红宝石激光器和 B&W189 型超高速成像机联用，得到多幅的动态光弹照片[87]，此时的 189 型相机是作扫描记录的；F. Chabnnes 用锁模钕玻璃激光器和变像管相机相结合，获得了摄影频率为 1.2×10^8 f/s 的多幅记录[88]，此时扫描变像管的扫描速度为 1 mm/ns。

连续波激光器作为照明光源和分幅型高速成像机联用，可以得到多幅瞬变现象的照片。这时的激光器仅作为一个高强度的光源。

二、激光高速全息摄影

高速全息摄影和高速全息干涉计量用以研究瞬态过程，有两个特殊问题是应该仔细研究的：控制曝光时间里光程的变化；如何得到时序的多幅记录，即分幅技术。

进行高速全息记录时，由于物体的运动使物光和参考光的光程差改变，影响全息条纹的对比：在曝光时

间内，目标的运动或者事件的扩散应使物光束的光程变化起码小于$\lambda/4$，最好小于$\lambda/8\sim\lambda/10$，才能得到清晰的全息记录；如果光程差的改变为$\lambda/2$，则条纹完全消失。所以，对于物体进行全息摄影时，要求激光光源的高强度、高亮度以及曝光时间要尽可能短。分析表明，运动方向非常重要，当物体沿光源和全息干板为焦点的椭圆切线方向运动，则物光和参考光的光程差改变最小，此时允许的最大速度（在曝光时间里条纹移动$\lambda/8$）为

$$v_{\max}=\frac{1}{4\tau}\sqrt{\lambda a}\,\frac{a}{b} \tag{31-74}$$

式中，a、b为椭圆的两个半轴，τ是曝光时间，λ是波长。在最坏的情况下（运动方向垂直于椭圆的长轴），物体的最大允许速度v由下式确定：

$$v=\frac{\lambda}{4\tau\cos\alpha} \tag{31-75}$$

α是物体运动方向对物体-光源连线的夹角。

（一）多幅高速全息摄影的编码方法

全息摄影的3个必要条件是具备参考光束、物光束和记录介质。要想获得多幅记录，只要采用任一必要条件的编码即可[106]。

1. 参考光编码

参考光用R表示，其表达式为

$$R=R(p)\exp\left[-\mathrm{i}\kappa\cdot p+\mathrm{i}\varphi(p)\right] \tag{31-76}$$

式中，$p=p(x,y,z)$，$R(p)$为p点的振幅，κ为波矢量，$\varphi(p)$为传播路径中介质不均匀性所引起的相位变化。若底片面为$z=0$的平面，则其波面方程为

$$R=R(x,y,0)\exp\left[-\mathrm{i}\xi x-\mathrm{i}\eta y+\mathrm{i}\varphi(x,y,0)\right] \tag{31-77}$$

这里，$\xi=\frac{2\pi}{\lambda}\cos\alpha$，是空间频率在$x$轴上的分量；$\eta=\frac{2\pi}{\lambda}\cos\beta$，是空间频率在$y$轴上的分量；$\alpha$、$\beta$为波矢量的方向角。由此可得参考光编码的途径：$p$的变化，即改变参考光束的位置，为空间编码，J. Gate等人曾做出了成功的尝试[89]；波矢k绕z轴旋转，为方位编码，又称为旋转编码[90]；方向角α、β的变化，为角度编码，可采用声光偏转、电光偏转、转镜偏转和其他光学方法的偏转来改变α、β，以实现参考光的角度编码，M. A. Love曾经成功地研制出转镜式角度编码的高速全息相机[91]；λ的变化，为波长编码，又称色散编码；参考光R如果是线偏振光，偏振面旋转，为偏振编码；如果参考光是激光脉冲，则脉冲时间，即相干时间也可用以编码，可称为相干编码，或者相干快门。

2. 物光束编码

物光束有3种分幅方法：①自分幅编码，物体处于不同的位置时，物光束的振幅、相位都是变化的。这种编码方法对物体有一定的要求，物体应为狭长件；②物光束振幅编码，利用放在Fourier全息图的物光路中的旋转光阑，旋转到不同位置时，对应不同的画幅；③物光束相位编码，每一张全息图，其光束都经过不同的漫射介质。

3. 记录介质编码

每一幅全息图对应记录介质的不同部位，记录方式和一般高速分幅摄影机相似。这种办法易于实现。

4. 相位编码

$\varphi(x,y,z)$的变化，为相位编码，正交相位编码可以提高信噪比[92]，动态散斑可提高存储密度而对记录介质的厚度没有要求。

（二）机械偏转分幅的高速全息记录系统

参考光束的角度编码和记录介质编码，可以用高速转镜和高速转盘、高速转筒来实现。这种方法的优点是光能损失少、简单易行；但有诸如定位精度不高、偏转速率有限的不足。

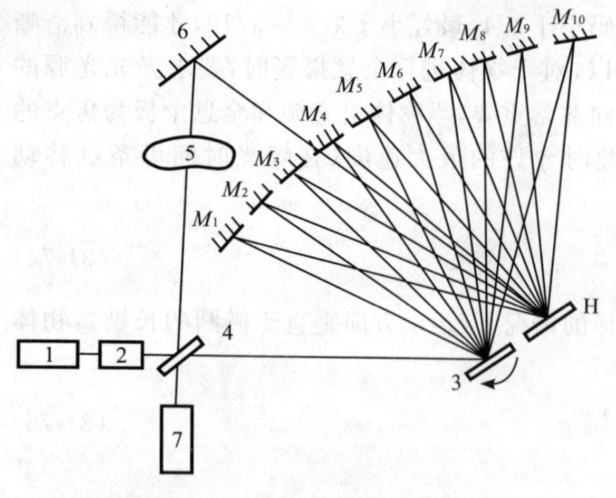

图 31-37　转镜式高速全息摄影机

1. 转镜偏转参考光的角度编码系统[91]

这是用转镜偏转参考光的角度编码方法来构成多幅全息记录。在图 31-37 中，1 是重复频率为 $5\times10^4\sim2\times10^5$ Hz 的泡克尔斯盒所调制的 Q 开关巨脉冲红宝石激光器，2 是扩束器，3 是转镜，4 是分束器，5 是被研究对象，6 是反射镜，$M_1\sim M_{10}$ 是固定反射镜，H 是全息干板。当转镜旋转时，参考光束依次经 $M_1\sim M_{10}$ 以不同的角度（相邻参考光之间的夹角为 9°）反射到 H 上，物光束经 M_6，直接入射到 H 上，可得到 10 幅全息图。再现时，用氦-氖激光器照明，拦去物光，转动转镜，则能顺序看到被研究目标的三维像。摄影频率为 $5\times10^4\sim2\times10^5$ f/s，曝光时间可到 30 nm（即脉冲时间），脉冲能量为 0.1 J。

激光的调制和转镜角位置的同步靠 M_1 至 M_{10} 下面的狭缝达到。狭缝后面是光电倍增管，当一灯泡经转镜照明狭缝时，光电管产生的脉冲送到公共脉冲放大器，再输入到泡克尔斯盒触发器，来控制泡克尔斯 Q 开关红宝石激光器，达到同步的目的。

对于参考光角度编码，相邻两画幅所对应的最小角度差 $\Delta\theta$ 受下式制约：

$$\Delta\theta=\frac{\lambda}{d\sin\theta} \tag{31-78}$$

式中，λ 是波长，d 是记录介质的感光层厚度，θ 是物光束与参考光束之间的夹角。这套系统相邻两反射镜之间的夹角是 9°，摄影频率最高可达 2×10^5 f/s，此时转镜的转速是 1.5×10^5 r/min。

2. 旋转圆盘分幅的高速全息记录系统

利用多孔径旋转圆盘的多重扫描可以达到记录介质编码的目的。不同时刻的全息图记录在介质上的不同位置。如图 31-38 所示，红宝石激光器发出的序列激光脉冲经分束器形成参考光束和物光束，物光束经散射板照明记录介质。另一红宝石激光器发出击穿用的巨脉冲，它在透明介质中产生空腔和声学空化气泡，携有透明介质瞬变信息的物光束与参考光束在记录介质上形成全息图。这套系统可获得 8 幅全息图像，摄影频率可达到 2×10^4 f/s。

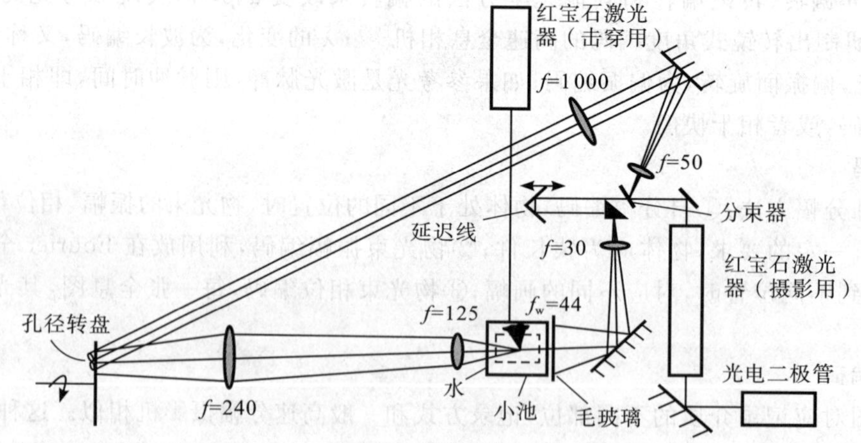

图 31-38　激光产生空穴的高速全息摄影

3. 记录介质直接编码的高速傅里叶变换全息图

研究表明[93]，不论是平面波照射被摄物体，还是球面波照射被摄物体，经过透镜的傅里叶变换后，其物波因子仍然保留在变换后的光场分布内，这个物波因子就是傅里叶变换全息图的物光，和参考光相干即产生傅里叶全息图。典型的傅里叶变换全息图应是物体和参考光源的傅里叶变换频谱的相干全息记录。傅里叶变换全息图亦可在无透镜的情况下形成[94]。

傅里叶变换全息图的优点是全息光斑可以很小，易于实现记录介质直接编码的高速全息记录。此时，只要高速旋转记录介质平面就可以完成多幅记录。如图 31-39 所示，红宝石激光器所发出的序列脉冲激光经分束器形成参考光和物光。参考光经反射镜入射到全息记录介质上；物光经过反射镜和扩束准直镜照射物体后，经透镜使携有物光因子的光波和参考光相干形成傅里叶变换全息图记录在 H 上。当记录介质高速旋转时，可得到多幅全息记录。

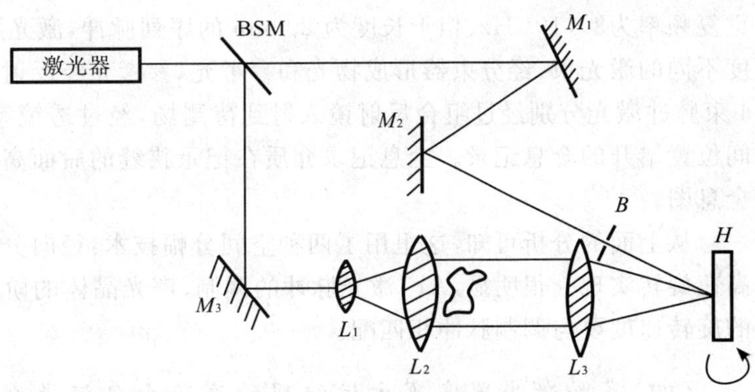

图 31-39　高速傅里叶变化全息摄影系统图

文献[93]在 0.5 ms 内得到 10 幅透射傅里叶全息图，每幅的曝光时间是 25 ns。记录参数是：物光会聚成直径 3 mm 的光斑，参考光是光束直径为 3 mm 的平行光，物参比是 1 ∶ 1.5，物参光束的夹角是 30°，记录介质的旋转速度是 1.5×10^4 r/min。

(三)声光偏转分幅的高速全息记录系统[95]

下面介绍的两种声光偏转高速全息记录系统，均要用超声脉冲波的频率阶跃变化。

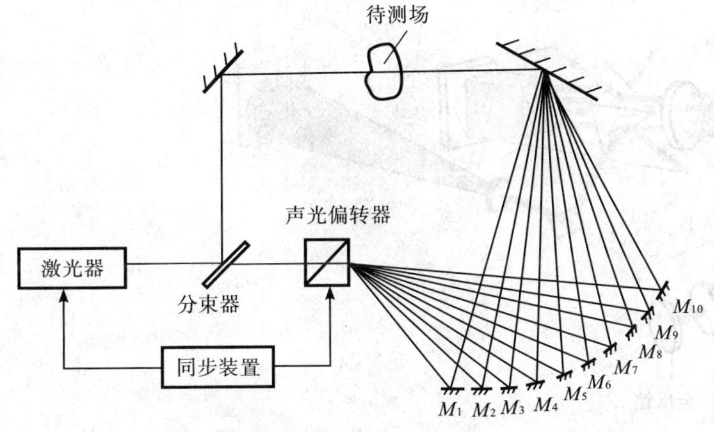

图 31-40　声光偏转角度编码高速全息记录装置

1. 声光偏转角度编码的高速全息记录系统

如图 31-40 所示，序列激光脉冲经准直、扩束、分束后形成物光和参考光束。物光经反射镜通过待测场到达全息记录介质；参考光经声光阶跃偏转器发生阶跃偏转，阶跃偏转后的光束依次经过 $M_1 \sim M_{10}$ 反射到全息记录介质上，可得到 10 幅全息图。序列激光脉冲要与阶跃超声脉冲同步，同时相邻画幅间的参考光角度要和阶跃偏转角一样。

2. 声光偏转记录介质编码的全息记录系统

如图 31-41 所示，Ar^+ 激光光源(8W)经声光调制后形成脉宽为 30 ns、脉冲能量为1.6 mJ、

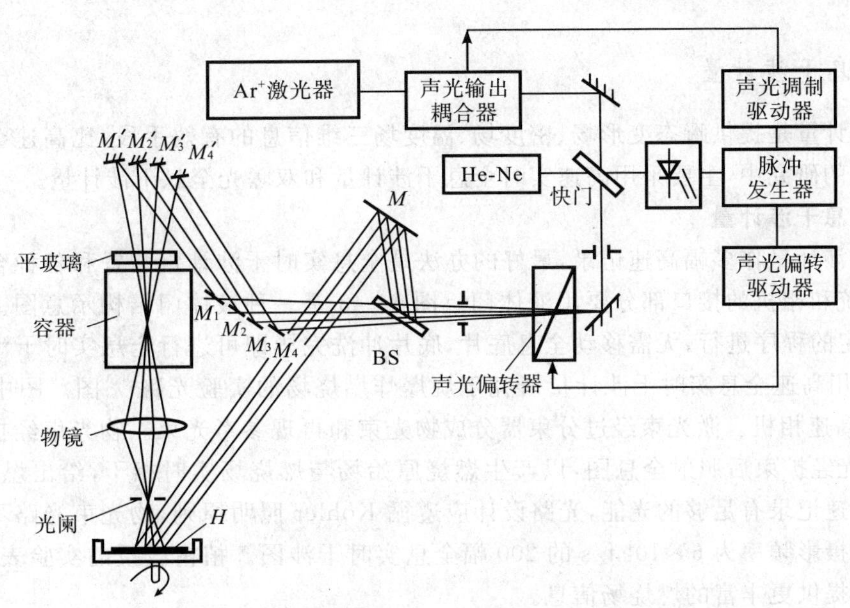

图 31-41　声光偏转记录介质编码的全息记录装置

重复频率为3×10^5 Hz、相干长度为 20 mm 的序列脉冲，激光脉冲经声光阶跃偏转器形成 4 束时序的偏转角度不同的激光束，经分束器形成物光和参考光，参考光经反射镜 M 直接入射到全息记录介质 H 上。时序的 4 束脉冲激光分别经过组合反射镜入射到待测场，经过透镜系统与相应的参考光斑相干形成 4 幅时序的空间位置错开的全息记录。全息记录介质在记录狭缝的后面高速旋转，可以得到摄影频率为 10^5 f/s 的 400 幅全息图。

从上面的分析可知，这里用了两种空间分幅技术：径向分幅靠声光阶跃偏转实现，周向分幅靠记录介质高速旋转实现。很明显，Ar^+ 激光脉冲的调制、声光晶体的阶跃超声脉冲的驱动要同步进行，全息记录介质的旋转速度要与调制脉冲相匹配。

(四)多腔激光器实现方位编码的高速全息记录系统[96-97]

图 31-42 示出了一种四棒四腔激光器产生时序激光脉冲实现参考光方位编码的高速全息记录系统[96]。该系统用 4 棱锥分束，4 束透射物光共光路，照射待测场，入射到全息记录介质；4 束反射光作为参考光，经反射后从 4 个不同的方向入射全息记录介质，分别和相应的物光束相干形成 4 幅全息图。

该系统的激光器采用 4 根长 188 mm、直径 19 mm 的优质红宝石棒，用 4 个独立的 KD^*P 电光开关延时控制时序，在全息记录介质上记录 4 幅时序全息图。再现时，转动全息片，或者改变参考光的方向，便可得到所记录的时序全息图。各幅之间的间隔时间可以根据要求控制调整。

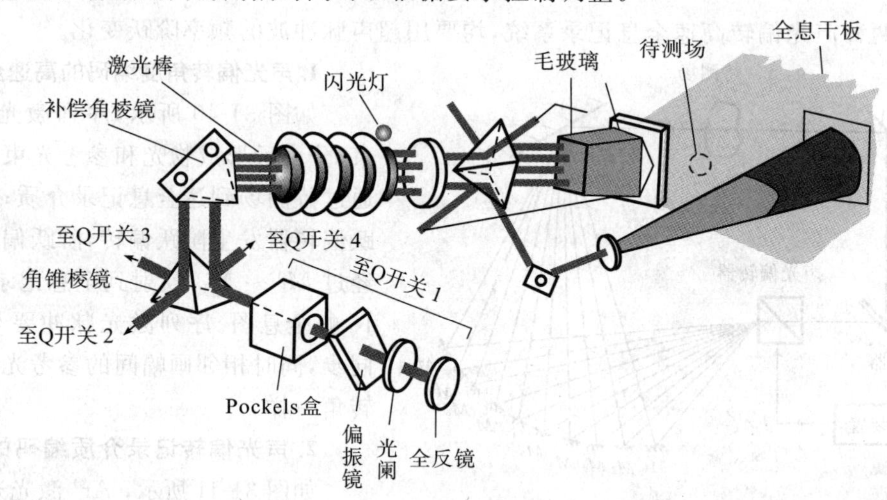

图 31-42　参考光方位编码的全息记录系统

(五)高速全息干涉计量

高速全息干涉计量是提供瞬态变形场、密度场、温度场三维信息的有效手段，比高速全息记录有更广泛的用途。在瞬变场的研究中，主要采用高速实时全息干涉计量和双曝光全息干涉计量。

1. 高速实时全息干涉计量

对全息实时干涉计量作多幅高速记录，最好的办法是全息实时干涉计量装置和各种合适的高速相机相结合，只是干涉系统和相机的接口部分要用液体门。图 31-43 是一种液体门结构示意图。图中显影、定影、漂白、水洗均按预定的程序进行，无需移动全息底片，底片冲洗完毕即可进行全息实时干涉计量的多幅高速记录。图 31-44 是用高速全息实时干涉计量研究丁烷爆炸燃烧场的实验光路[98]图。图中用到了 Ar^+ 激光器和 MLD-2 型超高速相机。激光束经过分束器分成物光束和再现参考光束。物光束经扩束器后直接照明燃烧场；再现参考光经扩束后照射全息图，以产生燃烧原始场与燃烧场实时相干，给出燃烧场变化的信息。为了保证进行超高速记录有足够的光能，光路设计应遵循 Kohler 照明原则，物光束光路不应有漫射板。用该实验系统得到了摄影频率为 6×10^4 f/s 的 200 幅全息实时干涉图。植树教授的实验表明，全息实时干涉计量比纹影摄影能提供更丰富的燃烧场信息。

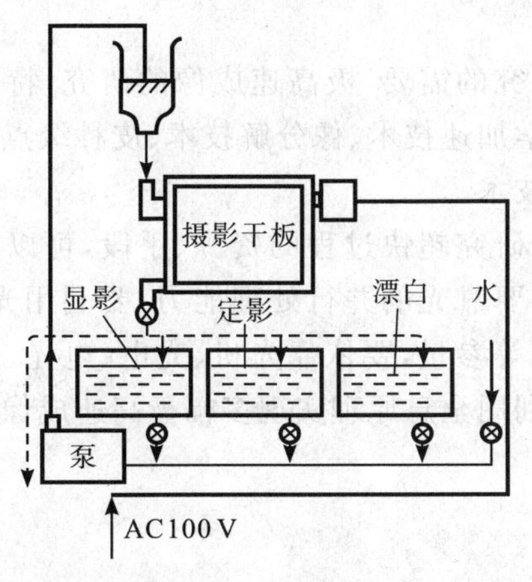

图 31-43　液体门

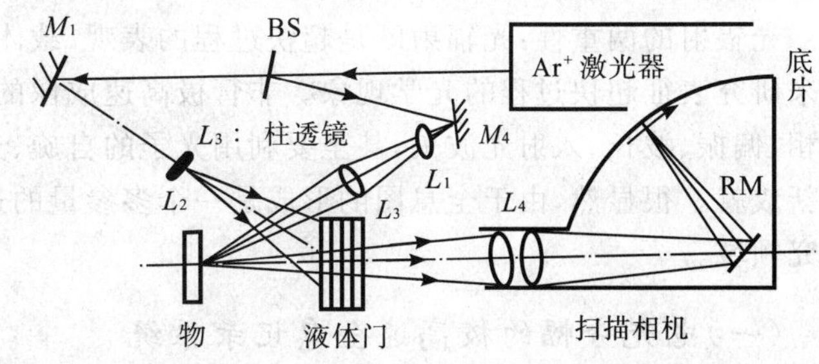

图 31-44　高速实时全息干涉计量摄影机

中国科学院西安光学精密机械研究所对高速全息干涉计量作了较为系统的研究[99]，用 50 mW He-Ne 激光器照明得到火药燃烧场在摄影频率为 200 f/s（用 GS240/35 间歇式高速成像系统）、800 f/s、1.5×10^3 f/s和3×10^3 f/s（用 LBS-16 型高速成像系统）的多幅全息实时干涉计量图。随着 CCD 空间带宽积的不断提高，液体门将遇到严峻的挑战。

2. 高速全息双曝光干涉计量

为了得到变形场、燃烧场和温度场的瞬变信息，用全息双曝光干涉计量容易实现。有 3 种途径可供选择：单幅高速全息双曝光干涉图，用双腔双棒激光器作为光源，二次曝光的时间间隔可调；多幅全息双曝光干涉计量，如图 31-46 所示的 8 幅电光偏转高速全息记录系统可以得到 8 幅全息双曝光干涉图，只要控制电光晶体再完成一次 8 分幅的顺序曝光过程就可以了；第三种可供选择的方法是，只要得到多幅时序的高速全息图，两两精确重合再现，即可检出相邻时间间隔所发生的变形信息，图 18-45 给出了一种可实现事后双曝光全息干涉的装置图[83]。

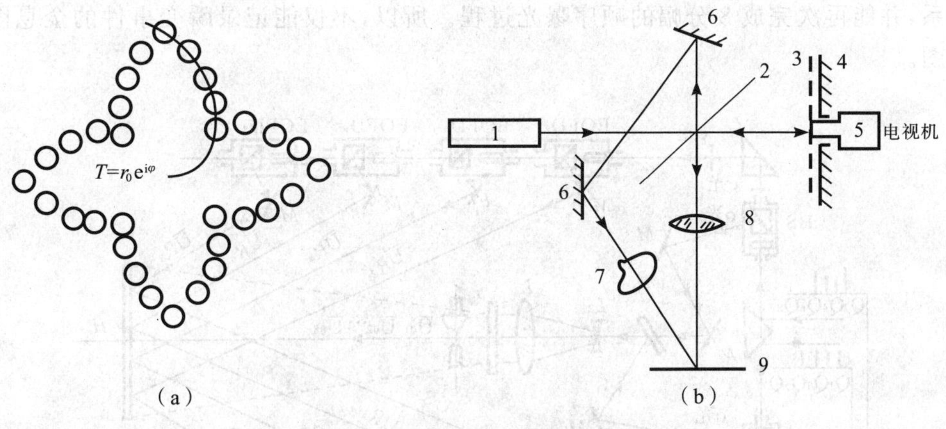

图 31-45　多幅全息干涉计量装置原理图

图 18-45(a)是分幅板，有 8 组按阿基米德螺线排列的小孔阵列。图(b)是装置示意图，1 是声光调制的红宝石激光器，3 是分幅板，5 是马达，7 是被研究目标，9 是全息干板，分幅板经透镜 8 成像在全息干板上：激光器可发出 5 个脉冲时间为 0.5 μs 的脉冲序列，重复频率为 1×10^4 Hz。摄影时，分幅板的转速和脉冲的重复频率相匹配，目标的引爆和激光脉冲要同步。再现时，任意两个瞬态都可干涉。如果采用固态成像器件作为记录介质，可实现准实时双曝光全息干涉计量。

三、激光极高速成像

随着极端条件下科学研究的发展和细观、微观超快过程研究的需要，极高速成像的研究，特别是非管极高速成像的研究日趋重要。非管极高速成像的技术基础是光学加速技术、像分解技术、皮秒级点光源频闪技术、极高速阵列快门技术、瞬态相干快门技术和极高速光全息技术。

光辐射的两重性：光辐射既是超快过程的表观、载体，又是研究超快过程的资源、手段，可以利用光波本身来研究表征超快过程的光学现象。非管极高速成像的形成，要靠光的并行处理能力，要利用光波的振幅、位相、偏振、波长、入射光波矢，甚至要利用光子的自旋、光子态等参量，要依靠光机、光电、电光、光光技术的最新成就。很显然，由于全息图的形成是一个多参量的过程，利用全息原理实现多幅极高速成像是一个主要研究领域。

（一）电光分幅的极高速全息记录系统

电光分幅高速全息记录系统的核心器件是电光分幅器（EOFD）。电光分幅器由纵向运转的 KD^*P 晶体和 OE 输出棱镜串联而成，在高压电场的控制下具有高速旋光和全偏分光的特性。光束传播方向按 OE 棱镜的全内反射方向作大角度偏转，其偏转速度仅受控于脉冲高压电场的速率。调节 KD^*P 晶体的工作电压可控制偏转面旋转的程度，从而达到调光的目的。所以，电光分幅易于控制全息记录的物参比。

R. F. Wuerker 申请的专利——电光偏转延迟多幅全息摄影系统——可得到摄影频率 2×10^8 f/s 的 4 幅全息图像[100]。文献[101]介绍了可以得到 8 幅电光偏转分幅的高速全息记录系统。如图 31-46 所示，光源采用单棒双腔红宝石调 Q 激光器，其激活介质用 ϕ10 mm×100 mm 的优质红宝石晶体，被并行插入谐振腔内的两块电光晶体 KD^*P 分割成两个分立的激活介质区。在两套电光开光器件的控制下，红宝石激光器按单棒双腔调 Q 方式工作，可并行输出有时序关系的两路激光多脉冲。每一路有 4 个脉冲激光束，分别通过分束器（均为半波片和 OE Glan-Foucault 棱镜组成）获得 o、e 两束光脉冲（偏振面正交）。两路 o 光束经过全反射镜和半透半反镜合成同轴光束，经准直镜照明待测区。这 8 个脉冲光携带不同时刻的物光信息入射全息记录介质，在记录介质的确定位置分别与 8 路参考光束相干形成 8 幅顺序曝光的全息图，参物光强比，推荐用(4：1)～(7.5：1)。图中的待测区是球隙放电，要保证球隙触发、调 Q 激光脉冲、电光偏转高压之间的同步关系，并能再次完成 8 分幅的顺序曝光过程。所以，不仅能记录瞬变事件的全息图，还能记录双曝光全息干涉图。

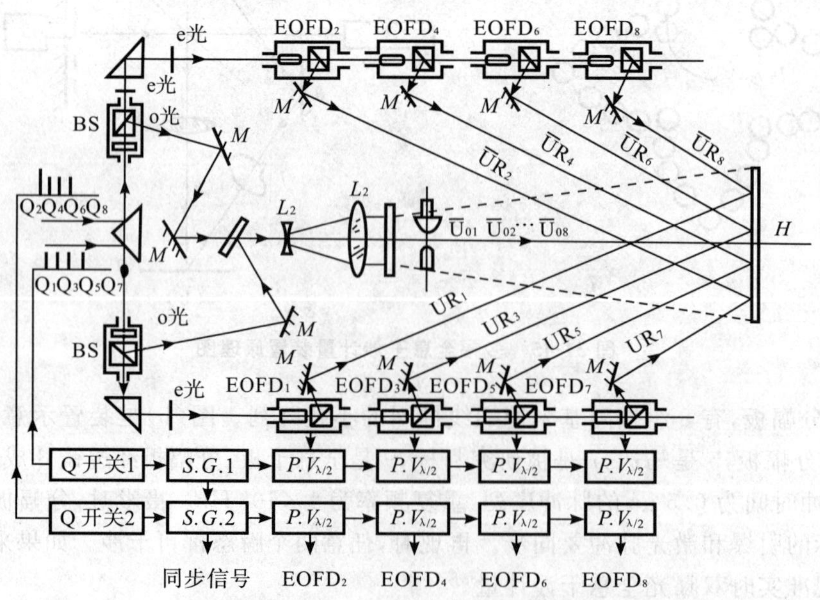

图 31-46　8 幅电光偏转高速全息记录装置

(二)激光克尔盒快门极高速成像

克尔(Kerr)效应,就是在电场的作用下,硝基苯一类的极性分子有一致的双折射现象。同样,在激光巨脉冲电场强度的作用下,CS_2分子也会有一致的取向,从而产生双折射现象。用这种光致克尔效应可以做成激光驱动克尔盒皮秒摄影机。

M. A. Duguay 等人发表的有关激光驱动克尔盒快门的文章[102],被认为是第一次跨入皮秒领域,使研究光化学、光生物学、光合作用和载流子动力学的时间特性成为可能,使高速成像从此进入了以皮秒、飞秒为特征时间的原子时间研究领域。文中用钕玻璃激光器所产生的红外巨脉冲($\lambda=1.06\ \mu m$)驱动 CS_2液体产生双折射作高速快门"冻结"绿光脉冲的传播[103-104],成功地使高速成像的时间分辨率跨越了 4 个数量级。

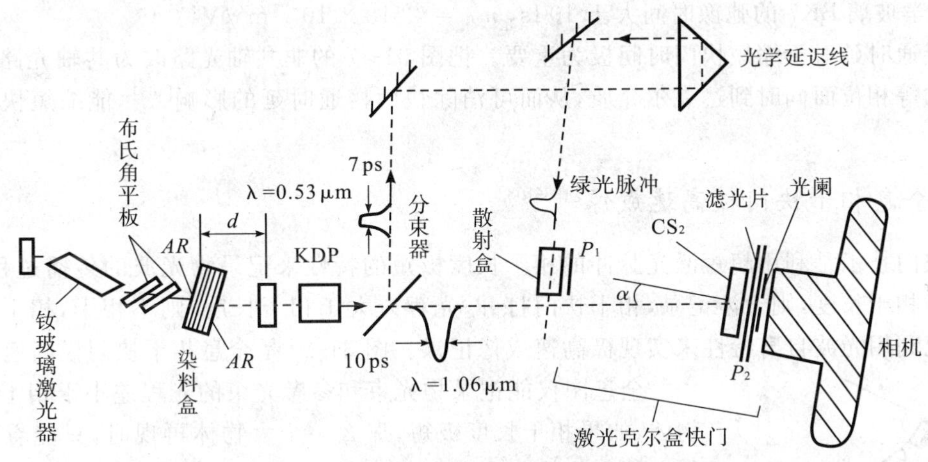

图 31-47　激光驱动克尔盒皮秒摄影实验系统

如图 31-47 所示,被动锁模钕玻璃激光器产生脉冲宽度为 10 ps、脉冲间隔为 5 ns 的序列红外脉冲(1.06 μm),经过二次谐波晶体 KDP 后,有部分红外光倍频成脉冲时间为 7 ps 的绿光脉冲(0.53 μm),P_1-CS_2盒-P_2组成皮秒快门,P_1和P_2是两个正交偏振片。光学延迟线用来调整绿光光程,以期达到第 n 个绿光脉冲进入散射盒时,第 $n+1$ 个红外脉冲已打开皮秒快门。光阑直径为 4 mm,相机光轴与红外脉冲的传播方向夹角 $\alpha=8°$,典型透射率为 10%。

激光克尔盒快门的开门时间取决于开门脉冲的脉宽(即脉冲时间)、2 ps 的群速度差异延时(红外光和绿光之间)和 1.8 ps 的快门接通时延(由于 α 角的存在,开关红外脉冲的等相面不能同时到达 CS_2盒)。快门开门时间用平方律综合上述 3 个因素即可得到。这种快门的开关比(消光比)介于 400～200 之间。如果没有直径 4 mm 的光阑,则开关比要降到原来的 1/39。上述实验的快门时间约为 10 ps。为了进一步缩短快门时间,应进一步压缩开门脉冲的脉冲时间,应用陡前沿(或者陡后沿)的开门脉冲,寻找弛豫时间更短的克尔介质和消除快门接通时延。

锁模技术、啁啾技术和其他脉冲压缩技术的进步,使人们已能获得短至 150 as 的激光脉冲,可产生高达 $10^{22}\ W/cm^2$ 的光功率密度,这为大大缩短激光克尔盒快门时间提供了必要的前提。

同时采用陡前沿(或者陡后沿)的光脉冲可以有效缩短快门时间(约 1 个量级)。对于脉宽为 8 ps 的光脉冲,其陡前沿应在 0.1～1 ps,则其快门时间可做到约等于前沿(或者后沿)时间,见图 31-48。图中一个快速降落的(1 ps)1.06 μm 的光脉冲入射到方解石延时单元。方解石光轴和光脉冲的偏振面成 45°,出射的光脉冲分成两个偏振面正交、相互有 0.5 ps/mm 延时的光脉冲,1 号和 2 号光脉冲。若方解石长 2 mm,二脉冲分开 1.18 ps,再入射到克尔介质中去,介质折射率椭圆随时间变化。只有当 1 号光脉冲通过之后,陡后沿的 2 号脉冲对克尔介质作用,椭圆长轴沿着其偏振方向,快门打开,其开门时间约等于降落时间。对于飞秒脉冲,开门时间还可进一步缩短。

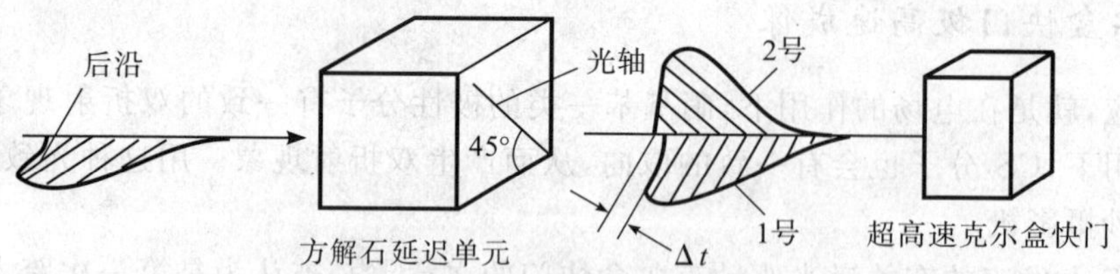

图 31-48　陡后沿激光脉冲缩短开门时间的原理图

快门时间的最终极限是克尔介质的弛豫时间。对于飞秒脉冲，CS_2介质的弛豫时间(2 ps)已成为压缩快门时间的障碍，探索新的弛豫时间更短的介质就很有必要。CCl_4的弛豫时间为 0.5 ps，$n_{2B}=0.36\times10^{-21}\,\mathrm{m^2/V^2}$；光学玻璃 BK7 的弛豫时间大于 10 fs，$n_{2B}=2.18\times10^{-22}\,\mathrm{m^2/V^2}$。

消除快门接通时延对于缩短快门时间极为重要。把图 31-47 的非共轴光路改为共轴光路(即 $\alpha=0$)可以使开门脉冲的等相位面同时到达克尔介质，从而可消除快门接通时延的影响[105]，能缩短快门时间到飞秒量级。

(三)激光全息相干快门极高速成像[106-108]

全息相干快门技术是利用超短激光脉冲的相干长度极短的特性来记录物光波的传播过程：物光和参考光的光程差小于相干长度，则干涉记录，相干快门打开；光程差大于相干长度，则不相干，相干快门关闭。这种技术最能体现利用光波自身特性来实现极高速成像记录。图 31-49 是全息相干快门极高速成像原理图。

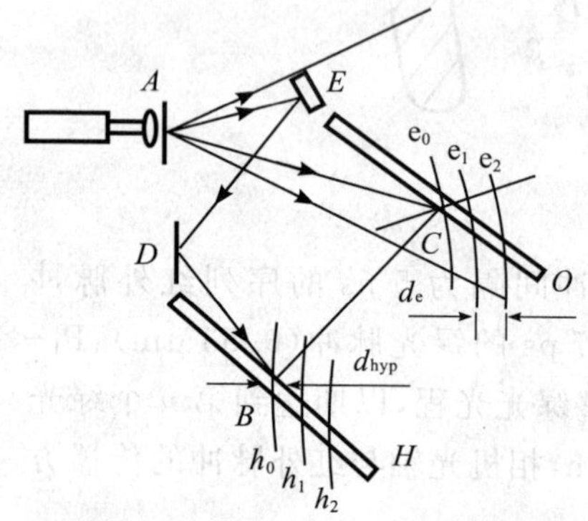

图 31-49　相干快门全息摄影原理图

全息图仅能记录物光束和参考光束的光程差小于相干长度的那部分物体，如果相干长度极短，那么一个大物体再现时，只能看到似零光程差的亮环和物体相交的部分。这个似零光程差的亮环是一个理想的椭球面，两个焦点分别是 A 和 B。对于底片面 H 上的每一点都存在一个似零光程差椭球面，分别用 e_0、e_1、e_2 …来表示。另一方面，若观察点沿着一个双曲面和底片面相交部分运动，则始终能看到同一物体的同一点。双曲面焦点分别是 A 和 C。对应着物体的每一点都存在一个似零光程差双曲面，分别用 h_0、h_1、h_2 …来表示。

这种极高速成像，能得到三维的连续记录。这种方法可用来研究干涉计量、折射和衍射的瞬时动态特性，也可用来研究纤维光学和集成光学中光的行为，精心安排之后，还可用来研究激光核聚变。

相干快门极高速成像摄影频率的上限是超短脉冲宽度的倒数。可能达到的摄影频率，受超短脉冲的脉宽、相干条纹的宽度、记录介质的空间分辨率的制约，而相干条纹的宽度又取决于波长和夹角的大小。这种摄影技术已达到了 10^{12} f/s 的水平[107,109]。随着飞秒激光脉冲的出现和脉冲压缩技术的发展，高速成像的时间分辨率极限可能会靠这种激光全息相干快门极高速成像系统达到。

图 31-50 是中国学者首次实现摄影频率高达 10^{12} f/s 的激光全息相干快门研究光波聚焦过程中光波传播行为的装置示意图[107]。图中 L 为对撞锁模染料激光器(输出脉宽 0.5 ps，峰值功率 1 kW，重复频率 100 MHz，波长 632 nm)；K 为机械快门；S 为分束器，分束比连续可调；L_1、L_2 为二扩束器，扩束比为 30；O 是含有透镜(L_0)的漫反射板，面积 200 mm×240 mm；M 为反射镜，H 是天津 I 型全息干板，面积 90 mm×200 mm。进行实验时要注意等光程的调整、参物光强比的调整、最佳曝光量的试验和减少杂光的影响。所得到的 10 幅图再现了光波的聚焦过程，分幅时间不等，聚焦瞬间的分幅时间是 1 ps。

(四)光栅型全息极高速成像[108]

利用光栅的谱面对参考光编码、延迟易于实现多幅极高速成像。分幅编码方法有光栅频谱分幅、光栅取向分幅(即旋转分幅)和两者的结合。

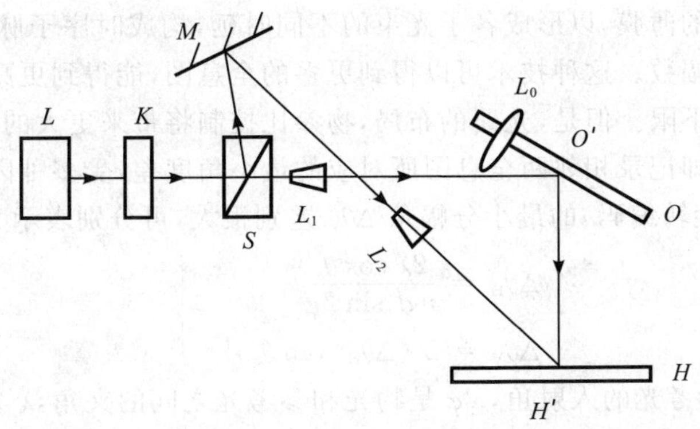

图 31-50　全息相干快门成像装置示意图

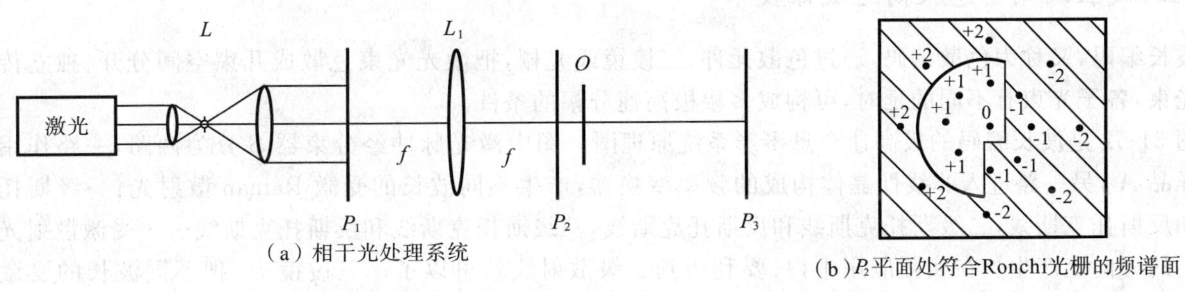

图 31-51　光栅编码的极高速全息记录系统

1. 光栅频谱分幅

参看图 31-51(a)，若在 P_1平面放置一个 Ronchi 光栅，则在 P_2面上可得到其频谱复振幅分布

$$F(\omega)=\delta(\omega)+\sum_{n=-\infty}^{\infty}\sin c\left(\frac{n\omega a}{2}\right)\delta\left(\omega-\frac{2\pi n}{d}\right) \tag{31-79}$$

式中，d 是光栅的空间周期，a 是光栅的缝宽，ω 是角空间频率坐标。很明显，在频谱面上沿 ω 坐标，除了 0 级谱外，还有高阶衍射谱，并且谱的中心位于 $\omega=2\pi n/d$ 处，见图 31-51(b)。

从(31-19)式可知，如果抽样条件能保证每个高阶衍射谱空间分开，就可采用电光快门阵列的方法或者光程延迟的方法，把各级衍射谱逐个输出，得到一列时序的参考光脉冲，各个参考光都有不同的方向角，形成角度编码，与 0 级谱对应的光束用作物光束，在 P_3平面上形成多幅全息图。

光学延迟技术是在每个高级衍射谱镀上不同厚度的薄膜，膜层厚度可按等差级数递增，亦可按不等差级数递增，但是最大厚度差所对应的激光渡越时间要小于激光脉冲的宽度。每个高级衍射谱亦可镶嵌上不同光学厚度的相位元件，但是最大光学厚度差所对应的激光渡越时间要小于激光脉冲的宽度。光学延迟技术可形成极高速全息摄影，超短激光脉冲宽度的倒数应是其摄影频率的下限。如果超短激光脉冲的宽度是 10^{-14} s，则这种光学延迟技术可达到 10^{15} f/s 摄影频率。但是这种技术和时序电光快门阵列技术一样，物参比的控制极为重要，在设计延迟量时，要考虑被研究物体所能产生的对物光束的延迟。

2. 光栅取向分幅

光栅取向分幅难以形成超过 10^{10} f/s 的摄影频率，同时激光脉冲宽度的倒数是其摄影频率的极限[110]。参看图 31-51(b)，如果相应光栅的频谱区域镀上不同厚度的薄膜，或者镶嵌上不同光学厚度的相位元件，则可实现极高速成像。光栅的高级衍射谱作为参考光，0 级谱作为物光束。一个光栅的频谱对应一幅全息图，这种光栅取向分幅的技术，能得到好的信噪比，其摄影频率的下限是超短激光脉冲宽度的倒数。研究表明，在 P_2平面处放置如图 31-51(b)所示的光阑，只使各光束的 0 级和＋1 级衍射光通过，挡住所有的－1 级和高级衍射光，将使各 Ronchi 光栅退化为正弦光栅，而两点源形成的正弦光栅像定域在全部光栅的重叠空间，有利于简化系统的调整。这种光栅取向编码极高速全息摄影可用于激光聚变的研究。

3. 光栅混合分幅和最小分幅角

光栅混合分幅，就是把光栅取向分幅和光栅频谱分幅结合起来，只是把所有光栅的高级衍射谱以一定的排列规律分别镀上不同厚度的薄膜，以形成各子光束的不同时延，构成时序子脉冲序列，而可利用的高级衍射谱的个数决定了全息图的幅数。这种技术可以得到更多的全息图，能得到更高的摄影频率，超短激光脉冲宽度的倒数是其摄影频率的下限。但是，光路的布局，物参比控制将带来更大的难度。

研究表明，最小分幅角，即记录相邻两全息图所对应的最小角度差，受多种因素的制约，且方向编码的最小分幅角 $\Delta\theta_H$ 和取向编码（旋转编码）的最小分幅角 $\Delta\theta_V$ 差别很大，可分别表示为

$$\left.\begin{aligned}\Delta\theta_H &= \frac{2\lambda\cos\theta_s}{n\,d\,\sin 2\varphi} \\ \Delta\theta_V &= 2\,(\Delta\theta_H/\tan\theta_r)^{1/2}\end{aligned}\right\} \tag{31-80}$$

式中，θ_s、θ_r 分别是物光和参考光的入射角，2φ 是物光和参考光之间的夹角，λ 为空气中的波长，d 为全息记录介质的厚度，n 为介质的折射率。式中各角度均为介质中的测量值。

（五）波长编码全息极高速成像技术

波长编码，又称为色散编码，通过色散元件、三棱镜或光栅，把激光光束色散成几束空间分开、独立传播的子光束，各子光束有不同的延时，可构成多幅极高速分幅的条件。

图 31-52 是波长编码的极高速全息摄影系统原理图。图中激光脉冲经分束器 S 分为两路，一路作用于研究样品 A，另一路进入非线性晶体构成的频率变换器，产生不同波长的受激 Raman 散射光：一级斯托克斯线和反斯托克斯线，二级斯托克斯线和反斯托克斯线，三级斯托克斯线和反斯托克斯线……受激散射光只在特定的方向上产生。在实际应用中，只要利用到二级散射线就可以了。三棱镜 P_1 把不同波长的受激散射光束进一步分开，形成不同通道、不同延时的子光束集，经分束器 S_3 形成物光束和参考光束，最后在记录介质处形成时序的波长编码的多幅全息图。

这种技术的曝光时间由激光脉冲的宽度决定，分幅时间取决于通道之间的延时。由于不同的延时是通过光学延迟线来实现的，摄影频率的上限约为 10^8 f/s。这种波长编码的方法在极高速显微高速成像中很有实用价值。

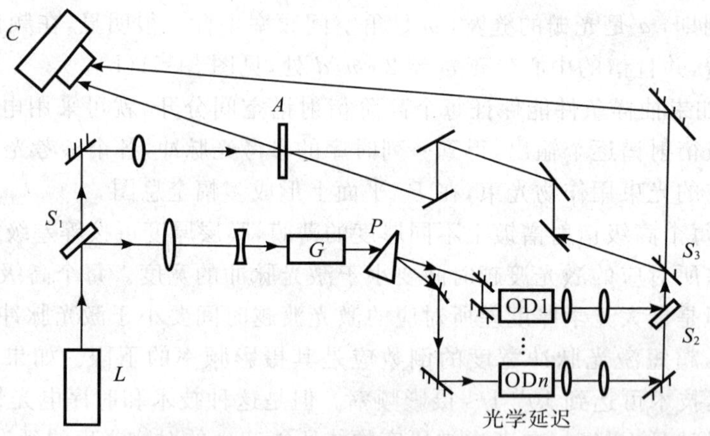

图 31-52 用三棱镜实现波长编码的极高速全息摄影系统原理图

图 31-52 采用的色散元件是三棱镜，有简单的优点，但色散率有限，且带来了像散为主的多种像差。透射光栅，亦有光栅色散和能量损失的不足。采用闪耀光栅最好，有增强＋1 级（或者－1 级）衍射光、保证单脉冲的强度等优势。图 31-53 是用闪耀光栅实现波长编码的极高速全息摄影系统的原理图[111]。

图中激光器产生的飞秒激光脉冲经过闪耀光栅色散出 3 个不同方向的光脉冲，经过准直透镜 L_1，聚焦在阶梯相位板上，出射的 3 个时序的色散脉冲经准直透镜 L_2 和分束棱镜 BS_1，形成参考光脉冲列和物光脉冲列，物光经相同的闪耀光栅反演成同一方向的时序色散脉冲序列，经被研究物体后与参考光在分束棱镜 BS_2 处形成 3 幅时序的全息图，再经过 CCD 摄像机形成数字全息图。该原理图的关键是闪耀光栅和台阶相位板的设计，前者是形成多幅的基础，后者是形成极高速分幅记录的关键。

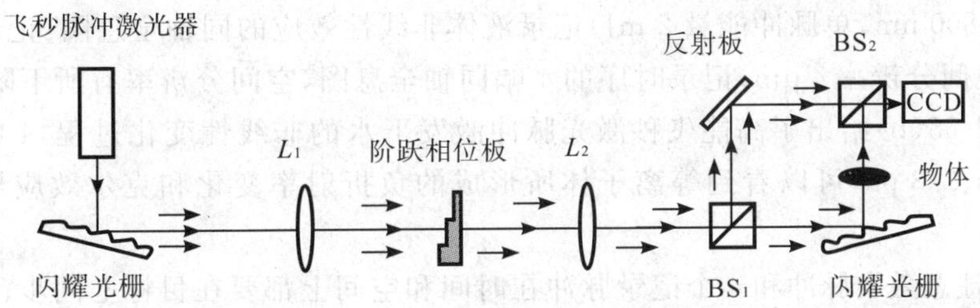

图 31-53　用闪耀光栅实现波长编码的极高速全息摄影系统原理图

这种用闪耀光栅实现波长编码的极高速全息摄影的摄影频率取决于相位台阶所产生的光学延迟时间(光程差除以光速),若相邻相位台阶的光程差为 0.03 mm,可得分幅时间 10^{-13} s、摄影频率 10^{13} f/s。文献[111]中的极高速全息摄影采用能产生 200 fs 脉冲的激光器,而所用台阶反射镜的台阶差为 1 mm,那么曝光时间为 200 fs,分幅时间为 6.6 ps,摄影频率为 1.5×10^{11} f/s。

理想情况下,波长编码的体全息记录宜采用反射全息的光路;如果是物光束和参考光相向入射的反射全息光路布局,可得到最优良的噪声特性和最小的分幅波长间隔 $\Delta\lambda_{\min}$:

$$\Delta\lambda_{\min}=\lambda_0^2/(2nd) \tag{31-81}$$

式中,λ_0 为中心波长,n 和 d 分别为记录介质的折射率和厚度。这种相向入射的全息光路布局称为正交波长编码技术。这种线路布局如何在极高速全息摄影中实现,尚需进一步探讨。

(六)角度和方向角编码全息极高速成像

1. 方位编码全息极高速成像[112]

图 31-54(a)是能够得到 3 幅图像的振幅分束方位角编码全息极高速成像的原理图。从飞秒激光器发出的飞秒脉冲(脉宽 50 fs,重复频率 1 kHz,波长 800 nm)经半波片和偏转分束器 PBS 分为激发脉冲和记录脉冲。激发脉冲经一定的时延和聚焦透镜(NA=0.25)激发目标,激发脉冲的强度为 1.4×10^{17} W/cm²。记录脉冲经分束器 BS_1 分为参考光束(单脉冲能量 0.12 mJ)和物光束(单脉冲能量 0.18 mJ):物光束经两次分束和不同的延时形成时序的 3 个物光脉冲,脉冲间隔 300 fs;参考光束经分束和时延形成从不同的方位角发出的 3 个时序的参考光脉冲。方位角指垂直于光轴平面上的不同坐标位置,可以参看图 31-54(b)中的全息记录的频谱图。

文献[112]分别给出了高能激发空气离化的强度图和等相位图,分幅时间为 300 fs,曝光时间为 50 fs,用 MINTRON-1881EX 型 CCD 相机记录。

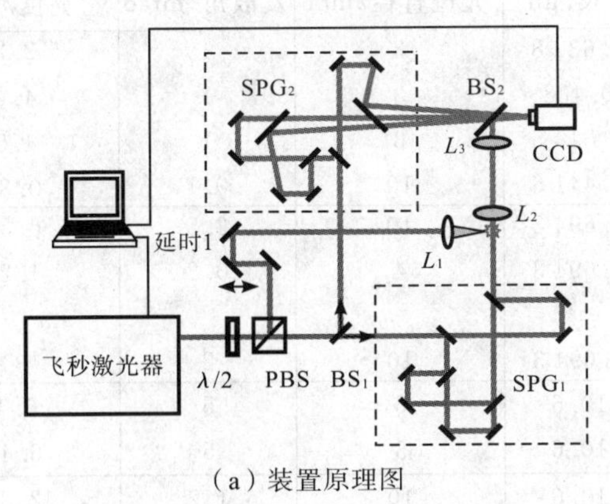

(a) 装置原理图

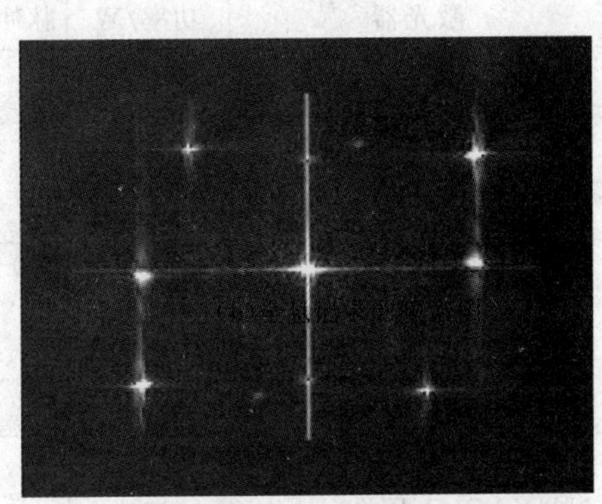

(b) 全息记录的频谱图

图 31-54　三幅方位角编码全息极高速成像的原理图和频谱图

2. 波前角度编码全息极高速成像[113]

图 31-55(a)是能够得到 4 幅图像的波前分束角度编码全息极高速成像的原理图。该装置采用飞秒激光

器(脉宽 150 fs,波长 800 nm,单脉冲能量 2 mJ)记录液体非线性效应的同轴全息图:记录单幅全息图能做到时间分辨率 150 fs,空间分辨率 4 μm;记录时序的 4 幅同轴全息图,空间分辨率有所下降,分幅时间可在亚皮秒范围内调整。图 31-55(b)给出了高能飞秒激光脉冲激发下水的非线性变化过程,4 幅的记录时刻分别为 0.0 ps、0.7 ps、1.3 ps、2.3 ps,可以看到等离子体所形成的负折射率变化和克尔效应导致的正折射率变化(第(4)幅)。

在调整装置时要注意激发脉冲和 4 个记录脉冲在时间和空间上都要在目标上同步;反射镜阵列是装置的关键部件,其中每个反射镜都能单独调整:角度是调整子脉冲的传播方向,轴向距离是调整子脉冲间的延时。

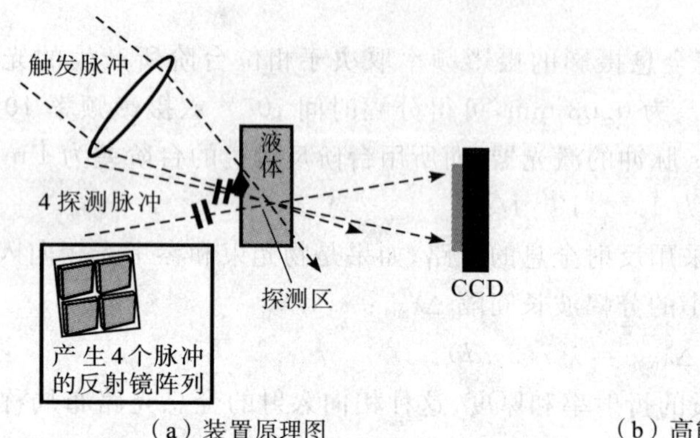

(a) 装置原理图

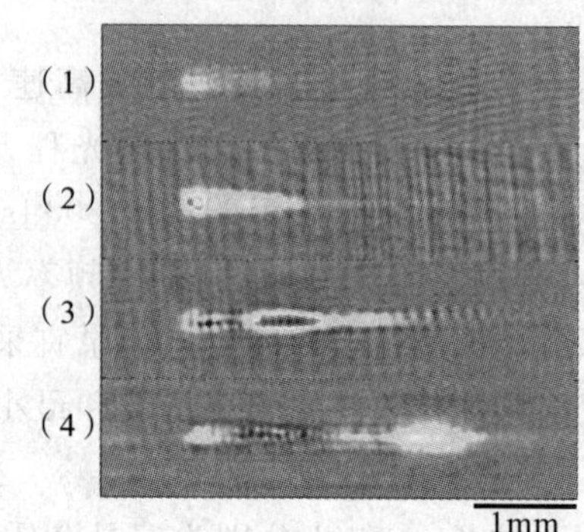

(b) 高能飞秒激光脉冲(300 μJ)激发下水的非线性变化过程

图 31-55 4 幅波前角度编码全息极高速成像的原理图和全息图

四、高速成像用激光光源

激光输出的高强度(脉冲短,峰值功率极高)、相干性和可控性,使激光器在瞬变现象的研究中得到了广泛的应用,开拓了高速成像领域,推动了瞬态光学和超快物理的发展。单脉冲激光器、序列脉冲激光器[95]和连续输出激光器均在高速成像领域中得到了应用,见表 31-25。通常对于高速全息摄影用激光光源还应考虑:

1)有一定的相干性,激光脉冲的相干性要和其功率一起考虑,一张全息图照片所能拍摄的物体的大小是受相干长度限制的。

2)激光脉冲要尽可能短,目前多在 20~35 ns。

3)脉冲序列。为了多幅记录,特别是 100 幅以上的记录,采用序列脉冲激光器才能便于分析动态发展的过程。参见表 31-26。

表 31-25 通常用于高速摄影的激光器

激光器	功率/W	脉冲时间/ns	波长/μm	光斑直径/mm	发散角/mrad	亮度/(cd/cm²)
He-Ne	0.05	cw	0.632 8	3	1	2.2×10^5
Ar^+	1	cw	0.488	3	1	4.4×10^6
He-Cd	0.1	cw	0.514 5	3	1	4.5×10^5
CO_2	2×10^4	cw	0.441 6	10	0.1	0.8×10^{12}
红宝石(Q 开关)	10^7	0.5~30	0.694 3	10	2.5	6.5×10^{11}
红宝石(Q 开关,腔倒空,单模)	2×10^6	10	0.694 3	4	0.2	1.2×10^{14}
红宝石环形(单脉冲)	3×10^6	15	0.694 3	10	2	3×10^{11}
Nd:YAG	10^2	cw	10.6	5	5	6.4×10^6
Nd:YAG(Q 开关)	10^7	10	10.6	5	5	6.4×10^{11}
钕玻璃(Q 开关)	10^7	20	10.6	10	1.2	2.8×10^{12}
钕玻璃(锁模,倍频)	4×10^7	0.005 5	0.53	5	1	6.5×10^{13}
钕玻璃(锁模)	5×10^9	0.005	10.6	10	1	2×10^{15}
GaAs(锁模)	10	0.01	0.9	2.5	0.2	4×10^6

4)脉冲宽度为皮秒量级时宜采用重复频率皮秒激光器对弱光目标进行研究，飞秒脉冲宜采用光学分幅(波前分幅和振幅分幅)和光学时延的方法形成多幅全息记录光路。

表 31-26　通常用于高速全息摄影的脉冲激光器

激光晶体	调制元件	脉冲时间/ns	脉冲间隔/μs	脉冲个数	波长/nm	单脉冲能量/mJ
红宝石	旋转反射镜	35	6×10^3	400	694.3	1
红宝石	克尔盒(20 kV)	20	10	300	694.3	200
红宝石	泡克尔斯盒	30(10～40)	3	100	694.3	1
红宝石	泡克尔斯盒	25	50	10	694.3	18
铜蒸气	本征调制	20～30	—	—	511,578	1～8
准分子	本征调制	10～50	—	—	193(ArF) 248(KrF) 308(XeCl)	100～500
染料激光器	对撞锁模	0.5 ps	重复频率 100 MHz	—	632	0.5 nJ
Nd:YAG	对撞锁模	8 ps 10 ps	—	—	106 4 106 4	5 mJ 82 mJ
Ti:sapphire Spitfire HP 50	锁模和 压缩技术	50 fs	重复频率 1 kHz	—	800	2 mJ

第七节　特种高速成像

特种高速成像包括特种摄影原理、摄影原理的综合和技术的融合，以适应和满足某些特殊的摄影条件、特殊的拍摄目标和特殊的摄影要求，或者达到更高的摄影性能。

一、网格高速成像[72,114-121]

网格高速成像，又称像分解高速成像，其理论基础之一是一个带限图像可以用阵列分立值来精确表示，只要符合抽样定理就可以了，即在等间隔抽样时，其抽样频率应为图像最大空间频率的 2 倍，抽样点上应为合适的抽样函数(例如，可为 sinc 函数)。显然，对于像分解原理所记录的图像很难满足抽样定理的两个条件，因此是近似的；但是，对于一个实际成像系统，由于多种因素影响像质，这种近似是完全允许的。

像分解原理的理论基础之二是网格间距(抽样间隔)和网格点的尺寸(即像素)应有合适的比例，才能形成多幅记录。分幅是靠像素相对于感光层移动一个像素级的距离完成的。像分解原理摄影可以看作是大量(其值等于像素数)扫描摄影机同时扫描的结果，像分解摄影机的摄影频率就是扫描摄影机时间分辨率的倒数。所以像分解是实现超高速和极高速成像的重要手段，但是得到的只是无画面图像，观察时，需要一张张地再现。摄影是编码过程，观察是解码过程。这种摄影兼有转镜摄影机和变像管摄影机的优点。

网格板是网格摄影的核心部件，分为下面几类：

1)壁状网格板，是一种狭缝或小孔形透射光学系统，类似于摄影机的暗箱，在网格板的后面形成像元像。

2)狭缝网格板或点网格板，透射系统，从网格平面上所形成的像上分割出许多不同的单元部分。

3)透镜网格板，由柱状或圆球形微透镜组成的折射光学系统。

4)光纤网格板，由光纤或自聚焦光纤或锥形自聚焦光纤组成的折射光学系统[122-124]。

5)反射镜网格板，由镜面反射单元构成的网格反射光学系统。

网格板可用光学玻璃、聚脂丙烯树脂和光学纤维[123]制造。

(一)网格原理

1.基本术语

参看图 31-56,黑点是像元,即网格点,其大小用 δ 表示,其他几何量有:节距 h_e 为两相邻网格点之间的距离,s' 为像元扫描线的最长距离,d 为两相邻扫描经之间的距离,步幅 h' 为形成两幅像时像元移动的距离,光学信息容量 P 为可记录的总画幅数。

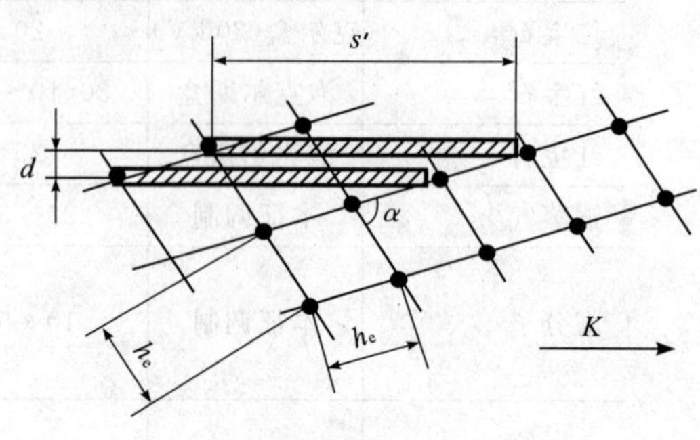

图 31-56 网格原理图

摄影频率

$$\nu = \frac{V}{h'}$$

最小步幅

$$h'_{\min} = \frac{2}{3N}\text{(对微透镜网格)}$$

$$h'_{\min} = \frac{0.6}{N}\text{(对缝型网格)}$$

最佳像元

$$\delta_{\text{opt}} = \frac{1}{2N}\text{(对微透镜网格)}$$

$$\delta_{\text{opt}} = \frac{0.46}{N}\text{(对缝型网格)}$$

画幅数

$$P = \frac{h_e^2 \sin a}{dh'} - 1$$

上面各式中 N 为网格摄影机的摄影分辨率,通常由实验确定,但也可用下面的经验公式估算,即

$$N = k N_f\left[1 - \exp\left(-\frac{2r'}{S'_p kN_f \lambda}\right)\right] \tag{31-82}$$

式中,k 为被摄物体的衬度(反差),$\frac{2r'}{S'_p}$ 为网格摄影机光学系统的相对孔径;N_f 为底片的分辨率(当 $k=1$ 时);λ 为被摄物体的主波长。网格板的主要参数有(设网格点均按六角形排列):

网格像的平均分辨率

$$R_a = \frac{1}{1.86\,h_e}$$

网格像的平均截止频率 $R_e = \dfrac{1}{0.93h_e}$

网格像的像元数

$$P_e = \frac{b_1 \times b_2}{(0.93\,h_e)^2}$$

等效标准画幅的分辨率

$$R_e = \frac{1.074}{h_e}\sqrt{\frac{b_1 \times b_2}{S_1 \times S_2}}$$

式中,$b_1 \times b_2$ 为网格像的大小,$S_1 \times S_2$ 为标准画幅的大小。

2.基本光学系统

参看图 31-57,(a)感光层 4 放在网格像面上,(b)网格像用辅助物镜 5 成像在感光层 6 上,1 通过物镜 2 成像在网格板平面上,网格像是被物像所调制的、物镜 2 入瞳通过网格板诸透镜所成像的集合。为进行多幅记录,网格像和感光层之间的相对移动可用下述诸法实现:

1)摄影物镜出瞳的移动或转动。

2)网格板的转动或移动。

3)用感光层的转动或移动。

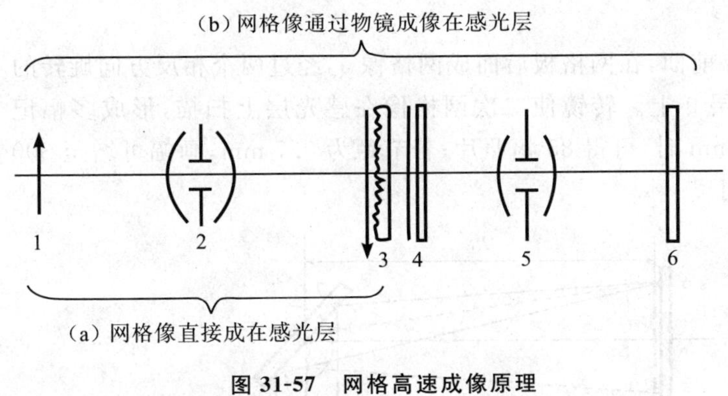

图 31-57　网格高速成像原理

4)用反射镜使网格像扫描。

5)电子扫描网格像(电磁偏转等)。

(二)转瞳式网格摄影

1. 单圆盘转瞳式网格摄影机

图 31-58 是单圆盘转瞳式网格摄影机的光学系统示意图。物体 A 通过透镜 1 成像 A' 于网格板 2 平面上,旋转圆盘 3 上的小孔(转瞳)分别被网格板上的微透镜成网格点于感光层上,网格点组成了网格像 A'',A'' 的强度为 A' 所调制。当转瞳运动时,每个网格点都在感光层上扫描,以形成多幅记录。图 31-59 是旋转圆盘(尼勃考夫圆盘)的示意图,图中诸小孔(转瞳)分布在阿基米德螺线上。CP-600 属于这种类型的高速网格摄影机。

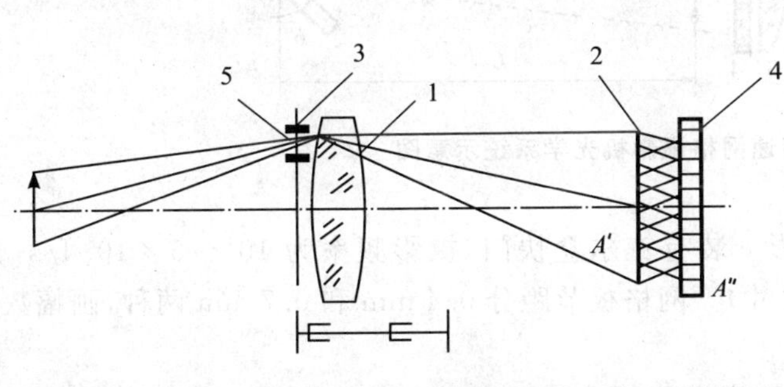

图 18-58　转瞳式网格摄影机原理图

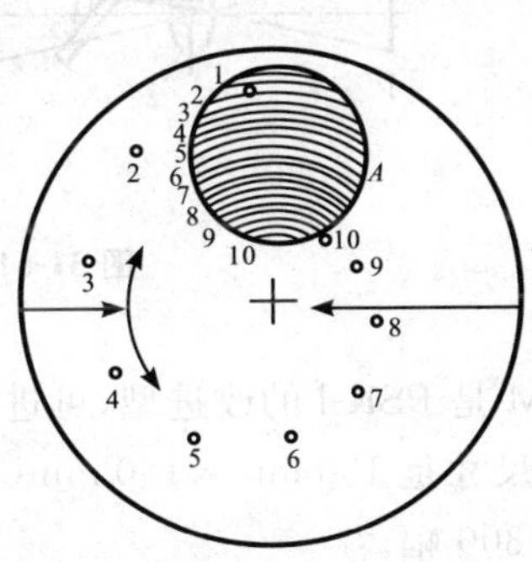

图 31-59　尼勃考夫圆盘

2. 双圆盘转瞳式网格摄影机[118]

在主物镜前有两个速比有一定关系的旋转圆盘,分为快盘和慢盘。快、慢盘上的小孔按一定的规律周期性地重合,让光线通过以形成网格像,两孔重合的频率决定了拍摄频率。可以选择适当的圆盘获得任何曝光系数。利用双圆盘可以在画幅间引入时间间隔,因而可以把记录的时间扩大几倍。俄罗斯 RKD-2M 转瞳式网格摄影机就属于此类。若要获得 $m\times n$ 张画幅,只要快盘有 n 个孔分布在一个螺旋纽上,慢盘有 mn 个孔分布在 m 个螺旋线上,慢盘转 1 周,快盘转 m 周,即可实现。

(三)转镜扫描式网格摄影

对于这种类型的摄影机,网格像在感光层扫描是靠转镜实现的,易于实现高的拍摄频率。

1. 萨尔塔诺夫型高速网络摄影机

如图 31-60 所示,3 是缝型网格板,所形成的网格像经透镜 4、转镜 5 成二次网格像于底片面 6 上,当转镜旋转时,二次网格像扫描,可形成多幅记录。

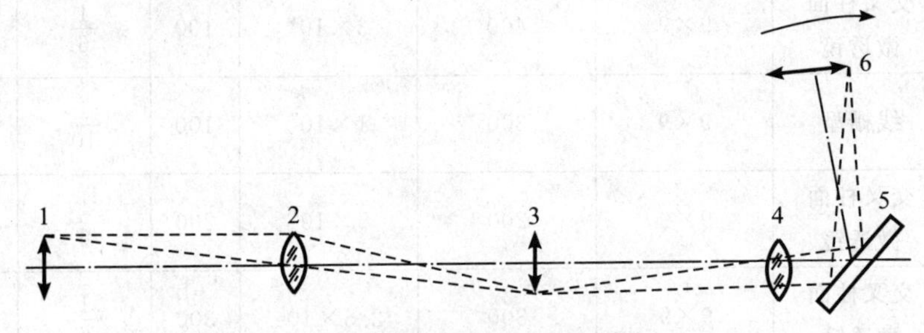

图 31-60　萨尔塔诺夫型高速网络摄影机光学系统

2. PKS-l 高速网格摄影机

图 31-61 中,物体 1 经物镜 2 成像在网格板 4 前面,在网格板后面成网格像 5,经过两个相反方向旋转的反射镜 6、7 和第二物镜 8,成二次网格像在感光层 9 上。转镜使二次网格像在感光层上扫描,形成多幅记录。摄影频率可达 10^8 f/s,当网格节距为 0.355 mm 时,可得 85 幅照片;若节距为 0.7 mm,画幅可增至 300 幅。9、10、11 是照明系统,为逐幅阅读和复制之用。

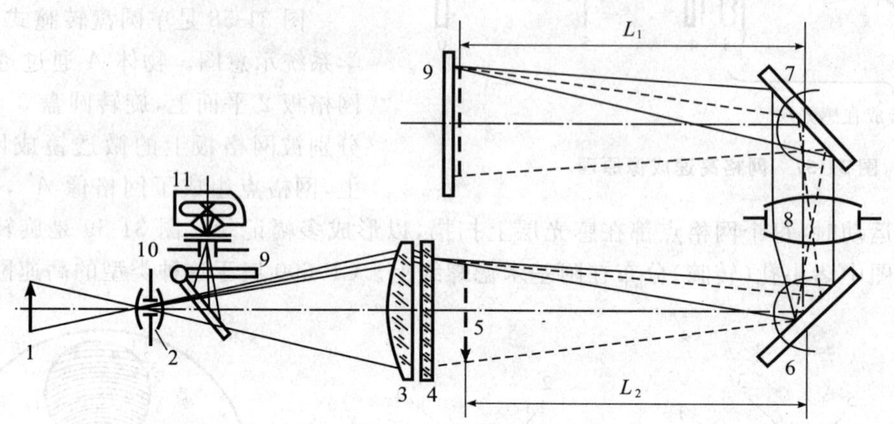

图 31-61 PKS-1 高速网格摄影机光学系统示意图

PSK-2M 是 PSK-l 的改进型,可进行显微摄影。装有克尔盒快门,摄影频率为 10^3～5×10^8 f/s,分 24 挡。网格板尺寸是 130 mm×180 mm(也是画幅尺寸)。网格板节距分 0.4 mm 和 0.7 mm 两种,画幅数分别为 100 幅和 300 幅。

SFR-RM 高速网格摄影机属于准等待型高速摄影机,是在 SFB 型高速成像系统的基础上研制而成的,可进行显微放大摄影(放大率为 1.5 倍、10 倍、50 倍 3 种),摄影频率为 5×10^6～10^8 f/s,画幅数 100 张,网格板为60 mm×50 mm。

FKR-2 高速成像系统在转镜型摄影机中的拍摄频率最高,可达 1.5×10^9 f/s(高速透平驱动)、5×10^8 f/s(电马达驱动),等效 16 mm 标准画幅的空间分辨率为 15 lp/mm。

(四)主要网格摄影机性能一览表

主要网格摄影机的性能如表 31-27 所示。

表 31-27 主要网格摄影机的性能

型号	国家	网格板类型	网格板尺寸 /cm^2	宽度方向网格单元数	摄影频率 /(f/s)	画幅数	等效相对孔径	网格像移动方式	同步方式
CP	美国	交叉柱面微透镜	9×9	200	2.5×10^4	200	$\frac{1}{6}$	干板和网格板相对转动	同步
Bray,G·R	英国	交叉柱面微透镜	9×9	400	3×10^4	100	$\frac{1}{6}$	干板和网格板相对转动	同步
MVTU	苏联	线栅型	9×9	300	1×10^5	100	$\frac{1}{10}$	干板和网格板相对转动	同步
CP	美国	交叉柱面微透镜	9×9	200	5×10^4	200	$\frac{1}{6}$	转瞳式	等待
LT	英国	交叉柱面微透镜	9×9	300	2.5×10^5	300	$\frac{1}{6}$	转瞳式	等待
RKD-2M	苏联	球面微透镜	9×9	225	10^5	50～200	$\frac{1}{8}$	双圆盘转瞳式	等待

续表

型 号	国家	网格板类型	网格板尺寸 /cm²	宽度方向网格单元数	摄影频率 /(f/s)	画幅数	等效相对孔径	网格像移动方式	同步方式
MOSKVA-R	苏联	球面微透镜	9×9	225	5×10^4	50	$\frac{1}{8}$	转瞳式	等待
RKS-11	苏联	球面微透镜	13×18	325	10^5	100	$\frac{1}{8}$	电动机驱动网格板	等待
RKS-11	苏联	球面微透镜	13×18	325	2×10^6	100	$\frac{1}{8}$	气动网格板	同步
Sultanoff	美国	线状透镜型	9×12	250	10^8	30	$\frac{1}{14}$	转镜扫描	同步
PKS-2M	苏联	球面微透镜	13×18	325	5×10^8	100	$\frac{1}{18}$	转镜扫描	同步
SFR-RM	苏联	球面微透镜	5×6	125	10^8	100	$\frac{1}{18}$	转镜扫描	准等待 $k=100$
FKR-2	苏联	球面微透镜	9×12	225	1.5×10^9	100	$\frac{1}{18}$	转镜扫描	准等待 $k>50$

注：k 是等待系数，是等待时间与记录时间的比值。等待型摄影机的等待系数趋于无穷大。

(五)网格高速摄影和极(超)高速成像技术进展

网格原理(像分解原理)是超高速、极高速形成技术的主要基础之一，在多幅成像领域占有重要的地位：只要相对于记录介质移动一个网格点(一个像元，一个像素)，即可完成一幅图像的记录。

由网格点像组成的阵列称为网格像(像分解像)。对于非透射型像分解板，网格像是受物体像(成在像分解板前面)强度调制的阵列微透镜对物镜出瞳成像的像点集合。摄影频率和网格像相对于记录介质的高速扫描方式有关：移动或者转动物镜的出射光瞳、移动或转动网格板、移动或转动记录介质，摄影频率为 10^5～10^6 f/s；转镜扫描网格摄影机和电子扫描网格摄影机的摄影频率可达 10^9～10^{12} f/s(或者更高)。

早在 20 世纪 50 年代，H. Sultanoff 利用狭缝透射型网格原理(网格像像素是线，不是点)，形成了摄影频率 10^8 f/s、150 幅的极高速成像：狭缝透射型网格板相对胶片做垂直于狭缝方向的扫描运动，而目标沿狭缝方向运动，两个运动合成网格像的集合。应该说这是一种原始的、像质不高、只能满足特定要求的极高速成像，但却是像分解极高速成像的最早记录[5]。

俄国高速成像先驱 A. S. Dubovik 研制成功了高水平的 FKR-2 型转镜式像分解极高速成像；H. Shirage 把变像管技术和像分解技术相结合研制成摄影频率 1.15×10^{11} f/s(分幅时间 8.7 ps)的极高速成像，幅数是 50～100 幅，采用了透射型像分解板[72]。

中国在像分解板的研制上做了一定的工作；在像分解高速成像领域研制成功转瞳式像分解高速成像[114]系统；设计了转镜式像分解极高速成像系统，龚祖同院士的设计指标是摄影频率 5.1×10^{10} f/s，画幅数 3 040 幅，每幅的像素数是 2.2×10^5 个[124]；实现了二维针孔点阵阴极(相当于像分解板)的变像管极高速成像[69]。

像分解高速成像记录的不是图像本身，而是图像的叠加(集合)。如果要研究每幅图像则需要“再现”，需要从叠加的图像中一幅幅分离出来。在分离出每幅图像的过程中，冲洗过的胶片很难做到精确复位，这就给再现带来误差。而 CCD 等固体成像器件的发展，给数字像分解摄影带来了发展的机遇：以像分解记录，用数字再现。目前，阵列式固体成像器件已达 5 120×5 120 像素：如果每幅的像素数是 5.6×10^4 个(FKR-2 型像分解摄影机)，则可记录 468 幅；如果每幅像素是 2×10^5 个，则可记录 131 幅。

二、Cranz-Schardin 高速成像

Cranz-Schardin 高速成像的原理，是指利用时序的、空间有规律的点光源阵列实现照明、分幅、曝光的摄

影技术，又称火花高速成像，易于实现超高速成像和极高速成像。如图 31-62 所示，各个火花光源经过聚光镜成像在相应的物镜入瞳上，而所照明的被研究的物体则被这些物镜分别成像在相应的记录介质的位置，从而完成了 Cranz-Schardin 原理摄影的全过程，当然各个火花闪光的时间是时序的[125]。从照明来说，是典型的 Kohler 照明[126]；从高速成像原理来分析，Cranz-Schardin 摄影系统完全满足高速成像的曝光原则和分幅原则，而且系统的曝光功能和分幅功能各自独立，能得到足够大的空间信息量和时间信息量；同时，相邻火花光源之间的时间间隔，即分幅时间可以调整，一次摄影可以得到不同分幅时间的记录，以适应超快变化过程的不均匀，达到匹配合理的高速成像。分析表明，要想得到满意的多幅火花摄影结果，要满足 Cranz-Schardin 摄影的 4 个条件：每个点光源的触发抖动要小，触发延时短、准确；点光源的位置在触发期间应不发生游动；每个点光源的亮度要保持一致；各个点光源的闪光时间和特性要一致。但是，这种原理，由于点光源的空间有规律排列，不在一个空间点上，所以多幅图像之间有视差。

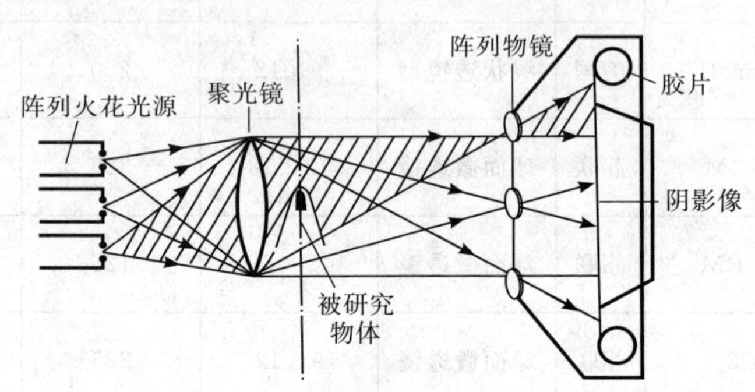

图 31-62　Cranz-Schardin 型摄影机原理图

Cranz-Schardin 摄影技术优势和不足[125]。主要优势：易于实现高性能，是阴影摄影和纹影摄影的最佳光源；闪光时间很短，易于实现微秒、纳秒级以至皮秒级光源，易于与摄影机同步；冷光源；性能可靠，能承受严酷的环境；是简单的无像差阴影摄影系统，可能是最便宜的高速成像系统。主要不足：所得图像间有视差；强电干扰；高压危险；每个点光源的光输出相对低，前向照明受到一定限制。实际上，通过系统的设计和采用激光光源，除产生视差外，其余不足之处均可以克服。

激光光源的 Cranz-Schardin 摄影技术。如图 31-63 所示，1 是红宝石激光器，能产生脉宽 20 ns 的激光脉冲；3、4、5 分别为克尔盒和正交偏振片，限制曝光时间在 1.5 ns；6、7、8 是反射分束镜组；13 是钕玻璃激光器，输出光经透镜 12 聚焦在靶球上形成高温等离子体，记录在胶片 10 上，可得到 5 幅图像；2 是控制单元，9 是靶室，11 是靶的支撑装置。分幅时间取决于光学延迟线的延迟时间，缩短光学延迟线的距离，摄影频率可达 10^{11} f/s。激光二极管阵列 Cranz-Schardin 摄影（简称 LDCS 摄影）具有更多的优势，可做到精确同步、输出光强远大于经典火花隙光源、单色光输出但无相干噪声，利用 CCD 可以实时数字记录。

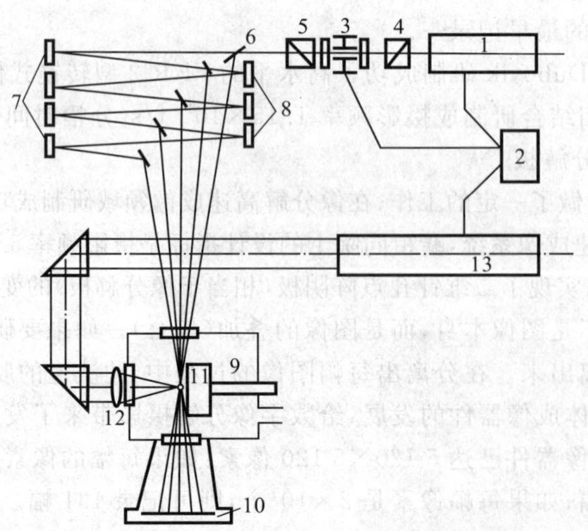

图 31-63　激光 Cranz-Schardin 摄影原理图

激光光源 Cranz-Schardin 系统摄影性能的进展[127-128]。德国学者利用激光二极管(每只的功率为 1W)阵列作为 Cranz-Schardin 摄影机的火花光源,用多面锥反射镜作光学分幅元件,通过精确的数字电路控制,可以得到 8～16 幅数字记录图像,摄影频率可达 10^7 f/s,曝光时间为 80 ns[129]。这种摄影采用后向照明,能通过可视化系统(阴影、纹影、干涉)来研究相位物体。

中国学者在 Cranz-Schardin 摄影领域也取得了一定的进展:把 Cranz-Schardin 原理引入到实验力学的动态分析上,设计了反射式 Cranz-Schardin 分幅摄影机[130];研制的 YA-16 Cranz-Schardin 分幅摄影机[131],可实现 10^2～10^6 f/s 大范围任意不等间隔的分幅控制,多路光电实时接收(时间分辨率可达 10^{-7} s),空间分辨率为 40 lp/mm,视差为 0.3°;深圳大学为了研究激光飞片的动态过程,正在研制新一代 Cranz-Schardin 极高速成像系统,摄影频率高达 10^{10} f/s,可得到 8～16 幅高分辨率数字图像。

三、高速显微摄影

(一)高速显微摄影的特殊问题[132-133]

从对瞬变现象摄影研究的角度来看,显微高速成像碰到的主要问题是照明要求过强、曝光时间过短和焦深不够。

(1)照明问题

显微高速成像的横向放大率 β 远大于 1,这样一来产生两个必然的结果:一是 β 越大,物像的速度也同样放大,要求曝光时间越短;二是物像的照度随放大率的平方变小。所以照明光源的亮度要随放大倍数的三次方增加,才能满足曝光量的要求。提高记录介质的灵敏度、感光度,用像增强器也只能在一定范围、一定限度内解决问题。如果放大率是 10^3 倍,则光源亮度要增加到 10 亿倍才能满足要求!

(2)曝光时间问题

放大倍数增大,物像速度成比例增大。为了保证准模糊量 $\sigma=0.02$ mm,必须成比例缩短曝光时间 τ。

(3)景深问题

显微镜的景深 $2dx$ 很小,可表示为

$$2dx=\frac{1}{7\mathrm{NA}\,\Gamma}+\frac{\lambda}{2\,(\mathrm{NA})^2} \tag{31-83}$$

式中,Γ 为系统放大率,NA 为系统的数值孔径,λ 和 dx 的单位为 mm。如果 $\Gamma=10^3$,NA=0.5,$\lambda=0.0005$ mm,可得显微系统的景深为 1.29×10^{-3} mm。

(二)高速显微摄影中的显微系统

为了把微小物体放大的像成在感光层上,有 4 种方案(参阅第十四章和第三十三章的有关节):

1)从目镜出射平行光,显微镜和高速成像的物镜相耦合,这时系统的放大率为

$$\beta=\frac{160}{f_{\mathrm{ob}}}\frac{f_{\mathrm{c}}}{f_{\mathrm{oc}}} \tag{31-84}$$

式中,f_{ob} 和 f_{oc} 分别是显微物镜、目镜的焦距。这种耦合法原理简单,但系统中的剩余像差增大。

2)只用显微镜作为高速成像系统的物镜,感光层放在物镜所成像的平面上。这种方法虽简单但像质不好,其放大率 β 为

$$\beta=\frac{160}{f_{\mathrm{ob}}} \tag{31-85}$$

3)显微镜的非标准使用(例如目标远离物镜才能在感光层中得到像),这时像质变坏。

4)显微镜的光学系统完全保留,感光层上的像通过移动目镜得到。这时有两种投影情况:用正投影目镜(图 31-64(a))和用负投影目镜(图 31-64(b)),这时的系统放大率 β 为

$$\beta=\beta_{\mathrm{ob}}\beta_{\mathrm{oc}} \tag{31-86}$$

式中,β_{ob} 是物镜放大率,β_{oc} 是目镜放大率。

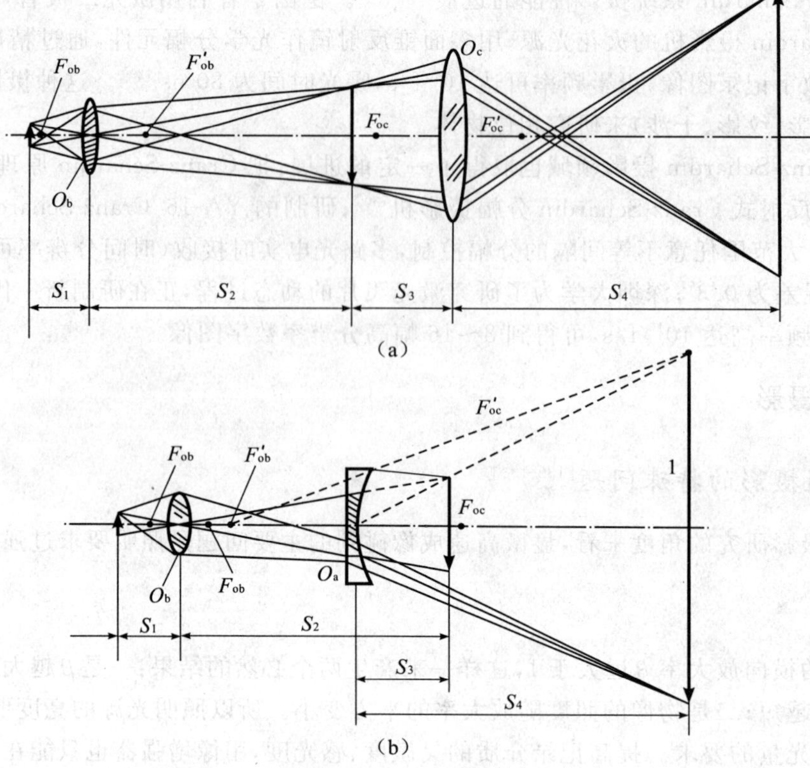

图 31-64 两种实用的显微系统

(三)高速显微摄影装置

为了在感光层上以很高的频率记录下被研究过程的放大像，就需要将显微摄影装置和高速成像以应有的形式结合起来。一般来说，在高速显微摄影中，由于感兴趣的是被研究过程的细微结构，故多采用分幅摄影，当然如有必要也可得到扫描记录。显微摄影装置可以和各种高速成像装置相结合，以实现高速显微摄影。但是，显微摄影装置和高速成像装置必须是光瞳共轭、物像共轭，即显微系统的入瞳是高速显微摄影系统的入瞳，显微镜的像面应位于高速成像的任何一个中间像的平面内。装置分为：

1)显微放大系统和典型的高速成像装置相结合，或者高速成像装置的物镜由显微物镜所取代。

2)C-P 型高速显微摄影装置。网格摄影机由于易于实现高速（SFR-2 型摄影机可达 1.5×10^9 f/s），和保证足够大的光力，所以特别适于高速显微摄影。图 31-65 就是网格高速显微摄影装置的原理图。图中 1 是高速变化的微小物体，经透镜 3 成像在网格 5 的平面上，干板 6 上构成物体的网格像。干板以很高的速度移动，使网格像扫描，可达到 2.5×10^4 f/s 的摄影频率。SFR-2，SFR-2M，SFR-P 都可作高速显微镜摄影之用。

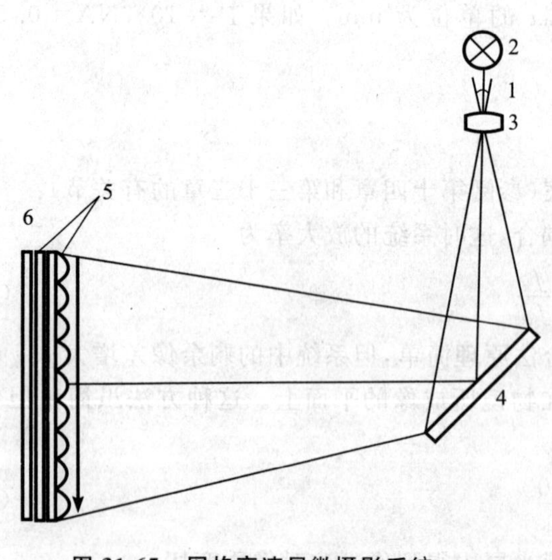

图 31-65 网格高速显微摄影系统

为了满足日益发展的对细观、微观和亚微观动态过程观察的需要，发展高速显微摄影技术是未来高速成像领域的主要任务。高速显微摄影的发展将首先促进非线性光学效应、动态材料强度、断裂机理和磁学等的发展。

（四）龚祖同猜想

龚祖同院士（1904—1986）在20世纪80年代初曾多次提出一个问题[134]：人们终将能够通过高速成像看到电子绕原子核运动的动人景象。进入21世纪以来，国际上也有科学家提出类似的问题，并称之为物理学家的梦想。这要牵涉物理学的、量子力学的一些根本问题，这里不作赘述。

但是，随着极高速成像的发展和激光探针技术的飞速进步，探测到、感觉到这种运动应该是有可能的[2,165-169]。在一个电磁波和粒子波的级联系统里，能够同时实现极高的时间分辨率和极高的空间分辨率，这是实现显微极高速成像的新思路，其中飞秒激光电子衍射系统最具有代表性。这种系统利用了飞秒激光时间分辨率高的优势和电子波长极短因而空间分辨率高的优势，已经在晶格膨胀、表面分子的振动、物质的结构相变和化学键断裂的动力学过程等方面得到了有价值的结果。根据海森伯测不准关系，时间分辨率极限是频率的倒数，空间分辨率极限是波长。这里的频率和波长可以是电磁波的，也可以是粒子波的。能量为30 keV、100 keV电子的空间分辨率极限分别是7 pm、3.88 pm，相应的时间分辨率极限是0.14 as、0.04 as。飞秒激光诱导的光电子衍射能够给出电子轨道及原子核位置的动态详细信息，已经看到二氧化钒从单斜晶系到四方晶系的相变过程，能分辨出飞秒级钒键的拉伸和皮秒级钒原子的移动。光电子衍射要获得更高的时间分辨率和空间分辨率，取决于压缩光电子波包是从皮秒级到飞秒级，或者从飞秒级到阿秒级技术的发展。

观测到这种动人的景象，抑或得到这种运动的某种信息、某种变换，如果不考虑有关的物理机制问题，还要有多长的路要走？但是，随着微观世界动态过程研究的深入和原子时间信息的日趋重要，显微极高速成像技术、原子时间放大技术的真正发展是本世纪的事情。

四、高速立体摄影

有关三维信息（三维传感）的探测技术，可参考文献[95]的有关篇章，这里只介绍高速立体摄影的基本原理和技术。

（一）立体视觉和立体摄影

图31-66是说明立体视觉的示意图。视差角$\gamma=\dfrac{b}{y}$，线视差（生理差）为$|\widehat{\kappa_1 m_1}-\widehat{\kappa_2 m_2}|$，$b$是眼睛的基线，$\Delta\gamma$是立体视觉分辨率。人眼的$\Delta\gamma$是$10''\sim30''$，体视半径（立体视场的半径）为

$$y_{\max}<\frac{b}{\Delta\gamma}$$

望远镜的体视半径为

$$y'_{\max}=y_{\max}\kappa\nu \tag{31-87}$$

式中，κ是望远镜和人眼两者基线之比，ν是望远镜的放大倍数。

立体摄影不仅可以得到物体的空间模型，而且可以测量该物体各个要素点和单元的3个坐标。为了根据照片测定被研究空间中点的坐标，必须已知摄影瞬间决定照片位置的参数，即定位诸元（内定位诸元、外定位诸元）。

对于野外爆破的高速立体摄影，国外有人推导了直接线性变化公式：

$$\left.\begin{aligned}x+\frac{L_1X+L_2Y+L_3Z+L_4}{L_9X+L_{10}Y+L_{11}Z+1}=0\\ y+\frac{L_5X+L_6Y+L_7Z+L_8}{L_9X+L_{10}Y+L_{11}Z+1}=0\end{aligned}\right\} \tag{31-88}$$

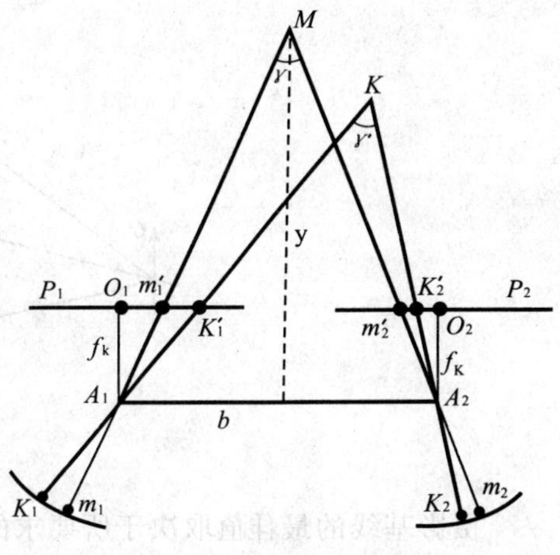

图31-66　立体视觉示意图

式中，x、y 是坐标判读仪读出的由任意点为原点的像点坐标，L_1、L_2、…、L_{11} 是摄影的外方位元素、摄影机焦距及各项误差的改正函数，X、Y、Z 是待定点的物空间坐标。根据已知点（最好有 8～10 个）的坐标，采用多元回归，求解出 11 个 L 系数，用迭代法求解 X、Y、Z。

立体摄影有 4 种方法：

1）会聚摄影法。同一平面两光轴会聚；

2）平行摄影法。两光轴平行；

3）垂直摄影法。两光轴垂直基线；

4）垂直会聚法。一光轴垂直基线，两光轴仍相交。

垂直摄影法最简单，但高速立体摄影中目标视场小，所以多采用垂直会聚法。

（二）高速立体摄影

当在两个选定的位置上进行高速流逝过程的立体摄影时，因为目标是高速变化的，其必要条件是构成立体像对的两张照片同时曝光，实现高速立体摄影的办法有下面几种：

1）用两台具有同一频率、同步工作的高速成像系统工作。同步可用机械的办法，也可用电的办法达到。当然，若频率不同，则可用差额的办法得到其重复频率远低于单机工作频率的立体像对，目前多用时标方法。

2）用分割视场的单台高速成像装置完成，这时要有立体附件。

3）多通道系统：立体附件和具有双排（或者四排）排透镜的高速分幅摄影机相结合。这种方法易于实现高速立体摄影，只是高速成像的多通道光阑要作相应的改变，所形成的立体像对要同时曝光。图 31-67（a）是适于高速立体摄影的多通道光阑，图 31-67（b）是高速立体摄影系统。图中，O 是被摄目标，经反射镜组 1 和多通道光阑 2，被摄物镜 3 和透镜 4 成像在转镜附近，再经过排镜 6，成像于底片面上，O'_1 和 O''_2 是立体像对；同时，光阑 2 经透镜 4 成像在排镜 6 的附近，当转镜扫描时，起分幅和快门的作用。苏联 SFR 型高速分幅摄影机配备了基线可变的立体附件（200 mm，500 mm，800 mm）。

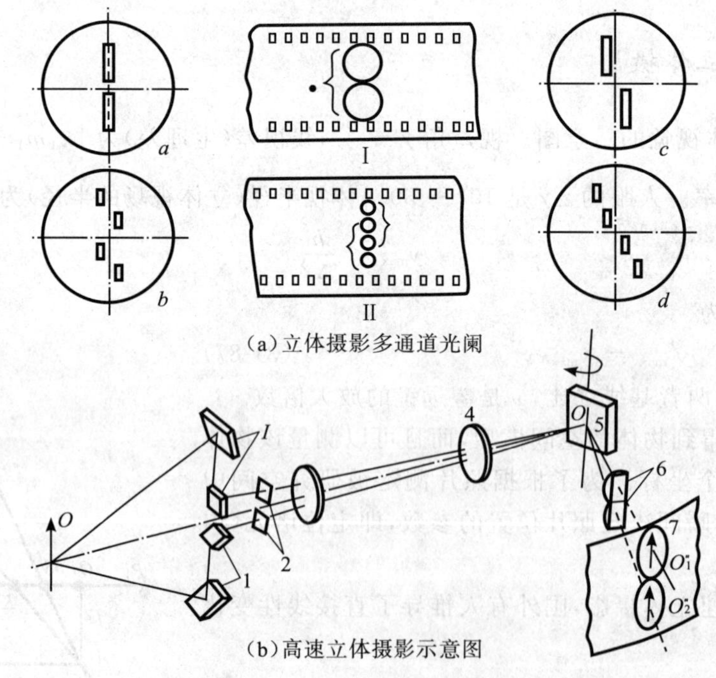

图 31-67　多通道高速立体摄影

摄影基线的最佳值取决于所要求的立体效应和坐标的精度。对于垂直摄影法，最佳基线方程可表示为

$$B=\frac{\Delta y p_{\max}^{2}}{\Delta p f} \tag{31-89}$$

式中，Δy 是坐标测量的允许误差，Δp 是测量水平视差时的工具误差，p_{max} 是水平视差的最大值，f 是摄影机的焦距。

4)高速立体网格摄影。利用网格摄影机，易于实现立体摄影。图 31-68 为立体网格摄影机的示意图。物镜 1 通过光阑孔 n 和 m 把物体成像在网格板 2 附近（A'_m、A'_n），又通过网格板的微透镜在记录介质上成受 A'_m、A'_n 调制的网格像 A''_m、A''_n。物体 A 的深度为 Δl，基线为 B，相应于网格平面上的水平视差是 $\Delta p'$，所记录的 A''_m 和 A''_n 和立体像对相对应。

用这种原理可实现高速立体网格摄影的摄影机有两种：RKD-2S 双圆盘网格摄影机，摄影频率为 $10^5 \sim 2\times10^5$ f/s；SFR-RS 高速网格摄影机，摄影频率为 10^8 f/s。

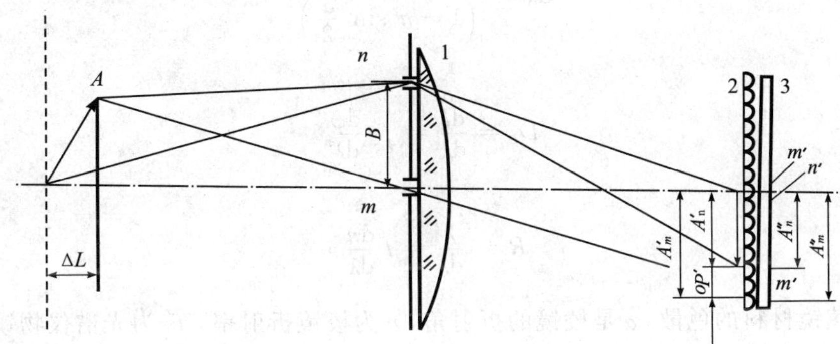

图 31-68　立体网格摄影原理图

5)单机镜像高速立体摄影[135]。单摄像机镜像立体测量原理也是基于立体视觉原理，由一台摄像机和两个对称的光学反射镜组成，其光路原理如图 31-69 所示。

利用左右对称的两个光学反射镜组 M_{1L}、M_{1R} 与 M_{2L}、M_{2R}，把摄像机 C 镜像为存在一定角度、相互对称的虚拟摄像机 C_{2L} 和 C_{2R}。摄像机像面平分为左、右像面，左像面只能接受左反射光路所成的像，右像面只能接受右反射光路所成的像。被摄物体通过左右反射光路，分别成像在摄像机的左右像面上测量。视场内被测点在单摄像机虚拟的两个视场内分别成像，形成一定的虚拟立体视差，利用空间点在两虚拟摄像机平面上的点坐标来求空间点的三维坐标。

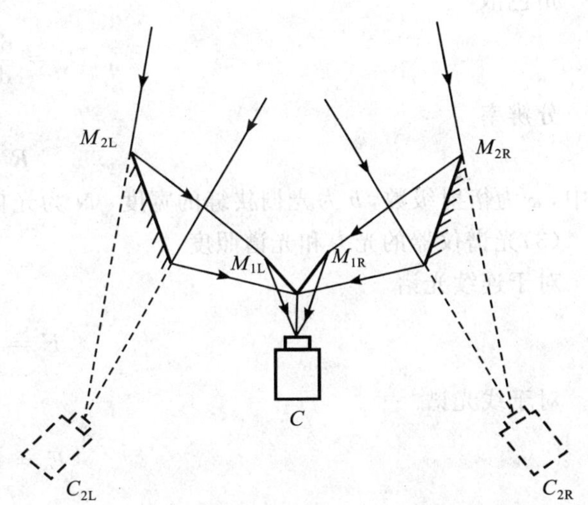

图 31-69　单高速摄像机镜像立体测量光路图

这种镜像立体摄影测量的优势是通过改变两组反射镜的摆放角度，可以改变两虚拟摄像机之间的距离，基线增长不会导致仪器体积的明显增大。两个虚拟摄像机是由同一个摄像机镜像而来，因此采集图像的两个摄像机完全一致，具有极好的对称性；对物体特征点的三维测量，只需一次采集就可以获得两幅图像，提高了测量速度。

五、高速光谱成像

光谱仪器的主要类型有色散型、干涉型和计算机层析型。色散型光谱仪的色散元件有色散棱镜和衍射光栅，光谱仪分为三类：通过目视进行光谱观察的分光镜，用照相材料记录光谱的摄谱仪，以及用光电接受自动记录的光谱计。干涉型光谱仪器就是傅里叶光谱仪，分为时间调制型和空间调制型两种[136]，后者易于实现高速干涉光谱摄影。计算机层析型是一种无狭缝、无分束器的高通量层析成像光谱仪，它利用数字图像处理的层析技术，通过逆投影算法重构数据[137]，这里涉及傅里叶变换和拉东投影变换。下面讨论几种瞬时光谱的摄影装置。

(一)光谱仪的性能参数

色散型光谱仪的性能参数(色散、分辨率和光力)取决于其色散结构，而色散元件有棱镜和衍射光栅。

(1)棱镜色散光谱仪

角色散

$$D_\varphi = \frac{d\varphi}{d\lambda} = \frac{2\sin\dfrac{\alpha}{2}}{\left(1 - n^2\sin^2\dfrac{\alpha}{2}\right)^{\frac{1}{2}}}\frac{dn}{d\lambda} \tag{31-90}$$

线色散

$$D_l = \frac{dl}{d\lambda} = f'\frac{d\varphi}{d\lambda} \tag{31-91}$$

分辨率

$$R = \frac{\lambda}{d\lambda} = t\frac{dn}{d\lambda} \tag{31-92}$$

上面诸式中，$\frac{dn}{d\lambda}$ 是棱镜材料的色散，α 是棱镜的折射角，n 为棱镜折射率，f' 为光谱仪物镜的焦距，t 是棱镜的底边长。

(2)衍射光栅色散光谱仪

角色散

$$D_\varphi = \frac{d\varphi}{d\lambda} = \frac{\kappa}{b\cos\varphi} \tag{31-93}$$

分辨率

$$R = \kappa N \tag{31-94}$$

式中，κ 为衍射级数，b 为光栅狭缝的宽度，N 为光栅每毫米的线数。

(3)光谱仪器的光力和光谱照度

对于连续光谱

$$E = E_0\frac{f_1 b_0}{f_2^2\Delta\varphi} \tag{31-95}$$

对于线光谱

$$E = E_0\left(\frac{f_1}{f_2}\right)^2 \tag{31-96}$$

式中，E 为狭缝像的照度，E_0 为狭缝的照度，b 为狭缝的宽度，$\Delta\varphi$ 为连续光谱给定区域的角度值，f_1、f_2 分别为准直管和摄影机的焦距。

(4)时间分辨率

扫描摄谱仪的时间分辨率等于狭缝像通过本身宽度的时间，分幅摄谱仪的时间分辨率等于曝光时间的倒数。

干涉型光谱仪和色散型光谱仪相比，具有高通量和多通道的优势。由于色散型光谱仪的光谱分辨率和空间分辨率受狭缝宽度的制约，限制了进入系统的能量。理论分析表明，在相同条件下，干涉型成像光谱仪的光通量较典型色散型高 200 倍左右，光谱分辨率也高约 2 个数量级。

(二)高速扫描摄谱仪(光谱计时仪)

高速扫描摄谱仪有两个相互垂直的狭缝：光谱狭缝和时间狭缝，两者结合可记录下光谱随时间的变化。扫描摄谱仪可以和变像管增强器相结合使用，有 3 种方案来安置时间狭缝：时间狭缝靠近感光层放置，缺点是不能得到足够高的时间分辨率，而且产生视差和使光谱像变粗；时间狭缝和光谱狭缝重合，这种方法简单，且易达到高的时间分辨率；时间狭缝放在中间光谱平面内。若按扫描的方式分，高速扫描摄谱仪可分为3种类型：

1)输片式高速扫描摄谱仪。

2)鼓轮式高速扫描摄谱仪，底片敷在内鼓上。苏联研制的SP-142型能达到的指标：光谱区域为220～650 nm，线色散为0.3～2 nm/mm(配有3种衍射光栅)，光谱分辨率为0.015～0.1 nm，时间分辨率为10^{-7} s。

3)转镜式高速扫描摄谱仪[47]。利用转镜扫描可以大大提高时间分辨率。苏联研制的SP-111型高速等待扫描摄谱仪、中国研制的D36高速等待扫描摄谱仪都有较高的水平。图31-70是D36型摄谱仪的系统示意图。图中，主物镜1到照相物镜9是光栅摄谱仪，反射镜10到底片12是转镜式高速扫描摄影机的暗箱部分，2为时间狭缝(水平狭缝)，4为光谱狭缝，9为离轴9°的抛物面，8是光栅，11是三面体转镜，12是底片面，13是反射镜，供定标用。D36的主要性能指标：光谱范围为400～800 nm，光谱分辨率(摄影)为0.08～0.15 nm，平均色散为1.7 nm，扫描速度为1～1.26 mm/μs。

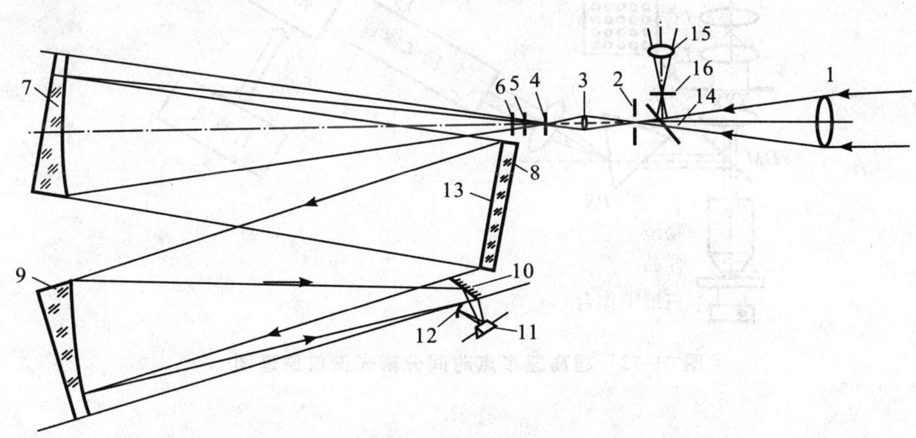

图31-70　D36型高速摄谱仪系统图

(三)高速分幅摄谱仪(电影摄谱仪)

有一些特殊的、非典型的高速分幅摄谱仪，分幅的形成是靠时间狭缝的周期性扫描完成的。更多的高速分幅摄谱仪是靠高速分幅摄影机和光谱头相结合。苏联基于SFR-1摄影机和SP-78光谱头，研制了SFR-KSP-78高速分幅摄谱仪(图31-71)。图中，3是光谱缝，位于准直物镜的焦面上，5是光栅，6是光阑。光谱先成像在转镜9附近，继而成像在底片12上。主要性能：光谱范围为390～660 nm，光谱长度为28 mm，和画幅尺寸10 mm×10 mm相对应的光谱间隔为800 nm，线色散为10 nm/mm，画幅数为60张，最高摄影频率为6.25×10^5 f/s。

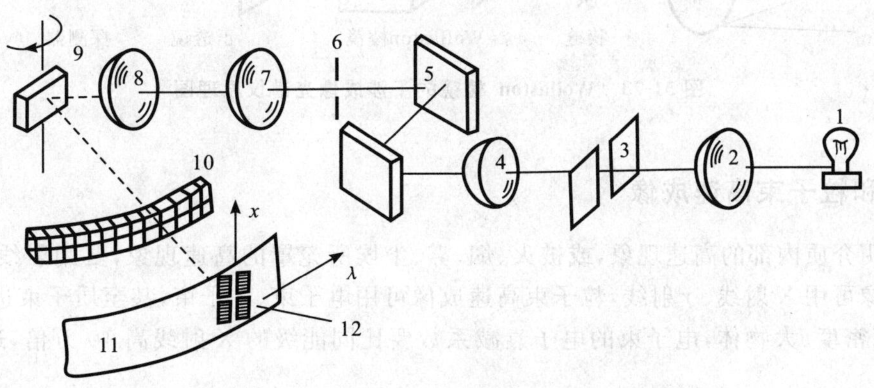

图31-71　SFR-KSP-78型高速分幅摄影系统图

(四)超高速多点时间分辨谱仪[138]

图 31-72 所示的装置能够同时得到二维的时间分辨和光谱分辨的记录。图中 M 是反射镜，BS 是分束器，L_1、L_2 是透镜系统，ML 是微透镜阵列，DM 是分色镜，PS 是色散棱镜，TL 是变像管扫描相机的物镜。从飞秒激光器和重复频率变换器出射的飞秒光脉冲经分束器分成两束，一束用来触发变像管相机，另一束经过阵列微透镜形成 25 束子光束照明和激发生物样品。生物样品的瞬态空间信息和光谱信息通过分色镜和色散棱镜，被同步控制的变像管扫描相机记录，扫描方向和色散方向垂直。

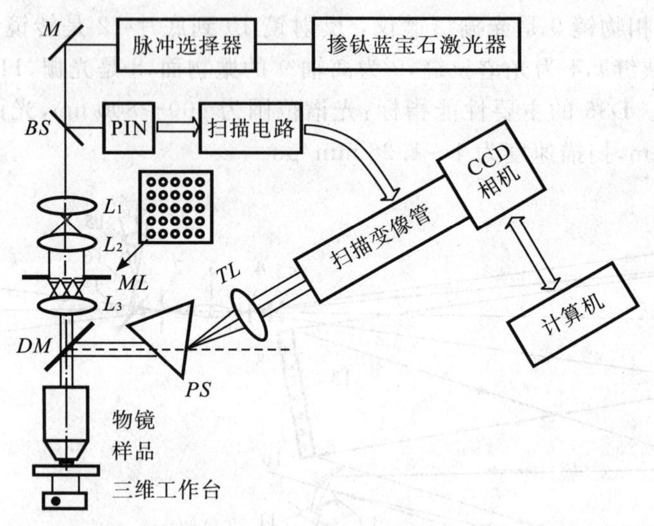

图 31-72　超高速多点时间分辨光谱仪原理图

(五)高速空间调制干涉光谱仪[136]

干涉光谱仪有着高光通量和高分辨率的优点，其应用价值日益为人们所认识。空间调制干涉光谱仪可以同时获得每个点的干涉图(时间调制的干涉成像光谱仪则需要一个扫描周期才能获得干涉图)，易于和高速摄影机相结合组成高速空间调制光谱仪。图 31-73 为基于 Wollaston 棱镜的干涉成像光谱仪系统图，其中 Wollaston 棱镜是双折射晶体，是实现空间调制的关键元件。

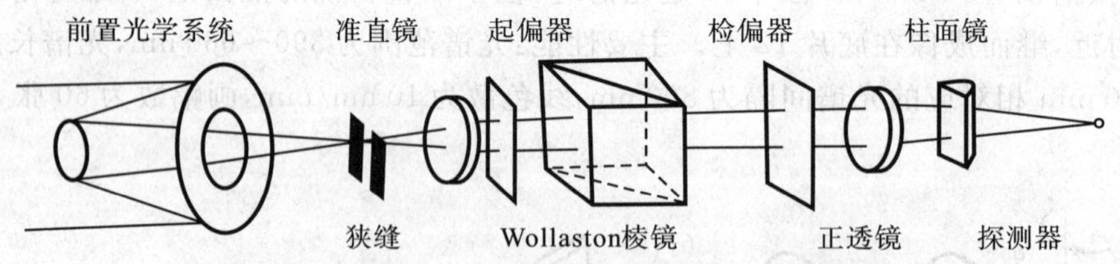

图 31-73　Wollaston 棱镜的干涉成像光谱仪原理图

六、X 射线和粒子束高速成像

发生在不透明介质内部的高速现象，或被火、烟、雾、尘埃所笼罩的高速现象，要用射线或粒子束高速成像。射线高速成像可用 X 射线、γ 射线，粒子束高速成像可用电子束、中子束，甚至质子束进行。X 射线穿透力强，用来拍摄高密度、大物体，电子束的电子衰减系数要比同能级的 X 射线高 10 万倍，适于拍摄低密度、小物体。

(一)X射线摄影[139]

高速X射线摄影与一般的X射线摄影相比,其主要差别是:①高压电源必须是纳秒脉冲;②X射线管要有很高的总电流。实现高速X射线摄影的核心部件,一是脉冲X射线管,多为两极式冷阴极场发射管(分为尖阴极管和刀边阴极管);二是高压脉冲发生器,要产生几千伏到数兆伏的高电压要用倍增系统,如玛克斯(Marx)发生器、布卢姆莱因线脉冲发生器。由于一般底片只对软X射线吸收曝光,所以X射线高速成像中,为了得到清晰的照片,对阳极锥直径 d 和曝光时间 t 有一定的要求:

$$d \leqslant \frac{1}{N(\beta-1)}, \quad t \leqslant \frac{1}{0.7 v N \beta} \tag{31-97}$$

式中,β 是横向放大率,即阴影像和物体之比,多采用 1.1~1.5;N 是要求的摄影分辨率;v 是被研究过程的速度。X射线高速成像分为两类:

(1)单幅摄影

用于研究能很好重复的高速过程。高速过程的开始和发出X射线二者的时间间隔可变,可拍摄不同瞬时的情况。国际上,单幅曝光时间小于 10^{-7}~10^{-9} s,X射线的硬度从 60 kV(可研究灰尘、烟雾下的小目标)到 2.3 MV(能穿透 2.5 cm 厚的钢板进行有效的摄影),若用直线加速器,X射线的硬度可到 7 MV,能穿透 15 cm 厚的钢板。

(2)多幅摄影

单管频闪X射线要想达到足够的输出能量在纳秒量级曝光成像,其摄影频率也就是 10^3 f/s 量级,要达到更高的摄影频率,要用多管成像和单管多阳极成像。

1)大范围内多台高速X射线摄影机联合运用,如图 31-74 所示。在弹道学的研究中,在子弹运动的路径上,根据穿透厚度的不同要求,分别放几台设备,中间由同步机连接起来拍摄,摄影频率受子弹速度的限制。

2)如果高速过程的范围很小,则用多台X射线摄影机对准一个目标,如图 31-75 所示,摄影频率可在 10^6 f/s 以上。

3)单个多阳极X射线摄影机可以减少第二种方法带来的原理性视差。这种管子阳极间的距离,直线排列为 30 mm(150 kV),圆周排列的直径为 55 mm(450 kV),最多可做到单管 8 阳极X射线摄影机[140]。

表 31-28 列出了中国研制的两种型号X射线高速成像装置的性能指标,表 31-29 列出了 Scandiflash 公司生产的几种型号X射线摄影机的技术指标。

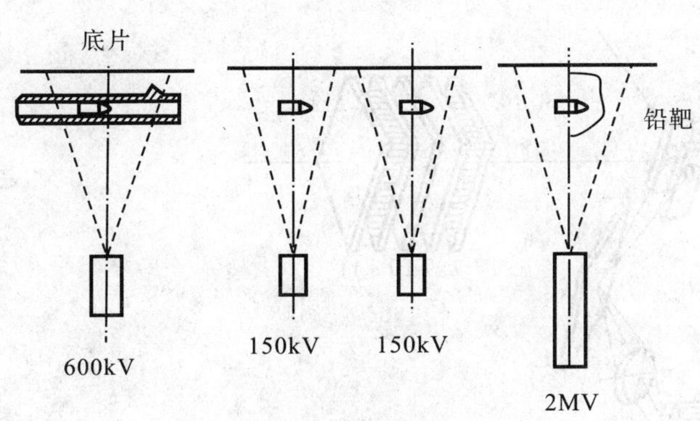

图 31-74 多台X射线摄影机并行联用

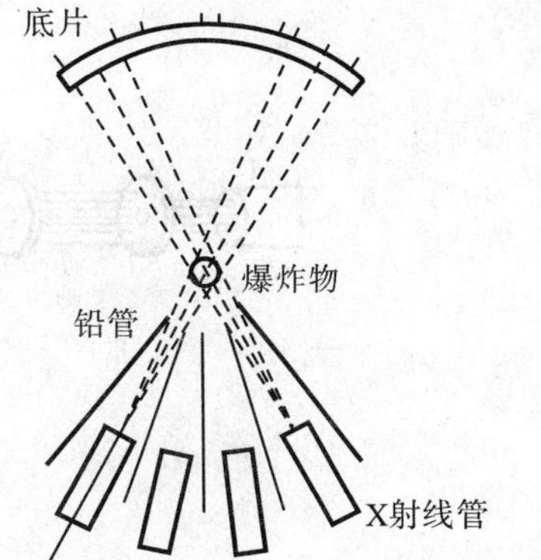

图 31-75 多台X射线摄影机会聚联用

(二)电子束摄影和电子束荧光摄影

利用电子束摄影,适于拍摄低密度物质,可得到对比好、分辨率高的照片。电子束摄影的曝光时间已到 10^{-9} s,能分辨小于 20 μm 的微粒。

表 31-28　5000 kV、1 MV X 射线摄影机的技术指标

性能＼型号	Ⅰ	Ⅱ
脉冲电压/kV	400	10^3
脉冲电流/A	4×10^3	4×10^{-3}
脉冲宽度/s	40×10^{-9}	40×10^{9}
X 射线强度/mR	20(单次脉冲,1 m 处)	30～40(单次脉冲,1 m 处)
X 射线穿透/mm	钢:20～30(单次脉冲,1 m 处)	钢:80～90;铸铁:100(单次脉冲,1 m 处)
X 射线焦点/mm	直径<5	直径<5
X 射线管寿命/次数	≥100	≥100

表 31-29　Scandiflash 的几种型号 X 射线摄影机技术指标

性能指标	型号					
	150	300	450	450S	600	1 200
脉冲电压/kV	75～150	100～300	150～450	160～480	250～600	500～1 200
脉冲电流/kA	2	10	10	10	10	10
脉冲宽度/ns	35	20	20	25	20	20
射线强度(mR/1 m)	1.6	9	20	24	30	65
穿透深度/(2.5 mm 钢)	3	18	30	34	37	60
射线源尺寸/mm	1	1	1	2.5	2.5	2.5

利用电子束产生的荧光进行摄影的方法叫做电子束荧光摄影。有些物质受电子轰击时会产生荧光,若摄影目标不属此种物质,可在目标上涂上荧光物质。

美国研制的 Fexitron706 型设备可同时进行 X 射线摄影、电子束荧光摄影(图 31-76)。脉冲电子管 1 发出的电子束由钨光阑 2 准直,并产生射线,铅光阑 3 对 X 射线准直。目标 4 是两块铜板,铜板上涂有荧光物质,在电子束作用下发出荧光。5 是反射镜,6 是摄影机,记录可视光。7 是 β 射线摄影胶片,8 是 X 射线摄影底片,9 是吸收电子的铅防护屏,10 和 11 是增感屏。这样一来,3 种摄影都能得到。

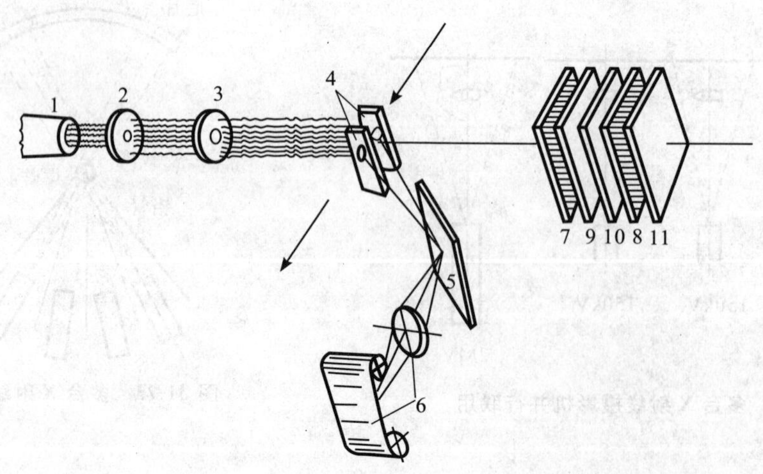

图 31-76　Fexitron706 型设备原理图

超辐射摄影。电子束激励半导体材料,可产生超辐射光。这种光源有脉冲时间短(1～10 ns)和功率大的优点。用能量为 260 keV、电流密度为 20～1 400 A/cm² 的电子束激励硫化镉半导体,在波长 532 nm 处

(线宽 6 nm)得到了 200 kW 和 2 ns 脉冲时间的光脉冲。发射的光脉冲和硫化镉样品的温度有关。用 600 kV 的电子束能得到 12 MW 的光功率,超辐射光的靶是很多小晶体组成的薄圆盘,超辐射光既不相干也不平行。超辐射光的波长随半导体靶的性质不同而变化,硫化锌在 345 nm 处,硫化镉在 735 nm 处。

(三)中子束摄影

这里讨论的中子束摄影侧重于中子束高速摄影,有关中子光学的较为详细的论述请参考第八章。对 X 射线而言,吸收系数和原子序数成正变化,和 X 射线光子的能量成反变化。中子遵循的吸收规律和 X 射线大不相同,因而对某些材料,用 X 射线探测很困难,而用中子束却可以观察到。中子遵循的吸收规律为

$$N = N_0 \exp(-\Sigma x) \tag{31-98}$$

式中,N_0 是入射中子数,N 是通过厚度 x 后的中子数,Σ 是物质的吸收系数。Σ 随入射中子的能量和原子序数的变化是没有规律的。对于高能入射中子(10 keV~2 MeV)与物质的作用基本是弹性碰撞,不随原子序数 Z 变化;对于低能中子(小于 1 keV),特别是对热中子和亚热中子,对不同的物质 Σ 有很大的变化,Σ 随原子序数的变化很不相同。金属硼和镉是很强的吸收体,含氢的某些化合物是强吸收体,铝、镁和铅、钠的吸收系数几乎相等。用中子束摄影可以观察到放在金属外壳里的含氢有机物质(塑料、炸药等)。

(1)中子束摄影(常规)

中子源通常有 4 种:①反应堆,是最好的中子源锎,但不能经常在反应堆附近作中子束摄影;强度 10^5~10^8/(cm^2·s)。②粒子加速器,用加速的氘核(d)打靶,发生核反应而产生中子。常用的反应是 d-D 反应(^{3}H(d·n)^{4}He)和 d-T 反应(^{2}H(d·n)^{3}He)。氘核能量范围在 300~500 keV 时,d-T 反应出现最大值。这些反应出来的都是快中子,应通过一层水或者石蜡,形成热中子。有效热中子通量 10^4~10^5/(cm^2·s)。③铍原子被放射物质发出的 α 粒子、γ 粒子轰击也发出中子,用 6000 Ci 的 Sb-Be 源发射的热中子通量为 5×10^4个/(cm·Ci)。④自然裂变放射性中子源锎,发射中子达到 2.3×10^6个/μg。

中子图像的探测有两种方法。直接探测法,把底片放在两个含有一定量的硼或锂同位素的荧光屏之间。这种办法需要的积分通量相当于 10^7个/cm^2,但缺点是对 γ 射线太灵敏。用转换曝光的方法可以克服这个缺点,中子激活金属屏(金、铟或镝),曝光后与底片接触。这种方法的灵敏度较低,需要的热中子通量为 10^8~10^9个/cm^2。中子通量不足可以用亮度放大器与合适的荧光屏的组合来补偿。

(2)闪光中子摄影

研究高速现象,要研制脉冲中子发生器。为了得到和探测器水平相一致的中子通量,需要在 10^{-6} s 内,在 4π 立体角内发射 10^{12}~10^{15}个中子。只有用快速中子才便于观察高速现象。虽然有不同类型的脉冲中子发生器,但是等离子体聚焦装置似最有前途。这种装置是基于高能电容器在两个同轴电极之间放电,电极间充有压强约为 1 300 Pa 的氘。一旦开始放电,电流产生很强的磁场把放电通道推向前方,使等离子体压缩在中心电极的顶部。60 kJ 的设备在 100 ns 内能产生能量为 2.5 MeV 的中子 10^{10}个,已用于闪光中子束摄影。直接由快中子形成的图像,用亮度放大器和灵敏度达 10^4个/cm^{2}的塑料闪烁体组成的光电系统接收。

七、高速阴影摄影[141]

高速阴影摄影、高速纹影摄影和高速干涉摄影,均可称为可视化高速成像,都是用来确定透明介质折射率的瞬时变化的,借助于适当的设备,把折射率的变化转变为屏幕或者照相干板之类图像传感器的照度变化。光线通过不均匀介质时,要发生偏移、角偏转和光程差。阴影法记录光线的线偏移量,纹影法记录光线的角偏差,干涉法记录光程差。可视化高速成像系统包括可视化系统和高速成像系统,在实际应用时应该考虑高速成像系统和瞬变现象的时间同步问题,以及可视化系统和高速成像系统的匹配问题,后者要遵循两个原则:

1. 照明原则

激光照明要符合柯勒(Kohler)照明条件,即光源或者光源像要与高速成像系统的入瞳共轭,或者可视化系统的出瞳要和高速成像系统的入瞳光学共轭。

2. 成像原则

被研究目标(或区域)应成像在高速成像系统的中间像面,或者直接成像在记录介质上。

1)高速阴影摄影的原理。如图 31-77 所示，光源 S 经聚光镜 O_1 成像在点光阑 D，经二次曲面反射镜(球面镜，离轴抛物面镜)M_1 成平行光通过被研究介质 Q，Q 经过二次曲面反射镜 M_2 和物镜 O_2 成像在屏幕 P 上，P 可以是高速成像的物面，也可以是高速成像的成像面。

2)阴影法不仅可用来研究在某一任意方向上的折射率变化，而且可以完整地研究全部不均匀性。阴影图上的照度变化 ΔI 可写成

$$\Delta I=\kappa\int_{z_1}^{z_2}\left(\frac{\partial^2 n}{\partial^2 x}+\frac{\partial^2 n}{\partial^2 y}\right)\mathrm{d}z \tag{31-99}$$

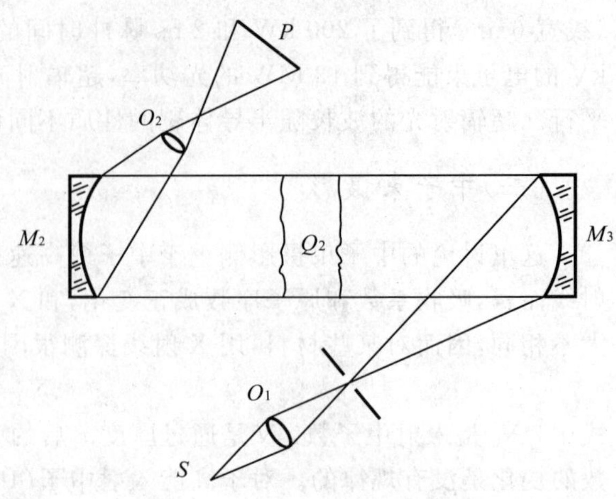

图 31-77 高速阴影摄影原理图

式中，κ 为常量，x、y 为垂直于照明光线平面上的坐标，z 为光线方向上的坐标。阴影法可以确定折射率的二阶导数。它只对折射率的显著变化敏感，阴影法有两个主要特点：一是用点状光源，二是方法简单；并可获得大尺寸图像，适于研究强冲击波现象，或非常迅速变化的过程。

3)阴影装置和高速成像系统可构成高速阴影摄影装置，但是必须加辅助系统，这是要保证阴影装置的试验目标成像在高速成像系统的视场光阑并要充满，同时阴影装置的出瞳在转镜相机排镜光阑上成像并要充满，即要遵循光学共轭又要有一定的物像放大率和光瞳放大率。分析表明，若一完善阴影装置的灵敏度 $S=f'/a$(f'，a 分别是阴影装置的焦距和出瞳宽度)，那么，所能获得的画幅尺寸 b、排镜对底片的相对孔径 A(影响衍射分辨率)和阴影装置的灵敏度 S 三者的乘积仅仅与阴影装置的通光口径有关：

$$bAS=D \tag{31-100}$$

辅助系统的光学设计，应能使三者获得最佳的匹配。一定的阴影装置，要和一定的高速分幅摄影机相匹配。这个结论对扫描摄影机也适用。

八、高速纹影摄影

纹影(Schlieren)法是记录光线的角偏差，可测量密度的梯度。Schlieren 一词的本来含义是透明介质中引起光线不规则偏折的局部因素[54,142]。

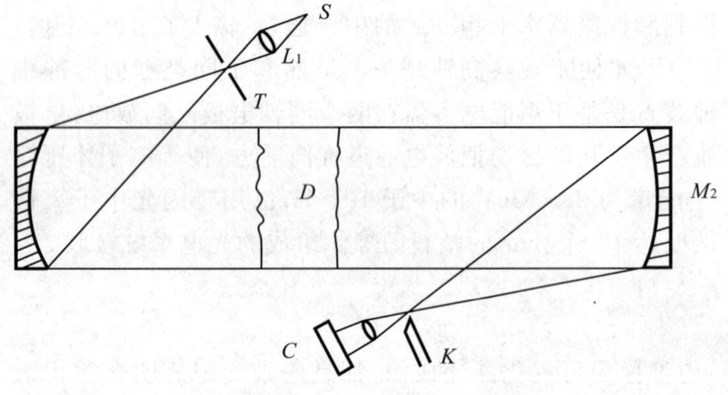

图 31-78 纹影摄影原理图

纹影法使用线状光源，适于研究瞬态而密度连续变化的过程，图像小，但灵敏度高。图 31-78 是双反射镜式纹影仪光路图。光源 S 经聚焦镜 L_1 成像在狭缝 T 上，经准直反射镜 M_1 聚焦于刀口 K 上，刀口与缝口是平行的，刀口后是一摄影机。可知，光源、狭缝、刀口平面三者光学共轭，试验段 D 和摄影机的成像面共轭，光源和刀口可以是不同的形状。例如，TE-19纹影仪，有两个相互垂直的狭缝和两个相互垂直的刀口。

纹影法中，屏幕的照度(光的偏折)与扰动介质中密度变化的一阶导数成正比，对于圆形光源可以写成

$$\Delta I=\int_{z_1}^{z_2}\left(\frac{\partial n}{\partial x}+\frac{\partial n}{\partial y}\right)\mathrm{d}z \tag{31-101}$$

纹影仪有 3 种定量读出方法：

1)光度纹影法：根据屏幕照度的变化来测量；

2)彩色纹影法：根据各像点的颜色变化来测量；

3)其他方法：根据刀口阴影的位置和位移来测量。

纹影装置的灵敏度和其第二物镜(靠近刀口的物镜)的焦距成正比,和光源像在垂直于刀口边方向上的宽度成反比。精确来说,其灵敏度 S 为

$$S = f\frac{\mathrm{d}D}{\mathrm{d}a} \tag{31-102}$$

式中, $\mathrm{d}D$ 是摄影密度的变化, $\mathrm{d}a$ 是刀口平面上光线因非均匀介质所产生的偏移量, f 是第二物镜的焦距。

纹影装置的动态范围 M ,定义为所测量到的最大、最小密度之差和最小的可测量出的密度值之比,即

$$M = \frac{D_{\max} - D_{\min}}{\Delta D} \tag{31-103}$$

(1)彩色纹影法[143-144]

彩色纹影是把原来的黑白纹影仪进行改装,用彩色刀口取代黑白刀口,在接收屏处用彩色胶卷接收。彩色刀口由几种不同颜色的透明带组成。纹影照片中颜色的变化反映了光线的偏折,从而可测出密度的变化。用彩色刀口时要进行标定,得到彩色纹影照片即可立刻估算出折射率变化的范围。彩色刀口的各个色带越窄,就越灵敏,但不能做得太窄,它受光源的大小及衍射效应的影响。彩色纹影仪灵敏度 S 可用下式表示:

$$S = f\frac{\mathrm{d}\lambda}{\mathrm{d}a} \tag{31-104}$$

(2)立体纹影摄影

实现立体摄影,必须用两束夹角为 15°～20°的准直光照明被研究区域。和普通立体观察的区别在于:纹影图像是由双目观察被研究表面两个不同区域而形成的。在每一个照射的方向上都可以看到这两个区域。

(3)高速纹影摄影

实现高速纹影摄影,只要把纹影装置和高速成像系统相结合就可以了。如果高速成像系统的入瞳比纹影仪出射光瞳大得多,两者简单地结合起来就可实现高速纹影摄影;如果高速成像的入瞳小,为了避免光束的切割,必须在纹影装置和高速成像系统之间加辅助系统,如图 31-79 所示。图中透镜 3、4 组成辅助光学系统,它的作用是:①被研究物体在高速成像胶片上所形成的像应等于高速成像的画幅尺寸,即图中的 L_1 通过透镜 2、3 成像在透镜 4 的前焦点上。通过透镜 4 出来的光线是平行光并在高速成像的底片上成像(通常高速成像都对无限远调焦)。②位于刀口平面的纹影装置的出瞳的像通过辅助光学系统应该成像在高速成像的入瞳平面内,此时纹影装置出瞳像的一部分应当分布在双排或四排光阑的每一个窗口上,即刀口平面的纹影装置的出瞳像通过透镜 3、4 成像在高速成像系统的入瞳内。

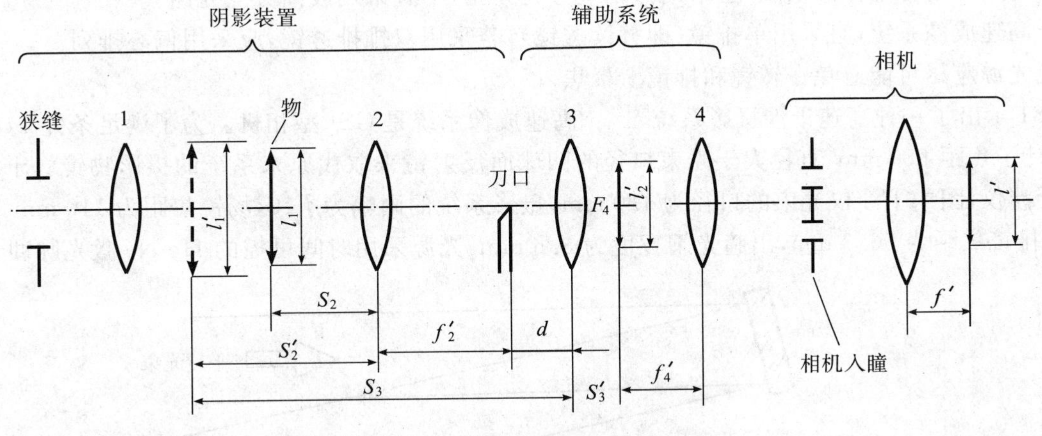

图 31-79　高速纹影摄影原理图

九、高速干涉摄影

干涉摄影应用于介质密度很小而又平滑变化的情况,是测量光程差的变化,可以得到被测介质的折射率的精确值而不在介质中引起任何扰动,随后的计算可以得到介质的密度、压力、温度及气流的速度等参数。干涉仪有四块干涉元件的马赫-曾德尔干涉仪、三元件的迈克耳逊干涉仪、二元件的雅曼干涉仪和一元件的

平板剪切干涉仪。

干涉仪的灵敏度 S 为

$$S=\frac{\mathrm{d}l}{\mathrm{d}\nu} \tag{31-105}$$

式中，$\mathrm{d}l$ 是干涉条纹的变化，$\mathrm{d}\nu$ 是波前的变化。

1. 高速干涉摄影

干涉系统和高速成像系统相结合可实现高速干涉摄影，依然要满足干涉仪的光源和高速成像系统的入射光瞳应当光学共轭，所研究的区域应成像在感光层上，参见图 31-80。图中光源 1 经干涉系统和透镜 7 成像在摄影机入瞳 8 的平面内，被研究区域 O 经过透镜 7 和 8 成像在感光层 9 上。

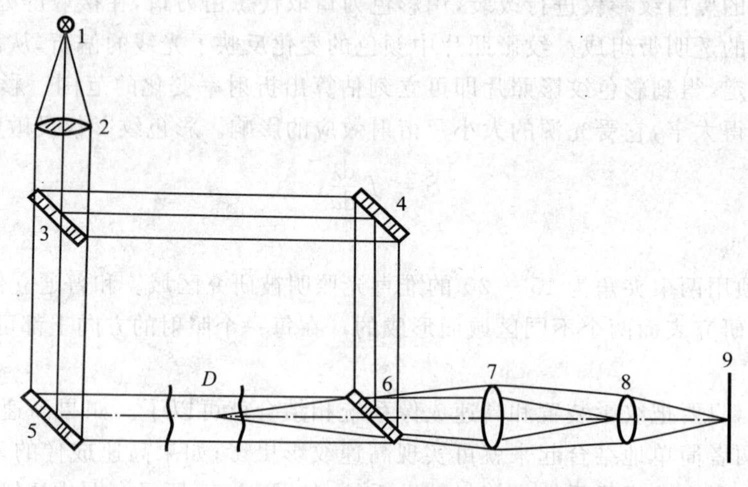

图 31-80　高速干涉摄影原理图

进一步的研究表明，和干涉装置相匹配的高速成像系统的光学系统在分幅情况下应该：

1)干涉系统的光源要求和高速成像系统的入瞳光学共轭，但排镜出瞳光阑处的光斑不能过大，以免重复曝光。

2)被研究区域要成像在高速成像系统的成像面上，干涉仪的全视场不应该被摄影系统的任何元件遮挡。

3)对等待型高速分幅摄影系统，宜采用振幅型分光光路，不宜采用波前分光光路。

4)对于高速成像系统，宜采用单排镜(即替续透镜)，若采用双排排透镜，应采用偏心排列。

5)激光光源应尽可能避免在转镜和排镜上聚焦。

图 31-81 示出了一种高速干涉摄影系统[145]。高速成像系统是 GSJ 型相机。为了满足条件 1)和 2)的要求，重新设计了焦距 980 mm、直径大于光束口径的凹球面反射镜来取代原来系统的摄影物镜。干涉系统是平晶剪切干涉仪，图中干涉仪光束的口径为 120 mm，摄影系统的画幅为 $\phi 10$，场镜焦距为 110 mm，相对孔径为 1∶4.5，排镜焦距为 56.3 mm，出瞳光阑宽度为 3.6 mm，光源采用时间可控的 He-Ne 激光脉冲光源。

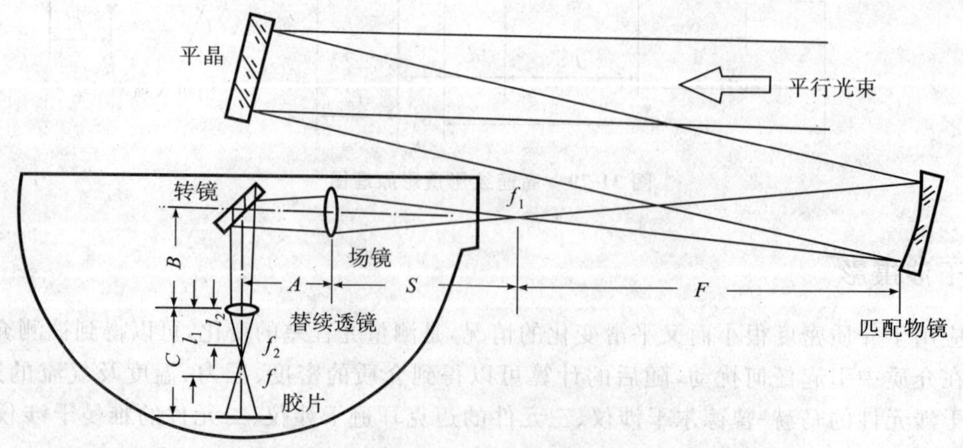

图 31-81　高速平晶干涉摄影系统

2. 纹影干涉仪

纹影仪和干涉仪结合使用或者做成纹影-干涉仪，有很多优点：干涉摄影是测量光程差的变化，可定量测量折射率；纹影摄影可测量光程的梯度变化，这就易于确定激波的形状和位置。实际上，在纹影仪光路中只要加分-合元件就可实现干涉摄影。可以起到分束作用的元件有光栅、菲涅耳双棱镜、F-B 标准具等。激光的应用能得到高质量的干涉图样。

相位跃变光栅纹影仪是在纹影仪的频谱面上放置一个具有中央相位跃变间隔的 Ronchi 光栅[145]，这种纹影仪对于弱相位物体，反差要比刀口法的输出大得多，灵敏度也高出刀口法半个数量级。可以利用全息纹影法来提高纹影系统的灵敏度，获得不同频谱切割量和不同切割方向的实验结果。

文献[52]所论述的差分干涉系统，实际上就是纹影干涉仪，它有利于定量计算、提供更多信息的优点。图 31-82 示出了 Wollaston 棱镜纹影干涉仪用于激波测量的光路图。图中的光源 A 为 He-Ne 激光器（35 mW），激光束经 L_1 透镜聚焦于球面反射镜 M_1 的焦点上，两球面反射镜 M_1 和 M_2 之间是平行光，风洞实验段 T 置于其间，光束在 M_2 的焦点聚焦。T 成像于摄影机 E 的像面上。D、D' 为反射镜，C、C' 为保护玻璃，B、B' 为一对弯月透镜（消除轴外像差，保证像质），P 和 P' 为偏振片，W 为 Wollaston 棱镜。用这一系统测量气流场密度时，可得出其密度场的公式为

$$\frac{\Delta\varphi}{2\pi}=\frac{\Delta S}{S}=\frac{dK}{\lambda}\int_{z_1}^{z_2}\frac{\partial\rho(x,y,z)}{\partial y}\mathrm{d}z \tag{31-106}$$

式中，$\Delta\varphi$ 为两相干光束经过 W 棱镜后所产生的总相位差，S 为条纹间距，d 为入射 M_1 前两束光的距离，K 为 Glaston-Gale 系数，$\rho(x,y,z)$ 为气流场的密度。这是一种很有实用价值的纹影干涉系统。

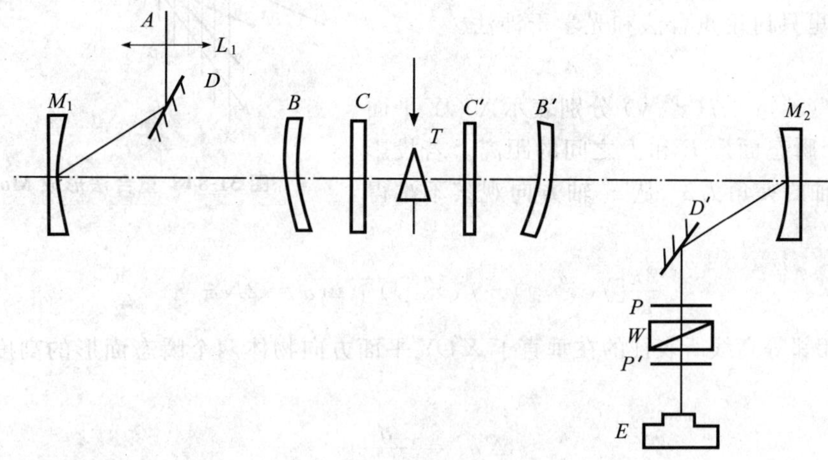

图 31-82　W 棱镜干涉仪光路图

十、高速莫尔形貌[147]

莫尔（Moiré）形貌测量的原理、类型和方法，请参阅文献[95]中的有关章节。这一部分只涉及高速 Moiré 形貌的特殊问题和实际的测量光路。高速 Moiré 形貌分为投影型和照射型两种。

（一）高速投影型莫尔形貌[148]

如图 31-83 所示，透射光栅 G 倾斜地成像在物体表面上。为了得到等节距的光栅像，光栅和光栅像应满足下面两个方程：

$$\frac{1}{a_2}-\frac{1}{a_1}=\frac{1}{f'},\qquad \beta=\frac{\pi}{2}-\arctan\left[\tan\left(\frac{\pi}{2}-\alpha\right)\left(\frac{a_2}{a_1}\right)\right] \tag{31-107}$$

式中，α、β 分别为物平面、光栅与系统光轴的夹角，a_1、a_2 分别是光栅和物体平面与光轴交点的坐标。为了得到等节距光栅像（节距为 d），沿光栅平面方向光栅的节距 d' 应是光栅栅线坐标 x' 的函数，且

$$d'=\left(-\frac{a_1}{a_2}-\frac{x'\sin\beta}{f'}\right)d \tag{31-108}$$

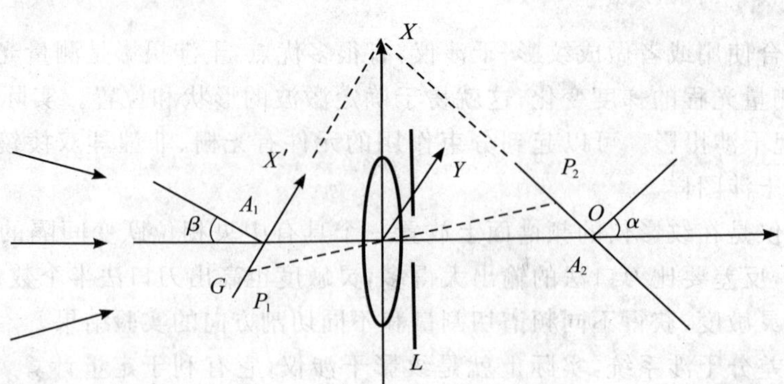

图 31-83　投影光栅的光学系统

不等节距光栅 G 的制造，可以借助计算机来设计，也可以用等截距光栅 G' 在光路上实验得到(光刻法)。

关于 Moiré 形貌的读出(显示)，在得到了受物体形貌调制的变形光栅之后，要读出(显示)形貌条纹来，有三种方法：变形光栅与基准栅叠加，变形光栅和另一变形光栅叠加(特别适合于动态变形中的不同时刻所得到的变形光栅)，光学干涉法。第二种方法又称为重合法。第一种方法是最基本的方法，这里只讨论重合法和光学干涉法。

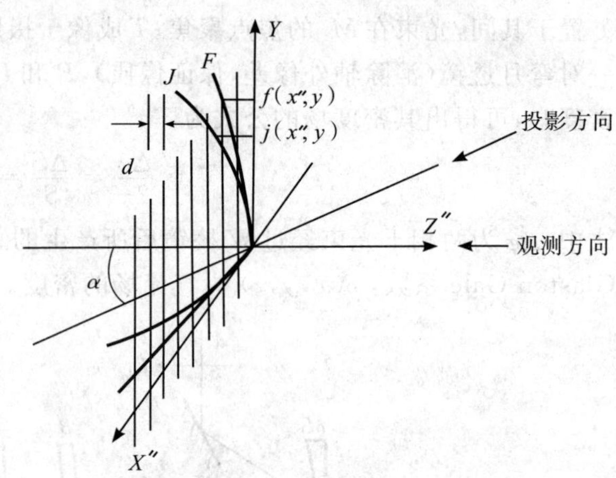

图 31-84　重合法形成 Moiré 形貌条纹

1. 重合法

参看图 31-84，$f(x'',y)$、$j(x'',y)$ 分别表示 $X''OY$ 平面与动态变形物体两个瞬态面形 F 和 J 之间的距离。若投影光栅像的方向与 z'' 轴的夹角为 α，从 z'' 轴方向观察不难得出下面的方程：

$$\frac{2\pi}{d}[j(x'',y)-f(x'',y)]\tan\alpha = 2N\pi \tag{31-109}$$

式中的 N 为整数。相邻等高线所表征的在垂直于 $X''OY$ 平面方向物体两个瞬态面形的高度差 Δh_s，可从上式推导出来：

$$\Delta h_s = \frac{d}{\tan\alpha} \tag{31-110}$$

2. 光学干涉法

参看图 31-85，用两束准直的、有一定倾斜的相干光束(这两束光可表示为 $\exp(i2\pi x'/d)$，$\exp(-i2\pi x'/d)$)照明变形光栅的照片 G，两束准直相干光通过光栅形成各自的 0 级、1 级和高级衍射光束。若在频谱面的光阑 S 只让一束光的 $+1$ 级和另一束的 -1 级衍射光通过，则在 L_2 的焦面上形成条纹的强度分布 $I(x'',y)$ 可表示为

$$I(x'',y) = 2\left\{1+\cos\left[4\pi f(x'',y)\tan\frac{\alpha}{d}\right]\right\}$$

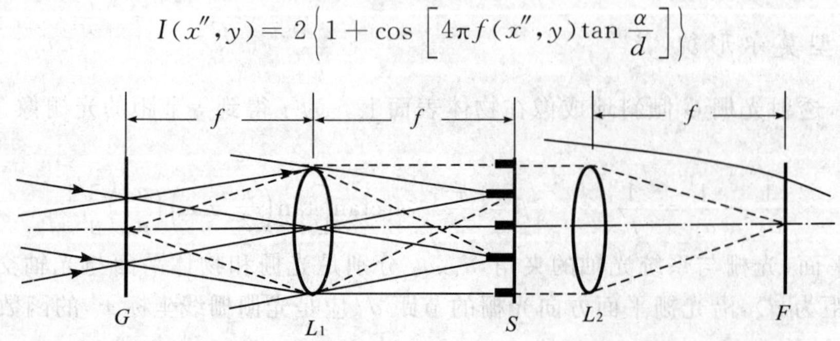

图 31-85　光学干涉法形成 Moiré 形貌条纹

从上式可以推导出相邻等高线之间的高度差为

$$\Delta h_{\mathrm{i}} = \frac{d}{2\tan\alpha} \tag{31-111}$$

从中可知，Δh_{s} 是 Δh_{i} 的 2 倍。

关于高速 Moiré 形貌测量光路，图 31-86 是一种测量高速碰撞变形的 Moiré 形貌光路图。图中，CF 是光栅投射光学系统，ITM 是碰撞机，TS 是为使所研究现象与氙闪光灯同步的光电触发装置，HSC 是高速摄影机（超高速转镜分幅摄影机）。碰撞机的碰撞部分重 75 g，用压缩弹簧加速，其速度可调到 3～6 m/s。对 φ 21 mm、厚度 0.12 mm 的铜片施以高速碰撞，得到了面形的多个瞬时高速 Moiré 形貌，可检出变形情况。光源可用红宝石激光器。在研究高速撞击伴有激烈闪光的情况下，用激光作为光源更为必要，只是这时应加窄滤光片在摄影光路中，以防杂光的影响。

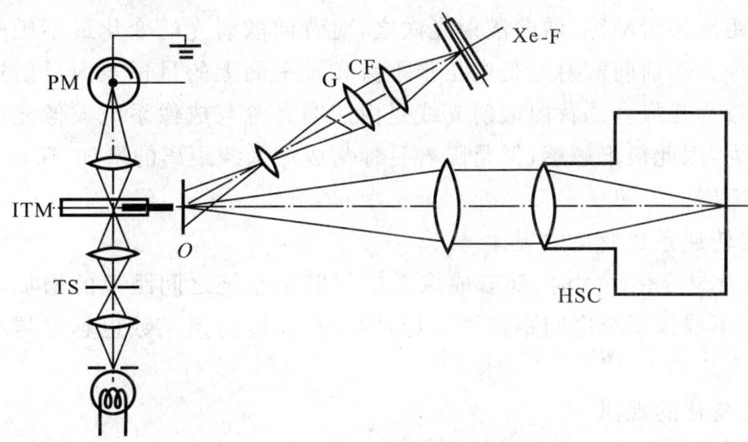

图 31-86 高速 Moiré 形貌光路图

（二）高速照射型莫尔形貌[149]

用弹体的 Moiré 形貌测量飞弹的姿态、攻角，是照射型 Moiré 形貌在野外靶场测试中的一个重要应用。测量光路如图 31-87 所示。图中激光器是红宝石序列脉冲激光器，总能量为 2 J，脉冲间隔为 8～100 μs 可调，脉冲个数为 15；用高速等待型扫描相机记录。为了提高测量灵敏度，应使飞弹的飞行方向不与光栅面平行，根据所测得的动态 Moiré 形貌，容易算出各个瞬时的攻角。

弹丸在膛内的攻角难以用 Moiré 形貌技术，而用激光高速成像仪测量弹头反射镜反射光点的变化，则较容易实现[54]。这一系统的特点是能同时测量弹丸的攻角、转速及炮管的振动随时间的变化规律，可实现白天工作。光路系统不用离轴抛物面镜，成本大大降低。

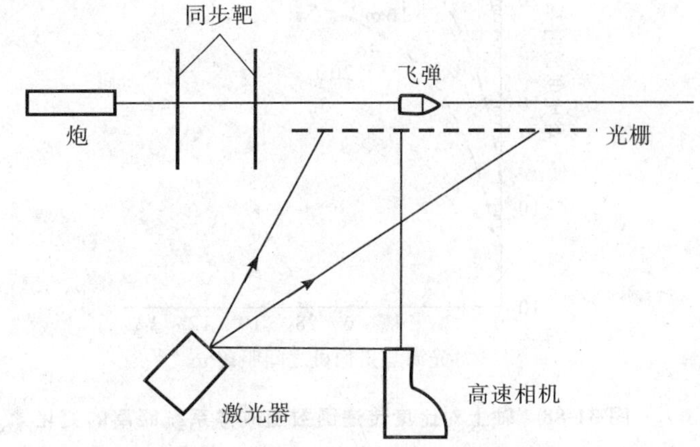

图 31-87 动态 Moiré 形貌测量飞弹攻角

十一、水下高速成像

水下摄影日趋重要。水是人类赖以生存的最基本的无机物质，光在水中传播与在空气中传播的特性大不相同（参考第二十四章《海洋光学》）：①水对光的吸收具有明显的光谱选择性。水对光谱中的紫外和红外部分表现出强烈的吸收，在可见光谱区，吸收最大的分别是红色、黄色和淡绿色光谱区域，纯净水和清的大洋水在光谱的蓝-绿区域透射比大，其中波长为 462～475 nm 的蓝光衰减最少。即使在蓝-绿窗口，水的吸收导致光的强度每米衰减约 4%。其他颜色的光被吸收得更多，几米之外几乎完全消失了。因此，光的吸收损耗使水下彩色摄影变得更加困难，距离目标 1～2 m 进行拍摄，才能避免色彩的丢失。②水对照明光的散射现象严重。水中散射有水本身产生的散射和由悬浮粒子所引起的散射。散射方式主要有前向散射和后向散射。比入射光波长小很多的无吸收粒子的散射遵从瑞利定律，散射粒子的大小接近于入射光的波长时，存在着一个比较复杂的共振状态的米氏散射（有关米氏散射的理论可参考第一章《电磁光学》中的有关内容）。

（一）水下成像系统的特殊性[150]

水下成像系统较陆上成像系统要考虑的因素多，有其特殊的规律：

（1）水下成像光线的组成

水下成像光线由直射光、前向散射光和背向散射光三部分组成：①直射光部分对成像系统的影响与其高度和与照明系统之间的距离最为敏感，前向散射光次之，对背向散射光的变化最不敏感：直射成像光线主要分布在光轴附近参与成像。②前向散射光是由位于垂直光轴平面上的目标表面反射造成的，它与直射成像光线的产生和传播路径较为相似。③背向散射光线是由照明光源与成像系统成像光束的交汇部分产生的，它分布在整个视场范围内，因此最不敏感，但是随着目标与成像系统距离的增加，所占的比例也越来越大，是水下远距离成像的主要障碍。

（2）水下图像对比度传递系数变化的规律

如图 31-88 所示，当背景变化不大时，随着成像系统与照明系统之间距离的增加，图像对比度传递系数逐渐增大；随着目标与水下成像系统之间距离的增加，图像对比度传递系数也越来越小，水下光学成像系统的作用距离一般不超过十几米。

（3）水下图像信噪比变化的规律

如图 31-89 所示，随着成像系统与照明系统之间距离的增加，图像信噪比逐渐增大；随着目标与水下成像系统之间距离的增加，信噪比越来越小；但是目标距离较小时，信噪比的最大值出现在较小的照明系统距离。

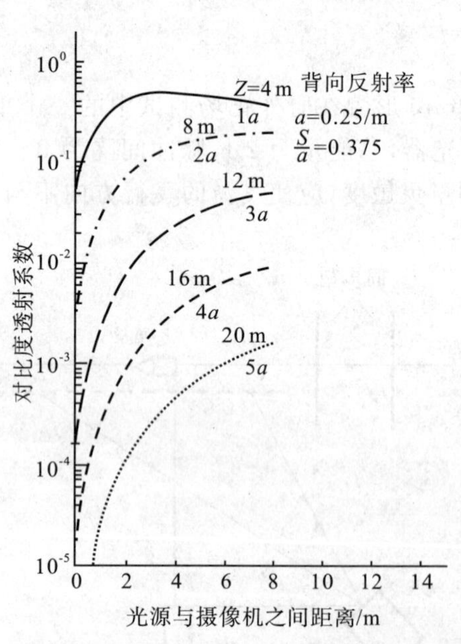

图 31-88　轴上对比度传递函数随成像系统距离的变化

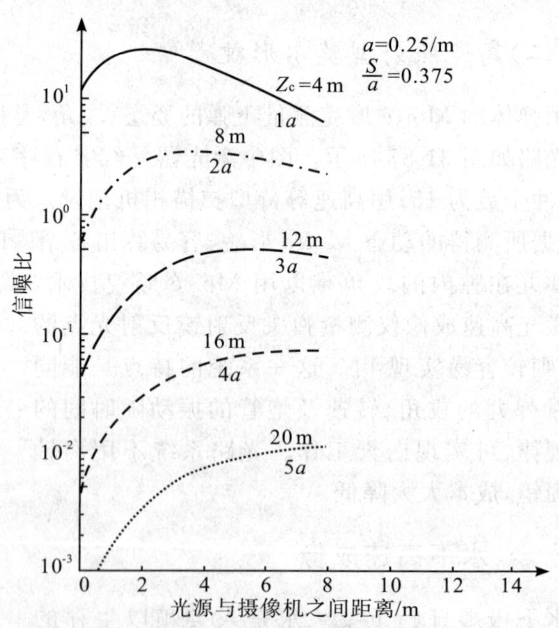

图 31-89　轴上单位像素信噪比随成像系统距离的变化

（二）水下物镜设计的特殊性[151]

水下物镜的光学设计要考虑光能的严重衰减、非成像光束的严重影响、视场缩小效应和彩色成像困难，还要考虑隔水窗的影响和设计。一般来说，为适应水下弱光拍摄，相对孔径应大些，像面大一些；镜头的分辨率在 CCD 2～4 个像元能分辨 1 个线对，调制度不应该低于 0.3；设计波长为在深水中衰减最小的 532 nm。

隔水窗的设计：典型的隔水窗有平板型和同心圆顶型两种形式，后者比前者容易控制像差；水窗选在532 nm，能进入镜头成像光谱宽度窄，色差会降低，可以选用平板型隔水窗代替同心圆顶型隔水窗；材料宜选用K9玻璃(折射率为1.516 3，阿贝数为64.12)；考虑水压的影响，平板型隔水窗的厚度既不能太薄，以免承受不了强水压和意外硬物碰撞，也不能太厚，否则光会被玻璃更多地吸收，不利于深水弱光摄影。

如图31-90所示是一组水下变焦距镜头的光路图和传递函数，变焦范围为18.3～23.5 mm，空间分辨率为25 lp/mm，中心MTF为0.3，边缘MTF为0.25。

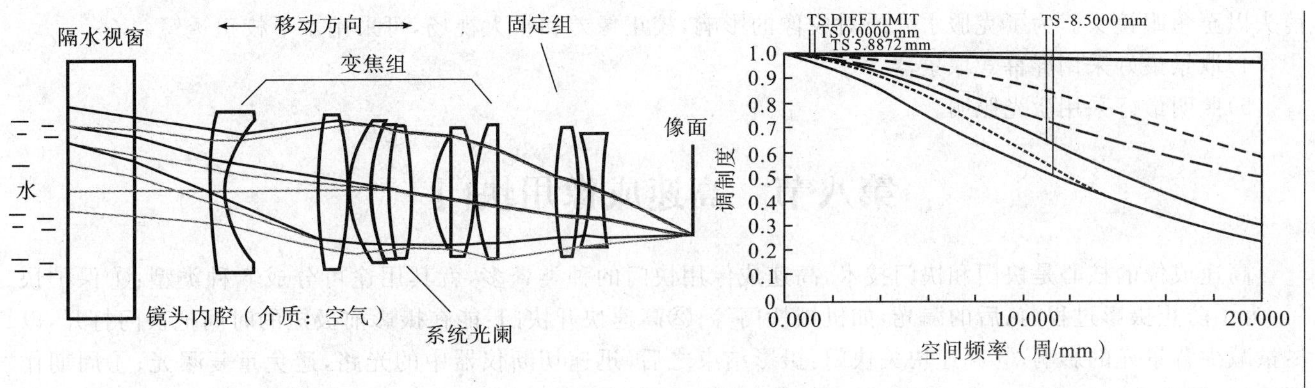

图31-90　水下变焦距镜头的光路图和传递函数

(三)水下激光成像技术[152-153]

水下激光成像技术能够克服后向散射及利用目标前向散射来较好地提高成像距离和成像质量。它可分为连续激光成像和脉冲激光成像(按激光器工作方式)，直接成像、距离选通成像和同步扫描成像(按接收器成像方式)，角度或空间标注成像、时间标注成像和偏振标注成像(按去除后向散射方式)。但是同步行扫描技术和距离选通技术是两种常规的水下激光成像方法，前者通过减小激光照射区域与探测器视场的重叠部分来减小探测器的后向散射光，后者是通过对接收器口径进行时间选通来减小从目标返回到探测器的激光后向散射光，清晰成像距离可达30～50 m。推扫式(push-broom)原理的应用和多激光束照明可以提高所获得的信息量。图31-91是同步扫描水下激光成像系统的光路原理图。

水下激光三维成像技术能提供更多的信息[154]。扫描变像管水下激光三维成像技术使用脉冲激光，接收装置是时间分辨扫描变像管。发射器发射一个偏离轴线的扇形光束，然后成像在扫描变像管光电阴极的狭缝上，经扫描就能得到每个激光脉冲的距离和方位图像。水下三角测量和激光雷达相结合也是得到水下激光三维成像的好方法。

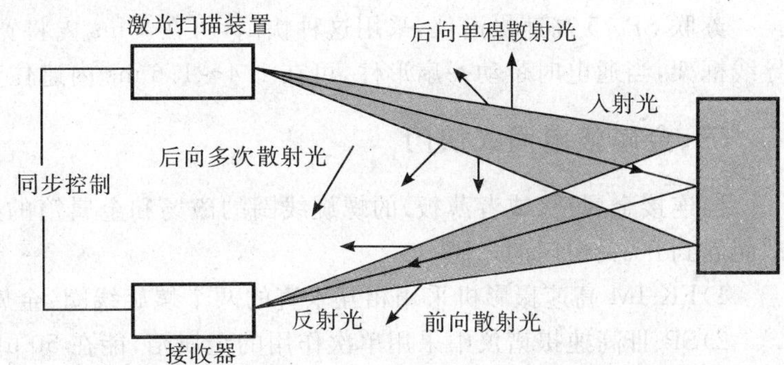

图31-91　同步扫描水下激光成像系统的光路原理图

偏振光水下成像技术[155]：97%的海洋水体中，在数量上占优势的散射颗粒为直径小于1 μm的小颗粒，其相对折射率为1.00～1.15，一般地遵从瑞利散射或米氏散射理论。偏振成像技术是利用物体的反射光和后向散射光的偏振特性的不同来改善成像的分辨率。根据散射理论，物体反射光的退偏度大于水中粒子散射光的退偏度。当线偏振器的偏振方向与光源的偏振方向垂直时，接收到的物体反射光能量远大于光源的散射光能量，所以对比度最大，图像清晰。

水下高速成像是水下兵器研究的重要工具。目前，国外生产的水下高速成像设备有两种类型：①专门设计的，如美国TSC公司的DBM9-1型等；②利用普通电影摄影机加防水罩，美、德、日、俄等国都有产品。对水下摄影机有着特殊的要求：

1)由于人和摄影机在水下的浮动性大、稳定性差、操作不便,要求摄影机有较高的自动化程度(自动调光,自动调焦等)。

2)防水罩:防水罩用以保证摄影机在水下正常工作,不受水的侵入。罩壳可用有机玻璃、透明塑料和铸铝做成,罩壳具有中性浮力,使很重的罩壳在水中没有重量,罩壳一般附加翼板以增加稳定性。摄影机的操纵杆和按钮都用"O"形环密封以保证不漏水。

3)摄影镜头(可参阅第十四章的有关内容):水下摄影由于水介质的折射率比空气大($n_{水}=1.333$),所以镜头的视场角只有原来的3/4。水下摄影为了得到足够的景深,多采用短焦镜头,可用广角镜头、超广角镜头以至鱼眼镜头。为了克服水介质对成像的影响,校正像差和扩大视场,可采用水下校正透镜。

4)取景最好采用屏幕式取景器。

5)照明最好采用激光照明。

第八节　高速成像用快门

高速成像的核心是快门和快门技术,高速成像用快门的种类繁多,就其用途可分成6种类型:①保护快门:为了防止摄影过程前、后的漏光,如机械快门等;②高速快开快门:能在摄影前极短的时间把快门打开,以尽量减少背景光的影响;③高速快关快门:摄影结束之后,迅速切断仪器中的光路,避免重复曝光;④周期作用快门:用很高的频率打开和切断光路,该频率即摄影频率;⑤扫描光学快门:转镜相机用,曝光期间快门的通光口径是变化的;⑥全息相干快门:只是在相干的时空里才打开快门记录。

下面就几种主要的快门逐一介绍。

一、机电快速快门

脉冲电流使电磁铁瞬间具有磁性而使快门快开(快关)。可用于中心快门,也可用于帘布快门。有时把这种快门称为机械快门,开关时间能到达到10 ms,快门速度主要受机械惯性和电磁惯性的影响。

二、电动快速快门(磁电快速快门)

在电动快门中,位于磁场内很轻的、惯性很小的蜗形导线或者框架用作运动元件,该磁场或由永久磁铁产生,或者由电磁铁产生。这种结构可以显著缩短开(关)时间到2 ms以内,多用于快关。

苏联SP-75高速摄谱仪,采用这种快门,可在1 ms内将宽0.3 mm的狭缝遮住。另一种,均匀磁场中的导线框架,当通电时带动一扇形件,可在1.4～1.6 ms内遮住直径为15 mm的圆孔。

三、金属箔电涌式快门

当连接金属箔(或者薄板)的螺旋线圈的磁场和金属箔的感生电流相互作用时,就可使金属箔或薄板运动而起到开、关快门的作用。

1)FK-IM高速摄影机采用相互垂直的两个螺旋线圈,金属薄板可上可下,从而达到快开、快关的作用。

2)SP-Ⅲ高速摄谱仪中采用单次作用的金属箔,能在50 μs内关闭3 mm宽、30 mm长的缝,只能快关。

3)S-150型高速摄影机中,采用导条和铝箔,两片铝箔平行放置,相邻部分重叠1 mm。当浪涌电流以相反的方向分别流经铝箔时,相邻的一端就会产生相互排斥的电磁力,使铝箔骤然变形而打开光路;如果再加一螺旋线圈,形成有利于加快开门速度的磁场,快门速度可达到0.7 mm/μs的水平。这是快开快门。

四、爆炸快门

利用电雷管或其他电气爆炸的爆炸快门能在2～30 μs内将光路切断,目前有4种类型:

(1)固体爆炸快门

电雷管爆炸,使置于两保护玻璃中间的爆炸玻璃粉碎而切断光路。国内曾做过单雷管方面的实验,大约爆炸玻璃能在2 μs左右切断光路(和通光孔径的大小有关)。

(2)液体爆炸快门

两保护玻璃中有水,水中有电雷管(或火花隙),当雷管起爆时,水溅射而切断光路。苏联学者试验的结果是:能在 12 μs、29 μs、40 μs 内切断光路(对应的孔径直径分别为 10 mm、20 mm、30 mm),关闭时间可持续 0.1 s。当然也可采用其他液体。

(3)粉末爆炸快门

国内做过这方面的研究。粉末采用红粉、石嘪粉为好,可放在内光路中,亦可放在外光路(外视场)。

(4)铝膜蒸发快门

当给镀铝的反射镜放电时,铝层蒸发,至反射镜透明,不再反射,从而切断光路。目前达到的性能:通光直径 50 mm、关门时间 20 μs、放电能量 140 J、溅射之后所达到的光密度为 4。

五、克尔盒快门

克尔(Kerr)效应的实质是:位于电场中的透明物质会发生各向异性,会产生双折射效应。克尔效应和电场强度的平方成正比。有关克尔效应的较为详细的论述可参考第四章《非线性光学》、第十八章《晶体光学》和第二十章《光学调制器》。

(1)克尔盒快门

检偏器和起偏器之间放置盛有硝基苯的盒子,当电场作用时,就构成电克尔盒快门,这种快门的开关时间在纳秒量级,能量损失为 55%~70%。

(2)光克尔盒快门

巨光脉冲的电矢量同样可以使某些物质产生显著的双折射效应。当在起偏器和检偏器之间有 CS_2 液体时,可用 1.06 μm 波长的红外巨脉冲打开快门。这种快门的开门时间在皮秒量级。当绿光脉冲通过 CS_2 液体时,其光程差 $\Delta\varphi$ 可表示为

$$\Delta\varphi = \frac{2\pi}{\lambda} l\, n_{2B}\, E^2 \tag{31-112}$$

式中,λ 是绿光在真空中的波长,l 是 CS_2 盒的长度,E 是光场强度中电场分量的有效值,n_{2B} 是光克尔介质的非线性克尔系数。对于 CS_2 n_{2B} 的值是 $2.2\times10^{-20}\ m^2/V^2$,$CCl_4$ 为 $0.36\times10^{-21}\ m^2/V^2$,$BK_7$ 玻璃为 $2.18\times10^{-22}\ m^2/V^2$,$LaS_F7$ 玻璃为 $0.61\times10^{-21}\ m^2/V^2$。

六、泡克尔斯盒快门

ADP、KDP、KD^*P 和 NS 晶体都可用作泡克尔斯(Pockels)盒快门。晶体的泡克尔斯效应和电场强度的一次方成比例。泡克尔斯快门仍然需要很高的电压,但是由于电光系数和温度有密切的依赖关系,可用冷却晶体的办法使所需电压大大降低,同时也采用横向驱动两块晶体的办法降低对电压的要求,参看图31-92。图中,两块单轴晶体(KD^*P)的两个光轴相互垂直(Z 轴),且都垂直于光束传播方向,电学上是并联横向驱动两晶体,这时所需要的驱动半波电压 $V_{\frac{\lambda}{2}}$ 为

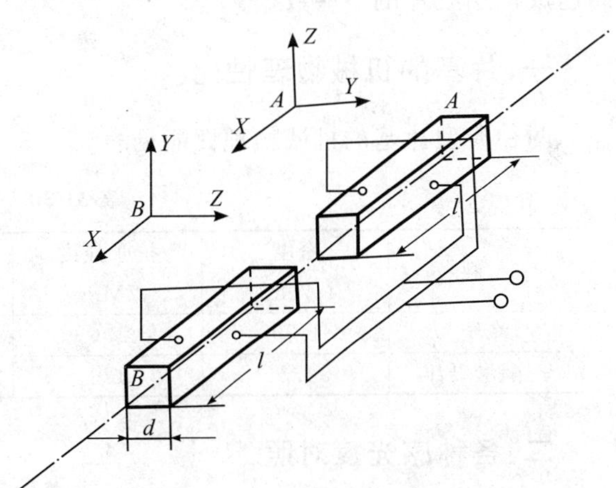

图 31-92 横向驱动的泡克尔斯盒

$$V_{\frac{\lambda}{2}} = \frac{\lambda}{2r_{63}n_o^3}\left(\frac{d}{l}\right) \tag{31-113}$$

式中,n_o 是寻常折射率,对于 KD^*P,$n_o=1.511$;r_{63} 是电光系数,对于 KD^*P,$r_{63}=26.5\times10^{-6}$(μm/V);d/l 是晶体的宽长比;λ 为波长。

在泡克尔斯盒两端加起偏器和检偏器,就构成了泡克尔斯盒快门。目前用在高速成像中的一种泡克尔斯盒,其典型数据为口径 10 mm,有效电容 30 μF,$l/d=4$,驱动电压 400 V(直流,输入到 50Ω 的负载上去),开关透光比 800/1,光谱范围 200~1 500 nm,重复频率 5×10^5 Hz,曝光时间5 ns。

七、法拉第快门

利用法拉第(Faraday)效应(磁光效应)可做成法拉第快门(图 31-93)。图中,1、4 分别为起偏器和检偏器,2 为玻璃,3 为感应线圈,要通入 1 000 A 的电流才能起到快门的作用。这种快门能达到 10^{-7}s 的开门时间,由于复杂、速度低,在高速成像中不多用。关于法拉第效应的详细资料,可参阅第四、五、十八、二十各章中的有关内容。

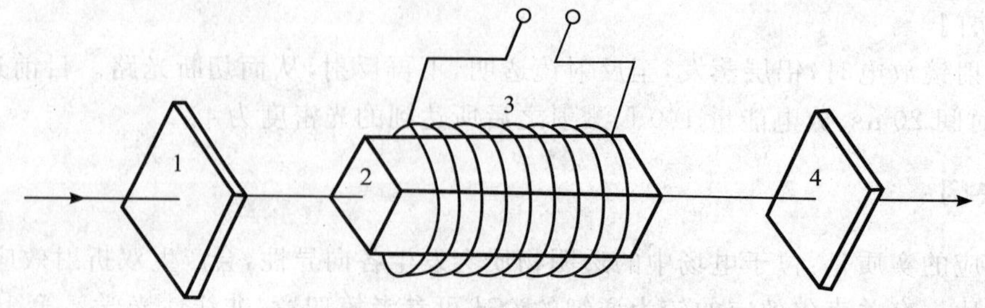

图 31-93　法拉第快门

第九节　高速成像用记录介质

高速成像记录介质分为银盐记录介质(胶片)和固体成像器件(CCD 和 CMOS)。前者需事后处理才能得到图像信息,但是有空间分辨率高和空间带宽积高的优势;后者能实时记录,但是空间分辨率和空间带宽积相对较小。固体成像器件在第三十四章的第十六节中有较为详细的介绍,高速成像用固体成像器件本章的第四节有较为详细的分析。胶片的一般性质和非银盐记录介质参阅第三十五章《感光材料》,本节只提供高速成像用胶片的一些数据。

一、片基的机械物理性能

两种典型片基的机械物理性能见表 31－30。

表 31-30　两种片基的机械物理性能

材料	密度 /(g/cm³)	抗张强度 /MPa	冲击强度 /(J/cm²)	撕裂强度 /MPa	断裂伸长率 /%	相对收缩率 /%
涤纶	1.39	196	2 842	167～176	140	0.019
三醋酸纤维	1.3	129	294	98	80	0.2

二、各种感光度对照

各种制式的感光度的对照见表 31-31。

表 31-31　各种感光度对照表

$\Gamma OCT_{0.2}$ (高斯特)	DIN (新定制)	ASA 新	ASA 旧	Weston (威士顿)	H&D (赫德)	Sch (仙纳)	$\Gamma OCT_{0.85}$ (高斯特)
11	15	25	12	10	250	22°	—
22	18	50	25	20	500	25°	150
45	21	100	50	40	1 000	28°	300
90	24	200	100	80	2 000	31°	600
180	27	400	200	160	4 000	34°	1 200
350	30	800	400	320	8 000	37°	2 400
440	31	1 000	500	400	10 000	38°	

三、高速成像中常用胶片的性能

表 31-32 列出了高速成像中常用胶片的主要性能。

表 31-32 高速成像中常用胶片的性能

片名、型号	产 地	感光度/ASA	反差系数 γ	分辨率 /(lp/mm)	备 注
1099	中国	100	1.9～2.5	≥90	强化显影 >200ASA
1048	中国	>200	1.8～2.2	≥88	
1032	中国	～1 000	1.6～2.0	≥67	强化显影
87-1	中国	1 000		60	特种显影
Agfa-Isopan Record	德国	1 600	2.0	100	
Dupand-Supirior	法国	1 200	1.8	90	
Kodak-Royal-X-Pan	美国	1 000～2 000	1.8	70	
Kodak-Royal-X-Pan	美国	8 000	2.2	40	增加显影时间 10～17 min
Kodak-Royal-X-Pan	美国	1 250	0.75	100	全色片
P-L T-47	美国	3 000	2.0	80	扩散显影(干显影)
P-L T-17	美国	10 000	3.0	40	扩散显影(示波摄影)
Kodak-Panchro Hoyal	美国	400	2.0	120	
Kodak-TRI-X	美国	400	0.7	150	对紫外和可见区敏感
Kodak-2492-RAR	美国	125	1.6	150	对蓝绿光敏感
Ilford-NR	英国	1 000	1.2	100	
		$\Gamma OCT_{0.85}$			
等全色 T-24	苏联	4 500	1.6	40	
等全色 T-13	苏联	2 500	2.2	60	
等全色 T-15	苏联	1 200	2.2	90	
等全色 T-16	苏联	1 000	2.0	100	耐热
等全色 T-22	苏联	1 000	2.0	100	Lavsan 片基,耐热
AN 22	苏联	900	2.2	100	
T-25 ShL	苏联	600	2.2	120	
等全色 T-17	苏联	400	1.7～2.2	150	
T-20sh	苏联	400	2.1	120	耐热
SN-6 M	苏联	300	2.2	150	
等全色 T-18	苏联	130	2.2	150	

四、胶片的互易律失效和埃伯哈德效应

胶片的互易律失效是指在进行高速成像时,由于曝光时间过短和像面照度过强,曝光量和所得到的黑密度不符合通常的曝光规律,同样的的曝光量所得到的黑密度偏低,图 31-94 是等密度线时曝光量和曝光时间之间的对数关系,参看图 31-94。

Eberhard 效应是指当曝光密度相同时小斑显影的密度大于大斑显影的密度，如图 31-95 所示。

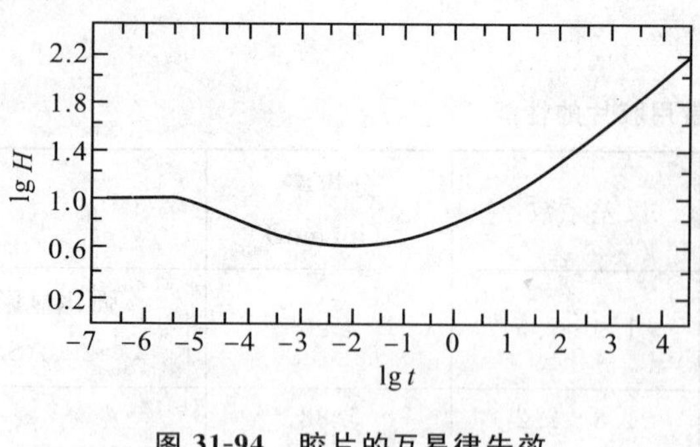

图 31-94　胶片的互易律失效

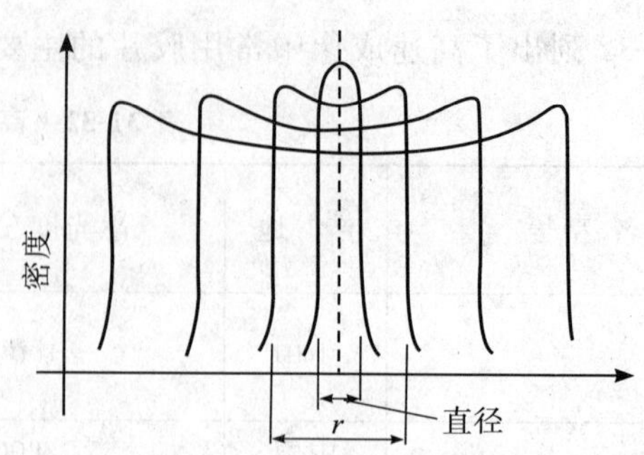

图 31-95　Eberhard 效应

第十节　高速成像技术的应用[156,164]

高速成像技术有着广泛的应用。历届国际高速摄影和光子学会议均有 50%～70%以上的学术论文是关于高速摄影应用研究和应用的。这些论文涉及的产业有香烟制造和包装，饮食业，电影和广告制作，玻璃制造业，电子产品制造，能源产业，钢铁工业，海、陆、空运输业，航天、航空和军火工程，农业和农业机械制造，等等。

这些论文涉及的研究领域和特征分辨时间有：发射、碰撞类瞬变过程（10^{-3} s 量级），爆轰物理、激波物理、再入段物理、爆炸和碎裂、弹导和穿甲、推进剂化学、超音速风洞、高速变形类超快过程（10^{-6} s 量级），高电压放电、激光聚变和辐射复合等超快过程（10^{-9} s 量级），固体中声子和激子的衰变和迁移、液体中的解相时间和分子振动弛豫、气体和固体中的等离子体增长和衰减（10^{-12} s 量级），分子结构动力学（振动、化学键的断裂和形成等原子尺度上的原子运动）、光合作用的原初反应过程、视觉过程和超快速表面动力学过程（10^{-15} s 量级），高能离子和热能电子的运动、分子中价电子的运动和原子壳层内的电子动力学（束缚电子动力学，即能量的激发、电离和复合）则需要 10^{-18} s 量级的时间分辨率。

高速成像技术的应用包括高速成像诸参数的最佳选用、可视化技术、激光技术、计算机技术、光源和照明技术、多缝技术、正交缝技术等。包括从光源到信息收集和处理方面的技术。这属于高速成像的软件系统，是目前高速成像的一个重要发展方面。本节只论及高速成像诸参数的选取和有关的可视化技术。

一、高速现象的摄影参数

1）目标的空间尺寸：宽度×高度×深度（$W\times H\times D$）。

2）目标的运动速度（扩散速度）。在其他条件一定的情况下，目标的运动速度决定摄影机摄影参数的选取，特别是摄影频率、曝光时间的选取。

3）目标变化的持续时间和特征周期决定记录的有效时间，这里说的持续时间指人们感兴趣的、有意义的持续时间。

4）目标的亮度：对于非自发光物体，其亮度特性取决于外界的照明和非自发光物体的反射特性。

5）自发光目标的光谱特性：这对光学设计和胶片的选取都有一定的意义。

二、高速成像诸参数的选取

（1）分幅摄影还是扫描摄影的确定

分幅摄影得到的是两维抽样记录，可形象地分析高速事件的运动过程，多用于不对称高速事件的研究，经编辑和处理后可放映。扫描摄影得到的是一维（在任一感兴趣的方向）的连续记录，时间分辨率高，多用于对称扩散现象的研究。

（2）摄影机焦距和物距的确定

1）根据目标的空间尺寸（$W\times H$）和画幅大小（$w\times h$）确定放大率 β。

2)放大率应保证分辨出目标的细节 Δ,若摄影分辨率为 N,则

$$\beta = \frac{1}{N\Delta} \tag{31-114}$$

3)确定物距和焦距。可根据物距定焦距(当物距一定要保证时,例如研究爆炸),也可根据焦距定物距。

(3)摄影频率的确定

主要根据目标像的运动模糊量 σ 应小于 0.02 mm 的要求来确定,有时也考虑放映定性判读的需要(特别是对中、低速摄影),即

$$\nu = \eta_s \eta_e \beta N V \tag{31-115}$$

式中,η_s 是快门因数;η_e 是有效曝光系数;ν 是摄影频率;V 是目标运动速度;N 是 σ 的倒数,即系统的摄影分辨率。

各种类型高速成像仪器的性能对照列于表 31-33 中,可供选用,同时还可以参考本章的有关节。

表 31-33　各种类型高速成像仪器性能对照表

类　型	摄影频率/(f/s)	摄影分辨率/(lp/mm)	画幅数	摄影时间
间歇式	$10^2 \sim 10^3$	40～70(抓片) 15～30(滚环)	$4\times10^3 \sim 1.6\times10^4$	10 s～2 min
补偿式	$10^2 \sim 10^4$	30～60(转镜) 15～20(反射镜)	$4\times10^3 \sim 4\times10^4$	2～30 s
转镜式	$10^5 \sim 10^7$	15～30	25～300	5～50 μm
克尔盒	$10^5 \sim 10^8$	30	1～60	0.05～3 μm
变像管	$10^6 \sim 10^8$	10～15	1～20	0.1～1 μm
网格	$10^5 \sim 10^9$	>15(等效 16 mm 标准画幅)	30～300	2～20 μm
数字成像	$10^2 \sim 10^4$	26～73(CCD 本身)	存储器的容量	存储器的容量

(4)扫描速度的确定

当扫描速度等于目标的扩散精度时,测量精度最高。

(5)胶片长度的确定

中、低速摄影存在这个问题。对于放映观察用有 240 个画幅就足够了;对于测量用,有 40 幅就够用。但是,还要考虑不同步和起动摄影机所消耗的片量,用片长度应为

$$L = h\nu(t_0 + t_u) + L_0 \tag{31-116}$$

式中,h 为相邻两画幅时间方向上同位点的长度(画幅的分幅宽度),t_0 是特征周期或持续时间,t_u 是摄影机构同步精度,L_0 是摄影机起动消耗的片长。

(6)相对孔径的确定

主要取决于目标的亮度,其次是对景深的要求:

$$A = \sqrt{\frac{\pi KB}{4E_0}} \tag{31-117}$$

式中,E_0 为照片所需照度,B 为目标亮度,K 为摄影光学系统的透过系数,A 为孔径数。

三、流场的可视化技术[95,156-159]

随着近代激光技术及计算机技术的发展,流动显示已进入一个崭新的发展阶段,从定性观察到定量测量,研究范围从稳定流动到非定常流动,从二维到三维,从单一物理量到多物理量同时测量,从单纯照相记录到图像处理加工得到各种信息,测量的精度、分辨率及自动化程度都迅速提高。流场的可视化技术(显示技术)有 3 种方法:

1)加入随流体一起流动的可视的外加物质。这种方法实际上观察的是外来物而不是流体本身,因而是

间接的，大多适用于稳定的或不可压缩的流动。这些方法有染料法、烟线法、粒子法和氢气泡法等，可用于低速的水流或气流。激光屏技术可用于低速及高速气流，定性显示流场某一截面的旋涡等流态[160]。激光Doppler测速法利用示踪粒子运动产生的Doppler效应逐点测量流速，不能同时全场测量；粒子轨迹测速术(PTV)及粒子图像测速术(PIV)可同时测量流体中全场各点的速度，使速度测量技术从个别点发展到全场[161]；全场Doppler测速法(DGV)可测量全场各点速度而且无需解决与示踪粒子有关的难题[162]。本节只介绍外加物质法的基本技术。

2)利用光学的方法来显示流体密度的变化，例如阴影法、纹影法和干涉法等，这种方法多用于可压缩流体，本章的第七节已有叙述。

3)前两种方法的综合。外加物质是无形的，外加物把能量(诸如热能、电能、磁能、声能或光能等)传到流体的某些部分，在流动中像示踪物质一样由于高能量效应而变得可视，以便测量。这些技术利用了流体中的分子，不需考虑施加示踪物质所产生的不易解决的具体技术问题，同时能够测量多种参数。这种方法主要用在稀薄气体流，流体的平均密度值很低，绝对密度变化特小，难以用光学方法显示的情况。

(一)外加可视物质用于流场显示

1. 利用染料、烟雾、蒸气和丝丛显示流动方向

流体流动的速度是矢量，其大小和方向是时间和空间位置的函数。外加物质到流体中形成流线、条纹线和粒子路线，使之部分流体成为可视，便于观察和摄影。流线和流动场中所有点的流动速度的瞬时方向相切，条纹线指流场中某一固定点所发出的全部流体粒子的瞬时位置，粒子路线是单个流体粒子在流动中经过的路线。如果流场是稳定的，上述3条曲线重合，否则的话，流场在时间上和空间上都不稳定，则3条曲线互不相同。

(1)液体流动中的染色线

染料注入法主要用于显示液体流动中的条纹线。注入的染料因工作流体的不同而异(表31-34)。

表31-34 标志条纹线的染色溶液

工作物质	水	水/盐溶液	水	水状聚合物溶液	聚甘醇溶液	水
染料	牛奶	牛奶	食物色素	食物色素	书写墨水	印刷品处理白
工作物质	水	水	水	水	糖溶液	水
染料	晶体紫	龙胆紫	苯胺黑	亚甲基蓝染料	苯胺染料	荧光

(2)烟雾线

用烟雾线标志空气流中的条纹线或其他状态。用于风洞的烟雾有3种：蒸发矿物油，例如煤油之类；蒸发某些溴化物或氯化物产生烟雾；燃烧或闷烧木、纸和烟草产生的烟雾。

(3)烟屏和蒸气屏法

风洞装置中，试验段前面引进一个宽而扩散的烟流通过试验模型，在试验模型的下游，空气烟流的横截面内，均匀的烟雾浓度被搅乱，这样就形成了烟屏。在用烟流线显示流动方向时，烟流直径小于试模直径，在烟洞中烟流直径大于试模直径。烟屏技术常用于亚音速风洞。

水蒸气屏的原理是风洞以潮湿的空气工作，当空气经过超声喷嘴扩张时，空气冷却，使试验段中的湿空气冷凝成雾；由于刚性试模的存在，垂直于风洞轴的横截面内均匀的雾分布被搅乱。水蒸气屏适于超音速风洞的研究

烟屏和水蒸气屏，都可采用光片照明的方法看到试模后面的尾流和涡流图型。

(4)丝丛和丝丛屏

把丝丛的一端联结到(或者粘在)试件表面上，在层流空气流动中，这些丝丛指示出局部的流动方向。适合于丝丛流动显示的材料是尼龙丝(空气速度大于2 m/s)和一般纱线(空气速度大于30 m/s时)。丝丛的长度最好等于待测流线的曲率半径。

把丝丛联结或粘结到金属丝栅格上，就构成了丝丛屏。把丝丛屏放在风洞里与平均流动方向垂直，从下游就可观察或拍摄丝丛图形。

2. 示踪粒子法——用微小粒子作速度测量

用这种方法的关键是选择合适的粒子，可使粒子和流体速度之间的差很小。表 31-35 列出了流体和示踪粒子的组合。

表 31-35　用于测量流体速度的示踪粒子和流体的组合

流　体	粒　子	直　径	应用场合
水	铝	0.03～0.1 mm	边界层变换
水	化妆品粉末	30 μm	涡流流动
水	聚苯乙烯	0.01～0.2 mm	层流流动
盐水	铝	—	分层流体流动
水/甘油	聚苯乙烯		对流流动
硅油	铝	0.03～0.1 mm	自由对流
空气	石松子	30 μm	击波管流动
空气	油滴	1 μm	击波管流动
空气	烟草烟雾	0.2 μm	击波管流动
空气	聚乙醛	1 mm	风动流动
空气	雾化的 DOP	1 μm	层流，涡流轨迹
空气	玻璃球	20 μm	风动流动
空气	大理石灰尘	1 μm	风云流动
氦	铝	2～3 μm	超声喷嘴流动

3. 示踪氢气泡技术

这种方法是示踪粒子的密度小于流体密度的流场显示。这种方法比示踪粒子法更为复杂，但更有吸引力。如果流动流体是一种电解质，则可电解该流体产生氢气泡作为示踪气泡而显示流动。阴极可用铝或不锈钢制成，直径多为 0.01～0.2 mm。根据经验，气泡尺寸约为产生气泡的阴极丝直径。

阴极丝垂直于平均流动方向放置，电路中给出一个电脉冲，阴极丝产生一排气泡，它标志着一条流体元。一定时间之后，这条示踪粒子排的位置构成了时间线。时间线可以确定局部速度。如果在阴极丝上涂上多段短的绝缘材料，并且在电路中给出有一定时间间隔的电脉冲，则可形成时间—条纹组合标记，这种方法可产生复杂的流场图。

4. 用电解和光化学法产生染料显示速度曲线

和示踪氢气泡技术不同，用弱的电解电流，无法产生氢气泡，只在阴极附近产生标志流体的染料显示流动场。

(1)百里酚蓝染料电解法

两电极插入百里酚蓝的水溶液中，电压小于 10 V，电流约为 10 mA 最好。阴极直径约为 0.01 mm，阳极用铜板或铜网做成。用两根相互垂直的金属丝或金属丝网可作三维显示。用钠光灯照明，能增加对比度。

(2)闪光光化学法(闪光光解法)

闪光光解法不需要电极，因而是一种不扰乱流动的测量。工作流体是一种光敏溶液，当把闪光灯聚焦在某一点上时，便触发引起一种光化学反应，在几个微秒的时间里产生一个蓝的染色点。闪光灯可用红宝石激光器。用钠光灯照明可以产生好的对比度。

5. 表面流动图型

这种方法主要用于固体表面附近某些流动特性的观察和记录。

(1)表面油流技术

在试模放入风洞流中之前,模型表面涂有一种油和精细颜料的混合物,颜料使混合物有颜色。空气流使油沿模型表面流动,如果混合物的浓度合适,可观察到积现的颜料粉末条纹,表示出近模型表面的流动方向。常用的油有煤油、轻柴油和轻变压器油,在高速风洞中用真空泵油;常用的颜料有二氧化钛、中国白瓷土、灯黑和荧光颜料。颜料常用油酸作附加的扩散剂。表面油流技术只能作定性分析,不能真实地显示不稳定流动,但对三维转角区的流图研究很有帮助。

(2)热敏颜料技术

被研究模型上涂上(喷涂)热敏颜料之后,很快放入风洞中去,风洞运转时模型表面的颜色变化用电影摄影机记录下来。高速成像的摄影频率给出了时间坐标,常用的热敏材料呈现 4 种颜色(黑色、米色、蓝色、绿色)的变化,是温度和曝光时间的函数。热敏颜料技术的温度范围是几百摄氏度。这种方法是根据颜色的变化过程,确定任意模体形状空气流到模型的局部温度和热传导系数(不是测量模型表面的局部温度)。

(3)液晶技术

与热敏颜料技术相似,液晶技术是根据一定方向上反射波长的变化(入射是白光)来测量风洞中试模表面的温度或温度变化。如果温度反方向变化,光的波长顺序也变化。液晶改变颜色的温度范围在几摄氏度以内。

液晶技术要求试模用低导热或者绝热材料做成,液晶涂层厚度为 0.5～0.7 mm,照明和观察应能接近垂直于试模表面。

(4)表面压力浮雕

如果物体表面可用某种方法变形,且这个变形又是压力的函数,则物体上面流动的不均匀压力分布可产生一定的表面浮雕。观察压力浮雕即可了解流动的情况。黑玻璃板上由不稳定的、移动的击波能产生表面压力浮雕。

(二)外加能量法

这种方法的实质是,具有极高动能的气体流进入停滞区变成静止的话,则动能转换成热能使气体温度升高。当足以激发气体分子或原子中的电子跃迁时就会发光,这样的流体就成为可视的了。

1. 人工密度变化

(1)加热引起气体密度的变化

在垂直于流体流动方向上横放一条电加热的金属丝,紧靠金属丝流过的流体元的温度会升高,由于流体中压力不变,温度升高的流体元的密度比周围无扰动流体的密度要低,其密度差可用电流控制。借助于纹影系统就可以显示出密度差的条纹线。本法适于检测流动中层流到紊流的转变,在纹影图中表现为条纹线的突然衰减。

如果用周期性的脉冲电流代替稳定电流加热金属丝,并在金属丝上分段涂以绝缘层,就可在流动中产生一列“热点”,这些热点可用纹影仪进行观察、摄影。

(2)用折射率不同的外部气体插入流场引起密度的变化

例如木制试模用苯浸湿,放在空气流中,苯蒸发的蒸气进入流场,由于密度不同,空气和苯蒸气之间边界层在阴影图上清晰可见。

2. 火花示踪技术

低密度流体中施加数千伏的电压使分子激发形成辉光放电,可探测气流的流态,显示激波、膨胀波等。电极火花放电所释放的能量使电极间的气体离化,并产生从火花向外传递的球面冲击波。根据火花发光等离子体的运动,或者根据球面冲击波运动就可观察流动。用火花发光等离子体测量速度只限于低密度的高速流;用球面冲击波测量速度限于高气压低速的流体。前者用高速扫描摄影机,后者用阴影仪和纹影仪均可。

用巨脉冲激光器代替火花放电装置产生发光等离子体可消除对流动的干扰。

利用火花示踪技术,在某些流场中可以绘制速度分布图。

3. 用电子束显示流动

(1)荧光探针——用快速电子激发

用一束高能电子束穿过气体流，由于气体分子的离化和激发，会发射出特征光谱，因而电子束变成一个亮的荧光柱。根据荧光柱的强度可以测定气体流的密度 n_m：

$$n_m = \frac{\varphi}{\sigma l \left(\frac{I}{e}\right)} \tag{31-118}$$

式中，φ 为光通量；I 为最终电流；e 为电子电荷；I/e 为单位时间发射的电子数；l 为电子束截面的长度；σ 为碰撞截面系数，由实验确定，或由分子物理理论确定。

(2)利用直接辐射作显示

用作流场显示的电子束，平均直径为 1 mm，为了研究一定面积的观察流场，电子束可以做匀速移动，记录移动时的光输出，所得照片可直接显示电子束经过平面的气体密度分布。这种方法可以测量三维流场的密度分布。

这项技术可显示自由流的流动密度约为 10^{15} 分子/cm^3。

4. 激光诱导荧光流场测量技术(LIF)[163]

这种技术是基于流体的分子在某一个特定波长的激光照射下辐射出荧光，其荧光强度、线宽、频移等与分子的运动状态有关，因而可以推知流体的密度、温度、压力及速度等参数。

参 考 文 献

[1]李景镇. 光学手册[M]. 西安：陕西科学技术出版社，1986：809-812

[2]Li Jingzhen. Time amplifying techniques towards atomic time resolution[J]. Sci. China Ser E－Tech. Sci.，2009，52 (12)：3425-3446，doi：10，1007/s11431-009-0381-0

[3]Shardin H. Uber die Grenzen der Hochfrequenz Kinemato-graphik[C]. Proc. of the 6th ICHSP，1963：1-29

[4]Polldervaart L J，Jongsma F H M. Obtaining maximum space/time data on periodic phenomena in minimum time (jet observation at 10^6 frame/s)[C]. Proc. of the 9th International Congress on High Speed Photography(ICHSP)，1970：538

[5]Sultanoff H. A 100 000 000 frame-pre-speed camera[J]. Rev. of Scientific Instrument，1950，24(7)：653-659

[6]Holland T E. Study of resolution limits in high-speed framing camera[C]. Proc. of the 5th ICHSP，1962：430-437

[7]Li Jingzhen. Assessing Criterion of High Speed Photography Temporal Resolution[J]. SPIE，1988，1032：810-813

[8]Li Jingzhen，Tan Xianxiang，Gong Xiangdong，Ai Yuexia. Studies on degree of freedom for high-speed photography[J]. SPIE，5580(2004)，805-810

[9]张耀明，刘琳，张云坤，沈江，张志平. 超大信息量记录系统输片机构的CAD[J]. 机械设计，2003，20(6)：31-32

[10]龚祖同，张跃明，等. 高速摄影总论与间歇式高速摄影[M]. 北京：科学出版社，1983

[11]张耀明，张云坤. 70mm 间歇式高速摄影机抓片机构与输片力分析[J]. 苏州丝绸工学院学报，2001，21(5)：19-22

[12]刘波，徐国华，梁志毅，等. 曲柄摇杆式抓片机构的非线性动力分析[J]. 光子学报，2001，30 (9)：1153-1156

[13]梁志毅，马丽华，曹剑中，郝斌. 70 mm 间歇式同步高速摄影机系统的研究[J]. 光子学报，2005，34(10)：1586-1589

[14]李德熊. 关于间歇式高速摄影机中采用偏心滑轮机构的讨论[C]. 全国第三届高速摄影和光子学会议论文集，1982

[15]朱文开. 摆杆式定片机构的设计[C]. 全国第三届高速摄影和光子学会议论文集，1982

[16]卢锷，等. 间歇式高速摄影双曲柄连杆机构抓片爪动态特性分析及其设计改进[C]. 全国第三届高速摄影和光子学会议论文集，1982

[17]杨绪凯，等. 偏心调节式双曲柄抓片机构分析[C]. 全国第三届高速摄影和光子学会议论文集，1982

[18]杨观廉. 高速电影机间歇抓片机构特性分析：第二届全国高速摄影和光子学会议论文选集[M]. 北京：科学出版社，1982

[19]孙延禄. 提高间歇式高速摄影换幅频率上限的新途径[J]. 影视技术，1996，(6)：3-10

[20]Li Jingzhen，Zhang Yaoming. Optimiging in high speed photography[C]. San Digo：Proc. of the 15 th International Congress on High Speed Photography and Photomics(ICHSPP)，1982：474-478

[21]Li Jingzhen，Yi Xuansong，Tian Jie. Time behavior of intermittent film-tansport force[J]. SPIE，1997，2869：676-679

[22]Li Jingzhen，Yi xuansong，Tian Jie. Film down rushing and equistroke film transporting in an intermittent moving

mechanism[J]. SPIE,1999,3516:136-140

[23]田洁,易选松,李景镇. 高速多平面机构的动平衡研究[J]. 光子学报,1993,22(21):298-302

[24]李景镇,杨芝藩,周泗忠,苗兴华,范勤,田洁. 微型机载高速摄影机研究[J]. 光子学报,1992,21(1):26-31

[25]李景镇,李先朱,查冠华,王胡顺,马健康. 大型火箭起飞横向漂移测量系统研究[J]. 光子学报,1992,21(2):108-115

[26]陈良一. 棱镜补偿式摄影机设计中的几个问题[M]//全国高速摄影会议论文选集. 北京:科学出版社,1978

[27]乔亚天. 光学补偿相机中旋转棱镜的计算分析[M]//全国高速摄影会议论文选集. 北京:科学出版社,1978

[28]胡庸,许家隆. 棱镜补偿器的全视场运动方程及其有关问题的讨论[M]//第二届全国高速摄影和光子学会议论文选集. 北京:科学出版社,1982

[29]顾伯勋. LBS-2000 型高速电影摄影机及其应用[M]//第二届全国高速摄影和光子学会议论文选集. 北京:科学出版社,1982

[30]郑潮鎏. 棱镜补偿相机的新设想[C]. 全国第三届高速摄影和光子学会议论文集,1982

[31]张焕星. LBS-16 棱镜补偿式相机的设计特点[C]. 全国第三届高速摄影和光子学会议论文集,1982

[32]黄国瑞,肖天明. HS—2000 型双反射全光补偿式高速摄影系统研究[J]. 光电工程,1994,21(2):1-7

[33]Egel E A,Kristiansen M. Rotating mirror streak and framing cameras[M]. Bellingham: SPIE Optical Engineering Press,1997

[34]李景镇. 转镜式超高速分幅相机结构参数的分析[M]//全国高速摄影会议论文选集. 北京:科学出版社,1978

[35]Shardin,H. Relationship bewen maximum frame frequence and resolution in rotating-mirror framing camera[C]. Proc. of the 3rd ICHSP, 1956: 316

[36]陈俊人. 转镜条纹相机中最佳转速的计算[M]// 第二届全国高速摄影和光子学会议论文选集. 北京:科学出版社,1982

[37]毛信强. 转镜式高速分幅相机的光学传递函数及分辨率[M]//第二届全国高速摄影和光子学会议论文选集. 北京:科学出版社,1982

[38]Li Jingzhen,Zhao Baochang,Zhang Boheng,Sun Yishan,Chen Yuxiang. ZSK-30 Ultra-high Speed Streak Camera with Beryllium Rotation Mirror[C]. Proceedings of the 14th ICHSPP,1980: 283-286

[39]Li Jingzhen. Optimizing in High Speed Photography[C]. Proceedings Of the 15th ICHSPP 1982: 474-478

[40]谢忠仁. 一种分幅与扫描两用的转镜式高速相机[C]. 全国第三届高速摄影和光子学会议论文集,1982

[41]许家隆等. ZFD-50 型高速摄影机[C]. 全国第三届高速摄影和光子学会议论文集,1982

[42]孙凤山. 对等腰三角形截面转镜的初步分析[C]. 全国第三届高速摄影和光子学会议论文集,1982

[43]Li Jingzhen,Sun Fengshan. Dynamic property of rotating mirrors of high intensity aluminium alloy for ultra high speed photography[J]. Acta Photonica Sinica,2001,30(5):636-639

[44]Трачук В С. Расчет предедвнои скоросги вращеныя эеркальных,роторов в эависимости от геометрических факторов и материада. ротора[J]. Журн Наудн И Приклд Фотогр И Кинематор,1982,27(3): 184-187

[45]Li Jingzhen,Sun Fengshan,Gong Xiangdong,Huang Hongbin,Tian Jie. Studies on dynamic behavior of rotating mirrors[J]. SPIE,5638, 2005; 117-123; ISTP; Ei: 05249157137

[46]Трачук В С. Упрутие искажения ъыстровращижя приэматических эеркал[J]. Журн Научн И Приклд Фотогр И Кинематор,1977,22(5): 335-342

[47]Huang Hongbin,Li Jingzhen,Gong Xiangdong,Sun Fengshan,He Tiefeng. Numerical prediction on static and dynamic properties for rotating mirror of ultra-high speed photography[J]. SPIE,6279, 2007,62797L-1-8

[48]Huang Hongbin,Li Jingzhen,Gong Xiangdong,Sun Fengshan,Hui Bin. Numerical simulation on surface deformation for rotating mirrors of ultra-high speed photography[J]. SPIE,6279, 2007,62797M-1-8

[49]李景镇,龚向东,李善祥,田洁. Miller 型超高速摄影系统经典设计理论的研究[J]. 光子学报,2004, 33(6):739-742;Ei: 04338313844

[50]Li Jingzhen ,Huang Jinghao,Tian Jie,et al. Study on advanced recording surface of rotating mirror camera[J]. SPIE,2001,4183:461-465

[51]Li Jingzhen,Gong Xiangdong,Tian Jie. New advanced designing theory on ultra high speed rotating mirror framing camera[J]. SPIE,4948,2002:725-729

[52]N de Jong,Chin C T,Lancee C,et al. Brandaris 128-a rotating mirror digital camera with 128 frames at 25 Mfps[J]. SPIE,2003,4948:342-347

[53]Li Jingzhen,Zhao baochang,Zhang Boheng,et al. ZSK-30 ultra-high speed streak camera with beryllium rotation mir-

ror[M]//Proc. of the 14th ICHSPP. Moscow: Moscow Press,1980:233-236

[54]Dubovik A S. The photographic Recording of High Speed processes[M]. New York: John Wiley & Sons,1981

[55]Trofimenko V V,Klimashin V P. High speed mirror camera Model 203-M[J]. SPIE,1999,3516:149-151

[56]Lai C C. A new tukeless nanosencond streahk camera baced on optical deflection and direct CCD imaging[J]. SPIE, 1993,1801:454-469

[57]Lai C C,Goosman D R,Wade J T,Avara R. Design and field test of a galvanometer deflected streak camera[J]. SPIE,2003,4948:330-335

[58]程忠民. 线列CCD狭缝摄像测量系统[J]. 光子学报,1994,23(Z3):295-299

[59]Kryzhko V V,Pergarment M I,Pergarnent M M,et al. Actual properties of CCD-Camera. SPIE,2003,4948:59-62

[60]Etoh T. High Speed Video Camera of 4500pps[J]. Journal of the Institute of Television Engineering of Japan,1992, 46(5):543-545

[61]张太镒,李自田,康磊. 高帧频摄像系统中分割画幅摄像的实现[J]. 光子学报,1997,26(z1):250-252

[62]Raca R G. High speed video recording system using multiple CCD imagers and digital storage[J]. SPIE,1995,2513: 209-220

[63]Stasicki B,Meier G E A. A computer controlled ulrtra high speed video camera system[J]. SPIE,1995,2513:196-208

[64]Etoh T G,Takehara K,Okinaka T,et al. Development of high speed video camera[J]. SPIE,2001,4183:36-37

[65]Kosonocky F W,Lowrance J W. 360×360 element very-high frame-rate burst-image sensor[C]. Digest of Technical papers,1996 IEEE International Solid Stale Circuits Coference,1996,39:182-183

[66]Etoh T G. Progress beyondISIS: Combined triple-ISIS Camera,Video trigger and terraced image sensor[J]. SPIE, 2003,4948:1-8

[67]徐大伦. 变像管摄影机[M]. 北京:科学出版社,1990

[68]侯洵. 高速成像与光子学[M]//母国光. 现代光学与光子学的进展. 天津:红外与激光工程编辑部,2003:408-425

[69]牛憨笨,李冀,杨勤劳. 超快过程诊断技术及其应用[M]//母国光. 现代光学技术与光子学进展. 天津:红外与激光工程编辑部,2003: 426-440

[70]Feng J,Ding Y K,Liu Z L. Improvements of UV/X-ray framing image tube cameras[J]. SPIE,1997,2869: 664-667

[71]Zhao W,Hou X,Tian J S. Historical development and application of ultra fast diagnosis based on image tube in XIOPM[J]. SPIE,2007,6279: 627904-1-627904-17

[72]Shiraga H,Miyanaga N,Heya M,et al. Ultrafast two-dimensional X-ray imaging with x-ray streak cameras for laser fusion research[J]. Rev Sci Instrum,1997,68 (1): 745-749

[73]李冀,屈军乐,廖华,等. 取样成像扫描式分幅技术[J]. 强激光与粒子束,2001,13(4): 461-466

[74]Shan B Z,Guo B P,Wang S Y,et al. Octagonal pyramid optical splitting system in nanosecond framing Camera[J]. SPIE,2007,6279: 62792J-1-62792J-6

[75]Zavoisky E K,Fanchenko S D. Physical basis of electron-optical photography[J]. The Reports of USSR Academy of Sciences (in Russian),1956,108 (2): 218-221

[76]Takahashi A,Nishizawa M,Inagaki Y,et al. New femtosecond streak camera with temporal resolution of 180fs[J]. SPIE,1994,2116: 275-284

[77]Shakya M M,Chang Z H. An Accumulative X-ray streak camera with 280fs resolution[J]. SPIE,2005,5534: 125-131

[78]Ellis A T,Fourney M E. Application of a ruby laser to high-speed photography[J]. Proc. of IEEE,1963,51:942-943

[79]Smigielski P,et al. holographic cinematography with the help of pulsed YAG laser[J]. SPIE 1985,491: 750-754

[80]Lowe M A A rotating mirror hologram camera[M]//Proc. of the 9th ICHSP. New York: SMPTE,1970:25-29

[81]Abramson N Light-in-flight recording by holography[J]. Optics Letters,1978,(3): 121-123

[82]Uyemura T,et al. Application of pulse laser holography[M]//Proc. of the 13th ICHSPP. Tokyo: JSPE,1978,346-349

[83]Dubovik A S,et al. Cineholography investigation methods of high speed events[M]//Proc. of the l2th ICHSP. Washington: SPIE Press,1976,127-129

[84]Meier G E A,Hiller W J High speed laser interferometric framing[M]//Proc. of the 13th ICHSPP. Tokyo: JSPE, 1978:361-363

[85]anterborn W L. High speed photography and holography of laser induced breakdown in liquids[M]//Proc. of the 13th ICHSPP. Tokyo: JSPE,1978:330-333

[86]Basov N G,et al. Laser beam usage for high speed photography[M]//Proc. of the 8th ICHSP. New York: Almqvist & Wiksell,Stockholm,and John Wiley,1966:272-274

[87]Rowlands R E,et al. Ultra-high-speed framing photography employing a multiple-puled ruby laser and a "smear-type" camera[M]//Proc. of the 8th ICHSP. New York: Almqvist & Wiksell,Stockholm,and John Wiley,1966:275-280

[88]Chabannes F,Milot E. Application of phase-locked solid lasers to high-speed cinematography[J]. Proc. of the 9th ICHSPP,1968:69-74

[89]Gate J W,et al. Repetitive Q-swiched laser light source for interferometry and holography[M]//Proc of the 8th ICHSP. New York: John Wiley,Inc.,1970,299-303

[90]Curtis K,Allen P,Psaltis D. Method for holographic storage using peristropic multiplexing[J]. Opt. Lett.,1994,19(13):993-995

[91]Love M A. High-speed holographic recording of transilluminated events[M]//Proc. of the 9th ICHSP. New York: SMPTE,1970:4-10

[92]Denz C,et al. Patentiality and limitations of hologram multiplexing by using the phase-encoding technique[J]. Appl. Opt.,1992,31(26):5700-5705

[93]王国志,王正荣. 利用傅里叶变换全息图进行高速全息分幅摄影[J]. 高速摄影与光子学,1980,(1):16-23

[94]陈岩松,李秀英,李翠梅. 无透镜傅里叶变换及其在三维干涉测量中的应用[J]. 光学学报,1981,1(3):223-228

[95]金国藩,李景镇. 激光测量学[M]. 北京:科学出版社,1998

[96]Landry M,McCarthy A E. Use of the multiple cavity laser holographic system for ebw analysis[J]. Opt. Eng.,1975,14(11): 69-73

[97]Wan Qixiang. Serial pulse laser instantaneous holography instrument and its application[J]. SPIE,1988,1032: 346-348

[98]Uyemura T,et al. Ultra high real-time holographic interferometry[M]//Proc. of the 13th ICHSPP. Tokyo: JSPE,1978,350-353

[99]纪忠英,王正荣,孔玉娥. 用高速实时的全息干涉摄影研究火药燃烧场[J]. 高速摄影与光子学,1983,(4):14-20

[100]Wuerker R F. U S Patent. 3615123,Patented,Oct. 26,1971 (65)

[101]任国权,叶志生,王升平 高慧敏. 电光分幅式激光全息术[J]. 中国激光,1996,A23(9):853-846

[102]Duguay M A,Hunsen J W. An ultrafast light gate[J]. Appl. Phys. Lett. ,1969,(15): 192-194

[103]Hanson J W,Duguay M A. Ultra-high-speed photography of picosecond light pulses[J]. J. of SMPTE,1971,80(2): 73-77

[104]Duguay M A,Mattick A T. Ultrahigh Speed Photography of Picosecond Light Pulses and Echoes[J]. Appl. Opt.,1971,10(9): 2062-2070

[105]陈淑琴,等. 共线型 CS_2 微微秒光学快门[J]. 光学学报,1981,1(4):365-370

[106]李景镇. 高速摄影中的激光技术[J]. 应用激光,1982,(6):1-6

[107]Yan Xinglong,Li Jingzhen. Primary study of ultra-high speed holographic coherence shutters[J]. J. high speed photography and photonics,1990,19(3):264-268

[108]Li Jingzhen,Gong Xiangdong,Li Shanxiang,Ai Yuexia. Implementing Techniques of Holography-Based Multiframe Extreme High-Speed Photography[J]. SPIE,5580, 2004:860-867

[109]Yasuhiro A,Aya K,Masatomo Y,Toshihiro K. Motion pictures of propagating ultrashort laser pulses[J]. SPIE, 2005,5580: 543-550

[110]Li Jingzhen. Multi-frame high speed holography adapting a grating coded reference beam[J]. SPIE,1997,2869:807-809

[111]Centurion M,Liu Z h,Steckman G J,Panotopoulos G,Hong J,Psaltis D. Holographic techniques for recording ultrafast events[J]. SPIE Aerosense,Apr. 1-5, 2002,Holography session(invited talk)

[112]Wang Xiaolei,Zhai Hongchen,Mu Guoguang. Pulsed digital holography system recording ultrafast process of the femtosecond order[J]. Opt. Lett.,2006,31(11): 1636-1638

[113]Martin Centurion,Ye Pu,Demetri Psaltis. Femtosecond holography[J]. SPIE,2005,5580: 529-534

[114]郑允芳，林玉驹，吴继宗．网格式高速摄影技术[J]．应用光学，1982，67(1)：745-749

[115]林玉驹．转瞳式网格高速摄影机设计[C]．全国第三届高速摄影和光子学会议论文集，1982

[116]Ivanov B T. Properties and principles of application of lenticular plates in high-speed photography[C]. Proc. of the 5th ICHSP，1962：234-234

[117]Ivanov. S P L V Akimakina. Hexagonal lenslet arrays[C]. Proc. of the 5th ICHSP，1962：235-235

[118]Garnov V V，Dubovik A S，Sitsinkya N M. High-speed image dissector twin-disk camera[C]. Proc. of the 7th ICHSP. Zuich：Verlag Dr. Othmar Helwich，1967：139-143

[119]Akimakina L V，Ivannov S P，Komar V G. New lenticular plates with high relative aperture[M]//Proc. of the 8th ICHSP. New York：Almqvist & Wiksell，Stockholm，and John Wiley，1968：162-164

[120]Dubovik A S，Kevlishvili P V，Sitsinskaya N M，Konakova M B，Belov B G，Ilyushin G P，Nalbandian D A. Super-speed raster camera FKR-2[C]. New York：Proc. of the 9th ICHSP. 1971：39-41

[121]Grebennikev O F. The use of frequency and contrast response characteristics in the evaluation of photographic system of high-speed raster camera[C]. New York：Proc. of the 9th ICHSP. 1971：47-49

[122]龚祖同．自聚焦(变折射率)纤维在高速网格摄影中的应用[M]//全国高速摄影会议论文选集．北京：科学出版社，1978

[123]袁益谦．光纤网格器件的研制及其在高速摄影中的应用[C]．全国第三届高速摄影和光子学会议论文集，1982

[124]Kung Tsutung. Application of grin fiber(selfoc fiber)to High Speed raster photography[J]. Proc. Of the 13rd ICHSPP. Tokyo：the Japan Society of Precision Engeering，1979：812-817

[125]Fuller P W W. Pioneer of Spark photography and their legacy[J]. SPIE，1997，2869：8-29

[126]王庆有．图像传感器应用技术[M]．北京：电子工业出版社，2003

[127]Impulsphysik Gmb H. Laser Cranz-Schardin camera[J]. News Letter for the 15th ICHSPP，1982，2(1)：10

[128]Henchoz A. Improvement of a Cranz-Schardin Camera. Proc. Of the 13rd ICHSPP. Tokyo：the Japan Society of Precision Engineering，1979：196-205

[129]Stasicki B，Meier G E A. A computer controlled ulrtra high speed video camera system[J]. SPIE，1995，2513：196-208

[130]韩雷，任小平，苏先基．Cranz-Schardin 系统的透射、反射型配置及其在力学测量中的新应用[C]．第四届全国高速摄影和光子学会议论文汇编，1985

[131]李鸿志．多闪光高速摄影机的发展与改进[J]．高速摄影与光子学，1987，(3)：51-55

[132]李景镇．高速摄影几个基本问题及远景[C]．第三届全国高速摄影和光子学会议论文集，1982

[133]李景镇．植村教授来华讲学的学术观点评述[J]．高速成像与光子学，1982(3)：59-65

[134]龚祖同．2000 年的高速摄影[M]//第二届全国高速摄影和光子学会议论文选集．北京：科学出版社，1982

[135]郗继贵，李艳军，叶声华，唐大林，张国全．单摄像机虚拟立体视觉测量技术研究[J]．光学学报，2005，25(7)：943-948

[136]高瞻，相里斌，安葆青．干涉成像光谱技术的新发展[J]．光学技术，1998(5)：33-35

[137]刘良云，相里斌，杨建峰，等．计算层析成像光谱仪的仿真研究[J]．光学学报，2000，20(6)：805-809

[138]Qu Junle，Baoping Guo，Li Ji，Yang Qinlao，Liu Jinyuan，Niu Lihong，Niu Hanben. Recent advance in streak and framing cameras in Shenzhen University[J]. SPIE，2007，6279：627907-1-627907-11

[139]张奇，等．400 千伏高速 X 射线摄影机及其应用[M]//第二届全国高速摄影和光子学会议论文选集．北京：科学出版社，1982

[140]Arne Mattsson，Scandiflash A B. New developments in flash radiography[J]. SPIE，6279，2007：62790Z-1-62790Z-10

[141]张国顺．激光高速阴影照相的研究及发展[M]//第二届全国高速摄影和光子学会议论文选集．北京：科学出版社，1982

[142]夏生杰．高速纹影摄影[M]//全国高速摄影会议论文选集．北京：科学出版社，1978

[143]奉孝中，等．球形激波测量的高速彩色纹影方法[C]．全国第三届高速摄影和光子学会议论文集，1982

[144]陈瑞祎，葛周芳．指示偏折大小和方向的定量彩色纹影技术[C]．第四届高速摄影和光子学会议论文汇编，1985

[145]夏生杰，等．分幅高速干涉摄影及其应用[M]//第二届全国高速摄影和光子学会议论文选集．北京：科学出版社，1982

[146]单子娟，王定兴，李正直．一种激光纹影仪的光学特性[J]．光学学报，1984，4(10)：880-886

[147]李景镇．高速莫尔形貌学[J]．高速摄影和光子学，1980(2)：16-20

[148]李观涛，任国明，张淑清．一种测量弹丸膛内攻角变化的激光高速摄影系统[J]．高速摄影与光子学，1991，20(4)：403-413

[149]Li Jingzhen，Cao Rong. Measuring yaw angle of a free-flight projectile[J]. SPIE，1994，2513：374-379

[150]孙传东,陈良益,高立民,张建生,卢笛. 水的光学特性及其对水下成像的影响[J]. 应用光学,2000,21(4):39-46

[151]翟学锋,董晓娜,王国富,陈良益. 水下变焦镜头的设计[J]. 应用光学,2007,28(4):416-420

[152]谭显裕. 激光水下成像的技术现状和发展动态[J]. 光电子技术,1996,16(1):30-33

[153]郑冰,孙骁禾,粟京. 一种水下激光成像的新方法[J]. 中国海洋大学学报,2006,36 (1):119-122

[154]朱耘. 激光水下三维成像技术及进展[J]. 应用光学,1999,120(14):22-26

[155]孔捷,张保民. 激光水下成像技术及其进展[J]. 光电子技术,2006,26(2):129-132

[156]S F Ray. High Speed Photography and photonics[M]. Bellingham: SPIE Press,1997

[157]陈瑞炜. 流场显示[M]. 杭州:浙江大学,1983

[158]流れの可视化ハンドブク学会. 流れの可视化ハンドブク[M]. 东京:朝仓邦赵,1986

[159]梅尔兹科奇 W. 流动显示[M].黄素逸,等译. 北京:科学出版社,1991

[160]Modarress D,et al. Modern experimental techniques for high speed flow measurements[J]. AIAA Pap., 88-0420

[161]Dudderar T D,et al. Summary of a talk on two dimentional fluid velocity measurement by laser speckle velocimetry [J]. AIAA,Pap., 87-1375

[162]Komine H,et al. Real-time Doppler velocimetry[J]. AIAA Pap. ,91-0337

[163]Hanson R K,et al. Laser-induced fluorescence diagnostics for supersonic flow[J]. AIAA Pap., 90-0625

[164]植村恒义. 画像计测入门[M]. 东京:昭晃堂株式会社,1979

[165]Dwyer J R,Jordan R E,et al. Femtosecond electron diffraction: an atomic perspective of condensed phase dynamics [J]. J. Mod. Optic.,2007,54(7): 905-922

[166]Dwyer J R,Jordan R E,et al. Experimental basics for femtosecond electron diffraction studies[J]. J. Mod. Optic., 2007,54(7): 923-942

[167]田进寿,赵宝升,吴建军,等. 飞秒电子衍射系统中调制传递函数的理论计算[J]. 物理学报,2006,55(7): 3368-3374

[168]Baum P,Yang D S,Zewail* A H. 4D visualization of transitional structures in phase transformations by electron diffraction[J]. Science,2007,318(5851): 788-792

[169]Meckel M,Comtois D,Zeidler D,et al. Laser-induced electron tunneling and diffraction[J]. Science,2008,320(5882): 1478-1482

第三十二章 飞秒光学和超短激光脉冲

飞秒(fs,10^{-15} s)光学是研究原子时间尺度($10^{-12} \sim 10^{-18}$ s)瞬态事件光学信息的,属于瞬态光学的范畴,其技术支撑是超短激光脉冲。目前看来,超短激光脉冲几乎是激发、冻结、研究这一时间尺度瞬态过程的唯一手段。另一方面,作为激光科学领域的一支奇葩,超短激光脉冲在医疗、超快激光光谱学、超强激光物理学、超快光电子学、大容量高速光通信等方面展现了广泛而重要的应用,开拓了光学频率精密测量、飞秒激光精密加工、激光粒子加速、阿秒科学等新的研究领域,促进了这些前沿科学群的出现和发展。

超短激光脉冲最早是指持续时间短于物质分子弛豫过程的一类激光脉冲,时间尺度上短于皮秒(ps,10^{-12}s)量级。与自然界中其他的运动过程相比,由于其超快的瞬态时间特性,人们也往往将产生这类脉冲的激光称之为超快激光,并作为时间探针研究测量物质内部其他手段无法得到的微观瞬态图像与动力学行为,以此发现新现象、揭示新规律。1999 年,美国埃及裔科学家 A. Zewail 因为采用染料飞秒激光研究化学反应动力学的开拓性工作而独获诺贝尔化学奖。在过去 20 年的时间里,由于激光材料技术、锁模技术和脉冲压缩技术的重大进展,用于产生超短脉冲激光的增益介质已从液体染料发展为以人造宝石及光纤为主的固体形态,相应的超快激光装置也从原来结构复杂的实验室系统发展成为体积小巧、性能可靠的桌面实验仪器。可以预见,随着超短脉冲激光技术的不断完善、成熟与普及,超快激光必将作为锐利的“探针”,更加广泛深入地渗透到科研、医疗、制造、通信、国防等多个领域。

第一节 超短激光脉冲的新进展

超短脉冲激光的产生需要借助激光锁模技术。1960 年人类第一次实现激光时,其脉宽持续时间在毫秒到微秒量级[1],1965 年当人们首次实现激光的被动锁模时,激光脉宽到了皮秒尺度[2]。从那时到 1980 年,尽管人们发展了主动锁模、同步泵浦锁模等多种锁模方式,但脉宽一直未能突破亚皮秒,主要的工作物质以液体染料为主。直到 1981 年,美国贝尔实验室的科学家 R. L. Fork 等人首次在染料激光器中采用碰撞锁模方式获得脉冲宽度小于 100fs 的激光脉冲[3],标志了飞秒激光时代的来临。1985 年 J. A. Valdmains 等人通过引入棱镜对进行腔内色散补偿,将碰撞锁模环形染料激光器的脉冲缩短到 27fs[4]。1987 年 Fork 等人将该激光器输出脉冲进行放大,通过单模保偏石英光纤展宽放大激光光谱并利用光栅对与棱镜对联合补偿色散的方式使脉宽进一步缩短到 6fs[5],这也是染料激光器的最短脉冲记录。虽然染料激光器染料溶液的处理和维护不方便,并且重复性比较差,运行也不稳定,然而受当时固体增益介质荧光带宽窄、热导性能差等缺陷的限制,染料激光器一直是 20 世纪 80 年代研究超快现象的主要器件。

随着激光晶体生长技术的不断发展和日趋完善,20 世纪 80 年代后期出现了一大批宽波段可调谐的固体激光介质,如 Ti:sapphire(掺钛蓝宝石)、Cr:forsterite(掺铬镁橄榄石)、Li:CAF、Cr:LiSAF 等,在这些晶体中,掺钛蓝宝石(钛宝石)由于其优良的性能而很快脱颖而出,成为产生飞秒激光最理想的晶体[6-7]。首先,该晶体具有优良的光学性质,其吸收光谱非常宽(400～600 nm),可以采用多种方式泵浦,如氩离子激光器、铜蒸汽激光器、倍频 Nd:YAG、Nd:YLF、Nd:YVO_4 激光器和闪光灯泵浦等;其次,由于带宽约 400 nm(660～1 100 nm)的荧光光谱,理论上最短可以支持 2.7 fs 的脉冲宽度,是迄今为止发现的带宽最宽的激光增益介质。另外钛宝石也具有热导率高、性能稳定、结构坚固的特点。正是由于这些优良的性能,钛宝石已无可争辩地成为 90 年代以来最重要的超快激光介质。

1991 年,英国 St. Andrews 大学 W. Sibbett 教授的研究组在利用钛宝石激光附加脉冲锁模的实验中,发现了这种宽带固体激光的自锁模效应,并首次获得了稳定的飞秒激光脉冲输出[8]。图 32-1 为该激光的实验示意图,采用氩离子激光泵浦,在一定的外界扰动触发下,不需要任何附加锁模元件,该激光就能从连续工作模式进入到稳定锁模状态。如果换以棱镜对 P_1 及 P_2 补偿腔内色散,即可将四镜腔结构下输出的皮秒脉冲压缩到飞秒,并获得了 60fs 的结果。由于这一锁模激光简单的结构、稳定的工作特性及高的功率输出等特点,可以说在超短脉冲激光研究中具有里程碑式的意义。人们通过近一步的研究,认识到这种所谓的"自锁模",其实是一种新的锁模机制在起作用,其中克尔效应起了主要作用,为了区别于其他的锁模机制,而称之为"克尔透镜锁模"(Kerr lens mode locking,KLM)。继钛蓝宝石后,人们相继在其他一些宽带固体激光中借助 KLM 技术也相继获得了飞秒脉冲。目前基于 KLM 原理的振荡器,已成为人们获得飞秒输出的标准结构。

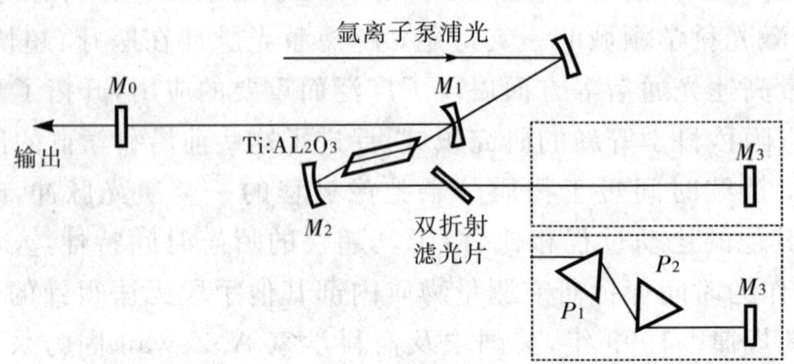

图 32-1 自锁模钛蓝宝石振荡器结构图

为了进一步缩短激光脉冲宽度,人们从两方面入手对 KLM 振荡器进行了改进,一是增强腔内的自相位调制效应,从而获得更宽的光谱,使脉冲的光谱宽度支持更短的脉冲宽度;其次是改善腔内的色散补偿情况,尽量削弱各个光谱成分的延时,使脉冲获得理想压缩。1993 年,M. T. Asaki 等人采用熔石英棱镜对补偿钛蓝宝石激光振荡器的色散后,直接产生了 11fs 的激光脉冲输出[9]。虽然进一步优化该结构后于 1994 年得到了 8.5 fs 的结果[10],但是由于增益介质和棱镜对难以补偿的三阶和四阶色散,因此在产生 10 fs 以下的脉冲宽度方面困难显著。1994 年 F. Krausz 及 R. Szipöcs 等人综合前人在染料激光研究方面的经验,首次将啁啾镜用于钛宝石激光腔内色散的补偿中[11]。与棱镜对相比,啁啾镜可以较好地补偿高阶色散,也不受光传输距离的影响,因此采用该技术后不仅钛宝石激光的输出脉宽很快被推进到了 10 fs 以下,而且也有利于通过缩短腔长将重复频率提高到吉赫的量级[12]。由于啁啾镜在产生极短脉冲方面的优势,人们在基于半导体可饱和吸收镜(semiconductor absorber mirror,SESAM)的自启动锁模激光研究中[13-14],通过啁啾镜与 SESAE 技术的结合,直接得到了脉宽仅 6.5 fs 并具有自启动特性的结果[15]。1999 年,不仅 D. H. Sutter 等人通过进一步优化上述方案产生了约 5 fs的激光脉冲[16],而且 U. Morgner 等人借助所提出研制的双啁啾反射镜与 CaF_2 棱镜对的组合色散补偿,也同期报道了约 5 fs 的结果[17]。考虑到钛宝石激光 790 nm 的载波中心波长,上述两结果对应的脉冲振荡都不到 2 个光学周期。两年后 R. Ell 等人又采用增强自相位调制与啁啾镜色散控制技术相结合的办法将飞秒钛蓝宝石激光振荡器输出的光谱扩展到了 600~1 200 nm 的覆盖范围[18],超过了钛宝石晶体固有的发射光谱。目前这种近极限宽度的激光振荡器已有产品可售,已在许多应用中起着最锐利探针的作用,但由于上述研究方案中色散补偿的复杂性,这类激光在研究与应用上仍有较大的难度。虽然赵研英等人采用四镜腔的简化设计促进了这类激光的实用性能,但所能得到的脉冲宽度仅在 7 fs 上下[19]。因此进一步从振荡器直接输出突破 5 fs 的结果,仍是目前超快激光研究具有挑战性的工作之一。

尽管钛蓝宝石激光在理论上支持 1 个光周期的飞秒脉冲(对于 790 nm 的载波波长,由 $\tau=\lambda/c$,可知单个周期的脉冲对应的脉宽为 2.6 fs,其中 c 为真空中的光速),但是由于在近周期量级脉冲时光谱的相位调制效应导致了非高斯分布及难以完全补偿的色散,因此自 1980 年人们实现飞秒激光以来,由振荡器直接输出的最短脉宽多年来一直受限于 10 fs 左右,为此人们很早就将目光转向了腔外压缩技术,以获取最短的激光脉冲。1997 年,A. Baltuska 等人将经腔倒空输出的脉宽为 13 fs 的钛宝石激光脉冲注入到单模光纤中,借助自相位调制效应而获得宽带的超连续光谱,然后采用啁啾镜、光栅对及棱镜对的组合对脉冲进行压缩,率先突破了 5 fs 脉冲宽度的瓶颈[20]。紧随其后,M. Nisoli 及 A. Shirakawa 等人通过采用放大激光及参量激光对光谱的展宽技术,通过腔外压缩先后也实现了小于 5 fs 的结果[21-23]。U. Morgner 和 D. H. Sutter 等人正是继上述亚 5fs 结果的发展，才将振荡器直接输出脉冲的宽度突破到了 5 fs，成为 20 世纪末 4 种亚 5 fs 激光产生技术的典型方案之一[24]。进入本世纪后，超快激光脉冲的压缩得到了新的发展与突破，不仅通过飞秒放大钛宝石激光驱动的气体高次谐波，人们于 2001 年在 X 射线波段测量到了阿秒（as，10^{-18} s）脉冲，将人类认识瞬态世界的视野扩展到了阿秒新纪元[25]，而且在可见光波段进一步接近单周期脉宽。2003 年 B. Schenkel 等人将放大激光注入到填充惰性气体的空心光纤展宽光谱，通过 SPIDER（spectral phase interferometry for direct electric field reconstruction）装置测量光谱相位并反馈给液晶 SML（spatial light modulator）进行相位补偿后，将 25 fs 的放大激光脉冲压缩到 3.8 fs[26]。2004 年 K. Yamane 等人利用改进的 MSPIDER 技术测量相位并进行反馈，最终获得了近单周期的 2.6 fs 的超短脉冲，这是迄今为止在近红外区获得的脉冲宽度最短的激光脉冲[27-28]。图 32-2 为超短脉冲激光的时间发展图[24]。锁模是产生超短激光脉冲的基础，附表列出了锁模技术的发展历史和在发展的各个节点上的历史性文献。

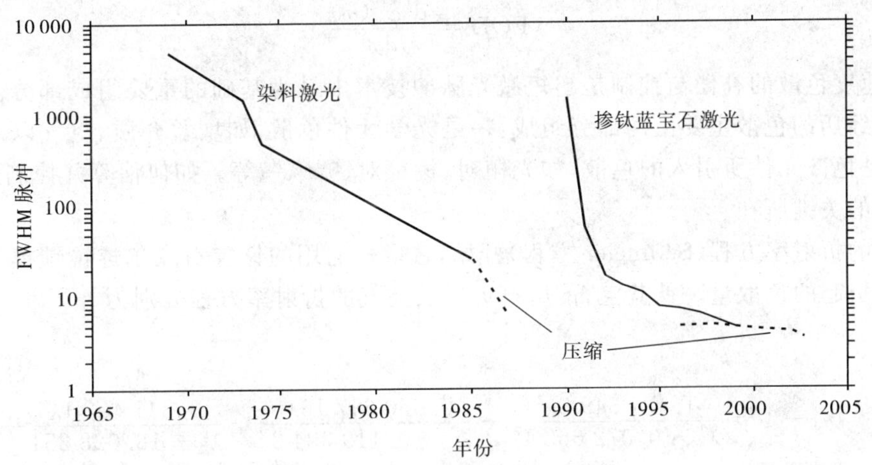

图 32-2 超短脉冲宽度随时间的进展

实线表示直接从振荡器中得到的脉冲宽度，虚线表示经过腔外压缩得到的脉冲宽度

第二节 超短激光脉冲产生的原理与新技术

超短激光脉冲的产生，从原理上讲，应合理采用锁模和弥散补偿两种技术。有关锁模的原理和技术，请参阅本章附录，摘自《激光测量学》一书中的有关部分，那里讲得精炼到位，本章不再赘述。本节只论述弥散补偿和新技术。锁模激光所能输出的最短脉冲宽度与色散的补偿息息相关，为此我们在系统介绍产生超短激光脉冲的新技术与新方法前，先介绍有关色散及色散补偿的原理与器件。

一、超短激光脉冲的色散管理

我们知道，光是一种电磁波，假设超短激光脉冲在时域中的电场表示为 $E(t)$，在频域中的电场表示为 $E(\omega)$，则二者满足傅里叶变换关系：

$$E(\omega) = \int_{-\infty}^{\infty} E(t)\exp(-\mathrm{i}\omega t)\mathrm{d}t \tag{32-1}$$

$$E(t) = \int_{-\infty}^{\infty} E(\omega)\exp(-\mathrm{i}\omega t)\mathrm{d}\omega \tag{32-2}$$

根据测不准原理，对于不同的脉冲形状，其时间带宽积 $\Delta\omega \cdot \Delta t$ 为一个确定的值。因此，为了获得脉冲宽度尽可能短的飞秒激光脉冲，要求脉冲所包含的光谱成分尽可能地多。但是，当脉冲中不同的光谱成分由于传播速度不同而在空间上分开时，就产生了群速度色散。例如在晶体中，由于晶体对不同波长的光具有不同的折射率，导致各个波长成分速度不同。如果长波部分速度快，渐渐超前，短波部分速度慢，渐渐落后，则称之为正色散；反之，长波部分落后，短波部分超前为负色散。

假设光学元件所引入的相位函数为$\varphi_m(\omega)$，则各阶群速度色散的解析式分别可表示为
群速度延时(group delay)

$$\mathrm{GD}=\frac{\mathrm{d}\varphi_m(\omega)}{\mathrm{d}\omega} \tag{32-3}$$

二阶色散(group velocity dispersion)

$$\mathrm{GVD}=\frac{\mathrm{d}^2\varphi_m(\omega)}{\mathrm{d}\omega^2} \tag{32-4}$$

三阶色散(third order dispersion)

$$\mathrm{TOD}=\frac{\mathrm{d}^3\varphi_m(\omega)}{\mathrm{d}\omega^3} \tag{32-5}$$

四阶色散(fourth order dispersion)

$$\mathrm{FOD}=\frac{\mathrm{d}^4\varphi_m(\omega)}{\mathrm{d}\omega^4} \tag{32-6}$$

其中，对二阶群速度色散的补偿与控制是超短激光脉冲技术中最为基础的重要组成部分。超短激光脉冲在产生的过程中所经历的色散主要由两部分组成：一是光学元件色散，如增益介质、空气以及光学玻璃(透射)引入的色散；二是色散元件所引入的色散，如光栅对、棱镜对、啁啾镜等。如何估算并控制这两部分色散是获得超短激光脉冲的关键所在。

我们从材料的折射率方程(Sellmeier 方程)开始，选取最通用的钛宝石克尔透镜锁模飞秒振荡器为例计算腔内色散元件引起的色散量。钛蓝宝石、熔石英以及空气的折射率方程分别为
钛蓝宝石

$$n_o^2-1=\frac{1.431\,349\,3\lambda^2}{\lambda^2-0.072\,663\,1^2}+\frac{0.650\,647\,13\lambda^2}{\lambda^2-0.119\,324\,2^2}+\frac{5.341\,402\,1\lambda^2}{\lambda^2-18.028\,251^2} \tag{32-7}$$

$$n_e^2-1=\frac{1.503\,975\,9\lambda^2}{\lambda^2-0.074\,028\,8^2}+\frac{0.550\,691\,41\lambda^2}{\lambda^2-0.121\,652\,9^2}+\frac{6.592\,737\,9\lambda^2}{\lambda^2-20.072\,248^2} \tag{32-8}$$

熔石英

$$n^2-1=\frac{0.696\,166\,3\lambda^2}{\lambda^2-0.068\,404\,3^2}+\frac{0.407\,942\,6\lambda^2}{\lambda^2-0.116\,241\,4^2}+\frac{0.897\,479\,4\lambda^2}{\lambda^2-9.896\,161^2} \tag{32-9}$$

空气

$$(n-1)\times10^8=8\,060.51+\frac{2\,480\,990}{132.274-1/\lambda^2}+\frac{17\,455.7}{39.329\,57-1/\lambda^2} \tag{32-10}$$

利用二阶群速度色散的定义：$\mathrm{GVD}=\frac{\mathrm{d}^2\varphi_m(\omega)}{\mathrm{d}\omega^2}=\frac{\lambda^2L_m(\omega)}{2\pi c^2}\frac{\mathrm{d}^2n(\lambda)}{\mathrm{d}\lambda^2}$，可以求出钛宝石晶体、熔石英以及空气等单位长度介质在600～1 000 nm 的色散曲线，如图 32-3 所示。据此即可估算腔内各光学元件所引入的正色散量。为了补偿此类光学元件所引入的正色散，通常所采用的负色散元件有：棱镜对、光栅对、啁啾镜等。

色散元件进行光脉冲色散补偿的基本思想，是调控不同波长的光谱分量所经历的延时，从而控制不同光谱成分在空间和时间上的先后，使得长波分量所经历的延时大于短波分量。最初，人们利用棱镜对来实现色散补偿，其结构如图 32-4 所示，棱镜顶角的切割选择对补偿光中心波长的入射和反射均满足布鲁斯特角，实际的光以水平方向偏振进入该系统进行色散补偿，这样也就减少了补偿过程中的损耗。

为了较好地理解色散的解析特性，在图 32-4 中我们也画出了棱镜对色散的光线传输图。设棱镜对之间的间距为 L，通过第一个棱镜后色散光束之间的夹角为 β，激光光波前为 AC、BE，因此光传输路径 CDE 与 AB 相等，光传输的路径 $CDE=L\cos\beta$。从图中可以看出各个光谱成分经棱镜散射后的角度稍有差别，相当于不同频率对应的 β 略有不同(虽然 β 很小，而且各个频率对应的 β 变化也很小，但是由此引入的光程差却不可忽略)，因此导致在棱镜对之间不同波长光谱成分所传输的路径稍稍不同：长波光谱距离长，短波光谱距

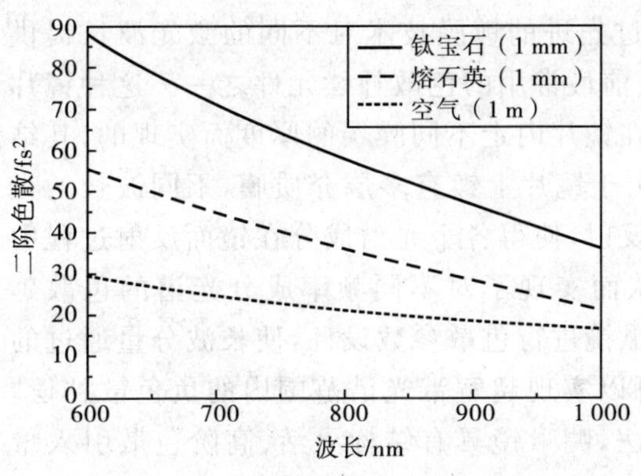

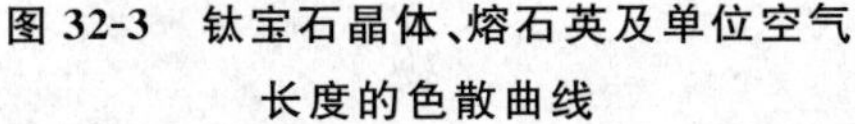

图 32-3 钛宝石晶体、熔石英及单位空气长度的色散曲线

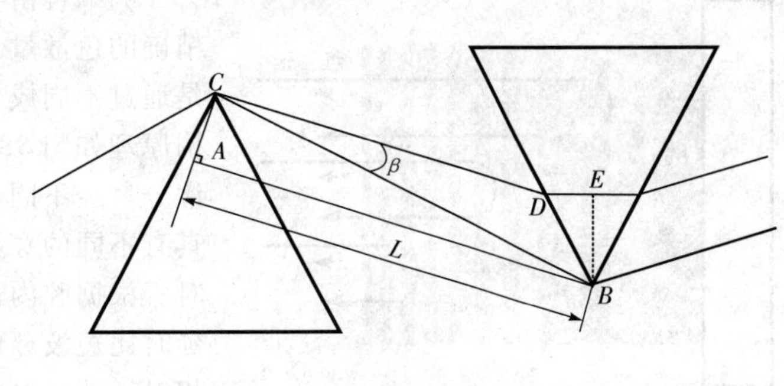

图 32-4 棱镜对补偿色散的结构示意图

离短，由此而引入负色散。棱镜对的负色散和棱镜对间的距离成正比。光在棱镜中传输引入的是正的材料色散，因此通过调节插入光路的棱镜量可以很容易地调节色散补偿。基于上述的过程经数学推导后，可以得出光脉冲经过图中棱镜对的往返色散后，所得到的二阶色散量为[29]

$$\frac{d^2 p}{d\lambda^2} = 4L\left\{\left[\frac{d^2 n}{d\lambda^2} + \left(2n - \frac{1}{n^3}\right)\left(\frac{dn}{d\lambda}\right)^2\right]\sin\beta - 2\left(\frac{dn}{d\lambda}\right)^2\cos\beta\right\} \tag{32-11}$$

其三阶色散约为

$$\frac{d^3 p}{d\lambda^3} = 4L\left(\frac{d^3 n}{d\lambda^3}\sin\beta - 6\,\frac{dn}{d\lambda}\,\frac{d^2 n}{d\lambda^2}\cos\beta\right) \tag{32-12}$$

由于棱镜对的结构使脉冲光谱成分中的长波分量所经历的延时大于短波分量，因此对光脉冲起到了提供负色散的作用，并且由于损耗低的特点，主要被用于激光振荡器腔内，通过对棱镜对间距及插入量的调节，可达到调节改变色散的目的。此外，从上两式也可以看出，棱镜所能提供的色散与制作材料的色散密切相关，对于高色散的激光增益介质，相应地可以选取重色散材料的玻璃制作色散补偿棱镜。

但是，无论选取什么样的材料，棱镜所能提供的色散总是有限的。对于高的色散量，就需要采用光栅对补偿。一般而言，在高能量飞秒激光的放大中，光脉冲通常经历大的色散量，为此就需要光栅对进行色散的管理控制。图 32-5 为典型的光栅对色散补偿图，其由一对相互平行放置的全息衍射光栅组成，当一束宽光谱的超短脉冲激光经光栅衍射后，与棱镜一样将在空间上分开，其长波所经历的延时要大于短波，因此所引入的也是负色散。有关详细的色散公式，可以参考文献[30]。此外，与 Martinez 及 Öffner 结构的望远镜共同使用[31-32]，光栅对还可以用来提供大的正色散量，成为目前飞秒激光放大的重要单元系统之一。

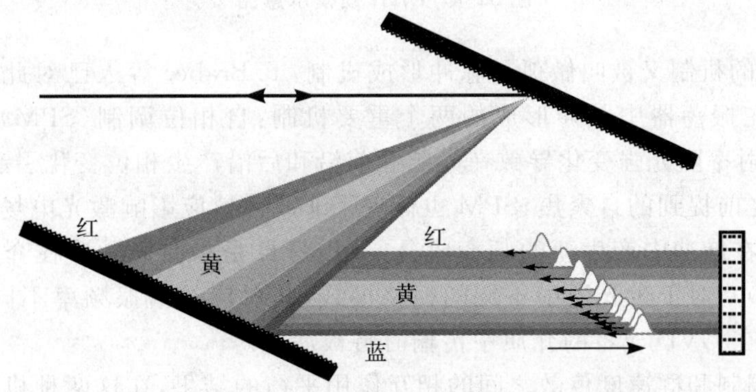

图 32-5 平行光栅对的结构示意图

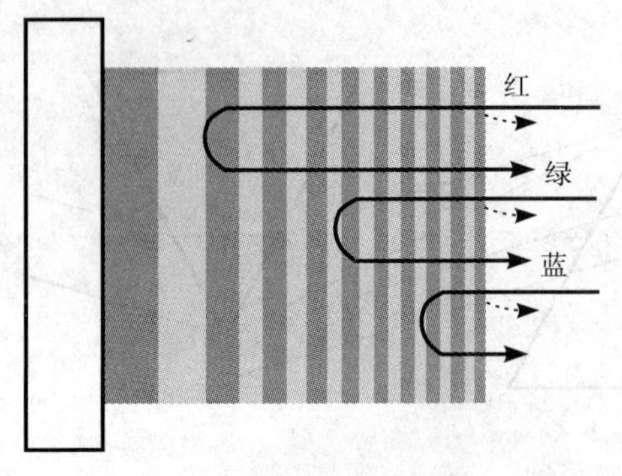

图 32-6 啁啾镜的结构示意图

啁啾镜由于可以通过先进的镀膜技术对不同的激光波长提供精确的色散量，已成为目前最常用的色散补偿元件之一。这种镜片是通过不同成分的波长在镜片内走不同膜层的厚度而实现的，其结构原理如图 32-6 所示，由于镜片上镀有多层介质膜，不同波长的光谱分量经不同的介质膜反射，使得各个光谱成分在镜面反射过程中具有不同的穿透深度，从而实现了对不同频率成分光谱的色散延时。根据腔内色散对啁啾镜进行色散参数设计，使长波分量通过的延时比短波分量长，就可以实现超宽带光谱范围内的负色散补偿。相对于棱镜对色散补偿法，啁啾镜具有结构灵活、高阶色散引入量少、补偿带宽较宽等优势，在周期量级超短脉冲激光的产生及压缩中，其关键性作用日益凸显。

二、克尔透镜锁模的原理与技术

克尔透镜锁模(KLM)是一种全新的锁模机制，在该机制的作用下，固体激光能够从连续运转模式转入到锁模脉冲运转模式。我们知道，固体材料在强激光的作用下，会导致一种三阶非线性极化效应——光学克尔效应，这时其折射率具有随着光强变化的非线性项，可以表示为

$$n(t,\boldsymbol{r}) = n_0 + n_2 I(t,\boldsymbol{r}) \tag{32-13}$$

这里，$I(t,\boldsymbol{r})$代表光强，而 n_2 称之为非线性折射率。对于大多数的固体介质来说，n_2 的大小在 $10^{-16}\,\mathrm{cm}^2\cdot\mathrm{W}^{-1}$量级。当具有高斯空间和时间形状的入射激光在介质中传播时，纵向克尔效应导致自相位调制效应(SPM)，从而产生新的光谱成分，而横向克尔效应导致产生克尔透镜自聚焦效应。自聚焦的焦距可以近似写为

$$f = \frac{\omega^2}{4n_2 IL} \tag{32-14}$$

式中，ω 为光束的束腰半径，I 为光强，L 为介质的长度。图 32-7 形象地描述了 KLM 锁模的基本原理。在这里增益介质相当于一个非线性透镜，当光强增强时，激光的模面积减小，形成一个等效的软边光阑。对于极短脉冲的产生还需要在腔内加入色散补偿元件，通常为棱镜对或者啁啾镜。当调节激光腔到接近其中一个稳区的边缘的时候，给激光腔施加微小的扰动就可以实现 KLM。

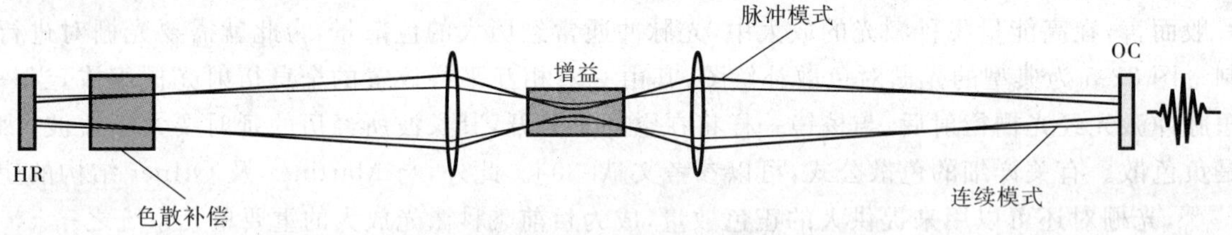

图 32-7 KLM 锁模示意图

KLM 激光脉冲形成的机制又被叫做孤子脉冲形成机制，T. Brabec 等人已对此作了详细探讨[33-35]。在这里我们简单介绍一下在振荡器中脉冲形成的两个重要机制：自相位调制(SPM)和群速度色散(GVD)。SPM 是指钛宝石晶体折射率随光强变化导致在光脉冲前沿和后沿产生相位变化引起光频扩展，这也是强场下的非线性效应。除了之前提到的自聚焦，SPM 也体现了非线性效应影响激光电场的相位特性。脉冲前沿和后延的强度改变，导致在脉冲中产生新的频率成分。而 GVD 是指激光脉冲在介质中传输时不同波长对应的折射率不同($n=n(\lambda)$)，对于激光器中不同的振荡模式，其对应的谐振频率不同，因此以不同的速度传输，这样便导致超短脉冲在 GVD 非零的介质中传输时将被展宽。

超短脉冲是自相位调制和群速度色散之间的相互作用平衡的结果，在这两种机制作用下，KLM 激光能获得的脉冲宽度可表示为

$$\tau = \frac{3.53D}{\phi W} + \alpha \phi W \tag{32-15}$$

式中，τ 为脉冲宽度，D 为腔内群速度色散，W 为脉冲能量，ϕ 表示自相位调制引起的克尔非线性效应的强弱。系数 α(0.1～0.25)与腔型有关。从上式中可以看出脉冲宽度由 GVD 和 SPM 同时决定。

根据测不准原理，为了得到短的激光脉冲，就必须有足够宽的光谱宽度，所以超短脉冲的产生与宽发射带宽的激光晶体是分不开的。目前除了应用最广泛的钛宝石激光晶体外，其他全固态增益介质，例如掺铬的镁橄榄石(Cr：forsterite，发射带宽为 1.07～1.65 μm)[36]、掺铬的 YAG(Cr：YAG，发射带宽为 1.2～1.6 μm)[37]也能支持非常窄的激光脉冲产生。

三、飞秒激光脉冲的放大

通常由飞秒激光振荡器输出的单脉冲能量仅在纳焦量级，要想得到高强度的超短脉冲激光，就需要将其进一步放大。但是，由于超短脉冲对应的高峰值功率，直接放大将导致增益的饱和及元件的损坏，无法有效提高激光的能量与强度。1985 年，D. Strikland 和 G. Mourou 基于雷达信号放大的原理，首次提出了啁啾脉冲放大(chirped pulse amplification，CPA)超短脉冲激光的技术方案[38]，并用于放大皮秒 Nd：YAG 激光得到了脉冲能量达 1 J、脉宽 1 ps 的 1.064 mm 激光输出。这一技术堪称超短脉冲激光与超强激光最具革命性的进展，很快引起了人们浓厚的研究热情与兴趣。1990 年 J. Squier 等人首次将其应用于飞秒钛宝石激光放大器，获得了较高峰值功率的超短激光脉冲[39]，随后，基于 CPA 技术的各类研究相继得到发展，作为激光科学技术新的重要研究方向，迄今已有多个研究组实现了 1 PW(拍瓦，10^{12} W)量级的峰值功率[40-45]，聚焦后的激光强度达 10^{22} W/cm^2 量级[46]，这样高的激光强度及对应的光场已远远超过了人们的想象，大大超过了核爆中心及宇宙天体中的一些极端强度，从而为物理学家提供了需要前所未有的新课题[47-48]。由于这种激光所带来的巨大学科创新性，目前欧盟正在启动一项称之为 ELI(extreme light infrasturcture)的研究计划[49]，旨在 2015 年前后建成峰值功率达 200 PW 的激光装置，用于开展光核反应、激光粒子加速等前沿学科的创新研究。

CPA 的基本工作过程是：在超短脉冲放大之前，先将其在时域展宽成为啁啾脉冲，然后再进行能量放大，最后再将其压缩为非啁啾的超短脉冲，从而得到脉冲能量及峰值功率都大大提高了的激光脉冲。之所以要把种子激光脉冲展宽，其一是为防止放大过程中过高的峰值功率会对系统元件造成损伤；其二是为避免过高的峰值功率造成介质的增益饱和及不利的非线性效应的发生；其三是较宽的激光脉冲能在放大过程更有效地萃取泵浦激光的能量，从而有利于脉冲增益的提高。图 32-8 是 CPA 技术的原理结构框图，对于一个典型的 CPA 系统，其一般由振荡器、展宽器、放大器和压缩器等 4 部分组成。其中振荡器用于产生飞秒种子激光脉冲，一般种子激光脉冲是不带啁啾的，脉冲重复频率多为 100 MHz 左右。展宽器用于把种子激光展宽成为皮秒或纳秒量级的啁啾脉冲，输出脉冲的重复频率和输入激光相同，但平均功率因为损耗而有一定降低。压缩器用来补偿放大后的啁啾激光脉冲的色散，从而将其压缩回接近种子脉冲的宽度。放大器用于放

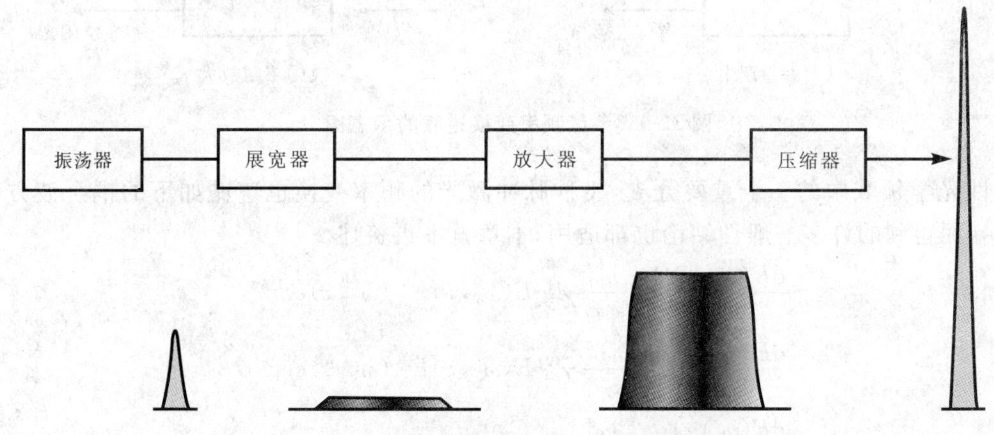

图 32-8　飞秒激光 CPA 技术的原理结构框图

大啁啾激光脉冲的能量，由于泵浦激光平均功率的问题，种子脉冲进入放大器之前一般先要进行分频选单，使其重复频率与脉冲激光泵浦源的重复频率相等，根据应用情况的不同，重复频率一般从 10 Hz 到几千赫不等。对于高峰值功率的太瓦（TW，10^{12} W）级飞秒激光放大装置来说，其放大器一般由多级组成：预放大、一级主放大、二级主放大、三级主放大……具体级数依据所要获得的脉冲能量而定。其中预放大作为最重要的放大单元，其重复频率一般为 10 Hz 或者几千赫，并有再生放大、多通放大等不同的技术方案可选择。一般来说，放大系统的重复频率越高，则输出的放大脉冲越稳定。而主放大由于增益的问题，一般只能采用多通放大的方案，脉冲重复频率一般仅为 10 Hz 量级，随着放大级数的进一步增加、单脉冲能量的进一步提高，重复频率还需要相应地逐渐降低，甚至是单次触发。近年来，在太瓦级飞秒激光放大研究中，人们为了获得高对比度的放大脉冲，又发展了光学参量啁啾脉冲放大（optical parametric chirped pulse amplification，OPCPA）[50-51]、双啁啾脉冲放大（DCPA）[52]、交叉偏振滤波[53]等技术。特别是 OPCPA 作为一种优良的新方案，已得到了广泛的研究与发展[54]，并在产生 PW 峰值功率方面具有独特的优势[55]。

四、飞秒激光脉冲的频率变换

以钛宝石激光器为典型代表的超短脉冲激光器出现之后，为许多学科领域的发展提供了强有力的工具，比如在超短时间尺度、超强电场强度和超宽频谱宽度等方面的应用。但是，同时人们也遗憾地发现，通过直接振荡方式产生的飞秒脉冲，其波长绝大多数都处于近红外波段附近。在紫外、可见光、中红外和远红外波段，还没有可用于直接产生飞秒脉冲的增益介质。

参量转换是一种二阶非线性光学效应，与激光发射中依靠粒子数反转提供能量不同，非线性介质在参量过程中不参与能量的净交换，但是光波频率可以发生变换，如图 32-9 所示。参量转换分为参量上转换和参量下转换。和频与倍频过程称为参量上转换，而差频、参量产生则属于参量下转换。通过参量转换过程，可以大大地扩展飞秒激光脉冲的波长范围。

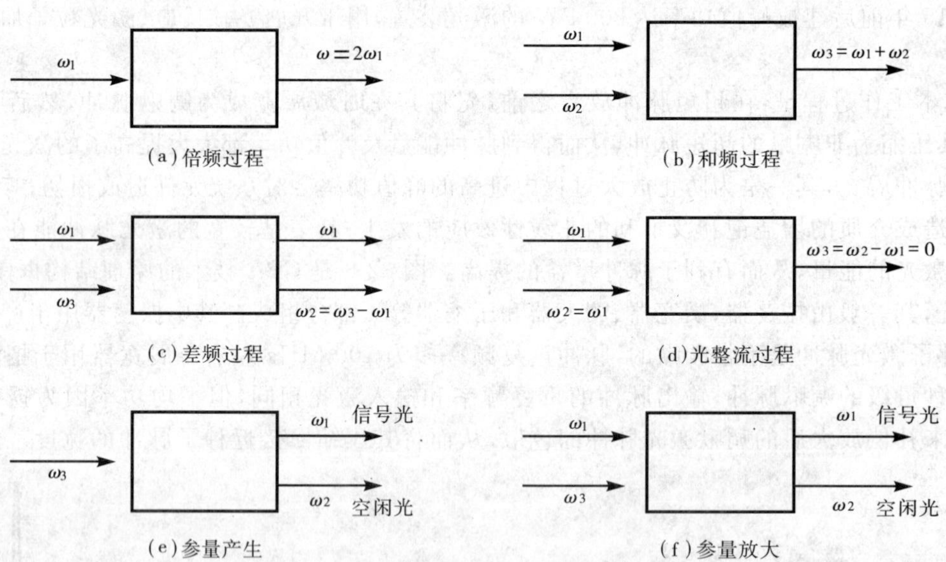

图 32-9 参量频率变换过程的示意图

作为非线性光学领域中的一个重要分支，飞秒脉冲激光的频率变换也遵循如下的耦合波方程[56]，并且由此方程组推导而得到的许多一般性结论也都适用，本章就不再赘述。

$$\frac{\mathrm{d}E(\omega_1,z)}{\mathrm{d}z}=\frac{\mathrm{i}\omega_1^2}{\kappa_1 c^2}\chi_{\mathrm{eff}}^{(2)}E(\omega_3,z)E^*(\omega_2,z)\mathrm{e}^{-\mathrm{i}\Delta\kappa z} \tag{32-16}$$

$$\frac{\mathrm{d}E(\omega_2,z)}{\mathrm{d}z}=\frac{\mathrm{i}\omega_2^2}{\kappa_2 c^2}\chi_{\mathrm{eff}}^{(2)}E(\omega_3,z)E^*(\omega_1,z)\mathrm{e}^{-\mathrm{i}\Delta\kappa z} \tag{32-17}$$

$$\frac{\mathrm{d}E(\omega_3,z)}{\mathrm{d}z}=\frac{\mathrm{i}\omega_3^2}{\kappa_3 c^2}\chi_{\mathrm{eff}}^{(2)}E(\omega_1,z)E^*(\omega_2,z)\mathrm{e}^{-\mathrm{i}\Delta\kappa z} \tag{32-18}$$

需要指出的是，飞秒激光脉冲由于其具有短脉宽和宽光谱的独特性质，导致其在进行频率变换时需要注意一些特殊的情况。非线性频率变换过程没有储能和放能环节，因此要求相互作用的三波必须很好地重合。对于连续光而言，只要满足空间上的重合即可，但是对于脉冲激光，还需要满足时间上的重合，对于飞秒脉冲，这个要求是非常苛刻的。

我们知道不同频率的光在同一介质中进行传播时的群速度是不同的，其公式为

$$V_g = c\left(n - \lambda \frac{dn}{d\lambda}\right)^{-1} \tag{32-19}$$

飞秒激光脉冲在进行频率变换时，即使通过精确的调节满足了空间上的重合，也会因为不同波长的脉冲在时间上的分离而导致无法再进一步得到增益。因此，一个有效相互作用长度 L_{eff} 被引入来描述飞秒激光脉冲频率变换过程中对增益有贡献的晶体长度，其表达式为[57]

$$L_{eff} = \tau_p \left| \Delta \nu_g \right| \tag{32-20}$$

式中，$\Delta\nu_g = \left(\frac{1}{\nu_{g,i}} - \frac{1}{\nu_{g,j}}\right)^{-1}$ 表征不同波长的脉冲在介质中传播速度之差，称为群速度色散(GVM)；τ_p 指入射飞秒脉冲的时间宽度。由(32-20)式可以看出，在进行飞秒激光脉冲的频率变换时，非线性晶体并不是越长越好，其最佳长度与脉冲的时间宽度和三波在晶体中的群速度相关。

飞秒激光脉冲的宽光谱特性给频率变换带来的困难比短脉宽特性要严重得多。我们以常见的双折射相位匹配过程来说明这个问题。在这个过程中，晶体内部对不同偏振光(俗称 o 光和 e 光)的折射率不一样，并且 e 光的折射率随着晶体角度的变化而变化，而 o 光的折射率与晶体角度无关。因此，当晶体转到某一个角度时，能使得这两束偏振光的折射率相同，从而满足相位匹配的条件。这个过程可以用图 32-10 简单地表示出来。

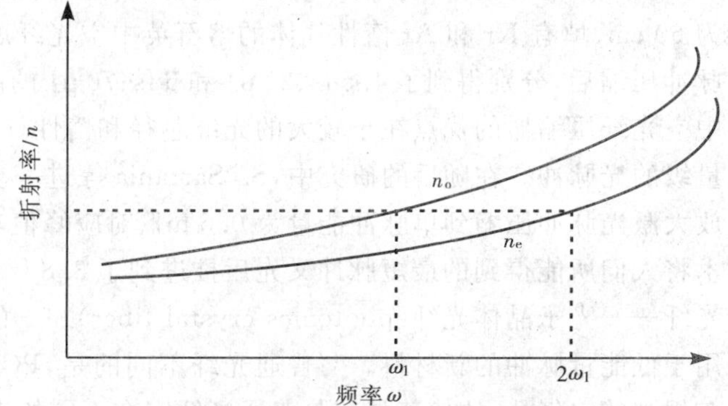

图 32-10　双折射相位匹配方法的示意图

这个方法在对单频激光、窄线宽激光甚至是光谱不太宽的纳秒和皮秒脉冲激光进行非线性频率变换时，都能取得较好的效果，但是对飞秒激光脉冲，却存在很大的问题。这个问题可以简单概括为相位匹配的带宽不足。通过双折射相位匹配的原理我们不难理解，这种方法的提出和推导都是建立在某个单一频率上的，也就是说只有该频率才能实现完美的相位匹配，而当该频率的左右还分布着其他的频率成分时，相位失配就出现了，并且频率离得越远，失配量越大。飞秒激光脉冲由于具有很宽的光谱，因此有相当大一部分的频率成分不能被有效地转换，进而导致了转换效率低下和转换后脉冲带宽不足等问题。

为了克服相位匹配带宽不足的问题，人们想过很多方法，其中较为有效的方法有两种。一种是在非线性晶体前方使用一块色散元件将飞秒激光脉冲的不同频率成分以不同的角度分散开(如三棱镜分光)，然后再将分散开后的光束聚焦到晶体中，这样一来那些原本不满足相位匹配条件的频率成分因为转动了一个小角度，又能满足相位匹配条件了。这种方法看似简单易行，但是却涉及精确的角度计算和空间距离的调整，并且散开之后的光束其发散角会改变，也就是说这个方法是以牺牲光束的空间质量为代价的。另外一个方法是采用缓变周期的极化晶体，这是准相位匹配(quasi-phase-matching，QPM)的进一步改良用法，缓变的极化周期可以在较宽的范围内实现高效的频率转换。该方法在实验操作上更为简便，但是极化晶体的加工却更加有难度，并且其相对长的长度也会对超短脉冲带来不利的影响。

飞秒激光脉冲的频率转换丰富了超快激光的波长成分，随着新的优质非线性晶体的不断涌现，以及新的相位匹配方式的提出，人们可以进一步提高频率转换的效率和带宽，从而大大扩展超快激光的应用。目前利用参量、差频及倍频等技术，超短脉冲激光的波长已经覆盖了从真空紫外一直到远红外甚至太赫兹波波段的几乎所有频谱。

五、飞秒激光脉冲的压缩

前面提到,无论是染料激光器还是钛宝石激光器,最短的脉冲都是首先通过腔外脉冲压缩的方法得到的。其中最常用,也是最容易实现的方法就是利用上面提及的自相位调制和群速色散相互作用的原理。单模光纤具有较小的芯径,这使得即使只具有一般功率的脉冲耦合到光纤中后也能得到很强的非线性效应,从而得到光谱被展宽的超连续光谱,并且在输出端光束有很好的横向模式。这种方法最早被用于在 CPM 染料激光器中,1986 年,R. L. Fork 等人将脉宽为 50 fs、能量为 1 mJ、波长为 620 nm 激光脉冲的一小部分能量耦合到一段芯径为 4 μm、长度为 9mm 的单模保偏光纤中,得到了 6 fs 的压缩结果[5]。在这一世界纪录保持了 10 年后,1996 年 A. Baltuska 及笔者等人在腔倒空(cavity dumped)飞秒钛宝石激光器产生的 13 fs 脉宽、45 nJ 大能量激光输出的基础上,先后使用棱镜－光栅压缩器和棱镜－啁啾镜压缩器对通过长度为 3～4 mm、芯径为 2.75 μm 的单模保偏展宽光谱所产生的白光超连续谱的色散补偿,分别得到了 4.9 fs 和 5.5 fs 的脉冲输出[20]。其中棱镜-啁啾镜压缩器在 1 MHz 的重复频率下得到的脉冲能量达 6 nJ,由于只有较少的损耗,这一能量是棱镜－光栅压缩器的 5 倍。但是单模光纤由于其很小的芯径(通常小于 4 μm),这种方案总体上大大限制了光谱展宽的脉冲能量,因此不能得到更高能量的结果。针对这一问题,一个行之有效的技术是采用填充有惰性气体的中空光纤代替光纤展宽激光光谱,同年,M. Nisoli 等人用芯径为 160 μm、长度为 60 cm、填有 Kr 和 Ar 惰性气体的熔石英中空光纤展宽 20 fs 脉宽的飞秒放大激光光谱后,经色散补偿对脉冲压缩后,分别得到了 4.5 fs、20 μJ 和 5 fs、70 μJ 的高能量脉冲输出,对应的峰值功率达到了吉瓦量级[21]。中空光纤压缩器的优点在于较大的光纤芯径和惰性气体很高的多光子离化阈值,因此具有能力处理亚毫焦量级的光脉冲。在随后的研究中,S. Sartania 等进一步利用该技术将脉宽为 20 fs、能量为 1.5 mJ 的钛宝石放大激光脉冲压缩到单脉冲能量为 0.5 mJ、对应峰值功率达 0.1 TW 的 5 fs 结果[22],此后基于这一压缩技术将人们所能得到的最短脉冲又先后推进到了 3.8 fs[26]、3.4 fs[27]及 2.6 fs[28]的新记录。2010 年,一种新的光纤——光子晶体光纤(photonics crystal fiber)——的问世[58],为超短脉冲激光光谱的展宽提供了一种可用于低能量脉冲的新材料。与普通光纤不同的是,PCF 是一种具有微结构的光纤,它的横截面上有很多分布规则的空气孔,这使其具有与普通光纤完全不同的光传输性质。普通的光纤产生超连续光谱主要依赖于 SPM 效应,其输出光谱形状为典型的高斯结构,并以种子脉冲的频率为中心。而 PCF 产生超连续的机制非常多,诸如 SPM、高阶孤子形成、群速色散、四波混频、交叉相位调制(XPM)、双折射、自陡峭,等等。这些效应的混和使得 PCF 产生的超连续光谱更加复杂,成分更宽,也更容易得到超连续光谱[59]。此外 PCF 可以在任何波长做到零群速色散,从而使得其对于相应飞秒种子光产生的超连续在脉冲宽度上几乎没有变化,而且不存在相互直接的群延时[60]。

采用光参量放大(OPA)是实现飞秒激光脉冲压缩的另一种技术途径,如上节所述,参量过程以非线性晶体作为耦合元件,将一个强的高频激光辐射(ω_p,泵浦光)和一个弱的低频激光波(ω_s,信号光)同时人射到非线性晶体上,弱的信号光波被放大,同时产生另一个较低频的光波(ω_i,空闲光)。根据相位匹配条件,在一定的条件下,参量过程可以大大扩展光脉冲的频谱宽度,得到比泵浦光脉冲短得多的信号光脉冲。1997 年 G. Cerullo 等用钛宝石激光器的二次谐波以非共线的方式泵浦 BBO 晶体,在可见光区域(500～700nm)得到了 11fs、1 μJ 的脉冲输出[61]。1999 年,日本的白川晃等用 120 fs、400 μJ 的钛宝石激光脉冲先倍频再泵浦 BBO 晶体,通过宽带啁啾镜进行色散补偿,获得了 4.7 fs 的脉冲,能量为 5 μJ[23],在此基础上结合可编程的色散控制,他们进一步将从 OPA 中产生的超短脉冲宽度压缩到了 4 fs[62]。

精确的色散补偿机制是决定脉宽压缩能力的主要因素,同时也是产生周期量级脉冲的一大挑战。通常,当超短脉冲在一个介质中传输时,会有一个与频率有关的相位偏移,即不同频率的光谱成分的传播速度是不相同的,因此脉冲波前将产生畸变,脉宽将会展宽。因为色散展宽脉冲是线性效应,因此通过在激光腔内不同的地方在时间上重新安排不同的光谱成分可以补偿色散达到压缩脉冲的目的。非吸收材料一般呈现正色散,因此重组不同光谱成分要求光谱向反方向有一个与频率相关的相移(也就是负色散)才能达到色散补偿的目的。为了精确地补偿色散已获得最短的脉宽,通常采用第二节第一部分中所述的色散元件,在此不再赘述。

六、飞秒激光脉冲的相位控制

无论是通过激光器直接的5fs激光脉冲，还是经过腔外压缩的更短结果，这种光学周期量级的极短脉冲的电场振荡载波与包络的相移(carrier-envelope phase offset, CEO)将成为一个需要认真考虑的物理量[63]，对CEO的研究可以带来新的非线性光学现象，而不再是在长脉冲情况下可以忽略不计的内容。对于一个飞秒激光振荡器，通过腔内振荡而产生的激光脉冲包络和载波的关系与群速和相速有关，经过激光腔内的一次往返振荡之后，脉冲载波和包络的速度之间有一个不确定的相对延迟，在脉冲时域中表现为载波包络相位。如图32-11所示，脉冲与脉冲间的这一载波包络相位差$\Delta\varphi$，对应于频域上的一个偏移，这个偏移称之为载波包络相移频率δ[64-65]。

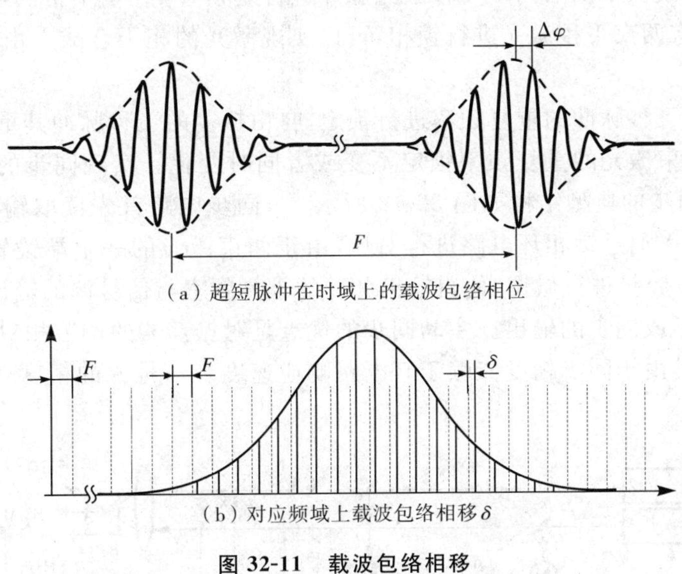

(a) 超短脉冲在时域上的载波包络相位

(b) 对应频域上载波包络相移δ

图32-11　载波包络相移

载波包络相位在精密测量中有着重要的应用，如果将激光的重复频率F及CEO所对应的载波包络相移频率δ锁定到目前精确的微波原子钟，则可以完美地实现微波频率与光学频率的链接。由于飞秒激光对应的超宽光谱，因此锁定后的激光脉冲在频率域相当于由间隔完全相等、位置绝对固定的大量纵模组成的频率梳，每个梳齿对应一个光学频率，这样的光学频率梳相当于一把刻有标定频率的尺子，可用来测量标定其他未知的光学频率[66]。德国科学家T. W. Hänsch和美国科学家J. Hall的研究组正是由于通过对飞秒激光CEP及重复频率的锁定所研制成功的光学频率梳及其在光学频率测量方面的成功应用，而分享2005年的一半诺贝尔物理学奖[67]。目前光学频率梳除了在光学频率测量方面有重要应用外，在全光原子钟[68]、基本物理常数测量[69]、精密长度测量[70]及天文测量[71-72]等方面也正发挥着越来越重要的作用。

CEP锁定的超短激光脉冲在时域研究中也有着重要的应用，目前绝对载波包络相位可以稳定到几十毫弧度，从而实现两路激光的相干合成，得到更短的激光脉冲[73-74]。也可以在激光腔内建立连续干涉的脉冲，从而实现对光脉冲的被动放大[75]，这样的被动放大激光脉冲在非线性光谱学和生物分子系统成像中具有重要的意义，可极大地改善实验精度和空间分辨率。此外，CEP稳定的电场对高次非线性过程非常重要，在与气体相互作用的过程中可以显著地影响光电离和高次谐波的产生[76]，并决定单个阿秒脉冲的产生与否及脉冲宽度[77]。另外在原子、分子及电子动力学特性研究领域，通过对光束相位的控制，人们已经成功地观察并实现了对半导体材料在单光子及双光子吸收过程中所产生的光电流的控制[78]，这对控制半导体中电子的跃迁过程有决定性意义。

七、飞秒激光的同步

目前以飞秒激光为代表的超短脉冲激光已被广泛地应用于物理、化学、生物、信息以及先进制造业等领域中，并发挥着重要的作用。但是，对于更广泛意义上的这类前沿基础的应用研究来说，单束飞秒激光的作用是有局限性的，比如对一个典型的超快泵浦实验，就需要两束同步的飞秒激光脉冲来完成，其中一束（泵浦光）用来泵浦激发研究对象，另一束（探测光）用来探测该研究对象被激发后所表现出的瞬态行为。一般情况下，对这两束同步飞秒激光脉冲的特性要求是不一样的，但由于实际中不具备理想的同步飞秒激光，因此人们往往采用将单束飞秒激光分为两束的代替方案，其中一束作为泵浦光，另一束作为探测光。尽管这样得到的两束光是同步的，功率可能也不一样，但其中心波长、脉宽等关键的参数却是相同的，因此所得到的实验现象仅反映了物质的局部规律，而不能揭示全面的本质，所以对于特性不同的同步飞秒激光的研究具有重要的意义。目前这种激光在很多方面都有应用，例如对原子、分子的相干控制，需要两束或多束同步飞秒激光的共同作用；在大气环境测量、光电对抗及制导等国防应用中所需要的中红外乃至太赫波段的飞秒电磁辐射，一个可行方案是采用两束波长不同的同步飞秒激光脉冲进行差频[79]；在量子密码通讯中需要的纠缠态也可以由同步飞秒激光获得；将两束飞秒激光进行锁相，可以实现激光的相干合成。由此可见，同步飞秒激光具有广泛的应用价值。

所谓同步是指对两束飞秒脉冲的重复频率进行锁定，自由振荡的飞秒脉冲其重复频率通常在变化，同步就需要采用某种方式使两束激光的重复频率锁定不变或者同时变化。实现同步的方式分为主动同步[80]和被动同步[81]。其中主动同步的典型结构如图 32-12 所示[82]，同步电路首先读取输出脉冲的重复频率，并将其重复频率与信号源的频率通过锁相环电路进行对比，由于两束激光的一个端镜置于 PZT 上，因此可以根据对比的结果驱动 PZT 对腔长进行微调，使得输出脉冲的重复频率与信号源的输出频率保持一致。若同时对两束激光进行控制，则形成同步的输出。主动同步的优点是对振荡器的调节相对容易，但是主动同步不仅需要复杂的电子设备，而且由于同步精度依赖于其电路响应速度及信号源的精度，导致同步精度提高困难，受环境的影响较大[83]。

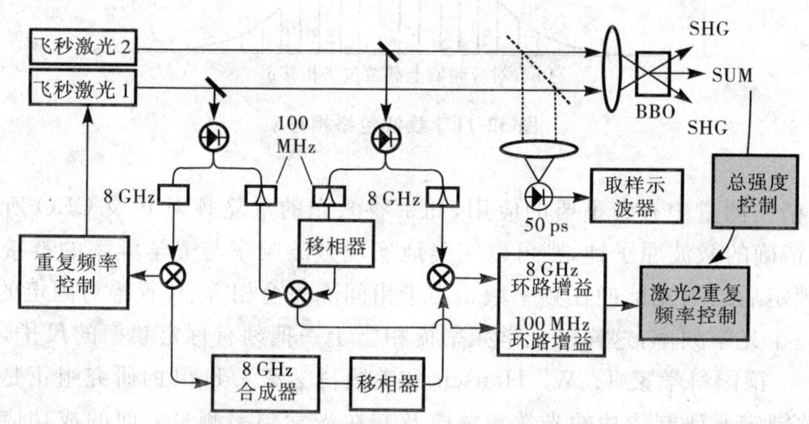

图 32-12　主动同步原理示意图

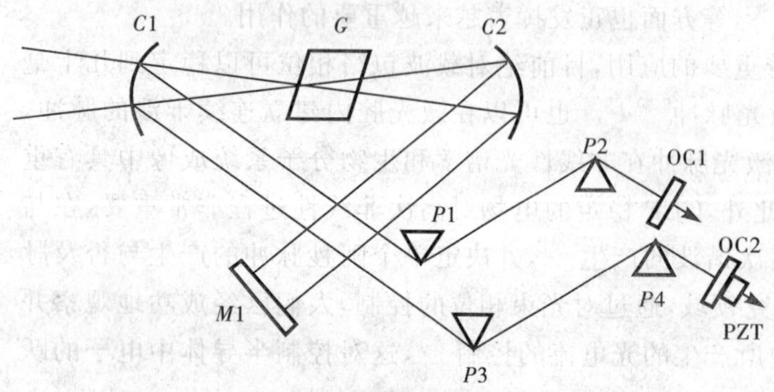

图 32-13　传统被动同步结构示意图

被动同步利用两束激光之间的互相位调制效应实现同步。图 32-13 为被动同步的典型示意图。这种结构使同一谐振腔中的两束激光在增益晶体内耦合获得同步，结构简单，同步精度比较高。但是由于两束激光共享增益介质和振荡腔，锁模及同步的调节互相干扰，反而使光学调节变得复杂。同时增益共享导致的增益竞争效应不仅限制了能量的提高，同时严重影响锁模和同步稳定，而且输出脉冲的波长不能独立调谐，可调谐带宽比较窄。这些缺陷使传统被动同步技术仅局限于实验室研究，难以达到实际应用中稳定可靠和高功率的要求。

2001 年，魏志义及其课题组通过采用独立的钛宝石激光晶体及镁橄榄石激光晶体作为飞秒同步激光的增益介质，完好地避免了传统同步飞秒激光的增益竞争效应，首次实现了完全不同波长飞秒激光的同步运行，得到了在 800 nm 及 1280 nm 附近各自可独立调谐的双波长输出。由于克服了增益竞争效应，因此得到了同步精度优于 2fs、同步运行时间可达数小时的结果，图 32-14 为该激光的实验装置图[84]。在此基础上，我们进一步通过采用独立的增益介质和互相位调制介质，将飞秒钛宝石激光的同步精度提高到优于 0.4 fs，连续运行时间超过 24 h[85]，从而有效地促进了飞秒激光被动同步技术的可靠应用。目前同步技术已在固体、光纤等不同结构的超短脉冲激光同步方面得到了广泛发展，成为近年来超短脉冲激光研究的一个重要方向[86]。

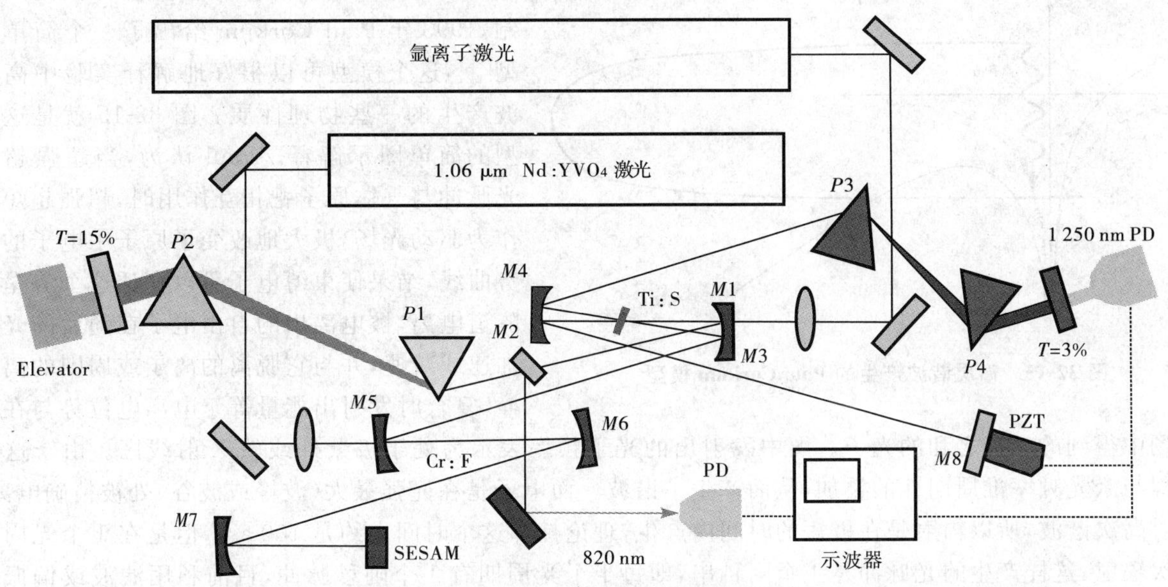

图 32-14　飞秒钛宝石激光及镁橄榄石激光被动同步光路图

其中 $M1 \sim M7$ 为曲率半径为 10 cm 的全反镜（$M1$ 和 $M2$，$M3$ 和 $M4$ 为半镜组合），$M8$ 为小尺寸平面全反镜，置于压电陶瓷上以控制腔长，$M1$、$M2$ 和 $M8$ 镀中心波长的 850 nm 的全反膜，构成钛宝石激光的一臂；$M3 \sim M7$ 镀中心波长为 1 300 nm 的宽带全反膜，构成镁橄榄石激光的一臂。$P1$、$P2$ 为熔石英棱镜，$P3$、$P4$ 为 SF_6 棱镜，PD 为快速光电二极管

八、阿秒激光简述

借助飞秒激光的超快探针作用，科学家已经成功观测到了微观超快世界许多奇妙的瞬态过程，如叶绿素的合成、化学分子键的形成，等等，但是对于更快的超快过程，如原子中电子的电离、能级的弛豫、电子绕核的运动，等等，飞秒探针就显得无能为力了，这时需要更快的超短脉冲探针。阿秒激光脉冲比飞秒激光脉冲短了 3 个数量级，意味着利用阿秒激光脉冲作为探针可以看到更短时间内发生的瞬态现象。2001 年人们首次测量到了 650 as 的极紫外阿秒脉冲[25]，如果这还只能称为亚飞秒，那么到 2008 年这个记录被刷新到 80 as[87]，证明了阿秒物理时代的到来，能够真正帮助原子分子物理学家实现了梦寐以求的梦想——看到电子。

阿秒脉冲的产生技术不同于飞秒脉冲，飞秒脉冲的产生主要受益于以下几个条件：一是新型增益介质的出现。增益介质是产生激光的 3 个必要条件之一，对于飞秒脉冲的产生来说还必须要求具有宽的增益带宽。根据傅里叶变换，增益带宽与持续时间成反比，只有足够的增益带宽才能保证飞秒输出。目前这类通用的飞秒脉冲增益介质包括前述的钛宝石晶体、掺铬镁橄榄石晶体（Cr：forsterite）及掺铬六氟铝酸锶锂晶体（Cr：LiSAF）等。二是采用新的激光技术，其中 KLM 技术因为机制简单及操作方便已成为目前最常采用的飞秒激光脉冲产生技术。三是谐振腔镜的镀膜工艺及腔内色散补偿技术的发展。只有在宽带膜及有效的高阶色散补偿的保证下，才能得到 10 fs 以下的超短脉冲。但是当飞秒脉冲要向更短的阿秒迈进时，这种产生飞秒的方法却不再适用。原因很简单，主要是受到光振荡周期的限制。由于脉冲持续时间不可能短于 1 个光振荡周期，所以在可见光波段很难直接产生短于 1fs 的光脉冲，要想实现阿秒脉冲必须在高频区（如极紫外或软 X 射线区）想办法。但是在高频区要想利用传统的光学谐振腔来产生紫外阿秒脉冲有如下困难：一是没有紫外区激光介质,二是缺乏在紫外区镀宽带膜的成熟技术。既然激光介质和谐振腔这两个激光产生必备的条件都不具备,人们只能另外想办法来产生更短的阿秒脉冲。目前人们在产生阿秒脉冲的原理方法上做了大量的前沿探索工作,具体的可行技术有两种:一种是利用超强超短脉冲与惰性气体的非线性效应产生高次谐波,或者受激拉曼散射从而得到阿秒脉冲的方法;另一种是相位锁定光学参量或同步飞秒激光产生的可见光亚谐波合成技术。

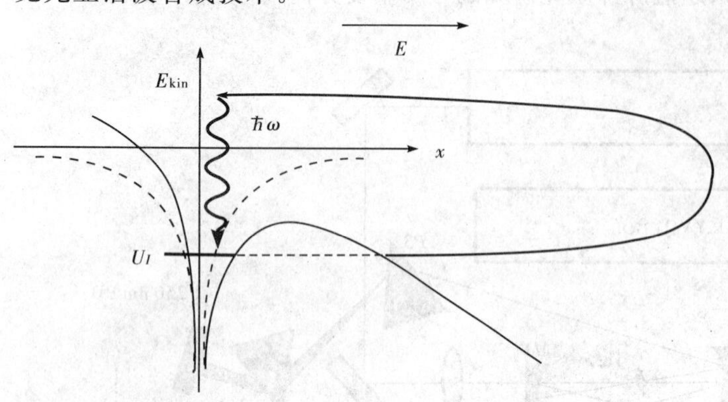

图 32-15　高次谐波产生的 Paul Corkum 模型

对于高次谐波产生阿秒脉冲方法的物理机制,1993 年 Paul Corkum 给出了一个简单的模型[88],这个模型可以很好地解释实验中高次谐波产生的一些物理性质。图 32-15 就是这个模型的简单图示解释。Paul 认为,当超强超短激光脉冲与气体原子靶相互作用时,超强超短脉冲作为驱动光场,极大地改变了原子中电子的电离势曲线,结果使束缚电子可以穿透这个势垒发生隧道电离,被电离出的自由电子在随后的光场中加速或减速,并与它脱离的离子或周围的离子碰撞,复合时发射出能量等于电离电位势与在激光光波场中得到的动能之和的光子。图中发射出的光子频率表示为处于极紫外或软 X 射线区。由于这种基本过程与激光频率准周期性的叠加,从而产生了谐波。而电子是在光强最大(波峰或波谷)处被精确电离,同时辐射高次谐波,所以辐射是在极短的时间内产生,理论计算这个时间大约是 100 as。但是在 1 个光周期内有 2 次辐射,这样产生的光脉冲是 1 个阿秒串,即每半个光周期有 1 个阿秒脉冲,目前利用滤波或偏振门技术可以从数目较少的阿秒脉冲串中分离出单个脉冲,从而为阿秒脉冲的实用化奠定了基础。

随着阿秒脉冲的产生,对阿秒脉冲的诊断及应用方面的研究也成为热点。阿秒脉冲的诊断相当复杂,因为产生的阿秒脉冲能量太低无法直接做自相关测量,实验上通常需要借助高功率的泵浦红外激光与极紫外阿秒脉冲一起做互相关测量。除此之外还有所谓的阿秒条纹相机、剪切干涉测量及相位恢复测量等诊断技术,这些在阿秒脉冲测量一节中将作详细介绍。利用阿秒探针人们已经看到的典型应用包括电子电离的实时观测、飞秒光波形的实时显示等,相信随着阿秒脉冲能量的进一步提高,更多的阿秒量级瞬态过程会被揭示出来。

第三节　超短激光脉冲的测量原理与技术

通常描述超短激光的脉冲特性,包括脉冲的时域特性及频域特性。在形式上,两者满足傅里叶变换关系,在实际测量中,时域特性表现为脉冲宽度,频域特性表现为脉冲频谱宽度。脉冲频谱宽度通常由商用频谱仪进行实时监测,而对于脉冲的时间尺度,目前还未有可直接测量其时间特性的仪器。随着飞秒脉冲激光技术的发展,对飞秒脉冲进行准确、全面的测量已经变得十分重要。目前常见的几种测量方法主要有相关测量法、频率分辨光学开关法(FROG)、自参考光谱相位相干电场重建法(SPIDER)、频率域相位测量(FD-PM)、频域和时域分辨转换技术(STRUT)及光谱成分的时域分析(TASC)等技术。下面我们对有关探测技术进行详细介绍。

一、用相关法测量超短激光脉冲的原理

相关测量技术是长期以来最行之有效的间接测量方法。这种测量技术的实质上是将时间的测量转化为空间的测量,基本的过程是首先把入射光分为两束,让其中一束光通过一个延迟线,然后再把这两束光合并,并借助倍频晶体或者有双光子吸收效应的发光介质以产生二阶非线性效应。均匀地改变相对延迟,即可得到强度变化的二阶相关信号,即脉冲自相关结果。图 32-16 为典型的测量装置示意图。根据工作方式的不同,脉冲自相关技术可分为强度自相关和干涉自相关。强度自相关可用下式表示:

$$G(\tau)=\int_{-\infty}^{\infty}I(t)I(t-\tau)\mathrm{d}t \tag{32-21}$$

式中，$I(t)$和 $I(t-\tau)$分别为两束光的光强，τ 为其中一束光的时间延迟。对于给定的脉冲波形，此积分即给出了脉冲强度相关波形。

干涉自相关可用以下形式表示，考虑两入射光束的电场，其可表述为

$$E_1(t)=E_0\varepsilon_1\mathrm{e}^{[\mathrm{i}\omega t+\varphi_1(t)]} \tag{32-22}$$

$$E_2(t)=E_0\varepsilon_2\mathrm{e}^{[\mathrm{i}\omega t+\varphi_2(t)]} \tag{32-23}$$

让其中一束光经过延迟，其时间间隔为 τ，则相应的光场可表示为

$$E_1(t-\tau)=E_0\varepsilon_1(t-\tau)\mathrm{e}^{[\mathrm{i}\omega(t-\tau)+\varphi_1(t-\tau)]} \tag{32-24}$$

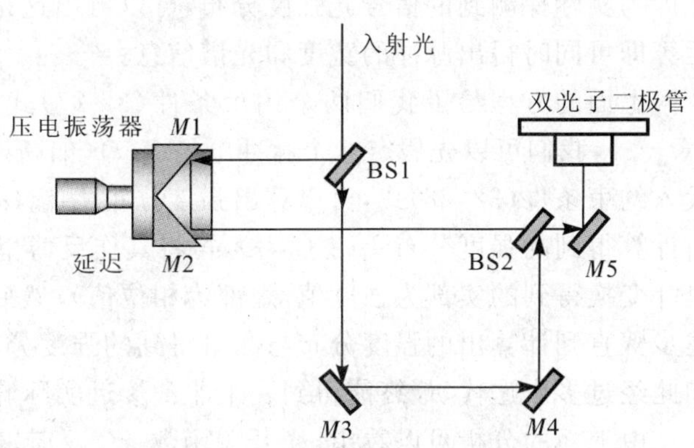

图 32-16　干涉自相关仪结构原理图

在两束光共线的情况下，它们相干叠加后的光强为

$$I(\tau)=\int_{-\infty}^{\infty}|E_1(t-\tau)+E_2(t)|^2\mathrm{d}t \tag{32-25}$$

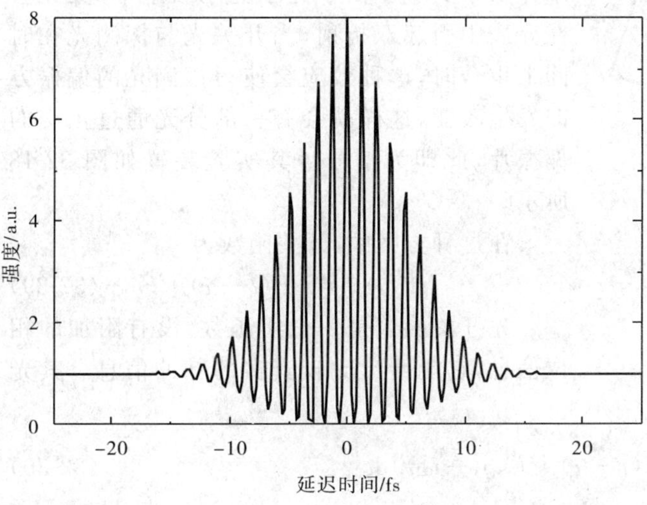

图 32-17　脉宽为 10fs 的高斯脉冲的自相关函数

让叠加后的光通过一块倍频晶体或者有双光子吸收效应的发光介质以产生二阶非线性效应，因为倍频信号的强度与基频光强的平方成正比，所以相关信号可表示为

$$s(\tau)=\int_{-\infty}^{\infty}[|E_1(t-\tau)+E_2(t)|^2]^2\mathrm{d}t \tag{32-26}$$

展开积分号内的各项，会发现含有相位干涉的相关项。若已知脉冲的形状和相位，就可以将上述积分积出，得到有关脉宽的信息[89]。

可见，强度自相关曲线虽能给出脉冲宽度的信息，但它不能给出脉冲的相位、形状等信息，因而不能完整地描述飞秒脉冲。而通过干涉自相关曲线则能对脉冲相位进行判断，从而进一步判断脉冲色散特性。图 32-17 为具有高斯形状的 10 fs 脉冲的典型自相关踪迹。

二、频率分辨光学开关法(FROG)的测量原理

频率分辨光学开关法(frequency-resolved optical gating，FROG)是最早由 Daniel J. Kane 和 Rick Trebino 在 1993 年提出的一种测量超短脉冲的方法[90]。其基本过程是将入射光脉冲分为两束，一束作为探测光，一束作为光开关，并且让作为开关的光束引入一个时间延迟 τ，然后再让两束光通过非线性介质产生相互作用，经光谱仪进行光谱展开后，用 CCD 进行测量，得到相互作用后的光强信息。这种方法在自相关法的基础上引入了迭代算法，通过对自相关信号进行迭代运算，能够给出有关飞秒脉冲的电场形状、光谱结构、光谱带宽、脉冲宽度、相位等比较详细的信息[91-92]。

在频率分辨光学开关法中，脉冲迭代算法的目的是要找到入射光脉冲的电场 $E(t)$，以得到脉冲的详细信息。在实验中，将入射光分为探测光 $E(t)$和光开关 $g(t-\tau)$，探测光与光开关相互干涉产生信号光 $E_{\mathrm{sig}}(t,\tau)$，有

$$E_{\mathrm{sig}}(t,\tau)=KE(t)g(t-\tau) \tag{32-27}$$

作傅里叶变换后有

$$I_{\mathrm{FROG}}(\omega,\tau)=\left|\int_{-\infty}^{\infty}E_{\mathrm{sig}}(t,\tau)\exp(-\mathrm{i}\omega)\mathrm{d}t\right|^2 \tag{32-28}$$

此即为实际探测到的信号光强度分布,可以看出这是一个与时间和频率有关的二维函数,对此结果进行迭代运算即可同时得出脉冲的宽度和光谱信息。

上面的方程给了我们两个约束条件(32-27)式和(32-28)式。在相位迭代算法中,如果已知开关函数 $g(t-\tau)$,我们可以先假定一个脉冲电场 $E(t)$(如高斯脉冲),利用约束条件(32-27)式得到信号场,将信号场代入约束条件(32-28)式,可以算出强度分布 $I_{\mathrm{FROG}}(\omega,\tau)$,然后再与实验测量到的强度分布 $I(\omega,\tau)$ 比较,修改由计算得到的强度分布 $I_{\mathrm{FROG}}(\omega,\tau)$,再将其作反傅里叶变换得到一个新的脉冲电场 $E(t)$,完成一次迭代(傅里叶变换得到的实部为强度值,虚部为相位值);然后再将新得到的电场代入约束条件(32-27)式中,重复上述步骤直到计算出的强度分布与测量得到的强度分布之间的均方根误差小到能使人接受的程度(如 10^{-4})。如此经过多次迭代,最终能得到一个非常接近实际脉冲形状的电场。

由上面的分析可以看出,光开关函数 $g(t,\tau)$ 起着非常重要的作用,对于不同的设计方案,光开关函数有不同的形式。以偏振光开关法为例简单介绍一下:

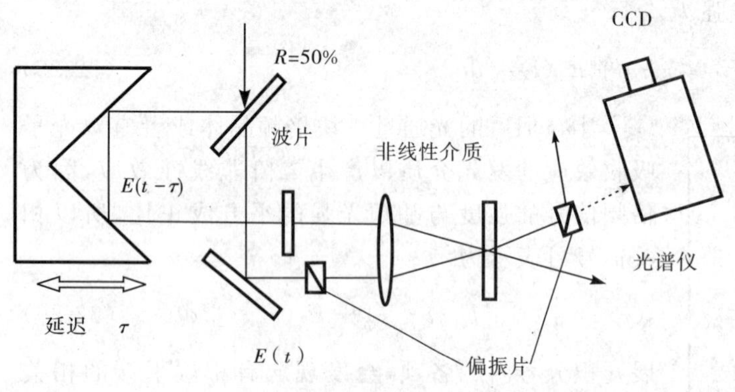

图 32-18 偏振光开关法实验装置图

偏振光开关法是将探测光通过正交偏振片,同时让开关光通过一个半波片,将其偏振方向改变 45°,然后开关光与探测光在非线性光学介质中交叠。由于光学克尔效应,开关光会在介质中引起双折射,当开关光与探测光在时间上重合时,这种效应会使得探测光的偏振方向发生改变,这样就会有一部分光通过正交的偏振片,此即为信号。其实验装置如图 32-18 所示。

在这种方案中,开关函数为

$$g(t,\tau)=|E(t-\tau)|^2 \tag{32-29}$$

光开关函数是一个实函数,没有附加的相位信息,它能给出比较真实的脉冲信息。其光强分布为

$$I_{\mathrm{FROG}}(\omega,\tau)=\left|\int_{-\infty}^{\infty}E(t)\,|E(t-\tau)|^2\exp(-\mathrm{i}\omega t)\,\mathrm{d}t\right|^2 \tag{32-30}$$

上面简单介绍了脉冲迭代算法和光开关函数,将 CCD 测得的信号光的结构分布图输入到迭代程序中,经过计算机迭代运算,就可得到脉冲的脉宽、谱宽、相位等信息。下面以偏振光开关法为例进行简单的说明。

图 32-19 是一个从实验中测量得到 FROG 踪迹,将其输入到迭代程序中,由假定的一个脉冲形状开始进行运算,在运算的过程中,观察迭代的踪迹与测量到的踪迹之间的误差值,等它小到一定的程度,比如小于 10^{-4},就可以认为已经得到了比较真实的踪迹,那时得到的光谱及相位信息(如图 32-20(a))、电场及相位信息(如图 32-20(b))就是飞秒脉冲的比较真实的描述了。

(a)实验中测到的踪迹

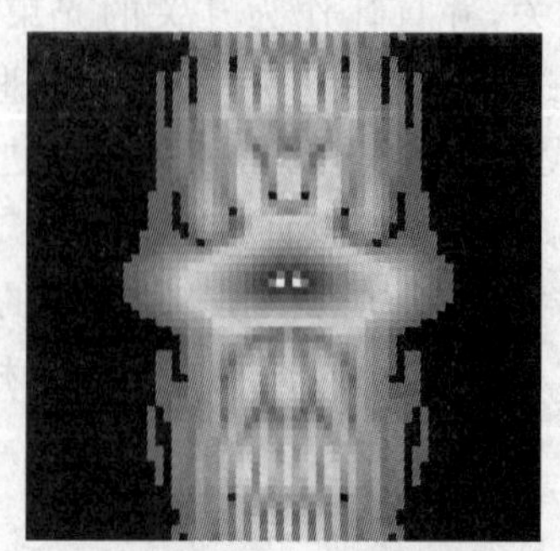

(b)迭代中假定的原始踪迹

图 32-19 FROG 踪迹图

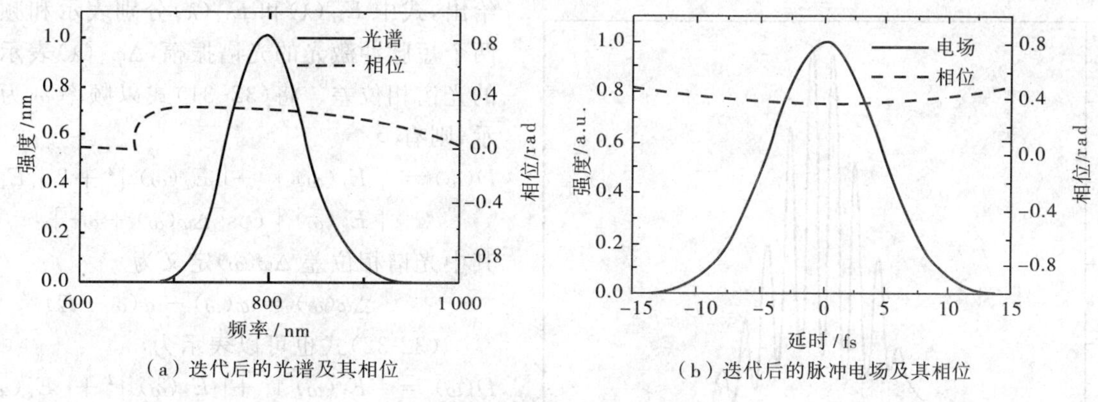

(a) 迭代后的光谱及其相位　　(b) 迭代后的脉冲电场及其相位

图 32-20　迭代后得到的结果

三、光谱相位干涉重建法(SPIDER)的测量原理

SPIDER 测量技术是继 FROG 之后人们新提出的一种脉冲测量方法，它的一个优点是实验装置中无需可随时移动的元件，装置更为稳定；另一个优点是计算过程无需迭代，只需要一般的傅里叶变换即可，因而运算速度快。正是基于这些优点，SPIDER 技术能实现对激光脉冲的实时测量，而且它的测量灵敏度高，可以直接测量未经放大的飞秒激光单脉冲，因此一出现便立刻引起了人们的重视，并且被迅速广泛运用。其常规实验装置如图 32-21 所示[93]。

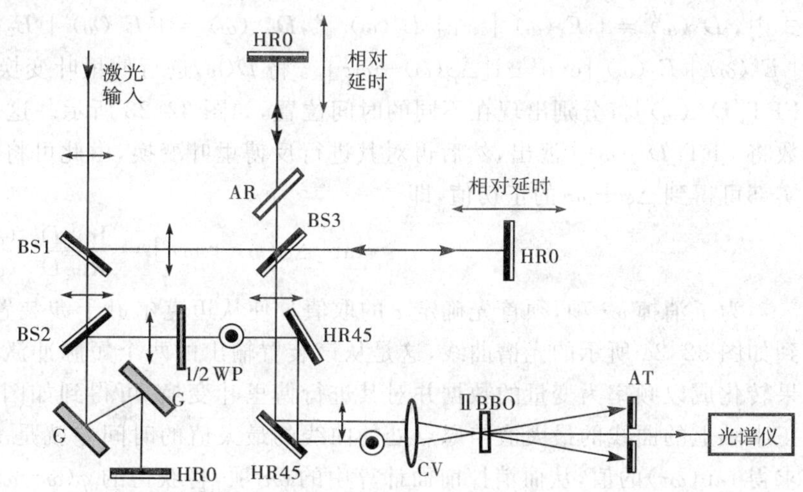

图 32-21　SPIDER 实验装置图

BS1～BS3 为 1∶1 分束片；G 为光栅；1/2WP 为半波片；HR0 为 0°全反镜；HR45 为 45°全反镜；AR 为减反镜；CV 为凸透镜；Ⅱ BBO 为Ⅱ类匹配 BBO 晶体；AT 为光阑

在 SPIDER 测量装置中，输入的飞秒激光脉冲被分成 3 个部分：一部分是脉宽为皮秒量级的啁啾脉冲，它由输入的飞秒激光展宽而成；另两部分脉冲仍旧为脉宽较短的飞秒激光，它们在时域和频域均与原输入激光脉冲的特性完全相同，只不过两脉冲在时间上有一个 τ 的延迟。展宽的啁啾脉冲与两个延迟为 τ 的短脉冲经由非线性晶体产生和频。当啁啾脉冲足够宽而两个短脉冲足够短时，两者的和频可以看作是两个短脉冲激光分别与长脉冲中的两束点频激光进行和频，结果将使得两个短脉冲的所有频率成分均上移了某个固定的常数值，因为长脉冲是啁啾脉冲，所以两处点频会有 Ω 的差值。和频后将会产生两个波长更短、延迟仍旧为 τ 的短脉冲激光，它们由光谱仪接收后，将会产生在频域叠加的干涉条纹[94]。

假如原输入飞秒脉冲的光谱函数为 $\varphi(\omega)$，啁啾脉冲中的两处点频分别为 ω_0 和 $\omega_0+\Omega$，那么和频产生的两个短脉冲的光谱函数将分别是$\omega(\omega-\omega_0)$和 $\omega(\omega-\omega_0-\Omega)$。将光谱仪所接收到的干涉条纹数据进行傅里叶变换、时域滤波以及反傅里叶变换后，我们将能得到 $\varphi(\omega-\omega_0)-\varphi(\omega-\omega_0-\Omega)+\omega\tau$ 的值，尔后消去 $\omega\tau$，再进行数据插值处理，继而又会得到 $\varphi(\omega-\omega_0)$的值，最后将频率下转换后即可获得原输入飞秒激光脉冲的光谱相位 $\varphi(\omega)$。

图 32-22 是光谱仪所测量得到的典型光谱相干曲线，其干涉条纹的数目取决于参数 τ 取值的大小以及输入激光脉冲的光谱带宽。相干曲线的强度-波长关系可由

$$D_{\lambda s}=|E_{\lambda 1}(\lambda)|^2+|E_{\lambda 2}(\lambda)|^2+2|E_{\lambda 1}(\lambda)||E_{\lambda 2}(\lambda)|\cos[\Delta\varphi_{\lambda s}(\lambda)+2\pi c\tau/\lambda] \tag{32-31}$$

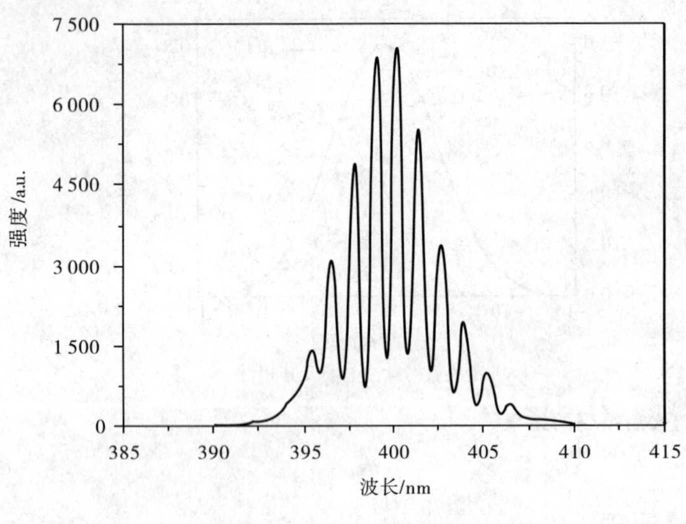

图 32-22　光谱相干曲线

给出，式中 $E_{\lambda1}(\lambda)$ 和 $E_{\lambda2}(\lambda)$ 分别表示和频产生的两个短脉冲激光的光谱振幅，$\Delta\varphi_{\lambda s}(\lambda)$ 表示两脉冲的光谱相位差。将(32-31)式以频率 ω 为变量表示，则有

$$D(\omega)=|E_1(\omega)|^2+|E_2(\omega)|^2+2|E_1(\omega)|\times|E_2(\omega)|\cos[\Delta\varphi(\omega)+\omega\tau] \tag{32-32}$$

其中光谱相位差 $\Delta\varphi(\omega)$ 定义为

$$\Delta\varphi(\omega)=\varphi(\omega)-\varphi(\omega-\Omega) \tag{32-33}$$

(32-32)式也可以表示为

$$\begin{aligned}D(\omega)&=|E_1(\omega)|^2+|E_2(\omega)|^2+|E_1(\omega)|\times\\&\quad|E_2(\omega)|\exp\{\mathrm{i}[\Delta\varphi(\omega)+\omega\tau]\}+\\&\quad|E_1(\omega)||E_2(\omega)|\exp\{-\mathrm{i}[\Delta\varphi(\omega)+\\&\quad\omega\tau]\}\\&=D^0(\omega)+D^+(\omega)+D^-(\omega)\end{aligned} \tag{32-34}$$

式中，$D^0(\omega)=|E_1(\omega)|^2+|E_2(\omega)|^2$，$D^+(\omega)=|E_1(\omega)|E_2(\omega)|\exp\{\mathrm{i}[\Delta\varphi(\omega)+\omega\tau]\}$，$D^-(\omega)=|E_1(\omega)|E_2(\omega)|\exp\{-\mathrm{i}[\Delta\varphi(\omega)+\omega\tau]\}$。将 $D(\omega)$ 进行傅里叶变换，在时域，FFT$[D^0(\omega)]$、FFT$[D^+(\omega)]$和FFT$[D^-(\omega)]$将分别出现在不同的时间位置，如图 32-23 所示。这 3 条曲线是充分分离开的，可用一滤波函数将 FFT$[D^+(\omega)]$ 滤出，然后再对其进行反傅里叶变换，由此可将 $D^+(\omega)$ 还原出来，用 $D^+(\omega)$ 的虚部除以实部可得到 $\Delta\varphi+\omega\tau$ 的正切值，即

$$\tan[\Delta\varphi(\omega)+\omega\tau]=\frac{\mathrm{Im}[D^+(\omega)]}{\mathrm{Re}[D^+(\omega)]} \tag{32-35}$$

为了消掉 $\omega\tau$ 项，须首先确定 τ 的取值。使从迈克尔逊干涉装置输出的激光直接射入光谱仪，将会接收到如图 32-24 所示的光谱曲线，这是从该装置输出的两个短脉冲激光的光谱相干曲线。将该光谱相干的结果转化成以频率为变量的数据并对其进行傅里叶变换，可得到如图 32-25 所示的时域强度曲线。位于时间正半轴上的曲线的最大值与原点处的曲线的最大值的时间差就是 τ 的大小。在 τ 的取值明确后，我们即可求得 $\tan(\omega\tau)$ 的值，从而消掉前面计算中的 $\omega\tau$ 项，将获得的 $\varphi(\omega-\omega_0)-\varphi(\omega-\omega_0-\Omega)$，再进行数据插值处理得到原输入飞秒激光脉冲的光谱相位 $\varphi(\omega)$，如图 32-26 所示。在此基础上，用 $\mathrm{e}^{\mathrm{i}\varphi(\omega)}$ 乘以光谱振幅 $E(\omega)$，再进行傅里叶变换，即可还原出原脉冲的时域波形。

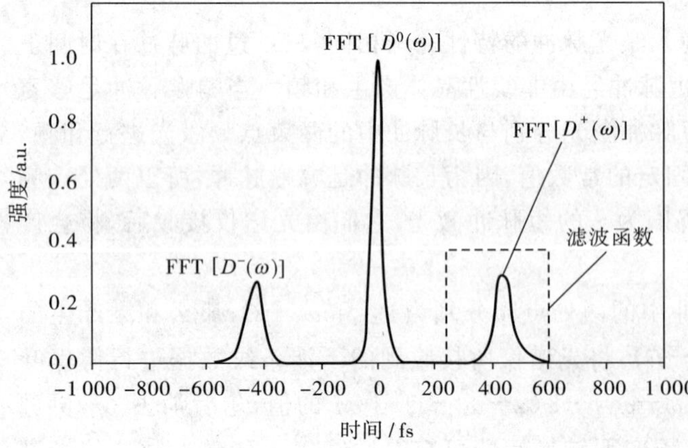

图 32-23　将相干光谱傅里叶变换到时域的强度曲线

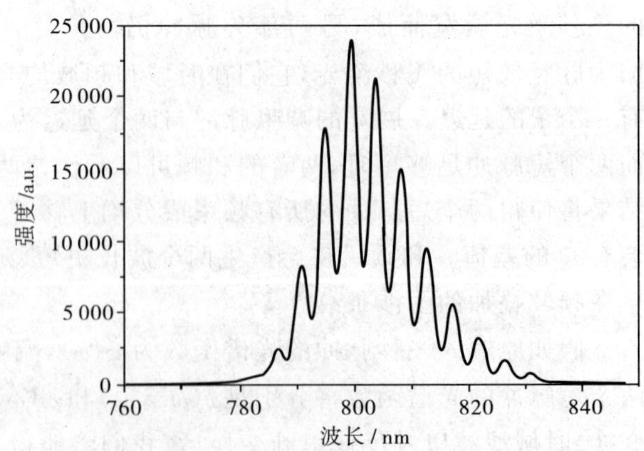

图 32-24　从麦克尔逊干涉装置输出的两个短脉冲激光的光谱相干曲线

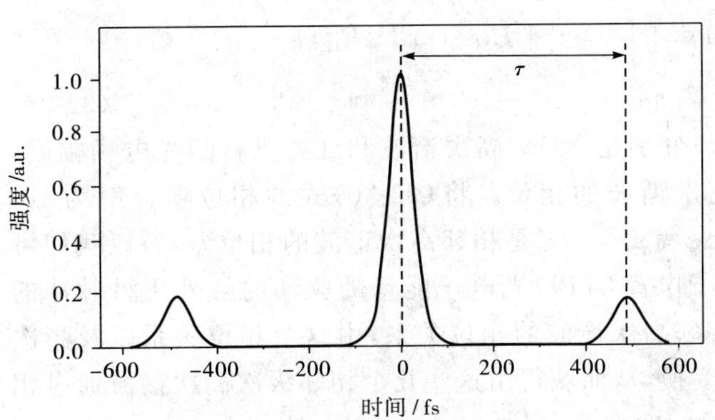

图 32-25　图 32-24 中的相干光谱经傅里叶变换后的时域强度曲线以及延时 τ 的取值方法

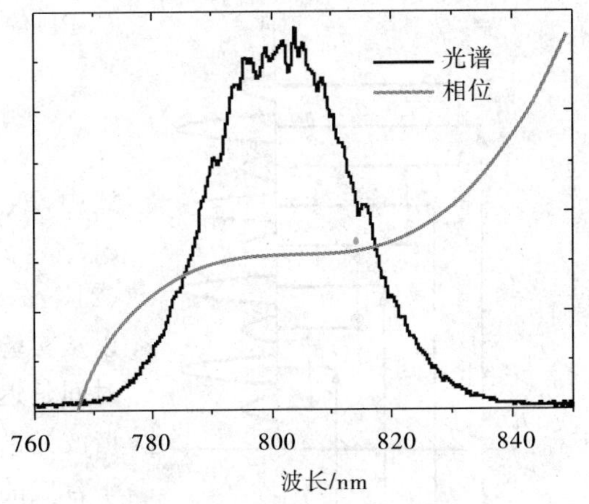

图 32-26　原输入激光脉冲的光谱强度及相位曲线

第四节　阿秒激光脉冲的测量

阿秒脉冲光源一经产生，对其时间特性的测量显得尤为重要，一方面可以证实该脉冲是否是阿秒量级的激光脉冲，获得阿秒脉冲的时间分布信息(脉冲宽度、相位分布等)；另一方面阿秒激光脉冲的应用也依赖于阿秒脉冲的测量。原则上，飞秒激光脉冲的测量方法都可以扩展到阿秒脉冲的测量，但由于阿秒激光脉冲光谱在 XUV 波段、能量很低以及脉冲宽度极窄，这些都为阿秒脉冲的测量带来不小难度，比如常用的超短脉冲自相关方法对测量阿秒脉冲是非常不适用的，因为自相关法是利用双光子吸收非线性效应来测量 XUV 脉冲宽度的，由于原子吸收截面正比于波长的 6 次方($\sigma \sim \lambda^6$)，因此双光子效应随波长的变短而大为减小，这将导致该波段的双光子吸收效应非常弱，以致于探测器探测不到，而且分光片现在还没有成熟的加工技术，所以对于短波长阿秒脉冲特别是波长小于 20 nm 的 XUV 脉冲自相关方法是行不通的，所以不得不采用其他的办法。

另一种常规的飞秒脉冲测量技术——互相关法——也对阿秒 XUV 脉冲测量不适用，因为通常用的互相关方法存在时间分辨的限制，这种方法只能分辨到飞秒量级，如双色场阈上电离测量脉冲宽度只能到几飞秒的时间宽度，即使用更高阶的高次谐波也不可能获得小于飞秒脉冲宽度的测量结果。但如果将互相关方法进行改良，通过阿秒 XUV 脉冲光电离产生的光电子与驱动产生阿秒脉冲的飞秒激光脉冲电场之间的互相关，可以实现对单个阿秒激光脉冲的测量。这一方法主要依赖的是通过获得光电子以及改变激光电场相位时的光电子能谱分布，如果 XUV 脉冲的时间尺度小于飞秒激光的半周期，当精确地改变 XUV 脉冲与飞秒脉冲之间的时间延迟时，就可以获得随时间延迟的光电子能谱的某种调制，通过“解调”就能得到阿秒 XUV 脉冲的宽度。由于目前获得阿秒激光脉冲有通过将相邻级次的高次谐波合成产生阿秒脉冲串及采用相位锁定的周期量级飞秒脉冲驱动产生单个的阿秒脉冲两种不同的方法，因此相应的也有两种不同的测量方案，对此我们将进行分别叙述。

一、阿秒激光脉冲串的测量方法

阿秒脉冲串的产生是将相邻的几阶高次谐波用合适的滤光片提取出来，根据各阶高次谐波的相位关系而组合成阿秒或亚飞秒脉冲串输出。要测得真实的阿秒脉冲时间宽度，通常用的方法是将相邻的两高次谐波，比如用 ω_q，ω_{q+2} 次高次谐波进行拍频或干涉，并用产生高次谐波的红外飞秒激光作为参考激光共同作用在另一气体上，由于阈上电离(ATI)在原有 ω_q，ω_{q+2} 离化产生的对应光电子能量之间产生一个对应谐波 ω_{q+1} 的边带电子分布，这个边带电子能谱分布是相邻级次高次谐波共同作用产生的，所以可以从这个边带分布中提取相邻高次谐波之间的相位关系，这个被称为 RABBITT(reconstruction of attosecond beating by interference of two-photon transitions)的方法，其原理如图 32-27 所示，相邻高次谐波干涉产生的边带光电子

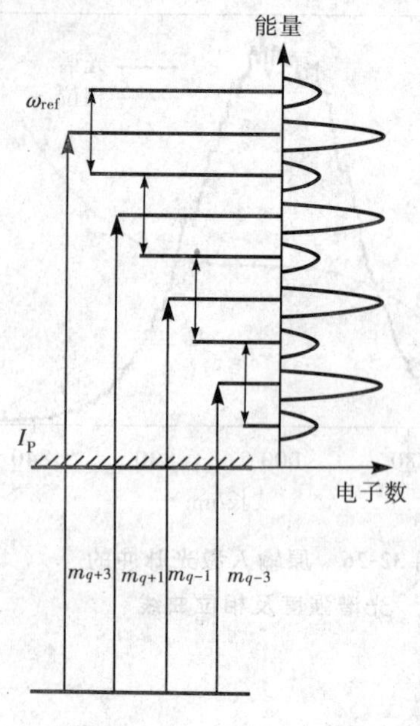

图 32-27 RABBITT 原理图

由相邻高次谐波干涉产生一系列间隔内 $2\omega_{ZR}$ 的 TPI 光电子分布

(TPI)信号可以用(32-36)式表示：

$$I_{TPI}(\omega,\Delta t) \propto \left| \int_{-\infty}^{\infty} e^{i\omega t} \mid E_{XUV}(t) \mid \mid E_{IR}(t-\Delta t) \mid \times \right.$$
$$\left.[e^{-i\varphi_q} e^{i\omega_{IR}\Delta t} + e^{-i\varphi_{q+2}} e^{-i\omega_{IR}\Delta t}]^2 dt \right. \quad (32\text{-}36)$$

式中，$E_{XUV}(t)$和 $E_{IR}(t)$分别是 XUV 高次谐波和红外飞秒激光电场幅度，φ_q、φ_{q+2}分别是相邻高次谐波的相位。将(32-36)式的相位项分解为 $\cos(2\omega_{IR}\Delta t+\Delta\varphi)$，其中 $\Delta\varphi=\varphi_{q+2}-\varphi_q$是相邻高次谐波的相位差，所以我们可以从实验获得的双光子电离(TPI)光电子能量随驱动的红外飞秒脉冲的时间延迟分布，获得相邻高次谐波的相位关系，由这个相位关系以及高次谐波光谱通过傅里叶变换，从而获得由这些几个相邻级次高次谐波通过相干合成的 XUV 脉冲时间宽度。

二、单个阿秒脉冲测量——阿秒条纹相机技术

对单个阿秒激光脉冲的测量，通常采用的是阿秒条纹相机方法。这种方法借鉴于光学互相关测量，是基于 XUV 阿秒激光脉冲光电离与周期量级飞秒激光脉冲电场之间的互相关方法，即在已知的周期量级飞秒激光电场中的 XUV 脉冲光电离。我们可以从传统的条纹相机的角度理解这种方法的原理，传统的条纹相机是将时间信息转化为空间信息的测量方法，首先是入射光脉冲与光阴极作用产生的光电子在线性度非常好的线性偏转高压作用下转化为一空间分布，并由探测器比如 MCP 获得，由标定好的光电子空间分布反映入射光脉冲的时间信息。而阿秒条纹相机则是将入射 XUV 阿秒脉冲的时间信息转化为光电子能谱分布的测量方法，即 XUV 脉冲产生的光电子的能谱分布与电离瞬间飞秒激光电场的相位的关系，阿秒 XUV 脉冲首先电离气体产生光电子，由于阿秒脉冲远小于飞秒激光脉冲的半周期，产生光电子的瞬间，飞秒激光脉冲电场相当于传统条纹相机中的线性高压，所以产生的光电子可以由飞秒激光电场“带出来”并获得最终的光电子能谱分布，我们可以精确地延迟阿秒 XVU 脉冲与飞秒激光脉冲电场来获得光电子能谱的宽度以及位置，并且该光电能谱分布是阿秒脉冲与飞秒脉冲的时间卷积，反卷积光电子能谱就可以获得阿秒激光脉冲的时间分布等信息。

理论上，可以用半经典模型分两步来描述阿秒条纹相机的工作原理。第一步是 XUV 脉冲光电离产生的光电子形成一个各向同性的动量分布；第二步是光电子在飞秒激光电场的加速或减速。由于阿秒 XUV 脉冲时间宽度远小于飞秒激光电场的半周期，在不同的飞秒激光与阿秒脉冲延迟上，有一个动量分量叠加在光电子初始动量上，所以最终的光电子能谱分布取决于探测系统相对于飞秒激光电场的几何位置，比如平行或垂直于激光电场方向。在没有飞秒激光电场的条件下，光电子能谱分布宽度(ΔW)等于 XUV 脉冲的光谱宽度，但当有飞秒激光电场存在时，电子能谱宽度随动量的叠加而增加。当我们精确地改变飞秒脉冲与 XUV 脉冲之间的延迟(t_d)进行扫描时，光电子能谱随时间会出现调制，并且光电子能谱的“重心”以及光电子能谱宽度 $\Delta W(t_d)$都随飞秒激光电场的变化而变化，如图 32-28 所示。在有飞秒激光电场作用下，XUV 脉冲产生的光电子到达探测器最终的能谱分布为

$$W_f = W_0 + 2U_p(t_d)\sin^2\omega_L t_d \cos 2\theta + \sqrt{8W_0U_p(t_d)}\sin\omega_L t_d \cos\theta \quad (32\text{-}37)$$

式中，U_p 是激光电场的有质动力势，$W_0=\hbar\omega_x-W_b$ 是光电子的初始动能，ω_x 是 XUV 脉冲能量，W_b 是原子气体的束缚能，θ 是激光电场矢量与最终动量之间的夹角。

实验上，相位锁定的周期量级(<10fs)激光脉冲与气体靶相互作用产生的高次谐波由一个金属薄膜选出单个阿秒脉冲，该 XUV 阿秒脉冲可以通过 Mo/Si 凹面反射镜或掠入射的轮胎镜(toroidal mirror)来聚焦到气体靶上产生光电子，并且飞秒激光脉冲也与阿秒激光共线聚焦到同一靶上将产生的光电子引导出来，由飞行时间能谱议获得能谱分布。精确地延迟阿秒脉冲与飞秒脉冲之间的时间延迟，可以获得如图 32-29 所示的典型光电子能谱调制结构。

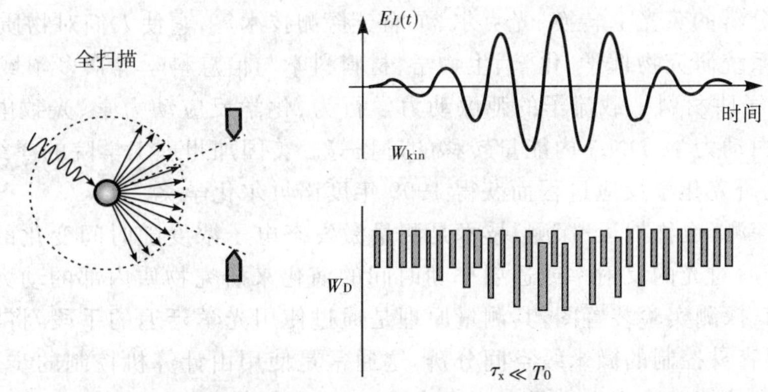

图 32-28　阿秒 XUV 脉冲与飞秒脉冲互相关测量方法

全扫描可以获得光电子能谱分布,可以看到光电子能谱出现调制,而且能谱的重心也出现变化

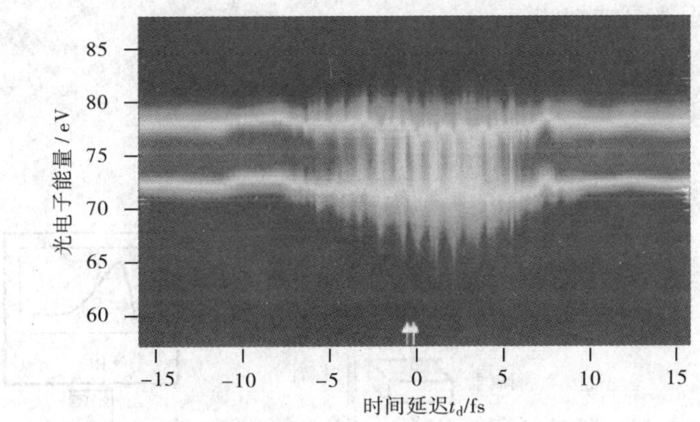

图 32-29　典型的光电子能谱随阿秒脉冲与飞秒脉冲时间延迟的分布

图中的光电子能谱调制深度可以用下式表示:

$$FV = (\Delta W_{max} - \Delta W_{min})/(\Delta W_{max} + \Delta W_{min} - 2\Delta W_{\infty}) \tag{32-38}$$

式中,ΔW_{max}和 ΔW_{min}是随时间变化的能谱宽度最大值和最小值,$\Delta W_{\infty} = \Delta W(t_d \to \infty)$。利用光电子能谱的中心位置、最大的调制深度 FV 以及最小的飞秒半周期,可以获得最佳分辨率的阿秒 XUV 激光脉冲的时间宽度。通过双色场光电离的半经典理论,先假设一个阿秒 XUV 脉冲(包括脉冲时间宽度、啁啾量等),理论计算出光电子能谱分布,再与实验测得的能谱调制分布以及能谱的调制深度数据进行比对,就可以获得 XUV 时间脉冲宽度以及光谱相位等信息,从而实现了对单个阿秒脉冲的测量。

阿秒激光脉冲的产生、测量以及应用都是当前最前沿的研究课题,有关阿秒脉冲的测量问题还远未解决,依然是目前的研究重点之一,特别是 XUV 脉冲的全测量问题。目前有关阿秒 SPIDER 以及阿秒 FROG 等新的测量手段正在研究发展之中。

第五节　超短激光脉冲诊断物质瞬态超快过程

物质吸收光子后常伴有诸多瞬态过程,如超导材料库珀对的打散和复合过程,生物和化学材料等的荧光发射、内转化过程等。对这些瞬态载流子的特性及其动力学行为的研究可以得到物质内部性质的一些重要信息,如电子态配对情况、电子能级、超导能隙以及赝能隙等。目前用常规的光电探测手段只能达到纳秒数量级分辨率,特殊超快仪器如条纹相机也只能达到皮秒量级的分辨率,而很多重要的过程往往发生在飞秒量级,迫切需要飞秒时间分辨技术来研究这些超快时间演化过程。

近年来,由于超短脉冲激光技术的发展和成熟,激光脉冲的宽度已经可以短至几个飞秒,这为人们提供了研究超快现象的强有力手段,飞秒脉冲激光的最直接应用是利用它作为光源,形成各种飞秒时间分辨光谱技术，诸如飞秒时间分辨的荧光上转换、光克尔、泵浦一探测技术等，它使人们对物质世界的认识深入到了飞秒时间尺度，从而能系统研究物理学、化学、生物学、材料科学与信息科学等众多领域中的许多超快时间演化过程，例如超晶格量子阱材料中载流子的弛豫动力学行为、化学反应动力学、光致电荷转移、植物光合作用的超快过程、血红蛋白动力学、DNA 内能量转移的过程等。美国加州理工学院的泽维尔(A. Zewail)教授因为率先利用飞秒激光研究化学反应过程而获得 1999 年度诺贝尔化学奖。

时间分辨光泵浦-探测(也称抽运-探测)技术是测量激发态电子浓度随时间变化的一种基本方法，它是通过测量材料吸收光子后对光的反射率或透射率随时间的演化来研究物质内部的动力学行为的。图 32-30 为典型的时间分辨泵浦-探测实验装置图，其测量原理是通过使用光学延迟的手段，将实验上很难控制的飞秒级时间分辨转化成很容易控制的微米级空间分辨，这通常是使用由计算机控制的步进电机进行扫描来实现的，只要步进电机的步长精度达到微米量级再配合使用飞秒脉冲激光即可实现飞秒时间分辨。一般是采用高功率的泵浦光和低功率的探测光，根据泵浦光和探测光波长的异同，该技术可分为简并和非简并泵浦探测技术：前者是将飞秒脉冲激光分束后形成强度比约为 10 : 1 的强泵浦光和弱探测光，它们相交作用于待测样品中；后者则包括双色和白光泵浦探测。

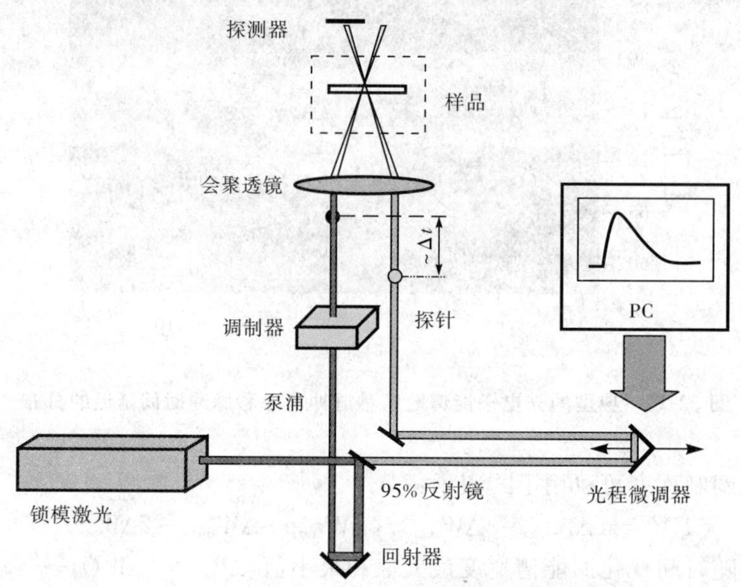

图 32-30 基于飞秒锁模激光的时间分辨泵浦一探测实验装置图

当泵浦光照射到样品上时，样品对泵浦光的吸收将引起物质原子分子中电子态发生改变而形成激发态电子，这些激发态电子会通过电子-电子和电子-声子相互作用、隧道效应、荧光辐射、局域态以及电荷转移等各种弛豫通道恢复到平衡态，从而导致样品介电常数随时间变化，进而引起样品透射率和反射率的变化。也就是泵浦光导致的这些动态变化过程会影响样品对探测光的吸收，因此通过改变泵浦光和探测光之间的相对时间延迟，测量样品的瞬态反射谱、透射谱或荧光光谱就可以得到激发态电子浓度的瞬态分布，进而了解这些非平衡载流子能量弛豫的动力学过程和作用机理等重要信息。利用这种技术可对碳纳米管、超导材料、聚合物等多种材料进行超快动力学过程研究。

由于样品对泵浦光的吸收而引起的介电常数变化量非常微小，其透射率的变化量 $\Delta T/T_0$ 往往在 10^{-4} 或 10^{-5} 量级甚至更小，因此用常规的办法无法从很强的背景信号 T_0 中提取出微弱的变化值信号，而采用锁相放大技术既可从强大的背景信号中提取有用的弱信号，它可以消除透射光自身的本底信号，而只检测其透射率的变化量，同时极大地抑制各种无关的噪声信号，从而获得好的信噪比，这是通过对泵浦光进行斩波或者使用 AOM 进行调制，然后对探测信号进行锁相放大来实现的，一般来说，调制频率越高，对噪声的抑制作用越明显。

飞秒时间分辨荧光上转换是以飞秒激光激发物质产生荧光，再以另一飞秒激光作为探测光与荧光进行和频，产生的和频光将随探测光的时间延迟而改变，通过观测不同波长荧光信号随时间变化的差异，从而研究激发态弛豫的动力学过程。

飞秒时间分辨光克尔系统与普通的泵浦一探测技术类似，探测光束透过样品后经过与探测光起偏方向相互垂直的检偏器后进入探测器，它是检测不同时间延迟情况下样品对探测光偏振态的影响，获得高时间分辨的克尔信号，以便研究物质分子的超快非线性光学性质。

通过飞秒光脉冲和近场光学显微镜相结合，还可实现飞秒时间分辨近场光学系统，从而可获得三维空间加一维时间的四维高分辨光谱，为研究介观尺度下而具有高度空间依赖性的超快物理过程提供了有力的工具。飞秒脉冲激光与纳米显微术的结合，使人们可以研究半导体的纳米结构中的载流子动力学。

第六节　超短脉冲激光在计量科学中的应用

飞秒激光光学频率梳是对通过精密控制后的飞秒光脉冲频域特性的形象描述。如第二节第六部分所述，如果激光脉冲的重复频率和载波-包络相移两个参数可以通过某种特殊方法进行控制，那么此光脉冲序列在频域上对应的就是一系列均匀分布且位置固定的谱线。这种光谱与人们日常生活中经常见到的梳子极为形似，因此人们就称这样的光谱为“光学频率梳”。经过稳定后的飞秒光梳，其光谱范围内的每一条谱线都可以看作是一台稳频激光器的输出，光梳中 10^6 条谱线就是 10^6 台稳频激光器。通过电子锁相环将光梳的重复频率和载波一包络相移稳定到微波频率标准，我们就可以将微波频标的精度极其准确地传递到光频范围。这种传递也可以是“反向”的，即将光梳锁定到光频标上，就可以实现将光频标的精度传递到微波范围。需要指出的是，作为传递工具的光梳，不仅稳定可靠，且易于操作，其构建成本及体积与光频链相比也不可同日而语。这种台面化实验装置的出现大大推动了光学频率标准的研究及建立进展。

光学频率梳是超快光学与精密光谱学完美结合的产物，是超短脉冲激光在计量学中的重要应用。超快光学与精密光谱学几乎自激光诞生之日起就在背道而行，而且在其各自的方向上都取得了令人瞩目的成就。在超快光学领域，人们已经实现了飞秒脉冲的实用化，并且已经进入阿秒领域；在精密光谱学领域，人们已经实现了 10^{-14} 量级的精密度。虽然这两个领域看似毫不相关，但在各自的发展道路上走出很远之后人们却惊奇地发现飞秒脉冲激光竟为两者提供了相互融合的桥梁。

光学频率梳最早是在飞秒钛宝石激光器上实现的，也是目前技术最为成熟、应用最为广泛的光学频率梳系统。为了在后面的叙述中不产生歧义，这里首先简要介绍一下何谓 f-to-$2f$ 自参考方法。

对于一个脉冲极短的飞秒激光脉冲，根据傅里叶关系，其必然对应着很宽的光谱，这样也就存在着大量的纵模，如图 32-31 所示，两个相邻纵模之间的间隔等于激光的重复频率 f_{rep}。设纵模的漂移量为 f_{ceo}，那么激光光谱中低频部分的频率可以表示为 $f_l=n_l f_{rep}+f_{ceo}$，高频部分可以表示为 $f_h=n_h f_{rep}+f_{ceo}$，如果光谱的带宽大于 1 个倍频程，即可满足：$f_h=2f_l$，那么通过拍频测量，根据

$$2f_l-f_h=2(n_l f_{rep}+f_{ceo})-n_h f_{rep}=2(n_l f_{rep}+f_{ceo})-2n_l f_{rep}-f_{ceo}=f_{ceo} \tag{32-29}$$

的关系，也就得到了纵模漂移 f_{ceo}，也就是说，如果光谱满足大于 1 个倍频程的条件，皆可以通过光谱内部高低频之间的拍频直接得到 f_{ceo} 信号，这就是光梳技术中非常重要的 f-to-$2f$ 自参考原理。

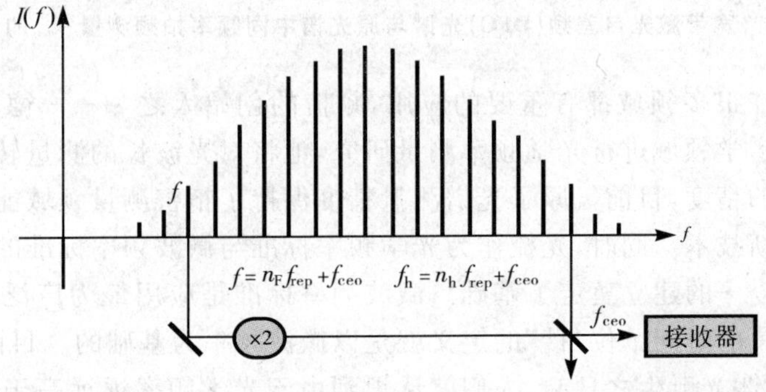

图 32-31　宽带激光光谱中的纵模及自参考的原理

可以看出,实现自参考技术的关键是要有大于1个倍频程的宽带光谱,由于常规基于棱镜色散补偿的飞秒钛宝石锁模激光的光谱远不到这样的带宽,因此 John Hall 和 T. W. Hänsch 等人先后借助光子晶体光纤(PCF),通过有效展宽飞秒钛宝石激光的光谱,并结合 M-Z 干涉装置,实现了 f-to-$2f$ 自参考方法对 f_{ceo} 信号的测量。进一步采用电子锁相环将该信号反馈到声光晶体,依靠调节声光调制器衍射效率控制泵浦光的功率,即可实现 f_{ceo} 信号及重复频率与微波原子频标的锁定,这样也就实现了光学频率梳。尽管这种光梳在实验上取得了巨大成功,而且也有商品化的产品出售,但作为第一代光梳,其在结构上存在着以下两方面的固有缺点:①棱镜色散补偿的飞秒钛宝石振荡器的重复频率一般为 100 MHz 左右,由于棱镜间隔导致的腔长限制,重复频率很难达到 200 MHz 以上,因此光梳中单个梳齿的能量较低,不利于光频测量实验;②由于核心部件 PCF 对光束指向性的敏感及表面光学的损伤问题,大大限制了这类光学频率梳的可靠性及长期的稳定性,增加了操作的难度[95-96]。

2005 年,德国科学家采用飞秒激光光谱自差频的方法,报道了一种所谓的"单块光梳"方案,该方案以 76 MHz重复频率、7 fs 脉宽的钛宝石振荡器为光源,相对第一代光梳而言,"单块光梳"对振荡器输出光谱不需要宽到倍频程的要求,因此对一般的实验室而言,就成了比较现实的可行内容。在探测 f_{ceo} 信号方面,单块光梳采用的是"0-F"方法,即通过振荡器输出的宽带光谱两端相互差频产生的激光光谱与原基频光谱的拍频而得到载波包络频移信号 f_{ceo},即参与拍频的激光波长一个来自基频光,另一个来自差频光。其详细的原理可以通过如下的公式加以说明:

前面已经提及,激光光谱中第 n 个纵模的频率可以表示为

$$f_n = nf_{\text{rep}} + f_{\text{ceo}} \tag{32-30}$$

这样由第 n_1 个纵模与 n_2 个纵模差频产生的激光频率可表示为

$$f_{\text{d}} = (n_1 f_{\text{rep}} + f_{\text{ceo}}) - (n_2 f_{\text{rep}} + f_{\text{ceo}}) = (n_1 - n_2) f_{\text{rep}} \tag{32-31}$$

将与差频激光与原激光光谱中与其波长相近的成分拍频,即可得到

$$f_n - f_{\text{d}} = nf_{\text{rep}} + f_{\text{ceo}} - (n_1 - n_2) f_{\text{rep}} = f_{\text{ceo}} \tag{32-32}$$

这样也就测得了 f_{ceo}。图 32-32 进一步描述了该方案原理,图中高频的曲线代表了振荡器直接输出的光谱,低频曲线代表了差频后的光谱,曲线包络内的实竖线代表实际的纵模频率,虚线为固定的坐标频率,可以看出这一方案得到的差频光谱还具有载波包络相移自动稳定的特点。由于这样的特性,采用这种差频技术的"单块方案"不仅输出功率高,包括差频光可覆盖更宽的波长范围,而且静态的 f_{ceo} 相对稳定,因此可以得到更高的稳定性和测量精度[97]。

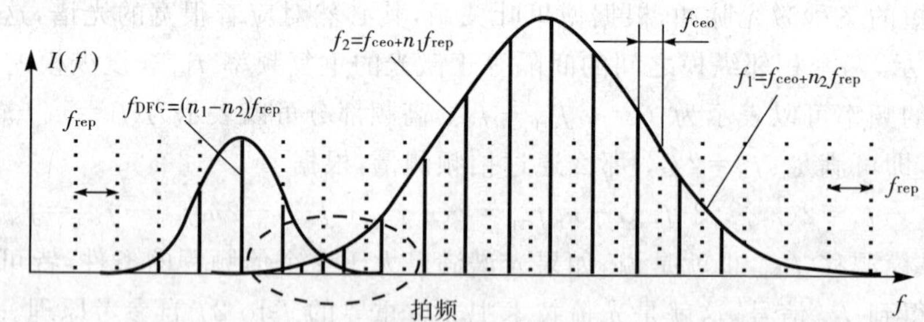

图 32-32　宽带激光自差频(DFG)光谱与原光谱中同频率拍频测量 f_{ceo} 的原理图

飞秒激光光学频率梳在很多领域都有重要的应用,频梳的创始人之一——德国的 Hansch 教授——最初想到利用光梳在精密光谱学领域进行光学频率测量研究,他将对光波长的测量转化为对频率的测量,结果大大提高了光谱精密测量的精度,目前氢原子光谱测量精度保持了精密测量领域能达到的最高精度,这也主要得益于采用了光梳这种新技术。同时,光梳作为光学频率标准与微波频率标准的高精度直接连接工具,为下一代频率标准——光钟——的建立奠定了基础。微波频率标准是应用最为广泛的时间频率标准,而且作为 7 个物理学基本单位之一的时间单位"秒"的定义就是以微波频率为基础的。目前微波频率标准已经可以实现 10^{-15} 的不确定度。自激光诞生之日起,人们就认识到由于光学频率远远高于微波频率,因此在原理上工作在光学波段的频率标准可以将不确定度提高到 10^{-18} 量级。建立新一代光学频率标准的前提是可以准

确地测量光频标的绝对频率值,在光梳出现之前,最为行之有效的光频测量方法是光学频率链。利用光频链测量光频的工作不能仅仅用“实验”一词表述,它是一项反复庞杂的科学工程。在光频链中,由于微波标准频率要通过倍频的方式将精度传递到光频范围,不仅效率低,而且系统复杂、难于维护。更重要的是,一条光频链只能测量一个光频,且精度不高(一般为 10^{-13})。所以,光频链远远不能满足建立光学频率标准的要求。

飞秒光梳的研制成功,从根本上解决了频率标准的溯源问题,为光学频率标准的建立提供了坚实的基础。直到 1999 年飞秒光梳诞生之前,光频链都是测量光频的唯一工具。由于建立光频链的投资巨大,维护和运行成本较高,只有美国、德国等少数国家的大型实验室才拥有这种装置。其他国家的计量实验室如果要将本国的频率标准溯源到微波频标,只有通过国际比对来完成。换言之,对于没有光频链的国家,如果不参加国际比对,就不可能建立起一套完整的频率标准体系。飞秒光梳为光频测量提供了极为简捷的方式。随着飞秒激光技术及光梳技术的不断发展,与光频链相比,建立一套飞秒光梳所投入的人力物力成本将得以大大降低。目前,飞秒光梳已经成为各主要国家计量实验室的必备装置,对各国频率标准体系建立的意义不言而喻。

在为光频测量提供简捷手段的同时,飞秒光梳也为长度标准的溯源提供了全新的方式。长度的国际单位“米”的定义为:光在真空中 1/299 752 458 s 时间间隔内传输的距离,实际上“米”是通过时间单位“秒”定义的。由于 633 nm He-Ne 稳频激光器的波长量值溯源体系最为完善,所以一直是应用最为广泛的“米”定义复现光谱光源。如果想采用其他波长或结构的激光器作为干涉测量的工具,就必须实现该波长的量值溯源。在飞秒光梳出现之前,实现波长溯源的唯一可行手段就是上面提到的光频链。由于光频链本身结构复杂,测量波长的数目又极为有限,因此实现某一波长的溯源是非常困难的事情。飞秒光梳的出现,理论上可以实现处于光梳光谱范围内所有稳频光谱的直接测量,也就是说,光梳可以较简便地实现众多激光波长的溯源,同时拓宽了干涉光源的选择范围。

随着超短脉冲激光技术的不断进步,越来越实用化的光梳的不断出现,飞秒光梳在计量学领域将会发挥越来越重要的作用。

附表

锁模历史及文献

年份	锁模介质	锁模方式	脉　宽	参考文献	备　注
1964	He-Ne	声光主动锁模	未测量	Appl. Phys. Lett.,1964, 5. 4	首次报道的主动锁模,只有现象,没有明确测量
1965	红宝石	调 Q 被动锁模,染料作为饱和吸收体	未测量	Appl. Phys. Lett.,1965, 7: 270	首次在固体激光器中观察到不稳定的锁模
1966	Nd:YAlG	声光主动锁模	未测量	Appl. Phys. Lett.,1966,8:180	观察到稳定的锁模脉冲序列
1972	染料	染料作为饱和吸收体辅助的被动锁模	1.5 ps	Appl. Phys. Lett.,1972, 21: 348	首次 CW 锁模,并有脉冲宽度测量结果
1974	染料	染料作为饱和吸收体,采用腔倒空手段导出激光	0.5 ps	Appl. Phys. Lett., 1974,24: 373	首次产生亚皮秒脉冲
1978	GaAIAs	主动锁模	23 ps	Ho P T, Glasser L A, Ippen E P, and Haus H A. Picosecond pulse generation with a cw GaAIAs laser diodeS [J]. Appl. Phys. Lett., 1978, 33: 241	首次主动锁模的半导体激光器

续表

年份	锁模介质	锁模方式	脉宽	参考文献	备注
1979	色心	同步泵浦锁模	3～5 ps	Mollenauer L F and Bloom D M. Color-center laser generates picosecond pulses and several watts cw over the 1.24～1.45 μm range[J]. Opt. Lett.,1979,247	
1981	染料	饱和吸收体辅助的碰撞脉冲锁模	100 fs	Fork R L, Greene B I, and Shank C V. Generation of optical pulses shorter than 0.1 ps by colliding pulse mode locking[J]. Appl. Phys. Lett., 1981, 38: 671	
1984	色心	加成脉冲锁模	0.21～2 ps	Mollenauer L F and Stolen R H. The soliton laser[J]. Opt. Lett.,1984, 9: 13	
1987	染料	碰撞锁模,光栅对十棱镜对腔外补偿到三阶色散压缩脉冲	6 fs	Fork R L, Brito Cruz C H, Becker P C, and Shank C V. Compression of optical pulses to six femtoseconds by using cubic phase compensation[J]. Opt. Lett.,1987, 12:483	
1988	Nd:YAG	主动锁模(调幅,声光),调Q锁模	55 ps	Maker G T, Keen S J, and Ferguson A I. Mode locked and Q-switched operation of a diode laser pumped Nd: YAG laser operating at 1.064 I-tm[J]. Appl. Phys. Lett., 1988, 53: 1675	
1989	Nd:YAG	主动锁模(调频,电光)	12 ps	Maker G T and Ferguson A I. Frequency-modulation mode locking of a diode-pumped Nd: YAG laser[J]. Opt. Lett.,1989, 14: 788	
	Er:fiber	主动锁模	4ps@1 530 nm	Kafka J D and Baer T, Hall D W. Mode-locked erbium-doped fiber laser with soliton pulse shaping[J]. Opt. Lett.,1989, 14: 1269	
1990	Nd:YLF	主动锁模,声光锁模	10 ps	Keller U, Li K D, Khuri-Yakub B T, and Bloom D M. High-frequency acousto-optic mode locker for picosecond pulse generation[J]. Opt. Lett., 1990,15: 45	
1991	钛蓝宝石	克尔透镜锁模	60 fs@800 nm	Spence D E, Kean P N, and Sibbett W. 60 fs pulse generation from a self mode locked Ti: sapphire laser[J]. Opt. Lett.,1991, 16: 42	首次实现稳定的自锁模
1993	Er:fiber	被动锁模,腔内色散为负色散	100 fs	Fermann M E, Andrejco M J, Stock M L,Silberberg Y, and Weiner A M. Passive mode locking in erbium fiber lasers with negative group delay[J]. Appl. Phys. Lett.,1993, 62: 910	首次获得100 fs的光纤激光器

续表

年份	锁模介质	锁模方式	脉　宽	参考文献	备　注
1993	Er:fiber	被动锁模(非线性偏振旋转)，腔内由两段光纤组成，分别提供正色散与负色散	77 fs	Tamura K, Ippen E P, Haus H A, and Nelson L E. 77fs pulse generation from a stretched-pulse mode-locked all-fiber ring laser[J]. Opt. Lett., 1993,18: 1080	
1994	Nd:YLF	主动锁模	14 ps	Dallas J L. Frequency-modulation mode-locking performance for four Nd^{3+}-doped laser crystals[J]. Appl. Opt.,1994, 33: 6373	
	Ti:sapphire	克尔透镜锁模	11 fs	Andreas Stingl, Christian Spielmann, and Ferenc Krausz. Generation of 11fs pulses from a Ti: sapphire laser without the use of prisms[J]. Opt. Lett.,1994, 19: 204	首次采用啁啾镜补偿色散的正式报道
1995	Tm:fiber	加成脉冲锁模，环形光纤激光器	350～500 fs	Nelson L E, Ippen E P, and Haus H A. Broadly tunable sub-500 fs pulses from an additive-pulse mode-locked thulium-doped fiber ring laser[J]. Appl. Phys. Lett.,1995, 67: 19	
1999	Yb:YAG	克尔透镜锁模，SESAM辅助锁模	340 fs@1 030 nm	Hönninger C, Paschotta R, Graf M, Morier-Genoud F, Zhang G, Moser M, Biswal S, Nees J, Braun A, Mourou G A, Johannsen I, Giesen A, Seeber W, Keller U. Ultrafast ytterbium-doped bulk lasers and laser amplifiers[J]. Appl. Phys. B,1993, 69: 3	Yb:YAG晶体在1 030 nm获得的最短脉宽
	Cr:LiSAF	克尔透镜锁模，腔内啁啾镜＋棱镜对补偿色散	11.5 fs	Sadao Uemura and Kenji Torizuka. Generation of 12fs pulses from a diode-pumped Kerr-lens mode-locked Cr: LiSAF laser[J]. Opt. Lett., 1999, 24: 780	Cr:LiSAF的最短脉冲宽度
2001	钛蓝宝石	克尔透镜锁模，双啁啾镜补偿＋棱镜对补偿腔内色散	5 fs	Ell R, Morgner U, and Kärtner F X, Fujimoto J G and Ippen E P, Scheuer V, Angelow G, and Tschudi T, Lederer M J, Boiko A, and Luther-Davies B. Generation of 5fs pulses and octave spanning spectra directly from a Ti: sapphire laser[J]. Opt. Lett., 2001, 26: 373	是迄今为止从激光器中产生的最短脉冲宽度，且其输出光谱覆盖1个倍频程
	Cr:forsterite	克尔透镜锁模，腔内双啁啾镜＋棱镜对补偿色散	14 fs	Chudoba C, Fujimoto J G, Ippen E P, and Haus H A. All-solid-state Cr: forsterite laser generating 14 fs pulses at 1.3 μm[J]. Opt. Lett., 2001, 26: 292	Cr:forsterite获得的最短脉冲宽度

续表

年份	锁模介质	锁模方式	脉 宽	参考文献	备 注
2002	Cr:LiCAF	克尔透镜锁模，腔内双啁啾镜＋棱镜对补偿色散，啁啾镜可补偿到三阶色散	9 fs	Wagenblast P C and Morgner U. Generation of sub-10-fs pulses from a Kerr-lens mode-locked Cr^{3+}: LiCAF laser oscillator by use of third-order dispersion-compensating double-chirped mirrors [J]. Opt. Lett., 2002, 27: 1726	Cr:LiCAF 最短的脉冲宽度
	Cr^{4+}:YAG	克尔透镜锁模，腔内双啁啾镜补偿色散	20 fs	Ripin D J, Chudoba C, Gopinath J T, Fujimoto J G, and Ippen E P. Generation of 20 fs pulses by a prismless Cr^{4+}: YAG laser [J]. Opt. Lett., 2002, 27: 61	Cr^{4+}:YAG 最短的脉冲宽度
	Yb:fiber	被动锁模(非线性偏振旋转)，光栅压缩色散	110 fs	Lefort L, Price J H V, and Richardson D J, Spühler G J, Paschotta R, and Keller U, Fry A R and Weston J. Practical low-noise stretched-pulse Yb^{3+}-doped fiber laser [J]. Opt. Lett., 2002, 27: 291	
	Yb:fiber	主动锁模(声光锁模)，腔内用光子晶体光纤产生负色散进行压缩	100 fs	Lim H, Ilday F Ö, and Wise F W. Femtosecond ytterbium fiber laser with photonic crystal fiber for dispersion control [J]. Opt. Exp., 2002, 10: 1497	
2003	钛蓝宝石	克尔透镜锁模＋腔外压缩(氩气填充空心光纤)	3.4 fs	Keisaku Yamane, Zhang Zhigang, Kazuhiko Oka, Ryuji Morita, and Mikio Yamashita, Akira Suguro. Optical pulse compression to 3.4 fs in the monocycle region by feedback phase compensation [J]. Opt. Lett., 2003, 28: 2258	经压缩后的最短脉冲宽度
2004	Er:fiber	被动锁模，碳纳米管作为饱和吸收体辅助锁模	318 fs	Sze Y Set, Hiroshi Yaguchi, Yuichi Tanaka, and Mark Jablonski. Laser Mode Locking Using a Saturable Absorber Incorporating Carbon Nanotubes [J]. Journal of Lightwave Technology, 2004, 22: 51	碳纳米管辅助锁模的最早报道之一
2005	$Nd:YVO_4$	克尔透镜锁模，SESAM 辅助锁模	2.1 ps@1 064 nm	Fan Yaxian, He Jingliang, Wang Yonggang, Liu Sheng, and Wang Huitian, Ma Xiaoyu. 2 ps passively mode-locked $Nd:YVO_4$ laser using an output-coupling-type semiconductor saturable absorber mirror [J]. Appl. Phys. Lett., 2005, 86: 101103	脉冲宽度接近 $Nd:YVO_4$ 的变换极限

续表

年份	锁模介质	锁模方式	脉　宽	参考文献	备　注
2007	Er:fiber	被动锁模(非线性偏振旋转)	47 fs	Tang D Y and Zhao L M. Generation of 47 fs pulses directly from an erbium-doped fiber laser[J]. Opt. Lett., 2007, 32: 41	掺铒光纤激光器最短的脉冲宽度
	Er:Yb:glass	被动锁模,克尔透镜锁模,碳纳米管作为饱和吸收体辅助锁模,腔内色散有熔石英棱镜对补偿	261 fs	Kok Hann Fong and Kazuro Kikuchi, Chee S Goh and Sze Y Set, Rachel Grange, Markus Haiml, Adrian Schlatter, and Ursula Keller. Solid-state Er:Yb:glass laser mode-locked by using single-wall carbon nanotube thin film [J]. Opt. Lett., 2007, 32: 38	碳纳米管首次实现固体激光器辅助锁模

附录　超短激光脉冲产生原理与技术

(摘自《激光测量学》(金国藩、李景镇主编,北京:科学出版社,1986 年)第十四章《激光(时间)探针和超短激光脉冲》)

超短激光脉冲的产生有很多方法和技术,从原理上看都是采用锁模和弥散补偿。锁模可分为主动锁模、被动锁模及混合锁模等。通常采用锁模技术产生皮秒光脉冲,要获得飞秒光脉冲必须在谐振腔内进行自相位调制(SPM)和群速弥散(GVD)补偿。按照某些实验或测量上的要求必须产生更短的光脉冲时,经常采用光纤光学脉冲压缩器,用 SPM 和 GVD 进行光脉冲压缩,因此在飞秒激光技术中平衡 GVD 和 SPM 有很重要的作用。

对于不同测量实验需要的超短激光脉冲也不一样:脉冲激光测距者需要固定波长激光器;超短激光与物质相互作用的超快过程研究者绝大多数需要调谐激光器,像在 Raman 光谱学和荧光光谱学领域很多用 Nd:YAG 激光器的倍频光 532 nm、三倍频 355 nm、四倍频 266 nm、五倍频 213 nm 等。Nd:YAG 激光脉冲产生的绿光可用于空气、流体和微粒运动的观测,也可用于高速照相、粒子流研究和粒子成像测速术。当然,各种应用还对单脉冲能量和脉冲重复频率有各自的要求,因此按照不同的用途就要产生不同波段、不同持续期、不同能量及不同频率的超短激光脉冲。半导体二极管激光器体积小、寿命长、阈值低,有广泛的应用。本节将在第一篇第四章第四节的基础上,较为详细地介绍主动锁模原理与技术、被动锁模原理与技术、弥散补偿压缩脉冲、锁模激光脉冲及超短激光脉冲传输特性。

(一)主动锁模原理与技术

主动锁模技术主要是在固定波长激光器、可调谐波长激光器的超快激光介质中实现的。如波长在 694nm 的红宝石激光器、514 nm 的氩离子激光器、647 nm 的氪激光器、1.064 μm 的 Nd:YAG 激光器及 1.053 μm的 Nd:YLF 激光器等,都可产生皮秒光脉冲。可调谐波长激光器以掺钛蓝宝石和掺铬氟化铝锶锂晶体 $Cr:LiSrALF_6$ 为代表,这些激光介质既可实现主动锁模,又可实现光 Kerr 效应被动锁模,能够产生皮秒和飞秒光脉冲。

在激光谐振腔内的模式有纵模、横模之分。锁模便有纵模锁定、横模锁定及纵、横模同时锁定 3 种,通常有实用价值的是纵模锁定。

在谐振腔内若有$(2n+1)$个纵模振荡,其纵模初始相位彼此无关。如果控制谐振腔的参数,可使各纵模的初始相位彼此相关,从而导致纵模间隔为

$$\Delta\nu = \frac{c}{2L} \tag{3.14-1}$$

这里 c 为光速,L 为谐振腔长。如果$(2n+1)$个纵模的振幅均为 E_0,第 n 个纵模光波电场可以写成

$$E_n = E_0\cos[(\omega_0 + n\Delta\omega)t + \varphi_n] \tag{3.14-2}$$

这里 φ_n 为第 n 个纵模的初相位角，$\omega_0 = 2\pi\nu_0$。在锁模中，一般初相位角为 0，则纵模电场之和为

$$E(t) = E_0\left[\frac{\sin\frac{1}{2}(2n+1)\Delta\omega t}{\sin\frac{1}{2}\Delta\omega t}\right]\cos\omega_0 t \tag{3.14-3}$$

由(3.14-3)式可以得出在各纵模相位锁定时，腔内相当于一个振荡频率为 ω_0 的单色余弦波的振幅受到调制，调幅波的幅度出现极值的时间间隔为

$$\Delta t = \frac{2L}{c} \tag{3.14-4}$$

极值的频率

$$f = \frac{1}{\Delta t} = \frac{c}{2L} \tag{3.14-5}$$

极值频率正好是谐振腔内的纵模间隔，$E(t)$ 振幅的极大值正好为 $(2n+1)E_0$。激光器输出的峰值光强为

$$I(t)_{\max} \propto E_0^2(2n+1)^2 \tag{3.14-6}$$

图 3.14-4 为锁模脉冲序列。在激光跃迁能够提供光学增益的有限线宽内，激光发射如图 3.14-5 所示。由图 3.14-4 知道 T_{RT} 为激光器输出脉冲序列的时间间隔 Δt，即

$$T_{RT} = \Delta t = \frac{2L}{c} \tag{3.14-7}$$

由(3.14-3)式得出：当 $t=0$ 时，中括号内的值为极大；而 $(2n+1)\frac{1}{2}\Delta\omega t = \pi$ 时，其值为 0。若近似取 $\Delta\tau$ 为激光脉冲半功率点间的度宽，可得

$$\Delta\tau = \frac{1}{2n+1};\qquad \frac{2L}{c} = \frac{1}{2n+1};\qquad \frac{1}{\Delta\nu} = \frac{1}{\delta\nu} \tag{3.14-8}$$

所以锁模激光器输出的脉冲宽度大致等于激光器件光学振荡带宽 $\delta\nu$ 的倒数，激光束平均光强比例于 $(2n+1)E_0^2/2$，激光峰值功率提高了 $2(2n+1)$ 倍。而固体激光器的纵模个数一般为 $10^3 \sim 10^4$ 个。

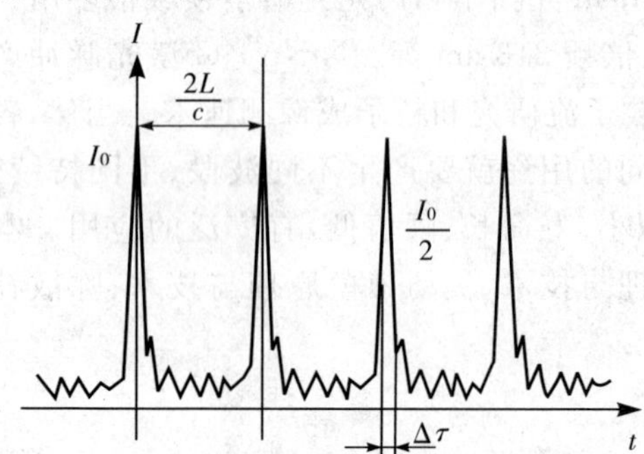

图 3.14-4　激光器的锁模脉冲序列

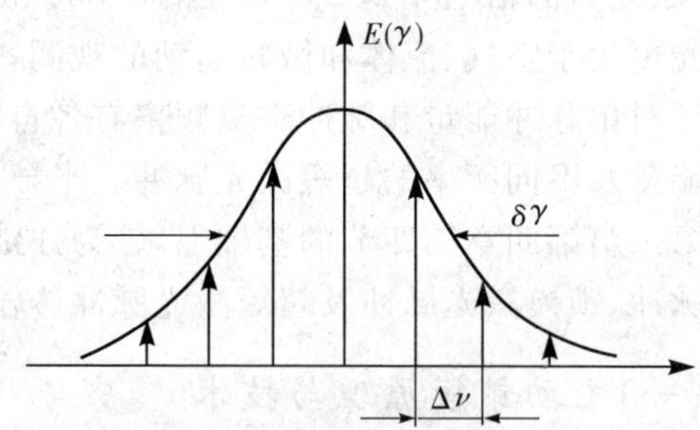

图 3.14-5　激光发射图示

主动锁模就是在激光谐振腔内插入一个调制器，激光辐射信号受加在调制器上的射频信号控制，调制器周期地改变腔内激光辐射经受的损耗和增益，并且在激光辐射模 V_m 上产生相应于调制频率 f_m 频移的边频带。如果 f_m 正好等于激光腔模间隔，能量在相邻激光模间交换，彼此耦合，最后达到同相振荡。最简单的主动锁模激光腔由 4 个元件组成：一块全反射膜片，一块输出镜，一个调制器和激光介质。图 3.14-6 为主动锁模激光器原理图。

主动锁模激光器必须满足条件

$$f_m = \frac{c}{2L} \tag{3.14-9}$$

调制器的频率必须同腔的往返时间相匹配。调制器的作用相当于一个光学“快门”，每隔 $2L/c$ 时间打开 1 次，因此在腔内只存在一个光脉冲；在每一个射频周期内快门打开 2 次，所以激光输出频率为射频源频率的

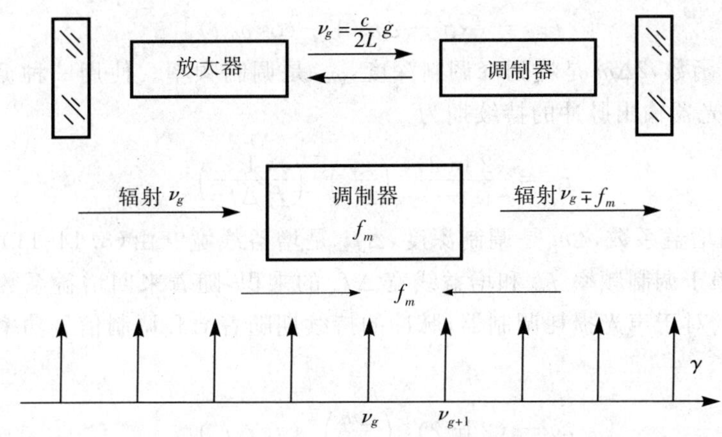

图 3.14-6　主动锁模激光器原理

2 倍。在激光器中激光介质起放大器作用，故图 3.14-6 中用放大器代替激光介质。

通常把主动锁模分为振幅调制（AM）锁模和相位调制锁模（FM），AM 锁模是实现稳定锁模的主要方法。在主动锁模中，激光调制方法主要有声光调制（AOM）和电光调制（EOM）2 种，AOM 呈现出一种随时间变化的振幅（损耗）调制，而 EOM 产生一种随时间变化的相位移。通过振幅调制（增益或损耗）而实现的锁模称为 AM 锁模，通过相位调制实现的锁模称为 FM 锁模。

大多数主动锁模激光器采用腔内声光调制器，由大约 1～3W 的射频功率正弦信号谐振驱动其石英换能器，换能器把电磁射频波转换成声波，由腔辐射损耗机制进行 Raman-Nath 或布拉格衍射。不管采用哪一种衍射方式，均采用驻波工作方式。一般透射光均取零级衍射光。由于只有在快门打开瞬间激光辐射经受最小的损耗，在其他时间里激光辐射被衰减，并且激光介质上能级大量累积受激粒子，等待下一次开门受激跃迁。这样往返的光脉冲多次压缩，直到脉冲的持续期主要受到激光增益带宽的限制为止。这个相应于激光器增益分布的光谱宽度或者是相应于任一内腔选频元件的光谱宽度。当锁模激光器达到稳态时，脉冲压缩机制由脉冲扩展机制平衡。这种平衡可以考虑成图 3.14-7 所示的压缩情况。在谐振腔内整个脉冲序列是这样演变的，光脉冲的瞬时峰值辐射经受较低的损耗，峰值净增益高于瞬时两翼的辐射，从而导致产生瞬态脉冲压缩。按照测不准原理，光谱扩展了。相反，在光谱范畴内，激光的增益分布图将导致出内腔辐射光谱峰值的放大，在分布图两翼光辐射损耗，其趋势将使脉冲光谱收缩，因此扩展了脉冲宽度。在未锁模的激光器里，同样的光谱压缩机制将导致具有窄谱线脉冲的连续波运转。对于所有超短脉冲激光器，通过锁模实现的脉冲压缩和因有限增益带宽光谱压缩之间的平衡机制都是存在的。通常把这种平衡机制描述为锁模和弥散之间的平衡。在脉冲形成的初期阶段，光谱远远窄于增益带宽，同光谱扩展伴随着的时间压缩占支配过程。当脉冲光谱宽度接近有效腔滤波器带宽时，脉冲开始损耗能量于滤波器，那时的脉冲能量和它的光谱达到稳态，脉宽保持恒定或者以固定值定期发射。这种演变过程对所有的锁模激光器都是一样的。

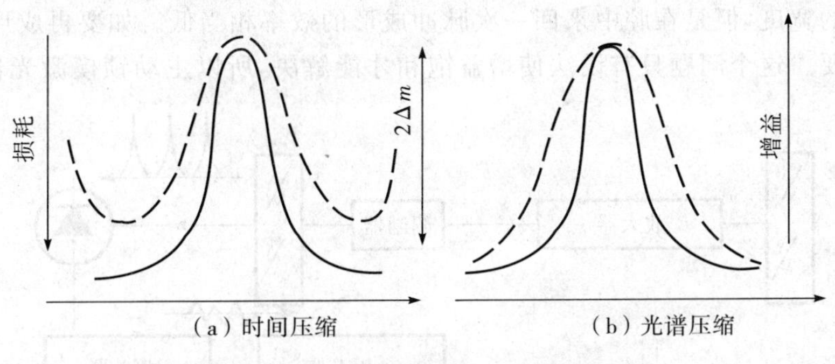

图 3.14-7　谐振腔内辐射压缩机制

对于通过损耗调制的 AM 锁模，调制函数可以写成

$$f_{\mathrm{am}} = \exp[-\Delta m(1-\cos\omega_{\mathrm{m}}t)] \tag{3.14-10}$$

这里 f_{am} 是调制器的传递函数，$2\Delta m$ 是峰到峰调制深度，ω_{m} 是调制频率。使用一种循环的 Gaussian 脉冲分析，AM 调制主动锁模激光器输出脉冲的持续期为

$$\tau_{\mathrm{p}} = \frac{(2\ln 2)^{\frac{1}{2}}}{\pi}\left(\frac{g_0}{\Delta_{\mathrm{m}}}\right)^{\frac{1}{4}}\left(\frac{1}{f_{\mathrm{m}}\Delta f_a}\right)^{\frac{1}{2}} \tag{3.14-11}$$

这里，g_0 为光在腔中来回增益系数，Δm 是调制深度，Δf_{a} 是增益线宽。由(3.14-11)式可见，主动锁模获得的脉冲持续期灵敏地依赖于调制频率 f_{m} 和增益线宽 Δf_{a} 的乘积，随着来回增益系数 g_0 与调制深度 Δm 之比的四分之一次方变化。对于声光损耗调制器，脉冲的持续期随着 r.f. 调制信号功率的四分之一次方变化。频宽为

$$\delta\nu = (2\ln 2)^{\frac{1}{2}}\left(\frac{\Delta m}{g_0}\right)^{\frac{1}{4}}(f_{\mathrm{m}}\Delta f_{\mathrm{a}})^{\frac{1}{2}} \tag{3.14-12}$$

时间带宽乘积

$$\tau_{\mathrm{p}}\delta\nu = \frac{2\ln 2}{\pi} \approx 0.441 \tag{3.14-13}$$

对于通过相位调制而实现的 FM 锁模，调制函数由下式给出：

$$f_{\mathrm{fm}} = \exp[\mathrm{i}\,\Delta m\cos\omega_{\mathrm{m}}\,t] \tag{3.14-14}$$

FM 锁模激光器输出脉宽

$$\tau_{\mathrm{p}} = \frac{2(\ln 2)^{\frac{1}{2}}}{\pi}\left(\frac{g_0}{\delta\varphi}\right)^{\frac{1}{4}}\left(\frac{1}{f_{\mathrm{m}}\Delta f_{\mathrm{a}}}\right)^{\frac{1}{2}} \tag{3.14-15}$$

这里 $\delta\varphi$ 为调制器的有效单程相位延迟。输出脉冲的频宽为

$$\delta\nu = 2(\ln 2)^{\frac{1}{2}}\left(\frac{\delta\varphi}{\delta_0}\right)^{\frac{1}{4}}(f_{\mathrm{m}}\Delta f_{\mathrm{a}})^{\frac{1}{2}} \tag{3.14-16}$$

时间带宽乘积

$$\tau_{\mathrm{p}}\,\delta\nu = \frac{2\sqrt{2}\ln 2}{\pi} \approx 0.626 \tag{3.14-17}$$

(3.14-14)式中的 Δm 由光束通过调制器所经受的峰到峰相位偏差确定。通常也用(3.14-11)式表示 FM 锁模激光器的输出脉宽。

对于 AM 和 FM 锁模，经常用激光腔的较高次谐波激励调制器，其优点是调制频率增加了，能产生更短的脉冲。振幅调制和频率调制主动锁模的主要缺点是需要激光腔长同调制器的激励频率匹配起来，脉冲压缩机制相当弱，仅仅能产生皮秒光脉冲。第一个缺点可以通过再生锁模[5]技术来减小，其原理见图 3.14-8。激励调制器的 r.f. 信号由主动锁模激光器的输出光脉冲经光二极管变成电脉冲来激励，通过适当的激励频率调节，激光器腔长的任一漂移能够精确地跟踪。这种技术最近成功地用在掺钛蓝宝石激光器上[6]。第二个缺点是由于外部信号源引起的调制函数导致的。最初调制提供出一种很强的腔辐射压缩，脉冲变得远远地窄于瞬时调制函数的宽度，但是在腔中来回一次脉冲成形的效率相当低。如要再成形更短的脉冲，光谱压缩机制变得愈来愈重要。这个问题只有设法使增益饱和才能解决，所以主动锁模激光器只能在增益饱和过

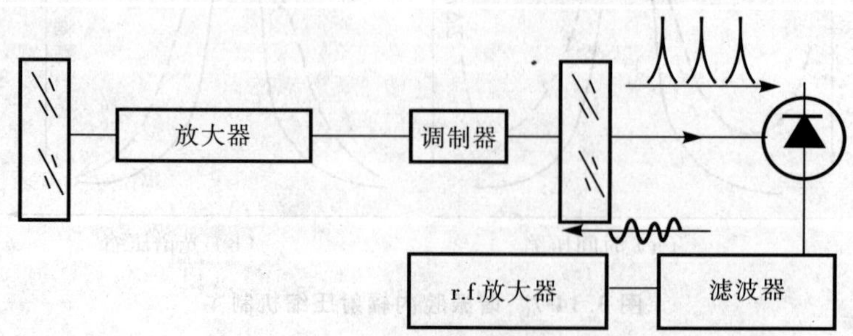

图 3.14-8 再生锁模原理

程中产生飞秒光脉冲。同步锁模能提供一种调制函数尖锐于正弦激励频率，以产生更短的光脉冲。另外，可采用有效的饱和吸收体被动锁模技术进行光谱压缩脉冲。有关声光调制器的介绍参考文献[7]。

(二)被动锁模原理与技术

最简单的被动锁模激光器的谐振腔内只放一种激光介质(放大器)和一种可饱和吸收体。振幅调制是通过脉冲自身同内腔元件相互作用提供的，不需要外部调制，为此通常把被动锁模归属于"自锁模"，而且把脉冲成形过程描述成"被动振幅调制"。按照可饱和吸收体弛豫时间特性不同，有两种类型的被动锁模，即"快"型和"慢"型。可饱和吸收体的透射性能受在腔内来回传播的光脉冲限制，也可以说受到上能级寿命即吸收恢复时间限制。饱和吸收程度依赖于在高能态寿命内吸收的能量多少。入射脉宽远远大于吸收恢复时间时，透射是脉冲强度分布图的增函数的可饱和吸收体，称之为快可饱和吸收体；入射脉宽短于吸收恢复时间时，其透射程度依赖于脉冲能量的可饱和吸收体称之为慢可饱和吸收体。显然，要求吸收跃迁频率同激光辐射频率相匹配，被动锁模光谱可达范围受到相对的可饱和吸收体的利用率限制。本节介绍快可饱和吸收体被动锁模、慢可饱和吸收体被动锁模、光 Kerr 效应被动锁模。

1. 快可饱和吸收体被动锁模

最早使用有机染料作为可饱和吸收体，在固体激光器里产生皮秒光脉冲。最近随着固体激光介质的发展，使用 Kerr 效应锁模。由于快可饱和吸收体的透射随着入射光强变化，脉冲峰值经受的损耗低于两翼，因此优先放大，导致脉冲压缩，换句话说，导致调制函数随着脉冲强度分布而变，能连续提供相当强的内腔来回压缩，脉冲变得更短了。于是在快饱和吸收体连续波激光器里的光强起伏部分将优先放大，使压缩脉冲的持续期与吸收恢复时间有大致相同的数量级。如果腔内一旦有噪音引起涨落出现，增益压缩将保证有最强的光强起伏。当可饱和吸收体的透射与光强无关及调制函数变为固定值时，进一步压缩就显得困难。

脉冲的前后沿在它通过可饱和吸收体的过程中，也得到程度不同的压缩。快饱和吸收体染料的恢复时间短到几个皮秒，从而使激光器产生皮秒级脉宽的序列脉冲。对于有相当长的上能态寿命和低增益截面的激光器，如 Nd:YAG 激光器，起始由于可饱和吸收体染料的损耗太高，导致 Q 开关，输出 CW 激光，内腔光不能饱和吸收。因此，粒子数反转只有在增益足够高，超过来回损耗产生激光放大情况下建立起来。此时，内腔激光辐射增长很快，并且能为饱和染料吸收，产生锁模脉冲序列。输出脉冲序列见图 3.14-9。

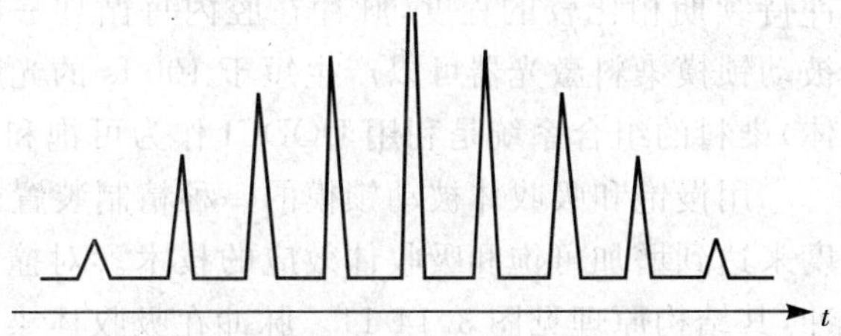

图 3.14-9　锁模 Q 开关脉冲序列

在近红外波段可饱和吸收体有机染料可用半导体材料如多量子阱(MQW)结构替代。这些材料呈现出相当低的饱和能量，并且已用于固体增益介质激光器产生 CW 锁模脉冲序列。MQW 结构呈现出两种不同的吸收恢复时间：一种是载流子复合时间，大约为几十皮秒到纳秒级，依赖于材料的纯度和精确的生长状态；第二种寿命约为 300 fs 量级。另外一种典型的 MQW 吸收体有 100 ps 量级的载流子复合时间，用 CW 固体激光器辐射，能迅速饱和，在阈值以下能由 Q 开关引起的脉冲能量增长到足以耗尽激光放大介质的增益以前，CW 脉冲序列就成形好了。成形成 100 ps 的脉冲光强足以饱和相应于约 300 fs 的热化时间的激子吸收，这样的饱和吸收可以把皮秒脉冲压缩到几百飞秒，或者压缩到增益带宽极限值。该技术已成功地用于色心激光器[8]、光纤激光器[9]、Ti:Al_2O_3 激光器[10]及 Cr:LiSAF 激光器等[11]。

人们很感兴趣的一种快速半导体可饱和吸收体锁模，就是谐振被动锁模(RPM)，已成功地用于一些固体激光增益介质的激光器[12]。这种采用快可饱和吸收体于外腔谐振干涉仪锁模的物理实质相当于附加脉冲锁模。有关附加脉冲锁模激光器，下面还要讨论。利用高插入损耗的可饱和吸收体的优点是：损耗不放入主激光谐振腔内，仅有百分之几的光强耦合到谐振吸收体腔中，以便有效锁模。这种弱耦合可以减少热负载对吸收体的影响，并且增加了它的有效饱和能量。增加有效饱和能量能减少激光器倾向 Q 开关的趋势。

最近非常感兴趣的是利用模拟小于 1 fs 吸收恢复时间的快可饱和吸收体作用技术，进行宽带电子震动固体激光介质锁模。这种技术开拓了光 Kerr 效应。在激光器里引导出一种瞬时与强度有关的损耗机制，于是调制函数连续跟踪脉冲强度分布图，提供直到脉冲持续期达到它的稳态值为止的强压缩。而这种稳态值由增益带宽或者由其他的弥散因素所确定。这类锁模技术可以通过像开拓的“非谐振”非线性一样来对抗与常用可饱和吸收体结合的电变换“谐振”非线性，非谐振特性的一个重要特点是可有效地用在任一期望的光谱范围，因此这是一种很有希望的锁模技术。

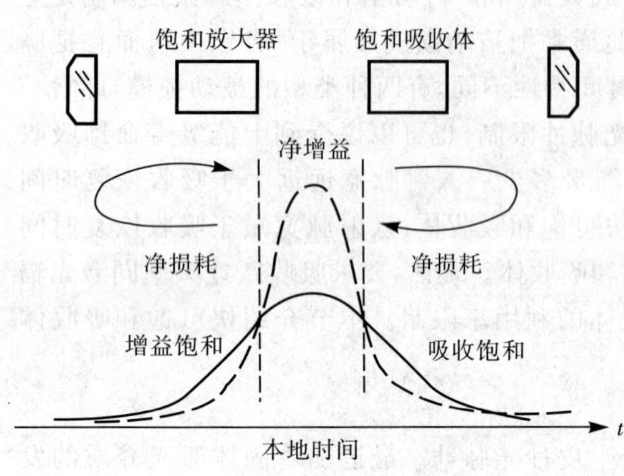

图 3.14-10 慢可饱和吸收体被动锁模原理

2. 慢可饱和吸收体被动锁模

用慢可饱和吸收体被动锁模已成功地产生出短于可饱和吸收体吸收恢复时间的光脉冲，其脉冲的成形是通过可饱和吸收体和饱和放大两者组合作用实现的。在运转状态所有的激光增益介质都呈现出一定程度的饱和，从而导致出增益竞争，在腔内来回多次以后，脉冲压缩和线宽收缩。大多数激光器，光每次在腔内来回传播一次，增益损耗量是相当小的。激光放大器跃迁的上能态寿命(即增益恢复时间)远远大于腔的来回时间，因此一旦达到稳态，每个脉冲放大之后的增益变化不大。有机染料激光器有几个纳秒数量级的增益恢复时间和高的增益截面，能饱和单个内腔脉冲。有关饱和吸收和增益饱和的组合作用，可以导致脉冲压缩机制的原理示于图 3.14-10。

慢可饱和吸收体被动锁模激光器腔内，仅有激光放大介质和可饱和吸收体两个元件。在谐振腔内一个脉冲循环周期里，脉冲的前沿在饱和之前被饱和吸收体吸收。若这样设计，仔细调节增益和谐振腔参数，使脉冲的中心部分在激光激活介质中放大以后的增益降低，不足以粒子数反转维持脉冲后沿放大。照这样，脉冲的前后沿分别通过吸收和增益饱和抑制，只有脉冲的中心部分放大了。因此，压缩调制函数可以到达同脉冲持续期相比较的程度，脉冲在腔内每循环一次连续地经受很强的成形。这种压缩机制特别有效，用 CW 被动锁模染料激光器可以产生短于 100 fs 的光脉冲。在 20 世纪 80 年代最流行的主动(增益)和被动(吸收体)染料的组合系统是利用 DODCI 作为可饱和吸收体的 Rh6G 被动锁模装置。

用慢饱和吸收体被动锁模的一种精制装置是对撞脉冲锁模(CPM)。本质上，这是一种通过增加饱和程度来达到增加可饱和吸收体效应的技术。对撞脉冲锁模环形染料激光器腔内有两个相反方向传播的光脉冲，其结构原理见图 3.14-11。脉冲在吸收体染料喷膜上对撞，达深度饱和，结果在腔内来回损耗最小。增加饱和导致出一种更强的脉冲前沿成形，能得到 2 的饱和相干因子，在增益介质中放大脉冲。由于脉冲之间相干还存在一个$\sqrt{2}$的增强相干因子，在确定的时间间隔它们能组合成强度饱和吸收。另外，在两相反方向传播脉冲对撞时进一步形成粒子数反转瞬时光栅压缩脉冲。Fork 等人首先用户 CPM 环形染料激光器产生了 90 fs 的光脉冲[13]，后来给环形腔内增加了四棱镜序列进行弥散补偿，平衡自相位调制(SPM)、群速弥散(GVD)、饱和增益和饱和吸收，得到了 27 fs 的光脉冲[14]。该类型激光器完全采用染料，应用受到限制。

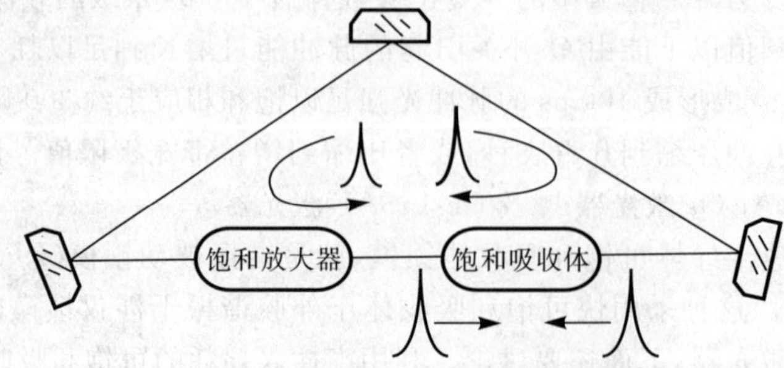

图 3.14-11 对撞脉冲锁模激光腔型结构

目前，一种很流行的激光器采用抗共振环(ARR)结构[15]，见图 3.14-12。ARR 和环型腔形之间的主要区别是仅有一个脉冲在腔内来回的时间里经受增益，由于脉冲的相干相互作用，吸收体的饱和只有$\sqrt{2}$倍因子增强。如果图 3.14-12 中的放大器利用 Nd:YAG 介质，饱和吸收体采用十一甲川，分束器为 50%，则激光器能够输出短于 8 ps 的光脉冲，其脉冲能量可以到毫焦级。

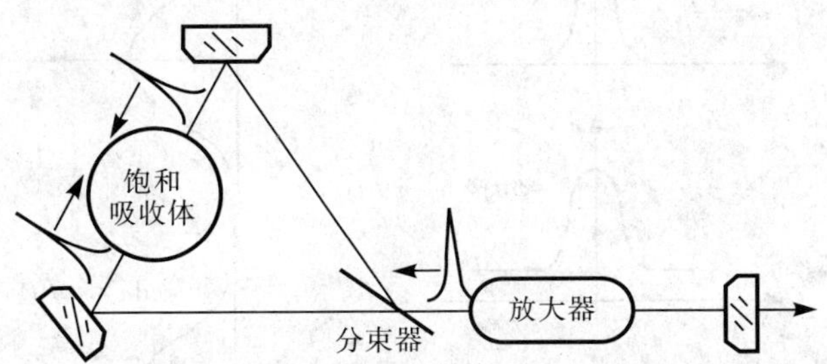

图 3.14-12　抗共振环 CMP 激光腔结构

3. 用光 Kerr 效应被动锁模

在强光泵浦下激光腔内的光学元件有可能呈现出非线性效应，光 Kerr 效应就是其中的一种。在激光腔内的光 Kerr 效应，导致激光介质与光强有关的非线性折射率的变化，可以写成

$$n = n_0 + n_2 I(t) \tag{3.14-18}$$

或

$$n = n_0 + n_2 \mid E \mid^2 \tag{3.14-19}$$

这种现象是由于在强传播电场的感应下迫使介质中束缚电子非谐运动导致的。换句话说，在强光作用下迫使介质中各向异性分子在一定程度上重新取向排列，引起介质宏观电极化特性改变，导致折射率的变化。传播的光信号经受的相位延迟正比于折射率，而光 Kerr 效应引起了光信号与强度有关的非线性相移。通常，这种非线性效应是可以忽略的，因为熔融硅 n_2 的值仅有 $3.2\times10^{-16}\,\text{cm}^2/\text{W}$，而且大多数材料都是这个数量级。对于束腰约 50 μm、波长 800 nm、约 2.5 MW 的光脉冲在通过 1 cm 长距离时，就经受 π 非线性相移。

脉冲强度的变化与它的瞬时的空间分布图有关，分布图的不同部分将经受一种不同的折射率。如此设计的激光腔损耗局部地依赖于脉冲所经受的折射率(无论是通过一种相敏干涉仪还是通过自聚焦)，就可以导致腔内激光辐射与强度有关的瞬间损耗。这种情况符合于几乎所有的快可饱和吸收体，快可饱和吸收体提供的调制函数能够跟踪脉冲外形分布，并且在腔内每一次来回传播中连续地提供脉冲成形，一直把脉冲压缩到它的最终稳态值。因此，光 Kerr 效应是一种非谐振的非线性，没有吸收，主要是波长不受外界影响，所以能够通过自相位调制或自聚焦，导致自锁模或自锁。故光信号所经受的不同折射率和不同的非线性相移两种现象是一种结果。

光在非线性介质中传播距离为 l，所引起的相移为

$$\varphi = -nk_0 l = -[n_0 + n_2 I(t)]k_0 l \tag{3.14-20}$$

这里，k_0 为真空中的波数。自相位调制出现在时间范畴。如果有一高峰值强度脉冲，很清楚，它的峰值处经受的折射率高于脉冲的两翼，通过传播引起相位变化。对相位时间微分就是频率。因此，SPM 引起脉冲频率扫描或者“啁啾”(chirp)。自聚焦出现在空间范畴，它开拓了激光束分布图，设一高斯 TEM_{00} 模，横过它的直径经受一变化的折射率。其情况类似于在梯度折射率透镜中光的传播，引起聚焦。有关 SPM 及自聚焦引起相移和折射率的变化见图 3.14-13。由于任一种干涉仪都能够把相位调制变换到振幅调制，只要同干涉仪组合，SPM 就能够导致锁模。这种处理方法拓宽了图 3.14-13(a)中的与强度有关的相位分布，产生了为被动锁模所需要的与强度有关的损耗。所谓耦合腔锁模(coupled cavity mode-locking(CCM))或附加脉冲锁模(additive pulse mode-locking(APM))的技术，SPM 始终导致光谱扩展。如果能够设计激光腔在有非线性透镜的情况下呈现较低的损耗(或者较高的 Q)，这种起因于内腔与强度有关的损耗将导致被动锁模。由于 Kerr 效应而产生的这种技术也广泛地用作 Kerr 透镜锁模(Kerr lens mode-locking)，能直接从激光振荡器中产生最短的光脉冲，一般达飞秒量级。

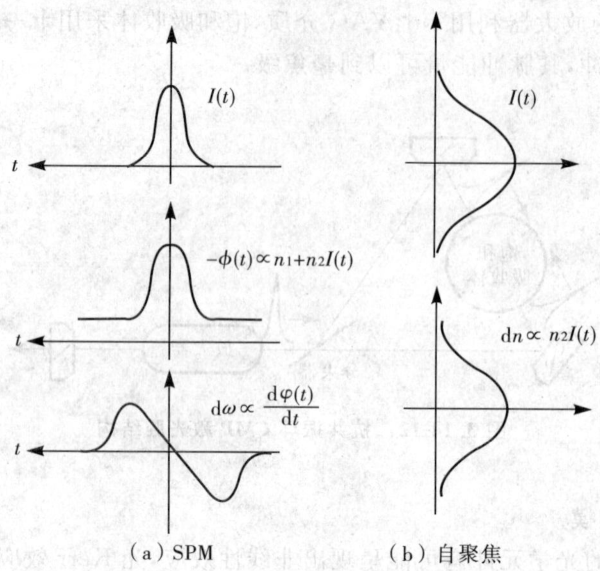

图 3.14-13 SPM和自聚焦图解

(三)锁模激光脉冲

采用锁模方法产生的激光脉冲，一般持续期在皮秒量级，用于超短光脉冲范围。在讨论锁模激光脉冲的特性时，一般都涉及超短光脉冲的强度、宽度、脉冲能量、脉冲频谱等。值得注意的一点，是在表征超短激光脉冲的宽度(或者持续期)时，尽可能地把相应的光谱宽度也要表示出来，否则数据是不完全的。产生的激光脉冲越短，例如 50 fs 以内，对应的光谱宽度一定要实时测量。下面给出超短激光脉冲的主要有关参量。

1. 超短激光脉冲宽度

如果将超短激光脉冲电场近似地表示为

$$E(x) = E_0 E(t) \mathrm{e}^{-\mathrm{i}\omega_c t} \tag{3.14-21}$$

式中，ω_c 是光载频，当 $1/\omega_c$ 足够小时，(3.14-21)式才适用。E_0 是光脉冲幅度的极限值，$E(t)$是光脉冲包络，满足 $E(0)=1$，$\lim\limits_{t\to\pm\infty}E(t)=0$。光脉冲强度

$$I(t) = I_0 f(t) \tag{3.14-22}$$

这里 $f(t)=E(t)\,E^*(t)$，$f(0)=1$，以及 $I_0=\langle E_0\,E^*\rangle/2nc_0\varepsilon_0$，$c_0$ 为光速，n 为折射率。我们用最常用的光强来定义脉宽。在各种速率方程和电场方程中，脉冲包络函数往往不存在简单的解析表达式。但是函数 $f(x)$ 可在 $t=0$ 时展开为泰勒级数，即

$$f(t) = 1 + \frac{t^2}{2}\left.\frac{\mathrm{d}^2 f}{\mathrm{d}t^2}\right|_{t=0} + \cdots \tag{3.14-23}$$

将超短激光脉冲宽度定义为光强随时间变化曲线的半高全宽(FWHM)，即脉宽为

$$\tau_p = 2\left|\frac{\left.\dfrac{\mathrm{d}^2 f(t)}{\mathrm{d}t^2}\right|_{t=0}}{f(0)}\right|^{\frac{1}{2}} \tag{3.14-24}$$

2. 超短激光脉冲频谱

与脉宽 τ_p 对应的频谱(或者谱宽)是激光脉冲振幅函数 $E(t)$的 Fourier 变换，即

$$h(\omega) = \frac{1}{\sqrt{2\pi}}\int_{-\infty}^{\infty} E(t)\exp[\mathrm{i}(\omega_c-\omega)t]\mathrm{d}t \tag{3.14-25}$$

按照 Parseval 定理，可得到脉冲强度频谱为

$$H(\omega) = h(\omega)\,h^*(\omega) \tag{3.14-26}$$

同样，可以得到脉冲强度线宽 $\Delta\omega$，

$$\Delta\omega = 2\left|\frac{\frac{\mathrm{d}^2 h(\omega)}{\mathrm{d}\omega^2}}{H_{\max}}\right|^{-1/2}_{\omega=\omega_{\max}} \tag{3.14-27}$$

这里 $\omega_{\max}$ 是在谱分布中最大振幅值 $H_{\max}$ 对应的角频率值。脉冲的能量密度是它的强度积分，可以写成

$$e = \int_{-\infty}^{\infty} I(t)\mathrm{d}t = I_0\int_{-\infty}^{\infty} f(t)\mathrm{d}t = I\int_{-\infty}^{\infty} E(t)E^*(t)\mathrm{d}t \tag{3.14-28}$$

3. 广义 Gaussian 脉冲

定义 Gaussian 脉冲为

$$E(t) = E_0 E(t)\exp(\mathrm{i}\omega_0 t) \tag{3.14-29}$$

这里 $E(t)=\exp[-At^2]$，$A=a-\mathrm{i}b$，脉冲包络 $E(t)$ 为复函数，指数的虚部为相位 $\varphi=bt^2+\omega_0 t$。由此可求得频率与时间的依赖关系：

$$\omega(t) = \frac{\mathrm{d}\varphi}{\mathrm{d}t} = 2bt + \omega_0 \tag{3.14-30}$$

一般频率随时间线性增加，称之啁啾，按照(3.14-24)式，脉宽 τ_{p} 为

$$\tau_{\mathrm{p}} = (a)^{-1/2} \tag{3.14-31}$$

由(3.14-26)式及(3.14-29)式求得振幅频谱为

$$h(\omega) = \frac{1}{\sqrt{2A}}\exp\left[1-\frac{(\omega-\omega_0)^2}{4A}\right] \tag{3.14-32}$$

线宽为

$$\Delta\omega = 2\sqrt{a}\left[1+\left(\frac{b}{a}\right)^2\right]^{\frac{1}{2}} \tag{3.14-33}$$

所以广义 Gaussian 脉冲的时间带宽积为

$$\tau_{\mathrm{p}}\Delta\omega = 2\left[1+\left(\frac{b}{a}\right)^2\right]^{\frac{1}{2}} \tag{3.14-34}$$

可知，脉冲的时间带宽乘积与啁啾参数 b 有关，当 $b=0$ 时，取极小值。如果脉冲的啁啾未知，则不可能由测量频谱来确定脉宽，而关系式 $\tau_{\mathrm{p}}=1/\Delta\omega$ 仅给出脉宽的下限。按 τ_{p} 及 $\Delta\omega$ 的定义，有不等式 $\tau_{\mathrm{p}}\geqslant 2/\Delta\omega$ 成立。脉冲的能量密度为

$$e = \int_{-\infty}^{\infty} I(t)\mathrm{d}t = \left(\frac{\pi}{2}\right)^{\frac{1}{2}}\frac{c_0}{2}nE_0\langle E_0 E^*\rangle\tau_{\mathrm{p}} \tag{3.14-35}$$

有关啁啾脉冲的电场 $E(t)$ 及频谱强度分别与时间、频率的关系见图 3.14-14。

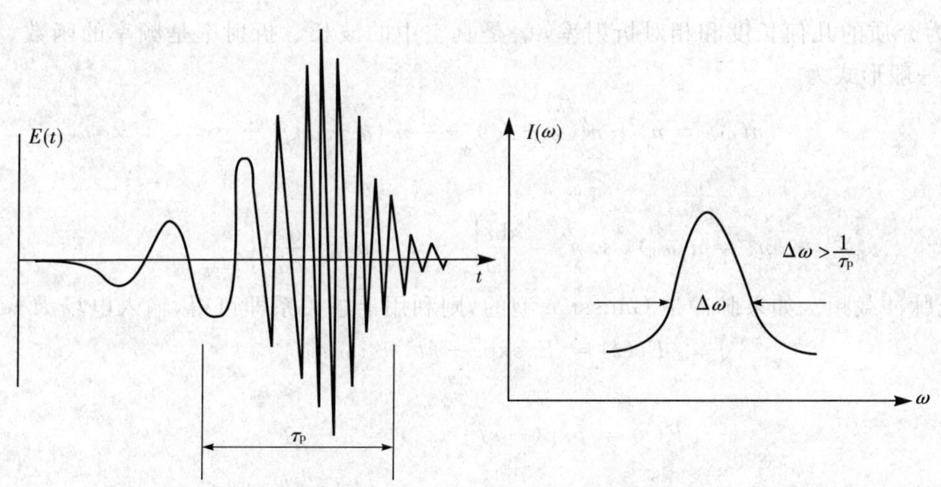

图 3.14-14　啁啾脉冲电场 $E(t)$ 和频谱强度 $I(\omega)$ 对 t 和 ω 的依赖关系

(四)超短激光脉冲传输特性

利用超短光脉冲进行测量或者与物质相互作用,必须了解超短光脉冲在各种介质中的传输特性,才能准确有效地判断所得结果的精确程度。否则,结果差异甚大。

1. 超短激光脉冲在线性介质中传播

线性介质可以用谱传输函数 $Q(\omega)$ 来表示,当入射光强为 I_1,输出光强为 I_2,线性介质系统如图 3.14-15 所示。当光强 I_1 为的脉冲射进线性介质 $Q(\omega)$ 时,若入射光强 I_1 为

$$I_1 = I_0 \mid f_1(t) \mid = I_0 \mid E_1 E^* \mid = I_0 \mid E_1(t) \mid^2 \tag{3.14-36}$$

则光场幅度 $E_1(t)$ 的谱为 $h_1(\omega)$,即

$$h_1(\omega) = \left(\frac{1}{2\pi}\right)^{\frac{1}{2}} \int_{-\infty}^{\infty} E_1(t) E^{i(\omega_0-\omega)t} \mathrm{d}t \tag{3.14-37}$$

由于有

$$h_2(\omega) = Q(\omega) h_1(\omega) \tag{3.14-38}$$

可得输出电场

$$E_2(t) = \left(\frac{1}{2\pi}\right)^{\frac{1}{2}} \int_{-\infty}^{\infty} h_2(\omega) \mathrm{e}^{-i(\omega_0-\omega)t} \mathrm{d}t \tag{3.14-39}$$

光强为

$$I_2 = I_0 \mid E_2(t) \mid^2 \tag{3.14-40}$$

可见,在线性传输系统中光脉冲的传输特性主要取决于 $Q(\omega)$。一般情况下,$Q(\omega)$ 是复数形式,其中实数部分表示吸收,虚数部分表示弥散。

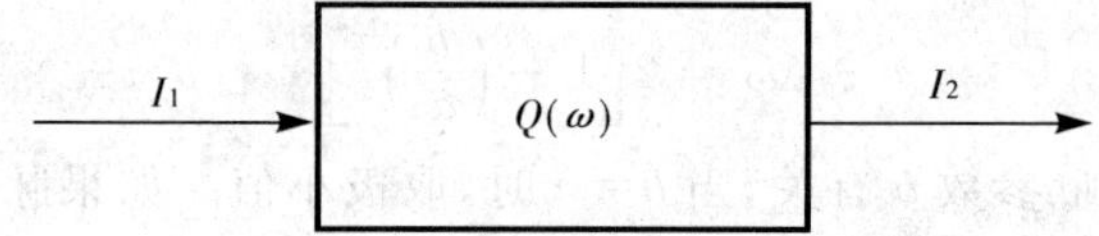

图 3.14-15 超短激光通过线性介质

2. 超短激光脉冲在弥散介质中传播

非吸收介质或吸收甚微的介质(如玻璃),应有以下形式的传输函数:

$$Q(\omega) = \mathrm{e}^{-i\frac{2\pi}{\lambda_0}nl} \tag{3.14-41}$$

其中,l,n 分别为介质的几何长度和相对折射率,λ_0 是真空中的波长。折射率是频率的函数,在偏离谐振条件下,该函数的一般形式为

$$n(\omega) = n_0 + n'(\omega-\omega_0) + \frac{1}{2}n''(\omega-\omega_0)^2 + \cdots \tag{3.14-42}$$

其中

$$n_0 = n(\omega_0), \quad n' = \left.\frac{\mathrm{d}n}{\mathrm{d}\omega}\right|_{\omega=\omega_0}, \quad n'' = \left.\frac{\mathrm{d}^2 n}{\mathrm{d}\omega^2}\right|_{\omega=\omega_0}$$

这里,ω_0 仍为光脉冲载频。如果脉冲是 Gaussian 型的,则利用上述关系即可得,输入电场为

$$E_1(t) = E_0 \exp[-rt^2 + i\omega_0 t]$$

其中

$$E(t) = \exp(-rt^2), \quad r = \alpha - i\beta \tag{3.14-43}$$

输出电场为

$$E_2(t) = E_0 \frac{\exp[i(\omega_0 t - n_0 k_0 l)]}{(1+2ik_0 \ln'' r)^{1/2}} \exp\left[-\frac{(t-k_0 l\, n')}{1/r + 2ik_0 l\, n''}\right] \tag{3.14-44}$$

式中,$k_0 = 2\pi/\lambda_0$,是真空中的波数。输出与输入光脉冲特征参数之间的关系是

$$[\gamma_1]^{-1} = [\gamma_2]^{-1} + 2ik_0 l n'' \tag{3.14-45}$$

如果将 $\gamma_1 = \alpha_1 - i\beta_1$ 和 $\gamma_2 = \alpha_2 - i\beta_2$ 代入，则可以写出以下输出光脉冲的有关特性：

(1)啁啾

$$\beta_2 = \frac{\beta_1 + \rho(\alpha_1^2 + \beta_1^2)}{(1+\beta_1\rho)^2 + \alpha_1^2\rho^2} \tag{3.14-46}$$

$$\rho = 2k_0 l n''$$

由此可见，光脉冲通过弥散介质后啁啾的增加或减小与 n'' 的符号有关。如果输入光脉冲是无啁啾的，则上式可写成

$$\beta_2 = \frac{2k_0 l n''}{\alpha_1^{-2} + (2k_0 l n'')^2} \tag{3.14-47}$$

参数 ρ 的大小由弥散曲线确定，从(3.14-46)式可知，当参数

$$\rho = -\beta_1\left(\frac{1}{\alpha_1^2} + \beta_1^2\right) \tag{3.14-48}$$

时，则输入光脉冲的啁啾将被补偿掉。于是，输出脉冲的有效宽度为

$$\tau_{2p} = \tau_{1p}\left[\frac{\rho^2}{\tau_{1p}^4} + (1+\beta_1\rho)^2\right]^{\frac{1}{2}} \tag{3.14-49}$$

对无啁啾的输入光脉冲，也有

$$\tau_{2p} = \tau_{1p}\left[1 + \frac{(2k_0 l n'')^2}{\tau_{1p}^4}\right]^{\frac{1}{2}} \tag{3.14-50}$$

结论为，无论有无啁啾，都有 $\tau_{2p} > \tau_{1p}$，即超短光脉冲通过弥散介质时展宽，展宽的大小和 n'' 有关，但是与 n'' 的符号无关。

(2)谱宽

对于线性无吸收的介质来说，不改变频谱，因此很容易得到

$$\delta f_2 = \delta f_1 \tag{3.14-51}$$

(3)群速度

超短激光脉冲极大值传播的速度定义为群速度 v_g。根据输出光脉冲的电场可以写出光脉冲的时延，即

$$\tau_0 = k_0 l n' + n_0 l/c_0$$

光脉冲的群速度 $v_g = 1/\tau_0$，即

$$v_g = (k_0 n' + n_0/c_0)^{-1} = \frac{n_0}{c_0} + \mathrm{d}k/\mathrm{d}\omega \tag{3.14-52}$$

线性项中的 n' 会引起脉冲延迟。

(4)激光脉冲峰值强度

由脉冲输出场 $E(t)$ 可以得到其输出峰值功率为

$$\hat{I}_2 = \hat{I}_1 \frac{1}{[(1+2\beta_1 k_0 l n'')^2 + (2\alpha_1 k_0 l n'')^2]^{1/2}} \tag{3.14-53}$$

这一结果说明，对于 $n''=0$ 的非弥散介质来说，由(3.14-51)式得出 $\hat{I}_2 = \hat{I}_1$，即强度保持常数，只有 $n'' \neq 0$ 时才会导致强度的改变。如果输入脉冲有啁啾，而且有 $\beta_1 n'' < 0$ 的话，那么要求

$$\beta_1 n'' < -\omega_0 l (n'')^2 (\alpha_1^2 + \beta_1^2) \tag{3.14-54}$$

当得到满足时，即可出现脉冲强度的增长。而无啁啾的输入脉冲，其强度总是减小的。

3. 超短激光脉冲在非线性介质中传播

当超短激光脉冲的强度比较大时，通过非线性介质产生自相位调制作用和非线性吸收。在这种情况下傅里叶分析方法不再适用，需要采用另外的方法。

(1)自相位调制作用

由于光 Kerr 效应，介质折射率与输入光强有关，如(3.14-18)式所示。如果 $I(t)$ 是 Gaussian 脉冲，并且在脉冲最大值处保持如下关系：

$$I(t) \approx I_0[1-(t/\tau_p)^2] \tag{3.14-55}$$

则在长为 l 的非线性介质中传播引起的相移为

$$\varphi = -nk_0 l = -[n_o + n_2 I(t)]k_0 l \tag{3.14-56}$$

由此得到脉冲的瞬时频率为

$$\omega(t) = \frac{\mathrm{d}\varphi}{\mathrm{d}t} = 2k_0 l\, n_2 I_0 t/\tau_p^2 + \omega_0 \tag{3.14-57}$$

由 Gauss 型脉冲可知有啁啾的输出脉冲的频率为

$$\omega(t) = 2\beta t + \omega_0 \tag{3.14-58}$$

比较这两式，不难得到非线性介质引起的啁啾为

$$\beta_2 = -k_0 l\, n_2 I_0/\tau_p^2 \tag{3.14-59}$$

这就意味着频谱展宽为

$$\delta f_2 = \delta f_1[1+(k_0 l n_2 I_0)^2]^{1/2} \approx \Delta f_2 + \Delta\omega_m \tag{3.14-60}$$

(2)非线性吸收作用

我们在讨论快和慢可饱和吸收体时，只是研究了用这些可饱和吸收体进行被动锁模的物理过程，现在给出非线性吸收作用的一些特种情况下的常用参考公式。令非线性吸收体的恢复时间为 τ_a，脉冲宽度仍然为 τ_p，非线性吸收体的光强透射率 T 与光强有关，即 $T(I_1)$，以及

$$I_2 = T(I_1)I_1 \tag{3.14-61}$$

当 $\tau_a \ll \tau_p$ 时，对于薄的快吸收体得到的脉宽为

$$\tau_{2p} = \tau_{1p}\left[1 + \ln T_0 \frac{I_0/I_s}{(1+I_1/I_s)^2}\right]^{-\frac{1}{2}} \tag{3.14-62}$$

式中，I_s 为吸收体的饱和强度，T_0 为小信号透过率，并有 $1-T_0 \ll 1$。由这一结果表明，该类型非线性吸收介质使通过它的脉冲宽度变窄。

当 $\tau_p \ll \tau_a$ 时，即为慢可饱和吸收体。利用 Gaussian 啁啾脉冲，得到

$$\frac{\delta\tau_p}{\tau_{1p}} = \frac{1}{2}\ln T_0 \frac{\hat{I}_1/\beta I_s}{(1+\hat{I}_1/\beta I_s)^2} \tag{3.14-63}$$

这一结果也说明脉冲的宽度变窄，其变窄程度与输入脉冲的强度、啁啾有关。

参考文献

[1] MaimanT H. Stimulated optical radiation in Ruby[J]. Nature, 1960, 187: 493

[2] Mocker H W, Collins R J. Mode competition and self-locking effects in a Q-switched ruby laser[J]. Appl. Phys. Lett., 1965, 7: 270

[3] Fork R L, Greene B I, Shank C V. Generation of optical pulses shorter than 0.1 psec by colliding pulse mode locking[J]. Appl. Phys. Lett., 1981, 38: 671

[4] Valdmanis J A, Fork R L, Gordon J P. Generation of optical pulses as short as 27 femtoseconds directly from a laser balancing self-phase modulation, group-velocity dispersion, saturable absorption, and saturable gain[J]. Opt. Lett., 1985, 10: 131

[5] Fork R L, Brito Cruz C H, Becker P C, Shank C V. Compression of optical pulses to six femtoseconds by using cubic phase compensation[J]. Opt. Lett., 1987, 12: 483

[6] Moulton P F. Spectroscopic and laser characteristics of Ti: A1203[J]. J. Opt. Soc. Am. B, 1986, 3: 125

[7] Rapoport W R, Chandra P Khattak. Titanium sapphire laser characteristics[J]. Appl. Opt., 1988, 27: 2677

[8] Spence D E, Kean P N, Sibbett W. 60-fsec pulse generation from a self mode locked Ti: sapphire laser[J]. Opt. Lett., 1991, 16: 42

[9] Asaki M T, Huang C P, Garvey D, Zhou J, Kapteyn H C, Murnane M M. Generation of 11-fs pulses from a self-mode-locked Ti: sapphire laser[J]. Opt. Lett., 1993, 18: 977

[10] Zhou J, Taft G, Huang C P, Murnane M M, Kapteyn H C, Christov I. Pulse evolution in a broad-bandwidth Ti: sap-

phire laser[J]. Opt. Lett., 1994,19:1149

[11] Szipocs R, Ferencz K, Spielmann C, Krausz F. Chirped multilayer coatings for broadband dispersion control in femtosecond lasers[J]. Opt. Lett., 1994,19:201

[12] Bartels A, Dekorsy T, Kurz H. Femtosecond Ti:sapphire ring laser with a 2 GHz repetition rate and its application in time-resolved spectroscopy[J]. Opt. Lett., 1999,24:996

[13] Jacobovitz-Veselka G R, Keller U, Asom M T. Broadband fast semiconductor saturable absorber[J]. Opt. Lett., 1992, 17:1791

[14] Chen Y, Kärtner F X, Morgner U, Cho S H, Haus H A, Ippen E P, Fujimoto J G. Dispersion-managed mode locking [J]. J. Opt. Soc. Am. B, 1999,16:1999

[15] Jung I D, Kärtner F X, Matuschek N, Sutter D H, Morier-Genoud F, Zhang G, Keller U. Self-starting 6.5 fs pulses from a Ti:sapphire laser[J]. Opt Lett, 1997, 22:1009

[16] Sutter D H, Steinmeyer G, Gallmann L, Matuschek N, Morier-Genoud F, Keller U, Scheuer V, Angelow G, Tschudi T. Semiconductor saturable-absorber mirror-assisted Kerr-lens mode-locked Ti: sapphire laser producing pulses in the two-cycle regime[J]. Opt. Lett.,1999, 24:631

[17] Morgner U, Kärtner F X, Cho S H, Chen Y, Haus H A, Fujimoto J G, Ippen E P, Scheuer V, Angelow G, Tschudi T. Sub-two-cycle from a kerr-lens mode-locked Ti:sapphire laser[J]. Opt. Lett., 1999, 24:411

[18] Ell R, Morgner U, Kärtner F X, Fujimoto J G, Ippen E P, Scheuer V, Angelow G, Tschudi T, Lederer M J, Boiko A, Luther-Davies B. Generation of 5-fs pulses and octave spanning spectra directly from a Ti:sapphire laser[J]. Opt. Lett., 2001, 26:373

[19] Zhao Yanying,Wang Peng, Zhang Wei,et al. Generation of 7 fs laser pulse directly from a compact Ti:sapphire laser with chirped mirrors[J]. Science in China Series G,2007,50(3):261-266

[20] Andrius Baltuška, Wei Zhiyi, Maxim S Pshenichnikov, Douwe A Wiersma. Optical pulse compression to 5 fs at a 1-MHz repetition rate[J]. Opt. Lett., 1997, 22:102

[21] Nisoli M, Szipöcs R, Ch Spielmann, et al. Compression of high-energy laser pulses below 5 fs[J]. Opt. Lett., 1997, 22 (8): 522

[22] Sartania S, Cheng Z, Ferencz K, et al. Generation of 0.1 TW 5 fs optical pulses at a 1-KHz repetition rate[J]. Opt. Lett., 1997, 22(20):1562

[23] Shirakawa A, Takasaka M, Kobayashi T, et al. Sub 5 fs visible pulse generation by pulse-front-matched noncollinear optical parametric amplification[J]. Appl. Phys. Lett., 1999, 74(16):2268

[24] Steinmeyer G, Sutter D H, Gallmann L, Matuschek N, Keller U. Frontiers in Ultrashort Pulse Generation: Pushing the Limits in Linear and Nonlinear Optics[J]. Science, 1999, 286:1507

[25] Hentschel M, Kienberger R, Ch Spielmann, Reider G A, Milosevic N, Brabec T, Corkum P, Heinzmann U, Drescher M, Krausz F. Attpsecond metrology[J]. Nature, 2001, 414:509-513

[26] Schenkel B, Biegert J, Keller U, Vozzi C, Nisoli M, Sansone G, Stagira S, De Silvestri S, Svelto O. Generation of 3.8-fs pulses from adaptive compression of a cascaded hollow fiber supercontinuum[J]. Opt. Lett., 2003, 28:1987

[27] Yamane K, Zhang Z, Oka K, Morita R, Yamashita M. Optical pulse compression to 3.4 fs in the monocycle region by feedback phase compensation[J]. Opt. Lett., 2003, 28:2258

[28] Matsubara E, Yamane K, Sekikawa T, Yamashita M. Generation of 2.6 fs optical pulses using induced-phase modulation in a gas-filled hollow fiber[J]. J. Opt. Soc. Am. B, 2007,24:985-989

[29] Fork R L, Martinez O E, Gordon J P. Negative dispersion using pairs of prisms[J]. Opt Lett., 1984, 9:150

[30] Treacy E B. Optical Pulse Compression With Diffraction Gratings[J]. IEEE Journal of Quantum Electronics, 1969, QE-5 (9):454

[31] Martinez O E. 3000 times grating compressor with positive group velocity dispersion: application to fiber compensation in 1.3～1.6 micro m region[J]. IEEE Journal of Quantum Electronics, 1987,QE-23 (1): 454; 1969,9:454

[32] Cheriaux G, Rousseau P, Salin F, Chambaret J P, Barry Walker, Dimauro L F. Aberration-free stretcher design for ultrashort-pulse amplification[J]. Opt. Lett.,1996, 21:414

[33] Brabec T, Ch Spielmann, Krausz E. Mode locking in solitary lasers[J]. Opt. Lett., 1961, 16:1961

[34] Brabec T, Ch Spielmann, Krausz E. Limits of pulse shortening in solitary lasers[J]. Opt. Lett., 1991,17:748

[35] Brabec T, Curley PF, Ch Spielmann, Wintner E, Schmidt A J. Hard-aperture Kerr-lens mode locking[J]. J. Opt. Soc. Am. B, 1993,10: 1029

[36] Petricevic V, Gayen S K, Alfano R R, Yamagishi K, H Anzai Y Yamaguchi Y[J]. Appl. Phys. Lett., 1988,52:1040

[37] French P M W, Rizvi N H, Taylor J R, Shestakov A V. Opt. Lett., 1993, 18:39

[38] Strickland D, Mourou G. Compression of amplified chirped optical pulses[J]. Opt. Commun., 1985, 56:219

[39] Squier J, Salin F, Mourou G A, Harter D. 100-fs pulse generation and amplification in Ti:$A_{12}O_3$[J].. Opt. Lett., 1991, 16:324

[40] Aoyama M, Yamakawa K, Akahane Y, Ma J, Inoue N, Ueda H, Kiriyama H. 0.85 PW, 33 fs Ti: sapphire laser[J]. Opt. Lett., 2003,28:1594

[41] Liang X, Leng Y, Wang C, Li C, Lin L, Zhao B, Jiang Y, Lu X, Hu M, Zhang C, Lu H, Yin D, Jiang Y, Lu X, Wei H, Zhu J, Li R, Xu Z. Parasitic lasing suppression in high gain femtosecond petawatt Ti:sapphire amplifier[J]. Opt. Express, 2007,15:15535

[42] Gaul E, Martinez M, Blakeney J, Jochmann A, Ringuette M, Hammond D, Escamilla R, Henderson W, Douglas S, Borges T, Ditmire T. 1.1 Petawatt Hybrid OPCPA-Glass laser[C]. Tongli: ICUIL 2008, Oct, 2008: 27-31

[43] Wei Z Y, Wang Z H, Wang P, Ling W J, Zhu J F, Han H N, Zhang J. A compact 355TW femtosecond Ti:sapphire laser facility and trend to high contrast ratio[J]. J. Phys. Conf. Ser., 2008,112:032003

[44] Hoocker C J, Collier J L,Chekhlov O, Clarke R J, Divall E J, Ertel K, Foster P, Hancock S, Hawkes S J, Holligan P, Langley A J, Lester W J, Neely D, Parry B T, Wyborn B T. The Astra Gemini petawatt Ti:sapphire laser[J]. Rev. Laser Eng., 2009,37:443

[45] Lee S K, Yu T J, Sung J H, Jeong T M, Choi I W, Lee J M. 0.1 Hz 1 PW Ti:Sapphire Laser facility[J]. Light in Extreme Intensities (LEI) 09, Brasov, Romania, Oct, 2009: 15-21

[46] Yanovsky V, Chvykov V, Kalinchenko G, Rousseau P, Planchon T, Matsuoka T, Maksimchuk A, Nees J, Cheriaux G, Mourou G, Krushelnick K. Ultra-high intensity-300 TW laser at 0.1 Hz repetition rate[J]. Opt. Express, 2008, 16:2109

[47] 张杰. 强场物理——一门崭新的学科[J].物理,1997, 26(11):1

[48] Mourou G A, Tajima T, Bilanov S V. Rev. Mod. Phys, 2006,78:309

[49] Gerstner E. Extreme light[J]. Nature, 2007,446:16

[50] Dubietis A,Jonuˇsaskas G, Piskarskas A. Powerful femtosecond pulse generation by chirped and stretched ulse parametric amplification in BBO crystal[J]. Opt. Commun., 1992, 88:437

[51] Ross I N, Matousek P, Towrie M, Langley A J, Collier J L. The prospects for ultrashort pulse duration and ultrahigh intensity using optical parametric chirped pulse amplifiers[J]. Opt. Commun., 1997, 144:125133

[52] Kalashnikov M P, Risse E, Schönnagel H, Sandner W. Double chirped pulse amplification laser: a way to clean pulses temporally[J]. Opt. Lett., 2005, 30:923

[53] Jullien A, Albert O, Burgy F, Hamoniaux G, Rousseau J P, Chambaret J P, Augé-Rochereau F, Chériaux G, Etchepare J, Minkovski N, Saltiel S M. 1010 temporal contrast for femtosecond ultraintense lasers by cross-polarized wave generation[J]. Opt. Lett., 2005,30:920

[54]Won R. View from... ASSP 2010:OPCPA boosts high-field physics[J]. Nature Photonics, 2010,4:207

[55] Lozhkarev V V, et al. Compact 0.56 PW laser system based on OPCPA in KD*P crystals[J]. Laser Physics Letters, 2007, 4:421

[56] Boyd R W(The Institute of Optics, University of Rochester) Nonlinear Optics[M]. New York: Academic Press, Inc., 1992

[57] Akhmanov S A, Vysloukh V A, Chirkin A S. Optics of femtosecond laser pulses[M]. New York:American Institute of Physics, 1992

[58] Ranka J K, Windeler R S, Stentz A J. Visible continuum generation in air-silica microstructure optical fibers with anomalous dispersion at 800 nm[J]. Opt. Lett., 2000,25:25

[59] Apolonski A, Povazay B, Unterhuber A, et al. Spectral shaping of supercontinuum in a cobweb photonic-crystal fiber with sub-20-fs pulses[J]. J. Opt. Soc. Am. B, 2002, 19:2165

[60] Gaeta A L. Nonlinear propagation and continuum generation in microstructured optical fibers[J]. Opt. Lett, 2002,

27:924

[61] Cerullo G, Nisoli M, De Silvestri S. Generation of 11 fs pulses tunable across the visible by optical parametric amplification[J]. Appl. Phys. Lett., 1997,71:3616

[62] Baltuska A, Fuji T, Kobayashi T. Visible pulse compression to 4 fs by optical parametric amplification and programmable dispersion control[J]. Opt. Lett., 2002,27:306

[63] Xu L, Ch Spielmann, Poppe A, Brabec T, Krausz F, Hänsch T W. Route to phase control of ultrashort light pulses[J]. Opt. Lett., 1996, 21:2008

[64] Reichert J, Holzwarth R, Udem T, Hänsch T W. Measuringthe frequency of light with mode-locked lasers[J]. Opt. Commun., 1999, 172:59

[65] Jones D J, Diddams S A, Ranka J K, Stentz A, Windeler R S, Hall J L, Cundiff S T. Carrier-Envelope phase control of femtosecond mode-locked lasers and direct optical frequency synthesis[J]. Science, 2000, 288: 635

[66] Jun Ye, Steven T Cundiff. Femtosecond optical frequency comb: Principle, Operation, and Applications[M]. Springer Science and Business Media Press, 2005

[67] 魏志义. 2005年诺贝尔物理学奖与光学[J]. 物理, 2006,35(3)

[68] Th Udem, Holzwarth R, Hänsch T W. Optical frequency metrology[J]. Nature, 2002,416:233

[69] Fisher M, et al. Phys. Rev. Lett., 2004,92:230802

[70] Coddington I, Swann W C, Nenadovic L, Newbury N R. Rapid and precise absolute distance measurements at long range [J]. Nature Photonics, 2009,3:351

[71] Li C H, Benedick A J, et al. Nature, 2008,452:610

[72] Steinmetz T, Wilken T, et al. Science, 2008,321:1335

[73] Shelton R K, Ma Longsheng, Kapteyn H C, Murnane M M, Hall J L, Ye J. Phase-Coherent optical pulse synthesis from separate femtosecond lasers[J]. Science, 2001, 293:1286

[74] Krauss G, Lohss S, Hanke T, Sell A, Eggert S, Huber R, Leitenstorfer A. Synthesis of a single cycle of light with compact erbium-doped fibre technology[J]. Nature Photonics, 2010,4:33

[75] Jason Jones R, Ye Jun. Femtosecond pulse amplification by coherent addition in a passive optical cavity[J]. Opt. Lett., 2002,27:1848

[76] Paulus G G, et al. Absolute-phase phenomena in photoionization with few-cycle laser pulses[J]. Nature, 2001,414:182

[77] Baltuska A, et al. Attosecond control of electronic processes by intense light fields[J]. Nature, 2003,421:611

[78] Hache A, Kostoulas Y, Atanasov R, Hughes J L P, Sipe J E, van Driel H M. Observation of Coherently Controlled Photocurrent in Unbiased, Bulk GaAs[J]. Phys. Rev. Lett., 1997,78:303

[79] Sasaki Y, Yokoyama H, Ito H. Dual-wavelength optical-pulse source based on diode lasers for high-repetition-rate, narrow-bandwidth terahertz-wave generation[J]. Optics Express, 2004,12:3066

[80] Crooker S A, Betz F D, Levy J, Awschalom D D. Femtosecond synchronization of two passively mode-locked Ti:sapphire lasers[J]. Rev. Sci. Instrum., 1996,67:2068

[81] Leitenstorfer A, Furst C, Laubereau A. Widely tunable two-color mode-locked Ti:sapphire laser with pulse jitter of less than 2 fs[J]. Opt. Lett., 1995,20:916

[82] Ma L S, Shelton R K, Kapteyn H C, Murnane M M, Ye J. Sub-10-femtosecond active synchronization of two passively mode-locked Ti:sapphire oscillators[J]. Phys. Pev. A, 2001, 64:021802

[83] Shelton R K, Foreman S M, Ma L S, Hall J L, Kapteyn H C, Murnane M M, Notcutt M, Ye J. Sub-femtosecond timing jitter between two independent, actively synchronized mode-locked lasers[J]. Opt. Lett., 2002,27:312

[84] Wei Z, Kobayashi Y, Zhang Z, Torizuka K. Generation of two-color femtosecond pulses by self-synchronizing Ti: sapphire and Cr: forsterite lasers[J]. Opt. Lett., 2001,26:1806

[85] Tian J, Wei Z, Wang P, Han H, Zhang J, Zhao L, Wang Z, Zhang J. Independently tunable 1.3 W femtosecond Ti: sapphire lasers passively synchronized with attosecond timing jitter and ultrahigh robustness[J]. Opt. Lett., 2005, 30:2161

[86] Hao Qiang, Li Wenxue, Zeng Heping. High-power Yb-doped fiber amplification synchronized with a few-cycle Ti:sapphire laser[J]. Opt. Express, 2009,17:5815

[87] Goulielmakis E, et al. Single-cycle nonlinear optics[J]. Science, 2008, 320:1614

[88] Corkum P, Plasma perspective on strong field multiphoton ionization[J]. Phys. Rev. Lett., 1993, 71:1994

[89] Diels J M, Fontaine J J, Mcmichiael I C, Simoni F. Applied Optics, 1985,24:1270

[90] Kane D J, Trebino R. IEEE Journal of Quantum Electronics, 1993,29:571

[91] Trebino R, Delong K W, Fittinghoff D N, Sweetser J N, et al. Rev. Sci. Instrum., 1997,68:3277

[92] Wang Z H, Wei Z Y, Teng H, Wang P, Zhang J. Measurement of femtosecond laser pulses using SHG frequency-resolved optical gating technique[J]. Acta Physica Sinica(物理学报), 2003,52 (2): 362-366

[93] Wang P, Wang Z H, Wei Z Y, Zheng J A, Sun J H, Zhang J. Measurement of spectral phase of femtosecond laser pulse using SPIDER technique[J]. Acta Phys. Sin., 2004, 53: 3004 (in Chinese)

[94] Wang P, Huan Z, Zhao Y Y, Wang Z H, Tian J R, Li D H, Wei Z Y. Pulse width measurement of ultra-broad-bandwidth Ti:sapphire oscillator using SPIDER technique[J]. Acta Phys. Sin., 2007,56:224 (in Chinese)

[95] 韩海年,张炜,佟娟娟,王延辉,王鹏,魏志义,李德华,沈乃澂,聂玉昕,董太乾.利用锁相环和 TV-Rb 钟控制飞秒激光脉冲的载波包络相移[J]. 物理学报,2007,56(1):0291-05

[96] 韩海年,赵研英,张炜,朱江峰,王鹏,魏志义,李师群.PPLN 晶体差频测量飞秒激光脉冲的载波包络相移[J]. 物理学报,2007,56(5):2756-04

[97] 韩海年,张炜,王鹏,李德华,魏志义,沈乃澂,聂玉昕,高玉平,张首刚,李师群.飞秒钛宝石光学频率梳的精密锁定[J]. 物理学报,2007,56(5):2760-05

第三十三章　显微光学和近场光学

显微光学和近场光学都是人们在研究人眼不能分辨的物体细微结构时，才开始研究和发展起来。前者已比较成热，后者尚处于发展的早期。通过放大的图像来识别人眼不能分辨的物体的细微结构所用的仪器称为显微镜，或显微成像系统。显微放大成像系统的主要性能指标是放大倍率，简称放大率。显微镜的视觉放大率定义为“通过放大系统观察物体的视角的正切与在明视距离(250 mm)用肉眼观察该物体时的视角的正切之比值”。但放大的图像有细节是否能被看清楚的问题，因而又存在有效放大率的定义，它是肉眼能够分辨物体细微结构的极限尺度与放大成像系统图像提供可分辨该物体细微结构的极限尺度的商值。但是，人眼能够分辨物体细微结构的极限尺度与诸多因素有关，因人、照明条件和物体的细微结构对比度等而异，一般可将人眼的空间分辨极限尺度设在明视距离的 1×10^{-4} m(即游标卡尺的精度)。现在，许多文献中的显微成像系统的性能指标，已常用可提供的极限分辨尺度来表示，如扫描近场光学显微镜的性能指标一般不用放大率来描述，而用可提供的极限分辨尺度表示。

客观世界空间细微结构图像的信息载子可以是可见光、红外光、紫外光、荧光、X 光，也可以是电子、中子和超声波等。研究所涉及的学科领域十分广泛，有生物、医学、材料科学、精密机械、微电子学、分子及原子物理、核物理等，客观世界中细分的微量尺度原则上是无穷的。迄今为止已发展及正在发展中的几种主要显微成像技术和相应可观测的一些细微结构如图 33-1 所示。

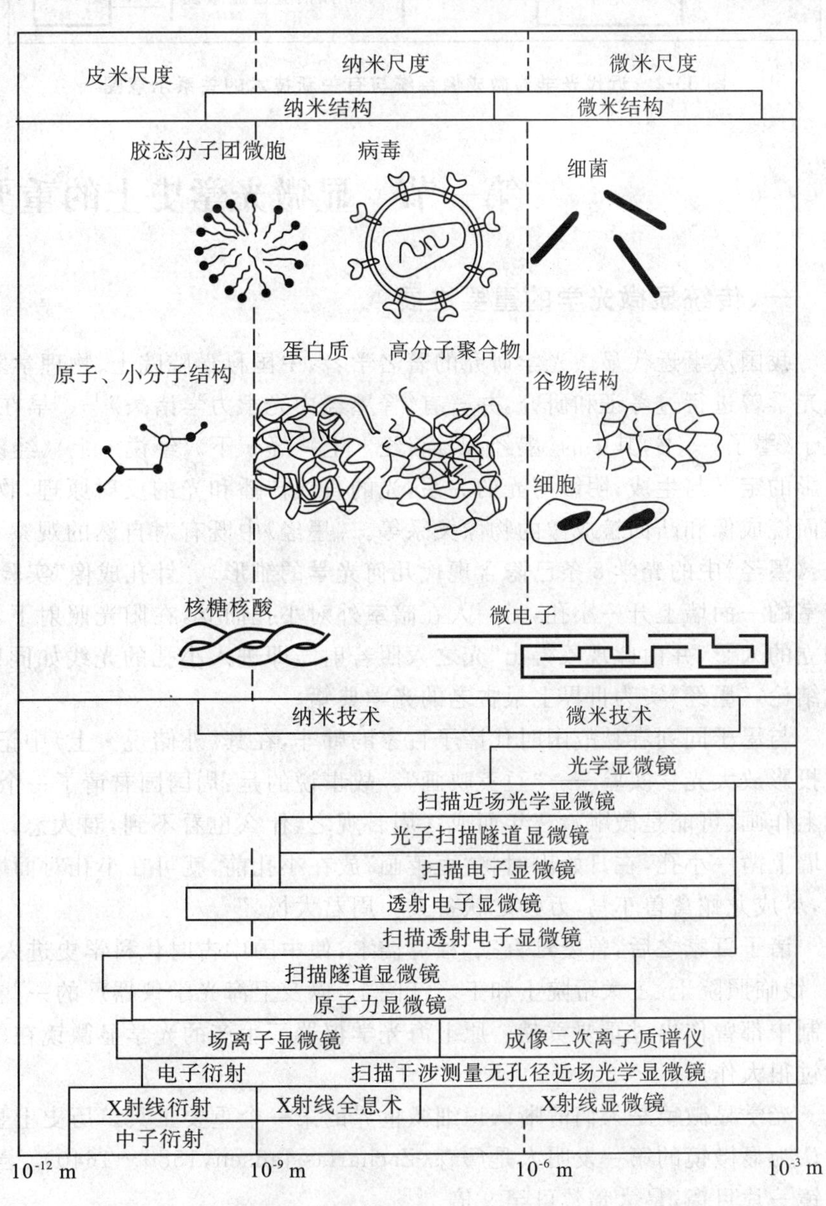

图 33-1　显微成像技术和相应可观察的一些细微结构

图 33-1 中粗分为 3 个区段：以微米量度的微米区段(亚微米至数百微米)，以纳米量度的纳米区段(亚纳米至数百纳米)和以皮米量度的皮米区段(亚皮米至数百皮米)。在微米区段：有光学显微镜、电子显微镜、X 射线显微镜、中子显微镜和超声显微镜等。前两种是已经发展成熟的，后 3 种是继续发展中的显微成像技术。在纳米区段：电子显微镜已经发展成熟并还在继续改进，扫描隧道显微镜是 20 世纪 80 年代发展起来的新技术，扫描近场

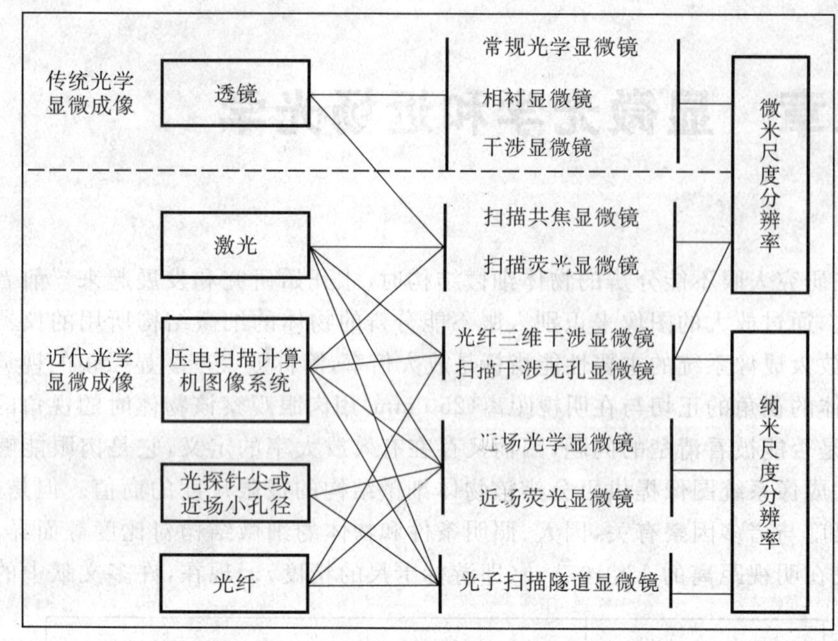

图 33-2 近代光学显微成像系统与有关新技术的关系示意图

光学显微镜和光子扫描隧道显微镜是当前正在发展中的纳米新技术，X射线全息术正处在纳米区段的探索中。在皮米区段：除场离子显微镜和扫描隧道显微镜由纳米区段延伸过来一点以外，主要靠晶体衍射技术。晶体衍射技术是一种独特的、间接的成像技术，它所给出的信息是原子(或离子)在晶体中三维空间的位置排列图像，有X射线晶体衍射、中子晶体衍射和电子晶体衍射。本章较为详细地论述传统的显微光学与光学显微镜和近场光学与近场光学显微成像技术。图33-2是近代光学显微成像技术与有关新技术的关系示意图。

第一节 显微光学史上的重要进展

一、传统显微光学的重要进展

我国从事近代显微光学研究的著名学者、中国科学院院士、物理学家钱临照先生(1906—2000)对我国古代光学曾进行过考证和研究，并著有《释墨经中光学力学诸条》[1]。早在2 400年前墨家学派曾收集71篇论文于《墨子》一书，其中的《墨经》四篇《经・上》《经・下》《经说・上》《经说・下》中有光学8条[2]，详细阐明了阴影的定义与生成，阴影与光的关系，光的直线传播和光的反射原理，物影大小与光源的关系，平面镜成像，凹面镜成像和凸面镜成像的物像关系等。《墨经》中既有对自然的观察，又有实验验证。钱临照先生的结论是：《墨经》中的光学8条已隐含现代几何光学的雏形。“针孔成像”实验在《墨经》中已阐述得很清楚：在一个暗室的一面墙上开一小孔，另一人在暗室外对小孔而立，在阳光照射下，会在暗室内与小孔对立的墙上呈现倒立的人影，并由此现象得出“光之入照若射”，即进入小孔的光线如同射出的箭一样，是按直线传播的。据此结论，《墨经》实为世界上最古老的光学典籍。

与墨子同列春秋战国时代诸子百家的韩非，在其《外储说・上》中记载了一个可能是最古老的点光源衍射投影放大光学实验——“豆荚映画”。故事说的是：周国国君请了一个画策者(作画人)，在豆荚内极薄的内膜上作画(可能是微雕)，三年而成。周君观之，什么也看不到，君大怒。“画策者”建议：筑暗房一间，迎日出的墙上凿一小孔，在日始出时将“豆荚画”放在小孔前，就可在小孔对面墙上看到作的画。“周君为之，望见其状，尽成龙蛇禽兽车马，万物之状备具。周君大悦。”[3]

诸子百家之后，曾废黜百家，独尊儒术，使中国中古时代科学史进入了灰暗年代，光学也无重要创新。近代，钱临照院士、王大珩院士和王之江院士，以及上海光学仪器厂的一些老专家等，在我国近代光学显微镜的研制中都曾作出过重要贡献。原上海光学仪器厂生产的光学显微镜在中国显微光学产业的发展历史上曾经起过很大作用。

光学显微镜是人们清晰认识细微世界的第一个重要工具。历史上显微镜的发明人有多种传说。现在一般认为显微镜的第一发明人是詹森(Zacharias Jansen，1580－1640)。当时的显微镜由两片透镜组成，一片物镜一片目镜，最大倍数可至9倍[4-5]。

在显微学上作出主要贡献的胡克(Robert Hooke，1635－1703)，在1665年出版的专著《显微图像学

(Micrographia)》中详述了显微镜的设计和应用，并首次介绍了在显微镜的物镜与目镜中间加一片场镜，可使视场边沿图像与中心图像有比较均匀的亮度。胡克在专著中描述了大量应用显微镜研究的成果。胡克在研究软木时，把观测到的网格结构单元称为“cell”，此词以后被生物学界采用，即指一切生物体中的“细胞”，并沿用至今。胡克的“细胞”说是生物学中最著名的发现之一(胡克在他的40年研究生涯中还有过许多发明，弹簧的力与变形量成正比的定律也是他发明的)[6]。

同一时期，从事显微学研究的还有列文虎克(Antoni Van Leeuwenhoek，1632－1723，荷兰人)。他原是一个接替父业的商人、品酒家、业余科学家，40岁时才开始从事光学显微镜的研究。他自己做了许多简式显微镜，用吹玻璃工艺做成两片透镜并用一根简易调节螺钉端头做样品台，将其安装在仅有普通钥匙大小的基板上，虽然结构简易但却能满足小视场显微镜的精密调节要求，其小视场内的分辨率有的竟然达到2 μm水平，他绘制的显微图像可具有放大到50～300倍的清晰度。列文虎克用自制的简式显微镜在历史上首次发现并描述了在水中和在人的唾液中观察到的原生物(protozoa)和细菌以及昆虫和人类的精子，在英国皇家学会的《Philosophical Transactions》杂志上发表了一系列论文，揭开了过去人们从未看见过的微生物世界。

显微镜是人们用来观察物体中人眼不能分辨的两点或两线之间细节图像的仪器。显微镜成像能分辨的最小间距，被称为分辨率(或另一种称呼是在1 mm中最多能分辨几条线的成像能力)。显微镜的分辨率在理论上是有极限的。1872年德国物理学家和数学家阿贝(Ernst Abbe，1840－1905)推导出了计算显微镜极限分辨率的表达式。其极限主要受所用光的波长和成像的孔径角制约[7]。推导出这个极限分辨率公式，标志着光学显微镜研究的发展已达到了很高的水平，也为大家不断追求光学显微镜的高分辨率设置了一个“终极”门槛。光学显微镜产业从这个时代开始，逐步发展走上顶峰，成为近代科学发展、近代医学发展和近代产业发展的重要技术基础之一。

光学显微镜对相位样品(如透明生物样品)不能成像(看不到亮暗对比图像)。其理由是没有光的振幅对比度。一般生物切片都很透明，为了提高图像对比度，发展了一种染色技术。但是，并不是所有物质都能染色，而且染色的样品都不能保持活性，这是一个限制显微镜广泛应用的很大问题。1930年荷兰科学家泽尔尼克(Frits Zernike，1888－1966)发明了相位衬度成像技术[8]。在成像光束中选一部分(环形光束)加半波长相位板，使其与没有通过环形半波长相位板的衍射光束干涉成像，使透明的有相位对比度的样品具有振幅对比度、因而形成看得见的图像。1941年，相衬显微镜(相位衬度显微镜)终于面世，泽尔尼克因此成就荣获了1953年诺贝尔物理学奖。

经过19世纪下半叶至20世纪的研究和产业技术的发展，克服了显微镜的色差和球差困难，出现了具有大视场高分辨率的近代光学显微镜，它在产业革命和近代科学快速发展，如在医学、药学、微米计量学、地质学、矿物学、生物学、农牧植物学、材料学、冶金学、考古学、食品检验、犯罪检验等和与其有关学科的创立与发展中，都起到了当时无可替代的作用，作出了巨大的历史贡献。

二、从微米到纳米分辨成像的重要进展

在显微成像的历史上，首先由电子光学打破了传统成像光学的衍射极限。电子在100 kV电压驱动下的德布洛意(De Broglie)波长为0.003 7 nm，它比可见光波长小5个数量级。因此，突破传统光学显微镜衍射极限分辨成像的首选途径就是开发电子显微镜。1931年E·鲁斯卡(Ernst Ruska，1908－1988)研制成功了第一台电子显微镜。1940年前后E·鲁斯卡的弟弟H·鲁斯卡(医生)仅在4年内就发表了电子显微镜医用论文400篇，使人类第一次看到了病毒图像。到20世纪70年代，用高分辨电子显微镜已经能观察到单个大原子了。在纳米分辨的显微成像中，电子显微镜首开历史先河，并作出了巨大的历史贡献。

在光学领域，要突破传统光学衍射分辨极限制约，必须突破传统光学显微镜的成像模式。1928年辛格(Synge E H)[9]和1956年奥·基夫(O'keefe JA)[10]先后独自提出扫描近场光学显微镜的概念设计。用小于衍射极限尺度的小孔代替扫描显微镜的物镜，让通过小孔的细光束贴近样品表面作近场二维扫描，并收集通过小孔和样品的细光束信息，构建样品的突破衍射极限分辨的光学扫描图像。可是在当时许多技术难于达到要求，他们的设想均无法实现。1972年阿什(Ash E A)等用3 cm波长的微波作扫描近场光学显微镜原理性实验，证明了扫描近场光学显微镜原理是正确的[11]。

1982 年，罗雷尔(Rohrer H)和宾宁(Binning G)发明了扫描隧道显微镜(STM)[12]，用该仪器检测导体和半导体的表面，成像的分辨率可达到原子分辨水平。因而，罗雷尔、宾尼希和发明电子显微镜的 E・鲁斯卡(Ernst Ruska)共同获得了 1986 年的诺贝尔物理学奖。扫描隧道显微镜的发明，极大地推进了小孔径-扫描近场光学显微镜(A-SNOM)的开发进程。1984 年波尔(Pohl D W)等应用 STM 隧道电流监控技术，保持金属膜开小孔的光纤尖在镀金属膜的光栅样品表面接触扫描，首先获得了第一幅 A-SNOM 突破衍射极限的光栅图像[13]。1991－1992 年，贝齐格(Betrig E)等发明了用镀金属膜开小孔的光纤尖在样品表面切向共振，以剪切力监控"光纤尖-样品间距"的扫描成像模式，并发表了空间分辨突破光学显微镜衍射极限的演示图像[14]。该成像模式的 A-SNOM 于 1995 年已经商品化，其图像分辨率为 50～100 nm。

其后，金属尖散射型扫描近场光学显微镜(S-SNOM)的实验研究，获得了比 A-SNOM 图像更好的结果。有代表性的 S-SNOM，是曾豪森(Zenhausern F)等用 AFM 改装的扫描干涉无孔经近场光学显微镜(SIAM)，获得了几纳米分辨率的演示光学图像[15]。

1989 年，雷迪克(Reddick RC)等人[16]和库琼(Courjon D)等人[17]同时发明了一种以光子扫描隧道显微镜(PSTM)命名的新型近场光学显微镜。1993 年大连理工大学吴世法与中国科学院北京电子显微镜实验室姚骏恩合作研制成功我国第一台 PSTM 实验系统，用该系统对 10 余种样品取得了超衍射极限分辨的 PSTM 图像，系统的成像分辨率横向达到 10 nm(λ/60)，纵向优于 1 nm[18]。但这种早期的单光束不对称照明 PSTM 系统仅适用于已知表面足够平整的样品，对表面不平的样品将存在假像，且折射率、透射率与样品形貌信息不能分离，图像难于解释。大连理工大学吴世法于 1993 和 1996 年分别提出了在 PSTM 中减少假像和光学透射率与折射率图像分解方法专利[19-20]。2002 年，研制成功了第一台原子力与光子扫描隧道组合显微镜(AF/PSTM)。首次实现了在一次扫描成像中，可同时获得样品纳米分辨的 PSTM 折射率变化图像、透射率变化图像、样品纳米分辨的 AFM 形貌图像和表面相位图像共 4 幅图像。用该样机首次获得纳米分辨的生物样品光学折射率图像[21]。

三、近场光学理论与纳米光学技术

近场光学是从相对于远场传输光光学(即传统光学)而被提出的新概念。由于不能远场传输的光是倏逝波(evanescent wave)①，因此，本手册将"研究与倏逝光有关的光学"定义为"近场光学"。近场光学的内涵首先应包含近场光学显微镜及其理论，此外，还应包括研究内含倏逝光的各种微-纳光学现象和光频等离子体激元光学(plasmonics)的相关内容，例如，金属表面等离子体激元(plasmon)、近场场增强、近场拉曼散射增强、近场荧光增强、微纳光子-电子集成器件、微纳光路等。这些近场光学现象是无法用远场传输光的光学理论和方法来研究和实现的。

等离子体激元正在发展成为等离子体激元学或称离子体激元光学，它是近场光学中发展出来的一个新分支学科。等离子体激元的概念是：金属在外电磁场激励下，在金属等离子体中诱生的自由电子以其特征频率集团振荡，该自由电子集团振荡波的量子化，被称为等离子体激元。光频电磁场只能在金属/电介质界面激励产生表面等离子体激元(SP)。其特征是光子将其能量转交给金属表面的自由电子，产生垂直于表面的振荡波动，同时，自由电子以疏密相位纵波沿金属表面传播，并在界面伴生相关的电场垂直于表面的倏逝场。这是一种以自由电子为媒质在金属/电介质界面传播的特种金属表面电磁波。

电磁波在"密介质/疏介质"界面激励产生"全内反射现象"有 p 偏振和 s 偏振两种情况。其中 p 偏振产生的电场垂直于界面的倏逝场，能很好地携带超衍射极限分辨局域光信息，它是开发近场光学和近场光学显微镜的基础。在"密介质/薄金属膜/疏介质"界面激励产生的"衰减全内反射(ATR)"也可伴生电场垂直于界面的倏逝场，它也是开发近场光学和近场光学显微镜的基础，而且后者还有特别优越的条件。在两电介质界面产生的"全内反射-倏逝场"和 ATR 金属膜/电介质界面产生的"等离子体激元-倏逝场"中，两种倏逝场均为伴生现象，它们不能自身独立存在。

在近场光学中，等离子体激元光学将成为很活跃、很有发展前景的一个新领域。由于共振自由电子可使

① 在显微光学等学科中，目前使用隐失波，本手册统一使用倏逝波。

倏逝光增强、汇聚，以及金属表面可以设计、裁剪等特点，具有开发纳米光学，光子-电子集成器件和集成线路的巨大潜力。等离子体激元光学及其先进的相关技术，将发展成为未来开发超快计算机需要的器件和线路，以及未来超小型化高度集成器件和线路的基础。

近场光学的理论和数值模拟方法对等离子体激元学也是完全适用的。近场光学理论的基础仍是麦克斯韦(J C Maxwell)理论[22]。麦克斯韦方程已从理论上根本解决了电磁波与物质相互作用的问题。考虑到超衍射极限必须利用偏振垂直于界面的倏逝光，由于金属的介电常数为复数，电磁场的计算也需要用复数。在近场光学中解麦克斯韦方程所遇到的边界条件除存在复数运算的复杂性以外，还有近场光学显微镜的探针与样品结构和等离子体激元光学器件结构等初始条件的多种复杂性。并且在开发等离子体激元光子-电子器件模型中还会存在更多的复杂性，因而在近场光学理论中用解析方法求精确解将是很困难的。仅有少数最简单的模型可用解析方法给出精确解，例如：对球形粒子与电磁波相互作用问题，米(Mie)氏散射理论可以用解析方法给出精确解，而且米氏散射理论也只能处理球形粒子、椭球粒子这种简单且对称的结构，其适用的小尺度仅可达到所用光的波长或亚波长范围。因此，近场光学中的许多问题主要还得通过数值模拟方法去解决。当前主要的几种常用的近场光学数值模拟方法有：时域有限差分法、有限元法、多重多极子法、格林并矢方法等，这数种方法将在第三节中介绍。关于等离子体激元光学本章仅介绍与光频等离子体激元有关的纳米分辨光学技术，其他内容请参见第二十三章《金属表面等离子体光学》。

第二节　光学显微镜

一、传统显微光学

传统光学显微镜是人们最常用的光学仪器之一。它是人们用以观察微小物体、精细形貌和辨别微细结构的重要手段和工具，也是人们从事光学精密测量、进行科学实验和开展微型工艺等必不可少的科学仪器和技术装备。它的功用是应用传输光成像原理，对物体高倍放大成像，获得一个高度清晰的影像，以供肉眼或图像探测器进行更细致的观察。

显微镜光学系统的结构和形式，主要取决于仪器的使用要求和技术性能。光学系统的作用在于：由显微物镜先将被观测的物体进行真实清晰的高倍放大成像，形成中间实像，再经过显微目镜把中间实像再次放大在明视距离上成一虚像，在目镜的出瞳位置用肉眼即可观察到高倍放大且清晰的物体影像[22]。由此可见，显微镜光学系统的基本组成是显微物镜和显微目镜两部分。由于不同行业对显微镜的要求不同，因此所用显微镜的种类和形式也随之而异，于是随着显微镜的广泛使用和不断发展，显微镜的种类和形式也就多种多样。

为了不断改善光学性能和使用功能，绝大多数的显微镜，几乎都做成在同一个仪器的主体上，配备一套可更换的显微物镜[23]和目镜[24]，用不同的物镜和目镜互相交替配套，便可组成一系列放大率和技术性能不同的光学系统，从而构成一台多倍率、多功能、性能齐全和使用方便的完善仪器。

为了实现某种特殊的光学特性或技术功能，通常在物镜的前方或后方，加入某些特殊的光学组件或某种中间成像系统，从而构成多种专用显微镜。诸如偏光显微镜、干涉显微镜、相衬显微镜、暗场显微镜、油浸显微镜、固浸显微镜等。还有其他方面如：作为示范教学用的投影显微镜、供数人同时观看的显微镜、作记录分析用的显微照相和视频显示的显微镜、用于双目观察的体视显微镜、用于共焦层析的三维扫描成像的显微镜等。

(一)显微镜光学系统的成像原理

1. 目镜和放大镜的成像原理

放大镜是人们最常用的简单光学仪器之一。普通的简单放大镜一般放大率较低，通常的可用倍率约为4～10倍；显微镜则具有更高放大率，可从数倍到高至1 000多倍，但其中的目镜仅能放大至20倍左右。

目镜是目视光学仪器上的一个独立部件，它的作用和放大镜相同，是进一步起放大图像的作用，以供肉眼进行观察。放大镜能独立工作,结构一般比较简单;而目镜是仪器的附属部件,它的成像条件、像差情况和结构组合等都必须和所配用的物镜及仪器主体结构相匹配。放大镜和目镜成像的共同特点是对被观察物体或对中间像直接进行放大成像。

如图 33-3 所示,透镜 M 为简约的目镜(或放大镜),被观察的实像高(或物高)为 $y=AB$,它位于目镜 M 的前焦面 F 内,经过目镜放大成像于左上方($y'=A'B'$),像面到眼睛的距离通常为肉眼最佳分辨的观察距离,即所谓明视距离=250 mm。由图 33-3 可知,此时目镜(或放大镜)的视觉放大率即为像高 y' 对物高 y 的比值,或像距 S' 与物距 S 的比值。此时,眼睛瞳孔即为目镜的出射瞳孔,出瞳距离为 L_2',出瞳直径为 D'。根据透镜的成像公式,当目镜的焦距为 f_E 时,目镜的视觉放大率(简称视觉放大率)可表示为[25]

$$M_E=\frac{y'}{y}=\frac{s'}{s}=\frac{250}{f_E}=\beta_E \tag{33-1}$$

上式即是目镜和放大镜的视觉放大率公式,它与横向放大率 β_E 等同。

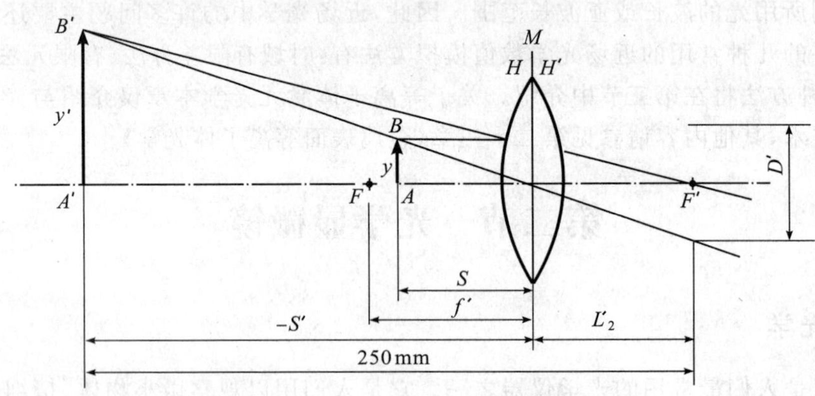

图 33-3 目镜(或放大镜)成像原理图

放大镜是常用的光学工具,一般比较简单轻便,要求倍率不高,希望视场较大。对目镜则要求有较高的放大率和分辨本领,其视场范围受物镜视场的限制。由于人的眼睛生理构造和生理光学特性的限制,最高分辨区域只是眼睛视网膜的中心部分。为了有效地获得高倍率和高分辨率的目视效果,显微目镜的视场角无需要求过大,一般在 30°～35°范围内就足够用了。对某些特殊需要,目镜视场角可达 40°～50°以上,这种目镜可称为显微镜的"广角目镜"。生物显微物是光学成像质量要求很高的显微镜。

2. 显微镜物镜的成像原理

显微镜物镜(简称物镜)的作用,在于将被观察的物体经过物镜放大成像,形成一个高倍放大且能清晰分辨的实像,以供显微目镜进行再次放大成像。

各种物镜的光学成像原理和成像关系虽然基本相同,但由于使用目的不同,物镜的类型和形式也不同,而且随着光学性能的不断提高,物镜的结构也更加复杂化。总之,不同的用途和要求,需要设计不同的物镜。

为了说明物镜的光学成像原理和成像关系,我们仍用简约透镜来代表一个复杂的物镜系统。如图 33-4 所示,物镜 W 把物体 $-y=AB$,放大成像为 $y'=A'B'$。物镜的前焦点为 F,后焦点为 F'。按照透镜成像原理,光线行径作图如下:过前焦点 F 的光线经透镜折射后平行于光轴;平行于光轴的光线经透镜折射后过后焦点 F';过透镜主点(O)的光线方向不变,直线前进。

图 33-4 中前焦点至物面的间距为 X,后焦点至物镜的像面的间距为 $X'=\Delta$,Δ 被称为显微镜的光学筒长。由图中的几何关系,物镜的横向放大率 β_o 即物镜的放大率 M_o[25]可表示为

$$\beta_o=-\frac{y'}{y}=-\frac{f_o}{X}=-\frac{X'}{f_o'}=-\frac{\Delta}{f_o'}=M_o \tag{33-2}$$

式中的负号表示像为倒像。过物点 A 的 AH 和 $H'A'$ 两直线为轴上物点成像光束中最大的孔径光线,它同光轴的交角 U 及 U' 分别为物方孔径角及像方孔径角。

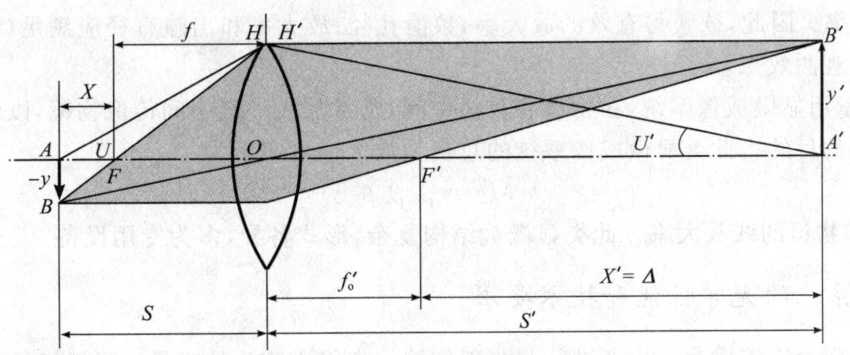

图 33-4　显微物镜光学成像原理图

数值孔径 NA 决定物镜的光焦度，定义为

$$\mathrm{NA}= n\sin U \tag{33-3}$$

式中，n 是物空间的介质折射率，U 为物镜的物方孔径角。对于一定的数值孔径为 NA 的物镜，不论工作在干式（在折射率 $n_0=1$ 的空气中）还是浸没式（在折射率为 n 的介质中），按折射定律，乘积 $n\sin U$ 在物空间中恒为一不变量，即

$$n_0\sin U_0 = n\sin U = \mathrm{NA}$$

显微物镜的数值孔径是一项非常重要的性能指标，它同物镜成像的亮度、分辨本领和焦深都密切相关。

3. 显微镜光学系统的成像原理

显微镜的光学系统由物镜和目镜组成。如图 33-5 所示，物镜 W 和目镜 M 为一共轴的光学系统。物体 $-y$ 经显微物镜 W 成像于目镜 M 的前焦面内（与明视距离共轭面上），像高为 y'，由目镜所观察到的放大像高为 y''，它一般位于出瞳 D' 前方 250 mm 的明视距离上。显微镜系统总视觉放大率 M_T 应为显微物镜的横向放大率 β_o 与目镜横向放大率 β_E 的乘积，可表示为

$$M_T = \beta_o\beta_E = -\frac{\Delta}{f'_o}\frac{250}{f_E} \tag{33-4}$$

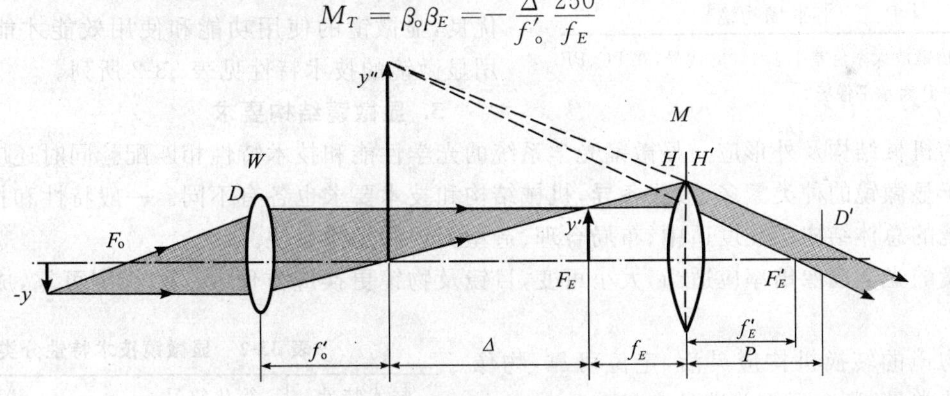

图 33-5　显微镜光学成像原理图

显微镜是一种较为复杂的高倍放大镜，设此高倍放大镜的焦距为 f''，其放大率同样可用(33-1)式表示。比较(33-1)式和(33-4)式，即可得出显微镜系统的总焦距 f'' 为

$$f'' = -\frac{f_o \times f_E}{\Delta} \tag{33-5}$$

在求得显微镜系统的总焦距 f'' 后，即可把显微系统视为等效放大镜，此时出射瞳孔直径 D' 与等效放大镜的孔径角 U 可表示为相对数值孔径：

$$\mathrm{NA}= \frac{D'}{2f''} = \frac{M_T D'}{500},\quad M_T D' = 500\ \mathrm{NA} \tag{33-6}$$

式中，f'' 和 M_T 为等效放大镜的焦距和视觉放大率。上式表明，显微镜的数值孔径 NA 是决定显微镜放大倍率和出瞳直径 D' 的基本参数。根据衍射理论，出瞳直径 D' 与仪器目视分辨本领有关，显微镜的视觉总放大

率 M_T 是几何放大率。因此，欲获得有效的放大率，数值孔径、放大率和出瞳直径应满足(33-6)式的关系，否则将达不到预期的观测效果。

此外，有些测量用显微成像系统，在物镜和目镜中间，常常加入一级中间传像物镜，以满足外形结构的要求或达到显示正像的目的。此类显微成像系统的总视觉放大率可表示为

$$M_T = \beta_o \beta_z \beta_E \tag{33-7}$$

式中，β_z 为中间传像物镜的线放大率。此类显微镜结构复杂，形式各异，多为专用设备。

(二)显微镜系统的光学性能和技术要求

一部优良的显微镜应当成为使用者进行观测工作的一个得心应手的工具。显微镜的光学系统应当具有图像清晰、逼真和对比分明的成像质量；具有功能适用、布局合理和观测方便的光学性能；具备选型得体、结构合理和操作简便的技术特点。整个显微光学系统的光学性能和技术功能应能充分满足技术工作所必须的各项要求。由于显微镜的应用范围广泛，工作条件各异及技术要求不同，显微镜的光学系统和结构形式也多种多样。随着显微技术的不断完善和使用性能的提高，显微镜逐步由通用化走向专业化和专用化，成为光学性能、技术功能和使用效能更加优越的新型仪器。专用显微镜各有特点，难于概括全面，因此本节只限于将通用显微镜的光学性能和技术要求作综合叙述。

1. 显微镜系统的光学特性

显微镜的光学性能是显微镜工作好坏的关键，也是显微镜整体质量高低的主要标志。除了一般地达到成像清晰之外，显微镜的主要光学性能通常用表 33-1 所列的几项指标来表征。

表 33-1　显微镜光学性能与符号

光学性能	符　号	说　明
视觉放大率	M	以“倍数”计
线视场	2Y	以“mm”计
数值孔径	NA	NA＝$n\sin U$
消色差类型	C	对 CF 普通消色差
	F	对 DF 或 eF 复消色差
	B	半复消色差
	P	平场物镜①

①表示平场物镜放大率色差小于 1%的代号，在 PC、PF 或 PB 组合符号中 P 表示平像场。

2. 显微镜的技术特性

显微镜在光学性能良好的前提下，技术性能是决定显微镜使用功能和应用范围的主要依据。只有技术性能优良，显微镜的使用功能和使用效能才能得到发挥。通用显微镜的技术特性见表 33-2 所列。

3. 显微镜结构要求

显微镜的机械结构及外形应与显微镜光学系统的光学性能和技术特性相匹配。同时还应满足操作方便的要求。由于显微镜的种类繁多、形式各异，机械结构和技术要求也各有不同。一般特性和技术要求如下：

1)显微镜的总体结构应高度适中、布局合理、造型美观和操作方便。

2)显微镜的光学成像倍率应适当，大小可变，目镜及物镜更换应方便、灵活、稳定可靠，成像清晰和像面齐焦。

3)显微物镜的转换机构应灵活，定位可靠，物像共轭距离保持常量，稳定可靠并满足齐焦。

4)显微镜的主体结构应牢靠、安装稳定、调整方便和便于清洁。

5)显微镜支架的导槽应平滑灵活、稳定可靠，调焦手轮应有粗调和细调之分，细调手轮应具有测微标尺以标定调焦尺度。

6)载物台应能纵横位移及左右旋转任意角度，并应有坐标及角度标尺，测量显微镜还应具备测微器或游标刻划线标尺。台上应有标本或试样夹持器或弹簧以夹持试样。

7)照明器或照明系统可采用自然光和人工照明两用，调焦方便，转动灵活。照明系统与显微成像光

表 33-2　显微镜技术特性分类表

技术特性	简化符号	说　明
平场物镜	平	平像场物镜
金相物镜	金	金相分析
偏光物镜	偏	偏光测量、晶体分析
暗场物镜	暗	透明物体暗场观测
浸没物镜	浸	油、水、甘油浸和固浸等
高温物镜	高	高温下工作
相衬物镜	相	相位
生物物镜	生	生物化验及分析
紫外物镜	紫	紫外光工作
荧光物镜	荧	荧光物质分析
耐辐射物镜	耐	辐射物质分析

路系统应严格同轴，物面照明应明亮均匀，亮度可调。

8）显微镜主体底座应稳定牢靠及三点接触。

9）专用显微镜应适用可靠，功能完备，附件齐全。

（三）显微镜的基本类型

显微镜的应用，随着科学技术的进步而拓展。从显微镜光学系统的类型来看，基本可归纳为简式显微镜和复式显微镜两种类型。在显微镜系统中，具有显微物镜、显微目镜和照明器等三个部件的系统称之为简式显微镜；而在显微镜系统中，由显微物镜、显微目镜、照明器和场镜或中间物镜等四部分组成者，则称为复式显微镜，在复式显微镜中均需加入场镜。场镜对显微镜的总放大率一般没有贡献。设置场镜的目的是约束边远像场光束，使其不会离开光轴太远，保证像场亮度均匀。复式显微镜多为测量仪器或用于机床光学、医疗光学和其他专用设备。从光路情况区分，可分为单目显微镜和双目立体显微镜两类。单目显微镜是大量通用的，而双目立体显微镜则多为专用的。其中有分挡变倍和连续变倍两种变倍形式。

关于显微镜系统的分类、性能和用途见图 33-6。

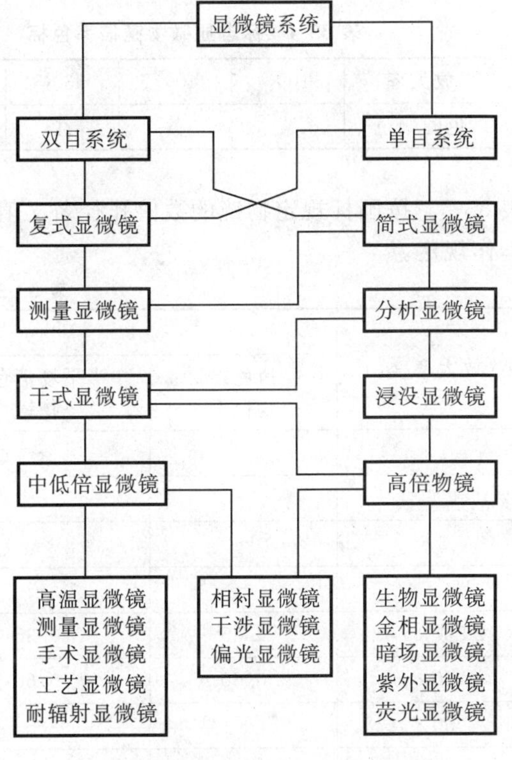

图 33-6　显微镜系统分类表

二、显微镜的技术规范

我国已制定了显微镜部颁系列标准，其中有显微物镜、显微目镜、生物显微镜和体视显微镜等类。对显微镜的镜筒长度、物镜倍率、数值孔径、线视场、工作距离和目镜倍率等项光学性能指标都作了相应的规定。我国现行的显微镜系列标准已成为各生产厂家研制和生产显微镜的技术规范和依据，并已经与国际接轨。

显微镜的共轭距离与机械筒长国标规定[26-27]：

1）普通显微镜的物像共轭距离 L 规定位 205（或 195）mm 及无穷远，低倍消色差物镜则不受此限制。

2）普通显微微物镜的共轭距离为有限远时，起机械筒长规定为 160 mm。

3）物镜的物面到镜筒安装面的凸缘的距离为 45（或 35）mm。

（一）显微物镜系列

显微物镜可分为普通显微物镜和生物显微物镜两种类型，后者的要求更高。但就其物镜的结构形式和光学性能技术数据以及物镜的标准系列来看并无原则的不同。

1. 显微物镜的技术规范[23]

1）显微物镜的放大率。当显微物镜的共轭距离为有限远时，物镜的线放大率（或称垂轴放大率）规定为

$$M_{\circ} = \beta_{\circ} = \frac{y'}{y} = \frac{\text{像高}}{\text{物高}} \tag{33-8}$$

当显微物镜的共轭距离为无限远时，物镜的放大率则规定为

$$M_{\circ\infty} = \frac{f_{NTL}}{f_{\circ\infty}} \quad （\text{或用}\ \frac{250}{f_{\circ\infty}}\ \text{表示}） \tag{33-9}$$

式中，$f_{\circ\infty}$ 为显微物镜的焦距，f_{NTL} 为标准镜筒透镜焦距，单位：mm。

2）在平场消色差物镜、平场复消色差物镜和平场半复消色差物镜中，其消色差至少需要校正轴上像点的球面色像差、位置色像差。

所谓平场物镜是指在规定视场内校正了像面弯曲和像散的物镜。当然，平场物镜总是消色差物镜，故称为平场消色差物镜。所谓复消色差物镜是对光谱线C、D(或e)和F三色进行校正的，校正好者称为“复消色差物镜”，基本校正或部分校正者则为“半复消色差物镜”。

表 33-3　平场消色差物镜代号表

平　场	消色差代号 C	半复消色差代号 B	复消色差代号 F
P	PC	PB	PF

平场物镜消色差代码常用表33-3中的代号表示。

3)显微物镜的放大率常用显微物镜的外壳上的彩色圈标注。物镜放大率色圈的规定见表33-4。

表 33-4　标志显微物镜倍率色标

放大率	10×	40×	63×	100×
色圈颜色	紫	黄	红	白

2. 显微物镜的基本参数[23]

常用显微物镜的基本参数以物镜的放大率和数值孔径NA来表示。根据物镜的成像质量按消色差、平场消色差、平场复消色差和平场半复消色差等4类物镜规定其放大率和数值孔径NA的系列，见表33-5。按国标规定物镜的数值孔径名义值不应小于表33-5中的规定[23]。对于水浸和长工作距离等物镜不作规定。

表 33-5　显微物镜基本参数系列[23]

放大率 β_0	NA				
	消色差物镜 C	半平场消色差物镜	平场消色差物镜 PC	平场半复色差物镜 PF	平场半复消色差物镜 PB
1×	—	—	0.03	—	—
1.6×	—	—	0.04	—	—
2×	—	—	0.06	—	—
2.5×	—	—	0.07	—	—
20 或 15×	0.35	0.35	0.40	0.60	0.65
40×	0.60	0.60	0.65	0.075	0.80
50×	—	—	0.70	0.075	0.08
60 或 63×	0.80	0.80	0.80	0.90	0.90
80 或 100×	—	—	0.09	0.090	0.90
100×油浸	1.20	1.20	1.25	1.25	1.30

3. 显微物镜的基本分类

1)显微物镜按工作波段可分为：①可见光显微物镜，即普通常用的目视显微镜的物镜；②红外显微物镜，用于红外摄影和目视观察以及考古分析和研究；③紫外显微物镜，用于紫外波段分析研究工作。

2)可见光显微物镜按消色差状况可分为：①消色差显微物镜，对光波谱线CF消色差，对谱线D或d部分消球差及彗差；②复消色差显微物镜，对光波谱线CF及D(或d)全消色差；③半复消色差显微物镜，对光波谱线CF消色差，对CF与D部分消色差。

3)显微物镜根据像场状况可分为：①普通显微物镜，视场较小，像面弯曲，像散较大；②平场显微物镜，视场较大，矫正像面弯曲及像散。

4)显微物镜根据浸没介质可分为：①干式显微物镜；②油浸显微物镜；③水浸显微物镜；④固浸显微物镜。

5)显微物镜按工作距离可分为：①普通显微物镜，工作距离较短；②长工作距离物镜，工作距离较长，如高温显微物镜等。

6)显微物镜照明系统可分为：①亮场照明系统，普通显微物镜均属亮场照明，其光学系统有透射式聚光系统和反射式聚光系统两种类型；②暗场照明系统，分透射式聚光系统和反射式聚光系统两种类型。

其他显微物镜，如偏光显微镜、干涉显微镜、相衬显微镜、荧光显微镜和辐射显微镜等，均有一些特殊部件以获得所需的独特功能。但就物镜的光学结构和光学特性而言，除个别例外，一般并无原则的不同。

4. 各类显微物镜的光学特性

(1)消色差物镜

普通中、低倍率的显微物镜均采用消色差物镜，对于要求较高的大倍率物镜，由于消色差物镜的二级光谱色差较大，妨碍了成像质量的提高，因此对高倍率显微物镜则采用复消色差物镜或半复消色差物镜。

(2)平场显微物镜

中、低倍率的显微物镜，由于物镜焦距较长，像面弯曲较小；而高倍率显微物镜的焦距很短，其像面弯曲则加大，因而有效的像面直径因物镜的像面弯曲增大而缩小，所以欲获得满意的观察效果必须采用平场显微物镜。平场物镜的主要特点，就是较好地矫正了轴外成像弯曲和像散，从而达到像面变平、视场增大及整个视场的成像清晰度相应提高。

(3)浸没物镜

在显微物镜的物空间浸满某种透明浸液，使观察试样处于浸液之内，用以提高物镜的数值孔径，增强物镜的聚光能力和物镜成像的分辨本领。此类物镜即称为浸没物镜。

在物镜最大孔径角为U时，浸没物镜的数值孔径 $NA=n\sin U$，比干式物镜的数值孔径 $NA=n_0\sin U$ 增大n倍，这是因为干式物镜的物方折射率 $n_0=1$(空气)，而浸液物镜的物方介质折射率为n，所以，浸液物镜在同样的结构下，数值孔径将增加n倍。

在成像面上，像的亮度同物镜数值孔径的平方$(NA)^2$成正比。此时成像的线分辨率为

$$N=3\,600\ NA(lp/mm) \tag{33-10}$$

焦深同数值孔径的平方$(NA)^2$成反比，即

$$焦深=\pm\frac{n\lambda}{2\ (NA)^2} \tag{33-11}$$

式中，λ为工作光波的波长，n是物空间的折射率。

(4)长工作距离物镜

此类物镜光学组合的结构特点是物镜组合基本上由两部分组成，前组为一较大正光焦度的组合，后组为一负光焦度的组合，中间有一定长度的间距所组成，它是一个典型的远焦物镜。所以，在同样的放大率下，它比普通物镜具有更长的工作距离。由于这一特点，它适用于高温条件或长物距的要求，适于作高温显微物镜和手术、工艺用显微物镜等使用。

(5)红外和紫外显微物镜

此类物镜主要用于在红外光和紫外光下工作。红外光对不同时间的涂覆或着色有极高的敏感性，用此特性可广泛地对文件、古物进行研究，对文件的涂改真伪进行鉴别；而紫外光波长短，它具有更高的线分辨率N和更小的焦深，可供特殊的分析研究之用。

(6)其他特殊功能的显微物镜

特殊功能的显微物镜，种类较多，各有各的特性和专门用途。如偏光显微镜可对晶体进行分析和研究，用于测定晶轴等；干涉显微镜和对比度显微镜等都可作物质结构的分析；暗场物镜可观察透明物体的低对比度散射轮廓等。总之，特殊功能的显微镜各有其特殊的专门用途。

5. 显微镜实验用盖玻片

防止机械损伤与灰尘侵入显微实验标本用盖玻片的标准，一般外形尺寸系列及其主要技术指标如下[28]：

1)盖玻片的外形规定为正方形和长方形两类，长和宽的外形尺寸系列规定如下(单位为 mm)：

9×9	18×18	20×20	24×24	30×30
40×30	40×40	60×40	80×60	100×80

此外还有圆形的。

2)盖玻片的玻璃折射率规定为 $n_D=1.516$，厚度尺寸规定为 $d=0.17$ mm。适用光谱范围 400～760 nm。盖玻片的质量按其折射率和厚度的允许偏差分为 5 个等级，见表 33-6。

3)两平面应相互平行，其最大平行差以厚度公差为限。

4)盖玻片的规格和质量等级标志规定为“长×宽-等级”。

例如,标志为“40×30-2”,表示外形尺寸长 40 mm、宽 30 mm 的二级长方形盖玻片。

5)盖玻片的表面粗糙度及玻璃疵病的质量等级见表 33-6 和表 33-7。

表 33-6 显微实验盖玻片的质量分级与公差

级别		公差				
		1	2	3	4	5
折射率	1.516	±0.002	±0.002	±0.002	—	—
厚度	0.17	0.01	+0.02 −0.07	+0.03 −0.07	+0.05 −0.07	+0.07 −0.09
用途		通用	NA≤0.65	可调物镜	NA≤0.3	保护片

表 33-7 盖玻片表面质量规格表

级 / 区域 / 检验方法 / 疵病	1~3 级		4~5 级
	直径为 0.7 mm 宽度的中心区	边缘区	全表面
气泡、结石、麻点、擦痕	放大 5 倍看不见	用肉眼看不见	
磨砂条纹	用肉眼看不见		

(二)显微目镜系列

显微镜目镜可分为观察目镜和摄影目镜两类。观察目镜又可分为普通目镜和平场补偿目镜。其区别在于:普通目镜一般指惠更斯目镜、凯涅尔目镜和对称目镜等;而平场目镜系指在全视场范围内校正了像面弯曲和像散的普通目镜;平场补偿目镜系指配合消色差物镜、平场复消色差物镜和平场半复消色差物镜的使用,在其实用视场内垂轴色差 CDM 在 1.5%~2%之间的目镜。

1. 显微目镜的技术规范[24]

1)显微目镜的放大率规定为

$$\left.\begin{aligned} &\text{观察目镜} \quad M_E=\frac{250}{f_E} \\ &\text{摄影目镜} \quad M_{EP}=\frac{y'(\text{摄影目镜成像像高})}{y(\text{被摄中间像像高})} \end{aligned}\right\} \tag{33-12}$$

2)显微目镜中观察目镜的前焦面应位于目镜支撑面之下 10 mm。

3)摄影目镜为供显微镜进行摄影或投影之用的目镜。

4)广角目镜为目镜的放大率 M_E 和视场角 $2W$ 的积为 12×50°以上的目镜及 10×40°以上的平场目镜。

2. 显微镜目镜的基本参数

显微镜目镜的基本参数主要为目镜的放大率 M_E 及其相应的线视场 $2Y$。下面按普通目镜、平场补偿目镜和摄影目镜 3 种类型将技术参数规格列于表 33-8 内。

表 33-8 与显微目镜放大率(M_E)相应的线视场 $2Y$ 参数

类型 \ M_E	2.5×	4×	5×	6.3×	8×	10×	12.5×	16×	20×	25×
普通目镜	—	—	20	18	16	14	12.5	10	8	6.3
平场补偿目镜	—	—	—	—	16	14	12.5	10	8	6.3
摄影目镜	20	20	20	18	16	14	12.5	—	—	—

表 33-9 显微目镜的类型代号

分类 \ 型式	普通式	补偿式 B
平场目镜	P	PB
广角目镜	G	GB
摄影目镜	S	—

3. 显微目镜的类型及代号

显微目镜的类型和形式，按其光学系统的光学性能和技术特点进行区分。目镜的基本类型主要有平场目镜、广角目镜和摄影目镜 3 种类型，其结构形式分为普通形式和补偿形式两种，以上显微目镜的类型和代号规定见表 33-9。

(三)显微光学系统的组合总放大倍率

显微镜系统的总放大率由物镜和目镜放大率相乘决定，每台显微镜一般均配置有不同放大率的系列物镜和系列目镜，通过互相搭配可构成一系列大小不同的系统总放大率。具有这样一系列可变放大率的显微镜，对于需要各种放大率的工作将会更加方便。

根据上述显微镜物镜放大率 M_0（表 33-5）和显微目镜放大率 M_E（表 33-8）相互交替配合组成的显微镜系统放大率 M_T 系列，见表 33-10。

表 33-10　显微物镜目镜组合放大率 M_T 表

M_0 \ M_E	5×	6.3×	8×	10×	12.5×	16×	20×	25×
1.6×	8×	10×	12.8×	16×	20×	25.6×	32×	40×
2.5×	12.5×	16×	20×	25×	31×	40×	50×	63×
4×	20×	25×	32×	40×	50×	64×	80×	100×
6.3×	32×	40×	50×	63×	79×	100×	126×	158×
10×	50×	63×	80×	100×	125×	160×	200×	250×
16×	80×	100×	128×	160×	200×	256×	320×	400×
25×	125×	158×	200×	250×	313×	400×	500×	625×
40×	200×	250×	320×	400×	500×	640×	800×	1000×
(50×)	250×	315×	400×	500×	625×	800×	1000×	1250×
63×	315×	397×	504×	630×	788×	1008×	1260×	1580×
(80×)	400×	504×	640×	800×	1000×	1280×	1600×	2000×
100×①	500×	630×	800×	1000×	1250×	1600×	2000×	—

注：表中 100×① 物镜为油浸物镜；表格中上、下黑横线之间的放大率为最常应用的组合。

三、显微镜的典型结构

(一)各种显微物镜的典型结构

绝大多数的显微镜物镜都采用了标准螺纹，大多数的目镜几乎都采用了相同的镜筒直径，从而使它们具备了可互换的条件。然而，要真正做到可互换，还需在光学上具备互换性。要做到光学上的互换性，其一是互换物镜要保证齐焦，其二是互换物镜垂轴色差要校正到同一水平。

显微物镜的组成结构多种多样，它通常由若干个组合部件构造而成。物镜的性能好坏取决于其组合的复杂程度和设计水平，取决于光学系统的像差平衡和矫正情况。从基本结构类型来看，显微物镜可归纳为下面的几类。

1. 消色差物镜

此类物镜结构较为简单，是最常用的显微物镜。在可见光波段对 C 光与 F 光消色差，对 D 光消球差和彗差。由于不同色光的焦距不同，当对 CF 消色差后在 CD 和 FD 之间则残留着较大的二级光谱色差。同时各色的球差也各不相同，在不同的各环带又存在着所谓“色球差”。基于上述二级光谱色差和色球差的存在，普通消色差物镜的成像质量受到很大限制，对中低倍率显微物镜尚可应用，而对高倍显微物镜的分辨率和成像质量都达不到应有的技术要求。消色差物镜的典型结构如图 33-7 所示。

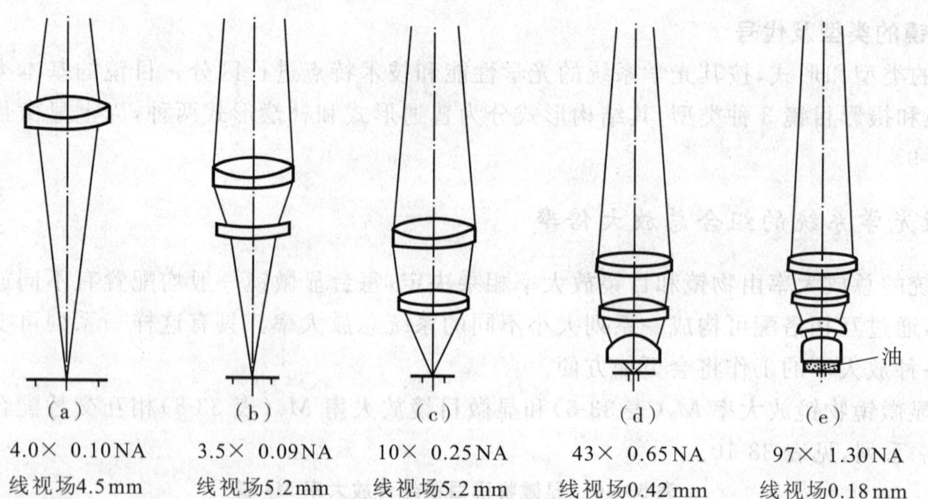

图 33-7 消色差物镜典型结构图

2. 复消色差物镜

复消色差物镜，是用特殊的光学材料萤石-光学晶体做成透镜，加入到物镜的组合中而制成的物镜。此类物镜在可见光范围内能很好地矫正二级光谱色差。这是因为萤石的色散和普通光学玻璃不同，用这两类色散不同的光学材料互相配合所设计的显微物镜，可使二级光谱和色球差减少到普通物镜残余色差的几分之一，从而达到复消色差的目的。复消色差物镜的若干典型结构如图 33-8 所示。

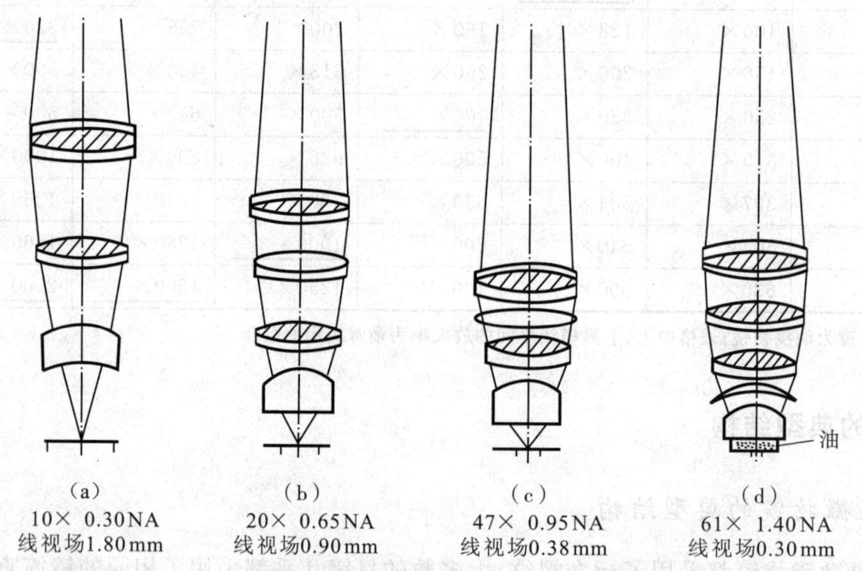

图 33-8 带萤石透镜的复消色差物镜

图中带阴影的透镜为萤石透镜

未完全矫正好二级光谱和色球差的物镜称为半复消色差物镜。此类物镜通常采用萤石透镜数量较少，多为 1～2 块，因而不能很好地矫正像差，二级光谱和色球差一般介于复消色差和普通消色差的物镜之间。即它的成像质量优于普通消色差物镜，而次于复消色差物镜。

3. 平场物镜

如前所述，平场物镜在光学系统的设计中着重校正了物镜的像面弯曲和像散，有效地扩大了视场，提高了成像的清晰度，从而获得平整而清晰的像场，所以称为“平场物镜”。平场物镜比普通物镜在结构上更复杂，因而光学性能更优越。

根据色差的矫正状况，和普通物镜一样，平场物镜可分为消色差物镜、复消色差物镜和半复消色差物镜 3 类。

为了简化结构和工艺，平场物镜常常设计成用一个公用的矫场负透镜组合置于物镜后部镜筒的接口之内的结构，这样可使物镜转盘上的各个物镜组合大为简化，每个物镜组合都能与后部矫场透镜构成一个完善的平场物镜。这种结构使后部透镜同转盘上的各个物镜组合均有互换性(同其他物镜则无互换性)。在图 33-9 中，给出了此类平场物镜的若干典型结构。

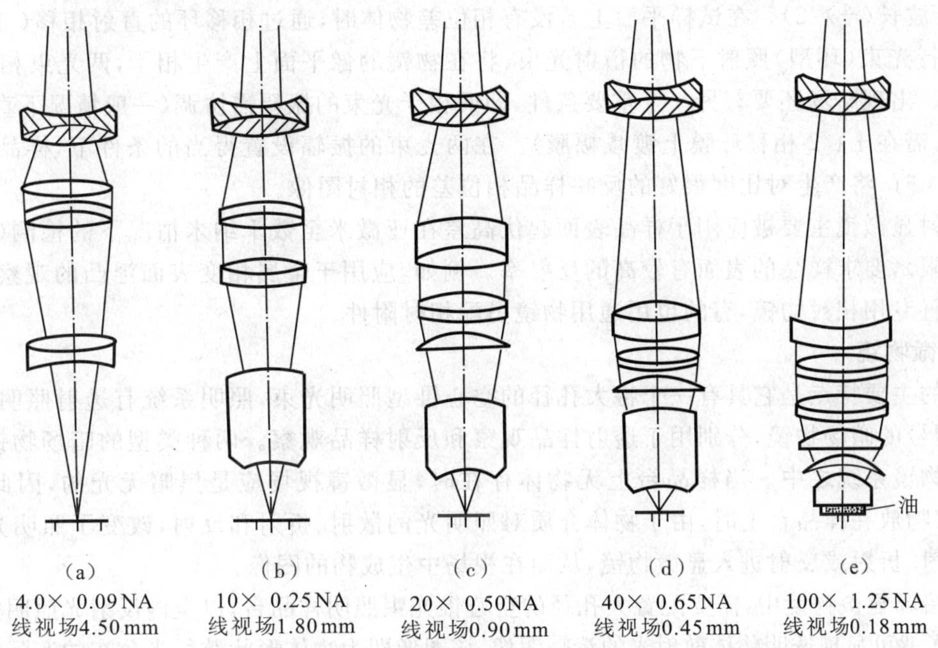

图 33-9　平场物镜的若干典型结构

图中带阴影的透镜是后部矫场透镜

4. 相衬显微物镜

1930 年泽尼克(Frits Zernike)提出相衬成像方法，1941 年研制成功相衬显微物镜，1953 年因这项成就荣获 1953 年诺贝尔物理学奖[29]。相衬显微物镜有透射型和反射型两种，透射型相衬显微物镜的光路和原理见图 33-10。它是专门用于仅有相位差的透明样品显微成像的系统，可用于不必染色的生物切片样品和活细胞的成像。在相衬物镜中要安装相移环板，其照明必须配置专用带照明环板的聚光镜。图 33-11 所示

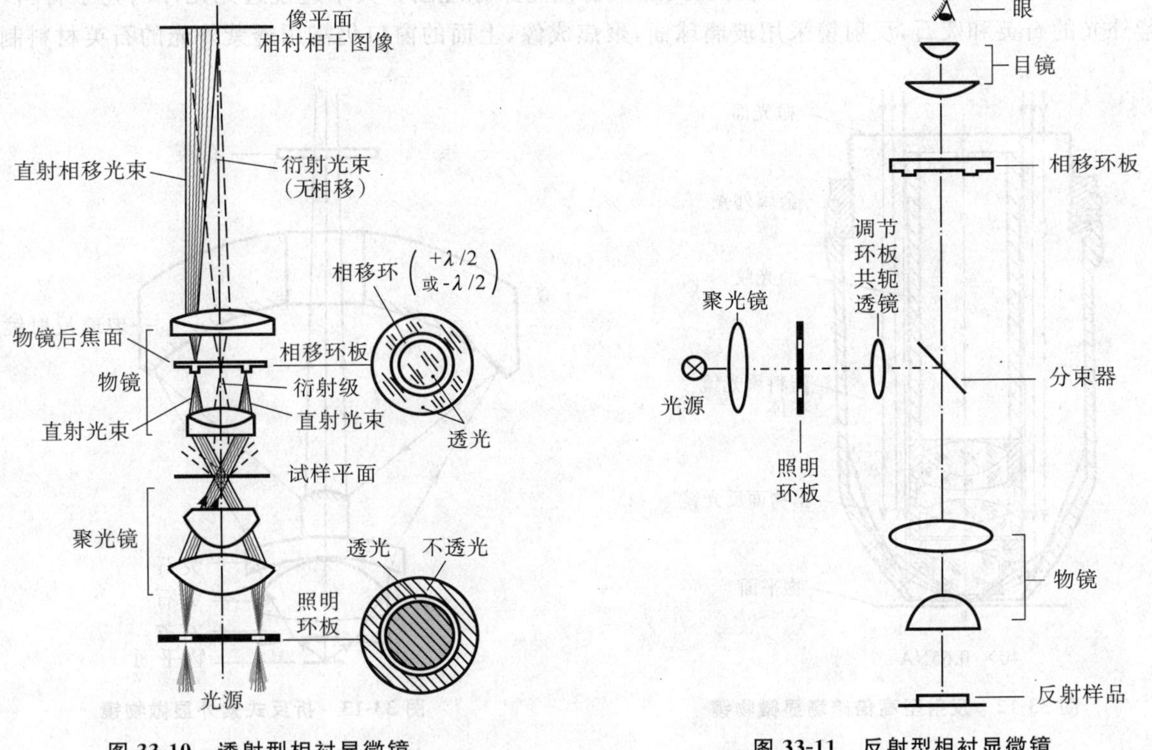

图 33-10　透射型相衬显微镜　　**图 33-11　反射型相衬显微镜**

是一个反射型相衬显微物镜光路的典型结构。图 33-10 和图 33-11 的物镜和照明聚光镜在物空间有良好的平面波波面共轭，照明用环状透明的照明环板安装在聚光镜的前焦面上，与之共轭的相移环板（也叫相移元件）安装在物镜的后焦面上，相移环与照明环的尺寸和位置必须严格共轭。相移环的配置有两种：正半波长（$+\lambda/2$）和负半波长（$-\lambda/2$）。在试样平面上若没有相位差物体时，通过相移环的直射相移（$\pm\lambda/2$）光束，与在照明环的平行光束（环型）照射下物的衍射光束，将在物镜的像平面上产生相干，两光束相位差 $\lambda/2$，其结果是出现暗场。出现暗场还要有另一个重要条件，即两相干光束的振幅需协调（一般情况下直射相移光束比衍射光束过强，需在 $+\lambda/2$ 相移环膜上镀减幅膜）。在两光束的振辐设置得当的条件下，样品台上的样品在相位差小于 $\lambda/4$ 时，将产生对比度很好的反映样品相位差的相衬图像。

反射型相衬显微镜主要被应用于样品表面起伏高差在亚微米至数十纳米情况下的检测（其横向分辨不能高于衍射极限），要求样品的表面有较高的反射率。例如，应用于金属相变表面浮凸的观察等。商用相衬显微镜有的配置专用相衬物镜，有的也用通用物镜另配相衬附件。

5. 暗场显微物镜

暗场物镜的主要特点是它具有一个特大孔径的空心锥型照明光束，照明系统有透射照明和反射照明两种，两种不同型号的暗场物镜，分别用于透射样品观察和反射样品观察。两种类型的暗场物镜的照明光，均不能直接射进物镜系统之中。当样品台上无物体存在时，显微镜视场应是黑暗无光的，因此称为“暗场物镜”。当被观察物放在样品台上时，由于物体介质对照明光的散射、折射和反射，改变了照明光的光路，有一部分从物体散射、折射或反射进入显微物镜，从而在视场中生成物的图像。

在透射型暗场显微物镜中，需要配置大孔径的空心锥光束照明样品台，以全内反射光照明样品，则进入物镜的样品散射光就可显现透明物体散射光的清晰图像，该图像即为物体形状散射光分布的实际图像，这种图像用明场显微镜是看不到或看不清的，暗场显微镜的这种特性为我们研究低对比度透明物体提供了有效的途径。

另一种反射型暗场显微物镜如图 33-12 所示，它是一个带有抛物面反射镜的高倍暗场显微物镜。由全反射抛物面反射的光在被照明物面上聚集并反射，如果在样品台表面没有反散射物体存在时，则大孔径角的空心聚焦光束在平整的样品台面反射后，仍反射进入抛物面聚光镜，显微镜的视场是暗场；否则，被物体反散射，有部分反散射光可进入物镜，从而产生物体的反散射光的亮图像。

6. 紫外光折反式显微物镜

图 33-13 所示的是一典型的紫外光折反式显微物镜光路原理图。其中透镜透光元件的光学材料均采用透过紫外光的石英和萤石，反射镜采用玻璃球面，聚焦成像，上面的窗口仍需用透紫外光的石英材料制作。

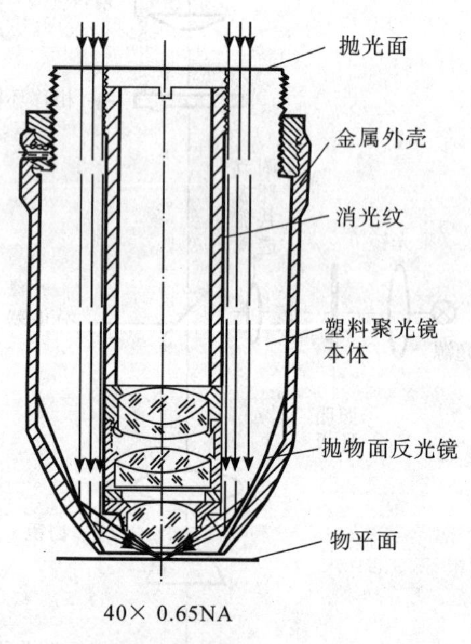

图 33-12 反射型高倍暗场显微物镜

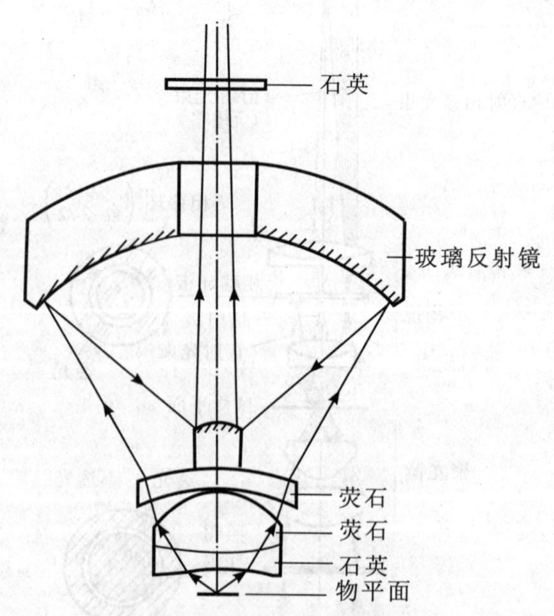

图 33-13 折反式紫外显微物镜

（二）各种显微目镜的典型结构

1. 几种类型的显微目镜

物镜所成的放大影像必须经过目镜再次放大成像，并通过目镜供人眼观察。目镜的像差情况和技术要求等都必须同物镜相互匹配。根据显微系统的光学成像特点，即要求高倍率、高分辨且只能小视场成像，对显微目镜相应地要求有小孔径、小视场、高倍率和高分辨的特性。因此，各种类型的显微目镜也都具有这些特点。通常所用的目镜类型有惠更斯目镜、凯涅尔目镜、补偿式目镜和对称式目镜 4 种，如图 33-14 所示。显微目镜比显微物镜要求较低，所以显微目镜的结构形式均较为简单。

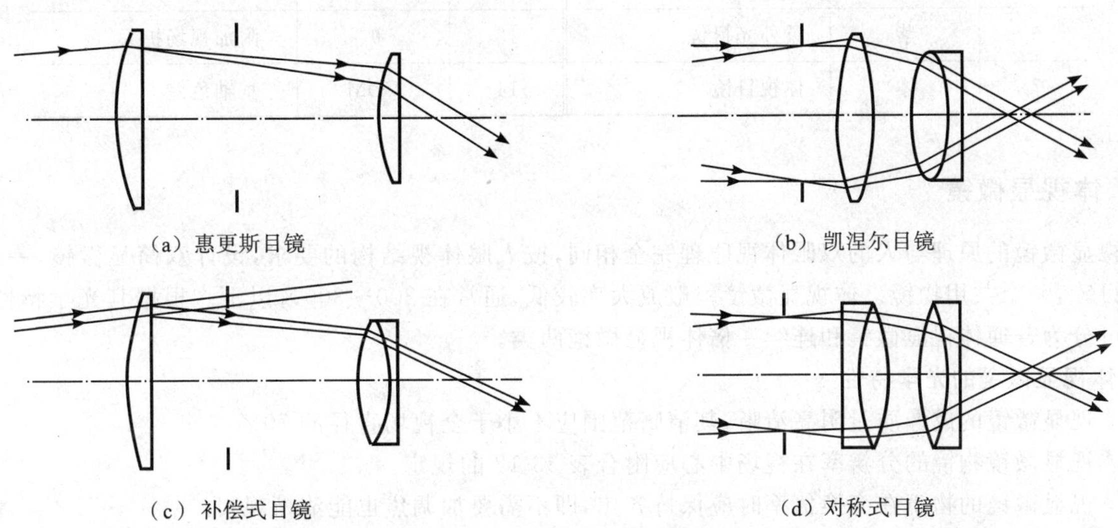

（a）惠更斯目镜　（b）凯涅尔目镜　（c）补偿式目镜　（d）对称式目镜

图 33-14　几种类型的显微目镜

2. 显微目镜根据使用要求的分类

显微目镜还可根据使用目的分为观察目镜、投影目镜和摄影目镜。

（1）观察目镜

观察目镜即用于直接进行目视观察的目镜。观察目镜又可分为普通目镜、平场目镜和广角目镜 3 种类型：

1）普通目镜，指惠更斯目镜、凯涅尔目镜和对称式目镜等，如图 33-14 所示。惠更斯目镜具有最简单的目镜结构，在显微镜中应用最广，它能较好地校正中心像差和轴外色差。补偿式目镜进一步校正了球差和色差，有良好的成像质量，视场角为 30°～50°，相对孔径可达 1∶10 左右，作为中低倍目镜性能良好，其缺点是像面在目镜里面，因而作测量用时不能在像面上放分划板，但对显微观察通常没有这个必要，所以此目镜很适合用于一般显微镜。凯涅尔目镜有较大的视场，对显微镜来讲属广角目镜，视场角可达 40°。它具有较大的相对孔径和较好的成像质量。对称式目镜具有更大的视场和相对孔径，成像质量也有改善，相对孔径可达 1∶6，视场角可达 42°～45°，具有较小的畸变。

2）平场目镜，系指在全视场范围内校正了像面弯曲和像散的目镜。平场补偿目镜系指与所用物镜配合，相互补偿垂轴色差使垂轴色差在 1.5%～2%之间的目镜。其中包括消色差物镜、复消色差物镜和半复消色差物镜等。

3）广角目镜，也是平场目镜，是放大率 M_E 和视场角 2ω 之积为 12×50°以上的普通目镜，如凯涅尔目镜和对称式目镜，或 10×40°以上的平场目镜皆可称为显微镜广角目镜。

（2）投影目镜和摄影目镜

投影目镜和摄影目镜系指显微投影和显微摄影所用的目镜。此类目镜因物距较长，倍率不大，其出瞳较长，对像面弯曲和像散要求较高，故采用对称式或补偿式目镜。

各类目镜特性及其简写字（符号）见表 33-11。

表 33-11 各类目镜特性及其简写字(符号)表

序号	缩写	名称和意义	序号	缩写	名称或意义
1	消	消色差目镜	8	摄	摄影目镜
2	复	复消色差目镜	9	石	石英目镜
3	半	半复消色差目镜	10	调	调焦目镜
4	平	平场目镜	11	景	像景目镜
5	偏	偏光目镜	12	光	光电光敏目镜
6	紫	紫外光目镜	13	扩	附加视场扩大
7	体	体视目镜	14	CDM	垂轴色差

四、体视显微镜[30]

体视显微镜的原理与人的双眼体视原理完全相同，按人眼体视结构的要求，设计双筒显微镜，一般结构为两个目镜，一个共用物镜。体视显微镜一般放大率较低，通常在200～300×以下。根据其光学特性，体视显微镜可分为普通体视显微镜和连续变倍体视显微镜两类。

1. 体视显微镜的光学特性

1)体视显微镜的成像质量明亮清晰，其清晰范围应不小于全视场直径的70%。

2)体视显微镜物镜的分辨率在视场中心应附合表33-12的规定。

3)体视显微镜的物镜在变换倍率时应保持齐焦，即不需要加调焦也能清晰观察。

4)体视显微镜当物镜变倍时，视场中心像面位移量应不大于视场直径的1/4。

5)体视显微镜的物镜和目镜的放大率及视场直径的偏差均不应大于5%。

6)体视显微镜左右两支光路的放大率的相对误差应不大于1%。

7)体视显微镜左右两支光路的观察视场应一致，不应产生目视可见的双像、像倾斜及视场缺损等。

8)体视显微镜的照明应充足明亮、照度均匀及左右亮度均衡，且应在各种倍率下能正常工作。

表 33-12 体视显微镜物镜分辨率表

物镜放大率 M_0	0.63×	1×	1.6×	2.5×	4×	6.3×	10×
中心分辨率 N①	60	85	110	140	200	260	350

注：①中心分辨率 N 为 lp/mm。

2. 体视显微镜的技术要求

1)体视显微镜的目镜应为广角目镜，其技术参数应符合显微镜目镜系列的规定。

2)目镜的视度调节范围为±5D(屈光度)。

3)两目镜之出瞳中心距离应能根据需要调节，其目瞳距的调节范围不小于55～70 mm。

4)体视显微镜的支架内孔直径尺寸规定为15 mm。

5)体视显微镜的最小工作距离应符合表33-13的规定。

6)体视显微镜应外形美观、布局合理，结构牢靠及活动平稳灵活、无突跳现象。

表 33-13 体视显微镜的最小工作距离表

总放大率 M_T	<80×	80～120×	120～160×	160～200×
最小工作距离/mm	80	45	25	15

五、共焦光学显微镜

(一)常规扫描共焦显微镜

扫描共焦显微镜是具有三维空间分辨能力的光学显微镜[31]。它采用两组光学显微镜物镜(或一组物镜重复使用)在同一焦平面上组合(共焦),将样品(或透光,或反光)放在焦平面上,探测器前与物平面共轭面上放一“空间滤波器-探测针孔”,通过聚焦光束与样品间的横向二维扫描可构成一幅样品的断层图像。再调节聚焦光束与样品表面的一系列间距,便可生成一系列纵向断层图像。用计算机组合系列断层图像,即可完成样品的三维显微图像。

采用常规物镜的共焦显微镜光学系统见图 33-15,其光源针孔位置与“空间滤波器-探测针孔”位置共轭。采用后焦距为无穷远物镜的共焦显微镜光学系统见图 33-16,光源为严格的平行光束。共焦显微镜系统中的光源要用相干性好的单模激光束,或同步辐射光束。

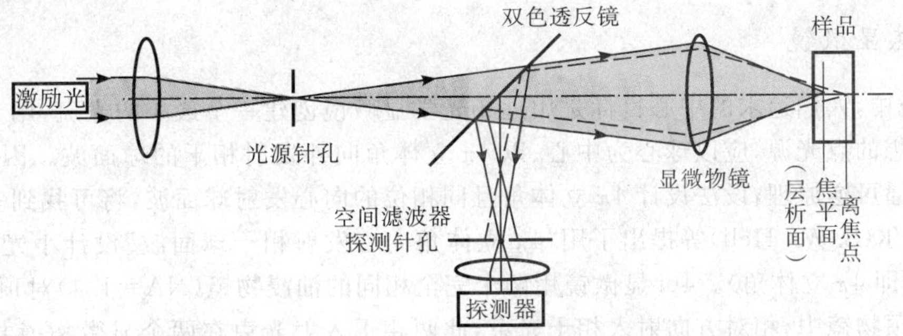

图 33-15　采用常规物镜共焦显微镜的光学系统示意图

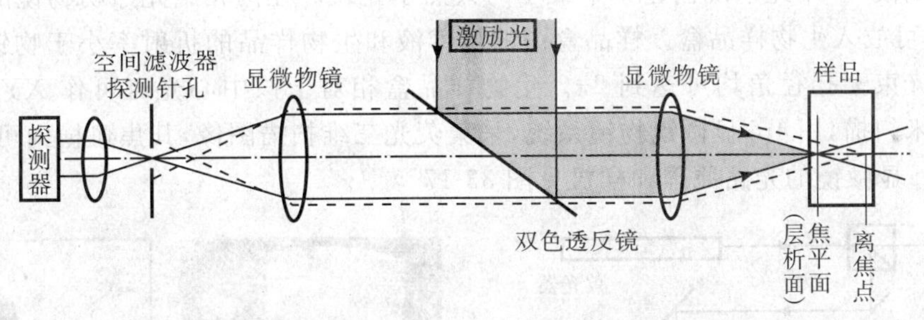

图 33-16　采用无穷远焦距物镜共焦显微镜的光学系统示意图

扫描共焦显微镜主要用于荧光成像,也可用于散射光成像。激励光束聚焦在物镜的焦平面上,焦斑的极限尺度横向由物镜的衍射极限决定,纵向由焦深决定。“空间滤波器-探测针孔”是非常关键的环节,针孔位置设置与光源(针孔像)、物镜焦平面严格共轭。它的针孔大小不仅可用于荧光衍射焦斑的切趾,从而提高横向的空间分辨率,更重要的目的是用于限制层析面(扫描成像面)以外即离焦层面上荧光(或散射光)背景光,可用此空间滤波器提高扫描断层图像的纵向空间分辨率和图像的对比度。如果没有设置此探测针孔,聚焦光束在焦深范围之内和之外锥形区域内激发的荧光(或散射光)均可进入探测器,荧光图像信息的纵向空间分辨和图像的对比度将会很差。“空间滤波器-探测针孔”可十分有效地阻挡光学系统焦深以外的荧光,从而提高纵向的空间分辨率。

扫描共焦显微镜的衍射分辨极限比常规物镜的衍射分辨极限好一些。共焦显微镜的横向和纵向的衍射分辨极限可近似用以下两式表示[31]:

$$\delta_{\mathrm{lat}} \approx 0.4\frac{\lambda_{\mathrm{em}}}{\mathrm{NA}} \tag{33-13}$$

$$\delta_{\mathrm{ax}} \approx \frac{1.4n\lambda_{\mathrm{em}}}{\mathrm{NA}^2} \tag{33-14}$$

对某些实际系统的估计值见表 33-14。

表 33-14　扫描共焦显微镜分辨极限估计值

激励光束	NA＝0.85		NA＝1.25	
λ/nm	δ_{lat}	δ_{ax}	δ_{lat}	δ_{ax}
He-Ne,632.8	0.35	0.88	0.24	0.40
He-Cd,325	0.18	0.45	0.12	0.21
同步辐射,200	0.11	0.28	0.075	0.13

反射型扫描共焦显微镜可用于测定样品表面形貌图像和表面反射率图像。测量薄膜透射率图像时，可用反射率很高且均匀的反射膜放在背面，以测反射率的方法测量薄膜透射率图像。测量样品表面形貌时，用局域纵向扫描技术，找到反射光极值信号点的纵向 Z 值，即可通过 XY 二维扫描获得三维样品表面形貌图像。如果样品是微电子芯片，反射型扫描共焦显微镜设置光电感应检测系统，还可同时测出光电感应信号图像。

扫描共焦显微镜的扫描机构可有多种不同系统，有机电扫描系统、压电扫描系统和振镜-光束扫描系统，以及多孔转盘扫描系统等。凡机械扫描的系统，一般一个断层成像需要 1 min。提高扫描成像速度，达到视频是当前重点开发的研究方向。

(二)4pi 共焦显微镜

在共焦显微镜中，人们追求的中心目标是用远场光学显微镜创建一个最小的光斑，用于扫描成像。设想一个逆向思维，理想的点光源，应以球心为中心、以 4π 立体角向外发射相干的球面波。因此，要设计最小的光斑，根据光的传播可逆原理，设法设计 4π 立体角且同相位的向心发射球面波，将可找到一个比较理想的小光斑。1992 年，海尔(S. W. Hell)等提出了用“4π 立体角向心发射相干球面波”设计小光斑的方案，发明了 4pi 显微镜[32](4pi 即 4π 立体角)。4pi 显微镜用两个完全相同的油浸物镜(NA＝1.4)对顶共焦组合，两光轴严格重合，在两对顶物镜中，相对方向射入相干光束，此两相干入射光束在两个显微物镜共焦面上方向是反相位相干的，每一显微物镜在水浸物空间提供一个 2π 立体角的汇聚光束，从而组合、创建一个以“4π 立体角向心发射的相干球面波”。用此系统创建一个最小的共焦小光斑。在两相干光照明物镜的同一光场中，设置约 1 mm 液浸间隙，可放入生物样品盒。样品盒中的培养液和生物样品的折射率小于物镜的 NA，因此每一物镜所提供的聚焦光束全孔径角均可达到 2π。生物样品盒相对于该中心光斑可作 XYZ(约 200 μm 范围内)三维的微米-纳米扫描，用 4pi 显微镜物镜系统，采集荧光三维扫描图像，其焦斑横向可小于 200 nm，纵向可小于 100 nm。4pi 显微镜的光路原理和样机见图 33-17[33-34]。

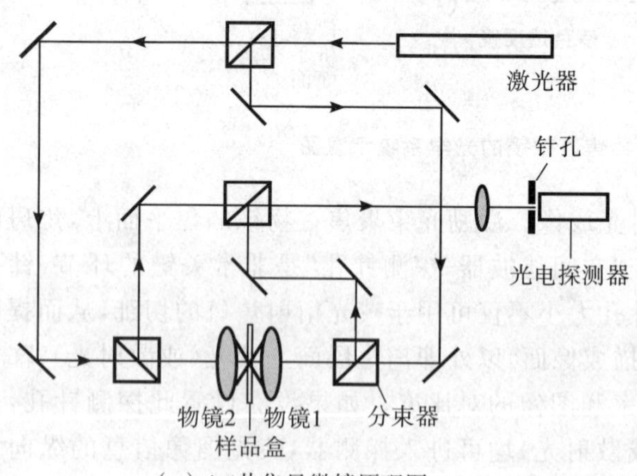

(a) 4pi共焦显微镜原理图

(b) 4pi共焦显微镜样机

图 33-17　4pi 显微镜的光路原理图和样机[33-34]

传统共焦显微镜成像图像的光强度 $I(r,z)$ 可用物镜光学系统的点扩展函数 $h(r,z)$ 表示，设照明光学系统与记录光学系统相同，物的振幅传递函数为 $\tau(r,z)$，则

$$I(r,z) = \left| h(r,z)^2 * \tau(r,z) \right|^2 \tag{33-15}$$

如果 $\tau(r,z)$ 是 δ 函数，则传统共焦显微镜的点扩展函数为

$$[\mathrm{PSF}]_c = \left| h(r,z) \right|^4 \tag{33-16}$$

4pi 显微镜的光路中的照明光，在共焦物面上是方向相反的两相干光，因此其照明系统的点扩展函数为

$$[\mathrm{PSF}]_{\mathrm{i}} = |h(r,z) + h(r,-z)|^2 \tag{33-17}$$

如果 4pi 显微镜中物的散射光的探测，使用两物镜光路的相干光束的组合光束，则 4pi 显微镜系统被称为 4pi-C 型，其点扩展函数为

$$[\mathrm{PSF}]_{\mathrm{pi\text{-}C}} = |h(r,z) + h(r,-z)|^4 \tag{33-18}$$

如果 4pi 显微镜系统中物的散射光探测仅使用两物镜光路中之一光束（A 或 B，用 4pi-A 型或 4pi-B 型标记），则 4pi-A（或-B）显微镜的点扩展函数为

$$[\mathrm{PSF}]_{\mathrm{pi\text{-}A}}（或[\mathrm{PSF}]_{\mathrm{pi\text{-}B}}）= |h(r,\pm z)|^2 \ |h(r,z)+h(r,-z)|^2 \tag{33-19}$$

施拉特(M. Schrader)等曾对 4pi 显微镜共焦系统几种工作模式的点扩展函数做了实验[33]，所用激光波长为 632.8 nm，实验结果见图 33-18，常规共焦系统（图中(a)）的焦斑纵向 FWHM 约 520 nm；4pi-A(图中(b))和 4pi-B(图中(c))系统的中心焦斑纵向 FWHM 约 135 nm；4pi-C 系统（图中(d)）的中心焦斑纵向 FWHM 约 75 nm。(a)至(d)4 种情况的中心焦斑横向的 FWHM 差别不大，依次为(a)最差、(d)最好，在 200 nm上下。

4pi(A、B、C 型)共焦显微镜系统轴向焦斑主极大的 FWHM 比常规共焦显微镜的 FWHM（约 500 nm)已有很大的改进(约 5～6 倍)，但横向尚无明显改进。为了实现焦斑横向的改进，2001 年海尔等提出暗环(DR)滤波方案[35]，在暗环 4pi 共焦显微镜系统(DR-4pi)的入射激励平行光束中，加入暗环滤波器(DR-filter)，用 X 偏振光，双光子激发（$\lambda_{\mathrm{exc}}=760$ nm)荧光（$\lambda_{\mathrm{det}}=580$ nm)可获得接近球形的主极大光斑（其旁瓣小于 10%），在 X、Y、Z 方向的 FWHM 分别为 175 nm、142 nm 和 127 nm(轴向)，见图 33-19 中的(c)(d)，用该三参量有效点扩展函数(EPSF)计算(对应于检测样品)的体积为 1.6×10^{-18} L。而常规共焦光斑（$\lambda_{\mathrm{exc}}=488$ nm，$\lambda_{\mathrm{det}}=580$ nm)，见图 33-19 中的(a)(b)，用有效点扩展函数(E-PSF)计算的体积为 4×10^{-18} L，二者相比相差了 3 倍。

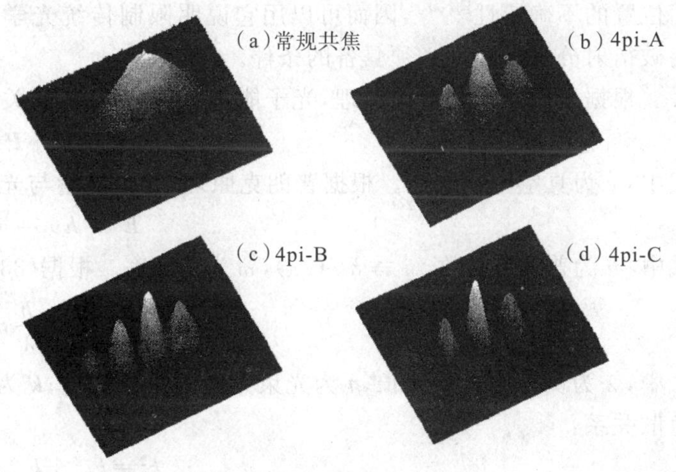

图 33-18　4pi PSF 实验[33]

DR-4pi 中用的暗环滤波器的滤波系数为

$$F(\theta) = \begin{cases} 1, & \theta \leqslant \alpha_1;\alpha_2 \leqslant \theta \leqslant \theta_{\max} \\ 0, & \alpha_1 \leqslant \theta \leqslant \alpha_2 \end{cases} \tag{33-20}$$

式中，θ 为锥形光线的半锥角，$\alpha_1=20.8°$，$\alpha_2=61.1°$，$\alpha_{\max}=72.8°$(NA=1.45)。

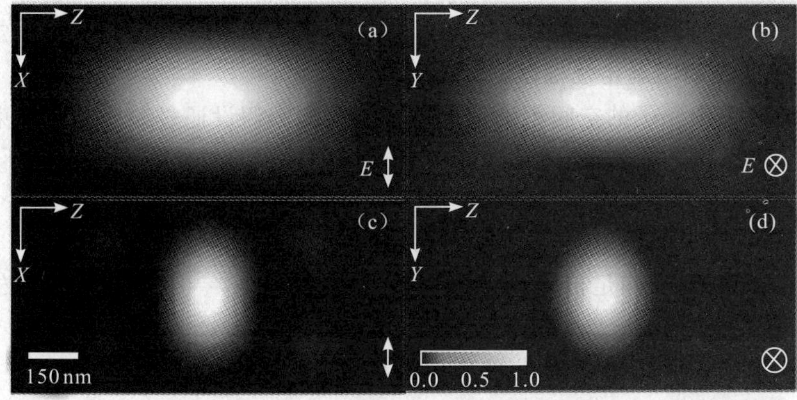

图 33-19　常规共焦与 DR-4pi 焦斑比较[35]

(a)(b)为常规共焦，(c)(d)为焦斑

第三节 近场光学与近场光学显微镜

一、超分辨与近场光学概念

(一)海森伯不确定性原理与细光束的极值

1. 细光束中光子的空间不确定性

传统光学显微镜的有效放大倍率是有限的,它取决于成像的衍射极限。据阿贝(Ernst Abbe)推导传统光学显微镜成像中两点或两线之间可分辨的衍射极限公式为 $\Delta x = \lambda/(2n\sin\theta)$,它与海森伯不确定性原理同为物理学中的两大著名的物理极限定理。

1927 年海森伯(Werner Heisenberg)发现不确定性原理[36]。用海森伯原理可以解释细光束中光子的空间位置的不确定性[37-38],因而可以用它说明限制传统光学显微镜分辨极限的关键所在,以及光学显微成像突破衍射分辨极限所必须具备的条件。

根据爱因斯坦相对论原理,光子能量 E 与动量 $\boldsymbol{P}$ 的关系为

$$E = c|\boldsymbol{P}| \tag{33-21}$$

式中,c 为真空中的光速。根据普朗克原理,光子能量与光波频率 ν 的关系为

$$E = h\nu = \hbar\omega \tag{33-22}$$

式中,h 为普朗克常数,$\hbar \equiv h/(2\pi)$,ω 为角频率。根据(33-21)式和(33-22)式,可导出光的波粒二象公式为

$$\boldsymbol{P} = \frac{h\nu}{c}\boldsymbol{n} = \frac{h}{\lambda}\boldsymbol{n} = \hbar\boldsymbol{k} \tag{33-23}$$

式中,λ 为真空中光的波长;$\boldsymbol{n}$ 为光束方向的单位矢量;$\boldsymbol{k}$ 为光的波矢量,其绝对值为 $|\boldsymbol{k}| \equiv 2\pi/\lambda$,并有如下的色散关系:

$$k^2 = k_x{}^2 + k_y{}^2 + k_z{}^2 \tag{33-24}$$

式中,k_x、k_y、k_z为直角坐标系中 $\boldsymbol{k}$ 的分量。

根据海森伯不确定性原理,该光子在一维(x)某一点位置的不确定性范围 Δx 与其动量在 x 方向分量的不确定性范围 ΔP_x的关系为

$$\Delta x\,\Delta P_x \geqslant \hbar = h/(2\pi) \tag{33-25}$$

由于 $|\boldsymbol{P}| = h|\boldsymbol{k}|/(2\pi)$,其 x 分量的不确定性范围 ΔP_x 为 P_x,即

$$\Delta P_x = P_x = hk_x/(2\pi) \tag{33-26}$$

因而

$$\Delta x \geqslant 1/k_x \tag{33-27}$$

上式说明细光束中光子的空间不确定性范围 Δx 由光子波矢量在 x 方向的分量 k_x 所限定。

2. 传输光束中光子的空间不确定性极限

细光束的极值可由光束中光子的空间不确定性极限来决定。假设通过某一定点光束的光子均为传输光时,则其波矢量 $k_x = 2\pi/\lambda$,$k_y = k_z = 0$。该传输光光束光子在 x 轴上某一指定点的空间不确定性极限值,根据(33-27)式,应为

$$\Delta x \geqslant \lambda/(2\pi) \tag{33-28}$$

透镜聚焦相干光束在束腰处,满足传输光条件:$k_x = 2\pi/\lambda$,$k_y = k_z = 0$。因此,相干传输光聚焦的焦斑尺度 Δx 将受上式局限,即不能小于 $\lambda/(2\pi)$。

对于显微镜物镜光束为锥形的光束,聚焦的焦斑最小可分辨尺度假设为 CD,则

$$\mathrm{CD} = K_1\lambda/\mathrm{NA} \tag{33-29}$$

式中,$\mathrm{NA} = n\sin\theta$,$n$ 为光束空间折射率,θ 为光束的半孔径角;K_1 是取决于显微镜物镜孔径中光场分布的一个常数,对于均匀的场分布,$K_1 = 0.61$(瑞利判据);对于优化的环型光场,$K_1 = 0.36$。当 $\mathrm{NA} = 0.9$,$\lambda = 400$ nm 时,

CD≈140 nm;当 NA=1.4 时,用优化的环型光场,CD≈100 nm。因此,100 nm 左右是用紫光显微镜聚焦光束可能达到的最小极限尺度。

(二)突破分辨极限成像的关键

要求实现超衍射极限分辨,即要求海森伯不确定性公式(33-25)中光子的空间不确定性极值 Δx_{super} 远小于衍射分辨极限(约 $\lambda/(2\pi)$),即要求满足下式:

$$\Delta x_{\text{super}} \ll \lambda/(2\pi) \tag{33-30}$$

将(33-30)式代入(33-25)式中,得 $|\boldsymbol{P}|\times k_x \gg |\boldsymbol{P}|\times 2\pi/\lambda$,即要求 $k_x \gg 2\pi/\lambda$,又因为 $|\boldsymbol{k}|=2\pi/\lambda$,因此要求实现超衍射极限分辨的条件是要满足下式:

$$|k_x| \gg |\boldsymbol{k}| \tag{33-31}$$

k_x 既要满足(33-31)式,同时又要受(33-24)式的约束,因此,k_y 与 k_z 中必须有一个为虚数。而波矢量为虚数的光波,其场强将随离开光源(物体表面)的距离(z 或 y)呈指数衰减,这种光波必定是倏逝光波。

因此,由海森伯不确定性公式说明,实现超衍射极限分辨的关键是,成像系统必须应用倏逝光。其根本的理由是,只有倏逝光才能携带超衍射极限分辨的光信息。

(三)近场光学定义

人们从研究光学显微成像超衍射极限分辨的历史中发现,必须利用物体近场的倏逝光才能实现超衍射极限分辨。因此,人们就将研究有关近场的光学现象、理论与技术称为"近场光学"。但是,用近场来定义近场光学仍存在一些问题。近场光学现象是很复杂的,一般,传输光和倏逝光可以在近场同时存在。如理想的最简单的单个偶极子光发射,它的电磁场近场分布示意图如图 33-20 所示,其等场强面是一个以 z 为轴的回旋体形发射模型,电磁场以偶极子轴对称分布。在 $\lambda/2\pi$ 为半径的近场内外,电磁场轴向分布为急剧衰减的倏逝场(图中点线 Z-K_z 距离与电场关系),而垂直于轴的平面上,在 2π 发散方向,电磁场发射均为可传输光(图中虚线)。

因此,用研究小于一个波长(或半个波长)的光学现象来定义近场光学,并没有抓住定义内涵的关键和实质。当近场(小于一个波长或半个波长)仅存在传输光而没有倏逝光(或倏逝光的成分少到可以忽略)的情况下,将没有超衍射极限分辨的可能性,也就不存在研究超衍射极限分辨的近场光学问题;同时,还因为近场的量很难明确说定,因此,用近场一个波长(或半个波长)的模糊量来定义"近场光学",可能缺乏概念的严密性,最好用比较严格的词汇和量定义。倏逝光是近场光学中最具标识性的特征,因此,本手册把"研究超衍射极限分辨光学问题和研究与倏逝光有关的一切光学现象、理论与技术"定义为"近场光学"。

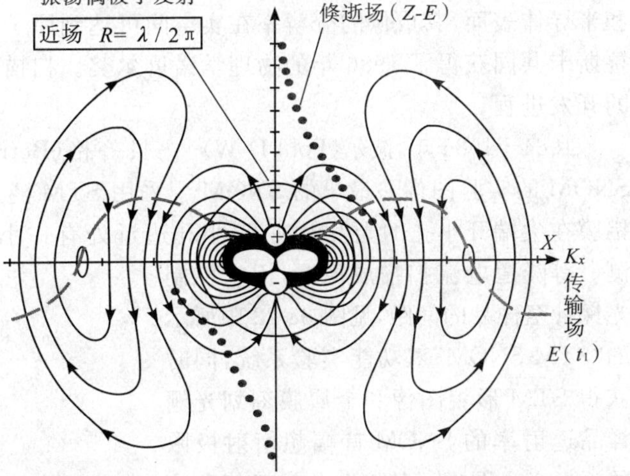

图 33-20 偶极子发射的近场电磁场分布示意图

二、近场光学显微镜

(一)近场光学显微镜的发展历史

1. 早期近场光学显微镜的设想与研究

1928 年辛格(Synge E H)[9] 和 1956 年奥·基夫(O'keefe J A)[10] 先后独自提出扫描近场光学显微镜(NOM)的概念设想。其要点是:用小于衍射极限纳米尺度的小孔代替扫描显微镜的物镜,限制扫描显微成像的细光束,让小孔贴近样品表面近场作二维扫描,同时,采集通过小孔和样品的细光束信息,构建样品突破衍射极限分辨的光学显微图像。这就是最早有历史记录的"小孔径-扫描近场光学显微镜(A-SNOM)"设想。1990 年麦克马伦(McMullan)在发掘辛格研究 NOM 的历史过程中,找到了证据:辛格当时已经提出过"小孔径型 A-NOM"和"尖散射型 S-NOM"两种超衍射极限扫描近场光学显微镜的概念设想[39-41],如图 33-21 所示。

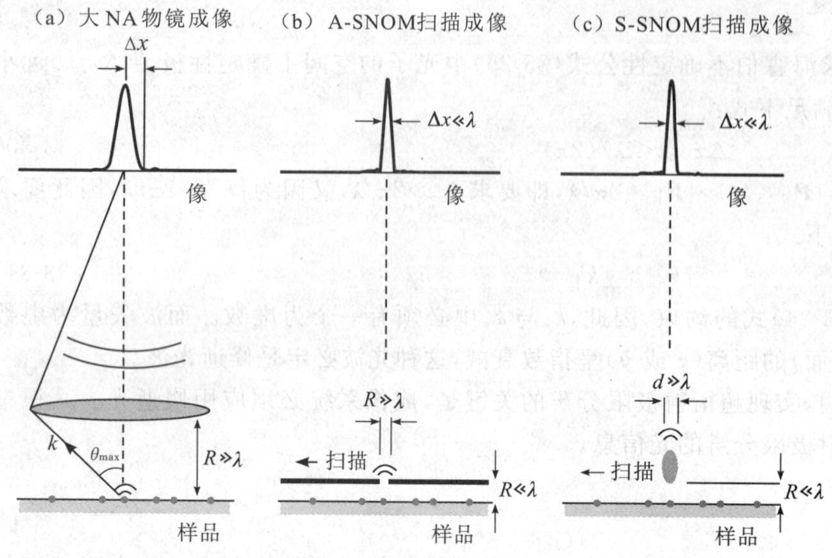

图 33-21 辛格 1928 年提出的 A-SNOM 和 S-SNOM 概念[40]

但是,扫描近场光学显微镜(SNOM)所要求的技术是很高的,许多关键技术在 19 世纪中叶还难以实现。这些关键技术主要有:①纳米尺度小孔径(或者纳米尺度的光散射尖)的制作技术;②小孔(或光散射尖)与样品之间紧贴(等间距)的精确控制技术;③小孔(或光散射尖)与样品之间相对的二维纳米精度扫描技术;④将二维扫描获得的光信息,构建成超衍射极限分辨的光学图像等。

为了证实扫描近场光学显微镜设想的可行性,1972 年阿什(Ash E A)等用 3 cm 波长的微波作扫描近场光学显微镜原理性实验,所得图像的分辨极值可达到 150 μm,波长的 1/200[11],说明扫描近场光学显微镜的原理是正确的。由此可见,光频近场光学显微镜突破衍射极限将有望获得成功,即扫描近场光学显微镜的极限分辨能力可不受半波长衍射极限制约。

2. 扫描隧道显微镜的发明促进了近场光学显微镜的发展

1982 年,罗雷尔(Rohrer H)和宾宁(Binning G)发明了扫描隧道显微镜(STM)[12]。用该仪器检测导体和半导体表面,其成像的分辨率在实空间可达到原子分辨水平。因此,罗雷尔、宾尼希和发明电子显微镜的鲁斯卡共同获得了 1986 年的物理学诺贝尔奖。扫描隧道显微镜的发明,极大地推进了扫描近场光学显微镜的开发进程。

1984—1986 年,波尔(Pohl D W)[13],贝齐格(Betrig E)等[14]分别先后发表了空间分辨突破衍射极限的 SNOM 的实验图像。最早的 SNOM[13]采用 STM 隧道电流控制尖与样品的近场间距,用石英四棱锥侧面镀铝膜在尖端开小孔的光发射尖,该小孔边近处有一小突起(tor)——金属尖(tip),用于 STM 隧道电流的检测。等隧道电流扫描成像时,用它控制光探针至样品的间距,见图 33-22 中所示的"STM-SNOM"双功能实验系统,同时获得 STM 形貌图像和金属膜刻划光栅样品透射率的 SNOM 首幅超衍射极限的近场光学图像。其横向分辨极值首次达到 $\lambda/20 \sim \lambda/25$。由于"STM-SNOM"双功能实验系统用 STM 控制近场间距,因而仅适用于导体和半导体样品。

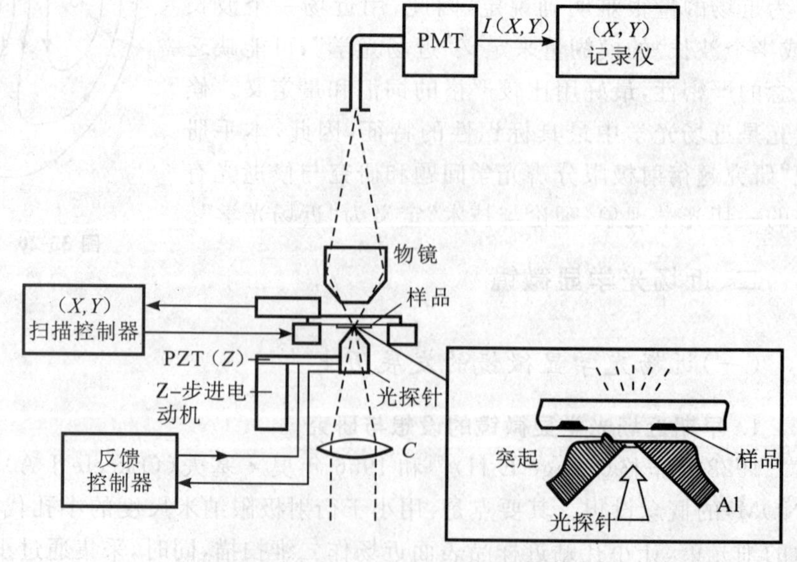

图 33-22 M/A-SNOM 示意图[13]

1992 年,贝齐格(Betrig E)发明了采用镀金属膜开小孔光纤尖的剪切力/小孔径扫描近场光学显微镜(SF/A-SNOM)[14]。金属膜开小孔光纤尖作为光发射尖,光纤尖端后 1 mm 左右的裸光纤用作原子力显微镜(AFM)的弹力臂，压电器件或石英音叉策动光纤尖前端在样品表面近场作剪切方向共振（尖端振动方向与样品表面平行），当策动力与样品-尖之间近场的剪切力达到平衡时，用共振振幅或音叉反馈信息来控制尖与样品的间距。与这种剪切力显微镜（SFM）组合的双功能"SFM/A-SNOM"实验系统，可应用于非导电的样品。该实验系统的光探针为采用侧面镀金属膜端头开小孔的直光纤尖。贝齐格等的实验框图见图 33-23[14]。

贝齐格等的实验为光纤尖 AFM/A-SNOM 商品化技术奠定了基础。1995 年以后，市场上前后有数家的 A-SNON 产品推出，其中有的采用镀金属膜端头开小孔的弯光纤尖，用成熟的 AFM 共振轻敲（tapping）技术来控制光纤尖-样品的间距，或用 AFM 接触模式控制尖-样品的间距。共振轻敲模式对生物等软样品扫描成像比较安全，不容易划伤样品表面。

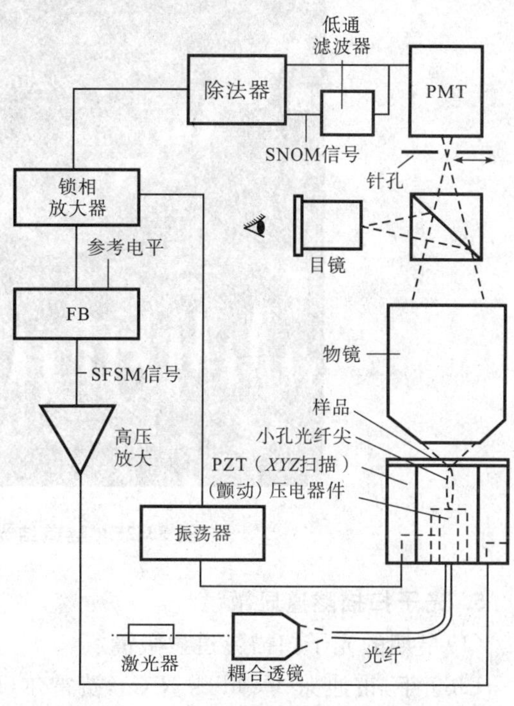

图 33-23　FM/A-SNOM 实验框图[14]

3. 尖散射型扫描近场光学显微镜

1994 年，曾豪森（Zenhausern F）等发明了扫描干涉无孔径尖光学显微镜（SIAM）[15]。它是早期最成功的尖散射型扫描近场光学显微镜（S-SNOM）的演示实验，见图 33-24。样品为极薄的透明相位样品，采用诺马斯基显微镜光路，在该物镜聚焦束腰处，存在正交的偏振光束，选其中的一支光束照在样品附近（无样品处）的基板表面，经反射，用作干涉仪的参考光束；正交偏振光束中的另一光束，经过基板和透明相位样品，以近场轻敲模式，在镀金属膜（无孔）的 AFM 尖上反散射，沿原路返回，用作干涉仪的物光束。基板足够均匀平整，干涉显微光束经二维扫描成像，可获得样品二维相位差图像。该 SIAM实验系统演示的近场光学（相位差）图像横向分辨极值，最佳时曾达到 1～2 nm。在 SIAM 中，用了一项降低干涉信号噪声与背景的锁相放大技术：样品基板做横向 3 kHz 颤动，AFM 尖做纵向 1 kHz 颤动，锁相放大采用 AFM 尖纵向 1 kHz 颤动频率调制，纵向与横向两频率的共拍处（AFM 尖与样品间距极小值时）光信号存在极大值，以此锁相放大技术有效地抑制了很强的散射背景信号和噪声。SIAM 系统实验结果说明了尖散射型扫描近场光学显微镜原理是很成功的。

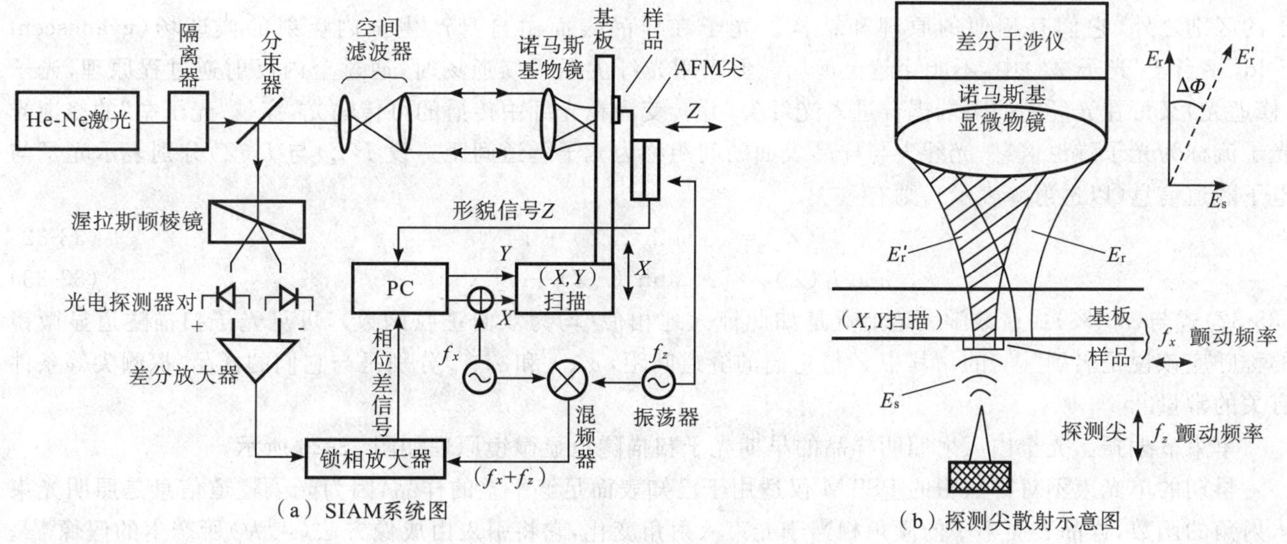

图 33-24　SIAM（首例 S-SNOM）示意图[15]

4. 隧道结光发射扫描近场光学显微镜

1995 年，伯恩特（Berndt R）用扫描隧道显微镜与发射型扫描近场光学显微镜结合，发明了隧道结光发射扫描近场光学显微镜（TE-SNOM），首次检测到隧道结光发射原子分辨的光学图像[41]。在超高真空和超低温(50 K)的条件下,用 STM/E－SNOM 系统等隧道电流强度扫描模式(CI-M,4 nA,3.0 V)检测有序金原子线阵列样品,在一次扫描中获得了对比度很好的 STM 形貌图像和光发射 TE-SNOM 图像,测出沿[1$\bar{1}$0]方向金原子的排列间距为 0.81 nm,见图 33-25[41]。

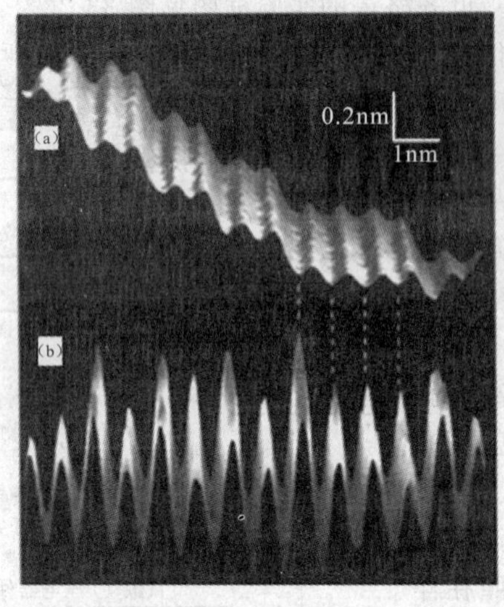

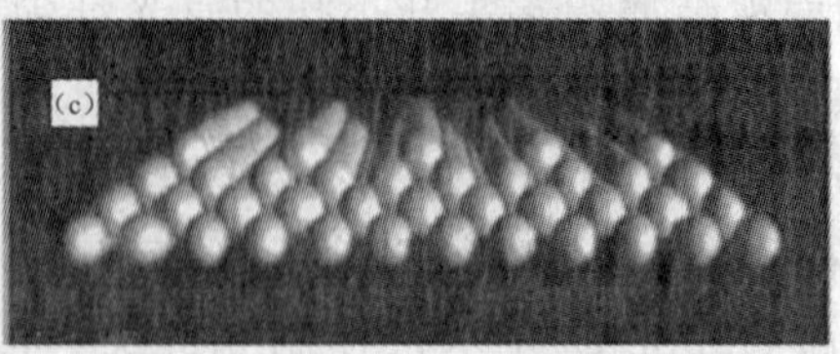

(a) CI模式Au(110)原子线阵列STM图像;

(b) STM/E-SNOM隧道结光发射扫描信息图;

(c) 金原子线阵列周期为0.816nm,1×2重建Au(110)表面用于研究光反射的原子光栅模型

(Berndt R, Phys. Rev. Lett.74(1):102)

图 33-25　隧道结光发射扫描近场光学显微镜所获图像[41]

5. 光子扫描隧道显微镜

(1)早期的光子扫描隧道显微镜

1989 年,雷迪克(Reddick R C),费雷尔(Ferrel T M)和库金(Courjon D)等发明了一种以光子扫描隧道显微镜(PSTM)命名的新型近场光学显微镜[16-17]。美国 1991 年 5 月授权了第一个 PSTM 发明专利[42]。大连理工大学与中国科学院北京电子显微镜实验室合作,在 1991 年 10 月研制了我国第一台 PSTM 实验系统,获得了 1 000 pl/mm 透射型全息光栅的 PSTM 光学图像,其分辨优于 100 nm($\lambda/6$),这是我国突破衍射极限的第一幅 PSTM 光学图像[18]。该系统于 1993 年 6 月通过了专家组的技术鉴定[43-44,18]。用该系统对 10 余种样品取得了超衍射极限分辨的 PSTM 图像,系统的成像分辨能力横向达到 10 nm($\lambda/60$),纵向优于 1 nm。

光子扫描隧道显微镜的名称是仿照(电子)扫描隧道显微镜(STM)的名称提出来的,两者除了光子、电子的区别之外,它们有相似的原理和结构。光子在样品表面由自身产生全内反射的倏逝场(evanescent field,相当于"光子垒")中,不能穿越至远场。但当用光纤尖插入倏逝场时,通过全内反射逆过程原理,光子(倏逝光)又可在光纤尖的尖端耦合进入光纤尖,并转变为在光纤中传播的可传输光,穿越"光子垒"的倏逝光光子流称为光子隧道信息,光纤尖与样品表面的间距称为光子隧道间距。设 $I(Z)$ 与 $I_e(Z)$ 分别表示光子与电子隧道信息(以透射率表示),则有[45-46]

$$I(Z)=[\alpha\sinh^2(rZ)+1]^{-1} \tag{33-32}$$

$$I_e(Z)=[\alpha_e\sinh^2(r_eZ)+1]^{-1} \tag{33-33}$$

(33-32)式与(33-33)式在数学表达上竟是如此惊人地相似(均为双曲正弦函数),可见光子扫描隧道显微镜的称呼应该说是名副其实的。其中 Z 是它们的隧道间距,α、r 和 α_e、r_e 分别是与它们的样品、探测尖等条件有关的常量。

单束 p 偏振激光全内反射照明样品的早期光子扫描隧道显微镜原理如图 33-26 所示。

早期的单光束不对称照明的 PSTM 仅适用于已知表面足够平整的样品,因为光子隧道信息是照明光束入射角的函数,样品表面不平的倾角相当于光束入射角变化,它将引入由成像方法(人为)所产生的假像[47]。另外,单光束不对称照明使样品近场的倏逝场相对于光纤尖的不对称性,也是引入假像的因素之一。因此单光束早期的 PSTM 在推广应用中受到局限。

1993—1996 年大连理工大学成功地解决了 PSTM 中的消假像问题。在 PSTM 中,用两束 π 对称不相干光束照明样品就可有效减少 PSTM 中的假像。其原理简述如下:[45,18-19]

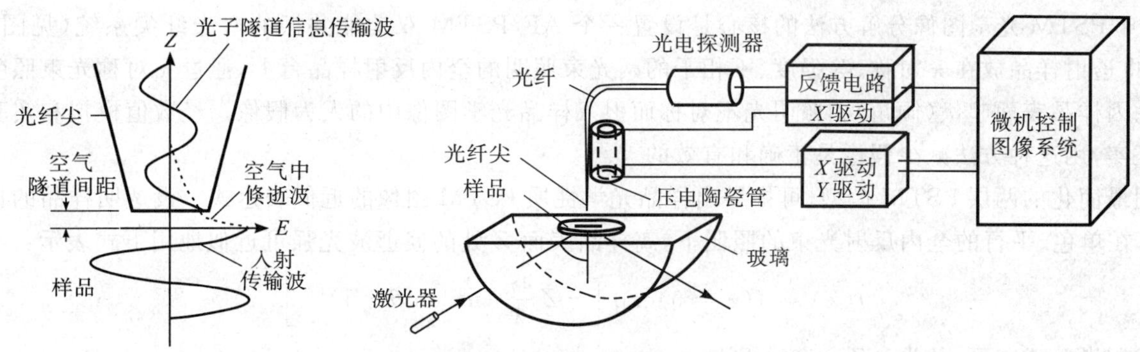

图 33-26　光子隧穿示意图(左)和单光束早期 PSTM 原理框图(右)

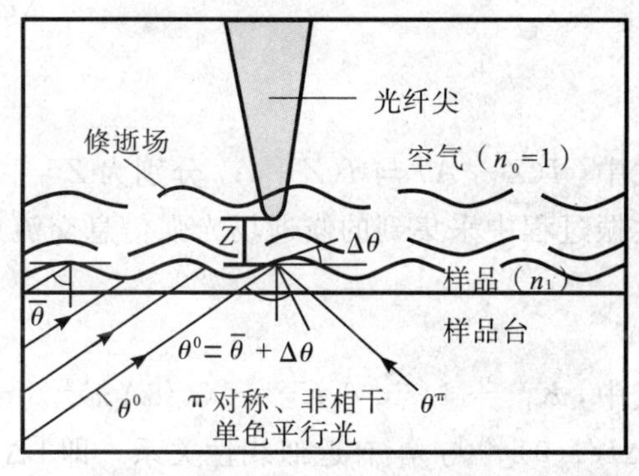

图 33-27　PSTM 消假像的原理图

在 PSTM 中样品表面倏逝光信息 I 是探针离表面的距离 Z、样品表面折射率 n 和照明光束入射角 θ 的函数，$I=F(Z, n_1, \theta,)$，见图 33-27。设样品表面检测点的倾角为 $\Delta\theta$，θ^0 与 θ^π 方位光束的入射角分别为 $\theta^0=\bar{\theta}+\Delta\theta$ 和 $\theta^\pi=\bar{\theta}-\Delta\theta$，于是 $\Delta I^0=\frac{\partial I}{\partial Z}\Delta Z-\frac{\partial I}{\partial n_1}\Delta n_1-\frac{\partial I}{\partial \theta}\Delta\theta$，$\Delta I^\pi=\frac{\partial I}{\partial Z}\Delta Z-\frac{\partial I}{\partial n_1}\Delta n_1+\frac{\partial I}{\partial \theta}\Delta\theta$。其中，$\frac{\partial I}{\partial \theta}\Delta\theta$ 是由不对称照明和样品不平整引入的假像信息。当用两束 π 对称且不相干等强度的光束照明样品时，即可将上两式相加而得到可消去假像信息的下式：

$$\Delta n_1=\left\{\frac{\partial I}{\partial Z}\Delta Z+\frac{1}{2}\left[\Delta I^\pi+\Delta I^0\right]\right\}\Big/\frac{\partial Z}{\partial n_1} \tag{33-34}$$

上式说明，用两束 π 对称且不相干等强度的光束照明样品时，可在光学折射率图像中消去假像；但是该式的应用还有困难，因为$(\partial Z/\partial n_1)$不是常量，并且很难获得，后面将说明如何解决这个困难。

(2)原子力与光子扫描隧道组合显微镜

早期的 PSTM 常以等高扫描模式(CH-M)或等强度扫描模式(CI-M)成像。由于光子隧道信息是隧道间距(Z)的函数，在 CH-M 模式和 CI-M 模式的 PSTM 样品图像中，不仅样品折射率与透射率这两个光信息在一起不能分解，而且与样品形貌信息也混在一起，给近场光学图像解释带来了很大的困难。因此，早期的 CH-M 或 CI-M 扫描模式 PSTM 的推广应用受到局限，难以商品化。

2002 年 9 月，大连理工大学吴世法课题组研制成功原子力与光子扫描隧道组合显微镜(AF/PSTM)功能性样机，首次获得样品超衍射极限分辨的光学折射率变化图像。该样机在一次扫描成像中，可同时获得样品纳米分辨的 PSTM 折射率变化图像、透射率变化图像、样品纳米分辨的 AFM 形貌图像和表面相位图像共 4 幅图像，解决了 PSTM 中减少假像和分解透射率与折射率图像两大难题[48-49]。AF/PSTM 的原理框图和样机照片见图 33-28。

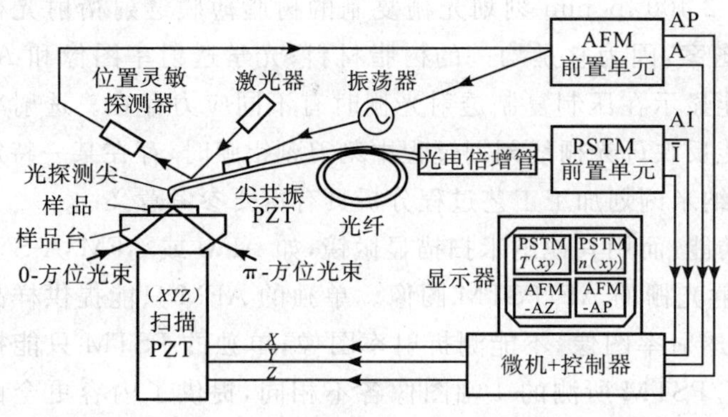

图 33-28　AF/PSTM 原理框图(左)及系统照片(右)

AF/PSTM 光学图像分解方法的核心是设置一个 AF/PSTM 双功能共振的弯光纤尖系统(见图 33-28 左)。将透射样品放在 π 对称、等强度、不相干的两光束照明的全内反射样品台上,通过 π 对称光束照明样品可消除因样品表面起伏(倾角)和照明光不对称而引入样品光学图像中的人为假像。经数值模拟和实验研究均已证实,用这种方法减少假像是正确和有效的[48,50]。

用最简化的两层 PSTM 模型,可推导出样品光学性质 PSTM 图像的近似表达式。设透明样品的折射率为 n_1,在单色、平行的全内反射光束的照明下,离样品表面 Z 处的倏逝波光强可近似地用下式表示:

$$I(Z) = I(z=0)\exp\left[-Z\frac{4\pi}{\lambda}(n_1^2\sin^2\bar{\theta}-1)^{1/2}\right] \tag{33-35}$$

将上式用微分式表示,并设 $\Delta Z = 2A$,则

$$\begin{aligned}\Delta I &= I(\bar{Z}-A) - I(\bar{Z}+A)\\ &= I(z=0)\left[-\frac{4\pi}{\lambda}(n_1^2\sin^2\bar{\theta}-1)^{1/2}(2A)\right]\end{aligned} \tag{33-36}$$

式中,$I(\bar{Z}-A)$ 与 $I(\bar{Z}+A)$ 分别为 $Z=(\bar{Z}-A)$ 和 $Z=(\bar{Z}+A)$ 处的倏逝波光强,ΔI 为弯光纤尖在纵向共振过程中采集到的倏逝场光强信息交流成分中的峰谷值。将(33-36)式展开,可近似表示为

$$n_1 = K_1 - K_2\left[\frac{\Delta I}{I(z=0)}\right]^2 \tag{33-37}$$

式中,$K_1 = 1/\sin\bar{\theta}$,$K_2 = (\lambda/8A\pi)^2/\sin\bar{\theta}$,$\bar{\theta}$(样品平均表面的光束入射角)、$A$ 和 λ 均为常量,因此 $[\Delta I/I(0)]^2$ 与 n_1 有近似线性关系。即 $[\Delta I/I(0)]^2$ 的图像可近似表示 n_1 的图像:

$$\Delta n_1(x,y) \propto -[\Delta I(x,y)/I(x,y,0)]^2 \tag{33-38}$$

较复杂的 4 层平面(样品台—样品—空气—探测介质)PSTM 模型只能用数值模拟近似表示,在样品厚度差别不太大的情况下,(33-38)式的线性关系也能近似成立。

一般透光样品不能保证各处透射率 $T(x,y)$ 都相同,因此(33-38)式中的 $I(x,y,0)$ 值不是一个常量。设样品均匀照明的入射光强 I_0 为常量,则有 $I(x,y,0) = T(x,y)I_0$,其中的 $T(x,y)$ 为样品的透射率图像,因此

$$T(x,y) \propto I(x,y,0) \tag{33-39}$$

式中,$I(x,y,0)$ 为 $Z=0$ 时的 PSTM 光子隧道信息图像。

根据(33-38)式和(33-39)式,只要 AF/PSTM 在扫描过程中从光子隧道信息中分离出 $\Delta I(x,y)$ 和 $I(x,y,0)$,就可实时给出样品的折射率变化图像和透射率变化图像。为此在系统中设计了一个 PSTM 信号前置电路,从光电倍增管输出的光子隧道信息中分离出 $\Delta I(x,y)$ 和 $I(x,y,0)$ 信号,通过实时运算便可显示 $\Delta n_1(x,y)$ 和 $T(x,y)$ 的图像。

下面介绍几幅显示 AF/PSTM 功能并具代表性的图像:

1)AF/PSTM 可在一次扫描中获得分解的光学图像两幅,表面形貌图像两幅。对纳米加工产品和工艺过程分析可提供有用的检测数据。图 33-30 是用 2 400 lp/mm 刻划光栅复制的树脂薄膜透射衍射光栅的 AF/PSTM 图像:唯折射率图像没有明显的光栅图案,因为它是均一的树脂材料;光学透射率图像和 AFM 形貌图像显示出明显的光栅图案;相位差图像可能显示在压制复制透射光栅时有不同应力存在。透射率变化图像沿光栅刻划线显示出有某一周期图案,可能反映母光栅线刻划过程中刻刀刻铝膜时,存在某一特定振动频率现象,这个意外的发现说明,AF/PSTM 对纳米刻划加工工艺过程分析具有重要参考意义。

2)AF/PSTM 具有检测一些复杂样品的独特功能,而用其他纳米扫描显微镜,如 AFM 或 AFM/A-SNOM 等均不能替代。图 33-30 为 1 000 lp/mm 全息透射光栅的 AF/PSTM 图像。单独的 AFM 只能提供样品表面的形貌特性图像;AFM/A-SNOM 只能测光学透射率图像,不能测折射率图像;单独的 PSTM 只能提供样品透射率和折射率混合的光信息图像。而 AF/PSTM 所测的 4 幅图像各不相同,提供了内容更全面更丰富的信息。AFM 形貌图像中可见有一块凸起异物,相位差图像可说明凸起部位与其他部位的物质相同(无相位差),都是感光乳胶。仅有 AFM 时无法判别乳胶中有无光栅图案存在。同时具有 PSTM 功能

时，透射率变化图像说明凸起异物影响到了透射率，是一个很不透光的异物，但据此还不能知道异物是在乳胶膜之中还是乳胶膜之下。从 PSTM 折射率变化图像中有完整的光栅图案(不受异物影响)，能够说明不透光异物在乳胶膜与玻璃基板之间，因为光栅折射率变化图案是由银粒子在乳胶膜中感光存积形成的，PSTM 折射率变化图像没有受异物影响，说明不透光异物在乳胶膜的下面。PSTM 折射率变化图像还说明了另一个很重要的特点，即照明光强度变化对 PSTM 折射率图像测量的影响很小，异物挡光那么严重，对折射率图像检测的影响却很小，其原因是 PSTM 折射率公式的表述仅与照明样品相对光强的平方成正比(见(33-38)式)。

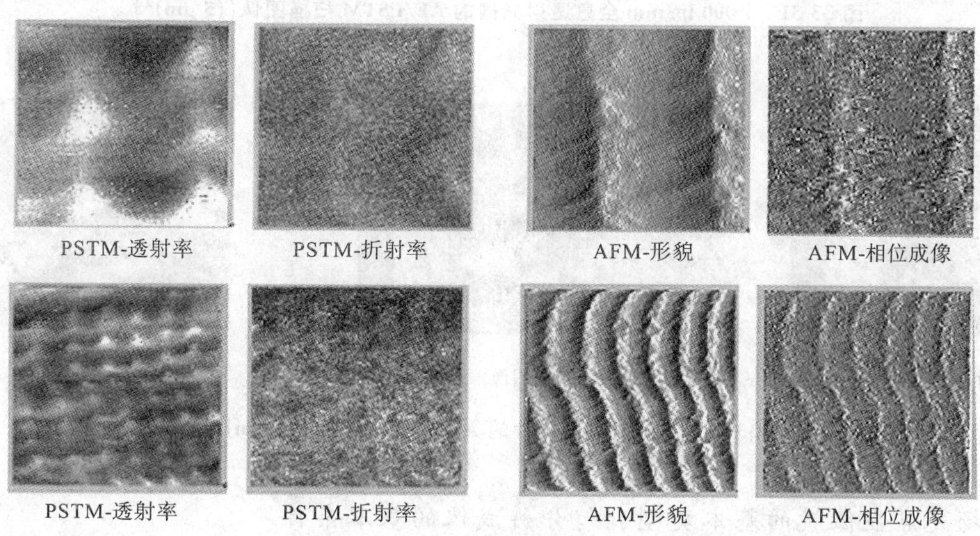

图 33-29　2 400 lp/mm 复制光栅的 AF/PSTM 图像

上：$(0.82\ \mu m)^2$，下：$(2.75\ \mu m)^2$

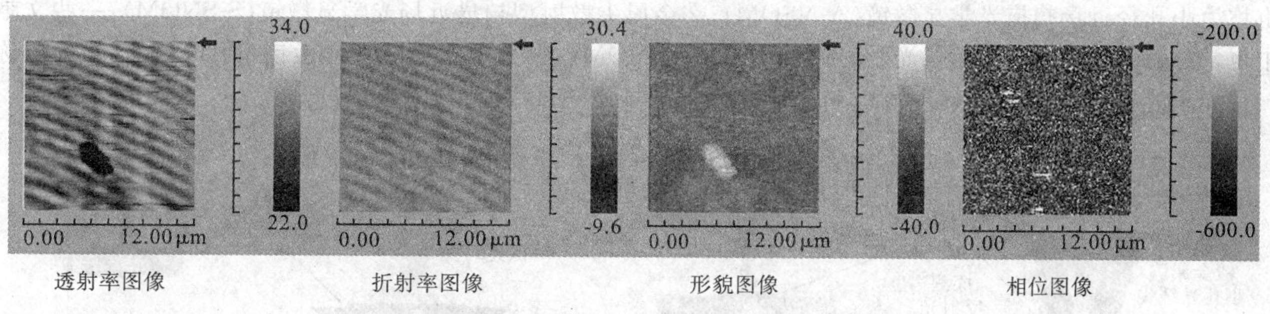

图 33-30　1 000 lp/mm 全息透射光栅的 AF/PSTM 扫描图像($(12.00\ \mu m)^2$)

另一幅 1 000 lp/mm 全息透射光栅的 AF/PSTM 扫描图像见图 33-31。PSTM 折射率图像显示了光栅图案，PSTM 透射率图像显示光栅图像有破坏性划痕，此划痕在哪里？清晰的 AFM 形貌图像显示乳胶粒子完整无损，折射率光栅图案说明乳胶层没有问题，PSTM 透射率图像显示的破坏性划痕的结论只能是基板划坏了。AFM 相位图像说明表面材质均一。全息透射光栅的 AF/PSTM 4 幅图像各不相同，丰富的光学与形貌信息，圆满解释了该检测样品的所有问题。

3)AF/PSTM 用于生物样品折射率图像的检测灵敏度很高。图 33-32 是利用 AF/PSTM 研究制备血红细胞膜碎片样品过程中获得的图像。用低渗缓冲液处理血红细胞，吸出血红细胞中的血红蛋白，利用反渗透将细胞膜涨破获得血红细胞膜碎片。将血红蛋白基本上洗净后，可得到清晰的细胞膜破裂碎片的 PSTM 透射率图像和折射率图像，它与 AFM 形貌图像相符。厚度仅约 5 nm 的血红细胞膜碎片可呈现清晰的折射率图像和透射率图像，在玻璃基板上晾干后未清洗净的血红蛋白呈现出不均匀的背景。它们都是极微量生物物质的图像，说明 AF/PSTM 对生物物质成像有很高的灵敏度。

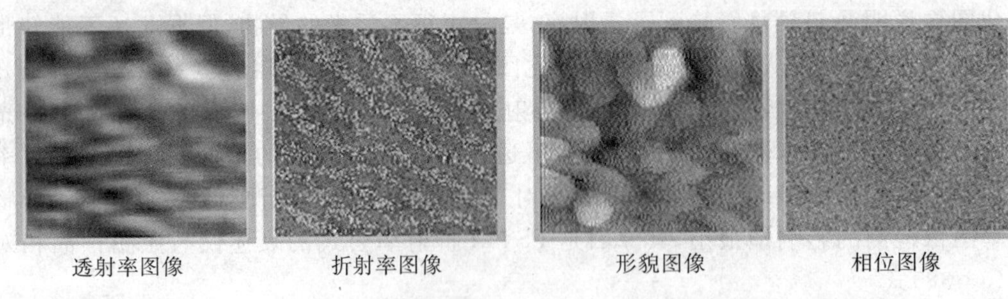

图 33-31　1 000 lp/mm 全息透射光栅的 AF/PSTM 扫描图像($(5\ \mu m)^2$)

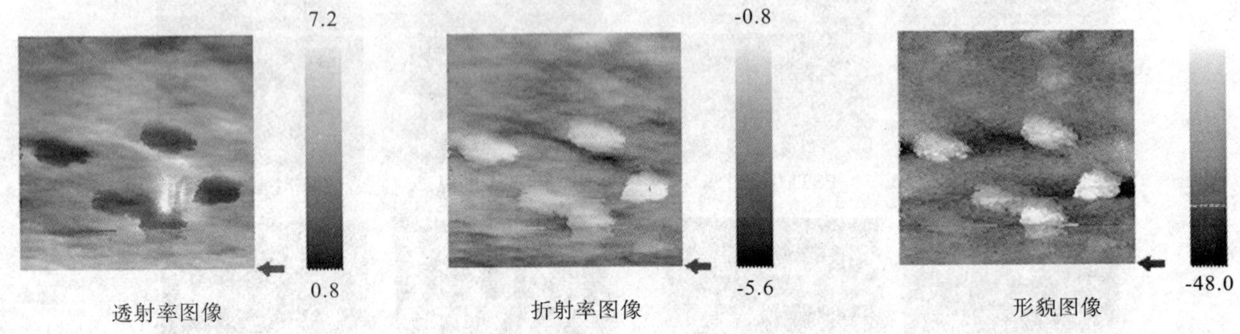

图 33-32　血红细胞膜碎片的 AF/PSTM 图像($(10\ \mu m)^2$)

(二)近场光学显微镜的基本类型和超分辨成像的基本条件

1. 近场光学显微镜的基本类型、多种结构及其适用范围

近场光学显微镜可粗分为 4 个基本类型(见图 33-33):①小孔径扫描近场光学显微镜(A-SNOM),有时也称为小孔径近场扫描光学显微镜(A-NSOM);②金属尖散射型扫描近场光学显微镜(S-SNOM),一些文献中也常称其为无孔径扫描近场光学显微镜(A-Less-SNOM);③光子扫描隧道显微镜(PSTM),有时为也称扫描光子隧道显微镜(SPTM);④STM 隧道结发射近场光学显微镜(TE-NOM)。

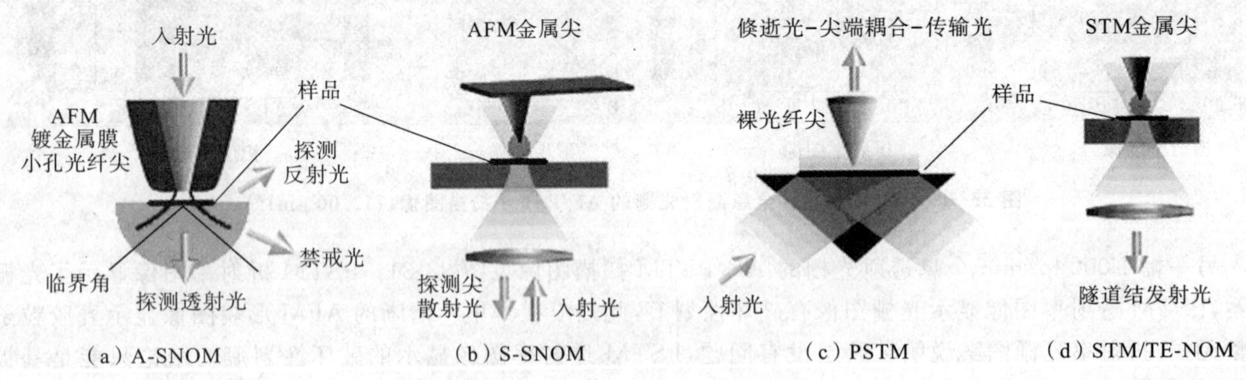

图 33-33　NOM 的 4 个基本类型

基本结构按照明光与样品的关系,A-SNOM 和 S-SNOM 有透射式和反射式近场光学显微镜两种,PSTM 只有透射式,TE-NOM 则是发射式。

光探测尖有许多种:如镀金属膜小孔光纤尖、裸光纤尖、金属膜无孔光纤尖、AFM 商品镀金属膜尖(开孔或不开孔)商品、金属膜棱锥尖、金属尖等。

根据不同的样品、探测尖种类、照明光束与探测光束方向的安排,可组成许多种结构的近场光学显微镜,见表 33-16,绝大部分结构都已有人作过深入的探索研究。其中,相对于探测尖轴线,在探测光束或照明光束是不对称的近场光学显微镜系统中,光学图像中将存在假像,如表 33-15 中的 A3、A4、S3、S4、S8 和 S9 均为不对称系统。在 PSTM 中如果是单光束不对称照明，同样也存在假像。

表 33-15 中有代表性的最佳研究成果见表 33-16。其中提高近场光学显微镜的分辨率主要取决于：①样品表面倏逝光的纯度和强度；②探针尖的端头尺度；③尖与样品表面间距的控制精度和接近程度；④扫描精度和记录系统的灵敏度。

表 33-15　近场光学显微镜的多种结构

A-SNOM		S-SNOM					TE-SNOM	PSTM
金属膜小孔光纤尖		金属膜无孔光纤尖		金属膜棱锥尖		金属尖	STN金属尖	裸光纤尖
透射式	反射式	透射式	反射式	透射式	反射式	STAM	隧道结发射式	透射式
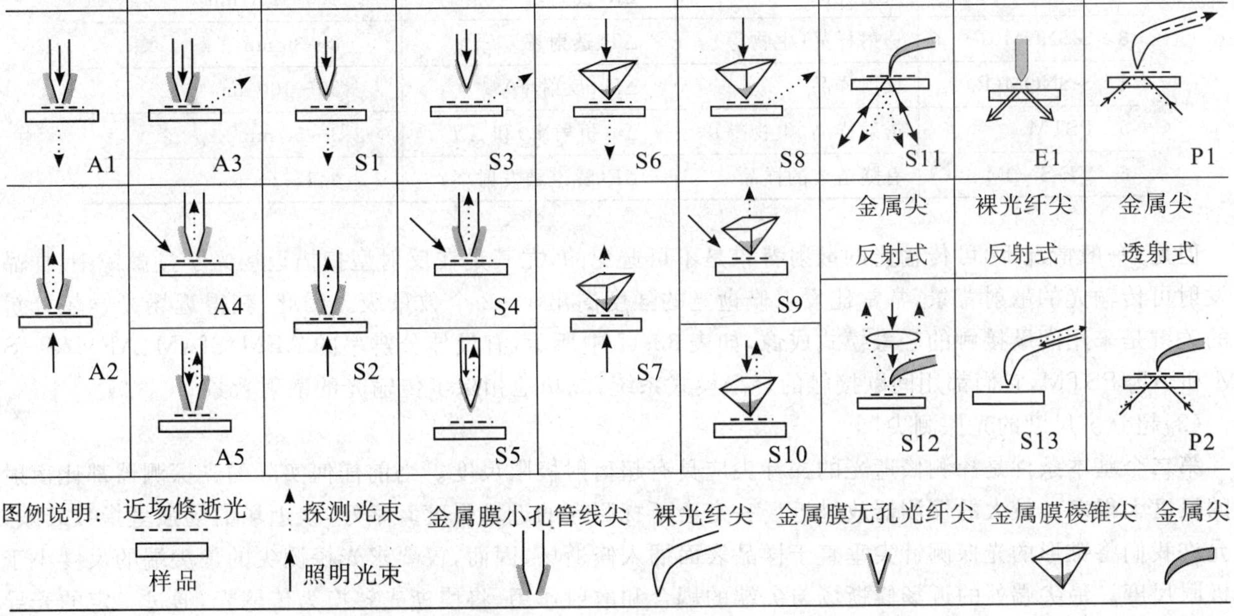 A1	A3	S1	S3	S6	S8	S11	E1	P1
						金属尖 反射式	裸光纤尖 反射式	金属尖 透射式
A2	A4 A5	S2	S4 S5	S7	S9 S10	S12	S13	P2

图例说明：近场倏逝光　样品　探测光束　照明光束　金属膜小孔管线尖　裸光纤尖　金属膜无孔光纤尖　金属膜棱锥尖　金属尖

表 33-16　近场光学显微镜一些有代表性的最佳分辨率实验结果

实验系统	小孔径扫描近场光学显微镜(A-SNOM)	光子扫描隧道显微镜(PSTM)	散射型扫描近场光学显微镜(S-SNOM)	扫描干涉无孔尖显微镜(SLAM)	隧道结发射光学显微镜(TEOM)
特征	①小孔照射 STM-尖 ②金属膜小孔，横向共振	裸光纤尖 纵向共振	金属尖 纵向共振	金属尖 纵和横共振	金属尖 隧道节发射式
示图	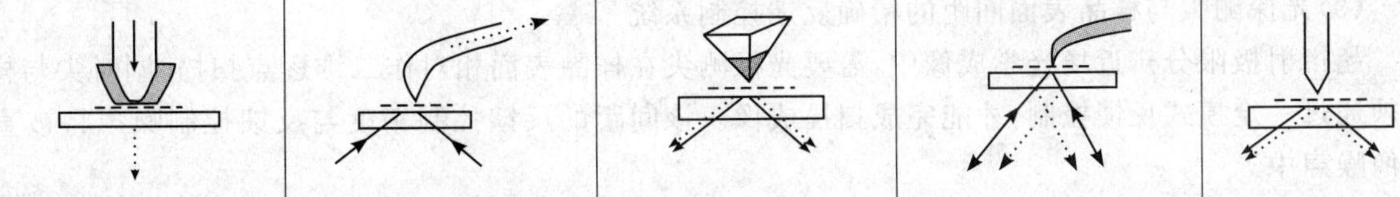				
演示最佳分辨极值	20 nm 或 50 nm	10～3 nm	3～1 nm	2～1 nm	1～sub-nm
作者	①STM/A-SNOM：Pohl W；Courjon D；Novotny L；等 ③　SFM/A-SNOM：Betzig E；等	Inventer：Ferrel TM；Reddick R C；等 Ohtsu M，等 Shifa Wu group obtain the first refractive index image(AF/PSTM)	Bachelot B；Pierre-Michel Adam；等 Fiechex C，等 Tetrahedral tip	Wickramasinghe H K，ZenhausernF 和 Martin Y. (Scanning Interferometry Aperture-less Mode)	Coonbs J L；Berndt R；等

近场光学显微镜的适用范围、检测样品参数及一般较好条件下可能达到的图像分辨率见表 33-17。

2. 近场光学显微镜超分辨成像的基本条件

(1)倏逝光成像

只有倏逝波光子才能携带样品的超衍射极限分辨信息,这是近场光学超分辨成像的前提。如应用传输光设计显微成像系统就不能实现突破衍射极限的成像。因此,在超分辨成像系统中的首要条件,是要设计样品表面的照明,使它能产生足够强的倏逝光,并使样品表面存在的倏逝光的纯度尽可能地高。

表 33-17 近场光学成像系统的适用范围及可达到的图像分辨率

成像系统	适用范围	检测样品参量	较好条件下可达到的分辨率
1 A-SNOM(T)	透射样品(生物等)	ΔT(透射率)	50～100 nm
2 A-SNOM(R)	反射样品	ΔR(反射率)	100～200 nm
3 S-SNOM(T)	透射样品(生物等)	ΔT(透射率)	2～30 nm
4 S-SNOM(R)	反射样品	ΔR (反射率)	30～100 nm
5 PSTM	透射样品(生物等)	Δn(折射率)和 ΔT	3～50 nm
6 TE-SNOM	有隧道节的样品	ΔE(隧道结发射率)	0.3～1 nm

但是,一般情况下,可传输光的散射背景是不可避免的,尤其是在反射型扫描近场光学显微镜中,样品表面发射可传输光的散射背景,常常比发射倏逝光的强度高出 1～2 个数量级。因此,获得近场光学超分辨成像的关键是采用间歇接触的轻敲模式成像,如表 33-17 中所示,有最佳分辨率的 AFM/SIAM、AFM/S－SNOM 和 AF/PSTM,它们都用间歇接触的轻敲模式系统,成功地扣除了传输光的散射背景。

(2)超分辨尺度的光探测尖

第二个基本条件是探测倏逝光的探针尖应具有超衍射极限尺度。当前任何实际的光探测器都比衍射极限的尺度大得多。较大的探测器放进近场一定会干扰测点的近场强度。幸好,倏逝场的场强呈指数衰减,它可允许我们将锥形的光探测针尖垂直于样品表面插入倏逝场,因而,仅要求光探测尖的最尖端的尺度小于衍射极限尺度。最尖端处的近场倏逝场与尖端的耦合和散射作用,将倏逝光转换为传输光,通过一定的光导或空间传输,使放在远场的光探测器记录下该倏逝场的光信息。与光探测尖最尖端的后续部分所处位置的倏逝场,由于离开检测物表面距离呈指数衰减,在光探测器接收到的信息中所占的比例较小,尽管这样,它仍可使近场倏逝场的探测存在一定的失真,也将成为不利的背景信息。因此,光探测尖的设计要求有:①最尖端的超衍射极限尺度要尽可能小。②探测倏逝场转换为传输光的转换效率及其传输效率要尽可能高。③光探测尖最尖端的后续部分的干扰要尽可能小。④如果用光纤尖或光波导收集倏逝光信息,其锥角是信息光传输波导,取 60°～90°锥角较合适;如果用金属尖的外散射探测倏逝光信息,金属锥角应尽可能小。

(3)光探测尖与样品表面间距的精确反馈控制系统

超衍射极限分辨近场光学成像中,需要光探测尖在样品表面相对作二维逐点扫描,同时尖与样品表面间距须通过一定模式反馈控制,才能完成扫描成像。该间距的反馈控制精度与反馈控制噪声将被直接反映到图像噪声中。

目前已成功地发展了多种光探测尖位置的监控方法,如等光信息强度监控方法、隧道电流监控方法、原子力光杠杆监控方法、尖横向共振剪切力压电监测方法、尖横向共振光监测方法、尖纵向共振光扛杆监测方法或多种压电膜监测方法、双聚焦光干涉方法等。

因此,扫描成像的基本模式将有如下几种:等光信号强度扫描模式(CI-M);等探测尖高度扫描模式(CH-M);等间距(尖与样品)扫描模式(CZ-M);探测尖剪切共振扫描模式(SF-M);探测尖纵向共振扫描模式(AC-M),这种模式还可分为共振接触轻敲样品表面扫描模式(tapping-M)和非接触共振扫描模式(NCR-M)等。

在近场光学显微镜成像中,STM 等隧道电流接触扫描模式成像的分辨率最高,AFM 接触扫描模式和间歇接触扫描模式成像的分辨率也很高。在尖与样品等间距扫描模式中,对一般情况而言间距愈小,成像分辨率愈高。

(4)三维超衍射极限精度的扫描机构和高灵敏度的记录系统

最后,超分辨光学图像的实现,还需要通过探测尖相对于样品三维超衍射极限精度的扫描和灵敏度足够高的光电记录系统来记录光信息,并通过计算机控制和完成图像的构建。光探测尖在样品表面二维扫描成像的采样间距和精度必须与图像要求的分辨率一致。常规三维精密扫描系统常采用压电动作器件,现已发展了多种结构:单管 X、Y、Z 三维动作压电陶瓷管(PZT),两压电陶瓷管(X、Y 二维扫描与 Z 一维动作分离)同轴连接结构,两压电陶瓷管分别设计在探测尖与样品台上的结构,四压电陶瓷管设计在同一平面上的三维动作结构,四压电陶瓷片堆叠棒设计在同一平面上的柔性(簧片)铰链(样品)平台二维动作结构,等等。图33-34是单管 X、Y、Z 三维动作压电陶瓷管示意图。图33-35是两压电陶瓷片堆叠棒设计在同一平面上的柔性(簧片)铰链样品平台结构示意图,具有杠杆放大动作功能,精密二维动作的动态范围大,其整体是一薄片结构,动作器是PZT-片堆,有多个纵向簧片铰链如图中的 a,多个横向簧片铰链如图中的 b。图中 r_1、r_2、r_3 和 r_4 为杠杆臂长,“$(r_1+r_2)(r_3+r_4)/r_1r_3$”为杠杆的放大倍数。

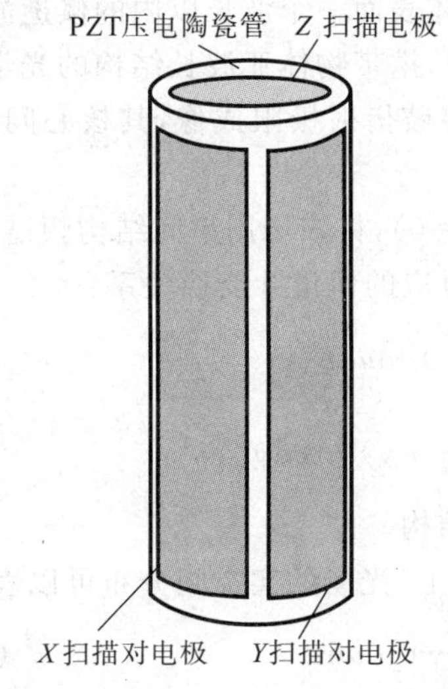

图33-34　单管三维动作压电陶瓷管

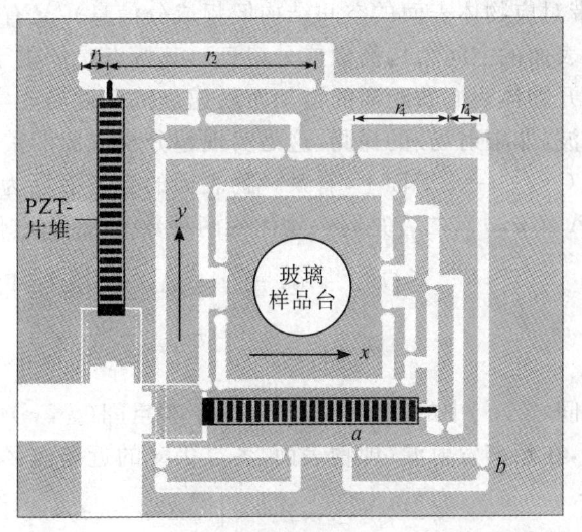

图33-35　PZT-片堆柔性铰链二维动作样品台

A-SNOM概念设计的提出虽已有80多年的历史,但近场光学显微镜的产业化目前还处于初始阶段。产业化开发研究虽已在许多种类的近场光学显微镜上获得演示进展,并都已成功获得突破衍射极限分辨率的图像,但在国际市场上已实现商品化的,至今仅有镀金属膜小孔径光纤尖透射式A-SNOM。

当前已商品化的A-SNOM基本上有两种形式:直光纤尖的A-SNOM和弯光纤尖的A-SNOM。前者的尖—样品间距的检控方式采用剪切力AFM模式,后者采用轻敲AFM模式。它们都用双功能尖将光学功能与原子力显微镜(AFM)功能组合在同一仪器中。

样品的光学图像有透射率图像、反射率图像和折射率图像。当前的A-SNOM商品仅在检测样品的光学透射率图像方面比较成熟,检测样品反射率图像尚不成熟。至于样品的折射率图像用当前的A-SNOM商品尚不能检测,而样品的折射率信息在光学图像中却是一个很重要的信息。而且,当前A-SNOM商品的透射率成像分辨率还不够高,一般只能达到50～100 nm,尚不能适应发展的需要。

原子力与光子扫描隧道组合显微镜(AF/PSTM)在一次扫描成像中可同时获得样品纳米分辨折射率图像、透射率图像、形貌图像和相位图像共4幅图像,且其分辨率又比A-SNOM型第一代商品近场光学显微镜好很多,因此它将是开发下一代产业化近场光学显微镜的很好候选者[51]。

三、近场光学理论模拟方法

(一)引言

近场光学理论是研究光频电磁波在物表面近场并特别需要内含倏逝波问题的光学理论。因此近场光学研究的问题是一个包括“近场光与远场光”和“倏逝波与传输波”内容的极为复杂的体系。其根本理论仍然是麦克斯韦方程，其基本方法主要是数值模拟方法。

1. 近场和远场，倏逝波和传输波的数学表述

常规光学仅研究“远场和传输波”问题，如常规光学显微成像等。当前的常规光学理论已相当成熟，而近场光学理论则还处在发展中。近场光学显微成像的理论是近场光学理论中的一个最重要内容。当前还尚无完整成熟的理论可以用来优化设计和预估样品各种光学参量的超衍射极限成像。有关近场光学图像的分辨率、对比度以及完成成像系统的优化设计等完整的理论，尚处在发展的早期阶段。表面等离子体激元光学的近场光学理论，当前则更是处在初期阶段。近场光学理论内涵还必须包含光频表面等离子体激元光学。

当光源照射到物体表面时，在物体表面的场分布可划分为两个区域：一个是物体表面小于一个波长（或$\lambda/2\pi$）尺度范围内的区域，称为近场；另一部分是从近场区外至无穷远，均称为远场。近场光学主要内容是研究距物体表面一个波长尺度范围内近场的场分布特点。近场的结构十分复杂，它既包括可以向远场传播的分量（携带对应物体表面的空间结构低频成分信息），又有仅仅限于物体表面一个波长以内的倏逝波（携带对应于物体表面的空间结构高频成分信息），其特点是依附于物体的表面，携带物体亚波长结构的光学信息，其场强随离开物体表面的距离的增加而迅速衰减。近场光学之所以能突破衍射极限成像，其核心问题是依赖于对倏逝波（非辐射场）的探测，这是实现超分辨成像的关键。

设在$Z(x,y)=0$平面上，有某一物表面的光发射场为$U(x,y,z=0)$，将该场用空间结构频谱函数表示时，设为$A_0(u,v)$，二者是同一物体的两种数学表示，它们之间存在对应的傅里叶变换关系：

$$U(x,y,0)=\iint_{-\infty}^{+\infty}A_0(u,v)\exp\left[2\pi\mathrm{i}(ux+vy)\right]\mathrm{d}u\mathrm{d}v \tag{33-40}$$

$$A_0(u,v)=\iint_{-\infty}^{+\infty}U(x,y,0)\exp\left[-2\pi\mathrm{i}(ux+vy)\right]\mathrm{d}x\mathrm{d}y \tag{33-41}$$

在傅里叶空间(u,v)中的高空间频率对应于实空间(x,y)中的小间距结构。

同样地，在距离发射源（即物表面）各点为z的近场面$Z(x,y)=z$上，光场的实空间分布可以表示为

$$U(x,y,z)=\iint_{-\infty}^{+\infty}A(u,v,z)\exp\left[2\pi\mathrm{i}(ux+vy)\right]\mathrm{d}u\mathrm{d}v \tag{33-42}$$

光场的空间分布又可由标量的亥姆霍兹方程来表征，即

$$\nabla^2U(x,y,z)+K^2U(x,y,z)=0 \tag{33-43}$$

在近场，当z的值足够小时，同时考虑到上述的傅里叶变换关系，可以得到如下形式的解：

$$A(u,v,z)=A_0(u,v)\exp\left[(2\pi\mathrm{i}/\lambda)(1-(u\lambda)^2-(v\lambda)^2)^{1/2}z\right] \tag{33-44}$$

此式为角谱表示式，可分为以下两种情形来讨论：

1）$(u\lambda)^2+(v\lambda)^2<1$部分，是(33-44)式中低空间频率成分，从而(33-44)式可简化为

$$A(u,v,z)=A_0(u,v)\exp\left[\mathrm{i}\varphi(u,v,z)\right] \tag{33-45}$$

式中，$\varphi(u,v,z)$泛指相位函数，指数部分的宗量为虚数，相当于在近场$Z(x,y)=z$（含近场至远场）面上光场中的各成分，它只影响相位分布，不影响振幅改变，这是可在空间传播的传输波，也就是角谱传输公式。

2）$(u\lambda)^2+(v\lambda)^2>1$部分，是(33-44)式中高空间频率成分，(33-44)式可表示为

$$A(u,v,z)=A_0(u,v)\exp\left[-(2\pi\mathrm{i}/\lambda)((u\lambda)^2+(v\lambda)^2-1)^{1/2}z\right] \tag{33-46}$$

其中指数部分的宗量为实数，即光场中高空间频率成分光波的振幅随z的增加而呈指数规律迅速衰减，而不能传播至远处，也就是携带表面超精细结构光信息的近场的空间高频波是非传输场，也就是只有近场的倏逝光才能携带高空间频率结构信息。

2. 基本理论与早期的研究进展

近场扫描光学显微镜的理论相当复杂，当光源照射到光学特性和形貌均为亚波长结构的样品时，用亚波长尺度探针尖探测，入射光在“样品-探针”结构的诸多散射过程中，有传输光的散射，也有部分携带着样品表面超衍射极限信息的倏逝波被亚波长尺度探针尖散射。后者转化为传输波传至远场，被远场探测器接收、扫描完成近场光学成像。同时，还有前者（传输光的散射中也有相当大的一部分）不携带样品表面超衍射极限信息的散射光混入同一远场探测器被接收，通过扫描完成近场光学成像，该部分信息即叠加在由倏逝光扫描

完成的近场光学图像中,成为降低超分辨率图像的干扰背景。这是一个非常复杂的既有倏逝光的散射又有传输光的散射问题。其中存在诸多因素:样品的形貌与光学性质、入射光的性质、入射角与偏振特性、介观尺度的探针尖与样品结构、探针与样品的相互作用、探针镀膜与否及膜的几何参量、膜的光学性质、界面耦合效应、成像扫描模式与参数选择等,关系极其复杂。但是,不论如何复杂,终究仍是一个散射光的电磁场理论问题。

麦克斯韦建立了著名的麦克斯韦方程,将电磁场与物质的联系建立在完善的数学方程基础之上,这既是经典光学的理论基础,也是近场光学的理论支柱。麦克斯韦方程从理论上说可解决任何电磁场问题,然而由于近场光学实际问题的复杂性,用解析法只能解决有限的几个很简单的问题。如 1908 年,米(G Mie)氏成功地利用矢量近似研究了光照射在金属小球和介质圆球上的衍射问题[52],但当超出小球范围、对尺度远小于波长的介观尺度(100～1 nm)的探针尖-样品结构系统这样复杂的近场光学问题,米氏理论仍很难解决。

1944 年,贝特(Bethe)用标量势函数近似方法,得到通过理想导体屏小孔散射问题的数值解,是早期近场光学研究的成功一例[53]。1950 年,博卡姆(J Bouwkamp)进一步研究了平面波正入射的小孔衍射问题,并精确地解出了它们的衍射近场和远场[53]。1985 年,莱阀登(Y Leviatan)通过无限薄金属屏小孔的数值得到模拟结果(见图 33-36)[54],其主要结论是:①金属小孔边沿有很大的增强;②透过小孔光功率密度在近场呈指数衰减;③超过 1/4 波长以后,光功率密度与距离的平方成反比。理论与实验研究证实,透过小孔(半径 a)远场探测的透射率可用下式表示[53,55]:

$$T=\frac{64\pi^2}{27}\left(\frac{a}{\lambda}\right)^4 \tag{33-47}$$

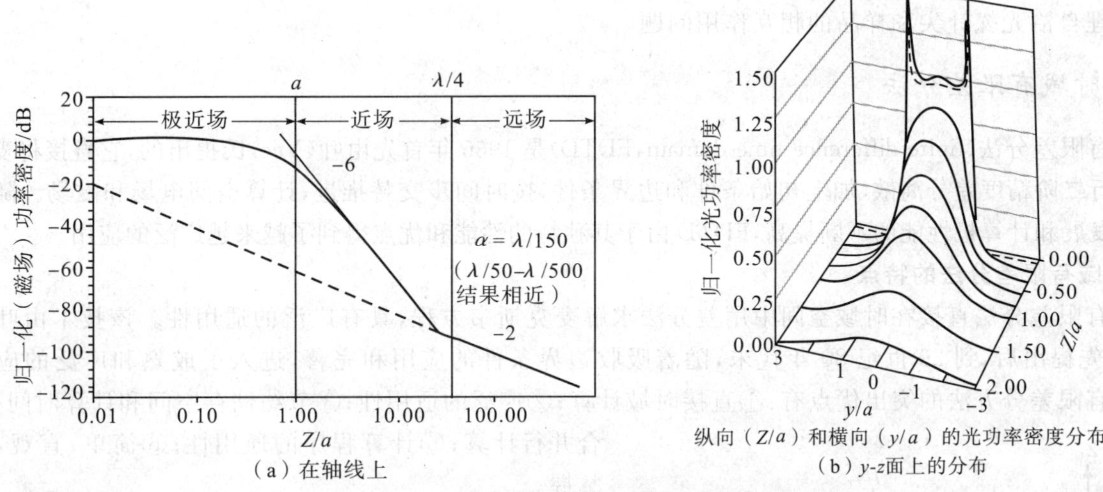

(a)在轴线上　(b) y-z面上的分布

图 33-36　通过理想导体屏小孔散射光的功率分布[54]

3. 近场光学理论方法

张树霖教授的《近场光学显微镜及其应用》一书,是我国第一部讨论近场光学成像及其理论的专著[56]。该书用一章篇幅很好地介绍了近场光学理论发展的概貌。近场光学理论研究方法可分为:①宏观近场光学理论方法;②半微观和微观近场光学理论方法。

(1)宏观近场光学理论

采用麦克斯韦方程和边界条件方法,把系统中物质对激励电磁场的响应用介电常数 $\varepsilon(r,\omega)$ 来描述,将方程的解写成一组本征函数的线性组合形式,其系数即为待定的数值解。鲁博科(Van Lubeke)等曾以光栅理论为模型[57],把傅里叶级数展开的方法应用于近场光学现象的研究。这一理论适用于电介质表面有周期性变化的电磁场问题的研究。为了使这种方法能够被应用于非周期性物体,进一步引入了平面波展开法(亦即角谱方法)。在用角谱方法求解电磁场问题时,如果应用标准的求解边界条件的方法,所得到的入射场和衍射场之间的关系将会非常复杂。为了避免这种情况的出现,于是就应用了微扰近似方法[58]使问题简化。

多重多极子(multiple multi pole, MMP)方法是 1990 年由哈夫纳(C Hafner)[59]在他的博士学位论文

《关于长波长的天线设计》中首次提出的。MMP方法主要应用在分段线性、均匀和各向同性介质的电磁场散射问题研究。这种方法的核心是以离散的多极子源为背景，直接展开局域未知场函数，建立代数方程组形式的数学模型。1994年哈夫纳(C Hafner)和诺沃特尼(Novotny)[60-61]把多极子本征解应用于分析近场光学现象的研究。

时域有限差分方法(finite-difference time-domain，FDTD)是当前电磁场领域应用最广泛的数值方法之一，它采用了叶(Kane S Yee)氏在1966年首先提出的叶氏空间网格算法[62]。1995年克里森斯(D. A. Christense)[63]较早地将FDTD方法用于光探针的二维局域场计算，较好地解决了光频作用下的金属和介质界面的边界问题。近年来又有许多人研究任意形状的三维近场光学问题，并考虑探针与样品表面的相互作用问题等。国内一些高校如大连理工大学、北京大学等已于10多年前开发了为近场光学应用的FDTD软件。此外，王长青[64]、高本庆[65]、葛德彪[66]和王秉中[67]等已发表有关FDTD专著多部。商用软件则已有"XFDTD"和"FDTD Solutions"等，均可用于近场光学模拟。

近些年来，已有人将有限元方法(FEM)引入FDTD用于研究近场光学问题，如皮特(Peter Lu)[68]为了单分子拉曼探测，模拟研究金属尖电场增强条件，把时域有限差分法中的叶氏正交空间网格划分，以有限元方法的空间划分替代，较好地解决了空间不等分划分问题。

(2)半微观和微观近场光学理论

在半微观和微观理论方法中，光场的描写与在宏观近场光学理论方法中一样，仍以麦克斯韦方程来描述，但介质(探针-样品)系统的光学响应则用经典力学或量子力学描述。散射理论依然是基本的理论形式，该理论是把量子力学中的格林函数理论应用于求解有外源时的波动方程，常用的算法有格林函数法和场极化率法。如德鲁克斯(Dereux)[69]、吉拉德(Girard)[70]和马丁(Martin)[71]等人都用格林函数法和局域扰动理论来处理自洽光探针尖和样品的相互作用问题。

(二)时域有限差分法

时域有限差分法(finite-difference time-domain，FDTD)是1966年首先由叶(Yee)氏提出的，它直接将麦克斯韦方程进行二阶精度差分离散，加上初始条件和边界条件，按时间步交替推进，计算空间电场和磁场。随着电磁理论的发展和计算机性能的不断提高，FDTD由于其独特的性能和优点得到了越来越广泛的应用。

1. 时域有限差分法的特点

时域有限差分法直接在时域空间中用差分法求解麦克斯韦方程，具有广泛的适用性。该技术由叶氏在1966年首先提出后，到20世纪80年代末，随着吸收边界条件的应用和完善，进入了成熟和广泛的应用阶段。时域有限差分方法的突出优点有：①直接时域计算；②广泛的适用性；③节约储存空间和计算时间；④适合并行计算；⑤计算程序的通用性；⑥简单、直观，容易掌握。

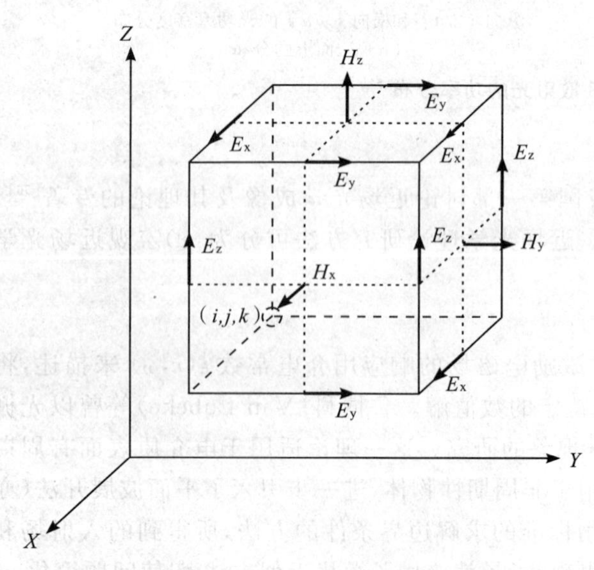

图 33-37　叶氏网格单元及电磁场各分量的设置

2. 叶氏网格

为了建立麦克斯韦方程的差分格式，首先需要在变量空间将连续量离散化，也就是利用某种合适的网格划分变量空间。合理的差分格式不仅要求逼近程度高，以保证解的精确性，而且还必须保证原问题的物理性质。叶氏网格正是针对这一问题提出的一个合理的网格体系。直角坐标系中的一个叶氏网格单元如图33-37所示，其特点是：电场和磁场各分量在空间上是被交叉放置的，使得在每一个坐标平面上，每个电场分量的四周由磁场环绕，同时每个磁场分量的四周由电场环绕。这样的电磁场空间配置正好符合电磁场的基本规律，即法拉第(Farady)电磁感应定律和安培(Ampere)环流定律，因而也符合电磁场在空间中传播的规律。

3. 麦克斯韦方程的差分形式

各向同性非色散媒质在无源区域的麦克斯韦方程的两个旋度方程可表示为

$$\nabla\times \boldsymbol{E} = -\mu \frac{\partial \boldsymbol{H}}{\partial t} - \sigma_{\mathrm{m}} \boldsymbol{H} \tag{33-48}$$

$$\nabla\times \boldsymbol{H} = \varepsilon \frac{\partial \boldsymbol{E}}{\partial t} + \sigma_{\mathrm{e}} \boldsymbol{E} \tag{33-49}$$

式中，$\boldsymbol{E}$ 为电场强度，单位为 V/m；$\boldsymbol{H}$ 为磁场强度，单位为 A/m；ε 为介电常数，单位为 F/m；μ 为磁导率，单位为 H/m；σ_{e} 为电导率，单位为 S/m；σ_{m} 为等效磁阻率，单位为 Ω/m。引入等效磁阻率可以使以上两个方程具有对称性。

为了得到麦克斯韦方程的差分形式，必须先给出与麦克斯韦方程的两个旋度方程相应的电磁场各分量，在直角坐标系中，令 $\boldsymbol{E} = E_x\boldsymbol{i} + E_y\boldsymbol{j} + E_z\boldsymbol{k}$，$\boldsymbol{H} = H_x\boldsymbol{i} + H_y\boldsymbol{j} + H_z\boldsymbol{k}$，其中，$\boldsymbol{i}$、$\boldsymbol{j}$ 和 $\boldsymbol{k}$ 分别为 x、y 和 z 3 个坐标的单位矢量。则(33-48)式和(33-49)式可展开为

$$\frac{\partial E_x}{\partial t} = \frac{1}{\varepsilon}\left(\frac{\partial H_z}{\partial y} - \frac{\partial H_y}{\partial z} - \sigma_{\mathrm{e}} E_x\right) \tag{33-50}$$

$$\frac{\partial E_y}{\partial t} = \frac{1}{\varepsilon}\left(\frac{\partial H_x}{\partial z} - \frac{\partial H_z}{\partial x} - \sigma_{\mathrm{e}} E_y\right) \tag{33-51}$$

$$\frac{\partial E_z}{\partial t} = \frac{1}{\varepsilon}\left(\frac{\partial H_y}{\partial x} - \frac{\partial H_x}{\partial y} - \sigma_{\mathrm{e}} E_z\right) \tag{33-52}$$

$$\frac{\partial H_x}{\partial t} = \frac{1}{\mu}\left(\frac{\partial E_y}{\partial z} - \frac{\partial E_z}{\partial y} - \sigma_{\mathrm{m}} H_x\right) \tag{33-53}$$

$$\frac{\partial H_y}{\partial t} = \frac{1}{\mu}\left(\frac{\partial H_z}{\partial x} - \frac{\partial H_x}{\partial z} - \sigma_{\mathrm{m}} H_y\right) \tag{33-54}$$

$$\frac{\partial H_z}{\partial t} = \frac{1}{\mu}\left(\frac{\partial H_x}{\partial y} - \frac{\partial H_y}{\partial x} - \sigma_{\mathrm{m}} H_z\right) \tag{33-55}$$

采用叶氏网格时，用 Δx、Δy、Δz 分别表示 x、y 和 z 坐标方向上的网格空间步长，则网格点的正交空间坐标可表示为

$$(i,j,k) = (i\,\Delta x, j\,\Delta y, k\,\Delta z) \tag{33-56}$$

式中，i、j 和 k 均为整数，分别表示 x、y 和 z 坐标方向的网格标号或网格数。用 Δt 表示时间步长，用非负数 n 表示时间步数。那么 $n\,\Delta t$ 时刻的参量可以表示为

$$F^n(i,j,k) = F(i\,\Delta x, j\,\Delta y, k\,\Delta z, n\,\Delta t) \tag{33-57}$$

叶氏对空间微商及时间微商都采用具有二阶精度的中心差分近似，得出与麦克斯韦旋度方程相应的电磁场分量的差分格式，其中 E_x 的差分方程为

$$E_x^{n+1}\left(i+\frac{1}{2},j,k\right) = \frac{1 - \dfrac{\sigma_{\mathrm{e}}\left(i+\frac{1}{2},j,k\right)\Delta t}{2\varepsilon\left(i+\frac{1}{2},j,k\right)}}{1 + \dfrac{\sigma_{\mathrm{e}}\left(i+\frac{1}{2},j,k\right)\Delta t}{2\varepsilon\left(i+\frac{1}{2},j,k\right)}} E_x^n\left(i+\frac{1}{2},j,k\right) + \frac{\Delta t}{\varepsilon\left(i+\frac{1}{2},j,k\right)} \frac{1}{1 + \dfrac{\sigma_{\mathrm{e}}\left(i+\frac{1}{2},j,k\right)\Delta t}{2\varepsilon\left(i+\frac{1}{2},j,k\right)}} \times$$

$$\left[\frac{H_z^{n+\frac{1}{2}}\left(i+\frac{1}{2},j+\frac{1}{2},k\right) - H_z^{n+\frac{1}{2}}\left(i+\frac{1}{2},j-\frac{1}{2},k\right)}{\Delta y} - \frac{H_y^{n+\frac{1}{2}}\left(i+\frac{1}{2},j,k+\frac{1}{2}\right) - H_y^{n+\frac{1}{2}}\left(i+\frac{1}{2},j,k-\frac{1}{2}\right)}{\Delta z}\right] \tag{33-58}$$

同理，可分别得到 E_y 和 E_z 的差分方程。

由于在上面的方程中磁场各分量的值均取在 $n+1/2$ 时间步，为了保证取值的时间步差为一整时间步，以后出现的磁场值应取 $n-1/2$ 或 $n+1/2$ 时间步。那么磁场的差分方程可用下式表示：

$$H_x^{n+\frac{1}{2}}\left(i,j+\frac{1}{2},k+\frac{1}{2}\right)=\frac{1-\dfrac{\sigma_m\left(i,\ j+\dfrac{1}{2},\ k+\dfrac{1}{2}\right)\Delta t}{2\mu\left(i,\ j+\dfrac{1}{2},\ k+\dfrac{1}{2}\right)}}{1+\dfrac{\sigma_m\left(i,\ j+\dfrac{1}{2},\ k+\dfrac{1}{2}\right)\Delta t}{2\mu\left(i,\ j+\dfrac{1}{2},\ k+\dfrac{1}{2}\right)}}H_x^{n-\frac{1}{2}}\left(i,j+\frac{1}{2},k+\frac{1}{2}\right)+$$

$$\frac{\Delta t}{\mu\left(i,\ j+\dfrac{1}{2},\ k+\dfrac{1}{2}\right)}\frac{1}{1+\dfrac{\sigma_m\left(i,j+\dfrac{1}{2},k+\dfrac{1}{2}\right)\Delta t}{2\mu\left(i,j+\dfrac{1}{2},k+\dfrac{1}{2}\right)}}\times$$

$$\left[\frac{E_y^n\left(i,j+\dfrac{1}{2},k\right)-E_y^n\left(i,j+\dfrac{1}{2},k-1\right)}{\Delta z}-\frac{E_z^n\left(i,j+1,k+\dfrac{1}{2}\right)-E_z^n\left(i,j,k+\dfrac{1}{2}\right)}{\Delta y}\right] \tag{33-59}$$

同理,可以得到 H_y 和 H_z 的差分方程。

从电磁场的分量差分方程中我们可以看出,利用时域有限差分法进行计算时,空间中任意一个网格点的电场或者磁场分量只与其四周环绕的磁场或者电场分量以及在上一时间步的该场值有关。而方程中的 ε、μ、σ_e 和 σ_m 均表示为空间坐标的函数,因而可以设置成在非均匀或者各项异性的媒质中具有的形式。

4. 数值稳定性问题

由麦克斯韦旋度方程按叶氏网格所导出的方程是一种显式差分格式,它的执行是通过时间步的推进计算电磁场在网格空间的变化。这种差分格式必须满足数值稳定性条件,即时间步长 Δt 与空间步长 Δx、Δy、Δz 必须满足一定的关系,否则将出现随着时间步的推移,计算的场值将出现不稳定现象。这不同于误差累计的效果,是由于时间步长与空间步长设置的不合理,使电磁波传播的因果关系破坏而产生的。塔夫洛夫(Taflove)等[72]于 1975 年对叶氏差分格式的稳定性进行了分析,导出了对时间步长的限制:

$$\Delta t\leqslant\frac{1}{v\sqrt{\left(\dfrac{1}{\Delta x}\right)^2+\left(\dfrac{1}{\Delta y}\right)^2+\left(\dfrac{1}{\Delta z}\right)^2}} \tag{33-60}$$

式中,v 是光在计算空间媒质中的传播速度。

5. 数值色散问题

当电磁波在与频率有关的媒质中传播时,传播速度也是频率的函数,这种现象称为色散,这种媒质称为色散媒质。在非色散媒质中,电磁波的传播速度应该与频率无关。但是由于时域有限差分法只是麦克斯韦方程的一种差分近似,因而在对电磁场的传播进行模拟时,即使是在非色散媒质中也会产生"色散现象",而且电磁波的相速度随波长、传播方向及离散常量的变化而变化。这种由计算产生的非物理的"色散现象"称为"数值色散"。

在时域有限差分法中,三维空间中 TM 波的数值色散关系式为

$$\left(\frac{1}{v\,\Delta t}\right)^2\sin^2\left(\frac{\omega\,\Delta t}{2}\right)=\frac{1}{(\Delta x)^2}\sin^2\left(\frac{k_x\,\Delta x}{2}\right)+\frac{1}{(\Delta y)^2}\sin^2\left(\frac{k_y\,\Delta y}{2}\right)+\frac{1}{(\Delta z)^2}\sin^2\left(\frac{k_z\,\Delta z}{2}\right) \tag{33-61}$$

式中,$v=1/\sqrt{\varepsilon\mu}$ 为计算空间均匀介质中的光速,ω 为角频率,k_x、k_y、k_z 为 x、y、z 方向上的波矢分量。由电磁场理论可用解析法得到均匀无耗各向同性介质空间中平面电磁波的色散关系,也称为理想色散关系:

$$\frac{\omega^2}{v^2}=k_x^2+k_y^2+k_z^2 \tag{33-62}$$

当 Δx、Δy、Δz 都趋于 0 时,(33-61)式的极限即是(33-62)式。这也说明:数值色散是由于在时域有限差分法中用差商近似代替连续微商引起的,因而可以通过减小网格的大小和时间步长来减小数值色散。但时间步长和网格步长的减小又会造成计算空间网格总数的增加。因而受计算机存储空间和计算时间的限制,网格不能无限小,所以必须要选择合适的网格。一般要求至少满足

$$\Delta s(\Delta x, \Delta y, \Delta z) \leqslant \lambda/10 \tag{33-63}$$

6. 吸收边界条件

数值模拟计算空间可能是有限的，计算的电磁波行进到计算边界时就会反射回到计算空间干扰先前的计算结果。设置吸收边界目的就是使电磁波行进到计算边界时，其反射尽可能趋近 0 值。从 1970 年起，人们对边界条件进行了一系列的研究，其中得到科学界认同并被广泛应用的主要有两类：莫尔(Mur)二阶吸收边界[73-75]和 20 世纪 90 年代中期贝伦格(Berenger)提出的理想匹配层吸收边界[76]。

(1)莫尔二阶吸收边界

莫尔于 1981 年给出了适合于时域有限差分法的三维空间中吸收边界条件的二阶近似形式[73]，其差分公式为

$$\begin{aligned}\Phi^{n+1}(0,j,k) = &-\Phi^{n-1}(1,j,k) + \frac{v\Delta t - \Delta s}{v\Delta t + \Delta s}\left[\Phi^{n+1}(1,j,k) + \Phi^{n-1}(0,j,k)\right] + \\ &\frac{2\Delta s}{v\Delta t + \Delta s}\left[\Phi^{n}(0,j,k) + \Phi^{n}(1,j,k)\right] + \frac{(v\Delta t)^2}{2\Delta s(v\Delta t + \Delta s)}\left[\Phi^{n}(0,j+1,k) - 2\Phi^{n}(0,j,k) + \right. \\ &\Phi^{n}(0,j-1,k) + \Phi^{n}(1,j+1,k) - 2\Phi^{n}(1,j,k) + \Phi^{n}(1,j-1,k) + \Phi^{n}(0,j,k+1) - \\ &\left. 2\Phi^{n}(0,j,k) + \Phi^{n}(1,j,k-1) + \Phi^{n}(1,j,k+1) - 2\Phi^{n}(1,j,k) + \Phi^{n}(1,j,k-1)\right]\end{aligned} \tag{33-64}$$

随着时域有限差分方法的进一步发展，提出了更高精度的边界条件，包括超吸收边界条件[74]、里奥(Liao)吸收边界条件[75]和贝伦格(J. P. Berenger)的理想匹配层(PML)边界条件[76]。它们的出现使计算的精度进一步提高，而且允许辐射源或散射体更接近计算网格空间的边界。

(2)理想匹配层吸收边界

1994 年贝伦格提出的自由空间中的二维理想匹配层(perfect matched layer，PML)吸收边界条件与解析吸收边界完全不同的是，PML 吸收边界是一种假想的能产生电损耗和磁损耗的各向异性媒质的吸收层。该技术可以使以任意角度和任意频率的平面电磁波从空气入射到 PML 边界时，在分界面上产生的反射为零，电磁波在 PML 介质中传播时幅度呈指数衰减。与传统的二阶莫尔吸收边界条件相比，理想匹配层吸收边界条件可提高精度约 40 dB，是目前最好的吸收边界条件之一。

7. 散射场计算方法

(1)总场和散射场方法

在前面提到的吸收边界条件只能处理外行波(散射波)。但在很多研究平面电磁波与物体相互作用的实际问题中，场源是源头设在无穷远处、具有特定传播和极化方向的平面电磁波。在这种情况下，外层边界处的总场是由内行波(入射波)和外行波(散射波)组成的。所以，我们必须将入射场从总场中分离出来，从而使在外层边界仅有散射场(外行波)。

在时域有限差分法中，主要以两种方法来解决这个问题：将整个模型空间分为总场区和散射场区，在散射体附近为总场区，散射场区与外层吸收边界相连，这种方法称为总场方法，见图 33-38(左)；在整个模型空间中仅仅计算散射场，这种方法被称为散射场方法，见图 33-38(右)。

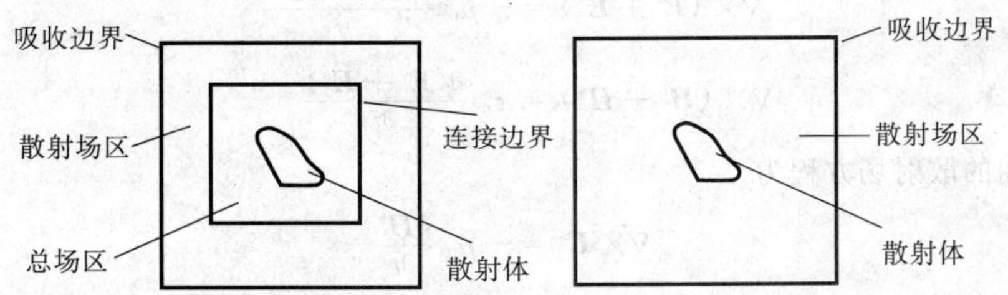

图 33-38　总场方法中场区划分(左)和散射场方法中的场区划分(右)

总场方法是将网格空间划分为总场区域和散射场区域。散射体包含在总场区域内，散射场区的边界就是网格空间的截断边界，即只有外行波到达吸收边界。在这种方法中，总场区只有总场，散射场区只有散射场。为了将这两个区域联系起来，必须设定一个连接边界，入射场是由连接边界产生的。而散射场方法在网

格空间只计算散射场，我们必须知道散射体所在网格点的入射场。散射场方法比总场方法更加精确，然而却需要更多的计算时间，特别是对于研究大的散射体时。所以在计算大散射体的问题时，通常利用总场方法。而在表面增强拉曼散射中，只有纳米尺度的金属颗粒可以起到场增强的效应，因此在计算中多用散射场方法。

(2)分离场公式

(33-48)式和(33-49)式中的电场和磁场还可以写成以下表达式：

$$\boldsymbol{E}=\boldsymbol{E}^{t}\equiv\boldsymbol{E}^{i}+\boldsymbol{E}^{s} \tag{33-65}$$

$$\boldsymbol{H}=\boldsymbol{H}^{t}\equiv\boldsymbol{H}^{i}+\boldsymbol{H}^{s} \tag{33-66}$$

式中，$\boldsymbol{E}^{t}$、$\boldsymbol{H}^{t}$ 分别表示总电场和总磁场，$\boldsymbol{E}^{i}$、$\boldsymbol{H}^{i}$ 分别为入射电场分量和磁场分量，$\boldsymbol{E}^{s}$、$\boldsymbol{H}^{s}$ 则代表了散射场的电场分量和磁场分量。利用分离场表达式可以在计算空间中设置解析表达式的入射场分量，直接计算散射场，并使散射场满足外部辐射边界吸收条件。对于较复杂的研究系统，利用分离原理的另外一个优点是可以研究物体间的相互作用过程。麦克斯韦方程组是线性方程组，因而总场、散射场和入射场都满足麦克斯韦方程。在散射体内，总场满足的麦克斯韦方程为

$$\nabla\times\boldsymbol{E}^{t}=-\mu\frac{\partial\boldsymbol{H}^{t}}{\partial t}-\sigma_{m}\boldsymbol{H}^{t} \tag{33-67}$$

$$\nabla\times\boldsymbol{H}^{t}=\varepsilon\frac{\partial\boldsymbol{E}^{t}}{\partial t}+\sigma_{e}\boldsymbol{E}^{t} \tag{33-68}$$

而入射场在通过介质空间时仍满足自由空间中的麦克斯韦方程：

$$\nabla\times\boldsymbol{E}^{i}=-\mu_{0}\frac{\partial\boldsymbol{H}^{i}}{\partial t} \tag{33-69}$$

$$\nabla\times\boldsymbol{H}^{i}=\varepsilon_{0}\frac{\partial\boldsymbol{E}^{i}}{\partial t} \tag{33-70}$$

式中，μ_0 为自由空间磁导率，ε_0 为自由空间介电常数。总场方程可重新写成

$$\nabla\times(\boldsymbol{E}^{i}+\boldsymbol{E}^{s})=-\mu\frac{\partial(\boldsymbol{H}^{i}+\boldsymbol{H}^{s})}{\partial t}-\sigma_{m}(\boldsymbol{H}^{i}+\boldsymbol{H}^{s}) \tag{33-71}$$

$$\nabla\times(\boldsymbol{H}^{i}+\boldsymbol{H}^{s})=\varepsilon\frac{\partial(\boldsymbol{E}^{i}+\boldsymbol{E}^{s})}{\partial t}+\sigma_{e}(\boldsymbol{E}^{i}+\boldsymbol{E}^{s}) \tag{33-72}$$

把入射场方程代入上面两式就能得到散射体介质中的散射场方程：

$$\nabla\times\boldsymbol{E}^{s}=-\mu\frac{\partial\boldsymbol{H}^{s}}{\partial t}-\sigma_{m}\boldsymbol{H}^{s}-\left[(\mu-\mu_{0})\frac{\partial\boldsymbol{H}^{i}}{\partial t}+\sigma_{m}\boldsymbol{H}^{i}\right] \tag{33-73}$$

$$\nabla\times\boldsymbol{H}^{s}=\varepsilon\frac{\partial\boldsymbol{E}^{s}}{\partial t}+\sigma_{e}\boldsymbol{E}^{s}+\left[(\varepsilon-\varepsilon_{0})\frac{\partial\boldsymbol{E}^{i}}{\partial t}+\sigma_{e}\boldsymbol{E}^{i}\right] \tag{33-74}$$

而在散射体外部的自由空间总场满足

$$\nabla\times\boldsymbol{E}^{t}=-\mu_{0}\frac{\partial\boldsymbol{H}^{t}}{\partial t},\quad\nabla\times\boldsymbol{H}^{t}=\varepsilon_{0}\frac{\partial\boldsymbol{E}^{t}}{\partial t}$$

两式可写成

$$\nabla\times(\boldsymbol{E}^{i}+\boldsymbol{E}^{s})=-\mu_{0}\frac{\partial(\boldsymbol{H}^{i}+\boldsymbol{H}^{s})}{\partial t} \tag{33-75}$$

$$\nabla\times(\boldsymbol{H}^{i}+\boldsymbol{H}^{s})=\varepsilon_{0}\frac{\partial(\boldsymbol{E}^{i}+\boldsymbol{E}^{s})}{\partial t} \tag{33-76}$$

因此得到在自由空间的散射场方程为

$$\nabla\times\boldsymbol{E}^{s}=-\mu_{0}\frac{\partial\boldsymbol{H}^{s}}{\partial t} \tag{33-77}$$

$$\nabla\times\boldsymbol{H}^{s}=\varepsilon_{0}\frac{\partial\boldsymbol{E}^{s}}{\partial t} \tag{33-78}$$

$$\mu\to\mu_{0},\varepsilon\to\varepsilon_{0},\sigma_{e}\to 0,\sigma_{m}\to 0$$

(33-69)式和(33-70)式仅用于说明解析确定的入射场必须是满足麦克斯韦方程的，因此只有方程(33-73)式和(33-74)式是用于计算散射场的。

8. 色散介质中时域有限差分法

在常规的时域有限差分法方程中的参数(介电常数、磁化系数及电导率)都是实数,且必须为正,在处理负的介电常数时往往会引起发散。为了解决这个问题,1990 年孔兹(Kunz)提出了一种频域-时域有限差分法——$(FD)^2TD$(frequency-dependent finite-difference time-domain)方程[77-78],用来计算任意色散介质与电磁波的相互作用,扩展了时域有限差分法在处理电磁场与色散介质相互作用问题中的应用。金属是一种色散介质,介电常数随着频率的变化而改变,而且金属的介电常数为复数,在可见至近红外光频其实部均为负数。所以,与金属介质有关的时域有限差分法模拟,就需要运用频域-时域有限差分方程$(FD)^2TD$。

假定金属介质为线性且各向同性,它的等离子体特性可以用一个复介电函数 $\varepsilon(\omega)$ 来表示。处理色散等离子体介质的一个基本思想就是:在每个单独的频率下,连续变化的一些参数可以看作是一个固定值,然后将频域上的介电函数通过傅叶变换转化为时域空间上的函数。

当利用金属的杜鲁德(Drude)模型时,电位移与电场存在下面的关系:

$$\boldsymbol{D}(t)=\varepsilon_{\infty}\varepsilon_0\boldsymbol{E}(t)+\varepsilon_0\int_0^t\boldsymbol{E}(t-\tau)\chi(\tau)\mathrm{d}\tau \tag{33-79}$$

式中,ε_0 是自由空间的介电常数,$\chi(\tau)$ 是电磁极化系数,ε_{∞} 是当 $\omega\rightarrow\infty$时的相对介电常数。

运用叶氏网格定义,t 用 $n\Delta t$ 表示,则 $\boldsymbol{D}$ 和 $\boldsymbol{E}$ 的每个分量可写为

$$\boldsymbol{D}(t)\approx\boldsymbol{D}(n\Delta t)=\boldsymbol{D}^n=\varepsilon_{\infty}\varepsilon_0\boldsymbol{E}^n+\varepsilon_0\int_0^{n\Delta t}\boldsymbol{E}(n\Delta t-\tau)\chi(\tau)\mathrm{d}\tau \tag{33-80}$$

在每个时间间隔 Δt 内,假定所有的场分量都是常数,且当 $t<0$ 时 $\boldsymbol{D}$ 和 $\boldsymbol{E}$ 都为 0,则

$$\boldsymbol{D}^n=\varepsilon_{\infty}\varepsilon_0\boldsymbol{E}^n+\varepsilon_0\sum_{m=0}^{n-1}\boldsymbol{E}^{n-m}\int_{m\Delta t}^{(m+1)\Delta t}\chi(\tau)\mathrm{d}\tau \tag{33-81}$$

当 $t=(n+1)\Delta t$ 时

$$\boldsymbol{D}^{n+1}=\varepsilon_{\infty}\varepsilon_0\boldsymbol{E}^{n+1}+\varepsilon_0\sum_{m=0}^{n}\boldsymbol{E}^{n+1-m}\int_{m\Delta t}^{(m+1)\Delta t}\chi(\tau)\mathrm{d}\tau \tag{33-82}$$

各向同性的金属介质中的麦克斯韦方程为

$$\begin{aligned}\nabla\times\boldsymbol{H}&=\frac{\partial\boldsymbol{D}}{\partial t}+\boldsymbol{J}\\ \nabla\times\boldsymbol{E}&=-\frac{\partial\boldsymbol{B}}{\partial t}\end{aligned} \tag{33-83}$$

根据叶氏网格定义,$x=i\Delta x, y=j\Delta y, z=k\Delta z, t=n\Delta t$,将(33-88)式和(33-89)式代入(33-90)式中,可得金属中的电场差分方程,电场的 x 分量表达式如下:

$$\begin{aligned}E_x^{n,s}(i+1/2,j,k)=&\frac{\varepsilon_{\infty}\varepsilon_0}{\varepsilon_{\infty}\varepsilon_0+\sigma\Delta t+\varepsilon_0\chi_0}E_x^{n-1,s}(i+1/2,j,k)+\\&\frac{\varepsilon_0}{\varepsilon_{\infty}\varepsilon_0+\sigma\Delta t+\varepsilon_0\chi_0}\sum_{m=0}^{n-1}E_x^{n-1-m,s}(i+1/2,j,k)\Delta\chi^m-\frac{(\varepsilon_{\infty}-1)\varepsilon_0\Delta t}{\varepsilon_{\infty}\varepsilon_0+\sigma\Delta t+\varepsilon_0\chi_0}\frac{\partial E_x^{n,i}(i+1/2,j,k)}{\partial t}-\\&\frac{\sigma\Delta t}{\varepsilon_{\infty}\varepsilon_0+\sigma\Delta t+\varepsilon_0\chi_0}E_x^{n,i}(i+1/2,j,k)-\frac{\varepsilon_0\Delta t}{\varepsilon_{\infty}\varepsilon_0+\sigma\Delta t+\varepsilon_0\chi_0}\frac{\partial}{\partial t}(E_x^{n,i}(i+1/2,j,k)*\chi(t))+\\&\frac{\Delta t}{\varepsilon_{\infty}\varepsilon_0+\sigma\Delta t+\varepsilon_0\chi_0}\left[\frac{H_y^{n-1/2,s}(i+1/2,j,k+1/2)-H_y^{n-1/2,s}(i+1/2,j,k-1/2)}{\Delta z}-\right.\\&\left.\frac{H_z^{n-1/2,s}(i+1/2,j+1/2,k)-H_z^{n-1/2,s}(i+1/2,j-1/2,k)}{\Delta y}\right]\end{aligned} \tag{33-84}$$

定义

$$\psi_x^n(i)=\sum_{m=0}^{n-1}E_x^{n-m}(i)\Delta\chi_m(i) \tag{33-85}$$

对于 $n=1$ 时间步

$$\psi_x^1(i)=E_x^1(i)\Delta\chi_0(i) \tag{33-86}$$

$n=2$ 时

$$\psi_x^2(i) = E_x^2(i)\Delta\chi_0 0(i) + E_x^1(i)\Delta\chi_1(i) \tag{33-87}$$

而其中 $\Delta\chi_m = \chi_m - \chi_{m-1}$，

$$\chi_m(i,j,k) = \int_{m\Delta t}^{(m+1)\Delta t} \chi(\tau,i,j,k)\mathrm{d}\tau \tag{33-88}$$

考虑到金属杜鲁德模型的介电常数表达式，根据上式可得出：

$$\Delta\chi_{m+1}(i) = \mathrm{e}^{-\Delta t/t_0}\Delta\chi_m(i) \tag{33-89}$$

则(33-92)式可写为

$$\psi_x^n(i) = E_x^n(i)\Delta\chi_0(i) + \exp(-\nu_c\tau)\psi_x^{n-1}(i), \quad n \geqslant 2 \tag{33-90}$$

代入(33-91)式中，可得

$$\begin{aligned} E_x^{n,s}(i,j,k) = {} & \frac{\varepsilon_\infty\varepsilon_0}{\varepsilon_\infty\varepsilon_0 + \sigma\Delta t + \varepsilon_0\chi_0}E_x^{n-1,s}(i,j,k) - \frac{\sigma\Delta t}{\varepsilon_\infty\varepsilon_0 + \sigma\Delta t + \varepsilon_0\chi_0}E_x^{n,i}(i,j,k) + \frac{\varepsilon_0}{\varepsilon_\infty\varepsilon_0 + \sigma\Delta t + \varepsilon_0\chi_0}\psi_x^n(i,j,k) - \\ & \frac{(\varepsilon_\infty - 1)\varepsilon_0\Delta t}{\varepsilon_\infty\varepsilon_0 + \sigma\Delta t + \varepsilon_0\chi_0}\frac{\partial E_x^{n,i}(i+1/2,j,k)}{\partial t} - \frac{\varepsilon_0\Delta t}{\varepsilon_\infty\varepsilon_0 + \sigma\Delta t + \varepsilon_0\chi_0}\frac{\partial}{\partial t}\int_0^t E_x^{\mathrm{i}}(t-\tau)\chi(\tau)\mathrm{d}\tau + \\ & \frac{\Delta t}{\varepsilon_\infty\varepsilon_0 + \sigma\Delta t + \varepsilon_0\chi_0}\left\{\frac{H_z^{n-1/2,s}(i,j,k) - H_z^{n-1/2,s}(i,j-1,k)}{\Delta y} - \right. \\ & \left. \frac{H_y^{n-1/2,s}(i,j,k) - H_y^{n-1/2,s}(i,j,k-1)}{\Delta z}\right\} \end{aligned} \tag{33-91}$$

电场其他两个分量也可以同样求得。计算中由于没有涉及磁性材料，所以磁场的表达式与非色散介质中的表达式应相同。

(三)格林并矢法

格林并矢法(Green tensor)即格林函数方法(GFM)，其基本思想是：将研究的散射体离散化为若干点源，先求得各点源在外场激励下所产生的电场，然后将各个点源作为次波源，求出传播到观测点的场，运用积分方程将散射体离散化全部点源传播到观测点的场叠加，再加上观测点的入射场，给出观测点的总场。该空间电场积分方程称为李普曼-施温格(Lippmann-Schwinger)方程[74]。吉拉德(Girard)、博基(Bouju)以及德鲁克斯(Dereux)等都讨论过如何离散李普曼-施温格积分方程，用它解出了源区域的总场。

采用格林函数的优点在于求解的是积分方程，边界条件被包含在积分方程之内，避免了 FDTD 方法中需要匹配边界条件的处理而引入一些边界反射干扰。格林函数方法的缺点是对于较大的散射系统，离散化得到的系数矩阵方程较大，因此需要较大的存储量。设离散元为 N，则需要的存储量约为 N^2，计算量约为 N^3。因此，用传统的求解格林函数的方法对计算机的性能要求比较高，用 PC 机难于求解大尺寸或多个散射体的大系统。

采用共轭梯度法(conjugate gradient method，CGM)和快速傅里叶变换(FFT)方法求解李普曼-施温格积分方程，即用格林并矢-共轭梯度-快速傅里叶变换(GFM-CGM-FFT)方法，通过格林函数系数本身的特点，可将矩阵的存储量由约 N^2 降低为约 N，同时利用快速傅里叶变换算法，使矩阵与向量的乘积运算量可由约 N^3 降低为 约 $N\log_2 N$。据此，可进一步改进传统的求解格林函数方法。

1. 李普曼-施温格积分方程

李普曼-施温格积分方程也称格林并矢法电磁场散射积分方程，其导出过程如下：

1)散射体系统在入射场 $\boldsymbol{E}_{\mathrm{inc}}$ 的激励下，电磁场(总场，$\boldsymbol{E} = \boldsymbol{E}_{\mathrm{inc}} + \boldsymbol{E}_{\mathrm{s}}$，$\boldsymbol{E}_{\mathrm{s}}$ 为散射所产生的散射场)满足下述麦克斯韦方程：

$$\nabla\times\nabla\times\boldsymbol{E}(\boldsymbol{r},\omega) - k_0^2\varepsilon_{\mathrm{B}}(\boldsymbol{r},\omega)\boldsymbol{E}(\boldsymbol{r},\omega) = k_0^2[\varepsilon_{\mathrm{s}}(\boldsymbol{r},\omega) - \varepsilon_{\mathrm{B}}(\boldsymbol{r},\omega)]\boldsymbol{E}(\boldsymbol{r},\omega) \tag{33-92}$$

式中，$\varepsilon_{\mathrm{s}}(\boldsymbol{r},\omega)$ 和 $\varepsilon_{\mathrm{B}}(\boldsymbol{r},\omega)$ 分别为散射体和空间媒质的介电常数，$k_0^2 = \dfrac{\omega^2}{c^2}$，$k_0$ 是真空中的波数，c 为真空中的波速。

2)在放入散射体之前，入射场 $\boldsymbol{E}_{\mathrm{inc}}$ 满足下面的麦克斯韦方程：

$$\nabla\times\nabla\times\boldsymbol{E}_{\mathrm{inc}}(\boldsymbol{r}) - k_0^2\varepsilon_{\mathrm{B}}(\boldsymbol{r})\boldsymbol{E}_{\mathrm{inc}}(\boldsymbol{r}) = 0 \tag{33-93}$$

3)用下面的方法定义并矢格林函数 $\boldsymbol{G}(\boldsymbol{r},\boldsymbol{r}',\omega)$，即使其满足下述方程：

$$\nabla\times\nabla\times\boldsymbol{G}(\boldsymbol{r},\boldsymbol{r}',\omega)-k_0^2\varepsilon_{\mathrm{B}}(\boldsymbol{r},\omega)\boldsymbol{G}(\boldsymbol{r},\boldsymbol{r}',\omega)=-\boldsymbol{I}\delta(\boldsymbol{r}-\boldsymbol{r}') \tag{33-94}$$

式中，$\boldsymbol{I}$ 为单位张量。可以看出，该并矢格林函数表征未微扰系统对点光源($\delta(\boldsymbol{r}-\boldsymbol{r}')$)的响应。

4)全空间的电场(总场)可表示为下面的积分方程：

$$\boldsymbol{E}(\boldsymbol{r},\omega)=\boldsymbol{E}_{\mathrm{inc}}(\boldsymbol{r},\omega)+\int_{V_d}\boldsymbol{G}(\boldsymbol{r},\boldsymbol{r}',\omega)\chi(\boldsymbol{r}',\omega)\boldsymbol{E}(\boldsymbol{r}',\omega)\mathrm{d}^3\boldsymbol{r}' \tag{33-95}$$

该方程称为李普曼-施温格积分方程。其中，$\chi(\boldsymbol{r}',\omega)=(\varepsilon_{\mathrm{s}}(\boldsymbol{r}',\omega)-\varepsilon_{\mathrm{B}}(\boldsymbol{r},\omega))$，$V_d$ 为散射体的体积。

在 PSTM 系统中，$\boldsymbol{E}_{\mathrm{inc}}(\boldsymbol{r},\omega)$ 可以很容易由菲涅尔公式得到。当背景介质为真空时，李普曼-施温格积分方程蜕化为

$$\boldsymbol{E}(\boldsymbol{r},\omega)=\boldsymbol{E}_{\mathrm{inc}}(\boldsymbol{r},\omega)+\int_{V_d}\boldsymbol{G}_0(\boldsymbol{r},\boldsymbol{r}',\omega)\chi(\boldsymbol{r}',\omega)\boldsymbol{E}(\boldsymbol{r}',\omega)\mathrm{d}^3\boldsymbol{r}' \tag{33-96}$$

这里的 $\boldsymbol{G}_0(\boldsymbol{r},\boldsymbol{r}',\omega)$ 是真空中并矢格林函数，$\chi(\boldsymbol{r}',\omega)=(\varepsilon_{\mathrm{s}}(\boldsymbol{r}',\omega)-1)$。

2. 用共轭梯度法-快速傅里叶变换算法求解李普曼-施温格积分方程

(1)共轭梯度法

共轭梯度法是求解线性方程组的一种可降低内存且能在有限步求解出数值解的有效方法。它最早是由赫森斯(Hestenes)等[79]于 1952 年提出来的。萨卡尔(Sarkar)[80]对共轭梯度法进行了更进一步的研究，针对不同的线性方程组的特点给出了各种最优化的方法。采用传统矩量法(MOM)求解李普曼-施温格尔积分方程的特点是：①需要存储整个矩阵，当系数矩阵的元素比较多时，对计算机的内存要求比较高，一般 PC 计算机的内存难以满足；②矩阵与向量的乘积运算量 约为 N^3，要求计算机的 CPU 运算速度比较高，当 N 比较大时，普通计算机很难在短时间内实现这么大的计算量。由于共轭梯度法能够在有限步迭代内使得方程收敛于要求的精度，与 MOM 相比，它降低了对计算机内存的需求，因此它是求解线性方程的一种有效的数值迭代方式。目前共轭梯度法已是一种很成熟的数值迭代方法。

(2)快速傅里叶变换方法在共轭梯度法中的应用

并矢格林函数的系数矩阵是托普里兹(Toeplitz)矩阵，它们与向量的乘积运算满足卷积运算，因此可以利用快速傅里叶变换来实现[81-84]。利用快速傅里叶变换可使矩阵和向量的乘积运算量由 N^3 降低为 $N\log_2 N$。当已知散射体内部的电场，求解空间任意点的散射场时，只要通过简单的快速傅里叶变换就可以实现矩阵与向量的乘积运算。由散射体内部电场求解空间任意点的散射场，用快速傅里叶变换来进行矩阵与向量的乘积运算所消耗的时间，与不用快速傅里叶变换，直接通过乘积运算所消耗的时间相比，前者可大大节约计算时间。二者相比较(通过模拟)的结果见表 33-18 和图 33-39。

表 33-18 不用和用快速傅里叶变换算法计算时间比较[84]

偶极子总数	用 CPU 时间(s)比(不用 FFT/用 FFT)	迭代的次数比(不用 FFT/用 FFT)	计算散射场时间(s)比(不用 FFT/用 FFT)	完成迭代计算总 CPU 时间(s)比(不用 FFT/用 FFT)
8	0.81/0.88	6/6	1.05/1.47	3.17/4.27
64	1.67/1.05	9/9	7.71/1.95	10.67/5.06
128	4.89/1.22	10/10	15.19/1.95	21.34/5.08
256	21.92/1.45	9/9	30.25/1.97	53.36/5.38
512	39.64/3.20	10/10	60.98/3.53	193.11/9.02
1 024	165.55/10.16	10/10	126.80/5.39	919.44/21.02

表 33-18 和图 33-39 的迭代程序中所使用的计算机为 Pentium(R)4，CPU 2.40 GHz，内存 512 MB，采用 matlab 编程，直接调用 matlab 中的二维傅里叶变换语句。可以看出，当离散化的偶极子数目很少时，不用与用快速傅里叶变换(不用 FFT/二维 FFT)两种算法消耗计算机时间差不多；但当离散化的数目大时，特别当 $N>10^4$ 时，不采用快速傅里叶变换很难用 PC 机实现数值模拟。可见利用快速傅里叶变换可以有效地提高计算机的运算效率，可以实现大尺寸及多体的电磁场散射计算。因此，利用共轭梯度法和快速傅里叶变换相

结合的算法是一种处理电磁场散射的有效方法。

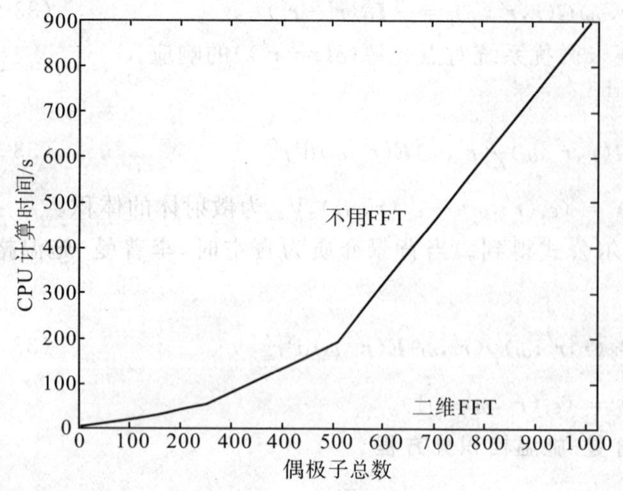

图 33-39　不用与用快速傅里叶变换所需 CPU 计算时间比较[84]

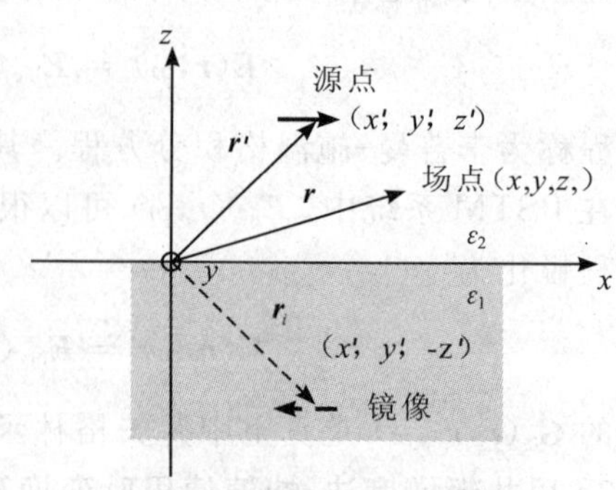

图 33-40　电偶极子在界面近场电磁耦合效应（静电学中的镜像法）示意图

3. 共轭梯度法-快速傅里叶变换在 PSTM 研究中的应用

大连理工大学简国树、马业万[84]研究了格林函数-复数共轭梯度法-快速傅里叶变换（Green F-CCGM-FFT）方法编制了自己的程序，将其应用在 PSTM 近场等高成像平面上的场分布模拟计算。该方法需要用分层介质中的并矢格林函数。在平面分层系统中的电磁场散射问题较复杂，观察点的散射场中，不仅包括散射体对该点作用，还将可能包含散射体与空间介质界面的耦合效应。这时，并矢格林函数解析解形式的复杂性主要来源于表面的电磁耦合效应。对于平面分层介质系统，可采用静电学中的镜像法来进行简化处理，即将界面的电磁耦合效应用静电学中的镜像法来近似（此近似忽略了电磁波的延迟效应）。当散射体表面结构的纵向尺寸远小于波长时，这种近似是允许的。

在如图 33-40 所示散射系统中，散射体与空间介质界面的上层介质的介电常数为 $\varepsilon_B = \varepsilon_2$，下层介质介电常数为 $\varepsilon_B = \varepsilon_1$。由经典电动力学可知，源点电偶极矩 $\boldsymbol{P}(\boldsymbol{r},\omega)$ 与它在散射体界面内的镜像电偶极矩 $\boldsymbol{P}'(\boldsymbol{r},\omega)$ 镜相对称，方向相反，其大小两者相差一个镜像因子 γ_1。当源点与场点都在界面上方时，镜像因子的数值为

$$\gamma_1 = -\frac{[\varepsilon_2 - \varepsilon_1]}{[\varepsilon_2 + \varepsilon_1]} \tag{33-97}$$

分层介质中的并矢格林函数 $\boldsymbol{G}(\boldsymbol{r},\boldsymbol{r}',\omega)$ 可表示为[81]

$$\boldsymbol{G}(\boldsymbol{r},\boldsymbol{r}',\omega) = \boldsymbol{G}_B(\boldsymbol{r},\boldsymbol{r}',\omega) + \boldsymbol{G}_I(\boldsymbol{r},\boldsymbol{r}',\omega) \tag{33-98}$$

式中，$\boldsymbol{G}_B(\boldsymbol{r},\boldsymbol{r}',\omega)$ 是无限大均匀介质中介电常数为 ε_B 的并矢格林函数，$\boldsymbol{G}_I(\boldsymbol{r},\boldsymbol{r}',\omega)$ 为界面耦合并矢格林函数，其具体形式为

$$\boldsymbol{G}_B(\boldsymbol{r},\boldsymbol{r}',\omega) = \begin{bmatrix} k_B{}^2 + \dfrac{\partial^2}{\partial x^2} & \dfrac{\partial^2}{\partial x\,\partial y} & \dfrac{\partial^2}{\partial x\,\partial z} \\ \dfrac{\partial^2}{\partial y\,\partial x} & k_B{}^2 + \dfrac{\partial^2}{\partial y^2} & \dfrac{\partial^2}{\partial y\,\partial z} \\ \dfrac{\partial^2}{\partial z\,\partial x} & \dfrac{\partial^2}{\partial z\,\partial y} & k_B{}^2 + \dfrac{\partial^2}{\partial z^2} \end{bmatrix} g(\boldsymbol{r},\boldsymbol{r}',\omega) \tag{33-99}$$

$$\boldsymbol{G}_I(\boldsymbol{r},\boldsymbol{r}',\omega) = -\gamma_1 \begin{bmatrix} -k_B{}^2 - \dfrac{\partial^2}{\partial x^2} & -\dfrac{\partial^2}{\partial x\,\partial y} & \dfrac{\partial^2}{\partial x\,\partial z} \\ -\dfrac{\partial^2}{\partial y\,\partial x} & -k_B{}^2 - \dfrac{\partial^2}{\partial y^2} & \dfrac{\partial^2}{\partial y\,\partial z} \\ -\dfrac{\partial^2}{\partial z\,\partial x} & -\dfrac{\partial^2}{\partial z\,\partial y} & k_B{}^2 + \dfrac{\partial^2}{\partial z^2} \end{bmatrix} g(\boldsymbol{r},\boldsymbol{r}'',\omega) \tag{33-100}$$

式中，坐标 $\boldsymbol{r}=(x,y,z)$，$\boldsymbol{r}'=(x',y',z')$，$\boldsymbol{r}''=(x',y',-z')$，$g(\boldsymbol{r},\boldsymbol{r}',\omega)=\dfrac{\exp(\mathrm{i}k_{\mathrm{B}}|\boldsymbol{r}-\boldsymbol{r}'|)}{4\pi|\boldsymbol{r}-\boldsymbol{r}'|}$ 为标量格林函数。因此，半空间无限大均匀介质中的电磁场积分方程可表示为

$$\boldsymbol{E}(\boldsymbol{r},\omega)=\boldsymbol{E}_{\mathrm{inc}}(\boldsymbol{r},\omega)+\frac{1}{\varepsilon_{\mathrm{B}}(\omega)}\int_{V_d}\boldsymbol{G}(\boldsymbol{r},\boldsymbol{r}',\omega)\chi(\boldsymbol{r}',\omega)\boldsymbol{E}(\boldsymbol{r},\omega)\mathrm{d}^3\boldsymbol{r}' \tag{33-101}$$

这样，就可得到 PSTM 系统中求解电磁场的积分方程(33-101)式。由方程可知，要求得空间任意点的电场，可分两步：①利用方程(33-101)式求得散射体内的电场分布，得到电偶极矩以及它对界面的镜像电偶极矩的分布；②再利用(33-101)式，得到观察点处的电场，从而可得到所探测近场的电场(总场)分布。

4. 介质样品和银膜样品 PSTM 成像数值模拟——举例

介质样品“OPTICS”字符的 PSTM 等高光场分布模拟条件为：介质浮雕凸型字“OPTICS”每个字的尺度为 100 nm×250 nm×50 nm，样品与样品台的介电常数同为 $\varepsilon_s=2.25$。在 PSTM 系统中，分别用 s(TE)波和 p(TM)波入射，全内反射照明样品，入射角为 50°，波长为 632.8 nm。计算空间离散网格为 10 nm×10 nm×10 nm，等高扫描探测面距样品台为 60 nm(距离样品的高度为 10 nm)。由于计算机的限制，没有设置探测尖。

分别对用 TE 波和 TM 波入射时所得到的相对光场进行模拟的结果(设入射光的振幅 $E_0=1$)，其归一化的光场强度分布见图 33-41。

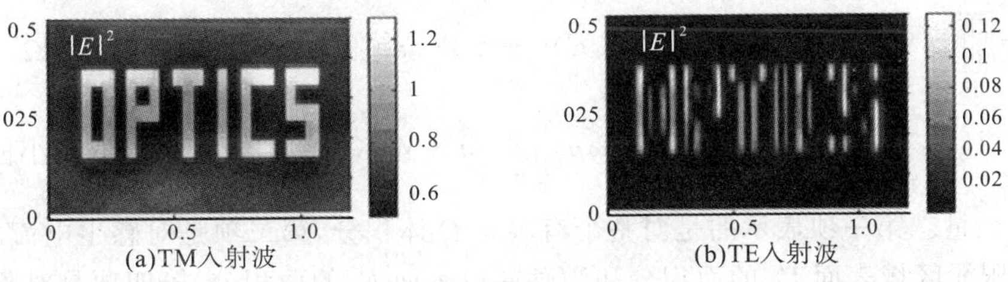

图 33-41 介质样品“OPTICS”凸型字符的 PSTM 等高扫描光场分布模拟结果[84]

由图 33-41 介质样品“OPTICS”凸型字符的 PSTM 等高扫描成像中，用 TM(p 偏振)波入射可获得与样品形貌图像最相近的近场光学图像如图(a)，它比用 TE(s 偏振)波入射取得的近场光学图像(图(b))要好得多。

(四)高频电磁场有限元法

有限元法(finite element method, FEM)是以变分原理和剖分插值为基础求解数学边值问题的一种数值技术。其数学原理首先由库然特(R. Courant)提出，这一名称正式出现在 1965 年科拉夫(R. W. Clough)的著作中。早期被广泛用于力学中的结构分析、流体力学、热传递等物理和工程问题中，直到 1968 年，才开始用于求解电磁场问题。2003 年卢氏(H. Peter Lu)课题组在文献[85]中用频域-时域有限元法模拟 AFM 金属探针尖(tip)的拉曼增强研究取得了成功。有限元法的特点是：通过各种适当的形式将求解域划分成有限个单元，再在每个单元中构造分域基函数，利用里茨法或伽略金法构造代数形式的有限元方程求解，这种方法的离散单元有很大的灵活性，它可以较精确地模拟各种复杂的几何结构，在保证计算精度的要求下，不增加过多的计算量。

“有限元方法”的核心思想是将结构离散化，把实际结构离散为有限数目的单元组合体。这样，实际结构的物理性能就可以通过对离散体进行分析，得出满足工程精度的近似结果。这种方法可用于解决很多实际工程需要解决而理论分析难以解决的复杂问题。“ANSYS”是一个成熟的商用有限元软件，其中的高频电磁场分析软件就可用于近场光学问题的数值模拟。COMSOL 公司近些年推出的多物理场(multiphysics)耦合分析软件采用有限元方法，也可应用于近场光学数值模拟。

近场光学在有些情况下，如在探测金属尖的场增强，当要求分析尖的场强时，或在拉曼增强“热点”研究中，以及金属表面等离子体激元(plasmon)模拟等，有许多场强极不均匀的问题，空间分辨有时要求小到

1 nm或亚纳米，计算空间又必须大于1个波长，一般需等于或大于1 μm。这时如采用叶氏网格均匀划分法，对PC计算机的条件要求就太高，很难实现。而有限元方法的网格划分可以很不均匀，它非常适用于这类近场光学问题研究，因而有限元方法为模拟这类问题提供了极好的手段。

1. 有限元方法解麦克斯韦方程

麦克斯韦旋度方程组为

$$\nabla\times \boldsymbol{H}=\mathrm{i}\omega\varepsilon_0[\varepsilon_r']\boldsymbol{E}+\boldsymbol{J}_s$$
$$\nabla\times \boldsymbol{E}=-\mathrm{i}\omega\mu_0[\mu_r]\boldsymbol{H}$$

式中，$[\varepsilon_r']=[\varepsilon_r]+[\sigma]/(\mathrm{i}\omega\varepsilon_0)$为介质的复介电常数张量，$\mu_r$为磁导率，$\varepsilon_0$和$\mu_0$分别是真空中的介电常数和磁导率，$\boldsymbol{J}_s$为电荷迁移电流密度。由上述麦克斯韦旋度方程组可得到亥姆霍兹矢量波方程。有限元法将通过求解亥姆霍兹矢量波方程的弱积分形式求解。矢量波方程为

$$\nabla\times[[\mu_r]^{-1}(\nabla\times \boldsymbol{E})]-k_0^2[\varepsilon_r']\boldsymbol{E}=-\mathrm{i}\omega\mu_0\boldsymbol{J}_s \tag{33-102}$$

其中隐含条件为$\nabla\cdot\varepsilon_0[\varepsilon_r']\boldsymbol{E}=0$和$\nabla\cdot\mu_0[\mu_r]\boldsymbol{H}=0$。解矢量波方程(求其数值解时，不需要满足高斯定律，但是所得解可能是非真实的伪模式)，采用弱形式时，需要在矢量波方程中加权函数W。此时，该方程的弱形式为

$$W[\nabla\times[[\mu_r]^{-1}(\nabla\times \boldsymbol{E})]-k_0^2[\varepsilon_r']]E=-\mathrm{i}\omega\mu_0 W\boldsymbol{J}_s \tag{33-103}$$

上述矢量波方程是无边界的，将其应用于有限元区域中以弱积分形式数值模拟时，还需要考虑有限元区域中的边界效应(下式中的最后两项)，因此，矢量波方程的弱积分形式应为[86]

$$\langle R,W\rangle=\iiint_{\Omega}\{(\nabla\times W)[[\mu_r]^{-1}\cdot(\nabla\times E)]-k_0^2W[\varepsilon_r']E\}\mathrm{d}\Omega+\mathrm{i}\omega\mu_0\iiint_{\Omega_s}WJ_s\mathrm{d}\Omega_s-$$
$$\mathrm{i}\omega\mu_0\iint_{\Gamma_0+\Gamma_f}W(\hat{n}\times H)\mathrm{d}\Gamma+\mathrm{i}\omega\mu_0\iint_{\Gamma_r}Z_0(\hat{n}\times W)(\hat{n}\times E)\mathrm{d}\Gamma_r\text{(结果取极小值)} \tag{33-104}$$

其中，$\langle R,W\rangle$表示余量。第一项表示的是对整个有限元Ω体积分，第二项是对感生电流的区域体积分Ω_s，第三项是对整个有限元区域表面Γ_0的面积分和激励窗口表面Γ_f的面积分，第四项是对阻抗表面Γ_r的面积分，见图33-42。须注意的是，在良导体(PEC)和良磁体(PMC)表面上的面积分为0。

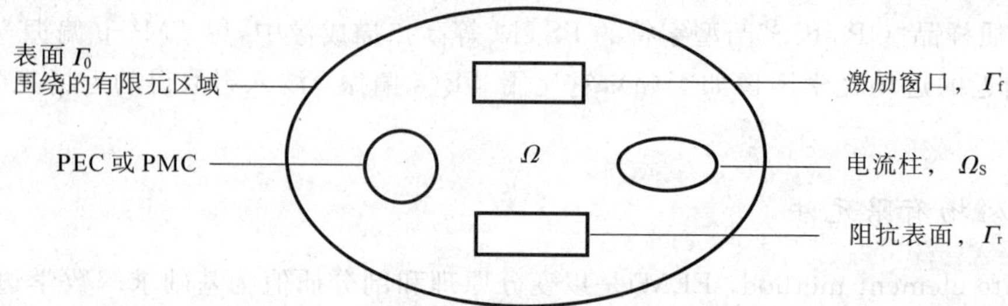

图33-42 有限元区域示意图

2. 伽略金方法

伽略金方法即用矢量基函数展开场求解。矢量电场用矢量电场在边/面上的切向分量(E_j，自由度)与相应的矢量基函数($\boldsymbol{W}_j$)来表达：

$$\boldsymbol{E}=\sum_{j=1}^{N}E_j\boldsymbol{W}_j \tag{33-105}$$

其中，N个自由度是矢量电场在边/面上的切向分量，高阶时再加单元体上的面法向分量，权函数也用同样的矢量基函数

$$\langle R,\boldsymbol{W}_i\rangle=\sum_{j=1}^{N}E_j\left\{\iiint_{\Omega}[(\nabla\times\boldsymbol{W}_i)\cdot[\mu_r]^{-1}\cdot(\nabla\times\boldsymbol{W}_j)-k_0^2\boldsymbol{W}_i\cdot[\varepsilon_r']\cdot\boldsymbol{W}_j]\mathrm{d}\Omega\right\}+$$
$$\mathrm{i}\omega\mu_0\iint_{\Gamma_r}\frac{1}{Z}(\hat{n}\times\boldsymbol{W}_i)(\hat{n}\times\boldsymbol{W}_j)\mathrm{d}\Gamma_r-$$
$$\mathrm{i}\omega\mu_0\iint_{\Gamma_0+\Gamma_f}\boldsymbol{W}_i\cdot(\hat{n}\times\boldsymbol{H})\mathrm{d}\Gamma+\mathrm{i}\omega\mu_0\iiint_{\Omega_s}\boldsymbol{W}_i\cdot\boldsymbol{J}_s\mathrm{d}\Omega_s\text{(结果取极小值)} \tag{33-106}$$

3. 总场方法

总场是激励场(入射场)与散射场之和

$$\boldsymbol{E}^{\text{total}} = \boldsymbol{E}^{\text{inc}} + \boldsymbol{E}^{\text{scat}} \tag{33-107}$$

总场有限元方法的计算公式是用单元划分计算区域,并用矢量基函数展开电场,采用时谐形式进行的,这时总场的矩阵表达公式为

$$-k_0^2[M][E] + \mathrm{i}k_0[C][E] + [K][E] = [F] \tag{33-108}$$

其中 4 个分矩阵分别为

$$M_{ij} = \iiint_{\Omega} \boldsymbol{W}_i \cdot [\varepsilon'_{\mathrm{r,Re}}] \cdot \boldsymbol{W}_j \mathrm{d}\Omega \tag{33-109}$$

$$C_{ij} = \frac{1}{k_0}\iiint_{\Omega} \nabla\times\boldsymbol{W}_i \cdot [\mu_{\mathrm{r,Im}}]^{-1} \cdot (\nabla\times\boldsymbol{W}_i)\mathrm{d}\Omega - k_0\iiint_{\Omega}\boldsymbol{W}_i \cdot [\varepsilon'_{\mathrm{r,Im}}] \cdot \boldsymbol{W}_j \mathrm{d}\Omega + Z_0\iint_{\Gamma_{\mathrm{r}}} Y_{\mathrm{Re}}(\hat{n}\times\boldsymbol{W}_i)\cdot(\hat{n}\times\boldsymbol{W}_j)\mathrm{d}\Gamma_{\mathrm{r}} \tag{33-110}$$

$$K_{ij} = \iiint_{\Omega}(\nabla\times\boldsymbol{W}_i)\cdot[\mu_{\mathrm{r,Re}}]^{-1}\cdot(\nabla\times\boldsymbol{W}_i)\mathrm{d}\Omega - k_0 Z_0\iint_{\Gamma_{\mathrm{r}}} Y_{\mathrm{Im}}(\hat{n}\times\boldsymbol{W}_i)\cdot(\hat{n}\times\boldsymbol{W}_j)\mathrm{d}\Gamma_{\mathrm{r}} \tag{33-111}$$

$$F_i = -\mathrm{j}k_0 Z_0\iiint_{\Omega_{\mathrm{s}}}\boldsymbol{W}_i \cdot \boldsymbol{J}_{\mathrm{s}}\mathrm{d}\Omega_{\mathrm{s}} + \mathrm{i}k_0 Z_0\iint_{\Gamma_0+\Gamma_{\mathrm{f}}}\boldsymbol{W}_i\cdot(\hat{n}\times\boldsymbol{H})\mathrm{d}\Gamma \tag{33-112}$$

式中,Re 取实部,Im 取虚部。

4. 生物样品在位的单分子拉曼增强热点数值模拟——举例

为了探索生物样品在位单分子的拉曼检测可能性,用有限元方法,模拟研究金圆锥对顶尖产生热点的拉曼增强因子,探讨检测生物在位单分子拉曼特征谱的可能性。要求电磁增强热点的尺度小于 10 nm,电场增强因子 $10^3 \sim 10^4$(拉曼增强因子 $10^{12} \sim 10^{16}$)。模拟研究金圆锥对顶尖(锥角 20°)的最佳锥尖的间距、最佳锥长度和双锥尖的环境影响。有限元方法模拟的结果见图 33-43[87]。其中(a)图为电场平行于对顶尖轴线、波长为 632.8 nm 的激光激励条件下,金对顶尖的空间有限元划分结果;(b)图为对顶尖间距在 3 nm 时,“热点”场增强的空间分布情况;(c)图为“热点”的场增强因子与间距的关系,当间距为 0.2 nm 时,在空气环境和生理盐水环境中,热点的场增强因子分别为 5×10^3 和 4×10^3。据此估算拉曼增强因子分别可达到 6.2×10^{14} 和 2.5×10^{14};(e)图和(f)图说明在空气和生理盐水中最佳金锥尖的长度分别为 350 nm 和 460 nm。初步结果说明:上述条件下,在生物样品中实现“在位单分子或少许分子的拉曼表征”是有可能的。

(五)多重多极子法

多重多极子(multiple multipole, MMP)方法是一种用于计算有限区域内介质电磁场分布的半解析方法,是广义多极子的一种。算法采用离散化边界而保持内部介质连续的描述来求解麦克斯韦方程组。多极子方程表达了多极子方法的基本思想,它的短程性决定了它适用于局域,而且它还非常适用于求解复杂结构,如金属镀膜的柱形波导以及近场光学显微镜中的光纤探针尖等。

1. 多重多极子原理

多重多极子方法的核心是以离散多偶极子源为基础,直接展开局域未知场函数而建立代数方程组作为数学模型来求解,确定每一点的场值。

无源区域内的电场 $\boldsymbol{E}(\boldsymbol{r})$ 和磁场 $\boldsymbol{H}(\boldsymbol{r})$ 分量可以分别以两个标量势 $f_{\mathrm{e}}(\boldsymbol{r})$ 和 $f_{\mathrm{m}}(\boldsymbol{r})$ 来表示,它们分别满足均匀条件下的亥姆霍兹方程:

$$(\nabla^2 + k^2)f_{\mathrm{e,m}}(\boldsymbol{r}) = 0 \tag{33-113}$$

式中,$\boldsymbol{r}$ 是位置矢量;k 为波矢,$k^2 = \frac{\omega^2}{c^2}\varepsilon$,其中 ω、c 和 ε 分别是角频率、光在真空中的速度和介电常数。一旦标量场被确定,那么电、磁场就可分别由下两式得出:

$$\boldsymbol{E} = -\nabla\times[f_{\mathrm{e}},0,0] - \frac{1}{\mathrm{i}\omega\varepsilon}\nabla\times\nabla\times[f_{\mathrm{m}},0,0] \tag{33-114}$$

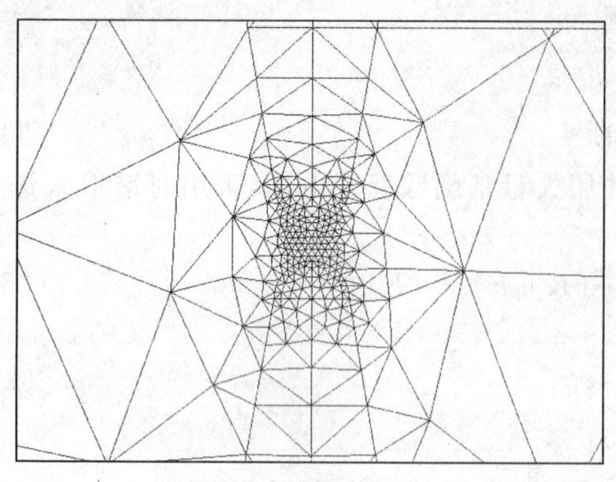
(a) 金圆锥对顶尖的有限元划分

(b) 对顶尖间距为3nm时的热点增强

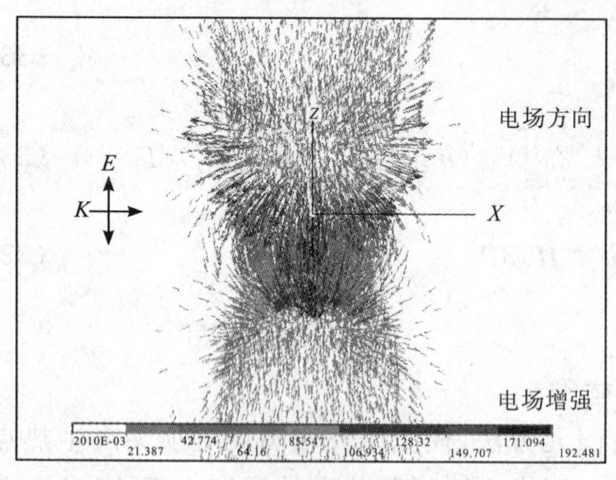

(c) 感生电场的强度与方向分布

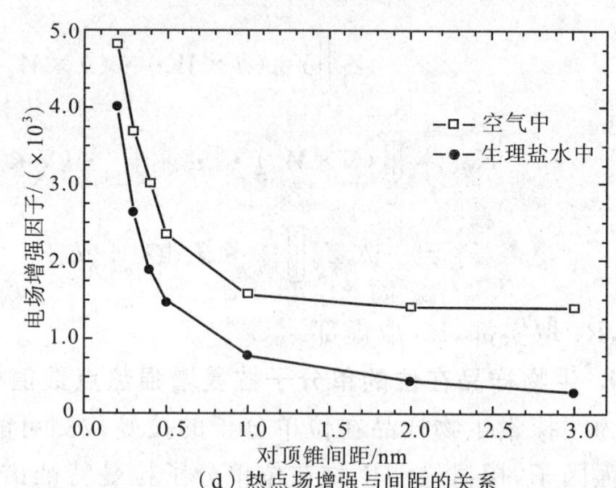

(d) 热点场增强与间距的关系

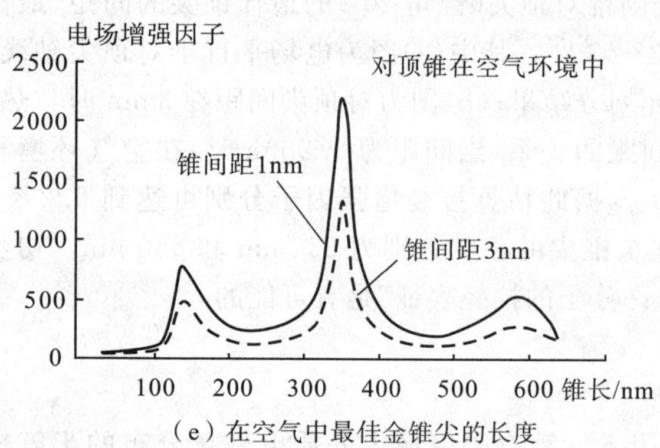

(e) 在空气中最佳金锥尖的长度

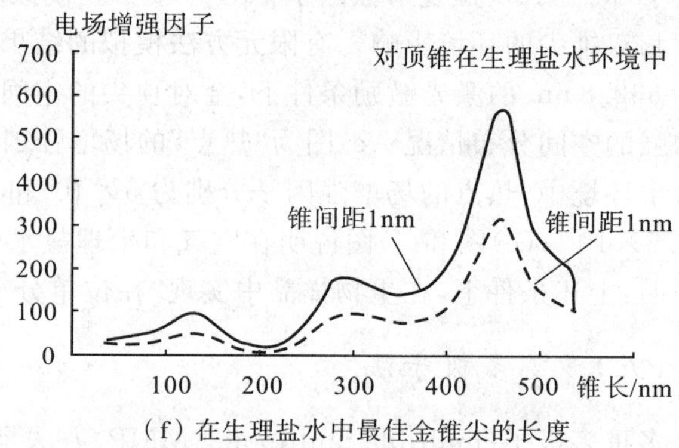

(f) 在生理盐水中最佳金锥尖的长度

图 33-43 金圆锥对顶尖热点的电场增强与间距和最佳长度的关系[87]

$$\boldsymbol{H} = \nabla\times[f_{\mathrm{m}},0,0] - \frac{1}{\mathrm{i}\omega\mu}\nabla\times\nabla\times[f_{\mathrm{e}},0,0] \tag{33-115}$$

在每一个区域 D_i 内的标量场 $f^{(i)} \in \{f_{\mathrm{e}}^i, f_{\mathrm{m}}^i\}$ 可以近似展开为

$$f^i(\boldsymbol{r}) \approx \sum_{j=0}^{J} a_j^{(i)} g_j(\boldsymbol{r}) \tag{33-116}$$

上式中的基函数 $g_i(\boldsymbol{r})$ 是已知亥姆霍兹方程的任意解析解，如多极子、平面波、倏逝波和波导模式的正交展开等。以柱坐标展开方程的多极子正交解是

$$\psi_n(\rho,\varphi,z) = \mathrm{B}_n(\kappa\rho)\exp(\mathrm{i}n\varphi)\exp(\mathrm{i}\gamma z) \tag{33-117}$$

纵向和横向波数由 $k^2=\gamma^2+\kappa^2$ 联系起来。$\mathrm{B}_n \in \{\mathrm{J}_n, \mathrm{Y}_n, \mathrm{H}_n^{(1)}, \mathrm{H}_n^{(2)}\}$ 是贝塞尔函数。第一类贝塞尔函数用于辐射作用，而其他三个的每一个都叫做多极子的辐射函数。

(33-116)式的未知参量 $a_j^{(i)}$ 是由满足各区域的边界条件来确定的。在各邻近区域 D_i 和 D_j 的交界面 ∂D_{ij} 上取一些离散点 $\boldsymbol{r}_k$，按照下式确定边界上 ∂D_{ij} 点 $\boldsymbol{r}_k$ 的垂直矢量 $\boldsymbol{n}(\boldsymbol{r}_k)$：

$$\boldsymbol{n}(\boldsymbol{r}_k)\times[\boldsymbol{E}_i(\boldsymbol{r}_k)-\boldsymbol{E}_j(\boldsymbol{r}_k)]=0 \tag{33-118}$$

$$\boldsymbol{n}(\boldsymbol{r}_k)\times[\boldsymbol{H}_i(\boldsymbol{r}_k)-\boldsymbol{H}_j(\boldsymbol{r}_k)]=0 \tag{33-119}$$

$$\boldsymbol{n}(\boldsymbol{r}_k)\times[\mu_i(\boldsymbol{r}_k)\boldsymbol{H}_i(\boldsymbol{r}_k)-\mu_j(\boldsymbol{r}_k)\boldsymbol{H}_j(\boldsymbol{r}_k)]=0 \tag{33-120}$$

$$\boldsymbol{n}(\boldsymbol{r}_k)\times[\varepsilon_i(\boldsymbol{r}_k)\boldsymbol{E}_i(\boldsymbol{r}_k)-\varepsilon_j(\boldsymbol{r}_k)\boldsymbol{E}_j(\boldsymbol{r}_k)]=0 \tag{33-121}$$

如果条件(33-118)式和(33-119)式满足，则(33-120)式和(33-121)式自动满足。适当分布多极子源和选择匹配点，利用边界条件建立方程。利用最小二乘法解超定方程即可求出每一参数 $a_j^{(i)}$，这样就可以确定每一点的场值。

2. 全镀膜光纤尖优化设计数值模拟——举例

1995 年，诺沃特尼和波尔等用 MMP，对 SNOM 镀膜光纤尖进行优化，做数值模拟研究[88]，发现全镀簿金属膜不开小孔的光纤尖比镀膜开小孔的光纤尖好。因此，对全镀膜光纤尖参数进行了优化和系统研究，取得了很好的结果。SNOM 镀膜光纤尖用材为石英（介电常数 $\varepsilon=2.16$），镀铝膜（介电常数 $\varepsilon=-34.5+8.5\mathrm{i}$），膜厚 D，半锥角为 α，锥尖端的曲率半径为 R。全镀金属膜尖的模型见图 33-46，图 33-45 中(a)和(b)分别为平端头镀铝膜开孔尖与不开孔全镀铝膜尖的光斑（离端头 1 nm 平面上光强 $|E|^2$）的模拟结果，(c)为光斑剖面线。图 33-46 为全镀金属模尖提供 α、R 和 D 参数最佳选择时的模拟数据。

根据图 33-44 和图 33-45 的 MMP 模拟结果，全镀金属膜的光纤尖与镀膜开小孔的光纤尖比较，前者光斑小，仅为后者的 1/2～1/3，且中心对称，通光效率（$P_{\mathrm{out}}/P_{\mathrm{in}}$）高。全镀金属膜尖的最佳选择结果为：$\alpha$ 为 30°～40°，R 为 5～10 nm，D 为 3～5 nm。用此优化模拟结果估计，可获通光效率：10^{-4}～10^{-5}，光斑 FWHM：25～30 nm[88]。

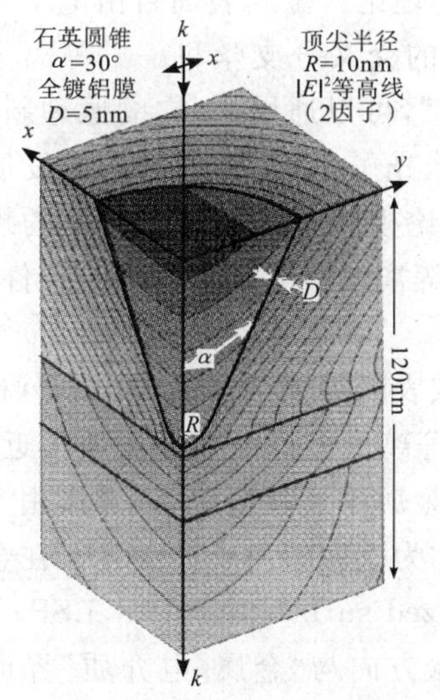

图 33-44　全镀膜尖模拟

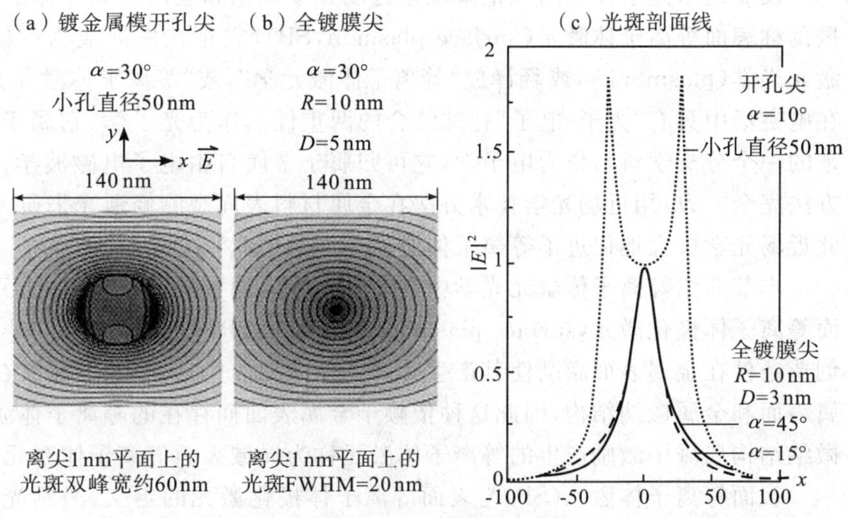

图 33-45　开孔尖与不开孔全镀膜尖的模拟光斑结果[88]

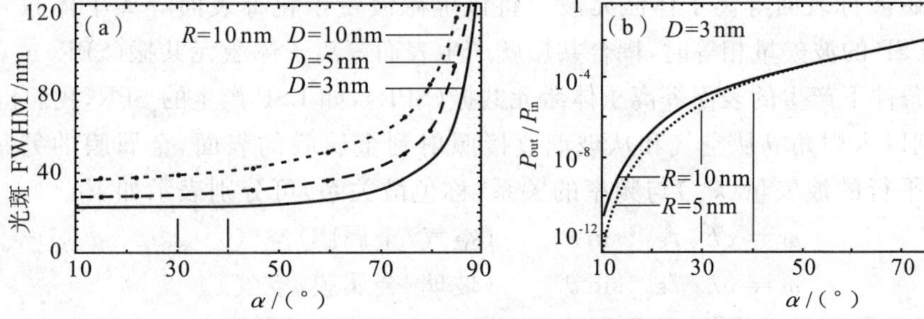

图 33-46　全镀金属模尖参数的最佳选择模拟[88]

结果：α 为 30°～40°，R 为 5～10 nm，D 为 3～5 nm

第四节 其他纳米分辨光学技术

一、纳米分辨光学技术的基本概念

本节仅对与纳米分辨的光频表面等离子体激元(SP)有关的纳米光学技术作侧重介绍，有关纳米光(子)学的详细论述可参考第六章《纳米光子学》，有关表面等离子体激元较为系统的理论可参考第二十三章《金属表面等离子体光学》中的内容。

纳米光学技术是随着扫描近场光学成像技术的发展而开始发展起来的，它包含近场光学成像技术，但还应包括其他正处于发展中的诸多非成像的纳米光学技术。例如：①当前已有的比较成熟的光阱是在微米尺度聚焦光束条件下的光镊，但是还需要发展纳米尺度的光阱；②当前已有成热的亚微米尺度的光存贮技术，但还需要发展纳米尺度的光存贮技术；③当前已有 50～60 nm 的光刻技术，但是还需要发展 10～40 nm 的光刻技术；④当前已有微米分辨的拉曼分析技术和荧光分析技术，但还需要发展纳米分辨尺度的拉曼分析技术和荧光分析技术；有些特殊的金属纳米结构可导致局域光电场的显著增强，并可使其中吸附分子的拉曼散射强度增强几个至十几个数量级，从而可使表面增强拉曼光谱的探测灵敏度达到单分子水平；⑤基于表面等离子体激元的隐形斗篷、太阳能电池、高效光发射二极管等的改进，需要发展纳米光学技术；⑥许多需要小型化的光学系统，如光通信中的光学器件现在就有小型化的需要；⑦发展超快“光子-电子”计算机时，更需要光学器件小型化。这些都离不开纳米光学技术。因此，纳米光学技术是一门远未发展成热的高新技术。

发展纳米光学技术的理论基础是近场光学理论和表面等离子体激元光学理论。金属表面自由电子集约振荡称表面等离子体激元(surface plasmon，SP)，它正在发展成为一门新兴的交叉分支学科——等离子体激元光学(plasmonics，或翻译成“等离子体激元学”，或“等离子体激元光子学”，可以通用)。它的原理新颖，在电磁场中具有“光子-电子”特殊结合的两重性。作为光子学，它属于倏逝光光子学(是近场光学中发展出来的一个分支学科)；作为电子学，它可归属于金属自由电子电磁波学。其理论模拟方法与近场光学的理论方法完全一致，用近场光学技术方法在金属材料表面观测倏逝光来研究表面等离子体激元有方便的条件，因此近场光学极大地促进了等离子体激元光学的形成和发展。

本节介绍等离子体激元光学中的 3 个基本名词：表面等离子体激元、局域表面等离子体激元(LSP)和表面等离子体极化激元(surface plasmon poraliton，SPP)。可见光频率与金属等离子体特征频率比较接近，可创造条件在金属表面激励使其产生等离子体激元。但是，光频电磁波在块状金属中衰减很快，仅能作用于金属表面和金属微纳结构，因此这种依赖于金属表面而存在的等离子体激元，称为表面等离子体激元。在金属微纳结构局域中激励产生的等离子体激元称为局域表面等离子体激元(localized surface plasmon，LSP)。

表面等离子体激元(SP)与表面等离子体极化激元的定义：激励光的偏振方向与“金属/电介质”界面垂直，其频率与金属等离子体的频率相等或接近时，光子将自己的全部或大部分能量交给了金属表面自由电子的集约振荡。在此条件下，以金属的表面自由电子为媒质、以自由电子集约振荡波动并伴随倏逝波为特征的“金属/介质”的界面电磁波称表面等离子体激元波。将该电磁波量子化称表面等离子体激元(SP)。当激励光的波矢量或其分量与 SP 的波矢量相等时，耦合共振就产生表面等离子体激元共振(SPR)或称表面等离子体极化激元(SPP)。其他条件下产生的表面等离子体激元共振(SPR)，如 LSP 产生的 SPR，我们也称其为 SPP。

设单色平行光分别以入射角 θ 从空气和从玻璃直接照射到金属膜的表面，金属膜的另一面为空气或电介质，入射面内与表面平行的波矢量($k_{\parallel}$)与频率的关系(称色散关系)可分别表示如下：

$$\omega = ck_{\parallel}/\varepsilon_0^{1/2}\sin\theta \quad (空气/金属膜/空气) \tag{33-122}$$

$$\tilde{\omega} = ck_{\parallel}/\varepsilon_g^{1/2}\sin\theta \quad (玻璃/金属膜/空气) \tag{33-123}$$

根据金属自由电子杜鲁德模型描述，等离子体激元的频率可表示为

$$\omega_{SP} = \frac{\omega_P}{\sqrt{1+\varepsilon_a}} = ck_{SP}/\left[\frac{\varepsilon_m\varepsilon_a}{\varepsilon_m+\varepsilon_a}\right]^{1/2} \tag{33-124}$$

式中，ε_0、ε_m 和 ε_a 分别为空气、金属和电介质(或空气)的介电常数。由空气、玻璃入射的单色光和金属表面

等离子激元的色散关系如图 33-47 所示。从图 33-47 中可看出，金属表面等离子体激元的色散曲线与光在空气中直接激励银膜的色散直线没有交点，即二者的波矢量和频率没有交汇共振点(零频点无实际意义)，不能匹配。因此，在空气中用光直接照射到金属表面的方法，不可能激励发生表面等离子体激元共振(SPR=SPP)。

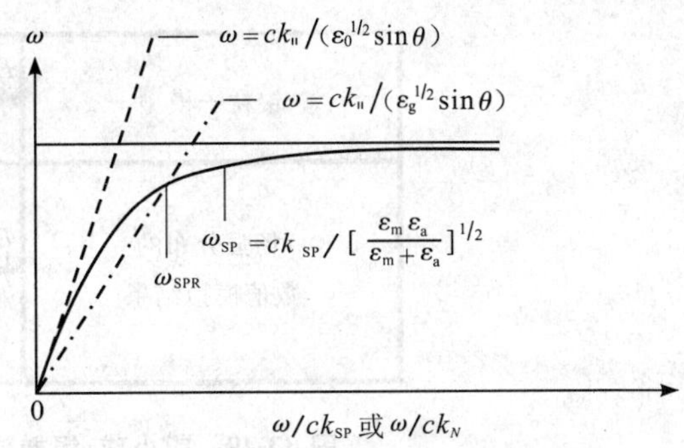

图 33-47　金属/电介质分界面上入射激励光和表面等离子体激元的色散关系示意图

为了用可见光激励银膜表面产生等离子体极化激元(SPP)，把可见光从玻璃一边入射到“玻璃/银膜/空气”界面，其色散关系由(33-123)式决定，在图 33-46 中为一点画直线。此点画直线与 SP 的色散曲线(由(33-121)式决定)将有一个交点。如果用 TM(p 偏振)平行光束，以入射角超过“玻璃/空气”界面的临界角，从玻璃一方入射“玻璃/银膜/空气”结构中，银膜/空气界面将产生全内反射，电场垂直于“玻璃/银膜/空气”表面的倏逝光在银膜中将激励产生表面等离子体极化积元(SPP)。在全内反射角中将可找到一个适当的入射角(θ_{SP})，其全内反射光将会显示极度衰减，此现象即称衰减全内反射(ATR)，它在 1968 年首先由克雷奇曼(Kretschmann E)发现，后人为了纪念他，称此结构为克雷奇曼结构[89]。在此入射角 θ_{SPP} 从玻璃入射的 TM 偏振光束将自己的几乎全部光子的能量都转交给银膜的自由电子，产生 SPP。在图 33-46 中的点画线与 SP 色散曲线交点处的波矢量达到耦合条件，即从玻璃入射光的沿表面的波矢量与 SP 的波矢量相等，$k_{\parallel}=k_{SP}$。这时的 k_{SP} 波矢量被定义为等离子体极化激元波矢量 k_{SPP} 。此时沿“空气/银膜”表面传播的表面等离子体极化激元波(SPP)是一种特殊模式的电磁波，自由电子是 SPP 电磁波的载体，它仅存在于金属(导体)/电介质界面，只能沿着金属表面传播。它由偏振垂直于金属表面的光频电磁波 E_z 分量($k_{\parallel}$)激发，诱导金属表层自由电子随电场 $E_z(t)$ 振荡。同时，光频电磁波 $E_x(t)$ 分量将诱导金属表面自由电子的疏密相位波的产生并沿“空气/金属”界面传输，它是自由电子的疏密相位纵波(波矢量为 k_{SPP})，见图 33-48。

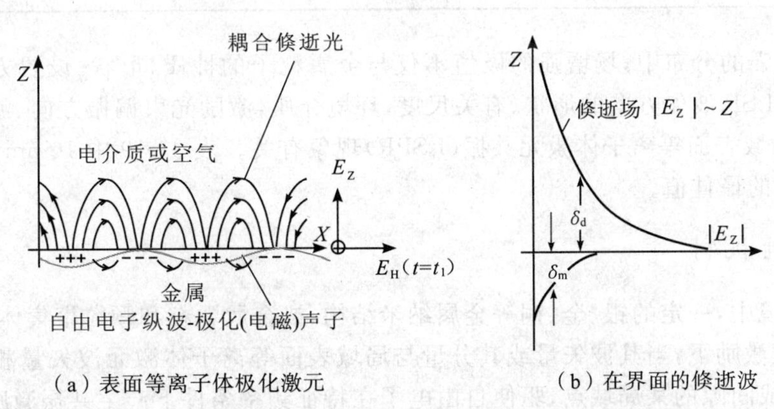

图 33-48　表面等离子体极化激元和在界面的倏逝场的示意图

二、局域表面等离子体激元与“热点”

(一)局域表面等离子体激元

由可见光激励可在金属微纳粒子或微纳结构表面产生局域等离子体激元(LSP)，或在金属微纳粒子聚集体中产生局域等离子体激元耦合共振，导致金属粒子表面局域或两聚集体耦合点的电磁场产生特异增强。这种金属粒子表面局域的电磁场特异增强，由金属表面入射光频电磁场激励的等离子体激元引发(即自由电子集体振荡)的电磁场耦合所产生。其局域电场增强极值可达到入射场强的数倍至数千倍，其场强分布空间半高宽尺度可小到数纳米至 1 nm。这就是 LSP 场增强产生“热点”的物理机制。图 33-49 为60 nm银小球、银小椭球(10/20 nm)和银圆锥在平行的偏振激光束激励下产生的 LSP 场增强数值模拟结果。

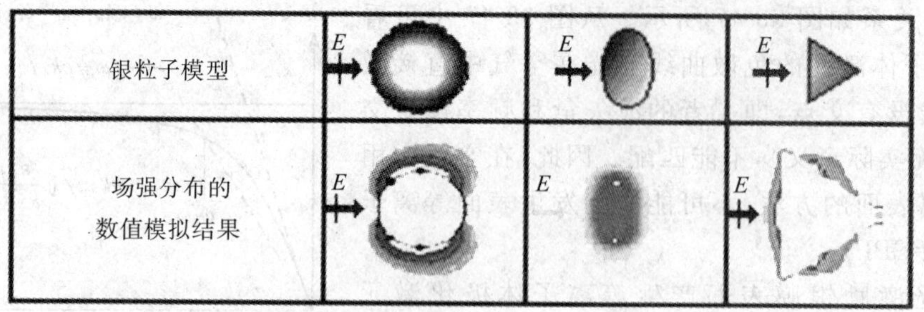

图 33-49 银小球、银椭球、银圆锥在平面偏振光激励下的 LSP 场增强

单个金属粒子的 LSP 场增强远没有双金属粒子聚集体的 LSP 耦合增强的增强因子(EF)高。LSP 的场增强因子用 LSP 的局域最高电场强度比原激励光的电场强度高出的倍数表示。设电场增强因子为 g_E，拉曼(散射)增强因子为 G_R，则两者关系近似为 $G_R \approx (g_E)^4$。

用数值模拟比较单银球、双银球聚集体的增强因子，设银球直径为 10 nm，光束偏振方向平行于双球心的连线，结果见表 33-19。双球零接触时比单球的 LSP 场增强点的电场增强因子 g_E 高约 60 倍，拉曼(散射)增强因子 G_R 则高 7 个数量级。LSP 场增强的极值点被称为"热点"。"热点"的形状可以不同，双球准零接触时为环形光斑，近场非接触时为圆点状光斑，随接触间距增大电场增强因子按指数下降。

表 33-19 10nm 双银球中热点的位置、形态、电场增强因子 g_E 和拉曼增强因子 G_R

两球间距/nm	热点形状	热点位置	g_E	G_R
0	环形光斑	围绕双球接触点	500	6.2×10^{10}
0.5	点状光斑	双球心连线中点	300	8.1×10^{9}
1	点状光斑	双球心连线中点	120	2×10^{8}
∞(单球)	两个盖帽光斑	沿 E 方向球的两端	8	4×10^{3}

在 LSP 局域场增强的分布中，场增强的极值不仅与金属粒子的性质、形状、设置方位等有关，更为关键的因素是金属粒子在 LSP 波矢方向的形状、有关尺度，环境介质，激励光束偏振方向、波长尺度，是否产生共振耦合，即是否产生局域表面等离子体激元共振(LSPR)现象有关。表 33-19 中 10 nm 银球直径不是激励光 632.8 nm 产生 LSPR 的最佳值。

(二)热点的产生机制

在一定的介质环境中，一定的银、金、铜等金属纳米结构，或金属颗粒和颗粒聚集体，在一定偏振方向(与结构相关)的相干光束激励下，当其波矢量或其分量与局域表面等离子体激元波矢量相近或相等时，电磁波在金属纳米结构表面或间隙的某局域点，驱使自由电子在特征频率条件下产生共振激励震荡，由于自由电子震荡阻尼在此局域点有极小值，共振激励震荡的自由电子在此局域点吸收并聚集大量光子能量，此处共振激励震荡的自由电子使该局域点的电场极度增强，因而出现极度场增强的所谓"热点"。简而言之，即在局域表面等离子体激元共振(LSPR)条件下，共振激励震荡的自由电子在此局域点吸收并聚集大量光子能量，使该局域点的电场极度增强，该点即被定义为场增强"热点"。该热点可产生荧光极大增强，或拉曼散射极大增强。因此有时也常称该点为荧光增强热点或拉曼散射增强热点。

图 33-43 表示金圆锥对顶尖产生局域表面等离子体激元共振(LSPR)热点的模拟结果，即是金圆锥对顶尖产生 LSPR 热点的优化设计。在空气环境和生理盐水环境中，热点的场增强因子分别可达到 5×10^3 和 4×10^3，据此估算拉曼增强因子分别可达到 6.2×10^{14} 和 2.5×10^{14}。

在两金属球粒子聚集体接触(或间隙中)产生热点时，激励光束的偏振方向对双银球聚集体热点有很大影响，常规条件下，要求激励光束的偏振方向与接触面(或间隙面)垂直。其根本原因是：因为热点是由表面等离子体激元产生的，而产生表面等离子体激元对激励光的偏振方向要求必须与金属表面垂直。这是产生常规热点的基本条件。图 33-50(a)中的激励光束波矢量 K 平行于两银球球心连线，偏振方向平行于接触面；图(b)中的激励光束偏振方向垂直于接触面。用 FDTD 软件模拟，计算空间单元为 0.5 nm×0.5 nm×0.5 nm，两者局域极大增强地点都与光的偏振方向有关，它们都在偏振方向所指银球顶点的表面，即表面与偏振方向垂直的球面顶点。前者在两银球的接触点附近看不到场增强，后者在接触点附近显示了场增强因子很大(超过 500)的热点。从表 33-17 可知，接触两银球 LSPR 热点的场增强因子比非接触点的球表面偏振方向的增强因子高出约 60 倍，即拉曼散射增强因子可高 3 个数量级(1.4×10^3)。

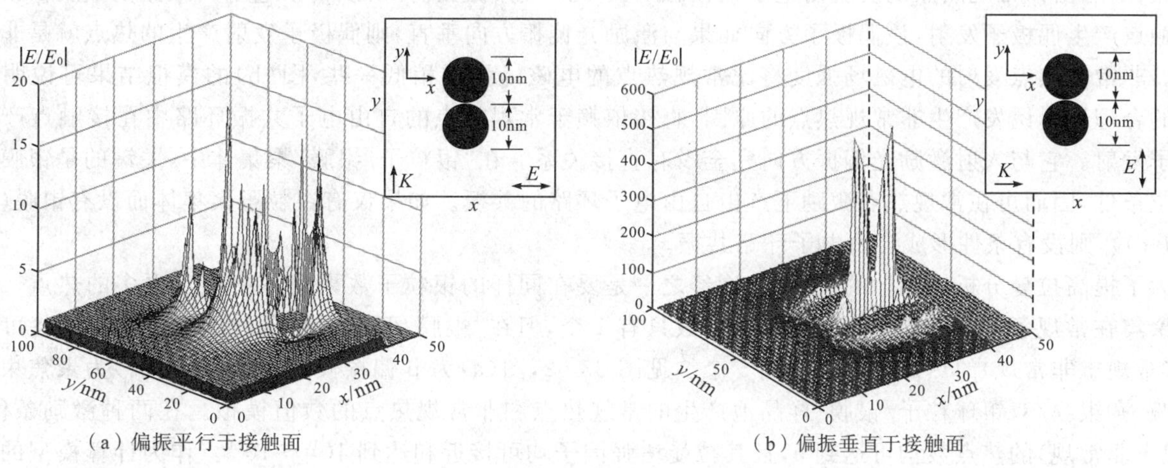

图 33-50　接触两银球的 LSP 场增强

(三)非常规热点及其产生机制

在激励光束的偏振方向与金属纳米粒子接触面(或与间隙表面)垂直的条件下，由 LSPR 产生的热点称为常规热点。非常规热点是指激励光束的偏振方向平行于金属纳米粒子接触面(或与间隙表面)的条件下产生的热点。2002 年吴世法等提出了一个存在常规热点和非常规热点的超高灵敏拉曼分析样品池发明专利(ZL02 154468.9)[90]。该专利样品池为“金属膜/金属球粒子/金属膜”三明治结构。经数值模拟发现，这种结构的拉曼样品池除常规热点外，还可产生一些非常规热点。据此，可提高样品池的 SERS 检测灵敏度。详见图 33-51 所示的模拟结果[90]。模型中微小银球的直径为 30 nm，银膜厚度为 5 nm，激励波长为 632.8 nm。

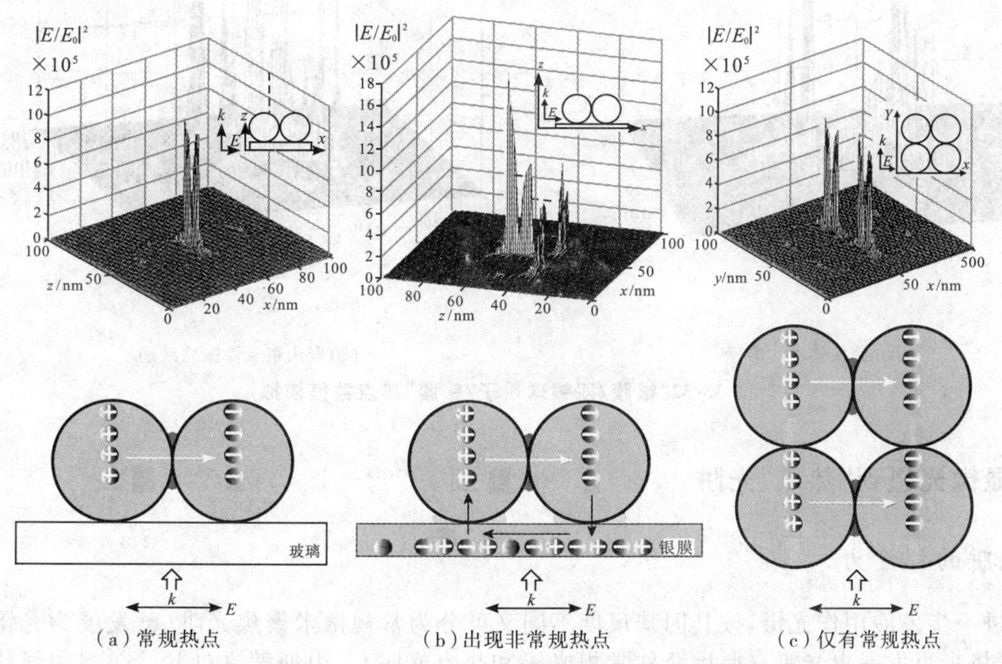

图 33-51　“银球粒子/银膜聚集体”的非常规热点和常规热点的模拟结果

在图(b)的"银粒子二聚体/银膜"结构中，除了有常规热点外，还出现了上述非常规热点。图(a)为放在玻璃基板上的银粒子二聚体，图(c)为银粒子四聚体。图(a)(c)中均无银膜，在无银膜而仅有银粒子的聚集体中，能产生常规热点，但不能产生非常规热点。产生非常规热点的必要条件是：①存在接触的银膜(或金属膜或金属线)；②伴随存在常规热点；③在可能产生非常规热点的金属接触点环路(如图(b)中4个黑箭头形成的回路)中，形成自由电子共振振荡环路。即在银粒子/银膜聚集体中存在适当的接触环路，该环路中必须有常规热点存在，由该常规热点诱发自由电子在接触环路中产生共振振荡，由该自由电子共振振荡激发在银粒子的接触点产生偶极子发射，该偶极子方向如果与激励光偏振方向垂直，则偶极子发射产生的热点就是非常规热点。非常规热点发射的电磁场强度将比常规热点的电磁场强度稍低一些，图(b)的模拟结果可说明上述分析的合理性。诱发产生非常规热点的原因，直接依赖于常规热点的自由电子共振环路中在接触点产生的偶极子发射。它与入射激励光偏振方向完全没有直接关系。在"银粒子/银膜"聚集体中，关键的是银膜具有等电位条件，因而可在常规热点激励下产生自由电子环路的共振。如果仅有银粒子聚集体而没有银膜(如图(a)和(c))，则没有条件形成自由电子环路共振。

为了提高拉曼分析样品池的灵敏度，途经之一是要在同样的银粒子数聚集体中产生更多的热点。两银粒子聚集在常规条件下所能产生的常规热点数只有1个，但在"银膜/两银球粒子/银膜"样品池中将可能产生的(常规+非常规)的热点数可以达到5个。见图33-52，图(a)为p偏振倏逝波激励，图(b)为聚焦束s偏振波激励"银膜/双银球粒子/银膜"样品池产生的常规热点和非常规热点的数值模拟。在两种激励条件下，(常规+非常规)的热点数均可达到5，且其拉曼增强因子均可接近和达到$10^{10}\sim10^{11}$。作为计算模型的银球粒子直径为30 nm，银球粒子下面的银膜厚度为5 nm，上银膜厚度为50 nm，波长为632.8 nm。图(a)中的倏逝波由p极化的平面波产生，以大于临界角的50°入射角入射在玻璃基底表面。图(b)的激励平面波为s偏振(x方向偏振)沿z正方向传播。计算网格为1 nm×1 nm×1 nm，网格数为150×120×180，时间步取5 000，在PML吸收边界条件下，用$(FD)^2TD$程序进行数值模拟[91]。

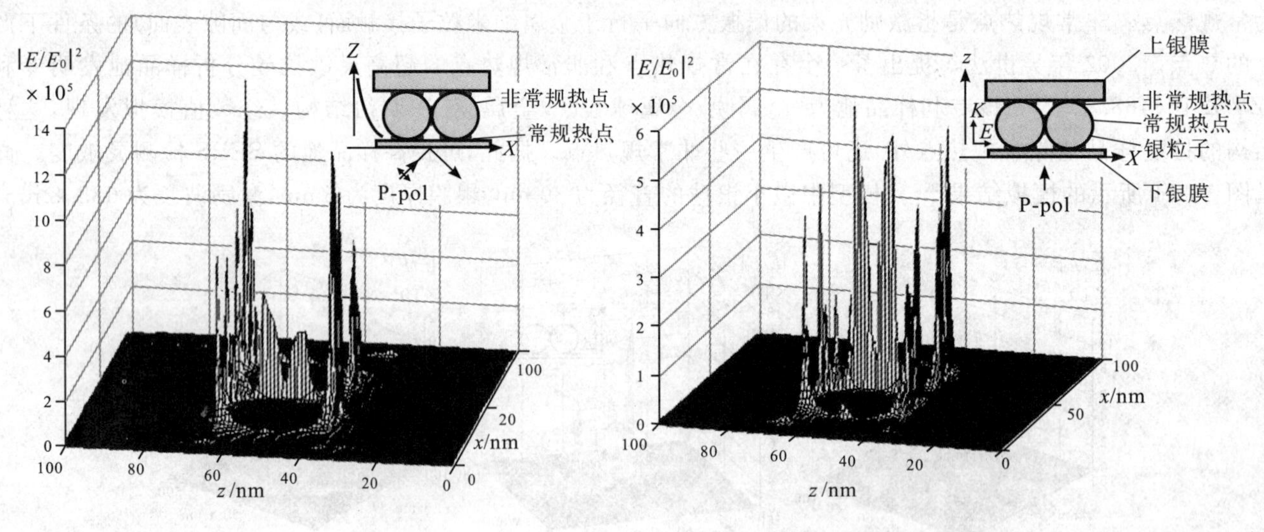

(a)p偏振倏逝波激励

(b)聚焦束s偏振波激励

图33-52"银膜/双银球粒子/银膜"热点数值模拟

三、从显微光镊到"热点"光阱

(一)光阱的梯度力

光阱可进一步发展用作光镊，按其囚禁尺度不同又可分为常规微米聚焦光阱(已发展为光镊)和纳米热点光阱两种(将来可发展出光镊)(此后简称常规光镊和热点光阱)。由斯蒂文(Chu S)[92]和阿什钦(Ashkin A)[93]发明的微米聚焦光镊，其光阱空间尺度大约在数至数十立方微米，可捕获细胞、细胞器、DNA分子和其他粒子等。中国科学技术大学李银妹课题组最早研制成功我国第一台常规微米聚焦光镊系统[94]。激光光镊自从1986年被发明以来，作为一种无直接接触、无损伤、可产生和检测微小力以及精确测量微小位移的物理学工具，在生命科学领域得到了广泛的应用[95]。下面重点介绍纳米热点光阱，其空间尺度大约在数至数百立方纳米。两者的工作机理主要为梯度力，常规光镊由微米光束产生。热点的形成依赖于金属表面的LSP共振产生局域电场的极大增强。从能流观点分析，热点光阱的光功率密度和电场梯度特别高，它比微米聚焦光阱的光功率密度和电场梯度均高几个数量级。SERS拉曼分析方法已经证实，在液相中分子的SERS分析灵敏度很高，可检测超低浓度，对高拉曼活性分子如R6G，可以检测到单分子水平，即在$(10\ \mu m)^3$检测体积中平均为一个分子的浓度。平均而言，在液相（或气相）中的检测分子是均匀分布的、运动的；而银粒子聚集体的SERS热点的空间分布则是不均匀的。热点的体积仅约$\leqslant(10\ nm)^3$尺度，它与拉曼检测的体积的尺度比较，两者相比约有$10^6\sim10^8$倍之差。是什么力将被检测分子吸附到热点中去，并被光阱囚禁而不能逃脱？这个问题现在还没有完全研究清楚，它与检测分子或纳米粒子的热运动、布朗运动，金属表面的吸附特性等均有关系，但最关键的还应是光阱中的梯度力（也称偶极力）[96]。纳米结构金属表面在激励光束照射下，将诱发不同程度的电场增强，其电场梯度在一个较大距离上由低到高单调上升直至热点的中心。据此，检测分子首先由布朗运动或热运动将其推到纳米结构的金属表面，继而又由电场梯度从低到高趋势，将其推到热点中心并被囚禁。不管检测分子与金属表面吸附特性的强弱如何，均将循此运动终于被“热点”吸附、囚禁。

当检测分子（无论是极化分子还是非极化分子，或是中性粒子）处在强光的电场$\boldsymbol{E}$中时，将产生感生偶极矩。设分子（或粒子）的极化率为χ，感生偶极矩为$\boldsymbol{P}=\boldsymbol{E}\chi/2$。光阱势可表示为

$$(U)=-(\boldsymbol{P}\cdot\boldsymbol{E})=-\boldsymbol{E}^2\chi/2 \tag{33-125}$$

光阱守恒梯度力为$F_p=-\nabla(U)$，它与光强梯度$\nabla(E^2)$和检测分子极化率χ的乘积成正比：

$$F_p=\nabla(E^2)\times\chi/2 \tag{33-126}$$

梯度力的方向指向高电场的方向，该力可将极化分子吸引到热点中心，并被光阱囚禁。热点中心的场强最大，由于热点电场主要为倏逝场，在离开极大顶点之后，距离越远光强梯度越小。该热点的梯度场伸展多远，梯度力即可延伸多远。越接近热点中心囚禁力越大。无论极化分子或中性分子都有一定的感生极化率，如果检测分子属于中性分子，可在热点的光场中诱导极化。因而热点的吸引梯度力就可将检测分子很快拉进热点。根据热点光阱的纳米尺度与常规显微镜聚焦光束光阱的微米尺度估计，两者梯度力之差约有3个数量级。热点中的电场比起常规显微束光阱中的电场，也有几个数量级的近场增强之差。所以热点光阱的梯度力比常规显微镜聚焦光束光阱的梯度力大很多。常规显微镜聚焦光束光阱已经可以克服囚禁粒子的布朗运动，无疑热点光阱囚禁拉曼检测分子有更强的囚禁力，能约束检测分子逃逸，但是它不能约束该分子在热点光阱中仍有一定范围内的小转动或小振动。在热点中分子极化张量中极大分量与热点电场方向将耦合在一起，但不可避免会存在一些起伏扰动。检测分子在一定范围内的小量扰动转动的结果，在R6G单分子的SERS谱检测实验中，就将显示拉曼信号的闪现，该拉曼信号的闪现已经被实验观察到，可能就是上述过程的真实反映。

（二）光阱梯度力的模拟

1997年诺沃特尼等发表了早期的“纳米光镊理论”论文[97]，他们通过数值模拟，用偏振方向平行于金尖主轴的激励光束，照射置于水中的金尖。金尖端头的电场极度增强产生了热点。为了论证该热点捕获在水中纳米介质小球的可行性，诺沃特尼等在2009年计算机模拟技术（computer simulation technology）网上发表了“纳米光镊电场模拟”（electromagnetic field simulation of nanometric optical tweezers）动画片，采用1997年论文中的模型，显示金尖端头的热点中心电场增强了100倍，表演一个纳米介质小球在热点中心左右谐振摆动的动画片，介质小球始终摆脱不了梯度力的囚禁。当介质小球换成金质小球时，可见动画片仍有相同的表演[98]。

为了用实验来进一步说明热点存在梯度电场现象，安吉和诺沃特尼等[99]用单个荧光分子去接近和离开被光束激励金属粒子的热点实验，显示了单分子的荧光增强和荧光淬灭现象相继发生。当荧光单分子离开

热点中心一定距离，荧光量子产额太低，则荧光淬灭。此现象与单个分子在SERS热点中检测到拉曼信号幅度变化可能存在类同的机理，都是与单分子在热点中的运动有关；但也有不同之处，荧光发射大致各向同性，拉曼发射则属非各向同性，且分子还有移动和转动两类运动，它们与检测到的信号强度变化有复杂的关联。

热点的形状有多种多样，它与纳米粒子、纳米结构的金属品种、形态，其环境介质，激励光束的波长、方向、偏振等许多条件有关。仅举一例模拟结果[100]：将直径为50 nm的两个小的金球粒子在水中的聚集体放在玻璃基板上，在偏振平行于两球心连线、垂直于基板方向的平行光束的激励下，不同的间距有不同的热点形状和不同的增强因子。图33-53为模拟结果：两个小金球粒子间距为0的热点极大场增强因子为55，拉曼增强因子约为9×10^6。热点呈环形，有比较大的热点空间，允许在环上多个方位吸附多个检测分子。当两个小金球粒子间距分别为10 nm和25 nm时，在间距的中心点的场增强因子分别为23和15，拉曼增强因子分别为2.8×10^5和5×10^4。凡有间距存在时，热点中的极大增强因子均靠在金属粒子的表面。

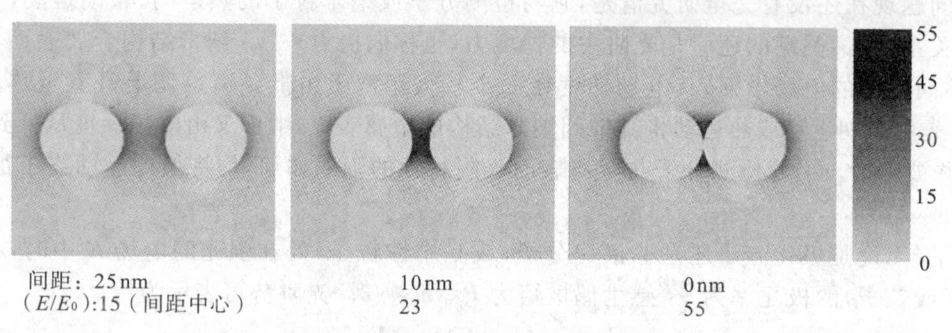

图 33-53　两个小金球粒子在水中，光束偏振方向平行于两球心连线时模拟热点[100]

（三）光阱梯度力的实验演示

热点光阱的可视演示实验很困难，因为该光阱的囚禁过程尺度小于常规显微成像衍射极限尺度，不能用常规光学显微镜直接观察。但是，2006年费若特里克（Fredrik Svedberg）巧妙设计（λ=830 nm）显微聚焦光镊移动一粒银粒子，通过银粒子对产生"热点"的过程中，标记分子的SERS拉曼光谱的改变，成功地实现了热点光阱的可视演示实验。2006年费若特里克等[101]的可视演示实验结果见图33-54，两银粒子的直径均为40 nm，表面均用硫代苯酚（thiophenol）做拉曼标记分子修饰，检测SERS拉曼光谱信号使用激励光束波长为λ=514.5 nm，显微聚焦光镊使用光束波长为λ，λ=830 nm，光镊产生势阱的模拟结果见图中（aa），标记T字符的银粒子被光镊势阱捕获并用其移动T粒子，使其接近另一固定的标记I字符的银粒子，见图33-54（a）中的I。用D表示移动银粒子（T）与固定银粒子（I）距离，从很远（$D=\infty$）移到D=500 nm时，分别示于图（a）和（b），（a）时检测I银粒子的拉曼谱，见图中I-spec，（b）时检测银粒子拉曼谱，见图中T-spec。在T和I银粒子上均检测不到硫代苯酚的SERS拉曼光谱（见图33-54中T-spec和I-spec）；但当D很小心地接近到250 nm时，常规物镜（100倍）中已无法分辨两个银粒子间距，见图中（c）标记P字符，此时刻在银粒子的二聚体（P）上立刻检测到了硫代苯酚的SERS拉曼光谱，见图33-54中P-spec。（b）时刻（D=500 nm）和（c）时刻（D=250 nm）的势阱的模拟结果见图中（bb）和（cc），很明显，热点势阱比光镊势阱深得多，两个势阱的激励波长不同，前者λ=514.5 nm，后者λ=830 nm。

费若特里克等不仅对囚禁银粒子的微米常规光镊和纳米热点光阱捕获银粒子的演示实验取得了成功，而且对光阱的势也给出了模拟，图33-54中的（aa）是孤立的常规光镊势阱，（bb）是常规光镊势阱接近热点光阱（500nm间距）情况，（cc）是常规光镊势阱接近热点光阱约小于250nm时的模拟。见图（cc），当两个光阱之势坎$\Delta U_1\leqslant$温度势时，移动银粒子T就被热点的梯度力驱进热点光阱。此时两个银粒子组成了双聚体，该双聚体产生的热点场增强，激励硫代苯酚标记分子的拉曼谱已达到了足够的强度，在P点立刻就检测到了拉曼标记分子的拉曼谱，见图（c）中的P-spec.。费若特里克等很成功地完成了纳米热点光阱捕获银粒子的演示实验。

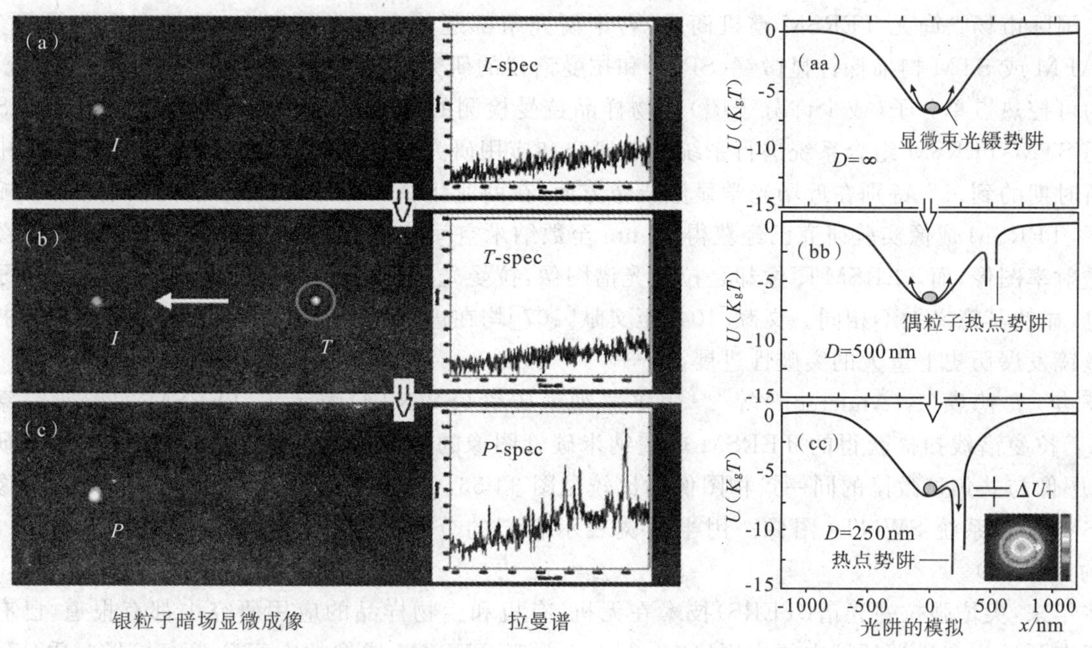

图 33-54　费若特里克等常规"微米聚焦光镊"和"纳米热点光阱"演示实验[101]

四、金属尖增强拉曼显微镜

当前已实现的SERS拉曼显微镜单分子检测技术[102-103]的条件随机性太大，首先需要将样品稀释，并随机吸附在银粒子聚集体的热点中，且银粒子聚集又是随机的。人们能否在一定的样品条件下，如生物细胞、细胞器、生物膜等，从中选定位置在位地去检测单个生物分子(或数个分子团)？其关键是人们能否创建足够高的可控的热点的SERS增强因子。为此目的，大连理工大学已经初步组建了镀金尖(tip)增强拉曼扫描显微镜系统(TERSM)，用配置金尖的原子力显微镜(AFM)(或扫描隧道显微镜(STM))与倒置特大数值孔径光学显微镜和拉曼谱仪组合成一个完整的尖增强拉曼扫描显微镜系统，见图33-55。左图为特大数值孔径拉曼显微镜，右图为金尖增强拉曼扫描显微镜框图。其中的关键是要使金尖与样品台面的银(或金)膜之间热点的SERS增强因子尽可能高。因而要求激励光束是偏振光，其偏振方向应与金尖的轴线平行。从银膜下方用细的p偏振光束以接近衰减全反射的条件去激励样品。该方法的特点是激励光可更有效地将自己的全部能量转换为垂直于表面(即平行于尖轴线)的倏逝光。图33-55中的具体方法是选用物镜数值孔径为1.64的倒置显微镜(见右图)，在该物镜中有条件可使用细光束实现衰减全反射方式激励样品。该方法伴随的另一好处是，收集拉曼散射光的孔径角比一般拉曼显微镜的孔径角大约1个数量级。

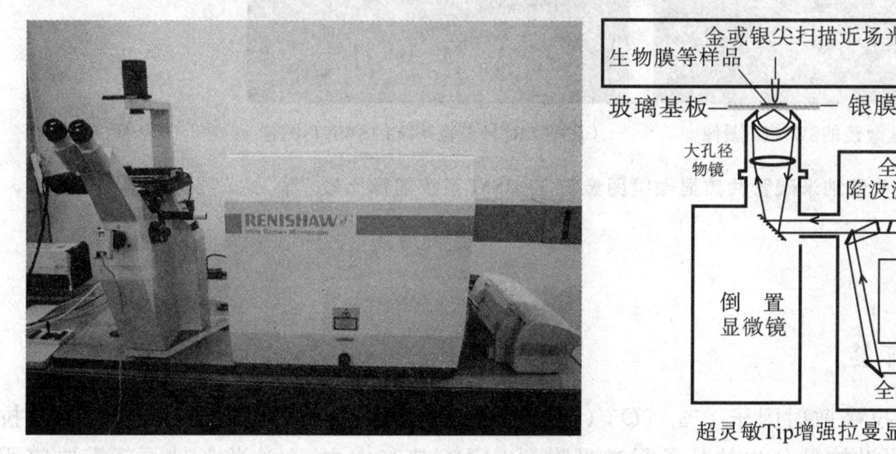

图 33-55　特大数值孔径拉曼显微镜(左)与镀金尖增强拉曼显微镜框图(右)

现在国际市场上尚无 TERSM 整机商品，若干研究组都还处在开发研究中，凡拥有无孔径的 Tip-SNOM，即 AFM 或 STM 扫描探针显微镜(SPM)和拉曼谱仪的研究组，均有可能组合成 TERSM 系统，用于研究在位的可控热点单分子(或少许分子团)生物样品拉曼检测的有关课题。近年来，用 AFM-TERSM 组合系统或用 STM-TERSM 组合系统进行系统功能研究和应用研究的论文很多，在 SPM 的研究历史中已显现出一个新时期的到来。特别在近场光学显微成像方面，在商业化 A-SNOM 的分辨能力长期难于突破 50 nm 的情况下，TERSM 成像实验研究已经获得 10 nm 至数纳米空间分辨的演示进展；并且，A-SNOM 图像仅是样品的透射率图像，而 TERSM 图像却是拉曼光谱图像，拉曼光谱图像所提供的是与化学组分和分子结构有关的信息，显然其意义大不相同。文献[104]至文献[107]均在进行此课题研究，并声称其成果将是扫描近场光学显微镜发展历史上重大的突破性进展。

2005 年，安德森(N Anderson)等[108]用单壁纳米碳管(SWNTs)演示了 TERSM 实验研究系统。用 2 600 cm^{-1}拉曼谱线扫描获得的 TERSM 单壁纳米碳管图像的分辨率约为 11 nm。TERSM 实验研究取得 SWNTs 图像与共焦显微镜的同一景物图像的比较见图 33-56。图(a)为共焦显微镜的 SWNTs 图像，图(b)为 TERSM 实验系统 SWNTs 图像。用半高宽表示它们的分辨率，前者为275 nm(约为 $\lambda/2.5$)，后者为 11 nm(约为 $\lambda/60$)。

近些年来，尖增强拉曼光谱(TERS)技术在无机、有机和生物样品的应用研究中都有报道，已有许多研究小组正在开发生命科学领域中的应用研究[109-111]。由于 TERSM 成像的空间分辨率与蛋白质分子和其他尺度在 10～30 nm 内的生物实体相当，因而开发 TERSM 技术用于生物分析将有很好的前景。

一般而言，生物样品的拉曼信号没有无机样品和碳的拉曼信号强，而且在强激光照射下生物样品比较脆弱，容易出现光谱的“光漂白(bleaching)”和“光破坏”。光漂白问题对荧光特别严重，对拉曼光的情况要好得多。幸好在 TERSM 技术中，一般多用近红外激光束作激励源，只可能存在热解离而不存在键解离问题。热点中的电场极度增强，生物样品的热破坏是个需要重视的问题。因而在生物样品的 TERSM 探索研究中，同时需要注意安全阈问题的研究。关于(点检测的)TERSM 对生物样品的热破坏已有一些论文发表[112-114]。为了保持生物样品的活性和降低热破坏的可能性，需要发展样品在水环境中的 TERSM 技术。为了降低检测系统对生物样品的热破坏，另一可能的改进途径是发展尖增强相干反斯托克斯拉曼散射显微镜(TECARM)[115]。

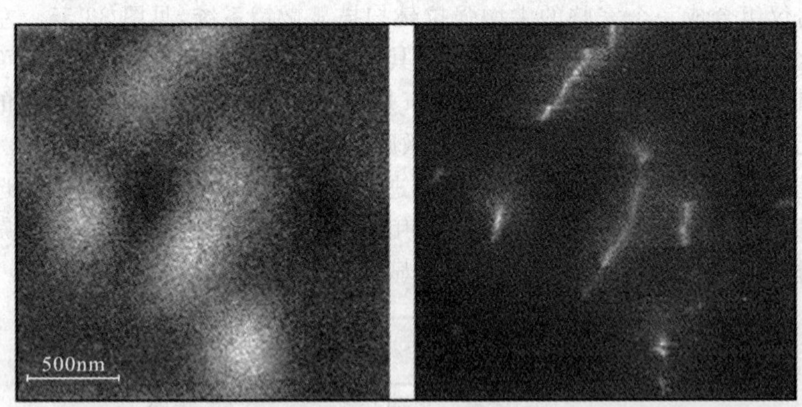

(a) 共焦显微镜的SWNTs 图像　　(b) TERSM实验系统的SWNTs图像

图 33-56　单壁纳米碳管共焦显微镜图像与 TERSM 系统图像比较[108]

五、电磁场增强纳米粒子

(一)金核拉曼增强纳米标签

有时需要检测的一些分子的拉曼散射因子 $(\partial\alpha/\partial Q)$ (或称拉曼活性)特别低，即使在 SERS 热点中，拉曼信号仍很弱；或者还有一些需要做拉曼分析的分子很难吸附到 SERS 热点中去，在这些条件下就需要应用 SERS 纳米标签技术。2008 年在中国第二届表面增强光谱学术交流会上，美籍华人聂书明教授作了《单分子单粒子 SERS：从基础物理到癌的检测》的报告，介绍了“SERS 纳米粒子标签（SERS nanopaticle tags）”的研究进展。当直接用金属粒子的 SERS 技术检测不到分子的 SERS 指纹谱时，就需要利用高拉曼散射因子的“报告分子”（Raman-reporter）与 SERS 金（或银）粒子结合组成的 SERS 纳米标签。为了让 SERS 纳米标签与待测分子结合得好还要运用抗原-抗体或小分子肽耦合机理。聂书明教授研究组开发的 SERS 纳米标签模型为：“金核/拉曼报告分子/外壳为 PEG-SH（聚乙二醇）”再包被小分子肽就可与配体靶向耦连于待测生物分子上。图 33-57 为文献[116]报道的一种新的聚乙二醇修饰的 SERS 纳米标签。中心小球为 55～65 nm 金粒子，最佳拉曼激励波长为 632～647 nm，图中拉曼报告分子（以五星形表示）为 MGITC（malachite green isothiocyanate，孔雀绿异硫氰酸盐）。外壳层 PEG-SH（聚乙二醇）将报告分子严密包裹，其层厚约 5 nm，PEG-SH 外壳还具有与生物靶向配体结合的功能，并要求对生物活性是安全的。多种染料分子，如结晶紫、尼罗河蓝、素品红、紫罗兰等均可在此纳米标签中用作拉曼报告分子。上述 SERS 纳米标签，已在裸鼠肿瘤活体在位的寻靶 SERS 拉曼特征谱检测中取得成功。SERS 纳米标签与半导体量子点（QD705）比较，两者都可用于活细胞和生物体中特指生物分子的检测，前者检测增强拉曼光谱，后者检测荧光。前者自发荧光背景比后者低，且其光信号强度比后者高 2 个数量级，因此检测灵敏度前者比后者高得多。此外，前者光谱的谱峰比后者窄很多，据此，前者允许同时安排几个生物组分的分析，后者相对只能少安排一些。

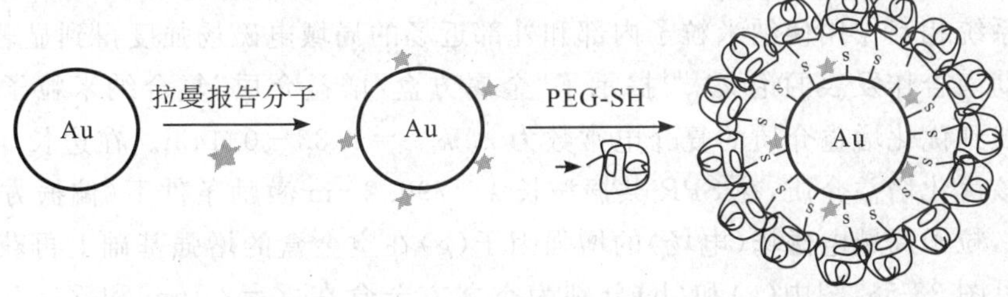

图 33-57 SERS 纳米粒子标签“金核/拉曼报告分子- R6G/聚乙二醇修饰外壳（PEG-SH）”[116]

(二)过渡金属拉曼增强“核/壳”纳米粒子

在电化学中，拉曼增强纳米结构膜的增强因子取决于诸多因素，其中检测分子表面增强拉曼散射（SERS）膜的吸附特性就是很重要的因素之一。在该增强机理中，表面吸附还是一个尚未完全研究清楚的问题[117]。虽然以 SERS 膜的材质论，拉曼增强因子以银、金、铜等金属为最好，但电化学分析和催化基质的要求中，稳定性和表面吸附性好坏仍属很重要的因素。为了有好的吸附特性，常常希望用铂（Pt）、钯（Pd）等过渡金属。可问题是这些过渡金属的拉曼增强光学特性不够好，它们的拉曼增强因子比银、金、铜等金属低好几个数量级。在拉曼增强因子中，银、金、铜等金属的拉曼增强因子的作用距离在近场有 1 nm 至数纳米，属于长程因素；而表面吸附作用则系各种化学键距离——亚纳米量级，属于短程因素。前者属物理（电磁）增强，后者为化学增强，前者比后者大很多个数量级，据此，有条件将 SERS 颗粒纳米结构设计为“核/壳”纳米粒子结构。我国田中群院士领导的国家重点实验室在电化学 SERS 研究和 SERS“核/壳”纳米粒子结构膜的研究中已取得了许多重要进展[117-118]。2005 年，在不同大小的金核上化学沉积不同厚度的钯壳，制备出了兼具金的光学性质和钯的化学性质的 Au@Pd 钯包金（核壳结构符号）纳米粒子。经电子显微镜图像检测，明显显示具有核壳结构的 Au@Pd 纳米粒子相当完整。当钯金属壳层厚度仅为几纳米时，在壳层上不存在“针孔”。壳层厚度越薄，钯表面吸附物种离金核越近，拉曼增强因子越大。用 Au@Pd 纳米粒子提高了表面为 Pd 金属的 SERS 拉曼增强能力。因而 Au@Pd 纳米粒子为在分子水平上用钯过渡金属的表面催化过程研究提供了有利条件。其他多种过渡金属（TM）还有 Pt、Rh、Ru、Co 和 Ni 等，Au@TM 或 Ag@TM（TM：Pt、Rh、Ru、Co 和 Ni），用上述同样方法已研制出过渡金属包金（或银）核的纳米粒子，并将其制造成 SERS 膜电极。Au@Pt 模拟结果指出：两个纯铂粒子（直径为 55 nm）间隙的电场增强因子为 54，其拉曼增强因子为 4×10^6；而两个 Au@Pt 粒子（直径同为 55 nm）间隙的电场增强因子可达 112，其拉曼增强因子可达 1.6×10^8。用 Au@Pt，Au@Pd 和其他 Ag@TM（TM：Rh，Ru，Co 和 Ni）粒子，可以制备出拉曼增强因子比过渡金属粒子高 2 个数量级、表面化学特性可优选的“核/壳”纳米粒子结构的电化学 SERS 膜。

（三）“金方盒/增益介质”SERS 增强纳米粒子

一般情况下单个金属粒子的表面局域电磁场（电场）的增强因子（$g=E/E_0$）难于超过 100，实现单分子拉曼检测的条件只能采用纳米金属粒子聚集体系统，或对顶金属尖系统和后面将介绍的金属膜四棱锥 SPP 近场超透镜等系统，才可能获得足够高的局域（热点）拉曼增强，其 SERS 增强因子（$G\approx g^4$）需要 $10^{12}\sim10^{16}$ 但上述 3 种系统用于癌的无损在位检测，或疾病的光热治疗等均难于适用；而且这 3 种增强系统的“热点”空间与金属粒子的占空比很小，因而将上述 3 种系统用于癌的无损在位检测，或疾病的光热治疗等的灵敏度也难于达到要求。2010 年中国科学院物理研究所光物理实验室李志远通过理论模拟入射光的吸收损耗效应。当入射光在金属纳米粒子上感应出表面等离子体共振时，等离子体波的振荡将伴随实心纳米粒子内部金属材料的吸收而耗散，影响电磁波共振品质因子 Q 难于进一步提高。李志远将实心金属纳米粒子改成空心的共振金属盒，在盒内填入增益介质（复折射率中的虚部为适当的负值），其好处不仅可减少粒子内部金属材料的吸收、耗散，而且又增加了盒内的“金属/介质”界面的面积，有利于产生更多的表面等离子体激元。入射光和该复合增益系统的相互作用强度得到了放大，共振品质因子 Q 可获得进一步提高。当增益系数足够大时，共振系统总的消光截面可为负数，使原为实心金属共振腔的损耗改为增益介质共振腔的增益放大。激励光和复合增益共振系统相互作用使纳米粒子内部和外部近场的局域电磁场强度得到显著增强。李志远和美国华盛顿大学的夏幼南合作发表的论文[119]揭示了“金属方盒/增益介质”复合纳米粒子获得高增益物理机理；通过优化设计，找到优化增益介质的复介电常数为 $n\text{-i}\kappa_{\text{core}}=1.33-0.143\text{i}$。在边长 40 nm，壁厚 4 nm 的金方盒中由于填入该优化增益介质，在 SPR 共振波长 $\lambda=799.2$ nm 激励条件下（偏振方向平行于 y 轴），在水（$n=1.33$）环境中，粒子局域电磁场（电场）的增强因子（g）在空金盒的增强基础上再获得了 2 个多数量级的增强。模拟结果见图 33-58，图中（a）和（b）分别为空立方金盒在 $Z=25$ nm 和 $Z=50$ nm 剖面上的光强（$E^2/E_0{}^2$）分布图；（c）和（d）分别为为填入该优化增益介质的立方金盒在 $Z=25$ nm 和 $Z=50$ nm 剖面上的（$E^2/E_0{}^2$）分布图。从（c）和（d）可看出 SERS 增强因子在立方体的八个角尖和边上均达到达到 $G\approx10^{16}\sim10^{17}$，完全可以满足单分子拉曼检测的要求。更具特色的是在优化立方金盒/增益介质纳米粒子的外表金属

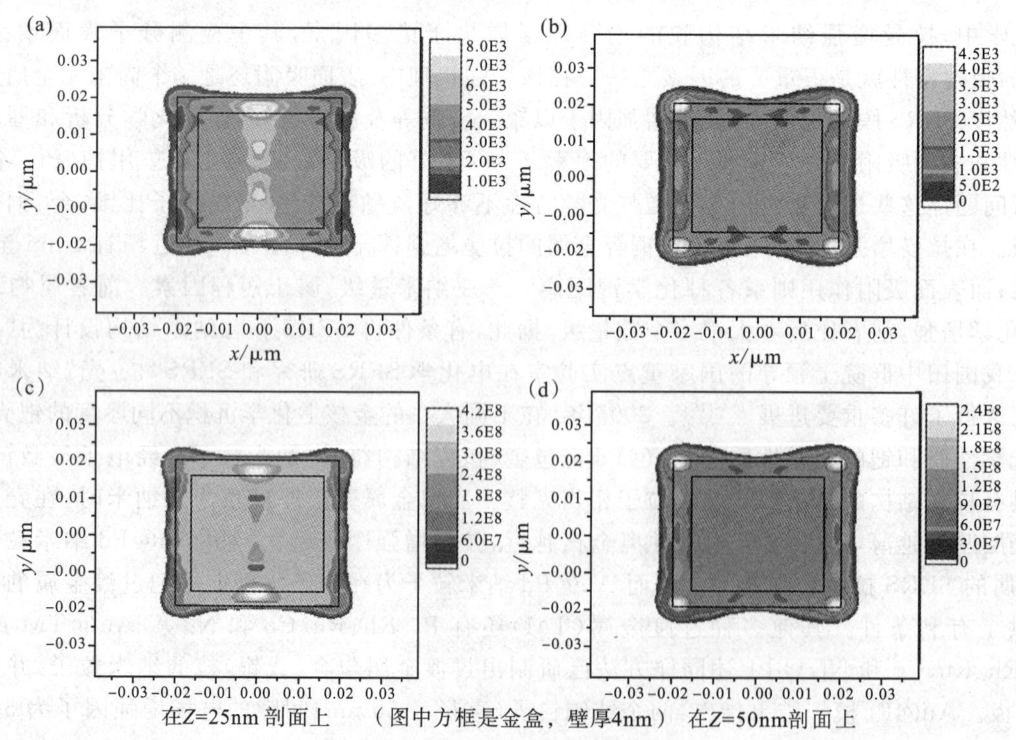

图 33-58 共振金属合模拟图[119]

（a），（b）与（c），（d）分别为空金盒与填优化增益介质的（$E^2/E_0{}^2$）分布图

面近场 SERS 增强因子也接近 $G\approx1\times10^{16}$。整个粒子的表面都可达到单分子拉曼检测的水平。因此该粒子有利于实现更高的拉曼信号检测灵敏度。从图(c)还发现金盒内增益介质中的电磁场强度也普遍超过 1×10^4。此结果说明优化"金方盒/增益介质"复合纳米粒子实质上是一个 Q 值很高的由金属和增益介质组成的纳米电磁场共振器,共振腔内均有很高的电磁场。由于在高 Q 值的"金方盒/增益介质"纳米电磁场共振器中积蓄了超高密度的入射光的光功率密度,使金方盒的极近场和内部的电磁场强度产生了极大的提升。此模拟结果,为研究 SPP 纳米共振器的机理提供了生动的物理图像。该论文最后还讨论了下一步如何去找 $n\text{-}i\kappa_{\text{core}}=1.33-0.143i$ 的增益介质问题,显然设法找到该优化的增益介质是下一步的重大挑战。不论在现实条件下最终能否找到该优化的增益介质,李志远的论文为设计具有超高 SERS 增强因子的单纳米粒子提出了创新的思路与方法。

(四)金纳米笼粒子增强试剂

金纳米笼粒子可用于活性生物组织散射成像的对比度增强和光热疗的增强试剂。实践已经证实,在纳米金属粒子中,金的纳米粒子或笼粒子与活的生物能安全和友好地结合。笼粒子内可根据需要,可填入需要的内容物,如有必要还可填入药剂。笼的外表面可修饰免疫试剂,将其注入生物体内后,金纳米笼粒子具有导向功能,可随血液循环去寻的,与靶的细胞结合。此项技术可用于癌的探测和增强光热疗效应[120-125]。如特定的癌细胞为乳腺癌,用该乳腺癌细胞的免疫抗原一抗体试剂修饰的纳米金笼粒子注入血管或组织后,金笼粒子将自动聚集在乳腺癌肿块上。增强散射(大散射截面)的纳米金笼粒子可用于光学相干层析成像(optical coherence tomography,OCT)的图像对比度的增强,增强光谱散射的纳米金笼粒子可用与该谱线增强成像(SOCT)的图像对比度的增强。如设计增强吸(大收吸收截面)的纳米金笼粒子可用于光热疗效的增强。这些方面的开发、应用将会很有成效。摘自文献[120]的金纳米笼粒子的消光截面、散射截面和吸收截面的模拟结果如图 33-59 所示,图(a)为金球壳笼粒子,图(b)为金立方体笼粒子。

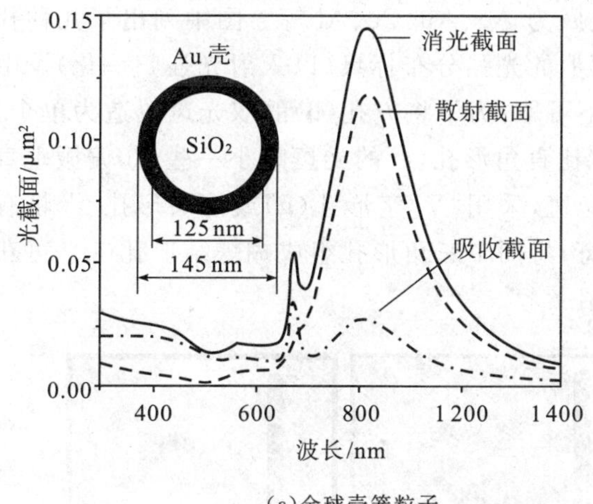

(a)金球壳笼粒子

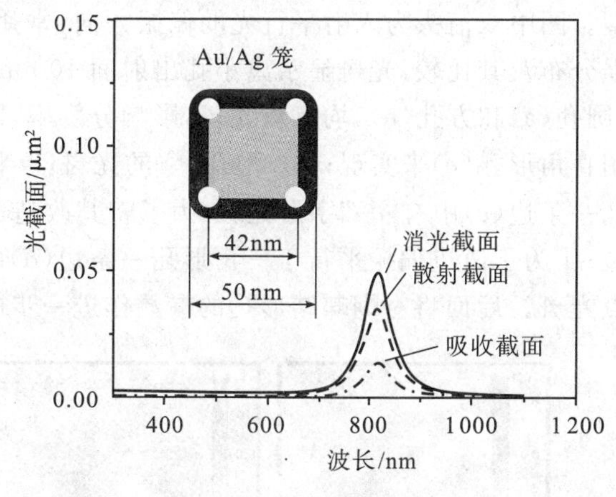

(b)金立方体笼粒子

图 33-59 金纳米笼粒子的模拟[120]

金纳米笼粒子的制造工艺比较方便,也比较成热[122,124,126],各种形状银单晶粒子已有许多制造方法。以成型的银单晶粒子为模板,放在浓度适当的 $HAuCl_4$ 水溶液中,通过下述置换反应电镀,即可复制出壁厚达到预期的金笼纳米粒子。该反应方程如下:

$$3Ag(s)+AuCl_4^-(aq)\rightarrow Au(s)+3Ag^+(aq)+4Cl^-(aq) \tag{33-127}$$

李志远与美国的合作研究,用光声成像的方法测量金-银合金纳米笼状粒子和金纳米棒颗粒的光学吸收截面研究中取得了新进展[127]。由于超声辐射的信号强度正比于纳米颗粒的吸收系数,该方法能够定量测量每种纳米颗粒光的吸收截面;同时,通过紫外一可见一红外光谱的测量可以计算分析得到纳米颗粒的消光截面,其中减去吸收截面可得到粒子的光散射截面。该定量测量数据对于进一步揭示金属纳米粒子的表面等离子体共振的物理机理研究很有价值;实验获得金属纳米粒子的光吸收截面数据对光热转化计算和在生物医学上的疾病检测和光热治疗应用十分有用。

杨欣麦(Xinmai Yang)与李志远等用免疫标记的金纳米笼等将金纳米笼作为光学对比度的增强剂，用于小鼠大脑皮层光声断层成像演示实验获得了成功[120]。莱斯利(Leslie Au)与李志远等用免疫标记的金纳米笼(平均边长为(65±7)nm 的立方体)对乳腺癌 SK-BR-3 细胞的光热疗效应进行了定量的实验[128]，功率密度为 1.6 W/cm^2 的 800 nm 激光束就可有效地通过光热效应破坏 SK-BR-3 乳腺癌细胞，而难以恢复，此项实验为免疫金纳米笼光热疗效积累了重要数据。

六、光束超衍射极限聚焦和 SPR 超透镜

金属表面等离子体极化激元(SPP)在近场显微光学中的重要应用，主要是设计和优化光探针，以及光束的超衍射极限聚焦和超透镜的设计。

(一)实际金属膜小孔径光探针的通光机理和孔型优化

用金属膜制造小孔径光探针，入射光为传输光，为了约束光束，金属膜必须有一定的厚度，小孔尺寸要求比衍射极限尽可能小，通光量又要求尽可能大，才可能获得有实际使用价值的小光斑。对"孔径/孔深"比太小的孔，根据经典理论，由于金属光波导小孔的截止频率限制，传输光将很难通过。但是，实际上小孔光探针有它的通光物理机制，它不是传输光直接通过小孔，而是通过金属膜和小孔内壁表面等离子体激元(电磁波的另一种模式)转换方式通过小孔。光频电场将自己的能量交给金属膜和小孔内壁表面的自由电子，用等离子体激元的方式以等离子体激元伴生的倏逝光传输电磁波通过小孔，该倏逝光属于等离子体激元的组成部分。在小孔出射口由金属表面等离子体激元-自由电子振荡而发射电磁场，从而产生通过小孔的光斑。通过小孔的近场光斑中主要部分是倏逝光，也有小部分退偏为传输光。

实际(金属屏有一定厚度)的小孔径光探针的优化设计，首先是孔型的优化问题，图 33-60 为一些常见的孔型，其中图(a)～图(d)分别为面积相同的圆形、正方形和正三角形孔型[129]，图(e)～图(h)分别为一些改进孔型。图中双箭头为入射平行光的偏振方向，常用的金属为 Ag、Au、Cu、Al 等。图中列出了几种孔型光斑光强分布及其比较：光斑显示离小孔出射面 10 nm 平面上的光强分布标尺(以入射光强归一化)。由图可见：①圆孔(a)和方孔(b)，均有双光斑，影响分辨率，因此不可取；为了将方孔(b)的双光斑改造为单个光斑，可采用直角形孔(e)来实现；②L 形孔[130]的光斑(f)半高宽比直角形孔(e)的光斑略小一些；③偏振垂直于三角形孔一条边(c)中有"一"字形光斑，为了将其改造为点光斑，采用"V"字形孔(g)或箭头形孔[131]将有更好的光斑；④为了改进偏振平行于三角形孔一条边(d)的光斑，将两个三角形孔组成蝴蝶结形孔(h)，可获得更好的点光斑。后面将对蝴蝶结形孔的参数作进一步的介绍。

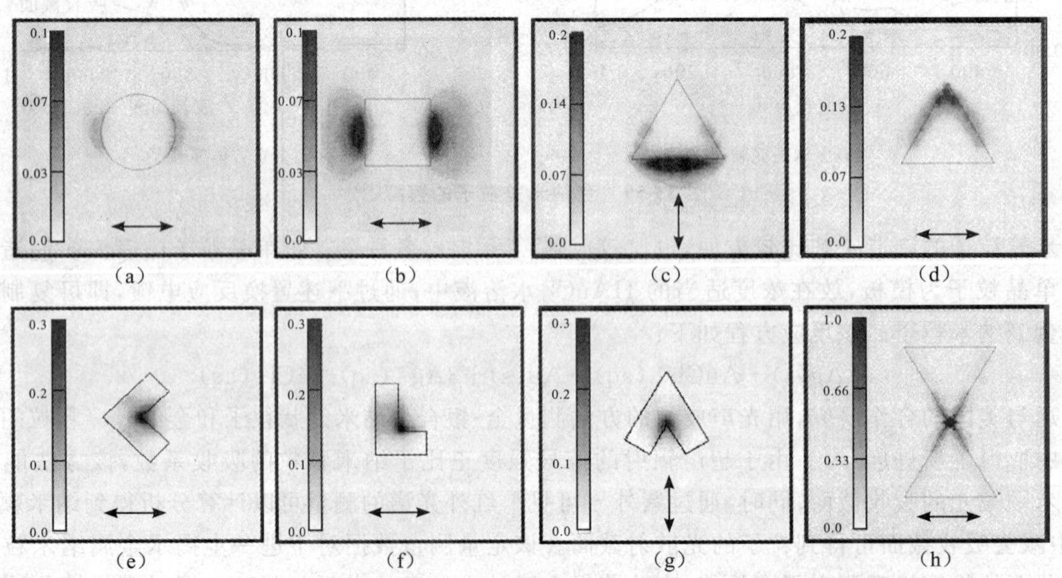

图 33-60　8 种金属膜小孔，离孔 10 nm 平面上的光斑光强分布比较

(二)用于优化小孔光探针设计的 LSPR 脉冲探测技术

在金属小孔光探针中,入射光是以等离子体激元方式传输电磁波通过小于衍射极限小孔的。如果该光探针的设计处在局域等离子体共振(LSPR)条件下,有一个飞秒脉冲光入射,将由于小孔表面 LSPR 的自由电子被激励而产生共振,在小孔出射口探测点将可检测到 LSPR 自由电子共振发射的电磁辐射波形。而且由于激发自由电子共振,该辐射波形应该显示一个衰减的飞秒脉冲序列。实验很难检测该脉冲序列,也没有必要检测。但可通过脉冲电磁波的数值模拟,获得自由电子共振的电磁辐射波形。在 XFDTD 软件中,已设置有波形为高斯脉冲的飞秒脉冲光源,在该脉冲时间轴上 0 至 0.4(或 0.3)脉宽间标记(即加载)一段考察光谱频率(采用线性标记,即不同入射光频率的振幅按高斯波形取值)。当高斯脉冲在通过 XFDTD 软件脉冲电磁波数值模拟程序计算时,不同频率点的金属介电常数需按不同频率取值。在获得测点总电场(E^{T})共振波形和散射场(E^{s})共振波形后,其差值即为计算得到的测点入射场(E^{i})波形(依据 $E^{T}=E^{i}+E^{s}$)。将 E^{T} 和 $E^{i}(E^{T}-E^{s})$ 作快速傅里叶变换(FFT)后,LSPR 脉冲探测响应为 $R(\omega)=\mathrm{FFT}(E^{T})/\mathrm{FFT}(E^{i})$,在 LSPR 脉冲波形响应 $R(\omega)$ 谱中找到响应极大值频率,即为探测到的该小孔光探针设计最佳适用入射光频率。选用该频率,即可在小孔出口有最大的电场增强,其消光(=散射+吸收)将为最小。此方法称为"LSPR 脉冲探测技术"[132]。

设 90°蝴蝶结形小孔的银膜厚 60 nm,边长为 180 nm×180 nm,蝴蝶结的中心小孔尺寸为 4 nm×4 nm,环境介质为空气。在小孔出射口中轴线上离表面 5 nm 处检测脉冲响应场。若在 LSPR 条件下(即检测点设定为极大值时),检测点可探测到自由电子的共振波形见图 33-61[132] 中(a),脉冲探测响应谱曲线见图中(b)。最佳入射光波长可从极大值获得,该波长为 505 nm。

由图 33-61(b)"脉冲探测响应谱曲线"中找出响应极大和极小波长后,可用稳态入射光通过 XFDTD 模拟,得到离表面5 nm平面上的光强分布见图 33-61(c)和(d)。当用响应极大波长 505 nm 入射光时,见图 33-61(c),光斑 FWHM 为 12 nm×16 nm,光增强(极值)为 212,可见有很好的小光斑。在入射光波长为响应极小值 462 nm 的条件下,以稳态入射光模拟,得到离表面 5 nm 平面上的光强分布如图 33-61(d)所示,显然这是最差的光斑,光斑能量都分散到 4 个边角上去了。

上述"LSPR -光脉冲探测方法"仅能对设定的小孔径参数找到最佳的适用波长,用该方法找到的最佳波长光源不一定是现实条件可以提供的。例如,设定使用 632.8 nm 波长,从(b)图可知,上述小孔参数只能获得与用 462 nm 波长一样很不好的光斑。因此在设定波长条件下优化小孔设计参数时,尚需设法另作调整计算。

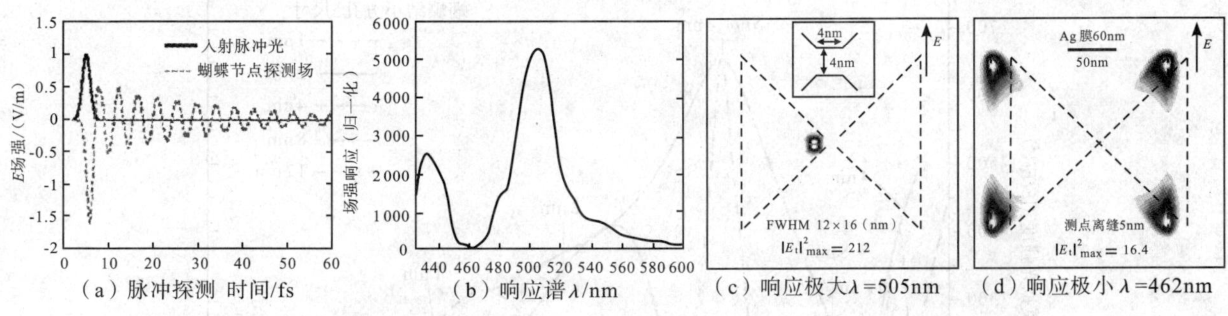

(a)脉冲探测 时间/fs　(b)响应谱 λ/nm　(c)响应极大 λ=505nm　(d)响应极小 λ=462nm

图 33-61　蝴蝶结型小孔"LSPR 脉冲探测"结果和响应极大、极小时场强分布模拟[132]

(三)给定入射波长时蝴蝶结型小孔结构参数设计

经系统模拟研究,已发现影响入射光共振波长的主要参数有两个:其一为蝴蝶结(bowtle)角,另一为对顶间隙一结的尺度(即中央小孔的尺度或面积 S)。

1. 选择共振条件下的蝴蝶结角参量,使给定入射波长满足共振条件

在蝴蝶结小孔光探针其他结构参数被选定后,需要设计多个不同蝴蝶结角(θ),以模拟工作点(检测点)

光斑的光强度 $|E/E_0|^2$ 与入射光波长的关系，经过不同 θ 系列模拟获得"模拟光强度－入射光波长"响应谱曲线组图，见图 33-62(a)。从(a)图中找出极大共振波长－蝴蝶结角的关系曲线，见图 33-62(b)。在图(b)中即可找到给定入射波长处于主共振条件下的蝴蝶结角数据。不同蝴蝶结角的结构参数为：

如入射波长为 632.8 nm，优选蝴蝶结角为 20°，则蝴蝶结小孔离出口 5 nm 轴上点的光强度比入射光的光强度高约 240 倍；如入射光波长为 524 nm，选蝴蝶结角为 90°，则蝴蝶结小孔离出口 5 nm 轴上点的光强度比入射光的光强度高约 480 倍。

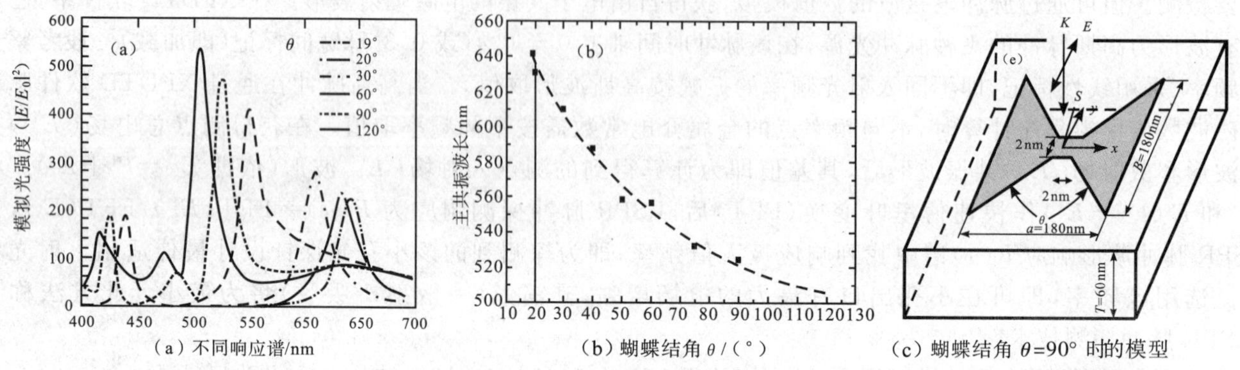

(a) 不同响应谱/nm　(b) 蝴蝶结角 θ / (°)　(c) 蝴蝶结角 θ=90° 时的模型

图 33-62　共振波长与蝴蝶结角关系的模拟结果

模拟光强度 $|E/E_0|^2$ 检测点在银膜孔表面下方 5 nm，中轴线上；其他蝴蝶结角条件下，要求通光孔面积相等

2. 蝴蝶结对顶间隙-结的尺度(或面积 S)可用于调整共振波长

经初步模拟结果，蝴蝶结对顶间隙-结的尺度(或面积 S)可用于调整共振波长。计算了改变蝴蝶结小方孔边的尺度 S 分别从 1 nm 到 16 nm 共六个模型下，离小孔出口 5 nm 轴上点的光强度与入射光波长关系响应谱图，在其他条件不变，分别为银膜厚 60 nm，外边轮廓线长 220 nm，蝴蝶结角 90°情况下，结果如图 33-63 所示。图中可见，在波长 450 nm 至 550 nm 之间，"$|E/E_0|^2$-入射光波长"在极大共振波长点联线接近一条直线，此波段为蝴蝶结小方孔最佳 S 在 8 nm×8 nm 与 4 nm×4 nm 之间，当给定所选波长以后通过线性内插可以找到最佳 S 参数。在整个可见光范围内不同 S 共振波长连线不是一条直线(见图 33-63)，当入射波长给定后，可在此曲线中找内插点来找到小方孔的最佳尺寸。如果使用 632.8 nm 光束激励，最佳 S 内插为 1.3 nm×1.3 nm。

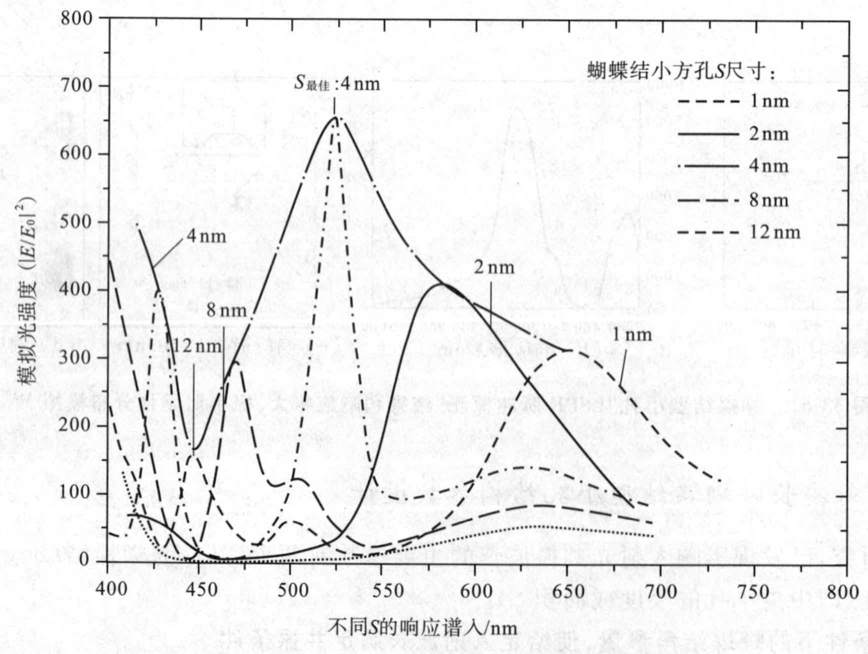

图 33-63　不同小方孔 S 的响应谱和最佳 S 设计方法

如将蝴蝶结小孔用于扫描近场光学显微镜和纳米分辨的拉曼分析技术，应优选近红外光波长，如果将蝴蝶结小孔用于纳米光刻，选短波长比较有利。同样可用调节蝴蝶结小孔方法来选择共振的短波长。

3. 适当增加蝴蝶结小孔的通光面积可明显提高光斑的增强倍数

适当增加蝴蝶结小孔的通光面积，保持对顶间隙的尺度（或面积 S）不变，不会明显改变近场光斑的大小，却能有效提高光斑的增强倍数。如图 33-64 所示，通过数值模拟比较，图(a)与(b)同为厚 60 nm、蝴蝶结角 90°、$S=2\ \text{nm}\times 2\ \text{nm}$ 的银膜蝴蝶结小孔。外边轮廓线长分别为 140 nm 和 220 nm，后者的通光面积为前者的 2 倍。通过小孔后，5 nm 轴线上场增强倍数模拟结果分别为 15.4 和 27.6，光的增强倍数分别为 237 倍和 762 倍。光斑场强分布见图(a)和(b)，两者光斑的半高宽（FWHM）几乎相同，x 和 y 分别同为 10 nm 和 14 nm，仅见光斑的底宽前者小于后者。

人们将蝴蝶结小孔光探针用于光刻的早期尝试，可参见文献[133]，他们用蝴蝶结小孔光探针已经在聚合光刻膜上刻出了直径小于 30 nm 的纳米结构。

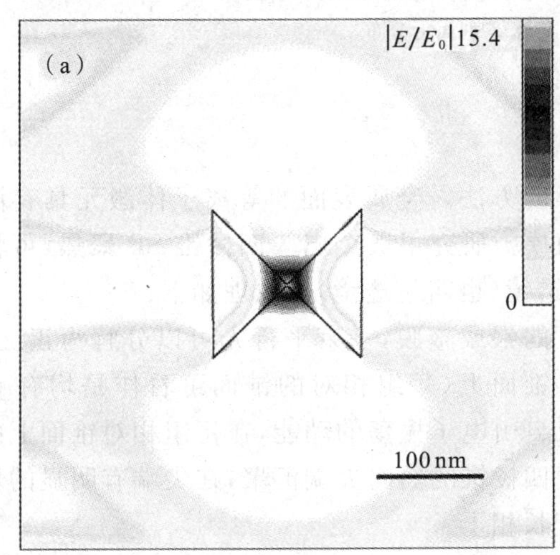

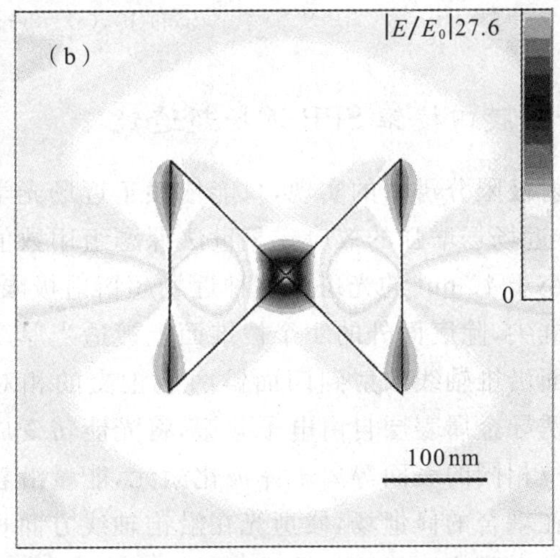

图 33-64　适当增加蝴蝶结小孔的通光面积可明显提高光斑的增强倍数（模拟结果）

（四）金属尖与小孔结合的光探针

1984－1986 年波尔（Pohl）等人首次在近场光学显微镜的实验中，采用带金属尖四棱锥小孔光探针，取得了 $\lambda/20$ 图像分辨率的划时代重大进展[13]之后，人们一直认为其光学图像信息直接来自小孔，其金属尖仅用于近场间距控制（利用 STM 等隧道电流控制）。吴世法课题组数值模拟揭示[134]：该探针扫描光学图像的信息并非直接来自小孔，而是通过“金属小孔和孔边设置的金属尖的表面自由电子等离子体激元共振（SPR）”，在金属尖顶端以偶极子形式发射的倏逝光与样品作用，才记录下金属膜光栅样品的光透射率图像的。因此波尔等人首次实验系统的成像机理的归属不应属于小孔径扫描近场光学显微镜（A-SNOM），小孔的倏逝光仅用于小孔旁边金属尖的照明（孔的尺度在小于衍射极限条件下），小孔不能决定光学图像的分辨率，决定光学图像分辨率的是设置在小孔边上的金属尖端头的曲率半径。因此该实验系统应归属于金属尖散射型扫描近场光学显微镜（S-SNOM）类型。其根据可见图 33-65 中表示的带金属尖四棱锥小孔光探针的数值模拟结果。图中(a-m)和(b-m)分别是不带金属尖和带金属尖的 SiO_2 四棱锥（90°面角）光探针计算模型，图中(a)和(b)分别是它们前端零间距平面内的电场强度分布的模拟结果。(c)为带金属尖四棱锥小孔光探针通过孔-尖两轴线剖面上光强度分布的数值模拟结果。(b)是样品表面位置光强度分布，圆光斑为金属尖端光强分布，白线方框对应小孔位置。在这种条件下，显然扫描图像是通过金属尖端的光信息记录的，模拟条件为：入射波长 $\lambda=488$ nm，锥芯材料为 SiO_2（$\varepsilon=2.25$），金属膜、尖为铝制（介电常数 $\varepsilon=-34.5+i8.5$），方孔边长 $\Phi=60$ nm，金属尖长度 $L=60$ nm，顶端曲率半径 $R=20$ nm，金属尖中心轴线到探针出口中心的距离 $H=50$ nm。当 Φ、L、R 相应减小至上述的半值时，在 H 不变的条件下，剖面光强度分布仍相似。

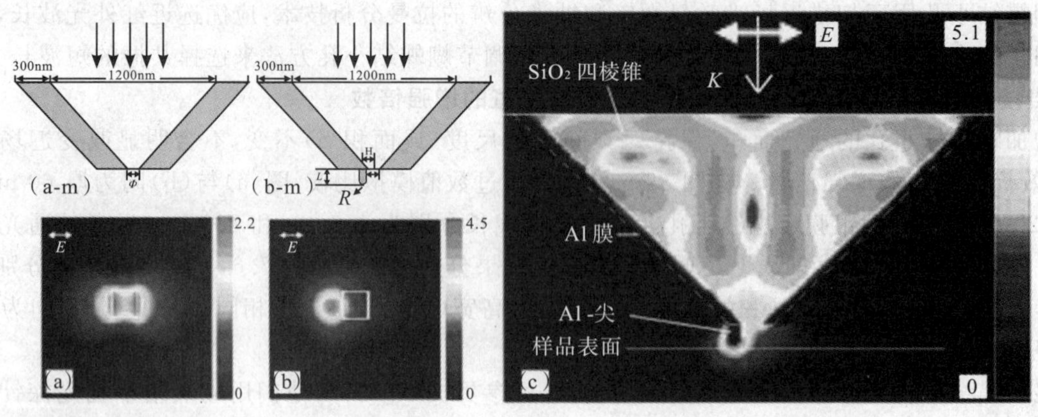

图 33-65　带和不带金属尖的四棱锥小孔光探针的电场分布模拟[134]

(a)和(b)，(c)为 b-m 在 X-Z 剖面上分布

(五)金属膜四棱锥 SPP 近场超透镜

突破衍射极限分辨率的实现，只能依赖于近场光学的方法。金属表面的等离子体激元具有耦合的倏逝场，并且具有近场场增强的效应。吴世法课题组用数值模拟研究了镀金属膜四棱锥 SP 聚焦，可将一束平行光束聚焦到小于 10 nm 的光斑。这种近场超衍射极限透镜(也叫超透镜)的原理如下：

正四棱锥尖，除底面外的 4 个棱锥面上镀适当厚度的银或金膜，一束平行光可以分解为正交的偏振光，从四棱锥底面沿锥轴线入射到四面锥两组正交的相对锥面上(每组相对的锥面可看作是均有 p 偏振光入射)，平行光诱导金属表层自由电子共振，将光能转变成自由电子振荡的动能，在每组相对锥面上的两个面将同时产生相位相同的表面等离子体极化激元，能量沿着四棱锥的面向尖端汇聚，在尖端有明显的增强。由于 SPP 同时存在耦合的倏逝场，倏逝光在沿锥轴线方向相长相干。

侧面全镀金膜或银膜的四棱锥超透镜倏逝光聚焦的焦斑用 FDTD 数值模拟的结果(叶氏网格 3 nm)，在尖端头零距离的平面上，焦斑半高宽为 8～9 nm，其场增强因子可大到 10^3～10^4。据此，可以用侧面全镀膜四棱锥超透镜实现超衍射极限分辨的聚焦，其焦斑尺度取决于锥尖尺度。图 33-66 为银膜四棱锥模拟结果。图 33-67 和图 33-68 分别为 9 nm 和 3 nm 银膜 90°四面锥近场超透镜平行光束聚焦焦斑及其场分布。比较侧面全镀膜四棱锥超透镜的聚焦与常规透镜的聚焦的不同见表 33-20。

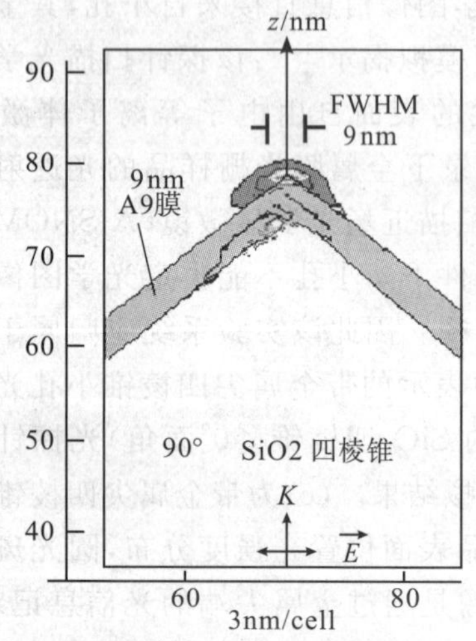

图 33-66　9 nm 银膜四棱锥尖焦斑的模拟结果

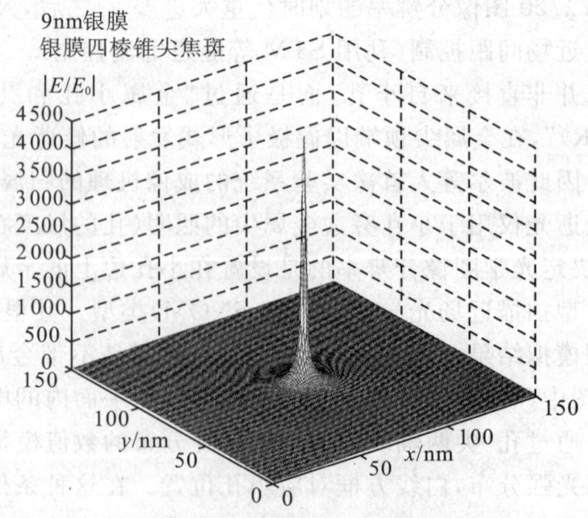

图 33-67　9 nm 膜尖($z=0$)焦斑场分布

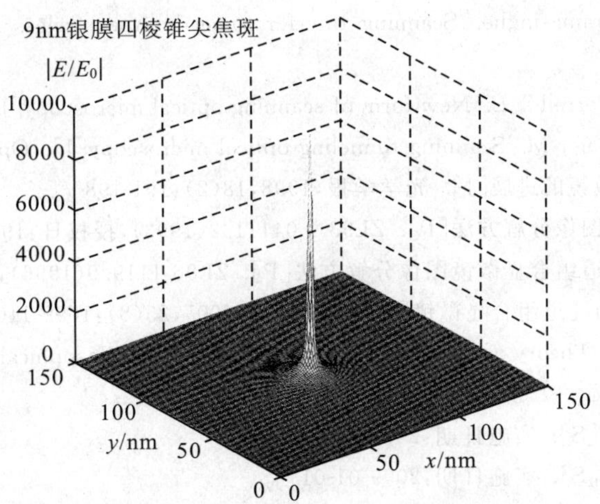

图 33-68　3 nm 膜尖($z=0$)焦斑场分布

表 33-20　平行光束传统透镜聚焦与四面锥超透镜 Plasmon-倏逝光聚焦的比较

序号	经典光学透镜横波聚焦	Plasmon-倏逝光纵波聚焦
1	用高折射率的透光材料，折射率越大聚焦功能越好	用高复折射指数金属（如银或金）材料，介电常数实部负值越大、虚部越小越好
2	制成聚光透镜	制成金属（如银或金）薄膜棱锥尖
3	依据边界折射定律	表面等离子体激元共振耦合
4	将横波光束汇聚	设计倏逝光纵波汇聚
5	实现远场聚焦	实现近场聚焦($\leqslant \lambda/4$)
6	受衍射极限制约，焦斑极值 $\lambda/2$（数百纳米）	焦斑取决于（金属尖的）设计，小于 10 nm
7	光束、透镜的口径可很大，可达数毫米	光束、透镜的口径为 1 个波长的数量级
8	焦斑亮度不能大于光束亮度	焦斑亮度可大于光束亮度，有场增强

参 考 文 献

[1]钱临照. 释墨经中光学力学诸条[M]//朱时清. 钱临照文集. 合肥：安徽教育出版社，2001：455-476

[2]《墨经》四篇：《经・上》，《经・下》，《经说・上》，《经说・下》[M]

[3]韩非. 外储说・上[M]

[4]Ford W W. Development of our early knowledge concerning magnification[J]. Science，1934，79(2061)：578-581

[5]张效峰. 清晰的纳米世界[M]. 北京：清华大学出版社，2005：245

[6]Robert Hooke. Micrographia：or some physiological minute bodies made by magnifying grasses[J]. Courier Dover Publications，2003：384

[7]Abbe E Arch. Mikrost Anat，1873，9：413-468

[8]Frits Zernike. US Patent 1952：2，334，616

[9]Synge E H. A suggested method for extending microscopic resolution into the ultra-microscopic region[J]. Phil. Mag.，1928，6：356-362

[10]O'keefe J A. Resolving power of visible light[J]. J. Opt. Soc. Am.，1956，46：359

[11]Ash E A，Nicholls G. Super-resolution aperture scanning microscope[J]. Nature，1972，237：510-512

[12]Binning G，Roherer H，et al. Appl. Phys. Let.，1982，40：178

[13]Pohl W，Denk D，Lanz M. Optical microscopy：Image recording with resolution$\lambda/20$[J]. Appl. Phys. Lett.，1984，44：651-653

[14]Betzig E，Trauman J K，Harris T D，Weiner T S，Kostelak R L. Breaking the diffraction barrier：Optical microscopy on a nanometric scale[J]. Science，1991，251：1468-1470；Betzig E，Finn P L，Weiner T S. Combined shear force and near-field scanning optical microscopy[J]. Appl. Phys. Lett.，1992，60：2484-2486

[15]Zenhausern F, MartinY, Wickramasinghe. Scanning Interfererometric Apertureless Microscopy[J]. Science, 1995, 269: 1083-1085

[16]Reddick R C, Warmack R J, Ferrell T L. New form of scanning optical microscopy[J]. Phys. Rev. B, 1989, 39:767-770

[17]Courjon D, Sarageddine K, Spajer M. Scanning tunneling optical microscopy[J]. Opt. Commun., 1989, 71:23-28

[18]吴世法,等. 光子扫描隧道显微镜的进展[J]. 光学学报,1998,18(2):191-198

[19]吴世法. 光子扫描隧道显微镜图像分解方法[P]. ZL93 1 04111.2(1993),授权日:1999-07-09

[20]吴世法. 原子力与光子扫描隧道组合显微镜图像分解方法[P]. ZL96 1119.9(1996), 授权日:2002-07-31

[21]吴世法,等. 原子力与光子扫描隧道组合显微镜[J]. 光学学报,2005,25(8):1099-1104

[22]Clerk Maxwell J. A Dynamical Theory of the Electromagnetic Field[J]. Philosophical Transactions of the Royal Society of London, 1865,155: 459-512

[23]GB/T 2609-2006,显微镜 物镜[S]. 实施日期:2006-11-01

[24]GB/T 9246-2008,显微镜 目镜[S]. 实施日期:2009-01-01

[25]GB/T22059-2008/ISO,显微镜 放大率[S]. 8093:/997

[26]GB/T22057.1-2008 显微镜 相对机械参考平面的成像距离第一部分:筒长 160[S]

[27]GB/T22057.2-2008 显微镜 相对机械参考平面的成像距离第二部分:无限远校正光学系统[S]

[28]JB/T 8230.5-1999,显微镜用盖玻片[S]. 实施日期: 1997-10-01

[29]Zernike F. US Patent, 1952, 2,616,334

[30]GB/T 22058-2008,显微镜 体视显微镜的标志[S]. 实施日期:2009-01-01

[31]Pawley J B. Handbook of Biological Confocal Microscopy[M]. 3rd ed. USA: Springer, 2006: 265-79

[32]Hell S W. Europ. Patent No. EP0491289, 1990

[33]Schrader M, Hell S W, Wilson T. Light Scattering in 4pi confocal microscopy[J]. SPIE, 2412:95-98

[34]Bewersdorf J, Schmidt R, Hell S W. Comparison of I5M and 4pi-microscopy[J]. Journal of Microscopy, 2006,222(2): 105-117

[35]Carlo Mar Blanca, Stefan W Hell. Sharp Spherical Focal Spot by Dark Ring 4pi-Confocal Microscopy[J]. Single Mol. 2, 2001, 3:207-210

[36]Heisenberg W Z. Phys, 1927,43:172-276

[37]Vigoureux, Courjon D. Appl. Opt., 1992, 31: 3170; Courjon D, Bainier C. Near-field Microscopy and Near-field Optics [J]. Rep. Prog. Phys, 1994,57:989-1028

[38]Wu Shifa. A review of super-resolution of near-field optical imaging[J]. ACTA Photonica Sinica, 1998, 27(Z1):52-54

[39]McMullan D. The prehistory of scanned image microscopy. Part I: Scanned optical microscopes[J]. Royal Microscopical Society Proceedings, 1990, 25(2):127-131

[40]Lukas Novotny. The History of Near-field Optics[M]//Wolf E. Progress in Optics 50. Amsterdam: Elsevier, 2007, 5: 137-184

[41]Berndt R, Gaisch R, Schneider W D, Gimzewski J K. Atomic Resolution in Photon Emission Induced by a Scanning Tunneling Microscope[J]. Phys. Rev. Lett., 1995, 74:102-105

[42]Ferrel T M, et al. Poton Scanning Tunneling Microscopy[P]. United States Patent, 1991, 5018, 865

[43]光子扫描隧道显微镜研制成功[N]. 人民日报[1993-06-10(1)]; 郭宁,姚骏恩,吴世法,等. 光子扫描隧道显微镜的研制与显微技术应用[J]. 物理,1993,12:742

[44]姚骏恩,吴世法,高崧,郭宁,商广义,初世超,贺节,夏德宽,李成基. 一种纳米分辨率近场光学显微镜——光子扫描隧道显微镜[J]. 电子显微学报,1997,16(3):222-228

[45]吴世法. 近代成像技术与图像处理[M]. 北京:国防工业出版社,1997:945

[46]Zhu S, Yu A W, et al. Frustrated total internal reflection: A demonstration and review[J]. Am. J. Phys., 1986, 54(7): 601-607

[47]Wu Shifa. Photon Scanning Tunneling Microscope, Now and in the Future[J]. Scanning, 1995(17):18-22

[48]吴世法,章健,潘石. 超衍射极限分辨 AF/PSTM 型多功能光学显微镜//陈星旦.《光学与光学工程》庆贺王大珩院士诞生 90 周年学术论文集[C]. 北京:科学出版社,2004:100-109

[49]Zhang Jian, Li Yinli, Jian Guoshu, Zhou Ping, Wu Shifa. The advantages of Photon Scanning Tunneling Microscope Combined with Atomic Force Microscope (AF/PSTM)[J]. Chinese Optics Letters, 2005, 3(Os):313-315

[50]Wang Xiaoqiu, Zhang Jian, Lia Yinli, Jiana Guoshu, Wei Suena, Pana Shi, Wu Shifs. A separation of the refractive index and topography in photon-scanning tunneling microscopy:Simulations and experiments[J]. Ultramicroscopy,2005,104:1-7

[51]Wu Shifa,et al. Nano Optical Microscopy: Now and Its Industrialization[J]. SPIEproceeding Vol. 7658(AOMATT 2010 国际学术交流会(大连))

[52]Mie G. Beiträge zur Optik trüber Medien, speziell kolloidaler Metallösungen[J]. Ann. Phys., 1908, 25: 377-445

[53]Bethe H A. Theory of diffraction by small holes[J]. Phys. Rep., 1944, 66:163-182;Bouwkamp C J. On Bethe's theory of diffraction by small holes[J]. Philips Research Reports, 1950, 5:321-332

[54]Leviatan Y. Study near-zone field of a small aperture[J]. J. Appl. Phys., 1986, 60 (5): 1577-1583

[55]Ohtsu M, Hori H. Near-field Nano-optics[M]. New York: Kluwer-Academic, 1999:129

[56]张树霖. 近场光学显微镜及其应用[M]. 北京:科学出版社,2000:259

[57]Van Labeke D, Barchiesi D. Probes for scanng tunneling optical micrscopy: a theoreticl comparison[J]. J. Opt. Soc. Am. A 10, 1993:2193-2201

[58]Agarwal G S. Intergal equation treatment of scattering from rough surfaces[J]. Phys. Rev., B l4,1976:846-848

[59]Hanfer C. The Gerenalized Multiple Multipole Technique for Computational Electromagnetics[M]. Boston: Artech,1990

[60]Novotny L, Hanfer C. Light propagation in a cylindrical waveguide with a complex, metallic dielectric function[J]. Phys. Rew. B 50, 1994:4094-4109

[61]Novotny L, Pohl D W, Regli P. Near-field, far-field and imaging properties of the two-dimensional-aperture scanning near-field optical microscope[J]. J. Opt. Soc. Am. A, 1994,11:1768-1779

[62]Yee K S. Numerical solution of initial boundary value problems involving Maxwell's eqution in isotropic media[J]. IEEE Trans. Antennas Propagat., 1966, AP-14:302-307

[63]Christensn D A. Analysis of near-field tip patters including object interaction using finite-difference time-domain calculations[J]. Ultramicroscopy, 1995, 57:189-195

[64]王长清,祝西里. 电磁场计算中的时域有限差分法[M]. 北京:北京大学出版社,1994

[65]高本庆. 时域有限差分法[M]. 北京:国防工业出版社, 1995

[66]葛德彪,闫玉波. 电磁波时域有限差分法[M]. 西安:西安电子科技大学出版社,2002

[67]王秉中. 计算电磁学[M]. 北京:科学出版社,1995

[68]H Peter Lu. Site-Specific Raman Spectroscopy and Chemical Dynamics of Nanoscale Interstitial Systems[J]. J. Physics: Condensed Matter, 2005,17:R333-R355

[69]Dereux A, Pohl D. The 90 degree prism edge as a model SNOM probe: near-field photon tunneling, and far-field properties[M]//Pohl D, Courjon D. Near-field optics (NATO ASI Series E242). Dordrecht: Kluwer, 1993:189-198

[70]Girard C, Bouju X, Dereux A. Optical near-field detection and local spectroscopy of a surface: a self-consistent theoretical study[M]//Pohl D, Courjon D. Near-field optics (NATO ASI Series E242). Dordrecht: Kluwer, 1993:199-208

[71]Martin O J F, Dereux A, Girard C. Iterative scheme for computing exactly the total field propagating in dielectric structures of arbitrary shape[J]. J. Opt. Soc. Am. A, 1994, 11:1073-1080

[72]Taflove A, Brodwin M E. Numerical Solution of Steady-State Electromagnetic Scattering Problems Using the Finite-Dependent Maxwell's Equations[J]. IEEE Trans. Micro. Theory Tech., 1975, MTT-23: 623-630

[73]Mur G. Absorbing boundary conditions for the finite-difference approximation of the time-domain electromagnetic-field equations[J]. IEEE Trans. EMC., 1981, 23: 377-382

[74]Fang J Y, Mei K K. 1988 IEEE AP-S International Symposium[C]. Syracuse, NY, USA, June, 1988, 6-10: 427-475

[75]Liao Z P, Wong H L, Yang B P. Scientia Sinica (series A), 1984, 27: 1063-1076

[76]Berenger J P. A perfectly match layer for the absorption of electromagnetic waves[J]. Journal of Computational Physics. 1994, 114: 185-200

[77]Luebbers R, Hunsberger F, Kunz K, Standler R. A Frequency-Dependent Finite-Difference Time-Domain Formulation for Dispersive Materials[J]. IEEE Trans. Elaectro-magn. Compat., 1990, 32: 222-227

[78]Luebbers R, Hunsberger F, Kunz K. A Frequency-Dependent Finite-Difference Time-Domain Formulation for Transient Propagation in Plasma[J]. IEEE Trans Ctions on Antennas and Propagation, 1991, 39: 29-34

[79]Hestenes M R,Stiefol E. Method of conjugate gradients for solving linear svstems[J]. J Res. Nat. Bur. Standards,1952, 49:409-436

[80]Sarkar T K, Member S, Arvas E. On the Class of Finite Step Iterative Methods (Conjugate Directions) for the Solution of an Operator Equation Arising in Electromagnetics[J]. IEEE Transactions on Antennas Propagation, 1985, 33(10): 1058-1066

[81]Sarkar T K. Application of the fast Fourier transform and the conjugate gradient method for efficient solution of electromagnetic scattering from both electrically large and small conduction bodies[J]. Electromagnetics, 1985, 5:99-122

[82]Goodman J J, Draine B T, Flatau P J. Application of fast-Fourier-transformtechniques to discrete-dipole approximation [J]. Optics letters, 1991, 16(15): 1198-1200

[83]朱秀芹,耿友林,吴信宝.三维各向异性介质目标电磁散射的 MOM-CGM-FFT 方法[J].电波科学学报,2002,18(3):7-13

[84]马业万. 格林函数-共轭梯度法-快速傅里叶变换在近场光学成像中的应用[D]. 大连:大连理工大学硕士学位论文,2006

[85]Miodrag Micic, Nicholas Klymyshyn, Yung Doug Suh, H Peter Lu. Finite Element Method Simulation of the Field Distribution for AFM Tip-Enhanced Surface-Enhanced Raman Scanning Microscopy[J]. J. Phys. Chem. B, 2003, 107: 1574-1584

[86]ANSYS电磁场分析指南. 操作手册[M]

[87]Li Xufeng, Wu Shifa. Influence of length of opposing bi-Au cone-tips and different environment on field enhancement in feed gap[C]// The 6th Asia-Pacific conference on Near-field Optics. 2007 Yellow Mountain. Anhui, China, 2007:13-17 (ID: 22301)

[88]Novotny L, Pohl D W, Hecht B. Scanning near-field optical probe with ultrasmall spot size[J]. Optics Letters, 1995,20 (9): 970-972

[89]Kretschmann E, Raether H. Radiative decay of non-radiative surface plasmons excited by light Naturforsch., 1968, 23a: 2135

[90]吴世法,吴冠英. 激励和接收均用倏逝光的近场增强拉曼散射样品池[P]. ZL02154468.9

[91]李亚琴. 基于数值模拟的近场表面增强拉曼散射研究[D]. 大连:大连理工大学博士学位论文,2009;刘琨. 近场表面增强拉曼散射实验技术与血清分析的研究[D]. 大连:大连理工大学博士学位论文,2007

[92]Chu S. Laser Manipulation of Atom and Paticales[J]. Science,1991,253:861-866

[93]Ashkin A, Dziedzic J M, Bjorkholm J E, et al. Observation of a single-beam gradient force optical trap for dielectric particles[J]. Opt. Lett., 1986, 11(5): 288-290

[94]李银妹. 光镊原理、技术和应用[M]. 合肥:中国科学技术大学出版社, 1996;李银妹, 楼立人. 生命科学研究中的光镊技术[J]. 生命科学仪器, 2004(2): 3-9

[95]张晓晖,郭彦,吴建光,张钰,李银妹. 光镊技术在生命科学研究中的应用[J]. 激光与光电子学进展, 2009, 46(6): 24-31

[96]Hongxing Xu, Mikael Kall. Surface-Plasmon-Enhanced Optical Forces in Silver Nanoaggregates[J]. Phys. Rev. Lett., 1989(24): 246802-1-4

[97]Lukas Novotny, Randy X Bian, Sunney Xie. Theory of Nanometric Optical Tweezers[J]. Phys. Rev. Lett., 1997, 79: 645-648

[98]2009 CST AG -http://www.cst.com/Content/Applications/ Article/ Electromagnetic +Field +Simulation+of+Nanometric+Optical+Tweezers

[99]Anger Pascal, Bharadwaj Palash, Novotny L. Enhancement and Quenching of Single-Molecule Fluorescence[J]. Phys. Rev. Lett., 2006,96:113002-113005

[100]Anna S Zelenina, Romain Quidant, Manuel Nieto-Vesperinas. Enhanced optical forces between coupled resonant metal nanoparticles[J]. Optics Letters, 2007,32(9):1156-1158

[101]Svedberg Fredrik, Li Zhipeng, Xu Hongxing, Kall Mikael. Creating Hot Nanoparticle Pairs for Surface-Enhanced Raman Spectroscopy through Optical Manipulation[J]. Nano Letters,2006,6(12):2639-2641

[102]Nie S, Emory S R. Probing Single Molecules and Single Nanoparticles by Surface-Enhanced Raman Scattering[J]. Science, 1997,275:1102

[103]Kneipp K, Wang Y, Kneipp H, Perelman L T, Itzkan I, Dasari R, Feld M S. Phys. Rev. Lett., 1997, 78:1667-1670

[104]Norihiko Hayazawa, Alvarado Tarunl, Atsushi Taguchil, Satoshi Kawatal. Development of Tip-Enhanced Near-Field Optical Spectroscopy and Microscopy[J]. Japanese Journal of Applied Physics,2009,48(8): 08JA02-08JA02-7

[105]Saito Y, Verma P. Imaging and spectroscopy through plasmonic nano-probe[J]. European Phys. J. Appl. Phys., 2009, 46:20101-20101-1-15

[106]Catalin C Neacsu , Samuel Berweger ,Markus B Raschke. Tip-Enhanced Raman Imaging and Nanospectroscopy: Sensitivity, Symmetry, and Selection Rules[J]. Nanobiotechnol, 2007, 3:172-196; Published online: 25 February 2009, Humana Press Inc. , 2009

[107]Norihiko Hayazawa, Alvarado Tarunl, Atsushi Taguchil, Satoshi Kawatal. Development of Tip-Enhanced Near-Field Optical Spectroscopy and Microscopy[J]. Japanese Journal of Applied Physics, 2009,48 (8): 08JA02-08JA02-7

[108]Neil Anderson, Achim Hartschuh, Lukas Novotny. Near-field Raman microscopy[J]. Materials today, May,2005,8 (5):50-54

[109]Hart schuh A, Qian H, Meixner A J, Novotny L. Surf. Int. Anal. , 2006,38:1472

[110]Yun Suk Huhl, Aram J Chungl, David Erickson. Surface enhanced Raman spectroscopy and its application to molecular and cellular analysis[J]. Microfluidics and Nanofluidics, 2009,6(3):285-297

[111]Mohammad Kamal Hossain, Yukihiro Ozaki. Surface-enhanced Raman scattering: facts and inline trends[J]. Current Science, 2009,97(2): 192-201

[112]Yeo Boon-Siang, Johannes Stadler, Thomas Schmid, Renato Zenobi, Zhang Weihua. Tip-enhanced Raman Spectroscopy——Its status, challenges and future directions[J]. Chemical Physics Letters,2009, 472(1-3):1-13

[113]Zhang Weihua, Thomas Schmid, Yeo Boon-Siang, Renato Zenobi. Near-Field Heating, Annealing, and Signal Loss in Tip-Enhanced Raman Spectroscopy[J]. J. Phys. Chem. C, 2008, 112 (6): 2104-2108

[114]Maruyama Y, Ishikawa M, Futamata M. Thermal Activation of Blinking in SERS Signal[J]. J. Phys. Chem. B, 2004, 108 (2): 673-678

[115]Alistair P, Elfick D, Andrew R Downes, Rabah Mouras. Development of tip-enhanced optical spectroscopy for biological applications: a review[J]. Analytical and Bioanalytical Chemistry,2010, 396(1):45-52

[116]Qian X M, Nie S M. Single-molecule and single-nanoparticle SERS: from fundamental mechanisms to biomedical applications[J]. Chem. Soc. Rev. , 2008, 37:912-920

[117]Tian Zhongqun, Ren Bin, Li Jianfeng, Yang Zhilin. Expanding generality of surface-enhanced Raman spectroscopy with borrowing SERS activity strategy[J]. Chem. Commun. , 2007: 3514-3534

[118]李剑锋,胡家文,任斌,田中群. 利用壳层厚度调节核壳 Au@Pd 纳米粒子的 SERS 活性[J]. 物理化学学报,2005, 21 (8): 825-828

[119]Li Zhiyuan, Xia Younan. Single-Molecule Detection by Surface-Enhanced Raman Scattering[J]. Nano Letters, 2010, 10: 243-249

[120]Yang Xinmai, Sara E Skrabalak, Li Zhiyuan, Younan Xia, Lihong V Wang. Photoacoustic Tomography of a Rat Cerebral Cortex in vivo with Au Nanocages as an Optical Contrast Agent[J]. Nano Letters,2007,7(12):3798-3802

[121]Huang Xiaohua, Mostafa A El-Sayed. Gold nanoparticles: Optical properties and implementations in cancer diagnosis and photothermal therapy[J]. University of Cairo,Journal of Advanced Research, 2010, 1:13-28

[122]Skrabalak, Au, Lu, Li, Xia. Gold Nanocages for Cancer Detection and Treatment (Review)[J]. Nanomedicine, 2007, 2 (5):657-668

[123]Sara E Skrabalak, Chen Jingyi, Au Leslie, Lu Xianmao, Li Xingde, Xia Younan. Gold Nanocages for Biomedical Applications[J]. Adv. Mater. , 2007, 19(20): 3177-3184

[124]Wiley B, Herricks T, Sun Y, Xia Y. Nano Lett 2004;4:1733. b Im SH, Lee YT, Wiley B Xia Y Angew[J]. Chem. Int. Ed, 2005,44:2154

[125]Chen Jingyi, Fusayo Saeki, Benjamin J Wiley, Cang Hu, Michael J Cobb, Li Zhiyuan, Au Leslie, Zhang Hui, Michael B Kimmey, Li Xingde, Xia Younan. Gold Nanocages: Bioconjugation and Their Potential Use as Optical Imaging Contrast Agents[J]. Nano Lett. 2005, 5(3):473-477

[126]Lu Xianmao, Au Leslie, Joseph McLellan, Li Zhiyuan, Manuel Marquez, Xia Younan. Fabrication of Cubic Nanocages and Nanoframes by Dealloying Au/Ag Alloy Nanoboxes with an Aqueous Etchant Based on $Fe(NO_3)_3$ or NH_4OH[J]. Nano Lett. , 2007, 7(6):1764-1769

[127]Eun Chul Cho, Chulhong Kim, Zhou Fei, Claire M Cobley, Kwang Hyun Song, Chen Jingyi, Li Zhiyuan, Lihong V Wang, Xia Younan. Measuring the Optical Absorption Cross Sections of Au Ag Nanocages and Au Nanorods by Photoacoustic Imaging[J]. Journal of Physical Chemistry C, 2009, 113:9023-9028

[128]Au Leslie, Zheng Desheng, Zhou Fei, Li Zhiyuan, Li Xingde, Xia Younan. A Quantitative Study on the Photothermal

Effect of Immuno Gold Nanocages Targeted to Breast Cancer Cells[J]. Nano Letter, 2008, 2 (8):1645-1652

[129]Kazuo Tanaka, Masahiro Tanaka. Analysis and numerical computation of diffraction of an optical field by a subwavelength-size aperture in a thick metallic screen by use of a volume integral equation[J]. Applied Optics, 2004,43(8):1734-1745

[130]Xu Jiying, Xu Tiejun, Wang Jia. Design tips of nanoapertures with strong field enhancement and proposal of novel L-shaped aperture[J]. Optical Engineering,2005, 44(1): 018001-1-9

[131]Bortchagovsky E, Colasdesfrancs G, Naber A, Fischer U C. On the optimum form of an aperture for a confinement of the optically excited electric near field[J]. Journal of Microscopy, 2008,229(2): 223-227

[132]Xu Xianfan, Eric X Jin, Wang Liang, Sreemanth Uppuluri . Design, fabrication, and characterization of nanometer-scale ridged aperture optical antennae[J]. Proc. of SPIE Vol. 610661061J-1

[133]Arvind Sundaramurthy, James Schuck P, Nicholas R Conley, David P Fromm, Gordon S Kino, Moerner W E. Toward Nanometer-Scale Optical Photolithography: Utilizing the Near-Field of Bowtie Optical Nanoantennas[J]. Nano Lett., 2006, 6 (3): 355-360

[134]王国军,吴世法,李旭峰,李睿,段建民,潘石. 带金属尖四棱锥小孔光探针光斑近场分布数值模拟[J]. 物理学报,2010, 59(1):192-198

第三十四章　光电探测器和光电探测

在光电子技术领域，光电探测器有它特有的含义[1-14]。凡是能把光辐射量转换成另一种便于测量的物理量的器件，就叫做光探测器。不过，从近代测量技术来看，电量不仅最方便，而且最精确，所以大多数光探测器都是把光辐射量转换成电量来实现对光辐射的探测的。即便直接转换量不是电量，通常也总是把非电量（如温度、体积等）再转换为电量来实施测量。从这个意义上说，凡是把光辐射量转换为电量（电流或电压）的光探测器，都称为光电探测器，而光电探测器的合理、有效、精确的应用，则是光电探测（技术）的研究内容。很自然，了解光辐射对光电探测器产生的物理效应是了解光探测器工作的基础。

第一节　光电探测器概述

一、光电探测器的分类

光电探测器的物理效应通常分为两大类：光子效应和光热效应。在每一大类中又可分为若干细目[15]，如表 34-1 所示。

表 34-1　光致效应分类

	效　　应	相应的探测器
外光电效应	①光阴极发射光电子	光电管
	②光电子倍增：	
	打拿极倍增；	光电倍增管
	微通道电子倍增	像增强管
内光电效应	①光电导（本征和非本征）	光导管或光敏电阻
	②光生伏特：	
	PN 结和 PIN 结（零偏）；	光电池
	PN 结和 PIN 结（反偏）；	光电二极管
	雪崩；	雪崩光电二极管
	肖特基势垒	肖特基势垒光电二极管
	③光电磁；	光电磁探测器
	光子牵引	光子牵引探测器
光热效应	①测辐射热计；	
	负电阻温度系数；	热敏电阻测辐射热计
	正电阻温度系数；	金属测辐射热计
	超导	超导远红外探测器
	②温差电	热电偶、热电堆
	③热释电	热释电探测器
	④其他	高莱盒、液晶等

光子效应是指单个光子的能量 $h\nu$ 对产生的光电子起直接作用的一类光电效应，包括外光电效应和内光电效应，如表 34-1 所示。基于光子效应而工作的探测器统称为光子探测器。各种光子探测器的共同特征是它们的阈值特性，即光子效应条件：

$$\nu \geqslant \nu_c \quad 或 \quad \lambda \leqslant \lambda_c \tag{34-1}$$

式中，ν_c 和 λ_c 分别称为光子探测器的截止响应频率和波长。注意到：$h = 6.6 \times 10^{-34}\,\mathrm{J \cdot s} = 4.13 \times 10^{-15}\,\mathrm{eV \cdot s}$，$c = 3 \times 10^{14}\ \mu\mathrm{m/s} = 3 \times 10^{17}\,\mathrm{nm/s}$。

$$\lambda_c(\mu\mathrm{m}) = \frac{1.24}{E_\varphi(\mathrm{eV})} \quad 或 \quad \lambda_c(\mathrm{nm}) = \frac{1240}{E_\varphi(\mathrm{eV})} \tag{34-2}$$

式中，E_φ 为由光子探测器材料决定的阈值能量。

光热效应(见表 34-1)和光子效应完全不同[16]。探测元件吸收光辐射能量后，并不直接引起内部电子状态的改变，而是把吸收的光能变为晶格的热运动能量，引起探测元件温度上升，温度上升的结果又使探测元件的电学性质或其他物理性质发生变化。所以，光热效应与单光子能量 $h\nu$ 的大小没有直接关系。原则上，光热效应对光波频率没有选择性。只是在红外波段上，材料吸收率高，光热效应也就更强烈，所以被广泛用于对红外线辐射的探测。因为温度升高是热积累的作用，所以光热效应的响应速度一般比较慢，而且容易受环境温度变化的影响。值得注意的是，以后将要介绍的一种所谓热释电效应是响应于材料的温度变化率，比其他光热效应的响应速度要快得多，并已获得日益广泛的应用。

二、光电转换定律

对于光电探测器而言，一端是光辐射量，另一端是光电流量。把光辐射量转换为光电流量的过程称为光电转换。基本的光电转换定律为[17]

$$i(t) = \frac{e\eta}{h\nu} P(t) \tag{34-3}$$

式中，$\eta = \dfrac{\mathrm{d}n_{电}}{\mathrm{d}t} \bigg/ \dfrac{\mathrm{d}n_{光}}{\mathrm{d}t}$，$P(t) = \dfrac{\mathrm{d}E}{\mathrm{d}t} = h\nu \dfrac{\mathrm{d}n_{光}}{\mathrm{d}t}$，$i(t) = \dfrac{\mathrm{d}Q}{\mathrm{d}t} = e\dfrac{\mathrm{d}n_{电}}{\mathrm{d}t}$。$n_{光}$ 和 $n_{电}$ 分别为光子数和电子数。式中所有变量都应理解为统计平均量。

三、光电探测器的性能参量

光电探测器的性能参量通常用积分灵敏度、光谱灵敏度、频率灵敏度、量子效率、噪声等效功率和归一化探测度等来表示[18]。

(一)积分灵敏度 R

灵敏度常称作响应度，它是光电探测器光电转换特性的量度。

光电流 i (或光电压 u)和入射光功率 P 之间的关系 $i = f(P)$ 称为探测器的光电特性。灵敏度 R 定义为该函数的曲线的斜率，即

$$R_i = \frac{\mathrm{d}i}{\mathrm{d}P} = \frac{i}{P}(线性区内) \qquad (\mathrm{A/W}) \tag{34-4}$$

$$R_u = \frac{\mathrm{d}u}{\mathrm{d}P} = \frac{u}{P}(线性区内) \qquad (\mathrm{V/W}) \tag{34-5}$$

式中，R_i 和 R_u 分别被称为电流灵敏度和电压灵敏度，i 和 u 均为测量的电流、电压有效值，光功率 P 是指分布在某一光谱范围内的总功率。因此，这里的 R_i 和 R_u 又分别称为积分电流灵敏度和积分电压灵敏度。

(二)光谱灵敏度 R_λ

把光功率 P 换成随波长变化的光功率谱密度 P_λ，由于光电探测器的光谱选择性，在其他条件不变的情况下，光电流将是光波长的函数，记为 i_λ(或 u_λ)，于是光谱灵敏度 R_λ 定义为

$$R_\lambda = \frac{\mathrm{d}i_\lambda}{\mathrm{d}P_\lambda} \tag{34-6}$$

如果 R_λ 是常数，则相应的探测器称为无选择性探测器，如光热探测器。光子探测器则是选择性探测器。相对光谱灵敏度 S_λ，定义为

$$S_\lambda = R_\lambda / R_{\lambda m} \tag{34-7}$$

式中，$R_{\lambda m}$是指R_λ的最大值，相应的波长称为峰值波长；S_λ是无量纲量，S_λ随λ变化的曲线称为探测器的光谱灵敏度曲线。

（三）频率灵敏度 R_f

如果入射光是强度调制的，在其他条件不变的情况下，光电流 i_f 将随调制频率 f 的升高而下降，这时的灵敏度称为频率灵敏度，定义为

$$R_f = \frac{i_f}{P} \tag{34-8}$$

式中，i_f是光电流时变函数的傅里叶变换。R_f 可以表示为

$$R_f = \frac{R_0}{\sqrt{1+(2\pi f\tau)^2}} \tag{34-9}$$

式中，τ 称为探测器的响应时间或时间常数，它是由材料、结构和外电路决定的，R_f随 f 的升高而下降的速度与 τ 值大小关系很大。一般规定，R_f下降到$R_0/\sqrt{2}=0.707R_0$ 时的频率 f_c为探测器的截止响应频率或响应频率，因此，得到

$$f_c = \frac{1}{2\pi\tau} \tag{34-10}$$

一般认为当 $f<f_c$时，光电流能线性地再现光功率 P 的变化。

光电流是两端电压 u、光功率 P、光波长 λ 及光强调制频率 f 的函数：

$$i = F(u,P,\lambda,f) \tag{34-11}$$

以 u、P、λ 为参量，$i=F(f)$的关系称为光电频率特性，将相应的曲线称为频率特性曲线。同样，$i=F(P)$的曲线称为光电特性曲线，将 $i=F(\lambda)$的曲线称为光谱特性曲线，而将 $i=F(u)$的曲线称为伏安特性曲线。当这些曲线给出时，灵敏度 R 的值就可以从曲线中求出，而且还可以利用这些曲线，尤其是伏安特性曲线来设计探测器的工作电路。注意到这一点，在实际应用中往往是十分重要的[3]。

（四）量子效率 η

灵敏度 R 从宏观角度描述了光电探测器的光电、光谱以及频率特性，量子效率 η 则是对同一个问题的微观—宏观描述，有

$$\eta = \frac{h\nu}{e}R_i \tag{34-12}$$

$$\eta_\lambda = \frac{hv}{e\lambda}R_{i\lambda} \tag{34-13}$$

式中，v 是材料中的光速。可见，量子效率正比于灵敏度而反比于波长。

（五）噪声等效功率 NEP

一个光电探测器完成光电转换过程的模型如图 34-1 所示。图中的 P_s和 P_b分别为信号光功率和背景光功率。即使 P_s和 P_b都为 0，也会有噪声输出。噪声的存在，限制了探测微弱信号的能力。

噪声等效功率 NEP 定义为单位信噪比时的信号光功率。信噪比 SNR 定义为

$$\mathrm{SNR} = \frac{i_s}{i_n}\text{（电流信噪比）}$$

$$\mathrm{SNR} = \frac{u_s}{u_n}\text{（电压信噪比）}$$

于是有

$$\mathrm{NEP} = P_{th} = \frac{i_n}{S_i}\frac{i_s}{i_s} = \frac{i_s}{S_i}\frac{i_n}{i_s} = \frac{P_s}{(\mathrm{SNR})_i} = P_s\big|_{\mathrm{SNR}=1}\quad(\mathrm{W}) \tag{34-14}$$

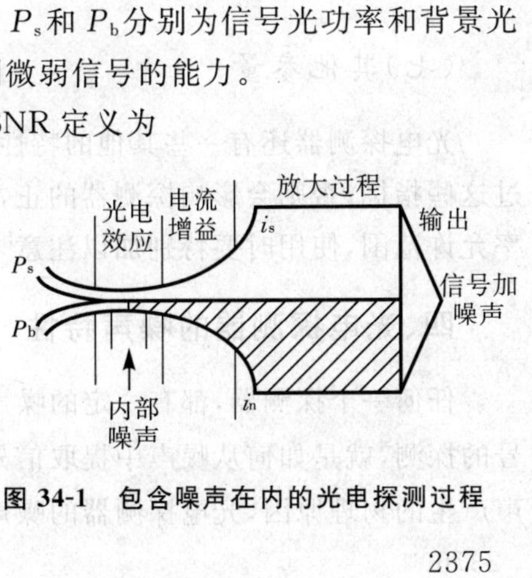

图 34-1　包含噪声在内的光电探测过程

显然，NEP越小，探测器探测微弱信号的能量越强。所以NEP是描述光电探测器探测能力的参数。

（六）归一化探测度 D^*

NEP越小，探测器探测能力越高，不符合人们“越大越好”的习惯，于是取NEP的倒数并定义为探测度 D，即

$$D = 1/\text{NEP} \quad (\text{W}^{-1}) \qquad (34\text{-}15)$$

这样，D 值大的探测器探测力高。但实际情况下，同类探测器相比，并不一定是 D 值大就一定好。因为探测器面积 A 和测量带宽 Δf 将影响噪声大小。因此，对同类探测器比较，就应消除 A 和 Δf 的影响。为此，定义

$$D^* = D\sqrt{A\Delta f} \quad (\text{cm}\cdot\text{Hz}^{1/2}/\text{W}) \qquad (34\text{-}16)$$

并称之为归一化探测度，D^* 大的探测器其探测能力一定好。考虑到光谱的响应特性，一般给出 D^* 值时注明响应波长 λ、光辐射调制频率 f 及测量带宽 Δf，即 $D^*(\lambda, f, \Delta f)$。$D^*$ 与截止波长的关系见图34-2和表34-2[54]。

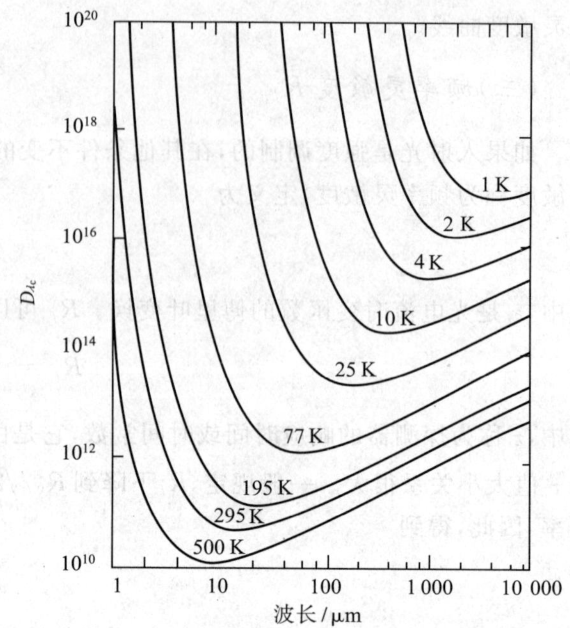

图 34-2 归一化探测度与截止波长的关系

背景温度已标记在各自的曲线旁，视场角为 2π

表 34-2 归一化探测度与截止波长对应表（T=295 K）

λ/μm	$D^*(\lambda_c)$	λ/μm	$D^*(\lambda_c)$	λ/μm	$D^*(\lambda_c)$	λ/μm	$D^*(\lambda_c)$
1	2.19×10^{13}	10	5.35×10^{10}	100	1.67×10^{11}	1 000	1.55×10^{12}
2	4.34×10^{13}	20	5.12×10^{10}	200	3.20×10^{11}	2 000	3.10×10^{12}
3	1.64×10^{12}	30	6.29×10^{10}	300	4.74×10^{11}	3 000	4.64×10^{12}
4	3.75×10^{11}	40	7.68×10^{10}	400	6.28×10^{11}	4 000	6.19×10^{12}
5	1.70×10^{11}	50	9.13×10^{10}	500	7.82×10^{11}	5 000	7.73×10^{12}
6	1.06×10^{11}	60	1.06×10^{11}	600	9.36×10^{11}	6 000	9.28×10^{12}
7	7.93×10^{10}	70	1.21×10^{11}	700	1.09×10^{12}	7 000	1.08×10^{13}
8	6.57×10^{10}	80	1.36×10^{11}	800	1.24×10^{12}	8 000	1.24×10^{13}
9	5.80×10^{10}	90	1.52×10^{11}	900	1.40×10^{12}	9 000	1.39×10^{13}

（七）其他参量

光电探测器还有一些其他的特性参数，例如光敏面积、探测器电阻、电容、工作温度等，使用时不允许超过这些指标，否则会影响探测器的正常工作，甚至损坏探测器。通常规定了工作电压、电流、温度以及光照功率允许范围，使用时要特别加以注意[19]。

四、光电探测器的噪声特性

任何一个探测器，都有一定的噪声电压 u_n（或 i_n），它是微观世界服从统计规律的反映。实现微弱光信号的探测，就是如何从噪声中提取信号的问题，这是当今信息探测理论研究的中心课题之一[17,19]。依据噪声产生的物理原因，光电探测器的噪声大致可分为散粒噪声、热噪声和低频噪声3类[9,17]。

（一）光子散粒噪声

光电探测器的光电转换过程是一个光电子计数的随机过程，由于随机起伏单元是电子电荷量 e，所以称为散粒噪声。下面以光电子发射为例进行分析，模型如图 34-3 所示。

散粒噪声电流 i_n或电压 u_n为

$$i_n=\sqrt{\overline{i_n^2}}=\sqrt{2ei\,\Delta f M^2} \tag{34-17}$$

$$u_n=i_n R_L=\sqrt{2ei\,\Delta f R_L^2 M^2} \tag{34-18}$$

按照平均噪声电流 i_n 产生的具体物理过程，有

$$i_n=i_d+i_b+i_s \tag{34-19}$$

式中，i_d是热激发暗电流，i_b和 i_s分别为背景和信号光电流，又分别被称为暗电流噪声、背景噪声和信号光子噪声。

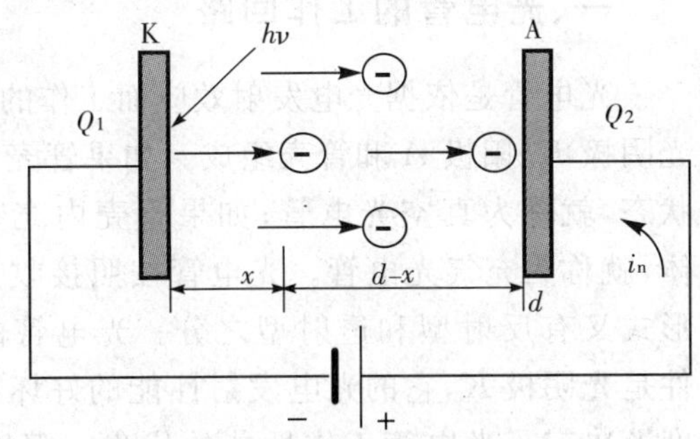

图 34-3　散粒噪声分析模型

如果用背景光功率 P_b 和信号光功率 P_s 显式表示，则有

$$i_n=\left[Se\left(i_d+\frac{e\eta}{h\nu}P_b+\frac{e\eta}{h\nu}P_s\right)M^2\Delta f\right]^{1/2} \tag{34-20}$$

式中，$S=2$ 对应光电发射、光伏产生过程，$S=4$ 对应光电导包含产生、复合两个过程；$M=1$ 对应光伏产生，$M>1$ 对应光导、光电倍增、雪崩等。

（二）电阻热噪声

光电探测器本质上可用一个电流源来等价，这就意味着探测器有一个等效电阻 R，电阻中自由电子的随机热（碰撞）运动将在电阻器两端产生随机起伏电压，称为热噪声，分析模型如图 34-4 所示。

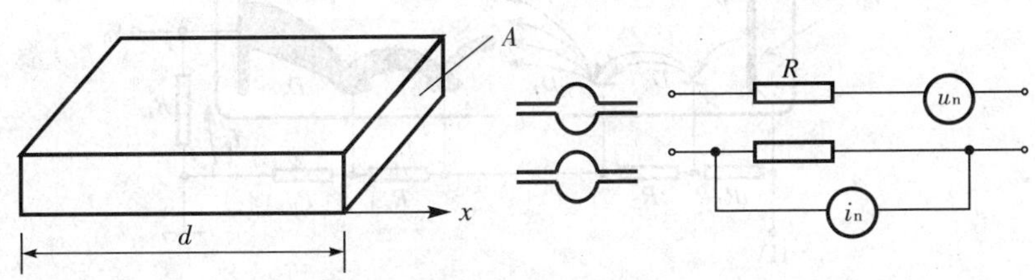

图 34-4　热噪声分析模型

有效噪声电压和电流分别为

$$u_n=\sqrt{\overline{u_n^2}}=\sqrt{4kTR\Delta f} \tag{34-21}$$

$$i_n=\sqrt{\overline{i_n^2}}=\sqrt{4kT\Delta f/R} \tag{34-22}$$

式中，k 是玻耳兹曼常数，T 为热力学温度，R 是电阻值。一个电阻 R 在其噪声等效电路中，可以等效为电阻 R 与一个电压源 u_n的串联，也可以等效为电阻 R 与一个电流源 i_n的并联。

（三）$1/f$ 噪声

几乎在所有探测器中都存在这种噪声。它主要出现在大约 1 kHz 以下的低频频域，而且与光辐射的调制频率 f 成反比，故称为低频率噪声或 $1/f$ 噪声。实验发现，探测器表面的工艺状态（缺陷或不均匀）对这种噪声的影响很大，所以有时也称为表面噪声或过剩噪声，$1/f$ 噪声的经验规律为

$$\overline{i_n^2}=Ai^{\alpha}\,\Delta f/f^{\beta} \tag{34-23}$$

式中，A 为与探测器有关的比例系数，i 为流过探测器的总直流电流，$\alpha\approx 2$，$\beta\approx 1$，于是有

$$i_n=\sqrt{Ai^2\Delta f/f} \tag{34-24}$$

一般来说，只要限制低频端的调制频率不低于 1 kHz，这种噪声就可以被防止。

第二节　光电管和光电倍增管

一、光电管的工作回路

光电管是依据光电发射效应而工作的一种光电探测器。其结构原理和工作回路如图 34-5 所示，主要由光阴极 K、阳极 A 和管壳组成。如果管壳内是真空状态，就称为真空光电管；如果管壳内充有增益气体，就称为充气光电管。光电管按照接收光辐射的形式又有反射型和透射型之分。光电管的核心部件是光阴极 K，它的光电发射性能的好坏在很大程度上决定了光电管工作性能的优劣。阳极 A 起着收集电子的作用，其形状和位置都经过了精心的设计[2-3,8-9]。

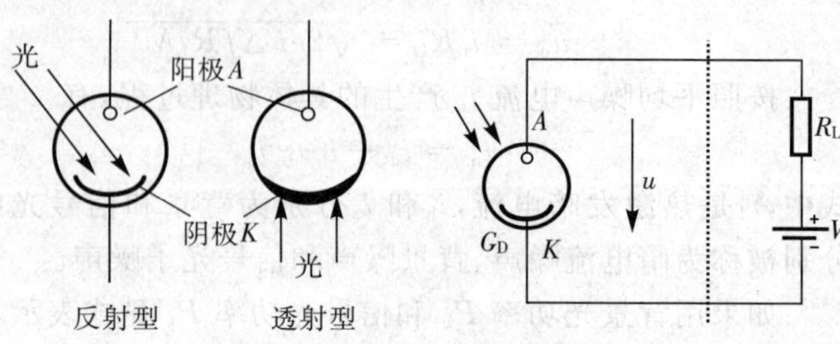

图 34-5　光电管及工作回路

二、光电倍增管的工作回路

光电倍增管的原理结构如图 34-6 所示。与光电管相比，除了阴极 K、阳极 A 以及管壳外，还多了若干中间电极。这些中间电极称为倍增极或打拿极。每相邻两个电极称为一级，V_i 为分级电压，一般为百伏量级。光电倍增管的性能主要由光阴极和倍增极以及极间电压决定。为使光电倍增管能正常工作，需要有正确的供电回路和信号输出电路，统称为工作电路[41]。

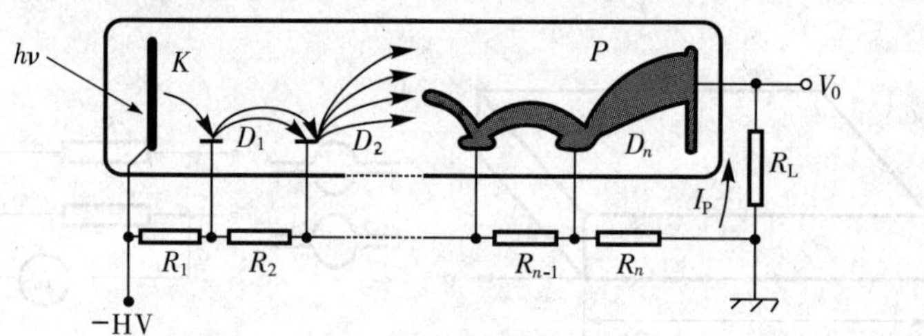

图 34-6　光电倍增管结构原理图

光电倍增管阴极 K 和阳极 A 之间的供电电压在千伏量级。同时还需要在阴极、聚焦级、倍增级和阳极之间分配一定的级间电压。通常采用电阻分压器方式进行电压分割，如图 34-7 所示。

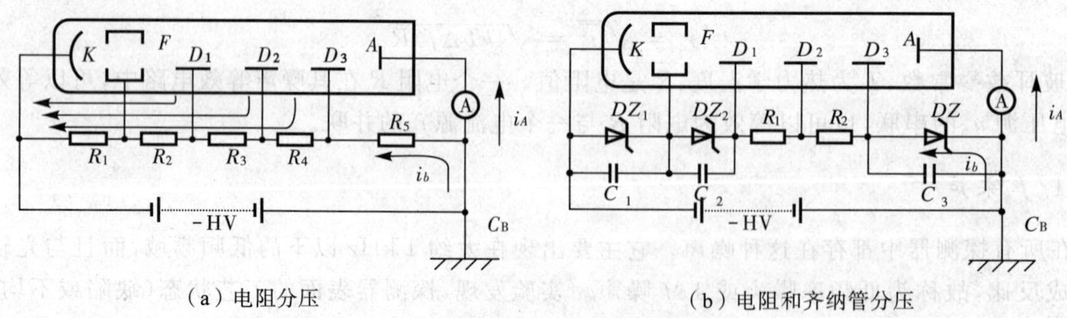

(a) 电阻分压　　(b) 电阻和齐纳管分压

图 34-7　光电倍增管分压电路

由图 34-7 可见，一般的供电回路采用阳极接地，负高压供电，适宜于直流信号应用。

有时必须采用阴极接地的方法，如图 34-8 所示。这种方法只适用于交流或脉冲信号测量系统中。

光电倍增管输出的是电流信号，如图 34-9 所示。用一只负载电阻将电流信号转换成电压信号，输出信号再连接到其他电压放大器或电压表上。

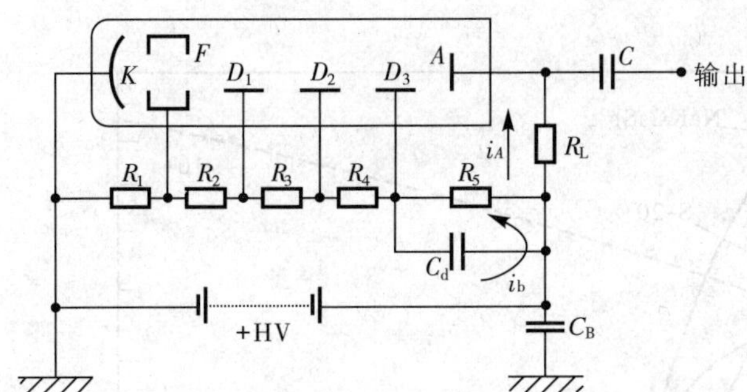

图 34-8　阴极接地方法

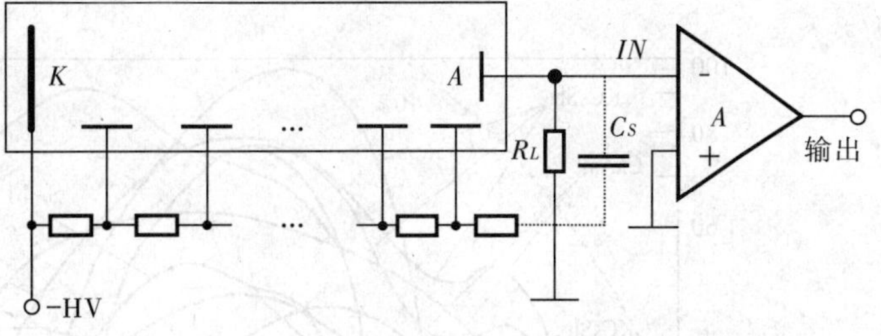

图 34-9　光电倍增管输出电路

三、光电阴极的特性

在光照下，物体向表面以外空间发射电子（即光电子）的现象，称为光电发射效应。能产生光电发射效应的物体，称为光电发射体，在光电管中又称为光阴极。金属和半导体材料相比，光电发射效率要低得多，因而光阴极通常都采用半导体材料。半导体材料光阴极又分为正电子亲和势光阴极（亦称经典光阴极）和负电子亲和势光阴极（NEA 阴极）两种类型。NEA 光阴极是当前性能最好的光阴极。图 34-10～图 30-12 是光电阴极的光谱特性。

根据国际电子工程协会的规定，把 NEA 光阴极出现以前的各种光阴极，按其出现的先后顺序和所配置的窗口材料，以 S-XX（数字）的形式进行编排命名，如表 34-3 所示[3]。

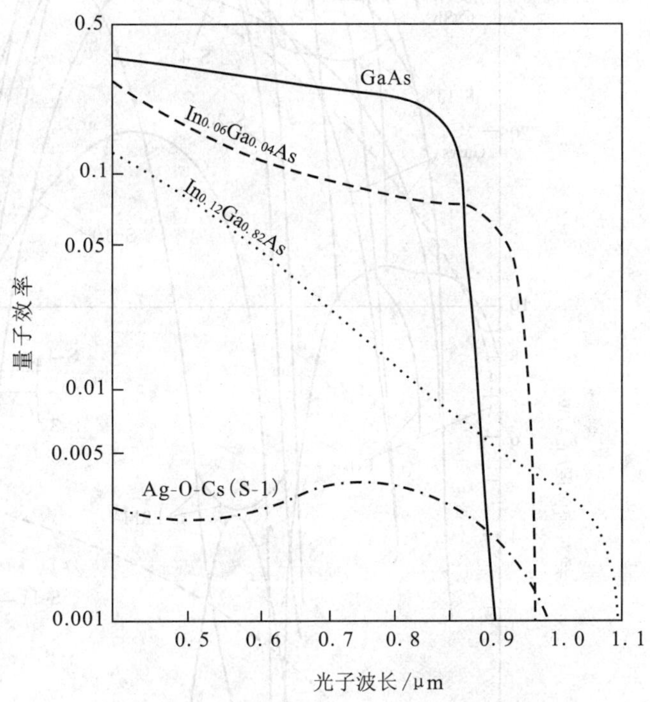

图 34-10　NEA 材料的光谱响应

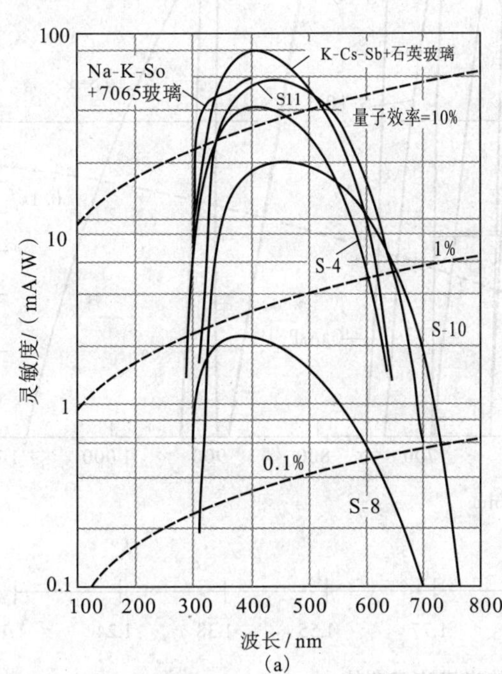

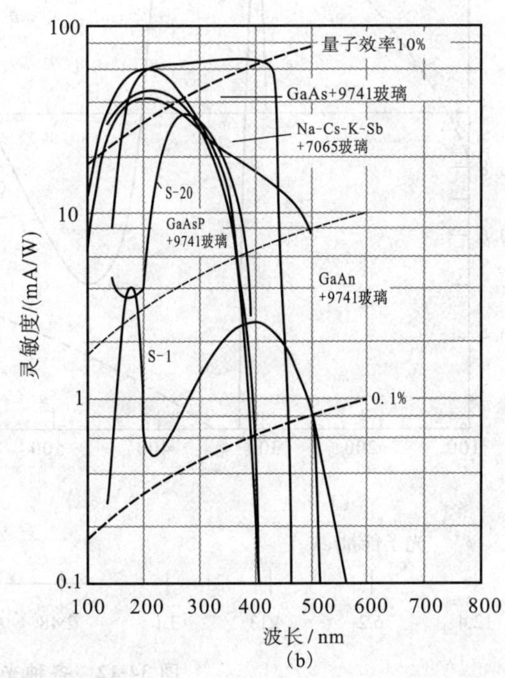

图 34-11　光电阴极的光谱特性

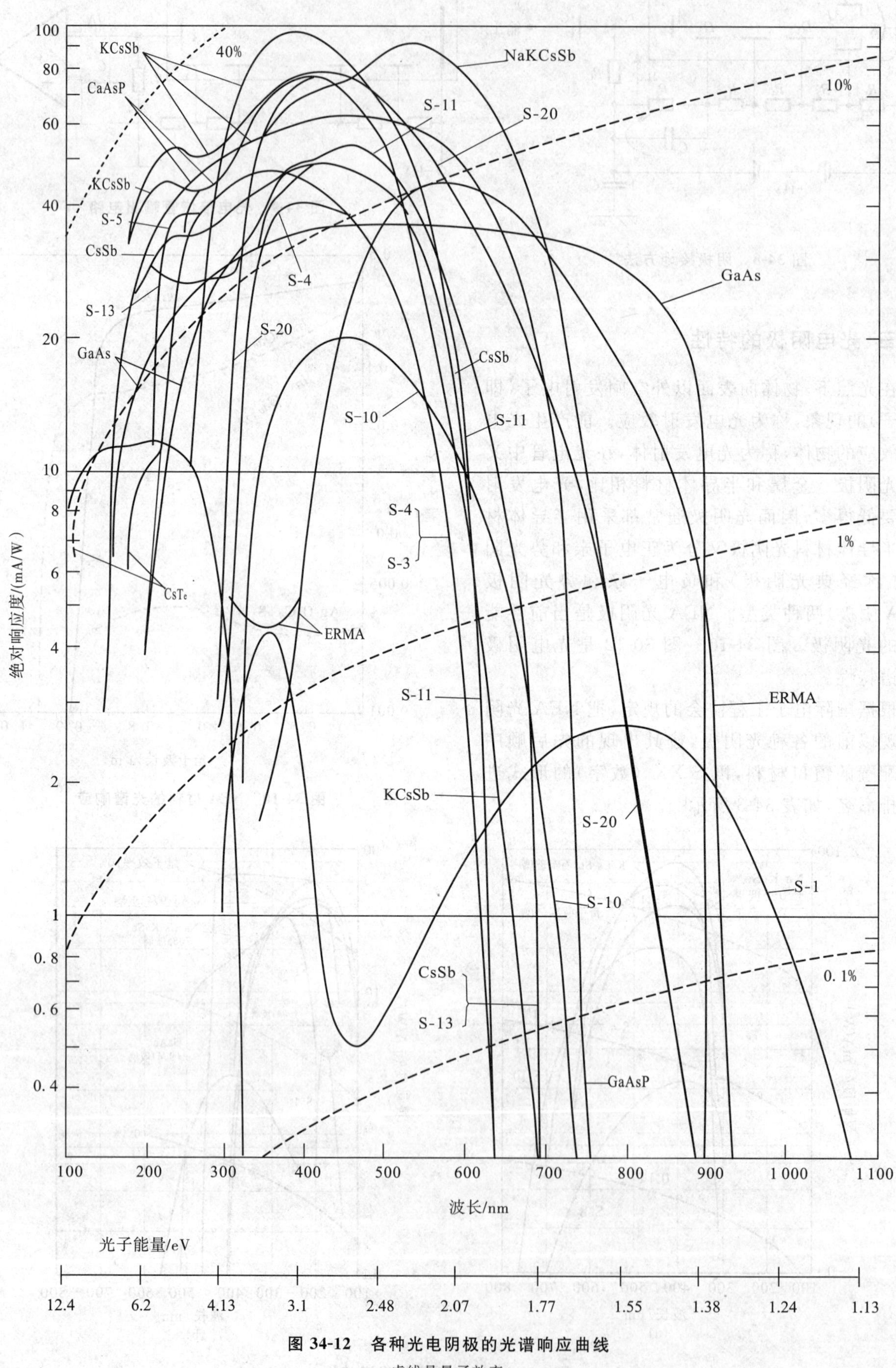

图 34-12 各种光电阴极的光谱响应曲线

虚线是量子效率

表 34-3　S-XX 光阴极特性

编号	光阴极材料	窗口材料	工作方式 R:反射型,T:透射型	峰值波长 λ_m/nm	灵敏度 S_{ii} /(μA/lm)	$S_{i\lambda m}$ /(mA/W)	$\eta_{\lambda m}$ /%	暗电流(25℃) /(A/cm²)
S-1	AgOCs	玻璃	T,R	800	30	2.8	0.43	9×10^{-13}
S-3	AgORb	玻璃	R	420	6～5	1.8	0.53	—
S-4	Cs,Sb	玻璃	R	400	40	40	12.4	2×10^{-16}
S-5	Cs,Sb	透紫外玻璃	R	340	40	50	18.2	3×10^{-16}
S-8	Cs,Bl	玻璃	R	365	3	23	0.78	1.3×10^{-16}
S-9	Cs,Sb	7052 玻璃	T	480	30	20.5	5.3	3×10^{-16}
S-10	AgOBlCs	玻璃	T	450	40	20	5.5	7×10^{-16}
S-11	Cs,Sb	玻璃	T	440	70	56	15.7	3×10^{-16}
S-13	Cs,Sb	石英	T	440	60	48	13.5	4×10^{-16}
S-14	Ge	玻璃	—	1 500	12 400*	520*	43*	—
S-16	Cd,Se	玻璃	—	730	—	—	—	—
S-17	Cs,Sb	玻璃	R	490	125	83	21	1.2×10^{-15}
S-19	Cs,Sb	石英	R	330	40	65	24.4	3×10^{-16}
S-20	NaKCsSb	玻璃	T	420	150	64	18.8	3×10^{-16}
S-21	Cs,Sb	透紫外玻璃	T	440	30	23	6.6	4×10^{-16}
S-23	Tb,Te	石英	T	240	—	4	2	1×10^{-10}
S-24	Na,KSb	7052 玻璃	T	380	45	67	21.8	3×10^{-13}
S-25	NaKCsSb	玻璃	T	420	200	43	12.7	1×10^{-13}

注：* 带 25 V 起偏电压。

正电子亲和势(PEA)类型表面的真空能级位于导带之上，如果给半导体的表面作特殊处理，使表面区域能带弯曲，真空能级降到导带之下，从而使有效的电子亲和势为负值，经这种特殊处理的阴极称作负电子亲和势光电阴极。

四、伏安特性

光电管典型的光电特性曲线如图 34-13(a)所示。图中曲线 1、2、3 是真空光电管的，而曲线 4、5、6 则是充气光电管的。从图中可见，真空光电管与充气光电管相比，灵敏度低，但线性好，动态范围大，真空光电管的稳定性也更好一些，因此在光电测量、光电转换、光电控制中应用得更多一些。

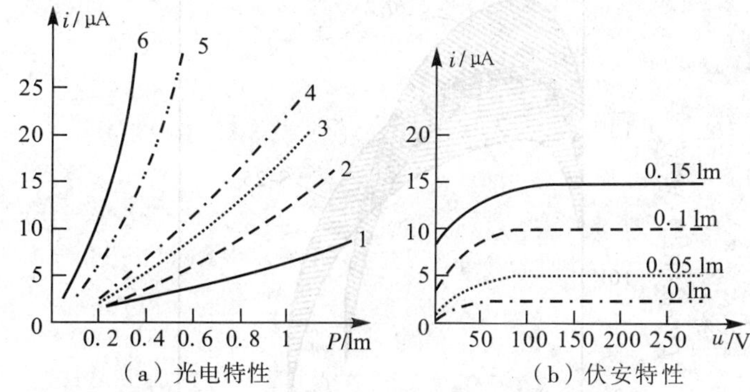

图 34-13　光电管的光电特性和伏安特性曲线

真空光电管的伏安特性曲线如图 34-13(b)所示，充气光电管的伏安特性曲线有严重的非线性，应用较少。光电管通常都工作在饱和区内，也就是说，偏置电压要高于 50～100 V。几种光电管的量子效率与波长的关系见图 34-14。

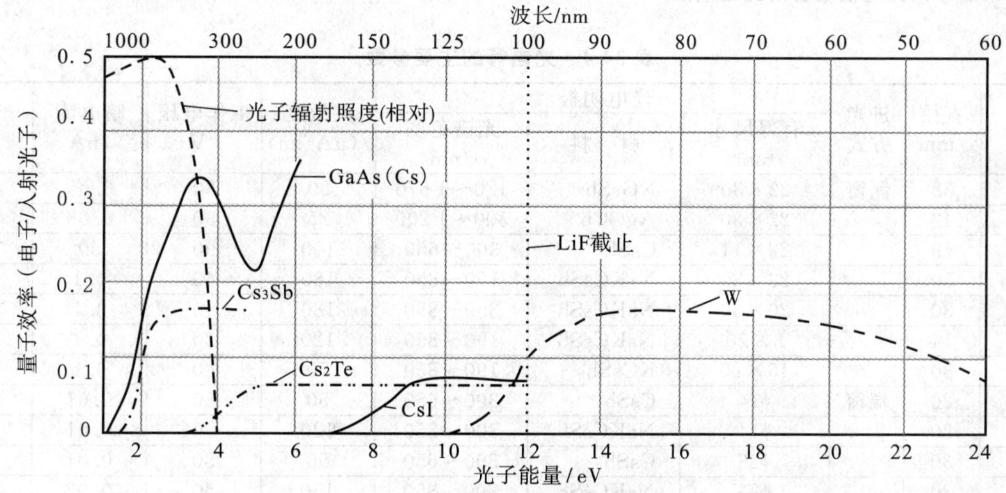

图 34-14　几种光电管的量子效率与波长的关系

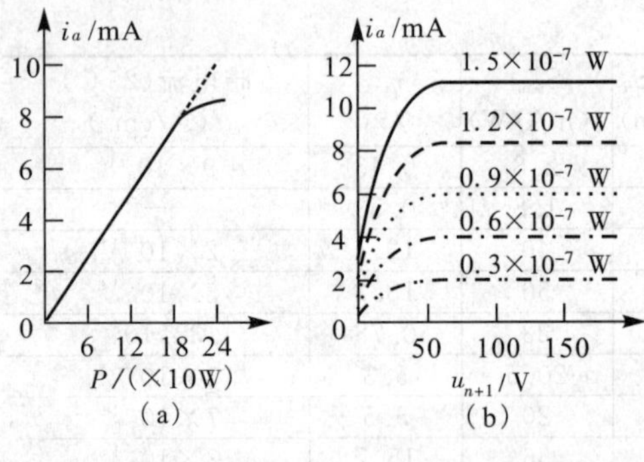

图 34-15 光电倍增管的工作特性

图 34-15(a)是光电倍增管的光电特性曲线，在相当宽的范围内为直线。从图中可见，光电倍增管的显著特点是适于微弱光信号状态的工作，在使用时切忌过度光照。另外，由于光电子从阴极到阳级要渡越较长的距离，所以在使用时对光电倍增管进行良好的电磁屏蔽也是十分重要的[9]。

图 34-15(b)是光电倍增管的伏安特性，它与真空管的伏安特性十分相似。曲线同样是由上升部分和饱和部分组成，而且饱和部分的长度较长，这对于从阳极负载电阻取出较大的输出电压是很有利的。负载线的分析方法与光电管一样，这里不再讨论。

光电倍增管的信号等效电路和光电管一样，因此，光电管的响应频率 f_c 为

$$f_c = \frac{1}{2\pi C_d R_L}$$

式中，C_d 为光电倍增管的极间电容。所以，对响应频率的要求同样也给负载电阻 R_L 的取值增加了一个限制。光电倍增管的光谱响应见图 34-16 和图 34-17。光电管及光电倍增管的性能参数见表 34-4 和表 34-5。

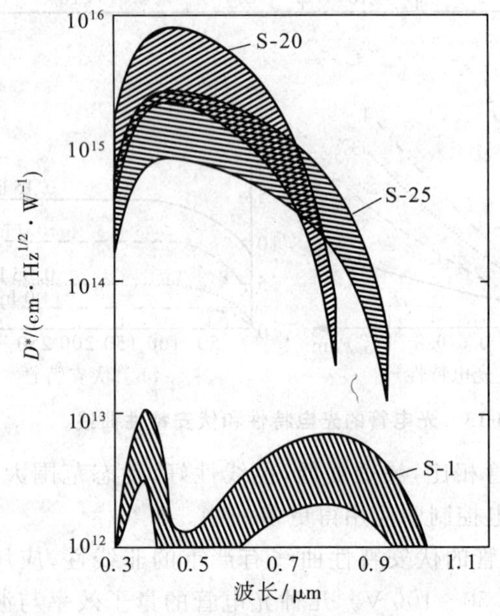

图 34-16 未制冷的光电倍增管的光谱响应

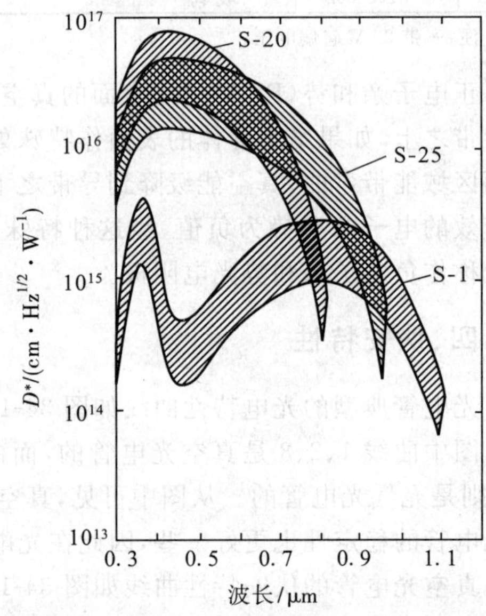

图 34-17 制冷的光电倍增管的光谱响应
$T = 200$ K

表 34-4 光电管的主要参数

型 号	直径/mm	进光方式	光电阴极 有郊尺寸/mm²	光电阴极 材 料	光电阴极 光谱范围/nm	灵敏度/(μA/lm)	工作电压/V	暗电流/nA	备 注
GD-5	38	侧窗	22×30	KGsSb	170～1 670	80	30	0.05	石英外壳
GD-6	42		22×30	AgOCb	300～1 200	25	30	0.08	
4985	19		22×11	CsSb	300～650	100	90	50	充气管
1989	30		22×30	NaKCsSb	190～850	180	40	0.1	
1989A	30		20×30	NaKCsSb	300～850	180	40	0.1	取代 GD-7
GD-22	14		8×20	NaKCsSb	190～850	120	30	0.1	
1992	30		15×20	KCsSb	190～850	50	40	0.1	
1960A	20	端窗	ϕ14	CsSb	300～650	50	50	0.01	
1960B	20		ϕ14	NaKCsSb	300～850	120	50	0.01	
1944A	30		ϕ23	CsSb	300～650	50	50	0.01	
1944B	30		ϕ23	NaKCsSb	300～850	150	50	0.02	

表 34-5　国产光电信增管典型产品

型号	国外类似型号	直径	管长	阴极有效直径	倍增系统		光谱范围	峰值波长	阴极灵敏度/(μA/lm)							阳极灵敏度	电源电压/V		暗电流/nA		上升时间	备注
									光照值		蓝光值		红光值		红白光							
		mm	mm	mm	结构	级数	nm	nm	最小	典型	最小	典型	最小	典型		A/lm	典型	最大	典型	最大	ns	
GDB－161	美 6199	38.5	116	34	圆笼式	10	300～670	400±20	40		8					10	850	1 000	1	25	2.3	原型号 H1010
GDB－223	日 R647	14	88	9	直列式	10	300～670	400±20	40	80	8	15				30		950		10	3	
GDB－235	前苏联 φэY－35	30	110	25	直列式	8	300～650	400±20	50	80	8.2	13				30		1 150		12	4	光学测量，闪烁计数
GDB－240	前苏联 φэY－28	30	119	25	直列式	11	300～1150	770	10	30			10			1	1 200	1 500	100	1 100	5	红外测量，激光检测
GDB－312	荷 XP1117	19.5	102	14	快速式	9	300～850	450	70	120			0.25			10		1 700		50		激光检测，耐震仪器
GDB－327	荷 2232	50	195	44	快速式	12	300～670	400	50		8					200		2 100		100	2.5	高能物理，高频接收
GDB－333	荷 56TVP	50	195	45	快速式	14	300～850	420	80	120			20	40		500	1 700	2 100	30	360	2.5	激光检测，高频接收
GDB－404	英 9898B	30	119	23	盒子式	9	300～850	450±20	100	150			0.25	0.35		10	850	1 100	0.5	2	15	光谱分析，激光检测
GDB－408	英 9898QB	30	119	23	盒子式	9	170～850	450±20	100	150			0.25	0.35		10	850	1 100	0.5	2	15	宽光谱分析
GDB－411	日 R316	30	119	23	盒子式	11	300～1150	770±30	15	25			红外 2.5	红外 5		10	1 300	1 600	100	1 000	14	红外测量，光谱分析
GDB－413	英 9824B	30	119	23	盒子式	11	300～670	420	40	70	8	15				100	950	1 100		15	15	光学测量，闪烁计数
GDB－415	英 9878B	30	119	23	盒子式	11	300～650	420±20	20	40	4	8				10	1 400	1 700	4	20	9	耐高温(150℃)
GDB－422	日 R980 EM19843	40	136	34	盒子式	11	300～670	420±20	40	70		14				100	800	1 000	2	20	14	测井高温管(100℃)
GDB－423	日 R592	40	136	34	盒子式	11	300～850	420±20	100 优 120	140			0.3 优 0.35	0.4k		100 优 10	850	1 050 优 670	5	20 优 0.5	14	激光检测，光谱分析
GDB－424	美 C31061A	40	111	34	盒子式	11	300～650	420±20	25	50	5	10				10	1 300	1 600	2	10	9	耐高温(150℃)
GDB－426	日 R593	10	1111	34	盒子式	11	170～850	420±20	100	140			25	45		100	900	1 150	5	20	10	宽光谱分析检测
GDB－510	英 9789B	51	105	10	百叶窗式	13	300～670	420±20		50	6	10				2 000	1 100	1 700	5	20	10	光子计数
GDB－512	英 9989QB	51	105	10	百叶窗式	13	170～670	420±20		50	6	10				2 000	1 100	1 700	5	20	10	光子计数，紫外测量
GDB－526	英 9757B	51	129	44	百叶窗式	11	300～650	420±20	40	65	10	14				200		1 250		20		闪烁计数，同位数分析
GDB－546	英 9558B	51	140	45	百叶窗式	11	300～850	420±20	100	150			25	45		200	1 100	1 600	5	50	10	激光检测，光谱分析
GDB－550	英 9558QB	51	140	45	百叶窗式	11	170～850	420±20	100	150			26	46		200	1 100	1 600	5	50	14	宽光谱，分析检测

续表

型号	国外类似型号	直径	管长	阴极有效直径	倍增系统		光谱范围	峰值波长	阴极灵敏度/(μA/lm)							阴极灵敏度	电源电压/V		暗电流/nA		上升时间	备注
									光照值		蓝光值		红光值		红白光							
		mm	mm	mm	结构	级数	nm	nm	最小	典型	最小	典型	最小	典型		A/lm	典型	最大	典型	最大	ns	
H1040	美 5819	51	150	43	圆笼式	10	300～670	400±20	40		6					10		1 000		40		闪烁计数,光学计数
H2012		28.5	98	23	直列式	8	300～650	400±20	40		8					10	850	1 000	3	8		光学测量,闪烁计数
H4022	日 R268	28.5	112	23	盒子式	11	300～670	420	40		8					100	950	1 100		15		闪烁计数 光学测量
H4022A		28.5	112	23	盒子式	11	300～650	400±20	20		4					10		1 600		10		耐高温(150℃)
1998	荷 XP1100	20	88	14	直列式	10	300～670	400±20	40		8					30		1 600	5	25	3.5	光烁计数,空间开发
1998B	日 R1387 美 4903	40	116	34	圆笼式	10	300～850	420±20	50				12.5			20		1 500		100		激光测量,光学测量
GDB－419	英 9824QB	30	119	23	盒子式	11	170～670	400±20	40	70	8	14				100		1 100	0.5	2	15	
GDB－106	R300	14	68	4×23	圆笼式	9	200～700	400±50	30							30	850	860		7	2	光学测量,光谱分析
GDB－110	日 R306	14	68	4×23	圆笼式	9	185～700	400±50	30							30		860		7	2	光学测量,光谱分析
GDB－126	美 4552	30	81	4×24	圆笼式	9	200～650	400±50	25	50	5	10				10		1 250		30	2.5	光度测量,光电传真
GDB－142	美 913B	30	100	8×24	圆笼式	9	300～670	420±30	30	60	4	12				10		1 100	1	30	2.5	光度测量,光电传真
GDB－143		30	94	8×24	圆笼式	9	300～850	400	50							1	600	600		10	2.5	
GDB－146	日 R372	30	94	8×24	圆笼式	9	190～650	380	20							10		1 100		30	2.5	光谱分析,紫外测量
GDB－147	日 R446	30	94	8×24	圆笼式	9	190～850	400	50							1		600		10	2.5	光谱分析,光度测量
GDB－151		30	94	8×24	圆笼式	9	190～850	400	50							1		600		10	2.5	光谱分析,理化分析
GDB－152	日 R166	30	97	8×24	圆笼式	9	200～300	235±45	20 μA/W	3 μA/W						10^3 A/W	800	1 000	2	7	2.5	理化分析,紫外测量
GDB－153	日 R666	30	94	8×12	圆笼式	9	100～850	400	120	175			0.5	0.6		10	1 100	1 300	0.2	2	2.5	近红外接收,光谱分析
GDB－159	日 R456	28	91	8×24	圆笼式	8	190～850	400±20	50				12.5			100		1 000		50	2.5	光谱分析,理化分析
GDB－221	前苏联 φ3Y－20	30	93	5×10	直列式	9	300～670	400±20	50	95						30	950	1 200		20	4	光电传真,光学测量
H1021	美 931A	28	94	8×24	圆笼式	9	300～650	400±20	10							10		1 000		50	2.5	光度测量＞20A/lm
H1022	美 931A	28	94	8×24	圆笼式	9	300～850	450±20	30							100		1 000		50	2.5	

* 应用最好模型。

第三节　光电导(光敏电阻)管

利用光电导效应原理工作的探测器称为光电导探测器。光电导效应是半导体材料的一种体效应,无需形成 PN 结,故又常称为无结光电探测器。这种器件在光照下会改变自身的电阻率,光照愈强,器件自身的电阻愈小,因此常常又被称为光敏电阻或光导管。本征型光敏电阻一般在室温下工作,适用于可见光和近红外辐射的探测,非本征型光敏电阻通常必须在低温条件下工作,常用于中、远红外辐射的探测。由于光敏电阻没有极性,只要把它当作是阻值随光照强度而变化的可变电阻来对待即可,因此在电子电路、仪器仪表、光电控制、计量分析以及光电制导、激光外差探测等领域中获得了十分广泛的应用[2,9,12,15,20]。

常用的光敏电阻有 CdS、CdSe、PbS、InSb 以及 TeCdHg 等。其中 CdS 是工业应用最多的,而 PbS 主要用于军事装备。

光电导效应只发生在某些半导体材料中,金属没有光电导效应。表 34-6～表 34-8 给出了部分光电导材料的特性。

表 34-6　常用光电导材料

光电导材料	禁带宽度/eV	光谱响应范围/nm	峰值波长/nm
硫化镉(CdS)	2.45	400～900	515～550
硒化镉(CdSe)	1.74	680～750	720～730
硫化铅(PbS)	0.40	500～3 000	2 000
碲化铅(PbTe)	0.31	600～4 500	2 200
硒化铅(PbSe)	0.25	700～5 800	4 000
硅(Si)	1.12	450～1 100	850
锗(Ge)	0.66	550～1 800	1 540
锑化铟(InSb)	0.16	600～7 000	5 500
砷化铟(InAs)	0.33	1 000～4 000	3 500

表 34-7　本征光电导材料的特性

材料名称	温度 T /K	禁带宽度 E_g/eV	禁带宽度温度系数 dE_g/dT /(eV/K)	截止波长 λ_c /μm	迁移率 /(cm²/(V·s))		本征载流子浓度 n_i /cm⁻³	寿命 τ /μ_s	折射率 n	介电常数 ε
					电子 μ_n	空穴 μ_p				
硅	300	1.119	-2.3×10^{-4}	1.1	1 350	500	1.5×10^{10}	130	3.422	11.0
锗	300	0.664 3	-3.7×10^{-4}	1.8	3 900	1 900	2.4×10^{13}	2×10^{4}	4.017	16.0
砷化铟	300	0.356	-3.5×10^{-4}	3.5	22 600	150～220	1.0×10^{15}	$\approx10^{-3}$	4.558	14.55
锑化铟	300	0.18	-2.9×10^{-4}	7.0	100 000	1 700	1.1×10^{16}	2×10^{-2}	4.22	17.72
硫化铅	300	0.42	4×10^{-4}	3	550	600	2×10^{15}		4.19	169
碲化铅	300	0.32	4×10^{-4}	4	1 620	750	1.5×10^{16}		5.18	425
硒化铅	300	0.29	4×10^{-4}	4.3	1 020	930	3×10^{16}		4.54	210
碲化镉	300	1.5	-4.1×10^{-4}		600	65			2.75	10.9
碲化汞	·300	−0.15 0.14	5.6×10^{-4}		22 000	160			3.7	20
碲镉汞 $Hg_{0.8}Cd_{0.2}Te$	77	0.098		12.6	5×10^{5}		2.5×10^{13}	2～20		
碲锡铅 $Pb_{0.8}Sn_{0.2}Te$	77	0.083		15						

表 34-8　杂质光电导材料的特性

材料名称	工作温度 T/K	杂质电离能 E_i/eV	截止波长 λ_c/μm
锗掺汞	<40	0.086	12
锗掺镉	25	0.05	22
锗掺铜	20	0.04	30
锗掺锌	10	0.033	40
锗掺铟	5	0.0112	100
硅掺铊	77		3
硅掺铟	77		5.7
硅掺镓	35		17
硅掺铝	35		17
硅掺铋	27		18

图 34-18 为光电导示意图,对应于本征和杂质半导体的光电导分别称为本征光电导和杂质光电导。

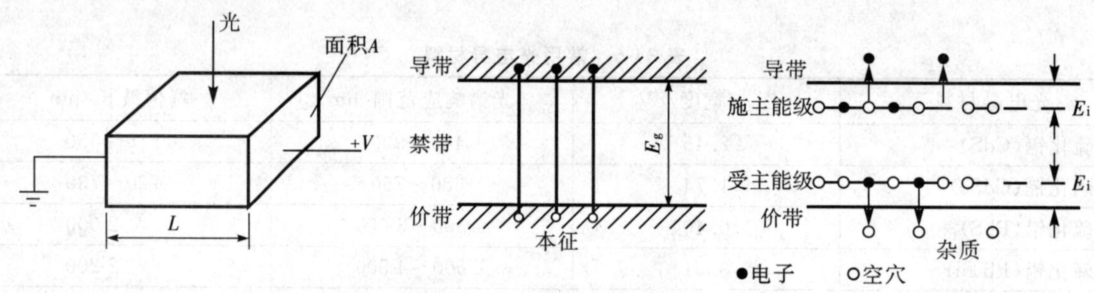

图 34-18　光电导示意图

光电导探测器的实际结构如图 34-19 所示。

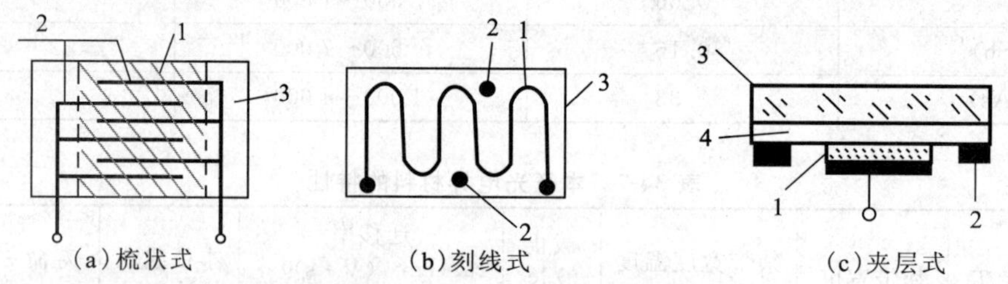

图 34-19　光敏电阻结构示意图

1.光电导体;2.电极;3.绝缘基底;4.导电层

一、光电导管的工作回路

光电导探测器的等效电路如图 34-20 所示,R_g 为 P_0 光照时的亮电阻,当光照发生变化时,引起电压 u 的变化,

$$\Delta u = -\Delta i R_L = \frac{V \Delta R_g R_L}{(R_g + R_L)^2} \tag{34-25}$$

可见,输出电压 Δu 并不随负载电阻线性变化,使 Δu 最大的条件为

$$R_L = R_g \tag{34-26}$$

这种状态称为匹配工作状态。

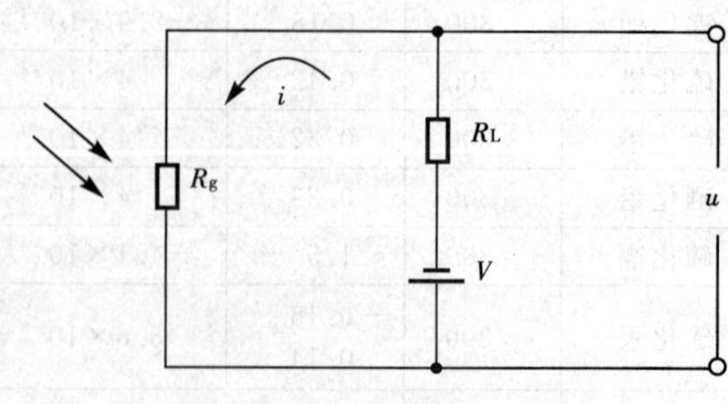

图 34-20　光敏电阻的工作电路

二、光电导管的特性

光敏电阻的性能可依据其光谱响应特性、照度伏安特性、频率响应和温度特性来判别。依据这些特性,在实际应用中就可以有侧重,从而合理地选用光敏电阻。

（一）光谱响应特性

图 34-21～图 34-23 是光敏电阻的光谱响应曲线。

（二）光照特性和伏安特性

CdS 的光照特性如图 34-24 所示，从中可以看出明显的非线性，其伏安特性如图 34-25 所示。

（三）时间响应特性

图 34-26 是光敏电阻响应速度的测定电路及其示波器波形。光敏电阻的响应时间常数是由电流上升时间 t_r 和衰减时间 t_f 表示的。通常，CdS 光敏电阻的响应时间为几十毫秒到几秒，CdSe 光敏电阻的响应时间为 10^{-2}～10^{-3}s，PbS 的响应时间为 10^{-1}s。

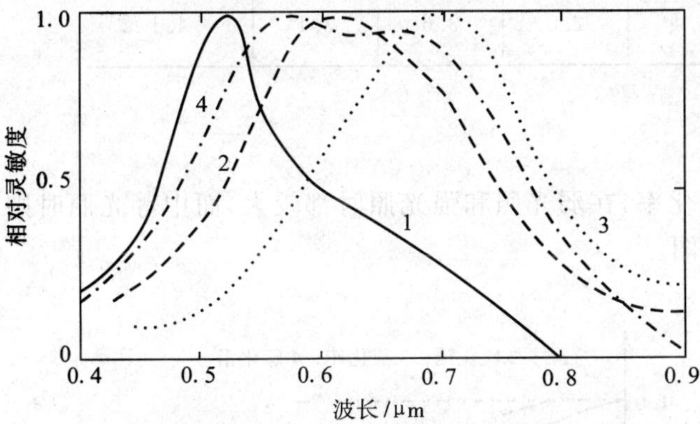

图 34-21　可见光区灵敏的光敏电阻的光谱特性曲线

.硫化镉单晶；2. 硫化镉多晶；3. 硒化镉多晶；4. 硫化镉与硒化镉混合多晶

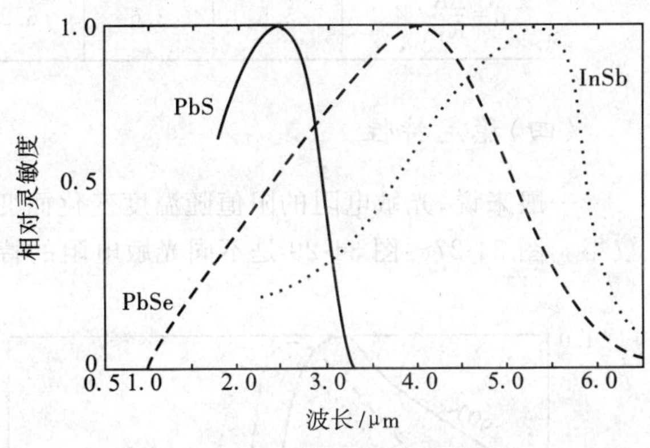

图 34-22　红外区灵敏的光敏电阻的光谱特性曲线

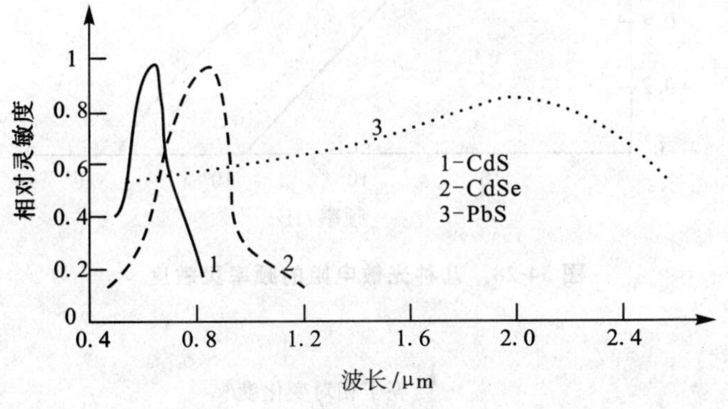

图 34-23　三种光敏电阻的光谱响应特性

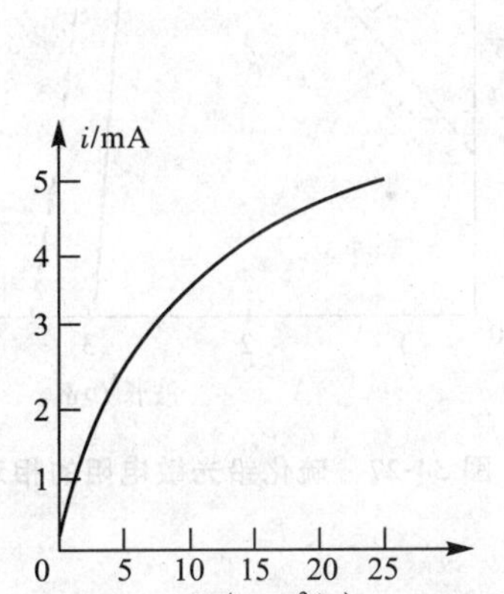

图 34-24　CdS 的光照特性曲线

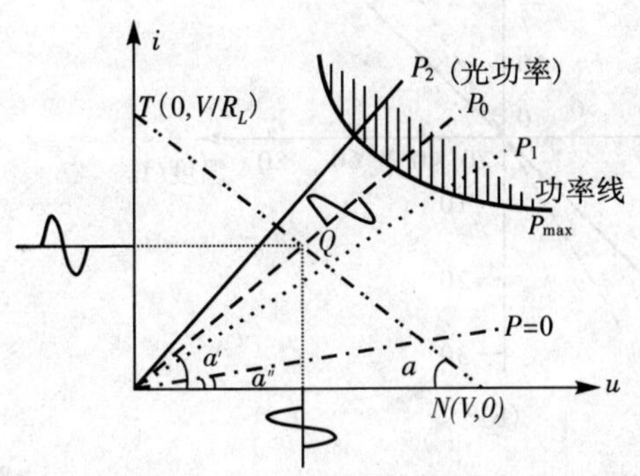

图 34-25　CdS 的线性伏安特性

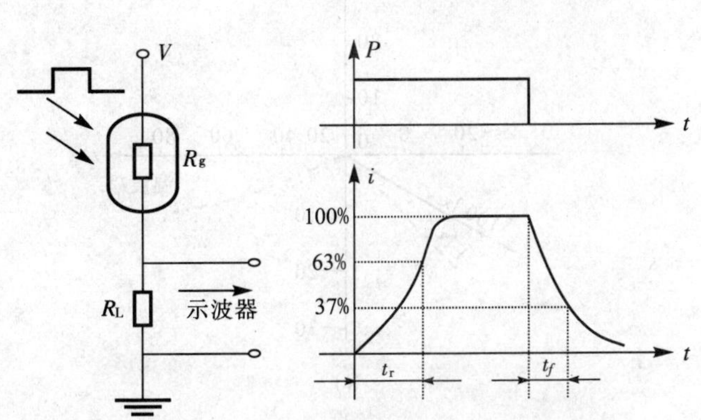

图 34-26　光敏电阻的响应特性测定电路及其波形

值得注意的是，光敏电阻的响应时间与入射光的照度、所加电压、负载电阻及照度变化前电阻所经历的时间(称为前历时间)等因素有关。表 34-9 和表 34-10 分别给出了 CdS 光敏电阻暗态和亮态的前历效应。

表 34-9　CdS 光敏电阻的暗态前历效应

时间/s	1	2	5	10	15	20	30	60	90	120	R_0/R_1 (%)
阻值/kΩ	6.5	6	5.5	5.2	5.2	5.2	5.2	5.1	5.0	5.1	77

表 34-10　CdS 光敏电阻的亮态前历效应

元件编号	1	2	3	4	5	6	7	8
R_1/kΩ	2.74	5.06	2.25	2.42	1.45	2.23	3.58	5.40
R_i/kΩ	2.89	5.24	2.39	2.60	1.48	2.31	3.69	5.62
$\beta=\frac{\Delta R}{R_1}$/%	5.5	3.6	6.2	7.4	2.0	3.6	3.1	4.1

(四)稳定特性

一般来说，光敏电阻的阻值随温度变化而变化的变化率，在弱光照和强光照时都较大，而中等光照时则较小。图 34-27～图 34-29 是不同光敏电阻的特性曲线图。

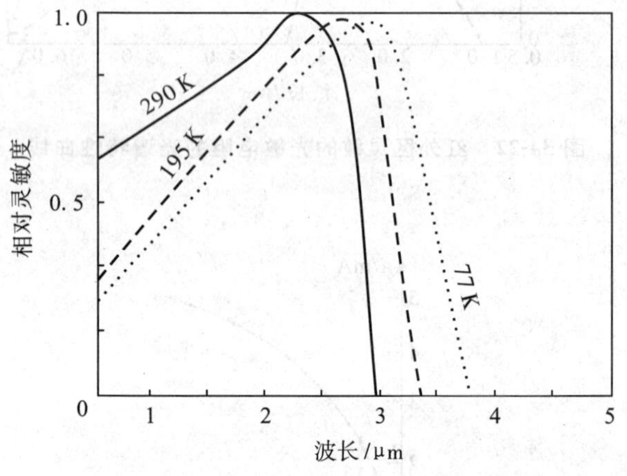

图 34-27　硫化铅光敏电阻的相对灵敏度

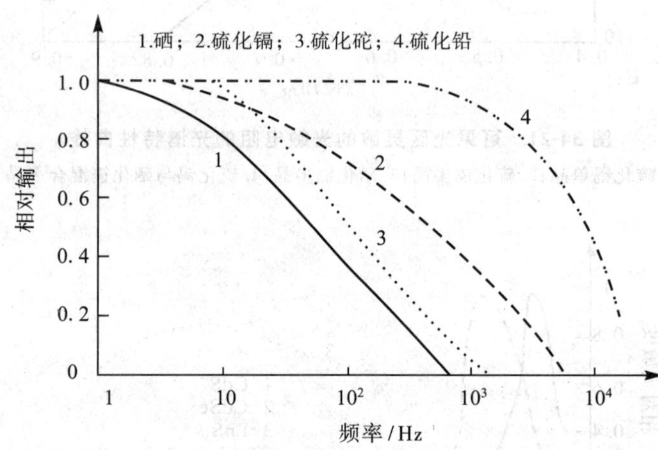

图 34-28　几种光敏电阻的频率灵敏度

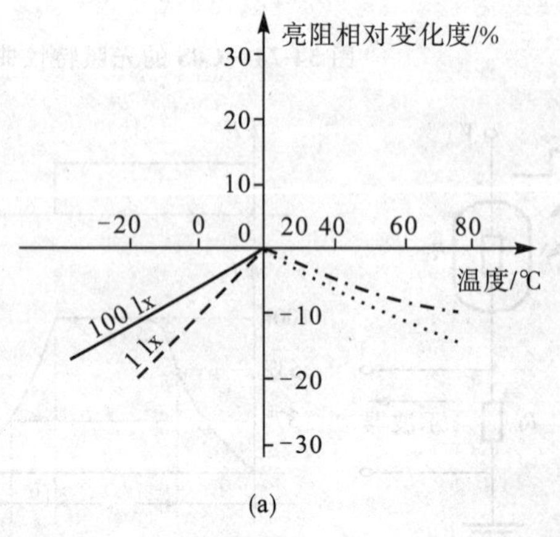

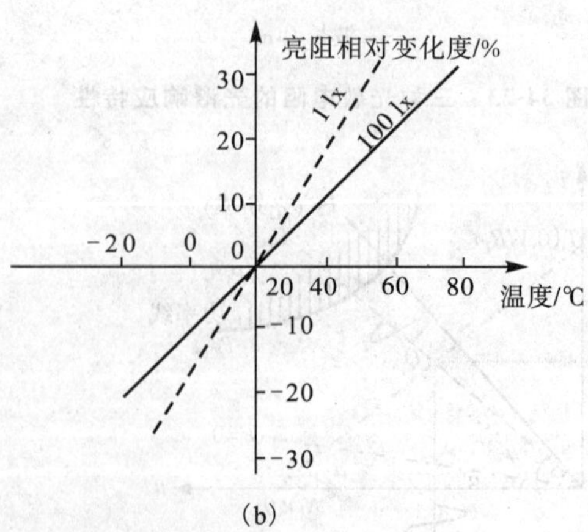

图 34-29　硫化镉光敏电阻的温度特性曲线

表 34-11 和表 34-12 列出了几种典型光敏电阻的特性[3]。

表 34-11　硫化铅光敏电阻的基本参量

分　类		用于外测光	用于内测光	用于电子快门
光谱响应范围/μm		0.4～0.7	0.4～0.7	0.4～0.7
峰值波长/μm		0.56±0.03	0.59±0.03	0.56±0.03
100 lx亮电阻/kΩ		1～3	0.5～2	3～15
暗电阻/kΩ		2	0.5	10～50
伽玛(γ)值		(10～100 lx)0.65～0.75	(0.1～1 000 lx)0.55～0.65	(0.1～1 000 lx)0.85～1.05
温度系数/(%/℃)		0.2	0.2	0.2
响应时间/ms	上升	40	40	40
	下降	100	100	100
最高工作电压/V		20	20	20
最大消耗功率/mV		30	30	30

表 34-12　锗掺杂和锗-硅合金掺杂探测器的特性

材　料	典型工作温度/K	响应光谱范围/μm	峰值波长/μm	吸收系数/cm^{-1}	量子效率	时间常数/s	典型暗电流/Ω	低频时的探测率 D^*/($cm\cdot Hz^{\frac{1}{2}}/W$)
Ge:Au	77	3～9	6	≈2	0.2～0.3	3×10^{-3}	4×10^{5}	$3\times10^{9}\sim10^{10}$
Ge:Au(Sb)	77	3～9	6			1.6×10^{-9}	10^{5}	6×10^{9}
Ge:Hg	77	6～14	10.5	≈2	0.62	10^{-7}	1.2×10^{5}	5×10^{10}
Ge:Hg(Sb)	4.2	6～14	11			$(0.3\sim2)\times10^{-9}$	5×10^{5}	1.8×10^{10}
Ge:Cd	4.2	11～20	16			10^{-7}	10^{5}	4×10^{10}
Si:Sb	4.2	11～23	21			10^{-7}	7×10^{5}	2×10^{10}
Ge:Cu	4.2	12～27	23	≈4	0.2～0.6	$(2\sim10)\times10^{-9}$	2×10^{4}	$(2\sim4)\times10^{10}$
Ge:Cu(Se)	4.2	12～27	23		0.56	$<2.2\times10^{-9}$	2×10^{5}	2×10^{10}
Ge:Zn	4.2	20～40	35			2×10^{-8}	2.5×10^{5}	5×10^{10}
Ge:B	2	70～130	104			$10^{-7}\sim10^{-8}$		7×10^{10}

第四节　光电池和光电二极管

利用 PN 结的光伏效应制做的光电探测器称为光伏探测器。和光电导探测器不同，光伏探测器的工作特性要复杂一些[9,21-22]。通常有光电池和光电二极管之分。

一个 PN 结光伏探测器就等效为一个普通二极管和一个恒流源(光电流源)的并联，如图 34-30(b)所示。它的工作模式则由外偏压回路决定，在零偏压时(图 34-30(c))，称为光伏工作模式；当外回路采用反偏压 V 时(图 34-30(d))，即外加 P 端为负 N 端为正的电压时，称为光导工作模式。

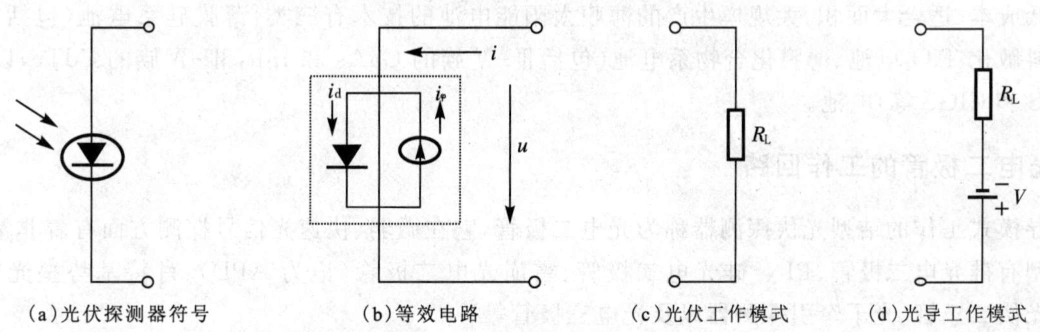

图 34-30　光伏探测器原理示意图

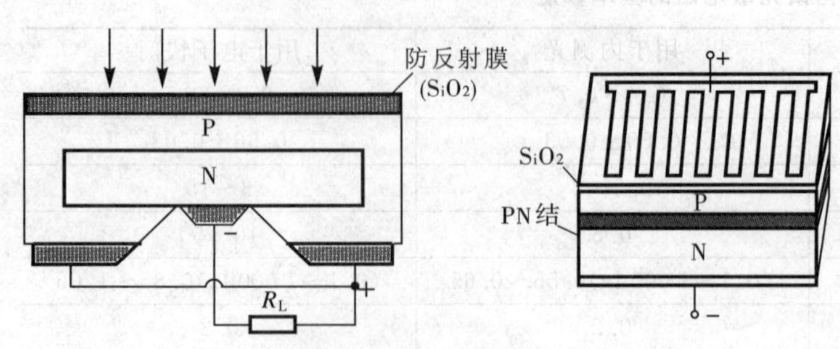

图 34-31 硅光电池的结构示意

一、光电池的工作回路

光电池实质上就是大面积的 PN 结。2CR 型硅光电池的结构如图 34-31 所示。光电池的形状,根据需要可以制成方形、矩形、圆形、三角形和环形,等等。另外,在 P 型硅单晶片上扩展 N 型杂质,也可以制成硅光电池。

图 34-32 是光电池的等效电路,其中 i_φ 是光电流,i_d 是二极管电流,i_{sh} 为 PN 结漏电流,R_{sh} 为等效泄漏电阻,C_j 为结电容,R_s 为引导电极-管芯接触电阻,R_L 为负载电阻。

图 34-33 是太阳能电源的两种典型的组装方法。其中(a)是串联后再并联;(b)是分组并联后再串联,优点是不会因为一片电池的损坏就使整组电池不能工作。

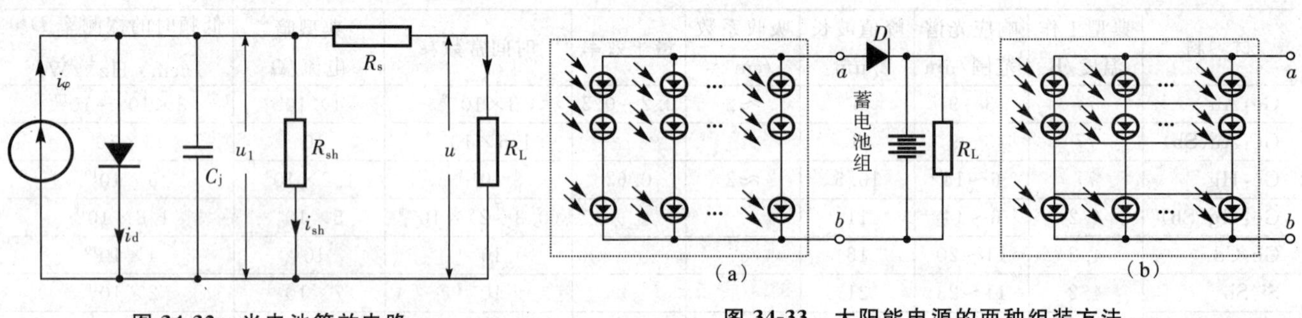

图 34-32 光电池等效电路

图 34-33 太阳能电源的两种组装方法

图 34-34 给出了几种变换电路的实例[9]。

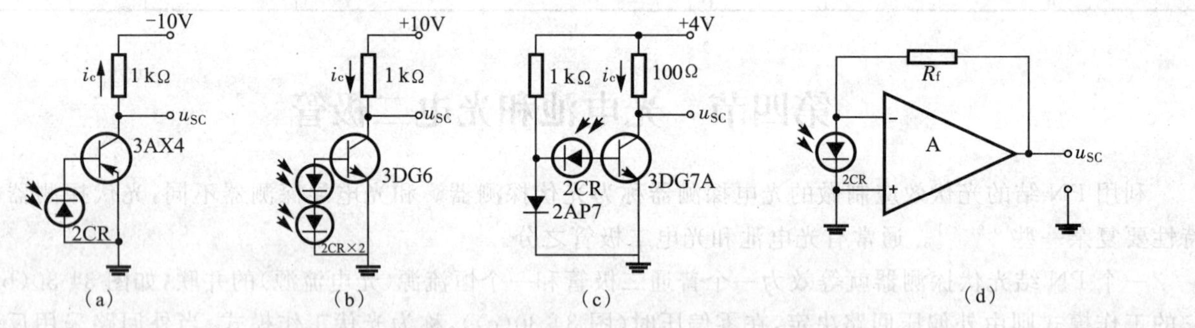

图 34-34 光电池用来探测慢变化光信号的基本变换电路

开发低成本、适合大面积、大规模生产的薄膜太阳能电池的技术有三类:薄膜硅系电池(包括非晶硅、微晶硅)、燃料敏化 TiO_2 电池、薄膜化合物系电池(包括Ⅲ-Ⅴ族的 GaAs 和 InP,Ⅱ-Ⅳ族的 CdTe,以及Ⅰ-Ⅲ-Ⅵ族的 CIS 和 CIGS 等)电池。

二、光电二极管的工作回路

以光导模式工作的结型光伏探测器称为光电二极管,它在微弱、快速光信号探测方面有着非常重要的应用。新类型有硅光电二极管、PIN 硅光电二极管、雪崩光电二极管(记为 APD)、肖特基势垒光电二极管、HgCdTe 光伏二极管、光子牵引探测器以及光电三极管等。

硅光电二极管的两种典型结构如图 34-35 所示。其中(a)是采用 N 型单晶硅和扩散工艺,称 P^+N 结构,它的型号是 2CU 型；而(b)是采用 P 型单晶和磷扩散工艺，称 N^+P 结，它的型号为 2DU 型。

硅光电二级管的封装有多种形式。常见的是金属外壳加入射窗口封装，入射窗口又有透镜和平面镜之分。硅光电二极管的外型及灵敏度的方向性如图 34-36 所示。

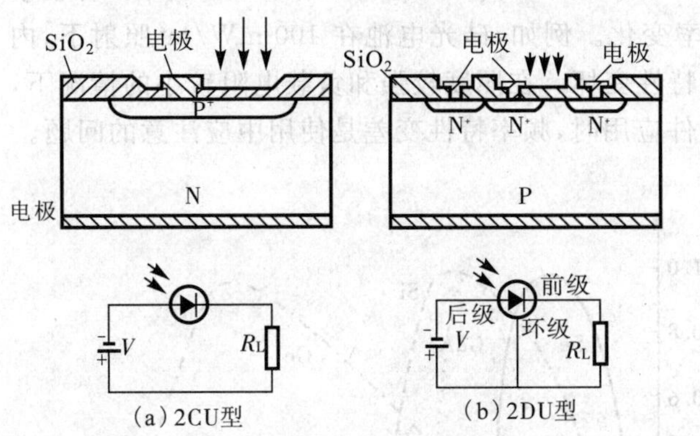

图 34-35　硅光电二极管两种典型结构

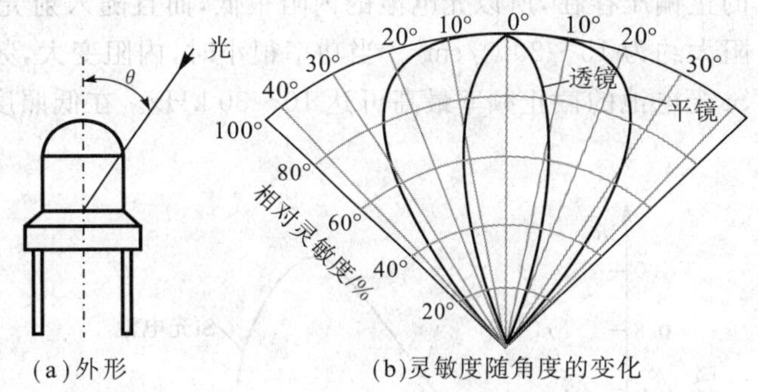

图 34-36　硅光电二极管的外形和灵敏度随角度的变化

三、光电池的工作特性

(一) 短路电流和开路电压

短路电流和开路电压是光电池的两个非常重要的参数，它们分别对应于 $R_L=0$ 和 $R_L=\infty$ 的情况。参见等效电路图 34-32，短路电流的精确表达式为

$$i_{sc}=i_{\varphi}-i_{so}\left[\exp\left(\frac{eu_1}{kT}\right)-1\right]+\frac{u_1}{R_{sh}} \tag{34-27}$$

开路电压的精确表达式为

$$u_{oc}=\frac{kT}{e}\ln\left(\frac{i_{\varphi}-i_{sh}}{i_{so}}+1\right) \tag{34-28}$$

一般而言，单片硅光电池的开路电压约为 0.45～0.6V，短路电流密度约为 150～300 A/m^2。

(二) 输出功率和最佳负载电阻

只有在某一负载电阻 R_m 下，才能得到最大的电输出功率 $P_m=u_m i_m$。R_m 称为特定照射斑条件下的最佳负载电阻。P_m/P 是最大电输出功率与入射光功率的比值，定义为光电池的转换效率。硅光电池的实际转换效率一般在 10%～15%(理论转换效率可达 24%)。

如图 34-37 所示，最佳负载电阻 R_m 为

$$R_m=\frac{1}{\tan\theta_m} \tag{34-29}$$

通常取 $u_m=0.7u_{oc}$，所以估算 R_m 的经验公式为 $R_m\approx 0.7\frac{u_{oc}}{i_{\varphi}}$。

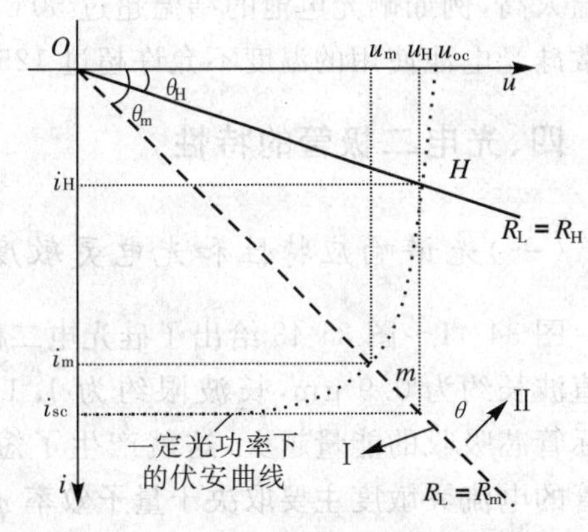

图 34-37　输出功率曲线

(三) 光谱、频率响应及温度特性

光电池的光谱响应主要由材料决定。图 34-38 是两种常用光电池的光谱特性曲线。从图中可见，硒光电池在可见光谱范围内有较高的灵敏度，峰值响应波长在 540 nm 附近，特别适用于测量可见光。如果再配合上合适的滤光片，它的光谱灵敏度就与人眼相近，因此可用于客观照度的测量仪器。硅光电池的

光谱响应范围要宽得多，大约在 400～1 100 nm。峰值响应波长在 850 nm 附近，在可见光和近红外波段有广泛的应用。

光电池的频率特性一般说来不是太好，图 34-39 和图 34-40 是几种光电池的相对光谱响应。这有两个方面的原因：其一光电池的光敏面一般做得较大，因而极间电容较大，其二，光电池工作在第四象限，有较小的正偏压存在，所以光电池的内阻很低，而且随入射光功率变化。例如，硅光电池在 100 mW/m² 照射下，内阻大约为 15～20 Ω/cm²。当功率很小时，内阻变大，频率特性变坏。在照度较强和负载电阻较小的情况下，Si 光电池的截止频率最高可达 10～30 kHz。在低照度条件应用时，频率特性变差是使用中应注意的问题。

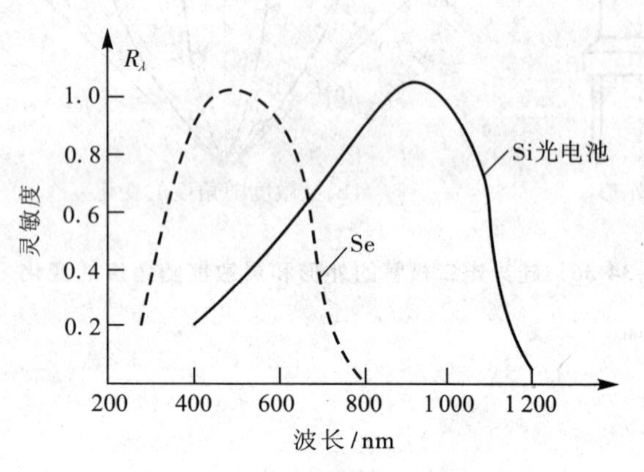

图 34-38　光电池的光频特性

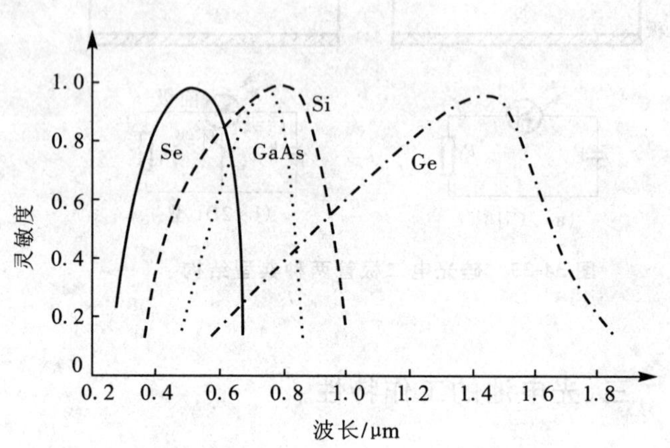

图 34-39　几种光电池的相对光谱响应

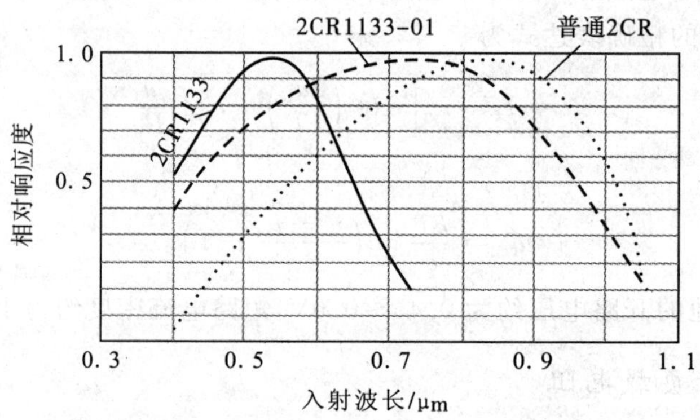

图 34-40　硅光电池及蓝硅光电池的光谱响应

另外，在强光照射或聚光照射情况下，必须考虑光电池的工作温度及散热措施。这是因为，当光电池的结温太高，例如硒光电池的结温超过 50℃，硅光电池的结温超过 200℃时，就要破坏它们的晶体结构。因此，通常硅光电池使用的温度不允许超过 125℃。

四、光电二极管的特性

(一)光谱响应特性和光电灵敏度

图 34-41～图 34-48 给出了硅光电二极管的光谱响应曲线[55]。常温下，硅材料的禁带宽度为 1.12 eV，峰值波长约为 0.9 μm，长波限约为 1.1 μm，由于入射波长越短，管芯表面的反射损失就越大，从而使实际管芯吸收的能量越少，这就产生了短波限问题[42]。硅光电二极管的短波限约为 0.4 μm。硅光电二极管的电流灵敏度主要取决于量子效率 η_λ。在峰值波长 0.9 μm 条件下，$\eta_{0.9}>50\%$。电流灵敏度 $R_\lambda \geqslant 0.4$ μA/μW。

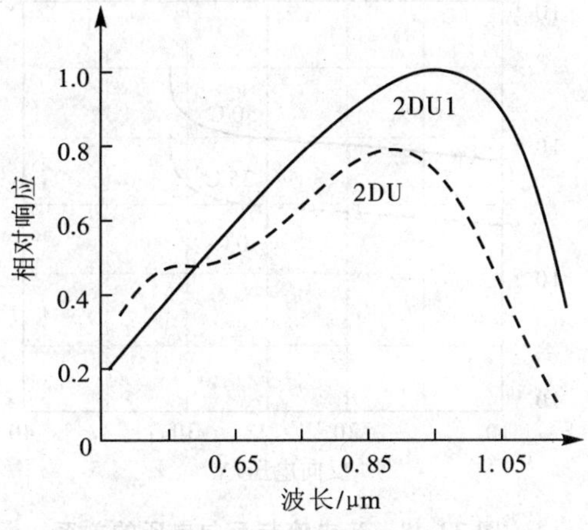

图 34-41　2DU 硅光电二极管的光谱响应

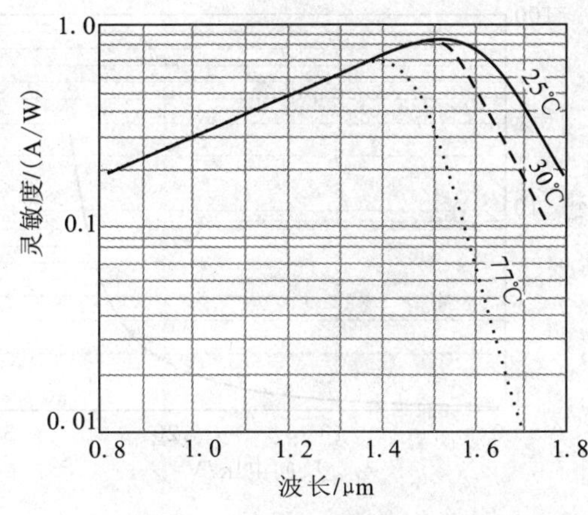

图 34-42　3 种温度下的灵敏度

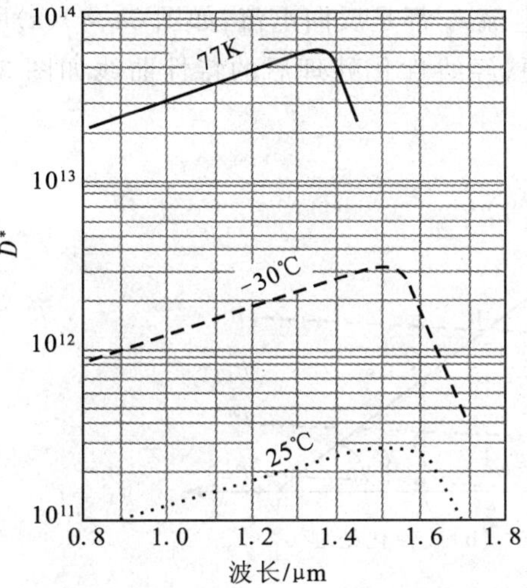

图 34-43　3 种温度下的归一化探测度

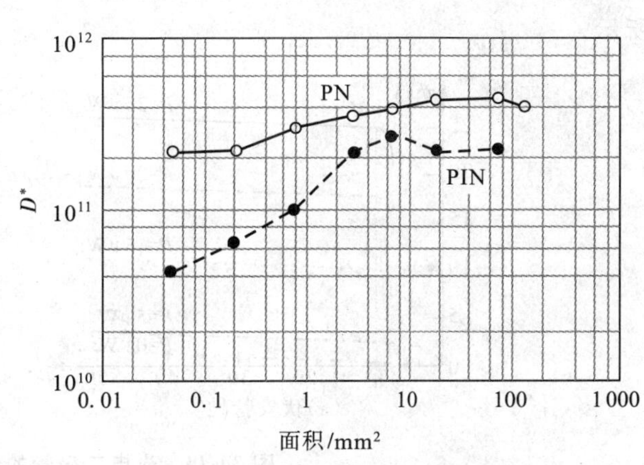

图 34-44　归一化探测度与面积的关系

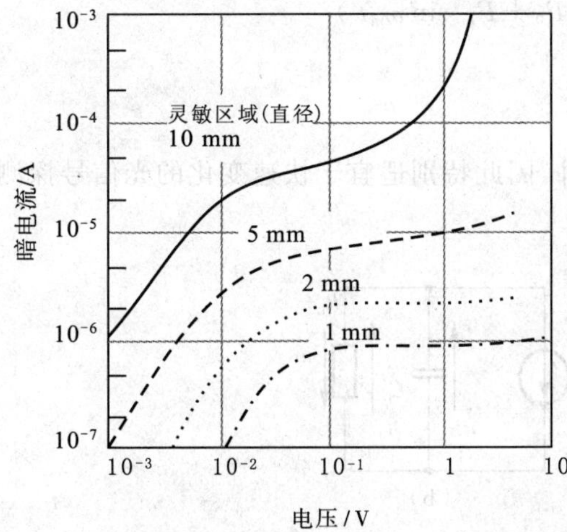

图 34-45　不同尺寸下暗电流与电压的关系(25℃)

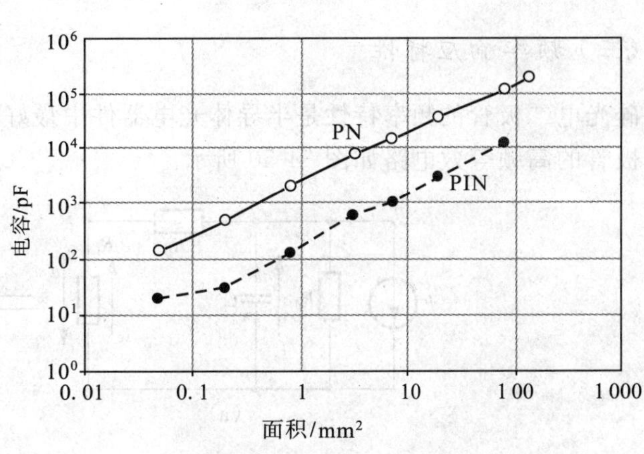

图 34-46　电容与面积的关系

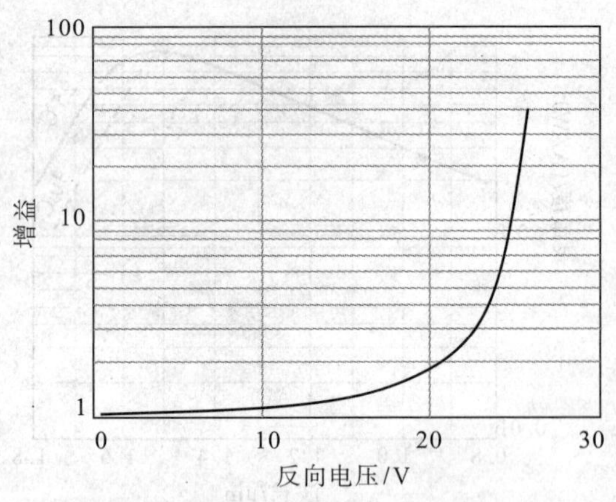

图 34-47　增益与反向电压的关系

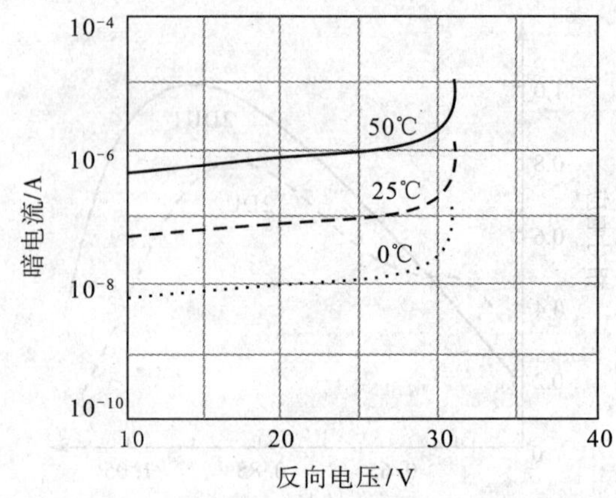

图 34-48　暗电流与反向电压的关系

(二)光电变换的伏安特性分析

因为光电二极管总是在反向偏压下工作，所以 $i_d = i_s$，i_s 和光电流 i_φ 都是反向电流，如图 34-49(a)所示。其中，弯曲点 M'所对应的电压值 u' 称为屈膝电压。为了分析方便，经线性化处理后的特性曲线如图 34-49(b)所示。

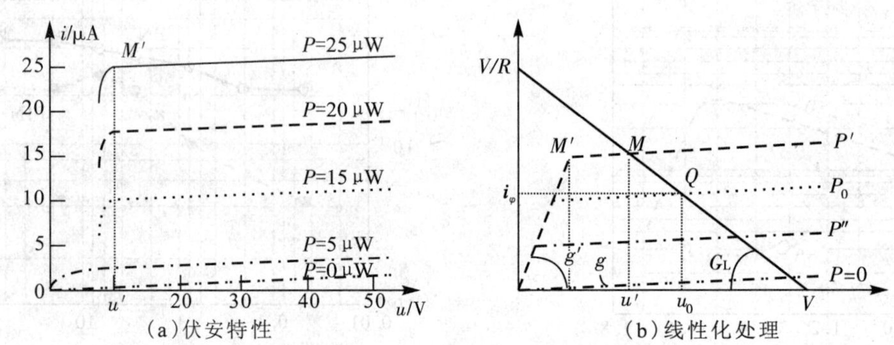

图 34-49　光电二极管的伏安特性和线性化处理

通常 $g' \approx \infty$，$g \approx 0$，负载电阻 R_L 的设计公式为

$$R_L \leqslant \frac{V}{SP} \quad \text{（直流情况，入射光功率为 } P\text{）}$$

$$R_L \leqslant \frac{2V}{S(2P_0 + P_m)} \quad \text{（交流情况，入射光功率 } P(t) = P_0 + P_m \sin \omega_m t\text{）}$$

(三) 频率响应特性

硅光电二极管的频率特性是半导体光电器件中最好的一种，因此特别适宜于快速变化的光信号探测。光电二极管的高频等效电路如图 34-50 所示。

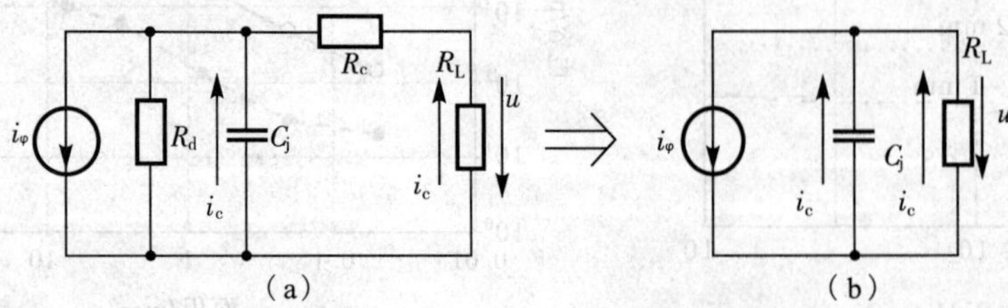

图 34-50　光电二极管的高频等效电路

硅光电池和二极管的性能详见表 34-13 ～ 表 34-15[9]。

表 34-13　国产 2CR 硅光电池的时间响应

型　号	面　积	负载 R_L = 100 Ω		负载 R_L = 500 Ω		负载 R_L = 1 kΩ	
	mm^2	t_r/ μs	t_f/ μs	t_r/ μs	t_f/ μs	t_r/ μs	t_f/ μs
2CR21	5×5	15	15	20	20	25	25
2CR41	10×10	15	17	35	40	60	70
2CR51	10×20	30	40	60	80	150	150

表 34-14　硅光电池参数

型　号	在 30℃，入射光强 100 mW/cm^2 条件下测试			面　积 /mm^2 或直径 /mm	型　号	在 30℃，入射光强 100 mW/cm^2 条件下测试			面　积 /mm^2 或直径 /mm
	开路电压 V_{oc}/mV	短路电流 I_{sc}/mA	转换效率 η/%			开路电压 V_{oc}/mV	短路电流 I_{sc}/mA	转换效率 η/%	
2CR11	450～600	2～4	≥6	2.5×5	2CR54	550～600	54～60	12 以上	10×20
2CR21	450～600	4～8	≥6	5×5	2CR61	450～600	40～65	6～8	ϕ17
2CR31	450～600	9～15	6～8	5×10	2CR62	500～600	40～65	8～10	ϕ17
2CR32	500～600	9～15	8～10	5×10	2CR63	550～600	51～65	10～12	ϕ17
2CR33	550～600	12～15	10～12	5×10	2CR64	550～600	61～65	12 以上	ϕ17
2CR34	550～600	12～15	12 以上	5×10	2CR71	450～600	72～120	≥6	20×20
2CR41	450～600	18～30	6～8	10×10	2CR81	450～600	88～140	6～8	ϕ25
2CR42	500～600	18～30	8～10	10×10	2CR82	500～600	88～140	8～10	ϕ25
2CR43	550～600	23～30	10～12	10×10	2CR83	550～600	110～140	10～12	ϕ25
2CR44	550～600	27～30	12 以上	10×10	2CR84	550～600	132～140	12 以上	ϕ25
2CR51	450～600	36～60	6～8	10×20	2CR91	450～600	18～30	≥6	5×20
2CR52	500～600	36～60	8～10	10×20	2CR101	450～600	173～288	≥6	ϕ35
2CR53	550～600	45～60	10～12	10×20					

表 34-15　国外 S1336、S1337 系列硅光电二极管特性

型　号	外　壳	有效受光面积 /mm^2	波长范围 /nm	峰值波长 λ_p/nm	光谱灵敏度 $S\|_{\lambda p}$/(A/W)	NEP 在 λ_p /(W/$H_Z^{1/2}$)	I_{SC}(在 100lx 2 856 K) /μA	最大暗电流 /pA	结电容 C_j/pF	最大反偏电压 /V
S1336-18BQ	金属壳	1.1×1.1	190～1 100	960	0.5	5.7×10^{-15}	1.2	20	20	5
S1336-18BK			320～1 100							
S1336-5BQ		2.4×2.4	190～1 100	960	0.5	8.1×10^{-15}	5	25	65	5
S1336-5BK			320～1 100							
S1336-44BQ		3.6×3.6	190～1 100	960	0.5	1.1×10^{-14}	10	60	160	5
S1336-44BK			320～1 100							
S1336-8BQ		5.8×5.8	190～1 100	960	0.5	1.3×10^{-14}	28	150	37	5
S1336-8BK			320～1 100							
S1337-16BQ	陶瓷外壳	1.1×5.9	190～1 100	960	0.5	8.1×10^{-15}	5	25	65	5
S1337-16BK			320～1 100		0.62	4.5×10^{-15}	5.5			
S1337-33BQ		2.4×2.4	190～1 100	960	0.5	8.1×10^{-15}	5	25	65	5
S1337-33BR			320～1 100		0.62	6.5×10^{-15}	5.5			
S1337-66BQ		5.8×5.8	190～1 100	960	0.5	1.3×10^{-14}	25	150	370	5
S1337-66BR			320～1 100		0.62	1.0×10^{-14}	28			
S1337-1010BQ		10×10	190～1 100	960	0.5	1.8×10^{-14}	80	500	1 100	5
S1337-1010BR			320～1 100		0.62	1.5×10^{-14}	85			

第五节 特种光电二极管

一、PIN 光电二极管

一种在 P 区和 N 区之间相隔一本征层(I 层)的 PIN 光电二极管改善了硅光电二极管的频率响应特性。PIN 硅光电二极管的结构及管内电场分布如图 34-51 所示。

性能良好的 PIN 光电二极管，扩散和漂移时间一般在 10^{-10} s 量级，相当于千兆赫的频率响应。它在光通信、光雷达以及其他快速光电自动控制领域得到了非常广泛的应用[20-22]。

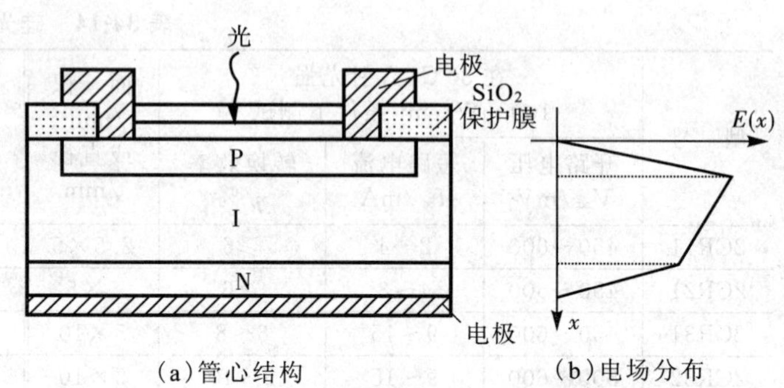

图 34-51 PIN 硅光电二极管的管心结构和电场分布

二、肖特基势垒光电二极管

肖特基势垒是由金属与半导体接触形成的。一般利用金或铝分别与硅、锗、砷化镓、磷砷化镓、磷化镓等半导体材料接触，制得各种肖特基结光电二极管，表 34-16 给出了利用磷化镓、磷砷化镓等半导体材料制成的肖特基结紫外光电二极管的特性参数[9]。

表 34-16 几种肖特基结紫外光电二极管的特性参数

型 号	外壳	有效受光面积/mm^2	波长范围/nm	峰值波长 λ_P/nm	光谱灵敏度 $S\|_{\lambda_P}$/(A/W)	NEP$\|_{\lambda_P}$/($W/H_Z^{1/2}$)	I_{BC}(100 lx 2856K)/μA	最大暗电流/pA	结电容 C_j/pF	最大反偏电压/V
G1126-02		2.3×2.3				5.8×10^{-15}	0.3	50	1 800	
G1127-02	GaAsP	4.6×4.6	190～680	610	0.18	8×10^{-15}	1.2	100	7 000	5
G2119		10.1×10.1				2.4×10^{-14}	6	1 000	25 000	
G1746	GaAsP	2.3×2.3	190～760	710	0.22	6.5×10^{-15}	0.65	100	1 600	5
G1747	P	4.6×4.6				1.2×10^{-14}	2.4	200	6 000	
G1961		1.1×1.1				5.4×10^{-15}	0.05	25	600	
G1962	GaP	2.3×2.3	190～550	440	0.12	7.6×10^{-15}	0.03	50	3 000	5
G1963		4.6×4.6				1.1×10^{-14}	0.9	100	12 000	

三、四象限光电二极管

象限探测器可以用来确定光点在二维平面上的位置坐标，一般用于准直、定位、跟踪等方面，它是利用集成电路光刻技术，将一个圆形或方形的光敏面窗口分隔成几个(图 34-52)[35]。

典型的象限探测器有四象限光电二极管，四象限硅光电池和四象限光电倍增管，也有二象限的硅光电池和光敏电阻等。

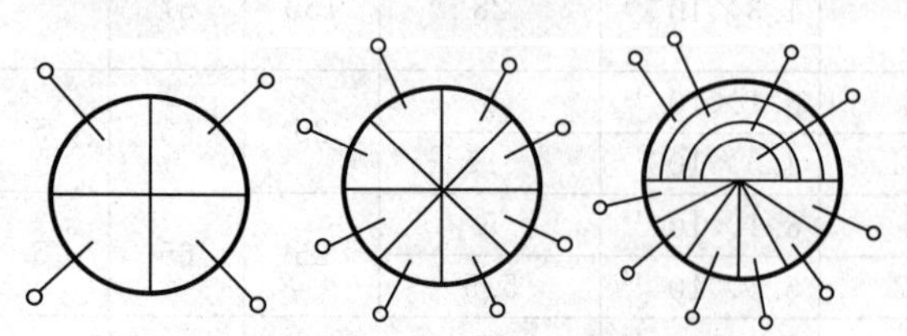

图 34-52 各种象限探测器示意图

四、位敏光电二极管

光电位置传感器是一种对入射到光敏面上的光点位置敏感的光电器件，其输出信号与光点在光敏面上的位置有关。

图 34-53 是一个 PIN 型位敏光电二极管(PSD)的断面结构示意图。

若以位敏光电二极管的中心点位置作为原点时，光点离中心点的距离为 x_A (如图 34-53 所示)，于是有

$$\left.\begin{aligned} i_1 &= i_0\,\frac{L-x_A}{2L} \\ i_2 &= i_0\,\frac{L+x_A}{2L} \\ x_A &= \frac{i_2-i_1}{i_2+i_1}L \end{aligned}\right\} \tag{34-30}$$

利用(34-30)式即可确定光斑能量中心对于器件中心的位置 x_A，它只与 i_1、i_2 电流的和、差及比值有关，而与总电流无关(即与入射光能的大小无关)。

一维 PSD 主要用来测量光点在一维(x 坐标)方向上的运动位置，图 34-54 是 S1544(一维 PSD)的结构示意图和等效电路。

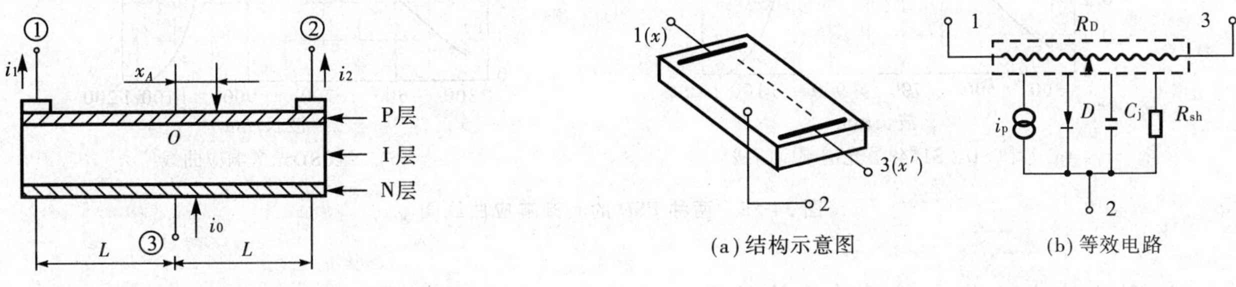

(a) 结构示意图　　(b) 等效电路

图 34-53　PSD 断面结构示意图　　**图 34-54　一维 PSD**

根据(34-30)式就可写出入射光点位于 A 点的坐标位置：

$$x_A = \frac{i_2-i_1}{i_2+i_1}L \tag{34-31}$$

而总电流

$$i_2 = i_3 + i_1 \tag{34-32}$$

光电位置传感器被广泛应用于激光束的监控(对准、位移和振动)、平面度检测、二维位置检测系统等。表 34-17 列出了国外部分一维 PSD 和二维 PSD 器件的特性[9]。

表 34-17　国外部分 PSD 器件的特性

型号	外壳包装	有效灵敏区/mm	光谱响应范围/nm	峰值对应波长/nm	反偏电压/V	峰值灵敏度/(A/W)	位置检测误差(典型)/μm	位置分辨率(典型)/μm	极间电阻(典型)/kΩ	暗电流(V_R=10V)/nA	节电容(V_R=10V)/pF	上升时间(V_R=10V)/pF	最大光电流(V_R=10V R_Z=1kΩ)
一维 PSD													
S1543	金属	1×3	300	900	20	0.6	±15	0.2	100	1	6	4	160 μA
S1771		1×3					±15	0.2	10	1	6	4	160 μA
S1544		1×6					±30	0.3	100	2	12	8	80 μA
S1545	陶瓷	1×12	1 100				±60	0.3	200	4	25	18	40 μA
S1662		13×13					±100	6	10	100	300	8	1 000 μA
S1532		25×33					±125	7	25	30	150	5	1 000 μA
S2153	塑料	1×3	700～1 100			0.55	±15	0.2	100	1	6	4	150 μA
二维 PSD　表面分离型													
S1300	陶瓷	13×13	300～1 100	900	20	0.5	±10	6	10	1 000	200	8	1 mA
两面分离型													
S1743	陶瓷	4.1×4.1	300～1 100	900	20	0.6	±50	3	10	20	25	25	1 mA
S1200		1.3×1.3					±150	10	10	1 000	300	8	1 mA
S1869		2.7×2.7					±300	20	10	2 000	650	20	1 mA
改进表面分离型													
S2044	金属	4.7×4.7	300～1 100	900	20	0.6	±40	2.5	10	1	35	3	1 mA
S1880	陶瓷	12×12					±80	6.0	10	50	350	12	1 mA
S1881		22×22					±150	12	10	100	1 200	40	1 mA

注：1. 一维 PSD 位置检测误差表示从中心到 3/4 处的误差率。2. 二维 PSD 位置检测误差分 A 区(中心区)和 B 区(边缘区)的误差，本表列的是 A 区误差，各种型号的 A 区、B 区划分请查有关手册。

（一）光谱响应特性

图 34-55 给出了两种 PSD 的光谱响应特性曲线，它表示 PSD 的灵敏度与波长之间的关系。这两种 PSD 的波长响应范围较宽，一般都在 300～1 100 nm 范围内，峰值波长均在 900 nm 左右。

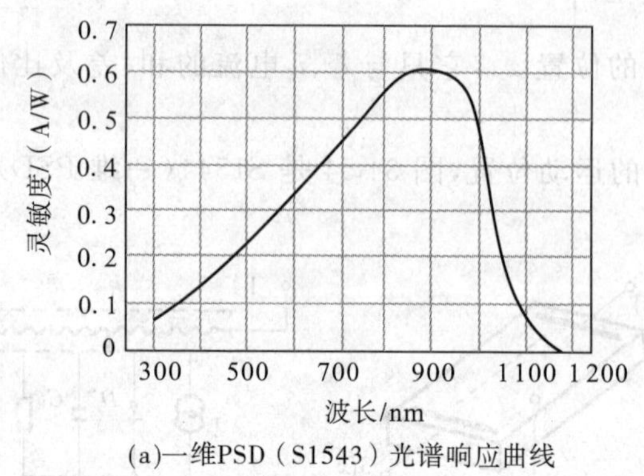

(a)一维PSD（S1543）光谱响应曲线

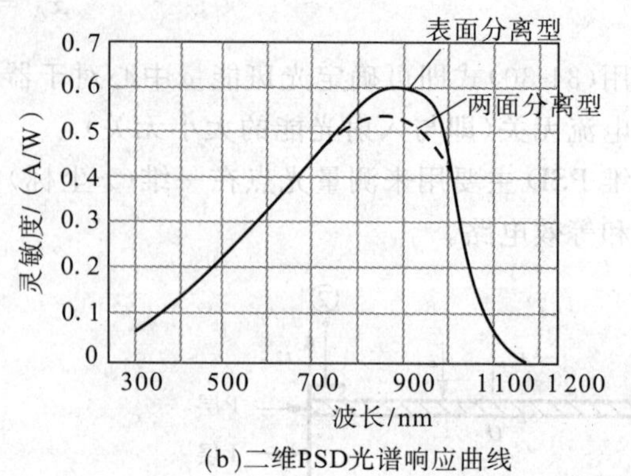

(b)二维PSD光谱响应曲线

图 34-55　两种 PSD 的光谱响应曲线图

（二）结电容与反偏电压的关系特性

结电容 C_j 是决定 PSD 响应速度的一个主要因素，表 34-17 中所列数值是在频率为 10 kHz 时所测得的。图 34-56 是结电容与所加反偏电压之间的关系曲线。从图中可见，反偏电压越小，结电容越大。当反偏电压超过一定值时，结电容基本上为一常数。反偏电压的选取一定要小于器件所允许的最大反偏电压，否则器件将会击穿。

（三）温度特性

环境温度的改变会影响器件的灵敏度和暗电流。PSD 的暗电流随着温度的上升而按指数规律增加，图 34-57 是 PSD 的灵敏度与温度的关系曲线。从图中看出，当入射光波长约小于 950 nm 时，温度变化对其灵敏度基本上无影响，但长波段（大于 950nm 时）其灵敏度随着温度的变化较大。

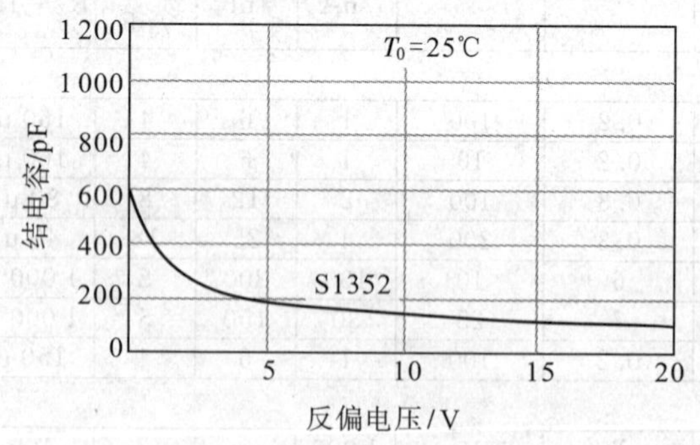

图 34-56　结电容与反偏电压关系曲线

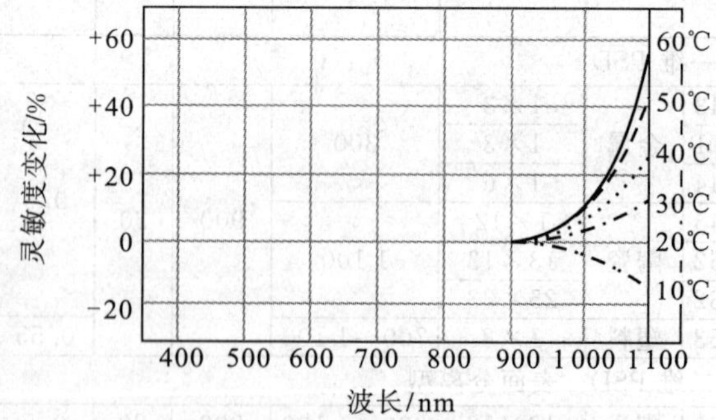

图 34-57　光谱响应的温度特性

五、雪崩光电二极管

雪崩光电二极管是借助强电场作用产生载流子倍增效应（即雪崩倍增效应）的一种高速光电器件。一般硅和锗雪崩光电二极管的电流增益可达 10^2～10^3，因此这种管子的灵敏度很高（在 $\lambda = 0.7\ \mu m$ 上的响应率达 100 A/W），且响应速度快，响应时间只有 0.5 ns，相应的响应频率可达 100 GHz，噪声等效功率为 10^{-15} W。它被广泛应用于光纤通信、弱信号检测、激光测距、星球定向等领域。

(一)工作原理及结构

雪崩光电二极管是利用雪崩倍增效应而具有内增益的光电二极管。图 34-58 示出了几种雪崩光电二极管的结构。

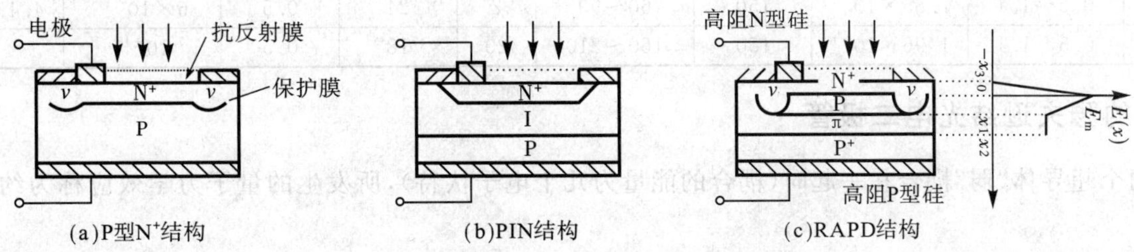

图 34-58　雪崩光电二极管结构示意图

(二)倍增因子 M 和噪声

雪崩光电二极管的电流增益用倍增因子 M 表示，通常定义为倍增的光电流 i_L 与不发生倍增(雪崩)效应时的光电流 i_{L0} 之比。

$$M=\frac{i_L}{i_{L0}}=\frac{1}{1-\left(\frac{V}{V_B}\right)^n} \tag{34-33}$$

式中，V_B 为击穿电压；V 为外加反向偏压；n 等于 1～3，取决于半导体材料、掺杂分布以及辐射波长。图 34-59 是雪崩光电二极管偏压与暗电流及倍增因子的关系曲线。图 34-60 是增益系数 M、工作偏压 V 与器件工作温度之间的关系曲线。

一般雪崩光电二极管的反向击穿电压 V_B 在几十伏到几百伏之间，相应的倍增因子为 10^2～10^3。图 34-61 是雪崩二极管的增益及噪声特性曲线。表 34-18 给出了雪崩二极管的性能参数。

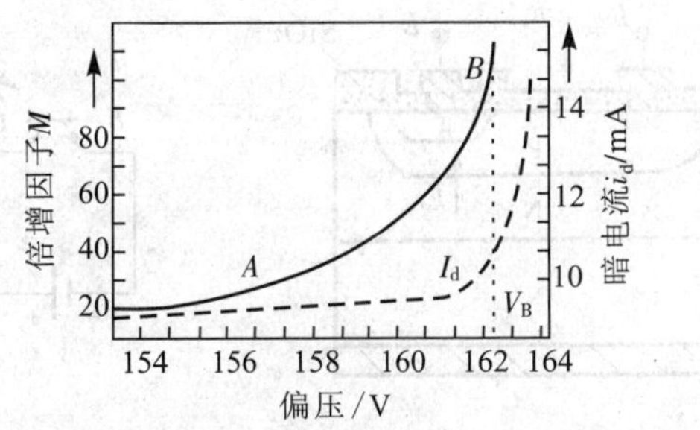

图 34-59　雪崩光电二极管暗电流与倍增因子的关系

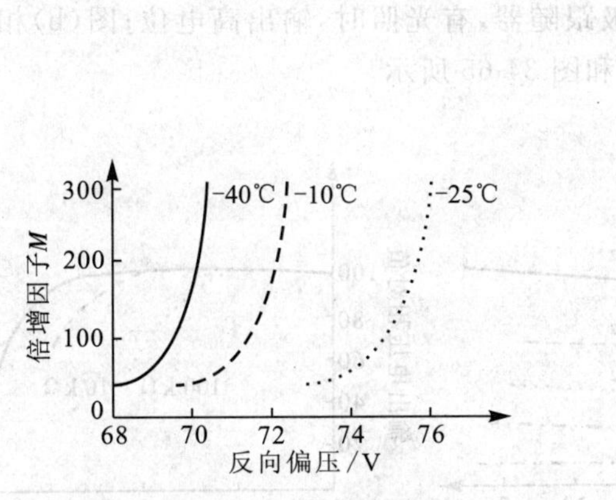

图 34-60　倍增因子 M、反向偏压 V 与工作温度之间的关系

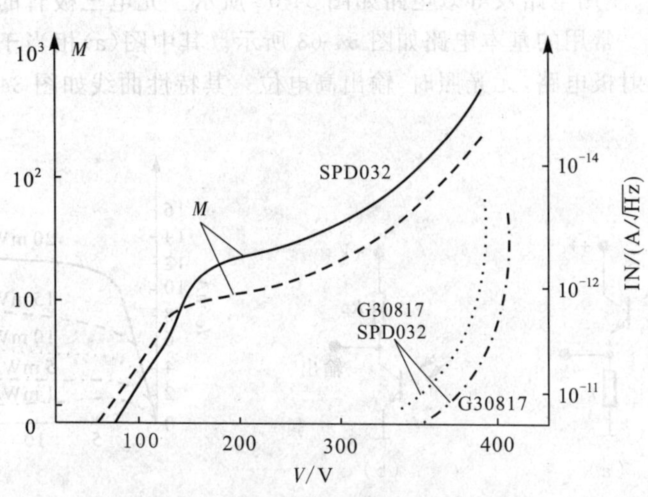

图 34-61　雪崩二极管的增益及噪声特性

表 34-18　几种雪崩二极管的性能参数

类 型	光谱响应范围 /μm	灵敏面积 /mm²	倍增因子 M	工作偏压 /V	暗电流 /nA	电流响应度/(A/W)	响应时间 /ns	NEP /(W·Hz$^{\frac{1}{2}}$)	探测度/(cm·Hz$^{\frac{1}{2}}$·W^{-5})
N-I-P	0.5～1.1	1.06×10^{-1}	150	160～220	30	18	0.5	10^{-13}	3.4×10^{-12}
N-I-P	0.5～1.1	6.15×10^{-1}	150	160～210	30	18	0.5	10^{-13}	1.9×10^{-12}
N-I-P	0.5～1.1	7.85×10^{-1}	150	60～90	2	24	0.5	6×10^{-14}	4.4×10^{-12}
N-I-P	0.5～1.1	1.96×10^{-1}	150	160～210	20	18	0.5	10^{-13}	－

六、约瑟夫逊结光电二极管

当两个超导体“弱”耦合在一起时(耦合的能量为几个电子伏特)，所发生的量子力学效应称为约瑟夫逊效应。

在薄膜结构中，两片超导材料之间被一层 1～2 nm 的电介质势垒隔开，这样，在两片超导体之间就形成了一个势垒，称为约瑟夫逊结。在高频工作情况下，大都用点接触结构，它是由一超导体平板与另一超导体接在一起制成的。通常超导材料用铌(Nb)。

约瑟夫逊结作为宽带视频探测器可在 10～120 kHz 频率下工作，它具有灵敏度高(等效噪声功率小于 5×10^{-15} W/Hz$^{1/2}$、响应度大于 1×10^{5} V/W)、响应速度快(小于 10^{-8} s，可接近 10^{-13} s)等优点。约瑟夫逊效应宽带远红外探测器，可用于毫米、亚毫米分子谱线天文学中和实验室的高分辨率光谱学中。如果把探测器置于一个共振腔内，光探测器与腔耦合时相应频率将非常窄，倘若腔的大小可变，那就可得到一种连续可调谐的窄带探测器。如果在结上加一直流电压，除有正常的电流流过外还流过一交流超导电流，这就是交流约瑟夫逊电流，它的频率与直流偏压成正比，此电流同入射辐射所产生的信号电流进行混频，可用作混频探测器。

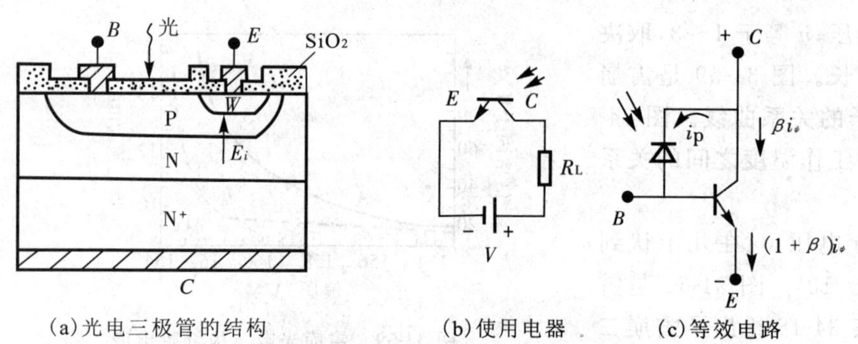

(a)光电三极管的结构　(b)使用电器　(c)等效电路

图 34-62　NPN 型光电三极管

七、光电三极管

在光电二极管的基础上，利用一般晶体三极管的电流放大原理，用锗或硅单晶制造的 NPN 或 NPN 型光电三极管可以获得内增益。NPN 型光电三极管的结构、使用电路及等效电路如图 34-62 所示。光电三极管的第效电路如图 34-62(c)[43-45]所示。

常用的基本电路如图 34-63 所示。其中图(a)相当于射极跟随器，有光照时，输出高电位；图(b)相当于共射极电路，无光照时，输出高电位。其特性曲线如图 34-64 和图 34-65 所示。

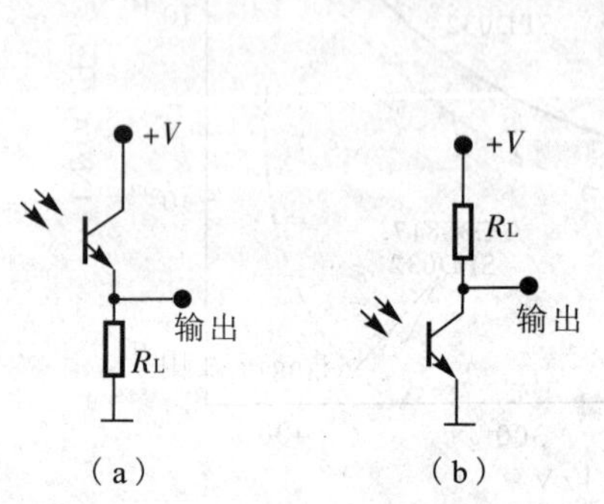

图 34-63　两种基本应用电路

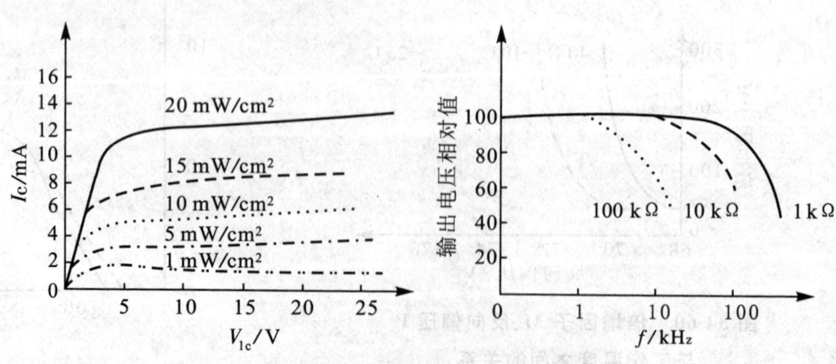

图 34-64　光电三极管的伏安特性及频率特性

八、色敏光电二极管

半导体色敏器件是根据人眼视觉的三色原理，利用结深不同的PN结光电二极管对各种波长的光谱灵敏度的差别，实现对光源或物体的颜色测量。由于它具有结构简单、体积小、成本低等特点，已被广泛应用于与颜色鉴别有关的各个领域，是非常有发展前途的一种新型半导体光电器件。

图34-66所示为半导体色敏器件的结构示意图和等效电路。它由在同一块硅片上制造两个深浅不同的PN结构成(浅结为PD_1，它对短波长光灵敏度高；PD_2为深结，它对长波长光灵敏度高)，这种结构又称为双结光电二极管，图34-67所示为双结光电二极管的光谱响应特性。

双结光电二极管只能通过测量单色光的波长，或者通过测量光谱功率分布与黑体辐射相接近的光源色温来确定颜色，如图34-68所示。由图可知，每一种波长的光都对应于一短路电流比值，再根据短路电流比值的不同来判别入射光的波长以达到识别颜色的目的。

根据如图34-68所示的双结光电二极管的短路电流之比与波长的关系曲线，可以设计如图34-69所示的信号处理电路。图34-70是入射波长与输出电压的关系曲线。

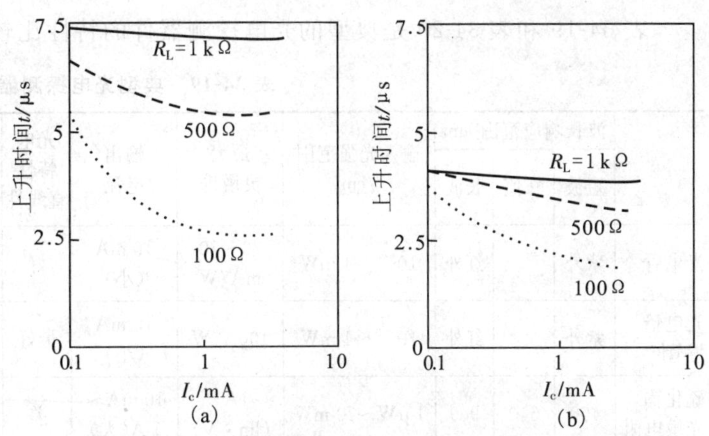

图 34-65　光电三极管的响应时间及极间电流的关系

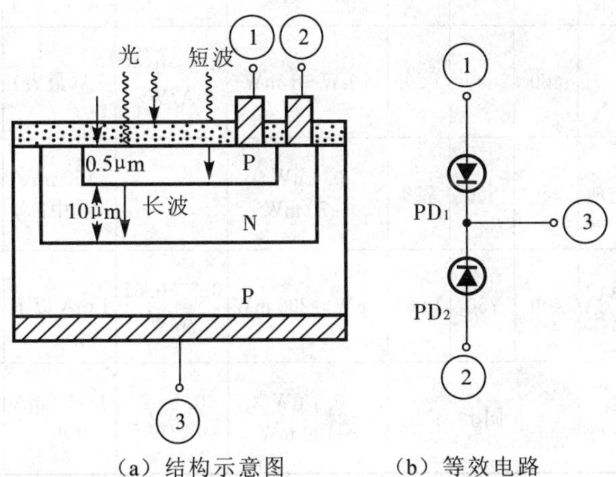

图 34-66　双结光电二极管半导体色敏器件

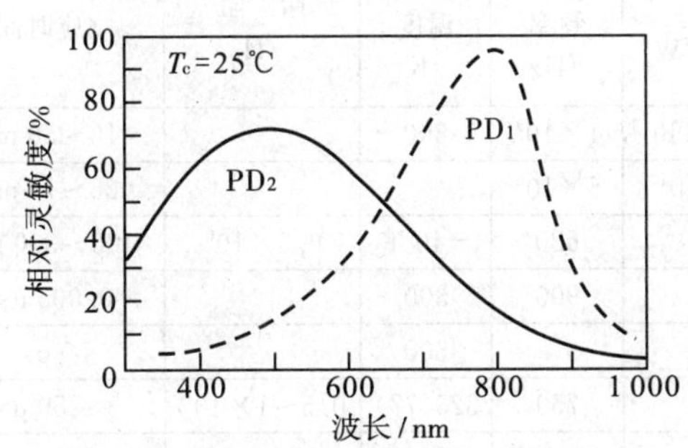

图 34-67　双结硅光电二极管的光谱响应特性

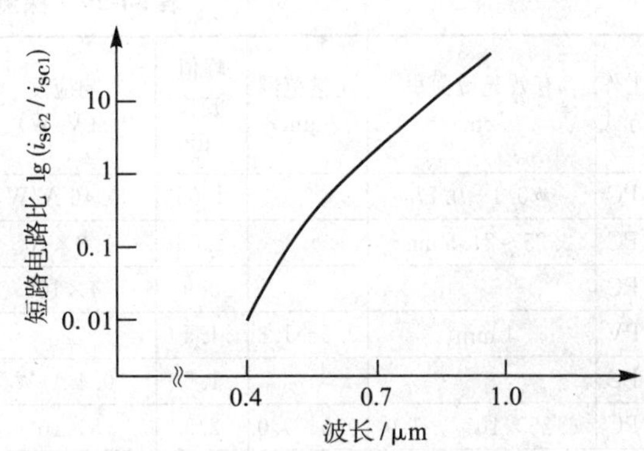

图 34-68　短路电流比与入射波长的关系

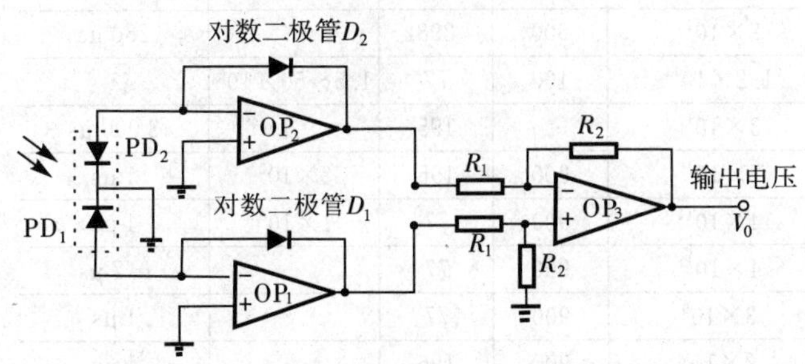

图 34-69　双结硅色敏器件的信号处理电路

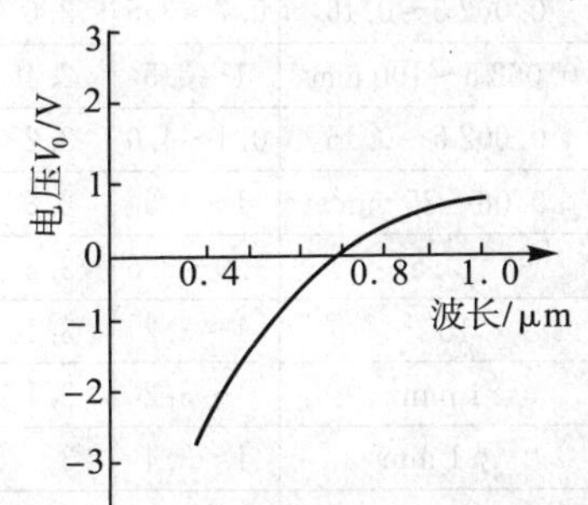

图 34-70　入射波长与输出电压的关系

表 34-19 和表 34-20 是典型的光电探测器件的特性比较。

表 34-19　典型光电探测器件的特性比较

	波长响应范围/nm			输入光强范围/cm	最大灵敏度	输出电流	光电特性直线性	动态特性		外加电压/V	受光面积	稳定性	外形尺寸	价格	主要特点
	短波	峰值	长波					频率响应	上升时间						
光电管	紫外		红外	10^{-9}～1 mW	20～50 mA/W	10 mA（小）	好	2 MHz（好）	0.1 μs	50～400	大	良	大	高	微光测量
光电倍增管☆	紫外		红外	10^{-9}～1 mW	106A/W	10 mA（小）	最好	10 MHz（最好）	0.1 μs	600～800	大	良	大	最高	快速，精密，微光测量
硫化镉光敏电阻	400	640	900	1 μW～70 mW	1A/(lm·V)	10 mA～1 A（大）	差	1 kHz（差）	0.2～1 ms	100～400	大	一般	中	低	多元阵列，光开关输出，电流大
硒化镉光敏电阻	300	750	1 220	同上	同上	同上	差	1 kHz（差）	0.2～10 ms	200	大	一般	中	低	
硅光电池☆	400	800	1 200	1 μW～1 mW	0.3～0.65 A/W	1A（最大）	好	50 kHz（良）	0.5～100 μs	不要	最大	最好	中	中	象限光电池输出，功率大
硒光电池	350	550	700	0.1 μW～70 mW		150 mA（中）	好	5 kHz（良）	1 ms	不要	最大	一般	中	中	光谱接近人的视觉范围
硅光电二极管☆	400	750	1 000	1 μW～200 mW	0.3～0.65 A/W	1 mA 以下	好	200 kHz～10MHz（最好）	2 μs 以下	100～200	小	最好	最小	低	高灵敏度，小型，高速，传感器
硅光电三极管☆	同上			0.1 μW～100 mW	0.1～2 A/W	1～50 mA（小）	较好	100 kHz（良）	2～100 μs	50	小	良	小	中	有电流放大，小型，传感器

注：☆应用最好的模型。

表 34-20　探测器性能的典型数据

探测器材料	工作方式	有效光敏面积/cm^2	光谱范围/μm	峰值波长/μm	响应度/(V/W)	探测度 D^*/(cm·$Hz^{\frac{1}{2}}$/W)	调制频率/Hz	工作温度/K	暗阻/Ω	响应时间
Si	PC	ϕ0.1～0.77		1.06	0.46 A/W	(0.58～0.86)×10^{12}	1×10^3	300		10～50 ns
Si	PC	2.25～21.5 mm^2		1.06	1.3×10^4	(0.5～1)×10^{10}	6×10^6			25～75 ns
Si	PC			0.9	4×10^7	10^{13}	620	−40 ℉	0.5×10^6	100～300 μs
Ge	PV	1 mm^2	0.5～1.8	1.5		10^{11}	900	300		0.005 μs
Ge	PC			1.5	0.4 A/W	5×10^{10}		300		50 μs
PbS	PC	6.25×10^{-4}～1.0	0.5～3.0	2.5	8×10^4	7.5×10^{10}	750	323(77)	0.5～1×10^6	<250 μs
PbS	PC	<1×10^{-2}	0.5～2.8	2.2		9×10^{10}	1×10^3	≤360	0.5×10^6	350 μs
PbS	PC	1～9 mm^2	1～3.4	2.5	4.5×10^5	2.5×10^{11}		243		700 μs
PbS	PC	0.002 5～0.16	0.7～3.5	2.6	5×10^6	3×10^{11}	100	196	0.5～50×10^6	>500 μs
PbS	PC	0.062 5～100 mm^2	1～3.5	2.4	10^4～10^6	8×10^{10}	600	298		250 μs
PbS	PC	0.002 5～0.16	0.1～4.0	3.2	5×10^6	1.2×10^{11}	100	77	1.5～50×10^6	
PbS	PC	0.06～25 mm^2	1～4.5	2.8	6×10^5	3×10^{11}		195		3 000 μs
InSb	PV	0.5	1.0～3.5	3.3	6×10^3	7×10^{10}	900	195	3×10^3	1 μs
InSb	PV	10^{-2}	1～3.2	3.1	5×10^3	4×10^{11}	900	77	1×10^6	1 μs
InAs	PV	1 mm^2	1～3.2	3.1		4×10^{11}	900	77		0.7 μs
InAs	PV	ϕ1 mm	1～3.4	3		3×10^9	900	77		1 μs
InAs	PV	ϕ1 mm	1～3.8	3.4		2×10^9	900	196		1 μs
PbSe	PC	1～4 mm^2	1～4.7	4	4.2×10^3	4.5×10^9		300		1 μs

续表

探测器材料	工作方式	有效光敏面积/cm^2	光谱范围/μm	峰值波长/μm	响应度/(V/W)	探测度 D^*/$(cm\cdot Hz^{\frac{1}{2}}/W)$	调制频率/Hz	工作温度/K	暗阻/Ω	响应时间
PbSe	PC	<0.16	1.0~5.1	4.4		7.5×10^{9}	1×10^{3}	≤360	2×10^{6}	25 μs
PbSe	PC		0.5~5.7	4.7	10^{6}	2×10^{10}	1×10^{3}	193	2×10^{7}	25 μs
PbSe	PC	0.002 5~0.16	0.8~7.5	5.5	1×10^{4}	7×10^{9}	1×10^{3}	77	740×10^{6}	60 μs
InSb	PC	4×10^{-4}~1×10^{-2}	≈7.5	6~6.3	0.4~6	8.5×10^{8}	800	300	30~130	100 ns
InSb	PV	1.2 mm^2	1~5	5.0		$(1.1\sim3)\times10^{11}$	900	77		1 μs
InSb	PV	0.001	1.0~5.5	5.0	10^{5}	1×10^{11}	900	77	1×10^{6}	0.2 μs
InSb	PV	6×10^{-6}~0.25	0.7~5.6	5.0	2.8 A/W	1.1×10^{11}	10~1×10^{6}	10~145	10^{6}~10^{4}	0.16 μs
InSb	PV		≈5.7	5.3	2 A/W	1×10^{11}	1×10^{3}	77	10^{8}	<1.0 μs
HgCdTe	PC	0.004 in^2	3~5	4.6		$>1\times10^{9}$	10	300	>10	0.4 μs
HgCdTe	PC	0.005~4 mm^2	1~5	4	10^{3}~10^{5}	10^{9}~10^{11}	10^{4}	77~300		0.2~2 μs
HgCdTe	PC	6×10^{-5}~0.25	0.4~10	5.0	10^{2}~10^{5}	$>2\times10^{9}$	10^{4}	+60℃(77)	>10	0.4 μs
Ge:Au	PC	0.034	2~11	5.0	10^{3}	6×10^{9}	900	77	100×10^{3}	0.5 μs
Ge:Au	PC	4×10^{-2}	1~9			6×10^{9}	900	77	250×10^{3}	0.1 μs
Ge:Au	PC	0.5~3 mm^2	<11	5.0		3×10^{9}		77	500×10^{3}~1×10^{6}	<50 ns
Si:In	PC	10^{-4}~10^{-1}	2~7.5	6.0		10^{10}	1×10^{3}	50	10^{6}	10 ns~1.0 μs
HgCdTe	PC	0.001~0.08 in^2	3~8	5		$(1\sim5)\times10^{10}$	10×10^{3}	77~215	50~1×10^{3}	
HgCdTe	PC	6×10^{-6}~0.25	0.4~20	12	10^{2}~10^{5}	7.2×10^{10}	10×10^{3}	77	10~100	<0.5 μs
HgCdTe	PC	0.001~0.12 in^2	8~14			2×10^{10}	1×10^{3}~10^{7}	77	10~50	
HgCdTe	PC	5×10^{-5}	3~12.5	11		3×10^{10}	1×10^{3}	77	50	0.25 μs
HgCdTe	PC	6.5×10^{-6}~0.1	2.5~24	12	30~50	$>2\times10^{10}$	2×10^{3}	80	50	0.25 μs
HgCdTe	PC	6.5×10^{-6}	2.5~24	12	30~50	$>1.5\times10^{10}$	10^{4}		100	0.05 μs
HgCdTe	PV	ϕ0.006.5~0.1 in		10.6		1×10^{9}~1×10^{10}	200M 带宽	77	500	
HgCdTe	PV	0.01~0.02 mm^2	8~12	10.6	10^{3}~10^{4}	1×10^{10}	800	77		
HgCdTe	PV	4×10^{-4}	8~14	10.6		3×10^{10}	1 800	77	$>1\times10^{3}$	1 ns
HgCdTe	PV	10^{-4}	8~14			$\geq3\times10^{10}$	1 800	77	$\geq3\times10^{3}$	
PbSnTe	PV	0.008~3	0.5~14	10	15~4 A/W	$(1.5\sim3)\times10^{10}$		77		1~2
PbSnTe	PV	0.05~1	5.5~12	9~11	6 A/W	5×10^{10}		77		0.01 μs
PbSnTe	PV	0.8	8~13	11	2 A/W	2×10^{10}		77		0.5 μs
PbSnTe	PV	0.002 5~1 mm^2	2~13	10		$(1.5\sim3)\times10^{10}$	780	77		1 μs
PbSnTe	PV	0.002 5~6 mm^2	5~12	10.6		4×10^{10}	800	77		0.02 μs
PbSnTe	PV	ϕ1 mm	8~13	11		2×10^{10}		77		0.2 μs
PbSnTe	PV	ϕ1 mm	9~18	17		1×10^{10}		42		0.2 μs
Ge:Hg	PC	10^{-4}~10^{-4}	2.0~14	11		3×10^{10}	1×10^{3}	30	10^{4}	10 ns~1.0 μs
Ge:Hg	PC	0.5~3 mm^2	~14	10.6		1.7×10^{10}		5.27	500×10^{3}	<5 ns
Ge:Hg	PC	3.14×10^{-2}	2~15	10~11	10^{4}	$>1.5\times10^{10}$	900	25	200×10^{3}	0.05 μs
Ge:Cd	PC	10^{-4}~10^{-1}	5~23	22		3×10^{10}	1×10^{3}	20	10^{4}	10^{-2} ns~1.0 μs
Ge:Cd	PC	10^{-4}~10^{-1}	5~23	22		3×10^{10}	1×10^{3}	20	10^{4}	10^{-2} ns~1.0 μs
Ge:Cu	PC		~24	18		12×10^{10}	1.8×10^{3}	5	500×10^{3}	
Si:Bi	PC	10^{-4}~10^{-1}	4~17	16		10^{10}	1×10^{3}	20	10^{5}	
Si:Ga	PC	10^{-4}~10^{-1}	4~17	15		2×10^{10}	1×10^{3}	18	10^{5}	
Si:Al	PC	10^{-4}~10^{-1}	4~18	17		2×10^{10}	1×10^{3}	20	10^{5}	
Si:As	PC	10^{-4}~10^{-1}	6~25	23		2×10^{10}	1×10^{3}	12	10^{6}	
Si:Sb	PC		6~33	28		1×10^{10}	1×10^{3}	4	10^{5}	

第六节 硅、锗光电二极管的性能

一、硅光电二极管

硅光电二极管分以下 4 种类型：Ⅰ型为高灵敏度硅光电二极管，Ⅱ型为快速响应、灵敏度稍低的硅光电二极管，Ⅲ型为大面积型硅光电二极管，Ⅳ型为高速响应扩展到红光的硅光电二极管。硅光电二极管的光电特性见图 34-71～图 34-86。

(一) Ⅰ型硅光电二极管的主要性能

探测度：$D^*(\lambda_{pk}) \approx 10^{12}\,cm \cdot Hz^{\frac{1}{2}}/W$。

量子响应：$\eta > 90\%$（加增透膜）。

噪声：见图 34-73 和图 34-74。

电容：电容与光敏面积成正比，且随着温度的上升有微小的增加。

响应度：见图 34-71 和图 34-72。

光敏面积：线度为 0.05～25 mm。

工作温度：环境温度。

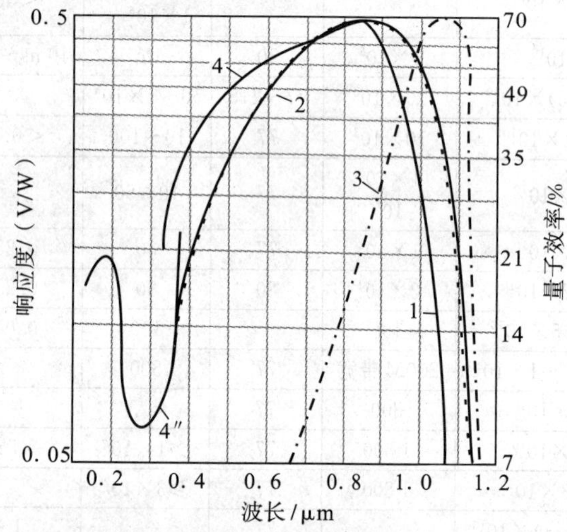

图 34-71 硅光电二极管的光谱响应

1、2、3、4 分别代表Ⅰ、Ⅱ、Ⅲ、Ⅳ型硅光电探测器

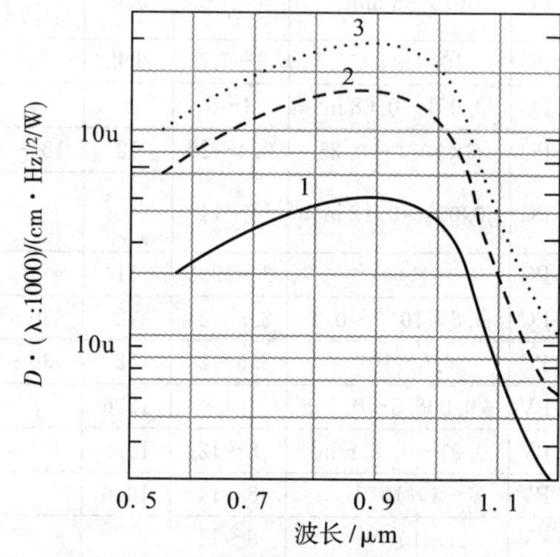

图 34-72 Ⅰ型硅光电二极管的光谱响应

1、2、3 分别表示面积为 0.02 cm²、0.2 cm²、1.0 cm² 的硅光电二极管

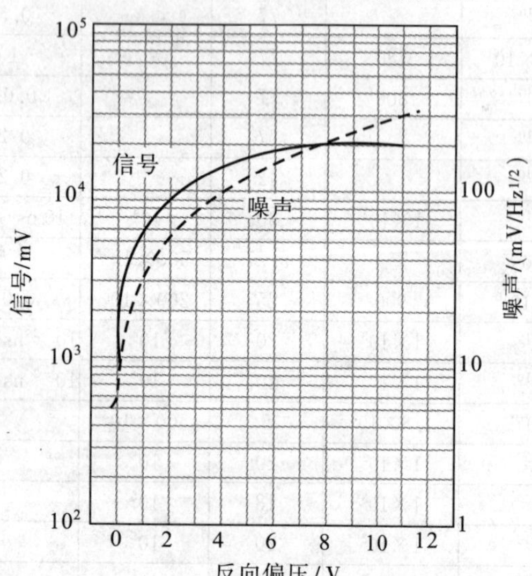

图 34-73 硅光电二极管的信号和噪声与反向偏压的关系

以Ⅰ型为例，$R_L = 10\ M\Omega$

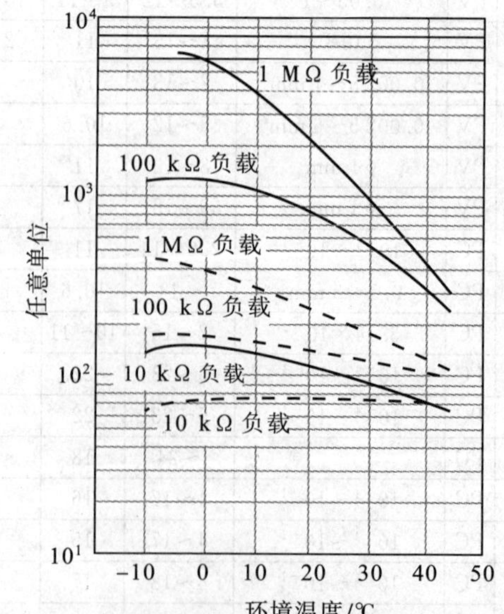

图 34-74 硅光电二极管的信号和噪声与温度的关系

以Ⅰ型为例，实现代表信号，虚线代表噪声

(二)Ⅱ型硅光电二极管的主要性能

探测度:D^* (λ_{pk})≈6×10^{11} cm·$Hz^{1/2}$/W。

响应度:见图 34-71 和图 34-72。

响应时间:约 3 ns。

光敏面积:1 mm^2。

(三)Ⅲ型硅光电二极管的主要性能

探测度:D^* (0.9 μm,270)=4×10^{12} cm·$Hz^{1/2}$/W。

响应度:见图 34-71 和图 34-72。

响应时间:约 10 ns(V_R=100 V,R_L=50 Ω)。

光敏面积:2×2 mm^2,5×5 mm^2,10×10 mm^2。

(四)Ⅳ型硅光电二极管的主要性能

探测度:D^* (λ_{pk})=5×10^{12} cm·$Hz^{1/2}$/W (V_R=0,R_L=40 MΩ)。

D^*=10^{12} cm·$Hz^{1/2}$/W (V_R=60 V,R_L=50 Ω)。

响应时间:约 2 ns(V_R=60 V,R_L=50 Ω)。

工作温度:环境温度。

光敏面积: 5×5 mm^2。

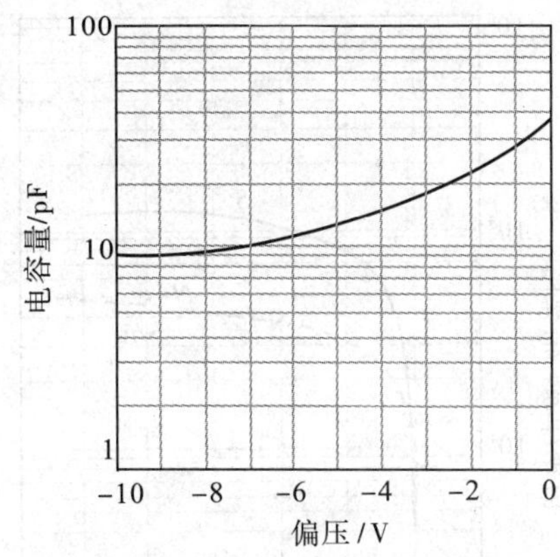

图 34-75　硅光电二极管(Ⅰ型)的结电容与偏压的关系

光敏面积 A=2×2 mm^2

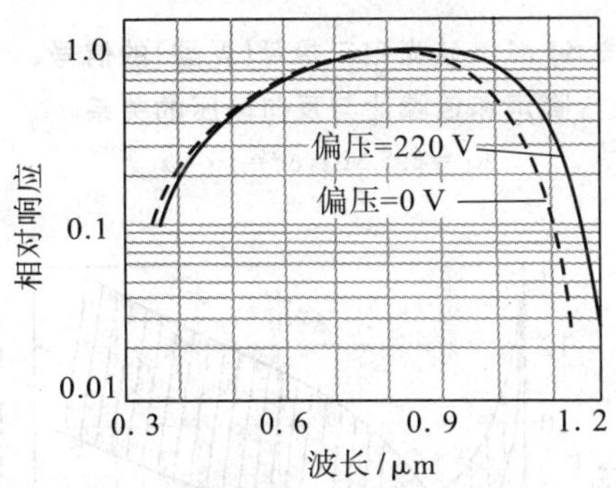

图 34-76　硅光电二极管在不同偏压下的光谱响应

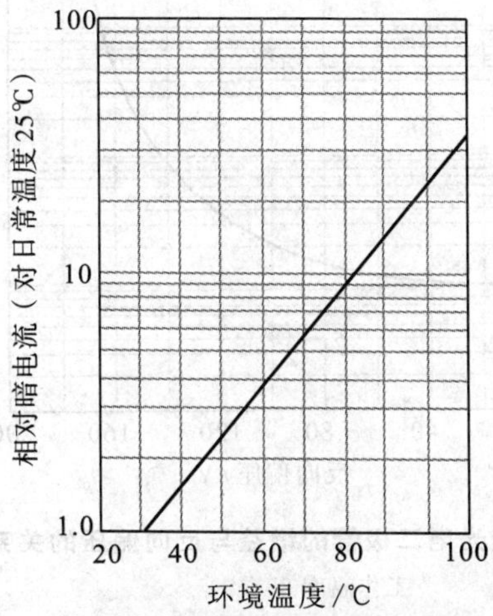

图 34-77　硅光电二极管(Ⅱ型)暗电流与温度的关系

偏压:−100 V

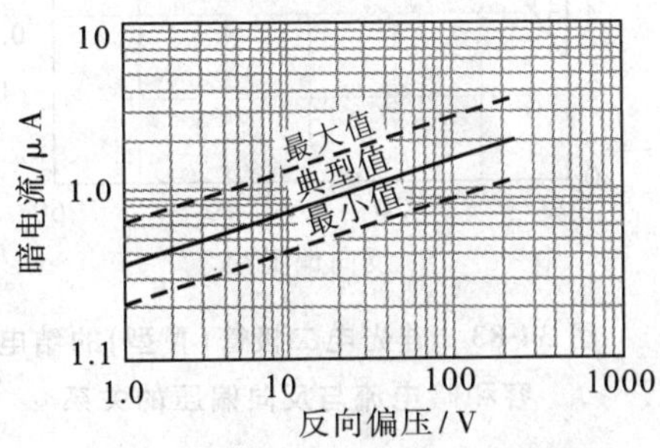

图 34-78　硅光电二极管(Ⅱ型)暗电流与偏压的关系

光敏面积 A=1×1 mm^2

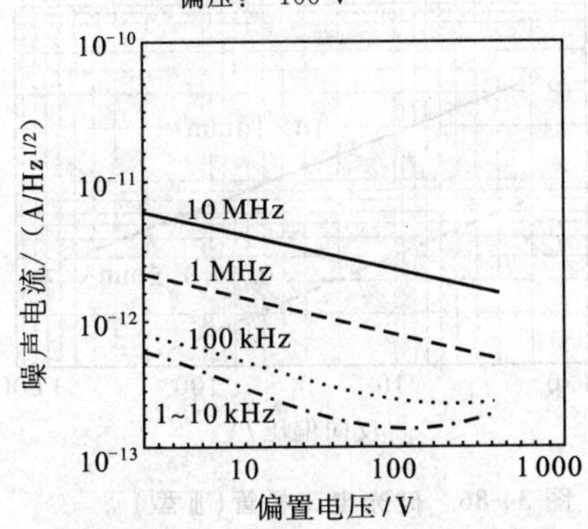

图 34-79　硅光电二极管(Ⅲ型)在不同频率条件下的噪声电流与偏压关系

光敏面积 A=0.05 cm^2

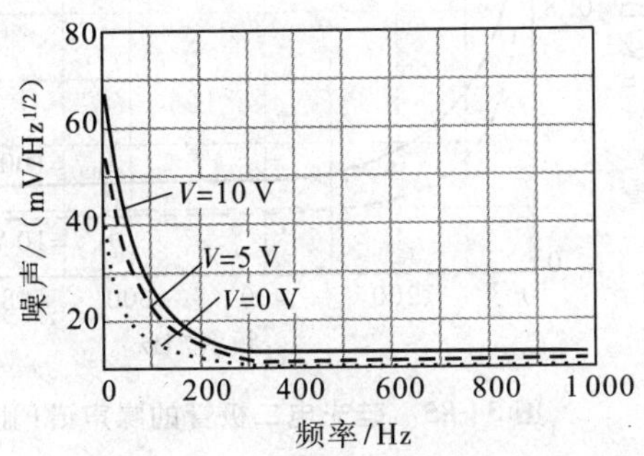

图 34-80　硅光电二极管(Ⅳ型)的噪声频谱

V_R=0 V、5 V、10 V,R_L=1 kΩ

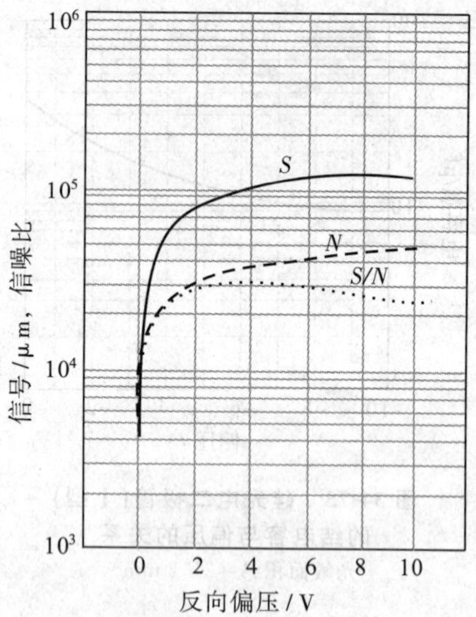

图 34-81　硅光电二极管(Ⅳ型)的信号、噪声和信噪比与反向偏压的关系

R_L=2.5 MΩ，Δf=15 Hz

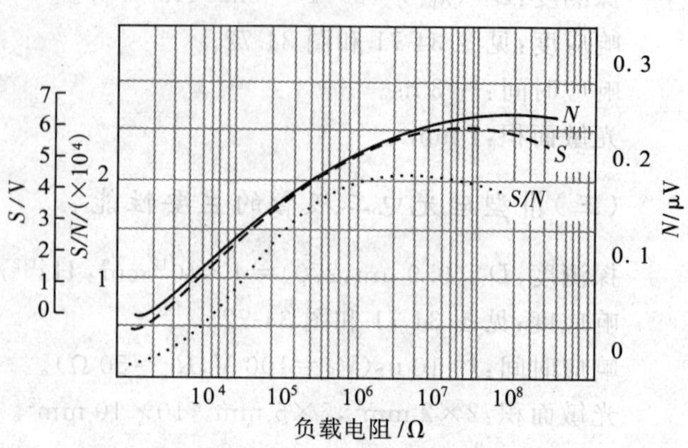

图 34-82　硅光电二极管的信号、噪声和信噪比与负载电阻的关系

零偏压，频率 270 Hz

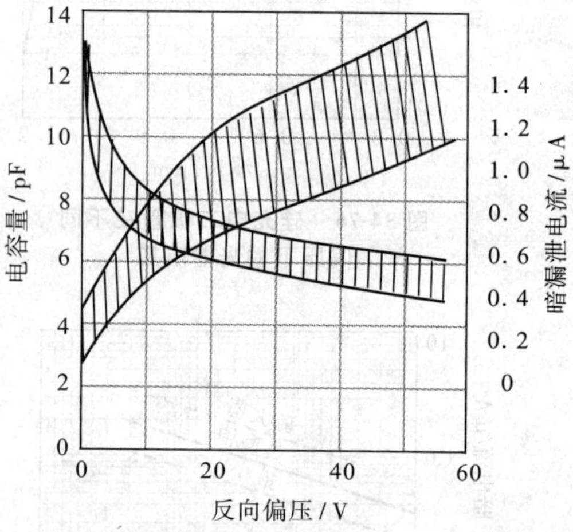

图 34-83　硅光电二极管(Ⅳ型)的结电容和暗电流与反向偏压的关系

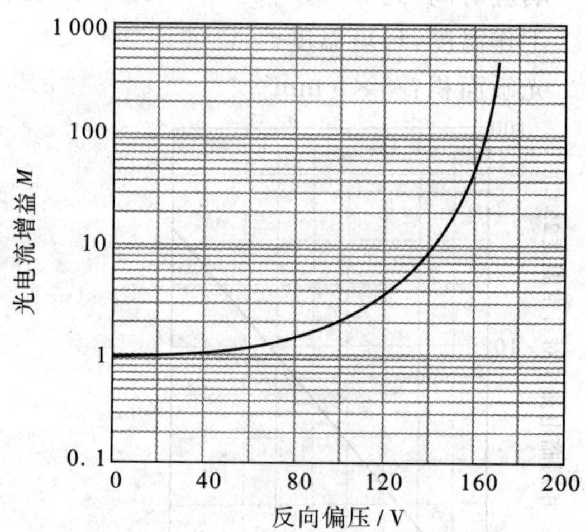

图 34-84　硅光电二极管的增益与反向偏压的关系

工作温度 25℃

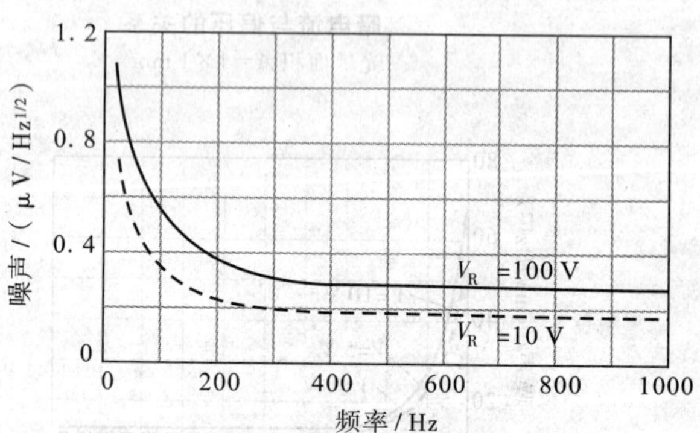

图 34-85　硅光电二极管的噪声谱(Ⅲ型)

R_L=1 MΩ

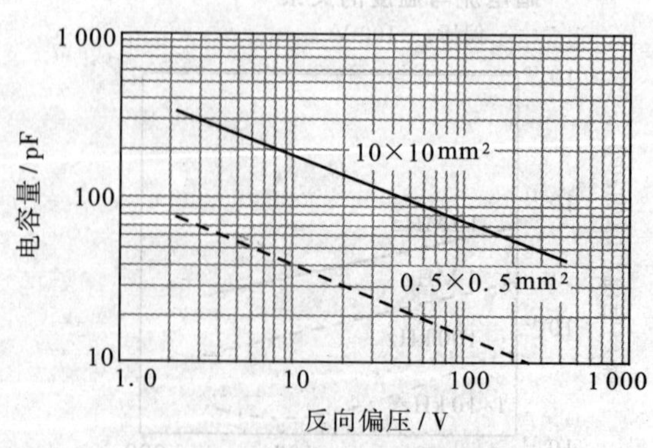

图 34-86　硅光电二极管(Ⅲ型)的结电容与反向偏压的关系

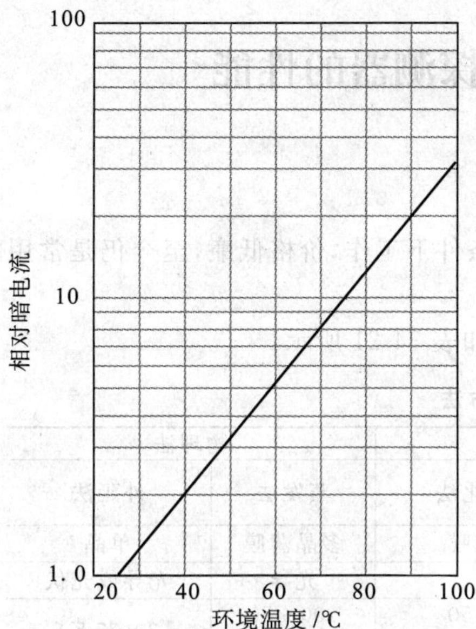

图 34-87　硅光电二极管(Ⅲ型)的相对暗电流与温度的关系

$V_R = 100$ V

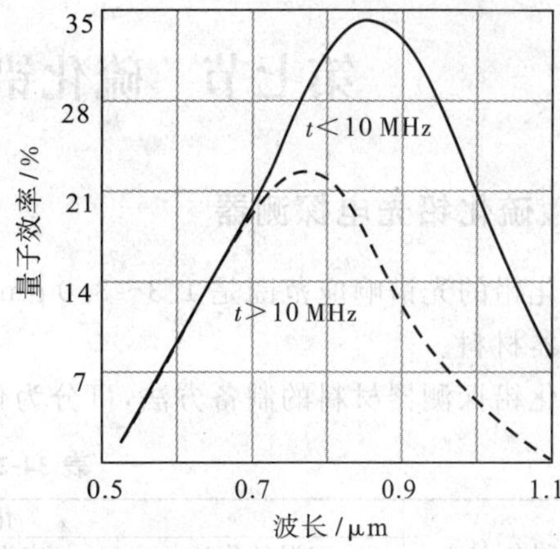

图 34-88　硅光电二极管的量子效率与波长的关系

工作温度 298 K,增益 $M = 100$

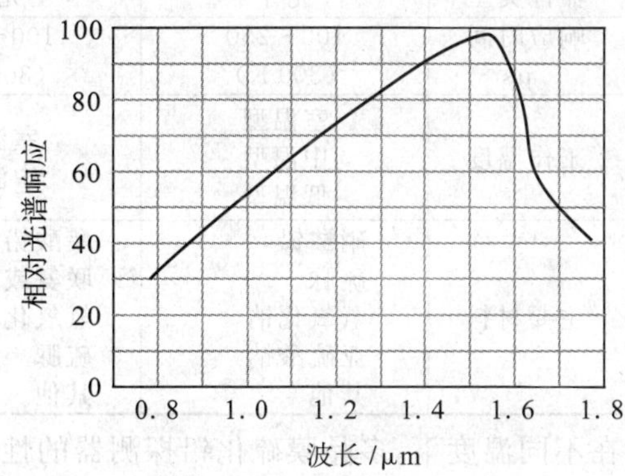

图 34-89　锗光电二极管(Ⅰ型)的光谱响应(298 K)

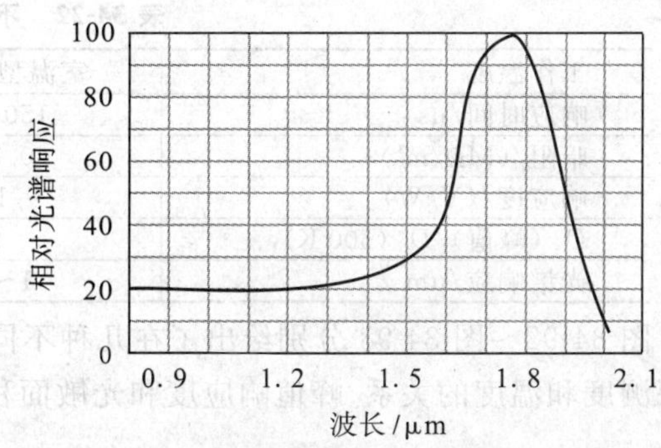

图 34-90　锗光电二极管(Ⅱ型)的光谱响应(298 K)

二、锗光电二极管

锗光电二极管的响应范围从可见光至 1.8 μm,对于高响应器件通常用零偏置,对于高速器件通常用高反向偏压。锗光电二极管分为两种类型:Ⅰ型锗光电二极管的峰值波长为 1.55 μm,Ⅱ型锗光电二极管峰值波长为 1.75 μm。

Ⅰ型和Ⅱ型锗光电二极管的主要性能为:

探测度:

$$D^*(\lambda_{pk}, 270) = \begin{cases} 8\times10^{10}\ \text{cm}\cdot\text{Hz}^{1/2}/\text{W}(\text{Ⅰ型}); \\ 5\times10^{10}\ \text{cm}\cdot\text{Hz}^{1/2}/\text{W}(\text{Ⅱ型})。\end{cases}$$

量子响应:$\eta \geqslant 50\%$(加增透膜)。

响应度:$R = 1.0$ A/W。

电容:与硅光电二极管相似。

噪声:$\dfrac{1}{f}$ 噪声。

响应时间:

　Ⅰ型　50 ns(上升时间);

　Ⅱ型　40 ns(上升时间)。

光敏面积:

　Ⅰ型　1 mm^2;

　Ⅱ型　5 mm^2。

工作温度:环境温度。

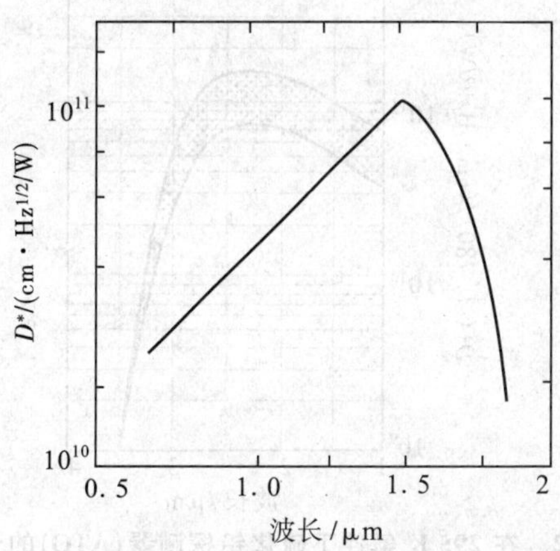

图 34-91　锗光电二极管的 D^* 与波长的关系(300 K)

第七节　硫化铅和硒化铅光电探测器的性能

一、硫化铅光电探测器

硫化铅的光谱响应范围是 1.3～3.0 μm，响应度高，可在室温条件下工作，价格低廉，至今仍是常用的红外探测器材料。

硫化铅探测器材料的制备方法，可分为化学法和物理法两种，如表 34-21 所示。

表 34-21　硫化铅探测器的制备方法

制备方法	化学法			物理法	
	室温敏化法（柯达法）	中温敏化法（肼胺法）	高温敏化法	蒸发法	外延法
晶体类型	多晶薄膜	多晶薄膜	多晶薄膜	多晶薄膜	单晶
器件类型	光导	光导	光导	光导	光导或光伏
响应时间/μs	100～250（300 K）	100～300（300 K）	100～150（300 K）	100～50（300 K）	30(77 K)
工作温度	室温型 中温型 低温型	室温型 中温型	中温型 低温型	中温型 低温型	低温型
主要材料	硝酸铅 硫脲 氢氧化钠 亚硫酸钠 其他	醋酸铅 联氨或水合肼 氢氧化钠 硫脲 其他	醋酸铅 硫脲 氢氧化钠 其他	硫、铅	氯化钠等晶体，硫、铅

在不同温度下，多晶膜硫化铅探测器的性能如表 34-22 所示，其中室温型记为 ATO，中温型记为 ITO，低温型记为 LTO。

表 34-22　不同温度下硫化铅探测器性能

工作温度	室温型(295 K)	中温型(193 K)	低温型(77 K)
响应时间/μs	150～300	800～4 000	500～3 000
暗阻/(MΩ/m³)	0.3～2	5～10	10～20
响应度/(V/W)	10^4	10^6	10^5
D^*(峰值)/D^*(500 K)	94	48	20
光谱响应/μm	1～3.5	1～4	1～4.5

图 34-92～图 34-98 分别给出了在几种不同工作温度下硫化铅探测器的光谱响应、频率响应、噪声谱以及探测度和温度的关系、峰值响应度和光敏面积的关系。

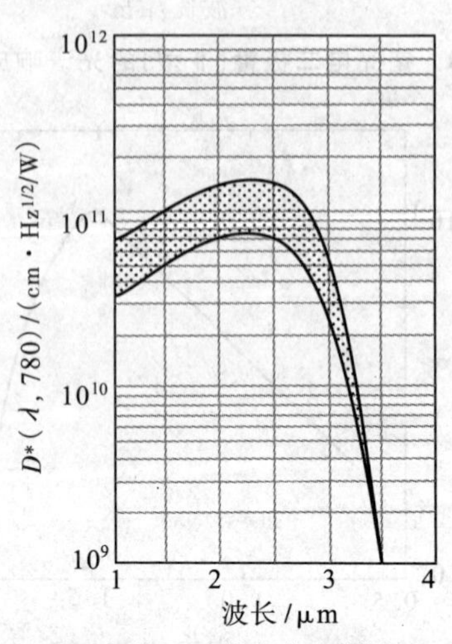

图 34-92　在 295 K 条件下硫化铅探测器(ATO)的光谱响应

视场 2π，背景温度 295 K

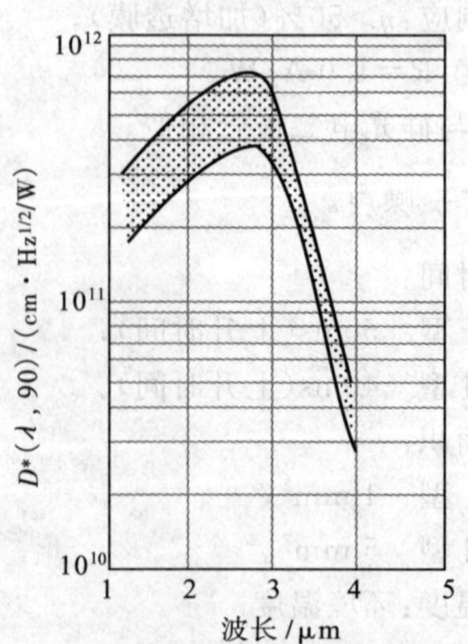

图 34-93　在 193 K 条件下硫化铅探测器(ITO)的光谱响应

视场 2π，背景温度 295 K

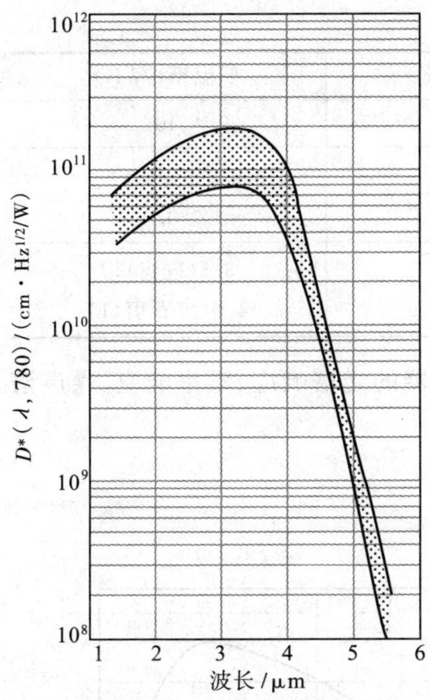

图 34-94　在 77 K 条件下硫化铅探测器(LTO)的光谱响应

视场 2π，背景温度 295 K

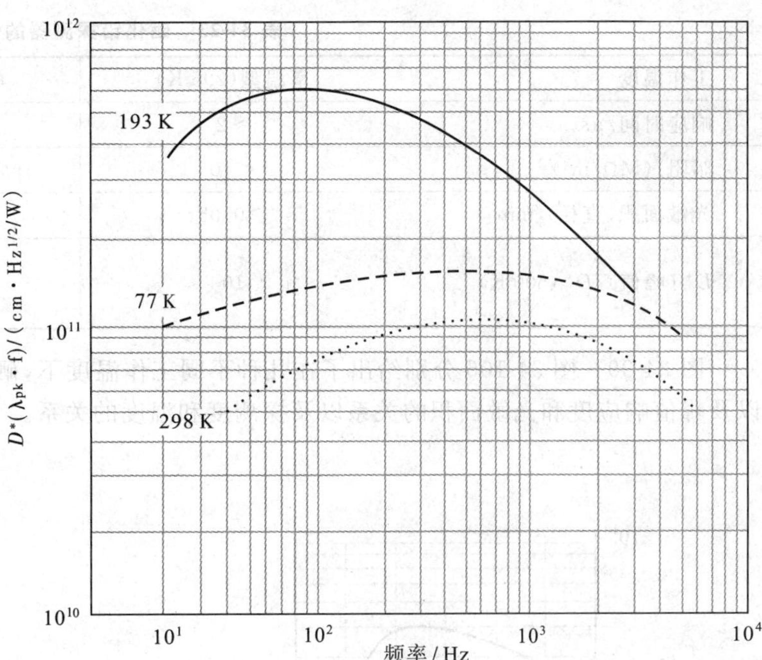

图 34-95　在不同温度条件下硫化铅探测器的探测度与频率的关系

视场 2π，背景温度 295 K

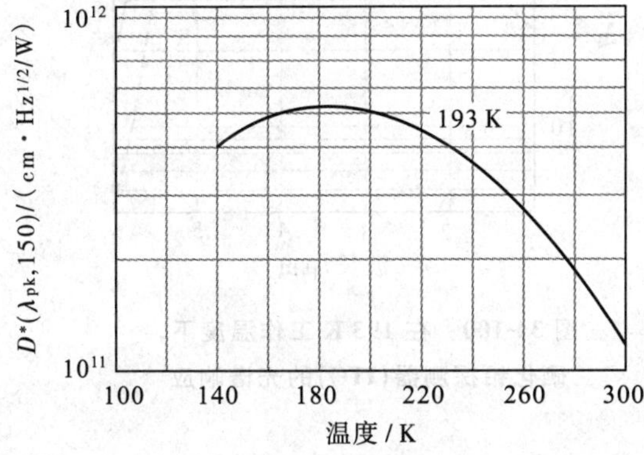

图 34-96　硫化铅(ITO)探测器的探测度与温度的关系

视场 2π，背景温度 295 K

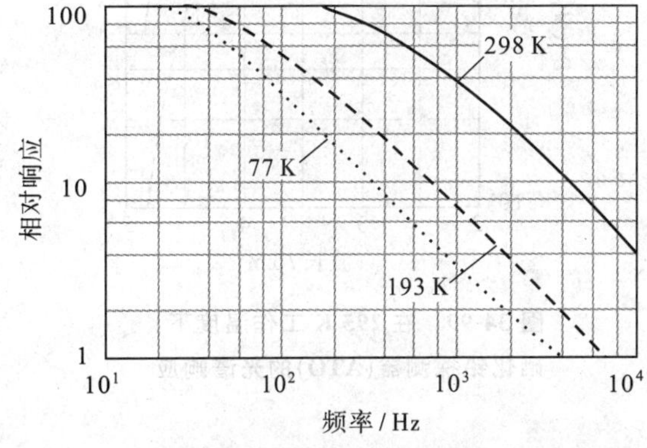

图 34-97　硫化铅探测器的相对响应度与频率的关系

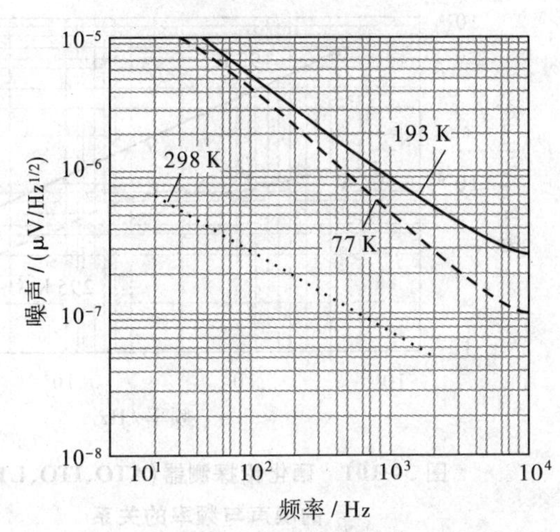

图 34-98　硫化铅探测器的噪声与频率的关系

光敏面积 $A=1\times1\ \mathrm{mm}^2$

二、硒化铅光电探测器

硒化铅光电探测器与硫化铅一样，也是一种多晶薄膜型光电导探测器，可在室温 295 K 下工作，也可在中温 193 K、低温 77 K 工作，分别记为 ATO、ITO 和 LTO。硒化铅的响应速度比硫化铅快。在室温条件下，光谱响应范围为 3.3～5 μm。在中温条件下，硒化铅一般用温差电势的方式进行制冷。在 77 K 工作条件下，硒化铅的长波响应比锑化铟延长约 1 μm。硒化铅探测器的性能参数如表 34-23 所示。

表 34-23　硒化铅探测器的性能

工作温度	室温型(295 K)	中温型(193 K)	低温型(77 K)
响应时间/μs	≈2	30	40
暗阻/(MΩ/m³)	<10	<10	<10
光敏面积(直径)/mm	≥0.05	≥0.05	≥0.05
D^*(峰值)/D^*(500 K)	10	5.5	3.5(硅窗口) 4.0(宝石窗口)

图 34-99～图 34-106 分别给出了在几种不同工作温度下，硒化铅探测器的光谱响应、频率响应、噪声谱以及峰值响应度和光敏面积的关系以及探测度和温度的关系。

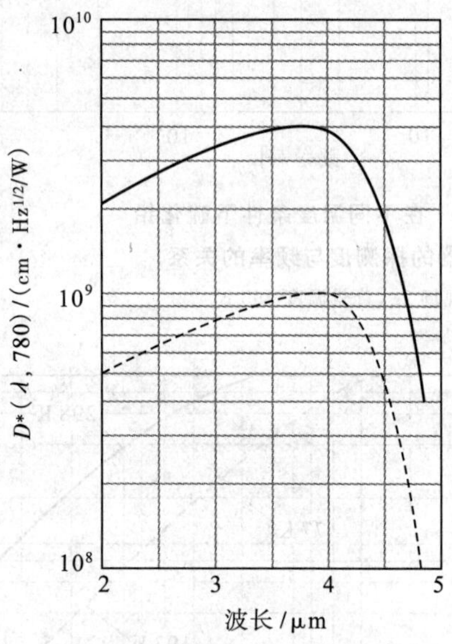

图 34-99　在 295 K 工作温度下，硒化铅探测器(ATO)的光谱响应

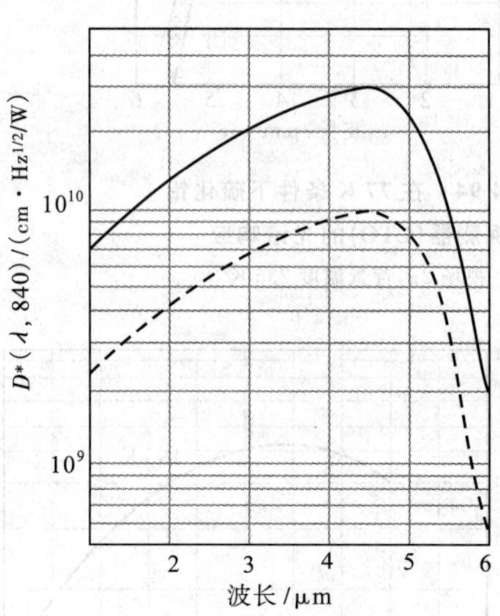

图 34-100　在 193 K 工作温度下，硒化铅探测器(ITO)的光谱响应

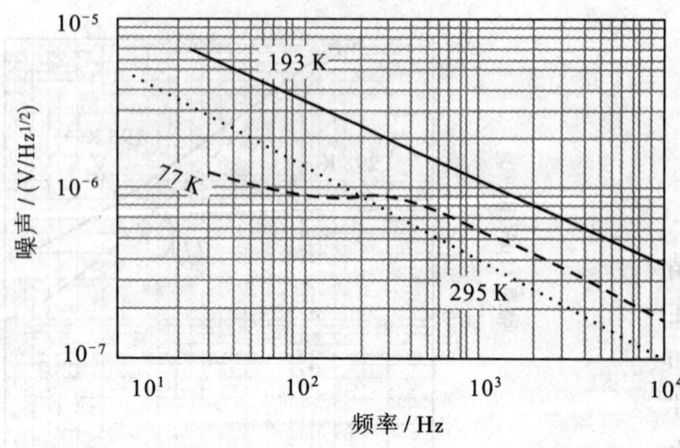

图 34-101　硒化铅探测器(ATO、ITO、LTO)的噪声与频率的关系

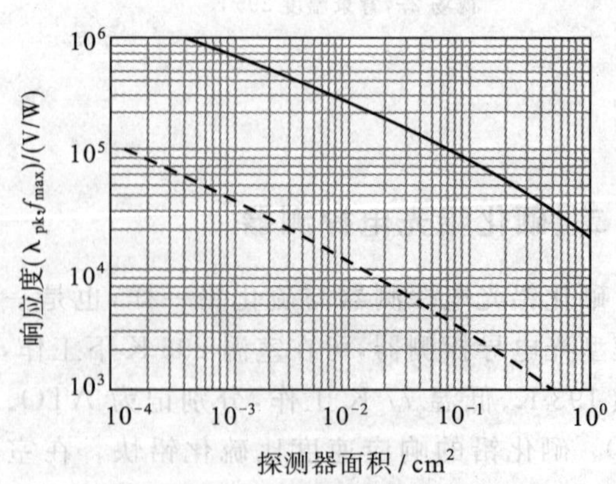

图 34-102　硒化铅探测器(ITO、LTO)的峰值响应度与光敏面积的关系

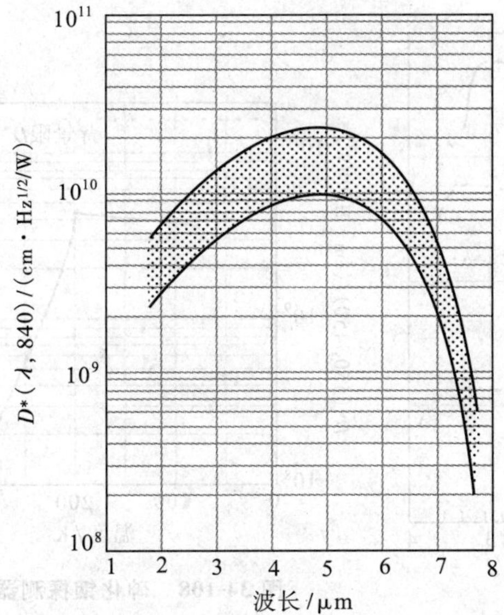

图 34-103 硒化铅探测器(LTO)
用硅窗口的光谱响应

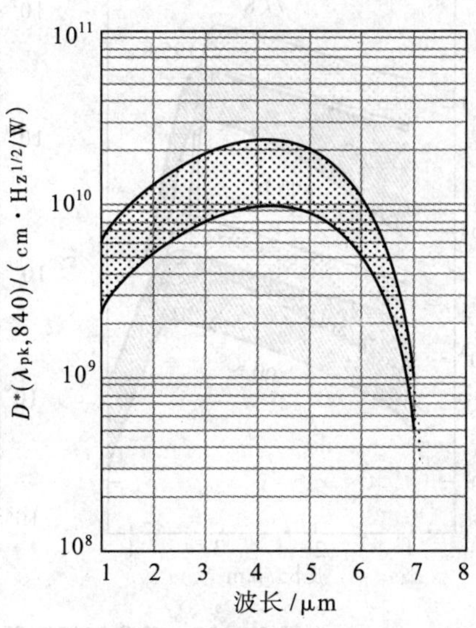

图 34-104 硒化铅探测器(LTO)
用蓝宝石窗口的光谱响应

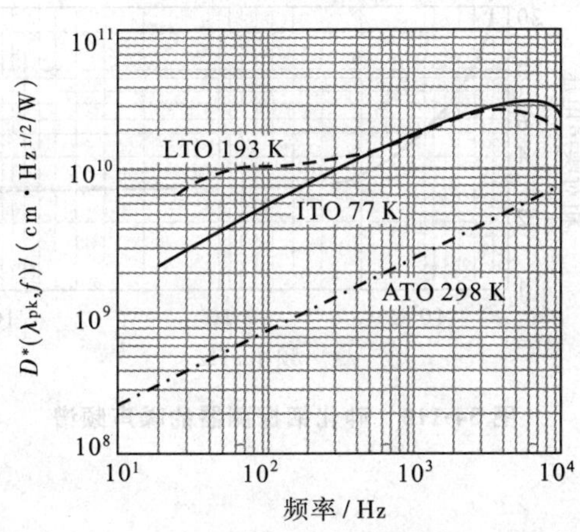

图 34-105 硒化铅探测器的峰值探测度与频率的关系

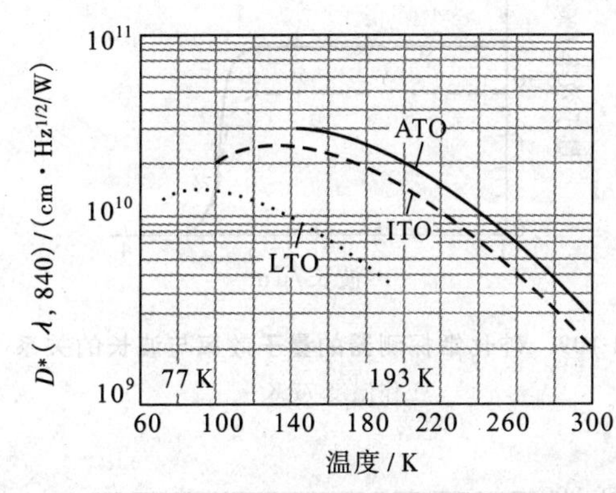

图 34-106 硒化铅探测器的探测度与温度的关系

第八节 砷化铟和锑化铟探测器的性能

一、砷化铟探测器

砷化铟探测器是单晶本征光伏器件，适用于 1～4 μm 光谱范围。在室温下砷化铟具有良好的响应度，响应时间为亚微秒，在工作温度为 195 K、光谱范围为 1～3 μm 时，砷化铟的探测度大于或等于其他任何探测器。砷化铟探测器的光电特性见图 34-107～图 34-112，性能参数如下：

探测度：$D^*(\lambda_{pk})/D^*(500\ \mathrm{K})=28$。

量子效率：见图 34-109。

噪声：见图 34-110 和图 34-111。

二极管电容：<0.01 μF/cm^2。

响应时间：<0.5 μs。

光敏面积：≈1.0 mm^2。

工作温度：77～300 K。

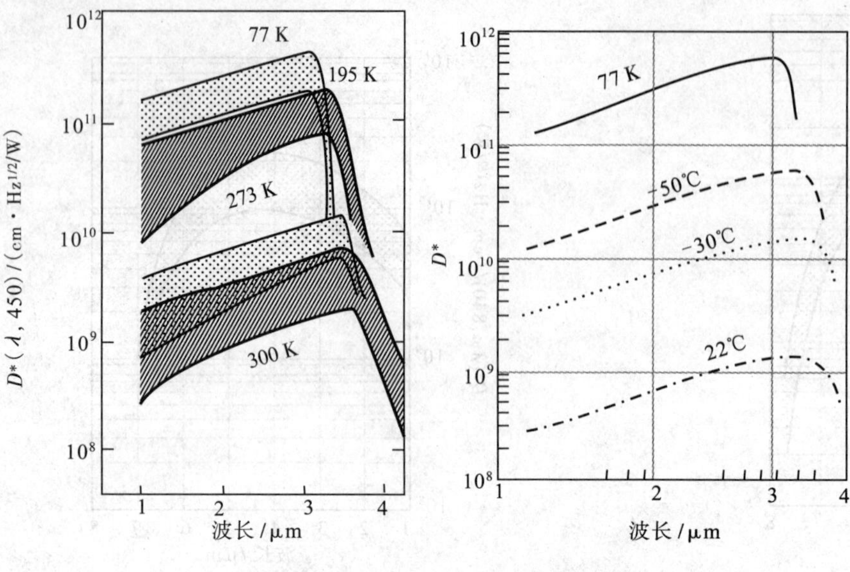

图 34-107 砷化铟探测器的光谱响应

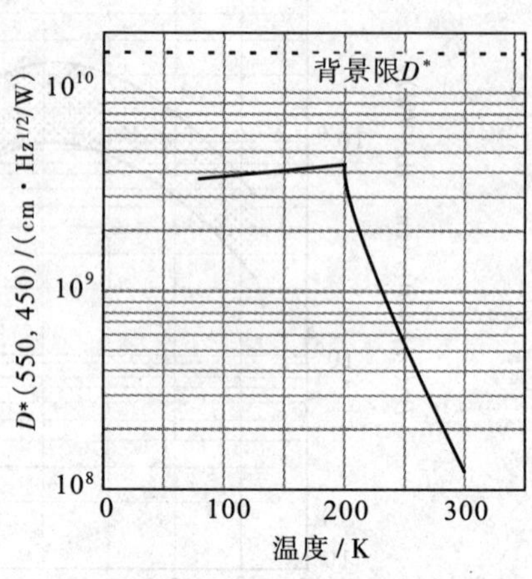

图 34-108 砷化铟探测器的探测度与温度的关系

视场 2π

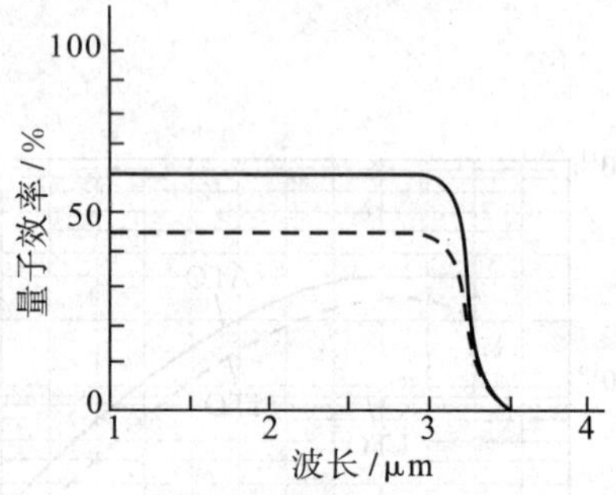

图 34-109 砷化铟探测器的量子效率与波长的关系

工作温度 77 K

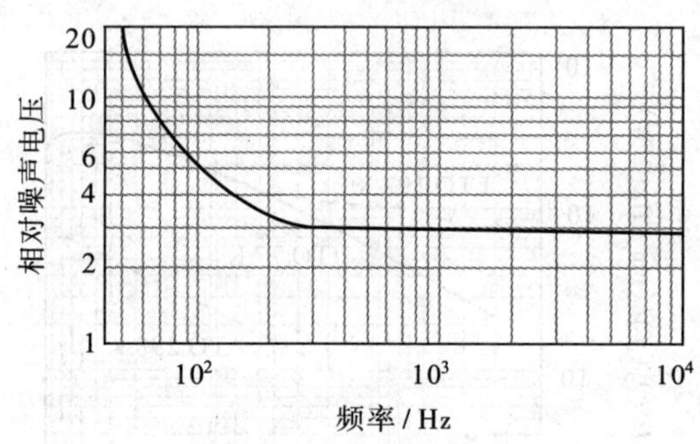

图 34-110 砷化铟探测器的噪声频谱

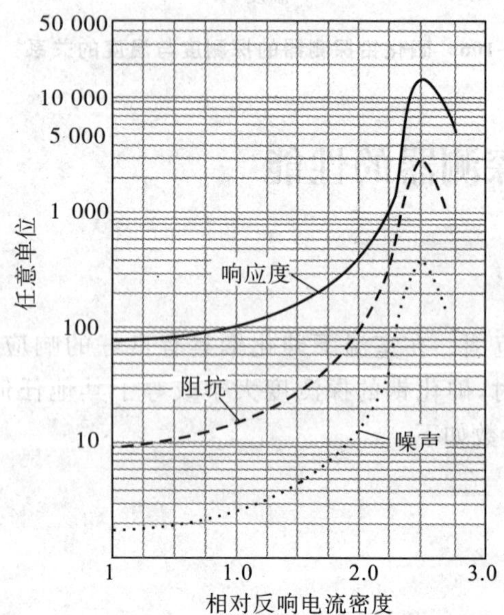

图 34-111 砷化铟探测器的阻抗、响应度和噪声与反向电流的关系

工作温度 300 K

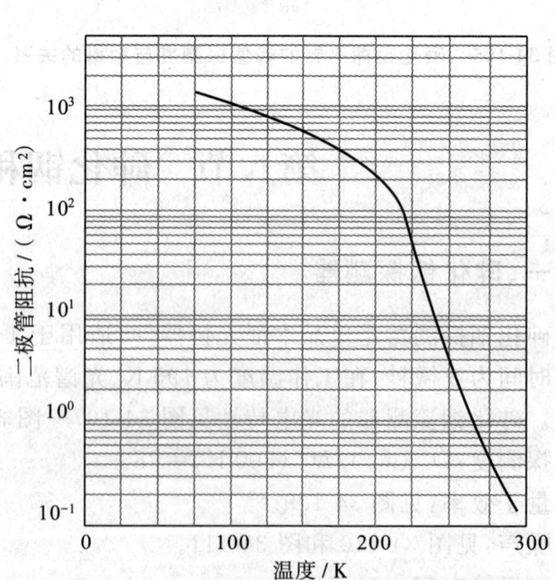

图 34-112 砷化铟探测器的直流短路阻抗与温度的关系

二、锑化铟探测器

锑化铟探测器有光导型、光伏型、光磁电型和远红外4种类型。光伏型锑化铟探测器一般在接近直流短路的状态下工作，可以得到最佳探测度 D^* 和响应度 R_v。

制冷光导型锑化铟探测器具有和制冷光伏型锑化铟探测器相似的光谱探测度。

锑化铟探测器在工作温度为77 K和300 K的情况下，它的性能如表34-24所示。

表34-24　锑化铟在77 K和300 K时的性能

工作温度	77 K	300 K
峰值波长 λ_m/μm	5.1	6
截止波入 λ_c/μm	5.3	7.5
$D^*(\lambda_{pk})/D^*(500\ K)$	5.5	3.3
量子效率 η	≈0.6	0.6
噪声/(nV/Hz$^{1/2}$)	2.0	0.3
响应时间/μs	10～15	40 ns
响应度/(V/W)	10^4	1
暗阻/(Ω/m^3)	5 000	30～130
光敏面积/mm^2	0.1×0.1～10×10	6×0.5
灵敏均匀性	±15%	

图34-113～图34-118给出了光伏型锑化铟探测器的性能曲线，其工作温度为77 K，背景温度为300 K。图34-119～图34-126是光导型锑化铟的性能曲线。

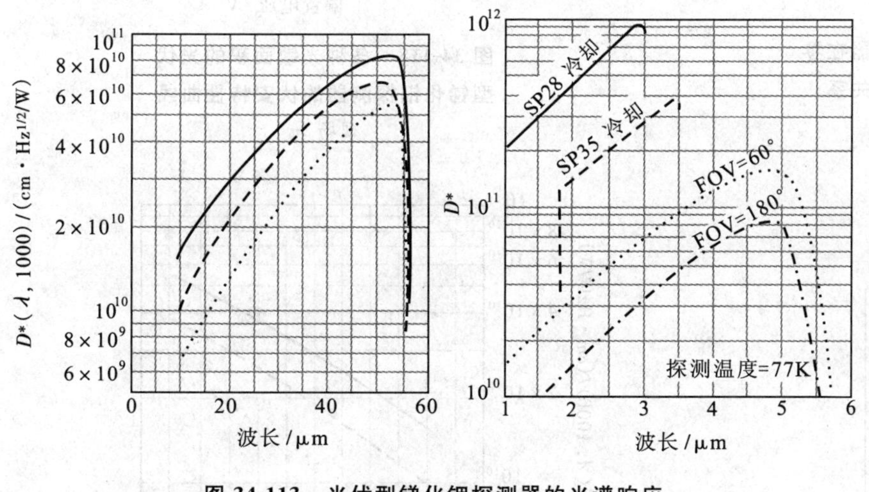

图34-113　光伏型锑化铟探测器的光谱响应

上、中、下曲线光敏面积分别为 10^{-4}～10^{-2} cm^2、10^{-2}～10^{-1} cm^2、10^{-1}～1.0 cm^2，视场2π

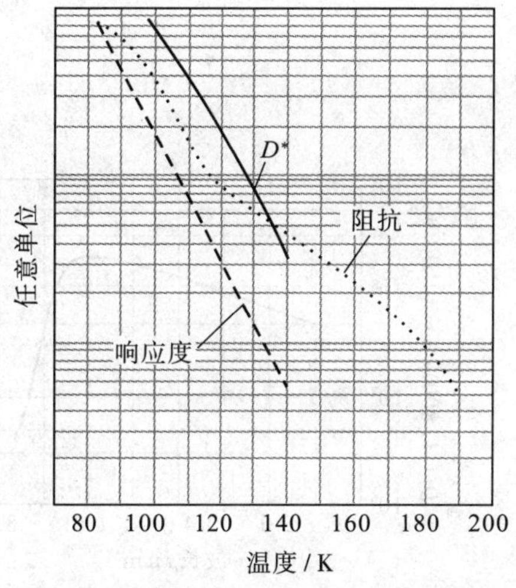

图34-114　光伏型锑化铟探测器的相对探测度、响应度和噪声与温度的关系

视场2π

光磁电锑化铟探测器不需制冷，响应波长可达7 μm，具有中等灵敏度和较高的响应速度(比热探测器快)，无需偏置，但需要磁铁，同时性能不如光导、光伏型锑化铟探测器，目前基本上不采用。图34-126给出了光磁电锑化铟探测器的光谱响应。

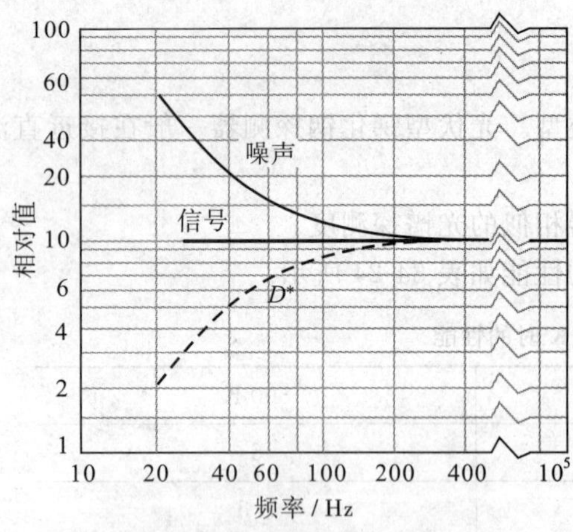

图 34-115 光伏型锑化铟探测器的信号、噪声、探测度与频率的关系

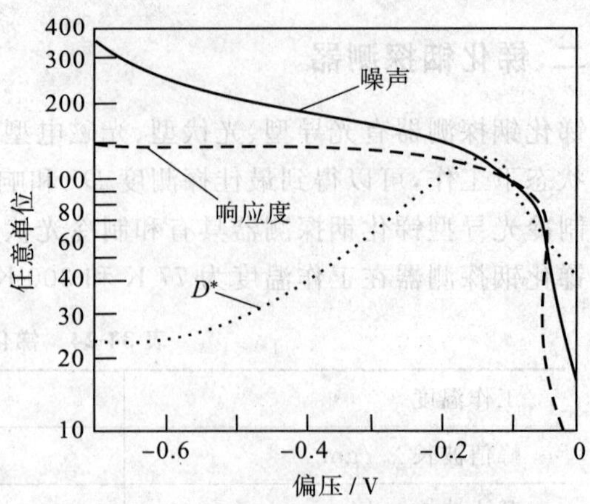

图 34-116 光伏型锑化铟探测器的探测度、响应度、噪声与偏压的关系

视场 2π，光敏面积 $A=4\times10^{-2}$ cm²

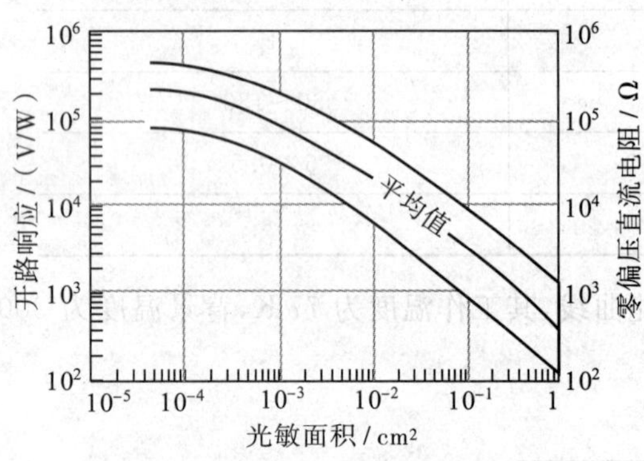

图 34-117 光伏型锑化铟探测器在零偏压时响应度和光敏面积的关系

背景温度 500 K，视场 2π

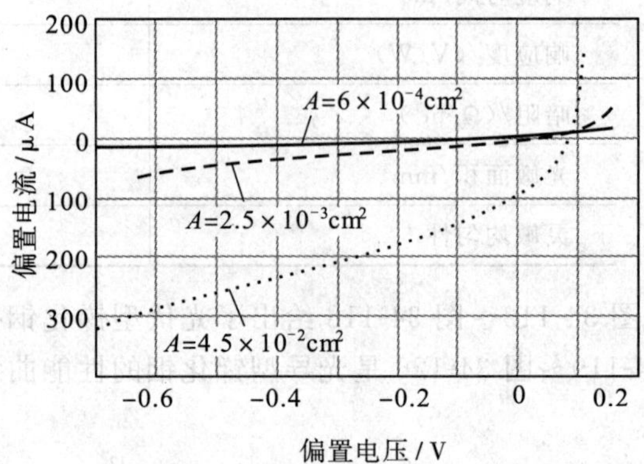

图 34-118 各种光敏面积的光伏型锑化铟探测器的伏安特性曲线

视场 2π

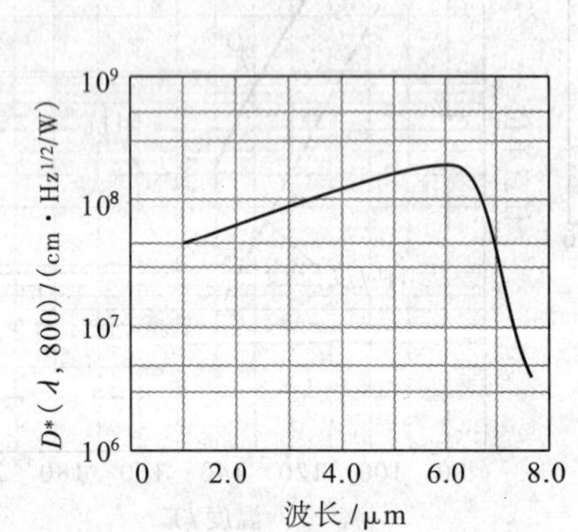

图 34-119 未制冷的光导型锑化铟探测器的光谱响应

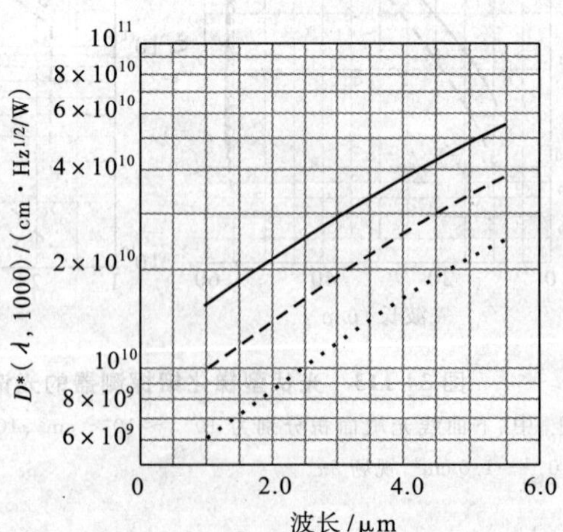

图 34-120 几种不同面积的制冷光导型锑化铟探测器的光谱响应

视场 2π，工作温度 77 K，背景温度 300 K，上、中、下曲线的光敏面积分别为(单位：mm²)：0.1×0.1～0.5×0.5，0.5×0.5～1.0×1.0，1.0×1.0～5.0×1.0

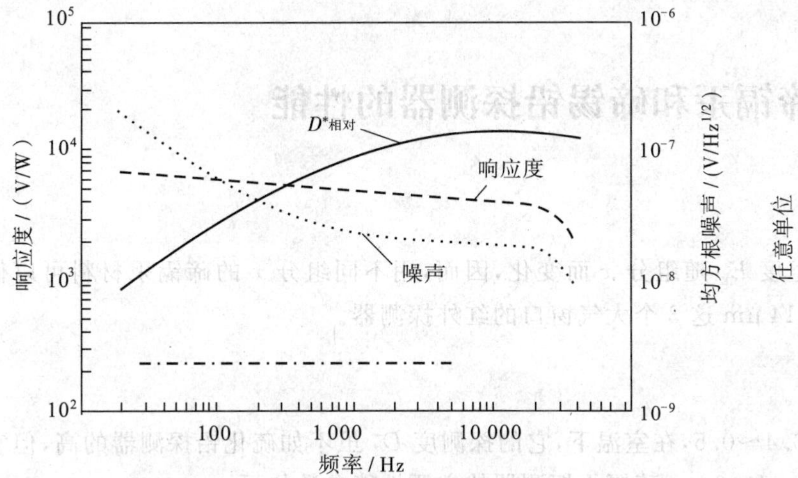

图 34-121　光导型锑化铟探测器的响应度、噪声和相对 D^* 与频率的关系

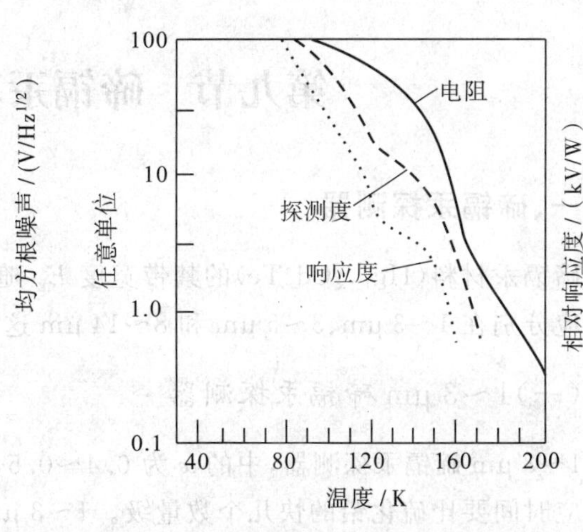

图 34-122　光导型锑化铟探测器的相对 D^*、响应度和电阻与温度的关系

背景温度 300 K，视场 2π

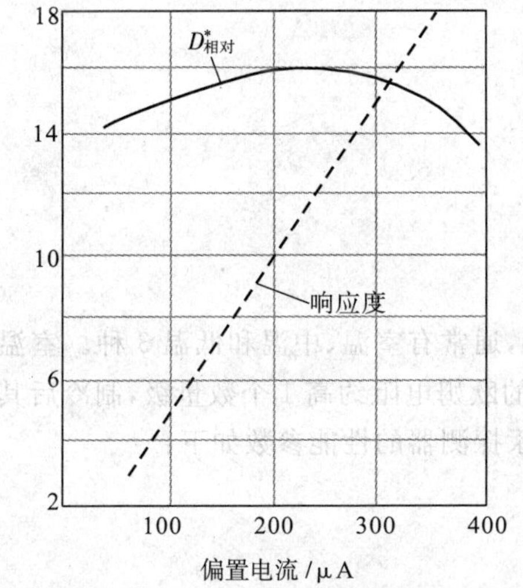

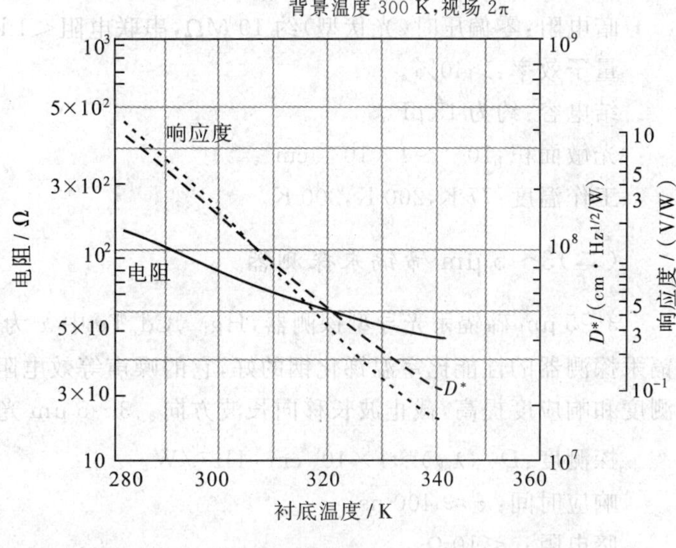

图 34-123　光导型锑化铟探测器的响应度和相对 D^* 与偏置电流的关系

背景温度 300 K，光敏面积 $A=0.5\ mm^2$，视场 180°，调制频率 1 kHz

图 34-124　室温光导型锑化铟探测器的 D^* (6 μm，800 K)、响应度和电阻与衬底温度的关系

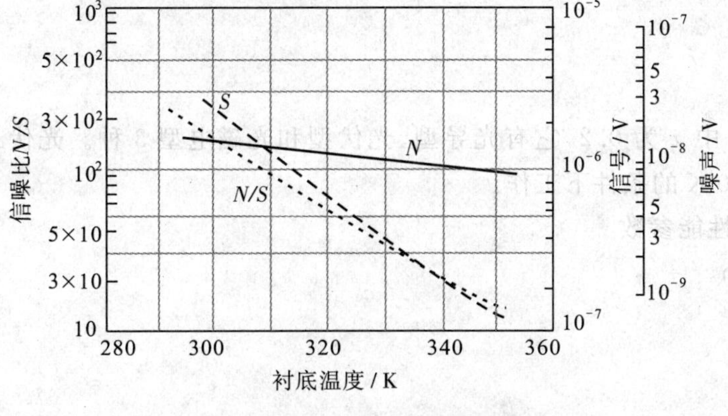

图 34-125　室温光导型锑化铟探测器的信号、噪声和信噪比与衬底温度的关系

测试条件：电流 10 mA，在 $\lambda=4.4\ \mu m$ 处的辐射能为 68 $\mu W/cm^2$、调制频率 800 Hz、放大器带宽 50 Hz

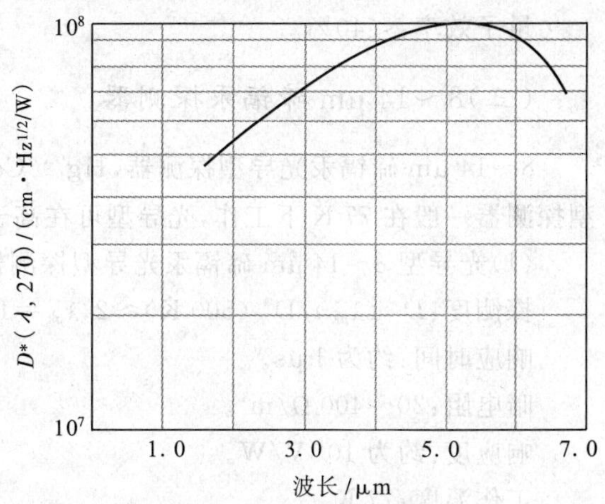

图 34-126　光磁电锑化铟探测器的光谱响应

工作温度 298 K、光敏面积 $A=5\times5\ mm^2$

第九节 碲镉汞和碲锡铅探测器的性能

一、碲镉汞探测器

碲镉汞材料($Hg_{1-x}Cd_xTe$)的禁带宽度 E_g 随组分 x 而变化，因而，用不同组分 x 的碲镉汞材料可以做成响应分别在 1～3 μm、3～5 μm 和 8～14 μm 这 3 个大气窗口的红外探测器。

(一)1～3 μm 碲镉汞探测器

1～3 μm 碲镉汞探测器，中的 x 为 0.4～0.5，在室温下，它的探测度 D^* 虽不如硫化铅探测器的高，但它的响应时间要比硫化铅的快几个数量级。1～3 μm 碲镉汞探测器的主要性能参数如下：

探测度：$T=300$ K，$D^* \approx 10^{10}$ cm·$Hz^{\frac{1}{2}}$/W；$T=77$ K，$D^* \approx 10^{12}$ cm·$Hz^{\frac{1}{2}}$/W。

响应时间：$\tau \approx 10$ ns。

暗电阻：零偏压时(光伏型)约 10 MΩ，串联电阻<1 kΩ。

量子效率：>40%。

结电容：约为 15 pF。

光敏面积：10^{-4}～4×10^{-2} cm²。

工作温度：77 K，200 K，300 K。

(二)3～5 μm 碲镉汞探测器

3～5 μm 碲镉汞光导型探测器，$Hg_{1-x}Cd_xTe$ 中 x 为 0.4～0.25，通常有室温、中温和低温 3 种。室温碲镉汞探测器的性能比室温锑化铟的好，它的噪声等效电阻比它本身的欧姆电阻约高 1 个数量级，制冷后其探测度和响应度提高，截止波长移向长波方向。3～5 μm 光导型碲镉汞探测器的性能参数如下：

探测度：$D^*(\lambda_{pk}) \approx 1\times10^9$ cm·$Hz^{\frac{1}{2}}$/W。

响应时间：$\tau \approx 400$ ns。

暗电阻：<10 Ω。

响应度：30 V/W。

工作温度：295 K。

光敏面积：0.5×0.5 mm²。

量子效率：<40%。

(三)8～14 μm 碲镉汞探测器

8～14 μm 碲镉汞光导型探测器，$Hg_{1-x}Cd_xTe$ 中 x 为 0.2，它有光导型、光伏型和光磁电型 3 种。光伏型探测器一般在 77 K 下工作，光导型可在高于 100 K 的条件下工作。

(1)光导型 8～14 μm 碲镉汞光导型探测器的性能参数

探测度：$D^*(\lambda_{pk})/D^*(500\ K) \approx 2$，$\lambda_{pk}=10$ μm。

响应时间：约为 1 μs。

暗电阻：20～400 Ω/m³。

响应度：约为 10^4 V/W。

工作温度：77 K。

光敏面积：线度为 0.05～2 mm。

量子效率：>70%。

(2)光伏型 8～14 μm 碲镉汞探测器的性能参数

探测度：D^* (9 μm,900) = 3×10^{10} cm · $\mathrm{Hz}^{\frac{1}{2}}$/W。

响应时间：10～20 ns(零偏压)，3 ns(反向偏压)。

暗电阻：100～500 Ω(0.1×0.1 mm^2)。

响应度：200～700 V/W。

工作温度：77 K。

光敏面积：线度为 0.001～0.25 mm。

结电容：<10 pF(结面积 A=0.04 mm^2)。

图 34-127～图 34-133 是光导型和光伏型碲镉汞探测器的光谱响应、噪声等性能参数曲线。

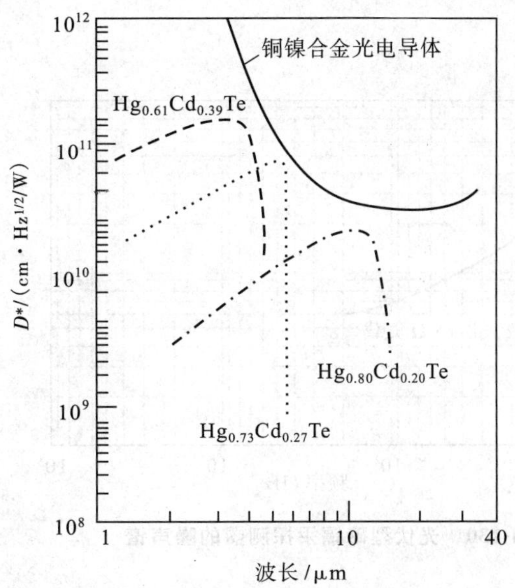

图 34-127　3 种不同组分的碲镉汞光导探测器的光谱响应

工作温度 77 K，视场 2π

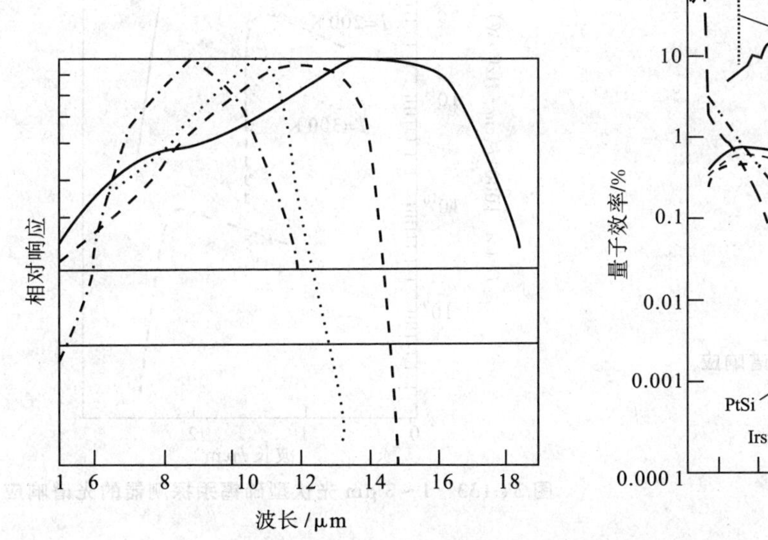

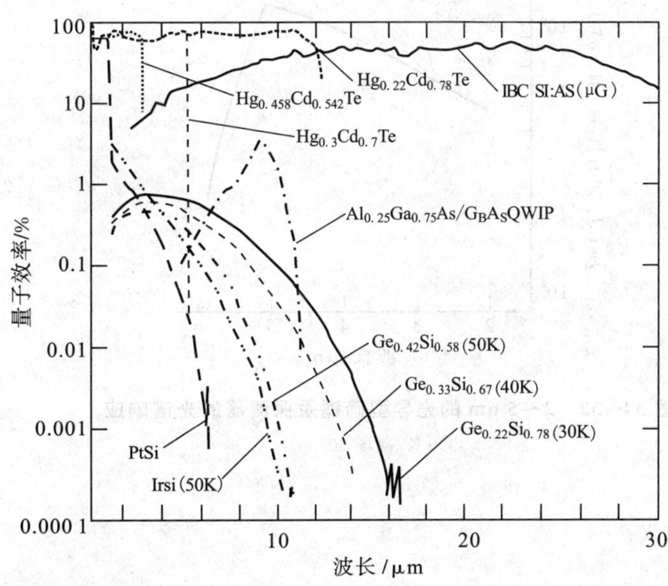

图 34-128　几种不同组分的碲镉汞($Hg_{1-x}Cd_xTe$)探测器的光谱响应

工作温度 77 K，视场 60°

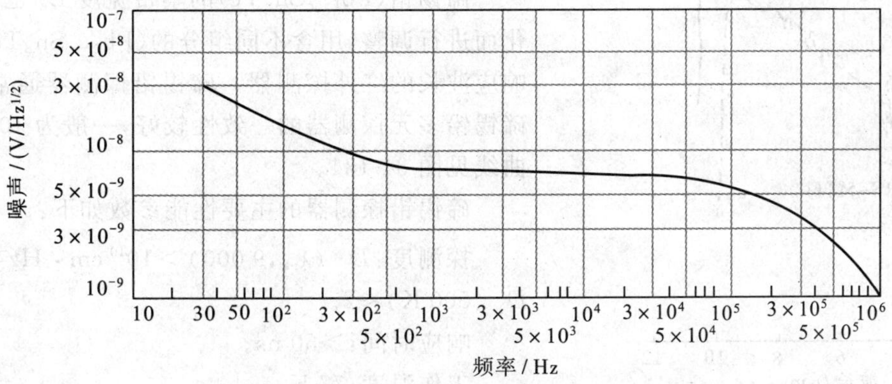

图 34-129　光导碲镉汞探测器的噪声谱

工作温度 77 K

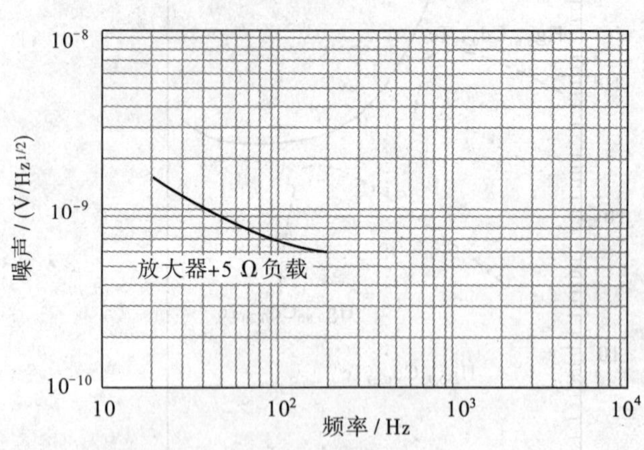

图 34-130 光伏型碲镉汞探测器的噪声谱

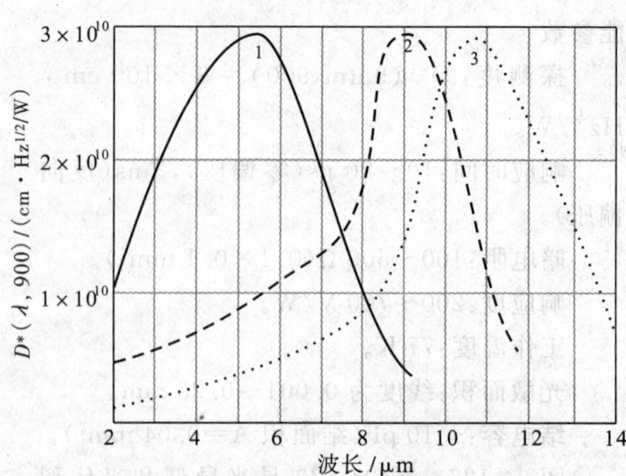

图 34-131 光伏型碲镉汞探测器的光谱响应

77 K，视场 30°，曲线 1、2、3 代表 3 种不同组分

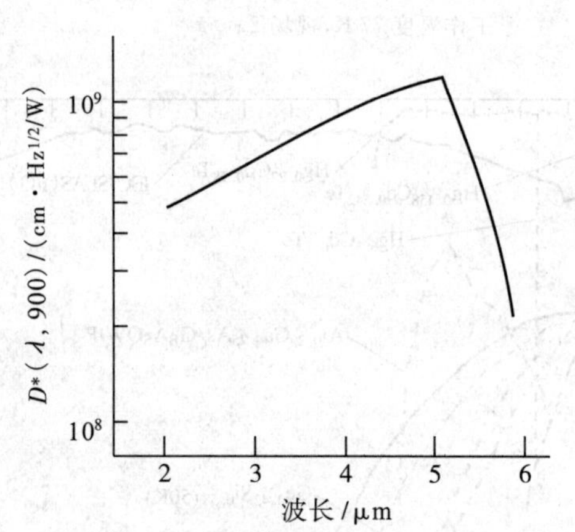

图 34-132 2～5 μm 的光导型碲镉汞探测器的光谱响应

300 K，视场 60°

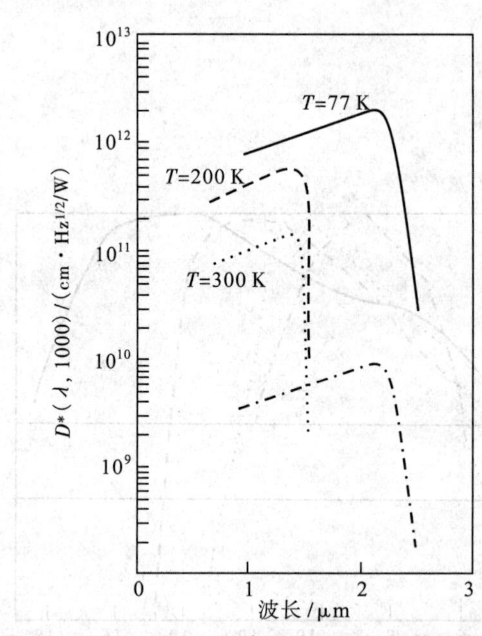

图 34-133 1～3 μm 光伏型碲镉汞探测器的光谱响应

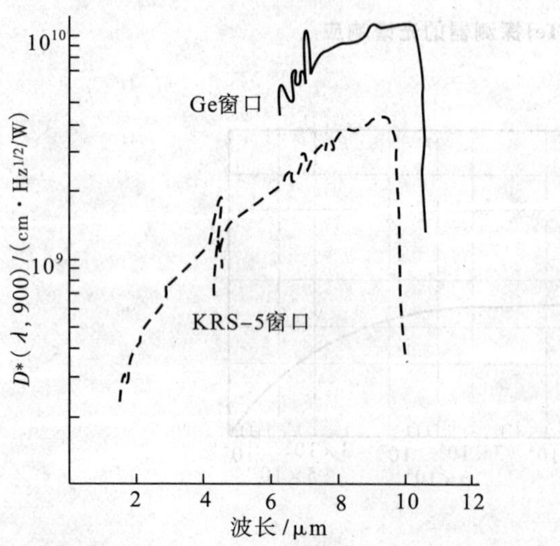

图 34-134 光伏型碲锡铅探测器的光谱响应

77 K，视场 60°

二、碲锡铅探测器

碲锡铅($Pb_{1-x}Sn_xTe$)的禁带宽度 E_g 也可随组分 x 的变化而进行调整，用含不同组分的($Pb_{1-x}Sn_xTe$)可以做成不同响应波长的红外探测器。碲锡铅探测器通常被做成光伏型。碲锡铅多元探测器的一致性较好，一般为 10%。其光谱响应曲线见图 34-134。

碲锡铅探测器的主要性能参数如下：

探测度：$D^*(\lambda_{pk}, 9\,000) > 10^{10}\ \mathrm{cm \cdot Hz^{\frac{1}{2}}/W}$。$D^*(\lambda_{pk})/D^*(500\ \mathrm{K}) \approx 2$。

响应时间：>50 ns。

工作温度：77 K。

光敏面积：1×1 mm²。

第十节　锗掺杂与硅掺杂探测器的性能

一、锗掺金探测器

锗掺金探测器是一种P型杂质光电导探测器。响应波长为2～10 μm,需要低温制冷,一般工作温度为77 K,它的性能参数如下:

探测度:$D^*(\lambda_{pk})/D^*(500\ K)=2.7$。

量子效率:参看图34-138。

噪声:参看图34-139。

响应时间:<50 ns。

响应度:约为10^4 V/W。

暗阻:≤500 kΩ/m^3。

光敏面积:线度为0.25～5 mm。

工作温度:<85 K,一般为77 K。

图34-135～图34-139分别表示锗掺金探测器的光谱响应、量子效率、噪声谱等。

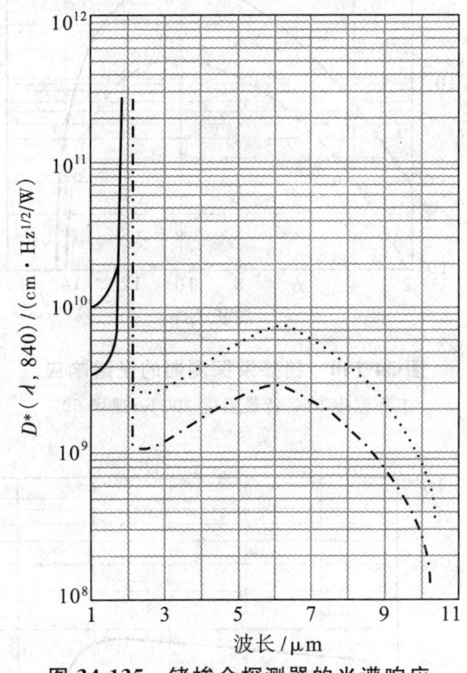

图34-135　锗掺金探测器的光谱响应

工作温度295 K,视场2π

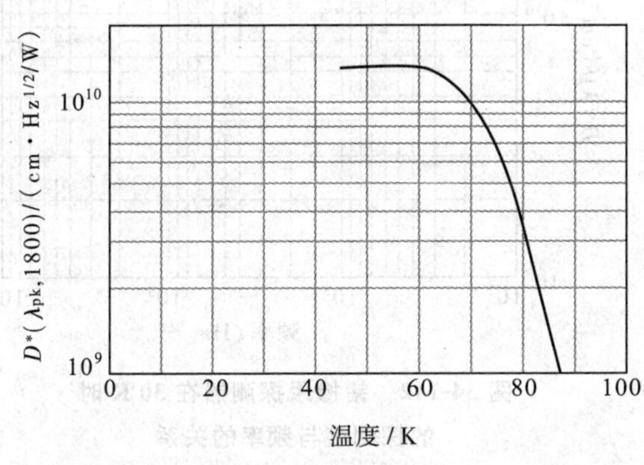

图34-136　锗掺金探测器的探测度与温度的关系

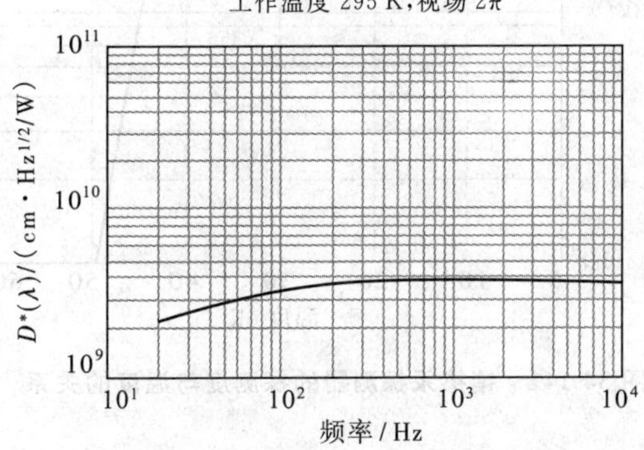

图34-137　锗掺金探测器的探测度与频率的关系

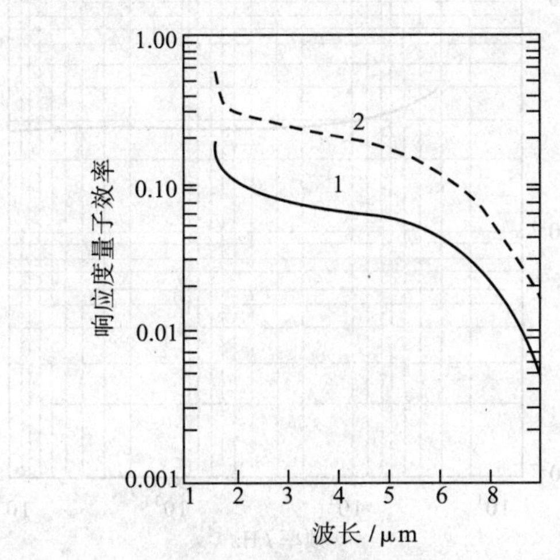

图34-138　锗掺金探测器的量子效率与波长的关系

工作温度78 K

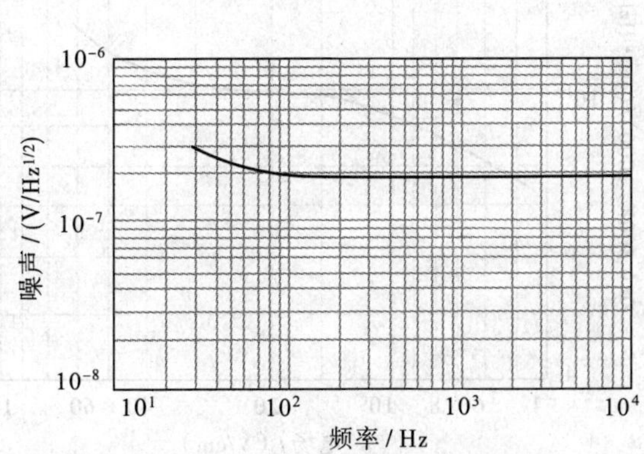

图34-139　锗掺金探测器的噪声谱

光敏面积$A=1\times1\ mm^2$,工作温度77 K

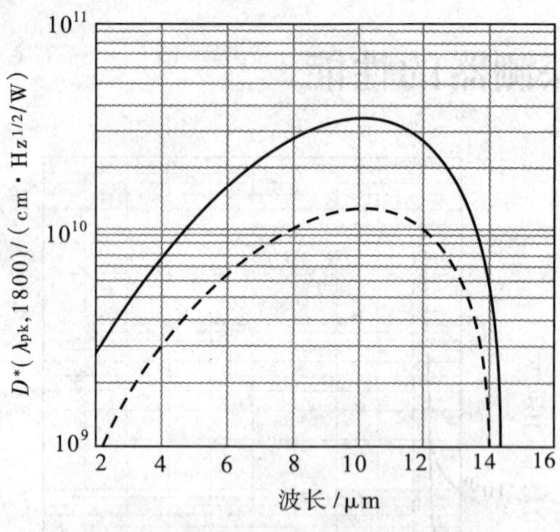

图 34-140　锗掺汞探测器的光谱响应

工作温度 5 K，背景温度 300 K，视场 60°

二、锗掺汞探测器

锗掺汞探测器，是 P 型杂质光电导探测器，响应波长为 8～13 μm，它的主要性能参数如下：

探测度：见图 34-140，$D^*(\lambda_{pk})/D^*(500\text{ K},1\,000)=2$。

量子效率：25%～30%。

噪声：参看图 34-144。

响应度：约为 10^5 V/W。

暗阻：见图 34-147。

光敏面积：线度为 0.25～5 mm。

工作温度：≤40 K。

图 34-140～图 34-148 分别表示锗掺汞探测器的探测度、光谱响应、噪声等性能曲线。

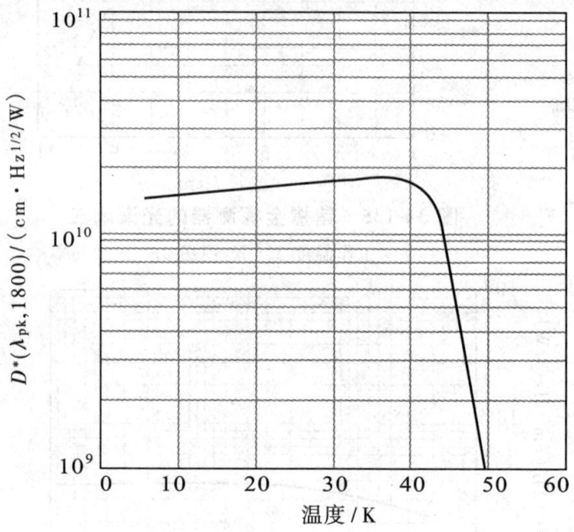

图 34-141　锗掺汞探测器的探测度与温度的关系

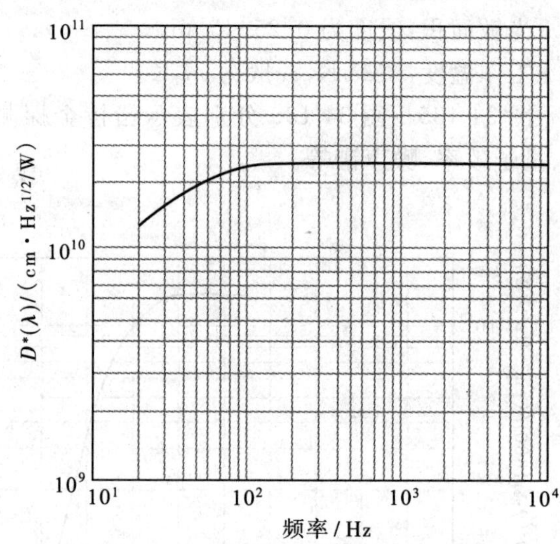

图 34-142　锗掺汞探测器在 30 K 时的探测度与频率的关系

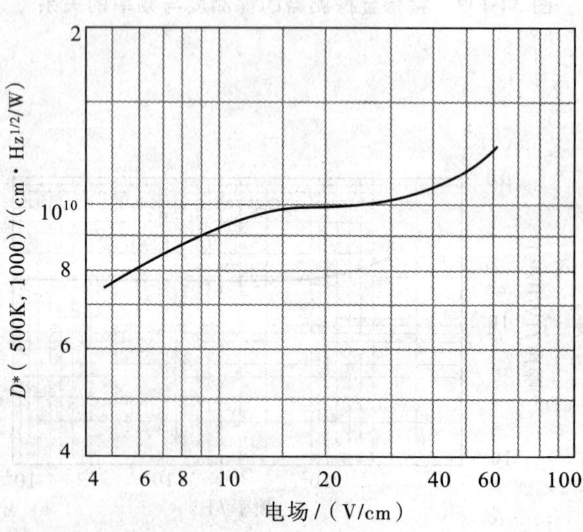

图 34-143　锗掺汞探测器的探测度与偏置电场的关系

工作温度 5 K，背景温度 300 K、光敏面积 $A=6\times10^{-4}\,cm^2$、视场 90°

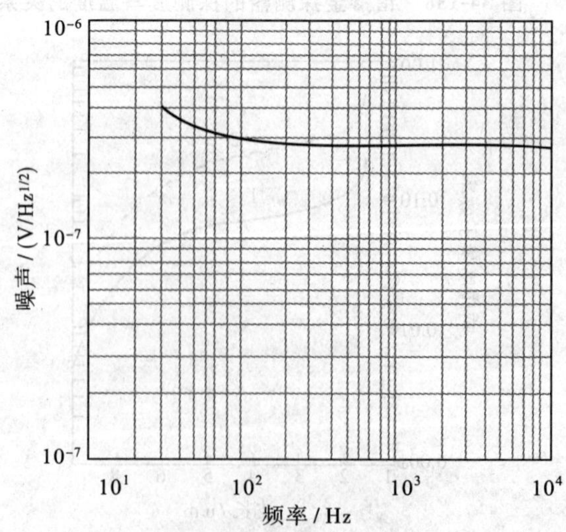

图 34-144　锗掺汞探测器的噪声频谱

光敏面积 $A=1\times1\,mm^2$

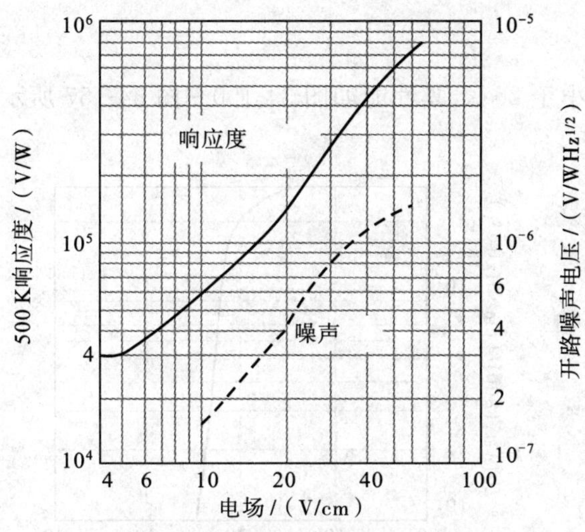

图 34-145　锗掺汞探测器的响应度和噪声电压与偏置电场的关系

工作温度 5 K，背景温度 300 K、光敏面积 $A=6\times10^{-4}$ cm²、视场 90°

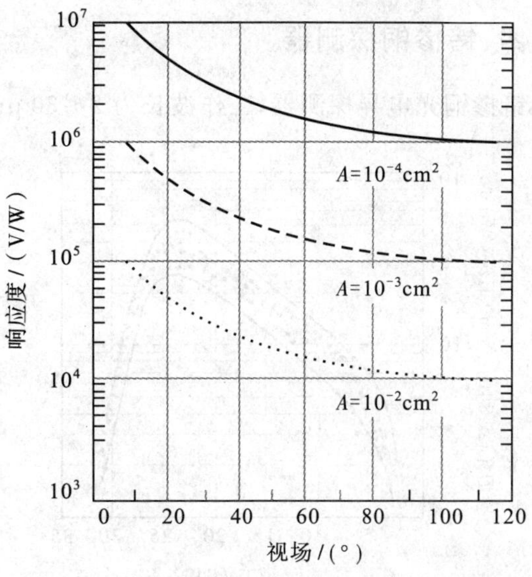

图 34-146　锗掺汞探测器的开路响应度与视场的关系

工作温度 5 K，背景温度 300 K，黑体温度 500 K

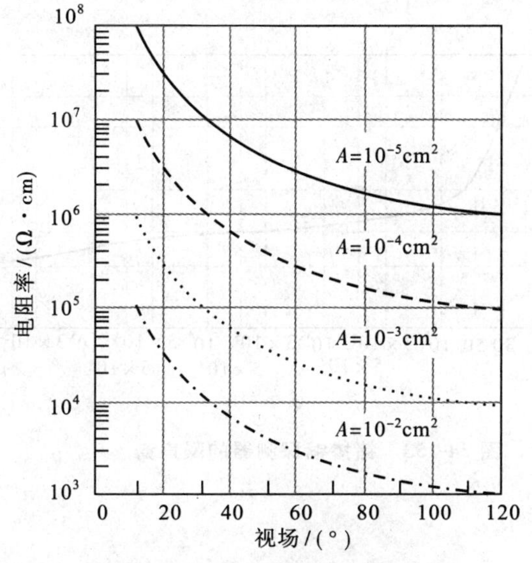

图 34-147　几种不同面积的锗掺汞探测器的电阻率与视场的关系

工作温度 5 K，背景温度 300 K

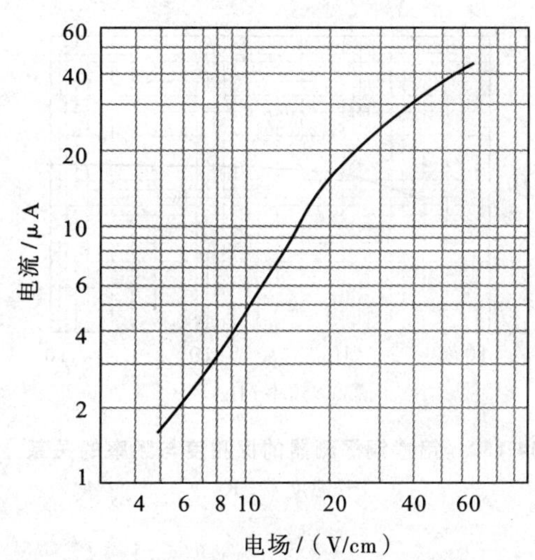

图 34-148　锗掺汞探测器的偏置电流与电场的关系

工作温度 5 K，背景温度 300 K，光敏面积 $A=6\times10^{-4}$ cm²，视场 90°

三、锗掺镉探测器

锗掺镉探测器的截止波长为 22 μm，工作温度 25 K，用液氢制冷即可，其性能参数如下：

探测度：见图 34-149，$D^*(\lambda_{pk})/D^*(500\ \mathrm{K})=2.5$。

响应时间：50 ns。

响应度：10^4 V/W。

暗阻：10～50 kΩ/m³。

光敏面积：线度为 0.25～5 mm。

工作温度：25 K。

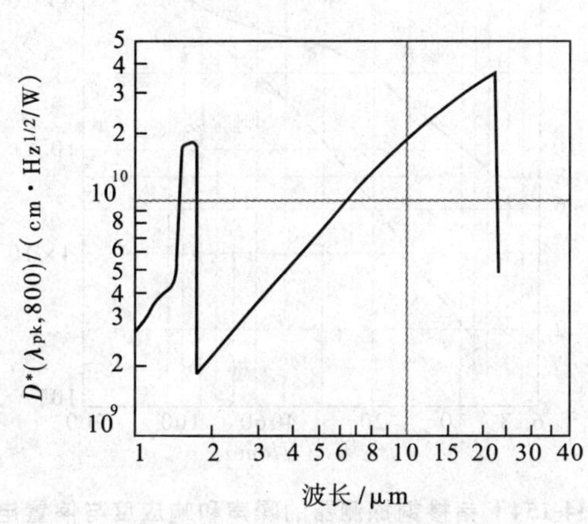

图 34-149　锗掺镉探测器的光谱响应

视场 90°、镉的浓度 5×10^{15} cm⁻³

四、锗掺铜探测器

锗掺铜光电导探测器，工作波长为 2～30 μm，工作温度小于 20 K，其性能如图 34-150～图 34-157 所示。

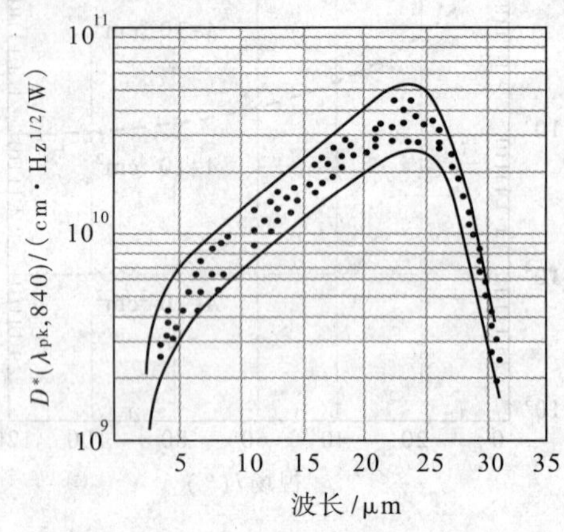

图 34-150 锗掺铜探测器的光谱响应

视场 60°

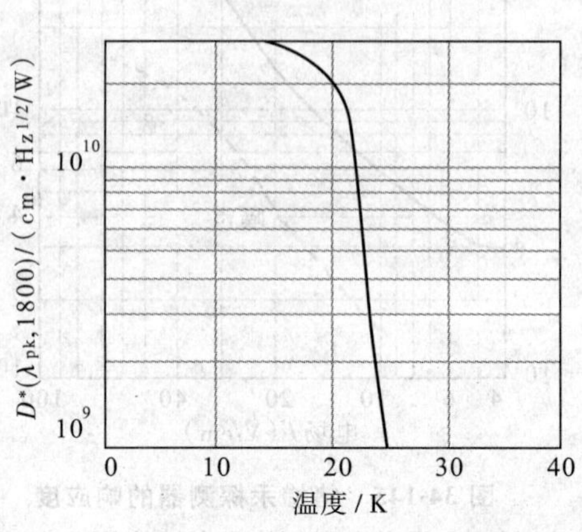

图 34-151 锗掺铜探测器的探测度与温度的关系

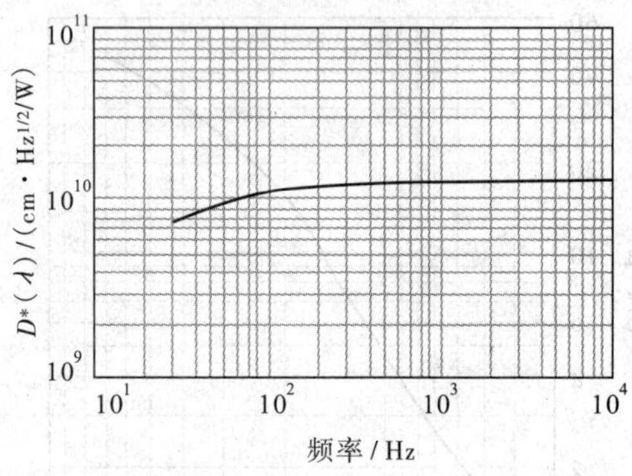

图 34-152 锗掺铜探测器的探测度与频率的关系

工作温度 4.2 K

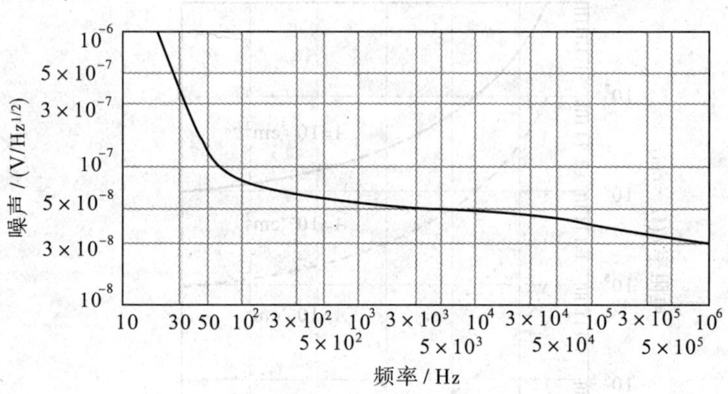

图 34-153 锗掺铜探测器的噪声谱

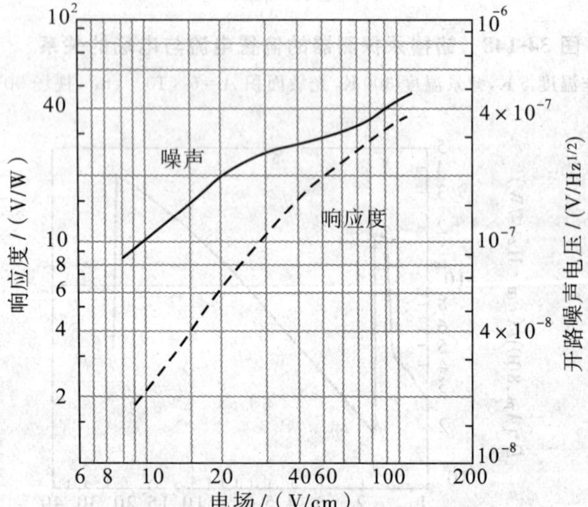

图 34-154 锗掺铜探测器的噪声和响应度与偏置电场的关系

工作温度 5 K，背景温度 300 K，黑体温度 500 K，光敏面积 $A=10^{-2}\,cm^2$，视场 60°

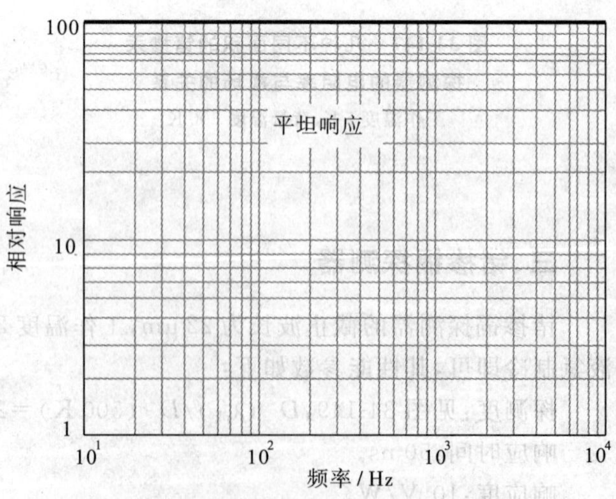

图 34-155 锗掺铜探测器的相对响应与频率关系

工作温度 4.2 K

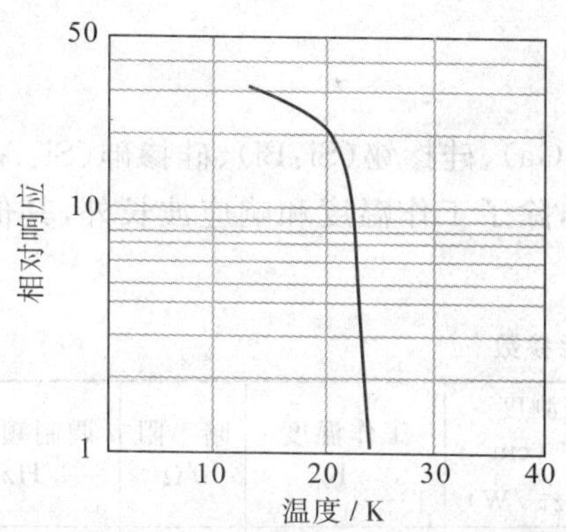

图 34-156　锗掺铜探测器的相对响应度与温度的关系

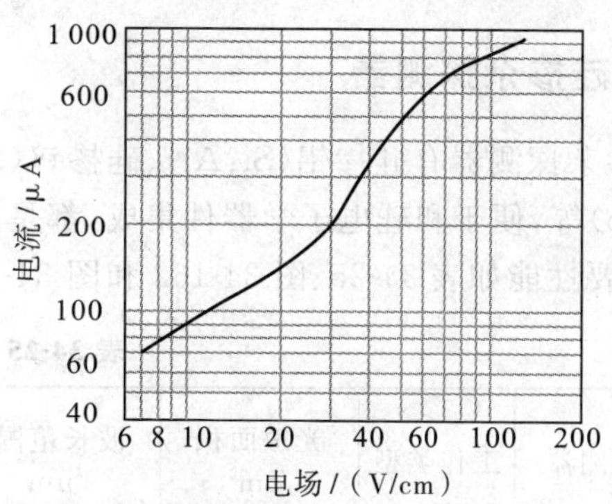

图 34-157　锗掺铜探测器的伏安特性曲线

视场 60°，背景温度 300 K，光敏面积 $A=10^{-2}$ cm²

五、锗掺锌探测器

锗掺锌探测器与锗掺铜探测器相似，光电特性见图 34-158～图 34-160，但它的响应波长比锗掺铜的长，截止波长为 40 μm，工作温度低于 10 K，它的主要性能如下：

探测度：见图 34-158，$D^*(\lambda_{pk})/D^*(500\ K)=2$。

响应时间：<50 ns。

响应度：10^3 V/W。

暗阻：10～300 kΩ/m³。

光敏面积：线度为 0.25～5 mm。

工作温度：<10 K。

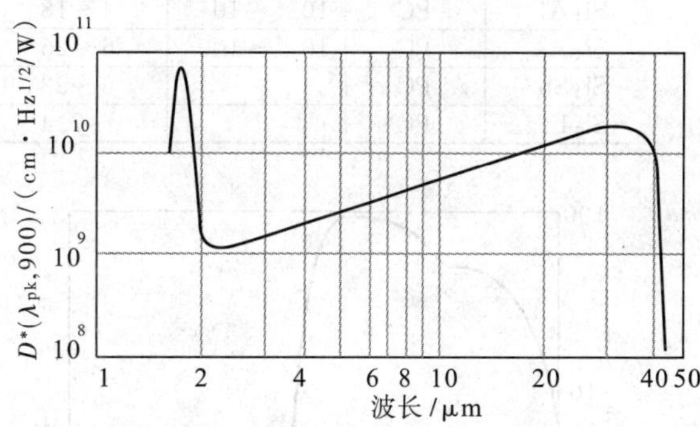

图 34-158　锗掺锌探测器的光谱响应

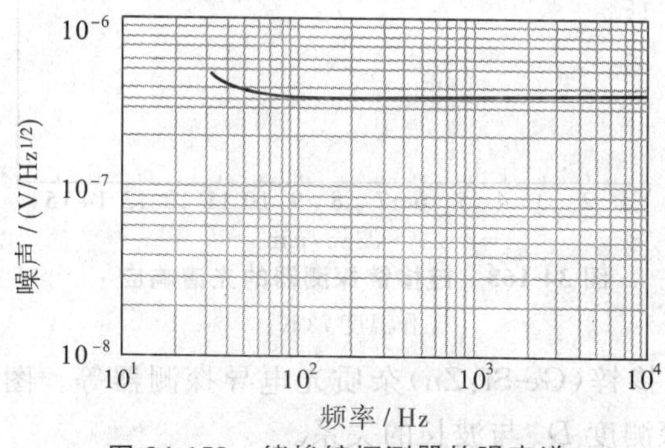

图 34-159　锗掺锌探测器的噪声谱

工作温度 4.2 K，光敏面积 $A=1\times1$ mm²

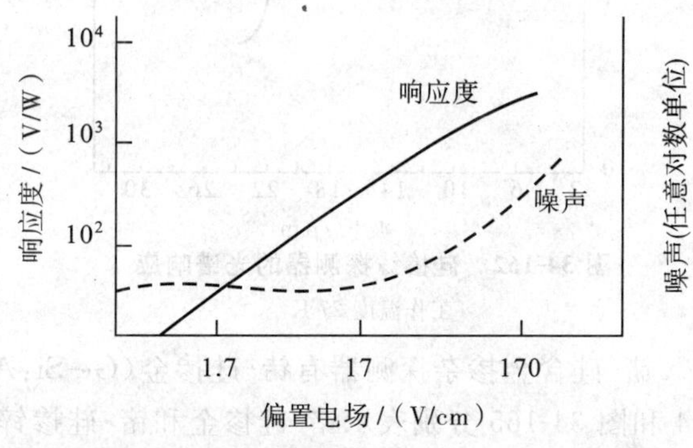

图 34-160　锗掺锌探测器的响应度和噪声与偏置电场的关系

六、锗掺铟探测器

锗掺铟探测器是对远红外探测很有用的 P 型杂质光电导探测器，类似的还有锗掺铍(Ge:Be)、锗掺硼(Ge:B)、锗掺镓(Ge:Ga)探测器。这些探测器都需要用液氦制冷。锗掺铟探测器的光谱响应曲线见图 34-161，主要性能参数如下：

探测度：$D^*(\lambda_{pk},900)=6\times10^{10}$ cm · Hz$^{\frac{1}{2}}$/W（视场 90°)，$D^*(\lambda_{pk})/D^*(500\ K)=60$。

响应时间：<1 μs。

响应度：约为 10^2 V/W。

暗阻：约为 100 kΩ/m³。

光敏面积：线度为 0.25～5 mm。

工作温度：约为 5 K。

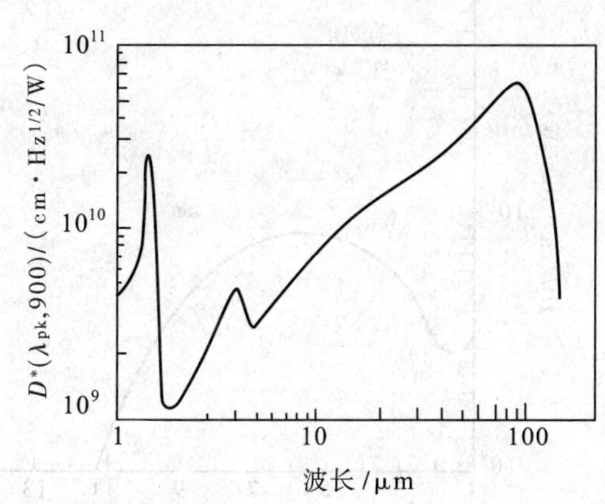

图 34-161　锗掺铟探测器的光谱响应

视场 90°，工作温度 5 K

七、硅掺杂探测器

硅掺杂探测器有硅掺铝(Si:Al)、硅掺锌(Si:Zn)、硅掺镓(Si:Ga)、硅掺铋(Si:Bi)、硅掺砷(Si:As)、硅掺锑(Si:Sb)等，便于和硅电子学器件集成，都是杂质光电导探测器，除了工作温度和响应波长外，其他性能接近，其主要性能如表 34-25、图 34-162 和图 34-163 所示。

表 34-25　硅掺杂探测器的性能参数

探测器	工作类型	光敏面积 /cm^2	波长范围 /μm	峰值波长 /μm	探测度 D^* (cm · $Hz^{\frac{1}{2}}$/W)	工作温度 /K	暗阻 /Ω	调制频率 /Hz
Si:Bi	PC	10^{-4}～10^{-1}	4～17	16	1×10^{10}	20	10^6	1K
Si:Ga	PC	10^{-4}～10^{-1}	4～17	15	2×10^{10}	18	10^5	1K
Si:Al	PC	10^{-4}～10^{-1}	4～18	17	2×10^{10}	20	10^5	1K
Si:As	PC	10^{-4}～10^{-1}	6～25	23	2×10^{10}	12	10^5	1K
Si:Sb	PC		6～33	28	1×10^{10}	4	10^5	1K
Si:In	PC		～7.4			77		

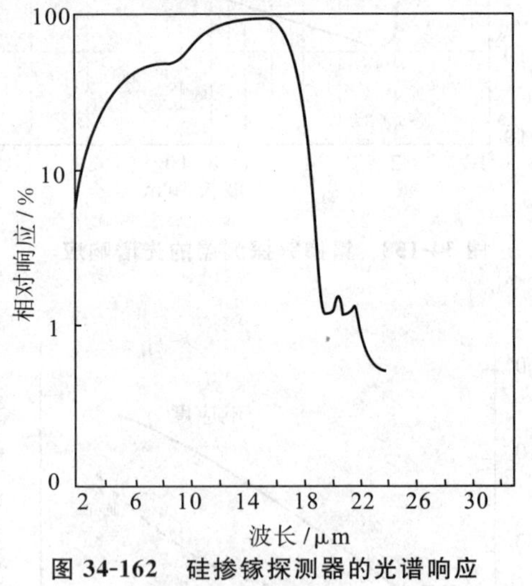

图 34-162　硅掺镓探测器的光谱响应

工作温度 27 K

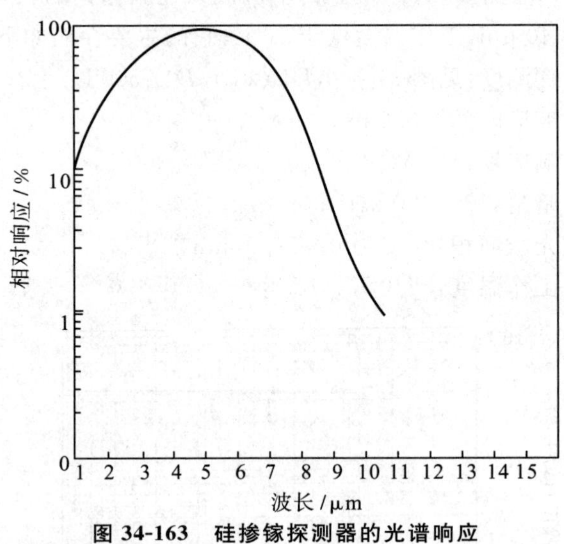

图 34-163　硅掺镓探测器的光谱响应

工作温度 73 K

锗-硅含金掺杂探测器有锗-硅掺金(Ge-Si:Au)和锗-硅掺锌(Ge-Si:Zn)杂质光电导探测器等。图 34-164 和图 34-165 分别表示锗-硅掺金和锗-硅掺锌探测器的探测度 D^* 与波长的关系。

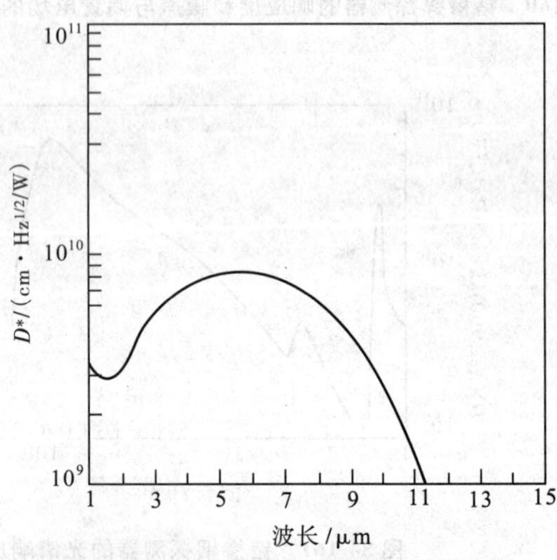

图 34-164　锗-硅掺金探测器的光谱响应

工作温度 50 K

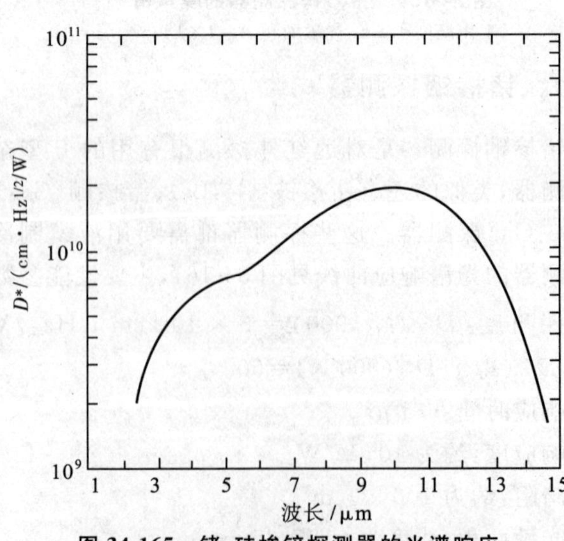

图 34-165　锗-硅掺锌探测器的光谱响应

工作温度 50 K

第十一节　光热探测器

热探测器在光电探测中也占有重要的地位[2-4,9,13-14]。与光子探测不同，光热探测器受光照后，没有单光子效应，仅仅是本征吸收而产生温度变化，称为光热效应。

热探测器的分析模型如图 34-166 所示。模型由 3 部分组成：热敏元件，热链回路和大热容量的散热器。

如果假定

$$\left.\begin{aligned} P(t) &= P_0 + P_f \cos \omega t \\ \Delta T(t) &= \Delta T_0 + \Delta T_f \cos (t + \varphi_f) \end{aligned}\right\} \quad (34\text{-}34)$$

则有

$$\left.\begin{aligned} \Delta T_0 &= \frac{\alpha P_0}{G} \\ \Delta T_f &= \frac{\alpha P_f}{\sqrt{G^2 + 4\pi^2 f^2 H^2}} \end{aligned}\right\} \quad (34\text{-}35)$$

如果用单位功率产生的温度变化表示热敏元件的灵敏度 R_f，则改写为

$$R_f = \frac{\Delta T_f}{P_f} = \frac{a}{\sqrt{G^2 + 4\pi^2 f^2 H^2}} = \frac{a}{G\sqrt{1 + 4\pi^2 f^2 \tau_H^2}} \quad (34\text{-}36)$$

式中

$$\tau_H = \frac{H}{G} \quad (34\text{-}37)$$

定义为热探测器的时间常数。

热探测器一般是慢响应探测器。表 34-26 和表 34-27 分别是热电偶和热电堆的性能参数，图 34-167 是热电偶的光谱响应。

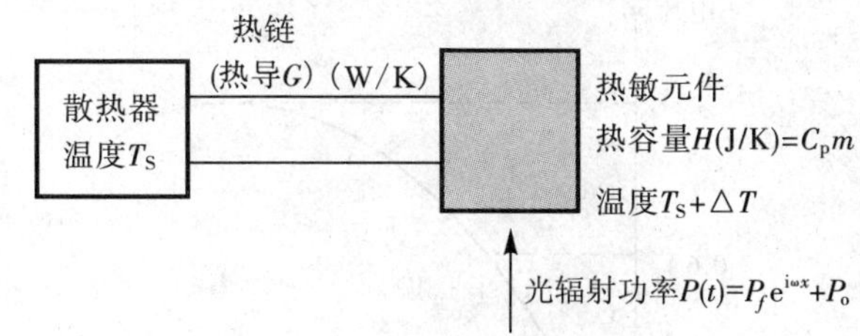

图 34-166　热电探测器的结构

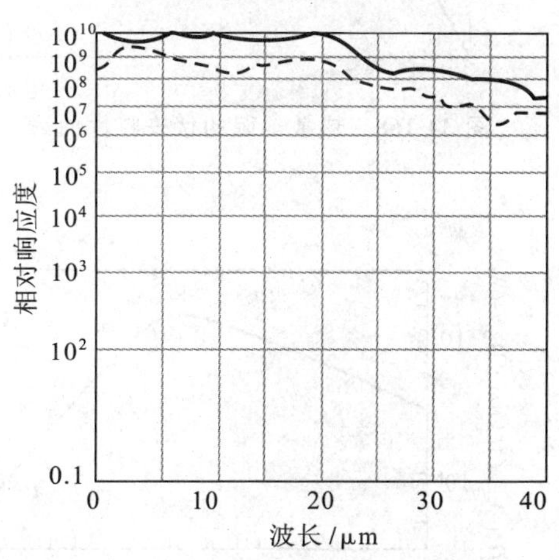

图 34-167　典型热电偶的光谱响应(CsI)

表 34-26　热电偶的特性参数

材　料	接收面积/mm^2	响应度/(V/W)	响应时间/ms	通频带/Hz	等效噪声功率/W
铋-铋锡合金	1.5×3	2	100	60	1×10^{-7}
镍铬合金-镍铜	0.5×4	3.0	150	100	8×10^{-9}
半导体 P-N	0.2×2	30	40	60	5×10^{-10}

表 34-27　锑铋薄膜热电堆的特性参数

热偶对数	15	5	89	5	13
接收面积/mm^2	1×1	0.25×0.25	3.14	0.12×0.12	0.45×0.45
响应度(真空)/(V/W)	50	220	160	280	150
响应时间(真空)/ms	100	75	150	13	80
阻抗/kΩ	63	10	47	、5	10
等效噪声功率/W	2×10^{-10}	5.9×10^{-11}	1.7×10^{-10}	3.3×10^{-11}	
探测度 D^*/(cm·$Hz^{\frac{1}{2}}$/W)	5×10^8	4.2×10^8	1×10^9	3.6×10^9	4.4×10^8

一、热敏电阻

用 Mn、Ni、Co、Cu 的氧化物或 Ge、Si、InSb 等半导体材料做成的电阻器，其阻值随温度而变化，称为热敏电阻[13,21-22]。电阻随温度变化的规律是

$$\Delta R=\alpha_{\mathrm{T}} R \frac{\alpha P_0}{GO\sqrt{1+\omega^2\tau_{\mathrm{H}}^2}} \tag{34-38}$$

其中

$$\alpha_{\mathrm{T}}=\Delta R/(R\Delta T) \tag{34-39}$$

称为热敏电阻的温度系数，$\alpha_{\mathrm{T}}>0$ 称为正温度系数，$\alpha_{\mathrm{T}}<0$ 称为负温度系数。

热敏电阻的静态伏安特性曲线如图 34-168 所示，使用时常接成图 34-169 所示的桥式电路。

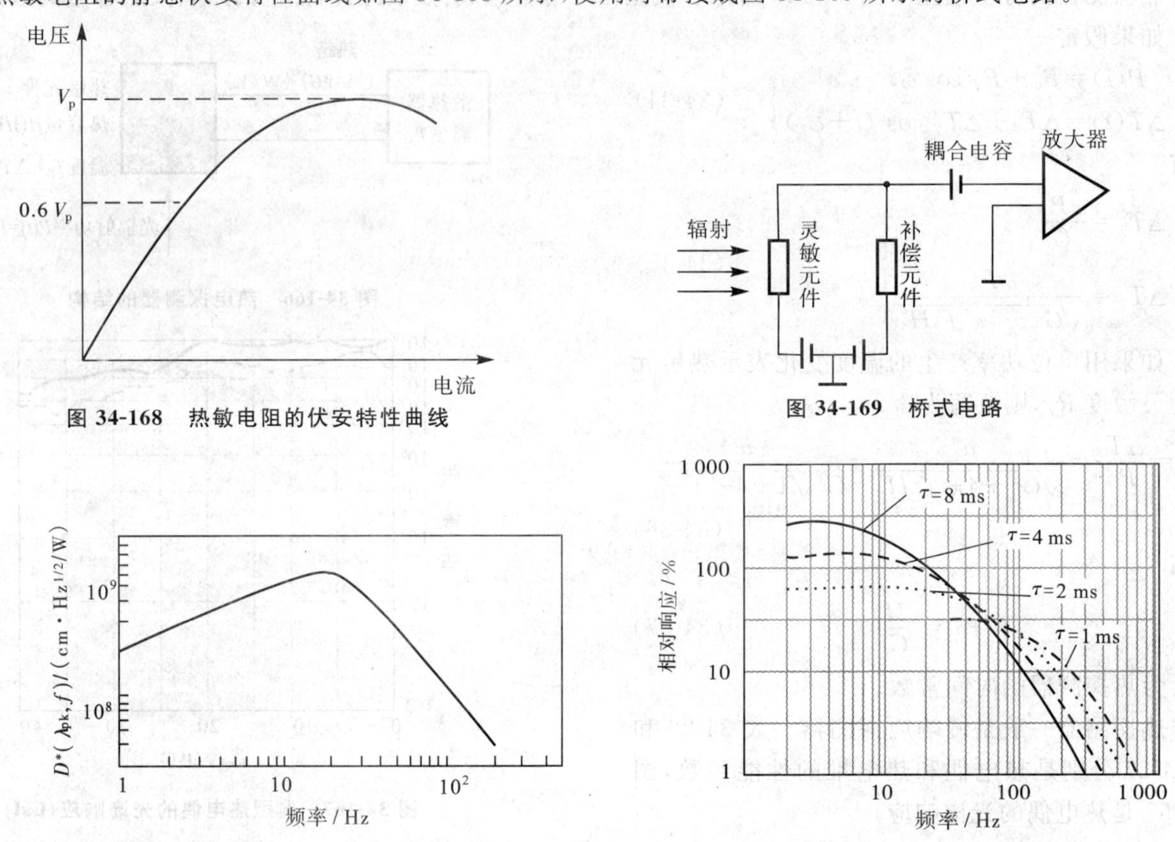

图 34-168　热敏电阻的伏安特性曲线

图 34-169　桥式电路

图 34-170　典型的热敏电阻的 D^* 频谱

图 34-171　不同响应时间的热敏电阻的相对响应度和频率的关系

聚合物基正温度系数(positive temperature coefficient，PTC)热敏电阻器主要由聚合物基体及导电填料组成，具有室温电阻率低、质软、易加工成形、价格低廉等优点，在医疗、计算机、程控电话交换机、手机电池、汽车配件、家电产品、工业仪表、运载火箭、火灾报警等领域得到了广泛的应用[29-33]。图 34-170 和图 34-171 是热敏电阻的特性曲线，表 34-28 是热敏电阻的性能参数。

表 34-28　热敏电阻性能参数

材　料	工作温度/K	R_V/(V/W)	NEP/(W/Hz$^{1/2}$)	D^*/(cm·Hz$^{1/2}$/W)	τ/s	接收面积/nm²	暗　阻/Ω
锰镍钴氧化物	295	57		11×10^8	10^{-2}	2×2	1.5×10^8
锰镍钴氧化物	295	105		1.7×10^8	2×10^{-2}	2×2	2×10^8
锰镍钴氧化物	295	205		2×10^8	10^{-2}	1×1	1.4×10^8
锰镍钴氧化物	295	215		9.2×10^7	3×10^{-3}	0.4×0.4	2.3×10^5
锰镍钴氧化物	295	1.08×10^3		10^8	2×10^{-8}	0.12×0.12	3.6×10^5
锰镍钴氧化物	295	1.3×10^4		3.5×10^8	1.7×10^{-8}	0.12×0.12	2.3×10^5
锰镍钴氧化物	295	730	2.55×10^{-11}		5.9×10^{-3}	0.6	3×10^6
锰镍钴氧化物	295	3.46×10^3	1.14×10^{-10}		1.35×10^{-3}	0.58	3×10^6
铜氧化物	295	1.43×10^4	6×10^{-8}		0.2	7	1.5×10^8
钴镍钴氧化物	295	100			4×10^{-8}	1×1	

二、热释电探测器

热释电效应是通过所谓的热电材料实现的，热电材料是一种结晶对称性很差的压电晶体，因而在常温下具有自发电极化(即固有电偶极距)[13]，如图 34-172 所示。热释电探测器是一种交流或瞬时响应的器件。如果极板面积为 A，则电流为

$$i = A\frac{\mathrm{d}P_s}{\mathrm{d}t} = A\frac{\mathrm{d}P_s}{\mathrm{d}T}\frac{\mathrm{d}T}{\mathrm{d}t} = A\beta\frac{\mathrm{d}T}{\mathrm{d}t} \qquad (34\text{-}40)$$

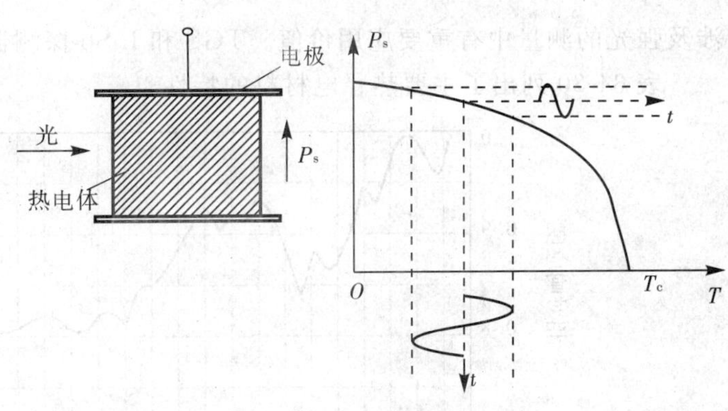

图 34-172　热释电效应

式中，$\beta = \frac{\mathrm{d}\beta}{\mathrm{d}T}$ 称为热释电系数。很显然，如果照射光是恒定的，那么 T 为恒定值，P_s 亦为恒定值，电流为 0。所以热释电探测器是一种交流或瞬时响应的器件热释电探测器的联结和等效电路，如图 34-173 所示。

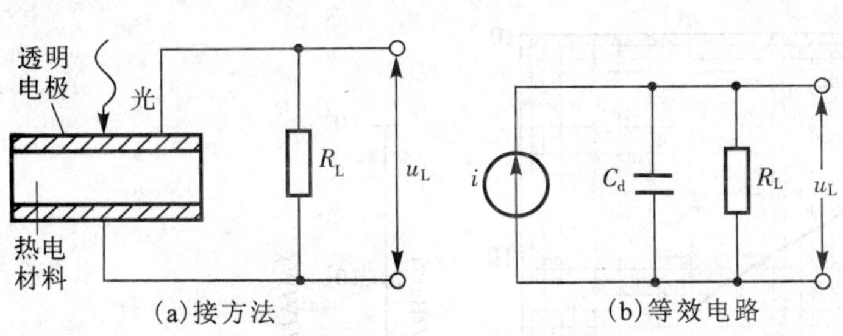

图 34-173　热释电探测器的联接及等效电路

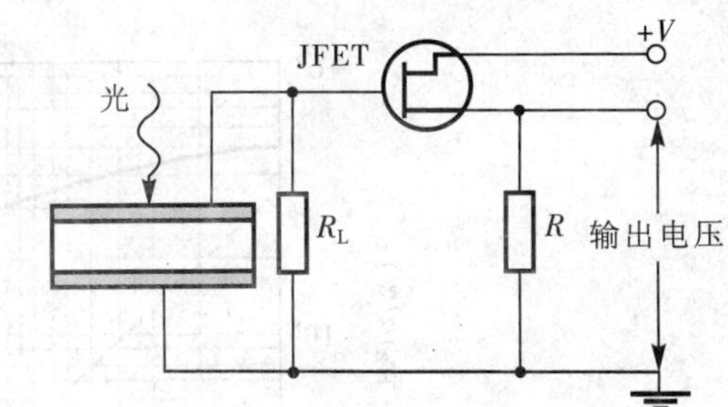

图 34-174　热释电探测器的联接

图 34-174 是常用的一种联接方法，R_L 一般很大($\approx 10^9\ \Omega$)，所以 JFET 又相当一个阻抗变换器，图中所示的输出阻抗就是 R。

发展最早，工艺也最成熟的热释电材料是硫酸三酐肽(TGS)，它的 D^* 值较高($2.5\times10^8\ \mathrm{cm\cdot Hz^{1/2}/W}$)，但居里温度低($T_c=49$℃)。因此，承受强光的能力差。它是一种水溶性晶体，物理化学性能不太理想，且有自发退化倾向。通过适当的掺杂技术可以克服这一缺点。以后逐步发展的有：铌酸锶钡(SBN)、钽酸锂(LT)、钛酸铅陶瓷(PT)、钍酸锆酸、铅陶瓷(PZT)等热释电材料，制成的热释电探测器的性能列于表 34-29[3] 中。

表 34-29　一些热释电探测器的性能

探测器	波　长 /μm	灵敏面积 /cm²	响应度 /(V/W)	探测度 /(cm·Hz$^{1/2}$/W)	响应时间 /μs	最大损耗 /(W/cm²)
LT	0.2～500	0.85～20	0.5～10^6 A/W	3×10^8	0.05×10^6	5
LT	7.5～14	0.19～20	1～2×10^6 A/W	10^8		10
TGS	0.1～300	1	3×10^3	10^9		10
TGS	2～35		4×10^3	5×10^8	10^4	0.5
TGS		$0.5\times0.5\times10^{-2}$	10^4	5×10^8	0.01～0.02	
SBN	2～20	0.016～16	$(2.5～3)\times10^3$	$(1～5)\times10^8$	1	10^{-2}
PT 钛酸铅		7.9×10^{-3}	40～60	$4\times10^7～6\times10^8$	5×10^4	
PLT 镧钛酸铅		7.9×10^{-3}	10～15	7×10^7		
TGFB 氟铍酸三甘肽	1～50	7×10^8		$1.5～10^8$		
PZT				$7～10^8$		

SBN 在大气中性能稳定，热电系数大，响应速度快($\tau<1$ ns)，在光通信、雷达技术中有使用前途。PT 和 LT 材料的居里温度高，响应动态范围大，损伤阈值高，不易烧坏，因此在激光能量测量和激光外差探测以及

涉及强光的测量中有重要应用价值。TGS 和 InSb 探测器的特性曲线见图 34-175～图 34-183。

表 34-30 列出了主要热释电材料的特性[3]。

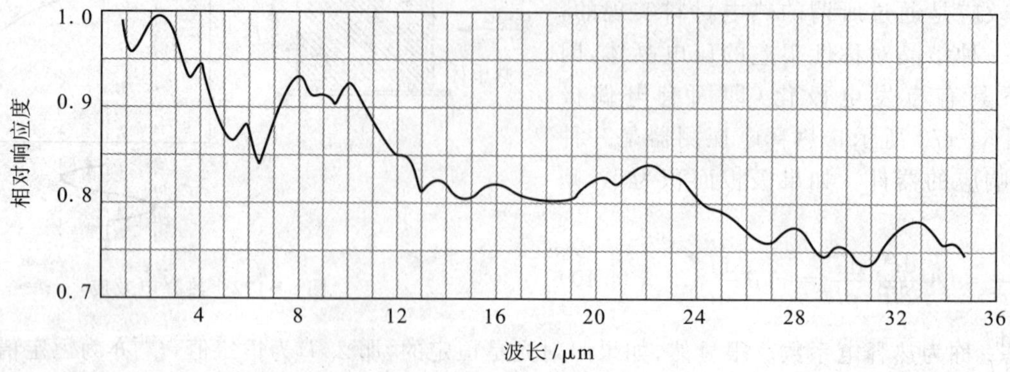

图 34-175　TGS 探测器的相对光谱响应

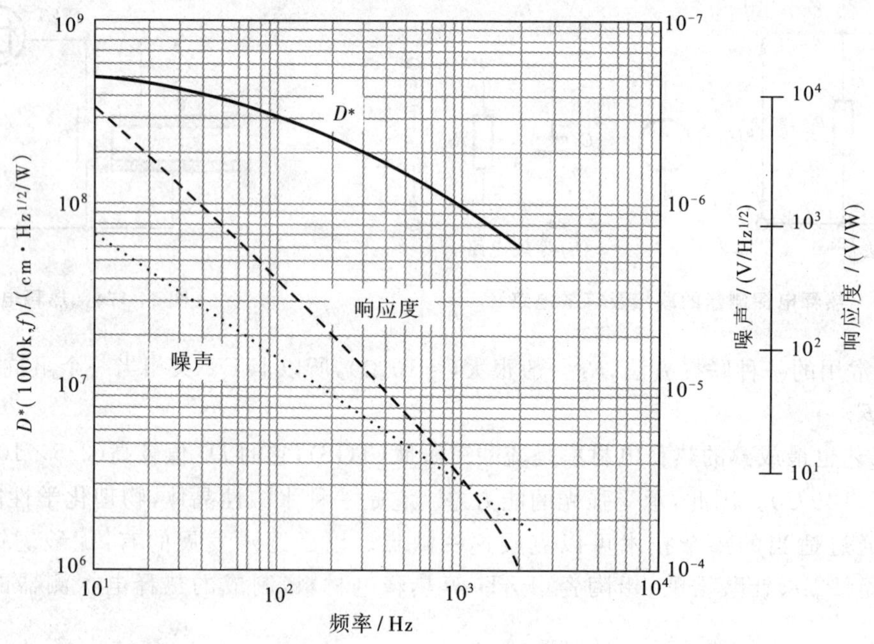

图 34-176　TGS 探测器的 D^*、响应度和噪声与频率的关系

灵敏面积 0.4×0.4 mm²，工作温度 299 K

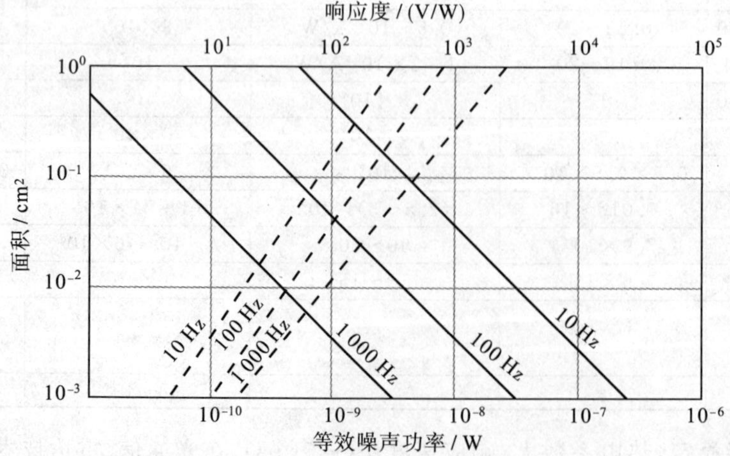

图 34-177　TGS 探测器的等效噪声功率(虚线)和响应度与探测器面积的关系

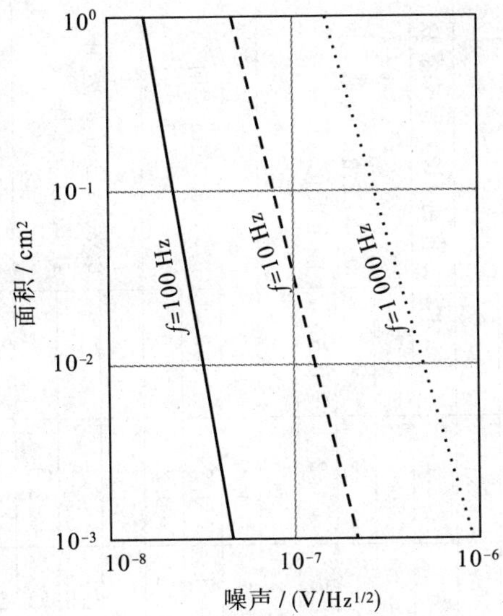

图 34-178　TGS 的噪声与探测器面积的关系

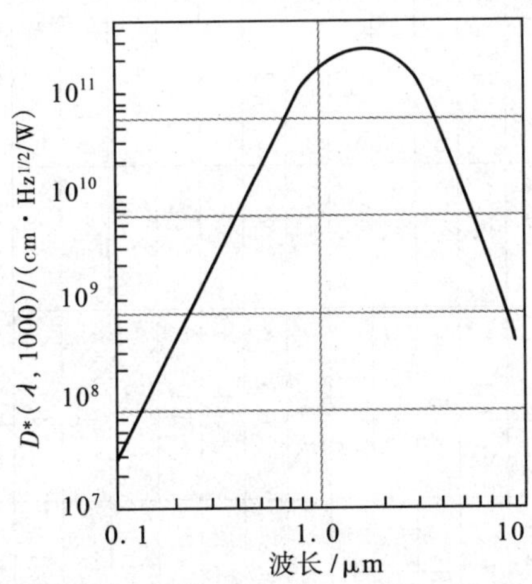

图 34-180　InSb 测辐射热计的 D^* 与 λ 的关系

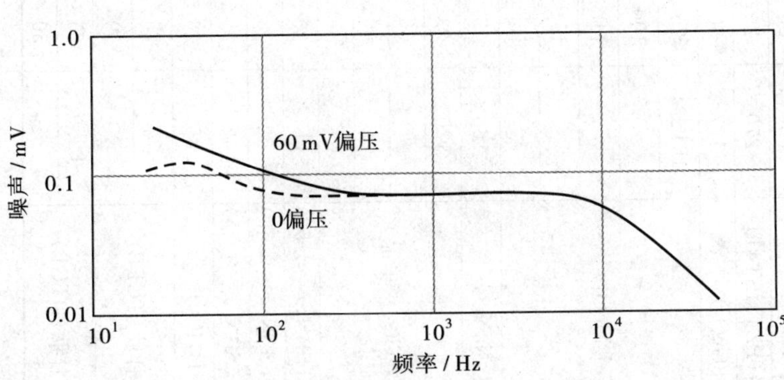

图 34-182　InSb 测辐射热计的噪声谱

工作温度 5 K，R_t＝200 Ω，增益 M＝2.4×10^4，带宽 Δf＝5.6 Hz

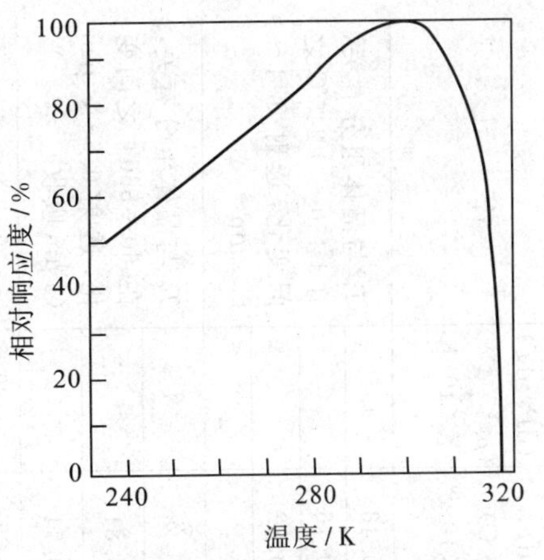

图 34-179　TGS 探测器的相对响应度与温度的关系

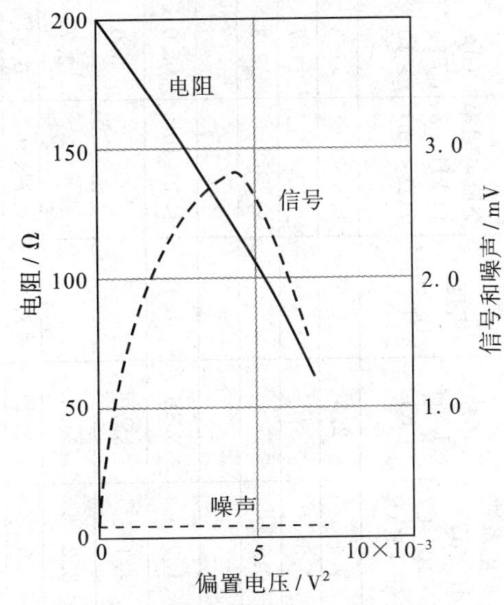

图 34-181　InSb 测辐射热计的电阻、信号和噪声与偏置电压平方的关系

工作温度 5 K，R_t＝200 Ω，增益 M＝2.4×10^4，频率 1 100 Hz

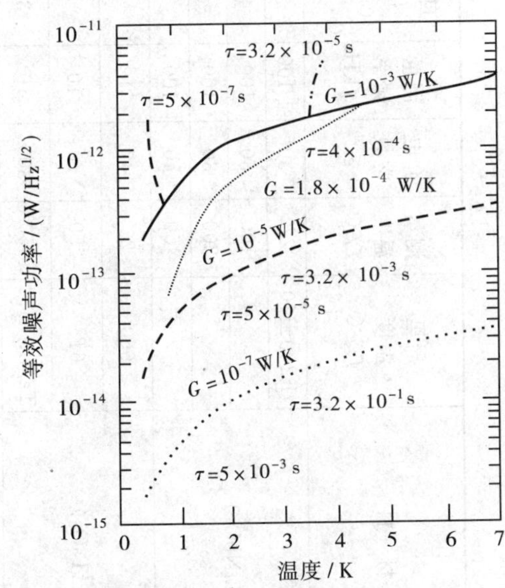

图 34-183　锗测辐射热计的 NEP 与温度的关系

实线是理论曲线 NEP≈4T$(KG)^{1/2}$，虚线是测量值

表 34-30 热释电材料的特性

材料	居里温度 T_c/℃	测量温度 T/℃	介电常数 ε	测量频率 f/kHz	自发极化 P_s /(×10⁻⁶ C·cm⁻²)	热释电系数 (dP_s/dT) /(×10⁻⁶C/(cm²·K))	比热 /(J/(cm³·K))	密度 S /(g/cm³)	交流电阻率 (1 kHz) ρ /(Ω·cm)	$(dp_s/dT)\varepsilon^{-1}$ /×10⁻¹⁰	$dp_s(\varepsilon\cdot C)^{-1}$ /×10⁻¹⁰	$(dP_s/dT)(\rho^{1/2}\cdot c^{-1})$ /×10⁻⁴	备注
铌酸锂($LiNbO_3$)	1 200±10	27	30	1 100	50	0.4	2.5	4.65	9.8×10^{10}	1.3	0.46	4.5	T_c 与晶体组分有关，在1 150～1 245℃之间变化，透射 0.4～5.0 μm
		100	30	100	49.5	0.5				1.7	0.16		
		200	30	100	49	0.7				2.3	0.82		
		450	40	100	46								
钽酸锂($LiTaO_3$)	660	25	47	1	50	1.9	3.16	7.45	$\approx1\times10^{10}$	4.0	1.3	6	T_c 与晶体组分有关，在660～560℃之间变化，透射 0.5～5 μm (3 μm 吸收)
	618	250	70	10	45	2.1	3.72			3.0	0.81		
	Ta/Li=1.1	450	300	10	37.7	8.2	3.84			2.7	0.71		
锆钛酸铅(PZTSA)	365	25	1 900	1	38	4.0	3.1	7.75	4.7×10^{7}	0.21	0.068	0.89	
锆钛酸铅(PZT4)	328	25	1 400	1	30	3.7	3.0	7.5	3.2×10^{8}	0.26	0.087	2.2	
锆钛酸铅(PZTHST41)	270	25	1 800	1	23	2	3.0	7.60	4.5×10^{7}	0.11	0.037	0.45	
($5PbO\cdot3GeO_2$)	177	50	60	10	4.5	1				1.7			
钼酸钆(Gd_2MoO_3)	161±2	25	9～12		0.2			4.6					在居里温度不表现介电异常电体
		100	10	1～10	0.15	0.1	2.1			1.0	0.48		
		143	9.8	1～10	0.1	0.14	2.1			1.4	0.67		
		151	10.0	1～10	0.01	0.25	2.1			2.5	1.2		
		159	9.7	1～10		4.9	6.7			50	5.8		
亚硝酸钠($NaNO_3$)	160	25	8	1	7	0.4	2.0	2.1	$>10^{11}$	5	2.5	>6.3	ε直到140℃保持常数
钛酸钡($BaTiO_3$)(单晶)	120	23			26	5							0.7～2 μm 吸收，不能全极化
		30			25.5	2							
		60	200	1	24	7	3.0	6	6×10^{6}	3.5	1.2	0.57	
		100			20	20							
铌酸锶钡(SBN, x=0.52)	115	25	380	1	29.2	6.5	2.1	5.2	1.6×10^{6}	1.7	0.81	4.0	0.5～6.0 μm 透射
铌酸锶钡(SBN, x=0.33)	62	25	1 800	1	23.3	11			1.2×10^{8}	0.61	0.29	5.8	
铌酸锶钡(SBN, x=0.25)	47	25	5 000	1	18	31			7.1×10^{8}	0.62	0.29	3.9	
碘酸铵(NH_4IO_3)	85	26	30	1		0.3		3.3	3.9×10^{8}	1			
氟铍酸三甘肽(TGFB)	73	25	11	10	3.7	1.3	2.6	1.66		12	4.6		0.35～2 μm 透射，180℃以上爆炸
		50	20	10	3.1	4.5	3.1			22	2.1		
氘硫酸三甘肽(DTGB)	62.9	25	20	1	2.6	2.5	(2.5)	(1.7)	5×10^{10}	12	4.8	22	
		50	80	1	1.8	7.5				9.4	3.8		

续表

材料	居里温度 T_c/℃	测量温度 T/℃	介电常数 ε	测量频率 f/kHz	自发极化 P_s /(×10^{-6} C·cm^{-2})	热释电系数 (dP_s/dT) /(×10^{-6}C/(cm^2·K))	比热 /(J/(cm^3·K))	密度 S /(g/cm^3)	交流电阻率 (1 kHz) ρ /(Ω·cm)	(dp_s/dT) ε^{-1} /×10^{-10}	dp_s $(\varepsilon\cdot C)^{-1}$ /×10^{-10}	(dP_s/dT) ($\rho^{1/2}\cdot c^{-1}$) /×10^{-4}	备注
$TGS_{0.67}TGFB_{0.33}$	58.9	25	(35)	1	2.9	3.0	(2.5)	(1.66)		9	3.4		TGS:TGFB 配比可以改变 T_c
		50			1.75	8.2							
铌钽酸钾(KTN)	54	25	900	0.8	9.3	2				0.22			透射到 6 μm,$KTaO_3$ 与 $KNbO_3$ 形成固溶体,参数与组分有关
		40	2 500	0.8	8.4	20				1.3			
硫酸三甘肽(TGS) [TGS/Se(≈15%)]	49	10	35	1	3.0	1.5	2.4			4.4	1.8		0.24 μm 以下及 2~400 μm吸收,0.25~1.8 μm透射
		25	50	1	2.7	3.5	2.5	1.65~1.68	1×10^{10}	7.0	2.8	19	
		40	150	1	2.0	11	2.8			7.3	2.6		
	49	25	28	10		5	2.5		4×10^9	17.8	7.1	12.7	
硒酸三甘肽(TGSe)	34.5	25	(1 000)		3.2	7.5	(2.3)			7.5	3.3		
氘硒酸三甘肽(TGSe)	22.2	0			3.0		2.31						
硫酸锂($Li_2SO_4H_2O$)		15	(1 000)		2.6	13	2.3						
		25	10.3	1	0.81	0.82	2.06			13	5.7		
		50	(10)		1					7.8	9.5		
硒酸锂($Li_2SeO_4H_2O$)		20				0.57							
		79				0.65							
硫碘化锑(SbSI)	22	0	2 200		22								
		10	2 500		15	60	2.38	8.2		2.4	1.0		
		15	3 000		12	100				3.3	1.4		
硫酸三胺代甲基铝(GASH)		25	6	1	0.35	0.15	≈1		9×10^{10}	2.5	2.5	4.5	
聚氟乙烯$(CH_2CF)_n$		25	11		2	0.24			6×10^9	2.2	0.9	0.82	0.4~2 μm 透射,3~300 μm吸收
酒石酸铵(EDT)		25	7	1		0.2	≈1		>10^{11}	3	3	>6	20~80℃dP_s/dT是常数
(GUL)		25	4.6	1		0.62	≈1.5		4×10^{11}	13.5	9	26	葡萄糖醛酸内脂
硬硼酸钙石	−7	−10	60	1	0.29	5.4	0.58	2.42		9	15.5		T_c与纯度有关
		−20	12	1	0.46	1.2				10	17		
磷酸二氘钾	−50±2	−60	50	1	4.0	10		2.36	8.6×10^7	20			0.2~2 μm透射
硝酸三甘肽 ($NH_2CH_2COOHHNO_3$)	−67	−77	50	10	0.6	5	2.0	1.58		10	5		
		−190	15	10	1.5	0.13				0.87			
硫脲[$CS(NHz)_2$]	−104	−178	400		3.4	1		1.40		0.25			
磷酸二氢钾 KH_2PO_2(KDP)	−150	−178	2 500	1	4.8	3.3	0.94	2.34	7.2×10^6	0.13	0.14	1	0.2~2 μm透射
酒石酸石(DKT)			6.9	1		0.3	≈1		1.5×10^{12}		4.3		

三、气动式热探测器

气动式热探测器是利用气室的吸收膜吸收热辐射能产生温升使气室内的工作气体膨胀，然后转换成电信号输出。常见的气动式热探测器是高莱管，其结构如图 34-184 所示。

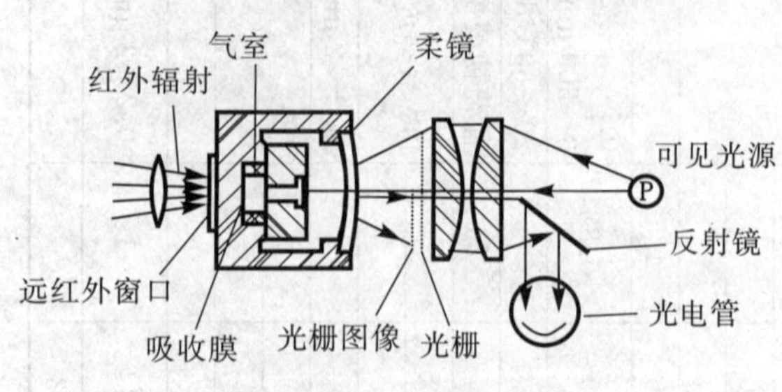

图 34-184　高莱管

高莱管的主要组成部分是气室。气室的前面是一个低热容的薄膜，称为吸收膜；气室的另一侧是一块柔性薄片叫做柔镜，柔镜的背面镀有反射膜。当热辐射照射在吸收膜上时，气室内的工作气体因温度升高而膨胀，压缩柔镜，使柔镜发生形变，柔镜后面用一束光经过光栅投射到柔镜的反射膜上，当柔镜形变时，反射光线发生移动，使落到光电管上的光强发生变化，光电管的输出信号也就发生变化。其特性曲线如图 34-185 和图 34-186 所示。

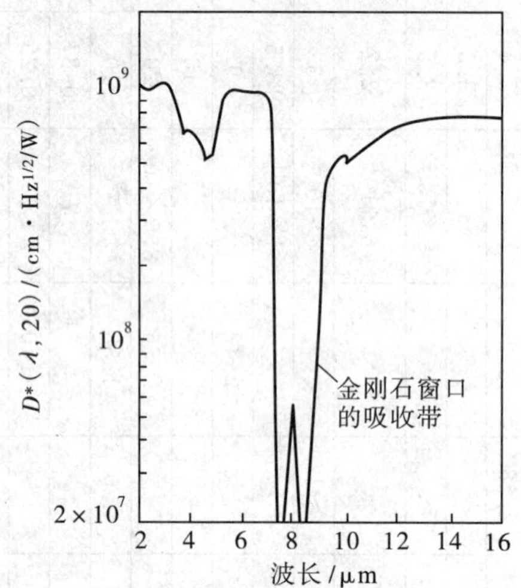

图 34-185　高莱管的 D^* 与 λ 的关系

工作温度：环境温度；灵敏面积：$A=7.9\times10^{-2}\mathrm{cm}^2$；响应时间：10 ms

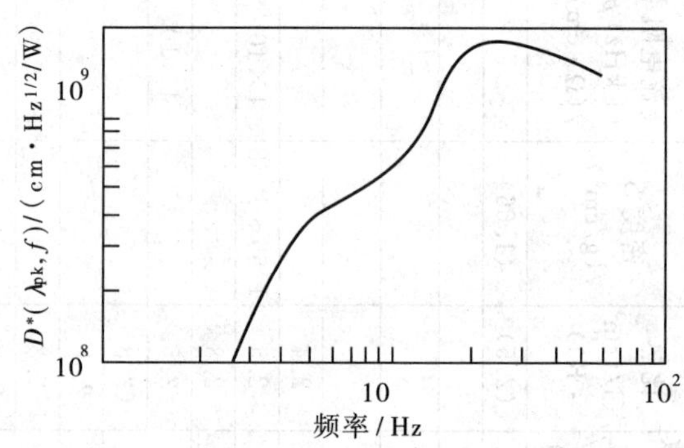

图 34-186　高莱管的 D^* 与调制频率 f 的关系

高莱管的特点是灵敏度高，基本上不受环境温度的影响，常用于光谱仪校准。如果气室中盛入某种工作气体，根据工作气体本身的吸收辐射特性，还可用于气体分析。

四、其他热探测器

除上述热探测器以外，还有热磁探测器和低温测辐射计等[13]。热磁探测器是利用某些磁性材料的磁化强度随温度变化的热磁效应制成的。当调制的辐射照射到热磁晶体上时，热磁晶体吸收辐射能使温度发生变化，从而使热磁晶体上绕的线圈产生感应电势。这种探测器的特性与热释电探测器有些相似。低温测辐射计是利用某些半导体在低温下受辐照后自由载流子的迁移率发生变化，从而导致半导体的电导率变化的原理制成的。这种探测器的响应波段范围极宽，可达毫米波。

第十二节　直接探测系统的特性

光电探测器的基本功能就是把入射到探测器上的光功率转换为相应的光电流，即

$$i(t)=\frac{e\eta}{h\nu}P(t)$$

光电流 $i(t)$ 是光电探测器对入射光功率 $P(t)$ 的响应，当然，光电流随时间的变化也就反映了光功率随时间的变化。因此，只要待传递的信息表现为光功率的变化，利用光电探测器的这种直接光电转换功能就能实现

信息的解调[9,20]。这种探测方式通常称为直接探测。直接探测系统的方块图如图 34-187 所示。

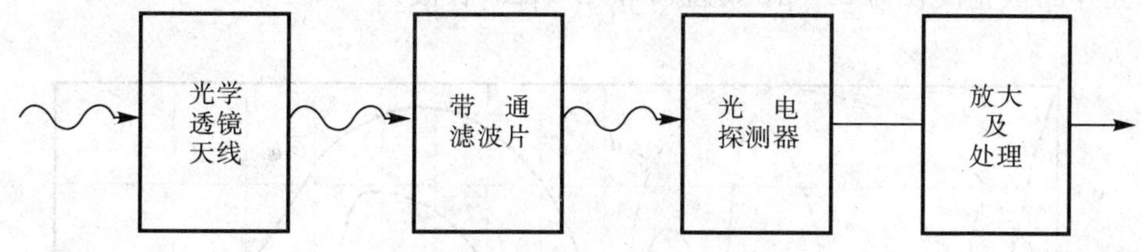

图 34-187　直接探测系统

因为光电流实际上相应于光功率的包络变化，所以直接探测方式也常常叫做包络探测。

一、信噪比损失

设输入光电探测器的信号光功率为 s_i，噪声功率为 n_i，光电探测器的输出电功率为 s_o，输出噪声功率为 n_o，且 $s_o+n_o=k\ (s_i+n_i)^2$。根据信噪比的定义，输出信噪比和输入信噪比的关系为

$$\mathrm{SNR_o}=\frac{s_o}{n_o}=\frac{s_i^2}{2s_in_i+n_i^2}=\frac{\mathrm{SNR_i}^2}{1+2\mathrm{SNR_i}} \tag{34-41}$$

从上式可以得出如下结论：

1)若 $\mathrm{SNR_i}\ll 1$，则有

$$\mathrm{SNR_o}\approx\mathrm{SNR_i^2} \tag{34-42}$$

输出信噪比近似等于输入信噪比的平方。这说明，直接探测方式不适宜于输入信噪比小于 1 或者微弱信号的探测。

2)若 $\mathrm{SNR_i}\gg 1$，则

$$\mathrm{SNR_o}\approx\frac{1}{2}\mathrm{SNR_i} \tag{34-43}$$

输出信噪比等于输入信噪比的一半，光电转换后的信噪比损失不大，实用中完全可以接受。所以，直接探测方式最适宜于强光信号探测。

当 $\mathrm{SNR_i}=1$ 时，信号光功率就是探测器的 NEP，所以有

$$\begin{aligned}\mathrm{NEP}&=\frac{1}{M\alpha}\left(\overline{i_{\mathrm{ns}}^2}+\overline{i_{\mathrm{nb}}^2}+\overline{i_{\mathrm{nd}}^2}+\overline{i_{\mathrm{nT}}^2}\right)^{\frac{1}{2}}\\&=\frac{1}{M\alpha}\left[2eM^2\Delta f(i_s+i_b+i_d)+\frac{4kT\Delta f}{R_L}\right]^{\frac{1}{2}}\end{aligned} \tag{34-44}$$

式中，$\overline{i_{\mathrm{ns}}^2}$、$\overline{i_{\mathrm{nb}}^2}$、$\overline{i_{\mathrm{nd}}^2}$、$\overline{i_{\mathrm{nT}}^2}$ 分别是信号光电流、背景光电流、暗漏电流、电阻温度产生的噪声功率谱；方括号内第一项为散粒噪声贡献，第二项为热噪声。

直接探测方式的工作状态有如下 4 种可能[9]：

1)热噪声优势。光电二极管通常工作在这种状态。

2)散粒噪声优势。光电倍增管通常工作在这种状态，M 很高。

3)散粒噪声和热噪声相当。APD 通常工作在这种状态，M 不是很高。

4)光子噪声极限。这是直接探测方式最理想的工作状态，其他噪声均不考虑，只存在光信号噪声。

二、提高输入信噪比的方法

对直接探测系统来说，提高输入信噪比是十分重要的[3-4,9,19,46-47]。

(一)光谱滤波

光谱滤波是基于目标辐射的波长与背景辐射波长之间的差别，利用光谱滤光法消除背景辐射的干扰。图 34-188 画出了飞机涡轮喷气发动机辐射的光谱曲线 a、典型的地面背景辐射的光谱辐射通量密度曲线 b、

大气透射率曲线 c 及某型号光电探测器光谱响应曲线 d，根据这些曲线关系，可选滤波片的截止波长 λ_1 和 λ_2。最后选定滤光片的截止波长为 2.8 μm(短波)和 4.3 μm(长波)。

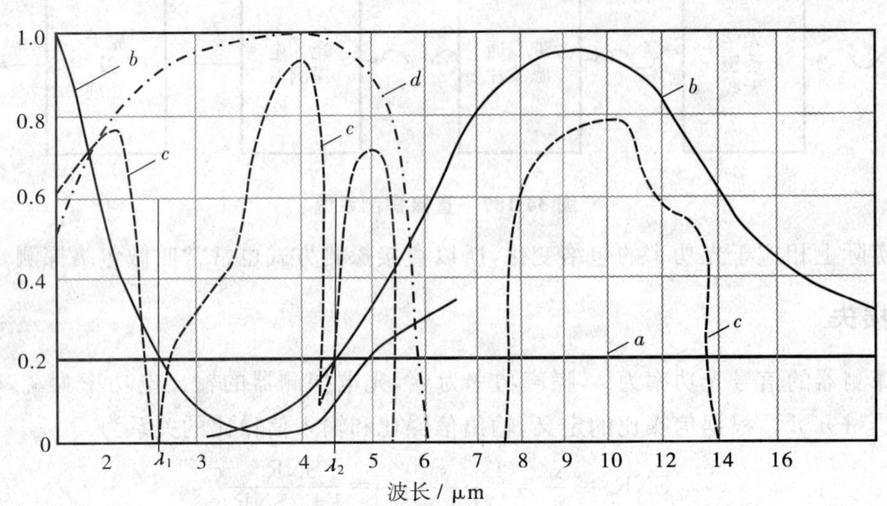

图 34-188 光谱滤波图解

(二)减小探测器面积

场镜、光锥、浸没透镜等器件用在探测器之前可减小探测器面积，从而等效地提高了输入信噪比。如果在调制盘及探测器之间插入一个会聚能力很强的透镜，如图 34-189 所示，这样探测器面积可以做得很小。

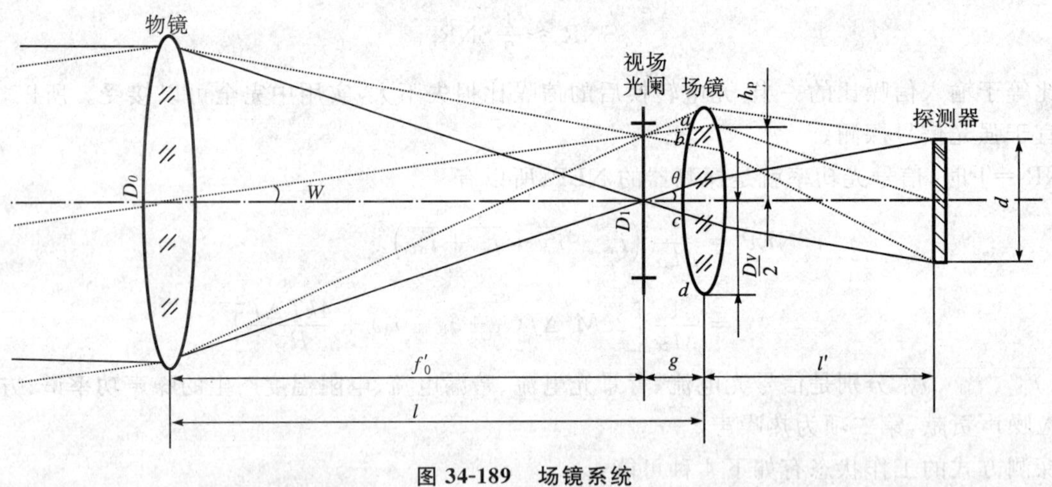

图 34-189 场镜系统

光锥也可起到减小探测器面积的作用。如图 34-190 所示，光锥既可以是空腔型，也可以是实心光锥。要求空心光锥的内壁涂以高反射率介质膜。实心光锥材料的折射率满足全反射条件。光锥常常与场镜合用，如图 34-191 所示。场镜与空心光锥耦合时，场镜放在光锥的大端，如图 34-191(a)所示。场镜与实心光锥耦合时，把大端磨成与场镜曲率半径一样的凸球面，相当于一个凸平场镜。

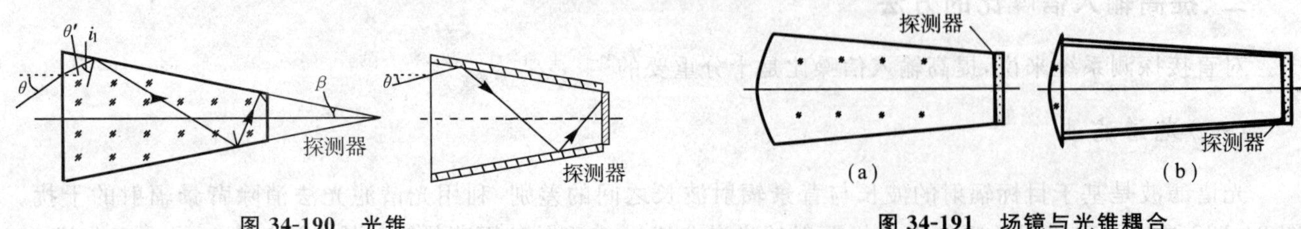

图 34-190 光锥

图 34-191 场镜与光锥耦合

浸没透镜如图 34-192 所示，(a)是半球浸没透镜，(b)是超半球浸没透镜。它和场镜、光锥一样，可减小探测器的面积。半球和标准超半球浸没透镜分别使像面缩小 $\frac{1}{n^2}$ 倍和 $\frac{1}{n^4}$ 倍，使 SNR 提高 n 倍和 n^2 倍。

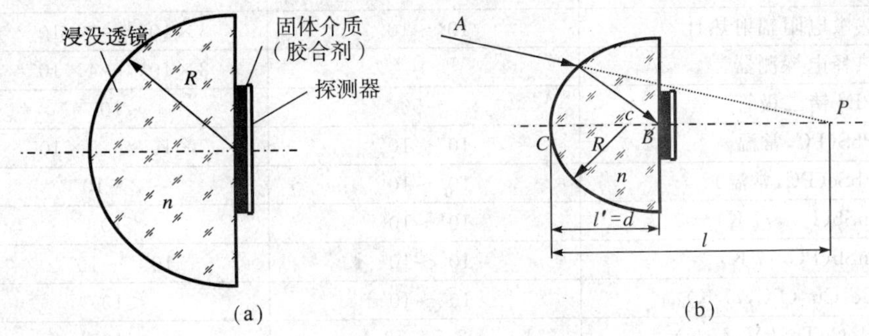

图 34-192　浸没透镜

三、前放的阻抗匹配

为了信号处理、显示的需要，往往要跟随前置放大器。放大器的引入，同时也引入了噪声，这对探测系统的输出信噪比将产生影响。噪声系数 NF 随 R_s 变化的曲线示于图 34-193 中。由图可见，噪声系数 NF 有一个最小值 NF_{min}。

对一个放大器，有一个最小噪声系数 NF_{min} 对应的最佳源电阻 R_{sopt} 值。下面给出两种常用的源电阻匹配方法[9]。

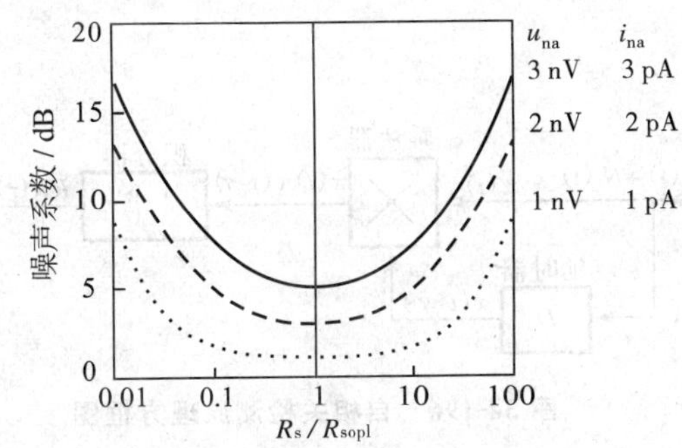

图 34-193　NF 对 R_s 变化曲线

(一)采用匹配变压器

源电阻不匹配主要发生在信号源电阻较小的情况下，因而可采用升压变压器隔离开源电阻及放大器，从而使源电阻的阻抗升高 n^2 倍(n 为变压器的变比系数)，从而达到源电阻匹配，噪声系数最小。

(二)采用并联晶体管

采用图 34-194 所示的并联晶体管方案，也可以使 R_s 与 R_{sopt} 相匹配。

多管并联可减小最佳源电阻，但不会影响并联后的噪声系数。$R'_{sopt}=R_{sopt}/n$。

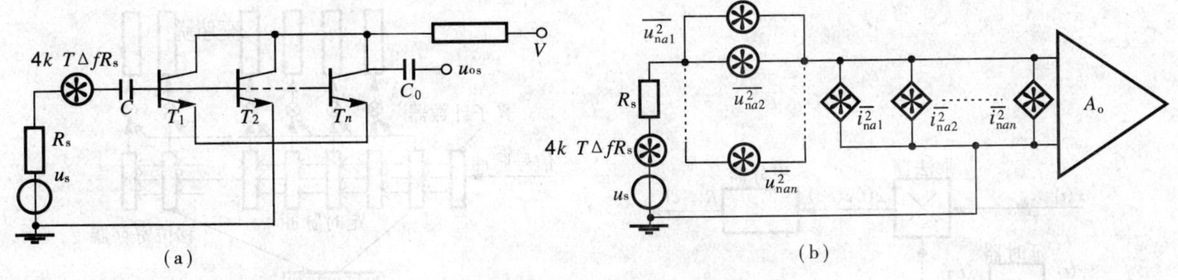

图 34-194　并联晶体管匹配

一旦选定探测元件类型选定，其内阻也就确定了(表 34-31 列出了几种典型的探测器的内阻值)，再根据最佳源电阻匹配原则选择低噪声管作前置放大器，以得到最大的输出信噪比。图 34-195 列出了有源器件选用导图供读者参考[9]。

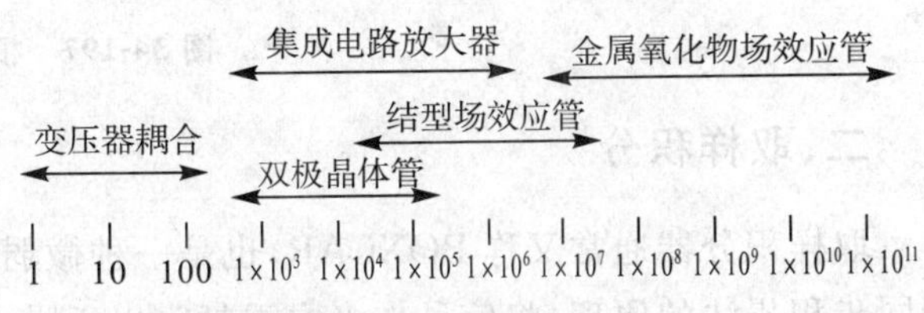

图 34-195　有源器件选用导图

表 34-31 几种典型探测器的内阻值

名 称	内 阻/Ω	响应时间/s
热电偶	$1\sim10^2$	$10^{-2}\sim1$
热敏电阻辐射热计	$10^5\sim10^7$	$3\times10^{-4}\sim3\times10^{-3}$
热释电探测器	$>10^8$	$3\times10^{-9}\sim4\times10^{-5}$
PIN 锗二极管	~50	$\sim10^{-7}$
PbS(PC,常温)	$10^5\sim10^7$	$5\times10^{-5}\sim5\times10^{-4}$
PbSe(PC,常温)	$10^3\sim10^7$	$\sim2\times10^{-6}$
InSb(PV,77 K)	$10^3\sim10^7$	$<10^{-6}$
InSb(PC,77 K)	$10^3\sim10^5$	$10^{-6}\sim10^{-5}$
Ge:Cu (PC,77 K)	$10^5\sim10^7$	$<10^{-6}$
HgCdTe(PV,77 K)	$2.5\sim50$	$\sim10^{-8}$
HgCdTe(PC,77 K)	$20\sim50$	$10^{-8}\sim10^{-7}$
Ge:Au(P 型,77 K)	$(0.1\sim10)\times10^6$	1×10^{-6}
Ge:Hg(30 K)	$(0.21\sim10)\times10^4$	10^{-6}

注:此表数值仅供参考。

第十三节 微弱信号检测

一、相关检测

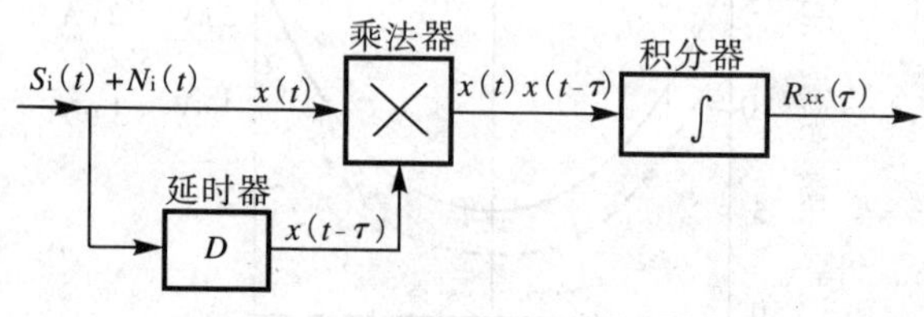

图 34-196 自相关检测原理方框图

利用信号在时间上相关这一特性,可以把深埋于噪声中的周期信号提取出来,这种提取方法称为相关检测或相关接收,是微弱信号检测的基础[9,20]。相关检测分为自相关检测和互相关检测。

图 34-196 为自相关检测的原理方框图,最后便得到 $x(t)=s+n$ 的自相关信号 $R_{xx}(\tau)=\lim\limits_{T\to\infty}\dfrac{1}{T}\int_0^T x(t)x(t+\tau)\mathrm{d}t=R_{ss}(\tau)+R_{nn}(\tau)+R_{ns}(\tau)+R_{sn}(\tau)$。

与自相关检测类似,互相关检测是利用一个待测信号 $y(t)$,对被噪声干扰信号 $x(t)=S_i(t)+N_i(t)$作互相关处理,其原理方框图如图 34-197(a)所示,图 34-197(b)为数字相关原理图。数字式相关器实现相关运算快速准确。

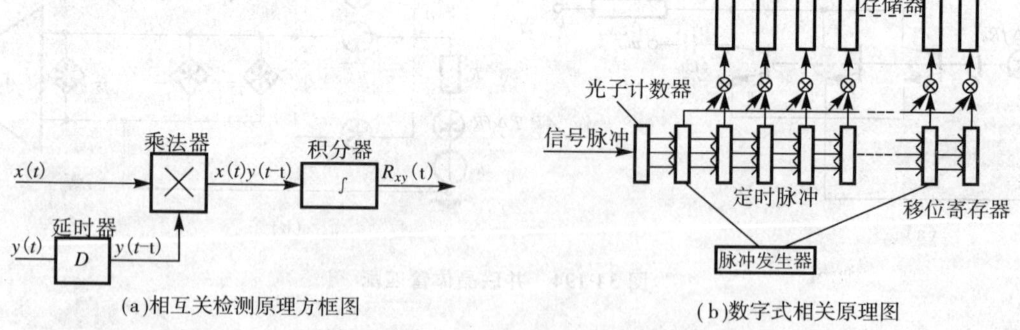

(a)相互关检测原理方框图　(b)数字式相关原理图

图 34-197 相关检测原理方框图

二、取样积分

取样积分器通常又称 BOXCAR,也是一种微弱信号检测仪器[9,20]。它是利用周期性信号的重复性。采用同步积累法的原理,将信号作多次重复。由于噪声的随机性,每次信号受噪声的影响畸变不同,信号多次重复把受到不同畸变的信号相对比就可判别信号的原形。这种方法仍然是利用信号在时间上的相关性,经多次重复能够有效地积累，而噪声前后不相关，积累效果就差。完成这一功能，具体是采用取样积分器，它是在每个周期内对信号的一部分取样一次，然后经过积分取出平均值，于是各个周期内取样平均信号的总体便展现了待测信号的真实波形[48-49]。取样积分器所检测的信号不一定是周期性连续信号，也可以是一定重复频率的不连续信号。

(一)取样门和积分器

取样是一种频率的压缩技术，它将一个高重复频率的信号，通过逐点取样，将时间变化的模拟量转变成对时间离散变化的量，这种量即为信号的低频复制，从而做到对该低频信号的幅值、相位和波形的测量。

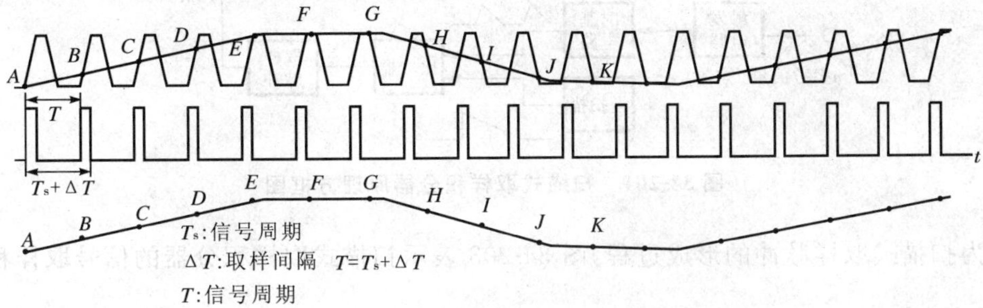

图 34-198　固定位置取样及同步积累原理

一个取样积分器的核心组件是取样门和积分器。通常采用取样脉冲控制 RC 积分器来实现，使在取样时间内被取样的波形作同步积累，并将所积累的结果(输出)保持到下一次取样。

图 34-199(a)给出了取样门积分器的工作原理示意图，它由一个开关门 K 和一个 R_cC_c 积分器组成。开关门又称取样门。积分器输出的响应呈阶梯状的指数曲线变化，见图 34-199(b)。

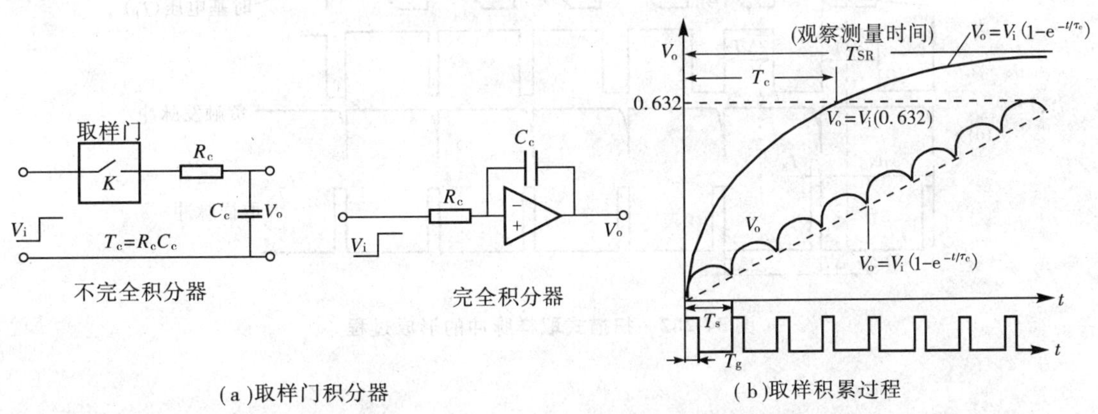

图 34-199　取样门积分器的工作原理

取样积分器通常有两种工作模式：定点式和扫描式。定点式取样积分器是测量周期信号的某一瞬态平均值；扫描式取样积分则可以恢复和记录被测信号的波形。下面分别介绍这两种模式。

(二)定点式取样积分器

图 34-200 为定点式取样积分器的原理方框图，经 n_s 次取样平均后，其信噪比改善 SNIR $=\sqrt{n_s}$。

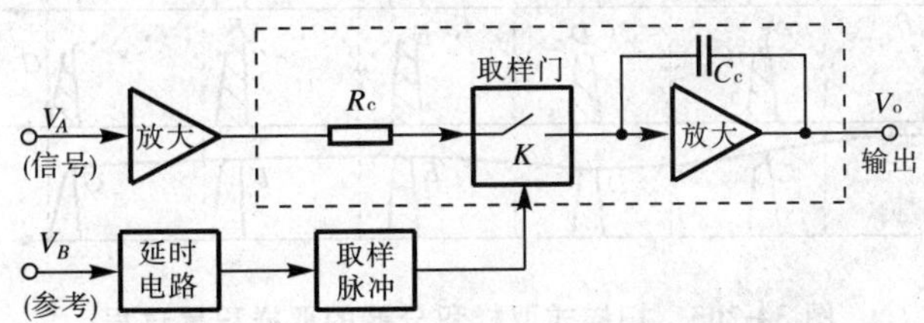

图 34-200　定点式取样积分器的原理方框图

（三）扫描式取样积分器

图 34-201 示出了扫描式取样积分器的原理方框图，它主要包括可变时延的脉冲取样和在取样脉冲控制下作同步积累这两个过程。

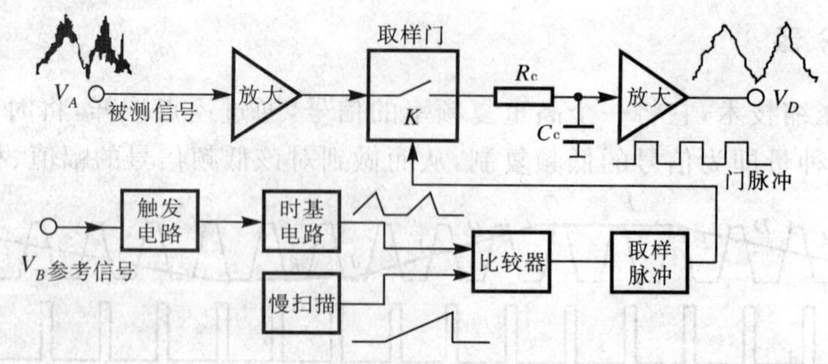

图 34-201 扫描式取样积分器原理方框图

图 34-202 为扫描式取样脉冲的形成过程，图 34-203 表示扫描式取样积分器的信号取样积累过程。

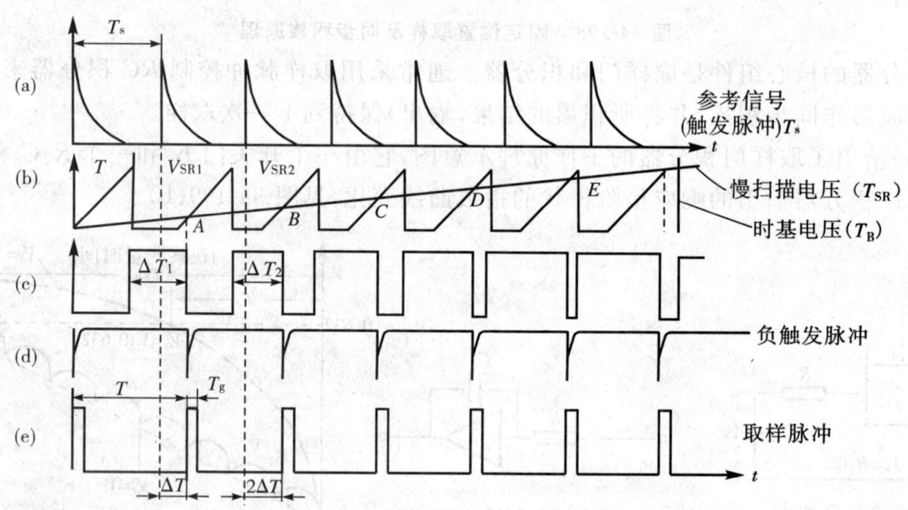

图 34-202 扫描式取样脉冲的形成过程

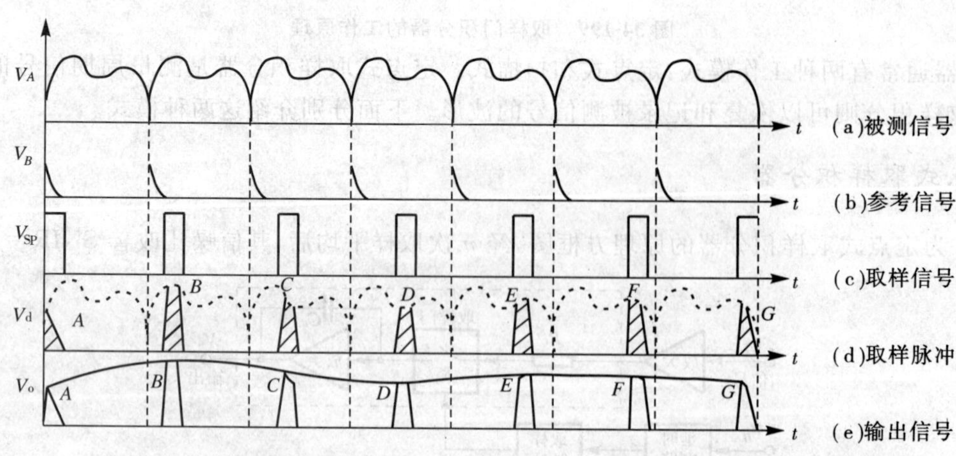

图 34-203 扫描式取样积分器的取样积累过程

三、光子计数

光子计数器是一种检测信号的仪器，它在激光研究、荧光和磷光测量、光吸收谱、光散射谱研究等许多领域得到了广泛的应用。在质谱分析、X射线测量、基本粒子以及生物、医学等研究工作中，也都广泛使用了光子计数技术。

光子计数技术是测量弱光功率或光子速率的一种新技术[8-9]。光子计数技术只适用于测量大约每秒发射10^8个以内分立光子的弱光信号。目前能达到单光子分辨的发展中的3种探测技术是：越界超导传感技术，电荷积分单光子探测技术和雪崩光电二极管单光子分布探测技术[36-40]。

(一)光子计数器的组成

光子计数器主要由光电倍增管、放大器、甄别器和计数器等组成，图34-204是典型的光子计数器的组成框图。

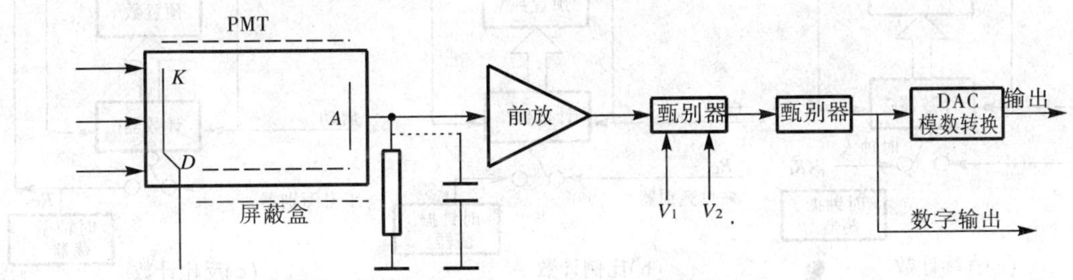

图34-204　光子计数器的组成

(二)光电倍增管中的光电流

图34-205是光电倍增管输出的典型脉冲高度分布情况。

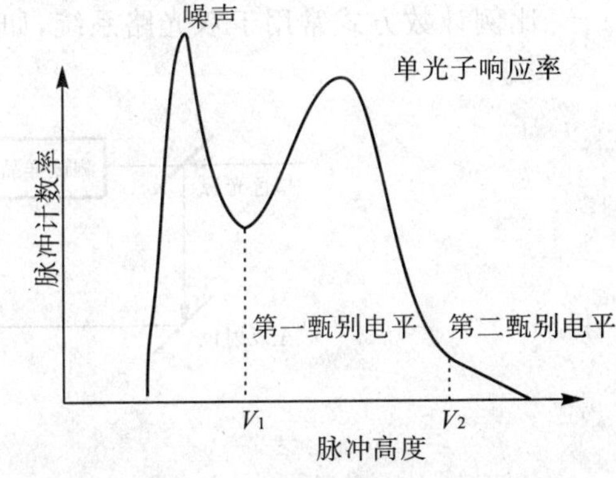

图34-205　光电倍增管的典型输出脉冲高度分布

光电倍增管有两种工作方式：一种是如图34-204所示的阳极接地的工作方式，其特点是其输出端可与放大器直接联接耦合，缺点是接地的屏蔽外罩与光电阴极间的负高压，容易形成漏电流而附加噪声输出。另一种是阴极接地的工作方式，这种方式虽无阳极接地方式漏电流大的缺点，但需要输出端与放大器间采用电容耦合，以便隔开倍增管的高压对放大器的影响，这种电容耦合方式往往会影响光电倍增管的高频工作特性。图34-206显示了光电倍增管计数率与偏置工作电压的这一关系。

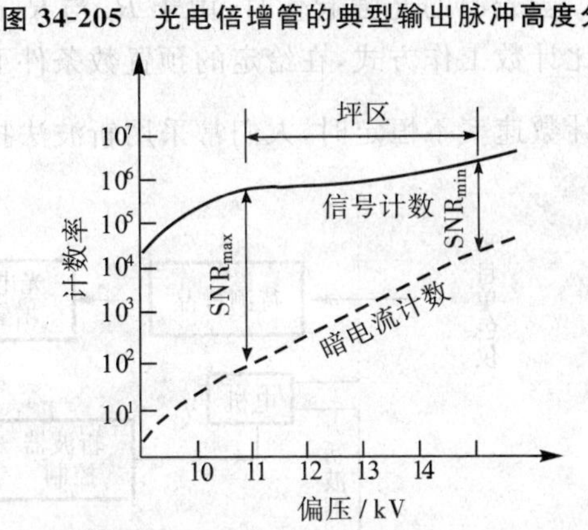

图30-206　光电倍增计数率与偏置电压的关系

(三)甄别器的工作方式

甄别器的作用是弃除低幅度和高幅度噪声脉冲，降低光子计数器的背景计数率，提高检测结果的信噪比。甄别器的基本工作方式有单电平和窗式两种。在一些较复杂的系统中，还设有脉冲堆积校正工作方式、脉冲高度分析方式和预定标工作方式等。

(1)单电平工作方式

此时只设置第一甄别电平，即阈值V_0。这种工作方式，可以弃除倍增电极热电子发射产生的低幅值脉冲和放大器噪声脉冲。

(2)窗工作方式

窗工作方式时，只有插入脉冲幅度限制在第一和第二甄别电平V_1、V_2之间时才有脉冲输出计数。这种工作方式不仅能弃除倍增极系统的热电子噪声脉冲和放大器噪声脉冲等低幅度噪声脉冲，还能弃除正离子和宇宙射线造成的器壁荧光高幅度噪声脉冲，适宜检测极低的光子流信号。

(3)校正工作方式

除了输入脉冲幅度位于两甄别电平之间时输出一标准计数外，当输入脉冲幅度高于第二甄别电平 V_2 时，则输出两个或几个脉冲，实际是假定高电平脉冲是由双光子或多个光子冲击的结果。

(四)计数方法

计数器的工作方式有直接计数、比例计数和反比计数等，如图 34-207 所示。

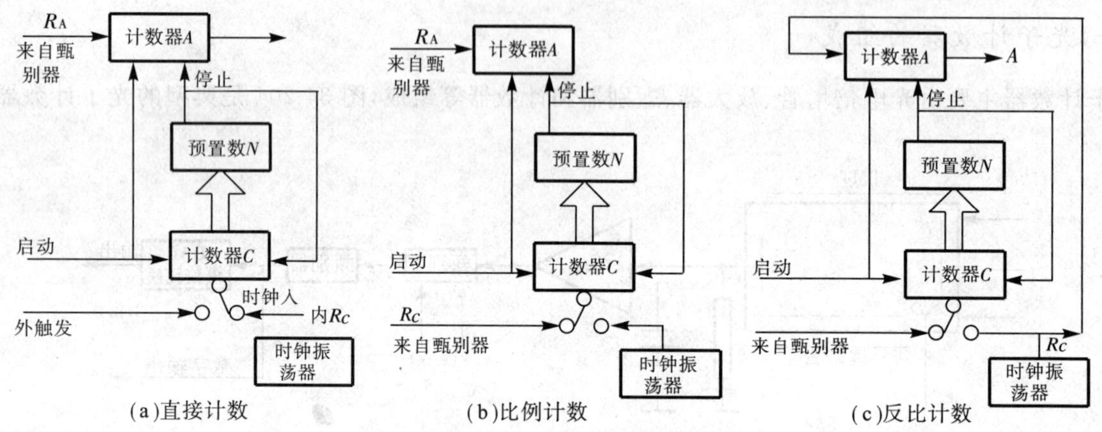

图 34-207 计数器的工作方式

比例计数方式常用于双光路系统，如图 34-208 所示。

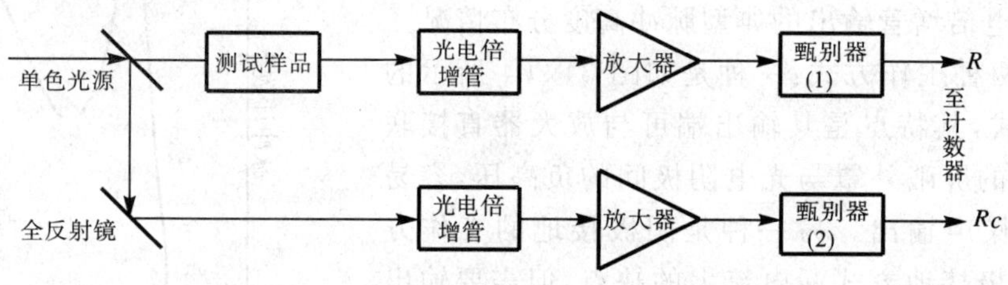

图 34-208 源补偿系统

当光源的光强起伏时，由于 R_A 与 R_C 的比值不会改变，因此测量结果维持不变，实现了源补偿的功能。反比计数工作方式，在给定的预置数条件下，对不同强度的信号，测量结果的信噪比相同。当测量环境的背景计数速率不恒定时，人们常采用斩波法扣除本底计数，如图 34-209 所示，由此可得信噪比 $\mathrm{SNR}=\dfrac{A-B}{\sqrt{A+B}}$。

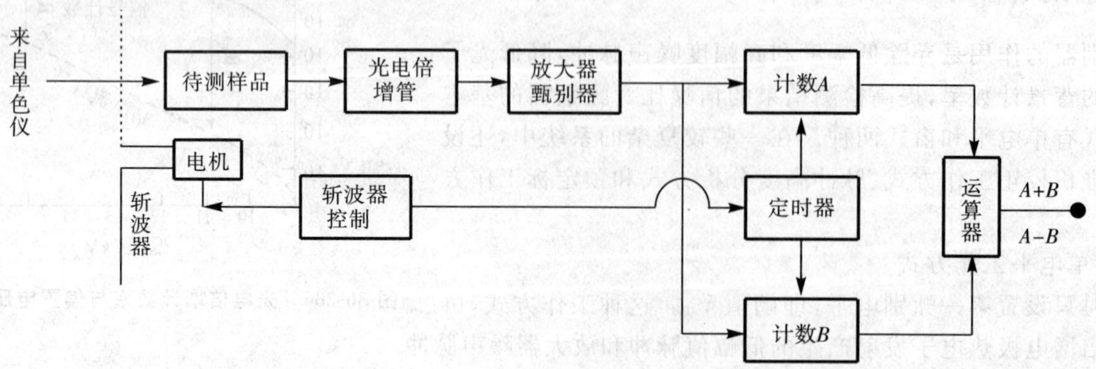

图 34-209 斩波器实时背景扣除测量法

第十四节 光外差探测系统

激光的高度相干性、单色性和方向性，使光频段的外差探测成为现实。光电探测器除了具有解调光功率的包络变化的能力之外，只要光谱响应匹配，也同样具有实现光外差探测的能力[8-9,20]。

一、光外差探测原理

激光信号已经能比较好地保证这一条件，所以激光外差探测得到了很快的发展[53]。

光外差探测系统的方块图如图 34-210 所示。由图可见，光外差系统与直接探测系统比较，多了一个本振激光器。光电探测系统现在起着光混频器的作用，它响应于信号光和本振的差频分量，输出一个中频光电流。由于信号光和本振光是在光电探测器上相干涉，因此外差探测又常常称为相干探测。相对而言，直接探测称为非相干探测。

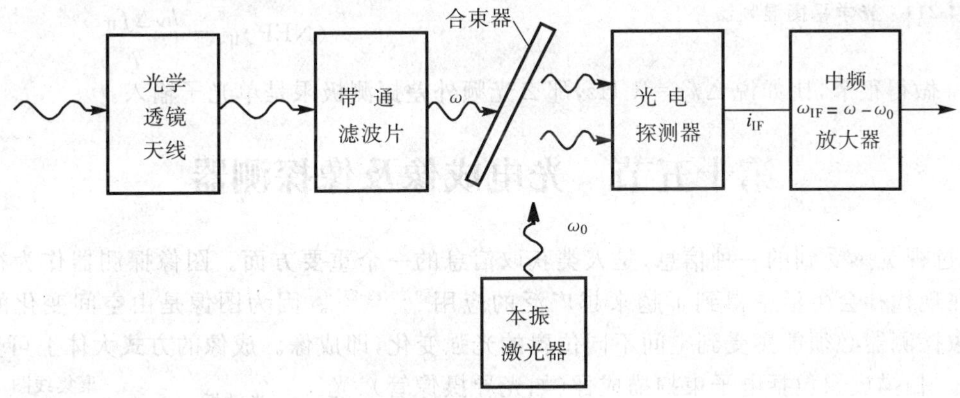

图 34-210 光外差探测系统

光电流经过有限带宽的中频(ω_{IF})放大器，直流项被滤除，最后只剩下中频交流分量：

$$i_{IF}=\alpha E_s E_L \cos\left[\omega_{IF}t+(\varphi_s-\varphi_L)\right] \tag{34-45}$$

二、光外差的空间准直条件

光外差探测只有在下列条件下才可能得到满足[9]：

1)信号光波和本振光波必须具有相同的模式结构，这意味着所用激光器应该单频基模运转。

2)信号光和本振光束在光混频面上必须相互重合，为了提供最大的信噪比，它们的光斑直径最好相等。因此不重合的部分对中频信号无贡献，只贡献噪声。

3)信号光波和本振光波的能流矢量必须尽可能地保持同一方向，这意味着两光束必须保持空间上的角准直。

4)在角准直，即传播方向一致的情况下，两光束的波前面还必须曲率匹配，即或者都是平面，或者是有相同曲率的曲面。

5)在上述条件都得到满足时，有效的光混频还要求两光波必须同偏振，因为在光混频面上它们是矢量相加。

三、系统性能

假定本振光束是纯正弦形式，不引入噪声，这当然是一种理想情况。令输入端信号场、噪声场以及本振场分别用符号 s_i、n_i、r 表示，则可得输出信噪比为

$$\left(\frac{s}{n}\right)_o=\left(\frac{s}{n}\right)_i \tag{34-46}$$

这说明，在理想条件下，外差探测对输入信号和噪声均放大相同的倍数，因而没有信噪比损失。

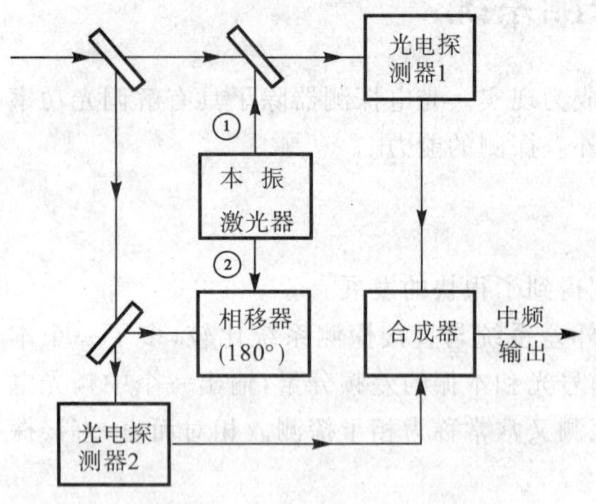

图 34-211　光学平衡混频器

如果本振光场有噪声，输出信噪比为

$$\left(\frac{s}{n}\right)_{\mathrm{o}}=\frac{s_{\mathrm{i}}}{r_{\mathrm{n}}+n_{\mathrm{i}}} \tag{34-47}$$

说明如果本振光含有噪声，输出信噪比就要降低。因此制作出高质量的本振激光器是体现光频外差优越性的重要因素。

为了减小本振噪声的影响，可采用如图 34-211 所示的光学平衡混频器方案，$\left(\frac{s}{n}\right)_{\mathrm{o}}=\dfrac{s_{\mathrm{i}}}{n_{\mathrm{i}}+r_{\mathrm{n}}\dfrac{(1-K)}{2}}$。当选用两个匹配很好的探测器时，$K\approx1$。本振噪声 r_{n} 就可大大减小，从而使输出信噪比接近理想的情况。

根据 NEP 的定义，外差探测的极限灵敏度

$$(\mathrm{NEP})_{\mathrm{IF}}=\frac{h\nu\Delta f_{\mathrm{IF}}}{\eta} \tag{34-48}$$

可见，如果 Δf_{IF} 做得很窄，比如说 $\Delta f_{\mathrm{IF}}=1\ \mathrm{Hz}$，那么光频外差探测极限是单光子输入。

第十五节　光电成像及像探测器

图像是通过视觉感受到的一种信息，是人类获取信息的一个重要方面。图像探测器作为视觉信号获取的基本器件，在现代社会生活中得到了越来越广泛的应用[9,20,23-27]。因为图像是由空间变化的光强信息所组成，所以图像探测器必须能感受到空间不同位置的光强变化，即成像。成像的方式大体上可分为扫描成像和非扫描成像。扫描成像包括电子束扫描成像(如光导摄像管)、光机扫描成像(如热像仪)、固体自扫描成像(如 CCD 摄像机)。非扫描成像包括照像机、电影摄影机以及变像管等。

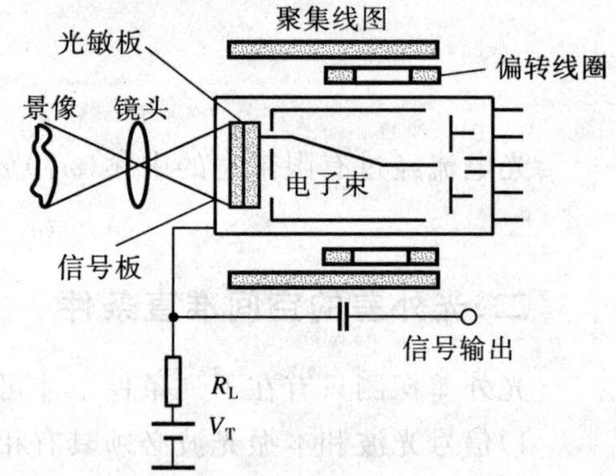

图 34-212　电视摄像管

一、光电成像

以光导电视摄像管为例，说明如何把光信号变成电信号，见图 34-212。扫描的实际作用就是按顺序将光导膜一个一个小面元接入回路，光导摄像管的输出信号也随之不同。相应于“中”字的输出信号波形如图 34-213(b)所示。如此就完成了图像的光电转换。

图 34-214 是不同器件的光谱响应曲线示意图。

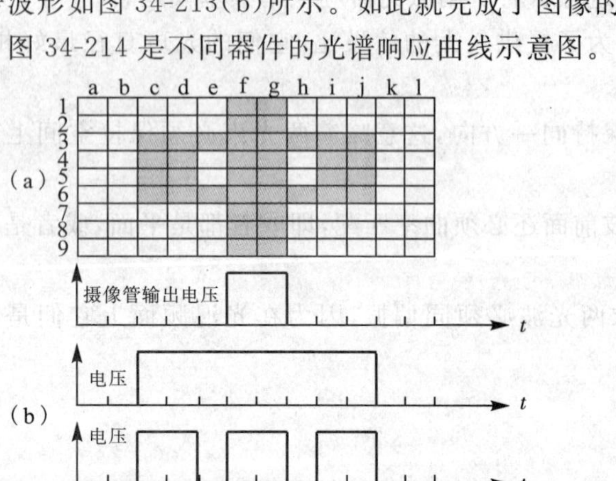

图 34-213　图像各部分顺序传送过程

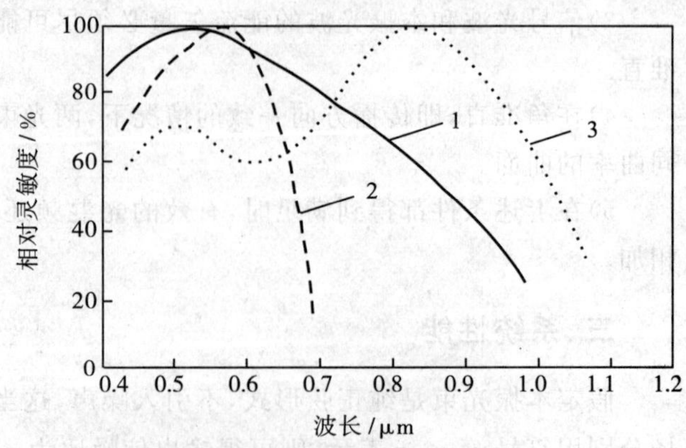

图 34-214　光谱特性曲线示意图

1. 多碱锑化物光阴极像管；2. 氧化铅摄像管；3. CCD 摄像器件

二、像探测器的分类

20 世纪 70 年代前，摄像的任务主要由各种电子束摄像管来完成。70 年代后，随着半导体集成电路技术，特别是 MOS 集成电路工艺的成熟，各种固体图像传感器得到了迅速的发展，特别是近 10 年来，固体图像传感器在军事和民用各个领域获得了广泛的应用。

固体像探测器(solid state imaging sensor, SSIS)主要有三种类型：一种是电荷耦合器件(charge coupled device, CCD)，第二种是 MOS 像探测器，又称自扫描光电二极管阵列(self scanned photodiode array, SSPD)，第三种是电荷注入器件(charge in-jection device, CID)。

三、真空摄像器件

图 34-215 为具有存贮器的摄像装置的原理示意图，与每一个光电管串接的电容器起着存贮器的作用。

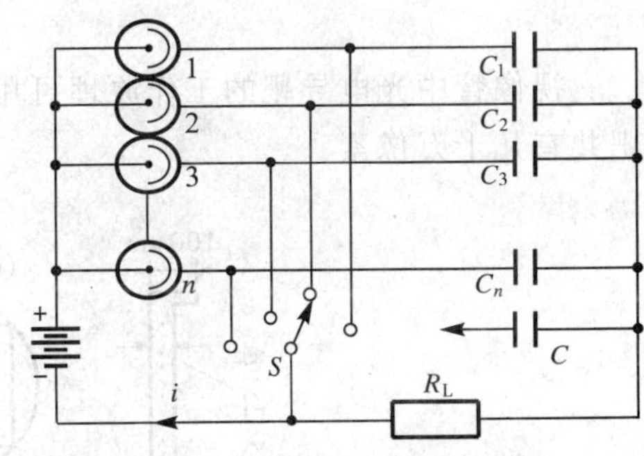

图 34-215　摄像器件原理示意图

摄像器件一般应包括以下 3 个部分：

1)光电变换元件：把像素上的光通量转变成光电流。与之对应，摄像器件的光电变换元件也相应有光电发射元件和光电导元件。

2)光电流的存贮元件：将光电流以电荷的形式存贮起来，并转变成与像素光通量对应的电位。根据存贮方式的不同。可分为光电发射存贮器、二次电子发射存贮器、光电导存贮器和感应电导存贮器等。

3)扫描读取装置：依次读出存贮器上电位起伏变化的信息。

(一)光电导式摄像管

光电导式摄像管利用光电导即内光电效应将光学图像转换成电势起伏。按靶面材料的不同，有硫化锌管、氧化铅管、硅靶管、异质结靶管等，习惯上统称为视像管。视像管具有光电转换效率高、结构简单、体积小、调节和使用方便等优点，是应用较多的摄像器件。各种视像管的性能比较如表 34-32 所示。

表 34-32　各种视像管性能的比较

靶类型	硫化锑	氧化铅	硅 靶	硒化镉	硒化碲	碲化锌镉
特征	低价格	低惰性 低暗电流	高灵敏度 低余像	高灵敏度 低暗电流	低惰性 低暗电流	高灵敏度
灵敏度	低	中	高	高	中	高
分辨率	高	高	一般	高	高	高
光动态	好	一般	一般	一般	好	一般
光电转换特性(u)	0.6～0.7	1	1	1	1	1
惰性	大	小	中	中	小	中
余像	大	中	小	小	小	小
暗电流	大	小	中	小	小	中
晕光	小	小	小	小	小	小
用途	一般	广播电视	高灵敏度 工业电视	高灵敏度 工业电视	广播电视	高灵敏度 工业电视
价格	低	高	中	中	中	中

视像管的结构如图 34-216 所示，它主要包括光电导靶和电子枪两大部分，在管外还装有聚焦、偏转和校正线圈。电子枪由灯丝、阴极、控制栅极、加速极(第一阳极)和聚焦极组成。聚焦极的电压可调，它与加速极形成的电子透镜起辅助聚焦作用。在靶的右边装有网电极，它使靶前形成均匀电场，因而电子束在整个靶面都将垂直于靶。光电导靶既能完成光电变换又能存贮信号，厚约几微米，如图 34-216(b)所示。

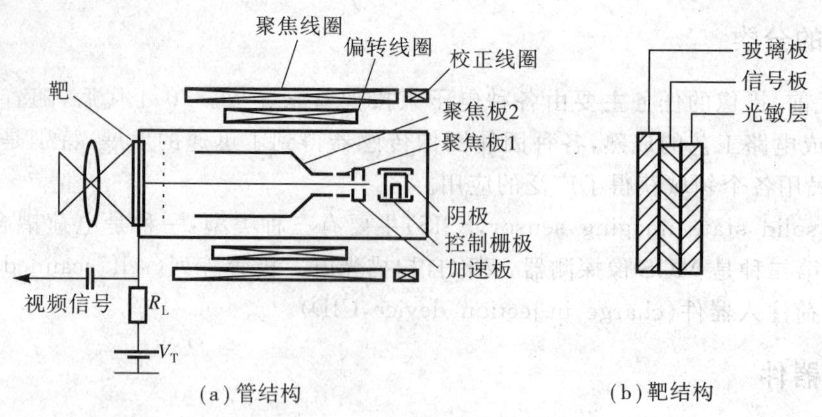

图 34-216 视像管结构示意图

视像管中光电导靶的工作原理可用图 34-217 来说明，图中每个 RC 并联电路表示靶上一个像素，整个靶共有几十万像素。

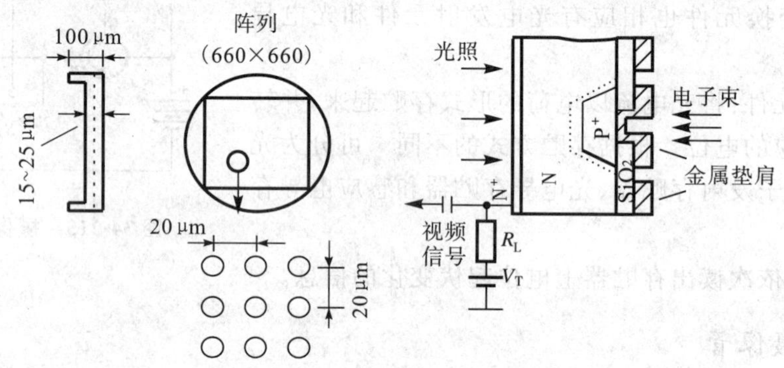

图 34-217 视像管工作原理图

为了满足信号电荷的存贮功能和具有较小的惰性，要求光电导靶满足以下特性：

1)光电导层的电阻率 $\rho \geqslant 10^{12}\ \Omega \cdot \mathrm{cm}$。

2)靶的静电电容在 600～3 000 pF 的范围内。

3)光电导材料的禁带宽度为 1.7 eV$\leqslant E_g <$2 eV。

PN 结型靶由于阻挡层(势垒)的存在降低了暗电流，所以对电阻和禁带宽度的要求大大放宽，扩大了材料选择的范围。因此，除了早期的视像管外，现在大多采用 PN 结型视像管靶，硅靶是其中之一。

由于硅靶的量子效率高，在 0.35～1.1 μm 的光谱范围内能有效地工作，所以它是光谱响应最宽的一种视像管，可用于近红外电视系统。

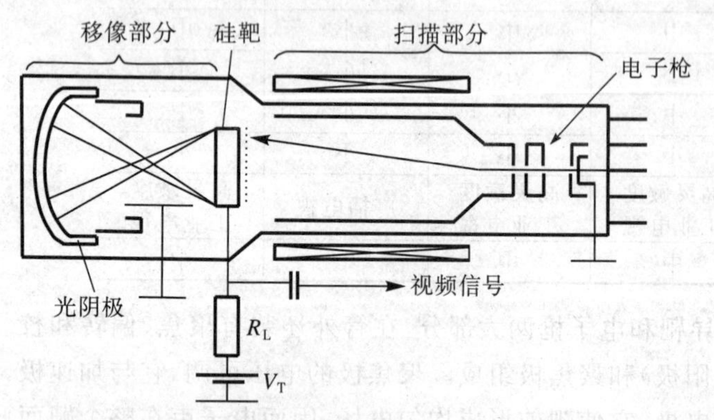

图 34-218 SIT 管的结构原理示意

(二)光电发射式摄像管

光电发射式摄像管在结构上和工作原理上与视像管均不相同，它带有移像部分，将光电转换和信号存贮分开。图像的光电转换由光电阴极完成，存贮靶进行光电信号的存贮，通过电子束扫描拾取信号。

增强硅靶摄像管简称 SIT(silicon intensified target)管，它是在硅靶视像管的基础上发明的，其结构原理如图 34-218 所示。前面所述的硅靶摄像管灵敏度的典型值为 4 500 μA/lm，而硅增强靶摄

像管的灵敏度为 3×10^5 μA/lm，比硅靶视像管高 2 个数量级。带硅增强靶的摄像管广泛用于光学多道分析仪(OMA)的探测系统。

二次电子电导摄像管简称 SEC(secondary electron conduction)摄像管。它也是增强型摄像管，其结构与增强硅靶摄像管类似，主要区别在于靶结构不同，用 SEC 靶代替硅靶。SEC 靶采用低密度的二次电子发射性能良好的材料，其结构如图 34-219 所示。

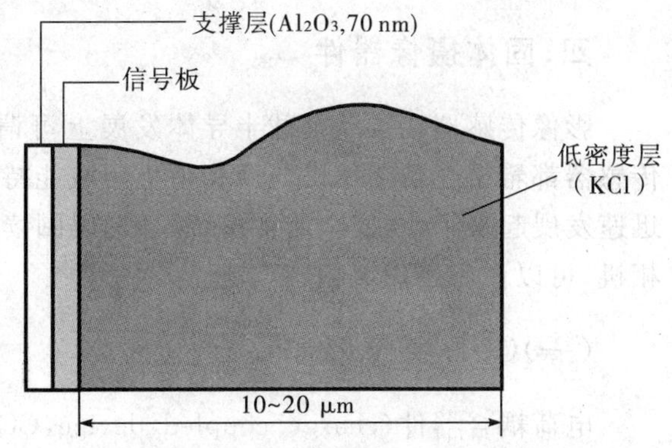

图 34-219　SEC 靶结构示意图

二次电子电导摄像管的灵敏度高并具有长时间积累微弱信号的特点。因此，可用于天文仪器、科研设备之中。几种摄像管及其光电阴极的特性参数见表 34-33 和表 34-34，像增强器的参数见表 34-35。

表 34-33　光电阴极的特性参数

类型	材　料	峰值响应波长/mm	积分灵敏度/(μA/lm)	峰值灵敏度/(mA/W)	峰值量子效率/%	暗电流(25℃)/(10^{-10} A/cm^2)	转换因子/(lm/W)
S-1	Ag-O-Cs	800	30	2.8	0.43	900	92.7
S-11	Sb-Cs	440	70	56	15.7	3	808
S-20	Sb-K-Na-Cs	420	150	64	18.8	0.3	428
S-25	Sb-K-Na-Cs	420	200	43	12.7	1	212

表 34-34　几种摄像管的特性参数

参数管种	灵敏度/(μA/1m)	极限分辨率/(电视行)	γ 特性	光谱范围/μm	第三场残余信号/%	暗电流/nA
PbO 管	400	750	≈1	可见光 0.4～1.1	<10	<1
硅靶管	4 350	600	1	峰值 0.65～0.85	<10	10～50
CbSe 异质结靶管	2 700	750	0.9～0.95	可见光	<10	≤1
SIT 管	4×10^5	600	1	取决于阴极	<10	10～50
SEC 管	4×10^4	600/cm	≈1	取决于阴极	<10	—

表 34-35　典型像增强器的特性参数

		第一代像增管(级联式)1060	微通道板增强器(第二代)		NEA 光阴极像增强器(第三代)聚焦式 XX1500
			聚焦式 3663	近贴式 5700	
光阴极材料		S-25	S-20	S-20	NEA
光阴极灵敏度/(μA/lm)		230	240	240	280
红外响应/(mA/W)	800nm	15	12～15	10～15	30
	850nm	6	5～10	5～10	15
荧光屏材料		P-20	P-20	P-20	P-20
放大率		0.91	0.96～1.04	0.96～1.04	1
增益		3×10^4	3×10^4	$(0.7～1.5)\times10^4$	$(3～7)\times10^4$
分辨率/(lp/mm)	中心	30	28	25	30
	边缘	29	25	26	28
MTF/%	$2.5I_p$/mm	80	90	86	90
	$7.5I_p$/mm	50	60	58	60
	$16I_p$/mm	6	25	20	30
最大畸变/%		22	5	0	12
等效背景照度/μlx		0.2	0.2～0.3	0.25～0.4	0.2～0.3
工作电压/kV		36	9	6	8
尺寸/mm		ϕ75×195	ϕ63×76	ϕ43×30	ϕ53×55
重量/g		880	310	150	200

四、固体摄像器件

影像传感器在推动全球半导体发展上可谓功不可没，主要有 CMOS、CCD 等。在产业方面，CCD 影像传感器都希望在数字相机与照相手机领域能持续掌握未来市场。但近期 CMOS 影像传感器的应用领域也迅速发展起来了，从安全监视系统、条形码阅读机、指纹识别系统、汽车、玩具、PC Camera、照相手机到数字相机，可以说应用领域相当广泛。

(一)CCD 摄像器件

电荷耦合器件(charge coupled device，CCD)是 20 世纪 70 年代发展起来的新型半导体器件，CCD 的概念最初是 1970 年美国贝尔实验室的 W S Boyle 和 G E Smith 提出来的，很快研制出各种用途的 CCD 器件。由于它具有光电转换、信息存贮和延时等功能，而且集成度高，功耗小，故在固体图像传感、信息存贮和处理等方面得到了广泛的应用。CCD 器件与光电管的量子效率比较见图 34-220。

CCD 是按一定规律排列的 MOS 电容器阵列组成的移位寄存器，其基本单元的 MOS 结构如图 34-221(a)所示。

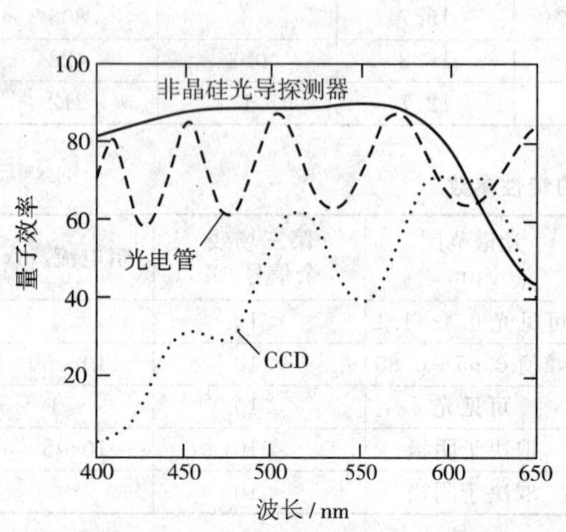

图 34-220　CCD 与光电管的量子效率比较

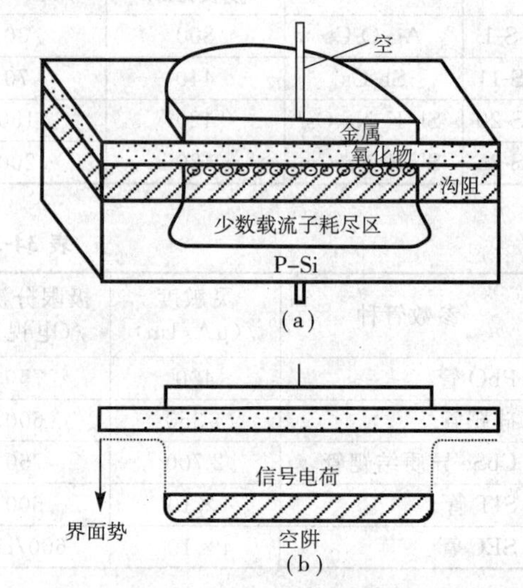

图 34-221　CCD 的 MOS 结构

CCD 的电荷转移信道有两种形式，即表面转移信道和体内(埋沟)转移信道。采用表面信道的 CCD 称为表面 CCD(SCCD)，而采用体内信道的称为埋沟 CCD(BCCD)。利用 CCD 的光电转移和电荷转移功能，可制成 CCD 图像传感器。它有线阵列和面阵列两种结构。

CCD 线阵列传感器的结构如图 34-222 所示，图中(a)为一种单排结构，用于低位数 CCD 传感器；图(b)是一种双排移位寄存器结构。

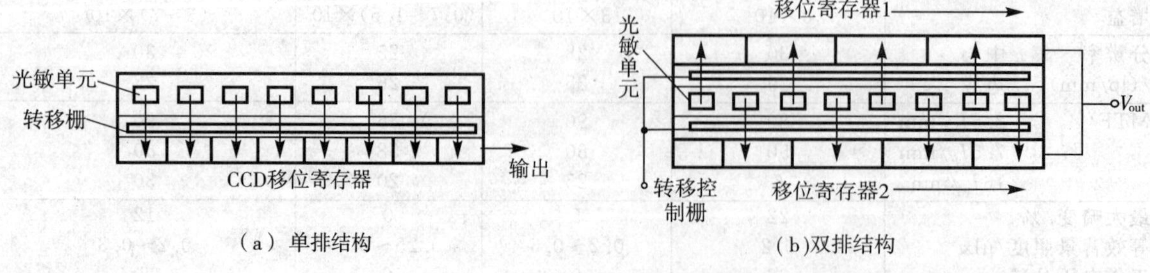

图 34-222　线阵 CCDIS 结构示意图

图 34-223 是一种 2 048 位两相 CCD 线阵结构示意图。

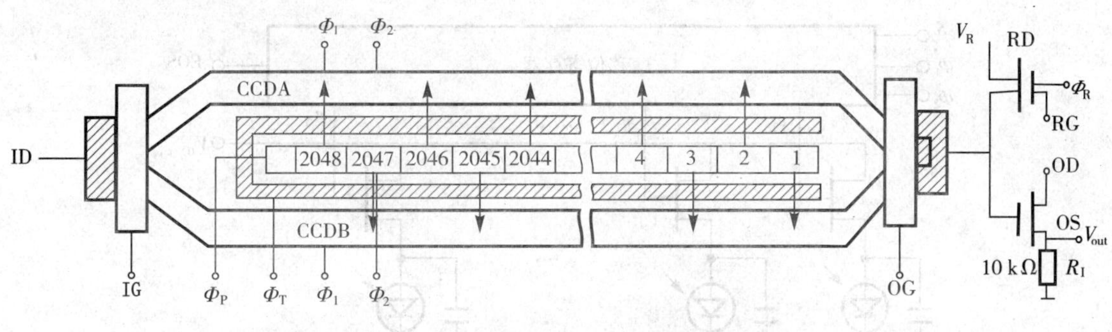

图 34-223　2 048 位两相 CCD 结构示意图

图 34-224 是 CCD 面阵图像传感器结构。

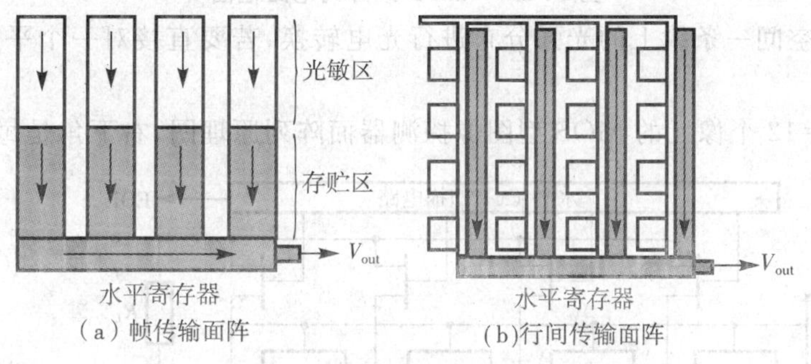

图 34-224　CCD 面阵图像信号传感器结构

图 34-225 是 CCD 电荷密度、电压与深度的关系曲线，图 34-226 给出了不同时间 CCD 表面的电荷密度。

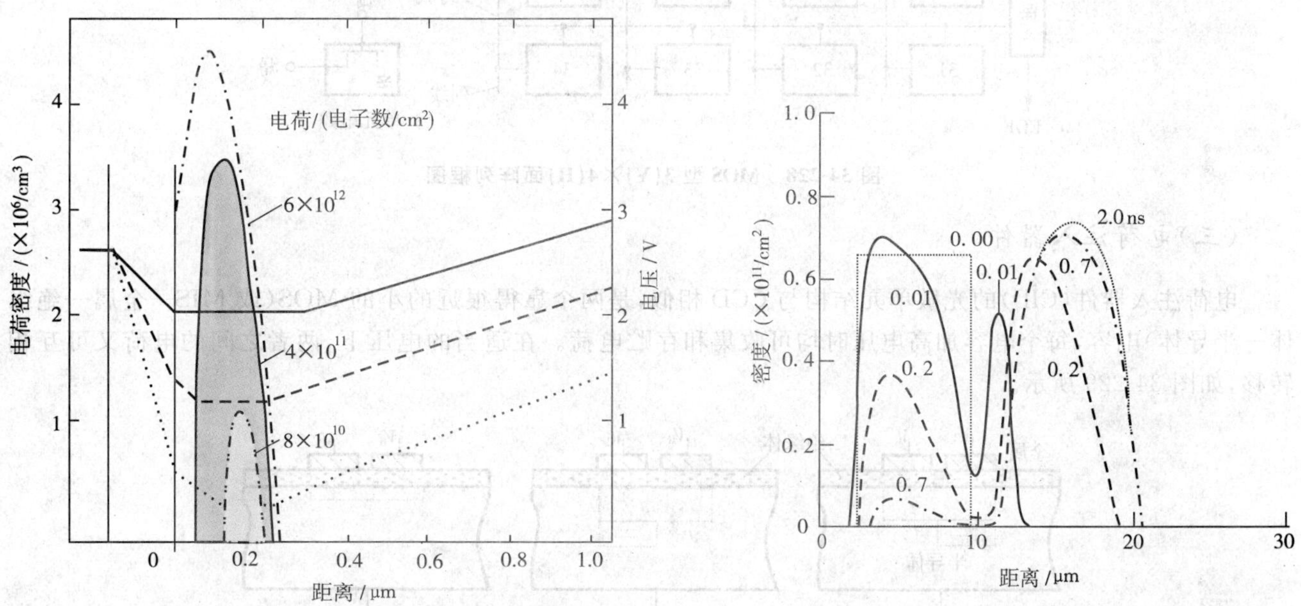

图 34-225　CCD 电荷密度、电压与深度的关系

图 34-226　不同时间下 CCD 表面的电荷密度

(二)自扫描光电二极管阵列

自扫描光电二极管阵列(SSPD)又叫做 MOS 型图像探测器，它的自扫描电路由 MOS 移位寄存器构成。根据像元的排列形状不同，它又分为线阵列和面阵列。线阵列如不另加扫描机构，只能对一维的光强分布进行光电转换。图 34-227 是一种再充电采样的 SSPD 线阵列的电路框图，它主要由 3 部分组成：①N 个形状

和大小完全相同的光电二极管；②N 位多路开关；③N 位 MOS 动态移位寄存器，作扫描电路用。

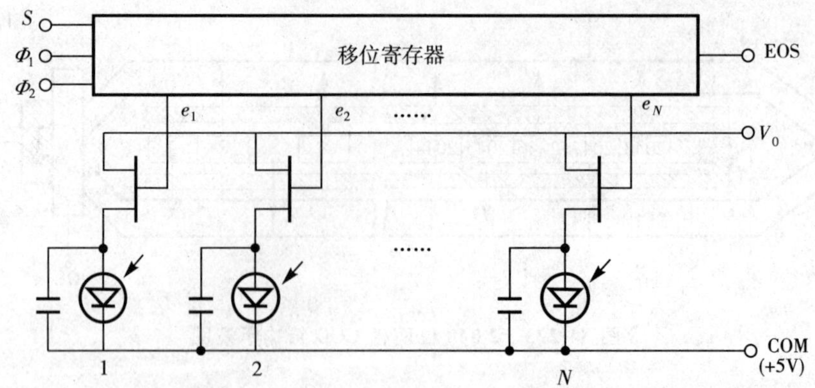

图 34-227 SSPD 线阵列电路框图

线阵列只能直接对空间一条线上的光强分布进行光电转换，若要直接对一个平面的光强分布进行光电转换，就要用面阵列。

图 34-228 是 3×4＝12 个像元的 MOS 型图像探测器面阵列原理图，右下角是每一单元的电路。

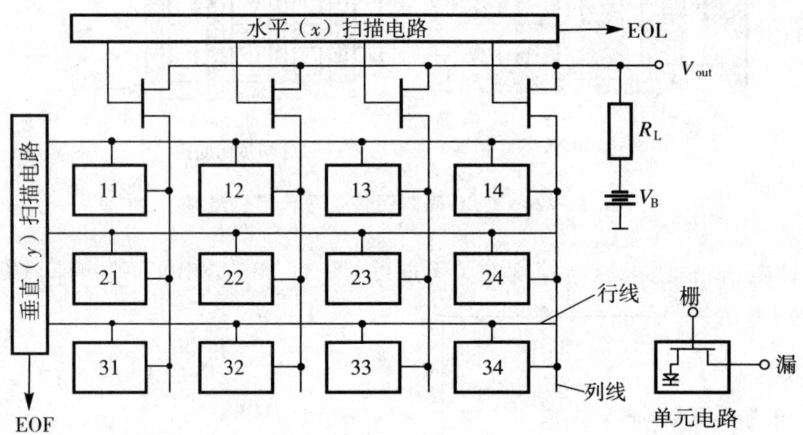

图 34-228 MOS 型 3(V)×4(H)面阵列框图

（三）电荷注入器件

电荷注入器件(CID)的光敏单元结构与 CCD 相似，是两个靠得很近的小的 MOS(或 MIS—金属—绝缘体—半导体)电容，每个电容加高电压时均可收集和存贮电荷。在适当的电压下，两者之间的电荷又可互相转移，如图 34-229 所示。

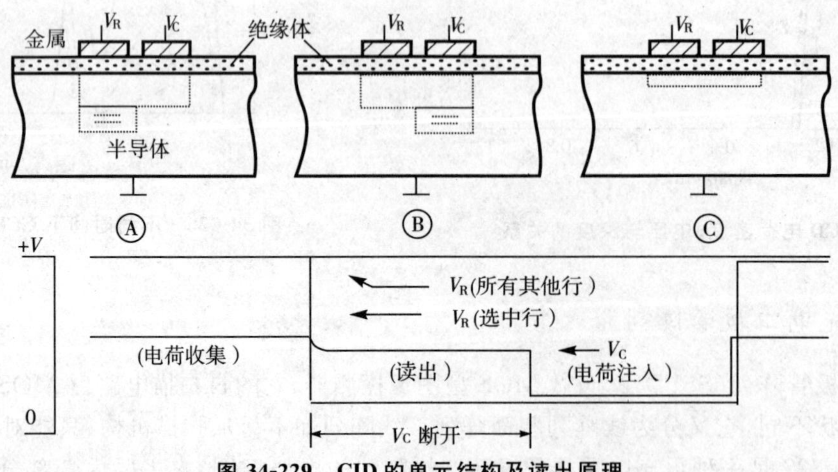

图 34-229 CID 的单元结构及读出原理

图 34-230 是一种 CID 面阵的结构示意图。

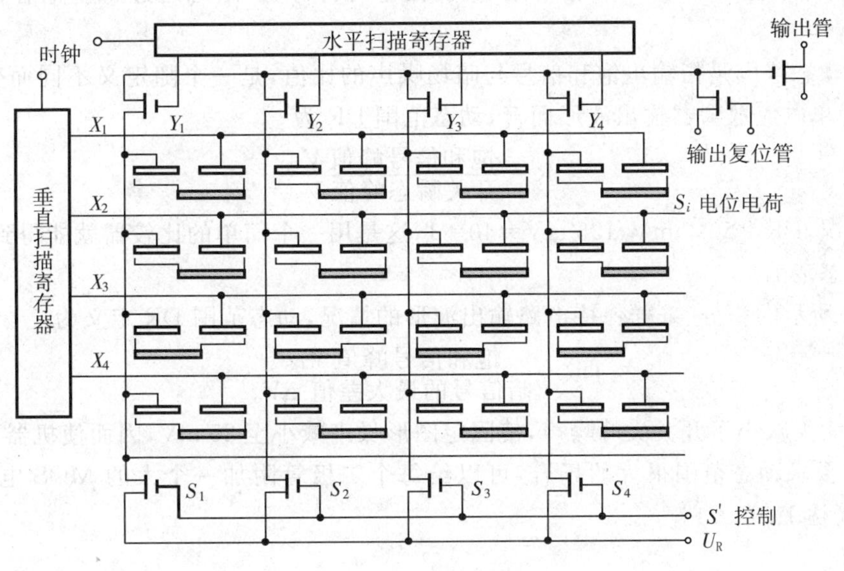

图 34-230　CID 面阵的示意图

（四）图像传感器的主要特性参数

1. 光谱响应特性

SSPD 器件具有典型的硅光电二极管的光谱响应特性。一般在 0.4 μm$<\lambda<$0.9 μm 波段内，可近似看作理想的光子探测器。而在 $\lambda<$0.4 μm 和 $\lambda>$0.9 μm 时，由于产生表面吸收和体吸收，量子效率较低，光谱响应曲线较理想情况下降。

图 34-231 为透明多晶硅电极 CCD 与普通 PN 结的光谱响应曲线的对比。

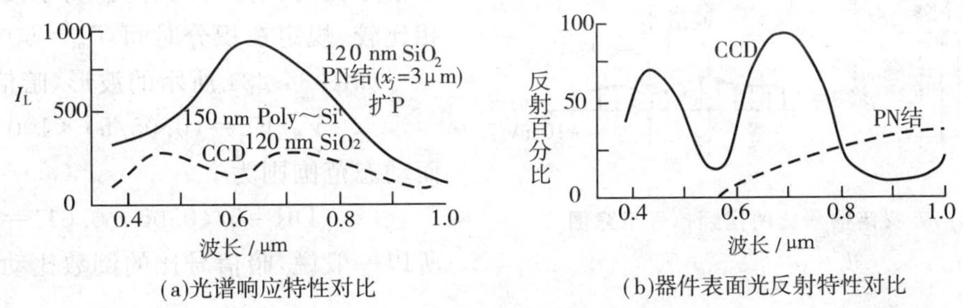

图 34-231　CCD 与 PN 结构的特性对比

硅材料的图像传感器光谱响应曲线的峰值波长一般在 0.8 μm 附近，由器件的具体工艺确定。

2. 灵敏度

图像传感器的灵敏度标志着器件光敏区的光电转换效率，用在一定光谱范围内、单位曝光量下器件输出的电流或电压的幅度来表示。器件灵敏度 S 为

$$S = Q_s / E_s \qquad (\text{pA}/(\mu\text{W/cm}^2) \text{ 或 pA/lx}) \tag{34-49}$$

式中，E_s是饱和曝光量，Q_s是饱和电荷。

器件的灵敏度可以用不同的单位来表示。在光源为 2 854 K 的钨灯时，几种单位的转换关系是

$$1\ \text{pA/lx} = 2\times10^{-7}\ \text{C/(J/cm}^2) = 0.2\ \text{pA}/(\mu\text{W/cm}^2) \tag{34-50}$$

显然，器件工作时应把工作点选在光电转换特性的线性区。一般宜选择工作点接近饱和区，但最大光强又不进入饱和区，这样可提高光电转换精度。

3. 暗信号及动态范围

SSPD的暗输出信号包括3部分：积分暗流电流；由于时钟开关，瞬态通过寄生电容耦合进入视频线的固定图形噪声；热噪声。

图像传感器的动态范围是指输出饱和信号与暗场噪声的比值，是一个随定义不同而变化的参数。对于图34-232所示的简单电流放大器输出波形而言，动态范围DR为

$$DR=\frac{饱和信号峰值V_{OS}}{开关瞬态峰值V_{SW}} \tag{34-51}$$

对于图中的具体情况，DR＝5000 mV/125 mV＝40∶1，这是用一个简单的比较器就能得到的动态范围，又称为机器可读出的动态范围。

对于图34-233所示的积分、采样保持电路输出波形的情况，动态范围DR定义为

$$DR=\frac{饱和信号峰值V_{OS}}{暗信号的最大差值\Delta V_d} \tag{34-52}$$

由于积分作用大大减小了开关尖峰噪声，使固定图形噪声减小至25 mV，因而使机器可读出的动态范围扩大为200∶1。在要求动态范围很大的场合，可以给每个二极管附加一个大的MOS电容，它的漏电流很小，可使动态范围高达1 000∶1。

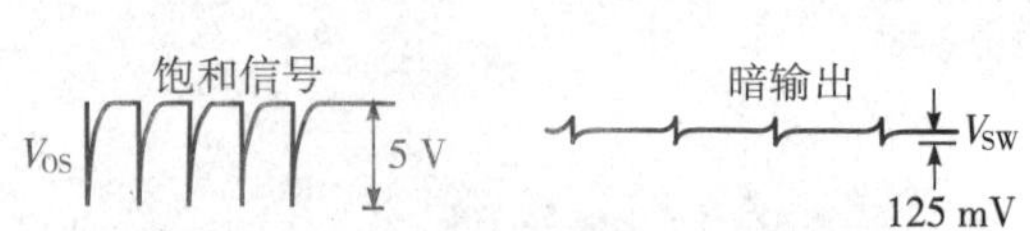

图34-232　简单电流放大器输出波形

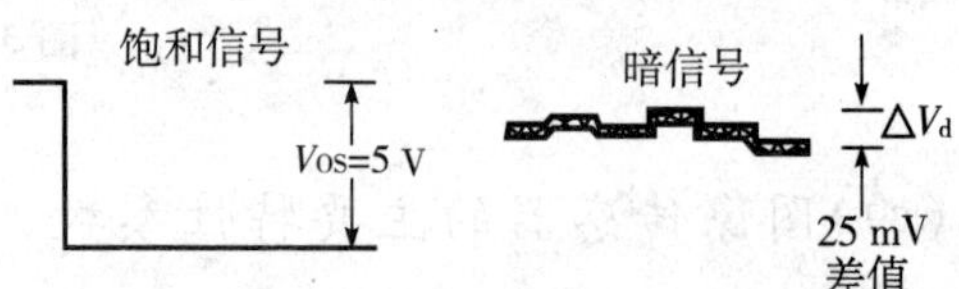

图34-233　积分，采样/保持电路的波形

另一种表示暗信号特性的参数称为暗电流比或暗信号比（日本有的公司采用），其定义如下：

$$DR=\frac{暗信号的最大值V_d}{饱和信号值V_{se}}\times 100\% \tag{34-53}$$

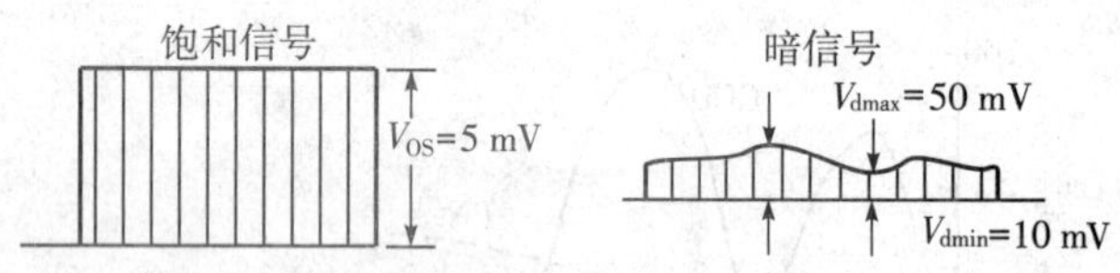

图34-234　定义暗信号比的视频信号示意图

暗信号比与积分时间有关，为了便于个器件参数互相比较，规定在积分时间T_{int}＝50 ms时测量。

如图34-234所示的波形，暗信号比为

$$V_d/V_{se}=(0.05/5)\times 100\%=1\%$$

而动态范围则为

$$DR=5/(0.05-0.01)=125:1$$

所以一般说，暗信号比的倒数比动态范围小。

4. 分辨率

分辨率有时也称为鉴别率或分解力，是用来表示能够分辨图像中明暗细节的能力。分辨率通常有两种表达方式：一种是极限分辨率，另一种是调制传递函数。

MTF的定义为：在各个空间频率下，图像传感器的输出信号的调制度，是$M_{out}(\nu)$与输入光信号调制度$M_{in}(\nu)$的比值：

$$MTF(\nu)=M_{out}(\nu)/M_{in}(\nu) \tag{34-54}$$

式中，ν是空间频率。

MTF能客观地反映光学系统对不同空间频率的目标成像的清晰程度。一般将MTF值降为10%的对应线对数，定为图像传感器的极限分辨率。

5. 工作频率

工作频率是指视频信号的采样频率。最高工作频率主要受移位寄存器工作频率、采用的工艺、电路设计等因素的限制。SSPD器件的最低工作频率主要受最大积分时间T_{smax}的限制。

第十六节 CCD及CMOS

CCD与CMOS传感器是当前被普遍采用的两种图像传感器，两者都是利用感光二极管(photodiode)进行光电转换，将图像转换为数字数据，而其主要差异是数字数据传送的方式不同。

CCD图像传感器是由电荷存储器件阵列所构成的移位寄存器，它有许多优点：光敏面积系数FF高、像素尺寸小、容易获得巨大阵列结构等。但也存在一些缺点：难与CMOS电路集成、读出速度受到限制、功耗大、蓝光效应差、图像信息难于随即读取等。CCD器件有许多种类型，根据像元排列形状的不同，CCD有面阵和线阵之分，CCD芯片又有彩色和黑白之别，彩色CCD有Bayer滤色器彩色CCD和复合滤色器彩色CCD等。

CMOS，全称为complementary metal oxide semiconductor，即互补金属氧化物半导体，是一种大规模应用于集成电路芯片制造的原料。采用CMOS技术可以将成对的金属氧化物半导体场效应晶体管(MOS-FET)集成在一块硅片上。

CMOS图像传感器技术较CCD有许多优势：采用成熟的CMOS技术，可将敏感单元阵列、模拟、数字功能模块等集成在单一芯片上，形成片上摄像系统，减小了系统的复杂性，可有效降低成本；CMOS固有的列并行读出模式，易实现对像素数据的高速随即读取；先进的CMOS技术对功耗、速度等的最佳化，使CMOS图像传感器具有单一工作电压、功耗低(仅为普通CCD的1/10或更低)；CMOS图像传感器还具有宽光谱灵敏度、图像处理片上集成、对局部像素信息编程随机访问等优点。CMOS图像传感器主要有3种像素结构，即光敏二极管型的无源像素、光敏二极管型的有源像素和光电栅极型有源像素。[56-59]

一、结构及工作原理

传统CCD使用的是矩形感光单元，超级CCD八角形的光电二极管和蜂窝状的像素排列大大改善了每个像素单元中的光电二极管的空间有效性。传统CCD中的每个像素由一个二极管、控制信号路径和电量传输路径组成。超级CCD采用蜂窝状的八边二极管，原有的控制信号路径被取消了，只需要一个方向的电量传输路径即可，感光二极管就有更多的空间。超级CCD在排列结构上比普通CCD要紧密，此外像素的利用率较高，也就是说在同一尺寸下，超级CCD的感光二极管对光线的吸收程度也比较高，使感光度、信噪比和动态范围都有所提高。

图34-235～图34-240是CCD与CMOS的结构及工作原理图。如图34-240所示，CCD传感器中每一行中每一个像素的电荷数据都会依次传送到下一个像素中，由最底端部分输出，再经由传感器边缘的放大器进行放大输出；而在CMOS传感器中，每个像素都会邻接一个放大器及A/D转换电路，用类似内存电路的方式将数据输出。

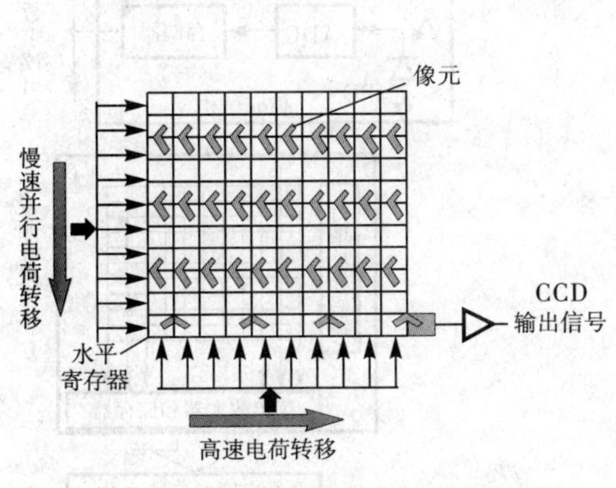

图34-235 CCD结构图(全帧方式)

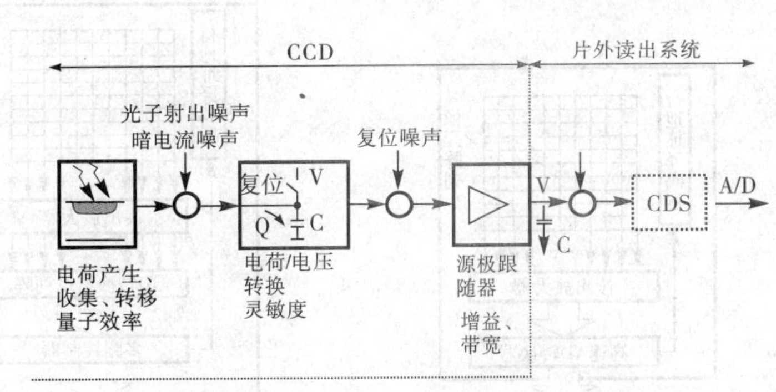

图34-236 CCD中从光子入射到信号数字化的过程

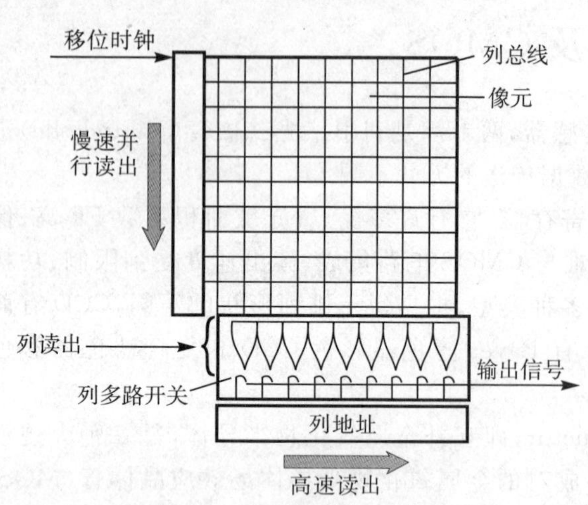

图 34-237 CMOS 像传感器结构图

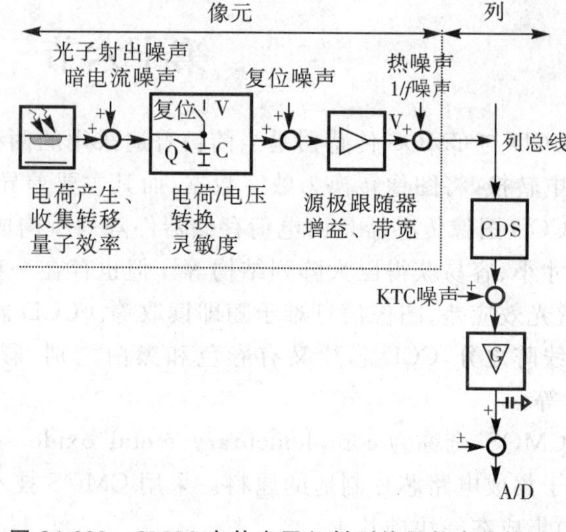

图 34-238 CMOS 中从光子入射到信号数字化的过程

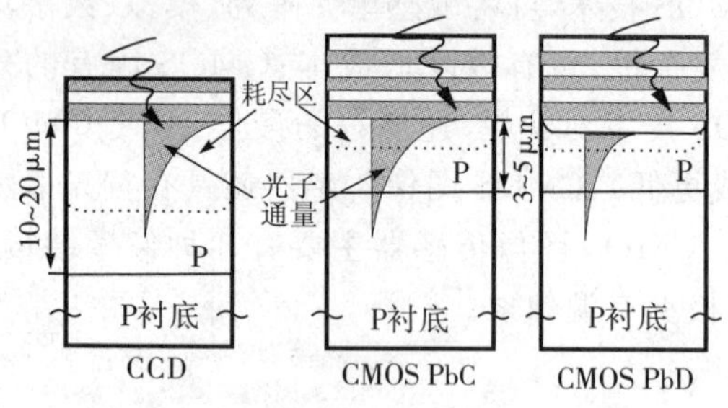

图 34-239 CCD 与 CMOS 在顶层结构、空间电荷区深度上的比较

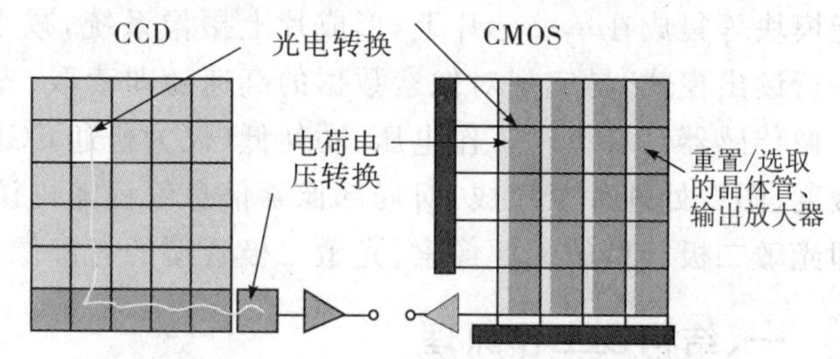

图 34-240 CCD 传感器与 CMOS 传感器的结构

CMOS 图像传感器已发展成 3 大类：CMOS 无源像素图像传感器(PPS)、CMOS 有源像素图像传感器(APS)和 CMOS 数字图像传感器(DPS)，如图 34-241～图 34-245 所示。

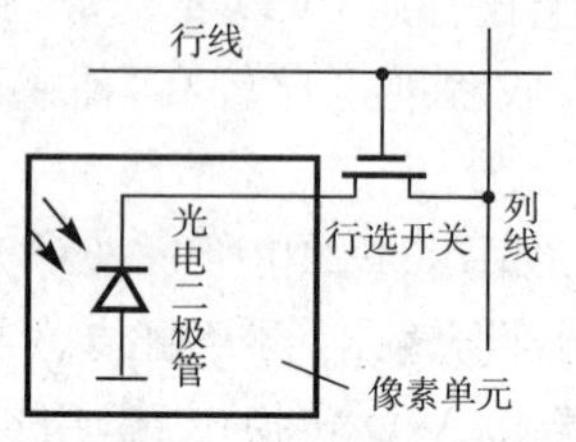

图 34-241 PPS 像素结构

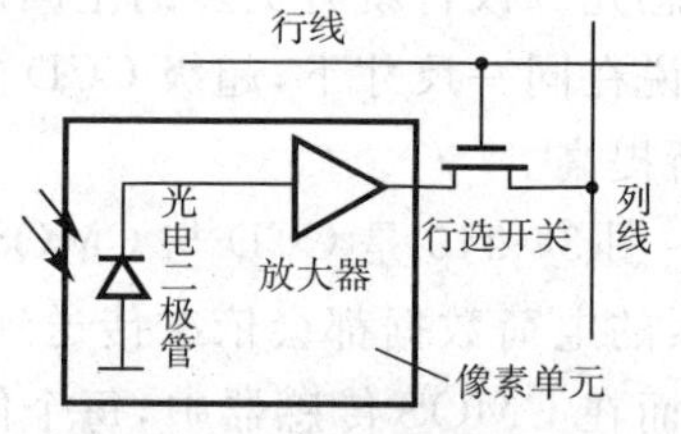

图 34-242 APS 像素结构

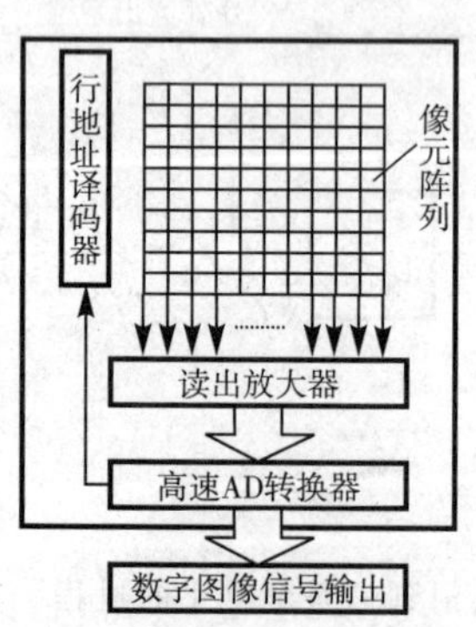

图 34-243 芯片级 ADC DPS 结构框图

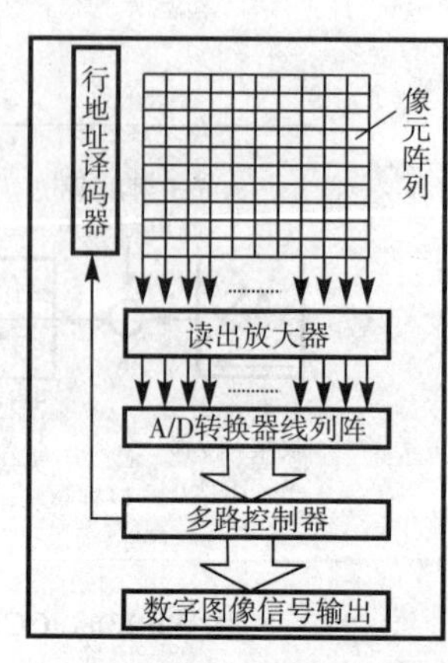

图 34-244 列级 ADC DPS 结构框图

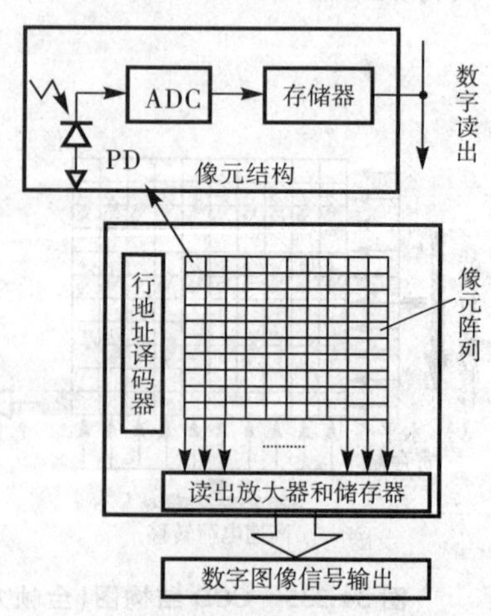

图 34-245 像素级 ADC 数字图像传感器

二、特性参数

(一)转移效率 η

由于 CCD 是一种动态模拟寄存器,不管是电极结构的不同,还是信号电荷传输通道的不同,信号电荷的传输效率是很重要的。设原有信号电荷为 Q_0,转移到下一个电极下的电荷为 Q_1,其比值为

$$\eta = \frac{Q_1}{Q_0} \tag{34-55}$$

称为失效率。显然 $\eta + \varepsilon = 1$。当信号电荷转移 N 个电极后的电荷量为 Q_N 时,总效率为

$$\frac{Q_N}{Q_0} = \eta^N = (1-\varepsilon)^N \tag{34-56}$$

CCD 势阱中信号电荷的转移,主要靠载流子的热扩散、自感应电场和边缘场的作用。

(二)工作频率

CCD 工作频率的下限,主要受暗电流的限制,有如下关系:

$$f > \frac{1}{3\tau} \tag{34-57}$$

式中,f 为工作频率。CCD 工作频率的上限主要受电荷转换慢的限制,即

$$f \leqslant \frac{1}{3t_{\text{tra}}} \tag{34-58}$$

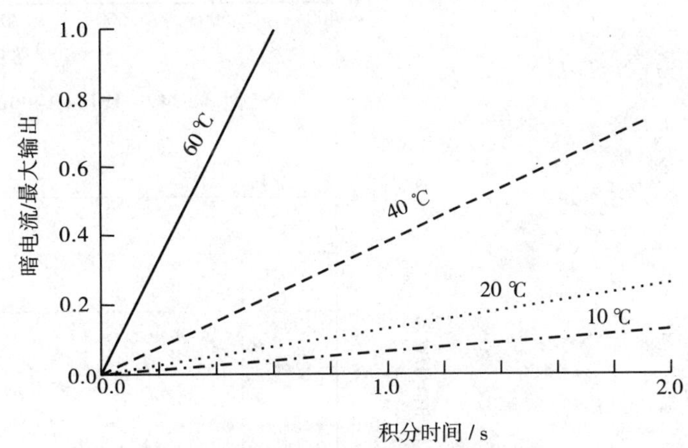

图 34-246　CCD 的暗电流特性

(三)暗电流特性

CCD 图像传感器在既无光注入又无电注入的情况下的输出信号称为暗信号,是由暗电流引起的。暗电流受温度的强烈影响,且与光积分时间成正比。如图 34-246 所示的是一种 CCD 图像传感器的暗电流特性。

CCD 的暗信号电压也很小,为毫伏数量级。

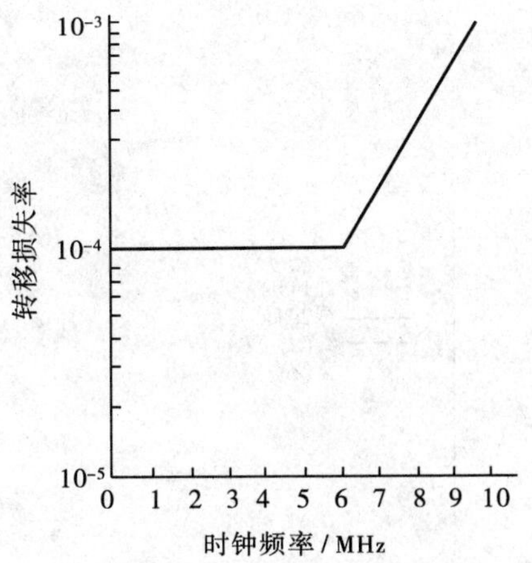

图 34-247　线阵 CCD 摄像器件转移效率与时钟频率关系曲线

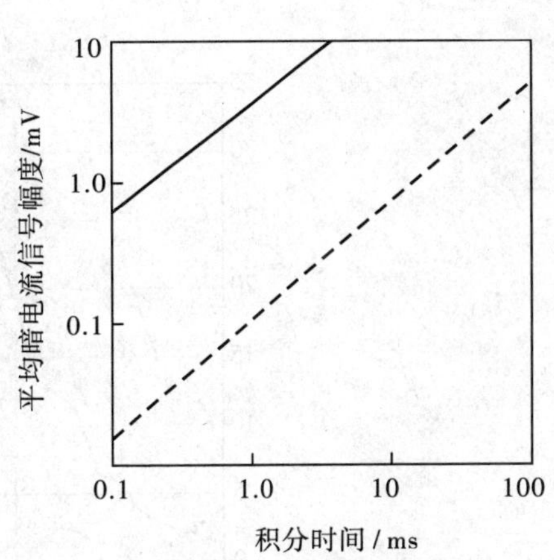

图 34-248　线阵 CCD 摄像器件平均暗电流与积分时间的关系

图 34-247 和图 34-248 是线阵 CCD 器件的特性曲线，图 34-249 至图 34-255 是部分 CMOS 器件的特性曲线。

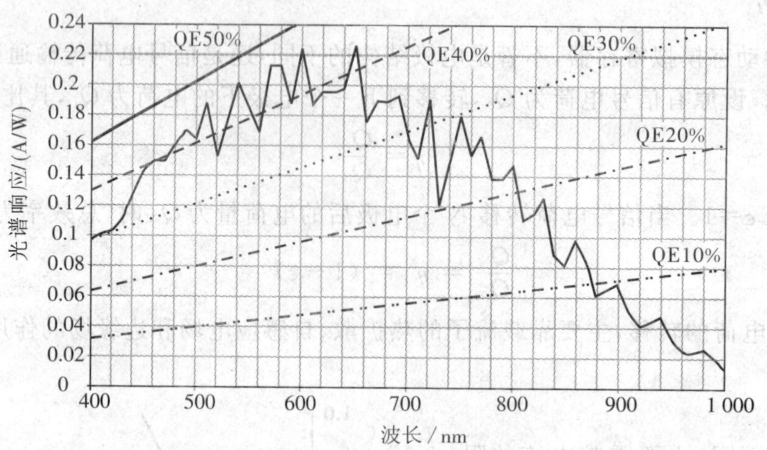

图 34-249 IBIS4-14000 的光谱响应曲线

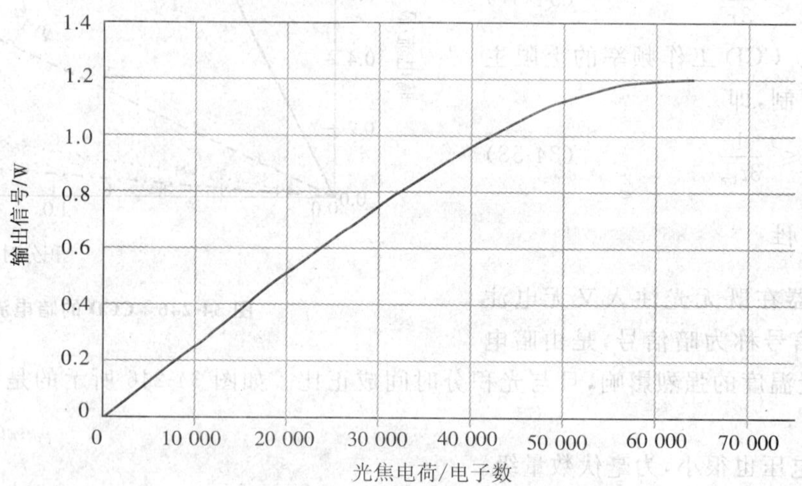

图 34-250 IBIS4-14000 的光电响应曲线

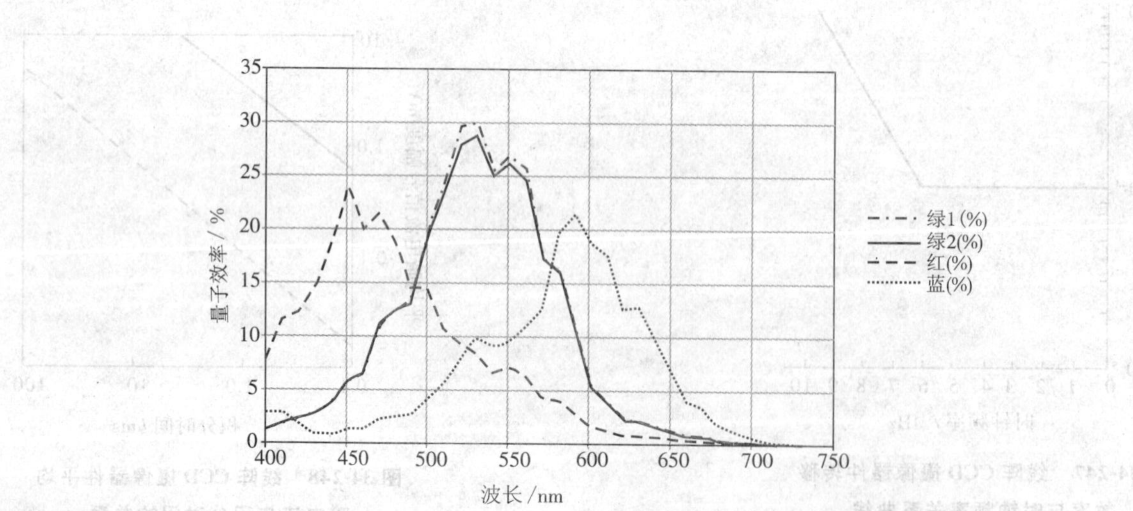

图 34-251 滤色器量子效率

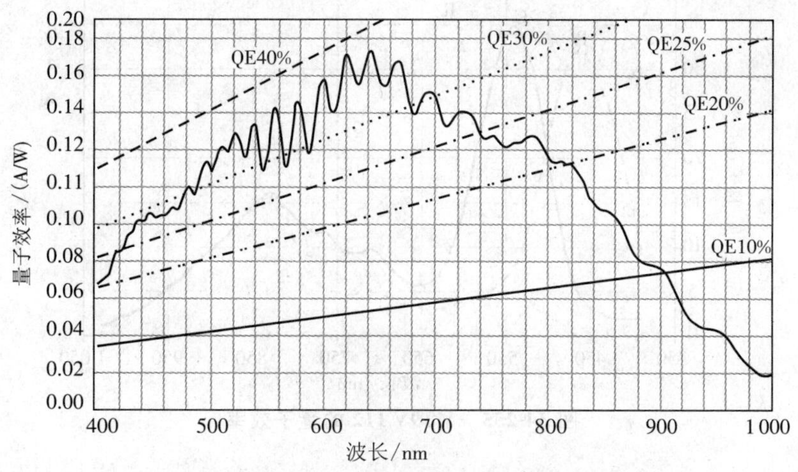

图 34-252　LUPA-4000 的光谱响应曲线

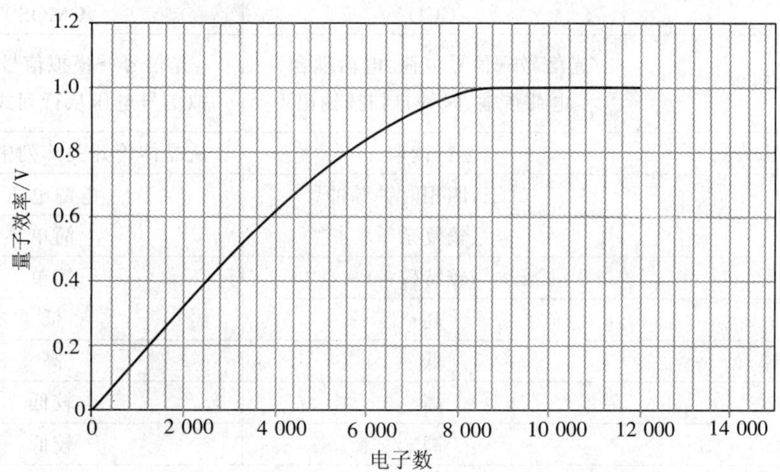

图 34-253　LUPA-4000 的光电响应曲线

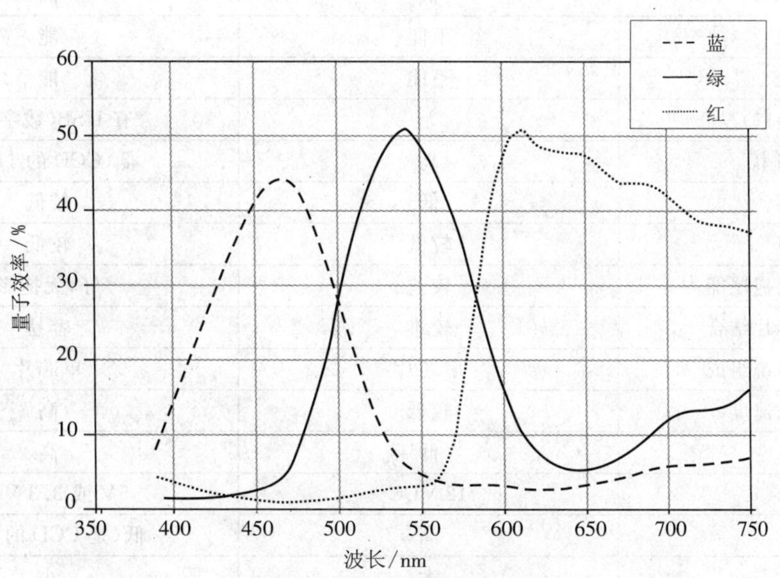

图 34-254　MI-1000 的量子效率

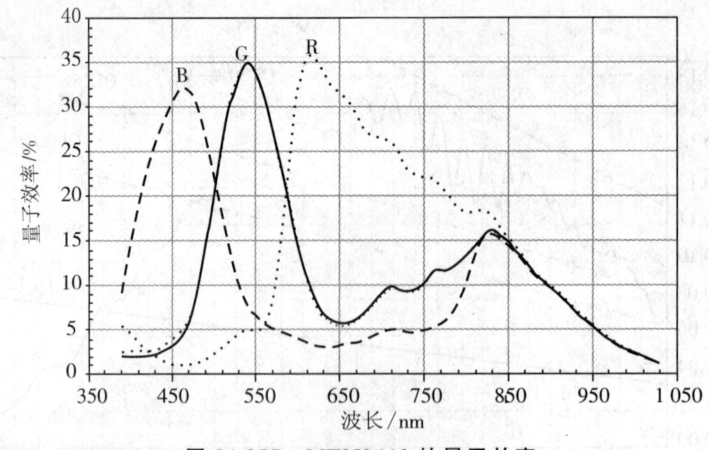

图 34-255 MT9V 112 的量子效率

表 34-36 是 CCD 器件与 CMOS 器件的比较。表 34-37 是 Fairchild 公司生产的线阵 CCD 的性能参数。

表 34-36 CMOS 与 CCD 的比较

	CCD	CMOS
基本原理	光信号→信号电荷:电荷耦合、电荷传输、时钟自扫描输出	光信号→模拟信号电压:模拟信号电压从行列式电极输出
电信号读出方式	逐行读取	从晶体管开关阵列中直接读取
驱动	二、三、四相时钟脉冲	电源电压
结构	较复杂	简单
制作工序	较特殊	简单
制造成本	高	低
生产成品率	低	高
灵敏度	高	较低
分辨率	高	较低
暗电流	小	大
信噪比(*S*/*N*)	高	较低
帧速	低	高
随机存取	不能	能
无损读取	不能	能
计算机接口	无	有 USB(数字式)
像素缺陷率	高	低(CCD 的 1/20)
空间噪声	低	较低
时间噪声	较低	较低
抗晕光及拖尾能力	较差	好,无拖影
与其他芯片结合	较难	容易
摄像机系统组成	多芯片	单芯片
数据传输速度	较低	高
集成度	低	高
电源电压	12 VDC	5V 或 3.3 V DC
功耗	高	低(是 CCD 的 1/8)
尺寸	大	小
应用	广泛	更广泛

表 34-37　Fairchild 公司线阵 CCD 133/143 的性能参数

参数名称	参数值		
	最　小	典　型	最　大
动态范围			
相对峰-峰噪声	500∶1	1 000∶1	
相对均方根噪声	2 500∶1	5 000∶1	
均方根噪声等效辐照度/(μJ/cm²)		0.000 13	
饱和辐照度/(μJ/cm²)		0.67	
传输效率/%		99.999	
输出阻抗/kΩ		0.75	1.5
功率损耗/mV			
时钟驱动器		100	215
放大器		170	325
峰-峰瞬时噪声/mW	2.0		
灵敏度/(V/(μJ·cm⁻²))	1.8	3.0	4.5
饱和输出电压/V	1.0	2.0	2.5

表 34-38 是线性阵列 CMOS 的主要参数。

表 34-38　CMOS 线性阵列器件的主要参数

	TSL201	TSL202	TSL208	TSL1401	TSL1402	TSL1406	TSL1410	TSL3301
点密度	200	1 200	200	400	400	400	400	300
像素数	64	128	512	128	256	768	12 800	102
速率	2	2	2	2	2	2	2	1
线形度	8 bit	8 bit	8 bit	8 bit	8 bit	8 bit	8 bit	1.5 lsb
输出	1 路模拟	2 路模拟	1 路模拟	1 路模拟	2 路模拟	2 路模拟	2 路模拟	8 位数字

表 34-39～表 34-43 是部分器件的性能参数。

表 34-39　柯达公司 CMOS 图像传感器的性能参数

器　件	分辨率		像素尺寸/μm	光学格式	帧频/(f/s)
KAC-01301	1.3 MP	1 284×1 028	2.7	1/4″	
KAC-3100	1.3 MP	2 048×1 536	2.7	1/2.7″	10
KAC-5000	5.0 MP	2 592×1 944	2.7	1/1.8″	6

表 34-40　OV7949 的性能参数

阵列尺寸	PAL:628×586
	NTSC:510×496
供电电源	模拟/ADC/IO:3.3 VDC±5%
	数字芯:1.8 VDC±5%
功耗	250 mW(DVDD-1.8 V,其他电压 3.3 V,75 Ω 负载)
图像面积	5.961 mm×4.276 mm
曝光时间	1/60 s～12 μs(NTSC)
	1/50 s～12.5 μs(PAL)
灵敏度	2.26 V/(lx·s)@5 600 K
信噪比	48 dB(最大)
动态范围	50 dB
像素尺寸	9.2 μm×7.2 μm
封装尺寸	14.22 mm×14.22 mm
工作温度	−40～105 ℃ in CLCC

表 34-41　VV6501 的性能参数

分辨率	640×480(VGA)
像素尺寸	5.6 μm×5.6 μm
阵列尺寸	3.6 mm×2.7 mm
模拟增益	×1 到×16
灵敏度	2.05 V/(lx·s)
最大帧频	30 f/s(在 24 MHz 时钟)
供电电压	5 V(USB)
	3 V(三维驱动)
功耗	工作(30 f/s):<30 mA
	暂停:<100 μA
封装类型	36 pin CLCC
工作温度	0～40℃

表 34-42　MC532MA 的性能参数

分辨率	2 048×1 536
像素尺寸	2.575 μm
光学格式	1/2.7″
帧频	12 f/s @全分辨率,30f/s@VGA
供电电压	模拟:2.7～2.9 V
	数字芯:1.62～1.98 V
	模拟 I/O:2.5～3.1 V
输出格式	bayer R GB,R GB,YUY
封装	48−CLCC4

表 34-43 国外产部分 CMOS 图像传感器的参数

传感器生产厂商	型号	格式	像素数	像素尺寸/μm	成像区面积/mm	传感器对角线
Agilent	HDCS-2020	VGA	640×481	7.4×7.4	4.74×3.55	1/3″(5.92mm)
	HDCS-1020	CIF	352×287	7.4×7.4	2.60×2.13	1/4″(3.36mm)
	HDCS-1000/HDCS-1100	CIF	352×287	7.8×7.8	2.74×2.24	1/5″(3.54mm)
Biomorphic	BI6612	CIF	384×287	7.5×7.5	2.94×2.22	1/5″(3.38mm)
	BI8602A	VGA	648×488	7.5×7.5	4.8×3.6	1/3″(6.00mm)
	BI8603	VGA	648×488	7.5×7.5	4.8×3.6	1/3″(6.00mm)
	BI8601	Mac	1 156×864	5.0×5.0	5.78×4.27	1/2″(7.20mm)
	BI8631	SXGA	1 280×1 024	5.0×5.0	6.4×5.12	1/2″(8.20mm)
Chrontel	CH5001A	CIF	352×288	13.95×12.75	4.91×3.67	1/3″(6.13mm)
	CH50012	CIF	352×289			1/3″
	CH5102	CIF	352×290	*	*	1/3″
	CH5002	CIF	352×288	*	*	1/3″
Conexant	CX20490/CX11646	VGA	648×488	4.0×4.0	2.59×1.95	1/5″(3.3mm)
	CX20450	SXGA	1 280×1 024			
CSEM	APS641 in		64×64	30×30	3.5×3.5	1/4″(4.94mm)
Elecvision	EVS25R	*	180×168(b&W)	12.1×12.1	2.2×1.8	1/7″(2.84mm)
	EVS25K	*	176×144(rgb)	12.1×12.1	2.2×1.8	1/7″(2.84mm)
	EVS110K	CIF	356×292	8.7×8.7	3.01×2.54	1/4″(4.00mm)
	EVS100K	CIF	352×290	12.1×12.1	4.26×3.51	1/4″(5.50mm)
	EVS250K	*	512×512	12.1×12.1	6.19×6.19	1/2″(8.75mm)
	EVS330K	VGA	644×484	8.7×8.7	5.6×4.2	1/2″(7.00mm)
Fill Factory	IBIS4	SXGA	1 250×1 024	7.0×7.0	8.96×7.17	2/3″(11.5mm)
	FUBA1000	*	1 024×1 024	8.0×8.0	8.2×8.2	2/3″(11.6mm)
Hyundai	HV7147B	SVGA	802×602	8.0×8.0	6.41×4.81	1/2″(8.01mm)
	HV7131B	VGA	648×488	8.0×8.0	5.18×3.90	1/3″(6.48mm)
	HV7121B	CIF	402×302	8.0×8.0	3.21×2.5	1/4″(4.01mm)
IC-Mcdiaa	ICM-102Ala	CIF	352×288	6.0×6.0	2.2×1.8	1/7″(4.01mm)
	ICM-105Ala	VGA	640×480	6.0×6.0	3.8×2.9	1/4″(4.78mm)
	ICM-105A	VGA	640×480	6.0×6.0	3.8×2.9	1/4″(4.78mm)
	ICM-512D	CIF	360×244	8.9×9.8	2.30×2.40	1/4″(3.99mm)
	ICM-102A	CIF	352×288	6.0×6.0	2.20×1.80	1/7″(3.0mm)
Kodak	KAC-0310	VGA	640×480	7.8×7.8	5.0×3.7	1/3″(6.20mm)
	KAC-1310	SXGA	1 280×1 024	6.0×6.0	7.68×6.14	1/2″(9.80mm)
Mitsubishi	M64285FP	*	32×32	56×56	1.79×1.79	1/6″(2.53mm)
	M64285U	CIF	352×288	12×12	4.2×4.2	1/3″(5.94mm)
Motorola	MCM20014	VGA	640×480	7.8×7.8	5.0×3.7	1/3″(6.22mm)
	MCM20027	SXGA	1 280×1 024	6.0×6.0	7.7×6.1	1/2″(9.80mm)

续表

传感器生产厂商	型　号	格式	像素数	像素尺寸/μm	成像区面积/mm	传感器对角线
National Semiconductor	LM9617/LM9627	VGA	648×488	7.5×7.7	4.86×3.66	1/3″(6.08mm)
OmniVsion	OV7910	VGA	628×582	9.2×8.3	4.69×3.54	1/3″(5.87mm)
	OV7411	VGA	628×582	9.2×8.3	4.69×3.54	1/3″(5.87mm)
	OV7410	VGA	628×582	9.2×8.3	4.69×3.56	1/3″(5.87mm)
	OV7620	VGA	640×480	7.6×7.6	4.86×3.64	1/3″(6.07mm)
	OV6120	CIF	356×292	9.0×8.2	3.1×2.5	1/4″(3.98mm)
	OV6620	CIF	352×288	9.0×8.2	3.1×2.5	1/4″(4.07mm)
	OV5116	CIF	356×288	11.0×11.0	3.2×2.5	1/4″(4.06mm)
	OV5117	CIF	320×240	11.0×11.0	3.2×2.5	1/4″(3.57mm)
Photobit	PB-0330	VGA	640×487	5.6×5.6	3.64×2.73	1/4″(4.55mm)
	PB-0111	CIF	352×288	7.8×7.8	2.75×2.25	1/5″(3.55mm)
	PB-1024	*	1 024×1 024	10.0×10.0	10.24×10.24	1″(14.5mm)
	PB-MV13	SXGA	1 280×1 024	12.0×12.0	15.36×12.3	20mm
Photobit Vision Systems, inc.	LIS Series	*	*	125×15.6	0.125×7.987	Custom
	SLIS Series	*	*	7.0×7.0	0.007×14.34	Custom
	ACS-Series	*	*	12.0×12.0	6.15×6.15	Custom
Pixart	PAS009A	QVGA	160×120	7.25×7.25	1.2×0.9	1/11″(1.5mm)
	PAS006B	CIF	352×288	7.25×7.25	2.6×2.1	1/5″(3.3mm)
	PAS106B	CIF	356×292	7.25×7.25	2.58×2.12	~1/5″(3.34mm)
	PAS202B	VGA	644×484	5.6×5.6	3.61×2.71	1/4″(4.5mm)
Sharp	LZ34B2B	VGA	655×493	5.6×5.6	3.67×2.76	1/4″(4.59mm)
	LZ34B1B	VGA	655×493	5.6×5.6	3.67×2.76	1/4″(4.59mm)
	LZ37C1B	CIF	367×291	5.6×5.6	2.0×1.63	1/7″(2.62mm)
ST-VVL	VV5500/VV6500	VGA	644×484	7.5×7.5	4.89×3.66	1/3″(4.5mm)
	VV5410/VV6410	CIF	356×292	7.5×6.9	2.73×2.04	1/5″(3.4mm)
	VV6413	CIF	356×292	12×11	4.27×3.21	1/4″(5.34mm)
	VV5404/VV6404	CIF	356×292	12×11	4.27×3.21	1/4″(5.34mm)
	VV5430	CIF	384×287	12×12	4.66×3.54	1/4″(5.85mm)
	VV5411/VV6411	CIF	356×288	7.5×6.9	2.73×2.04	1/5″(3.4mm)
	VV5301/VV6301	QCIF	164×124	12×12	1.92×1.44	1/7″(2.4mm)
ST-VVL	TAS5130A	VGA	645×484	8.0×8.0	5.16×3.87	1/3″(6.45mm)
	TAS5110A	CIF	356×292	8.0×8.0	2.85×2.33	1/4″(3.68mm)
Toshiba	TCM5003D	VGA	659×494	5.6×5.6	3.6×2.7	1/4″(4.50mm)
	TCM5033T	VGA	640×480	5.6×5.6	3.584×2.688	1/4″(4.48mm)
	TCM5030T	VGA	640×480	5.6×5.6	3.58×2.68	1/4″(4.48mm)
Y Media	YM－3170	*	2 056×1 544	3.3×3.3	6.8×5.1	1/2″(8.50mm)
Zoran(Pixelcam)	ZR2212PLC	*	1 288×968	6.0×6.0	7.7×5.8	1/2″(12.30mm)
	ZR32212MLC	SXGA	1 288×1 032	7.5×7.5	9.66×7.74	3/4″(12.30mm)
	ZR32212PLC	SXGA	1 288×1 032	7.5×7.5	9.66×7.74	3/4″(12.30mm)

第十七节　单光子成像探测

一、单光子成像探测的概念及分类

(一)单光子的概念

单光子状态是指光辐射可以看成是由一个个可辨识的光子组成的光子流,其强度比光电成像探测器自身在室温条件下的热噪声水平还要低的状态;单光子计数方法是利用在极微弱光照射条件下光电探测器输出电信号自然离散化的特征,采用脉冲幅度甄别技术或脉冲计时技术进行光子计数;单光子成像探测则是通过二维光子计数来对目标进行成像探测。

根据爱因斯坦理论,一个光子的能量可以用下式确定:

$$E=h\nu_0=hc/\lambda \tag{34-59}$$

式中,$c=3.0\times10^8$ m/s 是真空中的光速,$h=6.63\times10^{-34}$ J·s 是普朗克常数,λ 为光子的波长,ν_0 为光子的频率。

光子流强度是单位时间内通过的光能量,常用光功率 P 表示,单位为 W。单色光的光功率可用下式表示:

$$P=RE \tag{34-60}$$

式中,R 为单位时间内通过某一截面的光子数。如果光源发出的是波长为 λ 的近单色光,1 J 光能量相应的光子数为

$$1\ \text{J}\rightarrow5.034\times10^{15}\lambda[\text{nm}](\text{光子数}) \tag{34-61}$$

当光波长为 254 nm,光功率为 10^{-14} W 时,相应的光子流量为

$$R=5.034\times10^{15}\times254\times10^{-14}=1.28\times10^4(\text{光子数/s}) \tag{34-62}$$

当光子流强度小于 10^{-14} W 时通常称为微弱光,此时光子流量为 1 ms 内十几个光子。通常意义上的单光子状态即指光功率 10^{-14} W 量级以下,光子流在 10^4 光子数/s 量级以下。图 34-256 为楔条型阳极探测器(WSA)对低压汞灯发出的紫外光进行探测时,在示波器上显示的 W、S、Z 三路电压波形。当光能流小于 10^{-14} W 时,如图中的(a)(b)所示,输出信号为一个个离散的脉冲信号,呈现出光的粒子性;而当光能流很强时,如图中的(c)(d)所示,输出信号为连续变化的波动信号,呈现出光的波动性。

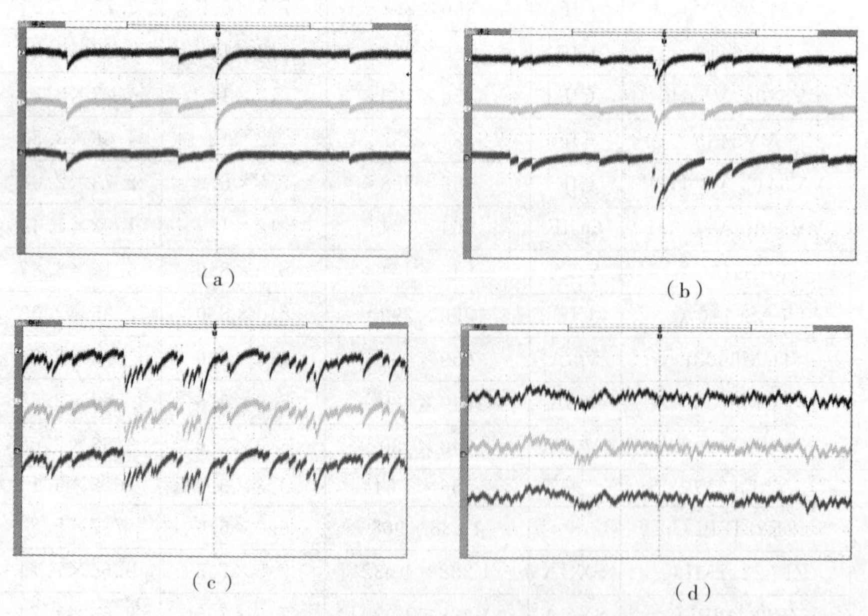

(a)　(b)　(c)　(d)

图 34-256　不同光照条件下探测器的输出脉冲波形

(二)单光子成像探测器的分类

光子成像探测器通常可分为两大类(如图 34-257 所示):一类是光电导型(photoconductive),另一类是光电发射型(photoemissive)。光电导型的光子成像传感器是通过半导体衬底吸收光子能量发生光电转换及随后的电导(电子或空穴在半导体中的转移和传输)过程来成像的,典型的代表器件有 CCD、CMOS 以及 CID(charge injection device)等。由于光电导型探测器发生光电转换所需的能量较低(约 1 eV),因此其波长响应范围很宽,可以从近紫外到近红外。光电发射型成像探测器则主要是通过各种不同的光阴极材料的光电转换作用来成像的,典型的代表器件有各种基于微通道板 MCP(micro channel plate)的像增强器(image intensifier,II)和阳极探测器(anode detector)。由于不同光阴极材料发生光电转换所需的能量不同,因此光致发射型探测器的波长响应范围通常为一特定受限的波段。

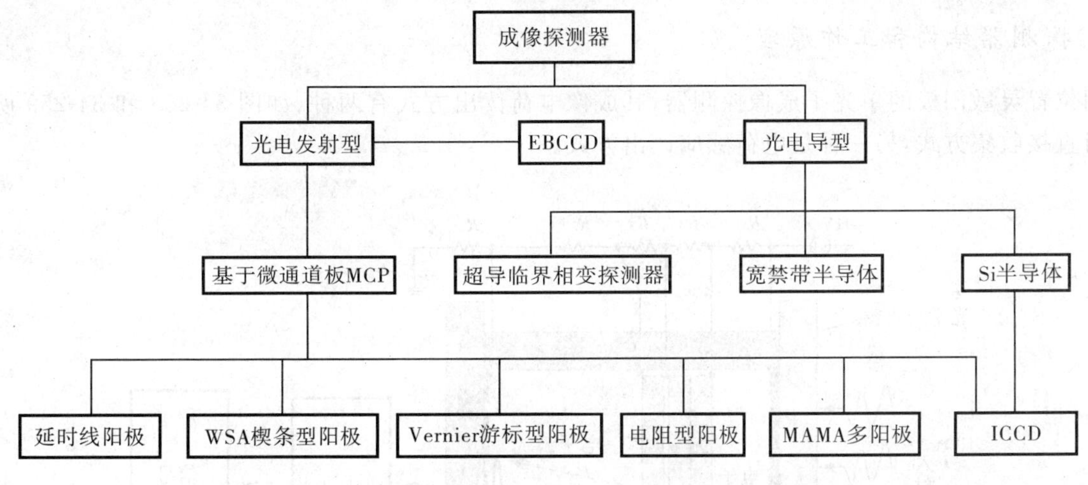

图 34-257　光电成像传感器的分类

光电导型传感器通常又被称为固体传感器,其具有空间分辨率高、波长响应范围宽、动态范围大、集成度高、体积小、重量轻以及功耗低等优点,特别适合于可见光的成像探测。由于固体传感器的波长响应范围很宽,因此其不太适合于特定波段(如真空 UV 波段)的光谱成像。虽然可在固体传感器之前加一光学滤波器以便其用于特定波段的光谱成像,但这会大大降低系统的探测量子效率和探测灵敏度。此外,虽然可采用时间延迟积分(time delay and integration,TDI)技术来提高固体传感器件的探测灵敏度,但是由于固有的暗电流噪声,其在微弱光谱成像特别是单光子计数成像方面就远不如基于 MCP 的阳极探测器。

光电发射型的传感器件主要是一些基于 MCP 的像增强器或阳极探测器,其特点是时空分辨能力强,动态范围大,波长响应范围为一特定受限波段(与光阴极材料有关)。MCP 由 $10^4 \sim 10^7$ 个相互平行的电子倍增通道组合而成,每个通道的增益大约在 10^4 左右。两块“V”型级联或是三块“Z”型堆叠的 MCP 可提供 $10^6 \sim 10^7$ 的电子增益。由于 MCP 具有很高的电子增益,因此光电发射型的传感器件具有极高的探测灵敏度,特别适用于一些特定微弱光谱的成像探测或是单光子计数成像,如真空紫外、远紫外、极紫外、X 射线或是一些空间带电粒子的成像探测。光电发射型探测器的主要缺点是必须要有高稳定度的直流高压电源来维持 MCP 的正常工作,再者就是体积大、功耗高。

除了上述两类图像传感器之外,还有一类被称之为混合型(Hybrid)的图像传感器,即光电导型与光致发射型的混合体,例如 ICCD 和 EBCCD。ICCD 是在像增强器的荧光屏输出面后耦合一 CCD,即 II + CCD 的混合方式;EBCCD 是在 ICCD 的结构基础上,用背照减薄 CCD 替代了 ICCD 中的荧光屏,同时去除了 MCP 以及荧光屏与 CCD 之间的光耦合器件。

相比于 CCD、CMOS 以及 CID 等固体传感器或是 ICCD、EBCCD 等混合型图像传感器,阳极探测器具有信噪比高、探测灵敏度高(极低的辐射通量探测阈值)、动态范围宽、抗漂移性好、可方便地去除背景噪声(本底计数)以及没有暗电流影响等优点,因此其已被广泛应用于天体辐射观测、核辐射探测、各种带电粒子及中性粒子的探测、低能电子衍射、生物荧光探测以及量子密钥等领域。

目前，单光子成像探测技术已在高分辨率的光谱测量、非破坏性物质分析、高速现象检测、精密分析、大气测污、生物发光、放射探测、高能物理、天文测光、光时域反射、量子密钥分发系统等领域有广泛的应用。与其他成像探测技术相比，单光子成像探测具有以下优点：

1)测量结果受光电传感器件的漂移、系统增益的变化以及其他不稳定因素的影响较小。

2)基本上消除了光电传感器件自身噪声的影响，大大提高了系统的信噪比，可望达到由光发射的统计涨落性质所限制的信噪比极限。

3)由于采用计数方式，最低可探测到单个的光子，最高可达系统的最大计数率，因此有着非常宽的动态范围，通常可达10^6量级。

二、基于位敏阳极的单光子成像探测器

(一)探测器结构和工作原理

采用位置灵敏阳极的单光子成像探测器，其成像电荷读出方式有两种(如图 34-258 和 34-259 所示)：一种是电荷直接收集方式，另一种是电荷感应读出方式。

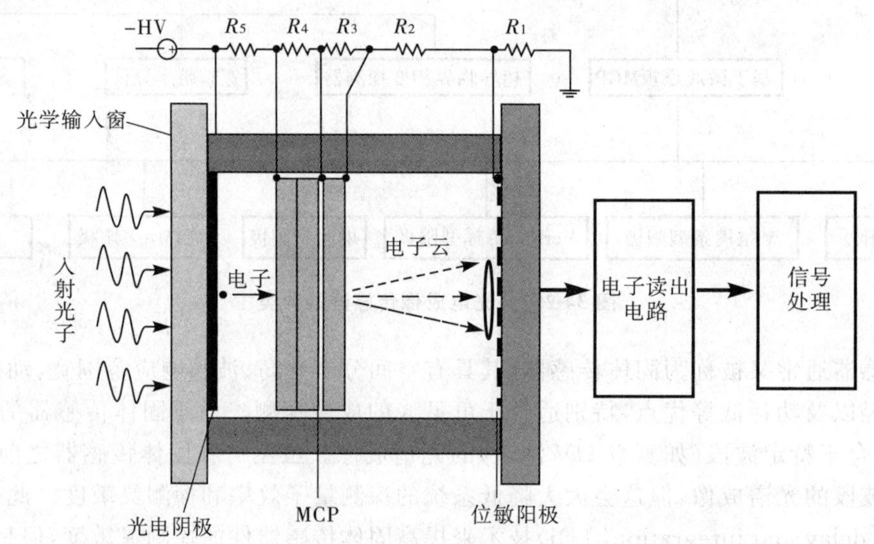

图 34-258 直接收集方式光子计数成像探测器结构示意图

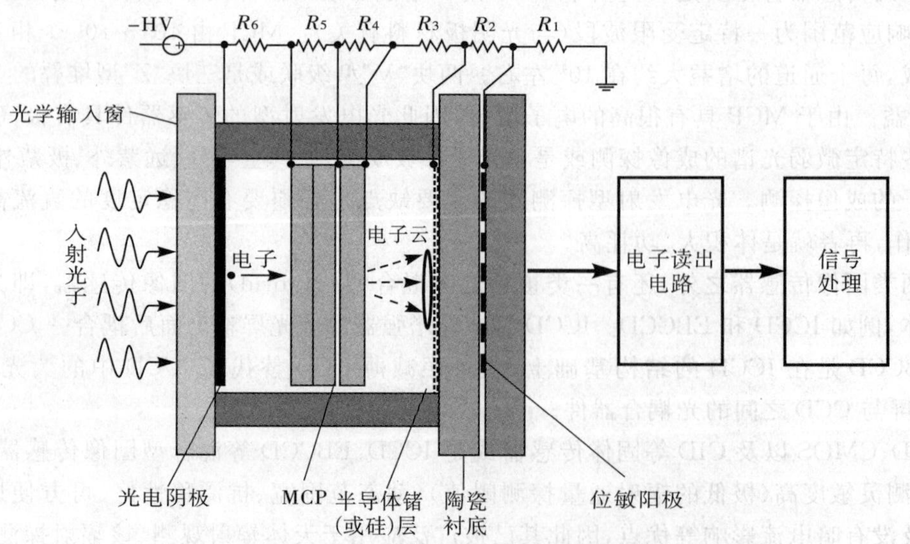

图 34-259 感应读出方式光子计数成像探测器结构示意图

两种电荷读出方式下，光子计数系统的前端部分都是相同的，包括阴极窗、光电阴极和 MCP、位敏阳极和电子读出系统。从光阴极表面逸出的光电子在静电加速场的作用下轰击 MCP 并产生二次电子倍增。通常情况下，两块 MCP 采用"V"型级联的方式，三块 MCP 采用"Z"型堆叠的方式。电荷直接收集法中经 MCP 倍增后输出的电荷由位敏阳极直接收集，通过调节 MCP 到位敏阳极的距离来调节电子云尺寸，适合实验室研究开发，但是不适合做成真空器件，这主要是由于位敏阳极封装难度较大、成品率低、位敏阳极更换麻烦。此外直接读出方式还存在由于位敏阳极前漂移电场而引起的静电场畸变和电子云偏差较大等缺点。

而电荷感应读出方式中，MCP 输出的电荷先轰击呈高阻抗特性的半导体锗膜，然后通过电荷感应，由锗膜基底背面的位敏阳极收集。相对于直接收集方式，通过电荷感应读出方法成像有以下好处：

1）避免了电荷直接收集法中位敏阳极上金属电极中次级电子的重新分布所引起的分布噪声。

2)可有效地减小电荷分割型位敏阳极所产生的分布噪声。

3)可有效地减小因 MCP 与阳极之间静电场的畸变所引起的图像扭曲变形。

4)大大简化了阳极探测器的真空封装工艺。

5)可将锗层的绝缘衬底直接作为真空器件的封装管壳部件，并将该绝缘层接地，保证了真空器件内的高压和外部电子读出电路的完全隔绝，从而简化了探测器的电学设计。

6)由于已将光阴极、MCP 以及锗层封装成一个真空器件，该器件可以和其他位敏阳极构成一个完整的探测器，因此这将极大地方便探索和研究新的单光子成像技术。

当然，感应读出方式也有其缺点：由于采用感应读出，电荷必然有能量损失，感应电荷的幅值会比原始幅度下降 25%左右，这会导致探测器的信噪比下降。此外，由于锗膜的电阻必须足够大以便于在测量过程中电荷的局域化，这就不能在很高的计数率下工作，而如果想在高计数率下工作，就必须减小锗膜的电阻。

(二)光电阴极

有关光电阴极的内容请参考本章第二节。

(三)微通道板

微通道板(micro-channel plate，MCP)是 20 世纪 60 年代发展起来的一种新型电子倍增器件，它是利用固体的二次电子发射特性来实现电子倍增的。它的结构特殊，不仅有高的灵敏度，还具有对二维空间电子流图像进行放大的能力，可以探测带电粒子、电子、X 射线和紫外光子，具有低功耗、自饱和、高速探测和低噪声等优点，以多种形式应用于各种探测器中。

1. 微通道板的结构和工作原理

图 34-260 是传统 MCP 的一个典型结构图，它的形状如一聚集了上百万个细微平行空心玻璃管的薄圆片。其中，每一个微通道空芯管相当于一个微型连续打拿极光电倍增管，通道内壁被一层呈电阻性的二次电子发射膜所覆盖。MCP 薄片端面法线相对于微通道轴心线的"斜切角"或"偏置角"一般为 5°～10°。MCP 两端加有直流工作电压，并在其内壁电阻性薄膜连续分压下，建立起由低到高的电子加速电场。以一定角度入射的电子打到这种微通道内壁上时，经过多次二次电子倍增，可获得很高的电子数倍增输出。

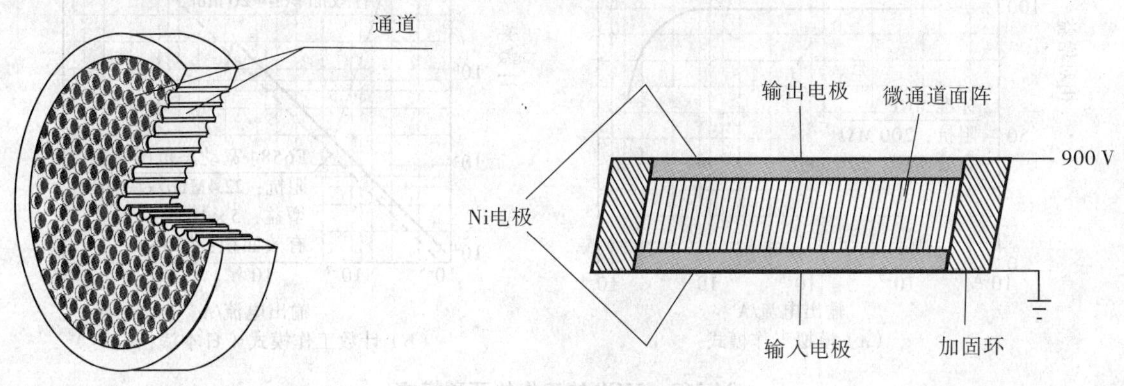

图 34-260　微通道板结构示意图

微通道板必须工作于真空环境中，其工作机理如图 34-261 所示：在薄片两面加上电压，利用通道内表层产生二次电子。当电子或其他粒子以一定能量轰击低电势输入面的通道内壁时产生二次电子，二次电子在场强的作用下沿通道加速前进。重复多次碰撞过程，最后在高电势的输出端面产生大量的电子，这个过程被形象地比喻为“电子雪崩”。由于通道内壁具有良好的二次电子倍增性质，当一个具有一定动能的粒子（α、β、γ 射线、电子、质子、中子或紫外线等）进入通道与内壁相撞，即产生倍增的二次电子。这些二次电子在通道内电场的加速下再次碰撞通道内壁。重复这一过程直至从通道出口射出为止。通道内壁的高二次发射特性（二次发射系数 $\delta \gg 1$），使一个输入电子轰击内壁后产生 δ 个二次电子，这些二次电子沿各自的抛物线轨迹再轰击对面的内壁，产生更多的二次电子，如果这种轰击倍增次数有 n 级，则在输出端会得到 δ^n 个电子，从而实现了电子的倍增作用。MCP 的各通道彼此隔离，因此它可以将二维空间分布的电子流对应地增强，MCP 就是利用二次电子倍增性质来完成电子图像增强的。

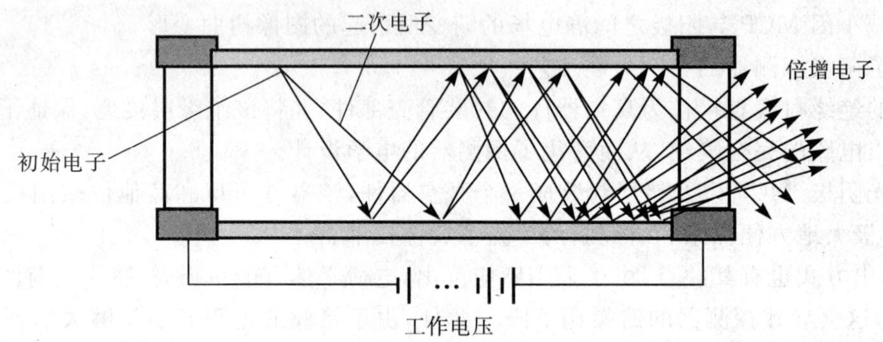

图 34-261　微通道板工作原理示意图

一般单块 MCP 的增益在 10^4 左右，为了获得较高的增益，一般采取两块或三块 MCP 级联。两块或三块 MCP 级联后的增益可以达到 $10^6 \sim 10^7$ 左右。

2. 微通道板的工作模式

MCP 有两种工作方式：饱和工作模式和非饱和工作模式。在饱和模式（脉冲计数模式）下工作时，MCP 的输出是一种与输入事件的速率不相关的、高度不变的输出脉冲，通常被用于天文学和光谱学上探测非常暗弱的或非常光亮的现象。非饱和模式也称模拟工作模式，工作时 MCP 的输出信号随输人事件而变化，实际上它提供的是一种对速率可变事件进行光学识别的灰度操作。这一特点主要用于成像和模拟电流放大。图 34-262 中的(a)和(b)分别为模拟工作模式和计数工作模式下的增益性能。

3. 微通道板的特性参数

(1)长径比

微通道板的厚度取决于通道直径。通常情况下，长径比 L/d（L 为微通道板厚度即通道长度，d 为通道

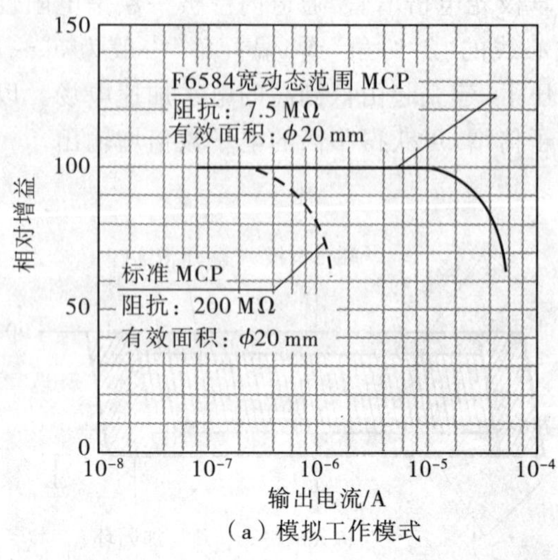

（a）模拟工作模式

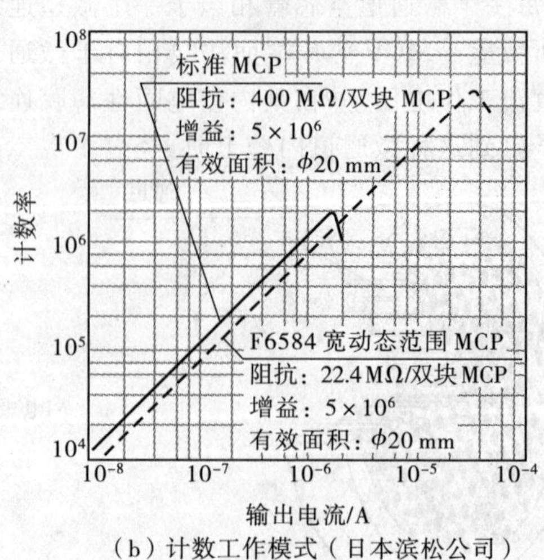

（b）计数工作模式（日本滨松公司）

34-262　MCP 的工作的两种模式

直径)在40～60之间。微通道板增益与微通道板的长径比在不同电压条件下的对应关系如图34-263所示。由图可见,要获得最大增益,微通道板厚度应满足最佳长径比。微通道板的厚度薄到一定程度会严重降低其机械强度,操作处理时极易损坏,并且增加了制造难度,所以应在权衡工艺制造难度的同时,尽量选择相对合适的长径比参数,使之接近于最佳长径比,以获得相对满意的微通道板增益。

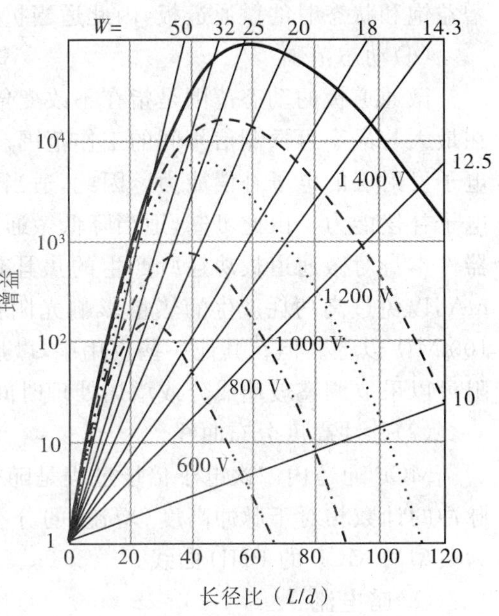

图34-263　微通道板增益与通道长径比的对应关系

W＝外加电压/通道长径比

(2)斜切角

为了避免电子击穿通道而未能与通道壁碰撞,微通道板的通道与微通道板两端面的垂直轴线要保证一定的角度,这个角度称为微通道板的斜切角,通常的斜切角为5°、8°和12°。

(3)开口面积比

开口面积比为微通道板工作区的通道开口面积与整个工作区面积之比。开口面积比决定了微通道板的探测效率,并在一定程度上影响微通道板的噪声因子。微通道板的开口面积比可用下式计算:

$$\mathrm{OAR}=0.907(d_c/P)^2 \qquad (34\text{-}63)$$

式中,OAR为开口面积比,d_c为通道直径,P为通道中心距。大的开口面积比可获得大的入射效率,从而提高探测效率。但若完全追求大的开口面积比,会给微通道板的制造带来非常大的困难,通常微通道板的开口面积比为58%～63%。

(4)增益

微通道板的增益定义为输出电流与输入电流之比或者以电子数的形式表示。微通道板的增益主要取决于微通道板输入面与输出面的电势差和微通道板的输入电流密度。通过增加施加于微通道板端面间的电势差及通道内电子的撞击能量,可以获得更多的二次电子,从而使微通道板获得更大的增益。图34-264为MCP电压和增益的关系。

由于微通道板特殊的制造过程,使得通道内部通常吸附着大量残余气体,如H_2、H_2O、CO_2和NO_2等。吸附在靠近通道出射端的残余气体,在电场或电子撞击作用下,产生电离或脱附。这些反馈离子在通道内反向加速并在撞击邻近入射端的通道壁时还会产生额外的电子增益,形成背景噪声。离子反馈的发生取决于残余气体压力和电子密度,有外来污染物的微通道板还有可能产生自发射。为了尽量降低微通道板产生的背景噪声,微通道板的最大工作电压不得超过1 000 V,通常推荐的最佳工作电压为800 V。

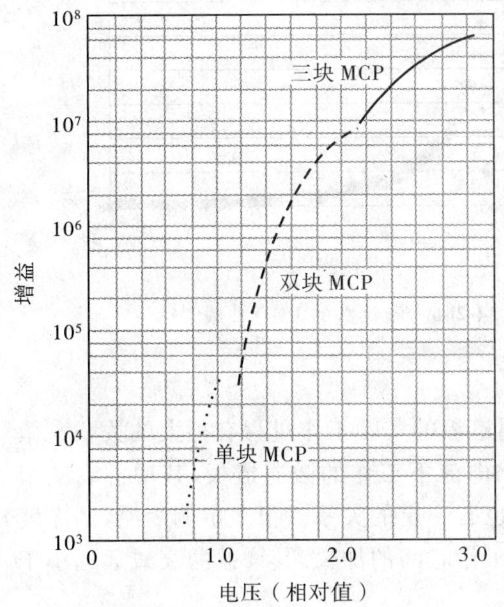

图34-264　MCP电压与增益的关系

日本滨松公司器件

(5)增益均匀性

由于微通道板是众多通道的熔合阵列,因此,阵列中部分区域在通道直径上的偏差将造成相应区域间增益的不同。如在像增强器的应用中就形成了输出像的固定图案噪声,严重时荧光屏上呈现非常明显的亮区或暗区,如部分零星通道的损坏、污染及坏死,在荧光屏上表现为细小的暗点或亮点,严重时可表现为发射点。而最常见的增益不均发生在复丝间的交界处,这种现象称为复丝边界噪声或“鸡丝”(chicken wire),这是由于复丝交界处的通道与复丝内部的通道在形状或形成的物理、化学过程不完全相同而造成彼此间在增益上的一定差别。

通过控制降低通道孔径公差,可以有效抑制增益不均匀现象的产生。如果将微通道板通道的几何形状偏差控制在±2%的范围内,当其增益低于10时,输出增益的不均匀性可小于±

5%,即目视几乎观察不出有增益不均匀的现象。

微通道板工作于很高的输入电流密度状态下时,可以看到轻微的“鸡丝效应”。这种现象常见于工作于增益饱和状态时的微通道板,因此适当扩大微通道板的动态范围可在一定程度上减轻“鸡丝效应”。

(6)动态范围

微通道板的动态范围是指在不改变倍增器特性的情况下从最弱信号到最强信号的探测范围,也即 MCP 在最大与最小可探测信号间的工作范围。微通道板的动态范围在一定程度上受制于通道内壁导电层对二次电子发射层的电子补偿能力。因此,适当提高微通道板的输入电流密度可以加强通道内二次电子发射层的电子补偿能力。由此可知,适当降低微通道板的电阻可以扩大微通道板的动态范围。但在实用中,有些探测器件本身对微通道板功耗所产生的焦耳热有所限定,如像增强器一般要求微通道板的带电流不得高于 10 mA,以免过高功耗产生的热量影响光阴极的正常工作。因此,像增强器用的微通道板的电阻一般要求在 100 MΩ 以上。但在其他一些应用中,微通道板的带电流可以允许达到 20 μA,甚至更高。降低微通道板电阻可以采取调整玻璃成分或增加处理时间等方法。

(7)脉冲高度分布曲线

MCP 通道内二次电子倍增过程是随机发生的,因而输出电子云并非均匀一致而是呈统计分布的,输出脉冲的计数相对于脉冲高度(增益)的分布称为脉冲高度分布(pulse height distribution,PHD)。图 34-265 为典型的 MCP 的 PHD 曲线。

(8)暗电流

在微通道板无输入信号的状态下,施加工作电压而产生的输出电流称为暗电流。等效电流输入即为相同电压值条件下倍增器暗电流密度与倍增器增益的比值。

(9)噪声

微通道板的背景噪声主要来自于通道内部的吸附气体及通道内部的外来污染物在电场作用下的电离或者电子撞击作用下的发射;其次为玻璃本身即微通道板的通道内壁二次电子发射层本身的一些低原子序数原子(如钠)在电场作用下的电迁移和电子撞击下的受激脱附,以及 ^{40}K 的 β 衰减、离子衰减、通道壁吸附气体和场发射等因素[60]。但前者应是噪声的主要来源。图 34-266 为 MCP 暗计数的 PHD 曲线,它呈负指数分布。

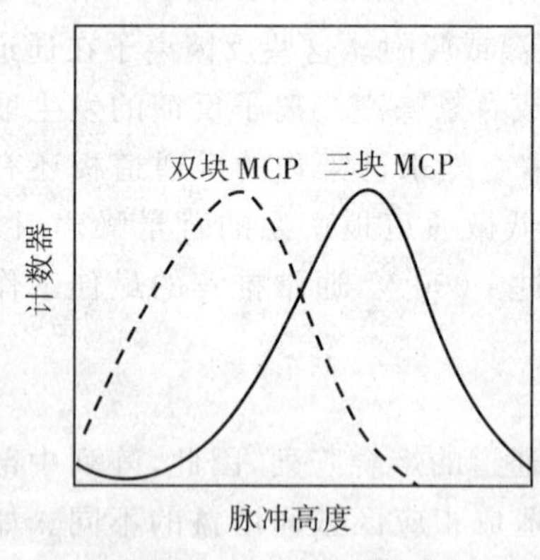

图 34-265 MCP 的 PHD 曲线

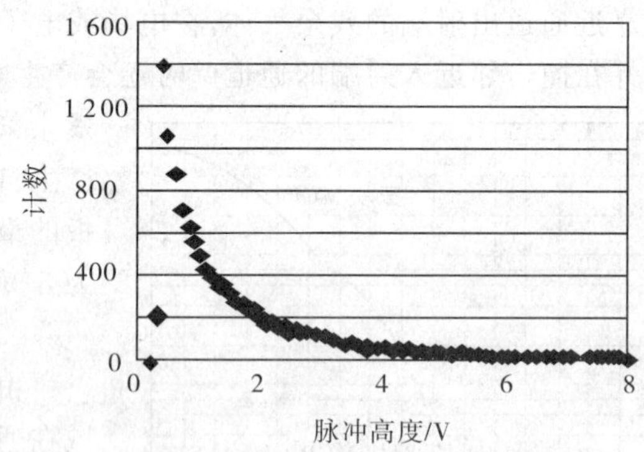

图 34-266 暗计数的 PHD 曲线[61]

(10)工作寿命

在连续工作状态下,微通道板增益会逐渐衰减,衰减程度与微通道板的实际工作过程有很大的关联。微通道板增益的衰减取决于其总输出电荷的累积量。在非常高的输出电流下工作的微通道板,其增益衰减很快。此外,微通道板的工作寿命与微通道板的前期制作及处理过程也有一定的关系。很多事例表明,洁净度不好的微通道板的工作寿命远远低于洁净度好的微通道板,后者随工作时间的加长,其增益的衰减远远小于前者。

(11) 空间分辨率

微通道板的空间分辨率取决于微通道板的通道尺寸。理论极限分辨率定义为

$$R=\frac{1\,000}{\sqrt{3\times d_c}} \tag{34-64}$$

式中，R 为理论极限分辨率，d_c 为微通道板的通道中心的间距。

4. 常见微通道板的规格

表 34-44 和表 34-45 分别给出了部分国产微通道板和日本滨松公司生产的部分微通道板的主要参数。

表 34-44 部分国产微通道板的主要参数

规 格	有效直径/mm	通道直径/μm	通道间距/μm	体电阻/MΩ	面电阻/Ω	增益(800 V)
M16	φ12	6	7.5	50～300	≤120	≥7 000
M22	φ16	6	7.5	50～300	≤120	≥1 000
M25/6	φ18.8	6	8	70～250	≤100	≥1 500
M25/8	φ18.8	8	10	70～250	≤100	≥1 500
M33/6	φ26	6	8	50～300	≤100	≥2 500
M33/8	φ26	8	10	50～300	≤100	≥2 500
M33/10	φ26	10	12.5	50～300	≤100	≥2 500
M36/12	φ31	12	14	80～300	≤160	≥3 000
M50	φ45	25	27	50～300	≤300	≥7 000*
M56	φ50	25	27	50～300	≤300	≥7 000*
M81	φ75	27	30	30～200	≤500	≥7 000*
M100	φ95	27	30	30～200	≤500	≥7 000*
M106	φ100	27	30	30～200	≤500	≥7 000*

注：* 测试电压 V＝1 000 V。

表 34-45 日本滨松公司微通道板的参数

<table>
<tr><th>规 格</th><th>外 径
/mm</th><th>有效直径
/mm</th><th>通道直径
/μm</th><th>通道间距
/μm</th><th>电 阻
/MΩ</th><th>厚 度
/mm</th><th>斜切角
/(°)</th><th>增益
(1 kV,1.3×10⁻⁴ Pa)</th></tr>
<tr><td>F1551-01</td><td>φ17.9</td><td>φ14.5</td><td rowspan="2">12</td><td rowspan="2">15</td><td>100～700</td><td rowspan="2">0.48</td><td>8</td><td rowspan="10">10^4</td></tr>
<tr><td>F1094-01</td><td rowspan="3">φ24.8</td><td rowspan="3">φ20</td><td rowspan="2">50～500</td><td>5,8,15</td></tr>
<tr><td>F1094-09</td><td>10</td><td>12</td><td>0.41</td><td>5</td></tr>
<tr><td>F6584-01</td><td rowspan="2">12</td><td rowspan="2">15</td><td>2～30</td><td rowspan="2">0.48</td><td>8</td></tr>
<tr><td>F1552-01</td><td rowspan="2">φ32.8</td><td rowspan="2">φ27</td><td rowspan="2">30～300</td><td rowspan="2">8,12</td></tr>
<tr><td>F1552-09</td><td>10</td><td>12</td><td>0.41</td></tr>
<tr><td>F1208-01</td><td>φ38.4</td><td>φ32</td><td rowspan="2">12</td><td rowspan="2">15</td><td>20～200</td><td rowspan="2">0.48</td><td rowspan="4">8</td></tr>
<tr><td>F1217-01</td><td>φ49.9</td><td>φ42</td><td>10～200</td></tr>
<tr><td>F1942-04</td><td>φ86.7</td><td>φ77</td><td rowspan="2">25</td><td rowspan="2">31</td><td>10～100</td><td rowspan="2">1</td></tr>
<tr><td>F2395-04</td><td>φ113.9</td><td>φ105</td><td>5～50</td></tr>
</table>

(四)位敏阳极

位敏阳极按照位置敏感方式可分为两种[62]：一种是离散型的阳极单元，例如多阳极阵列阳极(multi anode microchannel array, MAMA)；另一种是几何电极，又称为连续型阳极或模拟解码阳极，例如电阻阳极(resistive anode, RA)、楔条型阳极(WSA)、延迟线(delay-line)阳极、交叉条(cross strip)阳极及游标(vernier)阳极等。

离散型阳极以数字化的方式确定每一次事件的位置，其优点是计数率高，缺点是空间分辨率受限于阳极单元的空间尺寸。连续型阳极的输出是一连续变化量，通过它可用模拟方式得到每一次事件的位置，其优点是空间分辨率高(通常是离散型的 10～1000 倍)，缺点是计数率不是很高，通常不超过 10^6 Hz。

按照解码方式划分，连续型阳极又可分为两种：一种是阻抗型阳极，例如电阻阳极和延迟线阳极；另一种是离散片段导体阳极，又称电荷分割型阳极，例如楔条型阳极、交叉条阳极和游标阳极。阻抗型阳极是依靠不同位置处的电极阻抗所产生的信号延时大小来进行事件位置解码的。虽然理论上阻抗型阳极的几何构造使其所成的像不会发生扭曲变形，但是易受无法消除的热电荷噪声影响而限制其空间分辨率。电荷分割型阳极是依靠到达不同片段电极的电荷量来进行事件位置解码的，而电荷量则由不同位置处的电极分布面积决定，因此其噪声水平主要由分布噪声和与之相连的放大器噪声所决定。

位敏阳极的分类
- 离散型：多阳极阵列阳极
- 连续型
  - 电阻阳极
  - 延迟线阳极
  - 交叉条阳极
  - 楔条型阳极
  - 游标阳极

图 34-267　位敏阳极的分类

表 34-46　各种位敏阳极的比较

阳极类型	电阻阳极	多阳极微通道阵列阳极	延迟线阳极	交叉条阳极	楔条型阳极	游标阳极
分类 1	连续型	离散型	连续型	连续型	连续型	连续型
分类 2	阻抗型	—	阻抗型	电荷分割型	电荷分割型	电荷分割型
分辨率	低	高	高	—	一般	高
计数率	低	高	较高	高	低	—
读出电路	简单	复杂	比较复杂	复杂	简单	比较复杂
制作工艺	简单	复杂	简单	复杂	简单	简单

注：分类 1 按位置敏感方式，分类 2 按解码方式。

1. 电阻阳极

电阻阳极[63]的起源可追溯到 20 世纪 70 年代，当时的 Michael Lampteom 和 Francesco Paresce 用 MCP 和电阻阳极组成了一个用于探测光子或带电粒子的图像转换器。电阻阳极属于连续、阻抗型阳极，特点是位敏阳极的制作工艺简单。电阻阳极是镀在绝缘衬底上电阻率为 r 的薄膜电阻，4 个角(A、B、C、D)是金属良导体制成的引出电极，如图 34-268 和 34-269 所示。衬底通常选用高频特性和绝缘性能好的陶瓷材料，同时对衬底厚度的均匀性和表面的平整性也要求较高。

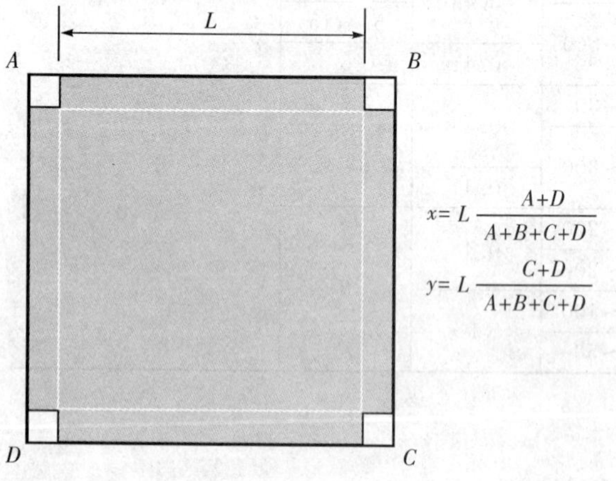

图 34-268　Square 型电阻阳极的平面示意图

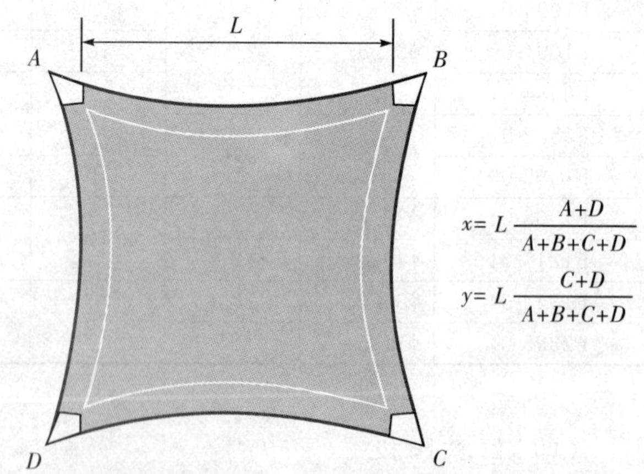

图 34-269　Gear 型电阻阳极的平面示意图

如图所示，设阳极面板的宽度为 L，单位面积的电阻和电容分别为 ρ 和 C，(x,y) 点的电位是 V，电流面密度为 S，根据欧姆定律和电荷守恒定律有

$$\rho S+\nabla V=0 \tag{34-65}$$

$$\nabla\cdot S+C\dot{V}=J \tag{34-66}$$

式中，J 是入射到阳极面板的电流源。由(34-65)式和(34-66)式，得

$$\nabla^2 V-\rho C\dot{V}=-\rho J \tag{34-67}$$

入射电流源用 δ 函数近似表达为

$$J(x,y,t)=Q\delta(t)\delta(x-x_0)\delta(y-y_0) \tag{34-68}$$

式中，Q 为入射的总电荷量，(x_0,y_0)为入射位置。在一定的边界条件和初始条件下，求解(34-67)式可得入射电流源的位置为

$$x=L\frac{A+D}{A+B+C+D} \tag{34-69}$$

$$y=L\frac{C+D}{A+B+C+D} \tag{34-70}$$

式中，A、B、C、D 表示电阻阳极面板四端点的积分电荷量。

在电阻阳极的边缘还有 4 个非常窄的线电阻率为 R 的电阻带，对于 Square 型电阻阳极来说，一般要求 $r/(LR)=10\sim15$，这样其线性度才较好；对于 Gear 型来说，通常要求 $r/R=d$(d 为边缘的曲率半径)，这样才能保证较好的线性度。电阻阳极的线性度受薄膜电阻的均匀性和其边缘电阻终端的精度控制，通常其线性度约为 5%左右。电阻阳极的计数率受限于自身的 RC 时间常量。通常，薄膜电阻的方块阻值约为 10 kΩ，寄生电容约为 100 pF，则 RC 时间常量约为 1 μs。为了有效地辨识两个脉冲，防止脉冲堆积，假设至少要经过 3 倍的 RC 时间常量，前一个脉冲才能完全消退而不至影响后一个脉冲的幅度，则最大计数率不能超过 333.3 kHz。当电阻阳极的有效探测面积增大时，会因寄生电容的增加而降低其最大计数率。如果单纯的以降低薄膜电阻的方块阻值来提高最大计数率，则会由于前放输入噪声的增加而降低空间分辨率，因为前放的输入噪声和 $R_{in}^{-1/2}$ 成正比(R_{in}为前放的输入阻抗)。

2. 多阳极微通道阵列阳极

多阳极阵列阳极探测器的应用十分广泛，是一种高灵敏的极微弱二维光信号探测器件，可以快速地搜索及跟踪瞬间微弱信号，并具有良好的光子计数和成像功能。在天体物理领域中，可用于拍摄星际图像等天文信息；在军事上可及时捕捉敌方飞机、导弹等目标，进行预警；同时还可用于光谱扫描、光子计数、核物理研究等方面。MAMA 是用于单光子计数探测器的多阳极微通道阵列，它具有较高的空间分辨率，可以精确地得到光子的位置信息。1989 年 6 月，NASA，Goddard 航天中心发射的探空火箭上成功地使用了 256×1 024 像素的 MAMA 器件及成像系统，收集到银河系 NGC6240 星的紫外照片数据，用以研究该星紫外辐射的空间形态。

如图 34-270 所示，MAMA 探测器由 MAMA 器件和读出系统两大部分组成。MAMA 器件由光电阴

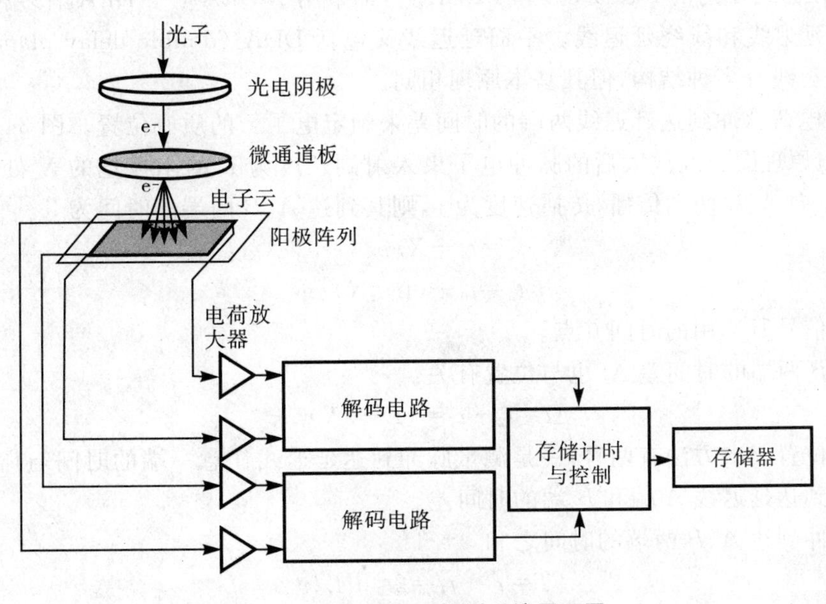

图 34-270　MAMA 探测系统原理图

极、微通道板以及可同时收集多个光电子信息、具有地址编码功能的高密度阳极阵列所组成；读出系统由电荷放大器组、甄别器组、高速解码电路、存储器、控制电路以及计算机等电路所组成。电荷放大器组把 MAMA 器件输出的多路电荷信号放大变成电压脉冲信号输出；甄别器组将放大器组输出信号的幅度与某一阈值进行比较判断；高速解码电路根据同时收集到的多路信号的地址信息，判断入射光子在 MAMA 器件输入光窗上的具体位置；存储器则根据该电路提供的地址信息，完成事件记录、数据写入；控制电路用来完成事件发生的信号被接收时，相关数据的存储、传输以及与计算机的接口；计算机用于图像生成、数据处理并通过专用软件将图像还原。MAMA 探测器件通常采用近贴式结构，上升时间很快，一般小于 500 ps，时间分辨能力极高。

阳极阵列是 MAMA 探测器的心脏，阳极阵列的设计是否合理直接影响到该器件的空间探测能力。如图34-271 是"精细-精细结构"的第三代阳极编码阵列。这样的一维阵列由两组电极相互交错，分别以各自的循环周期排列而成。第一组有 n 个电极，循环的次数为$(n+2)/2$ 次；第二组有$(n+2)$个电极，循环的次数为 $n/2$ 次，形成奇偶周期错位排列，从而产生 $n(n+2)$个像素。为了确保整个阵列有唯一的解码，n 必须为偶数。随着阳极像素的增多，每个周期内所包含的像素数必须相应增加，但一定的奇偶周期排列会出现一个饱和值 $n(n+2)$，超过这个饱和值，奇偶组合就不唯一了。对于两维阵列阳极，另一对电极在这一对电极的下面，并且与这一对电极垂直，包括 $m(m+2)$个电极，在与第一对电极垂直的方向产生 $m(m+2)$个像素。

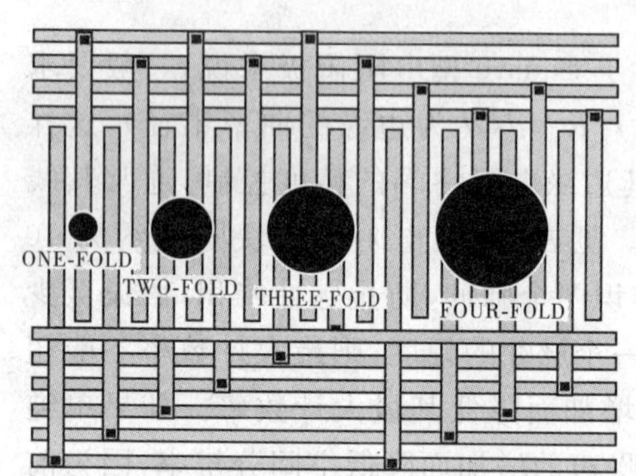

图 34-271　阳极编码结构示意图

多层叠合式 MAMA 阳极阵列采用中间带绝缘介质的相互垂直的双金属层电极网络收集电荷脉冲信号。每层电极都是由一组大小相等的线条并联而成，通过每层电极上的两组编码电极可唯一判别电子云的位置。阳极阵列中上下层金属的选取非常重要，为了能充分收集电子云图像，膜的电阻率必须很小，传导能力要好，热稳定性要高，耐冲击，且经得住多次刻蚀。同时膜与基底的结合要牢，工艺制作中还要尽量减少断线及各种可能出现的块陷，保证膜的均匀一致。绝缘介质膜材料的绝缘性能一定要好，能承受一定的电压，保证低电压下不易被击穿。制出的膜必须致密、均匀、无针孔，且与上下金属膜的结合很牢固。

3. 延迟线阳极

延迟线阳极(DLA)既能够给出好的位置分辨信号，又能够给出好的时间分辨信号，并且可以同时探测多个光子事件[64]。在已经发射的 ORFEUS 和 FUSE 上，都采用了 DLA[65]。DLA 有多种结构类型，主要包括平面延迟线、多层延迟线和线绕延迟线。平面延迟线又包括 DDA (double delay planar) 和 XDL (cross delay line)。虽然延迟线有多种结构，但其基本原理相同。

DLA，通过测量电荷脉冲到达延迟线两端的时间差来确定电子云的质心位置。图 34-272 是一维延迟线阳极的位置灵敏读出原理图。经放大后的脉冲电子束入射到长度为 L 的阳极丝的 X 处，X 为距 A 端的距离。电脉冲沿阳极丝向 A、B 两端传播，传播速度为 v，则其到达 A、B 两端的时间为

$$t_1=t_0+X/v \tag{34-71}$$

$$t_2=t_0+(L-X)/v \tag{34-72}$$

式中，t_0 为测量时间信号所选用的时间 0 点。

电脉冲到达 A、B 两端的时间差 Δt 也与位置有关：

$$\Delta t=t_2-t_1=(L-2X)/v \tag{34-73}$$

因此，采用延迟线的位置读出方法有两种：一是测量脉冲到达延迟线任意一端的时间与离子到达 MCP 的时间差；二是测量脉冲到达延迟线 A 端和 B 端的时间差。

另一方面，电脉冲到达 A、B 两端的时间之和

$$T=t_2+t_1=2t_0+L/v \tag{34-74}$$

是一个常量，与电子束脉冲到达阳极丝的位置没有关系。这给出了判断一个时间事件真伪的独特判据，可以

用来甄别噪声信号，这也是延迟线阳极探测器所具有的独特优势。

图 34-273 是二维线绕延迟线阳极的结构示意图。阳极使用缠绕在绝缘陶瓷支架上的金属丝作为延迟线，延迟线分为 x 和 y 两组，绕向互相垂直，分别给出 x 方向和 y 方向的位置信号。每一组延迟线由两根金属丝并排平行绕成，一根为信号丝，另一根为参考丝。两根丝之间加有一定的电压，信号丝的电压比参考丝的高。因此，由 MCP 放大产生的电子云主要由信号丝收集。线绕延迟线阳极的优点是制作工艺简单，缺点是体积较大，牢固性不如基于集成电路工艺的平面延迟线阳极。

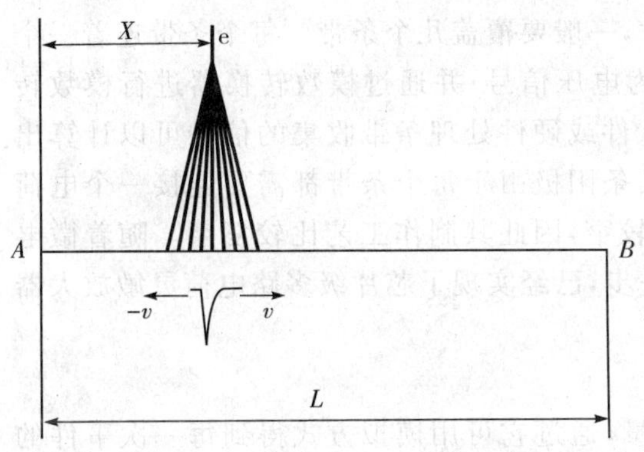

图 34-272　一维延迟线阳极原理图

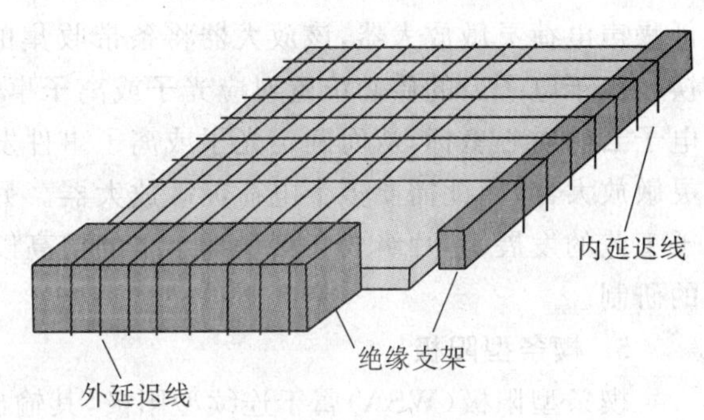

图 34-273　二维线绕延迟线阳极示意图

典型的延时线设计方案是双延时线（double delay-line，DDL），如图 34-274 所示，即阳极收集的成像电荷沿两路向一维方向上的两个终端并行传导，通过对两个终端的信号计时来计算事件质心位置在该方向上的坐标。由于采用的是信号计时方式，避免了电荷分配网络 RC 时间常量对计数率的限制，因此延时线的计数率非常高，可达兆赫量级。此外，由于自身带有计时电路，因此在一些需要高时间分辨能力的应用场合，延时线无需再设置额外的计时电路，简化了设计，节约了成本。

如图 34-275 所示，交叉延迟线阳极（cross delay line anode，XDL）在位敏阳极的中间设置了专门用于感应成像电荷的矩形感应层，蜿蜒曲折的延时线则设置在感应层的周围，即延时线不参与电荷感应。感应层从下至上依次由绝缘衬底、绝缘薄膜、电荷感应层、绝缘薄膜以及电荷感应层共 5 层构成。电荷感应层的表面由一块块小的菱形图案拼接而成，每一感应层所有菱形图案的总面积约占该层电荷感应区域总面积的 50%。两个感应层上的菱形图案应相互交错，尽量避免面积重叠。感应层上的每一行或每一列菱形图案由一条 25 μm 宽的金属线串接，并由该金属线连接至相应的延时线上，上、下感应层的金属线走线方向相互垂直。绝缘薄膜由聚酰亚胺（Kapton）构成，其具有良好的绝缘性和高频特性以及较低的介电常数和介电损耗。如此制作的延时线具有非常低的极间电容，能有效地减少极间串扰的影响，故 XDL 也可以采用电荷感应方式来读出成像电荷。

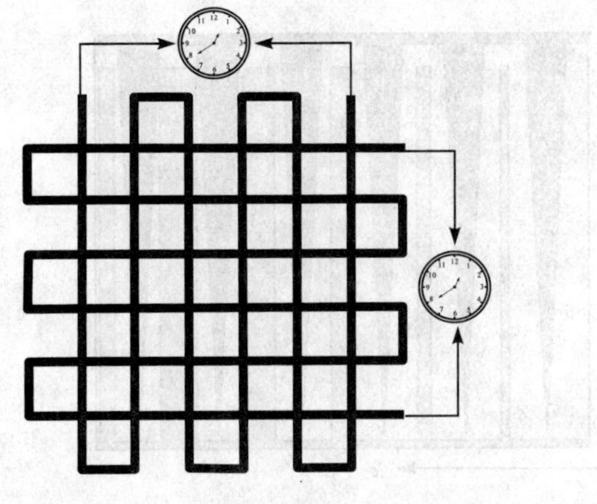
图 34-274　典型的双延时线示意图

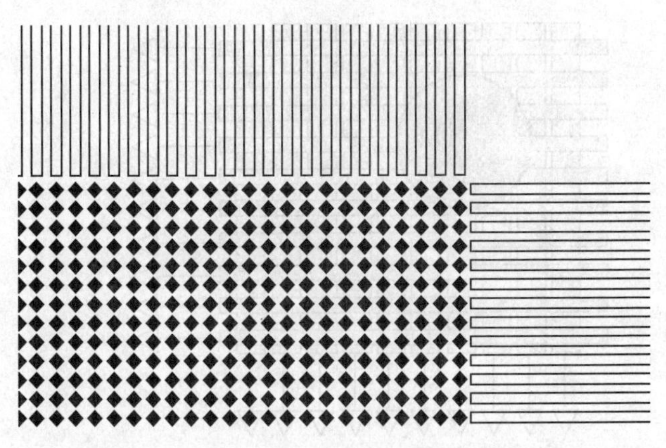
图 34-275　Roentedk 公司研制的交叉延时线

4. 交叉条阳极

交叉条阳极是一种高分辨率的电荷分割型阳极，它主要用于基于 MCP 的光子计数成像探测器。该阳极由于在陶瓷或氧化铝基底上有多层金属和陶瓷交叉条图样而得名。

图 34-276 是交叉条阳极的示意图，其具体设计方案为[66]：首先在陶瓷基底的两面覆盖导体层，其中一个面上有一组 0.5 mm 宽的导体条带，然后在该组条带的正交方向覆盖 0.5 mm 宽的绝缘条带，接着在该绝缘条带上再依次叠加导体层、绝缘层和导体层。中间的导体条带接地，最上面和最下面的导体条带一组用于解码 x 方向坐标，另一组用于解码 y 方向坐标。这两组条带按照近似 1∶1 的比例收集从 MCP 输出的电荷。为了得到较好的空间分辨率，电子云需要调节到合适的尺寸，一般要覆盖几个条带。每个条带连着一个低噪声电荷灵敏放大器，该放大器将条带收集的电荷信号转换为电压信号；并通过模数转换器进行模数转换。由于电子云的质心位置对应光子或离子事件的坐标，通过软件或硬件处理条带收集的信号可以计算出电子云的质心坐标，从而确定光子或离子事件发生的位置。交叉条阳极由于每个条带都需要连接一个电荷灵敏放大器，因此需要多个电荷灵敏放大器。另外，由于条带比较窄，因此其制作工艺比较复杂。随着微电子工艺的发展、芯片级放大器设计水平的提高以及封装技术的进步，已经实现了芯片级多路电荷灵敏放大器的研制。

5. 楔条型阳极

楔条型阳极（WSA）属于连续型阳极，其输出是一连续变化量，通过它可用模拟方式得到每一次事件的位置。WSA 的位置分辨率较高，线性好，成像畸变较小，制作工艺相对简单，后续电路也不太复杂，因此在空间分辨要求不太高的情况下具有很大的优势。不过，受电荷分配网络的 RC 时间常数的限制，WSA 的计数率不会超过 100 kHz。图 34-277 是三电极结构 WSA 的示意图。在 x 方向，S 条带的面积从左至右逐渐增大；y 方向，W 楔形的面积从下往上也是逐渐增大；剩下的之字形 Z 的分布贯穿于 W 和 S 之间；W、S、Z 之间通过绝缘沟道隔开。电子云的质心坐标可以通过下式确定[67]：

$$x=d\,\frac{2Q_S}{Q_W+Q_S+Q_Z} \tag{34-75}$$

$$y=d\,\frac{2Q_W}{Q_W+Q_S+Q_Z} \tag{34-76}$$

相比于 MAMA、DLA、CSA 以及游标阳极等位敏阳极，WSA 具有制作工艺简单、相应的电子读出电路的设计和制作也较为容易、空间分辨率较高以及图像扭曲变形小等优点，WSA 的制作工艺主要包括基底材料的选择、导电薄膜的选择和制备、掩模板的设计和加工、光刻工艺和电镀工艺等技术环节。表 34-47 是 WSA 的设计参数，根据周期大小和绝缘沟道的宽窄，将这三块 WSA 分别称为小周期窄沟道 WSA (1 号 WSA)、大周期窄沟道 WSA (2 号 WSA) 以及大周期宽沟道 WSA (3 号 WSA)，它们的有效面积均为 ϕ48 mm，电极厚度为 2 μm，基底材料均为石英玻璃。其中 $C_{W\text{-}S}$、$C_{W\text{-}Z}$ 和 $C_{S\text{-}Z}$ 分别是 W-S、W-Z 和 S-Z 电极之间的电容。

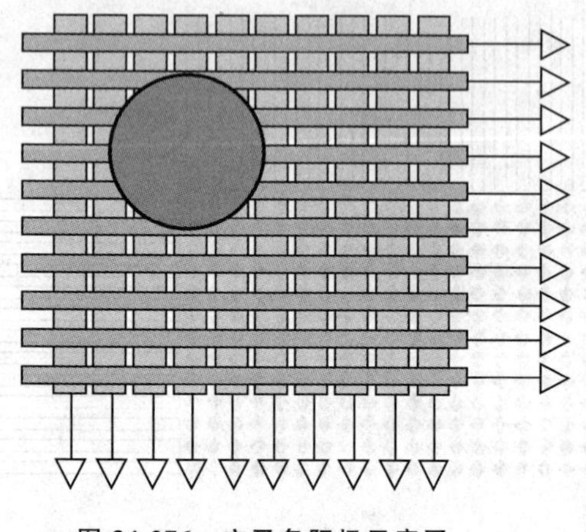

图 34-276　交叉条阳极示意图

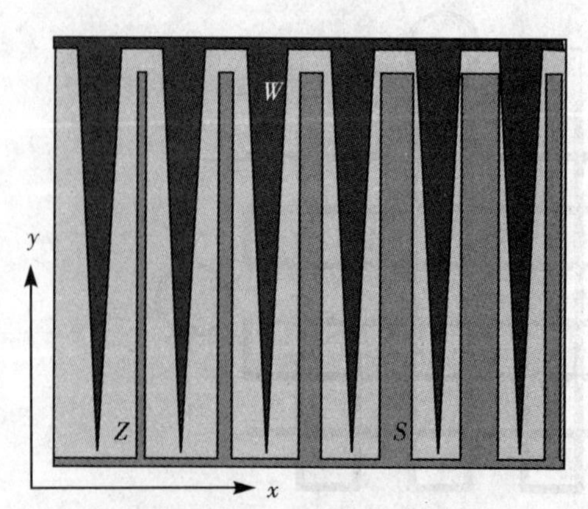

图 34-277　WSA 结构示意图

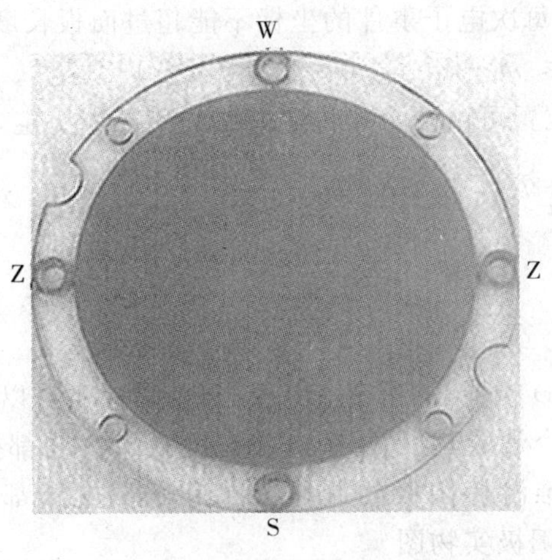

（a）实物图

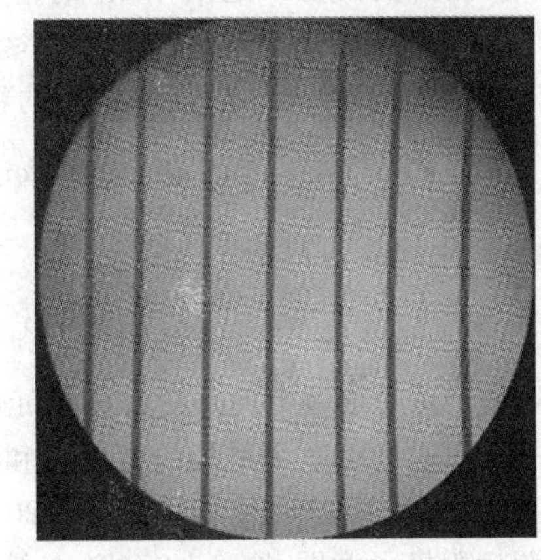
（b）局部放大图

图 34-278 WSA 的实物照片

西安光机所光电子学室提供

表 34-47 三块 WSA 的性能参数

WSA	节距/mm	绝缘间隙/μm	$C_{W\text{-}S}$/pF	$C_{W\text{-}Z}$/pF	$C_{S\text{-}Z}$/pF
小周期窄沟道(1 号 WSA)	1.2	30	72	135	135
大周期窄沟道(2 号 WSA)	1.5	30	56	99	99
大周期宽沟道(3 号 WSA)	1.5	50	48	84	84

注：表中数据由中国科学院西安光学精密机械研究所光电子学室提供。

6. 游标阳极

游标阳极是迄今为止空间分辨率最高的一种阳极，它最早是由英国的 J. S. Lapington[68] 发明的。游标阳极经历了一维三电极结构、一维六电极结构以及比较常用的二维九电极结构的发展过程。游标阳极的电荷测量精度高，空间分辨率高，国外文献报道已经做到了 5 μm 的空间分辨率，若 MCP 孔径减小，空间分辨率还可以提高。

一维游标阳极有 6 个电极，可探测在 x 方向上的位置信息。图 34-279 是一维六电极游标阳极的一个节(pitch)的示意图，节是游标阳极解码的基本单元。绝缘沟道按正弦规律变化，每个节可分成 2 个三联(triplet)，在每个三联中，沟道曲线彼此相移 $\pi/3$，这样使得每个三联的3个电极的宽度就彼此相移 $2\pi/3$。电极宽度与位置的关系可由下式确定[69]：

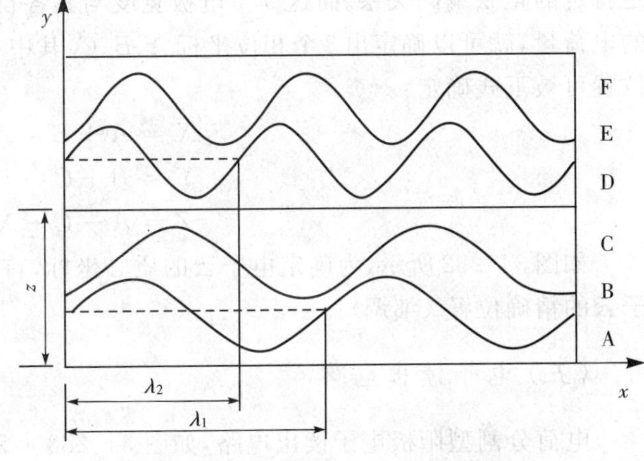

图 34-279 阳极面板中一个节的示意图

$$\left.\begin{aligned} A &= \frac{N}{3} + \xi \sin\left(\frac{2\pi x}{\lambda_1} + \varphi\right) \\ B &= \frac{N}{3} + \xi \sin\left(\frac{2\pi x}{\lambda_1} - \frac{2\pi}{2} + \varphi\right) \\ C &= \frac{N}{3} + \xi \sin\left(\frac{2\pi x}{\lambda_1} - \frac{4\pi}{3} + \varphi\right) \end{aligned}\right\} \qquad (34\text{-}77)$$

式中，A、B、C 分别是电极 A、B、C 在位置 x 处的宽度，N 是一个三联的宽度，ξ 是绝缘沟道曲线的振幅，λ 是沟道曲线波长，φ 为初相位。

在 x 坐标处，根据(1)式得到 2 个相位 θ_1 与 θ_2 和 x 的关系是

$$x = \lambda_1 \frac{\theta_1}{2\pi} + m_x \lambda_1 = \lambda_2 \frac{\theta_2}{2\pi} + n_x \lambda_2, \qquad m_x、n_x \in Z, \theta_1、\theta_2 \in [0, 2\pi] \qquad (34\text{-}78)$$

通常情况下要使面板长度 L 是 λ_1 和 λ_2 的整数倍，每次电子事件的坐标不能超过面板长度。所以

$$L = m\lambda_1 = n\lambda_2, \qquad 0 \leqslant m_x \leqslant m-1, \qquad 0 \leqslant n_x \leqslant n-1$$

设 $\Phi_A = \theta_1 + 2m_x\pi$，$\Phi_B = \theta_2 + 2m_x\pi$，那么 x 的粗调位置可由两个相位之间的差别 ΔX 决定，即

$$\Delta X = \Phi_B - \Phi_A - \frac{1}{m}\theta_1, \qquad \Delta X = 2\pi\frac{m_x}{m}$$

最后，电子云的质心坐标 x 可以表示为

$$x = \lambda_1\frac{\theta_A}{2\pi} + \frac{\Delta X}{2\pi}m\lambda_1 \tag{34-79}$$

二维游标阳极也是由很多个循环的解码单元(pitch)构成，共有9个电极，每个单元又可以分成3个三联极(triplet)。在每个三联极中3个电极的宽度之和是一个常数，但是每个电极宽度沿 x 方向都按正弦关系变化，而且3个电极波长相同但彼此相位相隔120°。二维游标阳极的制作工艺和解码电路都比较复杂，图34-280是二维游标阳极示意图，图34-281为二维游标阳极实物图。

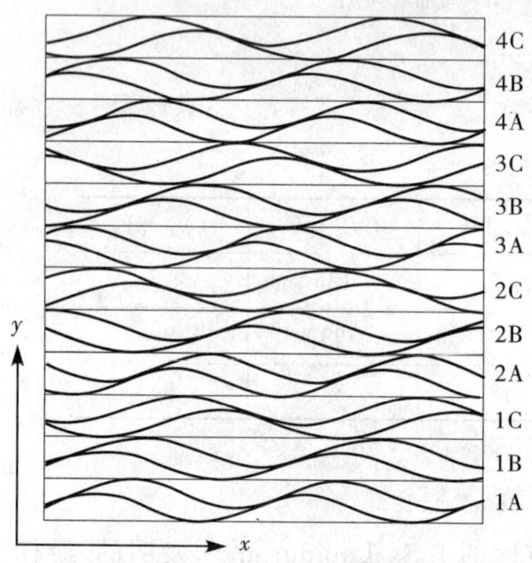

图 34-280　二维游标阳极示意图

图 34-281　二维游标阳极实物图

西安光机所光电子学室提供

如图34-279所示，二维游标面板的绝缘沟道呈正弦曲线分布，使得分割的电极宽度与相位坐标之间满足特定的正弦编码关系。而这9个电极宽度与其各自收集到的电荷量大小成正比，通过测量每个电极收集到的电荷量，就可以确定出3个相位坐标 A、B、C。其中相位 A、B、C 与位置坐标(x, y)成线性关系，电荷云质心位置可被下式确定：

$$X = A + B \tag{34-80}$$

$$Y = B + C \tag{34-81}$$

$$Z = A + C - X/n^2 - Y/n \quad (n\text{ 是阳极阶数}) \tag{34-82}$$

如图34-282所示，为确定电子云的质心坐标，首先根据 Z 确定电子云的粗略位置（粗调），然后再确定电子云的精确位置（细调）。

（五）电子读出电路

电荷分割型阳极电子读出电路，如图34-283所示[70]，主要包括电荷灵敏放大电路、整形放大电路、阈值鉴别电路、峰值保持电路、模数转换、数字信号处理单元和FIFO数据缓冲区等。通过电子读出系统，可以将探测器输出信号进行放大、整形、峰值保持、模数转换等，再通过数字信号处理单元计算出单光子事件的位置坐标。由于探测器直接输出的电子脉冲非常窄且幅值非常小，因此采用电荷灵敏前放将信号放大。若此时脉冲的宽度仍然非常窄，通过主放整形成峰值变化平坦的准高斯脉冲以便峰值保持。主放一般由极零相消电路和整形滤波电路组成，通过峰值保持电路来触发数模转换电路，采样携带了单光子事件的位置信息的输出脉冲峰值。探测器输出的脉冲信号除了代表单光子事件的信号脉冲外，还包含有少量的噪声脉冲和堆积脉冲。

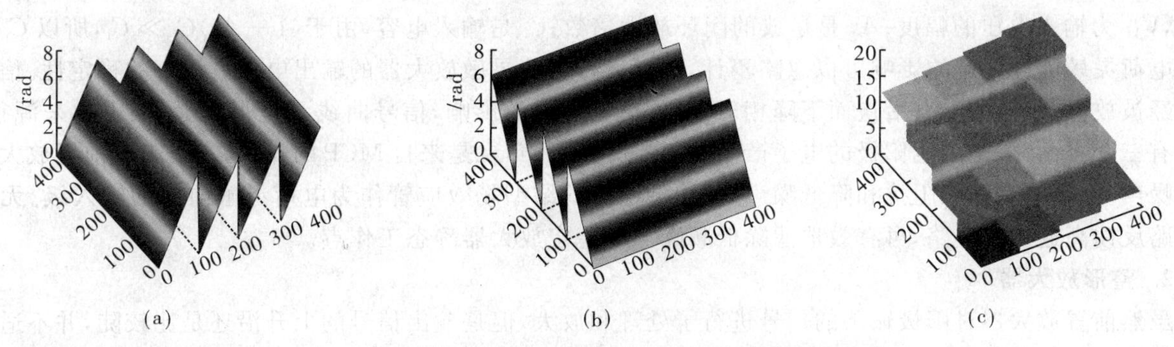

图 34-282　相位 *X*、*Y*、*Z* 与坐标 *x*、*y* 的关系图

(a) $X=A+B$; (b) $Y=B+C$; (c) $Z=A+C-X/16-Y/4$, $n=4$

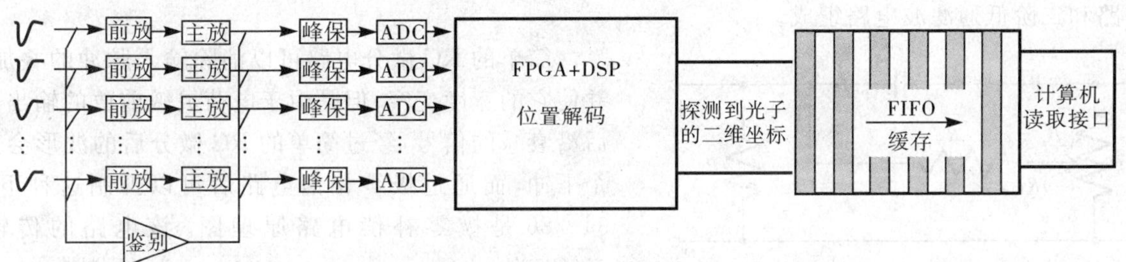

图 34-283　电荷分割型探测器的电子读出电路

大多数暗电流引起的噪声脉冲幅度较小，宇宙射线等高能粒子引起的噪声脉冲幅度大，因此通过阈值鉴别电路和峰值保持电路相配合，设计阈值鉴别电路，通过调节最大和最小阈值可以不对噪声脉冲信号进行采样，从而去除大部分噪声脉冲，有效地提高空间分辨率。

阻抗型阳极是依靠不同位置处的电极阻抗所产生的信号延时大小来进行事件位置解码的。因此，阻抗型阳极的电子读出电路，如图 34-284 所示，不需要峰值保持和数模转换电路，而是利用电荷脉冲到达时间的测量，测量不同位置处的电极阻抗所产生的信号延时大小来进行事件位置解码的。

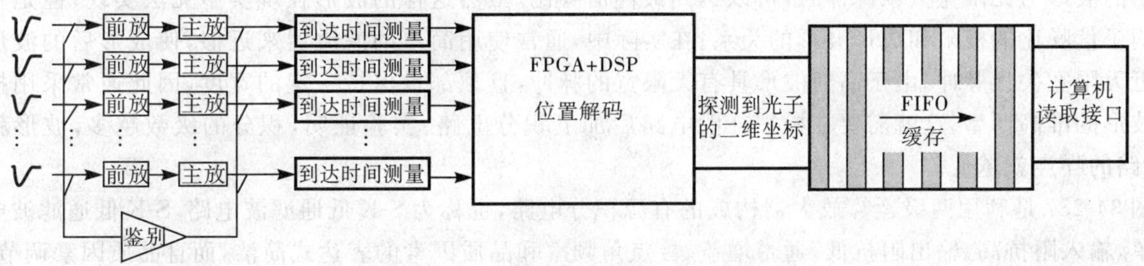

图 34-284　阻抗型探测器的电子读出电路

1. 电荷灵敏前置放大器

从探测器输出的原始信号是单个的光电子脉冲，脉冲上升沿为几个纳秒，脉冲幅值约十至几十毫伏。这种脉冲信号并不适合后续电路处理，必须通过电荷灵敏放大器将电荷信号转换为电压信号。电荷灵敏放大器的基本原理如图 34-285 所示，其中 A 为集成运算放大器，C_f 是反馈电容，R_f 是反馈电阻，C 为耦合电容，R_D 是探测器偏置电阻。假设从阳极输出的电荷量为 Q_D，根据电路知识可知，输出脉冲的幅值为

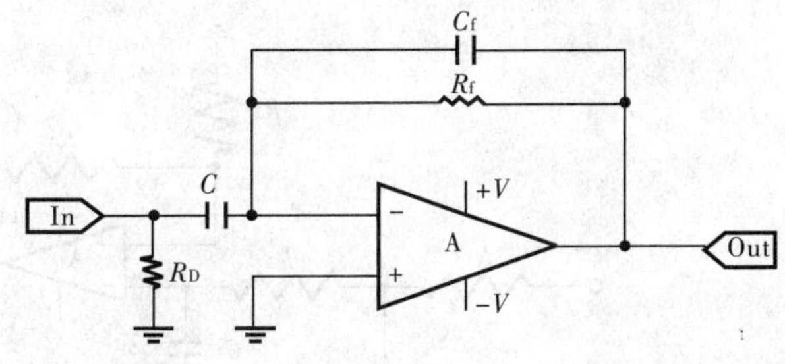

图 34-285　电荷灵敏放大器的基本原理图

$$V_{Out}=V_{In}A_0=\frac{Q_D A_0}{C_i+(1+A_0)C_f}\approx\frac{Q_D}{C_f}\tag{34-83}$$

式中，V_{In} 为输入电压的幅度；A_0 是运放的闭环放大倍数；C_i 是输入电容，由于 $(1+A_0)C_f \gg C_i$，所以 C_i 的变化对电荷灵敏前放增益的影响可以忽略不计，从而使得电荷灵敏放大器的输出电压有很好的稳定性。信号幅值已经被放大，信号的上升沿快而下降相对较慢，由于噪声的影响，信号曲线不是很光滑。噪声的来源很多，主要有三个方面：一是到达阳极的电子产生的随机分布噪声，二是来自MCP的噪声，三是来自前置放大器本身的噪声。为了提高输入阻抗和降低噪声，采用低噪声的结型场效应管作为电荷灵敏前放的输入级。无限增益多路反馈高通滤波电路，可有效地滤除低频噪声和稳定放大器静态工作点。

2. 整形放大器

虽然前置放大器对阳极输出的信号进行了处理和放大，但是输出信号的上升沿还是比较陡，并不适合后续的采样和处理，因此，需要整形放大器对前置放大器的输出信号进一步处理。主放大器主要有两个作用：一是改善信号的波形，把小信号放大到需要的幅度；二是滤除噪声，提高信号的信噪比。整形放大器主要由极零相消电路和二阶低通滤波电路组成。

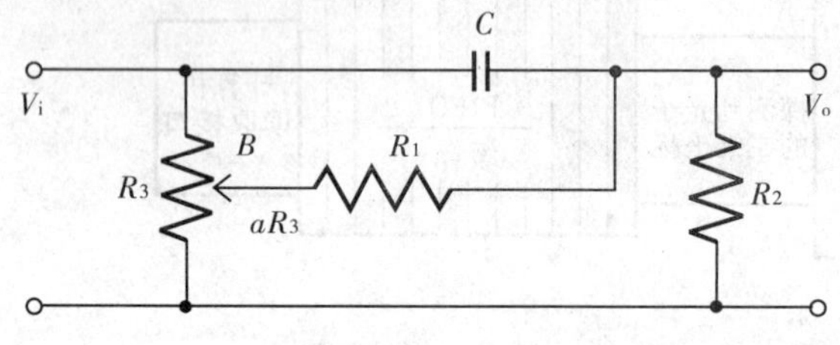

图 34-286　极零补偿电路原理图

简单的RC微分电路可以消除输入脉冲的叠加现象，并使它的宽度变窄；但是由于电荷灵敏前放的输出是一个后沿衰减的信号，经过简单的RC微分后的波形会产生一个下冲，而通过极零相消电路后可以抑制这种下冲。图34-286是极零补偿电路原理图。该电路的传输函数 $H(S)$ 为

$$H(S) = (S + 1/\tau_1)/(S + 1/\tau_2) \tag{34-84}$$

式中，$\tau_1 = R_1C/a$，a 为电阻 R_3 的分配系数；$\tau_2 = (R_1 /\!/ R_2)C$。

在实际应用中，为了达到极零相消的目的，要取 $\tau_1 = \tau_i$。已知 $\tau_i = R_fC_f$，其中 R_f 与 C_f 分别为电荷灵敏前放的反馈电阻和反馈电容。假设取 $C_f = 1\ \text{pF}$，$R_f = 100\ \text{M}\Omega$，则 $\tau_i = 100 \times 10^6 \times 1 \times 10^{-12} = 1 \times 10^{-4}\ \text{s}$。假设图中 $a = 0.5$，$C = 100\ \text{pF}$，则 $R_1 = 500\ \text{k}\Omega$，假如整形主放的积分成形时间常数定为 $1\ \mu\text{s}$，则 $R_2 = 10.2\ \text{k}\Omega$。

经过极零补偿的信号还不能直接进行采集和处理，其波形仍需进一步改善。由最佳滤波器原理可知：当成形后的波形为无限宽尖顶脉冲时，可以达到最佳信噪比。虽然这样的波形在现实中无法实现，但是在理论上说明了信噪比的极限和成形波形的关系。在实际中，通常使用简单的滤波器来近似，使成形后的波形尽可能接近无限宽尖顶脉冲。由于高斯波形具有无限宽的脉冲，且顶部也保持一定的宽度，因此通常采用接近高斯型波形的准高斯型。这就需要在极零补偿电路后加上积分电路。实验证明，积分的级数越多，波形就越对称，电路的噪声就越低。

图34-287是利用两级运算放大器构成的有源积分电路，也称为S-K低通滤波电路。S-K低通滤波电路结构简单，输入阻抗高，输出阻抗低，通带增益、极点角频率和品质因素的表达式简洁，而且品质因素调节方便，可调范围大。为了得到较好的波形，采用了两级二阶S-K低通滤波电路。

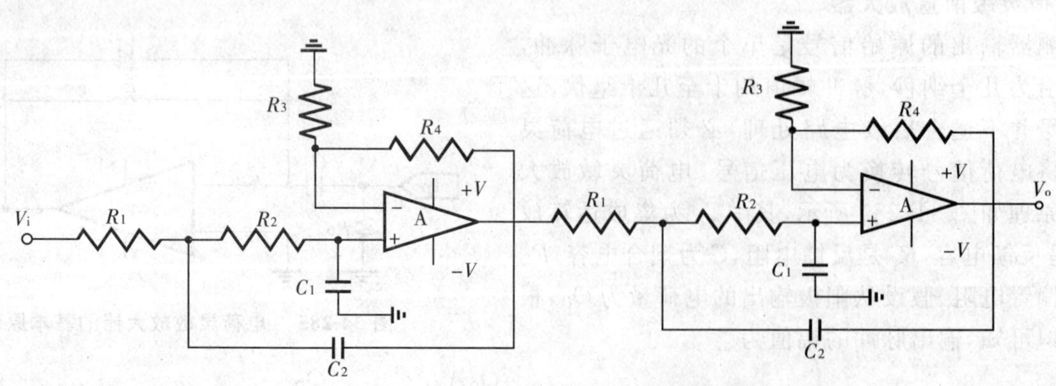

图 34-287　两级二阶 S-K 低通滤波电路原理图

假设 $R_1 = R_2 = R, C_1 = C_2 = C$，则该电路可以实现 4 级 RC 积分电路的效果。取积分常数 $\tau = RC$，该电路的传输函数 $H(S)$ 为

$$H(S) = 1/(1 + S\tau)^4 \tag{34-85}$$

式(34-85)式中 R 和 C 的选择：仍然取 $C = 100$ pF，当积分成形时间常数 $\tau = 1$ μs 时，$R = 10$ kΩ。选择不同的积分时间常数时，R 值也相应改变。受通带放大倍数的限制，S-K 低通滤波电路输出的脉冲幅度往往不能满足后续电路的要求，因此一般还要在其后加一幅度调节电路，通常采用电压串联负反馈电路。经过滤波和整形后，信号波形比较光滑，且接近准高斯型，便于后续峰值的保持和峰值采样。

3. 电荷脉冲时间测量电路

阻抗型阳极是依靠不同位置处的电极阻抗所产生的信号延时的大小来进行事件位置解码的。因此，阻抗型电阻阳极采用如图 34-288 所示的电荷脉冲时间测电路，主要由时间测量模块、标准时间逻辑和 FIFO 缓冲区组成。MCP 工作回路引出的单光子事件触发信号，经放大整形后，送入时间测量模块对光子到达时间进行粗略测量。因为周期性参考时间的不稳定和长时间采集的漂移，利用标准时间逻辑对测量时间进行校正，将参考时间下测得的光子到达时间和标准时间相关联地存入 FIFO 缓冲区，然后送入计算机。上位机软件通过参考时间信号和标准时钟信号的关系计算出探测到的光子的到达时间。时间测量模块一般采用两个恒比鉴别器(CFD) 和时间数字转换(TDC) 电路组成。由于噪声和 MCP 倍增的随机性，单光子事件触发脉冲信号幅度会有相当大的幅度抖动。为了提高测量时间的准确度，一般采用单光子事件触发脉冲信号经过恒比鉴别器(CFD) 来触发 TDC，另外一个 CFD 可以从周期性参考信号获得定时参考，周期性参考信号可以是 PCB 板上晶振分频或倍频后的时钟信号，使用 CFD 可以防止这些周期性参考信号幅度的波动。将两个 CFD 输出脉冲作为 TDC 的开始和停止脉冲，TDC 输出与开始和停止脉冲之间时间成正比。

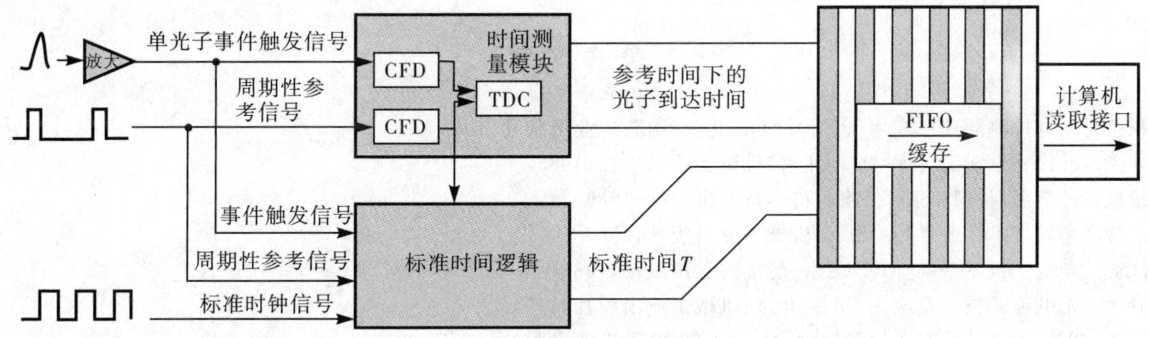

图 34-288 电荷脉冲到达时间测量电路

TDC 一般用如图 34-289 所示的方案：参考信号输入大量类似门电路($P1 \sim PN$)构成的有源时间延迟单元中，相同数量的触发器的数据输入端 D 与门延迟门相连，输入信号同时作用于所有触发器的时钟输入端 C，将门电路的输出状态锁存在触发器中，因此通过分析触发器的状态($Q_1 \sim Q_n$) 可以确定输入信号与参考信号的时间间隔，加入环形振荡器解决门延迟时间不稳定的问题。通过对环形振荡器中脉冲循环的周期数进行计数，将时间测量的范围扩大到更大的范围。因此 TDC 测量的时间为精确测量时间和粗测时间之和，其中粗测时间为计数值乘以循环周期。

在标准时间逻辑中，输入标准时间信号可以是高精度的石英晶振时钟或外部的时钟源，如原子钟或高重复频率激光时钟信号等比较精确已经校准的时钟信号，标准时间逻辑的功能是通过标准信号、周期性时钟信号和事件触发信号的关系，求出探测到光子到达的宏时间，同时对周期性时钟信号进行校正和标记。

探测器的电子读出电路和光子到达时间的测量电路通过设计同步电路，可将每个探测到的光子的二维坐标在周期参考信号中的时间，从实验开始的宏时间，同步地存在地址相同的 FIFO 的缓存中，考虑到一个光子需要 4 ～ 6 个字节，因此所设计 FIFO 需要足够大的缓冲来存储一定时间的光子数。

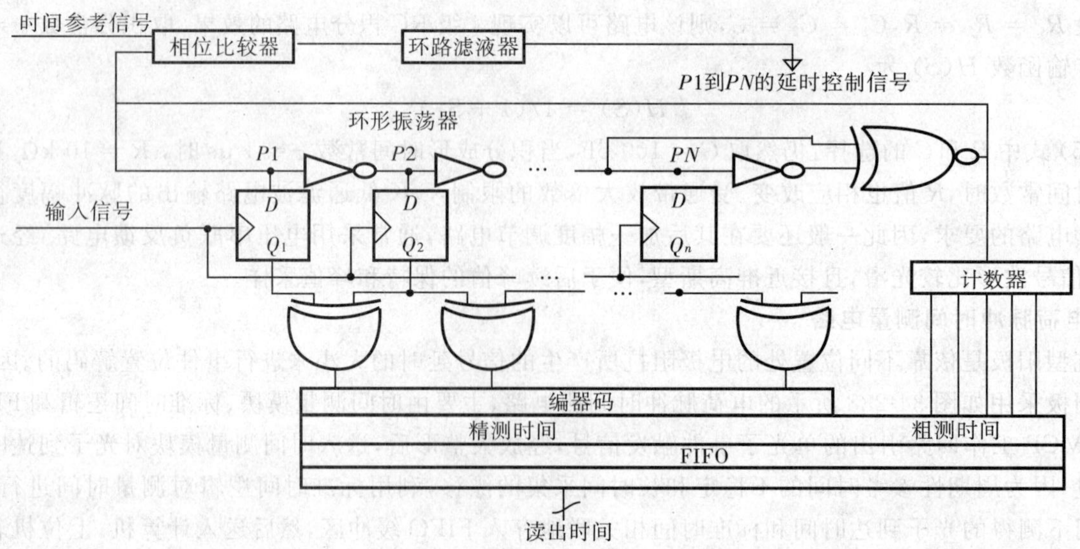

图 34-289 TDC 电路原理图

4. 位置解码电路

各种阳极的解码原理在前面已有详细的叙述。对于不同的位敏阳极，其解码原理各不相同，因此位置解码电路的实现各不相同。一般采用广泛应用的DSP＋FPGA线性流水阵列结构，对采样到的电压的峰值数据或者延时数据，进行位置解码，求出单光子事件的二维坐标，然后存入 FIFO 数据缓冲区。该方案具有很高的灵活性和大量数据的处理能力，可以保证系统的实时性。

参考文献

[1] 秦积荣. 光电检测原理及应用(上册)[M]. 北京:国防工业出版社,1985

[2] 杨国光. 近代光学测试技术[M]. 北京:机械工业出版社,1985

[3] 李景镇. 光学手册[M]. 西安:陕西科学技术出版社,1986

[4] 王之江. 光学技术手册[M]. 北京:机械工业出版社,1987

[5] 彭江德. 光电子技术基础[M]. 北京:清华大学出版社,1988

[6] 卢春生. 光电检测技术及应用[M]. 北京:机械工业出版社,1992

[7] 王清正,胡渝,林崇杰. 光电检测技术[M]. 北京:电子工业出版社,1994

[8] Michael Bass. Handbook of optics[M]. San Francisco Washington, D.C. ,1995

[9] 安毓英. 光电探测原理[M]. 西安:西安电子科技大学出版社,2004

[10]缪家鼎. 光电技术[M]. 杭州:浙江大学出版社,2003

[11]安毓英. 光电子技术[M]. 北京:电子工业出版社,2003

[12]Dereniak E L, Crowe D G. Optical Radiation Detectors[M]. New York: Wiley, 1984

[13]Putley E H. Thermal Detectors[M]// Optical and Infrared Detectors. Berlin: Springer-Verlag,1980

[14]Keyes R J. Optical, Infrared Detectors[M]. 2nd ed.. Berlin: Springer-Verlag, 1980

[15]Dereniak E L, Crowe D. Optical Radiation Detectors[M]. New York:Wiley, 1984

[16]Vincent D. Fundamentals of Infrared Detector Operation and Testing. New York:Willey, 1989

[17](美)Yariv A. 量子电子学[M]. 刘颂豪,吴存恺,王明常,译. 上海:上海科学技术出版社,1982

[18]W Thomas. SPSE Handbook of Photographic Science and Engineering[M]. New York:Wiley, 1973

[19]Carlo, Sequin H, Michael F Tompsett. Charge Transfer Devices Advances in Electronics and Electron Physics[M]. New York:Academic Press, Inc. 1975

[20]Bachman C G. 激光雷达系统与技术[M]. 胡桂兰,译. 北京:国防工业出版社, 1982

[21]Sze S M. Physics of Semiconductor Devices[M]. New York: Wiley, 1981

[22]Sze S M. Semiconductor Devices-Physics and Technology[M]. New York: Wiley, 1985

[23]李家泽. 晶体光学[M]. 北京:北京理工大学出版社,1989

[24]刘贤德. CCD 及其应用原理[M]. 武汉:华中理工大学出版社,1990

[25]袁祥辉. 固体图像传感器及其应用[M]. 重庆:重庆大学出版社,1992
[26]Carroll B H, Higgins G C, James T H. Introduction to Photographic Theory[M]. New York:Wiley, 1980
[27]Heavens O S. Optical Properties of Thin Solid Films[M]. New York:Dover, 1965
[28]Kong S H, Wijngaards D D L, Wolffenbuttel R F. Infrared Micro-Spectrometer Based on a Diffraction Grating[J]. Sensors and Actuators A 92, 2001:88-95
[29]A new family of positive temperature coefficient (PTC) materials based on nylon 12[C]//Annual Technical Conference-Society of Plastics Engineers. 59th English, 2001,2:1556-1560
[30]Positive temperature coefficient behavior of polymer composites having a high melting temperature[J]. Journal of Applied Polymer Science, 2004,92(1): 394-401
[31]一种高分子 PTC 热敏电阻器及其制造方法[P]. CN02137203.9, 2003-05-07
[32]Semiconductive composition for positive-temperature- coefficient (PTC) device with good adhesion to electrode[P]. JP 2002241554, 2002-08-28
[33]PTC Thermistors, Overload Protection For Telecommunicion. VISHAY 2381 6. 9…Document No. 29070, 2005-04-11
[34]James Norman Bardsley. International OLED Technology Roadmap: 2001-2010[J]. IEEE Journal of Selected Topics in Quantum Electronics, V10, N1, January/February, 2004
[35]Richard Piner, Rodneys Ruoff. Ceoss talk between friction and height signals in atomic microscopy[J]. Review of Scientific Instruments. 2002, V73(9): 3392-3394
[36]Walton Z, Sergienko A V, Atature M, et al. J. Mod. Opt. 2001, 48:2055
[37]Scarani V, Acin A, Ribordy G, et al. Phys Rev. Lett, 2004, 92(5): 057901
[38]Chiara M L D, Giuntini R, Leporini R. International Journal of Quantum Information, 2005, 3(1):9
[39]Fujiwara M, Sasaki M. Optics Lett., 2006, 31:691
[40]By MIT, report in Photonics Spectra. Superconducting NbN nanowire on shapping by adding antireflection coating and optical cavity[R]. Appr, 2006:22
[41]Tripathi A, et al . Study of 8 PMTs at UCLA for Pierre auger Surface Detectors[J]. Auger Technical Note, GAP 2004-40
[42]Soroosh M, Zarifkar A, Moravvei Farshi M K, et al. Separate absorption and multiplication avalanche photodiode model for circuit simulation[C]. Bahrain: IEEE Gulf International Coference, 2004(4): 606-611
[43]Park Won, Yi G C, Kim J W, et al. Schottky nanocontacts on ZnO nanorod arrays[J]. Appl. Phys. Lett., 2006, 88(2):1-3
[44]Jeong I S, Kim J H, Im S. Ultraviolet-enhanced photodiode employing n-ZnO p-Si structure[J]. Appl. Phys. Lett., 2003, 83(10):2946
[45]Kim H K, Seong T Y, Kim K K, et al. Mechanism of nonalloyed Al Ohmic contacts to n-style ZnO: Al epitaxial layer [J]. Jpn J. Appl. Phys., 2004, 43(3):976
[46]Irgang T D, Hays P B, Skinner W R. Two-channel direct-detection Doppler lidar employing a charge-coupled device as a detector[J]. Appl. Opt., 2002, 41(6): 1145-1155
[47]McKay J A. Assessment of a multibeam Fizeau wedge interferometer for Doppler wind lidar[J]. Appl. Opt., 2002, 41 (9): 1760-1767
[48]Jeong S L,Cam N. A low-cost uniplanar sampling down-converter with internal local oscillator, pulse generator, and IF amplifier[J]. IEEE Transactions on Microwave Theory and Techniques, 2001, 49(2): 390-392
[49]Takashi Yoshino, Yuji Suzuki, Nobuhile Kasagi, et al. Optimum design of micro thermal flow sensor and its evaluation in wall shear stress measurement[C]. Kyoto: The Sixteenth Annual International Coference on Micro Electro Mechanical Systems, 2003: 193-196
[50]Nowak R D, Baraniuk R G. Wavelet-domain filtering for photon imaging systems[J]. IEEE Transactions on Image Processing, 1999, 8(5): 666-678
[51]Vazquez G, Camara C, Putterman S J, et al. Sonoluminescence: Nature's smallest blackbody[J]. Opt. Lett., 2001, 26: 575-577
[52]Lohse D. Sonoluminescence: Cavitation hots up[J]. Nature, 2005, 434(7029): 33-34
[53]Badami V G, Patterson S R. A frequency domain method for the measurement of nonlinearity in heterodyne interferometry [J]. Prec Eng., 2000, 24: 41-49
[54]Jacobs S F, Sargent M. Infrared Physics, 1990
[55]EG&G Judson. Infrared Detectors, 1994
[56]Jan T Bosiers. Technical challenges and recent progress in CCD imagers[J]. Nuclear Instruments and Methods in Physics Research Section A. 2006, 565(1): 148-156
[57]Helmers H, Schellenberg M. CMOS vs. CCD sensors in speckle interferometry[J]. Opt. Laser Tech., 2003, 35:587-595

[58]Pryddercha M L. A 512×512 CMOS monolithic active pixel sensor with integrated ADCs for space science[J]. Nucl. Instr. And Methods A, 2003, 512:358-367

[59]Graaf G. Optical CMOS sensor system for detection of light sources[J]. Sensors and Actuators A, 2004 (10):77-81

[60]Siegmund O H W, Vallerga J, Wargelin B. Background events in microchannel plates[J]. IEEE Trans. Nucl. Sci. 1988,35(1):524-528

[61]刘永安,赵宝升,朱香平,等.楔条形阳极探测器的性能测试与分析[J].光子学报,2009,38(4):750-755

[62]Martin C, Jelinsky P, Lampton M, et al. Wedge-and-strip anodes for centroid-finding sensitive photon and particle detectors[J]. Rev. Sci. Instrum., 1981, 52(7): 1067-1074

[63]Ogletree D F, Blackman GS, Hwang R Q, et al. A new pulse counting low-energy electron diffraction system based on a position sensitive detector[J]. Rev. Sci. Instrum., 1992, 63(1):104-113

[64]Spillmann U, Jagutzki O I, Spielberger L, et al. A Novel Design of Delay-Line Anode for Position and Time Sensitive Read-out of MCP-Based Detectors[J]. IEEE, 2001, 7: 46-47

[65]W Siegmund O H, Gummin M, Stock J, et al. High resolution monolithic delay line readout techniques for two dimensional microchannel plate detectors[J]. SPIE, 1993, 2006:176-187

[66]Siegmund O H W, Tremsin A S, Vallerga J V, et al. High resolution cross strip anodes for photon counting detectors [J]. Nucl. Instrum. Meth. A, 2003, 504: 177-181

[67]缪震华,赵宝升,刘永安,等.楔条形阳极探测器位置灵敏的理论计算[J].光子学报,2007, 36(12): 2215-2218

[68]Lapington J S. Positon detecting element[J]. UK Patent Application, 1991

[69]Yang Hao, Zhao Baosheng, Sheng Lizhi, et al. A single photon counting detector based on one-dimensional vernier anode [J]. Chin. Phys. Lett. 2010, 27(5): 058501

[70]鄢秋荣,赵宝升,刘永安,等.一维游标位敏阳极探测器[J].物理学报,2010,59(9)

第三十五章　感光材料

1839 年法国人达盖尔(M. Daguerre)发明银板照相术以来,感光材料已经发展成为技术成熟、门类齐全、应用广泛的庞大的材料体系。感光材料也称作光敏材料,通常是指材料经过光照或者辐照以后,其内部化学组分或结构发生变化,再经过后期的物理或化学处理以后,可以得到固定影像的材料。

按不同的用途,感光材料可以分成许多种类,包括照相用的各种黑白和彩色胶卷,印制照片用的黑白和彩色相纸,印刷行业用的胶片、PS 版、CTP 版,电影胶片,医用的 X 射线胶片、CT 胶片,工业用的 X 射线、γ 射线胶片,遥感和航空、航天摄影用的胶片,微电子行业用的感光材料以及全息照相用的全息记录材料,等等。按照感光材料的感光原理分类,可以分成卤化银体系与非卤化银体系两大类。

卤化银体系感光材料也叫做银盐感光材料,指的是用卤化银作为感光物质的感光材料。在卤化银感光材料的发展进程中,具有里程碑意义的重要技术进步包括:1871 年发明的将明胶与溴化银制成照相乳剂并涂敷在支持体上制成照相干版和照相胶卷的技术,实现了感光材料的工业化生产,照相技术开始走进千家万户;1873 年发现增感染料,使感光材料从色盲片、正色片跨向全色片,并为彩色片的发展打下了基础;1935 年柯达公司彩色反转片 Kodachrome 的问世,标志着现代彩色照相技术的到来;1936 年发明的卤化银乳剂的金增感技术,1952 年发明的硫金协同增感技术,1968 年发明的铱增感技术,1972 年发明的氢增感技术等化学增感技术,把感光材料的感光速度不断推向新的台阶;20 世纪 50 年代美国 Polaroid 公司发明的银盐扩散转移瞬间成像技术,开创了感光材料拍摄和加工一步瞬间完成直接取得正像的技术。

20 世纪 80 年代以来,随着计算机控制双注乳化技术的使用,使得照相乳剂的颗粒尺寸均一和晶型研究取得了很多突破,例如氯溴化银立方体颗粒、八面体颗粒、柯达公司的扁平 T 颗粒、柯尼卡公司的双重结构颗粒等,这些新的乳剂晶型和结构极大地提高了卤化银感光材料的性能。随着成像理论和技术研究的进一步深入和新的增感方法的引入,卤化银体系的感光度和成像质量有望进一步大幅度的提高。

卤化银感光材料之所以得到如此广泛的应用,主要是因为卤化银体系的感光度非常高,而且材料性能的可塑性强,可以根据需要制成各种不同性能的感光材料,几乎可以覆盖所有的感光应用领域。假若慎重地控制生产过程,可使反差、分辨率、感光速度和光谱灵敏度等方面在很大的范围内变动,如表 35-1 所示。

表 35-1　卤化银成像体系的特性

特　性	范　围
感光速度	由晒印到波拉片
光谱灵敏度	响应波长从紫外(0.3 μm)到近红外(1.2 μm)
分辨率	由 20 lp/mm(印像纸)到超过 2 000 lp/mm(用于分辨率板、集成电路、全息照相等高分辨率干板)
反差	由低反差、大曝光宽容度(艺术摄影)到极大反差、小曝光宽容度(平版印刷)
冲洗加工	由 3～5 s(极薄坚膜乳剂)到几小时(厚的核径迹显示用的乳剂)

不论是基础理论还是性能指标与测试方法,人们对卤化银体系研究得都比较透彻。很多成熟的测试方法都被制定成了国际标准。非卤化银感光材料的很多性能指标和测试方法也大多来自或者参考卤化银体系,有的指标和方法也被现代数字成像体系所采用。本章重点介绍卤化银体系感光材料,在第四节中介绍非卤化银体系感光材料。

第一节 卤化银感光材料的结构与成像原理

一、感光材料的涂层结构

通常来说，感光材料是通过在支持体上涂敷一层或多层对光线敏感的感光乳剂构成，全部涂层的总厚度在几十个微米。感光材料的基本涂层结构如图 35-1 所示。

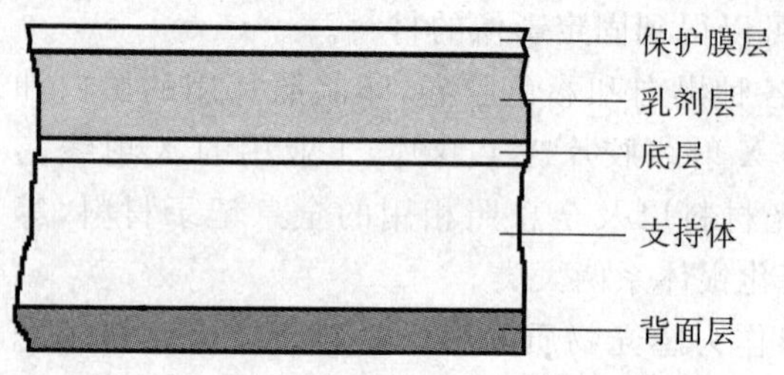

图 35-1 感光材料的涂层结构

1. 保护膜层

保护膜层相当于感光材料的皮肤，主要起保护作用。对保护膜层的要求是多方面的。首先，它的透光率要有选择性，需要的波长的光线要良好透过，并且阻挡不需要的波长的光线通过；第二，要有很好的透水性，以便加工液的良好渗透，促进显、定影过程，缩短冲洗加工时间；第三，要有一定的力学强度，可以防止制作和使用过程中的机械划伤和冲洗过程中机器辊子的碾压造成的损伤；第四，要有良好的抗静电能力，静电可以造成胶片的局部曝光，是胶片使用过程中的大忌，通常的做法是降低保护膜层的表面电阻，从而避免胶片表面电荷的聚集，以达到抗静电的目的；第五，具有良好的抗粘连性能，胶片中含有大量的明胶，在潮湿的环境下极易粘连在一起，通常的做法是降低胶片表面的吸湿量，同时在胶片的表面添加少量直径在 10 μm 左右的有机玻璃小球作为护垫，这样在胶片之间形成微小的间隙，避免胶片之间的密切接触。实践表明，对保护膜层的许多要求很难在一层保护膜中全部实现，近代感光材料常采用多层保护膜来协同实现上述功能。

2. 乳剂层

乳剂层又称作感光层，是感光材料的核心层，感光材料在这一层接收光线，发生化学反应，形成最后的影像。乳剂层通常是由卤化银微晶、明胶以及其他化学添加剂组成。其中卤化银是感光物质，它是以微晶的形式均匀分布在明胶中。明胶主要起分散介质作用，它限制卤化银微晶的聚集，使其均匀分散。乳剂层的厚度通常在几微米到几十微米。乳剂层可以是单层，也可以由多个不同性能的感光层共同组成，以达到综合性能上的最优。

3. 底层

乳剂层与支持体之间直接接触一般亲和性较差，底层的作用就把乳剂层与支持体牢固地粘合在一起，防止乳剂层脱落。

4. 支持体

支持体是感光材料的骨架，提供基本的机械强度。根据用途的不同，支持体的材料也不同。胶片一般采用的是三醋酸纤维素薄膜或者聚对苯二甲酸乙二醇酯薄膜，相纸采用的是纸基，照相干板采用的是玻璃板，印刷用的 PS 版或者计算机直接制版(CTP)材料采用的则是铝板。

5. 背面层

当很多感光材料叠层存放的时候，背面层要起到抗粘连与抗静电的作用。对于透明支持体胶片，背面层还要充当吸收杂散光的防光晕层的作用，以防止杂散光反射到乳剂层上，形成干扰，影响图像的清晰度。另外，背面层还有防卷曲的作用，防止胶片因为两面的张力不一致而引起的过度卷曲。

二、卤化银的感光原理[1]

1. 卤化银颗粒

卤化银颗粒(silver halide grains)是卤化银感光材料的感光单元。在大多数情况下，每一个卤化银颗粒作为一个光辐射接受单元而单独工作，卤化银颗粒的性能是材料感光性能的决定性因素。卤化银颗粒尺寸越大，材料的感光度越高，但同时也会显著降低材料的分辨能力。卤化银颗粒位于感光材料的乳剂层(感光层)中，不同种类感光材料卤化银颗粒的组分、结构、形状、尺寸以及尺寸分布都不一样，其直径一般从不到

0.1 μm 直到几微米。每平方厘米的感光材料大约含有 $10^6 \sim 10^8$ 个卤化银颗粒。从应用角度上来讲，关键是卤化银颗粒在曝光以后形成的潜影斑点，这些斑点在化学处理时可以催化颗粒中的银离子还原，形成影像[2]。

2. 曝光

卤化银感光材料在接受光照射时，一部分光线被表面反射，一部分光线直接穿过，其余的部分被感光层所吸收。只有被感光层中的卤化银微晶吸收的照射才对感光过程起作用。从原理上理解，曝光量是受照体单位面积上接受的能量，可定义为

$$H = \int E(t)\mathrm{d}t \tag{35-1}$$

式中，H 为曝光量，E 为照射到感光层上的照度，t 为照射时间。因为感光材料与人眼的视觉响应对应关系密切，所以在国际标准中，曝光量普遍采用光度学计量单位，H 的单位是 lx·s。对于那些对热（红外线）敏感的感光材料，可以采用辐射计量单位的，这时用 E 来表示曝光量，用 I 来表示辐照度，曝光量的单位是 $\mathrm{J/cm^2}$。对于射线胶片，曝光量的单位是 Gy[3]。

3. 潜影

经过曝光后，在感光层中形成的影像是不可见的，只形成潜伏的影像，它是带有显影中心的卤化银微晶的集合。只有经过显影、定影加工处理的放大作用以后，这些潜伏的影像才可以变成可见的影像。

4. 冲洗加工

曝光以后的感光材料经过显影、定影化学处理过程后，得到有用的影像。显影过程就是将已曝光的卤化银颗粒还原成金属银。正是因为有了显影这一过程，使得卤化银感光材料的感光度提高了几个数量级。显影剂是一个由还原剂和其他辅助组分组成的碱性溶液，如果把感光材料一直放在这个溶液中，那么所有的卤化银颗粒都将会还原成金属银。已曝光的卤化银颗粒由于曝光时形成的显影中心的催化作用要比未曝光的卤化银颗粒的还原速度快得多，正是利用了这一速度上的差异才产生出黑白明显的影像。

显影速度受许多因素的影响：乳剂组成，厚度和硬度；显影剂配方；显影剂耗损；显影时间和温度；对显影剂的搅拌等。

经过显影过程以后，被还原的金属银构成黑色影像，剩余的未曝光和未被还原的卤化银仍然具有再感光的能力，需要将其去除，使得已经生成的影像不再发生变化。这一去除剩余卤化银的过程被称作定影。

卤化银黑白胶片的冲洗，是指经过曝光后的胶片中看不见的潜像，经冲洗之后变成可见的银影像，冲洗步骤归纳如下：

1）曝光后的卤化银颗粒，经显影成可见影像。

2）定影溶去未显影的卤化银。

3）水洗除去定影的副产物。

4）干燥。

下面以乐凯 SHD400 为例，来具体说明黑白胶片的冲洗加工条件及照明要求[4]。

（1）冲洗加工程序

	时间	温度
显影	5～7 min	(20±0.5)℃
水洗	15 s	(18±3)℃
定影	5～10 min	(18±3)℃
水洗	15 min	(18±3)℃

（2）显影液配方（D-76 配方）

米吐尔	2 g
无水亚硫酸钠	100 g
对苯二酚	5 g
硼砂	2 g

加水至	1 000 mL

(3)定影液配方(F-5 配方)

硫代硫酸钠	240 g
硫酸铝钾	15 g
无水亚硫酸钠	15 g
硼酸	7.5 g
冰醋酸	13.5 mL
水	1 000 mL
pH 值(20℃时)	4.6±0.2

(4)安全照明要求

胶片应在全黑暗室或暗绿灯下启封或加工,即使在暗绿灯下,也不能近距离较长时间直接照射胶片,以免引起胶片灰雾上升,影响质量和使用效果。

第二节　感光材料的性能和评价

一、光密度

光密度(optical density),也称作光学密度或者密度,是用来表征材料或材料上的影像对光线的吸收和阻碍程度的一个物理量,它是感光特性测量中最基本的一个物理量。直观地说,密度反映的是感光材料经过光照和冲洗加工以后变黑的程度,越黑的地方密度越大。因为人眼对这种变黑程度的响应是对数性的,与密度的定义基本一致,所以在感光材料的测量中多采用密度这一参数,而不用透射率(对于相纸等反射型感光材料是反射率)参数。密度的定义为

$$D=-\lg T=-\lg \frac{\Phi_{out}}{\Phi_{in}} \tag{35-2}$$

式中,D 为密度,T 为透射率(或反射率),Φ_{in} 表示入射通量,Φ_{out} 表示出射通量。

与透过型感光材料和反射型感光材料相对应,密度分成透射密度和反射密度两类。对于透过型材料,比如胶片,Φ_{out} 表示透射通量,T 为光线的透射率,得到的 D 是透射密度;对于反射型材料,比如相纸,Φ_{out} 表示反射通量,T 是反射率,得到的 D 为反射密度。

因为密度与系统的光谱条件(如光源与接收器的光谱条件)和几何条件(如入射光的入射角与出射光的出射角等)密切相关,因此在对密度进行测量和表征时,必须明确系统的光谱条件和几何条件。国际标准化组织专门制定了关于密度测量与表征的国际标准[5],我国等同采用了相关的国际标准作为国家推荐标准[6-9]。按照标准中的规定,密度一般表示为 $D(G,S,g,s)$,其中,G 为入射通量的几何条件,S 为入射通量的光谱条件,g 为出射通量的几何条件,s 为探测系统的光谱响应。只有对这 4 个参数进行了严格限定,得到的密度值才能具有确定性。下面仅就与感光材料性能检测密切相关的几种密度及其测量方法加以简要说明。

(一)标准漫透射密度

对于胶片这一类的透过型感光材料,采用透射密度来反映材料或影像对透过光线的阻碍程度。因为密度与几何条件、光谱条件密切相关,即使是同一个样品,在不同的几何条件与光谱条件下测量得到的透射密度也不同,所以测量时应该尽量采用与材料的实际使用环境接近的几何条件与光谱条件。标准漫透射密度反映的是在漫入射光源下,人眼在垂直方向上观察得到的透射密度。

标准漫透射密度测量的几何条件可以采用漫入射型或者漫出射型,两种形式等价,如图 35-2 所示。

标准漫透射密度测量中采用的光源为 CIE 标准施照体 A,其工作色温规定为 2 856 K。通常在透射密度计的光路中要插入一个吸热滤光器,因此标准漫透射密度的入射光谱条件是根据 CIE 标准施照体 A 的光

谱，在红外区加以修正以后得到的[10]。

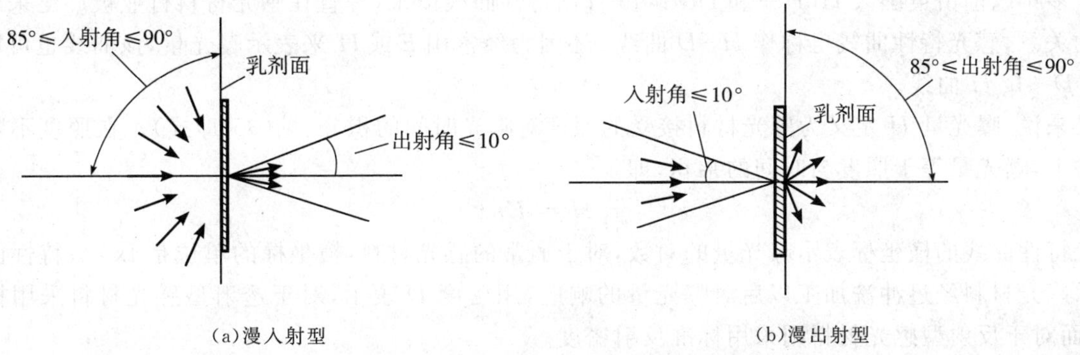

图 35-2 标准漫透射密度几何条件

标准漫透射密度测量中，探测器的光谱响应应该与人眼的光谱响应一致。因为人眼对红外线不敏感，红外区的修正对人眼视觉感觉的影响很小，基本可以忽略。

标准漫透射密度相当于把底片放在毛玻璃灯箱上，用人眼从垂直角度观察得到的密度。这种条件反映了透过型感光材料的典型应用，因此凡是没有特别的说明，我们所说的透射密度都是指标准漫透射密度。

(二)标准反射密度

对于相纸这一类反射型感光材料，采用反射密度来反映材料对入射光线的吸收或阻碍程度。标准反射密度反映的是入射光源在45°环形照射条件下，人眼在垂直方向观察得到的密度。对于各向同性的漫反射类型的材料(如相纸的乳剂面)，几何条件对密度的影响不大，但是对于有定向反射特性的材料，几何条件就变得非常重要，需要特别标注。

标准反射密度测量的几何条件有环状入射模式和环状出射模式两种，两种模式等价，如图35-3所示。

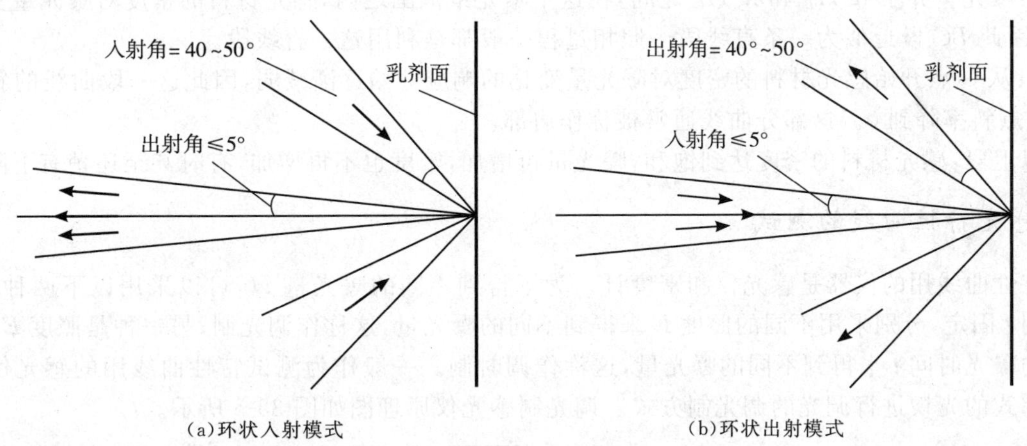

图 35-3 标准反射密度几何条件

标准反射密度测定中采用的光源为CIE标准施照体A，其工作色温规定为2 856 K。标准反射密度测定中所用探测器的光谱响应应该与人眼的光谱响应一致。

标准反射密度基本上相当于在漫射光照明下人眼从垂直照片的方向上观察得到的密度。这种条件反映了反射型感光材料的典型应用，因此凡是没有特别的说明，我们所说的反射密度都是指标准反射密度。

二、感光特性曲线

(一)感光材料的感光特性

感光材料的感光特性曲线表征的是感光材料对不同曝光量的响应关系。特性曲线的横坐标表示的是曝光量的对数值，特性曲线的纵坐标表示的是感光材料对曝光量的响应，一般用冲洗加工以后的密度 D 表示。自从 100 多年以前由英国人 Hurter 和 Driffield 首创特性曲线以来，一直在感光材料行业被广泛采用。因为发明者的关系，感光特性曲线也称作 $H-D$ 曲线，还因为经常用 E 或 H 来表示曝光量，该曲线也可以称作 $D-\lg E$ 或 $D-\lg H$ 曲线。

一般来说，曝光量 H 定义为感光材料接受的照度对曝光时间的积分（见（35-1）式）。在照度不随时间变化的条件下，曝光量等于照度与时间的乘积，即

$$H = Et \tag{35-3}$$

感光特性曲线的横坐标表示曝光量的对数，对于通常的感光材料，横坐标的单位是 lx · s；特性曲线的纵坐标表示感光材料经过冲洗加工以后对曝光量的响应，用密度 D 表示，对于透射型感光材料采用标准漫透射密度，而对于反射型感光材料则采用标准反射密度。

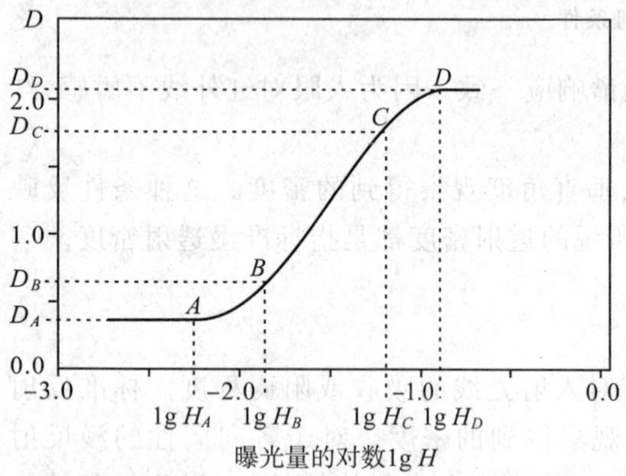

图 35-4 典型的感光特性曲线

通过特性曲线，可以得到材料的感光度、反差系数、宽容度、灰雾、最大密度等这些重要的感光性能参数，精确地表征出感光材料的各种基本感光特性。典型的感光特性曲线如图 35-4 所示。

特性曲线可以分成 5 段：

A 点以下段：这一段的曝光量小于 $\lg H_A$，感光材料的密度对曝光没有响应，特性曲线为一条水平直线段，其密度值等于最小密度 D_A。

AB 段：从 A 点开始，感光材料的密度对曝光量的变化开始出现响应，但响应不是线性的，而是一个逐渐加强的过程，因此 AB 段为一斜率逐渐增加的曲线段。这部分曲线通常被称作趾部。

BC 段：曝光量介于 $\lg H_B$ 和 $\lg H_C$ 之间，在这个曝光量范围之内，感光材料的密度对曝光量变化的响应是线性的，因此 BC 段近似为一条直线段。照相过程一般都是利用这一直线段。

CD 段：从 C 点开始感光材料的密度对曝光量变化的响应开始逐渐减弱，因此这一段曲线的斜率逐渐降低，直至 D 点斜率降到 0。这部分曲线通常被称作肩部。

D 点以上段：感光材料的密度达到饱和，曝光量再增加，密度也不再增加，有时甚至还稍有下降。

（二）感光特性曲线的测试

测试特性曲线用的仪器是感光仪和密度计。为了得到不同的曝光量 H，可以采用以下两种方法：一种是曝光时间 t 固定，分别采用不同的照度 E 来得到不同的曝光量，这称作调光制；另一种是照度 E 固定，分别采用不同的曝光时间 t 来得到不同的曝光量，这称作调时制。一般作为测试特性曲线用的感光仪都采用连续的或阶梯式的光楔进行调光的调光制方式。调光制感光仪原理图如图 35-5 所示。

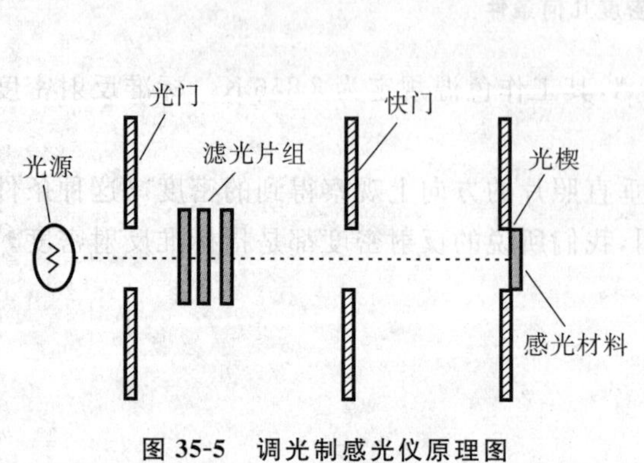

图 35-5 调光制感光仪原理图

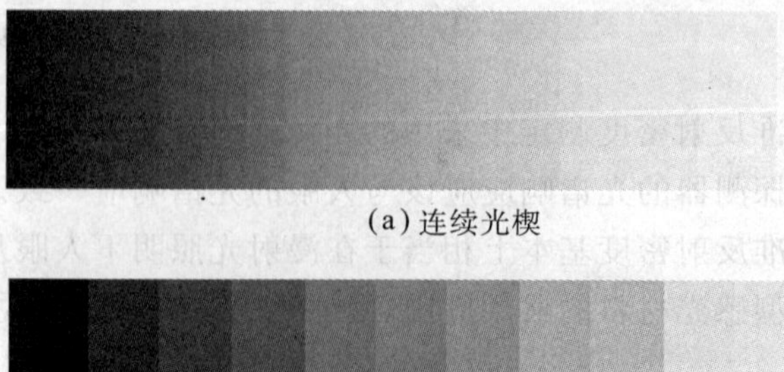

(a) 连续光楔

(b) 阶梯光楔

图 35-6 调光制光楔示意图

光源发出的光经过滤光片组后，得到所需要的光谱分布，再照射到光楔上。光通过光楔的调制后，得到一组照度不同的光。如图 35-6 所示，有连续光楔与阶梯光楔两种类型的光楔。经过连续光楔调制后的光，可得到照度随空间距离连续变化的光；经过阶梯光楔调制后的光，可得到一组照度按阶梯式空间变化的光。当被测样品在感光仪中紧贴在调光光楔之后，经过快门曝光时，样品能感受到一系列不同的曝光量。

由于感光材料存在互易律失效现象，采用调时制与调光制两种方式曝光得到的特性曲线不完全一样。因此在提供特性曲线的时候一定要同时说明曝光条件。另外，在相同曝光条件下曝光的样品，如果冲洗加工条件不同，得到的特性曲线也不同，因此还要同时说明冲洗加工条件。

（三）不同类型胶片的感光特性曲线

图 35-7～图 35-12 为柯达公司的几种不同类型的胶片的特性曲线。图 35-13 和图 35-14 是两种光谱干板的特性曲线[11]。

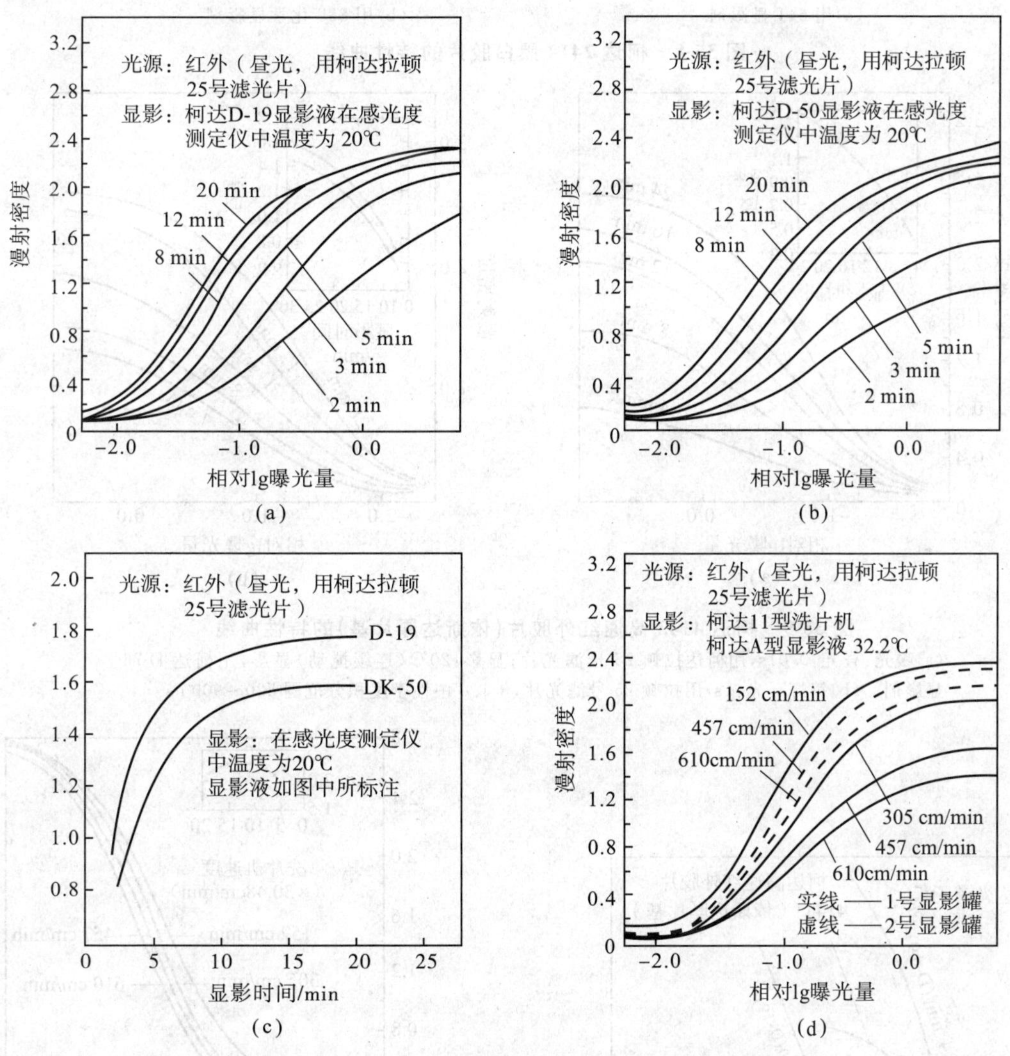

图 35-7　柯达 2424 型黑白胶片的特性曲线

(a)用 D-19 显影剂；(b)用 DK-50 显影剂；(c)对于 D-19 和 DK-50 显影剂的反差系数和显影时间的关系；(d)用 A 型化学显影剂

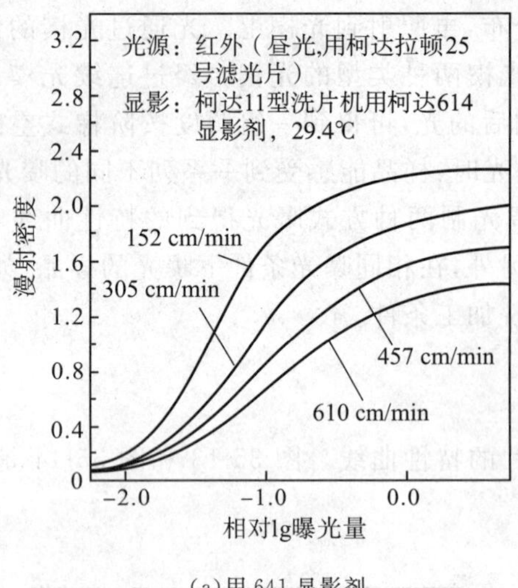

(a)用 641 显影剂

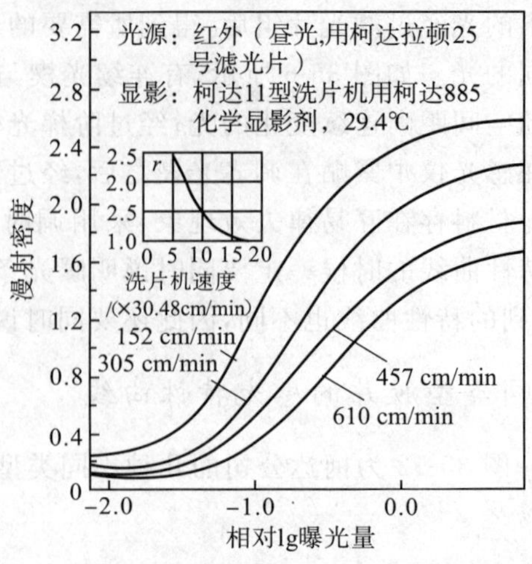

(b)用 885 化学显影剂

图 35-8 柯达 2414 黑白胶片的特性曲线

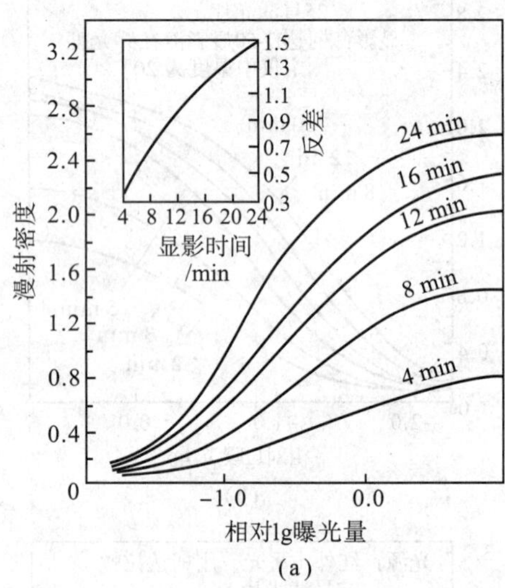

(a)

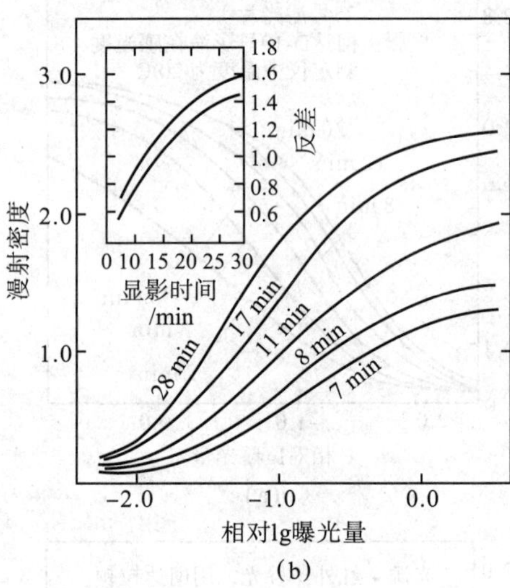

(b)

图 35-9 柯达 4143 高速红外胶片(依斯达厚片基)的特性曲线

(a)曝光：昼光，0.01s，用柯达拉顿 25 号滤光片；显影：20℃（连续搅动）显影，用柯达 D-76 显影剂。(b)钨灯曝光：1s，用拉顿 25 号滤光片，+1.0 中性密度积分范围 520～900 ns

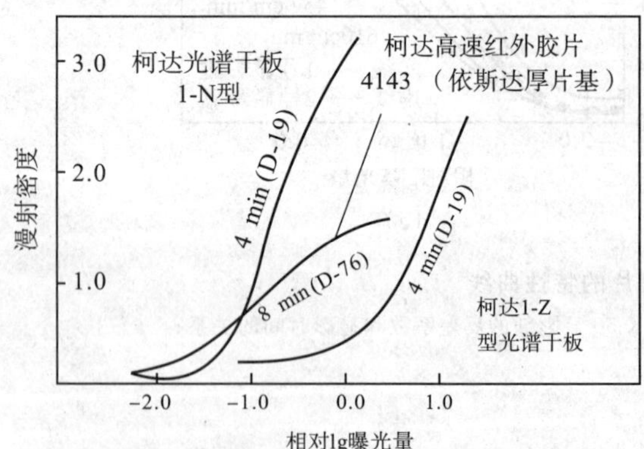

图 35-10 柯达黑白红外材料的复合曲线

曝光：钨灯，1s，用拉顿 25 号滤光片，1.0 中性密度，推荐显影温度：20℃

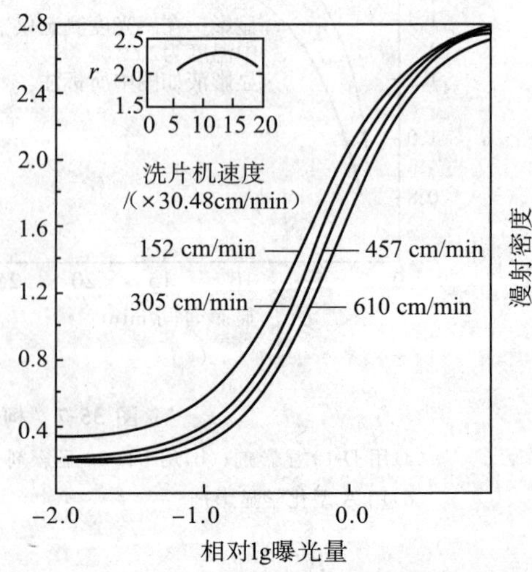

图 35-11 SO-289(885 化学显影剂)的特性曲线

曝光：昼光，柯达拉顿 25 号滤光片，0.1s。显影：柯达 11 型洗片机，885 化学显影剂，29.4℃，2 号显影罐

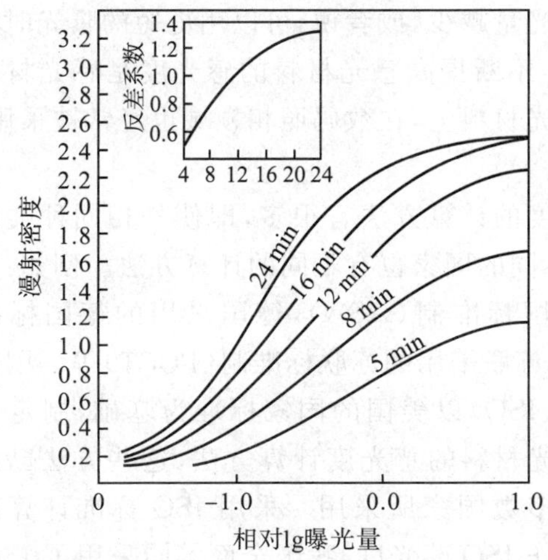

图 35-12　柯达 2481 型(依斯达片基)高速红外胶片的特性曲线

曝光:昼光,0.01s,柯达拉顿 25 号滤光片。显影:20℃(连续搅动)显影,用柯达 D-76 显影剂

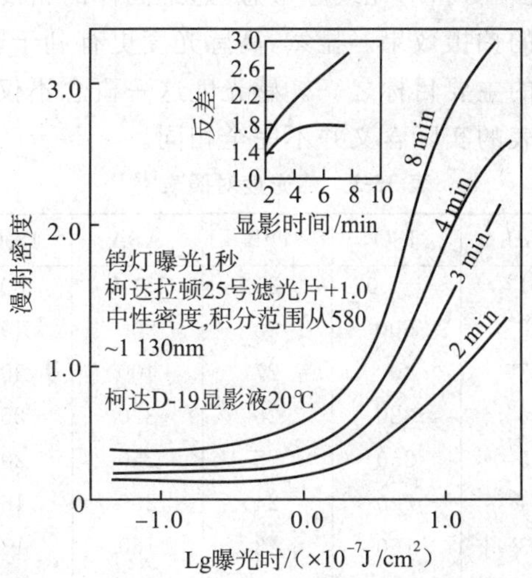

图 35-13　柯达 1-Z 型光谱干板的特性曲线

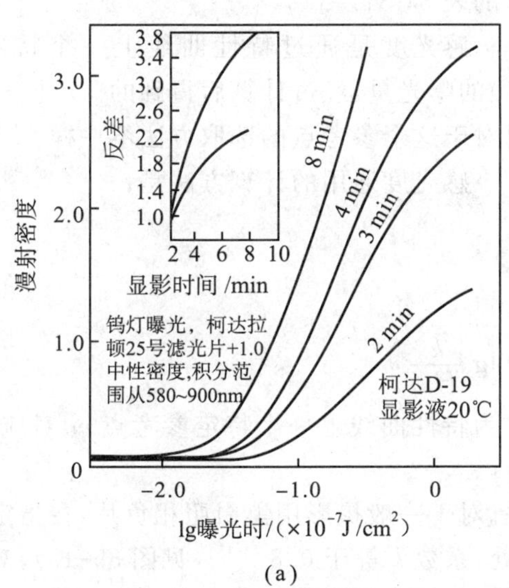

(a)

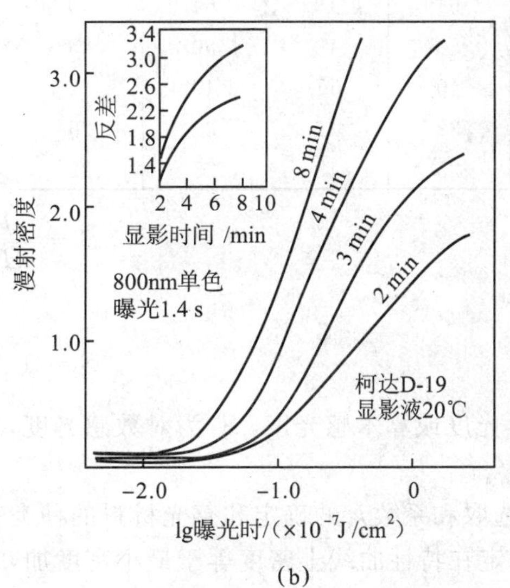

(b)

图 35-14　柯达 1-N 型光谱干板的特性曲线

(四)感光特性参数

通过感光特性曲线,可以得到下面一些重要的感光材料的感光参数:

1. 最小密度

感光材料即使不曝光,只经过显影、定影以后,也会产生一定的密度,称作最小密度(D_{min})。最小密度等于乳剂层引起的灰雾密度与支持体密度的总和。

2. 灰雾

灰雾(D_0)是指感光材料中的乳剂层不曝光,经过显影、定影以后,产生的密度。灰雾等于最小密度减去支持体密度。灰雾是感光材料的本底密度。一般感光材料的灰雾值要小于 0.1。常见胶片的灰雾密度值大致如表 35-2 所示。

表 35-2　常见胶片灰雾密度值

片　种	D_0(不包括片基密度)	片基密度
黑白中速负片	＜0.07	0.26～0.30
黑白高速负片	＜0.10	0.26～0.30
黑白正片	＜0.03	＜0.03

3. 感光度

感光度(S)是指感光材料对光敏感的程度,它是衡量感光材料感光性能的最重要的指标之一。感光度越高，说明材料对光线越敏感，达到同样的密度响应所需要的曝光量越少，或者说，可以用更短的曝光时间达到同样的拍摄效果。显然，高感光度更有利于影像的获取，因此，不断提高感光材料的感光度是感光材料科研工作的主要目标之一。感光度这一概念不仅被用在传统的感光材料上，在数码照相领域也经常被采用，但是其代表的实际含义并不完全相同。

表 35-3　感光度对照表[12-13]

GB	ISO	DIN	ASA	ГОСТ
31°	1 000	31	1 000	800
28°	500	28	500	400
27°	400	27	400	300
26°	320	26	320	250
25°	250	25	250	200
24°	200	24	200	180
23°	160	23	160	130
22°	125	22	125	100
21°	100	21	100	90
20°	80	20	80	65
19°	64	19	64	50
18°	50	18	50	45
17°	40	17	40	32
16°	32	16	32	25
15°	25	15	25	22

感光度的计算方法有很多，即使是相同种类的感光材料，不同的国家也有不同的计算方法。例如：美国采用的美国标准制（ASA），德国采用的德国标准制（DIN），前苏联采用的苏联标准制（ГОСТ）等。国际标准化组织（ISO）以美国的国家标准为基础，制定了一些常用感光材料的感光度计算方法，这些方法已经被世界上大多数国家所采用。采用 ISO 标准计算出的感光度称作 ISO 感光度，我国全面等同采用了 ISO 的标准，因此 ISO 感光度与我国的国家标准感光度（GB 感光度）等价。它们之间的对照关系参见表 35-3。各个国家历史上曾经用过的感光度对照表参阅第三十一章的表 31-31。

感光度是通过特性曲线上一个特定参考点（m 点）的曝光量，经过计算后得到的。不同种类的感光材料对于这个参考点的选取方法不一样。

感光度通用的计算方法是：

$$S = \frac{k}{H_m} \tag{35-4}$$

或

$$S^{\circ} = 1 + 10\lg\frac{k}{H_m} \tag{35-5}$$

式中，S 为感光度或算术感光度，S° 为对数感光度，H_m 为特性曲线上一个特定参考点 m 对应的曝光量，k 为系数。

m 点的选取和系数 k 的确定和感光材料的种类有关。对于一般摄影用黑白照相负片，在指定的标准加工条件下，m 点定在特性曲线上密度等于最小密度加 0.1 处，系数 k 等于 0.8[14-15]（见图 35-15）。对于航空摄影用的负片，参考点 m 定在特性曲线上密度等于最小密度加 0.3 处，系数 k 等于 1.5[16-17]（见图 35-16）。在计算材料感光度的时候，一定要根据感光材料的种类选择对应的计算方法。

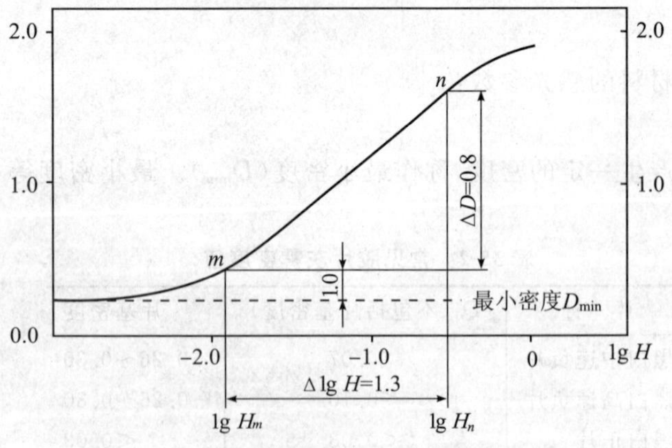

图 35-15　一般摄影用黑白负片的感光特性曲线

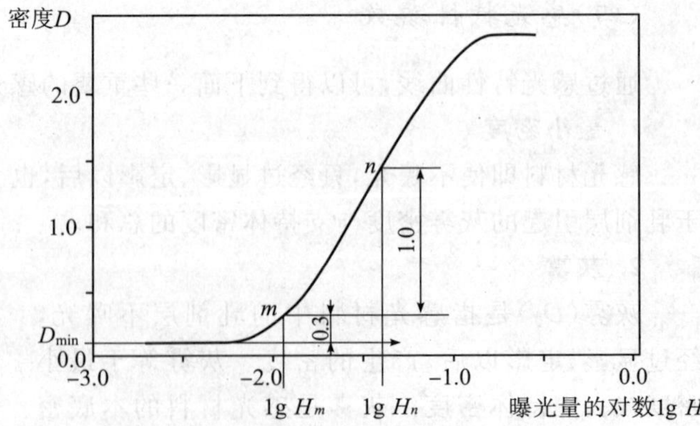

图 35-16　航空摄影胶片的感光特性曲线

按照国际标准和国家推荐标准中的规定，感光度应归整分级，才能得到最终的标称感光度。一般摄影用黑白照相负片的算术感光度和对数感光度的归整分级见表 35-4。

4. 反差系数与平均斜率

反差指的是明暗对比，景物的明暗对比（$\Delta \lg H$）称作景物反差，影像的明暗对比（ΔD）称作影像反差。影像反差与景物反差的比值称作反差系数（γ）：

$$\gamma = \frac{\Delta D}{\Delta \lg H} \tag{35-6}$$

从特性曲线上看，反差系数就是特性曲线的斜率。因为完整的特性曲线不是一条直线，所以曲线上各个点的斜率也不一样。一种感光材料的反差系数γ指的是特性曲线上直线部分的斜率，也是特性曲线斜率的最大值，即

$$\gamma = \max\left(\frac{\Delta D}{\Delta \lg H}\right) \tag{35-7}$$

考虑到在实际使用的时候，人们不仅用到了特性曲线的直线部分 BC 段（见图 35-4），而且特性曲线的趾部 AB 段也经常被使用，另外实际材料的感光特性曲线直线部分也不常是理想的直线段，B 点与 C 点很难准确确定，所以近年来国际上普遍采用平均斜率（$\overline{G}$）的概念代替反差系数。

在特性曲线的下部和上部分别指定一点：m 点和 n 点，线段 mn 的斜率称作感光材料的平均斜率。即

表 35-4　一般摄影用黑白负片 ISO 感光度归整表

曝光量的对数值 $\lg H_m$		ISO 感光度	
从	到	算数值 S	对数值 S°
−3.65	−3.56	3 200	36°
−3.55	−3.46	2 500	35°
−3.45	−3.36	2 000	34°
−3.35	−3.26	1 600	33°
−3.25	−3.16	1 250	32°
−3.15	−3.06	1 000	31°
−3.05	−2.96	800	30°
−2.95	−2.86	640	29°
−2.85	−2.76	500	28°
−2.75	−2.66	400	27°
−2.65	−2.56	320	26°
−2.55	−2.46	250	25°
−2.45	−2.36	200	24°
−2.35	−2.26	160	23°
−2.25	−2.16	125	22°
−2.15	−2.06	100	21°
−2.05	−1.96	80	20°
−1.95	−1.86	64	19°
−1.85	−1.76	50	18°
−1.75	−1.66	40	17°
−1.65	−1.56	32	16°
−1.55	−1.46	25	15°
−1.45	−1.36	20	14°
−1.35	−1.26	16	13°
−1.25	−1.16	12	12°

$$\overline{G} = \frac{D_n - D_m}{\lg H_n - \lg H_m} \tag{35-8}$$

不同种类的感光材料，m 点和 n 点的取法也不相同。一般来说，m 点取在 AB 段上，而且与计算感光度的参考点 m 取同一个点，n 点取在 BC 段上。平均斜率更能够反映材料的综合性能。平均斜率的数值一般略低于反差系数的数值。

一般摄影用黑白负片的 n 点是特性曲线上密度等于 m 点密度加 0.8 处，n 点的曝光量的对数等于 m 点曝光量的对数加 1.3，见图 35-15。从图上可以看出，这类感光材料的平均斜率是固定的，即

$$\overline{G} = \frac{D_n - D_m}{\lg H_n - \lg H_m} = \frac{0.8}{1.3} \approx 0.62 \tag{35-9}$$

我们日常拍照用的黑白胶卷的平均斜率就是 0.62，要想得到不同反差效果的照片，只有在洗印照片的时候采用不同反差系数的相纸。

因为拍摄距离远，加上大气中灰尘的散射，景物的反差较低，航空摄影用的胶片平均斜率要高一些，一般在 1.6～2.4 之间。航空摄影用胶片的 n 点取在特性曲线上，密度等于 m 点密度加 1.0 处，见图 35-16。

一般来说，反差系数高的感光材料对细节的分辨能力强，但是曝光的宽容度低，容易发生曝光不足或者曝光过度。X 射线胶片因为需要高的细节分辨能力，其反差系数可以超过 4，而印刷制版用的感光材料因为只需要黑白两种色调，其反差系数甚至可以超过 10。

5. 宽容度

宽容度（L）是指感光材料在一次拍摄过程中能够接受景物反差的能力。宽容度大的感光材料能够一次记录下明暗差别较大的景物。从特性曲线上看，宽容度等于曲线上直线部分（BC 段）对应的曝光量的对数差（见图 35-4），就是说曝光量在从 $\lg H_C$ 到 $\lg H_B$ 范围之内的景物都可以一次拍摄下来。从曲线上可以明显地看出来，宽容度取决于 BC 段的长度和反差系数（BC 段的斜率）。BC 段越长、反差系数越小，则宽容度越大。

在实际使用的时候，曝光量在 AB 段和 CD 段之间的景物，仍然可以被拍摄记录下来。在此范围内感光材料对曝光量的响应不是线性的，因此就产生了"有效宽容度"这一概念。一般来说，有效宽容度指的是特性

曲线上斜率大于等于 0.2 的两个端点之间曝光量的对数差。不同的用户对有效宽容度的定义可能不同，但是有效宽容度一定大于宽容度。

6. 最大密度

最大密度（D_{max}）是指感光材料经过充分曝光以后，密度能够达到的最大值。从特性曲线上看，最大密度是指特性曲线最高点的密度。

从特性曲线上可以看出，最大密度、反差系数、宽容度这几个参数是相关的，一般我们都希望增加宽容度，但是最大密度和反差系数限制了宽容度的增加，因此在选择感光材料的时候要综合考虑这几个参数。

7. 动力显影

感光材料的感光性能与显影条件关系密切，同一种感光材料改变显影条件可以得到不同的感光特性曲线。一般来说，延长显影时间、提高显影温度可以提高材料的感光度、反差系数和最大密度，但同时也提高了最小密度并对分辨率造成不利的影响。我们把这种通过不同显影条件来得到不同感光特性的方法称作动力显影方法。通过动力显影方法可以得到材料感光性能与显影条件之间的关系，这样就可以通过改变显影条件来弥补由于拍摄条件不好引起的缺陷。这种弥补只能在有限的范围内进行。

三、互易律失效

感光材料对光照的响应与光照的强度（或照度）和时间无关，只与总的曝光量有关，这种规律称作互易律。根据(35-1)式，曝光量等于照度与时间的乘积。如果互易律成立，增加照度减小照射时间或者减小照度延长照射时间，只要总的曝光量一样，则在感光材料上得到的响应应该相同。

对于卤化银感光材料而言，这种互易律只是在一定的照度和曝光时间范围内才成立，超过此范围感光材料的响应不仅与曝光量有关，还与施加这一曝光量的照度与曝光时间有关，这种现象称作感光材料的互易律失效现象。

互易率失效可以分为两种类型：一种称为高照互易律失效，另一种称为低照互易律失效。前者常发生在光照特别强烈和照射时间特别短的条件下，比如高速摄影与激光打印扫描的情况下；后者则常发生在景物光照很低，需要长时间曝光的条件下，比如天文照相。一般来说，在互易律失效的条件下使用的材料的实际感光度都要低于正常条件下拍摄的材料感光度，因此对互易律失效现象必须给予重视。为此，在测定感光材料性能的时候，要尽量采用与实际使用条件接近的测试条件。比如，对于日常使用的照相胶卷，照相机的曝光时间通常在几十分之一秒，因此测试感光性能时的标准曝光时间就采用 1/20 s 或者 1/50 s。

互易律失效的另一种表现形式是间歇曝光效应。即在总的曝光量相同的条件下，一次曝光与多次曝光得到的效果不一样，总的响应与总曝光量以及曝光的次数有关。研究表明，互易律失效现象还与曝光的波长有关[18]。对于多层涂布的彩色胶卷，很高或很低的温度下曝光时也会遇到互易律失效现象。图 35-17 和图 35-18 为柯达公司许多典型感光乳剂的互易律失效曲线，这些曲线描述了曝光量和辐照度之间的对数关系。

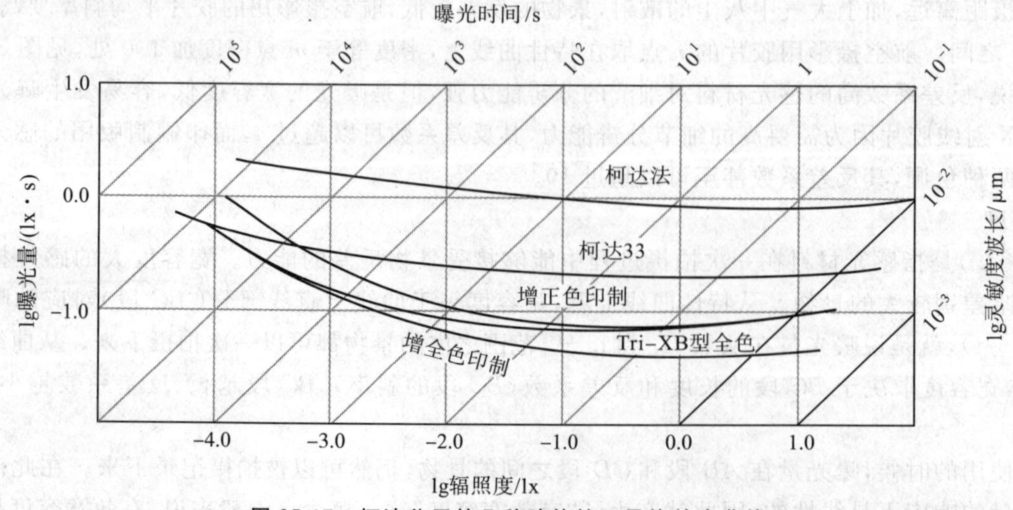

图 35-17　柯达公司的几种胶片的互易律效应曲线

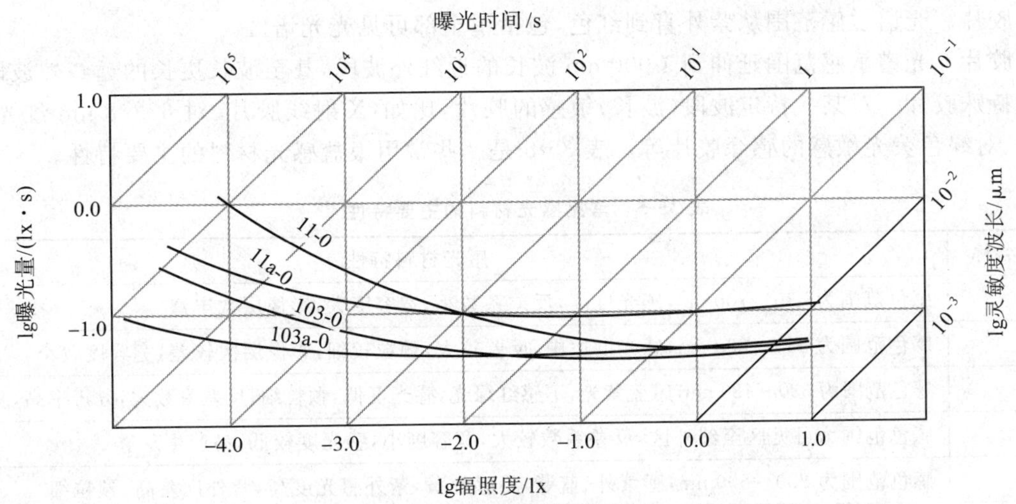

图 35-18　柯达公司的光谱干板的互易律效应曲线

四、光谱灵敏度

感光材料对不同波长的光线的敏感程度不同，常用材料的光谱灵敏度（spectral sensitivity，也称作光谱感光度）曲线来定量描述材料的这一特性。光谱灵敏度 S_λ 是表示感光材料对不同波长照射光的照像敏感度效应的一种度量，即产生最小密度 $D_{\min}$ 以上某一指定密度 D 所需单色光（波长为 λ）能量的倒数。

$$S_\lambda = \frac{1}{H_\lambda} \tag{35-10}$$

式中，S_λ 为波长为 λ 时的光谱灵敏度；H_λ 为产生某指定密度 D 所需接收的波长为 λ 光的能量，单位为 J/m^2。指定密度 D 通常取最小密度 $D_{\min}$ 加 1.0。如果 D 取其他数值，则应该特别注明。

按照(35-10)式分别计算每个波长下的光谱灵敏度后，以波长为横坐标，光谱灵敏度的对数为纵坐标，绘制光谱灵敏度曲线（$\lg S_\lambda-\lambda$ 曲线，或者 $\lg H_\lambda-\lambda$ 曲线）。

一些国家制定了测量光谱灵敏度的标准。例如，我国的国家推荐标准 GB/T 10557：1989《感光材料光谱灵敏度测定方法》就是参照苏联的国家标准 ГОСТ 2818-83 制定的。其基本原理是：白光经过分光系统，形成一个由单色光组成的光谱，通过光调制器改变到达曝光平面的光谱功率，使待测材料获得一组全光谱条件下不同能量的曝光。待测材料经过冲洗加工、密度测量后，就可以得到其对各单色光的灵敏度。虽然国际标准化委员会 ISO 没有发布测量光谱灵敏度的国际标准，各个国家和厂家测量光谱灵敏度的方法基本上一致，具有可比性。图 35-19 为 Kodak 公司给出的 Kodak 3412 型航空胶片的光谱灵敏度曲线[20]。虽然其纵坐标标注的是绝对曝光量，但是其本质还是 $\lg S_\lambda$，即 $\lg H_\lambda$。

对于光谱灵敏度，大家关心的往往不是某一个波长的绝对值，而是感光材料对不同波长光线敏感程度的相对值，因此，也常常指定对某一个特定波长的光谱灵敏度为 1，用波长为横坐标，相对光谱灵敏度的对数值作为纵坐标，画出材料的相对光谱灵敏度曲线。

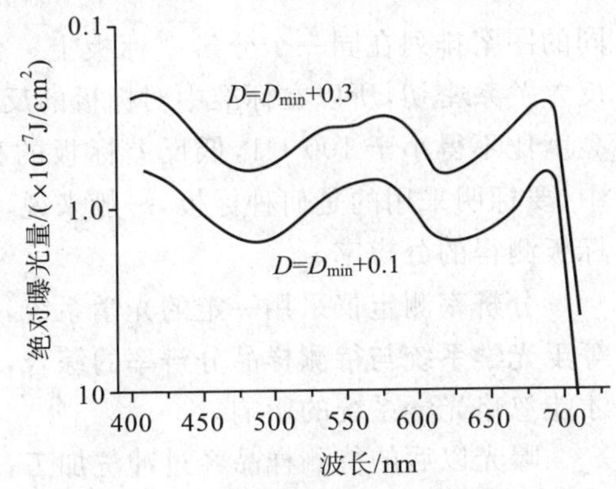

图 35-19　Kodak3412 航空胶片的光谱灵敏度曲线

卤化银感光材料的很大优点就是可以通过各种光谱增感手段，使敏感波段向长波方向延伸，得到对所需要的波段敏感的感光材料。卤化银感光材料的敏感波段包括紫蓝色、绿黄色、红色、近红外，直到远红外，甚至还包括了 X 射线、γ 射线等各种高能射线。根据敏感波段范围的不同，可以把胶片划分为以下几种类型：

1）盲色胶片。光谱敏感范围从紫外到蓝色（350～480 nm），这种胶片不含光谱增感剂，具有卤化银固有的光谱敏感特性。

2)正色胶片。感光乳剂中加入了感绿的增感染料,光谱敏感范围从紫外到黄绿色(350～560 nm)。

3)全色胶片。光谱敏感范围从紫外直到红色,包括了全部可见光光谱区。

4)红外胶片。光谱敏感范围延伸到1 000 nm波长的近红外波段,甚至波长更长的远红外波段。

5)其他特殊胶片。对某一特定波段(波长)敏感的胶片,比如:X射线胶片、对632.8 nm红光敏感的氦-氖激光胶片、对绿色荧光敏感的感绿胶片等。表35-5是一些常用银盐感光材料的主要特性。

表35-5　常见感光材料的主要特性[19]

感光材料名称	感光材料特性
全色片	感色范围为330～700 nm,感光度高,反差系数小,宽容度大,影像层次丰富
分色片	感色范围为330～600 nm,感光度适中,反差较大,颗粒较细,影像层次较差,宽容度较小
盲色片	感色范围为330～480 nm,感蓝紫光,不感红绿光,感光度低,颗粒细,反差系数大,分辨率高,灰雾度小
红外片	感色范围为可见区至红外区,反差系数较大,宽容度小,感光度较低,易产生灰雾
紫外片	感色范围为230～500 nm,感紫外、蓝紫,不感红黄,紫外感光度高,紫外反差高,颗粒细
光谱干板	感色范围为短波紫外至红外区,颗粒细,反差系数大,分辨率高,灰雾度小

五、分辨率

分辨率(resolving power),也称作分辨力、解像力,用于表征感光材料记录影像细部的能力,它综合了调制传递函数、颗粒性和反差等影响影像细部分辨能力的参数,以及观察者的因素。感光材料的分辨率通常以人眼所能分辨的每毫米记录下的最密黑白线条的线对数来表示。分辨率的单位是周/毫米(cycles/mm),或者线对/毫米(lp/mm)。

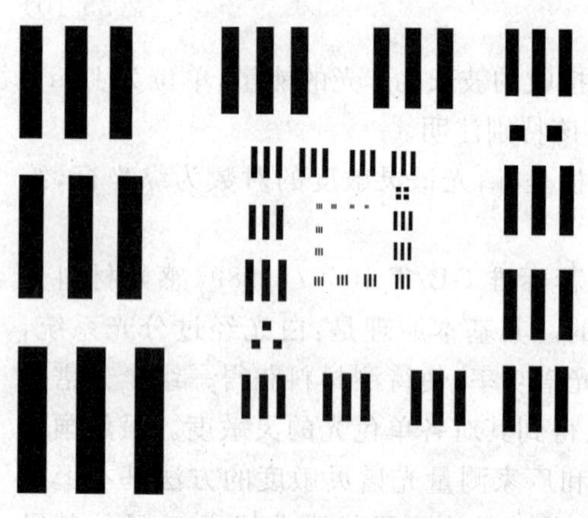

图35-20　分辨率标板图案

国际标准化组织(ISO)制定了测试感光材料分辨率的国际标准ISO 6328[21],我国等同采用了该标准,制定了相应的国家推荐标准GB/T 9045[22]。

在ISO标准中,分辨率测试采用的是光学成像法,即制作一个分辨率标板(见图35-20),用适当的光学系统将标板成像到待测材料上,经过曝光和冲洗加工,得到标板的影像,然后由人工判图,得到材料的分辨率参数。

分辨率标板中的单个分辨率测试图案见图35-21。其中L是一个线对(或周期)的宽度(通常以mm为单位),这个图案的分辨率等于L的倒数。许多L值不同的图案排列在同一个分辨率标板上。分辨率的测试结果与标板上黑白线条的反差关系密切,所以在标准中对标板的反差进行了限定。高反差标板明暗条纹的亮度比不得小于100∶1,低反差标板的亮度比为1.6∶1。在分辨率的测试结果中,要标明采用的是何种标板,一般来说,高反差标板测得的分辨率要高于低反差标板测得的分辨率。

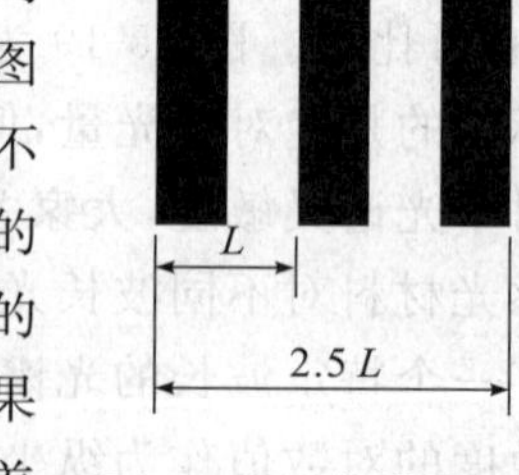

图35-21　分辨率测试图案

分辨率测定仪采用一定的光学系统,将分辨率标板缩拍到待测的感光材料上。因为测试系统的分辨率等于光学系统与待测样品分辨率的综合,一般来说,光学系统的分辨率要高于待测样品分辨率的3倍以上,才能忽略光学系统的影响。

曝光以后的待测样品经过冲洗加工,得到标板的影像。让有经验的检测人员用显微镜观察,用能够"相当自信地区分出3条线"的最小图案的L值,经过计算得到分辨率值。对于不同的曝光量,得到的分辨率也不一样。标准中规定,要做一系列不同曝光量下的曝光试验,从中找出最高的分辨率值作为材料最终的分辨率参数。

分辨率参数有两个显著的特点：第一，分辨率参数确定过程中的主观意识较浓。因为分辨率标板的影像最终需要人工判图，不同的人对于“相当自信地区分出3条线”这一标准的理解有时差别很大，不同的人观察同一个图案，得到的结果未必相同。根据统计，没有经过培训的人员对同一分辨率标板图案的判别可能相差50%，而对于经过培训的测试人员，这一误差可以控制在10%以内，因此，分辨率的判图需要专业人员。第二，分辨率参数给出的是材料在理想条件下的最佳值，但在不同的曝光条件下，得到的分辨率值不一样，曝光不足或者曝光过度都会使得分辨率下降，因此在实际使用过程中，分辨率值可能会低于给出的理想值。考虑到上述的特点，分辨率值无法做到十分精确的测量，例如100周/mm和101周/mm的分辨率并没有实际意义上的区别，为此在国际标准中对最终的分辨率测定值进行了归整分级，得到ISO标准分辨率值，见表35-6所示。

表35-6　ISO标准分辨率表

计算的分辨率范围		ISO分辨率
从	到	
17.8	22.3	20
22.4	28.1	25
28.2	35.4	32
35.5	44.6	40
44.7	56.1	50
56.2	70.7	63
70.8	89.0	80
89.1	111	100
112	141	125
141	177	160
178	223	200
224	281	250
282	354	320
355	446	400
447	561	500
562	707	630
708	890	800
891	1 110	1 000
1 120	1 400	1 250
1 410	1 770	1 600
1 780	2 230	2 000
2 240	2 810	2 500

虽然分辨率参数不是一个完全客观的参数，但是因其测试简单，概念又容易被理解和接受，因此在反映感光材料对影像细节分辨能力的各种参数中，分辨率是使用最为广泛的。

普通照相用民用胶卷的分辨率在100 lp/mm左右，高分辨率的航空胶片或者其他的特种胶片的分辨率可以超过1 000 lp/mm。感光材料的分辨率与感光度是两个相互矛盾的参数。要提高分辨率，就需要减小卤化银乳剂颗粒的尺寸，减小卤化银颗粒的尺寸，感光度就会降低。因此高分辨率的感光材料感光度都不高。在不降低分辨率的前提下提高感光度，是感光材料行业永远追求的目标。

六、调制传递函数

感光材料的照像过程，就是将被拍摄物体发射、透射和反射的光记录下来的过程。根据傅里叶分析，任意被摄物体发射和反射的光强分布都可被分解成许多不同空间频率和相位的正弦光强分布的线性组合。对于某个空间频率的正弦光强分布来说，记录下的图像仍保持为正弦分布，且频率不变，只是调制度和相位发生了变化。对于各向同性的记录材料，相位不发生变化，就可以用不同空间频率正弦波调制度的变化率来表征感光材料对不同空间频率正弦波影像的记录能力。这种输出调制度与输入调制度的比值称作调制传递函数(MTF)。

调制传递函数最初是作为表征一个光学系统的重要指标，它适用于一般的光学系统，后来被引入到感光材料中，作为评价材料细部还原能力的一项指标。调制传递函数最大的优点在于它的级递特性(cascade)，即一个光学系统的调制传递函数，等于组成这个光学系统的各个组元调制传递函数的乘积。对于一个由镜头与胶片组成的照相系统，系统总的调制传递函数等于各镜头与胶片调制传递函数的乘积。虽然分辨率与调制传递函数都可以反映感光材料对影像细部的记录能力，但是因为调制传递函数更客观更具有普遍意义，因此日益得到广泛的应用。

感光材料调制传递函数的定义与其他类型光学系统调制传递函数的定义基本一致。对于一个空间上光强呈正弦变化的入射光 $L(x)$，可以用以下的周期函数来描述：

$$L(x) = L_0 + L_1 \cos(2\pi\nu x) \tag{35-11}$$

式中，L_0 为入射背景光强，是常量；L_1 为入射光强的振幅；ν 为入射光强的空间频率；x 为距离。则入射光强的输入调制度为

$$M(\nu) = \frac{(L_0 + L_1) - (L_0 - L_1)}{(L_0 + L_1) + (L_0 - L_1)} = \frac{L_1}{L_0} \tag{35-12}$$

入射光先使被测的感光材料曝光，再经过显影、定影等化学加工过程以后，最终以光密度的形式在感光

材料上记录下入射光的像 $D(x)$：

$$D(x) = D_0 + D_1 \cos(2\pi \nu x) \tag{35-13}$$

式中，D_0 为背景密度；D_1 为影像密度变化的振幅；ν 为空间频率，与入射光的空间频率相同。

调制传递函数的定义是输出光的调制度与输入光的调制度的比值，但感光材料上记录的却是密度影像 $D(x)$，而不是输出光 $L'(x)$ 本身，因此要根据感光材料的特性曲线，将输出影像的光密度换算成相应的输出光强或光量（即将 D_0 换算成 L'_0，D_1 换算成 L'_1）后，得到输出光 $L'(x)$，如图 35-22 所示。

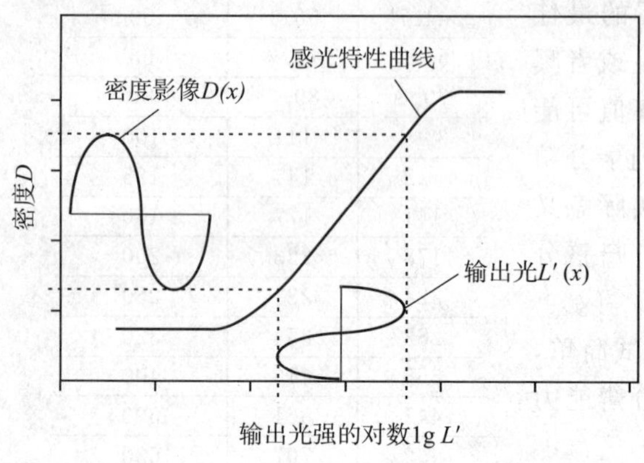

图 35-22 输出光的影像与输出光强的换算

从图中可以看出，在测试感光材料的调制传递函数时，一定要把输出影像 $D(x)$ 的光密度控制在感光特性曲线的线性范围之内，否则将会引起严重的偏差。

经过输出的密度影像至输出光的转换后，可以获得输出光的调制度 M'：

$$L'(x) = L'_0 + L'_1 \cos(2\pi \nu x) \tag{35-14}$$

$$M'(\nu) = \frac{(L'_0 + L'_1) - (L'_0 - L'_1)}{(L'_0 + L'_1) + (L'_0 - L'_1)} = \frac{L'_1}{L'_0} \tag{35-15}$$

空间频率为 ν 时，感光材料的调制传递函数等于输出光调制度 $M'(\nu)$ 与输入光调制度 $M(\nu)$ 的比值，即

$$\mathrm{MTF}(\nu) = \frac{M'(\nu)}{M(\nu)} \tag{35-16}$$

测量材料在各种空间频率时的调制度和传递函数，并将调制传递函数 MTF 对空间频率 ν 作图，得到感光材料的调制传递函数曲线，见图 35-23 所示。

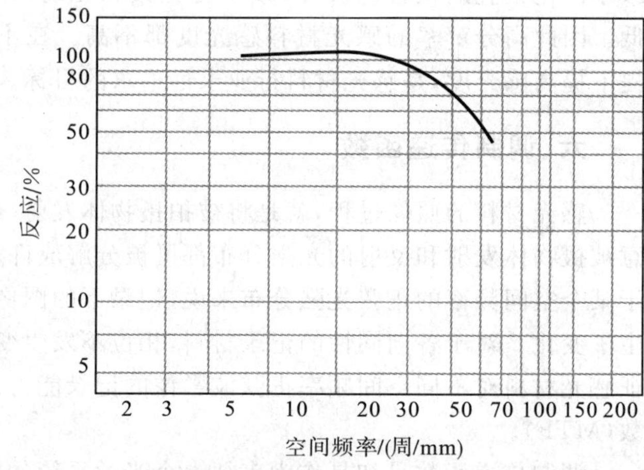

图 35-23 乐凯超金 100 彩色胶卷的 MTF 曲线[27]

实验条件对于调制传递函数的影响不可忽略。实际感光材料的调制传递函数曲线在低频部分（10 lp/mm 附近）经常会出现大于 1 的情况，这通常被认为是在影像加工中的化学邻界效应作用的结果。显影剂与显影时的搅拌情况、最大密度和最小密度的密度差大小等都会影响邻界效应，对于高感光度、高反差系数的感光材料和乳剂层较厚的感光材料，这种现象更加明显。

最基本的感光材料调制传递函数测试方法是正弦波模板法[23]。美国首先建立了一套正弦波模板法测试 MTF 的标准程序，并在 1972 年列入美国国家标准。这种方法按照调制传递函数的定义来测试，优点是原理简单，缺点是正弦波模板不易制作，特别是空间频率大于 100 lp/mm 的时候，通常采用缩拍的方法来解决模板问题。为了解决模板的问题，有人提出了方波模板法，这种方法的模板容易制作，但是计算起来十分麻烦，邻界效应的影响比较严重。现在采用得比较多的方法是刃边（曝光）法，即根据刃边曲线、散布函数与传递函数三者之间的关系，从刃边曲线计算出传递函数[24]。我国最早的 MTF 测试方法由中国科学院感光化学研究所在 1980 年建立的，采用的是正弦波模板法[25]，现在国内正弦波模板法与刃边法[26]都有使用。

一种感光材料的调制传递函数不是一个数字，而是一条曲线，在使用时人们常常用 MTF 下降到 50%时对应的空间频率来描述这条曲线。MTF 下降到 50%时对应的空间频率越高，材料的分辨能力越强，分辨率参数也越高。虽然分辨率和 MTF 都可以反映感光材料对细节的分辨能力，但是两者之间没有简单的对应关系。分辨率参数与分辨率测试标板的反差相关，对于采用高反差标板测试得到的分辨率，大致相当于 MTF 下降到 10%～20%时对应的空间频率。

七、影像的颗粒性与颗粒度

从本质上看，照相影像是由许多微小的银颗粒或者染料油珠构成的染料云组成的。当这些颗粒均匀分布并且尺寸很小的时候，我们一般不会注意到它们的存在。但是当这些颗粒很大或者分布不均匀的时候，观察者会明显感觉到影像的颗粒性(grainness)。这种颗粒性实际上是影像中密度分布不均匀的结果。影像中有的部位颗粒比较密集，有的部位较为稀疏，观看时会使人产生颗粒感。颗粒性一方面受涂布均匀程度的影响，另一方面当这些颗粒尺寸较大，而且相互连接或重叠时，也会加重这种颗粒性。这种颗粒性相当于材料的本底噪声，严重影响影像的细部再现能力和直接观看效果。

颗粒性是人们在观察影像时的一种主观感觉，所以对于影像颗粒性的评价可以有很多的方法，比如求出感觉到颗粒性的最小放大倍数倒数的消失放大率法，以及远离放大画像直至未能感觉到颗粒性存在的最短距离的距离消失法等，这些方法以人们的主观感觉为基础，准确度低、重复性差。针对这些问题，又有人提出了维纳频谱法[28]、自相关函数法和 RMS 颗粒度法(granularity)[29]等。目前国际上最通用的衡量感光材料颗粒性的方法是 RMS 颗粒度法(又称均方根偏差颗粒度法)，并且已经制定了相应的国家推荐标准。

美国柯达公司最早制定了用直径 48 μm 的孔径来测量 RMS 颗粒度的方法，这一方法后来被美国标准协会(ANSI)采用，发布了测量 RMS 颗粒度的美国国家标准[30]，我国参照美国国家标准，制定了测量 RMS 颗粒度的国家推荐标准[31]。

RMS 颗粒度的测试原理很简单，就是测量均匀曝光的样品上微小区域内的密度波动。为了测定颗粒度，首先要将样品均匀曝光、显影，得到透射密度为 1.0 的样品，然后用测微密度计在一个微区域内对样品的密度进行扫描测量，测微密度计的孔径设定为直径 48 μm。一共扫描 n 个数据点($n>1\,000$)，得到 n 个密度数据 $D_i(i=1,2,\cdots,n)$。这些数据点不能相关，即扫描步长要大于 48 μm，扫描过的区域不得重复扫描。计算这些密度数据的均方根偏差并且乘以 1 000，就得到 RMS 颗粒度的值。

$$\text{RMS 颗粒度} = \sigma(D)\times 1\,000 = \left[\frac{\sum_{i=1}^{n}(D_i-\overline{D})^2}{n-1}\right]^{\frac{1}{2}}\times 1\,000 \tag{35-17}$$

式中，$\overline{D}$ 为算术平均密度。

RMS 颗粒度的值和样品的密度相关。根据 Selwyn 定理[32]，测得的密度涨落的均方根值是随平均密度的增高而增大的，因此在定义材料的 RMS 颗粒度时必须指定在同样的平均密度下。标准中规定在标准漫透射密度为 1.0 的条件下测量。要得到标准漫透射密度为 1.0 的样品有时候并不容易，因此可以先测量一系列不同密度下的 RMS 颗粒度的值，然后对透射密度作图，得到 RMS 颗粒度-密度曲线，然后用内插法从曲线上求得透射密度为 1.0 时 RMS 颗粒度的值。RMS 颗粒度与颗粒性的关系见表 35-7。

表 35-7　RMS 颗粒度数值与颗粒性的关系

RMS 颗粒度	颗粒性	RMS 颗粒度	颗粒性
45 以上	非常粗	15～20	微粒
30～45	较粗	10～15	细微粒
25～30	粗	5～10	极细微粒
20～25	中等	5 以下	显微镜下可见的超细微粒

八、化学邻界效应[33]

除了曝光过程的影响以外，感光材料上记录的影像还要受到显影过程中化学效应的影响，这种在显影过程中化学过程对影像密度分布的影响称作化学邻界效应，有时称邻域效应。

卤化银感光材料在显影的时候，会消耗显影液中的显影剂，同时产生很多卤素离子等显影产物，这些显影产物对显影过程有抑制作用，可以称作显影抑制剂。对于影像中曝光量相差较大的两个相邻部分，在显影时产生的密度不同，同时，显影液的消耗程度以及产生的显影抑制剂的数量也不相同。高密度部分对显影液消耗得多，同时显影过程中产生的卤素离子等显影抑制剂也多；低密度部分显影液消耗得少，这些抑制性产物产生得也少。在高密度区域与低密度区域交界的地方，由于这两种不同的化学组分在边界两侧的浓度差，在一定程度上造成了两种相反的定向扩散趋势，即显影抑制剂从高密度区域(显影抑制剂浓度高)向低密度

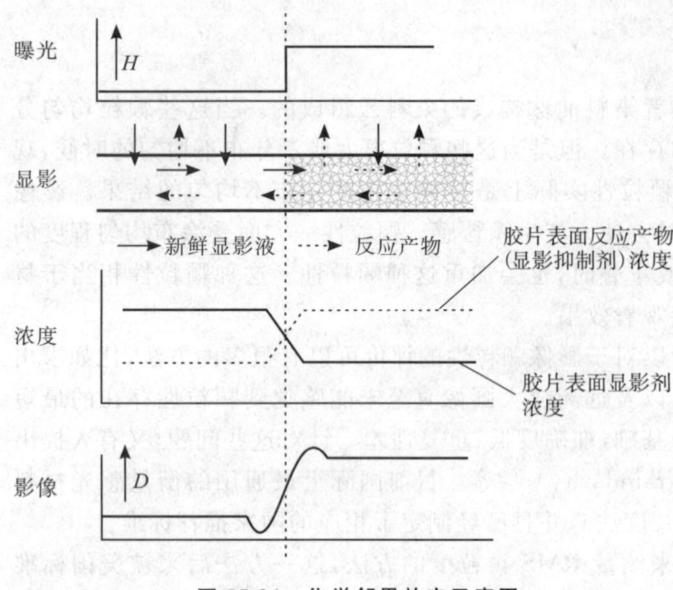

图 35-24　化学邻界效应示意图

区域(显影抑制剂浓度低)扩散,显影液从低密度区域(显影液浓度高)向高密度区域(显影液浓度低)扩散。其结果是:高密度区靠近边缘的地方因显影液的迅速补充和抑制产物的迅速减少致使其较之高密区的内部区域显影更充分,密度有所升高;而低密度区靠近边缘的部分发生的化学效应则刚好相反,使其边缘的密度比低密度区的内部更低。因为这一现象发生在显影过程中两个影像密度相差较大的邻界地区,所以被称作邻界效应,有时也称作邻域效应、边缘效应、边界效应或Eberhard效应。邻界效应的直接结果是高密度光斑的真空度降低,光斑直径变大。

从化学邻界效应的原理上不难看出,显影液的浓度、显影液的搅拌情况、显影时间、相邻两个区域的密度差、区域的大小都会影响化学邻界效应的强弱。在一个充分搅拌均匀的理想显影体系中,由于显影液和显影抑制剂的浓度处处相同,就不会出现邻界效应;反之,在一个显影液不流动的静止显影体系中,这种邻界效应就会明显表现出来。两个相邻区域的面积越大,密度差越大,邻界效应越明显。

因为化学邻界效应的存在,使得显影以后影像边缘黑的边缘更黑,白的边缘更白,可以有效提高影像边缘的锐度,使得影像看起来更加清晰。对于同一种胶片,可以通过加强显影过程中邻界效应的方法来提高影像的清晰度。

九、力学性能

一种实用的感光材料,除了要具有特定的感光特性之外,还要具备与使用环境相适应的物理力学性能,包括尺寸稳定性、抗划伤能力、吸水率、乳剂层熔点、卷曲度等,其中的尺寸稳定性和抗划伤能力使用较多。

1)尺寸稳定性。感光材料支持体的尺寸稳定性决定了感光材料的尺寸稳定性。三醋酸纤维素薄膜的尺寸稳定性较差,不能用在对尺寸稳定性要求较高的胶片上,例如航空遥感胶片。聚对苯二甲酸乙二醇酯薄膜的尺寸稳定性好,力学强度高,是目前使用最多的支持体材料。聚对苯二甲酸乙二醇酯薄膜的变形与湿度相关,湿度增加则薄膜线形伸长。这种变形是可逆的,而且各向同性。典型的变形率是相对湿度每增加 1%,伸长 0.005%。一些好的薄膜这一变形率可以控制在0.001%以内。显影、定影加工过程也会使支持体薄膜产程变形。聚对苯二甲酸乙二醇酯薄膜在经过从干到湿再到干这一过程以后,产生的变形一般不超过 0.05%。对于全息摄影或者分辨率超过 1 000 lp/mm 的感光材料,这样的变形已经不能忽略,只能采用变形更小的玻璃板作为支持体。关于感光材料尺寸稳定性的测量,ISO 制定了相应的国际标准[34]。

2)抗划伤能力。感光材料在加工和使用过程中,与其他物体相互摩擦,就可能在感光材料的表面形成机械划伤。提高感光材料的抗划伤能力,可以有效地减少这种情况的发生。测量抗划伤能力,通常的做法是:用球形末端的蓝宝石或金刚石划针(通常采用半径 0.38 mm 的划针),并且在针上施加一定大小的压力,在材料的表面上划过,以能够明显产生划伤时施加的压力来表征材料抗划伤能力的大小。在国际标准[35]中规定了感光材料湿抗划伤能力的测定方法。

3)片基的其他物理力学性能,参阅第三十一章《瞬态光学和高速成像》中的表 31-30。

第三节　彩色感光材料

一、彩色感光材料的原理

根据色度学的原理,人眼对颜色的视觉是基于视网膜上对红、绿、蓝三色分别敏感的锥形细胞接受刺激量的综合反映。对于任何给定的颜色都可用这三刺激量的大小与比例的综合效果来定义[36]。就是说，不管颜色信号来源的光谱组分是否相同，只要这三刺激量相同，人对颜色的主观感觉便一样。彩色感光材料正是利用了这一原理，实现了照相技术的彩色化。

根据原理的不同，彩色再现的方法可以分成加色法与减色法两类。加色法原理是以红、绿、蓝三原色作光源，通过不同比例三色光的组合来得到各种颜色，例如：红光加绿光可得到黄光，红、绿、蓝相加得到的是白光。电视机、各种显示器、LED 显示屏等采用的是加色法原理。减色法原理是以单一的白色光作光源，通过不同透射率的黄、品红、青滤色镜组合以得到所需的颜色，如白光通过黄滤色镜后蓝光被吸收，得到黄光，而白光经过黄、品红、青三色滤色镜后则红、绿、蓝光均被吸收，没有光线通过，得到黑色。彩色照相、彩色印刷、彩色喷墨打印等采用的是减色法原理，如图 35-25 所示。

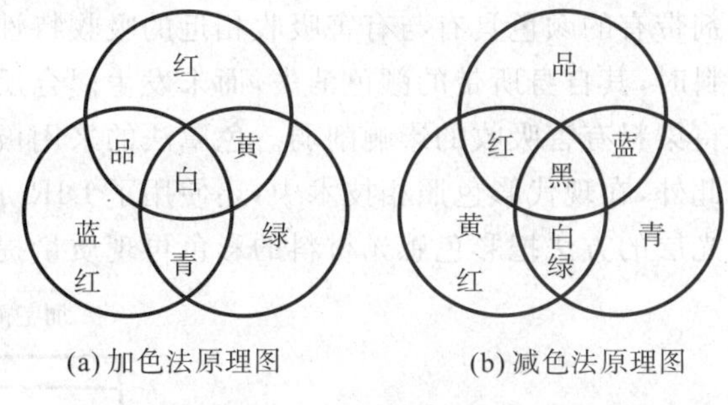

图 35-25 三原色原理图

彩色感光材料采用的是多层涂布的方法，用感蓝、感绿和感红 3 个不同的感光乳剂层分别记录下景物的蓝、绿、红三刺激值，再用对应的 3 种颜色的补色（黄、品、青）体现出来。根据彩色感光材料的加工方法和成像原理不同，可分成负正体系和反转体系 2 类。彩色负正体系采用形成补色的加工方法，即拍照以后首先在底片上得到景物补色构成的“负像”，再经过转印过程，最终在相纸上得到原始景物的“正像”，其原理见图 35-26。彩色反转体系采用的是反转加工方法，即经过 2 次曝光，直接在底片上得到景物的“正像”，其原理见图 35-27。

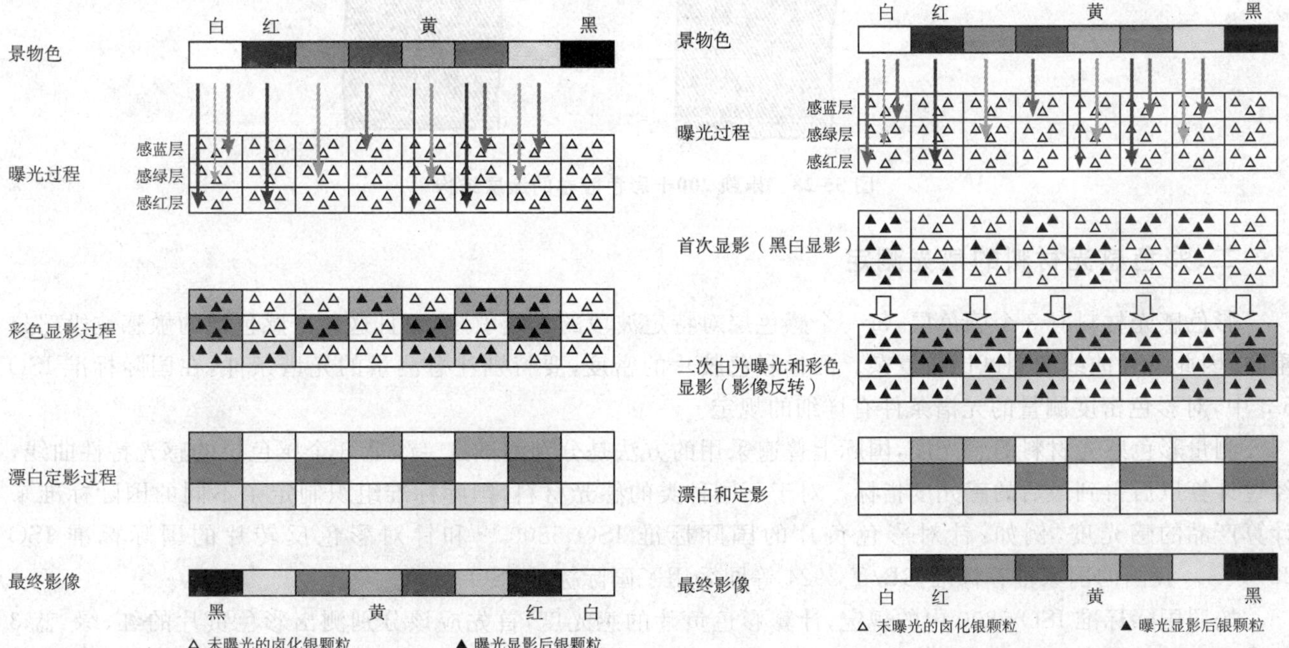

图 35-26 彩色负片成像过程原理图

图 35-27 彩色反转片成像过程原理图

与彩色反转片相比，彩色负片具有宽容度大、成像质量好、加工步骤简单、便于复制等许多优点，因此得到了广泛的使用。我们日常使用的彩色胶卷就属于彩色负片。彩色胶卷的实际涂层结构见图 35-28。因为卤化银感光材料具有对蓝紫光敏感的固有特性，所以在实际的感光材料中，除了感红、感绿、感蓝 3 个感色层以外，还有紫外吸收层和黄滤色层 2 个辅助涂层。紫外吸收层的目的是阻止紫外线通过，避免紫外线引起感色层感光。黄滤色层位于感蓝层之下、感绿与感红层之上，又称黄隔层，其目的是阻止蓝紫色的光线通过引起感绿和感红 2 个感色层感光。这 2 个辅助层的引入显著提高了彩色胶卷的颜色再现能力，提高了成像质量。

在理想的状态下，感蓝层应该只吸收蓝光形成黄影像染料，感绿层只吸收绿光形成品影像染料，感红层只吸收红光形成青影像染料，3 层的颜色匹配特性才能与人眼的视觉一致。但是现实中这样理想的染料并不存在，感绿层的品红染料除了吸收绿光外还吸收少量的蓝光，感红层的青染料除了吸收红光外还吸收少量的绿光和蓝光，这些有害吸收会严重影响彩色影像的色饱和度，造成彩色再现的失真。为了解决影像染料的有害吸收问题，20 世纪 70 年代发明了色罩(mask)法[37]。色罩是利用有色成色剂削弱有害吸收。这种成色剂带有的颜色具有与有害吸收相近的吸收特性。当成色剂与显影时产生的彩显剂氧化产物偶合生成影像染料时，其自身所带的颜色消失，而未发生偶合反应的成色剂则依然保持原有颜色，于是在制作正像时就可以将染料有害吸收的影响削弱。色罩法的采用极大地提高了彩色成像的质量，是彩色摄影技术上的一次飞跃。此外，在现代彩色照相技术中，还使用了 DIR 成色剂和层间效应控制技术以及在彩色感光层中增加第 4 感光层的方法把彩色感光材料的彩色再现质量提高到近乎完美的地步。

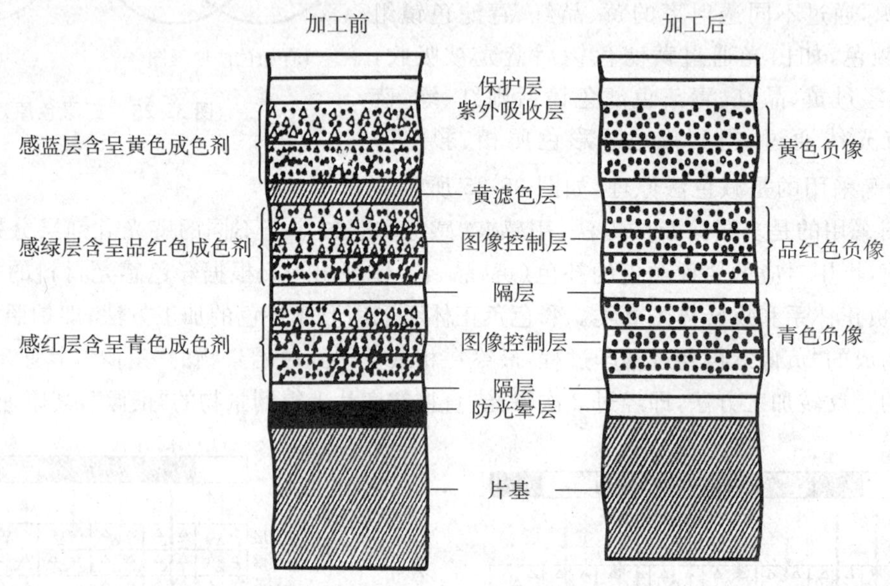

图 35-28　乐凯 200＋彩色胶卷的涂层结构

二、彩色感光材料的感光测定

彩色感光材料有 3 个感色层，每一个感色层对特定波段的光线敏感，而且这 3 个感色层的敏感波段部分重叠，因此特性曲线的测试比较复杂。测量彩色胶片的密度，要特别注意测量的光谱条件，在国际标准 ISO 5-3 中，对彩色密度测量的光谱条件有详细的规定。

测量彩色感光材料的感光度，国际上普遍采用的方法是分别测试红、绿、蓝 3 个感色层的感光特性曲线，经过计算以后得到最后的感光度指标。对于不同种类的感光材料，国际标准组织制定了不同的国际标准来计算产品的感光度，例如：针对彩色负片的国际标准 ISO 5800[38] 和针对彩色反转片的国际标准 ISO 2240[39]。我国的国家推荐标准 GB/T 2924 等同采用了国际标准 ISO 5800。

按照国际标准 ISO 5800 中的规定，计算彩色负片的感光度，首先应该分别测出彩色负片的红、绿、蓝 3 条感光特性曲线，然后计算感光度。理论上讲，红、绿、蓝 3 条感光特性曲线应该完全重合，用 3 条曲线中的任何一条计算出的感光度应该一样。但是实际上有各种技术上的考虑，特别是带色罩(mask)的负片，3 个颜色的感光特性曲线并不重合，因此彩色负片的感光度计算就变得复杂起来。

人眼对绿光很敏感，在日常拍摄的景物中绿色部分常常是景物的主体，因此在彩色负片的感光度中一定要考虑感绿层的因素。如果仅仅以感绿层作为计算感光度的参照，比感绿层感光度低的感色层就会曝光不足，因此还要考虑到感光度最低的那一层的感光度。

计算彩色负片的感光度，首先要找到感绿层的曲线，以曲线上最小密度加0.15处的点作为感绿层参考点，得到感绿层的参考曝光量 H_{G}，再找出感光度最低一层的曲线(一般为感红层)，以曲线上最小密度加 0.15 处的点作为另一个参考点，得到最低层的参考曝光量 H_{L}，则计算感光度的参考曝光量 H_m 为

$$H_m = \sqrt{H_{\mathrm{G}} \times H_{\mathrm{L}}} \tag{35-18}$$

或

$$\lg H_m = \frac{\lg H_G + \lg H_L}{2} \tag{35-19}$$

彩色负片的感光度 S 定义为

$$S = \frac{\sqrt{2}}{H_m} = \frac{\sqrt{2}}{\sqrt{H_G \times H_L}} \tag{35-20}$$

或

$$S^{\circ} = 1 + 10\lg\frac{\sqrt{2}}{H_m} \tag{35-21}$$

式中，S 为感光度或算术感光度，S° 为对数感光度。

按照国际标准中的规定，感光度应归整分级，才能得到最终的标称感光度。彩色摄影用负片的 ISO 感光度归整见表 35-8。

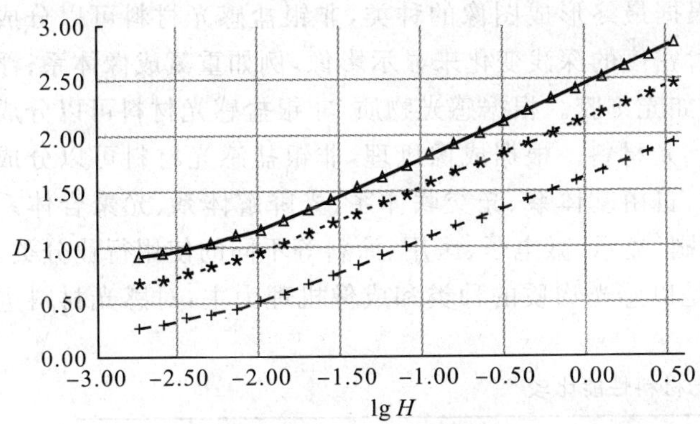

图 35-29　乐凯 200+彩色胶卷感光特性曲线[40]

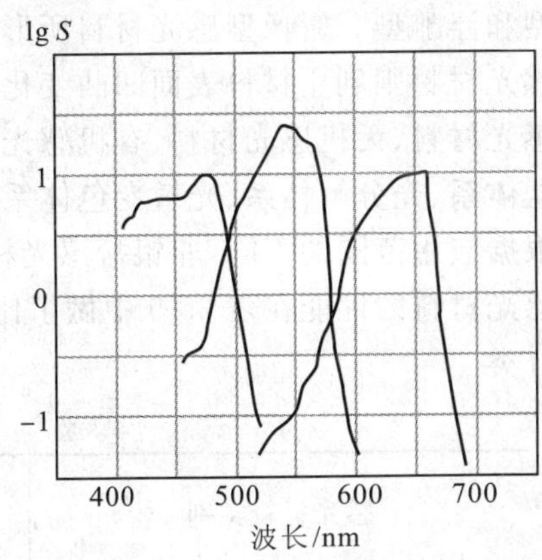

图 35-30　乐凯 200+彩色胶卷的光谱灵敏度曲线

表 35-8　彩色摄影用负片 ISO 感光度归整表

曝光量的对数值 $\lg H_m$		ISO 感光度		曝光量的对数值 $\lg H_m$		ISO 感光度	
从	到	算数值 S	对数值 S°	从	到	算数值 S	对数值 S°
−3.40	−3.31	3 200	36°	−1.90	−1.81	100	21°
−3.30	−3.21	2 500	35°	−1.80	−1.71	80	20°
−3.20	−3.11	2 000	34°	−1.70	−1.61	64	19°
−3.10	−3.01	1 600	33°	−1.60	−1.51	50	18°
−3.00	−2.91	1 250	32°	−1.50	−1.41	40	17°
−2.90	−2.81	1 000	31°	−1.40	−1.31	32	16°
−2.80	−2.71	800	30°	−1.30	−1.21	25	15°
−2.70	−2.61	640	29°	−1.20	−1.11	20	14°
−2.60	−2.51	500	28°	−1.10	−1.01	16	13°
−2.50	−2.41	400	27°	−1.00	−0.91	12	12°
−2.40	−2.31	320	26°	−0.90	−0.81	10	11°
−2.30	−2.21	250	25°	−0.80	−0.71	8	10°
−2.20	−2.11	200	24°	−0.70	−0.61	6	9°
−2.10	−2.01	160	23°	−0.60	−0.51	5	8°
−2.00	−1.91	125	22°	−0.50	−0.41	4	7°

彩色感光材料的分辨率、RMS 颗粒度、MTF 的测试方法与黑白感光材料的测试方法一样。

彩色感光材料有 3 个感色层，每一层的光谱灵敏度曲线互相交叉，各感光层成色后的吸收光谱也是相互交叉，因此必须采用适当的方法消除其相互影响，其校正方法见国家推荐标准 GB/T 10557：1989 的附件[41]。

第四节　非银盐感光材料

非卤化银体系的感光材料又称为非银盐感光材料。最早的非银盐感光材料可以追溯到 1826 年法国化学家 Niepce 发明的沥青照相法。经过了 100 多年的发展，特别是近 30 年来，非银盐感光材料的应用取得了飞速发展。在电子工业领域，非银盐的光致抗蚀剂是制造集成电路的关键材料之一；在信息记录领域，光致变色材料是制造刻录光盘的关键材料，光致聚合物、重铬酸盐明胶等已在三维全息显示、全息干涉计量、全息信息存储等领域获得了广泛应用；在印刷领域，重氮树脂光刻胶已经成为制版印刷的主要材料；在日常生活中，静电复印、光固化牙科治疗、紫外固化涂料等都采用了非银盐感光材料[42]。

非银盐感光材料的类型和种类繁多，感光成像的机理与过程也各不相同，应用范围广泛，因此分类的方法也多种多样[43]，在国内外都没有统一的分类方法。根据最终形成图像的种类，非银盐感光材料可以分成影像型和浮雕型。影像型感光材料所形成的图像是通过密度的深浅变化来显示影像，例如重氮成像体系；浮雕型感光材料则利用材料表面凹凸变化来构成图像，例如光刻胶。根据感光物质，非银盐感光材料可以分成物理感光材料、无机感光材料、有机感光材料和高分子感光材料。根据成像机理，非银盐感光材料可以分成无机盐体系、光分解体系、光敏变色体系、干银成像体系、自由基体系、光交联体系、光降解体系、光聚合体系等。根据应用范围的不同，非银盐感光材料可以按照印刷、显示、微电子、医用、涂料等不同的使用行业分类。各种感光材料的性能在表 35-9 中做了比较。表 35-10 是以感光物质的种类和成像机理为主，对感光材料进行的分类。

表 35-9　各种感光材料性能比较

感光材料类别			光谱响应	加工处理方法	影像		感光度 /(mJ/cm^2)	分辨率 /(lp/mm)
					正	负		
无机感光材料	银盐乳剂	微缩照片	可见	湿		√	10^{-5}	150～500
		全息照相	可见	湿		√	10^{-4}～10^{-2}	250～3 000
		蒸镀 AgX	可见	湿		√	10^{-3}～10^{-2}	100～300
	金属重氮法		紫外	湿		√	2×10^{-1}	1 000
	重铬酸盐		紫外	湿		√	15～30	3 000～4 000
	碘化铅		可见	干		√	1 000	1 000
	光色玻璃		紫外	干		√	3～15	2 100
	电照相	转印法硒	可见	干	√	√	10^{-3}	15
		直接法 ZnO	可见	干	√	√	10^{-4}	140～200
		直接法液体显示	可见	湿	√	√	—	250～1 000
有机感光材料	重氮胶片		紫外	干	√		10	1 000～1 350
	微泡照相		紫外	干	√	√	200	200～1 500
	有机光色膜		紫外	干		√	—	600－1500
	感性光树脂		可见	干		√	10	500～1 300
	自由基照相		紫外	干	√	√	300	600～1 500
	光致抗蚀胶		紫外	湿		√	—	400～1 000
	重铬酸盐明胶		可见	湿		√	20～200	3 000～5 000
	光致聚合物		可见	干		√	5～200	1 000～5 000

表 35-10 感光材料分类表

物理感光	CCD	
	CMOS	
无机感光材料	静电成像	包括无机静电成像、有机静电成像、非晶硅静电成像等，主要用于静电复印
	卤化银体系	其应用范围几乎覆盖了所有的感光材料应用领域
	光敏热显影体系	主要用于影像输出
	各种金属盐体系	铁盐、汞盐、铬盐、铜盐、铌酸锂等，现已很少应用
	无机光致变色材料	金属氧化物、金属卤化物、稀土化合物等，主要用于变色玻璃
有机感光材料	重氮体系	用于缩微照相、复制和印刷等领域
	有机光致变色材料	二芳基乙烯、俘精酸酐、螺吡喃、螺恶嗪、偶氮类等，主要用于信息记录领域
	自由基成像体系	分为成色型、漂白型，现已很少应用
感光性高分子	光交联型	光致抗蚀剂，辐射固化材料，重氮、叠氮树脂等都属于感光性高分子。感光性高分子的应用范围几乎覆盖了所有的感光材料应用领域
	光分解型	
	光聚合型	
	光氧化还原型	
	光二聚型	

在为数众多的非银盐感光材料体系中，有的已经很少使用，比如金属盐成像体系、自由基成像体系等。本节重点介绍的是正在广泛使用而且是今后一段时间内研究热点的感光材料或体系。

一、静电成像

静电成像是物理感光的一种类型。早在 1938 年，美国人 Carlson（卡尔森）在金属板上涂上硫膜作为照相板，用布摩擦硫涂层使之带电，再用透明片接触曝光，形成静电图像，再显影、转印得到永久性图像。这就是最早的静电照相术[44]（见图 35-31 和图 35-32）。1950 年，美国 Xerox 公司研制了以硒板为感光材料的复印机。1954 年，美国 RCA 公司发明了在增感 ZnO 树脂涂层纸上直接成像的 EF（electro fax）法，即将光导材料 ZnO 粉末与其他辅助材料一起直接涂敷在纸上，并且在纸上直接充电、曝光，无需转印。1967 年，日本佳能公司发明了采用 CdS 作为感光材料的 NP 法。以上方法因为成本问题、寿命问题或者毒性问题，现在都已被淘汰。

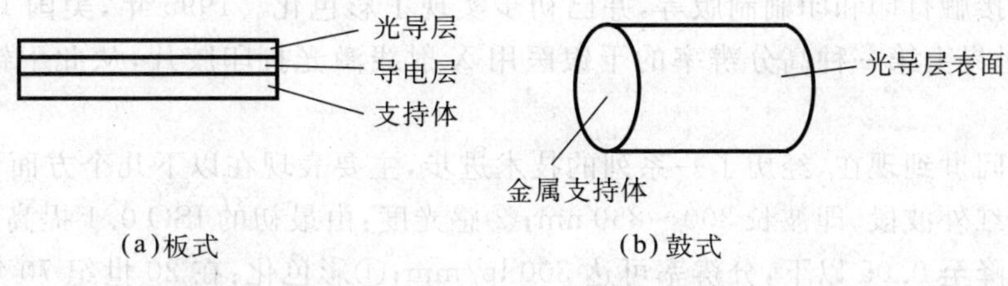

图 35-31 静电成像（卡尔森法）感光材料的基本结构

时至今日，卡尔森法静电成像仍然是使用最广泛的一种静电成像方法，它利用了感光材料（光电导体）在没有光照的黑暗处对静电是绝缘体，而在有光照的时候变成静电的导体这一原理，曝光以前先对感光材料进行暗充电，使其表面充满电荷，曝光时，有光照地方的电荷迅速消失，从而在感光材料的表面形成静电潜影，利用静电吸引带颜色的染料颗粒到感光材料的表面，经过显影、转印、固化等过程后，形成最终的影像。静电成像是纯粹的光—电物理过程，没有化学过程参与其中。

20 世纪 70 年代开发了多种有机光导化合物和以 Se、ZnO 为感光材料的间接法普通纸复印技术，即 PPC（plain paper copy）法[45]。ZnO 由于感光度低、寿命短，只限于低速复印机中使用。虽然硒及硒合金对环境有一定的污染，但因其具有硬度高、感光度高和使用寿命长等优点，成为 20 世纪后期的主导产品。

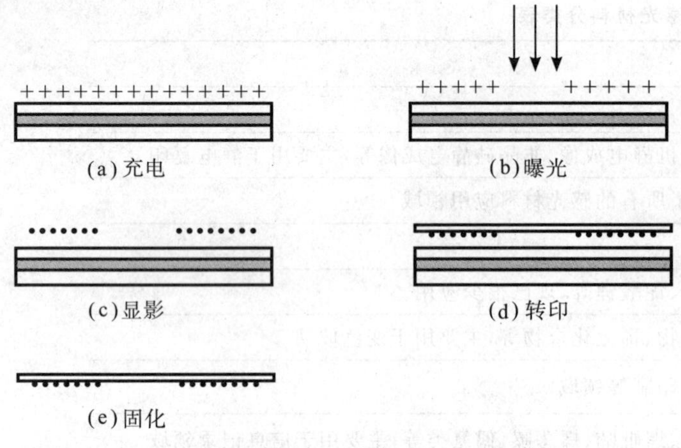

图 35-32 静电成像(卡尔森法)原理图

进入20世纪80年代以后,静电成像用感光材料的研究取得了革命性的突破和飞跃,有机光导材料和非晶硅材料显示出其广阔的市场前景和无穷魅力,有机光导材料(OPC)是最有可能取代硒合金的新型材料,已经有产品投入工业化生产。有三种类型的聚合物具有较好的光导性能:①高分子主链上有较高程度的共轭结构,如酞菁类、双偶氮类、苝类聚合物等;②高分子侧链上连接多环芳烃,如萘基、蒽基、芘基等;③高分子侧链上连接各种芳香胺基,其中最重要的是咔唑基,如聚乙烯基咔唑(PVK)、聚丙烯酰胺(PAA)、胺类、腙类化合物、恶二唑、吡唑啉等。我国在OPC材料方面也做了大量的工作,取得了很多成果[46]。

在非卡尔森体系静电成像方法中,沃尔克普法是一种比较典型的方法。其原理是首先给电极充电,然后立刻曝光。在电场和光的作用下,光导体的光照区产生"冷"电子发射,"冷"电子穿过空隙,达到绝缘介质表面;非光照区则无"冷"电子发射,从而形成静电潜影,然后再利用卡尔森法等其他方法获得影像,如图35-33所示。沃尔克普法只是在X射线成像领域有少量应用。

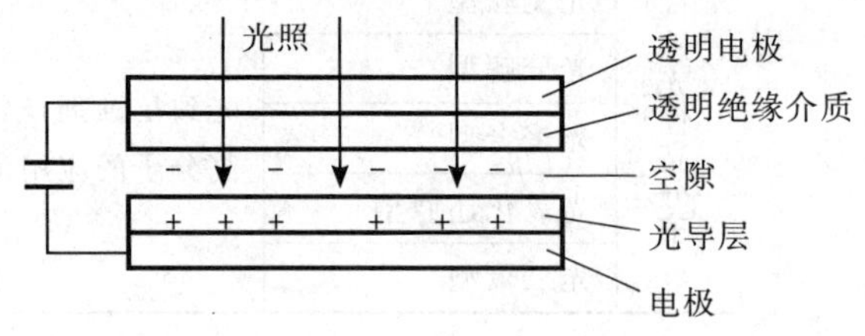

图 35-33 沃尔克普法原理图

二、光敏热显影成像体系

光敏热显影成像体系也称作干银成像体系[47],其成像材料的主要成分包括有机酸银、卤化银、显影剂、稳定剂等。虽然其中含有卤化银的成分,但由于其感光和显影的机理与传统的卤化银感光材料不同,因此在分类上通常认为它不属于传统卤化银感光材料。光敏热显影感光材料最大的优点就是曝光以后通过加热就可以得到影像,简单、迅速,不污染环境。因为其成像过程不经过显影、定影、水洗等湿加工过程,因此也被称作干银成像。最初的热显影材料没有光敏性,后来加入卤化银,才具有了光敏性。1847年FoxTalbot申请了第一个有关热显影的专利,直到1934年才制备出实用的热显影材料,1956年热显影技术已被应用于制作热拷贝。1964年至1985年间,美国3M公司成功制成了一系列干银感光产品,包括感光纸和胶片,可应用于缩微、医学成像、非接触打印和印刷制版等,并已初步实现了彩色化。1995年,美国Imation公司(后被柯达公司收购)推出了世界上第一种高分辨率的干银医用X射线激光打印胶片,从此干银感光材料开始了大规模的商业应用。

干银感光材料从问世到现在,经历了一系列的技术进步,主要表现在以下几个方面:①感色范围:从色盲片拓展到可见光以及红外波段,即波长300～850 nm;②感光度:由最初的ISO 0.1提高到现在的ISO 100以上;③影像质量:灰雾降至0.05以下,分辨率可达300 lp/mm;④彩色化:在20世纪70年代获得了最早的彩色干银胶片;⑤使用有效期:从6个月延长到两年半左右;⑥影像保存期:理论上可超过100年。

干银感光材料具有使用方便、图像质量好、成本低的优点,得到了广泛的应用。在射线照相领域,黑白干银胶片配合数字化的射线成像系统,正在逐步取代传统的射线胶片照相;与喷墨成像相比,彩色干银胶片具有更高的图像质量和更快的输出速度。虽然干银成像感光材料已经进入了大规模的商业应用阶段,但是其成像机理至今尚不清楚,干银成像是今后感光材料行业的研究热点之一。随着理论研究的突破,干银感光材料必将会得到更大的发展。

三、重氮成像

重氮成像感光材料是一种开发较早、使用较广泛的非银盐感光材料,广泛用于缩微照相、复制和印刷等领域。重氮盐所以能作为感光材料是因为它具有光敏性(即见光分解的特性)。利用重氮盐的光分解反应,重氮成像感光材料可分成两种类型:染料型重氮感光材料和微泡型重氮感光材料。

染料型重氮感光材料成像的基本原理是:在光线的照射下(紫外线),重氮盐见光分解并放出氮气,未见光的重氮盐在碱性条件下与偶合剂(酚类化合物)发生偶合反应生成有色的偶氮染料,从而得到影像。其反应式如下:

$$\text{Y-C}_6\text{H}_4\text{-N}_2^+\text{X}^- \xrightarrow{h\nu} \text{Y-C}_6\text{H}_4\text{-X} + \text{N}_2\uparrow$$

$$\text{Y-C}_6\text{H}_4\text{-N}_2^+\text{X}^- + \text{R-C}_6\text{H}_3\text{-OH} \xrightarrow{\text{碱性条件}} \text{Y-C}_6\text{H}_4\text{-N=N-C}_6\text{H}_3(\text{R})\text{-OH}$$

有色的偶氮染料

染料型重氮感光材料可以分成两类:一类是将偶合剂、重氮盐配制成感光液涂敷在支持体上,称为双组分体系;另一种只是将重氮盐配制成感光液涂敷在支持体上,而在显影时加入偶合剂,称为单组分体系。染料型重氮感光材料成像原理如图 35-34 所示。

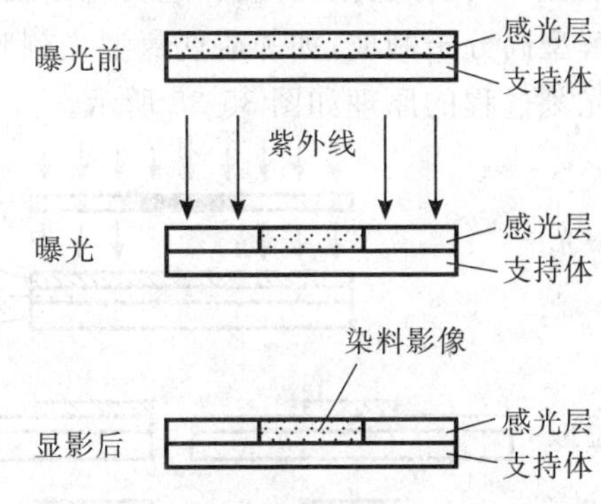

图 35-34　染料型重氮感光材料成像原理

微泡型重氮感光材料是利用重氮盐见光分解产程氮气,通过物理作用,在热塑性树脂层中形成气泡,利用这些气泡对光的散射来形成影像。常用的重氮盐有二乙基苯胺重氮盐、二乙氧基对吗啉苯胺重氮盐、对二苯胺硫酸重氮盐等,常用的热塑性树脂有偏二氯乙烯/乙酸乙酯或偏二氯乙烯/丙烯腈的共聚物。

微泡型重氮感光材料的成像过程通常需要曝光、显影、定影 3 个步骤。曝光:在紫外线的照射下,重氮盐分解出氮气,但此时的氮气并不形成可见气泡,而是以一种内应力的形式存在于热塑性树脂层内。显影:对潜影加热,一方面使氮气气泡膨胀,另一方面使热塑性塑料软化并重新排列,使得涂层内形成直径 0.5～5 μm 的可见微小气泡,通过气泡对光线的散射作用,形成影像。定影:因为材料的未见光部分还存在未分解的重氮盐,因此需要定影。用紫外线全面照射,使得未分解的重氮盐全面分解,然后放置一段时间,使得产生的氮气从涂层中完全逸出,完成定影过程。

重氮成像感光材料的优点是成本低、操作简单、分辨率高(可达 1 000 lp/mm),缺点是感光度低,而且敏感波段在紫外波段。重氮成像材料常用于影像复制、缩微成像、全息记录,一般不能用于直接照相。

四、感光性高分子

世界上几乎所有高分子化合物(无论是天然的,还是人工合成的)在强烈的光线辐照下,都会或快或慢地发生化学反应。我们通常将在一定能量的光线照射下,能快速发生化学变化的高分子物质称为感光性高分子。感光性高分子也称作感光性高聚物、光反应性高聚物、感光性树脂,范围包括那些能够产生光聚合、光交联、光分解、光改性作用的高分子树脂和光反应预聚体[48]。感光性高分子是应用范围最广、最有发展前途的一类非银盐感光材料,在印刷、微电子、涂料、牙科材料、胶粘剂、静电复印、光信息记录、影像记录、影像输出等领域都有应用,几乎覆盖了所有的感光材料应用领域。

最早的感光性高分子可以追溯到 1823 年发现的天然沥青在强光的长期照射下产生交联现象。1930 年,人们首次应用光固化原理,将不饱和酸类和不饱和酮类涂料制成图像来刻蚀标牌。从 1940 年开始,用感光性高分子制成的光刻胶已经被大量用于印刷电路板制造工业中。1947 年以后,光交联型感光性高分子已被广泛应用在印刷工业的胶印技术上。20 世纪 60 年代以来,针对半导体集成电路技术发展的要求,相继研究和开发了多种类型的高分子抗蚀剂,目前已经能够刻蚀宽度小于 0.1 μm 的精细线条。感光性高分子在最近几十年里发展非常迅速,其感光范围由仅对紫外线敏感,发展到能感受可见光、远紫外线、X 射线、电子束等，感光性高分子的感光度也得到大幅度提高。

感光性高分子目前没有统一的分类方法，常见的分类方法有以下几种：①根据应用的领域可分为：印刷行业用、微电子行业用、牙科用、涂料行业用、光信息记录行业用、静电复印行业用等；②根据光反应的种类可分为：光交联型、光聚合型、光氧化还原型、光二聚型、光分解型等；③根据感光基团的种类可分为：重氮型、叠氮型、肉桂酰型、丙烯酸酯型等；④根据物性的变化可分为：光致不熔化型、光致熔化型、光降解型、光导电型、光致变色型等；⑤根据照相特性可分为：阴图-阳图型、阳图-阳图型；⑥根据骨架化合物可分为：聚乙烯醇(PVA)系、聚酯系、尼龙系、丙烯酸酯系、环氧系、氨基甲酸酯系等；⑦根据聚合物的形态或组成可分为：感光性化合物和聚合物的混合型、具有感光基团的聚合物型、光聚合组成型等。

五、光致抗蚀剂

光致抗蚀剂(又称光刻胶)是指通过紫外线、激光、电子束、离子束、X射线等的照射或辐射，其溶解度发生变化的耐蚀刻薄膜材料，主要用于集成电路和半导体分立器件的微细加工，同时在平板显示器、电路板、精密传感器等的制作过程中也有着广泛的应用。光刻胶一般由感光性高分子、溶剂、增感剂、增塑剂、稳定剂等组成。光刻胶按照原理的不同可以分成两大类：一类是由光交联型高分子制成，如聚肉桂酸酯型光刻胶和双叠氮-环化橡胶型光刻胶，这类光刻胶最后得到的图形与掩模的图形相反，被称为负性光刻胶；一类是由光分解型高分子制成，如邻醌偶氮型光刻胶，这类光刻胶最后得到的图形与掩模的图形一致，被称作正性光刻胶。光刻过程的原理如图 35-35 所示。

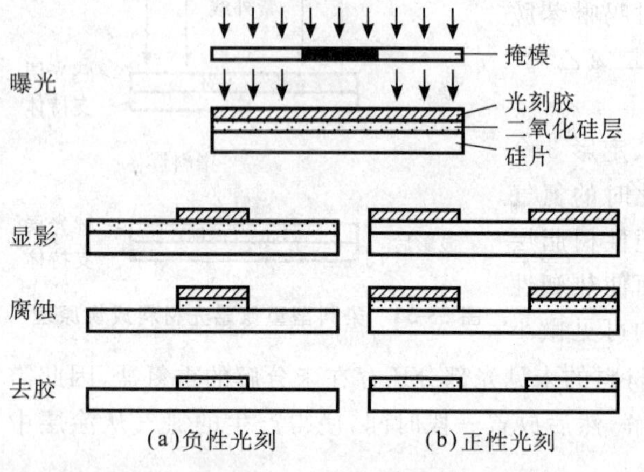

图 35-35　光刻过程原理图

光敏性是光刻胶的一个重要指标，光敏性通常用感度表示。根据测定方法的不同，感度 S 的表示方法也不同。最常用的是 Minsk 法，与银盐感光材料感光度的定义一样(见(35-4)式)，它以曝光量 E_m 的倒数来表示。曝光量 E_m 是指在标准的加工条件下，光刻胶完全转变为不溶性(或可溶性)胶膜所需要的最小能量。

$$S=\frac{k}{E_m}=\frac{k}{It} \tag{35-22}$$

式中，I 为光强，t 为曝光时间，k 为常数。k 的选择与光强 I 采用的单位制有关，选择合适的常数 k，使得最后得到的感度在人们习惯的范围内即可。计算感度还要考虑到波长的影响，实际上一种光刻胶只对特定波长范围的辐射敏感，随着照射光源的不同，感度也不同。感度高的光刻胶曝光时间短，可以提高生产效率，感度低的光刻胶可以通过提高光源的功率来弥补感度的不足。

对于微电子行业的光刻工艺来说，提高光刻工艺的分辨率是提高器件集成度的关键。分辨率一般用1 mm内能分辨多少条线，或者两条线间可分辨的最小宽度来表示。影响光刻分辨率的因素很多，主要有光源、光刻胶、光刻条件和光刻工艺。在其他条件不变的情况下，光刻分辨率受照射光(辐射)波长的限制。图 35-36 表示的是入射光通过线条宽度为 b 的掩模后在光刻胶表面形成的光强分布图。

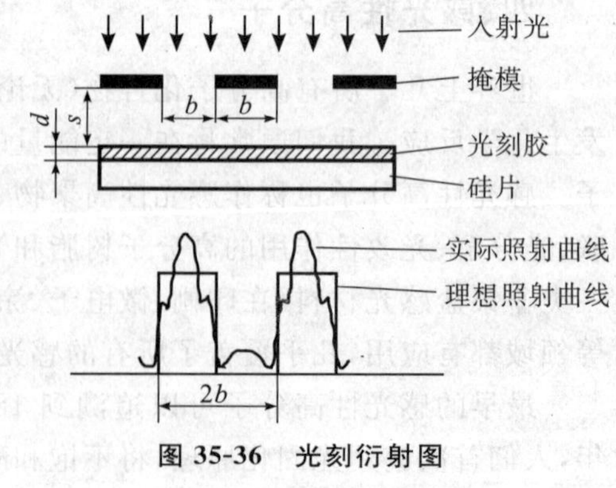

图 35-36　光刻衍射图

从图中可以看出衍射影响光刻胶膜上影像的清晰度，根据计算，其理论分辨率可用下式表示：

$$2b_{\min}=3\sqrt{\lambda\left(s+\frac{1}{2}d\right)} \tag{35-23}$$

式中，λ 为照射光波长，s 是掩模到光刻胶表面的距离，d 是光刻胶的厚度。

随着微电子技术的迅速发展，对光刻技术分辨率的要求越来越高，必须对光刻技术进行不断改进。技术的改进主要有：用浸入式光刻技术代替空气介质光刻，用分布重复投影曝光代替接触式曝光，用干法显影、自显影或无显影光刻技术代替湿法显影，用多层光刻胶系统代替单层光刻胶系统等。从理论上看，提高光刻分辨率的根本方法是缩短曝光光源的波长，用深紫外线、X 射线、电子束和离子束代替紫外线。每一种光刻技术都要有相应的光刻胶，如深紫外光刻胶、X 射线光刻胶、电子束光刻胶等。尽管理论分辨率主要取决于采用的光刻技术，但是光刻胶仍然对分辨率起着重要的作用。高分辨率光刻胶应具有不易变形、不易溶胀、反差高等特性。

表 35-11～表 35-13 分别列出了光刻技术相关的一些参数。2010 年光刻线宽已达 0.032 μm。

表 35-11　光刻技术采用的光源

光　源		波　长/nm	图形尺寸范围/nm
汞灯	G 线	436	500
	H 线	405	
	I 线	365	350～250
氦-镉激光(He-Cd)		442	220～500
准分子激光	KrF	248	250～130
	ArF	193	150～70
F 激光(F_2)		157	100 以下
极短紫外光(EUV)		135	

表 35-12　光刻胶与光源

光刻胶体系	成膜树脂	感光剂	光　源
聚乙烯醇肉桂酸酯负胶	聚乙烯醇肉桂酸酯	成膜树脂自身	汞灯
环化橡胶-双叠氮负胶	环化橡胶	双叠氮化合物	汞灯
酚醛树脂-重氮萘醌正胶	酚醛树脂	重氮萘醌化合物	汞灯
248 nm 光刻胶	聚对羟基苯乙烯及其衍生物	光致产酸剂	KrF
193 nm 光刻胶	聚脂环族丙烯酸酯及其共聚物	光致产酸剂	ArF

表 35-13　光刻技术与集成电路发展的关系

时　间	1989 年	1992 年	1995 年	1998 年	2001 年	2004 年	2007 年	2010 年
集成度	4 M	16 M	64 M	256 M	1 G	4 G	16 G	＞64 G
线宽/μm	0.8	0.5	0.35	0.25	0.18	0.13	0.1	＜0.06
光刻技术	G 线	G 线、I 线		I 线、KrF	KrF	KrF、ArF	浸入 ArF、F 激光	F 激光、EUV、离子投影技术、电子束直写技术等

六、光致变色

光致变色现象(photochromism)是指化合物 A 在受到一定强度的波长为 λ_1 的光照射时，其分子结构会发生变化，生成结构和光谱性能不同的产物 B，而 B 在波长为 λ_2 的光照射下或加热条件下，又可逆地生成化合物 A 的现象，其变化过程如下式所示：

$$A \xrightleftharpoons[h\nu_2\text{ 或加热}]{h\nu_1} B$$

材料的光致变色过程可以分成两步：成色和消色。在成色过程中，首先物质 A 吸收光子，跃迁到激发态 A^*，然后发生光变色反应，变成物质 B。消色过程则有两条途径：一条是物质 B 通过吸热，发生热变色反应，

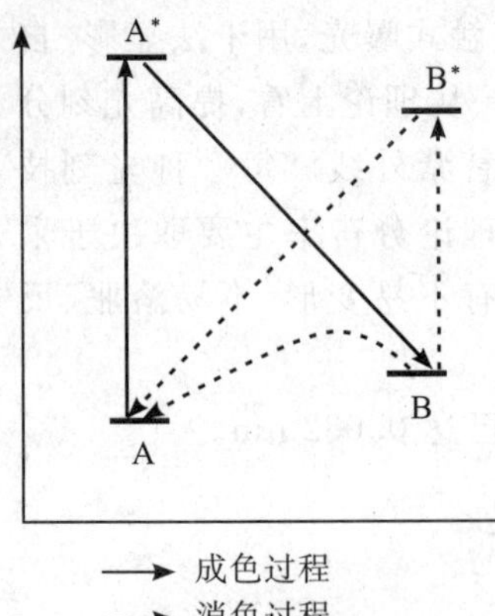

图 35-37 光致变色过程示意图

从基态直接变成物质 A;另一条是通过吸收光子先由基态跃迁为激发态 B*,发生光变色反应,再变回物质 A,如图 35-37 所示。

光致变色现象最早是在生物体内发现的,距今已有 100 多年的历史。20 世纪 50 年代 Hirshberg 发现了螺吡喃类化合物的光致变色现象以后,光致变色材料的研究才脱离了以前的无目的、随意性[49],得到了很大的发展。光致变色材料独特的性能给这类化合物带来了广阔的应用前景,现已经在光信息记录材料、变色纤维、国防军事、分子器件等领域得到了广泛的应用。

具有光致变色特性的物质很多,可以分成无机光致变色材料和有机光致变色材料两个大类。

无机光致变色材料通常是将一些具有光致变色特性的化合物掺杂到某些离子型晶体中制成。其变色机理可以用能级理论解释。一般要在晶体中掺杂两种吸收能级不同的杂质。在成色过程中,吸收能级高的杂质吸收光,将自己的一个电子激发到导带上,然后被另一个杂质所俘获,生成有色的负离子,从而使材料成色,反应如下:

$$X \xrightarrow{h\nu_1} X^+ + e$$

$$Y + e \longrightarrow Y^-$$

由于有色的杂质负离子(Y^-)能级较高,所以不太稳定,只需要用长波长的光照射,甚至通过加热,就可以使它释放出俘获的电子,变成无色的 Y,完成消色过程。

$$Y^- \xrightarrow{h\nu_2 \text{ 或加热}} Y + e$$

常见的无机光致变色化合物有 WO_3、MoO_3、TiO_2 等过渡金属氧化物,金属卤化物、硫化锌等。无机光致变色材料的特点是寿命长,重复使用次数多。

有机光致变色材料种类繁多,光致变色的机理也不相同,除了可以通过光化学过程进行变色以外,还可以通过光物理过程进行光致变色。常见的有机光致变色材料有:螺吡喃类、俘精酸酐类、二芳基乙烯类、偶氮苯类。具有实际应用前景的有机光致变色材料最重要的特性一是成色体必须有足够的热稳定性,二是光致变色化合物的耐疲劳性。目前,对光致变色的研究大都集中在二芳基乙烯、俘精酸酐、螺吡喃、螺恶嗪、偶氮类以及相关的杂环化合物上,同时也在继续探索和发现新的光致变色体系。常见的光致变色材料如表 35-14 所示。

表 35-14 常见光致变色材料的性能参数[43]

	感光范围 /nm	记录波长 /nm	读出波长 /nm	灵敏度 /(J/cm²)	衍射效率 /%	分辨率 /(lp/mm)	影像保留时间	重复使用次数
螺吡喃类	300~400	337	633	10	>1	>600	数秒至数小时	<100
	450~650	633	633	1	>1	>5 000	数秒至数小时	<100
	1.5 μm	10.6 μm	633	10			数分	~20
	微波区	10 MHz	633	7.5			数小时	~20
α_2-水杨叉替苯胺	<500	458	458	0.2	0.14	>3 300	30 h	5×10^4
芳香烃光二聚	<450	325 364	488 514 633	0.1	0.01~5	>3 000	1 d~1 月	10^4
硫靛染料	400~500 500~650	633	633	0.2	0.2	>3 300	数周	>100
荧光素(T-T 吸收)	350~500	488	633	0.2	0.2	>2 000	0.1 s	>100
卤化银玻璃 光色玻璃	320~420 530~650	633	633	1.0	≤1.0	>2 000	数小时	$>10^4$

续表

	感光范围/nm	记录波长/nm	读出波长/nm	灵敏度/(J/cm²)	衍射效率/%	分辨率/(lp/mm)	影像保留时间	重复使用次数
溴化钾晶体	400 400～650	633	633	2.0	≤1.0	>2 000	数天	$>10^4$
CaF_2/Ce 晶体	310～450 450～700	633	633	0.2		>3 000	数周	$>10^6$
CaF_2/Le 晶体	300～450 500～700	633	633	0.2	0.4	>3 000	24 h	$>10^3$
$SrTiO_3$/Fe+Co 晶体	<480 500～800	633	633	～0.1	10 理论值	>1 000	10^{-5} s	$>10^6$
$SrTiO_3$/Ni+Mo 晶体	<450 500～800	515	515	0.2	1.2	>1 000	15 s	$>10^5$

七、光致聚合

利用某些烯类单体及其衍生物，在光的作用下发生聚合反应，生成长链高分子聚合物，从而使本身的溶解性、黏度、粘附性等物理化学性质改变来进行成像的感光材料称为光致聚合型感光高分子材料。光聚合的特点是聚合反应所需的活化能低，因此它可以在很大的温度范围内发生，特别是易于进行低温聚合。同时，由于烯类单体的光聚合链反应是吸收一个光子导致大量单体分子聚合为大分子的过程，能够随着曝光自发地发生潜像的放大，因而光聚合感光材料能在很短的信息存储时间内，形成质量良好的图像，其总的量子产率高，灵敏度高，加工简单，还可进行干法操作，在涂料、油墨、粘合剂、光致抗蚀剂以及全息记录材料等领域中获得了重要应用。

(一)光致聚合反应机理

迄今为止，人们所发现的光致聚合反应除光缩合聚合(也称局部化学聚合)外，就反应本质而言，都是链反应机理，即由活性种(自由基或离子)引发的链增长聚合过程。烯类单体的光敏聚合反应可用下述的反应过程表示[50]：

1. 光引发

$$I \xrightarrow{h\nu} I^* \longrightarrow R^1\cdot + R^{11}\cdot$$

$$R\cdot + M \longrightarrow RM\cdot$$

光聚合引发剂 I 吸收光形成具有反应活性的激发态 I^*，再分解生成具有引发和传播链增长反应能力的活性中间自由基 $R^1\cdot$ 和 $R^{11}\cdot$，活性自由基 R· 与第一个单体分子 M 进行加成反应，获得引发链式反应的活化物种 RM·。

2. 链传播或增长

$$RM\cdot + M \longrightarrow RM_2\cdot$$

$$\vdots$$

$$RM_{n-1}\cdot + M \longrightarrow RM_n\cdot$$

即通过第一次加成反应得到的活性种 RM· 再和新的单体进行加成反应，生成新的活性物种，这种新的活性物种再引发新的加成反应……如此继续下去，$RM_n\cdot$ 即为链传播或增长过程中产生的新的活性物种。由于在光聚合体系中一旦形成了具有引发能力的自由基，后面的聚合反应就可以通过放热的聚合作用进行，因此链传播或增长的速度是很快的。

3. 链转移或终止

$$RM_n\cdot + RH \longrightarrow RM_nH + R\cdot$$

或

$$RM_n \cdot + RM_m \cdot \longrightarrow RM_n\text{-}M_mR$$

RM_mH 和 RM_n-M_mR 为反应生成的“死”聚合物，不再具有反应活性，R·是能够引发新的链增长或传播反应的新的活性自由基。第一个反应式说明了最初的链式聚合反应的终止和另一个新的链式聚合反应的开始；第二个反应式则说明了两个自由基之间的双分子偶合反应导致了自由基的活性消失，即链式反应的终止或聚合反应的完成。

这种由光引发的链式聚合反应的宏观效果，表现为曝光区的折射率、溶解度等发生变化，一般是溶解度降低、折射率增大，从而在后续的显影过程中未曝光区的溶解速度大大高于曝光区，形成浮雕调制或折射率调制的负性图像。

(二)全息记录用光致聚合物体系

作为全息记录材料的光致聚合物体系一般包含光敏剂、光引发剂、一种或多种单体、成膜剂等[51]。

单体是聚合物的基本单元，它一般在自由基或离子的作用下产生聚合效应，是光聚物体系必需的组成部分，通常带有光致聚合性基团，常见的有丙烯酸基、甲基丙烯酸基、丙烯酰胺基、烯丙基、乙烯基醚基、乙烯基胺基和顺丁烯二酸基等，其中丙烯酸基和丙烯酰胺基较易与其他化合物反应，聚合性能较好，因此使用最多。只含一种不饱和基团的单体常被称为单功能基单体，如丙烯酸、甲基丙烯酸、丙烯酸甲酯、甲基丙烯酸甲酯、丙烯酰胺、甲基丙烯酰胺及其他丙烯酸基、甲基丙烯酸基酯类和丙烯酰胺类等。为了提高材料的物理性能，现在常采用一个分子中包含两个以上不饱和基团的多功能性单体，例如多元醇的丙烯酸酯类(如乙二醇二丙烯酸酯、二乙二醇二丙烯酸酯等)、氨基甲酯型丙烯酸酯类(改进薄膜弹性及光聚速度)、多元羧酸的不饱和酯类(如邻苯二酸二烯丙酯、间苯二酸二烯丙酯等)、不饱和酰胺(如 N－N′亚甲基双丙烯酰胺、环乙烷基丙烯酰胺等)、具有炔类不饱和基的单体等。单体与成膜剂的匹配，单体的组合、单体的结构、官能团数和折射率对全息特性如衍射效率、灵敏度、机械物理性能等有很大的影响。

一般的光聚合单体在光照时不敏感，不能直接产生聚合，所以通常要在其中掺入对适当波段敏感的光敏剂及光聚合引发剂，这通常是控制光致聚合物敏感波长或选择适当曝光波长的理想方法。光引发剂是一种吸收光能而分解生成活性种子(自由基、自由基离子)，从而引发单体或感光性高分子聚合的化合物。光敏剂严格地说与光引发剂的概念不同，它能吸收光能，并将其激发态的能量通过能量转移或电子转移给另一个分子，使它形成活性种子，引发单体或感光性高分子聚合，而光敏剂本身不消耗或产生结构变化，它起光增感或光催化作用，以提高光聚合速度，对可见光波段的激光全息记录材料来说，光敏剂的选择尤其重要。通常的光引发剂感紫外光，目前激光全息使用的光源均在可见光范围内，所以绝大部分采用光引发剂和光增感剂结合的复杂光敏引发体系。常用的光敏聚合引发剂有羰基化合物、偶氮化合物、有机硫化物、感光色素类等，如：安息香、偶氮二异丁、硫醇类、核黄素、花菁类色素等。

成膜剂是固相型光聚物不可缺少的组成部分，它与单体混合起支撑作用，易于成型并获得干膜型全息感光材料。成膜剂一般分两类：一类是包含聚合性基团的高分子，称之为预聚物，它们一般在光聚合过程中参与聚合；另一类是不含聚合性基团的高分子，称之为聚合物。原则上所有的高分子都可作为聚合物，只是使用时应注意其自身的性质。而预聚物主要是在主链、侧链或末端引入具有不饱和基的聚合性功能基，主要有环氧树脂类(如环氧丙烯酸酯等)、不饱和聚酯类(包括侧链含不饱和基的聚酯、链末含不饱和基的聚酯、聚氨酯、聚乙烯醇、聚酰胺型、聚丙烯酸或顺丁烯二酸共聚体型和硅酮树脂型等)。成膜剂对光致聚合物材料的机械性能甚至衍射效率、灵敏度等物理性能均可能产生较大的影响。

光致聚合物全息记录材料通常是用光化学方法，由光引发剂或光敏剂受光作用产生自由基或离子引发单体发生聚合反应。光引发聚合是光引发剂首先吸收光子跃迁到激发态，在激发态发生光化学反应生成活性种子(自由基或离子)，然后这些活性种子引发单体聚合；光敏引发聚合是光敏剂首先吸收光子跃迁到激发态，在激发态的光敏剂与引发剂之间发生能量转移或电子转换，由引发剂产生活性种子，这种活性种子再引发单体聚合，这两种光聚合都有连锁反应的链增长过程，光反应的量子效率可通过连锁过程得到放大，一般可达到 $10^2 \sim 10^3$。

光致聚合物全息记录材料的感光成像过程大致可概括为：在曝光前，感光层中的单体和成膜树脂是均匀分布的；曝光时，两束光在材料表面干涉形成亮暗条纹，在这种干涉条纹模式下，亮条纹区的单体在聚合作用下形成聚合物，则整个材料中的单体浓度发生变化，形成浓度梯度，促使未曝光区域的单体向曝光区扩散，从而使曝光区与未曝光区的单体密度差距逐渐增大，即曝光区的单体浓度大，未曝光区的单体浓度低；当聚合反应进行到一定程度时，随着曝光量的增加或记录的固定过程使单体耗尽。这样，由于聚合区域（亮条纹区）折射率较高，无聚合区域（暗条纹区）的折射率较低，从而形成与干涉条纹分布相对应的折射率调制，产生相位全息图。图 35-38 为光致聚合物聚合机理示意图。

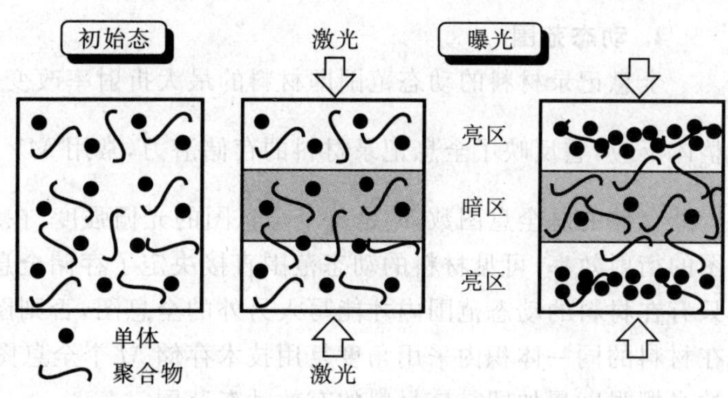

图 35-38　光致聚合物聚合机理示意图

（三）光致聚合物的全息记录性能

评价光致聚合物材料的全息记录性能可采用衍射效率、感光灵敏度、空间分辨率、光谱响应范围等指标[52-53]，下面分别介绍。

1. 衍射效率

衍射效率定义为再现全息图时的衍射光强度 I_d 与入射光强度 I_i 的比值，用 $\eta = I_d / I_i$ 表示。影响衍射效率的因素有材料的化学成分、各组分的浓度、感光膜层的厚度、记录光强及物光和参考光的光强比等，通过对这些条件进行优化，可获得高的衍射效率。如在光致聚合物中记录的相位型透射全息图，衍射效率最高可接近 100%。光致聚合物典型的衍射效率与记录时间（或曝光量）的关系如图 35-39 所示，由图可见，$t<t_s$时，衍射效率随时间增加而增加，是材料中单体的聚合过程，即随着曝光量的增加，单体逐渐聚合，单体浓度在减小，折射率调制度在增加，故衍射效率增加；$t>t_s$后，单体聚合基本结束，剩下的仅是少数单体，故衍射效率基本稳定，达到饱和。另外，衍射效率还与参物光的光强比及空间频率有关，一般随参物光强比的增加而减小，而对空间频率也具有范围限制，即在一定空间频率范围内，衍射效率可以很高（接近 100%），而出了这个范围，衍射效率会变得非常小（<3%），光致聚合物的典型空间频率响应曲线如图 35-40 所示。

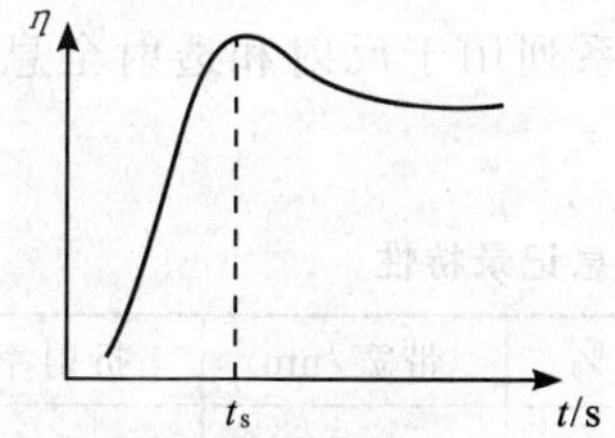

图 35-39　光致聚合物衍射效率与曝光量的典型关系曲线

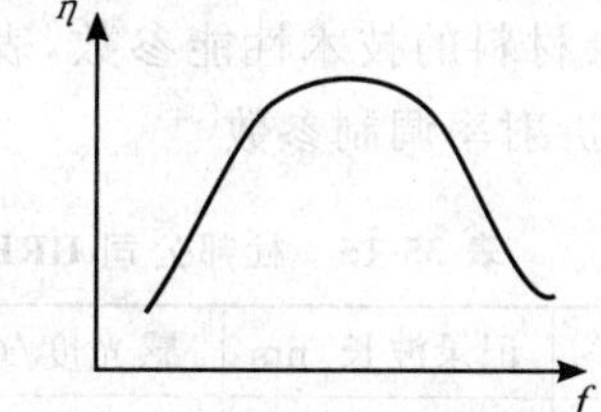

图 35-40　光致聚合物的典型空间频率响应曲线

2. 感光灵敏度

全息记录材料的感光灵敏度是指材料对入射光的响应程度，其定义为：全息记录材料具有最大衍射效率时所需要的曝光量，表示为 $S = \eta_{max}/E$ 。式中，η_{max} 为最大衍射效率，E 是达到最大衍射效率时的平均曝光量。灵敏度的单位是 cm^2/mJ，光聚物的灵敏度与其化学成分有密切的关系，通常希望材料的灵敏度越高越好，但不同成分的光聚物其灵敏度差别很大，不同系统所能达到的最大衍射效率也不一样，所以单纯的灵敏度意义不大，必须看其最大衍射效率为多大，综合考量才能判断材料的全息记录性能。

3. 空间分辨率

空间分辨率是指全息材料分辨输入图像细节的本领或所能记录的光强空间调制的最小周期，单位为每毫米能分辨的线对数（lp/mm）。全息记录材料记录的是物光与参考光的干涉条纹，对空间分辨率的要求很高，一般来讲，记录透射型全息图要求分辨率达到 3 000 lp/mm，记录反射型全息图则要求分辨率达到5 000 lp/mm 以上。

4. 动态范围

全息记录材料的动态范围即材料的最大折射率改变，是指在材料同一体积中存储多幅全息图时材料的整体反应，它反映了全息记录材料的存储潜力，常用 $M^{\#}$ 表示，其定义为 $M^{\#}=\sum_{i=1}^{M}\nu_i$，其中 M 为材料同一位置处存储的总全息图数，ν_i 是每个全息图的光栅强度。在弱耦合条件下，光栅强度为 $\nu_i=\sqrt{\eta_i}$，η_i 是每一全息图的衍射效率。可见材料的动态范围直接决定了存储全息图的衍射效率及材料可达到的最大信息记录容量。只有在材料的动态范围内才能写入另外的全息图，否则图像会变得模糊不清。传统的测量动态范围的方法是在材料的同一体积内采用角度复用技术存储 M 个全息图，测出每个全息图的光栅强度 ν_i，将这 M 个全息图的光栅强度累加即是该材料的有效动态范围。

5. 光谱响应范围

全息记录过程涉及光对记录材料的作用。每一种记录材料都有它特定的吸收带，只有波长处于材料吸收光谱区的光子，才能对记录材料产生作用。这个能产生作用的光谱范围称为记录材料的感光光谱范围。光致聚合物材料通常采用光敏染料来增大感光光谱范围，通过选择不同的染料，可选择对不同波长的光敏感。对一些光致聚合物进行适当的敏化，可使得敏感波长的范围覆盖 380～760 nm 的整个可见光范围。

（四）常用光致聚合物介绍

光致聚合物作为全息记录材料的研究开始于 20 世纪 60 年代，国外的杜邦、波拉、佳能、富士等公司均在光致聚合物全息记录材料方面开展了大量的研究工作，目前国际上的产品主要有美国杜邦公司的 HRF、OmniDex 系列，以及美国波拉公司的 DMP-128 系列光致聚合物材料[51,54]。

美国杜邦公司对光致聚合物的开发一直走在世界前列，推出的 HRF 系列和 OmniDex 系列非水溶性产品，具有灵敏度高、光谱响应范围宽、全息光学性能好、可光学干法加工等特点。其系列产品的配方中通常以丙烯酸苯氧乙基酯、N-乙烯基咔唑、二缩三乙二醇双丙烯酸酯等为单体，以聚醋酸乙烯酯、纤维素醋酸丁酸酯、聚苯乙烯-丙烯腈等为成膜树脂，以双咪唑衍生物作为光引发剂，以环戊酮类化合物作为光敏剂。激光记录全息图像后，用紫外光或白光 1 000 mJ/cm^2 能量全面曝光，使单体进一步聚合，使影像定影；最后在 100℃温度烘 30～60 min，使未聚合的单体完全聚合，提高折射率调制度，并获得了稳定的全息图像。表 35-15 为 HRF 系列反射全息记录材料的技术性能参数，表 35-16 为 OmniDex 系列用于反射和透射全息记录的全息胶片的光谱响应范围和折射率调制参数[54]。

表 35-15　杜邦公司 HRF 系列全息胶片的反射全息记录特性

胶片类型	膜厚/μm	记录波长/nm	感光度/(mJ/cm^2)	衍射效率/%	带宽/nm	折射率调制 Δn
HRF-150	34	514	60	88.7	8	0.008
HRF-352	7	514	20	72.69	20	0.031
HRF-352	15	514	20	99.22	14	0.033
HRF-352	25	514	20	99.94	13	0.029
HRF-410	25	514	100	98.22	10	0.018
HRF-410	26	633	200	99.17	15	0.024
HRF-410	25	647	400	99.17	13	0.019
HRF-420	25	550	50	99.66	13	0.024
HRF-700	6	514	15	98.59	31	0.073
HRF-700	18	514	15	>99.99	28	0.068
HRF-710	8	647	400	91.09	36	0.048
HRF-710	16	647	400	99.46	31	0.044

表 35-16 杜邦公司 OmniDex 系列全息胶片的特性

胶片类型	型 号	光谱响应范围/nm	折射率调制Δn
反射全息胶片	OmniDex 352	450～550	0.030
	OmniDex 410	550～650	0.024
	OmniDex 420	470～570	0.024
	OmniDex 500	450～550	0.020
	OmniDex 700	450～550	0.070
	OmniDex 710	610～660	0.050
	OmniDex705	全色	0.04～0.07
透射全息胶片	OmniDex 150	450～550	0.008
	OmniDex 160	570～670	0.008

美国波拉公司的 DMP-128 系列光致聚合物具有高灵敏度(5～30 mJ/cm²)、高衍射效率(80%～95%),其配方中以丙烯酸及丙烯酸锂为单体,亚甲基蓝为光敏剂,支化聚乙烯亚胺为光引发剂,亚甲基双丙烯酰胺为交联剂,聚乙烯吡咯啉酮为成膜剂。用以上配方制成的干片或干板是不具有光活性的,使用前必须加湿处理进行活化,让水蒸气渗入感光膜,一般在 25℃,51%相对湿度下活化 4 min 左右;全息曝光后还需采用66%甲醇、4%冰醋酸、10%醋酸锆的水溶液进行化学处理 2 min,可使潜像化学放大,并稳定全息图像。然后用异丙醇淋洗,最后悬挂在沸腾的异丙醇上干燥 1 min,获得的衍射效率高,在 95%相对湿度条件下可以保存 9 个月的高质量全息图像。

国内在光致聚合物方面的研究起步较晚,自 20 世纪 80 年代末以来先后有北京理工大学、首都师范大学、中国科学院上海光学精密机械研究所、四川大学等单位开展了多种感光体系的光致聚合物全息记录材料的研究工作,已取得一些研究进展[55-62]。

北京理工大学工程光学系采用 N-乙烯基咔唑与甲基丙烯酸甲酯为单体,二乙胺基-亚甲基环戊酮为增感剂,二苯基碘鎓盐为引发剂,聚醋酸乙烯酯为成膜剂,三羟甲基丙烷三丙烯酸酯为交联剂,硫醇为链转移剂,研制出一种非水溶性的蓝敏光致聚合物全息记录材料[55],以氩离子激光器作为全息记录光源相干曝光后,用非相干光或相干光均匀曝光定影,使余下没有聚合的单体完全聚合,还可以通过加热或溶剂处理的方法加大折射率的调制,提高衍射效率。该材料的感光灵敏度为 30～300 mJ/cm²,空间分辨率大于5 000 lp/mm,记录的全息图的衍射效率高达 95%以上,且能防潮、防水、耐高温,环境稳定性好。

首都师范大学物理系以丙烯酰胺类双键材料为单体,以明胶等为成膜剂的 RSP-I 型红敏光致聚合物干板[56],对 632.8 nm 的红色氦氖激光敏感,感光层厚度为 30 μm,感光灵敏度为 1 mJ/cm²,衍射效率大于80%,空间分辨率大于 4 000 lp/mm,但该板全息曝光后需采用坚膜、多步异丙醇溶液脱水等湿法化学后处理工艺才能获得明亮的全息图,全息图的环境稳定性差,需密封后才能长期保存。此后课题组还采用卤化银-染料光引发体系制作了高灵敏度、高分辨率、高衍射效率的全色光致聚合物材料[57],可用于反射全息、透射全息的拍摄。

中科院上海光机所、四川大学物理系相继开展了以丙烯酰胺为单体,聚乙烯醇为成膜剂,三乙醇胺为光引发剂,亚甲基双丙烯酰胺为交联剂,亚甲基蓝、曙红 Y、赤藓红等为光敏剂的红敏、蓝敏、绿敏和多色光致聚合物全息记录材料的研究工作[58-62],该体系为水溶性体系,与非水溶性的油溶体系相比,制备及使用时的毒性小,曝光后不需要后处理即可产生明亮的全息图像,但该体系的感光灵敏度在 100 mJ/cm² 左右、衍射效率在 60%左右、空间分辨率为 1 000～2 000 lp/mm,均有待提高。四川大学课题组采用丙烯酸作为辅助单体、控制感光膜的湿度,采用低分子量的聚乙烯醇作为成膜剂提高感光层的成膜性能、成像速度及折射率调制度,通过配方优化将该体系的空间分辨率有效提高到3 000 lp/mm以上,最大衍射效率提高到 92%以上,感光灵敏度提高 1 倍以上,实验中仅需 40 mJ/cm² 左右的曝光量即可获得衍射效率大于 85%的 3 000 lp/mm 透射全息光栅,其全息记录性能[59-62]明显优于同体系的光致聚合物材料[63-67]。目前使用该材料已在实验室成功拍摄出了清晰的透射和反射全息图，记录了高亮度的双曝光干涉全息图，开展了空间复用、角度复用、波长复用全息存储实验，表明该材料在全息存储、全息显示、全息干涉计量等领域有良好的应用前景。

八、光致交联

光致交联是指在光的作用下，感光性高分子发生分子链之间或高分子-单体混合物之间发生交联反应而使分子量增大的过程。这些高分子聚合物在光的照射下，通过侧链或主链上所带的可交联官能团相互反应而发生交联，或分子链之间通过活性中间体因键合作用而产生交联，使聚合物由原来的线性分子结构变成立体网状分子结构，同时分子量增大，从而使曝光区的折射率、溶解性等物理参数发生改变，一般都是使折射率变大、溶解性降低，经显影后就可得到一个负性图像。

光致交联型感光材料是感光高分子材料中品种最多、应用最广的材料之一，其应用领域包括印刷制版、全息照相等。重铬酸盐明胶(DCG)、重铬酸盐聚乙烯醇(DC－PVA)便是应用光致交联成像原理开发感光高分子材料的一个典型的例子。

重铬酸盐明胶是一种重要的光信息记录材料，其作为照像印刷材料已有很长的历史。向明胶溶液中加入少量的重铬酸盐溶液作为光敏剂，使六价铬离子 Cr(Ⅵ)均匀分散在明胶长链分子中，干燥后便形成对蓝绿光具有一定感光活性的重铬酸盐明胶感光记录材料。曝光记录时，光敏剂 Cr(Ⅵ)被还原生成三价铬离子 Cr(Ⅲ)，Cr(Ⅲ)与明胶长链分子上的氨基(—NH—)、羰基(O═C<)发生交联反应形成交联螯合物，其具体反应过程如图 35-41 所示[68]。

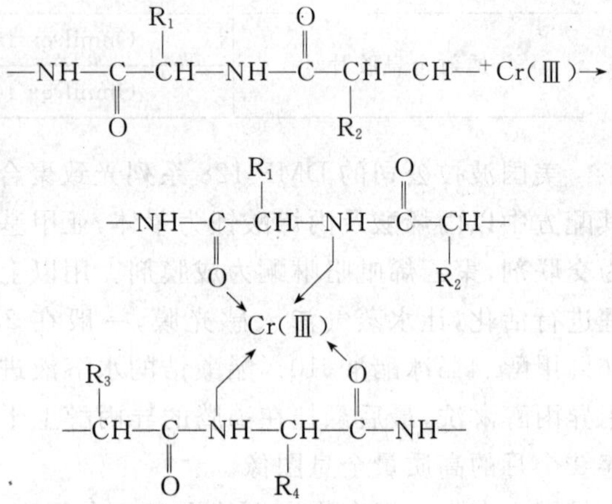

图 35-41　重铬酸盐明胶的光致交联反应式

这种以 Cr(Ⅲ)作为交联中心形成的立体网状结构导致了曝光区的硬度增大，较未曝光部分难溶于水，用水显影可以将未曝光的部分洗去，便形成负型平版印刷版。同样原理可以用于制作浮雕型全息图，不过这样制成的全息图衍射效率很低，应用价值不大。1968 年，Shankoff[69-70] 对传统印刷产业中所使用的 DCG 及其水洗显影工艺进行了改造，革命性地提出了预硬化 DCG 体系以及水-醇显影工艺，将曝光区与未曝光区的硬度差转化成折射率差，显著提高了全息图的衍射效率。这一工作使 DCG 材料以其所具有的高相位调制能力、高分辨率、高衍射效率、高信噪比等优点成为最优秀的全息记录材料之一，已被广泛应用于光信息的记录、各种光学元件(如全息光栅、全息透镜、全息滤波器)和全息立体照片的制作等[71-73]。

DCG 材料的光谱响应范围主要在蓝、绿光区，对红光不敏感，采用亚甲基蓝、亚甲基绿等染料作为光敏剂可以制成对红光敏感的红敏 DCG 全息记录材料[74-76]。而采用亚甲基蓝作为红光光敏剂，若丹明 6G 作为蓝绿光光敏剂，铬酸钾作为交联剂，四甲基胍作为增感助剂，则可以制作成高性能的全色铬酸盐明胶全息记录新材料[77-78]，该材料在整个可见光区宽光谱响应、感光灵敏度高(红、绿、蓝三原色感光度达 30 mJ/cm^2)、衍射效率高(三原色全息光栅的衍射效率达 85%以上)、分辨率高(达 5 000 lp/mm)、角度选择性及波长选择性好，在真彩色全息显示、高密度全息存储等领域有良好的应用前景。

全色铬酸盐明胶的配方组成见表 35-17，曝光之后的后处理过程见表 35-18。

图 35-42 中的实线为全色铬酸盐明胶的光谱吸收曲线，虚线为单色红敏重铬酸盐明胶的光谱吸收曲线，可见全色铬酸盐明胶干板在红、绿、蓝光区均有强烈的光谱吸收，这样在记录彩色全息图时，可以采用 He-Ne(633 nm)或 Kr^+ (647.1 nm)激光器作为红色记录光源，采用 Ar^+ (514.5 nm)或 CW 倍频 Nd:YAG (532 nm)激光器作为绿色记录光源，采用 He-Cd(442 nm)或 Ar^+ (488 nm)激光器作为蓝色记录光源。

染料敏化重铬酸盐明胶全息记录材料的光化学反应模式可以用下式来表示：[78]

$$\text{dye} + h\nu \rightarrow \text{dye}^* \rightarrow \text{dye}'$$

$$\text{dye}' + e \rightarrow \text{leuco dye}$$

$$\text{leuco dye} + \text{Cr(Ⅳ)} \rightarrow \text{dye} + \text{Cr(Ⅲ)}$$

$$Cr(Ⅲ)+gelatin \rightarrow cross-linking\ complex$$

第一步，染料分子 dye 吸收光子，由基态跃迁到激发态 dye*，激发态染料分子经过非辐射跃迁转变到具有较长寿命的亚稳态 dye′；第二步，dye′从周围环境中吸收电子（四甲基胍为强电子供体），发生漂白反应，被还原成脱色的染料分子 leuco dye；第三步，leuco dye 将交联剂中的 Cr(Ⅵ)离子还原为 Cr(Ⅲ)离子；第四步，Cr(Ⅲ)离子与周围的明胶分子发生交联反应形成交联螯合物，导致曝光区域材料的硬度增大，产生全息图潜像，通过合适的后处理可以将这种曝光区与未曝光区存在的硬度差转化成折射率差，最终形成折射率调制的高亮度体积相位型明胶全息图。

表 35-17　全色铬酸盐明胶全息记录材料的配方组成

步　骤	具体操作	温　度/℃	时　间
(1)	制备 5%重量比的明胶水溶液 40 ml	25	12 h
(2)	水浴加热至 45℃，保持温度缓慢搅拌	45	15 min
(3)	加入一定量的 0.5%铬酸钾溶液	45	2 min
(4)	加入一定量的 25%四甲基胍溶液	45	2 min
(5)	用四甲基胍或醋酸溶液调节胶液 pH 值至 9.18	45	2 min
(6)	加入一定量的 0.4%亚甲基蓝溶液	45	5 min
(7)	加入一定量的 0.2%若丹明 6G 溶液	45	5 min
(8)	取一定量的料液均匀涂布在光学玻璃上，让料液在水平无尘无振动的黑暗环境中自然流平干燥	25	24 h

表 35-18　全色铬酸盐明胶全息图的后处理过程

步　骤	具体操作	温　度/℃	时　间
(1)	F5 溶液中定影	25	1 min
(2)	流水中冲洗	25	30 s
(3)	在温水中浸泡	31	1.5 min
(4)	在 60%的异丙醇中浸泡	25	1 min
(5)	在 90%的异丙醇中浸泡	25	1 min
(6)	在 100%的异丙醇中浸泡	25	2 min
(7)	用热风迅速吹干全息图	—	—

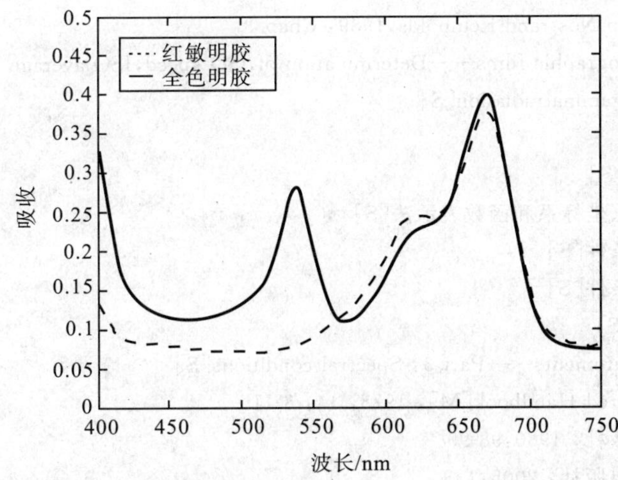

图 35-42　红敏明胶和全色明胶干板的光谱吸收

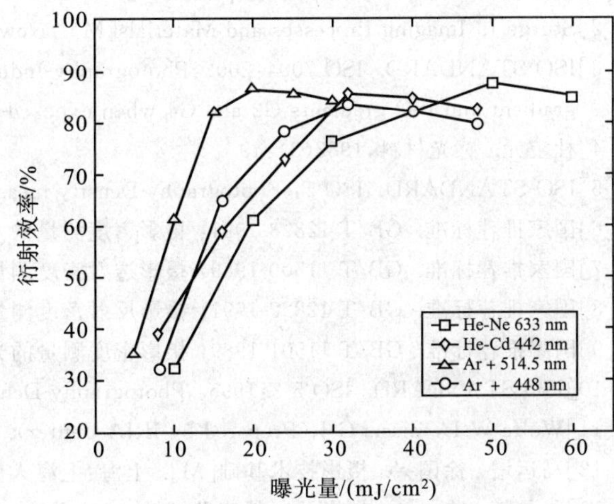

图 35-43　全色铬酸盐明胶的分色感光灵敏度

图 35-43 给出了全色铬酸盐明胶材料的分色感光灵敏度实验曲线，感光材料的厚度为 18 μm，达到 80%以上衍射效率所需的分色曝光量分别是 35 mJ/cm²(633 nm)、15 mJ/cm²(514.5 nm)、25 mJ/cm²(488 nm)、25 mJ/cm²(442 nm)。

图 35-44 给出了采用全色铬酸盐明胶干板记录的透射全息光栅的角度选择性曲线，光栅空间频率为 1 900 lp/mm，膜厚 12 μm，平均折射率 1.52。图中实线为理论计算值。虚线为实验测量值。此光栅的布拉格选择角宽度（主瓣的半宽度）为 3.67°，由此可以通过角度复用技术在全色明胶材料的同一位置处以不同记录角度存储多幅全息图来提高信息存储密度。图 35-45 是采用全色铬酸盐明胶干板记录的三原色反射全息光栅的波长选择性曲线，干板感光层厚度为 18 μm，单束激光曝光时，红光 632.8 nm 的曝光量为 60 mJ/cm^2，绿光 514.5 nm 的曝光量为 30 mJ/cm^2，蓝光 442 nm 的曝光量为 40 mJ/cm^2。从图中可以看出 3 个反射全息光栅的中心再现波长非常接近所用记录激光波长，说明该全色铬酸盐明胶材料具有良好的波长再现能力，可真实再现所记录物体的实际色彩。

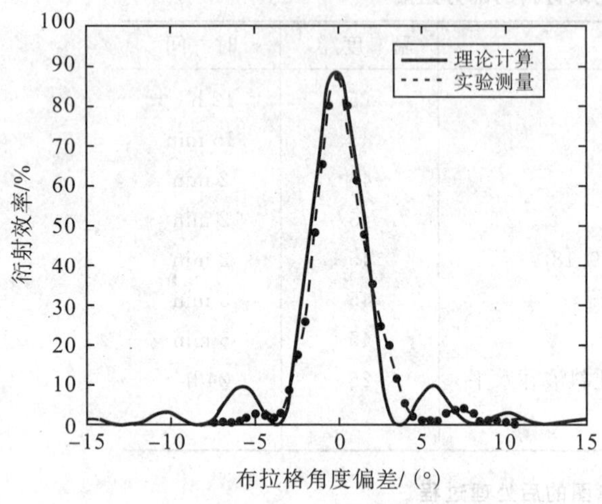

图 35-44 全色明胶透射光栅的角度选择性

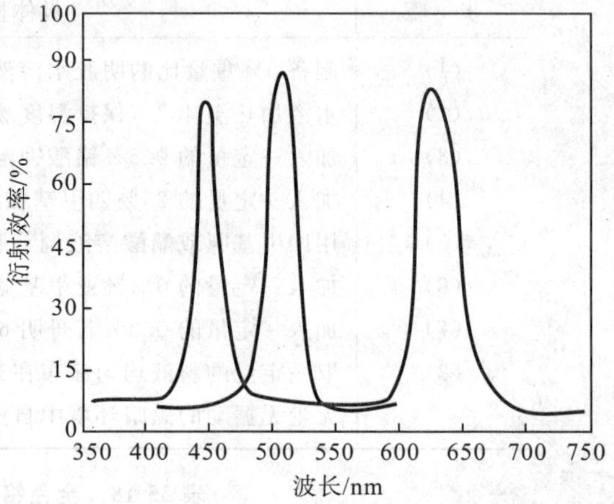

图 35-45 三原色反射全息光栅的波长选择性曲线

重铬酸盐明胶及染料敏化重铬酸盐明胶具有高衍射效率、高空间分辨率、高信噪比等优点，但由于重铬酸盐有很强的暗反应，制成的干板存放时间短，另外用其制成的全息图的环境稳定性很差，在高温、高湿环境下容易消像，需采用光学胶密封后才能长期保存。

参考文献

[1]谷忠昭. 照相感光度——理论和机理[M]. 石家庄：河北教育出版社，2002

[2]Sturge J. Imaging Processes and Materials[M]. New York：Van Nostrand Reinholds，1989：Chap. 3

[3]ISO STANDARD. ISO 7004：2002：Photography-Industrial radiographic films——Determination of ISO speed，ISO average gradient and ISO gradients G2 and G4 when exposed to X-and gamma-radiation[S]

[4]杜宝元. 感光材料，1982(3)：49

[5]ISO STANDARD. ISO 5：Photography-Density measurements[S]

[6]国家推荐标准. GB/T 12823-1991：摄影密度测量的术语、符号、坐标系和函数表示法[S]

[7]国家推荐标准. GB/T 11500-1989：摄影透射密度测量的几何条件[S]

[8]国家推荐标准. GB/T 12822-1991：摄影反射密度测量的几何条件[S]

[9]国家推荐标准. GB/T 11501-1989：摄影密度测量的光谱条件[S]

[10]ISO STANDARD. ISO 5-3：1995：Photography-Density measurements——Part 3：Spectral conditions[S]

[11]Wolfe W L，Zissis G J (Prepared by IRIA Center). The Infrared Handbook[M]，1978，14：8-11

[12]马运增，徐国兴. 摄影技术基础[M]. 上海：上海人民美术出版社，1980：98-99

[13]张昌辉，陈永常. 摄影及制版感光材料[M]. 北京：化学工业出版社，2005：133

[14]ISO STANDARD. ISO 6：1993：Photography-Density measurements——Part 3：Spectral conditions [S]

[15]国家推荐标准. GB/T 2923-1995：黑白照相负片/加工组合 ISO 感光度的测定[S]

[16]ISO STANDARD. ISO 7829：1986：Photography-Black-and-white aerial camera films——Determination of ISO speed and average gradient[S]

[17]国家推荐标准. GB/T 9862-1988，黑白航空照相胶片感光度和平均斜率测定方法[S]

[18]Carroll B H, Higgins G C, James T H. Introduction to Photographic Theory[M]. New York: Wiley, 1980

[19]李国忠,王亚民,孙成元. 物证检验摄影中灵活运用感光材料特性[J]. 影像技术,2008(5):45-47

[20]Eastman Kodak Company. Kodak Data For Aerial Photography[G], 1982

[21]ISO STANDARD. ISO 6328:2000: Photography——Photographic materials——Determination of ISO resolving power[S]

[22]国家推荐标准. GB/T 9045-2006:摄影-照相材料——ISO分辨力的测定[S]

[23]Lamberts R L. Equipment for routine evaluation of the modulation transfer function of photographic emulsions. I——The camera, II——The microdensitometer, III——Evaluating and plotting instrument[J]. Phot. Sci. Eng., 1965, 9:331

[24]Jones R A. An automated technique for deriving MTF's from edge traces[J]. Phot. Sci. Eng., 1967, 11:102

[25]贺光潜. 测定感光胶片MTF的原理和方法——正弦波模板法[J]. 感光材料,1981,2:5

[26]唐志健,姜宁. 刃边法测量感光材料MTF[J]. 影像科学与实践,1992,2:49

[27]乐凯超金100彩色胶卷技术说明书[M]

[28]Dorener E C. Wiener spectrum analysis of photographic granularity[J]. Jl. O. S. A., 1962, 52:1162

[29]Altman J H. The measurement of rms granularity[J]. Applied Optics, 1964,3:35

[30]AMERICAN NATIONAL STANDARD. ANSI PH 2.40:1985: Root Mean Square (RMS) Granularity of Film (Images on One Side Only)——Method for Measurement[S]

[31]国家推荐标准. GB/T 10558:1989,感光材料均方根颗粒度测定方法[S]

[32]Selwyn E W H. A theory of graininess[J]. Phot. Jl., 1935:75, 571

[33]Paul Kowaliski. Applied Photographic Theory[M]. New York:Wiley, 1972

[34]ISO STANDARD. ISO 18903: 2002: Imaging materials——Films and paper——Determination of dimensional change[S]

[35]ISO STANDARD. ISO 18914: 2002: Imaging materials——Photographic film and papers——Method for determining the resistance of photographic emulsions to wet abrasion[S]

[36]荆其城,等. 色度学[M]. 北京:科学出版社,1979

[37]Ohta N. The Advancement of Imageing Science and Technology[C]. Beijing: ICPS'90,1990:390

[38]ISO STANDARD. ISO 5800:1987: Photography-Colour negative films for still photography——Determination of ISO speed[S]

[39]ISO STANDARD. ISO 2240:2003, Photography——Colour reversal camera films——Determination of ISO speed[S]

[40]中国乐凯胶片集团公司. 乐凯200+彩色胶卷技术说明书[M]

[41]国家推荐标准. GB/T 10557-1989:感光材料光谱灵敏度测定方法[S]

[42]曹维孝,洪啸吟,等. 非银盐感光材料[M]. 北京:化学工业出版社,1994

[43]李景镇. 光学手册[M]. 西安:陕西科学技术出版社,1986

[44]郭明哲,徐凤兰,张西萍. 化工百科全书:静电复印(第八卷)[M]. 北京:化学工业出版社,1994

[45]Demidov K B, Akimov I A, Meshov A M. The Sensitization of Photoconductivity in Zinc Oxide by Organic Complexes [J]. Journal of OPT Technology, 1971, 38 (8): 469- 471

[46]周金渭. 有机光导鼓产业化开发关键技术[J]. 材料导报, 2001 (15): 53- 54

[47]曹静,姚林辉,等. 光敏热显影材料概论[J]. 影像技术,2003,2:13-14

[48]马建标,李晨曦,等. 功能高分子材料[M]. 北京:化学工业出版社, 2000

[49]Fischer E, Hirshberg Y. Formation of Coloured Forms of Spiropyrans by Low-temperature Irradiation[J]. J. Chem. Soc, 1952:4522-4524

[50]邓莉莉,程康英,金银河. 非银盐感光材料[M]. 北京:印刷工业出版社,1993:3-7

[51]于美文. 光全息学及其应用[M]. 北京:北京理工大学出版社, 1996

[52]Martin S, Feely C A, Toal V. Holographic recording characteristics of an acrylamide-based photopolymer[J]. Appl. Opt., 1997, 36(23):5757-5768

[53]黄明举,陈仲裕,干福熹. 光致聚合物的高密度数字全息存储特性综述[J]. 物理, 2001, 30(12):766-771

[54]于美文,张存林,杨永源. 全息记录材料及其应用[M]. 北京:高等教育出版社,1997

[55]张存林,于美文,杨永源,冯树京. 新型防潮的光致聚合物全息记录材料及其应用[J]. 光学学报,1993, 13(8):728-733

[56]张光勇,章鹤龄,任永禄. 红敏光致聚合物全息干板的特点及其使用方法[J]. 光学技术,1993,5: 38-40

[57]章鹤龄,王一红,张光勇. 全色光致聚合物全息记录材料的研制[J]. 光电子·激光,2001,12(7):754-755

[58]黄明举,姚华文,陈仲裕,侯立松,干福熹. 一种新型绿光敏感高密度全息光聚物的记录特性研究[J]. 中国激光,2002,29

(8):748-750
[59]刘学璋，陈仲裕. 双波长敏感的光致聚合物全息存储材料[J]. 光学学报,2004,24(8):1009-1102
[60]郭小伟,谢安东,伍冬兰,朱建华. 基于丙烯酰胺为单体的红敏光致聚合物衍射效率增强的研究[J]. 光学学报，2005，9(25)：1238-1242
[61]徐敏，朱建华，陈力，郭小伟，冯立，夏传琴. 红敏聚乙烯醇/丙烯酰胺体系光致聚合物全息记录材料的空间分辨力增强研究[J]. 光学学报,2007,27(4):616-620
[62]段晓亚，朱建华，魏涛，陈倩倩，魏乃科. 绿敏聚乙烯醇/丙烯酰胺体系光致聚合物的配方优化及全息存储特性[J]. 中国激光，2009，36(4)：983-988
[63]Gallego S，Ortuno M，Neipp C，Marquez A，Belendez A，Fernandez E，Pascual I. 3-dimensional characterization of thick grating formation in PVA/AA based photopolymer[J]. Opt. Express，2006，14(12)：5121-5128
[64]Ortuno M，Marquez A，Gallego S，Belendez A，Pascual I. Hologram multiplexing in acrylamide hydrophilic photopolymers[J]. Opt. Commun.，2008,281(6)：1354-1357
[65]Blaya S，Carretero L，Mallavia R，Fimia A，Madrigal R F，Ulibarrena M，Levy D. Optimization of an acrylamide-based dry film used for holographic recording[J]. Appl. Opt.，1998,37(32):7604-7610
[66]Martin S，Feely C A，Toal V. Holographic recording characterisitcs of an acrylamide-based photopolymer[J]. Appl. Opt.，1997，36(23)：5757-5768
[67]Gong Qiaoxia，Wang Sulian，Huang Mingju，Gan Fuxi. A humidity-resistant highly sensitive holographic photopolymerizable dry film[J]. Mater. Lett.，2005，59(23)：2969-2972
[68]万裕全,朱梅生. 胶印晒版原理[M]. 上海:上海交通大学出版社,1990
[69]Shankoff T A. Phase holograms in dichromated gelatin[J]. Appl. Opt.，1968，7(10)：2101-2105
[70]Shankoff T A，Curran R K. Efficient，High Resolution，Phase Diffraction Gratings[J]. Appl. Phys. Lett.，1968，13(7)：239-241
[71]Chang B J. Dichromated gelatin holograms and their applications[J]. Opt. Eng.，1980，19(5):642-648
[72]Chang B J，Leonard C D. Dichromated gelatin for the fabrication of holographic optical elements[J]. Appl. Opt.，1979，18(14)：2407-2417
[73]Tikhomirov A Y，Mchay T J. Design of low-haze holographic notch filters[J]. Appl. Opt.，1999,38 (21):4528-4532
[74]Changkakoti R，Pappu S V. Methylene blue sensitized dichromated gelatin holograms：a study of their storage life and reprocessibility[J]. Appl. Opt.，1989，28(2):340-344
[75]Jeff Blyth. Methylene blue sensitized dichromated gelatin holograms：a new electron donor for their improved photosensitivity[J]. Appl. Opt，1991，30 (13) ：1598-1602
[76]Wang Ketai，Guo Lurong，Zhu Jianhua，Zhang Weiping，Chen Bo. Methylene Blue Dichromated Gelatin Holograms：Antihumidity Method for Taking Off Strongly Adsorbing Humidity Groups[J]. Appl. Opt.，1998,37(2):326-328
[77]Zhu Jianhua,Zhang Yixiao,Dong Guangxing，Guo Yongkang，Guo Lurong. Single-layer panchromatic dichromated gelatin material for Lippmann color holography[J]. Optics Communications，2004，241(1-3)：17-21
[78]朱建华,徐敏,郭永康,郭履容. 全色铬酸盐明胶全息记录新材料[J]. 光电子・激光，2007，18(6)：701-705

第三十六章　光学材料

光学材料定义为那些与光相互作用、有特定要求且应用于光学及光学工程的材料。本章介绍了光学材料的基本性质和参数，收集了用作透镜、棱镜、反射棱镜等光学器件的各种光学材料，各种窗口材料，特种光学材料，激光材料，以及辐射测量或光度标准用材料。没有包括摄影胶片、光辐射变换、偏振、调制、非线性、介质薄膜等材料，也未包括空气和其他的气体材料，关于这些方面可参考本书的其他相关章节。

第一节　光学材料的基本性质和参数

固体光学材料大致可以分为两大类：光功能材料和光介质材料。从光与物质相互作用产生不同物理效应的角度而言，光介质材料能够改变光束的传播方向、强度和相位，属于传统光学材料，但也是现代光学的基础材料。从结构角度而言，光介质材料包括玻璃、晶体、多晶(陶瓷)、有机材料等。

本节主要列出了从紫外到红外光谱区的特种晶体和玻璃的性能参数，这些参数对于光学设计和材料的实际应用具有重要参考价值：①光的吸收、反射和透射性质；②折射率；③弹性系数；④弹性模量；⑤热性质；⑥硬度；⑦介电常数；⑧溶解度、分子量和比重。

一、吸收、反射和透射

光学玻璃的透光波段大致在 0.3～10 μm，光学晶体的透光波段大致在 0.2～50 μm。具体到某一特定光学材料，在各波段上表现出来的透光性能有很大不同，因此本章列出了大量的谱图以供参考。需要注意的是，光学材料的性能参数在一定程度上受到制备条件和方法的影响。

由图 36-1 可见，当一定光强的一束光线入射到两表面相互平行的光学平板材料上时，一部分光被前后两个表面分别反射回来，一部分光被材料吸收，一部分光通过材料后透射出来，还有很小的一部分光在材料内部被散射。对于高质量的光学材料，散射部分所占的比例基本上可以忽略。但对于高精度测定或者对于材料有特殊要求的，则需要考虑散射部分对光的损耗。

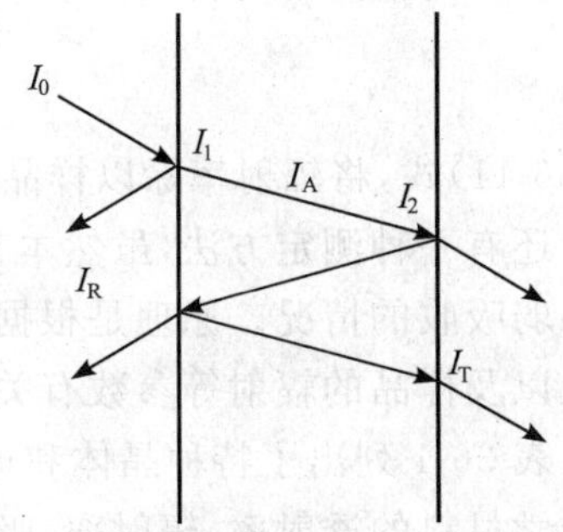

图 36-1　光束入射到光学平板材料上的反射、吸收和透射过程示意图

一般情况下，光束将在两个界面之间被多次反射。考虑所有这些光束，则有

$$I_0 = I_R + I_A + I_T \tag{36-1}$$

$$1 = \frac{I_R}{I_0} + \frac{I_A}{I_0} + \frac{I_T}{I_0} = \rho + \alpha + \tau \tag{36-2}$$

式中，I_0 为入射光通量密度，I_R 为反射光通量密度，I_A 为吸收光通量密度，I_T 为透射光通量密度，ρ 为光的反射率，α 为光的吸收率，τ 为光的透射率。这里 τ 是指外透射率，是一个可以直接测定的量。如果材料内部只有吸收和反射而没有散射时，则图 36-1 中刚刚进入材料内部的 I_1 和已通过材料在界面反射前的 I_2 之间的关系符合朗伯吸收定律：

$$\frac{I_2}{I_1} = \tau_{int} = e^{-\alpha x} \tag{36-3}$$

式中，x 为样品厚度，τ_{int} 为内透射率。

由此得到光学材料的吸收率和外透射率之间的关系为

$$\tau = \frac{(1-\rho)^2 e^{-\alpha x}}{1-\rho^2 e^{-2\alpha x}} \tag{36-4}$$

此式常用作光学材料从透射光谱理论推算吸收光谱的基础。

当一平面波垂直入射到一个对入射光有吸收的镜面上时，其反射波与入射波的振幅比 γ 可表示为

$$\gamma=\left(\frac{n-\mathrm{i}K-1}{n-\mathrm{i}K+1}\right) \tag{36-5}$$

式中，K 为消光系数，$K=4\pi\alpha/(n\lambda_0)=4\pi\alpha/\lambda$；$\lambda$ 为光在介质中的波长；n 为介质的折射率；λ_0 为光在真空中的波长。以(36-4)式和/或(36-5)式为基础可导出多种推算式，以适应于不同的光学材料和不同的测试方法。

本节给出的透射率数据，除少数特别指出是内透射率外，通常都是指外透射率。吸收率数据即是上述式子中的 α 值。消光系数是按上面定义确定的值，而不是由下式决定的量：

$$\tilde{n}=n(1-\mathrm{i}K) \tag{36-6}$$

即使同一种光学材料，由于样品制备或者来源不同，所测试的性能参数也有差别，所以给出的数据是有代表性的。

外透射率数据，通常是用双光束分光光度计实验测定的，或用单光束分光仪经过校准后的数据。光吸收率通常是通过测定两个样品的透射率算出的。对于两个样品，有

$$\tau_1=\frac{(1-\rho_1)^2\mathrm{e}^{-\alpha_1x_1}}{1-\rho_1^2\mathrm{e}^{-2\alpha_1x_1}} \tag{36-7}$$

$$\tau_2=\frac{(1-\rho_2)^2\mathrm{e}^{-\alpha_2x_2}}{1-\rho_2^2\mathrm{e}^{-2\alpha_2x_2}} \tag{36-8}$$

如果两个样品的反射率和吸收率相同，即 $\rho_1=\rho_2$ 和 $\alpha_1=\alpha_2$，并且 $\frac{1-\rho^2\mathrm{e}^{-2\alpha x_2}}{1-\rho^2\mathrm{e}^{-2\alpha x_1}}\approx 1$，则有

$$\alpha=\frac{\ln\tau_1-\ln\tau_2}{x_1-x_2} \tag{36-9}$$

获得光吸收率的一个更精确的方法是通过测定样品的辐射率。由麦克马洪公式[1]，材料的辐射率可表示为

$$\in^*=\frac{(1-\rho)(1-\tau_{\mathrm{int}})}{1-\rho\tau_{\mathrm{int}}} \tag{36-10}$$

在 α 较小的情况下可得

$$\alpha=\frac{\in^*}{x} \tag{36-11}$$

由(36-11)式，将辐射率除以样品厚度即可求得光吸收率。

还有一种测定方法，虽然本节的数据不是按照此方法测定的，但这种方法特别适合于采用强入射光测定材料弱吸收的情况。原理是根据样品被一单束激光照射时，样品的温度升高与吸收的能量、导热系数、对流损失以及样品的辐射等参数有关。

表 36-1 列出了特种晶体和玻璃的基本性质参数。图 36-2～图 36-161、表 36-2 和表 36-3 分别给出了各种光学材料的透射率、辐射率、吸收系数和反射率谱图。

表 36-1　光学材料的基本性质参数①

晶体名称/玻璃类型	透光波段/μm	密度/(g/cm³)	晶体折射率@ 589.3 nm 玻璃折射率@ 587.6 nm	努氏硬度②/(kg/mm²)	溶解度③/(g/100 g)
晶体类光学材料					
Ag_3AsS_3	0.6～12	5.49	3.019 @ 632.8 nm(o 光)，2.738 @ 632.8 nm(e 光)		不溶
AgBr	0.45～35	6.473	2.258		1.2×10^{-5}
AgCl	0.4～28	5.56	2.066 4	9.5(200)	1.5×10^{-4}

续表

晶体名称/玻璃类型	透光波段/μm	密度/(g/cm³)	晶体折射率@ 589.3 nm 玻璃折射率@ 587.6 nm	努氏硬度[②]/(kg/mm²)	溶解度[③]/(g/100 g)
Al_2O_3	0.15～6.5	3.98	1.768 1(o 光),1.760 0(e 光)	1 370(1 000)(a)	9.8×10^{-5}
$AlPO_4$		2.566	1.524 3 @ 0.6 μm(o 光), 1.533 4 @ 0.6 μm(e 光)		不溶
$Al_6Si_2O_{13}$	0.21～	3.19		1 750	
BN	0.2～6	3.48	2.117(Cubic)	4 600	不溶
BP	0.6～6	2.97	2.8±0.05(o 光)	3 600	不溶
BaF_2	0.14～15	4.83	1.474 4	82(500)(b)	0.12
BaF_2-CaF_2	1～12	4.89	1.41 @ 3.3 μm		0.16
$BaTiO_3$	0.5～7	5.90	2.416 4 @ 632.8 nm(o 光), 2.363 7 @ 632.8 nm(e 光)		不溶
$BeAl_2O_4$	0.14～	3.70	1.7466 @ 0.50 μm(α), 1.7486 @ 0.50 μm(β), 1.7544 @ 0.50 μm(γ)	1 600～2 300(100)	不溶
$Be_3Al_2Si_6O_{18}$		2.66	1.577 8(o 光),1.571 1(e 光)	7.5～8.0(Moh)	不溶
BeO	0.11～4.5	3.01	1.718 5(o 光),1.734 3(e 光)	1 250	2×10^{-5}
Be_2SiO_4		2.96	1.66	1 100	
$Bi_4Ge_3O_{12}$	0.31～6	7.13	1.835	5.0(Moh)	不溶
$Bi_{12}GeO_{20}$	0.47～7	9.2		4.5(Moh)	不溶
C(diamond)	0.22～2.5, 6～100	3.51	2.417 5	5 700～10 400	不溶
$CaCO_3$	0.2～5.5	2.710	1.658 4(o 光),1.486 4(e 光)	75～135(V) (c)	1.4×10^{-3}
CaF_2	0.13～10	3.180	1.433 8	120(b)	1.6×10^{-3}
CaO	～10	3.3	1.838 @ 5.138 μm		0.13
$CaWO_4$	0.13～5.6	6.062	1.918 1(o 光),1.934 3(e 光)	4～5(Moh)	6.4×10^{-4}
$CdCl_2$		4.047			140
CdF_2	0.13～12	6.64			4.4
CdI_2		5.670	1.574 @ 632.8 nm		86
CdS	0.5～16	4.82	2.50(o 光),2.52(e 光)	122(25)	1.3×10^{-4}
CdSe	0.7～24	5.81	2.537 @ 1.06 μm(o 光), 2.557 @ 1.06 μm(e 光)	44～99	不溶
CdTe	0.9～30	6.20	2.81 @ 10 μm	56	非常轻微
CsBr	0.21～50	4.44	1.696 9	19.5	124
CsCl	0.19～30	3.9	1.64		186
CsF	0.27～>15	4.638	1.48	(d)	367
CsI	0.25～60	4.510	1.786 9		44
CuBr	～26	4.77	2.117	21	非常轻微
CuCl	0.4～19	4.14	1.97		6.1×10^{-3}
GaAs	1～15	5.316	4.02 @ 546.1 nm	721	$<5\times10^{-3}$
Ga_2O_3		7.55	1.962		不溶
GaP	0.6～10	4.13	3.350 @ 0.6 μm		
GaSb	1.7～	5.619	3.82 @ 1.8 μm		
$Gd_3Ga_5O_{12}$	0.32～6		1.969 9	6.5～7(Moh)	不溶

续表

晶体名称/玻璃类型	透光波段/μm	密度/(g/cm³)	晶体折射率@589.3 nm 玻璃折射率@587.6 nm	努氏硬度[②]/(kg/mm²)	溶解度[③]/(g/100 g)
Ge	1.8～23	5.35	4.052@2.8 μm	800	不溶
GeO_2	0.25～5	6.239	1.608 3		不溶
β-HgS		8.10	2.885@632.8 nm(o光), 3.232@632.8 nm(e光)		1×10^{-6}
HgSe		8.266			不溶
HgTe					
InAs	3.8～7.0	5.66	4.10@0.62 μm	330	不溶
InP	1.0～14	4.8	3.43@0.620 μm	430	
InSb		5.78	5.13@0.689 μm	225	不溶
$KAl_3Si_3O_{10}(OH)_2$		2.78			不溶
KBr	0.25～26	2.75	1.559 8	7.0(200) (d)	65.2
KCl	0.2～24	1.984	1.490 1	9.3(200) (d)	34.7
KF	0.16～15	2.48	1.36	(d)	92.3
KH_2PO_4	0.18～ 1.5(1.9[④])	2.338	1.509 4(o光),1.468 2(e光)		33
KI	0.25～40	3.13	1.666 4	5(d)	144
$KMgF_3$					
$KTiPO_5$	0.4～5				
$La_2Be_2O_5$	～4	6.061		900(100)	不溶
LaF_3	0.2～10	5.94	1.605 8@546.1 nm(o光), 1.602 2@546.1 nm(e光)	4.5(Moh)	不溶
LiBr		3.464	1.78		145
LiCl		2.068	1.66		63.7
LiF	0.10～7	2.635	1.392 0	110(600) (d)	0.27
LiI		4.076	1.96		168
$LiIO_3$	0.5～5.0	4.502	1.887 5(o光),1.740 6(e光)		80
$LiNbO_3$	0.35～4.2	4.644	2.286(o光),2.203(e光)		不溶
$LiTaO_3$			2.183(o光),2.188(e光)		
$LiYF_4$	0.12～	3.99	1.454(o光),1.476(e光)	4～5(Moh)	
$MgAl_2O_4$	0.21～6	3.58	1.718	1 140(1 000)	不溶
MgF_2	0.11～9	3.18	1.377 7(o光),1.389 5(e光)	415	$<2\times10^{-4}$
MgO	0.16～9	3.58	1.737 4	690(600)	6.2×10^{-4}
MnF_2		3.98			0.66
MnO		5.44			不溶
Na_3AlF_6		2.90			轻微
NaBr	0.2～30	3.203	1.64	(d)	91
NaCl	0.17～18	2.165	1.541@0.64 μm	18(200) (d)	36
NaF	0.13～12	2.79	1.325 5	60(d)	4.2
NaI	0.25～25	3.677	1.77		179
$NaNO_3$	0.35～3	2.261	1.584 8(o光),1.336(e光)	19.2(200) (c)	92
$NH_4H_2PO_4$	0.19～1.7	1.803	1.524 1(o光),1.478 8(e光)		36.8

续表

晶体名称/玻璃类型	透光波段/μm	密度/(g/cm³)	晶体折射率@589.3 nm 玻璃折射率@587.6 nm	努氏硬度[2]/(kg/mm²)	溶解度[3]/(g/100 g)
$PbCl_2$		5.85	2.199 2 @ 546.1 nm(α), 2.217 2 @ 546.1 nm(β), 2.259 6 @ 546.1 nm(γ)	31	0.99
PbF_2	0.29～11.6	8.24	1.766 3	200(b)	0.064
$PbMoO_4$	0.4～5.9	6.92	2.439 3 @ 546.1 nm(o 光), 2.296 2 @ 546.1 nm(e 光)		
PbO		9.53			1.7×10^{-3}
PbS	3～7	7.5	4.1 @ 3 μm		6.6×10^{-5}
PbSe		8.10	4.59 @ 3 μm		不溶
PbTe		8.164	5.35 @ 3 μm		不溶
$PbWO_4$	约 5.6	8.23			不溶
RbBr	约 40	3.35	1.55	(d)	98
RbCl	约 30	2.80	1.49		77
RbI	约 50	3.55	1.65	1.0(Moh) (d)	152
Se	1～30	4.81	2.79 @ 1.06 μm(o 光) 3.61 @ 1.06 μm(e 光)	2.6(Moh)	不溶
Si	1.2～7.0	2.33	3.477 7 @ 1.55 μm	1 150	不溶
SiC	0.5～5	3.21	2.652	3 720	不溶
Si_3N_4	0.3～4.6	3.24	2.04	3 400	
SiO_2	0.16～4.2	2.65	1.544 2(o 光),1.553 4(e 光)	741(500)	<0.001
SnO_2		6.95			不溶
SrF_2	0.13～12	4.24	1.438 0	130(b)	0.012
$SrTiO_3$	0.4～7	5.122	2.408 0	595	不溶
Ta_2O_5		8.2	2.24 @ 514.5 nm		不溶
Te	3.5～20	6.25	4.929 @ 4.0 μm(o 光), 6.372 @ 4.0 μm(e 光)	18	不溶
TeO_2	0.33～5.0	6.00		4(Moh)	非常轻微
ThO_2	0.22～9	9.86	2.07	600	不溶
TiO_2	0.45～6	4.26	2.613(o 光),2.909(e 光)	879(500)	0.001
TlBr	0.45～45	7.557	2.418	12(500)	0.05
Tl(Br,I)	0.6～40	7.371	2.613 4	40(500)	
TlCl	0.4～30	7.604	2.247	13(500)	0.32
Tl(Cl,Br)	0.4～32	7.192	2.337	39(500)	<0.32
$YAlO_3$	0.2～7	5.35	1.927 7(α),1.942 3(β), 1.951 4(γ)	1 030～1 450	不溶
$Y_3Al_5O_{12}$	0.2～6	4.56	1.835 @ 0.6 μm	1 350(200)	不溶
Y_2O_3	0.22～8.6	5.01	1.92 @ 0.54 μm	875	1.8×10^{-5}
YVO_4	0.35～4.8	4.23		5.5(Moh)	
ZnF_2		4.95			1.62
ZnO		5.606	1.998 @ 0.6 μm(o 光), 2.015 @ 0.6 μm(e 光)		1.6×10^{-4}
β-ZnS	0.4～14	4.09	2.366 8	178	6.9×10^{-4}

续表

晶体名称/玻璃类型	透光波段/μm	密度/(g/cm³)	晶体折射率@589.3 nm 玻璃折射率@587.6 nm	努氏硬度[②]/(kg/mm²)	溶解度[③]/(g/100 g)
ZnSe	0.5～20	5.42	2.622 6	137	0.001
ZnTe		6.34	3.054	82	
ZrO_2	0.35～7	5.64	2.158 5	7.5～8.5(Moh)	不溶
$ZrSiO_4$	0.4～	4.56	1.95	1 000	不溶
玻璃晶体类光学材料					
HBT	0.2～8.2	6.2	1.513	250	1级
SiO_2	0.22～3.5	2.203	1.458 57	600	1级
ZBT	0.3～7.0	4.8	1.53	250	1级
FK5	0.31～2.3	2.45	1.487 49	450	2级
HBLA	0.32～6.1	5.88	1.504	240	1级
ZBLA	0.32～5.5	4.61	1.524	240	1级
FK54	0.35～2.3	3.18	1.437	320	1级
FK51	0.37～2.3	3.73	1.486 56	360	2级
PK2	0.37～2.0	2.51	1.518 21	520	3级
PSK3	0.37～1.6	2.91	1.552 32	510	3级
BK7	0.38～1.5	2.51	1.516 8	520	2级
K5	0.38～1.2	2.59	1.522 49	450	1级
LLF1	0.38～1.6	2.94	1.548 14	390	1级
LLF6	0.38～1.6	2.81	1.531 72	420	1级
LF7	0.38～1.0	3.2	1.575 01	390	1级
K7	0.38～1.5	2.53	1.511 12	450	3级
BAK5	0.39～1.5	3.02	1.556 71	460	2级
BALF5	0.39～1.5	2.95	1.547 39	440	2级
K10	0.39～1.5	2.52	1.501 37	440	1级
F5	0.39～1.6	3.47	1.603 42	380	1级
F8	0.39～1.5	3.38	1.595 51	370	1级
ZKN7	0.40～1.5	2.49	1.508 47	450	1级
9754	0.40～4.0	3.58	1.66	512	2级
KF9	0.40～1.5	2.71	1.523 41	440	1级
BAF3	0.40～1.6	3.28	1.582 67	420	1级
BAK1	0.40～1.5	3.19	1.572 5	460	2级
BS37A	0.40～4.0	2.9	1.669	758	2级
BAK2	0.41～1.5	2.86	1.539 96	450	2级
SK5	0.41～1.4	3.3	1.589 13	480	3级
BAK4	0.41～1.3	3.1	1.568 83	470	2级
SK11	0.41～1.3	3.08	1.563 84	510	2级
SSK2	0.42～1.6	3.67	1.622 3	460	2级
SSK4	0.42～1.6	3.63	1.617 65	460	2级

续表

晶体名称/玻璃类型	透光波段/μm	密度/(g/cm³)	晶体折射率@589.3 nm 玻璃折射率@587.6 nm	努氏硬度②/(kg/mm²)	溶解度③/(g/100 g)
BAF4	0.42～1.5	3.5	1.605 62	400	2级
BALF4	0.42～1.5	3.17	1.579 57	460	2级
BAF8	0.43～1.6	3.67	1.623 74	460	1级
F4	0.43～1.5	3.58	1.616 59	360	1级
SK15	0.43～1.5	3.64	1.622 99	450	3级
KZFSN4	0.43～1.3	3.2	1.613 4	380	3级
SK3	0.44～1.5	3.53	1.608 81	480	3级
F6	0.44～1.6	3.76	1.636 36	360	2级
SF5	0.44～1.6	4.07	1.672 7	340	1级
LAK10	0.45～1.6	3.81	1.72	580	2级
BS39B	0.45～4.0	3.1	1.672	758	3级
BASF1	0.46～1.6	3.66	1.626 06	400	2级
SF1	0.46～1.6	4.46	1.717 36	340	2级
SF12	0.46～1.6	3.74	1.648 31	360	1级
BAF50	0.50～1.5	3.8	1.682 73	490	2级
SSKN8	0.50～1.5	3.33	1.617 72	460	2级
BASF2	0.50～1.6	3.9	1.664 46	410	2级
LAFN2	0.50～1.6	4.54	1.744	450	2级
LAF23	0.50～1.6	4.21	1.689	420	3级
SF11	0.52～1.5	4.74	1.784 72	380	1级
BAF51	0.53～1.5	3.42	1.652 24	470	3级
BAFN10	0.54～1.5	3.76	1.670 03	480	2级
BAS51	0.54～1.5		1.723 73		
BASF51		4.31		450	2级
LASFN3	0.54～1.5		1.808 01		
LASN3		4.68		560	1级
SF14	0.54～1.7	5.54	1.761 82	370	1级
SF3	0.61～1.6		1.74		
S3		4.64		330	1级
LAF22	0.70～1.5	4.21	1.781 79	520	1级
As_2S_3	1～11	3.2	2.641 5	179	1级
$Ge_{33}As_{12}Se_{55}$	1～11	4.4		170	1级

注：①此表是根据文献[199]中各表摘录综合而成，具体可在文献[199]的各表中对应查阅。②在硬度栏中标注V的为维氏硬度值，标注Moh的为莫氏硬度值，未加标注的为努氏硬度值。解理面分别标注为a.(1011)和(0001)面；b.(111)面；c.(1011)面；d.(100)面。③在玻璃的溶解度栏给出了耐环境性质，其中1级说明玻璃表面不受或微受气候条件影响，4级说明储存时必须给予格外关注以保护表面质量。④98.9%氘化。

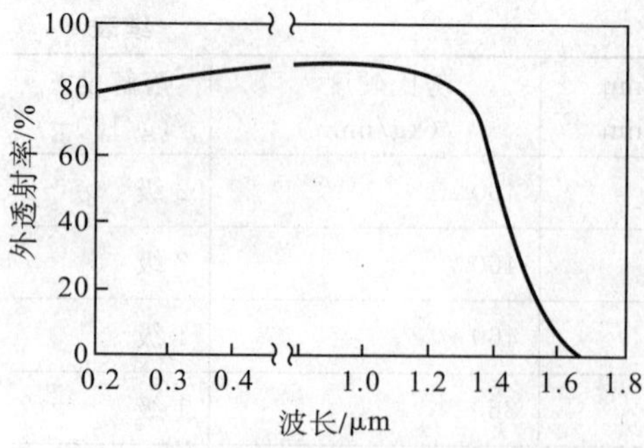

图 36-2　磷酸二氢铵的透射光谱曲线[2]

图中短波部分样品的厚度为 1.6 mm；长波部分样品的厚为 7.8 mm

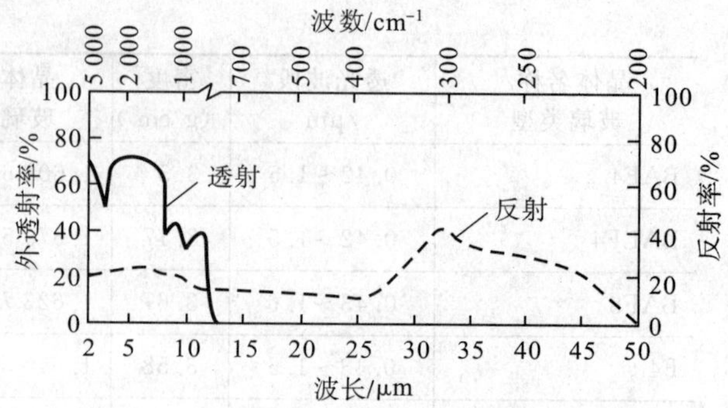

图 36-3　三硫化砷玻璃的透射曲线和反射曲线[3]

样品厚度为 5 mm

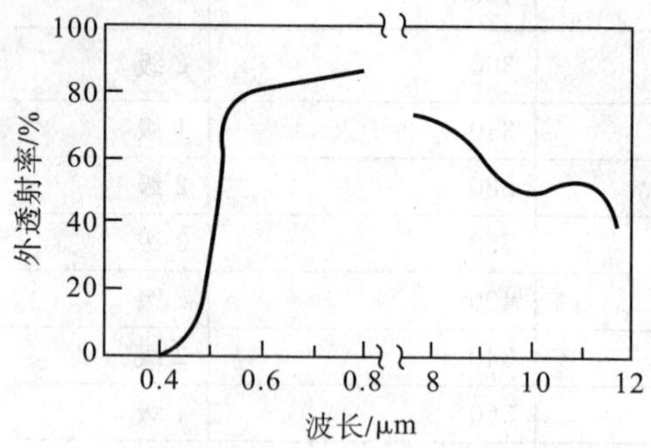

图 36-4　三硫化砷玻璃的透射曲线[4]

长波部分样品厚度为 5 mm

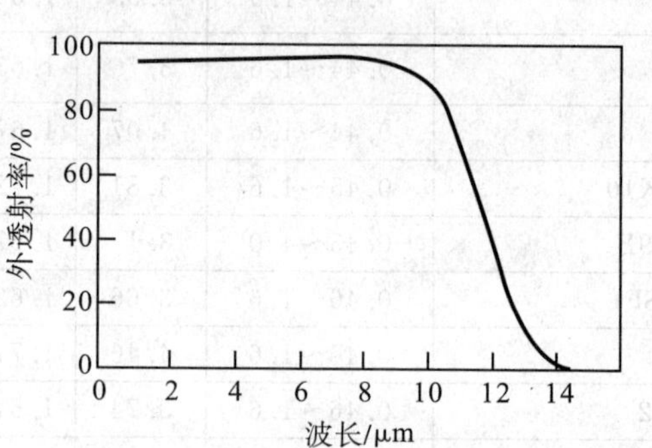

图 36-5　氟化钡的透射曲线[5]

样品厚度为 9.1 mm

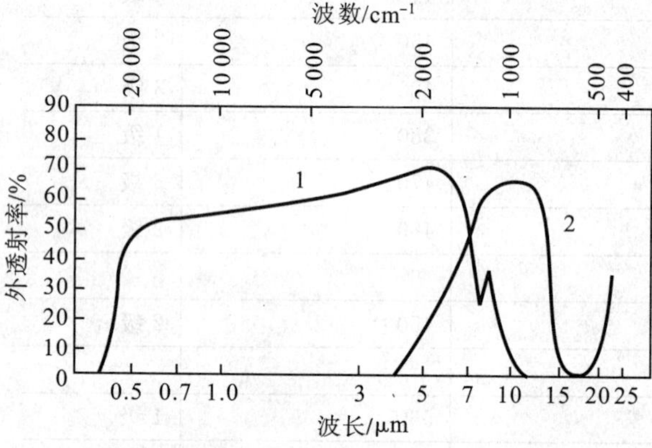

图 36-6　钛酸钡的透射曲线[6]

1. 厚度为 0.25 mm 的晶体；2. 厚度为 10 mm 的粉末

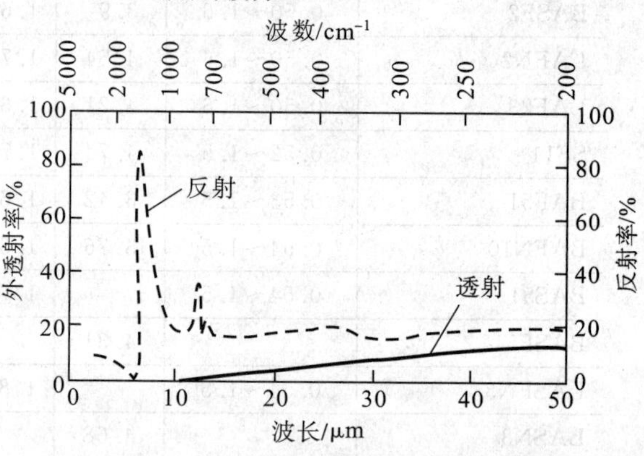

图 36-7　氮化硼的透射曲线和反射曲线

样品厚度为6.0 mm

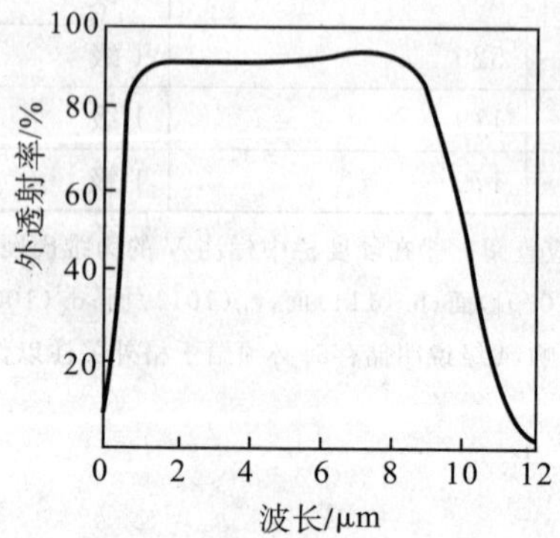

图 36-8　氟化镉的透射曲线[7]

样品厚度为 5.0 mm

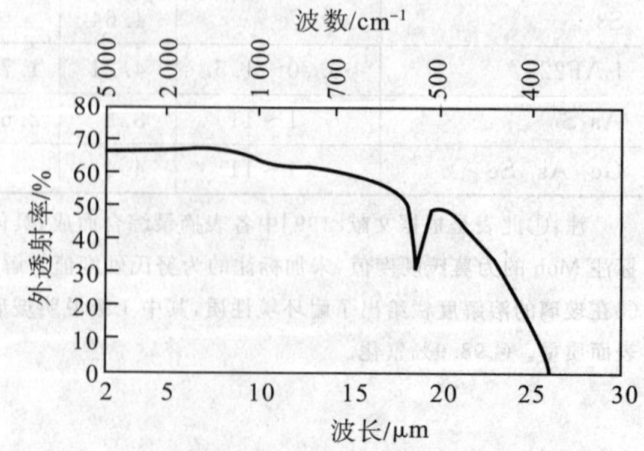

图 36-9　硒化镉的透射曲线[8]

样品厚度为 1.67 mm

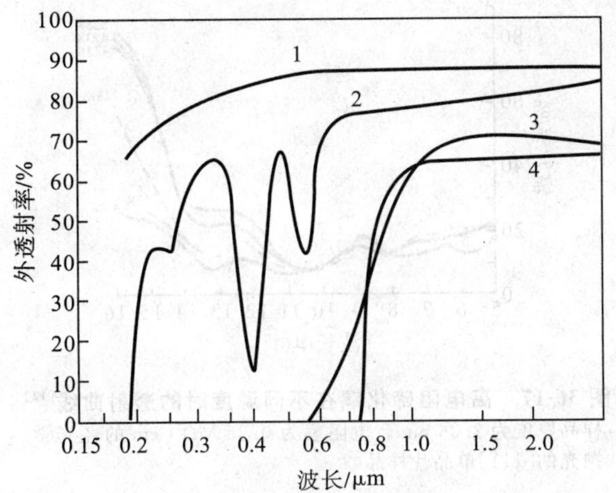

图 36-10　4 种光学材料的透射曲线[9]

1. 蓝宝石，样品厚度为 3.0 mm；2. 红宝石，样品厚度为 6.1 mm；3. 硫化砷玻璃，样品厚度为 5.0 mm；4. 硒化镉，样品厚度为 1.67 mm

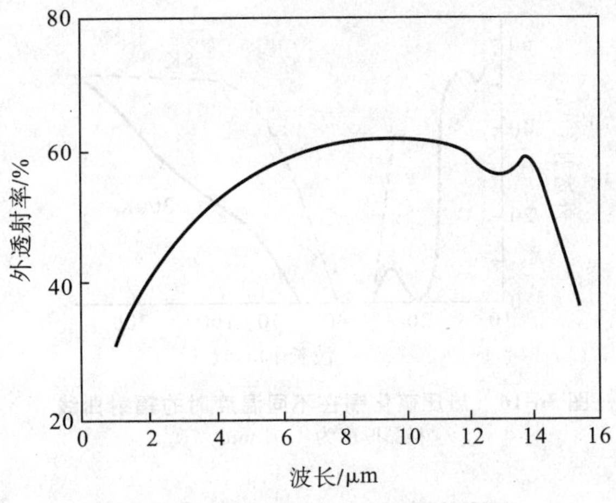

图 36-11　硫化镉的透射曲线

样品厚度为 3.9 mm。在 13 μm 左右的曲线下凹可能是杂质吸收。从 6～2 μm 段的逐渐减小是由于样品抛光不良引起的散射所致

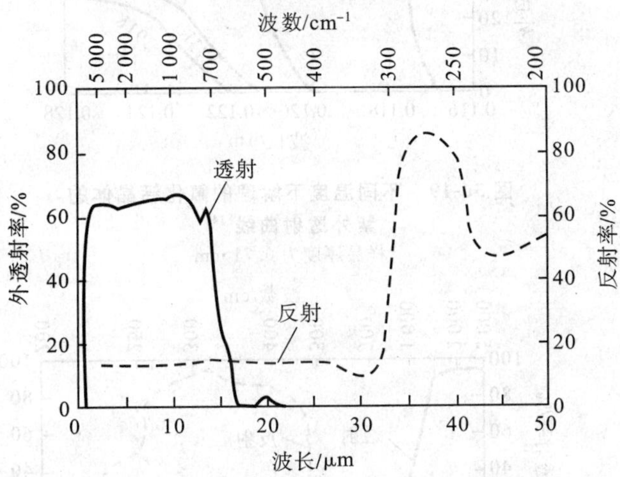

图 36-12　硫化镉的透射曲线和反射曲线

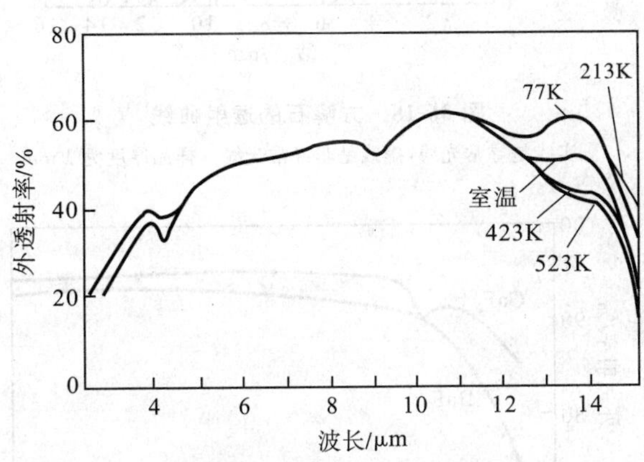

图 36-13　热压硫化镉在不同温度下的透射曲线[14]

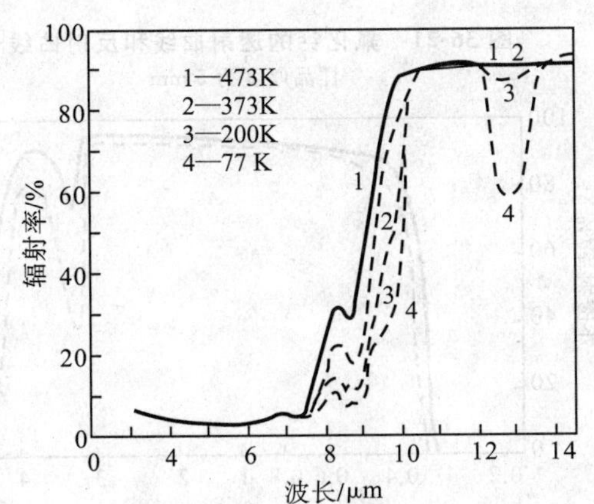

图 36-14　硫化镉在不同温度时的光谱辐射曲线[11]

样品厚度为 5.1 mm

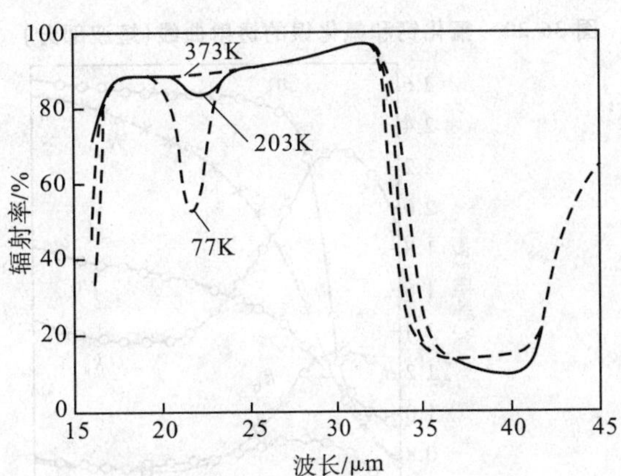

图 36-15　硫化镉不同温度时的辐射曲线

样品厚度为 5.1 mm

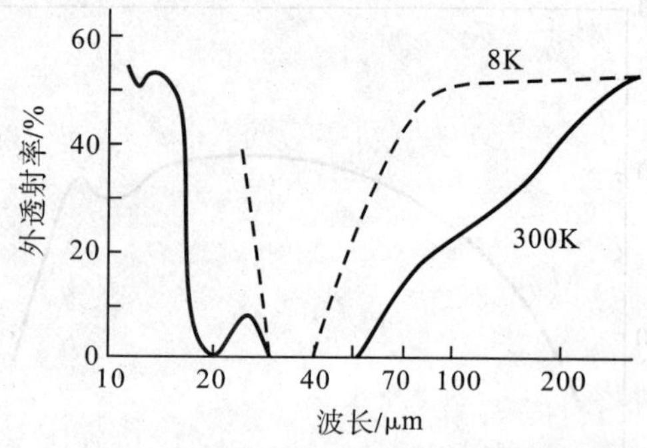

图 36-16　热压硫化镉在不同温度时的辐射曲线

样品厚度为 4.01 mm

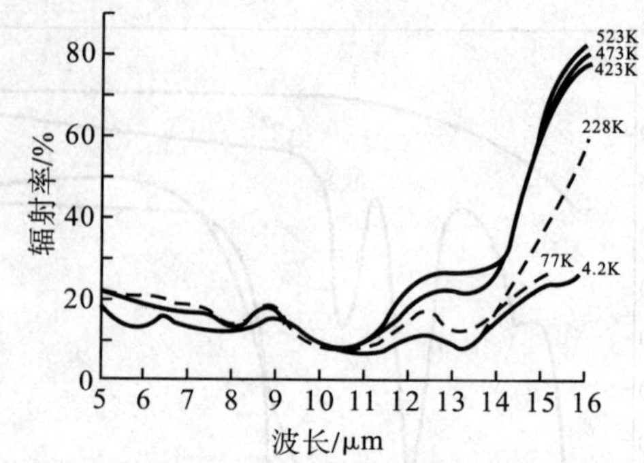

图 36-17　高电阻碲化镉在不同温度时的透射曲线[12]

样品厚度为 2.26 mm。电阻率为 0.35 MΩ · cm 的经光学抛光的[111]单晶片样品

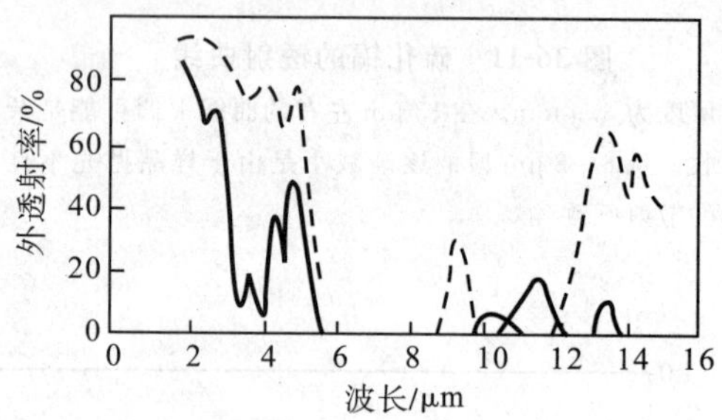

图 36-18　方解石的透射曲线[13]

实线是寻常光线，虚线是非寻常光线。样品厚度为 1 mm

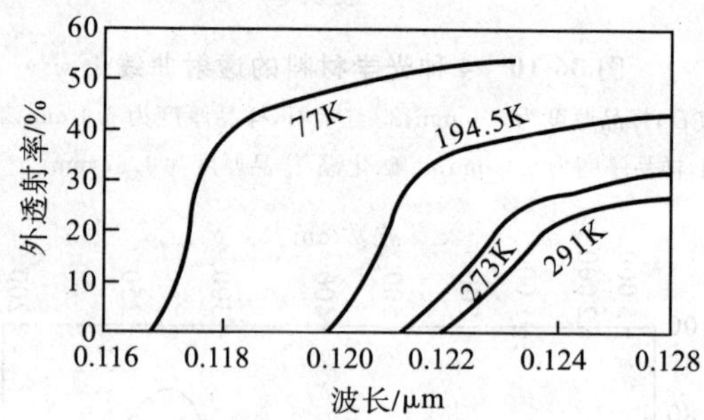

图 36-19　不同温度下解理的氟化钙晶体的紫外透射曲线[14]

样品厚度为 0.71 mm

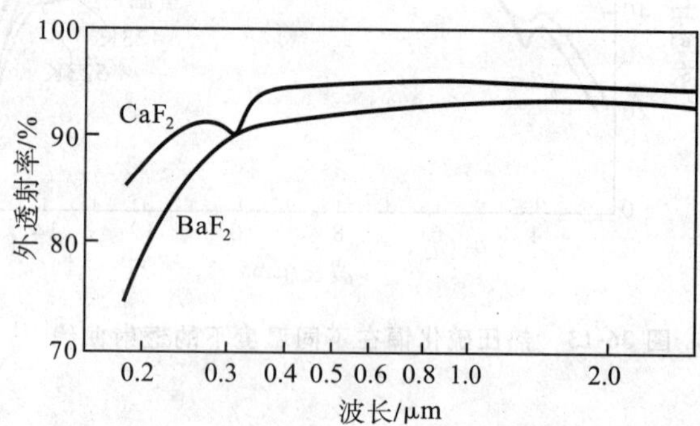

图 36-20　氟化钙和氟化钡的透射曲线(短波部分)

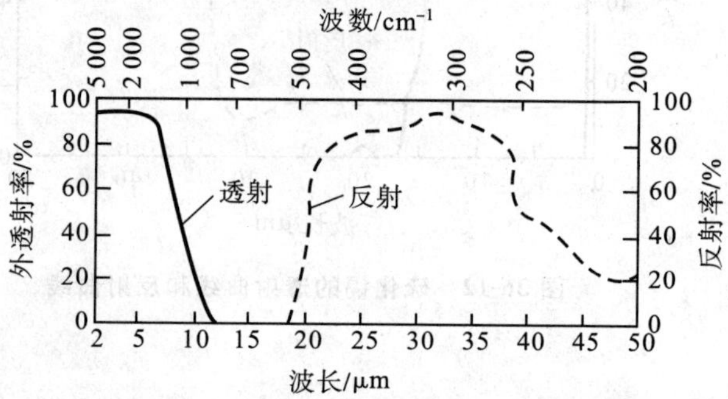

图 36-21　氟化钙的透射曲线和反射曲线[3]

样品厚度为 5 mm

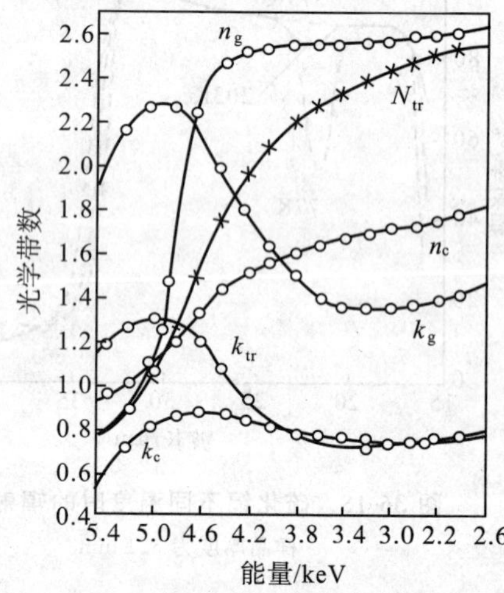

图 36-22　玻璃态碳、石墨以及蒸镀的碳箔的光学常数[15]

n_g、k_g 是石墨的；n_c、k_c 是玻璃态碳的；n_{tr}、k_{tr} 是另一组实验结果。实线指碳箔

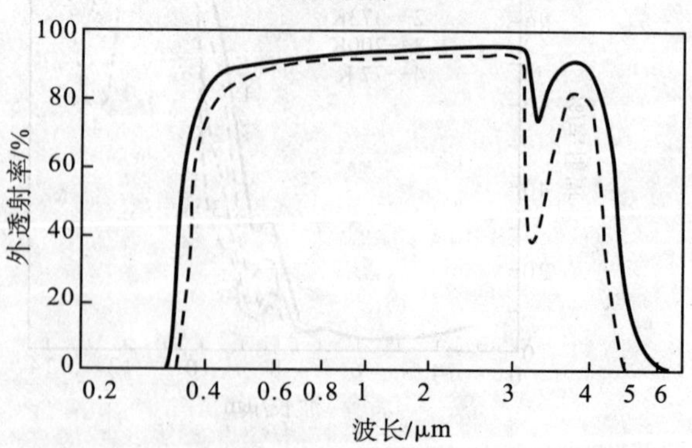

图 36-23　C 101 型维他玻璃陶瓷材料的透射曲线[16]

实线的样品厚度为 0.29 mm，虚线的样品厚度为 1.13 mm。维他玻璃陶瓷材料的制造：先将一定配合料熔为玻璃并形成所需形状的块，然后经过一定的热处理工艺使玻璃转变成无孔隙的多晶材料

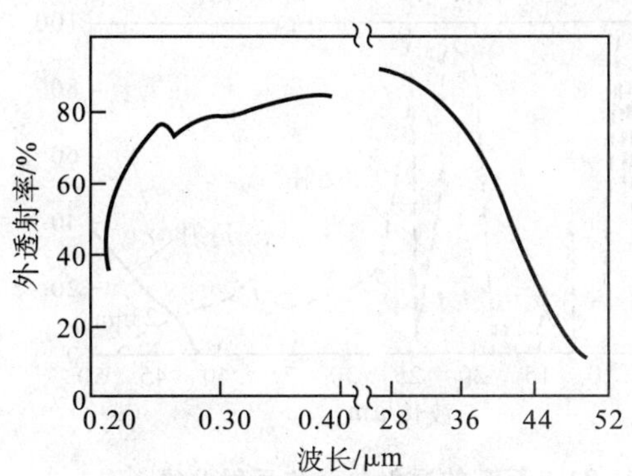

图 36-24　溴化铯的透射曲线[17]

短波部分样品的厚度为 5 mm，长波部分样品的厚度为 5.10 mm

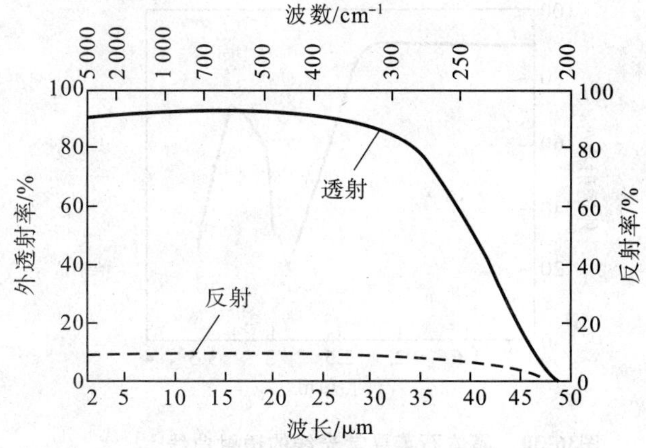

图 36-25　溴化铯的透射曲线和反射曲线[18]

样品厚度为 10 mm

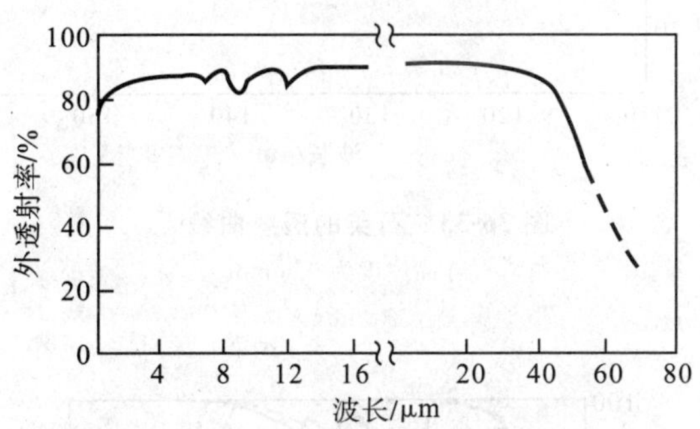

图 36-26　碘化铯的透射曲线[19-21]

短波部分样品的厚度为 3 mm，长波部分样品的厚度为 5 mm

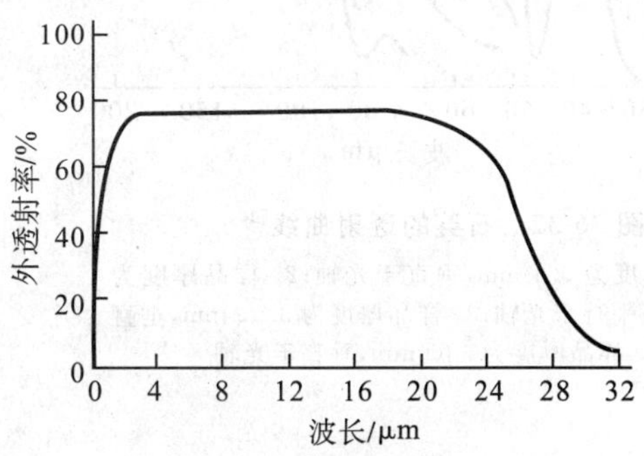

图 36-27　溴化铜的透射曲线

样品厚度为 2.92 mm

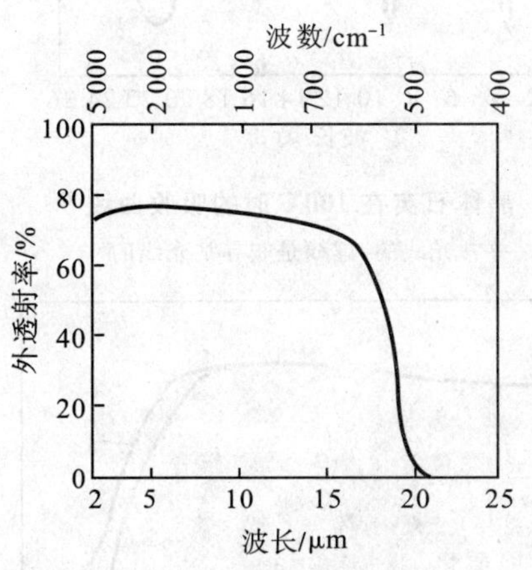

图 36-28　氯化亚铜的透射曲线[23]

样品厚度为 9.1 mm

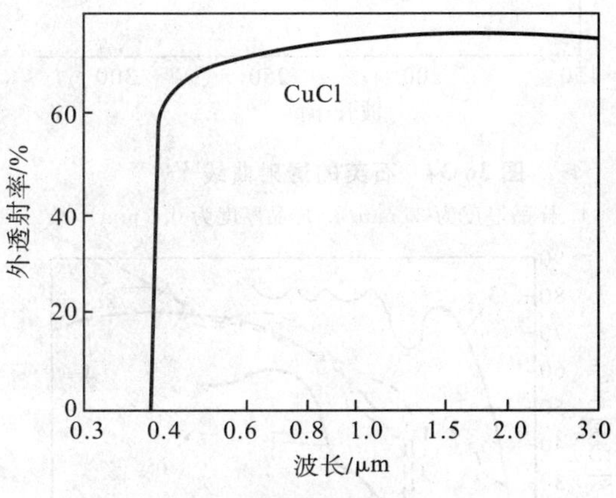

图 36-29　氯化亚铜的透射曲线[24]

样品厚度为 9.1 mm

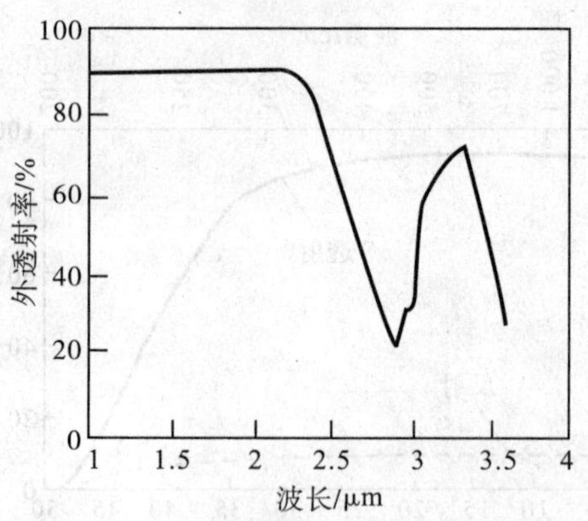

图36-30 晶体石英寻常光线的透射曲线[25]

样品厚度为 10 mm

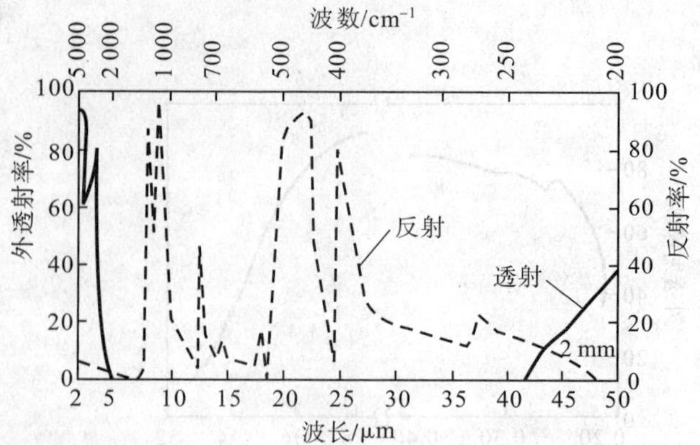

图 36-31 石英的透射曲线和反射曲线[3]

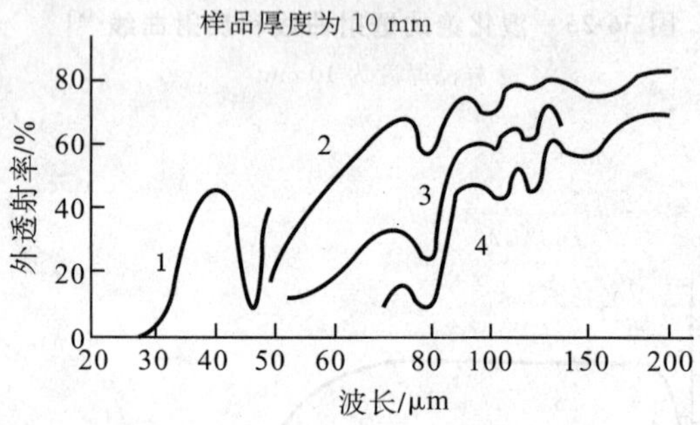

图 36-32 石英的透射曲线[26]

1. 样品厚度为 0.1 mm,垂直于光轴;2. 样品厚度为 1.03 mm,平行于光轴;3. 样品厚度为 3.49 mm,垂直于光轴;4. 样品厚度为6.05 mm,垂直于光轴

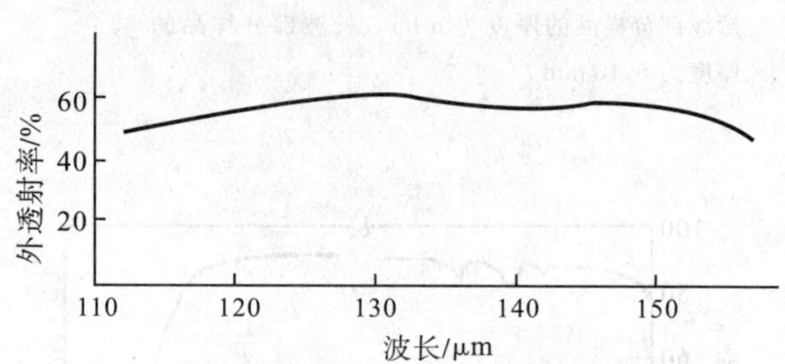

图 36-33 石英的透射曲线[27]

样品厚度为 0.6 mm

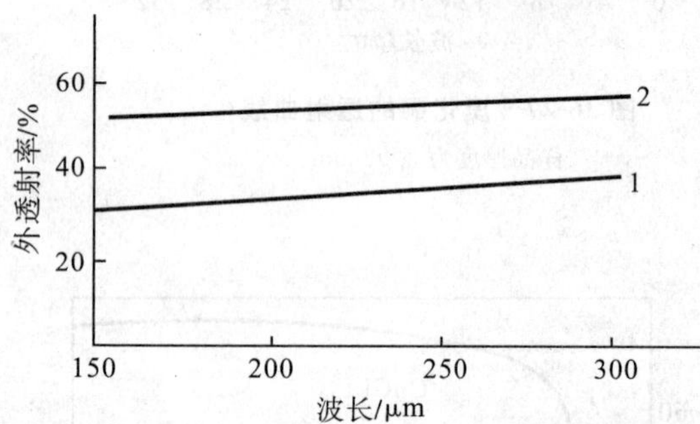

图 36-34 石英的透射曲线[27]

1. 样品厚度为 25 mm;2. 样品厚度为 0.6 mm

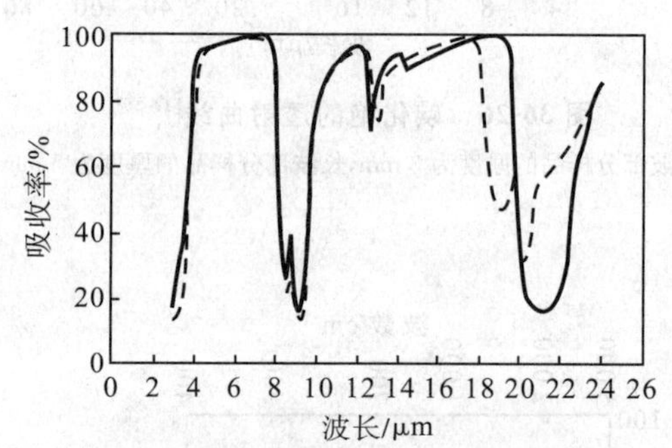

图 36-35 晶体石英在 100℃ 时的吸收曲线[28]

实线是寻常光线的,虚线是非寻常光线的

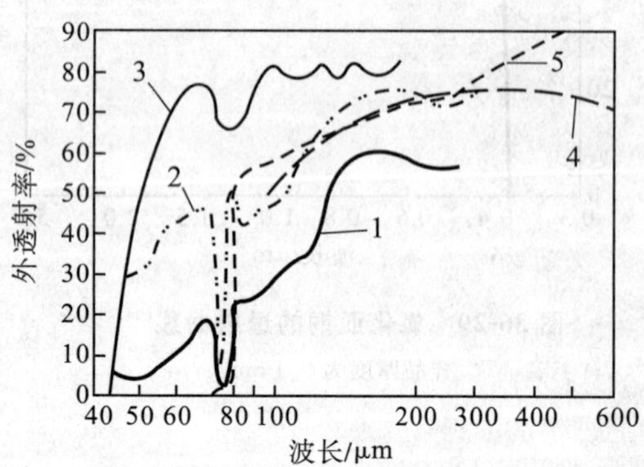

图 36-36 晶体石英的透射曲线[29-32]

1. 样品厚度为 5 mm,温度为 20℃;2. 样品厚度为 5 mm,温度为 175℃;3. 样品厚度为 1 mm;4. 样品厚度为4.5 mm;5. 样品厚度为 5 mm

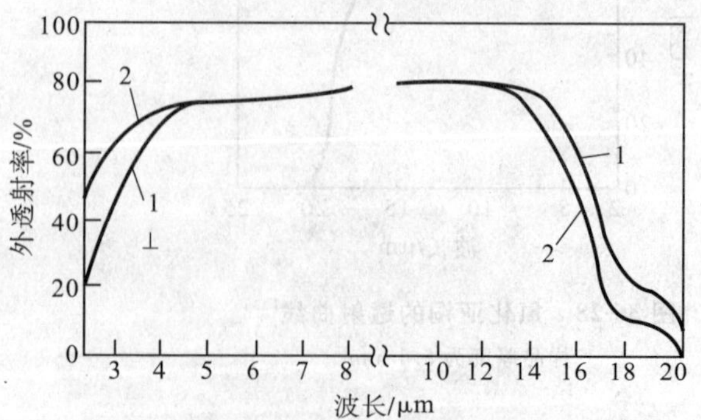

图 36-37 氯化铜铯的透射曲线[33]

样品厚度为 1.85 mm。1. 寻常光线;2. 非寻常光线

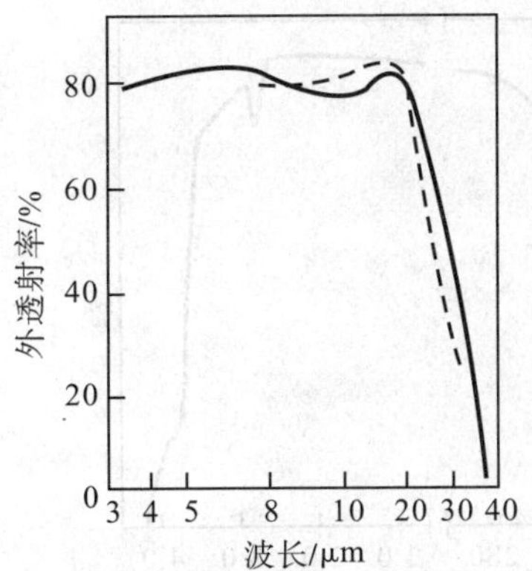

图 36-38　氯化铜(I)在300 K时的透射曲线[34]

实线样品的厚度为 90 μm，虚线样品的厚度为 200 μm

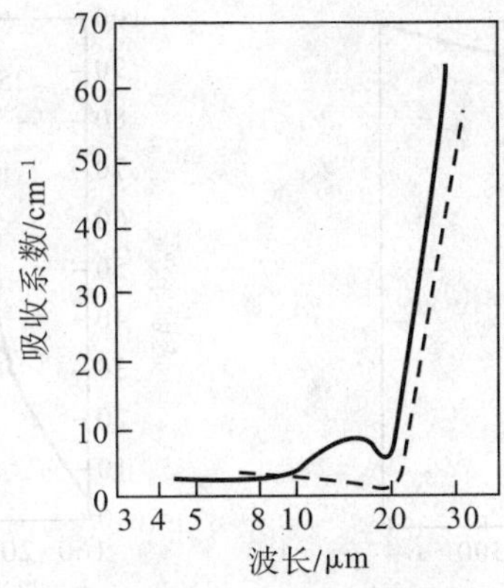

图 36-39　氯化铜(I)在 300 K 时的吸收系数曲线[34]

实线样品的厚度为 90 μm，虚线样品的厚度为 200 μm

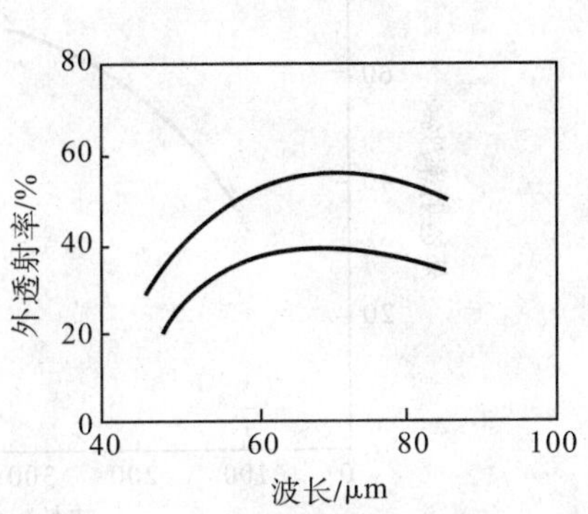

图 36-40　两种厚度的金刚石的透射曲线[36]

上面曲线的样品厚度为 1.677 mm，下面曲线的样品厚度为 2.438 mm

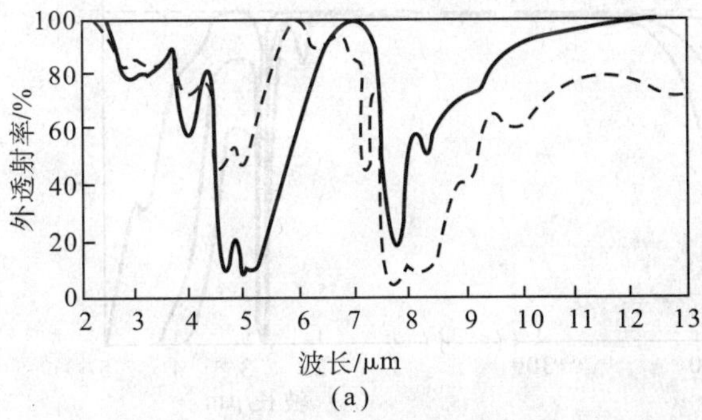

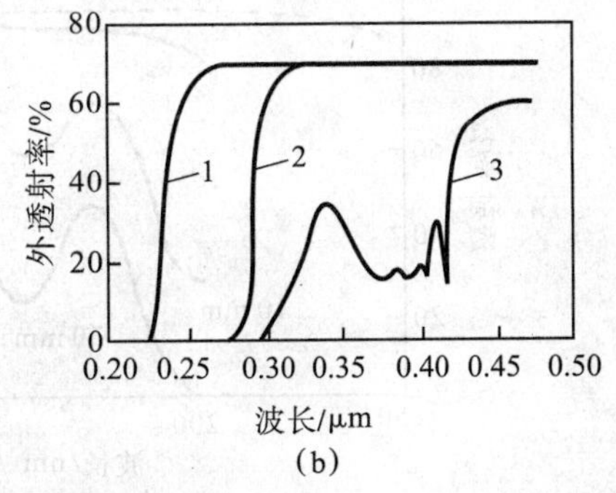

图 36-41　几种类型金刚石的透射曲线[35]

(a)两种类型金刚石的透射曲线。虚线是 CM71 的中红外透射；实线是 $SLO_{44}P_2$ 的强红外 Ⅰ。(b)3 种类型金刚石的透射曲线。1. BP-2(紫外Ⅱ)；2. M-4(弱紫外)；3. SLF127(中紫外 Ⅰ)

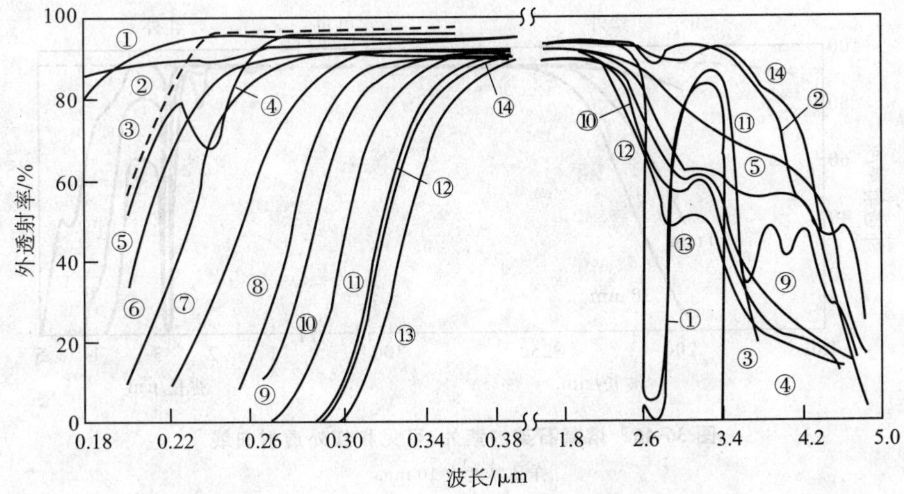

图 36-42　一些透紫外和透红外玻璃的透射曲线[37-38]

①熔凝硅石；②晶体石英；③熔凝石英；④光学玻璃；⑤科宁 7910 玻璃；⑥科宁 7941 玻璃；⑦科宁 9702 玻璃；⑧科宁 9700 玻璃；⑨科宁 CorexD 玻璃；⑩科宁 7740 玻璃(化学派勒克斯玻璃)；⑪铅玻璃；⑫石灰玻璃；⑬科宁 7720 玻璃(囊耐克斯玻璃)；⑭熔石英

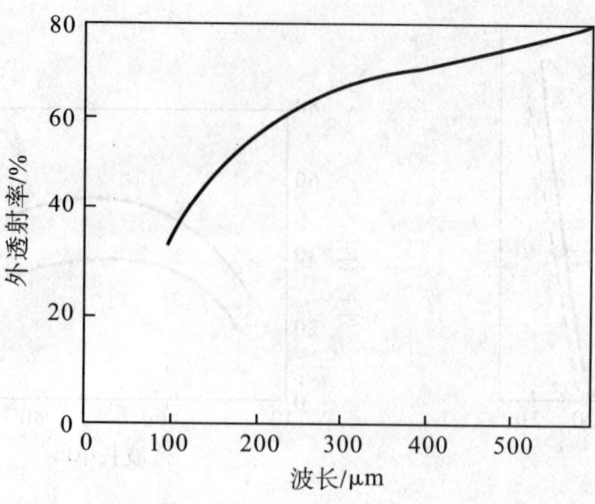

图 36-43　熔石英的透射曲线[31]

样品厚度为 0.56 mm

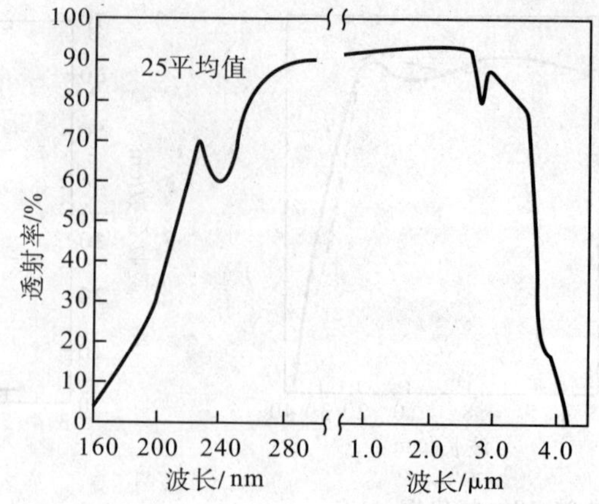

图 36-44　通用电气公司 125 型熔石英的透射曲线[39]

样品厚度为 10 mm。此曲线可供计算表面的反射损失

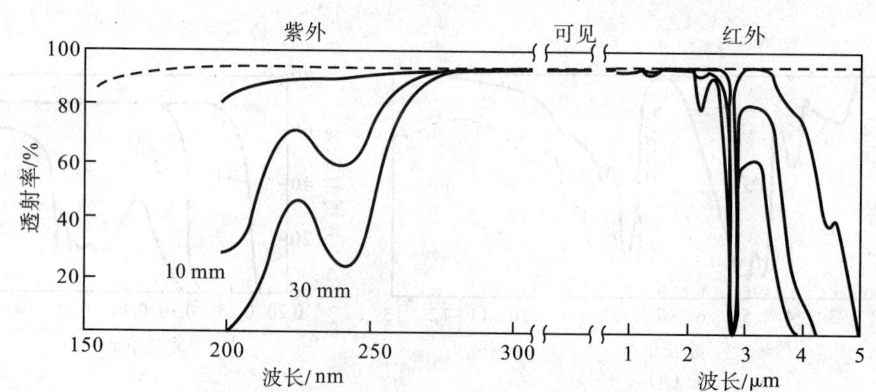

图 36-45　熔石英的紫外、可见和红外透射曲线[40]

样品厚度为 10 mm

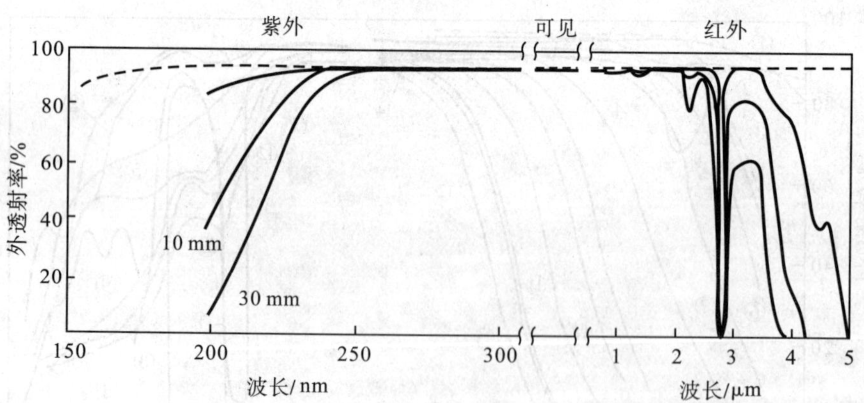

图 36-46　熔凝石英的紫外、可见和红外透射曲线

样品厚度为 10 mm

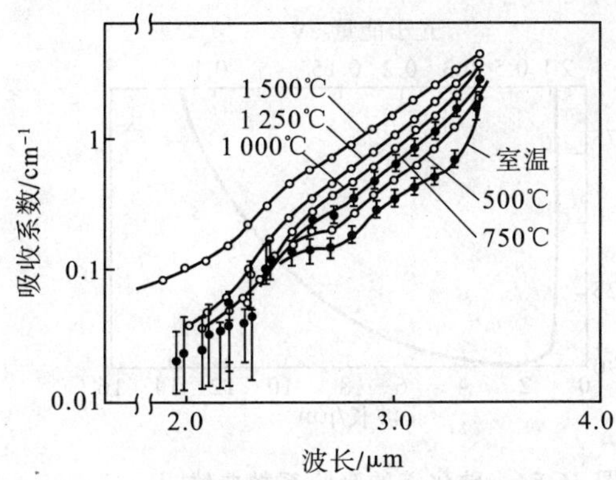

图 36-47　科宁高硅硼透红外玻璃 7905 (96%的氧化硅)的红外吸收系数曲线[41]

样品厚度为 9.53 mm

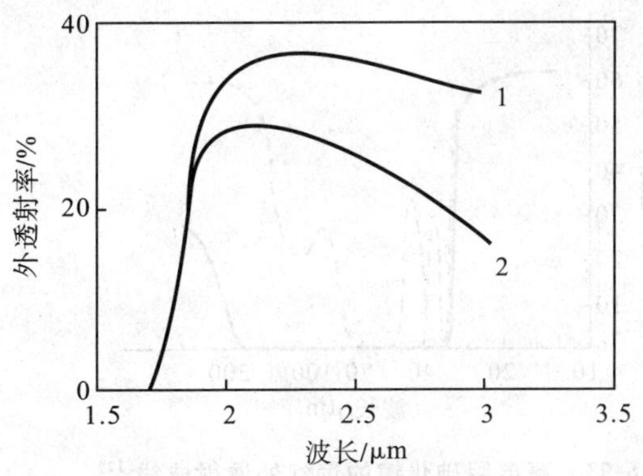

图 36-48　锑化镓的透射曲线

1. 样品厚度为 0.33 mm；2. 样品厚度为 0.66 mm

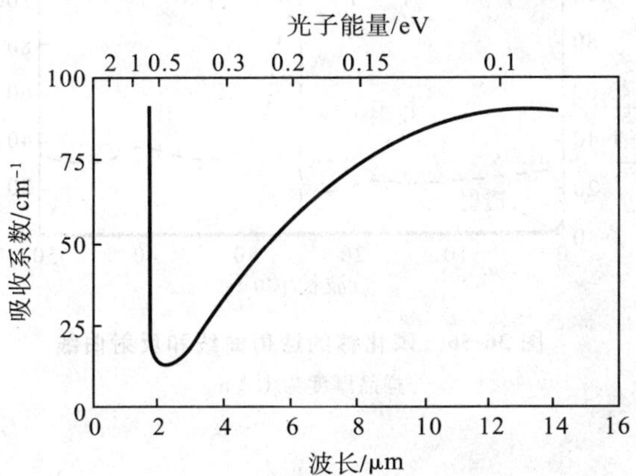

图 36-49　锑化镓的吸收系数曲线[42]

其电阻率为 0.08Ω·cm。显然在被测样品中有相当多的杂质存在

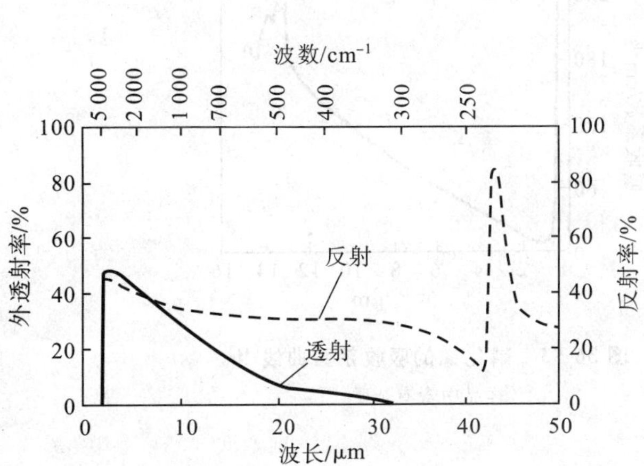

图 36-50　锑化镓的透射曲线和反射曲线

样品厚度为 0.5 mm

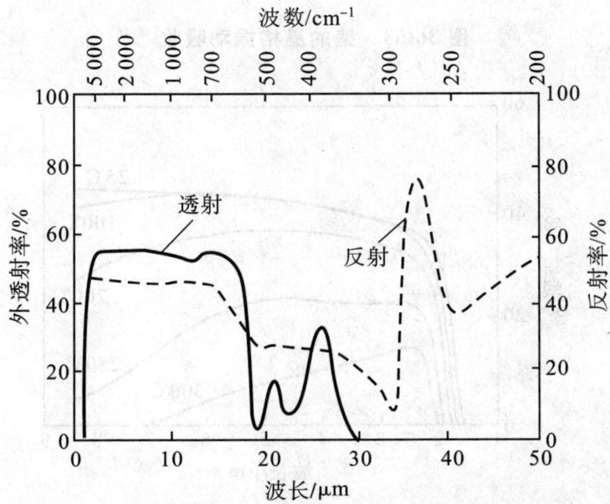

图 36-51　砷化镓的透射曲线和反射曲线

样品厚度为 0.5 mm

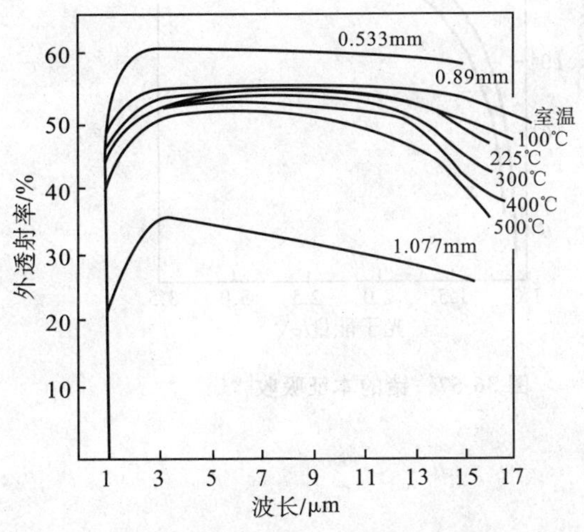

图 36-52　砷化镓在不同温度和厚度下的透射曲线[43]

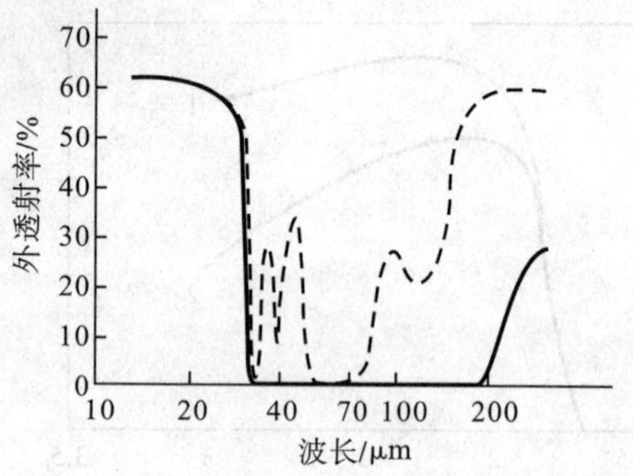

图 36-53 高电阻砷化镓的远红外透射曲线[12]

实线是 300 K 时的测量值，虚线是 8 K 时的测量值。样品是[110]单晶平板平面，经过光学抛光，厚度是 2.56 mm，电阻率是 0.85 MΩ·cm

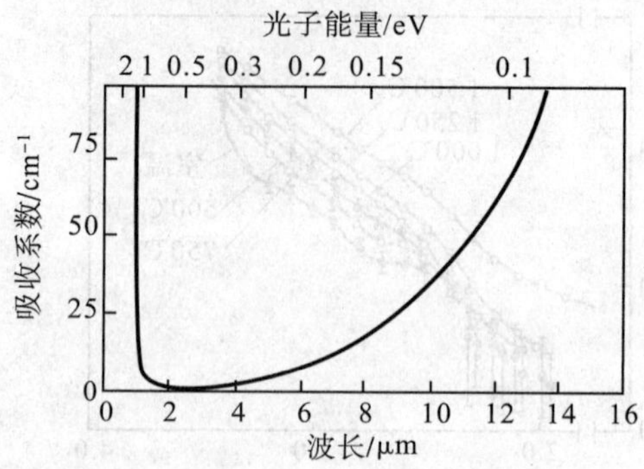

图 36-54 砷化镓的吸收系数曲线[42]

其电阻率为 1 MΩ·cm。显然在被测样品中有相当多的杂质存在

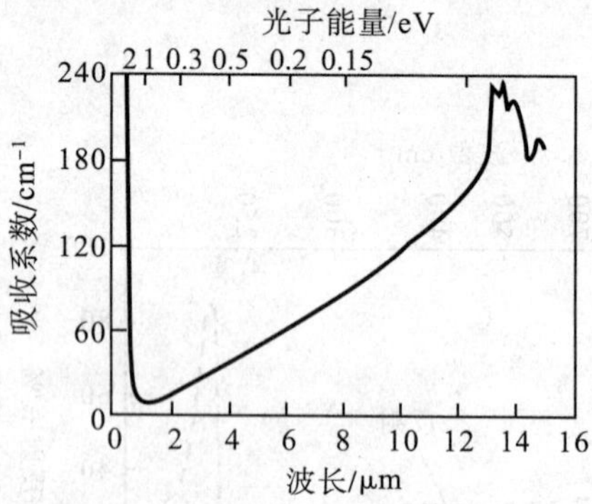

图 36-55 磷化镓的吸收系数曲线[42]

样品中含有杂质

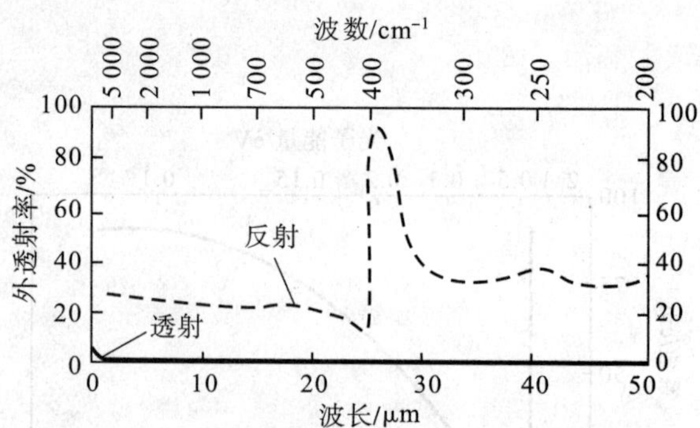

图 36-56 磷化镓的透射曲线和反射曲线

样品厚度为 1.0 mm

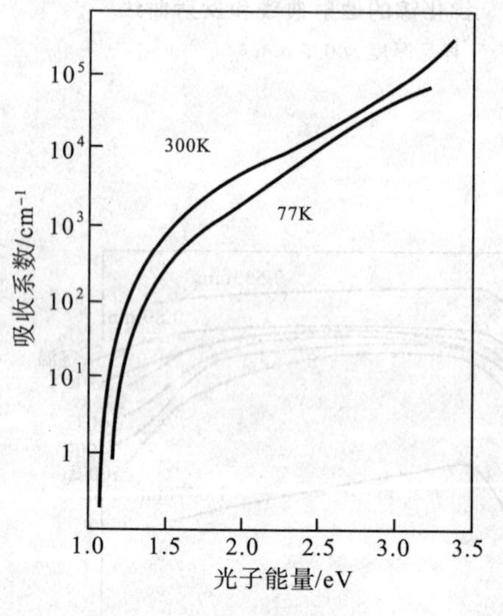

图 36-57 锗的本征吸收[44]

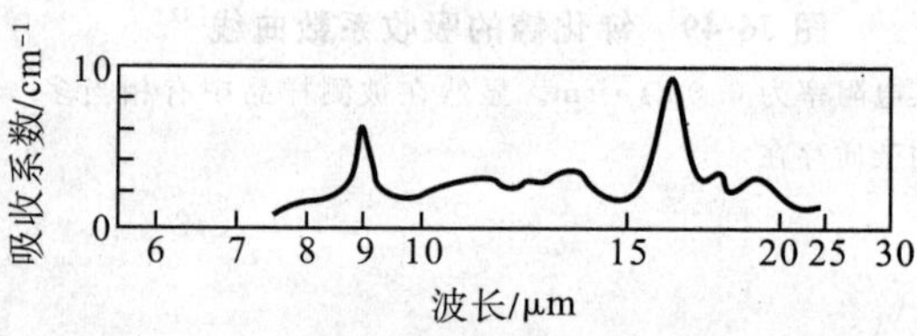

图 36-58 锗的晶格振动吸收[45-46]

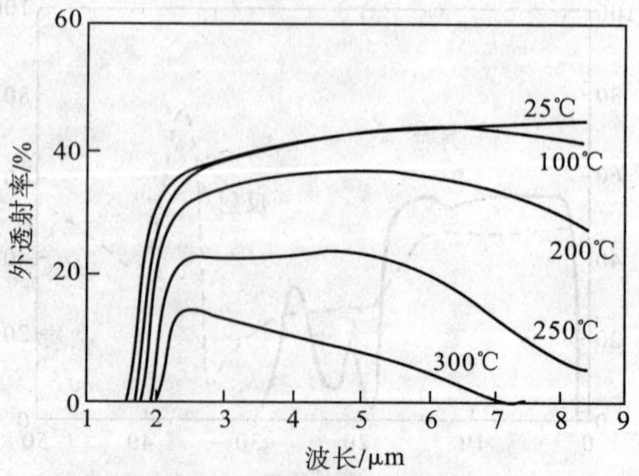

图 36-59 锗在不同温度下的透射曲线[3]

样品厚度为 1.15 mm，电阻率为 30 Ω·cm

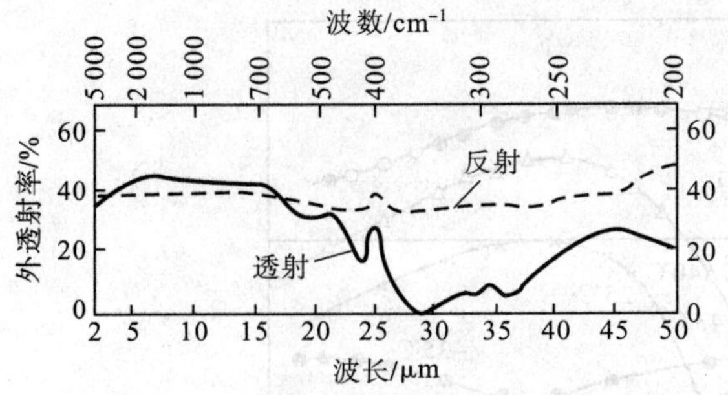

图 36-60　锗的透射曲线和反射曲线[3]

样品厚度为 1.6 mm

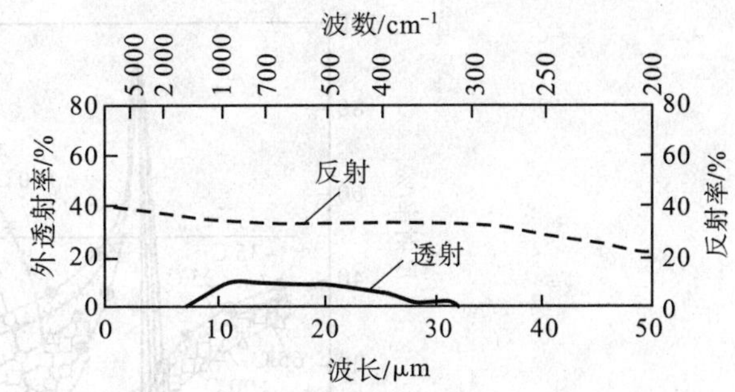

图 36-61　锑化铟的透射曲线和反射曲线

样品厚度为 1.0 mm

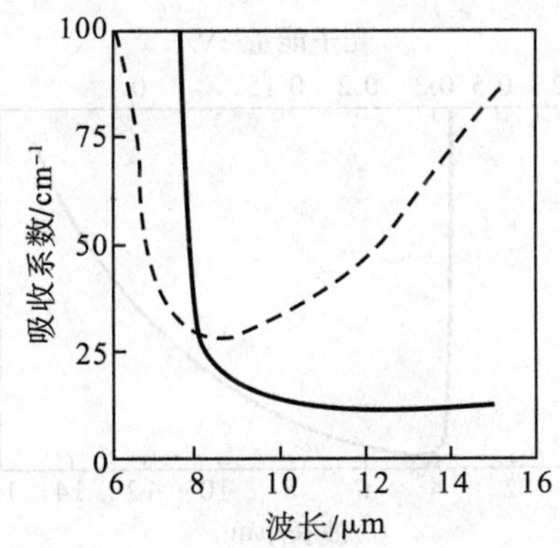

图 36-62　锑化铟的吸收系数曲线[42]

实线是"纯的",电阻率为 20 mΩ · cm;虚线是"有杂质的",电阻率为 10 mΩ · cm

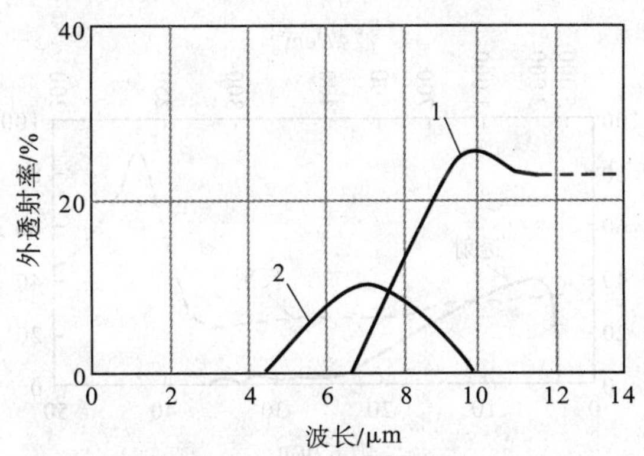

图 36-63　锑化铟的透射曲线[47]

样品厚度为 0.176 mm。样品 1 的电阻率为 7 mΩ · cm,样品 2 的电阻率为 0.25 mΩ · cm

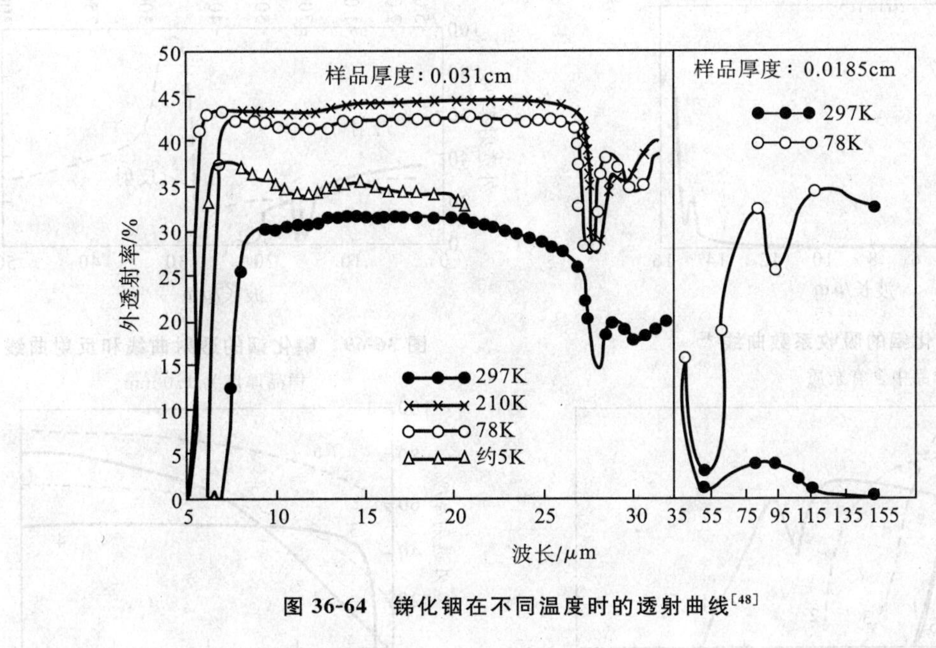

图 36-64　锑化铟在不同温度时的透射曲线[48]

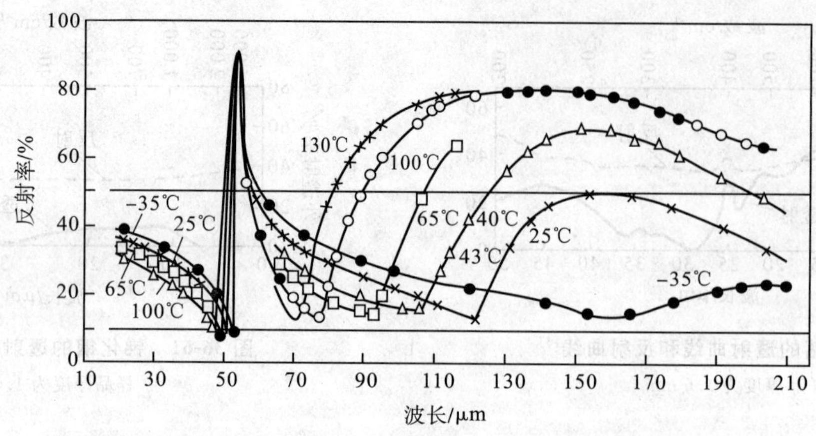

图 36-65　锑化铟在不同温度下的远红外反射曲线[49]

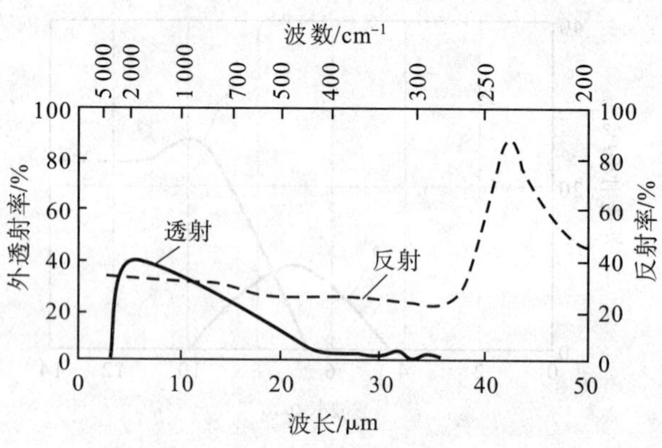

图 36-66　锑化铟的透射曲线和反射曲线

样品厚度为 0.17 mm

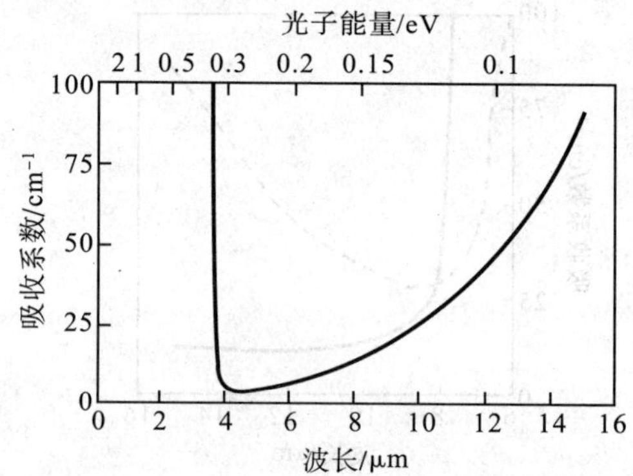

图 36-67　砷化铟的吸收系数曲线[42]

样品电阻率为 1 mΩ・cm。显然样品中有杂质存在

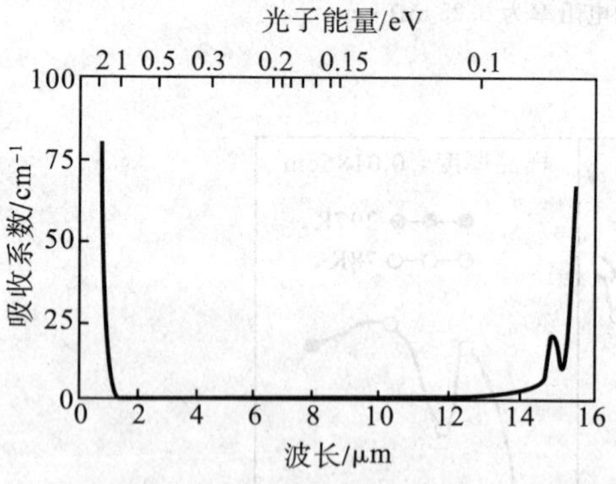

图 36-68　磷化铟的吸收系数曲线[42]

样品中含有杂质

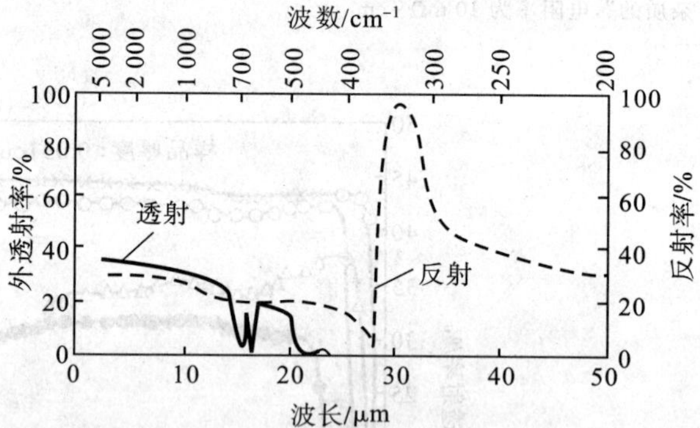

图 36-69　磷化铟的透射曲线和反射曲线

样品厚度为 1.0 mm

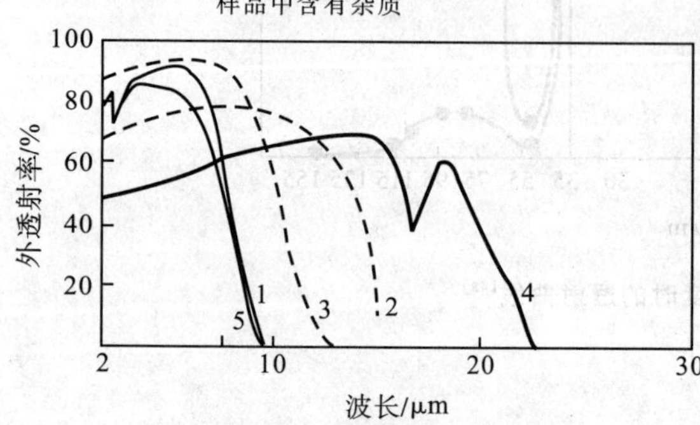

图 36-70　透红外材料 Irtran 的透射曲线

样品厚度为 2 mm

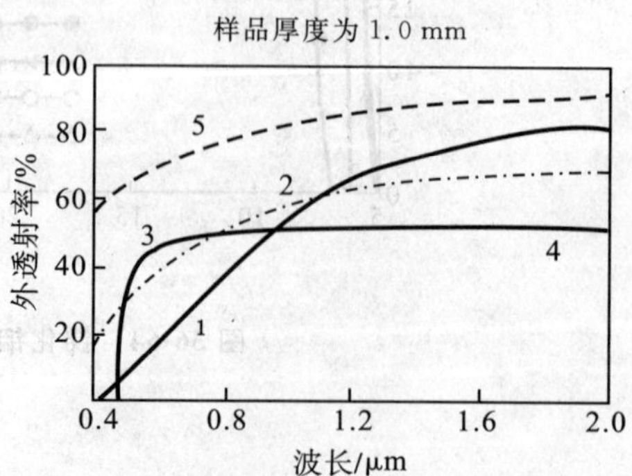

图 36-71　透红外材料 Irtran 的透射曲线

样品厚度为 2 mm(短波部分)

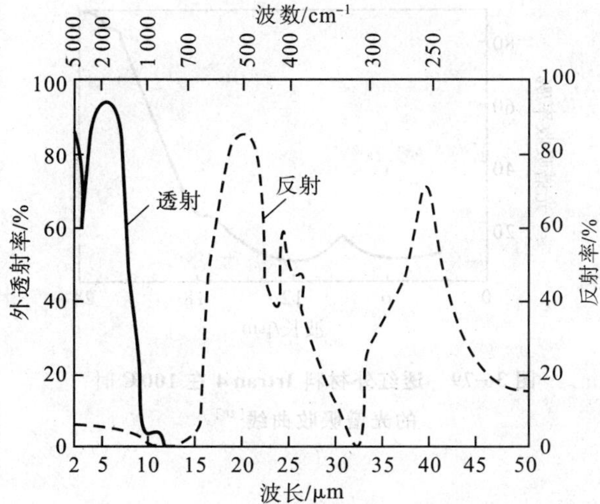

图 36-72 透红外材料 Irtran 1 的透射曲线和反射曲线[3]

样品厚度为 2 mm

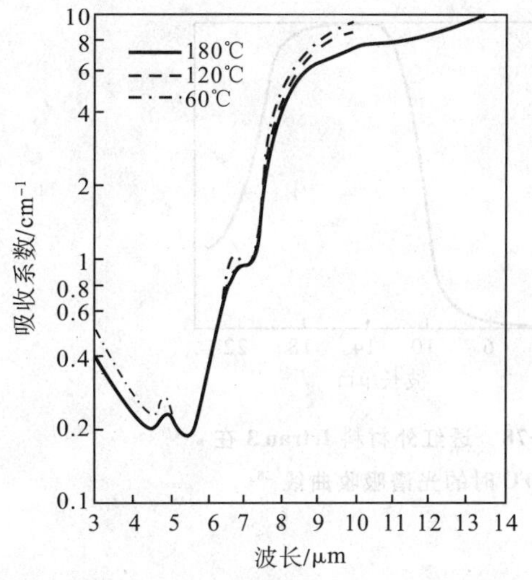

图 36-73 透红外材料 Irtran 1 在 3 种温度下的吸收系数曲线[38]

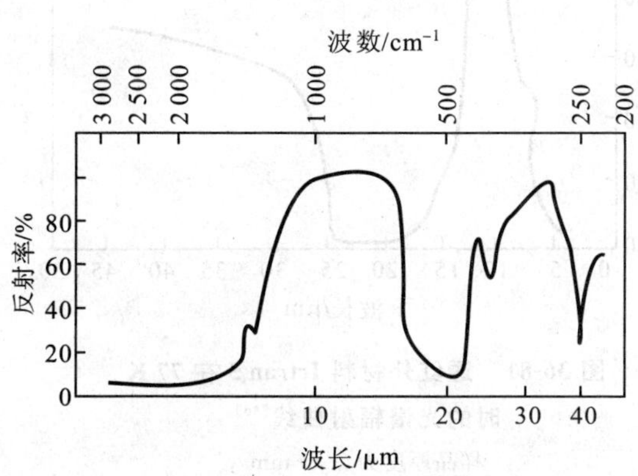

图 36-74 透红外材料 Irtran 1 在 77 K 时的光谱辐射曲线[50]

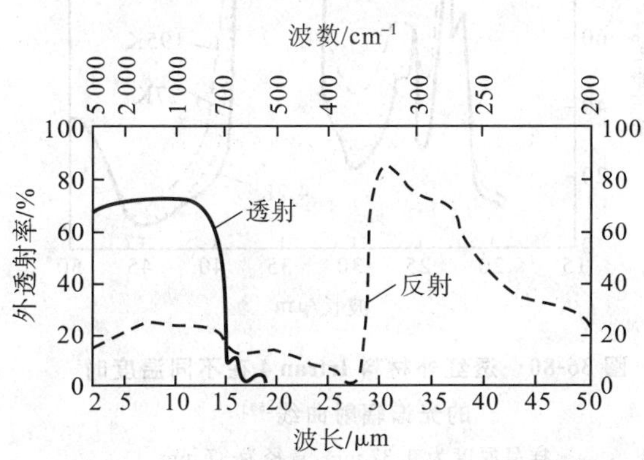

图 36-75 红外透射材料 Irtran 2 的透射曲线和反射曲线[3]

样品厚度为 1 mm

样品厚度为 2 mm

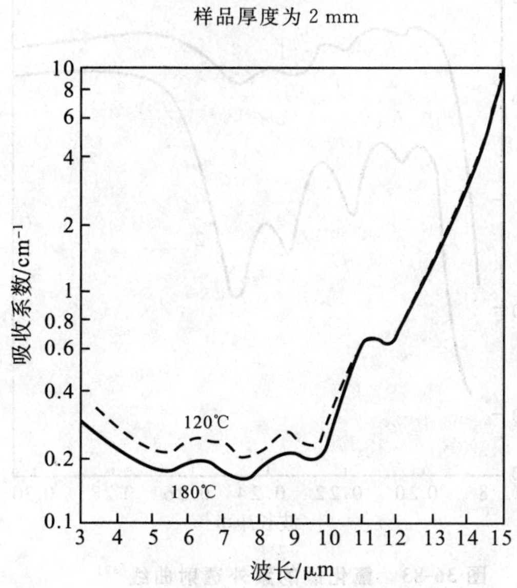

图 36-76 透红外材料 Irtran 2 在不同温度时的吸收系数曲线[38]

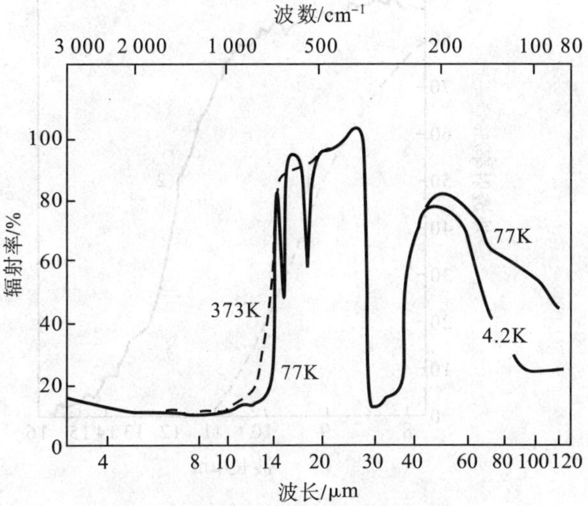

图 36-77 透红外材料 Irtran 2 在不同温度时的光谱辐射曲线[50]

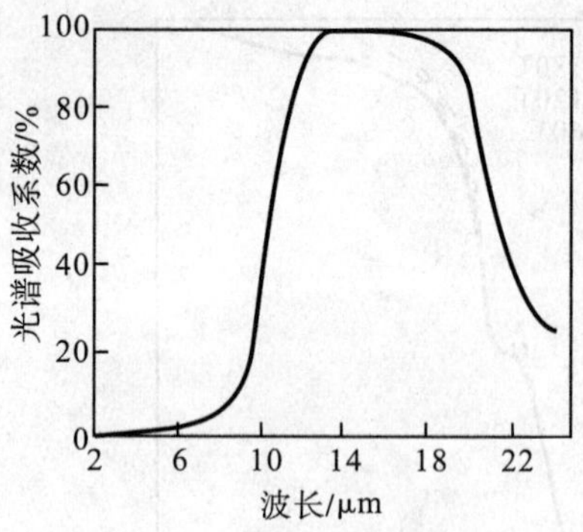

图 36-78　透红外材料 Irtran 3 在 100℃ 时的光谱吸收曲线[28]

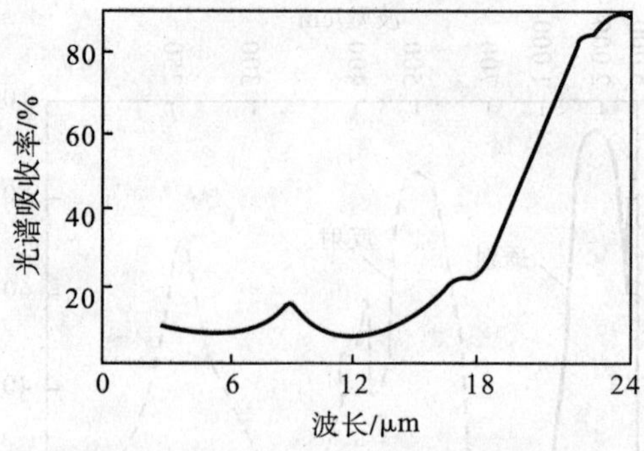

图 36-79　透红外材料 Irtran 4 在 100℃ 时的光谱吸收曲线[28]

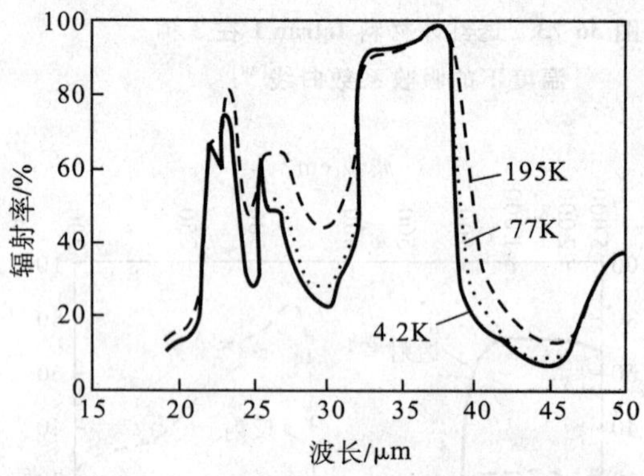

图 36-80　透红外材料 Irtran 4 在不同温度时的光谱辐射曲线[50]

样品厚度为 0.37 mm，直径为 37 mm

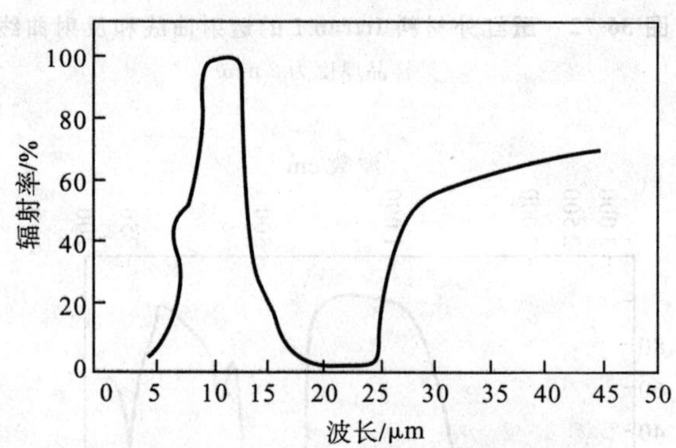

图 36-81　透红外材料 Irtran 5 在 77 K 时的光谱辐射曲线[50]

样品厚度为 2.11 mm

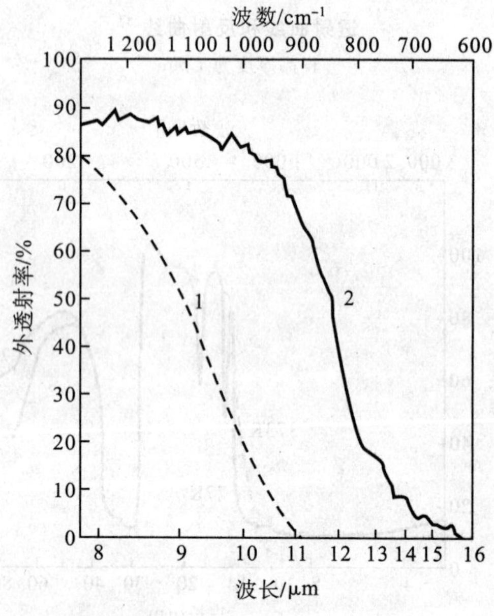

图 36-82　氟化镧的透射曲线[15]

1. 样品厚度为 0.43 mm；2. 样品厚度为 11.7 mm

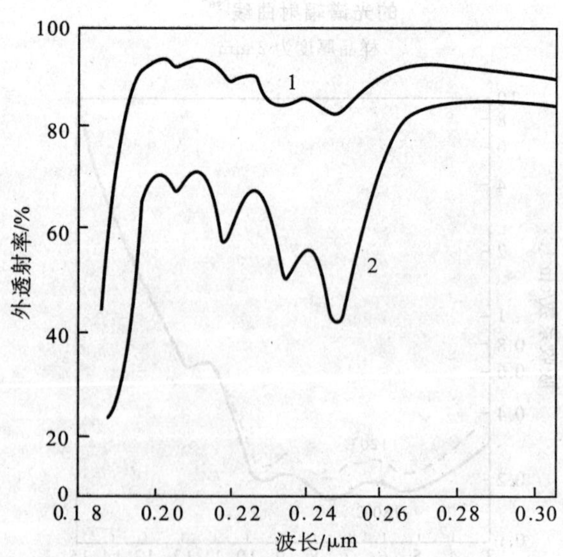

图 36-83　氟化镧的紫外透射曲线[52]

1. 样品厚度为 1.3 mm，光线垂直于光轴；2. 样品厚度为 8 mm，光线平行于光轴

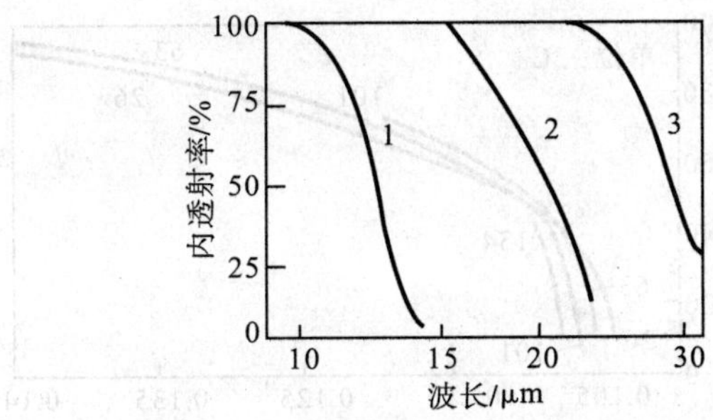

图 36-84　几种光学材料的内透射曲线[53]

1. 氟化铅的内透射曲线，样品厚度为 6～7 mm；2. 氯化铅的内透射曲线，样品厚度为 2～4 mm；3. 溴化铅的内透射曲线，样品厚度为 3～9 mm

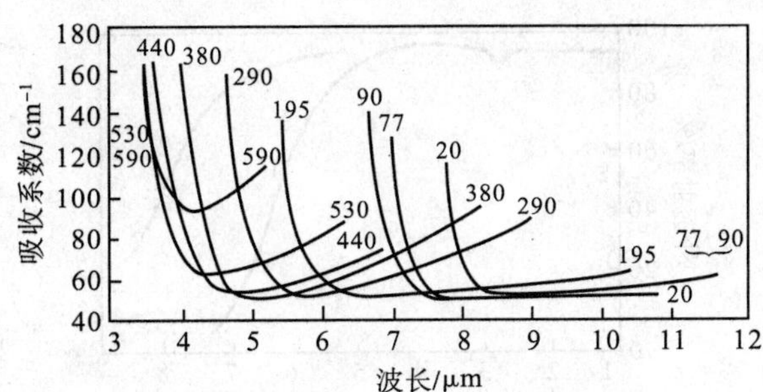

图 36-85　在不同热力学温度下，硒化铅的吸收系数曲线[54]

样品厚度为 0.68 mm

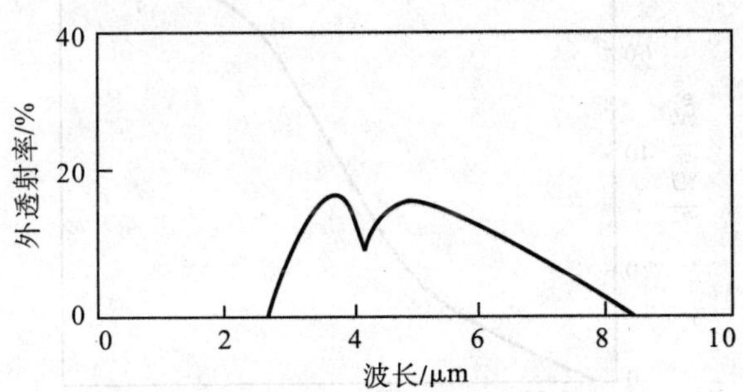

图 36-86　硫化铅的透射曲线

样品中没有用 X 射线分析法可测出的杂质

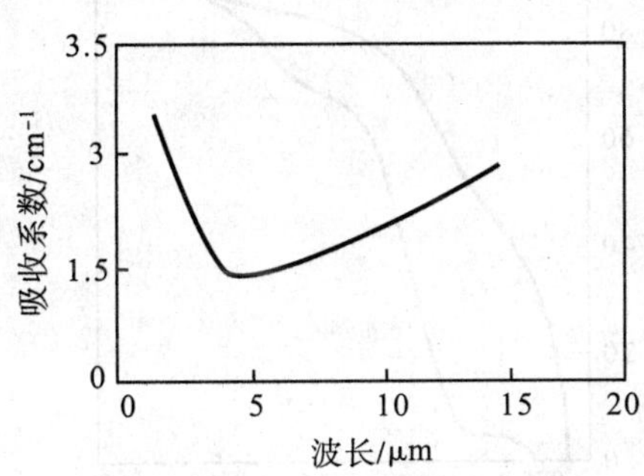

图 36-87　硫化铅的吸收曲线

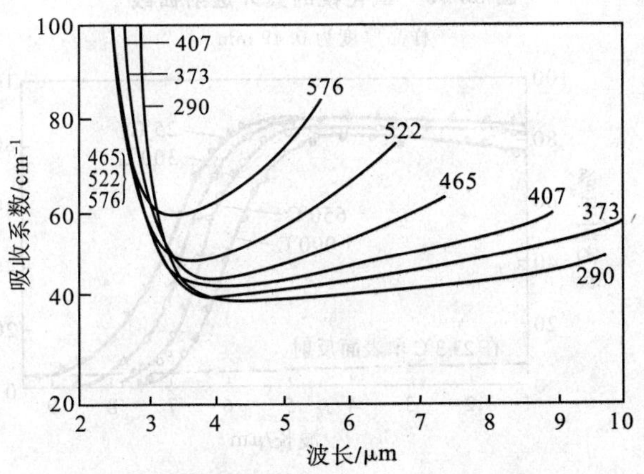

图 36-88　不同温度下 N 型硫化铅的吸收曲线[54]

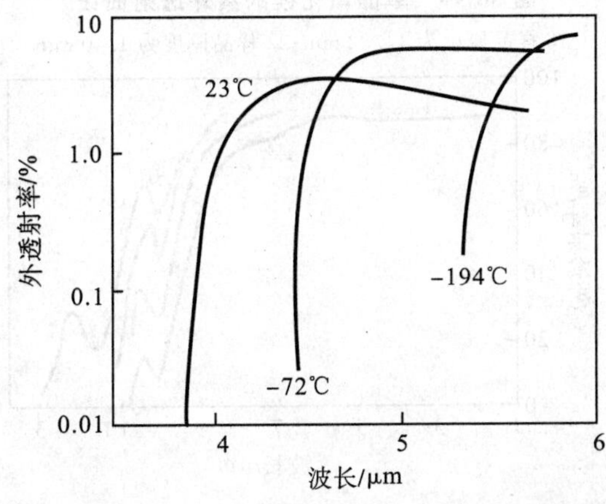

图 36-89　碲化铅薄片在不同温度时的透射曲线[55]

样品厚度为 0.11

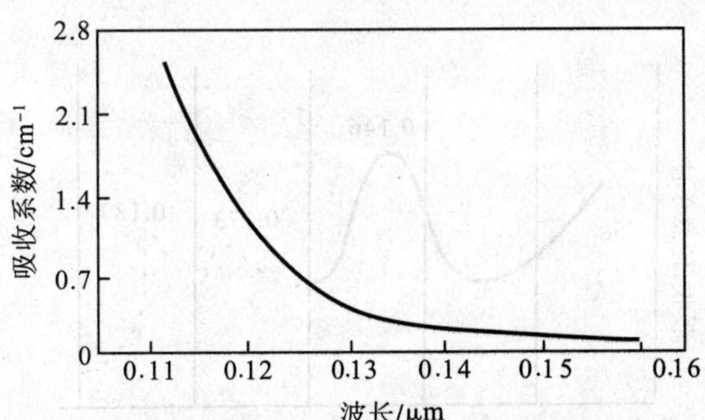

图 36-90　氟化锂的紫外吸收曲线[56]

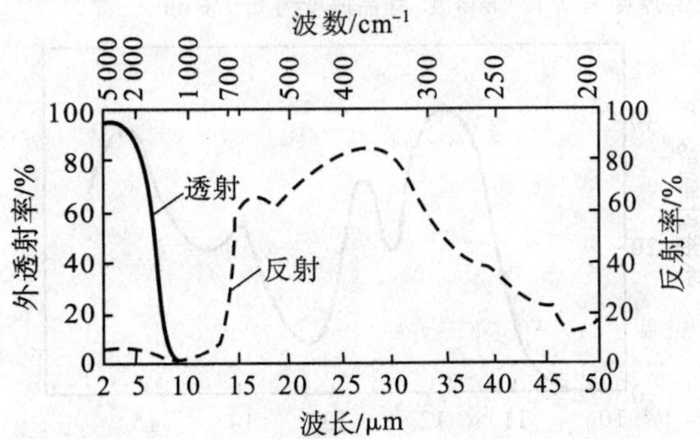

图 36-91　氟化锂的透射曲线和反射曲线[3]

样品厚度为 5 mm

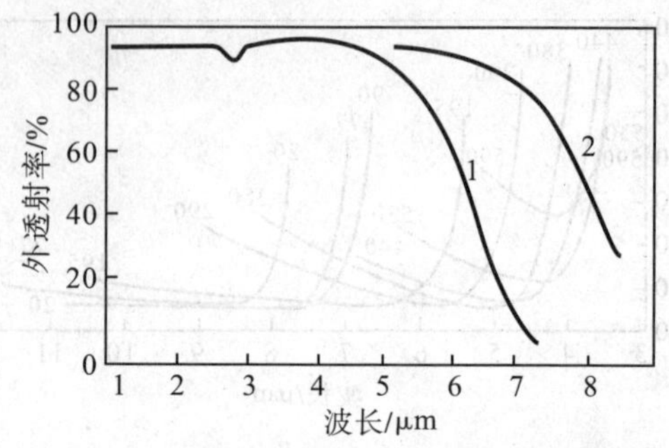

图 36-92　氟化锂的透射曲线[25]

1. 样品厚度为 12 mm；2. 样品厚度为 1 mm

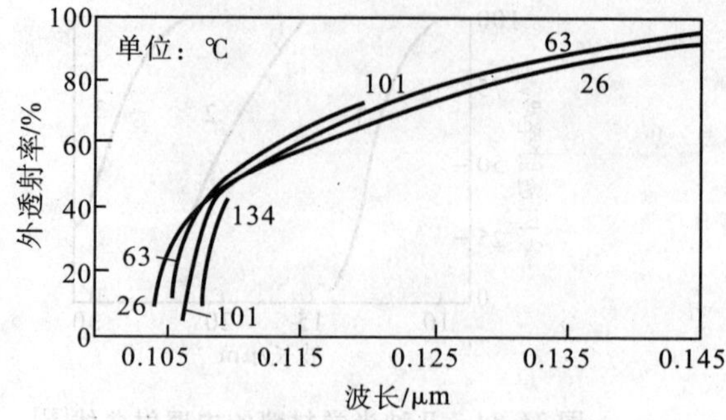

图 36-93　氟化锂在不同温度时的透射曲线[57]

样品厚度为 1.55 mm(短波部分)

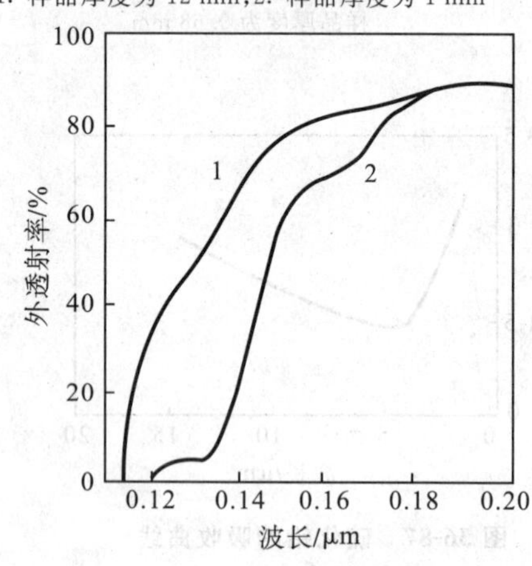

图 36-94　单晶氟化镁的紫外透射曲线[58]

1. 样品厚度为 14.82 mm；2. 样品厚度为 1.40 mm

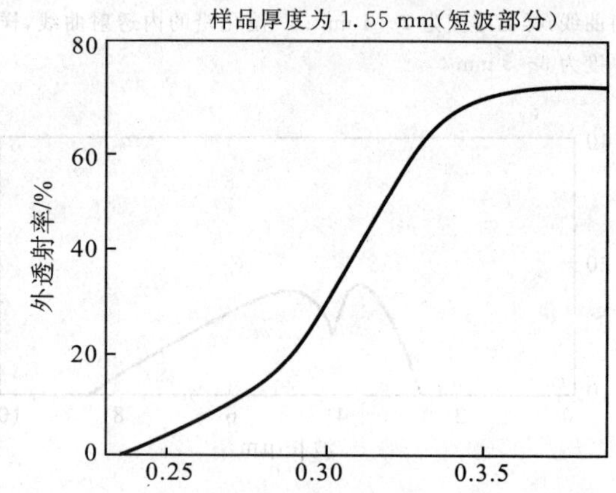

图 36-95　氧化镁的紫外透射曲线

样品厚度为 0.49 mm

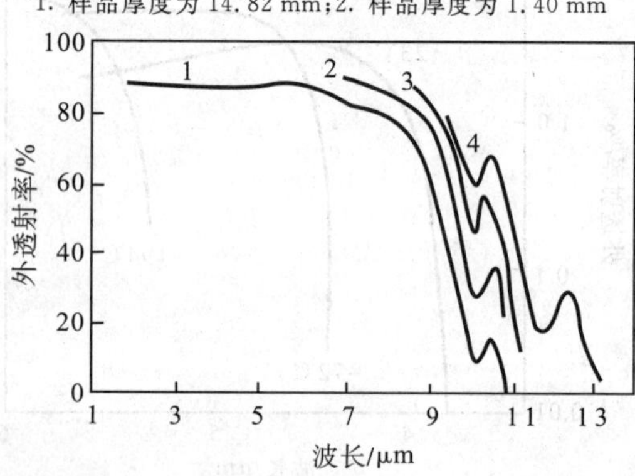

图 36-96　氧化镁的透射曲线[59]

1. 样品厚度为 0.468 mm；2. 样品厚度为 0.235 mm；3. 样品厚度为 0.124 mm；4. 样品厚度为 0.076 mm

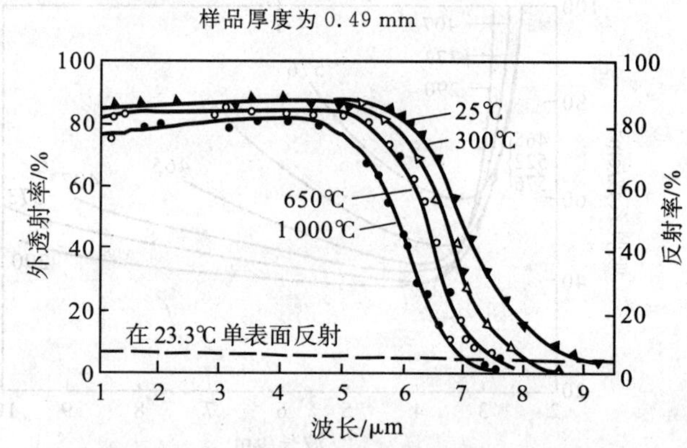

图 36-97　氧化镁在不同温度下的透射曲线[60]

样品厚度为 5.5 mm

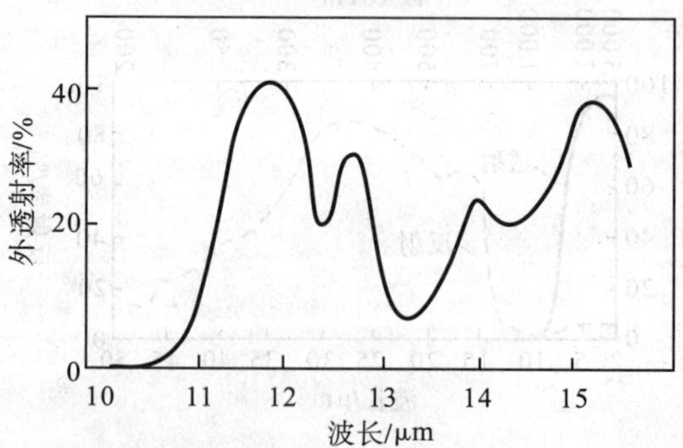

图 36-98　白云母片的透射曲线[61]

样品厚度为 8 μm

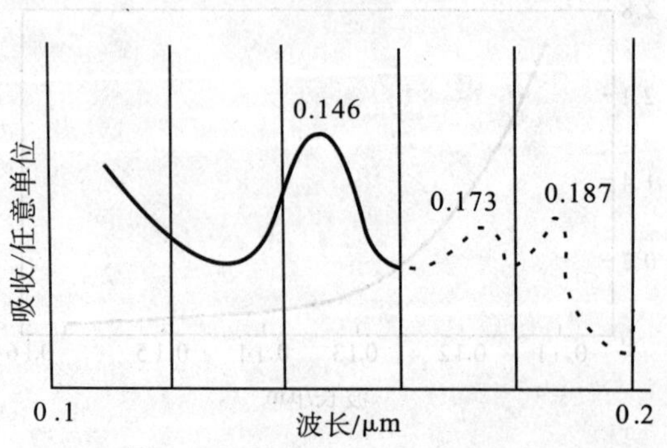

图 36-99　溴化钾的紫外吸收曲线[62-63]

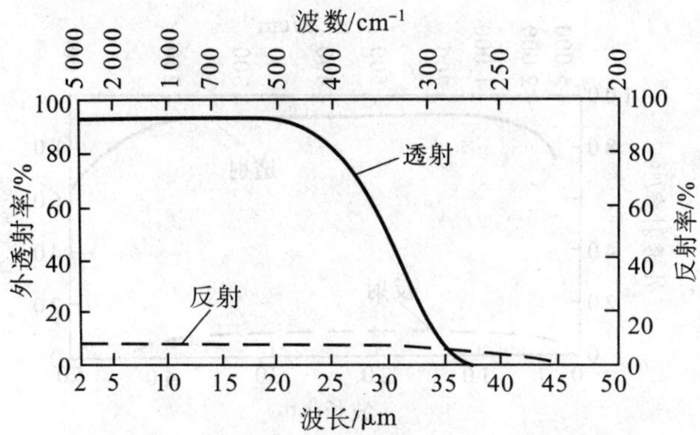

图 36-100　溴化钾的透射曲线和反射曲线[3]

样品厚度为 5 mm

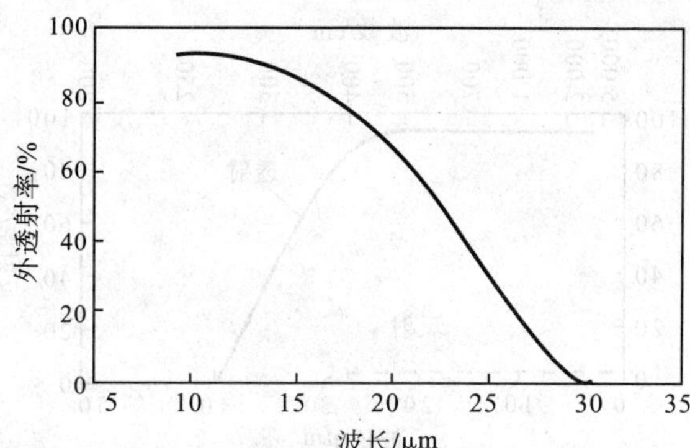

图 36-101　氯化钾的透射曲线

样品厚度为 5.3 mm

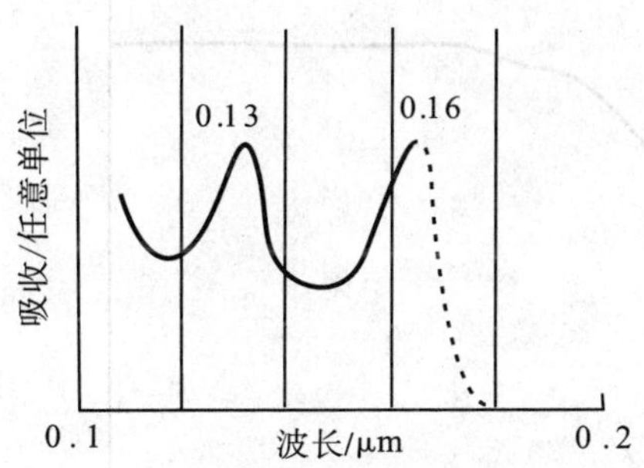

图 36-102　氯化钾的紫外吸收曲线[63]

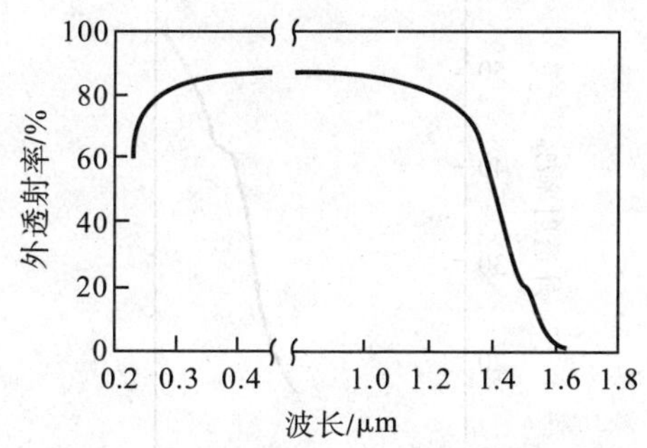

图 36-103　磷酸二氢钾的透射曲线[2]

短波部分样品厚度为 1.6 mm，长波部分样品厚度为 12.5 mm

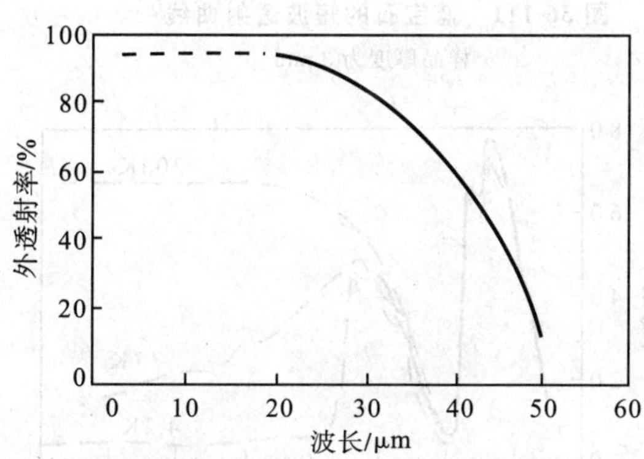

图 36-104　碘化钾的红外透射曲线[64]

样品厚度为 0.83 mm

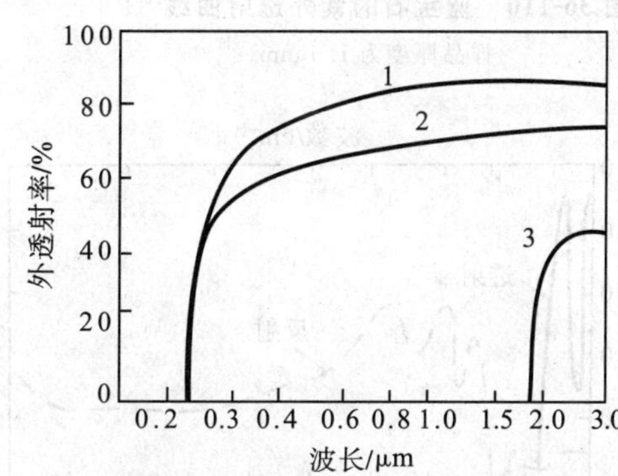

图 36-105　几种卤化物的透射曲线[65]

1. 碘化钾的透射曲线，样品厚度为 4.3 mm；2. 锑化镓的透射曲线，样品厚度为 0.5 mm；3. 碘化铷的透射曲线，样品厚度为 1.36 mm

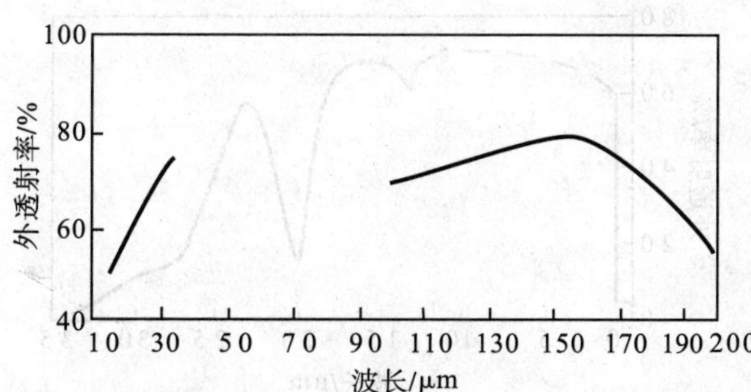

图 36-106　焦石墨的透射曲线

样品厚度为 7.6 μm

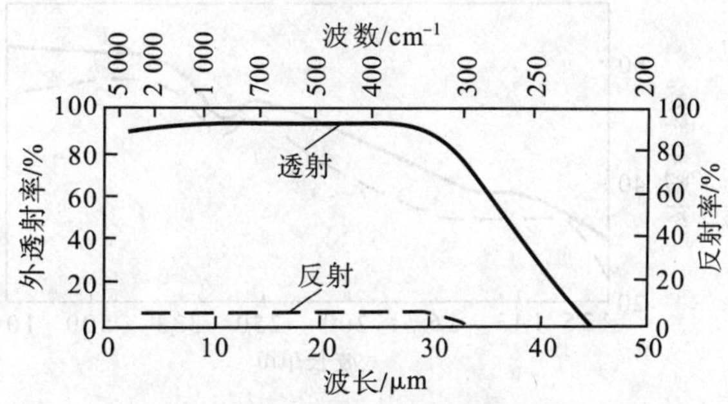

图 36-107　溴化铷的透射曲线和反射曲线

样品厚度为 5.31 mm

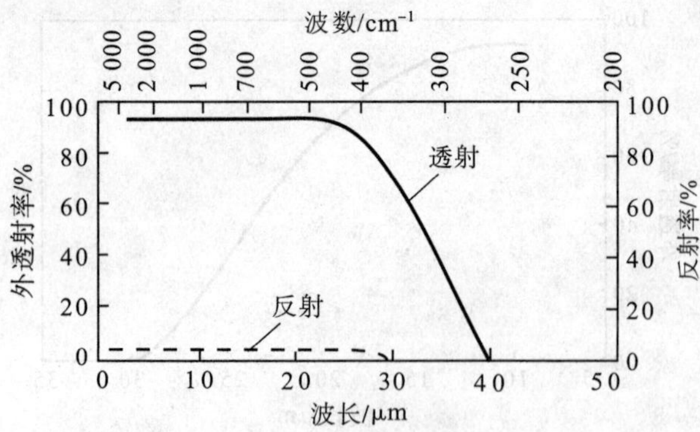

图 36-108　氯化铷的透射曲线和反射曲线

样品厚度为 3.0 mm

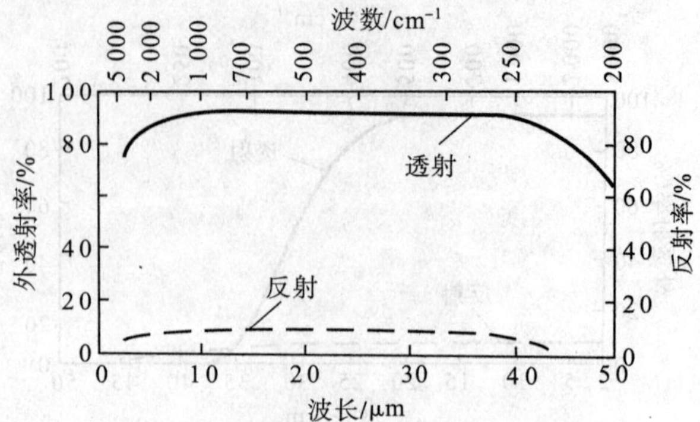

图 36-109　碘化铷的透射曲线和反射曲线

样品厚度为 3.91 mm

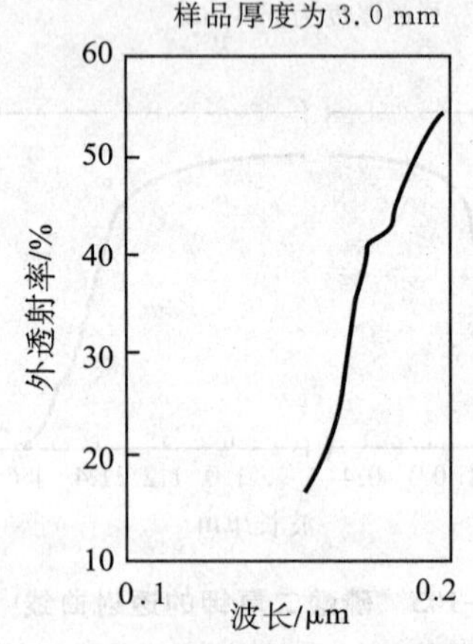

图 36-110　蓝宝石的紫外透射曲线[66]

样品厚度为 1.5 mm

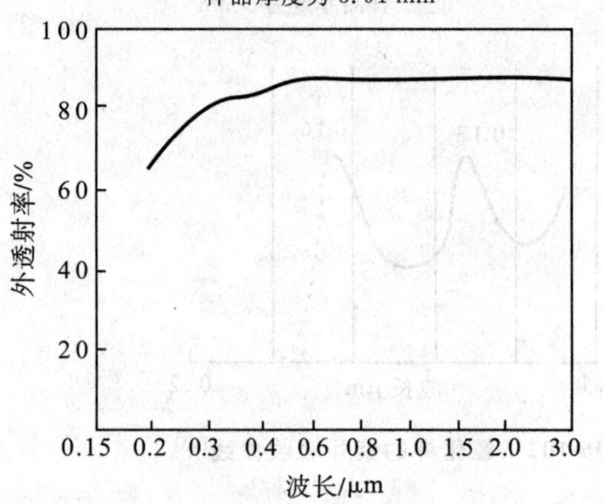

图 36-111　蓝宝石的短波透射曲线[9]

样品厚度为 3 mm

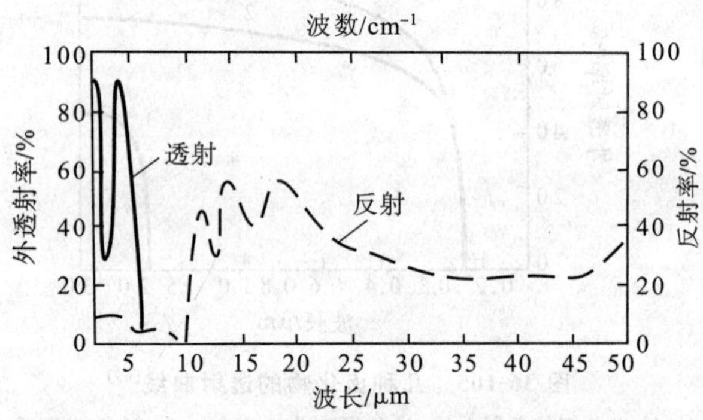

图 36-112　蓝宝石的透射曲线和反射曲线[18]

样品厚度为 2 mm

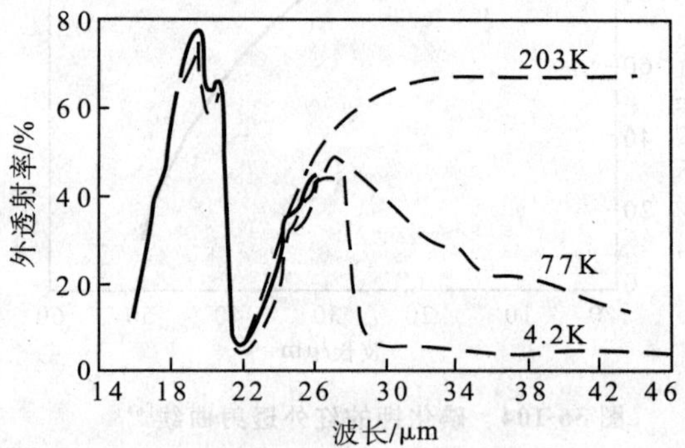

图 36-113　蓝宝石在 3 种温度下的光谱辐射曲线[11]

样品厚度为 0.79 mm

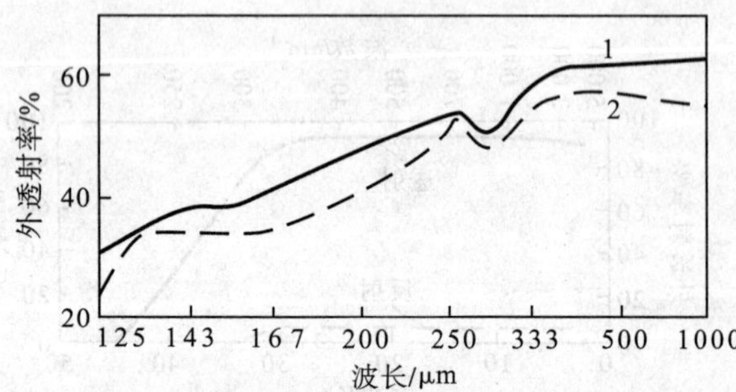

图 36-114　蓝宝石的长波透射曲线[67]

样品厚度为 1.0 mm。1. 无定取向轴样品；2. 光轴平行于表面的样品

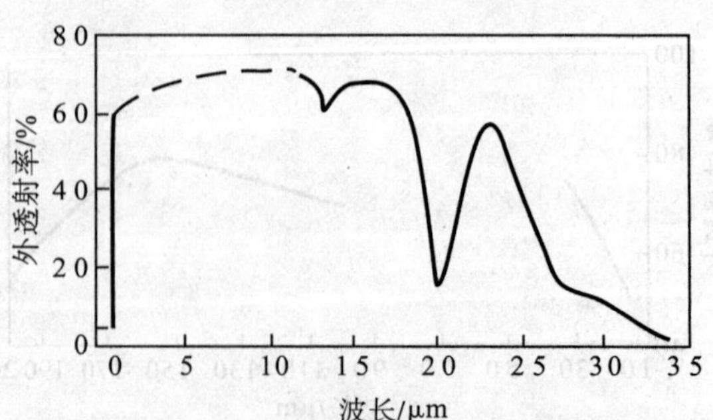

图 36-115　无定形硒的透射曲线[68]

样品厚度为 1.69 mm

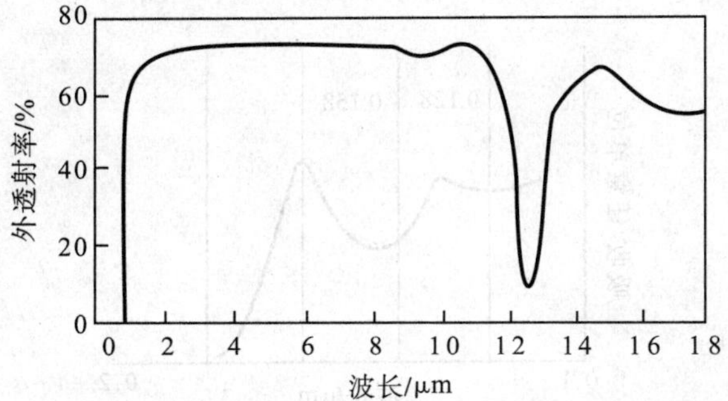

图 36-116 改进的砷硒玻璃的透射曲线[69]

样品厚度为 2 mm。这种玻璃的特性，每炉产品的都不同，这里的曲线只是有代表性的

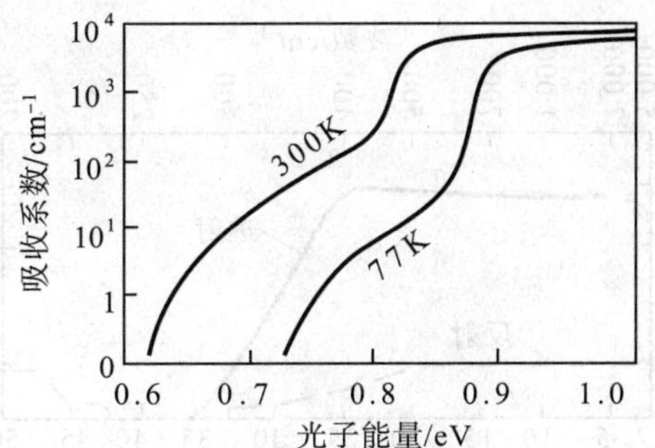

图 36-117 硅的吸收曲线[44]

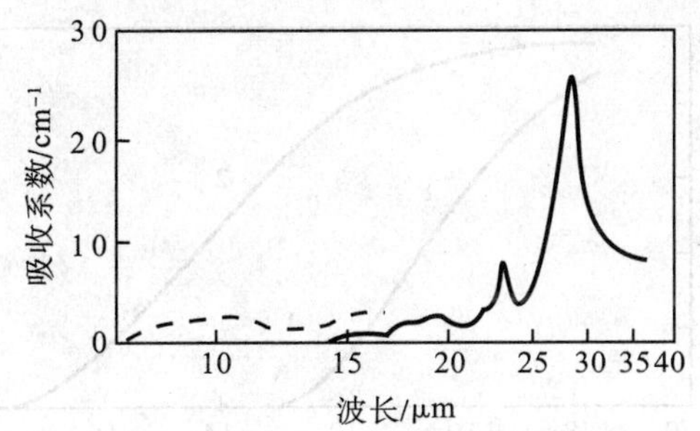

图 36-118 硅的晶格吸收[45]

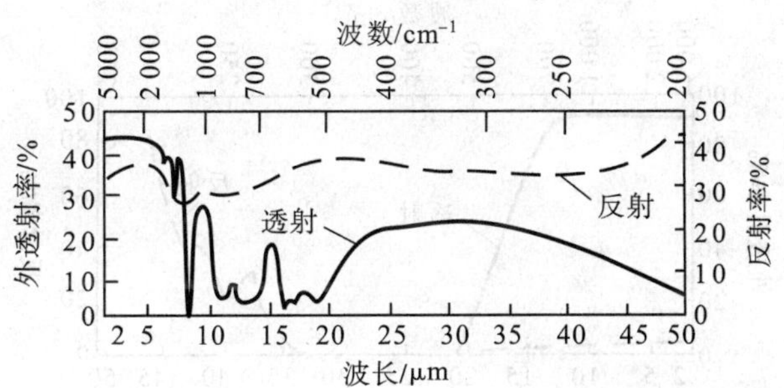

图 36-119 硅的透射曲线和反射曲线[3]

样品厚度为 10 mm

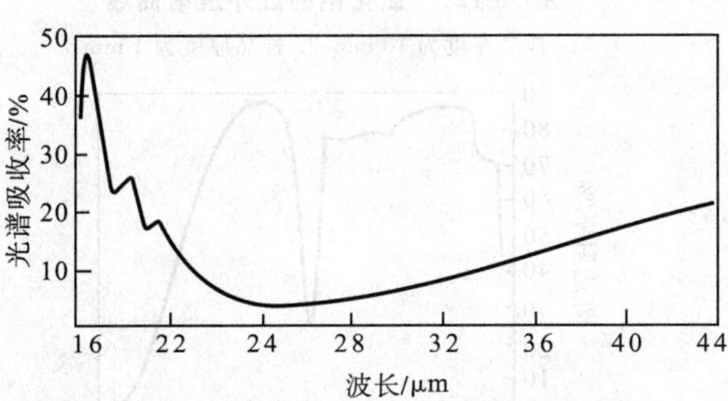

图 36-120 N 型硅在 77K 时的光谱吸收曲线[28]

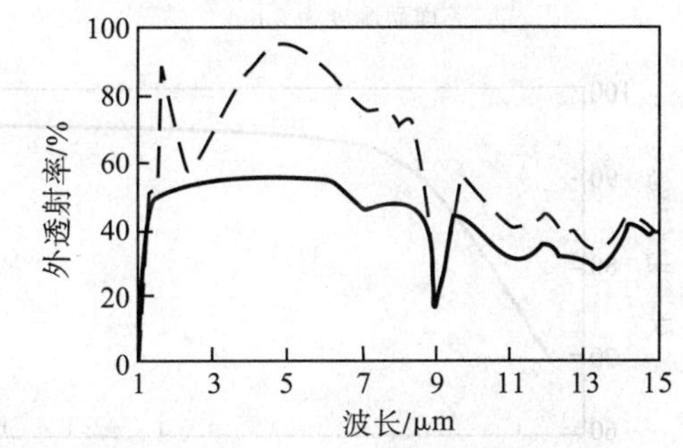

图 36-121 硅的透射曲线

样品厚度为 2.5 mm。虚线是涂有减反射膜的样品的透射曲线

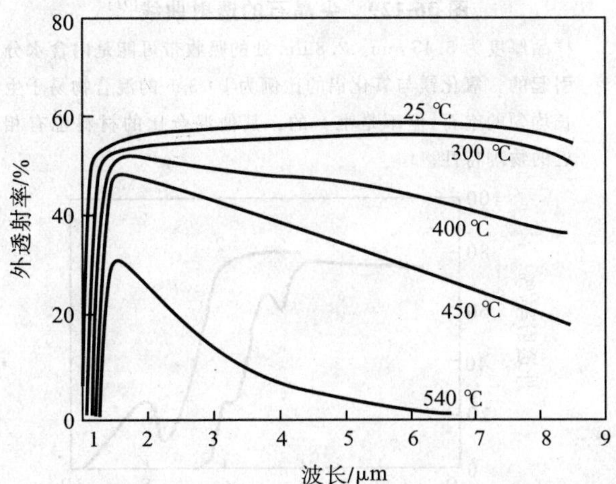

图 36-122 不同温度下硅的透射曲线[5]

样品厚度为 5.89 mm，电阻率不低于 5Ω · cm

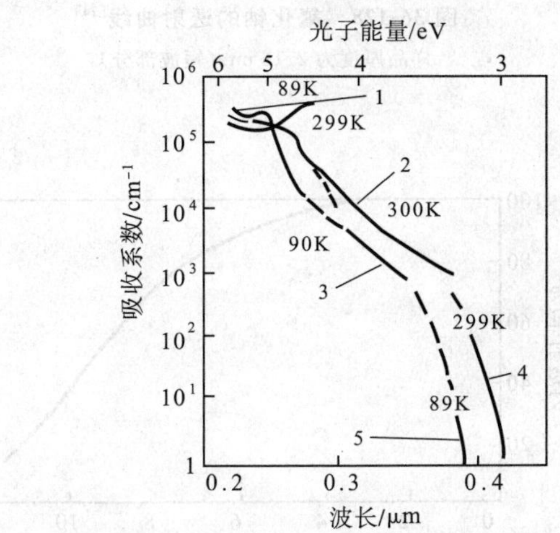

图 36-123 氯化银在紫外和可见部分蓝光区的吸收曲线[70]

1 和 2 的数据是从熔融的薄膜测出的，其他数据是单晶的

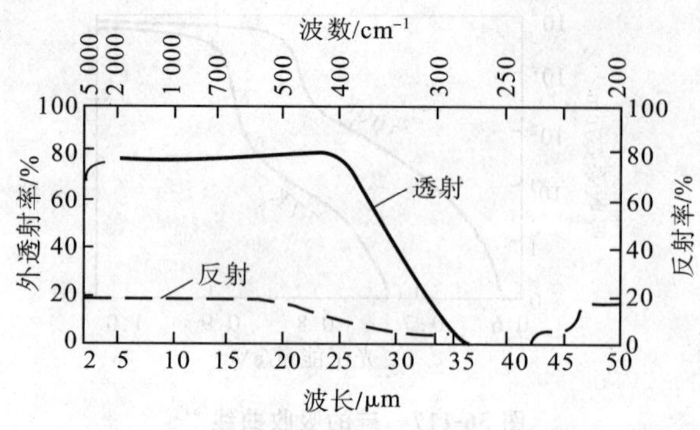

图 36-124 氯化银的透射曲线和反射曲线

样品厚度为 0.5 mm

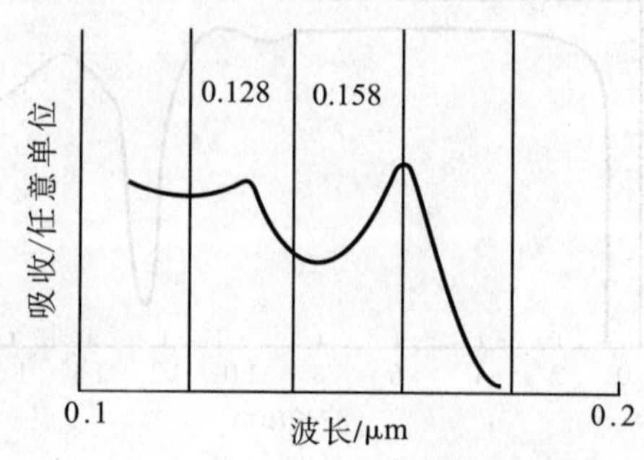

图 36-125 氯化钠的紫外吸收曲线[62]

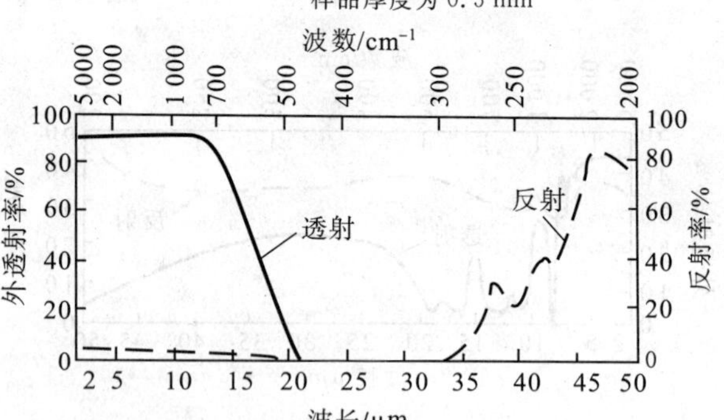

图 36-126 氯化钠的透射曲线和反射曲线[3]

样品厚度为 5 mm

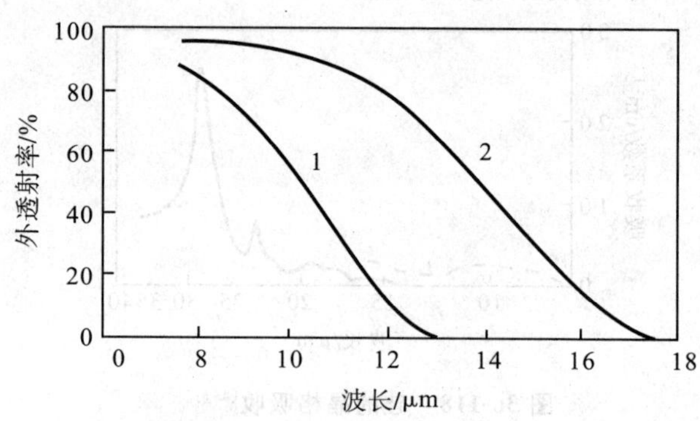

图 36-127 氯化钠的红外透射曲线

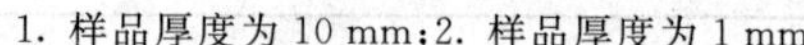

1. 样品厚度为 10 mm；2. 样品厚度为 1 mm

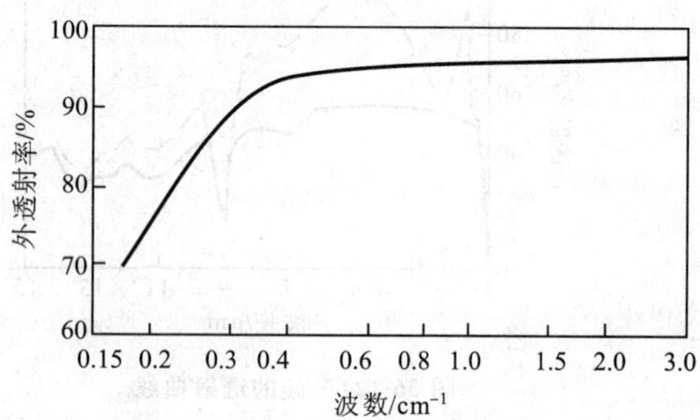

图 36-128 氟化钠的透射曲线[24]

样品厚度为 2.16 mm(短波部分)

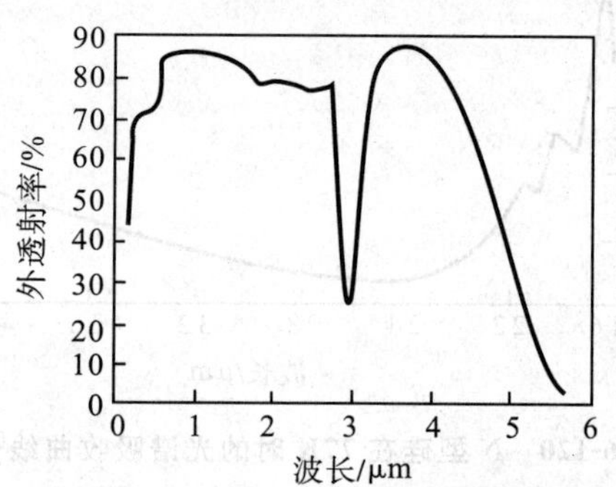

图 36-129 尖晶石的透射曲线[71]

样品厚度为 5.45 mm。2.8 μm 处的吸收带可能是内含水分引起的。氧化镁与氧化铝的比例为 1∶3.5 的混合物易于生长均匀的宝石，但不是唯一的。其他混合比的材料也有相近的物理特性

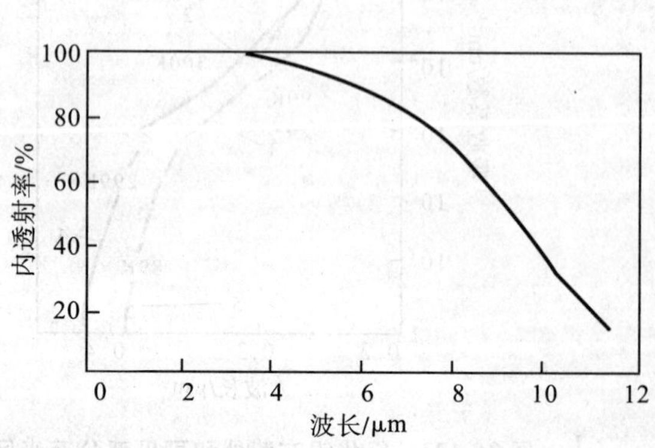

图 36-130 氟化锶的内透射曲线[7]

样品厚度为 10 mm

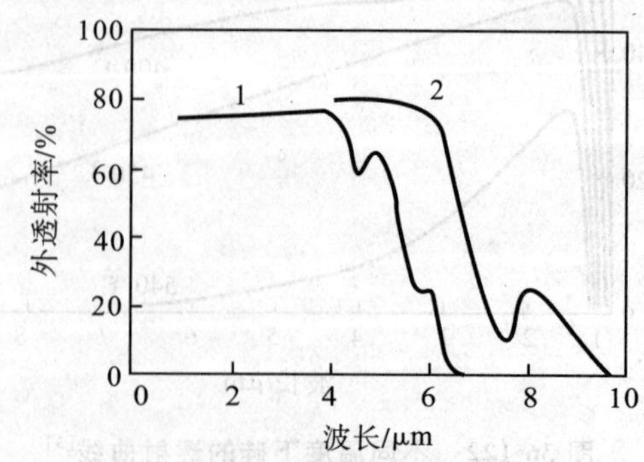

图 36-131 钛酸锶的透射曲线

1. 样品厚度为 3.7 mm；2. 样品厚度为 0.26 mm

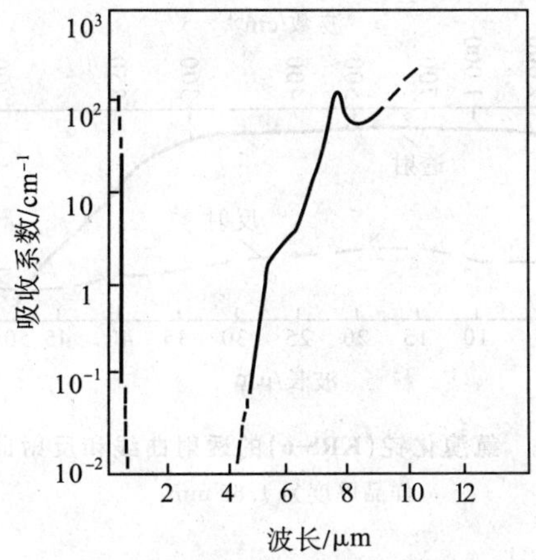

图 36-132 合成钛酸锶在紫外和红外区域的吸收系数曲线[72]

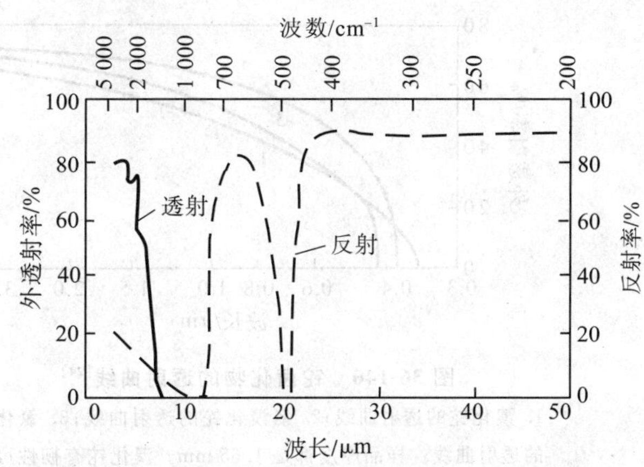

图 36-133 钛酸锶的透射曲线和反射曲线

样品厚度为 1.0 mm

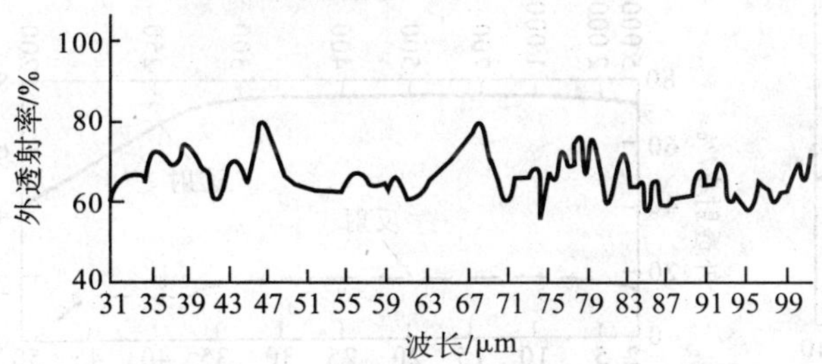

图 36-134 斜方晶体硫的透射曲线[73]

样品厚度为 0.7 mm

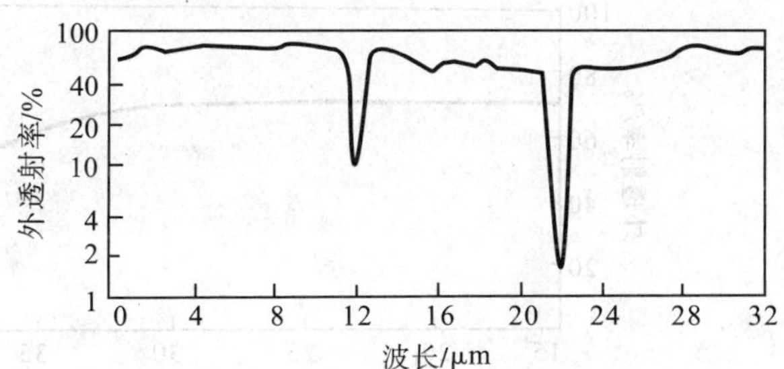

图 36-135 斜方晶体硫的透射曲线[73]

样品厚度为 0.4 mm

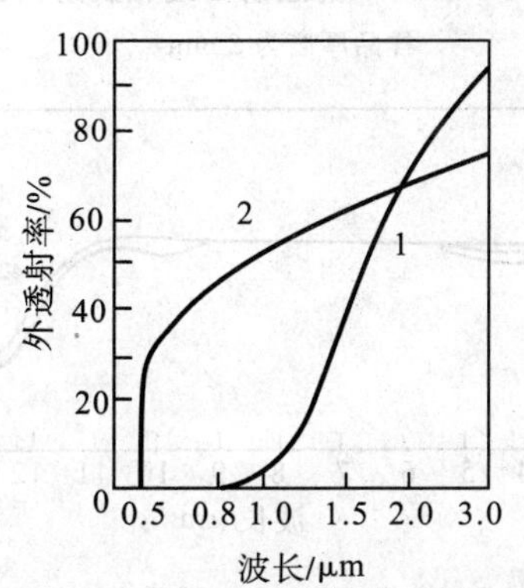

图 36-136 T-12 和 KRS-5 的透射曲线[24]

1. T-12 的透射曲线，样品厚度为 4.0 mm；2. KRS-5 的透射曲线，样品厚度为 2.0 mm

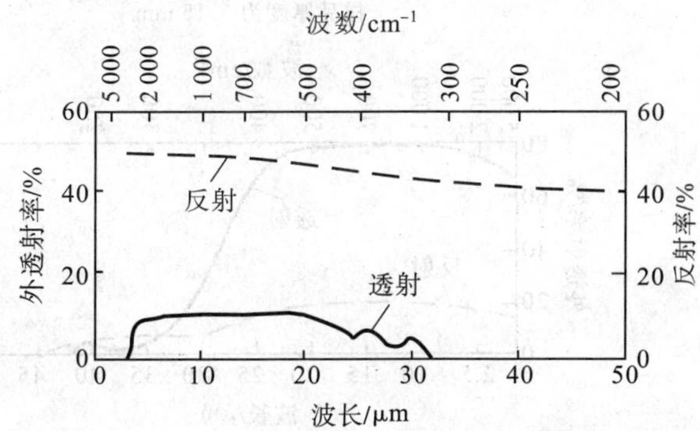

图 36-137 碲的透射曲线和反射曲线

样品厚度为 3.5 mm

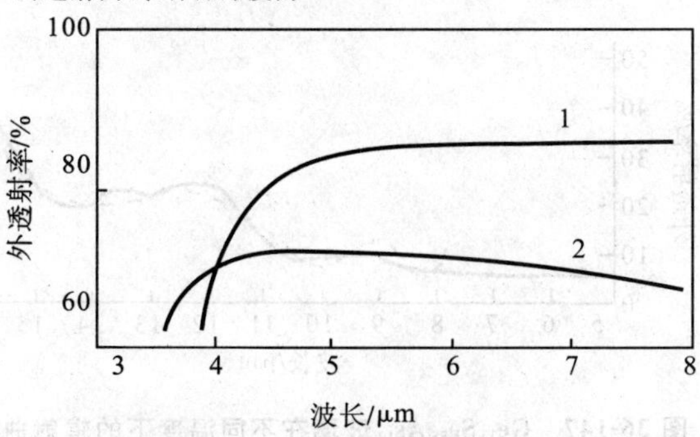

图 36-138 碲的透射曲线[68,74-75]

1. 电场 E 垂直于 c 轴；2. 电场 E 平行于 c 轴。样品厚度为0.85 mm。碲是各向异性晶体

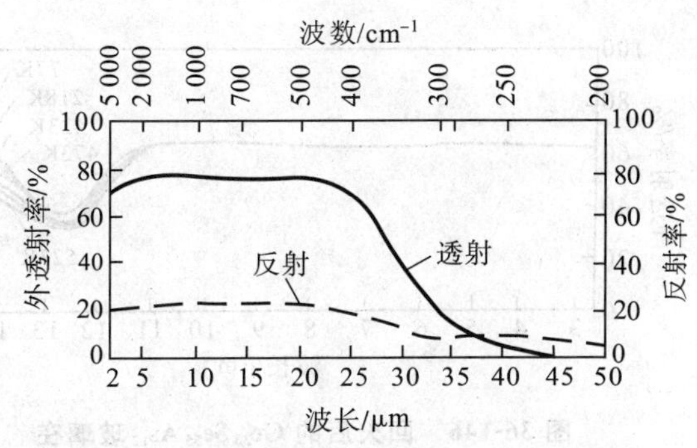

图 36-139 溴化铊的透射曲线和反射曲线[8]

样品厚度为 1.65 mm

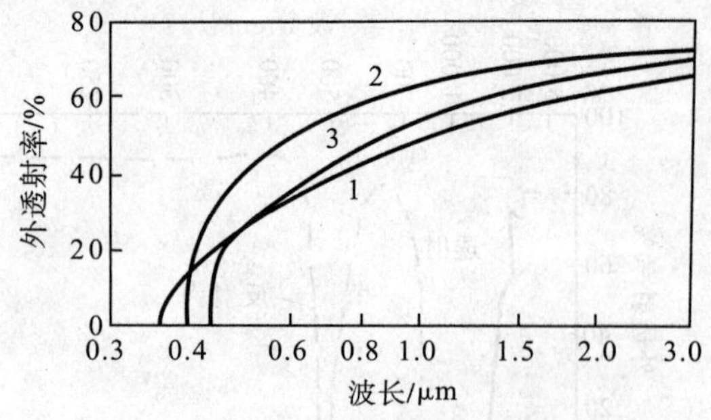

图 36-140 铊卤化物的透射曲线[24]

1. 溴化铊的透射曲线；2. 氯溴化铊的透射曲线；3. 氯化铊的透射曲线。样品厚度都是 1.65 mm。溴化铊有韧性可弯曲并微溶于水，还可被方便地研磨加工成非常小的尺寸

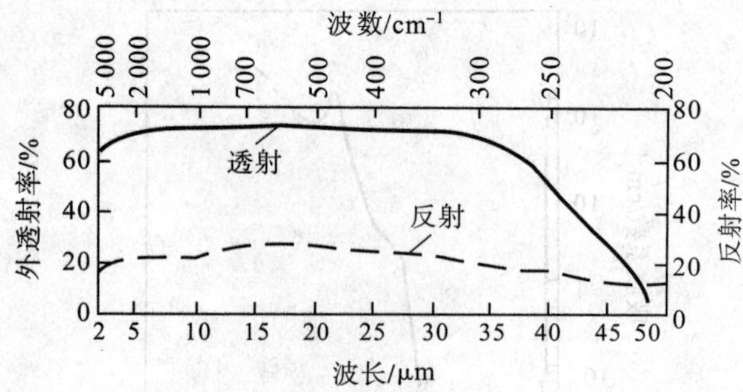

图 36-141 氯溴化铊(KRS-6)的透射曲线和反射曲线[8]

样品厚度为 1.65 mm

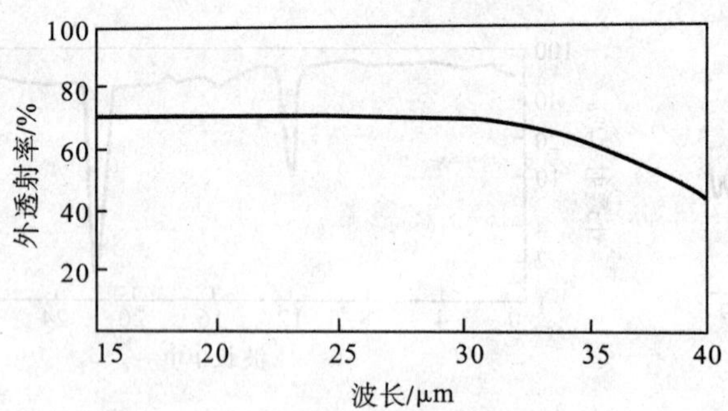

图 36-142 KRS-5 的透射曲线

样品厚度为 5.15 mm

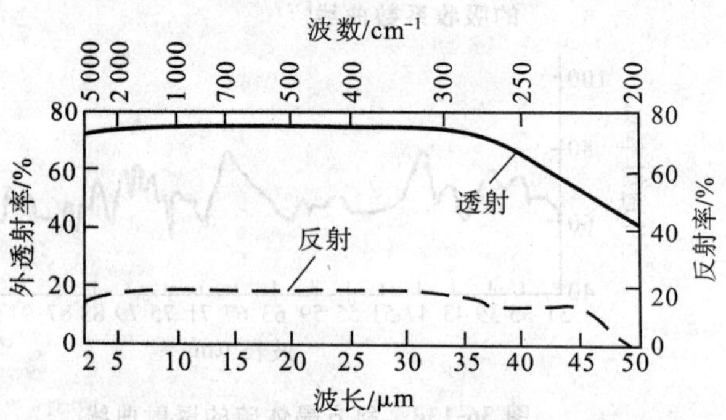

图 36-143 KRS-5 的透射曲线和反射曲线[3]

样品厚度为 2 mm

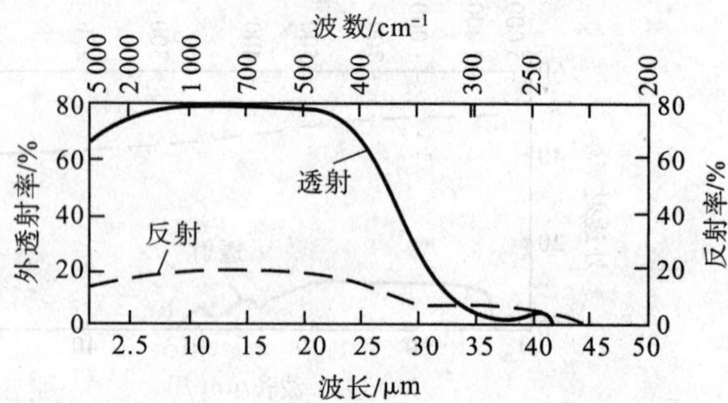

图 36-144 氯化铊的透射曲线和反射曲线[8]

样品厚度为 1.65 mm。氯化铊的条状样品易于弯曲并可溶于水

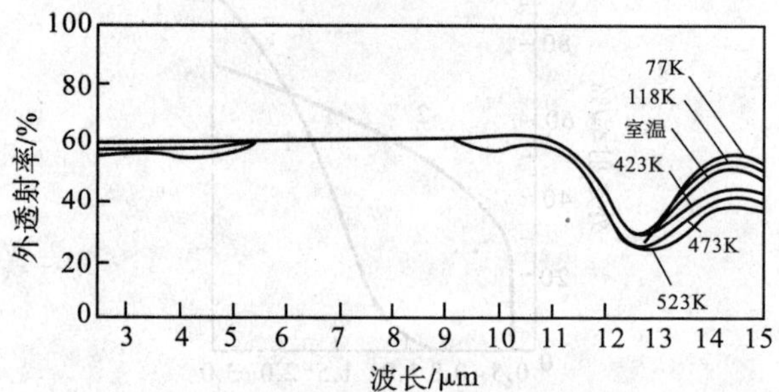

图 36-145 $Ge_{33}Se_{55}As_{12}$ 玻璃(TI-20)在不同温度下的透射曲线

样品厚度为 6 mm

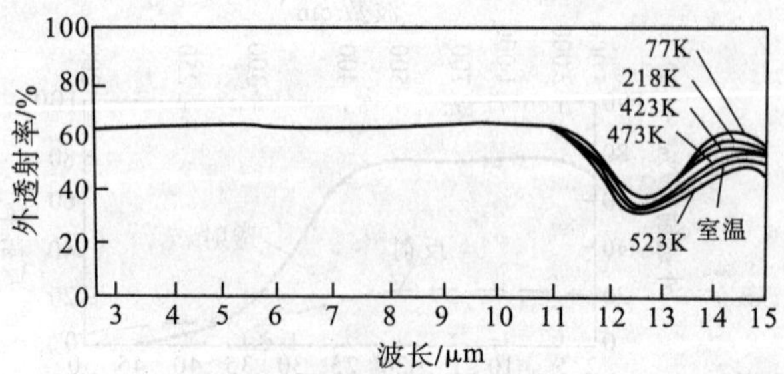

图 36-146 回火后的 $Ge_{33}Se_{55}As_{12}$ 玻璃在不同温度下的透射曲线

样品厚度为 6 mm

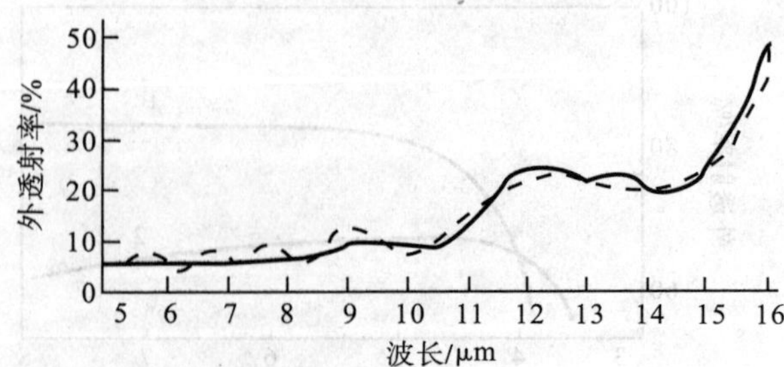

图 36-147 $Ge_{33}Se_{55}As_{12}$ 玻璃在不同温度下的辐射曲线

实线是在 4.2 K、2.8 K 和 77 K 时的辐射曲线，虚线是在 228 K 时的辐射曲线

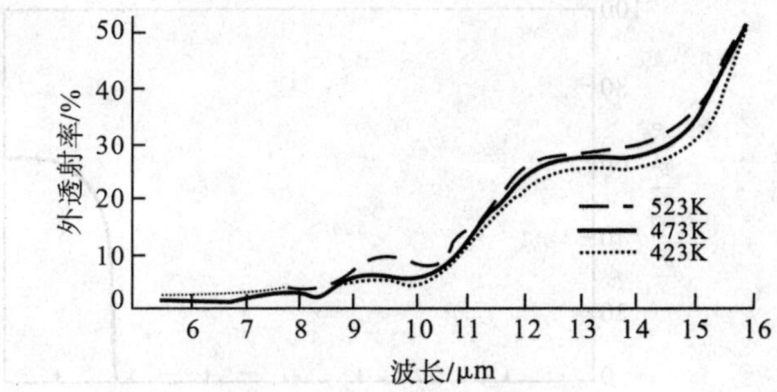

图 36-148 $Ge_{33}Se_{55}As_{12}$ 玻璃在不同温度时的辐射曲线

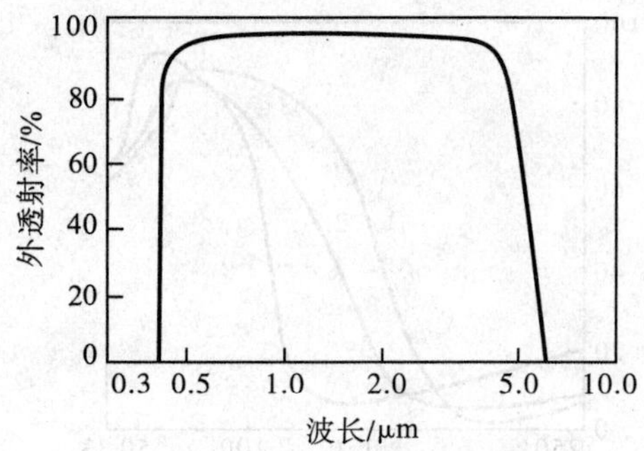

图 36-149 氧化钛的透射曲线[76]

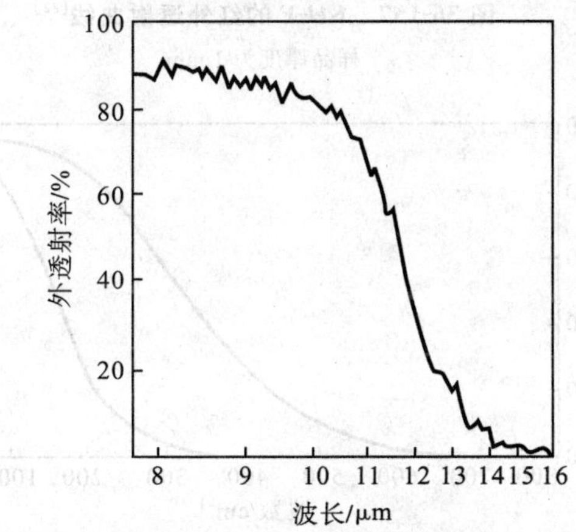

图 36-150 氧化钛的反射率曲线[77]

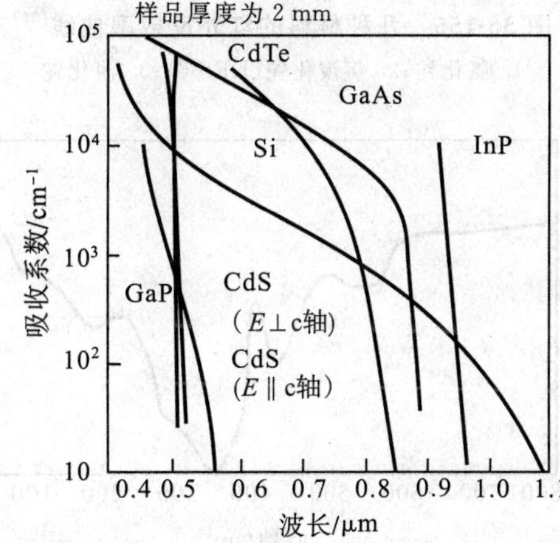

图 36-151 一些半导体材料在 300 K 时的吸收曲线[78]

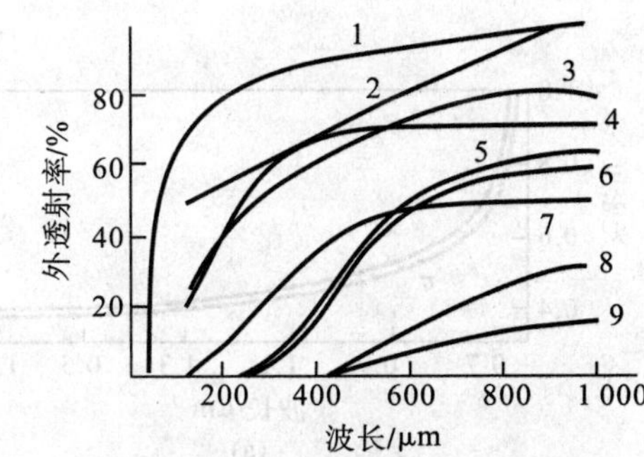

图 36-152 一些材料的透射曲线

1. 晶体石英，样品厚度为 1 mm；2. 云母，样品厚度为 0.015 mm；3. 黑聚乙烯，样品厚度为 1 mm；4. 5%的黑石蜡；5. 有 1 mm 厚氯化铷的溴化钾；6. 溴化铷，厚度为 1 mm；7. 15%的黑石蜡，厚度为 1 mm；8. 碘化铊，厚度为1 mm；9. 氯化铊，厚度为 1 mm

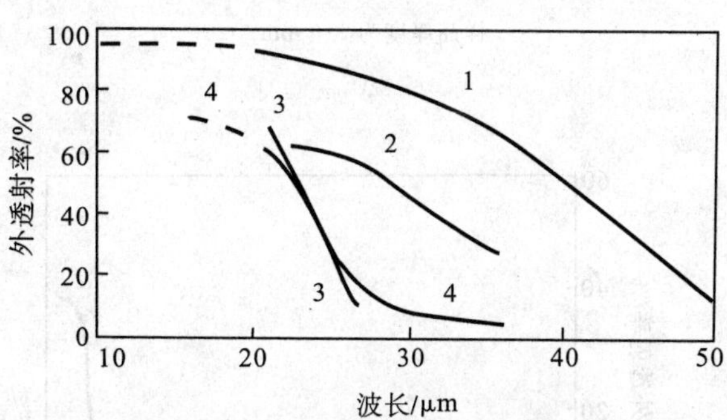

图 36-153 几种材料的透射曲线[80-81]

1. 碘化钾，厚度为 0.83 mm；2. 溴化铊；3. 氯化铊；4. 氯溴化铊（KRS-6），厚度为 6 mm

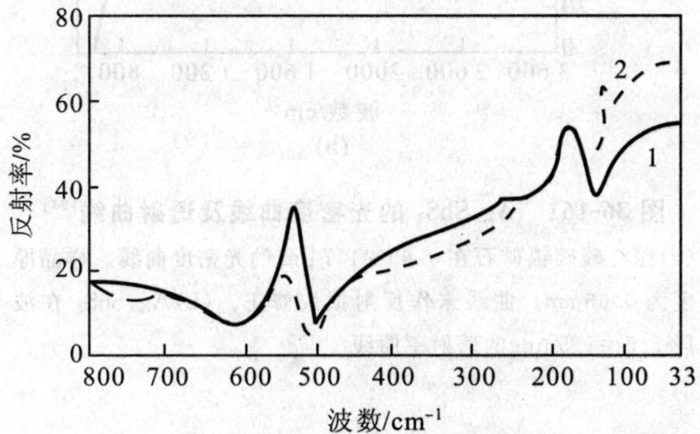

图 36-154 红外反射率曲线[82]

1. 磷酸二氢铵（ADP）；2. 磷酸二氢钾（KDP）

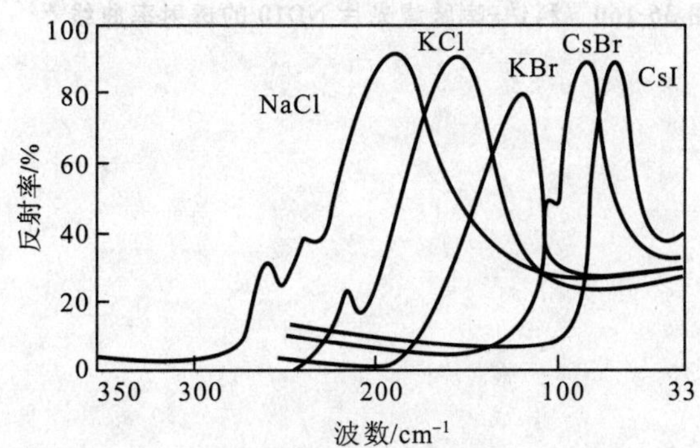

图 36-155 一些材料的红外反射率曲线[82]

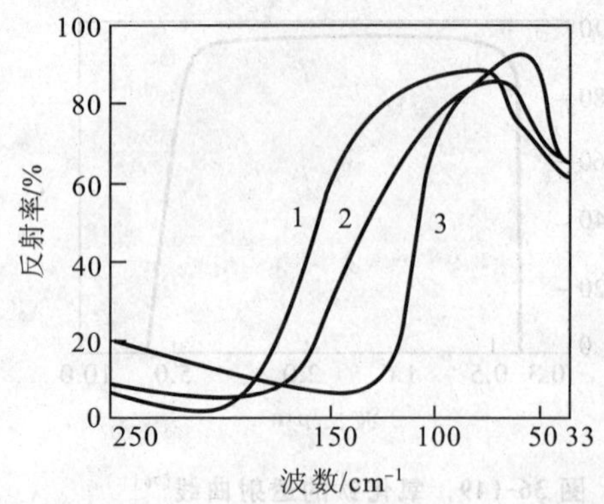

图 36-156　几种材料的红外反射率曲线[82]

1. 氯化铊；2. 氯溴化铊(KRS-6)；3. 溴化铊

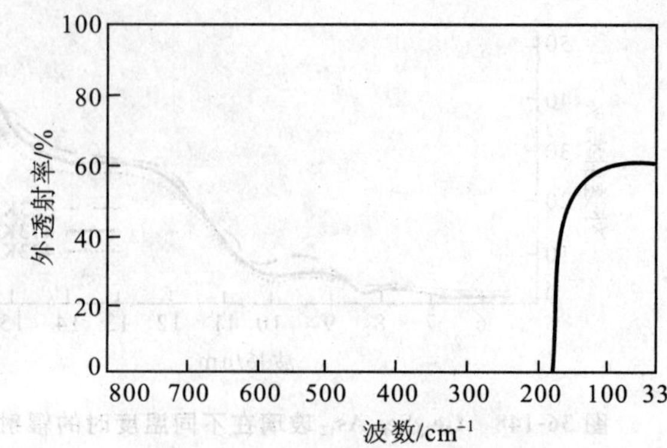

图 36-157　Kel-F 的红外透射曲线[82]

样品厚度为 1 mm

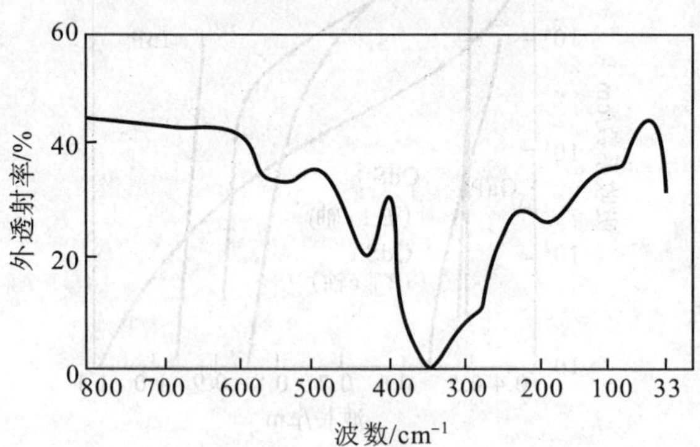

图 36-158　锗的透射率曲线[82]

样品厚度为 1.6 mm

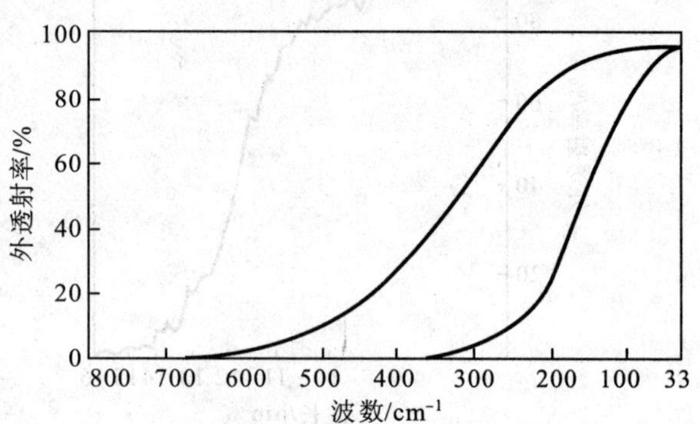

图 36-159　米利波雷滤光片的透射曲线[82]

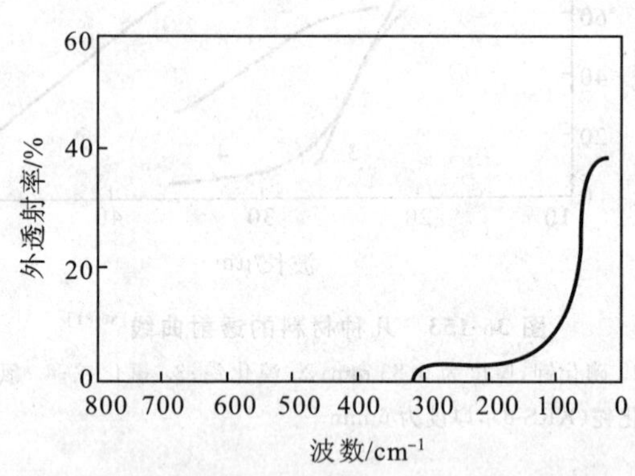

图 36-160　科达-喇滕滤光片 ND10 的透射率曲线[82]

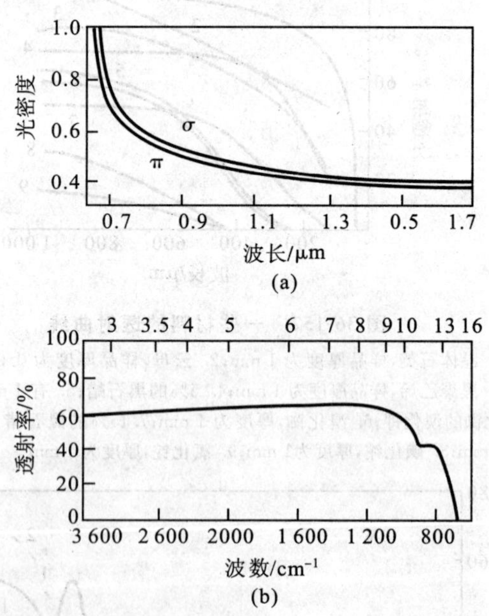

图 36-161　Ag_3SbS_3 的光密度曲线及透射曲线[98]

(a)深红硫锑银矿石在 0.65～1.7 μm 的光密度曲线。样品厚度为 0.66 cm。曲线未作反射损失修正。(b)Ag_3SbS_3 在波段 2.5～1.5 μm 的透射率曲线

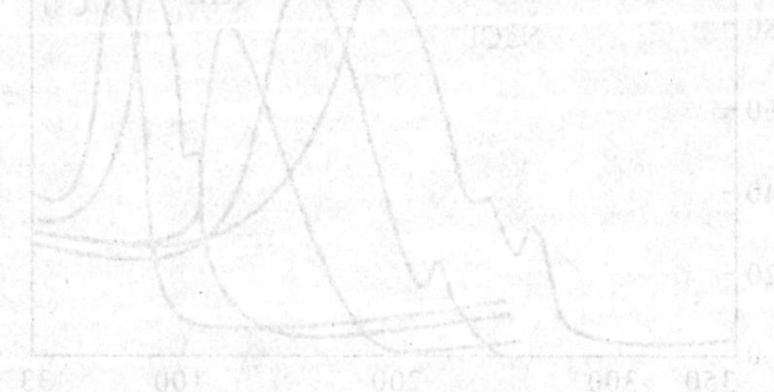

表 36-2　方解石和晶体石英的吸收系数表[13]

波　长 /μm	吸收系数/cm⁻¹ 寻常光线	吸收系数/cm⁻¹ 非寻常光线	波　长 /μm	吸收系数/cm⁻¹ 寻常光线	吸收系数/cm⁻¹ 非寻常光线
方解石					
1.6	0.05		3.6	18	1.8
1.7	0.09		3.7	14	2.1
1.8	0.16		3.8	14	2.1
1.9	0.23		3.9	24.0	2.1
2.0	0.37		4.0	27.0	1.4
2.1	0.62	0.02	4.1	22	1.2
2.2	1.1	0.05	4.2	8.1	1.3
2.3	1.7	0.07	4.3	9.7	1.4
2.4	2.3	0.09	4.4	12	2.1
2.5	2.7	0.14	4.5	14	2.5
2.6	2.5	0.07	4.6	12	2.1
2.7	2.3	0.07	4.7	6.5	1.4
2.8	2.3	0.09	4.8	5.5	1.4
2.9	2.8	0.18	4.9	6.0	1.8
3.0	4.0	0.28	5.0	7.1	3.0
3.1	6.7	0.46	5.1	9.0	4.8
3.2	10.0	0.69	5.2	12	7.1
3.3	15	0.92	5.3	16	11
3.4	19	1.2	5.4	20	16
3.5	20	1.4	5.5	28	28
晶体石英					
2.7	0.02	0.05	3.9	2.8	2.8
2.8	0.05	0.09	4.0	3.9	3.9
2.9	2.2	0.30	4.1	4.8	4.8
3.0	1.1	0.37	4.2	6.4	6.4
3.1	0.60	0.34	4.3	8.1	8.1
3.2	0.30	0.21	4.4	10	10
3.3	0.18	0.14	4.5	15	15
3.4	0.18	0.18	4.6	20	20
3.5	0.44	0.44	4.7	30	30
3.6	0.83	0.83	4.8	51	51
3.7	1.3	1.3	4.9	91	91
3.8	2.0	2.0	5.0	150	150

表 36-3　几种材料的红外吸收系数[71,99-102]

波　长 /μm	吸收系数 /cm⁻¹	波　长 /μm	吸收系数 /cm⁻¹	波　长 /μm	吸收系数 /cm⁻¹
氟化锂					
4.5	0.05	7.0	2.0	9.0	13
5.0	0.07	7.5	4.1	9.5	20
5.5	0.16	8.0	6.4	10.0	32
6.0	0.44	8.5	9.4	11.0	67
6.5	0.99				
氧化镁					
5.5	0.05	7.5	2.1	9.5	10.0
6.0	0.16	8.0	3.2	10.0	51
6.5	0.48	8.5	4.5	11	69
7.0	1.1	9.0	6.4	12	

续表

波长 /μm	吸收系数 /cm^{-1}	波长 /μm	吸收系数 /cm^{-1}	波长 /μm	吸收系数 /cm^{-1}
溴化钾					
18	0.02	26	0.44	34	3.2
19	0.05	28	0.76	36	4.6
20	0.09	30	1.2	38	7.2
22	0.11	32	20	40	12
24	0.25				
氯化钾					
14	0.02	20	0.39	32	20
15	0.05	22	1.3	34	39
16	0.07	24	2.5	36	69
17	0.09	26	4.4	38	115
18	0.16	28	6.7	40	200
19	0.28	30	12		
蓝宝石					
2.5	0.02	4.0	0.02	5.0	0.92
3.0	2.1	4.5	0.25	5.5	3.9
3.5	0.0				
氯化银					
19	0.02	22	0.41	26	1.8
20	0.05	24	0.92		
氯化钠					
13	0.02	17	0.67	22	7.1
14	0.07	18	1.3	24	13
15	0.16	19	2.3	26	23
16	0.41	20	3.9	28	44

二、折射率

折射率是光学材料的一个非常重要的光学参数：就玻璃而言，各种牌号的光学玻璃均具有固定的折射率和色散数值；就晶体而言，许多光学和激光应用，均来源于折射率沿不同晶轴方向的变化，包括单轴晶体和双轴晶体。目前折射率的测定方法主要有测角仪法、V棱镜法、阿贝折射仪法等。

对于透明介质，折射率可简单地表示成真空中的光速 c 与介质中的光速 v 之比：

$$n=\frac{c}{v} \tag{36-12}$$

而相对折射率是一个介质的折射率对另一个介质的折射率之比。例如

$$n_{rel}=\frac{n_{mat}}{n_{air}} \tag{36-13}$$

式中，n_{rel} 为材料对于空气的相对折射率，n_{mat} 为材料的折射率，n_{air} 为空气的折射率。

本章给出的折射率数据全部是指材料对空气的相对折射率。绝大多数折射率 n 值是用最小偏向角原理测定的，并且精确到第5位小数。由于材料特性因样品的不同而不同，所以给出的数据仅是有代表性的。

对于各向异性材料来说，数据是对于晶体的某一轴向测定的。折射率随温度的变化数据，有些取自不同温度下的折射率测定值，有些是用干涉法测量的。

色散曲线通常是将特定波长测定的实验数据代入科希、塞耳迈耶尔或赫尔茨贝格等经验公式，然后通过最小二乘法拟合求得的。对于光学玻璃的色散特性，也可由阿贝数代表。

图36-162～图36-180、表36-4～表36-58分别给出了各光学材料的折射率谱图和数据。表36-59为一些其他光学材料的折射率方程。图36-181是几种金属的折射率曲线。

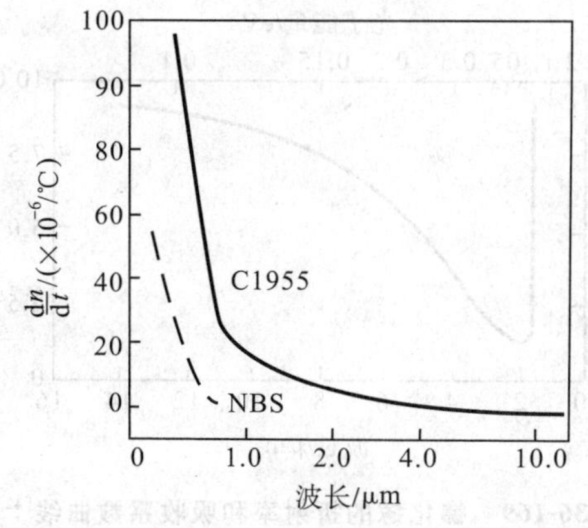

图 36-162 两种硫化砷玻璃的折射率随温度的变化[83]

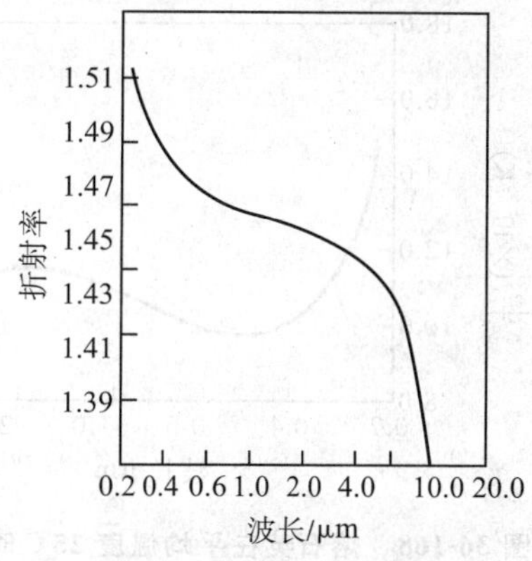

图 36-163 氟化钡的折射率曲线

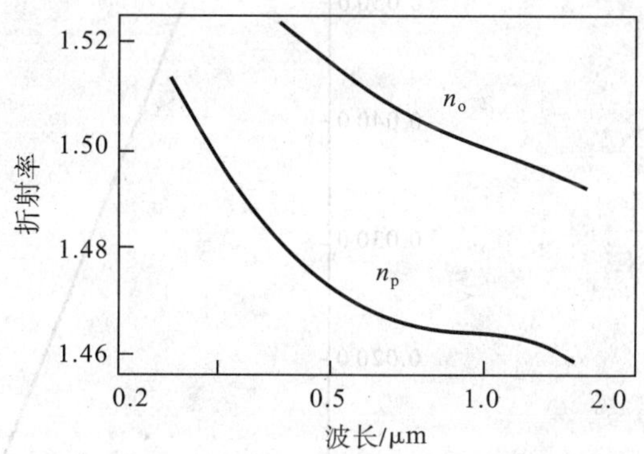

图 36-164 碳酸二氢钾的折射率曲线[97]

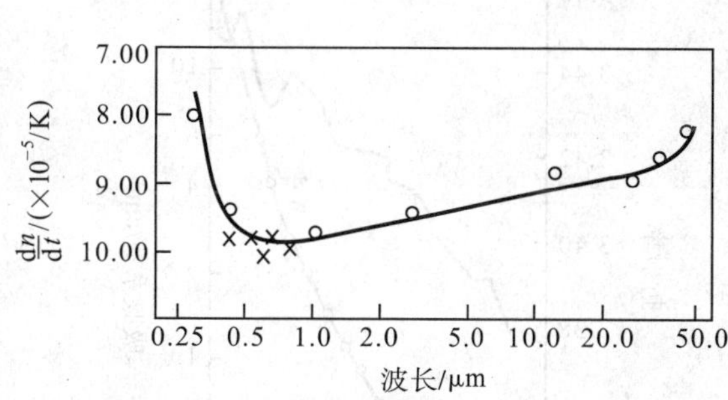

图 36-165 碘化铯的折射率温度系数曲线[34]

圆圈是 5 个波长的平均值，叉点是可见光数值。每个波长取 5 个值的平均数

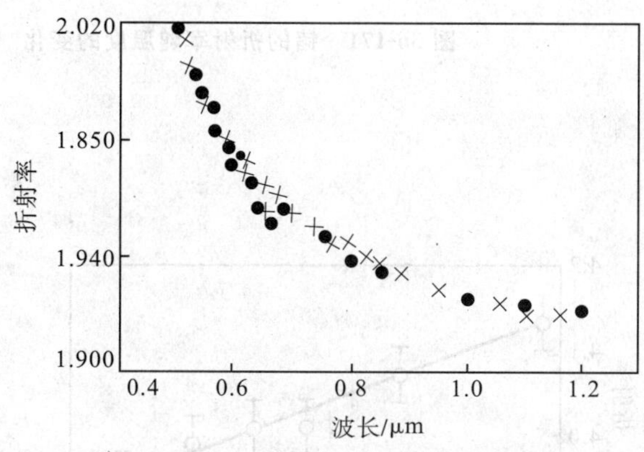

图 36-166 氯化铜(I)的折射率测量值[85]

采用对两个样品作干涉条纹测量的方法取得。整个区域的计算误差约为±0.005。样品 1(用点表示)的厚度是 54.13 μm。样品 2(用叉表示)的厚度是 14.99 mm。从 0.43 μm 到 2.5 μm 波长区域的 n 值的色散由下式表示：

$$n^2=3.580+\frac{0.031\,62\lambda^2}{\lambda^2-0.405\,2^2}+\frac{0.092\,88}{\lambda^2}$$

式中，λ 是波长，单位为μm

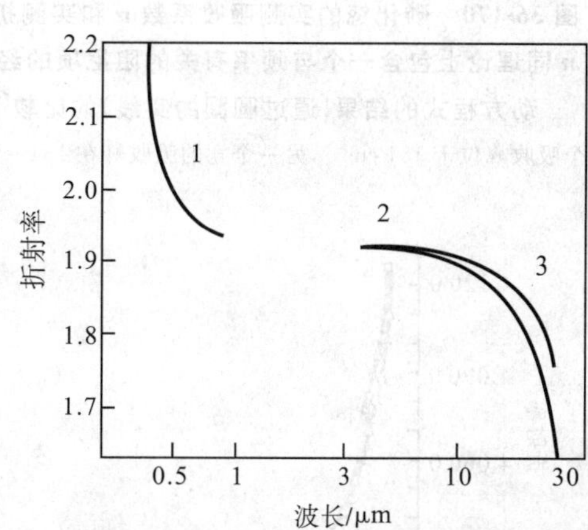

图 36-167 氯化铜(I)在 300 K 时的折射率曲线

2. 样品厚度为 90 μm；3. 样品厚度为200 μm

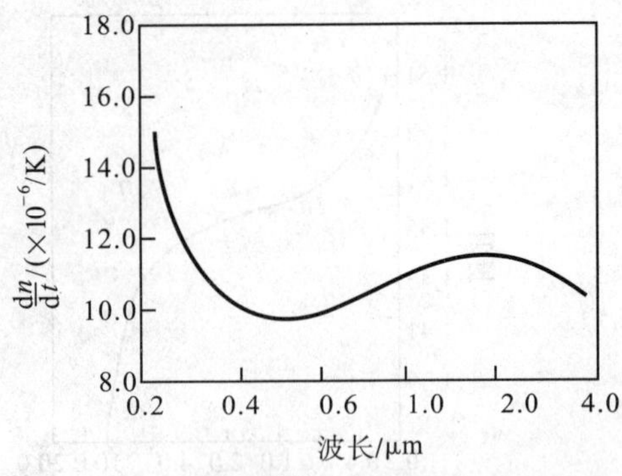

图 36-168　熔石英在平均温度 25℃ 时的折射率温度系数曲线[87-89]

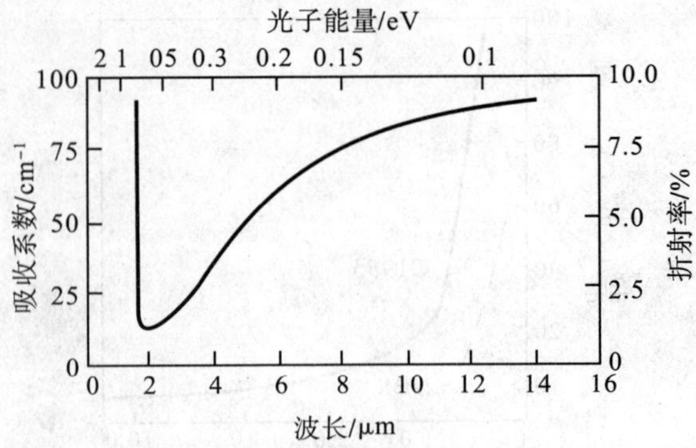

图 36-169　锑化镓的折射率和吸收系数曲线[42]

其电阻率是 0.08 Ω·cm

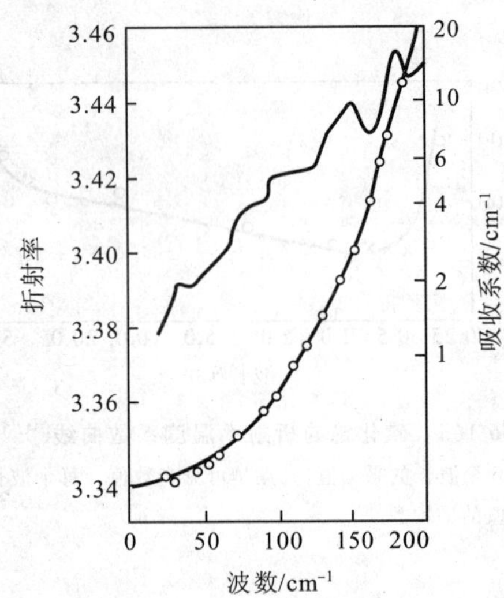

图 36-170　磷化镓的实测吸收系数 α 和实测折射率 n 同理论上包含一个与频率有关的阻尼项的经典振动方程式的结果(通过圆圈的实线)的比较[91]

一个吸收峰位于 181 cm⁻¹，另一个宽的吸收峰在 184～151 cm⁻¹

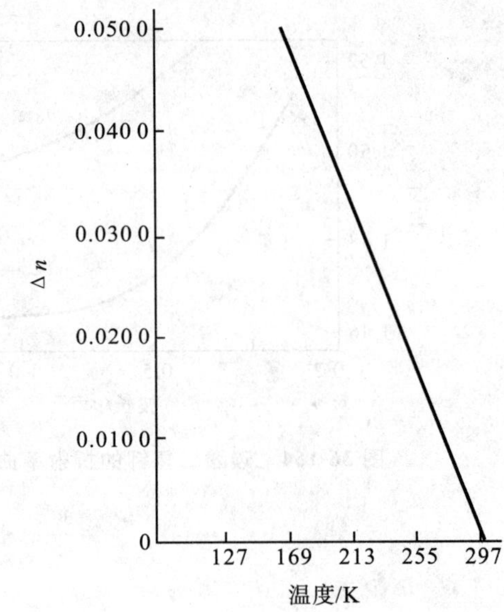

图 36-171　锗的折射率随温度的变化

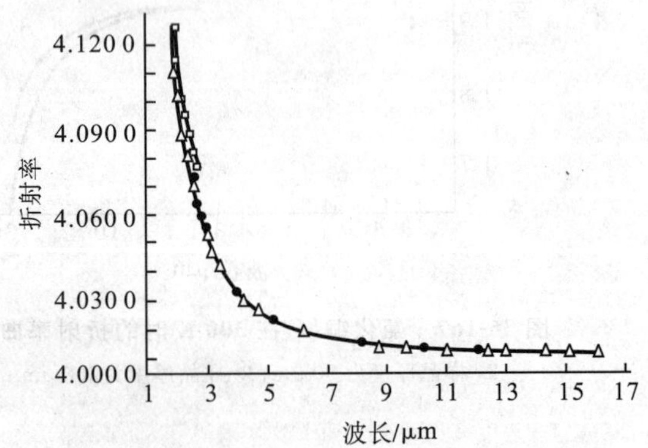

图 36-172　在 27℃ 温度下不同人(标记不同)测得的锗的折射率数据[69,92,94]

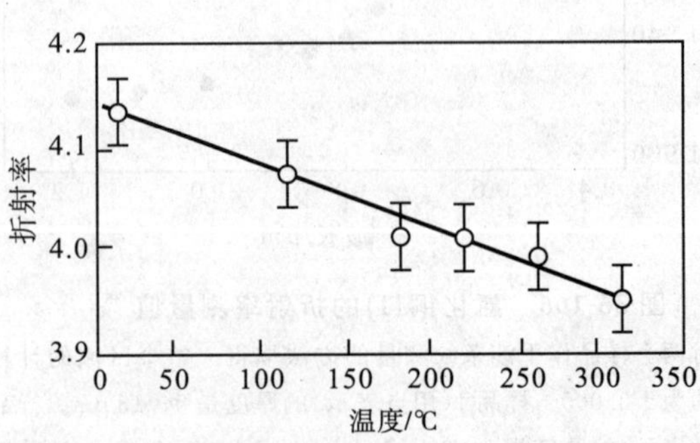

图 36-173　硫化铅的折射率随温度变化的曲线[95]

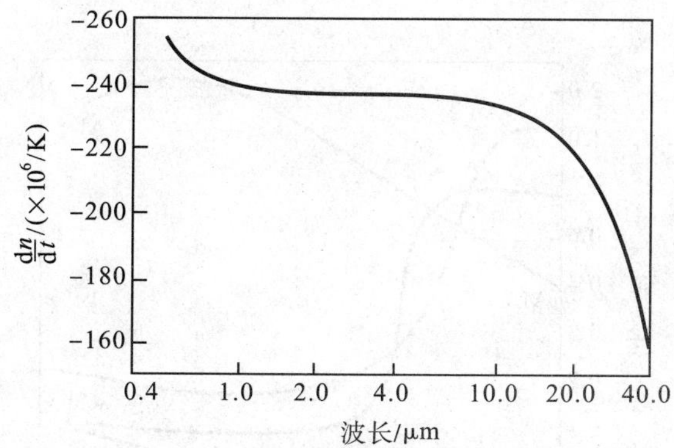

图 36-174　在室温附近氯化钾的折射率的平均温度系数[96]

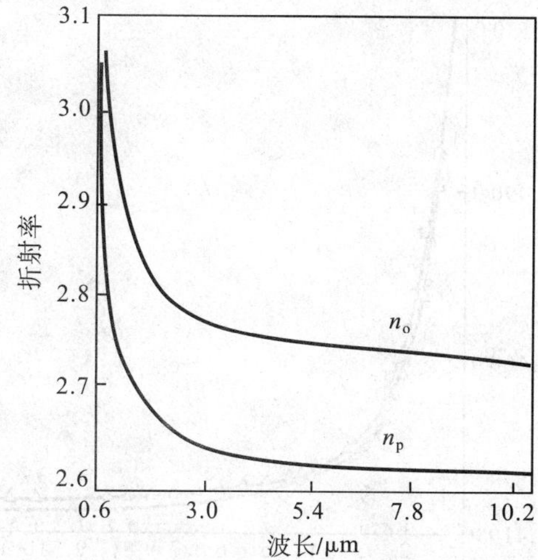

图 36-175　深红硫锑银化合物单晶(Ag_3SbS_3)的折射率曲线[98]

其色散方程是：$n_o^2 = 1 + \frac{6.585\lambda^2}{\lambda^2 - 0.4^2} + \frac{0.1133\lambda^2}{\lambda^2 - 15^2}$

$$n_e^2 = 1 + \frac{5.845\lambda^2}{\lambda^2 - 0.4^2} + \frac{0.0202\lambda^2}{\lambda^2 - 15^2}$$

在 1.5～10.6 μm 之间，精度是 0.005

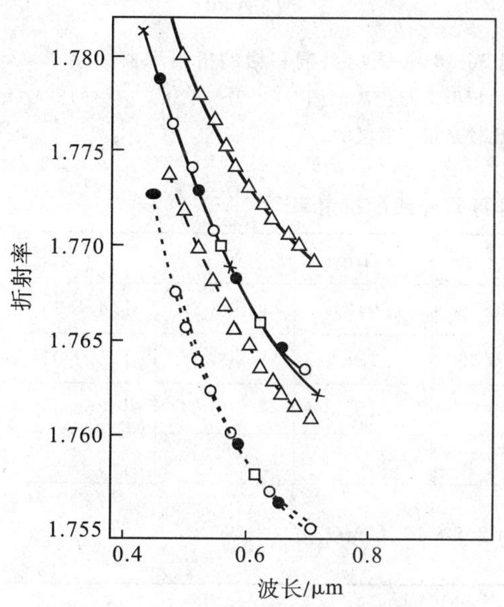

图 36-176　蓝宝石和红宝石的折射率作为波长的函数的比较图[96,100-102]

实线和虚线分别表示寻常光线和非寻常光线。符号×和□是蓝宝石的；●是内含 0.062％的 Cr_2O_3 的；○是含有 0.11％的 Cr_2O_3 的；△是内含 0.01％的 Cr_2O_3 的

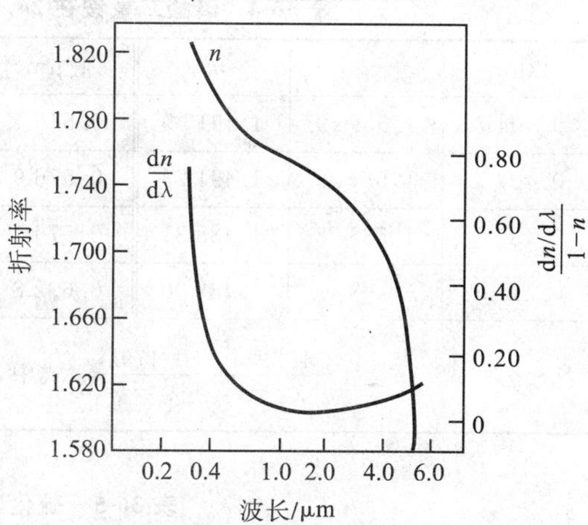

图 36-177　合成蓝宝石(Al_2O_3)的折射率和相对色散[97,99]

在温度 24℃的寻常光线

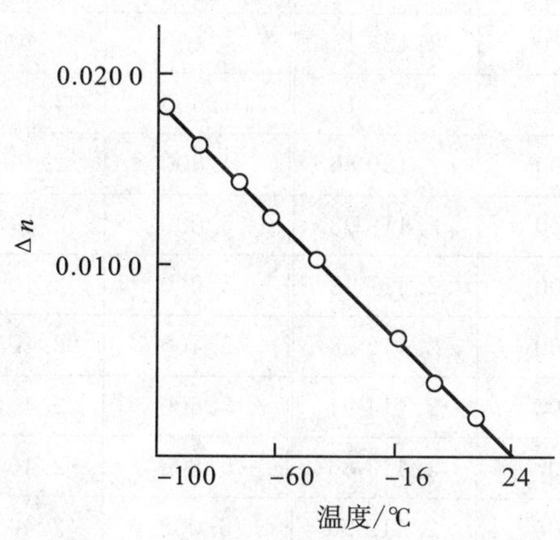

图 36-178　硅的折射率温度变化[92]

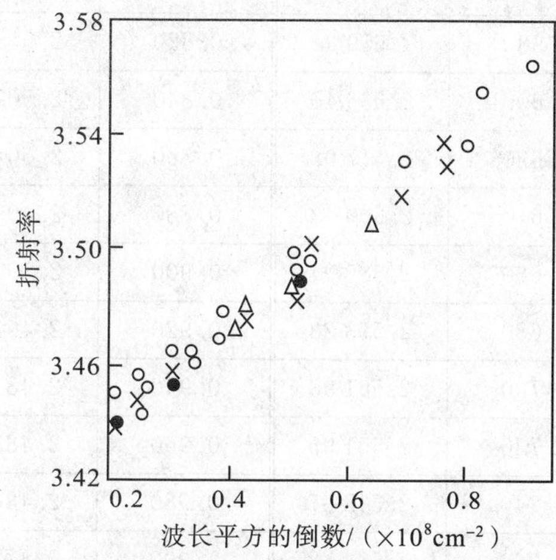

图 36-179　在 24℃时硅的折射率作为波长平方的倒数的函数图[103]

图中的不同记号代表不同的样品组数据

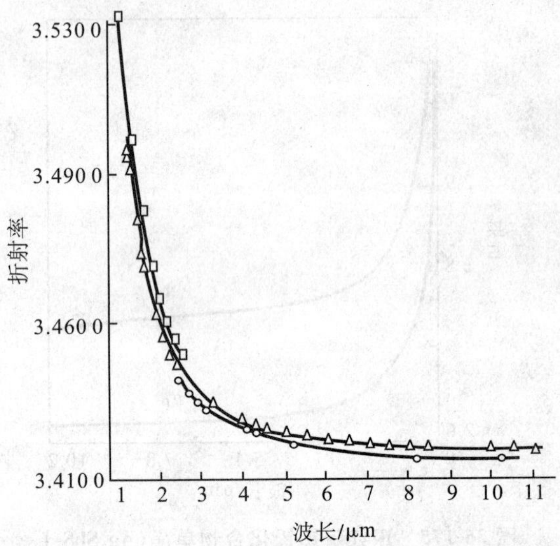

图 36-180　在 26.1℃时硅的折射率曲线[69,92-94]

图中的不同符号代表不同人测定的数据

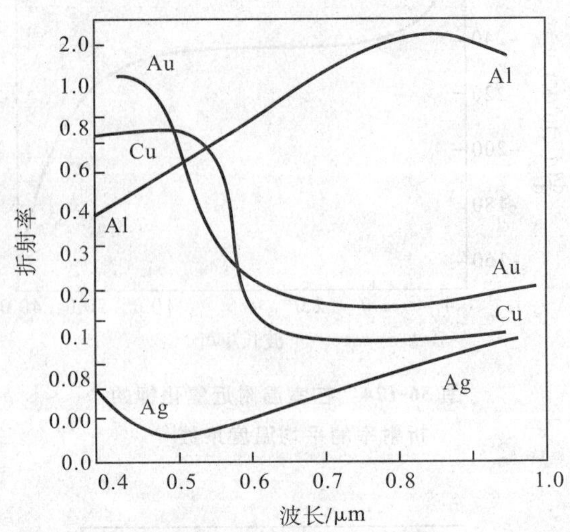

图 36-181　银、金、铜和铝的折射率曲线[213]

把此图的折射率的色散同图 36-209～图 36-212 中的吸收系数值相比较是很有意义的

表 36-4　磷酸二氢铵在 24.8℃时的寻常光线和非寻常光线的折射率[97]

λ/μm	n_o	n_e	λ/μm	n_o	n_e	λ/μm	n_o	n_e
0.404 7	1.539 69	1.491 59	0.546 1	1.526 62	1.480 79	1.013 9	1.508 35	1.468 95
0.407 7	1.539 25	1.491 23	0.576 9	1.524 78	1.479 39	1.128 7	1.504 46	1.467 04
0.435 8	1.535 78	1.488 31	0.579 1	1.524 66	1.479 30	1.152 3	1.503 64	1.466 66
0.491 6	…	1.483 90	0.632 8	1.521 66	1.476 85			

色散公式[103]：$n^2=1+\frac{1.298\lambda^2}{\lambda^2-a^2}+\frac{0.179\lambda^2}{\lambda^2-b^2}$。式中，$a=9.9\times10^{-6}$ cm，$b=2.5\times10^{-4}$ cm

表 36-5　硫化砷玻璃在 25℃时的折射率[83,104]

λ/μm	n	λ/μm	n	λ/μm	n	λ/μm	n
0.560	2.686 89	0.800	2.520 90	1.400	2.443 57	3.800	2.412 00
0.580	2.659 34	0.820	2.514 83	1.600	2.435 56	4.000	2.411 16
0.600	2.636 40	0.840	2.509 28	1.800	2.430 00	4.200	2.410 35
0.620	2.617 08	0.860	2.504 18	2.000	2.426 15	4.400	2.409 56
0.640	2.600 43	0.880	2.499 49	2.200	2.423 18	4.600	2.408 78
0.660	2.585 94	0.900	2.495 15	2.400	2.420 86	4.800	2.408 02
0.680	2.573 23	0.920	2.491 14	2.600	2.418 98	5.000	2.407 25
0.700	2.561 98	0.940	2.487 42	2.800	2.417 42	5.200	2.406 49
0.720	2.551 95	0.960	2.483 96	3.000	2.410 08	5.400	2.405 71
0.740	2.542 97	0.980	2.480 74	3.200	2.414 91	5.600	2.404 93
0.760	2.534 88	1.000	2.477 73	3.400	2.413 86	5.800	2.404 14
0.780	2.527 56	1.200	2.456 12	3.600	2.412 90	6.000	2.403 33

续表

λ/μm	n	λ/μm	n	λ/μm	n	λ/μm	n
6.200	2.402 50	7.800	2.395 08	9.400	2.385 70	11.000	2.373 69
6.400	2.401 66	8.000	2.394 03	9.600	2.384 36	11.200	2.371 96
6.600	2.400 79	8.200	2.392 94	9.800	2.382 98	11.400	2.370 18
6.800	2.399 91	8.400	2.391 83	10.000	2.381 55	11.600	2.368 33
7.000	2.398 99	8.600	2.390 68	10.200	2.380 07	11.800	2.366 43
7.200	2.398 06	8.800	2.389 49	10.400	2.378 55	12.000	2.364 46
7.400	2.397 09	9.000	2.388 27	10.600	2.376 98		
7.600	2.396 10	9.200	2.387 00	10.800	2.375 36		

色散公式：$n^2-1=\sum_{i=1}^{i=5}\frac{K_i\lambda^2}{\lambda^2-\lambda_i^2}$。式中常数：$\lambda_1^2=0.022\,5, K_1=1.898\,367\,8$；$\lambda_2^2=0.062\,5, K_2=1.922\,297\,9$；$\lambda_3^2=0.122\,5, K_3=0.876\,513\,4$；$\lambda_4^2=0.202\,5, K_4=0.118\,870\,4$；$\lambda_5^2=750, K_5=0.956\,990\,3$

表 36-6　氟化钡在 25℃时的折射率和折射率温度系数[105-106]

λ/μm	$n_{测量}$	$n_{计算}$	$\Delta n/(\times10^{-5})$	λ/μm	$n_{测量}$	$n_{计算}$	$\Delta n/(\times10^{-5})$
0.265 2	1.512 17	1.512 16	+1	1.128 66	1.467 79	1.467 78	+1
0.280 35	1.506 68	1.506 69	−1	1.367 28	1.466 73	1.466 71	+2
0.289 36	1.503 90	1.503 90	0	1.529 52	1.466 13	1.466 11	+2
0.296 728	1.501 86	1.501 84	+2	1.681	1.465 61	1.465 61	0
0.302 15	1.500 44	1.500 43	+1	1.701 2	1.465 54	1.465 55	−1
0.313 0	1.497 82	1.497 86	−4	1.970 09	1.464 72	1.464 70	+2
0.325 46	1.495 21	1.495 26	−5	2.152 6	1.464 40	1.464 42	−2
0.334 448	1.493 63	1.493 63	0	2.325 42	1.463 56	1.463 56	0
0.340 365	1.492 57	1.492 56	+1	2.576 6	1.462 62	1.462 71	−9
0.346 62	1.491 58	1.491 54	+4	2.673 8	1.462 34	1.462 37	−3
0.361 051	1.489 39	1.489 40	−1	3.243 4	1.460 18	1.460 17	+1
0.366 328	1.488 69	1.488 69	0	3.422	1.459 40	1.459 41	−1
0.404 656	1.484 38	1.484 39	−1	5.138	1.450 12	1.450 14	−2
0.465 835	1.481 73	1.481 74	−1	5.303 4	1.449 04	1.449 05	−1
0.486 433	1.478 55	1.478 56	−1	5.343	1.448 78	1.448 78	0
0.546 074	1.475 86	1.475 86	0	5.549	1.447 32	1.447 36	−4
0.589 262	1.474 43	1.474 43	0	6.238	1.442 16	1.442 17	−1
0.643 847	1.473 02	1.473 01	+1	6.633 1	1.438 99	1.438 90	+9
0.656 279	1.472 74	1.472 73	+1	6.855 9	1.436 94	1.436 96	−2
0.706 519	1.471 77	1.471 76	+1	7.044 2	1.435 29	1.435 26	+3
0.852 11	1.469 84	1.469 81	+3	7.268	1.433 14	1.433 17	−3
0.894 35	1.469 42	1.469 40	+2	9.724	1.405 14	1.405 11	+3
1.013 98	1.468 47	1.468 46	+1	10.34 6	1.396 36	1.396 39	−3

色散公式：$n^2-1=\sum_i\frac{A_i\lambda^2}{\lambda^2-\lambda_i^2}$。式中常数(在 25℃)：$A_1=0.633\,56, \lambda_1^2=0.003\,339\,6$；$A_2=0.506\,762, \lambda_2^2=0.012\,030$；$A_3=3.826\,1, \lambda_3^2=2\,151.70$

折射率温度系数

λ/μm	$-\frac{dn}{dT}/(\times10^{-6}/℃)$	λ/μm	$-\frac{dn}{dT}/(\times10^{-6}/℃)$	λ/μm	$-\frac{dn}{dT}/(\times10^{-6}/℃)$
0.404 656 3	15.05	0.546 074 0	15.20	0.667 814 9	15.25
0.435 834 2	15.00	0.589 262	15.22	0.706 518 8	15.28
0.486 132 7	15.15	0.656 279 3	15.23	0.767 858	15.45

表 36-7　硫化镉(六方晶系)的寻常光线和非寻常光线折射率

λ/μm	n_o		n_e		λ/μm	n_o		n_e	
	计算	测量	计算	测量		计算	测量	计算	测量
0.550 0	2.561	2.565	2.598	2.597	0.900 0	2.349	2.353	2.358	2.358
0.575 0	2.517	2.518	2.548	2.545	0.950 0	2.341	2.340	2.350	2.352
0.600 0	2.484	2.483	2.511	2.511	1.000 0	2.363	2.338	2.343	2.341
0.625 0	2.458	2.458	2.482	2.478	1.050 0	2.330	2.332	2.338	2.338
0.650 0	2.438	2.438	2.459	2.459	1.100 0	2.326	2.325	2.334	2.333
0.675 0	2.421	2.421	2.438	2.437	1.150 0	2.321	2.322	2.328	2.330
0.700 0	2.407	2.407	2.425	2.425	1.200 0	2.319	2.317	2.324	2.322
0.750 0	2.386	2.386	2.400	2.403	1.250 0	2.317	2.316	2.321	2.320
0.800 0	2.371	2.371	2.383	2.383	1.300 0	2.314	2.315	2.319	2.319
0.850 0	2.359	2.359	2.369	2.372	1.400 0	2.310	2.311	2.314	2.314

色散公式：$n_o^2=5.235+\dfrac{1.819\times10^7}{\lambda^2-1.651\times10^7}$，$n_e^2=5.239+\dfrac{2.076\times10^7}{\lambda^2-1.651\times10^7}$

表 36-8　方解石的寻常光线和非寻常光线的折射率及温度系数[107-111]

折射率

λ/μm	n_o	n_e	λ/μm	n_o	n_e	λ/μm	n_o	n_e
0.198	…	1.577 96	0.410	1.680 14	1.496 40	1.220	1.639 26	1.478 70
0.200	1.902 84	1.576 49	0.434	1.675 52	1.494 30	1.273	1.638 49	
0.204	1.882 42	1.570 81	0.441	1.674 23	1.493 73	1.307	1.637 89	1.478 31
0.208	1.807 33	1.566 40	0.508	1.665 27	1.489 56	1.320	1.637 67	
0.211	1.856 92	1.563 27	0.533	1.662 77	1.488 41	1.369	1.636 81	
0.214	1.845 58	1.559 76	0.560	1.660 46	1.487 36	1.396	1.636 37	1.477 80
0.219	1.830 75	1.554 96	0.589	1.658 35	1.486 40	1.422	1.635 90	
0.226	1.813 09	1.549 21	0.643	1.655 04	1.484 90	1.479	1.634 90	
0.231	1.802 33	1.545 41	0.656	1.654 37	1.484 59	1.497	1.634 57	1.477 44
0.242	1.781 11	1.537 82	0.670	1.653 67	1.484 26	1.541	1.633 81	
0.257	1.760 38	1.530 05	0.706	1.652 07	1.483 53	1.609	1.632 61	
0.263	1.753 43	1.527 36	0.768	1.649 74	1.482 59	1.615	…	1.476 95
0.267	1.748 64	1.525 47	0.795	1.648 80	1.482 16	1.682	1.631 27	
0.274	1.741 39	1.522 61	0.801	1.648 69	1.482 16	1.749	…	1.476 38
0.291	1.727 74	1.517 05	0.833	1.647 72	1.481 76	1.761	1.629 74	
0.303	1.719 59	1.513 65	0.867	1.646 76	1.481 37	1.849	1.928 00	
0.312	1.714 25	1.511 40	0.905	1.645 78	1.480 98	1.900	…	1.475 73
0.330	1.705 15	1.507 46	0.946	1.644 80	1.480 60	1.946	1.626 02	
0.340	1.700 78	1.505 62	0.991	1.643 80	1.480 22	2.053	1.623 72	
0.346	1.698 33	1.504 50	1.042	1.642 76	1.479 85	2.100	…	1.474 92
0.361	1.693 17	1.502 28	1.097	1.641 67	1.479 48	2.172	1.620 99	
0.394	1.683 74	1.498 10	1.159	1.640 51	1.479 10	3.324	…	1.473 92

温度系数

λ/μm	$\dfrac{dn_o}{dT}$/(×10^{-5}/℃)	$\dfrac{dn_e}{dT}$/(×10^{-5}/℃)	λ/μm	$\dfrac{dn_o}{dT}$/(×10^{-5}/℃)	$\dfrac{dn_e}{dT}$/(×10^{-5}/℃)
0.211	2.150		0.467	0.319	
0.231	1.397	2.198	0.480	0.305	1.287
0.298	0.604	1.641	0.508	0.287	1.234
0.361	0.360	1.449	0.589	0.240	1.213
0.441	0.325	1.318	0.643	0.208	1.185

表 36-9 氟化钙的折射率和折射率温度系数[112-114]

折射率(20℃)

λ/μm	n	λ/μm	n	λ/μm	n	λ/μm	n
0.19	1.505 00	1.014 0	1.428 84	2.160 8	1.423 06	4.000	1.409 63
0.20	1.495 31	1.083 04	1.428 43	2.250	1.422 58	4.125 2	1.408 47
0.22	1.481 19	1.100 0	1.428 34	2.357 3	1.421 98	4.250 0	1.407 22
0.24	1.471 33	1.178 6	1.427 89	2.450	1.421 43	4.400 0	1.405 68
0.26	1.463 97	1.250	1.427 52	2.553 7	1.420 80	4.600 0	1.403 57
0.28	1.458 41	1.375 6	1.426 89	2.651 9	1.420 18	4.714 6	1.402 33
0.30	1.454 00	1.473 3	1.426 42	2.700	1.419 88	4.800 0	1.401 30
0.35	1.446 58	1.571 5	1.425 96	2.750	1.419 56	5.000	1.399 08
0.40	1.441 857	1.650	1.425 58	2.800	1.419 23	5.303 6	1.395 22
0.486 15	1.437 04	1.768 0	1.425 02	2.880	1.418 90	5.893 2	1.387 12
0.587 58	1.433 88	1.840 0	1.424 68	2.946 6	1.418 23	6.482 5	1.378 24
0.589 32	1.433 84	1.868 8	1.424 54	3.050 0	1.417 50	7.071 8	1.368 05
0.656 30	1.432 49	1.900	1.424 39	3.098 0	1.417 14	7.661 2	1.356 75
0.686 71	1.432 00	1.915 3	1.424 31	3.241 3	1.416 10	8.250 5	1.344 40
0.728 18	1.431 43	1.964 4	1.424 07	3.400 0	1.414 87	8.839 8	1.330 75
0.766 53	1.430 93	2.058 2	1.423 60	3.535 9	1.413 67	9.429 1	1.316 05
0.884 00	1.429 80	2.062 6	1.423 57	3.830 6	1.411 19		

温度系数

λ/μm	$\frac{dn}{dT}$/(×10⁻⁵/℃)	T/℃	λ/μm	$\frac{dn}{dT}$/(×10⁻⁵/℃)	T/℃	λ/μm	$\frac{dn}{dT}$/(×10⁻⁵/℃)	T/℃
0.185	−0.296	61.25	0.231	−0.732	61.25	0.640	−1.113	59.2
0.186	−0.313	61.25	0.257	−0.811	61.25	0.900	−1.031	59.9
0.193	−0.402	61.25	0.274	−0.855	61.25	1.2	−1.040	59.9
0.197	−0.451	61.25	0.288	−0.884	61.25	1.25	−1.029	60.0
0.198	−0.464	61.25	0.298	−0.904	61.25	1.30	−1.018	60.2
0.200	−0.493	61.25	0.325	−0.948	61.25	2.0	−0.932	60.2
0.204	−0.538	61.25	0.340	−0.964	61.25	3.16	−0.881	59.4
0.208	−0.582	61.25	0.361	−0.979	61.25	4.2	−0.831	59.6
0.211	−0.601	61.25	0.441	−1.028	61.25	5.3	−0.821	59.0
0.214	−0.637	61.25	0.480	−1.035	61.25	6.5	−0.787	56.8
0.219	−0.655	61.25	0.508	−1.056	61.25			
0.224	−0.696	61.25	0.589	−1.111	60.5			

表 36-10 钼酸钙在 19.5℃ 时的折射率

λ/μm	n_o	n_e	λ/μm	n_o	n_e	λ/μm	n_o	n_e
0.404 66	2.044 52	2.061 56	0.546 07	1.987 30	1.998 10	0.667 81	1.967 37	1.976 39
0.435 84	2.025 53	2.040 29	0.576 96	1.980 89	1.991 09	0.706 52	1.963 21	1.971 89
0.467 82	2.010 91	2.024 09	0.579 06	1.980 49	1.990 66	1.083 0	1.943 17	1.950 30
0.479 99	2.006 29	2.018 98	0.587 56	1.978 93	1.988 97			
0.508 58	1.996 97	2.008 73	0.643 85	1.970 33	1.979 61			

表 36-11 钛酸钙的折射率[115]

λ/μm	n_o	n_e	λ/μm	n_o	n_e	λ/μm	n_o	n_e
0.434	1.612 6	1.340 4	0.501	1.596 8	1.337 9	0.589	1.584 8	1.336 0
0.436	1.612 1	1.340 3	0.546	1.589 9	1.336 5	0.656	1.579 1	1.334 7
0.486	1.599 8	1.338 4	0.578	1.586 0	1.336 3	0.668	1.578 3	1.334 5

表 36-12 溴化铯在 27℃时的折射率[116]

λ/μm	0	0.1	0.2	0.3	0.4	0.5	0.6	0.7	0.8	0.9
0	…	…	…	…	73 519	70 896	69 588	68 825	68 345	68 022
1	67 793	67 624	67 496	67 397	67 318	67 254	67 201	67 157	67 120	67 088
2	67 061	67 036	67 015	66 996	66 979	66 963	66 948	66 935	66 923	66 911
3	67 904	66 890	66 881	66 871	66 862	66 853	66 845	66 837	66 829	66 821
4	66 813	66 805	66 798	66 790	66 782	66 775	66 767	66 760	66 752	66 745
5	66 737	66 730	66 722	66 715	66 707	66 699	66 691	66 683	66 675	66 667
6	66 659	66 651	66 643	66 634	66 626	66 617	66 609	66 600	66 591	66 582
7	66 573	66 564	66 555	66 545	66 536	66 526	66 517	66 507	66 497	66 487
8	66 477	66 467	66 457	66 446	66 436	66 425	66 414	66 403	66 392	66 381
9	66 370	66 359	66 347	66 335	66 324	66 312	66 300	66 288	66 276	66 263
10	66 251	66 238	66 226	66 213	66 200	66 187	66 174	66 160	66 147	66 134
11	66 120	66 106	66 092	66 078	66 064	66 050	66 035	66 021	66 006	65 991
12	65 976	65 961	65 946	65 931	65 915	65 900	65 884	65 868	65 852	65 836
13	65 820	65 804	65 787	65 770	65 754	65 737	65 720	65 703	65 685	65 668
14	65 651	65 633	65 615	65 597	65 579	65 561	65 543	65 524	65 505	65 487
15	65 468	65 449	65 430	65 411	65 391	65 372	65 352	65 332	65 312	65 292
16	65 272	65 251	65 231	65 210	65 190	65 169	65 148	65 126	65 105	65 084
17	65 062	65 040	65 018	64 996	64 974	64 952	64 929	64 907	64 884	64 861
18	64 838	64 815	64 792	64 768	64 745	64 721	64 697	64 673	64 649	64 625
19	64 600	64 576	64 551	64 526	64 501	64 476	64 450	64 425	64 390	64 374
20	64 348	64 322	64 295	64 269	64 243	64 216	64 189	64 162	64 135	64 108
21	64 080	64 053	64 025	63 997	63 969	63 941	63 913	63 884	63 856	63 827
22	63 789	63 769	63 739	63 710	63 681	63 651	63 621	63 591	63 561	63 530
23	63 500	63 469	63 438	63 407	63 376	63 345	63 313	63 282	63 250	63 218
24	63 186	63 154	63 121	63 089	63 056	63 023	62 990	62 957	62 923	62 890
25	62 856	62 822	62 788	62 754	62 719	62 685	62 650	62 615	62 580	62 545
26	62 509	62 474	62 438	62 402	62 366	62 330	62 293	62 256	62 220	62 183
27	62 146	62 108	62 071	62 033	61 995	61 957	61 919	61 881	61 842	61 803
28	61 764	61 725	61 686	61 646	61 607	61 567	61 527	61 487	61 446	61 406
29	61 365	61 324	61 283	61 242	61 200	61 158	61 116	61 074	61 032	60 990
30	60 947	60 904	60 861	60 818	60 775	60 731	60 687	60 643	60 599	60 555
31	60 510	60 465	60 420	60 375	60 330	60 284	60 238	60 192	60 146	60 100
32	60 053	60 007	59 960	59 912	59 865	59 817	59 770	59 722	59 673	59 625
33	59 576	59 527	59 478	59 429	59 380	59 330	59 280	59 230	59 179	59 129
34	59 078	59 027	58 976	58 924	58 873	58 821	58 769	58 717	58 664	58 611
35	58 558	58 505	58 452	58 398	58 344	58 290	58 236	58 181	58 126	58 071
36	58 016	57 960	57 905	57 849	57 792	57 736	57 679	57 622	57 565	57 503
37	57 450	57 392	57 334	57 276	57 217	57 158	57 099	57 040	56 980	56 920
38	56 860	56 809	56 739	56 678	56 617	56 556	56 494	56 432	56 370	56 308
39	56 245	56 182	56 110							

色散公式：$n^2 = 5.640\,752 - 0.000\,003\,338\lambda^2 = \frac{0.001\,861\,2}{\lambda^2} + (\frac{41\,110.49}{\lambda^2} - 14\,390.4) + (\frac{0.029\,076\,4}{\lambda^2} - 0.024\,964)$。

温度系数：两个样品(取自不同厂家)的平均折射率温度系数是 7.9×10^{-5}/℃

表 36-13　碘化铯在 24℃时的折射率[84]

λ/μm	n	λ/μm	n	λ/μm	n	λ/μm	n	λ/μm	n
0.280	103 939	1.84	73 242	16.8	73 210	28.2	71 199	39.6	67 954
0.300	97 872	1.88	74 683	17.0	73 190	28.4	71 153	39.8	67 881
0.320	93 700	1.92	74 664	17.2	73 164	28.6	71 107	40.0	67 814
0.340	90 649	1.96	74 647	17.4	73 137	28.8	71 061	40.2	67 744
0.360	88 321	2.00	74 631	17.6	73 111	29.0	71 014	40.4	67 673
0.380	86 497	2.20	74 616	17.8	73 088	29.2	70 967	40.6	67 601
0.400	85 927	2.40	74 551	18.0	73 056	29.4	70 919	40.8	67 530
0.420	83 823	2.60	74 500	18.2	73 028	29.6	70 871	41.0	67 457
0.440	82 820	2.80	74 460	18.4	72 999	29.8	70 823	41.2	67 381
0.460	81 975	3.00	74 427	18.6	72 971	30.0	70 774	41.4	67 311
0.480	81 255	3.50	74 400	18.8	72 942	30.2	70 725	41.6	67 237
0.500	80 635	4.00	74 346	19.0	72 913	30.4	70 676	41.8	67 163
0.520	80 097	4.50	74 305	19.2	72 833	30.6	70 626	42.0	67 088
0.540	79 626	5.00	74 270	19.4	72 853	30.8	70 576	42.2	67 013
0.560	79 213	5.50	74 239	19.6	72 823	31.0	70 525	42.4	66 937
0.580	78 846	6.00	74 210	19.8	72 793	31.2	70 474	42.6	66 861
0.600	78 520	6.50	74 181	20.0	72 762	31.4	70 422	42.8	66 781
0.620	78 229	7.00	74 152	20.2	72 731	31.6	70 371	43.0	66 707
0.640	77 967	7.50	74 122	20.4	72 699	31.8	70 318	43.2	66 620
0.660	77 731	8.00	74 091	20.6	72 667	32.0	70 266	43.4	66 551
0.680	77 517	8.50	74 059	20.8	72 635	32.2	70 213	43.6	66 472
0.700	77 323	9.00	74 026	21.0	72 602	32.4	70 150	43.8	66 392
0.720	77 146	9.50	73 991	21.2	72 570	32.6	70 105	44.0	66 312
0.740	76 985	10.0	73 954	21.4	72 536	32.8	70 051	44.2	66 232
0.760	76 836	10.2	73 916	21.6	72 503	33.0	69 996	44.4	66 151
0.780	76 700	10.4	73 901	21.8	72 469	33.2	69 941	44.6	66 070
0.800	76 575	10.6	73 885	22.0	72 435	33.4	69 886	44.8	65 988
0.820	76 459	10.8	73 868	22.2	72 400	33.6	69 830	45.0	65 905
0.840	76 352	11.0	73 852	22.4	72 365	33.8	69 774	45.2	65 822
0.860	76 252	11.2	73 835	22.6	72 330	34.0	69 717	45.4	65 739
0.880	76 159	11.4	73 818	22.8	72 291	34.2	69 660	45.6	65 655
0.900	76 074	11.6	73 800	23.0	72 258	34.4	69 602	45.8	65 570
0.920	75 993	11.8	73 783	23.2	72 222	34.6	69 544	46.0	65 485
0.940	75 918	12.0	73 765	23.4	72 185	34.8	69 486	46.2	65 399
0.960	75 848	12.2	73 746	23.6	72 148	35.0	69 427	46.4	65 313
0.980	75 782	12.4	73 728	23.8	72 111	35.2	69 368	46.6	65 226
1.00	75 721	12.6	73 700	24.0	72 073	35.4	69 398	46.8	65 138
1.04	75 608	12.8	73 690	24.2	72 035	35.6	69 248	47.0	65 051
1.08	75 508	13.0	73 670	24.4	71 997	35.8	69 188	47.2	64 962
1.12	75 419	13.2	73 650	24.6	71 958	36.0	69 127	47.4	64 873
1.16	75 339	13.4	73 630	24.8	71 919	36.2	69 065	47.6	64 783
1.20	75 268	13.6	73 610	25.0	71 880	36.4	69 004	47.8	64 693
1.24	75 203	13.8	73 589	25.2	71 840	36.6	68 911	48.0	64 602
1.28	75 144	14.0	73 568	25.4	71 800	36.8	68 879	48.2	64 511
1.32	75 091	14.2	73 547	25.6	71 759	37.0	68 815	48.4	64 419
1.36	75 042	14.4	73 525	25.8	71 718	37.2	68 752	48.6	64 326
1.40	74 997	14.6	73 504	26.0	71 677	37.4	68 688	48.8	64 233
1.44	74 956	14.8	73 481	26.2	71 635	37.6	68 623	49.0	64 139
1.48	74 919	15.0	73 459	26.4	71 593	37.8	68 558	49.2	64 045
1.52	74 884	15.2	73 436	26.6	71 551	38.0	68 493	49.4	63 950
1.56	74 852	15.4	73 413	26.8	71 508	38.2	68 427	49.6	63 855
1.60	74 822	15.6	73 389	27.0	71 465	38.4	68 361	49.8	63 759
1.64	74 795	15.8	73 366	27.2	71 422	38.6	68 294	50.0	63 662
1.68	74 769	16.0	73 342	27.4	71 378	38.8	68 227		
1.72	74 745	16.2	73 317	27.6	71 334	39.0	68 159		
1.76	74 723	16.4	73 292	27.8	71 289	39.2	68 091		
1.80	74 702	16.6	73 267	28.0	71 244	39.4	68 023		

色散公式：$n^2-1=\sum_i \frac{K_i\lambda^2}{\lambda^2-\lambda_i^2}$。式中，$\lambda_1^2=0.000\,527\,01, K_1=0.346\,172\,51; \lambda_2^2=0.021\,401\,56, K_2=1.008\,088\,6; \lambda_3^2=0.032\,761, K_3=0.285\,518\,00; \lambda_4^2=0.044\,944, K_4=0.397\,431\,78; \lambda_5^2=25\,921.0, K_5=3.360\,535\,9$

表 36-14　晶体石英的折射率和折射率温度系数[107]

折　射　率

λ/μm	n_o	n_e	λ/μm	n_o	n_e	λ/μm	n_o	n_e
0.185	1.057 51	1.689 88	0.991 4	1.535 14	1.543 92	2.30	1.515 61	
0.198	1.650 87	1.663 94	1.159 2	1.532 33	1.541 52	2.00	1.509 86	
0.231	1.613 95	1.625 55	1.307 0	1.530 90	1.539 51	3.00	1.499 53	
0.340	1.567 47	1.577 37	1.395 8	1.529 77	1.538 32	3.50	1.484 51	
0.394	1.558 46	1.568 05	1.479 2	1.528 65	1.537 16	4.00	1.466 17	
0.434	1.553 96	1.563 30	1.541 4	1.527 81	1.536 30	4.20	1.456 9	
0.508	1.548 22	1.557 46	1.681 5	1.525 83	1.534 22	5.00	1.417	
0.589 3	1.544 24	1.553 35	1.761 4	1.524 68	1.533 01	6.45	1.274	
0.768	1.539 03	1.547 94	1.945 7	1.521 84	1.530 04	7.0	1.167	
0.832 5	1.537 73	1.546 61	2.053 1	1.520 05	1.528 23			

温度系数

λ/μm	$\frac{dn_o}{dT}$/(×10^{-3}/℃)	$\frac{dn_e}{dT}$/(×10^{-5}/℃)	λ/μm	$\frac{dn_o}{dT}$/(×10^{-3}/℃)	$\frac{dn_e}{dT}$/(×10^{-5}/℃)
0.202	+0.321	+0.267	0.293	−0.311	−0.415
0.206	0.253	0.193	0.313	−0.348	−0.450
0.210	0.193	0.143	0.325	−0.352	−0.469
0.214	0.124	0.083	0.340	−0.393	−0.591
0.219	0.074	0.027	0.361	−0.418	−0.521
0.224	0.017	−0.048	0.441	−0.475	−0.593
0.226	−0.008	−0.075	0.467	−0.485	−0.601
0.228	−0.027	−0.093	0.480	−0.499	−0.610
0.231	−0.052	−0.112	0.508	−0.514	−0.616
0.257	−0.186	−0.265	0.589	−0.530	−0.642
0.274	−0.235	−0.323	0.643	−0.549	−0.653
0.283	−0.279	−0.385			

注：0.185～0.76 μm 的数据是在 23℃时测的；0.832 5～2.30 μm 的数据是在 20℃时测的；2.6～7.0 μm 数据是在 18℃时测的[117-119]。

表 36-15　金刚石的折射率[120]

λ/μm	n	λ/μm	n	λ/μm	n
0.480	2.436 8	0.546	2.423 5	0.644	2.414 4
0.486	2.435 4	0.589	2.417 5	0.656	2.410 4

表 36-16　萤石(氟化钙)的折射率和折射率温度系数[121]

λ/μm	$n_{计算}$	Δn/(×10^{-5})		$-\frac{dn}{dT}$/(10^{-6}/℃)	λ/μm	$n_{计算}$	Δn/(×10^{-5})		$-\frac{dn}{dT}$/(10^{-6}/℃)
		合成	天然				合成	天然	
0.228 803	1.476 35	−2	+1	6.2	0.404 656 3	1.444 51	−3	+1	9.8
0.248 27	1.467 93	+3	+5	7.0	0.435 831 2	1.439 49	−3	0	10.0
0.253 7	1.466 02	+9	+12	7.5	0.486 432 7	1.437 03	−4	0	10.2
0.265 20	1.462 33	−1	0	8.1	0.546 074	1.434 94	−3	+1	10.4
0.280 35	1.458 28	−1	+1	8.4	0.580 262	1.433 81	−2	+2	10.4
0.296 728	1.454 67	−2	0	8.8	0.643 847	1.432 68	−2	+3	10.4
0.334 448	1.448 52	−1	+2	9.2	0.656 279 3	1.432 46	−2	+1	10.4
0.346 62	1.446 91	−3	0	9.4	0.667 844 9	1.432 26	−1	+1	10.5
0.365 015	1.444 90	−4	0	9.6	0.706 518 8	1.431 67	−2	+2	10.5

续表

λ/μm	$n_{计算}$	Δn/(×10⁻⁵)		$-\frac{dn}{dT}/(10^{-6}/℃)$	λ/μm	$n_{计算}$	Δn/(×10⁻⁵)		$-\frac{dn}{dT}/(10^{-6}/℃)$
		合成	天然				合成	天然	
0.767 858	1.430 88	−2	+2	10.6	3.422	1.414 67	+2	+2	8.1
0.852 12	1.430 02	−1	+4	10.6	3.507 0	1.413 98	−1	+3	8.0
0.894 4	1.429 66	0	+1	10.6	3.706 7	1.412 29	+2	+2	7.8
1.013 98	1.428 79	−2	0	10.5	4.258	1.407 13	+4	+2	7.5
1.362 2	1.426 91	+1	+8	10.0	5.018 82	1.398 73	+1	+2	7.3
1.395 06	1.426 75	+1	+6	9.9	5.303 4	1.395 20	+3	+4	7.2
1.529 52	1.426 42	+4	+4	9.6	6.014 0	1.385 39	+5	+5	7.0
1.701 2	1.425 31	+2	+4	9.4	6.238	1.382 00	−6	+3	7.0
1.813 07	1.424 78	0	+9	9.1	6.633 06	1.375 65	0	+5	6.9
1.970 09	1.424 01	+3	+3	8.9	6.855 9	1.371 86	−8	+2	6.7
2.152 6	1.423 06	−1	+1	8.7	7.268	1.364 43	+2	+7	6.5
2.325 42	1.422 12	+3	+4	8.5	7.464 4	1.360 70	+5	+6	6.4
2.437 4	1.421 47	0	+2	8.5	8.662	1.335 00	−4	+3	6.0
3.302 6	1.415 61	0	+3	8.2	9.724	1.307 56	+1	+5	5.6

色散公式：$n^2-1=\sum_i \frac{A_i\lambda^2}{\lambda^2-\lambda_i^2}$。在25℃时的常数：$\lambda_1=0.050\,263\,605$，$\lambda_1^2=0.002\,526\,430$，$A_1=0.567\,588\,8$；$\lambda_2=0.100\,393\,9$，$\lambda_2^2=0.010\,078\,33$，$A_2=0.471\,091\,4$；$\lambda_3=34.649\,040$，$\lambda_3^2=1.200\,556\,0$，$A_3=3.848\,472\,3$

表 36-17　熔石英的折射率[87-89]

3个厂家的样品在20℃时的折射率及其偏差值

波长/μm	光源	$n_{计算}$	Δn/(×10⁻⁶)				波长/μm	光源	$n_{计算}$	Δn/(×10⁻⁶)			
			平均①	科宁	迪纳斯尔	通用电气				平均①	科宁	迪纳斯尔	通用电气
0.213 856	Zn	1.534 307	−27	−29	−43	−31	0.340 365	Cd	1.478 584	+6	+9	+2	−8
0.214 438	Cd	1.533 722	−2	−11	−21	−22	0.346 620	Cd	1.477 468	+2	−17	−12	−14
0.226 747	Cd	1.522 750	+70	+71	+68	+73	0.361 051	Cd	1.475 129	+1	+3	−9	−8
0.230 209	Hg	1.520 081	−21	−28	−31	−23	0.365 015	Hg	1.474 539	−19	−11	−15	−21
0.237 833	Hg	1.514 729	+1	+13	+23	+19	0.404 656	Hg	1.469 618	+2	+1	−1	+2
0.239 938	Hg	1.513 367	+3	+6	+2	+9	0.435 835	Hg	1.466 693	−3	+5	+1	+3
0.248 272	Hg	1.508 398	+2	+6	−1	+7	0.467 816	Cd	1.464 292	+8	+5	+3	+6
0.265 204	Hg	1.500 029	−29	−32	−25	−13	0.486 133	H	1.463 126	+4	+6	+5	+7
0.269 885	Hg	1.498 047	+3	+7	−4	+11	0.508 582	Cd	1.461 863	+7	+4	+1	+5
0.275 278	Hg	1.495 913	−3	+2	+8	+12	0.546 074	Hg	1.460 078	+2	+4	+1	−5
0.280 347	Hg	1.494 039	+1	−4	−9	−11	0.576 959	Hg	1.458 846	+4	+5	+3	+4
0.289 360	Hg	1.490 990	+20	+18	+22	+20	0.579 065	Hg	1.458 769	+1	+6	+6	+6
0.296 728	Hg	1.488 734	−14	−7	−12	−4	0.587 561	He	1.458 464	+6	+3	−2	+1
0.302 150	Hg	1.487 194	−4	−9	−2	+4	0.589 262	Na	1.458 404	−4	+6	+3	+7
0.330 259	Zn	1.480 539	−9	+1	+10	+3	0.643 847	Cd	1.456 704	+6	+9	+4	+7
0.334 148	Hg	1.479 763	−3	−8	−1	+9	0.656 272	H	1.456 367	+3	+7	+5	+7

续表

波长/μm	光源	$n_{计算}$	Δn/(×10⁻⁶)				波长/μm	光源	$n_{计算}$	Δn/(×10⁻⁶)			
			平均①	科宁	迪纳斯尔	通用电气				平均①	科宁	迪纳斯尔	通用电气
0.667 815	He	1.456 067	+3	+8	+6	+3	1.709 13	Hg	1.442 057	+3	0	+3	−1
0.706 519	He	1.455 145	+5	+10	+12	+7	1.813 07	Hg	1.440 699	+21	−7	−7	+6
0.852 111	Cs	1.452 465	+5	+8	+3	+5	1.970 09	Hg	1.438 519	+1	+6	+12	+12
0.894 350	Cs	1.451 835	+5	+11	+5	+10	2.058 1	He	1.437 224	−4	−3	−9	−11
1.013 98	Hg	1.450 242	+8	+6	+3	+6	2.152 6	TCB②	1.435 769	−29	−22	−25	−24
1.082 97	He	1.449 405	−5	+8	+1	+9	2.325 42	Hg	1.432 928	−18	−10	−3	−6
1.128 66	Hg	1.448 869	+1	+7	+8	+9	2.437 4	TCB②	1.430 954	−24	−23	−21	−14
1.362 2	Hg	1.446 212	−12	−6	−14	−12	3.243 9	Poly③	1.413 118	+32	+21	+29	+25
1.395 06	Hg	1.445 836	+4	−1	+4	−3	3.266 8	Poly③	1.412 505	+25	+20	+30	+25
1.469 5	Cs	1.444 975	−5	+3	+9	+10	3.302 6	Poly③	1.411 535	+25	+32	+30	+28
1.529 52	Hg	1.444 268	+2	+8	+6	0	3.422	Poly③	1.408 180	+20	+40	+42	+37
1.660 6	TCB②	1.442 670	−20	−14	−19	−11	3.507 0	Poly③	1.405 676	−16	−26	−20	−10
1.681	Poly③	1.442 414	+6	−2	−10	+8	3.556 4	TCB②	1.401 174	−24	−27	−29	−18
1.693 2	Hg	1.442 260	0	+7	−6	+1	3.766 7	TCB②	1.399 389	−19	−22	−14	−9
							偏差绝对平均值			10.5	11.9	12.2	11.7

色散公式：$n^2-1=\frac{0.696\,166\,3\lambda^2}{\lambda^2-0.068\,404\,3^2}+\frac{0.407\,942\,6\lambda^2}{\lambda^2-0.116\,241\,4^2}+\frac{0.897\,479\,4\lambda^2}{\lambda^2-9.896\,161^2}$，式中 λ 的单位为μm

不同厂家的样品在 20℃时的折射率偏差(×10⁻⁶)

λ/μm	科宁④				迪纳斯尔④				通用电气④			
	1	2	3	4	1	2	3	4	1	2	3	4
0.404 7	11	26	24	20	4	27	21	21	11	12	−12	14
0.486 1	16	27	16	21	5	29	19	21	7	15	−7	12
0.546 1	14	24	22	17	5	33	25	16	11	12	−13	12
0.589 3	12	27	23	27	0	18	20	22	13	13	−8	12
0.656 3	12	23	19	19	1	27	22	23	13	15	−11	17
0.706 5	17	28	20	18	2	31	23	23	13	15	−11	17
0.894 4	11	26	22	19	3	31	19	25	11	12	−8	13
1.014	16	21	20	20	6	30	26	22	14	13	−11	14
1.083	15	24	25	25	7	35	25	25	13	16	−9	12
平均 Δn	13.5	24.9	20.0	21.6	3.5	27.4	20.4	20.5	11.3	12.9	−9.6	13.2
v 值	67.78	67.78	67.86	67.80	67.78	67.80	67.85	67.85	67.88	67.77	67.82	67.84

注：①指科宁、迪纳斯尔和通用电气 3 家样品的实验测定值的算术平均偏差；②1,4,4-三氯苯；③聚苯乙烯；④下面的每个数字栏表示不同的样品。偏差是指测量值与色散公式的计算值之间的差值。每个 Δn 值都是对于所采用的 18 个波长的平均值。

表 36-18　锑化镓的折射率和消光系数[122]

波长 / μm	n	k	波长 / μm	n	k	波长 / μm	n	k
1.49	…	0.097 0	1.77	…	0.001 23	3.5	3.861	0.007 46
1.51	…	0.094 5			0.005 40	3.7	…	0.000 925
1.53	…	0.090 5	1.80	3.820	0.000 551	4.0	3.833	0.001 26
1.55	…	0.086 7			0.000 356	4.5	…	0.001 88
1.56	…	0.085 2	1.82	…	0.000 355	5.0	3.824	0.002 53
1.57	…	0.081 6			0.000 196	5.4	…	0.003 13
1.58	…	0.079 0	1.84	…	0.000 252	5.8	…	0.003 66
1.59	…	0.076 8	1.85	…	0.000 200	6.0	3.824	0.003 94
1.60	…	0.071 0	1.88	…	0.000 141	6.2	…	0.004 22
1.61	…	0.068 0	1.90	3.802		6.7	…	0.004 90
1.62	…	0.064 9	1.91	…	0.000 141	7.0	3.843	0.005 33
1.63	…	0.061 4	1.94	…	0.000 118	7.4	…	0.005 90
1.64	…	0.058 2	1.97	…	0.000 110	8.0	3.843	0.006 68
1.65	…	0.054 7	2.0	3.789	0.000 108	8.4	…	0.007 21
1.66	…	0.051 0			0.000 098 7	9.0	3.843	0.007 99
1.68	…	0.047 0	2.03	…	0.000 109	9.5	…	0.008 63
1.69	…	0.040 6	2.07	…	0.000 113	10.0	3.843	0.009 26
1.70	…	0.025 1	2.1	3.780		10.6	…	0.009 95
1.71	…	0.007 48	2.2	3.764		11.1	…	0.010 6
1.72	…	0.006 68	2.3	3.758		12.0	3.843	0.011 6
1.73	…	0.002 14	2.4	3.755	0.000 143	12.4	…	0.012 1
		0.003 05	2.5	3.749	0.000 165	12.8	…	0.012 6
1.74	…	0.003 83	2.8	…	0.000 265	13.4	…	0.014 1
1.75	…	0.001 24	3.0	3.898	0.000 365	14.0	3.861	0.014 0
1.76	…	0.001 918	3.4	…	0.000 666	14.9	3.880	

注：一个波长对应 2 个或多个值时，是取自不同的测定者。

表 36-19　砷化镓的折射率[123]

波长/μm	n	波长/μm	n	波长/μm	n
0.78±0.01	3.34±0.04	13.0±0.05	2.97±0.04	17.0±0.05	2.59±0.04
8.0±0.05	3.34±0.04	13.7±0.05	2.895±0.04	19.0±0.05	2.41±0.04
10.0±0.05	3.135±0.04	14.5±0.05	2.82±0.04	21.9±0.1	2.12±0.04
11.0±0.05	3.045±0.04	15.0±0.05	2.73±0.04		

表 36-20　磷化镓的折射率和消光系数[91,124]

$\lambda/\mu m$	n	k	$\lambda/\mu m$	n	k	$\lambda/\mu m$	n	k
0.049	1.028	0.168	0.482	…	4.29×10^{-3}	9.00	2.91	2.69×10^{-2}
0.050	1.000	0.201	0.488	…	3.41×10^{-3}	10.00	2.90	
0.052	0.991	0.231	0.492	…	3.06×10^{-3}	16.00	2.750	
0.054	0.999	0.280	0.496	…	2.54×10^{-3}	16.65	2.714	
0.056	1.023	0.290	0.500	…	2.47×10^{-3}	17.23	2.679	
0.059	1.026	0.278	0.501	…	2.18×10^{-3}	18.00	2.643	
0.063	0.927	0.243	0.504	…	1.85×10^{-3}	18.87	2.600	
0.065	0.901	0.286	0.510	…	1.42×10^{-3}	20.00	2.529	
0.069	0.839	0.362	0.514	…	1.19×10^{-3}	20.87	2.500	
0.073	0.790	0.474	0.519	…	1.04×10^{-3}	21.72	2.386	
0.077	0.801	0.588	0.520	3.95		22.51	2.207	
0.083	0.825	0.691	0.521	…	8.57×10^{-4}	23.29	1.979	
0.089	0.854	0.796	0.530	…	5.34×10^{-4}	24.01	1.650	
0.095	0.896	0.905	0.534	…	3.34×10^{-4}	24.57	1.129	
0.103	0.951	1.023	0.538	…	2.41×10^{-4}	24.82	…	0.064
0.113	1.025	1.138	0.544	…	1.18×10^{-4}	25.00	0.100	
0.124	1.143	1.303	0.547	…	6.90×10^{-5}	25.26	…	1.379
0.135	1.250	1.230	0.553	…	3.44×10^{-5}	25.42	0.043	
0.139	1.195	1.234	0.555	…	2.19×10^{-5}	26.23	…	3.400
0.146	1.116	1.331	0.561	…	1.39×10^{-5}	26.51	0.129	
0.157	1.075	1.639	0.565	…	9.38×10^{-6}	26.66	…	5.000
0.165	1.187	1.841	0.571	…	6.88×10^{-6}	26.89	…	6.614
0.177	1.390	2.119	0.574	…	5.70×10^{-6}	26.98	0.457	
0.180	1.479	2.118	0.579	…	4.96×10^{-6}	27.04	…	8.893
0.188	1.727	2.125	0.582	…	4.71×10^{-6}	27.14	…	11.50
0.190	1.732	2.073	0.600	3.46		27.18	1.83	
0.194	1.696	2.085	0.620	3.42		27.19	4.07	
0.207	1.709	2.353	0.640	3.36		27.21	7.62	
0.229	2.246	3.295	0.660	3.34		27.26	13.12	
0.234	2.631	3.472	0.680	3.34		27.26	…	14.60
0.239	3.191	3.462	0.700	3.33		27.29	…	17.33
0.264	4.130	2.102	0.750	3.28		27.32	16.58	13.89
0.288	3.862	1.481	0.800	3.27		27.34	…	10.84
0.295	3.785	1.494	0.850	3.24		27.36	15.16	
0.302	3.743	1.541	0.900	3.20		27.37	…	8.20
0.310	3.770	1.649	0.950	3.17		27.44	…	5.13
0.318	3.906	1.801	1.00	3.17		27.45	13.47	
0.330	4.653	1.959	1.10	3.13		27.46	…	2.57
0.335	5.078	1.710	1.20	3.10		27.53	…	1.04
0.344	5.192		1.30	3.07		27.54	10.87	
0.354	4.848		1.40	3.07		27.57	…	0.68
0.375	4.252		1.60	3.04	4.99×10^{-4}	27.65	…	0.45
0.452	…	3.12×10^{-2}	1.80	3.03	7.56×10^{-4}	27.69	8.50	
0.454	…	2.36×10^{-2}	2.00	3.02	1.03×10^{-3}	27.82	…	0.200
0.456	…	1.87×10^{-2}	2.50	2.99	2.11×10^{-3}	28.09	…	0.114
0.457	…	1.59×10^{-2}	3.00	2.97	2.53×10^{-3}	28.21	6.19	
0.459	…	1.43×10^{-2}	3.50	2.95	2.23×10^{-3}	28.64	…	0.107
0.463	…	1.16×10^{-2}	4.00	2.95	2.57×10^{-3}	29.12	…	0.050
0.464	…	9.49×10^{-2}	4.50	2.95	3.21×10^{-3}	29.34	4.67	
0.470	…	7.68×10^{-2}	5.00	2.94	4.22×10^{-3}	29.69	…	0.050
0.473	…	6.37×10^{-3}	6.00	2.92	7.26×10^{-3}	29.94	4.39	
0.477	…	5.47×10^{-3}	7.00	2.95	1.11×10^{-2}	30.00	4.36	0.021
0.480	…	4.66×10^{-3}	8.00	2.94	1.64×10^{-2}			

折射率的实验值和计算值的比较

ν/cm^{-1}	$n_{实验}$	$n_{计算}$	ν/cm^{-1}	$n_{实验}$	$n_{计算}$	ν/cm^{-1}	$n_{实验}$	$n_{计算}$
12 500	3.183 0	3.182 86	4 167	3.029 6	3.029 25	2 500	3.013 7	3.013 75
9 091	3.098 1	3.098 21	3 125	3.019 7	3.019 82	183.93	3.444 0	3.443 5
5 000	3.037 9	3.037 54	2 778	3.016 6	3.016 58	175.29	3.430 2	3.431 1

续表

ν/cm^{-1}	$n_{实验}$	$n_{计算}$	ν/cm^{-1}	$n_{实验}$	$n_{计算}$	ν/cm^{-1}	$n_{实验}$	$n_{计算}$
167.78	3.423 8	3.421 4	117.70	3.375 4	3.374 7	59.36	3.346 3	3.347 2
162.00	3.413 4	3.414 5	109.90	3.370 6	3.369 7	52.97	3.345 0	3.345 4
149.96	3.401 0	3.401 5	94.21	3.362 1	3.360 9	46.17	3.343 8	3.343 8
139.27	3.392 2	3.391 5	87.92	3.358 4	3.357 9	33.76	3.339 9	3.341 4
128.54	3.383 0	3.382 6	72.07	3.3522	3.3513	27.32	3.340 7	3.3405

表 36-21 锗的折射率和温度系数[69,93-94,125]

锗的折射率(27℃)

λ/μm	n	λ/μm	n	λ/μm	n
2.058 1	4.101 6	2.998	4.045 2	8.66	4.004 3
2.152 6	4.091 9	3.303 3	4.036 9	9.72	4.003 4
2.312 6	4.078 6	3.418 8	4.033 4	11.04	4.002 6
2.437 4	4.070 8	4.258	4.021 6	12.20	4.002 3
2.577	4.060 9	4.866	4.017 0	13.02	4.002 1
2.714 4	4.055 2	6.238	4.009 4		

色散公式：$n=A+BL+CL^2+D\lambda^2+E\lambda^4$，$L=\dfrac{1}{\lambda^2-0.028}$。

式中，常数 $A=3.999\,31$，$B=0.391\,707$，$C=0.163\,492$，$D=-0.000\,006\,0$，$E=0.000\,000\,053$

锗在 24.5℃时的折射率温度系数

λ/ μm	$\frac{dn}{dT}/(\times10^{-4}/℃)$	λ/ μm	$\frac{dn}{dT}/(\times10^{-4}/℃)$
1.934	5.919	2.246	5.251
2.174	5.285	2.401	5.037

注：锗样品的电阻率约为 50 Ω・cm。

表 36-22 锑化铟的折射率和消光系数[126-127]

λ/μm	n	k	λ/μm	n	k	λ/μm	n	k
0.049	1.15	0.15	0.477	3.42	2.06	7.00	…	0.025
0.052	1.15	0.18	0.517	3.82	2.25	7.50	…	0.005 2
0.054	1.15	0.19	0.539	4.05	2.09	7.87	4.001	
0.056	1.16	0.20	0.564	4.18	1.94	8.00	3.995	0.002 31
0.059	1.17	0.21	0.590	4.22	1.82	8.50	…	0.002 0
0.062	1.17	0.21	0.620	4.29	1.83	9.00	…	0.001 9
0.065	1.18	0.20	0.656	4.71	1.88	9.01	3.967	
0.069	1.15	0.18	0.677	5.08	1.65	9.50	…	0.001 9
0.073	1.11	0.16	0.689	5.13	1.37	10.06	3.953	
0.080	1.02	0.17	0.708	5.06	1.07	11.01	3.937	
0.083	0.97	0.19	0.775	4.72	0.60	12.06	3.920	
0.089	0.88	0.26	0.886	4.40	0.40	12.98	3.912	
0.095	0.80	0.37	1.03	4.24	0.32	13.90	3.902	
0.103	0.75	0.51	1.24	4.15	0.26	15.13	3.881	
0.113	0.72	0.69	1.55	4.08	0.20	15.79	3.873	
0.124	0.74	0.88	1.60	…	0.18	16.96	3.866	
0.138	0.80	1.08	1.80	…	0.17	17.85	3.850	
0.155	0.88	1.32	2.00	…	0.17	18.85	3.843	
0.163	0.94	1.41	2.07	4.03		19.98	3.326	
0.182	1.06	1.61	2.50	…	0.15	20.0	…	0.002 0
0.207	1.23	1.91	3.00	…	0.13	21.15	3.814	
0.218	1.36	1.97	3.50	…	0.12	22.20	3.805	
0.221	1.38	2.00	4.00	…	0.11	25.0	3.78	0.005 1
0.234	1.48	2.11	4.50	…	0.10	26.0	3.74	0.007 5
0.238	1.53	2.14	5.00	…	0.091	27.0	3.66	0.009 7
0.243	1.57	2.13	6.00	…	0.074	28.0	3.56	0.011
0.248	1.56	2.15	6.10	…	0.072	29.0	3.50	0.010
0.282	1.66	2.70	6.20	…	0.070	30.0	3.47	0.010
0.302	2.19	3.26	6.30	…	0.068	31.0	3.44	0.010
0.310	2.62	3.36	6.40	…	0.066	32.0	3.39	0.010
0.344	3.51	2.44	6.50	…	0.063	33.0	3.34	0.011
0.365	3.51	2.15	6.60	…	0.059	34.0	3.30	0.012
0.413	3.37	1.81	6.70	…	0.055	35.0	3.25	0.014
0.428	3.32	1.86	6.80	…	0.049	40.0	2.98	0.026
0.443	3.32	1.91	6.90	…	0.037	45.0	2.57	0.054

折射率的相对温度系数：$\dfrac{1}{n}\dfrac{dn}{dT}=(3.9\pm0.4)\times10^{-5}/℃$，77～400 K

表 36-23　砷化铟的折射率和消光系数[128]

λ/μm	n	k	λ/μm	n	k	λ/μm	n	k
0.049	1.139	0.168	0.248	1.987	2.647	1.38	3.516	0.047
0.051	1.135	0.195	0.259	2.288	3.086	1.68	…	0.200
0.054	1.135	0.207	0.264	2.617	3.264	1.80	…	0.185
0.056	1.133	0.215	0.269	3.060	3.274	2.00	…	0.168
0.059	1.131	0.222	0.222	3.800	2.735	2.07	…	0.162
0.062	1.125	0.225	0.310	3.678	1.508	2.25	…	0.149
0.064	1.120	0.224	0.335	3.359	1.340	2.50	…	0.133
0.067	1.110	0.215	0.344	3.271	1.363	2.76	…	0.119
0.070	1.047	0.189	0.354	3.227	1.411	3.00	…	0.102
0.077	0.948	0.272	0.387	3.484	1.547	3.35	…	0.064
0.082	0.894	0.336	0.413	3.331	1.787	3.40	…	0.052
0.089	0.829	0.426	0.443	3.817	1.954	3.44	…	0.037
0.095	0.766	0.563	0.451	3.980	1.865	3.50	…	0.018
0.103	0.745	0.727	0.459	4.087	1.748	3.65	…	0.002
0.108	0.751	0.830	0.468	4.119	1.644	3.74	3.52	
0.112	0.775	0.905	0.477	4.192	1.618	4.00	3.51	
0.123	0.835	1.071	0.496	4.489	1.452	5.00	3.46	
0.136	0.890	1.260	0.517	4.558	1.047	6.67	3.45	
0.153	0.967	1.552	0.563	4.320	0.554	10.0	3.42	
0.172	1.184	1.889	0.620	4.101	0.348	14.3	3.39	
0.180	1.332	1.998	0.689	3.934	0.231	16.7	3.38	
0.188	1.483	2.020	0.775	3.800	0.157	20.0	3.35	
0.195	1.583	2.120	0.885	3.696	0.100	25.0	3.26	
0.211	1.782	2.011	1.03	3.613	0.076	33.3	2.95	
0.225	1.765	2.202	1.24	3.548	0.051			

色散公式：$n^2=11.1+\dfrac{0.71}{1-(1/3\,922\,\lambda)^2}+\dfrac{2.75}{1-(1/218.9\,\lambda)^2}-6\times10^4\lambda^2$

表 36-24　磷化铟的折射率和消光系数[129]

λ/μm	n	k	λ/μm	n	k	λ/μm	n	k
0.062	0.793	0.494	0.129	0.847	1.210	0.172	1.136	1.847
0.064	0.815	0.499	0.130	0.852	1.225	0.175	1.174	1.882
0.065	0.834	0.493	0.132	0.859	1.237	0.177	1.215	1.915
0.067	0.843	0.487	0.133	0.861	1.253	0.180	1.261	1.941
0.069	0.846	0.477	0.135	0.865	1.269	0.182	1.307	1.966
0.071	0.840	0.469	0.136	0.868	1.287	0.185	1.354	1.986
0.073	0.824	0.454	0.138	0.872	1.304	0.188	1.402	2.004
0.075	0.785	0.457	0.139	0.874	1.324	0.191	1.453	2.010
0.077	0.742	0.491	0.141	0.875	1.346	0.194	1.496	2.008
0.079	0.719	0.529	0.142	0.877	1.375	0.197	1.526	1.991
0.083	0.695	0.574	0.144	0.885	1.403	0.200	1.525	1.982
0.085	0.675	0.645	0.146	0.894	1.433	0.203	1.508	2.005
0.089	0.688	0.706	0.148	0.909	1.458	0.207	1.500	2.063
0.092	0.701	0.765	0.149	0.919	1.486	0.210	1.516	2.130
0.095	0.726	0.820	0.151	0.934	1.512	0.214	1.544	2.191
0.099	0.754	0.861	0.153	0.947	1.539	0.217	1.573	2.267
0.103	0.771	0.899	0.155	0.960	1.566	0.221	1.616	2.349
0.108	0.781	0.946	0.157	0.973	1.594	0.225	1.668	2.442
0.113	0.793	0.996	0.159	0.984	1.627	0.229	1.737	2.553
0.118	0.797	1.056	0.161	1.000	1.664	0.234	1.834	2.675
0.124	0.806	1.154	0.163	1.022	1.700	0.238	1.960	2.801
0.125	0.820	1.172	0.165	1.046	1.736	0.243	2.132	2.982
0.126	0.832	1.185	0.167	1.072	1.771	0.248	2.451	3.166
0.128	0.840	1.198	0.170	1.100	1.812	0.253	2.885	3.144

续表

λ/μm	n	k	λ/μm	n	k	λ/μm	n	k
0.258	3.335	3.039	0.826	…	0.140	7.00	3.07	
0.264	3.729	2.635	0.885	…	0.090 6	8.00	3.06	
0.269	3.849	2.117	0.921	…	0.057 1	9.00	3.06	
0.275	3.655	1.691	0.925	3.396	0.035 5	10.00	3.05	
0.282	3.473	1.549	0.928	…	0.020 4	12.00	3.05	0.000 527
0.288	3.347	1.468	0.930	3.390	0.010 9	13.08	…	0.000 667
0.295	3.248	1.415	0.935	3.385	0.005 90	14.00	3.04	0.000 886
0.302	3.162	1.389	0.940	3.379	0.003 18	14.40	…	0.001 28
0.310	3.105	1.392	0.942	…	0.001 71	14.85	3.03	0.003 00
0.318	3.054	1.401	0.945	3.374	0.000 967	15.00	…	0.003 71
0.326	3.027	1.440	0.950	3.369	0.000 527	15.24	…	0.005 25
0.335	3.024	1.489	0.953	…	0.000 281	15.32	…	0.006 17
0.344	3.047	1.550	0.955	3.364		15.45	…	0.006 26
0.354	3.082	1.622	0.957	…	0.000 145	15.52	…	0.005 63
0.364	3.192	1.747	0.960	3.359	0.000 073 9	15.74	…	0.005 22
0.375	3.441	1.857	0.965	3.355	0.000 039 2	15.85	…	0.006 13
0.387	3.835	1.804	0.968	…	0.000 024 6	16.00	…	0.007 12
0.399	4.100	1.439	0.970	3.351		16.14	…	0.007 46
0.413	4.083	1.056	0.972	…	0.000 016 6	16.21	…	0.006 67
0.427	3.982	0.816	0.975	3.346	0.000 011 3	16.28	…	0.005 16
0.443	3.833	0.670	1.00	3.327		16.39	…	0.003 33
0.459	3.754	0.599	1.10	3.268		16.55	…	0.002 31
0.477	3.675	0.531	1.20	3.231		17.00	…	0.001 77
0.496	3.621	0.480	1.30	3.205		18.00	…	0.001 81
0.517	3.567	0.430	1.40	3.186		18.93	…	0.002 32
0.539	3.521	0.389	1.50	3.172		19.51	…	0.003 84
0.563	3.472	0.358	1.60	3.161		19.62	…	0.004 73
0.590	3.450	0.334	1.70	3.152		19.78	…	0.006 02
0.620	3.430	0.298	1.80	3.145		20.00	…	0.007 94
0.652	3.410	0.253	1.90	3.139		20.19	…	0.009 49
0.689	…	0.206	2.00	3.134		20.34	…	0.010 8
0.729	…	0.176	5.00	3.08		20.42	…	0.011 5
0.775	…	0.163	6.00	3.07		20.57	…	0.013 0

表 35-25　透红外材料 Irtran 的折射率[130]

λ/μm	Irtran 1	Irtran 2	Irtran 3	Irtran 4	Irtran 5
1.000 0	1.377 8	2.290 7	1.428 9	2.491	1.722 7
1.250 0	1.376 3	2.277 7	1.427 5	2.469	1.718 8
1.500 0	1.374 9	2.270 6	1.426 3	2.458	1.715 6
1.750 0	1.373 5	2.266 2	1.425 1	2.452	1.712 3
2.000 0	1.372 0	2.263 1	1.423 9	2.447	1.708 9
2.250 0	1.370 2	2.260 8	1.422 6	2.444	1.705 2
2.500 0	1.368 3	2.258 9	1.421 1	2.442	1.701 2
2.750 0	1.366 3	2.257 3	1.419 6	2.440	1.696 8
3.000 0	1.364 0	2.255 8	1.417 9	2.438	1.692 0
3.250 0	1.361 4	2.254 4	1.416 1	2.437	1.686 8
3.500 0	1.358 7	2.253 1	1.414 1	2.436	1.681 1
3.750 0	1.355 8	2.251 8	1.412 0	2.435	1.675 0
4.000 0	1.352 6	2.250 4	1.409 7	2.434	1.668 4

续表

λ/μm	Irtran 1	Irtran 2	Irtran 3	Irtran 4	Irtran 5
4.250 0	1.349 2	2.249 1	1.407 2	2.433	1.661 2
4.500 0	1.345 5	2.247 7	1.404 7	2.432	1.653 6
4.750 0	1.341 6	2.246 2	1.401 9	2.431	1.645 5
5.000 0	1.331 6	2.244 7	1.399 0	2.430	1.636 8
5.250 0	1.337 4	2.243 2	1.395 9	2.429	1.627 5
5.500 0	1.332 9	2.241 6	1.392 6	2.429	1.617 7
5.750 0	1.323 2	2.239 9	1.389 2	2.428	1.607 2
6.000 0	1.317 9	2.238 1	1.385 6	2.427	1.596 2
6.250 0	1.312 2	2.236 3	1.381 8	2.426	1.584 5
6.500 0	1.306 3	2.234 4	1.377 8	2.425	1.572 1
6.750 0	1.300 0	2.232 4	1.373 7	2.424	1.559 0
7.000 0	1.293 4	2.230 4	1.369 3	2.423	1.545 2
7.250 0	1.286 5	2.228 2	1.364 8	2.422	1.530 7
7.500 0	1.279 2	2.226 0	1.360 0	2.420	1.515 4
7.750 0	1.271 5	2.223 7	1.355 0	2.419	1.499 3
8.000 0	1.263 4	2.221 3	1.349 8	2.418	1.482 4
8.250 0	1.254 9	2.218 8	1.344 5	2.417	1.464 6
8.500 0	1.246 0	2.216 2	1.338 8	2.416	1.446 0
8.750 0	1.236 7	2.213 5	1.333 0	2.414	1.426 5
9.000 0	1.226 9	2.210 7	1.326 9	2.413	1.406 0
9.250 0	…	2.207 8	1.320 6	2.412	
9.500 0	…	2.204 8	1.314 1	2.410	
9.750 0	…	2.201 8	1.307 3	2.409	
10.000 0	…	2.198 6	1.300 2	2.407	
11.000 0	…	2.184 6	1.269 4	2.401	
12.000 0	…	2.168 8	…	2.394	
13.000 0	…	2.150 8	…	2.387	
14.000 0	…	…	…	2.378	
15.000 0	…	…	…	2.369	
16.000 0	…	…	…	2.359	
17.000 0	…	…	…	2.348	
18.000 0	…	…	…	2.337	
19.000 0	…	…	…	2.324	
20.000 0	…	…	…	2.311	

注：Irtran 1～5 分别是热压多晶 MgF_2、ZnS、CdF_2、ZnSe、MgO 和 CeTe 材料。1～10 μm 之间各波长的折射率值是实验测定的，超过 10 μm 的值是外推值。

表 36-26　氟化镧的折射率[52]

λ/μm	n_e		n_o	
	测　量	计　算	测　量	计　算
0.253 65	1.648 66	1.648 66	1.655 87	1.655 87
0.313 15	1.618 03	1.616 94	…	1.636 39
0.366 33	1.618 03	1.616 94	…	1.625 20
0.404 65	1.611 84	1.612 16	1.617 97	1.617 33
0.435 83	1.609 50	1.609 16	1.616 64	1.615 46
0.546 07	1.602 23	1.602 23	1.605 97	1.605 97

色散公式：$n_e=1.583\,30+\dfrac{77.850}{\lambda-1\,346.5}$，$n_o=1.573\,76+\dfrac{153.137}{\lambda-686.2}$

表 36-27　氟化铅在 20℃ 时的折射率

λ/μm	n	λ/μm	n	λ/μm	n	λ/μm	n
0.30	1.936 65	0.80	1.748 79	4.00	1.716 63	9.00	1.655 04
0.35	1.854 22	0.85	1.746 48	4.50	1.712 55	9.50	1.646 15
0.40	1.818 04	0.90	1.744 55	5.00	1.708 05	10.00	1.636 74
0.45	1.796 44	0.95	1.742 91	5.50	1.703 10	10.50	1.626 79
0.50	1.782 20	1.00	1.741 50	6.00	1.697 69	11.00	1.616 29
0.55	1.772 21	1.50	1.733 71	6.50	1.691 81	11.50	1.605 23
0.60	1.764 89	2.00	1.729 83	7.00	1.685 44	11.90	1.595 97
0.65	1.759 34	2.50	1.726 72	7.50	1.678 59		
0.70	1.755 02	3.00	1.723 63	8.00	1.671 25		
0.75	1.751 58	3.50	1.720 30	8.50	1.663 40		

表 36-28　钼酸铅在 19.5℃ 时的折射率

λ/μm	n_o	n_e	n_o-n_e	λ/μm	n_o	n_e	n_o-n_e
0.404 66	…	2.443 17		0.579 06	2.415 15	2.280 73	0.134 42
0.435 84	2.604 87	2.390 11	0.214 76	0.587 56	2.409 77	2.277 29	0.132 48
0.467 82	2.534 15	2.352 58	0.181 57	0.643 85	2.381 19	2.258 35	0.122 84
0.479 99	2.513 98	2.341 19	0.172 79	0.667 81	2.371 70	2.251 97	0.119 73
0.508 58	2.475 89	2.318 77	0.157 12	0.706 52	2.358 78	2.243 11	0.115 67
0.546 07	2.439 29	2.296 18	0.143 11	1.083 0	2.301 77	2.202 67	0.099 10
0.576 96	2.416 51	2.281 62	0.134 89				

表 36-29　氟化锂的折射率①

λ/μm	n	λ/μm	n	λ/μm	n	λ/μm	n
0.193 5	1.445 0	0.254	1.417 92	1.50	1.383 20	5.50	1.312 87
0.199 0	1.441 3	0.280	1.411 88	2.00	1.378 75	6.00	1.297 45
0.202 6	1.439 0	0.302	1.408 18	2.50	1.373 27	6.91	1.260
0.206 3	1.436 7	0.366	1.401 21	3.00	1.366 60	7.53	1.239
0.210 0	1.434 6	0.391	1.399 37	3.50	1.358 68	8.05	1.215
0.214 4	1.431 9	0.486 1	1.394 80	4.00	1.349 42	8.60	1.190
0.219 4	1.430 0	0.50	1.394 30	4.50	1.338 75	9.18	1.155
0.226 5	1.426 8	0.80	1.388 96	5.00	1.326 61	9.79	1.109
0.231	1.424 4	1.00	1.387 11				

色散公式：$n=A+BL+CL^2+D\lambda^2+E\lambda^4$，$L=(\lambda^2-0.28)^{-1}$。

式中，$A=1.387\,61$，$B=0.001\,796$，$C=-0.000\,041$，$D=-0.002\,304\,5$，$E=-0.000\,005\,57$

注：①0.193～0.231 μm 的数值是在 20℃时测定的；0.254～0.486 μm 的数值是在 20℃时测定的；0.50～6.0 μm 的数值是在 23.6℃时测定的；6.91～9.79 μm 的数值是在 18℃时测定的[99,131-134]。

表 36-30　氟化镁的折射率和折射率温度系数[135]

折射率(19.5℃)

$\lambda/\mu m$	n_e	n_o	n_e-n_o	$\lambda/\mu m$	n_e	n_o	n_e-n_o
0.213 86	1.428 97	1.415 66	0.013 31	0.435 84	1.394 08	1.382 08	0.012 00
0.226 75	1.422 51	1.409 42	0.013 09	0.467 82	1.392 76	1.380 82	0.011 94
0.248 27	1.416 15	1.403 29	0.012 86	0.479 99	1.392 32	1.380 40	0.011 92
0.257 63	1.413 82	1.401 06	0.012 76	0.508 58	1.391 42	1.379 54	0.011 88
0.275 28	1.409 67	1.397 07	0.012 60	0.546 07	1.390 43	1.378 59	0.011 84
0.296 73	1.405 92	1.393 45	0.012 47	0.587 56	1.389 55	1.377 74	0.011 81
0.313 15	1.403 64	1.391 24	0.012 40	0.643 85	1.388 58	1.376 82	0.011 76
0.334 15	1.401 16	1.388 89	0.012 27	0.667 81	1.388 23	1.376 49	0.011 74
0.365 01	1.398 34	1.386 14	0.012 20	0.794 76	1.386 79	1.375 12	0.011 67
0.404 66	1.395 67	1.383 59	0.012 08	1.083 0	1.384 65	1.373 07	0.011 58

色散公式：$n_o=1.389\,57+\dfrac{35.821}{(\lambda-1\,492.5)^{-1}}$，$n_e=1.381\,00+\dfrac{37.415}{(\lambda-1\,494.7)^{-1}}$

折射率的温度系数

$\lambda/\mu m$	$\dfrac{dn_o}{dT}/(10^{-5}/℃)$	$\dfrac{dn_e}{dT}/(10^{-5}/℃)$
0.404 7	0.23	0.17
0.706 5	0.706 5	0.10

表 36-31　氧化镁的折射率及其温度系数[136-137]

折射率(23.3℃)

$\lambda/\mu m$	n	$\lambda/\mu m$	n	$\lambda/\mu m$	n	$\lambda/\mu m$	n
0.361 17	1.773 18	1.529 52	1.714 96	1.970 09	1.708 85	3.507 8	1.680 55
0.365 015	1.771 86	1.693 2	1.712 81	2.249 20	1.704 70	4.258	1.660 39
1.013 98	1.722 59	1.709 2	1.712 58	2.325 42	1.703 50	5.138	1.631 38
1.128 66	1.720 59	1.813 07	1.711 08	3.303 3	1.685 26	5.35	1.624 04
1.367 28	1.717 15						

色散公式：$n^2=2.956\,362-0.010\,623\,87\lambda^2-0.000\,020\,496\,8\lambda^4-\dfrac{0.021\,957\,70}{\lambda^2-0.014\,283\,22}$

折射率温度系数

$\lambda/\mu m$	$\dfrac{dn}{dT}/(\times10^{-6}/℃)$				
	20℃	25℃	30℃	35℃	40℃
7.679	13.6	13.7	13.8	13.9	14.0
7.665	14.1	14.2	14.3	14.4	14.5
6.678	14.4	14.5	14.6	14.7	14.8
6.563	14.5	14.6	14.7	14.8	14.9
5.893	15.3	15.4	15.5	15.6	15.7
5.461	15.9	16.0	16.1	16.2	16.3
4.861	16.9	17.0	17.1	17.2	17.3
4.358	18.0	18.1	18.2	18.3	18.4
4.047	18.9	19.0	19.1	19.2	19.3

表 36-32 白云母的折射率[138]

$\lambda_o/\mu m$	$\lambda_e/\mu m$	n_o	n_e	$\lambda_o/\mu m$	$\lambda_e/\mu m$	n_o	n_e
t=5.24 μm				t=20.82 μm			
0.666 5	6 675	1.590	1.592	0.696 0	6 985	1.589	1.594
0.618 8	6 210	1.594	1.600	0.631 6	6 336	1.593	1.598
0.557 3	5 590	1.595	1.600	0.553 9	5 555	1.596	1.601
0.508 2	5 090	1.600	1.603	0.493 5	4 950	1.600	1.605
0.453 8	4 555	1.602	1.608	0.460 0	4 615	1.062	1.607
0.432 0	4 330	1.608	1.611	0.431 0	4 326	1.604	1.610
t=13.91 μm				t=48.68 μm			
0.691 0	6 930	1.590	1.594	0.691 4	6 935	1.591	1.596
0.599 5	6 010	1.595	1.599	0.611 0	6 125	1.594	1.598
0.529 3	5 308	1.598	1.603	0.547 0	5 487	1.596	1.601
0.474 0	4 754	1.602	1.606	0.495 8	4 971	1.599	1.603
0.430 0	4 308	1.607	1.611	0.466 7	4 680	1.601	1.606
				0.440 8	4 425	1.603	1.609

表 36-33 溴化钾的折射率(22℃)[139]

λ/μm	n	λ/μm	n	λ/μm	n	λ/μm	n
0.404 656	1.589 752	1.013 98	1.544 08	6.238	1.532 88	17.40	1.503 90
0.435 835	1.581 479	1.128 66	1.542 58	6.692	1.532 25	18.10	1.500 76
0.486 133	1.571 791	1.367 28	1.540 61	8.662	1.529 03	19.01	1.497 03
0.508 582	1.568 475	1.701 2	1.539 01	9.724	1.526 95	19.91	1.492 88
0.546 074	1.563 928	2.44	1.537 33	11.035	1.524 04	21.18	1.486 55
0.587 562	1.559 965	2.73	1.536 93	11.862	1.522 00	21.83	1.483 11
0.643 847	1.555 858	3.419	1.536 12	14.29	1.515 05	23.86	1.471 40
0.706 520	1.552 447	4.258	1.535 28	14.98	1.512 80	25.14	1.463 24

色散公式：$n^2=2.361\,323-0.003\,114\,97\lambda^2-0.000\,000\,058\,613\lambda^4+\dfrac{0.007\,676}{\lambda^2}+\dfrac{0.015\,656\,9}{\lambda^2-0.032\,4}$

注：折射率的温度系数的平均值为 4.0×10^{-5}/℃。

表 36-34 氯化钾的折射率

λ/ μm	n	λ/ μm	n	λ/ μm	n	λ/ μm	n
0.185 409	1.827 10	0.291 368	1.551 40	0.656 304	1.487 27	14.141	1.437 22
0.186 220	1.818 53	0.308 227	1.541 36	0.670 82	1.486 69	15.912	1.426 17
0.197 760	1.731 20	0.312 280	1.539 26	0.768 24	1.483 77	17.680	1.414 03
0.198 900	1.724 38	0.340 358	1.527 26	0.785 76	1.483 282	18.2	1.409
0.200 000	1.718 70	0.358 702	1.521 15	0.883 08	1.481 422	18.8	1.401
0.204 470	1.698 17	0.394 415	1.512 19	0.982 20	1.480 081	19.7	1.399
0.208 216	1.683 08	0.410 185	1.509 07	1.178 6	1.478 311	20.4	1.389
0.211 078	1.672 81	0.434 066	1.505 03	1.768 0	1.475 890	21.1	1.379
0.214 45	1.661 88	0.444 587	1.503 90	2.357 3	1.474 751	22.2	1.374
0.219 46	1.647 45	0.467 832	1.500 44	2.946 6	1.473 834	23.1	1.363
0.224 00	1.636 12	0.486 149	1.498 41	3.535 9	1.473 049	24.1	1.352
0.231 29	1.620 43	0.508 606	1.496 20	4.714 6	1.471 122	24.9	1.336
0.242 810	1.600 47	0.533 83	1.494 10	5.303 9	1.470 013	25.7	1.317
0.250 833	1.589 70	0.546 10	1.493 19	5.893 2	1.468 804	26.7	1.300
0.257 317	1.581 25	0.560 70	1.492 18	8.250 5	1.462 726	27.2	1.275
0.263 200	1.574 83	0.589 31	1.490 44	8.839 8	1.460 858	28.2	1.254
0.267 610	1.570 44	0.589 32	1.490 443	10.018 4	1.456 72	28.8	1.226
0.274 871	1.563 86	0.627 84	1.488 47	11.786	1.449 19		
0.281 640	1.558 36	0.643 88	1.487 77	12.965	1.443 46		

续表

色散公式：

$$n^2=\begin{cases} a^2+\left(\dfrac{M_1}{\lambda^2}-\lambda_1^2\right)+\left(\dfrac{M_2^2}{\lambda^2}-\lambda_2^2\right)-k\lambda^2-h\lambda^4 \text{，紫外} \\ b^2+\left(\dfrac{M_1}{\lambda^2}-\lambda_1^2\right)+\left(\dfrac{M_2^2}{\lambda^2}-\lambda_2^2\right)-\left(\dfrac{M_3}{\lambda^2}-\lambda_3^2\right)\text{，可见} \end{cases}$$

式中，$a^2=2.174\ 967$，$k=0.000\ 513\ 495$，$M_1=0.008\ 344\ 206$，$h=0.061\ 675\ 87$，$\lambda_1^2=0.011\ 908\ 2$，$b^2=3.866\ 619$，$M_2=0.006\ 983\ 82$，$M_3=5\ 567.715$，$\lambda_2^2=0.0255\ 550$，$\lambda_3^2=3\ 292.47$

折射率的温度系数：$n_T=1.490\ 443-(T-15)(0.000\ 034)$

注：0.185 409～0.768 24 μm 是在 18℃时的测定值，0.589 32～17.680 μm 是在 15℃时的测定值[96,99,140]。

表 36-35 碘化钾的折射率[133,141]

λ/μm	n	λ/μm	n	λ/μm	n	λ/μm	n
0.248	2.054 8	0.436	1.703 50	1.083	1.638 1	15.91	1.608 5
0.254	2.010 5	0.486	1.686 64	1.18	1.636 6	18.10	1.603 0
0.265	1.942 4	0.546	1.673 10	1.77	1.631 3	19	1.599 7
0.270	1.922 1	0.588	1.666 54	2.36	1.629 5	20	1.596 4
0.280	1.883 7	0.589	1.666 43	3.54	1.627 5	21	1.593 0
0.289	1.857 46	0.656	1.658 09	4.13	1.626 8	22	1.589 5
0.297	1.839 67	0.707	1.653 7	5.89	1.625 2	23	1.585 8
0.302	1.827 69	0.728	1.652 0	7.06	1.623 5	24	1.581 9
0.313	1.807 07	0.768	1.649 4	8.84	1.621 8	25	1.577 5
0.334	1.776 64	0.811	1.647 1	10.02	1.620 1	26	1.572 0
0.366	1.744 16	0.842	1.645 6	11.79	1.617 2	27	1.568 1
0.391	1.726 71	0.912	1.642 7	12.97	1.615 0	28	1.562 9
0.405	1.718 43	1.014	1.639 6	14.14	1.612 7	29	1.557 1

注：在 38～90℃温度区域中，波长 0.546 μm 的折射率温度系数为 -5.0×10^{-5}/℃。

表 36-36 磷酸二氢钾(KDP)的折射率[97]

λ/μm	n_o	n_e	λ/μm	n_o	n_e
0.404 7	1.523 41	1.479 27	0.632 8	1.507 37	1.466 85
0.407 7	1.523 01	1.478 98	1.013 9	1.495 35	1.460 41
0.435 8	1.519 90	1.476 40	1.128 7	1.492 05	1.459 17
0.491 6	…	1.472 54	1.152 3	1.491 35	1.458 93
0.546 1	1.511 52	1.469 82	1.357 0	1.484 55	
0.576 9	1.509 87		1.523 1	…	1.455 21
0.579 1	1.509 77	1.468 56	1.529 5	…	1.455 12

表 36-37 红宝石的折射率(22℃)[142]

λ/μm	n_o	n_e	λ/μm	n_o	n_e
0.435 8	1.781 15	1.772 76	0.667 8	1.764 45	1.756 11
0.546 1	1.770 71	1.762 58	0.706 5	1.763 02	1.755 01
0.587 6	1.768 22	1.760 10			

表 36-38　金红石(TiO_2)的折射率[143]

λ/μm	n_o	n_e	λ/μm	n_o
0.435 8	2.853	3.216	2.000 0	2.399
0.491 6	2.725	3.051	2.500 0	2.387
0.496 0	2.718	3.042	3.000 0	2.380
0.546 1	2.652	2.958	3.500 0	2.367
0.577 0	2.623	2.921	4.000 0	2.350
0.579 1	2.621	2.919	4.500 0	2.322
0.690 7	2.555	2.836	5.000 0	2.290
0.708 2	2.548	2.826	5.500 0	2.200
1.014 0	2.484	2.747		
1.529 6	2.454	2.710		

色散公式：

$$n^2=\begin{cases}5.913+\dfrac{2.441\times10^7}{\lambda^2-0.803\times10^7}, \text{寻常光线}\\ 7.197+\dfrac{3.322\times10^7}{\lambda^2-0.843\times10^7}, \text{非寻常光线}\end{cases}$$

（式中波长的单位为 0.1 nm）

折射率温度变化：$\dfrac{dn_o}{dT}\approx-4\times10^{-5}/℃$，$\dfrac{dn_e}{dT}\approx-9\times10^{-5}/℃$

表 36-39　蓝宝石(合成的)的寻常光线折射率[144]

λ/μm	$n_{测量}$	$n_{计算}$	($n_{测量}-n_{计算}$)×10^{-5}	λ/μm	$n_{测量}$	$n_{计算}$	($n_{测量}-n_{计算}$)×10^{-5}
0.265 20	1.833 60	1.833 65	−5	1.395 06	1.748 88	1.748 88	0
0.280 35	1.824 27	1.824 26	+1	1.529 52	1.746 60	1.746 59	+1
0.289 36	1.819 49	1.819 47	+2	1.693 2	1.743 68	1.743 68	0
0.296 73	1.815 95	1.815 93	+2	1.709 13	1.743 40	1.743 39	+1
0.302 15	1.813 51	1.813 51	0	1.813 07	1.741 44	1.741 44	0
0.313 0	1.809 06	1.809 09	−3	1.970 1	1.738 33	1.738 35	−2
0.334 15	1.801 84	1.801 81	+3	2.152 6	1.734 44	1.734 49	−5
0.346 62	1.798 15	1.798 20	−5	2.249 29	1.732 31	1.732 32	−1
0.361 051	1.794 50	1.794 51	−1	2.325 42	1.730 57	1.730 55	+2
0.365 015	1.793 58	1.793 58	0	2.437 4	1.727 83	1.727 84	−1
0.390 64	1.788 26	1.788 28	−2	3.243 9	1.704 37	1.704 33	+3
0.404 656	1.785 82	1.785 82	0	3.266 8	1.703 56	1.703 54	+2
0.435 834	1.781 20	1.781 20	0	3.302 6	1.702 31	1.702 31	0
0.546 071	1.770 78	1.770 77	+1	3.330 3	1.701 40	1.701 36	+4
0.576 960	1.768 84	1.768 84	0	3.422	1.698 18	1.698 14	+4
0.579 066	1.768 71	1.768 71	0	3.507 0	1.695 04	1.695 01	+3
0.643 85	1.765 47	1.765 47	0	3.706 7	1.687 46	1.687 43	+3
0.706 519	1.763 03	1.763 03	0	4.255 3	1.663 71	1.663 63	+8
0.852 12	1.758 85	1.758 87	−2	4.954	1.626 65	1.626 69	−4
0.894 40	1.757 96	1.757 90	+6	5.145 6	1.615 14	1.615 10	+4
1.013 98	1.755 47	1.755 46	−1	5.349	1.602 02	1.602 04	−2
1.128 66	1.753 39	1.753 39	0	5.419	1.597 35	1.597 36	−1
1.367 28	1.749 36	1.749 35	+1	5.577	1.586 38	1.586 42	−4

色散公式：$n^2-1=\sum_i \dfrac{A_i\lambda^2}{\lambda^2-\lambda_i^2}$。在 24℃ 时：$\lambda_1^2=0.003\,775\,88$，$A_1=1.023\,798$，$\lambda_2^2=0.012\,254\,4$，$A_2=1.058\,264$，$\lambda_3^2=321.361\,6$，$A_3=5.280\,792$

折射率的温度系数

折射率的温度系数 dn/dT 由在 19℃和 24℃时的折射率差求得。测定值是正的，并且从短波时的 $20\times10^{-6}/℃$ 逐渐减小到约 4 μm 时的 $10\times10^{-6}/℃$，在可见光区域其平均值是 $13\times10^{-6}/℃$

表 36-40　硒(三角晶系)的折射率[145-148]

λ/μm	n_o	n_e	λ/μm	n_o	n_e
1.06	2.790±0.008	3.608±0.008	3.39	2.65±0.01	3.46±0.01
1.15	2.737±0.008	3.573±0.008	10.6	2.64±0.01	3.41±0.01

注:三角晶系硒:当 E 垂直于 c 轴,27℃时从 9～23 μm 的折射率,$n=2.78$;当 E 平行于 c 轴时,从 9～23 μm 的折射率$n=3.58$。无定形硒:在 2.5 μm 时,$n=2.44$～2.46;在 5～15 μm 时,$n=2.42$～2.38。液态硒:从 30～152 μm 时折射率 $n=2.44$。

表 36-41　硒玻璃(砷变性的)在 27℃时的折射率[93]

λ/ μm	n		λ/ μm	n	
	棱镜 a	棱镜 b		棱镜 a	棱镜 b
1.014 0	2.577 4	2.578 3	7.00	2.477 8	2.478 7
1.128 6	2.555 4	2.556 5	7.50	…	2.478 4
1.362 2	2.528 5	2.529 4	8.10	2.477 2	2.477 8
1.529 5	2.517 3	2.518 3	8.50	…	2.477 5
1.701 2	2.508 9	2.510 0	9.10	2.476 5	2.477 1
2.152 6	2.495 0	2.497 3	9.50	…	2.476 8
3.00	2.486 1	2.488 2	10.00	2.475 6	2.476 7
3.418 8	2.484 1	2.485 8	10.50	…	2.475 9
4.00	2.482 5	2.483 5	11.00	2.475 2	2.475 8
4.50	…	2.482 2	11.50	…	2.475 3
5.00	2.480 3	2.481 1	12.00	…	2.474 9
5.50	…	2.480 4	13.00	…	2.476 0[sic]
6.00	2.478 9	2.479 8	13.50	…	2.474 8
6.50	…	2.479 2	14.00	…	2.474 3

表 36-42　硅在 26℃时的折射率[93]

λ/μm	n	λ/μm	n	λ/μm	n	λ/μm	n
1.357 0	3.497 5	2.152 6	3.447 6	4.00	3.425 5	7.50	3.418 6
1.367 3	3.496 2	2.325 4	3.443 0	4.258	3.424 2	8.00	3.418 4
1.395 1	3.492 9	2.437 3	3.440 8	4.50	3.423 6	8.50	3.418 2
1.329 5	3.479 5	2.714 4	3.435 8	5.00	3.422 3	10.00	3.417 9
1.660 6	3.469 6	3.00	3.432 0	5.50	3.421 3	10.50	3.417 8
1.709 2	3.466 4	3.303 3	3.429 7	6.00	3.420 2	11.04	3.417 6
1.813 4	3.460 8	3.418 8	3.428 6	6.50	3.419 5		
1.970 4	3.453 7	3.50	3.428 4	7.00	3.418 9		

色散公式:$n=A+BL+CL^2+D\lambda^2+E\lambda^4$,$L=\frac{1}{\lambda^2-0.028}$

式中,A=3.416 96,B=0.138 497,C=0.013 924,D=−0.000 020 9,E=0.000 000 148

表 36-43　碳化硅(β)的折射率[149]

λ/ μm	n	λ/ μm	n	λ/ μm	n
0.467	2.710 4	0.568	2.660 0	0.691	2.626 4
0.498	2.691 6	0.589	2.652 5		
0.515	2.682 3	0.616	2.644 6		

表 36-44 氯化银在 23.9℃时的折射率[150]

λ/μm	n	λ/μm	n	λ/μm	n	λ/μm	n
0.5	2.096 48	2.3	2.004 65	4.5	1.998 66	13.5	1.961 33
0.6	2.063 85	2.4	2.004 24	5.0	1.997 45	14.0	1.958 07
0.7	2.045 90	2.5	2.003 86	5.5	1.996 18	14.5	1.954 67
0.8	2.034 85	2.6	2.003 51	6.0	1.994 83	15.0	1.951 13
0.9	2.027 52	2.7	2.003 18	6.5	1.993 39	15.5	1.947 43
1.0	2.022 39	2.8	2.002 87	7.0	1.991 85	16.0	1.943 58
1.1	2.018 65	2.9	2.002 58	7.5	1.990 21	16.5	1.939 58
1.2	2.015 82	3.0	2.002 30	8.0	1.998 47	17.0	1.935 42
1.3	2.013 63	3.1	2.002 03	8.5	1.986 61	17.5	1.931 09
1.4	2.011 89	3.2	2.001 77	9.0	1.984 64	18.0	1.926 60
1.5	2.010 47	3.3	2.001 51	9.5	1.982 55	18.5	1.921 94
1.6	2.009 31	3.4	2.001 26	10.0	1.980 34	19.0	1.917 10
1.7	2.008 33	3.5	2.001 02	10.5	1.978 01	19.5	1.912 08
1.8	2.007 50	3.6	2.000 78	11.0	1.975 56	20.0	1.906 88
1.9	2.006 78	3.7	2.000 54	11.5	1.972 97	20.5	1.901 49
2.0	2.006 15	3.8	2.000 30	12.0	1.970 26		
2.1	2.005 59	3.9	2.000 07	12.5	1.967 42		
2.2	2.005 10	4.0	1.999 83	13.0	1.964 44		

色散公式：$n^2=4.008\,04-0.000\,851\,11\lambda^2-0.000\,000\,197\,6\lambda^4+\dfrac{0.079\,086}{\lambda^2-0.045\,85}$。折射率温度系数：$\dfrac{dn}{dT}\approx 6.1\times 10^{-5}$/℃(在 0.61 μm 波长)

表 36-45 氯化钠的折射率及其温度系数[99,107,112-113,151-152]

折射率①

λ/μm	n	λ/μm	n	λ/μm	n	λ/μm	n
0.19	1.853 43	1.178 6	1.530 31	4.0	1.521 90	12.50	1.475 68
0.20	1.790 73	1.201 6	1.530 14	4.123 0	1.521 56	12.965 0	1.471 60
0.22	1.715 91	1.260 4	1.529 71	4.712 0	1.519 79	13.0	1.471 41
0.24	1.671 97	1.312 6	1.529 37	5.0	1.518 90	14.0	1.461 89
0.26	1.642 94	1.4	1.528 88	5.009 2	1.518 83	14.143 6	1.460 44
0.28	1.622 39	1.487 4	1.528 45	5.300 9	1.517 90	14.733 0	1.454 27
0.30	1.607 14	1.555 2	1.528 15	5.893 2	1.515 93	15.0	1.451 45
0.35	1.582 32	1.6	1.527 98	6.0	1.515 48	15.322 3	1.447 43
0.40	1.567 69	1.636 8	1.527 81	6.482 5	1.513 47	15.911 6	1.440 90
0.50	1.551 75	1.684 8	1.527 64	6.80	1.512 00	16.0	1.440 01
0.589	1.544 27	1.767 0	1.527 36	7.0	1.511 36	17.0	1.427 53
0.640 0	1.541 41	1.8	1.527 28	7.071 8	1.510 93	17.93	1.414 9
0.687 4	1.539 30	2.0	1.526 70	7.22	1.510 20	18.0	1.413 93
0.70	1.538 81	2.073 6	1.526 49	7.59	1.508 50	19.0	1.399 14
0.760 4	1.536 82	2.182 4	1.526 21	7.661 1	1.508 22	20.0	1.383 07
0.785 8	1.536 07	2.246 4	1.526 06	7.955 8	1.506 65	20.57	1.373 5
0.80	1.535 75	2.3	1.525 94	8.0	1.506 55	21.0	1.365 63
0.883 5	1.533 95	2.356 0	1.525 79	8.04	1.506 4	21.3	1.352
0.90	1.533 66	2.6	1.525 25	8.839 8	1.501 92	22.3	1.340 3
0.903 3	1.533 61	2.650 5	1.525 12	9.0	1.501 05	22.8	1.318
0.972 4	1.532 53	2.946 6	1.524 66	9.00	1.501 00	23.6	1.299
1.0	1.532 16	3.0	1.524 34	9.50	1.499 80	24.2	1.278
1.008 4	1.532 06	3.273 6	1.523 71	10.0	1.494 82	25.0	1.254
1.054 0	1.531 53	3.5	1.523 17	10.018 4	1.494 62	25.8	1.229
1.081 0	1.531 23	3.535 9	1.523 12	11.0	1.487 83	26.6	1.203
1.105 8	1.530 98	3.628 8	1.522 86	11.786 4	1.481 71	27.3	1.175
1.142 0	1.530 63	3.819 2	1.522 38	12.0	1.480 04		

折射率的温度系数(在约 60℃时)

续表

λ/μm	$\frac{dn}{dT}$/(10⁻⁵/℃)	λ/μm	$\frac{dn}{dT}$/(10⁻⁵/℃)	λ/μm	$\frac{dn}{dT}$/(10⁻⁵/℃)
0.202	3.134	0.325	−2.987	4.96	−3.172
0.206	2.229	0.340	−3.068	6.4	−3.149
0.210	1.570	0.361	−3.194	8.85	−2.405
0.214	0.861	0.441	−3.425	10.02	−2.2
0.219	0.235	0.467	−3.454	11.79	−1.6
0.224	−0.187	0.480	−3.468	12.97	−1.4
0.226	−0.382	0.508	−3.517	14.14	−1.2
0.229	−0.598	0.589	−3.622	14.73	−1.0
0.231	−0.757	0.643	−3.636	15.32	−0.8
0.257	−1.979	0.656	−3.652	15.91	−0.7
0.274	−2.396	1.1	−3.642	17.93	−0.5
0.288	−2.602	1.6	−3.557	20.57	0
0.298	−2.727	2.7	−3.427	22.3	0
0.313	−2.862	3.96	−3.286		

注：①波长为2位数(0.19,0.50,…)或3位数(10.0,11.0,…)精度的是在20℃时的；折射率数据到4位数(1.299,…)的，即使波长为3位数的也是在20℃时的；其余的数据是在20℃的。

表 36-46　氟化钠的折射率[133,154-155]

λ/μm	n	λ/μm	n	λ/μm	n	λ/μm	n
0.186	1.3930	0.546	1.32640	4.5	1.305	10.8	1.222
0.193	1.3854	0.588	1.32552	4.7	1.303	11.3	1.200
0.199	1.3805	0.589	1.32549	4.9	1.302	11.7	1.193
0.203	1.3772	0.656	1.32436	5.1	1.301	12.5	1.180
0.206	1.3745	0.707	1.32372	5.3	1.299	13.2	1.163
0.210	1.3718	0.720	1.32349	5.5	1.297	13.8	1.142
0.214	1.3691	0.768	1.32307	5.7	1.295	14.3	1.118
0.219	1.3665	0.811	1.32272	5.9	1.294	15.1	1.093
0.227	1.3630	0.842	1.32247	6.1	1.292	15.9	1.065
0.231	1.3606	0.912	1.32198	6.3	1.290	16.7	1.034
0.237	1.3586	1.014	1.32150	6.5	1.288	17.3	1.000
0.240	1.35793	1.083	1.32125	6.7	1.286	18.1	0.963
0.248	1.35500	1.27	1.320	6.9	1.284	18.6	0.924
0.254	1.35325	1.48	1.319	7.1	1.281	19.8	0.881
0.265	1.34999	1.67	1.318	7.3	1.279	19.7	0.838
0.270	1.34881	1.83	1.318	7.5	1.277	20.0	0.82
0.280	1.34645	2.0	1.317	7.7	1.274	20.5	0.75
0.289	1.34462	2.2	1.317	7.9	1.272	21.0	0.70
0.297	1.34328	2.4	1.316	8.1	1.269	21.5	0.65
0.302	1.34232	2.6	1.315	8.3	1.266	22.0	0.55
0.313	1.34062	2.8	1.314	8.5	1.263	22.5	0.45
0.334	1.33795	3.1	1.313	8.7	1.261	23.0	0.33
0.366	1.33482	3.3	1.312	8.9	1.258	23.5	0.25
0.391	1.33290	3.5	1.311	9.1	1.252	24.0	0.24
0.405	1.33194	3.7	1.309	9.4	1.251		
0.436	1.33025	3.9	1.309	9.8	1.241		
0.486	1.32818	4.1	1.308	10.3	1.233		

表 36-47　硝酸钠在室温时的折射率[156]

λ/μm	n_o	n_e	λ/μm	n_o	n_e
0.434	1.612 6	1.340	0.578	1.586 0	1.336
0.436	1.612 1	1.340	0.589	1.584 8	1.336
0.486	1.599 8	1.338	0.656	1.579 1	1.334
0.501	1.596 8	1.337	0.668	1.578 3	1.334
0.546	1.589 9	1.336			

表 36-48　闪锌矿的折射率(寻常光线)[143]

λ/ μm	n_o	λ/ μm	n_o	λ/ μm	n_o	λ/ μm	n_o
0.365 0	2.679	0.390 6	2.585	0.435 8	2.490	0.578 0	2.372
0.365 4	2.677	0.404 7	2.549	0.491 6	2.425	0.529 6	2.284
0.366 3	2.673	0.407 7	2.542	0.546 1	2.388		

色散公式：$n_o^2=5.164+\dfrac{1.208\times10^7}{\lambda^2-0.732\times10^7}$，λ 的单位为 0.1 nm

表 36-49　尖晶石的折射率

λ/ μm	n	λ/ μm	n
0.486	1.726 1	0.656	1.714 3
0.589	1.718 2	1.00	1.73

表 36-50　钛酸锶在 20℃ 时的折射率

λ/ μm	n	λ/ μm	n	λ/ μm	n	λ/ μm	n
0.40	2.663 86	0.68	2.371 35	0.96	2.320 35	3.40	2.213 70
0.44	2.560 07	0.72	2.359 98	1.00	2.316 33	3.80	2.194 28
0.48	2.497 51	0.76	2.350 55	1.40	2.290 73	4.20	2.172 65
0.52	2.455 53	0.80	2.342 60	1.80	2.274 98	4.60	2.148 65
0.56	2.425 44	0.84	2.335 83	2.20	2.261 09	5.00	2.122 12
0.60	2.402 85	0.88	2.329 97	2.60	2.246 76	5.40	2.092 90
0.64	2.385 32	0.92	2.324 86	3.00	2.231 11		

色散公式：$n=A+BL+CL^2+D\lambda^2+E\lambda^4$，$L=\dfrac{1}{\lambda^2-0.028}$。

式中，$A=2.283\,55$，$B=0.035\,906$，$C=0.001\,666$，$D=-0.006\,133\,5$，$E=-0.000\,015\,02$

表 36-51　碲的折射率[146]

λ/μm	n		λ/μm	n		λ/μm	n	
	$E\perp$c 轴	$E\parallel$c 轴		$E\perp$c 轴	$E\parallel$c 轴		$E\perp$c 轴	$E\parallel$c 轴
4.0	4.929	6.372	7.0	4.821	6.270	10.0	4.796	6.246
5.0	4.864	6.316	8.0	4.809①	6.257	12.0	4.789	6.237
6.0	4.838	6.286	9.0	4.802	6.253	14.0	4.785	6.230

注：①此值可能低约 0.002。

表 36-52　溴化铊的折射率[157-158]

λ/ μm	n	λ/ μm	n	λ/ μm	n	λ/ μm	n
0.438	2.652	0.589	2.418	9.98	2.338	24.39	2.321
0.546	2.452	0.650	2.384	13.95	2.321		
0.578	2.424	0.750	2.350	19.76	2.321		

色散公式：$\dfrac{n^2-1}{n^2+1}=0.484\,84+\dfrac{0.102\,79\lambda^2}{\lambda^2-0.090\,0}-0.004\,789\,6\lambda^2$

表 36-53　溴化铊-氟化铊(KRS-6)的折射率①[159]

λ/μm	n	λ/μm	n	λ/μm	n	λ/μm	n
Na, D	2.336 7	1.6	2.212 4	4.0	2.195 6	14.0	2.156 3
0.6	2.329 4	1.7	2.210 3	4.5	2.194 2	15.0	2.150 4
0.7	2.298 2	1.8	2.208 6	5.0	2.192 8	16.0	2.144 2
0.8	2.266 0	1.9	2.207 1	6.0	2.190 0	17.0	2.137 7
0.9	2.251 0	2.0	2.205 9	7.0	2.187 0	18.0	2.130 9
1.0	2.240 4	2.2	2.203 9	8.0	2.183 9	19.0	2.123 6
1.1	2.232 1	2.4	2.202 4	9.0	2.180 5	20.0	2.115 4
1.2	2.225 5	2.6	2.201 1	10.0	2.176 7	21.0	2.106 7
1.3	2.221 2	2.8	2.200 1	11.0	2.172 3	22.0	2.097 6
1.4	2.217 6	3.0	2.199 0	12.0	2.167 4	23.0	2.086 9
1.5	2.214 8	3.5	2.197 2	13.0	2.162 0	24.0	2.075 2

注:①44%的 TlBr,56%的 TlCl。

表 36-54　溴化铊-碘化铊(KRS-5)在 25℃ 时的折射率[160]

λ/μm	n	λ/μm	n	λ/μm	n	λ/μm	n
0.540	2.680 59	1.36	2.414 16	3.80	2.382 61	12.0	2.366 22
0.560	2.649 59	1.38	2.413 12	4.00	2.382 04	12.2	2.365 73
0.580	2.623 90	1.40	2.412 12	4.20	2.381 53	12.4	2.365 23
0.600	2.602 21	1.42	2.411 17	4.40	2.381 05	12.6	2.364 73
0.620	2.582 61	1.44	2.410 25	4.60	2.380 61	12.8	2.364 22
0.640	2.567 48	1.46	2.409 38	4.80	2.380 19	13.0	2.363 71
0.660	2.553 37	1.48	2.408 54	5.00	2.379 79	13.2	2.363 18
0.680	2.540 92	1.50	2.407 74	5.20	2.379 40	13.4	2.362 65
0.700	2.529 86	1.52	2.406 97	5.40	2.379 03	13.6	2.362 11
0.720	2.519 98	1.54	2.406 23	5.60	2.378 67	13.8	2.361 57
0.740	2.511 10	1.56	2.405 52	5.80	2.378 32	14.0	2.361 01
0.760	2.503 09	1.58	2.404 84	6.00	2.377 97	14.2	2.360 45
0.780	2.495 83	1.60	2.404 19	6.20	2.377 63	14.4	2.359 88
0.800	2.489 22	1.62	2.403 55	6.40	2.377 29	14.6	2.359 80
0.820	2.483 18	1.64	2.402 95	6.60	2.376 95	14.8	2.358 71
0.840	2.477 66	1.66	2.402 36	6.80	2.376 61	15.0	2.358 12
0.860	2.472 58	1.68	2.401 80	7.00	2.376 27	15.2	2.357 51
0.880	2.467 90	1.70	2.401 25	7.20	2.376 92	15.4	2.356 90
0.900	2.463 58	1.72	2.400 73	7.40	2.375 58	15.6	2.356 29
0.920	2.459 58	1.74	2.400 22	7.60	2.375 32	15.8	2.355 66
0.940	2.455 87	1.76	2.399 74	7.80	2.374 88	16.0	2.355 02
0.960	2.452 42	1.78	2.399 26	8.00	2.374 52	16.2	2.354 38
0.980	2.449 20	1.80	2.398 81	8.20	2.374 16	16.4	2.353 73
1.00	2.446 20	1.82	2.398 37	8.40	2.373 80	16.6	2.353 07
1.02	2.443 39	1.84	2.397 94	8.60	2.373 43	16.8	2.352 40
1.04	2.440 76	1.86	2.397 53	8.80	2.373 05	17.0	2.351 73
1.06	2.438 30	1.88	2.397 13	9.00	2.372 67	17.2	2.351 04
1.08	2.435 98	1.90	2.396 74	9.20	2.372 29	17.4	2.350 35
1.10	2.433 80	1.92	2.396 37	9.40	2.371 90	17.6	2.349 65
1.12	2.431 75	1.94	2.396 00	9.60	2.371 50	17.8	2.348 94
1.14	2.429 81	1.96	2.395 65	9.80	2.371 10	18.0	2.348 22
1.16	2.427 98	1.98	2.395 31	10.0	2.370 69	18.2	2.347 50
1.18	2.426 25	2.00	2.394 98	10.2	2.370 27	18.4	2.346 76
1.20	2.424 62	2.20	2.392 14	10.4	2.369 85	18.6	2.346 02
1.22	2.423 307	2.40	2.389 97	10.6	2.369 42	18.8	2.345 27
1.24	2.421 59	2.60	2.388 26	10.8	2.368 98	19.0	2.244 51
1.26	2.420 20	2.80	2.386 88	11.0	2.368 54	19.2	2.343 74
1.28	2.418 87	3.00	2.385 74	11.2	2.368 09	19.4	2.342 96
1.30	2.417 60	3.20	2.384 78	11.4	2.367 63	19.6	2.342 17
1.32	2.416 40	3.40	2.383 96	11.6	2.367 17	19.8	2.341 38
1.34	2.415 25	3.60	2.383 25	11.8	2.366 69	20.0	2.340 58

续表

λ/μm	n	λ/μm	n	λ/μm	n	λ/μm	n
20.1	2.340 17	25.1	2.317 07	30.1	2.288 02	35.1	2.252 44
20.2	2.339 76	25.2	2.316 55	30.2	2.287 38	35.2	2.251 66
20.3	2.339 35	25.3	2.316 02	30.3	2.286 73	35.3	2.250 87
20.4	2.338 94	25.4	2.315 50	30.4	2.286 08	35.4	2.250 08
20.5	2.338 53	25.5	2.314 97	30.5	2.285 43	35.5	2.249 29
20.6	2.338 11	25.6	2.314 44	30.6	2.284 77	35.6	2.248 49
20.7	2.337 70	25.7	2.313 91	30.7	2.284 11	35.7	2.247 69
20.8	2.337 27	25.8	2.313 37	30.8	2.283 45	35.8	2.246 89
20.9	2.336 85	25.9	2.312 83	30.9	2.282 79	35.9	2.246 09
21.0	2.336 43	26.0	2.312 29	31.0	2.282 12	36.0	2.245 28
21.1	2.336 00	26.1	2.311 75	31.1	2.281 45	36.1	2.244 47
21.2	2.335 57	26.2	2.311 21	31.2	2.280 78	36.2	2.243 66
21.3	2.335 14	26.3	2.310 66	31.3	2.280 11	36.3	2.242 84
21.4	2.334 71	26.4	2.310 11	31.4	2.279 43	36.4	2.242 02
21.5	2.334 27	26.5	2.309 56	31.5	2.278 75	36.5	2.240 38
21.6	2.333 83	26.6	2.309 00	31.6	2.278 07	36.6	2.239 55
21.7	2.333 39	26.7	2.308 44	31.7	2.277 38	36.7	2.238 72
21.8	2.332 95	26.8	2.307 89	31.8	2.276 69	36.8	2.237 88
21.9	2.332 51	26.9	2.307 32	31.9	2.276 00	36.9	2.237 05
22.0	2.332 06	27.0	2.306 76	32.0	2.275 31	37.0	2.236 21
22.1	2.331 61	27.1	2.306 19	32.1	2.274 61	37.1	2.235 36
22.2	2.331 16	27.2	2.305 62	32.2	2.273 91	37.2	2.234 52
22.3	2.330 70	27.3	2.305 05	32.3	2.276 21	37.3	2.233 67
22.4	2.330 25	27.4	2.304 48	32.4	2.272 51	37.4	2.232 81
22.5	2.329 79	27.5	2.303 90	32.5	2.271 80	37.5	2.232 81
22.6	2.329 33	27.6	2.303 32	32.6	2.271 09	37.6	2.231 96
22.7	2.328 87	27.7	2.302 74	32.7	2.270 38	37.7	2.231 10
22.8	2.328 40	27.8	2.302 16	32.8	2.269 66	37.8	2.230 24
22.9	2.327 93	27.9	2.301 57	32.9	2.268 95	37.9	2.229 37
23.0	2.327 49	28.0	2.300 98	33.0	2.268 23	38.0	2.228 50
23.1	2.326 99	28.1	2.300 39	33.1	2.267 50	38.1	2.227 63
23.2	2.326 52	28.2	2.299 79	33.2	2.266 78	38.2	2.226 76
23.3	2.326 04	28.3	2.299 20	33.3	2.266 05	38.3	2.225 88
23.4	2.325 56	28.4	2.298 60	33.4	2.265 32	38.4	2.225 00
23.5	2.325 08	28.5	2.298 00	33.5	2.264 58	38.5	2.224 12
23.6	2.324 60	28.6	2.297 39	33.6	2.263 84	38.6	2.223 23
23.7	2.324 11	28.7	2.296 79	33.7	2.263 10	38.7	2.222 34
23.8	2.323 62	28.8	2.296 18	33.8	2.262 36	38.8	2.221 45
23.9	2.323 13	28.9	2.295 56	33.9	2.261 61	38.9	2.220 55
24.0	2.322 64	29.0	2.294 95	34.0	2.260 87	39.0	2.219 65
24.1	2.322 15	29.1	2.294 33	34.1	2.260 11	39.1	2.218 75
24.2	2.321 65	29.2	2.293 71	34.2	2.259 36	39.2	2.217 84
24.3	2.321 15	29.3	2.293 09	34.3	2.258 60	39.3	2.216 93
24.4	2.320 65	29.4	2.292 47	34.4	2.257 84	39.4	2.216 02
24.5	2.320 14	29.5	2.291 84	34.5	2.257 08	39.5	2.215 10
24.6	2.319 64	29.6	2.291 21	34.6	2.256 31	39.6	2.214 18
24.7	2.319 13	29.7	2.290 58	34.7	2.255 54	39.7	2.214 18
24.8	2.318 61	29.8	2.289 94	34.8	2.254 77	39.8	2.213 26
24.9	2.318 10	29.9	2.289 31	34.9	2.254 00	39.9	2.212 33
25.0	2.317 58	30.0	2.288 67	35.0	2.253 22	40.0	2.2104 7

色散公式：$n^2 - 1 = \sum_i \frac{K_i\lambda^2}{\lambda^2 - \lambda_i^2}$。式中的常数(在 25℃时)：$\lambda_1^2 = 0.022\,5$，$K_1 = 1.829\,395\,8$；$\lambda_2^2 = 0.062\,5$，$K_2 = 1.667\,559\,3$；$\lambda_3^2 = 0.122\,5$，$K_3 = 1.121\,042\,4$；$\lambda_4^2 = 0.202\,5$，$K_4 = 0.451\,336\,6$；$\lambda_5^2 = 27\,089.737$，$K_5 = 12.380\,234$

表 36-55 氯化铊的折射率[157-158]

λ/μm	n	λ/μm	n	λ/μm	n
0.436	2.400	0.589	2.247	10.0	2.193
0.546	2.270	0.650	2.223	12.47	2.191
0.578	2.253	0.750	2.198	18.35	2.182

表 36-56 硫化锌的折射率[161-162]

六方晶系

λ/μm	n_e	n_o	λ/μm	n_e	n_o	λ/μm	n_e	n_o
0.360 0	2.709	2.705	0.470 0	2.453	2.448	0.650 0	2.350	2.346
0.375 0	2.640	2.637	0.475 0	2.449	2.445	0.675 0	2.343	2.339
0.400 0	2.564	2.560	0.480 0	2.443	2.438	0.700 0	2.337	2.332
0.410 0	2.544	2.539	0.490 0	2.433	2.428	0.800 0	2.328	2.324
0.420 0	2.525	2.522	0.500 0	2.425	2.421	0.900 0	2.315	2.310
0.425 0	2.514	2.511	0.525 0	2.407	2.402	1.000 0	2.303	2.301
0.430 0	2.505	2.502	0.550 0	2.392	2.386	1.200 0	2.294	2.290
0.440 0	2.488	2.486	0.575 0	2.378	2.375	1.400 0	2.288	2.285
0.450 0	2.477	2.473	0.600 0	2.368	2.363			
0.460 0	2.463	2.459	0.625 0	2.358	2.354			

立方晶系

λ/ μm	n	λ/ μm	n	λ/ μm	n
0.440 0	2.488	0.550 0	2.384	0.900 0	2.306
0.460 0	2.458	0.575 0	2.375	1.050 0	2.293
0.480 0	2.435	0.600 0	2.359	1.200 0	2.282
0.500 0	2.414	0.650 0	2.346	1.400 0	2.280
0.525 0	2.395	0.700 0	2.334		

色散公式：$n^2=5.131+\dfrac{1.275\times10^7}{\lambda^2-0.732\times10^7}$

表 36-57 科宁 7913 玻璃(Vycor,光学级)在一定温度下的折射率[163]

λ/μm	n		$\frac{dn}{dT}$/(×10⁻⁶/℃)	n	$\frac{dn}{dT}$/(×10⁻⁶/℃)
	28℃	526℃		(826℃)	
0.265 20	1.499 88	1.507 99	1.63	1.514 38	18.2
0.289 36	1.490 74	1.498 31	15.2	1.504 18	16.8
0.296 73	1.488 51	1.495 87	14.8	1.501 64	16.5
0.302 15	1.486 94	1.494 23	14.6	1.499 90	16.2
0.313 0	1.484 16	1.491 21	14.2	1.496 79	15.8
0.334 15	1.479 49	1.486 22	13.5	1.491 58	15.2
0.365 02	1.474 15	1.480 65	13.1	1.485 70	14.5
0.404 66	1.469 25	1.475 47	12.5	1.480 27	13.8
0.435 84	1.466 28	1.472 34	12.2	1.477 08	13.5
0.546 07	1.459 60	1.465 44	11.7	1.469 92	12.9
0.578 0	1.458 31	1.464 07	11.6	1.468 49	12.8
1.013 98	1.449 68	1.455 26	11.2	1.459 24	12.0
1.128 66	1.448 31	1.453 73	10.9	1.457 79	11.9
1.254*	1.446 77	1.452 22	10.9	1.456 27	11.9
1.367 28	1.445 54	1.450 95	10.9	1.455 04	11.9
1.570*	1.444 22	1.449 65	10.9	1.453 70	11.9
1.529 52	1.443 56	1.448 96	10.8	1.453 06	11.9

续表

λ/μm	n		$\frac{dn}{dT}$/(×10⁻⁶/℃)	n	$\frac{dn}{dT}$/(×10⁻⁶/℃)
	28℃	526℃		(826℃)	
1.660*	1.442 06	1.447 50	11.0	1.451 57	11.9
1.701	1.441 37	1.446 77	10.8	1.450 88	11.9
1.981*	1.437 50	1.442 91	10.9	1.447 02	11.9
2.262*	1.432 98	1.438 39	10.9	1.442 58	12.0
2.553*	1.428 25	1.433 73	11.0	1.438 24	12.5

注：* 波长用窄带通干涉滤光片来确定。

表 36-58　部分光学材料的折射率数据[33,42,53,95,164-177]

材　料	λ/ μm	n
三硒化砷玻璃	4	2.796
	2～16	2.812～2.768
钛酸钡	可见光和红外	2.40
氟化镉	2	1.63
	5.5	1.53
	11	1.45
碘化镉	0.6	2.7
硒化镉	1～8	2.45
	>8	2.42
维他玻璃陶瓷 C101	0.589(25℃)	1.540
氯化铯铜(111)	3.39	$n_e = 1.798 \pm 0.011$
		$n_o = 1.706 \pm 0.011$
	10.6	$n_e = 1.769 \pm 0.007$
		$n_o = 1.682 \pm 0.007$
氯化铜(111)	0.4～20.5	1.93
磷化镓	<1	3.5
	1～8	3.2～2.9
	>8	2.8
砷化铟	4～15	3～3.5
磷化铟	2～15	3～3.5
溴化铅	白光	2.53
氯化铅	黄光	2.2
硒化铅	1～3.5	3.5～4.6
	5	4.6
碲化铅	1～3.5	4.1～5.3
	3.9～20	5.10
溴化铷	1～8	1.53
氯化铷	1～8	1.48
碘化铷	1～8	1.62
T-12	近红外	1.41
碲化物玻璃(Ge-AS-Te)	5	3.5
得克萨斯仪器玻璃 1173①	3.3	2.63
	5	2.62

注：① $dn/dT=79\times10^{-6}$/℃(在 3～13 μm)。

表 36-59　一些其他光学材料的折射率方程

色散公式：$n^2 = 1 + \frac{A_1\lambda^2}{\lambda^2 - B_1} + \frac{A_2\lambda^2}{\lambda^2 - B_2} + \frac{A_3\lambda^2}{\lambda^2 - B_3}$

	A_1	A_2	A_3	B_1	B_2	B_3
MgF_2, n_e	0.413 440 230	0.504 974 499 0	2.490 486 20 E+00	1.357 378 65 E−03	8.237 671 67 E−03	5.651 077 55 E+2
MgF_2, n_o	0.487 551 080	0.398 750 310	2.312 035 30 E+00	1.882 178 00 E−03	8.951 888 47 E−03	5.661 355 91 E+2
Sapphire, n_e	1.503 975 90 E+00	0.550 691 410	6.592 737 90 E+00	5.480 411 29 E−03	1.479 942 81 E−02	4.028 951 40 E+2
Sapphire, n_o	1.431 349 30 E+00	6.505 471 30 E−01	5.341 402 10 E+00	5.279 926 10 E−03	1.423 826 47 E−02	3.250 178 34 E+2
ZrO_2	1.347 091	2.117 788	9.452 943	0.25 43	0.166 739	24.320 570
ZnSe	4.298 015	0.627 765 6	2.895 563 3	0.190 63	0.378 783	46.994 56
CaF_2	5.675 888	0.471 091 400	3.848 472 30 E+00	2.526 429 99 E−03	1.007 833 28 E−02	1.200 555 97 E+2

色散公式：$n^2 = A + \frac{B\lambda^2}{\lambda^2 - C} + \frac{D\lambda^2}{\lambda^2 - E}$

	A	B	C	D	E	F
$ZnGeP_2, n_e$	8.092 9	1.864 9	0.414 68	0.840 52	452.05	—
$ZnGeP_2, n_o$	8.040 9	1.686 25	0.408 24	1.288 0	611.05	—
$AgGaS_2, n_e$	3.587 3	1.953 3	0.110 66	2.339 1	1 030.7	—
$AgGaS_2, n_o$	3.397 0	2.398 2	0.093 11	2.164 0	950.0	—
ZnTe	9.92	0.425 3	0.142 63	8 414.13	3 192.25	—
DKDP, n_e	1.687 499	0.447 51	0.017 039	0.596 212	30	—
DKDP, n_o	1.661 145	0.586 015	0.060 17	0.691 194	30	—
Te, n_e (4～14 μm)	29.522 2	9.306 8	2.576 6	9.235	13.521	—
Te, n_o	18.534 6	4.328 9	3.981 0	3.78	11.813	—
Te, n_e (8.5～30.3 μm)	1.904 1	36.813 3	1.080 3	6.245 6	10	—
Te, n_o	4.016 4	18.813 3	1.157 2	7.372 9	10	—
CdSe, n_e	4.200 9	1.887 5	0.217 1	3.646 1	3 629	—
CdSe, n_o	4.224 3	1.768	0.227	3.12	3 380	—
Ag_3AsS_3, n_e	7.007	0.323 0	0.119 2	660	1 000	—
Ag_3AsS_3, n_o	9.220	0.445 4	0.126 4	1 733	1 000	—
$CdGeAs_2, n_e$	11.801 8	1.215 2	2.697 1	1.692 2	1 370	—
$CdGeAs_2, n_o$	10.106 4	2.298 8	1.087 2	1.624 7	1 370	—

色散公式：$n^2 = A + \frac{B}{\lambda^2 - C} - D\lambda^2$

	A	B	C	D	E	F
BBO, n_e	2.373 0	0.012 8	0.015 6	0.004 4	—	—
BBO, n_o	2.740 5	0.018 4	0.017 9	0.015 5	—	—
α-$LiIO_3, n_x$	2.576 1	0.697 3	0.055 507 36	0.020 1	—	—
α-$LiIO_3, n_y$	2.470 1	1.205 4	0.050 445 16	0.015 2	—	—
α-$LiIO_3, n_z$	2.661 5	1.131 6	0.052 029 61	0.039 8	—	—
LBO, n_x	2.454 2	0.011 25	0.011 35	0.013 38	—	—
LBO, n_y	2.539 0	0.012 77	0.011 89	0.018 48	—	—
LBO, n_z	2.586 5	0.013 10	0.012 23	0.018 61	—	—
CBO, n_x	2.303 5	0.013 78	0.014 98	0.006 12	—	—
CBO, n_y	2.370 4	0.015 28	0.015 81	0.009 39	—	—
CBO, n_z	2.475 3	0.018 06	0.017 52	0.016 54	—	—

续表

色散公式：$n^2 = A + \frac{B}{\lambda^2 - C} - D\lambda^2$						
CLBO, n_e	2.0588	0.0838	0.01363	0.00607	—	—
CLBO, n_o	2.2104	0.01018	0.01424	0.01258	—	—
BIBO, n_x	3.6545	0.0511	0.0371	0.0226	—	—
BIBO, n_y	3.0740	0.0323	0.0316	0.01337	—	—
BIBO, n_z	3.1685	0.0373	0.0346	0.01750	—	—
LAP, n_x	2.2439	0.0117	0.0179	0.0111	—	—
LAP, n_y	2.4400	0.0158	0.0191	0.0212	—	—
LAP, n_z	2.4590	0.0177	0.0226	0.0162	—	—
YCOB, n_x	2.7696	0.02034	0.01779	0.00643	—	—
YCOB, n_y	2.8741	0.02213	0.01871	0.01078	—	—
YCOB, n_z	2.9107	0.02232	0.01887	0.01256	—	—
GdCOB, n_x	2.8063	0.02315	0.01378	0.00537	—	—
GdCOB, n_y	2.8959	0.02398	0.01389	0.001132	—	—
GdCOB, n_z	2.9248	0.02410	0.01406	0.01139	—	—
Ln, n_e	4.5820	0.099169	0.04443	0.02195	—	—
Ln, n_o	4.9048	0.11768	0.04750	0.027169	—	—
DLAP, n_x	2.2352	0.011	0.0146	0.00683	—	—
DLAP, n_y	2.4313	0.0151	0.0214	0.0143	—	—
DLAP, n_z	2.4484	0.0172	0.0229	0.0115	—	—
$AgGaSe_2$, n_e	6.6792	0.4598	0.21220	0.00126	—	—
$AgGaSe_2$, n_o	6.8507	0.4297	0.15840	0.00125	—	—
ZnO, n_e	2.80333	0.94470	0.090240	0.00714	—	—
ZnO, n_o	2.81418	0.87968	0.092534	0.00711	—	—
α-LIO_3, n_e	1.673463	1.245229	0.028224	0.003641	—	—
α-LIO_3, n_o	2.083648	1.332068	0.035306	0.008525	—	—
KTP, n_x	2.10468	0.89342	0.04438	0.01036	—	—
KTP, n_y	2.14559	0.87629	0.0485	0.01173	—	—
KTP, n_z	1.9446	1.3617	0.047	0.1491	—	—
α-HIO_3, n_x	2.5761	0.6973	0.05550736	0.0201	—	—
α-HIO_3, n_y	2.4701	1.2054	0.05044516	0.0152	—	—
α-HIO_3, n_z	2.6615	1.1316	0.05202961	0.0398	—	—
KBBF, n_e	1	0.956611	0.0061926	0.027849	—	—
KBBF, n_o	1	1.169725	0.0062400	0.009904	—	—
m-NA, n_x	2.469	0.1864	0.16	0.0199	—	—
m-NA, n_y	2.6658	0.1626	0.1719	0.0212	—	—
m-NA, n_z	2.8102	0.1524	0.175	0.0294	—	—
MAP, n_x	2.1713	0.10305	0.16951	0.01667	—	—
MAP, n_y	2.31	0.2258	0.17988	0.01886	—	—
MAP, n_z	2.7523	0.6079	0.1606	0.05361	—	—
POM, n_x	2.4529	0.1641	0.128	0	—	—
POM, n_y	2.4315	0.3556	0.1276	0.0579	—	—

续表

色散公式：$n^2 = A + \frac{B}{\lambda^2 - C} - D\lambda^2$						
POM,n_z	2.552 1	0.796 2	0.128 9	0.094 1	—	—
KN,n_x	1	3.383 61	0.034 48	0	—	—
KN,n_y	1	3.793 61	0.038 77	0	—	—
KN,n_z	1	3.932 81	0.048 86	0	—	—
BNN,n_x	1	3.949 5	0.040 388 94	0	—	—
BNN,n_y	1	3.949 5	0.040 140 12	0	—	—
BNN,n_z	1	3.600 8	0.032 198 71	0	—	—
LFM,n_x	1.437 6	0.404 5	0.016 926 01	0.000 5	—	—
LFM,n_y	1.658 6	0.500 6	0.023 409	0.012 7	—	—
LFM,n_z	1.671 4	0.592 8	0.025 344 64	0.015 3	—	—
Yb:YAB,n_o	3.173 64	0.001 276 3	0.149 02	0.090 334	—	—
色散公式：$n^2 = A + \frac{B}{\lambda^2} + \frac{C}{\lambda^4} + \frac{D}{\lambda^6} + \frac{E\lambda^2}{\lambda^2 - F}$						
GaSe,n_e	5.76	0.387 9	−0.228 8	0.122 3	1.855	1 780
GaSe,n_o	7.443	0.405	0.018 6	0.006 1	3.148 5	2 194
色散公式：$n^2 = A + \frac{B}{\lambda^2 - C} + \frac{D(\lambda - E)}{(\lambda - E)^2 + F}$						
尿素晶体,n_e	2.515 27	0.024 0	0.03	0.020 2	1.52	0.087 71
色散公式：$n^2 = A + \frac{B}{\lambda^2 - C} + \frac{D\lambda^2}{\lambda^2 - E}$						
尿素晶体,n_o	2.182 3	0.012 5	0.03	0	0	—
Yb:YAB,n_e	2.671 59	0.175 22	−13.886 10	0.166 40	0.075 27	—
ADP,n_e	2.163 510	0.009 616 676	0.012 989 12	5.919 896	400	—
ADP,n_o	2.302 842	0.011 125 165	0.013 253 659	15.102 464	400	—
DCDA,n_e	2.345 809	0.015 141	0.016 836 101	0.651 843	127.330 461 4	—
DCDA,n_o	2.408 17	0.015 598	0.019 101 728	2.212 173	126.871 163	—
色散公式：$n^2 = A + \frac{B\lambda^2}{C\lambda^2 - D}$						
KB_5,n_x	1	1	0.848 117	0.007 447 7	—	—
KB_5,n_y	1	1	0.972 682	0.008 775 7	—	—
KB_5,n_z	1	1	1.008 157	0.009 405	—	—
色散公式：$n = A + \frac{B}{\lambda^2 - C}$						
KIO_3,n_x	2.771 88	0.033 239 2	0.635 416 4	—	—	—
KIO_3,n_y	3.190 62	0.050 571 8	0.477 380	—	—	—
KIO_3,n_z	3.198 58	0.051 299 7	0.478 376	—	—	—
色散公式：$n = A + \frac{B\lambda^2}{\lambda^2 - C}$						
KM,n_x	1.542	0.829 9	0.020 135 61	—	—	—
KM,n_y	1.470	0.747 3	0.018 036 49	—	—	—
KM,n_z	1.339	0.851 9	0.014 280 25	—	—	—

三、弹性系数

根据广义虎克定律，对于小的变形来说，作用于固体上的应力与它所引起的应变成正比。在各个方向上的应变分量和应力分量之间的比例系数叫做弹性系数 C_{hk}。弹性系数具有压力的单位 Pa。这里将许多种材料的弹性系数列入表 36-60 中。当温度已知时，也列出了温度值。未给出温度的，可认为测量是在室温下做的。

四、弹性模量

光学材料在受到外力的作用下将发生一定的形变，所施加的应力与所导致的形变量之间的比例常数称为模量。杨氏模量通常定义为应力与应变之比，这里的应力是指每单位面积上的垂直作用力，而应变是指相应的长度变化。杨氏模量通常采用共振法、静态法、声波法、敲击法等方法测定。刚度模量是单位面积上所受的切向力被剪切角(单位为 rad)除的值。容积模量是施加到物体上的压力同其引起的体积变化之比。表观弹性极限是每单位面积上能够承受的极限力，此时应力与应变开始不成比例，对大多数材料来说，此值只是一个近似值。表 36-61 列出了杨氏模量、刚度模量、体积模量、断裂模量和表观弹性极限的数据，单位为帕斯卡(Pa)。

表 36-60 各种光学材料的弹性系数

材 料	T/K	弹性系数/($\times 10^5$ Pa)				
		C_{11}	C_{12}	C_{13}	C_{33}	C_{44}
ADP	…	617	0.72	1.94	3.28	0.85
AgCl	…	6.01	3.62	…	…	0.625
Al_2O_3	298	49.68	16.36	…	49.81	14.74
BaF_2	…	9.01	4.03	…	…	2.49
$BaTiO_3$	298	8.18	2.98	1.95	6.76	18.3
$CaCO_3$	…	13.71	4.56	4.51	7.97	3.42
CaF_2	…	16.4±0.1	5.3±0.2	…	…	3.370±0.01
CdS	…	8.432	5.212	4.638	9.379	1.489
CdTe	…	5.351	3.681	…	…	1.994
CsBr	…	3.097	0.403	…	…	0.750 0
CsI	…	2.46	0.67	…	…	0.624
GaAs	…	1.192	0.598 6	…	…	0.538
GaP	…	14.7				
GaSb	…	8.849	4.037	…	…	4.325
Ge	…	1.29	4.83	…	…	6.71
InAs	…	8.329	4.526	…	…	3.959
InP	…	10.7				
InSb	300	6.472	3.625	…	…	3.071
KBr	…	3.45	0.54	…	…	0.508
KCl	…	3.98	0.62			
KDP	…	7.14	−0.49	1.29	5.62	1.27
KI	…	2.69	0.43	…	…	0.362
KRS-5	…	3.31	1.32	…	…	0.597
KRS-6	…	3.85	1.49	…	…	0.737
LiF	…	9.74	4.04	…	…	5.54

续表

材 料	T/K	弹性系数/($\times10^5$ Pa)				
		C_{11}	C_{12}	C_{13}	C_{33}	C_{44}
$MgAl_2O_4$	…	30.05	15.37	…	…	15.86
MgO	…	2.90	0.876	…	…	1.55
NaCl	…	4.85	1.23	…	…	1.26
NaF	…	9.09	2.64	…	…	1.27
$NaNO_3$	…	8.67	1.63	1.60	3.74	2.13
PbS	…	12.7	2.98	…	…	2.48
石英晶体	…	8.675	0.687	1.13	10.68	5.786
Si	…	1.67	0.65	…	…	0.80
$SrTiO_3$	…	31.56	10.27	…	…	12.15
Te	300	3.265	0.195	2.493	7.22	3.121
TiO_2	…	35.8	26.7	17.0	49.9	12.5
TlBr	…	3.78	1.48	…	…	0.756
TlCl	…	4.01	1.53	…	…	0.760

表 36-61 材料的弹性模量

材 料	杨氏模量/GPa	刚度模量/GPa	体积模量/kPa	断裂模量/kPa	表观弹性极限/kPa
AgCl	0.138	7.097	44.03	—	26.2×10^3 51.0×10^2
Al_2O_3	344.5	148.14	2.07		
As_2O_2	15.847	6.48	—	16.5×10^3	
BaF_2	53.05	—	—	26.9×10^7	26.9×10^7
$BaTiO_3$	33.761	126.09	161.92		
$CaCO_3$	72.3∥ 88.2⊥	—	129.53		
CaF_2	75.79	33.76	82.68	36.5×10^3	36.5×10^3
CdTe	—	—	—	5 856.5	
CsBr	15.847	—	—	164.67	84.1×10^2
CsI	5.298				55.8×10^2
GaSb	63.32	43.27	56.43		
Ge	102.66	67.04	77.86		
InSb	42.79	30.66	43.27		
KBr	26.87	5.078	15.02	33.1×10^2	11.0×10^2
KCl	29.63	6.242	17.36	44.1×10^2	22.7×10^2
KI	31.49	6.20	854.36		
KRS-5	15.85	5.788	19.77	12.47×10^4	26.2×10^4
KRS-6	20.67	8.47	22.81		21.01×10^3
LiF	64.77	55.12	62.01	13.8×10^6	111.6×10^6

续表

材　料		杨氏模量/GPa	刚度模量/GPa	体积模量/kPa	断裂模量/kPa	表观弹性极限/kPa
MgO		248.73	154.34	154.34		
NaCl		39.96	12.61	24.32	39.3×10^2	24.1×10^2
$NaNO_3$				26.18		
石英	晶体	76.5⊥c 轴 97.2∥c 轴	36.38			
	熔凝	73.03	31.14			
Si		13.09	79.9	101.97		
TlBr		29.49	7.58	22.46		
TlCl		31.69	7.58	23.56		

透红外材料 Irtran	温度/℃	杨氏模量/GPa	断裂模量/MPa	透红外材料 Irtran	温度/℃	杨氏模量/GPa	断裂模量/MPa
1	25	114.4	150.2	3	25	98.5	36.5
	500	114.4	68.9		500	96.5	62.0
2	25	96.5	97.1	4	25	71.0	51.7
	250	73.0	93.0	5	25	332.1	132.3

五、热性能

光学材料的热性能参数，包括比热容、热导率和热膨胀系数。它们常用于光学设计中对材料选择的评判，在高通量激光及相关设计中更是必须考虑的因素。

在某一温度下，将单位质量的材料升高一摄氏度所需要的热量称为此材料的比热容。采用 CGS 单位制，比热容的单位为 cal/(g·℃)；采用 SI 单位制，比热容的单位为 J/(kg·K)；采用英制，比热容的单位是英热量单位/(磅·华氏度)。热力学上定义热容为

$$C_V=\left(\frac{dQ}{dT}\right)_V \quad 或 \quad C_P=\left(\frac{dQ}{dT}\right)_P \tag{36-14}$$

式中，C_v 为定容热容，是在保持容积不变时，使材料温度变化 1 K 时材料所含热量的变化；C_P 为定压热容，是在保持恒压条件下，材料所含热量的变化量被相应温度变化量除。c_V 和 c_P 是将热容归一化成单位质量的值：

$$c_V=\frac{1}{m}C_V,\quad c_P=\frac{1}{m}C_P \tag{36-15}$$

实际上，对于光学材料来说，所有的比热容值都是指恒压的，而不是恒容的。这里列出的全部测量值都是 c_p。测定比热容的量热计其方式主要有水热式、冰式、蒸汽式等。由定义可知，比热容在 CGS 单位制和 SI 单位制以及在英制里都相等。因此，在各种光学材料的热性能表 36-62 和表 36-63 中未注明单位。要想用 SI 单位制的单位，可以用关系 1 J=0.238 33 cal 来变换。

当在一个棒状材料的一端加热时，热就沿着棒的长度方向传导(忽略端部影响)。材料的热导率就是容许这种热流传导的能力。其定义式是

$$\frac{dQ}{dt}=KA\frac{dT}{dx} \tag{36-16}$$

式中，Q 为热能，t 为时间，A 为横截面的面积，T 为温度，x 为棒的长度坐标值，K 为热导率。

热导率的单位是W/(m·K)，另一有用的单位是 cal/(s·cm·℃)和 Btu/(ft·h·°R)[英热量单位/(英寸·时·兰氏度)]。这些单位之间有如下关系：

1 Btu/(ft·h·°R)=20.75 W/(cm·K)=178.6 cal/(s·cm·℃)

当一个棒状材料被均匀加热时，棒的长度就有变化。棒的长度的相对变化是将其长度的变化用原棒长来除。温度改变 1 度时相应的棒长的相对变化就是线膨胀系数，通常用 α 表示：

$$\alpha=\frac{1}{L}\ \frac{\partial L}{\partial T} \tag{36-17}$$

材料的体膨胀系数通常用β表示：

$$\beta=\frac{1}{V}\ \frac{\partial V}{\partial T} \tag{36-18}$$

通常$\beta=3\alpha$。材料的线膨胀系数可表示成

$$\alpha=A\times10^{-6}+B\times10^{-8}T+C\times10^{-11}T^2 \tag{36-19}$$

式中，系数A具有温度倒数的量纲，而B和C分别具有温度平方和立方倒数的量纲，光学材料的这些系数列入表36-63中。热膨胀系数的测试方法主要有石英膨胀仪法、干涉法等。

表 36-62 各种光学材料的熔点、比热容和热导率

材 料	熔 点/K	比热容		热导率/(W/(m·K))[cal/(cm·s·K)]	
		c	温度/K	热导率值	温度/K
ADP	…	…	…	41×10^{-7}[0.001 7]	273
AgCl	730.7	0.848	273	62×10^{-7}[0.002 6]	273
		0.090 6	323	647×10^{-8}[0.002 71]	
Al_2O_3	2 303	0.18	298		
		0.174	273		
As_2S_3	483	…	…	1×10^{-6}[0.000 4]	
BaF_2	1 553	…	…	67×10^{-6}[0.028]	286
				41×10^{-6}[0.017]	311
$BaTiO_3$	1 600	0.017 99	55	38×10^{-7}[0.001 6]	401
		0.030 04	75	76×10^{-7}[0.003 2]	室温
		0.044 21	100		
		0.057 09	125		
		0.068 68	150		
		0.078 13	175		
$CaCO_3$	1 612	0.203	273	315×10^{-7}[0.013 2]	273
		0.214	273	265×10^{-7}[0.011 1]	273
CaF_2	1 633	0.204	273	223×10^{-6}[0.093 2]	83
		0.212	273	860×10^{-7}[0.036 0]	200
				654×10^{-7}[0.027 4]	273
				456×10^{-7}[0.019 1]	373
				554×10^{-7}[0.023 2]	298
CdF_2	1 047				
CdS	1 500	0.088 2	273	91×10^{-6}[0.038]	287
		0.922	323		
压制 CdS	…	…	…	24×10^{-5}[0.10]	10
				24×10^{-5}[0.10]	100
				96×10^{-5}[0.40]	50
CdTe	1 041～1 050	0.018 75	323	36×10^{-6}[0.015]	
CsBr	909	0.63	293	55×10^{-7}[0.002 3]	298
				53×10^{-7}[0.002 2]	318
				62×10^{-7}[0.002 6]	338
CsI	621	0.048	293	64×10^{-7}[0.002 7]	298
CuBr	777				
CuCl	695				
GaAs	1 238	…	…	299×10^{-6}[0.125]	300

续表

材料	熔点/K	比热容		热导率/(W/(m·K))[cal/(cm·s·K)]	
		c	温度/K	热导率值	温度/K
GaP	1 350	…	…	31×10^{-5}[0.13]	300
GaSb	720	0.018 28	…	251×10^{-6}[0.105]	300
Ge	936～942	0.074	273	33×10^{-5}[0.14]	293
InAs	942	3.4	78～290		
		5.2	290～573		
		7.01	573～673		
InP	1 050～1 070				
InSb	523	0.023 1	180	203×10^{-6}[0.085]	293
		0.248	300		
Irtran 1	1 528	…	…	34×10^{-6}[0.035]	329
				62×10^{-6}[0.026]	452
Irtran 2	2 103	…	…	88×10^{-6}[0.037]	327
				62×10^{-6}[0.026]	447
Irtran 3	1 692	…	…	45×10^{-6}[0.019]	353
				36×10^{-6}[0.015]	449
Irtran 4	1 788	…	…	74×10^{-6}[0.031]	327
				38×10^{-6}[0.016]	695
Irtran 5	3 220	…	…	248×10^{-6}[0.104]	298
				17×10^{-5}[0.070]	441
		0.104		20×10^{-6}[0.008 5]	417
KBr	1 003	0.108	273	275×10^{-7}[0.011 5]	319
		0.162	373	167×10^{-7}[0.006 98]	299
KCl	776	0.168	273	373×10^{-7}[0.015 6]	315
		…	373		
KDP	252.6		…	69×10^{-7}[0.002 9]	312
		0.75		76×10^{-7}[0.003 2]	319
KI	723	0.73	270	12×10^{-6}[0.005±3%]	299
		0.75	200		
		…	250		
KRS-5	687.5	0.048 2	…	31×10^{-7}[0.001 3]	
KRS-6	423.5	0.373	293	408×10^{-8}[0.001 71]	329
LiF	1 143	0.03	283		
		0.209	308		
MgO	3 073		273	626×10^{-5}[2.62]	10
				152×10^{-4}[6.38]	100
				18×10^{-5}[0.077]	500
				181×10^{-4}[7.56]	30
		0.026		334×10^{-6}[0.140]	300
$MgO\cdot Al_2O_3$	2 030	0.028	441	79×10^{-6}[0.033]	
		0.208	443		
	1 473～1 573	0.204	293～373	(14～33)$\times10^{-7}$[0.000 6～0.001 4]	
白云母	1 074	0.217	273	370×10^{-7}[0.015 5]	

续表

材料	熔点/K	比热容		热导率/(W/(m·K))[cal/(cm·s·K)]		
		c	温度/K	热导率值		温度/K
		0.26	373			
NaCl	980		373	296×10^{-6}[0.124]		83
				602×10^{-7}[0.025 2]		273
NaF		0.247		525×10^{-7}[0.022 0]		298
	306.8	0.270	273			
		0.064 9	373			
$NaNO_3$	774	0.068 1	273			
			373			
$PbCl_2$	1 128					
	822±2	0.100				
PbF_2	1 333～1 343	0.050 2	288			
$PbMoO_4$	1 114	0.051 1	273	38×10^{-7}[0.001 6]		
		…	373			
PbS		1 065	…	…		0.010 0
PbSe	917	0.188	…	287×10^{-7}[0.012 0]		
	<1 743		285～373	∥	⊥	
				279×10^{-6}[0.117]	140×10^{-5}[0.586]	83
				112×10^{-6}[0.046 7]	594×10^{-6}[0.024 9]	195
				652×10^{-7}[0.027 3]	389×10^{-7}[0.016 3]	273
				535×10^{-7}[0.022 4]	322×10^{-7}[0.013 5]	373
熔石英				454×10^{-7}[0.019 0]	281×10^{-8}[0.001 18]	423
				401×10^{-7}[0.016 8]	382×10^{-7}[0.016 0]	473
				361×10^{-7}[0.015 1]	231×10^{-7}[0.009 67]	523
				325×10^{-7}[0.013 6]	20×10^{-6}[0.008 4]	523
				294×10^{-7}[0.012 3]	20×10^{-6}[0.008 4]	573
		0.165 7		270×10^{-7}[0.011 3]	19×10^{-6}[0.007 9]	623
	2 000	0.201	273	674×10^{-8}[0.002 82]		314
			373	306×10^{-8}[0.002 64]		
晶体石英		0.068		107×10^{-7}[0.004 50]		
	308	0.072	85～291	74×10^{-7}[0.003 1]		
无定形 Se	490	0.072	276	626×10^{-7}[0.002 6]		
		0.085	293.5	1×10^{-6}[0.000 4]		
		0.127	302.5			
晶体 Se		0.131	305			
		0.95	311			
		…	291～311			
	约 343	0.168	…	79×10^{-8}[0.000 33]		
Se(As)	1 693		298	93×10^{-5}[0.39]		313
Si	1 190					
SrF_2	2 353	0.048 3				
$SrTiO_3$	722.8	0.17	288～373	36×10^{-6}[0.015]		
Te	2.93		298	72×10^{-6}[0.030]		309∥

续表

材料	熔点/K	比热容		热导率/(W/(m·K))[cal/(cm·s·K)]	
		c	温度/K	热导率值	温度/K
TiO_2				79×10^{-6}[0.033]	340 ∥
				50×10^{-6}[0.021]	317⊥
		0.045		41×10^{-6}[0.017]	340⊥
	460	0.052 0	20	33×10^{-7}[0.001 4]	
TlBr	430		273	45×10^{-7}[0.001 9]	
TlCl					

表 36-63　各种光学材料的热膨胀参数

$$\alpha = A\times10^{-6} + B\times10^{-8}T + C\times10^{-11}T^2$$

材　料	温度 T/K	A	B	C	备　注
ADP	297～407	39.3			
AgCl	298	30.01			
	473	34.59			
	623	52.09			
	653	58.37			
	673	63.19			
	698	69.99			
Al_2O_3	293～333	30			
	323	6.7	…	…	∥c 轴
	323	5.0	…	…	⊥c 轴
As_2S_3	306～438	24.62			
BaF_2	272～573	1.9			
$BaTiO_3$	193～253	16			
	283～343	19			
	393～453	13			
$CaCO_3$	123～273	24.39	0.533	−30.7	∥
	123～273	−5.68	0.0333	−4.58	⊥
	323	26.6	…	…	∥
	323	5.2	…	…	∥
	638	−3.8	…	…	⊥
	348～673	24.71	3.775	−3.653	⊥
CaF_2	181～280	18.38	2.511	−21.10	
CdF_2	293～393	27			
CdS	300～343	4.2			
	323～773	3.5	…	…	∥
压制 CdS	10	0			
	50	−2.4			
	110	0			
	200	2.5			
	300	4.2			
CdTe	323	4.5			
	873	5.9			
CaBr	316～900	1.851	1.481	21.52	
	293～323	47.9			
	134～573	46.6	4.67	−1.78	
CsI	298～323	50			

续表

材料	温度 T/K	A	B	C	备注
CuBr	293～423	19			
CuCl	313～413	10			
GaAs	40	−0.5			
	491	0.00			
	78～290	3.64			
	291～560	5.74			
	560～680	7.44			
GaP	…	5.3			
GaSb	…	6.9			
Ge	40	0.07			
	50	0.20			
	60	0.39			
	70	0.67			
	80	1.05			
	90	1.54			
	100	2.20			
	110	2.79			
Ge	120	3.25			
	130	2.62			
	140	3.91			
	150	4.12			
	160	4.29			
	170	4.45			
	180	4.58			
	190	4.70			
	200	4.82			
	210	4.93			
	220	5.03			
	230	5.13			
	240	5.23			
	250	5.32			
	260	5.42			
	270	5.50			
	280	5.59			
	290	5.67			
	300	5.75			
InP	…	4.5			
InSb	10	−0.06			
	30	−1.72			
	50	−0.33			
	70	0.89			
	100	2.76			
	160	4.08			
	190	4.35			
	220	4.58			
	253	4.78			

续表

材　料	温度 T/K	A	B	C	备　注
InSb	270	4.89			
	280	4.95			
	300	5.04			
Irtran 1	298～573	11.0			
Irtran 2	298～573	6.9			
Irtran 3	298～573	20.0			
Irtran 4	298～573	7.7			
Irtran 5	298～573	12.0			
KBr	113～573	27.6	4.1		
	318～953	37.99	1.263	5.256	
	293～333	43			
KCl	293～333	36			
KDP	123～293	21.6			
KI	313	42.6			
KRS-5	223～293	61			
	293～373	58			
KRS-6	223	55			
	233	56			
	253	56			
	273	55			
	293	51			
	313	48			
	333	49			
	353	51			
	373	53			
	393	56			
	413	57			
	433	58			
	453	59			
	473	59			
LiF	273～373	37			
	123～273	31.95	5.049	−4.070	
	320～1 067	33.17	3.075	2.399	
MgO	323～988	10.98			
	300	11.2			
	481	12.3			
	659	13.5			
	825	14.6			
	964	15.4			
	1 061	16.0			
	293～1 000	13.8			
$MgO \cdot Al_2O_3$	313	5.9			
白云母	324	8.1	7.5		
NaCl	223～473	44			
NaF	室温	36			

续表

材　料	温度 T/K	A	B	C	备　注
$NaNO_3$	323	12			
	323	11			
$PbCl_2$	293～393	31			
PbSe	303	7.56			
	313	10.55			
	323	12.92			
	333	14.55			
	343	15.63			
	353	16.41			
	363	16.97			
	373	17.37			
	383	17.66			
	393	17.89			
	403	18.09			
	413	18.97			
	423	18.43			
	433	18.57			
	433	18.57			
	453	18.79			
	473	18.94			
	493	19.06			
	513	19.16			
	533	19.26			
	553	19.34			
	573	19.40			
	593	19.46			
	613	19.50			
PbTe	303	9.02			
	313	12.08			
	323	14.30			
	333	15.57			
	343	15.38			
	353	16.42			
	363	17.31			
	373	17.70			
	383	18.04			
	393	18.33			
	403	18.57			
	413	18.78			
	423	18.97			
	433	19.42			
	453	19.62			
	473	19.74			
	493	19.79			
	513	19.80			
	533	19.80			

续表

材　料	温度 T/K	A	B	C	备　注
PbTe	553	19.80			
	573	19.80			
	593	19.80			
	613	19.80			
晶体石英	173～310	7.067	2.11		∥
	283～607				∥
	273～633	7.067	1.6742		∥
	633～723	25.80		20.163	∥
	273～353	7.97			∥
	273～353	13.37			⊥
熔融石英	293～1 173	0.5			
Se	195～292	20.3			
	195～273	42.7			
	273～294	48.7			
	293～373	22.9			
	478	45.2			
Se(As)	…	34			
Si	50～100	2.5			[111]
		2.7			[110]
	100～200	3.1			[111]
		3.5			[110]
	200～300	3.9			[111]
		3.8			[110]
	400～500	4.3			[111]
		4.1			[110]
	500～600	4.7			[111]
		4.4			[110]
	600～700	5.0			[111]
		4.5			[110]
	25～900	3.002 4	0.154 4	0.205 76	[111]
$SrTiO_3$	…	9.4			
Te	313	16.75			
	293	−1.6			∥
	293	27.2			⊥
	293～333	−1.7			∥
	293～333	27.0			⊥
TiO_2	313	9.19	2.25		∥
	313	7.14	1.10		⊥
TlCl	293～333	53			

六、硬度

在一定条件下材料抵抗另一物体压入的能力称为硬度。其中努氏硬度指的是采用长形金刚石角锥头(锥角为172.5°及130°)测定的显微硬度；维氏硬度指的是采用等棱金刚石角锥头(锥角为136°)测定的显微硬度。测试表面需要进行一定的抛光处理，晶体样品需知晶轴方向(一般是对准[100]或[110]方向)。各种光学材料的硬度值在表36-64中列出。在努氏硬度或维氏硬度值得不到的时候，给出了莫氏硬度值。当压头所用压力可查时，也一并给出。

表 36-64　部分光学材料的硬度

材料		努氏硬度号	方向	压头载荷/N(g)	备注
AgCl		9.5	—	1.96(200)	
三硫化砷玻璃(As_2S_3)		109	—	0.98(100)	
BaF_2		82		4.9(500)	
$BaTiO_3$					维氏硬度 200～580，单晶
CaF_2		158.3	[110]	4.9(500)	
		158.3	[100]	4.9(500)	
方解石($CaCO_3$)		—	—	—	莫氏号数 3
CaTe		—	—	—	维氏 43.5
CsBr		19.5	—	1.96(200)	
KBr		5.9	[110]	1.96(200)	
		7.0	[100]	1.96(200)	
KCl		7.2	[110]	1.96(200)	
		9.3	[100]	1.96(200)	
KRS-5(溴碘化铊)		40.2	—	1.96(200)	加工面
		39.8	[110]	4.9(500)	
		33.2	[100]	4.9(500)	
KRS-6(溴氯化铊)		29.2	[110]	4.9(500)	
		38.5	[100]	4.9(500)	
LiF		102～113	—	5.88(600)	真空生长
MgO		692	⊥解理面	5.88(600)	
NaCl		15.2	[110]	1.96(200)	
		18.2	[100]	1.96(200)	
$NaNO_3$		19.2	⊥解理面	1.96(200)	
蓝宝石(Al_2O_3)		1 370	随机的	9.8(1 000)	
Si		1 150	—	—	莫氏号数 7
SiO_2	晶体石英	741	⊥x 和 y 切面	4.9(500)	
	熔石英	461	—	1.96(200)	
尖晶石($MgO\cdot3.5Al_2O_3$)		1 140	随机的	9.8(1 000)	
TiO_2		879	随机的	4.9(500)	
TlBr		11.9	[110]	4.9(500)	
		11.9	[100]	4.9(500)	
TlCl		12.8	[110]	4.9(500)	
		12.8	[100]	4.9(500)	

七、介电常数(电容率)

介电常数是综合反映材料内部电极化性质的宏观物理量。电位移 D 和电场强度 E 之间有关系 $D=\varepsilon E$，式中 ε 为材料的介电常数；当为真空时，它们的关系是 $D=\varepsilon_0 E$，式中 ε_0 表示自由空间的介电系数。对于介质材料，有 $\varepsilon=\varepsilon_r\varepsilon_0$ 的关系，式中 ε_r 称为相对介电常数。如果采用 CGS 单位制，$\varepsilon_0=1$。表 36-65 中列出了一些光学材料的相对介电常数 ε_r 值。目前介电常数的测定方法主要有静电法和复介电常数的微波谐振腔测定法。

表 36-65 部分光学材料的介电常数

材料	ε_r	频率/Hz	温度/K	材料		ε_r	频率/Hz	温度/K
AgCl	12.3	10^6	293	白云母		5.4	$10^2\sim3\times10^9$	299
Al_2O_3	10.55	$10^2\sim10^6$	298	NaCl		5.90	$10^2\sim10^{10}$	298
	8.6	$10^2\sim10^{10}$	298			6.35～5.97	$10^2\sim10^{10}$	358
As_2S_3	8.1	$10^3\sim10^6$		PbCl		33.5	5×10^5	293
BaF_2	7.33	2×10^6		PbF		3.6	10^6	
$CaTiO_3$	140	1.5×10^6	294	$PbMoO_4$		26.8	4×10^8	
CuBr	8.0	3×10^6	293	SiO_2	晶体	4.34	3×10^7	290～295
CuCl	10.0	5×10^5	293			4.27	3×10^7	290～295
KBr	4.90	$10^2\sim10^{10}$	298		熔融	378	$10^{12}\sim10^{10}$	300
	4.97	$10^2\sim10^{10}$	360	SrF_2		7.69	2×10^6	
LiF	9.00	$10^2\sim10^{10}$	298	$SrTiO_3$		306	1×10^5	25
	9.11	$10^2\sim10^{10}$	353	TiO_2		200～160	$10^4\times10^7$	298
MgO	9.65	$10^2\sim10^4$	298			87.3～85.8	$10^2\times10^7$	298

八、溶解度、分子量和比重

材料的溶解度是材料受水或其他化学物质侵蚀能力大小的量度。当将样品浸泡于水中足够的时间以达到饱和溶液时，样品浸泡前后的重量差即是溶解物质量的量度，一般定义为在 100 g(100 ml)水中溶解的材料的克数。当物质的溶解度值小于 10^{-3}时，就认为该物质属于难溶物(不溶物)。

比重是物质同水的密度之比值，水的密度约为 1 g/ml。不管用什么单位来计算密度，比重都是无量纲的量。表 36-66 中列出了部分光学材料的溶解度、分子量和比重。

表 36-66 部分光学材料的溶解度、分子量和比重

材料	溶解度		分子量	比重	
	$g/(100gH_2O)$	温度/K		比重数值	温度/K
ADP	22.7	273	115.04	1.803	293
AgCl	8.9×10^{-5}	283	143.34	5.589	273
				5.56	293
Al_2O_3	不溶	…	101.94	3.98	
				3.95～4.10(天然的)	
As_2S_3	不溶	…	364.02	3.198	
BaF_2	0.17	…	175.36	4.83	293
$BaTiO_3$	…	…	232.96	5.90(单晶)	
$CaCO_3$	1.4×10^{-3}	298	100.09	2.7102	293
	1.8×10^{-3}	398			
CaF_2	0.0017①	299	78.08	3.179	298
$CaTiO_3$	…	…	135.98	4.10	293
CdF_2	…	…	150.41	6.382±0.006	293

续表

材料	溶解度		分子量	比重	
	$g/(100gH_2O)$	温度/K		比重数值	温度/K
CdS	不溶	…	144.48	4.82	293
CdTe	可能不溶[2]	…	240.02	5.854	
CsBr	124.3[3]	298	212.83	4.44	293
CsI	…	…	259.83	4.526	
CuBr	不溶	…	143.46	4.718	293
CuCl	0.0062	293	99.00	3.35	293
CaAs	不溶	…	144.63	5.316 1±0.000 2	298
CaP	…	…	100.70		
CaSb	不溶	…	191.48		
Ge	不溶[4]	…	72.60	5.327	298
InAs	不溶	…	189.73	5.66	
InP	…	…	145.80	4.8	
InSb	不溶	…	237	5.78	
Irtran 1	不溶	…	62.32	3.18	
Irtran 2	不溶	…	97.45	4.09	
Irtran 3	不溶	…	78.08	3.18	
Irtran 4	不溶	…	144.34	5.27	
Irtran 5	0.00062	…	40.32	3.58	
KBr	53.48[5]	273	119.01	2.75	298
	102	373			
KCl	34.7	293	74.55	1.984	293
KDP	…	…	136.09	2.338	
KI	127.5	273	166.02	3.13	
KRS-5	0.05	室温	…	7.371	289
KRS-6	0.32[6]	293	…	7.192	289
LiF	0.27	291	25.94	2.639	298
MgO	不溶[7]	…	40.32	3.567	298
$MgO \cdot Al_2O_3$	不溶[8]	…	356.74	3.61	
白云母	不溶	…	…	2.8～2.9	
NaCl	35.7	273	58.45	2.164	293
	39.12[9]	373			
NaF	4.22	291	42.00	2.79	293
				2.558	314
$NaNO_3$	73	273	85.01	2.261	
	180	373			

续表

材料	溶解度		分子量	比重	
	g/(100gH_2O)	温度/K		比重数值	温度/K
$PbCl_2$	0.673	273	278.12	5.85	293
	0.99	283			
	3.34	373			
PbF_2	0.064	293	245.21	8.24	293
				7.763±0.001	291
$PbMoO_4$	不溶	…	367.16	6.03～7.01	293
PbS	不溶	…	239.28	7.5	
PbSe	不溶	…	286.17	8.10	288
PbTe	不溶	…	334.82	8.16	
晶体石英	不溶	…	60.06	2.648	298
熔石英	不溶[10]	…	60.06	2.202	293
Se	不溶	…	…	4.82	
				4.26	
SeAs	不溶	…	…	无合适值	
SrF_2	0.011	273	125.63	4.24	293
	0.012	27			
$SrTiO_3$	不溶	…	183.53	5.122	293
Te	不溶	…	…	6.24	293
TiO_2	不溶[11]	…	79.90	4.25	
				4.18～5.13(对金红石)	
TlBr	0.05	298	284.31	7.453	298
	0.25	341			
TlCl	0.32	293	238.85	7.018	298

注：①在氨盐溶液中可溶；②将样品暴露在湿度为95%，温度为322 K的情况下经360 h后，透射率不降低，并且无明显腐蚀；③在酸中可溶；④可溶于热硫酸中和王水中，在CP-4中能被浸蚀；⑤有点吸湿；⑥微晶的溶解度就是其中易溶组分的溶解度，在这种材料中是指TlCl；⑦在酸和氨盐中可溶；⑧不受一般的酸或NaOH的浸蚀，在热氢氟酸中浸泡65 d后有点浸蚀；⑨可溶于甘油中，微溶于酒精和氨水中，不溶于盐酸中；⑩极微弱的溶于碱，可溶于氢氟酸中；⑪可溶于浓硫酸中。

第二节　光学玻璃

光学玻璃包括从短波高能射线、X射线、紫外、可见到红外等电磁波区域，用于光的传输、透射、反射、折射，光学成像、像的传递和增强的玻璃材料，也包括在电场、电磁场、磁场、力、声的作用下，玻璃的光学性质出现变化，利用这些变化而发展的能探测和转换这些性质的玻璃，即光学功能玻璃。在众多用于光学方面的玻璃中，无色光学玻璃，也就是一般所指的光学玻璃，是发展历史最久、产业规模最大、制造技术最先进的玻璃，也是所有光学仪器、光学机械的基础材料。本节光学玻璃即指无色光学玻璃。光学玻璃经历了近2个世纪的发展。到20世纪80年代，为发展具有不同光学常数的玻璃所需的简单系统研究已基本完成。到90年代，具有特殊光学常数的玻璃牌号已定型并投入生产。80年代后光学玻璃的主要进展有：为防止玻璃制造和使用过程中的污染，去除玻璃中有害组成而发展的无公害“环保”玻璃；为适应大规模生产、制造优质光学玻璃的连续熔炼工艺技术；为提高光学系统成像质量并简化光学系统而发展的非球面透镜精密模压技术。新的光学玻璃牌号和制造技术仍在发展中，如：特高折射率光学玻璃，具有特殊相对部分色散的特低折射率光学玻璃，用于非球面模压的精密型料等。

一、光学玻璃的性能要求[217]

光学玻璃是光学系统的主要部分，按光学设计的要求，最基本的光学性质为折射率和色散系数（又称阿贝数），一般称为光学常数。最早的光学系统用于可见区，选可见区中部 587.56 nm 的氦 d 线、486.13 nm 的氢 F 线和 656.27 nm 的氢 C 线的折射率 n_d、n_F、n_C 为标准，并由此计算阿贝数 ν_d：

$$\nu_d=\frac{n_d-1}{n_F-n_C} \tag{36-20}$$

每一牌号的光学玻璃都以 n_d 和 ν_d 为其参数。光学设计者选择不同牌号的光学玻璃设计光学系统和消除光学系统的各种误差。作为一种光学工程材料，必然有一些特殊的要求，下面分别介绍：

(1)特定的光学常数和同一批玻璃光学常数的一致性

光学常数是光学系统设计的依据，所提供的玻璃的光学常数必须在允许的偏差以内，以免影响成像质量。同一批玻璃的折射率偏差，即光学常数的一致性要求更高，以便于光学系统的校正和光学仪器的装校。我国无色光学国家标准 GB/T 903-1987 规定的光学常数与标准值的允许差值分 6 类，从 $\pm2\times10^{-4}\sim\pm20\times10^{-4}$，阿贝数从 ±0.2%～±1.5%。国外对光学常数的偏差要求更严格，以 Schott 为例，折射率偏差分为 3 类，从 $\pm2\times10^{-4}\sim\pm5\times10^{-4}$，折射率大于 1.83 的玻璃，从 $\pm4\times10^{-4}\sim\pm10\times10^{-4}$。阿贝数偏差分 3 类，从 ±0.2%～±0.5%。由于制造技术的进步，同批玻璃折射率的偏差一般已不再列入质量指标中。

(2)高度透明性

除光学系统中各光学元件镜面的反射损耗外，光学系统的透射率取决于玻璃材料本身的光吸收。GB/T 903-1987 采用白光光源测量透射率，扣除两个界面的反射损耗后，计算玻璃的光吸收系数，一般从 0.001～0.003 cm^{-1}。这种方法的缺点是不能反映出光学玻璃中经常存在的短波透射率下降的现象。随着光电技术、数码技术的发展，以及光电接收器波长灵敏度的要求和色彩还原的需要，光学玻璃的透射性能通常用2 个指标衡量：内透射和色码。

内透射率指扣除 2 个表面的反射损耗后的透射率。Schott 的光学玻璃以 25 mm 厚的玻璃在 400 nm 波长处的内透射率为其指标。为表示短波区的吸收，国外均采用“色码”(color code)来衡量。各光学玻璃制造商对色码的定义稍有不同，但一般都用透射率为 80% 和 5% 时的波长表示。图 36-182 为 Hoya 光学玻璃目录中对色码的表示方法。测量厚度为 10 mm 的玻璃的内透射，其值为 80% 和 5% 时的波长记作 λ80 和 λ5，以 nm 为单位的波长除以 10 后即为色码。为一些用于短波区、近紫外区的光学系统的要求，曾发展了一些该波段高透射率的光学玻璃，如 Schott 的 UBK7，中国光明光电公司的 UK9L 等。

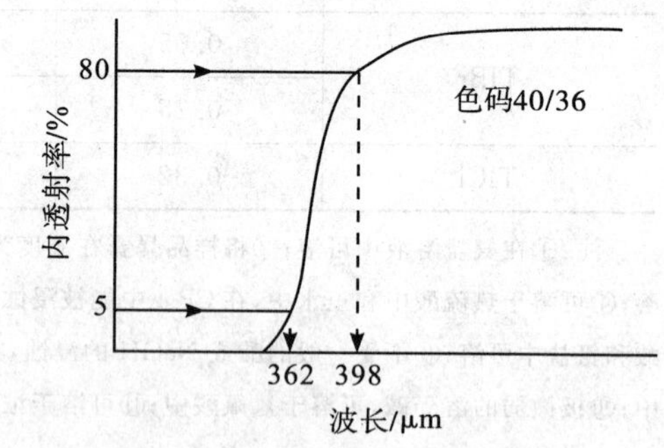

图 36-182 Hoya 光学玻璃色码的定义

(3)光学均匀性

光学上的不均匀性泛指折射率的不均匀性，可以是气泡、结石和条纹等化学不均匀，也可以是应力引起的双折射、热历史不同形成的折射率差异。光学玻璃中的光学均匀性专指较大尺度上的折射率差异，它产生透过波面的变形。波面畸变 ΔS 可表示为

$$\Delta S=d\,\Delta n \tag{36-21}$$

式中，d 为玻璃厚度，Δn 为折射率差的峰谷值。若 $d=50$ mm，$\Delta n=5\times10^{-6}$，则 $\Delta S=250$ nm，约为可见光区的 1/4 波长，满足一般光学仪器的要求。

GB/T 903-1987 中规定的以分辨率比值来衡量光学均匀性的方法一般不再使用。采用按 Δn 对光学均匀性分类，以 $\pm 2\times10^{-6}\sim\pm 20\times10^{-6}$ 分 4 类。

(4)消除内应力

过大的内应力在玻璃研磨过程中会产生破裂，长期使用时出现应变，导致镜面变形。在光学玻璃中，内应力形成双折射。内应力可用双折射产生的光程差衡量。GB/T 903－1987 规定用测量中部或边缘的光程差，按单位长度光程差的值分类。中部光程差从 2～10 nm/cm，边缘光程差从 3～20 nm/cm。

由应力产生的两个垂直方向振动光线的折射率差 δn 为

$$\delta n = BP \tag{36-22}$$

式中，B 为应力双折射系数，P 为应力。玻璃中最大折射率差为其双折射值的 2 倍[218]：

$$\Delta n = 2\delta n \tag{36-23}$$

若 $\delta n = 10$ nm/cm，则 $\Delta n = 2\times10^{-6}$，已达到与光学均匀性引起的 Δn 相当的水平。

(5)化学稳定性

光学玻璃的化学稳定性影响其光学加工过程和长期使用。化学稳定性取决于玻璃的化学组成。GB/T 903－1987 未将化学稳定性引入玻璃质量范围和供货条件，但 GB/T 7962.14-1987、GB/T 7962.15-1987 规定了光学玻璃化学稳定性的测试方法。GB/T 903-1987 以参考件的形式列出了各种牌号玻璃的理化性能，包括耐酸和耐潮化学稳定性。各光学玻璃制造商都制订了自己的检测标准，包括抗潮湿大气下的成斑性能、抗酸性介质下的成斑性能、在酸性溶液和碱性溶液下的溶解能力等。

(6)热力学性能

光学机械和仪器的使用环境变化时，产生温升和温度梯度。热膨胀引起镜面变形，导致折射率变化进而产生光程变化和波面畸变。为评价温升对光学系统的影响，经常用一些玻璃性质的组合参数来衡量。

1)热机械常数 Ψ。针对大型天文反射镜因直径和厚度较大，温度变化而出现的边缘曲率变化，即“边缘效应”。

$$\Psi = \frac{Eq}{\alpha} \tag{36-24}$$

$$q = \frac{\lambda}{cd} \tag{36-25}$$

式中，E 为弹性模量，α 为热膨胀系数，q 为温度传导系数，λ 为导热系数，c 为比热容，d 为密度。玻璃的 q 值变化不大，增加 E 和降低 α 值使 Ψ 值增大，都能减小边缘效应。

2)热光系数 V。针对光学系统温度均匀的稳定变化，用 Δf 来衡量温升 Δt 所产生的热焦距变化。热焦距变化 Δf 和热光系数 V 定义为

$$\Delta f = -Vf\Delta t \tag{36-26}$$

$$V = \frac{\beta}{n-1} - \alpha \tag{36-27}$$

式中，f 为透镜系统的焦距，β 为折射率温度系数，n 为折射率，α 为热膨胀系数。可通过选取不同 V 值的玻璃组成，使 $\Delta f = 0$，消除热光像差。

3)热光常数 W。热光常数是针对光学系统温度不稳定且存在温度梯度时出现的折射率差和光学元件面形变化，衡量波面畸变的一个热光常数。在简单的有限平板情况下，温度梯度 Δt 所产生的波前畸变 ΔS 为

$$\Delta S = Wd\Delta t \tag{36-28}$$

$$W = \beta + \alpha(n-1) \tag{36-29}$$

式中，W 为单位温升时由于折射率变化和膨胀引起厚度变化所产生的光程差，也称光程温度系数。大部分光学玻璃的 W 值为正，一些玻璃的 W 值为负。合理选择具有不同 W 值的玻璃，可使光学系统的 W 值为 0，减少光学畸变。

(7)环境污染的防止

光学玻璃中的一些有害物质出现在制造过程中，对人体健康会产生危害，使用过程中对环境也会造成污

染。早期镧系玻璃中的 ThO_2 和 CdO 已于 20 世纪 70 年代被逐渐取代。从 90 年代开始，对以 PbO 为主要组分的火石玻璃在制造和使用过程中的污染也引起重视。最近颁布的欧盟关于电子电器废弃物和有害物质限制的法规现已实施，涉及铅、镉和六价铬等玻璃中可能存在的氧化物。从 20 世纪末，各光学玻璃制造商相继发展无铅、无镉、无砷的"绿色玻璃""环保玻璃"。这些玻璃都在原玻璃牌号前加一前缀作为标志，取代原有玻璃，或成为新的玻璃牌号，与原有玻璃牌号并存。环保玻璃除具有与传统玻璃相同或相近的基本光学常数外，其他性质，如密度、短波光吸收、热和机械性质、化学稳定性也都有较大的差异。

(8)其他要求

受高能辐射照射的光学系统要防止色心形成对玻璃透明度的影响；用于紫外区和红外区的光学系统要求玻璃在这些波长具有高透射率；全消色差光学系统要求具有特殊相对部分色散的光学玻璃等。

二、光学玻璃的品种和牌号[219]

光学玻璃品种繁多，各国或制造厂都对品种进行了分类，给予每一种玻璃以代号。玻璃品种的发展与光学系统的要求相关。为消除光学系统的各种误差，要求使用折射率和阿贝数不同的一系列玻璃。因此，光学玻璃开始分为折射率较低、阿贝数较大的冕牌玻璃和折射率较大、阿贝数较小的火石玻璃。两种玻璃以阿贝数 50 为分界线。以 n_d、ν_d 为基本性质，每一具体玻璃在 $n_d-\nu_d$ 图中表示为一个点。按照 n_d、ν_d 的不同，将 $n_d-\nu_d$ 图分为若干区域，每一区域内有 n_d、ν_d 相差不多的若干玻璃。各区域中的玻璃称为一个品种，各区域内的各具体玻璃称为牌号。玻璃性质与其组成密切相关，每一品种内玻璃的组成相似。各制造商对玻璃品种有自己的表示方法，但均用拉丁字母作为品种的标志，用 K 或 C 代表冕，F 代表火石。各光学玻璃目录中均列出了由折射率和阿贝数组成的 6 位数字代码(code)。各光学玻璃制造商均制定了自己的品种、牌号和技术标准。俄罗斯由国防部直接制定，包括玻璃牌号、品种、性质、化学组成、质量保证等均由国防部文件规定。

20 世纪 50 年代末，我国光学玻璃品种已比较齐全，具有工业生产能力，中国科学院光学精密机械研究所(长春)开始与光学设计者讨论玻璃的品种分类和玻璃牌号的需要量，按当时光学系统的要求确定玻璃质量标准以及国内可以实现的检测方法。初稿形成后，交统管民用光学仪器的原第一机械工业部制定，形成无色光学玻璃国家标准 GB903-65。按照国际惯例，以阿贝数 50 为界，分为冕(K)、火石(F)两大类，但稍有修改。玻璃品种划分既考虑国际惯例，又照顾到玻璃组成，使每一品种内的玻璃牌号的化学组成相似、物理化学和工艺性能相近。在冕、火石两大类下，按折射率高低分为轻(Q)和重(Z)，再用化学元素符号 Ba、La、Ti、F 表征化学组成特征。用 T(特)代表特殊相对部分色散玻璃。GB903-65 包括了 13 个玻璃品种、91 个玻璃牌号，基本反映了当时中国光学仪器的需要和光学玻璃的生产水平。

20 世纪 80 年代开始修订无色光学玻璃标准，1987 年 12 月 GB903-87(现标准号 GB/T 903-1987)颁布实施。新标准增加了 5 个品种，达到 18 个品种，共 135 个玻璃牌号。近年来，随着光电产业的快速发展，国内各玻璃制造商为适应市场要求，研制出一批新的玻璃牌号，也出现了一些与原品种代号不同的新玻璃牌号。

按照 GB/ T 903-1987，无色光学玻璃分为两个系列：普通光学玻璃(P 系列)，牌号序号为 1～99；耐辐射光学玻璃系列(N 系列)，牌号序号为 501～599。图 36-183 表示光学玻璃品种和牌号在 n_d-ν_d 图中的位置。表 36-67 给出了玻璃品种的代号和名称。表 36-68 为国标光学玻璃品种与国外品种的对照。表 36-69 为国标各牌号玻璃的折射率、中部色散和 ν_d 的标准值。图 36-184 至图 36-188 为国内外主要光学玻璃制造商的 $n_d-\nu_d$ 图。

自 1987 年颁布国标 GB/ T 903-1987 以来，各光学玻璃制造商根据光学仪器和光学机械发展的需要，独立发展了光学玻璃牌号。主要有：扩大折射率和阿贝数范围，出现一些 $n_d>1.9$ 的特高折射率和 $n_d<1.45$ 的特低折射率玻璃牌号；改变玻璃的化学组成，无铅无砷的"环保玻璃"取代原有含铅玻璃；用于非球面透镜精密模压的低 Tg 玻璃已形成系列。国内主要光学玻璃制造厂——成都光明光电公司、上海新沪玻璃公司、湖北新华光信息材料公司——均增加了很多国标外的光学玻璃牌号。目前还在生产的国标光学玻璃牌号，除维持基本光学常数外，玻璃的光学性质和物理化学性质均有很大的变化。表 36-70 列出了成都光明光电光学玻璃的牌号与 Hoya、Ohara 和 Schott 玻璃的对照。表中前缀 H、S 和 N 均指无铅无砷的"环保玻璃"。表 36-71 是 Ohara 和 Schott 光学玻璃折射率的计算公式及推荐玻璃的计算系数。

表 36-67 GB/T 903-1987 光学玻璃品种的名称和代号

玻璃品种		玻璃品种		玻璃品种	
代号	名称	代号	名称	代号	名称
FK	氟冕玻璃	LaK	镧冕玻璃	ZBaF	重钡火石玻璃
QK	轻冕玻璃	TK	特冕玻璃	ZF	重火石玻璃
K	冕玻璃	KF	冕火石玻璃	LaF	镧火石玻璃
PK	磷冕玻璃	QF	轻火石玻璃	ZLaF	重镧火石玻璃
BaK	钡冕玻璃	F	火石玻璃	TiF	钛火石玻璃
ZK	重冕玻璃	BaF	钡火石玻璃	TF	特火石玻璃

表 36-68 GB/ T 903-1987 光学玻璃品种代号与国外品种代号的对照

玻璃品种	国标代号	Schott	Hoya	Ohara	Sumita
氟冕玻璃	FK	FK	FCD	FPL	PFK,CaFK
轻冕玻璃	QK	FK	FC	FSL	FK
冕玻璃	K	K	C	NSL,BAL	K
		BK	BK	BSC	BSL
磷冕玻璃	PK	PK	PC,PCS	PHM	PK
		PSK	PCD		PSK,GFK
钡冕玻璃	BaK	BaK	BaC,BaCL	BAL	BaK
重冕玻璃	ZK	SK	BaCD	BSM	SK
		SSK	BaCED		SSK
镧冕玻璃	LaK	LaK	LaCL	LAL	LaK
			LaC,TaC	YGH	LaSK
特冕玻璃	TK	LgSK	ADC		
冕火石玻璃	KF	KF	CF	NSL	KF
轻火石玻璃	QF	LLF	FEL	TIL	LLF
		LF	FL		LF
火石玻璃	F	F	F	TIM	F
钡火石玻璃	BaF	BaLF	BaFL	BAM	BaLF
		BaF	BaF		BaF
		BaSF	BaFD		BaSF
重钡火石玻璃	ZBaF	BaF	BaF	BAH	BaF
		BaSF	BaFD		BaSF
重火石玻璃	ZF	SF	FD,FDS	TiH,NPH	SF
镧火石玻璃	LaF	LaF	LaFL,LaF		LaSF
			NbF,TaF		
重镧火石玻璃	ZlaF	LaSF	TaF,NbFD	LAH	LaSF
			TaFD		
钛火石玻璃	TiF	TiF,TiSF	FF	TIL,TIM	
特火石玻璃	TF	KzF,KzFS	SbF,ADF	NBH,NBM	KzFS

表 36-69　GB/T 903-1987 各牌号光学玻璃的光学常数

玻璃牌号		折射率	中部色散	色散系数
P 系列	N 系列	n_d	$n_F - n_C$	ν_d
氟冕玻璃				
FK1	—	1.485 79	0.005 87	81.81
FK2	—	1.486 56	0.005 76	84.47
轻冕玻璃				
QK1	—	1.470 47	0.007 040	66.83
QK2	—	1.478 17	0.007 290	65.59
QK3	—	1.487 46	0.006 960	70.04
冕玻璃				
K1	—	1.499 67	0.008 05	62.07
K2	K502	1.500 47	0.007 58	66.02
K3	—	1.504 63	0.007 80	64.72
K4	—	1.508 02	0.008 32	61.05
K5	K505	1.510 07	0.008 05	63.36
K6	—	1.511 12	0.008 45	60.46
K7	K507	1.514 78	0.008 49	60.63
K8	—	1.516 02	0.009 09	56.79
K9	K509	1.516 37	0.008 06	64.07
K10	K510	1.518 18	0.008 79	58.95
K11	—	1.526 38	0.008 75	60.16
K12	—	1.533 59	0.009 62	55.47
K16	—	1.518 78	0.008 41	61.69
磷冕玻璃				
PK1	—	1.519 07	0.007 430	69.86
PK2	—	1.548 67	0.008 060	68.07
钡冕玻璃				
BaK1	BaK503	1.530 28	0.008 77	60.47
BaK2	BaK502	1.539 98	0.009 05	59.67
BaK3	BaK501	1.546 78	0.008 71	62.78
BaK4	—	1.552 48	0.008 72	63.36
BaK5	—	1.560 69	0.009 610	58.34
BaK6	BaK506	1.563 88	0.009 280	60.76
BaK7	BaK507	1.568 89	0.010 150	56.05
BaK8	BaK508	1.572 49	0.009 960	57.48
BaK9	—	1.574 44	0.010 176	56.45
BaK11	—	1.559 63	0.009 143	61.21

玻璃牌号		折射率	中部色散	色散系数
P 系列	N 系列	n_d	$n_F - n_C$	ν_d
重冕玻璃				
ZK1	ZK501	1.568 88	0.009 040	62.93
ZK2	—	1.583 13	0.009 831	59.32
ZK3	ZK503	1.589 19	0.009 620	61.25
ZK4	—	1.608 81	0.010 344	58.86
ZK5	ZK505	1.611 20	0.010 950	55.82
ZK6	ZK506	1.612 69	0.010 500	58.35
ZK7	ZK507	1.613 09	0.010 120	60.58
ZK8	ZK508	1.614 10	0.011 140	55.13
ZK9	ZK509	1.620 41	0.010 293	60.29
ZK10	ZK510	1.622 10	0.010 970	56.71
ZK11	ZK511	1.638 54	0.011 507	55.49
ZK14	—	1.603 11	0.009 952	60.60
ZK15	—	1.607 29	0.010 214	59.46
ZK19	—	1.613 75	0.010 882	56.40
ZK20	—	1.617 20	0.011 448	53.91
镧冕玻璃				
LaK1	—	1.659 50	0.011 50	57.65
LaK2	—	1.692 11	0.012 69	54.54
LaK3	—	1.746 93	0.014 66	50.95
LaK4	—	1.640 50	0.010 66	60.10
LaK5	—	1.677 90	0.012 21	55.52
LaK6	—	1.693 50	0.012 99	53.38
LaK7	—	1.713 00	0.013 23	53.83
LaK8	—	1.720 00	0.014 31	50.41
LaK10	—	1.651 13	0.011 650	55.89
LaK11	—	1.664 61	0.012 170	54.61
LaK12	—	1.696 80	0.012 404	56.18
特冕玻璃				
TK1	—	1.585 99	0.009 600	61.04
冕火石玻璃				
KF1	KF501	1.500 58	0.008 750	57.21
KF2	KF502	1.515 39	0.009 460	54.48
KF3	—	1.526 29	0.010 320	51.00
轻火石玻璃				

续表

玻璃牌号		折射率	中部色散	色散系数	玻璃牌号		折射率	中部色散	色散系数
P 系列	N 系列	n_d	n_F-n_C	ν_d	P 系列	N 系列	n_d	n_F-n_C	ν_d
QF1	—	1.548 11	0.011 950	45.87	ZBaF3	ZBaF503	1.656 91	0.012 850	51.12
QF2	QF502	1.560 91	0.011 990	46.78	ZBaF4	ZBaF504	1.664 26	0.018 740	35.45
QF3	QF503	1.575 02	0.013 920	41.31	ZBaF5	ZBaF505	1.671 03	0.011 19	47.29
QF5	—	1.582 15	0.013 852	42.03	ZBaF8	—	1.607 29	0.012 293	49.40
QF6	—	1.531 72	0.010 905	48.76	ZBaF11	—	1.620 12	0.012 45	49.80
QF9	—	1.561 38	0.012 410	45.24	ZBaF13	—	1.639 30	0.014 15	45.18
QF11	—	1.578 42	0.014 070	41.11	ZBaF15	—	1.651 28	0.016 99	38.32
QF14	—	1.595 51	0.015 200	39.18	ZBaF16	—	1.666 72	0.013 77	48.42
火石玻璃					ZBaF17	—	1.667 55	0.015 92	41.93
F1	—	1.603 24	0.015 900	37.94	ZBaF18	—	1.669 98	0.017 09	39.20
F2	—	1.612 95	0.016 590	36.95	ZBaF20	—	1.701 81	0.017 11	41.01
	F502	1.613 95	0.016 590	37.01	ZBaF21	—	1.723 40	0.019 04	37.99
F3	—	1.616 55	0.016 840	36.61	重火石玻璃				
	F503	1.617 05	0.016 840	36.64	ZF1	ZF501	1.647 67	0.019 120	33.87
F4	—	1.620 05	0.017 060	36.35	ZF2	ZF50	1.672 68	0.020 870	32.23
	F504	1.620 55	0.017 060	36.37	ZF3	ZF503	1.717 41	0.024 310	29.51
F5	—	1.624 35	0.017 380	35.92	ZF4	ZF504	1.728 22	0.025 700	28.34
	F505	1.624 85	0.017 380	35.95	ZF5	ZF505	1.740 02	0.026 280	28.16
F6	—	1.624 95	0.017 570	35.57	ZF6	ZF506	1.755 23	0.027 430	27.53
	F506	1.625 45	0.017 570	35.60	ZF7	—	1.806 27	0.031 780	25.37
F7	—	1.636 36	0.018 001	35.35	ZF8	—	1.654 46	0.019 447	33.65
F12	—	1.623 64	0.016 941	36.81	ZF10	—	1.688 93	0.022 098	31.18
F13	—	1.625 88	0.017 530	35.70	ZF11	—	1.698 95	0.023 146	30.07
钡火石玻璃					ZF12	—	1.761 82	0.028 718	26.35
BaF1	—	1.548 09	0.010 160	53.95	ZF13	—	1.784 72	0.030 168	25.76
BaF2	BaF502	1.569 70	0.011 520	49.45	ZF14	—	1.917 61	0.042 658	21.51
BaF3	BaF503	1.579 60	0.010 760	53.87	镧火石玻璃				
BaF4	BaF504	1.582 71	0.012 540	46.47	LaF1	—	1.693 62	0.014 100	49.19
BaF5	—	1.605 62	0.013 787	43.93	LaF2	—	1.717 00	0.014 972	47.89
BaF6	BaF506	1.607 72	0.013 180	46.11	LaF3	—	1.744 00	0.016 565	44.91
BaF7	—	1.614 13	0.015 340	40.03	LaF4	—	1.749 50	0.021 421	34.99
BaF8	BaF508	1.626 04	0.016 010	39.10	LaF5	—	1.753 67	0.020 080	37.55
重钡火石玻璃					LaF6	—	1.757 19	0.015 836	47.81
ZBaF1	ZBaF501	1.622 31	0.011 710	53.14	LaF7	—	1.781 79	0.021 077	37.09
ZBaF2	ZBaF502	1.639 62	0.013 250	48.27	LaF8	—	1.784 27	0.018 989	41.30

续表

玻璃牌号		折射率	中部色散	色散系数	玻璃牌号		折射率	中部色散	色散系数
P系列	N系列	n_d	n_F-n_C	ν_d	P系列	N系列	n_d	n_F-n_C	ν_d
LaF9	—	1.784 43	0.017 875	43.88	TiF3	—	1.592 70	0.016 56	35.79
LaF10	—	1.788 31	0.016 635	47.39	TiF4	—	1.616 50	0.019 90	30.97
重镧火石玻璃					特种火石玻璃				
ZLaF1	—	1.801 66	0.018 111	44.26	TF1	—	1.529 49	0.010 220	51.81
ZLaF2	—	1.802 79	0.017 168	46.76	TF2	—	1.553 90	0.011 40	
ZLaF3	—	1.855 44	0.023 381	36.59	TF3	—	1.612 42	0.013 89	44.09
ZLaF4	—	1.910 42	0.025 665	35.47	TF4	—	1.613 40	0.013 85	44.30
钛火石玻璃					TF5	—	1.654 12	0.016 51	39.63
TiF1	—	1.532 56	0.011 580	45.99	TF6	—	1.680 64	0.021 83	37.18
TiF2[④]	—	1.580 13	0.015 26	38.02					

表 36-70 光学玻璃牌号相互检索

光明光电	Hoya	Ohara	Schott	光明光电	Hoya	Ohara	Schott
H-FK61	FCD1	S-FPL51	N-PK52	H-ZK10			
H-QK1	(FC1)	(FSL1)	(FK1)	H-ZK10L	E-BACD10	(S-BAM10)	(N-SK10)
H-QK3				H-ZK11	BACD18	(S-BSM18)	(N-SK18)
H-QK3L	FC5	(S-FSL5)	N-FK5	H-ZK14	(BACD14)	(S-BSM14)	N-SK14
K4A	(ZNC7)	(ZSL7)	(ZKN7)	H-ZK21	BACD15	(S-BSM15)	(N-SK15)
H-K5	BSC1	(BSL1)	(BK1)	H-ZK50	BACD2	(S-BSM2)	N-SK2
H-K6	C7	NSL7	(K7)	H-LaK3			
H-K7				H-LaK4L	LACL60	(S-BSM81)	N-LAK21
H-K9L	BSC7	(S-BSL7)	N-BK7	H-LaK7	(LAC8)	S-LAL8	N-LAK8
H-K10	E-C3	S-NSL3		H-LaK8A	LAC10	S-LAL10	N-LAK10
H-K11	(BACL1)	(NSL21)		H-LaK10		(S-LAL54)	N-LAK22
H-K50	C5	(S-NSL5)	N-K5	H-LaK50	LAC7	(S-LAL7)	(N-LAK7)
H-K51A	C12	(NSL51)		H-LaK51	LAC14	S-LAL14	(N-LAK14)
H-BaK1				H-LaK52	TAC8	S-LAL18	N-LAK34
H-BaK2	BAC2	(S-BAL12)	N-BAK2	H-LaK53A	TAC6	S-YGH51	
H-BaK3		BAL21		H-LaK54	(TAC4)	S-LAL59	
H-BaK4	PCD3	(BAL23)	(N-PSK3)	H-LaK67		(LAL53)	
H-BaK5				H-KF6	E-CF6	(S-NSL36)	
H-BaK6	BACD11	(S-BAL41)	N-SK11	H-QF1	E-FEL1	S-TIL1	N-LLF1
H-BaK7	BAC4	(S-BAL14)	N-BAK4	QF1	FEL1	PBL1	LLF1
H-BaK8	BAC1	(S-BAL11)	(N-BAK1)	H-QF3		S-TIL27	
H-ZK1	(PCD2)	(PSK2)	(S-BAL22)	QF3	(FL7)	(PBL27)	(LF7)
H-ZK2	BACD12	(S-BAL42)	SK12	QF5	FL3	(PBL23)	(LF3)
H-ZK3	BACD5	(S-BAL35)	N-SK5	H-QF6	E-FEL6	S-TIL6	(N-LLF6)
H-ZK4	BACD3	(BSM3)	(SK3)	QF6	FEL6	(PBL6)	LLF6
H-ZK6	BACD4	(S-BSM4)	N-SK4	H-QF8	E-FEL2	S-TIL2	
H-ZK7				QF8	FEL2	PBL2	LLF2
H-ZK8	BACD9	(S-BSM9)		H-QF50	E-FL5	(S-TIL25)	N-LF5
H-ZK9	BACD16	S-BSM16	N-SK16	QF50	FL5	(PBL25)	LF5

续表

光明光电	Hoya	Ohara	Schott	光明光电	Hoya	Ohara	Schott
H-QF56	E-FL6	S-TIL26		H-ZF7LA	FD60	(S-TIH6)	(N-SF6)
H-F1	E-F5	S-TIM5		ZF7L	FD6	(PBH6)	(SF6)
F1	F5	PBM5	F5	ZF7LHT			(SF6HT)
F2	F3	PBM3	F3	ZF8	FD9	(PBM29)	SF9
F3	F4	PBM4	F4	H-ZF10	E-FD8	(S-TIM28)	(N-SF8)
H-F4	(E-F2)	(S-TIM2)	N-F2	ZF10	FD8	(PBM28)	SF8
F4	(F2)	(PBM2)	F2	H-ZF11	E-FD15	S-TIM35	(N-SF15)
F5		PBM11		ZF11	FD15	PBM35	SF15
F6	F7		F7	H-ZF12	FD140	(S-TIH14)	
F7	(F6)	PBM6	(F6)	ZF12	FD14	PBH14	(SF14)
F13	F1	PBM1	F1	H-ZF13	FD110	S-TIH11	
BaF3	(BAFL4)	(BAL4)	(BALF4)	ZF13	(FD11)	(PBH11)	SF11
BaF4	BAF3	(BAM3)	BAF3	H-ZF50	E-FD13	S-TIH13	
BaF5	BAF4	(BAM4)	BAF4	ZF50	FD13	PBH13	(SF13)
BaF6	BAF7		(BAF52)	ZF51	PDS3	(PBH23)	SF56
BaF7				H-ZF52A	FDS90	S-TIH53	(N-SF57)
BaF8	BAFD1	(BAM21)	(BASF1)	H-LaF2	(LAF3)	S-LAM3	(N-LaF3)
ZBaF1	BACED2	(BSM22)	(SSK2)	H-LaF3	LAF2	(S-LAM2)	N-LaF2
ZBaF2				H-LaF4	E-LAF7	(S-LAM7)	N-LAF7
H-ZBaF3				H-LaF6LA	NBF2	(S-LAM54)	
ZBaF4	(BAFD2)	(BAH22)	(BASF2)	H-LaF10L	TAF4	(S-LAH64)	N-LAF21
H-ZBaF5		S-BAH10		H-LaF50A	TAF1	S-LAH66	N-LAF34
H-ZBaF16	(BAF11)	(S-BAH11)	BAFN11	H-LaF52	(NBFD11)	S-LAH51	(N-LAF33)
H-ZBaF20	BAFD7	S-BAH27	(N-BASF52)	H-LaF53	NBF1	(S-LAM60)	
H-ZBaF21	BAFD8	SBAH28	(N-BASF51)	H-LaF54	(NBFD12)	S-LAH52	
H-ZBaF50	BACED5	S-BSM25	N-SSK5	H-LaF62		S-LAM52	
H-ZBaF52	BAF10	S-BAH10	(N-BAF10)	H-ZLaF50B	(TAF3)	S-LAH65	(N-LASF44)
H-ZF1	E-FD2	S-TIM22		H-ZLaF51	NBFD3	S-LAH63	
ZF1	FD2	PBM22	(SF2)	H-ZLaF52	(NBFD13)	S-LAH53	(N-LASF43)
H-ZF2	E-FD5	(S-TIM25)	N-SF5	H-ZLaF53A	(NBFD10)	S-LAH60	(N-LASF40)
ZF2	FD5	(PBM25)	SF5	H-ZLaF55A	TAFD5F	S-LAH55	(N-LASF41)
H-ZF3	E-FD1	S-TIH1	N-SF1	H-ZLaF56A	NBFD15		
ZF3	FD1	PBH1	SF1	H-ZLaF66		S-LAM66	
H-ZF4	E-FD10	(S-TIH10)	(N-SF10)	H-ZLaF68	TAFD30	S-LAH58	(N-LASF31)
H-ZF5		S-TIH3		D-K9L		(L-BSL7)	
ZF5	FD3	(PBH3)	SF3	D-LaK70			K-VC78
H-ZF6	E-FD4	S-TIH4	(N-SF4)	D-LaF79	M-LAF81	L-LAM69	
ZF6	FD4	PBH4	SF4				

表 36-71 Ohara 和 Schott 光学玻璃折射率的计算公式及推荐玻璃的计算系数

Ohara 光学玻璃折射率方程						
推荐玻璃	Sellmeier 公式：$n^2 = 1 + \frac{A_1\lambda^2}{\lambda^2 - B_1} + \frac{A_2\lambda^2}{\lambda^2 - B_2} + \frac{A_3\lambda^2}{\lambda^2 - B_3}$					
	A_1	A_2	A_3	B_1	B_2	B_3
S-FPL53	9.835 323 27E−01	6.956 881 40E−02	1.114 092 38E+00	4.922 349 55E−03	1.935 810 91E−02	2.642 752 94E+2
S-FPL52	1.067 858 57E+00	3.358 577 18E−02	1.102 197 63E+00	6.992 273 02E−03	−2.076 089 25E−02	2.264 965 41E+2
S-FSL5	1.174 470 43E+00	1.400 561 54E−02	1.192 724 35E+00	8.418 551 81E−03	−5.817 907 67E−02	1.295 997 26E+2
S-FPL51	1.170 105 05E+00	4.757 107 83E−02	7.638 324 45E−01	6.162 039 24E−03	2.633 728 76E−20	1.418 826 42E+2
S-FTL10	1.105 429 93E+00	1.161 843 25E−01	1.153 961 11E+00	6.690 0416 8E−03	3.608 406 91E−02	1.375 464 85E+2
S-BSL7	1.151 501 90E+00	1.185 836 12E−01	1.263 013 59E+00	1.059 841 30E−02	−1.182 251 90E−02	1.296 176 62E+2
S-NSL36	1.096 661 53E+00	1.689 900 73E−01	1.205 808 27E+00	6.674 911 23E−03	3.360 954 50E−02	1.416 687 38E+2
S-NSL3	8.825 147 64E−01	3.892 719 07E−01	1.106 934 48E+00	4.645 045 82E−03	2.005 513 97E−02	1.362 343 39E+2
S-NSL5	1.045 745 77E+00	2.396 130 26E−01	1.159 068 50E+00	5.852 322 80E−03	2.368 587 52E−02	1.313 290 61E+2
S-TIL6	1.177 017 77E+00	1.279 580 30E−01	1.347 401 24E+00	7.710 876 86E−03	4.113 253 28E−02	1.545 316 92E+2
S-BAL12	7.146 052 58E−01	6.219 932 89E−01	1.225 376 81E+00	3.017 639 13E−01	1.665 054 50E−02	1.435 063 14E+2
S-TIL2	1.234 014 99E+00	9.597 968 33E−02	1.205 039 91E+00	8.695 078 01E−03	4.656 114 29E−02	1.379 533 01E+2
S-TIL1	1.250 889 44E+00	9.979 733 27E−02	1.205 835 04E+00	8.839 212 79E−03	4.826 850 52E−02	1.374 149 53E+2
S-BAL41	1.243 442 00E+00	1.663 011 04E−01	1.105 861 14E+00	1.163 967 08E−02	−8.904 649 38E−03	1.141 112 20E+2
S-TIL26	1.310 664 88E+00	9.419 030 94E−02	1.232 926 44E+00	9.688 978 12E−03	5.277 631 06E−02	1.332 964 22E+2
S-BALI4	1.275 536 96E+00	1.460 833 93E−01	1.167 546 99E+00	7.496 923 59E−03	3.104 215 30E−02	1.289 470 92E+2
S-BAL2	1.309 238 13E+00	1.141 373 53E−01	1.178 822 59E+00	8.388 739 53E−03	3.994 364 85E−02	1.402 578 92E+2
S-BAL3	1.293 668 90E+00	1.324 402 52E−01	1.101 972 93E+00	8.003 679 62E−03	3.547 111 96E−02	1.345 174 31E+2
S-BAL11	8.213 142 56E−01	6.125 864 78E−01	1.248 596 37E+00	3.514 361 31E−03	1.797 623 75E−02	1.334 566 70E+2
S-TIL27	1.314 331 54E+00	1.123 001 68E−01	1.413 901 00E+00	9.504 044 77E−03	5.241 127 72E−02	1.484 299 72E+2
S-TIL25	1.321 225 34E+00	1.238 249 76E−01	1.436 852 54E+00	9.520 914 36E−03	5.160 626 65E−02	1.490 648 83E+2
S-BAM3	1.369 553 58E+00	8.538 258 67E−02	1.161 597 71E+00	9.413 314 34E−03	5.043 590 27E−02	1.305 488 99E+2
S-BAL42	1.395 706 15E+00	7.185 050 70E−02	1.271 292 67E+00	1.122 188 43E−02	−2.521 174 22E−02	1.344 978 60E+2
S-BAL35	9.413 572 73E−01	5.461 748 95E−01	1.161 689 17E+00	1.403 339 96E−02	9.066 356 83E−04	1.141 637 58E+2
S-FTMI6	1.329 409 07E+00	1.415 121 25E−01	1.442 990 68E+00	1.023 772 87E−02	5.780 819 56E−02	1.505 971 39E+2
S-TIM8	1.372 627 13E+00	1.126 362 76E−01	1.397 864 21E+00	1.032 200 68E−02	5.501 950 44E−02	1.477 356 99E+2
S-TIM5	1.385 313 42E+00	1.223 729 45E−01	1.405 083 26E+00	1.040 745 67E−02	5.574 400 88E−02	1.448 787 33E+2
S-BSM14	1.282 862 70E+00	2.476 474 29E−01	1.103 839 99E+00	1.229 023 99E−02	−6.131 423 61E−03	1.068 833 78E+2
S-PHM53	1.097 754 23E+00	4.348 164 32E−01	1.138 949 76E+00	1.233 694 00E−02	−3.725 229 03E−04	1.242 769 84E+2
S-BAM4	1.410 593 17E+00	1.112 013 06E−01	1.341 489 39E+00	9.633 121 92E−03	4.987 782 10E−02	1.522 376 96E+2
S-BSM2	8.671 686 76E−01	6.728 483 43E−01	1.184 561 07E+00	3.693 110 03E−03	1.816 528 04E−02	1.323 761 47E+2
S-TIM3	1.406 911 44E+00	1.283 697 45E−01	1.518 261 91E+00	1.056 336 41E−02	5.684 831 05E−02	1.521 079 24E+2
S-NBM51	1.370 231 01E+00	1.776 655 68E−01	1.305 154 71E+00	8.719 203 42E−03	4.057 255 52E−02	1.127 030 58E+2
S-BSM4	9.624 430 80E−01	5.959 392 34E−01	1.105 583 52E+00	4.680 621 41E−03	1.787 720 82E−02	1.158 964 32E+2
S-BSM9	1.370 200 77E+00	1.893 972 67E−01	1.242 023 24E+00	7.576 314 57E−03	3.007 875 15E−02	1.313 50111E+2
S-BSM28	1.438 228 41E+00	1.281 000 17E−01	1.343 555 30E+00	8.597 797 50E−03	4.086 178 54E−02	1.437 098 90E+2
S-PHM52	1.099 665 50E+00	4.781 254 22E−02	1.132 140 74E+00	1.327 185 59E−02	−6.016 496 85E−04	1.305 954 72E+2
S-TIM2	1.421 938 46E+00	1.338 279 68E−01	1.450 605 74E+00	1.072 915 11E−02	5.725 875 46E−02	1.453 818 05E+2
S-BSM16	1.144 903 83E+00	4.395 639 11E−01	1.276 880 79E+00	1.370 349 16E−02	−1.865 142 05E−03	1.195 355 85E+2

续表

Ohara 光学玻璃折射率方程

推荐玻璃	Sellmeier 公式：$n^2 = 1 + \frac{A_1\lambda^2}{\lambda^2 - B_1} + \frac{A_2\lambda^2}{\lambda^2 - B_2} + \frac{A_3\lambda^2}{\lambda^2 - B_3}$					
	A_1	A_2	A_3	B_1	B_2	B_3
S-BSM22	1.443 057 41E+00	1.407 863 58E−01	1.260 939 51E+00	8.192 089 10E−03	3.569 114 55E−02	1.319 593 37E+2
S-BSM10	9.454 430 81E−01	6.432 373 76E−01	1.177 529 68E+00	1.572 637 98E−02	1.619 240 66E−03	1.213 617 48E+2
S-BSM15	9.531 283 28E−01	6.376 139 77E−01	1.652 456 47E+00	3.876 389 85E−03	1.850 946 32E−02	1.594 423 67E+2
S-TIM1	1.449 638 30E+00	1.229 864 08E−01	1.380 667 23E+00	1.120 942 82E−02	5.962 657 70E−02	1.381 783 26E+2
S-BAM12	1.501 616 05E+00	1.269 874 45E−01	1.435 440 52E+00	9.407 618 26E−03	4.726 021 95E−02	1.416 664 99E+2
S-BSM18	9.278 860 25E−01	7.088 585 26E−01	1.186 108 97E+00	4.175 491 99E−03	1.846 918 38E−02	1.222 104 16E+2
S-TIM27	1.416 804 70E+00	1.967 850 57E−01	1.680 013 22E+00	1.007 321 58E−02	5.376 169 08E−02	1.646 724 36E+2
S-BSM81	9.963 568 44E−01	6.513 928 37E−01	1.224 326 22E+00	1.448 215 87E−02	1.548 263 89E−03	8.998 186 04E+01
S-TIM22	1.442 222 94E+00	1.944 322 65E−01	1.740 924 82E+00	1.042 494 04E−02	5.502 352 57E−02	1.697 107 69E+2
S-BSM71	1.508 478 85E+00	1.580 998 26E−01	1.368 153 68E+00	8.127 690 76E−03	3.542 008 98E−02	1.361 100 38E+2
S-LAL54	1.419 101 89E+00	2.584 168 81E−01	1.073 855 37E+00	7.266 474 28E−03	2.638 424 99E−02	1.025 554 63E+2
S-LAL7	9.161 212 47E−01	7.659 483 19E−01	1.277 450 23E+00	3.958 897 43E−03	1.675 474 25E−02	1.107 627 06E+2
S-NBH5	1.475 445 21E+00	1.930 600 95E−01	1.509 390 10E+00	9.558 367 40E−03	4.604 304 83E−02	1.264 227 46E+2
S-BSM25	1.348 142 57E+00	3.475 303 19E−01	1.387 983 68E+00	6.953 643 66E−03	2.778 634 78E−02	1.421 381 22E+2
S-TIM39	1.470 081 05E+00	2.247 527 46E−01	2.449 685 92E+00	1.029 004 32E−02	5.412 769 04E−02	2.374 349 40E+2
S-BAH11	1.571 388 60E+00	1.478 693 13E−01	1.280 928 46E+00	9.108 079 36E−03	4.024 016 84E−02	1.303 993 67E+2
S-BAH32	1.580 236 30E+00	1.375 046 32E−01	1.606 032 98E+00	1.035 780 62E−02	5.483 930 88E−02	1.479 828 85E+2
S-BAH10	1.590 343 37E+00	1.384 645 79E−01	1.219 880 43E+00	9.327 343 40E−03	4.274 986 54E−02	1.192 517 77E+2
S-TIM25	1.506 592 33E+00	2.047 861 35E−01	1.920 366 68E+00	1.095 015 62E−02	5.749 802 85E−02	1.781 285 35E+2
S-NBH52	1.503 057 99E+00	2.217 159 26E−01	1.844 963 91E+00	9.990 217 38E−03	4.503 276 98E−02	1.637 223 02E+2
S-LAL56	1.540 520 00E+00	2.177 487 04E−01	1.304 561 22E+00	8.267 651 01E−03	3.285 337 26E−02	1.245 274 79E+2
S-LAL12	9.920 538 95E−01	7.713 777 31E−01	1.182 962 64E+00	1.670 950 63E−02	2.367 501 56E−03	1.059 010 80E+2
S-TIM28	1.542 708 10E+00	2.171 138 91E−01	1.819 044 59E+00	1.139 250 05E−02	5.792 245 72E−02	1.676 971 89E+2
S-LAL9	1.161 956 87E+00	6.448 600 99E−01	1.250 622 21E+00	1.596 595 09E−02	5.055 024 67E−04	9.382 841 19E+01
S-LAL58	1.063 687 89E+00	7.449 390 67E−01	1.591 789 42E+00	1.851 996 40E−02	1.162 958 62E−03	1.566 360 25E+2
S-LAL13	9.800 712 67E−01	8.329 047 76E−01	1.281 119 95E+00	3.891 236 98E−03	1.891 645 92E−02	9.890 526 76E+01
S-LAM59	1.630 561 33E+00	1.869 948 97E−01	1.300 142 89E+00	8.996 907 05E−03	3.680 119 93E−02	1.222 395 44E+2
S-LAL14	1.237 209 70E+00	5.897 226 23E−01	1.319 218 80E+00	1.535 513 20E−02	−3.078 962 50E−04	9.372 029 47E+01
S-TIM35	1.558 497 75E+00	2.307 670 07E−01	1.844 360 99E+00	1.153 672 35E−02	5.860 959 47E−02	1.629 818 88E+2
S-LAM51	1.638 472 00E+00	1.883 305 33E−01	1.475 023 57E+00	9.048 534 52E−03	3.727 401 73E−02	1.377 700 50E+2
S-BAH27	1.689 390 52E+00	1.330 810 13E−01	1.411 655 15E+00	1.035 981 93E−02	5.339 822 39E−02	1.265 155 03E+2
S-LAL8	1.306 632 91E+00	5.713 772 53E−01	1.243 036 05E+00	6.118 624 48E−03	2.127 214 70E−02	9.062 856 86E+01
S-TIH1	1.603 267 59E+00	2.429 809 35E−01	1.813 135 92E+00	1.180 191 39E−02	5.913 636 58E−02	1.612 187 47E+2
S-LAM3	1.642 587 13E+00	2.396 346 10E−01	1.224 830 26E+00	8.682 460 20E−03	3.512 262 42E−02	1.166 043 69E+2
S-NBH8	1.613 441 36E+00	2.572 958 88E−01	1.983 644 55E+00	1.063 867 52E−02	4.870 716 24E−02	1.597 844 04E+2
S-LAM58	1.709 848 56E+00	1.733 428 97E−01	1.648 335 65E+00	1.008 521 27E−02	4.708 908 31E−02	1.574 685 20E+2
S-LAM52	1.734 429 42E+00	1.515 539 10E−01	1.462 254 33E+00	1.006 909 28E−02	4.706 347 01E−02	1.400 843 96E+2
S-LAM61	1.738 833 30E+00	1.509 374 30E−01	1.121 184 45E+00	9.802 441 05E−03	4.331 796 85E−02	1.012 146 25E+2
S-LAL10	1.528 125 75E+00	3.679 652 67E−01	1.117 517 84E+00	7.768 176 44E−03	2.720 265 48E−02	8.886 974 00E+01

续表

推荐玻璃	Ohara 光学玻璃折射率方程 Sellmeier 公式：$n^2=1+\frac{A_1\lambda^2}{\lambda^2-B_1}+\frac{A_2\lambda^2}{\lambda^2-B_2}+\frac{A_3\lambda^2}{\lambda^2-B_3}$					
	A_1	A_2	A_3	B_1	B_2	B_3
S-TIH18	1.599 216 08E+00	2.595 321 64E−01	2.124 545 43E+00	1.164 693 04E−02	5.848 248 83E−02	1.869 277 79E+2
S-BAH28	1.694 934 84E+00	1.928 902 98E−01	1.563 859 48E+00	1.027 231 90E−02	5.211 876 40E−02	1.378 180 35E+2
S-TIH10	1.615 493 92E+00	2.624 332 39E−01	2.094 261 89E+00	1.198 308 97E−02	5.965 102 40E−02	1.816 575 54E+2
S-LAL18	1.502 763 18E+00	4.302 244 97E−01	1.347 260 60E+00	1.454 623 56E−02	−3.327 841 53E−03	9.335 083 42E+01
S-LAL59	1.139 627 42E+00	8.052 278 38E−01	1.294 880 61E+00	4.932 948 62E−03	2.024 799 60E−02	9.347 465 07E+01
S-NBH53	1.658 283 40E+00	2.632 756 66E−01	2.101 427 59E+00	1.138 725 16E−02	5.221 081 37E−02	1.655 236 49E+2
S-TIH3	1.647 976 48E+00	2.672 619 17E−01	2.197 728 45E+00	1.219 176 93E−02	5.978 930 39E−02	1.921 583 40E+2
S-TIH13	1.622 246 74E+00	2.938 445 89E−01	1.992 251 64E+00	1.183 683 86E−02	5.902 080 25E−02	1.719 599 76E+2
S-LAL61	1.110 732 92E+00	8.593 477 73E−01	1.267 074 33E+00	4.641 812 48E−03	1.929 892 61E−02	8.739 176 98E+01
S-LAM60	1.606 730 56E+00	3.664 156 40E−01	1.317 618 04E+00	7.750 461 40E−03	2.899 676 11E−02	9.307 207 09E+01
S-LAM2	1.771 300 00E+00	1.958 142 30E−01	1.194 878 34E+00	9.766 524 44E−03	4.127 186 28E−02	1.104 581 22E+2
S-LAM7	1.710 147 12E+00	2.569 432 92E−01	1.639 862 71E+00	1.051 610 80E−02	5.028 096 36E−02	1.461 812 17E+2
S-NBH51	1.712 036 89E+00	2.559 895 88E−01	1.814 569 98E+00	1.077 241 34E−02	4.885 935 04E−02	1.363 590 13E+2
S-TIH4	1.667 555 31E+00	2.944 118 65E−01	2.494 221 19E+00	1.220 521 37E−02	5.977 753 29E−02	2.148 696 18E+2
S-YGH51	1.082 801 70E+00	9.339 886 81E−01	1.323 672 86E+00	1.811 563 60E−02	3.041 575 75E−03	9.103 531 95E+01
S-LAM54	1.842 133 06E+00	1.754 686 31E−01	1.257 508 78E+00	9.439 932 20E−03	3.952 811 22E−02	8.654 630 13E+01
S-TIH14	1.689 151 08E+00	2.904 620 24E−01	2.379 715 16E+00	1.282 025 14E−02	6.180 908 41E−02	2.010 943 52E+2
S-LAM55	1.854 129 79E+00	1.654 503 23E−01	1.272 554 22E+00	1.084 381 52E−02	5.140 509 80E−02	1.099 868 37E+2
S-LAH66	1.392 805 86E+00	6.795 770 94E−01	1.387 020 69E+00	6.084 751 18E−03	2.339 253 51E−02	9.583 540 94E+01
S-TIH11	1.72677471E+00	3.245 686 28E−01	2.658 168 09E+00	1.293 699 58E−02	6.182 552 45E−02	2.219 046 37E+2
S-TIH23	1.739 864 85E+00	3.138 949 18E−01	2.310 932 06E+00	1.299 413 00E−02	6.121 168 68E−02	1.974 204 82E+2
S-LAH51	1.825 869 91E+00	2.830 233 49E−01	1.359 643 19E+00	9.352 971 52E−02	3.738 030 57E−02	1.006 557 98E+2
S-LAH64	1.830 214 53E+00	2.915 635 90E−01	1.285 440 24E+00	9.048 232 90E−03	3.307 566 89E−02	8.936 755 01E+01
S-NBH55	1.831 451 56E+00	2.878 180 24E−01	2.152 083 00E+00	1.224 431 39E−02	5.738 773 10E−02	1.860 991 24E+2
S-LAH52	1.853 909 25E+00	2.979 255 55E−01	1.393 820 86E+00	9.553 206 87E−03	3.938 168 50E−02	1.027 068 48E+2
S-LAM66	1.920 942 21E+00	2.199 012 08E−01	1.727 052 31E+00	1.150 752 41E−02	5.479 935 43E−02	1.201 336 74E+2
S-LAH63	1.894 582 76E+00	2.687 029 78E−01	1.457 055 26E+00	1.022 770 48E−02	4.428 012 43E−02	1.048 749 27E+2
S-LAH65	1.681 912 58E+00	4.937 798 18E−01	1.456 828 22E+00	7.766 842 50E−03	2.889 161 81E−02	9.925 743 56E+01
S-TIH6	1.772 276 11E+00	3.456 912 50E−01	2.407 885 01E+00	1.311 826 33E−02	6.144 796 19E−02	2.007 532 54E+2
S-LAH53	1.918 116 19E+00	2.537 243 99E−01	1.394 738 85E+00	1.021 476 84E−02	4.331 760 11E−02	1.019 380 21E+2
S-NPH1	1.751 566 23E+00	3.640 063 04E−01	2.478 741 41E+00	1.350 046 81E−02	6.682 451 47E−02	1.707 560 06E+2
S-LAH59	1.513 729 67E+00	7.024 623 43E−01	1.336 009 82E+00	7.052 469 01E−03	2.494 886 89E−02	1.000 859 08E+2
S-LAH60	1.952 434 69E+00	3.071 002 10E−01	1.565 780 94E+00	1.064 424 37E−02	4.567 353 02E−02	1.102 814 10E+2
S-LAH55	1.956 157 66E+00	3.192 162 15E−01	1.391 731 89E+00	9.793 389 65E−03	3.768 362 96E−02	9.487 752 71E+01
PBH56	1.785 526 77E+00	4.466 848 71E−01	1.217 493 17E+00	1.360 460 11E−02	5.708 751 52E−02	1.299 675 36E+2
S-TIH53	1.879 048 86E+00	3.697 197 75E−01	2.337 308 63E+00	1.441 217 70E−02	6.388 179 90E−02	1.826 681 80E+2
S-NPH53	1.854 849 04E+00	3.961 944 84E−01	2.435 124 61E+00	1.346 214 86E−02	6.319 453 61E−02	1.708 648 86E+2
S-LAH71	1.982 800 31E+00	3.167 584 50E−01	2.444 726 46E+00	1.189 874 56E−02	5.271 560 01E−02	2.132 206 97E+2
S-LAH58	1.787 649 64E+00	6.526 356 00E−01	1.799 145 64E+00	8.473 785 36E−03	3.131 264 08E−02	1.327 880 01E+2
S-NPH2	2.038 695 10E+00	4.372 696 41E−01	2.967 114 61E+00	1.707 962 24E−02	7.492 548 13E−02	1.741 553 54E+2
S-LAH79	2.325 571 48E+00	5.079 671 33E−01	2.430 871 98E+00	1.328 952 08E−02	5.283 354 49E−02	1.611 224 08E+2

续表

Ohara 光学玻璃折射率方程						
推荐玻璃	Sellmeier 公式：$n^2=1+\frac{A_1\lambda^2}{\lambda^2-B_1}+\frac{A_2\lambda^2}{\lambda^2-B_2}+\frac{A_3\lambda^2}{\lambda^2-B_3}$					
	A_1	A_2	A_3	B_1	B_2	B_3
i-line 玻璃	波长范围：326～1 129 nm					
S-FPL51Y	1.140 314 43E+00	7.714 962 72E−02	1.437 219 57E+00	5.954 668 72E−03	2.239 539 53E−02	2.742 900 57E+2
S-FSL5Y	9.774 099 44E−01	2.109 508 34E−01	1.371 428 48E+00	5.576 493 64E−03	1.770 003 13E−02	1.492 114 43E+2
BSL7Y	1.133 293 83E+00	1.368 972 01E−01	7.034 560 004E−01	6.694 078 68E−03	2.373 917 60E−02	7.070 303 16E+01
BAL15Y	1.283 483 31E+00	1.028 007 65E−01	4.046 098 85E−01	7.909 005 15E−03	3.059 712 74E−02	4.652 683 56E+01
BAL35Y	1.262 314 29E+00	2.251 542 10E−01	6.391 193 45E−01	6.955 863 55E−03	2.213 106 99E−02	6.316 627 36E+01
BSM51Y	1.223 931 71E+00	3.064 823 83E−01	8.239 509 01E−01	6.495 210 83E−03	2.081 941 61E−02	7.951 689 51E+01
PBL1Y	1.247 729 61E+00	1.019 549 09E−01	3.504 796 19E−01	9.266 066 23E−03	4.517 543 11E−02	4.501 867 05E+01
PBL6Y	1.223 107 94E+00	8.112 179 29E−02	3.214 009 39E−01	8.978 053 33E−03	4.457 569 57E−02	4.059 622 47E+01
PBL25Y	1.319 606 26E+00	1.237 526 33E−01	2.100 553 51E−01	1.018 634 15E−02	4.835 935 08E−02	2.732 720 29E+01
PBL26Y	1.294 717 73E+00	1.088 809 81E−01	2.203 229 64E−01	9.865 794 79E−03	4.775 688 28E−02	2.885 098 63E+01
PBM2Y	1.394 465 03E+00	1.592 309 85E−01	2.454 702 16E−01	1.105 718 72E−02	5.071 948 82E−02	3.144 401 42E+01
PBM8Y	1.353 513 22E+00	1.302 129 12E−01	5.583 372 66E−01	1.056 246 26E−02	4.966 066 52E−02	2.079 658 06E+01
PBM18Y	1.346 602 15E+00	1.363 223 43E−01	1.833 715 87E−01	1.063 137 33E−02	4.914 030 13E−02	2.391 546 55E+01
PBL35Y	1.318 846 98E+00	1.250 146 53E−01	2.157 943 24E−01	1.014 749 39E−02	4.816 360 43E−02	2.855 174 48E+01
i-line 玻璃	波长范围：1 129～2 325 nm					
S-FPL51Y	7.656 637 66E−01	4.518 797 77E−01	1.131 991 34E+00	3.481 525 33E−03	1.287 205 16E−02	2.143 511 31E+2
S-FSL5Y	8.797 314 55E−01	3.086 342 19E−01	1.021 368 85E+00	4.909 475 59E−03	1.574 196 67E−02	1.114 122 18E+2
BSL7Y	1.012 185 80E+00	2.581 226 29E−01	1.139 160 89E+00	5.663 581 22E−03	1.962 853 52E−02	1.129 043 03E+2
BAL15Y	1.182 613 90E+00	2.039 219 73E−01	1.117 633 40E+00	6.852 807 51E−03	2.508 936 34E−02	1.241 014 15E+2
BAL35Y	1.099 723 35E+00	3.878 725 37E−01	1.112 473 78E+00	5.823 034 57E−03	1.887 451 44E−02	1.082 149 62E+2
BSM51Y	1.122 683 20E+00	4.078 048 49E−01	1.161 611 78E+00	5.795 215 44E−03	1.913 031 82E−02	1.111 139 62E+2
PBL1Y	1.235 872 82E+00	1.140 282 06E−01	9.218 221 83E−01	8.983 020 29E−03	4.390 099 73E−02	1.143 381 54E+2
PBL6Y	1.202 080 94E+00	1.024 671 01E−01	1.017 974 15E+00	8.492 513 46E−03	4.193 069 73E−02	1.226 871 20E+2
PBL25Y	1.299 150 01E+00	1.446 765 55E−01	1.000 193 03E+00	9.672 188 44E−03	4.654 080 08E−02	1.207 805 22E+2
PBL26Y	1.275 201 67E+00	1.288 235 28E−01	1.011 380 10E+00	9.376 560 96E−03	4.580 015 84E−02	1.235 897 24E+2
PBM2Y	1.379 202 65E+00	1.749 080 80E−01	9.724 805 33E−01	1.066 165 52E−02	4.960 892 56E−02	1.169 266 59E+2
PBM8Y	1.332 656 95E+00	1.516 428 65E−01	1.002 389 59E+00	1.002 084 64E−02	4.787 796 69E−02	1.194 396 70E+2
PBMI8Y	1.325 589 93E+00	1.578 596 74E−01	1.033 967 44E+00	1.010 085 66E−02	4.742 766 57E−02	1.236 861 68E+2
PBL35Y	1.318 846 98E+00	1.250 146 53E−01	2.157 943 24E−01	1.014 749 39E−02	4.816 360 43E−02	2.855 174 48E+01
低 Tg 玻璃						
L-BSL7	9.174 739 18E−01	3.526 876 65E−01	1.055 797 88E+00	5.277 014 11E−03	1.708 094 97E−02	1.043 025 83E+2
L-PHL2	1.081 371 76E+00	3.132 576 60E−01	8.791 928 63E−01	5.942 101 77E−03	1.980 115 67E−02	1.098 938 17E+2
L-PHL1	1.075 707 98E+00	3.350 203 47E−01	8.109 975 58E−01	5.916 540 42E−03	2.034 327 69E−02	1.061 821 58E+2
L-BAL42	1.395 280 97E+00	7.255 195 20E−02	1.663 358 48E+00	1.118 620 30E−02	−2.467 485 75E−02	1.677 179 58E+2
L-BAL35	1.162 626 30E+00	3.256 610 51E−01	1.351 324 86E+00	1.259 574 37E−02	−3.269 110 50E−03	1.192 145 96E+2
L-LAL12	1.285 162 83E+00	4.783 337 97E−01	1.216 053 01E+00	6.410 620 82E−03	2.148 150 99E−02	1.002 433 78E+2
L-TIM28	1.580 390 99E+00	1.782 943 23E−01	1.148 762 04E+00	1.252 701 47E−02	6.028 075 05E−02	1.162 150 55E+2
L-LAL13	1.177 761 46E+00	6.345 913 45E−01	1.204 356 49E+00	5.576 182 43E−03	2.068 214 69E−02	9.963 227 76E+01
L-LAM69	1.740 389 60E+00	1.769 969 17E−01	1.767 754 13E+00	1.033 988 70E−02	4.848 227 65E−02	1.366 719 96E+2

续表

Ohara 光学玻璃折射率方程						
推荐玻璃	Sellmeier 公式：$n^2=1+\frac{A_1\lambda^2}{\lambda^2-B_1}+\frac{A_2\lambda^2}{\lambda^2-B_2}+\frac{A_3\lambda^2}{\lambda^2-B_3}$					
	A_1	A_2	A_3	B_1	B_2	B_3
L-LAM72	1.504 832 97E+00	4.333 464 14E-01	1.271 492 10E+00	7.503 423 30E-03	2.690 095 20E-02	9.576 312 72E+01
L-LAM60	1.475 741 84E+00	4.961 327 43E-01	1.237 962 36E+00	7.369 500 00E-03	2.518 917 46E-02	9.803 066 51E+01
L-LAH81	1.899 273 44E+00	2.709 788 66E-01	1.331 638 19E+00	1.029 018 28E-02	4.242 271 73E-02	1.009 675 66E+2
L-LAH53	1.907 813 72E+00	2.635 001 30E-01	1.281 446 14E+00	1.034 132 85E-02	4.190 411 55E-02	9.570 685 67E+01
L-LAH84	1.862 671 09E+00	3.155 641 31E-01	1.307 169 34E+00	1.016 271 15E-02	3.940 966 55E-02	1.037 744 64E+2
L-TIH53	1.834 646 43E+00	4.150 796 02E-01	2.825 634 92E+00	1.349 920 01E-02	6.186 088 54E-02	2.016 291 70E+2
L-LAH85	1.938 899 88E+00	3.978 791 90E-01	1.499 377 13E+00	9.963 816 44E-03	3.697 511 40E-02	1.079 514 67E+2
L-LAH83	1.823 315 79E+00	5.486 258 85E-01	1.631 828 55E+00	9.114 688 75E-03	3.284 196 70E-02	1.236 111 74E+2
L-NBH54	2.007 226 52E+00	4.420 867 73E-01	3.372 874 26E+00	1.357 051 24E-02	5.918 088 73E-02	2.198 326 65E+2
L-BSL7	9.174 739 18E-01	3.526 876 65E-01	1.055 797 88E+00	5.277 014 11E-03	1.708 094 97E-02	1.043 025 83E+2
L-PHL2	1.081 371 76E+00	3.132 576 60E-01	8.791 928 63E-01	5.942 101 77E-03	1.980 115 67E-02	1.098 938 17E+2
S-BSM36	$n^2=A_0+A_1\lambda^2+\frac{A_2}{\lambda^2}+\frac{A_3}{\lambda^4}+\frac{A_4}{\lambda^6}+\frac{A_5}{\lambda^8}$ $A_0=2.654\,671\,1\text{E}+00$，$A_1=-1.281\,936\,5\text{E}-02$，$A_2=1.519\,719\,3\text{E}-02$，$A_3=5.042\,082\,1\text{E}-04$，$A_4=3.499\,563\,4\text{E}-05$，$A_5=2.049\,268\,2\text{E}-06$					

Schott 光学玻璃折射率方程						
推荐玻璃	Sellmeier 公式：$n^2=1+\frac{A_1\lambda^2}{\lambda^2-B_1}+\frac{A_2\lambda^2}{\lambda^2-B_2}+\frac{A_3\lambda^2}{\lambda^2-B_3}$					
	A_1	A_2	A_3	B_1	B_2	B_3
F2	1.345 333 590	2.090 731 76E-01	9.373 571 62E-01	9.977 438 71E-03	4.704 507 67E-02	1.118 867 64E+2
F2HT	1.345 333 590	2.090 731 76E-01	9.373 571 62E-01	9.977 438 71E-03	4.704 507 67E-02	1.118 867 64E+2
F5	1.310 446 300	1.960 342 60E-01	9.661 297 70E-01	9.586 330 48E-03	4.576 276 27E-02	1.150 118 83E+2
K10	1.156 870 820	6.426 254 44E-02	8.723 761 39E-01	8.094 242 51E-03	3.860 512 84E-02	1.047 477 30E+2
K7	1.127 355 500	1.244 123 03E-01	8.271 005 31E-01	7.203 417 07E-03	2.698 359 16E-02	1.003 845 88E+2
KZFS12	1.556 248 730	2.397 692 76E-01	9.478 876 58E-01	1.020 127 44E-02	4.692 779 69E-02	6.983 707 22E+1
KZFSN5	1.477 278 580	1.916 869 41E-01	8.973 336 08E-01	9.754 883 35E-03	4.504 954 04E-02	6.787 864 95E+1
LAFN7	1.668 426 150	2.985 128 03E-01	1.077 437 600	1.031 599 99E-02	4.692 163 48E-02	8.250 785 09E+1
LF5	1.280 356 280	1.635 059 73E-01	8.939 301 12E-01	9,298 544 16E-03	4.491 357 69E-02	1.104 936 85E+2
LLF1	1.216 401 250	1.336 645 40E-01	8.833 994 68E-01	8.578 072 48E-03	4.201 430 03E-02	1.075 930 60E+2
N-BAF10	1.585 149 500	1.435 593 85E-01	1.085 212 690	9.266 812 82E-03	4.244 898 05E-02	1.056 135 73E+2
N-BAF4	1.420 563 280	1.027 212 69E-01	1.143 809 760	9.420 153 82E-03	5.310 872 91E-02	1.102 788 56E+2
N-BAF51	1.515 036 230	1.536 219 58E-01	1.154 279 090	9.427 347 15E-03	4.308 265 00E-02	1.248 898 68E+2
N-BAF52	1.439 034 330	9.670 460 52E-02	1.098 758 180	9.078 001 28E-03	5.082 120 80E-02	1.056 918 56E+2
N-BAK1	1.123 656 620	3.092 768 48E-01	8.815 119 57E-01	6.447 427 52E-03	2.222 844 02E-02	1.072 977 51E+2
N-BAK2	1.016 621 540	3.199 030 51E-01	9.372 329 95E-01	5.923 837 63E-03	2.038 284 15E-02	1.131 184 17E+2
N-BAK4	1.288 346 420	1.328 177 24E-01	9.454 953 73E-01	7.799 806 26E-03	3.156 311 77E-02	1.059 658 75E+2
N-BALF4	1.310 041 280	1.420 382 59E-01	9.649 293 51E-01	7.965 964 50E-03	3.306 720 72E-02	1.091 973 20E+2
N-BALF5	1.283 859 650	7.193 009 42E-02	1.050 489 270	8.258 159 75E-03	4.419 200 27E-02	1.070 973 24E+2
N-BASF2	1.536 520 810	1.569 711 02E-01	1.301 968 150	1.084 357 29E-02	5.622 787 62E-02	1.313 397 00E+2
N-BASF64	1.655 542 680	1.713 197 70E-01	1.336 644 480	1.044 856 44E-02	4.993 947 56E-02	1.189 614 72E+2
N-BK10	8.883 081 31E-1	3.289 644 75E-1	9.846 107 69E-01	5.169 008 22E-3	1.611 900 45E-2	9.975 753 31E+1

续表

推荐玻璃	Schott 光学玻璃折射率方程					
	Sellmeier 公式：$n^2 = 1 + \frac{A_1\lambda^2}{\lambda^2 - B_1} + \frac{A_2\lambda^2}{\lambda^2 - B_2} + \frac{A_3\lambda^2}{\lambda^2 - B_3}$					
	A_1	A_2	A_3	B_1	B_2	B_3
N-BK7	1.039 612 120	2.317 923 44E−1	1.010 469 450	6.000 698 67E−3	2.001 791 44E−2	1.035 606 53E+2
N-F2	1.397 570 370	1.592 014 03E−1	1.268 654 300	9.959 061 43E−3	5.469 317 52E−2	1.192 483 46E+2
N-FK5	8.443 093 38E−1	3.441 478 24E−1	9.107 902 13E−1	4.751 119 55E−3	1.498 148 49E−2	9.786 002 93E+1
N-FK51A	9.712 478 17E−1	2.169 014 17E−1	9.046 516 66E−1	4.723 019 95E−3	1.535 756 12E−2	1.686 813 30E+2
N-K5	1.085 118 330	1.995 620 05E−1	9.305 116 63E−1	6.610 995 03E−3	2.411 086 60E−2	1.119 827 77E+2
N-KF9	1.192 867 780	8.933 465 71E−2	9.208 198 05E−1	8.391 546 96E−3	4.040 107 86E−2	1.125 724 46E+2
N-KZFS11	1.332 224 500	2.892 416 10E−1	1.151 617 340	8.402 984 80E−3	3.442 397 20E−2	8.843 105 32E+1
N-KZFS2	1.236 975 540	1.535 693 76E−1	9.039 762 72E−1	7.471 705 05E−3	3.080 535 56E−2	7.017 310 84E+1
N-KZFS4	1.350 554 240	1.975 755 06E−1	1.099 629 920	8.762 820 70E−3	3.717 672 01E−2	9.038 669 94E+1
N-KZFS5	1.474 607 890	1.935 844 88E−1	1.265 899 740	9.861 438 16E−3	4.454 775 83E−2	1.064 362 58E+2
N-KZFS8	1.626 936 510	2.436 987 60E−1	1.620 071 410	1.088 086 30E−2	4.942 077 53E−2	1.310 091 63E+2
N-LAF2	1.809 842 270	1.572 955 50E−1	1.093 003 700	1.017 116 22E−2	4.424 317 65E−2	1.006 877 48E+2
N-LAF21	1.871 345 290	2.507 830 10E−1	1.220 486 390	9,333 222 80E−3	3.4563 776 2E−2	8.324 048 66E+1
N-LAF33	1.796 534 170	3.115 779 03E−1	1.159 818 630	9.273 134 93E−3	3.582 011 81E−2	8.734 487 12E+1
N-LAF34	1.758 369 580	3.135 377 85E−1	1.189 252 310	8.728 100 26E−3	2.930 208 32E−2	8.517 806 44E+1
N-LAF35	1.516 974 360	4.558 754 64E−1	1.074 692 420	7.509 432 03E−3	2.600 467 15E−2	8.059 451 59E+1
N-LAF36	1.857 442 280	2.940 987 29E−1	1.166 154 170	9.823 971 91E−3	3.843 091 38E−2	8.939 846 34E+1
N-LAF7	1.740 287 640	2.267 105 54E−1	1.325 255 480	1.079 255 80E−2	5.386 266 39E−2	1.062 686 65E+2
N-LAK10	1.728 780 170	1.692 578 25E−1	1.193 869 560	8.860 146 35E−3	3.634 165 09E−2	8.290 090 69E+1
N-LAK12	1.173 657 040	5.889 923 98E−1	9.780 143 94E−1	5.770 317 97E−3	2.004 016 78E−2	9.548 734 82E+1
N-LAK14	1.507 812 120	3.188 668 29E−1	1.142 872 130	7.460 987 27E−3	2.420 248 34E−2	8.095 651 65E+1
N-LAK21	1.227 181 160	4.207 837 43E−1	1.012 848 430	6.020 756 82E−3	1.968 628 89E−2	8.843 700 99E+1
N-LAK22	1.142 297 810	5.351 384 41E−1	1.040 883 850	5.857 785 94E−3	1.985 461 47E−2	1.008 340 17E+2
N-LAK33A	1.441 169 990	5.717 495 01E−1	1.166 052 260	6.809 338 77E−3	2.222 918 24E−2	8.093 795 55E+1
N-LAK34	1.266 614 420	6.659 193 18E−1	1.124 961 200	5.892 780 62E−3	1.975 090 41E−2	7.888 941 74E+1
N-LAK7	1.236 798 890	4.450 518 37E−1	1.017 458 880	6.101 055 38E−3	2.013 883 334E−2	9.063 803 80E+1
N-LAK8	1.331 831 670	5.466 232 06E−1	1.190 840 150	6.200 238 71E−3	2.164 654 39E−2	8.258 277 36E+1
N-LAK9	1.462 319 050	3.443 995 89E−1	1.155 083 720	7.242 701 56E−3	2.433 531 31E−2	8.546 868 68E+1
N-LASF31A	1.964 850 750	4.752 312 59E−1	1.483 601 090	9.820 601 55E−3	3.447 134 38E−2	1.107 398 63E+2
N-LASF40	1.985 503 310	2.740 570 42E−1	1.289 456 610	1.095 833 10E−2	4.745 516 03E−2	9.690 852 86E+1
N-LASF41	1.863 483 310	4.133 072 55E−1	1.357 848 150	9.103 682 19E−3	3.392 472 68E−2	9.335 805 95E+1
N-LASF43	1.935 028 270	2.366 293 50E−1	1.262 913 440	1.040 014 13E−2	4.475 052 92E−2	8.743 756 90E+1
N-LASF44	1.788 971 050	3.867 586 70E−1	1.305 062 430	8.725 062 77E−3	3.080 850 23E−2	9.277 438 24E+1
N-LASF45	1.871 401 980	2.677 778 79E−1	1.730 300 080	1.121 719 20E−2	5.051 349 72E−2	1.471 065 05E+2
N-LASF46A	2.167 015 660	3.198 127 61E−1	1.660 044 860	1.235 955 24E−2	5.606 102 82E−2	1.070 477 18E+2
N-LASF9	2.000 295 470	2.989 268 86E−1	1.806 918 430	1.214 260 17E−2	5.387 362 36E−2	1.565 308 29E+2
N-PK51	1.156 107 750	1.532 293 44E−1	7.856 189 66E−1	5.855 974 02E−3	1.940 724 16E−2	1.405 370 46E+2
N-PK52A	1.029 607 000	1.880 506 00E−1	7.364 881 65E−1	5.168 001 55E−3	1.666 587 98E−2	1.389 641 29E+2
N-PSK3	8.872 721 10E−1	4.895 924 25E−1	1.048 652 960	4.698 240 67E−3	1.618 184 63E−2	1.043 749 75E+2
N-PSK53A	1.381 218 360	1.967 456 45E−1	8.860 892 05E−1	7.064 163 37E−3	2.332 513 45E−2	9.748 473 45E+1
N-SF1	1.608 651 580	2.377 259 16E−1	1.515 306 530	1.196 548 79E−2	5.905 897 22E−2	1.355 216 76E+2
N-SF10	1.621 539 020	2.562 878 42E−1	1.644 475 520	1.222 414 57E−2	5.957 367 75E−2	1.474 687 93E+2

续表

Schott 光学玻璃折射率方程

推荐玻璃	Sellmeier 公式：$n^2 = 1 + \frac{A_1\lambda^2}{\lambda^2 - B_1} + \frac{A_2\lambda^2}{\lambda^2 - B_2} + \frac{A_3\lambda^2}{\lambda^2 - B_3}$					
	A_1	A_2	A_3	B_1	B_2	B_3
N-SF11	1.737 596 950	3.137 473 46E−1	1.898 781 010	1.318 870 70E−2	6.230 681 42E−2	1.552 362 90E+2
N-SF14	1.690 223 610	2.888 700 52E−1	1.704 518 700	1.305 121 13E−2	6.136 918 80E−2	1.495 176 89E+2
N-SF15	1.570 556 340	2.189 870 94E−1	1.508 240 170	1.165 070 14E−2	5.978 568 97E−2	1.327 093 39E+2
N-SF2	1.473 431 270	1.636 818 49E−1	1.369 208 990	1.090 190 98E−2	5.856 836 87E−2	1.274 049 33E+2
N-SF4	1.677 802 820	2.828 498 93E−1	1.635 392 760	1.267 934 50E−2	6.020 384 19E−2	1.457 604 96E+2
N-SF5	1.524 818 890	1.870 855 27E−1	1.427 290 150	1.125 475 60E−2	5.889 953 92E−2	1.291 416 75E+2
N-SF57	1.875 438 310	3.737 574 90E−1	2.300 017 970	1.417 495 18E−2	6.405 099 27E−2	1.773 897 95E+2
N-SF57HT	1.875 438 310	3.737 574 90E−1	2.300 017 970	1.417 495 18E−2	6.405 099 27E−2	1.773 897 95E+2
N-SF6	1.779 317 630	3.381 498 66E−1	2.087 344 740	1.337 141 82E−2	6.175 336 21E−2	1.740 175 90E+2
N-SF66	2.024 597 600	4.701 871 96E−1	2.599 704 330	1.470 532 25E−2	6.929 982 76E−2	1.618 176 01E+2
N-SF6HT	1.779 317 630	3.381 498 66E−1	2.087 344 740	1.337 141 82E−2	6.175 336 21E−2	1.740 175 90E+2
N-SF8	1.550 758 120	2.098 169 18E−1	1.462 054 910	1.143 383 44E−2	5.827 256 52E−2	1.332 416 50E+2
N-SK11	1.179 636 310	2.298 172 95E−1	9.357 896 52E−1	6.802 820 81E−3	2.197 372 05E−2	1.015 132 32E+2
N-SK14	9.361 553 74E−1	5.940 520 18E−1	1.043 745 830	4.617 165 25E−3	1.688 592 70E−2	1.037 362 65E+2
N-SK16	1.343 177 740	2.411 443 99E−1	9.943 179 69E−1	7.046 873 39E−3	2.290 050 00E−2	9.275 085 26E+1
N-SK2	1.281 890 120	2.577 382 58E−1	9.681 860 40E−1	7.271 916 40E−3	2.428 235 27E−2	1.103 777 73E+2
N-SK4	1.329 937 410	2.285 429 96E−1	9.884 652 11E−1	7.168 741 07E−3	2.464 558 92E−2	1.008 863 64E+2
N-SK5	9.914 638 23E−1	4.959 821 21E−1	9.873 939 25E−1	5.227 304 67E−3	1.727 336 46E−2	9.835 945 79E+1
N-SSK2	1.430 602 700	1.531 505 54E−1	1.013 909 040	8.239 829 75E−3	3.337 368 41E−2	1.068 708 22E+2
N-SSK5	1.592 226 590	1.035 207 74E−1	1.051 740 160	9.202 846 26E−3	4.235 300 72E−2	1.069 273 74E+2
N-SSK8	1.448 578 670	1.179 659 26E−1	1.069 375 280	8.693 101 49E−3	4.215 665 93E−2	1.113 006 66E+2
N-ZK7	1.077 150 320	1.680 791 09E−1	8.518 898 92E−1	6.766 016 57E−3	2.306 428 17E−2	8.904 987 78E+1
P-LASF47	1.855 431 010	3.158 546 49E−1	1.285 618 390	1.003 282 03E−2	3.870 951 68E−2	9.454 215 07E+1
P-PK53	9.603 167 67E−1	3.404 372 27E−1	7.778 655 95E−1	5.310 329 86E−3	1.750 734 34E−2	1.068 753 30E+2
P-SF67	1.974 642 250	4.670 959 21E−1	2.431 542 090	1.457 723 24E−2	6.697 903 59E−2	1.574 448 95E+2
P-SF8	1.553 704 110	2.063 325 61E−1	1.397 088 310	1.165 826 70E−2	5.820 877 57E−2	1.307 480 28E+2
P-SK57	1.310 534 140	1.693 761 89E−1	1.109 877 140	7.408 772 35E−3	2.545 634 89E−2	1.077 510 87E+2
SF1	1.559 129 230	2.842 462 88E−1	9.688 429 26E−1	1.214 810 01E−2	5.345 490 42E−2	1.121 748 09E+2
SF10	1.616 259 770	2.592 293 34E−1	1.077 623 170	1.275 345 59E−2	5.819 839 54E−2	1.166 076 80E+2
SF2	1.403 018 210	2.317 675 04E−1	9.390 565 86E−1	1.057 954 66E−2	4.932 269 78E−2	1.124 059 55E+2
SF4	1.619 578 260	3.394 931 89E−1	1.025 669 310	1.255 021 04E−2	5.445 598 22E−2	1.176 522 22E+2
SF5	1.461 418 850	2.477 130 19E−1	9.499 958 32E−1	1.118 261 26E−2	5.085 946 69E−2	1.120 418 88E+2
SF56A	1.705 792 590	3.442 230 52E−1	1.096 018 280	1.338 746 99E−2	5.795 616 08E−2	1.216 160 24E+2
SF57	1.816 513 710	4.288 936 41E−1	1.071 862 780	1.437 041 98E−2	5.928 011 72E−2	1.214 199 42E+2
SF57HHT	1.816 513 710	4.288 936 41E−1	1.071 862 780	1.437 041 98E−2	5.928 011 72E−2	1.214 199 42E+2
SF6	1.724 484 820	3.901 048 89E−1	1.045 728 580	1.348 719 47E−2	5.693 180 95E−2	1.185 571 85E+2
SF6HT	1.724 484 820	3.901 048 89E−1	1.045 728 580	1.348 719 47E−2	5.693 180 95E−2	1.185 571 85E+2
LITHOTEC-CAF2	6.176 170 11E−1	4.211 176 56E−1	3.797 111 830	2.753 819 36E−3	1.059 008 75E−2	1.185 571 85E+3
LITHOSIL-Q	6.707 108 10E−1	4.333 228 57E−1	8.773 790 57E−1	4.491 923 12E−3	1.328 129 76E−2	9.588 998 78E+1

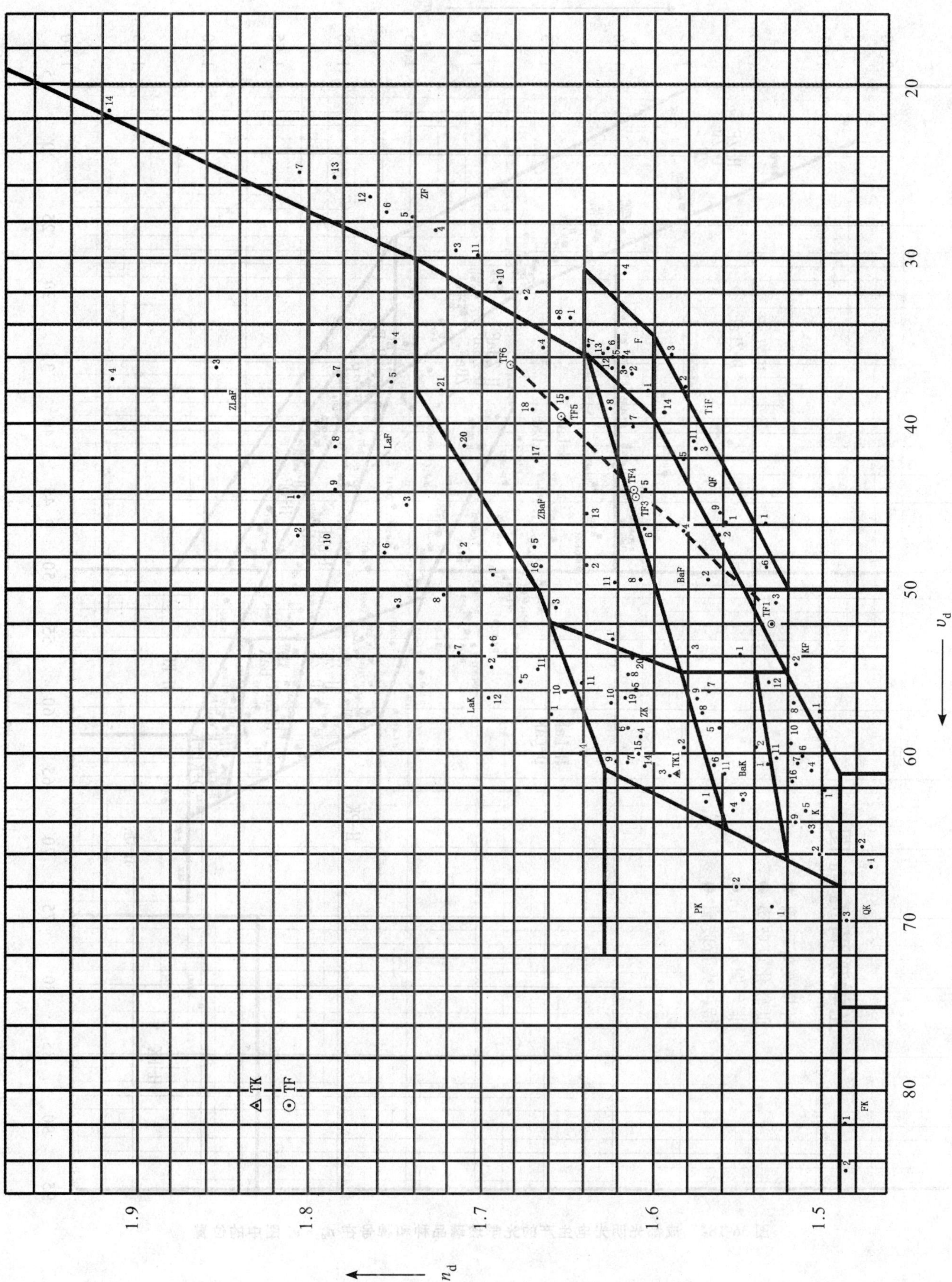

图 36-183　光学玻璃品种和牌号在 $n_d-\nu_d$ 图中的位置

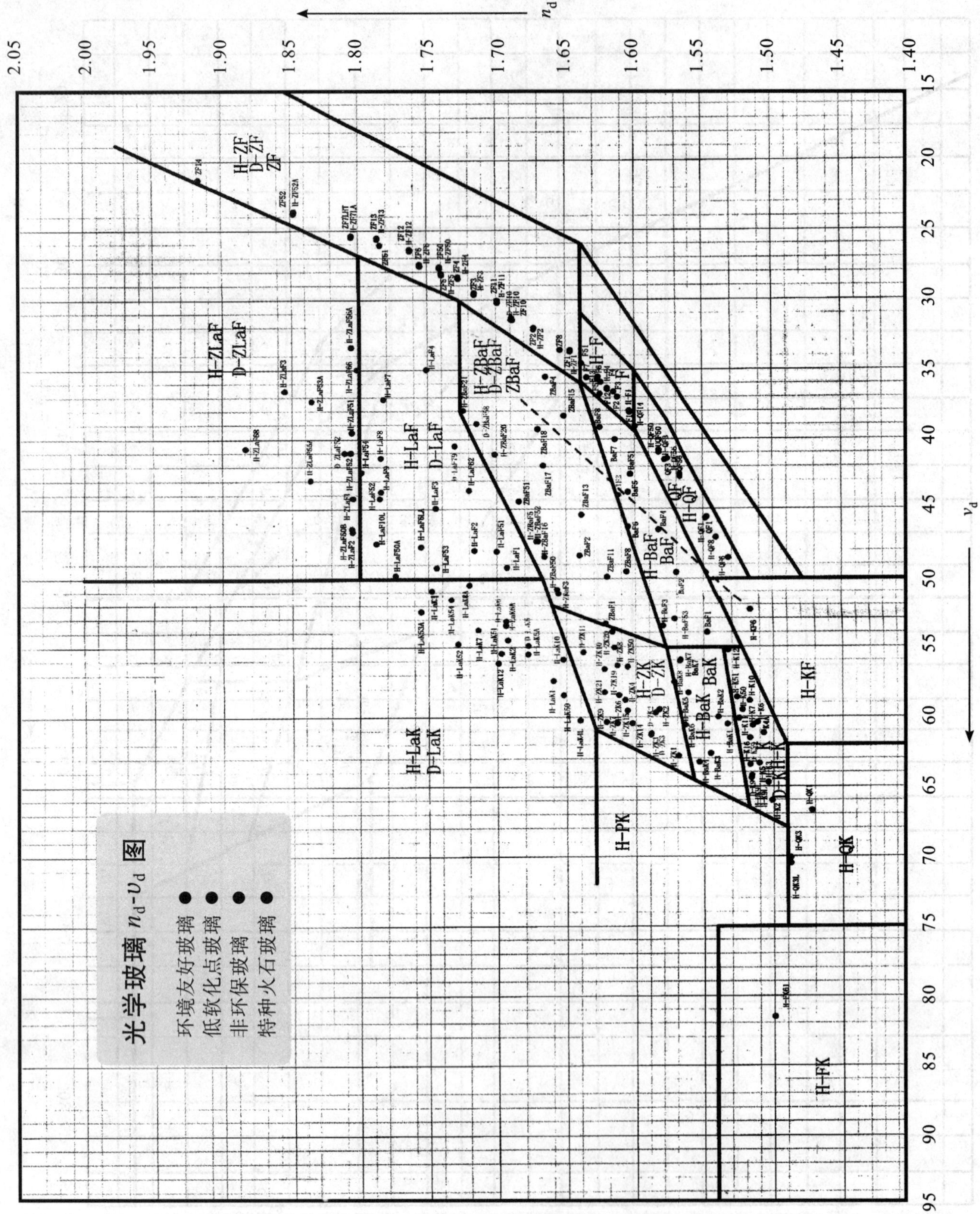

图 36-184 成都光明光电生产的光学玻璃品种和牌号在 $n_d - \nu_d$ 图中的位置

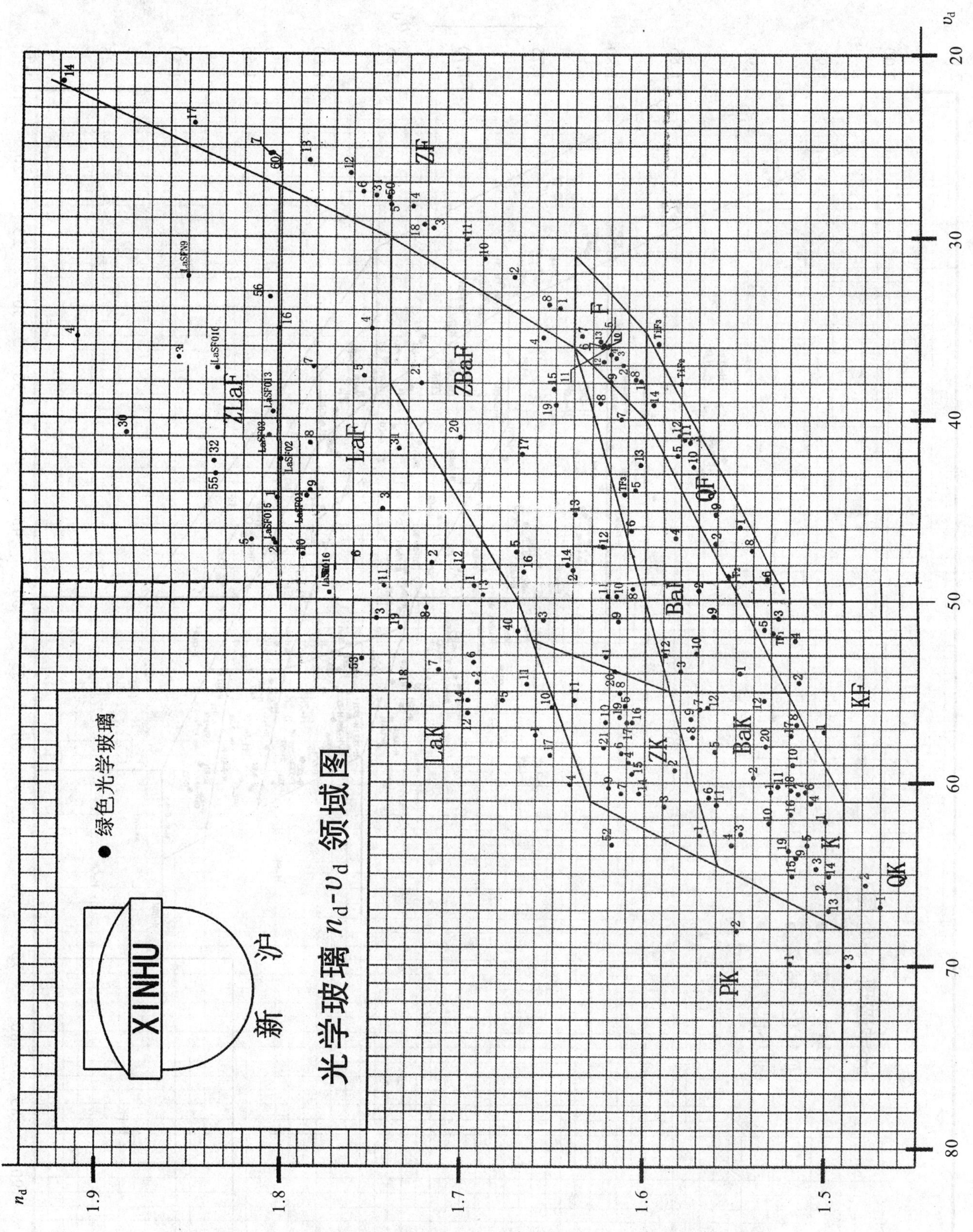

图 36-185　上海新沪厂生产的光学玻璃品种和牌号在 n_d－υ_d 图中的位置

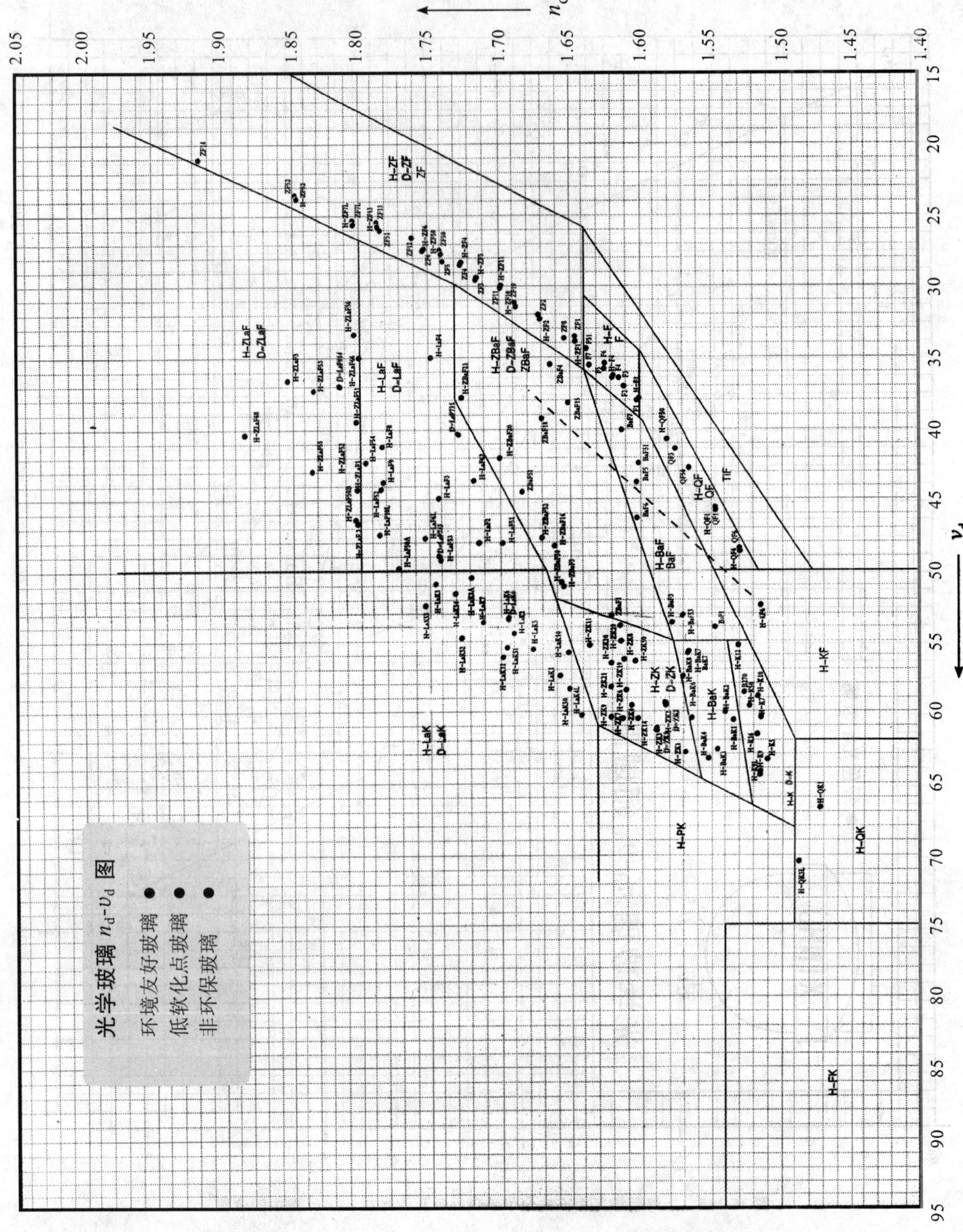

图 36-186　湖北新华光厂生产的光学玻璃品种和牌号在 n_d - ν_d 图中的位置

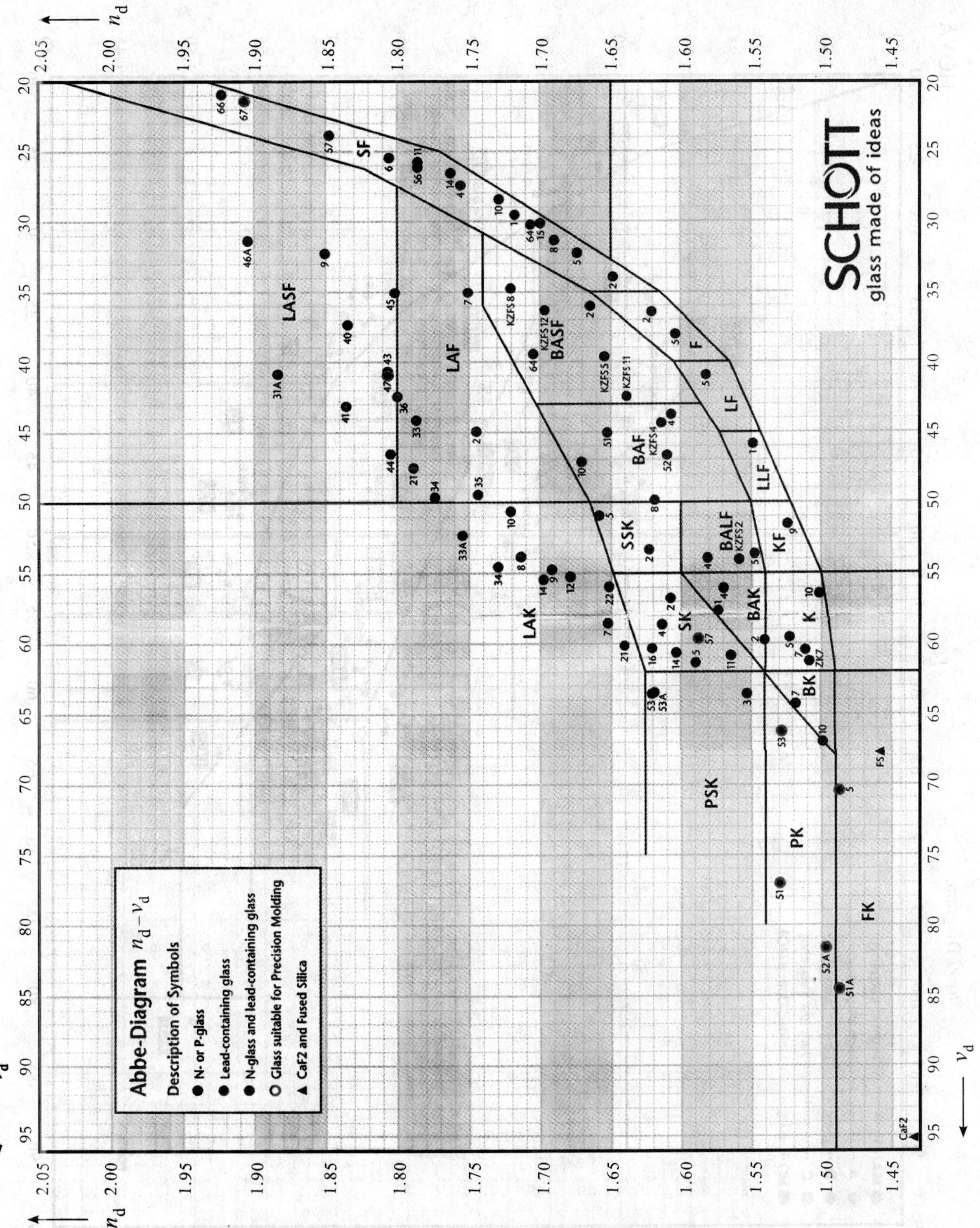

图 36-187　Schott 厂生产的光学玻璃品种和牌号在 n_d - v_d 图中的位置

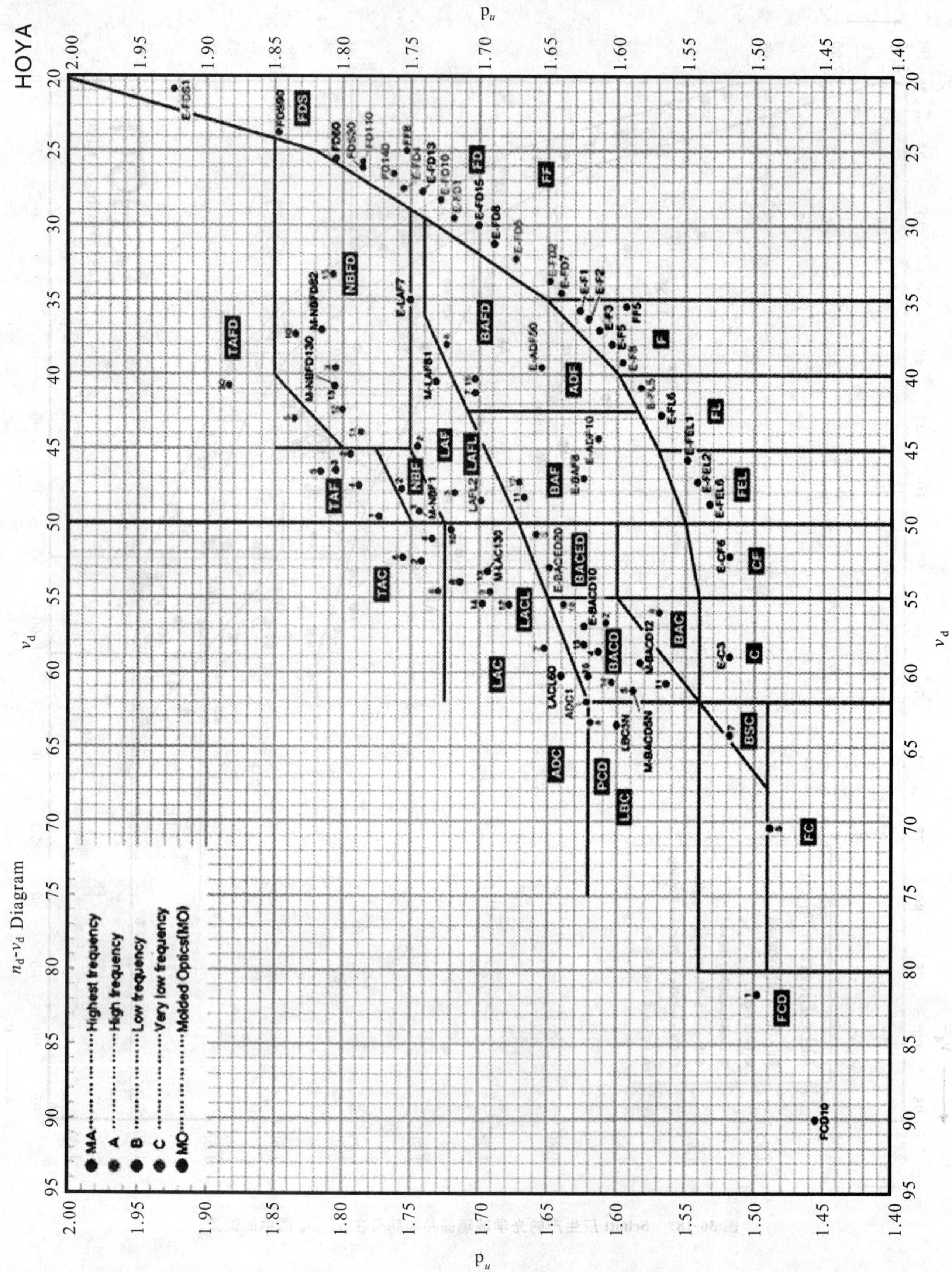

图 36-188 Hoya 生产的光学玻璃品种和牌号在 n_d - v_d 图中的位置

三、光学玻璃的化学组成[220-221]

为使玻璃具有特定的光学常数，试验性玻璃可引入许多化学元素，包括阴离子和阳离子。为成为光学玻璃牌号，必须具有一定的物理化学性质和工艺性能，原材料来源丰富，具备规模生产能力，提供实用玻璃，所用的化学元素较少。每一玻璃品种在化学组成上基本属于一定的化学系统。图 36-189 为一些三元系统在 $n_d - \nu_d$ 图中的位置，这些系统成为 1960 年以前所发展的光学玻璃品种的基础[219]。图 36-190 为 Clement 总结于 1995 发表的玻璃系统在 $n_d - \nu_d$ 图中的位置，包括了氧化镧系统、氟钛系统、磷酸盐系统的氟磷系统[222]。表 36-72 列出了国标光学玻璃品种所归属的化学系统，表 36-73 列出了典型玻璃牌号的化学组成，表 36-74 为镧系玻璃的化学组成。

表 36-72 光学玻璃品种的基础系统

玻璃品种	基础系统	玻璃品种	基础系统
FK	$RF\text{-}RF_2\text{-}RF_3\text{-}RPO_3\text{-}R(PO_3)_2\text{-}R(PO_3)_3$	QF	$R_2O\text{-}PbO\text{-}B_2O_3\text{-}SiO_2$，$R_2O\text{-}PbO\text{-}B_2O_3\text{-}SiO_2\text{-}TiO_2\text{-}RF$
QK	$R_2O\text{-}B_2O_3\text{-}SiO_2$，$R_2O\text{-}B_2O_3\text{-}Al_2O_3\text{-}SiO_2\text{-}RF$	F	$R_2O\text{-}PbO\text{-}SiO_2$
K	$R_2O\text{-}RO\text{-}B_2O_3\text{-}SiO_2$	BaF	$R_2O\text{-}BaO\text{-}PbO\text{-}B_2O_3\text{-}SiO_2$
PK	$R_2O\text{-}RO\text{-}B_2O_3\text{-}Al_2O_3\text{-}P_2O_5(RF,RF_2)$	ZBaF	$BaO(ZnO)\text{-}PbO(TiO_2)\text{-}B_2O_3\text{-}SiO_2$
BaK	$R_2O\text{-}BaO(ZnO,CaO)\text{-}B_2O_3\text{-}SiO_2$	ZF	$R_2O\text{-}PbO(TiO_2)\text{-}SiO_2$
ZK	$BaO\text{-}(ZnO,CaO)\text{-}B_2O_3\text{-}SiO_2$	LaF	$RO\text{-}PbO\text{-}La_2O_3\text{-}B_2O_3\text{-}SiO_2$
LaK	$RO\text{-}La_2O_3(ZrO_2,Nb_2O_5,Ta_2O_5)\text{-}B_2O_3\text{-}SiO_2$	ZLaF	$RO\text{-}La_2O_3(Gd_2O_3)\text{-}TiO_2(ZrO_2)\text{-}Ta_2O_5\text{-}B_2O_3$
TK	$RF_2\text{-}RF_3\text{-}As_2O_3$	TiF	$R_2O\text{-}PbO\text{-}B_2O_3\text{-}TiO_2\text{-}SiO_2\text{-}RF$
KF	$R_2O\text{-}PbO\text{-}B_2O_3\text{-}SiO_2$，$R_2O\text{-}PbO\text{-}B_2O_3\text{-}SiO_2\text{-}RF$	TF	$R_2O\text{-}Sb_2O_3\text{-}B_2O_3\text{-}SiO_2$，$PbO\text{-}Al_2O_3\text{-}B_2O_3$

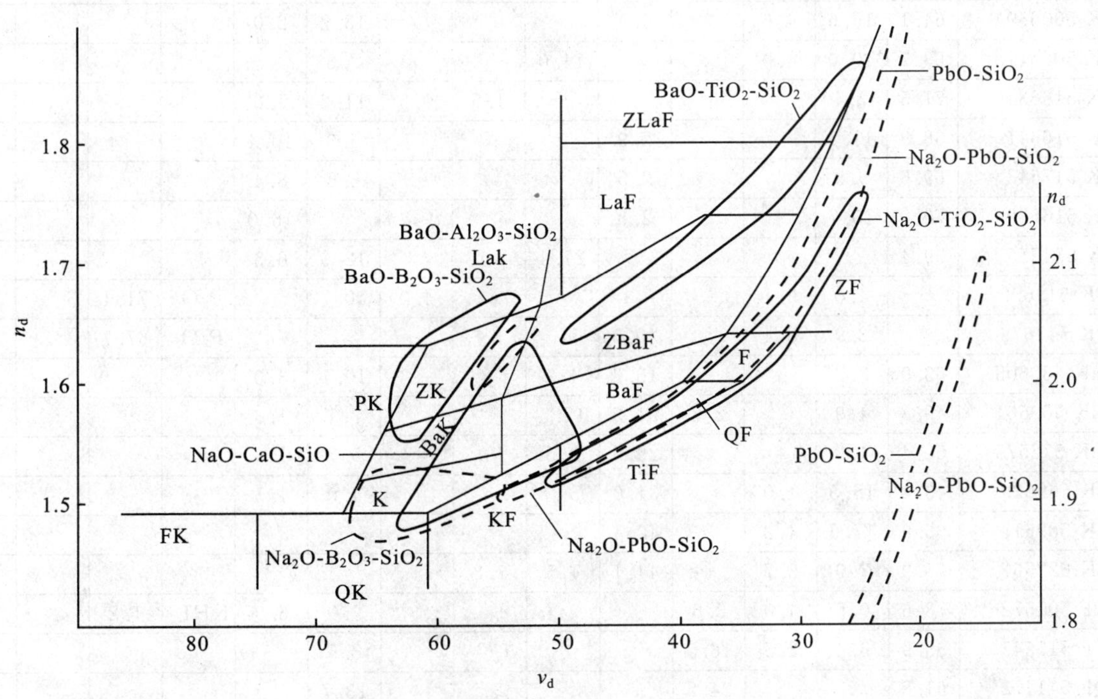

图 36-189 硅酸盐系统在 $n_d - \nu_d$ 图中的位置

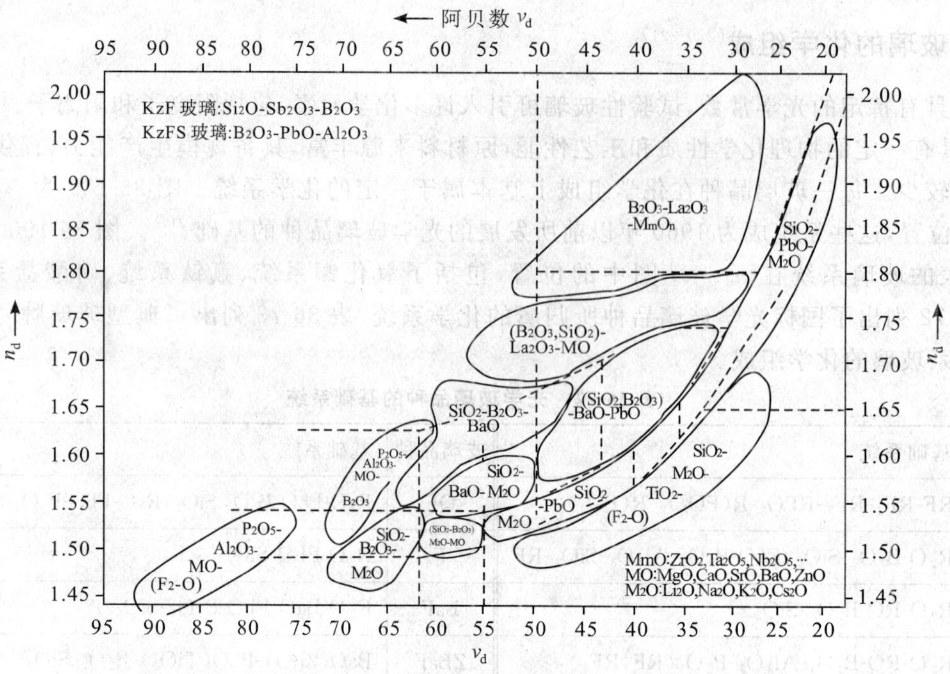

图 36-190 用于光学玻璃的化学系统

表 36-73 若干玻璃牌号的化学组成(质量分数%)

化合物 / 玻璃牌号	SiO_2	B_2O_3	Al_2O_3	PbO	BaO	ZnO	CaO	MgO	K_2O	Na_2O	其他			
QK 470688	52.0	18.8	7.8						6.8		KHF_2	14.4		
QK 478656	80.1	12.4	1.5					0.5		5.0				
K 500660	64.1	15.6	4.6		0.4				13.2	2.0				
K 508611	63.7	10.0	4.0			14.0			7.8					
K 516634	71.5	7.4					1.5	0.5	11.2	7.6				
K 516641	68.9	11.5			2.9				6.0	10.4				
K 517642	69.6	9.9			2.5				8.5	8.4				
K 516639	70.0	10.7			2.8					16.0				
K 534555	59.4					21.4			12.0	6.5				
PK 519699		4.0	9.1					4.0	10.7		P_2O_5	71.1		
PK 547676		2.9	8.4		20.5						P_2O_5	67.7		
BaK 530605	63.0	3.2			15.3	4.9			10.1	3.0				
BaK 569561	49.8	4.9		2.2	21.5	12.5			7.1	1.3				
BaK 572575	50.4	4.3			29.5	9.5			5.7					
ZK 569629	43.4	18.5	1.0		31.0				4.0	1.5				
ZK 589613	36.9	17.6	4.2		40.4									
ZK 622567	35.9	7.9	3.7		44.1	4.5	3.8							
KF 501572	73.6	0.5	4.0	8.6					5.0	6.9	KHF_2	1.2		
KF 515545	63.9	3.4	3.5	16.5					8.5					
QF 541472	61.8			24.2					13.7					
QF 561468	55.9	5.1		27.6					8.7	3.4	TiO_2	6.2	KHF_2	5.8
QF 575413	53.9			36.8	0.8				8.1					
F 603379	48.8			43.6					6.1					

续表

化合物 / 玻璃牌号	SiO_2	B_2O_3	Al_2O_3	PbO	BaO	ZnO	CaO	MgO	K_2O	Na_2O	其他			
F 613370	47.2			45.9					6.4					
F 625356	42.8			45.0					5.0	1.5				
BaF 548540	58.1	3.7		10.8	11.7	4.3			11.1					
BaF 570475	52.3			12.7	14.5	9.6			9.3	1.4				
BaF 583465	50.0			18.5	13.7	7.9			8.1	1.2				
BaF 626391	42.4			33.3	10.7	5.1			7.4	1.0				
ZBaF 622531	36.3	5.0	3.3	2.8	40.0	10.6				0.6				
ZBaF 640483	33.8	7.3	3.2	13.1	35.1	6.8								
ZBaF 671473	27.0	6.8	2.5	10.0	42.0	5.7	5.1							
ZF 648339	41.3			51.2					7.0					
ZF 673323	39.1			55.4					4.9					
ZF 740282	31.7			63.5					3.5					
ZF 755275	31.0			65.7					2.6					
ZF 806254	27.3			70.9					1.0					
TiF 580380	49.5	2.8	2.8	2.8					11.3		TiO_2	15.4	KHF_2	17.8
TiF 593354	40.5	5.0	4.0	14.0					7.3		TiO_2	16.0	KHF_2	21.0
TF 529518	47.3	21.2	2.9		0.9				5.5	2.4	Sb_2O_3	19.8		
TF 612441		52.0	9.7	37.7					0.3					

表 36-74　镧系光学玻璃的化学组成(%,质量分数)

化合物 / 玻璃牌号	SiO_2	B_2O_3	Al_2O_3	PbO	BaO	ZnO	CaO	CdO	La_2O_3	Y_2O_3	ZrO_2	ThO_2	Nb_2O_5	Ta_2O_5	WO_3
LaK 659570	14.8	27.0			36.5				20.0						
LaK 694535	16.5	16.5	0.1		47.8				11.0			9.5			
LaK 713539	5.0	36.5	0.5			8.5	3.0		44.5		2.0				
LaK 720503		41.3		6.1			12.1		32.4		8.1				
LaK 754505		37.0							53.0		5.0			5.0	
LaF 717479	4.0	37.3		10.7		4.0	10.9		25.7		7.4				
LaF 744447	4.0	32.7		15.8			11.0		29.0		7.5				
LaF 769337	18.0	12.0		40.0	20.0				10.0						
LaF 779494		30.0						10.0	35.0		5.0	20.0			
LaF 787481		33.0							52.0		10.0			5.0	
LaF 788474	2.8	29.1				2.0			48.1	2.0	7.5			7.0	0.5
ZLaF 807460	2.0	24.5						5.5	35.0		1.5	19.3		12.0	
ZLaF 873400		21.0							43.0		10.0			26.0	
ZLaF 905319		20.0				2.0			30.0				16.0	27.0	5.0

四、无铅无砷光学玻璃

(1)光学玻璃中的有害物质及限制法规

火石玻璃的组成均含有氧化铅(PbO)。为加速玻璃熔体的澄清,通常使用澄清剂氧化砷(As_2O_3)。早期镧系玻璃中还使用氧化钍(ThO_2)和氧化镉(CdO)。各国均制定了防止制造过程和使用过程中污染的有关法规。从 20 世纪 80 年代开始,光学玻璃已不再使用 ThO_2 和 CdO,开始使用无铅无砷的“环保”玻璃。

欧盟于 2002 年发布了 WEEE 2002/96/EC（废弃电器和电子设备）的指令和 RoHS（禁止使用某些有害物质）的指令。RoHS 于 2006 年 7 月 1 日开始实施，上市新商品禁止含有铅、汞、镉、6 价铬等物质。按 RoHS 规定，玻璃中的铅含量的质量分数必须小于 0.1%。由于砷在玻璃中用量不大，用其他澄清剂取代并不困难。环保玻璃事实上主要是除去火石玻璃中的氧化铅。

(2)无铅无砷光学玻璃组成

二氧化钛是一种高折射率的氧化物。SiO_2-TiO_2-Na_2O、SiO_2-TiO_2-K_2O 和 SiO_2-TiO_2-BaO 系统都存在较大的玻璃形成区，TiO_2 含量的分子分数可达到 50%～60%。SiO_2-TiO_2-Na_2O 和 SiO_2-TiO_2-K_2O 系统中玻璃的折射率可达 1.75，在 $n_d-\nu_d$ 图中占据了 QF、F 到 ZF 的很大区域。SiO_2-TiO_2-BaO 系统中玻璃的折射率可达 1.9，覆盖了 n_d 为 1.65～1.85、ν_d 为 30～50 的 ZBaF 和 ZLaF 区域。为调整玻璃形成的稳定性和光学常数，可引入 B_2O_3、Nb_2O_5、ZrO_2 等高折射率氧化物。表 36-75 和表 36-76 分别为无铅火石、重火石玻璃和钡火石镧火石玻璃的组成。

表 36-75　无铅火石、无铅重火石玻璃的组成(%，质量分数)

玻　璃	SiO_2	B_2O_3	Al_2O_3	TiO_2	ZnO	BaO	CaO	K_2O	Na_2O	Y_2O_3	ZrO_2	Nb_2O_5	WO_3
F 620361	56.0			22.5	1.5	3.3		7.0	9.5				
F 630353	57.0			22.0		5.0		8.0	7.8				
ZF 645339	53.0			24.2		5.0		9.0	8.8				
ZF 684313	29.0		6.0	23.0		3.0	2.0		16.0			7.0	2.0
ZF 725280	35.0		2.5	29.0		4.0	1.0	8.0	13.0			7.0	0.5
ZF 761260	34.0	0.4		29.5		6.5	2.2	6.0	11.1			9.5	0.7
ZF 782238	35.0			34.0		3.0	1.0	3.0	9.0			7.0	3.0
ZF 837245	23.0	2.4		25.99		10.4	1.5	4.9	7.8	3.4	3.0	16.5	
ZF 846238	22.3			27.5		13.7	0.8	5.3	9.3		2.5	18.5	
ZF 874233	19.4			27.5		14.0	0.7	4.3	8.3	3.5	2.7	19.0	

表 36-76　无铅钡火石、无铅镧火石玻璃的组成(%，质量分数)

玻　璃	SiO_2	B_2O_3	Al_2O_3	TiO_2	ZnO	BaO	CaO	MgO	K_2O	Na_2O	La_2O_3	Y_2O_3	ZrO_2	Nb_2O_5
BaF 566439	62.0		3.0	13.0					8.0	14.0				
BaF 591398	51.7		8.0	17.0					14.0	8.0			1.0	
ZBaF 604514	43.5	9.5		4.5		26.0	4.9		8.0				1.5	
ZBaF 614492	42.0	8.0		6.0	6.5	20.0	5.5		5.0	5.0			1.0	
ZBaF 661491	31.0	8.5	2.0	3.5		42.5	6.5	4.0					1.5	
ZBaF 689416	38.6	3.0		9.8	3.8	22.1	12.7		1.0	4.0			5.0	
LaF 745349	17.0	16.0		10.0	9.0	29.0	1.5			4.0	1.0	0.5	4.0	8.0
LaF 763376	16.5	10.0		6.0	12.0	30.0	3.0		0.5	2.0	8.0	1.0	5.0	6.0
ZLaF 848288	11.0	10.0		15.0	12.0	30.0	3.0			2.5	0.5	1.0	5.0	10.0
ZLaF 877336	4.0	19.0		9.0	1.0		4.0	4.0			44.0		5.0	10.0
ZLaF 906303	8.0	20.0		6.0			4.0	2.0			37.0		9.0	14.0

(3)无铅光学玻璃的牌号和性质变化

从 20 世纪 90 年代开始发展无铅光学玻璃。到 2007 年，绝大部分光学玻璃都是环保玻璃。以 Schott 为例，2007 年目录中共有 102 个牌号，其中 84 个牌号为环保玻璃。无铅玻璃在光学玻璃目录中多有特殊的标志。Schott 用“N”为前缀；Hoya 无专门标志，大都是无铅玻璃；Ohara 用“S”代表，推荐使用的 112 个牌号全部是S玻璃；Sumita用“K”代表；成都光明光电和湖北新华光用“H”；上海新沪用“N”做前缀。

无铅玻璃在保持原玻璃牌号折射率和阿贝数的同时，其他性质变化较大。表36-77根据成都光明光电玻璃目录中的数据，对含PbO玻璃与无铅玻璃(H)的性质进行了比较。表中P_{gF}为g线和F线的相对部分色散，表征色码的玻璃厚度为10 mm，内透射率为玻璃厚度为10 mm时的数值，RC为抗潮湿大气的稳定性，RA为抗酸稳定性。可以看出，由于Ti^{4+}本征吸收靠近可见区，使g线、F线相对部分色散稍有增加，短波透射率下降，色码值向长波方向移动，400 nm的内透射率降低；钛的高键强使Knoop硬度显著增加，已接近硼硅酸盐冕牌玻璃；热膨胀系数变化不大，但T_g升高；密度显著降低，化学稳定性得到改善。

表36-77　含铅和无铅(H)玻璃性质比较

玻璃牌号	折射率	阿贝数	P_{gF}	色码	400 nm内透射率/%	T_g/℃	热膨胀系数(100～300℃)/(×10⁻⁷/℃)	Knoop硬度/(×10⁷Pa)	密度/(g/cm³)	RC级别	RA级别
QF6	1.531 7	48.76	0.560 3	33/30	99.0	436	98	400	2.78	3	1
H-QF6	1.531 7	48.84	0.565 4	37/34	97.3	471	107	453	2.51	3	1
F4	1.620 0	36.35	0.583 7	35/32	98.5	417	114	381	3.57	3	2
H-F4	1.620 0	36.35	0.583 7	39/36	92.1	584	90	607	2.67	1	1
ZF3	1.717 3	29.50	0.596 8	39/34	93.7	435	95	390	4.46	1	2
H-ZF3	1.717 3	29.50	0.603 3	42/36	85.2	591	112	520	3.06	1	1
ZF6	1.755 2	27.53	0.602 9	41/35	92.0	420	94	380	4.78	1	3
H-ZF6	1.755 2	27.53	0.609 0	42/73	86	619	104	523	3.24	2	1

五、精密模压光学玻璃[223]

(一)精密模压光学玻璃的要求

光学玻璃的精密模压，是指将具有抛光质量的光学玻璃型料置于模具内，加热到一定的温度后压制成一定尺寸、面形、具有光学研磨加工精度和表面粗糙度的光学元件的一种工艺，是一种低成本、适于大批量制造非球面光学元件的方法。非球面透镜具有良好的光学特性，球差小，能校正波前误差，减小光学系统的元件数量，简化光学系统，被广泛用于照相物镜、光刻物镜、高数值孔径显微镜等光学系统。过去由于光学加工困难，非球面透镜的使用受到限制。随着精密模压技术的日趋成熟，生产的规模化，成本相应降低，非球面透镜已被广泛用于影像类数码技术光电产品。

用于精密模压的光学玻璃的要求如下：

1)折射率和阿贝数。特定的n_d和ν_d，以此作为设计光学系统的基础。同时要求有不同光学常数的各种玻璃，以满足不同光学系统的要求。

2)较低的转变温度T_g和屈服点A_t。精密模压是在一定温度下使玻璃实现黏性流动，玻璃充满模具并复制模具的面形。精密模压时，要考虑到一定温度下玻璃的变形能力，模具在一定负荷下所能承受的温度；模压过程中玻璃组成中的一些化合物与模具的反应和粘结，模压后元件表面的光洁度，降温过程中玻璃收缩引起的面形变化，模压元件因降温速率不同而造成的折射率差异等。精密模压的操作黏度范围为10^8～10^{12} dPa·s，即稍高于玻璃的屈服点A_t(10^9 dPa·s)到接近T_g(10^{13} dPa·s)。考虑到模具承受温度的能力和使用寿命，要求玻璃具有较低的T_g和A_t。用于精密模压的光学玻璃通常称为低T_g光学玻璃。

3)化学稳定性。为降低玻璃的T_g，往往引入较多的低熔点氧化物而导致化学稳定性的降低。精密模压型料和压制后的光学元件需要清洗、涂膜，需具有一定的抗大气、抗酸、抗水腐蚀的能力。在降低T_g的同时，必须调整玻璃的组成，以提高化学稳定性。

4)抗析晶能力。精密模压玻璃的型料于黏度$10^{0.6}$～10^2 dPa·s时成形，于10^8～10^{12} dPa·s时模压，玻璃必须在相应的温度下保持所需的操作时间而不出现析晶。

5)抗热炸性能。精密模压成形往往在几分内完成,玻璃在快速升温和降温过程中出现热应力。热应力与热膨胀系数和弹性模量有关,选择玻璃组分时必须综合考虑,以避免造成炸裂。

(二)精密模压玻璃的组成

光学玻璃中的一些品种,如氟冕玻璃和磷冕玻璃,T_g 都在500℃以下,适于精密模压。其他品种已有相关的专利。表36-78到表36-80为专利中部分玻璃的组成。

表 36-78　冕牌模压玻璃的组成(%,分子分数)

化合物及性能参数 \ 序号	1	2	3	4	5	6	7	8	9
P_2O_5	33.94	36.43	36.00	36.87	36.15	36.46	33.59	40.00	33.80
Li_2O	13.44	13.06	13.15	13.09	13.09	13.20	12.77	10.00	13.37
Na_2O	21.06	20.46	20.61	20.52	20.50	20.67	15.39	20.00	16.12
K_2O	13.85	13.46	13.56	13.50	13.49	13.60	10.13	15.00	10.60
Al_2O_3	9.85	13.40	13.49	13.45	14.38	14.50	11.23	10.00	9.80
ZnO		2.40		1.80	1.20		10.55		7.80
BaO	7.86						1.24	5.00	6.51
CaO							5.10		
ZrO_2		0.79	3.19	0.79	1.19	1.20			
WO_3									0.50
TiO_2									1.50
n_d	1.518 6	1.513 5	1.516 9	1.513 0	1.513 0	1.515 0	1.529 2	1.520 9	1.541 9
ν	64.7	65.4	63.3	65.6	64.9	63.1	64.4	66.9	58.5
T_g/℃	309	344	332	324	336	334	331	355	335
A_t/℃	335	357	366	353	360	364	360	380	362

表 36-79　镧冕模压玻璃的组成(%,质量分数)

化合物及性能参数 \ 序号	1	2	3	4	5	6	7
SiO_2	16.0	17.0	17.0	18.0	20.0	20.0	15.99
B_2O_3	31.0	28.5	23.0	24.0	29.0	23.0	26.69
La_2O_3	18.0	21.0	10.0	13.0	20.0	15.0	15.0
Y_2O_3	6.0	7.0	5.0	10.0	5.0	12.0	10.0
Gd_2O_3		3.0		9.0			
ZrO_2	4.5		0.5			0.8	2.5
Ta_2O_5	1.5	3.5	6.0	2.4	1.3	1.6	2.0
ZnO	2.0	0.9	10.0		8.0		
CaO	9.0	10.0	5.0	5.5	13.0	8.0	11.3
SrO	7.0		20.0	14.0	1.0	10.0	5.0
BaO	2.0					3.0	8.0
Li_2O	3.0	3.0	2.5	4.0	2.5	6.5	3.5
Sb_2O_3		0.1	1.0	0.1	0.2	0.1	0.02
n_d	1.675	1.683	1.684	1.700	1.663	1.664	1.677
ν	55.4	56.3	52.9	53.8	56.7	55.9	54.9
T_g/℃	556	568	572	507	579	498	550

表 36-80 重火石模压玻璃组成(%,质量分数)

化合物及性能参数 \ 序号	1	2	3	4	5	6	7
P_2O_5	22.6	23.6	25.0	18.7	15.8	22.0	17.4
B_2O_3	3.8	4.4	5.0	7.5	1.3	5.0	4.2
Li_2O	13.5	10.5	12.0	13.4	13.6	12.0	12.4
Na_2O	8.6	10.0	10.0	7.6	8.7	9.0	7.0
K_2O	2.3	2.6	3.0	2.7	2.3	2.0	2.5
BaO	14.0	16.7	16.0	17.1	14.5	15.0	15.9
TiO_2						5.0	4.9
Nb_2O_5	22.0	16.5	23.0	16.9	7.5	19.0	16.6
WO_3	34.8	15.7	6.0	16.1	36.3	11.0	18.6
n_d	1.735 0	1.809 6	1.821 6	1.833 8	1.849 3	1.851 8	1.905 0
ν	30.80	26.65	25.62	25.81	25.22	23.85	22.72
T_g/℃	471	511	516	495	461	511	527
A_t/℃	505	561	569	540	502	563	575

(三)模压光学玻璃牌号

各主要光学玻璃制造商都提供精密模压用的低 T_g 光学玻璃。部分厂商的数据列在表 36-81～表36-85 中。

表 36-81 Ohara 精密模压光学玻璃的牌号和性质

牌 号	n_d	ν_d	色码 80/5	T_g /℃	A_t /℃	CTE /($\times 10^{-7}$/K)	RW	RA	d /(g/cm³)
L-SSL7	1.516 33	61.4	33/30	498	549	71	2	1	2.38
L-BHL1	1.564 55	60.8	34/31	347	379	140	1	5	3.18
L-BHL7	1.558 80	62.5	34/30	381	407	130	1	5	3.03
L-BAL35	1.589 13	61.2	35/30	527	567	81	2	4	2.82
L-BAL42	1.583 13	59.4	34/29	506	538	88	2	4	3.05
L-TIM28	1.688 93	31.1	40/36	504	539	130	2	1	2.88
L-LAL12	1.677 90	54.9	37/30	562	600	90	1	4	3.48
L-LAL13	1.693 50	53.2	36/29	534	575	92	1	4	3.69
L-LAM69	1.730 77	40.5	41/34	497	529	105	1	3	3.24
L-LAM72	1.733 10	48.9	37/30	565	608	80	1	4	3.89
L-LAH53	1.807 00	40.9	40/34	574	607	72	1	4	4.49
L-LAH81	1.806 10	40.4	41/34	586	602	73	1	3	4.53
L-LAH83	1.864 0	40.6	37/31	608	658	80	1	2	5.29

注:CTE 为 100～30℃时的平均热膨胀系数,RW 为抗水化学稳定性等级,RA 为抗酸化学稳定性等级。

表 36-82　Schott 精密模压光学玻璃牌号和性质

牌　号	n_d	ν_d	τ(10 mm，400 nm)	色码 80/5	T_g /℃	A_t /℃	CTE /(×10^{-6}/K)	AR	WR	d /(g/cm³)
P-SK57	1.587 00	59.60	0.994	34/31	493	522	8.9	4	1	3.01
P-LASF47	1.806 10	40.90	0.967	39/33	530	580	7.3	3	1	4.54
P-PK53	1.526 90	66.22	0.994	36/31	383	418	16.0	3	1	2.83
N-FK5	1.487 49	70.41	0.998	30/27	466	557	10.0	5	4	2.45
N-FK51A	1.486 56	84.47	0.997	34/28	464	490	14.8	3	1	3.68
N-PK52A	1.497 00	81.61	0.997	34/28	467	495	15.0	4	1	3.75
N-PK51	1.528 55	76.98	0.999	34/29	487	517	41.1	3	1	3.86

注：P 表示新发展的模压玻璃，N 表示有可能制成精密型料，τ 表示 10 mm 厚的玻璃在 400 nm 波长的内透射率，CTE 为100～300℃时的平均热膨胀系数，AR 为抗酸化学稳定性等级，WR 为抗水化学稳定性等级。

表 36-83　Hoya 精密模压光学玻璃的牌号和性质

玻璃牌号	n_d	ν_d	τ(10 mm，400 nm)	色码 80/5	T_g /℃	A_t /℃	CTE (×10^{-7}/K)	Dw /wt%	Da /wt%	d /(g/cm³)
FCD1	1.497 00	81.61	0.999	34/29	455	485	155	0.07	0.47	3.70
M-BaCD12	1.583 13	59.46	0.992	35/29	500	540	88	0.04	0.36	3.01
M-BaCD5	1.589 13	61.25	0.991	35/30	515	545	89	0.08	0.70	2.82
M-LaC130	1.693 50	53.20	0.979	37/29	520	560	85	0.04	0.84	3.52
M-FD8	1.688 93	31.16	0.903	41/35	515	545	137	0.07	0.12	3.05
M-LaF81	1.730 77	40.50	0.904	41/34	500	535	108	0.03	0.42	3.22
M-NbF1	1.743 30	49.33	0.991	36/28	555	595	72	0.03	0.78	4.25
M-NbF13	1.806 10	40.74	0.962	39/34	535	570	77	0.02	0.68	4.55
M-NbFD82	1.814 74	37.03	0.94	42/35	550	590	77	0.02	0.65	4.34

注：τ 为 10 mm 厚的玻璃在 400 nm 波长的内透射率，CTE 为 100～300℃时的平均热膨胀系数，Dw 为粉末法抗水稳定性，Da 为粉末法抗酸稳定性。

表 36-84　Sumita 精密模压光学玻璃的牌号和性质

牌　号	FA		M		T_g /℃	A_t /℃	α /(×10^{-7}/℃)	WD	d /(g/cm³)	型　料
	n_d	ν_d	n_d	ν_d						
K-CaFK95	1.434 25	95.0	1.433 12	95.0	431	450	167	1	3.54	PP
K-PFK85	1.485 63	85.2	1.483 75	85.0	452	484	163	1	3.97	PP
K-PFK80	1.497 00	81.5	1.495 53	80.9	461	483	154	1	3.60	PP
K-GFK70	1.569 07	71.3	1.566 26	71.2	485	509	156	1	4.41	PP
K-GFK68	1.592 40	68.3	1.589 99	68.1	512	536	152	1	4.51	PP
K-CD45	1.693 20	33.7	1.686 73	34.1	470	507	121	1	3.13	GB
K-CD120	1.722 50	29.2	1.714 68	29.6	508	549	119	1	3.01	GB
K-CSK12	1.586 50	59.6	1.583 70	59.1	489	525	95	2	3.00	GB
K-CSK120	1.587 00	59.0	1.584 44	59.2	489	525	95	2	3.00	GB
K-LaFK55	1.694 00	56.3	1.688 74	55.7	514	556	95	1	4.38	PP

续表

牌 号	FA		M		T_g /℃	A_t /℃	α /(×10⁻⁷/℃)	WD	d /(g/cm³)	型 料
	n_d	ν_d	n_d	ν_d						
K-LaFK60	1.632 46	63.8	1.628 74	63.2	485	528	114	1	4.32	PP
K-PGK40	1.517 60	63.5	1.514 97	63.4	501	549	73	1	2.39	PP
K-PBK50	1.522 50	62.3	1.520 23	62.0	481	518	92	1	2.43	GB
K-PG325	1.566 70	70.5	1.505 05	70.3	285	310	173	1	3.00	PP
K-PG315	1.542 50	62.9	1.539 21	62.5	343	363	169	1	2.90	GB
K-PSFn1	1.906 80	21.2	1.899 48	21.4	498	543	102	1	4.15	PP
K-PSFn3	1.939 17	23.9	1.833 52	24.0	477	515	118	1	3.90	GB
K-PSK100	1.591 70	60.7	1.587 93	60.5	390	413	114	1	3.24	GB
K-VC78	1.669 10	55.4	1.666 25	55.2	520	556	100	2	3.44	GB
K-VC79	1.609 70	57.8	1.607 36	57.5	516	553	93	2	3.09	GB
K-VC80	1.693 48	53.1	1.689 84	53.1	530	566	94	1	3.81	GB
K-VC81	1.755 12	45.6	1.750 80	45.4	510	549	88	1	4.27	PP
K-VC89	1.810 00	41.0	1.805 89	40.9	528	559	83	1	4.75	
K-ZnSF8	1.714 30	38.9	1.711 42	38.9	518	546	60	2	3.72	PP

注：FA 为精密退火后的光学常数，M 为精密模压后的光学常数；光学常数偏差为 $n_d\pm0.0005$、$\nu_d\pm0.5$；α 为 100～300℃的热膨胀系数；WD 为化学稳定性等级；型料为可提供的型料，PP 代表研磨抛光后的球状型料，GB 代表从熔融玻璃直接压型的精密型料。

表 36-85 光明光电精密模压光学玻璃牌号与其他公司牌号的对照

光明光电		Hoya		Sumita		Ohara	
代码	牌号	代码	牌号	代码	牌号	代码	牌号
487704	D-QK3L						
516641	D-K9					516641	L-BSL7
583595	D-ZK2	583595	M-BACD12			583594	L-BAL42
589613	D-ZK3	589613	M-BACD5N			589612	L-BAL35
694532	D-LaK6	694532	M-LAC130	694531	K-VC80	694532	L-LAL13
714389	D-ZBaF58			714389	K-ZnSF8		
689312	D-ZF10					689311	L-TIM28
731405	D-LaF79	731405	M-LAF81			731405	L-LAM69
806410	D-ZLaF52	806407	M-NBFD530	810410	K-VC89	806409	L-LAH53

第三节 特种玻璃

一、窗口玻璃

（一）透紫外玻璃

随着半导体集成电路的高密度化，光刻用的波长从水银线（i 线 365 nm）发展到准分子 KrF 激光

(248 nm)，更进一步发展到远紫外 ArF 激光(197 nm)，并研究了 F2 激光(157 nm)的应用。这些技术对于紫外光学材料的共同要求是：紫外区高透射；高度光学均匀(均匀性优于 2×10^{-8})；应力小，光程差不大于2 nm/cm；有良好的机械性能，易于加工成高精度光学表面；易镀膜，且膜层牢固；具有良好的光学面形稳定性等。

表 36-86　光刻掩膜用紫外光学玻璃的特征

生产商及牌号		折射率 n_d	色散 n_F-n_c	内透射率/%(365 nm)
光明-ULF5		1.581 44	0.014 221	96.4/25 mm
光明-UBK7		1.516 80	0.008 039	98.5/15 mm
Ohara-S-FPL51Y		1.497 00	0.006 13	99.7/10 mm
Ohara-S-FSL51Y		1.487 49	0.006 93	99.5/10 mm
Ohara-PBM18Y		1.595 51	0.015 37	99.3/10 mm
Ohara-PBL1Y		1.548 14	0.011 99	99.7/10 mm
Corning 7980	KrF 级	1.458 46	0.006 763	>99.8
	ArF 级	1.45846	0.006 763	>99.5
Schott Lithosil	E248	1.458 43	0.006 75	>99.8
	E193	1.458 43	0.006 75	>99.0

注：①是 KrF 激光(248 nm)的内透射率；②是 ArF 激光(197 nm)的内透射率。

(二)透红外玻璃和硫属化合物玻璃

透红外玻璃的种数很多，包括石英玻璃、锑酸盐玻璃、锗酸盐玻璃、铝酸盐玻璃、碲酸盐玻璃、亚碲酸盐玻璃及镓酸盐玻璃等氧化物玻璃，还有砷-硫-硒、砷-硫-碲、锗-砷-硒、硅-砷-碲、硒-砷、硫-砷等非氧化物玻璃。表 36-87 分别介绍了各类红外材料的性能特点。

表 36-87　一些透红外玻璃的主要性能

名　称	化学组成	投射波段/μm	折射率	软化点温度/℃	热膨胀系数/(×10⁻⁶/℃)	克氏硬度	杨氏模量/GPa	特点与用途
硅酸盐玻璃类								品种多、尺寸大，在近红外使用
光学玻璃	SiO_2-B_2O_3-P_2O_5-PbO	0.3～3	1.5	700	4～10	300～600	68.4～98	窗口、透镜、棱镜等
非硅酸盐玻璃类								
BS37A 铝酸盐玻璃	SiO_2-CaO-MgO-Al_2O_3	0.3～5	1.5	约 700	9.3		104.9	
BS39AB 铝酸盐玻璃	CaO-BeO-MgO-Ba-Ga_2O_3	0.3～5.5	1.6	约 700	9.7		136.2	
镓酸盐玻璃	SrO-CaO-MgO-BaO-Ga_2O_3	0.3～6.65		670			127.4	用于中近红外，实验室用
碲酸盐玻璃	BaO-ZnO-TeO_2	0.3～6.0	2.0	320				
锗酸盐玻璃	BaO-TiO-GeO_2-ZrO_2-La_2O_3	0.3～6.0	约 700					
硫属化合物玻璃类								
三硫化二砷玻璃	$As_{40}S_{60}$	1～11	2.41	210	25	109	15.7	软化点低，实验室用
硒化砷玻璃	$As_{38.7}S_{61.3}$	1～15	2.79	202	19	114	16.7	软化点低、波段宽、实验室用

续表

名称	化学组成	投射波段/μm	折射率	软化点温度/℃	热膨胀系数/(×10⁻⁶/℃)	克氏硬度	杨氏模量/GPa	特点与用途
20号玻璃	$Ge_{33}As_{12}Se_{55}$	1～16	2.49	474		171	30.4	软化点低、波段宽、实验室用
锗锑硒玻璃	$Ge_{28}Sb_{12}Se_{60}$	1～15	2.62	326	15	150	29.4	
锗砷碲玻璃	$Ge_{10}As_{20}Te_{70}$	2～20	3.55	178	18	111		
硅锗砷碲玻璃	$Si_{15}Ge_{10}As_{25}Te_{50}$	2～12.5	3.06	320	10	179		
锗硒镓玻璃	$Ge_{35}Se_{60}Ga_{5}$	1～15	2.50	372				
锗硒汞玻璃	$Ge_{35}Se_{60}Hg_{5}$	1～16	2.5	365				
锗磷硫玻璃	$Ge_{30}P_{10}S_{60}$	2～8	2.15	520	15	185		
砷硫硒碲玻璃	$As_{30}S_{20}Se_{20}Te_{10}$	1～13	2.51	195	27	94		

用硫属元素 S、Se、Te 制成的玻璃称为硫属化合物玻璃。通常，氧化物玻璃在红外区域有强的吸收，不能透射 3～5 μm 的光。而硫属化合物玻璃能透射直到 20 μm 的红外光，但几乎不透可见光，所以呈暗红色。表 36-88 中列出了各种硫属化合物玻璃系统的特性的一些定性结果。对这些玻璃的软化点、折射率以及在波段 3～5 μm 和8～14 μm中的可用性作了估计。

表 36-88　硫属化合物玻璃的定性估计[174,177,185-194]

玻璃系统	软化点/℃	在 5 μm 附近的折射率	吸收情况①	
			3～5 μm	8～14 μm
As-S	200	2.4	W	M
As-Se	300	2.8	—	W
Ge-S	420	2.3	W	S
Ge-Se	360	2.6	—	S
Si-P-Te	180	3.4	—	M
Si-Sb-Se	270	3.3	S	S
Si-Sb-S	280	…	S	S
Ge-P-Se	420	2.4～2.6	M	S
Ge-P-S	520	2.0～2.3	W	S
Si-As-Te	475	2.9～3.1	—	M
Ge-As-Te	270	3.5	—	—
Ge-P-Te	380	3.5	—	—
Ge-As-Se	450	2.9	—	—
Ge-Sb-Se	325	2.6	—	—
As-Se-Te	300	2.6～3.1	—	M
As-S-Se-Te	195	2.1～2.9	—	M
Si-Ge-As-Te	325	3.1	—	M

注：①—：无明显吸收；W：弱吸收；M：中等吸收；S：强吸收。

在表 36-89 中给出了一些具体组成的硫属化合物玻璃的特性的测定值。这些玻璃组成都是各系统中选出的最具代表性的玻璃。

表 36-89 硫属化合物玻璃的特性的定量测定值[188,192-195]

化学组成	透射波段 /μm	在 5 μm 波长处的折射率	在 5 μm 波长处折射率的温度变化 $\frac{\Delta N}{\Delta T}$/(×10⁻⁶/℃)	软化点温度/℃	热膨胀系数 $\frac{\Delta l}{l}$/(×10⁻⁶/℃)	努氏硬度	杨氏模量 /GPa
$Si_{25}As_{25}Te_{50}$	2～9	2.93	110	317	13	167	…
$Ge_{10}As_{20}Te_{70}$	2～20	3.55	…	178	18	111	…
$Si_{15}Ge_{10}As_{25}Te_{50}$	2～12.5	3.06	169	320	10	179	…
$Ge_{30}P_{10}S_{60}$	2～8	2.15	…	520	15	185	…
$Ge_{40}S_{60}$	0.9～12	2.30	…	420	14	179	…
$Ge_{28}Sb_{12}Se_{60}$	1～15	2.62	80	326	15	150	28.9
$Ge_{33}As_{12}Se_{55}$	1～16	2.49	…	474	…	171	31.0
$As_{50}S_{20}Se_{60}$	1～13	2.53	…	218	20	121	14.5
$As_{50}S_{20}Se_{20}Te_{10}$	1～13	2.51	…	195	27	94	10.3
$As_{35}S_{10}Se_{35}Te_{20}$	1～12	2.70	…	176	25	106	17.2
$As_{38.7}Se_{61.3}$	1～15	2.79	…	202	19	114	17.2

由表 36-89 可见，硫属化合物玻璃透红外波段可以到 20 μm。其中具有最好的物理和光学特性的是 Ge-As-Se 玻璃。

Ge-As-Te 玻璃易析晶，而 Ge-As-Se 玻璃则不易析晶。这些玻璃还可以用作光存储材料。对于 Ge-As-Se 玻璃来说，如果有激光照射，则在激光照射的地方，就会瞬时达到高温而结晶化，因而这部分玻璃的光吸收、反射、散射和折射率等性能就发生变化。这样的过程就叫做“写入”，然后用微弱的光照射就能“读出”这些变化。在需要消除时，只要采用激光脉冲照射使该处的温度达到熔化温度 T_m 以上，然后经过急冷使其恢复原来的玻璃态。对于 Ge-As-Se 玻璃来说，受光照后虽然玻璃态不变，但光吸收、折射率等光性能也改变了。如再加热处理，也可以使其复原。其作用机制是由于光的激发使玻璃中产生电子-空穴对所致。这种硫属化合物玻璃如用银或铜被覆后，可以用作照像感光材料。其作用是由于光照射后会使金属层扩散到硫属化合物玻璃中发生固溶所致。这种材料用于全息摄影及其他摄影技术中有析像能力强、不需要定影过程、入射光强度与记录的深度之间成线性关系的范围大等优点。

二、耐辐射、防辐射光学玻璃

普通光学玻璃如果在强辐射场合使用，将很快变色，甚至变成黑色而不透光。所以，在有辐射存在的场合下使用的光学观察、检验仪器和装置都必须使用耐辐射和防辐射光学玻璃，如原子反应堆的热室观察窗就要用防辐射光学玻璃，这样不仅能保护操作人员的安全，而且能够清楚地观察各种变化情况。而检查反应堆的潜望镜及热室显微镜用透镜的材料就必须用耐辐射光学玻璃。一般的耐辐射和防辐射玻璃都是在基质玻璃组成中加入适量的辐射稳定剂，如氧化铈等多价离子氧化物，并适当调整组分比例使其光特性保持不变而制成的。此外，防辐射玻璃还需要在玻璃组分内含有对射线具有高吸收能力的氧化物。

我国耐辐射光学玻璃的命名是在原相应无色玻璃光学牌号的脚标数字上加上百位数来表示。例如能耐 10^5R(25.8C/kg)剂量的玻璃，称为 500 号玻璃；能耐 10^6R(258C/kg)剂量的称为 600 号玻璃，等等。如 K_{509} 玻璃即是相应于 K9 的耐 10^5R(25.8C/kg)剂量的耐辐射光学玻璃，而 K_{609} 就是相应的耐 10^6R(258C/kg)剂量的耐辐射玻璃。能耐 10^5R(258.8C/kg)剂量的 500 号光学玻璃的耐辐射性能是用 20 mm 厚的样品经受 10^5R(25.8C/kg)剂量的 γ 射线辐照后，每厘米厚的光密度增量 ΔD 或厚度为 10 mm 的样品经 X 射线等效辐照后，每厘米厚的光密度增量 ΔD_1 来表示。我国生产的 500 号玻璃的光密度增量的最大允许值列入表 36-

90 中。图 36-191～图 36-208 是部分耐辐射光学玻璃的性能曲线。

表 36-90　500 号耐辐射光学玻璃经受 10^5 R(25.8C/kg)剂量的 γ 射线 ΔD 和等效 X 射线辐照 ΔD_1 前后的最大允许光密度增量

玻璃牌号	耐辐射性能		玻璃牌号	耐辐射性能		玻璃牌号	耐辐射性能	
	ΔD	ΔD_1		ΔD	ΔD_1		ΔD	ΔD_1
QK501	0.065		ZK501	0.025	0.030	BaF502	0.090	0.060
QK502	0.035		ZK503	0.025	0.025	BaF503	0.070	0.045
QK503	0.050		ZK505	0.025	0.025	BaF504	0.040	0.045
K501	0.060		ZK506	0.025	0.020	BaF506	0.060	0.065
K502	0.035	0.035	ZK507	0.025	0.025	BaF508	0.045	0.055
K503	0.040		ZK508	0.025	0.020	ZBaF501	0.060	0.055
K505	0.035	0.030	ZK509	0.040		ZBaF502	0.200	0.090
K507	0.045	0.035	ZK510	0.020	0.025	ZBaF503	0.065	0.055
K509	0.015	0.030	ZK511	0.065		ZBaF504	0.200	0.200
K510	0.060	0.060	KF501	0.070	0.065	ZBaF505	0.200	0.200
K511		0.035	KF502	0.090	0.110	ZF501	0.080	0.080
K512	0.060		KF503		0.060	ZF502	0.080	0.060
BaK501	0.015	0.025	QF502	0.080	0.110	ZF503	0.120	
BaK502	0.015	0.020	QK503	0.110	0.110	ZF504	0.200	
BaK503	0.020	0.025	F502	0.070	0.080	ZF505	0.120	
BaK505	0.025		F503	0.070	0.065	ZF506	0.120	0.080
BaK506	0.025	0.025	F504	0.070	0.060	TF501	0.050	0.060
BaK507	0.040	0.040	F505	0.070	0.050			
BaK508	0.025	0.020	F506	0.070	0.050			

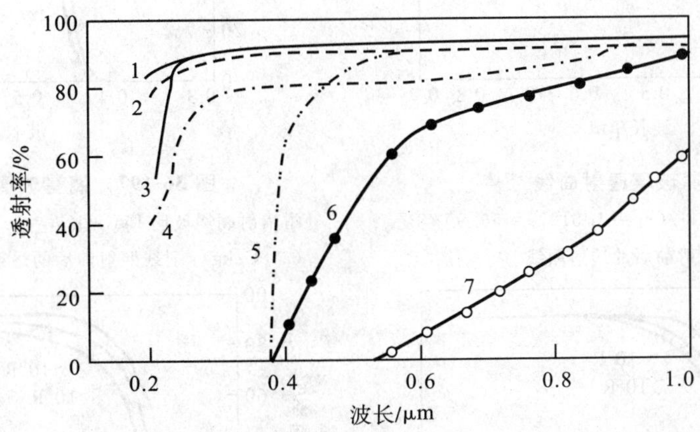

图 36-191　熔凝硅石、熔凝石英和铅硅酸盐玻璃的透射及耐辐射变色能力的比较

样品厚度为 5 mm。1. 熔凝硅石在辐照前的透射曲线；2. 熔凝硅石经受 3×10^8 R(7.74×10^4 C/kg) 的 X 射线辐照后的透射曲线；3. 熔凝石英辐照前的透射曲线；4. 熔凝石英经受 3×10^8 R(7.74×10^4 C/kg) 的 X 射线辐照后的透射曲线；5. 铅硅酸盐玻璃在辐照前的透射曲线；6. 加铈稳定的铅硅酸盐玻璃在经受 10^8 R(2.58×10^4 C/kg) 钴源 γ 辐射辐照后的透射曲线[40]；7. 普通铅硅酸盐玻璃在经受 10^8 R(2.58×10^4 C/kg) 钴源 γ 射线辐照后的透射曲线

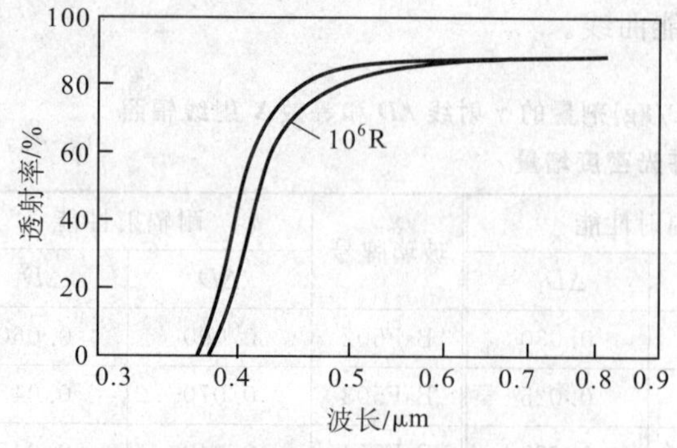

图 36-192 硼冕光学玻璃透射曲线[197]

肖特耐辐射硼冕光学玻璃 BK7G(n_D=1.518，ν=64.1)经受10^6R(258C/kg)γ射线照射前后的透射曲线

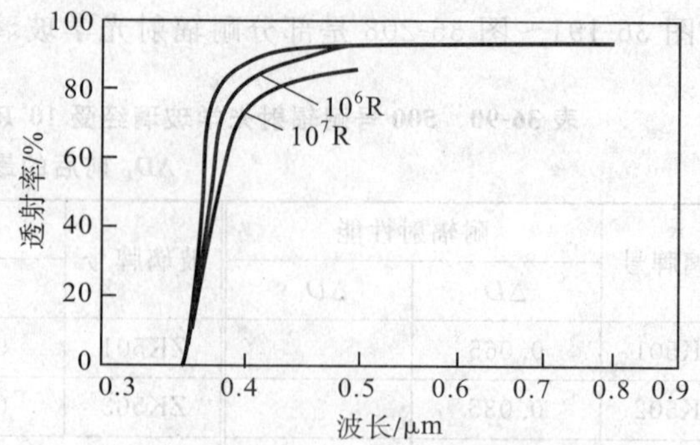

图 36-193 冕玻璃透射曲线[197]

肖特耐辐射冕玻璃 WG9G(n_D=1.520，ν=61.7)经受10^6R(258C/kg)和10^7R(2 580C/kg)γ射线辐照前后的透射曲线

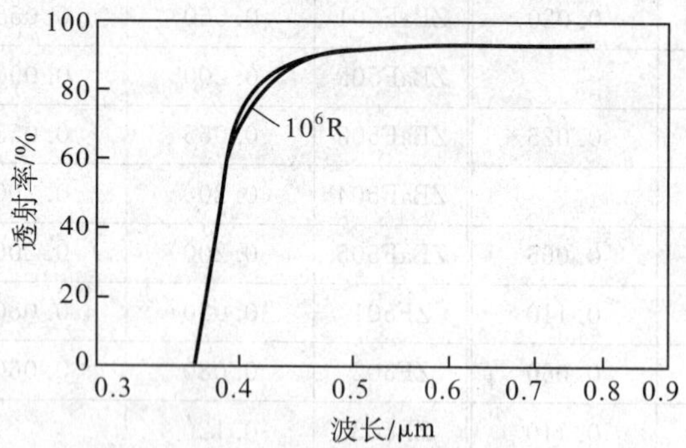

图 36-194 重冕玻璃透射曲线[197]

肖特耐辐射重冕光学玻璃 SK4G(n_D=1.612，ν=58.9)经受10^6R(258C/kg)射线照射前后的透射曲线

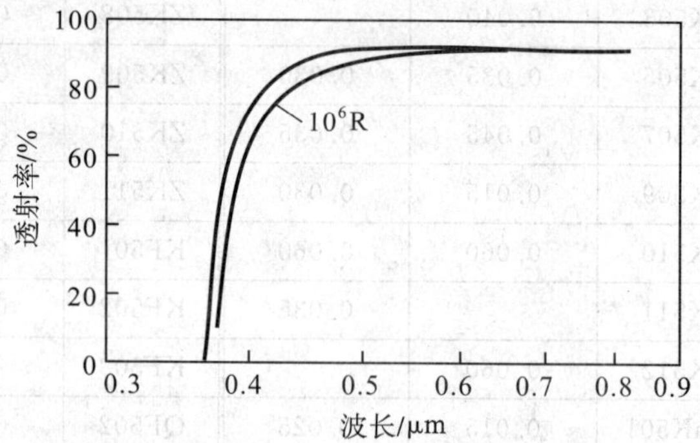

图 36-195 钡冕玻璃透射曲线[197]

肖特耐辐射钡冕玻璃 BaKlG(n_D=1.571，ν=57.7)经受10^6R(258C/kg)γ射线照射前后的透射曲线

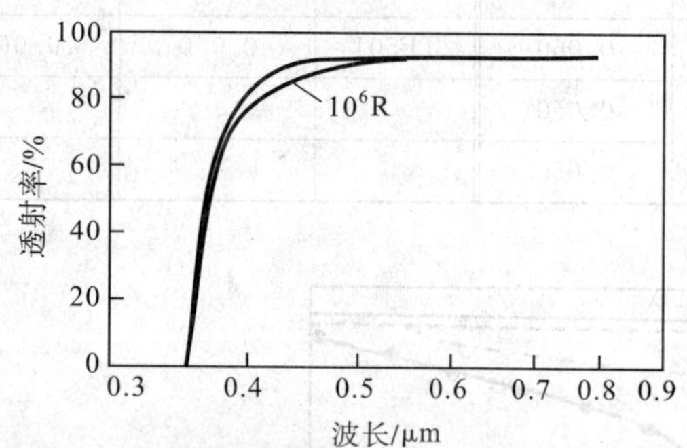

图 36-196 冕玻璃透射曲线[197]

肖特耐辐射冕玻璃 GG18G(n_D=1.518，ν=56.9)经受10^6R(258C/kg)γ射线照射前后的透射曲线

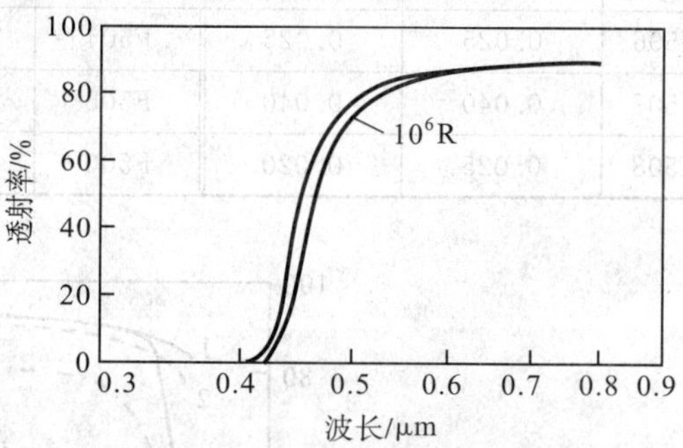

图 36-197 镧冕玻璃透射曲线[197]

耐辐射镧冕玻璃 LaK9G(n_D=1.690，ν=54.8)经受10^6R(258C/kg)γ射线照射前后的透射曲线

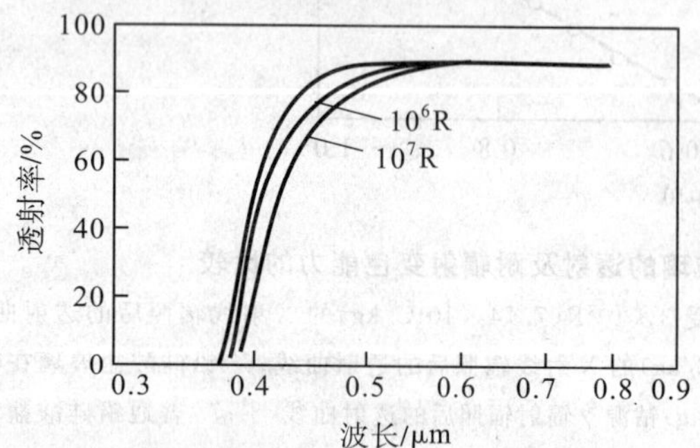

图 36-198 火石轻玻璃透射曲线[197]

耐辐射轻火石玻璃 LF5G(n_D=1.583，ν=41.1)经受10^6R(258C/kg)和10^7R(2 580C/kg)γ射线照射前后的透射曲线

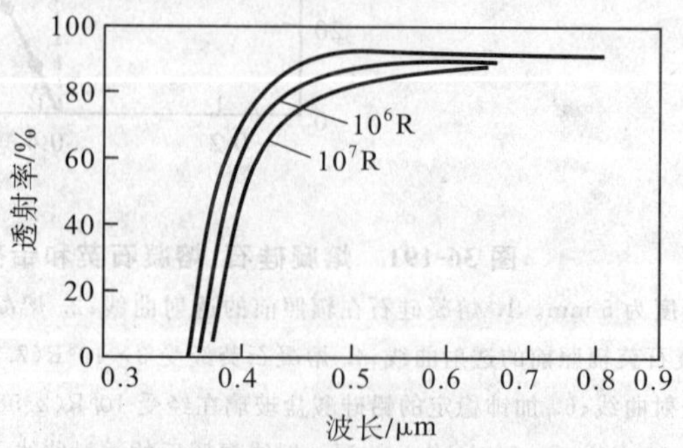

图 36-199 火石玻璃透射曲线[197]

耐辐射火石玻璃 F2G(n_D=1.622，ν=36.6)经受10^6R(258C/kg)和10^7R(2 580C/kg)γ射线照射前后的透射曲线

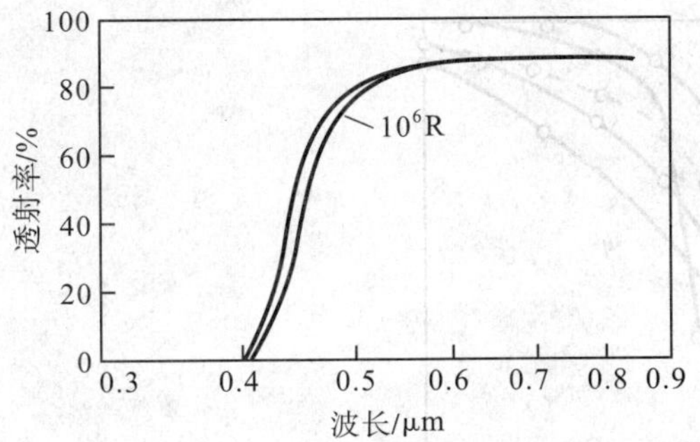

图 36-200　重火石玻璃透射曲线[197]

耐辐射重火石玻璃 SF5G(n_D＝1.677，ν＝32.3)经受 10^6R(258C/kg)γ 射线照射前后的透射曲线

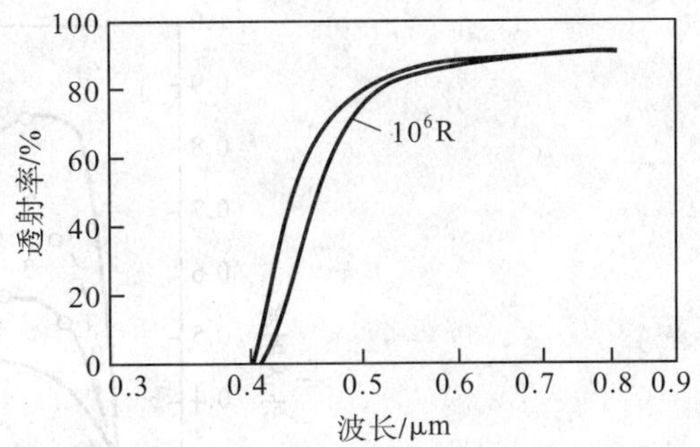

图 36-201　重火石玻璃透射曲线[197]

耐辐射重火石玻璃 SF1G(n_D＝1.714，ν＝29.5)经受 10^6R(258C/kg)γ 射线照射前后的透射曲线

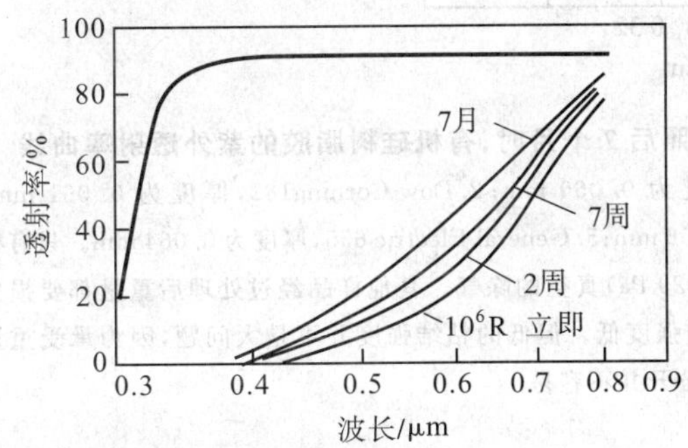

图 36-202　普通光学玻璃透射曲线[197]

普通光学玻璃 BK7 在 10^6R(258C/kg)γ 射线辐照后，经过不同时间测量的透射曲线

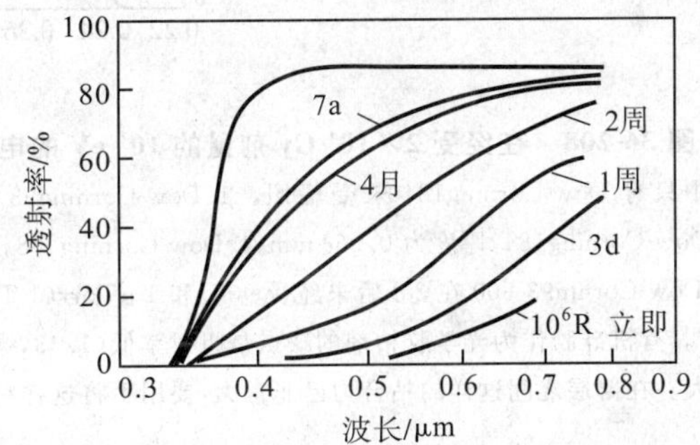

图 36-203　普通重火石玻璃透射曲线[197]

普通重火石玻璃 SF1 在 10^6R(258C/kg)γ 射线辐照后，经过不同时间测量的透射曲线

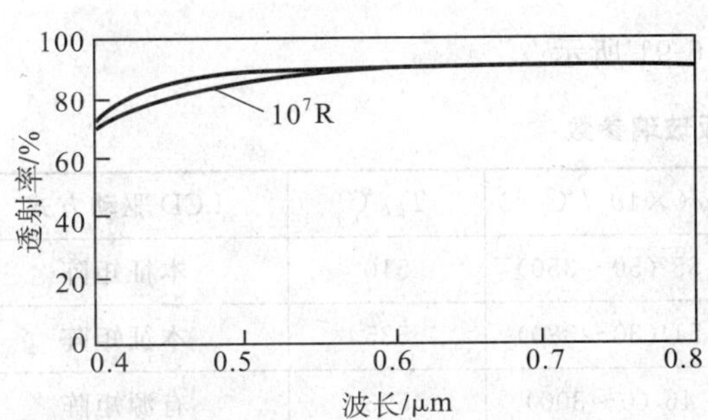

图 36-204　耐辐射光学玻璃透射曲线[198]

耐辐射光学玻璃 K709 经受 10^7R(2 580C/kg)γ 射线辐照前后的透射曲线

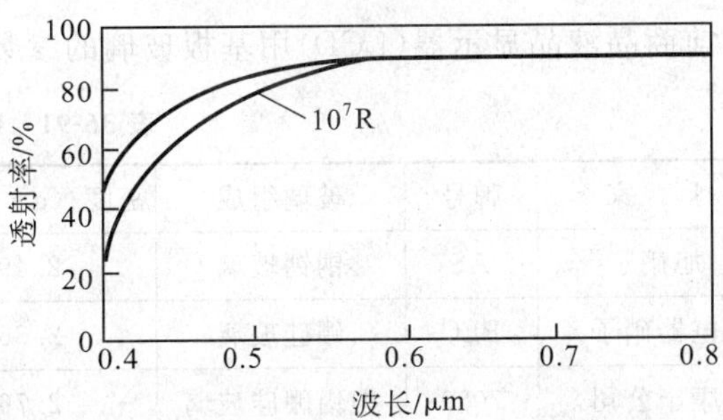

图 36-205　耐辐射光学玻璃 ZK710 在经受 10^7R (2 580C/kg)γ 射线辐照前后的透射曲线[198]

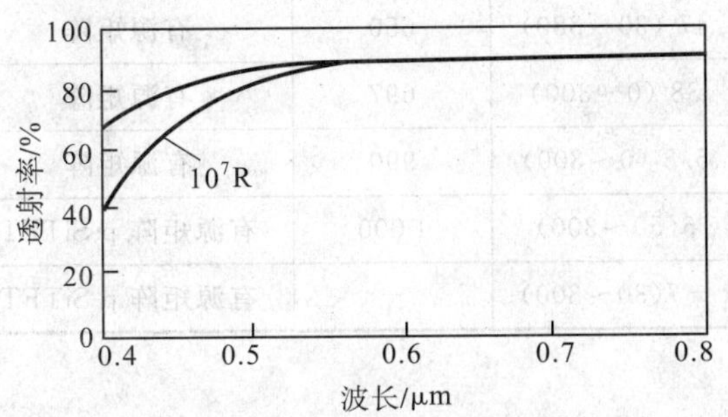

图 36-206　耐辐射光学玻璃透射曲线[198]

耐辐射光学玻璃 F701 在经受 10^7R(2 580C/kg)γ 射线辐照前后的透射曲线

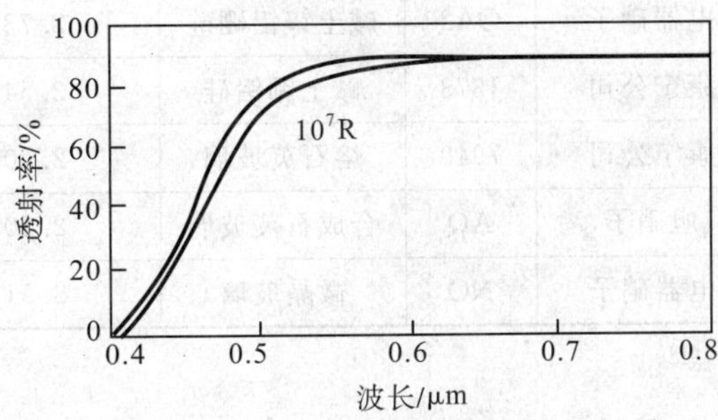

图 36-207　耐辐射光学玻璃透射曲线[198]

耐辐射光学玻璃 ZF702 经受 10^7R(2 580C/kg)γ 射线辐照前后的透射曲线

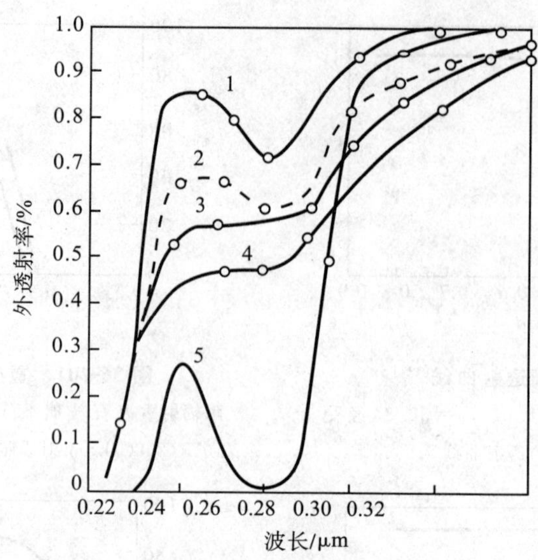

图 36-208 在经受 2×10^4 Gy 剂量的 10^7 eV 的电子射线辐照后 7 个月时，有机硅树脂胶的紫外透射率曲线

其中只有 Dow-Corning184 未受辐照。1. Dow-Corning93－500，厚度为 0.066 mm；2. Dow-Corning182，厚度为 0.061 mm；3. Dow-Corning184，厚度为 0.064 mm；4. Dow-Corning488，厚度为 0.056 mm；5. General Electric 655，厚度为 0.064 mm。只有样品 Dow-Cornin93-500 在 2 d 后未经受 90℃和 1 μTorr(1 Torr≈133.329 Pa)真空的除气。其他样品经过处理后重量都要损失 1%。有机硅胶作为光学胶粘剂的缺点是折射率低(1.43，绿光)和粘结强度低。但低的粘结强度并不是大问题，因为承受重量不大。在薄层之间这样的粘合力已非常大，要用手将这样粘合的透镜分开并不容易

三、基板玻璃

(一)液晶显示基板玻璃

目前商品液晶显示器(LCD)用基板玻璃的参数如表 36-91 所示。

表 36-91 LCD 基板玻璃参数

厂　家	牌号	玻璃组成	密度/(g·cm^{-1})	α/($\times10^{-7}$℃$^{-1}$)	T_g/℃	LCD 驱动方式
旭硝子	AS	钠钙玻璃	2.49	85 (50～350)	510	本征矩阵
电器硝子	BLC	硼硅玻璃	2.36	51 (30～380)	535	本征矩阵
康宁公司	7059	钡铝硼硅玻璃	2.76	46 (0～300)	593	有源矩阵
NH 技术	NA45	硼硅玻璃	2.78	46 (100～300)	610	有源矩阵
NH 技术	NA35	无碱玻璃	2.50	37 (100～300)	650	有源矩阵
旭硝子	AN635	无碱玻璃	2.77	48 (50～350)	635	有源矩阵
电器硝子	OA2	碱土锌铝硼硅	2.73	47 (30～380)	650	有源矩阵
康宁公司	1373	碱土硼铝硅	2.54	38 (0～300)	697	有源矩阵
康宁公司	7940	熔石英玻璃	2.20	5.5 (0～300)	990	有源矩阵
旭硝子	AQ	合成石英玻璃	2.20	6(50～300)	1 000	有源矩阵 p-SiTFT
电器硝子	NO	微晶玻璃	2.51	−7(30～300)	—	有源矩阵 p-SiTFT

(二)等离子体显示基板玻璃

等离子显示器(PDP)的基本结构都是由前后两块基板玻璃及制备在两玻璃板上的电极、荧光粉像元等部件组成。基板玻璃不仅是器件的外壳，还依托了所有部件，必须与 PDP 相关材料配套。PDP 基板玻璃有

以下几方面的要求：①热稳定性好；②有较高的体电阻；③有良好的耐酸、耐碱性能；④有良好的化学稳定性，有较好的抵抗风化的能力。

PDP 基板玻璃对热收缩要求严格。目前，PDP 主要采用钠钙玻璃基板，也有用改进了的钠钙玻璃，如旭硝子的 Asahi 玻璃。表 36-92 列出了国产钠钙玻璃、标准钠钙玻璃(SodaLime，美国)、改进的 Asahi 钠钙玻璃、PD200(日本硝子)及 CS25(美国康宁公司和法国 Saint-Gobain 公司合作)PDP 基板玻璃的特性。

表 36-92　PDP 用基板玻璃的主要性能

性　能	国　产	Asahi	Sodilime	PD200	CS25
应变点温度/℃	532	511	506	570	610
退火点温度/℃	536	554	545	620	654
软化点温度/℃	687	735	726	830	848
热膨胀系数/(1/℃)	91×10^{-7}	81×10^{-7}	85×10^{-7}	83×10^{-7}	84×10^{-7}
密度/(g/cm³)	2.47	2.49	2.49	2.77	2.88

（三）信息存贮用基板玻璃

信息存贮用基板玻璃已广泛应用于计算机硬盘、光盘和数码相机等设备。存贮盘盘片多数都采用薄膜复合结构，盘片上各薄膜层的平整性由基板表面的特性所决定，因此基板材料必须具有光滑平整的表面。

高密度记录要求有 0.1 μm 以下的脱离高度，为此磁盘基板必须确保严格的平整性。由于玻璃基板具有表面光滑、不易划伤、不吸收水分、适应高速旋转等优点，玻璃基板取代铝基板已成为必然。但玻璃是一种脆性材料，应用于高速旋转驱动器时需要解决玻璃的开裂问题。

有两种玻璃可作为信息存贮用基板材料：化学强化的薄板玻璃与微晶玻璃。化学强化的玻璃基板包括钠钙玻璃和碱铝硅酸盐玻璃，这类玻璃基板表面加工粗糙度只能到 2 nm 左右，此类基板将逐步减少。而微晶玻璃是磁盘基板发展的主流，微晶玻璃基板通过控制晶粒大小，表面粗糙度可小于 0.5～1 nm。微晶玻璃具有高均匀的显微结构，因此它具有优良的表面特性、力学强度、热稳定性和化学稳定性，其强度与韧性都很好，如表 36-93 所示。

表 36-93　各种硬盘基板材料的性能

性　能	金　属		微晶玻璃		
	Al	Nip/Al	TS-10	TS-11	碱钙硅酸盐
密度/(g/cm³)	2.64	2.66	2.43	2.40	2.71
硬度/GPa	0.9	5.9	6.9	6.0	6.4
弹性模量/GPa	70	72	93	90	80
弯曲强度/MPa	265	115	300	280	300
热膨胀系数/($\times10^{-6}$/℃)(20～600℃)	22.3	23	9.1	11.3	12.5
热传导系数/(W/(m·K))	108.8	117	2.5	2.5	2.0
最高使用温度/℃			800	780	1 000
表面粗糙度 *Ra*/nm			0.1～0.3	0.1～0.3	0.1～0.6

注：TS 系列是日本 Ohara 株式会社研制的 Li_2O-SiO_2 系统微晶玻璃。

四、梯度折射率光学材料[203-205]

梯度折射率光学材料是近 30 年发展起来的一类新的光学材料。这种材料不仅用于聚光元件、成像透镜及光学波导，还用在信息处理、信息传输等系统中。另外，在辐射光学、激光工程、全息摄影和集成光学等方面的应用也日益增加。

梯度折射率光学材料主要有 3 种折射率分布形式：

(1)以点为对称中心的球形分布

其折射率由中心向球表面递减的规律为

$$n_r=\frac{n_0}{1+(r/r_0)^2} \tag{36-30}$$

式中，n_0 是中心折射率，r_0 是球的半径。这种分布的透镜叫麦克斯韦“鱼眼”透镜。

另一种中心对称分布的球透镜叫鲁尼伯格透镜，其折射率分布规律为

$$n_r=n_0\sqrt{2-(r/r_0)^2} \tag{36-31}$$

目前这类梯度折射率材料的透镜在材料研究制作和应用方面都较少。

(2)轴向分布的轴向梯度折射率材料

这种梯度折射率材料的折射率变化是沿轴向成线性变化，其等折射率面是与光轴垂直的一系列平面。采用轴向梯度折射率材料设计透镜，可以用球面代替非球面。这样对设计、加工和使用都比较方便。

(3)径向分布的圆柱形梯度折射率材料

这种材料的等折射率面是围绕轴的一系列圆柱面。其折射率分布为

$$n_r=n_0\left(1-\frac{1}{2}Ar^2\right) \tag{36-32}$$

式中，n_r 是距轴 r 远处的折射率，n_0 是轴上折射率，A 是折射率分布常数。这种分布的梯度折射率材料和透镜的研究很多，应用也很广泛。如果把这种材料拉制成光学纤维，可以用于宽带低损耗信号传输。如制成各种直径的棒状，则可以截取不同长度，端面经研磨抛光后即可获得不同焦距的透镜。其焦距和长度的关系为

$$F=\frac{1}{n_0\sqrt{A}\sin(\sqrt{A}Z)} \tag{36-33}$$

式中，F 是透镜的焦距，Z 是透镜棒的长度。

目前用来制做梯度折射率材料的光学材料有光学玻璃、光学塑料和光学晶体。

制造梯度折射率光学材料有多种方法。表 36-94 中所列举的各种方法目前都在使用。但用得最多而且较好的方法是离子交换法。它是将含有某种一价(或二价)金属离子的玻璃在高温下浸入含有另一种不同折射率的一价(或二价)金属离子化合物的熔盐中适当时间，使两种离子相互交换，即可得到变折射率材料。目前用得最多的离子是铊、铯、银离子和钠、钾、锂等的交换。扩散共聚法和光聚合法用于塑料。前者先把具有一种折射率的单体聚合成半聚合状的预制体，再把预制体浸入具有不同折射率并在适当温度下的另一种单体中，使预制体中存在的单体和低聚物与周围的另一种单体互相交换一定时间，再使交换过的棒完全聚合而成。而光聚合法是利用两种单体聚合速率的不同，把两种聚合速率不同的单体混合置于玻璃管中，用紫外光使其共聚。由于聚合是由外围向中心发展，故外围含聚合速率高的组分多，并向中心方向逐渐减少，而另一种组分含量的变化方向则相反。由于两种材料的折射率不同，因而就形成了折射率的变化。所用单体原料都是合成光学塑料的单体。晶体提拉生长法用于晶体材料。例如以氯化钠为籽晶从氯化钠和氯化银的混合物熔槽中生长晶体的方法。先生长出的晶体氯化钠含量高，而后生长出的晶体氯化银含量高，中间比例逐渐变化，由于两种材料的折射率不同，含量的变化也就伴随着折射率的变化。

梯度折射率(缩写 GRIN)光学，又称渐变折射率光学。梯度折射率材料有以下几种类型：

1)轴向梯度。使用轴向梯度折射率材料的透镜沿光轴方向的折射率为梯度分布，而垂直于光轴的平面内具有恒定的折射率。

2)径向梯度。使用径向梯度折射率材料的透镜折射率沿垂直于光轴方向变化，且具有圆对称分布，而沿轴向则无折射率的变化。

3)球面梯度。球面梯度折射率分布具有对原点的球面对称形式。

从 GRIN 元件的设计和使用角度看，希望最大折射率差 Δn 和色散 ν_{GRIN} 能得到很好的控制，从小到大，

从正梯度到负梯度有较宽的变化范围；还希望 GRIN 基体玻璃的折射率和阿贝数也有很宽的分布。表 36-95 中列出了目前主要的 GRIN 玻璃的参数。

表 36-94 变折射率光学材料的主要制作方法

序 号	制作方法	主体材料	加入材料
1	离子扩散交换法	玻璃、光学晶体	Ag、Li、Tl、Cs、Pb、Ba
2	双坩埚离子交换法	玻璃	Ag、Li、Tl、Cs、Pb、Ba
3	离子电场移入法	玻璃、光学晶体	Ag、Li、Tl、Cs、Pb、Ba
4	化学气相沉积法(CVD)	石英玻璃	Ge、P、B、F
5	气相轴向沉积法(VAD)	石英玻璃	Ge、P、B、F
6	等离子体 CVD 法	石英玻璃	Si_3N_4
7	分子填充法	钠硼硅酸盐玻璃	Ag、Cs、Pb
8	扩散共聚法	光学塑料	塑料单体
9	光聚合法	光学塑料	塑料单体
10	混合聚合体溶解法	共聚物光学塑料	聚合物
11	结晶提拉法	Si、NaCl 等	Ge、AgllC 等

表 36-95 主要 GRIN 玻璃的参数

玻璃种类	n_d	ν_d	离子交换对	Δn_{max}	轴向交换深度/mm	径向直径/mm	N_{GRIN}
B-Si	1.49～1.66	约 40	K^+-Tl^+	0.11		3.0	10
Al-Si	1.50～1.53	60	Ag^+-Na^+	0.15	6.0	10.0	15
			Na^+-Ag^+	0.035			
			Li^+-Na^+	0.02	4.0	8.0	100
			Na^+-Li^+	0.006		8.0	100
Ti-Si	1.53～1.68	32～54	Li^+-Na^+	0.05	4.0	5.0	20
			Na^+-Li^+	0.018	3.5	8.5	20
Ta-Si	1.75	31	Ag^+-Na^+	0.053	2.5		17.5
La-Si	1.65	46	Ag^+-Na^+	0.15	2.5		
Ag-Al-P	1.60	59	Na^+-Ag^+	0.08	2.0	4.0	35
Al-B	1.51～1.53	55～60	Li^+-Na^+	0.029	1.0		
			Na^+-Li^+	0.014	1.4		100
			Ag^+-Na^+	0.014	2.5		

五、声光玻璃

材料的声光效应可以用声光性能指数 M_e 来表示：

$$M_e = P^2 n^6 / \rho v^3 \tag{36-34}$$

式中，P 为平均光弹系数（光弹性质描述弹性变形对折射率的影响），v 为声速，ρ 与 n 为材料的密度和折射率。

M_e 是衡量材料声光效应的综合指标，也称为品质因素，它是由材料的属性所决定的。材料的折射率、光弹性、声速都综合地反映在品质因数(M_e)的数值中。从使用角度来看，声光玻璃应具有下列特性：

1)品质因素 M_e 要大。M_e 越大介质中声致折射率变化也越大，表明声通过介质对光的调制作用强。

2)超声波的吸收要小。以保证在声速传播方向的不同位置上产生的衍射光强度不发生明显的改变。

3)透射光的波长范围要宽。

4)容易制备，以及声速的温度系数低，化学稳定性高等。

声光玻璃的性质和品质因数见表 36-96。

表 36-96 几种典型声光玻璃的参数

玻璃材料	光波长 /μm	密度 /(g/cm³)	折射率	声速 /(×10⁵ cm/s)	声吸收 /(dB/cm⁻³)	透射波段 /μm	M_e /(×10⁻¹⁸ s³/g)
石英玻璃	0.633	2.20	1.457	L:5.95 S:3.76	13(GMC)	0.2～2.5	L:1.56 S:0.467
火石玻璃 F4	0.633	3.59	1.616	3.63	3(40MC)	0.45～2.5	4.51
重火石玻璃	0.633	6.17	1.96	3.26	3(40MC)	0.45～2.5	19
特重火石玻璃	0.633	6.3		3.1	3(MC)	0.45～2.5	19
碲酸盐玻璃	0.633	5.87	2.09	3.40	300(GMC)	0.47～2.7	23.9
As_2S_3 玻璃	1.15	3.20	2.46	2.6	450	0.6～11	347
As_2Se_3 玻璃	1.15	4.64	2.89	2.25	280	0.9～11	1090
$Ge_{33}As_{12}Se_{36}$ 玻璃	1.06	4.40	2.70	2.52	29	1～14	248

六、磁光玻璃

物质在强磁场的作用下，能使通过它的平面偏振光的偏振方向发生旋转，这种现象称为法拉第(Faraday)效应或磁致旋光效应。Faraday 效应发生的原因，是由于物质内部原子或分子中的电子在强大的磁场作用下引起旋进式运动所致。产生磁光效应时，偏振面旋转的角度与磁场强度、光路长度以及物质的旋光性能有以下关系：

$$\theta = VHL \tag{36-35}$$

式中，V 为费尔德(Verdet)常数，用来表示物质的磁光特性，V 值为正值的物质称为逆磁性物质，负值为顺磁性物质；H 为磁场强度；L 为样品长度，即光路长度；θ 为偏振面偏转角度。

法拉第磁光玻璃分为两种类型：一种为顺磁型，含 Pr^{3+}、Ce^{3+}、Nd^{3+}、Tb^{3+}、Dy^{3+} 等顺磁性稀土离子；另一种为逆磁型，含有极化率高的 Pb^{2+}、Sb^{3+}、Te^{4+}、Tl^{+} 等逆磁性离子。其中顺磁性玻璃的 Verdet 常数较大，可提高磁光效应的灵敏度，但 Verdet 常数随温度变化也较大，测量结果易受环境温度的影响。逆磁性玻璃的 Verdet 常数虽然随环境温度变化时基本不变，但是由于其 Verdet 常数较小，严重影响了磁光效应的灵敏度。旋光玻璃具有较高的 Verdet 常数、高透射率及良好的机械、物理和光学性能，从而可制造出体积小、性能高的旋光器，在磁光隔离器、磁光调制器、磁光开关和光纤电流传感器等器件中有着广泛的应用前景。

磁光材料的选择依赖于其用途、所需波长、可利用的磁场以及各种物理性质。其中最重要的特征是 Verdet常数和材料的光损耗系数(α)。磁光材料的 Verdet 常数大、光损耗系数小，则品质好。作为优良的磁光材料还要求有各向同性的光学性质，不存在结构因素产生的双折射，以及具有良好的物理、化学性能。表 36-97 和表 36-98 列出了几种磁光玻璃的性质。

表 36-97　逆磁玻璃的 Verdet 常数

玻璃牌号	n_d	$n_F - n_C$	阿贝数	不同波长的 Verdet 常数/(rad/(T·m))			
				435.8 nm	546.1 nm	632.8 nm	1 060 nm
SF59	1.952 5	0.046 774	20.36	69.8	37.2	28.5	8.1
SF58	1.917 6	0.042 658	21.51	63.1	34.3	23.9	7.6
SF57	1.846 6	0.035 534	23.83	52.4	28.8	20.1	6.7
SF6	1.805 2	0.031 660	25.43	45.1	25.3	17.7	6.1
SF1	1.717 4	0.024 307	29.51	34.9	19.8	14.3	4.9
SF5	1.672 7	0.020 884	32.21	29.8	16.9	11.9	4.1
SF2	1.647 7	0.019 735	33.85	27.1	15.4	11.0	3.8
F2	1.620 0	0.017 050	36.37	24.1	13.7	9.9	3.5
BK7	1.516 8	0.008 054	64.17	9.6	5.8	4.1	1.8

表 36-98　高 Tb_2O_3 旋光玻璃产品

制造商		中科院上海光学精密机械研究所			Kigre			Hoya
玻璃牌号		TG20	TG28	TG32	M18	M24	M32	FR5
Verdet 常数 /(rad/(T·m))	633 nm	−75.1	−104.7	−116.4	−74.8	−88.2	−98.4	−70.4
	1 064 nm	−21.8	−30.8	−34.4	−20.5	−26.1	−29.0	−20.7
n_d		1.688 7	1.750 0	1.774 1	1.681 8	1.700 9	1.727 5	1.688 3
阿贝数		53.14	50.89	48.47	48.81	52.23	51.37	53.56
n_2/($\times 10^{-13}$ esu)		2.64	2.42	2.7	2.7	2.6	2.9	2.45
d/(g/cm³)		4.32	4.99	5.23	4.33	4.45	4.85	4.28
热膨胀系数/($\times 10^{-7}$/℃)		51.3	69.0	60.0	56.3	55.9	60.0	50.0
转变温度 T_g/℃		760	759	752	757	775	774	756
软化温度 T_f/℃		800	800	816	799	810	810	801

第四节　镜片毛坯材料及表面镀膜用金属材料

保持反射面不变形是对反射镜材料最重要的要求。要求在任何方位的重力场和严重的温度梯度以及各种不稳定的状态下，反射镜面也应保持稳定不变。通常的反射镜都是在镜片毛坯上涂镀一薄层金属或多层电介质或金属电介质叠层作为反射表面，反射镜毛坯必须能为这些镀层提供一个光滑的基底面。理想的反射镜毛坯应是极其光滑、极其稳定、无限硬且膨胀系数为 0 的材料。

一、基片表面粗糙度

由于要求反射镜毛坯表面抛制得非常光洁，一般认为非晶态固体材料是最适宜的。直到最近，玻璃态材料还是唯一可被选用的毛坯材料。但是由于在金属表面上蒸镀无定形非晶态薄层技术的发展，使得采用任何材料做毛坯都成为可能。

对于表面粗糙度来说，不需要有多种材料供选择，不含气孔的任何材料都能加工到非常光滑。采用适当的工艺，并花费足够的时间去抛光，就能达到所要求的光洁度。对用于短波长（如紫外光）的系统，则需要更长时间的抛光，以便达到更加光滑而具有更低散射的表面。

二、基片稳定性

在光学表面加工出来后，反射镜不变形是最重要的。不稳定性的最常见的原因是镜坯在生产和成形过程中残存的内应力的释放。

只要精细退火，就会消除其内应力。各生产厂都知道在生产光学玻璃时，高的原料纯度和精密退火是必不可少的要求，玻璃态材料通常都是透明的，测量光通过玻璃毛坯时是否发生双折射是确定透明材料中内应力的好方法。所产生的双折射的大小与玻璃样品的内应力大小和样品厚度成正比。当一个有应力的材料放在两个正交偏振器之间时，应力双折射被显示成条纹。当条纹少于一个时，可以用被测材料的条纹的颜色同已知双折射的材料如云母制作的色彩板比较而定量的确定。每厘米厚度有 5 μm 颜色变化的毛坯材料已很稳定。广泛使用不透明材料，如金属等作为精密反射镜毛坯的最大障碍是缺乏好的内应力检验方法。

三、刚度

一个反射镜的变形大小与其尺寸大小、支撑方法、在重力场中的取向以及材料本身有关。由一个简单的例子可以看出各因素贡献的大小。假定将一个半径为 r、厚度为 t 的圆板对准中心支撑于半径 b 的圆环上，则其边缘的变形 δ_r 是密度 ρ、杨氏模量 E、泊松比 E 的函数：

$$\delta_r = K\frac{r^4}{t^2}\frac{\rho}{E} \tag{36-36}$$

式中，K 是泊松比 ν 及 b 对 r 之比的复杂函数。将泊松比 ν 写成关系 $1-\nu^2$。熔石英的比值 ν 为 0.14，则

$$1-0.14^2=0.98$$

大部分材料的比值为 0.3，则

$$1-0.3^2=0.91$$

可见材料的变更对 K 没有太大影响。然而，比值则随材料变更而发生显著变化，这可由表 36-99 看出。

表 36-99 反射镜毛坯材料的特性

材料		密度 ρ /(g/cm³)	弹性模量 E /GPa	$\frac{\rho}{E}$ /(×10⁻⁶g/(N·m))	膨胀系数 α /(×10⁻⁶K⁻¹)	导热系数 k /(W/(m·K))	$\frac{\alpha}{k}$ /(×10⁻⁹m/W)
氧化铝		3.85	350	11	6.0	17	353
铝		2.70	69	39	24	222	108
氧化铍		3.03			9.5	176	54
铍		1.82	280	6.5	12	159	75
维他玻璃陶瓷		2.50	92	27	0.05	1.7	29
熔石英	7940	2.20	73	30	0.55	1.4	393
	ULE7971	2.21	68	32	0.035	1.3	27
镁		1.74	45	39	26	159	164
派勒克斯 7740		2.35	68	35	3.2	1.1	2 909

显然，对于同样大小和支撑方法，铍反射镜毛坯的变形是表列材料中最小的。其余材料差别很小。

四、基片热畸变

由于温度改变而引起的光学图像的改变，通常与热膨胀系数成正比。由温度梯度引起的畸变与膨胀系数和热导率之比有关。

五、望远镜镜坯玻璃

反射镜是天文望远镜中的光学元件，反射镜的主要技术问题有自重引起的镜面变形和镜体温度梯度产生的镜面热膨胀变形，这些问题对太空望远镜更加突出。因此，镜坯材料的性能直接关系到反射镜镜面质量，对镜坯材料的具体要求有：①综合热性质好；②密度小，质量轻；③强度大，不因力学应力而变形；④易进行光学加工，且可加工成光学表面；⑤材料表面及内部无缺陷；⑥易镀膜，且膜层牢固；⑦不应因环境作用而发生性能变化，还应是无毒安全材料。评价反射镜材料性能的品质因数有：

1)材料比刚度：材料弹性模量与密度之比，即 E/ρ。

2)共振频率定义为 $(E/\rho)^{1/2}$，用于比较给定几何结构的共振频率。

3)稳态变形系数：材料热膨胀与热传导系数之比，即 α/κ。

4)瞬态变形系数：材料热膨胀系数与热扩散系数之比，即 α/D。

常用望远镜镜坯玻璃的性能列于表 36-100 中。

表 36-100　常用望远镜镜坯玻璃的性能

性　能	追求值	熔石英	超低膨胀石英	微晶玻璃	ZK7 玻璃
密度 ρ/(t/m^3)	小	2.19	2.21	2.53	1.51
弹性模量 E/GPa	大	72	67	91	61
泊松比 ν	小	0.17	0.17	0.24	0.214
热胀系数 α/($\times10^{-6}$/K)	小	0.05	0.03	±0.03	4.5
导热系数 k/(W/(m·K))	大	1.4	1.31	1.64	1.042
比热容 C_p/(J/(kg·K))	大	750	766	821	770
热扩散系数 D/($\times10^{-6}$ m^2/s)	大	0.85	0.77	0.78	—

六、反射镜面镀膜用金属材料

具有优良反射性能的反射镜表面材料是个专门的研究课题。现在许多反射镜表面材料已采用多重电介质或多种金属和电介质镀层，有一些还采用蒸镀铝、银、金等金属材料。可用作反射镜面镀层的多种材料的特性在图 36-209～图 36-215 以及表 36-101 中给出。当然这些材料的特性还因蒸镀条件的不同而不同。

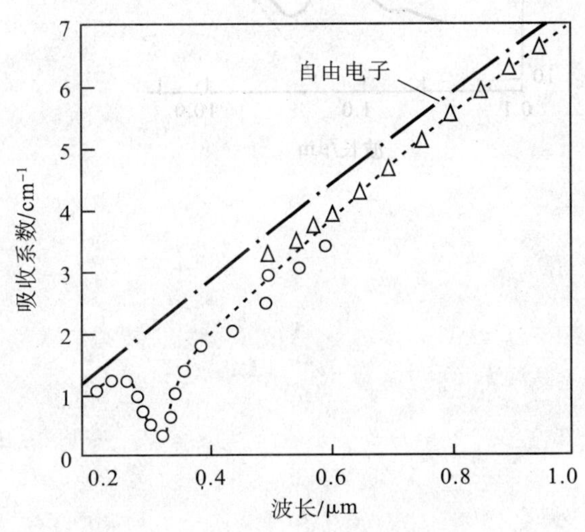

图 36-209　银的吸收系数曲线[208-209]

图中不同符号的点为不同测定者的结果

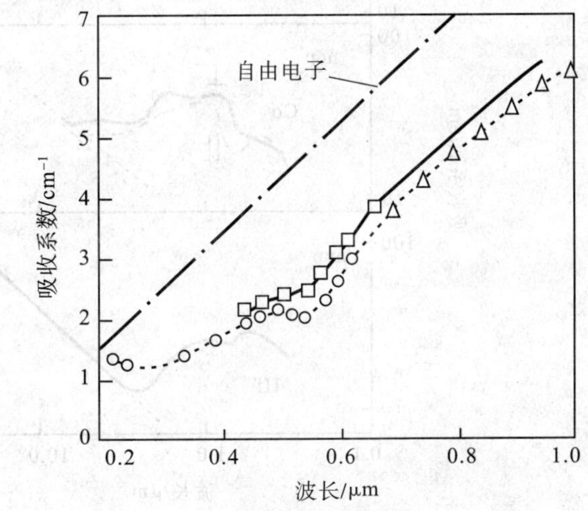

图 36-210　金的吸收系数曲线[206,209-211]

图中不同符号的点为不同测定者的结果

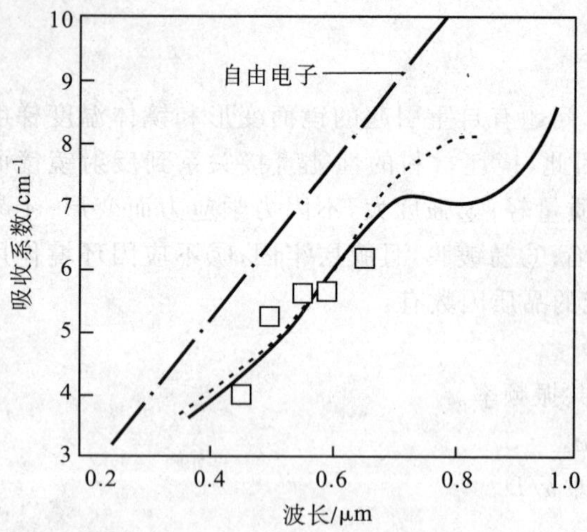

图 36-211　铝的吸收系数曲线[206,208,212]

图中不同符号点表示不同测定者的结果

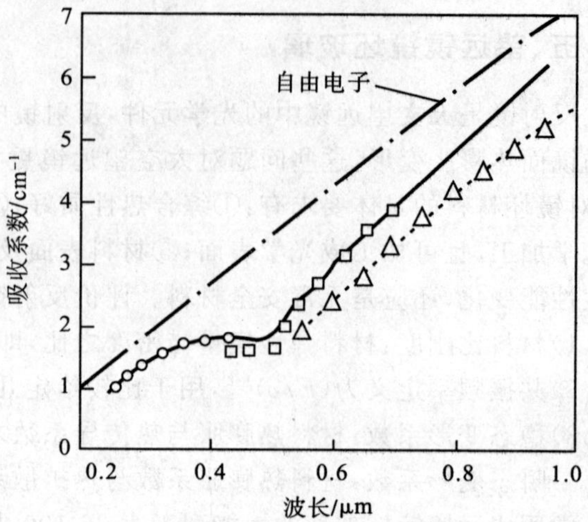

图 36-212　铜的吸收系数曲线[206-207,211]

图中不同符号点表示不同测定者的结果

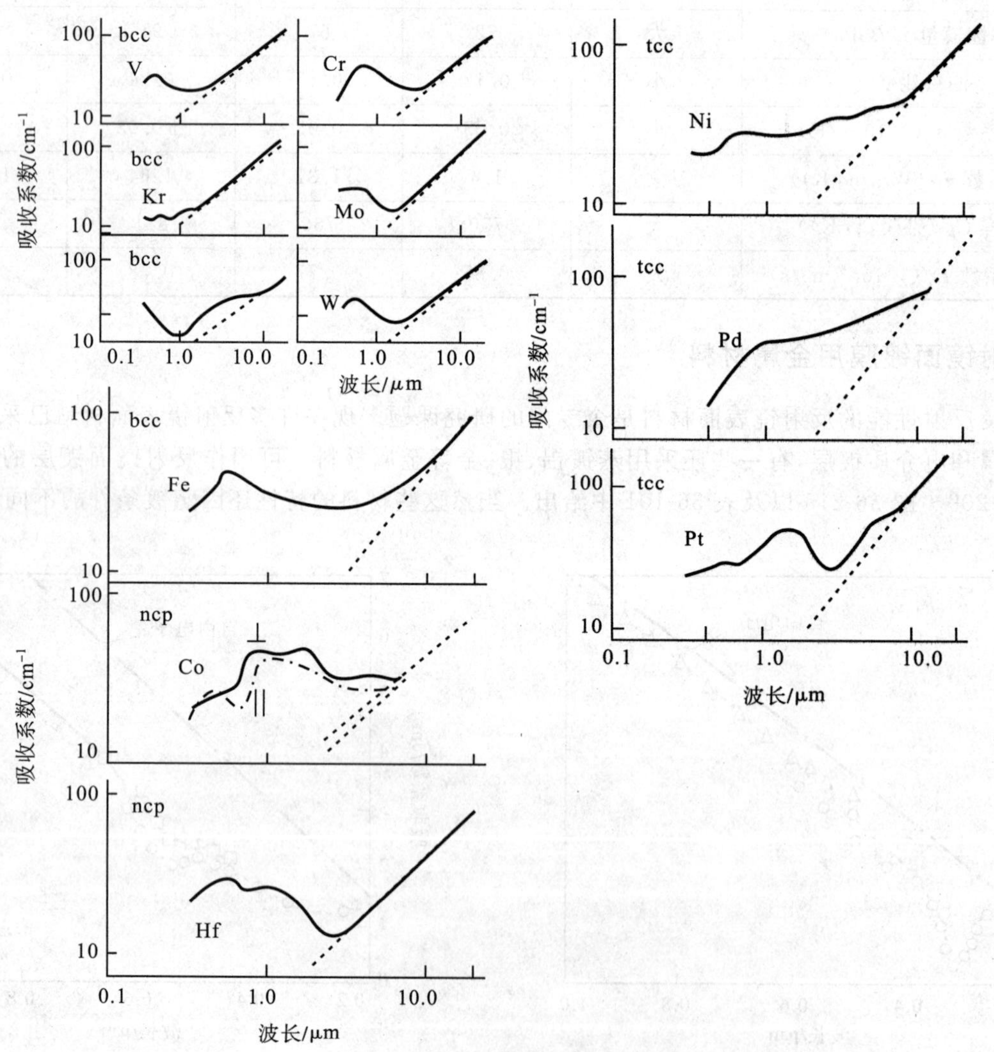

图 36-213　某些金属的吸收系数[214]

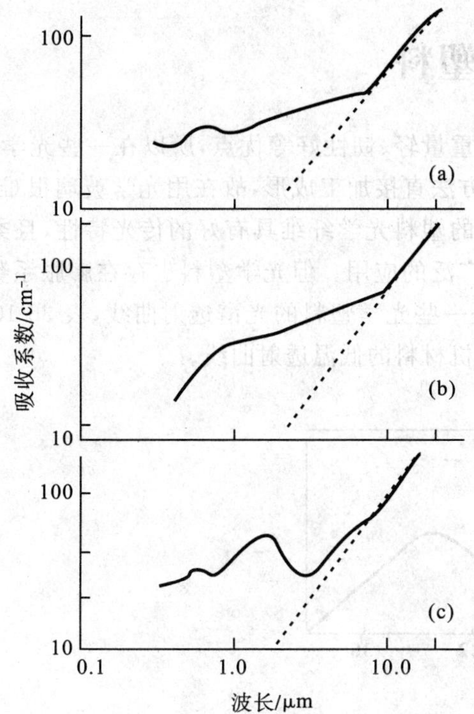

图 36-214　面心立方系材料的吸收曲线[215]

(a)镍;(b)钯;(c)铂。点线表示内能带的贡献

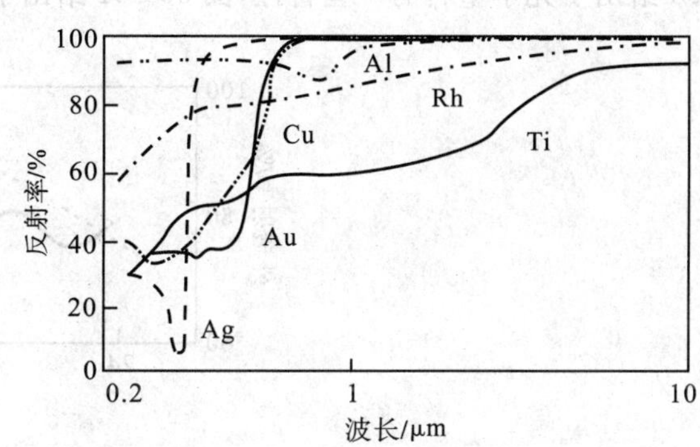

图 36-215　银、金、铝、铜、铑和钛膜的反射率[215]

表 36-101　金、银、铜、铝的吸收系数 α 和折射率 n[206,213]

波长 λ/μm	Ag		Au		Cu		Al	
	α/cm^{-1}	n	α/cm^{-1}	n	α/cm^{-1}	n	α/cm^{-1}	n
0.40	1.93	0.075	…	1.45	…	0.85	3.92	0.40
0.45	2.42	0.055	1.88	1.40	2.20	0.87	4.32	0.49
0.50	2.87	0.050	1.84	0.84	2.42	0.88	4.80	0.62
0.55	3.32	0.055	2.37	0.34	2.42	0.72	5.32	0.76
0.60	3.75	0.060	2.97	0.23	3.07	0.17	6.00	0.97
0.65	4.20	0.070	3.50	0.19	3.65	0.13	6.60	1.24
0.70	4.62	0.075	3.97	0.17	4.17	0.12	7.00	1.55
0.75	5.05	0.080	4.42	0.16	4.62	0.12	7.12	1.80
0.80	5.45	0.090	4.84	0.16	5.07	0.12	7.05	1.99
0.85	5.85	0.100	5.30	0.17	5.47	0.12	7.15	2.08
0.90	6.22	0.105	5.72	0.18	5.86	0.13	7.70	1.96
0.95	6.56	0.110	6.10	0.19	6.22	0.13	8.50	1.75

第五节 光学塑料

光学塑料比起光学玻璃来，具有价格便宜、制造加工容易、重量轻、韧性好等优点，所以在一些光学仪器中已经用作透镜、防护镜等光学材料。由于它可用注射和模塑等方法直接加工成形，故在用光学玻璃很难加工出来的光学元件，改用光学塑料就很方便。特别是光学塑料拉制的塑料光学纤维具有好的传光特性，且柔软、质轻，故在中短距离的传光、信号传输、医疗器械等方面都得到了广泛的应用。但光学塑料也存在膨胀系数大、硬度低、耐热及化学稳定性较差等缺点。图 36-216～图 36-230 是一些光学塑料的光谱透射曲线，表 36-102 和表 36-103 给出了光学塑料的一些特性，图 36-231 给出了有机和无机材料的低温透射曲线。

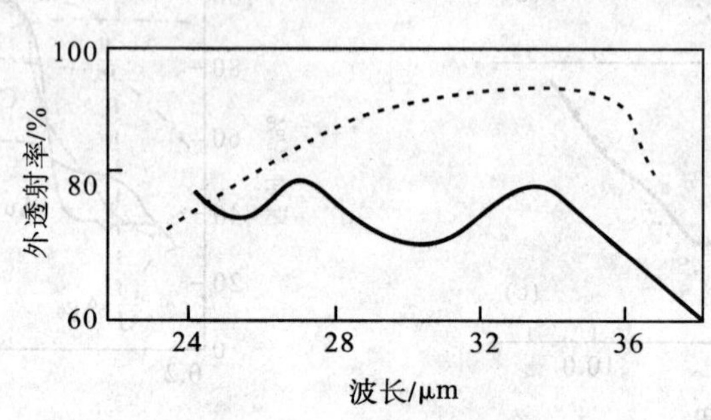

图 36-216 聚乙烯和聚苯乙烯的透射曲线[81]

点线是聚乙烯的透射曲线，样品厚度为0.24 mm；实线是聚苯乙烯的透射曲线，样品厚度为0.025 mm

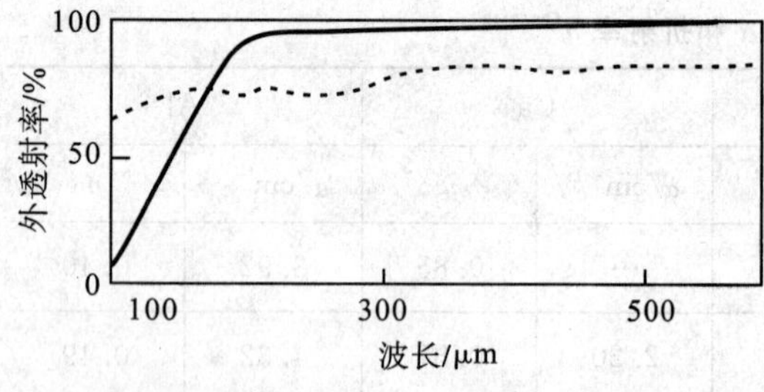

图 36-217 聚苯乙烯和聚乙烯的透射曲线[31]

实线是聚苯乙烯的透射曲线，样品厚度为5 mm；点线是聚乙烯的透射曲线，样品厚为 3.21 mm

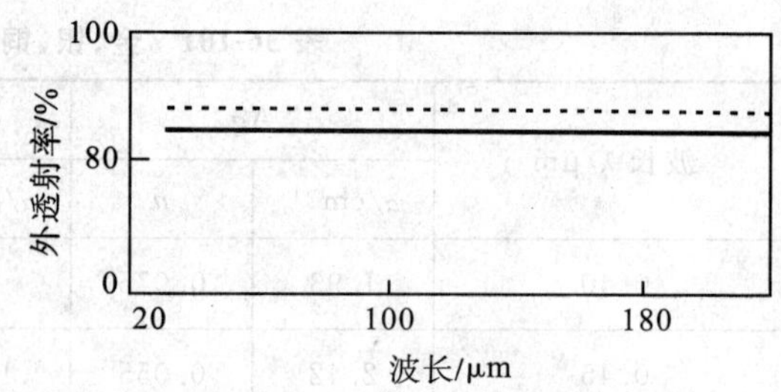

图 36-218 聚乙烯的透射曲线

点线样品厚度为 0.64 mm，实线样品厚度为 1.0 mm

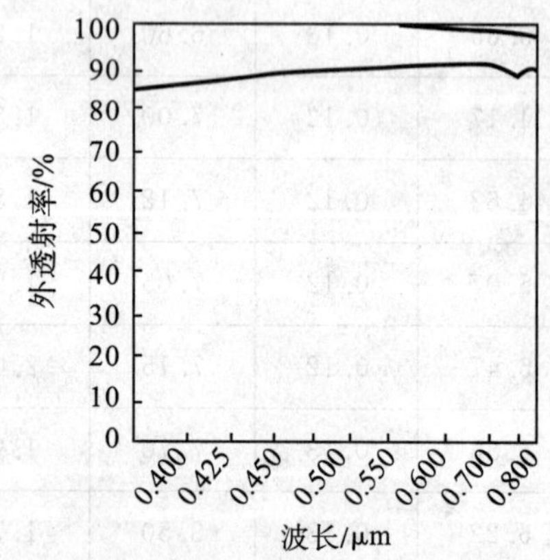

图 36-219 厚度为 5.08 mm 的聚苯乙烯在 0.400～0.960 μm 波段的透射曲线[201]

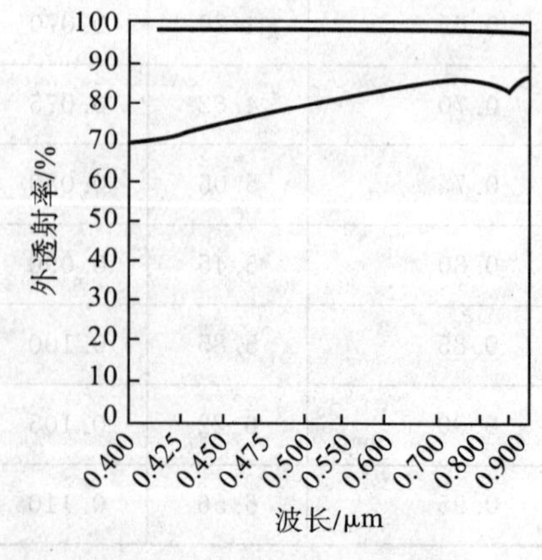

图 36-220 厚度为 5.08 mm 的聚甲基戊烯(TPX) 在 0.400～0.960 μm 波段的透射曲线[201]

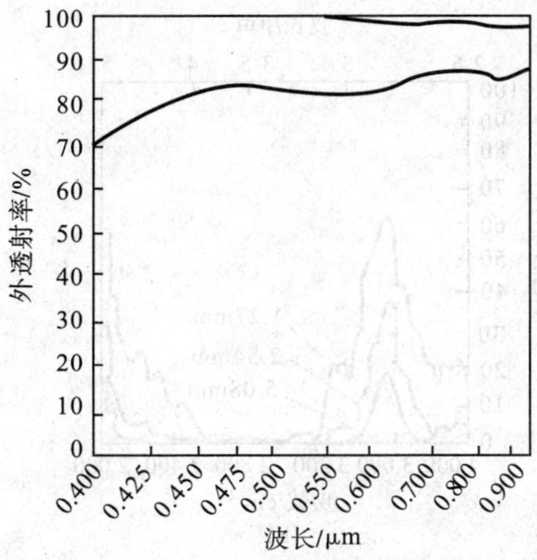

图 36-221　厚度为 5.08 mm 的丙烯酸(V811)在 0.400～0.960 μm 波段的透射曲线[201]

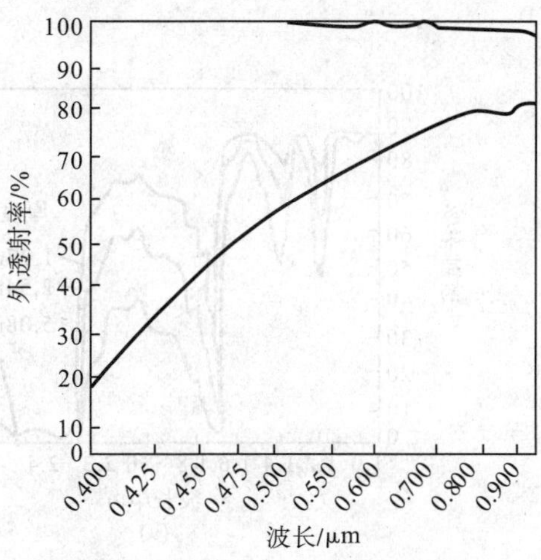

图 36-222　厚度为 5.08 mm 的聚砜在 0.400～0.960 μm 波段的透射曲线[201]

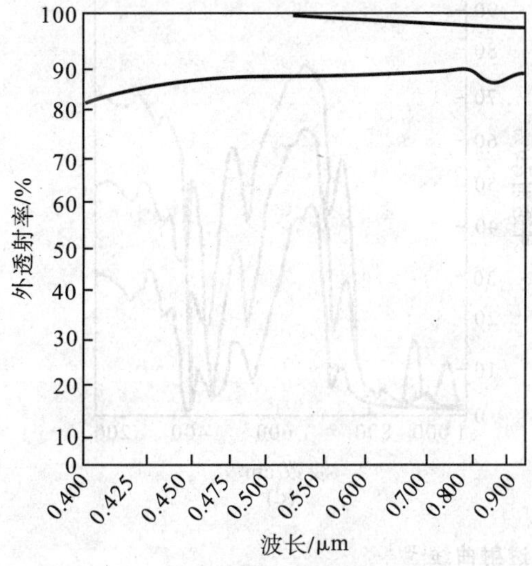

图 36-223　厚度为 5.08 mm 的苯乙烯-丙酸烯酯共聚物在0.400～0.960 μm 波段的透射曲线[201]

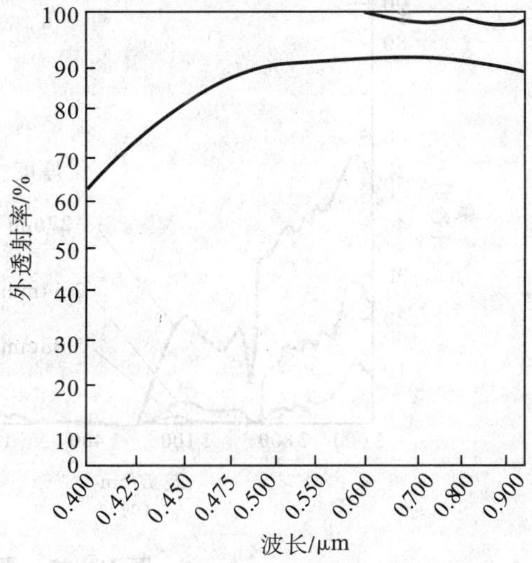

图 36-224　厚度为 5.08 mm 的透明聚酰胺在0.400～0.960 μm 的透射曲线[201]

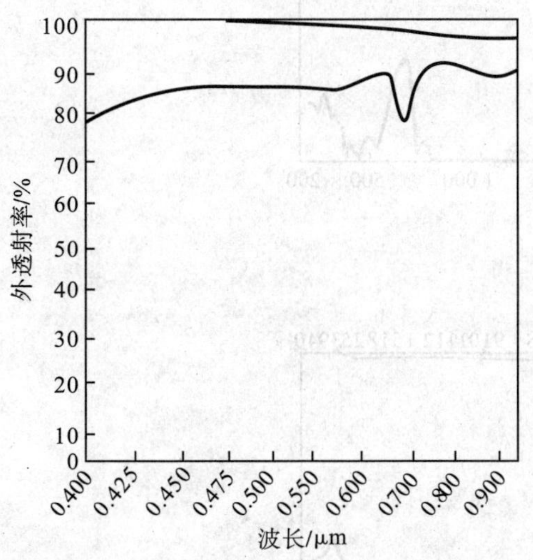

图 36-225　厚度为 5.08 mm 的聚碳酸酯在 0.400～0.960 μm 波段的透射曲线[201]

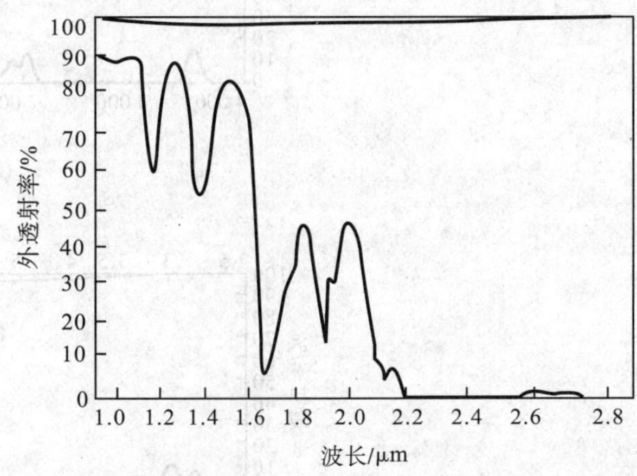

图 36-226　厚度为 5.08 mm 的丙烯酸(V811)在 0.940～2.850 μm 波段的透射曲线[201]

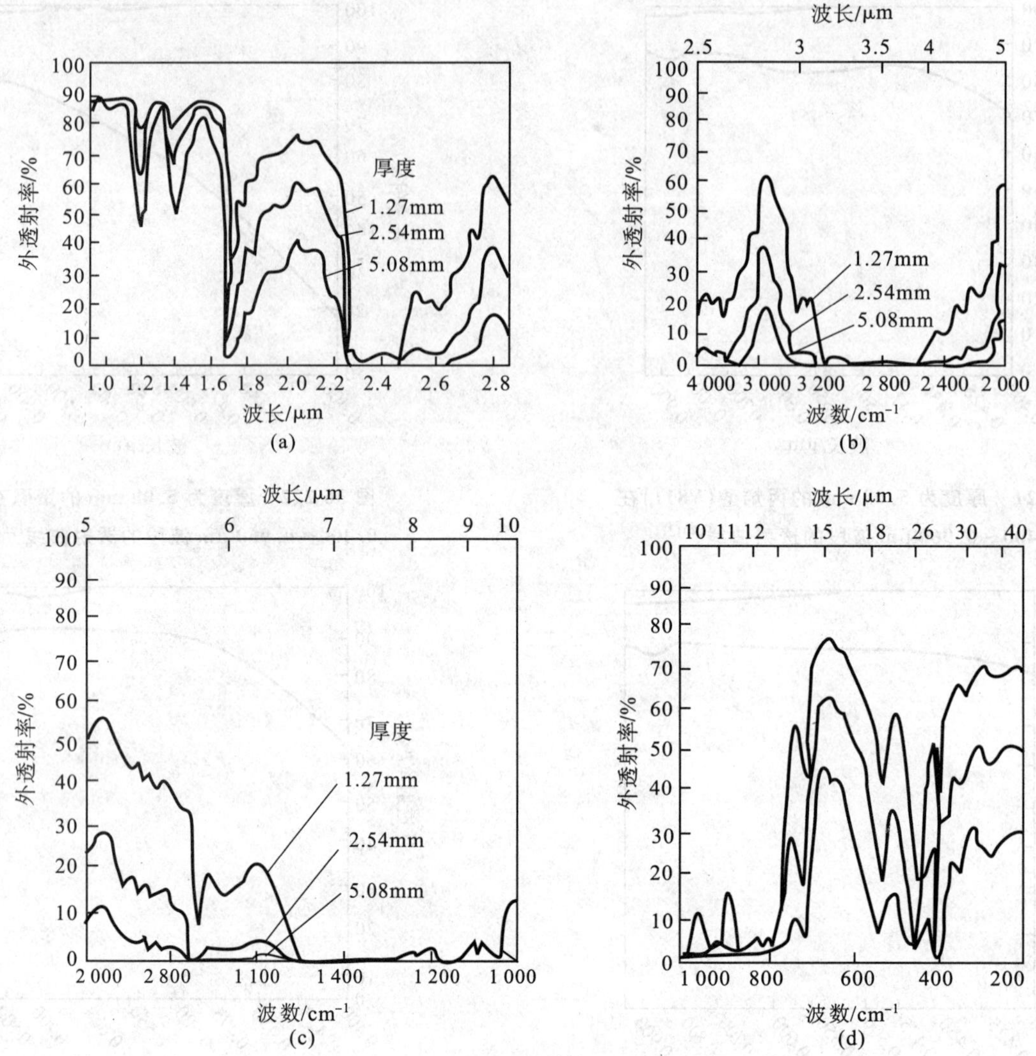

图 36-227　聚甲基戊烯(TPX)的透射曲线[201]

(a)在 0.940～2.850 μm 波段内；(b)在 2.5～5.0 μm 波段内；(c)在 5～10 μm 波段内；(d)在 10～40 μm 波段内

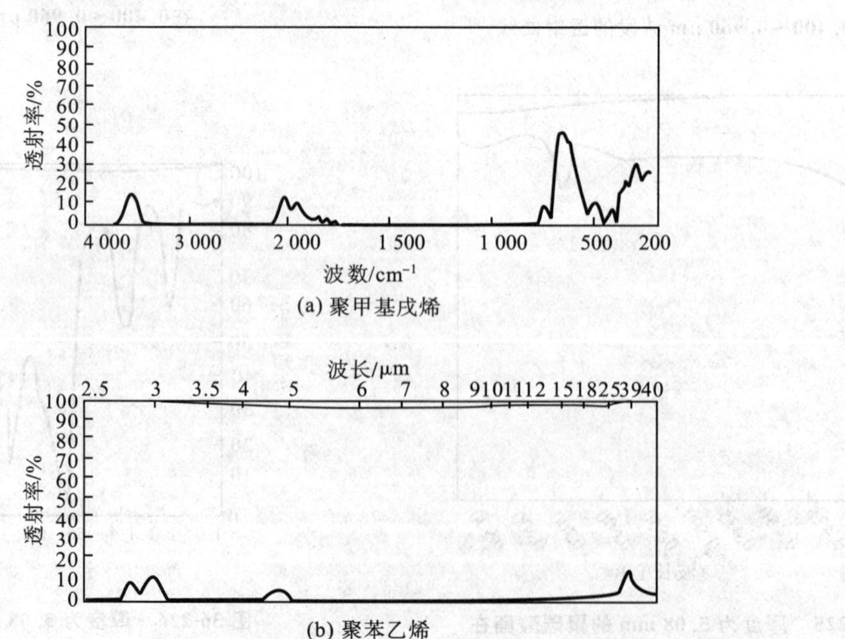

(a) 聚甲基戊烯

(b) 聚苯乙烯

图 36-228　厚度为 5.08 mm 的两种材料在 2.5～40 μm 波段内的透射曲线[210]

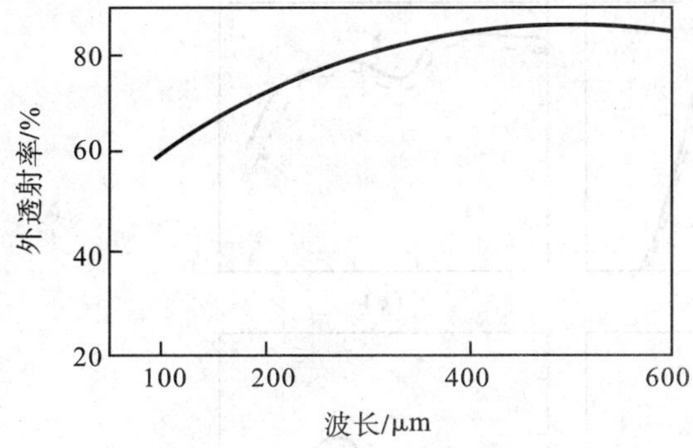

图 36-229　聚四氟乙烯的透射曲线[1]

样品厚度为 1.81 mm

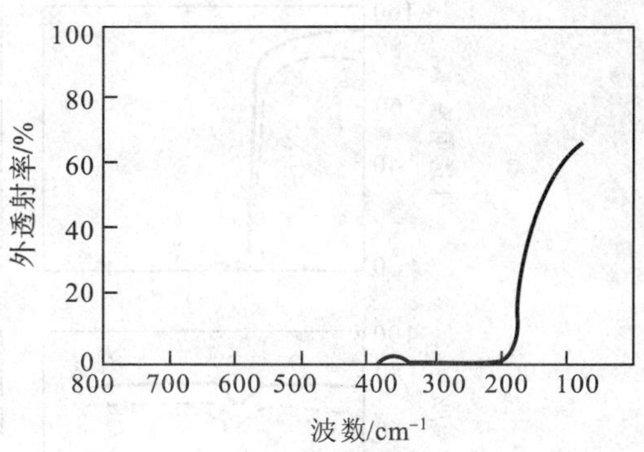

图 36-230　聚四氟乙烯的透射曲线[82]

样品厚度为 1.6 mm

表 36-102　光学塑料性能表

塑料名称 \ 性能	密度 /(g/cm^3)	膨胀系数 /(×10^{-5}/℃)	折射率 n_d	阿贝数 γ
烯丙基二甘醇碳酸酯(CR-39)	1.32	9～10	1.498	53.6
聚甲基丙烯酸甲酯	1.19	6.3	1.492	57.8
聚苯乙烯	1.10	8	1.591	30.8
苯乙烯甲基丙烯酸甲酯共聚体	1.14	6.6	1.533	42.4
甲基苯乙烯甲基丙烯酸甲酯共聚体	1.17		1.519	
聚碳酸酯	1.2	7	1.586	29.9
聚酯苯乙烯	1.22	8～15	1.54～1.57	43
苯乙烯丙烯腈共聚体(SAN)	1.07	7	1.569	35.7
聚环己基甲基丙烯酸酯	1.095	7.6	1.506	57
聚二甲基衣康酸酯			1.497	62
聚二甲基酞酸酯			1.566	33.5
玻璃树脂(Type 100)			1.495	40.5
NMA75-E_tIP_b 25 共聚体	1.333		1.504	
NMA50-E_tIP_b 50 共聚体	1.516		1.523	45
NMA25-E_tIP_b 75 共聚体	1.727		1.541	
E_tIP_b 100	2.019		1.567	
纤维素	1.30	9～10	1.47～1.50	45～50
聚甲基 α-氢丙烯酸酯			1.517	57
聚烯丙基甲基丙烯酸酯			1.519	49
聚乙烯环己烯二氧化物			1.530	56
聚乙烯二甲基丙烯酸酯			1.506	54
聚乙烯萘			1.680	20
聚甲基戊烯(TPX)	0.83		1.466	56.4
透明聚酰胺			1.566	

注：E_tIP_b 是衣康酸乙基铅盐。

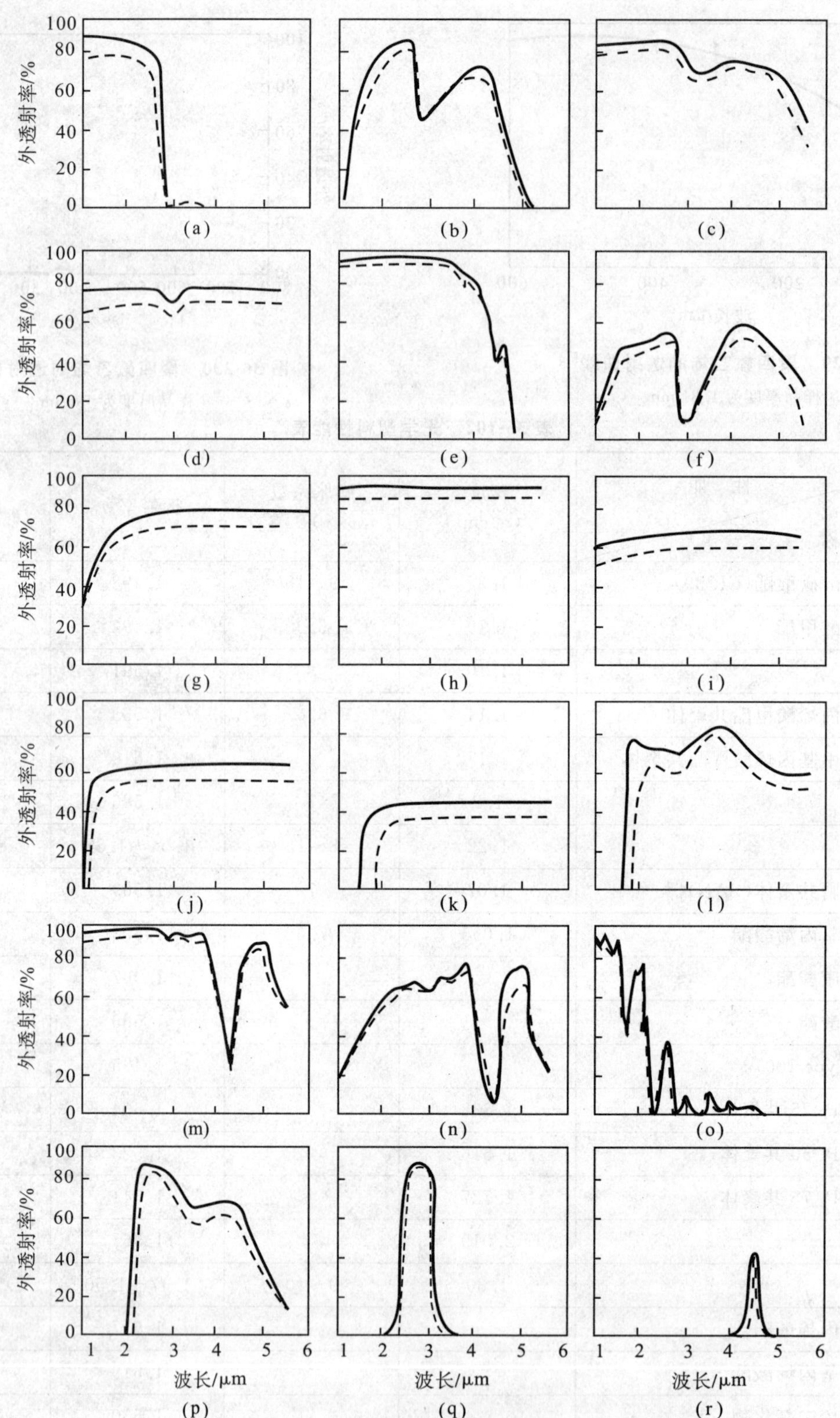

图 36-231 一些材料的低温透射曲线[212]

实线除(b)(j)(k)(p)和(r)是在−195℃外其余都在−185℃，虚线是在26℃未降温时的曲线。(a)科宁8363，厚度为1.8 mm；(b)RIR1，厚度为1.0 mm；(c)RIR20，厚度为2.4 mm；(d)三硫化砷玻璃，厚度为4.4 mm；(e)熔石英，厚度为1.0 mm；(f)含 Fe_2O_3 的 $CaAlO_3$，厚度为4.0 mm；(g)Irtran ABC11，厚度为2.0 mm；(h)氧化镁，厚度为3.2 mm；(i)硒，厚度为2.0 mm；(j)硅，厚度为6.2 mm；(k)锗，厚度为3.4 mm；(l)镀有一层氧化硅减反射膜的锗，厚度为0.8 mm；(m)聚四氟乙烯，厚度为0.45 mm；(n)Kel-F，厚度为0.5 mm；(o)有机玻璃，厚度为1.45 mm；(p)带通干涉滤光片；(q)干涉滤光片；(r)狭带滤光片

表 36-103　几种光学塑料在不同温度和波长时的折射率

光谱线	波长 λ /μm	聚苯乙烯			聚环乙基甲基丙烯酸酯			聚甲基丙烯酸酯		烯丙基二甘醇碳酸酯
		15℃	35℃	55℃	15℃	35℃	55℃	15℃	20℃	20℃
A	0.7679	1.5812	1.5785	1.5785	1.5016	1.4992	1.4964			
C	0.6563	1.5870	1.5843	1.5816	1.5044	1.5021	1.4992	1.489	1.4890	1.501
D	0.5896	1.5923	1.5897	1.5869	1.5071	1.5046	1.5018	1.491	1.4913	1.490～1.504
E	0.5461							1.493	1.4932	
F	0.4861	1.6062	1.6034	1.6006	1.5134	1.5010	1.5081	1.497	1.4975	1.510
G	0.4358	1.6176	1.6148	1.6120	1.5148	1.5160	1.5131	1.501	1.5019	
ν值		31.0			56.9			57.8		

第六节　激光材料[200,216]

固体激光材料是由固体介质作为基质，并在其中通过人工方式引入激光中心后的共存体。激光中心可以是在配体作用下的过渡金属离子、稀土金属离子和色心。固体介质可以是玻璃材料、晶体材料、陶瓷材料、固体染料、有机固体材料等。在激光器件中，固体激光材料表现为棒状、片状、微片状、光纤状、特殊设计形态，它们的功能可提供激光增益。本节列出已经商品化的几种主要激光玻璃和激光晶体的基本特性参数，为使用和选择这些激光材料的读者提供基本参考，关于激光材料在基质方面的特性参数，可以从相关章节中对应查阅。

一、激光材料的光谱特性

在选用激光材料进行器件设计的工作中，主要考虑激光材料两方面的特性：一是激光材料的热-力学、损伤等特性，这方面主要取决于基质材料，部分数据可参考有关章节的内容；另一方面是激光材料的光谱特性，它很大程度上决定了激光器件在能量(或功率)上的输出性能。

激光材料的光谱特性主要包括激光的激发-发射的波长和强度，前者首先取决于能级，后者主要取决于光谱选择定律。

计算介质中激活离子的能级，一般情况下考虑的总哈密顿算符为

$$\hat{H}=\hat{H}_c+\hat{H}_e+\hat{H}_{so}+\hat{V}_{CF} \tag{36-37}$$

式中，$\hat{H}_c$ 为电子在近似中心场中的哈密顿算符，包括电子动能和核对电子的库仑作用势能；$\hat{H}_e$ 为电子间的静电相互作用；$\hat{H}_{so}$ 为自旋-轨道耦合作用；$\hat{V}_{CF}$ 为电子在晶格场中的势能。

由于同一离子中内部满层电子对外层电子不同电子组态谱项的哈密顿量的贡献是相同的，可将内层轨道上电子的贡献作为常数项处理。而且，同一离子在各配位场中的 $\hat{H}_c$ 也是相同的，也可以作为总哈密顿量中的常数项。自旋-轨道耦合项，一般小于电子相互作用项和配位场势能项，所以自旋-轨道耦合项是作为微扰项处理的。随后的能级计算粗略分为两种处理方法：①认为总哈密顿量中起主要作用的是电子间的相互作用项：$\hat{V}_{CF}<\hat{H}_e$，在首先将 $\hat{H}_e$ 对角化的表像中讨论 $\hat{V}_{CF}$ 矩阵。采用此处理顺序的晶体场理论，相当于将自由离子放置到晶体场中，由于角动量轨道在配位场中的分裂，构成处于特定晶体场中离子的电子组态谱项。②认为总哈密顿量中起主要作用的是电子在配位场中的势能：$\hat{V}_{CF}>\hat{H}_e$，在首先将 $\hat{V}_{CF}$ 对角化的表像中讨论 $\hat{H}_e$ 矩阵。采用此处理顺序的配位场理论，相当于将 d^n 电子组态处理为相互独立的 n 个 d 轨道电子，角动量

轨道 d 在配位体场中将发生分裂，然后在电子间相互作用下，电子组态的谱项将进一步分裂。弱场图像和强场图像是对同一离子电子组态谱项讨论时选用的两种表像，它们得到的结论大体上是一致的。

过渡金属以离子形态掺入固体介质中，其电子组态为 $3d^n$。由于失去了外围 4s 电子和部分 3d 电子，余下的 3d 电子基本上是裸露在晶格场中的，与近邻离子的电势场能够发生比较强烈的相互作用，d 电子轨道被解除简并，相应地形成大致位于可见光波段的低能量状态的能级系列。

过渡金属离子的 d-d 跃迁是宇称禁戒跃迁，所观测到的光谱现象是由于在实际晶格中激活离子周围的环境导致不满足宇称禁戒，打破禁戒的主要原因：一是中心离子实际上处于不对称性的局域格位，二是配体离子发生了不对称振动。

$3d^n$ 电子能级的计算结果与实际光谱之间的比较，必须考虑到在系列频率下晶格振动对内电势场的调制，从而最终导致电子能级与声子耦合后形成的连续振动带分布状态。此种振动对电子能级的调制，对过渡金属离子的光谱特征具有非常大的影响。

处于介质中的稀土离子仍然保持与自由离子(原子)大致相同的类线性光谱，这是由于它们的 4f 电子受外层 $5s^2$ 和 $5p^6$ 满电子壳层的强屏蔽作用，导致外界电场、磁场和配位场对 4f 电子的影响较弱。稀土离子能级的分裂程度首先取决于电子之间静电斥力作用的大小，一般情况下将造成能级间距约为 $10^4\ cm^{-1}$ 量级的分裂；其次，自旋-轨道之间的相互作用，将造成能级间距约为 $10^3\ cm^{-1}$ 量级的分裂；受晶体场作用，将造成能级间距约为 $10^2\ cm^{-1}$ 量级的分裂。在不同介质材料中 $4f^n$ 组态的稀土离子的能级位置有所差异，但这种差别通常在几百波数以内。

虽然根据光谱选择定律，4f-4f 跃迁属于 $\Delta L=0$ 的电偶极禁戒跃迁，但事实上大多数情况下均可以观测到介质中稀土离子的此类跃迁。大部分三价镧系离子的吸收光谱和荧光光谱主要发生并表现在 4f-4f 电偶极跃迁，其跃迁强度要远大于禁戒跃迁的强度。这一现象的主要原因是：由于 $4f^n$ 组态混合了具有相反宇称的 $4f^{n-1}5d$ 的状态，而这种混杂是由于无对称中心的晶体场引起的，使得原来属于禁戒的 4f-4f 跃迁的禁戒性质被解除，从而能够产生振子强度约为 10^{-6} 到 10^{-5} 的电偶极跃迁，这种跃迁称为诱导电偶极跃迁或强制电偶极跃迁。使得镧系离子的 4f-4f 跃迁光谱具有光谱线强度较低，呈现线状和荧光寿命较长等特点。

二、激光玻璃

激光玻璃是由玻璃基质和其中的激光离子共同组成的玻璃体材料。在玻璃基质中，激光离子与配位离子之间不仅存在离子键相互作用，而且还普遍存在较大的共价键作用，因此玻璃基质对于激光离子的影响程度较大。由于玻璃的无序网络结构，激光离子在网络中所处的格位不是完全等价的，在有差异的配位场作用下，导致不同位置上的激光离子能级分裂在能量上有所差异。因此，激光玻璃表现出来的跃迁谱线特征主要是非均匀加宽，谱线强度与频率的关系可用高斯函数表示。与激光晶体比较，在光谱性质方面，激光离子在玻璃中的受激发射截面通常要小一些，但储能能力要好一些；在基质材料方面，玻璃的热力学性质整体上不如晶体的。一般情况下，激光玻璃主要应用于脉冲激光器和放大器，大尺寸激光玻璃尤其适合于在低频脉冲情况下获得大能量和高功率的激光输出，在大规模和超大规模固体激光系统中，激光玻璃常被用作激光器件的核心工作物质。

激光玻璃在激光波长上的受激发射截面 σ，代表了单位光子使激光离子产生受激发射的概率，在器件设计中是一个决定输出大小的重要参数。可通过 Judd-Ofelt 理论计算得到

$$\sigma=\frac{\lambda^4 A(aJ,bJ')}{8\pi c n^2 \Delta\lambda_{\mathrm{eff}}} \tag{36-38}$$

式中，λ 为激光波长，$\Delta\lambda_{\mathrm{eff}}$ 为荧光谱线的有效线宽，c 为光速，n 为折射率，$A(aJ,bJ')$ 为从初态能级跃迁到终态能级的辐射跃迁概率。

受激发射截面 σ 也可从光谱实验结果再经过理论简化计算得到，如 McCumber 公式：

$$\sigma=\frac{\beta k_r \lambda^4}{8\pi c n^2 \Delta\lambda_{\mathrm{eff}}} \tag{36-39}$$

式中，β 为荧光分支比，k_r 为辐射弛豫速率。

强场下玻璃介质的折射率 n 可表达为

$$n=n_0+n_2E^2 \tag{36-40}$$

式中，n_0 为线性折射率，E 为光的电矢量振幅，n_2 为玻璃材料的非线性折射率。在高能和高功率激光等强光系统中，降低 n_2 成为激光玻璃发展的一个重要方向。激光玻璃的非线性折射率 n_2 可通过测量得出，也常用基于理论简化后的经验公式计算。LLNL 实验室 Glass 计算公式为

$$n_2=\frac{68(n_D-1)(n_D^2+2)^2\times10^{-13}}{\nu_D\left[1.57+\frac{(n_D^2+2)(n_D+1)\nu_D}{6n_D}\right]}\quad[\text{esu}] \tag{36-41}$$

干福熹提出 n_2 的计算可简化为

$$n_2=\frac{3210}{\nu_D}-34.67,\qquad 当\ \nu_D=25\sim68\ 时 \tag{36-42}$$

$$n_2=25.24-0.23\nu_D,\qquad 当\ \nu_D=68\sim90\ 时 \tag{36-43}$$

姜中宏提出 n_2 的计算可进一步简化为

$$n_2=-0.004\nu_D+4.07 \tag{36-44}$$

根据上式计算的误差为 $\pm0.1\times10^{-13}$ esu。总体上玻璃材料的非线性折射率 n_2 的变化范围在 $(0.5\sim25)\times10^{-13}$ esu。

（一）硅酸盐激光玻璃

第一次实现激光输出的掺钕玻璃是 Na_2O-BaO-SiO_2 系统，在初期的高功率装置中使用的钕玻璃也是硅酸盐玻璃系统，其中最著名的为 O-I 公司的 ED-2(Li_2O-CaO-Al_2O_3-SiO_2)激光玻璃系统。后来日本的 Hoya 公司发展的 LSG-91H 也属于同一类型的激光玻璃。ED-2 玻璃的成分为：60.0 SiO_2-2.5 Al_2O_3-27.5 Li_2O-10.0 CaO-0.16 CeO_2（摩尔分数，%），以及 0.5 Nd_2O_3 的掺杂，它的性质参数见表 36-104。

表 36-104 ED-2 类型玻璃的性质

性　质	指　标	性　质	指　标
受激发射截面/($\times10^{-20}$ cm^2)	2.7	$\frac{dn}{dt}$(20～40℃)/($\times10^{-6}$/℃)	1.6
荧光寿命/μs	300	热膨胀系数(20～40℃)/($\times10^{-6}$/℃)	9.0
荧光半宽度/nm	25.2	光程温度系数(20～40℃)/($\times10^{-6}$/℃)	6.6
荧光中心波长/nm	1 062	密度/(g/cm^3)	2.81
非线性折射率 n_2/($\times10^{-13}$ esu)	1.43	弹性模量/MPa	87 181
n_D	1.561 2	剪切模量/MPa	35 205
阿贝数	56.56	泊松比	0.237

Charles F. Rapp 在 CRC 出版社出版的《激光科学技术》第三卷中通过对 LLNL 测定的掺钕硅酸盐玻璃的光谱和物理性质的分析，得出了可以计算玻璃成分与各种性质的线性加和公式：

$$B=a_1p_1+a_2p_2+a_3p_3+\cdots+a_np_n \tag{36-45}$$

式中，B 是性质的量，p_1、p_2、p_3、…、p_n 是玻璃成分的摩尔分数，a_1、a_2、a_3、…、a_n 是所计算性质的不同氧化物的参数（见表 36-105）。

表 36-105 硅酸盐激光玻璃性质的计算参数

组成	σ/($\times10^{-20}$ cm^2)	τ_r/μs	τ/μs	$\Delta\lambda_{eff}$/nm	ρ/(g·cm^{-3})	n_d	ν	n_2/($\times10^{-13}$ esu)	范围/(摩尔分数，%)
SiO_2	0.013 46	6.897	5.491	0.382 8	0.022 4	0.014 69	0.666 6	0.008 93	40.0～95.0
Al_2O_3	0.176 34	2.393	4.939	−0.465 26	0.038 67	0.018 85	0.930 3	0.006 6	0～2.5

续表

组成	σ /($\times10^{-20}$ cm^2)	τ_r/μs	τ/μs	$\Delta\lambda_{eff}$/nm	ρ/(g·cm^{-3})	n_d	ν	n_2 /($\times10^{-13}$ esu)	范围/(摩尔分数,%)
Li_2O	0.044 61	−1.648	−0.633	0.299 1	0.027 78	0.017 03	0.346 2	0.028 37	0～33.0
Na_2O	0.025 42	3.915	5.954	0.282 9	0.031 21	0.016 05	0.447 1	0.021 82	0～35.0
K_2O	0.001 191	13.676	11.076	0.357 3	0.029 62	0.015 97	0.337 5	0.023 36	0～33.0
MgO	0.021 69	−1.892	−0.5	0.59	0.028 78	0.015 86	0.948 9	0.006 61	0～32.0
CaO	0.033 35	0.102	−0.105	0.393 7	0.034 82	0.017 53	0.466 6	0.031 23	0～40.0
SrO	0.030 36	−1.623	1.398	0.379 6	0.051 02	0.017 68	0.625 3	0.021 95	0～20.0
BaO	0.025 54	1.61	3.784	0.312 9	0.068 3	0.018 37	0.481 3	0.029 31	0～25.0
B_2O_3	−0.005 8	17.073	−3.843	0.440 1	0.040 02	0.017 25	0.868 6	0.013 16	0～9.0
TiO_2	0.022 25	−0.512	−4.817	0.506 9	0.038 91	0.020 38	−0.421	0.159 3	0～35.0

(二)磷酸盐激光玻璃

20 世纪 80 年代大型激光核聚变玻璃开始采用磷酸盐玻璃取代硅酸盐玻璃，如 Hoya 公司的 LHG-8，Schott 公司的 LG-750，Kigre 公司的 Q-88 等。这类玻璃有大的 σ 和小的 n_2，并且通过特殊工艺可以除去玻璃中的铂颗粒。

在磷酸盐系统中，偏磷酸盐玻璃在玻璃形成的稳定性和物理化学性质方面都较优越。1965 年蒋亚丝首先在 $BaO\text{-}P_2O_5$ 系统玻璃中实现激光。国外在 1966 年以后相继有关 Nd^{3+} 在磷酸盐玻璃中的光谱、激光的报道和专利的出现。

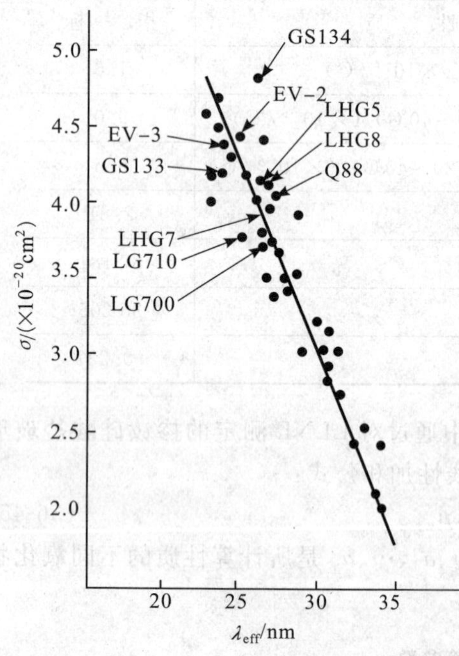

图 36-232 掺钕磷酸盐玻璃的荧光有效半宽度与受激发射截面之间的关系

磷酸盐钕玻璃首先追求高受激发射截面 σ 和低非线性折射率 n_2，通常比硅酸盐玻璃非线性折射率 n_2 要小得多。关于光谱方面，已有不少玻璃组成对玻璃性质影响的研究结果。姜中宏等总结与 $\Delta\lambda_{eff}$ 有关的实验数据，发现存在着线性关系。图 36-232 是掺钕磷酸盐玻璃的 $\Delta\lambda_{eff}$ 与受激发射截面 σ 的关系。通过测定 τ 值，即可计算出量子效率 η 和跃迁概率 A。图 36-233 和图 36-234 是 η 与 A 以及 σ 与 A、τ 之间的关系。这些参数近似于线性，可以解释为

$$\sigma=\frac{1.88\times10^{-6}\times S'_{750}}{\Delta\lambda_{eff}} \tag{36-46}$$

在磷酸盐玻璃中，单位体积钕离子浓度相同时，吸收光谱带积分吸收强度差别不大，受激发射截面 σ 与 $\Delta\lambda_{eff}$ 近似于正比例的关系，σ_p 与爱因斯坦自发辐射系数近似直线，并且与 Landenburg-Fucht-baner 公式一致。至于 τ 和 η、n 和 A 之间的关系都可以在相关公式中找到答案。

近 20 年来，国际上用于建造高功率激光系统的钕激光玻璃是 Schott 的 LG-750 和 Hoya 的 LHG-8。成分为(摩尔分数，%)：

LG-750：(55%～60%)P_2O_5－(8%～12%)Al_2O_3－(10%～15%)BaO－(13%～17%)K_2O；

LHG-8：(56%～60%)P_2O_5－(8%～12%)Al_2O_3－(10%～15%)BaO－(13%～17%)K_2O。

Schott 公司为进一步降低 n_2，发展了 LG-770 钕玻璃，玻璃成分为(摩尔分数，%)：

(58%～62%)P_2O_5－(6%～10%)Al_2O_3－(5%～10%)MgO－(20%～25%)K_2O。

关于强激光过程中玻璃出现热畸变的问题，Hoya 的泉谷博士研究了 LHG-8 玻璃，他认为温度引起的光程差变化(ds/dT)可以写成

$$\frac{ds}{dT}=(n-1)\alpha+\frac{dn}{dT} \tag{36-47}$$

式中，n 是玻璃折射率，α 是玻璃的膨胀系数，dn/dT 是折射率温度系数。磷酸盐玻璃的 dn/dT 可以出现负值，两项之和可以减小到 0 或者更小。姜中宏认为激光玻璃热畸变还应考虑到双折射引起的热光系数和应力引起的热光系数，即在强氙灯光泵作用下，玻璃产生的温度不均匀分布，在圆形玻璃棒中温度按径向对称分布时，其光程差受温度变化的改变应该为

$$\Delta S=L\left[W+\left(P+\frac{dn}{dT}\right)(T_r+T_R)\pm Q(T_r-T_R)\right] \tag{36-48}$$

式中，L 是棒长；T_R 和 T_r 是相应棒的整个截面和半径 r 的截面的平均温度；W 是热光系数：

$$W=\frac{dn}{dT}+(n-1)\alpha \tag{36-49}$$

P 是应力热光系数：

$$P=-\frac{\alpha E}{2(1-\mu)}(C_1+3C_2) \tag{36-50}$$

Q 是双折射热光系数：

$$Q=\frac{\alpha E}{2(1-\mu)}(C_1-C_2) \tag{36-51}$$

式中，α 是膨胀系数，E 是杨氏模量，μ 是泊松比，C_1 和 C_2 是光弹性系数。

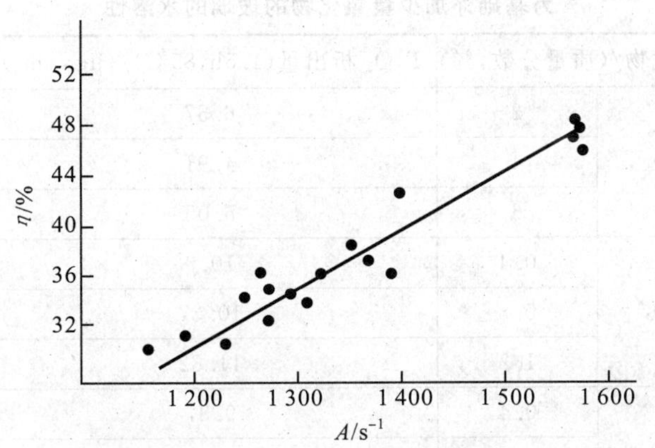

图 36-233　磷酸盐玻璃中 Nd^{3+} 的 $^4F_{3/2}\to{}^4I_{1/2}$ 能级跃迁概率 A 与荧光量子效率 η 间的关系

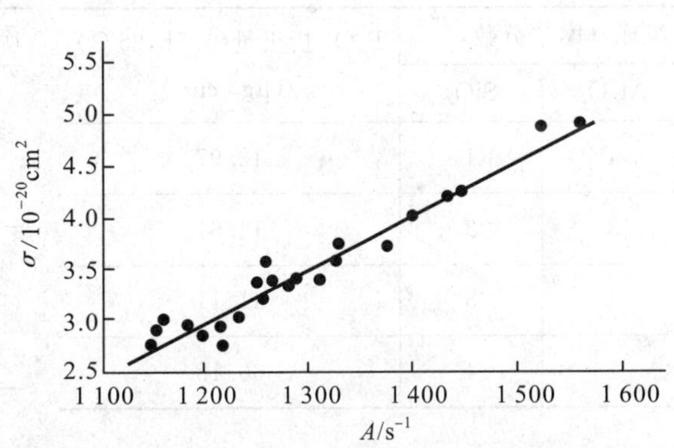

图 36-234　磷酸盐玻璃中 Nd^{3+} 的 $^4F_{3/2}\to{}^4I_{1/2}$ 能级跃迁概率 A 与其相应的发射截面 σ_p 之间的关系

在目前使用的激光玻璃中，Q 不等于 0。要使激光玻璃的热畸变最小，只有使 $W+P+\frac{dn}{dT}-Q\approx0$，或者使 $W\approx0$，并且 $P+\frac{dn}{dT}-Q\approx0$，相互抵消。因为玻璃成分中的性质计算，可以将固定成分的 α、dn/dT、E、C_1、C_2 计算出来，磷酸盐玻璃的泊松比变化为小数后第 3 位，即 0.253～0.255 之间，可以作为常数。图 36-235 和图 36-236 是玻璃成分与相应玻璃的 P、Q、W 的计算结果。此外有人希望通过加入 SiO_2 或 Al_2O_3 降低 α，制成新的耐热冲击玻璃，但 α 降低必然导致热光性质变差。

磷酸盐玻璃最大的缺点是化学稳定性较硅酸盐玻璃差。有关磷酸盐玻璃的成分与化学稳定性之间的关系，缺乏有实际意义的参考数据。选用了接近实用的玻璃成分 $20R_2O$-20BaO-$5Al_2O_3$-$55P_2O_5$，以及外加氧化物 Al_2O_3、La_2O_3、Nb_2O_5 和 $20R_2O$-20BaO-$(5-x)Al_2O_3$-$xSiO_2$-$55P_2O_5$，测定其在水溶液中 P_2O_5 的溶出量，用以判断各种氧化物对提高化学稳定性的作用，见表 36-106 和表 36-107。

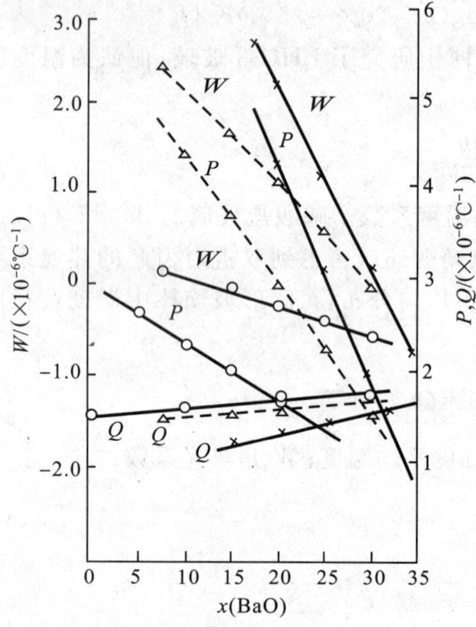

图 36-235 玻璃成分与 W、P、Q 的关系

△：xBaO-(35－x)CaO-5K_2O－R_mO_n；○：xBaO-(35－x)ZnO-5K_2O-R_mO_n；×：xBaO-(35－x)SrO-5K_2O-R_mO_n。(R_mO_n 代表固定组分 55P_2O_5-3Al_2O_3-2B_2O_3)

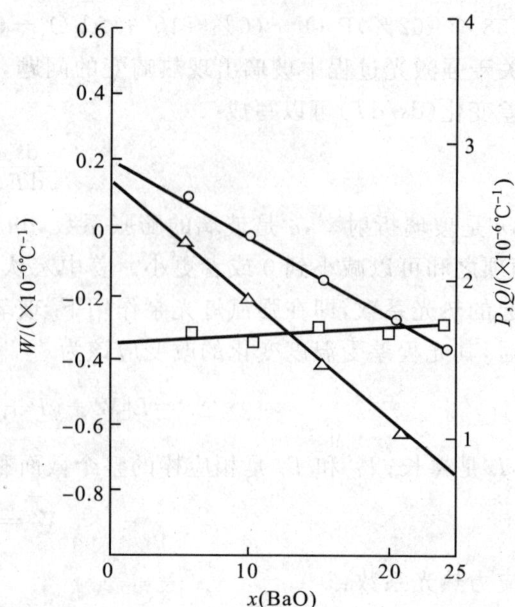

图 36-236 BaO-(25－x)SrO-5B_2O_3-10K_2O-R_mO 系统玻璃成分与 W、P、Q 的关系

表 36-106 20Li_2O-20BaO-$x$$SiO_2$-(5－$x$)$Al_2O_3-55P_2O_5$ 系统玻璃的水溶性

组成/(摩尔分数,%)		P_2O_5 析出量(1.5h,85℃)/(μg·cm²)
Al_2O_3	SiO_2	
4	1	12.97
3	2	14.61
2	3	41.11
1	4	60.18

表 36-107 以 20Li_2O-20BaO-5Al_2O_3-55P_2O_5 为基础外加少量氧化物的玻璃的水溶性

添加氧化物/(质量分数,%)		P_2O_5 析出量(1.5h,85℃)/(μg·cm²)
Al_2O_3	2	6.57
	4	4.91
	6	5.05
La_2O_3	0.4	10.9
	0.8	10.37
	1.2	11.82
Nb_2O_5	0.4	9.37
	0.8	11.98
	1.2	9.19
无添加物	0	12.33

表 36-108 是近年来中国、美国、日本、法国、英国等国家在大型高功率装置上使用的磷酸盐激光玻璃的性质。

表 36-108 已应用于高能(高功率)激光系统的商用掺钕磷酸盐玻璃的性质

制造商 玻璃名称	Hoya LHG-80	Hoya LHG-8	Schott LG-770	Schott LG-751	Kigre Q-88	SIOM N21	SIOM N31
光学性质							
折射率							
587.3 nm	1.542 9	1.529 6	1.506 7	1.525 7	1.544 9	1.574	1.536
1 053 nm	1.532 9	1.520 1	1.499 1	1.516 0	1.536 3		

续表

制造商	Hoya	Hoya	Schott	Schott	Kigre	SIOM	SIOM
玻璃名称	LHG-80	LHG-8	LG-770	LG-751	Q-88	N21	N31
光学性质							
非线性折射率/($\times10^{-13}$ esu)	1.24	1.12	1.01	1.08	1.14	1.3	1.1
非线性折射率/($\times10^{-20}$ m^2/W)	3.36	3.08	2.78	2.98	3.11		
阿贝数	64.7	66.5	68.4	68.2	64.8	64.5	66.3
折射率温度系数/($\times10^{-7}$/K)	−38	−53	−47	−51	−5	−53	−4.2
热光系数/($\times10^{-7}$/K)	18	6	12	8	27		
激光性质							
发射截面/($\times10^{-20}$ cm^2)	4.2	3.6	3.9	3.7	4		
饱和流量/(J·cm^2)	4.5	5.2	4.8	5.1	4.7		
辐射寿命(0-Nd)/μs	337	365	372	383	326	350	340
J-O 辐射寿命/μs	327	351	349	367	326		
J-O 强度参量							
Ω_2/($\times10^{-20}$ cm^2)	3.6	4.4	4.3	4.6	3.3		
Ω_4/($\times10^{-20}$ cm^2)	5	5.1	5	4.8	5.1		
Ω_6/($\times10^{-20}$ cm^2)	5.5	5.6	5.6	5.6	5.6		
有效荧光线宽/nm	23.9	26.5	25.4	25.3	21.9	26.5	20.1
浓度猝灭因子/($\times10^{20}$ cm^{-3})	10.1	8.4	8.8	7.4	6.6		
荧光中心波长/nm	1 054	1 053	1 053	1 053.5	1 054	1 054	1 053
热性质							
热导率/(W/(m·K))	0.59	0.58	0.57	0.6	0.84		0.56
热扩散系数/($\times10^{-7}$ m^2/s)	3.2	2.7	2.9	2.9			
比热容/(J/(g·K))	0.63	0.75	0.77	0.72	0.81		0.75
热膨胀系数/($\times10^{-7}$/K)	130	127	134	132	104	117	127
转变温度/℃	402	485	461	450	367	510	430
机械性质							
密度/(g/cm^3)	2.92	2.83	2.59	2.83	2.71	3.38	2.83
泊松比	0.27	0.26	0.25	0.26	0.24	0.26	0.27
断裂韧性/(MPa·$m^{1/2}$)	0.46	0.51	0.43	0.45			
硬度/GPa	3.35	3.43	3.58	2.85			
杨氏模量/GPa	50	50	47	50	70	55.5	52.7

(三)氟磷玻璃和硼酸盐玻璃等

在 20 世纪 80 年代,国外从 B 积分公式考虑认为,发展 n_2 小的氟磷玻璃将会是今后 ICF 装置发展的方向,日本 Hayo、德国 Schott 公司都制造出了商品牌号为 LHG-10 和 LG-802 的玻璃。从工艺和原料成本角度考虑,氟磷玻璃远不如磷酸盐玻璃容易制成高度均匀的玻璃。氟磷玻璃的优点是:n_2 小,不易产生自聚焦,W 可以达到 0 或者负值;其缺点是:σ 和 τ 较低,α 大,硬度低,化学稳定性差,光学均匀性在工艺上较难解决,除铂工艺效果比磷酸盐玻璃差。另外一方面,姜中宏通过对激光参数的分析,发现增加 σ_p 值与降低 n_2

值具有等效的意义。

对氟磷玻璃的性质也可以通过成分与性质之间的经验公式进行计算：

$$B=a_1p_1+a_2p_2+a_3p_3+\cdots+a_np_n \tag{36-52}$$

式中，B 是性质的量，p_1、p_2、p_3、…、p_n 是玻璃成分的摩尔分数，a_1、a_2、a_3、…a_n 是各项成分的性质计算系数。表 36-109 列出了掺 NdF_3 的氟磷激光玻璃的性质计算系数。

表 36-109 掺 NdF_3 的氟磷激光玻璃的性质计算系数

组　分	n_D	$\Delta\lambda$/nm	$\Delta\lambda_{eff}$/nm	$\sigma/(\times10^{-20}\ cm^2)$	$\tau/\mu s$
$Al(PO_3)_3$	0.025 286 2	2.357 5	2.839 58	0.034 62	4.988 72
AlF_3	0.013 831	2.914 27	3.316 89	0.011 232	8.018 71
LiF	0.013 987	2.279 03	2.708 8	0.036 671	3.459 23
NaF	0.013 429	2.279 03	2.708 8	0.036 671	3.459 23
KF	0.013 59				
MgF_2	0.013 911	2.588 84	3.089 44	0.031 073	3.450 31
CaF_2	0.014 414	2.588 84	3.089 44	0.031 073	3.450 31
SrF_2	0.014 494	2.588 84	3.089 44	0.031 073	3.450 31
BaF_2	0.014 817	2.588 84	3.089 44	0.031 073	3.450 31
CdF_2	0.015 68				
YF_3	0.016 08	0.997 27	1.578 24	0.034 034	6.452 57
NdF_3	0.016 08				

关于硼酸盐玻璃，在 20 世纪 60 年代就有人进行了研究，发现这类玻璃 τ 值特别低，σ_p 值却并非最低，可以制成低激光阈值的激光玻璃。其他玻璃系统，如全氟玻璃、碲酸盐玻璃、锗酸盐玻璃等都有掺钕激光的研究，但到目前为止并没有用于大型激光装置的商品玻璃的报道。

三、激光晶体

激光晶体的基本特点是晶体中的激光中心具有稳定的亚稳态，能够在激发波段具有足够的光泵吸收能力，在发射波段具有一定的激光净增益能力。激光中心多为二价稀土金属离子(Sm^{2+}、Er^{2+}、Tm^{2+}、Dy^{2+}等)、三价稀土金属离子(Nd^{3+}、Sm^{3+}、Eu^{3+}、Dy^{3+}、Ho^{3+}、Er^{3+}、Tm^{3+}、Yb^{3+}等)、过渡金属离子(Cr^{3+}、Ni^{3+}、Co^{3+}等)、色心(F_2^+、F_2^-等)。基质晶体多为氧化物和复合氧化物晶体(Al_2O_3、MgO、$Y_3Al_5O_{12}$、$Gd_3Ga_5O_{12}$等)、含氧金属酸化物晶体(Mg_2SiO_4、$CaWO_4$、$PbMoO_4$、YVO_4、$Ca_5(PO_4)_3F$、$Ca_2Y_8(SiO_4)_6O_2$等)、氟化物和复合氟化物晶体(CaF_2、BaF_2、MgF_2、$KMgF_3$、$YLiF_4$、CaF_2-YF_3等)。以上两者的结合即为传统意义上的激光晶体。当激光晶体同时拥有其他功能的情况下，可发展成为自激活激光晶体、自调制激光晶体、自倍频激光晶体、可调谐激光晶体和超快激光晶体、上转换激光晶体等。

在选择激光晶体进行器件设计时，还需要考虑：

1)对于激光晶体的荧光寿命，需视器件的设计要求。一般寿命值比较小的情况下，能够降低泵浦阈值，但限制了振荡能量的提高；激光放大器的设计更多地考虑较高的荧光寿命，有利于储能性质的提高。

2)如果晶体的光学均匀性不好，将导致激光振荡阈值升高，能量转换效率降低，发散角增大，光束质量难以达到设计要求。造成激光晶体出现光学均匀性不足的主要原因是局部化学成分的不均匀，如由于成分偏析、包裹物、气泡和生长条纹等造成的光学不均匀性。

3)激光器工作时，由于激活离子的无辐射跃迁等原因导致部分能量转化为热能，造成的热畸变，使得工作物质光学均匀性下降。

4)激光晶体在激光出射波长的吸收应尽可能小。铁、铜、铬、锰、钴、镍等过渡金属离子，在近紫外到红外区均有强吸收，导致在激光波长附近的透明度下降。所以激光晶体生长用原材料和工艺需要高纯物质。

5)一般要求激光晶体材料的弹性模量大、热导率高、热光系数和非线性折射率小，化学价态和结构组分要稳定，以及具有良好的光照稳定性。

6)容许高能量泵浦，具有高激光输出所要求的高泵浦破坏和激光损伤阈值。

7)具有一定的机械强度能够满足光学加工的要求。

(一)$Cr^{3+}:Al_2O_3$(红宝石)

红宝石激光晶体是三价 Cr^{3+} 离子部分取代 α-Al_2O_3 晶体中的 Al^{3+} 离子，使得晶体呈红色。作为激光晶体应用，采用掺杂浓度的范围为 0.05～0.1%(质量分数)，对应晶体中 Cr^{3+} 离子的浓度为$(1\sim3)\times10^{19}/cm^3$。红宝石激光晶体主要有两个很强的吸收泵浦带，在声子耦合作用下吸收带很宽：从$^4A_2$ 到$^4T_1$ 的、峰值位于420 nm的吸收带，带宽约为 100 nm；从$^4A_2$ 到$^4T_2$ 的、峰值位于 550 nm 的吸收带，带宽约为 100 nm。红宝石激光晶体的激光发射主要是利用 $\bar{E}(^2E)$和 $2\bar{A}(^2E)$到$^4A_2$ 的 R_1(4.2K，14 418 cm^{-1})和 R_2(4.2 K，14 447 cm^{-1})发射谱线，室温下激光发射波长分别为 694.3 nm 和 692.8 nm。因为能级 $\bar{E}$ 和 $2\bar{A}$ 之间的能量间隔为 29 cm^{-1}，它们之间的无辐射跃迁弛豫时间又极短，即使在激光发射期间，也可以认为它们处于热力学平衡状态，因而在 $\bar{E}$ 能级的粒子数总是比在 $2\bar{A}$ 能级上的粒子数少。两个能级的平均寿命在 300 K 时约为 3 ms，在 77 K 时增加到 4.3 ms。R_1 发射谱线的荧光线宽约为 11 cm^{-1}，受激发射截面约为 2.5×10^{-20} cm^2。

图 36-237 是红宝石晶体的荧光发射谱，随着晶体温度的升高，中心波长将向长波方向移动，对于 R_1 线中心波长有以下经验公式(20～80℃)：

$$\lambda(R_1) = 694.325 + 0.0065(T - 20) \tag{36-53}$$

同时，荧光谱线的宽度也随温度而变化，对于 Cr^{3+} 的浓度为 $2\times10^{19}/cm^3$ 时，300 K 时 R_1 线谱宽为12 cm^{-1}，温度在 90 K 到 350 K 范围内，R_1 线谱宽随温度升高而展宽，在 77 K 以下，随温度变化不大，保持在 0.1 cm^{-1}左右。

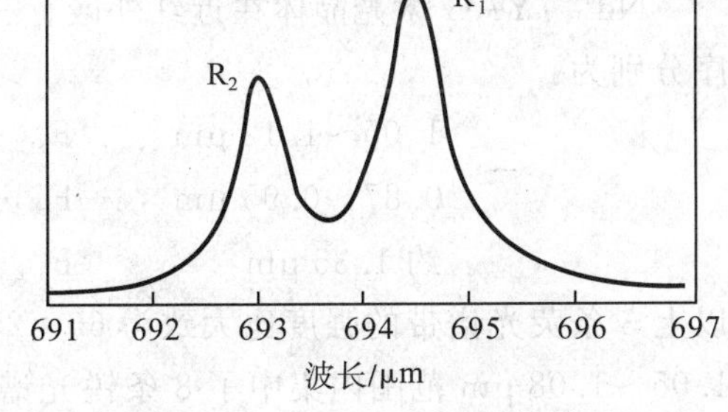

图 36-237　红宝石晶体的荧光谱

闪光灯泵浦条件下，单位棒长的泵浦能量负载约为1 000 W/cm。

表 36-110　$Cr^{3+}:Al_2O_3$ 红宝石激光晶体的基本特性

熔点	2 040℃
密度	3.98 g/cm^3
莫尔硬度	9
溶解度	302 K 时在水中的溶解度 0.000 098 g
700 nm 波长处的折射率 低浓度红宝石 高浓度红宝石	 1.763 6 1.769(7)
折射率(热交换法生长的白宝石)	n_o=1.765 5@701 nm n_e=1.757 3@701 nm
折射率温度系数	12.6×10^{-6}/℃
热导率	35 W/(m·K)(293 K，∥c 轴) 33 W/(m·K)(293 K，⊥c 轴)
比热容(P=0.101 325 MPa 下)	80 K 时：67.6 J/(kg·K) 300 K 时：782 J/(kg·K)
膨胀系数(293～373 K) 平行于 c 轴 垂直于 c 轴	 6.8×10^{-6}/℃ 5.4×10^{-6}/℃
杨氏模量	345～385 GPa
介电常数(20℃，<10^9 Hz) 平行于 c 轴 垂直于 c 轴	 11.53 9.35

(二)Nd^{3+}:YAG,Yb^{3+}:YAG,Cr^{3+}-Tm^{3+}-Ho^{3+}:YAG(CTH:YAG)

$Y_3Al_5O_{12}$(YAG)晶体属于立方晶系,空间群O_h^{10},光学上各向同性。单位晶胞中有 8 个 $Y_3Al_5O_{12}$ 分子,共有 24 个钇离子、40 个铝离子、96 个氧离子。其中每个钇离子各处于由 8 个氧离子配位的十二面体格位,铝离子中有 16 个处于八面体格位,另外 24 个铝离子处于四面体格位。

Nd^{3+}:YAG 激光晶体在可见光和近红外光谱区有几条比较强的吸收光谱带,每个谱带内还有精细结构,这是由于钕离子各能级的晶格场多重分裂造成的。对于激光跃迁有贡献的几条主要吸收带的中心波长位置及相应的能级跃迁按照强弱顺序分别为:

0.81 μm　$^4I_{9/2}\rightarrow{}^4F_{5/2}$

0.75 μm　$^4I_{9/2}\rightarrow{}^4F_{7/2}$

0.58 μm　$^4I_{9/2}\rightarrow{}^2G_{7/2},{}^4G_{7/2}$

0.53 μm　$^4I_{9/2}\rightarrow{}^2K_{13/2},{}^4G_{7/2},{}^2G_{9/2}$

0.87 μm　$^4I_{9/2}\rightarrow{}^4F_{3/2}$

0.81 μm 波长附近为强吸收带,但较窄,其他吸收带的宽度大约在 30～40 nm。Nd^{3+}:YAG 激光晶体的吸收光谱与温度关系不大,当温度从 4.2 K 升高到 300 K 时,吸收光谱的峰值移动不大于 1 nm。

Nd^{3+}:YAG 激光晶体在近红外区有三条窄带荧光谱线,它们的峰带位置和相应的能级跃迁按照强弱顺序分别为:

1.05～1.12 μm　$^4F_{3/2}\rightarrow{}^4I_{11/2}$　受激发射截面$(2.8\sim3.5)\times10^{-19}$ cm²

0.87～0.95 μm　$^4F_{3/2}\rightarrow{}^4I_{9/2}$

约 1.35 μm　$^4F_{3/2}\rightarrow{}^4I_{13/2}$　受激发射截面$(0.9\sim1.0)\times10^{-19}$ cm²

以上 3 条荧光谱带的强度比大致为 60∶25∶15。在 1.05～1.12 μm 谱带内有 12 条窄的荧光谱线,其中在 1.05～1.08 μm 范围内集中了 8 条锐光谱线,分别对应于$^4F_{3/2}$ 2 个多重态能级到$^4I_{11/2}$ 4 个多重态能级的跃迁。在这组锐谱线中,波长 1 064 nm 这条谱线最强。在低温到高于室温的范围内,荧光谱的峰值波长位置随温度变化不大,当晶体温度从 4.2 K 升到 300 K 时,在 1 064 nm 附近的荧光线向长波方向移动约 1 nm。在室温附近,荧光线的温度位移系数约为$-0.04\ cm^{-1}\cdot℃^{-1}$。

当 Nd^{3+} 离子的浓度(原子数分数)≤1%时,在 1 064 nm 附近的荧光线的荧光寿命约为 230～250 μs。当掺杂浓度增大时,荧光寿命因浓度淬灭开始明显变短。在室温和略高于室温的范围内,荧光寿命和荧光线宽基本上不随温度的升高而发生显著的变化。

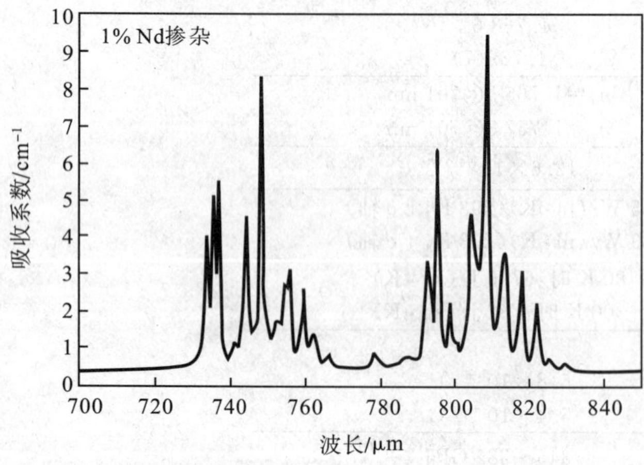

图 36-238　Nd:YAG 晶体的吸收光谱

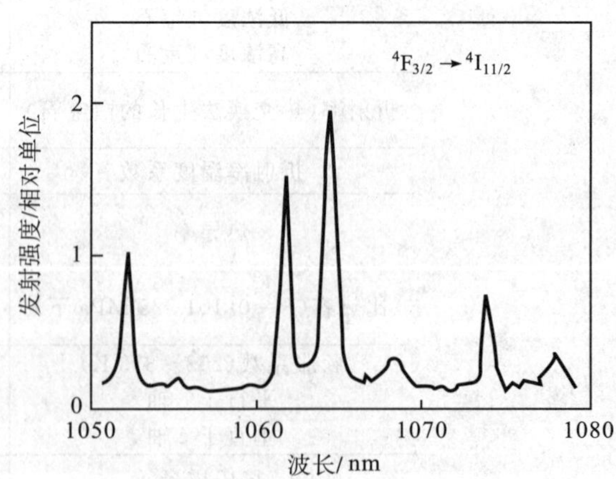

图 36-239　Nd:YAG 晶体的发射光谱

可从以下几方面对 Nd^{3+}:YAG 激光棒的质量进行评价:

1)光学均匀性。激光晶体的生长过程中,由于杂质浓度、生长速率等发生变化,所导致的生长条纹(又称生长层)将使得激光棒的均匀性严重下降。单模激光器要求激光棒的干涉条纹数小于 1/4 条,条纹的径向畸变量不超过 1/4 波长。

2)内应力。有内应力的激光棒具有应力双折射现象。由内应力造成的退偏振损耗由消光比表征。单模激光器要求激光棒的消光比大于 30 dB,应力径向不均匀性小于 1 dB。

3)缺陷。激光棒不能存在散射颗粒和缺陷,评价激光棒散射损耗的参量是光散射系数,通常要求散射系数小于 0.5% cm^{-1}。

4)静态激光特性。转动激光棒,让棒的侧面不同部位朝向泵浦灯,测量激光器的输出能量与泵浦能量的关系曲线,如果重复性好,光斑比较均匀,则该激光棒的质量高,适宜做单模激光器。

不加任何选模装置的通用 Nd:YAG 激光器,抽运能量大于 120～150 J 便出现饱和现象。改进激光棒的光学质量,提高掺杂浓度,在共振腔内加选模元件,都可以提高饱和抽运能量。

Nd:YAG 晶体内存在的杂质和晶格缺陷,会在晶体内形成色心;晶体受到紫外线辐照也会产生色心,实际工作中,需要考虑滤除泵浦光中的紫外成分。产生出来的色心对激光器的输出性能的影响主要有:

1)降低激光器输出能量(功率)。因为色心产生对激光振荡辐射的吸收和对抽运能量的吸收。

2)引起激光脉冲宽度的变化。随着色心浓度的增加,激光脉冲宽度变窄,脉冲延迟时间拖长。

3)降低光束质量。色心的光吸收引起晶格畸变和热致双折射以及热透镜效应,对激光束强度的横向分布产生影响。

闪光灯泵浦条件下,单位棒长的泵浦能量负载约为 120 W/cm。作为激光棒,所选激光晶体的尺寸范围大约如下:

1)10 W 连续输出。Nd^{3+}:YAG 激光棒的尺寸:直径为<4 mm,长度为 30～40 mm。

2)几十瓦连续输出。Nd^{3+}:YAG 激光棒的尺寸:直径为 4～5 mm,长度为 50～70 mm。

3)连续输出功率大于 100 W。Nd^{3+}:YAG 激光棒的尺寸:直径为 5～7 mm,长度为 70～130 mm。

Yb:YAG 激光晶体产生的激光波长大约在 1.029 μm 附近,激光上下能级分别位于基态以上约 10 320 cm^{-1} 和 612 cm^{-1},如图 36-240 所示。由于没有中间能级,即使在掺杂浓度高达 100% 时也不存在固有的浓度淬灭现象。荧光寿命约为 1 ms 左右,受激发射截面为 $(1.7\sim2.3)\times10^{-20}$ cm^2。主吸收谱带在 941 nm 附近,带宽为 18 nm。

表 36-111　Nd:YAG 激光晶体的基本参数特性

性　能	指　标
熔点	2 243 K
密度	4.55 gcm^{-3}
莫尔硬度	8～8.5
折射率	1.825 8@700 nm
折射率温度系数	8.9×10^{-6}/K(632.8 nm,323 K) 10.2×10^{-6}/K(632.8 nm,373 K)
热导率	12.5 W/(m·K)(300 K)
比热 (P=0.101 325 MPa 下)	596～630 J/(kg·K)
膨胀系数(273～523 K)	7.7×10^{-6}/K (1at% 掺杂 Nd:YAG)

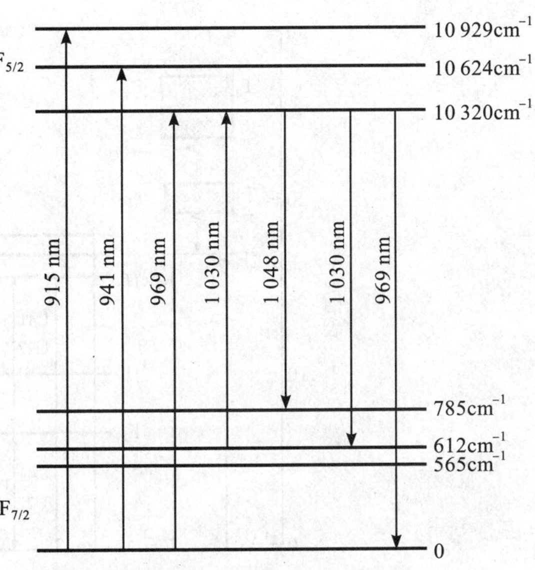

图 36-240　Yb:YAG 晶体的能级结构示意图

Yb^{3+}与YAG晶体中的Y^{3+}匹配良好，即使在大于25%的掺杂浓度（原子数分数）情况下也可以生长出大尺寸晶体，但是晶体的热性能和力学性能有所下降。Yb:YAG激光晶体属于准四能级系统，室温下的再吸收对激光器工作性能有不可忽视的影响，降低晶体的平均温度将大大提高能量的转换效率。

为了比较在LD泵浦条件下，Nd:YAG和Yb:YAG的热负载性质，定义了用分数表示的热负载系数：产生的热能与吸收的能量之比。对于6.5%浓度（原子数分数）的Yb:YAG，在943 nm泵浦下热负载系数<0.11；1.04%浓度（原子数分数）的Nd:YAG，在808 nm泵浦下，热负载系数为0.37～0.43。在有抽取激光能量的条件下，Yb:YAG该系数的预期将保持为常数，Nd:YAG该系数的预期将下降为0.32。

Cr,Tm,Ho:YAG激光晶体简称CTH:YAG，工作于Ho^{3+}离子$^5I_7$到$^5I_8$能级间的2.1 μm激光跃迁。在闪光灯泵浦模式下，吸收了泵浦能量的Cr^{3+}离子的$^4T_1$和$^4T_2$，迅速无辐射弛豫到^2E，然后能量通过偶极子相互作用转移到Tm^{3+}，将Tm^{3+}离子激发到$^3H_4$，该受激Tm^{3+}离子通过快速横向弛豫过程，将处于基态的Tm^{3+}激发到$^3F_4$态，$^3F_4$的寿命约为10.9 ms，有利于通过共振转移过程激发Ho^{3+}离子到$^5I_7$，室温下荧光寿命约为7 ms左右，受激发射截面估算为7×10^{-20} cm^2。

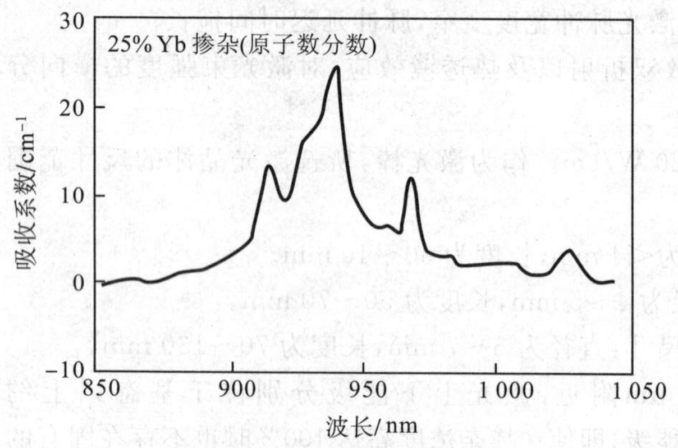

图 36-241 Yb:YAG吸收光谱

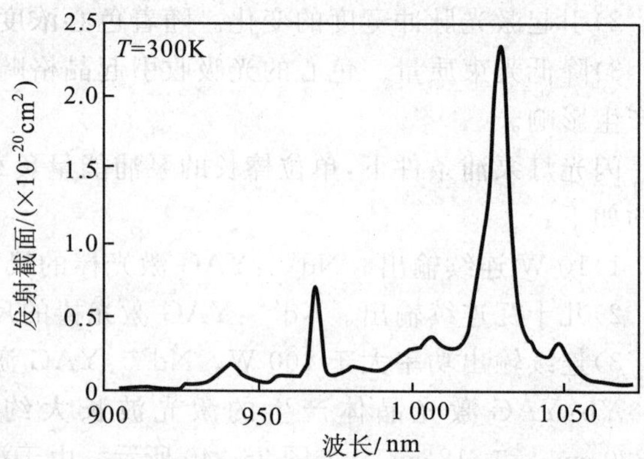

图 36-242 Yb:YAG晶体的发射光谱

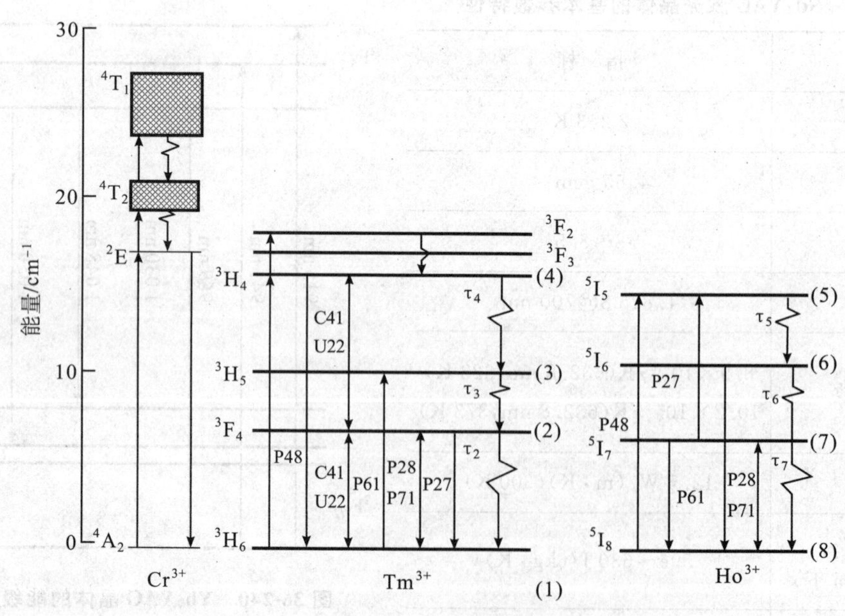

图 36-243 CTH:YAG晶体的能量转移示意图

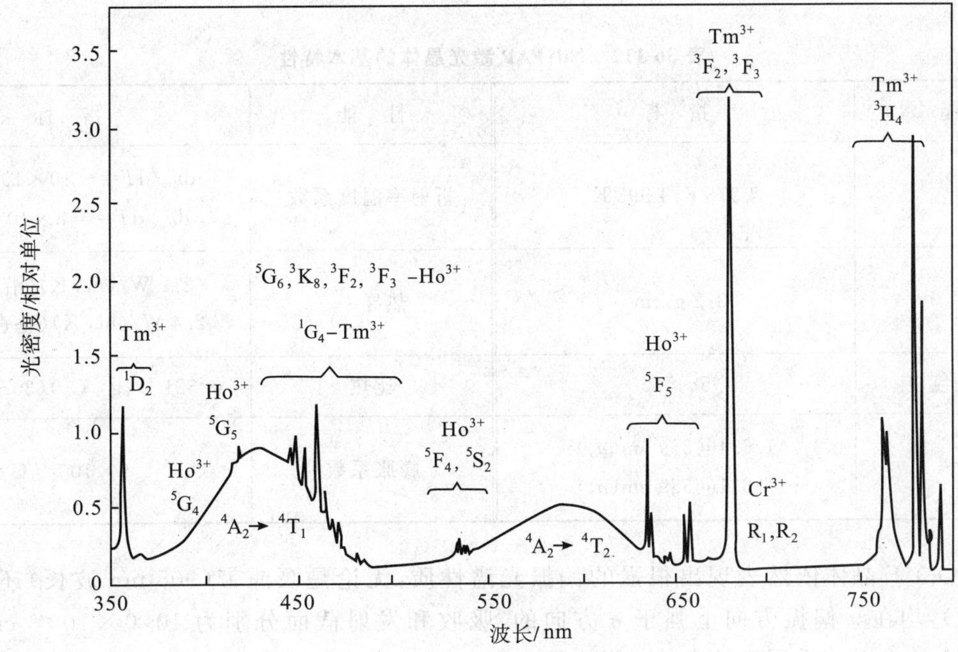

图 36-244　CTH:YAG 晶体的吸收光谱

(三) $Nd:Ca_5(PO_4)_3F$ (Nd:FAP)和 Yb: $Ca_5(PO_4)_3F$ (Yb:FAP)

磷灰石结构的 $Nd:Ca_5(PO_4)_3F$ 晶体属于六方晶系,C_{6h}^2空间群。每个晶胞含 2 个 $Ca_5(PO_4)_3F$ 分子式。其中的 F^- 离子处于 Ca^{2+} 离子组成的等边三角形的中心,并且这个三角形面构成了垂直于 c 轴的镜面,有 6 个 Ca^{2+} 离子处于此类具有 C_{1h}点对称格位,另外的 4 个 Ca^{2+} 离子处于 C_3 点对称格位,周围是 6 个近邻的氧离子。晶体中的 Nd^{3+} 离子占据 Ca^{2+} 离子格位,从偏振光谱看,钕离子处于 Ca^{2+} 离子的 C_{1h}点对称格位。尽管此非等价替代,在理论上需要电荷补偿,但是在晶体生长过程中也可以不采用有意识的补偿离子引入措施,而是通过自补偿机制,从生长结果看,尚未观测到对于静态荧光光谱的影响。1.06 μm 荧光发射线在 π 偏振下较 σ 偏振强 2.6 倍,受激发射截面约为 5×10^{-19} cm^2,较 Nd:YAG 晶体的发射截面大,激光线宽仅为 2~6 cm^{-1}。

室温下低浓度掺杂 $Nd:Ca_5(PO_4)_3F$ 的荧光寿命约为 240 μs,在 1%和 2%钕离子掺杂(原子数分数)情况下,荧光寿命分别下降为 200 μs 和 120 μs 左右,具体随浓度的变化如图 36-245 所示。

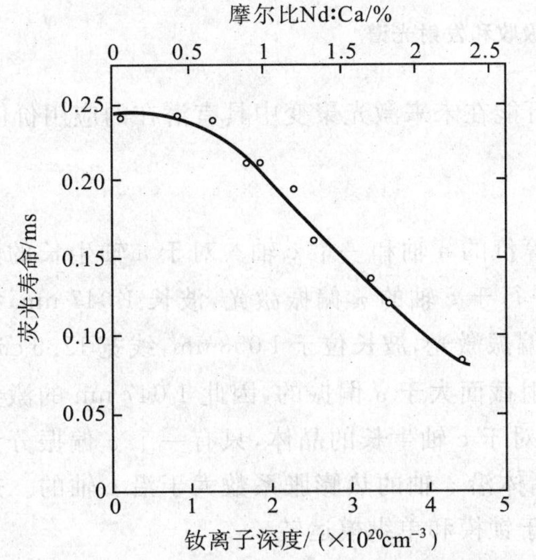

图 36-245　Nd:FAP 晶体的荧光寿命与掺杂浓度的关系

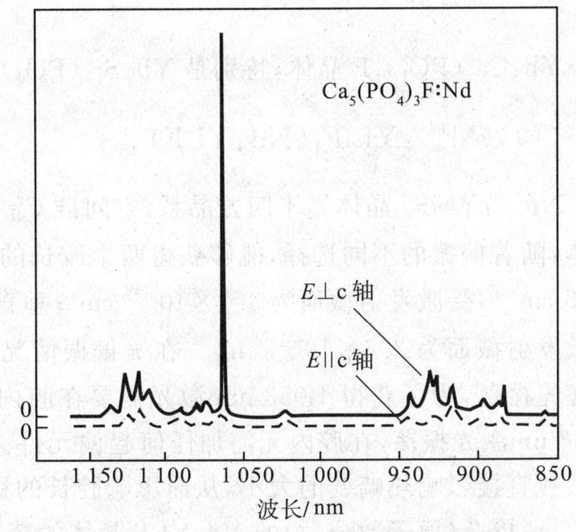

图 36-246　Nd:FAP 激光晶体的发射光谱

表 36-112 Nd:FAP 激光晶体的基本特性

性 能	指 标	性 能	指 标
熔点	1 978 K/1 993 K	折射率温度系数	$dn_c/dT=-10\times10^{-6}/℃$ $dn_a/dT=-8\times10^{-6}/℃$
密度	3.2 g/cm³	热导率	2.0 W/(m·K)(沿 c 轴) 2.4 W/(m·K)(垂直 c 轴)
莫尔硬度	5～5.5	比热	0.521 J/(g·℃)(30～300℃)
折射率	1.634@589 nm(n_o) 1.631@589 nm(n_e)	膨胀系数	$9\times10^{-6}/℃$

Yb:$Ca_5(PO_4)_3F$ 晶体依然表现出很强的偏振光谱性质，无论是泵浦带(905 nm 波长)还是激光发射(1 043 nm 波长)，均在 π 偏振方向上强于 σ 方向的，吸收和发射截面分别为 10.0×10^{-20} cm² 和 5.9×10^{-20} cm²，在 Yb 掺杂晶体中属于较大的一类。Yb:$Ca_5(PO_4)_3F$ 晶体在 1043 nm 的荧光寿命为 1.08 ms，呈现单指数衰减形式；在 980 nm 的荧光衰减形式较为复杂，有报道认为在两类 Yb 中心之间存在能量传输的迹象。

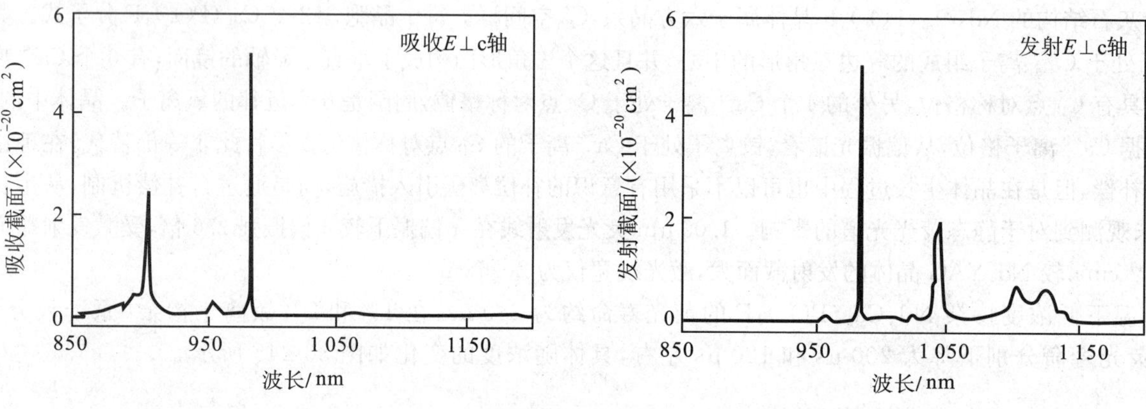

图 36-247 Yb:FAP 激光晶体的吸收和发射光谱

Yb:$Ca_5(PO_4)_3F$ 晶体，特别是 Yb:$Sr_5(PO_4)_3F$ 晶体，有可能在未来激光聚变中具有潜在的应用价值。

(四)Nd^{3+}:$YLiF_4$(Nd:YLF)

Nd^{3+}:$YLiF_4$ 晶体属于四方晶系，空间群 C_{4h}^6。具有两个等价的 a 轴和一个 c 轴。对于 a 轴生长的激光晶体，随着偏振的不同选择，能够获得两个波长的激光输出：平行于 c 轴的 π 偏振激光，波长 1 047 nm，线宽 14.5 cm⁻¹，受激发射截面为 3.7×10^{-19} cm²；垂直于 c 轴的 σ 偏振激光，波长位于 1 053 nm，线宽 12.5 cm⁻¹，受激发射截面为 2.6×10^{-19} cm²。在 π 偏振情况下的受激发射截面大于 σ 偏振的，因此 1 047 nm 的激光总是优先振荡，为了获得 1 053 nm 激光需要在腔内加起偏器。对于 c 轴生长的晶体，只有一个 σ 偏振分量的 1 053 nm激光振荡，在腔内无需加任何起偏元件。Nd:YLF 晶体沿 a 轴的热膨胀系数大于沿 c 轴的。热膨胀系数直接影响热畸变的大小，从而影响腔长的稳定性，不利于锁模和单纵模运转。

1%掺杂(原子数分数)的 Nd:YLF 晶体的荧光寿命大约在 500±20 μs，具体取决于生长条件。Nd:YLF 晶体的优势在于热稳定性和储能性能方面较 Nd:YAG 好，同等泵浦条件下，热透镜效应只有 Nd:YAG 的 1/10。

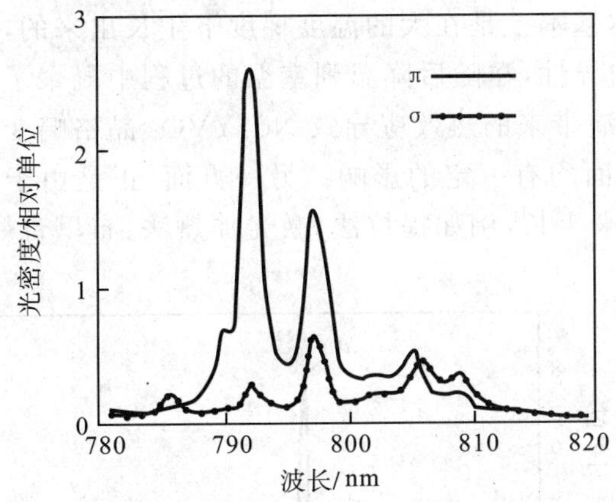

图 36-248　Nd:YLF 激光晶体的吸收光谱

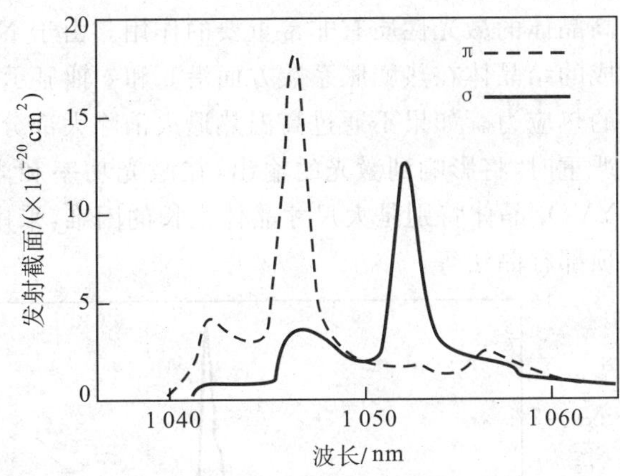

图 36-249　Nd:YLF 激光晶体的发射光谱

表 36-113　Nd:YLF 激光晶体的基本特性

性　能	指　标	性　能	指　标
熔点	1 103 K	折射率温度系数	-2.0×10^{-6}/K(n_o) -4.3×10^{-6}/K(n_e)
密度	3.995 g/cm^3	热导率	6 W/(m·K)(300 K)
莫尔硬度	4～5	比热容(P=0.101 325 MPa 下)	795 J/(kg·K)
折射率	n_o=1.451 6@700 nm n_e=1.474 1@700 nm	膨胀系数(273～523 K)	8×10^{-6}/K(∥c) 13×10^{-6}/K(⊥c)

(五)Nd^{3+}:YVO_4

Nd:YVO_4 晶体属于四方晶系 D_{4h}^{19}空间群,其中的 Nd^{3+} 离子将取代具有 D_{2d}对称性的 Y^{3+} 离子格位,此 Y^{3+} 离子周围最近邻的是 4 个氧离子,并处于这 4 个氧离子构成的四面体的中心。但是这个四面体畸变非常严重,它沿 c 轴方向的尺度,短于垂直 c 轴方向的尺度,导致其中的 Y^{3+} 离子的格位对称性下降为 D_{2d}。所有 Y^{3+} 离子格位是等价的,但也有报道认为,在高浓度钕离子掺杂的情况下,由于 Nd^{3+} 与 Y^{3+} 之间的失配,将导致晶体中 Nd^{3+} 离子格位的偏离。Nd:YVO_4 晶体适合于激光二极管泵浦,其 808 nm 吸收带起源于$^4I_{9/2}$到$^4F_{5/2}$,其中包括$^4I_{9/2}$多重斯塔克成分。

Nd:YVO_4 晶体在激光二极管泵浦下能够高效率地输出 914 nm 和 1 064 nm 波长的激光,前者对应 $^4F_{3/2}\to{}^4I_{9/2}$ 跃迁,后者对应于$^4F_{3/2}\to{}^4I_{11/2}$跃迁,1% 掺杂(原子数分数)下$^4F_{3/2}\to{}^4I_{11/2}$的自发辐射荧光寿命约为 84 μs。

Nd:YVO_4 晶体 π 偏振下吸收较强,1% 掺杂(原子数分数)下 808 nm 吸收吸收可达 48 cm^{-1}左右,吸收带半高宽约2 nm。有证据表明 808 nm 泵浦带属于均匀加宽,但是由系列线宽为 20 cm^{-1}的吸收谱线重叠合成的。

Nd:YVO_4 晶体 π 偏振下发射较强,谱线较窄,在 π 偏振下发射光谱峰值在 1 064.1～1 064.3 nm左右,该波长受激发射截面约为 14.1×10^{-19} cm^2。

Nd:YVO_4 晶体生长后的退火控制对于提

表 36-114　Nd:YVO_4 激光晶体的基本特性

性　能	指　标
熔点	2 083 K
密度	4.22 g/cm^3
莫尔硬度	约 5
折射率	1.972 1(o) @ 808 nm 2.185 8(e) @ 808 nm 1.957 3(o) @ 1 064 nm 2.165 2(e) @ 1 064 nm
折射率温度系数	$dn_a/dT=8.5\times10^{-6}$/K $dn_c/dT=3.0\times10^{-6}$/K
热导率	5.23 W/(m·K)(∥c 轴) 5.10 W/(m·K)(⊥c 轴)
膨胀系数	4.43×10^{-6}/K(沿 a 向) 11.37×10^{-6}/K(沿 c 向)

高晶体的激光性质有非常重要的作用。由于 Nd:YVO_4 晶体基本上是在大的温度梯度下生长出来的，所形成的结晶体在热膨胀系数方面沿 a 和 c 轴显示出较大的各向异性，在随后降温到室温的过程中凝聚了很大的热应力。如果不通过高温热退火消除大部分应力，则当泵浦带来的热效应导致 Nd:YVO_4 晶格畸变较为严重时，将影响到激光的输出，在激光功率和光束质量两方面均有一定的影响。另一方面，正是由于 Nd:YVO_4 晶体特别是大尺寸晶体生长的困难，采用了很多方法来生长，例如提拉法、激光加热法、布里奇曼法、顶部籽晶法等。

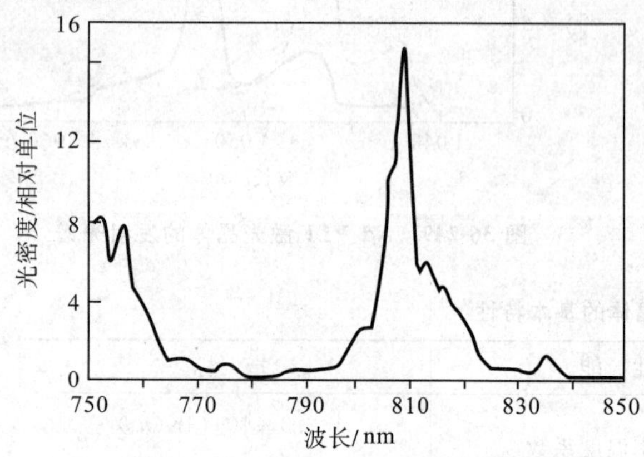

图 36-250 Nd:YVO_4 晶体的吸收光谱

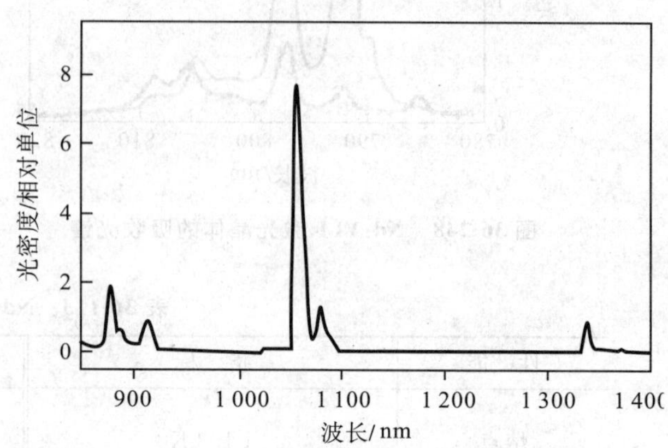

图 36-251 Nd:YVO_4 晶体的发射光谱

(六)Nd^{3+}:$Gd_3Ga_5O_{12}$(Nd:GGG)

Nd^{3+}:$Gd_3Ga_5O_{12}$ 晶体的结构类似于 YAG 晶体，两者均属于石榴石结构，化学式为 $A_3B'_2B''_3O_{12}$，每个立方晶胞包含有 8 个化学式组成，空间群为 O_h^{10}。对于 $Gd_3Ga_5O_{12}$ 晶体，占据 B′和 B″格位的均是 Ga^{5+} 离子。Nd^{3+} 离子在 $Gd_3Ga_5O_{12}$ 晶体中的有效分布系数约为 0.4，在 808 nm 的吸收截面约为 4×10^{-20} cm^2，在1.06 μm的发射截面约为 2.1×10^{-19} cm^2。

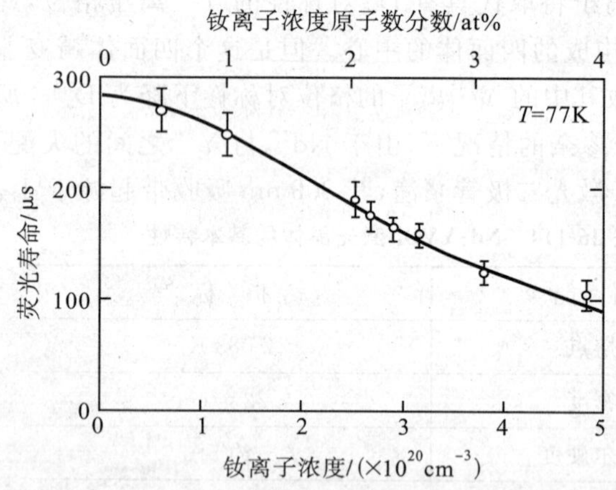

图 36-252 Nd:GGG 晶体的荧光寿命与掺杂浓度的关系

尽管 Nd:GGG 晶体的浓度淬灭效应较 Nd:YAG 的要小些，但如图 36-252 所示，在钕离子浓度为$(1\sim5)\times10^{20}$ cm^{-3}的范围内，Nd:GGG 晶体也有较明显的浓度淬灭。对于中等功率以上或大能量输出的激光应用，合适的钕离子浓度在 3×10^{20} cm^{-3}左右。

Nd:GGG 晶体在高功率、大能量激光应用方面，较 Nd:YAG 的优势主要体现在：①如果采用提拉法晶体生长工艺，一方面钕离子的有效分布系数较大，有利于晶体中实现高浓度掺杂下的钕离子均匀分布；另一方面 GGG 晶体能够在相对平坦的固液界面上生长，由于不存在杂质、应力等集中的生长核心，可以切出较大尺寸的晶体。②Nd:GGG 晶体的力学强度、热导率和激光转换效率等各方面性能的综合比较优势，在激光二极管泵浦条件下有较大的优势。

Nd:GGG 的原材料成本高出 Nd:YAG 的几倍。

表 36-115 Nd:GGG 激光晶体的基本特性

性能	指标	性能	指标
熔点	1 998 K	折射率	1.94 @ 1 064 nm
密度	7.1 g/cm³	折射率温度系数	17×10^{-6}/K
莫尔硬度	8	膨胀系数	8×10^{-6}/K

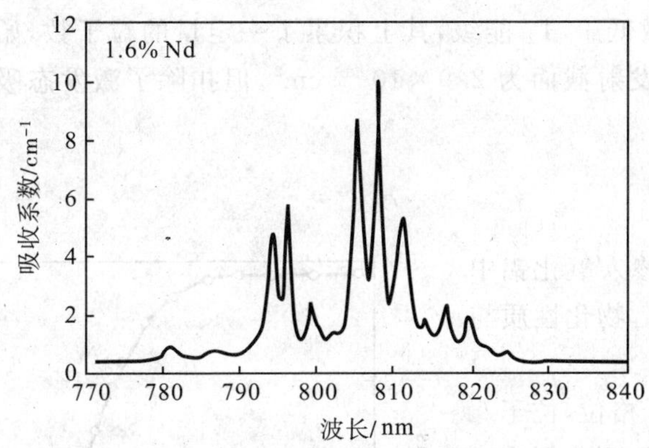

图 36-253　Nd:GGG 晶体的吸收光谱

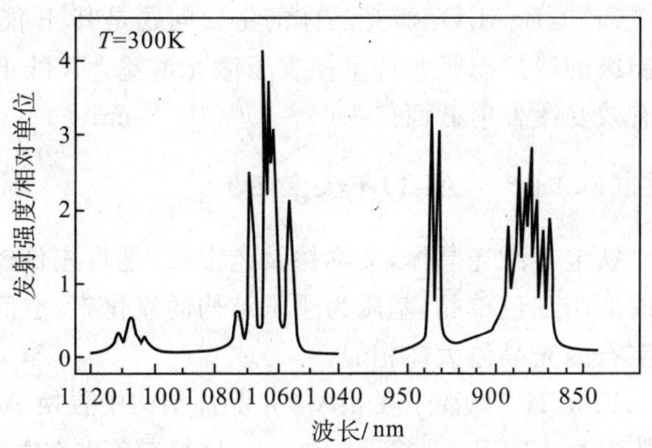

图 36-254　Nd:GGG 晶体的发射光谱

(七) $Cr^{3+}:BeAl_2O_4$（金绿宝石）

$Cr^{3+}:BeAl_2O_4$ 晶体属于正交晶系，空间群 D_{2h}^{16}，为双轴晶体，光学主轴与晶体方向一致，偏振吸收光谱如图 36-255 所示。根据推算，590 nm 波长处的吸收截面约为 2.6 $\times10^{-19}$ cm^2。晶体中 Al^{3+} 离子处于两种不等价八面体格位，一是 C_S 镜面对称格位，另一为 C_i 反演对称格位。这两个格位上的 Al^{3+} 离子均有可能被晶体中 Cr^{3+} 离子取代，但是在室温条件下，中低浓度掺杂的 $Cr^{3+}:BeAl_2O_4$ 晶体的吸收和荧光光谱主要取决于处于镜面对称格位上的 Cr^{3+} 离子，原因是处于反演对称格位上的 Cr^{3+} 离子的电偶极跃迁相对很弱。处于镜面对称格位上 Cr^{3+} 离子的荧光寿命，在室温条件下约为 262 μs，并且随着温度的上升逐渐下降。值得注意的是，当 Cr^{3+} 离子掺杂浓度不断提高，荧光寿命也有所上升，原因是处于反演对称格位上的 Cr^{3+} 离子对荧光的陷阱效应。可调谐激光输出范围在 700～800 nm左右，峰值处受激发射截面为(6～7)$\times10^{-21}$ cm^2。闪光灯泵浦条件下，单位棒长的泵浦能量负载约为 600 W/cm。

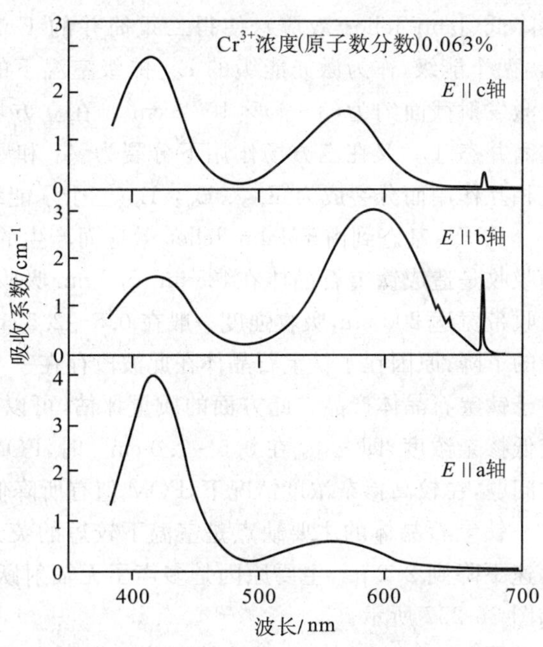

图 36-255　$Cr^{3+}:BeAl_2O_4$ 晶体的吸收光谱

表 36-116　金绿宝石激光晶体的基本特性

性　能		指　标
熔点		2 143 K
密度		3.69 g/cm³
莫尔硬度		8.5
折射率		n_X=1.743 6 @ 700 nm n_Y=1.738 1 @ 700 nm n_Z=1.736 1 @ 700 nm
折射率温度系数		8.3×10^{-6}/K(n_X) 9.4×10^{-6}/K(n_Y)
热导率		20 W/(m·K)(295 K)
比热容(P=0.101 325 MPa 下)		821 J/(kg·K)
膨胀系数	沿 X 轴	6.8×10^{-6}/K
	沿 Y 轴	4.4×10^{-6}/K
	沿 Z 轴	6.9×10^{-6}/K

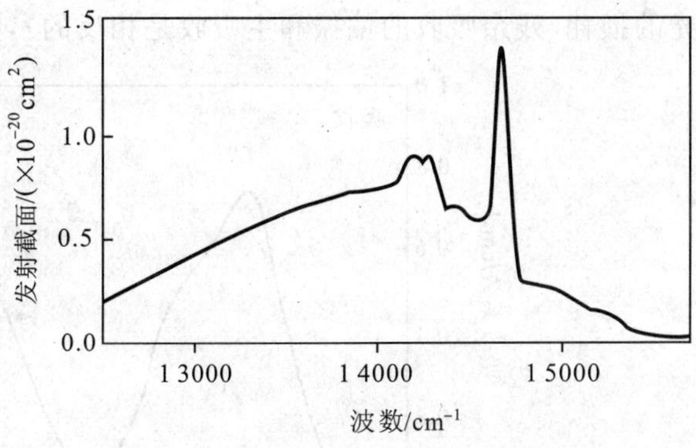

图 36-256　$Cr:BeAl_2O_4$ 晶体的发射光谱

Cr^{3+}:$BeAl_2O_4$ 激光晶体的主要问题是其^2E能级略微低于$^4T_2$能级，其上积累了一定量的粒子数，始于此能级的激发态吸收严重损害了激光增益。R线的受激发射截面为 2.9×10^{-19} cm^2，但扣除了激发态吸收的有效受激发射截面仅为$(6\sim7)\times10^{-21}$ cm^2。

（八）Ti^{3+}:Al_2O_3（钛宝石）

钛宝石激光晶体，又称掺钛蓝宝石，是将三价钛离子掺入氧化铝中形成的暗红色单晶，基质为刚玉结构的氧化铝，空间群D_{3d}^6，物化性质与红宝石激光晶体大体相似。

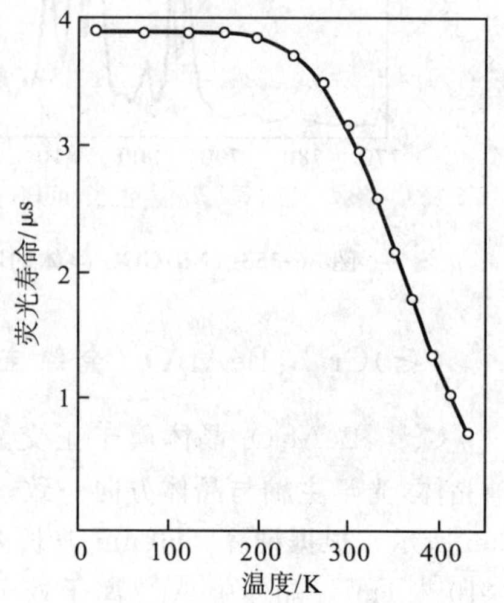

图 36-257 钛宝石晶体的荧光寿命和温度

三价Ti^{3+}钛离子在α-Al_2O_3晶体结构中置换Al^{3+}离子格位，位于八面体中心。属于$3d^1(Ti^{3+})$电子的^2D组态首先在立方场作用下分裂为三重简并的基态能级T_{2g}和二重简并的激发态能级^2E_g。由于处于激发态的Ti^{3+}离子位形相对于周围6个氧离子的位形发生位移时，系统总能量会降低(Jahn-Teller 效应)，使得二重简并的^2E激发态又分裂为$E_{1/2}$和$E_{3/2}$两个能级，作为激光能级的$E_{3/2}$能级室温下的荧光寿命约为3.2 μs，受激发射截面约为$(3\sim4)\times10^{-19}$ cm^2。在立方场作用下分裂所得的三重简并态T_{2g}，又在三方场作用下分裂为$^2A_1$和^2E能级，再由于轨道-自旋相互作用而分裂成为$^2E_{1/2}$、$^1E_{3/2}$、$E_{3/2}$三个子能级。

从$E_{3/2}$基态到由于 Jahn-Teller 效应而产生的两个激发态$E_{1/2}$和$E_{3/2}$的吸收是造成钛宝石晶体在488 nm、556 nm 吸收带的主要原因，并且此吸收带宽达 200 nm，吸收强度一般在 $0.5\sim2.5$ cm^{-1}。更高的掺杂浓度有可能导致晶体在激光输出波段透光性能的下降，原因在于钛宝石晶体在此波段存在一个非常宽的吸收带，原因可能是晶体中存在Ti^{3+}-Ti^{4+}离子对。对于钛宝石晶体产品在此方面的质量评估，可以采用 FOM$=\alpha_{490\,nm}/\alpha_{800\,nm}$品质因子(figure of merit，FOM)。在较低掺杂浓度，即$\alpha_{490\,nm}$在 $0.5\sim1.0$ cm^{-1}时，FOM 值在 250～1 000，表示晶体基本消除了钛宝石晶体残余吸收的问题，在较高掺杂浓度情况下，FOM 值有所降低。

钛宝石晶体的主要缺点是室温下较短的荧光寿命，随着温度从 300 K 上升到 350 K，荧光寿命从 3.2 μs 迅速下降到 2.2 μs，主要原因是多声子无辐射跃迁引起的荧光淬灭，使得钛宝石晶体在储能方面有所不足，如图 36-257 所示。

图 36-258 为钛宝石晶体的吸收和发射光谱。钛宝石晶体具有很强的偏振特性，π表示光的电矢量与晶体c轴平行，σ表示光的电矢量与c轴垂直。为了使钛宝石晶体最大限度地吸收泵浦光，应当对钛宝石晶体进行π偏振泵浦(泵浦光的波矢量垂直于c轴、电矢量平行于c轴)。此方向泵浦也有利于克服残余吸收对激光的损耗(残余吸收的偏振和主吸收是相反的)，同时π偏振的荧光强于σ偏振方向的。

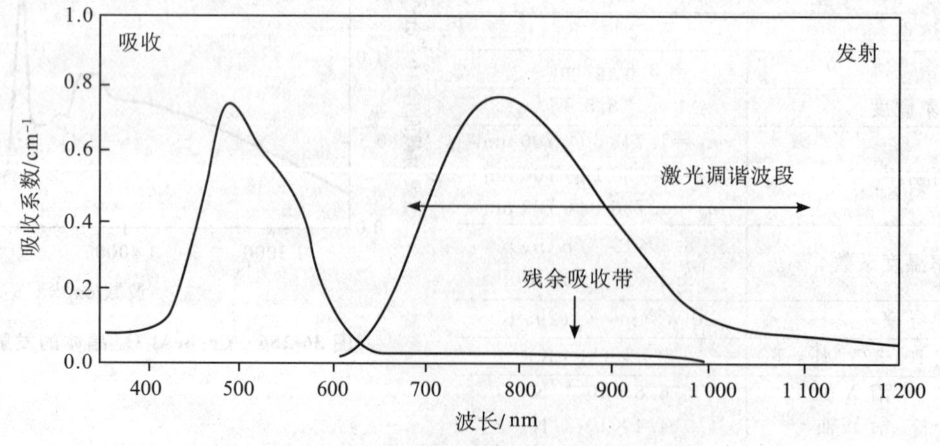

图 36-258 钛宝石晶体的吸收和发射光谱

钛宝石晶体在蓝绿主吸收带的位置,决定了最合适的泵浦光源是氩离子激光和钕离子倍频激光。激光调谐范围是迄今最宽的固体激光材料,从黄红光到近红外覆盖了680 nm～1 075 nm波段。在490 nm波长处,平行于c轴方向的吸收截面约为9.3×10^{-20} cm^2。在790 nm波长处,平行于c轴方向的发射截面约为3×10^{-19} cm^2,垂直于c轴方向的发射截面约为$(1.7\sim1.8)\times10^{-19}$ cm^2。

晶体中Ti^{3+}离子与周围晶格振动耦合是钛宝石实现宽带可调谐激光和超快激光的关键。由于很强的电子-声子耦合作用,导致上下激发态和基态振动能带分布范围很宽,无论是吸收还是发射光谱均表现出大约200 nm的半宽,具有很好的超快激光晶体特征。

(九)Cr^{3+}:$LiCaAlF_6$(Cr:LAF)和Cr^{3+}:$LiSrAlF_6$(Cr:Sr-LAF)

Cr^{3+}:$LiCaAlF_6$和Cr^{3+}:$LiSrAlF_6$晶体属于三角晶系,D_{3d}^2空间群。其中Al^{3+}离子处于八面体格位,掺杂的Cr^{3+}离子即处于该格位。考虑到6个近邻F^-离子对八面体C_3轴的位移,发现Cr^{3+}离子上下各由3个F^-离子组成平行平面且相互错开,这种配置就将静态奇宇称成分引入晶格场,从而使得Cr^{3+}离子荧光发射的振子强度较大。

$LiCaCrF_6$和Cr^{3+}:$LiSrAlF_6$、Cr^{3+}:$LiCaAlF_6$的结构类似,因此Cr^{3+}离子在此类晶体中的溶解度很大,分布系数接近于1,因此即使高浓度掺杂晶体中Cr^{3+}离子的浓度也是均匀的,而且晶体质量也没有明显下降,散射等损耗也可以下降到10^{-3} cm^{-1}。

Cr^{3+}:$LiSrAlF_6$晶体的激活离子是Cr^{3+}离子,主要有3个吸收带,从长波到短波分别对应于$^4A_2\rightarrow{}^4T_2$、$^4A_2\rightarrow{}^4T_{1a}$、$^4A_2\rightarrow{}^4T_{1b}$态的跃迁。$Cr^{3+}$:$LiSrAlF_6$晶体对π偏振光吸收较大,为了使晶体最有效地吸收抽运光,应当使抽运光的波矢$\boldsymbol{K}$垂直于晶体的c轴,让电矢量$\boldsymbol{E}$平行于晶体的c轴。晶体最强的吸收带位于550～750 nm,640 nm波长处的吸收截面为5.4×10^{-20} cm^2。780～1 000 nm之间的荧光带对应于$^4T_2\rightarrow{}^4A_2$,中心波长在850 nm。受激发射截面约为4.8×10^{-20} cm^2,扣除激发态吸收后的有效发射截面为3.2×10^{-20} cm^2,荧光寿命约为67 μs。其发射光谱也有很强的π偏振特性,因此在使用时,应使晶体轴垂直于共振腔轴线放置。

Cr^{3+}:$LiCaAlF_6$晶体具有类似的光谱特性,606 nm波长处的吸收截面为2.7×10^{-20} cm^2。室温下荧光寿命约为170 μs,受激发射截面约为1.23×10^{-20} cm^2,扣除激发态吸收后的有效发射截面为8.9×10^{-21} cm^2。

氟化物材料的热导率较氧化物的低,其荧光热淬灭效应比较严重。尽管直到室温,由于^2E能级位于$^4T_2$振动带内,一定程度上抑制了亚稳态能级组的无辐射跃迁,Cr^{3+}:$LiCaAlF_6$和Cr^{3+}:$LiSrAlF_6$晶体的荧光寿命还是恒定的,但当温度升高到临界温度以上时,荧光寿命迅速下降。

表 36-117 Cr^{3+}:LiCaAlF6 激光晶体的基本性能

特 性	指 标
熔点	1 106 K
密度	2.989 g/cm^3
莫尔硬度	3.5
溶解度	0.005 g/100 g H_2O
折射率(波长λ的单位为μm)	$n_o^2=1.925\,52+\frac{0.004\,92\,\lambda^2}{\lambda^2-0.005\,69}-0.004\,21\,\lambda^2$ $n_e^2=1.921\,55+\frac{0.004\,94\,\lambda^2}{\lambda^2-0.006\,17}-0.003\,73\,\lambda^2$
折射率温度系数	-4.6×10^{-6}/K(n_o) -4.2×10^{-6}/K(n_e)
热导率	5.14 W/(m·K)(∥c) 4.58 W/(m·K)(⊥c)
比热容(P=0.101 325 MPa)	935 J/(kg·K)
膨胀系数(298 K)	4×10^{-6}/K(∥c) 22×10^{-6}/K(⊥c)

表 36-118 Cr^{3+}:$LiSrAlF_6$ 激光晶体的基本参数性能

特 性	指 标
熔点	1 039 K
密度	3.42 g/cm^3
莫尔硬度	3
溶解度	0.05 g/100 g H_2O
折射率(波长λ单位为μm)	$n_o^2=1.984\,48+\frac{0.002\,35\,\lambda^2}{\lambda^2-0.109\,36}-0.010\,57\,\lambda^2$ $n_e^2=1.976\,73+\frac{0.003\,09\,\lambda^2}{\lambda^2-0.009\,35}-0.008\,28\,\lambda^2$
折射率温度系数	-4.0×10^{-6}/K(∥c) -2.5×10^{-6}/K(⊥c)
热导率	1.68 W/(m·K)(∥c) 1.0 W/(m·K)(⊥c)
膨胀系数(298 K)	-9×10^{-6}/K(∥c) 18×10^{-6}/K(⊥c)

在激光过程中，抽运光将 Cr^{3+} 离子激发到 $^4T_2$ 和 $^4T_{1a}$ 态，$^4T_{1a}$ 态上的粒子经过无辐射跃迁弛豫到 $^4T_2$ 态，粒子从 $^4T_2$ 态跃迁到基态能级的振动激发态产生激光，构成四能级系统，激光阈值较低。Cr^{3+}：$LiSrAlF_6$ 晶体的问题是激发态吸收比较严重，使得激光器的整体效率下降，也限制了输出功率的水平。

晶体中大体积的 Sr 离子能引起 F 离子的畸变，从而造成晶体沿 c 轴的热膨胀系数为负值。因此虽然 Cr^{3+}：$LiSrAlF_6$ 和 Cr^{3+}：$LiCaAlF_6$ 晶体的机械强度不如钛宝石和金绿宝石晶体，也具有较小的热透镜效应。在同样的泵浦条件和晶体尺寸的情况下，热透镜效应较金绿宝石小 7 倍。有报道认为，Cr^{3+}：$LiSrAlF_6$ 和 Cr^{3+}：$LiCaAlF_6$ 的折射率温度系数为负。

Cr^{3+}：$LiSrAlF_6$ 是单轴光学晶体，图 36-260 为晶体的偏振吸收和荧光光谱。注意到发射谱具有很强的 π 偏振特性，因此使用时，晶体的 c 轴应垂直于激光腔的轴线。

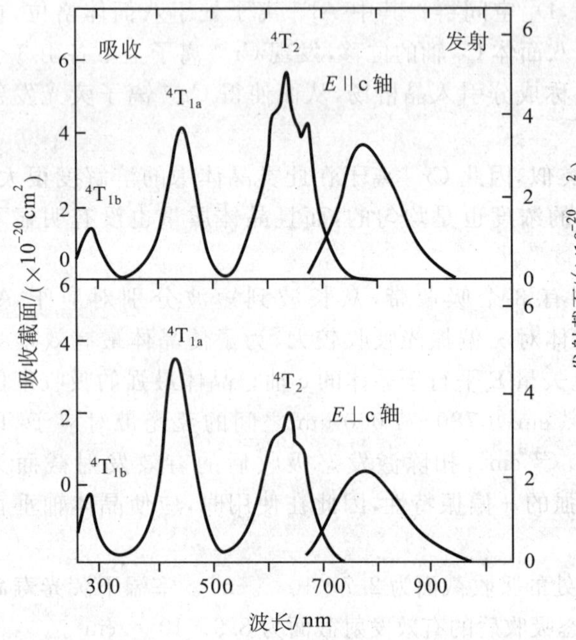

图 36-259　Cr^{3+}：$LiCaAlF_6$ 晶体的吸收和发射光谱

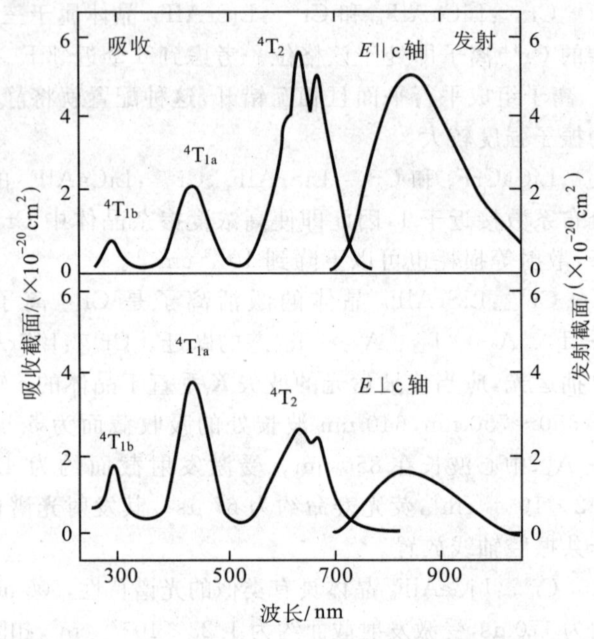

图 36-260　Cr^{3+}：$LiSrAlF_6$ 晶体的吸收和发射光谱

（十）Cr^{4+}：Mg_2SiO_4（Cr：forsterite）和 Cr^{4+}：$Y_3Al_5O_{12}$（Cr：YAG）

Mg_2SiO_4 晶体属于正交晶系，D_{2h}^{16} 空间群，由两种类型的[MgO_6]八面体结构连接[SiO_4]四面体组成，其中 Mg^{2+} 离子分别处于反转对称的 4(a)格位和镜面对称的 4(c)格位。掺入铬离子后，三价 Cr^{3+} 铬离子取代两种格位上的 Mg^{2+} 离子，四价 Cr^{4+} 离子取代四面体中 Si^{4+} 离子。

Cr^{4+}：Mg_2SiO_4 镁橄榄石晶体在 850～1 200 nm 波段的吸收和近红外区的荧光发射，是由处于四面体格位中的 Cr^{4+} 离子产生的，液氮温度下吸收和荧光光谱中零声子线均位于1 093 nm处，荧光寿命约为 20 μs，室温下荧光寿命约为 2 μs。可见区的吸收是由该 Cr^{4+} 中心和 2 个八面体格位中的 Cr^{3+} 中心共同造成的。

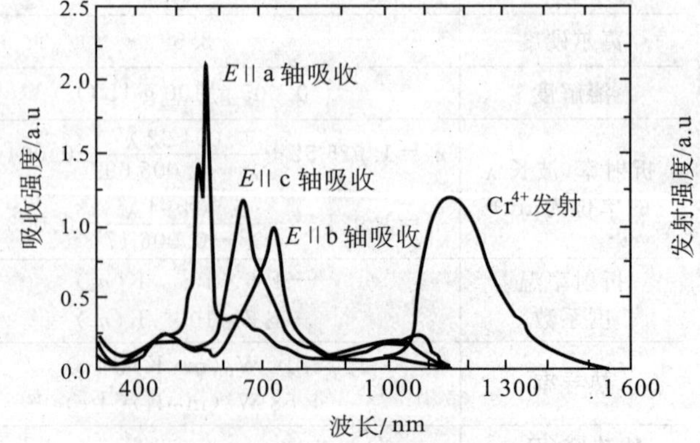

图 36-261　Cr^{3+}：Mg_2SiO_4 晶体的吸收和发射光谱

Cr^{4+}：Mg_2SiO_4 的吸收截面约为 1.36×10^{-19} cm^2、受激发射截面 $\sigma=1.16\times10^{-19}$ cm^2（也有报道为 2×10^{-19} cm^2），激发态吸收截面约为 1.8×10^{-20} cm_2。由于可调谐有效增益截面很宽，调谐范围覆盖 1 130～1 370 nm 波段，使得其可产生 14 fs 的超快激光脉冲。有报道认为在 8 W 的泵浦功率下，选用2 cm长、吸收系数为 0.31 cm^{-1} 的晶体能够产生最优化的连续激光输出。

Cr:YAG 激光晶体中三价铬离子和四价铬离子是共存的，为了促进四价铬离子在晶体中的形成，还可能共掺少量的二价碱土金属离子。在可见光区的吸收，主要是由三价和四价铬离子和色心共同造成的；对于 1 μm 波段吸收及近红外波段的发射，其光活性中心是处于四面体格位中的四价铬离子。$Y_3Al_5O_{12}$ 晶体中，2/5 的铝离子处于八面体格位，另外 3/5 的铝离子处于四面体格位，即 Cr:YAG 激光晶体中有四价铬离子占据铝离子的四面体格位，形成 1 450 nm 宽带发射的激光中心。关于 d^2 组态离子在四配位情况下的晶场计算表明，能级分裂与吸收光谱各能级的位置基本上是相符的：在 D_{2d} 对称下可以认为 Cr:YAG 激光晶体的主吸收泵浦带发生在 $^3B_1(^3A_1)$ 基态到 $^3E(^3T_2)$ 激发态，荧光辐射发生在最低激发态 $^3B_2(^3T_2)$ 到 $^3B_1(^3A_1)$ 基态。

Cr:YAG 激光晶体在 1 450 nm 的宽带发射具有一定的偏振性质，可能的原因是围绕 Cr^{4+} 的 4 个氧离子所形成的四面体，沿着 S_4 对称轴发生了形变。对于 1.06 μm 激发，当激发光平行于[001]晶轴，平行于[001]晶轴方向的荧光发射最强，该偏振方向上受激发射截面为 8×10^{-19} cm^2。随着温度从 77 K 上升到 300 K，1.2～1.6 μm的荧光发射强度指数下降约两个量级。室温下荧光寿命约为 3.6 μs，温度上升 50 K 后荧光寿命约为 1.7 μs。荧光寿命随 Cr^{4+} 浓度的变化关系较难确认，有报道指出，荧光寿命基本不随 Cr^{4+} 四配位激光中心浓度的变化而变化，但是随着晶体中铬离子的总浓度上升，荧光寿命有近似线性的下降。关于 Cr:YAG 激光晶体的受激发射截面，目前相对可靠的数值是 3.3×10^{-19} cm^2，也有报道认为是 0.95×10^{-19} cm^2 或 8×10^{-19} cm^2。

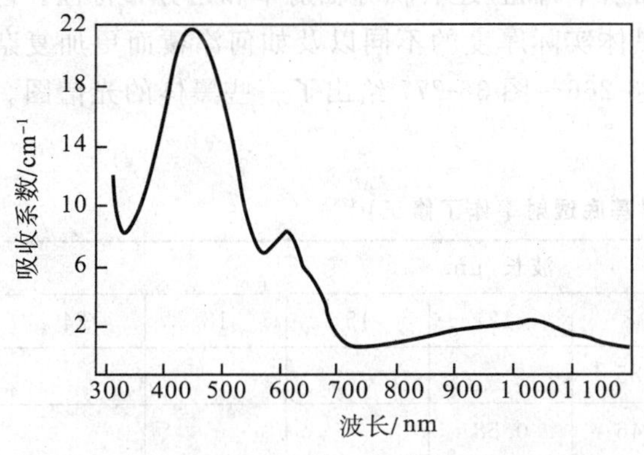

图 36-262 Cr:YAG 晶体的吸收光谱

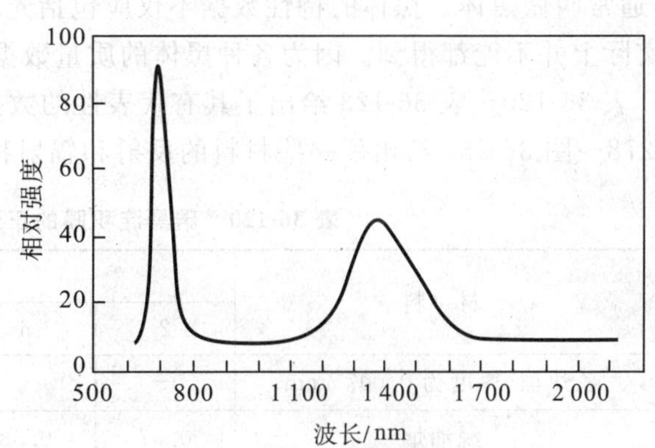

图 36-263 Cr:YAG 晶体的发射光谱

（十一）Cr^{2+}:ZnSe

Cr^{2+}:ZnSe 晶体属于六方闪锌矿结构，空间群为 T_d^2，其中 Cr^{2+} 离子占据四面体格位。通常情况下 Cr^{2+} 离子在硫属化合物中常常表现出强烈的吸收和荧光发射特性，基质晶体的微观缺陷常取决于具体的晶体生长方法和工艺条件。作为 $3d^4$ 电子组态，Cr^{2+} 离子在 ZnSe 晶体中处于弱晶场环境，$^5T_2$ 基态和最低激发态 ^5E 之间的吸收和发射为自旋容许。Cr^{2+} 离子的其他能级不是单重态，就是三重态，因此从 ^5E 激发态起始的激发态吸收均属于自旋禁戒，非常适合于激光的有效发射。$^5T_2$ 基态和最低激发态之间的吸收截面约为 87×10^{-20} cm^2，^5E 到 $^5T_2$ 的受激发射截面约为 90×10^{-20} cm^2，室温下的荧光寿命仅仅为 9 μs。即使如此，Cr^{2+}:ZnSe 晶体的 $\sigma\tau$ 值大于钛宝石晶体的，可调谐波段为2 000～2 800 nm。它的优越性不仅表现在适合于中红外激光器应用，而且理论上可以实现几飞秒的超快激光输出。

表 36-119 Cr^{2+}:ZnSe 激光晶体的基本特性

性 能	指 标	性 能	指 标
熔点	1 798 K	折射率温度系数	70×10^{-6}/K
密度	5.26 g/cm³ 或 5.42 g/cm³	热导率	18 W/(m·K)
莫尔硬度	3～4	比热(P=0.101 325 MPa)	348 J/(kg·K)
折射率	2.488 @1.0 μm	膨胀系数(293～443 K)	7.37×10^{-6}/K

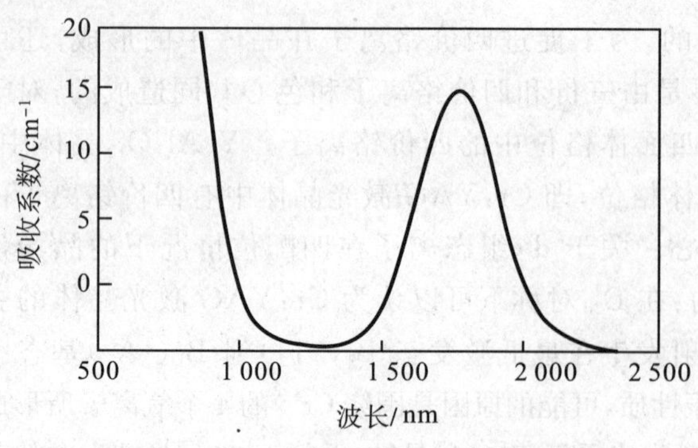

图 36-264 Cr^{2+}:ZnSe 晶体的吸收光谱

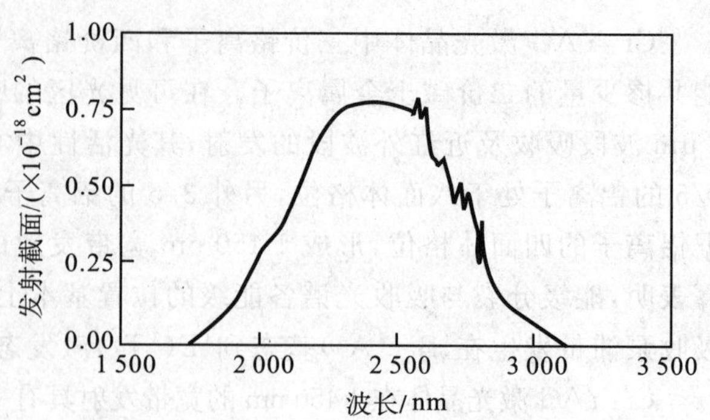

图 36-265 Cr^{2+}:ZnSe 晶体的发射光谱

第七节 黑白标准

辐射度标定用的精密辐射体的设计和制造以及一些类似的应用，都需要使用高辐射和成比例漫射的材料，通常叫做黑体。黑体的特性数据不仅应包括光谱镜面辐射率，而且还有积分辐射率和角分布特性。但这在实际上并不能都得到。因为各种黑体的质量数据，由于黑体实际厚度的不同以及如何涂覆而更加复杂化了。表 36-120～表 36-123 给出了其有代表性的数据。图 36-266～图 36-277 给出了一些黑体的光谱图。图 36-278～图 36-285 给出了一些材料的反射和辐射特性[224]。

表 36-120 碳黑淀积膜的正透射率(对基底透射率作了修正)[178]

材料		波长/μm						
		2	6	8.8	12	15	18	24
乙炔黑，厚度为 0.007 5 cm		—	—	0.25				
鲸油烟		0.07	0.38	0.46	0.58			
樟脑烟		—	0.14	0.26	0.36	0.46	0.56	0.65
烟，1.8×10^{-4} g/cm²		0.005	0.16	0.28	0.38	0.48	0.59	0.70
灯黑涂料	$2.6(\pm0.5)\times10^{-4}$ g/cm²	—	约 0.002	0.024	0.056	0.089	0.14	0.197
	$5.2(\pm0.3)\times10^{-4}$ g/cm²	—	—	—	—	0.01	0.022	0.097
	10×10^{-4} g/cm²	—	—	—	—	约 0.002		
Parsons 光学黑漆	单上部涂层 3.7×10^{-3} g/cm³	—	—	—	—	0.0013	0.002	0.007
	单上部涂层 7.3×10^{-3} g/cm³	—	—	—	—	—	—	约 0.002
	下部涂层和上部涂层	—	—	—	—	—	—	<0.002

表 36-121 紫外和可见区碳黑漫射半球反射率[178]

材 料	测 量	波长/μm					
		0.254	0.366	0.436	0.546	0.600	0.700
乙炔黑	角光度计	0.009	0.012	0.010	0.010		
	积分球	—	—	0.012	0.012	0.011	0.010
	半球	—	—	—	—	0.006	

续表

材料	测量	波长/μm					
		0.254	0.366	0.436	0.546	0.600	0.700
灯黑涂料	角光度计	0.045	0.045	0.045	0.042		
	积分球	—	—	0.045	0.042	0.041	0.039
	半球	—	0.045	0.044	0.049	0.033	
灯黑涂层加烟（鲸油蜡烛）	角光度计	0.014	0.015	0.015	0.016		
	积分球	—	—	0.017	0.016	0.016	0.016
Parsons 光学黑漆	积分球	—	—	0.014	0.013	0.012	0.012

表 36-122 碳黑红外漫射半球反射率[178]

材料	测量	波长/μm					
		0.95	2.4	4.4	8.8	12	24
乙炔黑	半球	0.004	—	0.07	0.012	—	0.030
	角光度计	—	—	—	<0.005		
樟脑烟	半球	0.014	—	0.010	0.017	—	0.057
鲸油蜡烛烟	半球	0.010	—	0.009	0.013	—	0.041
灯黑涂料	半球	0.047	0.047	0.032	0.042	0.056	0.044
Parsons 光学黑漆	角光度计	—	—	—	0.022		

表 36-123 灯黑涂料、Parsons 光学黑漆和在金属接受体上的金黑的红外吸收系数[178]

材料	数据求得方法	波长/μm						
		1	2	6	8.8	12	15	18
灯黑涂料	由反射率和透射率的测定值计算	0.96	0.96	0.96	0.94			
	与谐振腔检测器比较的响应值①	1.00	—	0.975	0.925	0.895	0.89	0.88
Parsons 光学黑漆	由反射率和透射率的测定值计算	0.99	0.99	—	0.98	—	—	0.98
	与谐振腔检测器比较的响应值①	1.00	—	—	—	—	—	0.99
金黑	由反射率和透射率的测定值计算	0.97	0.978	0.982	0.98	0.978	0.95	0.935
	与谐振腔检测器比较的响应值①	1.00	—	0.99	0.98	0.972	0.970	0.96

注：①这些响应值在 1 μm 处被归一化为一。

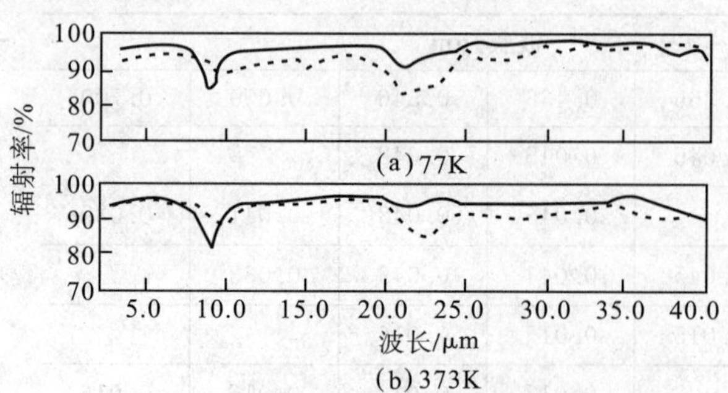

图 36-266 Cat-a-lac(虚线)和 3M 黑漆(实线)在 77 K 和 373 K 时的光谱辐射曲线[50]

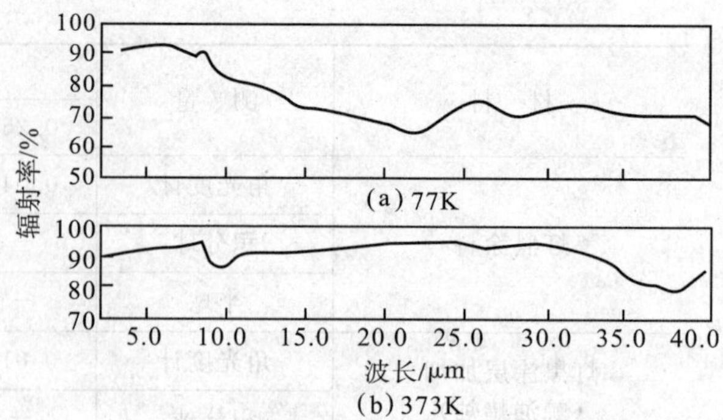

图 36-267 Sicon 黑漆在 77 K 和 373 K 时的光谱辐射曲线[50]

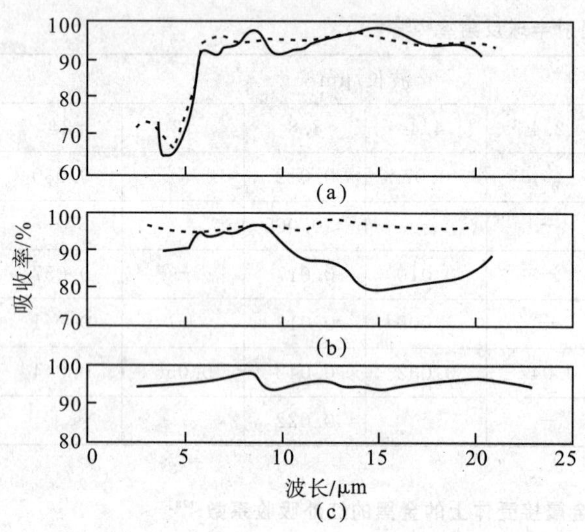

图 36-268 BEC 和氧化铁的光谱吸收曲线[28]

(a) BEC-1(实线)和 BEC-4(虚线);(b)氧化铁(实线)和 BEC-3(虚线);(c) BEC-2

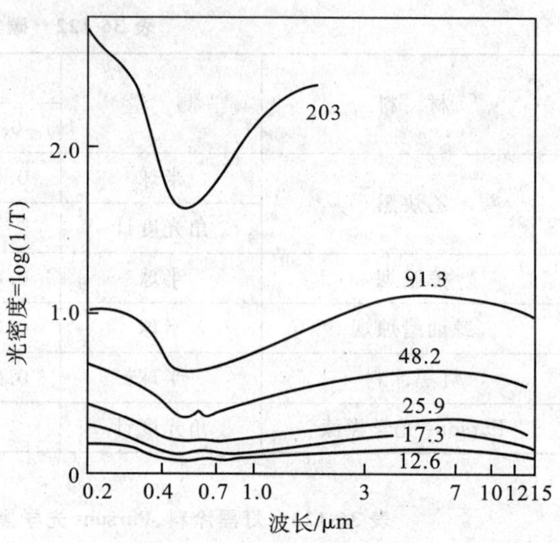

图 36-269 具有不同淀积量(μg/cm²)金黑的正透射光密度曲线[178]

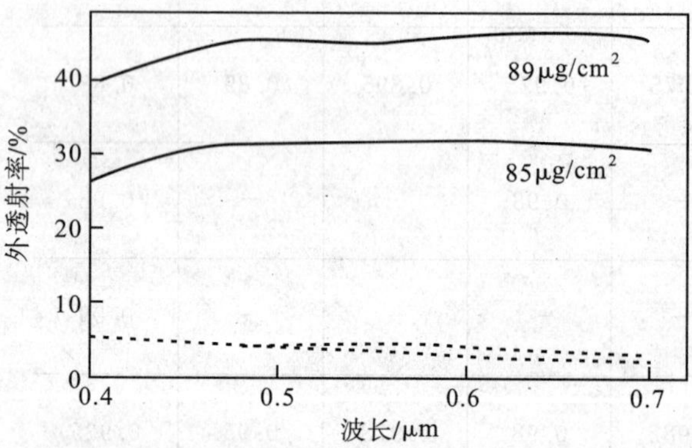

图 36-270 淀积在硝酸纤维素上的金黑的总透射率(实线)和漫射透射率曲线(虚线)[178]

淀积量在图内曲线上示出

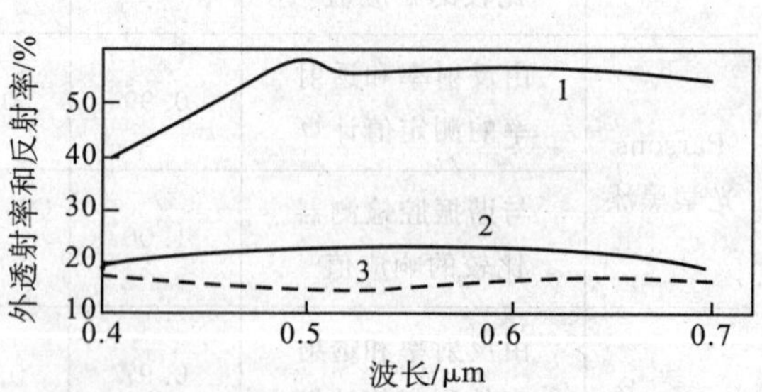

图 36-271 玻璃上的金黑(205 μg/cm²)的透射和反射曲线[178]

1. 透射率曲线;2. 漫射透射率曲线;3. 总的和漫射的反射率曲线

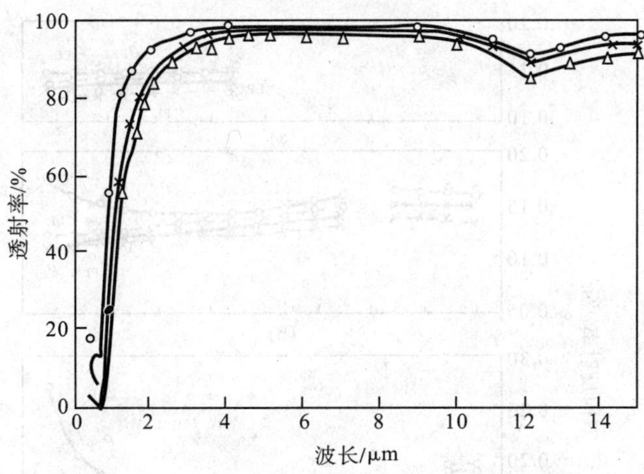

图 36-272　金烟和含有 3%氧气的氮气混合淀积膜的透射曲线[2][178]

金滤光片的含量分别是：○为 65 μg/cm²，×为 80 μg/cm²，△为 129 μg/cm²

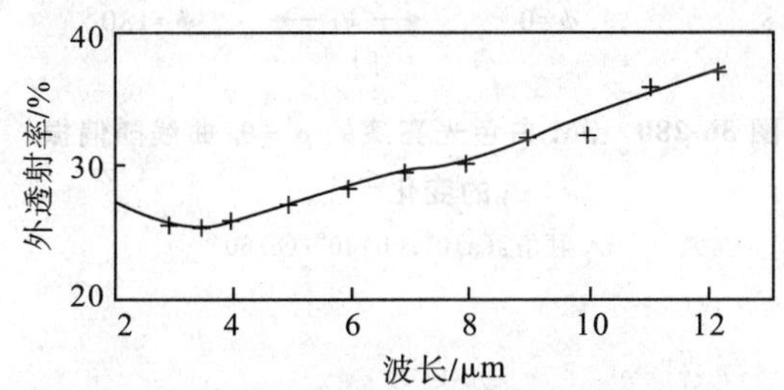

图 36-274　银黑淀积膜的红外透射曲线[178]

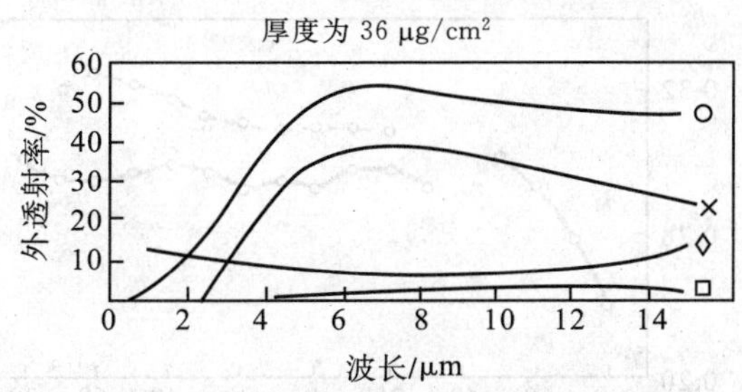

图 36-275　锑黑淀积膜的透射曲线[178]

○淀积在硝酸纤维素上的锑黑，□在 KRS-5 上淀积的锑黑，◇在硝酸纤维素上的金黑(100 μg/cm²)。对于基片透射率做了修正

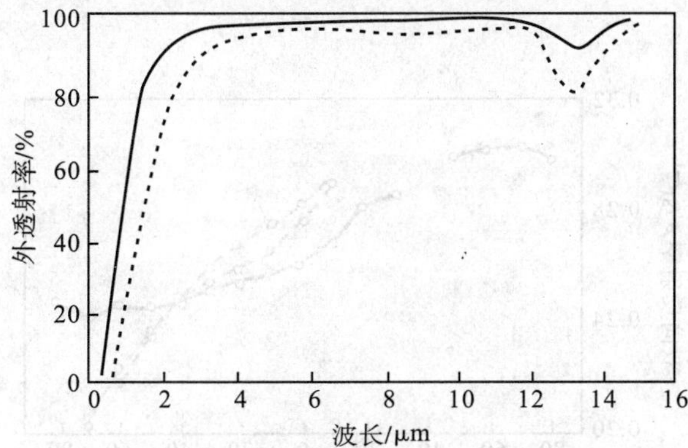

图 36-277　在硝酸纤维素基片上淀积的锑烟淀积膜的透射曲线[178]

实线是 6 min 淀积膜，点线是 11 min 淀积膜

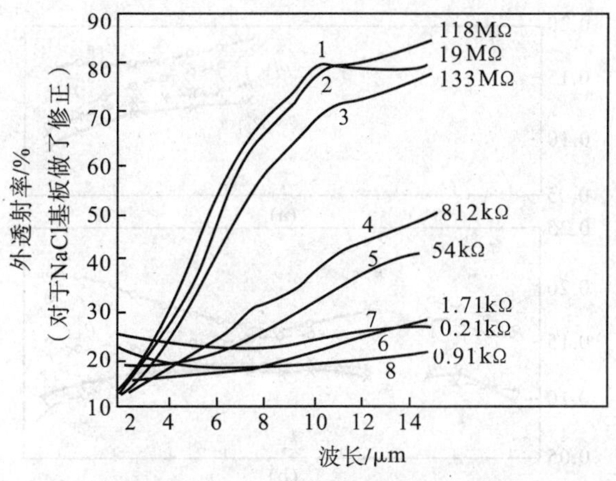

图 36-273　含约 1%氧化钨的金烟淀积膜的透射曲线[178]

其热处理情况分别是：1. 制作后立即测定；2. 在室温下经过 72 h 后测定；3. 在 69℃经过 24 h 后测定；4. 在 172℃经过 3 h 后测定；5. 在经 4 处理后又在 180℃经过 3 h 后测定；6. 在经 5 处理后又在 180℃经过 15 h 后测定；7. 在经 6 处理后又在 180℃经过 18 h 处理后测定；8. 在经 7 处理后又在 180℃经过 18 h 处理后测定；9. 经在 69℃固定后的高红外吸收金黑(62 μg/cm²)

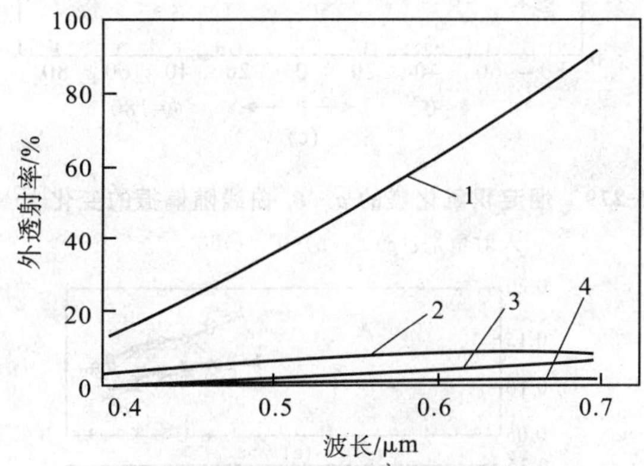

图 36-276　薄电石气黑淀积膜的可见透射曲线[178]

1. 总透射率曲线(样品 7)；2. 漫射透射率(样品 7)；3. 总透射率(样品 3)；4. 射漫透率(样品 3)

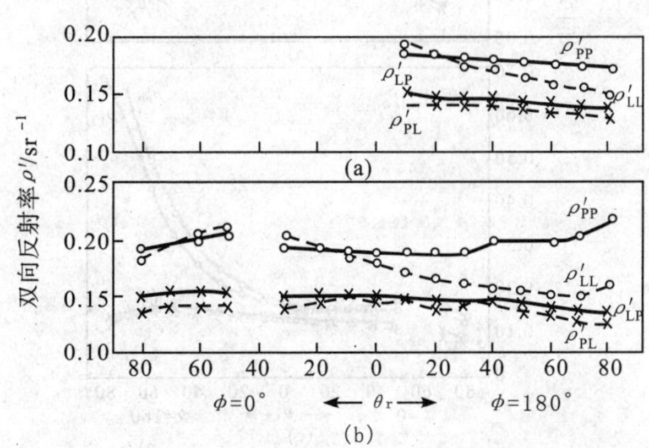

图 36-278　粉压氧化镁的 $\rho'-\theta_r$ 曲线随偏振的变化[40]

入射角：(a)0°；(b)40°

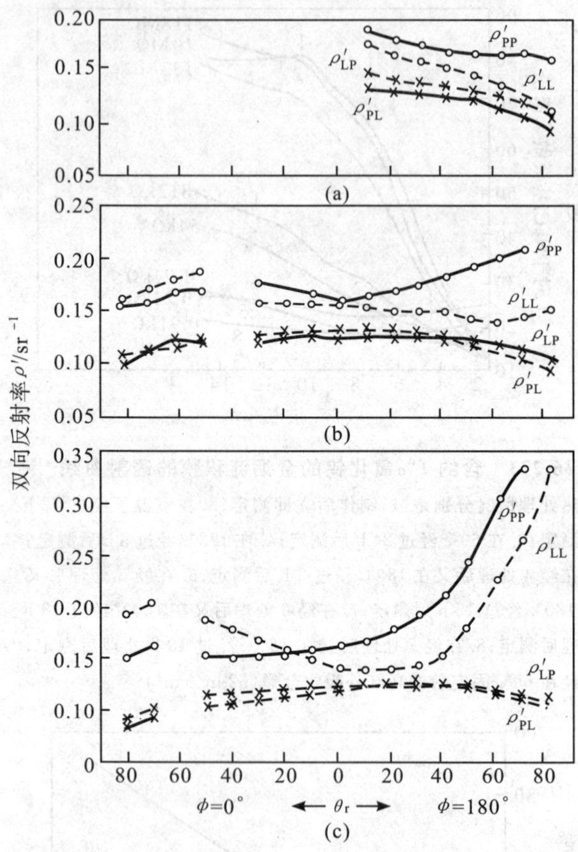

图 36-279　烟淀积氧化镁的 $\rho'-\theta_r$ 曲线随偏振的变化[17]

入射角是：(a)0°；(b)40°；(c)60°

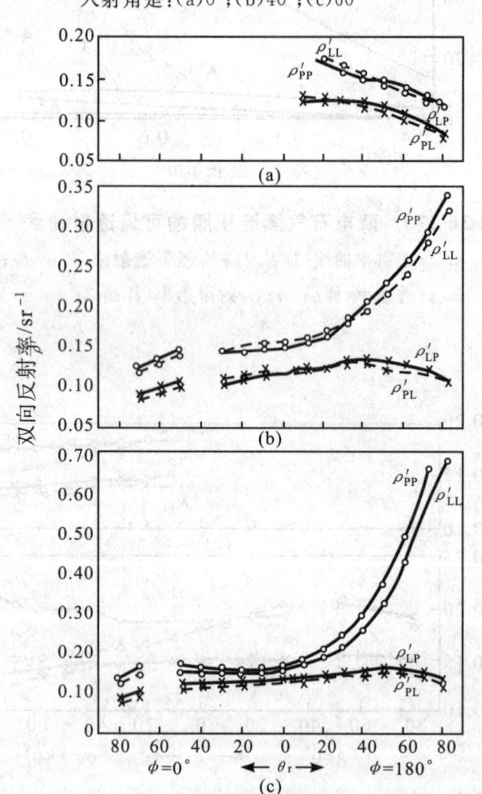

图 36-281　970JH 型陶瓷纤维材料的 $\rho'-\theta_r$ 曲线随偏振的变化[181]

入射角：(a)0°；(b)40°；(c)60°

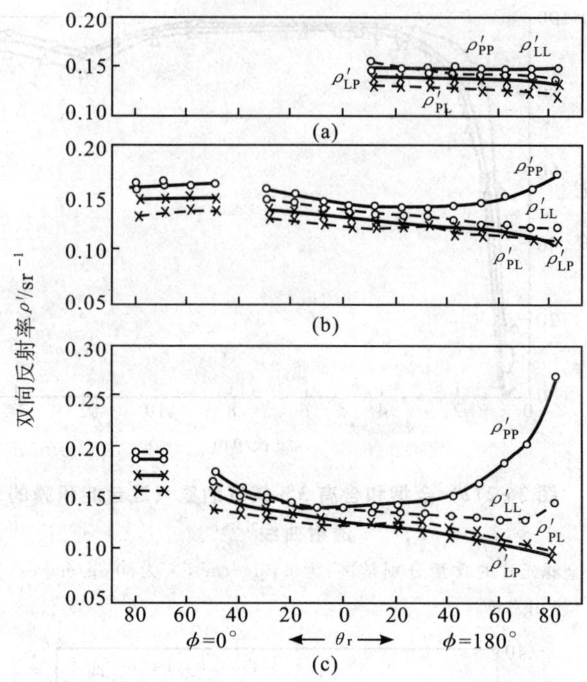

图 36-280　3M 白色光亮漆的 $\rho'-\theta_r$ 曲线随偏振的变化[180]

入射角：(a)0°；(b)40°；(c)60°

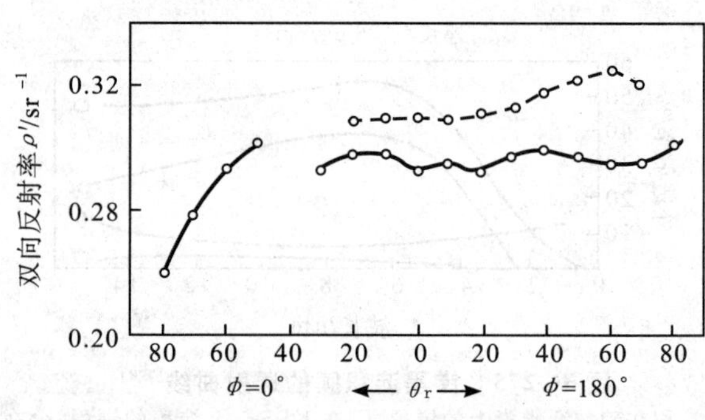

图 36-282　2 个氧化镁样品的 $\rho'-\theta_r$ 图[182]

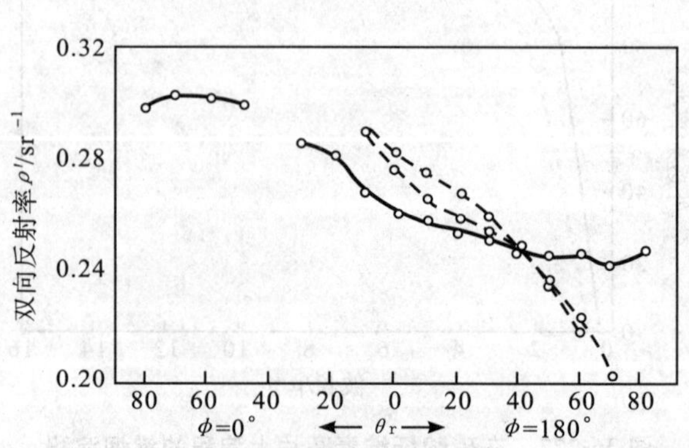

图 36-283　2 个 3M 白色光亮漆样品的 $\rho'-\theta_r$ 曲线[181]

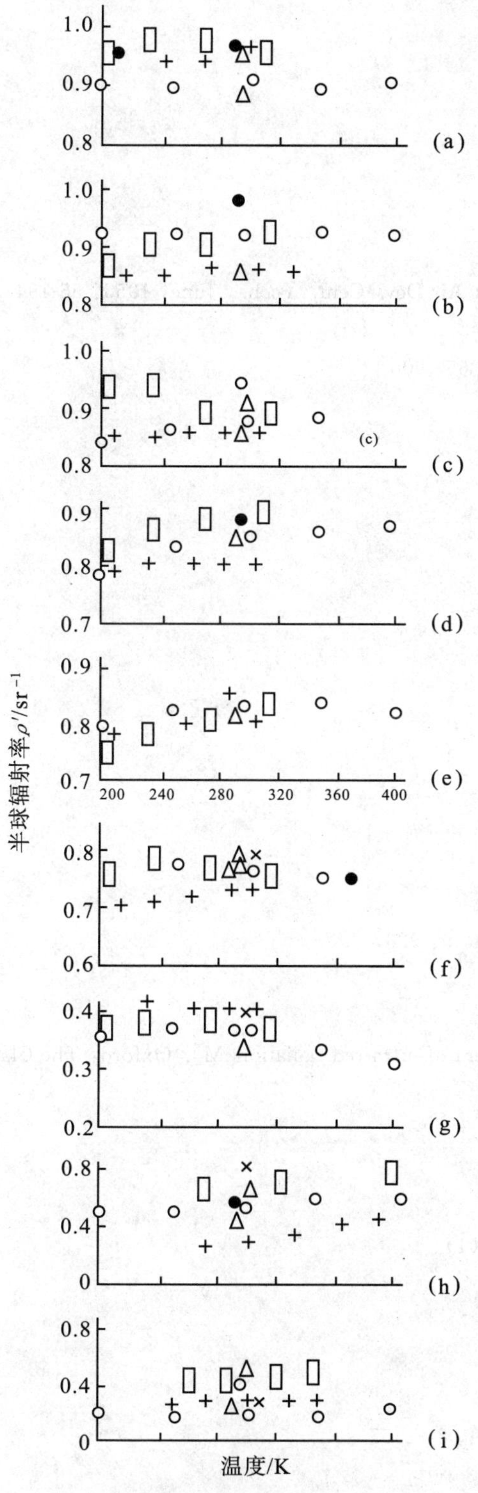

图 36-284　几种表面的半球辐射率随温度的变化[183]

(a)Parsons 黑；(b)V 型波口；(c)Z-93；(d)S-13G；(e)S-13；(f)光学太阳光反射体；(g)阻挡层阳极材料；(h)氧化钴；(i)在不锈钢上的 200 nm 铝膜。□稳态量热计；＋瞬态量热计；○热腔反射率；×镜面反射率；●辐射计；△快速辐射仪；▽椭圆反射镜反射率

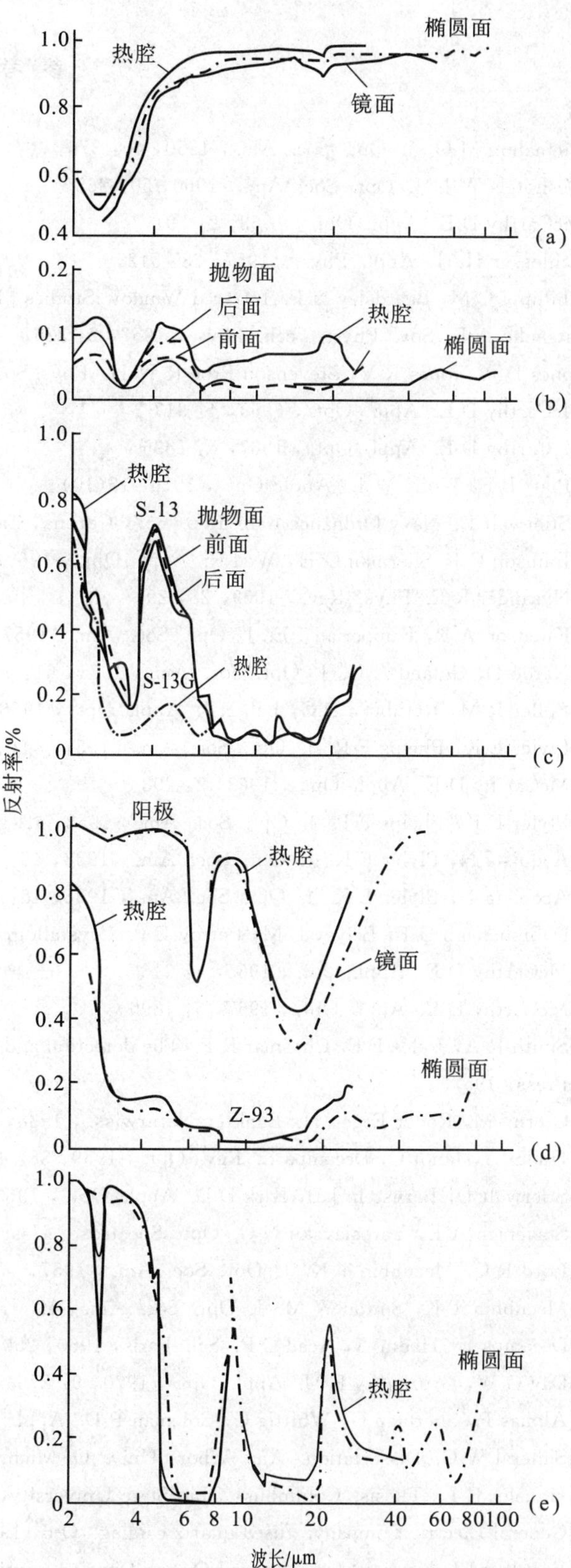

图 36-285　几种表面的光谱反射率曲线[184]

(a)氧化钴；(b)Parsons 黑；(c)S-13 和 S-13G；(d)阻挡层阳极材料和Z-93；(e)光学太阳光反射器材料

参考文献

[1]Mcmahon M O. J. Opt. Soc. Am., 1950, 40: 376

[2]Deshotels W J. J. Opt. Soc. Am., 1960, 50: 865

[3]McCarthy D E. Appl. Opt., 1963, 2: 591

[4]Schlosser H. J. Appl. Phys., 1957, 28: 512

[5]Phillippi C M, Beardsley N F. Infrared Window Studies [R]. Wright Air Dev. Cent. Tech., June, 1955: 55-194

[6]Iatsenko A F. Sov. Phys.-Tech. Phys., 1957, 2: 2257

[7]Jones D A, Jones R V, Stevenson Proc R W H. Phys. Soc., 1952, B65: 906

[8]McCarthy D E. Appl. Opt., 1965, 4: 317

[9]McCarthy D E. Appl. Opt., 1967, 6: 1896

[10]Platt B F, Wolfe W L. Appl. Opt., 1976, 15(10)

[11]Stierwalt D. Navy Ordnance Lab. Rep. 667, Corona, Calif, 1966

[12]Johnson C J, Sherman G H, Weil R. Appl. Opt., 1969, 8: 1667

[13]Nysander R E. Phys. Rev., 1909, 28, 291

[14]Knudson A R, Kupperian J E. J. Opt. Soc. Am., 1957, 47: 440

[15]Nardo D, Goland A N. J. Opt. Soc. Am., 1971, 61: 1321

[16]Fuller R M, Rathburn D G, Bell R J. Appl. Opt., 1968, 7: 1243

[17]Plyler E K, Phelps F R. J. Opt. Soc. Am., 1951, 41: 209

[18]McCarthy D E. Appl. Opt., 1963, 2: 293

[19]Plyler E K, Phelps F P. J. Opt. Soc. Am., 1952, 42: 432

[20]Acquista N, Plyler E K. J. Opt. Soc. Am., 1953, 43: 977

[21]Acquista N, Plyler E K. J. Opt. Soc. Am., 1958, 48: 668

[22]Dobrshanskii G F, Belyev L M, Petrov E P. Crystallographia, 1964, 9: 928

[23]McCarthy D E. Appl. Opt., 1965, 4: 316

[24]McCarthy D E. Appl. Opt., 1967, 6: 1896

[25]Smith R A, Jones F E, Chasmar R P. The detection and measurement of infra-red radiation[M]. Oxford: The Clarendon Press, 1957

[26]Czerny M, Röder Ergeb H. Exakten Naturwiss., 1938, 17: 70

[27]Hadni A, Janot C, Decamps E. Rev. Opt., 1959, 38: 463

[28]Stierwalt D, Bernstein J B, Kirk D D. Appl. Opt., 1963, 2: 1169

[29]Stavenich A E, Yaroslavskii N G. Opt. Spectrosc. Ussr, 1961, 11(1)

[30]Lord R C, Mccubbin T K. J. Opt. Soc. Am., 1957, 47 (8): 689

[31]Mccubbin T K, Sinton W M. J. Opt. Soc. Am., 1950, 40 (8): 537

[32]Decamps E, Hadni A, Acad C R. Sci. Paris, 1960, 250 (10)

[33]Day G W, Gruzensky P M. Appl. Opt., 1970, 9: 2794

[34]Alonas P, Sherman G, Whittig C, Coleman P D. Appl. Opt., 1969, 8: 2557

[35]Simeral W G. Dissertation. Ann Arbor: Univ. Of Mich. June, 1953

[36]Hausler R L. Thesis. Columbus: Ohio State University, 1952

[37]General Electric Company. fused quartz catalag. Q-6, 1957

[38]Engelhard Industries, Inc. Amersil Quartz Division, optical fused quartz.

[39]General Electric Company Cataloy 5100

[40]Amersil Inc., Brochure Em-9227-2

[41]Beder E C, Bass C D, Shackleford W L. Appl. Opt., 1971, 10: 2263

[42]Oswald F, Schade R, Naturforsch Z, 1954, 9a: 611

[43]Philco Corporation, Final Rept. 2120-F November, 1958

[44]Dash W C, Newman R. Phys. Rev., 1955, 99: 1151

[45]Lax M, Burstein E. Phys. Rev., 1955, 97: 39
[46]Moss T S. Optical Properties Of Semi-conductors[M]. New York: Academic, 1959: 133
[47]Tanenbaum M, Briggs H B. Phys. Rev., 1953, 91: 1561
[48]Spitzer W G, Fan H Y. Phys. Rev., 1955, 99: 1893
[49]Yoshinaga H, Oetjen R A. Phys. Rev., 1956, 101: 526
[50]Stierwalt D. Appl. Opt., 1966, 5: 1911
[51]Mooney J B. Infrared Phys., 1966, 6: 153
[52]Wirick M. Appl. Opt., 1966, 5: 1966
[53]Moss T S, Peacock A G. Infrared Phys., 1961, 1: 104
[54]Gibson A F. Proc. Phys. Soc., 1952, 65B: 378
[55]Clark M A, Cashman R D. Phys. Rev., 1952, 85: 1043
[56]Schneider E G. Phys. Rev., 1936, 49: 341
[57]Laufer A H, Pirog J A, McNesby J R. J. Opt. Soc. Am., 1965, 55: 64
[58]Steinmetz D L, Phillips W G, M Wirick, F F Forbes. Appl. Opt., 1967, 6: 1001
[59]Willmott J C. Proc. Phys. Soc., 1950, 63: 389
[60]Oppenheim U P, Goldman A J. Opt. Soc. Am., 1964, 54: 127
[61]Ruthberg S, et al. Appl. Opt. 1963, 2: 177
[62]Schneider H M O'bryan. Phys. Rev., 1937, 51: 293
[63]Hilsch R, Pohl R W. Z. Phys., 1930, 59: 812
[64]Strong J. Phys. Rev., 1931, 38: 1818
[65]McCarthy D E. Appl. Opt., 1968, 7: 1243
[66]Bauple R, Gilles A, Romand J, Vodar B. J. Opt. Soc. Am., 1950, 40: 788
[67]Loewenstein E V. J. Opt. Soc. Am., 1961, 51: 108
[68]Caldwell R S. Purdue Univ. Phys. Dept. Spec. Rep., Contract DA36-039-SC-71131, January, 1958
[69]Salzberg C D, Villa J J. J. Opt. Soc. Am., 1953, 43: 579
[70]Tutihasi S. Phys. Rev., 1957, 105: 882
[71]Calingaert G, Heron S D, Stair R. Trans. Soc. Automot. Eng., 1936, 39: 448
[72]Levin S B, Field N J, Plock F M, Merker L. J. Opt. Soc. Am., 1955, 45: 737
[73]MacNeill C E. J. Opt. Soc. Am., 1963, 53: 398
[74]Loferski J. J. Phys. Rev., 1954, 93: 707
[75]Nomura K C. Phys. Rev. Lett., 1960, 5: 500
[76]Beals M D, Merker L. Materials In Design Engineering, Reinhold, New York
[77]Spitzer W G, Miller R C, Kleinman D A, Howarth L E. Phys. Rev., 1962, 126: 1710
[78]Acta Electron, 1961, 5: 364
[79]Bloor D, Dean T J, Martin D H, Mawer P A, Perry C H. Proc. R. Soc., 1961, A260: 510
[80]Plyler E K. Natl. Bur. Stand. J. Res., 1948, 41: 128
[81]Plyler E K. Natl. Bur. Stand. J. Res., 1948, 41: 125
[82]McCarthy D E. Appl. Opt., 1971, 10: 2539
[83]Rodney W S, Malitson I H, King T A. J. Opt. Soc. Am., 1958, 48: 633
[84]Rodney W S. J. Opt. Soc. Am., 1955, 45: 987
[85]Feldman A, Horowitz D. J. Opt. Soc. Am., 1969, 59: 1406
[86]Kaifu Y, Komatsu T. J. Phys. Soc. Jap., 1968, 25: 664
[87]Malitson I H. Appl. Opt., 1965, 4: 316
[88]Malitson I H. Appl. Opt., 1965, 4: 315
[89]Malitson I H. Appl. Opt., 1965, 4: 878
[90]Johnson C J, Sherman G H, Weil R. Appl. Opt., 1969, 8: 1667
[91]Parsons D F, Coleman D D. Appl. Opt., 1971, 10: 1683
[92]Wolfe W, Platt B. Unpublished Data, 1976

[93]Salzberg C D, Villa J J. J. Opt. Soc. Am., 1957, 47: 244
[94]Brigs H B. Phys. Rev., 1950, 77: 287
[95]Avery D G. Proc. Phys. Soc., 1953, B66: 134
[96]Paschen F. Ann. Phys., 1908, 26: 120
[97]Zernike F. J. Opt. Soc. Am., 1964, 54: 1215
[98]Feichtner J D, Johannes R, Roland G W. Appl. Opt., 1970, 9: 1716
[99]Hohls H W. Ann. Phys., 1937, 29: 433
[100]Willmott J C. Nature, 1948, 162: 996
[101]Burstein E, Oberly J J, Plyer E K. Proc. Ind. Acad. Sci., 1948, 38: 388
[102]Mentzel A. Z. Phys., 1934, 88: 178
[103]Bishnevskii B H, Domanok H A. Opt. Spectrosc., 1960, 5: 736
[104]Fraser W A, Fraser D M. J. Opt. Soc. Am., 1959, 49: 497
[105]Malitson I H. J. Opt. Soc. Am., 1964, 54: 628
[106]Houston T, Johnson L F, Kisliuk P, Walsh D J. J. Opt. Soc. Am., 1963, 53: 1286
[107]Micheli F J. Ann. Phys., 1902, 4: 7
[108]Martens F F. Ann. Phys., 1901, 6: 603
[109]Gifford J W. Proc. R. Soc. (Lond), 1902, 70: 329
[110]Carvallo A. C. R., 1896, 126: 950
[111]J. Phys. Radium, Ser. 3, 1900, 9: 465
[112]Liebreich E. Verh. Dtsch. Phys. Ges., 1911, 13: 709
[113]Kohlrausch F. Praktische Physik, 3, 22nd ed., Teubner, Leipzing, 1968: 74
[114]Coblentz W W. J. Opt. Soc. Am., 1914, 4: 441
[115]Smakula A, Einkristalle. Berlin: Springer-Verlag: 1962
[116]Rodney W S, Spindler R J. Natl. Bur. Stand. J. Res., 1953, 51: 123
[117]Martens F F. Ann. Phys., 1901, 6: 602
[118]Carvallo A. C. R., 1896, 126: 728
[119]Rubens H. Wied. Ann., 1895, 54: 488
[120]Rosch S. Opt. Acta, 1965, 12: 253
[121]Malitson I H. Appl. Opt., 1963, 2: 1103
[122]Seraphin B O, Bennett H E. Optical Constants [M]// Willardson R K, Beer A C (eds). Semiconductors and Semimetals. New York: Academic, 1967, 3: 525
[123]Barcus L C. Phys. Rev., 1958, 111: 167
[124]Seraphin B O, Bennett H E. Optical Constants [M]// Willardson R K, Beer A C (eds). Semiconductors and Semimetals. New York: Academic, 1967, 3: 510
[125]Rank D H, Bennett H E. J. Opt. Soc. Am., 1954, 44: 13
[126]Seraphin B O, Bennett H E. Optical Constants [M] // Willardson R K, Beer A C (eds). Semiconductors and Semimetals. New York: Academic, 1967, 3: 541
[127]Cardona M, Paul W, Brooks H. Adv. Semicond. Sci. [C]// Proc. 3rd Int. Conf. Semicond., Univ. Rochester, Pergamon, New York, 1958, 205
[128]Seraphin B O, Bennett H E. Optical Constants [M]// Willardson R K, Beer A C (eds). Semiconductors and Semimetals. New York: Academic, 1967, 3: 535
[129]Seraphin B O, Bennett H E. Optical Constants [M]// Willardson R K, Beer A C (eds). Semiconductors and Semimetals. New York: Academic, 1967, 3: 529
[130]Eastman Kodak Pam. K71, November, 1968
[131]Herzberger M, Salzberg C D. J. Opt. Soc. Am., 1962, 52: 420
[132]Gyulai Z. Z Phys., 1927, 46: 84
[133]Harting H. Sitzungsber. Dtsch. Akad. Wiss. Ber., 1948, 4: 1
[134]Tilton L W, Plyler E K. Natl. Bur. Stand. J. Res., 1951, 47: 25

[135]Ducanson A, Stevenson R W H. Proc. Phys. Soc., 1958, 72: 1001
[136]Stephens R E, Malitson I H. Natl. Bur. Stand. J. Res., 1952, 49: 249
[137]Strong J, Brice R T. J. Opt. Soc. Am., 1935, 25: 207
[138]Jeppesen M A, Taylor A M. J. Opt. Soc. Am., 1966, 56: 451
[139]Stephens R E, Plyler E K, Rodney W S, Spindler R J. J. Opt. Soc. Am., 1953, 43: 100
[140]Martens F F. Ann. Phys., 1901, 6: 619
[141]Korth K. Z. Phys, 1933, 84: 677
[142]Dodge M J, Malitson I H, Mahan A I. Appl. Opt., 1969, 8: 1705
[143]Devore J R. J. Opt. Soc. Am., 1951, 41: 417
[144]Malitson I H. J. Opt. Soc. Am., 1962, 52: 1377
[145]Gampel L, Johnson F M. J. Opt. Soc. Am., 1969, 59: 72
[146]Caldwell R S. Purdue Univ. Phys. Dept. Spec. Rep., Contract DA36-039-SC-71131, January, 1958
[147]Saker E W. Proc. Phys, Soc., 1952, B65, 785
[148]Henry L. C. R., 1953, 273: 148
[149]Shaffer P T B, Naum R G. J. Opt. Soc. Am., 1969, 59: 1498
[150]Tilton L W, Stephens R E. J. Opt. Soc. Am., 1950, 40: 540
[151]Coblentz W W. J. Opt. Soc. Am., 1914, 4: 443
[152]Rubens H, Nichols E F. Wied. Ann., 1897, 60: 454
[153]Smakula A. U S Dept. Comm.. Off. Tech. Serv. Doc. 111, 1952, 052: 88
[154]Kublitsky A. Ann. Phys., 1934, 20: 793
[155]Hohls H W. Ann. Phys., 1937, 29: 433
[156]International Critical Tables[M]. New York: McGraw-Hill, 1929, 3: 26
[157]Barth T F W. Ann. Mineral., 1929, 14: 358
[158]McCarthy D E. Appl. Opt.. 1965, 4: 878
[159]Hettner G, Leisegang G. Optik, 1948, 3: 305
[160]Rodney W S, Malitson I H. J. Opt. Soc. Am., 1956, 46: 956
[161]Bieniewski T M, Czyzak S J. J. Opt. Soc. Am., 1963, 53: 496
[162]Czyzak S J, Baker W M, Crane R C, Howe J B. J. Opt. Soc. Am., 1957, 47: 240
[163]Wray J H, Neu J T. J. Opt. Soc. Am., 1969, 59: 774
[164]Welber B. Appl. Opt., 1967, 6: 925
[165]Heilmeir G H. Appl. Opt., 1964, 3: 1281
[166]Vitrikhovsky N L, Gudymenko L F, Maznichenko A F, Malinko V N, Pidlinsu E V, Terekhova S F. Ukt. Fiz. Zh., 1967, 12: 796
[167]Nilsson P O. Appl. Opt., 1968, 7: 435
[168]Handbook of Chemistry and Physics[M]. Cleveland: Chemical Rubber Publishing Co, 1960
[169]Smakula A. Opt. Acta, 1962, 9, 205
[170]Smakula A, Kalnajs J, Redman M J. Appl. Opt., 1964, 3: 323
[171]Mott N F, Gurney R W. Electronic Processes In Ionic Crystals[M]. Oxford: The Clarendon Press, 1950: 12
[172]Ballard S S. J. Appl. Phys., 1965, 4: 23
[173]Willardson R K, Beer A C. Semiconductors and Semimetals, vol. 3. New York: Academic, 1967
[174]Savage J A, Nielson S. Infrared Phys., 1965, 5: 195
[175]Hilton A R, Jones C E. Appl. Opt., 1967, 6: 1513
[176]Monnier R C. Appl. Opt., 1967, 6: 1437
[177]Black J, Conwell E M, Sleigle L, Spencer L W. J. Phys. Chem. Solids, 1957, 2: 240
[178]Harris L. The Optical Properties Of Metal Blacks and Carbon Blacks[M]. Cambridge, Mass: MIT and Eppley Foundation For Research, 1967
[179]Carmer D C, Baer M E. Appl. Opt., 1969, 8 (8): 1598
[180]Carmer D C, Baer M E. Appl. Opt., 1969, 8 (8): 1599

[181]Carmer D C, Baer M E. Appl. Opt., 1969, 8 (8): 1600
[182]Carmer D C, Baer M E. Appl. Opt., 1969, 8 (8): 1601
[183]Milliard J P, Streed E R. Appl. Opt., 1969, 8 (7): 1488
[184]Milliard J P, Streed E R. Appl. Opt., 1969, 8 (7): 1489
[185]Frerichs R. Phys. Rev., 1950, 78: 643
[186]Frerichs R. J. Opt. Soc. Am., 1953, 43: 1153
[187]Fraser W A, Jerger J. J. Opt. Soc. Am., 1953, 43: 332
[188]Billion C J, Jerger J. Jr.. Servo Corporation Of America, Final Tech. Rep. Contract NONR3647 (00), 1963, Jan., 2
[189]Hilton A R, Brau M J. Infrared Phys., 1964, 4: 213
[190]Nielson S. Infrared Phys., 1962, 2: 117
[191]Hilton A R, Brau M J. Infrared Phys., 1963, 3: 69
[192]Hilton A R. Appl. Opt., 1966, 5: 1877
[193]Patterson R J, Brau M J. 129th Electronchem. Soc. Meet., Cleveland, May, 1966
[194]Jerger J, Sherwood R. Servo Corp. Am. Final Tech. Rep., Contract NONR4212 (00), August, 1964
[195]Jerger J, Servo Corporation. Hicksville, N. Y., Personal Communication, 1969
[196]Corning Glass Works Bull. Mo-1.1, 1967, Aug. 21
[197]Walter Jahn. Glasstechn. Ber. No. 11, 1962: 479
[198]高剂量耐辐射光学玻璃研制报告[R]. 西安:西安光学精密机械研究所, 1968
[199]Marvin J Weber. CRC Handbook of Laser Science and Technology, Volume IV, Opitcal Materials, Part 2: Properties [M]. Boca Raton, Florida: CRC Press Inc
[200]Alexander A, Kaminskii. Laser Crystals[M]. Springer-Verlag, 1981
[201]Tohn D Lytle, et al. Appl. Opt., 1979, 18 (11): 1842
[202]Linsteadt G F, Leet H P. Proc. Iris. 1961, 6: 159
[203]Duncan T Moore. App. Opt. 1980, 19 (7): 1035
[204]E Wolf. Progress in Optics, 1980, XVII, 281
[205]Matsushita K, Ikeda K. Proceeding Of The Society Of Photo-Optical Instrumentation Engineers, Fiber Optics Comes Of Age, 1972, 31: 23
[206]Schulz L G. J. Opt. Soc. Am., 1954, 44: 357
[207]Minor R. Ann. Phys., 1903, 10: 581
[208]Hass G. Optic, 1946, 1: 2
[209]Kretzman R. Ann. Phys., 1940, 37: 303
[210]Meier W. Ann. Phys. 1910, 31: 1017
[211]Tool A. Phys. Rev., 1910, 31: 1
[212]O'Bryan H. J. Opt. Soc. Am., 1936, 26: 122
[213]Schulz L G, Tangherlini F R. J. Opt. Sac. Am., 1954, 44: 362
[214]Lenham A P. J. Opt. Soe. Am., 1967, 57: 473
[215]Hass G, Turners A F. Coatings for Infrared Optics. 143[M] // Auwarter M. Ergebnisse Der Hochvacuumtechnik Und Der Physic Dunner Schichten, Wissenschaftliche Verlagesellschaft, Stuttgart, 1957
[216]姜中宏,刘粤惠,戴世勋. 新型光功能玻璃[M]. 北京: 化学工业出版社,2008
[217]蒋亚丝. 光学仪器对光学玻璃的要求[M]//干福熹,等. 光学玻璃中册. 2版:北京:科学出版社,1982:302
[218]钟奖生,蒋亚丝. 精密退火[M]//干福熹,等. 光学玻璃下册. 2版:北京:科学出版社, 1982:774
[219]蒋亚丝. 光学玻璃的命名和化学成分概述[M]//干福熹,等. 光学玻璃中册. 2版:北京:科学出版社,1982:493
[220]蒋亚丝. 常用光学玻璃[M]//干福熹,等. 光学玻璃中册. 2版:北京:科学出版社,1982:324
[221]蒋亚丝. 新品种光学玻璃[M]//干福熹,等. 光学玻璃中册. 2版:北京:科学出版社, 1982:506
[222]Clement K. The Chemical Composition of Optical Glass[M] // Bach H, Neuroth B. The Properties of Optical Glass. Berlin-New York: Springer, 1995: 68
[223]蒋亚丝. 特殊光学玻璃[M]//姜中宏. 新型光功能玻璃. 北京: 化学工业出版社,2008:366
[224]李景镇. 光学手册[M]. 西安: 陕西科学技术出版社,1986

第三十七章 光学测试计量学

测量是现代文明的基石，没有测量就没有现代科学、现代工业和现代人类的文明。光学测量涵盖光学测试和光学计量。光学测试与计量是光学、光学技术和光学工程的基础和支撑，同时也是现代科学与技术的技术支撑之一。

光学测试是对光学量和与光学量相关的非光学量的测试，光学计量是针对光学量测量仪器进行计量检定和校准。两者有所不同，但相互关联、相互依存。本章主要涉及光辐射源、光辐射探测器、激光器、光学材料、成像光学系统等主要参数的测量原理和测量方法，有关参数的计量基准和标准。

第一节 误差与测量不确定度

在各种测量领域，用测量误差和测量不确定度来表示测量结果质量的好坏。下面我们分别介绍测量误差和测量不确定度[1]。

一、测量误差

根据误差的定义，误差是测量结果与被测量真值之差：

误差＝测量结果－真值

一个量的真值，是在被观测时本身所具有的真实大小。只有完善的测量才能得到真值，因此真值是一个理想的概念。由于真值无法确切地知道，一般用约定真值表示真值。

(一)误差的分类

误差一般分为系统误差和随机误差。

1. 系统误差

定义：在重复性条件下，对同一被测量进行无限多次测量所得结果的平均值与被测量的真值之差称为系统误差。

在对同一量进行多次测量的过程中，对每个测得值的系统误差保持恒定，或以可预知的方式变化。

$$系统误差=\left(\lim_{n\to\infty}\frac{1}{n}\sum_{i=1}^{n}X_i\right)-\mu=\overline{X}-\mu \tag{37-1}$$

式中，$\overline{X}$ 为测量结果的平均值，μ 为被测量的真值。

2. 随机误差

定义：测量结果与在重复性条件下对同一被测量进行无限多次测量所得结果的平均值之差称为随机误差。

在对同一量的多次测量过程中，每个测得值的随机误差以不可预知的方式变化，就整体而言却服从一定的统计规律。

随机误差等于误差减去系统误差。因为测量只能进行有限次数，故可能确定的只是随机误差的估计值。

(二)误差、随机误差和系统误差之间的关系

由误差、随机误差和系统误差的定义可知：

误差＝测量结果－真值＝随机误差＋系统误差

测量结果＝真值＋误差＝真值＋随机误差＋系统误差

(三)粗大误差

在一列重复测量数据中,有个别数据与其他数据有明显的差异,它可能是含有粗大误差(简称粗差)的数据。

定义:明显超出统计规律预期值的误差称为粗大误差,又称为疏忽误差、过失误差。

如果测量数据中包含有可疑数据,不恰当地剔除含粗大误差的正常数据,会造成测量重复性偏好的假象;如果未加剔除,必然会造成测量重复性偏低的后果。应当按照一定的方法合理地剔除粗大误差。

二、测量不确定度

(一)不确定度的定义与来源

测量不确定度定义:测量结果带有的一个参数,用于表征合理地赋予被测量值的分散性。

不确定度的来源有如下几个方面:

1)对被测量的定义不完整或不完善。

2)复现被测量定义的方法不理想。

3)测量所取样本的代表性不够。

4)对测量过程受环境影响的认识不周全,或对环境条件的测量与控制不完善。

5)对模拟式仪器的读数存在人为偏差。

6)仪器计量性能上的局限性。

7)赋予测量标准和标准物质的标准值的不准确。

8)引用常数或其他参量不准确。

9)与测量原理、测量方法和测量程序有关的近似性或假定性。

10)在相同的测量条件下,被测量重复观测值的随机变化。

11)对一定系统误差的修正不完善。

12)测量列中的粗大误差因不明显而未被剔除。

(二)测量不确定度的评定方法

1. 标准不确定度的A类评定

A类评定方法是指用对样本观测值的统计分析进行不确定度评定的方法,它用统计学的实验标准差或样本标准差表示。

当用单次测量值作为被测量 x 的估计值时,标准不确定度为单次测量的实验标准偏差 $s(x)$ 。即

$$u(x) = s(x) \tag{37-2}$$

当用 n 次测量的平均值作为被测量的估计值时,标准不确定度为 n 次测量平均值的实验标准偏差 $s(\bar{x})$,即

$$u(\bar{x}) = \frac{s(x)}{\sqrt{n}} \tag{37-3}$$

计算实验标准偏差最基本的方法是用贝塞尔公式计算,除此之外还有其他方法。一般推荐,当样本数 $n \geqslant 6$ 时,采用贝塞尔公式;当 $2 \leqslant n \leqslant 5$ 时,采用极差法。

2. 标准不确定度的B类评定

B类评定是指用不同于统计分析的其他方法进行不确定度评定的方法。

B类评定方法获得不确定度,不是依赖于对样本数据的统计,它必然要设法利用与被测量有关的其他先验信息来进行估计。

B类评定时的信息来源如下:

1)以前测量得到的数据。

2)经验和有关测量器具性能或材料特性的知识。

3)生产厂的技术说明书。

4)检定证书、校准证书、测试报告及其他提供数据的文件。

5)引用的手册。

具体评定方法:若根据经验及有关信息资料,分析判断被测量的可能值不会超出的区间 $(-a,a)$,并假设被测量的概率分布,由要求的置信水平,估计包含因子 k,则标准不确定度为

$$u_{\mathrm{B}}(x)=\frac{a}{k} \tag{37-4}$$

式中,a 为区间半宽度,k 为包含因子。

若由先验信息给出的测量不确定度 U 为标准偏差的 k 倍时,则标准不确定度为

$$u_{\mathrm{B}}(x)=\frac{U}{k} \tag{37-5}$$

3. 合成标准不确定度

当测量结果由多个因素影响形成若干个不确定度分量时,测量结果的标准不确定度等于这些量的方差和协方差加权的正平方根,权的大小取决于这些量的变化及测量结果影响的程度。

当各分量相互独立时,合成不确定度为单个标准不确定度 u_i 的平方和的根:

$$u_{\mathrm{C}}=\sqrt{\sum_{i=1}^{n}u_i^2} \tag{37-6}$$

当被测量 Y 是由 N 个其他量 $X_1,X_2,\cdots,X_N$ 的函数关系确定时,

$$Y=f(X_1,X_2,\cdots,X_N)$$

而 X_i 中包括了对测量结果的不确定度有明显贡献的量,并且可能彼此相关。若 Y 的估计量为 y,N 个输入量的估计值为 $x_1,x_2,\cdots,x_N$,则有

$$y=f(x_1,x_2\cdots x_N) \tag{37-7}$$

测量结果的合成不确定度 $u_{\mathrm{C}}(y)$ 为

$$\begin{aligned}u_{\mathrm{C}}(y)&=\left\{\sum_{i=1}^{n}\left[\frac{\partial f}{\partial x_i}\right]^2u^2(x_i)+2\sum_{i=1}^{N-1}\sum_{j=i+1}^{N}\frac{\partial f}{\partial x_i}\frac{\partial f}{\partial x_j}u(x_i,x_j)\right\}^{\frac{1}{2}}\\&=\left\{\sum_{i=1}^{n}\left[\frac{\partial f}{\partial x_i}\right]^2u^2(x_i)+2\sum_{i=1}^{N-1}\sum_{j=i+1}^{N}\frac{\partial f}{\partial x_i}\frac{\partial f}{\partial x_j}r(x_i,x_j)u(x_i)u(x_j)\right\}^{\frac{1}{2}}\end{aligned} \tag{37-8}$$

该式为 $y=f(x_1,x_2,\cdots,x_N)$ 的一阶泰勒级数近似值,并称为不确定度的传递律;x_i、x_j 是输入量($i\neq j$);偏导数$\frac{\partial f}{\partial x_i}$称为灵敏度系数,有时用符号 C_i 表示,即 $C_i=\frac{\partial f}{\partial x_i}$,它描述输出估计值 y 如何随输入估计值 $x_1,x_2,\cdots,x_N$ 的变化而变化;$u(x_i)$ 是输入量 x_i 的标准不确定度,$u(x_j)$ 是 x_j 的标准不确定度;$r(x_i,x_j)$ 是输入量 x_i、x_j 的相关系数;$r(x_i,x_j)u(x_i)u(x_j)=u(x_i,x_j)$ 是输入量 x_i,x_j 的协方差。

4. 扩展不确定度

扩展不确定度用 U 表示。U 由合成不确定度 $u_{\mathrm{C}}(y)$ 乘包含因子 k 得到

$$U=ku_{\mathrm{C}}(y) \tag{37-9}$$

在(37-9)式中,关键是确定包含因子,其方法主要有自由度法、超越系数法和简易法。

第二节　光辐射测试与计量

一、光辐射测量物理量

有关光辐射测量的物理量,其详细介绍可参阅第九章《辐射度学和光度学》。为了方便阅读,这里简单介绍部分概念。

1)辐射能 Q 。是以辐射形式传播或接收的能量,单位为 J。

2)辐射[能]通量 F。辐射通量 F 又称为辐射功率 P ,是以辐射形式发射、传播或接收的功率,单位为 W。

3) 辐射强度 I。是在给定方向上的立体角元内离开点辐射源的辐射通量:$I = dF/d\Omega$,用于描述点源发射的辐射功率在空间的分布特性,单位为 W/sr。

4)辐射亮度 L。扩展源在某一方向的辐射亮度,就是源在该方向上的单位投影面积向单位立体角发射的功率,单位为 $W/(sr \cdot m^2)$。

5)辐射出射度 M。是离开辐射源表面一点处的面元的辐射通量 dF 除以该面元的面积 ds,单位为 W/m^2。

6) 辐射照度 E 。辐射照度就是被照表面单位面积上接收到的辐射通量,单位为 W/m^2 。

二、光辐射绝对测量的主要途径

光辐射计量的最高标准称为光辐射基准,而光辐射基准是建立在光辐射绝对测量的基础上的。理论上讲,实现绝对光辐射测量的主要途径有两个:一是基于辐射源,二是基于辐射探测器[2]。

基于辐射源的标准主要包括:黑体辐射源和同步辐射源。

基于辐射探测器的标准包括:电替代辐射计(低温辐射计),可预知量子效率的探测器(自校准技术)和双光子记数。

(一)黑体辐射源

能够在任何温度下全部吸收任何波长的入射辐射的物体称为绝对黑体,简称黑体。

1. 黑体辐射定律

处于热平衡态的黑体在绝对温度 T 时的光谱辐亮度(单位:$W/(m^2 \cdot sr \cdot m)$)由普朗克公式给出:

$$L_{\lambda B} = \frac{c_1}{\pi} \lambda^{-5} (e^{\frac{c_2}{\lambda T}} - 1)^{-1} \tag{37-10}$$

式中,c_1 为第一辐射常数,$c_1 = 3.741\,8 \times 10^{-12}\,W \cdot cm^2$;$c_2$ 为第二辐射常数,$c_2 = 1.438\,8 cm \cdot K$;$\lambda$ 为真空中的光波长。

对于一般的温度 T 的平衡热辐射,有

$$\left.\begin{aligned} L_\lambda(\lambda, T) &= \varepsilon(\lambda, T)\, L_{\lambda B} \\ M_\lambda(\lambda, T) &= \varepsilon(\lambda, T)\, M_{\lambda B} \\ M(T) &= \varepsilon(T) M_B \end{aligned}\right\} \tag{37-11}$$

式中,ε 为辐射体的发射率。绝对黑体的 $\varepsilon = 1$,其他辐射体的 ε 都小于 1。

2. 人工模拟标准黑体

黑体辐射器的光谱辐射特性和总辐射特性完全可由理论公式导出。它在给定温度 T (K)下发射辐射的光谱分布只是波长的函数。因此它可以作为光辐射量的计量基准和标准。在自然界中,绝对黑体是不存在的,我们一般所说的黑体都是人工模拟黑体。实际的人工模拟黑体辐射器的结构如图 37-1 所示。

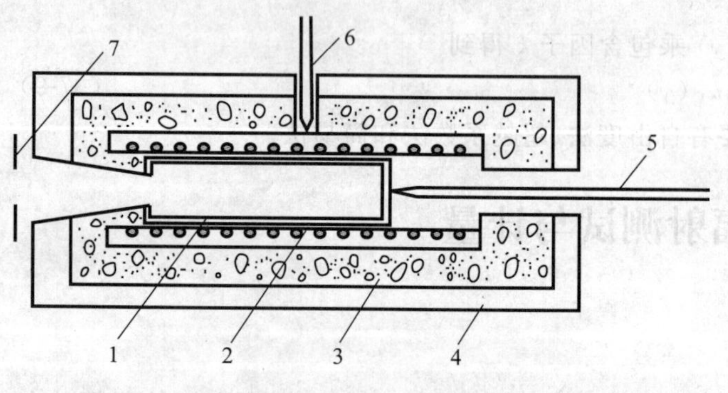

图 37-1 人工模拟黑体辐射器结构示意图

1.黑体腔;2.加热器;3.保温层;4.冷却水管或风道;5.黑体腔测温元件;6.黑体腔控温元件;7.精密光阑

人工模拟黑体辐射器的主要组成部分包括辐射腔体,腔体外面的保温绝缘层,无感加热丝。腔体和加热丝都装在具有保温层的炉体内,为了热屏蔽加入铜热屏蔽罩;为了测量和控制温度还装有感温元件;黑体辐射源的前方设有光阑,其孔径小于腔口的直径,以便计算黑体的辐射出射度。

人工模拟黑体辐射器的品质主要决定于黑体腔温度测量的准确度和其发射率接近于 1 的程度。黑体腔的发射率与腔体材料表面发射率、腔形及腔的温度分布有关。当上述 3 个参量确定后,可以对黑体腔的有效发射率进行精确的

计算。

在人工模拟标准黑体中，又把一系列金属凝固点标准黑体作为基准。金属凝固点黑体是把纯度很高的金属融化，在降温过程中，从液体向固体转换的相变温度平台区作为温度的标准，由此给出标准的光谱辐亮度值，以此为标准标定光度测量仪器和光辐射测量仪器。

目前通常推荐使用的金属凝固点黑体主要有以下几种：① 镓点黑体：302.914 6 K，$\varepsilon=0.999\,9$；② 锡点黑体：505.078 K，$\varepsilon=0.999\,9$；③ 锌点黑体：692.677 K，$\varepsilon=0.999\,9$；④ 铝点黑体：1 234.93 K，$\varepsilon=0.999\,9$；⑤ 铜点黑体：1 357.77 K，$\varepsilon=0.999\,9$；⑥ 银点黑体：933.473 K，$\varepsilon=0.999\,9$；⑦ 金点黑体：1 337.18 K，$\varepsilon=0.999\,9$。

(二)低温辐射计

1. 低温辐射计的工作原理

普通电替代辐射计也叫（普通）绝对辐射计或（普通）电校准辐射计，其基本原理是：将接收器做成吸收率无光谱选择性的，当有辐射到达接收器表面时，金黑层吸收辐射，使其温度升高，这种温升可用不同的办法来测量，然后用电流加热接收器，调节电流使其产生的热量与接收器吸收辐射时产生的热量相等，这时所加的电功率就等于辐射功率。普通电替代辐射计的工作原理如图 37-2 所示[3]。

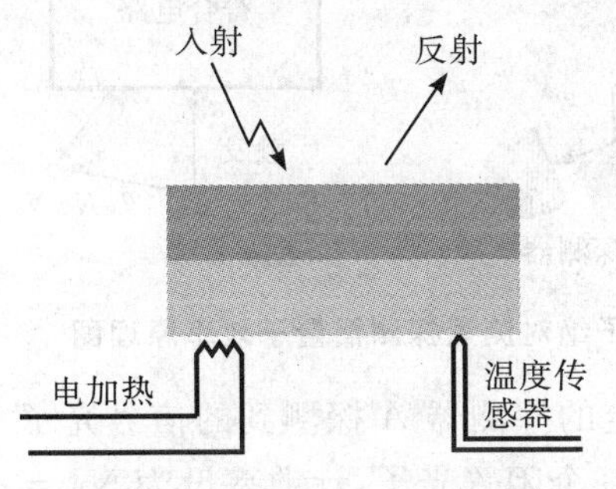

图 37-2 普通电替代辐射计的工作原理图

电替代辐射计由 3 部分组成：①辐射吸收元件；②具有可调节和可度量电功率的电加热器；③温度敏感元件。

一般吸收元件可以是黑平板、黑锥腔或圆柱腔。加热器可以是加热丝或镀制的薄膜。探测器为热电堆或热敏电阻测热计，也可以为热释电探测器。

由于常温下物质热性能的限制，以及需要进行复杂的修正，所以尽管多年来进行了各种改进，普通电替代辐射计所能达到的不确定度一直徘徊于 0.1%～0.3%之间。

为了解决普通电替代辐射计存在的上述问题，英国国家物理实验室（NPL）研制了一种用液氦制冷的低温绝对辐射计，该辐射计的工作原理与普通电替代辐射计基本相同，但由于其工作在液氦制冷下的 2～4 K，从而彻底解决了室温下物质热性能带来的问题，而且在电替代电路中使用了低温超导材料替代电路中的导线，使电能损失大大减小，从而使电替代辐射计的灵敏度和准确度提高了 100 倍，达到了 0.01%的测量不确定度。

2. 低温辐射计的结构

图 37-3 是液氦制冷低温辐射计的结构示意图。低温辐射计的探测器是一个处于冷却状态的吸收腔体 G，它悬挂在液氦容器的底板上，辐射计工作在真空状态，一束稳定的激光束通过布儒斯特窗口进入辐射腔。入射激光使吸收腔体的温度上升，通过电加热使腔体上升同样的温度，则所加电功率就是入射辐射的光功率值。

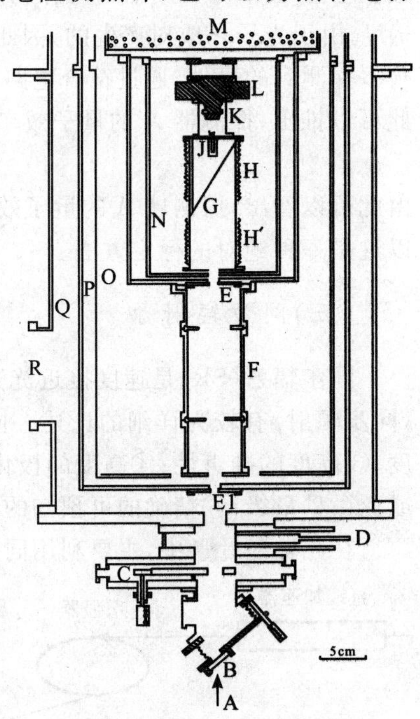

图 37-3 低温辐射计结构图

A. 激光束；B. 布儒斯特窗口；C. 低真空室；D. 阀门；E、E1. 象限硅探测器；F. 辐射陷阱；G. 探测腔；H、H′. 加热器；J. 锗电阻温度计；K. 热连管；L. 5 K 参考温度热沉；M. 氧低温箱基板；N. 4.2 K 内屏蔽；O. 50 K 中间屏蔽；P. 77 K 外部屏蔽；Q. 真空室；R. 泵接口

(三)硅光电二极管自校准技术

硅光电二极管自校准技术是指能根据器件自身参数，而不是通过与某些辐射标准相比较来确定器件的量子效率，从而确定器件的绝对光谱响应度的技术，这是 20 世纪 90 年代初发展起来的一种新技术。下面简单介绍它的基本原理：

经过理论推导，硅光电二极管绝对光谱响应度 $R(\lambda)$ 可由下式表示：

$$R(\lambda)=\frac{I}{W}=[1-\rho(\lambda)]\eta(\lambda)\lambda/K \tag{37-12}$$

式中，$\rho(\lambda)$ 为硅光电二极管表面的光谱反射比，$\eta(\lambda)$ 为硅光电二极管的内量子效率，K 为与测量设备相关的常数。经过严密的理论分析可得

$$\eta(\lambda)=\varepsilon_0(\lambda)\,\varepsilon_R(\lambda)\left\{1-[1-\varepsilon_0(\lambda)][1-\varepsilon_R(\lambda)]\right\}^{-1} \tag{37-13}$$

式中，$\varepsilon_0(\lambda)$ 为氧化物饱和偏压系数，$\varepsilon_R(\lambda)$ 为反向饱和偏压系数。

由以上两式可以看出，通过自校准技术测量绝对光谱响应度 $R(\lambda)$ 最终落实到 3 个参量 $\rho(\lambda)$、$\varepsilon_0(\lambda)$、$\varepsilon_R(\lambda)$ 的准确测量，而这 3 个参数的测量方法很成熟，准确度很高。

（四）双光子相关技术

20 世纪 80 年代以来，国际上逐步发展起来一种利用自发参量下转换双光子场在空间和时间上的高度相关特性，绝对测量光电探测器的量子效率的方法[4-6]。

自发参量下转换绝对测量光子计数器的量子效率的典型装置如图 37-4 所示。探测器 A 和探测器 B 分别以量子效率 η_A 和 η_B 俘获泵浦激光在非线性晶体中发生参量下转换过程所产生的信号光光子和闲置光光子。若单位时间内产生 N 对光子，则待标定的探测器 A 探测到的信号光子数为 $N_A=\eta_A N$。探测器 B 可作为触发探测器，它的一个计数就表明探测到一个闲置光子，计数率设为 $N_B=\eta_B N$。由于光子是成对产生的，因此在探测器 A 处必定有一个信号光子（但不一定被 A 记录到），对于每一次被 B 探测到的事件，通过符合电路来检测探测器 A 是否探测到相应的事件，符合计数率则为 $N_C=\eta_B\eta_A N$。因此可以推出，探测器 A 的量子效率 η_A 就等于符合计数率 N_C 与探测器 B 的计数率 N_B 之比，即

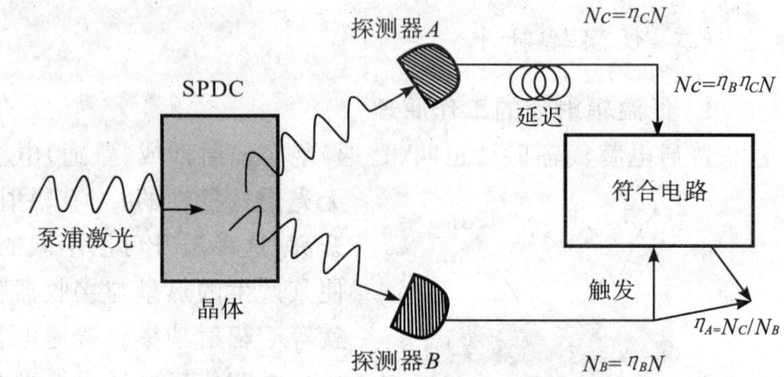

图 37-4　自发参量下转换双光子绝对测量探测器量子效率原理图

$$\eta_A=N_C/N_B \tag{37-14}$$

由此可以看出，探测器 A 的量子效率的测定与探测器 B 的量子效率无关，也不需要任何其他的参考标准，所以这是一种绝对的标定方法。

（五）同步辐射源

同步辐射（SR）是速度接近光速的带电离子在磁场中做变速运动时发出的电磁辐射，第十二章第五节《同步辐射》有较为详细的论述。同步辐射具有下列特点：①具有从远红外到 X 光范围的连续光谱；②高强度；③高度的准直性；④高度的极化性；⑤同步辐射是脉冲光源，脉冲的宽度在 100 ps 量级，脉冲间隔为微秒或亚微秒量级；⑥精确的可预知的特性，可以用作各种波长的标准光源；⑦绝对洁净；⑧是性能极高的光源。

在光辐射计量中，主要利用同步辐射光源精确的可预知的特性，可以用作各种波长的标准光源，由于可见和红外波段有金属凝固点黑体，所以同步辐射光源主要用于紫外波段，作为紫外光辐射的最高标准[7-8]。

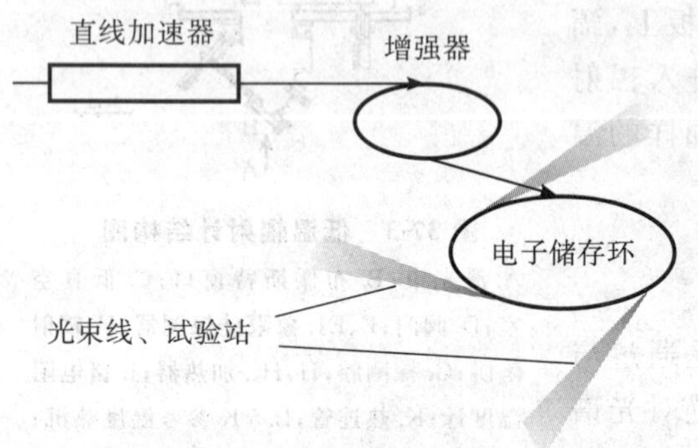

图 37-5　同步辐射装置原理图

图 37-5 为同步辐射装置原理图。同步辐射装置主要由两大部分构成：

1）注入器。由发生电子及给电子加速的加速器组成，其功能是将电子加速到同步辐射源要求的额定能量，然后将它们注入电子储存环。

2）电子储存环。其功能是让具有一定能量的电子在其中稳定运行。

图 37-6 为合肥国家同步辐射装置的总体布局图。国家同步

辐射光源是以 200 MeV 直线加速器为注入器的 800 MeV 电子储存环，储存环上有 12 块二级磁铁，从每块磁铁上可以引出光束线，每条光束线都可以建立实验站。因此，整个储存环周围可以建立多条光束线和实验站，分别应用于物理、化学、生物学以及超大规模集成电路光刻、显微术、辐射计量等众多科学研究领域。

计量光束线分为两条：一条为掠入射光束线，配有双球面单色仪，有 3 块光栅，波长范围为 5～110 nm，可进行稀有气体电离室标定光电二极管的工作。另一条为正入射光束线，有正入射单色仪，3 块光栅，波长范围为 60～400 nm，光路中装有孔径光阑和视场光阑，可以进行标准光源氘灯的标定。

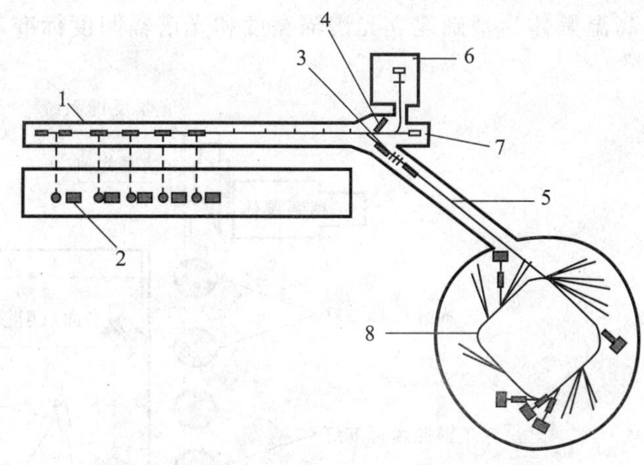

图 37-6　合肥国家同步辐射装置的总体布局图

1. 电子直线加速器；2. 速调管走廊；3. 开关磁铁；4. 磁分析器；5. 束流输运线；6. 实验室；7. 束流弃置箱；8. 电子储存环

同步辐射是由平行偏振光和垂直偏振光组成的。根据同步辐射的经典理论可以知道：波长为 λ 的光子在带宽为 $k\lambda$ 范围内，单位电子束流(mA)、单位水平发散角(mrad)内，在与电子轨道平面垂直夹角为 ψ 时，单位时间(s)内平行偏振光和垂直偏振光的光子数(phs)分别为(单位：phs/(s·kλ·mA·mrad²))：

$$N_{\parallel} = 3.461\times10^{6}\times(1+X^{2})^{2}k\gamma^{2}y^{2}\mathrm{K}_{2/3}^{2}(\xi) \tag{37-15}$$

$$N_{\perp} = 3.461\times10^{6}\times X^{2}(1+X^{2})k\gamma^{2}y^{2}\mathrm{K}_{1/3}^{2}(\xi) \tag{37-16}$$

式中，$\gamma = 1957\,E(\mathrm{GeV})$，为无量纲参数；$y=\lambda_c/\lambda=18.64/[(BE^2)/\lambda]$，为无量纲参数；$X=\gamma\psi/1\,000$；$\psi$(mrad)为同步辐射光与电子轨道平面垂直方向的夹角；$\xi=\lambda_c(1+X^2)^{3/2}/(2\lambda)$；$\mathrm{K}_{2/3}(\xi)$、$\mathrm{K}_{1/3}(\xi)$ 为贝塞尔函数；E 为储存环电子能量(GeV)；B 为磁场强度(T)。

根据(37-15)式、(37-16)式和普朗克定律，可以知道波长为 λ 的光子，在带宽为 0.1nm 范围内，单位电子束流(mA)、单位水平发散角(mrad)内，在与电子轨道平面垂直夹角为 ψ 时，单位时间(s)内平行偏振光和垂直偏振光的光子能量分别为(单位：10^{-6}J/(s·nm·mA·mrad²))：

$$P_{\parallel,\psi} = N_{\parallel}\ \frac{hc}{\lambda}\ \frac{1}{k\lambda} \tag{37-17}$$

$$P_{\perp,\psi} = N_{\perp}\ \frac{hc}{\lambda}\ \frac{1}{k\lambda} \tag{37-18}$$

式中，h 为普朗克常数，$h=6.626\,16\times10^{-34}\,\mathrm{J\cdot s}$；$c$ 为真空中的光速，$c=299\,792\,458\,\mathrm{m/s}$。

同步辐射光谱功率在水平发散角度方向上是均匀的，在垂直发散角度方向上呈正态分布并与电子轨道平面对称。根据同步辐射经典理论，对(37-17)式和(37-18)式进行积分，可以知道：波长为 λ 的光子，在带宽为 $k\lambda$ 范围内，单位电子束流(mA)、单位水平发散角(mrad)内，在与电子轨道平面垂直发散夹角 ψ 的范围内，单位时间(s)内平行偏振光和垂直偏振光的辐射功率光谱密集度为

$$\varphi_{\perp} = \frac{hc}{\lambda}\ \frac{1}{k\lambda}\int_0^{\psi} N_{\perp}\ \mathrm{d}\psi \tag{37-19}$$

$$\varphi_{\parallel} = \frac{hc}{\lambda}\ \frac{1}{k\lambda}\int_0^{\psi} N_{\parallel}\ \mathrm{d}\psi \tag{37-20}$$

三、光辐射计量标准

计量基准是各光辐射物理量溯源的源头，光辐射标准装置是以光辐射基准作为最高标准装置进行量值传递的。下面介绍各辐射量标准装置。

(一)光谱辐亮度和辐照度标准

1. 标准装置的构成

光谱辐亮度、光谱辐照度是光辐射的基本辐射特性。为准确地标定各种辐射源的光谱辐射特性，一般以

高温黑体为基础建立光谱辐亮度和光谱辐照度标准，其原理如图 37-7 所示[9]。

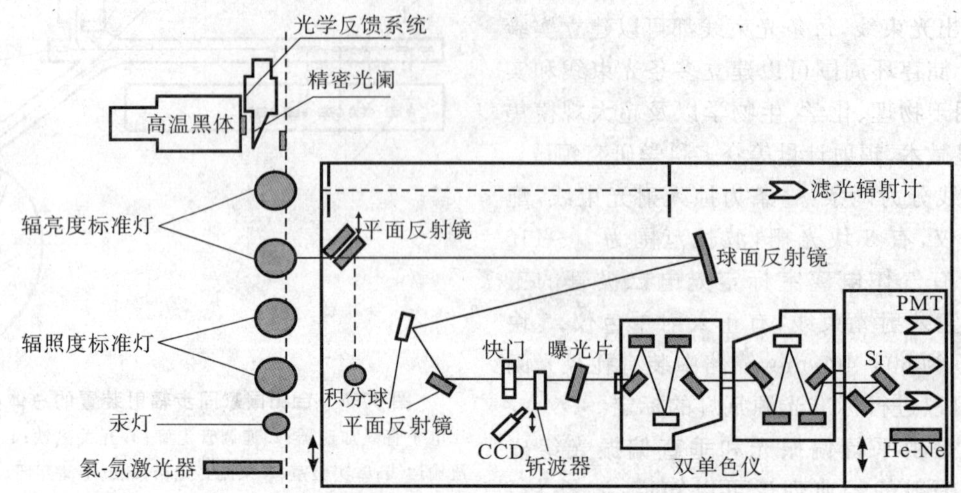

图 37-7　光谱辐亮度和光谱辐照度标准装置原理图

该标准装置由 4 大部分构成：

1)高温黑体及其传递标准。由高温黑体、一组光谱辐亮度标准灯、一组光谱辐照度标准灯及光源色温灯等组成，构成了光辐射测量装置的辐射源系统，其中高温黑体为最高标准辐射源，它实现量值的绝对传递。

2)辐射比较测量系统。包括积分球、前置光学系统、双单色仪、一组标准探测器和一组滤光片。

3)控制系统。包括锁相放大器、数字电压表、移动平台控制箱、恒温箱、偏压源、一组高精度的直流稳压电源及计算机等，对整个系统进行全自动控制。

4)冷却系统。当高温黑体工作在 1 800～3 200 K 时，包括高温黑体及其配套的设备均需冷却。

俄罗斯 BB3200K 型高温黑体的结构如图 37-8 所示。

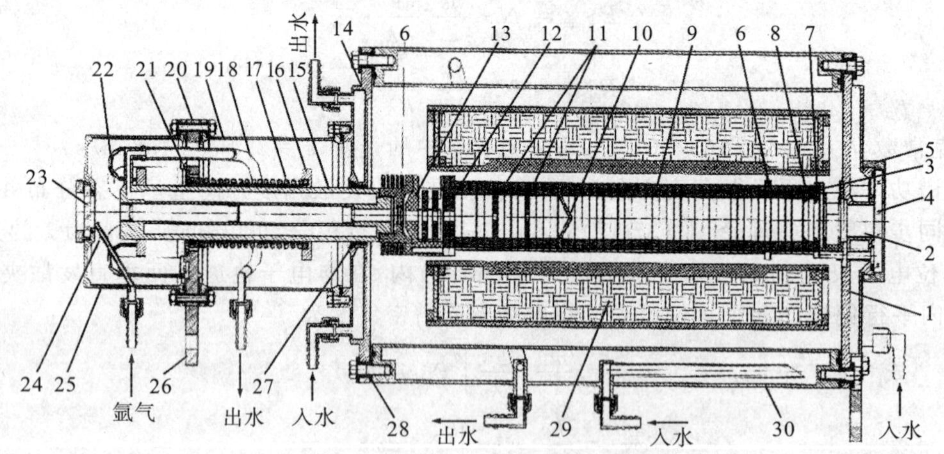

图 37-8　BB3200K 型高温黑体结构

1.前电极；2.出口；3.石墨柱；4.石英玻璃；5.连接螺母；6.后电极石墨末端；7.焦石墨环；8.输出遮光板；9.辐射腔；10.锥形底部；11.热屏障；12.焦石墨环；13.后石墨柱；14.后边缘；15.后电极；16.支撑圆环；17.压缩弹簧；18.弹性软管；19.壳体；20.铜环；21.聚四氟乙烯环；22.弹性铜带；23.后石英玻璃；24.氩气输入管；25.金属外壳；26.后电极末端；27.聚四氟乙烯环；28.绝缘管；29.热屏蔽；30.炭精盒

2. 以高温黑体为基础复现光谱辐亮度的原理

黑体用于复现光谱辐亮度的普朗克公式为

$$L_{BB}(\lambda)=\frac{\varepsilon c_1}{\pi n^2\lambda^5}\frac{1}{\exp\left(\frac{c_2}{\lambda nT}\right)-1} \tag{37-21}$$

式中，c_1 为第一辐射常数，c_2 为第二辐射常数，n 为空气折射率，ε 为黑体的发射率，T 为黑体的温度，λ 为光波长。

把高温黑体的辐亮度值作为标准值，在辐射比较测量系统上测量，经过推导，待测灯的光谱辐亮度为

$$L_s=\frac{S_s}{S_{BB}}L_{BB} \tag{37-22}$$

式中，L_{BB} 为高温黑体辐射的光谱辐亮度，S_s 为待测灯经过光学系统在探测器上所产生的电信号值，S_{BB} 为高温黑体经过光学系统在探测器上所产生的电信号值。

3. 以高温黑体为基础复现光谱辐照度的原理

用高温黑体复现光谱辐照度的理论可用下式表示：

$$E_{BB}(\lambda)=\frac{\varepsilon L_{BB}(\lambda,T)A_{BB}(1+\delta)}{H^2} \tag{37-23}$$

式中，$H^2=h^2+r_s^2+r_{BB}{}^2$，r_s 为积分球小孔半径，r_{BB} 为高温黑体精密小孔半径，h 为两小孔间的距离，$\delta=r_s^2\,r_{BB}{}^2/H^4$，$L_{BB}(\lambda,T)$ 为在温度为 T 时波长 λ 处的高温黑体的光谱辐亮度，$E_{BB}(\lambda)$ 为高温黑体与 $L_{BB}(\lambda,T)$ 对应的光谱辐照度值，A_{BB} 为高温黑体精密小孔的面积。

同样，待测光谱辐照度标准灯在积分球入射小孔处的光谱辐照度为 $E_{lamp}(\lambda)$，若高温黑体与光谱辐照度标准灯通过比较系统后的输出信号分别为 $S_{BB}(\lambda)$ 和 $S_{lamp}(\lambda)$，则待测灯的光谱辐照度为

$$E_{lamp}(\lambda)=\frac{S_{lamp}(\lambda)}{S_{BB}(\lambda)}E_{BB}(\lambda) \tag{37-24}$$

（二）中温黑体辐射源标准

中温黑体一般是指工作温度为 50～1 000℃的黑体，它被广泛应用于科研和生产中。标准装置采用金属凝固点黑体作为最高标准，利用零平衡检定的方法，用金属凝固点黑体检定一级标准黑体，再用一级标准黑体检定工业标准黑体。零平衡检定的工作原理如图 37-9 所示[10-12]。

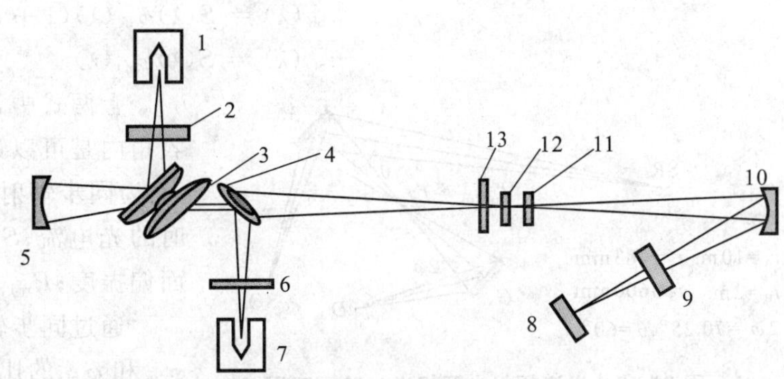

图 37-9　光学辐射比对装置简图

1. 标准黑体位置；2. 标准黑体入瞳；3. 反射镜式斩波器；4. 折转反射镜；5. 球面反射镜；6. 被检黑体入瞳；7. 被检黑体位置；8. 探测器；9. 出瞳；10. 球面反射镜；11. 十字分划板；12. 场光阑；13. 滤光片转轮

标准黑体和被检黑体通过光学辐射比对装置进行辐射亮度比较，当两者辐射亮度完全相等时，比对器显示仪表的指针指向零位。在开始检定被检黑体之前，用专用黑体严格调整两通道的平衡，以消除因两光学通道透射率不一致对检定不确定度的影响。

这种比对的方法有两种工作方式：一种是用光谱选择性探测器，计算被检黑体的等效温度 T_e；另一种是用光谱平坦的探测器，可计算被检黑体的有效发射率。

使用光谱选择性探测器，当平衡时，两通道辐射亮度相等，所以得

$$\theta_\Omega A\int_{\lambda_1}^{\lambda_2}R_\lambda\,\varepsilon_\lambda\,L_\lambda(\lambda,T_1)\,d\lambda=\theta_\Omega A\int_{\lambda_1}^{\lambda_2}R_\lambda\,\varepsilon'_\lambda L'_\lambda(\lambda,T_2)\,d\lambda \tag{37-25}$$

式中，θ_Ω 为光学比对装置的孔径角，A 为光学比对装置的采样斑面积，R_λ 为光学系统的光谱响应，L_λ 为标准黑体的光谱辐亮度，ε_λ 为标准黑体的光谱发射率，L'_λ 为被检黑体的光谱辐亮度，ε'_λ 为被检黑体的光谱发射率，T_1 为标准黑体的热力学温度，T_2 为被检黑体的热力学温度。

因为两通道具有相同的光学参数，假设 R_λ 和 ε_λ 对光谱辐射亮度的影响都归因于等效温度 T_e，则(37-25) 式变为

$$\int_{\lambda_1}^{\lambda_2} L_\lambda(\lambda, T_{e1})\,d\lambda = \int_{\lambda_1}^{\lambda_2} L'_\lambda(\lambda, T_{e2})\,d\lambda \tag{37-26}$$

式中，T_{e1} 为标准黑体的等效温度，T_{e2} 为被检黑体的等效温度。T_{e1} 是已知的，当平衡时，就可求得 T_{e2}。

使用光谱平坦探测器，平衡时，两通道辐射亮度相等，得到

$$\theta_\Omega A M_b/\pi = \theta_\Omega A M_g/\pi \tag{37-27}$$

$$M_b = M_g$$

式中，θ_Ω 为光学比对装置的孔径角，A 为光学比对装置的采样斑面积，M_b 为标准黑体的辐射出射度，M_g 为被检黑体的辐射出射度。

根据斯忒藩-波耳兹曼定律，得到

$$\varepsilon_b \sigma T_b^4 = \varepsilon_g \sigma T_g^4 \tag{37-28}$$

$$\varepsilon_g = \varepsilon_b T_b^4 / T_g^4 \tag{37-29}$$

式中，ε_g 为被检黑体的有效发射率，ε_b 为标准黑体的有效发射率，T_b 为标准黑体的温度，T_g 为被检黑体的温度。

(三)以同步辐射源为基础的紫外辐射标准

在 115～400 nm 波段，同步辐射源作为一级标准光源，氘灯、亚微弧光源、空心阴极光源、激光及等离子体光源等可作为传递标准光源。目前主要采用氘灯作为传递标准光源。通过氘灯与储存环同步辐射的比对完成对传递标准光源氘灯的标定。

标定系统包括前置光学系统、分光系统和探测系统。标定系统的光路如图 37-10 所示。同步辐射光源和被标定光源分别经相同的光学系统，测得光电流 i_{SR} 和 i_{SO}，由定标原理知

$$i_{SR}(\lambda) = S(\lambda)\varphi_{SR}(\lambda)(1 + P_{rad}P_{SR}) \tag{37-30}$$

$$i_{SO}(\lambda) = S(\lambda)\varphi_{SO}(\lambda) \tag{37-31}$$

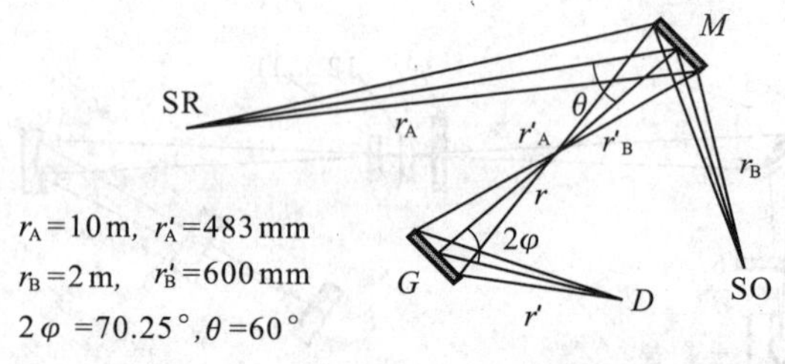

图 37-10　光谱辐射光源标准光路原理图

上两式中，φ_{SR} 为同步辐射的辐射通量分布，对于某一接收角内是可以计算的；φ_{SO} 为传递标准光源的辐射通量分布；i_{SR} 为同步辐射源照射时的光电流；i_{SO} 为传递标准光源照射时的光电流；$S(\lambda)$ 为系统的光谱响应度；P_{SR} 为同步辐射平面偏振度；P_{rad} 为系统的偏振效率。

通过同步辐射和传递标准光源(SO 氘灯)光谱辐射通量 φ_{SR} 和 φ_{SO} 的比对，完成对传递标准光源的标定。

第三节　光辐射探测器的参数测试

一、光辐射探测器性能的主要表征量

(一)描述灵敏度特性的主要表征量

1. 响应度

响应度又称积分灵敏度或积分响应度，它表示输入单位光(辐射)通量在探测器上产生的电流(电压)量，即

$$R = I/\Phi \tag{37-32}$$

式中，Φ 为入射光(辐射)通量，单位为 W；I 为探测器的输出电流(电压)，单位为 A(V)；R 为探测器的响应度，单位为 A(V)/W。

2. 光谱响应度

实际探测器对光辐射的响应都会存在波长选择性，光谱响应度就是指不同波长处的响应度，又称光谱响应。如果探测器对波长为λ的光辐射通量Φ_λ产生的输出电流(电压)量为I，则其光谱响应度为

$$R(\lambda) = I/\Phi_\lambda \tag{37-33}$$

单位为A/W。一般工作中关心的是$R(\lambda)$随波长的相对变化，即

$$S(\lambda) = \frac{R(\lambda)}{R(\lambda_0)} \tag{37-34}$$

式中，λ_0为某一选定的波长，一般为响应峰值波长；$S(\lambda)$为相对光谱响应度或相对光谱响应，它是一个无量纲的量。

3. 量子效率

量子效率是在某一特定波长上每秒内产生的光电子数与入射光量子数之比，即

$$\eta(\lambda) = \frac{n}{N} \tag{37-35}$$

式中，n为在探测器上特定波长每秒内产生的光电子数，N为入射在探测器上的光量子数。

4. 时间响应

用于描述探测器时间特性的表征量是响应时间。当探测器接收到光辐射时，它输出的电信号要经过一定时间才能上升到与该光辐射功率相对应的稳定值；当辐射消失时，探测器输出信号也要经过一定的时间才能下降到接收光辐射前的原有值。一般来说，这个上升时间和下降时间是相等的，称为响应时间，又称时间常数或弛豫时间，常以τ表示。

5. 频率响应

光辐射探测器的响应随入射辐射的调制频率而变化的特性称为频率响应，利用时间常数可得到探测器响应与入射调制频率的关系，其表达式为

$$S(f) = \frac{S_0}{[1 + (2\pi f\tau)^2]^{1/2}} \tag{37-36}$$

式中，$S(f)$为频率为f时的响应，S_0为频率为0时的响应，τ为时间常数。

(二)描述探测弱信号能力的主要表征量

1. 暗电流

当探测器没有接收到光辐射时输出的电流称为暗电流，常取其平均值以I_d表示。

2. 噪声

任何探测器都存在噪声，这是一种杂乱无章、无规则起伏的输出。这种信号对时间的平均值为0，但其均方根值却不为0，因此将这个信号的均方根值称为噪声信号。

3. 信噪比

信噪比是判定噪声大小的参数，它是探测器上光辐射产生的输出信号S和噪声产生的输出信号N之比。

4. 噪声等效功率

如果探测器接收辐射功率产生的均方根电流(电压)值正好与噪声产生的均方根电流(电压)值相等，该辐射功率就称为噪声等效功率，常以NEP表示。由于NEP与带宽的平方根成正比，所以将其归一化到1 Hz带宽来评价，单位为$W/Hz^{1/2}$。

5. 探测率

探测率D定义为噪声等效功率NEP的倒数，即

$$D = \frac{1}{\mathrm{NEP}} \tag{37-37}$$

D越高，器件的性能越好。为了在不同带宽内对测得的不同的光敏面积的探测器件进行比较，使用了归一化的探测率，通用符号为D^*。

$$D^* = \frac{\sqrt{A\,\Delta f}}{\mathrm{NEP}} = D\,\sqrt{A\,\Delta f} \tag{37-38}$$

其单位为 cm·Hz$^{1/2}$/W。式中，A 为光敏面面积，Δf 为测量带宽。

（三）其他表征量

1. 温度特性

探测器的温度特性通常用单位温度变化所导致其灵敏度、暗电流、噪声等表征量的变化率来描述，称为温度系数，即

$$R_{\mathrm{T}} = \left(\frac{\Delta Q}{Q}\right)\Big/\Delta T \tag{37-39}$$

式中，ΔT 为温度变化量，Q 为某一特征量，ΔQ 为温度所导致特征量的变化量，R_{T} 为温度系数。

2. 直线性

用于描述探测器直线性的表征量是探测器的非线性。如果探测器是完全线性的，当它分别接收到光辐射通量 Φ_0、Φ_i 时，探测器相应的电信号输出 I_0、I_i 应满足

$$\frac{I_i}{\Phi_i} = \frac{I_0}{\Phi_0} \quad \text{或} \quad I_i = \frac{\Phi_i}{\Phi_0} I_0 \tag{37-40}$$

实际的探测器不可能是完全线性的，如果以第一次得到的电信号 I_0 为准，那么改变光辐射通量后得到的电信号 I_i 与上式就会有一个差 $I_i - \dfrac{\Phi_i}{\Phi_0} I_0$，这个差值与 $\dfrac{\Phi_i}{\Phi_0} I_0$ 之比，用来表示探测器接受的光辐射通量从 Φ_0 变化到 Φ_i 时探测器的非线性：

$$d = \frac{I_i - \dfrac{\Phi_i}{\Phi_0} I_0}{\dfrac{\Phi_i}{\Phi_0} I_0} \times 100\% = \left(\frac{I_i/\Phi_i}{I_0/\Phi_0} - 1\right) \times 100\% \tag{37-41}$$

3. 空间均匀性

探测器的空间均匀性是指探测器光敏面上不同位置响应度的不一致性。对单元探测器，用一确定小面积的响应度与整个面积内响应度的平均值之比来衡量探测器的空间均匀性。对面阵探测器如 CCD 或焦平面探测器，用每一个光敏元的响应度与整个面积内响应度的平均值之比来衡量探测器的空间均匀性。

二、光辐射探测器的光谱响应度测量

由响应度的定义，只要知道探测器接收到的光辐射通量 Φ 以及相应的输出电流（电压）值 I，即可得到探测器的响应度 R。输出电流（电压）值的测量是很容易获得的，关键是获知探测器接收到的光辐射通量。

光谱响应度有相对光谱响应度和绝对光谱响应度之分。

对探测器的一般使用来讲，大多关心前者。对光学计量工作者来说，主要关心的是后者。相对光谱响应度测量只要求测量出关心的波长范围内的相对光谱响应曲线，而绝对光谱响应度测量不仅要求测量出关心的波长范围内的光谱响应曲线，而且要把量值溯源到最高标准，得到光谱响应的绝对值。

探测器相对光谱响应度有两种基本测量方法：

1）比较法。该方法是把被测探测器与已知光谱响应度的基准探测器比较。在这种方法中，需要一个辐射源、一台单色仪和一个基准探测器。

2）滤光器法。利用已知光谱功率分布的标准光源和一组已知光谱透射比函数的滤光器进行测量。

（一）相对光谱响应度测量

按照探测器光谱响应度的定义：$R(\lambda) = I/\Phi_\lambda$，光谱响应度测量装置必须包含如下几个部分：一定辐射波长的标准光源，分光单色仪及光学系统，标准探测系统[13-15]。一般选用无光谱选择性的腔体热释电探测器为基准，首先将腔体热释电探测器置于双单色仪出射狭缝后面，转动光栅使需要的各种单色辐射依次入射到

腔体热释电探测器接收面上，所输出的电信号 $i_{st}(\lambda)$ 与光源的光谱功率分布 $\varphi(\lambda)$、单色仪的仪器函数 $F(\lambda)$、单色仪的透射比 $\tau(\lambda)$ 以及腔体热释电探测器的灵敏度 $R_{st}(\lambda)$ 成正比，即

$$i_{st}(\lambda) \propto \varphi(\lambda) F(\lambda) \tau(\lambda) R_{st}(\lambda) \tag{37-42}$$

在保持光源和单色仪不变的情况下，用待测探测器代替腔体热释电探测器，其输出的电信号类似地有

$$i_{t}(\lambda) \propto \varphi(\lambda) F(\lambda) \tau(\lambda) R_{t}(\lambda) \tag{37-43}$$

比较以上两式，整理后得到

$$R_{t}(\lambda) = K \frac{i_{t}(\lambda)}{i_{st}(\lambda)} R_{st}(\lambda) \tag{37-44}$$

式中，K 为比例常数，由于腔体热释电探测器无光谱选择性，所以 $R_{st}(\lambda)$ 也等于常数。由此式即可算出待测探测器的相对光谱响应度 $R_{t}(\lambda)$。一般在相对光谱响应度最大的地方进行归一化，便得到百分比光谱响应度。图 37-11 是探测器相对光谱响应度测量装置的光路原理简图，从图中可以看出：该装置中央位置是一个双单色仪，前部是光源和输入光学系统，后部是探测器及输出光学系统。

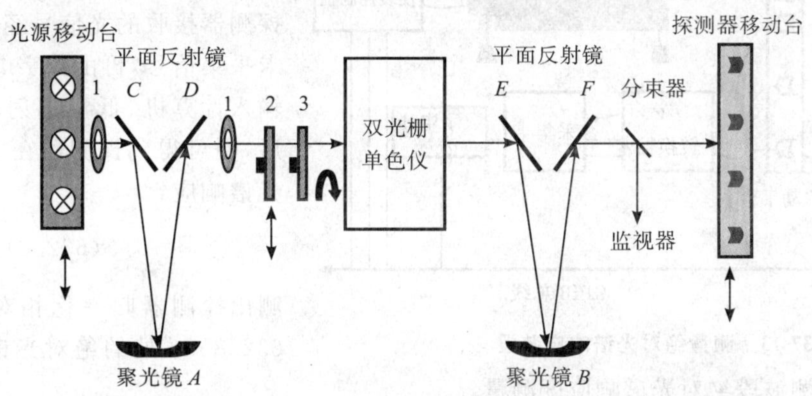

图 37-11　光辐射探测器相对光谱响应度测量装置的光学原理简图

1. 快门；2. 斩波器；3. 滤光盘

光源部分用一个直径为 150 mm、焦距为 300 mm 的球面反射镜 A 将光源（氘灯、钨带灯、硅碳棒）成一实像（1∶1）于双单色仪入口狭缝处，两个直径为 75 mm 的平面反射镜 C、D 用于改变光束的方向，并使球面反射镜 A 尽可能工作于最小的离轴角度以减小像差。

探测器及输出光学系统的光路与光源部分相似，从双单色仪出口狭缝出射的单色辐射经球面反射镜 B 和两个平面反射镜 E、F 成像于标准探测器和待测探测器，探测器均安装在一个高精度自动平移滑台上，当需要对某个探测器进行测量时，该探测器将被自动移入光路，光源和斩波器 2 也各安装在一个精密自动滑台上，根据测量时的需要可自动地移入移出光路。在该测量装置上可以标定出探测器从可见光到近红外波段的相对光谱响应度。

从上面的介绍可以看到，在探测器光谱响应度测量中，腔体热释电探测器作为基准器，发挥着关键的作用。图 37-12 是腔体热释电探测器的结构示意图。将一个大面积（直径 16 mm）涂有漫反射性很好的铂金黑吸收层的热释电探测器安装在一个直径 25 mm 的半球反射镜（镀金）中央。反射半球上有一个直径为 3 mm 的小孔，孔径中心轴与腔体热释电探测器的中心轴重合。热释电接收表面与入射光束之间的夹角为 47°，这样可以确保 F/4 光束能够在反射半球的 3 mm 的孔径平面上聚焦成 2 mm 的光斑，从而使得入射到热释电晶体上的光不会反射到小孔上而损失。入射光束经过小孔由热释电探测器接收，少量辐射会被反射到半球反射镜表面再重新反射回探测

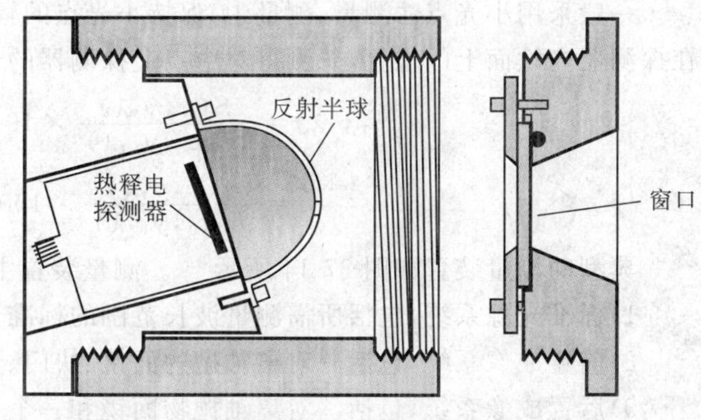

图 37-12　腔体热释电探测器结构示意图

器表面。当然这些少量辐射还会有极少量再次从探测器表面反射到半球反射镜而又一次被反射回探测器表面。

从原理上讲，由于腔体热释电探测器工作波段在可见到红外全波段，所以上面所述方法适用于可见光波段和红外波段，不同的是，在设计光学系统时要考虑工作波长范围。

（二）绝对光谱响应度测量

绝对光谱响应度的测量是要把基准探测器的响应值溯源到最高标准或基准。目前，一般采用两种方案溯源于低温辐射计。

1. 单波长绝对光谱响应度的标定

用低温辐射计测量激光功率标定探测器在 632.8 nm 处的绝对光谱响应。其实验装置如图 37-13 所示。

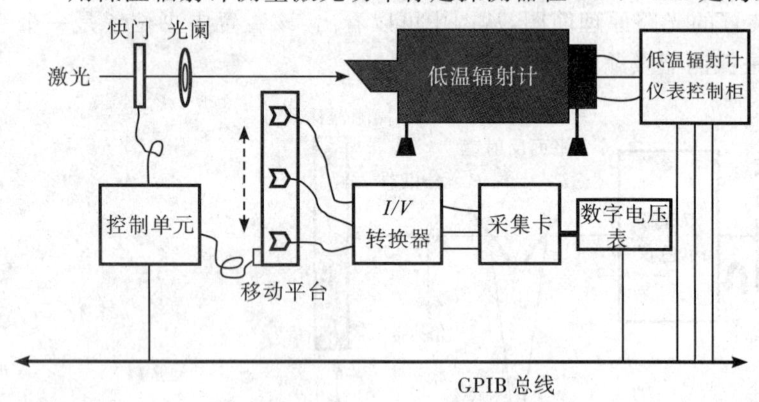

图 37-13　测量绝对光谱响应装置

由高精度激光稳功率系统出射的激光经光阑分别由低温辐射计和探测器接收。探测器接收的光信号经过 I/V 转换由采集卡采集信号，再由数字电压表读取电压值 V 输入计算机。低温辐射计测得激光功率 P 后，便可得到探测器在 632.8 nm 处的绝对光谱响应：

$$S(632.8)=\frac{I}{P}$$

测出探测器归一化相对光谱响应曲线，由 632.8 nm 处的绝对光谱响应 $S(632.8)$ 值进行计算，实现了所测波段绝对光谱响应度测量。

2. 多波长绝对光谱响应度的标定

这种方法是在多个激光波长上标定探测器，激光波长可分别选为 488 nm、514 nm、544 nm、594 nm、633 nm、676 nm、786 nm，也可选其他波长，根据需要和实际条件确定。每个波长的激光都要经过激光稳功率系统来获得高稳定性的激光，然后在如图 37-13 所示的装置上进行标定。

三、探测器空间均匀性测量

按照探测器空间均匀性的定义，探测器光谱响应度的空间均匀性可用下面的函数表示：

$$u(x,y,\lambda)=\frac{S(x,y,\lambda)}{S(x_0,y_0,\lambda)}\times 100\% \tag{37-45}$$

式中，$S(x,y,\lambda)$ 为波长 λ 处探测器上任一点的响应度，$S(x_0,y_0,\lambda)$ 为探测器有效光敏面几何中心的光谱响应度。

由上式可知，$u(x,y,\lambda)$ 的值越趋近 1，探测器的空间均匀性越好，$u(x,y,\lambda)=1$ 是理想情况。

一般采用小光点法测量，测量中，保持小光点的辐射通量不变，在指定波长上等间距地逐点扫描小光点在探测器光敏面上的位置，并测得对应点上探测器的光电流值 $i(x,y,\lambda)$，就可求得该探测器的空间均匀性：

$$\begin{aligned}u(x,y,\lambda)&=\frac{S(x,y,\lambda)}{S(x_0,y_0,\lambda)}\times 100\%=\frac{i(x,y,\lambda)\Phi(\lambda)}{i(x_0,y_0,\lambda)\Phi(\lambda)}\times 100\%\\&=\frac{i(x,y,\lambda)}{i(x_0,y_0,\lambda)}\times 100\%\end{aligned} \tag{37-46}$$

典型的测量装置如图 37-14 所示[16]。测量装置主要由 5 个部分组成：

1）标准光源系统，包括所需测量波长范围的标准光源及聚光系统。

2）前置成像系统，包括一对离轴抛物面镜、快门、光阑、滤光片和针孔。

3）后置成像系统，包括一对离轴抛物面镜和一个平面反射镜，其作用是把针孔成像在探测器接收面。

4）探测器系统，包括监视探测器和被检探测器。

5)控制及数据采集与处理系统,包括放大电路、驱动器、控制软件和计算机系统,其作用是实现控制、测量与数据处理。

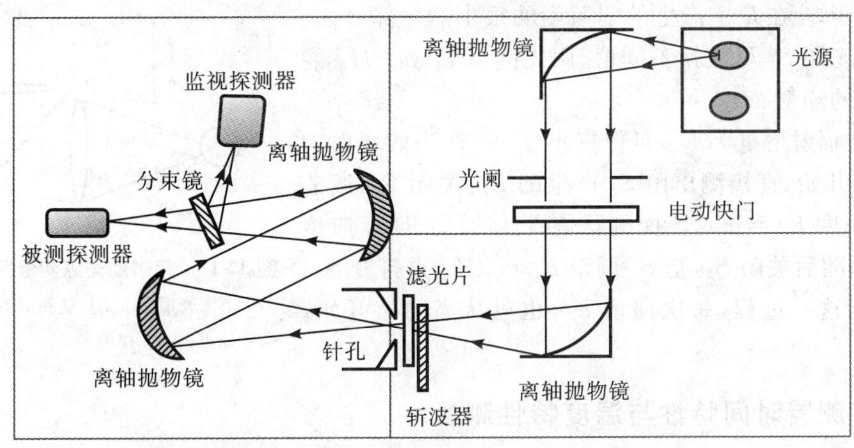

图 37-14　探测器光谱响应度的空间均匀性测量装置

四、光辐射探测器响应度直线性测量

线性有时也可定义为在规定范围内探测器的响应度是常数。对大多数光度、辐射度的测量,往往采用比值测量。探测器可用已知特性的标准光源标定,然后可从对未知光源的响应比值计算出未知光源的性能。测量方法有多种,下面介绍常用的几种方法。

(一)双孔法

采用双孔法测量探测器响应度直线性的测量装置如图 37-15 所示[16]。

采用“双孔法”可以测量可见及红外波段探测器的直线性。双孔法的测量原理如图 37-16 所示。

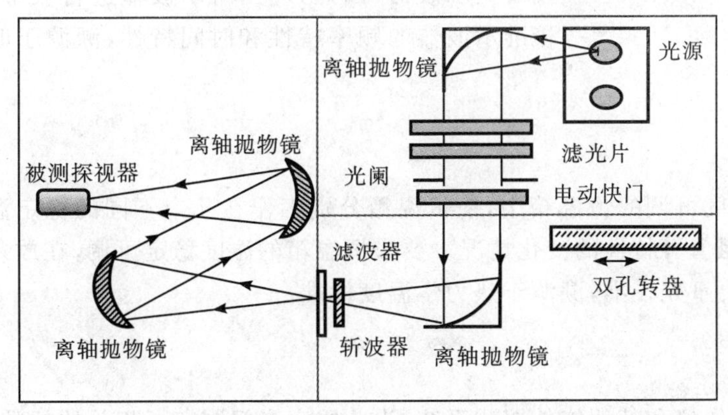

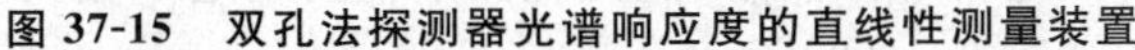
图 37-15　双孔法探测器光谱响应度的直线性测量装置

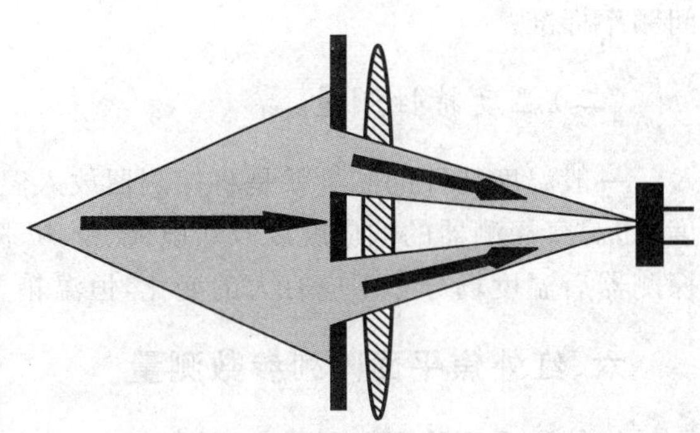

图 37-16　双孔法测试直线性的原理图

在可转动的圆盘上,开有若干对圆孔,每对圆孔的面积是相等的,转动圆盘使每对圆孔依次对准光源,这样,从光源发出的光经过该对圆孔后,被均分成两束光斑,然后在经离轴抛物镜(或透镜)成像后会聚,在探测器表面叠加,分别测量探测器对应于两束光及每一单束光的输出电流,则有如下关系:

$$L=\frac{i_{(1+2)}}{i_1+i_2}=1+\delta \qquad (37\text{-}47)$$

式中,$i_{(1+2)}$ 表示两束光叠加时探测器的输出电流,i_1 和 i_2 分别表示某一单束光入射时探测器的输出电流。

(二)多光源法

多光源法测量探测器响应度直线性的装置如图 37-17 所示。两个光源分别为 S_1 和 S_2,辐射探测器为 D。

光源 S_1 经透镜 L_1 会聚，通过玻璃分束器 B 后到达探测器 D。光源 S_2 经透镜 L_2 会聚后通过分束器 B 反射到达探测器 D。S_2 在 D 上产生的辐照度应等于 S_1 在 D 上产生的辐照度的很小的一部分。光源 S_2 保持不变，而光源 S_1 可变换不同值。两光阑 SH_1 和 SH_2 能分别挡去两光源来的辐射。

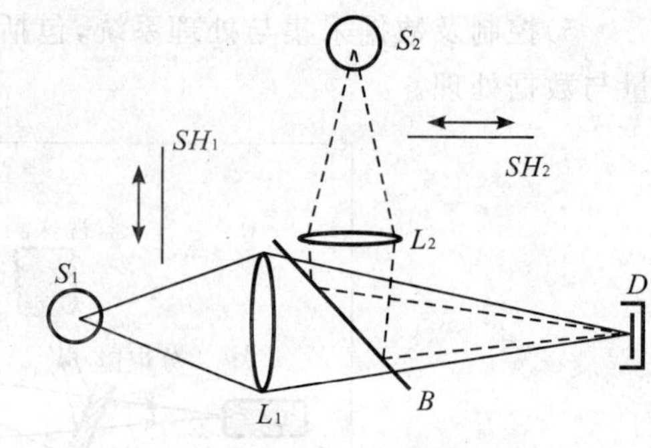

图 37-17 用辅助光源测量探测器线性度的方法

S_1、S_2. 光源；L_1、L_2. 透镜；SH_1、SH_2. 光阑；B. 分束器；D. 探测器

假设 S_2 产生的辐射增量为 E_2，且保持不变。S_1 产生的辐射为 E_1。测量从 $E_1 = 0$ 开始，直接测出由 S_2 产生的 E_2。关闭 S_2，调节 S_1，使其给出的辐照度 $E_1 = E_2$。若探测器是线性的，打开 S_2 应给出 $E_1 + E_2$ 的读数。随后关闭 S_2，把 S_1 调至 $E_1 = 2E_2$，再打开 S_2，读数应为 $2E_2$。重复这一过程，每次递增 E_2。也可从高的值开始，依次递减 E_2。

五、光辐射探测器时间特性与温度特性测量

(一)时间特性测量

时间特性是表征光辐射探测器高速响应的重要参数。按照定义，描述探测器时间特性的表征量是响应时间，定义其阶跃脉冲前沿的幅度从最大值的 10%上升到最大值的 90%所需的时间为上升时间，其阶跃脉冲后沿的幅度从最大值的 90%下降到最大值的 10%所需的时间为下降时间。

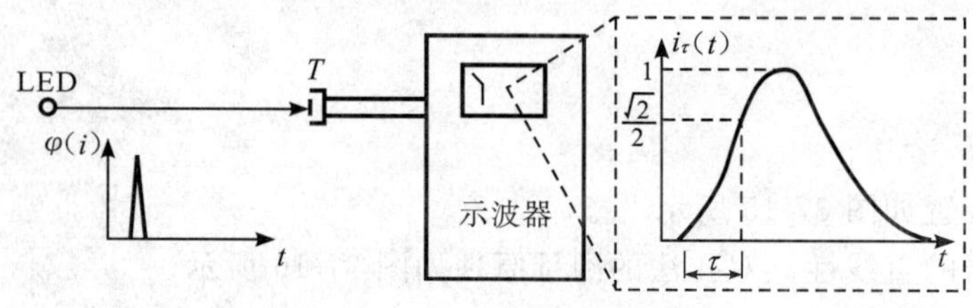

图 37-18 响应时间测量示意图

响应时间的测量通常是将在高频信号发生器下工作的发光二极管作为脉冲信号发射到探测器 T 的光敏面上，探测器输出端接示波器，测量原理如图 37-18 所示。

从图中可以看到，响应时间测量中的关键设备是示波器，因此，应当对示波器进行校准，校准示波器的频率特性和时间特性，溯源于时间频率标准。

(二)温度特性测量

一般温度特性的测量就是将探测器放入温度可调的恒温箱中，使恒温箱分别工作在几个不同的稳定温度下，观察探测器的响应度以及暗电流、噪声、阻值等特性的变化情况。要求恒温箱的温度稳定可调，在放入探测器后温度场分布不应有大的变化，恒温箱要事先校准，溯源于热力学温度标准。

六、红外焦平面阵列参数测量

红外焦平面阵列探测器广泛用于新一代热像仪和其他红外探测系统，为此国家专门制定了相关的标准。

(一)特性参数及相关量的定义

1)积分时间。定义像元累积辐照产生电荷的时间为积分时间，符号为 t_{int}，单位为 s。

2)帧周期。定义面阵焦平面读出一帧信号所需要的时间为帧周期，符号为 t_{frame}，单位为 s。

3)行周期。定义线列焦平面读出一行信号所需要的时间为行周期，符号为 t_{line}，单位为 s。

4)最高像元速率。定义焦平面像元信号读出的最高速率为最高像元速率，符号为 f_{max}，单位为 Hz。

5)电荷容量。定义焦平面像元能容纳的最大信号电荷数为电荷容量，符号为 N_s，单位为 e。

6)辐照功率。定义入射到一个像元上的恒定辐照功率为辐照功率，符号为 P，单位为 W。

7)辐照能量。辐照功率 P 与积分时间之积定义为辐照能量，符号为 E，单位为 J，由下式表示：

$$E = P \times t_{int} \tag{37-48}$$

8)饱和辐照功率。焦平面在一定帧周期或行周期条件下，输出信号达到饱和时的最小辐照功率称为饱和辐照功率，符号为 P_{sat}，单位为 W。

9)响应率。

A. 像元响应率。焦平面在一定帧周期或行周期条件下，在动态范围内，像元每单位辐照功率产生的输出信号电压称为像元响应率，符号为 $R(i,j)$，单位为 V/W，由下式表示：

$$R(i,j) = \frac{V_s(i,j)}{P} \tag{37-49}$$

式中，$V_s(i,j)$ 为第 i 行第 j 列像元对应于辐照功率 P 的响应电压（V），P 为第 i 行第 j 列像元所受的辐照功率(W)。

B. 平均响应率。焦平面各有效像元响应率的平均值称为平均响应率，符号为 $\overline{R}$，单位为 V/W，由下式表示：

$$\overline{R} = \frac{1}{MN-(d+h)}\sum_{i=1}^{M}\sum_{j=1}^{N}R(i,j) \tag{37-50}$$

式中，M、N 分别为焦平面像元的总行数和总列数，d、h 分别为死像元数和过热像元数；求和中不包括无效像元。

C. 响应率不均匀性。焦平面各有效像元响应率 $R(i,j)$ 均方根偏差与平均响应率 $\overline{R}$ 的百分比定义为响应率不均匀性，符号为 U_R，由下式表示：

$$U_R = \frac{1}{\overline{R}}\sqrt{\frac{1}{MN-(d+h)}\sum_{i=1}^{M}\sum_{j=1}^{N}\left[R(i,j)-\overline{R}\right]^2} \times 100\% \tag{37-51}$$

求和中不包括无效像元。响应率不均匀性可归纳为空间噪声。

10)无效像元。无效像元包括死像元和过热像元。

A. 死像元。像元响应率小于平均响应率 1/10 的像元称为死像元，死像元数记为 d 。

B. 过热像元。像元噪声电压大于平均噪声电压 10 倍的像元称为过热像元，过热像元数记为 h 。

11)像元总数与有效像元率。

A. 像元总数。焦平面像元的总行数 M 与总列数 N 之积称为像元总数，记为 MN 。

B. 有效像元率。焦平面的有效像元数占总像数的百分比称为有效像元率，符号为 N_{ef}，由下式表示：

$$N_{ef} = \left(1-\frac{d+h}{MN}\right)\times 100\% \tag{37-52}$$

12)噪声。

A. 像元噪声电压。焦平面在背景辐照条件下，像元输出信号电压涨落的均方根值称为像元噪声电压，符号为 $V_N(i,j)$，单位为 V。

B. 平均噪声电压。焦平面各有效像元噪声电压的平均值称为平均噪声电压，符号为 $\overline{V}_N$，单位为 V，由下式表示：

$$\overline{V}_N = \frac{1}{MN-(d+h)}\sum_{i=1}^{M}\sum_{j=1}^{N}V_N(i,j) \tag{37-53}$$

求和中不包括无效像元。

13)噪声等效辐照功率。信噪比为 1 时，焦平面像元所接受的辐照功率称为噪声等效辐照功率。即焦平面的平均噪声电压 $\overline{V}_N$ 与平均响应率 $\overline{R}$ 之比，符号为 NEP，单位为 W，由下式表示：

$$\mathrm{NEP} = \frac{\overline{V}_N}{\overline{R}} \tag{37-54}$$

14)噪声等效温差。平均噪声电压与目标温差产生的信号电压相等时，该温差称为噪声等效温差，即目标温差与信噪比之比，符号为 NETD，单位为 K，由下式表示：

$$\mathrm{NETD} = \frac{T-T_0}{(V_S/\overline{V}_N)} \tag{37-55}$$

式中，T 为面源黑体温度，单位为 K；T_0 为背景温度，单位为 K；Vs 为对应面源黑体与背景温差的焦平面信号电压，单位为 V。

15)探测率。

A. 像元探测率。1 W 辐照，投射到面积为 1 cm^2 的像元上，在 1 Hz 带宽内获得的信噪比称为像元探测率，即像元响应率 $R(i,j)$ 与像元噪声电压 $V_N(i,j)$ 之比，并折算到单位带宽与单位像元面积之积的平方根值，符号为 $D^*(i,j)$，单位为 $cm\cdot Hz^{1/2}/W$。由下式表示：

$$D^*(i,j)=\sqrt{\frac{A_D}{2t_{int}}}\frac{R(i,j)}{V_N(i,j)} \tag{37-56}$$

式中，A_D 为像元面积，单位：cm^2；t_{int} 为积分时间，单位：s。

B. 平均探测率。焦平面各有效像元探测率的平均值称为平均探测率，符号为 $\overline{D^*}$，单位为 $cm\cdot Hz^{1/2}/W$，由下式表示：

$$\overline{D^*}=\frac{1}{MN-(d+h)}\sum_{i=1}^{M}\sum_{j=1}^{N}D^*(i,j) \tag{37-57}$$

求和中不包括无效像元。

16）动态范围。饱和辐照功率与噪声等效辐照功率 NEP 之比称为动态范围，符号为 DR，由下式表示：

$$DR=\frac{P_{sat}}{NEP} \tag{37-58}$$

17）相对光谱响应。焦平面在不同波长 λ、相同辐照能的单色光照射下的光谱响应 $S(\lambda)$ 与其最大值 S_m 之比值称为相对光谱响应，符号为 $S_r(\lambda)$，由下式表示：

$$S_r(\lambda)=\frac{S(\lambda)}{S_m} \tag{37-59}$$

(18)光谱响应范围。相对光谱响应为 0.5 时，所对应的入射辐照最短波长与最长波长之间的波长范围称为光谱响应范围。

(19)串音。由于像元对相邻像元的串扰，使相邻像元引起的信号 V_{NB} 与本像元信号 V_{LC} 之百分比，为该像元对相邻像元的串音，符号为 CT，由下式表示：

$$CT=\frac{V_{NB}}{V_{LC}}\times 100\% \tag{37-60}$$

(二)响应率、噪声、探测率和有效像元率等参数的测试

1. 测量原理

响应率等参数的测试，可归结为两种辐照条件下的响应电压测量。即背景辐照条件下的响应电压测试，以及背景加黑体辐照条件下的响应电压测试，简称为背景响应电压测试及黑体响应电压测试。这两种辐照都必须是恒定均匀的。在测得背景响应电压和黑体响应电压后，响应率等各特性参数可根据定义计算得到。

2. 测量系统

测量系统如图 37-19 所示，包括黑体源、杜瓦瓶、电子电路及计算机 4 大部分。

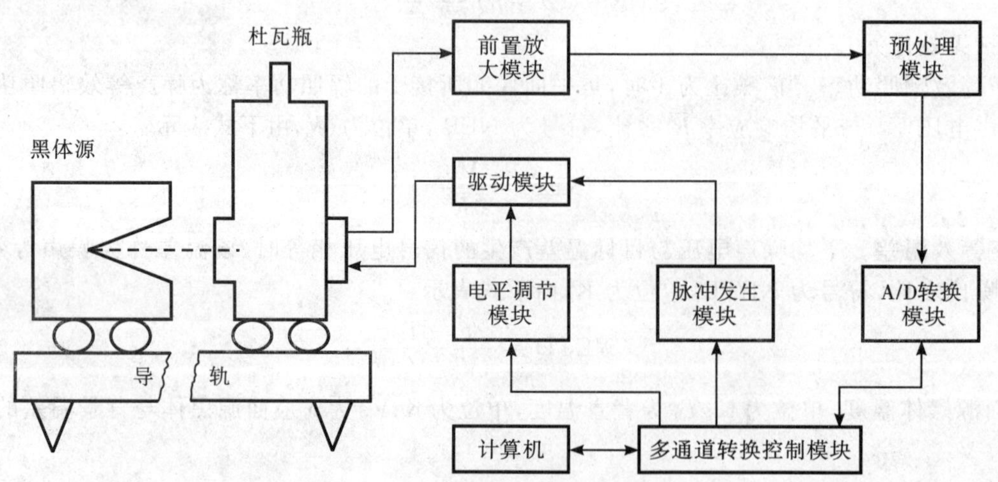

图 37-19 焦平面参数测量系统

3. 测量条件

黑体源温度范围：室温至 1 000 K，输出不加调制。

黑体辐射孔到焦平面的距离应大于辐射孔径的 20 倍，以保证点光源辐照。

黑体辐射入射方向与焦平面光敏面的法线夹角小于 5°。

焦平面的输出信号电压经放大和预处理后，不得超过 A/D 转换器的动态范围。

4. 响应电压的测量

利用图 37-19 所示的测试系统，分别在背景条件下及黑体加背景条件下，连续采集 F 帧数据，得到如图 37-20 所示的两组 F 帧两维数组。在背景条件下，测得的 F 帧两维数组为 $V_{DS}[(i,j)$，背景，$f]$；在黑体加背景条件下，测得的 F 帧两维数组为 $V_{DS}[(i,j)$，背景＋黑体，$f]$。

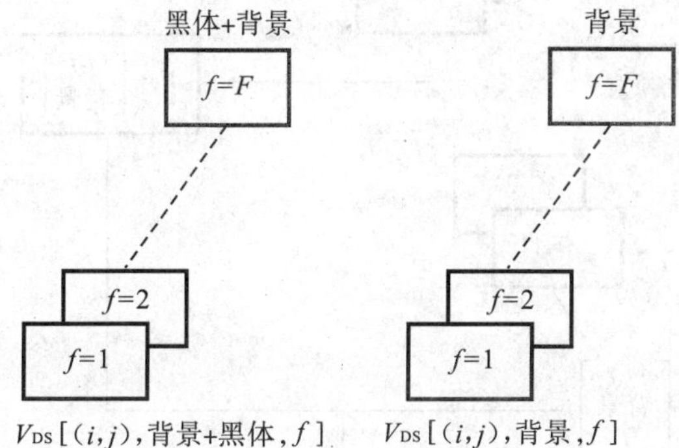

图 37-20　响应电压测量

5. 响应率等参数的计算

在测得如图 37-20 所示的两组 F 帧两维数组后，响应率等参数可按定义计算得到。

(1)像元黑体响应电压计算

1)像元(黑体＋背景)响应电压为

$$\overline{V}_{DS}[(i,j),\text{黑体}+\text{背景}]=\frac{1}{F}\sum_{f=1}^{F}V_{DS}[(i,j),\text{黑体}+\text{背景},f] \quad (37\text{-}61)$$

式中，$\overline{V}_{DS}[(i,j)$，黑体＋背景$]$为在(黑体＋背景)辐照条件下，第 i 行第 j 列像元输出信号电压 F 次测量的平均值，单位为 V；$V_{DS}[(i,j)$，黑体＋背景，$f]$为在(黑体＋背景)辐照条件下，第 i 行第 j 列像元输出信号电压第 f 次的测量值，单位为 V；F 为采样总帧数(或行数)，不小于 100。

2)像元(背景)响应电压为

$$\overline{V}_{DS}[(i,j),\text{背景}]=\frac{1}{F}\sum_{f=1}^{F}V_{DS}[(i,j),\text{背景},f] \quad (37\text{-}62)$$

式中，$\overline{V}_{DS}[(i,j)$，背景$]$为在背景辐照条件下，第 i 行第 j 列像元的输出信号电压 F 次测量的平均值，单位为 V；$V_{DS}[(i,j)$，背景，$f]$为在背景辐照条件下，第 i 行第 j 列像元的输出信号电压第 f 次测量的值，单位为 V。

3)像元黑体响应电压为

$$V_{S}(i,j)=\frac{1}{K}\{\overline{V}_{DS}[(i,j),\text{黑体}+\text{背景}]-\overline{V}_{DS}[(i,j),\text{背景}]\} \quad (37\text{-}63)$$

式中的 K 为系统增益。

上述(37-61)式、(37-62)式和(37-63)式的运算，如图 37-21 所示。

(2)像元响应率计算

像元响应率按下面的定义计算：

$$R(i,j)=\frac{V_{S}(i,j)}{P}$$

式中，$V_{S}(i,j)$ 由(37-63)式求得，P 由下式求得：

$$P=\frac{\sigma\times(T^{4}-T_{0}^{4})\times d^{2}\times A_{D}}{4\times L^{2}} \quad (37\text{-}64)$$

式中，σ 为斯忒潘常数 5.673×10^{-12} W/(cm²·K⁴)；T 为黑体温度，单位为 K；T_0 为背景温度，单位为 K；d 为黑体辐射孔径，单位为 cm；A_D 为焦平面像元面积，单位为 cm²；L 为黑体出射孔至焦平面像元面垂直距离，单位为 cm。

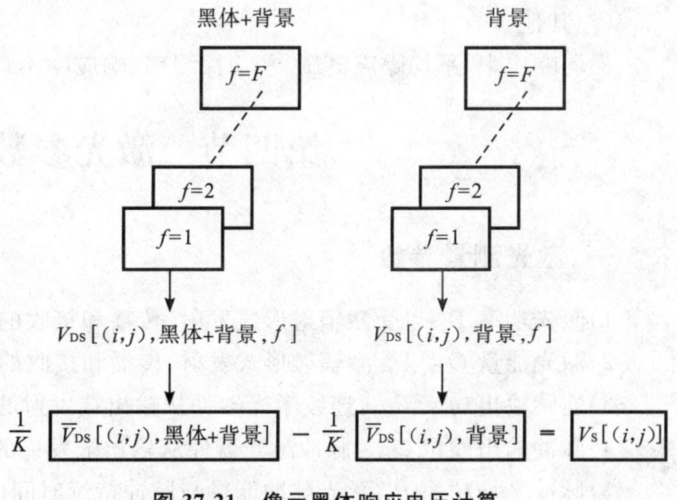

图 37-21　像元黑体响应电压计算

(3)像元噪声电压的计算

根据定义，求得像元噪声电压 $V_N(i,j)$ 为

$$V_N(i,j)=\frac{1}{K}\sqrt{\frac{1}{F-1}\sum_{f=1}^{F}\{\overline{V}_{DS}[(i,j),背景]-V_{DS}[(i,j),背景,f]\}^2} \tag{37-65}$$

(37-65)式的运算如图 37-22 所示。

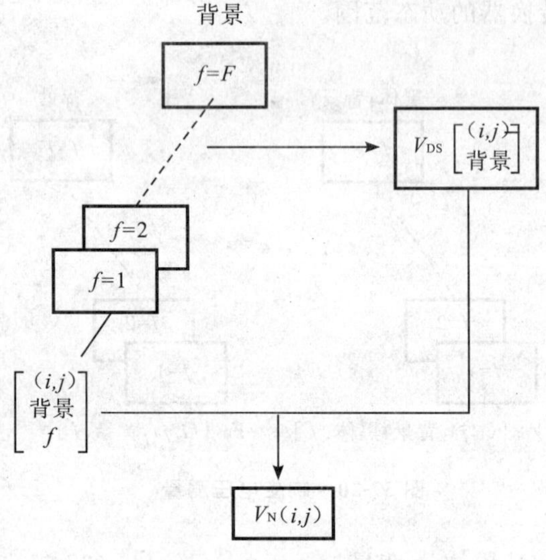

图 37-22　像元噪声电压计算

(4)像元探测率计算

像元探测率按定义计算，为

$$D^*(i,j)=\sqrt{\frac{A_D}{2t_{int}}}\frac{R(i,j)}{V_N(i,j)}$$

(5)有效像元率计算

根据定义，有效像元率 N_{ef} 的计算涉及 4 个参数：死像元 d、过热像元 h、平均响应率 $\overline{R}$ 和平均噪声电压 $\overline{V}_N$。这 4 个参数，前 2 个分别与后 2 个相互牵制，即要想求出前 2 个，必须先知道后 2 个；反之，要想求出后 2 个，又必须先知道前 2 个。因此，只能采取近似，引入响应率和噪声电压的中间平均值 $\overline{R'}$ 和 $\overline{V'}_N$，按下列步骤求出死像元和过热像元：

1)死像元。按下式，所有像元参加运算，求得中间平均响应率：

$$\overline{R}=\frac{1}{MN}\sum_{i=1}^{M}\sum_{j=1}^{N}R(i,j) \tag{37-66}$$

根据死像元的定义，符合下列不等式的像元为死像元，记为 d：

$$R(i,j)-\frac{1}{10}\overline{R'}<10 \tag{37-67}$$

2)过热像元。按下式，扣除死像元 d 后，余下的像元参加运算，求得中间平均噪声电压：

$$\overline{V'}_N=\frac{1}{MN-(d+h)}\sum_{i=1}^{M}\sum_{j=1}^{N}V_N(i,j) \tag{37-68}$$

根据过热像元的定义，符合下列不等式的像元为过热像元，记为 h：

$$V_N(i,j)-10\,\overline{V'}_N>0 \tag{37-69}$$

3)有效像元率。由(37-68)式和(37-69)式求得死像元 d 和过热像元 h，根据定义就可求得有效像元率 N_{ef}。

(6) 平均黑体响应电压的计算

$$\overline{V}_S=\frac{1}{MN-(d+h)}\sum_{i=1}^{M}\sum_{j=1}^{N}V_s(i,j) \tag{37-70}$$

求和中不包括无效像元。

(7)其他参数计算

平均响应率、平均噪声电压、平均探测率、响应率不均匀性等参数按照前面的定义计算。

第四节　激光参数的计量与测试

一、激光测量参数

1)激光功率 P：以受激辐射形式发射、传播和接收的功率，单位为 W。

2)激光能量 Q：以受激辐射形式发射、传播和接收的能量，单位为 J。

3)连续输出功率 P_{out}：连续激光器件从输出端发射的激光功率或单位时间传输的能量，单位为 W。

4)脉冲输出能量 Q_{out}：脉冲激光器件从输出端发射的每个脉冲所包含的激光能量，单位为 J。

5)脉冲平均功率 P：激光脉冲能量与脉冲持续时间(半宽度)之比，单位为 W。

6)脉冲峰值功率 P_p:脉冲激光器发射的功率时域函数的最大值,单位为 W。

7)平均激光功率 P_m:脉冲激光能量与脉冲重复率之积,单位为 W。

8)激光波长 λ:激光功率的频谱分布曲线中最大值所对应的波长,也是激光谱线宽度对应的波长限内的平均光谱波长,单位为 m。

9)激光频率 f:激光功率的频谱分布曲线中最大值所对应的波长,也是激光谱线宽度对应的频率限内的平均光谱频率,单位为 Hz。

10)光束直径 d_u:在垂直于束轴的平面内,以光束轴为中心且包含规定为 $u\%$ 总激光束功率百分数的圆域直径,单位为 m。

11)激光束散角 q、q_{sx}、q_{sy}:由于激光束宽度在远场增大形成的渐进面所构成的角度,单位为 rad。

12)脉冲重复率 f:重复脉冲激光器单位时间内发出的激光脉冲数,单位为 Hz。

13)脉冲持续时间 t:激光时域脉冲上升和下降到它的 50%峰值功率点之间的时间间隔,单位为 s。

14)激光功率稳定度 S_P、S_Q:在规定时间内激光最大和最小功率的差与和之商。

二、激光参数计量基准

激光参数计量基准主要是指激光功率基准和激光能量基准。较早的时候,激光功率基准建立在绝对量子探测器的基础上,近几年开始考虑把激光功率基准建立在低温辐射计的基础上。

(一)激光功率基准

1. 建立在绝对量子探测器基础上的激光功率基准

绝对量子探测器形式的基准器是一种基于硅光电二极管自校准技术的标准器,该标准器采用 3 只反射型硅光电二极管组成的特殊结构,也叫硅光电二极管陷阱探测器,如图 37-23 所示[17]。入射光束在其内经历 5 次反射,恰好旋转 360°角。这不仅保证了陷阱探测器的总吸收比超过 0.999 9,减少了原单只硅光电二极管自校准中的反射比测量误差,而且消除了光的偏振对测量数据的影响。

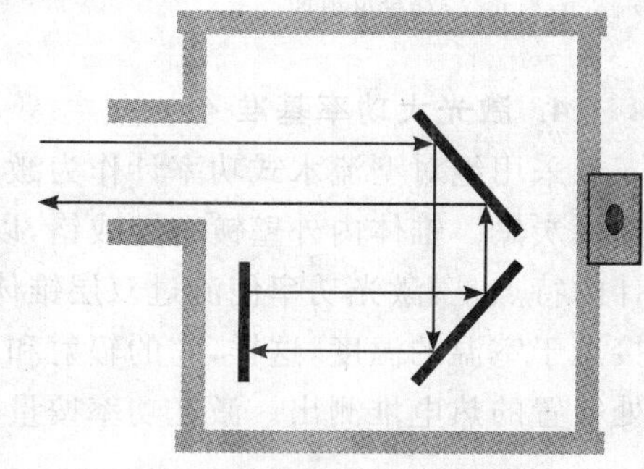

图 37-23　绝对量子探测器形式的基准器示意图

2. 建立在低温辐射计基础上的激光功率基准

在前面我们介绍了低温辐射计的工作原理和主要性能,它是利用光功率和电功率的等效性来实现光功率的绝对测量的。正是由于低温辐射计实现了光功率的绝对测量,测量功率的不确定度达到 0.01%,比工作标准激光功率计高 2 个数量级。因此,近年来,各发达国家已把它作为功率测量的基准,同时把硅光电二极管陷阱探测器作为传递标准,建立了激光功率量传体系[18]。其原理装置如图 37-24 所示。

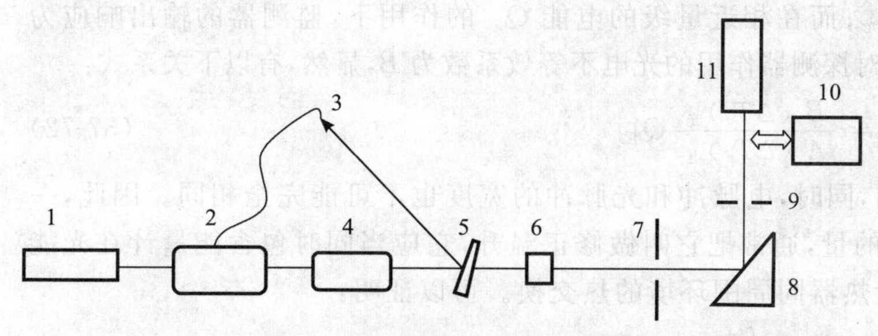

图 37-24　用低温辐射计标定激光功率计原理图

1.激光器;2.稳功率仪;3.监视探测器;4.空间滤波器;5.楔型分束器;6.起偏器;7.斩波器;8.转向镜;9.孔径光阑;10.陷阱探测器;11.低温辐射计

以低温辐射计作为激光功率基准的测量装置主要由 4 部分构成:

1)激光稳功率系统。这一部分包括激光器和稳功率仪,激光器输出功率在毫瓦量级的连续激光束,稳功率仪使激光进一步稳定化,稳定度达到 0.01%。

2)低温辐射计。低温辐射计是主基准器。

3)空间滤波器及配套光学系统。空间滤波器及配套光学系统的作用是在输出光束中,选择中间均匀性较好的部分入射到探测器。

4)陷阱探测器。陷阱探测器为传递标准,低温辐射计把量值通过测量装置传递给陷阱探测器。

标定过程如下:激光经稳功率仪稳定后,经过空间滤波器,通过快门控制通断,由低温辐射计测量其输出功率。陷阱探测器和低温辐射计交替进入光路,实现标定,而后由陷阱探测器标定下一级激光功率计。

3. 激光中功率基准

上面介绍的激光功率基准测量范围在毫瓦以下，在毫瓦以上直到几十瓦的中功率范围，采用另外的基准。中功率基准接收器的结构如图 37-25 所示。接收器设有两个独立对称的加热区，还可串联工作。两组对称热电堆用于双表面温差的测量，串连温差电势反映了加热功率，温差比反映了加热区位置和表面温度分布。接收器严格的绝热设计使热损失主要发生在腔体接收孔轴方向上。热屏蔽窗口和腔体接收孔形成另一对称结构，并通过热电堆监测热功率流向。

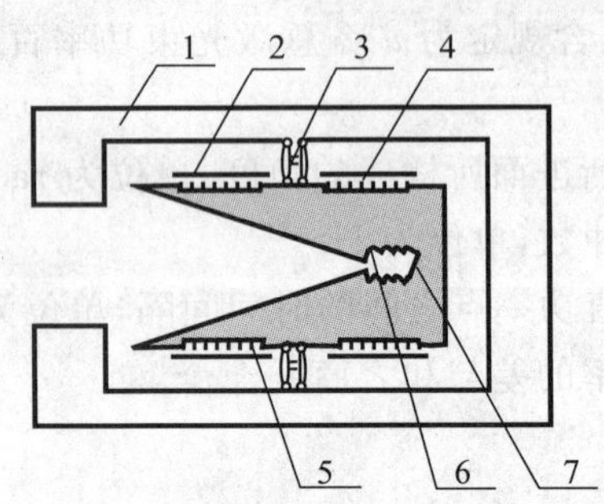

图 37-25 激光中功率基准器结构图

1. 散热体；2. 绝热层；3. 热电堆；4. 加热丝；5. 锥腔体；6. 消光纹；7. 全反射面

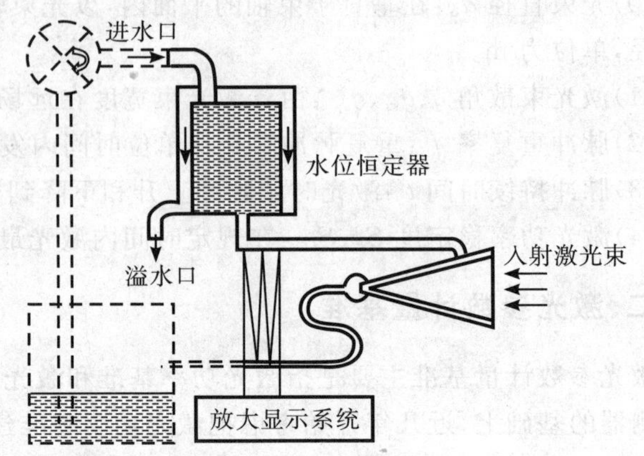

图 37-26 配有恒压水源的标准大功率计

4. 激光大功率基准

采用绝对型流水式功率计作为激光大功率基准器。其结构如图 37-26 所示。锥体腔由电铸铜制成，内壁涂炭黑。锥体内外壁镀有镍或铬，以防泡水后产生铜锈。热电堆采用串联镍铬-康铜对。这种流水式功率计的特点是：激光功率使流过双层锥体内的水流温度上升，水流与作为吸热面的内锥面接触，使内锥面保持接近于室温的温度，这样，它的辐射和对流便可忽略。流经接收器锥体前后的水温有一温差，由流水进出口处安置的热电堆测出。激光功率按量热法公式计算：

$$P = 4.186\, c Q \frac{\Delta E}{\mathrm{d}E/\mathrm{d}T} \tag{37-71}$$

式中，c 为水的比热容，Q 为水的流量，ΔE 为功率计热电堆的输出，$\mathrm{d}E/\mathrm{d}T$ 为热电堆的热电势率。

为了保证测量的准确度，流速稳定非常重要。因此，需在高处配置水位恒定器，并不断检测水的流量。

(二)激光能量基准

激光能量基准是一种电校准的光热型能量计。在光热型能量计中，用电能比较和校准激光能量。在激光能量 $Q_{光}$ 的作用下，探测器的输出响应为 $(\Delta T_c)_{光}$；而在相近量级的电能 $Q_{电}$ 的作用下，监测器的输出响应为 $(\Delta T_c)_{电}$，令吸收体的吸收系数为 A，光能和电能对探测器作用的光电不等效系数为 B，显然，有以下关系式：

$$Q_{光} = \frac{B\,(\Delta T_c)_{光}}{A\,(\Delta T_c)_{电}} Q_{电} \tag{37-72}$$

由于激光加热和电能加热不可能完全相同，同时，电脉冲和光脉冲的宽度也不可能完全相同。因此，一般来说，上面关系式中的 ΔT_c 是一项比较复杂的量，通常把它叫做修正温升，它应当同时包含能量计在光能或电能作用下的内在变化以及在这一过程中量热器同周围环境的热交换。可以证明：

$$\Delta T_c = T_F - T_1 + \varepsilon \int_{t_1}^{t_F} (T - T_\infty)\,\mathrm{d}t \tag{37-73}$$

式中，T_1 和 T_F 为初测期温度和终测期温度；T_∞ 为收敛温度；ε 为冷却常数，其倒数即为时间常数，$\varepsilon = 1/\tau$，它由能量计的热容 C 及其热交换系数 μ 来确定：$\varepsilon = \mu/C$。

一个好的能量计在冷却过程中遵从下面的牛顿冷却规律：

$$\frac{\mathrm{d}T}{\mathrm{d}t} = -\varepsilon (T - T_\infty) \tag{37-74}$$

在标准能量计中，用电能模拟和替代光能，以达到校准的目的。测出加到能量计内的电加热器上的电流、电压及其脉冲宽度或持续时间，则不难算出其电校准能量。图 37-27 是 N 型激光能量基准的结构示意图。图 37-28 是 B 型能量计的剖面图。

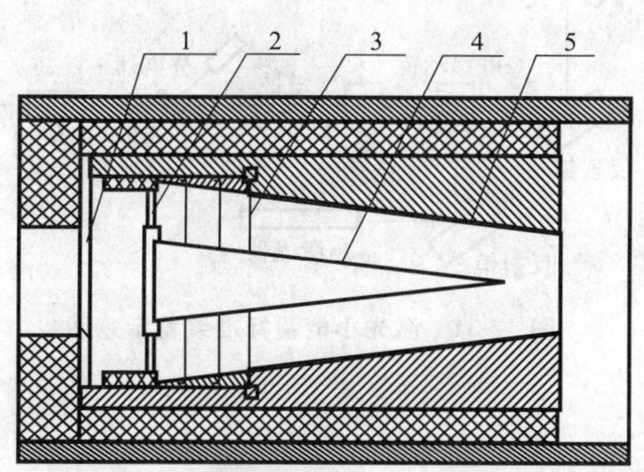

图 37-27　N 型激光能量基准示意图

1. 光阑；2. 绝热支撑；3. 热电偶；4. 锥腔；5. 热沉

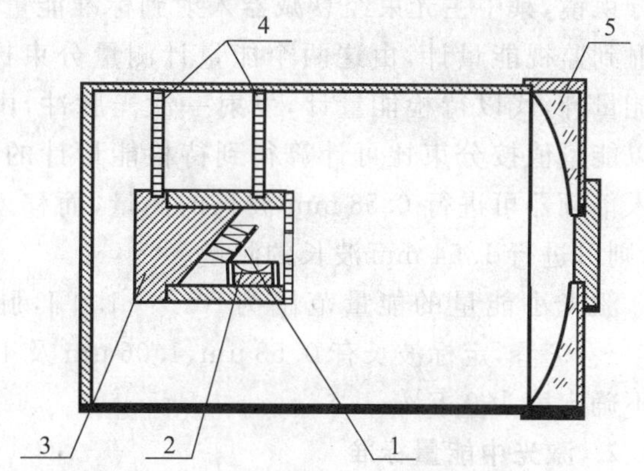

图 37-28　B 型能量计剖面图

1. 吸收体；2. 侧反凹面镜；3. 铝座；4. 尼龙螺杆；5. 大凹面镜

三、激光参数计量标准

(一)激光功率标准

根据测量量程和范围，把激光功率分为小功率、中功率、大功率和强功率。

1. 激光小功率标准

激光小功率标准装置一般由一台稳功率激光器和一台标准功率计组成，其原理如图 37-29 所示。

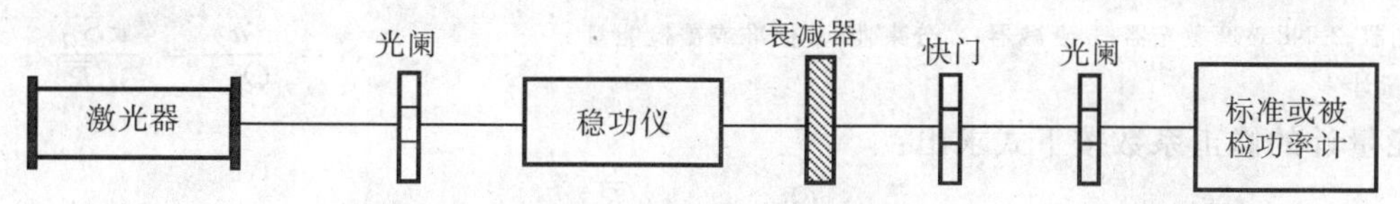

图 37-29　激光小功率标准装置示意图

激光器、光阑和稳功仪组成稳定光源部分，提供所需要波长的连续稳定激光输入辐射，目前定标波长有 0.632 8 μm、1.06 μm、1.54 μm 等。衰减器衰减倍数可根据被标定功率计的量程来确定。

激光小功率标准的量程范围为 0.1～100 mW。

2. 激光中、大功率标准

激光中功率和大功率标准如图 37-30 所示。

标准装置的检定(或校准)原理为：定标波长的激光器输出激光束经衰减器后，达到所需激光功率值，射入到待检激光功率计，根据事先测量得到的楔型分束器对标准激光功率计和监视激光功率计的分束比、标准激光功率计的功率灵敏度、衰减倍数及监视激光功率计的值，可计算得到待检激光功率计的修正值或功率灵敏度值。

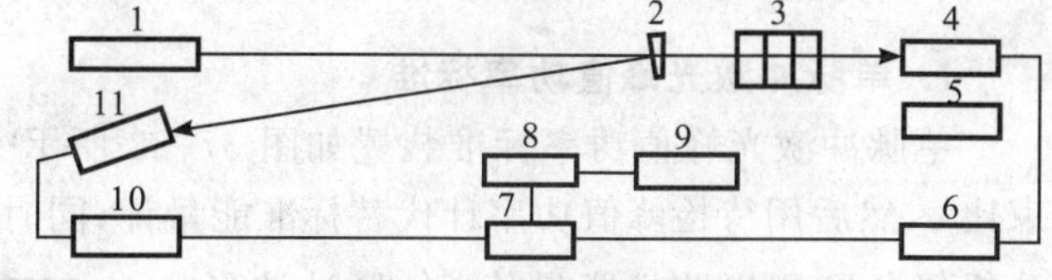

图 37-30　激光中、大功率标准装置原理图

1. 定标激光器；2. 楔型分束器；3. 衰减器；4. 标准功率计；5. 待测功率计；6. 数字电压表；7. 数据采集系统；8. 微机；9. 打印机；10. 数字电压表；11. 监视功率计

激光中功率和大功率的测量范围为 100 mW～15 000 W；一般定标波长为：1.06 μm，10.6 μm；测量不确定度约为 2 %。

(二)激光能量标准

1. 激光小能量标准

一种激光小能量标准装置如图 37-31 所示。

由图可见，YAG脉冲激光经过反射镜及小孔光阑入射到分束镜，其中主光束经衰减器入射到标准能量计，另一束入射到监视能量计，由这两个能量计测量分束比。移去标准能量计，代以待检能量计，发射一激光脉冲，由监视能量计以能量值按分束比可计算得到待检能量计的入射能量。移入倍频器可进行 0.53 mm 波长的测量，而移入移动反射镜，则可进行 1.54 mm 波长的测量。

激光小能量的能量范围为10^{-3}～1.0 J，脉冲宽度为10^{-3}～10^{-9} s，定标波长有 0.53 μm、1.06 μm 及 1.54 μm，测量不确定度为 0.5%。

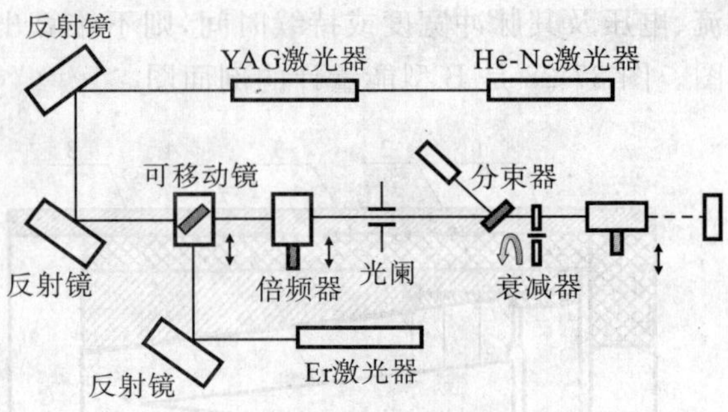

反射镜
YAG激光器
He-Ne激光器
可移动镜
分束器
反射镜
倍频器
光阑
衰减器
反射镜
Er激光器

图 37-31　激光小能量标准装置示意图

2. 激光中能量标准

一般激光中能量标准的原理如图 37-32 所示。根据图示，脉冲激光经过衰减器及分束器，入射到标准能量计，输出信号经直流放大单元，用数字电压表测定其热电势值，同时监视能量计获得相应的监视信号，算出能量监视比 R，再用被测能量计替代标准能量计，读出热电势或能量示值，同时测出监视能量计输出的热电势，根据计算公式得到激光灵敏度。

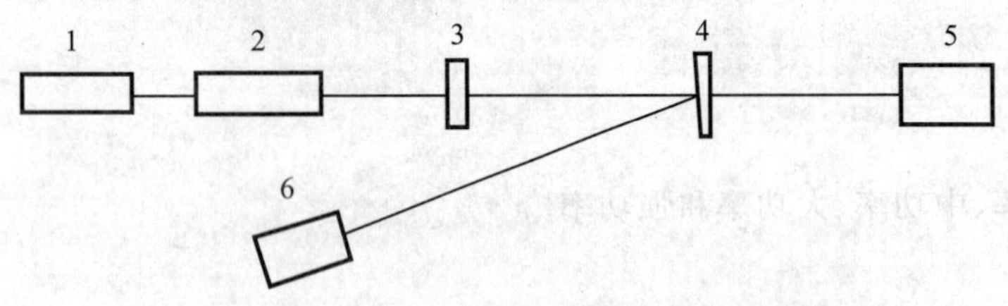

图 37-32　激光能量标准装置示意图

1. He-Ne 激光器；2. Nd 玻璃激光器；3. 衰减器；4. 分束器；5. 标准或被检能量计；6. 监视能量计

激光中能量的能量范围为 0.1～30 J。

根据激光能量计检定规程的规定，用作标准器的激光能量计的测量参数为灵敏度，直读式激光能量计的测量参数为修正系数。

被检激光能量计的灵敏度可由下式求出：

$$S=\frac{u}{Q_{标}}=\frac{uS_Q}{u'\overline{R}} \tag{37-75}$$

直读式激光能量计的修正系数按下式求出：

$$C=\frac{Q_{标}}{Q_{检}}=\frac{u'\overline{R}}{Q_{检}\ S_Q} \tag{37-76}$$

式中，S 为被检能量计的灵敏度，u 为被检能量计的净响应，u' 为监视能量计的净响应，$\overline{R}$ 为监视比测量的算术平均值，S_Q 为标准能量计的灵敏度，C 为被检能量计的修正系数，$Q_{标}$ 为检定时的实际能量，$Q_{检}$ 为被检能量计示值能量。

（三）脉冲激光峰值功率标准

1. 单脉冲激光峰值功率标准

单脉冲激光峰值功率标准装置如图 37-33 所示[19]。由图可以看出，用标准能量计和监视能量计测出分束比 α，然后用待检峰值功率计代替标准能量计，同时在旁路用监视能量计和光电探测器及瞬态数字化波形分析仪分别测出监视能量值 Q'，脉冲波形的峰值电压 V_m 和波形积分面积 S，记录其待检峰值功率计读数 Y，利用下式计算出脉冲峰值功率的标准值：

$$P_{pk}=V_m\alpha Q'/SR_s \tag{37-77}$$

主要技术指标：①峰值功率：1 W～50 MW；②脉宽：10～100 ns；③波长：1.06 μm，10.6 μm；④扩展不确定度：5.0%。

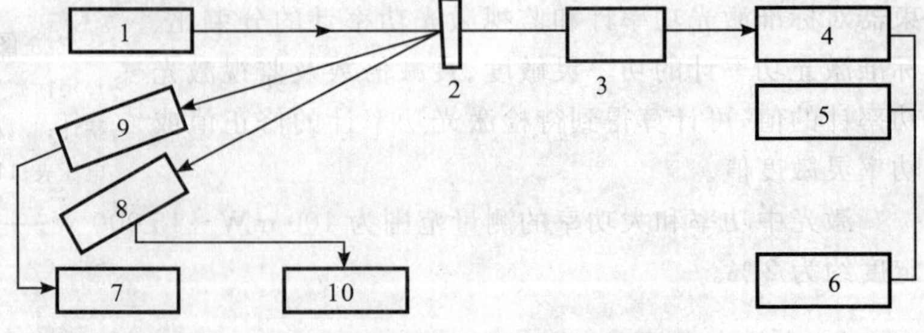

图 37-33　单脉冲激光峰值功率标准装置示意图

1. 单脉冲激光器；2. 模型分束器；3. 衰减器组；4. 标准激光能量计；5. 受检脉冲激光峰值功率计；6. 直流数字纳伏表；7. 直流数字纳伏表；8. 光电探测器；9. 监视能量计；10. 瞬态数字化波形分析仪

2. 重复频率激光峰值功率标准

重复频率激光峰值功率标准装置如图

37-34 所示。采用输出功率稳定和频率稳定的模拟光源、标准微功率计(平均功率)、标准频率计、光电探测器及瞬态数字化波形分析仪进行峰值功率校准。其过程为：首先用微功率计测量由输出稳定模拟光源发出的经分束后主光路上光的平均功率 P，然后用待检峰值功率计替换标准微功率计，并记录其显示值 Y，与此同时旁路随机抽样测量其脉冲波形的峰值电压 V_m 和波形面积 S，标准频率计测量光源的触发频率 f_s，利用下式计算脉冲峰值功率的平均值：

$$P_{pk}=V_m P/f_s \tag{37-78}$$

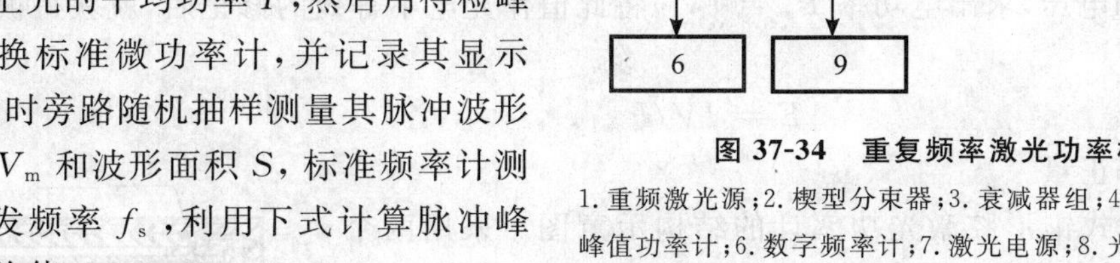

图 37-34　重复频率激光功率标准装置示意图

1. 重频激光源；2. 楔型分束器；3. 衰减器组；4. 标准激光功率计；5. 受检激光峰值功率计；6. 数字频率计；7. 激光电源；8. 光电探测器；9. 瞬态数字化波形分析仪

主要技术指标：①峰值功率：0.1 μW～1 W；②脉冲宽度：10～100 ns；③校准波长：0.91 μm，10.6 μm；④扩展不确定度：5.0%。

四、激光参数测量技术

(一)激光功率、激光能量的测量技术

激光功率和能量这两个基本参数是相互联系的，从原理上讲，功率是能量对时间的微分，而能量是功率对时间的积分。因此，通过测量功率，对时间积分，就能够得到激光能量值；通过测量能量，对时间求平均，就可以获得激光平均功率值。通常激光功率是指连续激光的平均功率，而激光能量则是指单脉冲激光能量。

按照工作方式的不同，可将现有的激光功率、激光能量的测量方法分成光电型、辐射计型和量热型等。

1. 光电型

光电型激光功率计利用光电探测器实现探测，因此其工作原理与一般的光电探测器的工作原理相同，均基于光电探测器材料的光电效应，激光照射探测器，探测器产生与入射光强度成正比的电流输出。

在一定的功率范围内，光电二极管有良好的线性输出。对于普通的光电二极管，其线性范围在纳瓦至毫瓦量级，因此，光电型激光功率计主要用于激光小功率和微能量的检测。

2. 热释电型

热释电型激光功率能量计利用材料的热释电效应进行探测。探测器的热敏单元通常为热电晶体，其可产生与吸收热量成正比的电荷。晶体的两个表面镀金属膜，吸收所有入射激光能量，响应输出与入射光束形状或位置无关，热释电效应产生的所有电荷都被收集起来，通过相应电路输出。

热释电探测器对测量重复脉冲大于 5 000 Hz 的激光能量非常有用，但这类探测器耐用性差，因此，只要不是用来测量单脉冲激光能量，且是在平均功率已经满足要求的情况下，就不使用此类探测器。

在激光功率、激光能量计量当中，这类探测器的作用是扩展主基准的量程，探测器被主基准标定后，作为传递标准而使用。

图 37-35 是利用该效应制作的激光能量计结构示意图。该能量计为透射式激光能量计，在通光光路中安装有分束器，将入射激光分束。一部分光透过能量计，另一部分光经过分束器取样后，漫射到热释电探测器上。探测器输出信号经过放大后输出。

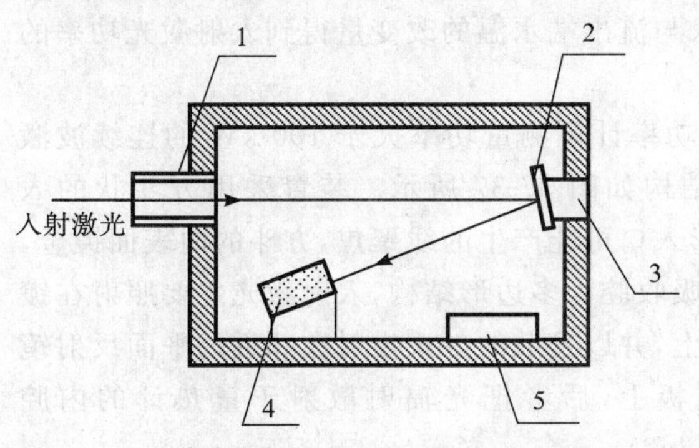

图 37-35　热释电型激光能量计示意图

1. 入射窗；2. 分束器；3. 出射窗；4. 热释电探测器；5. 前置放大器

3. 光辐射计型

光辐射计型激光功率计利用辐射度学中的绝对辐射计技术实现激光功率测量。在激光功率探测中，通常为光热型绝对辐射计，利用辐射加热和电加热的等效性来测量辐射功率，其基本工作原理为：被测辐射经过限制光阑后，射到辐射计接收面，接收面上的黑层吸收光辐射后产生温升，使热敏单元产生一热电势输出。切断光辐射，接通接收面上加热器的电源，使加热器在接收面产生的热与辐射照射吸收后所产生的热相等。测出加热器两端的电流和电压，求出电功率 $P_e = IV$ ，将此值作光电不等效的修正后，就获得被测光源的辐射照度为

$$E = IV/F \tag{37-79}$$

式中，F 为光电不等效修正量。

图 37-36 是一种补偿式锥形腔激光功率计的结构示意图。采用两个锥腔，其中一个锥腔的作用是接收激光辐射，另一个锥腔则是提供补偿，两个锥腔之间绝热。此设计的优点是，在外界环境并不完全稳定的条件下，补偿腔能反映出与辐射吸收腔同样的温度漂移，因此，它可以提供一个更好的参考点。热电堆测量温度升高，锥腔内表面安置加热电阻丝，提供电标定。

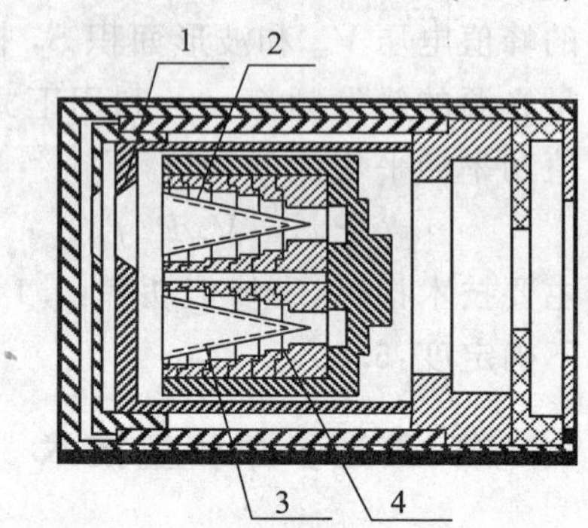

图 37-36 补偿式锥型腔激光功率计结构图

1. 光阑；2. 锥型腔；3. 加热丝；4. 热电堆

4. 体吸收型

激光入射到金属材料表面后，在很薄的一层区域内被吸收，对于短脉冲、高功率激光，则不能用以上所述能量计进行测量，为此发展了体吸收型能量计。体吸收型激光能量计利用体吸收材料吸收激光能量，将激光能量分散在吸收体内，避免造成损伤，因此，可承受较高的激光辐射功率。

吸收材料可以是气体，也可以是液体和固体，各有不同的优缺点。气体、液体吸收材料的优点是，由激光造成的损伤是可逆的；缺点是需要封装，会导致窗口的反射损失。固体吸收体的优点是不需要外加窗口，但由激光造成的损伤是不可逆的。

5. 量热计型

量热计型激光功率能量计主要被应用于高功率连续波激光测量，在高功率条件下，抗激光损伤阈值是关心的重点。量热计型功率能量计的工作原理也是激光的热效应，吸收体吸收全部入射激光辐射后，产生温升，通过测量吸收体的温度升高，利用相应的计算公式来获得激光功率能量值。与以上描述的几种测量方法的不同之处在于吸收腔的结构设计。目前，基于恒温环境的量热计被世界各国各计量机构所广泛接受。

6. 流水式

流水式激光功率能量计针对特大功率的激光器而设计，激光能量被吸收后转换成热，为避免吸收体温度过高造成热损伤，在吸收腔外壁绕制循环水冷却装置将能量带走，通过测量流入与流出端水温的改变量得到入射激光功率的能量值。

流水式激光功率计可测量功率大于 100 kW 的连续波激光输出，吸收腔结构如图 37-37 所示。装置采用方斗状的入口，以避免圆锥形入口可能产生的线聚焦，方斗的内表面镀金，形成高反射膜。吸收腔为多边形结构，入射激光主要照射在镀金的柱面反射镜上，并以发散的方式投射在邻近的平面反射镜或喷沙的镀金铜板上，后者把光辐射散射于量热计的内腔面上。

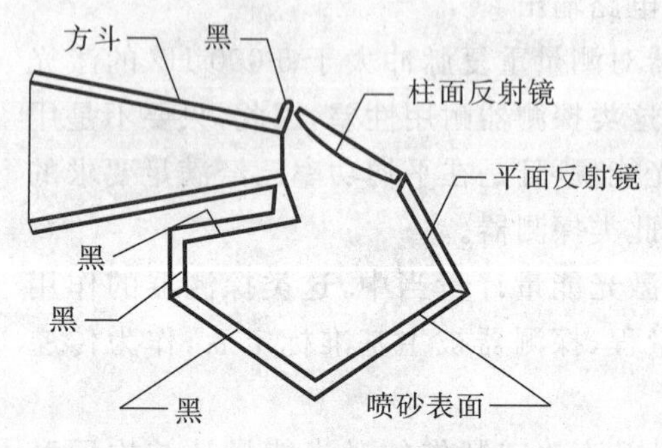

图 37-37 流水式激光功率计吸收腔结构示意图

(二)激光空域特性测量技术

1. 光束直径与发散角测量

从原理上讲，应先测出激光束在特定位置横截面上的功率或能量分布，再由此计算光束的直径[2]。

对于连续激光，按下式计算光束在横截面上的一阶矩(光束重心)$\overline{x}$ 和$\overline{y}$：

$$\overline{x}=\frac{\iint xE(x,y)\mathrm{d}x\,\mathrm{d}y}{\iint E(x,y)\mathrm{d}x\,\mathrm{d}y} \tag{37-80}$$

$$\overline{y}=\frac{\iint yE(x,y)\mathrm{d}x\,\mathrm{d}y}{\iint E(x,y)\mathrm{d}x\,\mathrm{d}y} \tag{37-81}$$

然后，计算光束在该光束横截面上的二阶矩(束宽或束径) σ_x^2、σ_y^2 或 σ_r^2：

$$\sigma_x^2(z)=\frac{\iint (x-\overline{x})^2E(x,y,z)\mathrm{d}x\,\mathrm{d}y}{\iint E(x,y)\mathrm{d}x\,\mathrm{d}y} \tag{37-82}$$

$$\sigma_y^2(z)=\frac{\iint (x-\overline{y})^2E(x,y,z)\mathrm{d}x\,\mathrm{d}y}{\iint E(x,y,z)\mathrm{d}x\mathrm{d}y} \tag{37-83}$$

$$\sigma_r^2(z)=\frac{\iint r^2E(r,z)r\,\mathrm{d}r\,\mathrm{d}\varphi}{\iint E(r,z)r\,\mathrm{d}r\,\mathrm{d}\varphi} \tag{37-84}$$

式中，r 为计算点至光束中心的距离。以上各式中的积分应在整个光束横截面内进行。

最后从二阶矩按下式求得束宽 d_{σ_x}、d_{σ_y} 或 d_σ：

$$d_{\sigma_x}=4\sigma_x,d_{\sigma_y}=4\sigma_y,d_\sigma=2\sqrt{2}\,\sigma_r$$

在实践中，由于直接测得各类激光光束横截面上功率或能量的分布函数有一定的困难，因此，国际标准允许采取一些变通方法测量和计算激光束的直径。

1)可变光阑法。用可变光阑法测量束宽的测量装置如图 37-38 所示。实际测量时，首先应将可变光阑的中心与待测光束中心重合，然后由大到小变化光阑直径，用探测器测量透过的激光功率(能量)，当通过光阑的功率(能量)为激光束总功率(能量)的 86.5%时，光阑口径则对应于激光光束直径，也即束宽。这一方法仅适用于旋转对称光束，即光束二主轴上束宽之比大于 1.15：1。

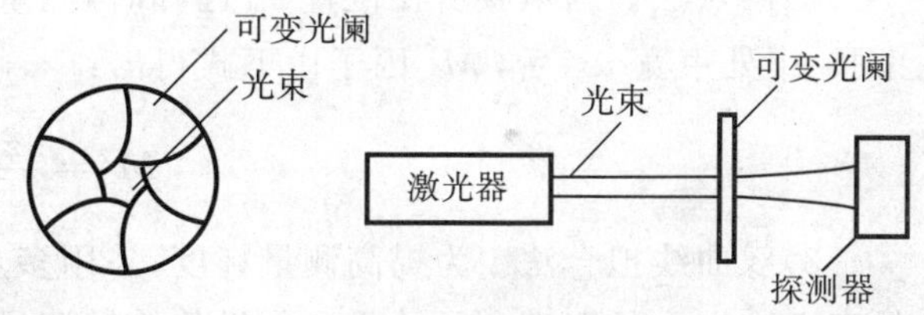

图 37-38　用可变光阑法测量束宽的测量装置示意图

2)移动刀口法。用移动刀口法测量束宽的测量装置如图 37-39 所示。在一个机械平台上沿光束截面移动刀口，探测器测量出的透射激光功率(能量)为刀口位置的函数。由透射激光功率(能量)的 84%和 16%的刀口位置可确定激光光束的直径。

3)移动狭缝法。图 37-40 为用移动狭缝法测量束宽装置的示意图，与图 37-39 的区别是用狭缝代替了刀口，狭缝宽度应不大于被测光束宽度的 1/20。此时，探测器测出的透射激光功率(能量)为狭缝位置的函数，由测量透过总功率(能量)13.5%的两个位置可确定束宽。

4)CCD 法。这是实验中用来测量束宽的一种常用方法，用 CCD 相机测量和记录激光束光强分布，并配以计算机数值图像处理系统，可快速得到包括束宽在内的激光光束参数。图 37-41 为用 CCD 法测量激光光束质量的装置原理图。

被测激光光束经高像质准直透镜会聚，再经高像质显微系统放大后成像在 CCD 靶面上，通过图像采集与处理得到 CCD 靶面上的光斑大小 d_1，再根据显微系统放大率 β 和准直透镜焦距 f，即可按下式求得被测光束的束散角为

$$\theta=\frac{d_1}{\beta f} \tag{37-85}$$

如果去掉标准透镜，直接测量光束光强分布就可得到包括束宽在内的激光光束参数。考虑到光束较强时对 CCD 靶面的损伤，要在 CCD 靶面前加衰减器。

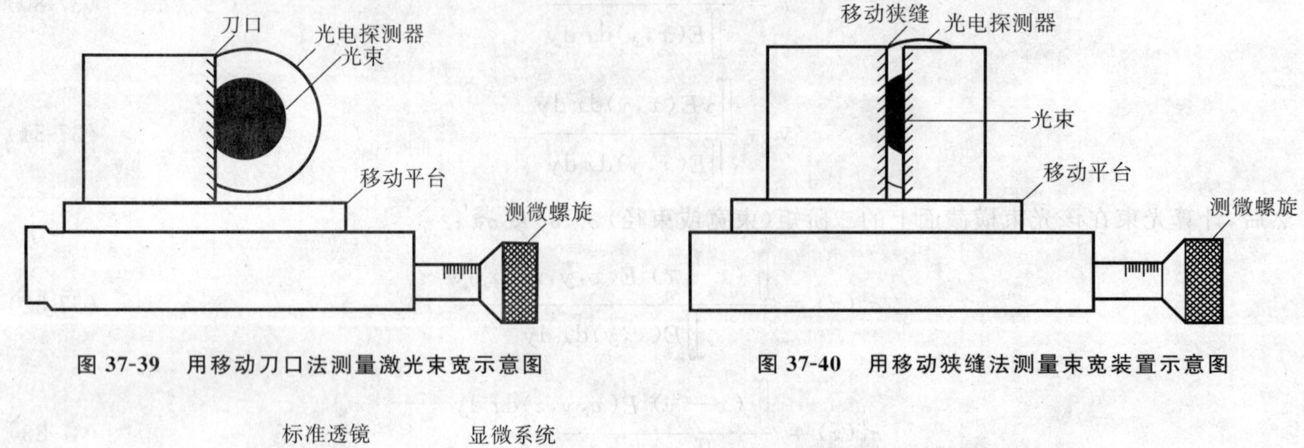

图 37-39 用移动刀口法测量激光束宽示意图

图 37-40 用移动狭缝法测量束宽装置示意图

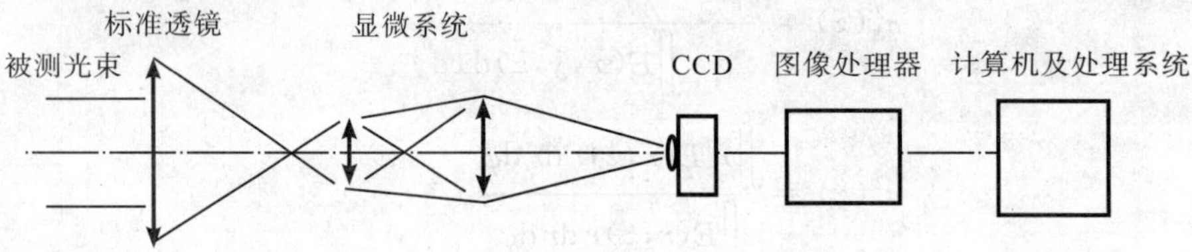

图 37-41 用 CCD 法测量激光光束质量装置原理图

2. M^2 因子的测量

1）三点法。由光束传输方程可知道，一般通过测量 3 处 z_i 的束宽 $w_i(i=1,2,3)$，就可确定 M^2 因子、束腰宽度 w_0 和束腰位置 L_0，这就是三点法。采用这一方法时，要做 3 次测量，或者用 3 个探测器同时测量。

2）两点法。当束腰所在位置 L_0 已知时，测量次数可减少到 2 次，故称为两点法。测得束腰宽度 w_0 和距束腰 z_1 处束宽 w_1 后，M^2 因子由下式得出：

$$M^2 = \frac{\pi w_0}{\lambda} \frac{\sqrt{w_1^2 - w_0^2}}{|z_1 - L_0|} \tag{37-86}$$

3）双曲线拟合法。为提高测量精度，采用多点测量双曲线拟合计算 M^2 因子。至少测量 10 次，其中必须有 5 次以上位于瑞利尺寸之内。沿传输轴测量束宽 w 的双曲线拟合公式为

$$w^2 = Az^2 + Bz + C \tag{37-87}$$

式中，A、B、C 为拟合系数，与光束参数的关系满足：

$$M^2 = \frac{\pi}{\lambda}\sqrt{AC - \frac{B^2}{4}} \tag{37-88}$$

$$w_0 = \sqrt{C - \frac{B^2}{4A}} \tag{37-89}$$

$$L_0 = -\frac{B}{4A} \tag{37-90}$$

$$\theta_0 = \sqrt{A} \tag{37-91}$$

测量 M^2 因子和激光束相关参数的仪器称为 M^2 因子测量仪或激光光束诊断仪，有产品出售。在实际测量中，应当研究的主要问题是使用不同测量方法和对不同分布光束在测量中引入的误差，以及解决的办法。

（三）激光时域特性测试

激光时域参数主要包括激光时域的脉冲波形、脉冲宽度、上升时间、峰值功率及脉冲重复频率等。以上参数的测量方法一般有以下两种：一种是直接测量法，采用快速探测器将光信号转换成电信号，通过存储示波器记录其波形，根据各参数定义计算得到所测参数值。另一种是采用相关函数法将时间函数转换为空间

函数，利用标准延迟器和光的速度换算出时域脉冲波形参数，并依据脉冲激光的时域波形得到以上参数。

1. 直接测量法

图 37-42 为直接测量法示意图。测量装置主要由 3 部分构成：

(1)激光衰减器

根据待测激光波长和脉冲功率选用合适的衰减器，衰减器有漫射式、反射式、透射式及组合体式等形式。衰减器既要保证探测系统具有足够的信号输出，又要使探头不受激光损伤，不工作在饱和区。

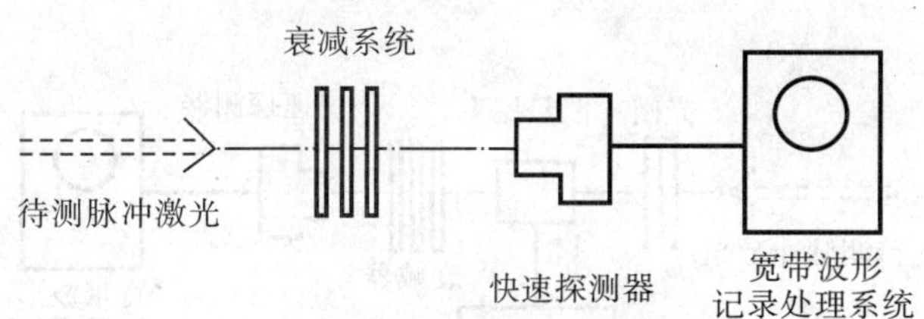

图 37-42　直接测量法示意图

(2)快速探测器

根据待测激光波长、脉冲功率及脉冲宽度选用合适的光电探测器，所选探测器的响应时间比待测激光脉冲的上升时间至少快 3 倍。

(3)波形记录处理系统

根据待测激光的脉冲宽度选择快速宽带示波器、数字波形处理系统或条纹相机等。

利用该装置可测量时域脉冲形状、半宽度和上升时间。具体方法如下：

1)脉冲宽度。脉冲持续时间就是脉冲宽度 τ_H，根据上述时域波形，由半峰值功率确定的两点之间的时间间隔决定：

$$\tau_H = \sqrt{\tau_1^2 - \tau_2^2 - \tau_3^2} \tag{37-92}$$

式中，τ_1 为波形记录处理系统读出的脉冲宽度或上升时间，τ_2 为波形记录处理系统本身的上升时间，τ_3 为快速探测器的响应时间。

2)上升时间。在上述时域波形上，由 10% 峰功率点至 90% 峰功率点之间的时间间隔决定。

3)脉宽稳定性。由相对脉冲持续时间波动 $\Delta\tau_H$，测量 N 次脉冲宽度，由下式计算脉宽稳定性：

$$\Delta\tau_H = \pm\frac{S_H}{\tau_H} \tag{37-93}$$

式中

$$S_H = \sqrt{\frac{\sum_{i=1}^{N}(\tau_{iH} - \overline{\tau}_H)^2}{N-1}} \tag{37-94}$$

$$\overline{\tau}_H = \frac{\sum_{i=1}^{N}\tau_H}{N} \tag{37-95}$$

2. 脉冲激光峰值功率测量

测量脉冲激光峰值功率有两种方法，一种是直接用激光峰值功率计测量，其装置如图 37-43 所示。这种方法的关键是峰值功率计，它包括了快速探测功能、数字存储功能和能量测量功能，是一个复杂的系统，有专用仪器。其他部分和前面所述相同。

另一种是同时测量激光能量和脉冲波形，通过计算得到峰值功率。其装置如图 37-44 所示。其中，输入光束用分束器分开：一路到能量计，探测能量；一路到快速探测器及波形记录系统，用于记录脉冲波形。通过计算得到峰值功率。

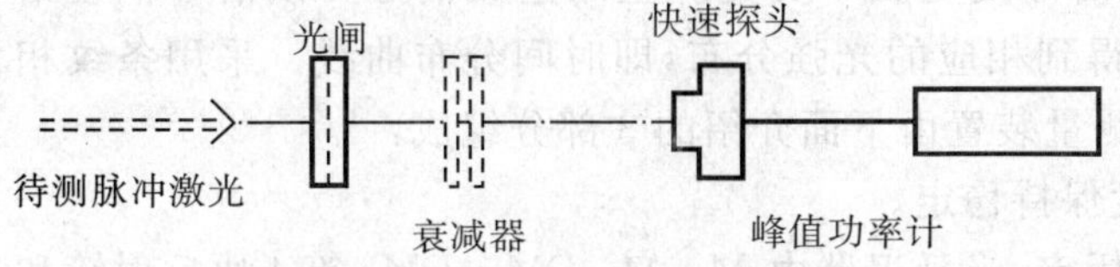

图 37-43　直接用峰值功率计测量示意图

脉冲激光的峰值功率按下式计算：

$$P_{pk} = \frac{U_{max} Q_0}{\int_{t_1}^{t_2} U(t)\,dt} \tag{37-96}$$

$$Q_0 = \frac{1}{\tau_1 \tau_2} Q \tag{37-97}$$

式中，Q_0 为脉冲激光能量，U_{max} 为快速探测器信号的峰值，τ_1 为能量计前面放置的衰减器在该波长下的透射比，τ_2 为分束器对于原激光能量的分束比，Q 为激光能量计测得的分束衰减后的激光能量，t_1 和 t_2 为积分时间限。

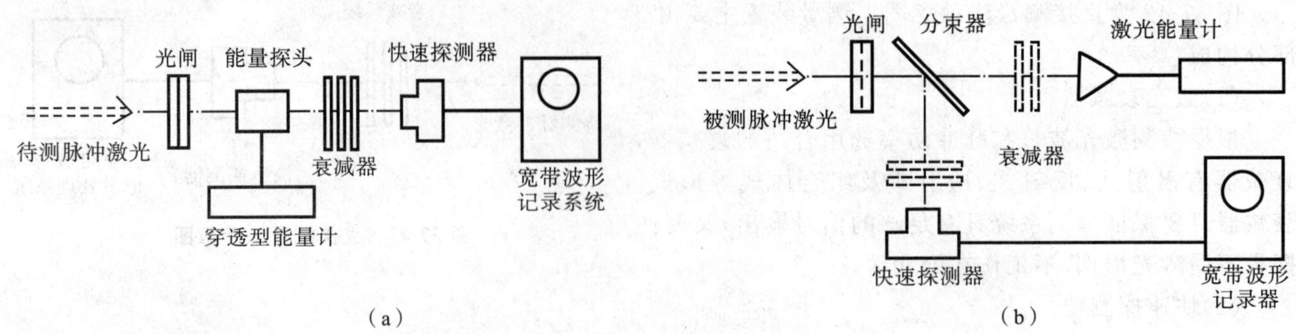

图 37-44　激光峰值功率间接测量示意图

3. 脉冲激光重复频率测量

脉冲激光重复频率的测量装置如图 37-45 所示。与上面不同的是要用频率计测量频率。按下式计算重复率：

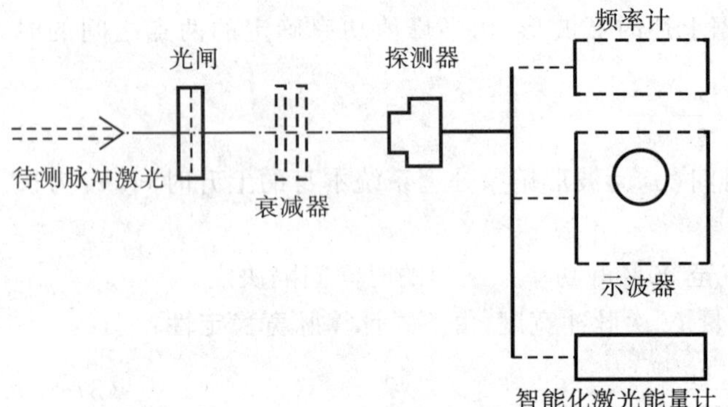

图 37-45　脉冲激光重复频率测量装置示意图

$$f_p = \frac{1}{T} \tag{37-98}$$

式中的 T 为二相邻脉冲之间的时间间隔。

4. 超短脉冲激光时间特性测量

前面介绍的激光时域特性测量方法主要适用于纳秒以上激光脉冲的特性测量，对于皮秒、飞秒级激光时的域特性测量，需要研究新的测量方法。目前，脉冲时间特性测量方法很多，主要有光电采样法、直接测量法、双光子荧光法和自相关法。下面介绍采用条纹相机的直接测量法。

条纹相机是把时间上的变化用空间变化的形式记录下来，其工作原理如图 37-46 所示。

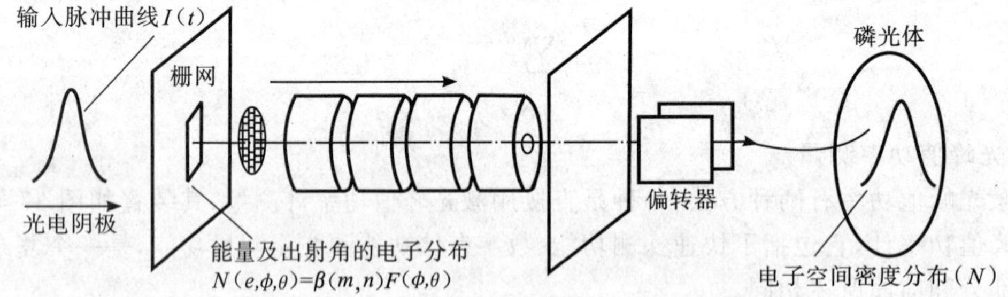

图 37-46　条纹相机成像及图像处理原理图

随时间变化的光信号在条纹相机的光电阴极上变成电子束，电子束进入偏转区，被同步偏转电场偏转，并以非常高的扫描速度通过管屏，这样，光脉冲的时域信号便变成了荧光屏上的空域信号。该信号耦合给 CCD，通过对 CCD 光信号进行图像采集、存储、处理便得到相应的光强分布，即时间分布曲线。采用条纹相机的皮秒级激光时域特性测量装置如图 37-47 所示。测量装置由下面介绍的 3 部分组成：

1）激光器。激光器产生皮秒级脉冲激光，脉冲宽度保持稳定。

2）光延迟器。光延迟器的作用是对条纹相机进行标定，光延迟器由 M_1、M_2、DM_1、DM_2 等 4 块反射镜和 OM_1、OM_2、OM_3、OM_4 等 4 块光学延迟器组成。

3）条纹相机。条纹相机用于激光脉冲宽度的测量。

测量原理如下：一束激光经过适当的衰减后进入光延迟器，在光延迟器的第一个半透半反镜 DM_1 上，光束被分成两束，这两束光在两条光路上经过不同的玻璃延迟器 OM，最后在第二个半透半反镜 DM_2 上汇合，进入条纹相机，条纹相机完成测量。

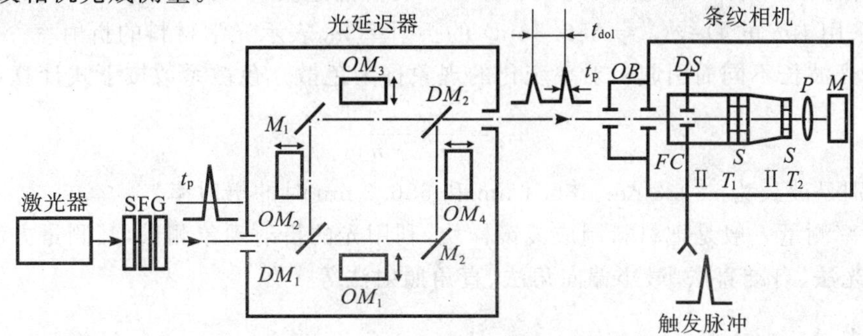

图 37-47　皮秒级激光时域特性测量装置

假设一路光不加延迟器，另一路引入长为 L、折射率为 n 的玻璃光延迟器，两个脉冲之间的延迟时间由下式决定：

$$\tau=\frac{L(n-1)}{c} \tag{37-99}$$

式中，光延迟器的折射率 n 和长度 L 都是预先精确标定过的，光速 c 是常数，所以通过延迟器实现对条纹相机的标定，由标定后的条纹相机实现脉冲宽度的测量。

（四）激光损伤阈值测量

1. 损伤阈值

损伤阈值是指可引起光学表面损伤概率为 0 的最大激光辐照能量密度或功率密度。这里说的光学表面主要指光学元件表面、光电探测器表面和光学薄膜表面。

2. 损伤阈值的测量方法

激光损伤阈值测量的基本原理如图 37-48 所示。一台性能稳定、可靠的激光器，将其输出能量（或功率）用可变衰减器调整到所需的数值，然后辐照到位于聚焦系统焦点或焦点附近的试样光学表面上[20-22]。

聚焦系统的作用是使激光束在试样上能够产生损伤的能量密度或功率密度。将试样放置在一个可调的样品架上，该装置可调节试样使激光束辐照时获得不同的测试点和入射角。光束的偏振度用合适的波片来调节。入射的激光束用分束器取样，并将其引到光束诊断系统，该系统可同时测定激光束的脉冲能量或连续总功率及其空间分布和时间分布。

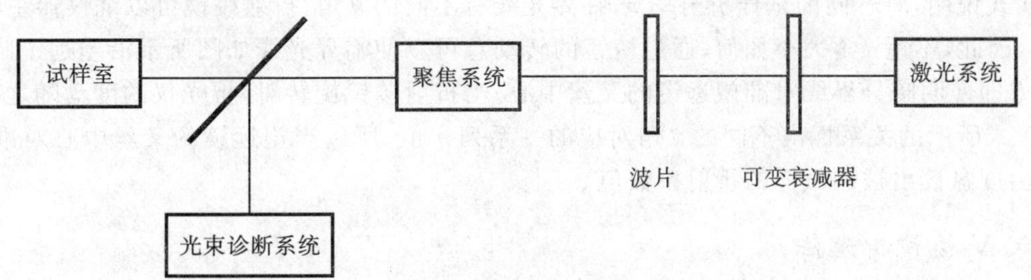

图 37-48　激光损伤阈值测量的基本原理框图

第五节　光学材料参数的计量与测试

光学材料一般是指制作光学镜头、光学窗口、调制器等光学器件的光学玻璃、光学晶体和光学塑料。光学材料的评价参数主要有：折射率、色散系数、光谱透射比、反射比、吸收系数、散射系数等。

一、光学材料折射率和色散系数的测试

折射率 n 是光在真空中的传播速度 c 与光在介质中的传播速度 v 之比，即 $n=c/v$。n 是波长 λ 的函数，在实际使用中，一般采用钠光的 D 线（$\lambda=589.3\text{nm}$）的折射率 n_D 表示光学材料的折射率。

光学材料由于光波长不同而引起折射率变化的现象称为色散。色散系数按下式计算：

$$\nu_D=\frac{n_D-1}{n_F-n_C}$$

式中，n_D、n_F、n_C 分别是波长为 589.3 nm、486.1 nm 和 656.3 nm 时的折射率。

光学材料折射率测量一般是把材料制成棱镜样块，利用光的折射现象测量，其测量方法主要有阿贝折光法、王氏 V 棱镜折光法、自准直法、最小偏向角法、直角照射法等[23-24]。

（一）阿贝折光法

本方法的原理是将被测试样与一已知折射率的折射棱镜贴在一起，根据全反射临界角求得试样的折射率 n。

将试样按图 37-49 所示置于折射棱镜上，二者之间有很薄的一层浸液。折射棱镜的折射率 n_0 大于试样折射率 n，因此，当光线沿分界面 AC 入射（即入射角为 90°）时，将以全反射临界角 i_0 进入折射棱镜，然后以折射角 θ 从棱镜射出。以这根光线为限，所有对分界面 AC 的入射角小于 90° 的光线，从折射棱镜射出以后都指向下方；而上方则没有光线。所以用望远镜对向射出光束，可看到视场被分为明暗两部分，且两部分间有明显的分界线。此分界线正好对应于以 θ 角出射的光线。

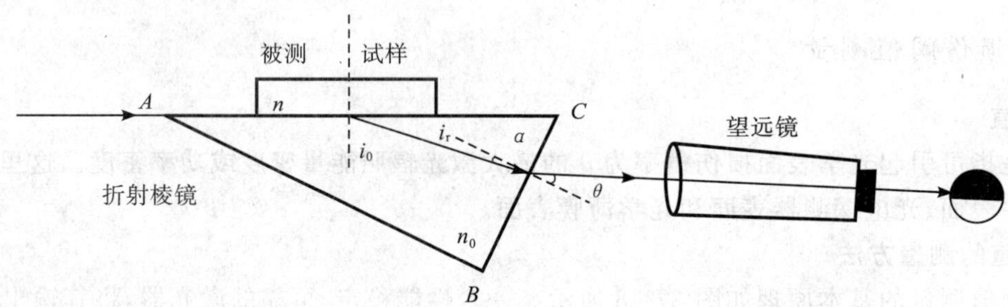

图 37-49 用阿贝折光法测量折射率的原理示意图

被测试样折射率 n 与 θ 角有下列关系：

$$n=\sin\alpha\sqrt{n_0^2-\sin^2\theta}\pm\cos\alpha\sin\theta \tag{37-100}$$

式中，α 为折射棱镜顶角，θ 为折射角。

（37-100）式说明，对不同的试样折射率 n，临界光线有不同的 θ 角。折射棱镜可以绕仪器主轴（垂直于图面的轴）旋转，因此，不论 θ 角大小如何，通过棱镜的转动总可以使临界光线如图所示沿望远镜瞄准轴的方向射入望远镜，亦即使明暗分界线对准望远镜的叉丝中心。当折射棱镜旋转时，折光仪的度盘随之转动，度盘上按照（37-100）式所示的关系标出不同的 θ 角对应的一系列 n 值。所以当望远镜的叉丝中心对准明暗分界线后，就可直接由度盘读出被测试样的折射率数值。

（二）王氏 V 棱镜折光法

王大珩先生 1945 年发明了 V 棱镜折光法测量玻璃的折射率，精度可达 $\pm2\times10^{-5}$。王氏 V 棱镜折光法测量折射率的原理如图 37-50 所示。王氏 V 棱镜折光法利用的是一块带有 V 形缺口的长方形棱镜，它是由两块材料完全相同、折射率均为 n_0 的直角棱镜胶合而成。V 形缺口的张角为 $\angle AED=90°$，两个尖棱的角度为 $\angle BAE=\angle CDE=45°$。

以单色平行光垂直射入 V 棱镜的 AB 面。如果被测样品的折射率和已知的 V 棱镜折射率 n_0 相同，则整个棱镜加上被测玻璃样品就像一块平行平板玻璃一样，光线在两接触面上不发生偏折，所以最后的出射光线也将不发生任何偏折。如果两者折射率不相等，则光线在接触面上发生偏折，最后的出射光线相对于入射光

线就要产生一偏折角 θ(见图 37-50)，很明显，偏折角的大小和被测样品的折射率 n 有关。V 棱镜法就是通过测量偏折角 θ 准确计算出被测样品的折射率。

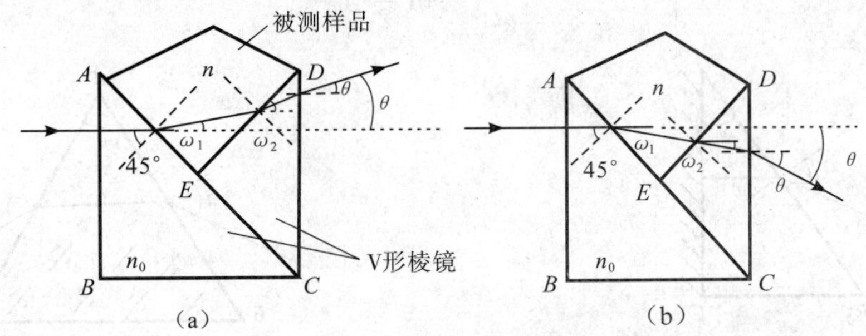

图 37-50　用王氏 V 棱镜折光法测量折射率的原理图

图 37-50(a)表示在被测样品折射率大于已知的 V 棱镜材料折射率（$n > n_0$）的情况下，垂直入射的光线通过各分界面时光线偏折的方向。在各界面，依次应用折射定律可写出下列公式：

$$\left.\begin{aligned} n_0 \sin 45^\circ &= n \sin(45^\circ - \omega_1) \\ n \sin(45^\circ + \omega_1) &= n_0 \sin(45^\circ + \omega_2) \\ n_0 \sin \omega_2 &= \sin \theta \end{aligned}\right\} \tag{37-101}$$

式中，ω_1 是光线在 AE 界面上的折射方向和最初入射光线方向的夹角，ω_2 是光线在 ED 界面上的折射方向和最初入射光线方向的夹角。

在(37-101)式中，消去 ω_1 和 ω_2，就得到被测样品折射率 n 和光线偏折角 θ 之间的关系式：

$$n = \left(n_0^2 + \sin\theta \sqrt{n_0^2 - \sin^2\theta}\right)^{1/2} \tag{37-102}$$

如果 $n < n_0$，则光线通过时的偏折方向如图 37-50(b)所示。此时可写成下列方程组：

$$\left.\begin{aligned} n_0 \sin 45^\circ &= n \sin(45^\circ + \omega_1) \\ n \sin(45^\circ - \omega_1) &= n_0 \sin(45^\circ - \omega_2) \\ n_0 \sin \omega_2 &= \sin \theta \end{aligned}\right\} \tag{37-103}$$

用同样的方法消去 ω_1 和 ω_2，可得到如下关系式：

$$n = \left(n_0^2 - \sin\theta \sqrt{n_0^2 - \sin^2\theta}\right)^{1/2} \tag{37-104}$$

将(37-102)式和(37-104)式合写成一个式子：

$$n = \left(n_0^2 \pm \sin\theta \sqrt{n_0^2 - \sin^2\theta}\right)^{1/2} \tag{37-105}$$

(32-105)式就是王氏 V 棱镜折光法的原理公式。测得出射光线相对于最初入射光线方向的偏折角 θ，根据已知的 V 棱镜材料折射率 n_0，就可以计算出被测样品的折射率 n。

(三)自准直法

用自准直法测量折射率的原理如图 37-51 所示。一束平行光入射到直角棱镜的 AB 面后，当折射光垂直于 AC 面时，将按原光路返回，此时折射率与入射角及顶角的关系为

$$n = \frac{\sin i}{\sin \theta} \tag{37-106}$$

式中，n 为棱镜折射率，i 为在 AB 面上的入射角，θ 为棱镜顶角。

(四)最小偏向角法

设三角形 ABC(图 37-52) 为由玻璃制成的三棱镜的主截面，其周围是空气，角 A 称为棱镜顶角，用 θ 表示，光束由 AB 面入射，入射角为 i，经棱镜折射后，由 AC 面出射，出射角为 e，入射光束和出射光束相交所成的角 δ 为偏向角。由折射定律及最小偏向角的条件：$i = e$，$\delta_{\min} = 2i - \theta$，得

$$n=\frac{\sin\frac{\theta+\delta_{\min}}{2}}{\sin\frac{\theta}{2}} \tag{37-107}$$

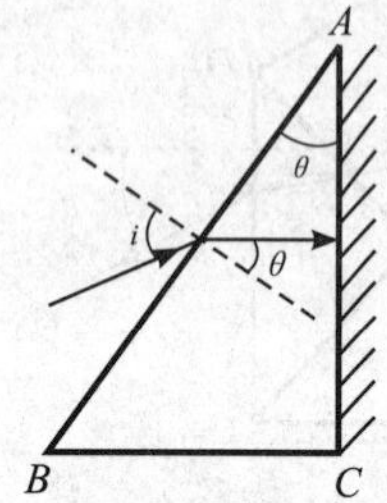

图 37-51　用自准直法测量折射率的原理图

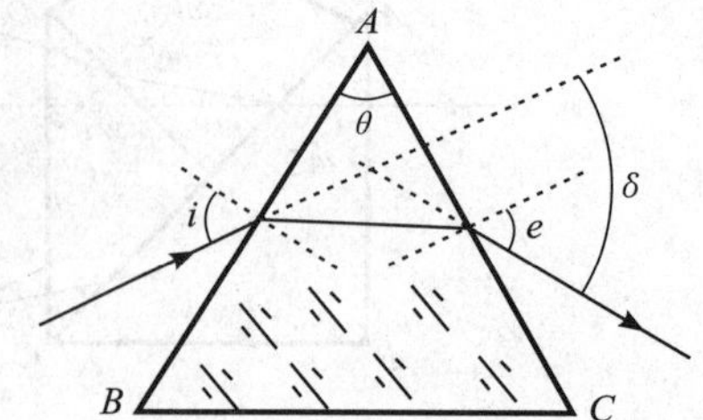

图 37-52　用最小偏向角法测量折射率原理图

如果测出棱镜角 θ 和最小偏向角 $\delta_{\min}$，就可求得折射率 n。

最小偏向角的测量方法主要有单值法、两倍角法、互补法和三像法等。

两倍角法(图 37-53)是测量出二倍最小偏向角值，然后求出平均值而减少了测量不确定度。

互补法(图 37-54)是基于入射面的反射光和处于最小偏向角位置的折射光线之间的夹角和顶角互补的原理，采用逐步逼近的步骤，以提高偏向角的测量准确度。

三像法(图 37-55)是一种较实用的测量方法，由于棱镜的 3 个顶角不可能严格相等，对等边三棱镜在视场中可看到折射像、内反射像和外反射像，并且 3 个像是容易区分的。测量中可分别对棱镜 3 个顶角测得 3 个折射率值 n_1、n_2、n_3，然后取平均值，这样可以消除顶角测量不确定度带来的影响，在同样条件下可使测量不确定度减小 1 倍。

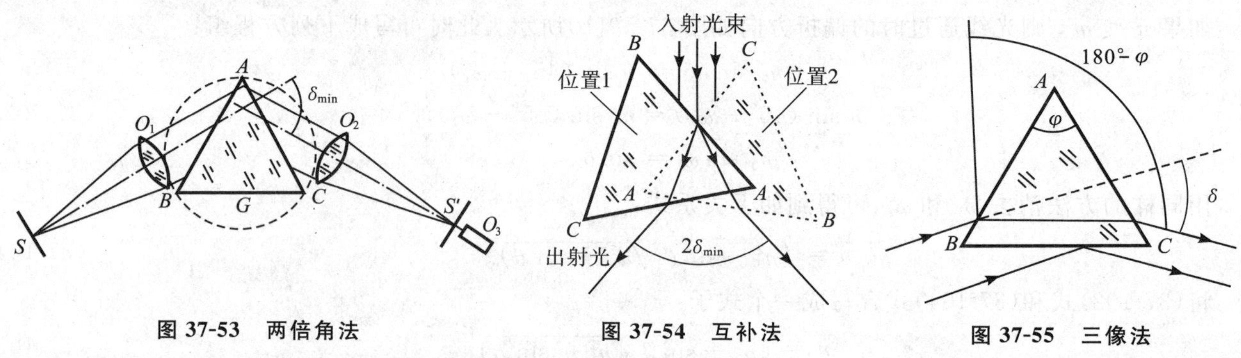

图 37-53　两倍角法　　图 37-54　互补法　　图 37-55　三像法

(五)直角照射法

多年来人们广泛采用最小偏向角法测量光学玻璃的折射率。直角照射法是北京理工大学提出的一种新方法。使用同等准确度的测角仪，直角照射法要比最小偏向角法测折射率的准确度高，而且较适合于自动测量，目前已被成功地用于折射率的自动测量中。

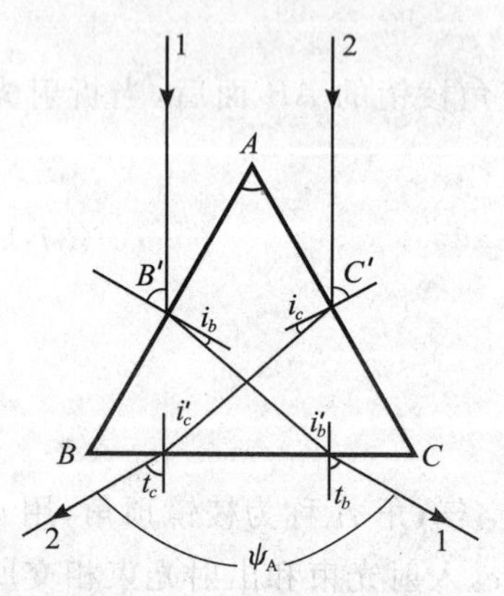

图 37-56　直角照射法的测量原理图

对一个三棱镜被测样品，要求平行光束对向一个棱(如棱 A)并垂直底面(如 BC 面)照射，入射平行光束被分成两半，分别经 AB、BC 面和 AC、BC 面折射后，产生两束折射光，测角仪测出两束光的夹角 ψ_A 后，可以由公式求出被测试样的折射率。由于本方法要求平行光束垂直底面照射，故称为直角照射法。

下面导出本方法的原理公式，如图 37-56 所示。

由光路 1 得

$$\sin B=n\sin i_b \tag{37-108}$$

$$i'_b = B - i_b \tag{37-109}$$

$$n \sin i'_b = \sin i_b \tag{37-110}$$

由光路 2 得

$$\sin C = n \sin i_c \tag{37-111}$$

$$i'_c = C - i_c \tag{37-112}$$

$$n \sin i'_c = \sin i_c \tag{37-113}$$

并有

$$\psi_A = t_b + t_c \tag{37-114}$$

同理依次以 B、C 为顶角，可得与上述 7 个公式类似的两组共 14 个公式。

因 $\angle A + \angle B + \angle C = 180°$，故有 $\tan A + \tan B + \tan C = \tan A \tan B \tan C$，利用这个关系即可导出本方法的原理公式为

$$\frac{\sin t_c}{\sqrt{n^2 - \sin^2 t_c} - 1} + \frac{\sin t_b}{\sqrt{n^2 - \sin^2 t_b} - 1} + \frac{\sin t_a}{\sqrt{n^2 - \sin^2 t_a} - 1} = \frac{\sin t_c}{\sqrt{n^2 - \sin^2 t_c} - 1} \frac{\sin t_b}{\sqrt{n^2 - \sin^2 t_b} - 1} \frac{\sin t_a}{\sqrt{n^2 - \sin^2 t_a} - 1} \tag{37-115}$$

当直接测 ψ_A、ψ_B、ψ_C 时，利用下列关系式：

$$\left.\begin{aligned} t_c &= \frac{\psi_A + \psi_B - \psi_C}{2} \\ t_b &= \frac{\psi_A + \psi_C - \psi_B}{2} \\ t_a &= \frac{\psi_C + \psi_B - \psi_A}{2} \end{aligned}\right\} \tag{37-116}$$

求出 t_c、t_b、t_a，代入(37-115)式中就可以利用计算机精确地求出被测材料的折射率 n。

(六)任意偏折法

任意偏折法主要用于测量红外光学材料的折射率，测量原理如图 37-57 所示。

把待测材料加工成图中所示的棱镜。通过测量入射方向、折射方向和反射方向光线对应角度值 S_3、S_2、S_1 来确定入射角 i 和折射角 φ，由下面的公式计算折射率：

$$n = \frac{1}{\sin A} (\sin^2 \varphi + 2\sin \varphi \cos A \sin i + \sin^2 i)^{1/2} \tag{37-117}$$

式中，A 为棱镜顶角，它能事先在精密测角仪上测出。

入射角 i 的计算公式为

$$i = 90° - 0.5(S_3 - S_1) \tag{37-118}$$

折射角 φ 的计算公式为

$$\varphi = S_2 - 0.5(S_3 + S_1) - (90° - A) \tag{37-119}$$

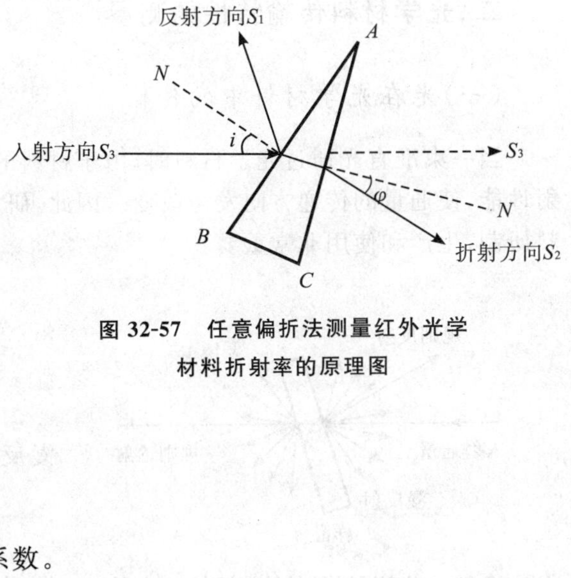

反射方向S_1
A
N
i
入射方向S_3
S_3
φ
N
B
折射方向S_2
C

图 32-57　任意偏折法测量红外光学材料折射率的原理图

(七)色散系数的测量

应用折射率测试方法，分别测出对应各种波长的材料折射率，即可算出材料的色散系数(阿贝数 ν)和相对色散系数。

色散系数 ν_D 按下式计算：

$$\nu_D = \frac{n_D - 1}{n_F - n_C} \tag{37-120}$$

式中，n_D、n_F、n_C 分别是波长为 589.3 nm、486.1 nm、656.3 nm 时材料的折射率值。

相对色散系数可表示为 $\dfrac{n_F-n_D}{n_F-n_C}$，$\dfrac{n_F-n_e}{n_F-n_C}$，$\dfrac{n_G-n_F}{n_F-n_C}$，$\dfrac{n_C-n_r}{n_F-n_C}$，$\dfrac{n_h-n_g}{n_F-n_C}$ 等。这些常数是标志材料光学性能的重要参数，也是光学仪器设计者所必备的参考数据。

表 37-1 列出了各常用谱线的波长及对应光源。

表 37-1　折射率测量常用波长及符号

光谱线	汞紫线 h	汞蓝线 g	镉蓝线 F′	氢蓝线 F	汞绿线 e	氦黄线 d	钠黄线 D	镉红线 c′	氢红线 c	氦红线 r
元素	Hg	Hg	Cd	H	Hg	He	Na	Cd	H	He
波长/nm	404.7	435.8	480.0	486.1	546.1	587.6	589.3	643.9	656.3	706.5

上面介绍的各种折射率测量方法各有优缺点，根据不同的用途可选用不同的方法和依据不同方法制作的仪器。表 37-2 列出了不同折射率测量方法的优缺点。

表 37-2　不同折射率测量方法的比较

方法和仪器	测量准确度	优　点	缺　点
王氏 V 棱镜折光法（V 棱镜折射仪）	$\pm 2\times 10^{-5}$	1. 测量精度较高，可满足一般光学玻璃生产和设计的需要； 2. 测量范围较宽，一般为 $n_0\pm 0.25$； 3. 样品小，且不用抛光，使用浸液即可	1. 折射率测量范围受 n_0 的限制，特高或特低的折射率难以测量； 2. 对浸液折射率要求较高，而且多数浸液有毒
最小偏向角法	$\pm 3\times 10^{-6}$	1. 可实现折射率的绝对测量，不需要标准块； 2. 折射率和色散测量范围不受限制； 3. 测量精度高	1. 对仪器精度要求高，而且操作麻烦； 2. 样品体积较大，且要求精细抛光
阿贝折光法	$\pm 1\times 10^{-3}$	1. 不需单色光源，用普通白光即可测量； 2. 操作方便，测量速度较快； 3. 设备较简单	1. 需要高折射率的标准玻璃棱镜，所测的 n 值必须小于 n_0 值； 2. 测量精度低，只能用作粗略测量； 3. 待测样品需抛光

二、光学材料传输特性的测量

(一)光在光学材料中的传输

当一束准直光通过光学材料时，由于材料的反射和吸收，透过样品的光通量发生了改变。由于样品的漫射性能，使通量的传递方向发生改变。因此，研究光在材料中的传输过程及透射、反射性能测量方法对于材料研制、生产和使用非常重要。

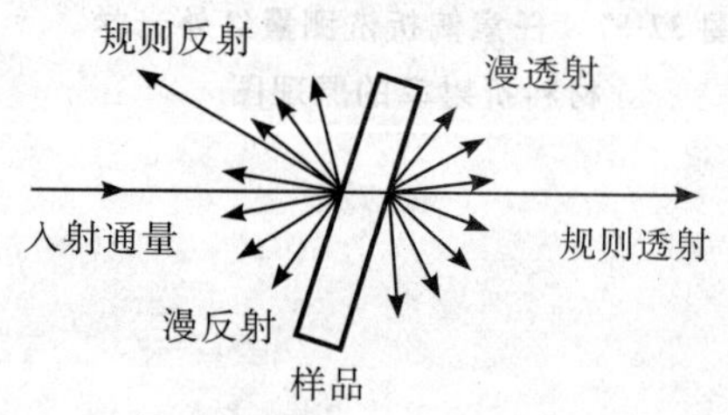

图 37-58　光束通过材料时的透射、反射情况

如图 37-58 所示，当一束光到达样品表面时，假设入射通量为 ϕ_0，会产生两种反射，即规则反射和漫反射，反射通量分别为 ϕ_{rr} 和 ϕ_{rd}。规则反射率为

$$\rho_r=\phi_{rr}/\phi_0 \tag{37-121}$$

漫反射率为

$$\rho_d=\phi_{rd}/\phi_0 \tag{37-122}$$

进入样品从后端面透射通量分别为规则透射通量 ϕ_{tr} 和漫透射通量 ϕ_{td}。规则透射比为

$$\tau_r=\phi_{tr}/\phi_0 \tag{37-123}$$

漫透射比为

$$\tau_d=\phi_{td}/\phi_0 \tag{37-124}$$

（二）反射比的测量

光学材料的反射比有总反射比、漫反射比和规则反射比之分。

总反射比测量原理如图 37-59(a)所示，将反射样品紧贴积分球样品窗口，经样品反射的规则反射部分和漫反射部分均收集在 2π 立体角的积分球内，其测量值为包含规则反射比和漫反射比的总反射比。

漫反射比测量原理如图 37-59(b)所示，在积分球相应于样品的镜面的反射方向放置光学陷阱，将反射样品紧贴积分球样品窗口，经样品反射的规则反射部分全部进入光陷阱被完全吸收，积分球只收集漫反射部分，其测量值为漫反射比。

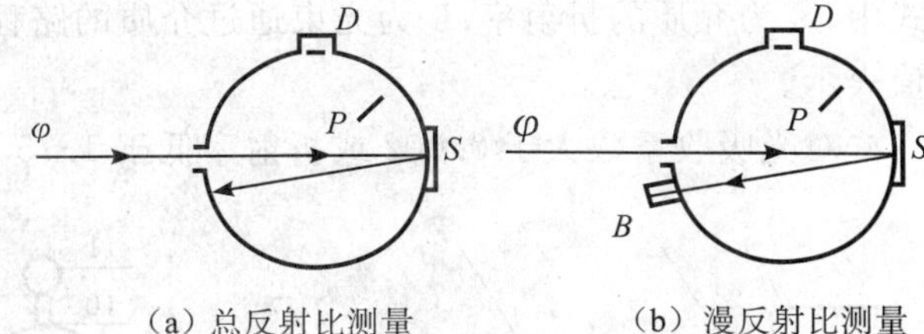

(a) 总反射比测量　　(b) 漫反射比测量

图 37-59　反射比测量示意图

S. 样品；D. 探测器；P. 挡光器；B. 光陷阱

在双光束光路测量时，把一块与标准反射板相似的参考反射板放在参考窗口，将标准反射板放在样品窗口，进行 100% 基线校正，然后用待测样品替换标准反射板，测出样品相对于参考反射板的读数 ρ，那么待测样品的反射比 ρ_c 可由下式得到：

$$\rho_c = \rho_s \rho \tag{37-125}$$

式中，ρ_s 为标准板的反射率。

进行规则反射比测量时，首先用探测器对准入射光测量总的入射通量，然后用探测器正对样品的反射方向测量规则反射通量，后者比前者即得规则反射比。

（三）透射比的测量

透射比有总透射比、漫透射比和规则透射比。

总透射比的测量原理如图 37-60(a)所示，将透射样品紧贴于积分球入射窗口，经过样品的规则透射部分和漫透射部分，均收集在 2π 立体角的积分球内，分别测出放置样品前后的入射辐射通量和透射辐射通量，即可得到包含规则透射和漫透射的总透射比。

漫透射比的测量原理如图 37-60(b)所示，在积分球对应于入射窗口的出射口放置光学陷阱，将透射样品紧贴于积分球入射窗口，使透过样品的规则透射部分全部进入光学陷阱被全部吸收，分别测出放置样品及光学陷阱前后的入射辐射通量和透射辐射通量的漫透射部分，即可得到漫透射比。

规则透射比的测量原理如图 37-60(c)所示，将透射样品放置于积分球入射窗口前一定距离处，使透射通量的漫透射部分落在积分球外，只有规则透射部分通过入射窗口被积分球收集，通过测量放置样品前后的入射辐射通量和规则辐射通量，即可得到规则透射比。

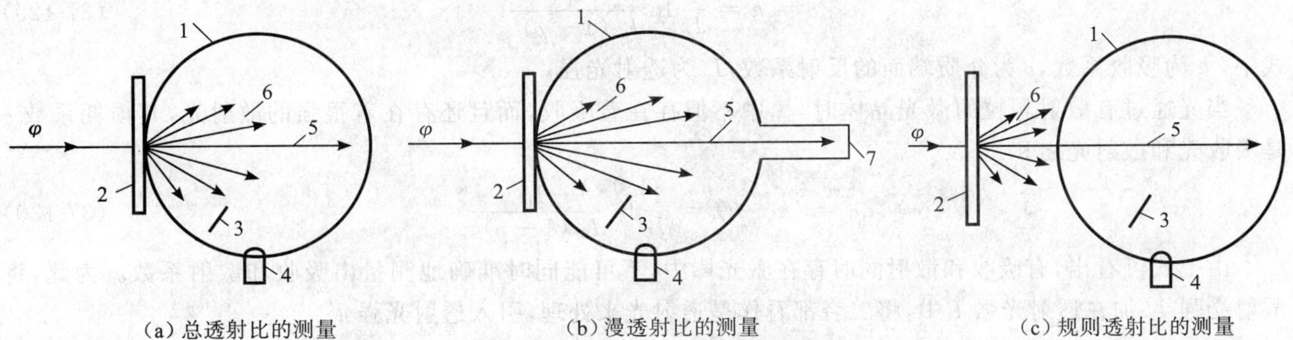

(a) 总透射比的测量　　(b) 漫透射比的测量　　(c) 规则透射比的测量

图 37-60　光学材料透射比测量原理

1. 积分球；2. 样品；3. 屏；4. 探测器；5. 规则透射分量；6. 漫射分量；7. 光陷阱

（四）光吸收系数的测量

光在介质中传播时，由于本征吸收和杂质吸收引起光强变弱的现象称作吸收，用单位长度内吸收损失与入射光之比的自然对数来度量。

光线通过透明的介质时，其光通量是随着光线在介质中通过的光程增大而减小，当光束垂直入射时，吸收系数 k 可用下式表示：

$$k = \frac{1}{L}\left\{2\ln\left[1-\left(\frac{n-1}{n+1}\right)^2\right]+\ln\left[1+\left(\frac{n-1}{n+1}\right)^4\right]-\ln T\right\} \tag{37-126}$$

式中，n 为介质的折射率；L 为光束通过介质的路程；T 为介质的白光总透射率，用出射光强与入射光强的比值表示。

对光吸收系数大于 0.002 或折射率低于 1.75 的材料，上式简化为(忽略二次反射项的影响)

$$k = \frac{1}{L}\left\{2\ln\left[1-\left(\frac{n-1}{n+1}\right)^2\right]-\ln T\right\} \tag{37-127}$$

由(37-126)式和(37-127)式可看到，吸收系数的测量归纳为折射率和白光透射率测量，由于折射率测量已介绍，在这里仅介绍白光透射率测量。

球形光度计是通用光吸收系数测量装置，其光路结构如图 37-61 所示。

首先用球形光度计测量白光光源的光通量，然后放入样品，测量透过样品后的光通量，后者与前者之比即得白光透射率。

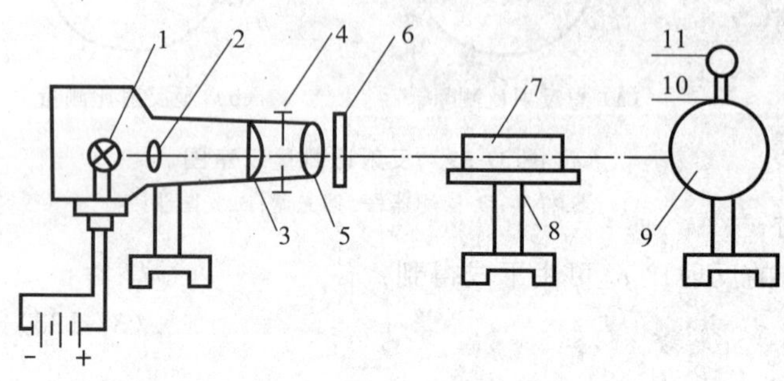

图 37-61 白光吸收仪

1. 白炽灯；2，3，5. 物镜；4. 光阑；6. 滤光片；7. 待测样品；8. 支架；9. 积分球接收器；10. 光电探测器；11. 检测系统

(五)散射系数的测量

前面我们介绍了光学材料中吸收系数的测量，由此我们知道，由于材料具有吸收，从而使透过材料的光强降低，同时，在材料中存在微区折射率不均匀和散射颗粒时，会引起光的侧向散射，从而使得输出光强降低。这就是散射损耗，散射在晶体材料和红外材料中尤其明显，下面我们就以激光晶体棒为例进行讨论。

由于激光棒内微区折射率不均匀和散射颗粒的存在，引起光的侧向散射。将这些侧向散射的能量用积分球收集起来进行测量，称作侧向散射测量。

光在透明介质中传播时，遵守布格尔指数衰减定律：

$$I = I_0 e^{-\alpha L} \tag{37-128}$$

式中，I 为透射光强，I_0 为入射光强，α 为光损耗系数，L 为光所通过介质的长度。

当介质是均匀一致时，其损耗系数 α 可视为吸收所致，则：

$$\alpha = k = \frac{1}{L}\ln\frac{I_t}{I_0(1-\rho)^2} \tag{37-129}$$

式中，k 为吸收系数，ρ 为介质端面的反射系数，I_t 为透射光强。

当光通过有散射颗粒的激光晶体时，棒中不但存在着吸收，而且还存在着很强的散射光，其损耗系数 α 是吸收光和散射光之和：

$$\alpha = (k+h) = \frac{1}{L}\ln\frac{I_t}{I_0(1-\rho)^2} \tag{37-130}$$

由上式可看出，有吸收和散射同时存在激光棒中，不可能同时准确地测量出吸收和散射系数。为此，将散射光强 I_h 加在透射光强 I_t 中，将二者都看作是透射光来处理，引入透射光强 I'：

$$I' = I_t + I_h \tag{37-131}$$

根据布格尔定律推导出散射光强系数公式：

$$-h = \frac{1}{L}\ln\left(1-\frac{I_h}{I'_t}\right) \tag{37-132}$$

将测得的散射光强 I_h 和光强 I_t 代入(37-132)式可以计算出被测激光棒的散射系数 h。

激光棒侧向散射系数测量装置由下列元件和仪器组成：波长为 632.8 nm 的 He-Ne 激光器，扩束平行光管，可调光阑，激光棒夹具支架，积分球，反射光锥，光电接收元件及显示仪器。其光学系统如图 37-62 所示。

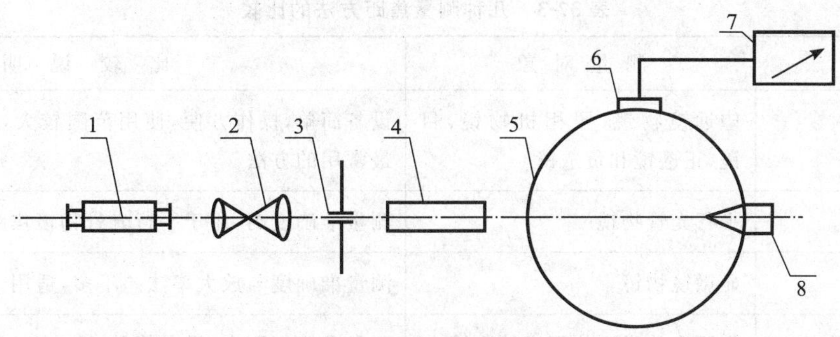

图 37-62　激光棒散射系数测量原理装置图

1. He-Ne 激光光源；2. 扩束平行光管；3. 可调光阑；4. 被测激光棒；5. 积分球；6. 光电接收元件；7. 显示仪器；8. 反射光锥

第六节　成像光学参数测试

一、光学系统和元件参数测试[2]

（一）焦距测试

光学系统的焦距被定义为平行于光学系统光轴的平行光束经过光学系统后的会聚点（焦点）到光学系统的像方主点的距离。

1. 放大率法

放大率法适用于被测物镜焦距小于 1 500 mm 的情况，其测试原理如图 37-63 所示。

被测物镜置于平行光管前，在平行光管焦面安置分划板，其刻线对的间距 为 y_0。用测量显微镜测量被测物镜焦面处的分划板刻线间距 y_0 的像的大小 y。

按下式计算焦距：

$$f = f_0\ y/y_0 \tag{37-133}$$

式中，f 为被测物镜的焦距，单位：mm；f_0 为平行光管的焦距，单位：mm；y 为分划板刻线间距 y_0 对应的像间距，单位：mm；y_0 为分划板刻线对的间距，单位：mm。

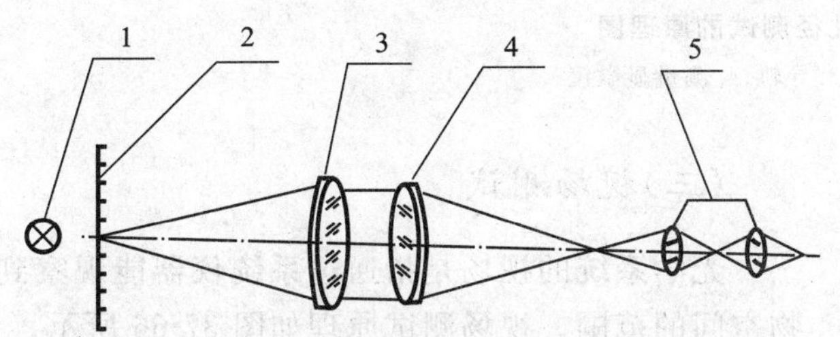

图 37-63　用放大率法测量焦距的原理图

1. 光源；2. 分划板；3. 平行光管；4. 被测物镜；5. 测量显微镜

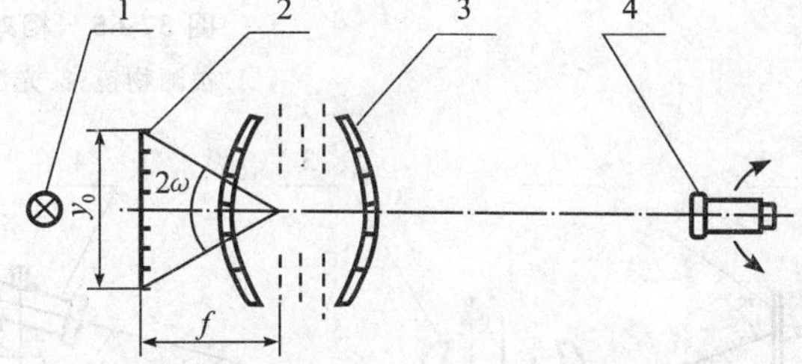

图 37-64　用测角法测量焦距的原理图

1. 光源；2. 分划板；3. 被测物镜；4. 经纬仪

2. 精密测角法

精密测角法适用于各种长度焦距的物镜，亦适用于已装定焦面组件的物镜，其测试原理如图 37-64 所示。

精密测角法测试物镜焦距按下式计算：

$$f = y_0/(2\tan\varpi) \tag{37-134}$$

式中，ϖ 为经纬仪所测像的张角的平均值，单位：(′)。

焦距测量还有其他方法，不可能一一介绍，下面用表 37-3 列出各种测量方法的优缺点。

表 37-3　几种测量焦距方法的比较

序　号	测 量 方 法	测 量 对 象	比 较 说 明
1	放大率法	望远镜物镜，照相机物镜、目镜，正透镜和负透镜	设备简单，操作方便，使用范围较大，准确度较高，是目前最常用的方法
2	精密测角法	平行光管物镜	测量准确度高，用于平行光管物镜焦距的标定
3	附加接筒法	显微镜物镜	测量准确度与放大率法差不多，适用于短焦距物镜的测量
4	特长焦距测量法	焦距为几米到几百米的物镜	测量准确度不高，设备简单
5	附加透镜法	负透镜	测量准确度与放大率法相当
6	节点法	较长焦距照相机的物镜	测量准确度与放大率法相当，需要专用光学台
7	远距离物体成像法	长焦距物镜	测量准确度不高，不需要专用测量设备

（二）相对孔径测试

相对孔径测试原理如图 37-65 所示。

相对孔径按下式计算：

$$1/\mathrm{F} = D/f \tag{37-135}$$

式中，D 为被测物镜的入瞳直径，单位为 mm；f 为被测物镜的焦距，单位为 mm；F 为被测物镜的F 数。

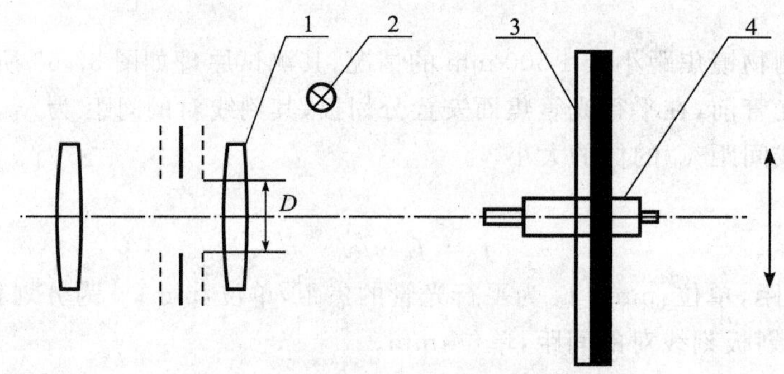

图 37-65　相对孔径测试的原理图

1. 被测物镜；2. 光源；3. 导轨；4. 测量显微镜

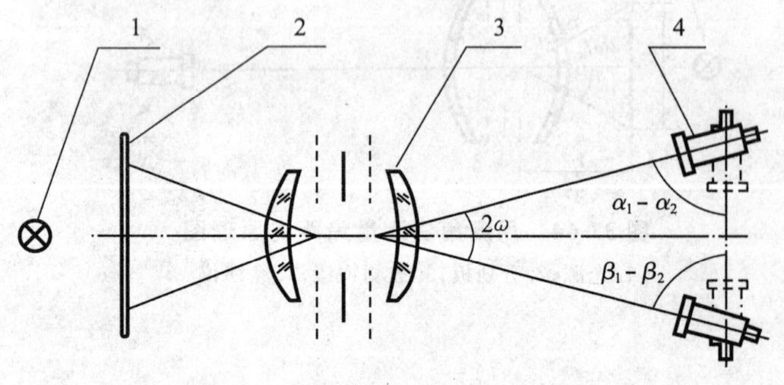

图 37-66　视场测试的原理图

1. 光源；2. 视场光阑；3. 被测物镜；4. 经纬仪

（三）视场测试

光学系统的视场是指通过系统仪器能观察到的物空间的范围。视场测试原理如图 37-66 所示。

在被测物镜焦面处安置视场光阑（或焦平面处的边框）。用两台经纬仪分别瞄准视场光阑或焦平面边框的两个边缘点。

视场角按下式计算：

$$2\overline{\omega} = 180^\circ - (|\overline{\alpha_1} - \overline{\alpha_2}|) - (|\overline{\beta_1} - \overline{\beta_2}|) \tag{37-136}$$

式中，$2\overline{\omega}$ 为被测物镜的视场角，单位：(′)；α_1、β_1 为用两台经纬仪分别瞄准视场光阑或焦面边框的两个边缘点时的角度读数；α_2 和 β_2 为两台经纬仪对瞄时的角度读数。

（四）透射率测试

从光学系统输出端接收到的光通量与入射光通量之比定义为光学系统的透射率。

测量装置主要由以下部件组成：带光源的平行光管，焦距为 1～1.2 m，光源为白炽灯或碘钨灯，色温为 2 856 K或 6 000 K；光电接收器，由积分球、光敏元件组成；光电供电设备，由交流稳压器和调压器组成。物镜透射率测试的原理如图 37-67 所示。

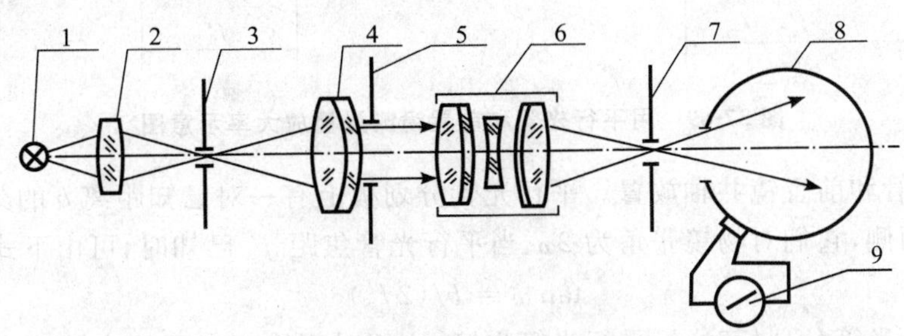

图 37-67　物镜透过率测试的原理图

1.光源；2.聚光镜；3.小孔光阑；4.平行光管物镜；5.光阑；6.被测物镜；7.视场光阑；8.积分球；9.探测器和显示器

透射率公式为

$$\tau = \overline{m}_1 / \overline{m}_2 \tag{37-137}$$

式中，τ 为被测物镜的轴向透射率，$\overline{m}_1$ 为“实测”时显示器的读数平均值，$\overline{m}_2$ 为“空测”时显示器的读数平均值。

（五）杂光系数测试

通过光路的任何部分到达像面的非成像光，或者能量中来自所选通光谱段以外的光都称为杂光。在规定的测试条件下像面上杂光的照度与总照度之比称为杂光系数。

测试装置由如下部件组成：球形平行光管，焦距为 1.2～1.5 m；带有光源的消光管、白塞子等附件；光电接收器，由积分球、光敏元件、显示器等组成。

轴向杂光系数测试的原理如图 37-68 所示。

杂光系数按公式计算为

$$\eta = \overline{m}_3 \tau_0 / \overline{m}_4 \tag{37-138}$$

式中，η 为被测物镜的杂光系数，τ_0 为中性滤光片的透射率，$\overline{m}_3$ 为球形平行光管焦面安置牛角消光管时显示器读数的平均值，$\overline{m}_4$ 为球形平行光管焦面安置白塞子时显示器读数的平均值。

对中性滤光片透射率进行标定时，通常采用 $\tau_0 = 10\%$ 的滤光片，为计算方便，常采用光源供电设备，使显示器的读数 $\overline{m}_4$ 规整为整数，如 100、200 等。

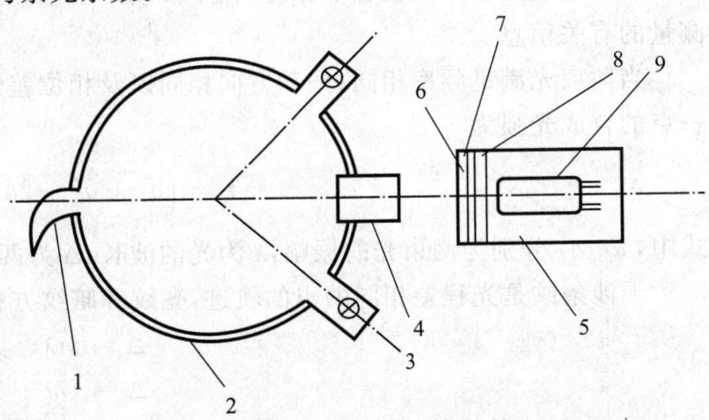

图 37-68　杂光系数测试的原理图

1.黑体目标；2.积分球；3.光源；4.被测物镜；5.光电检测器；6.小孔光阑；7.修正滤光片；8.毛玻璃；9.光敏元件

（六）放大率测试

对于望远光学系统来讲，放大率用视放大率来表示，其定义为对同一目标用仪器观察时半视角 ω' 的正切与用人眼直接观察时半视角 ω 的正切之比，即

$$\Gamma = \tan\omega' / \tan\omega \tag{37-139}$$

式中，Γ 为望远系统放大率；ω' 为像方半视角，单位：rad；ω 为物方半视角，单位：rad。

一般用平行光管和前置镜组合来测量望远镜的放大率，图 37-69 为测量装置示意图。

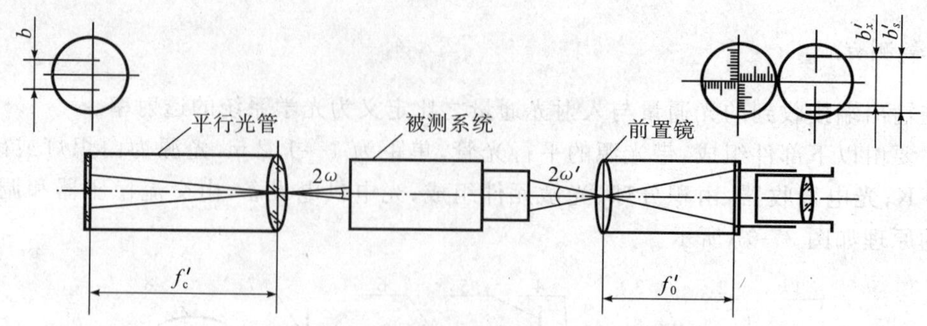

图 37-69 用平行光管和前置镜测量视放大率示意图

被测系统、平行光管和前置镜共轴放置。平行光管分划板上有一对已知距离 b 的刻线，这 2 条刻线对称位于平行光管光轴的两侧，它们对物镜张角为 2ω。当平行光管焦距 f'_c 已知时，可由下式计算出 ω 角：

$$\tan\omega = b/(2f'_c) \tag{37-140}$$

当用光源照亮平行光管分划板时，经平行光管物镜，这一对刻线相当于给出了 2 个位于无限远、视角为 2ω 的目标供望远系统观察。由于望远系统的放大，像方视角为 $2\omega'$。前置镜的作用是放在被测系统的后面，测量被测系统像方视角 $2\omega'$。测量者在前置镜分划板上看到上述两刻线的像，它们相距 b'，若前置镜物镜焦距为 f'_0，则由下式求 ω'：

$$\tan\omega' = b'/(2f'_0) \tag{37-141}$$

把 ω' 代入(37-139) 式就得到放大率。

二、光学元件波像差测量

(一)光的干涉基础

干涉测量是基于光波叠加原理，在干涉场中产生亮、暗交替的干涉条纹，通过分析处理干涉条纹获取被测量的有关信息。

当两束光满足频率相同、振动方向相同以及相位差恒定的条件，两束光会产生干涉现象，在干涉场中任一点的合成光强为

$$I = \left(a_1^2 + a_2^2 + 2a_1a_2\cos\frac{2\pi\Delta}{\lambda}\right) \tag{37-142}$$

式中，a_1、a_2 分别为两束光的振幅，λ 为光的波长，Δ 为两束光之间的光程差。

干涉条纹是光程差相同的点的轨迹，亮纹和暗纹方程为

$$\Delta = m\lambda \tag{37-143}$$

$$\Delta = (m+1/2)\lambda \tag{37-144}$$

式中，m 为干涉条纹的干涉级。在干涉仪中，两支光路的光程差 Δ 可表示为

$$\Delta = \sum_i n_iL_i - \sum_j n_jL_j \tag{37-145}$$

式中，n_i、n_j 为干涉仪两支光路介质的折射率，L_i、L_j 为干涉仪两支光路的几何路程。

当把被测量引入干涉仪的一支光路中时，干涉仪的光程差发生变化。通过测量干涉条纹的变化量，可以获得与介质折射率 n 和几何路程 L 有关的各种物理量和几何量。

(二)光学元件波像差测量装置

光学系统的波像差是指实际波面对理想波面的偏差，波像差是由光学元件的表面面形偏差引起的，所以通过测量波像差可以确定光学元件的面形偏差。目前一般通过激光干涉仪进行测量[25]。

测量装置主要由以下组件组成：数字干涉仪，图像采集系统(CCD 摄像机、图像采集卡、监视器)，参考镜，被测件，计算机控制系统及测量计算软件包等。

测量原理为：以数字干涉仪为主机，采用干涉条纹实时扫描技术，做移相干涉术检测。

其测量光路图如图 37-70 所示。来自干涉仪主机的光波经过标准参考镜，一部分光从参考面反射，作为参考波面；而另一部分光透过参考面到被测面，由被测面反射后原路返回，作为检测光波，该检测光波携带了被测面的面形信息，与参考波前相干涉形成干涉条纹。干涉条纹的弯曲程度反映了被测面的表面面形。采用计算机系统控制，CCD 摄像机对干涉条纹进行采样，经过数字化转换后对数据进行分析和处理，计算得到被测面的面形信息。

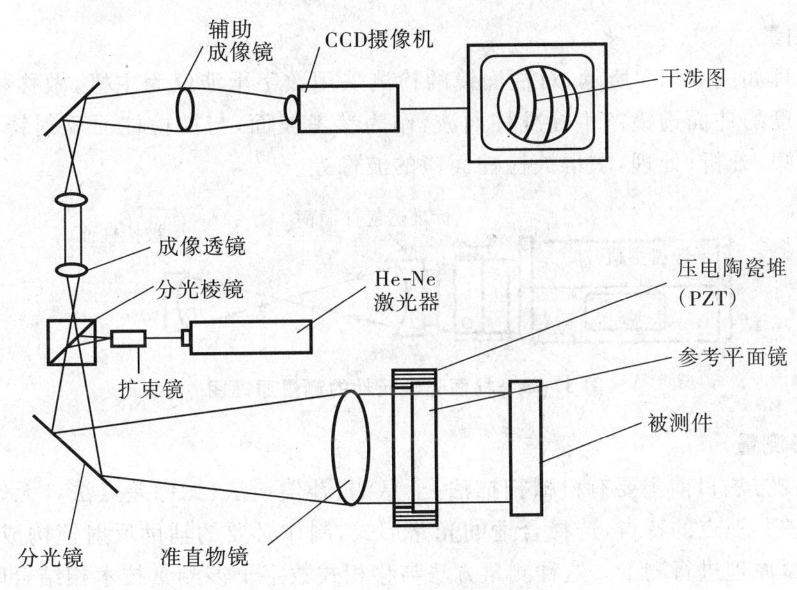

图 37-70　激光干涉仪光路图

（三）光学元件面形测量方法

1. 平面光学元件面形测量

利用激光干涉仪测量平面光学元件面形的测量原理如图 37-71 所示。以数字激光干涉仪为主机，标准平面镜的后表面作为测量基准的标准平面；平行光束垂直入射在标准平面上，其中有一部分光将被反射回去，另一部分光透过标准平面入射到被测平面上，这里又有一部分光被反射回去，这两部分分别反射回去的光，即标准平面镜反射的参考光束与被测平面反射的测量光束将发生干涉。采用移相干涉术实现平面光学元件的检测，通过对干涉条纹的采集、分析、处理，求得被测平面镜的面形。

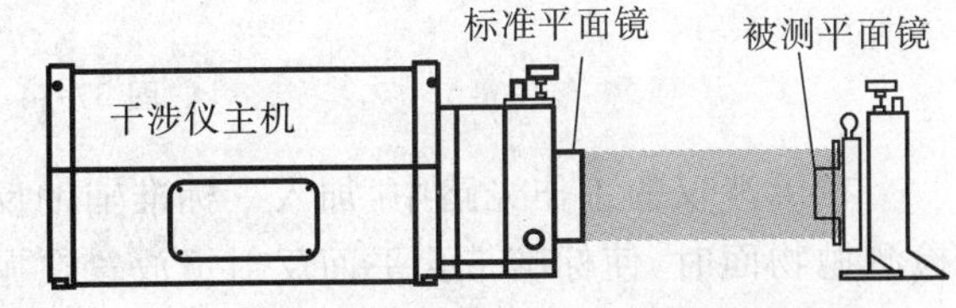

图 37-71　平面光学元件的测量原理图

为表征被检波面的质量，用波面径向平均波差曲线、波面的峰谷值 PV 和标准偏差值 rms 来表示。

$$PV = W_{max}(x,y) - W_{min}(x,y)$$

$$rms = \left\{ \frac{1}{N} \sum_{i=1}^{N} \left[W_i(x,y) - \overline{W}(x,y) \right]^2 \right\}^{\frac{1}{2}}$$

式中，$W_{max}(x,y)$ 和 $W_{min}(x,y)$ 指最大和最小波差值，$\overline{W}(x,y)$ 是指 N 个坐标上波差值 $W(x,y)$ 的平均值。

2. 球面光学元件面形测量

球面光学元件面形的测量原理如图 37-72 所示。对球面镜的检测仍采用数字干涉仪为主机，作移相干涉术实现球面光学元件的检测。为此，需要用标准球面透镜产生球面波，作为参考波面，与被检球面反射镜反射的光波相干涉。测量时被测球面的曲率中心与标准球面镜的焦点重合，通过对干涉条纹的采集、分析、处理，求得被检球面镜的面形。

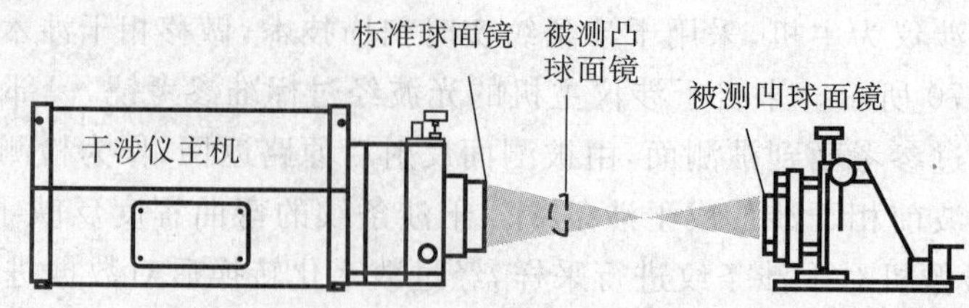

图 37-72 球面光学元件的测量原理图

3. 柱面镜面形测量

柱面镜的测量原理如图 37-73 所示，对柱面镜的检测采用数字干涉仪为主机，做移相干涉术实现柱面波像差检测。用一高精度的柱面透镜产生标准柱面波，作为参考波面，与被检柱面反射镜反射的光波相干涉，通过对干涉条纹的采集、分析、处理，求得被检柱面镜的波像差。

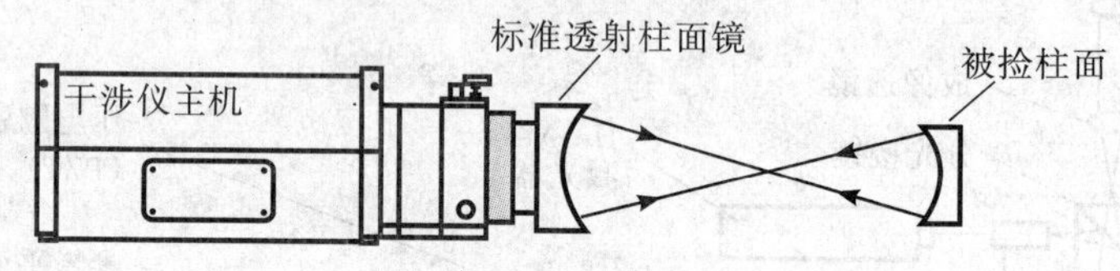

图 37-73 柱面光学元件的测量原理图

4. 抛物面镜面形测量

抛物面面形的检测方法目前主要有机械扫描法、全息法、补偿镜法、无像差点法。无像差点法是根据二次曲面中存在一对无像差共轭点的特点，选择合适的光路形式，制作必要的辅助反射镜构成准直光路，利用干涉测量原理或阴影法测量原理进行测量。这种测量方法与移相式数字干涉测量技术相结合时，具有测量精度高、数据信息量大、测量范围广、可消除系统误差和调整误差等优点。图 32-74 是抛物面镜的测量原理图。

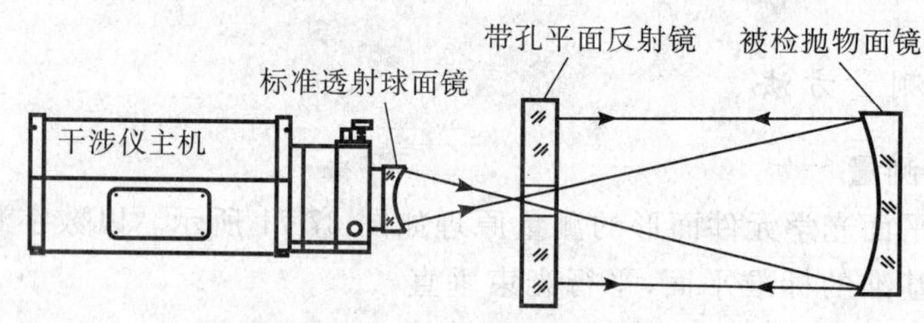

图 37-74 抛物面镜的测量原理图

在干涉仪的工作光路中，加入一标准辅助反射镜(经过检定的高精度标准平面镜)组成自准直系统。在检测抛物面时，使标准带孔平面反射镜放置在抛物面镜的几何焦点处，标准球面透镜的焦点与抛物面镜的焦点重合，形成干涉图进行测量。

5. 波面绝对测量

一般干涉仪都借助于标准平面镜或标准球面镜产生参考波面，测试结果其实是相对于参考波面的偏差。由于参考波面并非理想平面或球面，测得的面形结果中无疑包含了一部分系统误差。为了消除系统误差，提高测量装置的测量不确定度，对平面、球面波像差测量装置的标定采用绝对检验方法。

1) 平面光学元件绝对检验方法(三平面互检法)。三平面互检法采用 3 块平面镜 A、B 和 C 进行 3 次或 4 次测量，通过计算机进行计算，获得 3 块标准平面镜的 PV 值和 rms 值。3 次测量只提供垂直直径方向上相应的数据，4 次测量还提供水平直径方向的数据。图 37-75 为三平面绝对检测的光路图。

2)球面光学元件波像差绝对测量(两球面绝对检测法)。两球面绝对检测法可以测量球面波像差和球面面形误差。测量时需要一个透射球面镜，需要用来夹持被测件(凹面或凸面)的带有中心夹持器的五维调整架。

球面绝对测量后精度优于 $\lambda/40$，对被测件进行 5 次独立的测量，包括猫眼位置、共焦点 0°位置、共焦点旋转 90°位置、共焦点旋转 180°位置、共焦点旋转 270°位置。5 个测试状态的干涉图检测完毕并复原波面后，通过波面的数学旋转和叠加运算，可获得被测球面的绝对面形误差，如图 37-76 所示。

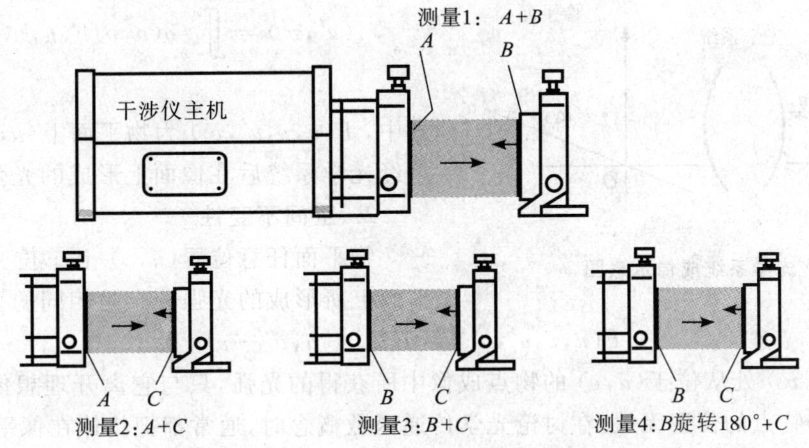

图 37-75　三平面绝对检测系统图

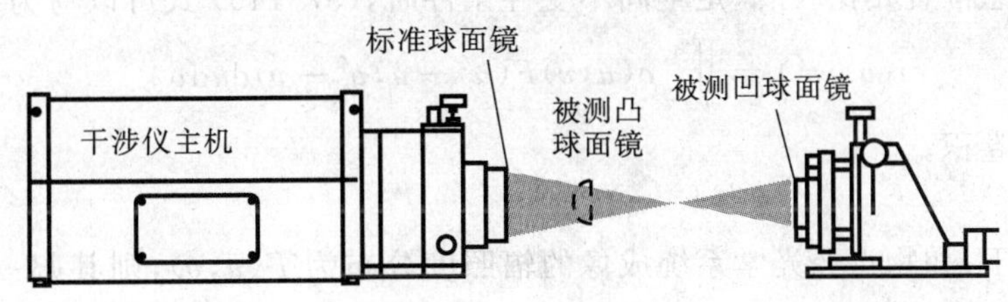

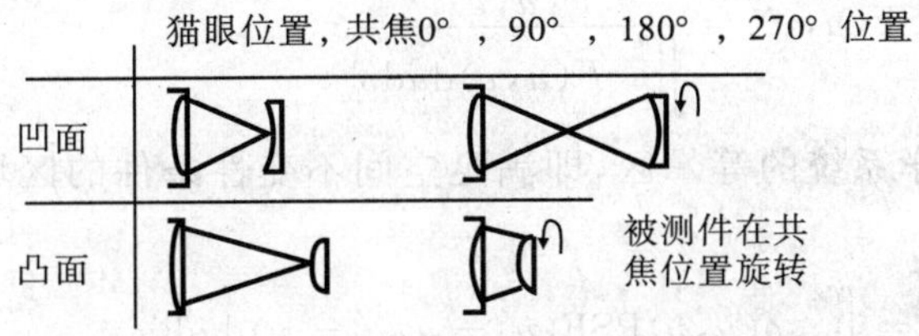

图 37-76　球面绝对检验的原理图

三、成像光学系统像质评价

成像光学系统的一个基本功能是把物面上的光强分布转换成像面上的光强分布。一般理想的要求是：除尺寸按比例缩放之外，像的光强分布和物的光强分布应力求一致。任何光学系统都或多或少存在一定的像差，像的光强分布与物的光强分布之间总是存在差别，这就要对光学系统进行像质评价与测试。

成像光学系统像质评价的方法一般有星点检验法、分辨率法和光学传递函数法[23]。随着对成像光学系统要求的提高和光电检测技术的发展，光学传递函数已成为公认的评价方法，所以我们重点介绍光学传递函数的测试。

（一）光学传递函数的基本概念

光学传递函数已在国际上被确认为是光学仪器成像质量可靠的评定方法[26-28]。它能把衍射、像差、渐晕及杂散光等影响成像质量的各种因素综合在一起反映，客观地评定光学系统的成像质量。

光学传递函数概念的特点是把物面的光量分布和像面的光量分布联系起来考虑，而不是像其他像质指标那样单方面考虑一个物点或者一组亮线的成像。

对于一般的光学系统成像，总是可以认为其满足线性条件和空间不变性条件。

1. 线性条件

满足线性条件的系统，其像平面上任一点处所形成的光强 $i(u',v')$ 可以看成是物平面上每一点处的光强 $o(u,v)$ 在像平面(u',v')处所形成的光强的线性叠加(图 37-77)：

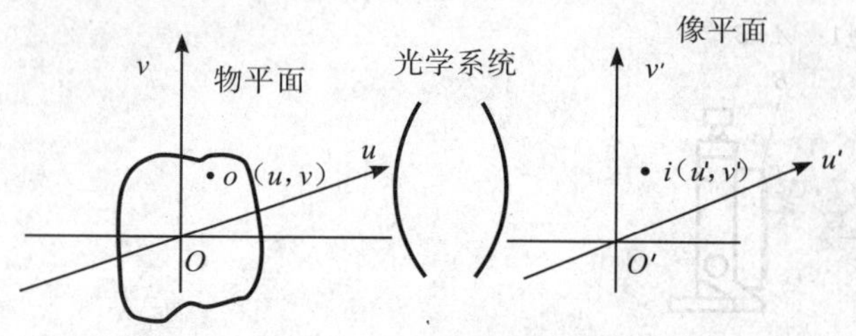

图 37-77 光学系统成像示意图

$$i(u',v') = \iint_{-\infty}^{\infty} o(u,v)F(u,v,u',v')\mathrm{d}u\mathrm{d}v \tag{37-146}$$

式中，$F(u,v,u',v')$ 为物平面上 (u,v) 处单位光强的物点经光学系统后在像面上形成的光强分布。

2. 空间不变性

物平面任意位置 (u,v) 上单位光强值的物点，在像平面上所形成的光强分布是相同的。可用下式表示：

$$F(u,v,u',v') = F(u'-u,v'-v) \tag{37-147}$$

此式是指像面上 (u',v') 处从位于 (u,v) 的物点成像中所获得的光强，只与它离开理想像点的距离 $(u'-u)$ 和 $(v'-v)$ 有关，而与物点的位置无关。在讨论光学传递函数概念时，通常都把物体在像平面上按几何光学所成的理想像位置的坐标，归化成与物平面上的坐标一样。这样可以消去横向放大率因子的影响，并可使实际成像位置直接与这个理想位置相比较。满足空间不变性条件时，(37-146) 式可以写为

$$i(u',v') = \iint_{-\infty}^{\infty} o(u,v)F(u'-u,v'-v)\mathrm{d}u\mathrm{d}v \tag{37-148}$$

上式表示的数学运算为卷积。

3. 点扩散函数

在非相干照明条件下，如物点经光学系统成像的辐照度分布为 $F(u,v)$，则其归一化辐照度分布就称为点扩散函数 $\mathrm{PSF}(u,v)$：

$$\mathrm{PSF}(u,v) = \frac{F(u,v)}{\iint_{-\infty}^{\infty} F(u,v)\mathrm{d}u\mathrm{d}v} \tag{37-149}$$

点扩散函数相同的区域，就是光学系统的等晕区，即满足空间不变性条件的区域在等晕区内，(37-148) 式表示为

$$i(u',v') = \iint_{-\infty}^{\infty} o(u,v)\mathrm{PSF}(u'-u,v'-v)\mathrm{d}u\mathrm{d}v \tag{37-150}$$

上式表明像面的辐照度分布是物面的辐照度分布和点扩散函数的卷积。

根据傅里叶变换的卷积定理，(37-150)式表示为

$$I(r,s) = O(r,s)\mathrm{OTF}(r,s) \tag{37-151}$$

式中，$O(r,s)$ 和 $I(r,s)$ 分别是物面照度分布 $o(u,v)$ 和像面辐照度分布 $i(u,v)$ 的傅里叶变换；r 和 s 是频域中沿两个坐标轴方向的空间频率；$\mathrm{OTF}(r,s)$ 为光学传递函数，它是点扩散函数 $\mathrm{PSF}(u,v)$ 的傅里叶变换。

(37-151)式表明，在空间频率域内线性空间不变系统的物像关系变为一个简单的乘积关系，由于系统存在衍射和像差，系统对不同谐波成分的滤波程度不一致，造成系统的成像失真，故可称为空间滤波成像。

$$\mathrm{OTF}(r,s) = \iint_{-\infty}^{\infty} \mathrm{PSF}(u,v)\exp\left[-2\pi\mathrm{i}(ru+sv)\right]\mathrm{d}u\mathrm{d}v \tag{37-152}$$

由(37-152)式可知，光学传递函数 $\mathrm{OTF}(r,s)$ 通常是复函数，于是可以表示成：

$$\mathrm{OTF}(r,s) = \mathrm{MTF}(r,s)\exp[-\mathrm{i}\,\mathrm{PTF}(r,s)] \tag{37-153}$$

式中，光学传递函数的模量 $\mathrm{MTF}(r,s)$ 称为光学系统的调制传递函数，它描述的是被光学系统传递的谐波成分对比度的下降情况；辐角 $\mathrm{PTF}(r,s)$ 称为光学系统的相位传递函数。

(二)光学传递函数的基本测量方法

光学传递函数的测量方法分为扫描法和干涉法。扫描法的处理对象是线扩散函数或点扩散函数；而干涉法是将待测系统出瞳处的瞳函数作为处理对象，再由此求得光学传递函数。下面介绍几种常用的测量方法[29-32]。

1. 正弦光栅扫描法

正弦光栅扫描法也称为光学傅里叶扫描法，是直接用正弦光栅来分析狭缝像的频谱，可分为两种情况：一种是用正弦光栅作为试验物，用一狭缝来扫描光栅像；另一种是用正弦光栅来扫描狭缝像。图 37-78(a)所

示为正弦光栅-狭缝扫描法的结构，图 37-78(b)所示为狭缝-正弦光栅扫描法的结构。

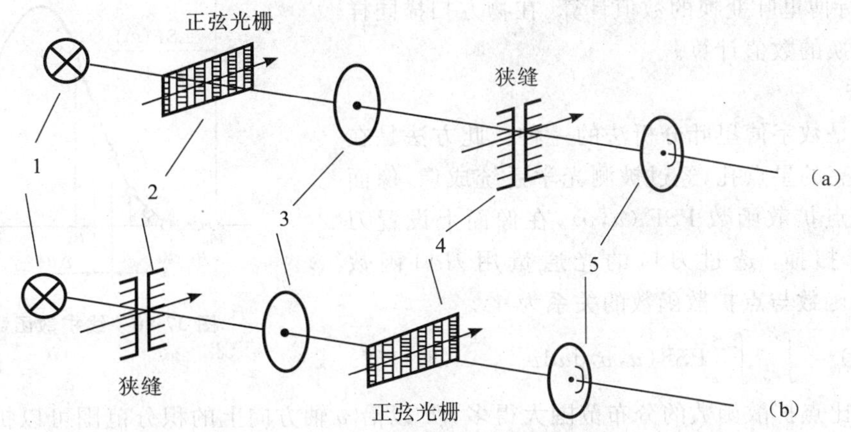

图 37-78　狭缝-正弦光栅扫描法

1. 光源；2. 物面；3. 被测物镜；4. 像面；5. 光电接收

我们分析用正弦光栅来扫描狭缝像：

光栅透射率为 $z(u)=b_0(1+\cos 2\pi fu)$，狭缝透过扫描光栅后的强度分布 $a(u')$ 是狭缝像与正弦光栅 $z(u)$ 的卷积，经过计算可以求得

$$a(u')=b_0\left\{1+\mathrm{MTF}(f)\cos\left[2\pi fu'-\mathrm{PTF}(f)\right]\right\} \tag{37-154}$$

测出该信号的相对振幅，就可得到调制传递函数 MTF (f)。

正弦光栅方法通过光学系统直接实现了傅里叶变换运算，所获得的信号经过光电转换后很容易获得 MTF 的值，但正弦光栅在制作工艺上难以精确控制。

2. 矩形光栅扫描法

矩形光栅扫描法又叫光电傅里叶分析法，它是人们为了避免正弦光栅在制作上的困难，提出用矩形光栅或莫尔条纹等非正弦光栅代替正弦光栅，并用电学滤波方法除去高次谐波而取出正弦基波的方法。图 37-79 所示为矩形光栅扫描法的结构。

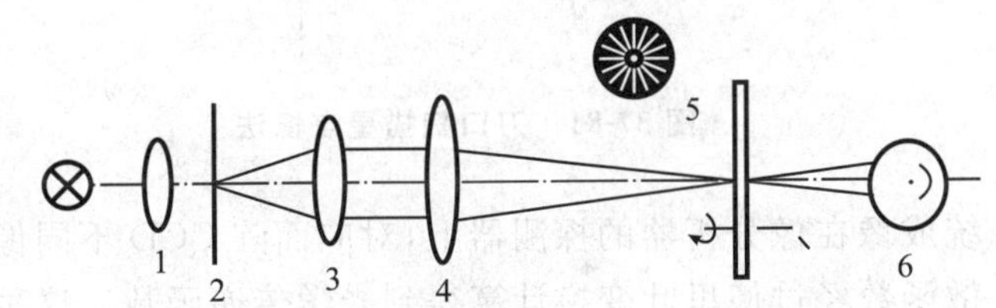

图 37-79　点源-旋转扇形(近似矩形)扫描法

1. 照明；2. 狭缝；3. 被测物镜；4. 准直物镜；5. 旋转扇形板；6. 光电接收

狭缝通过旋转扇形板后的光强分布为

$$L(t)=a\left\{1+\frac{4}{\pi}\mathrm{MTF}(f)\cos\left[2\pi\nu t-\mathrm{PTF}(f)\right]-\frac{1}{3}\frac{4}{\pi}\mathrm{MTF}(3f)\cos\left[2\pi(3\nu)t-\mathrm{PTF}(3f)\right]+\cdots\right\} \tag{37-155}$$

可以使用电学方法除去高次谐波，测量方法就和光学傅里叶分析法相同。如果采用只能通过基频的滤波线路，滤波器输出的就是该频率的正弦波。这个输出信号经归一化后的相对振幅就是调制传递函数。

3. 狭缝分析法

狭缝分析法属于数字傅里叶分析法，它基于以下的原理测量光学传递函数：

$$\mathrm{OTF}(u)=\int_{-\infty}^{\infty}\mathrm{LSF}(u)\exp(-\mathrm{i}2\pi ux)\mathrm{d}x=\mathrm{MTF}(u)\exp\left[-\mathrm{i}\,\mathrm{PTF}(u)\right] \tag{37-156}$$

它是通过测量得到线扩散函数 LSF (u) 的一系列关于坐标 u 位置的抽样值，变换成数字信号后，直接输入计算机进行傅里叶变换计算的方法。该方法是在像平面上用一狭缝对由被测物镜所成的狭缝像进行扫描，在扫描过程中按照一定的扫描移动间隔 Δu 给出相应的信号。如果物平面上的狭缝宽度足够小，则在像平面上狭缝像光强分布就可看成是线扩散函数 LSF(u)。当扫描狭缝的宽度也足够窄时，则扫描狭缝移动位置 u_k 时，透过它的光通量就是线扩散函数在 u_k 处的值 LSF(u_k)。该光通量由探测器转换成电信号。这样，当扫描狭缝沿 u 轴方向做一次扫描后，就可以给出一系列间隔为 Δu 的位置在 u_0、u_1、…、u_{N-1} 处的线扩散函数抽样数据(如图 37-80 所示)。利用这 N 个抽样数据就可以对线扩散函数 LSF(u) 进行傅里叶变换的数值计算。在物方扫描同样能够完成傅里叶变换的数值计算。

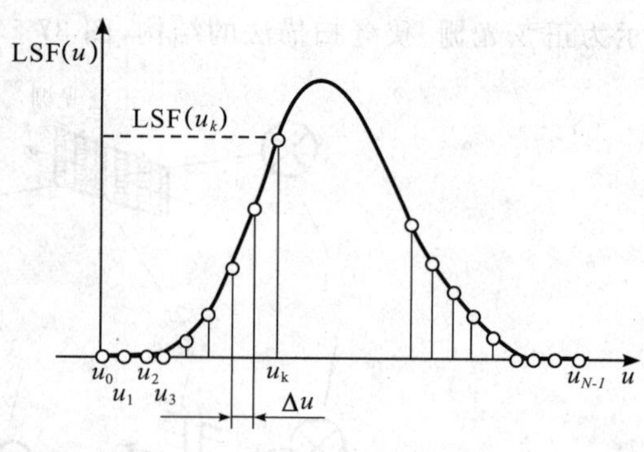

图 37-80 线扩散函数抽样图

4. 刀口分析法

刀口分析法也是数字傅里叶分析法的一种。此方法是在物空间设置一被照亮的星点孔,经过被测光学系统成像,像面上的光强分布就是点扩散函数 PSF (u,v),在像面上设置刀口,对星点像进行扫描,透过刀口的光通量用刀口函数 ESF(u) 表示。刀口函数与点扩散函数的关系为

$$\mathrm{ESF}(u)=\int_{-\infty}^{u}\int_{-\infty}^{-\infty}\mathrm{PSF}(u,v)\,\mathrm{d}u\mathrm{d}v \qquad (37\text{-}157)$$

刀口边缘长度比点扩散函数的分布范围大得多,所以沿 v 轴方向上的积分范围可以扩散到无限大的范围,上式可以化简为

$$\mathrm{ESF}(u)=\int_{-\infty}^{u}\mathrm{LSF}(u)\,\mathrm{d}u \qquad (37\text{-}158)$$

通过对刀口函数求微分求出线扩散函数 LSF (u)。伴随刀口的扫描过程,探测器接收的光通量的变化反映的就是刀口函数 ESF(u),通过计算机对刀口函数求微分和傅里叶变换计算,就可求出光学传递函数:

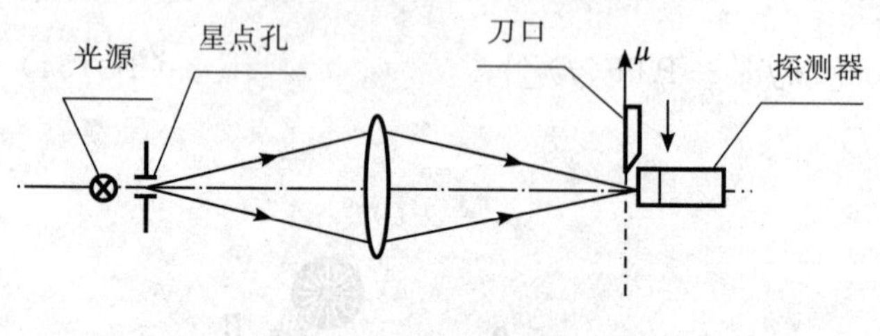

图 37-81 刀口扫描星点像法

$$\mathrm{LSF}(x)=\frac{\mathrm{d\,ESF}(x)}{\mathrm{d}x} \qquad (37\text{-}159)$$

$$\mathrm{OTF}(u)=\int_{-\infty}^{\infty}\mathrm{LSF}(x)\exp\left(-\mathrm{i}\,2\pi ux\right)\mathrm{d}x \qquad (37\text{-}160)$$

5. 视频法

视频法利用二维 CCD 像分析器可以对光学系统实时快速 OTF 测量。首先把星点源通过被测系统成像在像分析器的探测器上,对应面阵 CCD 不同像元上的能量分布在二维空间表现为点扩散函数,点扩散函数经过傅里叶变换计算得到光学传递函数。这种方法不再需要机械扫描,利用电子扫描,可以实时快速测量,对测量环境要求低,集成度高,光敏元小,分辨率和灵敏度高,操作简便,是一种实用的测量方法。

(三)离散采样系统光学传递函数测量[33-35]

1. 离散采样成像系统的成像特点

离散采样成像系统是指包含离散接收器、信号采样器件、离散成像器件或电子扫描作用的光电成像系统。通常由以下几部分构成:满足线性空间不变性条件的纯光学成像系统,离散接收器(离散光电探测元阵列,例如 CCD、成像光纤束端面、光纤面板等),电子滤波电路,数字信号处理单元等。其中离散接收器由于具有空间采样效应,它的特性对系统传递函数分析具有重要影响。

图 37-82 能简单地说明采样成像系统不具备空间平移不变性。图中方格代表采样元阵列,例如光纤端面阵列或 CCD 探测元阵列等。黑线表示成像在采样元阵列上的狭缝像。图 37-82(a)中的狭缝像正好完全压在一列采样元上,此时采样得到的线扩展函数宽度等于一个采样元的宽度;图 37-82(b)中狭缝像则正好压在两列采样元的中间,这时得到的线扩展函数宽度等于两个采样元的宽度,而线扩展函数的强度则为图 37-82(a)中的一半(如果不考虑采样元间隙影响)。两种情况下的线扩展函数经过傅里叶变换后得到的空间频谱分布显然是差异很大的,这说明在采样成像系统中,图像和采样元阵列之间的相对位置关系将会影响到系统的空间频谱特性。

采样成像系统的一般构成如图 37-83 所示,通常由光学成像子系统、离散采样子系统、图像重建子系统等几部分组成。

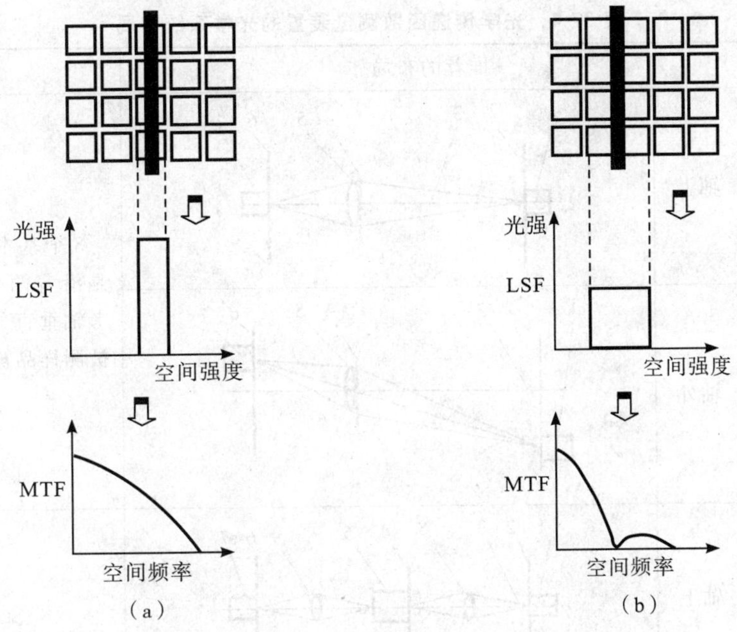

图 37-82　采样效应示意图

离散采样成像系统输出的重建图像 $g_r(x,y)$ 可以用空间域卷积来描述：

$$g_r(x,y)=\{[f(x,y)*h(x,y)]\operatorname{comb}(x,y)\}*r(x,y) \tag{37-161}$$

式中，$g_r(x,y)$ 为光学成像子系统的空间响应函数，$\operatorname{comb}(x,y)$ 为梳状采样函数，$r(x,y)$ 为图像重建子系统的空间响应函数。

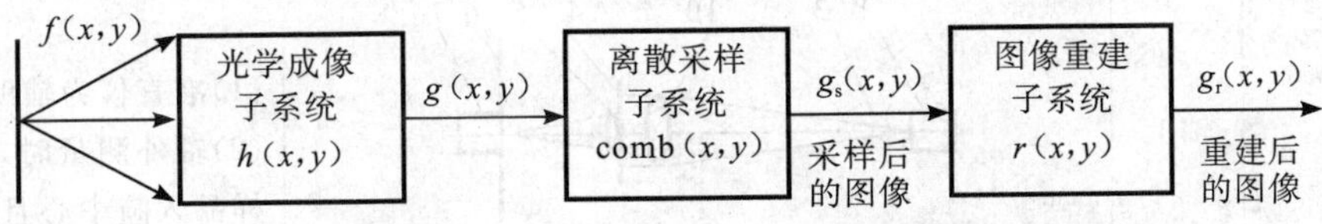

图 37-83　采样成像系统构成示意图

2. 离散采样系统的统计光学传递函数

采样成像系统不但表现为非空间平移不变性，还可能出现混频效应。传统的 OTF 概念不能简单地直接应用于采样成像系统。但是，如果重新定义等晕条件，或者只考虑在一定范围内的空间频率，就可以把传统 OTF 概念推广到采样成像系统。

统计光学理论中，当光学系统中包含复振幅随机透射介质时，需要用平均光学传递函数和平均点扩展函数的概念来描述光学系统的性能。为计算平均光学传递函数，需要遍历光学系统中的各种随机态。

光电离散采样成像系统，在采样星点像、狭缝像、刀口像或其他任何形状的图像时，采样得到的结果可能跟图像与采样元阵列的相对位置关系有关，并且当光学成像系统的截止频率大于奈奎斯特频率时在频域会出现混频现象。采样成像系统的空间频谱特性需要在统计意义上加以描述。探测元阵列采样图像时，图像与探测元阵列的相对位置参数 x_0 是一个随机变量。在理论分析上，可以遍历 x_0 可能出现的各种取值情况。

因此，采样成像系统光学传递函数的测量不同于普通成像系统，需要注明目标图像与采样元阵列的相对位置，完整的测量应当包含所有可能的方向和位置，对测量结果进行统计处理，得到统计光学传递函数。

(四)光学传递函数测量装置的组成

1. 光学传递函数测量装置的光学布局

对不同的光学系统，对同一光学系统轴上和轴外光学传递函数测量时测量装置的光学布局是不同的。表 37-4 列出了不同情况下光学传递函数测量装置的光学系统布局。

表 37-4　光学传递函数测量装置的光学系统布局

序号	物像位置		推荐的布局	说明
1	物、像均处于有限远	轴上	①	3个基本组件中两个基本组件是沿着两个相互平行，且又与参考轴垂直的滑轨移动的。通常是被测样品被固定
		轴外	②	
2	物、像均处于有限远处，但测试的是像增强器	轴上	③	采用辅助成像系统，在被测样品的输入端产生一个测试图样的像，并将输出端的像转送到像分析器
		轴外	④	
3	物处于无限远	轴上	⑤	(1)准直仪为辅助成像系统。 (2)轴外测量时，准直仪绕过被测样品入瞳中心且垂直参考轴的轴线旋转 ω 角。反之，准直仪固定，被测样品和像分析器一起绕入瞳中心旋转，在此情况下，被测样品的装夹座和像分析器滑轨需一起刚性固定在一个转动基座上
		轴外	⑥	
4	像处于无限远		如序号3中图的像分析器与测试图样组件交换位置，即可在同样装置上进行测量	
5	物、像均处于无限远	轴上	⑦	(1)准直仪为辅助成像系统。 (2)轴外测量时，物方准直仪连同测试图样组件绕一个通过被测样品入瞳中心并垂直于参考轴的轴线旋转 ω 角。像方准直仪连同像分析器需绕过出瞳中心并垂直于参考轴的轴转 ω 角，并根据测试规程重新调焦
		轴外	⑧	

表图符号标注：1.测试图样组件；2.测试图样组件的滑轨；3.参考轴；4.被测样品装夹座；5.被测样品；6.像分析器滑轨；7.像分析器；8、9.中继透镜；10.物方准直透镜；11.像方准直透镜。

2. 测试图样组件

测试图样组件由一个测试图样和一个辐射源组成。

1)测试图样。用来测量 OTF 且空间频率已知的测试图样,如圆形光孔、狭缝、光栅、刃边等。测试图样的几何形状应非常准确。为了能在不同的方位进行 OTF 测量,对于非旋转对称的测试图样必须能变换方位。为了能检查并满足等晕区的条件,测试图样大小必须是可调的。

2)光辐射源。光源的光谱发射以及在全空间的辐射分布在测量过程中必须保持恒定,并应消除光强的脉动。辐射源必须使测试图样得到均匀照射或发光。可以用滤光片得到所要求的光谱分布;用散热器、漫射器、有限孔径或其他元件得到所需辐射的角分布,为获得非相干辐射,可在光源和测试图样间紧靠测试图样的地方插入一个漫射器。

3. 被测样品的装夹

为了能在不同的参考角进行检验,被测样品必须能相对于测试图样旋转。被测样品与装夹座的垂直和水平等也必须检验,尤其是样品安装面和装夹座固定面之间使用连接器时更需注意。

4. 像分析器

像分析器用来分析测试图样的像的辐射分布,得到像面空间频谱,经适当归一化后,即为 OTF。用作分析的元件通常是狭缝、刃边或光栅,它们的大小和方位可根据被分析的像面进行调节,利用分析元件和像之间的相对运动来实现扫描。电信号处理系统应在线性区域工作。辐射探测器的光谱灵敏度和角灵敏度必须已知。

5. 辅助成像系统

辅助成像系统包括准直仪、显微物镜、中继透镜以及其他辅助元件,所有辅助成像元件的光谱特性应与测量所要求的光谱特性相适应。当用准直物镜时,它与被测样品波像差相比,应是小到可忽略不计,且不限制被测样品的入射和出射孔径。当用显微物镜放大测试图样时,其波像差应很小,且数值孔径足够大。当使用非相干耦合的辅助成像系统时,其 OTF 必须已知,以使它们对测得的 OTF 的影响可用乘法法则来修正。

(五)星点测量[23]

1. 测量原理与装置组成

光学系统对非相干照明物体或自发光物体成像时,可以把任意的物分布看成是无数个具有不同强度的、独立的发光点的集合。每一个发光物点通过光学系统后,由于衍射和像差以及其他工艺疵病的影响,像面上所得到的像点并不是一个几何点而是一个弥散光斑,即“星点像”。整个物体的像则是这无数个星点像的集合。星点像的光强分布规律就决定了光学系统所成像的清晰程度。因此,通过考察光学系统对一个物点的成像质量就可以了解和评定光学系统对任意物分布的成像质量。这就是星点检验的基本思想。

星点测量一般在光具座上进行,测量光路如图 37-84 所示。测量装置由光源、星孔、平行光管、样品夹持器和观察显微镜组成。

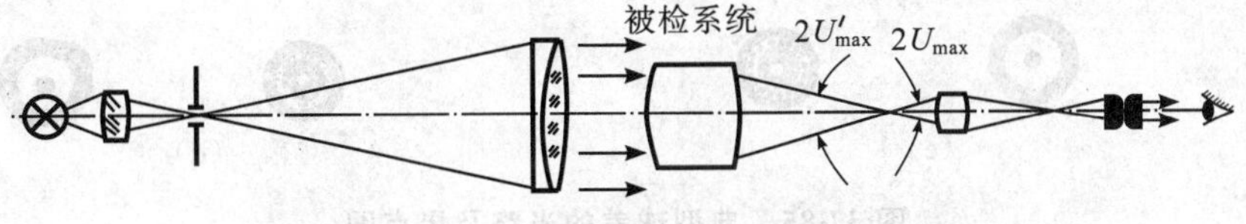

图 37-84　物镜星点检验光路图

根据衍射环宽度所做的理论估算和试验表明,星孔允许的最大角直径 α_{max} 应等于或小于被检系统艾里斑第一暗环的角半径 θ_1 的 $\frac{1}{2}$:

$$\alpha_{max} = \frac{1}{2}\theta_1 \tag{37-162}$$

由艾里斑的定义可知

$$\theta_1 = 1.22\lambda/D \tag{37-163}$$

所以

$$\alpha_{max} = 0.61\lambda/D \tag{37-164}$$

式中，D 为被测物镜的入瞳直径；λ 为照明光源的波长，如用白光照明，则取平均波长 0.56 μm。

因为星孔板放在焦距为 f_0 的平行光管物镜的焦面处，所以星孔的最大允许直径为

$$d_{max} = \alpha_{max} f_0 = 0.61\lambda f_0/D \tag{37-165}$$

星点像非常细小，需借助显微镜或望远镜放大后进行观察。在用显微镜进行观察时，除了应注意显微镜的像质外，还应注意合理选择显微物镜的数值孔径和放大率。

为了保证被检物镜的出射光束能全部进入观察显微镜，显然应保证显微镜的物方最大孔径角 U_{max} 大于或等于被检物镜的像方孔径角 U'_{max}。否则，由于显微物镜的入瞳切割部分光线，无形中减小了被检物镜的通光口径，因而得到不符合实际的检验结果。为保证孔径要求，可根据被检物镜的相对孔径按表 37-5 选用显微物镜的数值孔径。

利用光电扫描法可以定量测定星点像的光强分布曲线或曲面，以点扩散函数表示测量结果。也可利用照相技术测量出光强灰度分布值，以点扩展函数表示测量结果。

表 37-5　根据相对孔径 D/f 选择数值孔径 NA

被检物镜的 D/f	显微物镜的 NA
<1/5	0.1
1/5～1/2.5	0.25
1/2.5～1/1.4	0.4
1/1.4～1/0.8	0.65

2. 应用举例

(1)球差检验

根据星点像可以判断光学系统的像质，下面以球差为例加以说明。当光学系统仅仅存在球差时，星点像虽然仍由一系列同心圆环组成，但光强分布规律与理想星点像明显不同。球差越大，光能分散到各衍射环上越多，结果使各亮环的光强增大，暗环的光强也不再为 0，而且焦前焦后对称面上的衍射图样也不再相同。图 37-85 表示 4 种典型球差的星点图。其中图(a)和(b)为球差校正不足和校正过度的情况，图(c)和(d)表示带有球差的情况。有关这些星点像的特征说明见表 37-6。

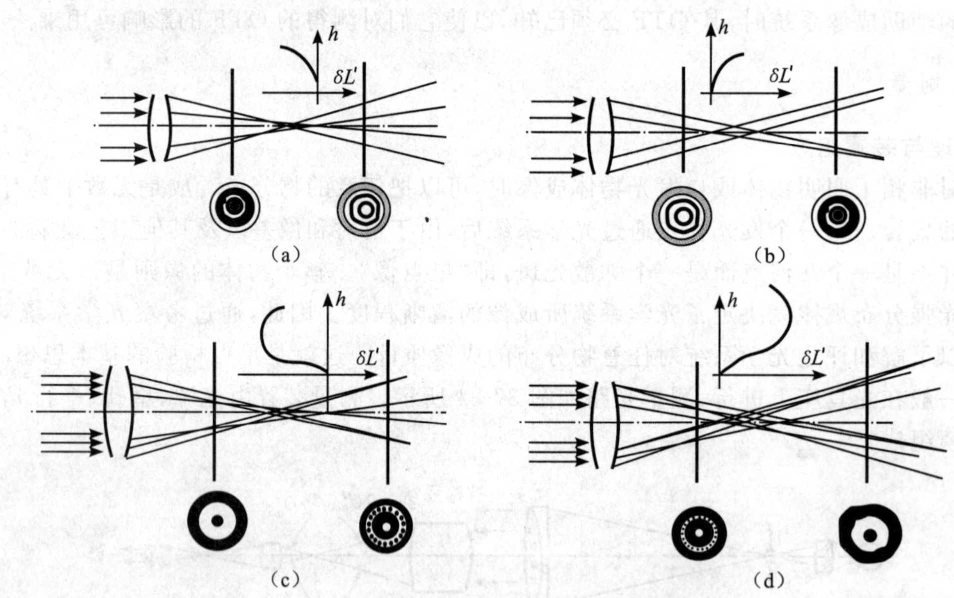

图 37-85　典型球差的光路及星点图

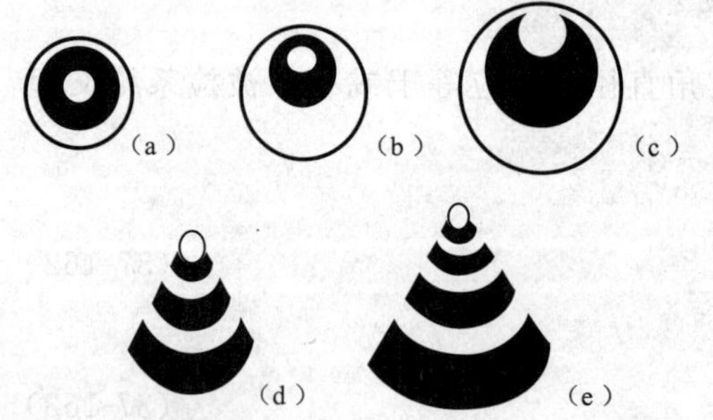

图 37-86　具有彗差时的星点像

(2)彗差检验

图 37-86 表示光学系统具有不同大小的彗差时的星点像。当彗差较小，例如波像差值小于 0.3λ 时，星点像中央亮斑与衍射环之间有小量的偏心，而且同一衍射环的粗细、明暗程度不一致，如图(a)(b) 所示。波像差值接近 0.5λ 时，衍射环开始断裂，如图(c) 所示。当彗差较大时，星点像将呈现明显的彗星状，有一明亮的头部和一个延伸的较暗的尾巴，如图(d)(e) 所示，其波像差值分别为 1λ 和 2.5λ 左右。

表 37-6　典型球差星点图的特征

球差校正情况	星点像光能分布情况		备　注
	焦前截面	焦后截面	
校正不足	明亮的外环 较暗的中心	明亮的中心 弥散的外环	图 37-85(a)
校正过度	明亮的中心 弥散的外环	明亮的外环 较暗的中心	图 37-85(b)
存在负的带球差	明亮的中间环	暗的中间环	图 37-85(c)
存在正的带球差	暗的中间环	明亮的中间环	图 37-85(d)

(六)分辨率测量[23]

1. 衍射受限系统的分辨率

在光学系统中,由于光的衍射,一个发光点通过光学系统成像后得到一个衍射光斑;两个独立的发光点通过光学系统成像得到两个衍射光斑,考察不同间距的两个发光点在像面上的两个衍射像可被分辨与否,就能定量地判断光学系统的成像质量。作为实际测量值的参照数据,应了解衍射受限系统所能分辨的最小间距,即理想系统的理论分辨率值。两个衍射斑重叠部分的光强度为两个光斑强度之和。随着两个衍射斑中心距的变化,可能出现如图 37-87 所示的几种情况。当两个发光物点之间的距离较远,两个衍射斑的中心距较大时,中间有明显暗区隔开,亮暗之间的光强对比度 $k \approx 1$,如图 37-87(a) 所示;当两个物点逐渐靠近时,两个衍射斑之间有较多的重叠,但重叠部分中心的合光强仍小于两侧的最大光强,即有对比度 $1 > k > 0$,如图 37-87(b) 所示;当两个物点靠近到某一限度时,两个衍射斑之间的合光强将大于或等于每个衍射斑中心的最大光强,两个衍射斑之间无明暗差别,即对比度 $k = 0$,两者“合二为一”,如图 37-87(c) 所示。

人眼观察相邻两个物点所成的像时,要能判断出是两个像点而不是一个像点,则起码要求两个衍射斑重叠区的中间与两侧最大光强处要有一定的明暗差别,即对比度 $k > 0$。k 值究竟为多大时人眼才能分辨出是两个像点而不是一个像点?这常常因人而异。为了有一个统一的判断标准,瑞利认为,当两个衍射斑中心距正好等于第一暗环的半径时,人眼刚能分辨开这两个像点,如图 37-87 所示。根据下式可求出这时两个衍射斑的中心距为

$$\sigma_0 = 1.22\lambda \frac{f'}{D} = 1.22\lambda F \qquad (37\text{-}166)$$

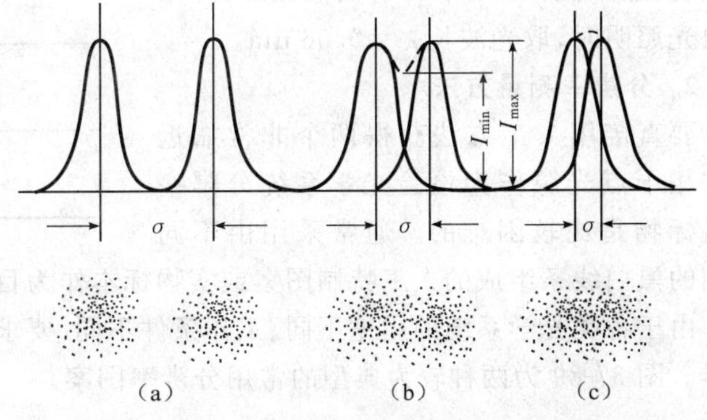

图 37-87　两衍射斑中心距不同时的光强分布曲线和光强对比度

(a)中心距 σ 等于中央亮斑的直径 d;(b)σ 等于 $0.5\,d$;(c)σ 等于 $0.39\,d$ ($k_a = 1, k_b = 0.15, k_c = 0$)

这就是通常所说的瑞利判据。

按照瑞利判据,两个衍射斑之间光强的最小值为最大值的 73.5%,人眼很易察觉,因此有人认为该判据过于严格,于是提出了另一个判据——道斯判据,如图 37-88 所示。根据道斯判据,人眼刚能分辨两个衍射像点的最小中心距为

$$\sigma_0 = 1.02\lambda F \qquad (37\text{-}167)$$

按照道斯判据,两衍射斑之间的合光强的最小值为 1.013,两衍射斑中心的最大光强为 1。

还有人认为,当两个衍射斑之间的合光强刚好不出现下凹时为刚可分辨的极限情况。这个判据称为斯派罗判据。根据这一判据,两衍射斑之间的最小中心距为

$$\sigma_0 = 0.974\lambda F \qquad (37\text{-}168)$$

两衍射斑之间的合光强为 1.118。

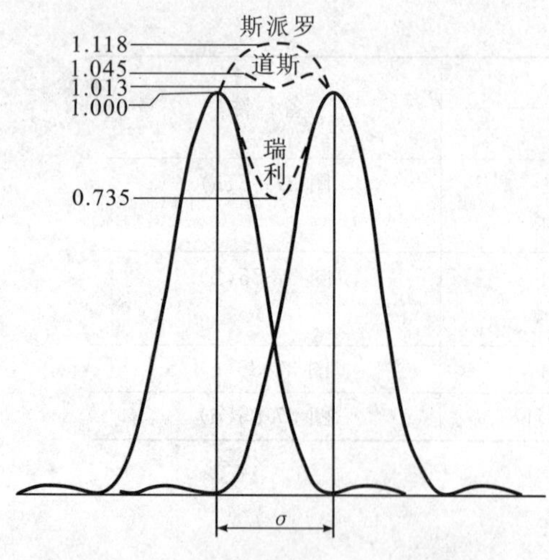

图 37-88　三种判据的部分合光强分布曲线

在实际工作中，由于光学系统的种类不同、用途不同，分辨率的具体表示形式也不同。例如望远系统，由于物体位于无限远，所以用角距离表示刚能分辨的两点间的最小距离，即以望远物镜后焦面上两衍射斑的中心距 σ_0 对物镜后主点的张角 α 表示分辨率：

$$\alpha = \frac{\sigma_0}{f} \tag{37-169}$$

式中，α 为分辨角，单位为 rad；σ_0 为两衍射斑中心距，单位为 mm；f 为物镜焦距，单位为 mm。

照相系统以像面上刚能分辨的两衍射斑中心距的倒数表示分辨率：

$$N = \frac{1}{\sigma_0} \tag{37-170}$$

式中，N 为分辨率，单位为 mm^{-1}；σ_0 为两衍射斑的中心距，单位为 mm。

在显微系统中则直接以刚能分辨开的两物点间的距离表示分辨率：

$$\varepsilon = \frac{\sigma_0}{\beta} \tag{37-171}$$

式中，ε 为显微系统的分辨率，单位为 mm；β 为显微物镜的垂轴放大率，无量纲。

表 37-7 列出了不同类型的光学系统按不同判据计算出的理论分辨率。表中 D 为入瞳直径（单位：mm）；NA 为数值孔径；应用于白光照明时，取光波长 $\lambda = 0.56\ \mu m$。

表 37-7　3 类光学系统的理论分辨率

系统类型 \ 分辨率判据	瑞　利	道　斯	斯派罗
望远/rad	$\frac{1.22\lambda}{D}$	$\frac{1.02\lambda}{D}$	$\frac{0.947\lambda}{D}$
照相/mm^{-1}	$\frac{1}{1.22\lambda F}$	$\frac{1}{1.02\lambda F}$	$\frac{1}{0.947\lambda F}$
显微/mm	$\frac{0.61\lambda}{NA}$	$\frac{0.51\lambda}{NA}$	$\frac{0.47\lambda}{NA}$

2. 分辨率测量方法

要直接用人工方法获得两个非常靠近的非相干点光源作为检验光学系统分辨率的目标物是比较困难的。通常采用由不同粗细的黑白线条组成的人工特制图案或实物标本作为目标物来检验光学系统的分辨率。

由于各类光学系统的用途不同、工作条件不同、要求不同，所以设计制作的分辨率图案在形式上也很不一样。图 37-89 为两种较为典型的常用分辨率图案。

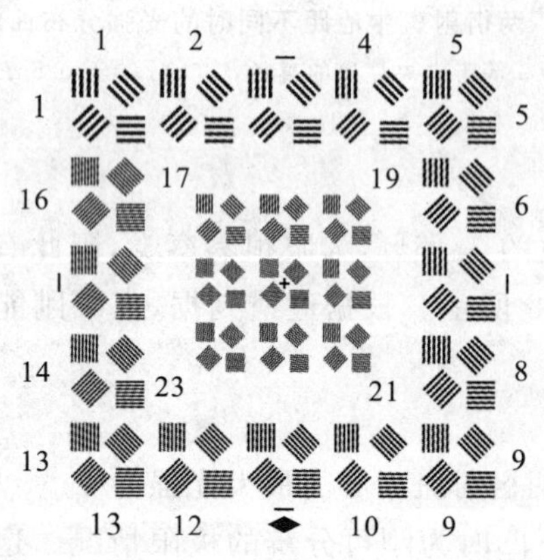

图 37-89　两种分辨率图案

左：国家专业标准分辨率图案；右：辐射式分辨率图案

下面以 ZBN35003-89 国家专业标准分辨率图案为例，介绍其设计计算方法。该分辨率图案中的单元线条设计如图 37-90 所示。

(1)线条宽度

黑(白)线条的宽度 P 按等比级数规律依次递减

$$P = P_0 q^{n-1} \tag{37-172}$$

式中，$P_0 = 160\ \mu\text{m}$ (A1 号板第 1 单元线宽)，$q = 1/\sqrt[12]{2}$，$n = 1 \sim 85$。

实际图案上的线条宽度按(37-172)式计算后只保留 3 位有效数字。

(2)分组

将 85 种不同宽度的分辨率线条分成 7 组，通常称为 1 号到 7 号板，即 A1～A7 分辨率板。每号分辨率板包含有 25 种不同宽度的分辨率线条，同一宽度的分辨率线条又按 4 个不同的方向排列构成一个"单元"，见图 37-90，25 个单元在分辨率板上的排列顺序见图 37-89，每号板的中心都是第 25 号单元。对 A1～A5 号板，每号板内的第 13 单元到第 25 单元分别与下一号板内的第 1 单元到第 13 单元相同，即相邻两号分辨率板之间有一半单元是彼此重复的，见图 37-91。A5 和 A7 号板也有一半单元是重复的，A6 号板与前后相邻 A5、A7 号分辨率板的关系略有不同。A6 的 1～20 单元与 A5 的 6～25 单元的线宽相同，A6 的 8～25 单元与 A7 的 1～18 单元的线宽相同。A7 的 25 单元的线宽最小，为 1.25 μm。

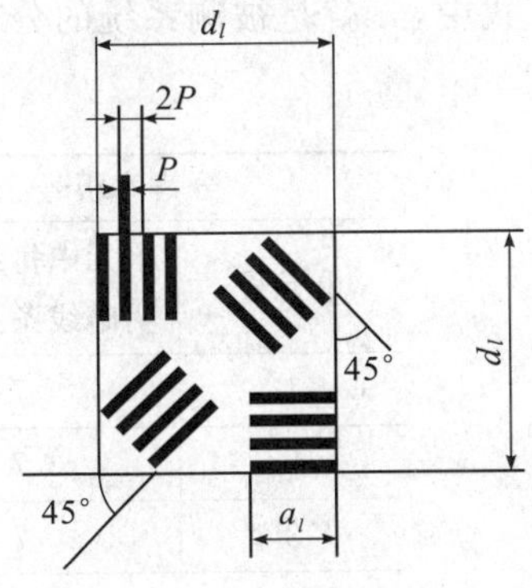

图 37-90　单元线条几何参数

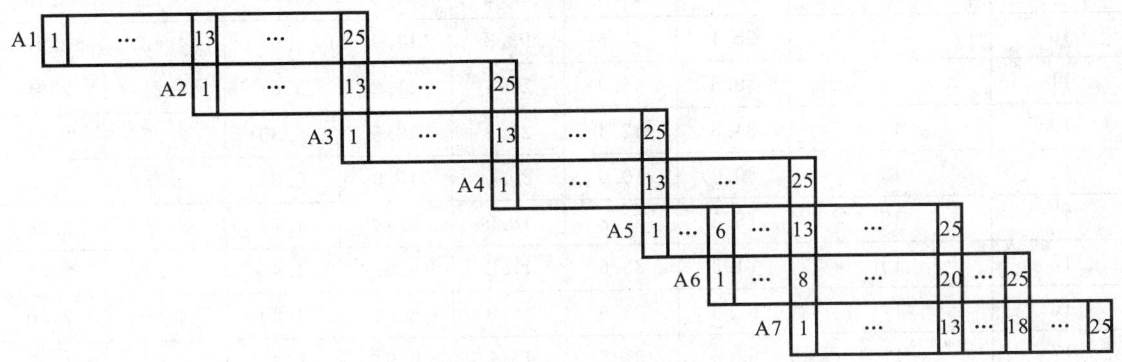

图 37-91　A1～A7 分辨率图案单元重复关系示意图

(3)计算举例

试计算第 3 号(A3)分辨率板中的第 13 单元的线条宽度 P、相邻两黑(或白)线条的中心距 σ 和每毫米线对数 N_0。

由分组规律可知，A3 板第 13 单元就是总共 85 个单元中的第 37 单元，即 $n = 37$。将此值代入(37-172)式得

$$P = P_0 q^{n-1} = 160 \times (2^{-\frac{1}{12}})^{37-1} = 20(\mu\text{m})$$

$$\sigma = 2P = 40\ \mu\text{m}$$

$$N_0 = \frac{1}{\sigma} = \frac{1}{40\ \mu\text{m}} = \frac{1}{0.040\ \text{mm}} = 25\ \text{mm}^{-1}$$

一般情况下可按表 37-8 查出不同号数、不同单元的分辨率线条宽度数据。

3. 望远系统分辨率的测量

在光具座上测量望远系统分辨率时的光路安排与星点检验时类同，只是将星孔板换成分辨率板并增加一毛玻璃而已，如图 37-92 所示，前置镜的要求也与星点检验时相同。

测量时，从分辨率低的单元向分辨率高的单元观察，找出 4 个方向的线条全部能分辨开的那个单元号。根据此单元号和分辨率板号，由表 37-8 查出该单元的线条宽度 b，再根据平行光管的焦距 f'_c 由下式即可求出被测量望远系统的分辨率：

$$a = 206\,265\,\frac{2b}{f'_c} \tag{37-173}$$

式中，a 就是被测系统的分辨率。

表 37-8 ZBN35003－89 国家专业标准分辨率图案线条参数

分辨率板号		A1	A2	A3	A4	A5	A6	A7
单元号	单元中每组明暗线条总数	线条宽度/μm						
1	7	160	80.0	40.0	20.0	10.0	7.50	5.00
2	7	151	75.5	37.8	18.9	9.44	7.08	4.72
3	7	143	71.3	35.6	17.8	8.91	6.68	4.45
4	7	135	67.3	33.6	16.8	8.41	6.31	4.20
5	9	127	63.5	31.7	15.9	7.94	5.95	3.97
6	9	120	59.9	30.0	15.0	7.49	5.62	3.75
7	9	113	56.6	28.3	14.1	7.07	5.30	3.54
8	11	107	53.4	26.7	13.3	6.67	5.01	3.34
9	11	101	50.4	25.2	12.6	6.30	4.72	3.15
10	11	95.1	47.6	23.8	11.9	5.95	4.46	2.97
11	13	89.8	44.9	22.4	11.2	5.61	4.21	2.81
12	13	84.8	42.4	21.2	10.6	5.30	3.97	2.65
13	15	80.0	40.0	20.0	10.0	5.00	3.75	2.50
14	15	75.5	37.8	18.9	9.44	4.72	3.54	2.36
15	15	71.3	35.6	17.8	8.91	4.45	3.34	2.23
16	17	67.3	33.6	16.8	8.41	4.20	3.15	2.10
17	11	63.5	31.7	15.9	7.94	3.97	2.97	1.98
18	13	59.9	30.0	15.0	7.49	3.75	2.81	1.87
19	13	56.6	28.3	14.1	7.07	3.54	2.65	1.77
20	13	53.4	26.7	13.3	6.67	3.34	2.50	1.67
21	15	50.4	25.2	12.6	6.30	3.15	2.36	1.57
22	15	47.6	23.8	11.9	5.95	2.97	2.23	1.49
23	17	44.9	22.4	11.2	5.61	2.81	2.10	1.40
24	17	42.4	21.2	10.6	5.30	2.65	1.99	1.32
25	19	40.0	20.0	10.0	5.00	2.50	1.88	1.25
线条长度/mm	1～16 单元	1.2	0.6	0.3	0.15	0.075	0.056 25	0.037 5
	17～25 单元	0.8	0.4	0.2	0.1	0.05	0.037 5	0.025

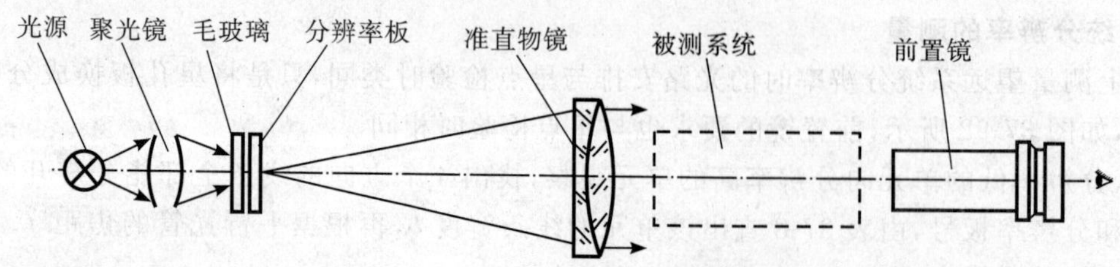

图 37-92 测量望远系统分辨率的方法

由于望远系统的视场通常很小，像质随视场角的增大而迅速变坏，所以测量时应注意将分辨率图案调整到视场中心。

4. 照相物镜分辨率测量

在光具座上测量照相物镜的分辨率时通常用目视法，也可用照相法。

图 37-93 为在光具座上测量照相物镜目视分辨率的光路图。

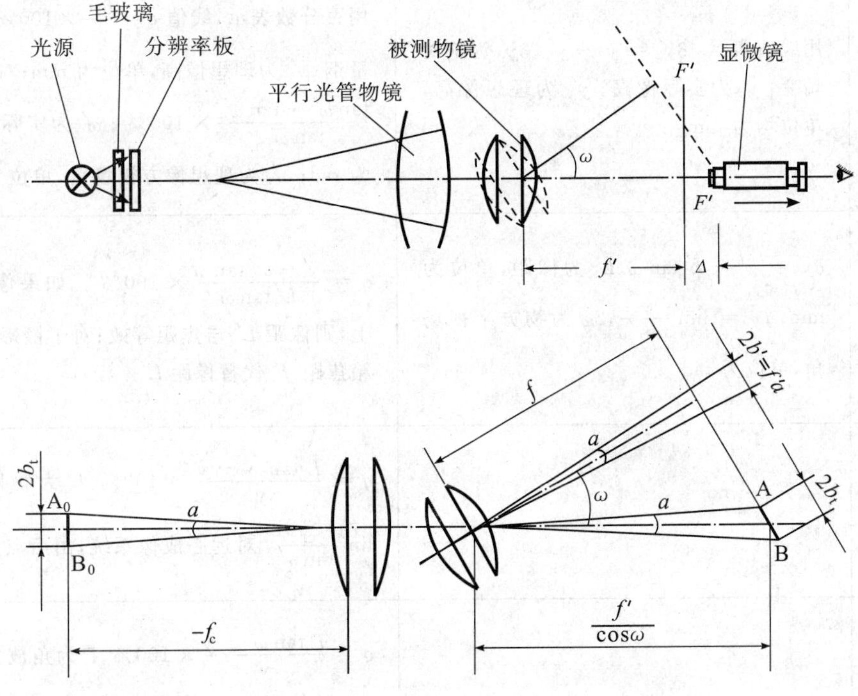

图 37-93　光具座上测量照相物镜分辨率的光路图

测量轴上点的分辨率时，根据刚能分辨的单元号和板号由表 37-8 直接查出线条宽度 b 或每毫米的线对数 $N_0(N_0=1/2b)$，再根据以下简单关系式即可求出被测物镜的轴上点分辨率：

$$N=\frac{N_0 f_c'}{f'}\quad(\mathrm{mm}^{-1})$$

式中，f_c' 为平行光管的焦距，f' 为被测物镜的焦距。

（七）畸变测试[36-37]

1. 畸变及相对畸变表达式[2]

光学系统的畸变是指光学系统在成像过程中，实际成像与理论成像的差异，其定义及不同类型的光学系统畸变表达式如表 37-9 所示。

由于光学系统存在畸变，物平面上一个正方形的网格经光学系统后所成的像将不再是正方形。规定 $\delta y'>0$、$q>0$ 为正畸变，称为枕形畸变；而 $\delta y'<0$、$q<0$ 为负畸变，称为桶形畸变。

理想像高 y_0' 为无畸变的像高，用透射投影的几何图形表示；理想视场角 $2\omega_0'$ 为无畸变分布的焦距值，称为镜箱焦距；选择这个焦距值来计算畸变值时，使得畸变尽可能小，并且在整个视场内的分布大致均匀匀。摄像测量物镜，通常用镜箱焦距 f_j' 计算畸变。

2. 用精密测角法测量畸变

图 37-94 是利用精密测角仪测量照相镜头畸变的测量原理图。在被测物镜的像平面（相机的底片位置）上安装一块经过精心制作的、分划刻线的、间隔误差很小的网格板。

图 37-95 是两种网格板的刻线形式。安装时网格板表面应与被测物镜的光轴垂直。通常把自物镜后节点 H′向底片框平面所引垂线的垂足 O′ 称为相机的主点。网格板的中心应与相机的主点相重合。为此，网格板的边缘四周和相机底片框四周都刻有对准标记。相机底片框上的标记称为框标。只要网格板上的标记和底片

框的框标重合，就能保证网格板中心与相机主点重合。将被测相机架设在测角仪的工作台上，并调节到物镜的入射光瞳中心与测角仪旋转主轴的轴线相重合。此时从望远镜可以看到网格板上刻线的像。

表 37-9 畸变及相对畸变的定义和表达式

定义和成像状态	绝对畸变	相对畸变
基本定义	用线值表示，$\delta y' = y' - y'_0$。$\delta y'$ 为绝对畸变，y' 为实际像高，y'_0 为理想像高，单位均为 mm	用百分数表示，线值 $q=\dfrac{\delta y'}{y'_0}\times 100\%$。$q$ 为相对畸变，无量纲；y'_0 为理想像高，单位为 mm；对无限远像距，$q=\dfrac{\tan\omega'-\tan\omega'_0}{\tan\omega'_0}\times 100\%$；$\omega'$ 为实际像方视场角，单位为 rad；ω'_0 为理想像方视场角，单位为 rad
无限远物距 有限远像距系统	$\delta y' = y' - L'\tan\omega$。$L'$ 为像距，单位为 mm；$L'=\lim\limits_{\omega\to 0}\dfrac{y'}{\tan\omega}$，$2\omega$ 为物方半视场角，单位为 rad	$q=\dfrac{y'-L'\tan\omega}{L'\tan\omega}\times 100\%$。如果像方焦点位于像面上，则像距 L' 与焦距等效；对于摄影测量物镜，则用镜箱焦距 f' 代替像距 L'
有限远物距 无限远像距系统		$q=\dfrac{L\tan\omega'-y}{y}\times 100\%$。$L$ 为物距，无量纲，$L'=\lim\limits_{y\to 0}\dfrac{y}{\tan\omega'}$，对远心成像系统，由后点至焦阑距离代替 L
无限远物距 无限远像距系统		$q=\dfrac{\Gamma\tan\omega'-y}{y}\times 100\%$。$\Gamma$ 为角放大率，无量纲，$\Gamma=\lim\limits_{\omega\to 0}\dfrac{\tan\omega'}{\tan\omega}$
有限远物距 有限远像距系统	$\delta y' = y' - y\beta$。β 为横向放大率，无量纲	$q=\left(\dfrac{y'}{y\beta}-1\right)\times 100\%$，$L'=\lim\limits_{y\to 0}\dfrac{y'}{y}$

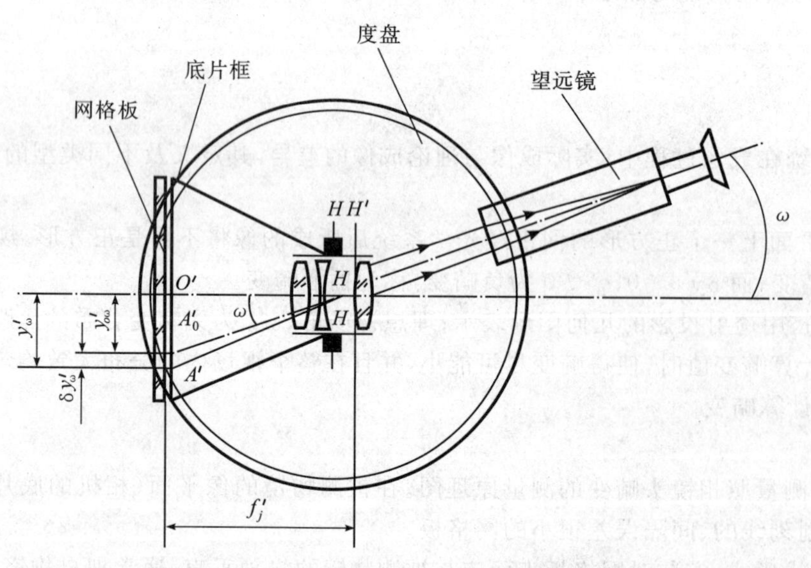

图 37-94 用精密测角法测量畸变的原理图

1.望远镜；2.度盘；3.底片框；4.网格板

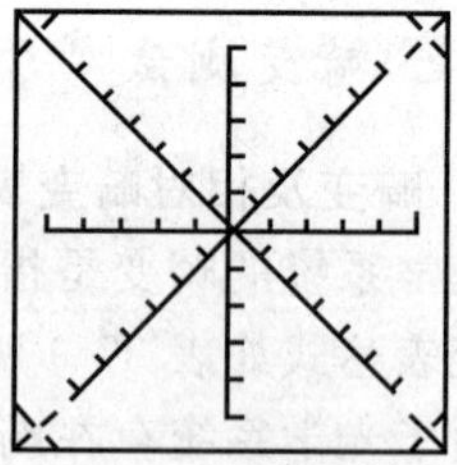

（a）米字型

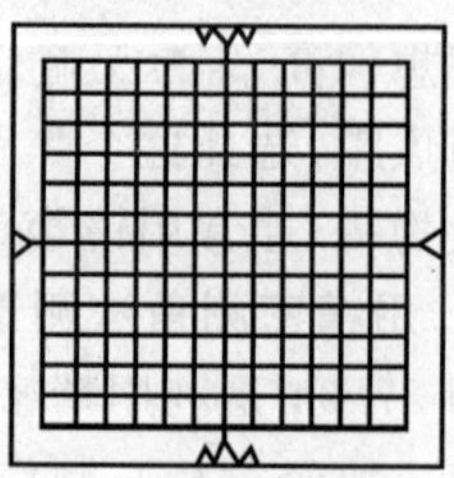

（b）棋盘格型

图 37-95 网格板

现考察在网格板上距离中心为 y'_ω 的一点 A'。从 A' 发出的光束经被测物镜后，成为与光轴成 ω 角的平行光束。使望远镜从对准网可知板中心的位置转动 ω 角。此时将观察到网格板上 A' 的像，并且与望远镜分划板的刻线对准。转角 ω 可以在度盘上准确地得到。现从图中光路的相反方向来看，如果被测物镜无畸变，则与此平行光束对应的应该是网格板上的 A'_0 点，并且 $y'_{0\omega} = f'_j \tan\omega$。由于存在畸变，则实际上对应的 A' 点。从网格板上可直接得到 A' 坐标 y'_ω。被测物镜在视场角 ω 处的畸变为

$$\delta y'_\omega = y'_\omega - y'_{0\omega} = y'_\omega - f'_j \tan\omega \tag{37-174}$$

式中，f'_j 是被测物镜后主点到底片框平面的距离，通常称为镜箱焦距。

利用望远镜分别对准网格板上的一系列点，就可以从度盘上读得相应的一系列 ω 角。利用(37-174)式计算出不同视场的畸变。式中的镜箱焦距 f'_j 可以根据测量得到的一系列 (y'_ω, ω) 对应值，利用下面叙述的计算公式得到：

1)取不同视场角 ω 所计算得到的一系列实际焦距 f'_ω 的算术平均值作为镜箱焦距。由一系列测量对应值 (y'_ω, ω)，可计算得到一系列的 f'_ω 值，则有

$$f'_j = \frac{\sum f'_\omega}{n} = \frac{\sum (y'_\omega / \tan\omega)}{n} \tag{37-175}$$

2) 取对应所求得的各视场角 ω 畸变量 $\delta y'_\omega$ 的总和等于 0 的那个焦距值作为镜箱焦距 f'_j，即

$$\sum \delta y'_\omega = \sum (y'_\omega - f'_j \tan\omega) = 0, f'_j = \frac{\sum y'_\omega}{\sum \tan\omega}$$

3) 取能使各视场角 ω 畸变量 $\delta y'_\omega$ 的平方和为最小值的那个焦距作为镜箱焦距 f'_j。

令 $Q = \sum (\delta y'_\omega)^2 = \sum (y'_\omega - f' \tan\omega)^2 = \sum (y'^2_\omega - 2y'_\omega f' \tan\omega + f^2 \tan^2\omega)^2$，当 $\frac{\partial Q}{\partial f'} = 0$ 时，对应的焦距 f' 为 f'_j，则有

$$\sum (-2y'^2_\omega \tan\omega) + \sum 2 f'_1 \tan^2\omega = 0$$

所以

$$f'_1 = \frac{y'_\omega \tan\omega}{\sum \tan^2\omega} \tag{37-176}$$

最常用的是后两个计算公式。

3. 精密测长法畸变测试

在物方放置一个网格间距经过长度标定的网格板，在像平面设置一块毛玻璃，直接用测量显微镜调焦在毛玻璃上测量出各不同视场角位置上的目标刻线到中心的距离。或者在像平面位置上设置感光干板或胶片，将目标刻线图案拍摄下来，然后在较精密的测量显微镜或比长仪上进行测量，再与计算得到的理想像比较，差值即为畸变值。对每一个视场如此进行测量，测算出各个视场的畸变值后，就得到了该光学系统的畸变值，其光学原理如图 37-96 所示。

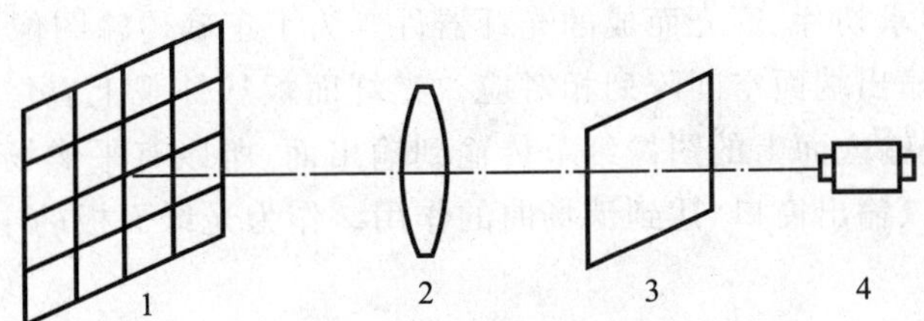

图 37-96　精密测长法原理图

1. 网格板；2. 被测系统；3. 观察屏；4. 显微读数装置

这种方法要求网格板的中心必须与被测物镜的光轴相重合，而且网格板必须与光轴相垂直，同时网格板刻线的不对称也会降低测量精度。在读数时，一般都把显微镜调焦到实像面，用人眼观察读数，因此受人为因素的影响也比较大。以上这些因素都会影响测量精度。

4. 转角法畸变测试

焦面上装有分划板的平行光管，用非相干光照明，平行光管或被测系统绕位于被测系统入瞳中心的垂直轴做相对转动，由光学度盘测出不同的物方半视场角，显微镜沿像平面移至相应像点位置，对像点瞄准，像高由长度测量机构读出。

当平行光管出射光束垂直于参考平面时，设定物方视场角为 0°，此时显微镜在像平面上所瞄准的像点，作为像高测量的起始原点，其原理光路如图 37-97 所示。

这种方法要求：物镜的入射光瞳中心必须与精密转台的旋转主轴的竖直轴线重合。其测量精度主要受精密转台的旋转精度影响，而且读数显微镜的对准误差和估读误差也会影响测量精度。

5. 平行光管组法

类似转角法的还有平行光管组法。带有照明分划板的若干平行光管，在通过被测系统光轴的水平平面内呈扇形均匀排列。各平行光管的光轴均相交于被测系统的入瞳中心处。相邻平行光管夹角事先精确测定，并保持稳定不变。

垂直于参考平面的平行光管称为零视场平行光管。以它在像平面上所对应的像点作为像高的起始测量原点。在像平面上用照相干板拍摄相片或直接用测长仪测量像高，其原理光路如图 37-98 所示。

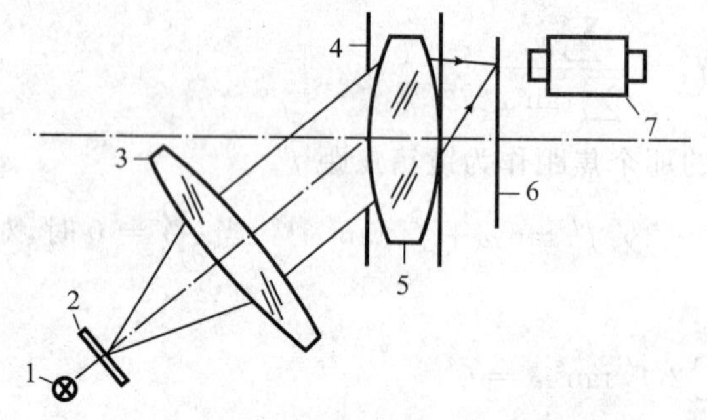

图 37-97　转角法测量光路图

1. 照明系统；2. 分划板；3. 平行光管物镜；4. 入瞳；5. 被测系统；6. 接收屏；7. 显微读数系统

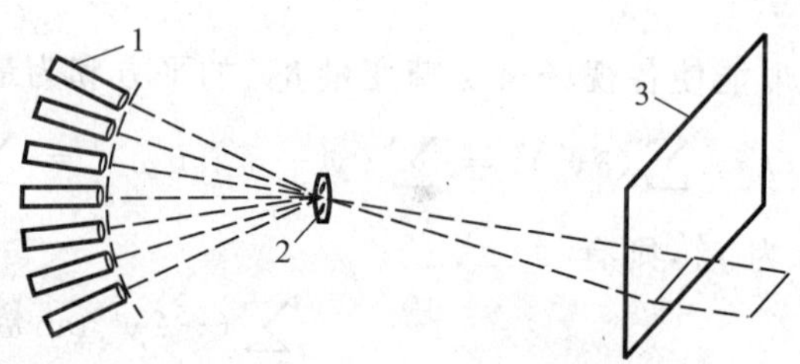

图 37-98　平行光管组法测量光路图

1. 平行光管组；2. 被测系统；3. 观察接收屏

平行光管组法要求：各平行光管的光轴相交于入瞳中心处，但由于加工和装调等的误差，将不容易达到这一要求；每一个平行光管的性能和参数应尽量一致，这一点也会影响测量精度；读数显微镜的人为读数误差也会影响测量精度。

四、光纤面板参数测试[38-41]

光纤面板是一种板厚远小于板直径的板状传像元件。它是用多根单光纤或复合光纤经热压而制成的真空气密性良好的光纤棒，按要求切片、磨光而成的光纤器件。为了正确传输图像，光纤间必须相关排列，由棒中切出的每块面板的输入与输出端面空间阵列相对应。光纤面板从外观上看像一块玻璃，但由于它是由许多很细的光纤组成的，光纤把输入面上的图像细节传输到输出面，所以有平像场的作用，在微光像增强器等电子光学系统中，用它作输入、输出窗口，达到消场曲的作用。作为光纤面板的主要光学特性参数有：数值孔径、透射比、刀口响应等。

(一)光纤面板数值孔径的测量

1. 数值孔径的定义

数值孔径是光导纤维的一个重要参数，它反映了光纤聚光能力的大小。对于传光束、传像束而言，数值孔径越大越好。在通信光纤中，就要限制数值孔径的大小，数值孔径大，虽然能量传输特性好了，但却牺牲了信息容量。因此，控制数值孔径的大小非常重要，这就要求我们研究数值孔径的测量问题。

数值孔径的理论定义是 $NA=(n_1^2-n_2^2)^{1/2}$，物理定义为 $NA=n_0\sin\theta_0$。实际测量中，我们是从收集光能的角度测量的，所以应找出光纤输入端入射光线满足全反射条件的最大孔径角 θ_0。这将涉及极限量的测量，实际测量中，极限量难以正确判断。因此，在检测中常用最大值的某相对百分比值所对应的点作为极限的度量。

在数值孔径的测量中，通常是测定光纤器件的角透射率分布函数，按透射率下降到垂直入射时透射率所约定的百分比时所对应的角度作为孔径角。该孔径角的正弦与所在介质折射率的乘积就是光纤元件数值孔径的定义值。常用约定的百分比为50%。

2. 光纤面板数值孔径的测量

图37-99为光纤面板数值孔径测量装置原理图。光源发出的光经聚光镜引入积分球，光束在积分球内产生漫反射，使积分球输出的是漫射光。光电探测系统主要由接收物镜、光阑和光电探测器组成。接收物镜的有效直径大于积分球出射孔直径，光阑置于物镜的焦平面上。为使接收面照射均匀，在探测器前也可加光漫射器。光阑的作用是限定测量光束的角间隔，提高测量精度。为测量光纤面板的角透射比分布函数，必须进行两次测量：第一次测量不加光纤面板前积分球出射光通量的角分布。在第二次测量加光纤面板后输出光通量的角分布，在对应角度上，后者除以前者就得到角透射比分布曲线。测量结果通过计算机处理，利用数值孔径的定义，得到数值孔径值。

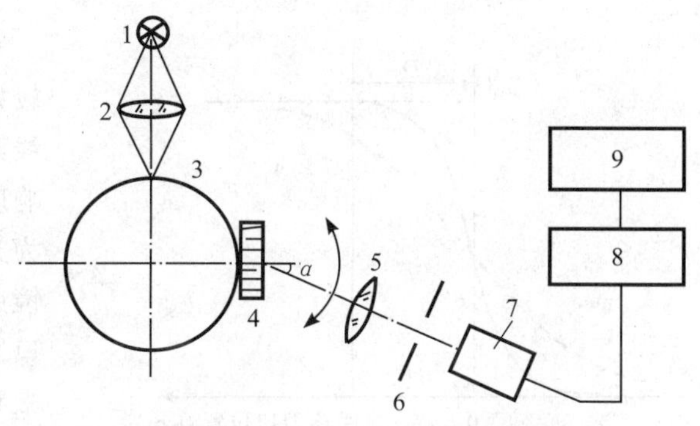

图 37-99　光纤面板数值孔径测量装置原理图

1. 光源；2. 聚光镜；3. 积分球；4. 光纤面板；5. 物镜；6. 光阑；7. 探测器；8. 放大器；9. 记录器

（二）光纤面板透射比的测量

光导纤维的输出光束一般为发散光束，发散角的值取决于数值孔径，光纤面板等光纤元件的数值孔径很大，所以出射角很大。测量光纤元件的透射比，一般分为准直透射比和漫射透射比。前者为准直光入射，后者为漫射光入射。由此可见，准直透射比测量与普通光学元件测量相同，而漫射透射比测量与普通光学元件测量不同。而在光纤面板等传像光纤元件的使用中，关心的主要是漫射透射比，所以下面我们介绍光纤元件漫射光透射比的测量装置。图37-100为光纤面板漫射透射比测量装置原理图。

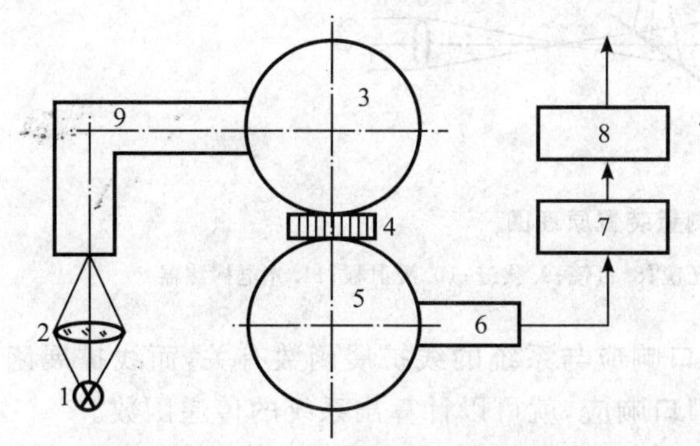

图 37-100　光纤面板漫射透射比测量装置原理图

1. 光源；2. 聚光镜；3. 积分球Ⅰ；4. 光纤面板；5. 积分球Ⅱ；6. 光电探测器；7. 放大器及A/D转换器；8. 计算机；9. 单色仪

光源发出的光经聚光镜射入单色仪，调节单色仪，在出射狭缝处输出不同波长的单色光，单色光经积分球Ⅰ由输出孔输出单色漫射光。也可用其他方式产生漫射光。测量头由积分球Ⅱ和光电探测器组成。采用积分球Ⅱ的目的是实现大孔径角的信号接收并使探测器表面的光照均匀化。光纤面板漫射透射比测量要进行两次测量：一次是无光纤面板时测定积分球Ⅰ出射光的光谱分布，第二次是有光纤面板时，光纤面板出射光的光谱分布。在对应波长上后者与前者相除就获得该波长下的透射比。

（三）光纤面板刀口响应测量

光纤面板一类的传像光纤元件要求有好的传像质量，最简单的测量方法是测量它的分辨率。由于分辨率人为影响很大，不同的人测量的结果会有很大的不同，所以大家在寻找一种客观的评价光纤元件传像质量的方法。实践证明，和其他测量方法相比，刀口响应测量法能准确反映光纤面板的传像质量。

刀口响应是用一个刀口把视场分成明暗两半，以刀口位置为原点，测量阴影区距刀口不同距离上的透光量分布，即线扩散函数。随着在阴影中距对应点距离的增加，光量下降越快越好。一般用在几个典型距离处的数据相比较。一般取距刀口的距离为 12 μm、25 μm、50 μm、125 μm、375 μm。典型的光纤面板刀口响应值列于表 37-10 中。

表 37-10　典型的光纤面板刀口响应值

距刀口距离/μm	12	25	50	125	375
响　应/%	4	1	0.5	0.25	0.15

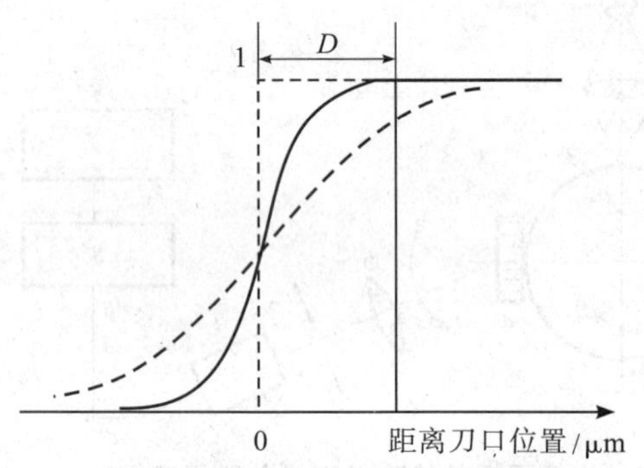

图 37-101　光纤面板的刀口响应曲线

图 37-101 为光纤面板刀口响应曲线。图中实线表示质量较好的典型光纤面板的刀口响应曲线，刀口附近变化较陡，曲线延伸距离较短。图中虚线表示质量较差的光纤面板的刀口响应曲线，刀口附近变化缓慢，曲线延伸距离较长。图 37-102 为光纤面板刀口响应测量装置的原理图。光源发出的光经透镜照明漫射板形成测量用的漫射光源。能覆盖半个视场的刀口紧贴在待测光纤面板的入射端面。刀口响应的测量利用显微物镜、狭缝和光电探测器所构成的光电接收头完成。为使光电接收头具有与光纤面板类似的数值孔径，应采用大数值孔径的显微物镜并加油浸后收集信号。狭缝用以确定测试点的宽度。移动光电接收头来确定测试点的位置。图中增加分光镜是为了给人眼提供观察光路。光电接收头产生的电信号经放大器处理后由记录器输出。

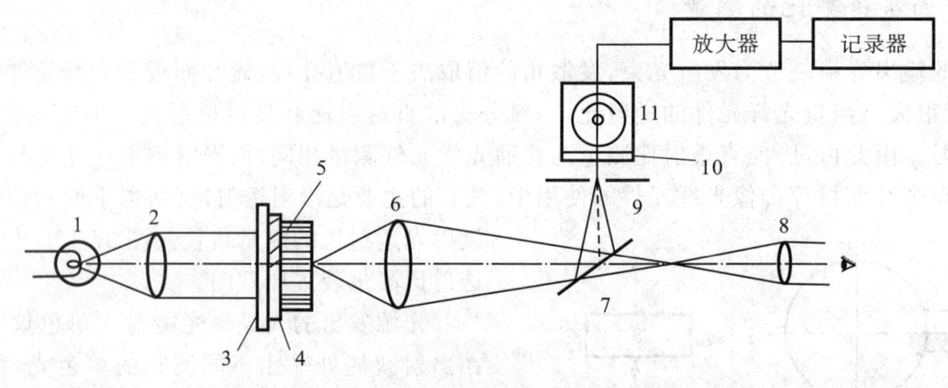

图 37-102　光纤面板刀口响应测量装置原理图

1. 光源；2. 透镜；3. 漫射板；4. 刀口；5. 光纤面板；6. 显微物镜；7. 分光镜；8. 目镜；9. 狭缝；10. 漫射板；11. 光电探测器

刀口响应直观地给出了光纤之间的串光程度。实际上刀口响应与系统的线扩展函数有关，而线扩展函数的傅里叶变换正是光学传递函数。所以，只要我们测量到刀口响应，就可以计算出系统的传递函数。

设 y 方向的刀口定义为

$$E(x,y)=H(x)=\begin{cases}1, & x\geqslant 0\\ 0, & x<0\end{cases} \tag{37-177}$$

假设系统的线扩展函数是 $L(x)$，则刀口经系统传输后的像为 E 和 L 的卷积，即

$$E'(x',y')=H(x')*L(x)' \tag{37-178}$$

由(37-177)，得

$$\frac{\partial E'}{\partial x'}=\frac{\partial H}{\partial x'}*L(x')=\delta(x')*L(x')=L(x') \tag{37-179}$$

上面几个公式中的 $\delta(x')$ 为 δ 函数，$*$ 为卷积符号。

由此得出结论:对刀口像E'求导后就得到系统的线扩展函数$L(x)$。显然,对$L(x)$直接进行傅里叶变换就得到光学传递函数OTF(f),它的模就是调制传递函数MTF。

$$\mathrm{OTF}(f)=\int_{-\infty}^{\infty}L(x)'\exp(-\mathrm{i}2\pi fx')\mathrm{d}x'=\int_{-\infty}^{\infty}\frac{\partial E'}{\partial x'}\exp(-\mathrm{i}2\pi fx')\mathrm{d}x' \tag{37-180}$$

式中,f是空间频率。

参考文献

[1]沙定国.误差分析与测量不确定度评定[M].北京:中国计量出版社,2003

[2]郑克哲.光学计量[M].北京:原子能出版社,2002

[3]范纪红,杨照金,秦艳,刘建平.以低温辐射计为基础的光辐射量传体系[J].应用光学,2007,28(增刊):163-166

[4]孙立群,张元馨,刘亚芳,徐明顺.自发参量下转换双光子场的产生及其在光学计量中的应用[J].应用光学,1999;20(5):31-35

[5]孙利群,张彦鹏,刘亚芳,唐天同,杨照金,向世明.自发参量下转换双光子绝对校准光电探测器的方法研究[J].物理学报,2000,49(4):724-728

[6]李建军.基于纠缠光子方法测量光电探测器量子效率的研究[J].应用光学,2007,28(2):216-220

[7]刘金元,熊利民,李平,薛凤仪,杨永刚,李大欣,陈赤,崔明启,等.用同步辐射源建立紫外及真空紫外光谱区光谱辐射基准研究[J].光学学报,2006,26(4):547-550

[8]刘金元,薛凤仪.紫外和真空紫外光谱辐射标准灯——氘灯[J].计量技术,2002(3):19-21

[9]占春连.光谱辐亮度标准装置[C]//中国光学学会光学测试专业委员会论文集(厦门),2001

[10]阎晓宇,岳文龙,王学新,付建民.中温黑体辐射源分析与设计[J].应用光学,2006,27(特刊):33-36

[11]高魁明,谢植.红外辐射测温理论与技术[M].沈阳:东北工学院出版社,1989

[12]周书铨.红外辐射测量基础[M].上海:上海交通大学出版社,1991

[13]范纪红.红外探测器光谱响应测量技术研究[D].北京:兵器科学研究院,2006

[14]侯西旗,等.高精度光谱响应度标准装置[C]//中国光学学会光学测试专业委员会论文集(厦门),2001

[15]范纪红,杨照金,侯西旗,秦艳.建立腔体热释电探测器相对光谱响应度标尺的研究[J].宇航计测技术,2006,26(4):43-46

[16]占春连,李燕梅,刘建平,李正琪.红外探测器光谱响应度的均匀性及直线性测试研究[J].应用光学,2004,25(6):34-37

[17]王雷,黎高平,杨照金,杨鸿儒,梁燕熙.激光功率能量计量方法研究[J].应用光学,2006,27(特刊):41-46

[18]林延东,等.陷阱探测器面响应均匀性的测量[J].现代计量测试,2000(2):17-21

[19]南瑶,徐林苗,等.脉冲激光峰值功率标准系统[C]//国防军工计量学术交流会论文集,2001

[20]胡建平,马平,许乔.光学元件的激光损伤阈值测试[J].红外与激光工程,2006,35(2):187-191

[21]高勋,董光炎,李永大.光电探测器的激光损伤阈值的测量及测量误差分析[J].长春理工大学学报,2006,29(2):24-27

[22]HfO_2/SiO_2光学薄膜激光损伤阈值的测量[J].光电子激光,2002,13(4):752-754

[23]苏大图.光学测试技术[M].北京:北京理工大学出版社,1996

[24]王雷,王生云,侯西旗,杨照金,等.红外光学材料参数测试[J].应用光学,2001,22(6):40-42

[25]朱日宏,等.移相干涉测量术及其应用[J].应用光学. 2006,27(2):85-88

[26]麦伟麟.光学传递函数及其数理基础[M].北京:国防工业出版社,1979

[27]杨红,等.大口径光学系统传递函数标准[C]//中国光学学会光学测试专业委员会论文集(厦门),2001

[28]庄松林,钱振邦.光学传递函数[M].北京:机械工业出版社,1981

[29]赵燕玉,李正民,严忠军,林逸群.用CCD测量光学系统OTF的研究[J].仪器仪表学报,1992,13(2):143-146

[30]杨红.大口径可见光到红外波段光学传递函数测试仪的标定[J].光学技术,2001,(1):87-94

[31]张晓辉,吴国栋,马冬梅,谷立山.多功能光学传递函数测试仪[J].光学精密工程,2004,12(4):117-122

[32]苏大图,沈海龙,陈进榜,等.光学测量与像质鉴定[M].北京:北京工业学院出版社,1988

[33]张海涛,赵达尊. 微扫描减少光电成像系统频谱混淆的数学原理及实现[J]. 光学学报,1999,19(9):1263-1268

[34]Stephen K Park,Robert,Schowengerdt,Mary-Anny,Kaczynski. Modulation-transfer-function analysis for sampled image

systems[J]. Applied Optics,1984,23(15):2572-2581

[35]Wittenstein W ,Fontanella J C,Newbery A R,et al. The definition of the OTF and the measurement of aliasing for sampled imaging systems[J]. Optica Acta,29(1,pp):41-50

[36]王虎,苗兴华,惠彬.短焦距大视场光学系统的畸变校正[J].光子学报,2001,30(11):1409-1411

[37]郭羽,杨红,杨照金,姜昌录,于帅.CCD摄像系统镜头的畸变测量[J].应用光学,2008,29(2):279-282

[38]杨照金,刘治.光纤面板数值孔径的测量[J].应用光学,1984(6):87-91

[39]杨照金,贾大明.光学纤维元件的刀口响应与传递函数[J].应用光学,1985(2):75-77

[40]孙镜.光纤面板参数测量[J].高速摄影与光子学,1980(1):32-41

[41]中华人民共和国国家军用标准 GJB2177-1994:光学纤维面板通用规范[S].北京:国防科工委军标出版发行部,1994

第三十八章 光学零件工艺学

光学零件工艺学是一门研究光学零件制造过程与工艺原理的技术学科，主要讨论怎样把光学材料高效、优质地加工成各种合格的光学零件，其中包含必要的光学检验。因为透镜和棱镜是最常用的光学零件，所以早期称为透镜和棱镜的制造；20 世纪 80 年代普遍叫“光学工艺学”；进入 21 世纪以后，由于新工艺、新技术的普遍采用，这门学科又称为“光学制造技术”；但是，从这门学科的内涵来说，叫“光学零件工艺学”更为合适。

本学科基本上包含两大部分内容：一是光学零件的成形工艺，包括研磨、抛光成形，切削成形，热压成型，注射成型等，通过不同的工艺方法，达到光学零件表面的面形、粗糙度、尺寸精度要求，这部分被称为基本工艺。二是光学零件的特种工艺，包括在光学零件表面镀各种薄膜，在光学零件表面的微细加工，光学零件的胶合和光学工具制造。

在光学零件制造领域，光学零件的加工材料和制造批量不同，往往所使用的设备和采用的工艺也会有较大区别，本章所叙述的光学零件工艺学，在兼顾单件、小批量的同时更侧重于批量制造技术。

在整个制造业，光学零件制造是一个比较特殊的行业，这是由光学零件制造的特点所决定的，通常认为光学零件工艺有如下一些特点：

1)加工精度高。一般光学零件的加工精度，最精密处的尺寸精度(包括面形)都在 $10^{-1}\sim10^{-3}$ μm，角度精度大都在秒级，高精度光学零件的制造，都要求控制在纳米量级，通常说的纳米技术就包括光学零件制造技术。所以，加工精度高是光学零件制造工艺最重要的特点。

2)被加工表面的表面粗糙度要求高。因为光学零件的工作表面都是镜面，被加工表面的表面粗糙度要求高是光学零件工艺的另一重要特点，一般光学零件的工作表面的表面粗糙度 R_z 都在 0.05 μm，要求高的工作表面的表面粗糙度 R_z 都在0.02 μm，已经达到表面粗糙度的极限值。这么高的表面粗糙度要求是其他任何制造技术不曾有的。

3)被加工材料硬而脆。一般光学零件的材料都是光学玻璃或光学晶体，材料的显微硬度都在6000 N/mm^{2}左右，在一般机械加工中，这些材料属于难加工材料，要有相应的设备和工具，因此光学零件制造的设备和工具都是专用的，要求设备的刚度好，要求切(磨)削的工具或材料的硬度更高，因此光学加工中广泛使用金刚石刀(磨)具。

4)以铣磨和抛光为主要的加工方法。一般光学零件的制造方法，主要靠铣磨、精磨和抛光，虽然很多光学零件铣磨、精磨和抛光以后，还有较多的制造工序，但铣磨、精磨和抛光后的光学零件，才提供了后续制造的基础，根据测算，一般的光学零件制造企业，铣磨、精磨和抛光及其相应的辅助工作量要占光学加工的50%左右。

5)对制造环境洁净度要求高。由于光学零件的加工精度高，表面粗糙度要求很高，光学零件制造对环境洁净度要求也就高，光学零件制造的环境洁净度要求一般为三级，即：10 000 级、1 000 级和 100 级。所谓“级”，就是 1 ft^3(1 ft＝0.304 8 m)空气中所含 0.5 μm 以上的尘粒数，10 000 级表示每一立方英尺空气中所含0.5 μm以上尘粒的数目不超过 10 000 个，数字越小的级表示洁净度要求越高。10 000 级适合精磨和抛光等工序，进入工作区时需要换鞋、更衣、戴帽；1 000 级适合胶合、镀膜、装配校正等工序，进入工作区时不仅需要换鞋、更衣、戴帽，而且需要风淋；100 级适合光刻等微细加工工序，还要求二次更衣和风淋。

实践证明，对制造环境洁净度的要求，是现代光学零件制造保证产品质量的必要条件，是高精度光学零件工艺的必然环境要求，也是人类在光学零件制造发展过程中的科学总结。经测试，城市未经净化的一般环境，1 ft^3 空气中所含 0.5 μm 以上的尘粒数超过 1×10^7，所以，不保持光学零件制造环境的洁净度，是一种不科学的短视行为。

6)制造过程中使用的辅料种类很多。在光学零件工艺过程中,由于加工要求高,使用的辅料种类很多,而且对辅料的要求也很高,一般都是专用的超纯、超净级的,俗称“光学级”,比如蒸馏水、冷却液、抛光液、抛光粉、抛光模层材料、清洗液、胶合用胶、消光用漆、保护用漆等。其中的每一种,又有不同的材料或不同的配方或不同的制造方法,成熟、稳定的工艺和适宜的辅料是息息相关的。所以,光学制造企业一般不轻易改变所使用的辅料。

因此,光学零件工艺学这门学科既是一门古老的学科,也是一门涉及不同加工机理、加工方法、制造设备、检测技术的高新技术学科。

第一节　光学零件的毛坯制造

光学零件的毛坯制造又叫毛坯成型,这主要是因为对毛坯的要求主要是形状,尺寸和表面粗糙度的要求都不很高的缘故。

随着光电仪器的生产批量不断加大,光学零件的毛坯需求量越来越大,对毛坯质量的要求也日益提高。毛坯成型制造,已经由原来光学零件生产中的一道工序,逐渐分离出来,发展成为现代光学零件制造领域中一个新兴的行业,而且是该领域中不可缺少的行业。

毛坯成型主要有冷加工成型和热加工成型。冷加工成型主要采用锯切、滚圆、开球面(平面)的古典加工方法。其工艺落后,生产效率低,原材料消耗大。但由于设备简单,在小批量生产中仍然使用。热加工成型有热压成型(二次成型)和滴料成型(一次成型)。热压成型批量生产较冷加工成型成本低,精度高,原材料消耗少,比冷加工成型可节省 1/2～1/3 的玻璃。这种工艺在国内已被推广使用。20 世纪 70 年代以来,国外光学零件毛坯工艺实现了连续熔炼、滴料成型,使光学玻璃的利用率达到了 80%～90%。与热压成型相比,滴料成型更加节约原材料,而且加工出的毛坯质量好、生产效率高,是毛坯成型发展的方向。

一、块料加工形成毛坯

块料加工形成毛坯是根据光学零件的大小和形状,通过对整块光学玻璃的锯切、整平、划割和胶条、磨外圆等冷加工工艺加工而成,所以通常称为冷加工形成毛坯。由于棱镜和透镜具有完全不同的形状,所以棱镜毛坯的冷加工成型和透镜毛坯的冷加工成型还略有区别。

棱镜毛坯的冷加工成型的工序是锯切、整平、划割、胶条和成型,透镜毛坯的冷加工成型工序是锯切、整平、划割、胶条、磨外圆和成型。

锯切是采用金刚石下料机锯切,通常用单片金刚石锯片或装有多片金刚石锯片的排锯片,依靠机床的进给,对固定在机床上的光学玻璃块料进行锯切。

整平则是将锯切后的玻璃,胶成盘在铣磨机上分别两面磨平,为胶条工序创造条件。

划割和胶条是先将整平的玻璃片用金刚石玻璃刀或电阻丝加热的方法,按照零件的大小进行划割,再以整平的面为基面,将划割的坯料用粘结胶粘成长条,胶条长度取决于长条的强度,一般直径或宽度与长度之比为(1∶4)～(1∶10)。

磨外圆:对透镜或分划板等圆形零件毛坯,胶条后要磨外圆,常用散粒磨料手工滚圆或使用磨床磨外圆。

成型:对透镜来说,就是在铣磨机上开出球面曲率;对棱镜来说,就是依靠角度胎具,将棱镜的毛坯块料磨出要求的角度。

由于这种工艺比较落后,生产效率低,原材料浪费大,它主要适合于单件或小批量生产。

二、热压成型制造毛坯

光学零件毛坯的热压成型工艺是利用玻璃的热加工性质,将光学玻璃加热软化后,放到一定形状的模具中压制成型,得到所需形状的光学零件毛坯。由于需要根据毛坯形状制造模具,它适合于大批量的光学零件制造,在实际生产中,应根据零件压型的经济性决定是否采用这种工艺方法。

热压成型的光学零件毛坯，主要是棱镜和透镜。

(一)热压成型工艺过程

热压成型的工艺过程有下料、滚磨、压型、退火、检验等工序。

1. 下料

热压成型所用的原始坯料，是具有一定形状、体积和重量的光学玻璃。下料就是把达到毛坯物理和光学性能要求的玻璃块，按照光学零件的不同尺寸，通过重量公差计算与控制，切割成毛坯制造所需的料块。经检验交下道工序滚磨。

下料的方法很多，有敲碎成块法、电阻丝加热炸裂法、金刚石下料锯切、划口折断及划切敲击等。由于划切敲击、敲碎成块等方法需要有一定的经验，而且浪费原料，因此较少采用。目前国内生产厂家主要采用电阻丝加热炸裂切块和金刚石下料锯切相结合的方法。

电阻丝加热炸裂切块，先将检验后的玻璃块按照脉路、条纹、气泡情况进行放位，以使这些条纹、气泡切块后对料块的影响较小，然后进行加热切割。加热到一定时间，用划线锥沾少量水，由加热处引导划线，便于炸裂切块。电阻丝切块效率高，但精度有限。因此，只用来将大块玻璃原料切割成较小的条料，然后用金刚石下料机锯切，进一步将条料切成与毛坯重量相近的坯料块，经称重修切后送往滚磨。

2. 滚磨

滚磨是为除去小料块表面的锐棱尖角和上道工序留下的裂痕等，使料块控制在规定的重量范围内，以提高毛坯质量。目前，常用砂轮机水磨大料块，光饰机振磨较小的料块。水磨后要进行称重检验，超过一定重量公差的，要进行修磨。振磨则利用光饰机的多向振动，使按照一定比例的料块和磨料(通常有金刚砂、鹅卵石、废砂轮块)产生圆环螺旋运动，料块和磨料在运动过程中互相摩擦，磨去棱角和表面疵病。在振磨过程中要经常补充一些水，以维持配定的比例。振磨后经称重检验，分选出超过重量标准的，继续振磨；合格的则送入下道工序。

3. 压型

压型是把玻璃加热软化，用一定形状的模具压制成型，得到所需形状的毛坯。它是热压成型工艺的关键工序，直接影响毛坯的质量和生产效率。压型前，要将料块和托模进行防粘处理；还要对托模和模具进行预热。压型过程中，对加热炉的温度控制和模具的保温十分重要。

4. 退火

退火是为了消除内应力和改善玻璃光学的不均匀性，以及微量调整光学常数。它是保证毛坯质量的主要工序之一。热压成型毛坯的退火分为粗退火和精密退火两个阶段，粗退火一般在压型后利用加热炉的余热进行，精密退火则在专用的退火炉中进行。利用电阻丝加热升温，不同牌号的玻璃、不同的毛坯大小决定了不同的退火过程。

5. 检验

检验是按照毛坯技术要求，将退火过的毛坯进行形状、尺寸及表面疵病的检查。检验是保证毛坯质量的最后一道工序。检验前，将毛坯浸入 30～40℃的温水，借助水湿表面的透明性，观察毛坯中的气泡和一些表面疵病。用测厚仪或卡尺检验毛坯的尺寸精度。并在装箱前进行样品的抽检，对一批零件中的样品进行光学常数的测试。

(二)影响毛坯质量的主要工艺技术因素

毛坯的质量主要从 3 个方面来衡量：形状尺寸精度、表面质量及光学性能。热压成型中毛坯的形状尺寸精度主要取决于毛坯料块的重量和模具，表面质量主要取决于压型模具和压型过程，而光学性能则主要取决于毛坯的退火过程。在压型与退火过程中，温度控制是相当重要的，它决定了压型和退火的质量。因此，热压成型影响毛坯质量的主要工艺技术因素有：毛坯料块的重量计算与重量控制，压型和退火工序及工序中的温度控制。

热压成型的毛坯能达到的一般形状尺寸精度如表 38-1 和表 38-2 所示。

表 38-1　透镜压型毛坯形状尺寸精度

单位：mm

毛坯直径			<30	30～80	80～150	150～300
直径公差			0.2	0.25	0.35	0.4
中心厚度公差			0.4	0.4	0.4	0.4
边缘厚度公差			0.1	0.15	0.2	0.25
中心透光间隙			0.3	0.3	0.4	0.5
飞边高和宽			0.1	0.1	0.15	0.25
边缘破碎			0.15	0.2	0.3	0.3
表面疵病			0.3	0.3	0.3	0.3
椭圆度和锥度			在直径公差范围内			
曲率半径公差（以曲面和样板中心透光缝隙计）	$\Phi<5H$	$R\leqslant 2\Phi$	0.3	0.4	0.6	1.0
		$2\Phi<R\leqslant 3\Phi$	0.2	0.25	0.5	0.8
		$R>3\Phi$	0.15	0.2	0.35	0.6
	$\Phi>5H$	$R\leqslant 2\Phi$	0.5	0.6	0.8	1.2
		$2\Phi<R\leqslant 3\Phi$	0.3	0.45	0.7	1.0
		$R>3\Phi$	0.2	0.3	0.5	0.8

注：1. 凡矢高小于 1 的球面，可直接压成平面。

2. 表中：Φ 为毛坯直径，R 为毛坯曲率半径，H 为毛坯总厚度。

表 38-2　棱镜压型毛坯形状尺寸精度

单位：mm

压型截面最大线性尺寸		<30	30～80	80～150	150～300
高度公差		0.8	0.5	0.3	0.1
线性公差		0.2	0.2	0.25	0.3
角度公差		±30′	±30′	±30′	±30′
飞边高和宽		0.15	0.2	0.2	0.3
表面凹陷公差		0.3	0.4	0.4	0.5
破边破角		0.2	0.3	0.3	0.4
顶部平台最小宽度		1.0	1.0	1.5	1.5
底部最小台高		1.0	1.0	1.5	2.0
压型截面夹角 α 的倒角尺寸	$\alpha<90°$	0.2	0.3	0.5	0.5
	$\alpha=90°$	0.8	1.0	1.5	2.0
	$\alpha>90°$	1.0	1.0	1.5	2.5

1. 重量计算与控制

毛坯的尺寸公差，应根据具体工艺条件来确定。不同毛坯尺寸精度可参照表 38-1 和表 38-2 选取。压型毛坯的形状尺寸精度，主要由坯料块的重量公差决定。因此，精确计算坯料块的重量并控制其公差是十分重要的。坯料块的重量计算也就自然成为下料的首要工作。其计算公式如下：

$$W=Vd+\delta \tag{38-1}$$

式中，W 为毛坯重量，V 为零件公称尺寸体积，d 为玻璃密度，δ 为毛坯加工损耗量。

根据光学玻璃的类别和光学零件大小的不同，毛坯加工损耗量和零件重量的比大约是 15%～5%不等，零件尺寸小的、玻璃密度大的所占的百分比略微大些。

重量控制是能够实现以上重量计算的关键和基础，它在下料和滚磨工序中进行。经过下料机手工锯切后的料块，由精度为 0.1 g 的物理天平称重，或采用精度为 0.01 g 的电子秤称重。称重后将超过一定重量公差的料块进行修切。在滚磨工序中，较大料块用砂轮机水磨（一般来说，重量超过 30 g 的料块即可水磨）。水磨后，用天平或电子秤对料块逐块进行称重检验，将超过一定重量公差的进行修磨；小料块用光饰机振磨，振磨到一定时间，同样要称重，检验重量公差，一些厂家采用先进的进口仪器——分选机，将振磨后的料块进行重量分选。重量分选机如图 38-1 所示，图中 M 为零件公称尺寸重量，Δ 为毛坯和零件公称尺寸重量最小允差。多个料箱均匀分布在机座周围，每个料箱都有一定的重量公差范围 Δ。分选过程中，料块由漏斗单块落到下面的称重装置上，经称重装置称重后，由拨叉机构按照不同的重量公差，拨到不同的料箱中，完成分选。将超过一定重量公差范围的料块，再次振磨，直到料块重量公差达到要求。分选机的精度为 0.001 g，常分 7 挡进行分选。若经电子秤称重，修切后，料块重量偏差达 0.1～0.5 g，再用分选机分 7 挡进行分选，重量偏差可达 0.015～0.072 g。这种精确的重量控制方法的运用，使由零件直接计算重量公差的方法得以实现，提高了毛坯质量，减小了光学零件的加工余量和加工时间，取得了很好的经济效益。

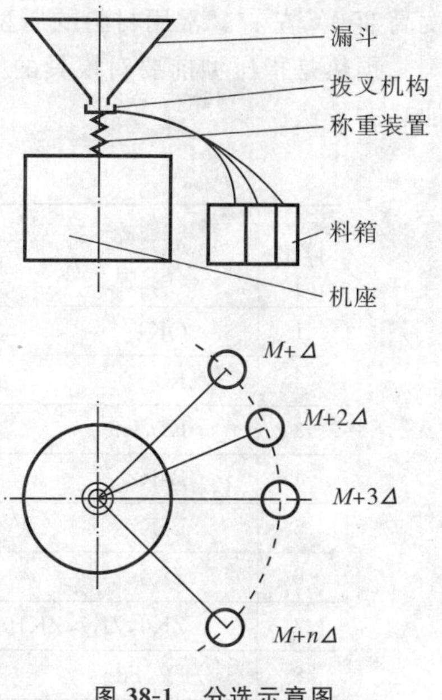

图 38-1　分选示意图

2. 防粘处理

压型前，要把分选合格的玻璃料块进行防粘处理，它包括料块的防粘处理和托模的防粘处理。托模一般用耐高温、抗氧化的耐火材料制成。不同大小的料块使用不同形式的托模，较大的料块用平面托模，其表面平整；较小的料块则用带有凹坑的托模。因为料块是逐一放在托模上，由传送带放进炉内进行加热的，因此，料块和托模都要进行防粘处理，否则料块在加热软化或压型的过程中，会产生和加热炉或模具的粘连，造成压型的失败。料块的防粘处理是利用滚筒，将粉状脱模剂和料块放入滚筒中，利用滚筒的定时滚动，使脱模剂均匀涂在料块表面。

在这个过程中需要注意：一是合理确定放入脱模剂的量和粒度。脱模剂放入少，起不到防粘的效果；放入多会影响毛坯表面质量，而且造成浪费；脱模剂粒度大小与毛坯表面质量有关，粒度小，表面质量高，但粒度越小经济成本就越高。因此，应根据质量要求与经济性，合理选择脱模剂的量和粒度。二是装筒不能过满，一般为滚筒容积的 60％～80％，使脱模剂能均匀涂在料块表面。三是滚动速度不能太快，以防止料块间产生较大的碰撞而产生裂纹；滚动时间根据玻璃材料和料块的大小不同而定。

托模的防粘处理是将脱模剂与水配制成溶液，再用刷子刷或喷洒在托模表面，一次留在托模表面的脱模剂较少，需要在托模的预热阶段连续刷几次，一般刷 3～5 次。防粘处理得好可以避免造成白点、疙瘩、面麻等毛坯疵病。

3. 加热

加热主要是指料块通过加热炉的加热和压型模具的预热，加热炉多以炭精棒作电极或电阻丝加热，炉内温度由进料口到出料口依次升高，在出料口装有炉盖起保温作用，紧贴加热炉的下面为粗退火室，利用了加热炉的余热进行粗退火。加热炉的温度控制设备应灵敏可靠。

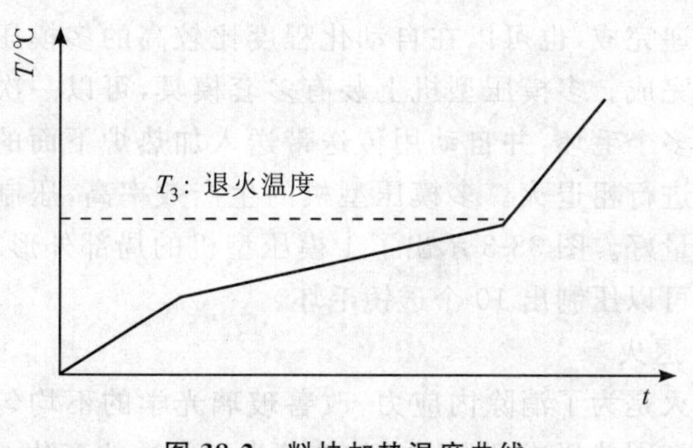

图 38-2　料块加热温度曲线

料块的加热速度如图 38-2 所示，即在开始加热和高于退火温度时，加热速度快；而在料块处于低于退火温度时，为防止应力急剧变化而炸裂，加热速度要慢；中间这个阶段的加热时间约占总加热时间的 70％～80％。

加热炉内的温度大约控制在比料块需要的拍型温度高 20℃，而玻璃的拍型温度一般比该玻璃的退火温度高 350℃左右。常用材料的压型工作温度如表 38-3 所示。

预热是指压型前要对模具的上模和下模进行加热，并在压型过程中保温，通常用天然气、煤气或电阻丝加热的方法。

表 38-3 常用光学玻璃的压型工作温度

序号	玻璃牌号	工作温度/℃			
		精密退火	电炉粗退火	拍型温度	压模工作面
1	QK1	400	370±15	750±5	320～400
2	K3	600	570±15	910±5	520～600
3	K7,K9	565	540±15	900±5	520～600
4	BaK2	560	530±15	890±5	520～600
5	BaK7	570	540±15	900±5	520～600
6	ZK4	610	580±15	930±5	540～600
7	ZK6,ZK7,ZK10	620	590±15	930±5	540～620
8	F2,F3	460	420±15	840±5	400～460
9	ZF1,ZF2	440	410±15	830±5	390～450
10	ZF5,ZF6	400	370±15	810±5	360～420

4. 模具的设计、制造、安装

压型模具是毛坯热压成型的主要工具，它的设计、制造和安装质量直接影响压型操作、脱模、毛坯的表面质量和尺寸精度。压模设计一般选用耐高温、抗氧化的合金钢、不锈钢等材料；设计时模具的几何尺寸和尺寸公差要考虑模具材料和毛坯光学玻璃的热膨胀；要考虑压模的预热方式，周围留够活动空间；结构上要装卸方便，采用配对的模套与模头，使脱模容易。

模具的安装要保证上模头和下模头的同轴度，保证其运动关系，预热完成后，需要用几个料块进行试压来调整模具；模具调整好后，即可进行压型。

5. 拍型送料和脱模

拍型是用两手各拿一个拍型铲，用适当的力转动、拍压加热的料块，使之成为与压模相适应的、比较规整的形状，能顺利放入压模内压型。拍型铲与玻璃接触的部分，应始终保持与料块相近的温度，温度太低会在接触时引起炸裂，温度太高则易粘连料块。如果温度太高，可使拍型铲在脱模剂与水配制的溶液中浸一下。对于小料块，其托模为带有凹坑的，只需要用夹持钳夹住托模，将料块送入压模。

毛坯脱模后，用接料托板移至石棉板上徐冷，然后，送入加热炉下面的粗退火室中粗退火。对于凸透镜，则放在耐火砂上徐冷，以保持其曲率，防止变形。

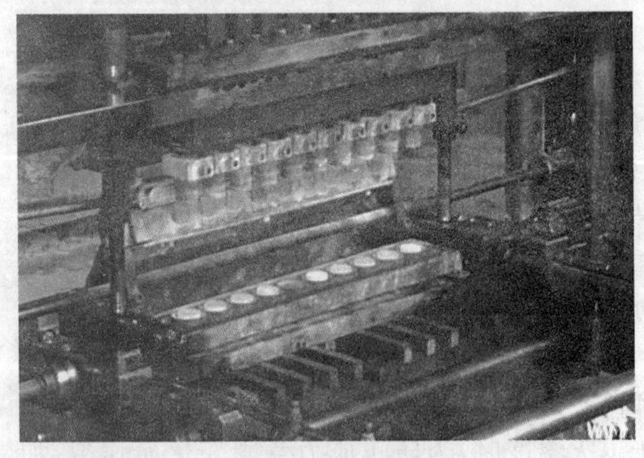

图 38-3 十模压型机的局部外形

从预热、送料、脱模、接料到粗退火的工艺过程，可以用人工传递完成，也可以在自动化程度比较高的多模压型机上自动完成。多模压型机上装有多套模具，可以一次自动压制出多个毛坯，并自动用传送带送入加热炉下面的粗退火炉中进行粗退火。多模压型机的生产效率高，压制出的毛坯质量好。图 38-3 示出了十模压型机的局部外形，它一个行程可以压制出 10 个透镜毛坯。

6. 退火

退火是为了消除内应力，改善玻璃光学的不均匀性和恢复毛坯因热压成型而造成的玻璃光学常数的变化。热压成型冷却下来的毛坯内应力很大，退火是把这样的毛坯玻璃升温到退火区域的某一温度，保持足够的时间，使残余内应力完全塑性退让掉，再以很慢的冷却速度经过退火区域，冷却到室温，从而消除残余内应力。热压成型毛坯的退火可分为粗退火和精密退火两个阶段。

粗退火是为了防止急剧降温造成应力局部集中而引起的炸裂，以保证毛坯形状的完好性。现在通常利用加热炉的余热进行粗退火，粗退火室就建造在加热炉的下面，徐冷后的毛坯直接由传送带送入粗退火室。粗退火后的毛坯要检验形状和尺寸精度，将通过检验的送去精密退火。

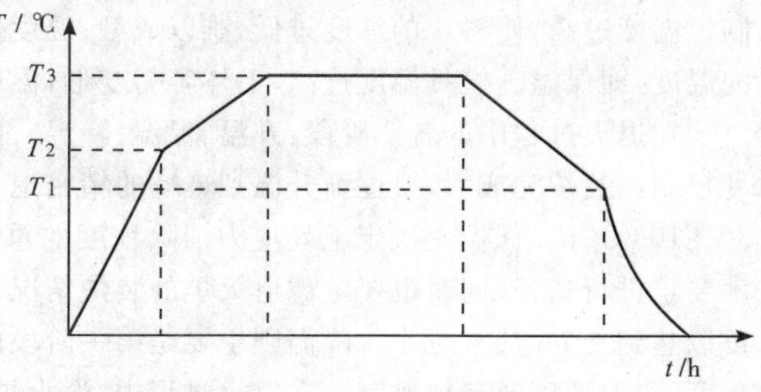

图 38-4　精密退火曲线

精密退火是保证毛坯符合零件所要求的光学性质的主要工序，它可以消除毛坯压型过程中产生的内应力和光学不均匀性，以及微量调整毛坯的光学常数。精密退火要将毛坯装入退火炉中进行，需要经过装炉、升温、保温、降温等工艺过程。精密退火曲线如图 38-4 所示。图中横坐标为退火所需的时间，纵坐标为温度。典型的精密退火规程见表 38-4。

表 38-4　精密退火规程

退火规程号	退火温度下持续保温时间/h	第一阶段降温	
		降温速度/(℃/h)	连续降温范围/℃
1	不少于 24	3	120～150
2	14～24	4	120～150
3	8～14	8	120～150
4	5～8	10	～120
5	3～5	16	～120

升温阶段主要是准确地控制温度，升温速度根据玻璃牌号和毛坯的大小、厚度而定，达到退火温度时，即停止升温，温度超过或低于退火温度都会造成良品率降低，严重的会造成整炉报废。

在退火温度上持续保温是决定毛坯应力消除程度的重要阶段。玻璃在退火温度下，具有一定的可塑性，由于分子的运动及彼此间位置的调整，可以在一定时间内使应力充分消除。保温时间应根据具体的玻璃牌号和毛坯尺寸大小及技术要求进行选择。

降温分为两个阶段：第一阶段，在退火温度以下的一个温度范围内，是冷却过程中产生应力集中的阶段。这个阶段决定了毛坯的折射率、光学均匀性和内应力消除程度等质量指标。因此，在第一阶段的降温速度要严格控制，缓慢进行。第二阶段在是第一阶段降温范围以下，这时继续降温对毛坯应力的影响不大，降温速度可以适当加快。第二阶段一般采用断电的方式，让电炉自然降温，降温和出炉温度可按照毛坯尺寸选择，见表 38-5。

表 38-5　精密退火第二阶段降温、出炉温度

毛坯尺寸/mm		第二阶段降温速度/(℃/h)	退火炉吊盖温度/℃	出炉温度/℃
直径	厚度			
～80	～30	30	120	80
80～120	50	20	100	80
120～180	60	8	80	50

7. 温度控制

压型工序的预热、加热阶段，压型过程中模具的保温，退火工序中的升温、保温、降温等各阶段均需要进行温度控制。温度控制的准确度直接影响毛坯的质量。因此，温度控制在热压成型工艺制造毛坯中非常重要。

压型前，要对模具、加热炉和托模进行预热。不同的玻璃牌号、不同的毛坯大小决定了不同的预热温度

和压型温度。不同牌号的玻璃，升温速度也不同。加热炉内的温度，由进料口到出料口依次升高，要精确控制。温度过高，使料块的黏度过低，难以成型；温度过低则黏度大，加压易碎裂。压型过程中，要控制好模具的温度，即保温。模具温度过高，毛坯容易变形；温度太低，则毛坯容易炸裂。

在退火过程中的各个阶段：升温、保温、降温，都要根据玻璃牌号和毛坯具体的技术要求，进行精确的温度控制。装炉完成后，要逐渐升温到玻璃的精密退火温度，升温速度应按照毛坯尺寸的大小而定，一般可取30～100℃/h。保温是决定毛坯应力消除程度的重要阶段，保温持续时间应根据具体的玻璃牌号和毛坯技术要求进行选择，同时也要考虑退火炉的装炉情况。保温过程中温度变化的公差范围要严格控制，现在一般可以达到±5℃甚至更小。降温则主要是第一阶段的温控，此阶段决定毛坯的光学均匀性、折射率、应力消除程度，降温速度要严格控制。在退火过程中，退火炉的温控设备对退火过程曲线以图纸或电子图纸形式进行记录，以便事后对检验不合格的毛坯查找原因。

第二节　透镜的研磨、抛光工艺

绝大多数光学零件是用光学玻璃制造的，最常用的光学零件是球面透镜，因此本节讨论的球面透镜制造是光学零件的主流工艺之一。

一、铣磨

光学零件从毛坯到光学表面，都要经过铣磨、精磨和抛光过程。铣磨是对毛坯进行粗加工的术语，如果用散粒金刚砂对光学零件毛坯进行粗加工，习惯上叫粗磨，后来发展到用金刚石磨具进行粗加工，习惯上叫铣磨。

图 38-5　透镜铣磨生产现场

铣磨是将光学材料的块料或型料毛坯加工成具有一定几何形状、尺寸精度和表面粗糙度的加工工艺。铣磨得到的表面粗糙度的均方根值为 0.38～0.50 μm，面形精度 N 小于 10。目前，透镜的铣磨是在铣磨机上，用高速旋转的金刚石磨具完成的，图 38-5 显示的是透镜铣磨的生产现场。小批量制造时，还有用金刚砂加水在简易机床上操作的。

（一）铣磨的机理

高速旋转的金刚石磨具的铣磨加工与磨屑金属很相似。磨轮上的金刚石颗粒具有锋利的棱角，铣磨的实质是利用无数的金刚石棱角高速（15～25 m/s）铣削玻璃。金刚石的作用原理是金刚石颗粒在玻璃表面以一定的切削力运动，切削力的垂直分力使金刚石颗粒进入玻璃的深度 t 不超过最大颗粒尺寸的 1/3，它破坏玻璃表面，形成相互交错的锥形裂纹，裂纹角为 155°，裂纹层深度为凹凸层的 2～4 倍，裂纹角的宽度 a 比金刚石颗粒宽度 b 大，如图 38-6 所示。

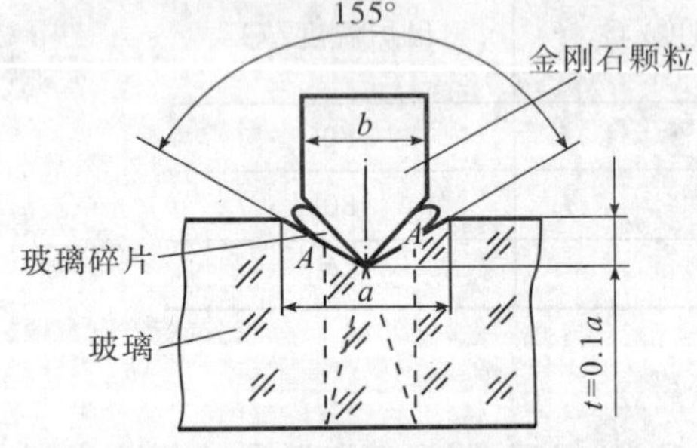

图 38-6　单粒金刚石的铣磨机理

切削力的水平分量大小与切削的玻璃量和产生热量所消耗的功成正比。在铣磨过程中，所产生的玻璃屑和热量将被冷却液带走。

磨轮的主要运动是旋转运动，同时还存在零件的振动位移，致使划痕边缘不整齐，且方向紊乱。由于玻璃的脆性，磨轮铣磨的结果使玻璃表面产生凹凸层。所谓光学零件的破坏层是指凹凸层和裂纹层的总称。

随着铣磨时间的增加，金刚石颗粒变钝，切削力增加，磨料从磨轮上脱落，新的颗粒开始发挥作用，这种过程不断反复，直至工件完工。

(二)铣磨面形

面形铣磨包括球面铣磨和平面铣磨。平面铣磨又是球面铣磨的极限情况。下面重点讲述光学零件的球面铣磨工艺。

1. 球面铣磨原理

球面铣磨是采用斜截圆原理，用筒形金刚石磨轮在球面铣磨机上加工球面零件，图 38-7 即为球面铣磨原理图。铣磨时，磨轮轴与工件轴交于一点，两轴的夹角为 α，筒形金刚石磨轮绕轴线高速旋转，而工件绕自身轴线慢速旋转，则磨轮的切削刃口在工件表面上的磨削轨迹为一球面。

若磨轮中径为 D，磨轮端面切削刃口的圆弧半径为 r，磨轮轴与工件轴的夹角为 α，则工件球面的曲率半径 R 由关系式 $\sin\alpha=\dfrac{D}{2(R\pm r)}$ 决定，其中，凸面取"＋"号，凹面取"－"号，则有

$$R=\frac{D}{2\sin\alpha}\pm r \tag{38-2}$$

当磨轮选定后，D 和 r 均为定值，只要调节 α，就可以得到不同曲率半径的球面。在选择金刚石磨轮时，其直径应大于铣磨零件直径的一半。这个加工原理俗称范成法。

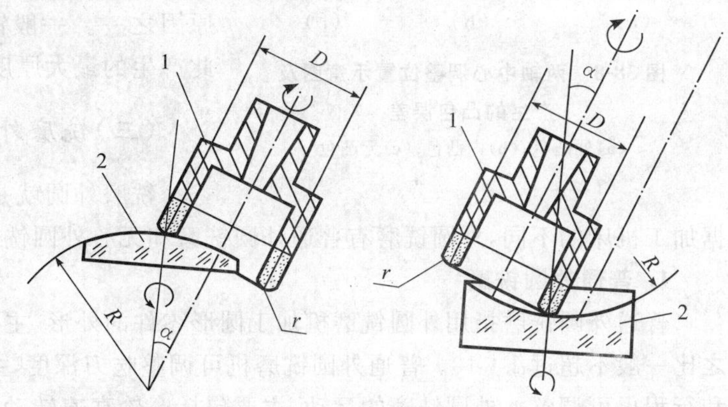

图 38-7　球面铣磨原理

1. 金刚石磨轮；2. 工件

根据球面铣磨原理，当磨轮轴与工件轴的夹角为零时，球面铣磨机可以加工平面零件。

2. 铣磨的误差分析

在铣磨过程中，由于工件轴与磨轮轴之间位置的误差，容易使工件的曲率半径和表面产生一些明显的误差。

(1)角度调整误差

对(38-2)式取 R 的微分，有

$$\begin{aligned}\mathrm{d}R&=\frac{\partial R}{\partial\alpha}\mathrm{d}\alpha+\frac{\partial R}{\partial D}\mathrm{d}D+\frac{\partial R}{\partial r}\mathrm{d}r\\&=-\frac{D\cos\alpha}{2\sin^2\alpha}\mathrm{d}\alpha+\frac{1}{2\sin\alpha}\mathrm{d}D\pm\mathrm{d}r\\&=-\frac{\cos\alpha(R\pm r)}{\sin\alpha}\mathrm{d}\alpha+\frac{1}{2\sin\alpha}\mathrm{d}D\pm\mathrm{d}r\end{aligned} \tag{38-3}$$

式中，$\mathrm{d}\alpha$ 表示磨轮轴与工件轴的角度调整误差，$\mathrm{d}r$ 是磨轮刃口圆弧误差，$\mathrm{d}D$ 是磨轮中径误差。从上式可以得出以下结论：

1)当磨轮中径 D 与刃口圆弧半径 r 均一定时，夹角误差 $\mathrm{d}\alpha$ 越大，球面半径的误差 $\mathrm{d}R$ 也越大。

2)当 $\mathrm{d}\alpha$ 角一定时，α 越小，$\mathrm{d}R$ 越大。故加工大 R 时，由于 α 很小，R 的精度很低。对于一定的 R 来说，若 α 角较大，必须用 D 较大的磨轮，才能提高 R 的精度。但 D 的选取不能太大，否则容易磨到夹具边缘。

3)加工凸球面时，r 减小，$|R|$ 增大；对于凹球面，r 减小，$|R|$ 减小。

4)当 $\mathrm{d}D$ 为正值时，则 R 增大。该结论对凹、凸面都适合。

加工平面时，取 D 为镜盘外径的 0.7 倍；加工球面时，取 D 为镜盘外径的 $0.7/\cos\alpha$ 倍。

(2)中心调整误差

所谓中心调整误差，即筒形磨轮 r 的中心不可能完全与工件的回转轴线相重合所形成的误差。在铣磨球面时，由于这个误差的存在，使铣磨出的球面表面有一个明显的突起，称为凸包。凸包分内凸包和外凸包。如磨轮未磨到工件中心，则出现外凸包；如磨轮超过工件中心，则出现内凸包，如图38-8所示。

(3)工件轴与磨轮轴不共面误差

由铣磨原理可知，当工件轴与磨轮轴共面而且相交时，可以加工出球面。但在实际使用中两轴不可能完

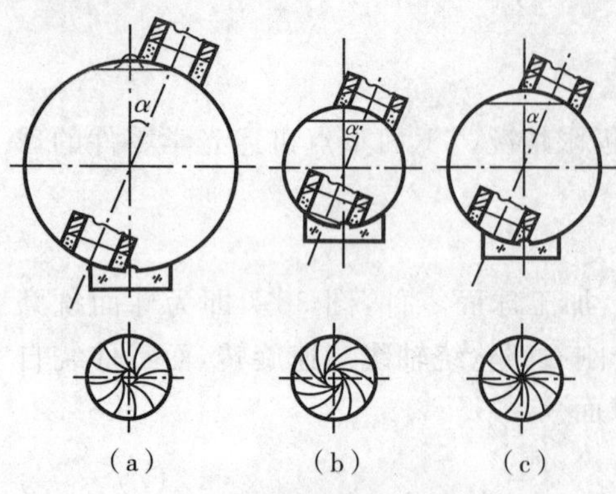

图 38-8 两轴中心调整位置示意图及产生的凸包误差

(a)外凸包;(b)内凸包;(c)无凸包

全共面,且随着使用时间的延长,不共面的误差越来越大。工件轴与磨轮轴不共面将使磨轮与工件开始铣磨时刀痕不完全,最后导致工件表面呈非球面。

(4)磨轮轴与工件轴径向跳动对 R 的影响

这一因素也能导致非球面误差。但当其径向跳动误差小于 0.01 mm 时,其影响不大。

(5)轴向跳动对中心厚度的影响

轴向跳动和夹具的制造与使用不当是造成中心厚度误差的原因之一。一般铣磨机两轴的轴向跳动量不超过 0.005 mm,因此产生的最大厚度误差不大于 0.01 mm。

(三)铣磨外圆

铣磨外圆就是用一定的工具加工圆形透镜的外圆轮廓。依据加工机床的不同,外圆铣磨有普通外圆铣磨和无心外圆铣磨两种。

1. 普通外圆铣磨

普通外圆铣磨指用外圆铣磨机加工圆形零件的外形,主要用于棒料或胶条的外圆铣磨,工件外径与长度之比一般不超过 1∶10。普通外圆铣磨机可调整吃刀深度,主轴箱与尾架均可随工作台移动,工作台的位置和行程也可调整。外圆铣磨的运动,主要包括磨轮高速转动的主切削运动、工件的转动、工件的进给和磨轮的进给(也称磨削深度或吃刀量)等。当工件行程结束时,磨轮进给。图 38-9 为普通外圆铣磨采用的磨轮和工件的位置关系。对于直径大于 250 mm 的工件,通常采用图 38-9(c)所示的方式。柱面母线的直线度可通过调整金刚石磨轮的纵向位置来实现。磨轮直径越大,柱面母线的直线度越好。

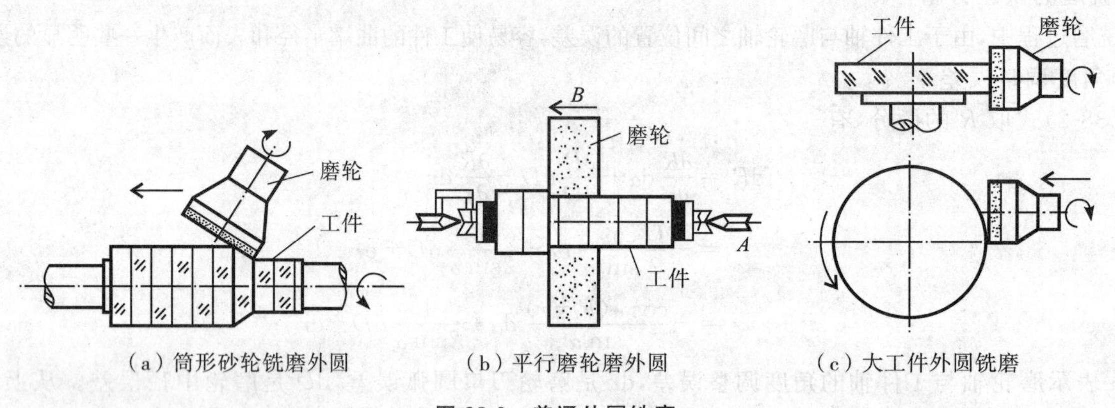

图 38-9 普通外圆铣磨

2. 无心外圆铣磨

无心外圆铣磨时,零件自由放置在磨轮和导轮之间,由磨轮和导轮对其定位。图 38-10 是无心外圆铣磨示意图。磨轮高速旋转做主切削运动,导轮用耐磨橡皮制成,做低速旋转,旋转方向与磨轮相同。工件放置在磨轮和导轮之间,下面有支板挡住,支板和底座连在一起。由于工件与导轮之间的摩擦力大,所以工件被导轮带动,并与导轮相向旋转,做圆周进给,由磨轮将工件磨成圆柱。磨轮轴与导轮轴保持一定的倾角,α 约为 1°～6°,目的是使工件自动纵向进给,调整倾角的大小,可以改变工件的纵向进给速度。导轮可作横向调整,以满足不同直径的玻璃棒料的铣磨。无心外圆铣磨多用于中小直径的外圆加工,其加工椭圆度和锥度比普通外圆铣磨要小。

3. 外圆加工余量与公差

在加工过程中,为了从光学毛坯获得所需要的零件形状、尺寸和表面质量,必须去除一定量的材料层,这个被去除的材料层叫加工余量。根据光学零件加工工序,加工余量分为铣磨余量、精磨余量、抛光余量及定心磨边余量。

从铣磨机理可以知道，玻璃铣磨后表面会产生具有一定深度的破坏层。后面的精磨抛光就是要去除这一破坏层，形成符合要求的光学表面。铣磨外圆加工余量，是指毛坯直径到零件定心磨边工序之间的磨去量，其余量大小、公差与工件直径和加工方法有关，见表38-6。

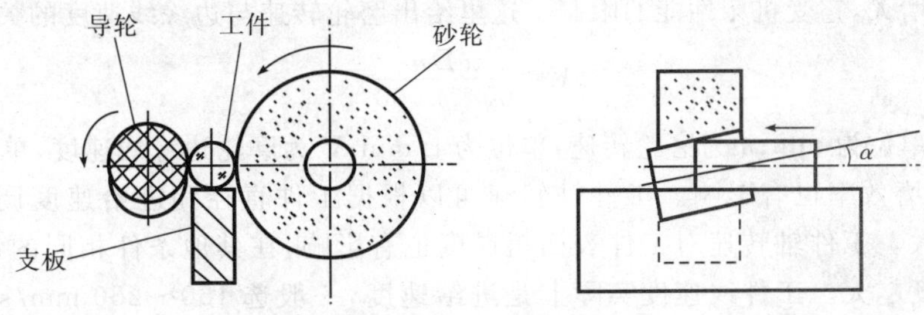

图 38-10　无心外圆铣磨

表 38-6　铣磨外圆加工余量与公差

工件直径/mm	加工类型	余量/mm	公差/mm	不圆柱度/mm
3～10	无心磨床	0.4～0.6	0.05	0.01
6～40	普通外圆铣磨	1.5～2.0	0.5～0.1	0.05
>40	普通外圆铣磨	2.5～3		

4. 外圆加工中常见的问题

在铣磨外圆的过程中，由于机器及工装夹具的精度问题，常会引起零件的加工误差。常见问题及产生原因如表38-7所示。

表 38-7　铣磨外圆时常见的问题及产生的原因

常见的问题	产生的原因
玻璃条断裂	①磨轮表面不平；②磨削量过大；③玻璃条过长；④玻璃条粘结强度不够（胶层不均匀，粘结温度低）
圆度、圆柱度不好	①接头跳动；②活顶尖松动；③顶尖轴线与进给导轨不平行；④无心磨床支板过低
表面粗糙度不好	①砂轮粒度粗、进刀过快、磨削量过大；②砂轮钝化、冷却液不足
端面与圆柱轴线不垂直	①玻璃条夹紧时倾斜；②胶层不均匀；③胶条时端面与玻璃条轴线不垂直
玻璃条不转动	①玻璃条两端垫片的摩擦力小；②被动顶尖的转动阻力大；③玻璃条直径过小；④夹紧压力不够大

（四）铣磨工艺因素的讨论

除了控制尺寸精度以外，铣磨的评价常用磨削效率、工件表面粗糙度以及磨轮的磨耗比来衡量。磨削效率是指单位时间内的磨削量或者磨去单位体积的玻璃所用的时间；表面粗糙度是指加工完工后零件表面凹凸层的深度，可以参考现行国标中的相关参数评价；磨轮的磨耗比是指每磨耗1 mg磨轮（或1 mg的金刚石）所能磨去玻璃的重量，以g/mg表示。

影响铣磨质量和效率的主要因素有磨轮轴转速、工件轴转速、切削压力、进刀深度、冷却液、磨轮粒度、浓度等。

1. 铣磨机性能对铣磨的影响

铣磨机性能有磨轮轴转速、工件轴转速、切削压力和进刀深度等。磨轮轴转速用每分钟转数或磨轮的边缘线速度来表示。大量的工艺试验表明，在铣磨过程中，磨轮的转速越大，磨削效率越高，表面粗糙度越小。

磨轮的边缘线速度为 20～35 m/s 时，磨削效果较好。在相同磨削效率条件下，磨轮边缘线速度越大，工件表面的粗糙度越小。

总的来讲，磨轮边缘线速度的提高，有利于磨削效率的提高，也有利于工件表面粗糙度的改善。但是磨轮轴转速不能无限地增大，它受机床性能的限制。这里给出磨轮转速与边缘线速度的关系为

$$V=\frac{\pi Dn}{60\times 1\,000} \tag{38-4}$$

式中，D 为磨轮中径，单位为 mm；n 为磨轮转速，单位为 r/min；V 为磨轮边缘线速度，单位为 m/s。

工件轴转速对铣磨效率也有影响。工件轴转速可以根据工件直径和进给速度调整。工件轴转速越高，磨轮的磨耗比越大。工件轴转速对工件表面粗糙度也有影响，在其他条件相同的情况下，工件轴转速越大，工件表面粗糙度越大。工件线速度实际上是进给速度，一般选 150～250 mm/s 较为合理。在铣磨中，进给速度通常以加工时间来表示，如小球面铣磨机为 0.5～3 min，中球面为 0.7～6 min，大球面为4～20 min。

磨削压力是指磨轮传递给工件的压力，有的机床的磨削压力是由磨头的自重产生的，有的由液压或弹簧作为原动力。磨削压力大小取决于生产效率、表面粗糙度和磨轮的性能，磨削压力越大，磨削效率越高。但磨削压力越大，工件表面的粗糙度也越大。一般磨削压力为 0.2～0.4 MPa。

进刀深度是指工件每转的进给量。进给量的选择与铣磨压力、磨轮粒度、磨轮转速的增加成正比，与工件轴转速成反比。进刀深度增加，必然增加磨削效率，但是工件表面粗糙度随进刀深度的加大也会变大，一般进刀量决定于加工时间。进给速度低，加工时间长，表面粗糙度好。

2. 磨轮性能对铣磨的影响

铣磨机的磨轮是金刚石磨轮，其性能因素包括粒度大小、浓度和结合剂等。

粒度是指磨轮中金刚石颗粒的大小。在其他条件合适的情况下，金刚石磨具的粒度越大，磨削效率越高。但是，磨轮粒度越大，获得的工件表面的粗糙度也越大。磨轮粒度的选择原则是，在保证工件表面粗糙度要求的前提下，尽可能采用粒度粗的磨轮。

随着铣磨工艺的成熟，在选择合适工艺参数的情况下，使用粒度细的磨轮，能够铣磨出具有光学表面的工件。

磨轮中金刚石的浓度，是指含有金刚石的结合剂中金刚石的含量。规定当结合层中金刚石的含量为 4.4 carat/cm^3(880 mg/cm^3)时浓度为 100%。浓度太大，结合剂的粘结力不够，金刚石颗粒没有磨钝就掉了，磨削效率较高，但磨具的损耗大；浓度太小，磨削刃少，磨削效率低。另外，浓度还与粒度有关，相同的浓度，若粒度大，颗粒数减少，相应的磨削效率就低。实验表明，当浓度为 100%时，磨具单位重量的磨削量最大。浓度对工件表面粗糙度也有影响，不同的材料影响不同。

结合剂是将磨料粘结成具有一定几何形状的物质，它对磨轮的使用寿命和磨削能力影响很大。结合剂的基本类型有树脂结合剂、陶瓷结合剂、金属结合剂和电镀结合剂等。目前国内使用的结合剂是金属结合剂和电镀结合剂。金属结合剂具有结合力强，耐磨性好，磨耗小，使用寿命长，可以承受较大的磨削载荷等优点。它的缺点是成本高，自锐性差，易堵塞和发热，不易修整。电镀结合剂是用电沉积金属的方法把金刚石颗粒镶嵌在基体表面上，具有结合力强，磨削效率高，寿命长且可重复利用等特点。缺点是由于镀制的金刚石层不能太厚，只能制作特小的磨轮，如套料筒、内圆切割锯片等。

3. 冷却液对铣磨的影响

冷却液有冷却、清洗和润滑的作用。在光学铣磨加工中，由于去除量大，产生大量的摩擦热，因此冷却液主要起冷却作用。由于乳化液是由矿物质和水在乳化剂作用下所形成的一种稳定的液体，既含水又有油，兼有水基和油基冷却液的优点，因此一般采用乳化液作冷却液。

除需要选择合适的冷却液类型外，还要考虑冷却液的浓度、流速、流量和喷出的位置。

（五）铣磨加工余量及公差

加工余量是指加工过程中工件加工表面所磨去玻璃层的厚度。分为工序加工余量与加工总余量。工序

表 38-8　铣磨单面加工余量

直径(或边长)/mm		<50	50~100	100~200
透镜	块料	1	1.2	1.5
	滴料成型	0.6	0.7	0.8
	二次成型	1	1.2	1.5
平面镜棱镜	块料	1	1.5	2
	滴料成型	0.7	0.8	1
	二次成型	1.2	1.5	2

加工余量指相邻两工序的工序尺寸之差；加工总余量指毛坯尺寸与零件图样的设计尺寸之差，同时也是各工序加工余量之和。另外，对于外圆和孔等回转表面，加工余量为双边余量，以直径方向计算；平面加工余量则是单边余量，即为实际的切削层厚度。

无论是透镜还是平面镜，铣磨时要考虑工序的加工余量，其单面加工余量参考表 38-8。铣磨完工后的余量与磨料粒度、玻璃材料、工件形状等有关，一般的经验数据见表 38-9。

表 38-9　透镜完工后厚度的余量及公差

磨轮粒度	硬质玻璃	软质玻璃
W40	$0.2_{0}^{+0.1}$	$0.25_{0}^{+0.1}$

注：表中余量为双面总余量。

(六)铣磨面形和球面曲率半径的检验

检验铣磨球面的曲率半径有样板检验和简易球径仪测量矢高两种方法。样板检验是每道工序用专用的弧形样板进行检验。对于曲率半径较小的球面，每道工序应有专用的弧形样板，圆弧样板由 20 钢制成，掺碳淬火 HRC50-64。对于曲率半径较大的球面，如用曲率半径为基本尺寸的弧形样板检验，则各道工序还应按均匀磨损原则给出擦贴度。

测量矢高使用简易球径仪，图 38-11 为简易球径仪的结构原理图。用简易球径仪测量出矢高 h 后，根据三角关系，可以求出半径 R：

$$R=\frac{r^2}{2h}+\frac{h}{2} \tag{38-5}$$

式中，r 为球径仪测内径(凸面时)或外径(凹面时)的一半。或者用标准件作矢高比较测量，这时不用计算 R 值。对于面形的规则程度，可以通过测量表面不同区域的矢高，经比较而得到。

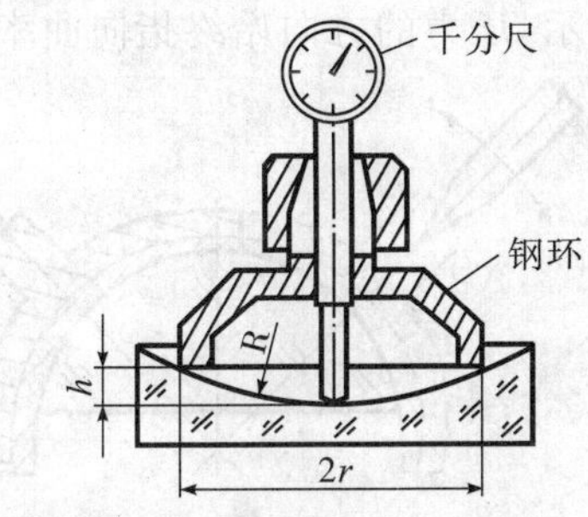

图 38-11　用简易球径仪测量矢高

铣磨面形的检验则需要依靠专用样板和被铣磨球面摩擦，检测其擦贴度。

(七)铣磨夹具

在透镜铣磨中，通常采用真空吸附夹具、弹性夹具、磁性夹具和机械夹具。为了保证铣磨精度，铣磨夹具应该满足以下要求：①夹具设计应满足零件加工工序的精度要求；②应能提高加工效率；③操作方便，省力，安全；④具有一定使用寿命和较低的夹具制造成本；⑤夹具元件应满足通用化、标准化、系列化的“三化”要求；⑥具有良好的结构工艺性，便于制造、检验、装配、调整和维修。

1. 真空吸附夹具

真空夹具能把工件吸附的原因，是由于环境压力(大气压力)大于吸盘与工件之间的压力。将吸盘与真空发生装置连接，吸盘内部空间的空气被抽除，当吸盘接触到工件时，大气和吸盘之间形成了密封，吸气大小与大气压和吸盘内部空间的压力差成正比。真空吸附夹具的优点是装夹方便，易于实现自动化。缺点是对工件的直径公差要求严格，一般在−0.05~−0.10 mm 之间，且零件直径应大于 15 mm。直径过大，放不进去；直径过小，则易产生偏心。

2. 弹性夹具

弹性夹具主要是利用夹具的弹性收缩和弹性变形来达到夹紧的目的，其具体结构和尺寸请参阅文献[6]。弹性夹具的优点是对工件直径公差的要求宽，不易偏心。缺点是装夹不方便，且易破边。

3. 磁性夹具

磁性夹具是利用电磁力将工件吸附固定的一种方法。首先将工件粘结到金属导磁盘上，或直接将工件放置到铣磨机的磁性工作盘上，周围用一些磁性块固定。然后打开磁力开关，将镜盘或工件固定。该方法适用于高精度角度平面工件的铣磨，其优点是装卸方便、快捷，且不受工件厚度的限制。

二、精磨

金刚石磨轮的铣磨，由于铣磨磨轮的粒度比较粗，会在透镜表面产生较粗凹凸层和向内延伸的裂纹，精磨是为了减小工件表面的凹凸层深度和裂纹层深度，并进一步提高工件的几何尺寸精度、表面面形精度。精磨机理与铣磨相同，主要是机械切削作用的结果。目前还存在两种形式的精磨工艺，即散粒磨料精磨和固着磨料精磨。散粒磨料精磨是指在加工过程中，用人工的方法加金刚砂与水的混合磨料对工件进行加工的工艺。固着磨料精磨就是金刚石丸片精磨，又称高速精磨，其加工效率高，可以实现自动化生产。金刚石丸片精磨时，第一道精磨去除粗磨造成的较深的破坏层，大约每面去除 0.1 mm；第二道精磨又称超精磨，主要是去除第一道精磨造成的一定的破坏层，大约每面磨去 0.005～0.01 mm 左右，从而达到抛光前的各项要求。

透镜精磨工艺有成盘加工和单件加工。目前，主流工艺是单件加工技术。

(一)精磨原理

透镜精磨与铣磨的主要区别是：由于精磨加工的精度更高，精磨的主流工艺采用粒度更细的金刚石丸片，而不采用金刚石磨轮；加工机床的运动原理采用准球心法，而不采用图 38-7 所示的范成法。

准球心法需要用成型的磨具加工，磨具的摆动轴线通过对应镜盘或磨具的曲率半径中心，如图 38-12 所示，压力的方向始终指向曲率中心，且在加工中为恒定值，零件的表面形状和精度依靠磨具的形状和精度来保证。而范成法的球面铣磨原理，是磨具和零件各自做回转运动，其磨具刃口轨迹的包络面形成零件的表面形状。目前用得最多的球面精磨方法是准球心法，这种方法能够较好地达到均匀精磨。

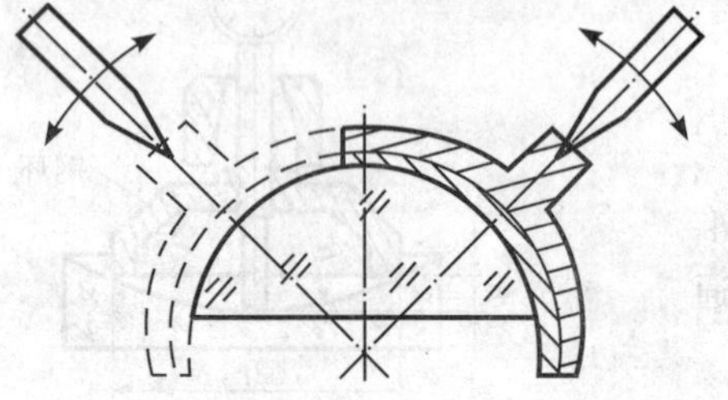

图 38-12 用准球心方法加工球面原理图

(二)精磨模和精磨夹具

金刚石精磨模的性能、形状和尺寸精度等对精磨的加工精度、表面质量、生产效率和工艺稳定性都有重要影响。

1. 金刚石精磨片的选择

精磨片就是将金刚石微粉与结合剂烧结而成的磨片。金刚石精磨片的选择，包括金刚石粒度、浓度、精磨片的结合剂以及精磨片的尺寸等。

粒度的选择：第一道精磨，主要是让其尽快达到规定的尺寸及适当的表面粗糙度，所以一般选择较粗粒度的精磨片，如国产 W28、W14，进口 1000#、1200#、1500# 等。第二道精磨需加工较好的表面粗糙度并保证稳定性，所以粒度的选择一般有国产 W10、W7，进口 1500#、1800#、2000# 等。以 K9 玻璃为例，一般第一道精磨以 W28 或 W20 为宜，第二道以 W7 或 W5 比较好。

浓度的选择：浓度过低或过高对精磨品质与效率都有较大的影响。如果浓度过高，结合剂就相对减少，这样对金刚石颗粒的把持力减弱，金刚石颗粒会过早脱落；若浓度过低，金刚石颗粒相对减少，作用在每个金刚石颗粒上的切削力增大，也可能使金刚石颗粒过早脱落。

结合剂：金刚石精磨片的结合剂的主要作用是固定金刚石颗粒。结合剂的硬度，直接影响钝化金刚石颗粒的脱落速度，即影响磨削效率和工件表面质量。因此，结合剂硬度要与金刚石颗粒的磨钝速度和玻璃的抗磨性相匹配，即结合剂磨损速度应与金刚石磨耗速度大致相同。一般结合剂的硬度与玻璃的硬度相当，较硬材质的玻璃要用较硬的结合剂，以利于削磨效率；较软的玻璃要用较软的结合剂，太硬会产生划痕。现使用的结合剂耐磨性由弱到强依次为树脂结合剂、金属结合剂、陶瓷结合剂和电镀结合剂 4 种，目前使用的精磨片结合剂一般为金属结合剂和树脂结合剂。金属结合剂的结合力强、耐磨性好、磨耗小、使用寿命长，可以承受较大的载荷磨削；但成本高，自锐性稍差，钝化的金刚石颗粒不能及时脱落，磨削过程不能充分冷却，易堵塞发热。树脂结合剂适合加工表面粗糙度小的工件，磨削中不易堵塞发热，耐磨

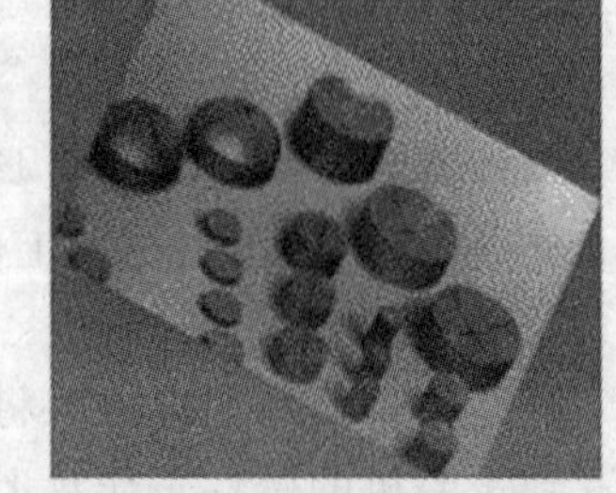

图 38-13 金刚石精磨片

性差，不适合大负荷磨削。

金刚石精磨片的形状一般为圆形，如图 38-13 所示。尺寸主要指金刚石精磨片的直径、厚度和曲率半径。尺寸的选择一般取决于精磨基体的曲率半径、口径和透镜的外径，其关系见表 38-10 和表 38-11。

表 38-10　精磨片参数

名　称	金刚石	粒　度	浓　度	结合剂	用　途
精磨片	金刚石(JR)	W40，W28	100～50	金属结合剂	粗精磨用
		W20，W14	75～50		
		W14，W10	50～35		细精磨用
超精磨片		W10，W7，W5	50～25	树脂结合剂	超精磨用

表 38-11　精磨片尺寸

精磨模曲率半径/mm	10～20	＞20～30	＞30～50	＞50～150	＞150
精磨模面积/cm^2	6～25	＞25～50	＞50～150	＞150～1 350	＞1 350
精磨片尺寸/mm	ϕ(4～6)×3	ϕ(6～8)×3.5	ϕ(8～10)×4	ϕ(10～12)×4.5	ϕ(15～18)×5

2. 球面金刚石精磨模的结构形式

如图 38-14 所示的球面金刚石精磨模是由金刚石精磨片、粘结剂和精磨模基体组成的。其中，小曲率半径的精磨模通常由单片精磨片组成，只需在其上开出相应的曲率半径和沟槽；大曲率半径的精磨模则需要由多片金刚石丸片组成，可以直接粘结到基模上，且其粘结面的曲率半径与基模的曲率半径相同，方向相反。也可在基模上加工出定位凹坑，将精磨片粘在凹坑内。凹坑直径比精磨片直径大 0.05～0.1 mm，凹坑深 0.3～0.5 mm。有时在基体表面垫一层 0.5～0.8 mm 的铝片，该垫层与基体有相同的曲率半径。然后，按精磨片在基体上的坐标位置画线、钻孔，孔的直径比精磨片大 0.05～0.1 mm。最后将此垫层粘结到基体表面，精磨片坐落在每一孔内。另外，金刚石精磨模必须留有通冷却液的孔。

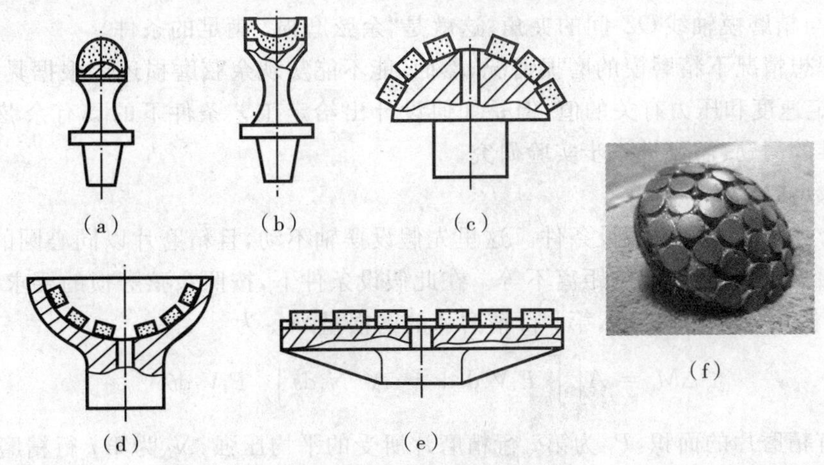

图 38-14　球面金刚石磨具

(a)(b)用于小半径；(c)(d)(e)用于较大半径；(f)为金刚石精磨模照片

3. 精磨片的分布

在高速精磨时，工件是靠精磨模成型的，即工件的几何精度是靠精磨模的几何精度来保证的。为了保持精磨磨具曲率半径的稳定，精磨片在球面精磨模上的分布必须遵循一定的原则：满足一定的覆盖比，且精磨片表面要符合余弦磨损。覆盖比是指精磨片的表面积与精磨模球缺表面积之比，一般由精磨模表面的曲率半径决定。覆盖比越大，在相同条件下玻璃磨去量相对减少。对于小镜片，覆盖比要大，这样使磨具面形的稳定性保持得较好；而对于大镜片，覆盖比要稍小些。

(1)覆盖比

按照精磨模和精磨片的球缺面积、矢高和覆盖比 P，计算出精磨片总数 N：

$$N=\frac{PS_{\mathrm{jm}}}{s_{\mathrm{jp}}}=\frac{PH_{\mathrm{jm}}}{h_{\mathrm{jp}}} \tag{38-6}$$

式中，S_{jm}、s_{jp} 分别为精磨模和精磨片的球缺面积，H_{jm}、h_{jp} 分别为精磨模和精磨片的矢高。精磨片覆盖比的选择请参阅表 38-12。

表 38-12 覆盖比与曲率半径的关系

磨具半径/mm	<10	10～30	30～50	50～120	>120
精磨覆盖比/%	100～55	60～40	45～35	40～20	<25
超精磨覆盖比/%	100～60	65～45	50～40	45～25	<30

(2)余弦磨损

余弦磨损是指在使用过程中球面精磨模的加工面的曲率半径始终不变，而且被加工面的光圈保持稳定。保证余弦磨损是设计球面精磨模必须考虑的问题。如图 38-15 所示，精磨模原始表面是以 O 为圆心、曲率半径为 R_{jm} 的球面 EDF，经 T 时间的磨损后，变成以 O' 为圆心，曲率半径仍为 R_{jm} 的 $E'D'F'$。所以，精磨模原始表面上任一点在 Z 轴方向的磨损量在任何瞬间应该是相等的。以 A 点来说为 AC，其在法线方向的磨损量为 AB，$AB\approx AC\cos\phi$，ϕ 为 OAB 与精磨模轴线 OZ 间的夹角。这就是"余弦磨损"满足的条件。

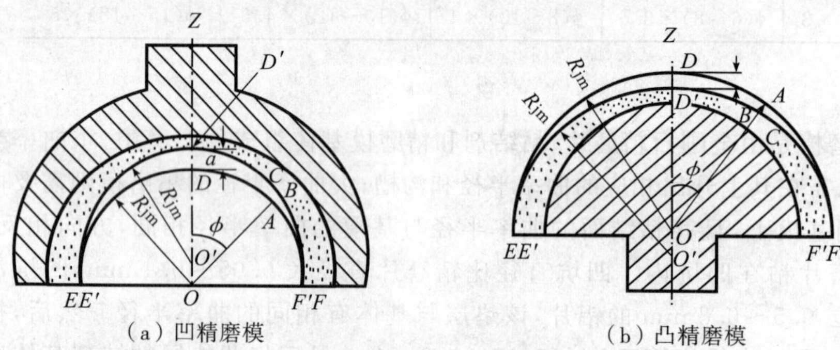

(a) 凹精磨模　(b) 凸精磨模

图 38-15 精磨模表面磨损示意图

余弦磨损只是理想情况下精磨模的磨损情况，然而，能不能实现余弦磨损还要根据具体的工艺条件。具体来说，AC 是与给定速度和压力有关的值，但是如何设计出给定工艺条件下的具有余弦磨损的精磨模，是一个非常复杂和困难的问题，需要进一步实验研究。

(3)各行精磨片数的计算

计算精磨片的个数要有一定的假设条件。这里先假设摆轴不动，且精磨片以同心圆的格式排列，同一个圆上的精磨片间距相等，圆与圆之间的距离不等。在此假设条件下，按照余弦磨损的要求计算精磨片数。

根据 Preston 的假设，在时间 T 内，第 i 行精磨片的磨损量ΔM_i 为

$$\Delta M_{\mathrm{i}}=A\int_S\int_0^T P_iV_i\,\mathrm{d}s\mathrm{d}t=ATN_{\mathrm{i}}\mathrm{d}s\int_{\theta_{i1}}^{\theta_{i2}}P_iV_i\,\mathrm{d}\theta_i$$

式中，S 为第 i 行所有精磨片的面积，P_i 为第 i 行精磨片所受的平均压强，N_i 为第 i 行精磨片的个数，V_i 为第 i 行精磨片的平均瞬时线速度，$\mathrm{d}s$ 为单个精磨片的表面积，t 为某一时刻，T 为加工持续的时间，A 为与加工过程相关的修正系数，θ_i 为第 i 行精磨片的行角，θ_{i1}、θ_{i2} 为第 i 行精磨片行角的上下限。由于精磨片是同心圆排列，所以每个精磨片的法线磨损量ΔM_{ij} 应是相同的，为

$$\Delta M_{ij}=\frac{\Delta M_i}{N_i\,\mathrm{d}s}$$

根据余弦磨损公式，有

$$\frac{\Delta M_2}{N_2\cos\theta_2}=\frac{\Delta M_3}{N_3\cos\theta_3}=\cdots=\frac{\Delta M_m}{N_m\cos\theta_m}$$

$$N=\sum_{i=1}^{m}N_i \tag{38-7}$$

结合(38-7)式和磨具上精磨片的覆盖比要求,就可以求出精磨片在磨具上的分布及各行的精磨片数。实践证明,按照上述方法设计的球面金刚石精磨模,在保证工件的面形精度及使用寿命上,都可以满足一般的生产要求。

4. 精磨片的粘结

精磨片的粘贴应保证磨具的面形稳定性,还应保证冷却液的流动,以利散热排屑。

精磨丸片排列的形状一般为同心圆,除此之外,还有纵横平行排列、螺旋形状(单头螺旋和多头螺旋)和射线排列等,但最外圈要尽可能保持圆形,如图 38-16 所示。无论采用哪种排列,最关键的一点是要保证曲率半径稳定。一般说来,精磨片密些,面形就稳定,但是磨削能力下降。而间隔大,磨削能力较强,但面形不是很稳定,而且可能碰碎玻璃。

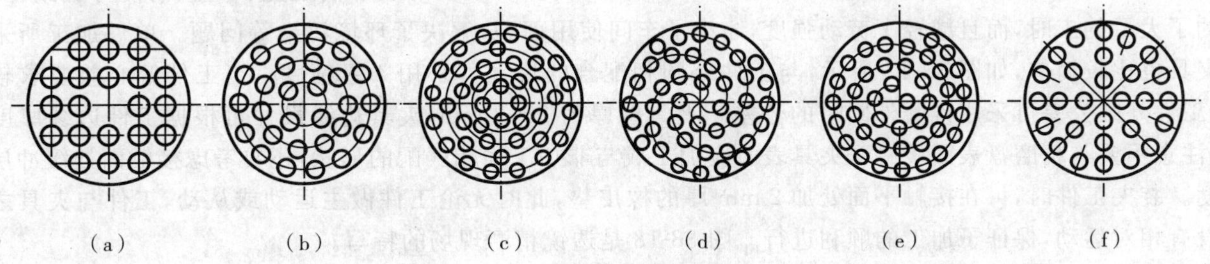

图 38-16　精磨片排列形式

(a)纵横平行等距排列;(b)同心圆等距排列;(c)同心圆径向排列;(d)多头螺旋线排列;(e)单头螺旋线排列;(f)射线排列

精磨片的粘结工艺比较简单,但不同的粘结剂有不同的固化时间,因此要注意以下事项:

1)粘结面一定要用乙醇或丙酮等有机溶剂脱脂清洗。

2)粘结面不宜太光滑,粘结剂不宜用量太多。

3)粘结精磨片时需要施加一定的压力,一般用标准曲率半径的模具压模控制面型。

4)粘结剂固化后,可在精磨片之间涂一层石蜡或其他保护漆,以防水或冷却液侵蚀粘结剂使精磨片脱胶。

5. 金刚石精磨模的修整

刚做好的高速精磨模不能直接用于加工,要进行修整。首先选择符合被加工零件光圈要求的铜模,用表 38-13 所列的金刚砂号研磨精磨模,并不断用该精磨模加工废玻璃镜盘,检查镜盘的光圈,直到符合要求为止。

表 38-13　修整精磨模的砂号

精磨模种类	粗　修		精　修	
	修整模材料	砂号	修整模材料	砂号
精磨模	HT22-24 或 A3	240#～280#	HT22～24 或 A3	W40～W28
超精磨模	A3	W40	A3 或 H62	W28～W20

修整精磨模,是用同样曲率半径、凸凹相反的一对模子相互对磨的过程,不是面形符合要求的模子改造面形不符合要求的模子,就是面形不符合要求的模子反而把面形符合要求的模子磨坏了。因此,控制工艺参数以达到面形符合要求的模子改造面形不符合要求的模子,这个过程被称为面形复制。

修整精磨时,若精磨模为凹面,而且精磨模的曲率半径比要求的大,此时若以样板检查用这个精磨模所磨出来的凸透镜,其光圈是低的,则应多磨削凹精磨模的中间部分。若凸凹精磨模对磨,应将凸盘放在下面,凹盘放在上面,摆幅要大,摆幅量约为凹模直径的 1/2。若凹精磨模的曲率半径比要求的小,磨削凹精磨模的边缘部分时,应将凹精磨模放在下面,凸精磨放在上面,摆幅要大,摆幅量约为凸磨盘直径的 1/3。反之,若精磨模为凸面,则修改的部位与凹面相反,而放置的位置相同。当球面精磨模为主动盘时,其同轴度误差应小于 0.05 mm。精磨模修整好后,用样板检查光圈应为高光圈,如表 38-14 所示。

表 38-14 精磨后零件的光圈数

抛光表面精度要求	每一镜盘的透镜数	曲率半径/mm				
		＜20	20～40	40～60	60～100	＞100
		精磨后低光圈数				
$N=0.3\sim1$	1～15	4～2	3～2	3～2	2	2～1
$N=1\sim5$	1～15	7～4	6～4	6～3	5～3	4～2

(三)透镜的装夹

目前,透镜精磨大都采用单件加工。单件加工有许多优点,不仅可以取消上盘、下盘、清洗等辅助工序,节约了大量的工时,而且减轻了劳动强度,缩小了车间使用面积,解决了环境污染等问题。单件加工所采用的夹具也比较简单,如图 38-17 所示,与工件外圆相配合的尺寸可采用 4 级精度。当工件偏心差要求较低时,工件外圆公差可采用铣磨外圆时的公差。夹具壁厚为 2～3 mm,夹具边缘尺寸可根据工件边缘厚度决定,注意不要与精磨盘表面接触。夹具表面应加工成与非加工面相匹配的形状,还要考虑接触面处缓冲层的厚度。装夹工件时,可在接触平面处加 2 mm 厚的橡皮垫,此时无论工件做主运动或从动,工件与夹具之间均没有相对运动,保证了加工的顺利进行。图 38-18 是透镜精磨现场的特写。

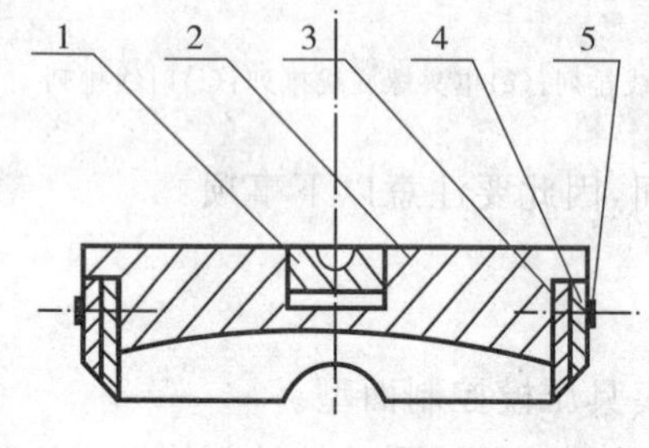

图 38-17 单件透镜精磨夹具

1. 镶铁;2. 夹具体;3. 内卡圈;4. 外卡圈;5. 螺钉

(a)凸透镜精磨

(b)凹透镜精磨

图 38-18 透镜精磨的现场

(四)工艺参数对精磨的影响

精磨的工艺因素大致包括机床、精磨模、冷却液、玻璃和加工时间等几个方面,具体分析如下:

1. 机床的影响

无论精磨模相对工件的位置如何,磨削量随着主轴转速的提高成线性增加,同时表面凹凸层的深度也随着磨削量的增加而有所增加。精磨模磨耗也随着主轴转速的提高而成线性增加,其对应关系见表 38-15。

表 38-15 曲率半径与最大线速度的关系

曲率半径/mm	＜10	10～50	50～120	＞120
精磨最大线速度/(m/s)	1～4	3～8	5～10	5～15
超精磨最大线速度/(m/s)	1～3	2～7	4～8	6～12

当精磨模做主运动时,压强对玻璃磨削量的影响不一定成直线关系,见表 38-16。压强在 100 kPa 以内,磨削量增加较大,并成直线关系。当压强超过 100 kPa 后,增长量逐渐变小。当镜盘做主运动时,压强与磨削量基本呈线性关系。

表 38-16 曲率半径与压强的关系

曲率半径/mm	＜10	10～50	50～120	＞120
精磨压强/kPa	100～150	50～150	30～100	20～70
超精磨压强/kPa	20～50	15～150	10～40	7～30

2. 精磨模的影响

精磨模的影响包括精磨片的覆盖比、金刚石粒度、金刚石的浓度和精磨片的结合剂等。在研究精磨片覆盖比的影响时，假设精磨机摆架上所加外力相等，则玻璃的磨削量随着精磨盘覆盖比的加大而显著地减小；如果改变加工条件，使精磨模单位面积所受的压强相等，则玻璃的磨削量受覆盖比的影响很小。金刚石粒度对精磨也有影响，粒度越粗，玻璃的磨削效率越高，但玻璃表面的破坏层随着金刚石粒度的增大而增大。在相同粒度的情况下，固着磨料精磨的表面质量优于散粒磨料精磨的表面质量。精磨的表面质量不仅取决于金刚石的粒度和覆盖比，还与金刚石的浓度有关，而且粒度与浓度相互影响。尽管低浓度的金刚石精磨模生产效率高，但由于严重的磨损影响面形的稳定性，因此，浓度一般在25%～50%之间时磨削效果最好。

在金刚石精磨过程中，金刚石和结合剂的平衡磨损是保证精磨稳定性和重复性的首要条件，而这种平衡是由金刚石模具的自锐作用实现的。金刚石的自锐作用主要与结合剂的硬度有关，其次与玻璃原始表面的粗糙度、冷却液及金刚石颗粒切入玻璃的深度等有关。

3. 冷却液的影响

机械磨削是高速精磨的主要作用机理，冷却液的作用是散发磨削过程产生的热量，去除磨削碎屑和减少磨具与玻璃的磨擦，即起冷却、清洗、润滑作用及对玻璃和磨具的化学自锐作用。

冷却液的几个作用在精磨过程中是有条件的，如冷却液温度不能太低，否则与抛光时的光圈不匹配，容易造成玻璃起划痕。如果把冷却液调整到清洗和润滑性能最好的状态，但可能导致工件的磨削量增加和表面粗糙度变大。若清洗和润滑的效果不好，则精磨片容易钝化，造成脱落或断裂。同样，冷却液的化学自锐性太强，会导致表面粗糙度变差。因此，只有兼顾冷却液的各项作用才能满足精磨的要求。

冷却液一般分为水溶液类、切削油类、乳化液类。若种类选择不当，将直接影响玻璃表面的质量，还会影响磨具的使用寿命。

4. 初始表面的参数对精磨的影响

初始表面的参数包括表面粗糙度、光圈和加工余量，它们直径影响精磨的磨削效率、工件的表面质量、磨具的磨损和钝化等。如果工件初始表面粗糙度大，磨削率会高，同时精磨模的磨损也会加重。而大量的玻璃屑容易附着在精磨模与玻璃接触的表面上，降低了工件的表面质量。如果初始表面的表面粗糙度太小，则不利于金刚石精磨模的自锐作用，降低磨削效率。初始表面的表面粗糙度应该与精磨片的粒度和结合剂硬度相匹配。铣磨加工中，通常采用100#或80#金刚石磨轮，其得到的工件表面粗糙度为2.2 μm，采用粒度为W28的金刚石精磨模可与铣磨后的表面相匹配。另外，玻璃的种类不同，磨削率也不相同，一般硬度大的磨削率低。

为了各道工序之间的光圈匹配，一般曲率半径较小的零件精磨后的光圈比完工后的光圈低4～6；曲率半径大的零件精磨后的光圈比完工后低2～4较合适。

零件的加工余量也影响精磨的效率，其具体要求见表38-17。

表38-17 表面粗糙度与加工余量的关系

玻璃的可磨性	分类	工序		
		粗精磨	精精磨	超精磨
差	表面粗糙度(R_a)/μm	1.6～0.4	0.4～0.1	0.05～0.025
	加工余量/mm	0.04～0.06	0.01～0.02	0.005～0.01
好	表面粗糙度(R_a)/μm	3.2～0.8	0.8～0.2	0.1～0.025
	加工余量/mm	0.06～0.08	0.015～0.03	0.01～0.02

5. 加工时间的影响

玻璃的磨削量随时间的增加而增加，但玻璃的磨削量与加工时间并不一定成正比关系，这与玻璃的种类和结合剂有关。对硬质玻璃不一定成正比，对软质玻璃则可能成正比。另外，工件的表面粗糙度也不一定随加工时间的延长而变好，表38-18推荐了不同曲率半径的大致精磨时间。

表 38-18 参考精磨时间

曲率半径/mm	<10	10～50	50～120	>120
精磨时间/min	0.5～1	0.25～0.7	0.5～1	1～3
超精磨时间/min	0.3～0.7	0.7～1.5	1～2	1.5～3

三、抛光

在近百年的玻璃加工历史中，透镜抛光技术大致经历了古典法抛光、混合模抛光、聚氨酯抛光和固着磨料抛光这 4 个阶段，其中古典法抛光经历了相当长一段时间。近十几年来，透镜的高速抛光技术得到了飞速发展。整盘的抛光时间已经从古典抛光的 3 h 缩短到了 8～15 min。

抛光的目的如下：①去除精磨的破坏层，达到规定的表面粗糙度要求；②精修面形，达到图纸规定的表面面形的要求；③为以后的特种工艺如镀膜、胶合工序创造条件。

(一)玻璃的抛光机理

抛光是个十分复杂的过程，至今尚未形成能说明一切有关抛光现象的统一的理论。经过长期的观察和研究，人们达成的共识是：抛光是机械磨削、化学反应和流变作用 3 种过程共同作用的结果。

1. 机械磨削理论

机械磨削理论是 Preston、Hersehel 和 Rayleigh 等学者提出的，他们认为抛光是研磨的继续，抛光和精磨的本质是相同的，都是尖硬的磨料颗粒对玻璃表面进行微小切削作用的结果。但由于抛光是用很细颗粒的抛光液，所以微小切削作用是在分子范围内进行的。由于抛光模与工件表面相当吻合，因此，抛光时切向力很大，从而使玻璃表面凸凹微观结构被切削掉，逐渐形成光滑的表面。

实验表明，在一定范围内，粒度越大，研磨效率越高；抛光粉硬度越高，抛光速率越高。另外，在一定范围内增加压力、提高主轴转速，抛光速率会显著提高。这些现象说明抛光主要是机械磨削。实验结果还表明：抛光后的零件质量明显减轻，抛光表面有起伏层和机械划痕，抛光液的粒度和硬度对抛光速度有重要影响。这些结果都说明，抛光过程中机械磨削作用是基本的。

但是抛光的本质不仅仅是微小的切削作用，因为：①如果抛光仅仅是机械磨削过程，那么，抛光速率应与玻璃硬度有关，愈软的玻璃抛光愈快。可是，这个结论不适用于硅酸盐玻璃 ZK9 和所有硼酸盐玻璃。②机械磨削理论并不能解释各种化学因素对抛光速率所产生的影响。

2. 化学作用

Karller 等人认为，抛光过程主要是水、抛光液、抛光模等与玻璃之间化学作用的结果。实验表明，玻璃表面的水解过程是化学作用的主要表现，抛光液的 pH 值对抛光影响很大，玻璃的化学稳定性与抛光效率也有直接关系。

1)水对玻璃的侵蚀作用。光学玻璃的表面结构和内部结构并不相同，表面结构往往处于不稳定状态，这是由于表面上每个金属阳离子所需要的氧离子得不到满足，就会产生表面力。这个力决定了玻璃表面的张力和吸湿性，而最普遍最容易吸引的便是水。实验表明，水分子与玻璃表面的亲和力是相当大的，要从玻璃表面消除水迹，需要 800℃的高温。因此，处于室温下的玻璃表面，很容易吸附空气中的水分。

2)玻璃的水解反应。水与玻璃表面的硅酸盐发生水解反应，结果玻璃表面的碱金属和碱土金属被溶解出来，生成氢氧化物，使抛光液变成碱性。同时玻璃表面形成硅酸凝胶薄膜，从而减缓了水的侵蚀作用。但在抛光粉的作用下，胶层不断被刮去，露出新的表面又被水解，如此往复循环，构成抛光过程。因此，水解作用是非常重要的。如果用其他介质代替水，抛光速度将显著下降，就是由于这些介质不能进行水解反应。

3)光学玻璃化学稳定性与抛光速度的关系。实验表明，玻璃抛光速度与玻璃的硬度和软化点温度无关，而与化学稳定性有关。化学稳定性差的玻璃易腐蚀，玻璃腐蚀后重量减少愈多，抛光速度愈高。未经腐蚀的玻璃，抛光速度与硬度成线性关系。

4)抛光液 pH 值的影响。一般来说，大多数光学玻璃是不耐碱的。至于耐酸的程度，则视光学玻璃牌号的不同而异。但总的来说，酸度较大时，对玻璃的侵蚀严重。因此，大多数光学玻璃在弱酸性抛光液中抛光（pH＝5.5～6.5），具有较高的速率和表面质量。

5）添加剂对抛光过程的影响。在抛光液中加入少量的添加剂，可以达到提高速率和改善表面疵病的目的。添加剂包括加速剂、稳定剂、消泡剂等，例如硝酸锌是一种比较有效的添加剂。在氧化铈抛光液中，按氧化铈的重量比加入5%的硝酸锌，可以使火石玻璃抛光速度提高1倍多，钡冕玻璃也提高近1倍。

6）抛光液的作用。在抛光过程中，抛光液中的颗粒以其坚硬的特性对玻璃表面的硅胶层进行微小切削，使玻璃露出新表面，进而得以水解；另外，抛光液颗粒表面有吸附特性，该特性能使硅胶层以分子量级被抛光液吸附而剥落。抛光液的微小切削作用和吸附特性自始至终都存在于抛光过程中。前者与抛光液的粒度、硬度和形状有关，后者与抛光液的化学活性有关。而化学活性与抛光液颗粒的有效表面积有关。大颗粒的抛光液有利于机械磨削作用，但由于有效面积小，抛光效率并不高；抛光液颗粒太小，虽然有效面积大，但不利于微小切削作用，所以抛光速率不高。

3. 表面流动理论

提出这一理论的Klemm和Smekel认为，玻璃表面由于高压和相对运动，摩擦生热，致使表面产生塑性流动，凸的部分将凹陷填平，形成光滑的表面。或者是热软化以致熔融而产生流动，抛光过程是玻璃表面分子重新分布而形成平整表面的过程。实验表明，如果在抛光表面用金刚石刀刻成图案，然后抛光，再用酸腐蚀，结果看到划痕再现。

综上所述，抛光过程是极其复杂的，至今没有得出完善而统一的解释。但是普遍承认的观点是：机械磨削作用是基本的，化学作用是重要的，表面流动理论也是存在的。玻璃抛光机理还是一个发展中的课题，有待于进一步研究、充实和完善。

（二）准球心法抛光

透镜抛光方法可大致分为平面摆动法和准球心法。目前，企业大批量生产的主流工艺是准球心法，它使用和精磨同类型的机床。准球心法高速抛光的实质，是提高机床主轴转速、增大抛光压力，提高加工效率。

抛光采用聚氨酯或固着磨料抛光片做成抛光模来加工零件。抛光时，平面摆动法加工镜盘中心的径向作用力总是比边缘大，对镜盘磨削起作用的力主要是径向力，因此不能保证镜盘得到均匀磨削。而准球心高速抛光克服了这一缺点，作用力始终指向球心，所以，将这种抛光方式称作准球心高速抛光。准球心抛光机床主轴比平面摆动式的转速高，压力根据机床的大小而异，约为100～450 N。与平面摆动式机床相比，准球心抛光具有较高的生产率，工艺稳定，可实现自动化操作。

1. 准球心法高速抛光机床的特点

准球心高速抛光机床分上摆式和下摆式两种类型。无论哪种摆动形式，其抛光原理都是一样的，并具有以下特点：

1）摆动轴线通过对应镜盘或抛光模的曲率半径中心 O，压力的方向始终指向曲率中心，且在加工过程中为恒定值。这种方法消除了古典法抛光时因荷重而产生的振动和冲击，因此，能较好地达到均匀抛光的效果。表38-19和图38-19的(a)和(b)说明了平面摆动抛光和准球心抛光的不同。

表 38-19　平面摆动抛光和准球心抛光的优缺点对比

项　目	平面摆动抛光	准球心抛光
速　度	较高	高
压　力	大（气压）	小（弹簧压力和工件轴自重）
摆动方式	平面摆	绕球心摆
加工精度	高	高
效　率	较高	高

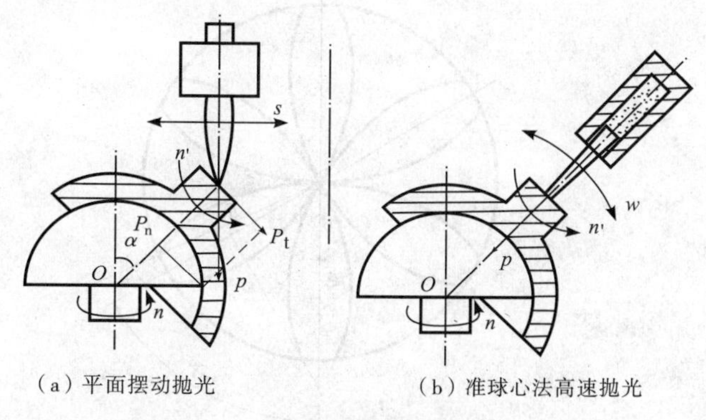

（a）平面摆动抛光　　（b）准球心法高速抛光

图 38-19　平面摆动与准球心抛光的比较

2)准球心法抛光主轴转速高,其最大线速度约为平面摆动抛光的 2 倍以上;抛光压力为平面摆动的几倍或 10 倍。

3)采用塑料抛光模,能长期保持抛光模面形精度的稳定,对中等精度的零件可做到定时、定光圈抛光;

4)自动加压和抛光液自动循环供给,减轻了劳动强度,并优化了操作环境。

图 38-19(b)中的主轴在电机的带动下以转速 n 沿逆时针方向旋转,铁笔以转角 w 反复摆动。工件则在这两个运动的共同作用下以转速 n' 也沿逆时针方向旋转。调整平面摆动抛光机时应使:铁笔尖到抛光模的距离小于嵌体的中心厚 + 零件的中心厚 + 套圈的中心厚。调整准球心下摆机时特别要注意准球心问题。

准球心法高速抛光被广泛应用于中等尺寸、中等精度光学零件的批量生产中。

2. 聚氨酯模抛光工艺

(1)聚氨酯抛光模

高速准球心抛光属成型加工,所以抛光模的性能对光学零件面形精度和表面疵病有着重大影响。为适应高速、高压抛光工艺的要求,抛光模层材料应满足以下几点要求:

1)微孔结构。具有微孔结构的抛光模不仅能够吸附、储存大量的抛光颗粒,而且在水的作用下,抛光颗粒能够比较均匀地分布在玻璃表面,使无数自由滚动的抛光颗粒不断地切削玻璃。另外,抛光模与玻璃之间通过许多微小的抛光颗粒接触,接触面积小,单位面积上的压力大,提高了抛光效率。

2)具有一定的弹性、塑性和韧性。在一定的温度和压力下,有一定的蠕变,使抛光模层与被抛光表面紧密吻合,以减少表面疵病,并有利于获得所要求的光圈。

3)耐磨性好。在高速高压抛光中,抛光模磨耗少,能长期保持面形精度,以利于控制光圈。

4)耐热性好。能承受高速、高压抛光中所产生的热量,抛光模面形在高温下保持不变。

5)具有一定的硬度。太软,抛光模容易变形,零件塌边;太硬,容易造成光圈不规则,并产生擦痕。

除上述要求外,高速、高压用的抛光模还应具有成形收缩率小、老化期长、吸水性能好等特点。准球心法高速抛光用的抛光模分为以下两大类:以热固性树脂为主要成分的抛光模(如环氧树脂抛光模、聚氨酯抛光模等)和固着磨料抛光模。聚氨酯是聚氨基甲酸乙酯的简称,是一种合成材料,具有弹性高、耐磨、耐热、硬度和塑性适中、重量轻、使用寿命长等优点。

(2)聚氨酯抛光模的设计

制备聚氨酯抛光模的方法有压型法和贴片法两种,生产中常采用贴片法。贴片法是用粘接剂将聚氨酯片粘贴到抛光模基体上,聚氨酯贴片的形状由贴片的半径和叶片的半径决定,如图 38-20 所示。聚氨酯片的厚度一般为 0.5～2 mm。如果抛光模基体的半径为 R_{pjt},抛光模的半张角为 γ_{pm},贴片的厚度为 b,则聚氨酯贴片的曲率半径 R_{tp} 和叶片半径 R_{yp} 分别为

$$R_{tp}=\frac{\widehat{ABC}}{2}=\widehat{AB}=\widehat{BC}=\left(R_{pjt}+\frac{1}{2}b\right)\gamma_{pm}$$

$$R_{yp}=\frac{R_{tp}}{2\cos(\omega+60^\circ)},\quad \omega=\frac{\pi(R_{pjt}+b/2)\sin\gamma_{pm}}{6R_{tp}}$$

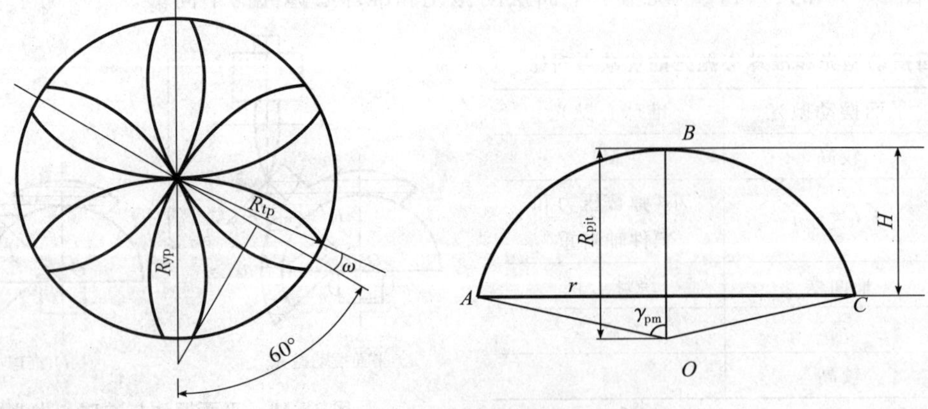

图 38-20 聚氨酯抛光纸及贴片的形状

用聚氨酯抛光玻璃，一般去除量为 0.02～0.05 mm，面形达到 3～4 道光圈精度，所以聚氨酯多用于抛光中等精度镜头。对于精度要求高的显微物镜、天文物镜等特殊性能的光学系统，还是应采用古典抛光及柏油抛光模。

(3)各种工艺因素对抛光的影响

透镜抛光的质量指标，主要是表面粗糙度和面形。面形又分光圈数 N 和光圈不规则 ΔN。表面粗糙度通常由操作者用放大镜凭经验检验，面形则由操作者用工作样板依牛顿环检验。

1)准球心问题。为了准确实现准球心抛光(以上摆机为例)，必须使下模(凸镜盘或凹抛光模)球面的曲率中心落在摇臂的摆动轴线上。

2)对精磨的要求。精磨表面分宏观不规则和微观不规则两种。宏观不规则性由精磨过程中工具的偏差引起；微观不规则性是由精磨过程所决定，它基本上由凹凸层和裂纹层组成。

玻璃的抛光过程基本上分为两个阶段：去除精磨的凹凸层和去除裂纹层。开始抛光时，抛光模与工件表面的凹凸层峰点接触，使被抛光的玻璃表面受到相当大的单位压力，同时凹凸层为抛光液附着提供了良好的条件，因此抛光作用十分明显。随着抛光过程的继续，抛光模与工件接触面积增大，抛光液附着程度降低，单位压力减小，从而使抛光作用缓慢。当抛光面达到裂纹层时，整个玻璃表面与抛光模完全接触，抛光效果更缓慢，这时抛光模开始钝化，再继续抛光，钝化加剧，抛光效率进一步降低。抛光模的钝化程度取决于抛光过程的持续时间，由于抛光必须抛到裂纹以下，所以抛光持续时间直接由裂纹层深度决定。从这个意义上讲，精磨后表面应具有较小的裂纹层深度，以利于抛光。如果钝化了的抛光模继续用于抛光下一个工件，它开始接触到的是一个粗糙的凹凸层，这凹凸层将能够去除抛光模的钝化层，恢复抛光能力。也就是说，对易于钝化的抛光模来说，并不是精磨后表面凹凸层越小(即表面粗糙度越小)对抛光越有利。抛光要求精磨表面具有较大的凹凸层深度和较小的裂纹层深度，同时凹凸层深度应以不大于裂纹层深度为限度。

3)抛光速度和抛光压力。与古典法抛光相似，在抛光材料和粘结胶性能等工艺条件许可时，抛光效率与抛光速度和抛光压力之间基本上是线性关系。

4)对抛光液的要求。氧化铈的粒度应均匀一致，不应含有会引起玻璃表面疵病的机械杂质；氧化铈颗粒硬度应与抛光模硬度、光学玻璃硬度相匹配；抛光液浓度随品种不同而定，一般为 10%～15%(重量比)；当抛光液浓度一定时，抛光液的供给量应适中，通常为 0.9～1 L/min。

由于准球心法高速抛光中抛光液是循环使用的，因此，为了使加工质量稳定，应使抛光液略呈酸性(pH＝5.5～6.5)，若加入硝酸铈铵、硫酸锌等，能进一步改善表面质量和提高抛光效率。若使用 PW 型抛光液稳定剂，可大大减少玻璃的腐蚀，提高零件的合格率。

5)抛光温度的影响。抛光液的温度一般在 30～38℃之间，过低或过高，对抛光的效率都会产生影响。在一定的工艺条件下，对于一定的抛光模和光学玻璃均有最合适的抛光温度，它可以通过试验获得。

除以上工艺因素的影响外，抛光模的配方、硬度等都影响零件的表面质量。

(三)固着磨料抛光工艺

20 世纪 70 年代初期，国外开始对固着磨料抛光工艺进行研究，国内是从 80 年代开始对其进行试验研究的。固着磨料抛光是把抛光粉与抛光模做成一体，对玻璃进行抛光。

1. 固着磨料抛光方法的特点

1)不用在循环冷却液中加抛光粉，减少了抛光过程中不确定因素的影响，工艺稳定，抛光后容易清洗。

2)抛光模面形稳定性好，为定时、定光圈、定表面粗糙度的抛光创造了条件。

3)抛光效率高，在相同条件下抛光效率比古典法大约高 10 倍。

4)加工余量少，对精磨后的光圈和表面粗糙度要求较高。

5)减少了废抛光液的处理，对环境保护有积极意义。

2. 固着磨料抛光模

固着磨料抛光仍属成型法加工，因此，抛光模的面形精度决定了透镜面形的精度。固着磨料抛光模是由抛光丸片按一定的排列方式组成球面。抛光丸片是以聚氨酯树脂为基体，以氧化铈为主要材料经专门加工而成的，具有微孔结构的不同尺寸的小圆片。这种抛光模抛光能力强、自锐性好、膨胀系数小、弹性变形和吸水性变形小、应力小。

为保持抛光模面形的稳定，首先要保证抛光丸片在抛光模基体上有大的覆盖比，一般为50%～60%。此外，其抛光丸片的排列应参考高速精磨中精磨片的排列方式。对于球面抛光模，其抛光片的排列应按照余弦磨损规律，抛光丸片的大小应根据镜盘的直径决定，其硬度一般根据镜片材料的软硬来选取。如果抛光丸片质量不好或不匹配，就会影响抛光效果。

抛光模制成之后，也要经过修磨，与精磨模的修磨类似，一般采用对研的方法修正其面形，最后通过试抛零件来检验抛光模的面形。

3. 固着磨料抛光工艺

通常情况下，固着磨料加工工艺对机床的转速要求高，这有利于提高抛光效率。但是转速还要受机床性能指标以及镜盘口径的限制。此外，还要考虑工装精度的制约，否则容易造成脱胶。固着磨料抛光效率也受压力的影响，压力的选择与抛光模性能、抛光粉粒度与硬度等有关。总之，在高速、高压下，每加工一个零件都有它最佳的工艺参数，可以通过工艺试验来确定。表38-20给出了工艺参数转速和压力的参考数据。除了转速和压力对抛光的影响外，零件的精磨质量、抛光液以及温度等对抛光都有影响。

像聚氨酯准球心高速抛光一样，零件的精磨质量对抛光工艺也有相似的影响。另外，由于固着磨料对零件表面面形修整能力有限，只是改变零件的表面粗糙度，因此对精磨的面形精度和粗糙度要求极高。为了尽快完成抛光，尽可能少地影响表面面形，要求超精磨后再抛光。

表 38-20 固着磨料抛光的参考数据

曲率半径 R /mm	<10	10～50	50～120	>120
最大线速度 v/(m/s)	1～2	2～6	3～7	5～10
压力/kPa	15～30	10～30	7～20	5～15

在固着磨料高速抛光中，要求抛光液有良好的冷却、清洗、润滑性能，一般采用水作抛光液。为了提高抛光效率，改善零件表面质量，可在水中加入适量的添加剂，如硝酸锌等。

温度对固着磨料抛光也有影响。由于抛光液温度一般控制在25℃左右，固着磨料抛光对环境温度要求不太严格。

根据零件尺寸的不同，抛光时间会有变化。表38-21给出了参考抛光时间。

表 38-21 固着磨料抛光时间的参考数据

曲率半径 R /mm	<10	10～50	50～120	>120
加工时间/min	2～3	2～5	3～7	5～8

4. 加工余量

加工余量与表面粗糙度有关，而表面粗糙度与磨料粒度、玻璃性质有关。表38-22是按照玻璃的可磨性分类的加工余量。

表 38-22 透镜抛光工艺的加工余量

可磨性	表面粗糙度 R_a/μm	加工余量/mm
差	<0.01	0.003～0.005
好	<0.01	0.005～0.01

5. 高低光圈的产生及抛光模的修改方法

(1)产生原因

抛光模的影响：抛光模曲率半径和直径，抛光模的软硬度等过硬或工房温度过低。

工艺参数的影响：主轴转速、摆速、摆幅、压力、抛光液的浓度、加工时间等。

(2)修改方法

为了修改光圈的高低，除了适当调整工艺参数和环境的影响外，还要对抛光模进行修改。在实际生产中，通常用丸片模具修改抛光模。修改凸抛光模时，抛光模在下，模具在上；修改凹抛光模时，模具在下，抛光模在上。若要凸模升光圈，则由外往里修，如图38-21(a)所示；若要凸模降光圈，则由里向外修。若要凹模升光圈，则由里

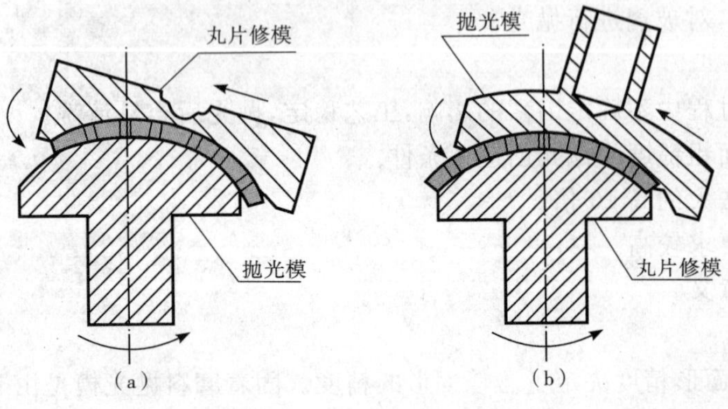

图 38-21 高低光圈的修改方法

向外修；若要凹模降光圈，则由外向里修，如图 38-21(b)所示。具体修改方法见表 38-23。

表 38-23　高低光圈的修改方法

零件类型	修改前的光圈	抛光前的零件曲率	基本影响因素及修改方法						
			抛光情况	抛光模	压力	摆幅	抛光液	主轴转速（下摆）	摆速（下摆）
凹面	高	大	零件中间要相对多抛	修边	减轻	增大	淡	减慢	加快
	低	小	零件边缘要相对多抛	修中心	加重	减小	浓	加快	减慢
凸面	高	小	零件中间要相对多抛	修边	减轻	增大	淡	减慢	加快
	低	大	零件边缘要相对多抛	修中心	加重	减小	浓	加快	减慢

第三节　透镜的定心和磨边

透镜在铣磨、精磨和抛光的过程中，由于定位误差、加工误差等因素的影响，会使透镜的光轴与其基准轴不重合，从而产生中心误差。透镜的定心磨边就是将光轴与其基准轴不重合的情况进行校正，从而满足透镜零件装配的需要。透镜的定心方法分光学定心和机械定心两类。

在实际生产中，透镜的定心磨边分两步进行：一是定心，通过光学或机械的方法寻找并确定透镜光轴与基准轴重合的位置；二是磨边，透镜定心后夹紧，用砂轮或金刚石磨轮磨削透镜的外圆，获得图纸要求直径的透镜。

一、透镜的中心误差

透镜的中心误差是指光学表面定心顶点处的法线对基准轴的偏离量。定心顶点是光学表面与基准轴的交点。基准轴是根据透镜安装表面形状和装夹条件而选定的能体现系统光轴的一条直线。表 38-24 给出了基准轴的选取与标注方法。透镜中心误差用光学表面定心顶点处的法线与基准轴的夹角（即面倾角）χ（单位是分）来度量，国家标准“透镜中心误差”（GB7242-87）中也介绍了与中心误差面倾角 χ 有关的两个量，这就是偏心差 c 和球心偏 α，并给出了它们的换算公式。这些参数观察起来并不直观，需要通过仪器来测量。透镜边缘的厚度差可以直观反映中心误差，有时也用边厚差 Δt 来描述中心误差，但很难测量准确。这 4 个表示中心误差的定义及具体描述见表 38-24。透镜中心误差多种参量之间的关系参阅文献[1]P152～P153。

表 38-24　透镜中心误差的定义及表示

透镜中心误差	定义	图示
面倾角 χ	光学表面定心顶点处的法线与基准轴的夹角，单位为(′)	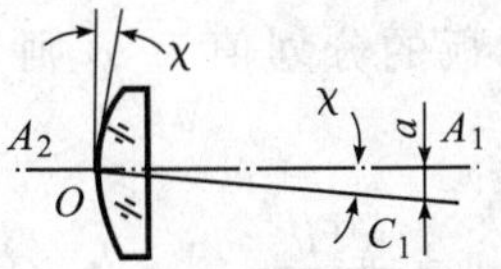 χ　A_2　O　χ　a　A_1　C_1
偏心差 c	透镜几何轴与光轴在透镜中心处的偏离量，对于薄透镜即透镜几何中心对光心的偏离量，单位为 mm	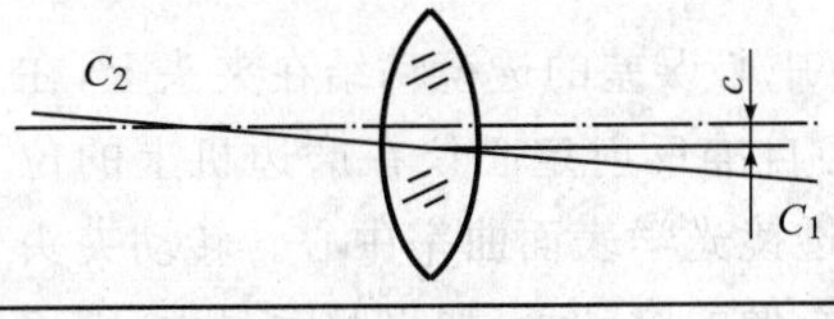 C_2　c　C_1

续表

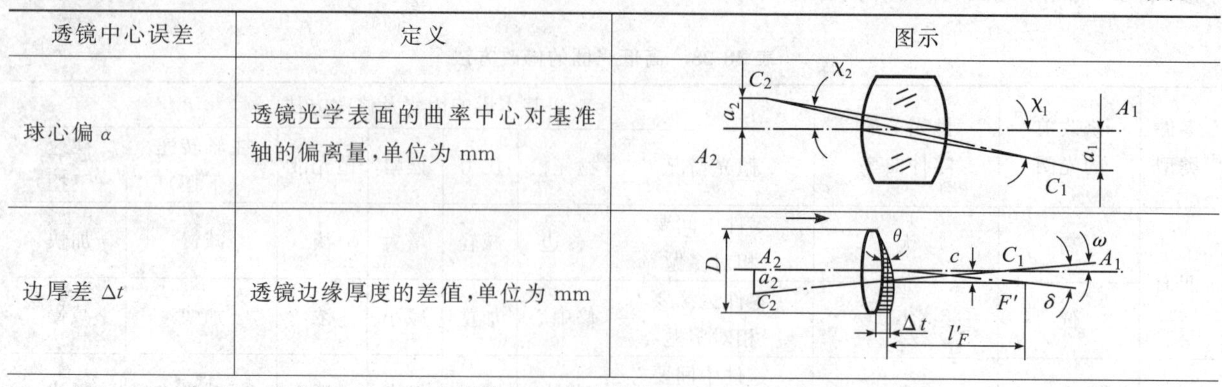

透镜中心误差	定义	图示
球心偏 a	透镜光学表面的曲率中心对基准轴的偏离量，单位为 mm	
边厚差 Δt	透镜边缘厚度的差值，单位为 mm	
C_1C_2 为光轴，A_1C_2 为几何轴，OC_1 为光学表面定心顶点处法线，A_1A_2 为基准轴		

二、光学法定心

光学定心法主要包括表面反射像定心法、球心自准反射像定心法、光学-电视定心法、透射像定心法和激光定心法等。

(一)表面反射像定心法

在保证定心接头轴线与机床的回转轴重合，且接头端面严格垂直于轴线的情况下，将透镜粘结在接头上，这时粘结面的曲率中心位于接头的轴线上。图 38-22 是双凹透镜的定心原理示意图。定心时，将一光源放在透镜前上方 A 处，转动接头，根据非粘结面的光源反射像的跳动来移动透镜，使其光轴与夹头轴线重合。当像转到上面，则将透镜沿着夹头端面向下移动；像转到下面，则反之，直至像不移动或在允许范围内，即完成定心。一般情况下，透镜粘结面的定心主要靠接头端面的修整精度来保证。

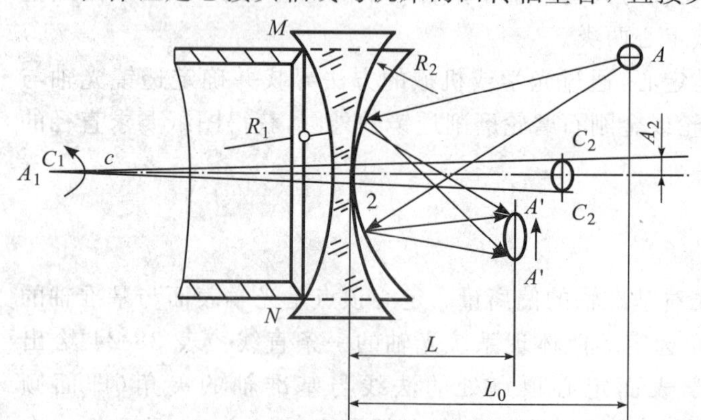

图 38-22 表面反射像定心

C_1C_2 为光轴；A_1A_2 为基准轴

这种定心是用肉眼直接观察像的跳动，跳动量反映出透镜中心误差的大小，定心精度不高，一般为 0.05 mm 左右。但设备简单，操作方便，适用于单件或小批量生产。

(二)球心自准反射像定心法

球心自准反射像法定心原理如图 38-23 所示。从十字分划 A 发出的光线，由垂直放大率为 β 的光学系统对透镜的表面曲率中心成像，经被检面球心反射回来的十字像位于分划板上 A' 处。如果透镜的偏心差为 c，转动透镜，十字像 A' 亦随之跳动，像的跳动量为 $4c\beta$。若分划板的分划值为 b，则允许像 A' 的跳动格数为

$$m=\frac{4c\beta}{b} \qquad (38\text{-}8)$$

将具有中心误差的透镜粘结在夹头上，在确定了球心自准反射定心仪在磨边机上的位置后，观察透镜光学表面曲率中心。转动夹头时，观察球心像的跳动量，如果跳动量大，则移

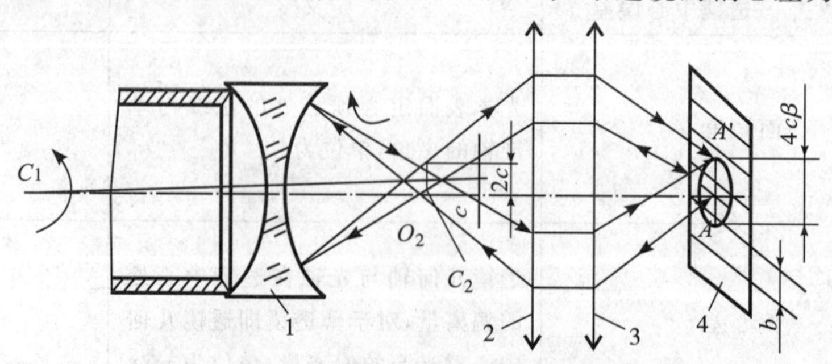

图 38-23 球心自准反射像法定心原理

1. 被定心透镜；2,3. 自准显微镜的物镜部分；4. 分划板

动透镜，至球心像不动或跳动在允许范围内，即完成定心。

定心时，首先必须找出透镜的校正点。对于透镜非粘结面，其校正点就是它的曲率中心，而粘结面的校正点位置可用近轴球面折射公式计算。然后根据校正点到透镜非粘结面的距离，选择合适的物镜。选择原则是：当物镜的物方焦点置于校正点上时，物镜与透镜非粘结面的距离不小于 10 mm，以便于操作。

球心自准反射像法具有较高的定心精度，主要用于直径小、曲率半径小的透镜定心。

（三）光学电视定心

如果把透镜球心成像到一个可视化的显示屏上，就是所谓的光学电视定心法。其测量原理如图 38-24 所示。

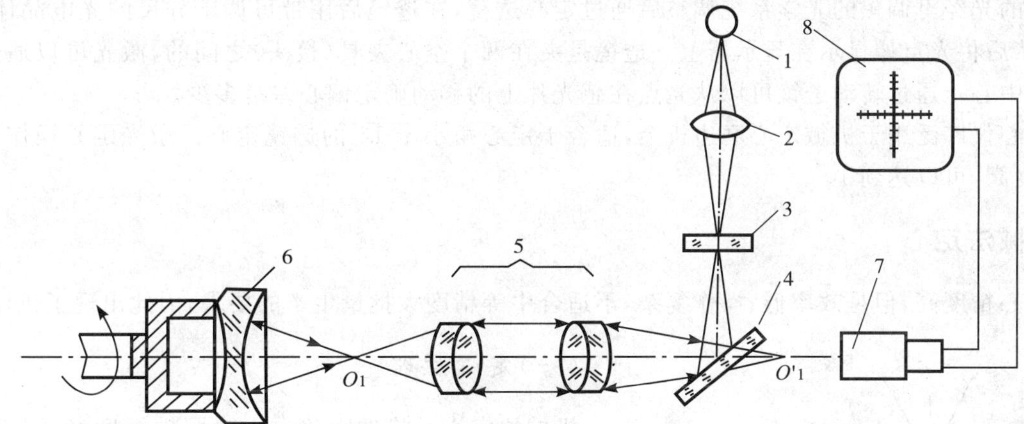

图 38-24　光学电视定心光学系统

1. 光源；2. 聚光镜；3. 分划板；4. 分光镜；5. 显微物镜；6. 定心透镜；7. 摄像机；8. 显示器

假设电视摄像管的分辨率为 N lp/mm，光学系统的垂轴分辨率为 β，则通过电视系统观察透镜球心像的定心精度 P 为

$$P=\frac{1}{4N\beta} \tag{38-9}$$

光学电视定心法的定心精度高，速度快，而且减轻了人眼的疲劳。这种方法比较适合高精度大批量生产。

（四）透射像定心法

透射像定心是通过观察透镜的透射像与几何轴的偏离来定心的。将透镜胶在接头上，接头的端面严格垂直于机床主轴，即几何轴。定心时，转动透镜，则通过透镜透射过来的十字分划像有跳动，其跳动量表示透镜像方焦点对基准轴的偏离量，反映出透镜几何轴与光轴在透镜光心处的偏离量。如图 38-25 所示，透镜偏心差 c 由下式求出：

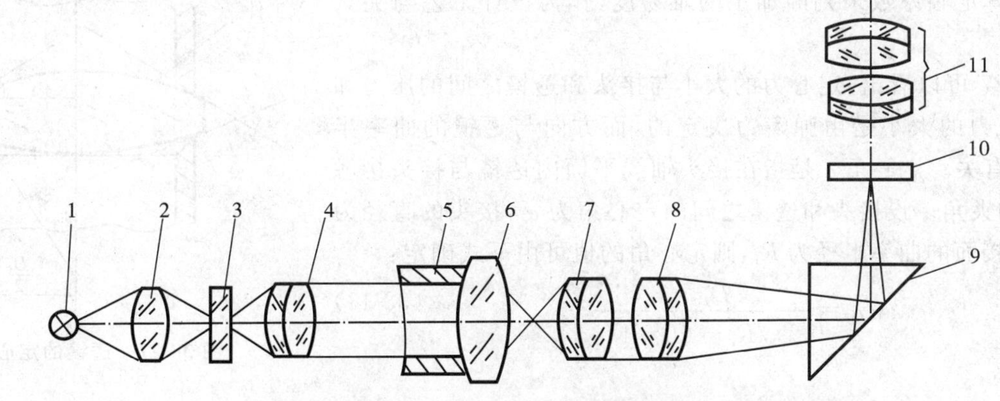

图 38-25　透射像定心原理示意图

1. 光源；2. 聚光镜；3. 十字分化板；4. 准直物镜；5. 接头；6. 工件；7. 、8. 物镜；9. 转像棱镜；10. 分划板；11. 目镜

$$c=\frac{bn}{2\beta} \tag{38-10}$$

式中，β 为物镜放大镜，b 为分划板实际格值，n 为跳动格数。

当透镜像方焦点对基准轴的偏离量为 0，而光轴与基准轴仍有交角时，透镜实际存在的偏心差无法反映出来。这是透射像定心法最大的不足。

(五)激光定心法

激光定心仪由 3 部分组成：可调焦的激光器，二维位置传感器，电子处理和显示部分。其测量原理是：从激光器发出的光经可调焦的光学系统调整后通过定心透镜，在透镜后用带可调千分尺的光电晶体转换器接收光点像，然后将光点像显示在显示器上。透镜是夹在两个空心夹具(接头)之间的，激光可以通过，而且是通过透镜的中心。通过转动透镜可以从光点在感光片上的移动确定偏心差是多少。

激光定心仪广泛用于机械定心磨边机上，适合于定心角小于 16°的透镜定心。激光定心操作简单，速度快，定心精度高，可以达到 10″。

三、机械法定心

光学定心精度高，但是效率低、操作复杂，不适合中等精度大批量生产的要求，因此出现了机械法定心。

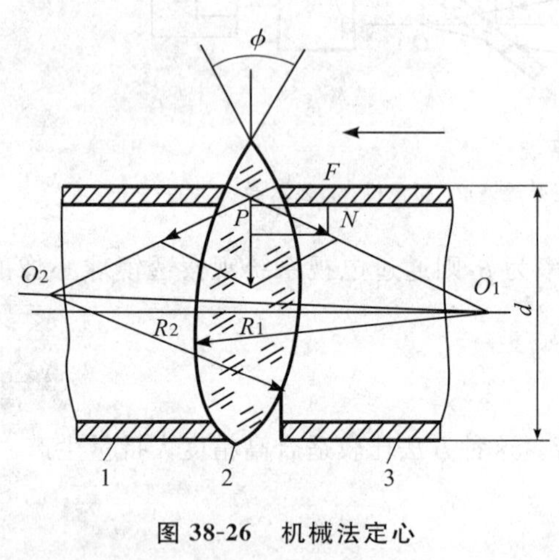

图 38-26 机械法定心

1,3. 夹具;2. 工件

(一)定心原理

机械法定心是将透镜放在一对同轴精度高、端面精确垂直于轴线的接头之间，利用弹簧压力夹紧透镜，根据力的平衡来实现定心。其中一个接头可以转动，另一个既能转动又能沿轴向移动。

当透镜光轴与机床主轴尚未重合时，如图 38-26 所示，假设接头与透镜在 A 点接触，则接头施加给透镜压力 N，方向垂直于透镜表面。压力 N 可分解为垂直于接头端面的夹紧力 F 和垂直于轴线的定心力 P。定心力 P 将克服透镜与接头之间的摩擦力，使透镜沿垂直于轴线方向移动，夹紧力 F 将推动透镜沿轴线方向移动。当透镜光轴与机床主轴重合时，定心力就达到平衡，即完成定心。

(二)定心系数

不是所有的透镜都能采用机械方法定心，因此，光学镜片在定心之前，可通过计算定心系数来判断加工的难易度，作为设计工艺与夹具的参考。

从图 38-27 可以看出，定心力的大小与接头和透镜之间的压力和方向有关。压力的大小是由弹簧力决定的，而方向与透镜的曲率半径、接头直径有关。定心角 α 是指在接头轴线平面内透镜与接头接触点的切线间的夹角。设接头和透镜之间的定心角为 α_i，接头的直径为 D_i，透镜非粘接面的曲率半径为 R_i，则定心角的值可由下式确定：

$$\tan\alpha_i=\frac{D_i}{2\sqrt{R_i^2-(D_i^2/4)}} \tag{38-11}$$

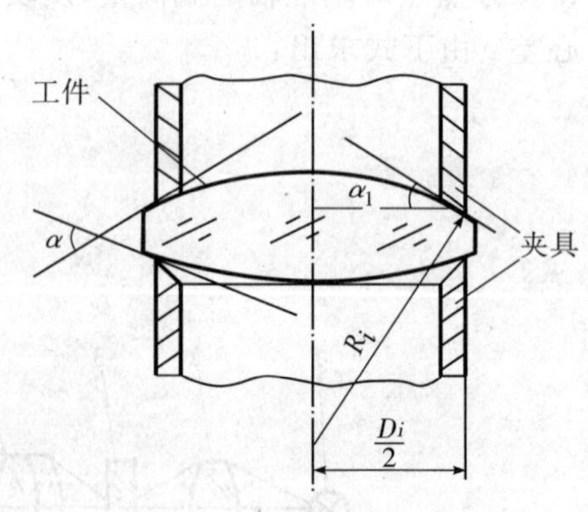

图 38-27 透镜的定心角

当 $R_i \geqslant D_i$ 时

$$\tan\alpha_i=\frac{D_i}{2R_i} \tag{38-12}$$

透镜的定心角为其两个单面定心角的代数和，即 $\alpha=\alpha_1\pm\alpha_2$，双凸、双凹取“＋”号，其余取“－”号。

若透镜与接头之间的摩擦系数两面分别为μ_1、μ_2，令$\mu_1 \approx \mu_2 = \mu$，则有

$$\left|\frac{D_1}{2R_1} \pm \frac{D_2}{2R_2}\right| \geqslant 2\mu \tag{38-13}$$

将(38-13)式变换为如下形式，则称K为机械法定心系数：

$$\frac{1}{4}\left|\frac{D_1}{R_1} \pm \frac{D_2}{R_2}\right| = K \tag{38-14}$$

假设摩擦系数$\mu = 0.15$，若由(38-14)式计算得出$K \geqslant 0.15$，说明定心角$\geqslant 17°30'$，则定心可行；若$0.1 < K < 0.15$，则相当于定心角为$12° < \alpha < 17°30'$，则定心效果差；若$K < 0.1$，相当于$\alpha < 12°$，则不能定心。

由(38-14)式也可以看出，定心精度除与机床、接头精度有关外，与透镜与接头之间的摩擦系数、透镜的曲率半径和接头的直径有关。摩擦系数越小，定心精度越高。在接头直径不变时，透镜的曲率半径越小，定心精度越高。另外，对于弯月透镜，可使曲率半径较小的球面对直径较大的接头，以提高定心精度。

机械法定心操作简便、加工效率高，适用于中等尺寸、中等精度透镜的大批量生产。

四、磨边、倒角和影响定心的因素

透镜在定心之后，要用砂轮或金刚石磨轮进行磨边和倒角。

(一)磨边

与定心方法相对应，磨边机有光学定心磨边机、机械定心磨边机、自动定心磨边机等。其中，机械定心磨边机是目前使用最广泛的设备。

磨边方式主要有平行磨削、倾斜磨削、端面磨削、垂直磨削和组合成型磨轮磨削，如图 38-28 所示。

1)平行磨削。如图 38-28(a)所示，平行磨削是指磨轮轴线与透镜轴线平行，磨削效率高，而且易于调整，是一种最常见的磨削方式。

2)倾斜磨削。如图 38-28(b)所示，将磨轮调整一定的角度，这样可以改善零件的受力状况，避免零件受磨轮推力过大而造成脱落。

3)端面磨削。如图 38-28(c)所示，采用磨轮端面磨削玻璃，不存在使零件脱落的作用力，磨削效率高，缺点是容易磨出锥面或非柱面。

4)垂直磨削。如图 38-28(d)所示的磨削方式是垂直磨削，这种磨削方式也不会使零件脱落，而且进刀比较容易。

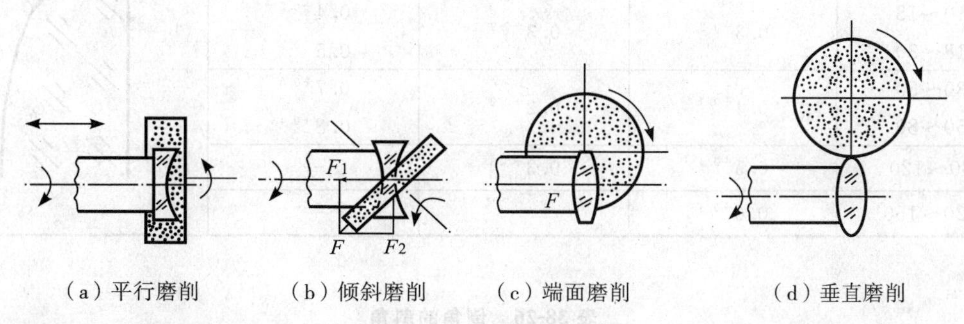

(a) 平行磨削　(b) 倾斜磨削　(c) 端面磨削　(d) 垂直磨削

图 38-28 常见的透镜磨边方式

(二)倒角

光学零件的倒角，可以分为两大类，即保护性的倒角和设计性的倒角。

保护性倒角是为了防止零件在装配时尖锐的边缘被碰破，也防止划破工人的手，而且可以去掉磨边时产生的小破边。设计性倒角是按照加工或装配要求而设计的倒角。

倒角操作的方式，主要有如下 3 种：

(1)成型金刚石磨轮倒角

利用成型金刚石磨轮磨边与倒角，如图 38-29 表示。这种方法是先磨边，然后磨轮相对于透镜左右轴向

移动一个小距离磨透镜的棱角。这种方法要求接头直径 D' 应比透镜直径 D 小，其关系为

$$D' = D - (0.5 + 2\delta) \tag{38-15}$$

式中，δ 是金刚石磨轮倒边部分的高度。

(2)砂轮倒角

将砂轮或工件转动一定的角度，即可在磨边后接着倒角。如图 38-30(a)表示。

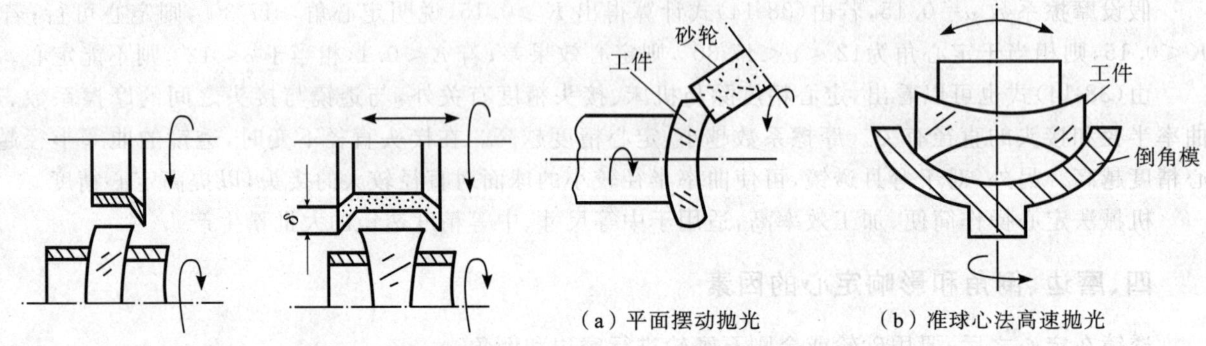

图 38-29 成型金刚石磨轮的磨边与倒角

图 38-30 砂轮和倒角模倒角

(3)倒角模倒角

倒角时，使用金刚石倒角模，真空吸附。对于大透镜和硬玻璃材料用 W40 磨料，对于小透镜和软玻璃材料用 W20 磨料，如图 38-30(b)表示。

倒角宽度与零件直径和零件类型有关，具体尺寸见表 38-25。倒角的斜角 α 根据 D/r 的比值由表 38-26 给出。

表 38-25 倒角宽度

单位：mm

<table>
<tr><th rowspan="2">零件直径 D</th><th colspan="3">倒角宽度 m</th><th rowspan="2">倒角位置</th></tr>
<tr><th>非胶合面</th><th>胶合面</th><th>用滚边固定</th></tr>
<tr><td>3～6</td><td>$0.1^{+0.1}$</td><td>$0.1^{+0.1}$</td><td>$0.1^{+0.1}$</td><td rowspan="9">α m</td></tr>
<tr><td>>6～10</td><td>$0.1^{+0.1}$</td><td>$0.1^{+0.1}$</td><td>$0.3^{+0.2}$</td></tr>
<tr><td>>10～18</td><td rowspan="2">$0.3^{+0.2}$</td><td rowspan="2">$0.3^{+0.2}$</td><td>$0.4^{+0.2}$</td></tr>
<tr><td>>18～30</td><td>$0.5^{+0.3}$</td></tr>
<tr><td>>30～50</td><td rowspan="2">$0.4^{+0.3}$</td><td rowspan="2">$0.2^{+0.2}$</td><td>$0.7^{+0.8}$</td></tr>
<tr><td>>50～80</td><td>$0.8^{+0.4}$</td></tr>
<tr><td>>80～120</td><td>$0.5^{+0.4}$</td><td>$0.3^{+0.3}$</td><td>—</td></tr>
<tr><td>>120～150</td><td>$0.6^{+0.5}$</td><td>—</td><td>—</td></tr>
</table>

表 38-26 倒角的斜角

<table>
<tr><th rowspan="2">零件直径与表面半径的比值 D/r</th><th colspan="3">倒角的斜角</th></tr>
<tr><th>凸面</th><th>凹面</th><th>平面</th></tr>
<tr><td><0.7</td><td>45°</td><td>45°</td><td rowspan="3">45°</td></tr>
<tr><td>>0.7～1.5</td><td>30°</td><td>60°</td></tr>
<tr><td>>1.5～2</td><td>不倒角</td><td>90°</td></tr>
</table>

（三）影响定心精度的因素

1. 机床主轴的径向跳动

机床主轴的径向跳动会造成透镜基准轴的位置变化，因此，应使其径向跳动量小于定心精度。

2. 接头

为了保证机械定心的精度，防止接头划伤透镜的通光表面，接头应该满足以下要求：

1）接头的几何轴与机床主轴的重合精度应高于定心精度。

2）接头端面应与几何轴线严格垂直。

3）接头端面应光滑，不能擦伤透镜表面，端面粗糙度为 R_a 0.16 以上。

4）接头外径应比定心透镜名义直径小 0.15～0.30 mm，并带有通气小孔，接头壁厚一般为 1 mm。

5）接头具有一定的刚度，光学法定心接头用黄铜 HPb59-1 或 H62；机械定心接头可用黄铜或 45 钢。

6）对于机械定心，夹持透镜的两个主轴的同轴度也有要求，一般为 0.005～0.01 mm。一般接头外径比透镜完工直径小 0.2～0.4 mm。

图 38-31 为光学定心接头和机械定心接头的设计图。

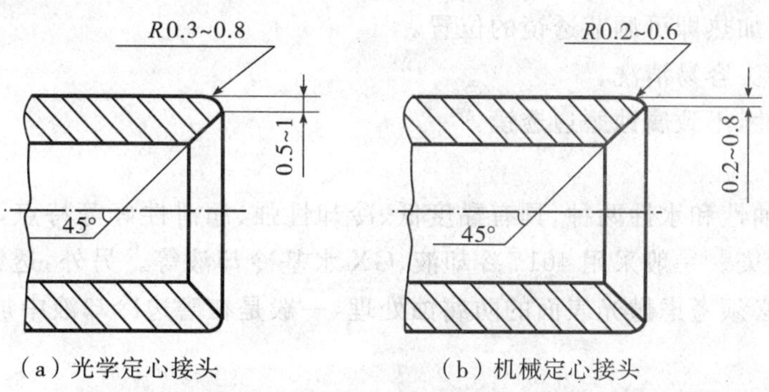

（a）光学定心接头　　（b）机械定心接头

图 38-31　定心接头

3. 定心角

对于机械法定心，除了上述两个影响因素外，透镜与接头的摩擦系数、透镜的曲率半径以及接头直径对定心精度也有影响。透镜与接头的摩擦系数越小，定心精度越高，而摩擦系数又与润滑液种类有关；在接头直径不变时，透镜的曲率半径越小，定心精度越高。对于弯月透镜，可使曲率半径较小的一面对直径较大的接头，曲率半径较大的一面对直径较小的夹头，以提高定心精度。

一般说来，不同的定心方法，决定了定心的精度范围，在这个范围内，上述因素会对定心的精度产生一定的影响。不同定心方法决定的定心精度范围见表 38-27。

（四）影响定心的工艺因素

在定心磨边机床、接头及定心角都合适的情况下，透镜磨边的精度与加工中磨轮的粒度及转速、粘结胶、冷却液等工艺参数有关系。

表 38-27　各种定心方法的比较

定心方法	精　度/mm	备　注	
表面反射像定心	0.03～0.10	精度中等	适合小批量生产，对工人要求高，效率较低
自准直球心定心	0.005～0.04	精度高	
透射定心	0.01～0.10	精度中等	
机械定心	0.01～0.10	精度中等，适合大批量生产，对工人要求低，效率高	

1. 磨轮

透镜的定心磨边通常采用金刚石砂轮或碳化硅砂轮，加工光学玻璃常用青铜结合剂，加工晶体可以用树脂结合剂。其磨轮粒度按透镜的直径大小选择。对于大直径透镜，采用 180#，小直径透镜采用 240# 或 280#。磨轮的转速与透镜的直径有关系，直径越大，转速越高，一般为 15～35 m/s。表 38-28 给出了光学定心和机械定心的主要机器参数。

表 38-28　各种定心方法的机器参数

磨边方法	光学法定心磨边	机械法定心磨边
工件转速/(r/min)	200～500	3～10
进刀量/mm	0.02～0.10	0.5～1

2. 粘结胶

磨边用的粘结胶用于将透镜粘结到接头上，它的主要成分是松香和虫胶漆，此外还有少量的蜂蜡和矿物油。由于特殊的应用环境，磨边胶应满足一定的要求：

1)足够的强度，以保证透镜不会从接头上脱落。

2)软化点低，以便稍加热即可调节透镜的位置。

3)磨边后，透镜和接头容易清洗。

4)良好的化学稳定性，不致腐蚀磨边透镜。

3. 冷却液

磨边冷却液可分为油性和水性两种，具有黏度低、冷却性强、润滑性好等特点，同时不损害皮肤，对机床设备无锈蚀，对环境无污染。一般采用 401# 冷却液、GX 水基冷却液等。另外，透镜的磨边一般都是在抛光之后进行，因此，磨边时必须考虑抛光表面的防腐蚀处理，一般是在磨边冷却液中加入 1%的抛光液稳定剂。

(五)磨边余量

表 38-29 和表 38-30 分别给出了透镜的定心磨边余量及其计算公式。

表 38-29　定心磨边余量　　单位：mm

透镜完工尺寸	3～10	10～20	20～35	35～55	55～80	80～110	大于 110
磨边余量	0.8	1.4	1.8	2.2	2.6	3	3.5

当计算得到的 ΔD 大于 6 mm 时，则应缩小 Δt，也就是说，通过控制透镜的边缘厚度差来保证 ΔD。当凸透镜的完工直径加上磨边余量后边缘厚度小于 0.5 mm 时，则也应缩小 Δt。一般情况下，用透镜的边厚差计算磨边余量(mm)。透镜直径和边厚差的关系见表 38-31。

表 38-30　透镜定心磨边余量的计算

透镜类型	图示	余量计算公式
双凸	R_2, R_1, D, d	$\Delta t=\dfrac{\Delta D(D+\Delta D)(R_1+R_2-d)}{2R_1R_2}$
双凹	R_1, R_2, D, d	$\Delta t=\dfrac{\Delta D(D+\Delta D)(R_1+R_2+d)}{2R_1R_2}$

续表

透镜类型	图　示	余量计算公式
平凸 平凹	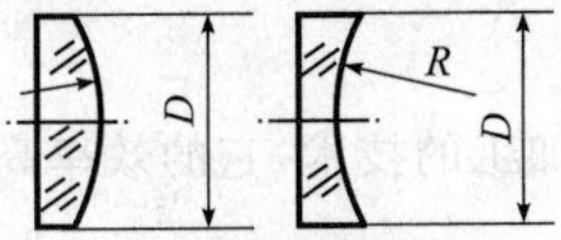	$\Delta t=\dfrac{\Delta D(D+\Delta D)}{2R}$
正弯月	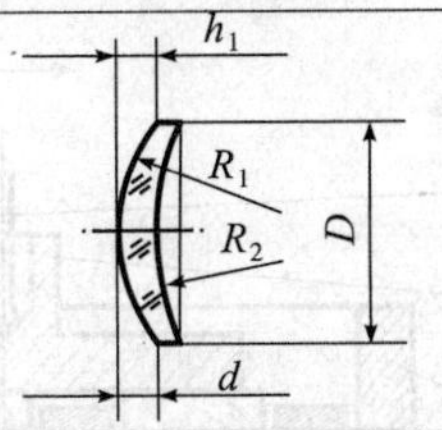	$\Delta t=\dfrac{\Delta D(D+\Delta D)(R_2-R_1+d)}{2R_2(R_1-h_1)}$
负弯月	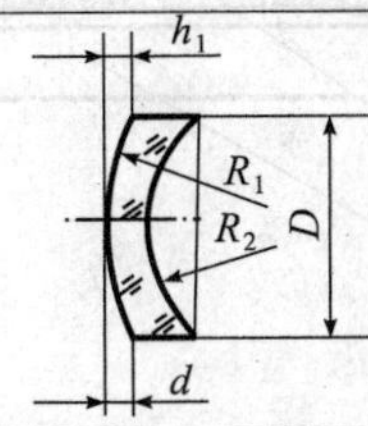	$\Delta t=\dfrac{\Delta D(D+\Delta D)(R_1-R_2-d)}{2R_1R_2}$

注：Δt 为透镜边缘厚度差，D 为透镜直径，ΔD 为直径磨边余量，R 为透镜的曲率半径（绝对值），d 为透镜的中心厚度，h_1 为曲率半径 R_1 面对应的矢高。

表 38-31　透镜的边厚差　　单位：mm

透镜口径 D	3～10	10～20	20～35	35～55	55～80	80～110	>110
边厚差 Δt	0.3	0.4	0.5	0.6	0.7	0.8	1

第四节　平板和棱镜的制造

一、平面制造的特点

平板和棱镜是由平面组成的光学零件。有的透镜也有光学平面，实际上平面是更为常见的表面，但是从光学加工的角度，它有如下和球面加工不同的特点：

1. 被加工的平面实际上是半径很大的球面

国家标准“光学样板”(GB1240-1976)规定，球面标准样板曲率半径 R 最大到 40 000 mm，而国家标准“光学零件球面半径数值系列”(GB3158-82)规定的球面曲率半径 R 最大到 10 000 mm，也就是说，R10 000～40 000 mm 已经是极为罕见的球面了。R 40 000 mm 以上可以视为平面。

2. 以成盘加工为主要形式

随着采用精密定位、真空吸附等技术，球面加工已经从成盘加工转向了单件加工，但是平面加工，特别是精磨和抛光工序，主流工艺依旧采用成盘加工。

3. 以传统工艺为主要加工技术

以高速抛光为核心的现代光学制造技术，在球面加工中展现了极好的效果。但在平面加工的主流工艺中始终没有突破性进展，棱镜和高精度的平板仍然采用常规的传统工艺，以低速、低压为主流加工特征。

4. 具有一般的形状位置误差

平板和各种形式的反射棱镜、透射棱镜具有一般机械零件所具有的形状位置误差，如角度误差，如果在平面上刻有分划图案，图案在平面上的位置应有位置误差。

5. 高精度、大口径光学平面的面形检验十分困难

众所周知，现今拥有各类干涉仪，但是精度高于 $\lambda/20$、口径大于 300 mm 的光学平面的面形检验依然十分困难。主要的原因，还是因为平面都是大曲率半径的球面，而且其曲率半径无法精确测量。口径大的光学平面、各类平面干涉仪的检验基准，往往需要通过制造 3 块，两两互检的原始办法来准确检验校正其面形。

二、平面的双面加工技术

双面加工技术指对平板类光学零件的两个平面同步进行加工的技术，它的效率高，但相应的设备要求和控制要求也要高得多。

（一）双面加工的原理

早期的双面加工是在一般的二轴机上，采用上下平模，使用挡圈和分离片对平板的两个面同时进行加工，其装置如图 38-32 所示。这种低速的双面加工，比单面加工提高了效率，但平面度和双面的平行度则达不到很高的要求，所以只适用于一般精度平板的加工。随着大规模、超大规模集成电路制造技术的发展，国外出现了双面高速加工机床，目前被推广到高速研磨抛光光学平板。

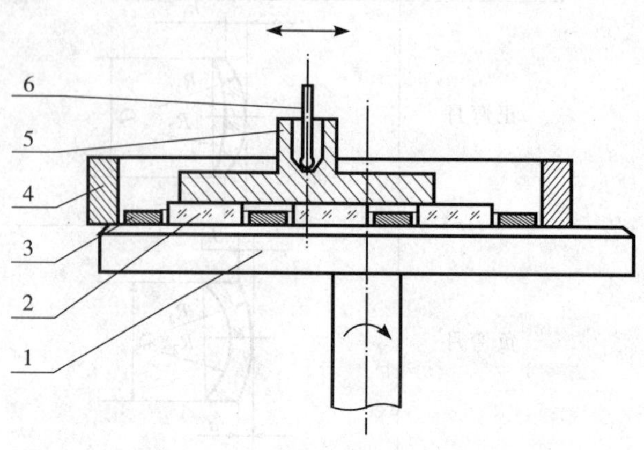

图 38-32　低速双面加工原理

1. 下模；2. 被加工工件；3. 分离片；4. 挡圈；5. 上模；6. 铁笔杆

图 38-33 所示的是高速双面加工机床及其加工原理。图中高速双面加工的上模 3 和下模 5 直径相同，分别以大小相同、方向相反的角速度绕机床的主轴转动。在上下模之间，还有带动被加工工件的行星轮。行星轮与内齿轮和中心齿轮啮合，并被驱动绕着上下模的中心做行星运动，既有绕中心的公转，又有绕行星轮自我中心的自转。图 38-34 是放置被加工零件的行星轮的啮合情况。

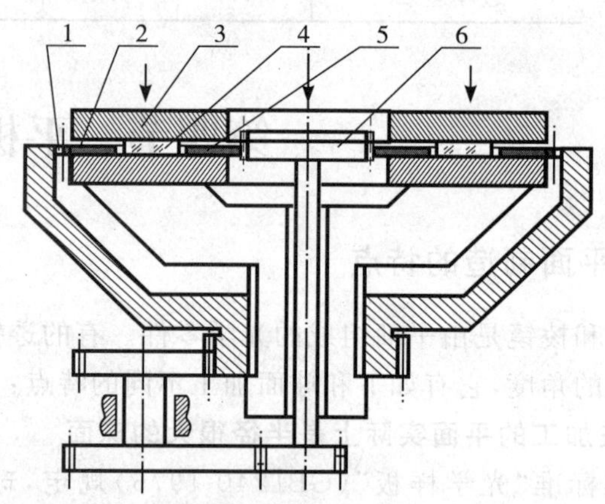

图 38-33　高速双面加工机床及加工原理示意图

1. 内齿轮；2. 行星轮；3. 上模；4. 被加工工件；5. 下模；6. 中心齿轮

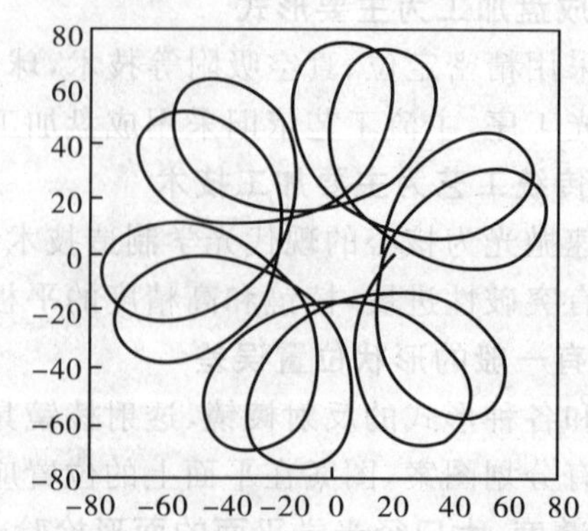

图 38-34　双面加工中的行星轮啮合情况及模拟相对运动轨迹(单位:mm)

这种高速双面加工主要应用在精磨和抛光工序。加工时，先在下模的行星轮中摆放好被加工的平面零件，随下模、内齿轮和中心齿轮的转动，带动行星轮运动，工件又由行星轮带动做行星运动。缓慢运动正常之后，上模开始接触，并逆向转动，从而使工件的运动进入合成状态。随着加工的开始和结束，机床的控制系统可以逐渐加速和减速，可以在上模上加压和减压，可以控制研磨液、抛光液循环使用。通常主轴的转速可以达到 200～700 r/min，中心齿轮的转速可以达到 10～60 r/min。各项工艺参数经设定以后，机床的运转完全依靠程序控制。

高速双面加工的特点是效率高，双面平行性很好，一般可以达到 30″以内，其面形和表面质量也能保证一般精度的加工需要。

(二)影响质量的主要工艺因素

1. 被加工零件表面任一质点的运动轨迹

双面加工是两个表面同步加工，加工过程中，被制约的因素提高了 1 倍，因此，在加工零件和模具的相对运动中，保证被加工零件表面任一质点的运动轨迹均匀非常重要。

2. 研磨盘或抛光盘的面形

在双面研磨或抛光的过程中，平板的双面面形主要依靠机床下模和上模面形的传递。因此，新机床在正式使用以前，要对上、下模的平面性进行修正，并通过零件的试加工，确定转速、压力、加工时间等工艺参数。经多次试验、调整，使零件的加工面形符合图纸要求后，方可进行批量地生产。

3. 行星轮的设计

被加工的平面零件是放在行星轮中的。行星轮的正确设计，直接影响被加工零件的质量。除机床齿轮啮合的模数、齿数之外，设计行星轮主要把握 3 个因素，即行星轮的厚度、开孔尺寸和开孔布局。行星轮的直径和齿形是由机床决定的。

行星轮的厚度要根据被加工零件的毛坯厚度和加工余量决定，一般应比被加工零件的工序完工厚度薄。通常，对厚度小于 0.2 mm 的超薄被加工零件，行星轮的厚度应比被加工零件的厚度小 3～5 μm；对于一般厚度的被加工零件，行星轮的厚度应比被加工零件的厚度小 0.05～0.1 mm。

行星轮的开孔大小要比被加工零件尺寸稍大，通常长方形零件的边长和圆形零件的直径，应比行星轮的开孔尺寸小 0.20 mm 左右。

行星轮的开孔布局在行星轮中应均匀分布，合理地分布可以提高在一个行星轮面积范围内的零件个数。如果是圆形零件，圆形零件孔相对行星轮应偏心布局，以利于被加工零件在加工过程中相对行星轮开孔的转动。

行星轮的材料，可以选择金属，也可以选择树脂塑料，其平面性和双面的平行性应较好，若材料的性能达不到要求，插好齿以后，可以将行星轮的毛刺面朝下，装在机床上自研磨，以达到其要求。

4. 研磨液、抛光液的配制和使用

用于高速双面加工的精磨液和抛光液都应根据被加工零件的材料、表面粗糙度和尺寸，选取适当的磨料(或抛光粉)、添加剂、去离子水，并以一定的比例配制而成。精磨液和抛光液由机床控制系统控制自动送给、循环使用。在使用期间应定期地过滤，并控制流量和温度。

5. 被加工零件厚度的一致性

模盘直径大的双面加工机床有 5 个行星轮，每个行星轮内又可安排多个被加工零件。在精磨阶段，被加工零件厚度的一致性是影响加工质量的一个重要因素，一般其厚度差应不大于 0.02 mm。而且要求开始的一段时间只能缓缓加压，以便在磨削的过程中，零件的厚度逐步趋向一致。否则，会因为压力不均衡，造成加工过程中零件破碎。

在同样的机床上对精磨后的零件进行双面抛光，可以保证零件厚度的一致性。

双面抛光完成的零件经过清洗之后，还需要逐块倒边、倒角、送检验，也可以在精磨完成之后，先对被加工零件倒边、倒角，再进行双面抛光。

三、平面光学零件加工的基本技术

(一)上盘

由于平面的通用性,它不像球面带有特定曲率半径的个性;平面加工,依然保持着上盘加工的特点,在铣磨、精磨、抛光等主要工序,将依据加工机床的特点和被加工零件的形状及技术要求,采用不同的上盘技术。其主要的上盘技术如下:

1. 刚性上盘

刚性上盘是以非加工面作为基准面,用胶或石蜡将被加工零件刚性地粘接到垫板上。垫板一般用玻璃或铝合金制造。刚性上盘的垫板角度需要根据被加工棱镜的角度及其公差要求精确设计,垫板上下表面的平面度、平行度,棱镜垫槽的平行性、平面性及表面粗糙度都应有较高的要求,才能保证被加工零件的尺寸精度和一致性。

刚性上盘的特点是:只要垫板制造完好,上盘操作相对简单,广泛地被用在铣磨工序和加工过程中不易变形的零件。

2. 弹性上盘

弹性上盘是先将火漆团或火漆条烧热粘在被加工零件的非加工面上,将加工面按照一定规律贴置在贴置模上;再将垫板加热,放置在粘有火漆的被加工零件上,自然冷却即可。

弹性上盘是以统一贴置在贴置模平面上的被加工面为基准。弹性上盘冷却后,粘接到平面零件上的具有弹性的火漆就把零件固定在垫板上了,而且形成了以贴置平板平面为基准的加工面,平板的弹性上盘如图38-35所示。这种上盘方式保证了盘上各个被加工零件具有统一的被加工平面基准。因此,弹性上盘的垫板不需要有很好的平面度和平行度要求,棱镜的弹性上盘垫板也不需要有精确的角度要求和精度要求,棱镜上盘结构如图38-36所示。

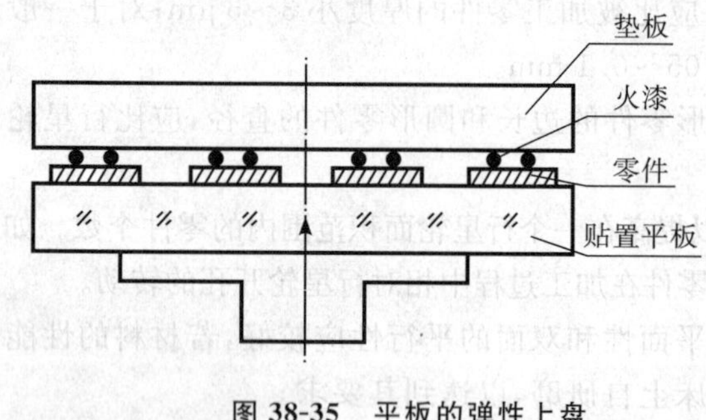

图 38-35 平板的弹性上盘

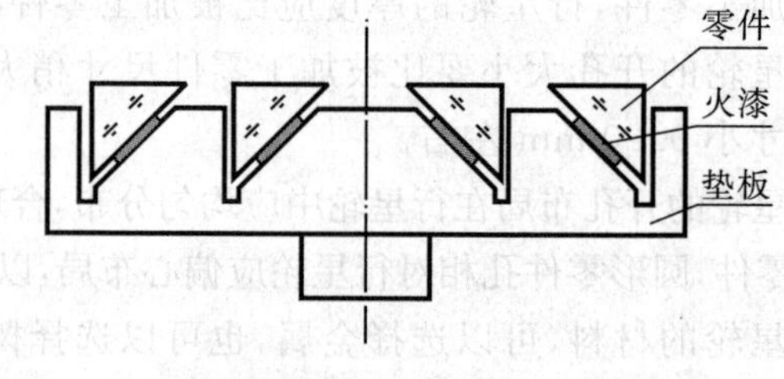

图 38-36 棱镜的弹性上盘

弹性上盘的特点是:工艺装备要求比较简单,下盘后零件的光圈及光圈不规则变化很小。适合于光圈要求较高的平面零件在精磨、抛光阶段的加工。

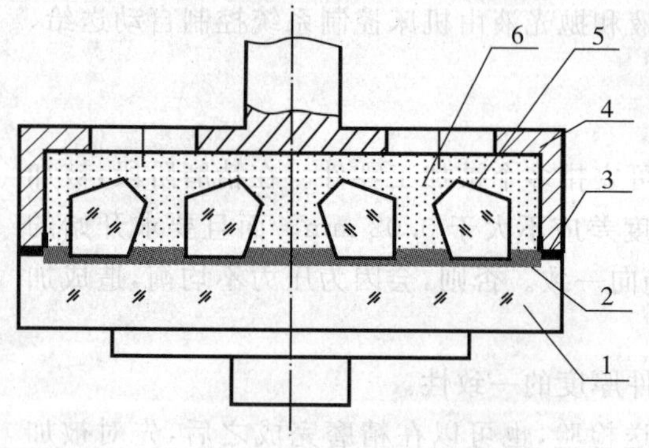

图 38-37 石膏盘结构

1. 贴置平板;2. 石蜡层;3. 橡皮垫圈;4. 石膏盘壳体;5. 零件;6. 凝固石膏

3. 石膏上盘

石膏上盘也是以被加工面为基准面。首先将零件的被加工面按一定的规律贴置到贴置平板上,其空隙处浇涂一层熔融的石蜡,再将石膏盘壳体放置在被加工零件的贴置平板上,周边垫一层橡皮垫圈,并通过石膏盘底部的孔,将调好的石膏浆倒入石膏盘壳体内,待石膏凝固后,将盘沿贴置平板平面取下即可。显然,石膏上盘也是形成以贴置平板平面为基准的加工面,图38-37示出了石膏盘的结构。

石膏盘的优点是工艺装备相对简单,上盘的包容性好,适用于形状比较复杂的棱镜的精磨、抛光工序,但由于石膏凝固后会产生变形,只适合加工一般精度的棱镜,或加工屋脊棱镜的第一个屋脊面。为了改善石膏凝固后的变形，通常在石膏中加入适当的水泥，配制的石膏浆要求石膏、水泥和水的比例严格。

4. 靠体上盘

由于各种棱镜具有相互各异的角度，为了方便机器加工，且保证角度精度，将棱镜粘结到角度匹配的靠体上，再将靠体连同零件粘结到垫板上，这就是靠体上盘。靠体上盘是刚性上盘的应用和发展。

图 38-38、图 38-39、图 38-40、图 38-41 分别是不同棱镜的靠体上盘结构以及零件和靠体定位粘结的情况。为了保证粘结的一致性，通常借助设计的定位夹具，将靠体放在夹具上定位。涂上胶以后，将被加工零件放在靠体上定位，胶固化后则可取下粘结靠体的零件。最后将许多粘结靠体的零件用胶粘在垫板上形成靠体上盘。

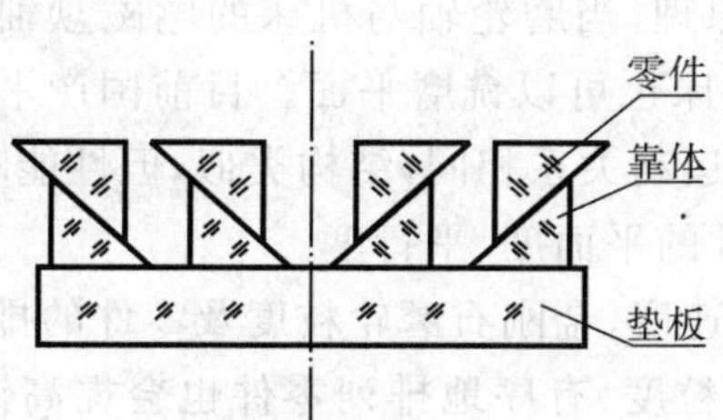

图 38-38　直角棱镜靠体上盘结构

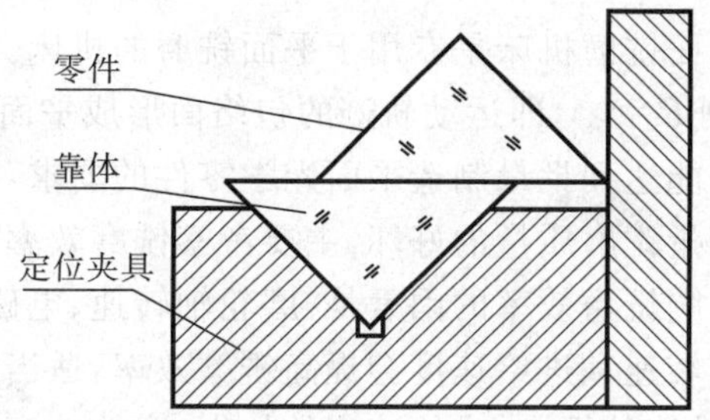

图 38-39　直角棱镜与靠体粘结定位

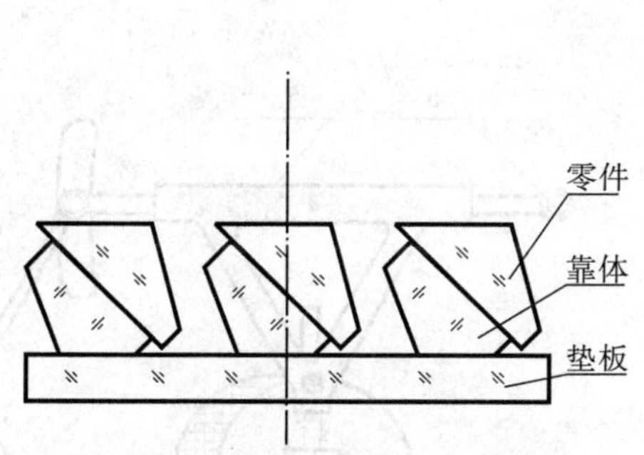

图 38-40　半五棱镜靠体上盘结构

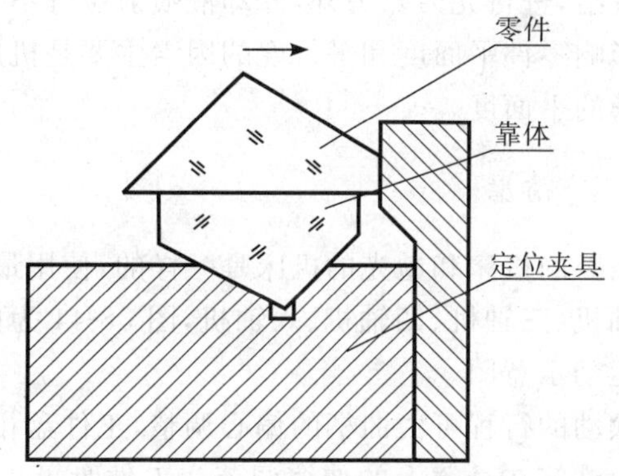

图 38-41　半五棱镜与靠体粘结定位

靠体材料可以用金属，也可以用玻璃。玻璃靠体的角度精度容易测量，方便制造；使用金属，可以利用电磁吸盘的性能，方便在机床上固定，可以省去一道胶粘的程序。

靠体上盘的垫板和靠体的制造误差都会影响零件的制造误差，为了保证零件制造精度的一致性和零件的互换性，必须提高垫板和靠体的制造精度和一致性。

靠体上盘广泛应用于棱镜的批量制造中，从铣磨、精磨、抛光工序都能有效地使用，它特别适合于制造中等精度的棱镜。

5. 光胶上盘

光胶上盘是高精度上盘，它是将平面零件中一个抛光好的表面与光胶垫板或长方体、立方体等光学工具的光学表面，在极为清洁的基础上，利用表面之间的分子引力将两者结合到一起，从而实现垫板与被加工零件的连接上盘。所以光胶上盘，主要是为了实现高精度角度的加工，它一般处在平面零件加工的最后阶段。采用光胶上盘，零件的角度误差可以小于 5″，零件的面形精度需要小于 0.5 道光圈。图 38-42 和图 38-43 是光胶上盘的结构示意图。

光胶上盘技术对零件和光学工具的表面清洁度要求很高，如果表面不干净，光胶时会破坏表面粗糙度，产生表面疵病。

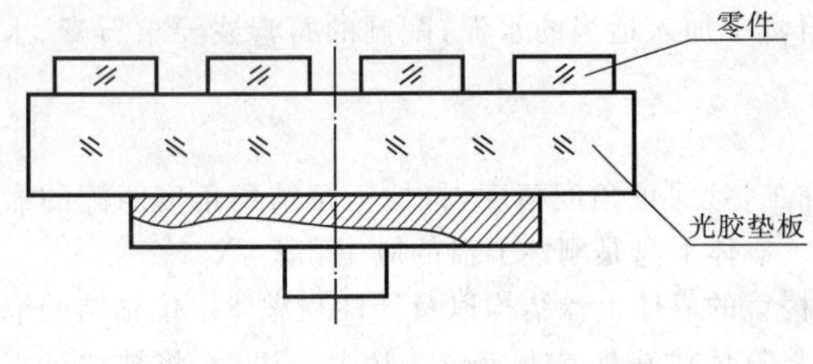

图 38-42 光胶上盘加工高精度平板

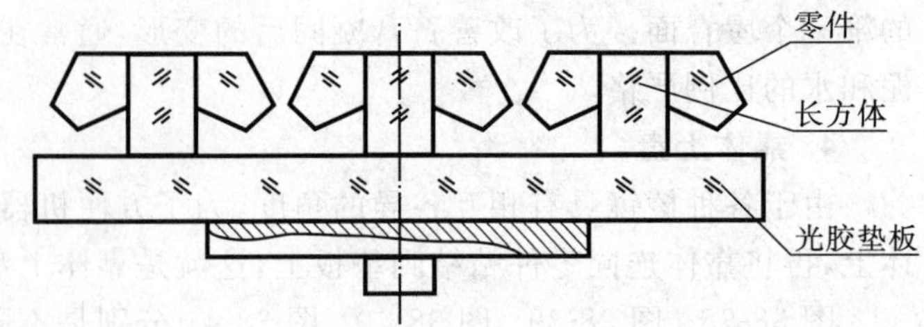

图 38-43 光胶上盘加工五棱镜

(二)铣磨

平面铣磨机床是专用于平面铣磨的机床。根据范成法成型原理,当磨轮轴与机床的电磁盘轴的夹角为 0 时,则 $R=\infty$,即运动轨迹的包络面形成平面。所以球面铣磨机床也可以铣磨平面。目前国产平面铣磨机床已经能达到批量制造平面光学零件的要求,各工厂生产的机床运动关系相同,结构类似,但性能略有差异。

衡量铣磨质量的好坏,主要考察铣磨效率、表面粗糙度和零件的平面度、平行度。

影响铣磨效率的因素是:磨轮轴转速、电磁盘转速、磨削进给速度、金刚石磨轮粒度及零件的排列。合理地提高转速和进给速度会提高铣磨效率,适当加粗金刚石磨轮的粒度、有序地排列零件也会提高铣磨效率。但是,转速的提高、进给速度的加大、磨轮粒度变粗都会使表面粗糙度变劣。为了保证表面质量,减少表面粗糙度值,首先应合理选择金刚石磨轮粒度,一般粒度应选 80# ～180# 为宜,其次铣磨最后需要维持一小段时间零进给,进行光刀。另外,冷却液喷射位置不当或流量控制不当也会使表面粗糙度变坏。

影响零件平面度和平行度的因素主要是机床和夹具的精度,如果机床磨轮轴和电磁盘轴跳动大,将会影响面形的平面度。

(三)精磨

精磨的机床和抛光的机床是一样的,使用最多的还是传统的二轴机、三轴机、四轴机、六轴机,图 38-44 为国产精磨、抛光机的运动示意图。

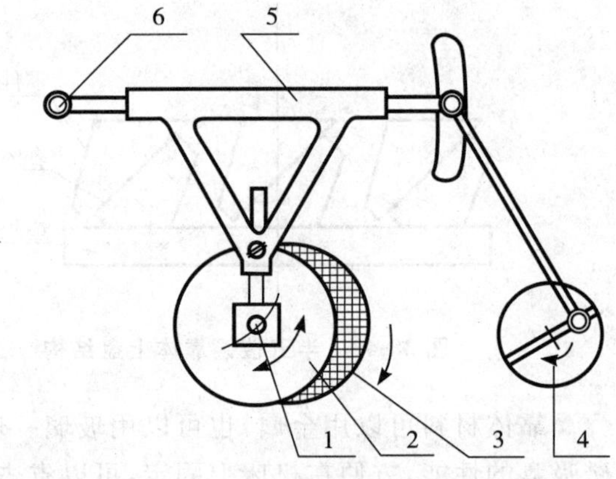

图 38-44 平面精磨、抛光机运动关系示意图

1. 铁笔;2. 工件盘;3. 精磨盘;4. 曲柄连杆滑块机构;5. 悬臂;6. 转轴

摆动的行程可由曲柄的偏心调整,工件盘相对精磨盘的偏心可由铁笔在悬臂上的伸缩调节。工件盘可以在精磨盘的上面或下面。加工时,可以根据工艺需要添加配重,以增加研磨过程中的压力,提高研磨效率。

这种精磨机主轴的转速一般不超过 120 r/min。使用这种机床精磨,一般用粒度为 W20～W10 的散粒磨料,可以自动加料,定期过滤、处理,循环使用。

精磨模的面形是精磨面形的直接传递,因此,要保证被加工零件的面形,必须将精磨模的面形修整合格。修模方法参照透镜精磨的修磨。

(四)抛光

抛光是平板和棱镜加工中最关键的工序,对零件的基本技术要求 N 和 ΔN、表面粗糙度、平行差或角度要求都要在这一道工序中得到保证。表面粗糙度和球面一样,通常由操作者用放大镜凭经验检验;面形则由操作者用平面工作样板或平面干涉仪依牛顿环检验;平行差或角度误差则需要用测角仪检测。

抛光模盘的直径应根据被加工零件盘的直径而定。如果抛光模在下,零件盘在上,抛光模盘直径应比零件盘直径大 20%～30%;若抛光模在上,零件盘在下,则抛光模直径应比零件盘直径小 5%～10%。抛光模的材辅料,要依靠被加工零件的面形要求而定。高精度面形还是用抛光柏油作抛光模;一般精度的面形可以用聚氨酯作抛光模,也可以在抛光柏油上放置聚氨酯,抛光模层厚度以 4～8 mm 为宜。

抛光过程中，最难控制的是面形的变化。如果光圈与零件的要求有差距，则需要调整机床或修刮抛光模对光圈进行修正，具体的方法列于表 38-32 中。修正光圈时，应该遵循渐变的原则，只能一次微量调整 1～2 项因素，逐步修正。

表 38-32　平面抛光光圈修改方法

零件盘位置		零件盘在下		零件盘在上	
检查光圈情况		低	高	低	高
希望光圈变化趋势		由低变高	由高变低	由低变高	由高变低
抛光趋势		多抛边缘	多抛中部	多抛边缘	多抛中部
各工艺因素调整	摆幅	加大	减小	减小	加大
	铁笔位置	拉出来	放中心	放中心	拉出来
	主轴转速	加快	放慢	加快	放慢
	摆速	放慢	加快	放慢	加快
	压力	略加重	宜轻	略加重	宜轻
	抛光模	修刮中部	修刮边缘	修刮中部	修刮边缘

有的企业在平面精磨、抛光中也使用高速平面精磨抛光机，其主轴的转速最高可以达到近 450 r/min，最低也有 200 r/min。因此，精磨时需要使用金刚石模具，能有效地提高加工效率，适用于一般要求的平板和棱镜加工。

国外平面加工机床一般使用真空吸附装卡被加工零件，无需上盘工序，实行计算机控制的单件加工，停机装零件，自动开机进行精磨或抛光，再停机换装零件，如此循环，加工效率很高。典型的机床和零件加工的情况见图 38-45 和图 38-46。

图 38-45　单体棱镜高速精磨

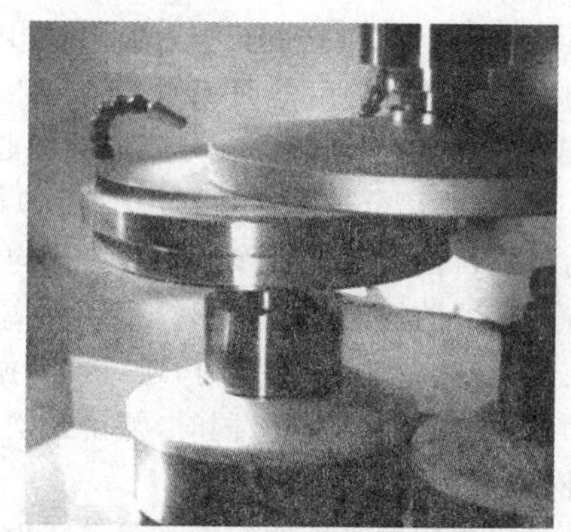

图 38-46　单体平板高速抛光

（五）工艺流程

平面光学零件的大批量生产，追求质量和效益兼顾的原则，在保证加工质量的前提下，努力提高加工效率就成为生产组织和工艺流程的原则。

对于棱镜和孔径为方形平板的大批量生产，常常将工艺流程设计成多个零件的条料加工，最终切割成形。两种工艺流程的对比如图 38-47 所示，图(a)是传统工艺流程，零件按照单个毛坯铣磨，逐面加工；图(b)所示的工艺流程，铣磨时根据零件和光学工具的尺寸，将 2～4 个零件连在一起，铣磨成零件的条形料，精磨和抛光时，将条形平板或棱镜的各个工作面逐一加工，经检验合格后，需要镀膜的，将条形加工零件送去镀膜；复合棱镜需要胶合的，先将其胶合；然后上高精度切割机，在精密夹具上进行切割，切割后的零件，经过倒边，送检合格就完成了加工。这种高效工艺流程，需要精密切割设备才能有精度上的保证。

在这种精密切割工艺流程中，高精度薄金刚石锯片被串在切割机的主轴上，锯片数是被切割零件数加 1，锯片的间距应符合零件尺寸，因此分开锯片的套圈要按零件尺寸设计，精密夹具将被切割的零件紧固定位，并保证条形零件轴线与锯片轴线平行。提供锯片的高速旋转和被切割零件的缓慢进给，从而实现条形零件的切割。切割机主轴的平稳旋转，端面跳动的消除、零件的精密定位、进给导轨的平面度、垂直度是保证切割质量的关键因素。

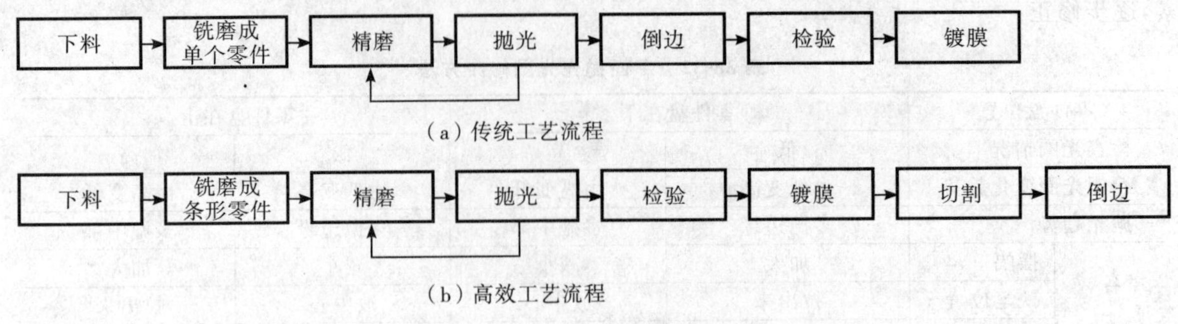

图 38-47　两种工艺流程比较

四、高精度平面加工技术

所谓的高精度平面，就是在大口径范围内，面形达到(1/10～1/100)λ 的平面，由于 N 要求很高，通常 $\Delta N \leqslant 0.01$，高精度平面的加工，加工零件的直径越大，在其范围内的光圈数 N 越小，其平面的平面度越好，R 趋近于∞的程度越高，加工和检验的技术相应地也就越难。

(一)分离器法加工

分离器是一种加工高精度平面的专用工具，它是一种具有多个不同心圆孔的玻璃圆盘。通常用膨胀系数很小的玻璃，如微晶玻璃、石英玻璃、K9 玻璃制造。它的厚度与直径的比一般为(1∶8)～(1∶10)，直径应比抛光模的直径小 30%左右，一般为 280～400 mm。设计分离器时，主要应考虑工作孔的面积与排列。一般以孔的面积为整个分离器面积的 1/3～1/4 为佳。单孔分离器主要用于加工大直径的零件，一般采用偏心排列，其工作孔的边缘不应落在分离器的圆心上。多孔分离器主要是三孔或四孔，用于加工直径较小的高精度平面，工作孔距离分离器边缘不得小于 20 mm。孔的大小应比被加工零件的直径大 2～4 mm，以便被加工体在孔内可以自由转动。工作孔和散热孔均应倒角。

夹持分离器的摆架如图 38-48 所示，它像螃蟹的两个钳子一样将分离器夹住，随着曲柄连杆滑块机构的运动而往复摆动。在摆动的同时，还可以随抛光模的转动在蟹钳内转动，被加工零件在工作孔内，既可随分离器摆动，又可在孔内转动。同时，蟹钳式摆架的着力点低，力的分布也较均匀，这样可以使被加工零件运动平稳，光圈容易控制。

抛光模通常用抛光柏油制造。为了减少模子的流动性，柏油中可以加一些毛毡。抛光模的厚度需要薄一些。模子上开槽多为 10 mm×10 mm 的方格，开槽有益于抛光液均匀地敷于整个抛光模表面，并保持流通，这也能使模子中间和边缘的温度接近一致。

被加工零件在工作孔内，可以根据加工的需要配重，以利于光圈的修正。另外，被加工零件在工作孔内自由平动、转动，不像上盘那样，零件被胶结或夹持，因此也没有光圈的变形问题。抛光机带动抛光模的主轴，转速较慢，一般为 2～20 r/min，因此运动比较平稳，抛光的温度容易控制。通常 30 min 左右看一次光圈，根据被加工零件的要求调整参数，采取措施，进行光圈的修正。

这种加工方法可以制造直径 200 mm 的平面镜，其面形精度 N 可以达到(1/20)λ 以上。

(二)环形抛光盘法加工

分离器法的缺点是需要有比被加工平面直径更大的分离器，比如加工直径 200 mm 的平面，单孔分离器的直径起码要 400 mm，做这样大、平面度又要求很高的分离器常常是很困难的事。

环形抛光盘法就是利用抛光盘是环形的特点，最大速度和最小速度的差别有限，利用光圈数 N 很好地校正板改变抛光盘的面形，从而复制到被加工零件的面形上，使被加工零件的光圈数接近或达到校正板的光

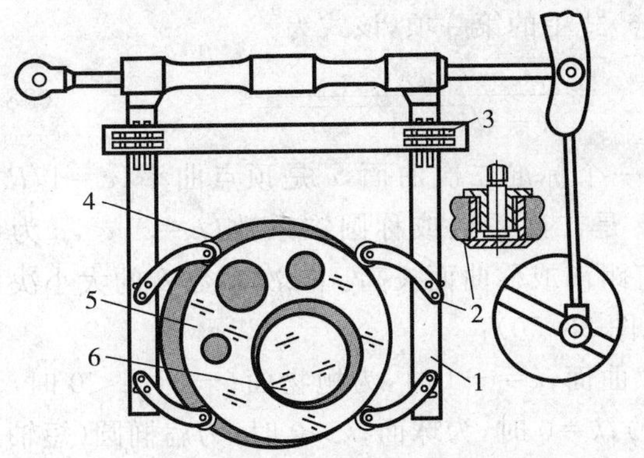

图 38-48 蟹钳式抛光机抛光俯视图

1. 蟹钳式摆架；2. 摆架钳子；3. 调整梁；
4. 抛光模；5. 分离器；6. 被加工零件

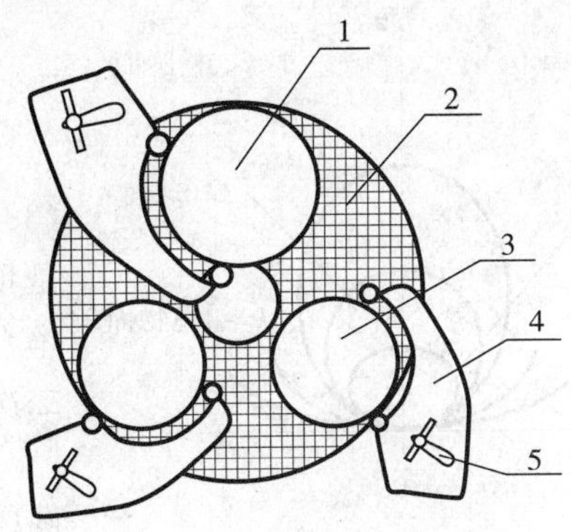

图 38-49 环形抛光盘法

1. 校正板；2. 环形抛光盘；3. 零件；
4. 夹持轮体座；5. 锁紧手柄

圈数的一种加工方法。

目前，国内最大的平面环抛机磨盘直径已经达到 1 600 mm，最大加工工件直径达 700 mm，主轴实行无级调速，可以达到 0.3～3 r/min；一般的机床均可以调整夹持轮体座和夹持轮安装板，实现不同直径的被加工零件在三个工作位置抛光。环形抛光盘法如图 38-49 所示。

环形抛光模环带宽度通常为抛光模直径的 1/3 左右，抛光模的厚度大约是 10 mm，模面上应开刻一些不通过模子中心的方格槽，以方便抛光液均匀分布，有利于保持抛光的温度范围恒定。

校正板的作用相当于分离器法的分离器，它可以影响抛光模的面形，从而实现高精度平面从校正板→抛光模→被加工零件的传递，相对分离器法，校正板不必做得像分离器那么大，只要比被加工零件稍大即可。

第五节 非球面制造

早在 17 世纪，就已经提出非球面光学零件的研究。由于非球面零件的加工和检测比球面零件困难得多，阻碍了非球面光学零件的应用。但是，由于非球面能够得到球面光学零件难以达到的光学性能，如改进像质、增大视场角、提高系统的相对孔径、改善光照度均匀性、缩短工作距离、大大地减少镜片数量等，从而简化仪器结构，缩小外形尺寸，减轻重量。非球面常常被应用于大视场、大孔径，像差要求高，结构要求小，或有特殊要求的光学系统中。因此，非球面制造是当前非常活跃的制造技术之一。

一、非球面的分类

在现代光学技术中，光学系统所应用的光学非球面多种多样，基本上可分为回转对称非球面、非回转对称非球面、无对称中心非球面、阵列表面等 4 类。

(一)回转对称非球面

回转对称非球面，通常是一条二次曲线或高次曲线绕其对称轴旋转所形成的回转曲面。

设一条直线 z 为回转轴，z 轴也是光轴，非球面上任意一点到光轴的距离为 r，非球面顶点在 $z=0$ 处，则回转对称非球面方程为

$$z=\frac{cr^2}{1+\sqrt{1-(1+k)c^2r^2}}+\beta_1 r+\beta_2 r^2+\beta_3 r^3+\cdots \tag{38-16}$$

式中，第一项是这个非球面的基面，它表达了一个二次曲面；后面各项是这个非球面的高次项，它是偏离二次曲面的表面特征，即非球面是在二次曲面的基础上作一些微小的表面变形，可以达到校正像差的目的。由于一个非球面可以有多个量可供选择，和球面仅有一个量 c 选择相比，非球面有很好的作用，可以由一个非球面顶替几个球面结构。

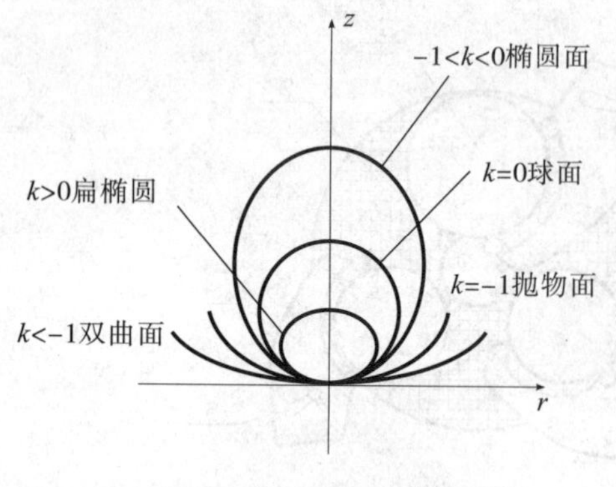

图 38-50　二次圆锥曲线

如果只取(38-16)式中的第一项,该式为

$$z=\frac{cr^2}{1+\sqrt{1-(1+k)c^2r^2}} \tag{38-17}$$

(38-17)式表达的是一个标准二次曲面,c 是顶点曲率($c=1/R_0$,R_0 是顶点曲率半径),k 是二次系数或称圆锥系数($k=-e^2$,e 为偏心率),z 表示相应垂直距离或称曲面矢高。二次系数 k 的大小决定了二次曲面的形状(见图 38-50):

$k<-1$ 时,为双曲面;$k=-1$ 时,为抛物面;$-1<k<0$ 时,为椭圆(长轴与光轴重合);$k=0$ 时,为球面;$k>0$ 时,为扁椭圆(短轴与光轴重合)。

(二)非回转对称非球面

非回转对称非球面是将一个具有一定方程式的曲线,绕与曲线处于同一平面内的其他轴旋转而得到的曲面,例如圆柱面、圆锥面、复曲面、环形曲面等。

设一个在 yz 平面的曲线段,由下式表示:

$$z=\frac{cy^2}{1+\sqrt{1-(1+k)c^2y^2}}+\alpha_1y^2+\alpha_2y^4+\cdots+\alpha_7y^{14} \tag{38-18}$$

将此曲线段绕一条平行于 y 轴并与 z 轴相交的轴线旋转,该轴线离曲线段顶点的距离为 R,距离 R 是旋转半径,可正也可为负。

当 R 为无穷大时,它在 x 方向上是一个平直面,这时表示了柱形面。当在 yz 面的曲线段的曲率半径为无穷大,R 为有限大时,它表示了一个只在 x 方向上有光焦度,y 方向上没有光焦度的圆柱面或圆锥面。

如果(38-18)式表达了一个圆,其半径 R_0 和 R 相等时,它表示了一个球形或球缺形状。当半径 R_0 比 R 小时,它表示的是一个环形的曲面,如轮胎形状。

(三)无对称中心非球面

无对称中心非球面,一般是指没有对称轴或没有对称面,且无确定方程描述的非球面,也称为自由曲面。它是基于点集或基于曲线生成的表面,由空间离散数据点通过样条拟合而成。自由曲面在光学系统的应用越来越多。

参数向量可以表示任何形状的自由曲面,包括 XY 多项式曲面、贝塞尔曲面、B 样条曲面、非均匀有理 B 样条曲线曲面(NURBS)等。经过多年的发展,曲线曲面的参数向量表示方法经历了多种形式。目前,在多种 B 样条曲面中,NURBS 方法被认为是统一表示自由型曲线曲面的国际标准形式。最近几年,在光学成像系统和照明系统中也引入了 B 样条曲线曲面来表示任意形状的自由曲面。

(四)阵列表面

阵列表面通常是具有非连续性变化特征的曲面,如光栅的表面、菲涅耳透镜、二元光学元件等。不管是回转对称非球面和非回转对称非球面,还是无对称中心非球面,它们都是连续变化的曲面。阵列表面的最主要的特点就是它的表面是一个有间断点的曲面,它们的表面不是连续变化的。在许多应用场合,二元光学元件的特征尺寸为波长量级或亚波长量级。

总之,光学技术中非球面是一个广义的概念,但在光学制造领域,非球面通常指不包括阵列表面的连续型非球面曲面,本节只介绍连续型非球面的加工。

二、非球面的光学特性与评价指标

(一)非球面的光学特性

非球面镜属于特殊表面,它具有许多独特的性质。下面分别介绍反射及折射二次非球面的一些性质。

1. 反射镜

这类表面是由平面曲线围绕连接其几何焦点的轴线旋转而成的，几何焦点具有优越性质：若点光源置于几何焦点之一 F_1 上，则被非球面反射的所有光线都严格交于一点——第二个焦点 F_2。换言之，几何焦点 F_1 和 F_2 是一对光学共轭无像差点，即光线以任何角度入射在该反射面上都不产生像差，见图 38-51。

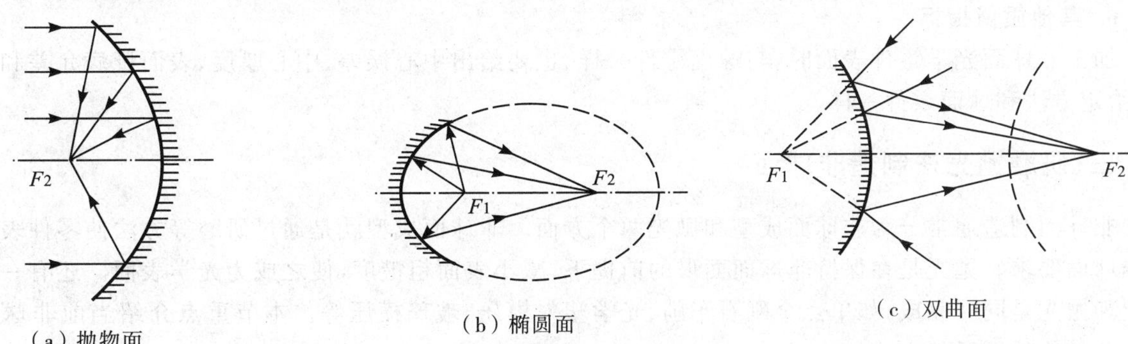

（a）抛物面　（b）椭圆面　（c）双曲面

图 38-51　非球面反射镜

2. 折射面

一个理想的椭球面将折射率为 n 和 n' 的 2 种介质分开。若入射的会聚光束会聚到焦点 F_2，且此时椭球面的偏心率 $e=n'/n$，则折射光束将转变为严格的平行光束，与入射光束的孔径无关。显然，如果光线变至相反方向，则光束的结构不变。这个性质可用于检验折射率 $n=1/e$ 的透镜的凹椭球表面，该透镜的另一表面——球面的球心同 F_2 重合。如果 $e=n/n'$，且 $n<n'$，则入射在椭球面上的平行光束聚焦在 F' 点，即第二个几何焦点 F_2。同理，双曲面也表现出类似的性质。

（二）非球面的评价指标

由于装夹、刀具、运动等的机械误差，制造出来的实际非球面与理想非球面之间可能存在偏差。具体评价参数描述如下：

1. 面形误差

国际标准"非球面"（ISO 10110-12;1997）和"表面形状允差"（ISO 10110-5;1996）规定了非球面表面面形允差的表示方法，可采取以下方式中的一种：

1）按照形状位置公差标注的方法标注（ISO 1101;1983）。

2）按照光圈数和局部光圈数标注（ISO 10110-5;1996）。

3）以条纹间距数按照总均方根差 $\mathrm{RMS_t}$、不规则均方根差 $\mathrm{RMS_i}$ 和不对称均方根差 $\mathrm{RMS_a}$ 标注（ISO 10110-5;1996）。

4）对旋转对称非球面可以以不同 r 处的 z 值允许偏差列表标注（ISO 10110-12;1997）。z 值的理论值依（38-17）式，也就是下式计算的，它与实际的测量值之差应小于列表中的允差。

$$z=g(x)=\frac{x^2}{R_x+\sqrt{R_x^2-(1+k_x)x^2}} \tag{38-19}$$

2. 弥散圆直径误差 Δd

对非球面光学零件或系统，如已知理弥散圆直径的理论值为 d_0，测得轴上点的艾里斑直径为 d_i（星点像），则弥散圆直径误差 Δd 为

$$\Delta d=d_i-d_0 \tag{38-20}$$

此式表示的是因非球面面形不准而产生的像差大小，常用于消像差系统中的非球面检测。

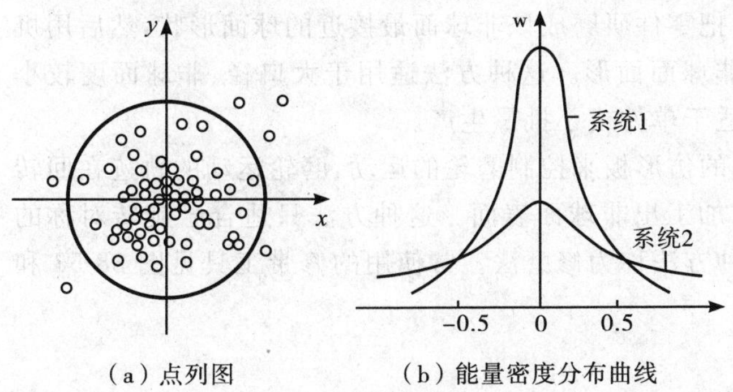

（a）点列图　（b）能量密度分布曲线

图 38-52　能量分布曲线

3. 光能集中度和能量密度曲线

如图 38-52 所示，根据像平面上光能集中程度或能量密度曲线可判断非球面的偏差。

4. 鉴别率

非球面系统像面上能分辨的最小线距离。

5. 最大波像差

非球面光学零件成像后实际波面相对于理想波面的最大偏差，该偏差用波长表示。

6. 其他质量指标

加工非球面光学零件表面时，与球面零件一样，也要给出中心误差、中心厚度、表面疵病允差和表面粗糙度，给定方法和球面零件一样。

三、研磨抛光法制造非球面

非球面制造通常分为非球面成型和抛光两个方面。非球面成型就是通过研磨等方法使零件表面面形达到非球面要求。抛光是在保持非球面面形的前提下，减小表面粗糙度，使之成为光学表面。还有一些非球面成型和抛光是同时完成，如单点金刚石车削、光学塑料模压、玻璃模压等。本节重点介绍当前非球面制造技术中几种比较活跃的方法。

（一）非球面制造方法的分类

非球面制造有各种各样的实现方法，应根据零件的材料、形状、精度和口径等不同的因素，采用不同的加工方法。

1. 表面材料去除法

表面材料去除法，是将光学零件的表面材料去除一部分，从而得到所需形状、尺寸和表面粗糙度要求的非球面的制造方法。主要有研磨抛光法、磁流变抛光技术、离子束抛光技术、离子束刻蚀、高压液体射流等。近年来出现了计算机数控单点金刚石切削技术、计算机数控铣削抛光技术、计算机数控铣磨抛光技术等。

2. 改变材料形状法

改变材料形状法，是通过加热的方法将光学材料的形状改变，从而实现非球面制造。主要有光学塑料模压技术和玻璃的模压成型技术，其中玻璃模压技术被认为是未来非球面制造的一种较理想的方法。

3. 材料表面沉积法

材料表面沉积法，是通过在一种光学材料表面沉积其他光学材料制造非球面的方法。主要有表面镀膜方法、表面复制法、溶胶-凝胶法等。

4. 改变材料性质法

改变材料性质法，是加工非球面的一种新的途径，它是通过改变局部表层材料折射率的方法实现非球面作用，或是在一个表面复制某一性质呈梯度分布特性的材料来实现非球面效果。

目前比较常用的方法是研磨抛光法、计算机控制光学加工技术和模压技术。

（二）非球面研磨抛光技术

研磨抛光方法是非球面加工最传统的方法。首先，把零件研磨成该非球面最接近的球面形状，然后用机器或手工局部研磨或抛光，边加工边测量，最后修磨出非球面面形。这种方法适用于大口径、非球面度较小的非球面，加工精度高，但效率太低，精度重复性差，只适于单件或小批量生产。

传统的非球面加工设备是仿形机床，它是利用放大的仿形板来控制磨轮的运动，磨轮运动的轨迹在回转零件的一个截面上是非球面曲线，在零件旋转时就可以加工出非球面表面。这种方法只适合于旋转对称的非球面。另外，也可在普通的研磨抛光机床上进行，这种方法称为修磨法。常使用的修带工具见图 38-53 和图 38-54 所示。

（三）起始研磨球面的确定

二次非球面在有效口径范围内沿光轴方向和一个球面进行比较，当两者偏差最小时，这个球面称为最接近球面。通常最接近球面由非球面的顶点及边缘三点确定。

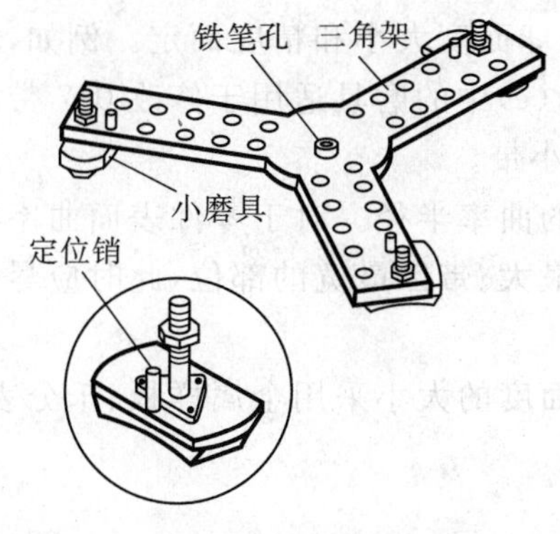

图 38-53　修带工具

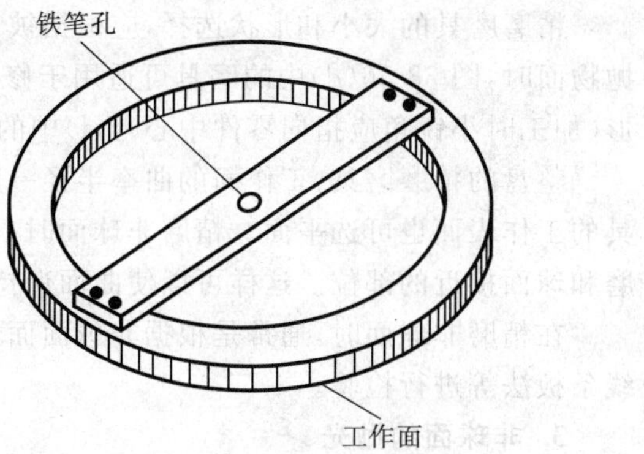

图 38-54　三点工具

在非球面加工中，最接近球面的加工是关键。假如是用来修磨凸非球面的话，就使起始球面的边缘与顶点分别与要求的非球面最接近球面的边缘与顶点重合，此起始球面最大修磨量在半径的 0.707 处；假如用来修磨凹非球面，把最接近球面沿 x 轴平移距离 δ_{max}，δ_{max} 是非球面的最大非球面度，于是最接近球面与二次曲面在 0.707 h 处重合，以此时的最接近球面为研磨的起始球面，最大修磨量在球面的顶点与边缘处，如图 38-55 所示。一般来说，起始球面应该是非球面度最小，这样开始磨去的量可以最小。

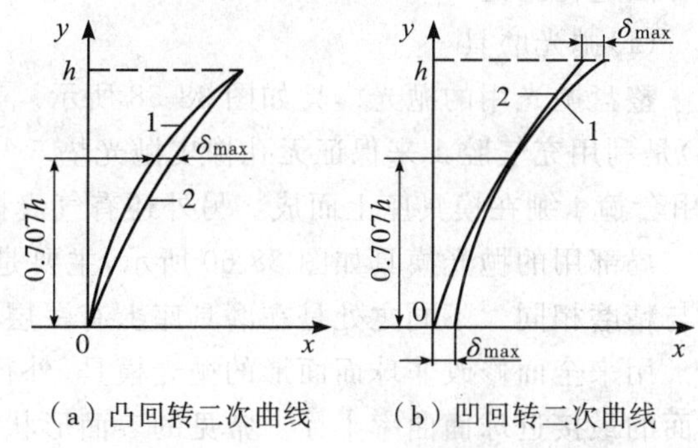

图 38-55　最接近球面与非球面间的偏离

1. 球面；2. 二次非球面

（四）非球面研磨抛光的基本工艺

非球面的毛坯一般制成球面透镜形状，通常情况是从起始球面粗磨开始，将起始球面修改成非球面。

1. 起始球面的粗磨

根据球面加工工艺粗磨最接近非球面的球面，粗磨完工后边缘厚度差<0.05 mm，表面粗糙度最后要磨到 W40～W28 砂。依照非球面度的大小留适当的精磨余量。

2. 非球面的精磨

精磨是非球面成型的主要工序。该工序是根据所计算出的不同带区的修磨量，采用手工或机器进行修磨。对于非球面度小的非球面（1 μm 左右），精磨仍然是磨球面，主要是把粗砂眼去掉，然后由抛光来修改非球面。对于非球面度较大的，则需在精磨时磨出非球面面形。

精磨方法有两种：一是机器修磨，即零件装在精磨机主轴上转动，磨具由机床摆架铁笔带动，做短程的往复运动。加工中用一个三点工具或同时用几个单块磨具对零件进行修磨。二是手工修磨，零件仍装在精磨机主轴上转动，但磨具用手按住，在一定带区做往复运动。精磨磨具的工作面相对于非球面不同带区有不同接触面积，这样使零件表面产生不均匀的磨损，达到修磨的目的。

按磨具用途不同，可分为单块精磨磨具和整盘精磨磨具两类。其形状如图 38-56、图 38-57 所示。各种形状的单块磨具，可用手拿着进行加工，也可把小磨具装在三点工具上。

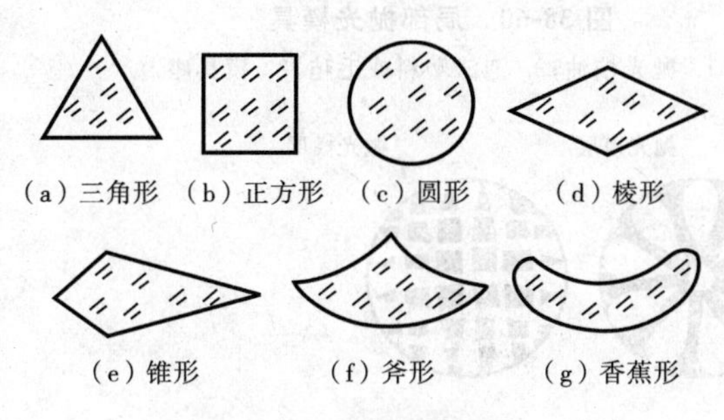

图 38-56　单块精磨磨具

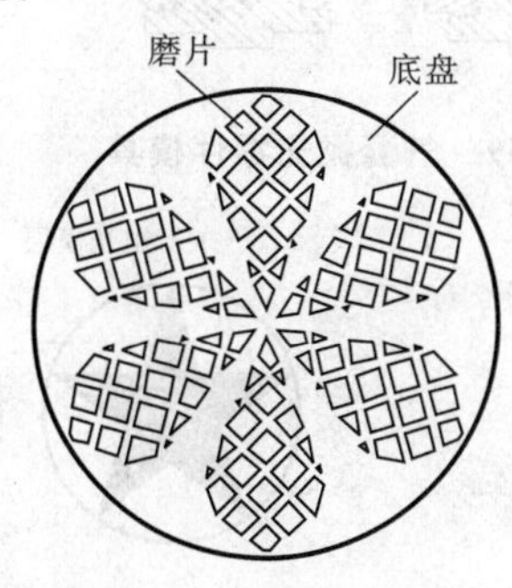

图 38-57　整盘精磨磨具

精磨磨具的大小和形状选择，应根据被加工非球面的类型、非球面度大小和精度而定。例如，加工离轴抛物面时，图 38-56(d)中的磨具可适用于修改 0.7 带以外的面形，(e)中的磨具适用于修改 0.7 带以内的面形(加工时小锐角应指向零件中心)，(f)中的磨具可用来修改局部小带。

整盘的精磨磨具，工作面的曲率半径一般可选用最接近球面的曲率半径。对于零件表面曲率很小时模具的工作表面也可选平面。精磨非球面时，一般先修磨非球面度最大、带区最宽的部位，此时应尽可能地少磨和球面接近的部位。这样可以使曲面保持平滑。

在精磨非球面时，通常是根据非球面面形的精度要求和非球面度的大小采用金属样板、千分表球径计、线条板法等进行检验。

3. 非球面的抛光

在专用球面抛光机上或普通抛光机上抛光非球面，其加工方法与球面光学零件的抛光相似，也可用手修的方法进行抛光。

(1)抛光磨具

整盘抛光用的抛光模具如图 38-58 所示。其中图(a)适用于与球面相差不太大的非球面光学零件。图(b)是利用充气腔 1 来保证无孔橡皮抛光垫 5 与零件相吻合，可以抛光凸面和凹面。图(c)是将橡皮抛光垫 3 用套箍 4 绷在模具座上而成。另外还有气囊抛光模具，如图 38-59 所示，其加工特点是不改变非球面形状。

局部用的抛光模具如图 38-60 所示，主要是用来修改非球面各带区的误差。所用模具工作面的外形一般与精磨相同。不同之处是在磨具座上有一层柏油或其他弹性材料，如海绵、泡沫塑料等。

用来全面修改非球面面形的抛光模具，外径一般和被加工零件外径相同，工作表面曲率半径为被加工非球面的最接近球面曲率半径。常见的表面形状如图 38-61 所示。

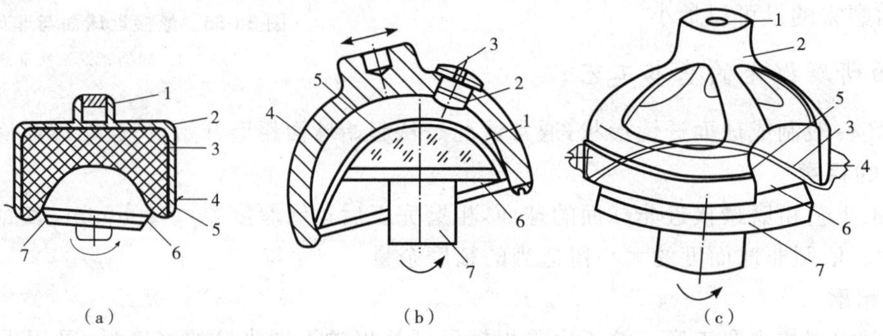

图 38-58 全面抛光模具

(a)常用抛光模具：1. 端面带孔螺钉；2. 模具座；3. 海绵；4. 绒布；5. 棉线；6. 保护面；7. 接头。

(b)带充气腔的抛光模具：1. 充气腔；2. 充气孔；3. 螺塞；4. 模具座；5. 橡皮抛光垫；6. 零件；7. 接头。

(c)带套箍的抛光模具：1. 铁笔孔；2. 模具座；3. 橡皮抛光垫；4. 套箍；5. 孔；6. 零件；7. 接头

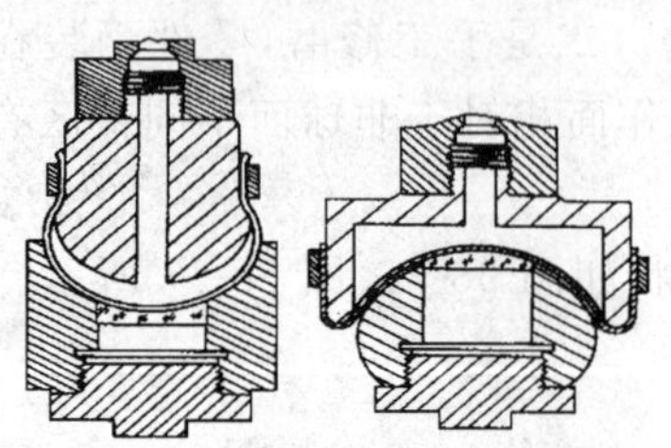

图 38-59 气囊抛光零件模具

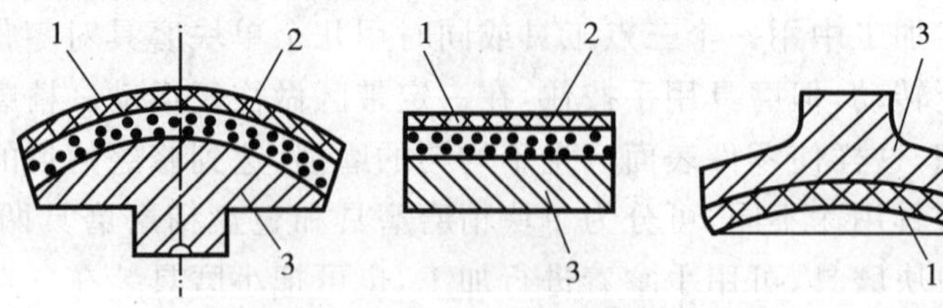

图 38-60 局部抛光模具

1. 抛光柏油；2. 泡沫塑料或毛毡；3. 模具座

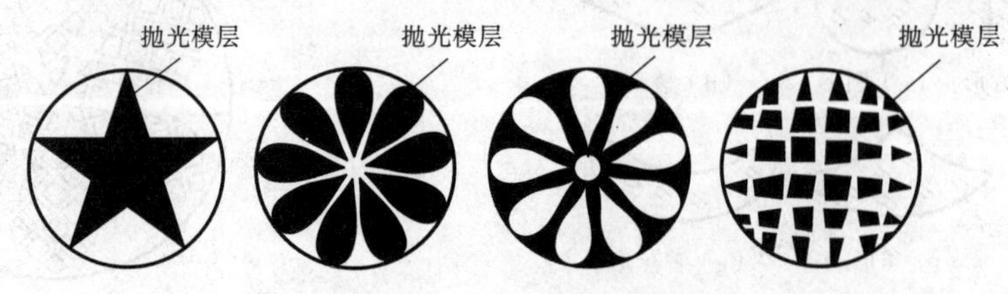

图 38-61 修改面形的抛光模具

(2)二次非球面的研磨抛光要点

从最接近球面到非球面成型，应磨去镜面的哪些部分，由镜面的性质决定。具体情况参见图 38-62 和表 38-33。

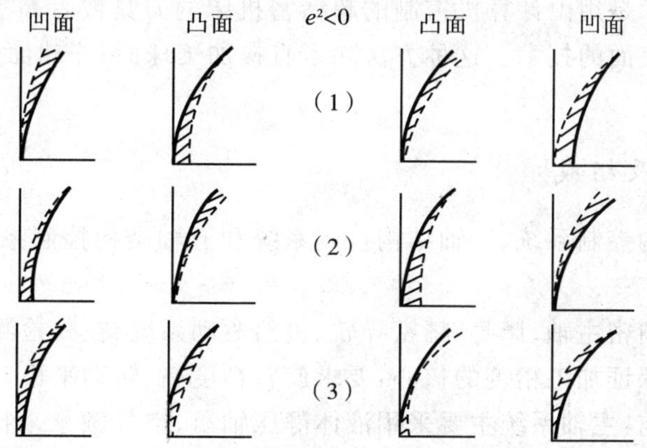

——表示最接近球面；----表示成型非球面

图 38-62　最接近球面位置图

表 38-33　研磨抛光要点(e 为偏心率)

$e^2>0$	情况	磨抛要点	评价	$e^2<0$	情况	磨抛要点	评价
凹面	1	从中心向边缘磨去量增加，保持中心曲率不变，向边缘曲率半径逐渐变大	较难	凸面	1	从中心向边缘磨去量增加，保持中心曲率不变，向边缘曲率半径逐渐变小	较易
	2	从边缘向中心磨去量增加，保持边缘曲率半径不变，向中心曲率半径逐渐变小	较易		2	从边缘向中心磨去量增加，保持边缘曲率半径不变，向中心曲率半径逐渐变大	较难
	3	保持 0.707 带不磨，向边缘磨去量增加，曲率半径变大，向中心磨去量增加，曲率半径变小	难		3	保持 0.707 带不磨，向边缘磨去量增加，曲率半径变小，向中心磨去量增加，曲率半径变大	较易
凸面	1	从边缘向中心磨去量增加，但保持中心曲率半径不变，边缘的曲率半径逐渐变大	难	凹面	1	从边缘向中心磨去量增加，但保持中心曲率半径不变	难
	2	从中心向边缘磨去量增加，但保持边缘曲率半径不变，中心区曲率半径逐渐变小			2	从中心向边缘磨去量增加，但保持边缘的曲率半径不变，中心区曲率半径逐渐变大	难
	3	保持 0.707 带曲率半径不变，但磨去量最大；向边缘磨去量变小，但曲率半径变大；向中心磨去量变小，曲率半径变小	较难		3	保持 0.707 带曲率半径不变，但磨去量最大；向边缘磨去量变小，但曲率半径变小；向中心磨去量变小，曲率半径变大	较难

从表 38-33 中可知：无论是加工凸面还是加工凹面，选择第 3 种情况的最接近球面容易加工，因为去除量相对小。

四、计算机控制非球面加工技术

计算机控制光学加工技术是用由计算机控制的超精密机床的刀具或者高能束流去除表面材料，加工出高精度面形和表面粗糙度的表面的技术。这种方法除了直接加工球面、非球面光学零件外，还用来加工模压成型用的各种模具等。

（一）精密机床的分类及组成

精密机床通常有两轴结构控制系统、三轴结构控制系统和五轴结构控制系统之分。还有立式机床和卧式机床之分。

精密机床主要包括机床精密主轴、床身、精密导轨、进给驱动系统、在线检测系统、机床数控系统等。

精密主轴是超精密机床保证加工精度的核心，要求旋转精度高、转动平稳、无振动，对刚度、热膨胀性、加工装配也有很高的要求。目前，主轴系统主要采用液体静压轴承、空气轴承来构成，转速可达 10 000 r/min。液体静压轴承回转精度高(0.1 μm)，转动平稳，同时刚度较大，能承受较大的载荷。

机床床身和导轨的主要材料是铸铁，特别是优质的合金铸铁。滚动导轨直线运动精度已达到 1 μm。目前多采用液体静压导轨、气体静压导轨以及气浮导轨。

超精密机床的驱动系统大多采用滚珠丝杠、液压静压丝杠和摩擦驱动等方法。目前，超精密机床大多采用直线电机作为进给驱动系统。

在线检测系统是实现高精度的进给和保证极高加工精度的基础。如美国 Pneumo 公司制造的MSG-325型超精密金刚石车床上使用了 HP 公司生产的 HP5501 型双坐标双频激光干涉测量系统，该测量系统的分辨率为 0.01 μm。

计算机数控系统通常有开环控制和闭环控制两种类型。开环控制由计算机控制刀具的坐标位置和驻留时间；闭环控制是利用仪器测量得到的信息来调整和控制整个加工过程。加工精度主要取决于测量精度和所采用的误差校正方法。加工刀具的控制有两种方法：①点位控制，刀具移动的轨迹只与起始点和终点有关；②轮廓控制或连续轨迹控制，刀具移动是按照预先设计的轨迹运动。在允差范围内，用沿曲线最小单位移动可以代替任意的曲线运动。

（二）金刚石超精密光学加工技术

金刚石超精密加工技术是用单晶天然金刚石刀具或金刚石磨具进行光学加工的方法，主要有单点金刚石车削、单点金刚石飞刀铣削、金刚石磨轮铣磨等方法，这些都是典型的计算机控制光学加工技术。

1. 单点金刚石车削

单点金刚石车削，是在超精密数控车床上采用天然单晶金刚石刀具，单点车削加工出符合要求的非球面光学零件。车削加工时，由于单晶天然金刚石非常坚硬与尖锐，可以认为材料去除是在一个很薄区域内的剪切过程。

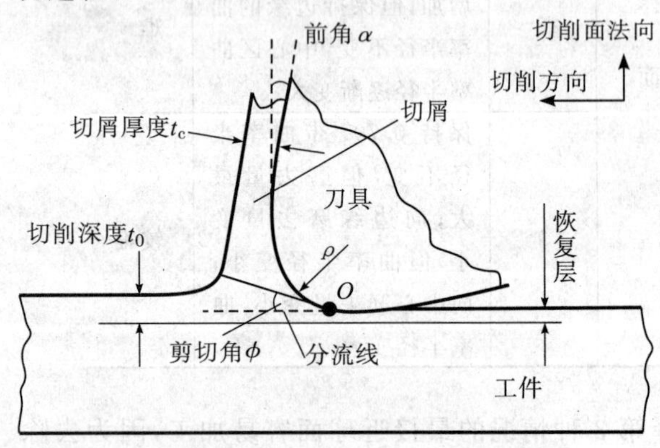

图 38-63　单点切削的切削机理

在实际切削塑性金属时，主切削刃和前刀面的主要任务是去除金属，切削层在前刀面的挤压作用下发生剪切滑移和塑性变形，然后形成切屑沿前刀面流出，如图 38-63 所示。前刀面的形状直接影响塑性变形的程度、切屑的卷曲形式和切屑与刀具之间的摩擦特性，并直接对切削力、切削温度、切削的折断方式和加工表面的质量产生显著影响。主切削刃是前刀面和后刀面的交线，实际上不可能为理想直线，而是一个微观具有平均曲率半径 ρ 的交接曲线。刃口半径越小，应力越集中，变形越容易，切削力越小，加工表面质量越好。因此，提高刀具的锋利程度，可减小刀具对金属的挤压力，使金属的变形程度降低，有助于改善加工表面质量和延长刀具的使用寿命。

从图 38-63 可看出，超精密金刚石切削剪切角 ϕ 与前角 α 的关系为

$$\tan\phi=\frac{\cos\alpha}{\xi-\sin\alpha} \tag{38-21}$$

式中，α 为刀具前角；ξ 为切削屑变形系数，定义为

$$\xi=\frac{t_c}{t_0} \tag{38-22}$$

其中，t_c 为切屑厚度，t_0 为切削深度。

实验证明，剪切角随着切削深度和工件结晶面的变化而变化。这说明在切削单晶体材料时，材料晶向对剪切角、切屑变形进而对切削力的影响是比较大的。

超精密微量切削深度可达到 0.075 μm，相当于从材料晶格上逐个去除原子。目前，只有天然金刚石刀具才能实现这一切削过程，并具有较高的耐用性。超精密加工采用微量切削，可以获得光滑而加工变质层较小的表面，吃刀量主要取决于刀尖刃口半径 ρ 的大小。金刚石刀尖刃口半径 ρ 理论上可以达到 3 nm，目前我国生产中使用的金刚石刀具，刃口半径 ρ 约为 0.2～0.5 μm，最高可以达到 0.1 μm。对加工表面质量有特殊要求时，特别是在要求残余应力和变形量很小时，必须进一步减小刀尖刃口半径。

根据金刚石切削刃的几何形状和刀具每转的进给量，可以计算理论的表面粗糙度 h ：

$$h=\frac{f^2}{8\rho} \tag{38-23}$$

式中，f 为刀具每转的切削进给量，ρ 为金刚石刀尖的半径。图 38-64 是金刚石车削表面的轮廓图。左边是理想的情况，右边是刀具具有小缺口时实际的表面轮廓。

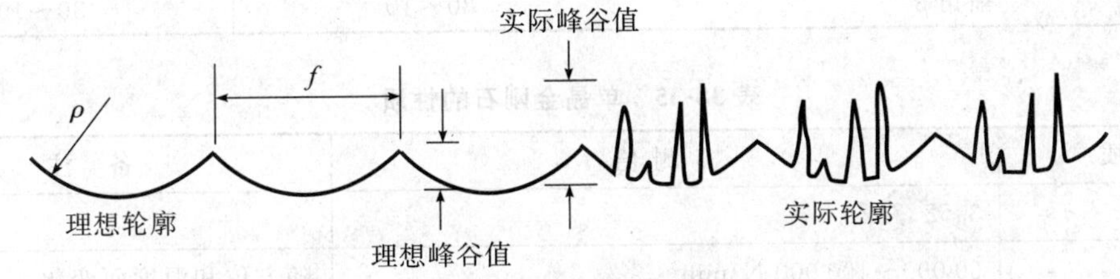

图 38-64　金刚石车削表面的轮廓图

由此可知，金刚石刀尖应该具有精确的特性参数，见表 38-34。制造超精密切削刀具用的金刚石需要用 0.5～1.5carat(100～300 mg)的优质单晶金刚石，性质见表 38-35 所示。

单点金刚石车削技术适用于加工中小尺寸、中等批量的红外晶体和有色金属材料，它的特点是生产效率高、加工精度高、重复性好、加工成本比传统的加工技术明显降低。采用金刚石车削技术，目前可以加工出直径 120 mm 以下，表面粗糙度均方根值 RMS 为 0.02～0.06 μm，面形精度为 $\lambda/2\sim\lambda$ 的非球面光学零件。

2. 单点金刚石飞刀铣削

使用单晶金刚石刀具“飞刀”铣削的原理如图 38-65(a)所示。它是将金刚石刀具安装在主轴的圆周上，随主轴高速旋转进行铣削加工，同时随着主轴沿进给方向做直线运动的加工技术。工件安装在工作台上，随着工作台沿主轴方向进行直线进给，当刀具与工件接触后，高速旋转的“飞刀”开始对工件进行加工。当一刀具轨迹完成后，“飞刀”随着主轴沿切削间距方向移动切削间距的距离，转为另一刀的加工。从图 38-65(b)中可以看出，“飞刀”不同于其他刀具，除了刀尖半径 ρ 以外，还有一回转半径 R。由于单晶金刚石刀具的化学稳定性好、摩擦系数低，且表面极光滑，因此加工的零件表面具有抛光的效果。

3. 金刚石磨轮铣磨

金刚石磨轮铣磨可以用车削或飞刀铣削的精密机床，更换安装磨轮的刀架进行加工，也有专门进行加工非球面的金刚石磨轮铣磨精密机床。典型的有德国 LOH 和 OPTOTECH 公司生产的设备，LOH 用的是金刚石筒形磨轮(或杯形磨轮)，OPTOTECH 用的是金刚石碟形磨轮。

筒形磨轮铣磨原理如图 38-66 所示。对于凹形非球面的加工，通常使用筒形金刚石磨轮端面的外圆铣磨；

表 38-34 单点金刚石刀尖几何参数

<table>
<tr><td colspan="3">刃尖形状</td><td>(图)</td><td>(图)</td></tr>
<tr><td rowspan="6">轮廓精度/μm</td><td rowspan="2">$\phi\leqslant90°$</td><td>超精级</td><td>0.05</td><td>0.05</td></tr>
<tr><td>精级</td><td>0.5</td><td>0.5</td></tr>
<tr><td rowspan="2">$\phi\leqslant120°$</td><td>超精级</td><td>0.15</td><td>0.15</td></tr>
<tr><td>精级</td><td>1.0</td><td>1.0</td></tr>
<tr><td rowspan="2">$\phi\leqslant150°$</td><td>超精级</td><td>0.2</td><td>0.2</td></tr>
<tr><td>精级</td><td>2.0</td><td>2.0</td></tr>
<tr><td colspan="3">圆弧半径/mm</td><td>0.03～3</td><td>0.10～200</td></tr>
<tr><td colspan="3">刃尖角 θ</td><td>15</td><td>—</td></tr>
<tr><td colspan="3">刃宽 w</td><td>—</td><td>0.5～5.0</td></tr>
<tr><td colspan="3">后角 α</td><td>0～20</td><td>0～20</td></tr>
<tr><td colspan="3">前角 β</td><td>30～10</td><td>30～10</td></tr>
</table>

表 38-35 单晶金刚石的性质

性 质	实测值	备 注
密度	3.52 t/m^3	
压痕硬度	60 000～100 000 N/mm^2	随方位和温度而变化
杨氏模量	105 GPa	各方向大致相同
拉伸强度	3～20 GPa	
开始氧化温度	900～1 000 K	
开始石墨化温度	1 800 K(不活泼气氛中),900 K(铁粉中)	
比热容	0.516×10^3 J/(kg·K)(常温)	
热导率	600～1 000 W/(m·K)(含氮) 2 000～2 100 W/(m·K)(不含氮)	
线膨胀系数	0.8×10^{-6}(常温) 1.5～4.8×10^{-6}(400～1 200 K)	
表面能	5.5 J/m^2(111)面	

对于凸形非球面则使用筒形金刚石磨轮端面的内圆铣磨。加工凹形非球面时可以使用大口径的碟形磨轮，加工凸形非球面时需要选用小口径的碟形金刚石磨轮，不易加工非球面度较大的凹非球面。

这种磨轮接触的非球面成型设备的精度，主要取决于轴的位移精度、金刚石磨轮的特性以及环境的稳定性。金刚石磨轮铣磨与传统的研磨加工方式不同，其磨料位于磨轮的边缘，随着磨轮高速旋转，去除速率高，大大缩短了表面加工时间；金刚石磨轮获得的面形质量比传统的方法好，表现为表面粗糙度小，亚表面损伤小，残余应力小，可直接进入抛光工序。

采用计算机数值控制的单点金刚石铣磨技术，亦可以直接实现非球面的成型。计算数值控制技术可以

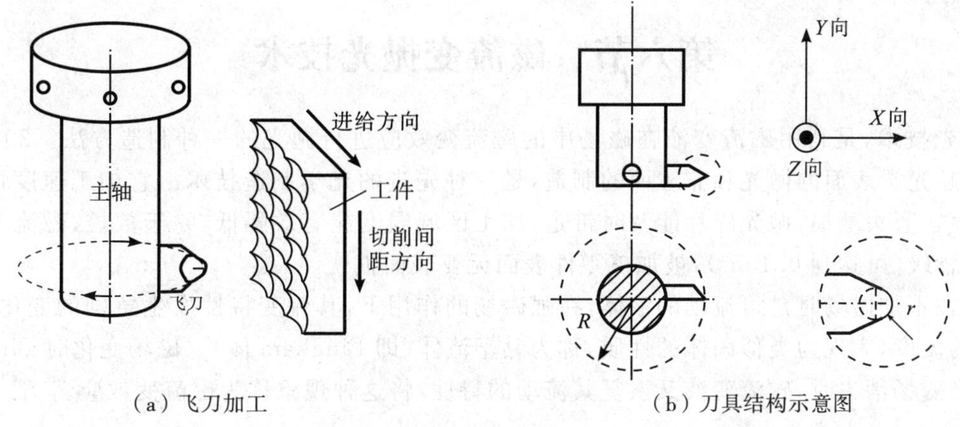

(a)飞刀加工　　(b)刀具结构示意图

图 38-65 金刚石飞刀加工

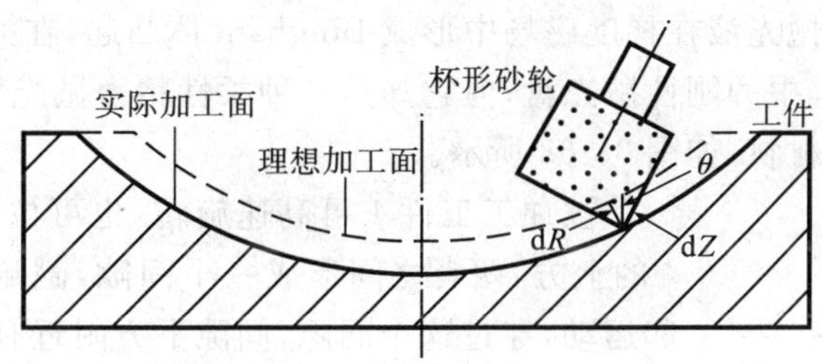

图 38-66 筒形磨轮铣磨原理示意图

精确控制各个轴的运动轨迹，旋转的金刚石磨轮在工件表面根据非球面方程逐点磨出非球面轮廓来，从而获得高精度的非球面面形。用该方法还可以加工出各种复杂的非旋转对称的离轴非球面和复杂曲面。

（三）非球面研抛技术

由于非球面研抛加工的面形误差收敛效率相对较低，为提高加工效率，可将非球面零件的加工分为铣磨成型和研磨抛光两个加工工序进行。铣磨成型精度由机床本身的精度决定，研磨抛光精度由研抛工艺参数决定。铣磨加工如图 38-67(a)所示。根据输入的非球面面形方程，磨头高速旋转的同时沿 A 轴摆动并随 Z 轴工作台做 Y 向和 Z 向的平动，工件在转台上以相应速度做回转运动（同时可做 X 向平动），从而形成所要求的非球面面形。经铣磨成型后，零件的面形精度一般应达到 1 μm 以内。

研抛加工如图 38-67(b)所示。这是一种双旋转研磨抛光，实现非球面零件要求的最终精度。这里可以调整的工艺参数包括公转、自转转速、研抛压力、驻留时间、研磨抛光盘形状及尺寸等。

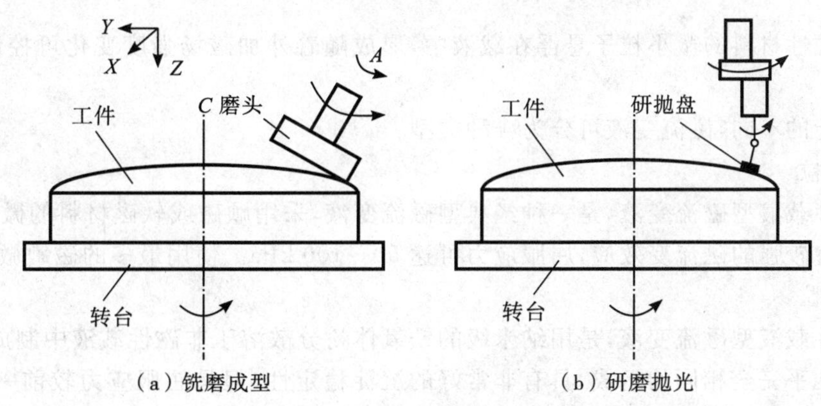

(a)铣磨成型　　(b)研磨抛光

图 38-67 研抛加工示意图

第六节　磁流变抛光技术

磁流变抛光技术，是利用磁流变液在磁场中的磁流变效应进行抛光的一种制造方法。20 世纪 90 年代开始将它用于超光滑表面的抛光和非球面的制造，是一种先进的光学制造技术。它加工速度快、效率高，加工精度高，不存在磨头磨损，抛光碎片能及时带走，加工区域温度能有效降低，易于数控，磁流变液流变性的响应时间在毫秒级(可达到 0.1 ms)，被加工零件表面无亚表面损伤。

磁流变液在不加磁场时是可流动的液体，在强磁场的作用下，其流变特性发生急剧的变化，黏度变得很大，具有一定的硬度，表现为类似固体的性质，称为黏塑流体(即 Bingham 体)。磁场变化时 Bingham 体的黏度随之改变，当磁场消失时，磁流变液又恢复其流动的特性，将这种现象称为磁流变效应。

一、磁流变抛光概述

磁流变抛光是利用磁流变抛光液在梯度磁场中形成 Bingham 体凸起，在抛光区域内形成具有一定硬度的“磨头”，类似于传统抛光过程中的刚性抛光盘；但它却是一种柔性精磨抛光磨具，在与工件产生相对运动时，产生剪切力，去除工件表面材料，如图 38-68 所示。

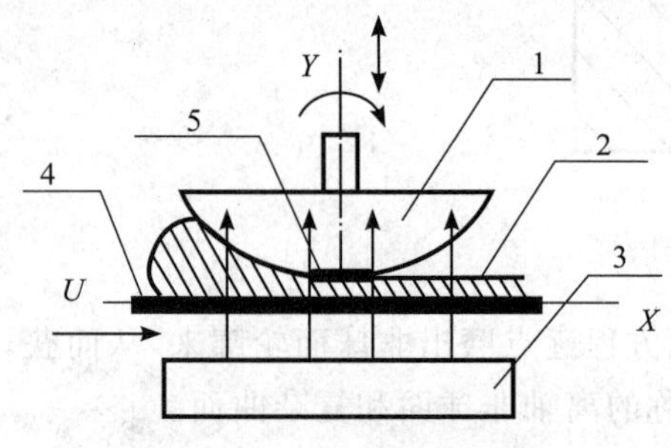

图 38-68　磁流变抛光示意图

1. 被加工工件；2. 磁流变抛光液；3. 磁极；4. 运动物体；5. 抛光点

被加工工件 1 可高速旋转，也可位置移动，它位于一个运动物体 4 的上方，两者之间形成一个间隙，磁流变抛光液 2 随着运动物体一起运动，穿过这个间隙，间隙下方附近有一个磁极 3 产生高梯度磁场，使通过间隙的磁流变抛光液被磁化，形成 Bingham 体凸起，Bingham 体穿过间隙时，与工件相对运动，从而产生较大的剪切力，使工件的表面材料被去除，实现抛光加工。产生 Bingham 体凸起的间隙区域称为抛光间隙。

这种 Bingham 体凸起相对于工件来说通常是很小的，可以说是在工件表面的一个点的小范围区域，是一种点加工技术，要加工整个工件的表面，就必须控制工件的位置或控制磁极的位置，从而对工件的每个带区进行抛光。这种加工必须保证对每个带区的去除是确定的，通过控制加工时间和驻留时间，来控制各带区材料的去除量，使得整个工件表面均匀去除。

由于磁场强度在一定范围内可以无级调节，Bingham 体凸起的硬度可以有效控制，因此磁流变抛光可以实现超光滑的加工。另外，还可以通过有效控制驻留时间来控制各带区材料的去除量，达到精修工件面形的目的，或是进行非球面加工。

二、磁流变抛光液

磁流变液是由磁性材料的微小粒子悬浮在载液中，形成随着外加磁场强度变化可控制其流变行为的稳定的液体材料。

根据组成和性能的不同，磁流变液可分为 4 种类型：

(1)微米磁敏微粒

这是一种非磁性载液型磁流变液，是一种经典型磁流变液，采用顺磁或软磁材料的微米尺寸颗粒和低磁导率的载液。它具有较强的磁流变效应，屈服应力可达 50～100 kPa。使用最多的磁敏微粒是羰基铁粉。

(2)纳米磁敏微粒

这是一种非磁性载液型磁流变液，是用纳米级的铁氧体粉分散溶于非磁性载液中制成的非胶体悬浮液。它具有与铁磁流体几乎完全相同的组成，具有非常好的沉淀稳定性，但是屈服应力较前一种小，在中等磁场(0.2 T)作用下，屈服应力只有 4 kPa。

(3)非磁敏微粒

这是一种磁性载液型磁流变液，这种磁流变液是用微米级的非磁敏微粒(如 40～50 μm的聚苯乙烯或硅石颗粒)分散溶于磁性载液(如铁磁流体)中制成的悬浮液。该种悬浮液的磁流变效应较低。

(4)磁敏微粒

这是一种磁性载液型磁流变液,这种磁流变液是用微米级的磁敏微粒分散溶于磁性载液(如铁磁流体)中制成的悬浮液。磁性载液加强了磁敏微粒间的作用力,从而增强了磁流变效应。其屈服应力可超过200 kPa。

磁流变抛光液大多都是在前述第1类磁流变液里添加抛光磨料微粒制成的。要求磁流变抛光液在磁场中要有较好的流变性,即呈现黏塑型流体,具有较大的剪切应力,要求磁性微粒要有高饱和磁化强度;在零磁场时,要有良好的流动性,即呈现牛顿流体的特性,磁流变液不存在有剩磁或有极小的剩磁,要求磁性微粒具有小的矫顽力。

软磁类材料具有高的饱和磁化强度和小的矫顽力,易于磁化,也易于退磁。软磁材料种类繁多,由于微粒制造技术的难度和使用成本问题,磁流变抛光液大多采用纯铁、低碳钢材料制成的磁性微粒,如纯铁粉、铁合金、或羰基铁粉。羰基铁粉平均粒度为几微米,颗粒密度约 $2\sim4\ g/cm^3$,饱和磁化强度达 2 T,其材料成本低,购买方便,已成为最常用的材料之一。图 38-69 所示是铁磁微粒的显微照片。

磁流变液中铁磁微粒在不加磁场时,可能发生凝聚或沉淀现象。导致铁磁微粒凝聚和沉淀的因素有静磁相互作用、范德瓦尔斯相互作用和重力作用,而阻碍铁磁微粒凝聚的因素有热运动和空间阻力(包括载液的浮力)。

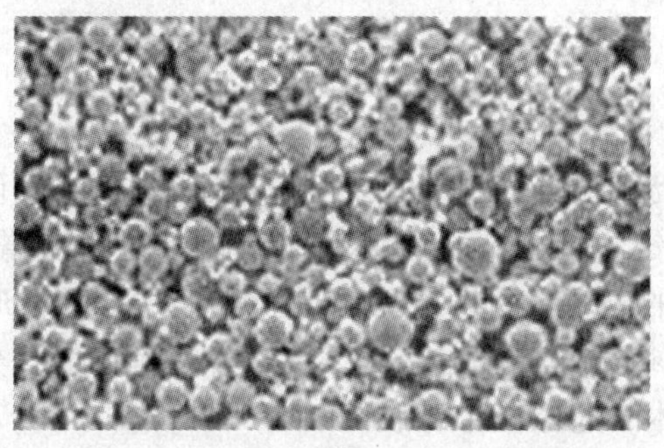

羰基铁粉

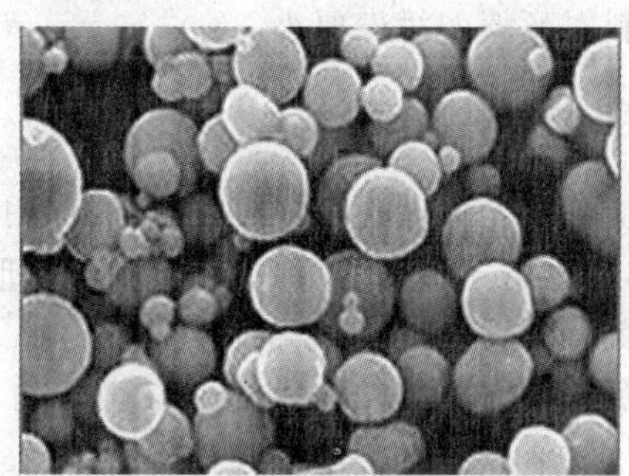

磷化羰基铁粉

图 38-69 铁磁微粒的显微照片

铁磁微粒的粒度通常在微米量级,粒子较大,密度较大,载液中的布朗运动无法阻止微粒发生沉淀和凝聚现象,因而铁磁微粒不易悬浮在载液里。要使它们能够悬浮,须经过特殊处理,一般是使用表面活性剂,采取如表面包裹、复合等方法来降低整个微粒的相对密度,提高铁磁微粒的磁化率,增加其极化能力,促进磁流变效应,提高材料的稳定性,

表面活性剂分为阴离子型、阳离子型和非离子型 3 种类型。它吸附在铁磁微粒的表面,形成一层缓冲层,避免铁磁微粒接近而发生凝聚,另一方面改变铁磁微粒的表面张力,使铁磁微粒更易悬浮在载液中。表面活性剂通常是一种长链分子结构,一端能吸附在铁磁微粒的表面,另一端有极易分散于载液中的弹性基团。吸附层的厚度由表面活性剂分子的链长决定。当磁流变液中两个铁磁微粒彼此接近到 2 倍吸附层距离时,表面活性剂的弹性基团被压缩,弹性势能阻止两个微粒进一步接近,使得范德瓦尔斯力不能发生作用,从而防止铁磁微粒凝聚,其作用机理如图 38-70 所示。表面活性剂一般有油酸、聚乙二醇等。

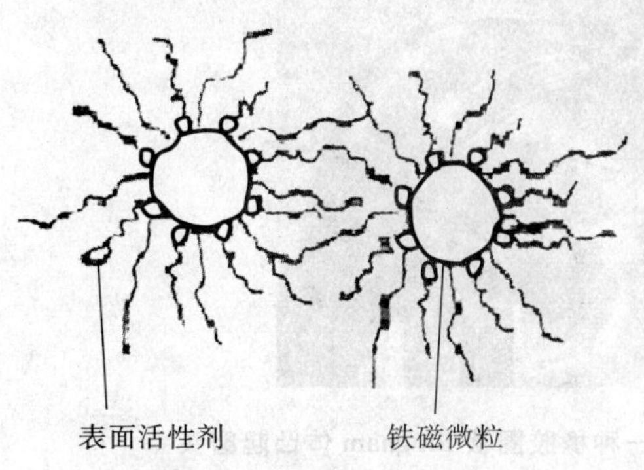

图 38-70 磁流变液表面活性剂的作用

当然,还可以改变载液的一些性质,来防止铁磁微粒的凝聚和沉淀,比如使用分散剂改变载液与微粒的张力特性,使微粒容易分散到载液中,可以防止凝聚和沉淀现象。

由于铁磁微粒容易生锈,又大多采用水作为载液,微粒的防锈处理就非常重要,防锈的方法是对微粒进行表面处理,也可在载液中加入防锈剂。

综上所述,可知磁流变抛光液通常是由磁性微粒、抛光磨料的微粒、载液和添加剂构成,添加剂包括表面活性剂、分散剂、稳定剂、防锈剂等。不同的磁流变抛光液有不同的组成,典型的有

1)羰基铁 36%,蒸馏水 55%,氧化铈 6%,稳定剂 3%。

2)磁性颗粒 30%~40%,纯净水 45%~50%,表面活性剂 3%~5%,其他添加剂 5%~10%,抛光粉 5%~8%(体积百分比)。

3)水基复配载液(去离子水 85%~90%,触变剂 3%~5%,分散剂 3%~5%,润湿剂 2%~5%制成水基复配载液)25%~75%,添加组分(羰基铁粉 80%~90%,纳米铁粉 4%~10%和抛光粉 4%~10%)25%~75%(体积百分比)。

磁流变抛光液必须具有下列性能:

1)要具有优良的磁化和退磁特性,以保证磁流变液的磁流变效应是一种可逆变化。

2)应具有较大的磁饱和特性,能够产生较大的剪切力。

3)应具有较小的能量损耗。

4)应具有磁化稳定性能。

5)应具有零磁场稳定性能。

6)在相当宽的温度范围内具有极高的稳定性。

7)构成磁流变液的原材料应是价廉的而不是稀有的。

8)使用材料对环境的污染要小。

三、磁流变抛光的机理

根据磁流变液流变性理论,在外加磁场的作用下,磁流变抛光液中的磁性微粒被磁化而产生偶极矩。为达到能量最小,磁性粒子沿磁力线方向有序排列,形成磁链,如图 38-71 所示。如果磁场进一步增大,则链状结构进一步聚集,形成柱状或复杂的团簇状结构。不同的磁场 Bingham 体凸起形状不同,可以形成所需要形状的磨头。如图 38-72 所示,它是一种环带状的 Bingham 体凸起,在液面区域磁力线呈放射状分布。如图 38-73 所示,磁力线在两个圆环之间是封闭状,Bingham 体凸起像一个橡胶圈。

$$\frac{F_z}{V}=(\rho_f-\rho_s)g-\frac{\boldsymbol{M}\cdot\Delta H}{4\pi} \tag{38-24}$$

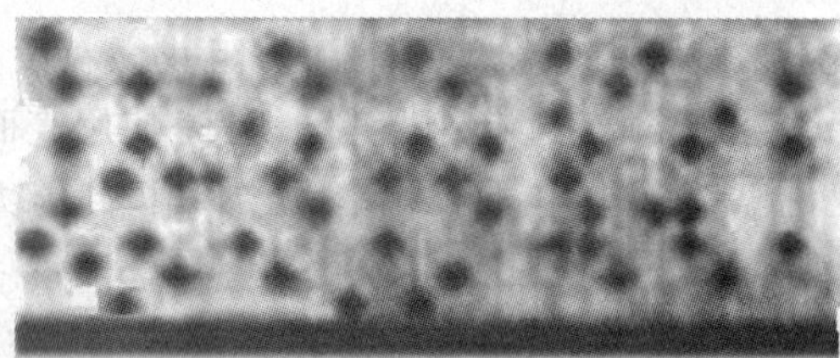

无磁场作用时　　有磁场作用时

图 38-71　磁性粒子在磁场中的链状结构

图 38-72　一种环带状 Bingham 体凸起磨头

图 38-73　一种橡胶圈状 Bingham 体凸起磨头

根据铁磁流体力学理论，高梯度磁场会对放入磁流变抛光液中的非磁性抛光磨料微粒产生磁性浮力 F_z：式中，F_z 是磁浮力，V 是悬浮非磁性粒子的体积，ρ_f 是磁流变液密度，ρ_s 是悬浮非磁性粒子密度，g 是重力加速度，$\boldsymbol{M}$ 是磁流变液的磁化强度，ΔH 是磁场强度的梯度。

因此，在具有高梯度磁场的抛光区中，非磁性抛光磨粒会从磁流变抛光液中析出，浮于磁流变抛光液表面。这相当于将抛光磨料微粒镶嵌于磁流变液 Bingham 体凸起中，形成一个"柔性抛光盘"，见图38-74。

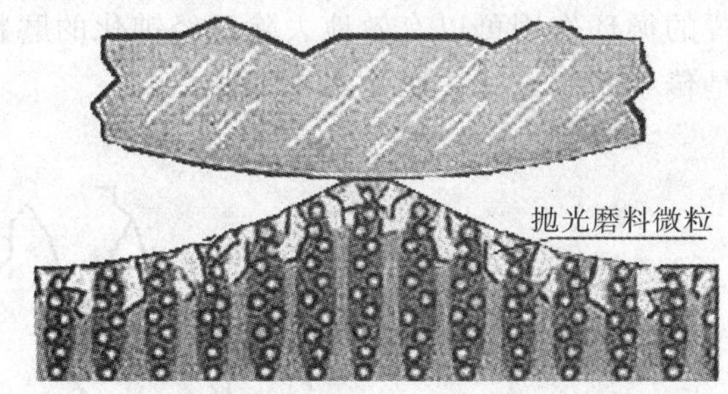

图 38-74　抛光磨料微粒镶嵌于磁流变液凸起示意图

在磁流变抛光中，抛光磨料微粒所受的垂直于工件表面方向的力有重力 G、磁浮力 F_z、液体动压力 F_w 和工件表面对抛光颗粒的反作用力 F_n'，由于重力 G 远小于其他 3 个力，可忽略不计，则有

$$F_n' = F_z + F_w \tag{38-25}$$

假设抛光磨料微粒是 1 μm 的 CeO_2 磨粒，根据磁流变抛光实际条件和(38-24)式，可以求得磁浮力为 $F_z = 10^{-9}$N。在抛光区内，由于磁流变抛光液流过抛光间隙，将会有流体动压力存在，Shorey 测量该压力最大可达 200 kPa。假设抛光磨料微粒与工件表面接触面为 0.5 μm 直径的圆，根据图 38-75 所示，可以计算出液体动压力 $F_w = 10^{-7}$N。则可以得到磁流变抛光中抛光颗粒对工件表面的正压力 $F_n = F_n' \approx 10^{-7}$N，该值远远小于 Bulsara 推导出来的古典抛光法中单颗抛光颗粒在抛光时对工件表面的正压力值。这说明磁流变抛光中机械切削作用机理不同于传统抛光的正压力模型。

根据上述分析，可以得出磁流变抛光的原理如下：在加工过程中，当给磁流变抛光液施加外加磁场时，磁流变抛光液在梯度磁场区域内发生流变效应，变成类似于 Bingham 体凸起的状态，抛光粉浮在磁流变抛光液的表层，当这种物质与工件表面相接触，并发生一定的相对运动，在磁流变液接触工件的地方产生较大的切削力，从而实现对工件表面材料的去除。图 38-76 是 Shorey 对磁流变抛光的工件表面的 AFM 照片，其中抛光时工件固定不动，图中箭头所指为磁流变抛光液的流动方向。可以看出，工件表面有明显的划痕，而且方向与磁流变抛光液流动方向一致，说明抛光磨料微粒对工件表面产生了剪切去除。其材料去除过程如图 38-77 所示，抛光磨料微粒受磁浮力 F_n 作用分布在 Bingham 体凸起的表面，和工件表面发生相互作用。抛光磨料微粒对工件表面产生剪切力 F_t，在流体动压力及磁流变液的剪切应力的作用下，磁流变液中的抛光磨料微粒对光学零件表面产生微小切入，由于抛光磨料微粒的刃口半径很小，切深很小，因此使工件产生微小的塑性去除。如果光学零件的材料是玻璃材料，在剪切力 F_t 作用下在工件表面将产生微小裂纹，同时磁流变抛光液中的水分进入光学零件的内部，将 Si—O—Si 之间的结合键打破，从而使工件表面材料更容易剥离，加快了工件材料的去除，提高了加工效率，并且使工件表面产生的亚表面损伤很小。

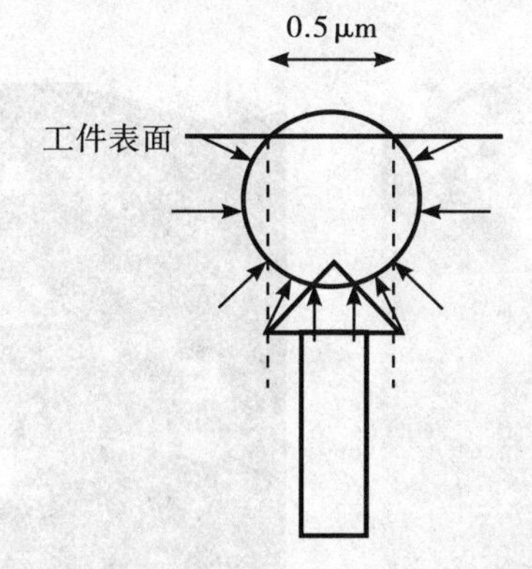

图 38-75　抛光磨料微粒所受的液体动压力

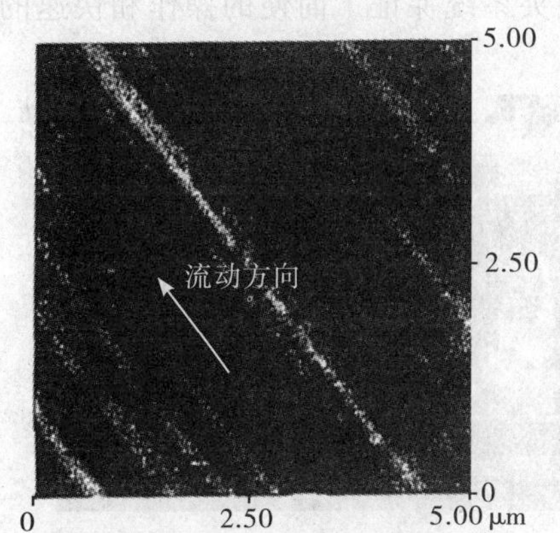

图 38-76　被磁流变抛光表面的 AFM 图

由此可以看出磁流变抛光的机理和传统的抛光有很大的区别。另外，在磁流变抛光过程中，由于抛光作用是因为液流运动受到工件阻滞而形成的，所以工作区的抛光粉始终保持新磨粒参与抛光。而通过抛光装

置的循环作用可以有效地去除已经钝化的磨粒，这样抛光时参与抛光的磨粒都具有很强的抛光能力。这也是传统的抛光方法所无法比拟的。

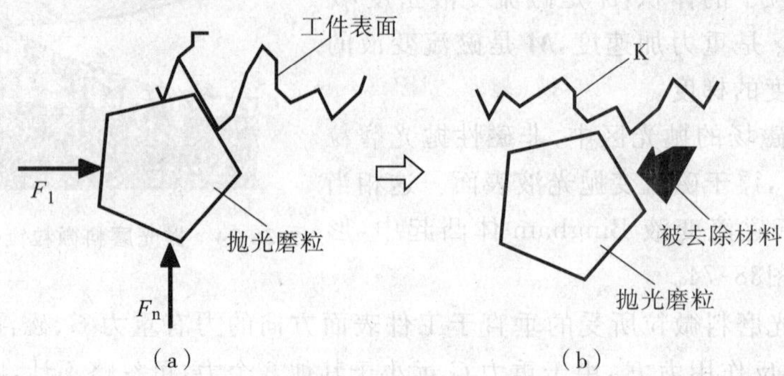

图 38-77　磁流变抛光的材料去除过程

1. 工件表面；2. 抛光磨粒；3. 被去除材料

四、磁流变抛光设备

利用 Bingham 体凸起的磁流变抛光是一种无磨头磨损的，通过磁流变抛光液的循环可以持续地加工；这种循环也保证了抛光区域的温度可控；在这样的条件下，通过控制工艺参数，可精确控制抛光结果，也就是说工件材料去除在固定的工艺条件下是时间不变和空间不变的，所以磁流变抛光可以实现确定性加工。

利用这种特性，磁流变抛光设备必须能够保证精确的时间控制和位置控制。典型的磁流变抛光设备如图 38-78 所示，它是目前市场上销售的磁流变抛光机，是美国 QED Technological Inc 生产的。

图 38-78　QED 系列数控磁流变抛光机

QED 系列数控磁流变抛光机包含 CNC 数控抛光和精修技术，是一种计算机控制的小磨头抛光技术，磁流变抛光液在磁场的作用下形成柔性磨头，其形状和硬度可以由磁场实时控制。通过对工件各个带区在抛光区滞留时间的控制便可控制去除量进行修整面形。图 38-79 所示是 QED 系列设备使用磁流变抛光磨轮加工零件的工作状态，可以加工平面、球面、非球面、柱面等面形。该技术抛光 $\lambda/4$ 的非球面所需时间少于 30 min。此外，该设备可对以传统方式抛光过的球面和平面光学零件进行精修，达到 $\lambda/20$ p-v 的质量，目前最大口径可以加工到 1 m。采用一体化的工件测量技术可以与各种不同的测量系统连接，用触摸式显示器、图形显示操作盘和液压真空装夹系统保证了简便的操作和快速的装夹。

(a)加工平面

(b)加工球面和非球面

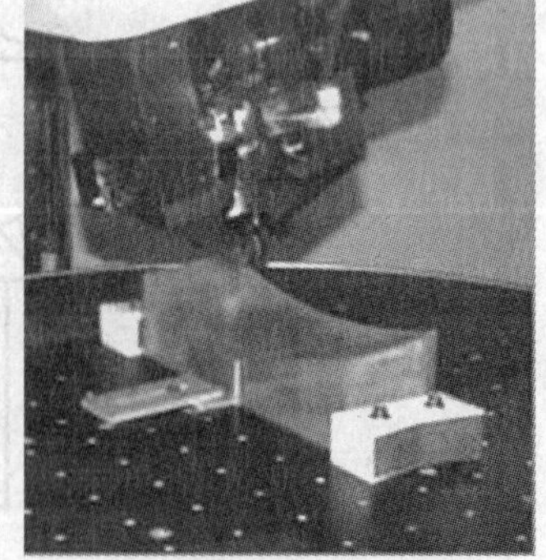

(c)加工柱面

图 38-79　QED 系列设备磁流变抛光磨轮加工零件的工作状态

五、磁流变抛光工艺

磁流变抛光设备不同，磁流变抛光工艺也不尽相同。但是，初始的加工状态有其共同点，都必须使用传统的研磨方法对工件进行精加工，达到技术要求的状态，然后进行磁流变抛光。根据产品目标不同，磁流变抛光前工件的初始表面粗糙度是不一样的，如果零件是常规产品，可从铣磨后的表面直接加工；如果要求零件有超光滑的光学面，磁流变抛光前就要进行精磨加工；有的产品需要在进行磁流变抛光前进行传统的抛光。

目前，磁流变抛光的设备大都采用点加工技术，确定性去除函数的模型建立是磁流变抛光工艺技术的关键，是保证产品精度要求的必要条件，需要设备商提供详细的资料。点加工时，磁流变抛光磨头的运动轨迹有许多形式，典型的运动轨迹如图 38-80 所示。

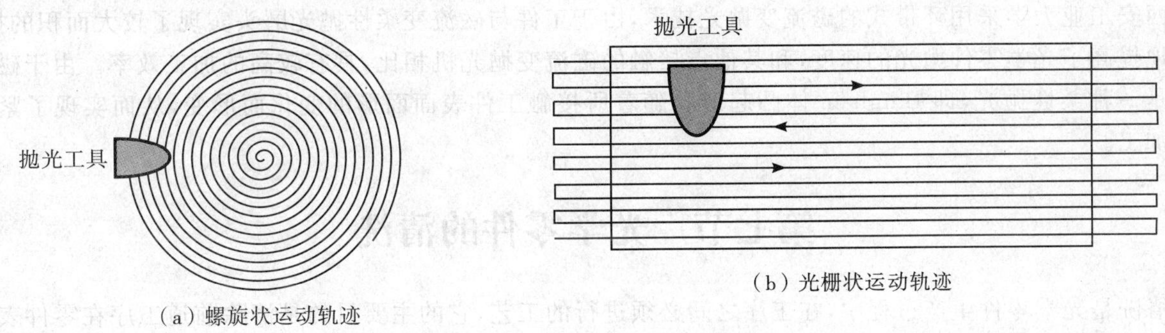

（a）螺旋状运动轨迹　（b）光栅状运动轨迹

图 38-80　磁流变抛光磨头的运动轨迹

实际的磁流变抛光过程中，被加工表面会出现彗尾状表面疵病，如图 38-81 所示，工件表面出现一种类似于彗星尾巴状的划痕。“彗尾”由两部分组成：尾部和头部。尾部是一个长的较浅的凹槽，头部是一个较深的凹槽。

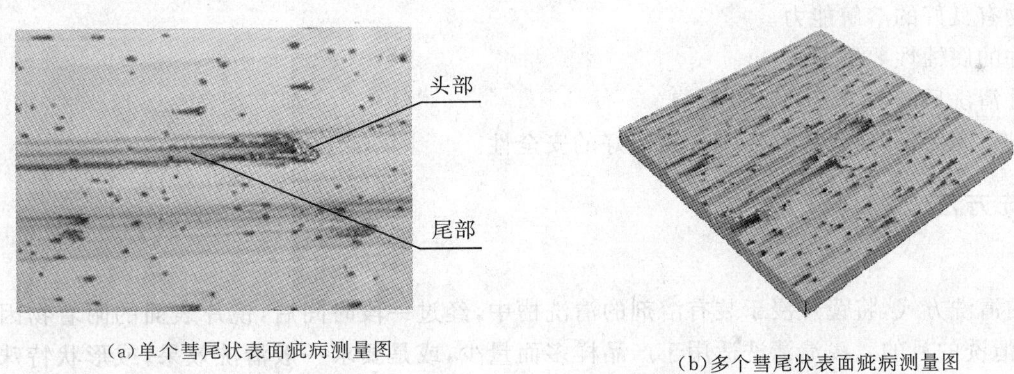

(a)单个彗尾状表面疵病测量图　(b)多个彗尾状表面疵病测量图

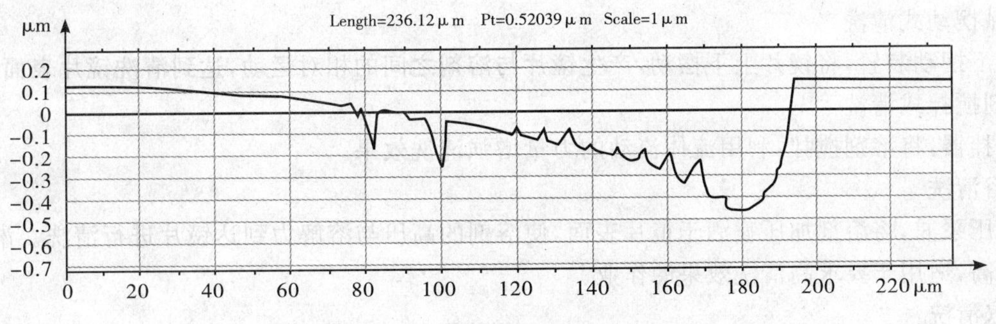

(c)单个彗尾状表面疵病测量截面图

图 38-81　磁流变抛光中彗尾状表面疵病现象

容易出现的情况是：被加工工件表面存在微观结构上的损伤，或者表面存在一些附着脏物。在损伤处或脏物后面沿运动方向的位置通常出现抛光去除较快的现象，当抛光时间较长时，就会出现彗尾状的表面疵病，降低磁流变抛光磨头的磁感应强度，可以减小彗尾状表面疵病的大小；当抛光一段时间彗尾状的表面疵病还没有出现时，通过分阶段降低磁流变抛光磨头的磁感应强度，完全可以消除这种现象。

磁流变抛光是比较先进的光学制造技术，刚刚开始进入商品化时期。目前，它主要用于超光滑表面的抛光，由于超光滑表面的抛光比普通抛光的表面粗糙度要小 2 个数量级，被加工零件表面又无亚表面损伤，因此对那些需要抗激光破坏阈值比较高的光学零件，采用磁流变抛光是最好的选择。对普通的大批量生产的光学零件，由于制造成本的缘故，则不宜使用磁流变抛光。

对磁流变抛光，国内各个研究机构或企业都在进行深入的研究。从技术路线上看，它们大同小异，都是产生小面积的 Bingham 凸起进行加工，类似于一种点加工技术方法，比较典型的有清华大学设计的磁性轮式抛光装置、厦门大学提出的磁流变抛光装置和国防科学技术大学的磁流变抛光装置。

西安工业大学采用环带式的磁流变抛光技术，由于工件与磁流变柔性抛光磨头实现了较大面积的接触，极大地提高了光学零件抛光的速度，和其他点接触的磁流变抛光机相比，具有较高的加工效率。由于磁流变抛光是一种柔性抛光，即 Bingham 体凸起形状随着所接触工件表面面形的变化而形变，从而实现了紧密吻合的加工。

第七节　光学零件的清洗

清洗是光学零件生产过程中，在工序之间必须进行的工艺，它的主要目的是清除前道工序在零件表面留下的残余物，为下道工序创造清洁的零件表面。

光学零件的清洗是容易被忽视的工序之一，在光学镜片质量要求不断提升，以及镀膜、胶合、装配加工过程不断改善的情况下，清洗后镜片的质量与清洗成本，也受到重视。

一、对清洗材料的基本要求

1）对被清洗物有良好的溶解能力。

2）对光学零件的腐蚀性要小。

3）对光学零件清洗后的后续工艺没有影响。

4）无毒、不易燃、无污染，对人体和环境有比较好的安全性。

二、常用清洗方法

（1）浸渍清洗

这是最简单的清洗方式，将镜片浸于装有溶剂的清洗槽中，经过一段时间后，镜片表面的附着物因浸渍而脱落，从而达到清洗的目的。浸渍清洗适用于产品样多而量少，或是要求一般清洗效果，或形状特殊的零件的清洗。

（2）机械摆动式清洗

利用上下摆动装置，将镜片上下摆动，产生镜片与溶剂之间的相对运动，达到清洗镜片表面的效果。

（3）溶剂搅拌式清洗

利用搅拌器，将溶剂搅拌，利用流体流动的力量增强清洗效果。

（4）淋浴清洗

利用加压泵浦，将溶剂加压喷洒于镜片表面，使溶剂的高压与溶解力到达镜片进行清洗。淋浴清洗效果比浸渍清洗高，适用于要求高清洗效果的作业。

（5）蒸汽清洗

利用溶剂蒸汽在镜片表面凝结收缩，除去表面附着物，达到清洗的目的。或是利用加热装置使溶剂加温至沸点后蒸发成气体，当与冷镜片表面接触后凝结收缩成液体落下，附着于镜片表面的污物也被蒸汽溶解，随溶剂液体流走，达到清洗的目的。

(6)超声波清洗

零件浸于清洗溶剂的同时，超声波场产生强大的作用力，促使物质发生一系列物理、化学变化而完成清洗作业。

目前，越来越多的企业采用超声波清洗。具体过程是：当超声波的高频(20～50 kHz)机械振动传给清洗液介质以后，液体介质在这种高频波振动下将会产生近真空的“空腔泡”，“空腔泡”对清洗对象的强烈作用称为“空化作用”。可将附着在物件表面及死角细缝的污垢打散剥离，取得彻底清洗的效果。

光学零件超声波清洗的采用，代替了传统的手工清洗，使清洗效率大幅提高，清洗质量也明显改善。对超声波清洗设备及清洗剂、脱水剂、干化剂等清洗辅料也不断提出新的要求，从而使技术得到相应的发展。图 38-82 是光学车间的光学零件超声波清洗现场。

图 38-82　光学零件超声波清洗现场

三、常用的清洗材料

针对不同工序后的清洗，超声波清洗剂一般分为抛光后清洗的超声波清洗剂、磨边后清洗的超声波清洗剂和镀膜、胶合前清洗的超声波清洗剂 3 类。这样的分类主要是适应不同的清洗物，使清洗剂的主要成分相应有所差异。在各种清洗剂的组成上，又可以分成有机型超声波清洗剂和水溶性超声波清洗剂两种。

1. 有机型超声波清洗剂

在光学零件清洗领域使用最多的卤代烃清洗剂有氯代烃和氟氯烃两类，包括二氯甲烷、三氯甲烷(氯仿)、1,1,1 -三氯乙烷、三氯乙烯、四氯乙烯、四氯化碳、三氟三氯乙烷(F-113)等，统称卤代烃清洗剂，因其具有清洗能力强、不燃烧、干燥快、易蒸馏再生的优点而被广泛使用。其中，用得最普遍的是三氯乙烯，它略呈酸性，对脂肪、油、蜡有很强的溶解能力，很适合光学零件的清洗，但它有毒，使用时对场所和人员防护有严格要求，空气中的最高容许浓度为 10 ～500 μL/L。

三氯乙烯的替代品有三氟三氯乙烷(F-113)和 1,1,1 -三氯乙烷，它们是无色无味的液体，化学稳定性好，在常温下长期保存不变质，对矿物油溶解能力强，对绝大多数金属、玻璃、塑料均不产生溶解作用，而且无毒、不燃烧，使用时非常安全。又因其沸点为 47.6℃，清洗后可以自然干燥，被公认是最好的有机型清洗剂。与三氯乙烯相比，它们最大的特点是无毒，没有对人的直接危害。但是，F-113 和 1,1,1 -三氯乙烷的挥发气体滞留在大气中，随气流上升，在平流层受紫外线照射后会分解产生氯原子，氯原子作为一种催化剂，可长久引发损害臭氧层的反应，使臭氧层阻挡紫外线的能力降低，对地球上的生物带来危害，因此它们被淘汰已是大势所趋。

在光学零件清洗领域使用很普遍的还有乙醇和乙醚的混合液，它们在超声波清洗中，用于水洗后的脱水过程。

2. 水溶性超声波清洗剂

在寻求有机型超声波清洗剂替代品的同时，最理想的另一清洗方案就是用水溶性的清洗剂与去离子水配合使用，使之达到一个理想的清洗效果，并且成本更为低廉。目前，企业生产的这种清洗剂一般是白色或浅褐色粉末，以一定的浓度兑去离子水，有的呈酸性，有的呈碱性，可以根据被清洗物来选择。

3. 清洗用纯水、超纯水、去离子水

在光学零件精加工的过程中，尤其在清洗的最后阶段，使用的水一般不能用自来水，而需要使用纯水、超纯水、去离子水，目前已经有专门的设备系统供应这类水，并将供水系统接到生产车间，以方便使用。

四、清洗的基本工艺流程

(1)洗涤

先利用有机溶剂如三氯乙烯对磨边油等物质的高溶解度，达到预清洗的目的，然后再利用清洗剂对零件表面的湿润、渗透、乳化等作用达到去污效果。

(2)漂洗

通过清水对零件表面进行冲洗及超声作用,使松散于镜片表面的清洗剂脱离零件表面。

(3)脱水

经漂洗后的零件表面含有大量水分,需放入脱水剂中进行脱水。脱水剂多为有机溶剂,能和水充分混溶。

(4)干燥

干燥剂应和脱水剂沸点相近,互溶性好。干燥过程大致为

1)干燥剂蒸汽在镜片表面冷凝为液体。

2)干燥剂液体和镜片表面的脱水剂形成共沸物。

3)一部分共沸物形成蒸汽离开镜片表面。

4)一部分共沸物以液体的状态流经镜片表面对零件起冲洗作用。

经过上述一系列的处理,最后就获得了洁净、干燥的零件表面。

表 38-36 清洗疵病及产生原因

疵病名称	产生原因
毛路子	清洗液不当,清洗时间过长,超声过强或不稳定
水印子	清洗液不干净,或者清洗篮不合适
白点子、灰点子	清洗液不干净
雾状印子	与环境温度、湿度、清洗液不干净有关
麻点、丝状堆积物	超声局部过强或不稳定

五、清洗中常见的疵病

玻璃在清洗过程中,由于操作不当或清洗液不干净会影响零件的表面质量,表 38-36 列出了清洗中常见的问题及产生的原因。

因此,在清洗过程中,要求操作者严格按照工艺要求进行清洗和维护保养设备,必须确保每一个环节都要稳定干净。

第八节 光学零件的胶合

光学零件的胶合,是指将两个或两个以上的透镜、棱镜、平面镜彼此吻合的光学表面用光学胶按照一定技术要求粘结成光学部件的工艺。在实际生产中,胶合有两方面的技术要求:一是保证中心误差或角度误差,对于透镜保证透镜的中心误差,对于棱镜或平面镜保证棱镜的光学平行差;二是保证胶合表面实现"零疵病"的胶合,即保证胶合的抛光表面不因为胶合而降低对表面疵病的要求,同时不因为胶合而影响非胶合面的面形。

一般认为,光学零件的胶合机理是光学材料与光学胶之间发生机械结合、物理吸附、静电引力、互相扩散、形成化学键等作用,使光学零件和光学胶之间产生粘结力,从而将光学零件结合在一起。结合力的大小与胶合材料、光学材料等有关系。

一、对胶合材料的要求

光学胶粘剂主要用于光学零件间的胶合,为了保证光学零件的胶合质量,其粘结胶必须满足以下要求:

1)无色透明,高透射率,无荧光,与胶合零件的折射率相近。

2)固化时,体积收缩率小,不使胶合表面产生内应力。

3)机械强度好,不致因为受震动、冲击而引起胶层开裂。

4)化学稳定性好,与光学材料不发生化学反应,长期使用不变形。

5)环保性好,无毒无害。

6)热稳定性好,能在−70～70℃的温度范围内工作,而不致胶层破裂、脱胶或造成零件错位。

7)胶合工艺简单,容易拆胶。

二、常用的光学胶及性能

光学胶合中应用的胶粘剂多半属于有机高分子聚合物,它们大体可分为四个发展阶段:天然冷杉树脂胶→环氧树脂胶→甲醇胶→光学光敏胶。目前光学光敏胶的发展较为迅速,常用的牌号有 GBN-501、GGJ-1、GGJ-2 等。

天然冷彬树脂胶(又称加拿大树脂胶或热胶),虽然胶合工艺简便,但高低温性能很差,常常引起脱胶,造成透镜中心、棱镜角度走动,使仪器失去原设计要求。

甲醇胶(又称冷胶),胶合工艺较复杂,胶的收缩性很大,常常导致光学零件像质变坏。胶层耐老化性差,使用时间不长,容易变色或脱胶,致使透射率下降。

环氧树脂胶的收缩性小,光学像质好,但是固化时间长,工艺性复杂,毒性大,易引起人体皮肤过敏,这些都使大批量生产受到一定的限制。

光敏胶使用方便,效率高(在紫外光照射下,12 min 左右可完全固化),收缩性小,光学零件像质好,耐老化性好、可长期使用、胶层颜色不变,透射率可以长期保持在≥90%。牌号 GGJ-1 和 GBN-501 的光敏胶粘剂,适用于自动对中心的透镜和棱镜胶合,GGJ-2 特黏稠、近固态,适用于仪器或手工对中心的光学零件的胶合。表 38-37 列出了几种胶的主要性能。

表 38-37　几种胶合材料的性能

名　称	型　号	主要技术性能指标	备　注
光学胶粘剂	环氧树脂胶	双组分,浅黄色流体,常温固化。 高低温度范围:−60～70℃	光学零件胶合
	甲醇胶(冷胶)	单组分,无色透明,低黏度。 高低温度范围:−60～60℃	大、中、小光学零件胶合
	热胶(冷杉树脂胶,加拿大树脂胶)	单组分,淡黄色固体。 高低温度范围:−40～50℃	
光学光敏胶	GGJ-1	近无色透明,单组分,紫外线固化,低黏度流体	大尺寸光学零件胶合
	GGJ-2	近无色透明,单组分,紫外线固化,半固态体。 高低温度范围:−45～60℃	中小尺寸光学零件胶合
	GBN-501	双组分,近无色至淡黄色流体,紫外线固化,低黏度流体。高低温度范围:−60～70℃	一般光学零件胶合

三、胶合工艺

1. 胶合前的准备工作

1)清洁胶合件,准备工装,调整水平工作台。

2)按图纸要求,检查零件的表面疵病和尺寸是否符合规定,然后进行几何尺寸选配和光圈配对,棱镜则选配角度。对三块以上的多块胶合,首先要分组配对胶合,然后根据总体要求,再进行组间配对胶合。

3)将正透镜放在已擦好的负透镜上,使之能自由摆动并出现粗而圆的光圈即可。

4)在 60～100 W 灯泡的透射光下,用 6 倍放大镜检查胶合面。

2. 不同光学胶的胶合

按照粘结胶的种类,胶合可以分为以下几种类型:

(1)冷杉树脂胶胶合

将擦好的零件放在垫板上，然后把垫板放在电热板上，并用玻璃罩盖上进行加热，不同牌号的胶加热温度不一样。

零件加热后涂胶。当零件直径小于 6 mm 时，胶涂在正透镜上，零件直径大于 6 mm 时，则涂在负透镜上。涂好胶后，轻压零件，排除多余胶和气泡，并严格控制胶层的厚度。然后用干擦布擦去边缘多余的胶，用放大镜检查胶合质量。最后将零件放在专用仪器上按图纸要求对中心。

将胶合好的零件放入 45～75℃的恒温箱中放置 2～4 h。

(2)甲醇胶胶合

甲醇胶的胶合工艺与冷杉胶的胶合基本相同。其最主要的区别在于胶合定心前，零件和胶不需要加热，而定心后，则需要加热到 60℃左右，保持 10～15 min，然后再进行冷却和退火。

对于偏心差 $c=0.01\sim0.03$ mm 的零件，要放在 55～60℃的电热板上加热 15～20 min，取下放入承座对中心，对好中心后再放到电热板或灯箱内加热(40～45℃)20 min 左右，再放入承座中心检查。对于 $c>0.04$ mm，直径大于 25 mm，曲率半径小的零件可进行自动定中心，在常温下聚合。而棱镜则在专用夹具上用灯箱或电热板加热(55～60℃)15～20 min 后，才能用仪器检查角度，反复几次，直至合格。对于直径或边长大于 45 mm 的零件，应自然静置 24 h，而大于此尺寸的零件，应静置 48 h 以上。

(3)环氧树脂胶胶合

环氧胶的胶合工艺与冷胶基本相同，但在校正中心和角度时要在平台上用红外灯泡烘烤，同时检查其固化程度，当固化到能推动但不能滑动时，应迅速校正角度和中心。校正好的零件放在平台上，在常温下聚合 4～5 h 后，再在 60℃下保持 5～6 h，或在常温下放置 24 h。

对于偏心差大于 0.05 mm，口径小于 20 mm，曲率大的零件可采用自动定心。

表 38-38 胶合件胶层厚度

胶合件直径/mm	胶层厚度/mm
≤20	0.005～0.02
>20～50	0.01～0.03
>50～100	0.01～0.04

(4)光学光敏胶胶合

光敏胶的胶合工艺比较简单，即将涂好胶的胶合零件用紫外线照射几十秒或数分钟即可固化。经检查合格后，再放入 60℃的烘箱内固化 6h 即可。

胶合平面零件时，胶的黏度应大些；胶合大尺寸零件，胶的黏度应小些。胶层的厚度与零件直径有关系。对于非圆形胶合件，应换算成等效直径。胶层厚度通常按表 38-38 选取。

3. 胶合定中心方法

无论采用哪种粘结胶，都有仪器定中心胶合、自动定中心胶合和夹具定位胶合三种胶合方法可以选用。胶合时，首先用醇醚混合液擦洗干净胶接表面，然后把胶液适量地滴在胶接面上，并细心地进行胶接，同时挤出胶泡和多余的胶液，使胶层厚度适当、分布均匀。

(1)仪器定中心

将已胶合并合格的胶合件在常温下，自由放在水平台上，室温 25℃避光放置时间约10～20 h；自然光照射状态下放置 4～10 h；如用紫外灯照射，时间约为 30 s 至 2 min。当达到一定的黏度时(即用手轻轻推移不能自行滑动)即可定中心。定心后，再用紫外灯或高压灯照射进行初固化。灯泡功率在 100～300 W，照射距离为 10～20 cm，照射时间为 10～30 min。

(2)自动定中心

将胶合后经检查合格的透镜放置在已调好的水平台上，待一批零件胶合完后即可用紫外灯进行照射初固化，照射的距离、时间与仪器定中心相同。

(3)夹具定位胶合

如胶合棱镜，则需要仪器与夹具相结合，根据胶合零、部件的要求将胶合件放于仪器上调好，并用专用夹具定好，然后用紫外灯进行胶层的初固化。

对已初固化好的胶合件再经过检查合格后，转入电烘箱内，在 60℃下恒温 6 h 即可。如果不用烘箱，可在室温 25℃下放置 48 h。

对于多个透镜或棱镜的胶合，可采用适当的专用夹具。如果是三块透镜胶合，应先将曲率半径小的胶合面胶合，放在固定夹具中，再胶合第三块。

4. 清洗和退火

为了尽可能消去胶层的内应力和减小胶合件的变形，可将胶合透镜或棱镜放在烘箱内退火，不同的胶种有不同的退火温度和时间。退火前，要清洗胶合件，刮净边缘的残胶，并擦洗胶合件的表面。

5. 胶合零件的检验

胶合零件的相对几何位置与光学性能，如偏心差、像倾斜、焦距、顶焦距、像质、分辨率和光圈等项目可在专用仪器上检验。胶层及表面质量可根据技术要求目视或借助放大镜检查。

1)在胶合件有效孔径内，胶层颜色应接近无色。

2)胶合件疵病等级根据图纸规定按两个胶合面疵病数量之和计算，见表 38-39，非胶合面疵病按每一个面单独计算。其他疵病如开胶、霉斑、油污等不允许存在，有效孔径以外的非发展性疵病不予规定。

表 38-39　胶合件表面疵病增加量

疵病类型	天然树脂光学胶、甲醇胶		光学环氧树脂胶	
	胶合面	非胶合面	胶合面	非胶合面
麻点增加量/%	5	5	8	5
擦痕增加量/%		15		15

3)透镜胶层厚度，一般用光学比较仪测定胶合前后的厚度差进行计算。

4)胶合透镜的中心误差用定心仪检验，胶合棱镜的角度用侧角仪、光具座等检验。

5)胶合件的表面变形是由胶层固化或温度变化而产生的内应力引起的。通常用干涉法测得胶合件胶合前后的面形精度，然后根据干涉图案的畸变求出胶合所产生的变形。也可对胶合件做分辨率或星点检验，或用光学传递函数仪检验。

6)通常用光具座或焦距仪测量胶合透镜的焦距。

对于胶合件的胶合层允许在反射光下看得见干涉条纹。此外，对于新产品试制，还要进行抗剪强度、抗震和耐高低温试验。

四、拆胶

由于零件缺陷或胶合工艺过程中的问题，不可避免地会出现不符合技术要求的胶合件，因此需要拆胶返修。未经初固化的光学胶合件，若检查出胶层有气泡、脏点或偏心差超差等要及时拆开。已经初固化的光学胶合件，经检查有问题时，可用力推开，或在电热板上稍加热推开，或放在丙酮溶液中浸泡脱胶。浸泡时间视胶合件形状及大小而异，一般几小时至十几小时就可拆开。已经固化后的光学胶合件，若发现有问题，应立即拆胶返修。存放时间越长越难拆胶。固化后的拆胶一般分为高温、常温和低温 3 种拆胶方法。

1. 高温拆胶

(1)直接加热法

将胶合件放到电炉上加热到一定温度，如天然树脂胶为 80～120℃，光敏胶为 180℃，当胶层出现花纹状条纹时，就可加力拆开。

(2)间接加热法

光学环氧树脂的胶合件可放在蓖麻油中，加热到 290℃，保温，胶合件自行开胶后再降到室温，取出擦净。或将光学胶合件放在甘油浴中，加热至 200℃左右即可自行脱开。注意不要与冷的物体接触或用冷风吹，以免玻璃炸裂。对光敏胶的胶合件可放在 80%硫酸溶液中，加热到 180.5℃并保温，待胶层开列后降到室温，取出擦净。

2. 常温拆胶

将光学胶合件放在二氧甲烷、甲酸等混合液中，浸泡 1 周左右即可脱开。但对 LaK、ZK 等牌号的光学玻璃零件来说，在这种溶液中将引起玻璃表面的腐蚀。

3. 低温拆胶

将胶合件放入液态氧降温的低温箱内，降温到－120～－150℃，当胶层开裂后，即可取出拆胶。它不受胶合件形状和胶合时间长短的限制，对零件的精度和像质都没有影响，也不降低表面疵病等级，不破坏光学薄膜，但必须注意防火、防爆。

尽管目前可选用的拆胶方法很多，但可操作性都不是很好。为了寻找比较理想的光学胶合件的拆胶方法，还要从理论上进一步探讨胶合件的剥离机理，以提高光学胶合件的拆胶质量及可操作性。

第九节　塑料光学零件的成型制造

光学塑料成型技术是当前制造非球面光学零件的先进技术，包括注射成型、浇铸成型和热压成型等技术。光学塑料可以成型为各种光学零件，如球面、非球面、菲涅耳透镜、微型透镜阵列等。浇铸和热压成型主要用于制造直径为 100 mm 以上的非球面透镜光学零件，注射成型技术主要用来大量生产直径在 100 mm 以下的非球面光学零件。

注射成型，是将塑化树脂粒料或粉料注入注塑机的料筒中，经加热、压缩、剪切、混合和输送，使物料均匀熔融，然后高压高速注入温度受控制的模具中，经冷却后固化成型，再开模、脱模、切浇口后获得零件。这种方法可以加工中、小尺寸的高精度非球面零件，面形精度最好可以达到 0.5～5 光圈，中心误差最好可以达到 ±1′，重复精度可以达到 0.5%。因为可以满足许多光学系统的需要，已被广泛用于热塑性塑料零件的大批量生产。近年来，也用于部分热固性塑料的成型加工。大约 60%～70%的塑料制件用注射成型方法生产。

热压成型是将粉料或片料放入预热的模具中，加压下使塑料充满型腔，再加热使塑料保持高弹态而成型。冷却后，脱模取出零件。由于每次成型时，模具要重新加热，所以加工周期较长，通常用这种方法加工尺寸较大，中等精度的热塑性塑料零件，如菲涅耳透镜或透镜阵列。

浇铸成型是将塑料单体经初步聚合或缩聚的浆状物或聚合物与单体的溶液，浇入模具内，使其在一定温度和常压下聚合成型。一般用于热固性塑料的成型。铸模常采用膨胀系数小的硼硅酸玻璃或普通平板玻璃。固化过程必须有严格的温度控制，以避免引起应力和变形。由于不可能使冷却过程中产生的收缩得到充分地控制和补偿，所以不能获得面形很精确的零件。例如 CR-39 眼镜片就是用这种方法制造的，其固化收缩率可达 14%以上。

本节只介绍注射成型技术。

一、注射成型的工艺过程

注射成型有原材料预处理、塑化、注射、模塑、冷却、脱模和退火等几个步骤。

目前注射成型光学塑料零件的尺寸一般限制在直径小于 100 mm，中心厚度小于 10 mm 的范围内。通过喷射射入闭合的模腔、冷却固化定型、开模取出成品过程的循环时间，小零件一般为 0.5 min，大零件约为 3～4 min。

1. 原材料预处理

成型前，应根据各种塑料的特性，对原材料进行外观和物理性能的检验。有杂质的塑料要用去离子水进行清洗，再烘干。对于折射率、色泽、热稳定性、熔体指数、流变性，应该按要求进行检验。

原材料的干燥是至关重要的，因为聚甲基丙烯酸甲酯、聚碳酸酯等大分子含有亲水基团，容易吸湿，当水分高过规定量时，零件容易出现银纹、气泡等缺陷，严重时还会引起高分子的降解，影响产品的外观和内在质量，使各项性能明显下降。对于聚苯乙烯，如果包装、贮存得好，一般可不干燥。

原材料颗粒的干燥不考虑其平均含湿量，而是考虑在某些粒料中的最大含湿量，要求所有的粒料都干燥到安全线以下。工厂中一般采用烘箱，80℃下干燥 8 h 即进行注射，这是不科学的。厂家提供材料时均在产品说明书中列出了各品级牌号料的干燥温度。干燥温度越高，干燥速度越快。

国外一般采用除湿干燥器进行干燥，温度对极限干燥度无多大影响。只要温度高于 71℃就可将粒料干燥到最终极限干燥度，但时间会很长。若温度提高 11℃，干燥时间将减少一半，故在 88℃下干燥时间是

77℃下的一半。但是，干燥温度也有一个极限，因粒料过分受热会产生粘连或结块，高温下干燥时间过长还会产生分解、变色。在用除湿干燥器时，若料温达不到产品说明书上要求的最佳温度时，可按前述干燥温度降低 11℃，干燥时间延长 2 倍的规则处理。

已干燥过的颗粒要避免重新吸湿。因为干燥料很易吸湿，例如经过 4 h 干燥的粒料只需几分钟就因吸湿而不能使用。初始含湿量取决于材料的品级牌号、所在地区的通常湿度、包装类型、仓库温度（粒料在湿热气候下比在冷湿气候下吸湿快）、贮存条件、车间空气干燥度等因素。初始含湿量可用水分测定仪测定，在实验室也可用烘箱失重法测定。

2. 塑化

塑化是指塑料在机筒内经加热、挤压和剪切达到流动状态并具有良好的可塑性的全过程。对塑化的要求是：塑料在进入模腔之前应达到规定的成型温度，且温度应均匀一致，并能在规定的时间内提供足够数量的熔融塑料，不发生或极少发生热分解。

在螺杆式注塑机内，塑料升温速率开始较慢，可是由于螺杆的混合和剪切作用，不仅可以提供大量的摩擦热，而且还能加速热的传递，从而使物料升温很快，如果剪切作用较低时，料温在到达喷嘴时就能升至机筒温度，如果剪切作用太强，在到达喷嘴时，料温可能会超过机筒温度。

3. 注射

注射是熔化的塑料在螺杆推挤下注入模具的过程。塑料自机筒注射进入模腔需要克服一系列的流动阻力，包括熔料与机筒、喷嘴、浇注系统和型腔的外摩擦和熔体的内摩擦，与此同时，还需对熔体进行压实。因此，所用注射压力是很高的。

4. 模塑

塑料进入模具后，注满型腔，在控制条件下冷却定型的过程，称为模塑阶段。这一过程可分为 4 个阶段：充模、压实、倒流和浇口冻结后的冷却。在连续的 4 个阶段中，熔体温度不断下降，而压力的变化如图 38-83 所示。

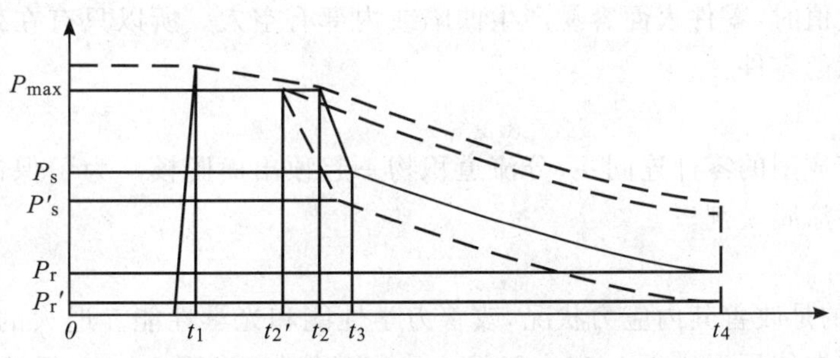

图 38-83　模压过程中压力的变化

(1)充模阶段

充模阶段是从螺杆开始向前移动到充满型腔为止（时间为 t_1）。

充模时间与模塑压力有关，充模开始时，模腔中没有压力，待型腔充满时，料流压力迅速上升而达到最大值 p_{max}。

充模时间长，先进入模内的塑料较快冷却，黏度增高，后面的塑料就需要在较高的压力下才能进入模腔。由于塑料受到较高的剪切应力，分子取向程度较高，这种现象如果保留到料温降至软化点以下，则零件中就有冻结的取向分子，使零件的性能具有各向异性。这种零件在使用温度变化较大时会出现裂纹，裂纹方向与分子取向是一致的，而且零件的热稳定性也较差，这是因为塑料的软化点随着分子取向程度的增高而降低。

充模时间短，所需压力则较小。快速充模时，塑料熔体通过喷嘴主流道、分流道、浇口时产生较多的摩擦热而使料温升高，这样当压力达到最大值（时间 t_1）时，塑料熔体的温度就能保持较高值，分子取向程度可减小，零件熔接程度也较高。

(2)压实阶段

压实阶段是指自熔体充满型腔时起到螺杆撤回时为止的一段时间（时间从 t_1 到 t_2）。

塑料熔体会因受到冷却而发生收缩，但因塑料仍然处于螺杆的压力下，机筒内的熔料必然会向塑模内继续流动以补充因收缩而出现的空隙。如果螺杆停在原位不动，压力曲线略有下降；如果螺杆保持压力不变，此时压力曲线即与时间轴平行。

压实阶段对于提高制品的密度、降低收缩和克服制品表面缺陷都有影响。此外，由于塑料还在流动，而且温度又在不断下降，取向分子容易冻结，所以这一阶段是形成大分子取向的主要阶段。这一阶段拖延时间越长，分子取向程度越高。

(3)倒流阶段

倒流阶段是从螺杆后退时(时间 t_2)开始到浇口处熔料冻结时(时间 t_3)为止。

这时模腔内的压力比流道高，因此会发生塑料熔体的倒流，从而使模腔内压力迅速下降。如果螺杆后退时浇口处熔料已冻结，或者在喷嘴中装有止逆阀，则倒流阶段就不存在，也就不会出现 $t_2 \sim t_3$ 段的压力下降。因此倒流的多少与有无是由压实阶段的时间决定的。但不管浇口熔料的冻结是在螺杆后退以前还是以后，冻结时的压力和温度对制品的收缩率均有重要影响。即压实阶段时间较长，模口封口压力高，倒流少，收缩率较小。

倒流阶段有塑料的流动，因此，就会增多分子的取向，但是这种取向比较少，而且波及的区域也不大。相反，由于这一阶段内塑料温度还较高，某些已取向的分子还可能因布朗运动而消除取向。

(4)浇口冻结后的冷却阶段

冻结后的冷却阶段是从浇口的塑料完全冻结时(时间 t_3)到零件从模腔中顶出时(时间 t_4)为止。

塑料在这一阶段主要是继续冷却，以便零件在脱模时有足够的刚度而不致发生扭曲变形。

在这一阶段，模腔内还可能有少量的塑料流动，因此，依然能产生少量的分子取向。由于模内塑料的温度、压力和体积在这一阶段均有变化，到零件脱模时，模内压力不一定等于外界压力，模内压力与外界压力的差值称为残余压力。

残余压力的大小与压实阶段的时间长短有密切关系。残余压力为正值时，脱模比较困难，制品容易被刮伤或破裂；残余压力为负值时，零件表面容易产生凹陷或内部有空穴。所以只有在残余压力接近零时，脱模才较顺利，才能获得满意的零件。

5. 脱模

开模后，顶出装置将成型的零件连同主、分流道积物一起顶出而脱模。为了保证光学零件的面形精度、表面粗糙度和清洁，不要涂脱模剂。

6. 退火

零件进行退火的目的是改善其内应力状况，改善力学性能和光学性能。退火的温度随塑料品种不同而不同，一般退火温度控制在使用温度以上 10～20℃，或热变形温度以下 10～20℃为宜。温度过高会使零件翘曲或变形，温度过低又达不到目的。退火时间随零件厚度和大小而定，以达到消除内应力为宜。退火后的零件应缓慢冷却到室温。冷却太快，有时可能重新产生内应力。例如，聚甲基丙烯酸甲酯零件退火条件为：在 70℃温度下保温 4 h。

二、注射成型的工艺参数

1. 温度

在注射成形时需控制的温度有料筒温度、喷嘴温度、模具温度等。料筒温度应控制在塑料的黏流温度 T_f(对结晶型塑料为熔点 T_m)以上，提高料筒温度可使塑料熔体的黏度下降，对充模有利，但必须低于塑料的热分解温度 T_d。喷嘴处的温度通常略低于料筒的最高温度，以防止塑料流经喷嘴处因升温产生“流涎”。模具温度根据不同塑料的成形条件，通过模具的冷却(或加热)系统控制。

对于要求模具温度较低的塑料，如聚乙烯、聚苯乙烯、聚丙烯、ABS 塑料、聚氯乙烯等应在模具上设冷却装置；对模具温度要求较高的塑料，如聚碳酸酯、聚砜、聚甲醛、聚苯醚等应在模具上设加热系统。

2. 压力

注射成形过程中的压力包括塑化压力和注射压力两种。塑化压力又称背压，是注射机螺杆顶部熔体在螺杆转动后退时受到的压力。增加塑化压力能提高熔体温度，并使温度分布均匀。注射压力是指柱塞或螺杆头部注射时对塑料熔体施加的压力。它用于克服熔体从料筒流向型腔时的阻力、保证一定充模速率和对熔体压实。注射压力的大小，取决于塑料品种、注射机类型、模具的浇注系统结构尺寸、模具温度、塑件的壁厚及流程大小等多种因素，近年来，采用注塑流动模拟计算机软件，可对注射压力进行优化设计。在注射机上常用表压指示注射压力的大小，一般在 40～130 MPa 之间。常用塑料的注射成形工艺条件如表 38-40 所示。

就零件的物理力学性能来说，每一种零件都有最佳的注射压力范围，这个范围与许多因素有关，其中最主要的影响因素是零件的壁厚。通常，厚壁零件需用低的注射压力以避免过高的内应力，而薄壁零件宜用高的注射压力以利充模。

3. 时间

注射时间是一次注射成型所需的时间，又称成型周期，它影响注射机的利用率和生产效率。注射时间一般在 0.5～2 min，厚度大的零件可达 5～10 min。在整个成型周期中，以注射时间和冷却时间最重要，它们对制品质量均有决定性的影响。注射时间包括充模时间和保压时间。充模时间是指螺杆前进时间（一般是 3～5 s），注射速率越快，充模时间越短。对于熔体黏度高，冷却速率快的制品，应采用快速注射，以减少充模时间。保压时间是指螺杆停留在前进位置并对模腔内塑料压实的时间，保压时间在整个注射时间中占比例较大，一般有 20～120 s，主要取决于制品形状及复杂程度。形状简单的小制件保压时间可小到几秒，特别厚的大制件保压时间可高达几分钟。保压时间与料温、模温、流道及浇口大小有密切的关系，如果工艺条件正常，流道及浇口尺寸合理，通常以制品收缩率波动范围最小为保压时间的最佳值。

表 38-40　常用塑料的注射成型工艺条件

塑料品种	注射温度/℃	注射压力/MPa	成形收缩率/%
聚乙烯	180～280	49～98.1	1.5～3.5
硬聚氯乙烯	150～200	78.5～196.1	0.1～0.5
聚丙烯	200～260	68.7～117.7	1.0～2.0
聚苯乙烯	160～215	49.0～98.1	0.4～0.7
聚甲醛	180～250	58.8～137.3	1.5～3.5
聚酰胺（尼龙 66）	240～350	68.7～117.7	1.5～2.2
聚碳酸酯	250～300	78.5～137.3	0.5～0.8
ABS	236～260	54.9～172.6	0.3～0.8
聚苯醚	320	78.5～137.3	0.7～1.0
氯化聚醚	180～240	58.8～98.1	0.4～0.6
聚砜	345～400	78.5～137.3	0.7～0.8
氟塑料 F-3	260～310	137.3～392	1～2.5

冷却时间主要取决于零件的厚度、塑料的热性能、结晶性能和模具温度等。冷却时间的终点，应以保证零件脱模时不引起变形为原则，一般零件的冷却时间在 30～120 s 之间。过长的冷却时间不仅会降低生产率，而且对复杂制品会造成脱模困难，甚至会因强行脱模而产生脱模应力或损伤零件。

三、工艺参数对零件质量的影响

注塑工艺参数，特别是模芯温度和模腔压力，对零件的几何尺寸、残余应力和收缩率有很大的影响。从图 38-84 可以看出，在注塑 PMMA 材料零件时，模芯温度和模腔压力对几何尺寸、内部残余应力和收缩的影响。没有剖面线的区域是比较理想的。在该区域内，如果选择左上角的压力和温度，能提高面形精度，但中心曲率变大、中心厚度减小。如果选择右下角的压力和温度，面形精度就会变差，中心曲率变小、中心厚度增加。

1. 工艺参数对残余应力的影响

(1)注射压力的影响

在注射过程中,注射压力的变化有不同的类型,它对剪切应力的影响很大。注射压力从大变小时,比从大变小再变大的剪切应力小得多。这是因为,在填充的最后阶段,边缘的厚度较薄,如果还以大的注射压力注射,必然产生较大的剪切应力。若在注射结束阶段减低压力,既可以减低剪切应力,又可以避免产生溢边的现象。

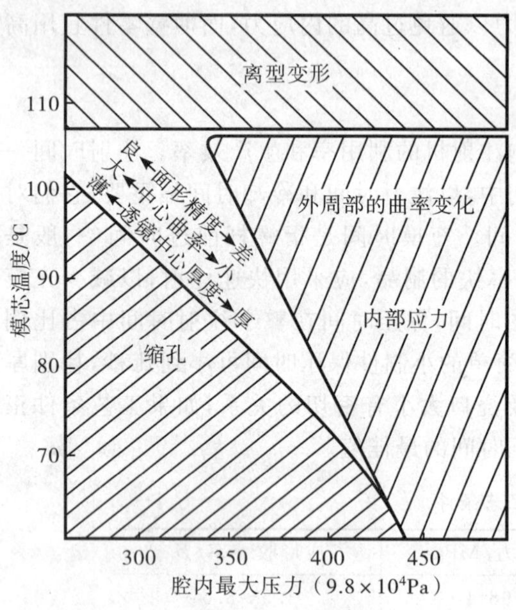

图 38-84 模芯温度和模腔压力对零件的几何尺寸、残余应力和收缩率的影响

(2)注射时间对剪切应力的影响

注射时间对剪切应力的影响作用仅次于注射压力,剪切应力随注射时间的变化如图 38-85 所示。剪切应力随着注射时间的增加而减小,这是因为延长注射时间,填充速度降低,注射压力减小,熔体所受的剪切作用也小,所以剪切应力下降。

(3)模具温度对剪切应力的影响

模具温度对剪切应力的影响要比注射时间和注射压力小得多。理论分析和实践表明,剪切应力随模具温度的升高而降低。这是因为模具温度的升高使熔体温度的降低较小,因而更利于流动,因此剪切应力降低。

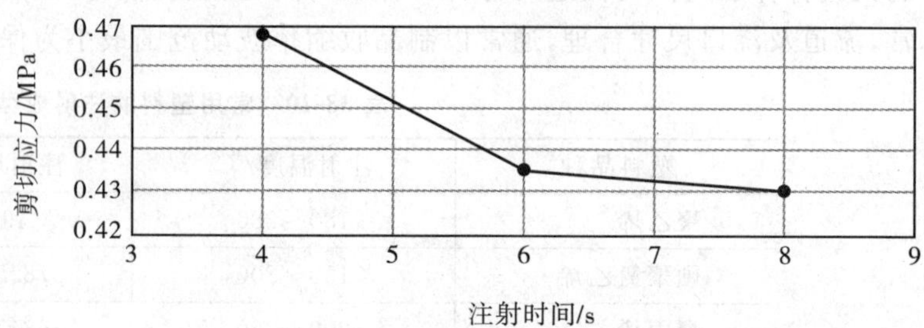

图 38-85 剪切应力随注射时间的变化

2. 工艺参数对收缩率的影响

由于材料的收缩和不匀称冷却等原因,光学塑料非球面零件的表面面形和模芯的面形是不同的,如图 38-86 所示。要获得正确的表面面形,不仅要对模芯进行补偿,而且要控制工艺参数,尽量减小其变形。

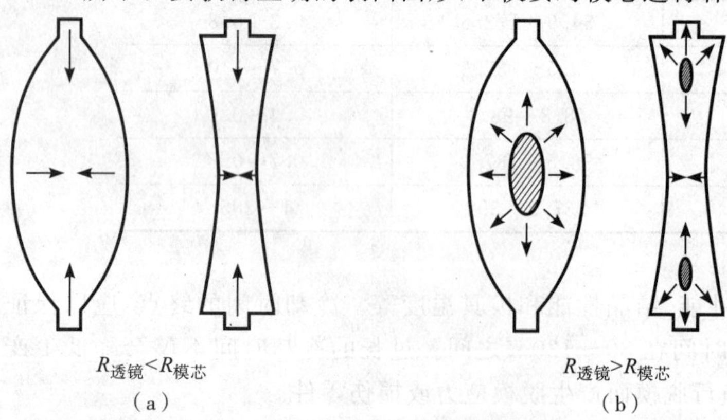

图 38-86 光学塑料非球面零件的表面面形和模芯的面形

(a)由于膨胀系数造成的收缩面形;

(b)由于不均匀冷却造成的收缩面形

(1)收缩过程

零件在成型过程中的收缩可分 3 个阶段:第一阶段是在浇口凝固以前(即保压阶段)。在这一阶段,零件的收缩很大程度上取决于熔体所能补偿的程度。由于这时的模具温度较低,熔体温度正在不断地下降而熔体密度和黏度却在不断地提高。因此,这时熔体的补偿能力主要取决于保压压力的大小和维持保压压力向模内传递的时间。这一过程要一直持续到浇口凝固、封闭为止。所以收缩率受到保压压力和保压时间的控制:保压压力越大、时间越长,则零件的收缩率越低。

第二阶段是从浇口凝固开始至脱模(冷却阶段)。这个阶段再无熔体进入型腔内,零件的重量不会再改变。在这种情况下,非结晶聚合物的收缩是按体积膨胀系数收缩的,收缩的大小取决于模具温度和冷却速率:模具温度低,冷却速度快,分子被“冻结取向”,来不及松弛,制品有较小的收缩;对结晶型聚合物来说,在这一阶段主要是由结晶度影响的收缩,因此凡影响结晶度的因素都要影响收缩。模具温度高、冷却速度慢，分子有松弛的时间，结晶趋于更完全，收缩率高。反之会降低收缩率。因此，从收缩率角度看，型腔温度对非结晶型和结晶型的影响是一致的。零件在冷却阶段的收缩将遵循聚合物状态方程（P-V-T）的规律：常密度下的收缩将一直持续到零件脱模为止。

第三阶段是从脱模开始至使用阶段的收缩，这属于自由收缩阶段，自由收缩量可由下式表示：

$$\Delta L_a = L_t \alpha (T_p - T_w) \tag{38-26}$$

式中，ΔL_a 是自由收缩量，L_t 是塑件脱模 30 min 后沿收缩方向的长度，α 是聚合物热膨胀系数，T_p 是脱模时零件温度（℃），T_w 是工作环境（介质）温度（℃）。

（2）影响收缩的工艺参数

影响塑件收缩最主要的因素有：保压压力、保压时间、模具温度和注射时间。

1）保压压力对收缩率的影响。保压压力对收缩的影响最显著。收缩率随着保压压力的增大而减小，高的保压压力一方面可以使熔体通过浇口补充由于冷却产生的体积收缩；另一方面，根据材料的压力、体积和温度曲线，高的保压压力可以使熔体受到压缩而补偿熔体随温度下降产生的收缩。

2）保压时间对塑件收缩的影响。塑件的收缩率随保压时间的增加而减小，保压时间不足会导致较大的收缩，使塑件的面形误差加大。

3）模具温度对收缩率的影响。从注塑制品收缩的性质可以看出，模具温度对浇口在封闭以后的收缩才起作用，它通过分子的“冻结取向”影响型腔表面冻结层的厚度。降低模具温度可以使冻结层迅速加厚，制品的收缩率小。另外，降低模具温度还可以使塑件的出模温度降低，从而可以降低热收缩。

4）注射时间对收缩率的影响。收缩率随注射时间的增加而减小。

5）熔融温度对收缩率的影响。无论从高分子的结晶取向机理的角度上看，还是从聚合物压力、积体和温度状态方程上看，零件在保压流动阶段和冷却定型阶段的收缩都应该是随熔体温度的升高而增加。但是实际上，随温度提高，聚合物的收缩率有所下降，这是因为熔体温度升高使黏度降低，若维持注射压力、保压压力不变则传递到型腔内的压力会增加，且由于浇口处温度的提高，浇口的封口时间延长，因此有利于补料，增大密度、减少收缩。密度的另一个提高途径是使在高压下的结晶度提高。但是，提高合模力要增大动力消耗，增加模具及顶出变形，延长制品冷却周期，导致生产率降低。所以实际生产中并不提倡增加熔体温度的办法来提高充模能力，而是采用低温充模。

（3）收缩性

塑料零件从模具中取出冷却到室温后，发生尺寸收缩的特性称为收缩性。由于塑料的热膨胀系数较钢大 3～10 倍，塑料件从模具中成型后冷却到室温的收缩相应也比模具的收缩大，故塑料件的尺寸较模具的型腔小。

塑料制件的成型收缩率，可用下式表示：

$$k = \frac{L_m - L_1}{L_1} \times 100\% \tag{38-27}$$

式中，k 为塑料收缩率；L_m 为模具在室温时的尺寸，单位为 mm；L_1 为塑料零件在室温时的尺寸，单位为 mm。

塑料的收缩率是塑料成形加工和塑料模具设计的重要工艺参数，它影响塑料件的尺寸精度及质量。

第十节　光学玻璃零件的模压成型制造

光学玻璃模压成型，是把软化的玻璃放入高精度的模具中，在加温加压和无氧的条件下，一次性直接模压成达到使用要求的光学零件。它是一项综合技术，需要专用的模压机床，采用高质量的模具和选用合理的工艺参数。制造高质量的模具和专用的模压机床是光学玻璃模压成型的关键。

光学玻璃模压成型技术，已用于制造光通信中光纤耦合器的非球面透镜；制造光盘读写用的非球面透镜；制造照相机、电影放映机中的非球面透镜等。美国仅柯达公司每年就需要压型几百万个非球面光学零件。

光学玻璃模压成型法的主要优点是：不需要传统的粗磨、精磨、抛光、磨边、定中心等工序，就能使零件达到较高的尺寸精度、面形精度和表面粗糙度；能够节省大量的生产设备、工装辅料、厂房面积和熟练的技术工人，一个小型车间就可具备很高的生产能力；容易经济地实现精密非球面光学零件的批量生产；只要精确控制模压成型过程中的温度和压力等工艺参数，就能保证模压成型光学零件的尺寸精度和重复精度。

目前，批量生产的模压成型非球面光学零件的直径为 2～50 mm，直径公差为±0.01 mm；厚度为 0.4～25 mm，厚度公差为±0.01 mm；曲率半径可以小到 5 mm；面形精度为 1.5 λ，表面质量符合美国军标 80-50；折射率可控制到$\pm 5\times 10^{-4}$，折射率均匀性可以控制到$<5\times 10^{-6}$，双折射小于 0.01 λ/cm。

一、工艺基本条件

玻璃模压原理是利用玻璃的热加工性质，在玻璃的转变温度 T_g 附近，当玻璃的黏度为 $10^9\sim 10^{12}$ Pa·s 时，将玻璃与模具一起实施等温加压，进行模压的一种技术。

1. 模压的玻璃材料

按道理，大部分的光学玻璃都可用来模压成成型品。但是，转变温度 T_g 高的玻璃，由于成型温度高，与模具稍微有些反应，致使模具的使用寿命很短。所以，从模具材料容易选择、模具的使用寿命能够延长的观点出发，应开发适合较低转变温度(600℃左右)条件下模压成型的玻璃，而且要求能够廉价地制造毛坯和不含有污染环境的物质(如 PbO、As_2O_3等)。

因此，大多数含有 PbO 的火石玻璃是可以模压的，但它们不符合环境保护的要求；高色差的氟化物玻璃虽然也可以模压，但它们会降低模具的寿命；大部分含钛(Ti)高于 5%的火石玻璃是不能模压的，因为在模压时会产生表面化学反应而影响零件的表面质量。

这样，玻璃模压成型技术的发展，推动了光学玻璃企业开发出适宜模压成型的材料，如表 38-41 所示。材料中：K-PG325 是成型温度最低的玻璃，成型温度只有 325℃；K-PSFn2 是折射率最高的模压玻璃材料，$n_d=2.00170$，$v_d=20.6$。成型温度为 540℃。

表 38-41 新开发的适宜模压成型的光学玻璃材料及几个厂家牌号的对比

光明		HOYA		SUMITA		OHARA		光明价格
编码	牌号	编码	牌号	编码	牌号	编码	牌号	元/kg
487704	D-QK3L							105
516641	D-K9					516641	L-BSL7	60
583595	D-ZK2	583595	M-BACD12			583594	L-BAL42	80
589613	D-ZK3	589613	M-BACD5N			589612	L-BAL35	80
691532	D-LaK6	694532	M-LAC130	694531	K-VC80	694532	L-LAL13	260
714389	D-ZBaF58			714389	K-ZnSF8			170
689312	D-ZF10					689311	L-TIM28	200
731103	D-LaF79	731105	M-LAF81			731405	L-LAM69	260
806410	D-ZLaF52	806407	M-NBFD130	810410	K-VC89	806409	L-LAH53	260

2. 模压成型的毛坯形状

对模压成型使用的玻璃毛坯也有要求：压型前毛坯的表面一定要保持十分光滑和清洁，呈适当的几何形状，有所需要的容量。毛坯一般都选用球形、圆饼形或球面形状，采用冷加工成型或热压成型。

3. 模压模具

压型用的模具材料，都是硬脆材料，要想把这些模具材料加工成精密模具，必须用分辨率达到 0.01 μm 的超精密计算机数控加工机床，用金刚石磨轮磨削成所期盼的形状精度，再抛光成光学镜面才行。

因此，对模具材料有以下要求：高温环境下具有很高的耐氧化性能，结构不发生变化，面形精度和表面粗糙度稳定；不与玻璃起反应，不发生粘连现象，脱模性能好；在高温条件下具有很好的刚性，耐机械冲击，有足够的硬度；在反复和快速地加热冷却的热冲击下，模具不产生裂纹和变形；成本低，加工性能好。

主要的模具材料有碳化硅(SiC)和氮化硅(Si_3N_4)，这类材料的优点是在高温时与玻璃的化学反应小，不渗透气体、水蒸气和液体，不粘连玻璃，抗氧化，改善了高温下的抗弯和冲击强度，提高了表面硬度，有较高的导热系数。其缺点是表面硬度大，难于加工成高精度的光滑表面。

通常的做法是在模具基体的压型面上附着一层薄膜，使模具即有足够的强度又具有良好的表面性能。最常用的是在超硬合金或金属陶瓷的基体上镀贵金属合金膜层。模具基体材料主要有：以碳化钨（WC）为主要成分的超硬合金，以碳化铬（Cr_3C_2）为主要成分的金属陶瓷，以氧化铝（Al_2O_3）为主要成分的金属陶瓷。模层材料有：(Pt)合金，纯铱(Ir)或铱合金，纯钌(Ru)或钌合金，类金刚石等。

模具基体通常用电火花或金刚石车削加工型腔；镀制模层材料通常使用阴极溅射的方法，镀层厚度在50 μm左右，然后再用单点金刚石车床将镀层车削成要求的面形并进行必要的后续抛光。

被模压玻璃的转变温度越低，模具材料就越容易选择，模具的成本也就越低。碳化钨一般用于550℃以下的温度，碳化硅一般用于550℃以上的温度。

二、玻璃模压设备

玻璃模压成型设备是一种特殊的设备，它工作在高温条件下，需要惰性气体保护空间或真空状态，设备复杂、昂贵。根据作业方式的不同有各种结构形式的成型设备，如日本东芝公司的GMP-315玻璃成型装置、GMP-58-7Z移动模芯式玻璃成型装置，日本SYS公司的PFLF-40A非球面模压设备，美国Rochester Precision Optics公司的玻璃模压设备等典型设备。

GMP-315装置的技术参数是：①模芯外形尺寸：55～150 mm；②加热最高温度：800℃；③最大压力：29.4 kN；④压力控制范围：0.3～24.5 kN；⑤模压速度的控制范围：1～1 000 mm/min；⑥上下接头的机械精度：30″。机床特点：①红外加热系统实现非常均匀的热分布；②上下模温度能分别控制；③具有闭环的精密位置与压力控制使模压精度非常高；④适合于多品种批量生产；⑤自动装卸接口是标准配置，允许大批量自动化生产；⑥节省生产使用面积。

PFLF-40A光学玻璃非球面模压设备，可加工口径在2～40 mm之间的玻璃非球面，但加工口径在20 mm以下的非球面玻璃效率最高。该设备主要由2部分组成：主机和送料机。由主机和送料机组成的一个循环生产线，有7个工位，每47 s一个节拍产出一个镜片，全天24 h不间断加工，日产量为1 838件玻璃非球面镜片，按年生产300 d计算，每条生产线年产约55万件玻璃非球面镜片。

图38-87是GMP-315玻璃成型装置的内部结构示意图，一般的玻璃模压成型设备都包括以下7个重要组成部分。

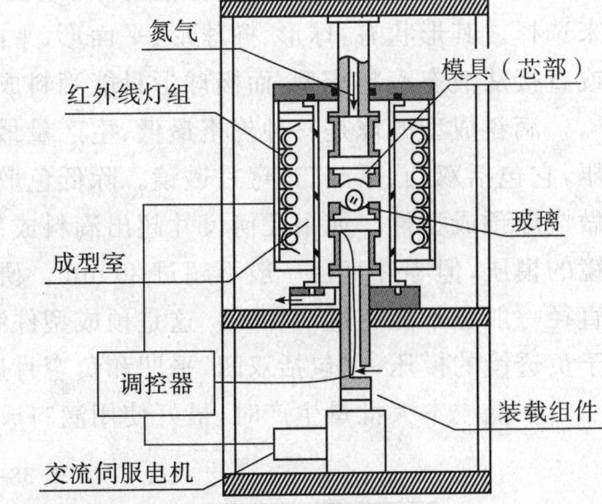

图 38-87 GMP-315玻璃成型装置的内部结构示意图

1)模具的开合系统。用气动、液压或简单机械的方式打开和闭合模具，以便放入玻璃预成型件和取出完工零件。

2)成型室。成型室是一个有透明的玻璃外罩或有透明窗口的金属外罩的密闭空间，是一个高真空空间或充惰性气体的空间。成型室既要便于模具的进出，又要能保证惰性气体的进出。

3)模具组及其固定装置。

4)动力源和传动机构。对模具加压的动力源和传动机构。

5)加热装置和温度控制系统。是对模具和玻璃预成型件的加热装置和温度控制系统。加热方法一般采用电阻加热、感应加热或激光加热，采用热电偶、光学测高温计或其他温控装置进行温控。

6)抽真空系统、惰性气体进入和排出系统。

7)过程控制及显示系统。

三、玻璃模压工艺

玻璃精密模压的基本工艺过程，随着设备的不同而不同。图38-88是GMP-58-7Z移动模芯式玻璃成型装置的工艺过程示意图。玻璃精密模压成型是一种正在不断发展的新技术，其工艺技术也在不断发展。一般的工艺过程大致如下：

1)制备玻璃预成型件。目前一般是要求抛光成球面的零件。

2)加热预成型件。同时加热玻璃预成型件、模具到要求的温度，使玻璃的黏度达到 $10^7 \sim 10^{12}$ Pa·s。模压成型室要抽真空或注入氢气、氮气或惰性气体，以防止零件和模具的高温氧化。

3)装入模腔压型。把加热好的预成型件放入模腔，给模具施加一定的压力，使模腔内软化的玻璃坯料成型。

4)停止加热保压。使模具在载荷不变的条件下降温，当玻璃温度低于转变温度后去除载荷。

5)降温取件。去除载荷后继续降温至 300℃以下，开模取出成型零件。

6)退火。对玻璃成型零件退火，是为了提高折射率的均匀程度和消除内应力。

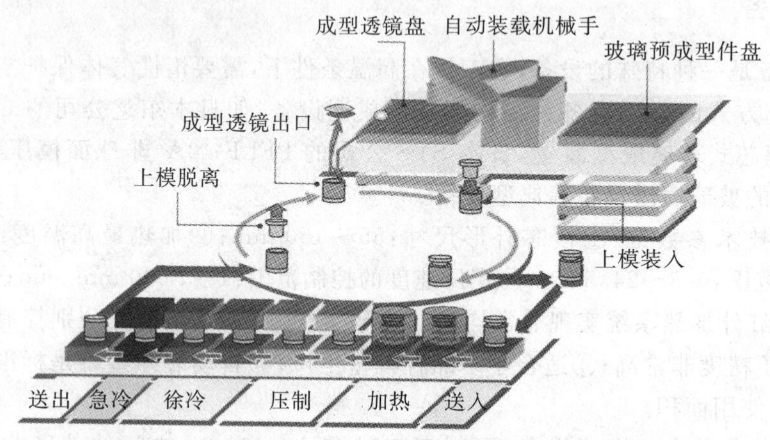

图 38-88 GMP-58-7Z 移动模芯式玻璃成型装置的工艺过程示意图

玻璃预成型件必须要满足在加压之前具有很光滑而清洁的表面，内部及外部质量必须等于或好于完工零件的要求，因为模压过程不可能消除预成型件表面或内部的缺陷。预成型件的形状根据零件的几何形状来选择。其形状有：球形、椭球形、平面形、平凸和双凸等形状。球形预成型件可以用研磨和抛光的方法制造或直接从液态滴料成型，而椭球形只能滴料成型。其他形状的预成型件只能用传统的研磨抛光工艺制造。

滴料成型的球是一种价格最低、生产量最大的预成型件。球的直径一般为 3～6 mm，用于正透镜的模压，它包括双凸、平凸、正弯月透镜。除低色散的冕玻璃，如 FK51 之外，大部分光学玻璃都可以用滴料成型做成球预成型件。如果几何尺寸超出滴料成型的范围，要用传统的研磨抛光方法做球形预成型件，用于正透镜的模压，但零件直径一般不超过 30 mm。研磨抛光的透镜预成型件主要用于更大尺寸的正透镜的模压，但直径一般也不能超过 50 mm。这是预成型件制造成本最高的一种方法。研磨抛光的平面镜预成型件主要用于负透镜的模压，它包括双凹、平凹和负弯月透镜，零件直径一般不超过 50 mm。

在低成本大批量生产时，最好使用滴料成型的椭球，它的重量允差可以参考表 38-42。

表 38-42 椭球毛坯的重量允差

零件重量/mg	允差/mg	零件重量/mg	允差/mg
250～350	±5	700～1000	±(15～30)
350～500	±10	1000～1200	±(20～40)
500～700	±(10～20)	1200～1500	±(30～80)

如果没有滴料成型的椭球，或产量并不很大(因为要做滴料成型的椭球，一次最小的订购量是 3 万个)，也可以用玻璃球作为模压非球面用的毛坯，玻璃球的直径一般为 1.6～8.0 mm，直径的精度一般要求为 ±0.005 mm。

通常玻璃精密模压成型的质量如表 38-43 所示。

表 38-43　玻璃模压成型的质量

质量指标名称	低成本	高成本
直径/mm	最大 25 最小 4 公差±0.1	最大 50 最小 2 公差±0.01
中心厚度/mm	最大 10 最小负透镜 0.4，最小正透镜 0.3 公差±0.03	最大 50 最小 2 公差±0.01
最接近球面曲率半径/mm	最小 5	最小 2
面形	球面 $N=\lambda/10$，$\Delta N=\lambda/30$ 非球面 3－1－1－1/2①	非球面 2－1/2－1/2－1/4
表面疵病	80～50②	40～20 或 20～10
面倾角	10 μm	5′
最大非球面度	250λ	500λ
非球面表面切斜	50λ/m	180λ/m

①这四位数字分别表示：面形精度—不规则光圈数—整个孔径的不规则度—中间带区的不规则度。②美国军用标准。

另外，模压成型玻璃零件的折射率误差可控制在$\pm5\times10^{-4}$，折射率的均匀性可优于 5×10^{-6}，应力折射率可优于 0.01 λ/cm。

参考文献

[1]舒朝濂，田爱玲，杭凌侠，郭忠达．现代光学制造技术[M]．北京：国防工业出版社，2008
[2]蔡立，耿素杰，付秀华．光学零件加工技术[M]．北京：兵器工业出版社，2006
[3]查立豫，林鸿海．光学零件工艺学[M]．北京：兵器工业出版社，1985
[4]李景镇．光学手册[M]．西安：陕西科学技术出版社，1986
[5]辛企明．光学塑料非球面制造技术[M]．北京：国防工业出版社，2005
[6]光学零件工艺手册编写组．光学零件工艺手册[M]．北京：国防工业出版社，1980
[7]曹天宁，周鹏飞．光学零件制造工艺学[M]．北京：机械工业出版社，1987
[8]杨力．先进光学制造技术[M]．北京：科学出版社，2001
[9]王之江．实用光学技术手册[M]．北京：机械工业出版社，2006
[10]泉谷澈郎．光学玻璃与激光玻璃开发[M]．杨淑清，译．北京：兵器工业出版社，1996
[11]潘君骅．非球面的设计、加工与检验[M]．苏州：苏州大学出版社，2004
[12]李晓彤，岑兆丰．几何光学·像差．光学设计[M]．杭州：浙江大学出版社，2003
[13]李荣彬，杜雪，张志辉．自由曲面光学设计与先进制造技术[M]．12 版．香港：香港理工大学工业及系统工程学系先进光学制造中心，2005
[14]辛企明，查立豫．近代光学制造技术[M]．北京：北京理工大学，1991
[15]杨建东，田春林．高速研磨技术[M]．北京：国防工业出版社，2003
[16]中华人民共和国国家标准：光学制图 GB13323-91[S]．北京：中国标准出版社，1992
[17]中华人民共和国国家标准：光学零件的面形偏差检验方法（光圈识别）GB2831-81[S]．北京：中国标准出版社，1982
[18]中华人民共和国国家标准：光学零件表面疵病 GB1185-89[S]．北京：中国标准出版社，1990
[19]中华人民共和国国家标准：光学零件气泡度 GB7661-87[S]．北京：中国标准出版社，1988
[20]中华人民共和国国家标准：光学零件球面半径数值系列 GB3158-82[S]．北京：中国标准出版社，1983
[21]中华人民共和国国家标准：光学样板 GB1240-1976[S]．北京：中国标准出版社，1977
[22]中华人民共和国国家标准：透镜中心误差 GB7242-87[S]．北京：中国标准出版社，1987

[23]International Standard ISO10110-1. Optics and optical instruments——Preparation of drawings for optical elements and systems——Part1:General[S]. 2nd ed. Switzerland:International Organization for Standardization,2006

[24]International Standard ISO10110-2. Optics and optical instruments——Preparation of drawings for optical elements and systems——Part2: Material imperfections-Stress birefringence[S]. Switzerland: International Organization for Standardization,1996

[25]International Standard ISO10110-3. Optics and optical instruments——Preparation of drawings for optical elements and systems——Part3:Material imperfections-Bubbles and inclusions[S]. Switzerland:International Organization for Standardization,1996

[26]International Standard ISO10110-4. Optics and optical instruments——Preparation of drawings for optical elements and systems——Part4:Material imperfections-Inhomogeneity and striae[S]. Switzerland:International Organization for Standardization,1997

[27]International Standard ISO10110-5. Optics and optical instruments——Preparation of drawings for optical elements and systems——Part5:Surface form tolerances[S]. Switzerland:International Organization for Standardization,1996

[28]International Standard ISO10110-6. Optics and optical instruments——Preparation of drawings for optical elements and systems——Part6:Centring tolerances[S]. Switzerland:International Organization for Standardization,1996

[29]International Standard ISO10110-7. Optics and optical instruments——Preparation of drawings for optical elements and systems——Part7:Surface imperfections tolerances[S]. Switzerland:International Organization for Standardization,1996

[30]International Standard ISO10110-8. Optics and optical instruments——Preparation of drawings for optical elements and systems——Part8:Surface texture[S]. Switzerland:International Organization for Standardization,1997

[31]International Standard ISO10110-9. Optics and optical instruments——Preparation of drawings for optical elements and systems——Part9:Surface treatment and coating[S]. Switzerland:International Organization for Standardization, 1996

[32]International Standard ISO10110-10. Optics and optical instruments——Preparation of drawings for optical elements and systems——Part10:Table representing data of optical elements and cemented assemblies[S]. Switzerland:International Organization for Standardization,2004

[33]International Standard ISO10110-9. Optics and optical instruments——Preparation of drawings for optical elements and systems——Part12:Aspheric surfaces[S]. Switzerland:International Organization for Standardization,1997

[34]International Standard ISO10110-17. Optics and optical instruments——Preparation of drawings for optical elements and systems——Part17:Laser irradiation damage threshold[S]. Switzerland:International Organization for Standardization,2004

[35]Bulsara V H, Ahn Y, et al. Mechanics of Polishing. Transaction of the ASME[J]. Journal of Applied Mechanics, 1998, 65: 410-416

[36]Shorey A B. Mechanisms of the Material Removal in Magnetorheological Finishing(MRF)of Glass[D]. Ph. D Dissertation of Univercity of Rochester, 2000

[37]周伯群,王云龙．球面透镜铣磨质量的若干问题[J]. 光学工艺,1977(1)

[38]吴雪原．光学元件的双面加工技术[C]//光学加工技术及加工机械开发研讨会文集. 南京,2003

[39]张峰. 磁流变抛光技术的研究[D]. 中国科学院博士学位论文,2000

[40]汪建晓,孟光. 磁流变液研究进展[J]. 航空学报,2002,23(1)

[41]彭小强. 确定性磁流变抛光的关键技术研究[D]. 长沙:国防科技大学博士学位论文,2004

[42]尤伟伟. 磁流变抛光的关键技术研究[D]. 长沙:国防科技大学硕士学位论文,2004

[43]程灏波,冯之敬,王英伟. 磁流变抛光超光滑表面[J]. 哈尔滨工业大学学报,2005,37(4)

[44]王伟. 面接触式磁流变抛光方法的研究[D]. 西安:西安工业大学硕士学位论文,2006

[45]拜卢克普科学公司,罗切斯特大学. 确定性磁流变流体精整加工[P]. 中国,96198445.7

[46]西安工业大学. 磁流变柔性精磨抛光设备和方法[P]. 中国,200610043079.1

[47]国防科技大学. 用于大口径非球面光学零件的磁流变抛光装置[P]. 中国,200810030898.1

[48]郭忠达,王新海,等. 磁流变抛光可塑性对彗尾疵病的影响[J]. 西安工业大学学报,2010,30(2)

附录一　拉丁、希腊、德文、俄文字母表

随着科学技术的发展，所采用字母的种类愈来愈多；为了便于大家查阅，特把拉丁字母、希腊字母、德文字母和俄文字母的几种字体列成表格。这些字体在光学中几乎都有应用。

表 1　拉丁字母表(英文字母表)

正体		黑正体		斜体		黑斜体		草体	
大写	小写	大写	小写	大写	小写	大写	小写	大写	小写
A	a	**A**	**a**	*A*	*a*	***A***	***a***	$\mathscr{A}$	*a*
B	b	**B**	**b**	*B*	*b*	***B***	***b***	$\mathscr{B}$	*b*
C	c	**C**	**c**	*C*	*c*	***C***	***c***	$\mathscr{C}$	*c*
D	d	**D**	**d**	*D*	*d*	***D***	***d***	$\mathscr{D}$	*d*
E	e	**E**	**e**	*E*	*e*	***E***	***e***	$\mathscr{E}$	*e*
F	f	**F**	**f**	*F*	*f*	***F***	***f***	$\mathscr{F}$	*f*
G	g	**G**	**g**	*G*	*g*	***G***	***g***	$\mathscr{G}$	*g*
H	h	**H**	**h**	*H*	*h*	***H***	***h***	$\mathscr{H}$	*h*
I	i	**I**	**i**	*I*	*i*	***I***	***i***	$\mathscr{I}$	*i*
J	j	**J**	**j**	*J*	*j*	***J***	***j***	$\mathscr{J}$	*j*
K	k	**K**	**k**	*K*	*k*	***K***	***k***	$\mathscr{K}$	*k*
L	l	**L**	**l**	*L*	*l*	***L***	***l***	$\mathscr{L}$	*l*
M	m	**M**	**m**	*M*	*m*	***M***	***m***	$\mathscr{M}$	*m*
N	n	**N**	**n**	*N*	*n*	***N***	***n***	$\mathscr{N}$	*n*
O	o	**O**	**o**	*O*	*o*	***O***	***o***	$\mathscr{O}$	*o*
P	p	**P**	**p**	*P*	*p*	***P***	***p***	$\mathscr{P}$	*p*
Q	q	**Q**	**q**	*Q*	*q*	***Q***	***q***	$\mathscr{Q}$	*q*
R	r	**R**	**r**	*R*	*r*	***R***	***r***	$\mathscr{R}$	*r*
S	s	**S**	**s**	*S*	*s*	***S***	***s***	$\mathscr{S}$	*s*
T	t	**T**	**t**	*T*	*t*	***T***	***t***	$\mathscr{T}$	*t*
U	u	**U**	**u**	*U*	*u*	***U***	***u***	$\mathscr{U}$	*u*
V	v	**V**	**v**	*V*	*v*	***V***	***v***	$\mathscr{V}$	*v*
W	w	**W**	**w**	*W*	*w*	***W***	***w***	$\mathscr{W}$	*w*
X	x	**X**	**x**	*X*	*x*	***X***	***x***	$\mathscr{X}$	*x*
Y	y	**Y**	**y**	*Y*	*y*	***Y***	***y***	$\mathscr{Y}$	*y*
Z	z	**Z**	**z**	*Z*	*z*	***Z***	***z***	$\mathscr{Z}$	*z*

表 2　希腊字母表

白体(正斜)				黑斜体		英文读音
大写		小写		大写	小写	
Α	*Α*	α	*α*	***Α***	***α***	alph[ˈælfə]
Β	*Β*	β	*β*	***Β***	***β***	beta[ˈbiːtə, beitə]
Γ	*Γ*	γ	*γ*	***Γ***	***γ***	gamma[ˈgæmə]
Δ	*Δ*	δ	*δ*	***Δ***	***δ***	delta[ˈdeltə]
Ε	*Ε*	ε	*ε*	***Ε***	***ε***	epsilon[ˈepsilən]
Ζ	*Ζ*	ζ	*ζ*	***Ζ***	***ζ***	zeta[ˈziːtə]
Η	*Η*	η	*η*	***Η***	***η***	eta[ˈiːtə, ˈeitə]
Θ	*Θ*	θ	*θ*	***Θ***	***θ***	theta[ˈθiːtə]
Ι	*Ι*	ι	*ι*	***Ι***	***ι***	iota[aiˈoutə]
Κ	*Κ*	κ	*κ*	***Κ***	***κ***	kappa[ˈkæpə]
Λ	*Λ*	λ	*λ*	***Λ***	***λ***	lambda[ˈlæmdə]
Μ	*Μ*	μ	*μ*	***Μ***	***μ***	mu[mjuː]
Ν	*Ν*	ν	*ν*	***Ν***	***ν***	nu[njuː]
Ξ	*Ξ*	ξ	*ξ*	***Ξ***	***ξ***	xi[ksai, gzai, zai]
Ο	*Ο*	ο	*ο*	***Ο***	***ο***	omicron[ouˈmaikrən]
Π	*Π*	π	*π*	***Π***	***π***	pi[pai]
Ρ	*Ρ*	ρ	*ρ*	***Ρ***	***ρ***	rho[rou]
Σ	*Σ*	σ	*σ*	***Σ***	***σ***	sigma[ˈsigmə]
Τ	*Τ*	τ	*τ*	***Τ***	***τ***	tau[tau]
ϒ	*ϒ*	υ	*υ*	***Υ***	***υ***	upsilon[ˈjuːpsilən, juːpsailən]
Φ	*Φ*	φ, ϕ	*φ*	***Φ***	***φ***	phi[fai]
Χ	*Χ*	χ	*χ*	***Χ***	***χ***	chi[kai]
Ψ	*Ψ*	ψ	*ψ*	***Ψ***	***ψ***	psi[psiː]
Ω	*Ω*	ω	*ω*	***Ω***	***ω***	omega[ˈoumigə, ouˈmiːgəl]

表 3 德文字母表

哥特体(花体)		古体		草体	
大写	小写	大写	小写	大写	小写
𝔄	𝔞	A	a	*A*	*a*
𝔅	𝔟	B	b	*B*	*b*
ℭ	𝔠	C	c	*C*	*c*
𝔇	𝔡	D	d	*D*	*d*
𝔈	𝔢	E	e	*E*	*e*
𝔉	𝔣	F	f	*F*	*f*
𝔊	𝔤	G	g	*G*	*g*
ℌ	𝔥	H	h	*H*	*h*
ℑ	𝔦	I	i	*I*	*i*
𝔍	𝔧	J	j	*J*	*j*
𝔎	𝔨	K	k	*K*	*k*
𝔏	𝔩	L	l	*L*	*l*
𝔐	𝔪	M	m	*M*	*m*
𝔑	𝔫	N	n	*N*	*n*
𝔒	𝔬	O	o	*O*	*o*
𝔓	𝔭	P	p	*P*	*p*
𝔔	𝔮	Q	q	*Q*	*q*
ℜ	𝔯	R	r	*R*	*r*
𝔖	𝔰	S	s	*S*	*s*
𝔗	𝔱	T	t	*T*	*t*
𝔘	𝔲	U	u	*U*	*u*
𝔙	𝔳	V	v	*V*	*v*
𝔚	𝔴	W	w	*W*	*w*
𝔛	𝔵	X	x	*X*	*x*
𝔜	𝔶	Y	y	*Y*	*y*
ℨ	𝔷	Z	z	*Z*	*z*

表 4 俄文字母表

正体		黑体		斜体		手写体	
大写	小写	大写	小写	大写	小写	大写	小写
А	а	**А**	**а**	*А*	*а*	*А*	*а*
Б	б	**Б**	**б**	*Б*	*б*	*Б*	*б*
В	в	**В**	**в**	*В*	*в*	*В*	*в*
Г	г	**Г**	**г**	*Г*	*г*	*Г*	*г*
Д	д	**Д**	**д**	*Д*	*д*	*Д*	*д*
Е	е	**Е**	**е**	*Е*	*е*	*Е*	*е*
Ж	ж	**Ж**	**ж**	*Ж*	*ж*	*Ж*	*ж*
З	з	**З**	**з**	*З*	*з*	*З*	*з*
И	и	**И**	**и**	*И*	*и*	*И*	*и*
Й	й	**Й**	**й**	*Й*	*й*	*Й*	*й*
К	к	**К**	**к**	*К*	*к*	*К*	*к*
Л	л	**Л**	**л**	*Л*	*л*	*Л*	*л*
М	м	**М**	**м**	*М*	*м*	*М*	*м*
Н	н	**Н**	**н**	*Н*	*н*	*Н*	*н*
О	о	**О**	**о**	*О*	*о*	*О*	*о*
П	п	**П**	**п**	*П*	*п*	*П*	*п*
Р	р	**Р**	**р**	*Р*	*р*	*Р*	*р*
С	с	**С**	**с**	*С*	*с*	*С*	*с*
Т	т	**Т**	**т**	*Т*	*т*	*Т*	*т*
У	у	**У**	**у**	*У*	*у*	*У*	*у*
Ф	ф	**Ф**	**ф**	*Ф*	*ф*	*Ф*	*ф*
Х	х	**Х**	**х**	*Х*	*х*	*Х*	*х*
Ц	ц	**Ц**	**ц**	*Ц*	*ц*	*Ц*	*ц*
Ч	ч	**Ч**	**ч**	*Ч*	*ч*	*Ч*	*ч*
Ш	ш	**Ш**	**ш**	*Ш*	*ш*	*Ш*	*ш*
Щ	щ	**Щ**	**щ**	*Щ*	*щ*	*Щ*	*щ*
Ь	ь	**Ь**	**ь**	*Ь*	*ь*	*Ъ*	*ъ*
Ы	ы	**Ы**	**ы**	*Ы*	*ы*	*Ы*	*ы*
Ъ	ъ	**Ъ**	**ъ**	*Ъ*	*ъ*	*Ь*	*ь*
Э	э	**Э**	**э**	*Э*	*э*	*Э*	*э*
Ю	ю	**Ю**	**ю**	*Ю*	*ю*	*Ю*	*ю*
Я	я	**Я**	**я**	*Я*	*я*	*Я*	*я*

附录二 常用计量单位及换算

1. 法定计量单位

我国的法定计量单位包括如下内容：①国际单位制的基本单位(表1)；②国际单位制的辅助单位(表2)；③国际单位制中具有专门名称的导出单位(表3)；④国家选定的非国际单位制单位(表4)；⑤用于构成十进倍数和分数单位的词头(表5)；⑥用基本单位等构成的组合形式的单位(表6)。

表1 国际单位制的基本单位

量的名称	单位名称	单位符号
长度	米	m
质量	千克(公斤)	kg
时间	秒	s
电流	安[培]	A
热力学温度	开[尔文]	K
物质的量	摩[尔]	mol
发光强度	坎[德拉]	cd

表2 国际单位制的辅助单位

量的名称	单位名称	单位符号
[平面]角	弧度	rad
立体角	球面度	sr

表3 国际单位制中具有专门名称的导出单位

量的名称	单位名称	单位符号	其他表示示例
频率	赫[兹]	Hz	s^{-1}
力，重力	牛[顿]	N	$kg \cdot m/s^2$
压力，压强，应力	帕[斯卡]	Pa	N/m^2
能[量]，功，热	焦[耳]	J	N · m
功率，辐[射能]通量	瓦[特]	W	J/s
电荷[量]	库[仑]	C	A · s
电位，电压，电动势，(电势)	伏[特]	V	W/A
电容	法[拉]	F	C/V
电阻	欧[姆]	Ω	V/A
电导	西[门子]	S	A/V
磁通[量]	韦[伯]	Wb	V · s
磁通[量]密度，磁感应强度	特[斯拉]	T	Wb/m^2
电感	亨[利]	H	Wb/A
摄氏温度	摄氏度	℃	
光通量	流[明]	lm	cd · sr
[光]照度	勒[克斯]	lx	lm/m^2
[放射性]活度	贝可[勒尔]	Bq	s^{-1}
吸收剂量	戈[瑞]	Gy	J/kg
剂量当量	希[沃特]	Sv	J/kg

表 4 国家选定的非国际单位制单位

量的名称	单位名称	单位符号	换算关系和说明
时间	分	min	1 min=60 s
	[小]时	h	1 h=60 min=3 600 s
	日,(天)	d	1 d=24 h=86 400 s
[平面]角	[角]秒	(″)	1″=(π/648 000)rad
	[角]分	(′)	1′=60″=(π/10 800)rad
	度	(°)	1°=60′=(π/180)rad　　π为圆周率
旋转速度	转每分	r/min	1 r/min=(1/60)s^{-1}
长度	海里	n mile	1 n mile=1 852 m (只用于航程)
速度	节	kn	1 kn=1 n mile/h=(1 852/3 600)m/s (只用于航行)
质量	吨	t	1 t=10^3 kg
	原子质量单位	u	1 u≈1.660 565 5×10^{-27} kg
体积,容积	升	L,(l)	1 L=1 dm^3=10^{-3} m^3
能	电子伏	eV	1 eV≈1.602 189 2×10^{-19} J
级差	分贝	dB	
线密度	特[克斯]	tex	1 tex=1 g/km

表 5 用于构成十进倍数和分数单位的词头

所表示的因数	词头名称	词头符号
10^{18}	艾[可萨]	E
10^{15}	拍[它]	P
10^{12}	太[拉]	T
10^{9}	吉[咖]	G
10^{6}	兆	M
10^{3}	千	k
10^{2}	百	h
10^{1}	十	da
10^{-1}	分	d
10^{-2}	厘	c
10^{-3}	毫	m
10^{-6}	微	μ
10^{-9}	纳[诺]	n
10^{-12}	皮[可]	p
10^{-15}	飞[母托]	f
10^{-18}	阿[托]	a

表 6 用基本单位等构成的组合形式的单位

量的名称	单位名称	单位符号	
		国际	中文
面积	平方米	m^2	米^2
体积(容积)	立方米	m^3	米^3
速度	米每秒	m/s	米/秒
加速度	米每二次方秒	m/s^2	米/秒^2
角速度	弧度每秒	rad/s	弧度/秒
角加速度	弧度每二次方秒	rad/s^2	弧度/秒^2
旋转频率,(转速)	每秒	s^{-1}	秒$^{-1}$
波数	每米	m^{-1}	米$^{-1}$
密度	千克每立方米	kg/m^3	千克/米^3
力矩	牛顿米	N·m	牛·米
动量	千克米每秒	kg·m/s	千克·米/秒
角动量,(动量矩)	千克二次方米每秒	$kg\cdot m^2/s$	千克·米^2/秒
转动惯量	千克平方米	$kg\cdot m^2$	千克·米^2
断面惯性矩	四次方米	m^4	米^4
断面系数	三次方米	m^3	米^3
表面张力	牛顿每米	N/m	牛/米
重度	牛顿每立方米	N/m^3	牛/米^3
(动力)黏度	帕斯卡秒	Pa·s	帕·秒
运动黏度	平方米每秒	m^2/s	米^2/秒
(体积)流量	立方米每秒	m^3/s	米^3/秒
质量流量	千克每秒	kg/s	千克/秒
线胀系数	每开尔文	K^{-1}	开$^{-1}$
热导率,(导热系数)	瓦特每米开尔文	W/(m·K)	瓦/(米·开)
传热系数	瓦特每平方米开尔文	$W/(m^2\cdot K)$	瓦/(米^2·开)
热容	焦耳每开尔文	J/K	焦/开
比热容	焦耳每千克开尔文	J/(kg·K)	焦/(千克·开)
电场强度	伏特每米	V/m	伏/米
电流密度	安培每平方米	A/m^2	安/米^2
电阻率	欧姆米	Ω·m	欧·米

注:组合形式的单位是用基本单位和(或)辅助单位等以代数形式表示。其符号借助于乘和除的数学符号得出。例如,速度的 SI 单位为米每秒(m/s),角速度的 SI 单位为弧度每秒(rad/s)。

2. 单位换算

表 7　某些单位与法定计量单位的关系

量的名称	单位名称	符号	与法定计量单位的关系
长度	公里	km	1 公里＝1 km＝10^3 m
	费密	fermi	1 fermi＝1 fm＝10^{-15} m
	埃	Å	1 Å＝0.1 nm＝10^{-10} m
	英寸	in	1 in＝25.4 mm
面积	公顷	hm^2	1 hm^2＝10^4 m^2
	平方英寸	in^2	1 in^2＝645.16 mm^2
力	达因	dyn	1 dyn＝10^{-5} N
	千克力(公斤力)	kgf	1 kgf＝9.806 65 N≈10 N
	磅力	lbf	1 lbf＝4.448 22N
加速度	伽	Gal	1 Gal＝1 cm/s^2＝10^{-2} m/s^2
力矩	千克力米	kgf·m	1 kgf·m＝9.806 65 N·m
压力、压强	巴	bar	1 bar＝0.1 MPa＝10^5 Pa
	标准大气压	atm	1 atm＝101 325 Pa
	托	Torr	1 Torr＝(101 325/760)Pa
	毫米汞柱	mmHg	1 mmHg＝133.322 4 Pa
	千克力/厘米^2(工程大气压)	kgf/cm^2(at)	1 kgf/cm^2＝9.806 65×10^4 Pa
	毫米水柱	mmH_2O	1 mmH_2O＝9.806 65 Pa
应力	千克力每平方毫米	kgf/mm^2	1 kgf/mm^2＝9.806 65×10^6 Pa
	千磅每平方英寸	ksi	1 ksi＝6.894 76 MPa
密度	磅每立方英寸	lb/in^3	1 lb/in^3＝27.679 9 g/cm^3
动力黏度	泊	P	1 P＝1 dyn·s/cm^2＝0.1 Pa·s
运动黏度	斯[托克斯]	St	1 St＝1 cm^2/s＝10^{-4} m^2/ s
功,能	千克力米,公斤力米	kgf·m	1 kgf·m＝9.806 65 J
	瓦特小时	W·h	1 Wh＝3 600 J
	磅力英尺	lbf·ft	1 lbf·ft＝1.355 8 J
功率	马力		1 马力＝735.498 75 W＝75 kgf·m/s
温度	华氏度	℉	$℉=\frac{9}{5}℃+32$ $℃=\frac{5}{9}(℉-32)$
热量	卡	cal	1 cal＝4.186 8 J
	热化学卡	cal_{th}	1 cal_{th}＝4.184 0 J
	英热单位	Btu	1 Btu＝1.055 06 kJ
比热容	卡每克摄氏度	cal/(g·℃)	1 cal/(g·℃)＝4.186 8×10^{-3} J/(g·K)
	千卡每千克摄氏度	kcal/(kg·℃)	1 kcal/(kg·℃)＝4.186 8×10^{-3} J/(kg·K)
传热系数	卡每平方厘米秒摄氏度	cal/(cm^2·s·℃)	1 cal/(cm^2·s·℃)＝4.186 8×10^4 W/(m^2·K)

续表

量的名称	单位名称	符号	与法定计量单位的关系
导热系数	卡每厘米秒摄氏度	cal/(cm・s・℃)	1 cal/(cm・s・℃)=$4.186\ 8\times 10^2$ W/(m・K)
磁场强度	奥斯特	Oe	1 Oe 相当于(1 000/4π)A/m
磁感应强度，磁通密度	高斯	Gs	1 Gs 相当于 10^{-4} T
截面	靶恩	b	1 b=10^{-28} m^2
放射性活度	居里	Ci	1 Ci=3.7×10^{10} Bq
照射量	伦琴	R	1 R=2.58×10^{-4} C/kg
照射率	伦琴每秒	R/s	1 R/s=2.58×10^{-4} C/(kg・s)

表 8　英寸(in)与毫米(mm)对照表

in	1/64	1/32	3/64	1/16	5/64	3/32	7/64	1/8	9/64	5/32
mm	0.397	0.794	1.191	1.588	1.984	2.381	2.778	3.175	3.572	3.969
in	11/64	3/16	13/64	7/32	15/64	1/4	17/64	9/32	19/64	5/16
mm	4.366	4.763	5.159	5.556	5.953	6.350	6.747	7.144	7.541	7.938
in	21/64	11/32	23/64	3/8	25/64	13/32	27/64	7/16	29/64	15/32
mm	8.334	8.731	9.128	9.525	9.922	10.319	10.716	11.113	11.509	11.906
in	31/64	1/2	33/64	17/32	35/64	9/16	37/64	19/32	39/64	5/8
mm	12.303	12.700	13.097	13.494	13.891	14.288	14.684	15.081	15.478	15.875
in	41/64	21/32	43/64	11/16	45/64	23/32	47/64	3/4	49/64	25/32
mm	16.272	16.669	17.066	17.463	17.859	18.256	18.653	19.050	19.447	19.844
in	51/64	13/16	53/64	27/32	55/64	7/8	57/64	29/32	59/64	15/16
mm	20.241	20.638	21.034	21.431	21.820	22.225	22.622	23.019	23.416	28.813
in	61/64	31/32	63/64	1	2	5	8	10		
mm	24.209	24.606	25.003	25.4	50.800	127.000	203.200	254.000		

注：俄罗斯规定，1 in=25.4 mm；美国规定，1 in=25.400 051 mm；英国规定，1 in=25.399 978 mm(工业用)，1 in=25.399 956 mm(科学研究用)；德国规定，1 in=25.4 mm。

附录三　物理常数

表 1 列出了常用的物理常数。应用本表时要注意下面几个方面：

公式栏中，有的公式表示成两个因式的乘积：第二个因式(圆括号里的)，表示公式中各量用厘米・克・秒制和电子电荷用静电单位时采用；第一个因式(方括号里的)，仅当公式中各量都用国际单位制单位时才包括进去。除去某些准确的辅助常数以外，所有常数的不准确度都是相关的；所以要用误差传递规律来计算组合起来的不准确度。

数值栏里，圆括号里的数是数值最后一位数不准确度的均方误差。采用统一的原子量标度 $^{12}C\equiv 12$。

厘米・克・秒(cgs)制单位栏里，包括了电磁单位和静电单位，因此符号栏里的电子电荷 e 应该在两种单位制里分别理解为 e_m 和 e_e。

$\lambda(\mathrm{Cu}\ K_{\alpha_1})\equiv 1.537\ 400$ kxu

$\lambda(\mathrm{W}\ K_{\alpha_1})\equiv 0.209\ 010\ 0$ Å

表 1　物理常数表

常　数	公　式	符　号	数　值	不准确度百万分率	单位 SI	单位 cgs
真空中光速	…	c	299 792 458(1.2)	0.004	m/s	10^{2} cm/s
真空中磁导率	…	μ_0	4π=12.566 370 614 4	…	10^{-7} H/m	
真空中电容率	$\frac{1}{\mu_0 c^2}$	ε_0	8.854 187 818(71)	0.008	10^{-12} F/m	
精细结构常数	$\left[\frac{\mu_0 c^2}{4\pi}\right]\left(\frac{e^2}{\hbar c}\right)$	α α^{-1}	7.297 350 6(60) 137.036 04(11)	0.82 0.82	10^{-3}	10^{-2}
电子电荷	…	e	1.602 189 2(46) 4.803 242(14)	2.9 2.9	10^{-19} C …	10^{-30} emu 10^{-10} esu
普朗克常数	… $\frac{h}{2\pi}$	h $\hbar$	6.626 176(36) 1.054 588 7(57)	5.4 5.4	10^{-34} J·s 10^{-34} J·s	10^{-27} erg·s 10^{-27} erg·s
阿伏加德罗常数	…	N_A	6.022 045(31)	5.1	10^{23} mol^{-1}	10^{23} mol^{-1}
电子静止质量	…	m_e	9.109 534(47) 5.485 802 6(21)	5.1 0.38	10^{-31} kg 10^{-4} u	10^{-28} g 10^{-4} u
质子静止质量	…	m_p	1.672 648 5(86) 1.007 276 470(11)	5.1 0.011	10^{-27} kg u	10^{-24} g u
质子电子质量比	…	$\frac{m_p}{m_e}$	1 836.151 52(70)	0.38		
中子静止质量	…	m_a	1.674 954 3(86) 1.008 665 012(37)	5.1 0.037	10^{-27} kg u	10^{-24} g u
电子荷-质比	…	$\frac{e}{m_e}$	1.758 804 7(49) 5.272 764(15)	2.8 2.8	10^{11} C/kg …	10^{7} emu/g 10^{17} esu/g
全磁通量子	$[c]^{-1}\left(\frac{hc}{2e}\right)$	Φ_0	2.067 850 6(54)	2.6	10^{-15} Wb	10^{-7} G/cm
		$\frac{h}{e}$	4.135 701(11) 1.379 521 5(36)	2.6 2.6	10^{-15} J·s/C …	10^{-7} erg·s/emu 10^{-17} erg·s/esu
约瑟夫森频-伏比	…	$\frac{2e}{h}$	4.835 939(13)	2.6	10^{14} Hz/V	
环流量子	…	$\frac{h}{2m_e}$	3.636 945 5(60)	1.6	10^{-4} J·s/kg	erg·s/g
		$\frac{h}{m_e}$	7.273 891(12)	1.6	10^{-4} J·s/kg	erg·s/g

续表

常　数	公　式	符　号	数　值	不准确度 百万分率	单位	
					SI	cgs
法拉第常数	$N_A e$	F	9.648 456(27) 2.892 534 2(82)	2.8 2.8	10^4 C/mol …	10^3 emu/mol 10^{14} eus/mol
里德伯常数	$\left[\frac{\mu_0 c^2}{4\pi}\right]^2\left(\frac{m_e e^4}{4\pi^3\hbar c}\right)$	R_∞	1.097 373 177(83)	0.075	10^7 m^{-1}	10^5 cm^{-1}
玻尔半径	$\left[\frac{\mu_0 c^2}{4\pi}\right]^{-1}\left(\frac{\hbar^2}{m_e e^2}\right)=\frac{\alpha}{4\pi R_\infty}$	a_0	5.291 770 6(44)	0.82	10^{-11} m	10^{-9} cm
经典电子半径	$\left[\frac{\mu_0 c^2}{4\pi}\right]\left(\frac{e^2}{m_e c^2}\right)=\frac{\alpha^3}{4\pi R_\infty}$	$r_e=\alpha\,\bar{\lambda}_c$	2.817 938 0(70)	2.5	10^{-15} m	10^{-13} cm
玻尔磁子	$[c]\left(\frac{e\hbar}{2m_e c}\right)$	μ_B	9.274 078(36)	3.9	10^{-24} J/T	10^{-21} erg/G
电子康普顿波长	$\frac{h}{m_e c}=\frac{\alpha^2}{2R_\infty}$	λ_c	2.426 308 9(40)	1.6	10^{-12} m	10^{-10} cm
		$\bar{\lambda}_c=\frac{\lambda_c}{2\pi}=\alpha a_0$	3.861 590 5(64)	1.6	10^{-13} m	10^{-11} cm
质子康普顿波长	$\frac{h}{m_p c}$	$\lambda_{c,p}$	1.321 409 9(22)	1.7	10^{-15} m	10^{-13} cm
		$\bar{\lambda}_{c,p}=\frac{\lambda_{c,p}}{2\pi}$	2.103 089 2(36)	1.7	10^{-16} m	10^{-14} cm
中子康普顿波长	$\frac{h}{m_n c}$	$\lambda_{c,a}$	1.319 590 9(22)	1.7	10^{-15} m	10^{-13} cm
		$\bar{\lambda}_{c,a}=\frac{\lambda_{c,a}}{2\pi}$	2.100 194 1(350)	1.7	10^{-16} m	10^{-14} cm
玻耳兹曼常数	$\frac{R}{N_A}$	k	1.380 662(44)	32	10^{-23} J/K	10^{-16} erg/K
斯忒藩-玻耳兹曼常数	$\frac{\pi^2 k^4}{60\hbar^3 c^2}$	σ	5.670 51	34	10^{-8} W/(m^2·K^4)	10^{-1} erg/(s·cm^2·K^4)
第一辐射常数	$2\pi hc^2$	c_1	3.741 832(20)	5.4	10^{-16} W·m^2	10^{-5} erg·cm^2/s
第二辐射常数	$\frac{hc}{k}$	c_2	1.438 786(45)	31	10^{-2} m·K	cm·K
引力常数	…	G	6.672 0(41)	615	10^{-11} m^3/s^2·kg)	10^{-8} cm^3/(s^2·g)

光学名词索引

（按拼音顺序）

A

B

C

D

G

H

J

K

L

M

N

O

P

Q

R

S

T

V

W

X

Z